INCLUS : Profitez dès maintenant du supplément en ligne de votre Mémento

W0298260

Sur tablette ou smartphone :
Téléchargez l'application «iMemento» sur l'Apple Store (iPhone & iPad) ou sur Google Play (Androïd)

Sur votre ordinateur :
RDV sur abonnes.efl.fr

Vos avantages :

> Un contenu actualisé à chaque connexion.

> Des fonctionnalités pratiques : moteur de recherche, copier-coller, marque-page, notes, favoris...

?

COMMENT ÇA MARCHE

Vous disposez déjà de votre login et mot de passe ?

Votre login et votre mot de passe restent identiques.

Si vous avez perdu vos codes d'accès, vous pouvez contacter notre Service Relation Clients au 01 83 10 10 10 (du lundi au vendredi, de 9h à 18h).

Vous n'avez pas d'identifiant ?

Rendez-vous sur :
www.efl.fr/activation

Et utilisez le code personnel d'activation ci-dessous :

1741231PL8

MIMO

Cet ouvrage a été réalisé
par la **Rédaction des Éditions Francis Lefebvre**
en collaboration avec :

Bernard BOUBLI
Conseiller Doyen honoraire
à la Cour de cassation
Ancien avocat à la cour
pour la mitoyenneté, l'édification de l'immeuble, la responsabilité et l'assurance dans la construction

Didier CHAUVAUX
Conseiller d'État honoraire
pour le permis de construire, les autres autorisations d'urbanisme et de construction, l'aménagement commercial et les installations classées

Christian GÉLU
Consultant fiscaliste spécialisé en urbanisme
pour la redevance d'archéologie préventive, les taxes d'urbanisme et les participations des constructeurs

Michel HUYGHE
Consultant en expropriation
et valeurs immobilières
et Pierre NEUMAYER
Expert immobilier honoraire
Ex-enseignant à l'ESTP
pour l'expropriation

Muriel SUQUET-COZIC
Diplômée notaire
Chargée d'enseignement notarial
pour la fiscalité des opérations immobilières

Roland VANDERMEEREN
Conseiller d'État honoraire
pour les cadres juridiques de l'urbanisme, les dispositions générales relatives à l'aménagement urbain et les zones d'aménagement concerté et les marchés publics de travaux et de maîtrise d'œuvre

Géraldine MACHINET
Avocate associée
Franklin Paris
pour les ventes d'immeubles à construire

Jean-Luc TIXIER
Notaire associé de l'Étude Cheuvreux
Docteur en droit
Chargé d'enseignement à l'Université
de Paris-I Panthéon-Sorbonne
pour le bail à construction

Laurent TOULZE
Avocat
Fondateur du cabinet LTA
pour les avant-contrats

Olivier BONNEAU
Docteur en droit public
Associé gérant - Département droit public de l'immobilier et de l'énergie du cabinet d'avocats Rivière Avocats Associés
et Antoine VAZ
Associé junior - Département droit public de l'immobilier et de l'énergie du cabinet d'avocats Rivière Avocats Associés
pour le certificat d'urbanisme, les dérogations aux règles d'accessibilité et les lotissements

ÉDITIONS FRANCIS LEFEBVRE
Tour Lefebvre Dalloz, 10 place des Vosges CS 80357, 92072 Paris La Défense Cedex

ISBN 978-2-36893-726-6 © Éditions Francis Lefebvre 2025

Il est interdit de reproduire intégralement ou partiellement sur quelque support que ce soit le présent ouvrage (art. L 122-4 et L 122-5 du Code de la propriété intellectuelle) sans l'autorisation de l'éditeur ou du Centre français d'exploitation du droit de copie (CFC), 20, rue des Grands-Augustins - 75006 Paris

MÉMENTO PRATIQUE

URBANISME CONSTRUCTION

25

À jour au 1er février 2025

EDITIONS
FRANCIS LEFEBVRE

LA RÉDACTION DES ÉDITIONS FRANCIS LEFEBVRE

Responsabilité éditoriale

Juliette Courquin

Pauline Perpoil

Rédacteurs

Fabienne de Beaufort

Brigitte Brom

Olivier Cormier

Caroline Dancoisne

Olivier Desumeur

Astrid Étienne

Séverine Jaillot

Bruno Macquart-Moulin

Elise Madragore

Laurence Méchin

Guilhem Possamaï

Corentine Préel

Mathilde Sourbet

© Éd. Francis Lefebvre

Présentation et mode d'emploi

Le Mémento Urbanisme-Construction **s'adresse principalement** aux professionnels de l'immobilier (lotisseurs, promoteurs, constructeurs, marchands de biens, etc.), à leurs assureurs, aux collectivités territoriales et, bien entendu, à leurs conseils (notaires et avocats, tout spécialement).

L'ambition de ce Mémento pluridisciplinaire est de **rassembler en un seul ouvrage** une réglementation complexe et dispersée. Les questions relatives à l'urbanisme et à la construction y sont traitées en détail. La fiscalité des différentes opérations concernées fait l'objet d'études propres. Sont également précisées les principales dispositions sociales applicables à l'entrepreneur de travaux en tant qu'employeur.

À jour au 1er février 2025, le Mémento Urbanisme-Construction tient compte de tous les textes (lois, décrets, arrêtés, instructions ou circulaires) parus jusqu'à cette date, ainsi que des décisions de justice les plus importantes également publiées à cette date.

Comme dans tous les Mémentos Francis Lefebvre, la **consultation est facilitée** par :

– un **sommaire** placé en tête de chaque chapitre, ainsi qu'un **plan général** détaillé et une **table alphabétique** figurant respectivement en début et en fin d'ouvrage ;

– l'emploi de **paragraphes numérotés** en marge auxquels sont faits tous les renvois, y compris ceux de la table alphabétique. Le lecteur notera que cette numérotation est discontinue afin de permettre, d'une édition à l'autre, l'intégration des mesures nouvelles ou la création de nouveaux développements ;

– un système de **mots-repères** en caractères gras ;

– une **différenciation typographique,** certains passages (notamment ceux qui présentent des solutions particulières) étant imprimés en petits caractères.

TOUS VOS MÉMENTOS

PRÉCIS, PRATIQUES, OPÉRATIONNELS

- **Agriculture** (juridique, fiscal, social, comptable)
- **Assemblées générales** (SA, SARL, SAS)
- **Associations, Fondations, Congrégations, Fonds de dotation** (juridique, fiscal, social, comptable)
- **Audit et commissariat aux comptes** (Guide de l'auditeur et de l'audité)
- **Baux commerciaux** (juridique, fiscal)
- **Cessions de parts et actions** (juridique, fiscal)
- **Comité social et économique et autres représentants du personnel**
- **Compliance** NOUVEAU
- **Comptable***
- **Comptes consolidés***
- **Concurrence-Consommation**
- **Droit commercial** (fonds de commerce, contrat, biens de l'entreprise, crédit garanties, recouvrement, entreprise en difficulté)
- **Droit de la famille** (civil, fiscal, patrimonial, protection sociale, pénal)
- **Fiscal**
- **Fusions & Acquisitions***
- **Gestion immobilière** (achat, vente, location, copropriété)
- **IFRS***
- **Intégration fiscale** (résultat d'ensemble, restructurations, déclarations, conventions)
- **Paie** (fiscal, social, comptable)
- **Patrimoine** (juridique, fiscal, financier)
- **Procédure civile** (juridictions civiles et commerciales, conseil de prud'hommes)
- **Professions libérales** (juridique, fiscal, social, comptable)
- **Social** (droit du travail, sécurité sociale)
- **Sociétés civiles** (juridique, fiscal)
- **Sociétés commerciales**
- **Successions & Libéralités**
- **Transmission d'entreprise** (juridique, fiscal, patrimonial, financier, social)
- **TVA**
- **Urbanisme-Construction** (juridique, fiscal, social)
- **Vente immobilière** (juridique, fiscal)

*Auteur : pwc

VOS MÉMENTOS, PARTOUT, TOUT LE TEMPS

Jusqu'à 4 supports inclus dans le prix de votre Mémento

Lefebvre Dalloz

EDITIONS FRANCIS LEFEBVRE

POUR COMMANDER OU VOUS INFORMER

01 83 10 10 10 du lundi au vendredi de 9h à 18h

ou sur notre site **boutique.efl.fr**

© Éd. Francis Lefebvre

Principales nouveautés

depuis la précédente édition

N^os

OPÉRATIONS PRÉALABLES À LA CONSTRUCTION

Cadres juridiques de l'urbanisme

678 s. Renforcement de l'obligation d'installation des dispositifs écologiques sur les bâtiments et les parkings extérieurs.

1104 Expérimentation du certificat de projet dans les friches.

1290 Possibilité pour le Padduc d'instaurer une servitude d'usage à titre de résidence principale.

3015 Possibilité pour les PLU d'instaurer une servitude d'usage à titre de résidence principale.

7460 Nouvelle exception à l'exigence de déclaration préalable des coupes et abattages d'arbres.

7461 s. Fixation des modalités de l'obligation de débroussaillement.

10515 Redéfinition du rôle des commissaires enquêteurs suppléants.

Occupation ou utilisation individuelle du sol

13477 Précisions jurisprudentielles sur le changement de destination d'une construction ancienne.

13552 Dispense de formalités d'urbanisme pour les constructions provisoires liées à des opérations de lutte contre l'habitat indigne.

16915 s. Consécration légale du principe jurisprudentiel de responsabilité fondée sur le trouble anormal de voisinage.

19550 s. Réforme de la réglementation sur le changement d'usage des locaux d'habitation.

21140 s. Nouvelle procédure de délivrance de l'autorisation environnementale.

Opérations foncières et d'aménagement

26867 Possibilité pour le lotisseur de réaliser un lotissement par tranches.

33286 Clarification jurisprudentielle sur le délai imparti à la collectivité pour préempter quand elle demande à la fois à visiter le bien et des documents complémentaires.

34690 s. Parution du décret d'application relatif au droit de préemption lié au recul du trait de côte.

34738 Détermination des modalités de visite du bien dans le cadre du droit de préemption lié au recul du trait de côte.

35860 Fin des pourvois pour demander la cassation d'une ordonnance d'expropriation par voie de conséquence.

36370 Délai d'appel en matière d'expropriation : plus de caducité en cas de dépôt tardif des pièces.

36620 s. Création d'une procédure d'expropriation pour les immeubles dont la dégradation est jugée remédiable.

CONSTRUCTION ET COMMERCIALISATION DE L'IMMEUBLE

Édification de l'immeuble

52640 Intégration dans le plan général de coordination des risques qu'une entreprise fait courir aux autres intervenants sur le chantier.

53700 BTP : la canicule désormais indemnisée par le régime de chômage intempéries.

54742 et 55220 Précisions jurisprudentielles sur la délégation de paiement en cas de sous-traitance.

58710 Nouveau seuil de dispense de publicité et mise en concurrence pour les marchés publics de défense et de sécurité innovants.

60495 Abaissement du taux maximal de retenue de garantie dans les contrats conclus par certains acheteurs avec des PME pour faciliter leur accès à la commande publique.

 © Éd. Francis Lefebvre

Commercialisation de l'immeuble et contrats immobiliers spéciaux

76115 Critères de requalification en marché public du bail en l'état futur d'achèvement conclu par un acheteur public.

84700 s. Parution du décret d'application relatif au bail réel solidaire et au bail réel solidaire d'activité.

RESPONSABILITÉ ET ASSURANCE DANS LA CONSTRUCTION

Responsabilité des constructeurs

87146 Revirement de jurisprudence relatif aux dommages affectant les équipements installés sur existant.

87870 Depuis la réforme de la prescription civile, la reconnaissance de responsabilité n'a plus d'effet interruptif.

Assurance des risques de la construction

92840 et 94990 Précisions jurisprudentielles sur l'obligation d'assurance concernant les ouvrages existants.

Plan général

Les chiffres renvoient aux paragraphes.

CHAPITRE 3

Autres autorisations d'urbanisme et de construction

CHAPITRE 4

Aménagement commercial

CHAPITRE 5

Installations classées

CHAPITRE 6

Rapports entre fonds voisins

TITRE III

Opérations foncières et d'aménagement

CHAPITRE 1

Dispositions générales relatives à l'aménagement urbain

TITRE III

Commercialisation, construction de l'immeuble et contrats immobiliers spéciaux

CHAPITRE 1

Avant-contrats : principes généraux

CHAPITRE 2

Vente d'immeubles à construire

CHAPITRE 3

Contrat de construction d'une maison individuelle

CHAPITRE 4

Contrat de promotion immobilière

CHAPITRE 5

Ventes de terrains contre remise de locaux à construire

Principales abréviations

ABF Architecte des Bâtiments de France.
AE Autorité environnementale.
AFU Association foncière urbaine.
AJDA Actualité juridique – Droit administratif.
AJPI Actualité juridique – Propriété immobilière.
AN Journal officiel (édition des débats) de l'Assemblée nationale.
Anah Agence nationale de l'habitat.
Art. Article.
BCT Bureau central de tarification.
BET Bureau d'études techniques.
BF Bulletin fiscal, Francis Lefebvre.
BIC Bénéfices industriels et commerciaux.
BJDU Bulletin de jurisprudence de droit de l'urbanisme.
BO Bulletin officiel.
BOAMP Bulletin officiel des annonces de marchés publics.
Bofip Bulletin officiel des finances publiques.
BPIM Bulletin pratique immobilier, Francis Lefebvre.
BRDA Bulletin rapide de droit des affaires, Francis Lefebvre.
BRS Bail réel solidaire (logement).
BRSA Bail réel solidaire d'activité.
Bull. civ. Bulletin des arrêts de la Cour de cassation.
Bull. crim. Bulletin des arrêts de la Cour de cassation, chambre criminelle.
Bull. inf. C. cass. Bulletin d'information de la Cour de cassation.
CA Cour d'appel.
CAA Cour administrative d'appel.
CASF Code de l'action sociale et des familles.
C. ass. Code des assurances.
Cass. civ. Cour de cassation, chambre civile.
Cass. com. Cour de cassation, chambre commerciale.
Cass. crim. Cour de cassation, chambre criminelle.
Cass. soc. Cour de cassation, chambre sociale.
CAUE Conseils d'architecture, d'urbanisme et d'environnement.
CCAG Cahier des clauses administratives générales.
CCH Code de la construction et de l'habitation.
C. cinéma Code du cinéma et de l'image animée.
C. civ. Code civil.
CCMI Contrat de construction d'une maison individuelle.
C. com. Code de commerce.
C. consom. Code de la consommation.
CCP Code de la commande publique.
CDAC Commission départementale d'aménagement commercial.
CDNPS Commission départementale de la nature, des paysages et des sites.
CDPENAF Commission départementale de préservation des espaces naturels, agricoles et forestiers.
CE Conseil d'État.
C. envir. Code de l'environnement.
C. expr. Code de l'expropriation pour cause d'utilité publique.
C. for. Code forestier.
CGCT Code général des collectivités territoriales.
CGI Code général des impôts.
CGPPP Code général de la propriété des personnes publiques.
Circ. Circulaire.
C. just. adm. Code de justice administrative.
C. mon. fin. Code monétaire et financier.
CNAC Commission nationale d'aménagement commercial.
CNPA Commission nationale du patrimoine et de l'architecture.
Coderst Conseil départemental de l'environnement et des risques sanitaires et technologiques.
Cons. conc. Conseil de la concurrence.
Cons. const. Conseil constitutionnel.

C. org. jud. Code de l'organisation judiciaire.
COS Coefficient d'occupation des sols.
C. patr. Code du patrimoine.
CPC Code de procédure civile.
C. pén. Code pénal.
CPI Code de la propriété intellectuelle.
CPP Code de procédure pénale.
CRPA Code des relations entre le public et l'administration.
C. rur. Code rural et de la pêche maritime.
CRPA Commission régionale du patrimoine et de l'architecture.
CSI Code de la sécurité intérieure.
CSP Code de la santé publique.
C. trav. Code du travail.
C. urb. Code de l'urbanisme.
C. voirie routière Code de la voirie routière.
D. (DA, DC, DH ou DP) Recueil Dalloz (analytique, critique, hebdomadaire ou périodique).
DDT Direction départementale des territoires (DDTM : et de la mer).
Déb. Débats (AN ou Sénat).
DGFiP Direction générale des finances publiques.
DIA Déclaration d'intention d'aliéner.
DMF Droit maritime français.
DOO Document d'orientation et d'objectifs.
DPU Droit de préemption urbain.
Dr. adm. Revue « Droit administratif ».
DTA Directive territoriale d'aménagement.
DTADD Directive territoriale d'aménagement et de développement durables.
DTU Documents techniques unifiés.
DUP Déclaration d'utilité publique.
EDCE Études et documents du Conseil d'État.
EIC Ensembles immobiliers complexes.
Enaf Espaces naturels, agricoles et forestiers.
ENR Enregistrement et timbre.
ENS Espace naturel sensible.
EPCI Établissement public de coopération intercommunale.
Epers Élément pouvant entraîner la responsabilité solidaire.
Gaz. Pal. Gazette du Palais.
GOU Grande opération d'urbanisme.
HLL Habitation légère de loisirs.
ICC Indice du coût de la construction.
ICPE Installation classée pour la protection de l'environnement.
Inst. Instruction administrative.
IS Impôt sur les sociétés.
JCP (E, G ou N) Jurisclasseur périodique (édition entreprise, générale ou notariale).
JO Journal officiel de la République française.
JOUE Journal officiel de l'Union européenne (L : partie législation ; C : partie communications et informations).
Lebon Recueil Lebon (T. tables).
Le Moniteur Moniteur des travaux publics et du bâtiment.
LPF Livre des procédures fiscales.
METP Marché d'entreprise de travaux publics.
MOP Maîtrise d'ouvrage publique.
OAP Orientations d'aménagement et de programmation.
OIN Opération d'intérêt national.
Opah Opération programmée d'amélioration de l'habitat.
ORT Opération de revitalisation du territoire.
PADD Projet d'aménagement et de développement durables.
Padduc Plan d'aménagement et de développement durable de Corse.
PAE Programme d'aménagement d'ensemble.
PEB Plan d'exposition au bruit.
PIG Projet d'intérêt général.
PLH Programme local de l'habitat.
PLU Plan local d'urbanisme.
PLUi Plan local d'urbanisme intercommunal.
POS Plan d'occupation des sols.
PPA Projet partenarial d'aménagement.
PPRNP Plan de prévention des risques naturels prévisibles.
PPRT Plan de prévention des risques technologiques.
PRL Parc résidentiel de loisirs.
PSMV Plan de sauvegarde et de mise en valeur.
PUP Projet urbain partenarial.

PVAP Plan de valorisation de l'architecture et du patrimoine.

PVR Participation pour voirie et réseaux.

RDI Revue de droit immobilier.

Rec. CJUE Recueil de la jurisprudence de la Cour de justice de l'Union européenne.

Rép. Réponse ministérielle à des parlementaires.

RGAT Revue générale des assurances terrestres.

RGDA Revue générale de droit des assurances.

RIDA Revue internationale du droit d'auteur.

RJDA Revue de jurisprudence de droit des affaires, Francis Lefebvre.

RJE Revue juridique de l'environnement.

RJF Revue de jurisprudence fiscale, Francis Lefebvre.

RJS Revue de jurisprudence sociale, Francis Lefebvre.

RNU Règlement national d'urbanisme.

S Recueil Sirey.

Scot Schéma de cohérence territoriale.

SCV Société de construction-vente.

Sdrif Schéma directeur de la région Île-de-France.

SEM Société d'économie mixte.

Sén. Journal officiel, éditions des débats du Sénat.

SMD Seuil minimal de densité.

SMVM Schéma de mise en valeur de la mer.

SNH Solution Notaire Hebdo, Francis Lefebvre Notaires.

Sol. Not. Solution Notaire, Francis Lefebvre Notaires.

SPR Site patrimonial remarquable.

TA Tribunal administratif.

T. confl. Tribunal des conflits.

TGI Tribunal de grande instance.

TI Tribunal d'instance.

TJ Tribunal judiciaire.

TLE Taxe locale d'équipement.

TPF Taxe de publicité foncière.

UTN Unité touristique nouvelle.

Vefa Vente en l'état futur d'achèvement.

VRD Voirie et réseaux divers (voirie, réseaux et distribution).

VSD Versement pour sous-densité.

ZAC Zone d'aménagement concerté.

ZAD Zone d'aménagement différé.

ZFU Zone franche urbaine.

ZUS Zone urbaine sensible.

GAMME IMMOBILIER

POUR VOUS DANS CETTE MATIÈRE

MÉMENTOS

- **Baux commerciaux**
- **Gestion immobilière**
- **Urbanisme-Construction**
- **Vente immobilière**

OUVRAGES

- **Évaluation**
- **Guide du formaliste**
- **L'impôt sur la fortune immobilière**
- **Locations meublées et investissements de loisirs**
- **Plus-values immobilières**
- **Publicité foncière**
- **Responsabilité civile du notaire**

MEMENTIS

- **Baux commerciaux**
- **Gestion immobilière**
- **Urbanisme-Construction**
- **Vente immobilière**

SOLUTIONS EN LIGNE

- **Navis Immobilier,** la plateforme documentaire de référence en droit immobilier
- **INNEO Notaire,** la solution numérique vers tous les contenus et services adaptés à la profession
- **Jurisprudence chiffrée - Baux commerciaux**
- **Solutions Pratiques Agents Immobiliers,** la solution en ligne opérationnelle pour les professionnels de l'immobilier

FORMULAIRE BAUX ET FONDS DE COMMERCE

Plus de 150 modèles d'actes pour sécuriser la rédaction de vos baux

FORMULAIRE IMMOBILIER

Plus de 130 modèles d'actes ou contrats de transaction, gestion et copropriété

ACTUALITÉS

- **Bulletin pratique immobilier (bimestriel)**
- **Bulletin de fiscalité immobilière, plus-values et enregistrement (mensuel)**
- **Lettre Alertes & Conseils Immobiliers**
- **(bimensuelle)**
- **Solution Notaire Hebdo**

SERVICE

L'appel expert, service de renseignements juridiques par téléphone

Lefebvre Dalloz

EDITIONS FRANCIS LEFEBVRE

POUR COMMANDER OU VOUS INFORMER

01 83 10 10 10 du lundi au vendredi de 9h à 18h

ou sur notre site **www.efl.fr**

© Éd. Francis Lefebvre

PARTIE 1

Opérations préalables à la construction

© Éd. Francis Lefebvre

TITRE I

Cadres juridiques de l'urbanisme

CHAPITRE 1

RÉGLEMENTATION GÉNÉRALE DU SOL

SOMMAIRE

SECTION 1

SERVITUDES D'URBANISME

A. Règles générales applicables aux servitudes administratives

PRÉSENTATION

Au sens large, les **servitudes administratives** se définissent comme des **limitations au droit de propriété,** instituées dans l'intérêt général et sur la base de dispositions législatives ou réglementaires. Au même titre que les servitudes civiles, elles constituent des contraintes pesant sur un bien immobilier. Cependant les servitudes administratives se distinguent par plusieurs traits des servitudes civiles : elles résultent d'un acte unilatéral et sont d'ordre public ; elles impliquent l'existence d'un fonds servant, mais non pas celle d'un fonds dominant ; tout en étant d'une très grande variété, elles ne sont pas soumises à un régime juridique d'ensemble. 50

Au nombre des servitudes administratives figurent, notamment, les **servitudes d'urbanisme** proprement dites. Celles-ci trouvent leur fondement dans les dispositions du Code de l'urbanisme. Il s'agit, par exemple, de servitudes liées à la maîtrise de l'urbanisme au voisinage des aérodromes, de la servitude de passage des piétons sur le littoral ou encore des servitudes particulières susceptibles d'être imposées par les PLU à certains propriétaires (emplacements réservés, classement en espace boisé classé, servitude de mixité sociale, etc.).

S'y ajoutent les **servitudes d'utilité publique** que les PLU et les cartes communales doivent mentionner dans leurs annexes. La plupart de ces servitudes sont instituées par des textes distincts du Code de l'urbanisme. Elles sont, par exemple, relatives à la « conservation du patrimoine » (réserves naturelles, monuments historiques, sites, etc.) ou à l'« utilisation de certaines ressources et équipements » (canalisations de transport et de distribution de gaz et d'hydrocarbures, servitudes de visibilité sur les voies publiques, servitudes aéronautiques de dégagement, etc.).

> Précisions a. Ne constitue pas une servitude d'utilité publique un plan simple de gestion agréé en application du Code forestier (CE 12-3-1999 n° 142490, Groupement forestier de la Haute Pommeraie).

b. Bien que les bénéficiaires des servitudes administratives soient habituellement des personnes publiques, il peut éventuellement s'agir de personnes privées. C'est le cas des concessionnaires distributeurs d'énergie qui peuvent réaliser des travaux constitutifs de servitudes sur les propriétés privées. Ces servitudes, qui n'entraînent pas dépossession, ouvrent droit à indemnisation pour le propriétaire (C. énergie art. L 323-7 s. pour l'électricité et L 433-9 s. pour le gaz). Les opérateurs de télécommunication bénéficient de servitudes analogues sur les propriétés privées (CPCE art. L 48 et, sur renvoi, art. L 45-9).

c. Une disposition législative instituant une servitude administrative doit prévoir le principe d'une procédure destinée à permettre aux intéressés, d'une part, d'être informés des motifs rendant nécessaire l'établissement de la servitude, d'autre part, de faire connaître leurs observations (Cons. const. 13-12-1985 n° 85-198 DC : D. 1986 p. 345 note Luchaire ; Cons. const. 14-10-2011 n° 2011-182 QPC).

OPPOSABILITÉ

70 Les servitudes administratives sont opposables à toute personne publique ou privée. Elles ne s'éteignent pas par non-usage trentenaire (Cass. 3e civ. 18-12-2002 n° 00-14.176 : Bull. civ. III n° 272). La **violation** d'une servitude publique peut exposer son auteur à une sanction administrative ou pénale. Un particulier qui viole une servitude d'urbanisme est susceptible d'engager sa responsabilité à l'égard des tiers (voir nos 16890 s.).

ATTENTION

La **publication** d'une servitude administrative **au fichier immobilier,** quand bien même cette publication est prévue par un texte, n'est pas une condition de l'opposabilité de la servitude (CE 29-1-1988 n° 65688, Min. urbanisme : Lebon T. p. 787, s'agissant d'une modification de la servitude de passage le long du littoral).

LISTE DES SERVITUDES D'UTILITÉ PUBLIQUE

75 Les **PLU** et les **cartes communales** doivent comporter en **annexe** les servitudes affectant l'utilisation du sol et figurant sur une liste fixée par décret (C. urb. art. L 151-43, L 161-1 et annexe aux art. R 151-51 et R 161-8). À défaut, le préfet met en demeure le maire ou le président de l'EPCI d'y procéder et, en cas de carence de ce dernier, dans les 3 mois de la mise en demeure, le préfet y procède d'office (C. urb. art. L 153-60 et L 163-10).

Si une **servitude** n'a **pas** été **annexée** au plan ou à la carte avant l'expiration du délai d'un an à compter, soit de son approbation, soit, s'il s'agit d'une servitude nouvelle, de son institution, elle ne peut pas être opposée aux demandes d'autorisation d'occupation du sol portant sur le terrain considéré. Dans le cas où le plan ou la carte a été approuvé ou la servitude instituée avant la publication du décret établissant ou complétant la liste des servitudes, le délai d'un an court à compter de cette publication (C. urb. art. L 152-7 et L 162-1). Sur les incidences de la création du portail national de l'urbanisme, voir n° 1760.

RÉPARATION

80 Le **principe d'égalité devant les charges publiques** ne permet pas d'exclure du droit à réparation un élément quelconque du préjudice indemnisable résultant des travaux ou ouvrages réalisés en vertu de l'institution d'une servitude administrative (Cons. const. 13-12-1985 n° 85-198 DC : D. 1986 p. 345 note Luchaire). Ce n'est donc pas la servitude en elle-même qui est indemnisable, mais les conséquences qui peuvent en résulter. Celles-ci doivent présenter le caractère d'un **préjudice** direct, certain, grave et spécial. L'indemnité éventuelle ne saurait donc être considérée comme « le prix de la servitude ».

Certains **textes écartent** expressément toute possibilité de réparation (Décret 58-1316 du 23-12-1958 relatif aux routes nationales et aux autoroutes art. 6). D'autres **textes prévoient** expressément

une indemnisation couvrant l'intégralité du préjudice direct, matériel et certain résultant de l'institution de la servitude d'utilité publique. Il en va ainsi de celle pouvant être instaurée sur les terrains riverains d'un cours d'eau (C. envir. art. L 211-12, VIII) ou situés dans le périmètre de protection de prélèvement d'eau destinée à la consommation humaine (CSP art. L 1321-3) ou de celle concernant les infrastructures de transport par câble en milieu urbain (C. transport art. L 1251-6). C'est également le cas pour les terrains situés aux abords de certaines **installations classées** susceptibles de créer des risques très importants pour la santé ou la sécurité des populations et pour l'environnement (C. envir. art. L 515-8). Dans cette hypothèse, la loi prévoit une indemnisation à la charge de l'exploitant de l'installation classée. L'action en indemnisation doit être introduite dans les 3 ans de la notification de la décision instituant la servitude. Seul est indemnisable le préjudice direct, matériel et certain, compte tenu de l'usage possible des immeubles et droits immobiliers, un an avant l'ouverture de l'enquête publique préalable à l'institution de la servitude (C. envir. art. L 515-11). En cas de difficulté, l'indemnité est fixée par le juge de l'expropriation. Sur la **règle de l'antériorité** (ou principe de préoccupation), voir n°s 16920 s.

Les collectivités publiques peuvent éventuellement avoir l'**obligation d'acquérir les terrains asservis** lorsque leur propriétaire le demande : terrains réservés par un PLU, terrains destinés au passage d'une route, passage d'une canalisation entraînant un refus de permis de construire, terrains devenus impropres à la culture, terrains soumis au droit de préemption dans les ZAD et pré-ZAD ou au DPU, terrains situés en ZAC.

B. Principe de non-indemnisation des servitudes d'urbanisme

La loi consacre un principe de non-indemnisation des servitudes instituées par application du Code de l'urbanisme en matière de **voirie,** d'**hygiène** et d'**esthétique** « ou pour d'**autres objets** », et concernant notamment l'utilisation du sol, la hauteur des constructions, la densité constructible, les interdictions de construire ou les reculements, la répartition des immeubles entre diverses zones (C. urb. art. L 105-1, al. 1). **85**

Ces dispositions législatives ont été reconnues compatibles avec l'article 1 du protocole additionnel à la Convention européenne de sauvegarde des droits de l'Homme et des libertés fondamentales, mais sous la réserve que les servitudes aient été instituées légalement, aux fins de mener une politique d'urbanisme conforme à l'intérêt général et dans le respect des règles de compétence, de procédure et de forme prévues par la loi (CE sect. 3-7-1998 n° 158592 : BJDU 5/98 p. 363 ; CE 7-1-2000 n° 187042, Sté Lady Jane : RJDA 12/00 n° 1208 ; CE 11-7-2011 n° 317272, Sté du parc d'activités de Blotzheim). Elles ont également été considérées comme conformes au droit de propriété et au principe constitutionnel d'égalité devant les charges publiques (CE 16-7-2010 n° 334665, SCI La Saulaie : RJDA 4/11 n° 374).

Autrement dit, **toutes les règles d'urbanisme,** notamment celles que fixent les documents locaux d'urbanisme, sont, en principe, exclusives de tout droit à indemnisation, quel que soit le préjudice qu'elles peuvent causer. Dans le langage courant, on utilise aussi l'expression « gratuité des servitudes d'urbanisme » pour définir ce principe.

Le principe législatif de la non-indemnisation des servitudes d'urbanisme ne fait pas obstacle à la mise en jeu de la **responsabilité contractuelle** de la collectivité publique (CE 29-12-1997 n° 146753, Sté civile des Néo-Polders : BPIM 2/98 inf. 77).

> **Précisions** **a.** Le principe de non-indemnisation réapparaît notamment dans l'article L 322-2 du Code de l'expropriation pour cause d'utilité publique, qui prend en compte les servitudes et restrictions administratives dans l'**estimation des biens faisant l'objet d'une expropriation** dès lors qu'elles affectent de façon permanente leur utilisation ou leur exploitation.
b. L'**appréciation du caractère dolosif** ou non d'une servitude d'urbanisme ou autre restriction administrative au droit de propriété relève de la **compétence** du juge de l'expropriation (Cons. const. 17-7-1985 n° 85-189 DC).

C. Exceptions au principe de non-indemnisation

EN BREF

95 Les servitudes d'urbanisme ouvrent droit à indemnité s'il en résulte pour le propriétaire une atteinte à des droits acquis ou une modification de l'état antérieur des lieux déterminant un dommage direct, matériel et certain (C. urb. art. L 105-1, al. 2). Il s'agit d'un régime législatif d'indemnisation, exclusif de tout autre mode de réparation (CE 17-12-1975 n° 93417 : Lebon p. 646). La jurisprudence admet toutefois une indemnisation dans certains cas exceptionnels.

ATTEINTE À DES DROITS ACQUIS

100 L'indemnisation est possible en cas d'atteinte à des droits acquis : par exemple, en cas d'institution d'une servitude empêchant de construire alors qu'un permis de construire vient d'être obtenu.

Le juge administratif exige un préjudice direct, matériel et certain (résultant d'une autorisation récente, notamment), et adopte une position très restrictive. Les droits acquis ne peuvent pas résulter d'un règlement et en particulier d'un document local d'urbanisme (CE 9-12-1977 n° 100 : Lebon p. 495 ; CE 2-6-2023 n° 449820). De même, la garantie de stabilité des règles d'urbanisme pendant 5 ans à compter de l'achèvement d'un lotissement (n° 27060) empêche le lotisseur de rechercher, sur le fondement de l'article L 105-1 du Code de l'urbanisme, la responsabilité sans faute de l'administration à raison des servitudes d'urbanisme édictées après la délivrance de l'autorisation de lotir (CE 29-6-2001 n° 210217, Sté Blanc : BPIM 5/01 inf. 300).

MODIFICATION DE L'ÉTAT ANTÉRIEUR DES LIEUX

105 Le droit à indemnité est également ouvert en cas de modification de l'état antérieur des lieux déterminant un dommage direct, matériel et certain. Mais cette condition apparaît difficilement réalisable et, jusqu'ici, n'a jamais été considérée comme satisfaite par la jurisprudence. Celle-ci exige en effet que l'institution de la servitude entraîne, par elle-même et d'une façon immédiate, un changement dans l'état des lieux (CE 13-7-1965 n° 63515 : Lebon p. 471).

CHARGE SPÉCIALE ET EXORBITANTE

108 Le principe législatif de non-indemnisation ne fait pas obstacle à ce que le propriétaire d'un bien frappé d'une servitude puisse prétendre à réparation s'il subit une charge spéciale et exorbitante hors de proportion avec l'objectif d'intérêt général qui a motivé l'institution de la servitude (CE sect. 3-7-1998 n° 158592 : Lebon p. 288, BJDU 5/98 p. 363 ; CE 7-1-2000 n° 187042, Sté Lady Jane : RJDA 12/00 n° 1208 ; CE 19-11-2021 n° 442688, Sté Le Coin du Feu) ou ayant rompu le juste équilibre à ménager entre la protection du droit de propriété et les exigences de l'intérêt général (CEDH 18-11-2010 n° 18990/07 : AJDA 2010 p. 2236).

ILLUSTRATIONS

L'**indemnisation** a été **exclue** dans le cas de l'interdiction de construire à moins de 100 mètres du rivage en dehors des espaces déjà urbanisés (CE 27-6-2007 n° 280693 : BPIM 4/07 inf. 244 s'agissant d'un lotissement) ou du classement d'une parcelle en zone ND, avec protection d'espace boisé classé aux abords d'un monument historique (CE 10-5-2007 n° 270588).

En revanche, une **indemnité** a été **accordée** au propriétaire de terrains classés dans une zone inconstructible, alors que ce classement a eu pour effet d'empêcher la réalisation d'un important projet immobilier (CE 29-6-2016 n° 375020, Sté Château Barrault : BPIM 4/16 inf. 228).

RÈGLES D'INDEMNISATION

110 Le **contentieux de l'indemnisation** relève de la compétence de la juridiction administrative (Cass. 3e civ. 29-4-1986 n° 85-70.078 : Bull. civ. III n° 57). Toutefois, le régime spécial d'indemnisation des servitudes résultant des mesures de protection de sites relève de la juridiction judiciaire (CE 16-11-1998 n° 190200 : BPIM 1/99 inf. 2).

Pour l'**évaluation de l'indemnité,** il est tenu compte de la plus-value apportée aux immeubles par la réalisation du PLU ou du document qui en tient lieu (C. urb. art. L 105-1, al. 2). L'indemnisation de la perte de bénéfices éventuels n'est pas admise (CE 6-3-1987 n° 46693, Sté Guillaume, Cerrito, de Montéra et Cie : Lebon T. p. 1023), ni celle d'un préjudice esthétique trop peu important (CA Aix ch. expr. 17-6-1986, EDF).

© Éd. Francis Lefebvre

SECTION 2
RÈGLEMENT NATIONAL D'URBANISME (RNU)

A. Champ d'application

PRINCIPE

Le « règlement national d'urbanisme » (RNU) constitue un ensemble de dispositions de nature législative ou réglementaire figurant sous le chapitre du Code de l'urbanisme qui lui est consacré (livre 1, titre 1, chapitre 1). Ces dispositions sont, en principe, applicables sur l'ensemble du territoire national. Elles régissent les constructions, aménagements, installations et travaux faisant l'objet d'un permis ou d'une déclaration, ainsi que les autres utilisations du sol (C. urb. art. L 111-1 et R 111-1). Leur application n'exclut pas, le cas échéant, celle d'autres réglementations, de caractère général ou propres à certaines parties du territoire. 250

RÈGLES SUPPLÉTIVES

Dans les communes dotées d'un PLU ou d'un document d'urbanisme en tenant lieu (POS, PSMV ou PAZ), les dispositions réglementaires du RNU ne jouent le plus souvent qu'un rôle subsidiaire. De nombreuses dispositions ne s'y appliquent pas. Il en va ainsi pour : 251
– la plupart de celles qui portent sur la localisation, l'implantation et la desserte des constructions et aménagements (C. urb. art. R 111-3 et R 111-5 à R 111-19) ;
– une partie de celles qui portent sur la préservation des éléments présentant un intérêt architectural, patrimonial, paysager ou écologique (C. urb. art. R 111-28 à R 111-30).

Les unes et les autres revêtent un caractère supplétif. Elles cessent de s'appliquer lorsque le territoire est couvert par un PLU ou un document en tenant lieu (C. urb. art. R 111-1, al. 2). Mais elles restent applicables sur le territoire couvert par une carte communale qui n'est pas un document tenant lieu de PLU (CE 13-7-2011 n° 335066, Min. écologie : BPIM 5/11 inf. 353).

Lorsque le juge administratif prononce l'annulation du PLU ou du document en tenant lieu, les mêmes dispositions du RNU peuvent redevenir applicables (voir n° 2028).

Les termes utilisés par le RNU peuvent être définis par le lexique national de l'urbanisme (C. urb. art. R 111-1, al. 3).

> **Précisions** S'agissant des dispositions du RNU relatives à la préservation des éléments présentant un intérêt architectural, patrimonial, paysager ou écologique, le conseil municipal d'une commune non dotée d'un PLU ou d'un document en tenant lieu a cependant la possibilité d'identifier et de localiser un ou plusieurs éléments de ce type, ainsi que de définir, si nécessaire, les prescriptions susceptibles d'assurer leur protection (C. urb. art. L 111-22).

RÈGLES « D'ORDRE PUBLIC »

Toutefois, même sur les territoires couverts par un PLU ou un document en tenant lieu, certaines dispositions du RNU, dites « d'ordre public » peuvent déterminer les conditions d'utilisation du sol. Elles s'appliquent concurremment avec les règles du document d'urbanisme local (voir n° 2860). Ce sont les dispositions figurant sous : 255
– l'article R 111-2 (salubrité et sécurité publiques) ;
– l'article R 111-4 (sites ou vestiges archéologiques) ;
– les articles R 111-21 et R 111-22 (densité et reconstruction des constructions) ;
– les articles R 111-23, R 111-24 et R 111-24-1 (performances environnementales et énergétiques) ;
– les articles R 111-25 à R 111-25-19 (réalisation et équipement d'aires de stationnement) ;
– l'article R 111-26 (préoccupations d'environnement) ;
– l'article R 111-27 (lieux avoisinants, sites, paysages naturels ou urbains).

B. Constructibilité limitée en l'absence de PLU ou de carte communale

RÈGLE DE CONSTRUCTIBILITÉ LIMITÉE

350 Dans les communes qui ne sont dotées ni d'un PLU, ni d'un document d'urbanisme en tenant lieu, ni d'une carte communale, la règle dite « de constructibilité limitée » restreint les possibilités d'utilisation du sol **en dehors des parties urbanisées** de la commune : les constructions y sont, en principe, interdites (C. urb. art. L 111-3).

La règle subit cependant de multiples exceptions qui en réduisent la portée (C. urb. art. L 111-4).

> **Précisions** **a.** En cas d'**annulation du PLU** ou du document local d'urbanisme en tenant lieu, la règle de constructibilité limitée peut redevenir applicable (voir n° 2028). Toutefois, il a été jugé qu'une autorisation de lotir devenue définitive confère au terrain en cause une constructibilité s'opposant au rétablissement de la règle de constructibilité limitée (CAA Paris 15-2-2001 n° 99PA03161, Cne de Mesnil-le-Roi : BPIM 6/01 inf. 355).
>
> **b.** En **zone de montagne,** la règle de constructibilité limitée fait l'objet de dispositions particulières dérogatoires au droit commun (voir n° 8885). Ces dispositions régissent entièrement la situation des communes classées en zone de montagne, qu'elles soient ou non dotées d'un PLU (CE 16-4-2012 n° 323555, Min. écologie : BPIM 3/12 inf. 198).

NOTION DE « PARTIES URBANISÉES »

355 La question de savoir si le terrain d'assiette d'une construction se trouve, ou non, situé dans les parties urbanisées de la commune dépend évidemment de données factuelles. Ce qui explique que l'appréciation par laquelle les juges du fond constatent qu'une parcelle se trouve en dehors des parties urbanisées échappe au contrôle du Conseil d'État saisi d'un pourvoi en cassation. Celui-ci vérifie cependant la validité des critères utilisés par les juges du fond (CE 26-7-1996 n° 160065 : Lebon p. 314).

Bien que les solutions jurisprudentielles soient nécessairement tributaires des circonstances de chaque affaire, on peut en dégager les orientations suivantes.

Pour **déterminer si telle ou telle partie** du territoire communal **est urbanisée,** il convient principalement de prendre en compte sa densité en constructions, autrement dit le fait qu'un nombre significatif d'habitations y soit regroupé (CE 30-10-1987 n° 81236 : Lebon T. p. 1014 ; CE 29-3-2017 n° 393730, Cne de Saint-Bauzille-de-Putois : BPIM 3/17 inf. 176 ; CE 29-5-2019 n° 419921, Min. cohésion du territoire : BPIM 4/19 inf. 232). À ce critère principal, s'ajoute un critère secondaire relatif à l'existence de voies d'accès, ainsi que de réseaux d'eau, d'électricité ou d'assainissement (CE 5-7-1993 n° 107166 : Lebon T. p. 1098 ; CE 9-7-1997 n° 122472, Sté Colombier Associates). Mais ce second critère n'est pas, à lui seul, suffisant (CE 10-9-1991 n° 88110).

Dès lors qu'une partie urbanisée de la commune peut être identifiée, trois hypothèses sont susceptibles de se présenter.

1° Le terrain est nettement situé **à l'intérieur** de l'espace urbanisé.

2° Le terrain est, au contraire, situé à une certaine distance de la partie urbanisée : il se trouve donc « **en dehors** » de celle-ci. Il en va ainsi lorsqu'une distance de plus de 150 m le sépare d'une agglomération (CE 13-10-1993 n° 131824) ou qu'une distance de plus de 350 m le sépare d'un hameau (CE 19-11-1993 n° 125030). La solution demeure valable même si le terrain est lui-même desservi par les équipements publics (CE 17-1-1994 n° 131666 ; CE 26-8-2009 n° 306905 ; CE 10-10-2011 n° 329623, Cne de Ramatuelle : Lebon p. 462).

3° Le terrain est situé « **en bordure** » (CE 11-7-1988 n° 85210), « **en contiguïté** » (CE 20-7-1990 n° 87472, Min. équipement) ou « **à proximité immédiate** » (CE 10-6-1992 n° 96537, Préfet du Jura) d'une partie urbanisée de la commune : il doit, en principe, être considéré comme inclus dans celle-ci (CE 20-3-1992 n° 111606 ; CE 18-10-2002 n° 236338 : BJDU 6/2002 p. 453 concl. S. Austry). Peu importe que le terrain d'assiette soit éventuellement séparé du secteur aggloméré par une voie publique, dès lors qu'il « n'occupe pas un compartiment de terrain nettement différent » (CE 21-6-1989 n° 85604 ; CE 27-5-1994 n° 139013).

Dans cette hypothèse du terrain « en bordure », des circonstances particulières sont cependant susceptibles de justifier une solution inverse : même bordé par un ensemble assez dense de constructions, un terrain, sur lequel doit être réalisé un projet important (un lotissement doté de 25 logements) et dont la mise en œuvre a pour effet d'étendre la partie urbanisée, ne peut pas être intégré dans celle-ci (CE 29-3-2017 n° 393730, Cne de Saint-Bauzille-de-Putois : BPIM 3/17 n° 176).

EXCEPTIONS À LA RÈGLE DE CONSTRUCTIBILITÉ LIMITÉE

Des exceptions à la règle de constructibilité limitée permettent la réalisation de certains travaux et certaines constructions ou installations en dehors des espaces urbanisés de la commune. Toutefois, la circonstance qu'une construction soit susceptible d'être autorisée au titre de ces exceptions n'interdit pas à l'autorité administrative, dès lors que la construction serait de nature à favoriser une urbanisation dispersée incompatible avec la vocation des espaces naturels environnants, de se fonder sur l'article R 111-14 du Code de l'urbanisme (voir n° 595) pour refuser de délivrer un permis de construire (CE 10-11-2006 n° 283201, Min. transports : BPIM 2/07 inf. 103). **360**

Le stationnement d'une caravane pendant plus de 3 mois n'est pas une « installation » susceptible de relever de l'une des exceptions à la règle de constructibilité limitée. Il ne peut donc pas être autorisé en dehors des parties urbanisées de la commune (CE 28-1-2015 n° 363197, Min. égalité des territoires : BPIM 2/15 inf. 99).

Échappent à la règle de constructibilité limitée différentes catégories de projets identifiés en fonction de certaines caractéristiques. Ce sont : **361**

1° Les travaux portant sur des constructions existantes : adaptation, changement de destination, réfection et extension (C. urb. art. L 111-4, 1°).

ILLUSTRATIONS

Ne relèvent pas de cette série d'exceptions : la **reconstruction totale** de bâtiments partiellement en ruine et désaffectés (CE 13-5-1992 n° 107914), la **transformation** d'un abri de jardin en maison d'habitation (CE 10-6-1992 n° 109891, Min. équipement), une **extension** qui constitue, en réalité, une **construction nouvelle** (CE 8-6-1994 n° 136081 : BJDU 5/94 p. 46). Pour déterminer si des travaux ont pour objet une extension, il convient de prendre en compte l'implantation du projet par rapport aux constructions existantes et son « ampleur limitée en proportion de ces constructions » (CE 29-5-2019 n° 419921, Min. cohésion du territoire : BPIM 4/19 inf. 232). Pour l'application d'un PLU, il a été jugé qu'en l'absence de précision dans le règlement il n'y a d'extension que si la surface créée est inférieure à la surface initiale (CE 9-11-2023 n° 460300 : BPIM 1/24 inf. 7).

2° La construction de bâtiments nouveaux à usage d'habitation à l'intérieur du « périmètre » regroupant les bâtiments d'une ancienne exploitation agricole, dans le respect des traditions architecturales locales (C. urb. art. L 111-4, 1°).

ILLUSTRATIONS

Peuvent être autorisées des constructions implantées dans un espace entouré de bâtiments agricoles suffisamment rapprochés pour pouvoir être considérés comme délimitant, même sans clôture, le « périmètre » mentionné par le Code de l'urbanisme (CE 29-5-2019 n° 419921, Min. cohésion du territoire : BPIM 4/19 inf. 232).

3° Les constructions et installations nécessaires à l'exploitation agricole ou à des équipements collectifs si elles sont compatibles avec l'exercice d'une activité agricole, pastorale ou forestière sur le terrain, à la réalisation d'aires d'accueil ou de terrains de passage des gens du voyage, à la mise en valeur des ressources naturelles (C. urb. art. L 111-4, 2°) et à la réalisation d'opérations d'intérêt national (OIN) (C. urb. art. L 102-13, 1°). Doivent être considérées comme des constructions et installations nécessaires à l'exploitation agricole les installations de production et de commercialisation, par un ou plusieurs exploitants agricoles, de biogaz, d'électricité et de chaleur par la méthanisation (C. urb. art. L 111-4, dernier al.), ainsi que les installations agrivoltaïques (voir n° 1098).

ILLUSTRATIONS

La construction d'un bâtiment comprenant une **bergerie,** une aire de stockage et une salle de traite peut être autorisée en dehors des parties urbanisées d'une commune (CAA Bordeaux 2-7-1998 n° 95BX00705). En revanche, ne sont pas autorisées l'édification de deux bâtiments affectés à une **activité de chasse** (CAA Nantes 28-12-2001 n° 99NT02421, Min. équipement : BPIM 3/02 inf. 151), ni celle d'un **gîte rural** (CE 14-2-2007 n° 282398, Min. transports : BPIM 3/07 inf. 169) ou d'un **abri de pêche** (Rép. Mallié : AN 17-4-2007 n° 117730). La circonstance que le pétitionnaire ait la qualité d'exploitant agricole ne suffit pas à considérer que la construction est nécessaire à l'exploitation agricole. Lorsque la construction envisagée est à usage d'**habitation,** il convient d'apprécier le caractère indispensable de la présence permanente de l'exploitant sur l'exploitation au regard de la nature et du fonctionnement des activités de l'exploitation agricole (CE 26-4-2013 n° 352246).

4° Les constructions et installations nécessaires à la transformation, au conditionnement et à la commercialisation des produits agricoles, lorsque ces activités constituent le prolongement de l'acte de production et à condition qu'elles soient compatibles avec l'exercice d'une

 © Éd. Francis Lefebvre

activité agricole, pastorale ou forestière sur le terrain concerné. Ces constructions et installations ne peuvent pas être autorisées dans les zones naturelles, ni porter atteinte à la sauvegarde des espaces naturels et des paysages (C. urb. art. L 111-4, 2° bis).

5° Les constructions et installations incompatibles avec le voisinage des zones habitées et l'extension mesurée des constructions et installations existantes (station d'épuration, usine de traitement des ordures ménagères, par exemple) (C. urb. art. L 111-4, 3°). Cette exception n'est pas applicable si la commune est soumise à la règle d'urbanisation limitée analysée n°s 450 s.

ILLUSTRATIONS

Le **hall d'un aérodrome** constitue une construction incompatible avec le voisinage des zones habitées (CE 9-3-2009 n° 296538, Cne de Trimbach). En revanche, ce n'est pas le cas d'une **discothèque** (CE 2-2-1996 n° 138448, Cne de Luc : BJDU 2/96 p. 84 concl. J. Arrighi de Casanova).

362 La **commission départementale de la préservation des espaces naturels, agricoles et forestiers** (CDPENAF) doit émettre un avis préalable à la délivrance des autorisations d'urbanisme portant sur les constructions et installations nécessaires aux activités exercées dans le prolongement de l'activité agricole (C. urb. art. L 111-4, 2° bis).

L'avis de la commission est également requis dans d'autres cas (C. urb. art. L 111-5) : lorsque la construction de bâtiments nouveaux à usage d'habitation (C. urb. art. L 111-4, 1°) ou d'autres projets de constructions et installations (C. urb. art. L 111-4, 2° et 3°), ainsi que des projets de méthanisation (C. urb. art. L 111-4, dernier. al.), entraînent une réduction des surfaces agricoles, ou à vocation agricole, situées en dehors des espaces urbanisés. Toutefois, cet avis n'est pas obligatoire quand il s'agit de l'adaptation, la réfection, l'extension et le changement de destination des constructions existantes (C. urb. art. L 111-4, 1°). L'avis de la commission départementale est réputé favorable s'il n'est pas intervenu dans le mois de sa saisine par le préfet (C. urb. art. R 111-20).

Dans le périmètre des OIN, la commission doit être consultée lorsque les constructions envisagées entraînent une réduction des surfaces agricoles ou à vocation agricoles ou des espaces naturels et forestiers (C. urb. art. L 102-13, 1°).

DÉROGATIONS À LA RÈGLE DE CONSTRUCTIBILITÉ LIMITÉE

365 Le **conseil municipal** peut, par **délibération motivée,** autoriser, en dehors des parties urbanisées de la commune, des constructions ou installations si le projet est justifié par l'intérêt de la collectivité territoriale et, en particulier, par le souci d'éviter une diminution de la population communale (C. urb. art. L 111-4, 4°). Il ne s'agit pas ici, à proprement parler, d'une « exception » reposant sur des critères objectifs, mais plutôt d'une « dérogation » accordée en fonction d'une appréciation de l'intérêt communal.

Le juge doit vérifier, au vu de l'ensemble des données démographiques produites par les parties, que l'existence d'une perspective de diminution de la population communale est établie (CE 17-12-2007 n° 295425, Min. transports : BPIM 1/08 inf. 4). Toutefois, l'intérêt communal ne s'apprécie pas uniquement au regard de préoccupations démographiques (CAA Bordeaux 4-6-2007 n° 05BX00707 : BPIM 6/07 inf. 385).

La délibération du conseil municipal doit être soumise à l'avis conforme de la commission départementale de la préservation des espaces naturels, agricoles et forestiers. Cet avis est réputé favorable s'il n'a pas été émis dans le mois de la saisine de la commission (C. urb. art. L 111-5).

Les constructions et installations doivent respecter certaines **conditions.** Elles ne doivent pas (C. urb. art. L 111-4, 4°) :

– porter atteinte à la sauvegarde des espaces naturels et des paysages, ni à la salubrité et à la sécurité publiques ;
– entraîner un surcroît important de dépenses publiques ;
– être contraires aux objectifs généraux que poursuit l'action des collectivités publiques en matière d'urbanisme (C. urb. art. L 101-2), ni aux dispositions particulières régissant le littoral et les zones de montagne, ni davantage aux directives territoriales d'aménagement (DTA) précisant leurs modalités d'application (n° 940).

La possibilité de **dérogation** est **exclue** si la commune est soumise à la règle d'urbanisation limitée analysée n°s 450 s.

C. Urbanisation limitée en l'absence de Scot

COMMUNES CONCERNÉES

La règle d'urbanisation limitée en l'absence de schéma de cohérence territoriale (Scot) s'applique dans toutes les communes non couvertes par un Scot (C. urb. art. L 142-4). 450

> **Précisions** Les **schémas d'aménagement régional** applicables dans les régions de Guadeloupe et de La Réunion, dans les collectivités territoriales de Guyane et de Martinique, ainsi que dans le département de Mayotte, ont valeur de Scot pour l'application de la règle d'urbanisation limitée. Il en va de même dans le cas du schéma directeur de la région Île-de-France et du plan d'aménagement et de développement durable de Corse (C. urb. art. L 142-4, al. 6).

PRINCIPE

Les communes concernées par la règle de l'urbanisation limitée ne peuvent pas, lors de l'**élaboration ou de l'évolution d'un document d'urbanisme,** ouvrir à l'urbanisation (C. urb. art. L 142-4) : 452

– les zones à urbaniser délimitées après le 1er juillet 2002 ou les zones naturelles, agricoles ou forestières des PLU ou des documents en tenant lieu ;
– les secteurs inconstructibles des cartes communales.

Lorsque la commune est, en outre, soumise à la règle de constructibilité limitée visée n° 350, les **secteurs situés hors des parties actuellement urbanisées** ne peuvent pas être ouverts à l'urbanisation pour autoriser (C. urb. art. L 142-4, 3° et, sur renvoi, art. L 111-4, 3° et 4°) :
– les constructions et installations incompatibles avec le voisinage des zones habitées et l'extension mesurée de ces constructions et installations existantes ;
– l'implantation des constructions ou installations estimées nécessaires par le conseil municipal dans l'intérêt communal.

Dans les communes soumises à la règle de l'urbanisation limitée, les **autorisations d'aménagement commercial** (commerce et cinéma) ne peuvent pas être délivrées dans une zone ou un secteur rendu constructible après le 4 juillet 2003 (C. urb. art. L 142-4, 4°).

DÉROGATION

Il peut être dérogé à ces interdictions avec l'**accord du préfet,** donné après avis de la commission départementale de la préservation des espaces naturels, agricoles et forestiers et, le cas échéant, celui de l'établissement public en charge du Scot. 455

La **dérogation** ne peut être **accordée que si** l'urbanisation envisagée ne nuit pas à la protection des espaces naturels, agricoles et forestiers ou à la préservation et à la remise en bon état des continuités écologiques, ne conduit pas à une consommation excessive de l'espace, n'a pas d'impact excessif sur les flux de déplacements et ne nuit pas à une répartition équilibrée entre emploi, habitat, commerces et services (C. urb. art. L 142-5 et R 142-2).

D. Contenu du RNU

PRINCIPES GÉNÉRAUX

Les dispositions du RNU se répartissent en plusieurs ensembles qui se distinguent par leur objet. Ces dispositions concernent respectivement : 550

– la localisation et l'implantation des constructions et aménagements (C. urb. art. L 111-6 à L 111-10, art. R 111-2 à R 111-4 et art. R 111-14 à R 111-19) ;
– la desserte des constructions et aménagements (C. urb. art. L 111-11 à L 111-13 et art. R 111-5 à R 111-13) ;
– la densité des constructions (C. urb. art. L 111-14, R 111-21 et R 111-22) ;
– les performances environnementales et énergétiques (C. urb. art. L 111-16 à L 111-18-1, art. R 111-23, R 111-24 et R 111-24-1) ;
– la réalisation et l'équipement d'aires de stationnement (C. urb. art. R 111-25 à R 111-25-19) ;
– la préservation des éléments présentant un intérêt architectural, patrimonial, paysager ou écologique (C. urb. art. L 111-22, L 111-23 et art. R 111-26 à R 111-30).

Certaines de ces dispositions sont examinées au titre des mécanismes d'encadrement de l'urbanisme local (voir notamment nos 1070 s.). D'autres encore portent sur le camping et le caravaning, ainsi que les résidences démontables constituant l'habitat permanent de leurs utilisateurs (C. urb. art. R 111-31 à R 111-51). Elles sont analysées nos 18630 s. S'y ajoutent des dispositions relatives aux friches (C. urb. art. D 111-54 et D 111-55) et aux installations de production d'énergie photovoltaïque sur les terrains agricoles, naturels et forestiers (C. urb. art. R 111-56 à R 111-64). Voir respectivement nos 1102 et 1098.

S'agissant des dispositions du RNU relevant de la partie réglementaire du Code de l'urbanisme, une distinction doit être faite entre les règles qui sont **« impératives »** (« le projet doit être refusé… ») et celles qui sont seulement **« permissives »** (« le projet peut être refusé… ») pour lesquelles l'administration dispose d'un certain pouvoir d'appréciation. Cette distinction conditionne l'étendue du contrôle du juge administratif selon que le permis est accordé ou refusé (voir n° 16650).

> **Précisions** **a.** Certaines règles du RNU cessent d'être applicables lorsque la **commune** est **dotée d'un document local d'urbanisme** opposable (voir n° 251).
> **b.** En cas de violation des règles du RNU, les tiers peuvent intenter une **action en démolition,** et ce même si la règle violée est « permissive » (voir nos 16890 s.).

1. LOCALISATION ET IMPLANTATION DES CONSTRUCTIONS ET AMÉNAGEMENTS

SALUBRITÉ ET SÉCURITÉ PUBLIQUES

570 **Règle générale** Le projet peut être refusé ou n'être accepté que sous réserve de l'observation de prescriptions spéciales s'il est de nature à porter atteinte à la salubrité ou à la sécurité publique du fait de sa situation, de ses caractéristiques, de son importance ou de son implantation à proximité d'autres installations (C. urb. art. R 111-2). Cette disposition s'applique même dans les communes dotées d'un PLU ou d'un document en tenant lieu (CE 31-1-2022 n° 437458, Association Le comité de quartier des Aubes). Elle concerne les permis comme les déclarations préalables (CE 13-6-2012 n° 346133, Cne d'Aix-en-Provence), y compris les déclarations préalables de division en vue de créer un terrain à bâtir dont la construction future pourrait porter atteinte à la sécurité publique (CAA Marseille 23-5-2019 n° 17MA04779 : BPIM 5/19 inf. 308).

Peuvent, ainsi, être refusés le permis de construire une **installation polluante ou dangereuse** à proximité d'une construction à usage d'habitation, aussi bien qu'un permis pour réaliser une construction non polluante ou non dangereuse à proximité d'une construction existante source de nuisances, notamment une installation classée.

Pour **apprécier** si **les atteintes** à la salubrité ou à la sécurité publique permettent de refuser le projet, il faut tenir compte de l'effet cumulé des différents risques et nuisances auxquels est exposée la construction projetée, même s'ils ne sont pas directement liés entre eux. L'autorisation peut être refusée dès lors que l'addition de ces risques ou nuisances compromet gravement les conditions et le cadre de vie des futurs occupants, même si aucun de ces risques ou nuisances ne justifierait, à lui seul, ce refus (CE 16-7-2014 n° 356643, Cne de Salaise-sur-Sanne : BJDU 2/15 p. 98).

Un permis de construire ne peut pas être refusé en raison du risque d'incendie auquel est exposé le secteur d'implantation, si l'autorité compétente peut imposer au pétitionnaire des **prescriptions spéciales** permettant d'assurer la conformité du projet aux exigences de sécurité (CE 26-6-2019 n° 412429 : BPIM 4/19 inf. 233). Au nombre des prescriptions spéciales dont l'observation permet d'accepter le projet figurent notamment les plans de prévention des risques naturels prévisibles (voir n° 1118, Précisions c).

> **Précisions** **a.** La construction d'un parc éolien à proximité d'un radar météorologique peut être refusée si les installations projetées sont susceptibles de porter atteinte à la **sécurité publique** en raison des perturbations importantes qu'elles entraîneraient dans la détection des phénomènes météorologiques dangereux (CE 30-12-2013 n° 352693, Sté EDP Renewables France).
> **b.** La construction de 49 pavillons situés pour certains à moins de 65 m des installations d'un élevage bovin comprenant plus de 100 animaux en stabulation libre porte atteinte à la **salubrité publique** (CE 16-6-1999 n° 188816, Cne de La Chevrolière), tout comme la construction d'un abattoir à proximité d'habitations (CE 22-7-1994 n° 132790, Cne d'Auboué : BJDU 6/94 p. 45).
> **c.** Les **nuisances sonores** figurent parmi les éléments pouvant être retenus, le cas échéant en complément d'autres nuisances, comme portant atteinte à la salubrité publique. Cette solution a été admise à propos de l'extension d'une salle des fêtes communale (CAA Douai 13-10-2020 n° 19DA00714), d'un silo à céréales (CE 5-6-1987 n° 81511 : RDI 1987 p. 341), d'un refuge pour animaux abandonnés (CAA Nantes 17-4-2015 n° 14NT00537) ou de la transformation de locaux en meublés de tourisme dans une copropriété

(CAA Paris 10-5-2023 nº 22PA02683, Sté LMC Conseil). Dans ce dernier cas, il faut toutefois que le projet, notamment par sa nature, son importance ou ses conditions d'utilisation, compromette de façon grave et continue la qualité de vie des résidents de la copropriété (CAA Paris 18-6-2024 nº 23PA00354, Ville de Paris : BPIM 4/24 inf. 224).

d. La **gêne visuelle** que le fonctionnement de 4 éoliennes entraîne pour les riverains ne constitue pas une atteinte à la salubrité publique susceptible de justifier le refus des permis de construire nécessaires à la réalisation du projet (CE 1-3-2023 nº 455629, Sté Energie Ménétréols : BPIM 3/23 inf. 156).

Principe de réciprocité Lorsque les dispositions législatives ou réglementaires soumettent à des conditions de distance l'implantation ou l'extension de **bâtiments agricoles** vis-à-vis des habitations et des immeubles habités par des tiers, la même **exigence d'éloignement** doit être imposée à toute nouvelle construction ou tout changement de destination à usage non agricole nécessitant un permis de construire, à l'exception des extensions de constructions existantes (C. rur. art. L 111-3, al. 1). Il s'agit du principe dit de « réciprocité ». **572**

Dans les parties actuellement urbanisées des communes, des règles d'éloignement spécifiques peuvent être fixées pour tenir compte de la préexistence de constructions agricoles. Ces règles sont fixées par le PLU ou, dans les communes non dotées d'un PLU, par délibération du conseil municipal, prise après avis de la chambre d'agriculture et enquête publique environnementale. Dans ces secteurs soumis à règles spécifiques, l'extension limitée et les travaux rendus nécessaires par des mises aux normes des exploitations agricoles existantes sont autorisés malgré la proximité de bâtiments d'habitation. En dehors de ces secteurs, l'autorité qui délivre le permis de construire peut autoriser, après avis de la chambre d'agriculture, une distance d'éloignement inférieure pour tenir compte des spécificités locales. Il est également possible de déroger à la règle d'éloignement par accord des parties et création d'une servitude (C. rur. art. L 111-3, al. 2 à 5). La distance d'éloignement s'entend des constructions elles-mêmes et non des limites de propriété (Rép. Morin : AN 14-5-2001 nº 52818). Elle s'applique à tous les bâtiments agricoles et annexes (Rép. Masson : Sén. 29-10-2015 nº 13682).

› Précisions Le **principe** de réciprocité est **opposable** aux autorisations de lotir, dès lors que celles-ci prévoient des lots en vue de l'implantation de constructions nouvelles qui méconnaîtront nécessairement les règles de distance (CE 31-7-2009 nº 296197 : BJDU 5/09 p. 349). Il ne s'applique que pour des bâtiments agricoles régulièrement édifiés et exploités (CAA Bordeaux 4-5-2006 nº 03BX00174, Min. équipement). La règle de distance peut résulter de la réglementation des installations classées (CE 24-2-2016 nº 380556, Sté Enderlin Marcel : BPIM 2/16 inf. 82). La circonstance qu'ait été prévue pour les bâtiments agricoles existants une application différée des règles de distance n'empêche pas l'application immédiate des mêmes règles aux nouvelles constructions à usage d'habitation (CE 8-6-2016 nº 383638, Min. logement : BPIM 4/16 inf. 229).

Cas des zones à risques Les constructions peuvent être interdites en raison de leur implantation dans une zone à risques. Les risques concernés sont ceux auxquels peuvent être exposés les occupants de la construction projetée aussi bien que les tiers (CE 19-11-1999 nº 190303, Cne de Port-la-Nouvelle : BPIM 1/00 inf. 1). **575**

Le permis peut, dès lors, être refusé si le projet est implanté dans des espaces boisés particulièrement sensibles aux **incendies** (CE 1-3-2004 nº 209942, Cne de Villelaure : BPIM 2/04 inf. 72) ou s'il est exposé à un risque d'**inondation** (CAA Bordeaux 9-7-2015 nº 15BX00442, préfet de la Charente-Maritime). Il en va de même si la réalisation du projet est susceptible d'accentuer un tel risque pour les constructions situées en aval (CAA Lyon 24-3-1998 nº 95LY00217 : BPIM 3/98 inf. 161). Un risque d'inondation peut justifier un refus de permis même si le plan de prévention des risques naturels prévisibles « inondation » classe le terrain en zone constructible ou ne contient pas de prescriptions particulières (CE 15-2-2016 nº 389103 : BPIM 2/16 inf. 83).

L'hypothèse d'une construction exposée à un **risque industriel majeur** donne lieu à des solutions nuancées qui dépendent des circonstances particulières de chaque espèce. Ainsi, un maire commet une erreur manifeste d'appréciation en autorisant l'édification d'un restaurant non loin d'une importante raffinerie (CE 20-5-1994 nº 107878, préfet du Rhône : BJDU 5/94 p. 42 concl. R. Schwartz). En revanche, n'est pas entaché d'erreur manifeste le permis portant sur la construction d'un hôtel à 500 m d'une autre raffinerie (CE 29-7-1994 nº 115625, préfet de la Seine-Maritime : Lebon T. p. 1255) ou la réalisation de 20 logements à proximité d'une canalisation souterraine assurant le transport de propylène (CE 27-5-2021 nº 436391).

› Précisions **a.** Peut justifier un refus de permis de construire le risque d'incendie accidentel pouvant résulter de l'édification, à 25 m d'une maison d'habitation, d'un hangar de 491 m² destiné à **stocker du fourrage** et du matériel agricole (CE 22-4-2005 nº 257743 : BPIM 4/05 inf. 240). Il en va de même du risque de **projection des pales d'une éolienne** située à 300 m d'une habitation, l'appréciation du risque devant tenir compte des dimensions de l'éolienne, de la proximité de constructions et de la topographie des lieux (CE 27-7-2009 n° 317060, Sté Boralex Avignonet : BPIM 5/09 inf. 335).

b. La délivrance d'un permis de construire dans une zone à risques constitue une **faute** de nature à engager la **responsabilité** de la collectivité publique (CE 2-10-2002 n° 232720, Min. équipement : BJDU 4/02 p. 309, s'agissant d'une zone inondable).

c. La **reconstruction** d'un bâtiment détruit par sinistre ou démoli peut être interdite en cas de risque pour les occupants (voir n° 13070).

EXPOSITION À DES NUISANCES

580 Le projet peut être refusé ou n'être accepté que sous réserve de prescriptions spéciales s'il est susceptible, en raison de sa localisation, d'être exposé à des nuisances graves, dues notamment au bruit (C. urb. art. R 111-3). Cette disposition ne s'applique pas dans les communes dotées d'un PLU ou d'un document en tenant lieu (C. urb. art. R 111-1, al. 2). Le PLU doit, par conséquent, comporter toutes les dispositions relatives au bruit et aux autres nuisances justifiant, éventuellement, l'interdiction de bâtir.

Ce texte vise particulièrement le bruit autour des aéroports et aux abords des voies nouvelles et autres infrastructures routières.

SITES ET VESTIGES ARCHÉOLOGIQUES

585 Le projet peut être refusé ou n'être accepté que sous réserve de l'observation de prescriptions spéciales s'il est de nature, par sa localisation et ses caractéristiques, à compromettre la conservation ou la mise en valeur d'un site ou de vestiges archéologiques (C. urb. art. R 111-4). Cette disposition s'applique même dans les communes dotées d'un PLU ou d'un document en tenant lieu.

ESPACES VERTS

590 Le permis ou la décision prise sur la déclaration préalable peut imposer la création ou le maintien d'espaces verts correspondant à l'importance du projet et, en cas de réalisation de bâtiments d'habitation, la création d'aires de jeux et de loisirs pour les enfants (C. urb. art. R 111-7). Cette disposition ne s'applique pas dans les communes dotées d'un PLU ou d'un document en tenant lieu (C. urb. art. R 111-1, al. 2).

PROTECTION DES ESPACES NATURELS, DES ACTIVITÉS AGRICOLES ET FORESTIÈRES ET DES SUBSTANCES MINIÈRES

595 En dehors des parties urbanisées des communes, peuvent être refusés ou soumis à des prescriptions particulières les projets de nature (C. urb. art. R 111-14) :

– à favoriser une « **urbanisation dispersée,** incompatible avec la vocation des espaces naturels environnants », en particulier lorsque ceux-ci sont peu équipés ;

– à compromettre les **activités agricoles ou forestières,** notamment en raison de la valeur agronomique des sols, des structures agricoles, de l'existence de terrains faisant l'objet d'une délimitation au titre d'une appellation d'origine contrôlée ou d'une indication géographique protégée ou comportant des équipements spéciaux importants, ainsi que de périmètres d'aménagements fonciers et hydrauliques ;

– à compromettre la mise en valeur des **substances minières** visées à l'article L 111-1 du Code minier ou les matériaux de carrière inclus dans les zones spéciales de carrières définies à l'article L 321-1 du même Code.

Ces dispositions ne s'appliquent pas dans les communes dotées d'un PLU ou d'un document en tenant lieu (C. urb. art. R 111-1, al. 2).

Font également l'objet d'une attention particulière les projets « de nature à avoir des **conséquences dommageables sur l'environnement** » (voir n° 685).

DISTANCE ENTRE LES BÂTIMENTS

600 Dans les communes qui ne sont pas dotées d'un PLU ou d'un document en tenant lieu (C. urb. art. R 111-1, al. 2), une distance d'au moins 3 m peut être imposée entre deux bâtiments non contigus situés sur un terrain appartenant au **même propriétaire** (C. urb. art. R 111-15). Pour l'application de cette disposition, le terrain qui comporte un ensemble d'immeubles en copropriété doit être considéré comme appartenant au même propriétaire (CE 14-4-1995 n° 142000 : Lebon T. p. 1090).

DISTANCE PAR RAPPORT AUX VOIES

605 Lorsqu'un bâtiment est édifié en bordure d'une **voie publique,** la distance comptée horizontalement de tout point de l'immeuble au point le plus proche de l'alignement opposé doit être au moins égale à la différence d'altitude entre ces deux points ($L \geq H$).

Ainsi, alors qu'un immeuble doit être implanté à 7 m de l'alignement opposé, le permis autorisant la construction est illégal si la plus grande partie de la façade, toit compris, atteint 11,50 m (CE 17-10-1986 n° 55640 : Lebon p. 241).

Dans le cas où la construction doit être édifiée en **retrait de l'alignement,** la limite de ce retrait se substitue à l'alignement. Si la construction doit être implantée en bordure d'une **voie privée,** la largeur effective de celle-ci est assimilée à la largeur réglementaire des voies publiques. Toutefois, l'autorité compétente peut imposer une implantation en limite d'alignement ou dans le prolongement des constructions existantes (C. urb. art. R 111-16).

Ces dispositions ne s'appliquent pas dans les communes dotées d'un PLU ou d'un document en tenant lieu (C. urb. art. R 111-1, al. 2).

> Précisions a. La disposition de l'article R 111-16 qui assimile les voies privées aux voies publiques ne vise que les **voies privées préexistantes** à la demande de permis ou prévues dans un projet antérieurement approuvé (CE 13-3-1970 n° 74278 : Lebon p. 193).

b. Dans le cas d'un immeuble situé sur une **voie à forte déclivité,** il n'est pas possible de retenir, pour la comparer à la largeur de la voie, une hauteur moyenne mesurée au milieu de la façade de l'immeuble (CE 18-7-1973 n° 86222 : Lebon p. 532).

DISTANCE PAR RAPPORT AUX LIMITES PARCELLAIRES

Les dispositions présentées ci-dessous ne sont pas applicables dans les communes dotées d'un PLU ou d'un document en tenant lieu (C. urb. art. R 111-1, al. 2). **610**

À moins que le **bâtiment à construire** ne jouxte la limite parcellaire, la distance comptée horizontalement de tout point de ce bâtiment (balcon, débord de toiture, etc.) au point de la limite parcellaire qui en est le plus rapproché doit être au moins égale à la moitié de la différence d'altitude entre ces deux points, sans pouvoir être inférieure à **3 m** (C. urb. art. R 111-17).

Une construction peut donc être implantée soit sur une limite parcellaire, qu'il y ait ou non un bâtiment en recul sur la parcelle voisine, soit conformément au **prospect** réglementaire ($L \geq H / 2$) qui ne peut être inférieur à 3 m.

EXEMPLE

L'implantation d'un immeuble d'une hauteur de 9 m doit respecter une marge de reculement de 4,5 m, au moins, par rapport à la limite séparative. Si la hauteur de l'immeuble est de 5 m, le prospect réglementaire doit être de 3 m.

En tout état de cause, ces règles sont fixées sous réserve des **droits des tiers,** notamment au titre des troubles du voisinage. Elles sont sans lien avec les règles concernant les vues sur la propriété voisine (Cass. 3e civ. 3-3-1981 n° 79-16.684 : Bull. civ. III n° 44).

Lorsque le terrain est compris dans un **lotissement,** c'est la réglementation la plus restrictive (celle issue du cahier des charges ou du RNU) qui s'applique (voir n° 27060, Précisions e), sauf bien entendu si seul le PLU est applicable.

> Précisions a. Le **niveau de la limite parcellaire** qui doit servir de référence pour l'application de l'article R 111-17 du Code de l'urbanisme est celui du fonds voisin. Alors que la hauteur de la construction projetée est de 8 m et que son terrain d'assiette est situé à 1,34 m en dessous du fonds voisin, il y a lieu de mettre en rapport une distance de 6,66 m avec la distance horizontale de 3,61 m séparant la future construction de la limite parcellaire (CE 19-1-1973 n° 82491 : Lebon p. 58).

b. La **hauteur de la construction** doit être mesurée à partir du sol tel qu'il existe avant travaux (CE 26-2-1992 n° 120067 : Lebon T. p. 1393, s'agissant des règles similaires d'un POS). Le point le plus élevé à prendre en compte est l'égout du toit (CE 24-2-1995 n° 115863 : Lebon T. p. 1079, s'agissant des règles similaires d'un POS). Pour les murs pignons (façade sans toiture), il faut retenir la hauteur du point le plus élevé du mur (CE 28-9-1998 n° 172656, Cne de Saint-Bon-Tarentaise : BPIM 6/98 inf. 370).

c. Les règles de distance des constructions par rapport aux limites séparatives ne s'appliquent pas à la **partie souterraine** d'un bâtiment qui ne dépasse pas le niveau du sol naturel (CE 11-2-2002 n° 221350 : BPIM 4/02 inf. 244, s'agissant des règles similaires d'un POS).

d. Les règles de distance des constructions par rapport aux limites parcellaires ne s'appliquent pas lorsque la **parcelle mitoyenne** du terrain d'assiette du projet est **en indivision** entre plusieurs propriétaires et à usage commun de passage et de stationnement (CAA Lyon 3-10-2017 n° 16LY00314 : BPIM 6/17 inf. 382 s'agissant des règles similaires d'un PLU).

e. Une construction édifiée en **méconnaissance** de l'article R 111-17 peut être **régularisée** par l'édification d'une annexe portant l'ensemble jusqu'en limite parcellaire (CE 29-10-1975 n° 94198 : Lebon T. p. 1328).

f. Une construction à **édifier sur la limite** qui sépare deux propriétés n'est pas soumise aux règles de distance de l'article R 111-17 (CE 2-12-1988 n° 72577).

615 Lorsque par son gabarit ou son implantation un **immeuble bâti existant** n'est **pas conforme aux règles de distance** par rapport aux limites parcellaires, un permis de construire ne peut être accordé que pour des travaux qui ont pour objet d'améliorer la conformité de l'immeuble ou du gabarit de cet immeuble avec les prescriptions de l'article R 111-17, ou pour des travaux qui sont sans effet sur l'implantation ou le gabarit de l'immeuble (C. urb. art. R 111-18).

La jurisprudence applique la même règle lorsque l'immeuble existant n'est pas conforme aux dispositions du PLU. Sur la notion de travaux améliorant la conformité ou étrangers à la non-conformité, voir n° 13085.

DÉROGATIONS ET AMÉNAGEMENTS

620 Des dérogations aux règles d'implantation et de volume des constructions fixées par les articles R 111-15 à R 111-18 peuvent être accordées par décision motivée de l'autorité compétente, après avis du maire de la commune lorsque celui-ci n'est pas l'autorité compétente (C. urb. art. R 111-19, al. 1).

En outre, le préfet peut, après avis du maire, apporter des aménagements à ces mêmes règles, sur le territoire où l'établissement d'un PLU a été prescrit, mais où ce plan n'a pas encore été approuvé (C. urb. art. R 111-19, al. 2). À notre avis, ces aménagements doivent être compatibles avec le document d'urbanisme en préparation et limités dans leur portée.

Une dérogation ne peut être accordée que pour des motifs d'intérêt général justifiant l'atteinte qu'elle porte à l'intérêt général protégé par les règles en cause (CE sect. 16-12-1977 n° 91542, Min. équipement : Lebon p. 509 ; CE 9-5-1980 n° 13435, SCI Le toit tulliste : AJDA 1980 p. 495 note J. Barthélémy).

Elle doit être accordée au moment de la délivrance du permis de construire initial, sans qu'elle puisse avoir pour objet de régulariser un permis de construire antérieur (CAA Bordeaux 11-7-2013 n° 11BX02706, SCI Les Chevêches).

2. DESSERTE DES CONSTRUCTIONS

DESSERTE PAR LES VOIES PUBLIQUES OU PRIVÉES

630 Le projet peut être refusé sur les terrains qui ne seraient pas desservis par des voies publiques ou privées dans des conditions répondant à son **importance ou à la destination des constructions** et aménagements envisagés. Il en va de même si les caractéristiques de ces voies rendent difficile la circulation ou l'utilisation des engins de lutte contre l'incendie. Une autre possibilité de refus est ouverte lorsque les accès au terrain présentent un risque pour la sécurité des usagers des voies publiques ou pour celle des personnes utilisant ces accès. La sécurité des usagers doit être appréciée compte tenu, notamment de la position des accès, de leur configuration ainsi que de la nature et de l'intensité du trafic (C. urb. art. R 111-5).

Par ailleurs, le permis ou la décision prise sur la déclaration préalable peut imposer la réalisation d'installations propres à assurer le **stationnement** en dehors des voies publiques (voir n° 680) et la réalisation de voies privées ou de tout autre aménagement particulier nécessaire au respect des conditions de sécurité évoquées (C. urb. art. R 111-6).

Les dispositions relatives à la desserte des terrains par les voies publiques ou privées ne s'appliquent pas dans les communes dotées d'un PLU ou d'un document en tenant lieu (C. urb. art. R 111-1, al. 2).

> **Précisions** **a.** Une desserte suffisante se trouve normalement assurée par une voie ouverte à la circulation publique. Mais le propriétaire peut aussi se prévaloir d'un titre créant une **servitude de passage** qui donne accès à cette voie (CE 26-2-2014 n° 356571, Cne du Castellet : BPIM 2/14 inf. 79).

b. Dès lors que les conditions d'accès direct satisfont à l'importance ou à la destination de l'immeuble, un refus de permis ne saurait être valablement fondé sur les **difficultés générales de circulation** dans le secteur d'implantation (CE sect. 23-7-1976 n° 95324, Min. équipement c/ Sté Lucien Bérard : Lebon p. 384 ; CE 23-10-2002 n° 219663, Cne de Chamonix-Mont-Blanc).

c. Les règles relatives à l'approche des véhicules de **lutte contre l'incendie** sont méconnues lorsque la seule voie de desserte immédiate s'avère trop étroite pour permettre le passage de ces véhicules (CE sect. 11-6-1982 n° 16567 : Lebon p. 221). Un refus de permis de construire peut être opposé même si les services de lutte contre l'incendie ont émis un avis favorable (CE 11-7-2001 n° 213055, SCI Audibert-Ponte).

d. Les risques que l'article R 111-5 a pour objet de prévenir se limitent à ceux provenant de la circulation routière. Ils ne s'étendent pas aux **risques naturels** comme les avalanches (CE 9-7-2003 n° 235325, Cne de Val-d'Isère : BJDU 1/04 p. 14).

DESSERTE PAR LES RÉSEAUX PUBLICS

Conditions de réalisation des travaux de desserte Le permis de construire ou d'aménager ne peut être accordé, tandis qu'il doit être fait opposition à une déclaration préalable, lorsque le projet nécessite des **travaux portant sur les réseaux publics** (eau, électricité, assainissement) et que l'autorité administrative chargée de délivrer le permis n'est pas en mesure d'indiquer **dans quel délai, et par qui,** ces travaux doivent être réalisés (C. urb. art. L 111-11, al. 1 et 2). 635

Dès lors qu'une telle incertitude affecte la date et les modalités de réalisation des travaux, le refus de permis est obligatoire (CE 4-3-2009 n° 303867 : BPIM 2/09 inf. 93). Le refus est également justifié lorsque le projet exige une modification de la consistance d'un réseau public qui ne correspond pas aux besoins de la collectivité, compte tenu de ses perspectives d'urbanisation et de développement, ou lorsque des travaux de modification du réseau ont été réalisés sans l'accord de la collectivité (CE 11-6-2014 n° 361074, Cne de Champcella : BPIM 4/14 inf. 228). Les dispositions relatives aux équipements de desserte s'appliquent dans les zones urbaines (CE 5-11-1984 n° 49964, Min. équipement c/ Association SOS boulevard de Strasbourg : Lebon p. 361). Elles sont opposables aux demandes d'autorisation concernant les terrains aménagés pour permettre l'installation de résidences démontables constituant l'habitat permanent de leurs utilisateurs (C. urb. art. L 111-11, al. 3 et 4).

> **Précisions** **a.** Le permis ne peut pas être refusé sur le fondement des dispositions relatives aux équipements de desserte par les réseaux lorsque la réalisation du **projet ne nécessite ni raccordement** aux réseaux publics (CE 30-10-1996 n° 126150 : Lebon T. p. 1222) **ni extension** de ceux-ci (CE 21-9-2022 n° 455174, Cne de Monêtier-les-Bains). Lorsque la réalisation d'une installation de téléphonie mobile nécessite de **simples travaux de branchement** au réseau d'électricité et que ceux-ci n'entraînent pas une extension du réseau, le projet ne relève pas de l'article L 111-11 du Code de l'urbanisme (CE 22-7-2020 n° 431419, Cne de Muret).
b. Un maire ne peut pas s'opposer à une déclaration en estimant ne pas être en mesure de déterminer dans quel délai les travaux d'extension du réseau d'électricité seraient exécutés, alors qu'en application de l'article L 332-15 du Code de l'urbanisme le **demandeur s'est engagé à réaliser les travaux** nécessaires au titre des **équipements propres à l'opération** (CE 26-12-2021 n° 441204). La même solution a été retenue pour des travaux pouvant être mis à la charge du pétitionnaire au titre des **équipements publics exceptionnels** (C. urb. art. L 332-8) et dont il a accepté d'assumer le coût (CE 18-12-2024 n° 490274, Sté Bouygues Télécom et Sté Cellnex France : BPIM 1/25 inf. 29).
c. À l'intérieur des zones délimitées par les schémas de distribution de l'eau potable, que les communes sont chargées d'établir (CGCT art. L 2274-7-1), celles-ci ont l'obligation de faire droit aux demandes de **raccordement au réseau d'eau potable** pour toutes les propriétés ayant fait l'objet de l'autorisation de raccordement définitif prévue par l'article L 111-12 du Code de l'urbanisme (n° 650). Les communes bénéficient cependant d'un délai raisonnable apprécié en fonction d'éléments tels que le coût des **travaux d'extension du réseau** et leurs difficultés techniques, ainsi que les modalités de leur financement. En dehors des zones de desserte ou à défaut de telles zones, la commune « apprécie » la suite à donner aux demandes de raccordement dans le respect du principe de l'égalité devant le service public (CE 26-1-2021 n° 431494 : BPIM 2/21 inf. 95).

Équipements publics exceptionnels Le projet peut être refusé si, par sa situation ou son importance, il impose la réalisation d'équipements publics **hors de proportion avec les ressources communales** actuelles ou un surcroît de dépenses de fonctionnement des services publics (C. urb. art. R 111-13). Cette disposition ne s'applique pas dans les communes dotées d'un PLU ou d'un document en tenant lieu (C. urb. art. R 111-1, al. 2). 640

Règles particulières relatives à l'alimentation en eau potable et à l'assainissement Ces règles ne s'appliquent pas dans les communes dotées d'un PLU ou d'un document en tenant lieu (C. urb. art. R 111-1, al. 2). 645

L'alimentation en eau potable et l'assainissement des eaux domestiques usées, la collecte et l'écoulement des eaux pluviales et de ruissellement, ainsi que l'évacuation, l'épuration et le rejet des eaux résiduaires industrielles, doivent être assurés dans des conditions conformes aux règlements en vigueur (C. urb. art. R 111-8).

> **Précisions** **a.** Lorsque le projet prévoit des **bâtiments à usage d'habitation,** ceux-ci doivent être desservis par un réseau de distribution d'eau potable sous pression raccordé aux réseaux publics (C. urb. art. R 111-9).
b. En l'**absence de réseau public** de distribution d'eau potable et sous réserve que l'hygiène générale et la protection sanitaire soient préservées, l'alimentation est assurée par un seul point d'eau ou, en cas d'impossibilité, par le plus petit nombre possible de points d'eau. En l'absence de système de collecte des eaux usées, l'assainissement non collectif doit respecter les prescriptions techniques fixées en application de l'article

R 2224-17 du CGCT. En outre, les installations collectives sont établies de manière à pouvoir se raccorder ultérieurement aux réseaux publics (C. urb. art. R 111-10). Des dérogations sont possibles dans les cas de terrains très vastes et où n'est envisagée qu'une faible densité de constructions dès lors que la salubrité paraît suffisamment garantie (C. urb. art. R 111-11).

c. Des dispositions spécifiques portent sur le rejet des **eaux usées industrielles** non épurées dans le milieu naturel et dans le système de collecte des eaux usées (C. urb. art. R 111-12).

650 **Raccordement définitif aux réseaux publics** Les bâtiments, locaux ou installations soumis aux régimes des permis de construire, de démolir et d'aménager, ainsi qu'au régime de la déclaration préalable, ne peuvent « nonobstant toutes clauses contractuelles contraires » être définitivement raccordés aux réseaux d'électricité, d'eau, de gaz et de téléphone si leur construction ou leur transformation n'a pas été, selon les cas, autorisée ou agréée dans le cadre de ces régimes (C. urb. art. L 111-12).

Sur l'interdiction de raccordement, voir nº 16925.

3. DENSITÉ ET SURFACE DE PLANCHER DES CONSTRUCTIONS

670 La densité de construction est définie par le rapport entre la surface de plancher de cette construction et la surface de terrain sur laquelle elle est ou doit être implantée (C. urb. art. R 111-21, al. 1). La surface de plancher est égale à la somme des surfaces de plancher de chaque niveau clos et couvert, sous une hauteur de plafond supérieure à 1,80 m, calculée à partir du nu intérieur des façades du bâtiment sous déduction de certaines surfaces (C. urb. art. L 111-14 et R 111-22). Sur l'ensemble de la question voir nºs 39690 s.

Pour calculer la densité d'une construction, il convient de prendre en compte la superficie des terrains cédés gratuitement en vue de l'installation des postes de transformation de courant électrique ou des postes de détente de gaz nécessaires à l'opération (C. urb. art. R 111-21, al. 2).

4. PERFORMANCES ENVIRONNEMENTALES ET ÉNERGÉTIQUES

INOPPOSABILITÉ DES RÈGLES LIMITANT LES DISPOSITIFS « ÉCOLOGIQUES »

675 Les **préoccupations environnementales** sont prises en compte au stade de la délivrance des **autorisations d'urbanisme.** Quelles que soient les règles relatives à l'aspect extérieur des constructions prévues par les PLU, les POS, les PAZ encore en vigueur et les règlements des lotissements, le permis de construire ou d'aménager ou la décision prise sur une déclaration préalable « **ne peut s'opposer** » à l'utilisation de matériaux renouvelables ou procédés de construction permettant d'éviter l'émission de gaz à effet de serre, ainsi qu'à l'installation de dispositifs favorisant la retenue des eaux pluviales ou la production d'énergie renouvelable. Si les demandes de permis et les déclarations préalables ne peuvent pas faire l'objet d'un refus ou d'une opposition pour ce motif, des prescriptions particulières restent possibles afin d'assurer la bonne intégration architecturale du projet dans le bâti existant et dans le milieu environnant (C. urb. art. L 111-16 ; CE 4-10-2023 nº 467962 : BPIM 6/23 inf. 350). Les dispositifs, **procédés de construction et matériaux concernés** sont les suivants (C. urb. art. R 111-23) :

– les bois, végétaux et matériaux biosourcés utilisés en façade ou en toiture ;
– les systèmes de production d'énergie à partir de sources renouvelables, lorsqu'ils correspondent aux besoins de la consommation domestique des occupants de l'immeuble ou de la partie d'immeuble concernée ;
– les équipements de récupération des eaux de pluie, lorsqu'ils correspondent aux besoins de la consommation domestique des occupants de l'immeuble ou de la partie d'immeuble concernée ;
– les pompes à chaleur ;
– les brise-soleils.

676 Cette inopposabilité des règles d'urbanisme interdisant les dispositifs écologiques ne s'applique ni aux travaux sur les **immeubles protégés** (immeuble classé ou inscrit au titre des monuments historiques ou immeuble identifié par le PLU), ni dans les **secteurs protégés** : abord des monuments historiques, site patrimonial remarquable, sites classés ou inscrits, cœur d'un parc naturel national, ni dans les périmètres de protection créés spécialement à

cet effet par les communes ou les EPCI compétents en matière de PLU après avis de l'ABF (C. urb. art. L 111-17 et R 111-24). Depuis le 13 juillet 2010, toute nouvelle règle qui, dans les secteurs protégés, limite l'installation ou l'utilisation des matériaux, procédés ou systèmes concernés doit faire l'objet d'une justification particulière (C. urb. art. L 111-18).

OBLIGATION DE RACCORDEMENT AUX RÉSEAUX DE CHALEUR OU DE FROID

Pour les demandes d'autorisation d'urbanisme déposées depuis le 1er septembre 2022, le projet peut être refusé ou n'être accepté que sous réserve de l'observation de prescriptions spéciales lorsqu'il contrevient à l'obligation de raccordement à un réseau de chaleur ou de froid prévue à l'article L 712-3 du Code de l'énergie (C. urb. art. R 111-24-1). Cette disposition est applicable même si la commune est dotée d'un PLU ou d'un document en tenant lieu (C. urb. art. R 111-1, al. 2). 677

OBLIGATION DE RÉALISER DES DISPOSITIFS « ÉCOLOGIQUES »

Certaines constructions ou installations **ne peuvent être autorisées qu'à condition** d'intégrer soit un procédé de production d'énergies renouvelables (par exemple, des panneaux solaires), soit un système de végétalisation basé sur un mode cultural garantissant, notamment, un haut degré d'efficacité thermique et d'isolation (par exemple, une toiture végétalisée), soit tout autre dispositif aboutissant au même résultat. Prévue auparavant par l'article L 111-18-1 du Code de l'urbanisme, cette obligation est organisée depuis le 1er juillet 2023 par l'article L 171-4 du CCH, complété depuis le 1er janvier 2024 par les articles R 171-32 à R 171-42 du même Code. 678

Depuis le 1er janvier 2025, au-delà de 500 m² d'emprise au sol, sont **concernés par cette obligation** d'intégration d'un dispositif écologique (CCH art. L 171-4, II ; Loi 2023-175 du 10-3-2023 art. 41, V) : les constructions de bâtiments ou parties de bâtiment à usage commercial, industriel, artisanal, administratif ou à usage de bureaux ou d'entrepôt ; les constructions de hangars non ouverts au public faisant l'objet d'une exploitation commerciale ; les hôpitaux ; les équipements sportifs, récréatifs et de loisirs ; les bâtiments ou parties de bâtiments scolaires et universitaires ; les constructions de parcs de stationnement couverts accessibles au public.

Ces obligations s'appliquent également aux extensions et rénovations lourdes affectant les structures porteuses de ces bâtiments et les aires de stationnement, dès lors qu'elles entraînent un dépassement du seuil d'emprise au sol.

Les **dispositifs écologiques imposés** sont réalisés en toiture du bâtiment ou sur les ombrières surplombant les aires de stationnement, à raison d'une surface au moins égale à 30 % de la toiture du bâtiment construit ou rénové ou des ombrières créées. Cette proportion sera portée à 40 % à compter du 1er juillet 2026, puis à 50 % à compter du 1er juillet 2027 (CCH art. L 171-4, III).

L'autorité qui délivre l'autorisation d'urbanisme peut, dans certains cas, **écarter tout ou partie de l'obligation** d'installation du dispositif écologique en cas de contraintes techniques, de sécurité, architecturales ou patrimoniales ou de conditions économiquement acceptables (CCH art. L 171-4, IV et art. R 171-34 à R 171-42). Des **exceptions** sont également prévues pour les installations classées pour la protection de l'environnement (**ICPE**) dès lors que les obligations sont incompatibles avec les caractéristiques de l'installation (CCH art. L 171-4, V ; Arrêté TREP2000433A du 5-2-2020 dans sa rédaction issue de l'arrêté TECP2418017A du 21-11-2024).

ATTENTION

À compter du **1er janvier 2028**, l'obligation d'installation d'un dispositif écologique sera étendue aux bâtiments existants relevant des catégories concernées dès lors qu'ils existaient au 1er juillet 2023 ou qu'ils ont fait l'objet d'une demande d'autorisation d'urbanisme déposée entre le 10 mars 2023 et le 1er juillet 2023, sauf dérogation préfectorale (CCH art. L 171-5 ; Loi 2023-175 du 10-3-2023 art. 43).

Par ailleurs, le Code de l'urbanisme impose l'installation de dispositifs écologiques pour les **parcs de stationnement extérieurs** (C. urb. art. L 111-19-1 et R 111-25-1 à R 111-25-19 dans leur rédaction issue du décret 2024-1023 du 13-11-2024 ; Arrêté TREL2323577A du 5-3-2024 dans sa rédaction issue de l'arrêté TECL2410701A du 4-12-2024 ; Loi Climat 2021-1104 du 22-8-2021 art. 101, III et V). Ces obligations s'appliquent : 679

– aux parcs de stationnement extérieurs de plus de 500 m² s'ils sont associés aux bâtiments ou parties de bâtiments mentionnés à l'article L 171-4 du CCH (voir n° 678) ;

– aux nouveaux parcs de stationnement extérieurs ouverts au public, d'une surface de plus de 500 m².

Les uns et les autres **doivent intégrer** sur au moins la moitié de leur surface :
– des revêtements de surface, des aménagements hydrauliques ou encore des dispositifs végétalisés favorisant la perméabilité et l'infiltration des eaux pluviales ou leur évaporation ;
– des dispositifs végétalisés ou des ombrières concourant à l'ombrage des parcs de stationnement concernés, à condition que l'un ou l'autre de ces dispositifs ne soit pas incompatible avec la nature du projet ou du secteur d'implantation et ne porte pas non plus atteinte à la préservation du patrimoine architectural ou paysager.

Toutefois, par **exception,** l'ensemble de ces obligations ne s'applique pas aux parcs de stationnement qui, en raison de contraintes techniques, de sécurité, architecturales ou patrimoniales, ne permettent pas l'installation des procédés et dispositifs concernés, ou lorsque les mêmes obligations ne peuvent être satisfaites dans des conditions économiquement acceptables du fait de contraintes techniques.

> **Précisions** La loi Énergies renouvelables du 10 mars 2023 rend progressivement obligatoire l'installation d'**ombrières photovoltaïques** sur les **parkings extérieurs** de plus de 1 500 m^2 **existants au 1er juillet 2023** et sur ceux dont la demande d'autorisation d'urbanisme a été déposée depuis le 10 mars 2023. Sont concernés les parkings qui ne sont pas en infrastructure ou en superstructure d'un bâtiment. L'obligation est écartée en cas de contraintes techniques, de sécurité, architecturales ou patrimoniales, en cas de coût économique difficilement supportable, ou en cas de présence d'arbres apportant de l'ombre sur au moins la moitié du parc (Loi 2023-175 du 10-3-2023 art. 40 ; Décret 2024-1023 du 13-11-2024).

5. RÉALISATION D'AIRES DE STATIONNEMENT

680 Le **permis** ou la décision prise sur la **déclaration préalable** peut imposer la réalisation d'installations propres à assurer le stationnement en dehors des voies publiques des véhicules correspondant aux caractéristiques du projet.

Lors de la construction de **logements locatifs financés avec un prêt aidé par l'État** il ne peut pas être exigé plus d'une place par logement. En cas de travaux d'amélioration ou de transformation de tels logements, l'obligation de réaliser des aires de stationnement n'est pas applicable. Il en va de même en cas de travaux d'agrandissement générant de la surface de plancher dans la limite d'un plafond de 50 % de la surface de plancher existant avant le commencement des travaux (C. urb. art. R 111-25).

Ces dispositions sont applicables même si la commune est dotée d'un PLU ou d'un document en tenant lieu.

Dans le cas des **commerces** soumis à autorisation d'exploitation commerciale, l'emprise au sol des aires de stationnement ne peut pas dépasser certaines limites (voir n° 20603).

Sur l'obligation d'équipement des parcs de stationnement, voir n°s 678 s.

6. PRÉSERVATION DES ÉLÉMENTS PRÉSENTANT UN INTÉRÊT ARCHITECTURAL, PATRIMONIAL, PAYSAGER OU ÉCOLOGIQUE

685 Le permis ou la décision prise sur une déclaration préalable doit respecter les principes généraux du droit de l'environnement.

Le projet peut n'être accepté que sous réserve de l'observation de prescriptions spéciales si, par son importance, sa situation ou sa destination, il est de nature à avoir des **conséquences dommageables sur l'environnement** (C. urb. art. R 111-26 et, sur renvoi, C. envir. art. L 110-1 et L 110-2). Cette disposition est applicable même si la commune est dotée d'un PLU ou d'un document en tenant lieu. Le projet ne peut pas être refusé sur ce fondement mais peut seulement faire l'objet de prescriptions particulières. Les prescriptions susceptibles d'être imposées doivent relever du droit de l'urbanisme. Même s'il s'agit d'un permis de construire autorisant l'extension d'un bâtiment qui abrite une installation classée pour la protection de l'environnement, de telles prescriptions ne peuvent pas porter sur les conditions d'exploitation de l'installation (CE 6-12-2017 n° 398537 : BPIM 1/18 inf. 14).

690 En revanche, le projet peut être refusé, ou n'être accordé que sous réserve de l'observation de prescriptions spéciales, si les constructions, par leur situation, leur architecture, leurs dimensions ou l'aspect extérieur des bâtiments ou ouvrages à édifier ou à modifier, sont de nature à porter **atteinte au caractère ou à l'intérêt des lieux avoisinants,** aux sites, aux paysages naturels ou urbains, ainsi qu'à la conservation des perspectives monumentales (C. urb. art. R 111-27).

Cette disposition est applicable même dans les communes dotées d'un PLU ou d'un document en tenant lieu. Elle concerne les projets portant une atteinte visible à leur environnement naturel ou urbain. Elle peut donc s'appliquer aux travaux affectant l'aspect du bâtiment sur lequel ils sont exécutés. Mais elle ne vise pas les travaux non visibles de l'extérieur du bâtiment (CE 1-7-2009 nº 309133, SCI Château de Ledeuix : BPIM 4/09 inf. 259).

Pour déterminer si l'atteinte portée à un site justifie un refus de permis de construire ou sa délivrance assortie de prescriptions spéciales, l'autorité compétente doit, dans un premier temps, apprécier la qualité du site, puis, dans un second temps, évaluer l'impact que la construction pourrait avoir sur le site. Elle ne peut pas mettre en balance d'autres intérêts que ceux visés par la réglementation (CE 13-7-2012 nº 345970, Association Engoulevent : BPIM 5/12 inf. 373 ; CE 12-5-2022 nº 453959, Sté Léane : BPIM 4/22 inf. 265). Pour apprécier aussi bien la qualité du site que l'impact de la construction sur ce site, l'autorité administrative, sous le contrôle du juge, doit prendre en compte l'ensemble des éléments pertinents et notamment, le cas échéant, la covisibilité du projet avec des bâtiments remarquables, quelle que soit la protection dont ils bénéficient (CE 22-9-2022 nº 455658, Min. transition écologique c/ Sté Ferme éolienne de Soigny : BPIM 6/22 inf. 394 ; CE 24-3-2023 nº 460474, Association Paysages et Forêts de l'Armançon).

› Précisions **a.** L'article R 111-27 du Code de l'urbanisme ne s'applique pas lorsque le projet a pour effet de **réduire l'ensoleillement d'une maison voisine** et, ainsi, d'affecter les conditions de son fonctionnement selon les principes architecturaux bioclimatiques qui ont déterminé sa réalisation (CE 13-3-2020 nº 427408, Sté Cogedim Grand Lyon : BPIM 3/20 inf. 178).

b. Le voisin qui subit une **privation de vue** ne peut pas utilement invoquer pour ce motif l'article R 111-27 du Code de l'urbanisme (CE 11-1-1984 nº 23174 : Lebon T. p. 776).

c. L'existence de **constructions importantes sur le terrain voisin** ne fait pas obstacle au refus d'un permis de construire, dès lors que le projet risque de porter atteinte au paysage naturel existant (CE 21-3-2001 nº 190043).

d. La violation des dispositions de l'article R 111-27 peut être invoquée par un tiers au soutien d'une **action en démolition** (Cass. 3e civ. 28-3-2001 nº 99-13.781 : Bull. civ. III nº 40). Sur cette question, voir nos 16890 s.

Dans les secteurs déjà partiellement bâtis, présentant une unité d'aspect et non compris dans des programmes de rénovation, l'autorisation de construire à une hauteur supérieure à la **hauteur moyenne des constructions avoisinantes** peut être refusée ou subordonnée à des prescriptions particulières (C. urb. art. R 111-28). Cette disposition ne s'applique pas dans les communes dotées d'un PLU ou d'un document en tenant lieu (C. urb. art. R 111-1, al. 2). **695**

Par ailleurs, dans les communes qui ne sont pas dotées d'un PLU ou d'un document en tenant lieu (C. urb. art. R 111-1, al. 2), les **murs séparatifs et les murs aveugles** apparents d'un bâtiment doivent, lorsqu'ils ne sont pas construits avec les mêmes matériaux que les murs de façades principales, avoir un aspect qui s'harmonise avec celui des façades (C. urb. art. R 111-29). **700**

De même, dans les communes qui ne sont pas dotées d'un PLU ou d'un document en tenant lieu (C. urb. art. R 111-1, al. 2), des prescriptions particulières, concernant notamment des **écrans de verdure** ou des **marges de reculement,** peuvent être imposées en cas de création ou d'extension d'installations ou de bâtiments industriels ou de constructions légères ou provisoires (C. urb. art. R 111-30). **705**

SECTION 3

ENCADREMENT DE L'URBANISME LOCAL

RÔLE DE L'ÉTAT

Les règles d'urbanisme sont organisées selon une hiérarchie dont les normes élaborées par l'État occupent le degré supérieur. Celles-ci ont vocation à être dotées d'une portée nationale. Mais elles ont parfois un champ d'application territorial plus limité. Ainsi, en complément du RNU, principalement destiné à suppléer l'absence de documents locaux d'urbanisme, l'État a conservé le pouvoir d'édicter des normes concurrentes des règles locales afin de remédier à leur insuffisance. Quelles que soit leur étendue géographique, les normes élaborées par l'État s'imposent toujours aux collectivités territoriales. **900**

 © Éd. Francis Lefebvre

A. Choix nationaux d'urbanisme

DIRECTIVES TERRITORIALES D'AMÉNAGEMENT

930 Jusqu'à la loi 2010-788 du 12 juillet 2010 portant engagement national pour l'environnement (dite « loi Grenelle II » ou « loi ENE »), les directives territoriales d'aménagement (DTA) se trouvaient à l'échelon supérieur des documents d'urbanisme avec les prescriptions particulières de massif. La loi Grenelle II les a remplacées, « pour l'avenir », par les directives territoriales d'aménagement et de développement durables (DTADD) et dont la mise en œuvre s'effectuera dans le cadre d'un ou plusieurs projets d'intérêt général (PIG).

932 **Objet des DTA** Les DTA avaient pour objet de fixer sur certaines parties du territoire les orientations fondamentales de l'État en matière d'aménagement et d'équilibre entre les perspectives de développement, de protection et de mise en valeur des territoires. Elles devaient fixer les principaux objectifs de l'État en matière de localisation des grandes infrastructures de transport et des grands équipements, ainsi qu'en matière de préservation des espaces naturels, des sites et des paysages. Elles pouvaient également préciser pour les territoires concernés les modalités d'application des dispositions particulières aux zones de montagne et au littoral, adaptées aux particularités géographiques locales (C. urb. art. L 111-1-1, al. 1 dans sa rédaction antérieure à la loi 2010-788 du 12-7-2010).

935 **Fin des DTA et dispositions transitoires** Depuis le 13 juillet 2010, il ne peut plus être élaboré de DTA. Les **DTA approuvées** à cette date conservent leurs effets antérieurs. Les DTA en cours d'élaboration pour lesquelles l'État a déjà engagé des études préalables et la concertation avec les collectivités sont approuvées selon les règles antérieures, mais soumises ensuite au régime des DTADD (C. urb. art. L 172-6 et L 172-7).

Les DTA encore en vigueur, il en reste cinq, peuvent faire l'objet d'une **modification** (en cas de changement n'affectant pas l'économie générale de la directive) par arrêté du préfet de région ou d'une **suppression** par décret en Conseil d'État, dans les deux cas après enquête publique environnementale et avis des personnes associées intéressées (régions, départements, communes chefs-lieux d'arrondissement, communes de plus de 20 000 habitants, groupements de communes compétents en matière d'urbanisme ou d'aménagement, comités de massif). Leur avis est réputé favorable s'il n'est pas intervenu dans les 3 mois de leur saisine (C. urb. art. L 172-4 et L 172-5). Des **adaptations** aux DTA peuvent être apportées par l'État à l'occasion de la réalisation d'un projet bénéficiant d'une procédure intégrée (C. urb. art. L 172-3). Aucun terme n'est assigné à ce régime transitoire, mais la modification d'une DTA en vigueur peut être l'occasion de lui appliquer les nouvelles dispositions des DTADD (C. urb. art. L 172-4, al. 4). Au plus tard 10 ans après l'approbation de la DTA ou de sa dernière révision une analyse de son application doit être effectuée (C. urb. art. R 172-3).

940 **Effets des DTA encore en vigueur** Les DTA encore en vigueur s'imposent aux **documents d'urbanisme locaux** dont l'élaboration ou la révision a été engagée avant le 1er avril 2021 (C. urb. art. L 172-2, 1° ancien ; Ord. 2020-745 du 24-6-2020 art. 1, 22° et art. 7). Les schémas de cohérence territoriale (Scot) doivent être compatibles avec une DTA et, en l'absence de Scot, les plans locaux d'urbanisme (PLU), les documents en tenant lieu et les cartes communales doivent être compatibles avec la DTA.

Lorsque la DTA précise les modalités d'application des lois montagne et littoral, ses dispositions sont directement opposables aux **autorisations d'occuper ou d'utiliser le sol** (C. urb. art. L 172-2) sous réserve d'être, d'une part, suffisamment précises et, d'autre part, compatibles avec ces dispositions législatives (CE sect. 16-7-2010 n° 313768, Min. écologie c/ Sté Les Casuccie : BPIM 5/10 inf. 349).

> **Précisions** **a.** Les **lois montagne et littoral** sont opposables à la DTA même si la directive peut en préciser les modalités d'application (CE 3-6-2009 n° 310587, Cne de Rognac : BPIM 4/09 inf. 261, BJDU 3/09 p. 208). Cette solution conserve sa valeur après l'entrée en vigueur, le 1er avril 2021, de l'ordonnance 2020-745 du 17 juin 2020.
>
> **b. L'appréciation de la légalité** d'une DTA, en l'espèce au regard de la loi littoral, doit se faire à l'échelle du territoire qu'elle couvre et compte tenu de l'ensemble de ses orientations et prescriptions (CE 27-7-2005 n° 264336, Comité de sauvegarde du port Vauban Vieille-Ville et Antibes-Est : BJDU 4/05 p. 243).

DIRECTIVES TERRITORIALES D'AMÉNAGEMENT ET DE DÉVELOPPEMENT DURABLES

945 **Objet** Créées par la loi Grenelle II, les DTADD ont vocation à déterminer les objectifs et orientations de l'État en matière d'urbanisme, de logement, de transports et de déplacements, de développement des communications électroniques, de développement économique et

culturel, d'espaces publics, de commerce, de préservation des espaces naturels, agricoles et forestiers, des sites et des paysages, de cohérence des continuités écologiques, d'amélioration des performances énergétiques et de réduction des émissions de gaz à effet de serre dans des territoires présentant des enjeux nationaux dans un ou plusieurs de ces domaines (C. urb. art. L 102-4). Cette énumération semble limitative.

Élaboration des DTADD La procédure d'élaboration d'une DTADD se déroule sous la responsabilité de l'État et à son initiative. Sont associés à cette élaboration les collectivités, leurs groupements compétents en matière de Scot, l'établissement chargé du Scot et les communes situées dans le périmètre du projet mais n'appartenant pas à un EPCI compétent en matière de Scot, les comités de massif (C. urb. art. L 102-6). Ces personnes associées donnent leur avis sur le projet (C. urb. art. L 102-7). Cet avis est réputé favorable s'il n'a pas été donné par écrit dans un délai de 3 mois à compter de leur saisine (C. urb. art. R 102-2). Le projet fait l'objet d'une évaluation environnementale (C. urb. art. L 104-1) et d'une mise à disposition du public pendant un mois avant d'être approuvé par décret en Conseil d'État (C. urb. art. L 102-8). Il n'y a pas d'enquête publique. 950

> **Précisions** Les modalités de la **mise à disposition du public** du projet de DTADD et des avis des personnes publiques associées sont précisées par l'autorité administrative et portées à la connaissance du public au moins 8 jours avant le début de la mise à disposition. Le bilan de cette mise à disposition est rendu public au plus tard à la date de publication du décret approuvant la DTADD (C. urb. art. L 102-8).

Évolution des DTADD Une DTADD peut faire l'objet d'une **modification** par décret en Conseil d'État, après avis des collectivités concernées et de leurs groupements et mise à disposition du public, à condition que cette modification ne porte pas atteinte à l'économie générale de la directive (C. urb. art. L 102-11). 955

Une procédure de **révision** plus lourde, identique à celle de la procédure d'élaboration, s'applique aux changements plus importants : élaboration conjointe du projet avec les personnes associées, avis des collectivités concernées et de leurs groupements, mise à disposition du public et décret en Conseil d'État (C. urb. art. L 102-10).

Une **évaluation environnementale** est requise en cas de révision de la DTADD, mais également pour toute modification lorsqu'elle permet la réalisation de travaux, aménagements ou installations susceptibles d'affecter de manière significative un site Natura 2000, ou lorsqu'il est établi, après examen au cas par cas, que cette modification est susceptible d'avoir des incidences notables sur l'environnement (C. urb. art. R 104-3).

Effets des DTADD Les DTADD ne sont directement opposables ni aux documents locaux d'urbanisme, ni aux autorisations d'urbanisme individuelles. Cette opposabilité n'est qu'indirecte dans le cadre des projets d'intérêt général (PIG) qui sont nécessaires à leur mise en œuvre et qui devront être pris en compte par les documents locaux d'urbanisme. 960

À cette fin, l'État, après avis des collectivités concernées et de leurs groupements, peut qualifier de projet d'intérêt général les mesures de protection des espaces naturels, agricoles, forestiers ou soumis à des risques, ainsi que les constructions, travaux, installations et autres aménagements nécessaires à la mise en œuvre de la directive. Un projet peut être qualifié de PIG pendant 12 ans à compter de la publication de la directive ; au-delà, l'État doit au préalable réviser la DTADD (C. urb. art. L 102-5).

PRESCRIPTIONS PARTICULIÈRES DE MASSIF

Dès lors qu'il n'est pas couvert par une DTA, un massif (nº 8855) peut faire l'objet, pour tout ou partie, de prescriptions particulières prises par décret en Conseil d'État après évaluation environnementale et enquête publique environnementale (C. urb. art. L 104-1, 4° et L 122-26). Ces décrets peuvent comprendre tout ou partie des éléments mentionnés nº 8860. Le comité de massif, les communes et EPCI concernés doivent être consultés pour avis. 965

DIRECTIVES PAYSAGÈRES

Objet des directives paysagères Sur les territoires (naturels ou urbains) remarquables par leur intérêt paysager et ne faisant pas l'objet d'une DTA, l'État peut adopter des **directives de protection et de mise en valeur des paysages** (C. envir. art. L 350-1 et R 350-1 s. ; Circ. 94-88 du 21-11-1994 : BO équipement 94/34 du 20-12-1994). 970

Les directives paysagères déterminent les orientations et les principes fondamentaux de protection et de mise en valeur des structures paysagères qui sont applicables sur leur territoire.

Il peut s'agir notamment des conditions de réalisation de certaines catégories de travaux ou d'aménagements, tels que les installations classées, de l'implantation, de l'aspect extérieur, du volume ou de la hauteur des constructions, de la mise en œuvre des dispositions applicables en matière de camping, caravanage, clôtures, démolitions, défrichements, etc. (C. envir. art. R 350-4).

Élaborées à l'initiative de l'État ou de collectivités territoriales, les directives font l'objet d'une concertation avec l'ensemble des communes intéressées, les associations de défense de l'environnement et des paysages agréées, ainsi que les organisations professionnelles concernées. Elles sont approuvées par décret en Conseil d'État après mise à disposition du public. Elles sont accompagnées d'un rapport de présentation, de documents graphiques et, à titre facultatif, d'un cahier de recommandations.

Les directives paysagères concernent les paysages sensibles, pour lesquels l'État n'entend pas se prononcer sur l'ensemble des évolutions, mais les encadrer de manière à préserver les éléments structurants du paysage concerné. Dans la majorité des cas, ces directives ont vocation à dépasser le cadre strictement communal (Circ. 95-23 du 15-3-1995 : BO équipement 95/13 du 20-5-1995 p. 149).

975 **Effets des directives paysagères** Lorsque leur élaboration ou leur révision a été engagée depuis le 1er avril 2021, les Scot relèvent de l'obligation de compatibilité avec les directives (C. urb. art. L 131-1, 18°). Les PLU sont tenus par la même obligation en l'absence de Scot (C. urb. art. L 131-6, al. 3). Lorsque leur élaboration ou leur révision a été engagée avant le 1er avril 2021, les Scot, les schémas de secteur, les PLU et les documents en tenant lieu doivent être compatibles avec les directives paysagères (C. envir. art. L 350-1, III dans sa rédaction antérieure à l'ordonnance 2020-745 du 17-6-2020). Ces **documents locaux d'urbanisme** doivent donc reprendre les orientations et principes posés par les directives, et qui en constituent la partie normative.

Une directive paysagère est directement opposable aux **demandes d'autorisation** de défrichement, d'occupation et d'utilisation du sol (permis de construire, d'aménager, de démolir, déclaration préalable) (C. envir. art. L 350-1, IV) :

– en l'absence de PLU ou de document en tenant lieu ;
– en présence d'un PLU ou d'un document en tenant lieu qui n'a pas été mis en compatibilité avec ses dispositions.

> **Précisions** Le préfet, s'il estime qu'un ou plusieurs PLU ou document d'urbanisme en tenant lieu sont incompatibles avec la directive, en donne avis aux communes ou groupements de communes intéressés en les invitant à procéder à la mise en compatibilité de ces plans ou documents (C. envir. art. R 350-15).

SCHÉMA RÉGIONAL D'AMÉNAGEMENT, DE DÉVELOPPEMENT DURABLE ET D'ÉGALITÉ DES TERRITOIRES

980 **Objet** Le schéma régional d'aménagement, de développement durable et d'égalité des territoires (**Sraddet**) est élaboré par chaque région à l'exception de l'Île-de-France et des régions d'outre-mer (CGCT art. L 4251-1, al. 1).

Il fixe les objectifs de moyen et long termes dans de nombreux domaines : en matière d'équilibre et d'égalité des territoires, d'implantation des différentes infrastructures d'intérêt régional, de désenclavement des territoires ruraux, d'habitat, de gestion économe de l'espace, de lutte contre l'artificialisation des sols, d'intermodalité et de développement des transports, de développement logistique et industriel, de maîtrise et de valorisation de l'énergie, de lutte contre le changement climatique, de développement de l'exploitation des énergies renouvelables et de récupération, de pollution de l'air, de protection et de restauration de la biodiversité, de prévention et de gestion des déchets. Sont également visés des objectifs relatifs aux installations de production de biogaz et d'installations agrivoltaïques.

En matière de lutte contre l'artificialisation des sols, le Sraddet fixe une trajectoire permettant d'aboutir à l'absence de toute artificialisation nette des sols ainsi que, par tranches de 10 années, un objectif de réduction du rythme de l'artificialisation (CGCT art. L 4251-1, al. 2).

Dans les communes littorales, le Sraddet peut préciser les modalités de conciliation des objectifs de protection de l'environnement, du patrimoine et des paysages (CGCT art. L 4251-1, al. 8).

Une carte synthétique indicative illustre les objectifs du Sraddet. Elle peut notamment identifier les zones d'accélération pour l'implantation d'installations terrestres d'énergies renouvelables (C. énergie art. L 141-5-3, al. 9).

© Éd. Francis Lefebvre

Obligations s'imposant au Sraddet Le Sraddet doit respecter les règles générales d'aménagement et d'urbanisme à caractère obligatoire, ainsi que les servitudes d'utilité publique affectant l'utilisation des sols (CGCT art. L 4251-2, 1°). Il doit être compatible avec les schémas directeurs d'aménagement et de gestion des eaux (SDAGE), les plans de gestion des risques d'inondation, le plan national de prévention des déchets, les objectifs de développement des énergies renouvelables et de récupération, exprimés dans la programmation pluriannuelle de l'énergie, ainsi que les objectifs régionaux de développement de l'énergie (CGCT art. L 4251-2, 2°). Il doit également prendre en compte un certain nombre de projets, d'orientations ou de documents présentant un intérêt supérieur (CGCT art. L 4251-2, 3°). 983

> **Précisions** Le Sraddet doit prévoir les objectifs de réduction du rythme de l'**artificialisation des sols.** À défaut, son évolution devait être engagée dans un délai d'un an à compter du 22 août 2021, soit le 22 août 2022. L'entrée en vigueur du plan prévoyant ces objectifs devait intervenir au plus tard le 22 novembre 2024 (Loi Climat 2021-1104 du 22-8-2021 art. 194, IV-1°).

Effets du Sraddet Les documents d'urbanisme doivent prendre en compte les objectifs du Sraddet et être compatibles avec les règles générales fixées par le fascicule du schéma (CGCT art. L 4251-3). Le Code de l'urbanisme confirme l'obligation de prise en compte des objectifs du Sraddet par les Scot (C. urb. art. L 131-2, 1°), ainsi que l'obligation de compatibilité avec les règles générales du fascicule du Sraddet (C. urb. art. L 131-1, 2°). Il précise également qu'en l'absence de Scot, les PLU, les documents en tenant lieu et les cartes communales sont soumis aux mêmes obligations de prise en compte et de compatibilité (C. urb. art. L 131-6). 985

PLURALITÉ DE PLANS OU DE DOCUMENTS

Il existe d'autres plans ou documents régis par d'autres législations (essentiellement le Code de l'environnement) dont la portée au regard du droit de l'urbanisme est plus ou moins étendue, voire incertaine, et dont l'opposabilité aux tiers est bien souvent contestée : par exemple les documents d'objectifs des sites Natura 2000, les schémas régionaux éoliens, les schémas départementaux d'accueil des gens du voyage, les règlements locaux de publicité, etc. Certains de ces documents peuvent comporter des dispositions d'urbanisme. 990

Divers instruments juridiques, qui poursuivent des objectifs à caractère urbanistique renforcé, portent également le nom de « schémas ». Tel est le cas des schémas de mise en valeur de la mer (SMVM), des schémas régionaux des carrières (SRC), du schéma régional de cohérence écologique (SRCE) d'Île-de-France, des schémas d'aménagement et de gestion des eaux (SAGE), des schémas interrégionaux d'orientation et d'aménagement des massifs, etc.

Ces schémas sont en principe inopposables aux demandes d'autorisations d'urbanisme. Mais ils ont une autorité variable à l'égard des documents locaux d'urbanisme qui doivent, selon le cas, être compatibles avec eux, les prendre en compte ou en considération.

> **Précisions** **a.** Les **schémas de services collectifs** mettent en œuvre les choix stratégiques de l'État en matière d'aménagement du territoire dans une perspective à 20 ans. Élaborés par l'État en concertation au niveau régional, ces schémas sont adoptés par décret. Ils sont révisés en tant que de besoin selon la même procédure (Loi 95-115 du 4-2-1995 art. 2 et 10).
> **b.** Des **schémas interrégionaux d'aménagement et de développement du territoire** peuvent être élaborés, à l'initiative des régions concernées, pour les territoires justifiant d'une approche globale et concertée de leur aménagement et de leur développement. Ils doivent être compatibles avec les schémas de services collectifs (Loi 99-533 du 25-6-1999 art. 6).

B. Encadrement rapproché des documents locaux d'urbanisme

1. OBJECTIFS GÉNÉRAUX ASSIGNÉS AUX DOCUMENTS D'URBANISME

Les **documents d'urbanisme** regroupent les différentes dispositions qui permettent aux collectivités territoriales d'exprimer et de mettre en œuvre les prévisions et règles d'urbanisme, dans les limites de leurs compétences respectives. 1050

À l'époque où l'ancien article L 600-3 du Code de l'urbanisme faisait obligation à l'auteur d'un recours contre un « document d'urbanisme » de le notifier à la personne publique concernée, la jurisprudence avait précisé que cette expression désignait les documents élaborés à l'initiative d'une collectivité publique et ayant pour objet de déterminer les prévisions et les règles touchant à l'affectation et à l'**occupation des sols,** opposables aux personnes publiques ou privées (CE avis 17-1-1997 n° 183072, Association de défense du site de l'environnement de Galluis : Lebon p. 22).

Ont, par exemple, été rattachés à la même catégorie les schémas de mise en valeur de la mer (CE 7-7-1997 n° 170406, Association « Sauvegarde de l'étang des mouettes et de l'environnement » : BPIM 5/97 inf. 295), les plans d'exposition au bruit (CE 7-7-2000 n° 200949, secrétaire d'État au logement c/ Association Quetigny-Environnement : BJDU 4/00 p. 266 concl. L. Touvet), les plans de prévention des risques naturels prévisibles (CE avis 3-12-2001 n° 236910, SCI des 2 et 4 rue de la Poissonnerie : BJDU 1/02 p. 54 concl. P. Fombeur).

Les principaux documents de **planification locale** sont les schémas de cohérence territoriale (Scot), les schémas de secteur encore en vigueur, les plans locaux d'urbanisme (PLU) et les plans d'occupation des sols (POS) encore en vigueur, les plans d'aménagement de zone (PAZ) encore en vigueur, les plans de sauvegarde et de mise en valeur (PSMV) et les cartes communales.

1055 La loi assigne aux collectivités publiques la réalisation de certains **objectifs** en matière d'urbanisme (C. urb. art. L 101-2). Ces dispositions doivent être interprétées comme imposant seulement aux auteurs des documents locaux d'urbanisme d'y faire figurer des mesures tendant à la réalisation des objectifs énoncés (Cons. const. 7-12-2000 n° 2000-436 DC : JO 14). Il s'agit donc d'un simple rapport de compatibilité, et non de conformité, entre les règles fixées par les documents d'urbanisme et les objectifs définis par l'article L 101-2 du Code de l'urbanisme (CE 15-5-2013 n° 340554, Cne de Gurmençon). Toutefois, la méconnaissance de ces objectifs par les auteurs du document d'urbanisme peut entraîner l'illégalité du document ; ainsi jugé pour un PLU n'assurant pas l'équilibre entre le développement urbain et la gestion économe des espaces naturels et ruraux (CAA Nantes 14-5-2012 n° 10NT02174, Cne de Boissy-lès-Perche : BPIM 4/12 inf. 289). Le non-respect des objectifs de l'article L 101-2 du Code de l'urbanisme ne peut pas être invoqué à l'encontre d'un décret complétant la liste des opérations d'intérêt national (CE 1-12-2023 n° 467331, Association Meuse Nature Environnement : BPIM 1/24 inf. 3).

Au titre de ces objectifs, les Scot, les PLU et les cartes communales doivent déterminer les conditions permettant d'assurer, dans le respect des préoccupations d'environnement (n° 1085), des objectifs de cohérence et d'harmonisation imposés aux collectivités publiques dans leurs prévisions et leurs décisions d'utilisation de l'espace (C. urb. art. L 101-1) et des objectifs de développement durable (C. urb. art. L 101-2) :

1. L'**équilibre** entre les cinq séries d'éléments suivants : les populations urbaines et rurales ; le renouvellement urbain, le développement urbain et rural maîtrisé, la restructuration des espaces urbanisés, la revitalisation des centres urbains et ruraux et la lutte contre l'étalement urbain ; l'utilisation économe des espaces naturels, la préservation des espaces affectés aux activités agricoles et forestières, ainsi que la protection des sites, des milieux et espaces naturels ; la sauvegarde des ensembles urbains, ainsi que la protection, la conservation et la restauration du patrimoine bâti remarquable ; les besoins en matière de mobilité ;

2. La **qualité** urbaine, architecturale et paysagère, notamment des **entrées de ville** ;

3. La **diversité des fonctions urbaines** et rurales, la **mixité sociale** dans l'habitat, en prévoyant des capacités de construction et de réhabilitation suffisantes pour la satisfaction, sans discrimination, des besoins présents et futurs en matière d'habitat, d'activités économiques, touristiques, sportives, culturelles et d'intérêt général, ainsi que d'équipements publics et d'équipement commercial, compte tenu, en particulier, des objectifs de répartition géographiquement équilibrée entre emploi, habitat, commerces et services, d'amélioration des performances énergétiques, de développement des communications électroniques, de diminution des obligations de déplacements motorisés et de développement des transports alternatifs à l'usage individuel de l'automobile ;

4. La **sécurité** et la **salubrité** publiques ;

5. La **prévention des risques** naturels prévisibles, des risques miniers, des risques technologiques, des pollutions et des nuisances de toute nature ;

6. La **protection des milieux naturels** et des paysages, la préservation de la qualité de l'air, de l'eau, du sol et du sous-sol, des ressources naturelles, de la biodiversité, des écosystèmes, des espaces verts, ainsi que la création, la préservation et la remise en bon état des continuités écologiques ;

7. La **lutte contre l'artificialisation des sols,** avec un objectif d'absence d'artificialisation nette à terme ;

8. La **lutte contre le changement climatique** et l'adaptation à ce changement, la réduction des émissions de gaz à effet de serre, l'économie des ressources fossiles, la maîtrise de l'énergie et la production énergétique à partir de sources renouvelables ;

9. La promotion du principe de conception universelle pour une société inclusive vis-à-vis des **personnes handicapées ou en perte d'autonomie** dans les zones urbaines et rurales.

L'objectif d'**absence d'artificialisation nette des sols** (« zéro artificialisation nette » ou « **ZAN** »), poursuivi par la loi Climat 2021-1104 du 22 août 2021, résulte d'un équilibre entre plusieurs exigences : maîtrise de l'étalement urbain, renouvellement urbain, optimisation de la densité des espaces urbanisés, qualité urbaine, préservation et restauration de la biodiversité et de la nature en ville, protection des sols des espaces naturels, agricoles et forestiers ; renaturation des sols artificialisés (C. urb. art. L 101-2-1, al. 1 à 8). 1056

L'**artificialisation** des sols est définie comme l'altération durable de tout ou partie des fonctions écologiques d'un sol, en particulier de ses fonctions biologiques, hydriques et climatiques, ainsi que de son potentiel agronomique par son occupation ou son usage.

La **renaturation** d'un sol consiste en des actions ou des opérations de restauration ou d'amélioration de la fonctionnalité d'un sol, ayant pour effet de transformer un sol artificialisé en sol non artificialisé.

L'**artificialisation nette** des sols est définie comme le solde de l'artificialisation et de la renaturation des sols constatées sur un périmètre et sur une période donnée (C. urb. art. L 101-2-1, al. 9 à 12).

Au sein des **documents de planification et d'urbanisme,** lorsque la loi ou le règlement prévoit des objectifs portant sur la réduction de l'artificialisation des sols ou sur le rythme de cette réduction, les objectifs ainsi prévus sont fixés et évalués en considérant comme (C. urb. art. L 101-2-1, al. 12 à 15) : 1057

– artificialisée une surface dont les sols sont soit imperméabilisés en raison du bâti ou d'un revêtement, soit stabilisés et compactés, soit constitués de matériaux composites ;

– non artificialisée une surface soit naturelle, nue ou couverte d'eau, soit végétalisée, constituant un habitat naturel ou utilisée à usage de culture.

Les surfaces concernées sont les surfaces terrestres jusqu'à la limite haute du rivage de la mer. Une **nomenclature** procède à leur classement en fonction de l'occupation effective du sol. Cette nomenclature ne s'appliquera pour le **calcul de l'artificialisation** qu'à l'issue de la période transitoire, c'est-à-dire à partir de 2031. Elle ne s'applique pas pour les objectifs de la première tranche de 10 ans (2021-2031), pendant laquelle les objectifs portent uniquement sur une réduction de 50 % de la consommation des espaces naturels, agricoles et forestiers (Enaf), entendue comme la création ou l'extension effective d'espace urbanisé, par rapport à celle observée sur la période 2011-2021 (Loi 2021-1104 du 22-8-2021 art. 194, III).

À compter de 2031, le solde entre les surfaces artificialisées et les surfaces désartificialisées sera évalué au regard des catégories suivantes (C. urb. art. R 101-1 et annexe) :

Catégories de surfaces		Seuil de référence*
Surfaces artificialisées	1° Surfaces dont les sols sont imperméabilisés en raison du bâti (constructions, aménagements, ouvrages ou installations).	Supérieur ou égal à 50 m² d'emprise au sol
	2° Surfaces dont les sols sont imperméabilisés en raison d'un revêtement (artificiel, asphalté, bétonné, couvert de pavés ou de dalles).	Supérieur ou égal à 2 500 m² d'emprise au sol ou de terrain
	3° Surfaces partiellement ou totalement perméables dont les sols sont stabilisés et compactés ou recouverts de matériaux minéraux, ou dont les sols sont constitués de matériaux composites (couverture hétérogène et artificielle avec un mélange de matériaux non minéraux).	
	4° Surfaces à usage résidentiel, de production secondaire ou tertiaire, ou d'infrastructures notamment de transport ou de logistique, dont les sols sont couverts par une végétation herbacée**.	
	5° Surfaces entrant dans les catégories 1° à 4°, qui sont en chantier ou en état d'abandon.	

Catégories de surfaces		Seuil de référence*
Surfaces non artificialisées	6° Surfaces naturelles dont les sols sont soit nus (sable, galets, rochers, pierres ou tout autre matériau minéral, y compris les surfaces d'activités extractives de matériaux en exploitation), soit couverts en permanence d'eau, de neige ou de glace.	Supérieur ou égal à 2 500 m² d'emprise au sol ou de terrain
	7° Surfaces à usage de cultures dont les sols sont soit arables ou végétalisés (agriculture), y compris si ces surfaces sont en friche, soit recouverts d'eau (pêche, aquaculture, saliculture).	
	8° Surfaces dont les sols sont végétalisés et à usage sylvicole.	
	9° Surfaces dont les sols sont végétalisés et qui constituent un habitat naturel.	
	10° Surfaces dont les sols sont végétalisés et qui n'entrent pas dans les catégories précédentes.	

* Les infrastructures linéaires sont qualifiées à partir d'une largeur minimale de 5 m.
** Une surface végétalisée est qualifiée d'herbacée dès lors que moins de 25 % du couvert végétal est arboré.

2. RAPPORTS HIÉRARCHIQUES ENTRE LES DOCUMENTS D'URBANISME

RÉFORME RÉALISÉE PAR L'ORDONNANCE 2020-745

1060 La loi Élan a habilité le Gouvernement à limiter et simplifier les obligations de compatibilité et de prise en compte pour les documents d'urbanisme. Cette réforme a fait l'objet de l'ordonnance 2020-745 du 17 juin 2020, relative à la hiérarchie des normes applicables aux documents d'urbanisme. Cette ordonnance réduit sensiblement le nombre de documents que les Scot et les PLU doivent prendre en compte. Inversement elle allonge la liste des documents avec lesquels les Scot doivent être compatibles.

L'ordonnance est entrée en vigueur le 1er avril 2021. Elle s'applique aux documents d'urbanisme élaborés ou révisés à partir de cette date. Les procédures d'élaboration ou de révision en cours à la même date n'ont donc pas eu à prendre en compte les nouvelles dispositions (Ord. 2020-745 du 17-6-2020 art. 7).

OBLIGATION DE COMPATIBILITÉ

1061 Les **rapports hiérarchiques** entre les différents documents d'urbanisme sont le plus souvent régis par un principe de compatibilité.

Cette obligation de compatibilité est parfois à « deux vitesses ».

Ainsi, par exemple, un PLU doit être compatible avec un Scot (C. urb. art. L 131-4), tandis qu'un Scot doit être compatible avec les dispositions particulières des lois littoral et montagne (C. urb. art. L 131-1). C'est seulement en l'absence de Scot qu'un PLU doit être directement compatible avec les dispositions particulières aux zones de montagne et au littoral (C. urb. art. L 131-6).

Il existe d'autres hypothèses de compatibilité directe. Ainsi, même s'il existe un Scot, un PLU doit être compatible avec un schéma de mise en valeur de la mer (SMVM), un plan de mobilité, un programme local de l'habitat (PLH) (C. urb. art. L 131-4), ainsi qu'avec un plan air-énergie-climat territorial (PCAET) et un plan local de mobilité prévu pour la région Île-de-France (C. urb. art. L 131-5).

En présence d'un Scot, le PLU ne doit être compatible qu'avec ce seul Scot, sans qu'il y ait lieu de tenir compte des normes supérieures avec lesquelles il devrait être compatible en l'absence de Scot. Ainsi, les prescriptions du schéma directeur de la région Île-de-France ne peuvent être invoquées à l'encontre d'un POS ou d'un PLU qu'en l'absence de schéma directeur ou de Scot mettant en œuvre ces prescriptions (CE 21-5-2008 n° 296347, Association d'environnement Attainville ma campagne : BJDU 2/08 p. 94).

1062 La **notion de compatibilité** ne se confond pas avec celle de conformité (CE ass. 22-2-1974 n° 91848 : Lebon p. 145). Une opération est compatible avec une règle d'urbanisme dans la mesure où cette règle ne l'interdit pas, et où elle ne remet pas en cause les orientations fondamentales de cette règle. La compatibilité apparaît comme une notion souple étroitement liée aux considérations d'espèce (CE 13-12-1996 n° 133459, Cne de Léognan : BPIM 4/97 inf. 227 ; CE 10-6-1998 n° 176920, Sté Leroy-Merlin : BPIM 5/98 inf. 306). La marge de manœuvre dont disposent les collectivités publiques dépend également du caractère plus ou moins impératif de la norme supérieure (CE 12-12-2012 n° 353496, Sté Davalex : BPIM 2/13 inf. 95).

Par exemple, le fait de réaliser une opération dans des conditions différentes de celles prévues au Scot n'est pas forcément source d'incompatibilité (CE ass. 22-2-1974 n° 91848 : Lebon p. 145, solution concernant un ancien Sdau, mais transposable). De même, peut être compatible avec un schéma une opération qui n'y est pas prévue, dès lors qu'elle ne remet pas en cause les options fondamentales de ce schéma (CE 22-10-1975 n° 94511, Association des riverains de la RN 58 entre Le Mans et Mulsanne : Lebon p. 527). S'agissant de la compatibilité d'un PLU avec un PLH, la loi précise que le PLU n'est pas illégal du seul fait qu'il autorise la construction de plus de logements que les obligations minimales prévues par le PLH (C. urb. art. L 131-4, al. 6).

Pour apprécier la compatibilité d'un PLU avec un Scot, le juge doit se placer à l'échelle de l'ensemble du territoire couvert et vérifier, dans le cadre d'une analyse globale prenant en compte l'ensemble des prescriptions du document supérieur, si le plan ne contrarie pas les objectifs imposés par le schéma, compte tenu des orientations adoptées et de leur degré de précision, sans rechercher l'adéquation du plan à chaque disposition ou objectif particulier du Scot (CE 18-12-2017 n° 395216, Association Regroupement des organismes de sauvegarde de l'Oise : BPIM 1/18 inf. 5).

› Précisions **a.** Un permis de construire, délivré sur le fondement d'un document d'urbanisme incompatible avec un document supérieur, est susceptible d'être illégal (CE 10-7-1995 n° 55881 : Lebon p. 193).

b. La modification ou l'édiction d'un document de valeur juridique supérieure peuvent rendre illégales, car incompatibles, les dispositions antérieurement applicables d'une norme inférieure (CE 10-7-1995 n° 138588, Sté du Golf de Pardigon et Cne de la Croix-Valmer : Lebon p. 294). Inversement, un document à l'origine illégal, parce qu'incompatible avec la norme supérieure, peut devenir légal à la suite de la modification du document supérieur (CE 10-3-1997 n° 163959, Association seine-et-marnaise de sauvegarde de la nature : BJDU 3/97 p. 201 concl. G. Bachelier).

c. Le Conseil d'État, juge de cassation, exerce un contrôle de qualification juridique sur la compatibilité ou de la non-compatibilité d'un document d'urbanisme avec un autre (CE 26-3-2001 n° 205629, Sté Le Blanc Coulon : BJDU 2/01 p. 115 concl. L. Touvet).

d. L'obligation de compatibilité des documents locaux d'urbanisme avec les orientations générales élaborées par les établissements publics intercommunaux n'est pas de nature à porter atteinte au principe de libre administration des collectivités concernées (Cons. const. 7-12-2000 n° 2000-436 DC : JO 14).

OBLIGATION DE PRISE EN COMPTE

Certaines dispositions législatives imposent, non pas un rapport de compatibilité entre les documents d'urbanisme, mais une prise en compte d'un document par un autre. Ainsi, par exemple, les Scot doivent prendre en compte les objectifs du Sraddet ou les programmes d'équipement de l'État et des autres personnes publiques. **1065**

L'obligation de prise en compte n'est pas définie par les textes. Elle est d'une portée juridique incertaine.

3. ENCADREMENT LÉGISLATIF PONCTUEL

Pour des motifs d'intérêt général, l'État peut fixer des règles d'urbanisme qui s'imposeront lors de la délivrance des autorisations d'urbanisme même en cas de disposition contraire du document local d'urbanisme. Il va ainsi, par exemple, de la possibilité d'utiliser des matériaux ou des **procédés de construction écologiques** (voir nos 675 s.) ou de la limitation de l'emprise au sol des **aires de stationnement des grandes surfaces** commerciales (voir n° 20603). **1070**

Les dispositions applicables peuvent édicter dans certaines zones une interdiction générale de construire, sous réserve d'assouplissements décidés localement. Elles peuvent également, et au contraire, fixer un principe d'autorisation de construire sous réserve d'une interdiction décidée localement. **1072**

Ainsi, par exemple, la **reconstruction** à l'identique d'un **bâtiment** régulièrement édifié **détruit par sinistre ou démoli** depuis moins de 10 ans est autorisée malgré toute disposition d'urbanisme contraire, sauf si la carte communale, le PLU ou le plan de prévention des risques naturels en dispose autrement (C. urb. art. L 111-15). Le droit à reconstruction est la règle nationale et la privation de la possibilité de reconstruire ne peut être qu'une exception locale. Sur cette question, voir n° 13070.

Autre exemple, la **restauration d'un bâtiment** dont il reste l'essentiel des murs porteurs peut être autorisée, lorsque son **intérêt architectural ou patrimonial** en justifie le maintien, sauf dispositions contraires du document d'urbanisme et sous réserve de respecter les principales caractéristiques du bâtiment (C. urb. art. L 111-23).

1075 Des dispositions particulières ont pour objet la **préservation des entrées de villes** contre une urbanisation archaïque à proximité de certains **axes routiers.** Ainsi, en dehors des espaces urbanisés des communes, sont **interdites** les constructions et installations réalisées dans une bande (C. urb. art. L 111-6 ; Circ. 96-32 du 13-5-1996 : BO équipement 96-26 du 20-6-1996) :
- de 100 m de part et d'autre de l'axe des autoroutes, des routes express et des déviations ;
- de 75 m de part et d'autre de l'axe des autres routes classées à grande circulation.

Ces dispositions subissent de nombreuses **exceptions.** Elles ne s'appliquent pas aux constructions et installations liées ou nécessaires aux infrastructures routières, ni aux services publics exigeant la proximité immédiate de telles infrastructures, ni aux bâtiments d'exploitation agricole, ni aux réseaux d'intérêt public, ni aux infrastructures de production d'énergie solaire, photovoltaïque ou thermique. En outre, ne sont pas concernés l'adaptation, le changement de destination, la réfection ou l'extension des constructions existantes (C. urb. art. L 111-7).

Par ailleurs, le PLU ou un document en tenant lieu peut fixer des **règles d'implantation dérogatoires** à condition de comporter une étude justifiant, en fonction des particularités géographiques locales, que ces règles sont compatibles avec la prise en compte des nuisances, de la sécurité, de la qualité architecturale, ainsi que de la qualité de l'urbanisme et des paysages (C. urb. art. L 111-8). La dérogation doit explicitement figurer dans le plan (CE 21-5-2008 n° 296347, Association d'environnement Attainville ma campagne : BPIM 4/08 inf. 272). Dans les communes dotées d'une carte communale, le conseil municipal peut également, au vu d'une étude similaire, après accord du préfet et avis de la commission départementale de la nature, des paysages et des sites, fixer des règles d'implantation dérogatoires (C. urb. art. L 111-9). Des dérogations peuvent encore être admises, avec l'accord du préfet, si des contraintes géographiques ne permettent pas de respecter les marges de recul par rapport aux axes routiers et si la dérogation est justifiée par l'intérêt que présente le projet pour la commune (C. urb. art. L 111-10).

›**Précisions** **a.** **Le caractère urbanisé de la zone** s'apprécie objectivement, c'est-à-dire indépendamment de la réglementation qui s'applique. Lorsque le PLU déroge à la règle d'inconstructibilité, il doit justifier et motiver cette dérogation (CE 17-12-2004 n° 257738 : BPIM 2/05 inf. 88).

b. **L'introduction dans le PLU** de dispositions permettant d'édifier des constructions dans la bande de 100 m ou de 75 m ne peut résulter que d'une révision (CAA Lyon 17-11-2005 n° 04LY00852, Cne de Ferney-Voltaire : BPIM 2/06 inf. 85).

c. Pour l'application de l'**interdiction de construire à proximité des axes routiers** le juge doit s'assurer, le cas échéant d'office, que la route concernée est classée parmi les voies à grande circulation et en tirer les conséquences sur le litige dont il est saisi, après avoir soumis cette question au débat contradictoire (CE 1-6-2015 n° 368335, Sté Loticis c/ Cne de Mareil-le-Guyon : BPIM 4/15 inf. 231).

4. PROTECTION DE L'ENVIRONNEMENT

1085 Les dispositions de la **Charte de l'environnement** ont valeur constitutionnelle et s'imposent aux pouvoirs publics et aux autorités administratives dans leurs domaines de compétence respectifs (Cons. const. 19-6-2008 n° 2008-564 DC ; CE ass. 3-10-2008 n° 297931, Cne d'Annecy : BJDU 4/08 p. 244).

Les **documents de planification et projets nationaux** doivent être compatibles avec les orientations nationales pour la préservation et la remise en bon état des continuités écologiques constituant le document-cadre de la trame verte et de la trame bleue (C. envir. art. L 371-2, al. 6).

Tous les **documents locaux d'urbanisme** doivent respecter les objectifs du développement durable et les préoccupations d'environnement (C. urb. art. L 101-2 ; C. envir. art. L 110-1). Au titre de ces préoccupations d'environnement figurent notamment la protection des espaces naturels et des paysages, la préservation des espèces animales et végétales, le maintien des équilibres biologiques auxquels ils participent et la protection des ressources naturelles contre toutes les causes de dégradation qui les menacent (Loi 76-629 du 10-7-1976 art. 1).

Les documents locaux d'urbanisme doivent aussi être compatibles, dans les conditions fixées par les articles L 131-1 et L 131-6 du Code de l'urbanisme, avec des documents environnementaux tels que les orientations des chartes constitutives des parcs nationaux (C. envir. art. L 331-3, III) ou des parcs naturels régionaux (C. envir. art. L 333-1, V).

© Éd. Francis Lefebvre

Les **Scot** élaborés ou révisés depuis le 1er avril 2021, ainsi qu'en l'absence de Scot, les **PLU** élaborés ou révisés depuis la même date, doivent être notamment compatibles avec le schéma régional de cohérence écologique (SRCE) d'Île-de-France (C. envir. art. L 371-3, III) et les directives paysagères (no 975). Ils prennent en compte les objectifs du Sraddet (no 985).

En l'**absence de PLU** ou de document d'urbanisme en tenant lieu, le conseil municipal peut, après enquête publique environnementale, identifier et localiser un ou plusieurs éléments présentant un intérêt patrimonial, paysager ou écologique et définir, si nécessaire, des prescriptions de nature à assurer leur protection (C. urb. art. L 111-22). Les travaux, aménagements ou démolitions ayant pour effet de modifier ou de supprimer un tel élément identifié sont soumis à déclaration préalable (s'ils ne relèvent pas d'un permis de construire ou d'aménager) ou à permis de démolir (C. urb. art. R 421-17, e, art. R 421-23, i et art. R 421-28, e).

Les documents de planification et programmes susceptibles d'avoir des incidences notables sur l'environnement doivent faire l'objet d'une **évaluation environnementale** avant leur adoption.

Les **préoccupations environnementales** et écologiques sont également prises en compte au stade de la délivrance des **autorisations d'urbanisme** (voir par exemple no 675).

> **Précisions** La loi 2021-85 du 29 janvier 2021 visant à définir et protéger le **patrimoine sensoriel des campagnes** françaises a prévu que les **sons et odeurs** qui caractérisent les espaces, ressources et milieux naturel, terrestres et marins appartiennent au patrimoine commun de la Nation (C. envir. art. L 110-1). Ils sont donc au nombre des préoccupations d'environnement que les documents d'urbanisme doivent respecter.

5. PRÉSERVATION DES ESPACES AGRICOLES, NATURELS ET FORESTIERS

PLAN RÉGIONAL DE L'AGRICULTURE DURABLE

Dans chaque région il doit être établi un plan régional de l'agriculture durable qui est porté à **1090**
la connaissance des communes et des EPCI à l'occasion de l'élaboration des documents d'urbanisme. Ce document est élaboré par le préfet de région et le président du conseil régional en association avec les collectivités territoriales et les chambres d'agriculture concernées ainsi que l'ensemble des organisations syndicales agricoles représentatives (C. rur. art. L 111-2-1).

Ces plans régionaux remplacent les documents départementaux de gestion de l'espace agricole et forestier qui prenaient la suite des cartes des terres agricoles et qui devaient être consultés à l'occasion de l'élaboration des documents d'urbanisme et des schémas départementaux des carrières. Dans l'attente de l'élaboration du plan régional, il convient de consulter encore les anciens documents s'ils existent.

ZONE AGRICOLE PROTÉGÉE

Des zones agricoles protégées (ZAP) peuvent être délimitées par le préfet (sur proposition **1092**
ou après accord des communes concernées) après enquête publique environnementale ; elles sont **annexées au PLU ou à la carte communale** (C. rur. art. L 112-2 et R 112-1-4 s. ; C. urb. art. R 151-51 et R 161-8). Elles comprennent les zones agricoles dont la préservation présente un intérêt général en raison soit de la qualité de leur production, soit de leur situation géographique, soit de leur qualité agronomique.

L'avis de la chambre d'agriculture et celui de la commission départementale d'orientation de l'agriculture doivent être sollicités en cas de **changement de mode d'occupation ou d'affectation du sol** altérant durablement le potentiel de ces zones, sauf si celui-ci relève d'une autorisation au titre du Code de l'urbanisme et lorsque le terrain est couvert par PLU opposable ou un document en tenant lieu (C. rur. art. L 112-2). En cas d'avis défavorable de l'une ou l'autre, le permis de construire ne peut être accordé que sur décision motivée du préfet (C. urb. art. R 423-64).

CONTRÔLE DE LA RÉDUCTION DES TERRES AGRICOLES

La **commission départementale de la préservation des espaces naturels, agricoles et** **1094**
forestiers (CDPENAF) peut être consultée sur toute question relative à la réduction des surfaces naturelles, forestières et à vocation ou à usage agricole et sur les moyens de contribuer à la limitation de la consommation de ces espaces. Elle est chargée d'émettre un avis sur l'opportunité de certaines procédures ou autorisations d'urbanisme au regard de l'objectif de préservation des terres agricoles. Elle est consultée de droit ou sur demande lors de

 © Éd. Francis Lefebvre

l'élaboration de tout autre projet ou document d'urbanisme ou d'aménagement. Elle doit, en principe, rendre un avis conforme sur tout projet d'élaboration, de modification ou de révision d'un PLU, d'un document d'urbanisme en tenant lieu ou d'une carte communale qui entraîne une réduction substantielle des surfaces affectées à des productions bénéficiant d'une appellation d'origine protégée (AOP) ou une atteinte substantielle aux conditions de production de l'appellation (C. rur. art. L 112-1-1). Pour l'application de ces dispositions, constituent des surfaces affectées à des productions bénéficiant d'une AOP les surfaces qui sont recensées comme étant effectivement exploitées à ce titre (CE 29-1-2024 n° 470379, Min. transition écologique : BPIM 2/24 inf. 87).

› Précisions **a.** Les documents d'urbanisme, ainsi que les schémas régionaux des carrières qui prévoient une réduction des espaces agricoles ou forestiers ne peuvent être rendus publics, approuvés, révisés ou modifiés qu'après avis de la **chambre d'agriculture** et, le cas échéant, de l'Inao (Institut national des appellations d'origine et de la qualité) et du Centre national de la propriété forestière (C. rur. art. L 112-3).

b. Le président de la **commission départementale d'aménagement foncier** peut demander à être entendu par l'autorité chargée de l'élaboration ou de la révision d'un document d'urbanisme, dès lors que ce document prévoit de modifier l'affectation d'une parcelle agricole située dans le périmètre ayant fait l'objet d'une procédure d'aménagement foncier rural depuis moins de 10 ans (C. rur. art. L 123-17, al. 3).

c. Les projets de travaux, d'ouvrages ou d'aménagements publics et privés qui, par leur nature, leurs dimensions ou leur localisation, sont susceptibles d'avoir des conséquences négatives importantes sur l'économie agricole font l'objet d'une étude préalable (« **étude d'impact agricole** ») comprenant une description du projet, une analyse de l'état initial de l'économie agricole du territoire concerné, l'étude des effets du projet sur celle-ci, les mesures envisagées pour éviter et réduire les effets négatifs notables du projet, ainsi que des mesures de compensation collective visant à consolider l'économie agricole du territoire (C. rur. art. L 112-1-3 et D 112-1-18 s.). L'étude préalable et les mesures de compensation sont prises en charge par le maître de l'ouvrage.

PROTECTION DES ESPACES AGRICOLES ET NATURELS PÉRIURBAINS

1096 Un **périmètre de protection et de mise en valeur** des espaces agricoles et naturels périurbains peut être délimité par le département ou l'organisme chargé du Scot pour son territoire, après accord des communes et des EPCI concernés et enquête publique environnementale (C. urb. art. L 113-16 et R 113-19 s.). Le périmètre délimité doit être compatible avec le Scot, s'il en existe un (C. urb. art. L 113-18).

Le périmètre ne peut pas inclure les terrains situés dans une zone urbaine (U) ou à urbaniser (UA) d'un PLU, dans un secteur constructible d'une carte communale ou dans une ZAD ou une pré-ZAD. Sont également exclus du périmètre les terrains situés dans un secteur faisant l'objet d'une décision de prise en considération au titre d'une OIN, dans un secteur faisant l'objet d'un PIG ou compris dans le plan général des travaux d'une opération déclarée d'utilité publique. Dans ces trois derniers cas, le terrain doit être destiné à la réalisation d'une infrastructure de l'État, d'une collectivité territoriale ou d'un établissement public (C. urb. art. L 113-17). Inversement, les terrains compris dans le périmètre ne peuvent pas être inclus dans une zone constructible d'un PLU ou d'une carte communale (C. urb. art. L 113-20).

Des modifications peuvent être apportées au périmètre avec l'accord des communes intéressées et après avis de la chambre d'agriculture. Toute modification du périmètre ayant pour effet d'en retirer un ou plusieurs terrains ne peut intervenir que par décret, ou encore par la déclaration d'utilité publique ou la déclaration de projet d'une infrastructure de transport (C. urb. art. L 113-19).

En pratique, lorsque le périmètre concerne essentiellement des terrains classés en zone agricole ou naturelle, il n'apporte aucune limitation supplémentaire aux règles spécifiques de constructibilité applicables dans ces zones au titre du Code de l'urbanisme (Rép. Cochet : AN 15-4-2008 n° 17957).

› Précisions Pour chaque périmètre, le département élabore, en accord avec la commune ou l'EPCI compétent, un **programme d'action** précisant les aménagements et les orientations de gestion destinés à favoriser l'exploitation agricole, la gestion forestière, la préservation et la valorisation des espaces naturels et des paysages (C. urb. art. L 113-21). Pour mettre en œuvre ce programme, le département peut procéder à l'**acquisition des terrains,** directement ou par l'intermédiaire d'une autre collectivité territoriale, d'un EPCI, d'un établissement public d'aménagement, d'un établissement public foncier local ou d'une société d'aménagement foncier et d'établissement rural (Safer). L'acquisition peut se faire à l'amiable, par expropriation (C. urb. art. L 113-24) ou par utilisation du **droit de préemption** (voir n° 31963). En vue de la réalisation du programme d'action les biens acquis peuvent être cédés de gré à gré, loués

© Éd. Francis Lefebvre

ou concédés conformément aux dispositions d'un cahier des charges qui précise les conditions selon lesquelles les cessions, locations ou concessions sont consenties et résolues en cas d'inexécution des obligations du cocontractant (C. urb. art. L 113-28).

INSTALLATIONS AGRIVOLTAÏQUES ET PHOTOVOLTAÏQUES

La loi Énergies renouvelables du 10 mars 2023 a créé, au sein du règlement national d'urbanisme, un cadre juridique pour les projets agrivoltaïques et le développement d'installations photovoltaïques sur le sol des espaces naturels, agricoles et forestiers (Enaf). **1098**

Il s'agit d'**encadrer l'implantation** de ces ouvrages en dehors des parties urbanisées des communes soumises au RNU, dans les zones agricoles, naturelles, voire forestières, des PLU et dans les secteurs inconstructibles des cartes communales (C. urb. art. L 111-27, L 111-29, L 111-33 et, sur renvoi, art. L 111-4, L 151-11 et L 161-4). Toutefois, à l'exception des installations agrivoltaïques, aucun ouvrage photovoltaïque ne peut être implanté en dehors des surfaces identifiées dans un document-cadre pris par arrêté préfectoral (C. urb. art. R 111-56 s. ; Arrêté ECOR2404313A du 5-7-2024 art. 8).

Les **installations agrivoltaïques** sont des installations de production d'électricité solaire dont les modules sont situés sur une parcelle agricole où ils contribuent durablement à l'installation, au maintien ou au développement d'une production agricole (C. énergie art. L 314-36). L'installation doit être nécessaire à l'exploitation agricole (C. urb. art. L 111-27 et L 111-28) et l'activité agricole doit rester l'activité principale. Ainsi, la surface agricole devenue non exploitable du fait de l'installation ne doit pas dépasser 10 % de la superficie totale et la hauteur de l'installation ainsi que l'espace inter-rangées doivent permettre une exploitation normale et assurer la circulation, la sécurité physique et l'abri des animaux ainsi que le passage des engins agricoles (C. énergie art. R 314-118).

Les **installations agri-compatibles** sont des installations photovoltaïques compatibles avec l'exercice d'une activité agricole mais implantées sur des sols à vocation naturelle, agricole, pastorale ou forestière réputés incultes ou non exploités depuis au moins 10 ans et identifiés dans le document-cadre (C. urb. art. L 111-29, al. 1, R 111-56 et R 111-57). La compatibilité des ouvrages doit être appréciée à l'échelle de l'ensemble des terrains d'un seul tenant relevant de la même exploitation au regard des activités qui y sont effectivement exercées ou qui pourraient s'y développer (C. urb. art. L 111-29, al. 1). Ces installations ne doivent pas affecter durablement les fonctions écologiques du sol (biologiques, hydriques et climatiques) ni son potentiel agronomique (C. urb. art. L 111-30).

> **Précisions** **a.** L'autorisation d'implanter les ouvrages photovoltaïques sur le sol est accordée sur avis de la CDPENAF (C. urb. art. L 111-31 et, sur renvoi, art. L 111-27 à L 111-29) pour une durée limitée et sous condition de démantèlement et de remise en état par le propriétaire au terme de l'exploitation (C. urb. art. L 111-32, R 111-62 et R 111-63). L'autorité compétente pour délivrer l'autorisation d'urbanisme peut imposer la constitution de garanties financières pour ce démantèlement et cette remise en état (C. urb. art. L 111-32, R 111-62, al. 2 et R 111-64 ; Arrêté ECOR2404313A du 5-7-2024 art. 1). Un contrôle préalable à la mise en service de l'installation, un contrôle de suivi et un contrôle en fin d'exploitation sont mis en place (Arrêté ECOR2404313A du 5-7-2024 art. 2, 4 et 6).
> **b.** À certaines conditions, les installations photovoltaïques ne sont pas comptabilisées lors du **calcul de la consommation des Enaf** (Décret 2023-1408 du 29-12-2023 ; Arrêté TREL2211878A du 29-12-2023 modifié par arrêté ECOR2404313A du 5-7-2024).

6. RECONVERSION DES FRICHES

PRISE EN COMPTE DES FRICHES DANS LES DOCUMENTS D'URBANISME

Dans le cadre de la politique de **lutte contre l'artificialisation des sols**, la loi Climat du 22 août 2021 prévoit la mobilisation prioritaire des gisements fonciers disponibles, et tout particulièrement des friches constructibles dont un recensement doit être mené pour dresser un inventaire national des friches. **1100**

Cette obligation de tenir compte des friches pour déterminer les conditions de l'urbanisation et la capacité d'aménager et de construire s'impose aux principaux documents locaux d'urbanisme : Scot (C. urb. art. L 141-3 et L 141-6), PLU (C. urb. art. L 151-5), carte communale (C. urb. art. L 161-3). Divers dispositifs sont prévus afin de favoriser le réemploi de ces friches, et notamment la possibilité de déroger aux règles de gabarit ou de stationnement du PLU (voir n° 3366) ou celle de déroger au principe d'urbanisation en continuité sur le littoral pour installer des ouvrages nécessaires à la production d'énergie solaire photovoltaïque ou thermique (voir n° 8368).

IDENTIFICATION DES FRICHES

1102 Au sens du Code de l'urbanisme, une friche est définie comme un bien ou un droit immobilier, bâti ou non bâti, inutilisé et dont l'état, la configuration ou l'occupation totale ou partielle ne permet pas un réemploi sans un aménagement ou des travaux préalables (C. urb. art. L 111-26 et D 111-54, II).

Les éléments dont il peut être tenu compte pour identifier une friche sont notamment les suivants (C. urb. art. D 111-54, I) :

– une concentration élevée de logements vacants ou d'habitats indignes ;
– un ou des locaux ou équipements vacants ou dégradés, en particulier à la suite d'une cessation définitive d'activité ;
– une pollution identifiée pour laquelle son responsable ou l'exploitant du site, son ayant droit ou celui qui s'est substitué à lui a disparu ou est insolvable ;
– un coût significatif pour son réemploi, voire un déséquilibre financier probable entre les dépenses d'acquisition et d'interventions, d'une part, et le prix du marché pour le type de biens concernés, ou compte tenu du changement d'usage envisagé, d'autre part.

La présence d'un seul de ces éléments suffit à qualifier un terrain de friche, mais d'autres critères peuvent également être pris en compte. En revanche, les terrains non bâtis à usage ou à vocation agricole ou forestier ne peuvent pas être considérés comme des friches (C. urb. art. D 111-54, III). Il en va de même, semble-t-il, des terrains à caractère naturel, y compris lorsqu'ils ont fait l'objet d'une renaturation (Décret 2023-1259 du 26-12-2023 notice).

EXPÉRIMENTATION DU CERTIFICAT DE PROJET DANS LES FRICHES

1104 La loi Climat a prévu l'expérimentation d'un certificat de projet dédié aux opérations de reconversion des friches au sens du Code de l'urbanisme (Loi 2021-1104 du 22-8-2021 art. 212 ; Décret 2024-452 du 21-5-2024). Il s'agit d'un **dispositif facultatif** qui s'applique aux demandes déposées entre le 1er juin 2024 et le 31 mai 2027 (Décret 2024-452 du 21-5-2024 art. 9).

La **demande de certificat de projet** est adressée au préfet par pli recommandé avec demande d'avis de réception, envoyée par voie électronique ou déposée en préfecture. Elle comporte : l'identité du demandeur ; la localisation, la nature et les caractéristiques principales du projet ; une description succincte de l'état initial des espaces concernés par le projet et ses effets potentiels sur l'environnement.

Un **système de guichet unique** permet au porteur du projet de déposer conjointement, auprès du préfet de département, une demande de certificat d'urbanisme (C. urb. art. L 410-1), une demande d'examen au cas par cas sur la nécessité de réaliser ou non une évaluation environnementale (C. envir. art. R 122-3-1) ou une demande d'avis sur le champ et le degré de précision des informations à fournir dans l'étude d'impact (C. envir. art. R 122-4). Les décisions prises seront annexées au certificat de projet.

Le certificat de projet comporte en outre :

– l'indication, au regard des informations fournies, des régimes, décisions et procédures applicables au projet à la date de la demande ;
– le rappel des délais réglementaires ou la fourniture d'un calendrier d'instruction de ces décisions qui se substitue aux délais réglementairement prévus ;
– l'indication, de manière facultative, des difficultés de nature technique ou juridique identifiées qui seraient susceptibles de faire obstacle à la réalisation du projet.

Figurent également dans le certificat de projet les éléments relatifs à l'archéologie préventive.

L'**instruction** et la **délivrance** du certificat de projet relèvent de l'État. Il est délivré par le préfet dans un délai de 4 mois. Sur décision motivée, le préfet peut prolonger ce délai d'un mois. Le silence de l'administration au terme du délai vaut décision implicite de rejet.

L'**intérêt du certificat de projet**, outre qu'il est susceptible d'engager la responsabilité de l'administration, réside dans une cristallisation des règles d'urbanisme. Si le certificat de projet fait mention d'une autorisation d'urbanisme et que celle-ci est demandée dans les 18 mois de la délivrance du certificat, la demande est alors instruite au regard des dispositions d'urbanisme existantes à la date de délivrance du certificat. Une double exception est toutefois prévue pour les dispositions dont l'application est nécessaire au respect des engagements internationaux de la France (notamment du droit de l'Union européenne) et pour celles ayant pour objet la préservation de la sécurité, de la santé ou de la salubrité publiques (Loi 2021-1104 du 22-8-2021 art. 212, IV).

7. PRÉVENTION DES RISQUES

PRISE EN COMPTE DES RISQUES DANS LES DOCUMENTS D'URBANISME

Les documents d'urbanisme doivent déterminer les conditions permettant d'assurer la prévention des risques naturels prévisibles, des risques miniers, des risques technologiques, des pollutions et des nuisances de toute nature (C. urb. art. L 101-2, 5°). 1105

Le risque doit être apprécié en fonction des moyens à mettre en œuvre pour le prévenir (CE 26-6-1996 n° 124932 : BJDU 4/96 p. 259).

Un **plan de gestion des risques d'inondation** doit être élaboré, à l'échelon de chaque bassin, pour les territoires exposés à ce risque. Ce plan peut comporter des mesures pour la maîtrise de l'urbanisation et la cohérence du territoire au regard du risque d'inondation. Il peut identifier des travaux et mesures à mettre en œuvre qui devront être qualifiés de projet d'intérêt général dans un délai fixé par le plan (C. envir. art. L 566-7). Certaines de ces mesures s'imposent directement aux documents d'urbanisme qui devront être compatibles avec elles (voir, par exemple, C. urb. art. L 131-1, 10° pour les Scot et, sur renvoi de L 131-6, pour les PLU).

> **Précisions a.** Le préfet peut, en fonction d'un risque particulier lié à un sinistre de nature à porter atteinte à la vie ou à l'intégrité des personnes, aux biens ou à l'environnement, élaborer un **plan particulier d'intervention** (CSI art. R 741-18 s.).
> **b.** Les biens exposés à certains risques naturels majeurs peuvent être **expropriés** (voir nos 36635 s.).
> **c.** Après enquête publique, le préfet peut créer sur les **terrains riverains des cours d'eau,** à titre de servitude d'utilité publique, une zone de rétention des crues et une zone de mobilité des cours d'eau dans lesquelles les projets de travaux sont contrôlés par le préfet (C. envir. art. L 211-12 et R 211-96 s.).

PLAN DE PRÉVENTION DES RISQUES NATURELS PRÉVISIBLES

Élaboration et évolution L'État élabore et met en application des plans de prévention des risques naturels prévisibles (**PPRNP**), tels que les inondations, les mouvements de terrain, les avalanches, les incendies de forêt, les séismes, les éruptions volcaniques, les tempêtes ou les cyclones (C. envir. art. L 562-1, I). 1110

L'**établissement** du PPRNP est prescrit par un arrêté du préfet qui détermine le **périmètre** mis à l'étude et la nature des risques pris en compte. L'arrêté définit les modalités de la concertation et de l'association des collectivités et EPCI concernés (C. envir. art. L 562-3, al. 1 et 2 et art. R 562-2, al. 2). Lorsque le périmètre du plan s'étend sur plusieurs départements, le plan est prescrit par arrêté conjoint des préfets des départements concernés (C. envir. art. R 562-1, al. 2). L'arrêté est notifié à l'exécutif des collectivités territoriales et EPCI concernés. Il est publié au Recueil des actes administratifs de l'État dans le département et fait l'objet d'un affichage en mairie, ainsi que d'une publicité par voie de presse (C. envir. art. R 562-2, al. 3 et 4).

Le **projet de plan** est soumis à l'avis des conseils municipaux des communes concernées (C. envir. art. R 562-7). Il est ensuite soumis à enquête publique environnementale (C. envir. art. R 562-8). À l'issue de ces consultations, le plan, éventuellement modifié pour tenir compte des avis recueillis (C. envir. art. R 562-9), est approuvé par le préfet (C. envir. art. L 562-3). Les modifications apportées au projet après l'enquête publique ne doivent pas remettre en cause son économie générale (CE 22-5-2012 n° 334087, Min. écologie : BPIM 4/12 inf. 288).

L'**approbation** doit intervenir dans les 3 ans de l'arrêté prescrivant son élaboration. Ce délai est prorogeable une fois, dans la limite de 18 mois, par arrêté motivé du préfet (C. envir. art. R 562-2, al. 5).

Une fois approuvé, le PPRNP doit être annexé au PLU (C. urb. art. L 151-43 et R 151-51) ou à la carte communale (C. urb. art. L 161-1 et R 161-8).

La procédure de **révision** du PPRNP est calquée sur celle de son élaboration (C. envir. art. L 562-4-1, I). En cas de révision partielle, la procédure est menée dans les seules communes concernées, en association avec elles (C. envir. art. R 562-10). La procédure de **modification** peut être utilisée pour les changements ne portant pas atteinte à l'économie générale du plan (C. envir. art. L 562-4-1, II). Il s'agit d'une procédure allégée sans enquête publique se déroulant dans les seules communes concernées par la modification (C. envir. art. R 562-10-1 et R 562-10-2). Des **adaptations** à certaines dispositions du PPRNP peuvent être apportées par l'État à l'occasion de la réalisation d'un projet ou d'une opération bénéficiant d'une procédure intégrée (C. urb. art. L 300-6-1, IV).

> **Précisions a.** Pour l'application du Code de l'urbanisme, les PPRNP sont le plus souvent assimilés à des **documents d'urbanisme.** Ainsi, l'illégalité pour vice de forme ou de procédure ne peut pas être soulevée au-delà du délai mentionné n° 2010 (CE 30-12-2011 n° 324310 : BPIM 1/12 inf. 6). En cas d'annulation d'un refus de permis de construire, les dispositions de l'article

L 600-2 du Code de l'urbanisme précisées n° 16535 sont applicables (CE avis 12-6-2002 n° 244634, Préfet de Charente-Maritime : BJDU 3/02 p. 220). En revanche, pour l'application du Code de l'expropriation, les PPRNP ne sont pas assimilés à des documents d'urbanisme tenant lieu de PLU (Cass. 3e civ. 11-2-2009 n° 07-13.853 : BJDU 1/09 p. 27, BPIM 2/09 inf. 114).

b. Les **plans de prévention des risques d'inondation** (PPRNP « inondation ») doivent être compatibles ou rendus compatibles avec les dispositions du plan de gestion des risques d'inondation visé n° 1105 (C. envir. art. L 562-1, VI).

c. L'État peut mettre en œuvre des **plans de prévention des risques miniers,** qui sont élaborés dans des conditions similaires à celles des PPRNP et emportent les mêmes effets (C. minier art. L 174-5 ; Décret 2000-547 du 16-6-2000).

d. Les **anciens plans** d'exposition aux risques prévisibles, plans de surfaces submersibles, plans de zones sensibles aux incendies de forêt et périmètres de risques élaborés (ou en cours d'élaboration au 2 février 1995) valent PPRNP (C. envir. art. L 562-6). Le décret du 20 octobre 1937 relatif aux plans de surfaces submersibles, le décret 92-273 du 23 mars 1992 relatif aux plans de zones sensibles aux incendies de forêt et le décret 93-351 du 15 mars 1993 relatif aux plans d'exposition aux risques naturels prévisibles, bien qu'abrogés, demeurent en vigueur en tant qu'ils sont nécessaires à la mise en œuvre de ces différents plans valant PPRNP (C. envir. art. R 562-11).

1115 **Objet et contenu** Le PPRNP a pour objet de (C. envir. art. L 562-1, II) :

– délimiter les zones exposées aux risques, d'y interdire tout type de construction, d'ouvrage, d'aménagement ou d'activité, notamment afin de ne pas aggraver le risque pour les vies humaines ou, dans le cas où des constructions, des ouvrages, des aménagements ou des activités pourraient être autorisés, de prescrire les conditions dans lesquelles ils doivent être réalisés, utilisés ou exploités ;

– délimiter des zones qui ne sont pas exposées directement aux risques, mais où des constructions, des ouvrages, des aménagements ou des activités pourraient aggraver les risques ou en provoquer de nouveaux, de sorte que peuvent y être prévues des interdictions ou des prescriptions analogues à celles mentionnées ci-dessus ;

– définir des mesures de prévention, de protection et de sauvegarde devant être prises dans ces deux catégories de zones par les collectivités publiques et les mesures incombant aux particuliers ;

– définir les mesures relatives à l'aménagement, l'utilisation et d'exploitation des constructions et ouvrages pouvant être imposées dans les mêmes zones aux propriétaires, exploitants ou utilisateurs ;

– définir des exceptions aux interdictions ou prescriptions applicables dans les zones concernées, afin de ne pas s'opposer à l'implantation d'installations de production d'énergie solaire s'il n'en résulte pas une aggravation des risques.

La réalisation des mesures de prévention et/ou d'aménagement ainsi définies peut être rendue obligatoire dans un délai de 5 ans, lequel est susceptible d'être réduit en cas d'urgence. À défaut de mise en conformité dans le délai prescrit, le préfet peut, après mise en demeure non suivie d'effet, en ordonner la réalisation aux frais du propriétaire, de l'exploitant ou de l'utilisateur (C. envir. art. L 562-1, III). Toutefois, si les mesures relatives à l'aménagement, l'utilisation et d'exploitation des constructions et ouvrages portent sur des biens régulièrement construits ou aménagés avant l'approbation du plan, elles ne peuvent consister qu'en des aménagements limités dont le coût est inférieur à 10 % de la valeur des biens (C. envir. art. L 562-1, V et R 562-5, III ; Rép. Hyest : Sén. 6-7-2000 n° 22549).

Le **PPRNP comprend** une note de présentation, des documents graphiques et un règlement. Ce règlement précise les mesures d'interdiction et les prescriptions applicables dans les zones exposées aux risques et celles où diverses opérations pourraient aggraver les risques ou en provoquer de nouveaux (C. envir. art. R 562-3, 3°-a et, sur renvoi, C. envir. art. L 562-1, I-1° et 2°). Il précise également les mesures susceptibles d'être imposées aux particuliers en mentionnant, le cas échéant, celles dont la mise en œuvre est obligatoire et dans quel délai (C. envir. art. R 562-3, 3°-b et 3°-c, et, sur renvoi, C. envir. art. L 562-1, I-3° et 4°).

› Précisions a. Dans les **zones submersibles ou inondables,** le PPRNP peut définir les interdictions et prescriptions nécessaires au libre écoulement des eaux et au bon usage des champs d'inondation (C. envir. art. L 562-8). Dans les zones particulièrement exposées à un **risque sismique ou cyclonique,** des règles particulières de construction peuvent être imposées. Si un PPRNP est approuvé dans l'une de ces zones, il peut éventuellement fixer des règles plus adaptées (CCH art. L 132-2 et L 132-3 ; C. envir. art. L 563-1).

b. Les PPRNP peuvent fixer des **règles particulières de construction,** d'aménagement ou d'exploitation en ce qui concerne la nature et les caractéristiques des bâtiments ainsi que leurs équipements et installations (CCH art. R 132-1).

c. Le **contrôle technique** des constructions peut être rendu obligatoire dans les zones à risques (CCH art. L 125-5).

Opposabilité Le PPRNP vaut **servitude d'utilité publique** (C. envir. art. L 562-4, al. 1). Les prescriptions du plan sont directement opposables aux demandes d'**autorisations d'urbanisme,** sans que l'autorité compétente soit tenue de les reprendre dans le cadre de la délivrance de l'autorisation (CE 4-5-2011 n° 321357, Cne de Fondettes : BPIM 3/11 inf. 179 ; CE 13-2-2016 n° 389103 : BPIM 2/16 inf. 83 ; CE 22-7-2020 n° 426139, Sté Altarea Cogedim IDF : BPIM 5/20 inf. 293). Ces prescriptions sont opposables dès l'approbation du plan pendant un an dans l'attente de leur annexion au PLU ou à la carte communale. Au-delà de ce délai, seules les servitudes annexées au PLU ou à la carte communale demeurent opposables (C. urb. art. L 152-7 ; CE 19-11-2010 n° 331640, Min. écologie). 1118

Lorsque l'**urgence** le justifie, le préfet peut, après consultation des maires des communes concernées, rendre immédiatement opposables certaines prescriptions du projet de PPRNP relatives aux constructions, ouvrages, aménagements ou exploitations nouveaux. Ces prescriptions cessent d'être opposables si elles ne sont pas reprises dans le plan approuvé (C. envir. art. L 562-2). Cette possibilité d'**application immédiate d'un projet de PPRNP** est limitée aux dispositions qui permettent d'interdire ou de soumettre à certaines prescriptions la réalisation de travaux dans les zones 1° et 2° du II de l'article L 562-1 du Code de l'environnement (CE 24-7-2006 n° 283297, Cne d'Andresy-en-Yvelines : BPIM 6/06 inf. 407).

Les mesures de prévention, de protection et de sauvegarde incombant aux particuliers ne peuvent justifier un refus de permis de construire que si elles ont été rendues obligatoires (CE 20-6-2018 n° 412650, Min. cohésion des territoires : BPIM 4/18 inf. 240).

L'inconstructibilité résultant du PPRNP n'ouvre pas au propriétaire d'un terrain nu un **droit à indemnité** sauf s'il en résulte pour lui une charge spéciale et exorbitante, hors de proportion avec l'objectif d'intérêt général poursuivi (CE sect. 29-12-2004 n° 257804, Sté d'aménagement des coteaux de Saint-Blaine : BPIM 2/05 inf. 91).

› Précisions **a.** Les **documents graphiques** d'un PPRNP doivent être suffisamment précis pour permettre de déterminer les parcelles concernées par les prescriptions du plan et d'en assurer le respect lors de la délivrance des autorisations d'occupation ou d'utilisation du sol (CE 7-11-2012 n° 337755, Min. écologie c/ Chambre d'agriculture du Var : BPIM 1/13 inf. 5).

b. Le juge de l'excès de pouvoir exerce, sur le **classement des terrains** dans les différentes zones d'un PPRNP, un contrôle restreint qui peut le conduire à censurer les éventuelles erreurs manifeste d'appréciation (CE 14-11-2003 n° 231798 : BPIM 1/04 inf. 2). Pour déterminer si un terrain situé derrière un ouvrage de protection, tel qu'une digue, doit être classé dans une zone exposée aux risques, le préfet doit prendre en compte non seulement la protection apportée par cet ouvrage, eu égard notamment à ses caractéristiques et aux garanties données quant à son entretien, mais aussi le risque spécifique que la présence même de l'ouvrage peut créer en cas de rupture ou en cas de sinistre d'une ampleur supérieure à celle pour laquelle il a été dimensionné, dans la mesure où la survenance de tels accidents n'est pas dénuée de toute probabilité (CE 6-4-2016 n° 386000, Min. écologie : BPIM 3/16 inf. 154). La nature et l'intensité du risque doivent être appréciés concrètement au regard, notamment, de la réalité et de l'effectivité des ouvrages de protection. Il doit donc être tenu compte d'un ouvrage de protection, même édifié irrégulièrement, dès lors qu'il est effectif et n'est pas voué à disparaître à brève échéance (CE 24-11-2021 n° 436071, Sté Les quatre chemins : BPIM 1/22 inf. 3).

c. Les prescriptions du PPRNP sont au nombre des **prescriptions spéciales** prévues à l'article R 111-2 du Code de l'urbanisme qui peuvent être imposées au demandeur d'un permis de construire afin de remédier aux inconvénients que présente le projet pour la **sécurité publique.** Si de telles prescriptions s'avèrent insuffisantes, le permis peut être refusé (CE 13-2-2016 n° 389103 : BPIM 2/16 inf. 83 ; CE 22-7-2020 n° 426139, Sté Altarea Cogedim IDF : BPIM 5/20 inf. 293 ; CE 14-6-2021 n° 433393, Cne de La Faute-sur-Mer).

d. Les prescriptions d'un PPRNP sont au nombre des dispositions d'urbanisme prévues à l'article L 111-15 du Code de l'urbanisme qui sont susceptibles de faire obstacle à la **reconstruction** à l'identique d'un **bâtiment détruit par un sinistre** (CE 17-12-2008 n° 305409 : BPIM 1/09 inf. 9).

e. Les prescriptions d'un PPRNP sont opposables aux demandes d'autorisation concernant les **installations classées** (CE 9-10-2017 n° 397199, Sté Les carrières de Mougins).

f. Les prescriptions du PPRNP doivent être respectées pour la détermination ou la modification de l'assiette d'une **servitude de passage** (Cass. 3e civ. 25-1-2024 n° 22-16.920 FS-B : BPIM 2/24 inf. 144).

Sanctions Les **infractions** aux interdictions et prescriptions prévues par un **PPRNP** sont punies des peines mentionnées nos 16740 s. (C. urb. art. L 480-4, sur renvoi de C. envir. art. L 562-5, I). Les dispositions du Code de l'urbanisme relatives au contrôle et aux infractions sont applicables dans les conditions fixées à l'article L 562-5, II du Code de l'environnement. 1120

Par ailleurs, la commune ou l'EPCI peut saisir le tribunal judiciaire en vue de faire ordonner la démolition ou la mise en conformité de tout ouvrage irrégulièrement édifié. Cette possibilité d'action civile se prescrit par 10 ans à compter de l'achèvement des travaux (C. urb. art. L 480-14).

PLAN DE PRÉVENTION DES RISQUES TECHNOLOGIQUES

1125 **Objet** Les PPRT déterminent autour des **installations classées présentant des risques élevés,** figurant sur la liste prévue à l'article L 515-36 du Code de l'environnement (installations dites « Seveso seuil haut ») ou relevant de l'article L 211-2 du Code minier (installations de stockages souterrains), un périmètre d'exposition aux risques en tenant compte de la nature et de l'intensité des risques technologiques décrits dans les études de dangers, ainsi que des mesures de prévention à mettre en œuvre (C. envir. art. L 515-15 s. et R 515-39 s. ; C. minier art. L 264-2).

Peuvent être instaurées d'importantes servitudes d'utilité publique (voir n° 21242) concernant l'utilisation du sol et l'exécution des travaux soumis à permis de construire (C. envir. art. L 515-8 et L 515-37). Ces servitudes sont mentionnées dans le PPRT (C. envir. art. L 515-21). Les installations militaires relèvent de règles particulières (C. envir. art. L 517-1 et R 515-50).

1127 **Élaboration et évolution** L'élaboration et la **mise en œuvre des PPRT** relèvent de l'État (C. envir. art. L 515-22). L'élaboration du plan est prescrite par un arrêté du préfet qui détermine son périmètre d'étude, la nature des risques pris en compte, les services instructeurs, la liste des personnes associées et les modalités de cette association. Ce même arrêté mentionne si une évaluation environnementale est requise et définit, après avis des communes concernées, les modalités de la concertation avec le public (C. envir. art. R 515-40).

Sont notamment associés à l'élaboration du plan les exploitants des installations à l'origine du risque, les communes sur le territoire desquelles le plan doit s'appliquer, les EPCI compétents en matière d'urbanisme et dont le périmètre d'intervention est couvert en tout ou partie par le plan ainsi que la commission de suivi de site. Le préfet recueille leur avis sur le projet, qui est ensuite soumis à une enquête publique environnementale d'une durée minimale d'un mois, pouvant être prorogée une fois pour la même durée (C. envir. art. L 515-22 et R 515-44). Le plan est approuvé par le préfet, en principe dans les 3 mois de la réception en préfecture du rapport d'enquête (C. envir. art. R 515-44). Le PPRT approuvé est porté à la connaissance des maires des communes situées dans le périmètre du plan (C. envir. art. L 515-23). Il est annexé au PLU (C. urb. art. L 151-43 et R 151-51) ou à la carte communale (C. urb. art. L 161-1 et R 161-8).

La **révision** du plan suit la même procédure, sauf lorsqu'il s'agit d'une révision partielle pour laquelle seules les communes concernées sont associées (C. envir. art. L 515-22-1, I et R 515-47).

Une **modification** du plan est possible selon une procédure simplifiée (consultation du public sans enquête publique) si les changements envisagés ne portent pas atteinte à l'économie générale du plan ou si la portée des mesures prévues est revue à la baisse (C. envir. art. L 515-22-1, II).

En cas de disparition totale et définitive du risque, l'**abrogation** du plan est prononcée par le préfet après consultation du conseil départemental de l'environnement et des risques sanitaires et technologiques (C. envir. art. L 515-22-1, III et R 515-48).

> **Précisions** L'irrégularité de procédure résultant de la méconnaissance des **modalités de concertation définies par le préfet** peut être invoquée à l'appui d'un recours contre la décision approuvant le PPRT. En revanche, l'illégalité de la décision par laquelle le préfet a fixé ces modalités ne peut pas être invoquée par voie d'exception (CE 6-12-2017 n° 400735, Min. environnement : BPIM 1/18 inf. 4).

1130 **Contenu et opposabilité** Le PPRT vaut **servitude d'utilité publique** (C. envir. art. L 515-23). Il définit un **périmètre d'exposition aux risques** en tenant compte de la nature et de l'intensité des risques technologiques décrits dans les études de dangers et des mesures de prévention mises en œuvre (C. envir. art. L 515-15). Il comprend des documents graphiques, un règlement, des recommandations et, le cas échéant, des mesures supplémentaires de prévention permettant de réduire le périmètre des zones et secteurs à risques. Sont jointes au plan des informations financières sur le coût des mesures de prévention et l'ordre de priorité retenu pour la mise en œuvre des différentes mesures (C. envir. art. R 515-41).

À l'intérieur du périmètre, le plan peut délimiter des **zones de maîtrise de l'urbanisation future** dans lesquelles la réalisation d'aménagements ou d'ouvrages, ainsi que les constructions nouvelles et l'extension des constructions existantes, sont interdites ou subordonnées au respect de prescriptions relatives à leur construction, leur utilisation ou à leur exploitation. Des dérogations peuvent être accordées par le préfet pour permettre l'implantation d'installations de production d'énergie renouvelable. Dans ces zones, les communes ou les EPCI compétents peuvent instaurer le **droit de préemption urbain** dans les conditions définies à l'article L 211-1 du Code de l'urbanisme (C. envir. art. L 515-16, 1° et L 515-16-1).

Le plan peut également délimiter des **zones de prescriptions relatives à l'urbanisation existante** dans lesquelles peuvent être imposées aux propriétaires, exploitants et utilisateurs les mesures de protection des populations à prendre dans des délais déterminés. Ces mesures sont relatives à l'aménagement, l'utilisation ou l'exploitation des constructions, des ouvrages, des installations et des voies de communication existants.

Des travaux de protection peuvent être imposés pour les **logements.** Leur coût ne peut pas excéder 10 % de la valeur du bien dans la limite de 20 000 € (C. envir. art. L 515-16, 2°, L 515-16-2 et R 515-42). L'exploitant à l'origine du risque et les collectivités territoriales ou leurs groupements participent au financement de ces travaux et des diagnostics préalables (C. envir. art. L 515-19, I). Pour les **biens autres que les logements,** des modalités d'information adaptées sur les risques encourus sont prévues. Elles sont mises en œuvre par des mesures de protection, de réduction de la vulnérabilité ou d'organisation de l'activité (C. envir. art. L 515-16-2). Le plan peut aussi définir de simples recommandations sur les mêmes questions notamment pour les terrains de **camping** ou de stationnement de caravanes (C. envir. art. L 515-16-8).

Les **infractions aux prescriptions** prévues par les PPRT font l'objet de sanctions administratives et pénales (C. envir. art. L 515-24).

Le **juge administratif** saisi d'un recours pour excès de pouvoir contre la décision approuvant le PPRT exerce un **contrôle** restreint sur le **périmètre et la délimitation des zones** du plan, mais un contrôle entier sur les **mesures prescrites par le plan** (CE 12-10-2016 n° 390489).

À l'intérieur des zones de prescriptions relatives à l'urbanisation existante, les PPRT peuvent délimiter (C. envir. art. L 515-16, 2°) : **1135**

– des **secteurs de délaissement** où les propriétaires bénéficient d'un droit de délaissement pendant 6 ans. Ce délai court à compter de la signature de la convention de financement des mesures résultant du plan ou de la répartition de ce financement prévue à défaut de convention (C. envir. art. L 515-16-3, I) ;

– des **secteurs d'expropriation** où le préfet pourra déclarer d'utilité publique l'expropriation d'immeubles au profit des communes ou des EPCI (C. envir. art. L 515-16-4). Le droit de délaissement est également applicable dans ces secteurs (C. envir. art. L 515-16-3, I).

Dans les deux cas, pour la détermination du **prix d'acquisition** ou du montant des **indemnités,** il n'est pas tenu compte de la dépréciation supplémentaire éventuelle apportée au bien par la servitude qu'institue le PPRT (C. envir. art. L 515-16-3, II).

Le plan peut prévoir des mesures supplémentaires de prévention permettant de réduire le périmètre de ces secteurs si le coût de ces mesures est moins élevé que celui résultant des expropriations et des délaissements (C. envir. art. L 515-17).

> **Précisions a.** Le droit de **délaissement** peut être prévu en présence de risques importants d'accident à cinétique rapide présentant un danger grave pour la vie humaine (C. envir. art. L 515-16, 2°-a).
b. L'**expropriation** peut être prévue en présence de risques importants d'accident à cinétique rapide présentant un danger très grave pour la vie humaine (C. envir. art. L 515-16, 2°-b).
c. Des **conventions de financement** tripartite (État, collectivités territoriales concernées et exploitant à l'origine du risque) précisent les participations respectives au financement des diagnostics préalables et des travaux de protection de logements (C. envir. art. L 515-19), la répartition de la prise en charge du coût des mesures d'expropriation, de délaissement, de préemption et de mise en sécurité des lieux : limitation de l'accès et démolition éventuelle des biens exposés afin d'en empêcher toute occupation future (C. envir. art. L 515-19-1). À défaut d'accord, la répartition est fixée par la loi (C. envir. art. L 515-19-2).
d. L'**estimation des mesures foncières** susceptibles d'être prises en application des articles L 515-16-3 et L 515-16-4 doit être mentionnée dans le PPRT (C. envir. art. R 515-41). Si elle peut être utilement contestée à l'appui d'un recours contre le plan, elle n'a pas pour objet de déterminer le montant des indemnités versées aux propriétaires faisant l'objet de ces mesures ni de fixer les modalités de financement des mêmes mesures (CE 12-2-2020 n° 424153, Sté Frangaz : BPIM 2/20 inf. 90).
e. Les conditions d'utilisation et de **revente des biens acquis** par délaissement, expropriation ou préemption sont encadrées (C. envir. art. L 515-16-7).
f. Les **plus-values** réalisées par les particuliers ayant exercé le droit de délaissement sur un bien situé dans le périmètre d'un PPRT peuvent bénéficier de l'exonération des plus-values pour cause d'expropriation dans les conditions et limites indiquées n°s 37200 s. (CGI art. 150 U, II-4°). La condition de remploi porte dans ce cas sur le prix de cession correspondant au prix réel tel qu'il est stipulé dans l'acte, indépendamment de ses modalités de paiement (BOI-RFPI-PVI-10-40-60 n° 75 ; BOI-RFPI-PVI-20-10-10 n° 10).

8. PRÉSERVATION DES INTÉRÊTS SUPRACOMMUNAUX

PRISE EN COMPTE DES PROJETS SUPRACOMMUNAUX

Dans le cadre de la réforme décentralisatrice le législateur a transféré aux communes le pouvoir d'élaborer leurs propres documents d'urbanisme et celui de délivrer les autorisations **1145** d'occupation des sols. Mais il a aussi institué des mécanismes destinés à éviter certains inconvénients de ces transferts. Sont notamment concernées des opérations d'intérêt supra-communal, telles que les projets d'intérêt général et les opérations d'intérêt national (C. urb. art. L 132-1). Sur les grandes opérations d'urbanisme (GOU), voir n°s 25580 s.

> **Précisions** **a.** Des **commissions de conciliation** sont instituées dans chaque département afin de résoudre les désaccords entre l'autorité compétente pour élaborer les documents d'urbanisme locaux et les autres personnes associées à cette élaboration (C. urb. art. L 132-14 et R 132-10 s.).
> **b.** Les documents d'urbanisme applicables aux **territoires frontaliers** prennent en compte l'occupation des sols dans les territoires des **États limitrophes** (C. urb. art. L 131-10). Les communes ou groupements compétents peuvent consulter les collectivités territoriales de ces États ainsi que tout organisme étranger compétent en matière d'habitat, d'urbanisme, de déplacement, d'aménagement et d'environnement (C. urb. art. R 132-5, al. 2).

OPÉRATION D'INTÉRÊT NATIONAL

1150 Une opération d'intérêt national (**OIN**) est une opération d'aménagement qui répond à des enjeux d'une importance telle qu'elle nécessite la mobilisation de la collectivité nationale et que l'État lui consacre des moyens particuliers. Le **périmètre** de l'OIN est déterminé par l'État après consultation des EPCI à fiscalité propre compétents en matière d'aménagement, des communes, départements et régions concernés. Sur le territoire de la métropole de Lyon celle-ci est également consultée. L'avis sollicité doit être rendu dans les 3 mois. À défaut, il est réputé favorable. La **qualification** d'OIN résulte d'un décret en Conseil d'État qui inscrit l'opération sur une liste prévue à cet effet (C. urb. art. L 102-12).

La **liste** actuelle des OIN comprend notamment les agglomérations nouvelles, des sites industrialo-portuaires, des opérations d'aménagement d'envergure, des opérations de requalification de copropriétés dégradées d'intérêt national, ainsi que la réalisation, pour les jeux Olympiques 2024, de certains ouvrages en Seine-Saint-Denis (C. urb. art. R 102-3).

Le **contrôle juridictionnel** exercé sur la qualification et la délimitation du périmètre d'une OIN se limite à l'erreur manifeste d'appréciation, ainsi qu'à l'erreur de droit et de fait (CE 18-6-2008 n° 285344, Cne de Tremblay-en-France : BJDU 4/2008 p. 239). Le non-respect des objectifs de l'article L 101-2 du Code de l'urbanisme imposés aux collectivités publique en matière d'urbanisme ne peut pas être invoqué à l'encontre d'un décret complétant la liste des OIN (CE 1-12-2023 n° 467331, Association Meuse Nature Environnement : BPIM 1/24 inf. 3). Ni la Charte de l'environnement, ni la directive 2001/42/CE du 27 juin 2001 n'imposent d'organiser une évaluation environnementale ou une participation du public au stade de l'inscription d'une opération d'aménagement sur la liste des OIN (CAA Bordeaux 3-10-2024 n° 22BX02339, SCI Tandonnet Brascassat : BPIM 6/24 inf. 348).

1152 La qualification d'OIN entraîne des **conséquences particulières** qui consistent notamment en un renforcement des pouvoirs de l'État. Il s'agit principalement de (C. urb. art. L 102-13 dans sa rédaction issue de la loi 2024-322 du 7-4-2024) :
– la non-application de la règle de la constructibilité limitée aux constructions et installations nécessaires à la réalisation des opérations (C. urb. art. L 111-4, 2°) ;
– la non-application du droit de préemption dans les ZAD ou du DPU, ainsi que du droit de priorité des communes et des EPCI ; toutefois, le décret qualifiant une opération d'OIN peut délimiter une ZAD sur tout ou partie de son périmètre et désigner le titulaire du droit de préemption ; ce droit de préemption peut être exercé pendant une période de 10 ans, renouvelable une fois (C. urb. art. L 102-15) ;
– la compétence du préfet pour la création d'une ZAC (C. urb. art. L 311-1, al. 3) ;
– la compétence du préfet pour délivrer au nom de l'État les permis de construire, d'aménager ou de démolir, ainsi que pour statuer sur les déclarations préalables ; mais, par exception, le décret conférant la qualité d'OIN à l'opération (ou un décret complémentaire pour les OIN existantes) peut prévoir le retour aux règles de droit commun dans des secteurs particuliers et pour une période déterminée, lorsque le stade de réalisation de l'aménagement ou la zone concernée ne justifient pas l'intervention de l'État (C. urb. art. L 102-14 et L 422-2, c) ;
– la possibilité de surseoir à statuer sur une demande d'autorisation de travaux, de constructions ou d'installations susceptibles de compromettre ou de rendre plus onéreuse la réalisation d'une opération d'aménagement dans le périmètre de l'OIN, à condition que la mise à l'étude du projet d'aménagement ait été prise en considération par le préfet et que les terrains concernés aient été délimités (C. urb. art. L 424-1) ;
– la possibilité, à titre exceptionnel, d'autoriser par décret pris après avis conforme du Conseil d'État la prise de possession d'un ou de plusieurs immeubles bâtis ou non bâtis dont l'acquisition est nécessaire à l'OIN, si l'exécution de projets compris dans le périmètre de cette opération risque d'être retardée par des difficultés tenant à cette prise de possession.

Pour les immeubles à usage d'habitation, un plan de relogement doit avoir été établi (C. expr. art. L 522-1 dans sa rédaction issue de la loi 2024-322 du 9-4-2024) ;
– la possibilité de soumettre à une procédure de participation du public par voie électronique les projets répondant aux objectifs de l'opération, ainsi que les évolutions de plan ou de programme nécessaires pour en permettre la réalisation (C. envir. art. L 123-19) ;
– à titre expérimental et jusqu'au 23 novembre 2030, la possibilité de déroger à certaines règles de construction pour des projets soumis à une autorisation d'urbanisme, dès lors que les maîtres d'ouvrage concernés sont en mesure de démontrer que sont atteints des résultats qui satisfont aux objectifs poursuivis par les règles auxquelles il est dérogé (Loi 2016-925 du 7-7-2016 art. 88, II).
Le « **porter à connaissance** » effectué par le préfet permet la prise en compte de l'OIN par les documents locaux d'urbanisme (C. urb. art. L 132-2).

PROJET D'INTÉRÊT GÉNÉRAL

Peuvent être qualifiées de projet d'intérêt général (PIG) deux catégories de projet : **1155**
– les projets d'ouvrage, de travaux ou de protection présentant un caractère d'utilité publique et destinés à la réalisation d'une opération d'aménagement ou d'équipement, au fonctionnement d'un service public, à l'accueil et au logement des populations défavorisées ou de ressources modestes, à la protection du patrimoine naturel ou culturel, à la prévention des risques, à la mise en valeur des ressources naturelles, à l'aménagement agricole et rural ou à la préservation ou la remise en état des continuités écologiques (C. urb. art. L 102-1) ;
– les mesures nécessaires à la mise en œuvre des DTADD (C. urb. art. L 102-2).

ILLUSTRATIONS

Présentent le caractère de PIG :
– la réalisation de lignes de TGV, d'aéroports régionaux, l'élargissement de la voirie départementale (CE 4-2-1991 n° 81587, Dépt du Val-de-Marne c/ Cne de Saint-Maur-des-Fossés : Lebon p. 36) ;
– les constructions, travaux, installations et aménagement nécessaires à la modernisation et au développement du quartier d'affaires de La Défense (C. urb. art. L 123-24, al. 3) ;
– la création d'emplacements réservés (CE 4-2-1991 n° 81587, Dépt du Val-de-Marne c/ Cne de Saint-Maur-des-Fossés : Lebon p. 36).

En revanche **ne constitue pas un PIG** un plan simple de gestion agréé définissant un programme d'exploitation forestière tenant compte d'une activité d'extraction de silice (CE 12-3-1999 n° 142490, Groupement forestier de la Haute Pommeraie).

Le PIG est un **projet,** et non pas l'expression d'une simple intention à moyen ou long terme. **1160**
Ce projet doit avoir une certaine **consistance** (Circ. du 27-6-1985 art. 1-1-1 : JO 3-8). Il convient que soient connus : le principe (motivation, objectif, etc.), les caractéristiques essentielles (dimension, volume, mode de fonctionnement, etc.) et les conditions générales de la réalisation du projet (localisation, maître de l'ouvrage, date de réalisation, etc.).

Les **responsables du projet** peuvent être l'État, les régions, les départements, les **1165**
communes, les groupements de collectivités, les établissements publics et les autres personnes morales ayant la capacité d'exproprier. Toutefois, les projets réalisés à l'initiative des communes ou de leurs groupements compétents pour élaborer un document d'urbanisme ou des communes membres de ces groupements ne peuvent pas constituer des PIG (C. urb. art. L 102-3). La métropole du Grand Paris peut proposer à l'État, pour la réalisation de programmes de construction et de rénovation de logements ou des équipements nécessaires à ces logements, d'engager une procédure de PIG (CGCT art. L 5219-1, V-al. 15).
Pour constituer un PIG, le projet doit avoir fait l'objet (C. urb. art. L 102-1, 2°) :
a. soit d'une délibération ou d'une décision d'une personne ayant la capacité d'exproprier, arrêtant le principe et les conditions de réalisation du projet, et la mise à la disposition du public ; mais l'intention de recourir à l'expropriation n'est pas une condition nécessaire à la légalité du PIG (CE 30-3-2015 n° 375117, Sté Sita Île-de-France) ;
b. soit d'une inscription dans l'un des documents de planification prévus par les lois et règlements, approuvée par l'autorité compétente et ayant fait l'objet d'une publication.

La **qualification de PIG** résulte d'un arrêté préfectoral en vue de sa prise en compte dans un **1170**
document d'urbanisme. L'arrêté est notifié à la personne publique qui élabore le document d'urbanisme. Si le PIG nécessite la révision ou la modification du PLU, le préfet doit en informer la commune et préciser les incidences du projet sur ce document. L'arrêté devient caduc à l'expiration d'un délai de 3 ans à compter de sa notification. Il peut être renouvelé (C. urb. art. R 102-1).

1175 Les différents PIG doivent être **compatibles** entre eux. Ils doivent également être compatibles notamment avec les lois montagne, littoral et aérodrome, les servitudes d'utilité publique et la protection des terres agricoles (Circ. du 27-6-1985 : JO 3-8). Le PIG n'est pas directement **opposable** aux particuliers (CE 4-6-2012 n° 340213, Sté du parc d'activités de Blotzheim). Il ne le devient que par sa prise en compte dans les documents d'urbanisme : ce qui implique, dans le cas d'un PLU, une révision ou une modification du document d'urbanisme (CAA Marseille 8-10-2013 n° 11MA00935, Cne de Vias).

1180 L'arrêté qualifiant un projet de PIG est susceptible de **recours** pour excès de pouvoir. Lorsque le préfet retient la qualification de PIG, sa décision est soumise au **contrôle** entier **du juge administratif** qui s'assure, par la technique dite du « bilan », que l'opération présente bien un caractère d'utilité publique compte tenu à la fois de son intérêt et des inconvénients qu'elle peut présenter (CE sect. 30-10-1992 n° 140220, Association de sauvegarde du site Alma-Champ-de-Mars : Lebon p. 384). En revanche, le juge n'exerce qu'un contrôle restreint sur la décision par laquelle le préfet refuse de qualifier une opération de PIG (CE 7-2-2007 n° 287252, Sté Sagace : BPIM 3/07 inf. 170).

Peuvent également faire l'objet d'un recours pour excès de pouvoir la décision arrêtant le principe et les conditions de réalisation du projet (CE sect. 30-10-1992 n° 140220, Association de sauvegarde du site Alma-Champ-de-Mars : Lebon p. 384) et l'arrêté préfectoral mettant la commune en demeure de procéder à la révision de son document d'urbanisme (TA Paris 25-6-1992 : JCP éd. N 1993 II p. 13). Bien qu'il s'agisse d'un acte non réglementaire, l'arrêté préfectoral peut être contesté à l'occasion d'un recours contre les décisions ultérieures portant modification ou révision du document d'urbanisme (CE 4-7-1997 n° 143842, Les Verts Île-de-France : BPIM 6/97 inf. 351).

C. Dispositions spéciales à certaines parties du territoire

PLURALITÉ DE RÈGLES SPÉCIFIQUES

1250 Des règles d'urbanisme particulières peuvent s'appliquer dans certaines parties du territoire. Ainsi, les régions de **Guadeloupe** et de **La Réunion,** les collectivités territoriales de **Guyane** et de **Martinique,** ainsi que le département de **Mayotte,** sont respectivement dotés d'un schéma d'aménagement régional (CGCT art. L 4433-7). Ce schéma tient lieu de schéma régional d'aménagement et de développement du territoire (Loi 83-8 du 7-1-1983 art. 34 bis), de SMVM (CGCT art. L 4433-7-2, al. 2) et de schéma régional de cohérence écologique (C. envir. art. L 371-4). Les documents locaux d'urbanisme (Scot et, en l'absence de Scot, PLU et cartes communales) doivent être compatibles avec le schéma d'aménagement régional (CGCT art. L 4433-9). Le schéma a valeur de Scot pour l'application de la règle d'urbanisation limitée (C. urb. art. L 142-4, al. 6).

Des règles spécifiques peuvent également être prévues pour certaines villes ou certains quartiers.

Ainsi, à **Paris, Marseille et Lyon,** le conseil d'arrondissement doit être consulté lorsque l'élaboration, la révision ou la modification du PLU concerne le ressort territorial de l'arrondissement. Le conseil d'arrondissement peut proposer au conseil municipal une modification de la partie du plan concernant l'arrondissement (CGCT art. L 2511-15 ; C. urb. art. R 132-8 et R 134-1). Des orientations générales d'urbanisme particulières sont applicables dans le **quartier de La Défense** (C. urb. art. L 123-24 ; Décret 2007-1222 du 20-8-2007 annexe) ; les documents locaux d'urbanisme des communes concernées, ainsi que le Sdrif, doivent les prendre en compte.

> **Précisions** Une zone de protection naturelle, agricole et forestière (ZPNAF) a été créée dans le périmètre de l'OIN du **plateau de Saclay** (C. urb. art. L 123-25 s. et R 123-4 s. ; Décret 2013-1298 du 27-12-2013). L'interdiction d'urbaniser cette zone de protection vaut servitude d'utilité publique et doit être annexée aux PLU ou aux cartes communales des communes intéressées qui devront être mis en compatibilité. Le préfet peut s'opposer au caractère exécutoire d'un PLU qui ne serait pas compatible avec le programme d'action élaboré par l'établissement public d'aménagement de Paris-Saclay pour cette zone de protection (C. urb. art. L 153-25, 4°).

DÉPARTEMENTS D'ALSACE-MOSELLE

1252 Dans les départements d'Alsace-Moselle, les maires peuvent, selon la loi locale du 7 novembre 1910, élaborer un **règlement municipal des constructions** comportant des dispositions d'urbanisme qui priment en cas de contradiction avec les règlements (RNU, PLU) issus de la législation nationale (Rép. Jacquat : AN 10-9-2001 n° 61666 ; Rép. Masson : Sén. 28-4-2011 n° 14259).

© Éd. Francis Lefebvre

DOCUMENTS D'URBANISME DES MÉTROPOLES

Depuis le 1er janvier 2015, la **métropole de Lyon** s'est substituée à la communauté urbaine et, dans les limites territoriales précédemment reconnues à celle-ci, au département du Rhône dans leurs compétences en matière d'urbanisme (CGCT art. L 3611-1 ; C. urb. art. L 134-10). **1253**

La **métropole d'Aix-Marseille-Provence** est compétente pour élaborer, dans le cadre de chacun des territoires la composant, un plan local d'urbanisme intercommunal (CGCT art. L 5218-1 ; C. urb. art. L 134-11 s.).

La **métropole du Grand Paris** est compétente pour élaborer le Scot métropolitain, dont le projet d'aménagement stratégique tient lieu de projet métropolitain (C. urb. art. L 134-1). Elle peut mener des actions d'aménagement, de restructuration urbaine ou de constitution de réserves foncières. Elle est également compétente pour élaborer le plan métropolitain de l'habitat et de l'hébergement (PMHH) tenant lieu de programme local de l'habitat (CGCT art. L 5219-1, II et V ; Loi 2015-991 du 7-8-2015 art. 59, XII). Le Scot métropolitain doit être compatible avec le Sdrif (C. urb. art. L 131-1, 3°). Il comprend un cahier de recommandations pour l'élaboration des PLU intercommunaux (C. urb. art. L 134-1). Ces derniers sont élaborés par les établissements publics territoriaux (C. urb. art. L 134-2). Ces établissements, d'un seul tenant, sans enclave et comportant au moins 300 000 habitants, regroupent l'ensemble des communes membres de la métropole du Grand Paris, à l'exception de Paris (CGCT art. L 5219-2). Les PLU intercommunaux (qui ne peuvent pas tenir lieu de PLH) doivent être compatibles avec le Scot métropolitain et le PMHH (C. urb. art. L 134-2, al. 3 et art. L 134-3). Les établissements publics territoriaux sont associés à l'élaboration du Scot métropolitain (C. urb. art. L 134-1, al. 5).

PROJET DU GRAND PARIS

Objet Le Grand Paris est un projet urbain, social et économique d'intérêt national qui unit les grands territoires stratégiques de la région d'Île-de-France, au premier rang desquels Paris et le cœur de l'agglomération parisienne, et promeut le développement économique durable, solidaire et créateur d'emplois de la région capitale. Il vise à réduire les déséquilibres sociaux, territoriaux et fiscaux au bénéfice de l'ensemble du territoire national (Loi 2010-597 du 3-6-2010 art. 1). L'ensemble du projet est piloté par un établissement public de l'État à caractère industriel et commercial dénommé « Société des grands projets » (anciennement « Société du Grand Paris »). L'étendue de ses prérogatives varie en fonction de la localisation des opérations prévues et de la signature d'un contrat de développement territorial (Loi 2010-597 du 3-6-2010 art. 7 ; Décret 2010-756 du 7-7-2010). **1255**

Schéma d'ensemble des infrastructures Le projet du Grand Paris s'appuie sur la création d'un **réseau de transport public** ayant fait l'objet d'un schéma d'ensemble des infrastructures approuvé par décret en Conseil d'État (Loi 2010-597 du 3-6-2010 art. 2 ; Décret 2011-1011 du 24-8-2011). Les projets d'infrastructures prévus par le schéma deviennent des **PIG** après avoir fait l'objet d'une enquête publique environnementale et d'une déclaration d'utilité publique emportant approbation de nouvelles dispositions pour les documents d'urbanisme concernés (Loi 2010-597 du 3-6-2010 art. 4). La procédure d'urgence prévue par le Code de l'**expropriation** peut être utilisée pour permettre la prise de possession immédiate des terrains bâtis ou non bâtis nécessaires à l'exécution des travaux des projets d'infrastructures (Loi 2010-597 du 3-6-2010 art. 5, II). **1260**

> **› Précisions** Échappent à l'exercice du DPU, ainsi qu'au droit de **préemption** dans les ZAD et les périmètres provisoires, les cessions à la Société des grands projets de biens nécessaires à la réalisation et à l'exploitation des projets d'infrastructure déclarés d'utilité publique qui mettent en œuvre le schéma d'ensemble du réseau de transport public du Grand Paris ou dont la maîtrise d'ouvrage est confiée à la Société des grands projets (C. urb. art. L 213-1, k).

Contrat de développement territorial Les orientations du schéma d'ensemble des infrastructures sont mises en œuvre dans le cadre de contrats de développement territorial conclus entre l'État et les collectivités compétentes (Loi 2010-597 du 3-6-2010 art. 21 ; Décret 2011-724 du 24-6-2011). Chacun de ces contrats doit porter sur un ensemble d'au moins deux communes d'un seul tenant et sans enclave. Ils sont précédés d'une enquête publique environnementale qui devait être ouverte avant le 31 décembre 2014. Les communes et EPCI attenants peuvent adhérer au contrat avec l'accord des cocontractants. **1265**

Les contrats de développement territorial définissent les **objectifs et priorités** en matière d'urbanisme, de logement, de transports, de déplacements et de lutte contre l'étalement urbain, d'équipement commercial, de développement économique, sportif et culturel, y compris en matière d'économie sociale et solidaire, de protection des espaces naturels, agricoles et forestiers et des paysages et des ressources naturelles.

Ils fixent les **actions ou opérations d'aménagement** ou les projets d'infrastructures nécessaires à la mise en œuvre de ces objectifs en précisant le nombre de logements et le pourcentage de logements sociaux à réaliser, la liste des ZAD à créer (avec un délai pour préempter porté à 3 mois), les conditions générales du financement, les opérations et actions pour lesquelles ils valent déclaration de projet pour l'application de l'article L 300-6 du Code de l'urbanisme (voir nº 25560, Attention). Ces actions, opérations et projets doivent être compatibles avec le Sdrif.

Les **documents d'urbanisme** (Scot ou PLU) qui ne seraient pas compatibles avec ces actions ou projets devront être modifiés pour assurer cette compatibilité. La déclaration de projet d'une opération incompatible pourra emporter modification du document (Loi 2010-597 du 3-6-2010 art. 21, IV). En outre, afin d'empêcher que l'élaboration, la révision ou la modification d'un Scot ou d'un PLU puisse faire obstacle à la mise en œuvre des contrats de développement territorial, le préfet peut pour ce motif s'opposer à l'entrée en vigueur d'un projet de Scot ou de PLU (Loi 2011-665 du 15-6-2011 art. 1, II).

Sur les **territoires de l'unité urbaine de Paris** qui ne sont pas inclus dans le périmètre d'un contrat de développement territorial, des contrats de développement d'intérêt territorial peuvent être conclus entre le préfet de région et les communes et les EPCI pour les objets relevant de leurs compétences (Loi 2010-597 du 3-6-2010 art. 21-1).

SCHÉMA DIRECTEUR DE LA RÉGION ÎLE-DE-FRANCE

1270 **Objet** Le schéma directeur d'Île-de-France (Sdrif) a pour **objectif** de maîtriser la croissance urbaine et démographique et l'utilisation de l'espace tout en garantissant le rayonnement international de cette région. Il précise les moyens à mettre en œuvre pour corriger les disparités spatiales, sociales et économiques de la région, coordonner l'offre de déplacement et préserver les zones rurales et naturelles afin d'assurer les conditions d'un développement durable de la région.

Le Sdrif **détermine** notamment la destination générale des différentes parties du territoire, les moyens de protection et de mise en valeur de l'environnement, la localisation des grandes infrastructures de transport et des grands équipements. Il détermine également la localisation préférentielle des extensions urbaines, ainsi que des activités industrielles, logistiques, artisanales, agricoles, forestières et touristiques. Il fixe une trajectoire permettant d'aboutir à l'absence de toute artificialisation nette des sols ainsi que, par tranches de 10 années, un objectif de réduction du rythme de l'artificialisation (C. urb. art. L 123-1).

1275 **Élaboration et évolution du Sdrif** L'**élaboration** du Sdrif est engagée par délibération du conseil régional (C. urb. art. L 123-6). Le projet de schéma arrêté par le conseil régional est notamment soumis pour avis au représentant de l'État et aux organes délibérants des départements, établissements publics et organismes intéressés (C. urb. art. L 123-9). Il est soumis à concertation publique, à enquête publique environnementale et éventuellement modifié pour tenir compte des avis recueillis, des observations du public et des conclusions de la commission d'enquête. Le Sdrif adopté par délibération du conseil régional est approuvé par décret en Conseil d'État (C. urb. art. L 123-11).

Le Sdrif peut être **révisé** selon les mêmes modalités que son élaboration (C. urb. art. L 123-13). Il peut être **modifié,** à l'initiative du président du conseil régional, lorsque les changements envisagés n'ont pas pour effet de porter atteinte à son économie générale (C. urb. art. L 123-14). La procédure de modification fait l'objet d'une concertation associant les habitants, les associations locales et les autres personnes concernées (C. urb. art. L 123-16).

Le Sdrif peut également être **mis en compatibilité** avec une opération devant faire l'objet d'une **déclaration d'utilité publique** (DUP) ou d'une **déclaration de projet.** L'enquête publique environnementale concernant l'opération doit porter à la fois sur l'utilité publique de cette opération et sur la mise en comptabilité du Sdrif. Les dispositions proposées pour assurer la compatibilité du Sdrif doivent faire l'objet d'un examen conjoint de l'État, de la région et des autres personnes publiques concernées. La DUP emporte approbation des nouvelles dispositions du Sdrif. En cas d'opposition de la région, la DUP est prise par décret en Conseil d'État. Lorsque l'opération nécessite une déclaration de projet, celle-ci ne peut intervenir qu'après mise en compatibilité du Sdrif (C. urb. art. L 123-22).

Il est encore possible de mettre le Sdrif en compatibilité avec un projet ou une opération bénéficiant d'une **procédure intégrée.** Les dispositions proposées pour assurer la mise en compatibilité font l'objet d'une évaluation environnementale (sauf si l'étude d'impact de l'opération a examiné les incidences de cette mise en compatibilité sur l'environnement), d'un examen conjoint de l'État, de la région, des départements et des chambres consulaires. Après enquête publique environnementale, le projet de mise en compatibilité est approuvé par l'autorité administrative et, en cas de désaccord de la région, par décret en Conseil d'État (C. urb. art. L 123-23 et L 300-6-1). Il existe une **procédure spécifique** de mise en compatibilité pour permettre la réalisation d'un **projet d'intérêt national majeur** (C. urb. art. L 300-6-2).

Lorsque le Sdrif doit être **révisé ou modifié pour assurer sa conformité** ou sa compatibilité avec les règles mentionnées nº 1280, le préfet de région en informe la région qui dispose de 3 mois pour faire savoir si elle entend opérer la révision ou la modification nécessaire (C. urb. art. L 123-18 et L 123-19). En cas de réponse négative, d'absence de réponse ou de réponse positive non suivie d'une approbation du Sdrif dans les 24 mois, le préfet de région peut engager et arrêter la révision ou la modification du schéma après avis du conseil régional, des conseils départementaux et des organes délibérants des communautés d'agglomération concernés de la région (C. urb. art. L 123-20). La révision ou la modification est ensuite approuvée par décret en Conseil d'État, après enquête publique environnementale (C. urb. art. L 123-21).

› Précisions Une **évaluation environnementale** est requise pour (C. urb. art. L 104-1, 2º et art. R 104-4) :
– toute procédure d'élaboration ou de révision du Sdrif ;
– une procédure de modification permettant la réalisation de travaux, aménagements ou installations susceptibles d'affecter de manière significative un site Natura 2000, ou pour toute modification dont il est établi, après examen au cas par cas, qu'elle est susceptible d'avoir des incidences notables sur l'environnement ;
– une procédure de mise en compatibilité, dans le cadre d'une DUP ou d'une déclaration de projet, lorsqu'elle permet la réalisation de travaux, aménagements ou installations susceptibles d'affecter de manière significative un site Natura 2000, ou lorsqu'elle a les mêmes effets qu'une révision, ou encore s'il est établi, après examen au cas par cas, qu'elle est susceptible d'avoir des incidences notables sur l'environnement ;
– une procédure de mise en compatibilité, dans le cadre d'une procédure intégrée, si l'étude d'impact du projet n'a pas inclus l'analyse de l'incidence des dispositions concernées sur l'environnement.

Obligations s'imposant au Sdrif Le Sdrif doit **respecter** les règles générales d'aménagement et d'urbanisme à caractère obligatoire prévues au livre I du Code de l'urbanisme, ainsi que les servitudes d'utilité publique affectant l'utilisation des sols et les dispositions nécessaires à la mise en œuvre de projets d'intérêt général relevant de l'État et d'opérations d'intérêt national. Il doit **être compatible** avec les objectifs de gestion des risques d'inondation, les orientations fondamentales et les dispositions du plan de gestion des risques d'inondation définies en application des 1º et 3º de l'article L 566-7 du Code de l'environnement. Lorsqu'un tel plan est approuvé après le Sdrif, ce dernier doit être rendu compatible dans un délai de 3 ans. **1280**

Le Sdrif doit **prendre en compte** les orientations des schémas de services collectifs mentionnés nº 990, Précisions a (C. urb. art. L 123-2). Il a valeur de Scot pour l'application de la règle d'urbanisation limitée (C. urb. art. L 142-4).

› Précisions Le Sdrif doit prévoir les objectifs de réduction du rythme de l'**artificialisation des sols.** À défaut, son évolution devait être engagée dans un délai d'un an à compter du 22 août 2021, soit le 22 août 2022. L'entrée en vigueur du schéma prévoyant ces objectifs devait intervenir au plus tard le 22 novembre 2024 (Loi Climat 2021-1104 du 22-8-2021 art. 194, IV-4º). Le schéma a été adopté le 11 septembre 2024, son approbation par décret en Conseil d'État est encore attendue.

Effets du Sdrif Les **documents locaux d'urbanisme** subordonnés (Scot et, en l'absence de Scot, PLU et cartes communales) doivent être compatibles avec le Sdrif (C. urb. art. L 131-1, 3º et art. L 131-6, al. 1). **1285**

Les prescriptions du Sdrif ne peuvent être invoquées à l'encontre d'un PLU qu'en l'absence de Scot mettant en œuvre ces prescriptions (CE 21-5-2008 nº 296347, Association d'environnement Attainville ma campagne : BJDU 2/08 p. 94).

Les **actions ou opérations d'aménagement** et les projets d'infrastructures prévus par les contrats de développement territorial du **Grand Paris** doivent être compatibles avec le Sdrif (Loi 2010-597 du 3-6-2010 art. 21, IV).

› Précisions Pour définir le **rapport de compatibilité** qui doit s'établir entre les **documents locaux d'urbanisme subordonnés** et le **Sdrif,** la jurisprudence transpose la solution retenue au sujet du rapport de compatibilité entre le PLU et le Scot. En raison de l'étendue de la zone géographique à laquelle s'applique le Sdrif, le juge doit rechercher, dans le cadre d'une analyse globale le conduisant à se placer à l'échelle du territoire pertinent pour prendre en compte les prescriptions du schéma régional, si le document d'urbanisme subordonné ne contrarie pas les objectifs, ainsi que les orientations d'aménagement et de développements fixées par le schéma, compte tenu du degré de précision des orientations adoptées par celui-ci, sans rechercher l'adéquation du document concerné à chaque orientation ou objectif du Sdrif (CE 6-10-2021 nº 441847, Cne de Montmorency : BPIM 6/21 inf. 343 ; CAA Paris 10-2-2022 nº 21PA05476 : BPIM 2/22 inf. 87).

PLAN D'AMÉNAGEMENT ET DE DÉVELOPPEMENT DURABLE DE CORSE

1290 **Objet** L'ensemble des dispositions particulières d'aménagement de la région Corse sont intégrées dans le Code général des collectivités territoriales (CGCT art. L 4424-9 s.).

Le plan d'aménagement et de développement durable de Corse (**Padduc**) définit une stratégie de développement durable du territoire en fixant les objectifs de la préservation de l'environnement de l'île, ainsi que de son développement économique, social et touristique. Il fixe les **orientations fondamentales** en matière de protection, de mise en valeur et de développement du territoire. Il fixe une trajectoire permettant d'aboutir à l'absence de toute artificialisation nette des sols, ainsi que, par tranches de 10 années, un objectif de réduction du rythme de l'artificialisation. Il détermine les espaces naturels, agricoles et forestiers ainsi que les sites et paysages à protéger ou à préserver, l'implantation des grandes infrastructures de transport et des grands équipements, la localisation préférentielle ou les principes de localisation des extensions urbaines, des activités industrielles, artisanales, commerciales, agricoles, forestières, touristiques, culturelles et sportives. La **destination générale des différentes parties du territoire** fait l'objet d'une carte, dont l'échelle est déterminée par l'Assemblée de Corse (CGCT art. L 4424-9).

Le plan peut préciser les modalités d'application des **lois montagne et littoral** en fonction des particularités géographiques locales (CGCT art. L 4424-11, I). Il peut adapter la loi littoral en autorisant certaines constructions non permanentes dans la bande littorale et en complétant la liste des espaces naturels sensibles du littoral à protéger (CGCT art. L 4424-12). Il peut également définir des **espaces géographiques limités présentant un caractère stratégique** au regard des enjeux de préservation ou de développement. Il fixe la vocation de ces espaces et les dispositions d'occupation du sol qui leur sont propres et qui sont opposables aux autorisations d'occupation du sol en l'absence de document local d'urbanisme (CGCT art. L 4424-11, II).

En l'absence de PLU opposable, le Padduc peut délimiter dans les zones urbaines ou à urbaniser des secteurs où les constructions nouvelles de logements seront soumises à une **servitude d'usage à titre de résidence principale**. L'instauration de cette servitude n'est possible que dans les communes où s'applique la taxe sur les logements vacants ou dans les communes dont le taux de résidences secondaires est supérieur à 20 % du nombre total d'immeubles d'habitation (CGCT art. L 4424-11, III dans sa rédaction issue de la loi 2024-1039 du 19-11-2024).

1295 **Élaboration et évolution du Padduc** Après un débat au sein de l'Assemblée de Corse portant sur la stratégie et les orientations envisagées, le Padduc est **élaboré** par le conseil exécutif de l'Assemblée en association avec l'État, les chambres consulaires et les collectivités locales compétentes en matière d'urbanisme. Des délibérations de l'Assemblée de Corse peuvent préciser la procédure d'élaboration. Le projet de plan est soumis pour avis notamment au conseil économique, social et culturel de Corse et au Conseil des sites de Corse. Le projet est adopté puis **approuvé,** après enquête publique environnementale, par l'Assemblée de Corse (CGCT art. L 4424-13).

La **révision** du plan s'effectue selon les modalités prévues pour son élaboration (CGCT art. L 4424-14, II-al. 3).

Le conseil exécutif de Corse peut prendre l'initiative d'une **modification** du Padduc lorsque les changements envisagés ne portent pas atteinte à l'économie générale du plan : avis des personnes associées sur le projet de plan modifié, enquête publique environnementale et approbation par l'Assemblée de Corse (CGCT art. L 4424-14, I). Le plan peut aussi être modifié à la demande du préfet pour permettre la réalisation d'un PIG ou d'une opération d'intérêt national. À défaut de modification dans les 6 mois de la demande, il y est procédé par décret en Conseil d'État. En cas d'urgence, un décret en Conseil des ministres peut procéder à la modification (CGCT art. L 4424-15).

Le Padduc peut également être **mis en compatibilité** avec une opération bénéficiant d'une procédure intégrée. Les dispositions proposées pour assurer la mise en compatibilité font l'objet d'un examen conjoint de l'État, de la collectivité de Corse et des personnes publiques associées. Après enquête publique environnementale, le projet de mise en compatibilité est transmis à l'Assemblée de Corse qui dispose de 2 mois pour l'approuver. À défaut, la mise en compatibilité est approuvée par décret en Conseil d'État (CGCT art. L 4424-15-1 ; C. urb. art. L 300-6-1). Il existe une procédure spécifique de mise en compatibilité pour permettre la réalisation d'un projet d'intérêt national majeur (C. urb. art. L 300-6-2).

À l'expiration d'un délai de 6 ans à compter de la dernière approbation du Padduc, le conseil exécutif doit procéder à une **analyse globale des résultats de l'application du plan** notamment du point de vue de l'environnement. Au vu de cette analyse, l'Assemblée de Corse doit délibérer sur le maintien en vigueur du plan, sa modification ou sa révision partielle ou complète (CGCT art. L 4424-14, II).

> Précisions Une **évaluation environnementale** est requise pour (C. urb. art. L 104-1, 6° et art. R 104-5) :
– toute procédure d'élaboration ou de révision du Padduc ;
– une procédure de modification permettant la réalisation de travaux, aménagements ou installations susceptibles d'affecter de manière significative un site Natura 2000, ou pour toute modification dont il est établi, après examen au cas par cas, qu'elle est susceptible d'avoir des incidences notables sur l'environnement ;
– une procédure de mise en compatibilité, dans le cadre d'une procédure intégrée, si l'étude d'impact du projet n'a pas inclus l'analyse de l'incidence des dispositions concernées sur l'environnement.

Obligations s'imposant au Padduc Le Padduc doit **prendre en compte** les projets d'intérêt général, les opérations d'intérêt national, les risques naturels, sanitaires et technologiques (CGCT art. L 4424-9, II). Il prend en compte les orientations nationales pour la préservation et la remise en bon état des continuités écologiques (CGCT art. L 4424-10, I). Il **doit être compatible** avec les objectifs et les orientations fondamentales des plans de gestion des risques d'inondation (CGCT art. L 4424-9, II). Cette mise en compatibilité doit intervenir dans un délai de 2 ans, si le Padduc est approuvé moins d'un an après la date à laquelle a été arrêté le plan de gestion des risques d'inondation (Loi 2011-1749 du 5-12-2011 art. 6, III-2°). 1300

> Précisions Le Padduc doit prévoir les objectifs de réduction du rythme de l'**artificialisation des sols.** À défaut, son évolution devait être engagée dans un délai d'un an à compter du 22 août 2021, soit le 22 août 2022. L'entrée en vigueur du plan prévoyant ces objectifs devait intervenir au plus tard le 22 novembre 2024 (Loi Climat 2021-1104 du 22-8-2021 art. 194, IV-2°). La procédure de révision du Padduc a été lancée fin novembre 2024.

Effets Le **Padduc vaut** schéma régional de cohérence écologique (CGCT art. L 4424-10, I) et pour les secteurs qu'il détermine, schéma de mise en valeur de la mer (CGCT art. L 4424-10, III). Par exception, le Padduc peut ne pas comporter de chapitre valant schéma de cohérence écologique, s'il est approuvé moins de 2 ans après la première publication des orientations nationales pour la préservation et la remise en bon état des continuités écologiques ; dans un tel cas, le plan doit être modifié ou révisé dans les 5 ans de son approbation pour intégrer ce chapitre (Loi 2011-1749 du 5-12-2011 art. 6, II). 1305

Le **Padduc s'impose,** dans un rapport de compatibilité, aux **documents locaux d'urbanisme** inférieurs : Scot et, en leur absence, PLU et documents en tenant lieu, schémas de secteur et cartes communales. Cette compatibilité concerne notamment la délimitation des zones et leur affectation (CGCT art. L 4424-9, III). Les dispositions du plan relatives aux services collectifs de transport s'imposent aux plans départementaux des transports (CGCT art. L 4424-10, II). Le Padduc a valeur de Scot pour l'application de la règle d'urbanisation limitée (C. urb. art. L 142-4).

Les dispositions du plan précisant les modalités d'application des lois montagne et littoral en fonction des particularités géographiques locales sont directement opposables aux **autorisations d'occuper ou d'utiliser le sol.** Il en va de même des dispositions relatives aux espaces délimités en raison de leurs enjeux stratégiques lorsque le territoire concerné n'est pas couvert par un Scot, un PLU, un document en tenant lieu, un schéma de secteur ou une carte communale (CGCT art. L 4424-11).

CHAPITRE 2

DOCUMENTS LOCAUX D'URBANISME

SOMMAIRE

SECTION 1

DISPOSITIONS COMMUNES

CONTENU DES DOCUMENTS D'URBANISME

1750 Les documents d'urbanisme, élaborés à l'initiative des collectivités territoriales et de certains établissements publics, ont pour objet de déterminer les **prévisions et règles touchant à l'affectation et à l'occupation des sols,** lesquelles sont opposables aux personnes publiques ou privées. Ces règles d'urbanisme sont l'expression d'un **parti d'aménagement** qu'il appartient aux auteurs d'un document d'urbanisme de déterminer, en tenant compte de la situation existante et des perspectives d'avenir. Toutefois, la détermination de ce parti d'aménagement n'est pas totalement libre. En effet, le document devra être compatible avec les choix nationaux d'urbanisme, respecter les préoccupations d'environnement et prendre en compte un certain nombre de documents.

Sur les objectifs généraux assignés aux documents d'urbanisme, voir n° 1055.

1755 Les documents d'urbanisme ne peuvent comporter que des **règles de fond.** La collectivité publique ne peut donc pas imposer des formalités autres que celles prévues par le Code de l'urbanisme, ni modifier les compétences déterminées par celui-ci (CE 21-3-1986 n° 61817, Syndicat des copropriétaires de l'immeuble Les Périades : Lebon p. 78). Sont donc illégales les dispositions d'un document d'urbanisme que leur auteur n'était pas compétent pour établir (CE sect.

3-12-1993 n° 146710, Ville de Paris : Lebon p. 340 ; CE sect. 27-7-2012 n° 342908, Hoffmann : BJDU 6/12 p. 297 concl. X. de Lesquen).

Les règles de ces documents qui définissent l'**usage du sol** doivent être fixées avec une précision suffisante, faute de quoi elles sont inopposables (CE sect. 27-5-1977 n° 97875, Min. équipement : Lebon p. 258).

PORTAIL NATIONAL DE L'URBANISME

Un site national permet, pour l'ensemble du territoire, **l'accès dématérialisé aux documents d'urbanisme** et servitudes d'utilité publique. Cet accès s'effectue à partir d'un point d'entrée unique (C. urb. art. L 133-1). Il s'agit du portail national de l'urbanisme (PNU), qui peut être consulté par tous, gratuitement (www.geoportail-urbanisme.gouv.fr). **1760**

Les communes ou leurs groupements compétents doivent transmettre à l'État, sous format électronique, au fur et à mesure de leurs modifications, la version en vigueur des Scot, des PLU, des documents en tenant lieu, des cartes communales, ainsi que des cartes de préfiguration des zones exposées au recul du trait de côte applicables sur leur territoire (C. urb. art. L 133-2).

La même obligation de transmission électronique s'applique **aux servitudes d'utilité publique.** Elle incombe aux autorités gestionnaires de ces servitudes (C. urb. art. L 133-3).

La numérisation des documents s'effectue conformément à un standard validé ou dans un format de fichier largement disponible (C. urb. art. L 133-4 et R 133-2).

Depuis le **1er janvier 2020** :

– tous les documents locaux d'urbanisme adoptés par les autorités communales ou intercommunales doivent être publiés sur le portail national de l'urbanisme. Sont concernés les Scot (C. urb. art. R 143-16) et les PLU (C. urb. art. R 153-22). Ces documents demeurent consultables, selon le cas, à la mairie ou au siège de l'EPCI compétent et dans les mairies des communes membres concernées ;

– les cartes communales sont mises à disposition du public par publication sur le portail (C. urb. art. R 163-6).

Depuis le **1er janvier 2023,** le caractère exécutoire d'un Scot ou d'un PLU est conditionné par la publication du document sur le portail national de l'urbanisme (C. urb. art. L 143-24 et L 153-23 ; Ord. 2021-1310 du 7-10-2021 art. 40).

> **Précisions** **a.** Le portail national de l'urbanisme est raccordé au **système d'information dénommé @CTES,** lequel permet au préfet de réceptionner les délibérations des collectivités territoriales télétransmises au titre du **contrôle de légalité.** Il est ainsi créé une interface grâce à laquelle les collectivités peuvent télétransmettre, sur le portail, leurs délibérations relatives aux documents d'urbanisme afin d'ouvrir l'accès de ceux-ci au public et, simultanément, d'assurer l'exercice du contrôle de légalité (Arrêté TREB2231535A du 24-2-2023).
>
> **b.** Le juge administratif, saisi d'un litige en matière d'urbanisme, peut, pour conforter son appréciation des pièces du dossier, prendre en compte, sans avoir à les communiquer aux parties, les **données produites par l'Institut géographique national** (IGN) librement accessibles sur le site geoportail.gouv.fr (CE 20-4-2024 n° 465124 : BPIM 3/24 inf. 155). Cette solution est transposable aux données figurant sur le portail de l'urbanisme.

A. Initiative

COMPÉTENCE DÉCENTRALISÉE

La compétence en matière d'initiative, d'élaboration, de modification et de révision des Scot, des PLU et des cartes communales appartient aux **communes,** ainsi qu'aux **établissements publics de coopération intercommunale** (EPCI). La compétence de la commune ou d'un EPCI est affirmée par les différentes dispositions du Code de l'urbanisme applicables dans ces hypothèses. Des dispositions particulières du Code général des collectivités territoriales, concernant certains EPCI, précisent que ceux-ci exercent de plein droit, au lieu et place des communes membres, les compétences relatives aux documents d'urbanisme. C'est le cas pour les communautés de communes (CGCT art. L 5214-16, I-1°), les communautés urbaines (CGCT art. L 5215-20, I-2°-a), les communautés d'agglomération (CGCT L 5216-5, I-2°) et les métropoles (CGCT art. L 5217-2, I-2°-a). Pour les documents d'urbanisme des métropoles de Paris, Marseille et Lyon, voir n° 1253. **1780**

Les communes et les EPCI peuvent, le cas échéant, obtenir l'aide de l'État au moyen de conventions de mise à disposition gratuite de ses services extérieurs, essentiellement les directions départementales des territoires et de la mer (DDTM) (C. urb. art. L 132-5). Communes et EPCI peuvent également recourir aux services de professionnels qualifiés, ainsi qu'aux conseils d'architecture, d'urbanisme et de l'environnement (CAUE) (C. urb. art. R 132-4).

> **Précisions** Les services de l'État mis à disposition sont placés sous la responsabilité du maire. La responsabilité de l'État ne peut être engagée que si ses services n'ont pas respecté les instructions données par le maire (CAA Bordeaux 8-4-1993 n° 91BX00268, à propos de l'instruction des autorisations d'urbanisme).

PORTER À CONNAISSANCE

1790 Le préfet doit porter à la connaissance des communes ou de leurs groupements compétents, qui ont décidé d'**élaborer** ou de **réviser** un Scot, un PLU ou une carte communale, le cadre législatif et réglementaire à respecter, ainsi que les projets des collectivités territoriales et de l'État en cours d'élaboration ou existants (C. urb. art. L 132-2).

Le porter à connaissance concerne les dispositions particulières applicables au territoire concerné, notamment les DTADD, les DTA maintenues en vigueur, les dispositions issues de la loi Montagne et de la loi Littoral, les servitudes publiques, le schéma régional de cohérence écologique, les schémas d'aménagement et de gestion des eaux, le plan régional de l'agriculture durable et le plan pluriannuel régional de développement forestier, les dispositions du plan de gestion des biens inscrits au patrimoine mondial, ainsi que les PIG et les opérations d'intérêt national (C. urb. art. R 132-1 dans sa rédaction issue du décret 2024-1098 du 2-12-2024). Le porter à connaissance concerne également la proposition, faite par l'architecte des Bâtiments de France (ABF), de délimitation des périmètres de protection des monuments historiques (C. urb. art. R 132-2, al. 1).

Le préfet transmet également, à titre d'information, aux communes et à leurs groupements l'ensemble des études techniques nécessaires à l'exercice de leur compétence en matière d'urbanisme, dont dispose l'État, notamment les études en matière de prévention des risques et de protection de l'environnement (C. urb. art. L 132-2, al. 4 et R 132-1, 3°). À ce titre, le porter à connaissance intègre le risque de pollution des sols (C. envir. art. L 125-6) et, dans les zones à risque d'incendie de forêt, des recommandations techniques permettant de réduire la vulnérabilité des constructions aux incendies (C. urb. art. L 132-4-2).

> **Précisions** **a.** Tout **retard ou omission dans la transmission** des informations est sans effet sur les procédures engagées par l'autorité compétente (C. urb. art. L 132-2, al. 5). L'État engage néanmoins sa responsabilité s'il ne transmet pas les renseignements nécessaires (Circ. 2001-63 du 6-9-2001 : BO équipement 2001/18 du 10-10-2001 p. 56).
> **b.** Les informations portées à connaissance sont tenues à la **disposition du public** par les communes et leurs groupements. En cas d'enquête publique ultérieure, les pièces portées à connaissance peuvent être annexées au dossier d'enquête publique (C. urb. art. L 132-3).

NOTE D'ENJEUX

1792 Pour accompagner les collectivités territoriales dans l'élaboration de leurs documents d'urbanisme, les services de l'État ont pour **pratique** de leur adresser une note d'enjeux. Cette note permet à l'État d'exprimer les enjeux qu'il identifie sur le territoire couvert par le document. À la différence du porter à connaissance, qui remplit une fonction voisine, la note d'enjeux était, à l'origine, dépourvue de toute valeur juridique.

Pour les documents d'urbanisme élaborés ou révisés depuis le 1er avril 2021, la note d'enjeux est **officialisée,** tout en ayant seulement un caractère facultatif (C. urb. art. L 132-4-1 ; Ord. 2020-745 du 17-6-2020 art. 7). À la demande du groupement de communes compétent pour élaborer le document d'urbanisme (l'Epscot ou, en l'absence de schéma, l'EPCI compétent), l'autorité de l'État lui transmet une note d'enjeux qui mentionne les politiques à mettre en œuvre sur le territoire concerné par le document. La note synthétise, en particulier, les enjeux à traduire dans celui-ci afin de respecter les rapports de compatibilité ou de prise en compte qui s'imposent. Il est spécifié que « tout retard ou omission » dans la transmission de la note d'enjeux n'a pas d'incidence sur les procédures engagées par le groupement de communes.

CONTRÔLE DE L'ÉTAT

1795 Dans le respect du principe de valeur constitutionnelle de libre administration des collectivités locales, l'État doit contrôler le **respect** par les communes des normes juridiquement supérieures lors de l'élaboration des documents d'urbanisme. À défaut, il engage sa responsabilité (CE 21-6-2000 n° 202058, Min. équipement c/ Cne de Roquebrune-Cap-Martin : BJDU 3/00 p. 191).

L'État doit notamment veiller au respect de la prise en compte dans les documents locaux d'urbanisme des PIG et des opérations d'intérêt national (C. urb. art. L 132-1).

> **Précisions** Seule la **faute lourde** de l'État peut en principe engager sa responsabilité dans le cadre de ses activités de contrôle et de tutelle. Toutefois, la tendance jurisprudentielle est à l'abandon de la faute lourde. Ainsi, un arrêt du Conseil d'État peut laisser penser que, dans l'exercice du porter à connaissance, la responsabilité de l'État pourrait être engagée même en l'absence de faute lourde (CE 7-2-2003 n° 223882, Min. équipement c/ Sté Empain Graham : BPIM 4/03 inf. 209).

B. Élaboration et évolution des documents d'urbanisme

PERSONNES ASSOCIÉES OU CONSULTÉES

Sont associés à l'**élaboration des Scot et des PLU** concernant leur territoire : l'État, les régions, les départements, les autorités compétentes en matière d'organisation des transports urbains, les EPCI compétents en matière de PLH, la collectivité territoriale ou l'établissement public cocontractant de l'État dans le cadre d'une grande opération d'urbanisme (GOU), l'établissement public chargé d'une OIN et les organismes de gestion des parcs naturels régionaux et des parcs nationaux. Sont également associées les chambres de commerce et d'industrie territoriales, les chambres de métiers, les chambres d'agriculture et, dans les communes littorales, les sections régionales de conchyliculture. Le gestionnaire d'infrastructure ferroviaire est également associé s'il existe un passage à niveau ouvert au public sur le territoire concerné (C. urb. art. L 132-7). **1850**

Pour l'**élaboration des Scot** sont, en outre, associés (C. urb. art. L 132-8) :

- les syndicats mixtes de transports associant plusieurs autorités organisatrices de transports lorsque le Scot est élaboré par un établissement public qui n'exerce pas les compétences de ces syndicats ;
- les EPCI en charge des Scot limitrophes du périmètre du schéma ;
- les établissements publics territoriaux de bassins, ainsi que les établissements publics d'aménagement et de gestion des eaux (C. envir. art. L 213-12, I et II).

Les établissements publics territoriaux sont associés à l'élaboration du Scot de la métropole du Grand Paris (C. urb. art. L 134-1, al. 6).

Pour l'**élaboration des PLU** sont aussi associés : les syndicats d'agglomération nouvelle ; l'établissement public chargé du Scot si le territoire objet du PLU est situé dans le périmètre du Scot ; les établissements publics chargés des Scot limitrophes si le territoire objet du PLU n'est pas couvert par un Scot (C. urb. art. L 132-9).

Les **modalités de cette association** sont similaires, quel que soit le document d'urbanisme (C. urb. art. L 132-11) :

- les personnes associées sont informées de la prescription de l'élaboration ou de la révision du document ;
- elles sont consultées à tout moment, à leur demande, pendant l'élaboration du document ;
- le projet de document, arrêté par l'organe délibérant compétent, est transmis à ces personnes et soumis à leur avis. Cet avis est réputé favorable en l'absence de réponse dans un délai de 3 mois à compter de la transmission ;
- les avis sont annexés au projet qui est alors soumis à enquête publique.

Les communes et EPCI peuvent recueillir l'avis de tout organisme ou association compétent (C. urb. art. R 132-5, al. 1).

Sur la possibilité ouverte à certains organismes d'être consultés à leur demande pour l'élaboration des Scot et des PLU, voir respectivement n°s 2385 et 3470.

COMMISSION DÉPARTEMENTALE DE CONCILIATION

Elle a pour objet de rechercher, par voie de propositions, des solutions aux **conflits** qui pourraient survenir **entre les personnes publiques associées** à l'élaboration du document d'urbanisme et la personne publique responsable de ce document (C. urb. art. L 132-14). **1865**

Les **propositions** de la commission sont publiques. Elles sont notifiées, à la diligence de son président, à la personne publique chargée de l'élaboration du document d'urbanisme faisant l'objet de la procédure de conciliation, ainsi qu'à la personne publique qui a saisi la commission. Elles sont affichées en préfecture, au siège de l'EPCI et en mairie (C. urb. art. R 132-19).

> **Précisions** **a.** Chaque **commission** est **composée** à parts égales de 6 élus communaux élus par un collège départemental composé de maires et des présidents des EPCI compétents en matière de Scot ou de PLU et de 6 personnes qualifiées désignées par le préfet dans les conditions des articles R 132-11 à R 132-13 du Code de l'urbanisme. Elle élit en son sein un président, qui doit être un élu local (C. urb. art. R 132-14).
> **b.** Les **modalités de fonctionnement** de la commission sont fixées par les articles R 132-15 et R 132-17 du Code de l'urbanisme.

C. Contentieux général des documents d'urbanisme

EN BREF

2000 Le justiciable qui entend contester la légalité d'un document d'urbanisme auprès des juridictions administratives dispose d'une voie principale. Il peut demander l'annulation de l'acte qui approuve le document, le révise, le modifie ou le met en compatibilité. Mais ce recours direct est, selon le droit commun du contentieux administratif, soumis à la condition d'être introduit dans un délai de 2 mois ayant pour point de départ l'accomplissement des formalités exigées.

Le recours en annulation peut aussi s'accompagner d'une demande de référé-suspension.

L'intéressé a, par ailleurs, la possibilité d'invoquer l'illégalité du document par voie d'exception, à l'occasion d'un recours contre une décision prise sur son fondement : une autorisation d'urbanisme ou un refus d'autorisation. Mais l'évolution des textes et de la jurisprudence a eu pour effet de limiter cette possibilité.

On notera encore que le législateur a organisé de nouveaux mécanismes qui permettent de régulariser les illégalités entachant le document d'urbanisme.

Enfin, les mesures par lesquelles le juge sanctionne d'éventuelles illégalités sont d'étendue variable. Elles entraînent des conséquences particulières dont la mise en œuvre est parfois complexe.

RÉFÉRÉ-SUSPENSION D'UN DOCUMENT D'URBANISME

2005 L'auteur d'un recours pour excès de pouvoir contre un document d'urbanisme peut demander au juge des référés du tribunal administratif de suspendre l'exécution de l'acte contesté en attendant que le tribunal ait statué sur le recours principal. Le prononcé du sursis est subordonné à la condition que l'intéressé justifie d'une situation d'urgence et fasse état d'un moyen propre à créer un **doute sérieux** quant à la légalité de la décision (C. just. adm. art. L 521-1).

Lorsque le recours est dirigé contre un permis de construire, l'**urgence** est présumée compte tenu du caractère difficilement réversible de la réalisation des travaux (voir n° 16642). S'agissant d'un recours contre un document d'urbanisme, un référé-suspension est possible (CE 10-1-2003 n° 248458, SCI Rotanna : BJDU 1/03 p. 19), mais la présomption d'urgence est écartée (CE 5-11-2004 n° 260229, Assaupamar : BJDU 6/04 p. 471). Le requérant doit faire état de circonstances propres à justifier la suspension de cet acte, alors même que les projets dont le document litigieux permet la réalisation sont soumis à la délivrance ultérieure d'autorisations individuelles (CE 11-1-2006 n° 282217, Association Défense du site caussolois : BPIM 3/06 inf. 159 ; CE 30-5-2007 n° 298365, Cne de Correns).

Par **exception,** la condition d'urgence n'est pas exigée dans le cas d'un recours contre un document n'ayant pas fait l'objet d'une évaluation environnementale ou d'une participation du public, alors que l'une ou l'autre était requise (C. envir. art. L 122-11 et L 123-1-B). Lorsqu'une enquête publique environnementale a eu lieu, mais que le commissaire enquêteur a formulé des conclusions défavorables au projet, la demande de référé-suspension n'est pas non plus soumise à la condition d'urgence. Toutefois, le requérant doit invoquer un moyen propre à créer un doute sérieux (C. envir. art. L 123-16, al. 1 ; pour un exemple de référé-suspension portant sur une carte communale, voir CE 19-3-2008 n° 305593, Min. transports c/ Association pour la sauvegarde du Gers : BJDU 2/08 p. 129).

EXCEPTION D'ILLÉGALITÉ D'UN DOCUMENT D'URBANISME

2010 L'illégalité pour **vice de forme ou de procédure** d'un Scot, d'un PLU, d'un document d'urbanisme en tenant lieu ou d'une carte communale ne peut plus être invoquée par voie

© Éd. Francis Lefebvre

d'exception, après l'expiration d'un **délai** de 6 mois à compter de la prise d'effet de ce document. Il en est de même pour l'acte prescrivant son élaboration ou sa révision ou créant une ZAC (C. urb. art. L 600-1, al. 1 et 2 ; CE 23-12-2014 n° 368098, Cne de Laffrey : BPIM 1/15 inf. 6). La recevabilité des moyens soulevés à l'appui de l'exception d'illégalité s'apprécie moyen par moyen (CE 13-11-2002 n° 189991, Sté Foncière Paris-Neuilly).

Par **dérogation** à cette règle, l'exception d'illégalité reste possible, à tout moment, lorsque le vice de forme ou de procédure concerne (C. urb. art. L 600-1, al. 3 à 5) :
– soit la méconnaissance substantielle ou la violation des règles de l'enquête publique sur les Scot, les PLU et les cartes communales ;
– soit l'absence du rapport de présentation ou des documents graphiques.

En revanche, le **vice d'incompétence** et les **vices de fond** affectant la légalité interne du document d'urbanisme peuvent être invoqués sans limite de temps.

Ces dispositions ne remettent pas en cause la possibilité d'introduire, dans le délai de 2 mois, un recours direct, quel que soit le vice invoqué.

Si le document d'urbanisme litigieux fait l'objet d'un recours en annulation qui n'a pas encore été jugé, il est possible de soulever son illégalité pour vice de forme ou de procédure, sans condition de délai, à l'appui d'un autre recours dirigé contre une décision individuelle prise sur le fondement de ce document (CE 5-11-2014 n° 362021, Sté de Château-l'Arc : BPIM 6/14 inf. 358).

› Précisions a. Pour l'application de l'article L 600-1 du Code de l'urbanisme, un **plan de prévention des risques naturels prévisibles** est un document d'urbanisme tenant lieu de PLU (CE 30-12-2011 n° 324310 : BPIM 1/12 inf. 6).

b. Lorsque le **rapport de présentation** d'un document d'urbanisme est seulement entaché d'**insuffisance,** cet élément ne permet pas de soulever l'exception d'illégalité du document après l'expiration du délai de 6 mois (CAA Versailles 15-10-2009 n° 08VE00751, Association des riverains et amis de la ZAC du Pont de la Puce : BPIM 2/10 inf. 92).

c. Si les actes administratifs doivent être pris selon les formes et conformément aux procédures prévues par les lois et règlements, un **vice affectant le déroulement d'une procédure administrative préalable,** suivie à titre obligatoire ou facultatif, n'est de nature à entacher d'illégalité la décision prise que s'il ressort des pièces du dossier qu'il a été susceptible d'exercer, en l'espèce, une influence sur le sens de la décision prise ou qu'il a privé les intéressés d'une garantie. Ce principe s'applique y compris en cas d'omission d'une procédure obligatoire, si cette omission n'affecte pas la compétence de l'auteur de l'acte (CE ass. 23-12-2011 n° 335033 : RJDA 10/12 n° 924). Pour déterminer si l'omission d'une consultation obligatoire a pu avoir une influence sur le sens d'un acte d'urbanisme et l'entache d'illégalité, il est possible de tenir compte du sens de l'avis émis après coup par l'organisme en cause (CE sect. 22-12-2017 n° 395963, Cne de Sempy : BPIM 1/18 inf. 7).

d. Les exceptions à la « prescription » instituée par l'article L 600-1 du Code de l'urbanisme peuvent être soulevées devant le **juge pénal** (Cass. crim. 22-5-2013 n° 12-83.846).

RÉGULARISATION DE L'ILLÉGALITÉ D'UN DOCUMENT D'URBANISME

Procédure de régularisation Saisi d'un recours contre un Scot, un PLU ou une carte communale, le **juge administratif** peut, après avoir constaté que les autres moyens ne sont pas fondés et invité les parties à présenter leurs observations, **décider de surseoir à statuer** s'il estime que l'illégalité entachant l'élaboration ou la révision de cet acte peut être régularisée. Il fixe alors pour cette régularisation un délai pendant lequel le document reste applicable (C. urb. art. L 600-9, al. 1). Le juge peut mettre en œuvre ces dispositions de sa propre initiative ou à la demande d'une partie. La possibilité d'une régularisation est admise pour la première fois en appel, alors même que le document d'urbanisme aurait été annulé par le tribunal administratif (CE sect. 22-12-2017 n° 395963, Cne de Sempy : BPIM 1/18 inf. 6). 2015

Lorsque, à l'issue du délai fixé par la décision de sursis à statuer, aucune mesure de régularisation n'a été notifiée au juge, celui-ci peut à tout moment statuer sur le recours dont il est saisi contre le document d'urbanisme. Mais il ne peut pas se fonder sur la circonstance que des mesures de régularisation lui ont été adressées après l'expiration du délai pour ne pas en tenir compte dans son appréciation de la légalité de l'acte contesté (CE 7-7-2022 n° 451137).

Si la régularisation intervient dans le délai fixé, le juge statue après avoir invité les parties à présenter leurs observations (C. urb. art. L 600-9, al. 4).

Par dérogation à ces règles générales, le juge administratif peut **s'abstenir de surseoir à statuer** lorsque l'une des parties lui transmet spontanément des éléments destinés à opérer la régularisation en cause et que ces éléments s'avèrent suffisants (CE sect. 22-12-2017 n° 395963, Cne de Sempy : BPIM 1/18 inf. 6).

Cette **procédure** n'est **ouverte** que si l'illégalité tenant à un vice autre que de forme ou de procédure est régularisable par la mise en œuvre de la procédure de modification du document d'urbanisme. Lorsque l'illégalité résulte d'un vice de forme ou de procédure, le sursis n'est possible, dans le cas des Scot et des PLU, que si l'illégalité a été commise après le débat sur les orientations du projet d'aménagement et de développement durable (PADD) (C. urb. art. L 600-9, al. 2 et 3 ; CAA Versailles 9-2-2023 nº 21VE00471, Association Réaliser l'accord cité-nature-espace : BPIM 2/23 inf. 89).

2017 Pour **régulariser un vice de forme ou de procédure,** l'autorité compétente doit appliquer les dispositions en vigueur à la date à laquelle la décision attaquée a été prise (CE sect. 22-12-2017 nº 395963, Cne de Sempy : BPIM 1/18 inf. 6).

En revanche, la **compétence** de l'autorité appelée à approuver la régularisation doit être appréciée au regard des dispositions en vigueur à la date de cette approbation (CE 29-7-2020 nº 428158, SCI l'Harmas : BPIM 5/20 inf. 294).

Encore que la jurisprudence ne se soit pas encore prononcée sur ce point, tout laisse à penser que la régularisation d'un **vice entachant la légalité interne** du document doit s'effectuer au regard des dispositions en vigueur à la date à laquelle il est procédé à cette régularisation. En effet, si les normes applicables ont évolué entretemps, on peut difficilement concevoir que la régularisation consiste à mettre le document en conformité avec leur état ancien et en contrariété avec le nouvel état du droit.

> **Précisions** **a.** Lorsque l'illégalité porte sur la **consultation des personnes publiques associées** à l'élaboration d'un PLU et que, après la décision de sursis à statuer, certaines des personnes publiques concernées ont, à l'initiative de la commune, émis un avis favorable au projet, une nouvelle délibération du conseil municipal n'est pas nécessaire pour approuver le PLU (CE 31-5-2021 nº 433431).
>
> **b.** Dans le cas où la mise en œuvre de la procédure de régularisation impose à l'autorité compétente d'engager une **nouvelle enquête publique** sur le projet de PLU, le document adopté après cette nouvelle enquête peut être modifié à condition que l'économie générale du projet ne soit pas remise en cause et que les modifications procèdent de l'enquête (CAA Marseille 8-4-2021 nº 16MA02277 : BPIM 3/21 inf. 162).

2019 **Contestation de la régularisation** La possibilité de contester l'acte de régularisation est limitée. Les **parties à l'instance** ayant donné lieu au sursis à statuer ne peuvent pas demander au tribunal administratif l'annulation de l'acte pris en vue de la régularisation. Elles peuvent seulement en contester la légalité externe ou encore faire valoir que cet acte ne permet pas d'effectuer la régularisation. Elles ne peuvent soulever aucun autre moyen, qu'il s'agisse d'un moyen déjà écarté par le jugement avant-dire droit ou d'un moyen nouveau. Il n'en va différemment que pour des moyens fondés sur des éléments révélés par la procédure de régularisation (CE 29-6-2018 nº 395963, Cne de Sempy : BPIM 4/18 inf. 241). Toutefois, si les moyens initialement écartés par le tribunal administratif ne peuvent plus être invoqués devant celui-ci après qu'il ait sursis à statuer, le demandeur de première instance peut reprendre de tels moyens à l'appui d'un appel contre le jugement statuant sur la régularisation (CAA Marseille 12-12-2019 nº 18MA02729, SCI Morenas : BJDU 2/20 inf. 90). En effet, le premier jugement peut encore être contesté, dès lors que le délai d'appel contre un jugement avant-dire droit ne court qu'à compter de la notification du jugement qui règle complètement le litige (C. just. adm. art. R 811-6).

Une cour administrative d'appel a jugé qu'un **tiers** pouvait exercer un recours contre la mesure de régularisation, mais qu'au même titre que les parties à l'instance il pouvait seulement invoquer des vices affectant la légalité externe de la mesure contestée ou soutenir que celui-ci n'a pas pour effet de régulariser l'illégalité retenue par la décision avant dire droit (CAA Nantes 22-12-2020 nº 19NT05029 : BPIM 2/21 inf. 97).

> **Précisions** Lorsque le sursis a été décidé par la cour administrative d'appel, le demandeur de première instance qui a formé un recours contre le document d'urbanisme doit directement contester l'acte de régularisation devant la cour, sans pouvoir en saisir le tribunal administratif et, ainsi, sans bénéficier du double degré de juridiction (CAA Marseille 7-6-2018 nº 16MA02962, Sté de « Château l'Arc » : BPIM 5/18 inf. 321).

ÉTENDUE DE L'ANNULATION D'UN DOCUMENT D'URBANISME

2020 Le juge administratif prononce généralement l'**annulation totale** du document d'urbanisme. Mais la jurisprudence a admis depuis longtemps que l'**annulation** puisse n'être que **partielle,** à condition que la disposition contestée soit divisible (CE 4-9-1995 nº 144733 : BJDU 4/95 p. 342 ; CE 17-7-2013 nº 350380, SFR). Une telle annulation partielle peut être prononcée à la demande des parties ou à l'initiative du juge.

S'agissant des PLU, cette possibilité d'annulation partielle est expressément prévue par le Code de l'urbanisme lorsque le juge estime que le vice relevé affecte notamment un plan de secteur, le programme d'orientations et d'actions ou les dispositions des orientations d'aménagement et de programmation relatives à l'habitat ou aux transports. Après avoir écarté les autres moyens, le juge peut alors limiter à cette partie l'annulation qu'il prononce (C. urb. art. L 600-9, al. 5). L'annulation partielle d'un PLU n'est pas limitée aux trois éléments expressément visés par le Code de l'urbanisme. Elle peut être prononcée, par exemple, lorsqu'un zonage ponctuel est contesté : le document d'urbanisme n'est alors annulé qu'en tant qu'il concerne les parcelles ou les zones en cause, le reste du document subsistant (Rép. Zimmermann : AN 5-8-2014 n° 57731).

Cette technique de l'annulation partielle est applicable pour toutes les dispositions divisibles des autres documents d'urbanisme, notamment les Scot et les cartes communales (Rép. Zimmermann : AN 5-8-2014 n° 57731).

EFFETS DE L'ANNULATION OU DE LA DÉCLARATION D'ILLÉGALITÉ D'UN DOCUMENT D'URBANISME

L'annulation d'un Scot, d'un PLU, d'une carte communale, ou encore leur déclaration d'illégalité si le juge fait droit à une exception d'illégalité, peuvent entraîner **deux séries de conséquences.** Les unes concernent les règles d'urbanisme applicables au territoire couvert par le document annulé ou déclaré illégal. Les autres concernent les décisions individuelles prises sur le fondement du document en cause, c'est-à-dire les décisions relatives à l'utilisation ou l'occupation des sols. 2025

Effets sur les règles d'urbanisme applicables L'annulation ou la déclaration d'illégalité d'un Scot, d'un PLU, d'un document en tenant lieu ou d'une carte communale a pour effet de remettre en vigueur le **document d'urbanisme** immédiatement **antérieur** à celui qui a été annulé ou déclaré illégal (C. urb. art. L 600-12). Si le document d'urbanisme antérieur est aussi illégal, notamment par suite d'un changement dans les circonstances de droit ou de fait, l'autorité administrative devra s'abstenir de l'appliquer et l'abroger (voir nos 2040 s.). 2028

La règle du retour au document antérieur s'applique que l'**annulation** ou la déclaration d'illégalité du document ait été totale ou **partielle.** Toutefois, dans ce second cas, les dispositions du document antérieur ne redeviennent applicables que si elles sont compatibles avec celles qui n'ont pas été affectées par la décision juridictionnelle (CE 13-11-2002 n° 185637, Sté Foncière Paris-Neuilly : BPIM 3/03 inf. 147). L'annulation partielle d'un document d'urbanisme, même fondée sur un motif de nature à entacher d'illégalité toutes les dispositions du document, ne permet pas d'écarter au profit des dispositions du document antérieur d'autres dispositions que celles qui ont été annulées (CE 5-4-2013 n° 352656, Min. écologie : BPIM 3/13 inf. 167).

Si aucun PLU, POS ou aucune carte communale n'est remis en vigueur, le RNU s'applique (CE avis 9-5-2005 n° 277280 : BPIM 4/05 inf. 244). Les permis de construire (et autres autorisations) délivrés après l'annulation ne peuvent donc l'être qu'après avis conforme du préfet (C. urb. art. L 422-6).

> **Précisions** **a.** À défaut de document antérieur, l'annulation ou la déclaration d'**illégalité d'un Scot** entraîne le retour à la règle d'urbanisation limitée (C. urb. art. L 142-4). Ainsi, les dispositions d'un PLU couvert par un Scot annulé ou déclaré illégal et ouvrant à l'urbanisation une zone Naturelle ou une zone à urbaniser délimitée après le 1er juillet 2002 pourraient devenir irrégulières.
>
> **b.** À notre avis, l'annulation d'un **schéma de secteur** a pour effet de remettre en vigueur le schéma de secteur précédent. À défaut, ce sont les dispositions générales du Scot qui vont trouver à s'appliquer.
>
> **c.** En cas d'**annulation d'un POS révisé ou modifié,** c'est le POS immédiatement antérieur à la révision ou à la modification qui est remis en vigueur, s'il est légal (en ce sens, CE 29-12-1995 n° 99833, Cne de Fontvieille : Lebon p. 484 ; CAA Nantes 15-4-1998 n° 97NT00370, Cne de Mozé-sur-Louet et Sté TPPL).
>
> **d.** La **matérialité d'une infraction** s'apprécie au regard du document antérieur remis en vigueur (Cass. crim. 30-10-2007 n° 06-88.355 : BPIM 1/08 inf. 9).

Effets sur les décisions relatives à l'utilisation ou l'occupation des sols 2030

L'annulation ou la déclaration d'illégalité d'un Scot, d'un PLU, d'un document en tenant lieu ou d'une carte communale sont, par elles-mêmes, **sans incidence** sur les décisions relatives à l'utilisation ou à l'occupation des sols, prises sur le fondement du document avant le prononcé de l'annulation ou de la déclaration d'illégalité, lorsque celles-ci « reposent sur un motif étranger aux règles d'urbanisme applicables au projet » (C. urb. art. L 600-12-1, al. 1).

À l'inverse, l'annulation du document d'urbanisme ou la déclaration d'illégalité de ce document entraîne l'annulation de la décision de refus ou d'opposition (C. urb. art. L 600-12-1, al. 2). Avant l'entrée en vigueur de cette dernière disposition, alors que la jurisprudence retenait déjà la même règle, une dérogation lui était apportée lorsque le refus trouvait une base légale dans

 © Éd. Francis Lefebvre

les dispositions redevenant applicables par l'effet de l'article L 600-12 du Code de l'urbanisme. Dans cette hypothèse, le juge ne prononçait pas d'annulation, mais procédait, à la demande du défendeur ou bien d'office après en avoir informé les parties, à une substitution de base légale ou de motifs dans les conditions de droit commun (CE 30-12-2009 n° 319942, Cne du Cannet-des-Maures : BJDU 1/10 p. 16, BPIM 1/10 inf. 7 ; CE 15-12-2010 n° 331671 : BPIM 1/11 inf. 8). Cette dérogation valait également pour les décisions d'opposition aux déclarations de travaux (CE 16-5-2011 n° 324967, Sté LGD Développement : BPIM 4/11 inf. 269). Aujourd'hui, la question se pose de savoir si une telle solution serait compatible avec l'alinéa 2 de l'article L 600-12-1 du Code de l'urbanisme.

2035 Le Conseil d'État a fourni plusieurs précisions au sujet de l'application de l'article L 600-12-1 du Code de l'urbanisme (CE sect. avis 2-10-2020 n° 436934, SCI du Petit Bois : BPIM 6/20 inf. 366 ; D. Chauvaux, Conséquences de l'illégalité des documents d'urbanisme sur les autorisations d'urbanisme : BPIM 1/21 inf. 1).

Il résulte de cet avis que le juge, saisi de l'**exception d'illégalité** d'un document d'urbanisme à l'appui d'un recours contre une autorisation, doit d'abord vérifier si l'un au moins des motifs d'illégalité de ce document est en **rapport direct avec les règles applicables à l'autorisation.**

Un vice de légalité externe (une irrégularité de procédure) est étranger à ces règles, sauf s'il a été de nature à exercer une influence directe sur elles. C'est, par exemple, le cas de l'absence d'une évaluation environnementale concernant les dispositions d'un PLU qui ne sont pas applicables au projet contesté (CE 5-2-2024 n° 463619, Sté Doubs Ouest Énergies 2 : BPIM 2/24 inf. 91).

En revanche, un vice de légalité interne ne leur est pas étranger, sauf s'il entache des règles qui ne sont pas applicables au projet. Ainsi en va-t-il d'une erreur manifeste d'appréciation dans le classement de la zone d'implantation du projet. Mais une erreur de classement affectant une autre zone n'aurait pas d'incidence sur l'autorisation.

Les juges du fond apprécient souverainement si le vice de légalité externe invoqué a exercé une influence directe sur des règles applicables au projet. De son côté, le juge de cassation se livre à un contrôle de qualification juridique des faits sur le point de savoir si le vice, de légalité externe ou interne, doit être regardé comme étranger à de telles règles (CE 5-4-2024 n° 466748, Synd. copr. du 78 allée des Demoiselles : BPIM 3/24 inf. 150).

À défaut d'un rapport direct entre les motifs de l'illégalité et les règles applicables au projet, le moyen tiré de l'illégalité du document d'urbanisme est inopérant. Dans l'hypothèse inverse, le juge doit déterminer quel est le document d'urbanisme au regard duquel doit être appréciée la légalité de l'autorisation contestée. En vertu de l'article L 600-12 du Code de l'urbanisme, il s'agit du document immédiatement antérieur (voir n° 2028). L'appréciation du juge dépend alors de la portée du ou des motifs d'illégalité :

– si l'illégalité affecte la totalité du document d'urbanisme, la légalité de l'autorisation doit être appréciée au regard de l'ensemble du document immédiatement antérieur remis en vigueur ;

– si l'illégalité affecte seulement une partie divisible du territoire couvert par le document concerné, la légalité de l'autorisation doit être appréciée au regard des dispositions du document immédiatement antérieur relatives à cette zone géographique, qui sont remises en vigueur ;

– si l'illégalité n'affecte que certaines règles divisibles du document concerné, la légalité de l'autorisation n'est appréciée au regard du document immédiatement antérieur qu'en ce qui concerne les seules règles équivalentes nécessaires pour assurer le caractère complet et cohérent du document.

ATTENTION

Lorsque le motif d'illégalité est susceptible de conduire à la remise en vigueur de tout ou partie du document immédiatement antérieur, le moyen tiré de l'illégalité du document d'urbanisme ne peut être utilement soulevé à l'appui du recours contre l'autorisation d'urbanisme que si le requérant soutient également que cette autorisation méconnaît les dispositions pertinentes remises en vigueur.

REFUS D'APPLICATION D'UN DOCUMENT D'URBANISME ILLÉGAL

2040 L'autorité administrative doit s'abstenir d'appliquer les dispositions d'un document d'urbanisme qui sont entachées d'illégalité, que celle-ci les affecte depuis l'origine ou qu'elle résulte de changements intervenus dans les circonstances de fait ou de droit (CE 14-11-1958 : Lebon p. 554).

Ce principe général s'applique que le document ait été ou non déclaré illégal par le juge administratif. Ainsi, amené à statuer sur une demande d'autorisation ou de certificat d'urbanisme, un maire devra s'abstenir d'appliquer le PLU s'il l'estime illégal. Si le maire écarte le document d'urbanisme en vigueur pour appliquer le document antérieur, il lui appartient, d'une part, d'indiquer dans la décision qu'il rend sur la demande d'autorisation les illégalités dont le plan lui paraît entaché et, d'autre part, de saisir le conseil municipal d'une demande d'abrogation, de modification ou de révision du plan, afin de remédier à ces illégalités.

Toutefois, une fois expiré le délai de 6 mois mentionné n° 2010, le maire est tenu de se fonder sur le document litigieux si sa légalité n'est affectée que par un vice de forme ou de procédure relevant du mécanisme de l'exception d'illégalité (CE avis 9-5-2005 n° 277280 : BPIM 4/05 inf. 244 ; CE 18-2-2019 n° 414233, Cne de l'Houmeau ; Rép. Masson : Sén. 23-4-2009 n° 7799). Il en va différemment lorsque le juge a déclaré le document illégal, pour quelque motif que ce soit, puisque cette décision juridictionnelle a pour effet, comme indiqué n° 2028, de rendre applicable le document d'urbanisme antérieur (CE 10-10-2011 n° 329623, Cne de Ramatuelle : BPIM 6/11 inf. 430).

ABROGATION D'UN DOCUMENT D'URBANISME ILLÉGAL

L'autorité compétente doit, d'office ou à la demande d'une personne intéressée, abroger **2045**
expressément tout règlement illégal ou sans objet, que cette situation existe depuis la publication du règlement ou qu'elle résulte de circonstances de droit ou de fait postérieures à cette date (CRPA art. L 243-2).

Toutefois, conformément à un principe jurisprudentiel qui concerne le contentieux de tous les actes réglementaires (CE ass. 18-5-2018 n° 414583, Fédération des finances et affaires économiques de la CFDT : Lebon p. 187), des moyens tirés de vices de forme ou de procédure dont un document d'urbanisme serait entaché sont inopérants à l'appui d'un recours dirigé contre le refus d'abrogation de ce document. Les dérogations qui permettent d'invoquer à tout moment certains vices de forme ou de procédure affectant le document (C. urb. art. L 600-1, al. 3 à 5) ne peuvent être utilement invoquées que dans le cadre d'une exception d'illégalité, mais non pas au soutien d'un recours portant sur le refus d'abrogation (CE 24-3-2021 n° 428462 : BPIM 3/21 inf. 161).

SECTION 2

SCHÉMA DE COHÉRENCE TERRITORIALE (SCOT)

GÉNÉRALITÉS

Le schéma de cohérence territoriale (Scot), créé par la loi SRU 2000-1208 du 13 décembre **2200**
2000, a pour objet de définir les **orientations stratégiques** d'un territoire dépassant le cadre communal et d'assurer sur ce territoire la cohésion des différentes politiques sectorielles. À la différence du PLU, il n'a pas, en principe, vocation à fixer des règles d'utilisation du sol. Le contenu du Scot a été profondément réformé dans le cadre du Grenelle II (Loi 2010-788 du 12-7-2010), puis réaménagé par la loi Alur (Loi 2014-366 du 24-3-2014). Ces dispositions ont permis de rendre le Scot plus directif et prescriptif à l'égard des documents d'urbanisme inférieurs, notamment en limitant les possibilités d'ouverture à l'urbanisation de certains secteurs. L'encadrement des équipements commerciaux a été renforcé par la loi Élan (Loi 2018-1021 du 23-11-2018).

Plus récemment, l'**ordonnance 2020-744** du 17 juin 2020 a réalisé une importante réforme qui concerne notamment le contenu et le périmètre du Scot. Une autre **ordonnance 2020-745** du même jour, relative à la hiérarchie des normes applicables aux documents d'urbanisme, renforce la place des Scot par rapport aux documents de planification ayant un caractère sectoriel. L'entrée en vigueur de l'ordonnance 2020-744 a été fixée au 1er avril 2021. Ses dispositions s'appliquent aux Scot élaborés ou révisés à partir de cette date. Les procédures d'élaboration ou de révision en cours à la même date ne sont donc pas concernées par les nouvelles dispositions. Celles-ci n'ont pas non plus d'incidence sur les procédures de modification relatives aux Scot élaborés dans le cadre des dispositions antérieures (Ord. 2020-744 du 17-6-2020 art. 7). L'ordonnance 2020-745 est également entrée en vigueur le 1er avril 2021. Elle s'applique aux Scot élaborés ou révisés à partir de cette date. Les procédures d'élaboration ou de révision en cours à la même date ne sont donc pas concernées par les nouvelles dispositions (Ord. 2020-745 du 17-6-2020 art. 7).

Divers aménagements ont été introduits depuis ces ordonnances. Ainsi, par exemple, la **loi Climat** 2021-1104 du 22 août 2021 a apporté plusieurs modifications portant sur le contenu du Scot et liées à l'objectif de **lutte contre l'artificialisation des sols.** La plupart de ces modifications concernent les dispositions s'appliquant aux Scot élaborés ou révisés à partir du 25 août 2021. En principe, les objectifs de lutte contre l'artificialisation des sols devront être intégrés dans les Scot au plus tard le 22 février 2027 ; à défaut, la règle d'urbanisation limitée s'appliquera (Loi Climat 2021-1104 du 22-8-2021 art. 194, IV).

En raison des conditions d'entrée en vigueur des réformes réalisées par les deux ordonnances du 17 juin 2020 et la loi Climat, les développements ci-après continuent à traiter des dispositions antérieures tout en analysant les nouvelles règles.

> **Précisions** **a.** La **règle d'urbanisation limitée** s'applique dans les communes qui ne sont pas couvertes par un Scot (C. urb. art. L 142-4).
> **b.** La **charte d'un parc naturel régional** peut tenir lieu de Scot, dès lors qu'elle comporte un chapitre individualisé comprenant les documents composant le Scot (C. urb. art. L 144-1).
> **c.** Un **PLU élaboré par un EPCI** peut, avec l'accord du préfet, avoir les effets d'un Scot (C. urb. art. L 144-2 dans sa rédaction antérieure à la loi 2017-86 du 27-1-2017). Un tel accord n'est plus possible depuis le 28 janvier 2017. Les PLU valant Scot approuvés avant cette date continuent de produire leurs effets et sont régis par les dispositions applicables aux PLU (Loi 2017-86 du 27-1-2017 art. 131, II).

SCHÉMAS DE SECTEUR DU SCOT

2205 La possibilité d'instaurer des schémas de secteur complétant et précisant les Scot en certaines de leurs parties a été supprimée par la loi Alur. Des dispositions transitoires ont été prévues. Les schémas de secteur **approuvés avant le 24 mars 2014** restent en vigueur (C. urb. art. L 173-1). Ils continuent à produire les effets prévus par l'article L 122-1-14 en vigueur avant le 24 mars 2014 et sont régis par les dispositions applicables aux Scot (C. urb. art. L 173-2). Ils comprennent les mêmes éléments qu'un Scot (C. urb. art. R 173-1). Lorsqu'un schéma de secteur concerne le territoire d'une seule commune ou d'un seul EPCI, ce dernier exerce les compétences de l'Epscot (C. urb. art. L 173-2, al. 2). Un schéma de secteur portant sur le périmètre d'un EPCI compétent en matière de PLU peut, à certaines conditions, tenir lieu ou être transformé en PLU intercommunal (C. urb. art. L 173-3).

L'élaboration des schémas de secteur dont le **périmètre** a été **délimité avant le 24 mars 2014** peut être poursuivie selon l'ancienne procédure jusqu'à leur approbation, mais l'enquête publique n'est organisée que dans les communes concernées par le périmètre du schéma de secteur. Après approbation, ils sont soumis aux dispositions applicables aux schémas de secteur existant avant le 24 mars 2014 (C. urb. art. L 173-4).

EXIGENCES DE COMPATIBILITÉ ET DE PRISE EN COMPTE CONCERNANT LES SCOT

2210 Dans le respect des principes généraux énoncés aux articles L 101-1 à L 101-3 du Code de l'urbanisme, les Scot (et les schémas de secteur) doivent être compatibles ou prendre en compte un certain nombre de **documents** qui leur sont **hiérarchiquement supérieurs** (C. urb. art. L 141-1). Si le juge administratif a précisé ce qu'il fallait entendre par obligation de compatibilité (n° 1062), l'obligation de prise en compte, que les textes n'ont pas définie, a une portée juridique incertaine.

L'articulation des différents documents d'urbanisme est particulièrement complexe.

2211 **Obligation de compatibilité du Scot** Selon les règles applicables aux Scot dont l'élaboration ou la révision a été engagée **depuis le 1er avril 2021** (voir n° 2200), les schémas doivent être compatibles avec (C. urb. art. L 131-1) :
– les dispositions particulières aux zones de montagne et au littoral ;
– les règles générales du fascicule du schéma régional d'aménagement, de développement durable et d'égalité des territoires (Sraddet) ;
– le schéma directeur de la région d'Île-de-France (Sdrif) ;
– les schémas d'aménagement régional d'outre-mer ;
– le plan d'aménagement et de développement durable de Corse (Padduc) ;
– les chartes des parcs naturels régionaux, à l'exception des orientations et mesures de la charte qui seraient territorialement contraires au Sraddet ;
– les objectifs de protection et les orientations des chartes des parcs nationaux ;
– les orientations fondamentales d'une gestion équilibrée de la ressource en eau et les objectifs de qualité et de quantité des eaux définis par les schémas directeurs d'aménagement et de gestion des eaux (Sdage) ;
– les objectifs de protection définis par les schémas d'aménagement et de gestion des eaux (Sage) ;

– les objectifs de gestion des risques d'inondation et les orientations fondamentales définis par les plans de gestion des risques d'inondation, ainsi que les dispositions de ces plans définies en application de l'article L 566-7, 1° et 3° du Code de l'environnement ;
– les dispositions particulières aux zones de bruit des aérodromes ;
– les schémas régionaux des carrières (SRC) ;
– les documents stratégiques de façade ou de bassin maritime ;
– le schéma départemental d'orientation minière en Guyane ;
– les schémas régionaux de cohérence écologique (SRCE) ;
– les schémas régionaux de l'habitat et de l'hébergement ;
– le plan de mobilité d'Île-de-France ;
– les directives paysagères.

L'établissement en charge du Scot (Epscot) doit régulièrement procéder à une analyse de la compatibilité du schéma avec les documents figurant sur cette liste. Cette analyse doit intervenir dans les 3 ans de l'entrée en vigueur du Scot (élaboration ou révision) ou de la délibération décidant du maintien en vigueur ou de la mise en compatibilité du schéma. L'analyse porte sur les documents entrés en vigueur ou révisés depuis la dernière délibération adoptant, révisant, mettant en compatibilité le schéma ou le maintenant en vigueur. Jusqu'à la fin de la période de 3 ans, le Scot n'est pas illégal du seul fait que certaines de ses dispositions ne respectent pas l'obligation de compatibilité concernant les documents supérieurs entrés en vigueur ou révisés pendant cette période (C. urb. art. L 131-3).

Lorsque l'élaboration ou la révision du Scot a été engagée **avant le 1er avril 2021,** il convient d'appliquer l'article L 131-1 du Code de l'urbanisme dans sa rédaction antérieure à l'ordonnance 2020-745 du 17 juin 2020 (voir n° 2200). 2212

La liste des documents avec lesquels le Scot doit être compatible est plus limitée. Ainsi, ne figurent pas dans cette liste :
– les schémas régionaux des carrières (SRC) ;
– les documents stratégiques de façade ou de bassin maritime ;
– le schéma départemental d'orientation minière en Guyane ;
– les schémas régionaux de cohérence écologique (SRCE) ;
– les schémas régionaux de l'habitat et de l'hébergement.

Le plan de mobilité de la région d'Île-de-France ne figure pas non plus sur la liste de l'ancien article L 131-1 du Code de l'urbanisme, mais l'obligation de compatibilité du Scot ou des schémas de secteur est prévue par le Code des transports (C. transports art. L 1214-10 dans sa rédaction antérieure à ord. 2020-745 du 17-6-2020).

L'ancienne liste du Code de l'urbanisme diffère sur deux autres points. L'obligation de compatibilité concerne :
– les modalités d'application des dispositions particulières aux zones de montagne et au littoral lorsqu'elles ont été précisées par une directive territoriale d'aménagement (DTA) toujours en vigueur ;
– les chartes des parcs naturels nationaux ou régionaux sans aucune restriction.

Lorsque l'un des documents figurant sur l'ancienne liste du Code de l'urbanisme est approuvé après l'approbation d'un Scot, ce dernier doit, si nécessaire, être rendu compatible dans un délai de 3 ans. S'il s'agit de l'approbation d'un Sraddet, le Scot devra être rendu compatible lors de la prochaine révision (C. urb. art. L 131-3 dans sa rédaction antérieure à ord. 2020-745 du 17-6-2020). À noter qu'aucun délai n'est fixé pour les dispositions particulières aux zones de bruit des aérodromes.

Obligation de prise en compte par le Scot Selon les règles applicables aux Scot dont l'élaboration ou la révision a été engagée **depuis le 1er avril 2021** (voir n° 2200), les schémas doivent prendre en compte les objectifs du Sraddet, ainsi que les programmes d'équipement de l'État, des collectivités territoriales et des établissements et services publics (C. urb. art. L 131-2). 2213

L'établissement en charge du Scot (Epscot) doit régulièrement procéder à une **analyse de cette prise en compte** par le schéma. Cette analyse doit intervenir dans les 3 ans de l'entrée en vigueur du Scot (élaboration ou révision) ou de la délibération décidant du maintien en vigueur ou de la mise en compatibilité du schéma. L'analyse porte sur les documents entrés en vigueur ou révisés depuis la dernière délibération adoptant, révisant, mettant en compatibilité le schéma ou le maintenant en vigueur. Jusqu'à la fin de la période de 3 ans, le Scot n'est pas illégal du seul fait que certaines de ses dispositions ne respectent pas l'obligation de prise en compte concernant les documents supérieurs entrés en vigueur ou révisés pendant cette période (C. urb. art. L 131-3).

2214 Pour les Scot dont l'élaboration ou la révision a été engagée **avant le 1er avril 2021,** il convient d'appliquer l'article L 131-2 du Code de l'urbanisme dans sa rédaction antérieure à l'ordonnance 2020-745 du 14 juin 2020 (voir n° 2200). Le nombre de documents que les Scot ont à prendre en compte est sensiblement plus élevé. Outre les objectifs du Sraddet et les programmes d'équipement de l'État, des collectivités territoriales et des établissements et services publics, les Scot doivent prendre en compte les schémas régionaux de cohérence écologique (SRCE), les schémas régionaux de développement de l'aquaculture marine (SRDAM), les schémas régionaux des carrières (SRC) et les schémas départementaux d'accès à la ressource forestière (SDARF).

Lorsque l'un de ces documents est approuvé après l'approbation d'un Scot, ce dernier doit, au besoin, être modifié pour prendre en compte le document supérieur dans un délai de 3 ans. S'il s'agit de l'approbation d'un Sraddet, la prise en compte devra intervenir lors de la prochaine révision du Scot (C. urb. art. L 131-3 dans sa rédaction antérieure à ord. 2020-745 du 17-6-2020). À noter qu'aucun délai n'est fixé s'agissant des schémas départementaux d'accès à la ressource forestière.

2215 **Obligation de compatibilité avec le Scot** Selon les règles applicables aux Scot dont l'élaboration ou la révision a été engagée **depuis le 1er avril 2021** (voir n° 2200), doivent être compatibles avec le schéma et, plus précisément, son document d'orientation et d'objectifs (**DOO**), les **documents et autorisations** qui leur sont **hiérarchiquement inférieurs,** à savoir (C. urb. art. L 142-1) : les programmes locaux de l'habitat (PLH), les plans de mobilité (sauf en Île-de-France), les périmètres d'intervention au titre de la protection et de la mise en valeur des espaces agricoles et naturels périurbains, les autorisations d'exploitation commerciale (magasins et cinémas) et les permis de construire en tenant lieu.

Lorsqu'un Scot est approuvé après l'approbation d'un PLH ou d'un plan de mobilité, ces derniers doivent, si nécessaire, être rendus compatibles dans un délai de 3 ans (C. urb. art. L 142-2).

En outre, l'exigence de compatibilité avec le Scot s'applique à certaines **opérations foncières** publiques ou privées **et opérations d'aménagement** (C. urb. art. L 142-1, 4°). Il s'agit des opérations suivantes (C. urb. art. R 142-1) :
– ZAD et périmètres provisoires de ZAD ;
– ZAC ;
– lotissements, remembrements réalisés par des associations foncières urbaines et constructions soumises à autorisations, lorsque ces opérations ou constructions portent sur une surface de plancher de plus de 5 000 m² ;
– constitution, par des collectivités et établissements publics, de réserves foncières de plus de 5 hectares d'un seul tenant.

Pour les Scot dont l'élaboration ou la révision a été engagée **avant le 1er avril 2021,** il convient d'appliquer l'article L 142-1 du Code de l'urbanisme dans sa rédaction antérieure à l'ordonnance 2020-745 du 17 juin 2020 (voir n° 2200). La liste des documents et autorisations soumis à l'obligation de compatibilité avec le DOO du Scot comporte, en outre : les PLU, les PSVM et les cartes communales. Les autres éléments sont identiques.

> **Précisions** En principe, les Scot ne peuvent pas comporter des **dispositions** trop **précises ou impératives,** qui imposeraient aux auteurs des documents subordonnés une obligation de stricte conformité (CE 10-6-1998 n° 176920, Sté Leroy Merlin : BPIM 5/98 inf. 306 ; CE 10-1-2007 n° 269239, Fédération départementale de l'hôtellerie de plein air de Charente-Maritime : BPIM 3/07 inf. 171). Toutefois, certaines dispositions qui impliquent fortement les Scot-SRU dans la politique des transports, et encore davantage, celles qui impliquent les Scot-Grenelle II dans la politique d'urbanisme et d'aménagement, nous paraissent exiger des documents hiérarchiquement inférieurs plus qu'une simple **exigence de compatibilité.** En effet, elles permettent à un schéma de déterminer des secteurs dans lesquels sont réglementées les possibilités d'urbanisation ou de construction. Mais, à l'exception de ces cas limitativement prévus, les Scot peuvent seulement définir des orientations et des objectifs avec lesquels le PLU devra être compatible (CE 11-10-2017 n° 401807, Fédération des artisans et commerçants de Caen : RJDA 4/18 n° 367 ; CE 18-12-2017 n° 395216, Association Regroupement des organismes de sauvegarde de l'Oise : BPIM 1/18 inf. 5). Sur la notion de compatibilité, voir n° 1062.

PORTÉE DES SCOT À L'ÉGARD DES PARTICULIERS

2220 En **principe** et par analogie avec l'état du droit antérieur à la loi SRU, les Scot ne sont pas opposables directement aux particuliers. Ainsi, la jurisprudence selon laquelle la légalité d'un permis de construire ne s'apprécie pas par rapport à un schéma directeur nous semble conserver toute sa valeur (CE 2-3-1977 n° 1112 : AJDA 1977 p. 447 note Danan).

Par **exception,** le schéma est directement opposable aux autorisations de construire dans un espace boisé classé par un PLU ou un POS opposable. L'autorisation est accordée, par

© Éd. Francis Lefebvre

décret, sur 1/10e du terrain si le propriétaire cède gratuitement à la collectivité les 9/10e restants et si l'autorisation est compatible avec les dispositions du Scot (C. urb. art. L 113-3 et L 113-4). Les autorisations d'urbanisme commercial et les permis de construire en tenant lieu doivent être compatibles avec les Scot et les schémas de secteur (voir n° 20530). Par ailleurs, les dispositions du Scot sont directement opposables aux particuliers pour la réalisation des opérations foncières privées mentionnées n° 2215.

A. Contenu des Scot

PRÉSENTATION GÉNÉRALE

L'objet et le contenu des Scot sont définis par les différents documents qui le constituent. 2250
Selon les dispositions applicables aux Scot élaborés ou révisés **avant le 1er avril 2021,** le schéma comprend un rapport de présentation, un projet d'aménagement et de développement durables (PADD), un document d'orientation et d'objectifs (DOO), chacun étant éventuellement assorti de documents graphiques (C. urb. art. L 141-2 dans sa rédaction antérieure à ord. 2020-744 du 17-6-2020).

L'ordonnance 2020-744 du 17 juin 2020 (voir n° 2200) a supprimé le rapport de présentation, souvent d'une longueur excessive, et transfère l'essentiel de ses composantes dans des annexes. Elle a remplacé le PADD par un projet d'aménagement stratégique (PAS). Elle a maintenu le DOO, mais en révisant son contenu. Elle prévoit, en outre, que le Scot peut, éventuellement, comporter un programme d'actions. Les nouvelles dispositions s'appliquent aux Scot élaborés ou révisés **depuis le 1er avril 2021.**

RAPPORT DE PRÉSENTATION DES ANCIENS SCOT

Le rapport de présentation doit être proportionné à l'importance du Scot, aux effets de sa mise en œuvre ainsi qu'aux enjeux environnementaux de la zone considérée (C. urb. art. R 141-3 dans sa rédaction antérieure au décret 2021-639 du 21-5-2021). 2255

À partir d'un diagnostic de prévisions économiques et démographiques et de besoins répertoriés pour le territoire concerné (développement économique, aménagement, environnement, biodiversité, agriculture, préservation du potentiel agronomique, équilibre social de l'habitat, transports, équipements et services), le rapport de présentation **explique** les choix retenus pour établir le PADD et le DOO et, le cas échéant, les raisons pour lesquelles des projets alternatifs ont été écartés, au regard notamment des objectifs de protection de l'environnement. Il **décrit** l'articulation du schéma avec les autres documents d'urbanisme et les plans ou programmes avec lesquels il doit être compatible ou qu'il doit prendre en compte. Il **présente** une analyse de la consommation des espaces naturels, agricoles et forestiers au cours des 10 années précédant la date à laquelle le projet de schéma est arrêté et justifie les objectifs chiffrés de limitation de cette consommation compris dans le DOO. Il **identifie** également les espaces bâtis dans lesquels les PLU devront analyser les capacités de densification et de mutation en tenant compte des formes urbaines et architecturales (C. urb. art. L 141-3 dans sa rédaction antérieure à ord. 2020-744 du 17-6-2020).

Le rapport de présentation **intègre** les résultats de l'évaluation environnementale (voir n° 10165). Il **analyse** l'état initial de l'environnement et les incidences notables prévisibles de l'application des orientations du schéma sur celui-ci, spécialement au regard des zones Natura 2000. Il présente les mesures envisagées pour éviter, réduire et, si possible, compenser, s'il y a lieu, les conséquences dommageables de la mise en œuvre du schéma sur l'environnement. Il **définit** les critères, indicateurs et modalités retenus pour l'analyse des résultats de l'application du schéma permettant de suivre les effets du schéma sur l'environnement et d'identifier, à un stade précoce, les impacts négatifs imprévus et envisager les mesures appropriées. Il **comprend** un résumé non technique des éléments précédents et une description de la manière dont l'évaluation a été effectuée (C. urb. art. R 141-2 dans sa rédaction antérieure au décret 2021-639 du 21-5-2021).

Lorsque le Scot comprend un chapitre individualisé valant SMVM, le rapport de présentation du Scot décrit les conditions de l'utilisation de l'espace marin et terrestre du littoral, indique les perspectives d'évolution de ce milieu et explique les orientations retenues, en matière de développement, de protection et d'équipement (C. urb. art. R 141-5 dans sa rédaction antérieure au décret 2021-639 du 21-5-2021).

› Précisions En cas de **révision, de modification ou de mise en compatibilité du Scot,** le rapport de présentation est complété par l'exposé des motifs des changements apportés (C. urb. art. R 141-4 dans sa rédaction antérieure au décret 2021-639 du 21-5-2021).

ANNEXES DES NOUVEAUX SCOT

2257 Créées par l'ordonnance 2020-744 du 17 juin 2020 (voir nº 2200), les annexes du Scot doivent, dans tous les cas, présenter (C. urb. art. L 141-15, al. 1 à 5) :
– le diagnostic du territoire (formulation des besoins en termes d'aménagement de l'espace, de ressources en eau, d'équilibre social de l'habitat, de mobilités, d'équipements et de services) ;
– l'évaluation environnementale ;
– la justification des choix retenus pour établir le projet d'aménagement stratégique (qui remplace le PADD) et le DOO ;
– l'analyse de la consommation d'espaces naturels, agricoles et forestiers au cours des 10 années précédant le projet de schéma, ainsi que la justification des objectifs chiffrés de limitation de cette consommation définis dans le DOO.

Lorsque le Scot tient lieu de plan climat-air-énergie territorial, il doit comprendre des éléments propres à celui-ci (C. urb. art. L 141-15, al. 6 et, sur renvoi, art. L 141-17, al. 2).

Par ailleurs, il est éventuellement possible de faire figurer dans les annexes tous documents, analyses, évaluations et autres éléments utilisés pour élaborer le schéma si l'établissement public chargé de cette élaboration (Epscot) estime qu'il est nécessaire de les présenter à titre indicatif. Peut encore s'y ajouter le programme d'actions mentionné nº 2285 (C. urb. art. L 141-15, al. 7).

PROJET D'AMÉNAGEMENT ET DE DÉVELOPPEMENT DURABLES DES ANCIENS SCOT

2260 Le PADD du Scot fixe les objectifs des politiques publiques d'urbanisme, de logement, de transport et de déplacement, d'implantation commerciale, d'équipements structurants, de développement économique, touristique et culturel, de développement des communications électroniques, de qualité paysagère, de protection et de mise en valeur des espaces naturels, agricoles et forestiers et des paysages, de préservation des ressources naturelles, de lutte contre l'étalement urbain, de préservation et de remise en bon état des continuités écologiques (C. urb. art. L 141-4 dans sa rédaction antérieure à ord. 2020-744 du 17-6-2020).

PROJET D'AMÉNAGEMENT STRATÉGIQUE DES NOUVEAUX SCOT

2262 Créé par l'ordonnance 2020-744 du 17 juin 2020 (voir nº 2200), le projet d'aménagement stratégique (PAS) remplace le PADD. Se voulant encore plus prospectif, il définit, sur la base d'une synthèse du diagnostic territorial, les objectifs de développement et d'aménagement à un **horizon de 20 ans** (C. urb. art. L 141-3, al. 1).

Ces objectifs doivent, eux-mêmes, contribuer à la coordination des politiques sectorielles sur le territoire du Scot. Il s'agit de favoriser des exigences considérées comme primordiales : « un équilibre et une complémentarité des polarités urbaines et rurales » ; une gestion économe de l'espace limitant l'artificialisation des sols ; les transitions écologique, énergétique et climatique ; une offre d'habitat, de services et de mobilités adaptés aux nouveaux modes de vie ; une agriculture contribuant, notamment, à la satisfaction des besoins alimentaires locaux. La qualité des espaces urbains et naturels, ainsi que celle des paysages représentent d'autres exigences.

Le PAS fixe, en outre, par tranches de 10 années, un objectif de réduction du rythme de l'artificialisation (C. urb. art. L 141-3, al. 2). Ces dernières dispositions s'appliquent aux Scot prescrits avant le 1er avril 2021 et élaborés selon les règles applicables depuis cette date (Loi Climat 2021-1104 du 22-8-2021 art. 194, IV-11º).

DOCUMENT D'ORIENTATION ET D'OBJECTIFS DES ANCIENS SCOT

2265 Dénommé document d'orientations générales dans les Scot-SRU, le document d'orientation et d'objectifs (DOO) du Scot-Grenelle II, comme celui du Scot-Alur, se distingue du PADD par son caractère plus prescriptif que prospectif.

Selon les dispositions applicables aux Scot élaborés ou révisés **avant le 1er avril 2021,** le DOO détermine, dans le respect des orientations du PADD (C. urb. art. L 141-5 dans sa rédaction antérieure à ord. 2020-744 du 17-6-2020) :
– les orientations générales de l'organisation de l'espace et les grands équilibres entre les espaces urbains et à urbaniser et les espaces ruraux, naturels, agricoles et forestiers ;
– les conditions d'un développement urbain maîtrisé et les principes de restructuration des espaces urbanisés, de revitalisation des centres urbains et ruraux, de mise en valeur des entrées de ville, de valorisation des paysages et de prévention des risques ;
– les conditions d'un développement équilibré dans l'espace rural entre l'habitat, l'activité économique et artisanale, et la préservation des sites naturels, agricoles et forestiers.

© Éd. Francis Lefebvre

> Précisions **a.** Sur le **littoral,** le Scot doit tenir compte des contraintes propres à ces espaces (voir n°s 8330 s.).

b. En zone de **montagne,** le DOO du Scot définit les UTN structurantes (voir n°s 8920 s.). Le DOO comporte, s'il y a lieu, l'étude justifiant d'une dérogation au principe de l'urbanisation continue (voir n° 8890) ou permettant l'urbanisation des parties naturelles de la rive des plans d'eau de moins de 1 000 hectares (voir n°s 8900 s.).

Politique d'urbanisme et d'aménagement Le DOO d'un ancien Scot détermine les **espaces à protéger** (il peut les localiser ou les délimiter) ainsi que les modalités de protection des espaces nécessaires au maintien de la biodiversité et à la préservation ou à la remise en bon état des continuités écologiques (C. urb. art. L 141-10 dans sa rédaction antérieure à ord. 2020-744 du 17-6-2020). Il arrête, par secteurs géographiques, des objectifs chiffrés de consommation économe de l'espace et de lutte contre l'étalement urbain et décrit, pour chacun d'eux, les enjeux qui lui sont propres (C. urb. art. L 141-6 dans sa rédaction antérieure à ord. 2020-744 du 17-6-2020). Le DOO définit les grands projets d'équipements et de services (C. urb. art. L 141-20 dans sa rédaction antérieure à ord. 2020-744 du 17-6-2020). **2267**

Le DOO peut imposer des **règles d'urbanisation conditionnelle** qui, à notre avis, s'imposent aux PLU au-delà d'un simple rapport de compatibilité. Il peut ainsi :

– déterminer des secteurs dans lesquels l'ouverture de nouvelles zones à l'urbanisation est subordonnée à leur desserte par les transports collectifs (C. urb. art. L 141-14, al. 2 dans sa rédaction antérieure à ord. 2020-744 du 17-6-2020) ;

– étendre à n'importe quelle route le principe de l'interdiction de construire dans une bande de 75 m de part et d'autre de l'axe de cette route ; voir n° 1075 (C. urb. art. L 141-19 dans sa rédaction antérieure à ord. 2020-744 du 17-6-2020) ;

– imposer préalablement à toute ouverture à l'urbanisation d'un secteur nouveau : l'utilisation de terrains situés en zone urbanisée et desservis par les réseaux (eau, assainissement et électricité), la réalisation d'une évaluation environnementale ou la réalisation d'une étude de densification des zones déjà urbanisées (C. urb. art. L 141-9 dans sa rédaction antérieure à ord. 2020-744 du 17-6-2020) ;

– déterminer des secteurs dans lesquels l'ouverture de nouvelles zones à l'urbanisation est subordonnée à l'obligation de respecter des performances énergétiques et environnementales renforcées (C. urb. art. L 141-22 dans sa rédaction antérieure à ord. 2020-744 du 17-6-2020) ou encore des critères de qualité renforcés en matière d'infrastructures et réseaux de communications électroniques (C. urb. art. L 141-21 dans sa rédaction antérieure à ord. 2020-744 du 17-6-2020).

Dans les zones faisant l'objet d'une ouverture à l'urbanisation, le DOO peut définir les objectifs à atteindre en matière de maintien ou de création d'espaces verts (C. urb. art. L 141-11 dans sa rédaction antérieure à ord. 2020-744 du 17-6-2020).

Le DOO peut également imposer des **règles de densité** pour l'occupation de l'espace. Il peut :

– déterminer dans certains secteurs la valeur minimale au-dessous de laquelle ne peut pas être fixée la densité maximale de construction résultant de l'application de l'ensemble des règles du PLU ou du document en tenant lieu (C. urb. art. L 141-7 dans sa rédaction antérieure à ord. 2020-744 du 17-6-2020 et R 141-6, al. 1 dans sa rédaction antérieure au décret 2021-639 du 21-5-2021). Dans ces secteurs, délimités en prenant notamment en compte leur desserte par les transports collectifs et l'existence d'équipements collectifs, les règles du PLU ou du document en tenant lieu qui sont contraires aux normes minimales de hauteur, d'emprise au sol et d'occupation des sols fixées par le Scot deviennent, passé un délai de 24 mois à compter de la publication du Scot, inopposables aux demandes d'autorisation d'occupation du sol (C. urb. art. L 142-3 dans sa rédaction antérieure à ord. 2020-744 du 17-6-2020) ;

– sous réserve d'une justification particulière, définir des secteurs, situés à proximité des transports collectifs existants ou programmés, dans lesquels les PLU doivent imposer une densité minimale de construction (C. urb. art. L 141-8 dans sa rédaction antérieure à ord. 2020-744 du 17-6-2020).

Le DOO peut enfin préciser des objectifs de qualité paysagère et définir, par secteur, des **normes de qualité urbaine, architecturale et paysagère** applicables en l'absence de PLU ou de document d'urbanisme en tenant lieu (C. urb. art. L 141-18 dans sa rédaction antérieure à ord. 2020-744 du 17-6-2020).

Politique de l'habitat En tenant compte de l'évolution démographique et économique, ainsi que de la desserte en transports collectifs, l'ancien DOO du Scot précise, notamment au regard de la mixité sociale, les objectifs d'offre de nouveaux logements et ceux de la politique d'amélioration et de la réhabilitation de l'immobilier de loisir et du parc de logements existants public ou privé (C. urb. art. L 141-12 dans sa rédaction antérieure à ord. 2020-744 du 17-6-2020). **2270**

 © Éd. Francis Lefebvre

2272 **Politique des transports** Au moyen de son DOO, un ancien Scot définit les grandes orientations de la politique des transports et de déplacements. Il définit les **grands projets d'équipements et de dessertes** par les transports collectifs (C. urb. art. L 141-13 dans sa rédaction antérieure à ord. 2020-744 du 17-6-2020). Il précise les conditions permettant le désenclavement par transport collectif de secteurs urbanisés et peut subordonner l'urbanisation de nouveaux secteurs à leur desserte par transport en commun (C. urb. art. L 141-14 dans sa rédaction antérieure à ord. 2020-744 du 17-6-2020).

En fonction de la desserte en transports publics réguliers et, le cas échéant, en tenant compte de la destination des bâtiments, le DOO peut fixer les obligations de réalisation d'**aires de stationnement** pour les véhicules motorisés (obligations minimales et maximales) et non motorisés (obligations minimales) que les PLU et les documents d'urbanisme en tenant lieu doivent imposer. Ces éventuelles obligations prévues par le Scot ne sont pas applicables dans les territoires couverts par un PLU valant plan de mobilité, anciennement plan de déplacements urbains (C. urb. art. L 141-15 dans sa rédaction antérieure à ord. 2020-744 du 17-6-2020).

2275 **Politique de développement commercial** L'ancien DOO du Scot précise les objectifs relatifs à l'**équipement commercial et artisanal** et aux localisations préférentielles des commerces en prenant en compte les objectifs de revitalisation des centres-villes, de maintien d'une offre commerciale diversifiée de proximité permettant de répondre aux besoins courants de la population tout en limitant les obligations de déplacement et les émissions de gaz à effet de serre, de cohérence entre la localisation des équipements commerciaux et la maîtrise des flux de personnes et de marchandises, de consommation économe de l'espace et de préservation de l'environnement, des paysages et de l'architecture (C. urb. art. L 141-16 dans sa rédaction antérieure à ord. 2020-744 du 17-6-2020). De tels objectifs peuvent être pour partie exprimés sous forme quantitative mais doivent être appliqués avec souplesse (voir n° 20530, Précisions c).

2277 L'ancien DOO comprend un **document d'aménagement artisanal et commercial (DAAC).** Auparavant facultatif, ce document est obligatoire depuis la loi Élan (C. urb. art. L 141-17 dans sa rédaction antérieure à ord. 2020-744 du 17-6-2020). Il est divisible des autres documents du Scot, puisque son annulation éventuelle n'a pas d'incidence sur ceux-ci. Il comporte des fonctions, tantôt obligatoires, tantôt facultatives.

Le DAAC doit déterminer les conditions d'implantation des équipements commerciaux susceptibles d'avoir un impact significatif sur l'aménagement du territoire, le commerce de centre-ville et le développement durable : consommation économe de l'espace, desserte par les transports collectifs, qualité environnementale, architecturale et paysagère des équipements, etc. Il localise les secteurs d'implantation périphérique et les centralités urbaines concernés par des enjeux spécifiques. Dans ces zones, le DAAC prévoit les conditions d'implantation, le type d'activité et la surface maximale des équipements commerciaux spécifiques aux secteurs ainsi diversifiés.

Le DAAC peut également :

– définir les conditions permettant le développement ou le maintien du commerce de proximité dans les centralités urbaines et au plus près de l'habitat et de l'emploi, en limitant son développement dans les zones périphériques ;

– prévoir les conditions permettant le développement ou le maintien de la logistique commerciale de proximité dans les centralités urbaines afin de limiter les flux de marchandises des zones périphériques vers les centralités urbaines ;

– déterminer les conditions d'implantation des constructions commerciales et de constructions logistiques commerciales en fonction de leur surface, de leur impact sur les équilibres territoriaux, de la fréquence d'achat ou des flux générés par les personnes ou les marchandises ;

– conditionner l'implantation d'une construction à vocation artisanale ou commerciale en fonction de l'existence d'une desserte par les transports collectifs, de son accessibilité aux piétons et aux cyclistes ;

– conditionner l'implantation d'une construction logistique commerciale à la capacité des voiries existantes, ou projetées, à gérer les flux de marchandises.

> **Précisions** **L'intégration obligatoire d'un DAAC,** prévue par la **loi Élan**, s'applique aux Scot mis en révision après le 24 novembre 2018 (Loi 2018-1021 du 23-11-2018 art. 169, II-1°).

DOO DES NOUVEAUX SCOT

2280 L'ordonnance 2020-744 du 17 juin 2020 (voir n° 2200) a repris, pour l'essentiel, les dispositions qui viennent d'être exposées. Mais elle les a **entièrement réécrites.**

© Éd. Francis Lefebvre

Le nouveau DOO, dont sont dotés les **Scot élaborés ou révisés depuis le 1er avril 2021,** détermine les conditions d'application du projet d'aménagement stratégique. Il définit les orientations générales d'organisation de l'espace, de coordination des politiques publiques et de valorisation des territoires. L'ensemble de ces orientations s'inscrit dans un objectif de développement équilibré du territoire et des différents espaces, urbains et ruraux, qui le composent (C. urb. art. L 141-4).

Le DOO ne comporte plus que **5 séries d'orientations** (au lieu de 11). Mais ces orientations n'en sont pas moins particulièrement détaillées. Elles portent respectivement sur (C. urb. art. L 141-5 à L 141-14) :
– les activités économiques, agricoles et commerciales ;
– les facteurs de structuration des lieux de vie (offre de logements, de mobilité, d'équipements, de services ; densification des espaces) ;
– la préservation de l'environnement (transition écologique et énergétique, valorisation des paysages, objectifs chiffrés de consommation d'espaces naturels, agricoles et forestiers) ;
– les zones de montagne ;
– les zones littorales et la mer.

Lorsque le périmètre du Scot inclut une ou des **communes littorales,** le schéma peut, comme c'était déjà le cas auparavant, fixer les « orientations fondamentales » de l'aménagement, de la protection et de la mise en valeur des espaces maritimes et littoraux (C. urb. art. L 141-12). Mais ces dispositions ne prennent plus la forme d'un « chapitre individualisé » valant schéma de mise en valeur de la mer (SMVM). Les règles particulières qui s'appliquent à ce « chapitre individualisé » lors de l'élaboration du Scot ont été abrogées.

Certaines dispositions du nouveau DOO issues de l'ordonnance 2020-744 du 17 juin 2020 ont été modifiées par la loi Climat 2021-1104 du 22 août 2021 et la loi 2023-973 du 23 octobre 2023 relative à l'industrie verte. **2282**

Ainsi, le document d'aménagement artisanal et commercial (**DAAC**), qui devient désormais le **document d'aménagement artisanal, commercial et logistique (DAACL),** se voit attribuer des fonctions, auparavant facultatives, mais aujourd'hui obligatoires (C. urb. art. L 141-6). Le DAACL doit continuer à déterminer les conditions d'implantation des équipements commerciaux susceptibles d'avoir un impact significatif sur l'aménagement du territoire, le commerce de centre-ville et le développement durable. Il doit aussi continuer à localiser les secteurs d'implantation périphérique et les centralités urbaines concernés par des enjeux spécifiques. Mais il a, en outre, l'obligation :
– de déterminer les conditions d'implantation des constructions commerciales et des constructions logistiques commerciales en fonction de leur surface, de leur impact sur l'artificialisation des sols et de leur impact sur les équilibres territoriaux ;
– de localiser, pour les équipements logistiques commerciaux, les secteurs d'implantation privilégiés au regard de plusieurs éléments : besoins logistiques du territoire ; capacité des voiries, existantes ou en projet, à gérer les flux de marchandises ; objectif de réduction du rythme de l'artificialisation des sols.

Pour la réalisation des objectifs de **réduction de l'artificialisation des sols** fixés par le PAS, le DOO peut décliner ces objectifs par secteur géographique en tenant compte de nombreux éléments, notamment : besoins en matière de logements ; besoins en matière d'implantation d'activité économique et de mutation des bassins d'emploi ; potentiel foncier mobilisable dans les espaces déjà urbanisés ou à urbaniser ; impact des législations relatives à la protection du littoral, de la montagne et des espaces naturels sur la disponibilité du foncier (C. urb. art. L 141-8). Dans un tel cas, il est tenu compte de la surface minimale de consommation communale d'espaces naturels, agricoles ou forestiers prévue par la loi Climat (en principe 10 000 m^2) et des spécificités propres aux communes littorales et aux zones de montagne (C. urb. art. R 141-6-1). Les dispositions relatives à l'artificialisation des sols introduites par la loi Climat s'appliquent aux Scot prescrits avant le 1er avril 2021 et élaborés selon les règles applicables depuis cette date (Loi Climat 2021-1104 du 22-8-2021 art. 194, IV-11°).

En ce qui concerne la **transition écologique et énergétique,** la valorisation des paysages, ainsi que les objectifs chiffrés de consommation d'espaces naturels, agricoles et forestiers, le DOO peut identifier des zones préférentielles pour la renaturation, c'est-à-dire pour la transformation des sols artificialisés en sols non artificialisés, ainsi que des zones propices à l'accueil de sites naturels de compensation, de restauration et de renaturation (C. urb. art. L 141-10, 3°). Il peut également identifier des zones d'accélération pour l'implantation d'installations terrestres de production d'énergies renouvelables (C. urb. art. L 141-10, al. 6 et, sur renvoi, C. énergie art. L 141-5-3).

Dans les **communes littorales,** le DOO peut identifier (C. urb. art. L 141-13, 3°) :
– des secteurs propices à l'accueil d'ouvrages de défense contre la mer, destinés à protéger soit des secteurs habités denses, soit des équipements d'intérêt général ou des équipements publics ;
– des secteurs visant à accueillir des installations et des constructions pour des projets de relocalisation.

PROGRAMME D'ACTIONS DES NOUVEAUX SCOT

2285 L'ordonnance 2020-744 du 17 juin 2020 (voir n° 2200) dote le Scot d'une nouvelle composante, qui, à la différence des autres, est seulement facultative. Les schémas élaborés ou révisés depuis le 1er avril 2021 peuvent comprendre un programme d'actions destiné à accompagner sa mise en œuvre.

Ce programme précise les actions prévues sur le territoire concerné afin de mettre en œuvre la stratégie, les orientations et les objectifs du Scot. Il en va ainsi que ces actions soient portées par la structure chargée de l'élaboration du schéma, ou par les EPCI membres de cette structure, ou encore par tout autre acteur public ou privé du territoire concourant à la mise en œuvre du Scot ou associé à son élaboration.

Le programme d'actions peut également identifier les actions relatives aux objectifs nationaux de l'État et aux objectifs régionaux, ou les mesures prévues dans les conventions ou contrats qui concernent ces objectifs et qui concourent à la mise en œuvre du Scot (C. urb. art. L 141-19).

DOCUMENTS GRAPHIQUES

2290 Les documents graphiques des Scot ne comportent que peu de dispositions directement applicables.

Les documents graphiques des schémas élaborés ou révisés depuis le 1er avril 2021 doivent localiser les espaces et sites à protéger définis par le DOO ainsi que les zones préférentielles pour la renaturation (C. urb. art. R 141-6, al. 1). Les dispositions antérieures imposaient seulement aux documents graphiques de permettre l'identification des terrains situés dans les espaces à protéger, ainsi que ceux situés dans les secteurs à densité minimale.

Avant comme après le 1er avril 2021, les documents graphiques doivent permettre d'identifier les biens inscrits au patrimoine mondial et leur zone tampon (C. urb. art. R 141-6, al. 2).

B. Élaboration des Scot

INITIATIVE DE CRÉATION

2350 Selon les dispositions applicables aux Scot dont l'élaboration ou la révision a été engagée depuis le 1er avril 2021, les schémas sont élaborés à l'initiative des EPCI ou des groupements de collectivités territoriales compétents (C. urb. art. L 143-1). Avant l'ordonnance 2020-744 du 17 juin 2020 (voir n° 2200), le soin de prendre cette initiative était confié aux communes ou à leurs groupements compétents.

L'élaboration du Scot est confiée à un établissement public spécifique (EPCI, syndicat mixte ou pôle d'équilibre territorial et rural) qui est également chargé de l'approbation, du suivi et de la révision du schéma. Cet établissement est dénommé ci-après **établissement public du schéma de cohérence territoriale** (Epscot). L'ordonnance 2020-744 a ajouté les pôles métropolitains à la liste des établissements susceptibles d'élaborer un Scot (C. urb. art. L 143-16).

L'Epscot prescrit l'élaboration du schéma et précise les objectifs poursuivis (C. urb. art. L 143-17). C'est le président de l'établissement qui conduit la procédure d'élaboration (C. urb. art. R 143-2).

Les Scot font l'objet d'une **évaluation environnementale** à l'occasion de leur élaboration (C. urb. art. L 104-1, 3° et art. R 104-7). L'évaluation est obligatoire pour les procédures engagées après le 8 décembre 2020 (Loi 2020-1525 du 7-12-2020 art. 148, IV).

> **› Précisions** La **charte d'un parc naturel régional** peut valoir Scot sous certaines conditions, notamment de contenu (C. urb. art. L 144-1).

CONCERTATION AVEC LA POPULATION

2360 Toute élaboration ou révision d'un Scot doit être précédée d'une concertation avec le public. Les **modalités** de cette concertation sont déterminées par l'Epscot (C. urb. art. L 143-17 et, sur

© Éd. Francis Lefebvre

renvoi, L 103-3). Cette délibération fait l'objet de mesures de publicité et d'affichage (C. urb. art. R 143-14 et R 143-15).

Au terme de la procédure de concertation, le président de l'Epscot doit en présenter un **bilan** devant l'organe délibérant de l'établissement qui en délibère. Cette délibération tirant le bilan de la concertation peut simultanément arrêter le projet de schéma (C. urb. art. R 143-7).

PÉRIMÈTRE DU SCOT

Délimitation du périmètre du Scot Selon les dispositions applicables aux Scot dont l'élaboration a été engagée **avant le 1er avril 2021,** le projet de périmètre est élaboré par les conseils municipaux ou l'organe délibérant du ou des EPCI concernés (C. urb. art. L 143-4 dans sa rédaction antérieure à ord. 2020-744 du 17-6-2020). Le périmètre du Scot délimite un territoire d'un seul tenant et sans enclave, sauf exercice par les communes de leur droit de retrait (nº 2435). Le périmètre doit inclure, s'il y a lieu, la totalité du périmètre des EPCI compétents en matière de Scot (C. urb. art. L 143-2, al. 1 et 2). Toutefois, lorsque le périmètre de l'un de ces établissements n'est pas d'un seul tenant, le périmètre du Scot peut ne pas comprendre la totalité des communes membres de cet établissement, à condition de comprendre la totalité de la partie ou des parties d'un seul tenant qui le concerne (C. urb. art. L 143-2, al. 3 dans sa rédaction antérieure à ord. 2020-744 du 17-6-2020). 2365

Le périmètre du Scot **prend d'abord en compte** les besoins de protection des espaces naturels et agricoles, ainsi que les besoins et usages des habitants en matière d'équipements, de logements, d'espaces verts, de services et d'emplois (C. urb. art. L 143-3, al. 1 dans sa rédaction antérieure à ord. 2020-744 du 17-6-2020).

Il **tient compte également** des périmètres des groupements de communes, des pays et des parcs naturels, des périmètres des autres Scot, des plans de mobilité, des programmes locaux de l'habitat et des chartes intercommunales de développement et d'aménagement. Il prend en compte les déplacements urbains, notamment les déplacements entre le domicile et le lieu de travail et de la zone de chalandise des commerces, ainsi que les déplacements vers les équipements culturels, sportifs, sociaux et de loisirs. Dans les zones de montagne, il prend en compte la communauté d'intérêts économiques et sociaux à l'échelle d'une vallée, d'un pays, d'un massif local ou d'une entité géographique constituant une unité d'aménagement cohérent (C. urb. art. L 143-3, al. 2 à 5 dans leur rédaction antérieure à ord. 2020-744 du 17-6-2020). Lorsque le périmètre du Scot englobe une commune littorale et que l'Epscot décide d'élaborer un chapitre individualisé valant schéma de mise en valeur de la mer, le préfet doit être consulté sur la compatibilité du périmètre avec les enjeux d'aménagement, de protection et de mise en valeur du littoral (C. urb. art. L 143-9) ; le préfet maritime doit, en outre, être consulté préalablement (C. urb. art. R 143-6 dans sa rédaction antérieure au décret 2021-639 du 21-5-2021).

Le périmètre proposé par les conseils municipaux et les organes délibérants des EPCI compétents est communiqué au préfet qui recueille l'avis du ou des départements concernés (C. urb. art. L 143-5) ; cet avis est réputé favorable s'il n'a pas été formulé dans les 3 mois (C. urb. art. R 143-1 dans sa rédaction antérieure au décret 2021-639 du 21-5-2021). Après avoir vérifié que ce périmètre prend en compte de façon cohérente les besoins de protection des espaces naturels et agricoles et ceux des habitants et qu'il permet la mise en cohérence des politiques d'urbanisme, d'habitat, de développement économique, de déplacements et d'environnement, le préfet ne peut qu'accepter ou refuser le périmètre proposé. Il ne peut pas le modifier (C. urb. art. L 143-6 dans sa rédaction antérieure à ord. 2020-744 du 17-6-2020). L'arrêté préfectoral qui délimite le périmètre du Scot fait l'objet de mesures de **publicité** et d'**affichage** (C. urb. art. R 143-14 et R 143-15).

Les Scot dont l'élaboration a été engagée **depuis le 1er avril 2021** relèvent des dispositions de l'ordonnance 2020-744 du 17 juin 2020 (voir nº 2200), laquelle apporte **deux séries de modifications** aux règles exposées ci-dessus. 2367

Désormais le projet de périmètre est exclusivement élaboré par les organes délibérants des EPCI compétents, à l'exclusion des conseils municipaux des communes concernées (C. urb. art. L 143-4).

Par ailleurs, le périmètre du Scot doit, d'abord, prendre en compte, non seulement les besoins de protection des espaces naturels et agricoles, ainsi que les différents besoins et usages des habitants, mais, de plus, les déplacements et modes de vie quotidiens au sein du bassin d'emploi (C. urb. art. L 143-3, al. 1). Il doit également tenir compte des bassins de mobilité définis et délimités par la région (C. transports art. L 1215-1).

Lorsque le périmètre du Scot englobe un territoire s'étendant sur deux ou plusieurs départements, c'est un arrêté conjoint des préfets concernés qui procède à sa délimitation. Le préfet

© Éd. Francis Lefebvre

responsable de la procédure d'élaboration, de révision ou, le cas échéant, de modification du Scot est désigné par arrêté conjoint.

L'avis du ou des départements concernés par le périmètre proposé par l'organe délibérant du ou des EPCI compétents (C. urb. art. L 143-4) doit être rendu dans les 3 mois de la saisine du département. À défaut de réponse dans ce délai, l'avis est réputé favorable (C. urb. art. R 143-1, II)

2370 Avant comme après le 1er avril 2021, le **préfet** peut par **exception** prendre l'**initiative** et demander aux communes ou EPCI compétents de déterminer le périmètre de Scot.

Le préfet peut engager cette procédure lorsqu'il constate que l'absence de Scot nuit gravement à la cohérence des politiques publiques d'urbanisme, d'habitat, de développement économique, de développement rural, de transports et de déplacements, de protection des espaces naturels, agricoles et forestiers, de préservation et de remise en bon état des continuités écologiques ou conduit à une consommation excessive de l'espace. Cette constatation peut notamment découler du nombre important de demandes de dérogations à la règle de l'urbanisation limitée.

Les communes et EPCI disposent de 6 mois à compter de la réception de la demande du préfet pour proposer la délimitation du périmètre. À défaut de proposition, le préfet arrête lui-même un projet de délimitation. Les communes ou EPCI concernés ont alors 3 mois pour donner leur avis sur ce projet. À défaut de délibération dans ce délai, celle-ci est réputée favorable. Au terme des 3 mois, le préfet, avec l'accord majoritaire des communes et EPCI concernés, fixe le périmètre du Scot tout en créant l'établissement en charge du schéma (C. urb. art. L 143-7).

2375 **Modification du périmètre du Scot** Le périmètre du Scot dépend de celui de l'établissement public en charge du schéma et inversement. En effet, la décision d'**extension ou** de **réduction** - par voie de retrait d'une commune ou d'un EPCI - du périmètre de l'Epscot emporte extension ou réduction du périmètre du schéma (C. urb. art. L 143-10 et L 143-11). Lorsque le périmètre d'un Epscot est étendu et intègre un ou plusieurs Scot, cet établissement public en assure le suivi (C. urb. art. L 143-16, al. 7).

Le préfet peut également prendre l'initiative d'étendre le périmètre du Scot (et donc de l'Epscot) selon la procédure mentionnée n° 2370 lorsque le périmètre actuel du Scot ne permet pas d'atteindre les objectifs de mise en cohérence des politiques d'urbanisme, d'habitat, de développement économique, de déplacement et d'environnement (C. urb. art. L 143-7).

L'Epscot ou tout EPCI compétent en la matière peut enfin proposer au préfet d'étendre le périmètre du schéma selon la procédure mentionnée n° 2370 en lui précisant le nom des communes concernées. Le préfet dispose alors de 3 mois pour répondre. Il n'est pas tenu par la liste des communes accompagnant la proposition. Le cas échéant, il motive son refus d'engager la procédure (C. urb. art. L 143-8).

L'arrêté préfectoral qui modifie le périmètre du Scot fait l'objet de mesures de **publicité** et d'**affichage** (C. urb. art. R 143-14 et R 143-15).

> **› Précisions** **a.** Un **EPCI** à fiscalité propre dont le périmètre n'est **pas entièrement compris** dans celui du Scot est automatiquement intégré à l'Epscot et le périmètre du Scot étendu en conséquence, sauf opposition de sa part dans les 3 mois entraînant une réduction du périmètre du Scot (C. urb. art. L 143-12).
> **b.** Un **EPCI** à fiscalité propre dont le périmètre s'étend **sur plusieurs Scot** devient membre de plein droit de l'Epscot sur le territoire duquel est comprise la majeure partie de sa population, sauf opposition de sa part dans les 3 mois et option pour un autre Epscot. Le périmètre du Scot est étendu ou réduit en conséquence (C. urb. art. L 143-13).
> **c.** En cas de **fusion d'Epscot,** l'établissement issu de la fusion assure le suivi du ou des schémas existants, peut les modifier ou les mettre en compatibilité. Il prescrit, au plus tard lors de la première analyse des résultats d'un des Scot, l'élaboration d'un Scot couvrant l'intégralité de son périmètre (C. urb. art. L 143-14).

ÉLABORATION ASSOCIÉE DU SCOT

2380 **Personnes publiques associées** Différentes personnes publiques (voir n° 1850) sont associées à l'élaboration du Scot (C. urb. art. L 132-7 et L 132-8). Les services de l'État sont associés à l'élaboration du projet de schéma à l'initiative du président de l'Epscot ou à la demande du préfet (C. urb. art. L 132-10). Les autres personnes publiques associées sont consultées par le président de l'Epscot à chaque fois qu'elles le demandent (C. urb. art. R 143-3).

Pour l'élaboration des Scot en Île-de-France, le préfet communique au président de l'Epscot compétent les éléments pertinents pour l'aménagement et l'urbanisation du territoire concerné tels qu'ils résultent notamment du Sdrif (C. urb. art. R 132-3, al. 1).

© Éd. Francis Lefebvre

Personnes consultées Sont consultées à leur demande lors de l'élaboration du Scot : les associations locales d'usagers agréées, les associations de protection de l'environnement agréées, la commission départementale de la préservation des espaces naturels, agricoles et forestiers (C. urb. art. L 132-12). Pour les Scot dont l'élaboration ou la révision a été engagée avant le 1er avril 2021 (voir nº 2200), les communes limitrophes peuvent également demander à être consultées (C. urb. art. L 132-12 dans sa rédaction antérieure à ord. 2020-744 du 17-6-2020). **2385**

Par ailleurs, l'Epscot peut, sous réserve de leur accord ou à leur demande, désigner des représentants d'organismes publics ou privés qui, du fait de leur activité ou de leur taille, ont vocation à contribuer à l'élaboration et à la mise en œuvre du Scot (C. urb. art. L 132-12-1). Le président de l'Epscot peut également recueillir l'avis de tout organisme (établissement public, société commerciale, SEM, etc.) ou association (agréée ou non) ayant compétence en matière d'habitat, d'architecture, d'urbanisme, de déplacements, d'aménagement ou d'environnement, y compris des collectivités territoriales des États limitrophes (C. urb. art. R 132-5).

Débat sur les orientations du PAS Un débat a lieu au sein de l'organe délibérant de l'Epscot sur les orientations du plan d'aménagement stratégique (ou, précédemment, du projet d'aménagement et de développement durables) au plus tard 4 mois avant l'examen du projet de schéma (C. urb. art. L 143-18). Dans le cas d'une révision, ce débat peut avoir lieu dès la mise en révision du schéma (C. urb. art. L 143-30, al. 2). **2390**

Consultation du préfet maritime Lorsque le périmètre du Scot comprend une ou plusieurs communes littorales et que le schéma fait application des règles de protection des zones littorales, la consultation du préfet maritime s'impose à plusieurs stades de la procédure d'élaboration du Scot (C. urb. art. R 143-6). **2395**

Pour les Scot dont l'élaboration ou la révision a été engagée **avant le 1er avril 2021** (voir nº 2200), les dispositions du projet de Scot valant schéma de mise en valeur de la mer (SMVM) et relatives aux orientations fondamentales de protection du milieu marin, à la gestion du domaine public maritime, ainsi que celles qui ne relèvent pas de l'objet traditionnel d'un Scot sont soumises au préfet pour accord avant que le projet de schéma ne soit arrêté (C. urb. art. L 143-19 dans sa rédaction antérieure à ord. 2020-744 du 17-6-2020). Le préfet maritime doit en outre être consulté préalablement (C. urb. art. R 143-6 dans sa rédaction antérieure au décret 2021-639 du 21-5-2021).

Projet de Scot arrêté Le projet de schéma est arrêté par délibération de l'Epscot (C. urb. art. L 143-20, al. 1). La délibération qui arrête le projet de Scot peut simultanément tirer le bilan de la concertation (voir nº 2360). Cette délibération est affichée pendant un mois au siège de l'Epscot et dans les mairies des communes concernées (C. urb. art. R 143-7). **2400**

Transmission du projet de Scot pour avis Une fois arrêté, le projet de schéma est transmis pour avis notamment aux personnes publiques associées (voir nº 1850), aux communes et groupements de communes membres de l'Epscot et, à leur demande, aux communes et aux EPCI voisins compétents en matière d'urbanisme (C. urb. art. L 143-20, 1º à 3º). Ces avis sont réputés favorables s'ils n'interviennent pas dans un délai de 3 mois après transmission du projet de schéma (C. urb. art. R 143-4). **2405**

> **Précisions** **a.** La commission départementale de la préservation des espaces naturels, agricoles et forestiers (CDPENAF) est obligatoirement consultée sur tout projet arrêté de Scot ayant pour conséquence une **réduction des surfaces des espaces agricoles, naturels et forestiers** (C. urb. art. L 143-20, 4º). Elle doit rendre son avis dans les 3 mois ; à défaut, cet avis est réputé favorable (C. urb. art. R 143-4). Cet avis s'ajoute à ceux de la chambre d'agriculture et, le cas échéant, de l'Institut national de l'origine et de la qualité (Inao) dans les zones d'appellation d'origine contrôlée et du centre national de la propriété forestière, lorsque le projet de Scot prévoit une réduction des espaces agricoles ou forestiers. Ces avis sont requis en cas de révision ou de modification du Scot. Ils sont rendus dans un délai de 3 mois à compter de la saisine. En l'absence de réponse à l'issue de ce délai, l'avis est réputé favorable (C. rur. art. L 112-3 ; C. urb. art. R 143-5).
>
> **b.** En zone de **montagne,** le projet de Scot arrêté doit être soumis pour avis au comité de massif. L'avis de la commission spécialisée du comité de massif est également requis lorsque le projet de Scot prévoit la création d'une ou plusieurs UTN structurantes (C. urb. art. L 143-20, 5º). Ces avis sont réputés favorables s'ils n'ont pas été donnés dans un délai de 3 mois (C. urb. art. R 143-4).
>
> **c.** Le **représentant** de l'ensemble des **organismes de logements** peut demander la possibilité de donner son avis sur le projet de Scot arrêté (C. urb. art. L 143-20, 6º). Cet avis est réputé favorable s'il n'a pas été donné dans un délai de 3 mois (C. urb. art. R 143-4).
>
> **d.** Lorsque le Scot tient lieu de **plan climat-air-énergie territorial,** sont, en outre, consultés la métropole de Lyon et certains Epic (C. urb. art. L 143-20, 7º).

2410 **Préservation des intérêts intercommunaux ou communaux** Lorsqu'un groupement de communes ou une commune, membre de l'Epscot, estime que l'un de ses intérêts essentiels est compromis par les dispositions du projet de schéma, en lui imposant, notamment, des nuisances ou des contraintes excessives, ce groupement de communes ou cette commune peut, dans les 3 mois de la transmission du projet de Scot, saisir le préfet par délibération motivée qui précise les modifications demandées au projet de schéma. Dans un délai de 3 mois, après consultation de la commission de conciliation (nº 1865), le préfet donne son avis motivé (C. urb. art. L 143-21 et R 143-8). Cette demande est un préalable nécessaire à l'exercice du droit de retrait examiné nº 2435.

ENQUÊTE PUBLIQUE SUR LE PROJET DE SCOT

2415 Le projet de Scot est soumis à enquête publique environnementale (C. urb. art. L 143-22). Le dossier est composé des documents normalement exigés dans un dossier d'enquête publique environnementale (voir nº 10510), du projet de Scot lui-même et des avis des organismes associés ou consultés. Il peut être complété par tout ou partie des documents communiqués par le préfet dans le cadre du porter à connaissance (C. urb. art. R 143-9, al. 1 et 2).

> **Précisions** **a.** Lorsqu'une commune a saisi le préfet d'une demande de modification du projet de Scot (nº 2410), la délibération motivée de la commune et l'avis du préfet sur cette demande sont joints au dossier d'enquête (C. urb. art. R 143-9, al. 3).
> **b.** En zone de montagne, le dossier soumis à enquête comporte, s'il y a lieu, l'avis de la commission départementale compétente en matière de nature, de paysages et de sites rendu sur l'étude mentionnée nº 8890 justifiant d'une urbanisation discontinue (C. urb. art. R 122-1).

MODIFICATION DU SCOT APRÈS ENQUÊTE PUBLIQUE

2420 À l'issue de l'enquête publique, le schéma est éventuellement modifié pour tenir compte des différents avis joints au dossier, des observations du public et du rapport du commissaire ou de la commission d'enquête (C. urb. art. L 143-23, al. 1).

À notre avis, comme en matière de PLU, les modifications apportées après l'enquête publique ne doivent pas être substantielles et doivent procéder de l'enquête (voir nº 3490).

APPROBATION DU SCOT

2425 Le schéma est approuvé par l'organe délibérant de l'Epscot (C. urb. art. L 143-23, al. 1).

Une fois approuvé, le Scot est publié et tenu à la disposition du public (C. urb. art. L 143-23, al. 2).

> **Précisions** La délibération approuvant un Scot devrait pouvoir faire l'objet d'un **référé-suspension** (voir nº 2005). La solution a été admise pour le sursis à exécution de la délibération approuvant un schéma directeur (CAA Nantes 15-4-1998 nº 97NT01711, Syndicat mixte de la région angevine : BJDU 6/98 p. 451).

ENTRÉE EN VIGUEUR DU SCOT

2430 Le Scot et la délibération qui l'approuve sont publiés sur le **portail national d'urbanisme.** Cette condition remplie, ils deviennent exécutoires 2 mois après leur transmission au préfet (C. urb. art. L 143-24, I).

Pendant ce délai, le préfet peut s'opposer au **caractère exécutoire du schéma** en notifiant à l'Epscot, par lettre motivée, les modifications qu'il estime nécessaire d'apporter au schéma (C. urb. art. L 143-25, al. 1). Le **droit d'opposition du préfet** est limité à certaines hypothèses particulières. Dans les autres cas, le préfet doit saisir le juge.

Ce droit d'opposition est ouvert lorsque les dispositions du schéma (C. urb. art. L 143-25, al. 2 et 3) :
– sont incompatibles avec les prescriptions particulières de massif ou, en l'absence de celles-ci, avec les lois montagne et littoral ;
– compromettent gravement les principes généraux de l'article L 101-2 du Code de l'urbanisme ;
– sont contraires à un projet d'intérêt général ;
– autorisent une consommation excessive d'espace, notamment si le Scot n'a pas prévu la densification des secteurs desservis par les transports ou les équipements collectifs ;
– ne prennent pas suffisamment en compte la préservation ou de la remise en état des continuités écologiques.

Le droit d'opposition du préfet est également ouvert lorsque le Scot fait obstacle à la mise en œuvre d'un contrat de développement territorial du « Grand Paris » (Loi 2011-665 du 15-6-2011 art. 1, II).

© Éd. Francis Lefebvre

En cas d'opposition du préfet, le schéma ne devient exécutoire qu'après que les modifications demandées et la délibération qui les approuve ont été publiées sur le portail national d'urbanisme et transmises au préfet (C. urb. art. L 143-25, al. 4).

Le schéma devenu exécutoire est transmis aux personnes publiques associées, ainsi qu'aux EPCI compétents en matière de PLU et aux communes comprises dans son périmètre (C. urb. art. L 143-27). Il fait l'objet de mesures de publicité et d'information (voir nº 2440).

Lorsque la **publication sur le portail d'urbanisme** a été **empêchée** pour des raisons liées au fonctionnement de celui-ci ou à des difficultés techniques avérées, le schéma et la délibération peuvent être rendus publics dans les conditions prévues à l'article L 2131-1, III et IV du CGCT. L'Epscot informe le préfet des difficultés rencontrées. La publication sur le portail doit alors intervenir dans un délai de 6 mois à compter de la date à laquelle le Scot et la délibération sont devenus exécutoires (C. urb. art. L 143-24, II).

> Précisions **a.** Aucun **délai** n'est imparti à l'Epscot **pour procéder aux modifications demandées** et le préfet ne peut pas, de sa propre initiative, modifier le Scot pour le rendre exécutoire sauf dans les cas mentionnés nºs 2530 s. Un désaccord entre le préfet et l'Epscot peut donc paralyser les effets de l'approbation du Scot.

b. L'**opposition du préfet** au caractère exécutoire du Scot peut faire l'objet d'un recours en annulation et d'un **référé-suspension.** Le requérant doit démontrer l'urgence à prononcer la suspension et soulever un moyen propre à créer un doute sérieux quant à la légalité de la décision. En cas de suspension par le juge des référés, le Scot retrouvera son caractère exécutoire jusqu'à ce que le tribunal administratif, saisi de la requête en annulation, statue pour valider ou annuler la décision du préfet. En cas d'annulation de cette décision, le Scot sera définitivement exécutoire. En cas de validation de la décision du préfet, la suspension du caractère exécutoire du Scot reprendra effet jusqu'à l'intervention, la publication et la transmission au préfet des modifications demandées (Rép. Zimmermann : AN 16-7-2013 nº 22549).

DROIT DE RETRAIT DU PÉRIMÈTRE DU SCOT

Lorsqu'une commune (ou un EPCI) a saisi le préfet d'une demande de modification du projet de schéma (nº 2410) et qu'elle n'a pas obtenu satisfaction malgré un avis favorable du préfet, le conseil municipal (ou l'organe délibérant de l'EPCI) peut, dans les 2 mois de la notification qui lui est faite de la délibération approuvant le schéma, décider de se retirer du périmètre du schéma. Le préfet prononce alors ce retrait par un arrêté qui, dès sa publication, abroge les dispositions du schéma concernant cette commune ou ce groupement de communes. Le territoire n'étant plus couvert par un Scot, la règle d'urbanisation limitée s'applique. **2435**

Cette **faculté** de retrait est **exclue** lorsque l'Epscot est une communauté urbaine, une métropole, une communauté d'agglomérations ou une communauté de communes (C. urb. art. L 143-15).

PUBLICITÉ ET INFORMATION

Les **principaux actes de la procédure** d'élaboration ou d'évolution des Scot font l'objet des mêmes mesures de publicité et d'information. Sont notamment concernés les actes suivants : arrêté préfectoral délimitant le périmètre du Scot, délibération prescrivant l'élaboration ou la révision du schéma, délibération approuvant, révisant, modifiant ou mettant en compatibilité le schéma (C. urb. art. R 143-14). **2440**

Ces différents actes font l'objet d'un **affichage** pendant un mois au siège de l'Epscot et dans les mairies des communes membres. Mention de cet affichage est publiée dans un **journal** diffusé dans le département. Selon sa nature, l'acte est, en outre, publié : au **recueil des actes administratifs** de l'EPCI (délibération d'un EPCI comprenant une commune de plus de 3 500 habitants) ou au recueil des actes administratifs de l'État dans le département (arrêté préfectoral). Chacune de ces formalités de publicité mentionne le ou les lieux où le dossier de Scot peut être consulté (C. urb. art. R 143-15).

Depuis le 1er janvier 2020, la publication des mêmes actes, ainsi que celle de tous les Scot, doit être effectuée sur le **portail de l'urbanisme** (C. urb. art. R 143-16).

L'arrêté ou la délibération produit ses effets dès l'accomplissement des formalités d'affichage et de publication dans la presse locale. La date à prendre en compte pour l'affichage est celle du premier jour (C. urb. art. R 143-15, al. 6).

C. Évolution des Scot

CADUCITÉ ET ABROGATION DU SCOT

2500 Les Scot font l'objet d'une évaluation de leur application dans les conditions suivantes (C. urb. art. L 143-28).

Au plus tard à l'expiration d'un délai de **6 ans** à compter de la délibération portant approbation ou de la dernière délibération portant révision complète ou maintien en vigueur du Scot, l'Epscot procède à une **analyse des résultats de l'application du schéma,** notamment du point de vue de l'environnement, des transports et des déplacements, de la maîtrise de la consommation des espaces et des implantations commerciales. Pour les Scot élaborés ou révisés depuis le 1er août 2017 (Loi 2016-1888 du 28-12-2016 art. 71, VI ; Décret 2017-1039 du 10-5-2017 art. 10), l'analyse des résultats porte également sur la réhabilitation de l'immobilier de loisir et des UTN structurantes. En outre, depuis le 25 août 2021, l'analyse doit prendre en compte la réduction du rythme de l'artificialisation des sols.

L'analyse fait l'objet d'une **communication** au public, à l'autorité environnementale et au préfet. C'est sur la base de cette évaluation que l'Epscot prend sa délibération sur le maintien en vigueur du Scot ou sur sa mise en révision complète ou partielle.

En outre, si le **périmètre du Scot** est identique à celui d'un PLU intercommunal, l'évaluation comprend un examen de l'opportunité d'élargir ce périmètre, en lien avec les territoires limitrophes. Dans ce cas, l'Epscot délibère spécifiquement sur l'évolution du périmètre du schéma avant de décider de son maintien en vigueur ou de sa révision.

À **défaut de délibération,** le Scot est caduc.

La **dissolution de l'Epscot** emporte abrogation du schéma, sauf si un autre établissement public en assure le suivi (C. urb. art. L 143-16, al. 6).

> **Précisions** Les Scot dont l'élaboration ou la révision a été engagée **avant le 1er avril 2021** (voir n° 2200) font l'objet d'une évaluation dans des conditions similaires. Il n'est toutefois pas prévu de communiquer au préfet l'analyse réalisée et celle-ci ne comporte pas l'éventuel examen de l'opportunité d'élargir le périmètre du Scot (C. urb. art. L 143-28 dans sa rédaction antérieure à ord. 2020-744 du 17-6-2020).

RÉVISION DU SCOT

2510 Les Scot sont révisés à l'**initiative** de l'organe délibérant de l'Epscot dans les **conditions** de leur élaboration exposées nos 2350 s. Une **évaluation environnementale** est nécessaire (C. urb. art. R 104-7). La révision peut être totale ou partielle. En raison de la durée de la procédure, il est possible de procéder à une ou plusieurs modifications ou mises en compatibilité du Scot entre la mise en révision du schéma et son approbation (C. urb. art. L 143-31).

Dans le cas de la révision d'un Scot élaboré ou révisé selon les dispositions applicables **depuis le 1er avril 2021**, il convient de se référer à l'ordonnance 2020-744 du 17 juin 2020 (voir n° 2200).

Les changements nécessitant la procédure de révision portent sur (C. urb. art. L 143-29) :
– les orientations définies par le plan d'aménagement stratégique (PAS) ;
– les dispositions du DOO concernant la transition écologique et énergétique, la valorisation des paysages ainsi que les objectifs chiffrés de consommation d'espaces naturels, agricoles et forestiers ;
– les dispositions du DOO relatives à la politique de l'habitat ayant pour effet de réduire l'objectif global d'offre de nouveaux logements.

Dans le cas de la révision d'un Scot élaboré ou révisé selon les dispositions applicables **avant le 1er avril 2021**, les changements concernés par la procédure portent sur (C. urb. art. L 143-29 dans sa rédaction antérieure à ord. 2020-744 du 17-6-2020) :
– les orientations définies par le PADD ;
– les dispositions du DOO concernant la détermination des espaces et sites naturels, agricoles, forestiers ou urbains à protéger, les modalités de protection des espaces nécessaires au maintien de la biodiversité et à la préservation ou à la remise en bon état des continuités écologiques, les objectifs chiffrés de consommation économe de l'espace et de lutte contre l'étalement urbain ;
– les dispositions du DOO relatives à la politique de l'habitat ayant pour effet de réduire l'objectif de production de nouveaux logements.

MODIFICATION DU SCOT

2515 **Règles générales** Il existe **deux procédures** de modification du Scot : une procédure de droit commun ou ordinaire, avec enquête publique environnementale, et une procédure de modification simplifiée, avec simple mise à disposition du public. Ces procédures ne

© Éd. Francis Lefebvre

peuvent pas être utilisées lorsque les changements envisagés relèvent de la procédure de révision (C. urb. art. L 143-32).

Une **évaluation environnementale** est nécessaire (C. urb. art. R 104-8) :
– si la modification du Scot permet la réalisation de travaux, aménagements, ouvrages ou installations susceptibles d'affecter de manière significative un site Natura 2000 ;
– s'il s'agit d'une modification simplifiée destinée à mettre le Scot en compatibilité avec les documents supérieurs dès lors qu'elle emporte les mêmes effets qu'une révision ;
– s'il est établi, après un examen au cas par cas, que la modification est susceptible d'avoir des incidences notables sur l'environnement au regard des critères de l'annexe II de la directive 2001/42/CE du 27 juin 2021.

La modification d'un Scot engagée après le 8 décembre 2020 doit faire l'objet d'une **concertation préalable** lorsqu'elle est soumise à évaluation environnementale (C. urb. L 103-2, 1°-b ; Loi 2020-1525 du 7-12-2020 art. 148, IV).

Modification ordinaire du Scot La procédure de modification de droit commun est utilisée lorsque les changements à apporter au DOO ne relèvent pas de la procédure de révision (n° 2510) et poursuivent certains **objets** limitativement énumérés. 2520

Dans le cas de la modification d'un Scot élaboré ou révisé selon les dispositions applicables **depuis le 1er avril 2021** (Ord. 2020-744 du 17-6-2020 art. 7, al. 4), les changements à apporter au DOO doivent concerner (C. urb. art. L 143-34) :
– les orientations générales d'organisation de l'espace, de coordination des politiques publiques et de valorisation des territoires (C. urb. art. L 141-4) ;
– les orientations et les objectifs en matière de développement économique et d'activités, de préservation et de développement des activités agricoles, de localisation préférentielle des commerces (C. urb. art. L 141-5) ;
– le document d'aménagement artisanal, commercial et logistique (DAACL) (C. urb. art. L 141-6) ;
– les dispositions relatives à l'offre de logements, de mobilité, d'équipements, de services, ainsi qu'à la densification (C. urb. art. L 141-7) ;
– en zones de montagne, les dispositions relatives aux UTN structurantes ou les objectifs de la politique de réhabilitation et de diversification de l'immobilier de loisir (C. urb. art. L 141-11) ;
– dans les communes littorales, les orientations fondamentales de l'aménagement, de la protection et de la mise en valeur de la mer et du littoral (C. urb. art. L 141-12) ;
– les critères d'identification des secteurs déjà urbanisés, les orientations en matière d'équilibre entre les enjeux environnementaux et les activités, les orientations relatives à l'accès au littoral et au partage des usages (énergies marines, activité de loisirs, aquacoles ou halieutiques), les orientations de gestion des milieux aquatiques, de prévention des risques naturels liés à la mer et d'adaptation des territoires au recul du trait de côte (C. urb. art. L 141-13).

Dans le cas de la modification d'un Scot élaboré ou révisé selon les dispositions applicables **avant le 1er avril 2021** (Ord. 2020-744 du 17-6-2020 art. 7, al. 4), les changements à apporter au DOO doivent concerner (C. urb. art. L 143-34 dans sa rédaction antérieure à ord. 2020-744 du 17-6-2020) : 2521
– les orientations générales de l'organisation de l'espace et les conditions d'un développement urbain maîtrisé, ainsi que les conditions d'un développement équilibré dans l'espace rural (C. urb. art. L 141-5 dans sa rédaction antérieure à ord. 2020-744 du 17-6-2020) ;
– les objectifs et les principes de la politique de l'habitat au regard notamment de la mixité sociale (C. urb. art. L 141-12 dans sa rédaction antérieure à ord. 2020-744 du 17-6-2020) ;
– les grands projets et orientations de la politique des transports et de déplacements (C. urb. art. L 141-13 dans sa rédaction antérieure à ord. 2020-744 du 17-6-2020) ;
– les conditions permettant de favoriser l'urbanisation des secteurs desservis par les transports collectifs et le désenclavement par ces transports collectifs des secteurs urbanisés (C. urb. art. L 141-14, al. 1 dans sa rédaction antérieure à ord. 2020-744 du 17-6-2020) ;
– les objectifs relatifs à l'équipement commercial et artisanal et aux localisations préférentielles des commerces (C. urb. art. L 141-16 dans sa rédaction antérieure à ord. 2020-744 du 17-6-2020) ;
– le document d'aménagement artisanal et commercial (C. urb. art. L 141-17 dans sa rédaction antérieure à ord. 2020-744 du 17-6-2020) ;
– les grands projets d'équipements et de services (C. urb. art. L 141-20 dans sa rédaction antérieure à ord. 2020-744 du 17-6-2020) ;
– en zone de montagne, la localisation, la nature et la capacité globale d'accueil des UTN structurantes (C. urb. art. L 141-23 dans sa rédaction antérieure à ord. 2020-744 du 17-6-2020) ;
– dans les communes littorales, le chapitre individualisé valant schéma de mise en valeur de la mer (C. urb. art. L 141-24 dans sa rédaction antérieure à ord. 2020-744 du 17-6-2020).

2523 La **procédure** de modification ordinaire est engagée par le président de l'Epscot qui établit le projet de modification, le notifie pour avis au préfet et aux personnes publiques associées mentionnées n° 1850, puis le soumet à enquête publique environnementale (C. urb. art. L 143-33 et L 143-34). À l'issue de l'enquête publique, le projet, éventuellement modifié pour tenir compte des avis qui ont été joints au dossier, des observations du public et du rapport du commissaire ou de la commission d'enquête, est approuvé par l'organe délibérant de l'Epscot (C. urb. art. L 143-35). La décision qui modifie le Scot devient exécutoire dans les conditions précisées n° 2430 (C. urb. art. L 143-36).

> **Précisions a.** En zone de **montagne,** un avis est requis si le projet de modification du Scot permet la création d'une UTN, voir n° 2405, Précisions b (C. urb. art. L 143-33, al. 2).
> **b.** Lorsque le **projet de modification ne concerne pas toutes les communes** (ou EPCI) du Scot, l'enquête publique peut être organisée sur le seul territoire des communes et établissements concernés (C. urb. art. L 143-34, al. 3).

2525 **Modification simplifiée du Scot** La procédure de modification simplifiée a pour **objet** de rectifier une erreur matérielle ou d'apporter des changements au DOO qui ne relèvent ni de la révision (n° 2510), ni de la modification ordinaire (n° 2520) (C. urb. art. L 143-37).

La **procédure** de modification simplifiée est engagée par le président de l'Epscot qui établit le projet de modification, le notifie au préfet et aux personnes publiques associées mentionnées n° 1850 (C. urb. art. L 143-33). Le projet de modification, l'exposé des motifs et les avis émis par les personnes publiques associées sont mis à disposition du public pendant un mois dans des conditions lui permettant de formuler ses observations. Les modalités de la mise à disposition sont précisées par l'organe délibérant de l'Epscot et portées à la connaissance du public au moins 8 jours avant le début de la mise à disposition. À l'issue de la mise à disposition, le président de l'Epscot en présente le bilan devant l'organe délibérant de l'établissement, qui en délibère et adopte le projet, le cas échéant modifié pour tenir compte des avis émis et des observations formulées lors de la mise à disposition (C. urb. art. L 143-38). La délibération approuvant une modification simplifiée devient exécutoire dès sa publication et sa transmission au préfet (C. urb. art. L 143-39).

> **Précisions a.** Lorsque le **projet de modification simplifiée ne concerne pas toutes les communes** (ou EPCI) du Scot, la mise à disposition du public peut être organisée sur le seul territoire des communes et établissements concernés (C. urb. art. L 143-38, al. 4).
> **b.** Deux des changements qui déterminent normalement le recours à la procédure de révision (n° 2510) relèvent de la procédure de modification simplifiée lorsqu'ils ont pour objet soit de soutenir le développement de la production d'**énergies renouvelables,** de la production d'hydrogène renouvelable ou bas-carbone, ou encore du stockage d'électricité, soit d'identifier des zones d'accélération pour l'implantation d'installations terrestres de production d'énergies renouvelables. Il s'agit des changements portant, d'une part, sur les orientations définies par le PAS et, d'autre part, sur les dispositions du DOO concernant la transition écologique et énergétique, la valorisation des paysages, ainsi que les objectifs chiffrés de consommation d'espaces naturels, agricoles et forestiers (C. urb. art. L 143-29, II).

MISE EN COMPATIBILITÉ DU SCOT

2530 **Règles générales** Les Scot doivent faire l'objet d'une procédure de mise en compatibilité ou de prise en compte au regard des documents ou des dispositions qui leur sont supérieurs, ainsi que des projets ou opérations faisant l'objet d'une déclaration d'utilité publique ou d'une déclaration de projet (C. urb. art. L 143-40). La **décision qui met en compatibilité** le Scot devient **exécutoire** dans les conditions visées n° 2430.

Une **évaluation environnementale** est nécessaire dans trois hypothèses : si la mise en compatibilité du Scot permet la réalisation de travaux, aménagements, ouvrages ou installations susceptibles d'affecter de manière significative un site Natura 2000 ; si elle emporte les mêmes effets qu'une révision ; dans le cadre d'une procédure intégrée lorsque l'étude d'impact du projet n'a pas inclus l'analyse de l'incidence des dispositions concernées sur l'environnement (C. urb. art. R 104-9).

Si la mise en compatibilité ne relève pas de l'une de ces trois hypothèses, une évaluation environnementale s'impose dès lors qu'il est établi, après un examen au cas par cas, que cette mise en compatibilité est susceptible d'avoir des incidences notables sur l'environnement au regard des critères de l'annexe II à la directive 2001/42/CE du 27 juin 2001 (C. urb. art. R 104-10).

La mise en compatibilité d'un Scot engagée après le 8 décembre 2020 doit faire l'objet d'une **concertation préalable** lorsqu'elle est soumise à évaluation environnementale (C. urb. art. L 103-2, 1°-c ; Loi 2020-1525 du 7-12-2020 art. 148, IV).

Une **procédure spécifique** de mise en compatibilité est prévue afin de permettre la réalisation d'un projet industriel qualifié de **projet d'intérêt national majeur** pour la transition écologique ou la souveraineté nationale (voir n° 25578).

Mise en compatibilité ou prise en compte d'un document supérieur 2535

Cette procédure s'applique dans les **hypothèses** suivantes (C. urb. art. L 143-40) :
– lorsque le Scot doit être rendu compatible pour permettre la réalisation d'un projet d'intérêt général postérieur à son approbation ;
– lorsque le Scot doit être rendu compatible avec un document supérieur ou lorsqu'il doit le prendre en compte.

Pour les Scot dont l'élaboration ou la révision a été engagée **depuis le 1er avril 2021** (voir n° 2200), l'Epscot est tenu de procéder au moins tous les 3 ans à une **analyse de la compatibilité** du schéma avec les documents concernés par l'obligation de compatibilité (n° 2211), ainsi qu'à une analyse de la prise en compte des documents concernés par l'obligation de prise en compte (n° 2213). Il délibère sur le maintien en vigueur du Scot ou sur sa mise en compatibilité (ou la prise en compte). Si la seconde solution est adoptée, la mise en compatibilité (ou la prise en compte) s'effectue selon la procédure simplifiée de modification (C. urb. art. L 131-3). 2537

Le **préfet** peut initier la **procédure** s'il estime que le schéma doit être mis en compatibilité. Il adresse alors à l'Epscot un dossier indiquant les motifs d'incompatibilité avec le document supérieur et les modifications devant être apportées au Scot pour assurer cette compatibilité (C. urb. art. L 143-41). L'**Epscot** dispose de 2 mois pour faire savoir s'il entend procéder aux modifications nécessaires. À défaut d'accord, dans ce délai, sur l'engagement de la procédure de modification simplifiée ou, en cas d'accord, à défaut d'une délibération approuvant la modification simplifiée dans les 12 mois, le préfet engage et approuve la mise en compatibilité (ou la prise en compte) du schéma (C. urb. art. L 143-42). Le projet de mise en compatibilité fait l'objet, avant l'enquête publique, d'un examen conjoint de l'État, de l'Epscot et des personnes publiques associées mentionnées n° 1850 (C. urb. art. R 143-10). Le projet est soumis par le préfet à enquête publique environnementale (éventuellement organisée dans les seules communes concernées). À l'issue de l'enquête, l'Epscot émet un avis sur le projet de mise en compatibilité (avis réputé favorable à l'issue d'un délai de 2 mois). Le projet de mise en compatibilité est approuvé par le préfet. Il devient exécutoire après l'accomplissement des formalités de publication et d'affichage (C. urb. art. L 143-43).

Pour les Scot dont l'élaboration ou la révision a été engagée **avant le 1er avril 2021,** l'**Epscot** dispose en principe d'un délai pour assurer la mise en compatibilité du Scot en cas d'entrée en vigueur d'un document supérieur. Si ce délai est dépassé (ou en l'absence de délai), le **préfet** informe l'Epscot de la nécessité de modifier le schéma pour se conformer à l'obligation de compatibilité ou de prise en compte (voir nos 2212 et 2214). Le préfet adresse à l'Epscot un dossier indiquant les motifs d'incompatibilité avec le document supérieur et les modifications devant être apportées au Scot pour assurer cette compatibilité (C. urb. art. L 143-41). Lorsqu'il décide de procéder aux modifications en cause, l'Epscot recourt, selon la nature et l'ampleur des changements, à la procédure de révision ou à celle de modification. En cas de réponse négative, d'absence de réponse ou de réponse positive non suivie d'une délibération approuvant la révision ou la modification du Scot dans les 12 mois, le préfet engage et approuve la mise en compatibilité selon la procédure décrite ci-dessus (C. urb. art. L 143-42 dans sa rédaction antérieure à ord. 2020-745 du 17-6-2020 et art. L 143-43). 2538

Mise en compatibilité du Scot avec un projet devant faire l'objet d'une DUP 2540

Une **opération** faisant l'objet d'une déclaration **d'utilité publique** (DUP) et qui n'est pas compatible avec un Scot ne peut intervenir que si l'enquête publique a porté à la fois sur l'utilité publique de l'opération et sur la mise en compatibilité du schéma qui en est la conséquence. Le projet de mise en compatibilité doit avoir fait l'objet, avant l'enquête publique, d'un examen conjoint de l'État, de l'Epscot et des personnes publiques associées mentionnées n° 1850 (C. urb. art. L 143-44 et R 143-10). En cas de mise en compatibilité pour la création d'une UTN, des avis préalables sont requis (voir n° 2405, Précisions b).
Le projet est soumis par le préfet à enquête publique environnementale, éventuellement organisée dans les seules communes concernées (C. urb. art. L 143-46). À compter de l'ouverture de l'enquête et jusqu'à la décision de mise en compatibilité, le Scot ne peut pas faire l'objet d'une modification ou d'une révision portant sur les dispositions faisant l'objet de la mise en compatibilité (C. urb. art. L 143-47). À l'issue de l'enquête, l'Epscot émet un avis, qui sera réputé favorable s'il n'intervient pas dans les 2 mois (C. urb. art. L 143-48). Le projet de

 © Éd. Francis Lefebvre

mise en compatibilité, éventuellement modifié à l'issue de l'enquête publique pour tenir compte des avis, des observations du public et du rapport du commissaire enquêteur, est approuvé par la DUP (C. urb. art. L 143-49). Il devient exécutoire après l'accomplissement des formalités de publication et d'affichage (C. urb. art. L 143-50).

2542 **Mise en compatibilité du Scot avec un projet faisant l'objet d'une procédure intégrée** Une opération faisant l'objet d'une procédure intégrée (C. urb. art. L 300-6-1) et qui n'est pas compatible avec un Scot ne peut intervenir que si l'enquête publique a porté à la fois sur l'intérêt général de l'opération et sur la mise en compatibilité du schéma qui en est la conséquence (C. urb. art. L 143-44). Cette procédure de mise en compatibilité peut également être utilisée pour la réalisation d'un projet de service express régional métropolitain (C. urb. art. L 300-6-3) ou pour la création ou l'extension d'une unité touristique nouvelle (UTN) (Loi 85-30 du 9-1-1985 art. 74 bis). Le projet de mise en compatibilité doit avoir fait l'objet, avant l'enquête publique, d'un examen conjoint de l'État, de l'Epscot et des personnes publiques associées mentionnées n° 1850 (C. urb. art. L 143-44 et R 143-10). En cas de mise en compatibilité pour la création d'une UTN, des avis préalables sont requis (voir n° 2405, Précisions b).

Le projet est soumis par le président de l'Epscot à enquête publique environnementale, éventuellement organisée dans les seules communes concernées. Il est soumis au préfet si l'État ou une autre personne publique est à l'origine de la procédure intégrée (C. urb. art. L 143-46 et R 300-21). À compter de l'ouverture de l'enquête et jusqu'à la décision de mise en compatibilité, le Scot ne peut pas faire l'objet d'une modification ou d'une révision portant sur les dispositions faisant l'objet de la mise en compatibilité (C. urb. art. L 143-47). À l'issue de l'enquête, l'Epscot décide la mise en compatibilité ou émet un avis (réputé favorable à l'issue d'un délai de 2 mois) si c'est l'État qui a engagé la procédure intégrée (C. urb. art. L 143-48). Le projet de mise en compatibilité, éventuellement modifié à l'issue de l'enquête publique pour tenir compte des avis, des observations du public et du rapport du commissaire enquêteur, est approuvé par le préfet si l'État est à l'origine de la procédure intégrée ou par l'Epscot dans les autres cas (C. urb. art. L 143-49 et R 300-18). L'acte de mise en compatibilité devient exécutoire dans les conditions précisées n° 2430 s'il a été approuvé par l'Epscot ; dans les autres cas, il devient exécutoire après l'accomplissement des formalités de publication et d'affichage (C. urb. art. L 143-50).

2545 **Mise en compatibilité du Scot avec un projet devant faire l'objet d'une déclaration de projet** Une **opération** faisant l'objet d'une déclaration de projet (lorsqu'une DUP n'est pas requise) et qui n'est pas compatible avec un Scot ne peut intervenir que si l'enquête publique a porté à la fois sur l'**intérêt général** de l'opération et sur la mise en compatibilité du schéma qui en est la conséquence. Le projet de mise en compatibilité doit avoir fait l'objet, avant l'enquête publique, d'un examen conjoint de l'État, de l'Epscot et des personnes publiques associées mentionnées n° 1850 (C. urb. art. L 143-44 et R 143-10). Cette procédure peut également être utilisée lorsqu'il s'agit de se prononcer, par une déclaration de projet, sur l'intérêt général d'une action ou d'une opération visée à l'article L 300-6 du Code de l'urbanisme (voir n° 25560, Attention) ou encore pour la création ou l'extension d'une unité touristique nouvelle (Loi 85-30 du 9-1-1985 art. 74 bis). En cas de mise en compatibilité pour la création d'une UTN, des avis préalables sont requis (voir n° 2405, Précisions b).

La procédure peut être menée à l'initiative de l'Epscot, d'une collectivité, d'un groupement de collectivités ou d'un EPCI (autre que l'Epscot), de l'État ou de l'un de ses établissements.

2550 En cas de **mise en compatibilité à l'initiative de l'Epscot,** l'examen conjoint du projet et les consultations éventuelles mentionnés n° 2545 ont lieu à l'initiative du président de l'Epscot, qui soumet ensuite le projet à enquête publique environnementale (éventuellement organisée dans les seules communes concernées). L'organe délibérant de l'Epscot adopte la déclaration de projet au vu du dossier de mise en compatibilité du Scot éventuellement modifié pour tenir compte des avis joints au dossier d'enquête publique, des observations du public et des résultats de l'enquête, du rapport et des conclusions du commissaire enquêteur ou de la commission d'enquête, ainsi que du procès-verbal de la réunion d'examen conjoint. La déclaration de projet emporte approbation des nouvelles dispositions du Scot (C. urb. art. L 143-49 et R 143-11). L'acte de mise en compatibilité devient exécutoire dans les conditions précisées n° 2430 (C. urb. art. L 143-50).

2555 En cas de **mise en compatibilité à l'initiative d'un établissement public de l'État, d'une collectivité ou d'un groupement de collectivités,** la procédure est menée selon le cas par le président du conseil d'administration de l'établissement public, par celui de l'organe délibérant de la collectivité ou du groupement responsable du projet ou, lorsque le projet émane d'un établissement public dépendant d'une collectivité ou d'un groupement de collectivités (autre que l'Epscot), par le président de l'organe délibérant de cette collectivité ou de ce groupement. L'autorité chargée de la procédure organise l'examen conjoint du projet et les consultations éventuelles mentionnés n° 2545 avant d'ouvrir l'enquête publique environnementale (éventuellement organisée dans les seules communes concernées). L'autorité chargée de la procédure transmet à l'organe délibérant de l'Epscot le dossier de mise en compatibilité du Scot (éventuellement modifié pour tenir compte des avis joints au dossier d'enquête publique, des observations du public et des résultats de l'enquête), le rapport et les conclusions du commissaire enquêteur ou de la commission d'enquête, ainsi que le procès-verbal de la réunion d'examen conjoint.

L'organe délibérant de l'Epscot dispose de 2 mois pour approuver la mise en compatibilité. Passé ce délai ou en cas de refus, c'est le préfet qui approuve la mise en compatibilité et le notifie à l'Epscot. La décision ou l'arrêté d'approbation est notifié à l'autorité chargée de la procédure (C. urb. art. L 143-49 et R 143-12). L'acte de mise en compatibilité devient exécutoire dans les conditions précisées n° 2430 s'il a été approuvé par l'Epscot. Dans les autres cas, il devient exécutoire après l'accomplissement des formalités de publication et d'affichage (C. urb. art. L 143-50).

En cas de **mise en compatibilité à l'initiative de l'État,** l'examen conjoint du projet et les consultations éventuelles mentionnées n° 2545 sont organisés par le préfet, qui soumet ensuite le projet à enquête publique environnementale (éventuellement organisée dans les seules communes concernées). À l'issue de l'enquête, l'Epscot émet un avis sur le projet de mise en compatibilité (avis réputé favorable à l'issue d'un délai de 2 mois). Le préfet adopte par arrêté la déclaration de projet qui emporte approbation des nouvelles dispositions du Scot (C. urb. art. L 143-49 et R 143-13). L'acte de mise en compatibilité devient exécutoire après l'accomplissement des formalités de publication et d'affichage (C. urb. art. L 143-50). **2560**

SECTION 3 PLAN LOCAL D'URBANISME (PLU)

GÉNÉRALITÉS

Jusqu'à la loi SRU 2000-1208 du 13 décembre 2000, le **plan d'occupation des sols** (POS) constituait le document local de référence au titre de l'urbanisme réglementaire. Ce document a été progressivement remplacé par le plan local d'urbanisme (PLU) (Décret 2001-260 du 27-3-2001 art. 6). Après avoir fait l'objet d'un profond remaniement dans le cadre du Grenelle II (Loi 2010-788 du 12-7-2010 art. 19), le régime des PLU a été plusieurs fois réaménagé, notamment par la loi Alur (Loi 2014-366 du 24-3-2014). Outre l'intégration des nouvelles préoccupations de développement durable, d'énergie renouvelable et de densification de l'urbanisme (avec la suppression du coefficient d'occupation des sols), l'objectif a été de renforcer les possibilités de programmation de ces documents et de leur donner un caractère intercommunal. **2850**

La **loi Climat** 2021-1104 du 22 août 2021 est venue apporter diverses modifications portant sur le contenu du PLU et liées à l'objectif de **lutte contre l'artificialisation des sols,** ainsi qu'à la protection des zones littorales exposées au recul du trait de côte. En principe, les objectifs de lutte contre l'artificialisation des sols devront être intégrés dans les PLU au plus tard le 22 février 2028 ; à défaut, aucune autorisation d'urbanisme ne pourra être délivrée dans les zones à urbaniser délimitées par le plan (Loi Climat 2021-1104 du 22-8-2021 art. 194, IV-5°, 7° et 9°).

D'autres modifications, plus ponctuelles, ont été introduites depuis.

Si, de la même façon que les Scot, les PLU contribuent à établir un modèle d'évolution et d'organisation du territoire concerné, ils s'en distinguent en ce qu'ils sont, par excellence, des documents d'urbanisme prescriptifs fixant les règles d'utilisation des sols en fonction notamment d'un zonage.

© Éd. Francis Lefebvre

> Précisions **a.** Depuis le 1er janvier 2021, tous les POS existants ont été transformés en PLU ou sont devenus caducs (C. urb. art. L 174-1 à L 174-5). Toutefois, l'annulation ou la déclaration d'illégalité d'un PLU, d'un document d'urbanisme en tenant lieu ou d'une carte communale intervenant après le 31 décembre 2015 peut avoir pour effet de **remettre en vigueur le POS immédiatement antérieur.** Cette remise en vigueur n'est applicable que pour 24 mois à compter de l'annulation ou de la déclaration d'illégalité. Au cours de cette période, le POS ne peut faire l'objet d'aucune procédure d'évolution. Si, à l'issue des 24 mois, le territoire concerné n'est pas couvert par un PLU ou une carte communale exécutoire, il se trouve régi par le RNU (C. urb. art. L 174-6).

b. Lorsqu'il est élaboré par un EPCI, un **PLU intercommunal** (PLUi) peut, avec l'accord du préfet, avoir les **effets d'un Scot** (C. urb. art. L 144-2 dans sa rédaction antérieure à la loi 2017-86 du 27-1-2017). Un tel accord n'est plus possible depuis le 28 janvier 2017 (Loi 2017-86 du 27-1-2017 art. 131, II).

c. Lorsque l'EPCI est compétent en la matière, le **PLUi peut tenir lieu** de programme local de l'habitat ou de plan de mobilité, sauf s'il s'agit d'un PLU infracommunautaire (C. urb. art. L 151-44).

EXIGENCES DE COMPATIBILITÉ OU DE PRISE EN COMPTE CONCERNANT LES PLU

2855 Dans le respect des principes généraux énoncés aux articles L 101-1 à L 101-3 du Code de l'urbanisme, les PLU doivent être compatibles ou prendre en compte un certain nombre de **documents** qui leur sont hiérarchiquement **supérieurs** (C. urb. art. L 151-1).

L'**ordonnance 2020-745 du 17 juin 2020** a modifié ces règles. Elle est entrée en vigueur le 1er avril 2021. Elle s'applique aux PLU élaborés ou révisés à partir de cette date. Les procédures d'élaboration ou de révision en cours à la même date ne sont donc pas concernées par les nouvelles dispositions (Ord. 2020-745 du 17-6-2020 art. 7).

2856 **Obligation de compatibilité du PLU** L'étendue de l'obligation de compatibilité varie selon qu'il existe ou non un Scot ou un schéma de secteur.

Selon les dispositions applicables aux PLU dont l'élaboration ou la révision a été engagée **avant le 1er avril 2021,** le PLU doit, **en présence comme en l'absence** d'un **Scot,** être compatible avec le SMVM, le PLH et le plan de mobilité (C. urb. art. L 131-4 dans sa rédaction antérieure à ord. 2020-745 du 17-6-2020). Lorsque l'un de ces documents est approuvé après l'approbation du PLU, ce dernier doit, si nécessaire, être rendu compatible dans un délai de 3 ans. Ce délai est ramené à un an s'il s'agit de permettre la réalisation d'un programme de logements prévu par le PLH et nécessitant une modification du PLU (C. urb. art. L 131-6, 2° et 3° dans leur rédaction antérieure à ord. 2021-745 du 17-6-2020). Le PLU doit également être compatible avec les dispositions particulières aux zones de bruit des aérodromes (C. urb. art. L 131-4, 5° dans sa rédaction antérieure à ord. 2020-745 du 17-6-2020) ; aucun délai n'est fixé s'agissant de cette dernière mise en compatibilité.

En **présence d'un Scot** (ou d'un schéma de secteur), le PLU doit être compatible avec ce schéma (C. urb. art. L 131-4, 1° dans sa rédaction antérieure à ord. 2020-745 du 17-6-2020). Lorsqu'un Scot est approuvé après l'approbation du PLU, ce dernier doit, si nécessaire, être rendu compatible dans un délai d'un an, porté à 3 ans si la mise en compatibilité nécessite une révision du PLU (C. urb. art. L 131-6, 1° dans sa rédaction antérieure à ord. 2020-745 du 17-6-2020).

En l'**absence de Scot,** le PLU doit être compatible avec (C. urb. art. L 131-1, 1° à 10°, sur renvoi de L 131-7, al. 1 dans leur rédaction antérieure à ord. 2020-745 du 17-6-2020) :
- les dispositions particulières aux zones de montagne et au littoral ou leurs modalités d'application précisées par une DTA toujours en vigueur ;
- les règles générales du fascicule du schéma régional d'aménagement, de développement durable et d'égalité des territoires (Sraddet) ;
- le Sdrif, les schémas d'aménagement régional d'outre-mer et le Padduc ;
- les chartes des parcs naturels régionaux et des parcs nationaux ;
- les orientations fondamentales d'une gestion équilibrée de la ressource en eau (à l'exception de celles relatives à la prévention des inondations s'il existe un plan de gestion des risques d'inondation) et les objectifs de qualité et de quantité des eaux définis par les schémas directeurs d'aménagement et de gestion des eaux (Sdage) ;
- les objectifs de protection définis par les schémas d'aménagement et de gestion des eaux (Sage) ;
- les objectifs de gestion des risques d'inondation et les orientations fondamentales définis par les plans de gestion des risques d'inondation.

Si l'un de ces documents est approuvé après le PLU, ce dernier doit être, au besoin, modifié pour être mis en compatibilité avec le document supérieur dans un délai de 3 ans (C. urb. art. L 131-7, al. 2).

S'agissant des PLU dont l'élaboration ou la révision a été engagée **depuis le 1er avril 2021,** l'ordonnance 2020-745 du 17 juin 2020 (voir no 2855) introduit plusieurs modifications. Elle retire les dispositions particulières aux zones de bruit de la liste des documents avec lesquels les PLU doivent être compatibles, **qu'il existe ou non un Scot** (C. urb. art. L 131-4). Elle ajoute à la liste le plan climat-air-énergie territorial (PCAET) et les plans locaux de mobilité de la région Île-de-France, qui s'imposent donc au PLU dans un rapport de compatibilité (C. urb. art. L 131-5).

L'ordonnance allonge la liste des documents avec lesquels les PLU doivent être compatibles **en l'absence de Scot.** Elle ajoute à ces documents le plan de mobilité de la région d'Île-de-France, ainsi que les directives de protection et de mise en valeur des paysages (C. urb. art. L 131-1, sur renvoi de L 131-6, al. 1 et 3).

Sur la **notion de compatibilité,** voir no 1062.

› Précisions Un POS (ou un PLU) incompatible avec un schéma directeur (ou un Scot) approuvé postérieurement devient illégal ; l'intervention de ce nouveau document constitue un changement de circonstances de droit (CE 30-11-1983 no 19831, Min. industrie c/ Sté d'exploitation des sablières modernes : Lebon T. p. 904). L'administration doit s'abstenir d'appliquer un PLU ou un POS illégal (voir no 2040). Selon une réponse ministérielle, il conviendrait toutefois de distinguer PLU et POS. S'il s'agit d'un PLU, la commune dispose d'un délai de 3 ans pour rendre son PLU compatible avec les dispositions du Scot. Le PLU ne deviendrait illégal qu'au terme de ce délai. S'il s'agit d'un POS, aucun délai n'est prévu par l'ancien article L 123-1, dans sa version antérieure à la loi SRU toujours applicable, et le plan doit donc être rendu compatible sans délai. Dans cette attente, l'administration devra écarter les dispositions du POS incompatibles avec le Scot postérieur au profit de celles du POS précédent. Si les dispositions de ce POS sont également incompatibles avec le Scot, elle devra appliquer le RNU (Rép. Masson : Sén. 23-4-2009 no 7799).

Obligation de prise en compte par le PLU Selon les dispositions applicables aux PLU dont l'élaboration ou la révision a été engagée **avant le 1er avril 2021,** ceux-ci doivent, **qu'il existe ou non un Scot,** prendre en compte le plan climat-air-énergie territorial (PCAET) et les schémas départementaux d'accès à la ressource forestière (SDARF) (C. urb. art. L 131-5 dans sa rédaction antérieure à ord. 2020-745 du 17-6-2020). **2857**

En l'absence de Scot, l'obligation de prise en compte concerne (C. urb. art. L 131-7 et, sur renvoi, L 131-2 dans leur rédaction antérieure à ord. 2020-745 du 17-6-2020) : les objectifs du Sraddet, les schémas régionaux de cohérence écologique, les schémas régionaux de développement de l'aquaculture marine, les programmes d'équipement de l'État, des collectivités territoriales et des établissements et services publics, les schémas régionaux des carrières, les schémas départementaux d'accès à la ressource forestière. Si l'un de ces documents est approuvé après le PLU, ce dernier doit être, au besoin, modifié pour prendre en compte le document supérieur dans un délai de 3 ans (C. urb. art. L 131-7 dans sa rédaction antérieure à ord. 2020-745 du 17-6-2020).

S'agissant des PLU dont l'élaboration ou la révision a été engagée **depuis le 1er avril 2021,** l'ordonnance 2020-745 du 17 juin 2020 (voir no 2855) supprime l'obligation de prise en compte du plan climat-air-énergie territorial (PCAET) et des schémas départementaux d'accès à la ressource forestière (SDARF). Lorsque le territoire régi par le PLU n'est pas couvert par un Scot, le PLU est seulement tenu de prendre en compte les objectifs du Sraddet, ainsi que les programmes d'équipement de l'État, des collectivités territoriales et des établissements et services publics (C. urb. art. L 131-6, al. 2 et, sur renvoi, L 131-2).

RÈGLES CONCURRENTES DU PLU

Les **règles du RNU qui s'appliquent même en présence d'un PLU** (no 255) n'ont pas d'incidence sur le contenu du POS ou du PLU (CE 24-7-1981 no 22129, Association pour la sauvegarde du Pays de Rhuys : JCP éd. G 1982 II no 19798). Ces règles nationales sont seulement concurrentes des règles locales. En pratique, lors de l'examen d'une demande d'utilisation ou d'occupation du sol, la règle la plus exigeante l'emportera, soit parce qu'elle est plus restrictive, soit parce qu'elle est impérative (CE 20-4-2005 no 248233, Sté Bouygues Télécom : BPIM 4/05 inf. 239). À exigence égale entre les règles, c'est par rapport à celles du PLU que devra être appréciée la légalité de la décision accordant ou refusant l'autorisation (CE 28-12-2018 no 402321, Association du Vajra Triomphant Mandarom Aumisme : BPIM 1/19 inf. 7 ; CE 10-3-2022 no 447415, SCCV Rue des Balances Vendargues). **2860**

Le **règlement sanitaire départemental** n'est pas au nombre des règles dont le respect s'impose aux auteurs du PLU (CE 7-1-2004 no 229101 : BPIM 2/04 inf. 73), mais il s'impose lors de la délivrance des permis de construire (voir no 13060, Précisions a).

A. Champ d'application territorial du PLU

DÉLIMITATION DU PÉRIMÈTRE DU PLU

2895 En cas d'élaboration par un **EPCI,** le PLU couvre l'intégralité du territoire de cet EPCI. En cas d'élaboration par la **commune,** le PLU couvre l'intégralité du territoire de la commune. En toutes hypothèses, le PLU ne s'applique pas dans les territoires couverts par un **PSMV** (C. urb. art. L 153-1).

Un EPCI nouvellement compétent engage l'élaboration ou la révision d'un PLU couvrant l'intégralité de son territoire lorsqu'il le souhaite et, au plus tard, lorsqu'il révise un des PLU applicables dans son périmètre pour changer les orientations définies par le projet d'aménagement et de développement durables (PADD) (C. urb. art. L 153-2).

Un EPCI à fiscalité propre regroupant au moins 50 communes peut être autorisé par le préfet, sous certaines conditions, à élaborer plusieurs **PLU infracommunautaires** couvrant l'intégralité de son territoire et regroupant chacun plusieurs communes ou une commune nouvelle. Cette dérogation n'est pas applicable aux métropoles (C. urb. art. L 154-1). La demande de dérogation présentée par l'EPCI précise le périmètre de chaque PLU infracommunautaire, le calendrier prévisionnel des différentes procédures et, à défaut de Scot opposable, le calendrier d'élaboration de ce Scot couvrant le périmètre de l'EPCI. Le préfet dispose de 2 mois pour donner son accord (C. urb. art. L 154-2). Un tel PLU infracommunautaire ne peut pas tenir lieu de programme local de l'habitat (PLH) ou de plan de mobilité (C. urb. art. L 151-44). Les PLU existants restent en vigueur jusqu'à l'approbation d'un PLU infracommunautaire pour le secteur concerné (C. urb. art. L 154-3). La dérogation cesse de s'appliquer lorsque l'EPCI décide d'élaborer un PLUi couvrant l'intégralité de son territoire ou lorsque son territoire n'est pas couvert dans les 6 ans par un Scot. Dans ces deux cas et jusqu'à l'approbation d'un PLUi, les PLU applicables dans le périmètre de l'EPCI demeurent en vigueur ; ils peuvent être modifiés, mis en compatibilité ou faire l'objet d'une révision mineure (C. urb. art. L 154-4).

> **Précisions** **a.** En cas d'**annulation partielle d'un PLU,** de nouvelles dispositions de PLU doivent être élaborées sans délai pour la partie du territoire concernée par l'annulation (C. urb. art. L 153-7, al. 1).
> **b.** En cas d'**annulation de l'intégralité d'un PLU** couvrant le territoire d'une commune située dans le périmètre d'un EPCI, celui-ci peut approuver un PLU sur le territoire de la commune concernée (C. urb. art. L 153-7, al. 2).
> **c.** Les communes dotées d'un **POS partiel au 14 décembre 2000** doivent sans délai élaborer un PLU pour l'ensemble de leur territoire. Aucune sanction n'est prévue (C. urb. art. L 153-7, al. 1).
> **d.** Les PLU intercommunaux de la **métropole du Grand Paris** couvrent le territoire d'un seul tenant et sans enclave des établissements publics territoriaux comportant au moins 300 000 habitants (C. urb. art. L 134-2).

ÉVOLUTION DU PÉRIMÈTRE DU PLU

2898 En cas de **modification de la limite territoriale entre deux communes,** les dispositions du PLU applicables à la partie détachée d'un territoire communal restent applicables dans ce territoire après le rattachement à l'autre commune. Toutefois, il en va autrement lorsque la commune de rattachement a précisé, dans le dossier soumis à enquête publique en application de l'article L 2112-2 du CGCT, qu'elle entendait que la modification de limite territoriale emporte abrogation de ces dispositions. Une telle faculté n'est pas ouverte à la commune de rattachement si celle-ci est membre du même EPCI compétent en matière de PLU que la commune d'origine (C. urb. art. L 153-5).

En cas de **création d'un EPCI** compétent en matière de PLU (y compris lorsqu'il est issu d'une **fusion**) ou de **modification du périmètre d'un EPCI** compétent ou de transfert de cette compétence à un tel établissement public, les dispositions des PLU applicables aux territoires concernés restent applicables. Elles peuvent évoluer selon les procédures de révision mineure, de modification ou de mise en compatibilité jusqu'à l'approbation d'une révision du PLU couvrant l'intégralité du territoire de l'EPCI concerné. Celui-ci engage la procédure d'élaboration ou de révision de ce plan lorsqu'il le souhaite et au plus tard lorsqu'il doit réviser un des PLU applicables dans son périmètre (C. urb. art. L 153-6, I). Toutefois, pendant 5 ans à compter de sa création, une communauté de communes ou d'agglomération, issue d'une fusion entre des EPCI compétents et des EPCI non compétents en matière de PLU, peut prescrire la révision du ou des PLU existants sans être obligée d'engager l'élaboration d'un PLU couvrant l'ensemble de son périmètre (C. urb. art. L 153-3). Lorsque le PLU existant vaut PLH ou plan de mobilité (anciennement PDU), ces dispositions restent en vigueur au maximum pendant 3 ans (C. urb. art. L 153-6, II). L'EPCI compétent en matière de PLU peut décider d'achever toute procédure d'élaboration ou d'évolution d'un PLU engagée avant sa création (C. urb. art. L 153-9, I). Il peut également, sous certaines conditions, délibérer pour étendre à la totalité de son territoire une procédure d'élaboration ou de révision d'un PLUi engagée avant la date du transfert de cette compétence, de la modification de son périmètre ou de sa création (C. urb. art. L 153-9, II).

En cas de **création d'une commune nouvelle,** les PLU élaborés par les anciennes communes restent applicables. Ils peuvent être modifiés ou mis en compatibilité jusqu'à l'approbation ou la révision d'un PLU couvrant l'intégralité du territoire de la commune nouvelle. L'élaboration ou la révision de ce PLU d'ensemble doit être engagée au plus tard lorsqu'un des PLU applicables sur le territoire de la commune nouvelle doit être révisé (C. urb. art. L 153-4). La commune nouvelle compétente en matière de PLU peut décider d'achever toute procédure d'élaboration ou d'évolution d'un PLU applicable sur le territoire des anciennes communes qui aurait été engagée avant la date de création de la commune nouvelle. La commune nouvelle se substitue de plein droit aux anciennes communes dans tous les actes et délibérations afférents aux procédures engagées avant la date de sa création (C. urb. art. L 153-10).

B. Contenu du PLU

HÉRITAGE DES POS

Les règles applicables aux **plans d'occupation des sols** (POS) distinguaient entre des dispositions obligatoires devant figurer dans tous les plans et des dispositions facultatives. En revanche, le contenu du **PLU-SRU,** tel qu'encadré par la loi, était à l'origine théoriquement facultatif. Ce n'est plus le cas aujourd'hui et encore moins avec les **PLU-Grenelle II** adaptés version Alur. Un certain nombre de dispositions doivent figurer dans un PLU et peuvent être, au choix de l'EPCI ou de la commune, complétées et adaptées en fonction des circonstances locales. **2950**

L'ancien article L 123-1 du Code de l'urbanisme dans sa rédaction antérieure à la loi SRU du 13 décembre 2000 fixait le contenu des POS. Ces dispositions de fond restent applicables pour les **POS remis en vigueur** (voir n° 2850, Précisions a). Les POS doivent ainsi délimiter des zones urbaines ou à urbaniser, déterminer l'affectation des sols et définir les règles d'implantation des constructions, leur destination et leur nature. En outre, ils peuvent, notamment, fixer des règles relatives à l'aspect extérieur, à la desserte et à la densité des constructions (dont le COS), localiser des emplacements réservés, des éléments de paysage, les sites et secteurs à protéger (dont les terrains cultivés en zone urbaine) et délimiter les zones d'implantation des grandes surfaces commerciales.

1. DOSSIER DE PLU

PRÉSENTATION GÉNÉRALE

Outre un rapport de présentation, le PLU comprend un projet d'aménagement et de développement durables (PADD), des orientations d'aménagement et de programmation (dénommées « orientations d'aménagement à certains quartiers ou secteurs » avant le Grenelle II), un règlement, des annexes et des documents graphiques (C. urb. art. L 151-2). Lorsqu'il est élaboré par un EPCI, il peut comporter des plans de secteur (n° 3070). Le PLU qui tient lieu de programme local de l'habitat et, le cas échéant, de plan de mobilité (C. urb. art. L 151-44), comprend également un programme d'orientations et d'actions (POA), non opposable aux autorisations d'urbanisme, précisant les conditions de mise en œuvre de la politique de l'habitat et, le cas échéant, des transports (C. urb. art. L 151-45). **2970**

> **Précisions** **a.** En zone de **montagne,** le PLU comporte, s'il y a lieu, l'étude justifiant d'une urbanisation discontinue (voir n° 8890) ou permettant l'urbanisation des parties naturelles de la rive des plans d'eau de moins de 1 000 hectares (voir n°s 8900 s.).
> **b.** Le PLU comporte, le cas échéant, l'étude justifiant de la fixation de règles dérogatoires à l'**urbanisation le long des grands axes routiers** (voir n° 1075).

a. Rapport de présentation du PLU

À partir d'un diagnostic de prévisions et de besoins réalisé pour le territoire concerné, le rapport de présentation du PLU explique et justifie les **choix retenus** pour établir le projet d'aménagement et de développement durables (PADD), les orientations d'aménagement et de programmation (OAP) et le règlement. Il expose les **motifs** de la délimitation des zones, des OAP et des règles qui y sont applicables (C. urb. art. L 151-4, al. 1 et R 151-2). **2975**

2976 Le rapport de présentation présente une analyse de la **consommation des espaces** naturels, agricoles et forestiers sur les 10 années précédant la délibération arrêtant le projet de PLU ou depuis la dernière révision. Il justifie les objectifs de modération de cette consommation et de lutte contre l'étalement urbain fixés par le PADD au regard des objectifs de consommation de l'espace fixés par le Scot et au regard des dynamiques économiques et démographiques. Il analyse la capacité de **densification** et de mutation de l'ensemble des espaces bâtis, en tenant compte des formes urbaines et architecturales. Il expose les dispositions qui favorisent la densification de ces espaces ainsi que la limitation de la consommation des espaces naturels, agricoles ou forestiers (C. urb. art. L 151-4, al. 4).

2977 Lorsque le PLU fait l'objet d'une **évaluation environnementale,** le rapport de présentation est notamment complété par une analyse des incidences notables prévisibles de la mise en œuvre du plan sur l'environnement, une présentation des mesures envisagées pour éviter, réduire et, si possible, compenser s'il y a lieu les conséquences dommageables de la mise en œuvre du plan sur l'environnement. Il doit être proportionné à l'importance du PLU, aux effets de sa mise en œuvre, ainsi qu'aux enjeux environnementaux de la zone considérée (C. urb. art. R 151-3).

2978 La **création d'une ZAC** peut résulter de l'approbation du PLU lorsque le rapport de présentation du plan décrit l'existant dans le périmètre de la ZAC et son environnement, tout en énonçant les raisons pour lesquelles la création de la ZAC a été retenue au regard des dispositions du PLU et de l'insertion dans l'environnement naturel ou urbain (C. urb. art. R 151-2-1).

2980 Lorsque le **PLU tient lieu de PLH,** le rapport de présentation comprend un diagnostic relatif au logement (C. urb. art. R 151-54, 1°). Lorsque le PLU **tient lieu de plan de mobilité,** le rapport expose les dispositions retenues en matière de transports et de déplacements (C. urb. art. R 151-55, 1°).

2981 Le rapport de présentation établit un inventaire des capacités de **stationnement** de véhicules motorisés, de véhicules hybrides et électriques et de vélos des parcs ouverts au public et des possibilités de mutualisation de ces capacités (C. urb. art. L 151-4, al. 5).

2982 Le rapport précise les indicateurs qui devront être élaborés pour l'**évaluation des résultats** de l'application du plan (C. urb. art. R 151-4). Si l'absence de tels indicateurs dans le rapport de présentation du PLU approuvé est constitutive d'une illégalité, celle-ci est sans incidence sur le document en tant qu'il fixe des règles susceptibles d'être opposées aux demandes d'autorisation d'urbanisme. Elle ne justifie donc que l'annulation partielle de la délibération approuvant le PLU dans la mesure où les indicateurs en cause n'ont pas été identifiés (CE 7-7-2022 n° 451137 : BPIM 5/22 inf. 341).

En cas de révision, de modification ou de mise en compatibilité, le rapport de présentation comporte l'exposé des motifs des changements apportés (C. urb. art. R 151-5). Voir sur ce point n° 3620.

> **Précisions** **a.** Le rapport de présentation d'un PLU ne fixe pas de **règles** juridiques **opposables** pour la délivrance des autorisations d'urbanisme, mais il peut être pris en considération par le juge en vue d'interpréter les dispositions du PLU lorsque le sens de celles-ci ne ressort pas clairement de leur seule lecture (CE 10-2-2016 n° 383738, SCI Porte de Noisy et Cne de Noisy-le-Grand). Il n'a pas pour effet de créer une servitude d'urbanisme (CE 27-5-1977 n° 97875 : Lebon p. 258).
> **b.** Toute **lacune substantielle** dans le rapport de présentation entache d'illégalité le document d'urbanisme (CE 22-11-1985 n° 59719, Min. urbanisme : AJDA 1985 p. 752). C'est le cas lorsqu'il n'analyse pas les effets sur l'activité agricole de l'ouverture à l'urbanisation de plusieurs hectares de terrains précédemment classés en zone agricole (CE 15-5-2013 n° 340554, Cne de Gurmençon).
> **c.** Le **contrôle des contradictions** entre le rapport de présentation et le règlement semble devoir être limité à l'erreur manifeste d'appréciation (CE 25-11-1994 n° 125293 : BJDU 6/94 p. 21).

b. Projet d'aménagement et de développement durables du PLU

2985 Ce document, innovation de la loi Alur, peut être considéré comme se situant à mi-chemin entre le rapport de présentation et le règlement.

Le projet d'aménagement et de développement durables (PADD) définit les **orientations générales** des politiques d'aménagement, d'équipement, d'urbanisme, de paysage, de protection des espaces naturels, agricoles et forestiers, et de préservation ou de remise en bon état des continuités écologiques. Il définit aussi les orientations générales concernant l'habitat, les transports et les déplacements, les réseaux d'énergie, le développement des énergies renouvelables et celui des communications numériques, l'équipement commercial, le développement économique et les loisirs. Il fixe des **objectifs de modération** de la consommation de l'espace et de lutte contre l'étalement urbain ; ces objectifs doivent être chiffrés.

Toutefois, le PADD ne peut prévoir l'ouverture à l'urbanisation d'espaces naturels, agricoles ou forestiers que s'il est justifié, au moyen d'une étude de densification des zones déjà urbanisées, que la capacité d'aménager et de construire est déjà mobilisée dans les espaces urbanisés. Par ailleurs, lorsque le territoire d'un PLUi comprend au moins une commune exposée au recul du trait de côte, les orientations générales du PADD prennent en compte l'adaptation des espaces agricoles, naturels et forestiers, des activités humaines et des espaces urbanisés exposés à ce recul (C. urb. art. L 151-5).

Il résulte, a contrario, de l'article L 152-1 du Code de l'urbanisme que les projets de construction ne sont pas soumis à l'obligation d'être conformes au PADD, ni même à celle d'être compatibles avec lui.

› Précisions **a.** Lorsque le **PLU tient lieu de PLH,** le PADD énonce, en outre, les principes retenus pour permettre, dans le respect des objectifs de mixité sociale dans l'habitat, une offre suffisante, diversifiée et équilibrée des différents types de logements, les principes retenus pour répondre aux besoins des personnes mal logées, défavorisées ou présentant des difficultés particulières, les axes principaux des politiques d'attribution des logements locatifs sociaux et d'adaptation de l'habitat en faveur des personnes âgées et handicapées, les principaux axes de la stratégie foncière en faveur du développement du logement dans le respect des objectifs de lutte contre l'étalement urbain définis par le Scot. Il détermine les principes et objectifs du PLH (C. urb. art. R 151-54, 2°). Lorsque le **PLU tient lieu de plan de mobilité,** le PADD détermine les principes régissant l'organisation du transport de personnes et de marchandises, la circulation et le stationnement (C. urb. art. R 151-55, 2°).

b. Lorsque le PLU est élaboré par une commune qui est située à moins de 15 kilomètres de la périphérie d'une agglomération de plus de 50 000 habitants et qui n'est ni membre d'un EPCI compétent en matière de PLU, ni membre d'une **autorité organisatrice de transports urbains,** le maire doit soumettre les orientations du PADD à l'autorité organisatrice des transports urbains. Cette disposition ne s'applique pas en Île-de-France compte tenu des spécificités, en termes d'organisation, de cette région (C. urb. art. L 153-13). L'avis doit être rendu dans les 2 mois ; à défaut, il est réputé favorable (C. urb. art. R 153-2).

c. Lorsqu'il existe une ou plusieurs **communes nouvelles,** le PADD peut prendre en compte les spécificités des anciennes communes (C. urb. art. L 151-5, al. 5).

c. Orientations d'aménagement et de programmation du PLU

OBJET

Les orientations d'aménagement et de programmation (OAP) comportent, en cohérence avec le PADD, des dispositions portant sur l'aménagement, l'habitat, les transports, les déplacements et, en zone de montagne, les unités touristiques nouvelles (UTN) (C. urb. art. L 151-6, al. 1). 2990

Les OAP ont un caractère plus prévisionnel que prescriptif. Aussi les travaux ou opérations doivent-ils seulement être compatibles avec elles (C. urb. art. L 152-1, al. 2). Le juge administratif vérifie donc qu'un projet de construction est compatible avec une OAP, sans exercer un contrôle de conformité comme il le fait par rapport au règlement du PLU (CE 8-7-2019 n° 418292 ; CE 30-12-2021 n° 446763, Cne de Lavérune : BPIM 2/22 inf. 88). Cette compatibilité s'apprécie en procédant à une analyse globale des effets du projet sur le ou les objectifs de l'OAP, à l'échelle de la zone concernée (CE 18-11-2024 n° 489066, Sté Alliade Habitat : BPIM 1/25 inf. 6).

Les OAP peuvent être contestées à l'appui d'un **recours pour excès de pouvoir** contre la délibération approuvant le PLU si elles sont de nature à justifier un refus d'autorisation d'urbanisme (CE 8-11-2017 n° 402511 : BPIM 6/17 inf. 383).

ORIENTATIONS EN MATIÈRE D'AMÉNAGEMENT

Les OAP peuvent (C. urb. art. L 151-7, I) : 2995

– définir les actions et opérations nécessaires pour mettre en valeur l'environnement, les paysages, les entrées de villes et le patrimoine, pour lutter contre l'insalubrité, pour permettre le renouvellement urbain, pour favoriser la densification et pour assurer le développement de la commune ;

– favoriser la mixité fonctionnelle en prévoyant un pourcentage de locaux commerciaux dans les opérations d'aménagement, de construction ou de réhabilitation ;

– porter sur des quartiers ou secteurs à mettre en valeur, réhabiliter, renaturer, restructurer ou aménager ;
– prendre la forme de schémas d'aménagement et préciser les principales caractéristiques des voies et espaces publics ;
– adapter la délimitation des périmètres, en fonction de la desserte, où s'applique le plafonnement du nombre de places de stationnement exigé par logement ;
– définir les actions et les opérations nécessaires à la protection des franges urbaines et rurales. À ce titre, les OAP peuvent fixer les conditions applicables aux projets de construction et d'aménagement situés en limite d'espaces agricoles afin qu'ils intègrent des espaces de transition non artificialisés. Elles peuvent également définir la localisation préférentielle de ces espaces de transition ;
– identifier, dans les communes non couvertes par un Scot, des zones d'accélération pour l'implantation d'installations terrestres de production d'énergies renouvelables.

Par ailleurs, la loi Climat rend obligatoire l'établissement d'un échéancier prévisionnel de l'ouverture à l'urbanisation des zones à urbaniser et de la réalisation des équipements correspondants (C. urb. art. L 151-6-1). Ce calendrier était auparavant facultatif, mais l'obligation n'est pas applicable aux PLU en cours d'élaboration, de révision ou de modification dont le projet a été arrêté avant le 22 août 2021 (Loi Climat 2021-1104 du 22-8-2021 art. 199, II).

Les périmètres des quartiers ou secteurs où s'appliquent les OAP sont délimités dans des documents graphiques (C. urb. art. R 151-6).

Dans les **ZAC,** les OAP peuvent également définir (C. urb. art. L 151-7-1) :
– la localisation et les caractéristiques des espaces publics à conserver, à modifier ou à créer ;
– la localisation prévue pour les principaux ouvrages publics, les installations d'intérêt général et les espaces verts.

Lorsque la création d'une ZAC résulte de l'approbation du PLU, les OAP doivent au moins comporter : le schéma d'aménagement de la zone avec les principales caractéristiques de son organisation spatiale, le programme global prévisionnel des constructions à édifier, le régime applicable dans la zone au titre de la part communale ou intercommunale de la taxe d'aménagement (C. urb. art. R 151-8-1).

Les OAP doivent définir, en cohérence avec le PADD, les actions et opérations nécessaires pour mettre en valeur les **continuités écologiques** (C. urb. art. L 151-6-2). Elles peuvent également assurer la protection des espaces de continuités écologiques, dans lesquels sont classés des éléments des trames verte et bleue, en tenant compte des activités humaines, notamment agricoles (C. urb. art. L 113-30).

› Précisions **a.** Les OAP peuvent comprendre des dispositions portant sur la conservation, la mise en valeur ou la requalification des éléments de paysage, quartiers, îlots, immeubles, espaces publics, monuments, sites et secteurs qu'elles ont identifiés et localisés, notamment dans les **zones urbaines d'un PLUi réglementées par le seul RNU** (C. urb. art. R 151-7, al. 1).

b. Dans les **zones urbanisées ou à urbaniser** dont les conditions d'aménagement et d'équipement ne sont pas définies par les dispositions réglementaires garantissant la cohérence des projets d'aménagement et de construction avec le PADD, les OAP doivent porter au moins sur la qualité de l'insertion architecturale, urbaine et paysagère, la mixité fonctionnelle et sociale, la qualité environnementale et la prévention des risques, les besoins en matière de stationnement, la desserte par les transports en commun, la desserte des terrains par les voies et réseaux (C. urb. art. R 151-8).

c. Lors de la première révision du PLU qui interviendra après le 31 juillet 2017 (Loi 2016-1888 du 28-12-2016 art. 71, VI ; Décret 2017-1039 du 10-5-2017 art. 10), les OAP devront définir, en **zone de montagne,** la localisation, la consistance et la capacité globale d'accueil et d'équipement des unités touristiques nouvelles (UTN) locales (C. urb. art. L 151-7, II).

d. Dans les **zones exposées au recul du trait de côte,** les OAP peuvent définir les actions et les opérations (échéancier prévisionnel compris) nécessaires pour réorganiser le territoire au regard de la disparition progressive des aménagements, des équipements, des constructions et des installations (C. urb. art. L 151-7, III).

e. Les OAP peuvent identifier des **zones préférentielles pour la renaturation** et préciser les modalités de mise en œuvre des projets de désartificialisation et de renaturation dans ces secteurs délimités par les documents graphiques du PLU (C. urb. art. R 151-7, al. 2).

ORIENTATIONS EN MATIÈRE D'ÉQUIPEMENT COMMERCIAL ET ARTISANAL

2997 En l'absence de Scot, les OAP d'un PLU élaboré par un EPCI comportent les orientations relatives à l'équipement commercial et artisanal qui devraient être définies par le document d'orientation et d'objectifs (DOO) du Scot, si celui-ci existait. En outre, elles déterminent les conditions d'implantation des équipements, au lieu et place du document d'aménagement

© Éd. Francis Lefebvre

commercial et artisanal (DAAC), devenu, avec la loi Climat, document d'aménagement commercial, artisanal et logistique (DAACL), que doit comprendre le DOO du Scot (C. urb. art. L 151-6, al. 2). Sur ces différents éléments, voir n°s 2275 s.

ORIENTATIONS EN MATIÈRE D'HABITAT

Lorsque le PLU est élaboré par un EPCI et tient lieu de PLH (C. urb. art. L 151-44, al. 1), ces orientations définissent les objectifs et les principes d'une politique visant à répondre aux besoins en logements et en hébergements, à favoriser le renouvellement urbain et la mixité sociale et à améliorer l'accessibilité du cadre bâti aux personnes handicapées en assurant entre les communes et entre les quartiers d'une même commune une répartition équilibrée et diversifiée de l'offre de logements. Elles précisent les actions et opérations d'aménagement à poursuivre (C. urb. art. L 151-46). Elles sont complétées par un programme d'orientations et d'actions comprenant toute mesure ou tout élément d'information nécessaire à la mise en œuvre de la politique de l'habitat (C. urb. art. L 151-45 et R 151-54, 3°). **3000**

Lorsque le PLU tient lieu de PLH, la prise en compte des nouvelles obligations en matière de réalisation de logements locatifs sociaux doit intervenir dans un délai de 2 ans, porté à 3 ans si cette prise en compte implique une révision du PLU. À défaut, l'EPCI n'est plus bénéficiaire des pénalités infligées aux communes (C. urb. art. L 131-9).

ORIENTATIONS EN MATIÈRE DE TRANSPORTS ET DE DÉPLACEMENTS

Lorsque le PLU est élaboré par un EPCI qui est également l'autorité compétente pour l'organisation des transports urbains et tient lieu de plan de mobilité (C. urb. art. L 151-44, al. 2), ces orientations définissent l'organisation des transports de personnes et de marchandises, de la circulation et du stationnement. Elles précisent les actions et opérations d'aménagement à poursuivre (C. urb. art. L 151-47, 1°). Elles sont complétées par un programme d'orientations et d'actions comprenant toute mesure ou tout élément d'information nécessaire à la mise en œuvre de la politique des transports et des déplacements (C. urb. art. L 151-45 et R 151-55, 3°). Ce programme est opposable, dans un rapport de compatibilité, aux actes pris au titre de la gestion de la voirie publique (C. urb. art. R 152-3). **3005**

d. Règlement du PLU

OBJET DU RÈGLEMENT DU PLU

En cohérence avec les orientations du PADD (CE 2-10-2017 n° 398322, Montpellier Méditerranée Métropole et Cne de Lattes : BPIM 6/17 inf. 384 ; CE 30-5-2018 n° 408068, Cne de Sète : BPIM 4/18 inf. 242), le règlement du PLU fixe les **règles générales** et les servitudes d'utilisation du sol permettant d'atteindre les objectifs mentionnés aux articles L 101-1 à L 101-3 (C. urb. art. L 151-8) et pouvant notamment comporter l'interdiction de construire (C. urb. art. L 151-9). Il délimite sur le ou les documents graphiques les zones urbaines ou à urbaniser et les zones naturelles ou agricoles et forestières à protéger (C. urb. art. R 151-17). Il peut définir, en fonction des circonstances locales, les règles concernant la destination et la nature des constructions (C. urb. art. L 151-9, al. 3 et R 151-9). Les règles générales peuvent être assorties de **règles alternatives** qui en permettent une application circonstanciée à des règles locales particulières, mais qui ne peuvent avoir pour effet ou objet de se substituer à la possibilité de procéder à des adaptations mineures et d'accorder des dérogations (C. urb. art. R 151-13). **3010**

Le règlement est constitué d'une **partie écrite** et d'une **partie graphique,** laquelle comporte un ou plusieurs documents (C. urb. art. R 151-10, al. 1), faisant apparaître principalement les limites des zones et secteurs identifiés par la PLU (C. urb. art. R 151-14). Les règles peuvent être écrites et graphiques. Si une règle est exclusivement graphique, la partie écrite du règlement doit le préciser (C. urb. art. R 151-11).

Le règlement peut renvoyer à un « **cahier de prescriptions architecturales** », adopté selon les mêmes modalités procédurales, le soin d'expliciter ou de préciser certaines des règles fixées par le règlement auquel il s'incorpore. Toutefois, ce type de document ne peut être opposé aux demandes d'autorisation d'urbanisme que si le règlement y fait expressément référence et que le cahier concerné se borne à expliciter ou préciser sans les contredire ou les méconnaître des règles figurant déjà dans le règlement (CE 2-6-2023 n° 461645, SCI du 90-94 avenue de la République ; D. Chauvaux, « Le Conseil d'État définit le statut du cahier de prescriptions architecturales annexé au PLU » : BPIM 4/23 inf. 229).

Le règlement fixe les **règles applicables à l'intérieur des différentes zones** du plan (C. urb. art. L 151-9). À chaque zone ou sous-zone du PLU correspond un chapitre du règlement comprenant plusieurs articles. Les règles fixées concernent notamment les occupations du sol **3011** interdites ou soumises à conditions, les conditions de desserte par les VRD, l'implantation des constructions, leur emprise au sol, leur hauteur, leur aspect extérieur, la réalisation d'aires de stationnement, de plantations, d'aires de jeux ou de loisirs, les obligations imposées en matière de performances énergétiques et environnementales et en matière d'infrastructures et de réseaux de communications électroniques.

Dans le cas d'un lotissement ou de la construction, sur une unité foncière ou sur plusieurs unités foncières contiguës, de **plusieurs bâtiments dont le terrain d'assiette doit faire l'objet d'une division en propriété** ou en jouissance, les règles fixées par le PLU s'apprécient au regard de l'ensemble du projet, sauf si le règlement du plan s'y oppose (C. urb. art. R 151-21, al. 3). Le règlement peut ainsi prévoir que le respect des règles du PLU s'appréciera au regard de chaque terrain issu de la division (CE 9-3-2016 n° 376042, Association des propriétaires riverains du chemin du Collet Redon : BPIM 3/16 inf. 156).

› Précisions a. Le règlement d'un PLU ne peut pas imposer des formalités non prévues par le Code de l'urbanisme (CE 26-4-1993 n° 121413).
b. Le règlement d'un PLU ne peut pas fixer de durée maximale pour l'exercice d'une activité autorisée (CE 29-4-1998 n° 168895, Sté Cosson et Min. environnement : BJDU 3/98 p. 170).
c. Un PLU ne peut pas édicter de restrictions relatives à la capacité pour un propriétaire de disposer librement de son bien (CE 28-6-1996 n° 164480 : BJDU 3/96 p. 182). À ce titre, il ne peut pas interdire les lotissements car la possibilité de diviser un terrain participe de l'exercice du droit de propriété qui ne peut être restreint que par la loi (CE sect. 27-7-2012 n° 342908 : BJDU 6/12 p. 297 concl. X. de Lesquen). Le PLU ne peut pas interdire la vente séparée des parkings et des logements (Rép. Masson : Sén. 18-2-2016 n° 17134).
d. Le règlement d'une zone peut valablement subordonner la réalisation d'une opération à la condition que celle-ci porte sur l'ensemble de la zone (CE 17-5-1999 n° 185700).
e. La circonstance qu'une disposition du POS (ou du PLU) aurait pu être édictée sur le fondement d'autres textes législatifs n'est pas, par elle-même, un motif d'illégalité (CE 2-12-1966, Sté champenoise des carburants : Lebon p. 581 ; CE 29-11-1999 n° 156643 : BJDU 6/99 p. 420).
f. Certaines zones à urbaniser et zones naturelles ne peuvent pas être ouvertes à l'urbanisation en l'absence de Scot (voir n° 452).

DESTINATION DES CONSTRUCTIONS

3012 En fonction des situations locales, le règlement du PLU peut soumettre à des conditions particulières les types d'activités qu'il définit ainsi que les constructions ayant certaines destinations ou sous-destinations (C. urb. art. R 151-33). Dans une même zone, les **règles** peuvent donc être **différentes** selon la destination des constructions ou leur sous-destination, mais elles ne peuvent pas être différentes pour des constructions relevant de la même catégorie de destination ou de sous-destination (CAA Nantes 6-10-2020 n° 19NT03666, SCI de la Lande : BPIM 6/20 inf. 364).
Les destinations et les sous-destinations sont les suivantes (C. urb. art. R 151-27 et R 151-28 ; Arrêté TREL2233598A du 22-3-2023) :
– exploitation agricole et forestière (2 sous-destinations) ;
– habitation : logement, hébergement (2 sous-destinations) ;
– commerce et activités de service : artisanat et commerce de détail, restauration, commerce de gros, activités de services où s'effectue l'accueil d'une clientèle, hôtels, autres hébergements touristiques, cinéma (7 sous-destinations) ;
– équipements d'intérêt collectifs et services publics : locaux et bureaux accueillant du public des administrations publiques et assimilés, locaux techniques et industriels des administrations publiques et assimilés, établissements d'enseignement, de santé et d'action sociale, salles d'art et de spectacles, équipements sportifs, lieux de culte, autres équipements recevant du public (7 sous-destinations) ;
– autres activités des secteurs primaire, secondaire et tertiaire : industrie, entrepôt, bureau, centre de congrès et d'exposition, cuisine dédiée à la vente en ligne – « dark kitchens » – (5 sous-destinations).

› Précisions a. Les **locaux accessoires** sont réputés avoir la même destination et sous-destination que le local principal (C. urb. art. R 151-29, al. 2).
b. Le règlement peut définir des règles permettant d'imposer une **mixité des destinations** ou sous-destinations au sein d'une construction ou d'une unité foncière (C. urb. art. R 151-37, 1°).
c. Pour certaines destinations et sous-destinations, le règlement peut définir des **majorations de volume constructible** qu'il détermine en référence à l'emprise au sol et la hauteur (C. urb. art. R 151-37, 2°).
d. Des locaux destinés à la réception et au stockage ponctuel de marchandises, afin de permettre une livraison rapide de clients (« **dark stores** »), doivent être considérés comme des **entrepôts** au titre de la destination « autres activités des secteurs primaire, secondaire et tertiaire » (CE 23-3-2023 n° 468360, Ville de Paris ; V. Le Grand, « Le nouveau statut des dark stores et dark kitchens en droit de l'urbanisme » : BPIM 3/23 inf. 152).

CONTENU DU RÈGLEMENT DU PLU

Usage du sol S'agissant de l'usage des sols et de la destination des constructions, le règlement du PLU peut, notamment : 3015

– préciser l'affectation des sols selon les usages principaux qui peuvent en être faits ou la nature des activités qui peuvent y être exercées (C. urb. art. L 151-9) ;

– définir, en fonction des situations locales, les règles concernant l'implantation des constructions autorisées (C. urb. art. L 151-17) ;

– délimiter, dans les zones urbaines (zone U) ou à urbaniser (zone AU), des secteurs dans lesquels les projets de constructions situés sur plusieurs unités foncières contiguës qui font l'objet d'une demande de permis de construire ou d'aménager conjointe sont appréciés comme un projet d'ensemble et auxquels il est fait application de règles alternatives édictées à leur bénéfice par le PLU (C. urb. art. R 151-21, al. 1) ;

– délimiter, dans les zones U et AU, des secteurs où les programmes de construction de logements doivent respecter un certain pourcentage de logements d'une taille minimale qu'il fixe (C. urb. art. L 151-14) ou une certaine répartition entre les différentes catégories de logements dans le respect des objectifs de mixité sociale (C. urb. art. L 151-15). Dans ce cas, les règles alternatives définissent notamment les obligations faites à ces projets (C. urb. art. R 151-21, al. 2) ;

– délimiter, dans les zones U et AU des PLU des communes où s'applique la taxe sur les logements vacants ou des communes dont le taux de résidences secondaires est supérieur à 20 % du nombre total d'immeubles d'habitation, des secteurs où les constructions nouvelles de logements sont soumises à une obligation d'usage à titre de résidence principale, c'est-à-dire occupées au moins 8 mois par an, sauf obligation professionnelle, raison de santé ou cas de force majeure. Les logements existants lors de l'instauration de la servitude ne sont pas concernés et l'obligation cesse si le secteur est supprimé à l'occasion d'une évolution du PLU (C. urb. art. L 151-14-1 dans sa rédaction issue de la loi 2024-1039 du 19-11-2024) ;

– identifier et délimiter les quartiers, îlots et voies dans lesquels doit être préservée ou développée la diversité commerciale, notamment au travers les commerces de détail et de proximité (C. urb. art. L 151-16, al. 1 et R 151-37, 4°) ;

– délimiter, dans les zones U et AU, des secteurs dans lesquels la préservation ou le développement d'infrastructures et d'équipements logistiques est nécessaire et définir, le cas échéant, la nature de ces équipements, ainsi que les prescriptions permettant d'assurer cet objectif (C. urb. art. L 151-16, al. 2).

› **Précisions** **a.** Au titre de la **composition des programmes de logements,** le PLU ne peut pas imposer une répartition détaillée des logements selon leur taille, notamment en imposant plusieurs types de logements et en fixant des proportions minimales à respecter pour plusieurs de ces types (CE 30-3-2018 n° 411122, Cne des Sables-d'Olonne : BPIM 3/18 inf. 170). Ainsi, par exemple, si le PLU peut exiger 30 % de logements comportant au moins trois pièces, il ne peut pas imposer 15 % de quatre pièces et 15 % de cinq pièces.

b. Lorsque le PLU prévoit que, dans les zones U et AU, un certain pourcentage de **logements** devra être affecté à la réalisation de logements locatifs à vocation sociale, dans le respect des objectifs de mixité sociale, cette disposition n'est pas applicable à une **« résidence services seniors »,** qui relève d'une vocation d'hébergement, et non de logement (CE 13-12-2021 n° 443815 : BPIM 1/22 inf. 4 ; O. Bonneau et A. Vaz, « Cachez cette destination que je ne saurais voir » : BPIM 2/22 inf. 85).

Caractéristiques architecturales S'agissant des caractéristiques architecturales, urbaines et écologiques, le règlement du PLU peut, notamment : 3016

– prévoir des dispositions concernant les caractéristiques architecturales des façades et toitures des constructions, ainsi que des clôtures (C. urb. art. R 151-41, 2°) ;

– déterminer des règles concernant l'aspect extérieur des constructions neuves, rénovées ou réhabilitées, leurs dimensions, leurs conditions d'alignement sur la voirie, leurs conditions de distance minimale par rapport à la limite séparative et l'aménagement de leurs abords (C. urb. art. L 151-18) ;

– prévoir des règles maximales d'emprise, mais également des règles minimales pour traduire un objectif de densité minimale dans le secteur dans lequel il l'impose. Cette règle peut être exprimée par rapport aux voies et emprises publiques, aux limites séparatives et aux autres constructions sur une même propriété ainsi qu'en fonction des objectifs de continuité visuelle, urbaine et paysagère attendus (C. urb. art. R 151-39) ;

– imposer sur les terrains constructibles une part minimale de surfaces non imperméabilisées ou éco-aménageables (« coefficient de biotope »). Toutefois, dans les communes situées dans une zone tendue en matière de logement, les auteurs du règlement doivent définir une telle part minimale (C. urb. art. L 151-22 et R 151-43, 1°) ;

– imposer des obligations en matière de réalisation d'espaces libres et de plantations, d'aires de jeux et de loisir (C. urb. art. R 151-43, 2°) ;
– identifier et localiser les éléments de paysage et délimiter les quartiers, îlots, immeubles, espaces publics, monuments, sites et secteurs à protéger, à mettre en valeur ou à requalifier pour des motifs d'ordre culturel, historique, architectural ou écologique et définir, le cas échéant, les prescriptions de nature à assurer leur protection. Lorsqu'il s'agit d'espaces boisés, il est fait application du régime d'exception prévu à l'article L 421-4 pour les coupes et abattages d'arbres (C. urb. art. L 151-19 et R 151-41, 3°) ;
– imposer, dans des secteurs à proximité des transports collectifs, une densité minimale de construction (C. urb. art. L 151-26) ;
– délimiter les secteurs dans lesquels la délivrance du permis de construire peut être subordonnée à la démolition de tout ou partie des bâtiments existants sur le terrain où l'implantation de la construction est envisagée (C. urb. art. L 151-10) ;
– localiser, dans les zones urbaines, les terrains cultivés et les espaces non bâtis nécessaires au maintien des continuités écologiques à protéger et inconstructibles même s'ils sont desservis par les équipements (C. urb. art. L 151-23, al. 2) ;
– fixer des obligations en matière de performances énergétiques et environnementales (C. urb. art. R 151-42, 1°) ;
– identifier des secteurs dans lesquels il impose aux constructions, travaux, installations et aménagements de respecter des performances énergétiques et environnementales renforcées qu'il définit. À ce titre, il peut imposer une production minimale d'énergie renouvelable, le cas échéant, en fonction des caractéristiques du projet et de la consommation des sites concernés. Cette production peut être localisée dans le bâtiment, dans le même secteur ou à proximité de celui-ci (C. urb. art. L 151-21 et R 151-42, 2°) ;
– prévoir des règles différenciées entre le rez-de-chaussée et les étages supérieurs pour assurer une mixité sociale et fonctionnelle (C. urb. art. R 151-37, 3°), ainsi que pour prendre en compte les risques d'inondation et de submersion (C. urb. art. R 151-42, 4°).

> **Précisions** Les seules dispositions applicables aux **murs de clôture** sont celles qui ont été édictées spécifiquement pour régir leur situation. N'est donc pas au nombre de ces dispositions une règle de portée générale fixant la distance d'une construction par rapport aux limites séparatives. Il en va cependant autrement lorsque le mur de clôture est incorporé à la construction (CE 18-12-2019 n° 421644 : BPIM 1/20 inf. 5).

3017 **Équipement des zones** S'agissant de l'équipement des zones, le règlement du PLU, peut notamment :
– préciser le tracé et les caractéristiques des voies de circulation à conserver, à modifier ou à créer, y compris les rues ou sentiers piétonniers et les itinéraires cyclables, les voies et espaces réservés au transport public (C. urb. art. L 151-38, al. 1 et R 151-48, 1°) ;
– délimiter les zones qui sont ou peuvent être aménagées en vue de la pratique du ski et les secteurs réservés aux remontées mécaniques en indiquant, le cas échéant, les équipements et aménagements susceptibles d'y être prévus (C. urb. art. L 151-38, al. 2 et R 151-48, 3°) ;
– fixer les conditions de desserte par les voies et réseaux des terrains à aménager ou constructibles (C. urb. art. L 151-39, R 151-47 et R 151-49, 1°) ;
– délimiter les zones visées à l'article L 2224-10 du CGCT concernant l'assainissement et les eaux pluviales. Il s'agit des zones d'assainissement collectif, des zones d'assainissement non collectif, des zones où des mesures doivent être prises pour limiter l'imperméabilisation des sols et pour assurer la maîtrise du débit et de l'écoulement des eaux pluviales et de ruissellement et, enfin, des zones où il est nécessaire de prévoir des installations spécifiques pour ces eaux pluviales et de ruissellement en raison de la pollution qu'elles apportent au milieu aquatique (C. urb. art. L 151-24 et R 151-49, 1° et 2°) ;
– imposer les installations nécessaires à la gestion des eaux pluviales et du ruissellement (C. urb. art. R 151-43, 7°) ;
– imposer, dans les secteurs qu'il ouvre à l'urbanisation, le respect de critères de qualité renforcés en matière d'infrastructures et de réseaux de communications électroniques (C. urb. art. L 151-40, R 151-49, 3° et R 151-50, 2°) ;
– fixer les emplacements réservés aux voies et ouvrages publics, aux installations d'intérêt général, aux espaces verts, aux espaces nécessaires aux continuités écologiques ainsi qu'à la relocalisation d'équipements, de constructions et d'installations exposés au recul du trait de côte et, dans les zones U ou AU, instituer des servitudes dites « d'urbanisation » étudiées n° 3190 (C. urb. art. L 151-41) ;
– délimiter les secteurs dans lesquels l'implantation d'installations de production d'énergie renouvelable est soumise à conditions, soit lorsqu'elles sont incompatibles avec le voisinage

© Éd. Francis Lefebvre

habité ou avec l'usage des terrains situés à proximité, soit lorsqu'elles portent atteinte à la sauvegarde des espaces naturels et des paysages, à la qualité architecturale, urbaine et paysagère, à la mise en valeur du patrimoine et à l'insertion des installations dans le milieu environnant (C. urb. art. L 151-42-1, I) ;
– délimiter les secteurs dans lesquels l'implantation de certaines installations de production d'énergie renouvelable est exclue dans des hypothèses analogues (C. urb. art. L 151-42-1, II) ;
– dans les ZAC, déterminer la surface de plancher autorisée dans chaque îlot, ainsi qu'une densité minimale de construction éventuellement déclinée par secteur (C. urb. art. L 151-27) ;
– réglementer la surface de plancher des constructions en fonction de la taille des terrains dans les secteurs bâtis des zones urbaines issus d'une opération d'aménagement d'ensemble d'un domaine boisé, antérieure au XXe siècle, et ayant conservé leur caractère remarquable de parc (C. urb. art. L 151-20).

Places de stationnement Le règlement du PLU fixe les obligations suffisantes de réalisation de places de stationnement pour les **vélos** dans les immeubles d'habitation et de bureaux. Il peut également imposer des obligations de réalisation d'aires de stationnement pour les **véhicules motorisés** quelle que soit la destination de la construction (C. urb. art. L 151-30 et R 151-44). Cette obligation est réduite de 15 % au minimum en contrepartie de la mise à disposition de véhicules électriques ou de véhicules propres à l'autopartage (C. urb. art. L 151-31). Si les conditions de desserte par les transports publics réguliers le permettent, le PLU peut fixer, pour les bâtiments qui ne sont pas à usage d'habitation, un nombre maximal d'aires de stationnement pour les véhicules motorisés (C. urb. art. L 151-32). 3025

Lorsque le PLU impose la réalisation d'aires de stationnement pour véhicules motorisés, celles-ci peuvent être réalisées sur le terrain d'assiette ou dans son environnement immédiat. L'acquisition de places de stationnement dans un parc privé ou l'obtention d'une concession à long terme dans un parc public de stationnement, existant ou en cours de construction situé à proximité de l'opération, est assimilée à la réalisation de places de stationnement (C. urb. art. L 151-33) ; la simple location d'un jardin voisin n'est pas suffisante (CAA Nantes 14-12-2021 n° 20NT03274 : BPIM 1/22 inf. 5). Le PLU peut minorer les obligations qu'il fixe en matière de réalisation d'aires de stationnement pour les véhicules motorisés lorsque le projet de construction comporte plusieurs destinations ou sous-destinations permettant la mutualisation de tout ou partie des aires de stationnement (C. urb. art. R 151-45, 2°).

Un règlement fixant en fonction de la surface de plancher créée et du nombre de logements le nombre de places de stationnement à réaliser n'interdit pas que certaines **places** soient **en enfilade de places directement accessibles,** dès lors que chacune d'elles, affectée au même logement que celle qui en commande l'accès, est effectivement utilisable (CE 22-7-2020 n° 427398 : BPIM 5/20 inf. 295).

Lorsque les travaux envisagés donnent **plusieurs destinations à une même construction,** il convient de calculer distinctement, puis de cumuler, le nombre de places de stationnement exigées pour chacune des nouvelles destinations que comportera la construction à l'issue des travaux (CE 25-11-2020 n° 430754 : BPIM 1/21 inf. 8).

Par ailleurs, le règlement du PLU peut imposer la réalisation d'**aires de livraison** afin de tenir compte des besoins logistiques liés à l'utilisation de la construction (C. urb. art. L 151-33-1).

Pour les **logements spécifiques** que sont les logements locatifs sociaux financés avec un prêt aidé par l'État, les logements locatifs intermédiaires, les établissements sociaux et médico-sociaux assurant l'hébergement des personnes âgées et les résidences universitaires, le règlement peut ne pas imposer la réalisation d'aires de stationnement (C. urb. art. L 151-34). Si tel n'est pas le cas, l'obligation de réalisation est limitée à une aire de stationnement par logement. L'obligation s'applique lors de la construction de ces logements ; elle n'est pas applicable, en principe, aux travaux de transformation ou d'amélioration des logements locatifs sociaux. Pour l'ensemble de ces logements spécifiques, le nombre d'aires de stationnement exigible par logement ne peut pas dépasser 0,5, s'ils sont situés à moins de 500 m d'une gare ou d'une station de transport public guidé ou de transport collectif en site propre et si la qualité de la desserte le permet (C. urb. art. L 151-35 ; CE 22-6-2022 n° 456445, Sté Hélénis ; CE 10-10-2022 n° 452955 : BPIM 6/22 inf. 395). En fonction de la qualité de la desserte, le périmètre de 500 m peut être adapté par les orientations d'aménagement et de programmation du PLU (C. urb. art. L 151-7, 6°). 3026

Pour les **autres catégories de logements** remplissant les mêmes conditions de proximité avec les transports en commun, le nombre de places exigible par logement ne peut pas être supérieur à un (C. urb. art. L 151-36).

Quelles que soient les prévisions du PLU, l'obligation de réaliser des aires de stationnement n'est pas applicable aux **travaux de transformation ou d'amélioration effectués sur des logements** existants à condition que ces travaux n'entraînent pas de création de surface de plancher supplémentaire et que ces logements soient situés dans une zone tendue : commune appartenant à une zone d'urbanisation continue de plus de 50 000 habitants où s'applique la taxe sur le logements vacants ou commune en forte croissance démographique dont le parc de logements sociaux justifie un effort supplémentaire de production de ces logements (C. urb. art. L 151-36-1). Les travaux d'extension d'un logement existant, sans création de nouveaux logements, ne permettent pas d'imposer la création de place de stationnement (CE 4-4-2018 n° 407445 : BPIM 3/18 inf. 171). Les dispositions du PLU ne permettent pas davantage que soit exigée la réalisation de plus d'une aire de stationnement par **logement** pour une opération de transformation ou d'amélioration d'immeubles faisant l'objet d'un **arrêté de mise en sécurité ou de traitement de l'insalubrité** ou inclus dans un îlot ou dans un ensemble cohérent d'îlots comprenant un tel immeuble, lorsque l'opération est destinée à faire cesser la situation ayant motivé l'intervention de cet arrêté (C. urb. art. L 151-35-1 dans sa rédaction issue de la loi 2024-322 du 9-4-2024).

3027 Quand il s'agit de **commerces** soumis à autorisation, le plafond légal déterminant l'emprise au sol des stationnements (n° 20603) peut être fixé par le PLU à un niveau compris entre les trois quarts et la totalité de la surface de plancher affectée au commerce (C. urb. art. L 151-37).

3029 Lorsque le PLU n'est pas élaboré par un **EPCI autorité organisatrice des transports urbains,** le règlement doit respecter les limitations fixées par le plan de mobilité ou le Scot en matière de stationnement (voir n° 2272).

Lorsque le PLU est élaboré par un EPCI autorité organisatrice des transports urbains et tient lieu de plan de mobilité, le règlement peut délimiter des périmètres à l'intérieur desquels les conditions de desserte par les transports publics réguliers permettent de réduire ou de supprimer les obligations minimales imposées en matière de réalisation d'aires de stationnement pour les véhicules motorisés ; à l'intérieur de ces secteurs, le règlement impose, pour les bâtiments qui ne sont pas à usage d'habitation, un nombre maximal d'aires de stationnement pour les véhicules motorisés (C. urb. art. L 151-47).

INTERPRÉTATIONS DU RÈGLEMENT DU PLU

3030 De très nombreuses solutions ont été retenues à l'occasion de l'interprétation du règlement d'un POS ou d'un PLU. En voici quelques **illustrations.**

3035 **Occupation et utilisation du sol interdites ou soumises à des conditions particulières** Le PLU, comme le POS, peut réglementer les **affouillements et exhaussements du sol** en les interdisant ou en les soumettant à des conditions spéciales (C. urb. art. L 152-1). Il convient toutefois que ces interdictions ou prescriptions répondent à un intérêt général, à un motif d'urbanisme et qu'elles soient proportionnées à l'ampleur du problème posé (CAA Nantes 4-12-2001 n° 99NT00892, SCI La Garenne-Raboliot : BPIM 1/02 inf. 19 ; Rép. Ferrand : AN 27-11-1995 p. 505 n° 29811). Ces dispositions ne s'appliquent pas aux travaux de mise en état du terrain d'assiette d'une construction autorisée par un permis de construire (CE 11-4-2014 n° 356428 : BPIM 3/14 inf. 153).

Le règlement peut **interdire** la plupart des **constructions nouvelles dans des zones Ud** couvrant les « villages, hameaux et groupements bâtis existants, situés en dehors de l'enveloppe urbaine », dès lors que l'un des partis d'urbanisme défini par le PADD a pour objectif de « recentrer l'urbanisation » (CE 30-7-2021 n° 437709, Cne des Avenières Veyrins-Thuellin : BPIM 5/21 inf. 311).

Dès lors que cette disposition est proportionnée à l'objectif recherché, le règlement peut interdire les constructions à l'intérieur des « **cônes de vue** » permettant de préserver, depuis les voies perpendiculaires au front de mer d'une commune littorale, une perspective sur l'océan Atlantique (CE 14-6-2021 n° 439453, SCI Les Sables : BPIM 4/21 inf. 237).

Le PLU peut réglementer ou interdire l'implantation des **HLL** et des mobil-homes (Rép. Zimmermann : AN 4-3-2008 n° 10878). Il peut aussi interdire, restreindre ou limiter le camping et le stationnement des **caravanes** (CE sect. 13-5-1994 n° 112758, Cne de La Tranche-sur-Mer : Lebon p. 240 ; CE 15-10-2007 n° 269301, Fédération départementale de l'hôtellerie de plein air de Charente-Maritime : BJDU 4/07 p. 297).

Le PLU peut fixer des règles opposables à l'implantation des **éoliennes** de moins de 12 m de hauteur (Rép. Guené : Sén. 6-3-2014 n° 9355).

Le règlement d'un PLU peut, pour un motif d'urbanisme, délimiter des zones dans lesquelles toute nouvelle **implantation de bureaux** ou de services au rez-de-chaussée d'un immeuble est interdite (CE 8-6-2010 nº 317469, Sté Immo concept : BJDU 1/11 p. 23).

Pour appliquer une disposition d'un POS limitant le **nombre de logements par hectare,** il convient de tenir compte de la superficie du terrain d'assiette du projet (CE 11-12-1998 nº 155143, Cne de Bartenheim : BPIM 3/99 inf. 189).

Une « **maison individuelle** » au sens d'un POS ou d'un PLU peut comporter plusieurs unités d'habitation. Un tel document ne peut pas limiter le nombre de logements que ces constructions peuvent comporter, quand bien même le nombre de logements que comporte une construction est au nombre des critères qui permettent de la caractériser ou non comme une « maison individuelle » (CE 12-11-2012 nº 344365, Sté Agence Charles Katz : BPIM 1/13 inf. 8).

La **transformation d'un garage en maison** d'habitation, avec extension de la surface existante, constitue une construction nouvelle pour l'application de la disposition du PLU exigeant qu'une telle construction comporte une ou plusieurs aires de stockage des ordures ménagères (CE 11-3-2024 nº 464257, Cne de Saint-Raphaël : BPIM 3/24 inf. 152).

Desserte des constructions par la voirie Le PLU peut fixer les conditions de des- 3037
serte des terrains susceptibles de recevoir des constructions, dès lors qu'il respecte, à la fois, le droit d'accès des riverains aux voies publiques et les exigences de la protection du domaine public ou de la sécurité de la circulation (CE 22-7-2021 nº 442334, Cne de Croissy-sur-Seine : BPIM 5/21 inf. 364).

La conformité d'une construction aux règles du PLU fixant les conditions de desserte par la voirie, s'apprécie, non pas par rapport à l'état initial de la voie, mais compte tenu des prévisions du document d'urbanisme et des « circonstances de droit et de fait déterminantes pour leur réalisation » (CE 20-1-1988 nº 85548, SCI Le Clos du Cèdre : Lebon p. 36 ; CE 28-12-2017 nº 402362, Sté PCE : BPIM 1/18 inf. 8 ; CE 1-2-2021 nº 429790, Sté Le Castellet-Farembert). Il faut aussi que cette « réalisation » soit « certaine dans son principe comme dans son échéance ».

Emprise au sol des constructions Le règlement peut prévoir des règles maximales 3040
ou minimales d'emprise au sol (C. urb. art. R 151-39).

Le Code de l'urbanisme précise que l'emprise au sol est la projection verticale du volume de la construction, tous débords et surplombs inclus (C. urb. art. R 420-1). Il n'y a donc pas lieu d'inclure dans l'emprise au sol une dalle en béton située sous une surface végétalisée et ne dépassant pas le niveau du sol (CE 21-2-2018 nº 401043, SCI La villa Mimosas : BPIM 2/18 inf. 92), ni un bassin de rétention d'eaux pluviales destiné à être enterré (CE 16-10-2020 nº 424775). En revanche, il faut prendre en compte la projection des **balcons** qui s'incorporent au gros œuvre de la construction (CE 3-6-2020 nº 420736, SCI Alexandra). Les règles d'emprise au sol s'appliquent aux **piscines,** sauf exception prévue par le plan (CE 21-3-2008 nº 296239 : BJDU 1/08 p. 42).

Lorsqu'une incompatibilité se révèle entre les dispositions du règlement du PLU relatives, d'une part, à l'emprise au sol des constructions et, d'autre part, à l'**extension des constructions existantes,** il convient d'interpréter les secondes comme dérogeant, en raison de leur spécialité, aux règles générales fixées par les premières (CE 11-1-2006 nº 271387 : BJDU 3/06 p. 201).

Sur la définition de la notion d'emprise au sol retenue dans le cadre de l'**instruction des demandes d'autorisation de construire,** voir nº 39850.

Implantation par rapport aux voies et aux limites séparatives Les règles 3045
relatives à l'implantation des constructions par rapport aux voies et emprises publiques et par rapport aux limites séparatives, qui ne sont pas fixées dans le **règlement,** doivent figurer dans les **documents graphiques.** Mais si une règle est exclusivement graphique, la partie écrite du règlement doit le préciser (C. urb. art. R 151-11).

Les limites séparatives s'entendent des limites entre la propriété constituant le terrain d'assiette de la construction et la ou les propriétés qui la jouxtent, quelles que soient les caractéristiques de ces propriétés, dès lors qu'il ne s'agit pas de voies ou d'emprises publiques (CE 8-11-2019 nº 420324 : BPIM 1/20 inf. 7 ; CE 21-9-2022 nº 448950, Stés OGIC et Annecy 33 France). Constitue donc une limite séparative, au sens de ces règles, la limite d'une parcelle comportant un transformateur, même si sa très faible superficie ne lui permet pas d'accueillir une habitation (CE 8-11-2019 nº 420324 : BPIM 1/20 inf. 7).

L'implantation par rapport aux voies et aux limites séparatives doit être encadrée par des **règles précises,** mais celles-ci n'ont pas nécessairement à se traduire par un rapport quantitatif (CE 18-6-2010 nº 326708, Ville de Paris : BPIM 5/10 inf. 347). La **mesure à prendre en compte** pour l'implantation d'une construction en limite séparative est le gabarit extérieur de la construction (CE 12-2-2003 n° 243319 : BJDU 5/03 p. 333).

L'application des règles d'implantation par rapport aux limites séparatives peut nécessiter des précisions jurisprudentielles quand ces **règles** sont **déterminées par rapport** aux **caractéristiques ou** à la **hauteur** de la **construction.** Ainsi, alors que la façade d'une construction doit respecter un prospect de 6 m si elle comporte « une ou plusieurs baies constituant l'éclairement premier des pièces principales », des loggias réalisées sur deux étages de cette façade en font partie intégrante, de sorte que leurs ouvertures extérieures doivent être considérées comme des « baies » (CE 12-5-2022 n° 453787 : BPIM 4/22 inf. 267). Par ailleurs, alors que les constructions doivent respecter un prospect qui ne saurait être inférieur à la moitié de leur hauteur, sans qu'il puisse être tenu compte des « débordements de toiture », il y a cependant lieu de prendre en considération deux balcons en saillie d'une profondeur d'un mètre situés sous le débord du toit (CE 25-5-2022 n° 455127 : BPIM 4/22 inf. 266).

Sauf dispositions contraires, les prescriptions du PLU relatives à l'implantation des constructions par rapport aux limites séparatives ne s'appliquent pas aux **parties souterraines des bâtiments** (CE 11-2-2002 n° 221350 : BPIM 4/02 inf. 244). La règle de recul ne s'applique pas lorsque la **parcelle mitoyenne** du terrain d'assiette du projet est **en indivision** entre plusieurs propriétaires, dont le pétitionnaire, et à usage commun de passage et de stationnement (CAA Lyon 3-10-2017 n° 16LY00314 : BPIM 6/17 inf. 382). Les règles d'implantation du règlement applicables aux « bâtiments nouveaux » ne concernent pas les bâtiments construits avant l'entrée en vigueur du PLU et ne peuvent pas s'opposer à la surélévation de ces bâtiments existants (CE 1-6-2016 n° 387794 : BPIM 5/16 inf. 289).

Lorsqu'un projet de construction est bordé par une **voie privée ouverte à la circulation générale,** ce sont les règles de retrait par rapport à une telle voie qui s'appliquent, et non pas les règles d'implantation par rapport aux limites séparatives (CE 5-7-2023 n° 463604 : BPIM 4/23 inf. 231).

Une **voie créée par le pétitionnaire lui-même** ne constitue pas une voie préexistante pour l'application de la règle d'implantation par rapport aux voies (CE 10-2-2016 n° 383738, SCI Porte de Noisy : BPIM 2/16 inf. 84 ; CE 28-5-2021 n° 441671, Sté H2Immos).

La règle d'implantation par rapport aux voies publiques, telle que fixée pour la zone UD, ne s'applique pas à une construction intégralement implantée sur des parcelles du terrain d'assiette situées en zone UA. Il en va ainsi alors même que ce terrain est bordé par une voie située en zone UD (CE 5-7-2023 n° 463604 : BPIM 4/23 inf. 230).

Pour appliquer une disposition d'un POS exigeant une **distance minimale** de 18 m entre les constructions et « le **rivage de la mer** », il y a lieu de calculer cette distance horizontalement de tout point de la façade à l'élévation à la verticale de la ligne atteinte par les plus hautes eaux en l'absence de perturbations météorologiques exceptionnelles (CE 29-7-1998 n° 176601 : BPIM 6/98 inf. 372).

Un POS ou un PLU peut réglementer des **servitudes** par ailleurs **régies par le Code civil** comme une vue directe (CE 10-2-2006 n° 259837 : BPIM 3/06 inf. 160).

3050 **Hauteur des constructions** Le règlement peut prévoir des règles maximales ou minimales de hauteur (C. urb. art. R 151-39). Il peut prévoir des règles alternatives (n° 3010) afin d'adapter les règles volumétriques pour satisfaire à une insertion en lien avec les bâtiments contigus (C. urb. art. R 151-41, 1°). Un PLU imposant la prise en compte de l'**environnement urbain avoisinant** dans un secteur en densification permet d'autoriser, dans le respect de la hauteur prévue par le règlement, un immeuble d'une hauteur et d'un volume plus importants que les maisons voisines (CE 9-11-2015 n° 385689 : BPIM 6/15 inf. 364). Les règles de hauteur des bâtiments fixées par référence aux **constructions environnantes** doivent être entendues comme l'institution d'un minimum et d'un maximum et non d'une moyenne arithmétique (CE 29-7-1994 n° 118846, Cne de Molines-en-Queyras : BJDU 5/94 p. 54).

Lorsque le règlement limite à 12 m la hauteur des constructions mesurées « au **point le plus haut du bâtiment jusqu'au point le plus bas du terrain naturel** », la hauteur du bâtiment doit être mesurée depuis son faîte jusqu'au point le plus bas de son emprise au sol, et non jusqu'au point le plus bas de l'ensemble de la parcelle sur laquelle il est situé (CE 14-6-2004 n° 243811 : BPIM 6/04 inf. 337). La hauteur d'une construction mesurée **entre l'égout du toit et le point le plus bas de la construction** doit être mesurée à partir du niveau du sol au-dessus duquel la construction est visible (CE 14-3-2011 n° 308987, Cne d'Ajaccio et SCI Scudo Machja e mare : BPIM 3/11 inf. 182). Lorsque le règlement limite la **hauteur des façades en proportion de leur longueur,** la hauteur s'apprécie à l'égout du toit, sauf disposition contraire du règlement (CE 22-1-2007 n° 279284 : BPIM 3/07 inf. 172).

Une règle de prospect, définie en fonction de la présence et de la nature des baies que comporte la façade à édifier, est indépendante de la règle de hauteur. Une méconnaissance de la règle de prospect ne fait donc pas obstacle à une surélévation de l'immeuble concerné (CE 7-4-2021 n° 433609 : BPIM 3/21 inf. 166).

Un POS peut exclure l'application de la règle de hauteur maximale pour les **bâtiments publics** (CE 15-2-1993 n° 131087, Cne d'Épinay-sur-Seine c/ Association de défense des espaces verts de Béatus : Lebon T. p. 584).

Aspect extérieur Le règlement du PLU peut fixer des règles concernant la **forme** et la **couleur** des constructions : toiture, ouvertures, ouvrages en saillie (C. urb. art. L 151-18). Il peut imposer des prescriptions relatives à l'aspect général et à la nature des clôtures : hauteur, consistance et couleur (CE 3-11-2004 n° 257874, Cne de Berchères-sur-Vesgre : BJDU 6/04 p. 450). Sous certaines réserves (voir nos 675 s.), il peut imposer ou interdire l'utilisation de certains **matériaux** pour la construction, y compris en dehors de périmètres protégés (CAA Lyon 10-5-2011 n° 09LY00729 ; CAA Lyon 11-7-2019 n° 18LY00937, Cne des Contamines-Montjoie : BPIM 5/19 inf. 309). En revanche, il ne peut pas régir l'agencement intérieur des bâtiments d'habitation (CE 9-7-1997 n° 146061, Cne de Megève : Lebon p. 303). 3055

Un PLU peut exiger que la pose de **panneaux solaires** sur les toitures soit cohérente avec l'architecture de la construction concernée (CE 4-10-2023 n° 467962 : BPIM 6/23 inf. 350).

Le PLU de Paris (art. UG 11.1) permet de refuser la création de **terrasses sous toiture** s'il en résulte une dénaturation de l'aspect de la construction et alors même que les terrasses projetées ne seraient pas visibles de la rue (CAA Paris 7-12-2023 n° 22PA02775, SCI Janine : BPIM 2/24 inf. 86).

Un PLU ne peut pas imposer la réalisation de **plantations** en dehors d'une opération de construction (Rép. San Vicente-Baudrin : Sén. 10-1-2008 n° 1125).

Extension des constructions Une extension est une construction qui présente un lien de continuité physique et fonctionnelle avec la construction existante dont elle constitue le prolongement. La superficie d'une extension et sa proportion par rapport à la construction existante ne peuvent être encadrées que par des dispositions spécialement applicables à ces travaux (CAA Versailles 30-9-2022 n° 20VE02243 : BPIM 6/22 inf. 396). Lorsque le règlement fixe des règles applicables à l'extension des constructions existantes sans définir cette notion, il n'y a extension que si la surface créée est inférieure à la surface initiale (CE 9-11-2023 n° 460300 : BPIM 1/24 inf. 7). Lorsque le règlement n'autorise l'**extension** des constructions non affectées à l'habitation que **dans une** certaine **limite de l'existant,** seule la surface du bâtiment objet de l'extension doit être prise en compte, et non celle cumulée de tous les bâtiments existant sur l'unité foncière (CE 17-11-2004 n° 252420, Sté Labo chimie France). 3060

La construction d'une **piscine** découverte non attenante à un bâtiment à usage d'habitation existant ne peut pas bénéficier de la disposition du règlement autorisant l'extension des constructions à usage d'habitation principale existantes (CE 9-5-2005 n° 262618 : BPIM 4/05 inf. 242). Un simple dallage entourant la piscine dans la continuité de l'habitation permet de considérer que la piscine est attenante au bâtiment (CE 15-4-2016 n° 389045, Min. logement c/ Cne de Lourmarin : BPIM 3/16 inf. 158).

Pour l'application d'un règlement autorisant l'extension des constructions à usage d'habitation, l'**absence d'occupation** d'une construction à usage d'habitation, même durant une longue période, ne lui fait pas perdre sa nature d'habitation (CE 9-12-2011 n° 335707 : BPIM 1/12 inf. 11). Si la destination d'une construction édifiée avant la création du permis de construire ne peut pas être déterminée en fonction de son utilisation initiale, le maire doit se fonder sur la destination que les travaux envisagés impliquent et vérifier si ces travaux sont autorisés par le règlement (CE 28-12-2018 n° 408743 : BPIM 1/19 inf. 16).

S'agissant de l'extension d'une construction existante et des règles relatives aux **constructions autorisées dans une zone,** il faut tenir compte de la destination de cette construction et non de celle de l'extension (CE 11-2-2015 n° 366809 : BPIM 2/15 inf. 86).

Changements de destination L'application des règles d'urbanisme tenant compte de la destination des constructions existantes, notamment celles qui interdisent les changements de destination, peut soulever des difficultés lorsque la **construction** est **ancienne**. Lorsque la destination d'une construction ne peut, en raison de son ancienneté, être déterminée par les indications figurant dans une autorisation d'urbanisme, ni, à défaut, par des caractéristiques propres ne permettant qu'un seul type d'affectation, il appartient au juge administratif devant lequel la destination est contestée d'apprécier celle-ci en se fondant sur l'ensemble des circonstances de fait (CE 8-7-2024 n° 475635, Ville de Paris et SCI Mousseau : BPIM 5/24 inf. 286). 3065

Une construction ancienne, n'ayant pas donné lieu à une autorisation fixant sa destination et laissée de longue date **à l'abandon**, peut être regardée comme n'ayant plus de destination (CE 20-5-1996 nº 125012 : Lebon T. p. 1210, s'agissant d'une ancienne filature ; CE 28-12-2018 nº 408743 : BPIM 1/19 inf. 16 s'agissant d'une ancienne bergerie). Mais s'il ressort des caractéristiques de la construction qu'elle est à usage d'habitation, elle conserve cette destination même si, sans pour autant être devenue une ruine, elle reste **inoccupée** pendant une longue période (CE 9-12-2011 nº 335707 : BPIM 1/12 inf. 11).

PLANS DE SECTEUR D'UN PLUI

3070 Un PLU intercommunal (PLUi) peut comporter un ou plusieurs plans de secteur couvrant chacun l'intégralité du territoire d'une ou plusieurs communes membres de l'EPCI et précisant les orientations d'aménagement et de programmation ainsi que le règlement spécifique à ce secteur. L'élaboration d'un plan de secteur peut être demandée par une ou plusieurs communes membres d'une communauté de communes ou d'une communauté d'agglomération. Lorsque l'élaboration d'un plan de secteur a été décidée, la ou les communes dont le territoire est concerné par ce plan doivent pouvoir donner, avant l'approbation du PLUi, leur avis sur le plan de secteur (C. urb. art. L 151-3). C'est dans le cadre de ces plans de secteur qu'il peut être tenu compte, notamment, des spécificités propres à certaines communes en zone de montagne (Rép. Morel-À-L'Huissier : AN 15-1-2013 nº 4497). Un PLU intercommunal de la métropole du Grand Paris peut comporter des plans de secteur (C. urb. art. L 134-5).

e. Documents graphiques du PLU

3075 Les éléments composant le dossier de PLU peuvent comprendre un ou plusieurs documents graphiques. Ces documents peuvent contenir des indications relatives au relief des espaces concernés (C. urb. art. L 151-2).

Les différentes zones délimitées par le PLU figurent sur un ou plusieurs documents graphiques opposables aux projets de construction. Ces documents font également apparaître les différents espaces, secteurs, périmètres faisant l'objet de règles particulières (C. urb. art. R 151-10 et R 151-14). Il s'agit, par exemple, des espaces boisés classés (C. urb. art. R 151-31, 1º), des zones humides protégées (C. urb. art. R 151-31, 3º dans sa rédaction issue du décret 2024-1098 du 2-12-2024), des secteurs protégés en raison de la richesse du sol ou du sous-sol (C. urb. art. R 151-34, 2º) ou bien encore des secteurs où une règle minimale d'emprise au sol et de hauteur est prévue (C. urb. art. R 151-39, al. 2), des secteurs où les constructions et installations de toute nature peuvent être interdites (C. urb. art. R 151-31, 2º) ou soumises à des conditions spéciales (C. urb. art. R 151-34, 1º), ou bien encore des emplacements réservés aux voies et ouvrages publics, aux installations d'intérêt général (C. urb. art. R 151-34, 4º) et des zones qui peuvent être aménagées en vue de la pratique du ski (C. urb. art. R 151-48, 3º).

Selon les zones du plan, les documents graphiques font également apparaître les secteurs spécifiques faisant l'objet de règles particulières : terrains cultivés à protéger (C. urb. art. L 151-23, al. 2 et R 151-43, 6º), bâtiments agricoles pouvant faire l'objet d'un changement de destination (C. urb. art. R 151-35), secteur protégé en raison de la qualité de son paysage où est applicable le transfert de constructibilité (C. urb. art. R 151-36), servitudes d'urbanisation (C. urb. art. L 151-41), servitude de mixité sociale (C. urb. art. R 151-38), performances énergétiques renforcées (C. urb. art. R 151-42, 2º), etc.

> Précisions a. Lorsque les **limites des zones** ne suivent pas celles du cadastre, à défaut d'indications résultant expressément du règlement ou des documents graphiques, ou pouvant être raisonnablement déduites de ces documents ou de la configuration des lieux, ces limites doivent être regardées comme définies par la médiane du trait figurant sur le plan (CE 31-7-1996 nº 144990 : BPIM 1/97 inf. 1). Si l'intention des auteurs du plan quant aux limites de zones ne peut pas être déduite notamment de la configuration des lieux, l'imprécision doit profiter au pétitionnaire (CE 10-11-2006 nº 279973, Cne de Planguenoual : BPIM 4/07 inf. 247). Sur le droit applicable à un terrain concerné par plusieurs zones, voir nº 3133.

b. L'existence d'une **contradiction** insoluble entre deux documents graphiques, portant sur une disposition essentielle du POS (ou du PLU), entraîne l'illégalité du plan sur ce point (CE 18-2-1994 nº 108053, Cne de Crosne : BJDU 3/94 p. 16).

f. Annexes du PLU

3080 Les annexes indiquent, à titre d'information, sur un ou plusieurs documents graphiques, les différents secteurs, zones et périmètres le cas échéant délimités en dehors de la procédure du PLU.

Outre les servitudes d'utilité publique soumises aux dispositions de l'article L 151-43 (dont la liste est annexée à l'article R 151-51), il s'agit principalement des ZAC, du plan d'exposition au bruit des aérodromes, des secteurs où un dépassement des règles du PLU est autorisé, des zones de préemption (DPU, ZAD, ENS), des périmètres dans lesquels s'appliquent les conventions de PUP, les périmètres d'intervention au titre des espaces agricoles et naturels périurbains, les périmètres des secteurs affectés par un seuil minimal de densité (C. urb. art. R 151-52).

D'autres documents, figurant sur une seconde liste, doivent être annexés au PLU. Il s'agit, par exemple, des schémas des réseaux d'eau et d'assainissement et des systèmes d'élimination des déchets, des dispositions d'un projet de plan de prévention des risques naturels prévisibles opposables par anticipation, des périmètres miniers, des bois et forêts relevant du régime forestier, des secteurs d'information sur les sols, des secteurs concernés par des obligations de débroussaillement (C. urb. art. R 151-53 dans sa rédaction issue du décret 2024-1098 du 2-12-2024).

2. ZONAGE DU PLU

ZONES URBAINES (ZONES U)

Peuvent être classés en zone U les **secteurs déjà urbanisés** et les secteurs suffisamment équipés pour permettre de desservir les constructions à implanter. Un **secteur en cours d'équipement** peut également être classé en zone U si la capacité des équipements en cours de réalisation est suffisante pour desservir les constructions envisagées (C. urb. art. R 151-18). Une ou plusieurs zones U d'un PLU intercommunal peuvent être réglementées en y appliquant les règles du RNU, sans y ajouter d'autres règles (C. urb. art. R 151-19). Dans les zones U, le règlement peut définir des secteurs de plan masse côté en trois dimensions (C. urb. art. R 151-40). **3110**

Aucun principe n'interdit à l'autorité locale de **restreindre les constructions nouvelles** dans une zone U déjà largement construite. De telles dispositions doivent cependant être justifiées par le parti d'aménagement tel qu'il est défini par les OAP et le PADD (CE 30-7-2021 n° 437709, Cne des Avenières Veyrins-Thuellin : BPIM 5/21 inf. 312). Tout est question de mesure : une interdiction générale et absolue des constructions nouvelles dans un secteur bâti serait sans doute jugée illégale.

ZONES À URBANISER (ZONES AU)

Elles correspondent aux zones NA et NB des POS. Il s'agit des **secteurs naturels** de la commune qui pourront être urbanisés à l'occasion soit d'une modification ou d'une révision du PLU, soit immédiatement dans les conditions fixées par les OAP et le règlement sous réserve de l'équipement de la zone. En principe, un classement en zone AU ne peut pas concerner des parcelles déjà équipées (CE 13-2-1985 n° 41498, Cne de Baillargues : Lebon p. 43 ; CE 27-4-1998 n° 170665, Cne d'Écotay-l'Olme : BPIM 4/98 inf. 238). **3115**

L'**urbanisation immédiate** d'une zone AU n'est possible que lorsque les voies publiques et les réseaux d'eau, d'électricité et, le cas échéant, d'assainissement existant à la périphérie immédiate de la zone ont une capacité suffisante pour desservir les constructions à implanter dans l'ensemble de cette zone (zone AU1). Les constructions y sont autorisées soit lors de la réalisation d'une opération d'aménagement d'ensemble, soit au fur et à mesure de la réalisation des équipements internes à la zone prévus par le règlement. Le classement en zone AU1 immédiatement constructible suppose que les réseaux situés en périphérie aient d'ores et déjà une capacité suffisante (CE 6-12-2023 n° 466055, Cne de Plaisance-du-Touch : BPIM 1/24 inf. 8).

Si les VRD à proximité ne sont pas d'une capacité suffisante, la zone est en l'état inconstructible (zone AU2) et l'urbanisation est subordonnée à une modification ou une révision du PLU (C. urb. art. R 151-20). Une révision du PLU est nécessaire pour **ouvrir à l'urbanisation** une zone à urbaniser qui a été créée depuis 9 ans et qui n'a pas fait l'objet d'acquisitions foncières significatives de la part de la commune ou de l'EPCI compétent, directement ou par l'intermédiaire d'un opérateur foncier ; le délai de 9 ans est réduit à 6 ans pour les zones créées depuis le 1er janvier 2018 (C. urb. art. L 153-31, I-4°).

› Précisions **a.** Le classement en zone AU permet d'empêcher la réalisation de constructions qui seraient incompatibles avec l'aménagement futur de la zone, mais ne peut pas avoir pour effet de rendre un secteur purement et simplement inconstructible en l'état tant que le PLU n'aura pas été modifié (CE 25-5-1994 n° 109321, Sivom La Souffel : BJDU 5/94 p. 16).

b. La seule délimitation dans les documents graphiques d'une « zone verte » au sein d'une zone à urbaniser ne suffit pas, par elle-même, à conférer à cette zone un caractère inconstructible (CE 26-5-2010 n° 320780 : BPIM 5/10 inf. 348).

c. Le règlement d'une zone AU peut imposer une opération d'une taille minimale et la réalisation ou la prise en charge par l'aménageur des équipements correspondant aux besoins de la zone. En revanche, il ne peut pas autoriser une grande variété de constructions à la seule condition que l'opération couvre la totalité de la zone, car une telle condition ne saurait constituer la définition d'un aménagement de zone cohérent (CAA Nancy 22-4-1999 n° 96NC01322 : BPIM 4/99 inf. 260).

d. L'opération d'ensemble dont la réalisation permet éventuellement d'autoriser les constructions dans une zone AU (C. urb. art. R 151-20, al. 1) peut ne porter que sur une partie des terrains de la zone concernée, sauf si le règlement du PLU en dispose autrement ou si les conditions d'aménagement et d'équipement définies par ce règlement ou les OAP impliquent nécessairement que l'opération porte sur la totalité des terrains de la zone (CE 28-9-2020 n° 426961 : BPIM 6/20 inf. 365).

e. L'équipement d'une zone AU peut être réalisé par tranches (Rép. Gruillot : Sén. 7-3-1991 p. 473 n° 13125).

f. Dans les zones AU, le règlement peut définir des secteurs de plan masse côté en trois dimensions (C. urb. art. R 151-40).

ZONES AGRICOLES (ZONES A)

3120 **Classement** Les zones agricoles correspondent aux zones NC des POS. Il s'agit des secteurs à protéger en raison du potentiel agronomique, biologique ou économique des terres agricoles. D'autres critères peuvent être retenus pour autant qu'ils reposent sur la richesse naturelle des lieux (CE 6-6-2007 n° 266656, Communauté urbaine Marseille-Provence-Métropole). Peu importe que le secteur soit équipé ou non (C. urb. art. R 151-22).

Lorsque des parcelles classées en zone agricole ne présentent pas elles-mêmes le caractère de terres agricoles, un tel classement par le PLU peut cependant être justifié, en premier lieu, par la vocation du secteur en bordure duquel ces parcelles sont situées et dont le caractère agricole est avéré, en second lieu, par le parti d'urbanisme de la commune, consistant à ne pas permettre l'étalement de la zone contiguë au même secteur et, enfin, par la circonstance que les parcelles en cause ne supportent que des constructions légères et des aménagements d'ampleur limitée (CE 3-6-2020 n° 429515, Sté Inerta : BPIM 4/20 inf. 233).

Si, pour apprécier la légalité du classement d'une parcelle en zone agricole, le juge n'a pas à vérifier que cette parcelle présente, par elle-même, le caractère d'une terre agricole et peut se fonder sur la vocation du secteur auquel la parcelle est susceptible d'être rattachée, ce classement doit cependant être justifié par la préservation du potentiel agronomique, biologique ou économique des terres agricoles de la collectivité concernée, à plus forte raison lorsque les parcelles en cause comportent des habitations ou même présentent un caractère urbanisé (CE 24-11-2021 n° 435178).

3121 **Constructions autorisées** Indépendamment de la qualité du pétitionnaire, seules les constructions nécessaires à l'**exploitation agricole** et celles liées au stockage et à l'entretien du matériel agricole des Cuma sont en principe admises en zone agricole (C. urb. art. R 151-23, 1°). Toutefois, les constructions et installations nécessaires aux **équipements collectifs** peuvent y être autorisées si elles sont compatibles avec l'exercice d'une activité agricole, pastorale ou forestière sur le terrain concerné et si elles ne portent pas atteinte à la sauvegarde des espaces naturels et des paysages (C. urb. art. L 151-11, I-1°). Le projet d'équipement collectif est compatible s'il permet la conservation d'une activité agricole, pastorale ou forestière significative sur le terrain d'implantation, au regard des activités effectivement exercées, ou qui auraient vocation à s'y développer, en tenant compte de la superficie de la parcelle, de l'emprise du projet, de la nature des sols et des usages locaux (CE 8-2-2017 n° 395464, Min. logement : BPIM 2/17 inf. 82). Les auteurs d'un PLU peuvent délimiter à l'intérieur d'une zone agricole des secteurs dans lesquels sont autorisées les constructions et installations nécessaires à la mise en valeur des ressources du sol ou du sous-sol, telles que des **carrières** et les installations nécessaires à leur fonctionnement (CE 29-5-2024 n° 461648 : BPIM 4/24 inf. 226).

Le règlement du PLU peut autoriser les constructions nécessaires à la transformation, au conditionnement et à la commercialisation des produits agricoles, lorsque ces activités constituent le **prolongement de l'acte de production.** Ces constructions doivent être compatibles avec l'exercice d'une activité agricole, pastorale ou forestière sur le terrain d'implantation et ne pas porter atteinte à la sauvegarde des espaces naturels et des paysages. L'autorisation d'urbanisme est soumise pour avis à la commission départementale de la préservation des espaces naturels, agricoles et forestiers (CDPENAF) (C. urb. art. L 151-11, II). Lorsque le règlement n'interdit pas de telles constructions, les installations de méthanisation susceptibles d'être autorisées en dehors des parties urbanisées de la commune sont assimilées à ces constructions. Les projets d'installation sont préalablement soumis à l'avis de la CDPENAF (C. urb. art. L 151-11, III et, sur renvoi, C. urb. art. L 111-4).

Les constructions ne peuvent être admises en zone A ou NC que si elles ont un lien direct et nécessaire avec une **activité agricole** réelle et suffisante (Circ. 87-60 du 7-7-1987 : BO équipement 87/20 du 19-7-1987 p. 30 ; CE 4-12-2013 n° 362639, Cne de Condat-sur-Vienne : BJDU 3/14 p. 219). Ne sont donc autorisés que les bâtiments d'exploitation répondant par leurs fonctionnalités et leurs dimensions aux besoins de l'exploitation (Rép. Bulteau : AN 3-9-2013 n° 33837, s'agissant de la règle de constructibilité limitée mais transposable). La maison de l'exploitant peut être autorisée à condition que l'activité agricole exercée nécessite une présence humaine rapprochée et permanente (CE 14-5-1986 n° 56622 ; Rép. Zimmermann : AN 3-6-2014 n° 49690). C'est généralement le cas pour un éleveur, mais pas pour un céréalier ou un viticulteur (Rép. Zimmermann : AN 25-8-2015 n° 73186). Lorsqu'une maison d'habitation est occupée par un agriculteur retraité, elle n'est plus liée à l'activité agricole, et seuls les travaux courants sont autorisés (Rép. Masson : Sén. 16-11-2006 n° 24399). La construction d'un bâtiment destiné à loger un salarié ou l'exploitant sur l'exploitation n'est possible que s'il est démontré que cette construction est nécessaire à l'activité agricole (CE 18-12-2009 n° 314082 ; CE 7-11-2012 n° 334424). N'est pas nécessaire à l'activité agricole la construction d'un bâtiment destiné uniquement à accueillir le siège social de la société chargée de commercialiser les produits de la propriété (Rép. Masson : Sén. 5-5-2011 n° 15985). L'activité agricole doit être exercée à titre principal (Rép. Masson : AN 13-7-1992 p. 3170 n° 45217 ; Rép. Geveaux : AN 24-1-1994 p. 386 n° 5635), sauf circonstances particulières (CE 24-7-2009 n° 311337, Cne de Boeschepe). Les revenus tirés de l'exploitation, la superficie de la propriété, la taille de l'installation ou l'affiliation à la Mutualité sociale agricole sont des éléments permettant d'établir le caractère agricole de l'activité (Rép. Masson : Sén. 28-3-2013 n° 4736). L'activité agricole peut être exercée sur le territoire d'une autre commune que celle dans laquelle il est envisagé d'implanter le bâtiment (CE 6-3-2000 n° 199228, Cne de Thones : BJDU 2/00 p. 106), mais l'éloignement ne doit pas être trop important (CE 18-7-2011 n° 323479). **3121** (suite)

Conserve le caractère de construction nécessaire à l'exploitation agricole une construction à usage agricole susceptible de servir à d'autres activités, notamment de **production d'électricité**, dès lors que ces autres activités ne remettent pas en cause la destination agricole avérée de la construction concernée (CE 12-7-2019 n° 422542 : BPIM 5/19 inf. 310 à propos d'une serre maraîchère équipée de panneaux photovoltaïques en toiture). Sur les **installations agrivoltaïques et photovoltaïques**, voir n° 1098.

ILLUSTRATIONS

L'installation de serres de **production horticole** est compatible avec le caractère d'une zone agricole (CE 16-2-1994 n° 128686, Cne de Limonest : BJDU 4/94 p. 61 ; CE 24-1-2007 n° 284017, Cne de Rumilly). Il en est de même d'une **pépinière** sauf si l'objet principal de l'installation est de vendre des plantes qui sont semées et cultivées dans un autre lieu et qui sont ultérieurement apportées sur le lieu de vente (Rép. Giro : AN 17-8-2004 n° 34530).

Un **silo** construit par une entreprise exerçant seulement une activité de commerce de céréales mais qui n'est pas nécessaire au fonctionnement d'une exploitation agricole donnée ne peut pas être construit en zone agricole (CE 10-6-1992 n° 91476, Cne d'Audruicq ; CE 22-11-2002 n° 232910, Cne de La Roche-Clermault), et ce, même si la société a le statut de coopérative agricole (CE 26-2-1988 n° 73148, Sté lorraine céréales approvisionnements). En revanche, le silo d'un agriculteur destiné à stocker la production de son exploitation, par exemple dans l'attente de la revente, peut être autorisé en zone agricole, comme les autres installations à caractère fonctionnel de type serres ou granges (Rép. Touraine : AN 4-11-2008 n° 25033). Il devra toutefois être nécessaire à l'exploitation agricole, ce qui ne sera pas le cas, par exemple, d'un silo manifestement surdimensionné par rapport à la taille de l'exploitation (Rép. Vautrin : AN 13-12-2011 n° 120797), sauf dans les secteurs constructibles délimités (Rép. Brottes : AN 11-12-2012 n° 7029).

La construction d'une grange composée de **boxes à chevaux** peut être regardée comme une construction à usage agricole eu égard aux activités d'élevage et d'étalonnage exercées par l'exploitant (CE 24-7-2009 n° 311337, Cne de Boeschepe). En revanche, un particulier amateur d'équitation à titre de loisir personnel ne peut pas construire un abri à chevaux (Rép. Got : AN 18-5-2010 n° 63513 ; Rép. Fauconnier : Sén. 10-2-2011 n° 16127), sauf dans les secteurs constructibles délimités (Rép. Brottes : AN 11-12-2012 n° 7029).

Un **chenil,** destiné à servir de refuge pour animaux abandonnés, est une installation agricole au sens du règlement d'un plan prévoyant que seules les constructions liées aux activités agricoles peuvent être autorisées (CE 6-5-1996 n° 135979, préfet de la Seine-Maritime). Même solution pour un chenil à usage de gardiennage de chiens en pension (CE 6-3-1991 n° 105487 : Lebon T. p. 695) et pour une fourrière (CE 1-10-1993 n° 88842, Ville d'Albi : Lebon T. p. 1095).

Une **unité de méthanisation** peut être regardée comme destinée à une activité agricole si elle répond à la définition qui en est donnée par le règlement du PLU, telle qu'éclairée par les dispositions du Code rural et de la pêche maritime (CE 17-1-2024 n° 467572, Sté Agri Bioénergies : BPIM 2/24 inf. 85).

Une **scierie** n'est pas une installation destinée à une activité en rapport avec la transformation de produits agricoles au sens du règlement d'un plan (CE 12-5-1997 n° 125395 : BPIM 6/97 inf. 354). La construction d'un hangar de stockage de bois lié à une activité de scierie ne peut pas être autorisée en zone agricole (Rép. Francina : AN 28-4-2009 p. 4029 n° 44235).

Une **discothèque** ne peut pas être implantée en zone agricole (Rép. Zimmermann : AN 4-6-2013 n° 16996).

3122 **Stecal en zone agricole** À titre exceptionnel, le règlement du PLU peut, après avis de la CDPENAF, délimiter des **secteurs constructibles de taille et de capacité d'accueil limitées** (dits « Stecal » ou « pastilles ») (C. urb. art. L 151-13, al. 1 et 7). L'avis de la commission est réputé favorable s'il n'est pas intervenu dans les 3 mois de sa saisine (C. urb. art. R 151-26). Le caractère exceptionnel de ces secteurs s'apprécie, notamment, en fonction des caractéristiques du territoire, du type d'urbanisation du secteur, de la distance entre les constructions ou de la desserte par les réseaux ou les équipements collectifs (C. urb. art. L 151-13, al. 8). Dans ces secteurs peuvent être autorisés les constructions, les aires d'accueil et les terrains familiaux locatifs des gens du voyage, ainsi que les résidences démontables constituant l'habitat permanent de leurs utilisateurs. Le règlement précise la zone d'implantation et les conditions de hauteur, d'implantation et de densité des constructions permettant d'assurer leur insertion dans l'environnement, ainsi que leur compatibilité avec le maintien du caractère naturel, agricole ou forestier de la zone. Il fixe également les conditions de raccordement aux réseaux publics, d'hygiène et de sécurité (C. urb. art. L 151-13, al. 1 à 6 et R 151-23, 2°). Dans les mêmes secteurs, le règlement peut définir des secteurs de plan masse côté en trois dimensions (C. urb. art. R 151-40).

3123 **Changement de destination en zone agricole** En dehors des « pastilles » constructibles, le règlement du PLU peut désigner les **bâtiments** susceptibles de faire l'objet d'un changement de destination, dès lors que celui-ci ne compromet pas l'activité agricole ou la qualité paysagère du site. Ce changement de destination est soumis à l'avis conforme de la CDPENAF (C. urb. art. L 151-11, I-2° et R 151-23, 2°). Les bâtiments concernés sont identifiés par les documents graphiques (C. urb. art. R 151-35). Le respect de l'intérêt agricole est examiné aussi bien au moment de l'élaboration de la liste des bâtiments susceptibles de faire l'objet d'un changement de destination que lorsque le changement de destination est demandé pour un bâtiment compris dans cette liste (Rép. Trassy-Paillogues : AN 28-12-2004 n° 48989). Dans les zones agricoles des POS, le règlement peut légalement autoriser les changements de destination des bâtiments agricoles sans les subordonner aux conditions rappelées ci-dessus et sans que ces bâtiments aient été identifiés dans les documents graphiques du plan (CE 12-12-2012 n° 336022, Cne de Vaugneray : BPIM 1/13 inf. 9).

3124 **Extension des constructions en zone agricole** En dehors des « pastilles » constructibles, le règlement du PLU peut également désigner les **bâtiments d'habitation** susceptibles de faire l'objet d'extensions ou d'annexes, dès lors que ces extensions ou annexes ne compromettent pas l'activité agricole ou la qualité paysagère du site. Le règlement, adopté après avis de la commission départementale de la préservation des espaces naturels, agricoles et forestiers, précise la zone d'implantation et les conditions de hauteur, d'implantation et de densité de ces extensions ou annexes permettant d'assurer leur insertion dans l'environnement et leur compatibilité avec le maintien du caractère naturel, agricole ou forestier de la zone (C. urb. art. L 151-12 et R 151-23, 2°).

ZONES NATURELLES ET FORESTIÈRES (ZONES N)

3125 **Classement** Les zones naturelles et forestières correspondent aux zones ND des POS. Il s'agit des secteurs, équipés ou non, à protéger en raison soit de la qualité des sites, des milieux naturels, des paysages, et de leur intérêt, notamment du point de vue esthétique, historique ou écologique, soit de l'existence d'une exploitation forestière, soit de leur caractère d'espaces naturels, soit de la nécessité de préserver ou restaurer les ressources naturelles, soit de la nécessité de prévenir les risques, notamment les crues (C. urb. art. R 151-24).

3126 **Constructions autorisées en zone naturelle et forestière** En zone N, seules les constructions et installations nécessaires à l'exploitation agricole et forestière et celles liées au stockage et à l'entretien de matériel agricole par les Cuma sont en principe admises (C. urb. art. R 151-25, 1°). Toutefois, les constructions et installations nécessaires aux équipements collectifs peuvent y être autorisées si elles sont compatibles avec l'exercice d'une activité agricole, pastorale ou forestière sur le terrain concerné et si elles ne portent pas atteinte à la sauvegarde des espaces naturels et des paysages (C. urb. art. L 151-11, I-1°). Le projet d'équipement collectif est compatible s'il permet la conservation d'une activité agricole, pastorale ou forestière significative sur le terrain d'implantation, au regard des activités effectivement exercées, ou qui auraient vocation à s'y développer, en tenant compte de la superficie de la parcelle, de l'emprise du projet, de la nature des sols et des usages locaux (CE 8-2-2017 n° 395464, Min. logement : BPIM 2/17 inf. 82 solution concernant une zone agricole mais transposable).

Dans les zones forestières, le PLU peut autoriser les constructions nécessaires à la transformation, au conditionnement et à la commercialisation des produits agricoles, lorsque ces activités constituent le **prolongement de l'acte de production** (C. urb. art. L 151-11, II). Certaines installations de méthanisation peuvent également être autorisées (C. urb. art. L 151-11, III dans sa rédaction issue de la loi 2023-175 du 10-3-2023 et, sur renvoi, C. urb. art. L 111-4). Les conditions d'implantation sont les mêmes qu'en zone agricole (voir n° 3121).

ILLUSTRATIONS

La **réhabilitation** en zone N **d'une construction à usage d'habitation** à l'état de ruine n'est pas possible car assimilée à une construction nouvelle interdite (Rép. Zimmermann : AN 20-11-2012 n° 6239).

Un **golf** peut être réalisé en zone NC (A) ou ND (N), sous réserve des autorisations nécessaires, telle l'autorisation de défrichement (C. for. art. L 341-3) ou celle exigée au titre de la législation sur l'eau (C. envir. art. L 214-1 s. et R 214-1). En revanche, les **équipements d'accueil,** tels les club-houses, restaurants ou parcs de stationnement ne peuvent pas être réalisés, à moins qu'il ne s'agisse d'installations de taille très modeste compatibles avec le caractère de la zone et rendues possibles par le règlement. La réalisation de **programmes immobiliers** accompagnant la création de golfs ne saurait être envisagée que dans le cadre des zones urbaines ou d'urbanisation future (Rép. Million : AN 2-2-1987 p. 535 n° 13356 ; Rép. Haenel : Sén. 7-3-1991 p. 467 n° 12948).

Une **discothèque** ne peut pas être implantée en zone naturelle et forestière (Rép. Zimmermann : AN 4-6-2013 n° 16996).

Stecal en zone naturelle et forestière À titre exceptionnel, le règlement du PLU peut, après avis de la CDPENAF, délimiter des **secteurs constructibles de taille et de capacité d'accueil limitées** (dits « Stecal » ou « pastilles ») (C. urb. art. L 151-13, al. 1 et 7). L'avis de la commission est réputé favorable s'il n'est pas intervenu dans les 3 mois de sa saisine (C. urb. art. R 151-26). Le caractère exceptionnel de ces secteurs s'apprécie, notamment, en fonction des caractéristiques du territoire, du type d'urbanisation du secteur, de la distance entre les constructions ou de la desserte par les réseaux ou les équipements collectifs (C. urb. art. L 151-13, al. 8). Dans ces secteurs peuvent être autorisés les constructions, les aires d'accueil et les terrains familiaux locatifs des gens du voyage, ainsi que les résidences démontables constituant l'habitat permanent de leurs utilisateurs. Le règlement précise la zone d'implantation et les conditions de hauteur, d'implantation et de densité des constructions permettant d'assurer leur insertion dans l'environnement, ainsi que leur compatibilité avec le maintien du caractère naturel, agricole ou forestier de la zone. Il fixe également les conditions de raccordement aux réseaux publics, d'hygiène et de sécurité (C. urb. art. L 151-13, al. 1 à 6 et R 151-23, 2°). Dans les mêmes secteurs, le règlement peut définir des secteurs de plan masse côté en trois dimensions (C. urb. art. R 151-40). 3127

Changement de destination en zone naturelle et forestière En dehors des « pastilles » constructibles, le règlement du PLU peut désigner les **bâtiments** qui peuvent faire l'objet d'un changement de destination, dès lors que ce changement de destination ne compromet pas l'activité agricole ou la qualité paysagère du site. Ce changement de destination est soumis à l'avis conforme de la commission départementale de la nature, des paysages et des sites (C. urb. art. L 151-11, I-2° et R 151-25, 2°). Ces bâtiments sont identifiés par les documents graphiques (C. urb. art. R 151-35). 3128

Extension des constructions en zone naturelle et forestière En dehors des « pastilles » constructibles, le règlement du PLU peut également désigner les **bâtiments d'habitation** qui peuvent faire l'objet d'extensions ou d'annexes, dès lors que ces extensions ou annexes ne compromettent pas l'activité agricole ou la qualité paysagère du site. Le règlement, adopté après avis de la CDPENAF, précise la zone d'implantation et les conditions de hauteur, d'emprise et de densité de ces extensions ou annexes permettant d'assurer leur insertion dans l'environnement et leur compatibilité avec le maintien du caractère naturel, agricole ou forestier de la zone (C. urb. art. L 151-12 et R 151-25, 2°). 3129

Transferts de constructibilité en zone naturelle et forestière Dans les zones N, le PLU peut délimiter des secteurs à protéger en raison de la qualité de leur paysage où sont applicables des transferts de constructibilité (C. urb. art. L 151-25 et R 151-36). Sur cette question, voir n° 3265. 3130

TERRAIN À CHEVAL SUR PLUSIEURS ZONES DU PLU

La limite séparative entre les zones ne coïncide pas nécessairement avec les limites parcellaires. Dans un tel cas, le terrain est considéré comme divisé en deux parties, chacune d'elles 3133 ayant son propre zonage (CE 6-2-1988 n° 129969 : AJDA 1988 p. 367 ; CE 6-2-1998 n° 129969). À chaque partie de l'unité foncière s'applique le règlement de la zone du plan dans laquelle elle est située (Rép. Meylan : AN 6-8-1990 p. 3794 n° 23030).

Pour rechercher si une extension de bâtiment, appelée à se situer à cheval sur deux zones différentes, respecte les règles du PLU relatives aux affectations et utilisations du sol interdites dans les différentes zones, il convient de se référer à la destination de la construction existante et non de se fonder sur l'usage auquel doivent être affectés les locaux abrités par l'extension (CE 11-2-2015 n° 366809 : BPIM 2/15 inf. 86).

CONTRÔLE DU ZONAGE DU PLU

3135 Le zonage du PLU, en distinguant des zones variablement constructibles et des zones inconstructibles, ne porte pas atteinte au principe d'égalité des citoyens devant la loi, dès lors que cette délimitation ne repose pas sur une **appréciation** manifestement erronée, des faits matériellement inexacts ou un détournement de pouvoir. Sous ces réserves, les auteurs du plan ne sont pas liés par les modalités existantes d'utilisation des terrains dont ils peuvent modifier le classement dans l'intérêt public (CE 12-6-1987 n° 74276 ; CAA Nantes 4-12-2001 n° 99NT01202 : BPIM 1/02 inf. 5). Ainsi, peut être classée en zone inconstructible une parcelle comprise dans un lotissement (CE 6-12-1996 n° 141189, Cne de Sainte-Adresse : BJDU 2/97 p. 90). De même, la contiguïté d'un terrain avec une zone constructible ne s'oppose pas à son reclassement ultérieur en zone naturelle (CE 1-4-1998 n° 164378, SCI Les Hauts de Monthoux). L'annulation définitive du classement d'une parcelle en zone naturelle n'exclut pas non plus un reclassement en zone naturelle par le nouveau PLU si le parti d'aménagement a évolué (CE 18-12-2020 n° 421988 : BPIM 1/21 inf. 9).

Un PLU intercommunal ne peut pas délimiter sur le territoire de certaines communes des zones en dehors desquelles l'implantation d'éoliennes est exclue, dès lors qu'une telle délimitation résulte de l'opposition des communes concernées à l'éolien et n'obéit donc pas à un motif d'urbanisme (CAA Bordeaux 2-4-2024 n° 22BX01433, Sté Les pâtis longs : BPIM 3/24 inf. 153).

L'auteur d'un plan n'est pas tenu d'indiquer dans ce document les **motifs** l'ayant conduit à inclure une parcelle en zone inconstructible (CE 20-3-1998 n° 158178).

3140 En principe, le **juge administratif** n'exerce qu'un contrôle restreint sur le classement des terrains et sur les dispositions du règlement du PLU qui leur sont applicables (CE 11-3-1991 n° 81753 ; CE 6-12-1996 n° 141189, Cne de Sainte-Adresse : BJDU 2/97 p. 90). Toutefois, le classement des terrains au regard de la loi littoral fait l'objet d'un contrôle entier (CE 17-6-1998 n° 168977, Association de l'amicale des loisirs et du temps libre longevillais : BJDU 5/98 p. 333).

Le classement de terrains dans une zone a pour objet de rendre applicable le règlement de cette zone à ces terrains. Ces deux éléments forment un tout indivisible et le juge ne peut pas annuler dans sa totalité le règlement de la zone en laissant subsister le classement des terrains dans cette zone (CE 4-9-1995 n° 144733 : BJDU 4/95 p. 342). Une annulation partielle du PLU peut être prononcée en cas d'erreur dans la délimitation d'une zone (Rép. Masson : Sén. 7-8-2014 n° 11992).

> **Précisions** **a.** Le juge n'est pas lié par la dénomination donnée à une zone par le document d'urbanisme, dès lors que la qualification devant lui être attribuée résulte des prescriptions qui lui sont applicables (CE 3-11-1995 n° 157366 : BJDU 1/96 p. 21).
> **b.** La délibération du conseil municipal se prononçant en faveur d'une modification du zonage est un acte préparatoire insusceptible de recours (CE 12-9-2008 n° 315544).

3. EMPLACEMENTS RÉSERVÉS

CRÉATION ET DESTINATION D'UN EMPLACEMENT RÉSERVÉ AU PLU

3170 Les terrains, bâtis ou non, nécessaires à la **future réalisation** des voies, ouvrages publics, installations d'intérêt général, espaces verts et espaces nécessaires aux continuités écologiques peuvent être inscrits en emplacements réservés au PLU (C. urb. art. L 151-41, 1° à 3°, R 151-43, 3° et R 151-50, 1°), ou dans un document d'urbanisme en tenant lieu. Le PLU peut ainsi classer des éléments des trames verte et bleue en espaces de continuités écologiques (C. urb. art. L 113-29). Des emplacements peuvent également être réservés pour relocaliser, en dehors des zones touchées par le recul du trait de côte, des équipements, constructions et installations exposés à ce recul (C. urb. art. L 151-41, 6°).

Dans les zones urbaines ou à urbaniser, les documents graphiques du règlement du PLU peuvent délimiter des emplacements réservés en vue de la réalisation, dans le respect des objectifs de mixité sociale, de programmes de logements dont ils précisent la nature (C. urb.

art. L 151-41, 4° et R 151-38, 1°). Le PLU peut ainsi imposer un pourcentage minimum de surface de plancher affecté à la réalisation des logements prévus par ces programmes ou un nombre minimum de logements à édifier, éventuellement en indiquant les catégories de logements concernées (CE 26-6-2013 n° 353408 : BPIM 4/13 inf. 235). Mais les auteurs du PLU ne sont pas tenus d'imposer des prescriptions de cette nature (CE 8-7-2016 n° 388859, Cne de Sceaux).

L'inscription en tant qu'emplacement réservé peut avoir lieu lors de l'élaboration, de la révision ou de la modification du PLU. Pour légalement classer en emplacement réservé une parcelle sur laquelle elle a l'intention de réaliser un aménagement, la commune n'a pas besoin de justifier, à la date de l'adoption du plan, d'un **projet** précis et déjà élaboré de voie ou d'ouvrage publics, d'équipement d'intérêt général ou d'espace vert (CE 7-7-2008 n° 296438, Cne de Verdun). Toutefois, l'**intention communale** de réaliser le projet doit être réelle ; à défaut, le classement ou le maintien du classement est illégal. Ainsi jugé pour un classement de 40 ans sans qu'aucune réalisation n'ait été effectuée (CE 17-5-2002 n° 221186 : BPIM 6/02 inf. 365). Rien n'interdit aux auteurs du PLU d'instituer un emplacement réservé en lui fixant une destination correspondant à l'usage actuel du terrain concerné (CE 19-7-2017 n° 397944, Cne d'Ansouis : BPIM 5/17 inf. 318).

Le **juge** exerce sur le classement du terrain un **contrôle** restreint, limité à la censure éventuelle des erreurs manifestes d'appréciation (CE 19-10-1979 n° 11725, Association pour la sauvegarde du Pays de Rhuys : Lebon p. 379). Ce contrôle ne porte pas sur l'opportunité du tracé de la voie publique dont la réalisation détermine la création de l'emplacement réservé (CE 5-7-1995 n° 155636 : Lebon p. 284). Le classement doit être compatible avec la loi littoral (CE 17-6-1998 n° 168977, Association de l'amicale des loisirs et du temps libre longevillais : BPIM 5/98 inf. 311). L'annulation de la délibération approuvant un PLU en tant qu'il a institué un emplacement réservé a pour seul effet de rendre applicables aux terrains sur lesquels portait cette réserve les règles d'utilisation du sol fixées par le plan pour la zone en question (CE 31-7-1996 n° 134068, Association volxienne de défense de l'environnement et de la sécurité : BPIM 1/97 inf. 5).

Pour être opposable au propriétaire, l'emplacement réservé doit apparaître dans les documents graphiques du PLU avec suffisamment de précision quant à sa **localisation** et sa superficie (CE 30-1-1991 n° 77225 ; CE 26-7-1996 n° 141050, Cne d'Angy). La **destination** précise de l'emplacement réservé doit être indiquée au PLU ainsi que la collectivité, le service ou l'organisme public qui en est **bénéficiaire** (C. urb. art. R 151-43, 3° et R 151-50, 1°). Les seuls **ouvrages pouvant être construits** par la suite seront ceux conformes avec cette destination figurant au plan (CE 14-10-1991 n° 92532, Association Cadre de vie des résidents de Courbevoie-Bécon : AJDA 1992 p. 227), éventuellement complétés d'ouvrages compatibles avec cette destination (CE 20-6-2016 n° 386978 : BPIM 4/16 inf. 230).

> Précisions **a.** En matière d'emplacement réservé, le Code de l'urbanisme se borne à exiger que les installations envisagées présentent un **caractère d'intérêt général,** et non un caractère d'utilité publique (CE 15-4-1996 n° 139784, Cne du Marin : Lebon p. 140).
b. Un emplacement réservé ne peut pas être institué en vue de la création d'une **réserve foncière** (CE 10-7-1987 n° 55255, Cne de Feucherolles : Lebon T. p. 1003). En revanche, il peut être institué pour la réalisation d'un **édifice cultuel** (CE 25-9-1996 n° 109754, Syndicat des copropriétaires de l'immeuble 75/77 rue Dutot à Paris XVe : BPIM 1/97 inf. 3), d'un **parc de stationnement** en centre-ville (Rép. Plasait : Sén. 27-11-1997 p. 3324 n° 1712), d'un **port fluvial** (CE 3-11-1997 n° 160934) ou encore d'un **chemin piétonnier** le long d'une rivière (CE 3-11-1997 n° 161763).
c. Les auteurs du plan ne sont pas tenus de recueillir l'accord préalable de la personne publique affectataire d'une **dépendance du domaine public** pour instituer sur celle-ci un emplacement réservé (CE 28-7-2000 n° 135835, Port autonome de Nantes-Saint-Nazaire : BPIM 6/00 inf. 358).

DROITS DU PROPRIÉTAIRE D'UN TERRAIN RÉSERVÉ AU PLU

Le propriétaire d'un terrain réservé conserve la **jouissance du bien** tant que la collectivité bénéficiaire de la réserve n'a pas pris la décision de l'acquérir pour réaliser l'équipement prévu. Il reste libre de l'utilisation de son terrain sous réserve qu'elle soit compatible avec la destination prévue par la réservation (CE 19-7-2017 n° 397944, Cne d'Ansouis : BPIM 5/17 inf. 318). En principe, il ne pourra pas construire, sauf à obtenir un permis à titre précaire. **3180**

Le propriétaire du terrain peut aussi le **vendre à un tiers.** Dans ce cas, aucune formalité spécifique n'est requise. Cependant, si le terrain concerné est situé dans un périmètre où s'exerce un droit de préemption, le propriétaire devra déposer en mairie une déclaration d'intention d'aliéner.

En principe, le terrain réservé a vocation à être **acquis par le réservant** dans le cadre d'une procédure d'expropriation ou au titre du droit de délaissement exercé par son propriétaire (C. urb. art. L 152-2, al. 1). L'emplacement peut toujours être acquis à l'amiable.

L'ancien propriétaire du **bien délaissé** ne dispose d'aucun droit de **rétrocession** (Cass. 3e civ. 26-3-2014 no 13-13.670 : BPIM 3/14 inf. 154), ce qui n'est pas contraire à la Constitution (Cons. const. 21-6-2013 no 2013-325 QPC). Toutefois, la collectivité ne peut utiliser le bien que conformément à la destination prévue par le plan pour l'emplacement réservé (Rép. Ollier : AN 9-9-1991 p. 3611 no 33533). Dans cette attente, elle peut librement accorder des **concessions temporaires** qui ne confèrent au preneur aucun droit au maintien dans les lieux (Rép. Demange : AN 1-2-1993 p. 397 no 26627). La revente, 25 ans plus tard, pour près de 45 fois son prix, d'un terrain délaissé rendu constructible porte une atteinte excessive au droit au respect des biens (Cass. 3e civ. 18-4-2019 no 18-11.414 FS-PBRI : BPIM 3/19 inf. 152).

SUPPRESSION DE L'EMPLACEMENT RÉSERVÉ AU PLU

3185 À la demande de son bénéficiaire, un emplacement réservé peut être supprimé ou réduit dans le cadre d'une **modification simplifiée du PLU** (une procédure plus lourde peut également être utilisée). Même si le propriétaire a mis en demeure le bénéficiaire d'acquérir, cette suppression peut intervenir à tout moment jusqu'à l'intervention de la décision du juge de l'expropriation fixant le prix du délaissement (CE 4-2-1991 no 81043 : Lebon p. 37). Le bénéfice de la **procédure de délaissement** ne peut pas être acquis au propriétaire si, à la date de la décision, la parcelle ne se trouve plus en emplacement réservé par suite d'une modification du plan qui lui est opposable (Cass. 3e civ. 14-6-1989 no 88-70.030 : Bull. civ. III no 139 ; Cass. 3e civ. 5-12-1990 no 89-70.294 : Bull. civ. III no 259). En revanche, l'annulation de l'emplacement réservé après que le juge a prononcé le transfert de propriété et a fixé le prix du terrain délaissé est sans influence sur la régularité de la procédure de délaissement (Cass. 3e civ. 6-10-1999 no 97-21.957).

> **Précisions** **a.** Est entaché d'erreur manifeste d'appréciation le refus d'une commune de procéder à la suppression d'un emplacement réservé, alors que les options urbanistiques nouvelles montrent qu'elle n'envisage plus de l'affecter à l'usage prévu (CE 6-10-1995 no 151075 : Lebon T. p. 1077 ; CE 17-5-2002 no 221186 : BPIM 6/02 inf. 365). Il en va de même lorsque l'emplacement réservé a perdu son utilité, notamment en raison des risques auxquels serait exposé l'équipement envisagé (CAA Versailles 8-3-2006 no 04VE03386, Cne de Beauchamp : BPIM 3/06 inf. 162).
> **b.** Le propriétaire d'un bien réservé peut demander le transfert de la propriété et la fixation du prix de ce bien tant que la réserve figure au PLU (Cass. 3e civ. 17-7-1997 no 96-70.144 : Bull. civ. III no 171). Toutefois, la suppression de la réserve intervenue avant le prononcé du jugement de première instance empêche le transfert de propriété (Cass. 3e civ. 5-12-1990 no 89-70.294 : Bull. civ. III no 259 ; Cass. 3e civ. 4-12-1996 no 95-70.185 : BJDU 2/97 p. 88).

« SERVITUDES D'URBANISATION » DU PLU

3190 Outre les emplacements réservés, le PLU peut instituer des servitudes d'urbanisation (C. urb. art. L 151-41, 5o). Leur institution est conforme à la Constitution, car le propriétaire des terrains concernés bénéficie d'un droit de délaissement (Cons. const. 7-12-2000 no 2000-436 DC nos 17 et 18 ; C. urb. art. L 152-2, al. 2).

Ces servitudes ne peuvent être instituées que dans les **zones urbaines ou à urbaniser.**

Dans un périmètre déterminé par le plan et pendant un délai maximal de 5 ans, peut ainsi être interdite l'édification des constructions et installations d'une superficie supérieure à un seuil fixé par le règlement du PLU. Cette possibilité est ouverte sous réserve d'une justification particulière et dans l'attente de l'approbation par la commune d'un « **projet d'aménagement global** ». Cette interdiction ne concerne pas les travaux ayant pour objet l'adaptation, le changement de destination, la réfection ou l'extension limitée des constructions existantes. Les documents graphiques du règlement précisent à partir de quelle surface les constructions ou installations sont interdites et la date à laquelle la servitude sera levée (C. urb. art. R 151-32).

Une autre servitude d'urbanisation permet au PLU d'instaurer une sorte de **préemplacement réservé.** Cette servitude consiste à indiquer la localisation et les caractéristiques des voies et ouvrages publics ainsi que les installations d'intérêt général et les espaces verts à créer ou à modifier, en délimitant les terrains qui peuvent être concernés par ces équipements (C. urb. art. L 151-41, dernier al.). Il ne s'agit pas pour la commune d'inscrire sur ces terrains un véritable emplacement réservé, mais seulement d'indiquer la localisation d'éventuels projets.

4. DENSITÉ ET VOLUME CONSTRUCTIBLE

SUPPRESSION DU COS DANS LES PLU

3220 Le coefficient d'occupation des sols (COS) est supprimé depuis le 27 mars 2014 ; cette suppression concerne également la fixation d'une superficie minimale pour les terrains constructibles

(Loi 2014-366 du 24-3-2014 art. 157). Cette suppression se répercute sur les outils qui pouvaient être mis en œuvre sur la base des COS, notamment les bonus de constructibilité, les transferts de COS ou le contrôle des divisions des terrains bâtis.

Le COS permettait de déterminer la densité de construction admise sur un terrain en exprimant le nombre de mètres carrés de surface de plancher ou le nombre de mètres cubes susceptibles d'être construits par mètre carré de sol. Il s'agissait d'un maximum théorique car d'autres règles du PLU (prospect, hauteur, emprise, gabarit, etc.) peuvent s'opposer à la construction effective de la superficie résultant du rapport entre la surface de la parcelle et la capacité constructible.

Les COS prévus dans les PLU et les PSMV sont dépourvus de base légale et ne peuvent plus être opposés aux demandes d'autorisation d'urbanisme déposées depuis le 27 mars 2014. L'autorité compétente doit écarter d'elle-même le COS et statuer en se fondant sur les autres règles fixées par le PLU notamment en matière de hauteur, gabarit, volume, emprise au sol ou implantation par rapport aux limites séparatives.

> **Précisions** **a.** L'autorité compétente peut intégrer « matériellement » dans le **PLU ou le PSMV en vigueur** la suppression du COS et de la superficie minimale des terrains. La procédure de modification simplifiée peut être utilisée pour le PLU, celle de modification pour le PSMV. Aucun délai n'est fixé.
> **b.** Les **PLU et PSMV** qui étaient **en cours d'élaboration ou d'évolution au 27 mars 2014** doivent tenir compte de cette suppression, y compris lorsque le projet de PLU a été arrêté mais n'est pas encore approuvé. Dans ce cas l'administration recommande d'arrêter à nouveau le projet de PLU après l'avoir modifié pour supprimer les dispositions relatives au COS et à la superficie minimale des terrains.
> **c.** Dans les secteurs bâtis des zones urbaines qui sont issus d'une opération d'aménagement d'ensemble d'un domaine boisé, antérieure au XXe siècle, et qui ont conservé leur caractère remarquable de parc, le PLU peut **réglementer la surface de plancher des constructions** en fonction de la taille des terrains lorsque la préservation de la qualité des boisements et espaces verts le justifie (C. urb. art. L 151-20). Il en résulte que, si les conditions exigées par ces dispositions sont réunies, le PLU peut éventuellement fixer à zéro la surface de plancher constructible en deçà d'une certaine surface au sol (CAA Versailles 8-2-2024 nº 22VE00243 : BPIM 2/24 inf. 84).

MAINTIEN DU COS DANS LES POS

Le COS continue de s'appliquer dans les communes dotées d'un POS encore en vigueur. 3225
En effet, la loi Alur n'a pas modifié les dispositions de l'article L 123-1 dans sa rédaction antérieure à la loi SRU 2000-1208 du 13 décembre 2000. Cet article législatif, qui mentionne expressément la possibilité de fixer un ou des COS dans chaque zone ou partie de zone délimitée par le plan, est toujours en vigueur pour les POS (C. urb. art. L 174-4).

BONUS DE CONSTRUCTIBILITÉ

Les bonus de constructibilité susceptibles d'être accordés pour certaines constructions ne 3230
peuvent plus se fonder sur le COS depuis le 27 mars 2014. Un règlement de PLU qui calcule le bonus uniquement en fonction du COS ne peut plus accorder de droits à construire supplémentaires tant qu'il n'aura pas déterminé une méthode alternative au COS.

Bonus pour l'habitation Afin de faciliter l'agrandissement ou la construction de bâti- 3240
ments à usage d'habitation, le règlement du PLU ou du document en tenant lieu peut déterminer, dans les zones urbaines, des secteurs à l'intérieur desquels un dépassement des **règles relatives au gabarit, à la hauteur et à l'emprise au sol** prévues par le document est possible (C. urb. art. L 151-28, 1º). Les secteurs concernés sont indiqués dans les documents graphiques annexés au PLU (C. urb. art. R 151-37, 5º).

L'ampleur du **dépassement** autorisé pour chaque secteur est encadrée par une double **limite** : il ne peut pas aller au-delà de 20 % pour chacune des règles concernées et ne peut pas aboutir à la création d'une surface de plancher supérieure de plus de 20 % à la surface de plancher existante (C. urb. art. L 151-28, 1º).

Le dépassement en faveur de l'habitation ne peut pas s'appliquer dans les zones A, B ou C des **PEB** des aéroports (C. urb. art. L 151-29, al. 1).

Bonus pour les logements locatifs sociaux Afin de favoriser la réalisation de 3250
programmes de logements comportant des logements locatifs sociaux, le règlement peut délimiter des secteurs à l'intérieur desquels ces programmes bénéficient d'une majoration du **volume constructible** tel qu'il résulte des règles relatives au gabarit, à la hauteur et à l'emprise au sol (C. urb. art. L 151-28, 2º). Les secteurs concernés sont indiqués dans les documents graphiques annexés au PLU (C. urb. art. R 151-37, 6º).

La **majoration** fixée pour chaque secteur est soumise à une double **limite** : elle ne peut pas excéder 50 % du volume constructible dans chacun des secteurs ainsi délimités et ne peut pas être supérieure au rapport entre le nombre de logements locatifs sociaux et le nombre total des logements réalisés dans le cadre de chaque opération (C. urb. art. L 151-28, 1°).

Les projets soumis à autorisation de construire, qui bénéficient de cette possibilité de dépassement et dont la réalisation présente un intérêt public du point de vue de la qualité et de l'innovation ou de la création architecturales, peuvent obtenir une **dérogation supplémentaire** au titre du volume constructible ou des règles de gabarit. Une telle dérogation est accordée par l'autorité chargée de délivrer l'autorisation, après avis de la commission régionale du patrimoine et de l'architecture, dans la limite de 5 % (C. urb. art. L 151-29-1).

> **Précisions** Lorsque le règlement d'un PLU autorise la **majoration du volume** constructible pour la réalisation de logements sociaux dans une limite de 30 %, il en résulte la **conséquence** suivante **pour la règle de gabarit,** celle-ci étant définie comme la règle de distance des constructions par rapport, notamment, aux limites séparatives : la majoration permet, pour une certaine distance à la limite séparative, d'augmenter d'un coefficient de 1,3 la hauteur de la construction autorisée ou, pour une certaine hauteur, de réduire du même coefficient la distance à la limite séparative. La hauteur ou la distance ainsi calculée ne saurait toutefois être augmentée ou réduite au-delà ou en deçà de la limite fixée en valeur absolue par le règlement du PLU (CE 23-11-2022 n° 441184 ; D. Chauvaux « Bonus de constructibilité prévus par le PLU : à vos calculettes ! » : BPIM 1/23 inf. 2).

3251 **Bonus pour les logements intermédiaires** Le règlement peut délimiter des secteurs à l'intérieur desquels la réalisation de programmes de logements comportant des logements intermédiaires bénéficie d'une majoration du **volume constructible** qui résulte des règles relatives au gabarit, à la hauteur et à l'emprise au sol (C. urb. art. L 151-28, 4°). Les secteurs concernés sont indiqués dans les documents graphiques annexés au PLU (C. urb. art. R 151-37, 7°).

La **majoration,** fixée pour chaque secteur, est soumise à une double **limite** : elle ne peut excéder 30 % du volume constructible et, pour chaque opération, elle ne peut être supérieure au rapport entre le nombre de logements intermédiaires et le nombre total de logements de l'opération (C. urb. art. L 151-28, 4°).

Les projets soumis à autorisation de construire, qui bénéficient de cette majoration et dont la réalisation présente un intérêt public du point de vue de la qualité et de l'innovation ou de la création architecturales, peuvent obtenir une **dérogation supplémentaire** au titre de l'emprise au sol ou de la hauteur. Une telle dérogation est accordée par l'autorité chargée de délivrer l'autorisation, après avis de la commission régionale du patrimoine et de l'architecture, dans la limite de 5 % (C. urb. art. L 151-29-1).

3255 **Bonus en cas de performance énergétique** Dans les zones urbaines ou à urbaniser, le règlement du PLU peut autoriser dans certains secteurs l'édification de constructions en **dépassement des règles relatives au gabarit** dès lors qu'elles font preuve d'exemplarité énergétique ou environnementale, ou qu'elles sont à énergie positive, ou encore qu'elles intègrent des procédés de production d'énergies renouvelables. Le dépassement peut être autorisé dans la **limite** de 30 % et dans le respect des autres règles du PLU ou du document en tenant lieu (C. urb. art. L 151-28, 3° et R 151-42, 3°).

Le règlement peut **moduler l'ampleur du dépassement** sur tout ou partie du territoire couvert par le PLU. La modulation du dépassement ne peut pas être modifiée ou supprimée pendant 2 ans à compter de l'adoption de la modification simplifiée du règlement qui l'a instauré. Sous réserve d'une justification spéciale motivée par la protection du patrimoine bâti, des paysages ou des perspectives monumentales et urbaines, une modification simplifiée du PLU peut **supprimer la possibilité de dépassement** dans certains secteurs limités (C. urb. art. L 153-46).

Pour pouvoir prétendre à un dépassement des règles de gabarit, le maître d'ouvrage doit justifier que la construction fait preuve d'exemplarité énergétique, environnementale ou est considérée comme à énergie positive. Il doit joindre à sa **demande de permis de construire** un document attestant qu'il a pris en compte ou fait prendre en compte par le maître d'œuvre de conception les différents critères requis ; pour une construction à énergie positive ce document doit être établi par un organisme de certification agréé (CCH art. R 171-1 à R 171-4 ; C. urb. art. R 431-18).

Les projets soumis à autorisation de construire, qui bénéficient de cette possibilité de dépassement et dont la réalisation présente un intérêt public du point de vue de la qualité et de l'innovation ou de la création architecturales, peuvent obtenir une **dérogation supplémentaire** au titre des règles de gabarit. Une telle dérogation est accordée par l'autorité chargée de délivrer l'autorisation, après avis de la commission régionale du patrimoine et de l'architecture, dans la limite de 5 % (C. urb. art. L 151-29-1).

> **Précisions** Le **dépassement** est **limité** à 20 % dans les **zones ou** pour les **immeubles protégés** suivants : site patrimonial remarquable, site classé ou inscrit, cœur d'un parc national, immeuble classé ou inscrit au titre des monuments historiques ou protégé au titre des abords, immeuble situé dans un secteur à protéger, à mettre en valeur ou à requalifier pour des motifs d'ordre culturel, historique ou architectural localisé et délimité par le PLU. Il ne permet pas de déroger aux servitudes d'utilité publique (C. urb. art. L 151-29, al. 2).

Application combinée des bonus de constructibilité Les bonus de constructibilité examinés ci-dessus se combinent de la façon suivante : 3260
– le bonus en faveur de l'habitation ne peut pas se cumuler avec les bonus pour logements locatifs sociaux, pour logements intermédiaires et pour performance énergétique (C. urb. art. L 151-29, al. 4) ;
– les bonus pour logements locatifs sociaux, logements intermédiaires et performance énergétique peuvent se cumuler sous réserve de ne pas entraîner un dépassement de plus de 50 % du volume autorisé par le gabarit de la construction (C. urb. art. L 151-29, al.5).

TRANSFERT DE CONSTRUCTIBILITÉ

Régime juridique Depuis le 27 mars 2014, les transferts de constructibilité basés sur le COS ne sont plus possibles et aucune convention de transfert de COS ne peut plus être conclue. Les conventions conclues avant cette date demeurent applicables aux demandes de permis et aux déclarations préalables. Les PLU peuvent conserver une possibilité de transfert de constructibilité en prenant en considération d'autres règles que le COS. 3265

Ainsi, dans les **zones à protéger en raison de la qualité de leurs paysages** (zones N), le PLU peut déterminer les conditions dans lesquelles les possibilités de construction résultant des règles qu'il fixe pour l'ensemble de la zone pourront être transférées pour concentrer les constructions dans un ou plusieurs secteurs de la même zone. Dans ces secteurs délimités par le PLU (C. urb. art. R 151-36), les constructions ne sont autorisées qu'après de tels transferts ; les possibilités de construire propres aux terrains destinés à être construits s'ajoutant alors aux possibilités transférées dans la limite de la densité maximale de construction fixée par le PLU pour le secteur considéré. Dans ces zones, le PLU peut définir des secteurs de plan masse côté en trois dimensions (C. urb. art. R 151-40).

En contrepartie du transfert, la totalité du terrain dont les possibilités de construction sont transférées est frappée de plein droit d'une **servitude administrative d'interdiction de construire** constatée par un acte authentique publié au service de la **publicité foncière**. Cette servitude ne peut être levée que par décret pris sur avis conforme du Conseil d'État (C. urb. art. L 151-25).

Régime fiscal Une grande similitude existe entre l'ancien régime de transfert de COS et le régime de transfert de constructibilité en vigueur depuis le 27 mars 2014 (n° 3265). Au plan fiscal, les solutions dégagées pour l'ancien régime semblent transposables au nouveau. 3270

Ainsi, en matière de **droits d'enregistrement,** on peut penser, à l'instar de l'administration, s'agissant du transfert de COS (Rép. Lagorce : AN 27-6-1983 n° 26060, solution non reprise au Bofip) que le transfert de droits à construire s'analyse en une **constitution de servitude** soumise au régime fiscal des mutations d'immeubles. Ce transfert supporte donc les droits d'enregistrement dans des conditions qui diffèrent selon que l'opération est ou non soumise à la TVA et que l'acquéreur est ou non assujetti à la TVA.

Cette analyse conduit à considérer, en matière de **TVA,** que le transfert de droits à construire s'analyse en une **mutation de droits réels immobiliers,** laquelle suit le régime de l'immeuble auquel ils se rattachent (CGI art. 257, I-1-1°). Il en résulte que la livraison de ces droits par un assujetti à la TVA est taxable comme celle d'un terrain à bâtir ou d'un immeuble neuf ou achevé depuis plus de 5 ans en fonction de la date d'achèvement du bâti existant. La livraison par un non-assujetti n'est pas soumise à la TVA.

CONTRÔLE DE LA DENSITÉ EN CAS DE DÉTACHEMENT DE PARCELLES D'UN TERRAIN BÂTI

Depuis le 27 mars 2014, est supprimé le dispositif qui permettait au PLU (ou au POS) de prévoir, en cas de détachement depuis moins de 10 ans d'un terrain provenant d'une propriété bâtie, qu'il ne pouvait être construit sur le terrain détaché que dans la limite des droits à construire 3275 qui n'avaient pas été consommés par la construction existante sur le terrain avant sa division. Cette suppression permet à la parcelle détachée de bénéficier d'une constructibilité « normale » résultant de l'application combinée des règles du document d'urbanisme.

Une modification simplifiée du PLU ou une modification du POS permet d'intégrer formellement cette suppression. En l'absence de modification du document d'urbanisme, l'autorité compétente devra écarter l'application du dispositif lors de l'instruction d'une demande d'autorisation d'urbanisme.

C. Opposabilité du PLU

ÉTENDUE DE L'OPPOSABILITÉ DU PLU

3350 La partie écrite du **règlement** du PLU et le ou les documents comportant la partie graphique de ce règlement sont opposables, dans un rapport de conformité, à toute personne publique ou privée pour l'exécution de tous travaux, constructions, plantations, affouillements ou exhaussements des sols, pour la création de lotissements et l'ouverture des installations classées appartenant aux catégories déterminées dans le plan (C. urb. art. L 152-1, al. 1 et R 151-10, al. 2). Ces travaux ou opérations doivent en outre être compatibles avec les **orientations d'aménagement et de programmation,** lorsqu'elles existent (C. urb. art. L 152-1, al. 2). Lorsqu'une règle fait exclusivement l'objet d'une représentation dans un document graphique, la partie écrite du règlement le mentionne expressément. Tout autre élément graphique ou figuratif compris dans la partie écrite du document est une simple illustration sans caractère contraignant, sauf mention contraire expresse (C. urb. art. R 151-11). Sur l'opposabilité d'un « cahier de recommandations architecturales » annexé au PLU, voir n° 3010.

Lorsqu'une partie de la commune est couverte par un **PSMV,** les dispositions de ce plan s'appliquent à la place de celles du PLU (C. urb. art. L 153-1, al. 4). En l'**absence de Scot,** une règle d'urbanisation limitée s'applique à certaines parties de la commune.

> Précisions **a.** Même non abrogées, les dispositions d'un POS ou d'un PLU cessent d'être opposables à la suite de l'**abrogation** des dispositions législatives qui en constituaient la **base légale** (CE 2-8-2011 n° 334287 : BPIM 5/11 inf. 352).
b. Une **installation classée** pour la protection de l'environnement (ICPE) doit être **compatible avec le règlement** du PLU (C. envir. art. L 514-6). Cette compatibilité ne peut être admise qu'à la double condition que l'installation ne soit pas de nature à compromettre le parti d'aménagement retenu par la commune et qu'elle ne méconnaisse pas les dispositions du règlement de la zone du plan dans laquelle sa réalisation est prévue (CAA Nantes 19-7-2019 n° 18NT01002, Sté de la Roulette : BPIM 6/19 inf. 369). Le PLU n'est opposable qu'aux autorisations d'ouverture des ICPE accordées après l'adoption ou la modification du plan (CE 22-2-2016 n° 367901, Sté Entreprise routière du grand Sud : BJDU 3/16 p. 185). Les dispositions relatives aux ICPE contenues dans les PLU et approuvées avant le 14 juillet 2010 ne sont pas applicables aux **éoliennes** (Loi 2010-788 du 12-7-2010 art. 90, IX).
c. Le règlement d'un PLU n'est pas opposable au décret autorisant la création d'une **installation nucléaire de base** (INB) qui relève d'une législation distincte de celle régissant les installations classées (CE 1-3-2013 n° 340859, Sté Roozen France et Criirad : BPIM 3/13 inf. 169).
d. Une autorisation d'ouverture d'un **établissement recevant du public** (ERP) ne peut pas être refusée au motif que la construction ne respecte pas les règles du PLU (Rép. Zimmermann : AN 10-8-1998 p. 4496 n° 12488).
e. Après avoir relevé qu'une convention emportant cession d'une bande de terrain n'avait été conclue que dans le but de donner une apparence de régularité à une construction et d'**échapper aux prescriptions du POS,** le Conseil d'État a jugé que le permis de construire accordé au vu de la situation nouvelle était illégal (CE 25-1-1993 n° 122112 : JCP éd. N 1993 II p. 199).
f. La terminologie des règles et les mentions d'accompagnement figurant dans le règlement et les documents graphiques du PLU doivent être utilisées conformément aux définitions du **lexique national d'urbanisme** (C. urb. art. R 111-1), quitte à les préciser et les compléter si nécessaire (C. urb. art. R 151-15 et R 151-16).

ADAPTATIONS MINEURES AUX RÈGLES DU PLU

3355 Les règles et servitudes définies par un PLU peuvent faire l'objet d'adaptations mineures rendues nécessaires par la nature du sol, la configuration des parcelles ou le caractère des constructions avoisinantes (C. urb. art. L 152-3, 1°). Les adaptations doivent être motivées. Le juge administratif veille à une application stricte et restrictive de cette règle. Le point de savoir si une adaptation doit ou non être considérée comme mineure relève de l'appréciation souveraine des juges du fond (CE 30-6-1999 n° 194720 : BJDU 6/99 p. 459).

L'autorité concernée doit examiner d'office la possibilité de délivrer l'autorisation d'urbanisme demandée à la faveur d'une adaptation mineure. En cas de refus de permis, le demandeur pourra se prévaloir devant le juge de la conformité de son projet aux règles d'urbanisme assorties d'adaptations mineures, même s'il n'a pas demandé de telles adaptations (CE 11-2-2015 n° 367414 : BPIM 2/15 inf. 87 ; CE 1-7-2021 n° 439121).

› Précisions La jurisprudence est très restrictive quant à la **notion d'adaptation mineure** (CE 13-3-1987 n° 51325 : Lebon p. 98). Toutefois, la différence entre le coefficient maximal d'emprise au sol de 50 % prévu par le POS et le coefficient de 52,8 % autorisé par le permis de construire litigieux présente le caractère d'une adaptation mineure (CE 30-7-1997 n° 125598, Sté Parisienne de réalisation immobilière : BPIM 5/97 inf. 296). La superficie minimale pour construire fixée par le POS ne peut pas faire l'objet d'une adaptation mineure (CAA Paris 18-3-1999 n° 98PA01939).

DÉROGATIONS AUX RÈGLES DU PLU

Les règles fixées par le PLU peuvent faire l'objet de dérogations dans des cas limitativement énumérés (C. urb. art. L 152-3, 2°). Il convient de distinguer **deux ensembles de dérogations** : les unes, en principe, susceptibles d'être accordées dans toutes les communes ; les autres n'étant applicables que sur certaines catégories de territoires. 3360

Dérogations susceptibles d'être accordées dans toutes les communes 3362

L'autorité compétente pour délivrer le permis de construire peut, tout d'abord, déroger aux règles du PLU afin de permettre (C. urb. art. L 152-4) :

– la reconstruction de bâtiments détruits ou endommagés à la suite d'une **catastrophe naturelle** survenue depuis moins d'un an, lorsque les prescriptions imposées aux constructeurs en vue d'assurer la sécurité des biens et des personnes sont contraires à ces règles ;

– la restauration ou la reconstruction de **monuments historiques,** lorsque les contraintes architecturales propres à ces immeubles sont contraires à ces mêmes règles ;

– les travaux nécessaires à l'**accessibilité des personnes handicapées** à un logement existant.

La dérogation doit être motivée. L'autorité compétente recueille l'accord du préfet et du maire ou du président de l'EPCI, lorsqu'il n'appartient pas à ceux-ci de délivrer le permis de construire.

Afin de favoriser l'**isolation des constructions,** l'autorité compétente pour délivrer le permis de construire, le permis d'aménager ou se prononcer sur une déclaration préalable peut aussi, par une décision motivée, accorder des dérogations aux règles du PLU relatives à l'emprise au sol, à la hauteur, à l'implantation et à l'aspect extérieur des constructions (C. urb. art. L 152-5, al. 1). L'objet de ces dérogations est de permettre (C. urb. art. L 152-5, al. 2 à 5) : 3364

– la mise en œuvre d'une isolation en saillie des façades ;

– la mise en œuvre d'une isolation par surélévation des toitures ;

– la mise en œuvre de dispositifs de protection contre le rayonnement solaire en saillie des façades ;

– l'installation, sur des aires de stationnement, d'ombrières dotées de procédés de production d'énergies renouvelables.

Seules les constructions achevées depuis plus de 2 ans peuvent bénéficier d'une dérogation pour permettre une isolation en façade ou par surélévation. Aucune condition d'ancienneté n'est requise lorsqu'il s'agit de la mise en œuvre de dispositifs de protection contre le rayonnement solaire ou l'installation d'ombrières (C. urb. art. R 152-5 et, sur renvoi, art. L 152-5, al. 4 et 5). Ces dérogations ne s'appliquent pas à certaines catégories d'immeubles : immeuble classé ou inscrit au titre des monuments historiques ou protégé au titre des abords, immeuble situé dans un site patrimonial remarquable, immeuble situé dans un secteur à protéger, à mettre en valeur ou à requalifier pour des motifs d'ordre culturel, historique ou architectural, localisé et délimité par le PLU (C. urb. art. L 152-5, al. 7 à 11).

La surépaisseur en façade ou hauteur de la surélévation ne peut pas dépasser 30 cm par rapport aux règles d'implantation et de hauteur des constructions fixées par le PLU (C. urb. art. R 152-6 et R 152-7). Le cumul de ces dérogations est possible, mais ne doit pas aboutir à un dépassement de plus de 30 cm des règles d'implantation ou de hauteur du PLU (C. urb. art. R 152-8). La surépaisseur ou la surélévation ne doit pas porter atteinte à la qualité architecturale du bâtiment et à son insertion dans le cadre bâti environnant (C. urb. art. R 152-9).

La décision qui accorde la dérogation peut comporter des prescriptions particulières destinées à assurer la bonne intégration architecturale du projet dans le bâti existant et le milieu environnant (C. urb. art. L 152-5, al. 6).

La demande de dérogation est jointe à la demande de permis de construire. Elle est accompagnée d'une note précisant la nature de la ou des dérogations demandées et justifiant du respect des objectifs et des conditions fixés pour chacune des dérogations demandées (C. urb. art. R 431-31-2).

3366 D'**autres hypothèses de dérogations** aux règles du PLU poursuivent essentiellement un objectif environnemental. Ainsi, l'autorité compétente pour délivrer le permis de construire peut :

– déroger aux règles de hauteur et d'aspect des constructions, afin d'autoriser l'installation de dispositifs de **végétalisation des façades et des toitures** dans les zones urbaines et à urbaniser (C. urb. art. L 152-5-1). S'agissant de la hauteur, le dépassement autorisé est limité à un mètre en tout point au-dessus de la hauteur autorisée par le PLU, hors végétation. S'agissant de l'aspect extérieur, la dérogation concerne les caractéristiques architecturales des façades et toitures fixées par le PLU. Dans les deux cas, la surépaisseur ou la surélévation doit être adaptée au mode constructif, ainsi qu'aux caractéristiques techniques et architecturales de la façade ou de la toiture. Elle ne doit pas non plus porter atteinte à la qualité architecturale du bâtiment et à son insertion dans le cadre bâti environnant (C. urb. art. R 152-5-1 et, sur renvoi, art. R 152-9) ;

– déroger aux règles de hauteur pour une construction faisant preuve « d'**exemplarité environnementale** », afin d'éviter une limitation du nombre d'étages par rapport à un autre type de construction (C. urb. art. L 152-5-2). Cette dérogation est autorisée dans la limite d'un dépassement de 25 cm par niveau et d'un total de 2,5 m en tout point au-dessus de la hauteur autorisée par le PLU. Le dépassement ne peut être justifié que par des contraintes techniques dues à l'utilisation d'un mode de construction faisant preuve d'exemplarité environnementale et induisant, pour un nombre d'étages donné, une hauteur par étage plus importante que celle résultant d'autres modes de construction. La dérogation ne doit pas permettre l'ajout d'un étage supplémentaire par rapport à un autre mode de construction (C. urb. art. R 152-5-2) ;

– réduire l'obligation de réaliser des aires de stationnement pour véhicules motorisés prévue par le PLU, en tenant compte de la nature du projet et de la zone d'implantation. En contrepartie de la suppression d'une aire de stationnement, devront être réalisés les infrastructures ou l'aménagement d'espaces permettant le **stationnement** sécurisé d'au moins 6 **vélos** (C. urb. art. L 152-6-1). La dérogation permet de réduire mais non de supprimer l'ensemble des places de stationnement de véhicules motorisés requises par le PLU (CAA Lyon 2-7-2024 n° 23LY00291 : BPIM 5/24 inf. 287) ;

– pour les projets de **construction ou de travaux sur une friche,** déroger aux règles de gabarit dans la limite d'une majoration de 30 % ainsi qu'aux obligations en matière de stationnement, dès lors que ces constructions et travaux visent à permettre le réemploi de la friche (C. urb. art. L 152-6-2).

Les demandes de dérogation au titre de la végétalisation et de « l'exemplarité environnementale » sont jointes à la demande de permis de construire. La première est accompagnée d'une note précisant la nature de la ou des dérogations demandées et justifiant du respect des objectifs et des conditions fixés pour chacune des dérogations demandées (C. urb. art. R 431-31-2). La seconde est accompagnée d'un document justifiant de « l'exemplarité environnementale » de la construction (C. urb. art. R 431-31-3 et, sur renvoi, CCH art. R 171-3).

3370 **Dérogations ne pouvant être accordées que sur certaines catégories de territoires** Une **première série de dérogations** aux règles du PLU concernent (C. urb. art. L 152-6, al. 1) :

– les communes appartenant à une zone d'urbanisation continue de plus de 50 000 habitants où s'applique la taxe sur les logements vacants (CGI art. 232 ; Décret 2013-392 du 10-5-2013 ann. 1°) ;

– les communes de plus de 15 000 habitants en forte croissance démographique figurant sur la liste prévue au dernier alinéa de l'article L 302-5 du CCH (Décret 2013-671 du 24-7-2013 ann. II).

3372 Sur ces territoires, l'autorité compétente pour délivrer le permis de construire peut, par décision motivée, accorder des dérogations à certaines règles fixées par le PLU. Les règles auxquelles il peut être dérogé varient selon la nature du projet (C. urb. art. L 152-6, al. 2 à 8) :

– pour une **construction principalement à usage d'habitation,** sous réserve que le projet s'intègre harmonieusement dans le milieu urbain environnant : il peut être dérogé aux règles de gabarit et de densité afin de permettre un dépassement de la hauteur autorisée par le PLU, dans la limite de la hauteur de la construction contiguë calculée à son faîtage. En outre, il peut être dérogé aux règles de retrait fixant une distance minimale par rapport aux limites séparatives. Toutefois, à moins que le bâtiment à construire ne jouxte la limite parcellaire, la distance comptée horizontalement de tout point de ce bâtiment au point de la limite parcellaire qui en est le plus rapproché doit être au moins égale à la moitié de la différence d'altitude entre ces deux points, sans pouvoir être inférieure à 3 m (C. urb. art. R 152-4 et, sur renvoi, R 111-7) ;

– pour la **surélévation d'une construction** achevée depuis plus de 2 ans **afin d'y créer des logements ou de les agrandir** : il peut être accordé une dérogation aux règles de densité et aux obligations de réalisation de places de stationnement. En outre, si le projet est contigu à une autre construction, il peut être dérogé à la règle de gabarit pour permettre le dépassement de la hauteur autorisée par le PLU, dans la limite de la hauteur de la construction contiguë ;
– pour une **transformation à usage principal d'habitation** d'un bâtiment existant par reconstruction, rénovation ou réhabilitation, dans la limite d'une majoration de 30 % de son gabarit : il peut être dérogé aux règles de densité et aux obligations de réalisation de places de stationnement. Les règles de densité ainsi visées sont celles relatives à l'emprise au sol, à la hauteur ou au gabarit des bâtiments (CE 10-7-2023 n° 462717 : BPIM 5/23 inf. 289). Si la commune ne fait pas l'objet d'un constat de carence au titre de son obligation de réalisation de logements sociaux, il peut également être dérogé aux règles relatives au respect de la mixité sociale et fonctionnelle dans le cadre de la réalisation des programmes de logement ;
– pour la **construction de logements** : il peut être accordé une dérogation totale ou partielle aux obligations de création d'aires de stationnement lorsque le projet se situe à moins de 500 m d'une gare, d'une station de transport public guidé ou de transport collectif en site propre ;
– pour les **constructions contribuant à la qualité du cadre de vie** par la création d'espaces extérieurs en continuité des habitations, assurant un équilibre entre les espaces construits et les espaces libres : il peut être accordé une dérogation supplémentaire de 15 % des règles relatives au gabarit. Cette possibilité de dérogation supplémentaire ne peut pas avoir pour effet d'excéder un dépassement total de 50 %.

La **demande de dérogation** est jointe à la demande de permis de construire. Elle est accompagnée d'une note précisant la nature de la ou des dérogations demandées et justifiant du respect des objectifs et des conditions fixés pour chacune des dérogations demandées (C. urb. art. R 431-31-2).

Pour **accorder la dérogation,** l'autorité compétente doit, dans tous les cas, tenir compte de la zone d'implantation du projet et, dans certaines hypothèses, du respect d'un objectif de mixité sociale. Selon la nature du projet, des conditions supplémentaires sont fixées, laissant parfois un large pouvoir d'appréciation à l'autorité compétente. Ainsi, la dérogation totale ou partielle aux règles de stationnement pour la construction de logements doit « tenir compte de la qualité de la desserte, de la densité urbaine ou des besoins propres au projet au regard des capacités de stationnement existantes à proximité ».

Lors de la délivrance de l'autorisation de construire, une **dérogation supplémentaire** de 5 % aux règles de gabarit et de surface constructible peut être accordée, après avis de la commission régionale du patrimoine et de l'architecture, si le projet présente un intérêt public du point de vue de la qualité et de l'innovation ou de la création architecturales (C. urb. art. L 152-6, al. 9).

Une **seconde série de dérogations** aux règles du PLU, concernant certaines catégories de territoires, porte sur les périmètres des grandes opérations d'urbanisme (**GOU**) et les secteurs d'intervention des opérations de revitalisation du territoire (**ORT**). **3374**

Ces dérogations doivent contribuer au développement ou à la revitalisation du territoire et faciliter le renouvellement urbain et la maîtrise de l'étalement urbain (C. urb. art. L 152-6-4, al. 1).
Ainsi, l'autorité compétente pour délivrer le permis de construire peut, dans les zones urbaines du PLU, par décision motivée (C. urb. art. L 152-6-4, al. 2 à 7) :
– déroger aux règles de retrait fixant une distance minimale par rapport aux limites séparatives ;
– déroger aux règles de gabarit et de densité, dans la limite d'une majoration de 30 % du gabarit et de la densité prévus par le PLU ;
– déroger aux obligations de stationnement, en tenant compte de la qualité et des modes de desserte, de la densité urbaine ou des besoins propres du projet au regard des capacités de stationnement existantes à proximité ;
– autoriser une destination non prévue par le PLU, dès lors qu'elle contribue à la diversification des fonctions urbaines du secteur concerné ;
– autoriser une dérogation supplémentaire de 15 % des règles de gabarit pour les constructions contribuant à la qualité du cadre de vie, par la création d'espaces extérieurs en continuité des habitations, assurant un équilibre entre les espaces construits et les espaces libres. Cette dérogation supplémentaire ne peut concourir à excéder 50 % de dépassement au total.

Ces différentes dérogations ne sont cumulables ni avec celles qui relèvent de l'article L 152-6 (n° 3372), ni avec celle applicable dans les friches au titre de l'article L 152-6-2 (n° 3366) du Code de l'urbanisme (C. urb. art. L 152-6-4, al. 8).

EXCEPTIONS AUX RÈGLES DU PLU

3380 Lorsqu'un POS ou un PLU prévoit des **exceptions** limitativement définies **aux règles générales** qu'il édicte, l'application de ces dispositions exceptionnelles ne constitue pas une dérogation à la règle d'urbanisme. Il s'agit de l'application d'une règle particulière incorporée à la règle générale (CE 10-11-1993 n° 124532 : BJDU 2/94 p. 73). Quel que soit son objet, une telle disposition doit cependant comporter un minimum de caractère normatif (CAA Lyon 20-12-1994 n° 93LY01300 : Lebon p. 680) et être suffisamment encadrée (CE 30-9-2011 n° 339619, Cne de Saint-Maur-des-Fossés : BPIM 6/11 inf. 433 ; CE 19-7-2022 n° 449111, Cne de Yerres).

Lorsque l'autorité chargée de délivrer le permis de construire s'abstient de faire application d'une règle particulière faisant exception à la règle générale, le juge saisi d'un recours contre ce permis doit vérifier que cette abstention n'est pas entachée d'une erreur manifeste d'appréciation (CE 12-5-2022 n° 453502, Cne de Tassin-la-Demi-Lune : BPIM 4/22 inf. 268).

Par ailleurs, des dispositions législatives particulières peuvent permettre au conseil municipal ou à l'organe délibérant de l'EPCI compétent en matière de PLU d'adopter, par délibération spéciale, des règles qui s'appliqueront par exception à celles du PLU sans pour autant que le PLU soit modifié.

CONTRÔLE DU RESPECT DU PLU

3385 Le contrôle du respect des prescriptions d'un PLU, dans les hypothèses où il n'y a pas lieu à autorisation ou à déclaration préalable, est réalisé par la constatation des infractions (C. urb. art. L 610-1, al. 1 et, sur renvoi, L 480-1 à L 480-9). Sur ces questions, voir n°s 16690 s.

> **Précisions** **a.** Toute **association de protection de l'environnement agréée** au titre de l'article L 141-1 du Code de l'environnement peut exercer les droits reconnus à la partie civile en ce qui concerne les faits constituant une infraction aux dispositions des PLU ou en cas d'exécution de travaux ou d'utilisation du sol en méconnaissance des règles générales de l'urbanisme et portant un préjudice direct ou indirect aux intérêts collectifs qu'elle a pour objet de défendre (C. urb. art. L 610-1, al. 8). La procédure et les conditions d'agrément des associations de protection de l'environnement sont fixées par les articles R 141-1 s. du Code de l'environnement.
> **b.** L'**intérêt pour agir** reconnu par la loi à une **association agréée** de protection de l'environnement vaut pour tout ou partie du territoire pour lequel elle bénéficie de l'agrément (CE 8-2-1999 n° 176779, Fédération des associations de protection de l'environnement et de la nature des Côtes-d'Armor : BPIM 2/99 inf. 96). En l'**absence d'agrément,** la jurisprudence, de tendance restrictive, exige qu'il existe, outre un rapport direct entre les incidences de la décision attaquée et l'objet statutaire (condition exigée pour les associations agréées), un minimum de proportionnalité entre l'importance du projet et le ressort géographique de l'association (CE 9-12-1996 n° 155477, Association pour la sauvegarde du patrimoine martiniquais : Lebon p. 479).

SANCTIONS DES INFRACTIONS AU PLU

3390 Les constructions ou installations réalisées en infraction aux dispositions d'un PLU tombent sous le coup des mesures prévues aux articles L 480-1 à L 480-9 et L 481-1 à L 481-3 du Code de l'urbanisme : mesures conservatoires, sanctions pénales, mesures de restitution prononcées par le juge pénal ou l'autorité administrative compétente, obligation de régularisation, etc. (voir nos 16703 s.).

Même si les autorisations administratives ont été obtenues, une installation dont la nature ne respecte pas les dispositions d'un PLU et qui cause à un voisin un préjudice direct et certain peut faire l'objet d'une demande en démolition (voir nos 16890 s.). En revanche, lorsque les travaux ont été exécutés conformément à une autorisation d'urbanisme définitive et que le bénéficiaire de cette autorisation est de bonne foi, aucune poursuite pénale ne peut être engagée (C. urb. art. L 610-1).

> **Précisions** **a.** L'**affectation d'une construction** régulièrement édifiée pour un usage à une utilisation contraire aux dispositions du PLU constitue une infraction susceptible d'être réprimée en vertu de l'article L 610-1 du Code de l'urbanisme (Cass. crim. 27-2-2024 n° 23-82.639 : BPIM 3/24 inf. 151).
> **b.** Une **modification du plan** ne peut pas avoir pour effet de rendre illicite une installation existante, devenue incompatible avec le plan modifié (Cass. crim. 20-3-1996 n° 95-84.381, Cne de Brignais : Bull. crim. n° 125).

D. Élaboration du PLU

PRESCRIPTION DU PLU

3450 Le PLU est élaboré à l'**initiative** et sous la responsabilité de l'EPCI compétent en la matière, en collaboration avec les communes qui en sont membres. Dans les autres cas, il est élaboré à

l'initiative et sous la responsabilité de la commune, le cas échéant en collaboration avec l'EPCI à fiscalité propre dont elle est membre et qui ne serait pas compétent (C. urb. art. L 153-8). Selon le cas, la procédure est conduite par le président de l'EPCI ou le maire (C. urb. art. R 153-1).

Le PLU fait l'objet d'une **évaluation environnementale** à l'occasion de son élaboration (C. urb. art. L 104-1, 3° bis et art. R 104-11, I). Cette évaluation est obligatoire pour les procédures engagées après le 8 décembre 2020 (Loi 2020-1525 du 7-12-2020 art. 148, IV).

L'élaboration du PLU est prescrite par une **délibération** de l'organe délibérant de l'EPCI ou du conseil municipal qui précise les objectifs poursuivis et les modalités de la **concertation** avec le public (C. urb. art. L 153-11 et, sur renvoi, L 103-3). Ces modalités de la concertation peuvent être complétées par l'organe exécutif (CE 25-11-2015 n° 372659, Cne de Cazedarnes : BPIM 1/16 inf. 8). La délibération prescrivant l'élaboration du PLU et déterminant les modalités de la concertation est notifiée aux différentes personnes ayant vocation à être associées à l'élaboration du plan (n° 1850). Cette délibération est publiée et affichée (n° 3500). Son illégalité ne peut pas être invoquée par voie d'exception contre la délibération approuvant le plan (voir n° 3900).

La délibération prescrivant l'élaboration du PLU peut soumettre à **déclaration préalable,** sur tout ou partie du territoire concerné, les **coupes ou abattages** d'arbres isolés, de haies ou réseaux de haies et de plantations d'alignement (C. urb. art. L 113-2, al. 4).

ÉLABORATION ASSOCIÉE

Personnes publiques associées Différentes personnes publiques (voir n° 1850) sont associées à l'élaboration du PLU (C. urb. art. L 132-7 et L 132-9). Les services de l'État sont associés à l'élaboration du projet de PLU à l'initiative du président de l'EPCI (ou du maire) ou à la demande du préfet (C. urb. art. L 132-10). Les autres personnes publiques associées sont informées de l'évolution de la procédure et consultées chaque fois qu'elles en font la demande au cours de l'élaboration du projet de plan (C. urb. art. L 132-11). 3465

Personnes consultées N'étant pas directement associés à l'élaboration du projet de PLU, l'EPCI dont la commune est membre, dès lors qu'il n'est pas compétent en matière de PLU, les communes limitrophes et les EPCI voisins compétents sont consultés à leur demande. Les associations locales d'usagers agréées et les associations de protection de l'environnement agréées sont également consultées chaque fois qu'elles le demandent au cours de l'élaboration du projet de plan. Il en va de même du représentant de l'ensemble des organismes de logements sociaux situés sur le territoire de la commune ou de l'EPCI compétent. Peuvent encore demander à être consultés les représentants des professions et des usagers des voies et modes de transport, ainsi que des associations de personnes handicapées ou à mobilité réduite lorsque le PLU tient lieu de plan de mobilité (C. urb. art. L 132-13). 3470

Le président de l'EPCI ou le maire peut également recueillir l'avis de tout organisme (établissement public, société commerciale, SEM, etc.) ou association (agréée ou non) ayant compétence en matière d'aménagement du territoire, d'urbanisme, d'environnement, d'architecture, d'habitat et de déplacements, y compris celui des collectivités territoriales des États limitrophes (C. urb. art. R 132-5).

Débat préalable et arrêté du projet de PLU Au plus tard 2 mois avant l'examen du projet de PLU, un débat sur les **orientations générales du PADD** doit être organisé au sein de l'organe délibérant de l'EPCI et des conseils municipaux ou, en cas d'élaboration communale, au sein du conseil municipal. Lorsque le PLU est élaboré par un EPCI, le débat au sein des conseils municipaux est réputé tenu s'il n'a pas eu lieu au plus tard 2 mois avant l'examen du projet de PLU (C. urb. art. L 153-12). Dans le cas d'une révision, ce débat peut avoir lieu lors de la mise en révision du PLU (C. urb. art. L 153-33, al. 2). 3475

La tenue de ce débat permet d'appliquer une **mesure de sauvegarde** : la possibilité d'opposer un sursis à statuer pendant 2 ans sur toute demande d'autorisation (permis de construire, permis de démolir, permis d'aménager un lotissement ou un camping, etc.) concernant des constructions, installations ou opérations de nature à compromettre ou à rendre plus onéreuse l'exécution du futur plan (C. urb. art. L 153-11, al. 3).

Le projet de PLU est arrêté par une **délibération** de l'organe délibérant de l'EPCI ou du conseil municipal qui peut simultanément tirer le bilan de la concertation (C. urb. art. L 153-14 et R 153-3, al. 1). Lorsque le PLU est élaboré par un EPCI, l'avis des communes couvertes par le PLUi doit être sollicité avant l'arrêté du projet. Si l'une de ces communes émet un avis défavorable sur les orientations d'aménagement et de programmation ou sur les dispositions du règlement qui la concernent directement, l'organe délibérant de l'EPCI doit délibérer à nouveau. Lorsque le projet de PLUi est modifié pour tenir compte de cet avis défavorable et que la commune consultée sur cette modification émet un avis favorable ou n'émet pas d'avis dans un délai de 2 mois, l'organe délibérant de l'EPCI arrête le projet modifié à la majorité des suffrages exprimés. Dans tous les autres cas, le projet de PLU est arrêté à la majorité des 2/3 des suffrages exprimés (C. urb. art. L 153-15). Sur le **contentieux** de la délibération arrêtant le projet de PLU, voir nº 3900.

La délibération arrêtant le projet de PLU fait l'objet d'une mesure de **publicité** particulière : elle est seulement affichée pendant un mois en mairie ou au siège de l'EPCI et dans les mairies des communes membres (C. urb. art. R 153-3, al. 2).

3480 **Transmission pour avis** Le **projet de PLU arrêté** est soumis pour avis notamment aux personnes publiques associées à son élaboration (nº 1850) et, à leur demande, aux communes limitrophes et EPCI directement intéressés (C. urb. art. L 153-16 et L 153-17).

Les avis doivent être rendus dans les 3 mois et une absence de réponse équivaut à un avis favorable (C. urb. art. R 153-4).

Lorsque le **préfet** est consulté sur le projet de PLU arrêté, son avis doit, si la commune ou le groupement de communes le demande, comprendre une **prise de position formelle** sur deux points considérés comme particulièrement sensibles (C. urb. art. L 153-16-1) :

– la sincérité de l'analyse de la consommation d'espaces naturels, agricoles et forestiers (Enaf), telle qu'elle est réalisée au titre du diagnostic du rapport de présentation, cette sincérité étant appréciée au regard des données mises à la disposition par l'État dans le cadre du porter à connaissance et, le cas échéant, au regard de la note d'enjeux ;

– la cohérence, avec le même diagnostic du rapport de présentation, des objectifs chiffrés relatifs à la modération de la consommation de l'espace et à la lutte contre l'étalement urbain, tels que ces objectifs sont contenus dans le PADD.

> Précisions **a.** Lorsque le projet de PLU modifie les règles applicables dans une **ZAC** créée à l'initiative d'une personne publique autre que l'EPCI ou la commune élaborant le PLU, l'avis de cette personne publique est requis avant l'approbation du PLU ; s'il s'agit d'un EPCI, son avis doit être favorable (C. urb. art. L 153-18). L'avis est réputé émis en l'absence de réponse à l'issue d'un délai de 3 mois, sauf s'il s'agit de l'EPCI à l'origine de la ZAC, auquel cas son silence vaut rejet du projet de PLU (C. urb. art. R 153-7).

b. L'avis de l'**autorité organisatrice des transports urbains** sur le projet de PADD est parfois requis (voir nº 2985, Précisions b).

c. Le **comité régional de l'habitat et de l'hébergement** doit donner son avis sur le projet de PLU si ce plan doit tenir lieu de PLH (C. urb. art. L 153-16, 3º). Cet avis est réputé favorable à l'issue d'un délai de 3 mois (C. urb. art. R 153-4).

d. La **commission départementale de la préservation des espaces naturels, agricoles et forestiers** (CDPENAF) doit être consultée sur le projet arrêté de PLU, en l'absence de Scot et si le plan a pour effet une réduction des surfaces des espaces naturels, agricoles et forestiers (C. urb. art. L 153-16, 2º). Elle est consultée à sa demande dans les autres cas (C. urb. art. L 153-17, 3º). Elle doit rendre son avis dans les 3 mois ; à défaut, cet avis est réputé favorable (C. urb. art. R 153-4). Cet avis s'ajoute à ceux de la **chambre d'agriculture** et, le cas échéant, de l'**Institut national de l'origine et de la qualité** dans les zones d'appellation d'origine contrôlée et du **Centre national de la propriété forestière,** lorsque le projet de PLU prévoit une réduction des espaces agricoles ou forestiers. Ces avis sont rendus dans un délai de 3 mois à compter de la saisine. En l'absence de réponse à l'issue de ce délai, l'avis est réputé favorable (C. urb. art. R 153-6).

e. En **zone de montagne,** lors de la première révision du PLU qui interviendra après le 31 juillet 2017 (Loi 2016-1888 du 28-12-2016 art. 71, VI ; Décret 2017-1039 du 10-5-2017 art. 10), le projet de PLU prévoyant la création d'une ou plusieurs UTN locales devra être soumis à l'avis de la formation spécialisée de la commission départementale de la nature, des paysages et des sites (C. urb. art. L 153-16, 4º).

MODIFICATION DU PROJET DE PLU AVANT ENQUÊTE PUBLIQUE

3483 Une modification du projet de PLU avant l'enquête publique implique une **nouvelle consultation** des personnes publiques associées. Toutefois, l'**omission** de cette nouvelle consultation n'est de nature à vicier la procédure et à entacher d'illégalité la décision finale prise à l'issue de l'enquête publique que si elle a pu avoir pour effet de nuire à l'information du public ou si elle a été de nature à exercer une influence sur cette décision (CE 26-2-2014 nº 351202, Sté Gestion Camping Caravaning : BPIM 2/14 inf. 81 ; CE 7-3-2022 nº 443804, Association Cucq-Trepied Stella 2020).

Il a été jugé que, si certains éléments du rapport de présentation relatifs aux incidences environnementales du projet ont été modifiés après l'examen conjoint par l'État, la commune et les personnes publiques associées et avant l'enquête publique, un nouvel examen conjoint du projet n'était pas pour autant nécessaire (CE 24-2-2021 nº 433084, Cne de Cestas : BPIM 2/21 inf. 98).

ENQUÊTE PUBLIQUE SUR LE PROJET DE PLU

Le projet de PLU arrêté est soumis par le président de l'EPCI (ou le maire) à enquête publique environnementale (C. urb. art. L 153-19). 3485

Le **dossier soumis à enquête** comprend : les documents normalement exigés dans un dossier d'enquête publique environnementale (voir n° 10510), le rapport de présentation du PLU, le PADD, les orientations d'aménagement et de programmation, le règlement du PLU, les documents graphiques, les annexes, et les avis émis par les collectivités ou organismes associés ou consultés. Il peut être complété par les documents communiqués par le préfet dans le cadre du porter à connaissance (C. urb. art. R 153-8). En zone de montagne, le dossier soumis à enquête comporte, s'il y a lieu, l'avis de la commission départementale compétente en matière de nature, de paysages et de sites rendu sur l'étude mentionnée n° 8890 justifiant d'une urbanisation discontinue (C. urb. art. L 122-7).

Lorsque le **projet affecte une ZAC,** l'avis émis par la personne publique à l'initiative de laquelle la ZAC a été créée doit être joint au dossier d'enquête (CAA Douai 4-4-2006 n° 04DA01032 : BPIM 6/06 inf. 419). Lorsqu'une ZAC est concernée, l'enquête publique peut valoir enquête publique préalable à la déclaration d'utilité publique des travaux d'aménagement de la zone. Il est alors nécessaire que le dossier d'enquête publique environnementale soit complété par les pièces requises par le Code de l'expropriation (C. urb. art. L 153-20 et R 153-9).

› Précisions **a.** Le **projet** soumis à enquête ne peut pas être **modifié au cours de l'enquête** ni par la commune (CAA Versailles 6-6-2013 n° 11VE02069, Sté d'exploitation des établissements Valladon) ni par le maire (CAA Bordeaux 11-7-2013 n° 11BX03249, Association Qualité de vie sanilhacoise : BPIM 5/13 inf. 308). À notre avis, cette jurisprudence est partiellement caduque depuis l'entrée en vigueur de la réforme des enquêtes publiques, la personne responsable du projet (au cas particulier l'EPCI ou la commune) pouvant demander une suspension de l'enquête pour intégrer des modifications substantielles à son projet (voir n° 10560).

b. L'organe délibérant de l'EPCI ou le conseil municipal, qui doit à nouveau délibérer sur un projet de PLU ayant fait l'objet de **conclusions défavorables du commissaire enquêteur** (C. envir. art. L 123-16, al. 2 dans sa rédaction issue de la loi 2023-973 du 23-10-2023), doit avoir eu connaissance de ces conclusions mais n'a pas à en débattre spécifiquement (CE 15-12-2015 n° 374027, Cne de Saint-Cergues : BPIM 1/16 inf. 9).

c. À l'issue de l'enquête publique sur le projet de plan local d'urbanisme, le **rapport** et les **conclusions** du commissaire enquêteur ou de la commission d'enquête doivent être **tenus à la disposition du public** pendant un an en mairie, en préfecture et sur internet (C. envir. art. R 123-21). La méconnaissance de cette obligation est sans incidence sur la légalité de la délibération approuvant le plan (CE 19-12-2007 n° 281803, Cne d'Ungersheim : BJDU 3/08 p. 185).

d. Le **commissaire enquêteur** exerce sa mission au titre d'une procédure conduite par la commune. Les **fautes** qu'il commet dans le cadre de cette mission engagent donc la **responsabilité** de la commune, et non pas celle de l'État. Peu importe que le commissaire enquêteur soit désigné par le président du tribunal administratif et que celui-ci soit également chargé de fixer sa rémunération (CE 13-3-2019 n° 418170, Cne de Villeneuve-le-Comte : BPIM 3/19 inf. 153).

MODIFICATION DU PROJET DE PLU APRÈS ENQUÊTE PUBLIQUE

Le projet de plan arrêté est éventuellement modifié à la suite de l'enquête publique pour tenir compte des différents avis joints au dossier, des observations du public et du rapport du commissaire ou de la commission d'enquête (C. urb. art. L 153-21, al. 1). 3490

Les modifications apportées au projet de PLU après l'enquête publique ne doivent pas être substantielles c'est-à-dire remettre en cause l'économie générale du projet. Elles doivent, en outre, procéder de l'enquête, c'est-à-dire être destinées à tenir compte des réserves et recommandations du commissaire enquêteur (ou de la commission d'enquête), des observations du public et des avis émis par les autorités, collectivités et instances consultées et joints au dossier d'enquête (CE 12-3-2010 n° 312108, Lille métropole communauté urbaine : BPIM 3/10 inf. 189 ; CE 2-10-2017 n° 399752). Il peut s'agir de modifications non évoquées au cours de l'enquête, mais destinées à assurer la cohérence du zonage après l'acceptation d'autres demandes de changement de zone exprimées lors de l'enquête (CE 4-6-2014 n° 365236 : BPIM 4/14 inf. 224). Doivent être considérées comme procédant de l'enquête les modifications apportées au règlement du PLU à la suite d'une recommandation du commissaire enquêteur, bien qu'elles aillent au-delà de cette recommandation (CE 17-3-2021 n° 430244, Association syndicale autorisée des propriétaires du domaine de Beauvallon : BPIM 3/21 inf. 163).

À défaut de procéder de l'enquête, une enquête complémentaire (voir n° 10565) ou une nouvelle enquête sera nécessaire. La solution est valable même si les modifications apportées sont imposées par la nécessité d'assurer le respect de dispositions législatives (CE 7-1-1987 n° 65201 : AJDA 1987 p. 431 ; CE 4-1-1995 n° 153533, Cne de Narbonne : Lebon p. 1 ; CE 25-11-1998 n° 163902 : BPIM 3/99 inf. 188).

APPROBATION DU PLU

3495 Le projet de PLU est approuvé par **délibération** de l'organe délibérant de l'EPCI (à la majorité des suffrages exprimés) ou délibération du conseil municipal (C. urb. art. L 153-21). L'organisation d'une conférence intercommunale rassemblant les maires des communes membres d'un EPCI ne s'impose qu'avant l'approbation d'un PLUi. Cette formalité ne concerne donc pas l'approbation d'un PLU qui ne couvre que le territoire d'une seule commune (CAA Versailles 10-11-2022 n° 20VE01764, SCI Lyeli : BPIM 2/23 inf. 84).

Le plan approuvé est tenu à la disposition du public et transmis au préfet (C. urb. art. L 153-22).

ATTENTION

Sont illégales les délibérations auxquelles ont pris part un ou plusieurs **conseillers municipaux intéressés à l'affaire** qui en fait l'objet soit en leur nom personnel, soit comme mandataire (CGCT art. L 2131-11). Est considéré comme « intéressé » à une affaire tout conseiller municipal dont les intérêts propres ou qu'il représente ne se confondent pas avec l'intérêt communal (CE sect. 16-12-1994 n° 145370, Cne d'Oullins : Lebon p. 559). Cette disposition trouve notamment à s'appliquer lors de l'approbation du PLU (CAA Douai 8-9-2014 n° 13DA00765, Cne de Vignemont : BPIM 5/14 inf. 302). Mais un conseiller municipal peut, tout en s'abstenant de siéger lors de l'approbation du plan, en influencer le contenu dans un sens conforme à ses intérêts. Si cette influence est avérée, la délibération approuvant le plan peut être illégale (CE 12-10-2016 n° 387308 : BPIM 6/16 inf. 348 ; CAA Nancy 9-10-2014 n° 13NC01758, Cne de Heiteren : BPIM 6/14 inf. 359 ; CAA Lyon 13-6-2019 n° 18LY03129, Synd. copr. de la résidence Le Lac-La Loze : BPIM 5/19 inf. 311). Des conseillers municipaux membres d'une association de riverains opposée au projet de PLU peuvent valablement participer au vote dès lors qu'ils n'influencent pas le conseil municipal pour des motifs d'intérêt personnel (CE 22-2-2016 n° 367901, Sté Entreprise routière du grand sud : BPIM 2/16 inf. 85).

FORMALITÉS DE PUBLICITÉ

3500 Les **principaux actes de la procédure** d'élaboration ou d'évolution d'un PLU font l'objet de mesures identiques de publicité et d'affichage. Sont notamment concernés les actes suivants : délibération prescrivant l'élaboration ou la révision du plan, délibération approuvant, révisant, modifiant ou abrogeant le plan, arrêté mettant le plan en compatibilité avec un document supérieur, décret ou arrêté prononçant la DUP emportant nouvelles dispositions du PLU, arrêté ou délibération mettant le plan en compatibilité avec une déclaration de projet (C. urb. art. R 153-20).

Ces différents actes font l'objet d'un **affichage** pendant un mois en mairie ou au siège de l'EPCI et dans les mairies des communes membres. Mention de cet affichage est publiée dans un **journal** diffusé dans le département. Selon sa nature, l'acte est, en outre, publié : au **recueil des actes administratifs** de la commune (délibération d'une commune de plus de 3 500 habitants), au recueil des actes administratifs de l'EPCI (délibération d'un EPCI comprenant une commune de plus de 3 500 habitants), au recueil des actes administratifs de l'État dans le département (arrêté préfectoral) ou au Journal officiel (décret en Conseil d'État). Chacune de ces formalités de publicité mentionne le ou les lieux où le dossier de PLU peut être consulté (C. urb. art. R 153-21).

Depuis le 1er janvier 2020, la publication des délibérations mentionnées ci-dessus, ainsi que celle de tous les PLU, doit être effectuée sur le **portail national de l'urbanisme** (C. urb. art. R 153-22).

L'arrêté ou la délibération produit ses effets dès l'accomplissement des formalités d'affichage et de publication dans la presse locale. La date à prendre en compte pour l'affichage est celle du premier jour (C. urb. art. R 153-21, al. 8).

ENTRÉE EN VIGUEUR DU PLU

3505 Le PLU et la délibération qui l'approuve sont publiés sur le **portail national d'urbanisme** (C. urb. art. L 153-23, I). Cette condition remplie, ils deviennent exécutoires selon trois modalités distinctes (C. urb. art. L 153-23, II) :

1° Lorsque la **commune** est **couverte par un Scot** approuvé, le PLU et la délibération qui l'approuve sont exécutoires dès leur transmission au préfet (C. urb. art. L 153-23, II-1°). S'il estime l'acte illégal, le préfet peut saisir le juge.

2° En l'**absence de Scot** couvrant le territoire de la commune, le PLU et la délibération qui l'approuve ne sont exécutoire qu'un mois après leur transmission au préfet (C. urb. art. L 153-23, II-2°). Pendant ce délai, le préfet peut s'opposer au **caractère exécutoire du PLU** en notifiant à l'EPCI ou à la commune, par lettre motivée, les modifications qu'il estime nécessaire d'apporter au plan (C. urb. art. L 153-25, al. 1).

Le **droit d'opposition du préfet** est limité à certaines hypothèses particulières. Dans les autres cas, le préfet doit saisir le juge. Ce droit d'opposition est ouvert lorsque le PLU comporte des dispositions qui (C. urb. art. L 153-25, al. 2 à 8) : **3505** (suite)

– sont incompatibles avec les prescriptions particulières de massif ou, en l'absence de celles-ci, avec les lois montagne ou littoral ;
– compromettent gravement les principes généraux des articles L 101-2 du Code de l'urbanisme (nº 1055) ;
– sont contraires à un projet d'intérêt général ;
– autorisent une consommation excessive de l'espace, notamment en ne prévoyant pas la densification des secteurs desservis par les transports ou les équipements collectifs ;
– ne prennent pas suffisamment en compte la préservation ou la remise en bon état des continuités écologiques ;
– font apparaître des incompatibilités manifestes avec l'utilisation ou l'affectation des sols des communes voisines ;
– sont manifestement contraires au programme d'action de la zone du plateau de Saclay ;
– s'agissant des entrées de ville, sont incompatibles avec la prise en compte des nuisances, de la sécurité, de la qualité urbaine, architecturale et paysagère ;
– sont de nature à compromettre la réalisation d'un PLH, d'un Scot, d'un schéma de secteur ou d'un SMVM en cours d'établissement ;
– font apparaître une incompatibilité manifeste avec l'organisation des transports prévue par l'autorité organisatrice des transports territorialement compétente.

Le droit d'opposition du préfet est également ouvert lorsque le PLU fait obstacle à la mise en œuvre d'un contrat de développement territorial du « Grand Paris » (Loi 2011-665 du 15-6-2011 art. 1, II).

En cas d'opposition du préfet, le PLU devient seulement exécutoire après que les modifications demandées et la délibération qui les approuve ont été publiées sur le portail national d'urbanisme et transmises au préfet (C. urb. art. L 153-25, al. 9).

3º Lorsque le **PLU** comporte des dispositions **tenant lieu de PLH,** le PLU et la délibération qui l'approuve ne sont exécutoires qu'un mois après leur transmission au préfet (C. urb. art. L 153-23, II-2º).

Pendant ce délai, le préfet peut s'opposer au **caractère exécutoire du PLU** en notifiant à l'EPCI ou à la commune, par lettre motivée, les modifications qu'il estime nécessaire d'apporter au plan. Il en va ainsi dans certaines hypothèses particulières. Dans les autres cas, le préfet doit saisir le juge.

Le **droit d'opposition du préfet** est ouvert lorsque les dispositions du PLU ne répondent pas aux objectifs de répartition équilibrée et diversifiée de l'offre de logements, de renouvellement du parc immobilier, d'accroissement du nombre de logements et de places d'hébergement nécessaires ou ont fait l'objet d'un avis défavorable ou de réserves émises par le comité régional de l'habitat et de l'hébergement. Le PLU devient seulement exécutoire après que les modifications demandées et la délibération qui les approuve ont été publiées sur le portail national d'urbanisme (C. urb. art. L 153-26).

Quelles que soient les modalités selon lesquelles le PLU et la délibération doivent être rendus exécutoires, si leur **publication sur le portail d'urbanisme** a été **empêchée** pour des raisons liées au fonctionnement de celui-ci ou à des difficultés techniques avérées, le plan et la délibération peuvent être rendus publics dans les conditions prévues à l'article L 2131-1, III et IV du CGCT. La commune ou l'EPCI informe le préfet des difficultés rencontrées. La publication sur le portail doit alors intervenir dans un délai de 6 mois à compter de la date à laquelle le PLU et la délibération sont devenus exécutoires (C. urb. art. L 153-23, III).

› Précisions a. Le pouvoir d'intervention du préfet ne porte pas atteinte au **principe de libre administration des collectivités** locales (CE 15-10-2014 nº 377088, Min. logement c/ Cne de Privas : BJDU 2/15 p. 76).

b. Le **délai** d'un mois imparti au préfet **pour notifier** une demande de modification est interrompu par la demande, adressée dans le même délai à l'autorité compétente, de communiquer les pièces nécessaires à la détermination des modifications à apporter au plan. Si ces pièces ne sont pas nécessaires, le délai n'est pas interrompu et le plan devient exécutoire un mois après sa transmission (CAA Lyon 5-4-2005 nº 03LY00777, Min. équipement et préfet de la Loire : BPIM 5/05 inf. 298).

c. Lorsque la commune ou l'EPCI **apporte les modifications demandées** par le préfet, il lui appartient de prendre une nouvelle délibération qui approuve le PLU ainsi modifié et qui a pour effet de substituer celui-ci au plan non exécutoire précédemment approuvé. Cette nouvelle approbation doit être précédée d'une nouvelle enquête publique si les modifications apportées portent atteinte à l'économie générale du projet (CE 13-6-2024 n° 473684, Sté Piquey-Nord et Sté Piquey-Sud : BPIM 4/24 inf. 227).

d. La lettre du préfet notifiant les modifications qu'il estime nécessaire d'apporter au plan a le caractère d'un recours administratif, interrompant le **délai pour déférer** la délibération devant la juridiction administrative (CE 9-10-1995 n° 155781, Cne du Theil-sur-Huisne). Elle présente la nature d'une décision faisant grief (CE sect. 9-4-1993 n° 115902, Cne des Contamines-Montjoie : Lebon p. 126).

e. Lorsque la commune ou l'EPCI demande en **référé** la **suspension** de la **décision du préfet** subordonnant l'entrée en vigueur du PLU à sa modification, la condition d'urgence doit être regardée comme remplie, dès lors que la mise en œuvre de cette modification est de nature à retarder l'entrée en vigueur du document d'urbanisme approuvé (CE 30-12-2020 n° 441075, Communauté de communes de la Ténarèze : BPIM 1/21 inf. 10).

f. Éclairant en matière de POS la **notion « d'incompatibilité manifeste** avec l'utilisation des sols des communes voisines », le Conseil d'État a précisé que le préfet, auquel la délibération d'un conseil municipal approuvant la révision du POS a été transmise, peut légalement exiger que le plan soit modifié afin de prévoir un emplacement réservé pour la réalisation d'un chemin départemental projeté par le département et pour lequel des emplacements ont été réservés par les POS des communes voisines (CE 25-3-1996 n° 119764, Min. équipement c/ Ville d'Allauch : BJDU 3/96 p. 176).

EFFETS PARTICULIERS DE L'ADOPTION D'UN PLU

3510 **Transfert de compétence** Dès qu'une commune ou un groupement de communes est doté d'un **PLU approuvé,** la délivrance des **autorisations** d'occupation du sol et des certificats d'urbanisme relève de la **compétence communale** et non plus de celle de l'État (C. urb. art. L 422-1).

3515 **Dispense d'enquête publique** L'approbation du PLU dispense, sous diverses conditions, de l'enquête publique préalable aux **classements et déclassements de voies** et places publiques communales prévues au plan (C. urb. art. R 153-10 ; C. voirie routière art. L 141-3).

3520 **Sort des baux ruraux** Le propriétaire peut, à tout moment, **résilier le bail** sur des parcelles dont la destination agricole peut être changée en vertu d'un PLU approuvé. La résiliation n'est possible que dans les **zones urbaines** définies par le plan. En dehors des zones urbaines, la résiliation ne peut être exercée qu'avec l'autorisation du préfet (C. rur. art. L 411-32). En cas de litige, le juge doit s'assurer que les parcelles concernées sont en zone U du PLU ou, si elles sont dans une autre zone du PLU, que le préfet a autorisé le changement de leur destination agricole (Cass. 3e civ. 15-11-2018 n° 17-16.687 F-D ; Cass. 3e civ. 14-3-2024 n° 22-17.652 F-D : BPIM 3/24 inf. 154). N'est pas située dans une zone urbaine disposant des équipements publics desservant les constructions une parcelle, non viabilisée et non desservie par les réseaux, située dans zone constructible à vocation d'habitat et destinée à accueillir une opération de type lotissement (Cass. 3e civ. 9-2-2017 n° 15-24.320 FS-PBI : BPIM 2/17 inf. 84).

E. Évolution du PLU

RÈGLES GÉNÉRALES

3600 Comme la procédure d'élaboration, les procédures de révision, de modification et de mise en compatibilité sont en principe menées à l'**initiative** et sous la responsabilité de l'EPCI ou de la commune.

La procédure de révision concerne les changements fondamentaux apportés au PLU, celle de modification porte sur des changements moins importants. La procédure de mise en compatibilité s'applique lorsqu'il est nécessaire d'adapter le PLU pour tenir compte d'un document supérieur ou d'un projet particulier.

La révision, comme la modification, d'un PLU constitue une **procédure distincte** de l'élaboration initiale de ce plan (Avis CE 8-12-1988 : EDCE 1988 p. 292). La modification (et à notre avis la révision) d'un PLU ne constituant pas une mesure d'application de ce plan, la légalité de l'acte qui a approuvé ce dernier ne peut être utilement contestée après l'expiration du délai de recours contentieux, à l'occasion d'un recours dirigé contre une modification (ou une révision) de ce plan (CE 22-7-1994 n° 88442, Association de sauvegarde du patrimoine martiniquais : BJDU 5/94 p. 87 ; CE 8-4-1998 n° 170740, Association Information et défense de Cannes).

ÉVALUATION DE L'APPLICATION DU PLU

3610 Au plus tard 6 ans après la dernière approbation du PLU (élaboration ou révision complète) ou de la dernière évaluation du plan, l'organe délibérant de l'EPCI, après avoir sollicité l'avis des communes membres, ou le conseil municipal, doit analyser les résultats de l'application du plan au regard des objectifs généraux assignés aux documents d'urbanisme (voir nº 1055) et en matière de transport (C. urb. art. L 153-27, al. 1). Pour les PLU révisés après le 31 juillet 2017 (Loi 2016-1888 du 28-12-2016 art. 71, VI ; Décret 2017-1039 du 10-5-2017 art. 10), l'analyse des résultats porte également sur les unités touristiques nouvelles. Pour les PLU élaborés ou révisés après le 24 août 2021 et dans le cas des communes exposées à un recul du trait de côte, l'analyse porte, en outre, sur la projection de ce recul (C. urb. art. L 153-27, al. 2). L'analyse des résultats peut éventuellement inclure un rapport relatif à l'artificialisation des sols (C. urb. art. L 153-27, al. 4). À l'issue de cette analyse, l'organe délibérant de l'EPCI, après avis des communes membres, ou le conseil municipal doit délibérer sur l'opportunité de réviser le PLU (C. urb. art. L 153-27, al. 3).

Si le PLU tient lieu de PLH, l'évaluation porte également sur les résultats de l'application de ce plan au regard des objectifs en matière d'habitat. Le préfet peut demander des modifications s'il estime que le document ne répond pas à ces objectifs. L'EPCI dispose d'un mois pour faire connaître son accord. À défaut d'accord ou à défaut d'approbation des modifications demandées dans le délai d'un an, le préfet engage la mise en compatibilité du PLU (C. urb. art. L 153-28). Par ailleurs, l'organe délibérant de l'EPCI est tenu de dresser tous les 3 ans le bilan de l'application des dispositions du PLU relatives à l'habitat au regard des mêmes objectifs. Ce bilan est transmis au préfet du département (C. urb. art. L 153-29).

En ce qui concerne les indicateurs nécessaires à ces évaluations, voir nº 2982.

1. RÉVISION DU PLU

RÈGLES GÉNÉRALES EN MATIÈRE DE RÉVISION DU PLU

Deux procédures de révision coexistent : la **révision ordinaire** et la **révision mineure accélérée.** 3615

En raison de la durée de la procédure de révision ordinaire, il est possible de **mener plusieurs procédures d'évolution simultanément** entre la mise en révision du plan et son approbation. Il peut ainsi être procédé à une ou plusieurs révisions mineures accélérées, modifications ou mises en compatibilité avant l'approbation de la révision ordinaire. Les procédures nécessaires à une ou plusieurs révisions mineures accélérées peuvent en outre être menées conjointement (C. urb. art. L 153-35).

Une **évaluation environnementale** est nécessaire (C. urb. art. R 104-11, I-2º et II) :
– lorsque la révision permet la réalisation de travaux, aménagements, ouvrages ou installations susceptibles d'affecter de manière significative un site Natura 2000 ;
– lorsque l'EPCI compétent ou la commune décide de changer les orientations définies par le PADD ;
– dans tous les autres cas où une révision ordinaire est requise. Par exception, la décision de procéder à une évaluation environnementale est prise au cas par cas s'il est établi que la révision est susceptible d'avoir des incidences notables sur l'environnement au regard des critères de l'annexe II de la directive 2001/42/CE du 27 juin 2001 et si l'incidence de cette révision ne concerne qu'une très faible partie du territoire couvert par le PLU ou le PLUi.

Le **rapport de présentation** de la révision doit motiver et justifier les changements apportés aux règles initiales (C. urb. art. R 151-2, 6º et R 151-5). Un changement non motivé dans le rapport entraîne l'illégalité du plan révisé sur ce point (CE 17-7-2013 nº 350380, SFR : BPIM 5/13 inf. 309). Le rapport doit présenter une analyse de l'état initial du site et une analyse des incidences sur celui-ci de la mise en œuvre du plan révisé (CE 20-5-2011 nº 321440, Cne de Saint-Joseph). 3620

ILLUSTRATIONS

Est insuffisant le rapport de présentation d'un POS révisé qui ne comporte aucune analyse des incidences sur l'environnement de l'urbanisation future du site, alors que d'importants travaux d'infrastructure y sont envisagés (CE 8-3-1996 nº 161383, Port autonome de Nantes et Cne de Donges : BJDU 2/96 p. 100), ou que la constructibilité y est très fortement augmentée (CE 25-3-1996 nº 148521, Association des propriétaires et résidents pour la sauvegarde du Moulleau : BPIM 4/96 inf. 247). Lorsque la révision affecte la superficie de différentes zones, le rapport doit analyser l'évolution respective des différents types de zones urbaines et de zones naturelles (CE 9-12-1998 nº 170072, Cne de Veyrier-le-Lac). Est suffisant le rapport qui comporte un tableau retraçant explicitement l'évolution des différentes zones (CE 8-1-1993 nº 132104, Cne de Nogent-sur-Marne).

RÉVISION ORDINAIRE DU PLU

Le PLU fait l'**objet** d'une révision ordinaire lorsque l'EPCI (ou la commune) envisage (C. urb. art. L 153-31, I) : 3625
– soit de changer les orientations définies par le PADD ;

– soit de réduire un espace boisé classé, une zone agricole ou une zone naturelle et forestière ;
– soit de réduire une protection édictée en raison des risques de nuisance, de la qualité des sites, des paysages ou des milieux naturels, ou d'une évolution de nature à induire de graves risques de nuisance ;
– soit d'ouvrir à l'urbanisation une zone à urbaniser créée il y plus de 6 ans et qui n'a pas fait l'objet d'acquisitions foncières significatives de la part de la commune ou de l'EPCI compétent, directement ou par l'intermédiaire d'un opérateur foncier. Pour les zones à urbaniser délimitées avant le 1er janvier 2018, le délai pris en compte est de 9 ans (Loi Climat 2021-1104 du 22-8-2021 art. 199, II) ;
– soit de créer des OAP pour un secteur d'aménagement valant création de ZAC.

La révision est prescrite par l'organe délibérant de l'EPCI ou le conseil municipal (C. urb. art. L 153-32). Les **modalités de la procédure de révision** sont les mêmes que celles prévues pour l'élaboration du PLU (voir nos 3450 s.). Toutefois, le débat sur les orientations du PADD peut avoir lieu lors de la mise en révision du plan (C. urb. art. L 153-33, al. 2). La tenue de ce débat permet à l'autorité compétente de **surseoir à statuer** sur les demandes d'autorisation de nature à compromettre ou à rendre plus onéreuse l'exécution du futur plan (no 14790). Le projet de plan arrêté est soumis pour avis aux communes intéressées par la révision (C. urb. art. L 153-33, al. 3), dont l'avis est réputé favorable s'il n'a pas été émis dans les 3 mois de la transmission du projet de plan (C. urb. art. R 153-11, al. 2).

La révision doit être systématiquement précédée d'une **concertation** (C. urb. art. L 103-2, 1o). La délibération qui arrête le projet de révision peut simultanément tirer le bilan de la concertation avec le public (C. urb. art. R 153-3). Le projet de révision arrêté est soumis à enquête publique environnementale par le président de l'EPCI ou le maire (C. urb. art. L 153-19). La révision est ensuite approuvée par l'organe délibérant de l'EPCI ou le conseil municipal. Elle devient exécutoire dans les conditions précisées no 3505.

> **Précisions** **a.** L'**initiative** de la révision relève du pouvoir discrétionnaire de l'autorité compétente (CE 15-3-1989 no 48013 : Lebon T. p. 988).
> **b.** La mise en révision du PLU peut résulter de la **création d'un site patrimonial remarquable** prescrivant l'élaboration du plan de sauvegarde et de mise en valeur (C. urb. art. L 313-1, II).
> **c.** Lorsque la révision concerne une **ZAC,** l'avis de la personne publique à l'initiative de la création de la ZAC peut être requis (voir no 3480, Précisions a) et l'enquête publique peut valoir enquête publique préalable à la DUP des travaux envisagés dans la zone (voir no 3485).
> **d.** La délibération qui arrête le **projet de POS révisé** est une décision préparatoire insusceptible de recours pour excès de pouvoir (CE ass. 15-4-1996 no 120273, Syndicat CGT des hospitaliers de Bédarieux : Lebon p. 130).
> **e.** Les vices entachant la délibération prescrivant la révision d'un POS peuvent être invoqués contre la délibération en approuvant la révision (CE 9-2-1994 no 118645). Sur la limitation de la possibilité d'invoquer l'**illégalité** de l'acte prescrivant la révision du plan **par voie d'exception,** voir no 2010.

RÉVISION MINEURE ACCÉLÉRÉE DU PLU

3630 Sauf si l'**objet** de la révision porte atteinte aux orientations définies par le PADD, la procédure accélérée peut être utilisée lorsque la révision est de nature à induire de graves risques de nuisance ou lorsqu'elle a pour unique objet (C. urb. art. L 153-34) :
– soit de réduire un espace boisé classé, une zone agricole, une zone naturelle et forestière ;
– soit de réduire une protection édictée en raison des risques de nuisance, de la qualité des sites, des paysages ou des milieux naturels ;
– soit de créer des OAP valant création d'une ZAC.

La **procédure** présente les particularités suivantes. Sa mise en œuvre est initiée par le président de l'EPCI ou le maire. Elle est prescrite par l'organe délibérant compétent qui précise les objectifs poursuivis et les modalités de la concertation qui doit être systématiquement organisée (C. urb. art. L 103-2, 1o). La délibération qui arrête le projet de révision peut simultanément tirer le bilan de la concertation avec le public (C. urb. art. R 153-12). Le projet de révision arrêté fait l'objet d'un examen conjoint de l'État, de l'EPCI (ou de la commune) et des personnes publiques associées mentionnées no 1850 ; les maires des communes concernées par la révision sont invités à participer à cet examen conjoint (C. urb. art. L 153-34). Le projet de révision arrêté, accompagné du procès-verbal de la réunion d'examen conjoint, est soumis à enquête publique environnementale avant d'être approuvé (C. urb. art. R 153-12). La révision accélérée du PLU devient exécutoire dans les conditions précisées no 3505.

2. MODIFICATION DU PLU

RÈGLES GÉNÉRALES EN MATIÈRE DE MODIFICATION DU PLU

Il existe **deux procédures** de modification du PLU : une procédure dite « ordinaire » avec enquête publique environnementale et une procédure de modification simplifiée avec simple mise à disposition du public. Ces procédures ne peuvent pas être utilisées lorsque les changements envisagés relèvent de la procédure de révision. La procédure de modification est utilisée lorsque l'EPCI (ou la commune) envisage de **modifier le règlement, les OAP ou le programme d'orientations et d'actions** défini au titre de l'habitat ou des transports (C. urb. art. L 153-36). 3635

Lorsque la modification a pour objet d'**ouvrir une zone à l'urbanisation,** une délibération spécialement motivée de l'organe délibérant de l'EPCI ou de la commune doit justifier l'utilité de cette ouverture au regard des capacités d'urbanisation encore inexploitées dans les zones déjà urbanisées et la faisabilité opérationnelle d'un projet dans ces zones (C. urb. art. L 153-38).

Une **évaluation environnementale** est nécessaire (C. urb. art. R 104-12) :
– si la modification permet la réalisation de travaux, aménagements, ouvrages ou installations susceptibles d'affecter de manière significative un site Natura 2000 ;
– s'il s'agit d'une modification simplifiée qui emporte les mêmes effets qu'une révision ;
– s'il est établi, après un examen au cas par cas, que la modification est susceptible d'avoir des incidences notables sur l'environnement au regard des critères de l'annexe II de la directive 2001/42/CE du 27 juin 2001.

Par exception, aucune évaluation environnementale n'est requise si la modification a pour seul objet la réduction de la surface d'une zone urbaine ou à urbaniser ou la rectification d'une erreur matérielle.

La modification d'un PLU engagée après le 8 décembre 2020 doit faire l'objet d'une **concertation préalable** lorsqu'elle est soumise à évaluation environnementale (C. urb. L 103-2, 1°-b ; Loi 2020-1525 du 7-12-2020 art. 148, IV).

La **procédure** de modification est engagée à l'**initiative** du président de l'EPCI (ou du maire) qui établit le projet de modification (C. urb. art. L 153-37). Une modification simplifiée peut également être initiée par le maire d'une commune membre de l'EPCI compétent si cette modification ne concerne que le territoire de sa commune (C. urb. art. L 153-45, dernier al.). Le projet est notifié au préfet, aux personnes publiques associées mentionnées n° 1850 et aux maires des communes concernées par la modification (C. urb. art. L 153-40), avant l'ouverture de l'enquête publique environnementale (ou la mise à disposition du public en cas de modification simplifiée).

Comme dans le cas de la procédure d'élaboration du PLU, le préfet doit, si la commune ou le groupement de communes le demande, lui adresser sa position en ce qui concerne, d'une part, la sincérité de l'analyse de la consommation d'espaces naturels, agricoles et forestiers (Enaf), telle qu'elle est réalisée au titre du diagnostic du rapport de présentation et, d'autre part, la cohérence, avec le même diagnostic, des objectifs chiffrés relatifs à la modération de la consommation de l'espace et à la lutte contre l'étalement urbain, tels que ces objectifs sont contenus dans le PADD (C. urb. art. L 153-40-1).

> Précisions **a.** Le **rapport de présentation** de la modification doit motiver les changements apportés (voir n° 3620). S'agissant des POS, il a été jugé que le rapport de présentation de la modification ne devait pas obligatoirement contenir une analyse de l'état initial du site (CE 22-7-1994 n° 88442, Association de sauvegarde du patrimoine martiniquais : BJDU 5/94 p. 87).

b. Le **délai de recours** n'est pas rouvert à l'encontre des dispositions qui ont été reprises à l'identique. Ainsi, est irrecevable une requête tendant à ce qu'une modification soit annulée en tant qu'elle laisse inchangé le classement antérieur de certaines parcelles (CE 30-9-1996 n° 146246 : BPIM 2/97 inf. 84).

c. À **Paris, Lyon et Marseille,** le conseil d'arrondissement est consulté par le maire de la commune avant toute délibération du conseil municipal portant sur la modification du PLU lorsque le périmètre du projet de modification concerne, en tout ou partie, le ressort territorial de l'arrondissement. Le conseil d'arrondissement peut proposer au conseil municipal une modification de la partie du plan concernant l'arrondissement (CGCT art. L 2511-15).

d. Lorsque la modification concerne une **ZAC** (C. urb. art. L 153-39), l'avis de la personne publique à l'initiative de la création de la ZAC peut être requis (voir n° 3480, Précisions a) et l'enquête publique peut valoir enquête publique préalable à la DUP des travaux envisagés dans la zone (voir n° 3485).

e. L'omission de la **notification du projet aux personnes associées** peut être invoquée par toutes les personnes intéressées, y compris les autorités non consultées (Rép. Jacquat : AN 2-9-2002 n° 305).

MODIFICATION ORDINAIRE DU PLU

3640 Cette procédure est utilisée lorsque la modification a pour **objet** (C. urb. art. L 153-41) :
– soit de majorer de plus de 20 % les possibilités de construction résultant, dans une zone, de l'application de l'ensemble des règles du PLU (sauf hypothèses de majorations mentionnées nº 3645) ;
– soit de diminuer ces possibilités de construire ;
– soit de réduire la surface d'une zone urbaine ou à urbaniser ;
– soit, lorsque le PLU vaut PLH, de prendre en compte toute nouvelle obligation imposée à une commune du territoire intercommunal en matière de construction de logements locatifs sociaux.

La **procédure** de modification ordinaire comporte une enquête publique environnementale (C. urb. art. L 153-41, al. 1). Les avis émis par les personnes publiques associées sont joints au dossier d'enquête. Lorsque la modification d'un PLU intercommunal ne concerne que certaines communes, l'enquête publique peut être organisée sur le territoire de ces seules communes (C. urb. art. L 153-42). À l'issue de l'enquête publique, le projet, éventuellement modifié pour tenir compte des avis qui ont été joints au dossier, des observations du public et du rapport du commissaire ou de la commission d'enquête, est approuvé par délibération, selon le cas, de l'organe délibérant de l'EPCI ou du conseil municipal (C. urb. art. L 153-43). La modification du PLU devient exécutoire dans les conditions précisées nº 3505.

MODIFICATION SIMPLIFIÉE DU PLU

3645 La modification simplifiée peut avoir pour **objet** (C. urb. art. L 153-45) :
– une modification qui ne relève ni de la révision (nºs 3615 s.) ni de la modification ordinaire (nº 3640) ;
– l'instauration, la modification ou la suppression des majorations de droits à construire pouvant être accordées aux immeubles d'habitation dans les zones urbaines, aux logements locatifs sociaux, aux logements intermédiaires ou aux constructions énergétiquement performantes (C. urb. art. L 151-28) sous réserve, pour ces dernières, du respect de certains délais entre les modifications (C. urb. art. L 153-46). Sur ces majorations et ces délais voir nºs 3240 s. ;
– la rectification d'une erreur matérielle ;
– les changements portant sur les orientations définies par le PADD et la modification des règles applicables à l'affectation des sols dans les zones agricoles ou la nature des activités susceptibles d'y être exercées, ainsi que la destination et la nature des constructions autorisées dans les mêmes zones ; encore faut-il que ces changements aient pour objet soit de soutenir le développement de la production d'énergies renouvelables, de la production d'hydrogène renouvelable ou bas-carbone, ou encore du stockage d'électricité, soit d'identifier des zones d'accélération pour l'implantation d'installations terrestres de production d'énergies renouvelables (C. urb. art. L 153-31, II) ;
– les changements portant sur les orientations définies par le PADD et la modification des règles applicables aux zones U ou AU pour délimiter les secteurs où les constructions nouvelles de logements sont soumises à une obligation d'usage à titre de résidence principale (C. urb. art. L 153-31, III dans sa rédaction issue de la loi 2024-1039 du 19-11-2024).

La **procédure** de modification simplifiée comporte une mise à disposition du public ; il n'y a pas d'enquête publique environnementale. Le projet, l'exposé de ses motifs et les avis des personnes publiques associées sont mis à disposition du public pendant un mois, dans des conditions lui permettant de formuler ses observations. Lorsque la modification simplifiée d'un PLU intercommunal ne concerne que certaines communes, la mise à disposition du public peut être organisée sur le territoire de ces seules communes. À l'issue de la mise à disposition et de la présentation de ses résultats, le projet est éventuellement modifié pour tenir compte des avis émis et des observations du public avant d'être adopté par délibération motivée de l'EPCI ou du conseil municipal (C. urb. art. L 153-47). La modification simplifiée du PLU devient exécutoire dès sa publication et sa transmission au préfet (C. urb. art. L 153-48).

La loi 3DS a créé une **variante particulière** de modification simplifiée qui permet aux communes et aux EPCI de délimiter dans le règlement d'un PLU ou d'un PLUi des secteurs où l'implantation d'**installations de production d'énergie renouvelable** est soumise à conditions (nº 3017). Cette procédure comporte une enquête publique environnementale. Le plan modifié intégrant ces secteurs d'implantation devra entrer en vigueur avant le 22 août 2027 (Loi 3DS 2022-217 du 21-2-2022 art. 35, II).

> **Précisions a.** Le recours à la procédure de modification simplifiée pour la correction d'une erreur matérielle est légalement possible en cas de **malfaçon rédactionnelle ou cartographique** portant sur l'intitulé, la délimitation ou la réglementation d'une parcelle, d'un secteur ou d'une zone,

ainsi que sur le choix d'un zonage. Mais encore faut-il que cette malfaçon conduise à une contradiction évidente avec les intentions des auteurs du PLU, telles qu'elles ressortent des différents documents constitutifs du plan, comme le rapport de présentation, les OAP ou le PADD (CE 31-1-2020 nº 416364, Cne de Thorame Haute : BPIM 2/20 inf. 92).

b. La procédure de modification simplifiée ne peut pas avoir pour objet d'**autoriser une activité nouvelle incompatible** avec la vocation d'un secteur ou d'une zone du territoire communal (CE 21-7-2021 nº 434130 : BPIM 5/21 inf. 313).

3. MISE EN COMPATIBILITÉ DU PLU

RÈGLES COMMUNES AUX PROCÉDURES DE MISE EN COMPATIBILITÉ DU PLU

Les PLU peuvent faire l'**objet** d'une mise en compatibilité pour assurer le respect d'un docu- **3650**
ment d'urbanisme supérieur ou la prise en compte de projets ou opérations faisant l'objet d'une déclaration d'utilité publique, d'une procédure intégrée ou d'une déclaration de projet.

Le **rapport de présentation** de la mise en compatibilité doit motiver les changements apportés (voir nº 3620).

La **décision qui met en compatibilité** le PLU fait l'objet des mesures de **publicité** visées nº 3500. Lorsqu'elle est prise par l'État, elle devient **exécutoire** après exécution des formalités de publication et d'affichage. Lorsqu'elle est prise par l'EPCI ou la commune, elle devient exécutoire dans les conditions mentionnées nº 3505 selon qu'il existe ou non un Scot. Toutefois, lorsqu'une déclaration de projet nécessite à la fois une mise en compatibilité du PLU et du Scot, la mise en compatibilité du plan devient exécutoire à la date d'entrée en vigueur de la mise en compatibilité du schéma précisée nº 2430 (C. urb. art. L 153-59).

Une **évaluation environnementale** est nécessaire dans trois hypothèses : si la mise en compatibilité du PLU permet la réalisation de travaux, aménagements, ouvrages ou installations susceptibles d'affecter de manière significative un site Natura 2000 ; si elle emporte les mêmes effets qu'une révision ; si, dans le cadre d'une procédure intégrée, l'étude d'impact du projet n'a pas inclus l'analyse de l'incidence des dispositions concernées sur l'environnement (C. urb. art. R 104-13). Quand la mise en compatibilité ne relève pas de l'une de ces trois hypothèses, une évaluation environnementale s'impose dès lors qu'il est établi, après un examen au cas par cas, que cette mise en compatibilité est susceptible d'avoir des incidences notables sur l'environnement au regard des critères de l'annexe II à la directive 2001/42/CE du 27 juin 2001 (C. urb. art. R 104-14).

La mise en compatibilité d'un PLU engagée après le 8 décembre 2020 doit faire l'objet d'une **concertation préalable** lorsqu'elle est soumise à évaluation environnementale (C. urb. L 103-2, 1º-c ; Loi 2020-1525 du 7-12-2020 art. 148, IV).

Une **procédure spécifique** de mise en compatibilité est prévue pour permettre la réalisation d'un projet industriel qualifié de **projet d'intérêt national majeur** pour la transition écologique ou la souveraineté nationale (voir nº 25578).

MISE EN COMPATIBILITÉ DU PLU AVEC UN DOCUMENT SUPÉRIEUR

Objet Selon les dispositions relatives aux PLU dont l'élaboration ou la révision a été enga- **3655**
gée **avant le 1er avril 2021,** la procédure de mise en compatibilité avec un document supérieur s'applique dans plusieurs hypothèses.

Elle s'applique d'abord lorsque le PLU (C. urb. art. L 153-49 dans sa rédaction antérieure à ord. 2020-745 du 17-6-2020) :

– doit être rendu compatible avec un Scot, un SMVM, un plan de mobilité, un PLH ou les dispositions particulières aux zones de bruit des aérodromes ;
– doit prendre en compte un plan climat-air-énergie territorial ou un schéma départemental d'accès à la ressource forestière ;
– doit permettre la réalisation d'un projet d'intérêt général postérieur à son approbation.

Elle s'applique ensuite lorsque :
– le PLU n'a pas été rendu compatible avec le Scot ou le schéma de secteur dans le délai d'un an ; délai porté à 3 ans si la mise en compatibilité nécessite une révision du PLU (C. urb. art. L 131-6, 1º dans sa rédaction antérieure à ord. 2020-745 du 17-6-2020) ;
– en l'absence de Scot, le PLU n'a pas été rendu compatible ou n'a pas pris en compte dans un délai de 3 ans l'un des documents mentionnés nº 2856 (C. urb. art. L 131-7 dans sa rédaction antérieure à ord. 2020-745 du 17-6-2020) ;
– le PLU n'a pas été rendu compatible dans le délai de 3 ans avec le SMVM, le plan de mobilité ou le PLH ; délai ramené à un an si le PLH prévoit dans un secteur de la commune la réalisation d'un ou plusieurs programmes de logements nécessitant une modification du plan (C. urb. art. L 131-6, 2º et 3º dans leur rédaction antérieure à ord. 2020-745 du 17-6-2020).

3656 Selon les dispositions relatives aux PLU dont l'élaboration ou la révision a été engagée **depuis le 1er avril 2021,** la procédure de mise en compatibilité s'applique lorsque le PLU (C. urb. art. L 153-49) :

– doit être rendu compatible avec un Scot, un SMVM, un plan de mobilité, un PLH, un plan climat-air-énergie territorial ou un plan local de mobilité prévu pour la région d'Île-de-France ;

– doit, en l'absence de Scot, être rendu compatible avec les documents mentionnés à l'article L 131-1 issu de l'ordonnance, auquel renvoie l'article L 131-6 également issu de l'ordonnance (voir nº 2856) ;

– doit, en l'absence de Scot, prendre en compte les objectifs du Sraddet, ainsi que les programmes d'équipement de l'État, des collectivités territoriales et des établissements et services publics ;

– doit permettre la réalisation d'un projet d'intérêt général postérieur à son approbation.

3657 **Procédure** Selon les dispositions applicables aux PLU dont l'élaboration ou la révision a été engagée **avant le 1er avril 2021,** la procédure de mise en compatibilité est initiée par le préfet (C. urb. art. L 153-49 dans sa rédaction antérieure à ord. 2020-745 du 17-6-2020), qui adresse à l'EPCI ou à la commune un dossier indiquant les motifs d'incompatibilité avec le document supérieur et les modifications devant être apportées au PLU pour assurer cette compatibilité (C. urb. art. L 153-50 dans sa rédaction antérieure à ord. 2020-745 du 17-6-2020).

L'**EPCI** (ou la commune) dispose alors d'un mois pour faire savoir s'il entend procéder aux modifications nécessaires. Dans l'affirmative, le président de l'EPCI (ou le maire) engage, selon l'importance et la nature des changements, la procédure de révision ou de modification du PLU (C. urb. art. L 153-51, al. 1 dans sa rédaction antérieure à ord. 2020-745 du 17-6-2020).

En cas de réponse négative, d'absence de réponse ou de réponse positive non suivie d'une approbation du PLU dans les 6 mois, le **préfet** engage et approuve la mise en compatibilité (C. urb. art. L 153-51, al. 2 dans sa rédaction antérieure à ord. 2020-745 du 17-6-2020). Le projet de mise en compatibilité porté par le préfet doit faire l'objet d'un examen conjoint de l'État, de l'EPCI ou de la commune, des personnes publiques associées mentionnées nº 1850 (C. urb. art. L 153-52 et R 153-13). Le projet est soumis par le préfet à enquête publique environnementale, éventuellement organisée sur le seul territoire des communes concernées. À l'issue de l'enquête, l'organe délibérant de l'EPCI ou le conseil municipal donne son avis sur le projet de mise en compatibilité (avis réputé favorable à l'issue d'un délai de 2 mois). Le préfet adopte enfin le projet par arrêté qui emporte nouvelles dispositions du PLU et devient exécutoire après exécution des formalités de publication et d'affichage indiquées nº 3500 (C. urb. art. L 153-53).

3658 Dans le cas des PLU dont l'élaboration ou la révision a été engagée **depuis le 1er avril 2021,** l'ordonnance 2020-745 du 17 juin 2020 (voir nº 2855) adapte les dispositions ci-dessus aux nouvelles hypothèses de mise en compatibilité mentionnées nº 3656.

Lorsque la **demande** de mise en compatibilité ou de prise en compte est **initiée par le préfet** (voir nº 3657), l'EPCI (ou la commune) doit, dans le délai d'un mois, indiquer au préfet s'il entend engager la procédure : désormais, il s'agit toujours d'une modification simplifiée du PLU. À défaut d'accord dans ce délai ou, en cas d'accord, à défaut d'approbation de la modification simplifiée dans les 6 mois, le préfet engage et approuve la mise en compatibilité (ou la prise en compte) du PLU (C. urb. art. L 153-1).

En outre, l'**EPCI** (ou la commune) doit **périodiquement analyser le respect par le PLU** de ses obligations de compatibilité et de prise en compte. L'EPCI (ou la commune) délibère sur le maintien en vigueur du PLU ou sur sa mise en compatibilité (ou la prise en compte). Si la solution d'évolution est adoptée, la mise en compatibilité (ou la prise en compte) s'effectue selon la procédure simplifiée de modification (C. urb. art. L 131-7, al. 1).

La délibération décidant du maintien en vigueur ou de la mise en compatibilité (ou prise en compte) du PLU doit être prise, au plus tard, 3 ans après l'entrée en vigueur d'un nouveau PLU ou celle d'un PLU révisé. Elle doit être suivie tous les 3 ans d'une nouvelle délibération ayant le même objet.

L'analyse de compatibilité ou de prise en compte porte sur les documents entrés en vigueur ou révisés depuis l'intervention de la délibération initiale ou de la délibération prise 3 ans auparavant (C. urb. art. L 131-7, al. 2 et 3). Par exception, le délai est réduit à un an s'agissant de la compatibilité du PLU avec le Scot. Dans ce cas, l'analyse et la délibération de l'EPCI ou de la commune doivent intervenir dans l'année soit de l'entrée en vigueur du Scot (à la suite de son élaboration ou de sa révision), soit de la délibération de l'Epscot décidant du maintien en vigueur ou de la mise en compatibilité du schéma (C. urb. art. L 131-7, al. 5).

Jusqu'à la fin de l'une ou l'autre période de 3 ans (ou d'un an) le PLU ne sera pas illégal du seul fait que certaines de ses dispositions ne respecteraient pas l'obligation de compatibilité ou celle de prise en compte en ce qui concerne les documents supérieurs entrés en vigueur ou révisés pendant la période considérée (C. urb. art. L 131-7, al. 6).

MISE EN COMPATIBILITÉ DU PLU AVEC UNE OPÉRATION DEVANT FAIRE L'OBJET D'UNE DUP

Objet Lorsque la **réalisation d'un projet** public ou privé de travaux, de construction ou d'une opération d'aménagement, présentant un caractère **d'utilité publique,** nécessite la mise en compatibilité d'un PLU, ce projet peut faire l'objet d'une déclaration d'utilité publique (DUP) qui emportera mise en compatibilité du plan. L'enquête publique porte alors à la fois sur l'utilité publique du projet et sur la mise en compatibilité du plan qui en est la conséquence. La DUP d'un projet incompatible avec le PLU ne peut intervenir qu'au terme de cette procédure spécifique (C. urb. art. L 153-54). Ces dispositions ne s'appliquent que si les utilisations des sols résultant de la réalisation de l'opération déclarée d'utilité publique sont définies avec suffisamment de précision pour rendre nécessaire l'édiction de nouvelles dispositions du PLU. Ce n'est pas le cas si l'objet de la DUP est limité à la constitution de réserves foncières en vue d'une opération d'aménagement ultérieure dont la consistance exacte n'est pas encore définie (CE 3-4-1991 n° 109411 ; CAA Bordeaux 4-7-2017 n° 15BX04033, Sté Ouest concassage immobilier : BPIM 6/17 inf. 385). **3660**

L'objet de la DUP détermine l'ampleur et la nature des modifications apportées au plan dans l'emprise de l'opération pour laquelle la DUP est prononcée.

> Précisions **a.** La **compatibilité** des opérations soumises à DUP avec les dispositions d'un PLU doit être **appréciée** avec plus de rigueur qu'en matière de Scot. Ces opérations doivent, en principe, être inscrites en tant qu'emplacements réservés. Toutefois, il serait inexact de considérer qu'une opération à déclarer d'utilité publique est incompatible avec les dispositions d'un plan parce qu'elle n'y a pas été prévue. Il peut s'agir :
– soit d'opérations importantes qui ne pouvaient pas être inscrites au plan parce que la définition des caractéristiques de l'opération n'était pas suffisamment précise lors de son élaboration, si elles ne sont pas interdites par le règlement et n'ont pas d'incidence sur l'affectation des sols et la localisation des emplacements réservés ;
– soit d'opérations prévues au plan qu'il convient de réaliser différemment si les différences sont faibles (CE 23-6-1997 n° 177393, Ville de Vaucresson : BPIM 4/97 inf. 229).
L'opération qui fait l'objet d'une DUP ne peut être regardée comme compatible avec un PLU qu'à la double condition suivante :
– ne pas être de nature à compromettre le parti d'aménagement retenu par la commune dans ce plan ;
– ne pas méconnaître les dispositions du règlement de la zone du plan dans laquelle sa réalisation est prévue (CE 27-7-2015 n° 370454, Dépt du Gard : BPIM 5/15 inf. 297).
Lorsque l'opération faisant l'objet de la DUP permet la réalisation de logements sur des terrains dont le PLU prévoit l'urbanisation sous réserve d'une modification ou d'une révision du document d'urbanisme, le caractère programmatique de l'opération s'oppose à ce qu'elle soit considérée comme incompatible avec le PLU (CE 5-12-2018 n° 412632, SPL Territoire 25 : BPIM 1/19 inf. 8).
b. **L'acte déclaratif d'utilité publique** qui emporte approbation des nouvelles dispositions du PLU revêt un **caractère réglementaire** (CE avis 28-4-1993 n° 143490, Cne de Royan : Lebon p. 139). Les dispositions du plan, telles qu'elles résulteront de la DUP, ne devront pas être en contradiction avec les orientations du schéma directeur ou du Scot (CE 23-12-1987 n° 84114, Centre national d'ophtalmologie des Quinze-Vingts : Lebon p. 433) ou de la charte d'un parc naturel régional (CE 29-4-2009 n° 293896, Cne de Manzat : BPIM 3/09 inf. 184).

Procédure À l'initiative du préfet, le projet de mise en compatibilité doit faire l'objet d'un **examen conjoint** de l'État, de l'EPCI (ou de la commune) et des personnes publiques associées mentionnées n° 1850 ; les maires des communes concernées par l'opération sont invités à participer à cet examen conjoint (C. urb. art. L 153-54, 2°). **3665**

Le projet est soumis par le préfet à **enquête publique environnementale,** éventuellement organisée dans les seules communes concernées par la mise en compatibilité (C. urb. art. L 153-55).

Dès l'ouverture de l'enquête publique, l'autorité compétente peut surseoir à statuer sur toute demande d'autorisation et d'utilisation du sol concernant les terrains devant être compris dans l'opération objet de la future DUP (C. urb. art. L 424-1, 1°). Par ailleurs, une fois ouverte l'enquête publique et jusqu'à l'adoption de la DUP, il est interdit de modifier ou de réviser les dispositions du PLU faisant l'objet de la mise en compatibilité (C. urb. art. L 153-56).

À l'**issue de l'enquête,** le projet est éventuellement modifié pour tenir compte des avis joints au dossier d'enquête publique, des observations du public et des résultats de l'enquête. Le dossier de mise en compatibilité, le rapport et les conclusions du commissaire enquêteur ou de la commission d'enquête ainsi que le procès-verbal de la réunion d'examen conjoint sont soumis pour avis par le préfet à l'organe délibérant de l'EPCI ou au conseil municipal ; cet avis est réputé favorable à défaut de réponse dans un délai de 2 mois (C. urb. art. L 153-57, 1° et R 153-14).

La **mise en compatibilité du PLU** est **approuvée** par la DUP de l'opération (C. urb. art. L 153-58, 1°). La mise en compatibilité devient exécutoire après exécution des formalités de publication et d'affichage indiquées n° 3500 (C. urb. art. L 153-59, al. 2).

> **Précisions** **a.** La **DUP** reste valable pendant le **délai de validité** fixé dans l'arrêté ou le décret, même si le PLU cesse d'être opposable aux tiers. À l'inverse, les nouvelles dispositions du PLU résultant de la DUP ne sont pas supprimées ipso facto par suite de l'expiration du délai de validité de la DUP (Circ. 87-60 du 7-7-1987, solution valable pour les POS et à notre avis transposable aux PLU).
b. Saisi d'un recours pour excès de pouvoir contre une **DUP emportant mise en compatibilité d'un document d'urbanisme,** le juge administratif, s'il retient un moyen tiré d'un vice régularisable, peut, après avoir écarté les autres moyens, prononcer un **sursis à statuer** en fixant un délai de **régularisation** (CE 9-7-2021 n° 437634, Cne de Grabels : Lebon p. 224 ; CE 21-7-2022 n° 437634, Cne de Grabels : BPIM 5/22 inf. 342). Le juge peut préciser, par son jugement avant dire droit, les modalités de cette régularisation, laquelle implique l'intervention d'une décision prise par l'auteur de la DUP (CE 29-5-2024 n° 467449, Dépt du Val-d'Oise : BPIM 4/24 inf. 228). Si le vice tient à l'insuffisance de l'étude d'impact, le juge peut, par exception à l'obligation d'écarter tous les autres moyens, réserver sa réponse au moyen tiré d'un défaut d'utilité publique dans l'attente des éléments complémentaires attendus de la régularisation qui lui permettront de se prononcer sur l'utilité publique du projet (CE 11-12-2023 n° 466593, SCI Safa : BPIM 1/24 inf. 28).
c. L'**abrogation** par décret d'une **DUP** emportant mise en compatibilité d'un plan n'a pas à être précédée d'une enquête publique ou d'une consultation des conseils municipaux des communes concernées (CE 5-5-1999 n° 192904, Association Saône-Rhin Voie d'eau 2010 : BJDU 5/99 p. 347).

MISE EN COMPATIBILITÉ DU PLU AVEC UNE OPÉRATION FAISANT L'OBJET D'UNE PROCÉDURE INTÉGRÉE

3673 Une opération faisant l'objet d'une procédure intégrée (C. urb. art. L 300-6-1) et qui n'est pas compatible avec un PLU ne peut intervenir que si l'enquête publique a porté à la fois sur l'intérêt général de l'opération et sur la mise en compatibilité du plan qui en est la conséquence (C. urb. art. L 153-54). Cette procédure de mise en compatibilité peut également être utilisée pour la réalisation d'un projet de service express régional métropolitain (C. urb. art. L 300-6-3) ou pour la création ou l'extension d'unités touristiques nouvelles (UTN) dans le cadre d'une procédure intégrée (Loi 85-30 du 9-1-1985 art. 74 bis).

Le projet de mise en compatibilité doit avoir fait l'objet, avant l'enquête publique, d'un examen conjoint de l'État, de l'EPCI et des personnes publiques associées mentionnées n° 1850 ; les maires des communes concernées par l'opération sont invités à participer à cet examen conjoint (C. urb. art. L 153-54, 2°).

Le projet est soumis par le président de l'EPCI ou le maire (le préfet si l'État ou une autre personne publique est à l'origine de la procédure intégrée) à **enquête publique environnementale,** éventuellement organisée dans les seules communes concernées par la mise en compatibilité (C. urb. art. L 153-55 et R 300-23). Une fois ouverte l'enquête publique et jusqu'à la décision procédant à la mise en compatibilité, il est interdit de modifier ou de réviser les dispositions du PLU faisant l'objet de la mise en compatibilité (C. urb. art. L 153-56).

À l'issue de l'enquête, l'EPCI décide la mise en compatibilité ou émet un avis (réputé favorable à l'issue d'un délai de 2 mois) si c'est l'État qui a engagé la procédure intégrée (C. urb. art. L 153-57). Le **projet de mise en compatibilité,** éventuellement modifié à l'issue de l'enquête publique pour tenir compte des avis, des observations du public et du rapport du commissaire enquêteur, est **approuvé** par le préfet si l'État est à l'origine de la procédure intégrée ou par délibération de l'EPCI ou de la commune dans les autres cas. À défaut d'approbation par l'EPCI ou la commune dans les 2 mois de l'avis du commissaire enquêteur, le préfet approuve la mise en compatibilité (C. urb. art. L 153-58 et R 300-18). La décision de mise en compatibilité devient exécutoire dans les conditions indiquées n° 3650.

MISE EN COMPATIBILITÉ DU PLU AVEC UNE OPÉRATION DEVANT FAIRE L'OBJET D'UNE DÉCLARATION DE PROJET

3675 **Objet et procédure générale** La **réalisation d'un projet** public ou privé de travaux, de construction ou d'opération d'aménagement devant faire l'objet d'une déclaration de projet (lorsqu'une DUP n'est pas requise) et qui n'est pas compatible avec un PLU, ne peut intervenir que si l'enquête publique a porté à la fois sur l'**intérêt général** de l'opération et sur la mise en compatibilité du plan qui en est la conséquence.

Le projet de mise en compatibilité doit faire l'objet d'un **examen conjoint** de l'État, de l'EPCI (ou de la commune) et des personnes publiques associées mentionnées n° 1850 ; les maires des communes concernées par l'opération sont invités à participer à cet examen conjoint (C. urb. art. L 153-54). Le projet est soumis à **enquête publique environnementale,** éventuellement organisée dans les seules communes concernées par la mise en compatibilité (C. urb. art. L 153-55). Le projet, éventuellement modifié pour tenir compte des avis qui ont été joints au dossier et du résultat de l'enquête, est approuvé par la **déclaration de projet** (C. urb. art. L 153-58, 2°).

Selon le cas, la procédure est menée à l'initiative de l'EPCI ou de la commune responsable du PLU, d'un établissement public de l'État, d'une autre collectivité (ou groupement de collectivités), d'un autre EPCI ou de l'État.

La décision de mise en compatibilité devient exécutoire dans les conditions indiquées n° 3650.

> **Précisions** Cette procédure de mise en compatibilité peut également s'appliquer lorsqu'il s'agit de se prononcer, par une déclaration de projet, sur l'intérêt général d'une action ou d'une opération visée à l'article L 300-6 du Code de l'urbanisme (voir n° 25560, Attention) ou encore pour la création ou l'extension d'une unité touristique nouvelle (Loi 85-30 du 9-1-1985 art. 74 bis).

Opération à l'initiative de l'EPCI ou de la commune responsable du PLU Pour ce type d'opération, en dehors des règles générales mentionnées ci-dessus, c'est le président de l'EPCI ou le maire qui mène la procédure. La déclaration de projet est adoptée par l'organe délibérant de l'EPCI ou le conseil municipal. Elle emporte approbation des nouvelles dispositions du PLU (C. urb. art. R 153-15). **3680**

Opération à l'initiative d'un établissement public de l'État, d'une collectivité ou d'un EPCI non responsable du PLU Lorsque le projet émane d'une collectivité ou d'un EPCI non responsable du PLU, la procédure est menée par le président de l'organe délibérant de la collectivité ou du groupement de collectivités responsable du projet. Lorsque le projet émane d'un établissement public dépendant d'une collectivité ou d'un groupement de collectivités, elle est menée par le président de l'organe délibérant de cette collectivité ou de ce groupement. Lorsque le projet émane soit d'un établissement public dépendant de l'État, soit de la société SNCF Réseau ou de sa filiale Gares & Connexions, la procédure est menée par le président du conseil d'administration (C. urb. art. R 153-16, al. 1 à 4). **3685**

Les règles générales mentionnées n° 3675 s'appliquent. Toutefois, le dossier de mise en compatibilité, le rapport et les conclusions du commissaire enquêteur ou de la commission d'enquête, ainsi que le procès-verbal de la réunion d'examen conjoint, sont soumis, par l'autorité chargée de la procédure, à l'organe délibérant de l'EPCI ou au conseil municipal responsable du PLU qui dispose de 2 mois pour approuver par délibération la mise en compatibilité du plan. En l'absence de délibération dans ce délai ou en cas de désaccord, c'est le préfet qui approuve la mise en compatibilité et le notifie au président de l'EPCI ou au maire responsable du PLU dans les 2 mois suivant la réception en préfecture de l'ensemble du dossier. La délibération ou l'arrêté d'approbation est notifié à la personne publique qui réalise l'opération (C. urb. art. R 153-16, al. 6 à 8).

Opération à l'initiative de l'État Les règles générales mentionnées n° 3675 s'appliquent. Toutefois, le dossier de mise en compatibilité, le rapport et les conclusions du commissaire enquêteur ou de la commission d'enquête, ainsi que le procès-verbal de la réunion d'examen conjoint, sont soumis pour avis par le préfet à l'organe délibérant de l'EPCI ou au conseil municipal. Cet avis est réputé favorable s'il n'est pas émis dans les 2 mois. Le préfet adopte la déclaration de projet qui emporte approbation des nouvelles dispositions du PLU (C. urb. art. R 153-17). **3690**

4. MISE À JOUR DU PLU

La mise à jour du PLU est effectuée par arrêté du président de l'EPCI (ou du maire), chaque fois qu'il est nécessaire de modifier le **contenu des annexes** du plan et notamment mentionner les servitudes d'utilité publique applicables (C. urb. art. R 153-18). Le préfet peut également procéder d'office à cette mise à jour, lorsque, après mise en demeure restée infructueuse pendant plus de 3 mois, le président de l'EPCI (ou le maire) n'a pas reporté les modifications concernant les **servitudes d'utilité publique** intervenues depuis l'approbation du plan (C. urb. art. L 153-60). **3695**

L'arrêté mettant à jour le PLU fait l'objet d'un **affichage** pendant un mois en mairie ou au siège de l'EPCI et dans les mairies des communes membres (C. urb. art. R 153-18). Il s'agit d'une **opération purement matérielle,** sans caractère normatif, insusceptible de recours contentieux, sauf incorporation non conforme des modifications intervenues (CE 7-10-1988 n° 73219 : Lebon p. 330).

5. ABROGATION DU PLU

3700 L'abrogation du PLU est décidée par l'organe délibérant de l'EPCI ou le conseil municipal, après enquête publique environnementale. Le dossier d'enquête publique comprend un rapport exposant les motifs et les conséquences juridiques de l'abrogation projetée (C. urb. art. R 153-19). Lorsque le maire est saisi d'une demande d'abrogation du PLU (ou de l'une de ses dispositions), il est en droit de la rejeter s'il estime que le plan est légal. S'il estime au contraire que le plan est illégal, il doit inscrire la question à l'ordre du jour du conseil municipal, seul compétent pour abroger le PLU (CE avis 2-10-2013 n° 367023 : BPIM 6/13 inf. 370).

Après abrogation du PLU, le RNU et la règle de constructibilité limitée s'appliquent. La commune peut écarter cette dernière règle en élaborant une carte communale. La commune reste compétente pour délivrer des autorisations de construire ou d'occuper le sol. Seul un avis conforme du préfet est alors requis pour la délivrance de ces autorisations (C. urb. art. L 422-6).

> **Précisions** **a.** Rien ne s'oppose à ce que soient menées conjointement la procédure d'abrogation du PLU et celle d'élaboration d'une carte communale. Une enquête publique jumelée semble possible, mais deux délibérations spécifiques sont nécessaires. La carte communale ne pourra entrer en vigueur que si le PLU ne l'est plus (CE avis 28-11-2007 n° 303421 : BPIM 1/08 inf. 10).
> **b.** La délibération abrogatoire fait l'objet des mesures de publicité mentionnées n° 3500.

F. Contentieux des PLU

1. RÈGLES GÉNÉRALES

PRINCIPE DE LÉGALITÉ

3900 La contestation du PLU peut porter sur chacun des **actes de la procédure** qui font grief aux intéressés, c'est-à-dire qui modifient l'ordonnancement juridique (prescription et approbation du plan, de sa révision, de sa modification ou de sa mise en compatibilité). En revanche, la délibération arrêtant le projet de PLU ne peut pas faire l'objet d'un recours contentieux car elle revêt la nature d'un acte préparatoire (CE 25-2-1998 n° 150708, Cne d'Évreux, concernant un POS mais transposable). Sa légalité ne peut donc être contestée ni par voie d'action, ni par voie d'exception dans le cadre d'un litige relatif à la délibération approuvant le plan (CE 27-1-2025 n° 490508 : BPIM 2/25 à paraître).

Ces actes qui font grief peuvent faire l'objet d'un **recours pour excès de pouvoir** dans le délai de 2 mois.

Le **délai de recours** contre les délibérations et arrêtés relatifs au PLU a pour point de départ l'exécution de l'ensemble des formalités de publicité et d'information variant selon la nature de l'acte (voir n° 3500). C'est notamment le cas pour la délibération approuvant le PLU, quelle que soit la date à laquelle cette délibération devient exécutoire, notamment au regard de l'exercice par le préfet de son droit d'opposition. Le délai pendant lequel le préfet peut s'opposer au caractère exécutoire du PLU (voir n° 3505) n'interfère pas avec le délai de recours contentieux (CE 3-11-1989 n° 87497, Association pour la protection du lac de Sainte-Croix : Lebon T. p. 986).

Le préfet exerce un **contrôle de légalité,** et peut à ce titre saisir le tribunal administratif s'il estime que le PLU est illégal, et assortir son référé d'une demande de suspension (sur le référé-suspension à l'encontre d'un document d'urbanisme, voir n° 2005).

La **délibération prescrivant le PLU** et précisant les modalités de la concertation peut faire l'objet d'un recours pour excès de pouvoir. Si un tel recours est introduit dans le délai de recours contentieux et entraîne une annulation, celle-ci fera obstacle à l'approbation du plan (ou entraînera son annulation par voie de conséquence si, à la date à laquelle le juge se prononce, elle est déjà intervenue et a également été attaquée). En revanche, un requérant qui n'a pas attaqué la délibération initiale ne peut pas invoquer son **illégalité par voie d'exception** à l'appui d'un recours contre la délibération approuvant le plan. Il ne peut pas non plus contester les conditions dans lesquelles ont été accomplies les formalités de publicité qui conditionnent l'entrée en vigueur de la délibération prescrivant le PLU (CE 24-9-2021 n° 444673 : BPIM 6/21 inf. 345).

Il reste que la mise en œuvre de la concertation au regard des modalités définies par la délibération ne doit pas être négligée, puisque les irrégularités affectant son déroulement pourront être invoquées à l'occasion d'un recours contre le PLU approuvé (CE sect. 5-5-2017 n° 388902, Cne de Saint-Bon-Tarentaise : BPIM 3/17 inf. 177).

> **Précisions** **a.** Sur la possibilité pour le juge de surseoir à statuer en attendant la régularisation du document illégal, voir n°s 2015 s.
> **b.** En raison du caractère divisible des dispositions du PLU, une annulation partielle du plan ne concernant que les dispositions illégales est possible (voir n° 2020).
> **c.** Le silence gardé par la commune sur un recours gracieux fait naître une décision implicite de rejet et ouvre un nouveau délai de 2 mois pour saisir le juge. Toutefois, dès lors qu'il s'agit d'une décision individuelle qui doit être notifiée à son destinataire, le délai ne recommence à courir à l'égard de l'intéressé que s'il en a été informé, soit dans l'accusé de réception du recours gracieux, soit dans la décision expresse qui le rejette. Cette règle ne concerne pas le tiers qui attaque une décision n'ayant pas à lui être notifiée (CE 8-6-2016 n° 387547 : BPIM 4/16 inf. 232).

Intérêt pour agir L'intérêt pour agir contre un document d'urbanisme est généralement **3915**
apprécié de manière libérale par la jurisprudence. Ainsi, se sont vu reconnaître cette qualité : les habitants de la commune (CE 9-3-1990 n° 42563), une association syndicale autorisée (CE 28-3-1979 n° 4283, ASA des Palus de Latresne), une commune voisine ou ses habitants (CE 1-2-1989 n° 66700).

Motivation de la requête Un **moyen d'annulation** ne peut être soulevé après l'expi- **3920**
ration du délai de recours contentieux que si un moyen relevant de la même cause juridique a été soulevé avant l'expiration de ce délai (CE sect. 20-2-1953, Sté Intercopie : Lebon p. 88).

Dans le contentieux de l'excès de pouvoir, il n'existe que **deux causes juridiques** : la légalité externe et la légalité interne. Dès lors qu'un requérant a, dans le délai de recours contentieux, invoqué un moyen de légalité interne et un moyen de légalité externe, il sera recevable à soulever en cours d'instance tout nouveau moyen. En revanche, s'il n'a soulevé, par exemple, que des moyens de légalité interne, il ne pourra pas soulever par la suite des moyens de légalité externe.

Ainsi, des requérants, qui dans le délai de recours contentieux avaient soulevé le moyen tiré de ce que la commune ne pouvait pas recourir, comme elle l'avait fait, à la procédure de modification du POS, mais devait mettre en œuvre la procédure de révision en raison de l'atteinte portée à l'économie générale du POS, soulevaient après l'expiration du délai divers **moyens de légalité externe.** Ces moyens ont été déclarés irrecevables car l'interdiction de recourir à une modification pour porter atteinte à l'économie générale du plan concerne la **légalité interne** de l'acte (CE 20-11-1996 n° 123537, Association pour la protection des quartiers Aigue-Bouzaize-Saint Martin). Cette solution est transposable aux PLU.

Contrôle de l'erreur manifeste Le contenu du PLU fait l'objet d'un contrôle restreint **3925**
opéré par le juge administratif (CE 23-3-1979 n° 9860, Cne de Bouchemaine : Lebon p. 127), en particulier quant au classement des terrains en fonction des diverses zones du plan (voir n°s 3135 s.). Ce contrôle s'étend à l'exactitude de la matérialité des faits retenus par les auteurs du plan.

Détournement de pouvoir La révision ou la modification d'un plan dans le seul but **3930**
de **rendre possible une opération déterminée** constitue un détournement de pouvoir (CE 19-6-1991 n° 68885 : Lebon p. 244 ; CE 19-7-1991 n° 105613, SCI Mozart). Toutefois, le détournement de pouvoir n'est pas établi lorsque cette révision ou modification du plan, fondée sur un motif d'urbanisme, a été inspirée par **l'intérêt général** (CE 3-4-1987 n° 60963, Min. urbanisme c/ Association pour la protection de l'environnement des habitants de Châteauneuf-de-Grasse : Lebon p. 121). Ainsi jugé pour l'extension d'un établissement industriel présentant un intérêt pour le développement économique de la commune (CE 25-3-1994 n° 124545 : BJDU 5/94 p. 10) ou ouvrant des perspectives de création d'emplois (CE 9-12-1996 n° 125691, Cne de Mayet : BPIM 4/97 inf. 230).

De même, la modification ou la révision d'un plan n'est pas entachée de détournement de pouvoir du seul fait qu'elle a pour effet de **permettre la régularisation d'une construction** édifiée illégalement (CE 31-3-1995 n° 160774, Cne de Saint-Bon-Tarentaise : Lebon p. 143). Le détournement de pouvoir n'est constitué que si l'autorité qui a procédé à la modification ou à la révision n'a poursuivi aucun but d'intérêt général (CE 29-12-1995 n° 156101, Cne de Peynier : Lebon T. p. 1076 ; CE 4-5-1998 n° 151749, Cne de Saint-Sauveur-sur-École : BPIM 4/98 inf. 239). Le juge du fond exerce en la matière un pouvoir souverain d'appréciation qui n'est pas contrôlé en cassation (CE sect. 3-7-1998 n° 172736 : BJDU 5/98 p. 375).

EXCEPTION D'ILLÉGALITÉ DU PLU ET AUTORISATIONS D'URBANISME

3935 Tout tiers y ayant intérêt peut, au-delà de l'expiration des délais de recours en annulation d'un PLU pour excès de pouvoir, en contester l'applicabilité en opposant l'exception d'illégalité de l'une des composantes de ce document à l'occasion d'un **recours contre une autorisation individuelle** d'occupation du sol, accordée sur la base de ce document d'urbanisme contesté (CE sect. 13-6-1975 n° 92275 : Lebon p. 358) ou encore à l'encontre d'un certificat d'urbanisme négatif (CE 2-12-1987 n° 70723 : Lebon T. p. 893).

Sur les **délais** pour soulever cette exception d'illégalité en cas de vice de forme ou de procédure, voir n° 2010.

Sur les **conséquences** de la déclaration d'illégalité du PLU sur les autorisations d'urbanisme accordées ou refusées, voir n°s 2030 s.

> **Précisions** Lorsque l'exception d'illégalité d'un PLU est soulevée devant la juridiction pénale, elle est soumise au régime des nullités de procédure prévu à l'article 385 du Code de procédure pénale (Cass. crim. 9-11-1994 n° 94-80.962 : JCP éd. N 1996 II p. 758 obs. critiques Ricard). Les juridictions pénales sont compétentes pour apprécier la légalité d'un acte réglementaire, dès lors que l'issue du procès dépend de son sens ou de sa légalité (C. pén. art. 111-15).

2. EFFETS DE L'ANNULATION OU DE L'ILLÉGALITÉ DU PLU

NON-APPLICATION D'UN PLU ILLÉGAL

3960 Que le PLU ait été ou non annulé ou déclaré illégal par le juge administratif, l'autorité administrative doit, s'il est illégal, s'abstenir de l'appliquer et même l'abroger (voir n°s 2040 s.).

IDENTIFICATION DES RÈGLES APPLICABLES

3965 L'annulation ou la déclaration d'illégalité d'un PLU a pour effet la **remise en vigueur du document d'urbanisme** en tenant lieu immédiatement **antérieur.** Sur la question, voir n° 2028.

La caducité des règles d'urbanisme d'un **lotissement** n'est pas remise en cause par l'annulation postérieure du POS (CE 24-5-2006 n° 278688, Cne d'Antibes-Juan-les-Pins : BJDU 4/06 p. 246). En cas d'annulation du PLU pour un motif étranger aux règles d'urbanisme applicables au lotissement, la cristallisation des règles d'urbanisme à la date de l'autorisation de lotir est préservée (C. urb. art. L 442-14, al. 4). Dans un tel cas, un permis de construire ne peut donc pas être refusé ou assorti de prescriptions sur le fondement du document d'urbanisme remis en vigueur (n° 27060).

En cas d'annulation ou de déclaration d'illégalité du PLU, le **droit de préemption urbain** ne peut plus être exercé dans les parties concernées du territoire communal. Il faut alors utiliser la procédure de ZAD pour maintenir le droit de préemption. Toutefois, si l'annulation du plan rend de nouveau applicable un plan antérieur sur le fondement duquel une délibération instituant le droit de préemption était intervenue, ce droit peut être exercé (CAA Marseille 15-3-2013 n° 10MA01865 : BPIM 3/12 inf. 211).

TRANSFERT DE COMPÉTENCE

3970 Même en cas d'annulation ou de déclaration d'illégalité du PLU, le transfert de compétence est définitif et la commune conserve sa compétence pour la **délivrance des autorisations d'urbanisme** mais, dès lors que la commune n'est plus couverte par un document opposable, l'avis conforme du préfet doit être obtenu pour toute autorisation d'occupation du sol (C. urb. art. L 422-6).

REPRISE DES PROCÉDURES

3975 **Annulation totale** En cas d'annulation totale d'un PLU, la commune n'est pas tenue d'élaborer un nouveau plan. Elle peut décider de se placer sous l'empire du document antérieur (s'il existe et est légal), du RNU et de la constructibilité limitée qui l'accompagne ou d'adopter une carte communale.

En cas d'annulation du PLU, l'ancien POS remis en vigueur est applicable pendant 2 ans mais ne peut faire l'objet d'aucune procédure d'évolution (n° 2850, Précisions a).

En cas de déclaration d'illégalité ou d'annulation de l'intégralité du PLU d'une commune membre d'un EPCI compétent, celui-ci peut élaborer et approuver un PLU pour le territoire de la commune concernée (C. urb. art. L 153-7, al. 2).

Annulation partielle En cas d'annulation partielle du PLU (voir n° 2020), l'autorité compétente doit élaborer sans délai de nouvelles dispositions du plan applicables à la partie du territoire communal concerné par l'annulation (C. urb. art. L 153-7, al. 1). Cette obligation s'impose même si l'annulation partielle entraîne la remise en vigueur des dispositions antérieures. Selon la nature et l'importance de la modification requise, l'autorité compétente devra suivre la procédure adéquate permettant de faire évoluer son PLU (CE 16-7-2021 n° 437562, Cne de La Londe-les-Maures : BPIM 5/21 inf. 314). 3980

EFFETS SUR LES DÉCISIONS RELATIVES À L'UTILISATION OU L'OCCUPATION DES SOLS

Les effets de l'annulation ou de la déclaration d'illégalité du PLU sur les autorisations d'urbanisme ou les refus d'autorisation obéissent à des règles complexes examinées n°s 2030 s. 3985

3. RESPONSABILITÉ DE LA COLLECTIVITÉ PUBLIQUE

COMPÉTENCE

La responsabilité de la collectivité publique peut être engagée dans le cadre des procédures d'élaboration, de modification ou de révision des PLU (comme elle l'était pour les POS). 4010

Ce sont les juridictions administratives qui sont compétentes pour connaître des litiges portant sur les actions en responsabilité de la collectivité publique et en réparation du préjudice subi (T. confl. 11-10-1993 n° 2864, Cie Salins du Midi et Salines de l'Est : Lebon T. p. 1085).

RESPONSABILITÉ POUR FAUTE

La responsabilité pour faute de la collectivité publique peut être retenue à condition que soit rapportée la preuve d'un **préjudice direct, matériel et certain.** 4015

Commet une faute un maire qui réclame à un promoteur de lui fournir des études et documents ainsi qu'un bilan d'une opération alors qu'elle n'est pas légalement réalisable, la modification du plan n'étant pas acquise (CE 16-11-1998 n° 175142). De même, a été jugée fautive l'attitude d'une commune qui s'engage, par convention, à modifier son plan pour rendre constructible une parcelle, en échange d'une cession de terrain (CAA Lyon 31-12-1993 n° 92LY01605). Le défaut de mention dans les documents graphiques annexés au plan d'un fort risque connu d'inondation est constitutif d'une faute (CAA Nantes 14-2-2006 n° 05NT00123, Cne de Guichen : BPIM 4/06 inf. 227). Est également fautif le classement d'un terrain en zone constructible en dépit d'un risque avéré d'avalanche ; ce classement, même modifié par la suite, peut être regardé comme l'origine directe du préjudice ayant consisté, pour les intéressés, à acheter le terrain à un prix supérieur à celui qu'ils auraient acquitté si les auteurs du plan avaient tenu compte de l'ampleur des risques (CE 22-10-2010 n° 326949 : BPIM 6/10 inf. 438). L'existence d'un lien de causalité direct entre l'illégalité du classement d'un terrain en zone constructible par la collectivité publique et le préjudice subi par l'acquéreur résultant du prix trop élevé qu'il a acquitté peut être reconnue (CE 8-4-2015 n° 367169, Min. égalité des territoires c/ Sté Masarin : BPIM 3/15 inf. 153) ou pas (CE 28-10-2009 n° 299753, Min. transports et Cne du Rayol-Canadel : BPIM 6/09 inf. 411).

Le juge administratif tient compte de l'imprudence, de la négligence, voire de la **faute commise par la victime du dommage** soit pour exonérer totalement la collectivité publique, soit pour atténuer sa responsabilité et conclure à un partage de responsabilité, considérant notamment que les professionnels de l'immobilier sont nécessairement avertis (CE 13-6-2003 n° 213991, Min. équipement c/ Sté Smac Aciéroid : BPIM 5/03 inf. 271). Les préjudices indemnisables sont généralement limités aux remboursements des frais exposés en pure perte du fait de la faute de la collectivité publique ou des frais exposés initialement. La qualité de la victime peut influer notablement sur l'importance de la réparation (CE 16-11-1998 n° 175142). Le juge peut éventuellement opérer un **partage de responsabilité** à trois : la victime, la commune et l'État (CE 21-6-2000 n° 202058, Min. équipement c/ Cne de Roquebrune-Cap-Martin : BJDU 3/00 p. 191). 4020

RESPONSABILITÉ SANS FAUTE

Plus rarement, la responsabilité sans faute de la collectivité publique peut être engagée pour **rupture de l'égalité** des citoyens devant les charges publiques dès lors qu'est rapportée la preuve d'un **préjudice spécial revêtant une certaine gravité** (voir, à ce sujet, CE 16-11-1998 n° 175142). Mais l'inégalité est souvent difficile à établir, car le zonage établi par le PLU est nécessairement générateur de différenciations. Par ailleurs, l'article L 105-1 du Code de l'urbanisme, qui pose le principe de non-indemnisation des **servitudes d'urbanisme,** comporte des exceptions en cas d'atteinte à un droit acquis ou de modification de l'état antérieur des lieux (voir 4025 n°s 95 s.). La jurisprudence interprète de manière stricte la notion d'atteinte à un **droit acquis.** Une parcelle classée en secteur constructible dans le plan initial peut être reclassée ultérieurement en zone naturelle inconstructible, sans que son propriétaire puisse invoquer un droit acquis au maintien du classement de son bien (CE 1-4-1998 n° 164378, SCI les Hauts de Monthoux). Un plan qui a placé un lot en zone inconstructible porte atteinte aux droits que l'arrêté d'autorisation de lotissement avait créés au profit des propriétaires ; mais ceux-ci ne peuvent pas prétendre au versement d'une indemnité, l'article L 105-1 du Code de l'urbanisme n'ouvrant pas droit à la réparation de ce préjudice (CE 20-1-1984 n° 35583). Par contre, lorsqu'à la suite de l'annulation du plan, le retour au document antérieur constitue une atteinte aux droits acquis, une indemnisation peut être demandée à la collectivité responsable de l'élaboration du plan (Rép. Labeyrie : Sén. 2-7-1998 p. 2164 n° 5976).

RESPONSABILITÉ CONTRACTUELLE

4030 La responsabilité contractuelle de la collectivité publique absorbe tous les autres régimes de responsabilité dès lors qu'il existe une relation contractuelle entre la victime et la collectivité à laquelle est imputé le dommage. Il a été jugé qu'une société qui demandait réparation du préjudice résultant de l'inexécution par l'État, auteur de la réglementation d'urbanisme (en l'occurrence un nouveau POS), de ses obligations contractuelles, avait droit à l'indemnisation intégrale de son préjudice sans qu'y fassent obstacle les dispositions de l'article L 105-1 du Code de l'urbanisme (CE 29-12-1997 n° 146753, Sté civile des Néo-Polders : BJDU 2/98 p. 129).

L'engagement contractuel d'une commune de modifier son document d'urbanisme en échange d'une cession gratuite ou à prix réduit de terrain étant nul, car fondé sur une cause illicite, le cocontractant peut prétendre à une indemnité (CAA Lyon 31-12-1993 n° 92LY01605 ; CAA Nantes 4-10-2013 n° 12NT00012 : BPIM 6/13 inf. 368).

SECTION 4 CARTES COMMUNALES

DÉFINITION

4200 Les communes dépourvues de PLU peuvent élaborer, le cas échéant, dans un cadre intercommunal, une carte communale (ou intercommunale) précisant les modalités d'application des règles générales d'urbanisme prises en application de l'article L 101-3 du Code de l'urbanisme (C. urb. art. L 160-1 et L 161-2). La carte communale est un document d'urbanisme (CE avis 28-11-2007 n° 303421 : Lebon p. 456), mais ce n'est pas un document d'urbanisme tenant lieu de PLU pour la définition du champ d'application du RNU (CE 13-7-2011 n° 335066, Min. écologie : BPIM 5/11 inf. 353) ou pour les dispositions du Code rural et de la pêche maritime relatives à la préservation des espaces agricoles ou forestiers (CE 20-3-2013 n° 349807, Min. écologie : BPIM 3/13 inf. 170).

ÉVOLUTION DU PÉRIMÈTRE

4202 En cas de **création d'une commune nouvelle,** les cartes communales applicables aux anciennes communes restent applicables. Elles peuvent être révisées jusqu'à l'approbation d'une carte communale ou d'un PLU couvrant l'intégralité du territoire de la commune nouvelle (C. urb. art. L 163-1).

En cas de **création d'un EPCI** compétent en matière de carte communale, y compris lorsqu'il est issu d'une **fusion,** ou de **modification du périmètre d'un EPCI** compétent ou de transfert de cette compétence à un tel établissement public, les dispositions des cartes communales applicables aux territoires concernés restent applicables et peuvent être révisées (C. urb. art. L 163-2).

EXIGENCE DE COMPATIBILITÉ ET DE PRISE EN COMPTE DES CARTES COMMUNALES

4205 Dans le respect des principes généraux énoncés aux articles L 101-1 et L 101-2 du Code de l'urbanisme, les cartes communales doivent être compatibles ou prendre en compte les **documents** d'urbanisme qui leur sont hiérarchiquement **supérieurs** (C. urb. art. L 161-3).

L'**ordonnance 2020-745 du 17 juin 2020** a modifié les rapports hiérarchiques entre les documents d'urbanisme. Elle est entrée en vigueur le 1er avril 2021. Elle s'applique aux cartes communales élaborées ou révisées à partir de cette date. Les procédures d'élaboration ou de révision en cours à la même date ne sont donc pas concernées par les nouvelles dispositions (Ord. 2020-745 du 17-6-2020 art. 7).

Sur la **notion de compatibilité,** voir n° 1062.

Selon les dispositions applicables aux cartes communales dont l'élaboration ou la révision a été engagée **avant le 1er avril 2021,** la carte communale doit, **en présence comme en l'absence d'un Scot,** être compatible avec le SMVM, les divers plans de mobilité et les PLH (C. urb. art. L 131-4 dans sa rédaction antérieure à ord. 2020-745 du 17-6-2020). Lorsque l'un de ces documents est approuvé après l'approbation de la carte, cette dernière doit, si nécessaire, être mise en compatibilité dans un délai de 3 ans (C. urb. art. L 131-6, 2° et 3° dans leur rédaction antérieure à ord. 2020-745 du 17-6-2020). La carte communale doit également être compatible avec les dispositions particulières aux zones de bruit des aérodromes (C. urb. art. L 131-4, 5° dans sa rédaction antérieure à ord. 2020-745 du 17-6-2020) ; aucun délai n'est fixé s'agissant de cette dernière mise en compatibilité. 4206

En **présence d'un Scot** (ou d'un schéma de secteur), la carte communale doit être compatible avec ce schéma (C. urb. art. L 131-4, 1° dans sa rédaction antérieure à ord. 2020-745 du 17-6-2020). Lorsqu'un Scot est approuvé après l'approbation de la carte, cette dernière doit, si nécessaire, être mise en compatibilité dans un délai d'un an (C. urb. art. L 131-6, 1° dans sa rédaction antérieure à ord. 2020-745 du 17-6-2020).

En l'**absence de Scot,** la carte communale doit être compatible avec (C. urb. art. L 131-1, 1° à 10° sur renvoi de L 131-7, al. 1 dans leur rédaction antérieure à ord. 2020-745 du 17-6-2020) :

– les dispositions particulières aux zones de montagne et au littoral ou leurs modalités d'application précisées par une DTA toujours en vigueur ;
– les règles générales du fascicule du schéma régional d'aménagement, de développement durable et d'égalité des territoires (Sraddet) ;
– le Sdrif, les schémas d'aménagement régional d'outre-mer et le Padduc ;
– les chartes des parcs naturels régionaux et des parcs nationaux ;
– les orientations fondamentales d'une gestion équilibrée de la ressource en eau (à l'exception de celles relatives à la prévention des inondations s'il existe un plan de gestion des risques d'inondation) et les objectifs de qualité et de quantité des eaux définis par les schémas directeurs d'aménagement et de gestion des eaux (Sdage) ;
– les objectifs de protection définis par les schémas d'aménagement et de gestion des eaux (Sage) ;
– les objectifs de gestion des risques d'inondation et les orientations fondamentales définis par les plans de gestion des risques d'inondation.

Si l'un de ces documents est approuvé après la carte communale, cette dernière doit être, au besoin, modifiée pour être mise en compatibilité avec le document supérieur dans un délai de 3 ans (C. urb. art. L 131-7, al. 2 dans sa rédaction antérieure à ord. 2020-745 du 17-6-2020).

En l'absence de Scot, les cartes communales doivent également prendre en compte (C. urb. art. L 131-2 sur renvoi de L 131-7, al. 1 dans leur rédaction antérieure à ord. 2020-745 du 17-6-2020) : les objectifs du Sraddet, les schémas régionaux de cohérence écologique, les schémas régionaux de développement de l'aquaculture marine, les programmes d'équipement de l'État, des collectivités territoriales et des établissements et services publics, les schémas régionaux des carrières, les schémas départementaux d'accès à la ressource forestière. Si l'un de ces documents est approuvé après la carte communale, cette dernière doit être, au besoin, modifiée pour prendre en compte le document supérieur dans un délai de 3 ans (C. urb. art. L 131-7, al. 2 dans sa rédaction antérieure à ord. 2020-745 du 17-6-2020).

S'agissant des cartes communales dont l'élaboration ou la révision a été engagée **depuis le 1er avril 2021,** l'ordonnance 2020-1075 du 17 juin 2020 (voir n° 4205) introduit plusieurs modifications. 4207

Elle retire les dispositions particulières aux zones de bruit de la liste des documents avec lesquels les cartes communales doivent être **compatibles,** qu'il existe ou non un Scot (C. urb. art. L 131-4).

Elle allonge la liste des documents avec lesquels les cartes communales doivent être compatibles en l'absence de Scot. Elle ajoute à ces documents le plan de mobilité de la région d'Île-de-France, ainsi que les directives de protection et de mise en valeur des paysages (C. urb. art. L 131-1 sur renvoi de L 131-6, al. 1 et 3).

Lorsque le territoire régi par la carte communale n'est pas couvert par un Scot, la carte est seulement tenue de **prendre en compte** les objectifs du Sraddet, ainsi que les programmes d'équipement de l'État, des collectivités territoriales et des établissements et services publics (C. urb. art. L 131-2 sur renvoi de L 131-6, al. 2).

 © Éd. Francis Lefebvre

OBJET DES CARTES COMMUNALES

4210 La carte communale permet d'atteindre les objectifs de lutte contre l'artificialisation des sols (C. urb. art. L 161-3, al. 2).

Elle permet aussi d'écarter la règle de constructibilité limitée, qui interdit de construire en dehors des parties déjà urbanisées, en délimitant les secteurs constructibles de la commune et ceux qui ne le sont pas (C. urb. art. L 161-4, I).

Les cartes communales n'ont pas pour objet de définir des règles spécifiques relatives à la superficie des terrains, aux modes d'implantation des constructions, à leur aspect, à leur densité (Rép. Vachet : AN 30-3-2004 nº 32312 ; Rép. Auban : Sén. 30-7-2009 nº 7525).

> **Précisions** Les objectifs liés à **lutte contre l'artificialisation des sols** imposés par la loi Climat devront en principe être intégrés dans les cartes communales au plus tard le 22 février 2028 ; à défaut, aucune autorisation d'urbanisme ne pourra être délivrée dans les secteurs constructibles délimités par la carte (Loi Climat 2021-1104 du 22-8-2021 art. 194, IV).

CONTENU DES CARTES COMMUNALES

4215 **Rapport de présentation** À partir de l'analyse de l'état initial de l'environnement, le rapport de présentation de la carte communale **expose** les prévisions de développement, notamment en matière économique et démographique. Il **explique** les choix retenus pour la délimitation des secteurs où les constructions sont autorisées. Il **évalue** les incidences des choix de la carte communale sur l'environnement et expose la manière dont la carte prend en compte le souci de sa préservation et de sa mise en valeur (C. urb. art. R 161-2).

Lorsque la carte communale fait l'objet d'une **évaluation environnementale,** le rapport de présentation est complété des éléments tenant à cette évaluation et notamment la présentation des mesures envisagées pour éviter, réduire et, si possible, compenser, s'il y a lieu, les conséquences dommageables de la mise en œuvre de la carte sur l'environnement (C. urb. art. R 161-3).

Le rapport de présentation doit être proportionné à l'importance de la carte communale, aux effets de sa mise en œuvre ainsi qu'aux enjeux environnementaux de la zone considérée (C. urb. art. R 161-3, al. 9).

En cas de révision, le rapport doit expliquer et justifier des changements apportés à la délimitation des zones constructibles (C. urb. art. R 161-2, 2º et R 161-3, al. 10).

> **Précisions** Sont intégrées à la carte communale les études (C. urb. art. R 161-1) : justifiant de la fixation de règles dérogatoires à l'**urbanisation le long des grands axes routiers** (voir nº 1075), justifiant d'une urbanisation discontinue en **zone de montagne** (voir nº 8890) ou permettant en zone de montagne l'urbanisation des parties naturelles de la rive des plans d'eau de moins de 1 000 hectares (voir nºs 8900 s.).

4220 **Documents graphiques** La carte communale comprend un ou plusieurs documents graphiques qui sont seuls **opposables aux tiers** (C. urb. art. L 161-1, al. 1 et R 162-2). Ces documents délimitent les **secteurs constructibles** et ceux qui ne le sont pas. Dans les **secteurs inconstructibles,** un régime d'exception permet cependant (C. urb. art. L 161-4, I) :

– l'adaptation, le changement de destination, la réfection ou l'extension des constructions existantes, ainsi que l'édification d'annexes à proximité d'un bâtiment existant (piscines, garages, abris de jardin, etc.) ;

– les constructions et installations nécessaires à des équipements collectifs, à l'exploitation agricole ou forestière, à la transformation, au conditionnement et à la commercialisation des produits agricoles lorsque ces activités constituent le prolongement de l'acte de production, à la mise en valeur des ressources naturelles, ainsi qu'au stockage et à l'entretien du matériel des coopératives d'utilisation du matériel agricole (Cuma).

Ces constructions et installations ne sont admises que si elles sont compatibles avec l'exercice d'une activité agricole, pastorale ou forestière sur le terrain d'implantation et ne portent pas atteinte à la sauvegarde des espaces naturels et des paysages (C. urb. art. L 161-4, I-al. 8 et R 161-4 ; sur cette notion de compatibilité en matière de PLU, voir CE 8-2-2017 nº 395464, Min. logement : BPIM 2/17 inf. 82).

C'est ainsi que pourront être autorisées à s'implanter dans les secteurs inconstructibles des installations telles que les éoliennes, les antennes de télécommunications, les châteaux d'eau (Rép. Plancade : Sén. 1-7-2010 nº 12739), les silos à grains (Rép. Vautrin : AN 13-12-2011 nº 120797), les dispositifs d'assainissement non collectif (Rép. Doligé : Sén. 13-12-2012 nº 465). Les constructions en lien avec l'activité agricole ou forestière sont soumises à l'avis de la commission départementale de la préservation des espaces naturels, agricoles et forestiers (C. urb. art. L 161-4, al. 9). Cet avis est réputé favorable à défaut de réponse dans le mois de la saisine de l'autorité compétente en matière d'autorisations d'urbanisme (C. urb. art. R 161-4).

© Éd. Francis Lefebvre

Les documents graphiques peuvent préciser qu'un secteur est réservé à l'**implantation d'activités,** notamment celles qui sont incompatibles avec le voisinage des zones habitées (C. urb. art. R 161-5).

Ils délimitent, s'il y a lieu, les secteurs dans lesquels la **reconstruction** à l'identique d'un bâtiment détruit par un sinistre ou démoli n'est pas autorisée (C. urb. art. R 161-7).

> **Précisions** **a.** Une carte communale peut délimiter des secteurs dans lesquels est soumise à conditions (voire interdite) l'implantation d'**installations de production d'énergies renouvelables,** dès lors qu'elles sont incompatibles avec le voisinage habité ou avec l'usage des terrains situés à proximité ou qu'elles portent atteinte à la sauvegarde des espaces naturels et des paysages, à la qualité architecturale, urbaine et paysagère, à la mise en valeur du patrimoine et à l'insertion des installations dans le milieu environnant (C. urb. art. L 161-4, II).
> **b.** Une carte communale peut classer en **secteur inconstructible** un terrain situé dans une partie actuellement urbanisée de la commune (CE 15-4-2016 n° 390113, SCI SM : BPIM 3/16 inf. 159).
> **c.** L'autorité saisie d'une demande d'autorisation doit, pour vérifier que la **construction** ou l'installation faisant l'objet de cette demande est **nécessaire à l'exploitation agricole ou forestière,** s'assurer de la réalité de cette exploitation, laquelle doit être caractérisée par l'exercice effectif d'une activité agricole ou forestière d'une consistance suffisante (CE 5-10-2018 n° 409239 : BPIM 6/18 inf. 387).
> **d.** En **zone de montagne,** les documents graphiques de la carte communale indiquent les plans d'eau de faible importance pour lesquels l'urbanisation des parties naturelles des rives est admise (voir n°s 8900 s.).

Annexes Les cartes communales doivent comporter en annexe les **servitudes d'utilité publique** applicables sur le territoire concerné (C. urb. art. L 161-1, al. 2 et R 161-8, 1°). Ces servitudes doivent être notifiées par le préfet pour être annexées à la carte communale par le maire ou le président de l'EPCI. Si cette formalité n'a pas été effectuée dans les 3 mois, le préfet y procède d'office (C. urb. art. L 163-10). À défaut d'annexion dans le délai d'un an, ces servitudes ne sont pas opposables aux demandes d'autorisation d'occupation du sol (C. urb. art. L 162-1). **4221**

Figurent également en annexe de la carte communale : le **plan d'exposition au bruit** (PEB) des aérodromes, les secteurs d'information sur les **sols pollués** et les périmètres des secteurs concernés par des obligations de **débroussaillement** (C. urb. art. R 161-8 dans sa rédaction issue du décret 2024-295 du 29-3-2024).

ÉLABORATION DES CARTES COMMUNALES

Initiative Rien n'interdit à une commune dotée d'un PLU d'engager la procédure d'élaboration d'une carte communale, mais cette carte ne pourra entrer en vigueur que si le plan cesse de l'être (CE avis 28-11-2007 n° 303421 : JO 9-1-2008 p. 497). **4225**

La carte communale est élaborée à l'initiative de la commune ou de l'EPCI compétent (C. urb. art. L 163-3, al. 1). La décision engageant la procédure d'élaboration est un acte préparatoire ; elle n'est pas subordonnée à une délibération du conseil municipal ou de l'organe délibérant de l'EPCI (CE 19-7-2017 n° 403805, Min. logement). La procédure est conduite par le maire ou le président de l'EPCI compétent qui peut demander au préfet de lui transmettre les éléments relevant du porter à connaissance. Le préfet peut y procéder de sa propre initiative (C. urb. art. R 163-1 et R 163-2).

La décision d'élaborer une carte communale ne permet pas de surseoir à statuer sur les demandes de permis de construire qui seraient de nature à compromettre l'exécution de la future carte (CAA Bordeaux 7-2-2013 n° 12BX00218, SCI du Bois ; Rép. Leroy : Sén. 11-10-2007 n° 1181).

> **Précisions** **a.** En cas de **création** d'un **EPCI** compétent en matière de carte communale ou de **transfert** de cette **compétence,** l'EPCI peut décider, le cas échéant après accord de la commune concernée, d'achever toute procédure d'élaboration ou d'évolution d'une carte communale, engagée avant la date de sa création ou du transfert de cette compétence (C. urb. art. L 163-3, al. 2).
> **b.** Une **commune nouvelle** peut décider d'achever toute procédure engagée par les anciennes communes (C. urb. art. L 163-3, al. 3).

Évaluation environnementale Lorsque l'élaboration (ou la révision) d'une carte communale permet la réalisation de travaux, aménagements, ouvrages ou installations susceptibles d'affecter de manière significative un site Natura 2000, une évaluation environnementale est nécessaire. **4230**

Il en va de même s'il est établi, après un examen au cas par cas, que la carte est susceptible d'avoir des incidences notables sur l'environnement au regard des critères de l'annexe II de la directive 2001/42/CE du 27 juin 2001, ainsi qu'au regard de la superficie du territoire auquel elle s'applique, de la nature, de la sensibilité et de l'étendue des territoires couverts par les secteurs qu'elle détermine (C. urb. art. L 104-2, 2° ainsi que art. R 104-15 et R 104-16).

4235 **Association et consultations** Aucune règle d'**élaboration associée** n'est fixée pour les cartes communales. Le maire ou le président de l'EPCI associe et consulte les personnes et organismes de son choix. Pour les procédures d'élaboration (ou de révision) engagées après le 8 décembre 2020, l'organisation d'une **concertation** avec le public est obligatoire si la carte communale est soumise à évaluation environnementale (C. urb. L 103-2, 1°-d ; Loi 2020-1525 du 7-12-2020 art. 148, IV).

Le projet de carte communale est soumis **pour avis** à la chambre d'agriculture et à la commission départementale de la préservation des espaces naturels, agricoles et forestiers (CDPENAF) (C. urb. art. L 163-4). La commission doit rendre son avis dans les 2 mois de la transmission du projet de carte ; à défaut, cet avis est réputé favorable (C. urb. art. R 163-3).

4240 **Enquête publique** Le projet de carte communale est soumis à enquête publique environnementale par le maire ou le président de l'EPCI. Le dossier soumis à enquête comprend le projet de carte, les pièces composant le contenu minimal d'un dossier d'enquête publique environnementale (voir n° 10510), les avis requis s'ils ont été émis. Il peut être complété par tout ou partie des documents communiqués dans le cadre du porter à connaissance (C. urb. art. L 163-5 et R 163-4).

4245 **Modifications à l'issue de l'enquête publique** À l'issue de l'enquête publique, la carte communale est éventuellement modifiée pour tenir compte des avis joints au dossier, des observations du public et du rapport du commissaire ou de la commission d'enquête (C. urb. art. L 163-6).

4250 **Approbation** L'adoption de la carte communale est subordonnée à une double approbation. Le document est d'abord approuvé par le conseil municipal ou l'organe délibérant de l'EPCI (C. urb. art. L 163-6). Il est ensuite transmis au préfet pour approbation. Celui-ci doit se prononcer dans les 2 mois. À défaut, la carte est réputée approuvée (C. urb. art. L 163-7 et R 163-5). En pratique, lorsque le préfet refuse d'approuver la carte qui lui a été transmise, il informe la commune dans le délai de 2 mois, en expliquant les raisons pour lesquelles il n'approuve pas le document et en invitant la commune à le reprendre (Rép. Folliot : AN 6-4-2010 n° 71093).

ÉVOLUTION DES CARTES COMMUNALES

4255 **Révision** La carte communale est révisée selon les modalités définies pour son élaboration, y compris s'agissant de l'évaluation environnementale ou de la concertation avec le public (voir nos 4225 s.). Toutefois, le projet de révision n'est soumis à la CDPENAF que s'il entraîne une réduction des surfaces des secteurs inconstructibles dans une commune non couverte par un Scot (C. urb. art. L 163-8).

4260 **Rectification** La rectification d'une erreur matérielle peut être opérée par arrêté du président de l'EPCI ou du maire qui est transmis au préfet et affiché pendant un mois en mairie ou au siège de l'EPCI (C. urb. art. L 163-9 et R 163-7).

4261 **Mise à jour** La mise à jour de la carte communale est effectuée chaque fois qu'il est nécessaire de modifier le contenu des annexes. Elle intervient par un arrêté du président de l'EPCI ou du maire, voire du préfet dans le cas visé n° 4221, qui est affiché pendant un mois en mairie ou au siège de l'EPCI (C. urb. art. L 163-10 et R 163-8).

4262 **Mise en compatibilité avec un document supérieur** L'ordonnance 2020-745 du 17 juin 2020 crée une procédure de mise en compatibilité des cartes communales en leur appliquant des dispositions analogues à celles qui concernent les PLU. Sont concernées les cartes communales dont l'élaboration ou la révision a été engagée depuis le 1er avril 2021 (Ord. 2020-745 du 17-6-2020 art. 7).

L'EPCI compétent ou la commune doit **périodiquement analyser le respect par la carte communale** de ses obligations de compatibilité et de prise en compte avec les documents qui s'imposent à elle. L'EPCI ou la commune délibère sur le maintien en vigueur de la carte ou sur sa mise en compatibilité (ou la prise en compte). Si la solution d'évolution est adoptée, la mise en compatibilité (ou la prise en compte) s'effectue selon la procédure de révision (C. urb. art. L 131-7, al. 1).

La **délibération décidant du maintien en vigueur ou de la mise en compatibilité** (ou prise en compte) de la carte communale est prise, au plus tard, 3 ans après l'entrée en vigueur d'une nouvelle carte ou celle d'une carte révisée. Elle doit être suivie tous les 3 ans d'une nouvelle délibération ayant le même objet. L'analyse de compatibilité ou de prise en compte porte sur les documents entrés en vigueur ou révisés depuis l'intervention de la délibération initiale ou de la délibération prise 3 ans auparavant (C. urb. art. L 131-7, al. 2 et 3). Par exception, le délai est réduit à un an s'agissant de la compatibilité de la carte communale avec le Scot. Dans ce cas, l'analyse et la délibération de l'EPCI ou de la commune doivent intervenir dans l'année soit de l'entrée en vigueur du Scot (à la suite de son élaboration ou de sa révision), soit de la délibération de l'Epscot décidant du maintien en vigueur ou de la mise en compatibilité du schéma (C. urb. art. L 131-7, al. 5).

Jusqu'à la fin de l'une ou l'autre période de 3 ans (ou d'un an) la carte communale ne sera pas illégale du seul fait que certaines de ses dispositions ne respecteraient pas l'obligation de compatibilité ou celle de prise en compte en ce qui concerne les documents supérieurs entrés en vigueur ou révisés pendant la période considérée (C. urb. art. L 131-7, al. 6).

Abrogation de la carte communale Il n'est pas prévu de procédure spécifique pour l'abrogation d'une carte communale. En principe, il convient d'appliquer strictement le principe du parallélisme des formes et de suivre la procédure utilisée pour l'élaboration de la carte communale. L'abrogation implique donc notamment une enquête publique et une décision du préfet. Toutefois, si l'abrogation de la carte communale s'accompagne de l'élaboration d'un PLU, une enquête publique unique est possible (Rép. Chassaigne : AN 18-6-2013 n° 27925). **4265**

Lorsque la carte communale doit être abrogée pour être remplacée par un PLU, la délibération abrogeant la carte peut prévoir qu'elle ne prendra effet que le jour où la délibération approuvant le PLU deviendra exécutoire (C. urb. art. R 163-10).

PUBLICITÉ

La délibération et l'arrêté approuvant ou révisant la carte font l'objet de mesures de publicité, notamment un affichage en mairie ou au siège de l'EPCI pendant un mois, une publication dans la presse locale et dans le recueil des actes administratifs (C. urb. art. R 163-9). La carte est tenue à la disposition du public (C. urb. art. L 163-7, al. 2). Depuis le 1er janvier 2020, cette mise à disposition doit être effectuée sur le portail national de l'urbanisme (C. urb. art. R 163-6). **4270**

L'approbation, ou la révision de la carte communale produit ses effets juridiques dès l'accomplissement des formalités d'affichage et de publication dans la presse locale. La date à prendre en compte pour l'affichage est celle du premier jour (C. urb. art. R 163-9, al. 5).

CONTENTIEUX DE LA CARTE COMMUNALE

La délibération approuvant ou révisant la carte peut être contestée jusqu'à l'expiration du délai de recours de 2 mois qui court à compter de la publication la plus tardive des décisions d'approbation du conseil municipal et du préfet (CE avis 28-11-2007 n° 303421 : JO 9-1-2008 p. 497). **4275**

La décision peut faire l'objet d'un référé-suspension, mais le requérant doit justifier de circonstances propres à justifier une situation d'urgence (CE 11-1-2006 n° 282217, Association Défense du site caussolois : BPIM 3/06 inf. 159), sauf lorsque la condition d'urgence n'est pas applicable (CE 19-3-2008 n° 305593, Min. transports c/ Association pour la sauvegarde du Gers : BPIM 3/08 inf. 195).

Sur les règles communes du contentieux des documents d'urbanisme, voir nos 2000 s.

EFFETS DE LA CARTE COMMUNALE

Dans les territoires couverts par la carte communale, les autorisations d'occuper et d'utiliser le sol sont instruites et délivrées sur le fondement des **règles générales de l'urbanisme,** dont le RNU, et des autres dispositions législatives et réglementaires applicables (C. urb. art. R 162-1). **4280**

L'existence d'une carte communale emporte de plein droit transfert de la **compétence pour délivrer les autorisations** d'urbanisme, et notamment les permis de construire. Ces autorisations sont délivrées par le maire (ou le président de l'EPCI) au nom de la commune (ou de l'EPCI). Ce transfert de compétence est définitif (C. urb. art. L 422-1, a). **4285**

Les communes dotées d'une carte communale approuvée peuvent instaurer le **droit de préemption urbain** en vue de réaliser un équipement ou une opération d'aménagement. Une délibération du conseil municipal doit déterminer un ou plusieurs secteurs délimités par la carte où s'appliquera le droit de préemption. Pour chaque périmètre, la délibération doit préciser l'équipement ou l'opération projetée (C. urb. art. L 211-1, al. 2). **4290**

CHAPITRE 3

PROTECTIONS PARTICULIÈRES

SOMMAIRE

SECTION 1

MONUMENTS HISTORIQUES ET SITES

RÉGLEMENTATION DES MONUMENTS HISTORIQUES ET DES SITES

Les législations relatives aux monuments historiques et aux sites classés ont une incidence directe sur les modalités d'utilisation des sols, et spécialement sur la délivrance des permis de construire. 4650

La protection des abords des **monuments historiques** a été renforcée par la loi 2016-925 du 7 juillet 2016 relative à la liberté de création, à l'architecture et au patrimoine, dite « loi LCAP ». La même loi a également créé un dispositif permettant de conserver et de restaurer les **domaines nationaux** qui présentent un lien exceptionnel avec l'histoire de la Nation.

Depuis le 1er avril 2017, les « **sites patrimoniaux remarquables** » regroupent, au sein d'un régime unique, les anciens secteurs sauvegardés, les aires de mise en valeur de l'architecture et du patrimoine (Avap) et les zones de protection du patrimoine architectural, urbain et paysager (ZPPAUP) qui existaient avant la loi LCAP.

DUALITÉ DES LÉGISLATIONS SUR LES MONUMENTS HISTORIQUES ET LES SITES

La législation sur les monuments historiques (C. patr. art. L 621-1 s.) et celle sur les sites inscrits et classés (C. envir. art. L 341-1 s.) sont deux **législations indépendantes** l'une de l'autre qui poursuivent des finalités distinctes et comportent des effets différents. Par suite, la circonstance que des lieux aient été inscrits à l'inventaire des monuments historiques est sans incidence sur la légalité de l'ouverture d'une **instance de classement** les concernant au titre des monuments naturels et des sites (CE 8-7-1998 n° 153072, Cne de Scy-Chazelles : BPIM 6/98 inf. 374). 4655

> **Précisions** Lorsqu'en application de l'article R 111-27 du Code de l'urbanisme, l'autorité administrative saisie d'un projet de construction doit apprécier la qualité d'un site, ainsi que l'impact de la construction sur ce site, il lui appartient, sous le contrôle du juge, de prendre en compte l'ensemble des éléments pertinents et notamment, le cas échéant, la covisibilité du projet avec des bâtiments remarquables, quelle que soit la protection dont ils bénéficient : tel est le cas, même si le projet est implanté en dehors du périmètre de protection au titre des abords d'un monument historique (CE 22-9-2022 n° 455658, Min. transition écologique c/ Sté Ferme éolienne de Seigny : BPIM 6/22 inf. 394 ; CE 24-3-2023 n° 460474, Assoc. Paysages et Forêts de l'Armençon ; CE 19-10-2023 n° 466286, Assoc. Les Hauts de l'Auxois).

I. MONUMENTS HISTORIQUES

IMMEUBLES SUSCEPTIBLES D'ÊTRE CLASSÉS OU INSCRITS

Le Code du patrimoine soumet les monuments historiques soit à une mesure de classement, soit à une mesure d'inscription. 4680

Pour être **classés,** les immeubles doivent présenter un intérêt public historique ou artistique, sans lien nécessaire avec leur ancienneté (C. patr. art. L 621-1).

Pour être **inscrits,** les immeubles doivent présenter un intérêt d'histoire ou d'art « suffisant pour en rendre désirable la préservation » (C. patr. art. L 621-25). L'autorité administrative doit apprécier l'intérêt d'histoire et d'art des immeubles compte tenu non seulement de leur état à la date où elle statue, mais aussi, le cas échéant, de l'impact des réhabilitations qui s'avèrent indispensables pour en assurer la conservation (CE 29-7-2002 n° 222907, CAF de Paris : BPIM 6/02 inf. 366).

Les terrains qui comprennent des champs de fouilles peuvent aussi être inscrits (C. patr. art. L 621-26).

Le régime de protection concerne les **immeubles par nature.** Sont considérés comme tels :
– des boiseries incorporées aux murs d'un hôtel particulier inscrit (Cass. 1e civ. 19-3-1963 : Bull. civ. I n° 171) ;
– des bas-reliefs encastrés dans les murs d'un château classé (CE 24-2-1999 n° 191317, Sté Transurba : Lebon p. 33) ;
– des panneaux de bois peints spécialement conçus pour être incorporés au plafond d'un pavillon inscrit (CE 28-11-2014 n° 361063 : BPIM 1/15 inf. 7) ;

– une sculpture et une stèle fixées sur une pierre tombale, l'ensemble étant inscrit (CE 2-7-2021 n° 447967, min. culture c/ Sté Duhamel Fine Art).

Le régime de protection s'étend aux œuvres d'art qui présentent un caractère mobilier, mais sont attachées à perpétuelle demeure à un immeuble classé ou inscrit ou à une partie d'immeuble classé ou inscrit **(immeubles par destination)** : moulures, tableaux, tapisseries, statues, etc. (C. patr. art. L 621-9, al. 2 et L 621-27, al. 3).

› Précisions a. L'ancien café-concert « Le Bataclan », témoignage de l'**architecture des bâtiments du spectacle** du Second Empire, présente un intérêt d'art et d'histoire justifiant son inscription au titre des monuments historiques (CE 30-7-1997 n° 145494, Cts Habrekorn : BPIM 6/97 inf. 359).

b. Lorsque des **objets mobiliers classés** ou un ensemble historique mobilier classé au titre des monuments historiques en application de l'article L 622-1-1 du Code du patrimoine sont **attachés,** par des liens historiques ou artistiques remarquables, **à un immeuble classé** et forment avec lui un ensemble d'une qualité et d'une cohérence dont la conservation dans son intégrité présente un intérêt public, ces objets mobiliers ou cet ensemble historique mobilier peuvent être grevés d'une **servitude de maintien dans les lieux** par décision de l'autorité administrative, après avis de la Commission nationale du patrimoine et de l'architecture (CNPA) et accord du propriétaire. Cette servitude est prononcée en même temps que la décision de classement des objets mobiliers, ou encore postérieurement à celle-ci. La servitude peut être levée dans les mêmes conditions que sa création. En cas de refus de l'autorité administrative de lever la servitude, les sujétions anormales qui peuvent en résulter sont compensées par une indemnité. À défaut d'accord amiable, l'action en indemnité est portée devant le juge judiciaire. Le déplacement de l'objet mobilier ou de tout ou partie de l'ensemble historique mobilier classé est subordonné à une autorisation de l'autorité administrative (C. patr. art. L 622-1-2).

A. Procédures applicables aux monuments historiques

PROCÉDURE DE CLASSEMENT

4710 **Initiative du classement** Le classement au titre des monuments historiques peut intervenir à l'initiative du propriétaire, de toute personne y ayant intérêt, ou encore à l'initiative du ministre chargé de la culture ou du préfet de région, après avis de la Commission nationale du patrimoine et de l'architecture (CNPA) (C. patr. art. L 621-6, al. 1 et R 621-2).

À **défaut du consentement du propriétaire,** le classement peut aussi être prononcé **d'office** (C. patr. art. L 621-6, al. 2). Dans ce cas, une **indemnité** peut être accordée au propriétaire, s'il résulte des servitudes et obligations mises à sa charge une modification de l'état ou de l'utilisation des lieux déterminant un préjudice direct, matériel et certain (C. patr. art. L 621-6, al. 3). La demande d'indemnité doit être adressée, avant l'expiration d'un délai de 6 mois à compter de la notification du décret de classement, au préfet de la région dans laquelle est situé le bien. À défaut d'accord amiable dans un délai de 6 mois à compter de la date de la demande, le propriétaire peut saisir le juge de l'expropriation dans les conditions prévues par l'article R 311-9, alinéa 2 du Code de l'expropriation (C. patr. art. R 621-9). Le Premier ministre peut renoncer au classement d'office. Il doit alors, dans un délai de 3 mois à compter de la notification de la décision du juge de l'expropriation, soit abroger le décret de classement, soit poursuivre l'expropriation de l'immeuble (C. patr. art. L 621-6, dernier al.).

› Précisions Pour l'application du régime d'indemnisation en cas de **classement d'office,** la **notion de « lieux »** ne se rapporte qu'à ceux visés dans la décision de classement. Ainsi jugé malgré l'imbrication de bâtiments classés et non classés dans un corps de ferme et leur utilisation pour les besoins d'une exploitation agricole (Cass. 3e civ. 8-3-2000 n° 98-70.125 : Bull. civ. III n° 53).

4712 **Demande de classement** La demande de classement est **adressée** au préfet de la région dans laquelle est situé l'immeuble. Elle comporte une description de l'immeuble, des éléments relatifs à son histoire et à son architecture, ainsi que des photographies et des documents graphiques (C. patr. art. R 621-3).

Le préfet de région, après avoir recueilli l'avis de la commission régionale du patrimoine et de l'architecture (CRPA), peut (C. patr. art. R 621-4) :
– soit inscrire l'immeuble au titre des monuments historiques ;
– soit proposer au ministre chargé de la culture une mesure de classement ; le préfet de région peut alors dans le même temps prendre un arrêté d'inscription.

Décision de classement Lorsque le propriétaire a consenti au classement, le ministre **prononce** la mesure par arrêté, après avoir recueilli l'avis de la CNPA (C. patr. art. R 621-5). La décision de classement n'est pas au nombre des décisions administratives dont la motivation est obligatoire (CE 7-2-1992 n° 118488, min. culture c/ SCI du Vieux-Château : Dr. adm. 1992 n° 158). 4715

En l'absence de consentement du propriétaire, le classement est prononcé par décret en Conseil d'État, également après avis de la CNPA (C. patr. art. L 621-6, al. 2).

La décision de classement mentionne, notamment, l'étendue totale ou partielle du classement. Elle est **notifiée** par le préfet de région (C. patr. art. R 621-8) :
– au propriétaire, qui est tenu d'en informer les affectataires ou occupants successifs ;
– au maire et, le cas échéant, au président de l'établissement public de coopération intercommunale (EPCI) compétent en matière de PLU, qui l'annexe à ce plan, lorsqu'il existe, dans les conditions prévues à l'article L 153-60 du Code de l'urbanisme.

La décision de classement peut faire l'objet d'un **recours pour excès de pouvoir** par le propriétaire ou ses ayants droit (un locataire, par exemple), dans un délai de 2 mois à compter de la date de la notification de la décision. Au cours de la procédure, tous les effets du classement s'appliquent de plein droit à l'immeuble en instance de classement. Ils cessent de s'appliquer si la décision de classement n'intervient pas dans les 12 mois de cette notification (C. patr. art. L 621-7).

PROCÉDURE D'INSCRIPTION AU TITRE DES MONUMENTS HISTORIQUES

Demande d'inscription La demande d'inscription peut être **présentée par** le propriétaire de l'immeuble, le ministre chargé de la culture, la CNPA, le préfet de région ou toute personne y ayant intérêt (C. patr. art. L 621-25 et R 621-53 s.). 4720

La demande est adressée, dans les mêmes formes qu'une demande de classement (voir n° 4712), au préfet de la région dans laquelle est situé l'immeuble.

Décision d'inscription C'est en principe le préfet de région qui **prononce l'inscription** par arrêté après avoir recueilli l'avis de la CRPA (C. patr. art. R 621-56). Il doit aussi saisir l'ABF et informer la commune ou l'EPCI compétent en matière de PLU afin que ceux-ci proposent, le cas échéant, un projet de périmètre délimité des abords (C. patr. art. R 621-92-1). Le préfet de région n'est pas tenu de motiver sa décision (CE 8-7-2009 n° 308778, Valette : BPIM 4/09 inf. 260). 4725

La décision d'inscription est prise par le ministre chargé de la culture après consultation de la CNPA (C. patr. art. R 621-54) :
– si le ministre est à l'initiative de l'inscription ;
– si la CNPA est à l'initiative de l'inscription ;
– si différentes parties d'un même immeuble font à la fois l'objet, les unes, d'une proposition de classement, les autres, d'une proposition d'inscription.

La décision d'inscription est **notifiée,** avec l'indication de l'étendue de la servitude, par le préfet de région au propriétaire, qui est tenu d'en informer les affectataires ou occupants successifs. Elle est également notifiée au maire et, le cas échéant, au président de l'EPCI concerné, qui l'annexe au PLU dans les conditions prévues à l'article L 153-60 du Code de l'urbanisme (C. patr. art. L 621-7 et R 621-58).

Lorsque le propriétaire d'un immeuble inscrit s'est vu notifier l'inscription en application de l'article L 621-27 du Code du patrimoine, cette mesure lui est opposable, alors même que la servitude correspondante ne serait pas annexée au PLU (CE 23-9-2021 n° 432650, Cne de Bordeaux).

L'**inscription peut porter** sur des parties de l'immeuble qui ne présentent pas par elles-mêmes un intérêt justifiant leur préservation, dès lors que cette mesure apparaît nécessaire afin d'assurer la cohérence du dispositif de protection de l'immeuble (CE 30-12-2011 n° 340548, Min. culture c/ Sté Chaîne thermale du soleil : BPIM 1/12 inf. 12).

Un recours pour **excès de pouvoir** est ouvert contre l'arrêté d'inscription. L'atteinte portée au droit de propriété par la mesure d'inscription ne doit pas être disproportionnée au regard du but d'intérêt général poursuivi (CE 8-7-2009 n° 308778, Valette : BPIM 4/09 inf. 260).

PROCÉDURE D'EXPROPRIATION

Peuvent être expropriés (C. patr. art. L 621-18) : 4730
– les immeubles classés ou soumis à une instance de classement en raison de l'intérêt public qu'ils offrent du point de vue de l'histoire ou de l'art ; toutefois, un immeuble classé ou en instance de classement ne peut être compris dans une enquête aux fins d'expropriation qu'après que le préfet de région a présenté ses observations (C. patr. art. L 621-20 et R 621-50) ;

– les immeubles dont l'acquisition est nécessaire pour isoler, dégager, assainir ou mettre en valeur l'immeuble classé ou proposé pour le classement, ou qui se trouvent situés dans le champ de visibilité de cet immeuble.

À compter du jour où l'administration notifie au propriétaire d'un immeuble non classé sa décision de l'exproprier, tous les **effets** du classement s'appliquent de plein droit à l'immeuble. Ils cessent de s'appliquer si la déclaration d'utilité publique (DUP) n'intervient pas dans les 12 mois de cette notification (C. patr. art. L 621-19, al. 1).

Lorsque l'utilité publique a été déclarée, l'immeuble peut être classé sans autres formalités. À défaut de classement, l'immeuble demeure provisoirement soumis à tous les effets du classement pendant au moins 3 mois. Toutefois, cette sujétion cesse de plein droit dans les 3 mois de la déclaration d'utilité publique, si l'administration ne poursuit pas l'obtention du jugement d'expropriation (C. patr. art. L 621-19, al. 2).

Les **immeubles** classés expropriés peuvent être **cédés** de gré à gré à des personnes publiques ou privées qui s'engagent à les utiliser aux fins et dans les conditions prévues par un cahier des charges type annexé à l'acte de vente. En cas de cession à une personne privée, le principe et les conditions de la cession sont approuvés par décret en Conseil d'État, l'ancien propriétaire ayant été mis en mesure de présenter ses observations (C. patr. art. L 621-21).

AUTORITÉS CONSULTATIVES EN MATIÈRE DE MONUMENTS HISTORIQUES

4745 **Commission nationale du patrimoine et de l'architecture** La composition, les conditions de désignation de ses membres et les modalités de fonctionnement de la Commission nationale du patrimoine et de l'architecture (CNPA) sont définies par les articles R 611-1 à R 611-16 du Code du patrimoine.

La CNPA est **consultée,** notamment, dans le cadre des procédures de classement (nº 4710), sur les études, sur les travaux et sur toute question relative au patrimoine et à l'architecture. Elle peut aussi **proposer à l'État** d'engager une procédure de classement ou d'inscription au titre des monuments historiques (C. patr. art. L 611-1, al. 2).

4750 **Commission régionale du patrimoine et de l'architecture** La composition, les conditions de désignation de leurs membres et les modalités de fonctionnement des commissions régionales du patrimoine et de l'architecture (CRPA) sont définies par les articles R 611-17 à R 611-30 du Code du patrimoine.

Les CRPA sont notamment chargées de **formuler un avis** sur la délimitation d'un périmètre de protection aux abords d'un monument historique lorsque ce périmètre est inférieur à une distance de 500 mètres à partir du monument (C. patr. art. L 611-2, al. 1 et, sur renvoi, art. L 621-31).

Elles peuvent **proposer** toutes mesures propres à assurer la protection, la conservation et la mise en valeur du patrimoine et de l'architecture (C. patr. art. L 611-2, al. 2).

B. Effets des mesures de protection des monuments historiques

4860 Les procédures de classement ou d'inscription au titre des monuments historiques ne modifient en rien le régime juridique de l'immeuble et n'entraînent aucun transfert de propriété. Mais leurs effets **suivent l'immeuble** ou la partie d'immeuble entre quelques mains qu'il passe (C. patr. art. L 621-29-5).

Aucun droit sur un immeuble classé ne peut être acquis par **prescription** (C. patr. art. L 621-17).

Les **servitudes** légales pouvant causer la dégradation des monuments ne sont pas applicables aux immeubles classés. Par ailleurs, aucune servitude ne peut être établie par convention sur les mêmes immeubles sans l'accord du ministre de la culture (C. patr. art. L 621-16).

Les catégories de professionnels auxquels le propriétaire ou l'affectataire d'un immeuble classé est tenu de confier la **maîtrise d'œuvre des travaux** de réparation et de restauration sont définies par les articles R 621-26 et R 621-28 du Code du patrimoine (C. patr. art. L 621-9 ; CE 6-10-2008 nº 310146, Cie des architectes en chef des monuments historiques : BPIM 6/08 inf. 411).

> Précisions a. Le Code de l'environnement interdit toute **publicité** sur les immeubles classés ou inscrits au titre des monuments historiques (C. envir. art. L 581-4, I-1º). Toutefois, lorsque des travaux extérieurs nécessitent la pose d'un échafaudage sur ces immeubles, l'installation de **bâches d'échafaudage** comportant un espace dédié à l'affichage peut être autorisée dans

le cadre de l'examen du dossier de travaux. Les recettes perçues par le maître d'ouvrage pour cet affichage sont affectées par lui au financement des travaux (C. patr. art. L 621-29-8 et R 621-86 s.).
En agglomération, la publicité est également interdite (C. envir. art. L 581-8, I-1° et 5°) :
– aux abords des monuments historiques ;
– à moins de 100 mètres et dans le champ de visibilité des immeubles classés ou inscrits au titre des monuments historiques.
Il est toutefois possible d'y déroger dans le cadre d'un règlement local de publicité (C. envir. art. L 581-8, I-dernier al.).
b. Sauf dérogation, le **camping** et la création de terrains de camping sont interdits aux abords des monuments historiques (C. urb. art. R 111-33, 3°).

1. ALIÉNATION DE L'IMMEUBLE CLASSÉ OU INSCRIT

Toute aliénation d'un immeuble classé ou inscrit doit, dans les 15 jours de sa date, être portée à la connaissance du **préfet de région** (C. patr. art. R 621-84). L'**acquéreur** doit être informé du classement ou de l'inscription (C. patr. art. L 621-29-6). En pratique, une mention est portée dans l'acte de vente. 4865
Le montant des **sommes dues à l'État** au titre des travaux exécutés d'office sur un immeuble classé devient alors exigible, sauf agrément de l'acquéreur par l'autorité administrative dans les obligations du vendeur (C. patr. art. L 621-14, al. 2).

> **Précisions** L'aliénation d'un **immeuble classé ou inscrit appartenant à l'État** ou à l'un de ses établissements publics ne peut intervenir qu'après que le ministre de la culture a présenté ses observations et après avis de la CNPA ; lorsque cette formalité n'est pas respectée, l'autorité administrative peut faire prononcer la nullité de l'acte dans le délai de 5 ans (C. patr. art. L 621-29-9).
> S'il s'agit d'un **immeuble classé appartenant à une collectivité territoriale** ou à l'un de ses établissements publics, c'est au préfet de région de présenter ses observations dans les 2 mois de la notification de l'aliénation (C. patr. art. L 621-22 et R 621-52).

2. TRAVAUX SUR LES MONUMENTS HISTORIQUES

TRAVAUX SUR UN IMMEUBLE CLASSÉ

Un immeuble classé ne peut être détruit ou déplacé, même en partie, ni être l'objet d'un travail de restauration, de réparation ou de modification quelconque, sans **autorisation** de l'autorité administrative (C. patr. art. L 621-9, al. 1). Le certificat d'urbanisme mentionne cette obligation (C. urb. art. L 410-1, al. 5). L'autorité administrative compétente est le préfet de région, à moins que le ministre chargé de la culture n'ait décidé d'évoquer le dossier (C. patr. art. R 621-13, al. 1). 4870
Sont visés toutes **constructions ou travaux,** de quelque nature que ce soit, qui sont susceptibles d'affecter la consistance ou l'aspect de la partie classée de l'immeuble, ou de compromettre la conservation de cet immeuble. Une liste des travaux nécessitant une autorisation est donnée à titre indicatif (C. patr. art. R 621-11). Y figurent, notamment : les affouillements et le déboisement ou le défrichement d'un terrain classé ; les travaux de ravalement, de mise hors d'eau, de consolidation, d'aménagement, de restauration, de mise aux normes ou de mise en valeur, d'assainissement d'un immeuble classé, d'incorporation d'un objet mobilier à perpétuelle demeure ; les travaux sur les parties intérieures classées. Il a été jugé que l'autorisation s'applique à l'aménagement de courts de tennis (CE 10-7-1987 n° 35706, Cne de Feucherolles : Lebon p. 266). Ces travaux s'exécutent sous le contrôle de l'État (C. patr. art. L 621-9, al. 3).
En revanche, les **travaux et réparations d'entretien** ne sont pas soumis à autorisation (C. patr. art. R 621-11, dernier al.).

> **Précisions** **a.** Lorsque la conservation d'un immeuble classé est gravement compromise par l'inexécution de travaux de réparation ou d'entretien, le ministre de la culture peut décider d'**exécuter d'office les travaux** après établissement d'un rapport sur les travaux à réaliser, consultation de la CNPA et notification de sa décision au propriétaire (C. patr. art. L 621-12 et L 621-13). Ce dernier dispose alors d'un mois pour demander au préfet d'engager la procédure d'expropriation. Le préfet statue dans un délai maximum de 6 mois à compter de la réception de cette demande. À l'expiration de ce délai, l'absence de réponse vaut décision de rejet (C. patr. art. R 621-46 et R 621-47).
> **b.** Les **opérations de restauration** effectuées sur des immeubles classés ne sont pas soumises aux dispositions concernant les marchés publics liés à la maîtrise d'ouvrage publique et à la maîtrise d'œuvre privée (CCP art. L 2412-2, 5°).

Demande d'autorisation de travaux La demande d'autorisation exigée par l'article L 621-9 du Code du patrimoine est présentée soit par le propriétaire ou son mandataire, soit par une personne qui justifie d'un titre l'habilitant à y exécuter les travaux projetés 4875 ou qui a qualité pour bénéficier de l'expropriation. Elle est établie au moyen du formulaire Cerfa n° 15459*02 disponible sur le site www.service-public.fr.

Elle est adressée, accompagnée des pièces énumérées en annexe de l'arrêté MICC2103494A du 1er février 2021 (JO 4 texte n° 46), au service territorial de l'architecture et du patrimoine (Stap). Celui-ci transmet les documents au préfet de région et à l'autorité compétente pour statuer sur les demandes de permis de construire lorsque les travaux requièrent son accord (C. patr. art. R 621-12, al. 1 à 7).

Lorsque le dossier est complet, le préfet de région fait connaître au pétitionnaire, ainsi qu'à l'autorité compétente pour statuer sur les demandes de permis de construire, le numéro et la date d'enregistrement de la demande (C. patr. art. R 621-12, al. 9). La **réponse de l'administration** doit intervenir dans les **délais** suivants :

– l'autorité compétente pour statuer sur les demandes de permis de construire doit donner son accord et le transmettre au préfet de région dans les 2 mois à compter de la réception du dossier complet, faute de quoi son accord est réputé donné (C. patr. art. R 621-12, al. 10) ;

– le préfet de région doit se prononcer sur l'autorisation de travaux dans les 6 mois suivant la date d'enregistrement notifiée au demandeur, sauf si le dossier a été évoqué par le ministre chargé de la culture, auquel cas le délai est de 12 mois ; faute de réponse du préfet ou du ministre dans le délai, l'autorisation est réputée accordée (C. patr. art. R 621-13, al. 2).

> **Précisions** Une **procédure allégée** et des délais raccourcis sont prévus pour les installations ou les constructions temporaires d'une surface supérieure à 20 m² et d'une durée supérieure à un mois n'entrant pas dans le champ du permis de construire, de démolir, d'aménager ou de la déclaration préalable (C. patr. art. R 621-15). L'autorisation est obtenue au moyen du formulaire Cerfa n° 15459*02.

4877 **Décision d'autorisation de travaux** L'autorisation de travaux est **délivrée par** le préfet de région dans un délai de 6 mois à compter de la date d'enregistrement notifiée au demandeur (C. patr. art. R 621-13, al. 2). Le préfet de région doit apprécier le projet qui lui est soumis, non pas au regard de l'état de l'immeuble à la date de son classement, mais au regard de l'intérêt public, envisagé du point de vue de l'histoire ou de l'art, qui justifie la mesure de conservation (CE 5-10-2018 n° 410590, Sté Edilys : BPIM 6/18 inf. 388, s'agissant de travaux sur un immeuble classé).

L'autorisation de travaux peut être assortie de prescriptions, de réserves ou de conditions. Elle prend en compte les prescriptions éventuellement formulées par l'autorité compétente pour statuer sur les demandes de permis de construire (C. patr. art. R 621-13, al. 3). Elle fait l'objet de mesures de publicité dont l'inobservation est punie de l'amende prévue pour les contraventions de 5e classe (C. patr. art. R 621-16 et R 624-1 ; Arrêté MCCL0769278A du 9-11-2007 : JO 30).

Les travaux susceptibles d'affecter des éléments du **patrimoine archéologique** ne peuvent être entrepris qu'après mise en œuvre des mesures permettant la détection, la conservation ou la sauvegarde du patrimoine archéologique (C. patr. art. R 523-1).

L'autorisation accordée au titre de l'article L 621-9 du Code du patrimoine **dispense** le pétitionnaire **d'obtenir une autorisation d'urbanisme** (permis de construire, permis d'aménager, permis de démolir ou déclaration préalable) dès lors que la décision a fait l'objet d'un accord de l'autorité compétente pour statuer sur les demandes de permis de construire (C. urb. art. L 425-5 et R 425-23).

Après l'expiration du délai de 6 mois imparti au préfet de région pour statuer, toute personne intéressée peut demander au préfet ou au ministre une **attestation** certifiant la délivrance ou non de l'autorisation et, le cas échéant, les prescriptions exigées. Ce document doit être remis dans le délai d'un mois suivant la réception de la demande (C. patr. art. R 621-14).

L'autorisation est **périmée** si les travaux ne sont pas entrepris dans les 3 ans de la notification de la décision ou de son accord tacite. Lorsque le commencement des travaux est subordonné à une autorisation ou une procédure prévue par une autre législation, le délai court à compter de la date à laquelle les travaux peuvent commencer en application de cette législation si cette date est postérieure à la notification. L'autorisation est également périmée si, passé le délai de 3 ans, les travaux sont interrompus pendant plus d'un an (C. patr. art. R 621-16-1, I).

Cependant, l'autorisation peut être **prorogée** d'une année sur demande de son bénéficiaire adressée au Stap 4 mois au moins avant l'expiration du délai de validité. La prorogation est acquise si le bénéficiaire n'a reçu aucune décision contraire dans les 2 mois suivant la réception de sa demande. La prorogation prend effet au terme de la validité de la décision initiale (C. patr. art. R 621-16-1, II).

En cas de **recours contentieux** contre l'autorisation, le délai de 3 ans et le délai de prorogation d'un an sont suspendus (C. patr. art. R 621-16-1, III).

Lorsque les travaux sont achevés, l'administration **contrôle la conformité des travaux** à l'autorisation donnée (les modalités de ce contrôle ne sont pas précisées). Un dossier documentaire des ouvrages exécutés est remis en 4 exemplaires au Stap (C. patr. art. R 621-17).

> **Précisions** **a.** L'autorité compétente pour délivrer le permis de construire peut accorder des **dérogations au PLU** afin de permettre la restauration ou la reconstruction d'immeubles protégés au titre de la législation sur les monuments historiques, lorsque les contraintes architecturales propres à ces immeubles sont contraires aux règles du plan (C. urb. art. L 152-4, 2°).
> **b.** En cas d'avis favorable de l'ABF ou du ministre de la culture à la démolition, le **maire** conserve la possibilité de **refuser le permis de démolir** sollicité ou de l'assortir de prescriptions spéciales. En revanche, l'avis défavorable de l'ABF ou du ministre de la culture lie le pouvoir d'appréciation du maire (CE 7-7-2008 n° 296438, Cne de Verdun : BPIM 5/08 inf. 343, solution retenue sous l'empire des dispositions antérieures à la réforme des autorisations d'urbanisme mais qui, selon nous, reste valable).
> **c.** Alors que la condition d'**urgence,** à laquelle est subordonnée la suspension d'une autorisation d'urbanisme par le juge des référés (C. just. adm. art. L 521-1) est habituellement présumée, la nécessité de poursuivre les travaux de sauvegarde d'un bâtiment classé peut éventuellement justifier le rejet d'une demande de **suspension** portant sur l'**autorisation de réaliser ces travaux** (CE 28-9-2011 n° 345699, SCI 30 rue de Thionville : BPIM 6/11 inf. 441).

TRAVAUX SUR UN IMMEUBLE INSCRIT AU TITRE DES MONUMENTS HISTORIQUES

Le propriétaire d'un immeuble inscrit qui souhaite le modifier doit, **4 mois avant le commencement** des travaux, informer le préfet de région de son intention et indiquer les travaux qu'il se propose de réaliser (C. patr. art. L 621-27, al. 1). **4885**

Une **déclaration** de travaux est exigée lorsqu'il s'agit de travaux autres que (C. patr. art. R 621-60, al. 1) :

– les travaux d'entretien ou de réparations ordinaires qui sont dispensés de toute formalité ;

– les travaux soumis à permis de construire, de démolir, d'aménager ou à déclaration préalable qui relèvent du droit commun de ces autorisations avec la particularité que celles-ci ne peuvent pas être délivrées sans l'accord de l'autorité administrative chargée des monuments historiques, c'est-à-dire le préfet de région (C. patr. art. L 621-27, al. 2 ; C. urb. art. R 425-16). L'accord du préfet de région est réputé donné s'il n'est pas parvenu à l'autorité compétente en matière d'autorisation d'urbanisme dans le délai de 3 mois (C. urb. art. R 423-66).

La déclaration est présentée soit par le propriétaire ou son mandataire, soit par une personne qui justifie d'un titre l'habilitant à y exécuter les travaux projetés ou qui a qualité pour bénéficier de l'expropriation (C. patr. art. R 621-60, al. 2). Elle est établie au moyen du formulaire Cerfa n° 15459*02 disponible sur le site www.service-public.fr.

La déclaration, accompagnée des pièces énumérées en annexe de l'arrêté MICC2103494A du 1er février 2021 (JO 4 texte n° 46), doit être **adressée** au Stap du lieu où se trouve l'immeuble. Le Stap transmet la déclaration et le dossier au préfet de région qui, lorsque le dossier est complet, enregistre la demande et lui attribue un numéro. Le délai de 4 mois avant l'expiration duquel les travaux ne peuvent commencer court à compter de la date d'enregistrement de la déclaration (C. patr. art. R 621-60, al. 2 et 3 et R 621-61).

L'administration ne peut **s'opposer aux travaux** qu'en ouvrant une instance de classement dans le délai de 4 mois précité (C. patr. art. L 621-27, al. 4 et R 621-61).

> **Précisions** Comme dans le cas des immeubles classés, l'autorité compétente pour délivrer le permis de construire peut accorder des **dérogations au PLU** afin de permettre la restauration ou la reconstruction d'immeubles inscrits au titre des monuments historiques (C. urb. art. L 152-4, 2°).

AIDES FINANCIÈRES AUX TRAVAUX SUR UN MONUMENT HISTORIQUE

Les **travaux** de restauration, de conservation, de réparation ou d'entretien **réalisés spontanément par le propriétaire** d'un **immeuble classé ou inscrit** peuvent faire l'objet de subventions de la part de l'État. Cependant, le classement ou l'inscription n'implique pas en lui-même la participation financière de l'État. Lorsque l'État prend à sa charge une partie des travaux portant sur un immeuble classé ou inscrit, l'importance de son concours est fixée en tenant compte de l'intérêt de l'édifice, de son état actuel, de la nature des travaux projetés et enfin des efforts consentis par le propriétaire ou tous autres intéressés à la conservation du monument (C. patr. art. R 621-82). La participation de l'État n'est pas soumise à une limite réglementaire. En pratique, elle ne dépasse pas 50 % du coût total de l'opération pour les travaux des immeubles classés. Dans le cas des immeubles inscrits, le préfet de région est **4890** autorisé à subventionner les travaux à hauteur de 40 % de la dépense effective (C. patr. art. L 621-29). La demande de subvention est établie au moyen du formulaire Cerfa n° 15459*02 disponible sur le site www.service-public.fr.

Lorsque la conservation de l'**immeuble classé** est gravement compromise par l'inexécution de travaux de réparation ou d'entretien, l'État peut, après avis de la CNPA, **mettre en demeure** le propriétaire **d'exécuter des travaux** nécessaires. Dans ce cas, la participation financière de l'État ne peut pas être inférieure à 50 % du coût des travaux. En cas de contestation de la part du propriétaire, le tribunal administratif statue sur le litige et peut ordonner l'exécution de travaux ; le recours est suspensif (C. patr. art. L 621-12). Si cette mise en demeure reste infructueuse, l'État peut engager une procédure d'expropriation ou faire exécuter d'office les travaux (C. patr. art. L 621-13).

En cas d'**exécution d'office des travaux,** le propriétaire est tenu de rembourser à l'État le coût des travaux exécutés par celui-ci, dans la limite de la moitié de leur montant (C. patr. art. L 621-14). Un échelonnement sur 15 ans est possible. L'État récupère sa créance par les voies ordinaires, après inscription d'une hypothèque légale. Le propriétaire peut aussi se libérer en faisant abandon de l'immeuble (C. patr. art. L 621-14, dernier al.). En cas d'urgence, l'occupation temporaire de l'immeuble peut être autorisée (C. patr. art. L 621-15).

> Précisions a. Les **édifices cultuels** qui ne sont ni classés ni inscrits bénéficient, dans le budget de l'État, d'une dotation pour leur sauvegarde et leur conservation. Les travaux les concernant peuvent ainsi être subventionnés.

b. Les services de l'État chargés des monuments historiques peuvent apporter une **assistance en matière de maîtrise d'ouvrage** au propriétaire d'un immeuble classé ou inscrit qui réalise des travaux. Cette assistance est gratuite lorsque le propriétaire ne dispose pas, du fait de l'insuffisance de ses ressources ou de la complexité du projet de travaux, des moyens nécessaires à l'exercice de la maîtrise d'ouvrage. L'assistance gratuite prend la forme d'une conduite d'opération totale ou partielle. Une assistance peut également être apportée à titre onéreux si aucune de ces deux conditions n'est remplie, dès lors que le propriétaire établit la carence de l'offre privée ou publique (C. patr. art. L 621-29-2 et R 622-45 s. ; Circ. 2009/022 du 1-12-2009 : BO culture n° 181 p. 89). Une **avance sur subvention** peut également être accordée (C. patr. art. R 622-54).

c. La **Fondation du patrimoine** et certaines fondations ou associations reconnues d'utilité publique peuvent participer financièrement à la réalisation de travaux (C. patr. art. L 143-2-1 et L 143-15 ; Décret 2008-195 du 27-2-2008).

3. PROTECTION DES ABORDS DES MONUMENTS HISTORIQUES

PRÉSENTATION GÉNÉRALE DE LA PROTECTION AU TITRE DES ABORDS

4895 La loi relative à la liberté de la création, à l'architecture et au patrimoine (LCAP) du 7 juillet 2016 et son décret d'application 2017-456 du 29 mars 2017 ont **réorganisé** la protection des immeubles situés à proximité d'un monument historique (C. patr. art. L 621-30 s. et R 621-92 s.). Ce régime de « protection au titre des abords » s'est substitué au régime des immeubles situés dans le champ de visibilité d'un monument historique inscrit ou classé qui existait jusque-là. Il est entré en vigueur le 1er avril 2017.

La présence d'un monument historique (classé ou inscrit) entraîne la **création d'un périmètre de protection** de ses abords. Cette protection est destinée à mettre en valeur le monument et à préserver son champ de visibilité. Les règles antérieures relatives à un « immeuble adossé à un immeuble classé » sont supprimées, le même régime s'appliquant à tous les immeubles situés dans le périmètre de protection quel que soit leur degré de proximité avec l'immeuble protégé.

La protection au titre des abords a le caractère de **servitude d'utilité publique** affectant l'utilisation des sols dans un but de protection, de conservation et de mise en valeur du patrimoine culturel (C. patr. art. L 621-30, I-al. 2). Elle empêche l'application, aux immeubles protégés au titre des abords, des servitudes d'utilité publique instituées dans le cadre de l'inscription d'un site naturel en application de l'article L 341-1 du Code de l'environnement (C. patr. art. L 621-30, II-dernier al.).

Les **travaux** sur les immeubles situés au sein du périmètre de protection sont soumis à un régime d'autorisation spécifique identique à celui applicable dans les sites patrimoniaux remarquables.

IMMEUBLES PROTÉGÉS AU TITRE DES ABORDS

4896 Tous les immeubles ou ensembles d'immeubles (bâtis ou non) qui forment un ensemble cohérent avec un monument historique, ou qui sont susceptibles de contribuer à sa conservation ou à sa mise en valeur sont protégés au titre des abords (C. patr. art. L 621-30, I-al. 1).

La protection ne s'étend cependant pas aux immeubles ou parties d'immeubles protégés au titre des **monuments historiques** ou situés dans le périmètre d'un **site patrimonial remarquable** classé en application des articles L 631-1 et L 631-2 du Code du patrimoine (C. patr. art. L 621-30, II-al. 4). Elle s'applique, en revanche, à la partie non protégée d'un immeuble **partiellement protégé** au titre des monuments historiques (C. patr. art. L 621-30, II-al. 3).

PÉRIMÈTRE DE PROTECTION AU TITRE DES ABORDS

Périmètre délimité par l'autorité administrative La protection au titre des abords s'applique à tous les immeubles situés dans un périmètre de protection délimité par l'autorité administrative. Celui-ci peut être commun à plusieurs monuments historiques (C. patr. art. L 621-30, II-al. 1). 4897

La **création d'un périmètre** de protection intervient soit sur **proposition** de l'architecte des Bâtiments de France (ABF), soit sur proposition de la commune ou de l'EPCI compétent en matière de PLU, de document en tenant lieu ou de carte communale. Dans le premier cas, la proposition de l'ABF est soumise à l'accord de la commune ou de l'EPCI. Dans le second, la proposition de la commune ou de l'EPCI est soumise à l'accord de l'ABF (C. patr. art. L 621-31, al. 1 et R 621-92). La décision est prise après enquête publique, consultation du propriétaire ou de l'affectataire domanial du monument historique et, le cas échéant, de la commune concernée.

Préalablement à l'inscription d'un immeuble au titre des monuments historiques, le préfet de région doit saisir l'ABF et informer la commune ou l'EPCI compétent en matière de PLU afin que l'un ou l'autre propose éventuellement un projet de périmètre délimité des abords (C. patr. art. R 621-92-1). Dans le même but, il doit également saisir l'ABF lorsque la commune ou l'EPCI élabore, révise ou modifie le PLU, ou élabore ou révise la carte communale (C. patr. art. R 621-93, I).

En cas d'accord soit de l'ABF, soit de la commune ou de l'EPCI, la **décision de création** du périmètre de protection est prise par le préfet de région (C. patr. art. R 621-94, al. 1). En cas de désaccord de l'un ou de l'autre, la décision fait l'objet soit d'un arrêté du préfet pris après avis de la CRPA, si le périmètre ne dépasse pas la distance de 500 mètres à partir du monument historique, soit d'un décret en Conseil d'État, pris après avis de la CNPA, si le périmètre dépasse cette distance (C. patr. art. L 621-31, al. 2 et R 621-94, al. 2).

Lorsque le projet de périmètre est instruit concomitamment à l'élaboration, à la révision ou à la modification du PLU, du document d'urbanisme en tenant lieu ou de la carte communale, la commune ou l'EPCI diligente une **enquête publique environnementale** unique portant à la fois sur le projet de document d'urbanisme et sur le projet de périmètre délimité des abords (C. patr. art. L 621-31, al. 3 et R 621-93, II).

La décision de création d'un périmètre délimité des abords est **notifiée** à la commune ou à l'EPCI et fait l'objet de mesures de **publicité** (C. patr. art. R 621-95).

Le périmètre peut être **modifié** dans les mêmes conditions (C. patr. art. L 621-31, dernier al.).

> **Précisions** Les **périmètres de protection adaptés** et modifiés **institués avant le 8 juillet 2016** sont devenus de plein droit des périmètres délimités des abords au sens de l'article L 621-30, II-al. 1 (Loi 2016-925 du 7-7-2016 art. 112, II-al. 1).

Absence de périmètre délimité par l'autorité administrative En l'absence de périmètre délimité par l'autorité administrative, la protection au titre des abords s'applique à tout immeuble, bâti ou non bâti, **visible** du monument historique ou visible en même temps que lui et situé à moins de **500 mètres** de celui-ci (C. patr. art. L 621-30, II-al. 2). 4899

Lorsque le domaine d'un château fait l'objet d'un classement ou d'une inscription, la distance de 500 mètres doit être évaluée depuis les limites extérieures des éléments bâtis du parc : soit le mur de clôture s'il existe, soit, à défaut, les autres constructions (pavillons, statues). Lorsque le parc ne comporte aucune construction, la distance doit être calculée à partir du château lui-même (Rép. Jacquat : AN 1-3-1999 n° 20835).

L'appréciation de la visibilité d'une construction depuis un édifice classé ou inscrit s'effectue à partir de tout point de cet édifice normalement accessible conformément à sa destination ou son usage (CE 20-1-2016 n° 365987 : BPIM 2/16 inf. 86).

La condition de covisibilité ne trouve évidemment pas à s'appliquer lorsque :
– l'édifice est entièrement souterrain (Rép. Gouze : AN 23-7-1990 n° 27431) ;
– seules des parties internes d'un édifice sont protégées (Rép. Jacquat : AN 29-5-2000 n° 42397).

> **Précisions a.** Ne peuvent être délivrés qu'avec l'accord de l'ABF les **permis de construire** portant sur des **immeubles** situés **à moins de 500 mètres** d'un monument historique, s'ils sont visibles à l'œil nu de cet édifice ou s'ils sont visibles en même temps que lui

© Éd. Francis Lefebvre

depuis un lieu normalement accessible au public. Cette dernière condition est satisfaite même lorsque le lieu concerné est situé en dehors du périmètre de 500 mètres entourant le monument (CE 5-6-2020 n° 431994, Sté M2B : BPIM 4/20 inf. 235 ; CE 26-4-2022 n° 446487, Min. culture c/ Commune de Barrettali).

b. Le fait que le propriétaire d'un immeuble situé dans le champ de visibilité d'un édifice classé ne puisse pas prétendre à une **indemnité,** contrairement à celui dont le bien est classé, ne constitue ni une atteinte à la propriété, dès lors que l'intéressée ne subit pas une charge excessive et disproportionnée, ni une discrimination contraire à l'article 14 de la convention européenne des droits de l'Homme (CEDH 1-12-2005 n° 61093/00, SCEA Ferme de Fresnoy c/ France : BPIM 2/06 inf. 87).

TRAVAUX SUR LES IMMEUBLES PROTÉGÉS AU TITRE DES ABORDS

4900 **Autorisation préalable de travaux** Les travaux susceptibles de **modifier l'aspect extérieur** d'un immeuble, bâti ou non bâti, protégé au titre des abords sont soumis à une autorisation préalable (C. patr. art. L 621-32, al. 1).

Les **modalités de cette autorisation varient** selon que les travaux relèvent exclusivement du Code du patrimoine ou nécessitent une autorisation d'urbanisme. L'autorisation préalable nécessite en principe l'accord de l'ABF. Cependant, dans certains cas particuliers, il est prévu que l'ABF émet un simple avis, qui ne lie plus l'autorité chargée d'accorder l'autorisation.

4905 **Travaux relevant du Code du patrimoine** Lorsque les travaux projetés sont uniquement régis par le Code du patrimoine, les règles applicables à l'autorisation sont fixées par les dispositions de ce Code (C. patr. art. R 621-96 à R 621-96-17).

La **demande** d'autorisation est adressée par lettre recommandée AR ou déposée à la mairie de la commune dans laquelle les travaux sont envisagés (C. patr. art. R 621-96-1). Le maire transmet un exemplaire de la demande et du dossier à l'**ABF** et un exemplaire au préfet (C. patr. art. R 621-96-8). L'ABF dispose d'un délai d'un mois à compter de sa saisine pour se prononcer ; à défaut, il est réputé avoir donné son accord (C. patr. art. R 621-96-10, al. 1).

La décision est prise par le **préfet.** Le silence gardé par celui-ci pendant 2 mois vaut autorisation de travaux (C. patr. art. R 621-96-9). L'autorisation peut être refusée ou assortie de prescriptions lorsque les travaux sont susceptibles de porter atteinte à la conservation ou à la mise en valeur d'un monument historique ou des abords (C. patr. art. L 621-32, al. 2). Toute décision expresse de refus d'autorisation de travaux ou assortie de prescriptions est motivée (C. patr. art. R 621-96-13).

L'**autorisation** de travaux peut être **prorogée** pour une année à la demande de son bénéficiaire (C. patr. art. R 621-96-17).

Elle est **périmée** si les travaux ne sont pas entrepris dans le délai de 2 ans à compter de la notification de la décision ou de la date à laquelle la décision est tacite. Lorsque le commencement des travaux est subordonné à une autre autorisation ou à une procédure prévue par une autre législation, ce délai court à compter de la date à laquelle les travaux peuvent commencer en application de cette législation si cette date est postérieure. L'autorisation est également périmée si, une fois le délai de péremption écoulé, les travaux sont interrompus pendant plus d'une année (C. patr. art. R 621-96-16).

4910 **Travaux soumis à une autorisation au titre du Code de l'urbanisme ou du Code de l'environnement** Si la réalisation des travaux nécessite une autorisation d'urbanisme (permis de construire, permis de démolir ou d'aménager, absence d'opposition à déclaration préalable) ou une autorisation au titre du Code de l'environnement (autorisation environnementale ou autorisation au titre des sites classés), l'autorisation est délivrée dans les conditions et selon les **modalités** prévues à l'article L 632-2 du Code du patrimoine pour les **travaux réalisés en site patrimonial remarquable** (C. patr. art. L 621-32, dernier al.).

L'autorisation délivrée au titre du Code de l'urbanisme ou du Code de l'environnement tient lieu de l'autorisation au titre des abords des monuments historiques, dès lors que l'**ABF a donné son accord,** le cas échéant, assorti de prescriptions motivées (C. patr. art. L 632-2, I-al. 1 et 2). En cas de silence de l'ABF, son accord est réputé donné (C. patr. art. L 632-2, I-al. 3). L'autorité compétente pour délivrer l'autorisation d'urbanisme (le maire en général) peut proposer un projet de décision à l'ABF. Celui-ci émet sur ce projet un avis « consultatif » qui, à la différence de l'accord dont il vient d'être question, ne lie pas l'autorité compétente. L'ABF peut cependant proposer des modifications, le cas échéant, après étude conjointe du dossier (C. patr. art. L 632-2, I-al. 4 ; C. urb. art. R 423-11-1).

Si l'autorité compétente pour délivrer l'autorisation d'urbanisme est en **désaccord** avec l'ABF, elle transmet le dossier, accompagné de son projet de décision, à l'autorité administrative chargée des sites patrimoniaux remarquables (le préfet de région), lequel statue après avis de la CRPA.

En cas de silence, cette autorité administrative est réputée avoir approuvé ce projet de décision. La décision explicite de l'autorité administrative est mise à la disposition du public. S'il s'agit d'une décision tacite, l'autorisation en fait mention (C. patr. art. L 632-2, II).

Les **modalités d'application de ces règles** sont fixées par les dispositions du Code de l'urbanisme régissant les travaux réalisés dans les sites patrimoniaux remarquables. Selon ces dispositions, le délai au terme duquel l'ABF est réputé avoir donné son accord ou émis son avis favorable est fixé à 2 mois (C. urb. art. R 423-67, al. 1) ; voir nº 5762.

Exceptions à l'exigence d'accord de l'ABF Qu'il s'agisse de travaux relevant exclusivement du Code du patrimoine ou de travaux soumis à une autorisation au titre du Code de l'urbanisme ou du Code de l'environnement, la loi Élan du 23 novembre 2018 a apporté des exceptions au caractère obligatoire de l'accord de l'ABF exposé aux nºs 4905 et 4910. 4915

Dans trois cas, l'**avis de l'ABF** est toujours « **consultatif** », de sorte que l'autorité chargée de délivrer l'autorisation n'est jamais tenue de le suivre. Il s'agit des autorisations portant sur (C. patr. art. L 632-2-1) :

– les antennes relais de radiotéléphonie mobile ou de diffusion du très haut débit par voie hertzienne et leurs systèmes d'accroche, ainsi que leurs locaux et installations techniques ;
– les opérations relatives à la lutte contre l'habitat indigne (CCH art. L 522-1, al. 2) ;
– les mesures prescrites par un arrêté de mise en sécurité ou de traitement de l'insalubrité pris en application de l'article L 511-11 du Code de la construction et de l'habitation, dès lors que cet arrêté porte sur des immeubles à usage d'habitation et qu'il a prescrit la démolition ou l'interdiction définitive d'habiter.

En cas de silence de l'ABF, son avis est réputé favorable.

Ce régime d'exceptions ne figure pas dans les dispositions du Code du patrimoine relatives à la protection des abords des monuments historiques, mais à l'article L 632-2-1 de ce Code qui régit les travaux dans les sites patrimoniaux remarquables. Dans des dispositions qui n'ont pas été codifiées, la loi Élan prévoit que ce régime s'applique à chacune des deux catégories d'autorisations en cause, y compris lorsque la demande d'autorisation est déposée à compter du lendemain de la publication de la loi, soit le 25 novembre 2018 (Loi Élan 2018-1021 du 23-11-2018 art. 56, VI). Un décret d'application de la loi Élan prévoit que, sans préjudice des dispositions du VI de l'article 56 de ladite loi, l'ensemble des dispositions relatives aux travaux s'appliquent aux demandes d'autorisation d'urbanisme et aux déclarations préalables déposées depuis le 23 juin 2019 (Décret 2019-617 du 21-6-2019 art. 4, II).

Recours contre l'avis défavorable de l'ABF Lorsqu'un projet de travaux est situé dans les abords d'un monument historique, le demandeur peut, s'il se heurte à une décision lui refusant une autorisation d'urbanisme en raison d'un « refus d'accord » de l'ABF, saisir le **préfet de région** d'un recours contre cette décision (C. patr. art. L 632-2, III sur renvoi de l'art. L 621-32, al. 3). Le recours doit être formé dans le délai de 2 mois à compter de la notification de la décision qui rejette la demande d'autorisation (C. urb. art. R 424-14, al. 1). 4920

Le préfet notifie le recours au maire, s'il n'est pas l'autorité compétente pour délivrer l'autorisation, ainsi qu'à l'autorité compétente en matière d'autorisations d'urbanisme. Le préfet dispose d'un délai de 2 mois pour se prononcer. En cas de silence au terme de ce délai, il est réputé avoir confirmé la décision.

Lorsque le préfet infirme le refus d'accord de l'ABF, l'autorité compétente pour délivrer l'autorisation d'urbanisme statue à nouveau, dans le délai d'un mois suivant la réception de l'avis du préfet de région (C. urb. art. R 424-14, dernier al.).

Dans le cadre de ce recours, le demandeur peut faire appel à un médiateur. Il doit le préciser dans sa saisine du préfet de région. Le médiateur est désigné par le président de la CRPA parmi les membres de cette commission. Le préfet de région doit alors statuer après avis du médiateur (C. patr. art. L 632-2, III ; C. urb. art. R 424-14, al. 1).

› Précisions **a.** Le recours formé auprès du préfet de région constitue un **préalable obligatoire** à l'introduction d'une **instance contentieuse** contre le refus d'autorisation (CE 30-6-2010 nº 334747, SARL Château d'Épinay : Lebon T. p. 1021 ; CE 4-5-2018 nº 410790, Cne de Bouc Bel Air : Lebon T. p. 783). Qu'il soit positif ou négatif, l'avis du préfet se substitue toujours à celui de l'ABF (CE 4-5-2018 nº 410790, Cne de Bouc-Bel-Air).

b. Lorsque le préfet invite le pétitionnaire à **compléter son dossier,** il doit impartir à l'intéressé un délai de régularisation. La période de 2 mois à l'issue de laquelle le silence gardé par le préfet sur le recours fait naître un avis favorable au projet se trouve interrompue et ne recommence à courir qu'à compter de la réception des pièces demandées (CE 4-5-2018 nº 410790, Cne de Bouc-Bel-Air).

C. Mesures diverses relatives aux immeubles protégés

FIN DES MESURES DE CLASSEMENT ET D'INSCRIPTION

5050 Le **déclassement** total ou partiel d'un immeuble classé au titre des monuments historiques est prononcé par décret en Conseil d'État soit à l'initiative du ministre chargé de la culture, soit à la demande du propriétaire (C. patr. art. L 621-8). Les avis de la CRPA, ainsi que de la CNPA sont recueillis dans les mêmes conditions que pour le classement (C. patr. art. R 621-10). Si la décision d'inscrire ou de radier un immeuble au titre des monuments historiques suppose nécessairement l'intervention de la CRPA, il n'en va pas de même de la décision refusant de faire droit à une demande de radiation (CE 7-3-2022 n° 449328, Min. culture c/ SCI du Marquet).

La **radiation de l'inscription** au titre des monuments historiques est prononcée par arrêté du préfet de région selon les mêmes formes et procédures que l'inscription (C. patr. art. R 621-59). Elle intervient en cas de défaut d'intérêt de l'inscription, de destruction de l'édifice ou de classement comme monument historique (Circ. 2001/015 du 15-6-2001 : BO culture n° 125 p. 13).

La personne qui se voit opposer un **refus à sa demande de déclassement** n'est recevable à présenter un recours contentieux contre la décision de refus que si elle est propriétaire de l'immeuble ou justifie à un autre titre d'un intérêt à agir (CE 29-11-2024 n° 483102 : BPIM 1/25 inf. 8).

> **Précisions** Les modifications de l'aspect de la cour d'honneur du Palais-Royal à la suite de la réalisation d'une œuvre conçue par Daniel Buren (les « colonnes de Buren ») n'ont pas eu pour effet de rendre le classement de ce bâtiment sans objet et ne sont pas l'équivalent d'un **déclassement** (CE 28-12-1992 n° 85552 : Lebon T. p. 1127).

LUTTE CONTRE LE MORCELLEMENT OU LE DÉPOUILLEMENT

5051 Lorsqu'un immeuble ou une partie d'immeuble protégé au titre des monuments historiques a été morcelé ou lorsqu'un effet mobilier qui lui était attaché à perpétuelle demeure a été détaché en violation de l'article L 621-9 ou de l'article L 621-27 du Code du patrimoine, l'autorité administrative peut **mettre en demeure** le contrevenant (C. patr. art. L 621-33, al. 1 et 2) :

– de procéder, dans un délai qu'elle fixe, à la **remise en place,** sous sa direction et sa surveillance, aux frais des auteurs des faits, vendeurs et acheteurs pris solidairement ;

– et, en cas d'urgence, de prendre, dans un délai qu'elle détermine, les mesures nécessaires pour **prévenir la détérioration,** la dégradation ou la destruction des biens concernés.

L'acquisition d'un fragment d'immeuble protégé au titre des monuments historiques ou d'un effet mobilier détaché illicitement (en violation des articles L 621-9 et L 621-27 du Code du patrimoine) est nulle. L'autorité administrative et le propriétaire originaire peuvent exercer les **actions en nullité ou en revendication** dans un délai de 5 ans à compter de la date à laquelle ils ont eu connaissance de l'acquisition, sans préjudice des demandes en dommages-intérêts qui peuvent être dirigées soit contre les parties contractantes solidairement responsables, soit contre l'officier public qui a prêté son concours à l'aliénation (C. patr. art. L 621-33, al. 3).

L'acquéreur ou le sous-acquéreur de bonne foi entre les mains duquel l'objet est revendiqué a droit au remboursement de son prix d'acquisition. Si la revendication est exercée par l'autorité administrative, celle-ci a un recours contre le vendeur originaire pour le montant intégral de l'indemnité qu'elle aura dû payer à l'acquéreur ou au sous-acquéreur (C. patr. art. L 621-33, dernier al.).

PATRIMOINE D'INTÉRÊT ARCHITECTURAL RÉCENT

5052 **Présentation du label** Le label spécifique « **Architecture contemporaine remarquable** » est dédié au patrimoine d'intérêt architectural récent (C. patr. art. L 650-1). Il bénéficie aux immeubles, ensembles architecturaux, ouvrages d'art et aménagements de **moins de 100 ans d'âge** dont la conception présente un intérêt architectural ou technique suffisant, à condition qu'ils ne soient pas classés ou inscrits.

L'« intérêt architectural ou technique suffisant » s'apprécie au regard de plusieurs critères : la singularité de l'œuvre ; sa notoriété ; son exemplarité dans la participation à une politique publique ; sa valeur de manifeste en raison de son appartenance à un mouvement architectural ou d'idées reconnu ; le caractère innovant ou expérimental de la conception architecturale, urbaine, paysagère ou de la réalisation technique, ou la place de l'œuvre dans l'histoire des techniques ; l'appartenance à un ensemble ou à une œuvre dont l'auteur fait l'objet d'une reconnaissance nationale ou locale (C. patr. art. R 650-1).

© Éd. Francis Lefebvre

Attribution du label La **demande d'attribution** du label est présentée au préfet de région par le propriétaire ou par toute personne y ayant intérêt. L'initiative peut également émaner du préfet (C. patr. art. R 650-2). 5053

Le label est attribué par **décision** motivée du préfet de région, après avis de la CRPA. Celle-ci rappelle au propriétaire son obligation d'informer le préfet de région lorsqu'il a l'intention de réaliser des travaux et de toute mutation de propriété concernant ce bien (C. patr. art. L 650-1, I-al. 1, R 650-3 et R 650-4). La décision est notifiée au propriétaire, à l'autorité compétente pour délivrer les autorisations d'urbanisme et au maire de la commune lorsqu'il n'est pas compétent pour délivrer une telle autorisation. L'architecte ou le concepteur de l'ouvrage ou encore leurs ayants droit sont informés de cette décision (C. patr. art. R 650-5).

Le **label disparaît** de plein droit si l'immeuble est classé ou inscrit au titre des monuments historiques ou 100 ans après sa construction (C. patr. art. L 650-1, I-al. 2). Il peut aussi être retiré par le préfet lorsque le bien est dégradé au point de perdre l'intérêt ayant justifié son attribution (C. patr. art. R 650-7).

> **Précisions** Un arrêté a fixé le **modèle** de **demande d'attribution du label** (Cerfa n° 15853*01), ainsi que le formulaire permettant au propriétaire, qui projette d'entreprendre des **travaux** susceptibles de modifier le bien labellisé, d'**avertir le préfet** de région (Cerfa n° 15863*01 et notice n° 52248#01). Le texte prévoit que ces imprimés sont accessibles sur le site internet du ministère chargé de la culture (Arrêté MICC1805539A du 22-2-2018).

Effets de l'attribution du label L'obtention du label entraîne deux **obligations pour le propriétaire.** 5054

Lorsque le bien bénéficiant du label n'est pas protégé au titre des abords et des sites patrimoniaux remarquables ou identifié dans le PLU, son propriétaire doit, 2 mois au moins avant le dépôt d'une demande de permis ou d'une déclaration préalable, informer, par lettre recommandée avec demande d'avis de réception, le préfet de région de son intention de réaliser des **travaux** susceptibles de modifier l'immeuble. À sa lettre doit être jointe une notice descriptive présentant la nature et l'impact des travaux envisagés (notice n° 52248#01). Le préfet peut formuler des observations et recommandations au propriétaire dans les 2 mois suivant la réception de sa lettre, le cas échéant après avis de la CRPA (C. patr. art. L 650-1, II et R 650-6, I).

Le propriétaire a également l'obligation d'informer le préfet de région de toute **mutation de propriété** du bien labellisé (C. patr. art. R 650-6, II).

SANCTIONS DE LA VIOLATION DES MESURES DE PROTECTION

Différents types de sanctions **pénales** (C. patr. art. L 641-1 à L 641-4) **et administratives** (C. patr. art. L 642-1 et L 642-2 ; C. pén. art. 322-1 s.) sont encourues en cas d'infraction aux mesures de protection. Elles consistent, notamment, en : 5055

– une amende administrative d'un montant maximal de 6 000 € (30 000 € pour une personne morale) en cas de violation de l'article L 621-29-6 du Code du patrimoine qui impose, avant toute aliénation d'un immeuble classé ou inscrit au titre des monuments historiques, une notification préalable du projet à l'autorité administrative (C. patr. art. L 642-1 et L 642-2) ;
– des amendes dont le montant varie selon qu'il s'agit d'une personne physique ou d'une personne morale et/ou des peines de prison pour la violation des règles de modification des monuments comme en cas de destruction, de mutilation, de dégradation ou de soustraction – par manquement ou négligence grave – de ceux-ci ou d'infractions aux règles relatives au permis de construire et autres autorisations d'occupation ou d'utilisation du sol (C. patr. art. L 641-1, I) ;
– l'interruption des travaux et la remise des lieux en état (C. patr. art. L 641-2, II).

Les associations de défense peuvent **agir en justice** pour faire respecter les mesures de protection. Les particuliers auxquels la violation d'une servitude d'urbanisme protégeant un monument cause un préjudice peuvent demander réparation de celui-ci.

D. Domaines nationaux

PÉRIMÈTRE DES DOMAINES NATIONAUX

Les domaines nationaux sont des ensembles immobiliers présentant un **lien exceptionnel avec l'histoire de la Nation** et dont l'État est, au moins pour partie, propriétaire. Ils ont vocation à être conservés et restaurés par l'État dans le respect de leur caractère historique, artistique, paysager et écologique (C. patr. art. L 621-34). Ils peuvent comprendre des biens 5100 immobiliers appartenant à l'État, à des collectivités territoriales, à des établissements publics ou à des personnes privées (C. patr. art. L 621-35, al. 2).

La **liste** des domaines nationaux est fixée par l'article R 621-98 du Code du patrimoine. Elle comporte, notamment, le domaine de Chambord, le domaine du Louvre et des Tuileries, le Palais de l'Élysée, le domaine du Palais-Royal, le château de Vincennes, le domaine du château de Fontainebleau, le domaine du château de Rambouillet, le domaine du château de Saint-Germain-en-Laye, le domaine du château de Versailles. Les périmètres respectifs des domaines nationaux sont définis à l'annexe 7 de ce Code.

> **Précisions** Lorsqu'à l'appui d'un **recours** il est reproché au **décret délimitant le périmètre** d'un domaine national de ne pas inclure dans ce périmètre des parcelles qui devraient l'être au regard de leur lien exceptionnel avec l'histoire de la Nation, le Conseil d'État doit rechercher si, en excluant les parcelles contestées, l'autorité compétente a fait une exacte application de l'article L 621-34 du Code du patrimoine (CE 31-5-2024 nº 469791, Assoc. Sites et Monuments : BPIM 4/24 inf. 230).

STATUT DES DOMAINES NATIONAUX

5101 Les parties des domaines nationaux qui appartiennent à l'État ou à l'un de ses établissements publics sont (C. patr. art. L 621-36 et L 621-37) :
– **classés** de plein droit au titre des monuments historiques ;
– **inaliénables** (excepté les parties appartenant à un établissement public de l'État au profit d'une autre personne publique) et **imprescriptibles** ;
– **inconstructibles,** à l'exception des bâtiments ou structures nécessaires à leur entretien ou à leur visite par le public ou s'inscrivant dans un projet de restitution architecturale, de création artistique ou de mise en valeur.

Dès l'entrée en vigueur du décret délimitant un domaine national, sont **inscrites** de plein droit au titre des monuments historiques les parties de ce domaine qui ne sont pas classées et qui appartiennent à une personne publique autre que l'État ou l'un de ses établissements publics ou à une personne privée. Elles peuvent être classées au titre des monuments historiques (C. patr. art. L 621-38).

5103 L'État est informé avant toute cession d'une partie d'un domaine national appartenant à une autre personne que lui ou l'un de ses établissements publics. Il peut exercer un **droit de préemption** (C. patr. art. L 621-39). Les modalités de sa mise en œuvre sont définies par l'article R 621-99 du Code du patrimoine. Le droit de préemption est exercé par le ministre de la culture selon les modalités applicables au droit de préemption urbain (DPU), aux zones d'aménagement différé (ZAD) et autres périmètres provisoires.

5104 La **gestion** des domaines nationaux est exercée dans le respect de l'ordre public et de la dignité humaine (C. patr. art. L 621-36). L'**utilisation à des fins commerciales de l'image** des immeubles qui constituent les domaines nationaux, sur tout support, est soumise à l'autorisation préalable du gestionnaire de la partie concernée du domaine national. Cette autorisation peut prendre la forme d'un acte unilatéral ou d'un contrat, assorti ou non de conditions financières (C. patr. art. L 621-42). Ces conditions financières sont déterminées par l'article R 621-100 du Code du patrimoine.

> **Précisions** Dans le cadre d'un litige soulevé par l'utilisation, à des fins publicitaires, de photographies du domaine de Chambord, le Conseil constitutionnel a admis la **validité** de l'article L 621-42 du Code du patrimoine (Cons. const. 2-2-2018 nº 2017-687 QPC, Assoc. Wikimédia France : RJDA 5/18 nº 472 ; voir aussi, dans la même affaire, CE 13-4-2018 nº 397047, Sté Brasseries Kronenbourg : RJDA 8-9/18 nº 687).

II. SITES

PRÉSENTATION GÉNÉRALE DU RÉGIME DES SITES

5200 Les **sites urbains** font directement ou indirectement l'objet de nombreuses mesures de protection dans le cadre des dispositions du Code de l'urbanisme.

La protection des **sites naturels** est organisée par les articles L 341-1 s. et R 341-1 s. du Code de l'environnement, ainsi que par diverses dispositions du Code de l'urbanisme (voir également Circ. 11-5-2007 : BO environnement 2007/13).

Les **commissions départementales de la nature, des paysages et des sites,** le conseil des sites de Corse – et, si le ministre juge utile de la consulter, la **Commission supérieure des sites, perspectives et paysages** – veillent à la conservation des monuments naturels et des paysages urbains et ruraux (C. envir. art. L 341-16 à L 341-18).

© Éd. Francis Lefebvre

› Précisions a. La composition, l'organisation et les attributions de la **Commission supérieure des sites,** perspectives et paysages sont fixées par les articles R 341-28 s. du Code de l'environnement. Celles relatives aux **commissions départementales de la nature, des paysages et des sites** figurent aux articles R 341-16 s. de ce Code.
b. Il existe encore des zones de protection créées avant la loi 83-8 du 7 janvier 1983 en application de la **loi du 2 mai 1930** sur les sites (C. urb. art. R 425-22).

A. Définition des sites

Le Code de l'environnement ne définit pas la notion de site, mais **vise** les monuments naturels et les sites dont la conservation ou la préservation présente, au point de vue artistique, historique, scientifique, légendaire ou pittoresque, un intérêt général (C. envir. art. L 341-1). **5230**

Le site est, ainsi, une **portion de paysage** d'aspect particulièrement intéressant : cirque de Gavarnie (paysage), plages du débarquement (intérêt historique), esplanade des Invalides (intérêt artistique), tombeau de Merlin l'Enchanteur (intérêt légendaire), vieux port de Nice (intérêt pittoresque), sites préhistoriques (intérêt scientifique).

Relèvent, par **exemple,** de la protection des sites :
– un arbre remarquable isolé, non compris dans un espace boisé classé ;
– l'ensemble composé par deux terrils, deux fermes à cour carrée et un calvaire, dès lors qu'il constitue un site représentatif du paysage rural traditionnel et du paysage minier de la région du Nord (CE 18-12-1996 n° 129625, Charbonnages de France : Lebon T. p. 1027) ;
– l'ensemble constitué, à Maisons-Laffitte, par le champ de courses, le terrain d'entraînement et 6 écuries, alors même que ces éléments ne sont pas contigus, l'ensemble présentant un intérêt général au point de vue historique et pittoresque (CE 11-2-1998 n° 171999 : BPIM 3/98 inf. 168) ;
– le pont « Pegasus Bridge », haut lieu du débarquement (CE 11-4-2012 n° 343769, Assoc. pour un port de plaisance à Bénouville).

› Précisions a. L'intérêt scientifique peut justifier la création des **réserves naturelles** nationales ou régionales (C. envir. art. L 332-1 s. et R 332-1 s.). Des périmètres de protection peuvent être instaurés autour des réserves naturelles (C. envir. art. L 332-16 s.).
b. Les **sites « Natura 2000 »** constituent des zones particulières désignées par décision de l'autorité administrative comme « zones spéciales de conservation » (pour les habitats naturels, la faune et la flore sauvages) et « zones de protection spéciale » (pour les oiseaux sauvages). Les mesures de protection sont prises en application des dispositions législatives ou réglementaires (notamment de celles relatives aux parcs nationaux, aux réserves naturelles, aux biotopes ou aux sites classés) ou dans le cadre de contrats conclus entre l'administration et les propriétaires ou titulaires de droits réels et personnels portant sur les terrains inclus dans le site. Ces derniers peuvent également adhérer à la charte Natura 2000 comportant un ensemble d'engagements (C. envir. art. L 414-1 s. et R 414-1 s. ; Note technique TREL1902649N du 26-8-2019 : BO Écologie du 5-9-2019).
Pour chaque site, un document d'objectifs définit les orientations de gestion, les mesures de protection, les modalités de leur mise en œuvre et les dispositions financières d'accompagnement (C. envir. art. L 414-2, al. 1). L'arrêté préfectoral approuvant un document d'objectifs peut faire l'objet d'un recours pour excès de pouvoir (CE 19-6-2006 n° 266435, Fédération départementale des syndicats d'exploitants agricoles de la Vendée : BPIM 5/06 inf. 336).
c. Un **inventaire du patrimoine naturel** a été institué pour l'ensemble du territoire national terrestre, fluvial et marin. Il a pour objet de recenser les richesses écologiques, faunistiques, floristiques, géologiques, minéralogiques et paléontologiques (C. envir. art. L 411-1-A).
d. Lorsqu'un intérêt scientifique particulier, le rôle essentiel de l'écosystème ou les nécessités de la préservation du patrimoine géologique le justifient, est interdite la destruction, l'altération ou la dégradation des **sites d'intérêt géologique** (C. envir. art. L 411-1, I-4°). Les articles R 411-17-1 et R 411-17-2 du Code de l'environnement déterminent les conditions dans lesquelles sont fixées la liste des sites d'intérêt géologique, les mesures conservatoires propres à éviter leur altération, dégradation ou destruction, ainsi que la délivrance des autorisations exceptionnelles de prélèvement de fossiles à des fins scientifiques ou d'enseignement (C. envir. art. L 411-2, 1° et 7°). Les articles L 415-1 s. du Code de l'environnement déterminent les personnes habilitées à constater les infractions à l'article L 411-1 et à prononcer les sanctions.

B. Mesures de protection des sites

5300 La loi prévoit **deux modes de protection** des sites (C. envir. art. L 341-1 à L 341-22) : soit leur inscription sur la liste des monuments naturels et des sites établie dans chaque département, soit leur classement. La seconde mesure implique des règles de protection plus contraignantes que celles s'appliquant aux sites inscrits.

Les **sites inscrits avant le 10 août 2016** devront, avant le **1er janvier 2026,** faire l'objet soit d'une mesure de classement en application de l'article L 341-2 du Code de l'environnement, soit d'un maintien de leur inscription sur cette liste (C. envir. art. L 341-1-2, I).

INSCRIPTION SUR L'INVENTAIRE DES SITES

5305 **Procédure d'inscription sur l'inventaire des sites** L'inscription sur l'inventaire des sites, qui peut intervenir sans l'accord des propriétaires intéressés, est prononcée par **arrêté** du ministre chargé des sites, pris à l'initiative de la commission départementale de la nature, des paysages et des sites, après enquête publique environnementale et consultation pour avis du conseil municipal (C. envir. art. L 341-1, al. 1 et 2, R 341-1, R 341-2 et R 341-16, II-1°). Cet arrêté fait l'objet de mesures de publicité (C. envir. art. R 341-3).

5307 **Effets de l'inscription sur l'inventaire des sites** L'inscription a pour effet d'interdire la réalisation de tous **travaux** autres que d'exploitation courante et d'entretien lorsque les intéressés n'ont pas averti l'administration de leur projet au moins 4 mois à l'avance (C. envir. art. L 341-1, al. 3). Si l'exécution des travaux n'est pas subordonnée à la délivrance d'une autorisation d'urbanisme, une déclaration doit être adressée au préfet du département qui recueille l'avis de l'ABF. Dans le cas contraire, la demande de permis de construire ou de démolir ou la déclaration de travaux tient lieu de déclaration préalable (C. envir. art. R 341-9).

La demande d'autorisation de travaux est soumise à un avis consultatif de l'ABF (C. urb. art. R 425-30), à moins qu'elle ne porte sur des travaux de démolition, auquel cas l'accord exprès de l'ABF est requis (C. urb. art. R 425-18). Lorsque la demande de permis de construire porte à la fois sur la démolition et la construction, cet accord exprès est donc requis. Toutefois, si le dossier de demande présente de manière complète les deux volets de l'opération, l'avis de l'ABF doit être regardé comme portant sur l'ensemble de l'opération, sans qu'il soit nécessaire que cet avis le mentionne expressément (CE 16-3-2015 n° 380498, Ville de Paris c/ Sebag : BJDU 3/15 p. 201, concl. R. Decout-Paolini).

Afin d'éviter une **superposition des procédures** au titre des monuments historiques et des sites inscrits, il est prévu que, lorsque les travaux projetés sur un immeuble inscrit au titre des monuments historiques ont été autorisés par l'autorité administrative compétente à cet effet, l'accord délivré au titre du Code du patrimoine **dispense** de l'autorisation au titre du site inscrit prévue par l'article L 341-10, alinéa 1 du Code de l'environnement. Encore faut-il que l'autorité administrative chargée des sites ait donné son accord (C. envir. art. L 341-10, al. 2).

5309 Les travaux de **ravalement** réalisés dans un site inscrit doivent être précédés d'une déclaration préalable (C. urb. art. R 421-17-1, b).

À l'intérieur des agglomérations, la **publicité** est interdite dans les sites inscrits (C. envir. L 581-8, I-4°). La même interdiction concerne, à l'intérieur ou en dehors des agglomérations, la publicité sur les monuments naturels : falaises, rochers, dunes, etc. (C. envir. art. L 581-4, I).

Sauf dérogations, le **camping** et la création de terrains de camping sont interdit dans les sites inscrits (C. urb. art. R 111-33, 1°) ; voir n° 18655.

L'inscription d'un site fait partie des **servitudes d'utilité publique** dont la liste doit être annexée au PLU (C. urb. art. R 151-51, ann. I-B-b).

CLASSEMENT DES SITES

5310 **Procédure de classement des sites** Lorsque le site **appartient à une personne privée,** le classement est prononcé par arrêté du ministre chargé des sites ou, en l'absence de consentement du propriétaire, par décret en Conseil d'État après avis de la Commission supérieure des sites, perspectives et paysages (C. envir. art. L 341-6, al. 1 et 2). Le classement est précédé d'une enquête publique environnementale (C. envir. art. L 341-3 et R 341-4). Le propriétaire peut faire opposition au classement pendant l'enquête publique (C. envir. art. R 341-5).

Lorsque le site est compris dans le **domaine public ou privé de l'État,** le classement est prononcé par arrêté du ministre chargé des sites en cas d'accord avec le ministre intéressé, ainsi qu'avec le ministre chargé du domaine, et par décret en Conseil d'État dans le cas contraire (C. envir. art. L 341-4).

Si le site est compris dans le **domaine public ou privé d'une collectivité territoriale,** ou dans celui **d'un établissement public,** le classement est, en cas de consentement de la personne publique, prononcé par arrêté du ministre chargé des sites. Dans le cas contraire, il est prononcé par décret en Conseil d'État (C. envir. art. L 341-5).

La décision de classement est **publiée** au **Journal officiel** (C. envir. art. R 341-6). Si elle ne comporte pas de prescription particulière tendant à modifier l'état ou l'utilisation des lieux, elle peut être publiée par voie d'extrait, dès lors que les modalités d'accès au texte intégral et aux pièces annexées sont indiquées (CE 6-7-2016 nº 390891 : BPIM 5/16 inf. 291). En revanche, l'inscription sur une liste incorporée au document local d'urbanisme ne saurait tenir lieu de publicité au JO : ce classement reste alors inopposable aux tiers (CE 12-5-1989 nº 86729, Min. équipement c/ Sté Affichage Giraudy : Lebon p. 125). **5312**

La décision de classement doit également être **publiée** au **fichier immobilier** (C. envir. art. L 341-8 ; Décret 55-22 du 4-1-1955 art. 35, 7º). Cette formalité, qui permet seulement d'assurer une information sur la situation juridique de l'immeuble, n'est pas une condition de l'opposabilité de l'acte de classement (CE 22-11-1978 nº 5637 : Dr. adm. 1978 nº 385).

La décision de classement est **reportée au plan local d'urbanisme** avec le plan du site (C. envir. art. R 341-8). Si elle comporte des prescriptions particulières tendant à modifier l'état ou l'utilisation des lieux, elle est **notifiée** au propriétaire (C. envir. art. R 341-7). Elle est susceptible de recours contentieux (nº 5400).

> Précisions **a.** **La notification individuelle du classement** n'est requise que si des prescriptions particulières tendent à modifier l'état ou l'utilisation des lieux. À défaut, la publicité au JO suffit à faire courir le délai de recours contentieux contre la décision de classement (CE 7-11-1986 nº 54891 : AJDA 1987 p. 124). Toutefois, la Cour européenne des droits de l'Homme a jugé qu'un décret de classement d'un site concernant un nombre limité de propriétaires (8 personnes) rendait nécessaire, malgré le caractère réglementaire de cet acte, sa notification individuelle afin de permettre à chaque intéressé de « jouir d'une possibilité claire, concrète et effective de contester un acte administratif qui constituait une ingérence directe dans son droit de propriété » (CEDH 16-12-1992, De Geouffre de la Pradelle c/ France). Il n'est pas certain que la solution retenue par le Conseil d'État dans l'arrêt précité du 6 juillet 2016 (CE 6-7-2016 nº 390891) soit en parfaite harmonie avec la jurisprudence européenne.

b. Le classement d'un site constituant une **servitude d'utilité publique** indépendante de la réglementation d'urbanisme, des parcelles classées en zone constructible par un document local d'urbanisme peuvent être englobées dans un site classé (CE 16-11-1998 nº 190200 : BPIM 1/99 inf. 2).

c. L'absence de **notification aux propriétaires** concernés de l'arrêté préfectoral prescrivant la **mise à l'enquête** du projet de classement d'un site n'est pas incompatible avec les dispositions de l'article 6 de la convention européenne de sauvegarde des droits de l'Homme (CE 20-6-1997 nº 153680, Sté Immobilière et de Prospection).

Travaux dans les sites classés Les sites classés ou en instance de classement ne peuvent être ni détruits ni modifiés dans leur état ou leur aspect, sauf **autorisation spéciale** (C. envir. art. L 341-10, al. 1). Cette interdiction prend effet à compter du jour où l'administration chargée des sites notifie au propriétaire son intention de poursuivre le classement (C. envir. art. L 341-7). **5315**

Toutefois, afin d'éviter une **superposition des procédures** au titre des monuments historiques et des sites classés, il est prévu, comme dans le cas des sites inscrits (nº 5307), que, lorsque les travaux projetés sur un immeuble classé au titre des monuments historiques ont été autorisés par l'autorité administrative compétente à cet effet, l'accord délivré au titre du Code du patrimoine **dispense** de l'autorisation au titre du site classé prévue par l'article L 341-10, alinéa 1 du Code de l'environnement. Encore faut-il que l'autorité administrative chargée des sites ait donné son accord (C. envir. art. L 341-10, al. 2).

De même, l'autorisation environnementale prévue par l'article L 181-1 du Code de l'environnement tient lieu de l'autorisation spéciale au titre des sites classés ou en instance de classement. La demande est alors instruite et délivrée selon les conditions prévues pour l'autorisation environnementale (C. envir. art. R 341-10, dernier al.).

Si les travaux portent sur un **immeuble protégé au titre des abords,** l'autorisation accordée au titre du site classé vaut autorisation au titre des articles L 621-31 et L 621-32 du Code du patrimoine, dès lors que l'ABF a donné son accord (C. envir. art. L 341-10, al. 3).

L'autorisation spéciale est **délivrée par** : **5316**

1. Le **préfet** du département pour les travaux ou ouvrages mentionnés ci-après (C. envir. art. R 341-10 dans sa rédaction issue du décret 2024-295 du 29-3-2024) :

– travaux dispensés de toute formalité au titre du Code de l'urbanisme (nºs 13200 s.), à l'exception des murs de soutènement et des ouvrages d'infrastructure terrestre, maritime,

fluviale, portuaire et aéroportuaire ainsi que les outillages, équipements ou installations techniques liés à leur fonctionnement, leur exploitation ou au maintien de la circulation maritime, fluviale, ferroviaire, routière et aérienne (travaux pour lesquels le ministre demeure compétent) ;
– constructions nouvelles, travaux, ouvrages (C. urb. art. R 421-11) et travaux de ravalement relevant du régime de la déclaration préalable (C. urb. art. R 421-17-1, b) (n°s 13200 s.) ;
– travaux portant sur les clôtures (C. urb. art. R 421-12, b). À cet égard, il a été jugé qu'une barrière levante donnant accès à un lotissement devait être assimilée à une clôture (CE 17-10-2014 n° 359459, Assoc. syndicale libre des propriétaires du lotissement de la baie du Gaou Benat) ;
– et depuis le 1er avril 2024, abattage d'arbres de hautes tiges réalisé dans le cadre de travaux de débroussaillement mentionnés à l'article L 131-10 du Code forestier.

2. Le **directeur de l'établissement public du parc national** pour les travaux concernant un site classé situé en dehors des espaces urbanisés du cœur d'un parc national délimités par le décret de création de ce parc, à condition que les modifications projetées figurent sur la liste prévue par l'article R 331-18 du Code de l'environnement (C. envir. art. R 341-10, al. 6).

3. Le **ministre** chargé des sites dans tous les autres cas ou s'il évoque le dossier (C. envir. art. R 341-12). Ainsi le ministre peut-il connaître des travaux soumis à permis de construire, d'aménager (un lotissement, par exemple) ou de démolir.

L'accord du ministre sur la réalisation des travaux ne doit pas entraîner une modification du site qui, par sa nature et son ampleur, équivaudrait à un déclassement total ou partiel de fait, une telle mesure ne pouvant résulter que d'un décret en Conseil d'État (CE 29-7-2002 n° 232582 : BPIM 1/03 inf. 2 ; CE 3-10-2016 n° 398589 : BPIM 6/16 inf. 349).

Le **délai** imparti au préfet pour faire opposition ou pour notifier des prescriptions est de 2 mois à compter de la réception de la déclaration ou de la demande d'autorisation spéciale. En cas d'évocation, le délai est porté à 8 mois. À défaut de réponse de la part de l'administration dans les 12 mois d'une demande d'autorisation spéciale de destruction ou de modification, dans leur état ou dans leur aspect, des monuments naturels ou des sites classés ou en instance de classement, la décision de rejet est acquise (Décret 2014-1271 du 23-10-2014 ann.). Le délai imparti au ministre pour rendre sa décision est de 6 mois à compter de la réception du dossier adressé par le préfet ; l'absence de décision dans ce délai vaut décision implicite de rejet (C. envir. art. R 341-13, al. 1).

Lorsque les modifications projetées comportent des travaux, ouvrages ou aménagements soumis à **enquête publique environnementale** en vertu de l'article L 123-2 du Code de l'environnement, l'autorisation spéciale au titre des sites ne peut intervenir qu'après l'enquête publique (C. envir. art. L 341-10, al. 4).

5317 **Autres effets du classement des sites** La décision de classement peut s'accompagner d'une **mise en demeure** de mettre les lieux en conformité avec les prescriptions qu'elle contient (C. envir. art. R 341-7).

Si le classement entraîne une modification de l'état ou de l'utilisation des lieux, déterminant un préjudice direct, matériel et certain, le **propriétaire** peut éventuellement être **indemnisé** (C. envir. art. L 341-6, al. 2). À défaut d'accord amiable, le juge de l'expropriation doit être saisi. L'administration peut toujours renoncer au classement après fixation de l'indemnité (C. envir. art. L 341-6, al. 3 et 4).

Les sites classés et monuments naturels ne peuvent être grevés de **servitude** qu'avec l'accord du ministre chargé des sites (C. envir. art. L 341-14, dernier al.).

Sauf dérogation, le **camping** et la création de terrains de camping sont interdits dans les sites classés (C. urb. art. R 111-33, 2°). Il en va de même de la **publicité** (C. envir. art. L 581-4, I-2°). Les **réseaux électriques et téléphoniques** nouveaux doivent être enfouis (C. envir. art. L 341-11).

En cas d'**aliénation** d'un monument naturel ou d'un site classé, le vendeur doit faire connaître à l'acquéreur l'existence du classement (C. envir. art. L 341-9). Le non-respect de cette obligation est puni d'une peine de 6 mois d'emprisonnement et d'une amende de 100 000 € (C. envir. art. L 341-19, 2°).

© Éd. Francis Lefebvre

C. Contentieux et sanctions en matière de sites

CONTENTIEUX

Les mesures de classement constituent des **servitudes administratives,** imposant des obligations aux personnes. Les litiges relatifs à l'évaluation des indemnités auxquelles peut prétendre un propriétaire à la suite d'une telle mesure relèvent du juge judiciaire (CE 16-11-1998 nº 190200 : BPIM 1/99 inf. 2). **5400**

Les décisions de classement, d'inscription, etc. sont des actes administratifs susceptibles de faire l'objet d'un **recours pour excès de pouvoir.** Le délai court selon les modalités de publication et, le cas échéant, de notification précisées nº 5312. Une commune dont le territoire est affecté par un décret portant classement de site justifie d'un intérêt pour agir en annulation de ce décret (CE 22-3-1999 nº 178455, Cne de Théoule-sur-Mer : BPIM 3/99 inf. 193).

> **Précisions** **a.** Le juge administratif exerce un contrôle approfondi sur le bien-fondé de l'**inclusion de parcelles** dans le périmètre d'un site classé (CE 4-7-1986 nº 41006, Sté d'exploitation des sablières modernes : Lebon T. p. 621). Il considère que ce périmètre peut comprendre « non seulement les terrains qui présentent eux-mêmes, aux points de vue historique, scientifique, légendaire ou pittoresque, un intérêt général, mais aussi, dans la mesure où la nature du site le justifie, les parcelles qui contribuent à la sauvegarde de ces sites » (CE sect. 13-3-1970 nº 75820 : Lebon p. 182 ; CE 4-11-2020 nº 416017, Cne de Vias). Le juge admet, au regard des mêmes critères, un contrôle sur l'**exclusion de parcelles** du périmètre (CE ass. 16-12-2005 nº 261646, Groupement forestier des ventes de Nonant : BPIM 1/06 inf. 5).
> **b.** Les **inconvénients susceptibles de résulter du classement** d'un site sont sans incidence sur la légalité de ce classement. Ainsi jugé pour des suppressions d'emplois alléguées (CE 31-3-2004 nº 247924, Sté Blanchiment de Xonrupt et SCI des Lacs : BPIM 5/04 inf. 266).

SANCTIONS

Les infractions à la législation des monuments naturels et des sites sont punies d'**amendes** et de peines d'**emprisonnement** (C. envir. art. L 341-19). **5405**

Sont habilitées à rechercher et à constater ces infractions, outre les officiers et agents de police judiciaire et les inspecteurs de l'environnement, diverses catégories d'agents chargés de la protection des forêts, du littoral et des réserves naturelles (C. envir. art. L 341-20).

Les fonctionnaires concernés peuvent procéder à la **saisie de l'objet ou du produit direct ou indirect de l'infraction,** ainsi que des instruments et véhicules ayant servi à commettre l'infraction. Les frais de transport, d'entretien et de garde des objets saisis sont supportés par l'auteur de l'infraction (C. envir. art. L 172-12). Le jugement de condamnation peut prononcer, à titre de peine complémentaire, la confiscation de l'objet de l'infraction, ainsi que l'immobilisation des véhicules ayant servi à commettre l'infraction (C. envir. art. L 173-7).

D. Fin des mesures de protection des sites

Le **déclassement** d'un monument naturel ou d'un site est prononcé par décret en Conseil d'État, après enquête publique environnementale et avis de la Commission supérieure des sites (C. envir. art. L 341-13). Toutefois, lorsque la mesure est justifiée par la disparition totale de l'objet de la protection, il suffit que le déclassement soit prononcé par arrêté du ministre chargé des sites après mise en œuvre d'une procédure de consultation du public (C. envir. art. L 341-13, al. 1). **5500**

Le déclassement est notifié aux intéressés et publié au fichier immobilier de la situation des biens, dans les mêmes conditions que le classement (C. envir. art. L 341-13, dernier al.). Il entraîne l'extinction des servitudes d'utilité publique attachées au classement.

La **radiation de l'inscription** est prononcée par arrêté ministériel.

> **Précisions** **a.** Un même décret peut procéder au **déclassement** et à un nouveau **classement** d'un site, dès lors que les procédures applicables à ces deux **opérations** ont été conduites de manière **simultanée** mais distincte, en suivant les règles qui leur sont propres, et que les modifications de classement concernant chaque parcelle ont été indiquées avec précision, dans des conditions assurant la bonne information du public (CE 2-4-2003 nº 197408, Cne de Pelvoux : BPIM 5/03 inf. 272).
> **b.** Lorsqu'un arrêté portant classement de site est devenu illégal par suite de circonstances de droit ou de fait postérieures à son édiction, l'autorité compétente est **tenue de l'abroger** à la demande de toute personne intéressée (CE 22-3-1999 nº 197589, Sté Dramont aménagement : BPIM 3/99 inf. 192).

© Éd. Francis Lefebvre

E. Autres mesures de protection des sites

5600 La législation ou la **réglementation générale de l'urbanisme** ainsi que les documents locaux d'urbanisme comportent des dispositions tendant à la protection ou à la préservation des monuments naturels et des sites. Ces dispositions sont analysées, par ailleurs, dans le présent ouvrage. Les dispositions issues de la **loi littoral** tendent à préserver les espaces terrestres et marins, sites et paysages remarquables ou caractéristiques du patrimoine naturel et culturel du littoral (C. urb. art. L 121-23, al. 1 et R 121-4). Les parties naturelles des sites inscrits ou classés sont donc protégées à ce titre et seuls les aménagements légers prévus à l'article R 121-5 peuvent être admis (voir n° 8485). En revanche, les parties urbanisées de ces sites classés ou inscrits ne bénéficient pas de la protection prévue par la loi littoral. Un permis de construire peut donc être délivré sur un terrain situé dans un site classé si le secteur concerné est déjà urbanisé ou altéré par l'activité humaine (CE 29-6-1998 n° 160256 : BPIM 5/98 inf. 310).

> Précisions **a.** Les **documents d'urbanisme** doivent déterminer les conditions permettant d'assurer la préservation des sites, des milieux et paysages naturels et urbains (C. urb. art. L 101-2). Les dispositions d'un document local d'urbanisme qui n'assurent pas une protection suffisante d'un site remarquable ou qui sont de nature à altérer gravement le caractère d'un site inscrit encourent l'annulation (CE 21-10-1994 n° 115248, Cne de Bennwihr : Lebon T. p. 1235 ; CE 10-2-1997 n° 125534, Assoc. pour la défense des sites de Théoule : BPIM 3/97 inf. 170).
b. La **circulation des véhicules** terrestres dans les espaces naturels est réglementée (C. envir. art. L 362-1).

F. Parcs naturels

PARC NATIONAL

5605 **Création d'un parc national** Les espaces terrestres ou maritimes qui comportent un milieu naturel ou, le cas échéant, un patrimoine culturel, présentant un intérêt spécial et qu'il est nécessaire de protéger, peuvent **justifier la création** d'un parc national (C. envir. art. L 331-1, al. 1).

Les parcs nationaux sont régis par les articles L 331-1 à L 331-28 et R 331-1 à R 331-85 du Code de l'environnement et l'article R 121-4, 7° du Code de l'urbanisme.

Ils **comprennent** (C. envir. art. L 331-1, al. 2) :
– un ou plusieurs cœurs qui sont les espaces terrestres et maritimes à protéger ;
– une aire d'adhésion qui correspond aux territoires des communes qui ont décidé d'adhérer à la charte du parc national et de concourir volontairement à cette protection.
Le périmètre d'un parc national peut s'étendre au domaine public maritime ou au plateau continental, ainsi qu'aux eaux territoriales et intérieures françaises.

Il existe actuellement **11 parcs** nationaux : la Vanoise, Port-Cros, les Pyrénées, les Cévennes, les Écrins, le Mercantour, la Guadeloupe, La Réunion, la Guyane, les Calanques et le Parc national des forêts.

5606 Après consultation des conseils municipaux intéressés et enquête publique environnementale, les parcs nationaux sont **créés par décret** en Conseil d'État. Le décret délimite le périmètre des différentes zones du parc (cœurs et aires d'adhésion), détermine le territoire des communes ayant vocation à adhérer à la charte, approuve la charte du parc et crée l'établissement public national à caractère administratif du parc. Ce dernier élabore et tient à jour une carte du périmètre effectif du parc et la met à disposition sur son site internet (C. envir. art. L 331-2 et R 331-10).

La **modification du décret de création** du parc est réalisée selon l'une des procédures suivantes. En cas d'extension du parc à la demande d'une commune contiguë n'en faisant pas partie initialement, le décret de création du parc est modifié par un décret en Conseil d'État après enquête publique réalisée sur le seul territoire de la commune (C. envir. art. L 331-3-1, II et R 331-15, al. 4 et 5). Pour les autres modifications (diminution du périmètre classé ou modification de la réglementation du parc, par exemple), le décret de création du parc est modifié par un décret en Conseil d'État après enquête publique réalisée sur le territoire de toutes les communes concernées (C. envir. art. L 331-3-1, IV).

5607 La **charte** du parc national définit un projet de territoire avec, pour chaque zone du parc, les objectifs de protection (C. envir. art. L 331-3, I). Elle est soumise à une évaluation environnementale (C. envir. art. R 331-7). Elle peut être révisée tous les 12 ans (C. envir. art. L 331-3, II-al. 1). Si la modification ne remet pas en cause l'économie générale de la charte, elle est décidée

© Éd. Francis Lefebvre

par décret en Conseil d'État après une enquête publique environnementale réalisée sur le territoire de toutes les communes concernées. Toutefois, lorsque les modifications ont pour seul objet d'adapter la charte à une extension du périmètre du parc, il n'y a pas lieu à enquête publique (C. envir. art. L 331-3-2, II-al. 2).

Lorsque la modification concerne l'économie générale de la charte, elle constitue une révision qui est décidée par décret en Conseil d'État après enquête publique environnementale réalisée sur le territoire de toutes les communes concernées par le décret de création (C. envir. art. L 331-3-2, III, R 331-16 et R 331-17). Préalablement à l'engagement de la procédure, l'établissement du parc recueille l'accord du ministre de l'environnement (C. envir. art. R 331-17, al. 2).

La **gestion** du parc est assurée par l'établissement public national du parc (C. envir. art. L 331-8, al. 1).

> **Précisions** **a.** Dans le cœur d'un parc national, le directeur du parc dispose d'un pouvoir de police spéciale pour autoriser et réglementer les **activités commerciales** nouvelles ou les changements de localisation ou d'exercice d'activités existantes, dans le but d'assurer le développement de la faune et de la flore, ainsi que de préserver le caractère du parc national (CE 15-11-2021 n° 435662, Établissement public Parc national de la Guadeloupe).
> **b.** Les Scot, les PLU, les cartes communales, les **règlements locaux de publicité** prévus à l'article L 581-14 du Code de l'environnement et plus généralement les **documents d'urbanisme** doivent être compatibles avec les objectifs de protection et les orientations de la charte du parc national (C. envir. art. L 331-3, III).

Effets de la création d'un parc national Les propriétaires dont les terrains sont inclus dans un parc national peuvent, sous certaines conditions, prétendre à une **indemnité** ou exiger de l'établissement l'**acquisition** de leur propriété (C. envir. art. R 331-55 et R 331-56). L'établissement public du parc national doit répondre aux demandes dont il est saisi dans un délai de 4 mois à compter de la réception (C. envir. art. R 331-57). À défaut d'accord amiable, l'intéressé peut saisir le juge de l'expropriation. 5608

Les **travaux** envisagés dans le parc doivent être **autorisés** dans les conditions suivantes (C. envir. art. L 331-4 et R 331-18 s.).

Dans le cœur du parc, les constructions, installations et travaux (excepté les travaux d'entretien) sont interdits sauf autorisation spéciale délivrée selon le cas par l'établissement public du parc ou le préfet après avis de l'établissement public. Lorsque les travaux sont soumis à autorisation d'urbanisme, l'avis conforme de l'établissement ou du préfet vaut autorisation spéciale. Des prescriptions architecturales ou d'intégration paysagère peuvent être imposées en tant que de besoin. Ces dispositions valent servitudes d'utilité publique et sont annexées au PLU (ou au POS).

Dans tout le périmètre du parc, les travaux soumis à une évaluation environnementale, à autorisation au titre de la loi sur l'eau ou de la législation des installations classées ne peuvent être autorisés ou approuvés que sur avis conforme de l'établissement public du parc dès lors qu'ils sont de nature à affecter de façon notable le cœur ou les espaces maritimes du parc.

> **Précisions** **a.** Est illégal un **permis de construire** délivré en vue de la réalisation d'aménagements touristiques, dès lors que ces derniers étaient de nature, par leur ampleur, à altérer le caractère du parc et à contrevenir à sa mission de conservation du milieu naturel (CE 4-4-1990 n° 105162, Sivom du canton d'Accous : Lebon p. 90).
> **b.** Les **travaux de ravalement** réalisés sur une construction située à l'intérieur du cœur d'un parc national sont soumis à déclaration préalable (C. urb. art. R 421-17-1, c).

Sanctions des infractions à la réglementation des parcs nationaux Les infractions à la réglementation des parcs nationaux sont susceptibles de sanctions **pénales** (C. envir. art. L 331-26 s. et R 331-63 s.). En outre, les atteintes à l'intégrité et à la conservation des parcs nationaux constituent des contraventions de grande voirie exposant leurs auteurs à **réparer** ces atteintes et à supporter les **amendes** prévues pour les contraventions de 5e classe (C. envir. art. L 331-19-1). 5610

PARC RÉGIONAL

Création d'un parc régional Les parcs naturels régionaux (PNR) sont régis par les articles L 333-1 à L 333-4 et R 333-1 à R 333-16 du Code de l'environnement, plusieurs circulaires et une note technique (Circ. 89-43 du 28-7-1989 ; Circ. 95-36 du 5-5-1995 : BO équipement 95/16 du 20-6-1995 ; Note technique TREL1826915N du 7-1-2018 : BO transition écologique 1/2018 du 25-11-2018). 5615

Ils peuvent être **créés** sur des territoires dont le patrimoine naturel et culturel, ainsi que les paysages, présentent un intérêt particulier. Ils concourent à la politique de protection de l'environnement, d'aménagement du territoire, de développement économique et social et d'éducation et de formation du public (C. envir. art. L 333-1, I).

L'**initiative de la création** d'un PNR et celle de l'élaboration de sa charte incombent à la région. La procédure de classement du PNR est engagée par une délibération motivée du conseil régional qui prescrit l'élaboration de la charte, détermine un périmètre d'étude et définit les modalités de l'association des collectivités territoriales concernées, ainsi que celles de la concertation avec les partenaires intéressés (C. envir. art. L 333-1, III, R 333-1 et R 333-5, I).

La décision de classement est fondée sur un ensemble de **critères** énoncés à l'article R 333-4 du Code de l'environnement. Lorsque le fonctionnement ou l'aménagement du parc n'est pas conforme à la charte ou si le parc ne remplit pas les critères justifiant son classement, il peut être mis fin au classement (C. envir. art. R 333-11).

> **Précisions** Le **juge** administratif exerce, sur la délimitation du périmètre d'un parc naturel régional, un **contrôle** restreint, qui comporte, notamment, celui de l'erreur manifeste d'appréciation (CE 20-12-2013 n° 363667, Assoc. France nature environnement : Lebon T. p. 716 ; CE 8-6-2016 n° 389062, Assoc. baronneries libres sans parc : BPIM 4/16 inf. 233).

5617 **Élaboration de la charte d'un parc régional** La région, avec l'ensemble des collectivités territoriales concernées, établit la charte qui constitue le projet du parc naturel (C. envir. art. L 333-1, II et IV et R 333-2 s.).

Le projet de charte est soumis à enquête publique environnementale puis **approuvé** par la région, sous réserve que : les 2/3 au moins des communes situées dans le périmètre d'étude proposé au classement aient approuvé la charte, que le territoire des communes ayant approuvé la charte inclus dans le périmètre d'étude représente au moins les 3/4 de la surface de ce périmètre et que la population des communes ayant approuvé la charte représente au moins la moitié de la population de l'ensemble des communes comprises dans le périmètre d'étude (C. envir. art. R 333-6-1 et R 333-7).

Le territoire d'une commune qui a refusé d'approuver le projet de charte d'un parc naturel régional ne peut pas être inclus dans son périmètre. En revanche, la circonstance qu'une proportion, même notable, des communes incluses dans le périmètre d'étude du projet refusent finalement d'approuver la charte, ne fait pas obstacle au classement du PNR (CE 8-6-2016 n° 389062, Assoc. baronneries libres sans parc : BPIM 4/16 inf. 233).

L'approbation du projet de charte emporte demande d'adhésion au syndicat mixte d'aménagement et de gestion du parc (C. envir. art. L 333-1, IV et R 333-10-1).

L'**adoption de la charte et** le **classement** en parc naturel régional sont prononcés par un même décret pris sur le rapport du ministre de l'environnement pour une **durée** de 15 ans renouvelable (C. envir. art. L 333-1, IV et R 333-10). Le classement peut être renouvelé par décret pour une durée de 15 ans (C. envir. art. L 333-1, IV). Pour les PNR dont le classement ou le renouvellement de classement a été prononcé avant la publication de la loi biodiversité 2016-1087 du 8 août 2016, les communes n'ayant pas approuvé la charte peuvent être classées selon une procédure simplifiée. Le classement est prononcé par décret pour la durée de validité du classement du PNR restant à courir (C. envir. art. L 333-1, VIII et R 333-10-1, II).

Par dérogation à ces dispositions, les décrets de classement des PNR dont le terme est venu à échéance avant le 31 décembre 2024 ont été automatiquement prorogés pour une durée de 12 mois. Pour chaque PNR concerné, tout décret de renouvellement de classement pris avant l'échéance de ces 12 mois emporte le terme anticipé de la prorogation (Loi Climat 2021-1104 du 22-8-2021 art. 232).

5620 La **charte** d'un PNR **comprend** (C. envir. art. L 333-1, II et R 333-3, II) :
– un rapport qui détermine les orientations du parc en matière de protection, de mise en valeur et de développement, ainsi que les mesures permettant de les mettre en œuvre et les engagements correspondants ;
– un plan élaboré à partir d'un inventaire du patrimoine indiquant les différentes zones du parc et leur vocation ;
– des annexes, parmi lesquelles le projet des statuts initiaux ou modifiés du syndicat mixte d'aménagement et de gestion du parc.

Les auteurs de la charte doivent s'assurer de la cohérence des orientations et mesures mentionnées dans le rapport avec le zonage figurant dans le plan du parc et les indications qu'il comporte (CE 21-8-2019 n° 418498, Union nationale des industries de carrières et des matériaux de construction Provence-Alpes-Côte-d'Azur et Corse).

La charte peut être **révisée** (C. envir. art. L 333-1, IV et R 333-3, III).

> **Précisions** La charte de chaque parc naturel régional doit définir des orientations ou prévoir des mesures, relatives à la **circulation des véhicules** à moteur. Celles-ci ont pour objet de protéger les espaces à enjeux identifiés sur les documents graphiques de la charte (C. envir. art. L 362-1, al. 2).

© Éd. Francis Lefebvre

Effets de la charte d'un parc régional Doivent être **compatibles** avec la charte les schémas de cohérence territoriale **(Scot),** les schémas de secteur, les plans locaux d'urbanisme, les documents d'urbanisme en tenant lieu et les cartes communales (C. envir. art. L 333-1, V). Cependant, l'obligation de compatibilité subit une exception lorsque les orientations et les mesures prévues par la charte du PNR sont territorialement contraires au schéma régional d'aménagement, de développement durable et d'égalité du territoire (Sraddet) (C. urb. art. L 131-1, 6° et L 131-6, al. 1). Cette exception ne concerne que les documents d'urbanisme élaborés ou révisés depuis le 1er avril 2021 (Ord. 2020-745 du 17-6-2020 art. 7). 5645

Il a été jugé que pouvait être compatible avec la charte d'un parc naturel régional la délibération d'un conseil municipal approuvant la révision du POS de la commune afin de permettre la réalisation d'un centre de traitement de déchets (CE 12-2-2014 n° 357215, Cne d'Épinay-Champlâtreux : BPIM 2/14 inf. 82).

Par ailleurs, les mesures destinées à mettre en œuvre les orientations générales définies par la charte peuvent se traduire par des règles de fond, avec lesquelles les **décisions prises par l'État et les collectivités territoriales** adhérant à la charte doivent être cohérentes (CE sect. 8-2-2012 n° 321219, Union des industries de carrières et matériaux de construction de Rhône-Alpes : BPIM 2/12 inf. 97 ; CE 25-6-2014 n° 366007, Union nationale des industries de carrières et des matériaux de construction ; CE 21-4-2022 n° 442953, Assoc. pour le développement durable de l'Ouest ornais et de ses environs : BPIM 3/22 inf. 180).

De telles mesures peuvent, notamment, comporter des règles relatives à l'implantation des zones d'activité (CE 29-4-2009 n° 293896, Cne de Manzat : BPIM 3/09 inf. 184 ; CE 26-4-2013 n° 343957, Assoc. pour le développement durable de la Brenne tourangelle). Elles peuvent aussi, en raison des nuisances environnementales et paysagères susceptibles d'être provoquées par l'activité d'extraction de matériaux, imposer la localisation de cette activité dans des zones qui lui sont affectées (CE 25-6-2014 n° 366007, Union nationale des industries de carrières et des matériaux de construction : BPIM 4/14 inf. 226). Elles peuvent encore organiser les conditions de circulation des véhicules terrestres motorisés (CE 31-10-2022 n° 444948, Assoc. Collectif pour la défense des loisirs verts).

En revanche, la charte d'un PNR ne peut pas contenir des règles qui seraient **opposables aux tiers,** qu'il s'agisse de règles de fond ou de règles de procédure (CE 27-2-2004 n° 198124, Centre régional de la propriété foncière de Lorraine-Alsace : Lebon p. 97). Ainsi ne saurait-elle :
– fixer des règles susceptibles d'être opposées aux auteurs de demandes d'autorisation ou d'occupation du sol (CE 27-2-2004 n° 198124, Centre régional de la propriété foncière de Lorraine-Alsace) ;
– subordonner les demandes d'autorisation d'installations classées pour la protection de l'environnement (ICPE) à des obligations de procédure autres que celles prévues par la législation en vigueur (CE sect. 8-2-2012 n° 321219, Union des industries de carrières et matériaux de construction de Rhône-Alpes ; CE 25-6-2014 n° 366007, Union nationale des industries de carrières et des matériaux de construction).

> **› Précisions** Le règlement local de publicité peut autoriser la **publicité** dans le PNR lorsque la charte contient des orientations ou mesures qui concernent cette publicité. Ces dispositions doivent également être compatibles avec la charte (C. envir. art. L 333-1, V et L 581-14, al. 6 et 7).

Gestion du parc régional L'aménagement et la gestion des parcs naturels régionaux sont confiés à un **syndicat mixte** (C. envir. art. L 333-3, I, R 333-14 et R 333-15). Le syndicat mixte assure la cohérence des engagements des collectivités territoriales, des EPCI et de l'État. Il en coordonne, notamment, la mise en œuvre. Le rôle du syndicat mixte se trouve renforcé dans les territoires de montagne (C. envir. art. L 333-2, dernier al.). 5650

III. SITES PATRIMONIAUX REMARQUABLES

RÉGIME DES SITES PATRIMONIAUX REMARQUABLES

Dans un but de simplification et afin d'éviter une superposition de régimes de protection, la loi 2016-925 du 7 juillet 2016 relative à la liberté de création, à l'architecture et au patrimoine (loi LCAP) a **regroupé** sous la dénomination unique de « sites patrimoniaux remarquables » (SPR) divers types d'espaces protégés qui étaient prévus jusque-là par la législation : secteurs sauvegardés, aires de mise en valeur de l'architecture et du patrimoine (Avap) et zones de protection du patrimoine architectural, urbain et paysager (ZPPAUP). 5710

Les sites patrimoniaux remarquables sont soumis à un régime juridique unique dont les dispositions figurent dans le Code du patrimoine (C. patr. art. L 631-1 à L 633-1 et R 631-1 à D 633-1). Ils sont régis par des plans de sauvegarde et de mise en valeur (PSMV) ou des plans de valorisation de l'architecture et du patrimoine (PVAP).

Les **servitudes** d'utilité publique instituées sur le fondement des dispositions du Code de l'environnement relatives aux **sites classés et inscrits** (C. envir. art. L 341-1 s.) ne sont pas applicables aux immeubles situés dans le périmètre d'un site patrimonial remarquable (C. patr. art. L 632-3, al. 2). Les règles relatives à la **protection des abords** d'un monument historique ne s'appliquent pas non plus aux immeubles ou parties d'immeubles situés dans le périmètre d'un site patrimonial remarquable (C. patr. art. L 621-30, II-al. 4).

> **Précisions a.** Les **secteurs sauvegardés, Avap** et **ZPPAUP créés avant le 8 juillet 2016** sont devenus de plein droit des sites patrimoniaux remarquables soumis aux articles L 631-1 à L 633-1 du Code du patrimoine. Les PSMV des secteurs sauvegardés restent applicables après le 8 juillet 2016 (Loi 2016-925 du 7-7-2016 art. 112, II-al. 2). Le règlement des Avap ou ZPPAUP en vigueur le 8 juillet 2016 continue de produire ses effets jusqu'à ce que s'y substitue un plan de sauvegarde ou de mise en valeur ou un plan de valorisation de l'architecture et du patrimoine (Loi 2016-925 du 7-7-2016 art. 112, III).
> **b.** La délibération approuvant un plan local d'urbanisme (**PLU**) ne peut pas être contestée au motif que les dispositions du plan méconnaîtraient celles d'une zone de protection des sites (CE 24-9-2021 n° 444673 : BPIM 6/21 inf. 344, solution retenue à propos du règlement d'une ZPPAUP mais transposable dans le cas d'un SPR).

PROCÉDURE DE CLASSEMENT DES SITES PATRIMONIAUX REMARQUABLES

5712 **Sont classés** au titre des sites patrimoniaux remarquables les villes, villages ou quartiers dont la conservation, la restauration, la réhabilitation ou la mise en valeur présente, au point de vue historique, architectural, archéologique, artistique ou paysager, un intérêt public.

Peuvent être classés, au même titre, les espaces ruraux et les paysages qui forment avec ces villes, villages ou quartiers un ensemble cohérent ou qui sont susceptibles de contribuer à leur conservation ou à leur mise en valeur (C. patr. art. L 631-1, al. 1 et 2).

5715 La Commission nationale du patrimoine et de l'architecture (CNPA) et les commissions régionales du patrimoine et de l'architecture (CRPA) peuvent **proposer le classement** au titre des sites patrimoniaux remarquables. Cette faculté est également ouverte aux communes membres d'un EPCI lorsque le projet de classement concerne une zone intégralement ou partiellement située sur leur territoire (C. patr. art. L 631-2, al. 1).

Le **classement** est **prononcé par** décision du ministre chargé de la culture. Il intervient après avis de la CNPA et enquête publique environnementale, sur proposition ou après accord de l'autorité compétente en matière de PLU, de document en tenant lieu ou de carte communale (la commune ou un EPCI) et, le cas échéant, consultation de la ou des communes concernées (C. patr. art. L 631-2, al. 1). L'accord de la commune est réputé donné à défaut de réponse dans les 3 mois de la saisine (C. patr. art. R 631-1). À défaut d'accord, le site patrimonial remarquable est classé par décret en Conseil d'État, après avis de la CNPA (C. patr. art. L 631-2, al. 2).

La décision de classement du site patrimonial remarquable est **notifiée** par le préfet de région à la commune ou à l'EPCI compétent en matière de document d'urbanisme. Elle fait l'objet de mesures de **publicité** (C. patr. art. R 631-4).

L'acte classant le site patrimonial remarquable délimite son **périmètre** ; celui-ci peut être modifié selon la même procédure que pour sa création (C. patr. art. L 631-2, al. 3 et 4). Le tracé du site patrimonial remarquable est annexé au PLU s'il en existe un (C. patr. art. R 631-4, dernier al.).

Le classement au titre des sites patrimoniaux remarquables a le caractère de **servitude d'utilité publique** affectant l'utilisation des sols dans un but de protection, de conservation et de mise en valeur du patrimoine culturel. Les sites patrimoniaux remarquables sont dotés d'**outils de médiation et de participation citoyenne** (C. patr. art. L 631-1, al. 3).

> **Précisions a.** Après le prononcé du classement, la CNPA peut, **à tout moment,** demander un rapport ou émettre un avis sur l'**état de conservation du site patrimonial** remarquable. Ses avis sont transmis pour débat à l'organe délibérant de l'autorité compétente en matière de PLU, de document en tenant lieu ou de carte communale. Elle peut également émettre des recommandations sur l'évolution du PSMV ou du PVAP (C. patr. art. L 631-5).
> **b.** Le juge administratif peut être amené à vérifier que la réalisation d'un **projet de parc éolien** ne porte pas une atteinte significative à l'intérêt paysager et patrimonial d'un site patrimonial remarquable ayant fait l'objet d'un classement (CE 4-10-2023 n° 464855, Sté Combray Energie).

COMMISSION LOCALE DU SITE PATRIMONIAL REMARQUABLE

5718 À compter de la publication de la décision de classement, il est institué une commission locale du site patrimonial remarquable. Elle est **composée** de représentants locaux qui assurent la représentation de la ou des communes concernées, de représentants de l'État, de représentants d'associations ayant pour objet la protection, la promotion ou la mise en valeur du patrimoine et de personnalités qualifiées (C. patr. art. L 631-3, II et D 631-5).

La commission est **consultée** au moment de l'élaboration, de la révision ou de la modification du PVAP et, le cas échéant, sur le projet de PSMV. Elle assure le suivi de sa mise en œuvre après son adoption. Elle peut également proposer la modification ou la mise en révision du PVAP ou du PSMV (C. patr. art. L 631-3, II).

A. Documents applicables aux sites patrimoniaux

Les sites patrimoniaux remarquables sont régis par des **plans de sauvegarde et de mise en valeur** (PSMV) tenant lieu de plan local d'urbanisme **ou** par des **plans de valorisation de l'architecture et du patrimoine** (PVAP). Le PSMV peut être établi sur tout ou partie du site patrimonial remarquable. Un PVAP peut être établi sur les parties non couvertes par le PSMV (C. patr. art. L 631-3, I ; C. urb. art. L 313-1). **5720**

Le PSMV ou le PVAP est élaboré, révisé ou modifié en **concertation** avec l'architecte des Bâtiments de France (ABF), qui veille à la cohérence du projet de plan avec l'objectif de conservation, de restauration, de réhabilitation et de mise en valeur du site patrimonial remarquable (C. patr. art. L 631-3, I-al. 3).

Dans son avis rendu en application des deux premiers alinéas de l'article L 631-2 du Code du patrimoine (nº 5715), la CNPA indique quel est le document d'urbanisme permettant, sur tout ou partie du périmètre, la protection, la conservation et la mise en valeur effectives du patrimoine culturel. Elle peut assortir son avis de recommandations et d'orientations (C. patr. art. L 631-3, I-dernier al.).

1. PLAN DE SAUVEGARDE ET DE MISE EN VALEUR

ÉLABORATION ET ÉVOLUTION DU PSMV

Lorsque le territoire d'une **commune, membre d'un EPCI** compétent en matière de PSMV, est intégralement ou partiellement couvert par un site patrimonial remarquable, cette commune peut demander à ce que le territoire en cause soit régi par un plan de sauvegarde. Sur le périmètre qu'il recouvre, le PSMV tient lieu de PLU (C. urb. art. L 313-1, I-al. 1 et 2). **5725**

Lorsque l'organe délibérant de l'EPCI a opposé un refus à la commune et que la CNPA a recommandé l'élaboration d'un plan, le préfet peut demander à l'EPCI d'engager la procédure (C. urb. art. L 313-1, I-al. 3 et R 313-7, al. 4).

L'acte décidant la mise à l'étude du plan de sauvegarde met en révision le PLU, lequel peut faire l'objet de modifications ou de révision (C. urb. art. L 313-1, II-al. 1).

La **procédure d'élaboration** du PSMV est **conduite** conjointement par le préfet et par le maire ou le président de l'EPCI compétent en matière de PLU, de document d'urbanisme en tenant lieu et de carte communale (C. urb. art. L 313-1, II-al. 2 et R 313-7 à R 313-9). Lorsqu'il est prévu une réduction des terres agricoles ou forestières, le projet est soumis pour avis à la chambre d'agriculture et à l'Institut national de l'origine et de la qualité (C. urb. art. R 313-9). **5727**

Le projet de plan est soumis à l'**avis** de la commission locale du site patrimonial remarquable et, le cas échéant, de la commune concernée. Après quoi, le conseil municipal ou l'organe délibérant de l'EPCI compétent délibère sur ce projet qui fait ensuite l'objet d'un avis de la CNPA avant d'être soumis à enquête publique environnementale par le préfet (C. urb. art. L 313-1, II-al. 2).

L'**enquête publique** vaut enquête préalable à l'expropriation, dès lors que le dossier contient les pièces mentionnées à l'article R 112-4 ou à l'article R 112-5 du Code de l'expropriation (C. urb. art. R 313-11). Au vu des résultats de l'enquête, le conseil municipal ou l'organe délibérant de l'EPCI compétent se prononce sur le projet de plan. Cette consultation n'est toutefois pas obligatoire lorsque le projet n'est pas modifié après l'enquête et que le commissaire enquêteur ou la commission d'enquête n'a pas émis un avis défavorable ou demandé des modifications substantielles (C. urb. art. R 313-12).

Le PSMV, éventuellement modifié, est **approuvé** par (C. urb. art. R 313-13) :
– arrêté du préfet en cas d'avis favorable du conseil municipal ou de l'organe délibérant de l'EPCI ;
– décret en Conseil d'État dans le cas contraire.

L'arrêté ou le décret approuvant le PSMV fait l'objet de mesures de **publicité** (C. urb. art. R 313-18).

› Précisions Lorsque le projet de PSMV comporte des **dispositions incompatibles avec le Padd** (projet d'aménagement et de développement durables) du PLU, il ne peut être approuvé que si l'enquête publique environnementale a porté à la fois sur le projet de PSMV et sur la modification ou la révision du PLU. L'approbation du PSMV emporte alors modification ou révision du PLU (C. urb. art. L 313-1, V).

5730 **Modification du PSMV** À **condition** que la modification envisagée ne porte pas atteinte à son économie générale ou ne réduise pas un espace boisé classé, le plan de sauvegarde et de mise en valeur peut être modifié par le préfet à la demande ou après consultation de l'organe délibérant de la commune ou de l'EPCI. La modification doit faire l'objet d'une consultation de l'ABF, d'un avis de la commission locale du site patrimonial remarquable et d'une enquête publique environnementale. La modification du PSMV est approuvée dans les mêmes conditions que pour son élaboration. Entre la mise en révision du plan et l'approbation de cette révision, il peut être décidé une ou plusieurs modifications (C. urb. art. L 313-1, VI et R 313-16).

5732 **Révision et mise à jour du PSVM** La **révision** du plan de sauvegarde et de mise en valeur est prescrite par le préfet, sur proposition ou après accord de la commune ou de l'EPCI. Elle a lieu dans les formes définies pour son élaboration (C. urb. art. L 313-1, II-al. 3 et R 313-15).

Le plan est **mis à jour** par le préfet chaque fois qu'il est nécessaire de modifier le contenu des annexes (C. urb. art. R 313-17).

CONTENU DU PSMV

5735 **Rapport de présentation du PSMV** Le PSMV comprend un rapport de présentation établi conformément aux dispositions applicables au rapport de présentation du PLU (C. urb. art. R 313-2, al. 1, R 313-3, al. 1 et, sur renvoi, C. urb. art. R 151-1 s.).

Le rapport de présentation explique les choix retenus pour établir le plan de sauvegarde et leur compatibilité avec le projet d'aménagement et de développement durable du PLU lorsqu'il en existe un (C. urb. art. R 313-3, al. 2).

Il est fondé sur un diagnostic comprenant (C. urb. art. R 313-3, al. 3 s.) :
– un **inventaire** du patrimoine historique, urbain, architectural, archéologique, artistique et paysager ;
– une **analyse** de l'architecture par immeuble ou par groupe d'immeubles présentant des caractéristiques architecturales homogènes, y compris des éléments d'architecture et de décoration situés à l'intérieur et à l'extérieur des immeubles, des modes constructifs et des matériaux.

5736 **Règlement du PSMV** Le PSMV comprend également un règlement établi conformément aux dispositions relatives au règlement du PLU (C. urb. art. R 313-2, al. 1, R 313-5, al. 1 et, sur renvoi, C. urb. art. R 151-9 s.). Le règlement **comporte** (C. urb. art. R 313-5, al. 2 et, sur renvoi, C. urb. art. L 631-4, I-2°) :
– des prescriptions relatives à la qualité architecturale des constructions neuves ou existantes ;
– des règles concernant la conservation ou la mise en valeur du patrimoine bâti ;
– la délimitation des immeubles, espaces publics, monuments, sites, cours et jardins à protéger, à conserver ou à mettre en valeur ;
– des documents graphiques ;
– des annexes.

Par ailleurs, le règlement peut :
– préciser les conditions dans lesquelles la **démolition ou** la **modification** des immeubles ou encore des parties intérieures ou extérieures d'immeubles est **imposée** à l'occasion d'opérations d'aménagement publiques ou privées (C. urb. art. R 313-5, al. 3) ; il indique les immeubles ou parties d'immeubles concernés (C. urb. art. L 313-1, III-2°) ;
– comporter l'indication des immeubles ou parties d'immeubles dont la **démolition ou l'altération** sont **interdites** et dont la modification est soumise à des conditions spéciales (C. urb. art. L 313-1, III-1°). À cet égard, si le PSMV peut soumettre à des conditions spéciales les modifications des immeubles qu'il désigne, il ne peut pas en interdire toute modification. Sont ainsi illégales des dispositions qui spécifient que « tous travaux effectués sur un immeuble ne peuvent avoir pour but que la restitution de l'immeuble dans son état primitif » (CE 22-7-2021 n° 438247, Synd. copr. de l'immeuble situé 9 place Hoche à Versailles : BPIM 5/21 inf. 316 ; CE 26-4-2022 n° 448894) ;

© Éd. Francis Lefebvre

– **protéger** les éléments d'architecture et de décoration, les immeubles par nature ou les effets mobiliers attachés à perpétuelle demeure (au sens des articles 524 et 525 du Code civil) situés à l'extérieur ou à l'intérieur d'un immeuble ; les propriétaires peuvent proposer à l'ABF le recensement de nouveaux éléments (C. urb. art. L 313-1, IV et R 313-5, al. 4).

Enfin, le PSMV peut comporter des **orientations d'aménagement et de programmation** relatives à des immeubles bâtis ou non bâtis. Celles-ci peuvent, par quartier ou par secteur, prévoir les actions et opérations d'aménagement mentionnées à l'article L 151-7, I-1° du Code de l'urbanisme (C. urb. art. R 313-2, al. 1 et R 313-4).

CONTENTIEUX RELATIF AU PSMV

Le juge administratif exerce un **contrôle restreint,** notamment limité à celui de l'erreur manifeste, sur l'appréciation à laquelle se livrent les auteurs d'un PSMV en prescrivant que la démolition partielle d'un immeuble pourra être imposée à des fins de salubrité et de mise en valeur (CE 24-6-1987 n° 56705 : AJDA 1987 p. 599, concl. J. de Clausade). **5737**

Lorsque l'illégalité pour vice de forme ou de procédure d'un PSMV est invoquée par **voie d'exception,** les dispositions étudiées n° 2010 sont applicables. Il en est de même si une telle illégalité affecte les actes prescrivant son élaboration ou sa révision.

Sur les règles applicables à la **suite de l'annulation** ou la déclaration d'illégalité d'un **PSMV,** voir n°s 2015 s. et 2030 s.

2. PLAN DE VALORISATION DE L'ARCHITECTURE ET DU PATRIMOINE

ÉLABORATION ET ÉVOLUTION DU PVAP

À défaut de PSMV, un projet de plan de valorisation de l'architecture et du patrimoine (PVAP) est **arrêté par** l'autorité compétente en matière de PLU, de document en tenant lieu ou de carte communale (la commune ou un EPCI) et, le cas échéant, après avis de la ou des communes concernées. En cas de désaccord, l'avis de la CNPA est sollicité. L'élaboration, la révision ou la modification du plan peut être déléguée aux communes qui en font la demande (C. patr. art. L 631-4, II). **5740**

Le maire ou le président de l'EPCI compétent en matière de document d'urbanisme saisit le préfet de région du projet de plan de valorisation afin de recueillir l'**avis** de la CRPA (C. patr. art. D 631-7). Le projet fait l'objet d'un examen conjoint des personnes publiques associées dans le cadre de l'élaboration des documents d'urbanisme (mentionnées aux articles L 132-7 et L 132-9 du Code de l'urbanisme). L'avis de ces personnes publiques est réputé favorable en cas de silence gardé pendant 3 mois (C. patr. art. L 631-4, II-al. 4 et D 631-8).

Le projet de PVAP donne lieu à une **enquête publique** environnementale. Il est ensuite **adopté par** la commune ou l'EPCI compétent en matière de document d'urbanisme, après accord du préfet de région (C. patr. art. L 631-4, II-al. 5 et 6 et D 631-9).

La **révision** du PVAP a lieu dans les mêmes conditions que celles prévues pour son élaboration (C. patr. art. L 631-4, III-al. 1).

Le plan peut également être **modifié** lorsqu'il n'est pas porté atteinte à l'économie générale de ses dispositions relatives à la protection du patrimoine bâti et des espaces. La modification est prononcée par l'autorité compétente en matière de document d'urbanisme, après enquête publique, consultation de l'ABF, puis accord de l'autorité administrative. La modification du PVAP emporte le cas échéant modification du PLU (C. patr. art. L 631-4, III-al. 2 et 3).

> **Précisions** L'élaboration et l'évolution du PLU et du PVAP peuvent faire l'objet d'une **procédure unique et** d'une **même enquête publique** (C. patr. art. L 631-4, II-al. 7).

CONTENU DU PVAP

Le PVAP, qui a le caractère de servitude d'utilité publique, est annexé au PLU (C. patr. art. L 631-4, I-al. 1 et II-dernier al.). **5745**

Il comporte un **rapport de présentation** des objectifs du plan, fondé sur un diagnostic comprenant (C. patr. art. L 631-4, I-1° et D 631-12) :

– un inventaire du patrimoine historique urbain, architectural, archéologique, artistique et paysager sur le périmètre couvert par le plan ;

– une analyse de l'architecture par immeuble ou par groupe d'immeubles.

Par ailleurs, le PVAP est doté d'un **règlement** qui comprend (C. patr. art. L 631-4, I-2°) :
– des prescriptions relatives à la qualité architecturale des constructions neuves ou existantes, notamment aux matériaux, ainsi qu'à leur implantation, leur volumétrie et leurs abords ;
– des règles relatives à la conservation ou à la mise en valeur du patrimoine bâti et des espaces naturels ou urbains ;
– la délimitation des immeubles, espaces publics, monuments, sites, cours et jardins, l'identification des plantations et mobiliers urbains à protéger et à conserver, à mettre en valeur ou à requalifier pour des motifs d'ordre culturel, historique ou architectural, ainsi que les prescriptions permettant d'assurer leur conservation ou leur restauration ;
– un document graphique faisant apparaître le périmètre couvert par le plan, une typologie des constructions, les immeubles protégés, bâtis ou non, dont la conservation, la restauration, la mise en valeur ou la requalification est imposée et, le cas échéant, les conditions spéciales relatives à l'implantation, à la morphologie, aux dimensions des constructions et aux matériaux du clos et couvert.

B. Travaux dans les sites patrimoniaux

AUTORISATION PRÉALABLE DE TRAVAUX

5750 Le régime des travaux **diffère** selon que le site patrimonial remarquable est soumis à un **PSMV ou un PVAP** (C. patr. art. L 632-1). Il s'applique aux demandes d'autorisations d'urbanisme et aux déclarations préalables déposées depuis le 1er avril 2017.

Dans le périmètre d'un site patrimonial remarquable, sont toujours soumis à une autorisation préalable les travaux susceptibles de modifier l'état des parties extérieures des immeubles bâtis, y compris du second œuvre, ou des immeubles non bâtis.

Sont également soumis à une autorisation préalable les travaux susceptibles de modifier l'état des éléments d'architecture et de décoration, immeubles par nature ou effets mobiliers attachés à perpétuelle demeure, lorsque ces **éléments,** situés à l'extérieur ou à l'intérieur d'un immeuble, sont **protégés par le PSMV.** Pendant la phase de mise à l'étude du plan, les travaux susceptibles de modifier l'état des parties intérieures du bâti sont soumis à une autorisation préalable.

5755 **Travaux relevant exclusivement du Code du patrimoine** Lorsque les travaux ne relèvent que du Code du patrimoine, l'autorisation préalable est instruite selon les mêmes modalités que pour l'**autorisation préalable aux abords** des monuments historiques :
– la procédure est celle déjà exposée n° 4905 ; elle est régie par les articles R 621-96 à R 621-96-17 du Code du patrimoine (C. patr. art. D 632-1) ;
– les exceptions au caractère obligatoire de l'accord préalable de l'ABF visées n° 4915 s'appliquent aux travaux concernés (C. patr. art. L 632-2-1).

L'autorisation de travaux peut être **refusée ou** assortie de **prescriptions** lorsque les travaux sont susceptibles de porter atteinte à la conservation ou à la mise en valeur du site (C. patr. art. L 632-1, dernier al.).

> **Précisions** La délivrance d'une **autorisation d'occupation du domaine public** concernant des immeubles situés dans un PSMV n'est subordonnée à l'accord de l'ABF que si elle emporte autorisation de réaliser des travaux ayant pour effet de modifier l'état des immeubles. Les dispositions du PSMV sont, en revanche, inopposables à une demande qui a pour seul objet la délivrance d'une autorisation d'occupation du domaine public sans modification de l'état des immeubles (CE 5-7-2022 n° 459089, Sté Ice Thé : BPIM 5/22 inf. 343, solution retenue pour l'application des règles en vigueur avant la création des sites patrimoniaux remarquables, mais toujours valable).

5760 **Travaux relevant d'une autorisation au titre du Code de l'urbanisme ou du Code de l'environnement** Si la réalisation des travaux implique une autorisation d'urbanisme (permis de construire, permis de démolir, permis d'aménager, absence d'opposition à déclaration préalable) ou une autorisation au titre du Code de l'environnement (autorisation environnementale ou autorisation au titre des sites classés), cette autorisation peut **tenir lieu de l'autorisation.**

© Éd. Francis Lefebvre

En **principe,** l'autorisation de travaux est subordonnée à l'**accord de l'ABF,** assorti, éventuellement de prescriptions motivées (C. patr. art. L 632-2, I-al. 1). L'ABF dispose d'un délai de 2 mois pour se prononcer. À défaut de décision au terme de ce délai, l'accord est réputé donné (C. patr. art. L 632-2, I-al. 3 et C. urb. art. R 423-67, al. 1). L'autorité compétente pour délivrer l'autorisation (le maire en général) peut proposer un projet de décision à l'ABF (C. patr. art. L 632-2, I-al. 4). Dans cette dernière hypothèse, le projet, ainsi que le dossier de demande d'autorisation ou de déclaration préalable, doivent être transmis dans la semaine qui suit le dépôt du dossier (C. urb. art. R 423-11-1, al. 1). L'ABF émet sur ce projet un « avis consultatif » qui, à la différence de l'accord dont il vient d'être question, ne lie pas l'autorité compétente. L'ABF peut cependant proposer des modifications jusqu'à la date à laquelle il est réputé avoir donné son accord ou émis un avis favorable, le cas échéant après étude conjointe du dossier (C. patr. art. L 632-2, I-al. 4 et C. urb. art. R 423-11-1, al. 3). 5762

Si l'autorité compétente pour délivrer l'autorisation est en désaccord avec l'ABF, elle transmet le dossier, accompagné de son projet de décision, à l'autorité administrative chargée des sites patrimoniaux remarquables (le préfet de région), lequel statue après avis de la CRAP. En cas de silence du préfet à l'issue d'un délai de 2 mois, le projet de décision est réputé approuvé (C. patr. art. L 632-2, I-al. 3 et C. urb. art. R 423-68, al. 1). La décision explicite de l'autorité administrative est mise à la disposition du public. S'il s'agit d'une décision tacite, l'autorisation en fait mention (C. patr. art. L 632-2, II). Dans les 8 jours de la délivrance du permis de construire ou de la déclaration préalable, la décision du préfet est publiée par voie d'affichage à la mairie pendant 2 mois, avec l'extrait de permis ou de déclaration (C. urb. art. R 424-15, al. 3). Cette publication par voie d'affichage peut être remplacée par une publication par voie électronique sur le site internet de la commune (C. urb. art. R 424-15, al. 4).

Par **exception,** il y a trois cas dans lesquels l'**avis de l'ABF** est toujours « **consultatif** », de sorte que l'autorité chargée de délivrer l'autorisation n'est jamais tenue de le suivre (C. patr. art. L 632-2-1). Ces cas sont les mêmes que ceux évoqués à propos des travaux sur un immeuble protégé au titre des abords (voir n° 4915). Il s'agit, par exemple, de l'édification d'antennes relais de radiotéléphonie mobile (C. patr. art. L 632-2-1, 1° ; CE 3-5-2022 n° 453520, Stés Bouygues Télécom). 5764

En cas de silence de l'ABF à l'issue d'un délai de 2 mois, son avis est réputé favorable (C. patr. art. L 632-2-1, dernier al. et C. urb. art. R 423-67, al. 1).

Recours contre l'avis défavorable de l'ABF Lorsqu'un projet de travaux est situé dans un site patrimonial remarquable, le demandeur peut, s'il se heurte à une décision lui refusant une autorisation d'urbanisme en raison d'un « refus d'accord » de l'ABF, saisir le **préfet de région** d'un recours contre cette décision (C. patr. art. L 632-2, III). Les modalités de ce recours sont exposées au n° 4920. 5768

Les solutions jurisprudentielles mentionnées à propos du recours analogue, susceptible d'être exercé lorsque le projet est situé dans les abords d'un monument historique sont transposables au cas présent (n° 4920, Précisions).

Les dispositions relatives aux autorisations de travaux dans les sites patrimoniaux remarquables ne sont pas applicables aux immeubles ou parties d'**immeubles protégés au titre des monuments historiques** (C. patr. art. L 632-3, al. 1). 5770

SANCTIONS DU DÉFAUT D'AUTORISATION PRÉALABLE

Le fait de réaliser des travaux sans avoir obtenu l'autorisation prévue aux articles L 632-1 et L 632-2 du Code du patrimoine est puni d'une **amende** comprise entre 1 200 € et un montant qui ne peut excéder (C. patr. art. L 641-1, I-4° et, sur renvoi, C. urb. art. L 480-4) : 5775

– dans le cas d'une construction d'une surface de plancher, une somme égale à 6 000 € par mètre carré de surface construite, démolie ou rendue inutilisable au sens de l'article L 430-2 du Code de l'urbanisme ;

– ou 300 000 € dans les autres cas.

La récidive est punie d'une peine d'**emprisonnement** de 6 mois.

IV. FISCALITÉ DES MONUMENTS HISTORIQUES

A. Imputation des charges foncières

5870 Les propriétaires d'immeubles historiques et assimilés bénéficient d'un régime fiscal particulier qui leur permet de prendre en compte les charges foncières qu'ils supportent dans des conditions plus favorables que celles de droit commun.

1. IMMEUBLES CONCERNÉS

5890 Le régime fiscal particulier s'applique aux :
– immeubles **classés ou inscrits au titre des monuments historiques** ;
– immeubles faisant partie du patrimoine national en raison du **label** délivré par la **Fondation du patrimoine** sur avis favorable du service départemental chargé de l'architecture et du patrimoine.

› Précisions a. Les propriétaires de monuments historiques ou assimilés peuvent bénéficier des **réductions d'impôt « Duflot », « Pinel »** et **« Denormandie ancien »** sous réserve que le bénéfice du régime fiscal particulier des monuments historiques ne soit pas demandé au titre de l'immeuble concerné pendant toute la période d'engagement de location de ces dispositifs ; autrement dit, les contribuables peuvent, au titre d'un investissement ouvrant droit aux deux dispositifs fiscaux concernés, opter pour l'un ou l'autre (BOI-IR-RICI-360-30-20 n° 200 et BOI-IR-RICI-365-30 n° 220).

b. Les propriétaires et concessionnaires de **monuments funéraires** classés ou inscrits au titre des monuments historiques, ou labellisés « Fondation du patrimoine », ou situés dans un cimetière lui-même classé ou inscrit peuvent en principe bénéficier du régime fiscal de faveur (BOI-RFPI-SPEC-30-10 n° 5).

c. Le régime de faveur ne s'applique pas aux **sites classés,** en tant que tels. Le classement des sites est en effet une procédure différente et les textes ne prévoient aucune déduction spéciale pour les immeubles construits sur les sites classés, à moins qu'ils ne soient en même temps des immeubles historiques (BOI-RFPI-SPEC-30 n° 40).

IMMEUBLES CLASSÉS OU INSCRITS

5895 La présentation d'une **demande d'inscription** d'un immeuble au titre des monuments historiques ne suffit pas à elle seule à permettre au propriétaire de déduire les charges foncières (CE 21-10-1987 n° 62773 : RJF 12/87 n° 1188 ; CE 8-7-1992 n° 93366 : RJF 10/92 n° 1430 ; BOI-RFPI-SPEC-30-10 n° 10).

La **décision d'inscription** n'a pas d'effet rétroactif. En conséquence, les charges correspondant à des travaux effectués avant la décision ne sont pas déductibles (CE 12-12-1990 n° 61552 : RJF 2/91 n° 139 ; BOI précité n° 10).

IMMEUBLES BÉNÉFICIANT DU LABEL DE LA FONDATION DU PATRIMOINE

5905 Sont concernés les immeubles, bâtis ou non bâtis, qui, sans être classés ou inscrits au titre des monuments historiques, font partie du patrimoine national à raison du label qui leur a été accordé par la Fondation du patrimoine (C. patr. art. L 143-2).

Le régime des immeubles bénéficiant du label de la Fondation du patrimoine est réservé aux immeubles figurant dans le **patrimoine privé du contribuable** directement ou indirectement : détention par l'intermédiaire d'une SCI, d'un groupement foncier rural notamment (BOI-RFPI-SPEC-30-10 n° 170). Il s'agit des immeubles dont le contribuable conserve la jouissance (CGI art. 156, II-1° ter) ou dont les revenus tirés de la location sont imposables dans la catégorie des revenus fonciers (CGI art. 156, I-3°).

Pour bénéficier du régime fiscal spécifique de déduction des charges foncières dans les conditions prévues par les articles 156 et 156 bis du CGI, l'immeuble doit être **visible** de la **voie publique** ou son propriétaire doit s'engager à le rendre **accessible au public.** De plus, la Fondation du patrimoine doit avoir octroyé une **subvention pour la réalisation des travaux,** dont le montant ne peut être inférieur à 2 % de leur coût.

2. CONDITIONS DE DÉDUCTION DES CHARGES

PRINCIPES

5930 Depuis l'imposition des revenus de 2009, le régime fiscal de déduction des charges propre aux monuments historiques est subordonné au respect des **conditions suivantes** (CGI art. 156 bis, dans sa rédaction applicable aux immeubles acquis ou ayant fait l'objet d'une division depuis le 1-1-2018) :
– le propriétaire doit s'engager à **conserver** l'immeuble pendant une période d'au moins **15 années** à compter de son acquisition ;

– l'**immeuble** doit en principe être **détenu directement** par le contribuable, sauf s'il a été acquis avant le 1er janvier 2009. Les associés de sociétés civiles non soumises à l'impôt sur les sociétés ayant acquis des immeubles depuis cette date peuvent cependant bénéficier du régime spécial dans trois situations : si la société est constituée entre les membres d'une même famille (SCI familiale), si elle affecte le monument (uniquement s'il est classé monument historique) à un espace culturel non commercial et ouvert au public pendant au moins 15 ans ou si l'immeuble (classé ou inscrit au titre des monuments historiques) est affecté, dans les deux ans qui suivent son acquisition, à l'habitation pour au moins 75 % de ses surfaces habitables ; **5930** (suite)

– l'immeuble ne doit **pas** avoir fait l'objet d'une **division** depuis le 1er janvier 2009 sauf si l'immeuble mis en copropriété (classé ou inscrit au titre des monuments historiques) est affecté, dans les deux ans qui suivent la date de la division, à l'habitation pour au moins 75 % de ses surfaces habitables.

> Précisions **a.** **Jusqu'en 2017,** pour ouvrir droit au bénéfice du régime spécial, la SCI non familiale détenant un immeuble affecté à l'habitation devait avoir obtenu un **agrément** auprès du ministre du budget. Il en était de même en cas de mise en copropriété de l'immeuble classé ou inscrit.

b. En cas de **détention par l'intermédiaire d'une SCI,** les associés doivent prendre l'engagement de conserver leurs parts pendant 15 ans. Dans le cadre d'une société familiale, cet engagement n'est pas rompu lorsque les parts sont cédées à un membre de cette famille qui reprend l'engagement pour la durée restant à courir (CGI art. 156 bis, II).

La constitution d'une SCI entre membres de la même famille au cours de la période de conservation de l'immeuble n'a pas pour conséquence de rouvrir une nouvelle période d'engagement, sous réserve que les associés aient été propriétaires (indivisaires ou titulaires de droits démembrés) de l'immeuble avant la constitution de la société (BOI-RFPI-SPEC-30-30 n° 430).

c. Les personnes physiques qui acquièrent des parts sociales de **SCI créées à l'initiative de personnes morales de droit public ou de sociétés d'économie mixte** dont l'immeuble, classé ou inscrit au titre des monuments historiques, est affecté à l'habitation pour au moins 75 % de ses surfaces habitables au plus tard dans les deux ans qui suivent son entrée dans le patrimoine de la société peuvent bénéficier du régime des monuments historiques au titre des charges supportées par la société au cours d'années antérieures (CGI art. 156 bis, II-al. 7). Cette dérogation au régime de droit commun de déduction des charges est subordonnée aux conditions suivantes :

– les charges doivent avoir été supportées par la société entre la date de la déclaration d'ouverture de chantier et celle de l'acquisition des parts ;

– les parts sociales doivent avoir été acquises au plus tard le 31 décembre de la deuxième année suivant celle de la déclaration d'ouverture de chantier ;

– les charges doivent avoir été intégralement remboursées à la société agréée par les associés personnes physiques à proportion de leurs parts.

d. L'**engagement de conservation** est décompté à partir de la date d'acquisition du bien (à titre onéreux ou à titre gratuit). Cela étant, en cas d'**acquisition à titre gratuit,** les héritiers, donataires ou légataires ont la possibilité de reprendre à leur compte l'engagement précédemment souscrit et dont le terme n'est pas encore intervenu, pour la durée restant à courir à la date de la mutation à titre gratuit. C'est toutefois une durée de 15 ans qui est décomptée à partir de cette dernière date lorsque le précédent propriétaire ne pratiquait pas les déductions autorisées par le régime spécial (BOI-RFPI-SPEC-30-30 n° 50). Voir également n° 5940.

L'engagement de conservation résulte de la simple **mention** de charges déductibles selon le régime dérogatoire, selon le cas, sur la **déclaration** d'ensemble **des revenus** n° 2042 ou sur la déclaration des revenus fonciers n° 2044 spéciale (BOI-RFPI-SPEC-30-30 n° 80).

Les **copropriétaires** d'un immeuble divisé bénéficiant du régime fiscal dérogatoire des monuments historiques doivent prendre l'engagement de conserver la propriété de leur quote-part pendant au moins 15 ans à compter de leur acquisition (BOI-RFPI-SPEC-30-30 n° 43).

e. En cas de **démembrement de la propriété de l'immeuble,** l'engagement de conservation doit être pris par l'usufruitier et le nu-propriétaire (BOI-RFPI-SPEC-30-30 n° 30). Dans l'hypothèse d'une **donation de la nue-propriété** de l'immeuble ou des parts, le donataire doit, s'il souhaite bénéficier du régime dérogatoire, prendre l'engagement de conserver la nue-propriété jusqu'au terme de l'engagement pris par le donateur usufruitier (BOI-RFPI-SPEC-30-30 n° 200).

f. La condition de l'**absence de division de l'immeuble** ne s'applique pas aux immeubles mis en copropriété avant le 1er janvier 2009, même s'ils font l'objet d'une division ultérieure (BOI-RFPI-SPEC-30-30 n° 470 ; CE 7-10-2020 n° 425749 : RJF 1/21 n° 6).

 © Éd. Francis Lefebvre

5932 **Preneurs d'un bail emphytéotique**

Le régime des immeubles historiques s'applique aux preneurs d'un bail emphytéotique d'au moins 18 ans portant sur un monument historique (CGI art. 31-0 bis). Cette mesure est destinée à permettre aux héritiers d'un tel bien ne disposant pas des moyens pour le gérer et le préserver de le confier à un gestionnaire qui effectue les travaux nécessaires, organise les visites du public, le donne en location, etc. Elle s'applique uniquement aux **immeubles** (bâtis ou non bâtis) classés ou inscrits au titre des monuments historiques. Les immeubles ayant obtenu le label de la Fondation du patrimoine n'y ouvrent pas droit.

Fiscalement, le preneur est assimilé au propriétaire du monument historique pour l'imposition des recettes. L'imposition des **revenus provenant de la sous-location** est donc effectuée selon le régime des revenus fonciers sauf si le propriétaire est une personne physique ou morale relevant des bénéfices industriels et commerciaux. En cas de constatation d'un **déficit,** le preneur imposé dans la catégorie des revenus fonciers bénéficie, par substitution du propriétaire, de l'imputation sur le revenu global sans limitation de montant prévue à l'article 156, I-3° du CGI.

SANCTION DU NON-RESPECT DE L'ENGAGEMENT DE CONSERVATION

5935 En cas de non-respect de l'engagement de conservation de l'immeuble ou des parts de la société le détenant, le **revenu** global ou le revenu net foncier **de l'année et des deux années suivantes** est **majoré** du tiers du montant des charges indûment imputées (CGI art. 156 bis, III-al. 1).

EXEMPLE

Soit un **immeuble** classé au titre des monuments historiques **acquis en juillet 2013** et ouvert à la visite payante du public (régime des revenus fonciers). Son propriétaire décide de le céder en juillet 2025. Pendant ces douze années, le propriétaire aura, au total, déduit 600 000 € de charges. En conséquence, le revenu net foncier de chacune des années 2025, 2026 et 2027 sera majoré de 200 000 €.

> **Précisions** **a.** Le **non-respect de l'engagement** de conservation est **constaté lors de** la cession de l'immeuble (ou d'une fraction indivise ou d'un droit démembré de celui-ci) ou des parts (ou des droits relatifs à ces parts) au cours de la période de 15 ans.
b. L'administration considère que le **contribuable** doit **procéder spontanément,** et dans le délai applicable à la déclaration concernée, **à la réintégration** de ses charges indûment imputées. **À défaut,** il s'expose à un redressement fiscal, les droits supplémentaires correspondant aux charges réintégrées étant alors assorties de l'intérêt de retard et de la majoration de 10 % prévue à l'article 1758 A du CGI (BOI-RFPI-SPEC-30-30 n° 150).
c. En cas de **cession des parts d'une société de famille,** au cours de la période de conservation, à une personne qui n'est pas membre de la famille, l'avantage fiscal précédemment obtenu est remis en cause pour le seul associé cédant (BOI-RFPI-SPEC-30-30 n° 440).
d. Lorsqu'un immeuble est détenu en **indivision constituée entre les membres d'une même famille,** la cession des quotes-parts indivises à un membre de cette famille qui reprend l'engagement précédemment souscrit ne remet pas en cause l'avantage fiscal. Il en est de même en cas de partage, même avec soulte, entre les membres de la même famille (BOI-RFPI-SPEC-30-30 n° 47).

5940 **Dispense de majoration** La majoration du revenu global ou du revenu net foncier mentionnée n° 5935 n'est pas applicable (CGI art. 156 bis, III-al. 2) :
– en cas de **licenciement, d'invalidité** (en 2e ou 3e catégorie) ou de **décès** du contribuable ou de l'un des conjoints soumis à une imposition commune ;
– en cas de **mutation à titre gratuit** de l'immeuble ou des parts de l'immeuble, à condition que les donataires, héritiers ou légataires reprennent l'engagement de conservation précédemment souscrit pour la durée restant à courir à la date de la mutation à titre gratuit.

CONSEIL

En cas de **décès,** l'héritier ou le légataire est libre de reprendre à son compte l'engagement souscrit par le défunt. S'il ne le fait pas, l'avantage fiscal dont a bénéficié le défunt ne sera pas remis en cause. Mais il a néanmoins tout intérêt à le faire, sauf s'il souhaite céder rapidement le bien, afin de pouvoir bénéficier de l'**antériorité de l'engagement** (BOI-RFPI-SPEC-30-30 n° 190).

3. MODALITÉS DE DÉDUCTION DES CHARGES

5970 Les charges foncières supportées par les propriétaires de monuments historiques ou assimilés peuvent être admises en déduction :
– soit, en totalité, du revenu foncier procuré par l'**immeuble** lorsque celui-ci **procure des recettes imposables** et n'est **pas occupé** par son propriétaire (CGI art. 31 et 156, I-3°). En cas

de constatation d'un déficit foncier, celui-ci est imputable sans limitation de montant sur le revenu global ; l'excédent éventuel constitue un déficit global, reportable sur les revenus globaux des années suivantes jusqu'à la sixième inclusivement ;
– soit du revenu global du propriétaire dans les conditions et limites fixées par les articles 41 E à 41 J de l'annexe III au CGI, lorsque **l'immeuble ne procure aucune recette** imposable (CGI art. 156, II-1° ter). En cas de constatation d'un déficit du revenu global, celui-ci n'est pas reportable sur le revenu global des années suivantes ;
– soit pour partie du revenu foncier et pour partie du revenu global, lorsque **l'immeuble procure des recettes mais est occupé en partie** par son propriétaire.

> Précisions **a.** Jugé que des **non-résidents** qui donnent à louer un immeuble historique sont en droit de demander, en vertu de l'article 156, 1-3° du CGI, la déduction, de leur revenu global, du déficit foncier résultant de l'imputation sur leur revenu foncier des charges qu'ils ont exposées (TA Montreuil 15-7-2010 n° 09-2600 : RJF 4/11 n° 402). En l'espèce, l'administration s'était placée sur le terrain de l'article 164 A du CGI pour refuser une charge déductible du revenu global prévue par l'article 156, II-1° ter du CGI.

b. Dans le **régime de droit commun,** les déficits fonciers résultant de dépenses (déductibles des revenus fonciers) autres que les intérêts d'emprunts s'imputent sur le **revenu global** dans la **limite annuelle** de 10 700 €. Cette limite peut être augmentée à 15 300 € en cas d'application de l'amortissement Périssol ou du dispositif Cosse, ou jusqu'à 21 400 €, sous certaines conditions, à concurrence des dépenses liées à des travaux de rénovation énergétique d'une « passoire thermique ».

c. L'avantage fiscal accordé dans le cadre du régime de faveur des monuments historiques et assimilés n'est pas pris en compte pour l'application du **plafonnement global de certains avantages fiscaux.**

IMMEUBLES PRODUCTIFS DE REVENUS ET NON OCCUPÉS PAR LE PROPRIÉTAIRE

Les règles générales de détermination des revenus fonciers, fixées aux articles 28 à 31 du CGI, s'appliquent aux immeubles loués en totalité, ainsi qu'aux immeubles qui ne sont pas donnés en location mais qui donnent lieu à la perception de recettes accessoires (droits d'entrée, notamment) sans que le propriétaire les occupe. En cas de constatation d'un déficit foncier, celui-ci est imputable sans limitation de montant sur le revenu global (CGI art. 156, I-3°). 5975
Les règles spécifiques de déduction des charges sont examinées ci-après.

> Précisions En cas de **classement partiel** (ou d'inscription partielle) d'un immeuble productif de revenus et non occupé par le propriétaire, seuls les déficits fonciers relatifs aux parties inscrites de la propriété sont susceptibles d'être imputés sur le revenu global en application de l'article 156, I-3° du CGI (CE 18-5-2005 n° 249950 : RJF 8-9/05 n° 809). Toutefois, lorsque le classement (ou l'inscription) n'est pas limité à des éléments isolés ou dissociables (escalier, plafond ou certaines salles) mais vise la protection de l'ensemble architectural, la déduction intégrale du déficit foncier sur le revenu global est possible sur le fondement de la doctrine administrative (CE 5-2-2009 n° 303425 : RJF 5/09 n° 425 ; CE 31-12-2020 n° 431945 ; BOI-RFPI-SPEC-30-20-10 nos 80 s.). Une attestation imprécise, sinon stéréotypée, de l'architecte des Bâtiments de France ne suffit pas à établir l'existence d'un lien entre les travaux réalisés sur les parties inscrites et les parties non inscrites (CE 24-6-2015 n° 370049 : RJF 10/15 n° 752).

Immeubles donnés en location La prise en compte des **travaux de restauration, de réparation et d'entretien** des immeubles donnés en location s'effectue de la manière suivante (BOI-RFPI-SPEC-30-20-10 nos 50 s.) : 5980
– lorsque les travaux sont **exécutés** directement **par le service des monuments historiques,** le propriétaire est appelé soit à verser une participation sous la forme d'un fonds de concours, soit à rembourser une partie des dépenses. Il n'est alors autorisé à comprendre dans ses charges déductibles que les sommes dont il a effectivement supporté la charge au cours de l'année d'imposition ;
– lorsque les travaux, dûment autorisés, sont **exécutés par le propriétaire,** ils peuvent donner lieu à l'octroi d'une subvention versée soit par l'administration des affaires culturelles, soit par une collectivité publique ou privée. Dans ce cas, les travaux de restauration, d'entretien ou de réparation sont admis intégralement en déduction des revenus de l'année de leur paiement, et la subvention est ajoutée aux recettes de l'année au cours de laquelle elle a été perçue. Tel est également le cas des dons reçus de la Fondation du patrimoine ou de fondations ou associations reconnues d'utilité publique et agréées par le ministre chargé du budget, en vue de subventionner la réalisation de travaux sur un monument historique privé ;
– les propriétaires de monuments classés peuvent **confier au service des monuments historiques** le soin d'assurer **le strict entretien** de leurs immeubles. Ils versent alors une cotisation annuelle à cette administration. Les versements effectués à ce titre doivent être assimilés à des dépenses de réparation et d'entretien et peuvent donc être admis en déduction.

› Précisions **a.** Les propriétaires d'immeubles historiques donnés en location sont exclus du régime du **micro-foncier** (CGI art. 32, 2-a).

b. Sur la déduction des **primes d'assurance afférentes aux monuments historiques** ou aux **objets mobiliers** classés ou inscrits, voir ci-après n° 5985, Précisions, c et d.

5985 **Immeubles procurant des recettes accessoires** Le revenu net foncier des immeubles procurant des recettes accessoires est déterminé en retranchant du total des droits d'entrée (majoré, le cas échéant, des subventions reçues) l'ensemble des charges définies à l'article 31 du CGI, y compris celles entraînées par le droit de visite (par exemple, les rémunérations du personnel chargé de percevoir les droits d'entrée et de guider les visiteurs).

L'administration autorise toutefois les propriétaires à déduire sans justification, au titre des **frais** fixes **occasionnés par le droit de visite,** une somme de :
– 1 525 € lorsque l'immeuble ne comprend ni parc ni jardin ouverts au public ;
– 2 290 € dans le cas contraire.

Cet abattement est pratiqué sur le montant brut des recettes et c'est dans la mesure seulement où il subsiste un excédent que le propriétaire peut retrancher de celui-ci les autres charges de la propriété (BOI-RFPI-SPEC-30-20-10 n° 120).

› Précisions **a.** L'administration a indiqué que, le **régime d'abattement** mentionné ci-dessus étant extrêmement libéral, les propriétaires de châteaux ne sauraient en aucun cas l'invoquer pour prétendre que la visite de la propriété se traduit par un résultat déficitaire. S'ils estiment que les charges spéciales résultant de l'ouverture de leur château excèdent les abattements de 1 525 € ou 2 290 €, il leur appartient de renoncer à ces abattements et de se placer sous le régime de droit commun défini plus haut (BOI-RFPI-SPEC-30-20-10 n° 130).

b. Les propriétaires de **monuments historiques et assimilés** (y compris des immeubles ayant reçu le label de la Fondation du patrimoine) **ouverts à la visite et procurant des revenus imposables** peuvent déduire de leurs revenus fonciers pour leur montant réel, en sus de la déduction forfaitaire de 20 € pour frais de gestion (BOI-RFPI-SPEC-30-20-10 n°s 150 et 160) :
– les **frais de promotion et de publicité,** notamment : les frais d'édition de dépliants publicitaires et d'achat d'espaces publicitaires, les frais relatifs aux prospections promotionnelles tels les contacts avec les agences de voyages ou les frais de réception et de tournées promotionnelles et, le cas échéant, les rémunérations versées à un salarié affecté à la promotion du monument au titre de son activité promotionnelle et les charges sociales correspondantes ;
– les dépenses d'acquisition de **matériel informatique** utilisé pour la gestion de la billetterie ou le suivi des dépenses et des recettes.

c. Les **primes d'assurance afférentes à des objets mobiliers** classés ou inscrits au titre des monuments historiques sont déductibles du **revenu global,** que l'immeuble procure ou non des recettes imposables, à la condition qu'ils soient exposés au public dans un immeuble historique auquel ils sont attachés à perpétuelle demeure, au sens de l'article 525 du Code civil (BOI-RFPI-BASE-20-60 n° 60).

d. Les **primes d'assurance afférentes aux monuments historiques** sont déductibles des revenus fonciers ou du revenu global pour leur montant réel, que l'immeuble soit ou non ouvert au public (BOI-RFPI-BASE-20-60 n° 50).

e. Les recettes perçues par les propriétaires de monuments historiques, au titre de l'utilisation des **bâches d'échafaudage** installées lors de la réalisation de travaux de restauration comme **espaces publicitaires,** sont imposables dans la catégorie des revenus fonciers (BOI-RFPI-SPEC-30-20-10 n° 200).

IMMEUBLES NON PRODUCTIFS DE REVENUS

5990 Les immeubles qui ne donnent lieu à aucune perception de recettes sont, quelles que soient les conditions d'occupation par le propriétaire, soit des immeubles non ouverts à la visite, soit des immeubles ouverts gratuitement au public. Les **charges** foncières afférentes à ces immeubles sont admises en déduction du **revenu global** du propriétaire, dans les conditions et limites définies par les articles 41 E à 41 J de l'annexe III au CGI, qui diffèrent selon la nature des immeubles auxquels elles se rapportent (CGI art. 156, II-1° ter). Rappelons que lorsque le montant des charges déductibles du revenu global excède le montant de ce revenu, cet excédent ne peut pas dégager un **déficit** reportable sur le revenu global des années suivantes.

Seuls les propriétaires de monuments historiques qui s'en réservent la **jouissance** peuvent se prévaloir de la déduction des charges foncières sur le revenu global prévue à l'article 156, II-1° ter précité (BOI-RFPI-SPEC-30-20-20 n° 10). Dans le cas où l'immeuble n'est pas intégralement réservé à la jouissance de son propriétaire, les charges dont celui-ci justifie qu'elles sont affectées à la partie du bien utilisée à titre personnel sont déductibles. Lorsque les charges ne peuvent pas être affectées à une partie spécifique de l'immeuble, le contribuable doit répartir ces dépenses entre les différentes parties de l'immeuble selon une clef de répartition adaptée à l'objet de ces charges (CE 6-4-2018 n° 405509 : RJF 7/18 n° 721).

› Précisions **a.** Le contribuable qui a vendu un monument historique peut déduire de son revenu global la part des dépenses de ravalement payées deux ans plus tard dès lors que ces **travaux** avaient été **décidés par l'assemblée générale** des copropriétaires **antérieurement à la vente** à une date où il était propriétaire du bien tout en s'en réservant la jouissance (TA Versailles 29-6-2010 n° 07-6099 : RJF 1/11 n° 7).

b. La déduction du revenu global des charges foncières mentionnées ci-dessus est exclusive de leur prise en compte pour le calcul d'une **réduction ou** d'un **crédit d'impôt** au titre des dépenses afférentes à l'**habitation principale** (BOI-RFPI-SPEC-30-20-20 n° 220).

Elle ne peut davantage être cumulée avec la **réduction d'impôt** prévue par l'article 200, 2 bis du CGI au titre des **versements effectués à la Fondation du patrimoine** (directement ou par l'intermédiaire d'une fondation ou d'une association qui reverse irrévocablement ces dons à la Fondation du patrimoine) ou à des fondations ou associations reconnues d'utilité publique et agréées par le ministre du budget, en vue de la restauration de monuments historiques privés.

c. Lorsque l'un des membres d'une **indivision propriétaire d'un monument historique dont elle garde la jouissance** supporte des charges foncières pour un montant supérieur à sa quote-part dans l'indivision, il peut déduire de son revenu global la totalité de la dépense effectivement supportée (CAA Paris 28-11-2007 n° 05PA01498 : RJF 5/08 n° 535, confirmé par CE 24-1-2011 n° 312788 et n° 308519 : RJF 4/11 n° 403) ; l'administration admet également la déduction des dépenses effectivement payées (BOI-RFPI-SPEC-30-20-20 n° 20).

d. En cas de **démembrement du droit de propriété** de l'immeuble, l'administration admet que chacun des nus-propriétaires et usufruitiers puisse déduire les dépenses dont il supporte effectivement la charge même lorsqu'elles ne lui incombent pas en application des articles 605 s. du Code civil (BOI-RFPI-SPEC-30-20-20 n° 30).

Immeubles classés ou inscrits Les **charges foncières** afférentes à ces immeubles, lorsqu'ils sont non productifs de revenus, sont admises en déduction du **revenu global** du propriétaire dans les conditions et proportions fixées par les articles 41 E à 41 J de l'annexe III au CGI. 5995

En application de l'article 41 F de l'annexe III au CGI, les propriétaires peuvent déduire les frais de réparation, d'entretien et d'amélioration, les frais de gestion, fixés à 20 € par local, majorés, lorsque ces dépenses sont effectivement supportées par le propriétaire, des frais de rémunération des gardes et concierges (voir toutefois ci-après), des frais de procédure et des frais de rémunération, honoraires et commissions versés à un tiers pour la gestion des immeubles. Ils peuvent également déduire les impositions autres que celles incombant à l'occupant perçues au profit des collectivités locales et de certains établissements ou organismes divers (taxe foncière notamment). Sont également déductibles les intérêts de dettes contractées pour la conservation, l'acquisition, la réparation ou l'amélioration des propriétés, ainsi que les primes d'assurance afférentes aux monuments historiques – cette déduction n'étant pas subordonnée à l'ouverture au public, les propriétaires occupants peuvent déduire leurs primes d'assurance « habitation » (BOI-RFPI-BASE-20-60 n° 50). Pour les primes d'assurance afférentes aux objets mobiliers classés ou inscrits, voir n° 5985, Précisions, c.

Les sommes versées à l'administration des affaires culturelles, soit à titre de cotisation annuelle de strict entretien, soit à titre de contribution à des travaux plus importants de réparation ou d'entretien des immeubles classés, sont assimilées à des dépenses de réparation et d'entretien déductibles (BOI-RFPI-SPEC-30-20-20 n° 60).

En revanche, les dépenses de réparations locatives sont exclues des charges déductibles. Il en est de même des salaires des gardes et concierges s'ils rémunèrent des services ou des travaux effectués pour le compte personnel du propriétaire (BOI-RFPI-SPEC-30-20-20 n° 80).

Des **limites de déduction** sont toutefois fixées. 5998

1. Les participations aux **travaux de réparation ou d'entretien** exécutés ou **subventionnés** par l'administration des affaires culturelles sont admises en déduction du revenu global du propriétaire à concurrence de la fraction des dépenses restant à sa charge (CGI ann. III art. 41 F, II et 41 G). Sont assimilés à de telles subventions les dons reçus de la Fondation du patrimoine ou de fondations ou associations reconnues d'utilité publique et agréées par le ministère du budget en vue de subventionner les travaux sur un monument historique privé (BOI-RFPI-SPEC-30-20-20 n° 120).

Il a été jugé que, bien qu'une seule des deux **tranches de travaux** effectués sur un immeuble classé monument historique ait donné lieu au versement effectif d'une subvention, l'ensemble des travaux doit néanmoins être considéré comme subventionné au sens de l'article 41 F, II précité, dès lors que ces deux tranches constituent un ensemble indissociable et n'ont été distinguées qu'en fonction des possibilités d'engagement de crédit de l'administration des affaires culturelles. Ces travaux sont donc déductibles du revenu global pour le montant total restant à la charge du contribuable (CE 9-7-1997 n° 150116 : RJF 8-9/97 n° 761).

© Éd. Francis Lefebvre

Voir également CE 18-3-2005 n° 248715 : RJF 6/05 n° 524 pour une hypothèse dans laquelle, même en l'absence de réalisation par tranches, seule une partie du montant des travaux est prise en compte dans les arrêtés de subvention en raison des possibilités limitées d'engagement de crédit de l'administration des affaires culturelles.

2. Pour les **autres dépenses,** la totalité du montant des dépenses concernées est déductible si le public est admis à visiter ; la déduction est limitée à 50 % de ce montant si l'immeuble est fermé au public (CGI ann. III art. 41 F, I). Jugé que le propriétaire d'un château qui limite l'accès du public aux parties extérieures (communs) ne peut déduire de son revenu global que 50 % des dépenses d'entretien afférentes à cet immeuble (TA Amiens 6-10-2006 n° 04-1238 : RJF 7/07 n° 784 ; BOI-RFPI-SPEC-30-20-20 n° 130). La **preuve de l'intention d'ouvrir l'immeuble à la visite** peut être apportée par tous moyens et pas seulement par des démarches entreprises auprès de l'administration. La nature des travaux entrepris, comme, par exemple, les travaux exigés par la réglementation sur l'accueil du public, ou encore un site internet annonçant l'ouverture prochaine de l'immeuble au public peuvent témoigner de l'intention d'ouvrir le bâtiment à la visite (CE 24-6-2015 n° 370049 : RJF 10/15 n° 752).

ATTENTION

Pour que les immeubles soient réputés **ouverts à la visite,** le public doit être admis à les visiter au moins (CGI ann. IV art. 17 ter) :
– soit 50 jours par an, dont 25 jours non ouvrables, au cours des mois d'avril à septembre inclus ;
– soit 40 jours pendant les mois de juillet, août et septembre.

La durée minimale d'ouverture peut être réduite lorsqu'une ou plusieurs **conventions** portant sur l'organisation de visites par des groupes d'élèves, d'enfants mineurs encadrés par des structures d'accueil à caractère éducatif (CASF art. L 227-4) et par des familles ou des groupes d'étudiants sont conclues entre le propriétaire et les établissements d'enseignement ou les structures précitées ; la réduction est égale, dans la limite de 10 jours par année civile, au nombre de jours au cours desquels l'immeuble fait l'objet, entre le 1er septembre de l'année précédente et le 31 août suivant, de telles visites, sous réserve que celles-ci comprennent chacune au moins 20 participants.

6000 En cas de **classement partiel,** il y a lieu de prendre en considération la nature et l'étendue du classement, mais également l'état général de l'immeuble quand il est susceptible d'affecter l'état des parties classées.

Le Conseil d'État juge ainsi que, lorsque seules certaines parties d'un immeuble sont classées ou inscrites au titre des monuments historiques, seules les dépenses se rapportant à des **travaux,** fournitures ou services qui sont nécessaires à la conservation et à l'entretien des parties classées ou inscrites sont déductibles du revenu global du contribuable, soit qu'ils concernent directement ces parties du monument, soit qu'ils soient **rendus indispensables par l'état général de l'immeuble** à la préservation de celles-ci (CE 28-12-2007 n° 287847 : RJF 3/08 n° 262 ; pour la déduction de dépenses jugés indispensables à la préservation fonctionnelle ou esthétique des parties classées, voir CAA Marseille 15-12-2011 nos 09MA00297, 09MA00332 et 09MA00345 : RJF 5/12 n° 440).

De son côté, l'administration renvoie à la doctrine examinée n° 5975, Précisions.

6005 **Immeubles ayant reçu le label de la Fondation du patrimoine** Lorsqu'ils ne procurent aucune recette imposable, les charges afférentes à ces immeubles déductibles du revenu global sont exclusivement celles qui correspondent aux **travaux de réparation et d'entretien** (CGI ann. III art. 41 I bis).

Pour les immeubles **bâtis,** seuls les travaux de cette nature afférents aux murs, aux façades et aux toitures ouvrent droit à déduction.

Pour les immeubles **bâtis non habitables,** les travaux intérieurs de cette nature reconnus comme indissociables de l'intérêt historique, artistique ou culturel que présente le bien par l'unité départementale de l'architecture et du patrimoine territorialement compétente ouvrent également droit à déduction.

Pour les immeubles **non bâtis,** seuls les travaux de réparation et d'entretien pérenne et qui ne nécessitent pas de renouvellement pendant la durée de validité du label ouvrent droit à déduction.

Pour tous ces immeubles, les travaux de **destruction,** de **reconstruction,** de **restauration** et de **remise en état** qui ont pour objet de restaurer l'immeuble dans sa situation d'origine ouvrent également droit à déduction lorsqu'ils sont prescrits par l'unité départementale de l'architecture et du patrimoine (CGI ann. III art. 41 I bis, I-B).

Pour les immeubles bâtis non habitables et les immeubles non bâtis, l'**engagement** d'accessibilité au public est satisfait à condition que les travaux dont ils ont fait l'objet soient eux-mêmes visibles ou accessibles au public.

La **déduction des charges** est limitée à 50 % de leur montant. Cette déduction est toutefois portée à 100 % lorsque les travaux sont subventionnés par la Fondation du patrimoine à hauteur de 20 % au moins de leur montant. Ces pourcentages de déduction s'appliquent à la seule fraction des travaux non couverte par une subvention.

IMMEUBLES PRODUCTIFS DE REVENUS ET OCCUPÉS PAR LEUR PROPRIÉTAIRE

La situation visée est celle où un propriétaire occupe son immeuble (même comme résidence secondaire) mais en loue une partie ou autorise des visites payantes. 6010

Il convient alors de faire application :

– des règles concernant les **revenus fonciers** pour la détermination du revenu net correspondant aux recettes encaissées (en cas de constatation d'un déficit, celui-ci est imputable sans limitation de montant sur le revenu global) ;

– du **régime spécial** (déduction sur le revenu global) en ce qui concerne les dépenses qui n'ont pas été prises en compte pour le calcul du revenu net foncier et qui se rapportent à la partie de l'immeuble dont le propriétaire se réserve la disposition.

Immeubles classés ou inscrits Le **revenu net foncier** est égal à la différence entre les recettes encaissées et les charges, y compris celles entraînées par l'ouverture au public qui se rapportent aux locaux visités. 6015

Ce revenu net est déterminé suivant les principes définis n°s 5980 et 5985, sous réserve des précisions suivantes (BOI-RFPI-SPEC-30-20-30 n°s 10 à 40) :

– les **charges résultant de l'ouverture au public,** telles que les rémunérations versées au personnel chargé de percevoir les droits d'entrée et de guider les visiteurs, sont prises en compte, en totalité, pour la détermination du revenu net foncier ;

– les **autres charges** foncières ne peuvent être prises en considération que dans la mesure où elles se rapportent aux locaux auxquels le public a accès ; l'administration admet, à titre de règle pratique, que les propriétaires déduisent de leurs revenus fonciers les trois quarts de ces charges, sans justification particulière ;

– les **travaux de réparation et d'entretien** sont admis en principe dans la même proportion que ci-dessus ; toutefois, lorsqu'ils sont exécutés par l'administration des affaires culturelles ou subventionnés, la déduction intégrale de la participation acquittée, des cotisations de strict entretien versées ou du coût total des travaux subventionnés (sauf à ajouter la subvention aux recettes de l'année de sa perception) est admise.

Les **charges foncières à imputer sur le revenu global** sont celles dont il n'a pas été tenu compte pour la détermination du revenu net foncier correspondant aux recettes encaissées et qui sont censées se rapporter à la partie de l'immeuble dont le propriétaire se réserve la disposition. Elles peuvent être **évaluées forfaitairement** à un quart du montant des charges foncières payées par le propriétaire au cours de l'année d'imposition, à l'exception des frais résultant de l'ouverture au public et, le cas échéant, des participations à des travaux exécutés par l'administration des affaires culturelles ou subventionnés, qui, comme nous l'avons vu ci-dessus, sont déductibles des revenus fonciers (BOI-RFPI-SPEC-30-20-30 n°s 60 et 70).

Immeubles ayant reçu le label de la Fondation du patrimoine Lorsqu'une partie seulement de l'immeuble donne lieu à la perception de recettes imposables, il convient de ventiler les charges d'entretien et de réparation déductibles entre le revenu foncier et le revenu global (prorata en fonction de la surface des locaux). 6020

Les dépenses de réparation et d'entretien se rapportant à la partie de l'immeuble dont le propriétaire se réserve la disposition sont imputables sur le revenu global dans les conditions et limites fixées à l'article 41 I bis de l'annexe III au CGI (voir n° 6005). Les autres charges sont prises en compte, lorsqu'elles portent sur la partie louée, pour la détermination du revenu net foncier (BOI-RFPI-SPEC-30-20-30 n° 80).

4. OBLIGATIONS DES PROPRIÉTAIRES

Les propriétaires de monuments historiques ne sont astreints à des **obligations particulières** que s'ils bénéficient du régime spécial de déduction des charges foncières prévu par l'article 156, II-1° ter du CGI (imputation directe d'une quote-part des charges foncières sur le revenu global). 6050

Ces obligations se superposent aux **obligations incombant à tous les propriétaires fonciers.**

En pratique, les propriétaires de monuments historiques doivent souscrire annuellement une **déclaration** d'ensemble de leurs revenus n° 2042 et, le cas échéant, une déclaration de revenus fonciers n° 2044 spéciale :
– si l'immeuble procure des recettes imposables : les charges foncières déductibles sont indiquées sur la déclaration n° 2044 spéciale et, le cas échéant, le déficit foncier constaté est reporté sur la déclaration n° 2042 ;
– si l'immeuble ne procure aucune recette imposable : les charges déductibles du revenu global sont mentionnées directement sur la déclaration n° 2042 ;
– si l'immeuble procure des recettes imposables tout en étant occupé par son propriétaire : les charges foncières déductibles des revenus fonciers bruts et les charges déductibles du revenu global doivent être ventilées entre les deux déclarations n° 2042 et n° 2044 spéciale.

› Précisions Les contribuables qui souscrivent leur **déclaration** de revenus **en ligne** (cas général) sont dispensés de produire l'ensemble des **justificatifs** des dépenses ouvrant droit au régime spécial mais ils doivent les conserver et les tenir à la disposition de l'administration en cas de contrôle. Pour les contribuables qui ont encore la possibilité de souscrire une **déclaration papier,** l'administration les dispense de joindre à leur déclaration les pièces justificatives établies par les tiers, à savoir les documents qui ne sont établis ni par l'usager ni par la Direction générale des finances publiques, ces pièces devant être conservées par le contribuable afin qu'il soit en mesure de les communiquer à l'administration sur sa demande (BOI-IR-DECLA-20 n° 1). Cette dispense ne s'applique pas aux documents établis par le contribuable lui-même (tels les engagements à prendre pour bénéficier du régime spécial des monuments historiques : engagement de location, etc.).

B. Droits de mutation à titre gratuit

TRANSMISSIONS EXONÉRÉES

6150 **Transmissions portant sur des monuments historiques** Sont exonérées de droits de mutation à titre gratuit les transmissions par décès et les donations portant sur des **immeubles** (par nature ou par destination) qui sont, pour l'essentiel, classés ou inscrits au titre des monuments historiques, ainsi que sur les **biens meubles qui en constituent le complément** historique ou artistique (CGI art. 795 A).

L'exonération est subordonnée à la conclusion par les héritiers, les donataires ou les légataires d'une **convention** à durée indéterminée avec le préfet de région du lieu de situation du bien, après avis conforme du ministre chargé du budget. Cette convention doit prévoir, le cas échéant, le maintien dans l'immeuble des meubles exonérés et leurs conditions de présentation, les modalités d'**accès du public** ainsi que les conditions d'entretien des biens exonérés (BOI-SJ-AGR-50-40 n° 60). Le recouvrement des droits exigibles est différé jusqu'à ce qu'il soit statué sur la demande de convention.

› Précisions a. La demande de convention (ou d'adhésion à une convention déjà existante) doit être déposée auprès du **directeur régional des affaires culturelles** du lieu de la situation des biens. L'**avis conforme du ministre du budget** est délivré par le directeur départemental ou, le cas échéant, régional des finances publiques du département de situation du bien (CGI ann. IV art. 170 ter).

b. La signature de la demande de convention doit être refusée dès lors que la **partie** classée de l'immeuble **susceptible d'être ouverte à la visite** est limitée aux parties communes dont le demandeur copropriétaire n'a pas la pleine disposition (CE 19-3-2003 n° 233359 : RJF 6/03 n° 750). En revanche, la circonstance que seules les **façades et** les **toitures d'un château** sont inscrites à l'Inventaire supplémentaire des monuments historiques ne fait pas obstacle à l'agrément de la convention, laquelle, dans cette hypothèse, peut limiter la visite au parc, dès lors que le public peut accéder aux parties inscrites ou classées (CE 11-12-2009 n° 312515 : RJF 3/10 n° 279). L'exonération peut être accordée y compris si la convention ne prévoit pas de modalités d'accès du public à l'intérieur de l'immeuble lorsque les **parties extérieures** protégées sont intégralement visibles depuis la voie publique ou un autre espace librement accessible au public tel qu'un parc (Rép. Hetzel : AN 13-11-2018 n° 4532).

c. La **convention type** à souscrire par les héritiers est annexée au décret 2023-103 du 16 février 2023 (JO 25 texte n° 10).

d. Les **obligations déclaratives** incombant aux héritiers, donataires et légataires sont précisées à l'article 281 bis de l'annexe III au CGI. Selon ses dispositions, pour obtenir l'exonération, le bénéficiaire d'une transmission par décès doit fournir au service des impôts compétent, pour enregistrer la déclaration de succession, une copie de la demande de convention ou d'adhésion à une convention existante certifiée conforme, dans les **six mois du décès.** Selon l'administration, la signature de la convention doit être préalable pour bénéficier de l'exonération des droits de mutation (BOI-ENR-DMTG-10-20-30-60 n° 1 et BOI-SJ-AGR-50-40 n° 60). Le Conseil d'État, en revanche, juge que le **dépôt tardif de la demande de convention** à l'appui de la déclaration de succession a pour effet de rendre les droits de succession exigibles mais ne prive pas définitivement l'héritier de la possibilité d'obtenir, par voie de réclamation, le bénéfice de l'exonération (CE 11-2-2022 nos 458465 et 454999 : RJF 5/22 n° 502).

Transmissions portant sur des parts de SCI familiale L'exonération est applicable aux parts de société civile immobilière **non soumise à l'IS** (cas où le monument historique est détenu par l'intermédiaire d'une telle société) à condition, notamment, que les héritiers, légataires ou donataires adhèrent à la convention conclue entre la société et le préfet de région du lieu de situation du bien (CGI art. 795 A, al. 4-c ; CGI ann. III art. 281 ter). Le recouvrement des droits exigibles est différé jusqu'à ce qu'il soit statué sur la demande d'adhésion à la convention. 6155

La SCI doit **détenir en pleine propriété** et **gérer** un immeuble historique et, le cas échéant, les meubles qui s'y rattachent. Il ne lui est pas interdit de détenir d'autres biens, mais, dans cette hypothèse, l'exonération des parts ne s'appliquera qu'à concurrence de la fraction de leur valeur nette correspondant aux biens mentionnés au n° 6150.

› Précisions **a.** La SCI doit être **constituée** uniquement entre personnes **parentes** en ligne directe ou entre frères et sœurs, leurs conjoints et, le cas échéant, les enfants de ces différentes personnes. Les parts doivent rester la propriété de ces personnes ou de leurs descendants. L'entrée dans la société d'une personne n'ayant pas le degré de parenté voulu entraînera donc la déchéance du régime d'exonération.
Les revenus de la société civile doivent être imposés dans la catégorie des **revenus fonciers.**
b. Les bénéficiaires de la mutation à titre gratuit doivent prendre l'**engagement** d'adhérer à la convention mentionnée à l'article 795 A du CGI (n° 6150) qui aura été signée entre la société civile et le préfet de région du lieu de situation du bien.
c. Au jour de la transmission à titre gratuit (donation ou décès), **le donateur ou défunt doit avoir détenu les parts** :
– depuis plus de deux ans en cas d'acquisition ou de souscription à titre onéreux ;
– pendant cinq ans au moins en cas d'acquisition à titre gratuit avec le bénéfice du régime d'exonération prévu à l'article 795 A du CGI. Aucun délai n'est en revanche prévu lorsque l'acquisition a été placée sous le régime de droit commun des droits de mutation à titre gratuit.
d. Le donataire, légataire ou héritier doit **conserver les parts** pendant cinq ans. A l'expiration de ce délai, l'exonération dont il a bénéficié deviendra définitive et il pourra à son tour transmettre à titre gratuit en franchise de droits ses parts à un membre du cercle familial associé de la SCI.
Toutefois, lorsque les bénéficiaires à titre gratuit de la transmission sont en **indivision** sur les parts ayant bénéficié de l'exonération, les cessions de droits indivis et les partages qui interviennent entre les membres de l'indivision ne sont pas considérés comme translatifs de propriété quand bien même ils entraîneraient la sortie d'un ou plusieurs coïndivisaires (BOI-ENR-DMTG-10-20-30-70 n° 80).
e. Les **obligations déclaratives** incombant aux héritiers, donataires et légataires sont précisées à l'article 281 ter de l'annexe III au CGI.

REMISE EN CAUSE DE L'EXONÉRATION

En cas de **non-respect** des **règles fixées par la convention** ou de **résiliation** de celle-ci, les biens exonérés sont soumis aux droits de mutation sur la base de leur valeur au jour où la convention n'est pas respectée ou est résiliée, ou de la valeur déclarée lors de la donation ou du décès si cette valeur est supérieure et aux taux auxquels ils auraient été soumis lors de leur transmission. Les droits ainsi rappelés sont majorés de l'intérêt de retard calculé à compter du premier jour du mois suivant celui au cours duquel la convention a pris fin (CGI art. 1727, IV-8). 6160

Il en est de même, selon l'administration, en cas de **vente des biens** exonérés, ou de donation, si le donataire ne souscrit pas à la convention en vigueur. En revanche, l'exonération n'est pas remise en cause en cas de **cessions de droits indivis et** de **partages** intervenant **entre les héritiers,** légataires ou donataires restés en indivision (BOI-ENR-DMTG-10-20-30-60 n° 300).

Le non-respect de l'**obligation de conserver les parts** (n° 6155, Précisions, e) entraîne également l'exigibilité des droits de mutation à titre gratuit dont la mutation initiale des parts a été exonérée, majorés de l'intérêt de retard calculé à compter du premier jour du mois suivant celui au cours duquel l'impôt devait être acquitté (CGI art. 1727, IV-1). Par exception, l'exonération n'est pas remise en cause en cas de transmission à titre gratuit résultant du décès du bénéficiaire intervenant dans les cinq ans de la mutation à titre gratuit initiale même si ses ayants droit, renonçant à l'exonération dont ils pourraient eux-mêmes bénéficier, ne prennent pas l'engagement d'adhérer à la convention (BOI-ENR-DMTG-10-20-30-70 n° 190).

› Précisions L'administration admet, sous certaines conditions, que le régime de faveur ne soit pas remis en cause en cas d'**apport** à titre pur et simple d'un monument historique exonéré **à une société civile** (BOI-ENR-DMTG-10-20-30-70 n° 210).

C. Charges des entreprises

6250 Les charges exposées pour les besoins de l'exploitation et résultant de l'**achat,** de la **location** ou de l'**entretien de demeures classées ou inscrites** au titre des monuments historiques sont déductibles pour la détermination du résultat imposable d'une entreprise passible de l'impôt sur le revenu dans la catégorie des BIC, ou de l'impôt sur les sociétés (CGI art. 39, 4-3° al. 3). Pour être déductibles, ces dépenses doivent avoir été exposées dans le cadre d'une **gestion normale** de l'entreprise et satisfaire à l'ensemble des autres conditions de déduction des charges.

ATTENTION

Les dispositions de l'article 39, 4-3° al. 3 du CGI ne sont pas applicables à une société qui a sollicité une **inscription** à l'Inventaire supplémentaire des monuments historiques postérieurement aux exercices litigieux. En effet, une telle inscription n'a **pas d'effet rétroactif** (CE 27-7-2005 n° 259009 : RJF 11/05 n° 1157).

D. TVA

6350 En vertu d'une décision ministérielle du 11 juillet 1950, sont **exonérées** de TVA les **recettes** perçues pour la **visite** de ces établissements par les propriétaires de **châteaux** classés ou inscrits au titre des monuments historiques. Cette mesure est étendue aux châteaux présentant simplement un caractère historique ou artistique, sous réserve que l'aménagement n'ait pas été effectué dans un but commercial mais reste aux limites d'une simple mise en valeur artistique du domaine et que les recettes proviennent uniquement des droits d'entrée et de la vente de cartes postales ou autres menus objets évoquant la vie du château (BOI-TVA-CHAMP-30-10-60-20 n° 1).

Toutefois, afin de pouvoir exercer leur droit à déduction, les personnes concernées peuvent **renoncer à cette exonération** (de tolérance) et soumettre ces recettes à la TVA dans les conditions de droit commun : taux intermédiaire pour les droits d'entrée (voir n° 6355), taux qui leur est propre pour les autres opérations (taux normal de 20 % pour les ventes de cartes postales, par exemple) ; application de la franchise en base (CGI art. 293 B). Cette renonciation est irrévocable (BOI-TVA-CHAMP-30-10-60-20 n° 50).

Les personnes qui ont renoncé à l'exonération sont soumises aux obligations et formalités applicables à l'ensemble des assujettis à la TVA. Les assujettis placés sous le régime de la franchise en base doivent exercer formellement une option s'ils ne souhaitent pas bénéficier de ce régime. Les redevables placés dans cette situation devront donc, dans la lettre de renonciation, préciser que celle-ci vaut également option en ce qui concerne la franchise de TVA (BOI-TVA-CHAMP-30-10-60-20 n° 60).

6355 Lorsque l'exonération susvisée n'est pas applicable ou lorsque les intéressés y ont expressément renoncé, le **taux de TVA applicable aux droits d'entrée** perçus pour la visite des monuments historiques et des sites est le taux intermédiaire de 10 % (CGI art. 279, b nonies) – taux de 2,1 % en Corse et dans les DOM.

ATTENTION

Les visites de châteaux classés monuments historiques ne sont pas assimilées à des **spectacles** et ne sont pas soumises aux obligations édictées par l'article 290 quater, I du CGI (délivrance d'un billet à chaque spectateur). Mais les manifestations organisées dans ces châteaux (concerts, « son et lumière ») relèvent des dispositions de l'article 290 quater, I du CGI (Rép. de Bourgoing : Sén. 26-4-1990 n° 7653, solution non reprise dans Bofip).

SECTION 2 ARCHÉOLOGIE PRÉVENTIVE

OBJET DE L'ARCHÉOLOGIE PRÉVENTIVE

6500 L'archéologie préventive est un service public destiné à la **protection du patrimoine archéologique** dans le cadre des opérations d'aménagement et d'urbanisme (C. patr. art. L 521-1 à L 524-16 et R 522-1 s.). Son financement résulte d'une redevance mise à la charge des personnes concernées (CGI art. 235 ter ZG).

L'archéologie préventive a pour objet d'assurer, à terre et sous les eaux, dans des délais appropriés, la détection, la conservation ou la sauvegarde par l'étude scientifique des éléments du patrimoine archéologique affectés ou susceptibles d'être affectés par les **travaux publics ou privés** concourant à l'aménagement (C. patr. art. L 521-1).
Les opérations d'aménagement, de construction d'ouvrages ou de travaux qui, en raison de leur localisation, de leur nature ou de leur importance, affectent ou sont susceptibles d'affecter des éléments du patrimoine archéologique ne peuvent être entreprises qu'après accomplissement des mesures de détection et, le cas échéant, de conservation ou de sauvegarde (C. patr. art. R 523-1).

A. Prescriptions archéologiques

PARTIES PRENANTES

L'État édicte des prescriptions d'archéologie préventive qui concernent les diagnostics et les opérations de fouilles (C. patr. art. L 522-1 et L 522-2). 6530

C'est le **préfet de région** qui prescrit les mesures appropriées et en contrôle la mise en œuvre (C. patr. R 522-1, R 523-1 à R 523-61). Ces prescriptions doivent être motivées (C. patr. art. L 522-2). Elles peuvent s'appliquer à des opérations non soumises à la redevance visée aux nos 6650 s. (C. patr. art. L 522-3, al. 1). Si les aménagements, ouvrages, travaux sont situés dans le domaine public maritime et la zone contiguë, la compétence appartient au **ministre de la culture** (C. patr. art. R 522-1, dernier al.).

Lorsque l'intérêt des vestiges impose leur conservation, le préfet peut **notifier une instance de classement** au propriétaire de tout ou partie du terrain au titre des monuments historiques (C. patr. art. L 522-3, al. 2).

Les personnes qui projettent d'exécuter les travaux sont dénommées « aménageurs ». Celles qui réalisent les opérations archéologiques sont dénommées « opérateurs » (C. patr. art. R 523-3). 6535

La maîtrise des opérations de **diagnostic** est dévolue, par ordre de priorité, à la commune, au département, à la région ou aux groupements de ces collectivités territoriales, ainsi qu'à l'Institut national de recherches archéologiques préventives [Inrap] (C. patr. art. L 523-1, al. 1 et R 523-29).

L'exécution des **fouilles** est réalisée par les mêmes organismes ou bien encore par toute personne publique ou privée faisant l'objet d'un agrément (C. patr. art. R 522-8 à R 522-13).

Pour pouvoir réaliser des diagnostics et des fouilles, les services des collectivités territoriales doivent être habilités par arrêté ministériel, dans les conditions définies à l'article L 522-8 du Code du patrimoine. Ces services sont soumis au contrôle scientifique et technique de l'État (C. patr. art. L 522-7, al. 2).

LOCALISATION DES ZONES D'ARCHÉOLOGIE PRÉVENTIVE

Dans le cadre de l'établissement de la **carte archéologique nationale,** le préfet de région délimite les **zones d'archéologie préventive** (ZAP) où les projets d'aménagement affectant le sous-sol sont présumés faire l'objet de prescriptions archéologiques préalablement à leur réalisation et à l'intérieur desquelles le service régional de l'archéologie sera automatiquement saisi de certaines demandes d'autorisation d'urbanisme (C. patr. art. L 522-5 et R 523-6). 6540

En dehors de ces zones, dès lors que des informations laissent à penser que des travaux sont susceptibles d'affecter le patrimoine archéologique, le préfet de région peut se faire communiquer le dossier d'autorisation de l'opération (C. patr. art. R 523-7, al. 1). L'autorité compétente pour autoriser les travaux peut aussi, de sa propre initiative, saisir le préfet de région (C. patr. art. R 523-8).

Les personnes qui projettent de réaliser des aménagements, ouvrages ou travaux en dehors des zones délimitées peuvent prendre l'initiative de saisir l'État afin qu'il examine si le projet est susceptible de donner lieu à des prescriptions de diagnostic archéologique. À défaut de réponse dans un délai de 2 mois ou en cas de réponse négative, l'État est réputé renoncer, pendant une durée de 5 ans, à prescrire un diagnostic, sauf modification substantielle du projet ou des connaissances archéologiques de l'État sur le territoire de la commune. Si l'État a fait connaître la nécessité d'un diagnostic, l'aménageur peut en demander la réalisation anticipée par l'Inrap ou un service archéologique territorial agréé. Dans ce cas, l'aménageur est redevable de la redevance mentionnée aux nos 6800 s. (C. patr. art. L 522-4, R 523-12 et R 523-14).

 © Éd. Francis Lefebvre

OPÉRATIONS CONCERNÉES PAR LES PRESCRIPTIONS ARCHÉOLOGIQUES

6545 À l'intérieur des **zones délimitées,** lesquelles peuvent ou non comporter des seuils de surface, sont concernés par ces mesures (C. patr. art. R 523-4 et R 523-5) :
– les travaux soumis à permis de construire, d'aménager, de démolir et les travaux relevant d'une décision de réalisation d'une ZAC ;
– la réalisation de ZAC et lotissements d'une superficie égale ou supérieure à 3 hectares ;
– les divers travaux, notamment d'affouillement soumis à déclaration préalable en application de l'article R 523-5 du Code du patrimoine, les seuils prévus par cet article pouvant éventuellement être réduits par le préfet ;
– les aménagements et ouvrages soumis à étude d'impact ;
– les travaux sur les immeubles classés monuments historiques.

NATURE DES PRESCRIPTIONS ARCHÉOLOGIQUES

6550 **Diagnostic** Les prescriptions archéologiques peuvent prévoir la réalisation d'un diagnostic. Celui-ci vise, par des études, prospections ou travaux de terrain, à mettre en évidence et à caractériser les éléments du patrimoine archéologique éventuellement présents sur le site. Les résultats de ce diagnostic sont présentés dans un **rapport** (C. patr. art. R 523-15, 1°). Lorsqu'il prescrit un diagnostic, le préfet de région en définit les objectifs, l'emprise, les principes méthodologiques, ainsi que la qualification du responsable scientifique garant de l'opération (C. patr. art. R 523-23).

6555 **Fouilles** Les prescriptions archéologiques peuvent prévoir la réalisation de fouilles. Celles-ci visent, par des études, des travaux de terrain et de laboratoire, à recueillir les données archéologiques présentes sur le site et à en faire l'analyse dont les résultats sont présentés dans un **rapport final** (C. patr. art. R 523-15, 2°). Lorsqu'il prescrit des fouilles, le préfet assortit sa prescription d'une ou plusieurs tranches opérationnelles et d'un cahier des charges qui définit notamment les objectifs, les données scientifiques et les principes méthodologiques et techniques de l'intervention, ainsi que le délai prévisionnel de remise du rapport final (C. patr. art. R 523-39).

Dans les 15 jours suivant la notification, par la personne projetant les travaux, de l'achèvement des fouilles, le préfet de région lui délivre une « attestation de libération du terrain ». Si elle n'est pas délivrée dans ce délai, l'attestation est réputée acquise. Tout intéressé peut alors demander un certificat attestant qu'aucune décision négative n'est intervenue (C. patr. art. R 523-59).

6560 **Modification du projet** Les prescriptions archéologiques peuvent, le cas échéant, indiquer les modifications de la consistance du projet qui permettent d'éviter en tout ou en partie la réalisation de fouilles. Ces modifications peuvent **porter sur** la nature des fondations, les modes de construction ou de démolition, le changement d'assiette ou tout autre aménagement technique permettant de réduire l'effet du projet sur les vestiges (C. patr. art. R 523-15, 3°).
Lorsque l'aménageur modifie son projet et que les modifications ne nécessitent pas une nouvelle demande d'autorisation ou de modification de l'autorisation délivrée, il adresse au préfet de région une notice technique exposant les modifications proposées. Le préfet prend un arrêté prescrivant les modifications de consistance du projet (C. patr. art. R 523-17-1).

6565 **Conservation du site** Lorsque l'intérêt des vestiges archéologiques impose une conservation sur place qui fait obstacle à la **réalisation de l'aménagement,** le préfet de région demande le classement de tout ou partie du terrain au titre des monuments historiques (C. patr. art. R 523-16). Le périmètre à conserver peut coïncider avec la totalité de l'emprise des travaux envisagés ou ne concerner qu'une partie seulement de cette emprise.

> **› Précisions** **L'opposabilité de l'obligation de conserver le site** résulte notamment de la publication de l'arrêté portant prescription de conservation du site au fichier immobilier du lieu de situation du site archéologique (Circ. 2002/013 du 3-5-2002 : BO culture 2002 n° 131 p. 8).

DÉLAI IMPARTI POUR LES PRESCRIPTIONS ARCHÉOLOGIQUES

6570 Le préfet de région dispose d'un délai d'un mois à compter de la réception du dossier complet pour prescrire la réalisation d'un **diagnostic** ou faire connaître son intention de prescrire des fouilles ou de demander la modification du projet. Le délai est porté à 2 mois lorsque les aménagements, ouvrages ou travaux projetés sont soumis à étude d'impact. Une fois, ce délai expiré, le préfet est réputé avoir renoncé à édicter des prescriptions (C. patr. art. L 522-2 et R 523-18).

Lorsqu'il a seulement prescrit la réalisation d'un diagnostic, le préfet dispose de 3 mois à compter de la remise du rapport pour prescrire des **fouilles** ou une modification du projet.

Le délai qui lui est imparti court à compter de la réception d'un rapport de diagnostic complet comportant l'ensemble des informations qui lui permettent de prendre sa décision en toute connaissance de cause (CE 19-2-2014 n° 348248, Sté Élite Invest et Sté Patio Mont d'Or : BPIM 2/14 inf. 83). En l'absence de prescription dans ces délais, le préfet est réputé avoir renoncé à édicter celles-ci (C. patr. art. L 522-2 et R 523-18).

Les prescriptions de l'État concernant les diagnostics et les opérations de fouilles d'archéologie préventive sont **mises en œuvre** dans les conditions définies par les dispositions réglementaires en vigueur à la date de réception du dossier par le préfet (C. patr. art. L 522-2, al. 2).

> **Précisions** **a.** Lorsque le préfet fait connaître, à l'autorité qui instruit la demande d'autorisation au titre de laquelle il a été saisi et à la personne qui projette les travaux, son intention d'édicter des **prescriptions autres que la réalisation d'un diagnostic,** il doit notifier le contenu de ces prescriptions dans un délai qui ne peut dépasser 3 mois à compter de la date de réception du dossier. Passé ce délai, le préfet est réputé avoir renoncé à édicter de telles prescriptions (C. patr. art. R 523-18, al. 3).
> **b.** Lorsque le **diagnostic** a été **réalisé** à l'initiative de l'aménageur, avant la mise en œuvre de la procédure d'autorisation, le délai de 3 mois imparti pour prescrire des mesures postérieures au diagnostic court soit à compter de la réception de la confirmation par l'aménageur de son intention de réaliser les travaux projetés en précisant leurs impacts sur le sous-sol, soit, en l'absence d'une telle confirmation d'intention, à compter de la réception par le préfet de région, dans le cadre de sa saisine obligatoire, du dossier d'autorisation de travaux relatif à la même opération que celle ayant fait l'objet de la saisine volontaire (C. patr. art. R 523-19). Lorsque la personne projetant les travaux a confirmé son intention de réaliser les aménagements projetés, elle peut toutefois renoncer à son projet avant ou après le paiement de la redevance (Circ. 2002/013 du 3-5-2002 : BO culture 2002 n° 131 p. 8).

PRESCRIPTIONS COMPLÉMENTAIRES

Lorsque des prescriptions ont été arrêtées à l'occasion de la création d'une **ZAC** ou d'un **lotissement,** aucune prescription supplémentaire ne peut être imposée lors de l'instruction des demandes d'autorisation d'urbanisme nécessaires à la réalisation des travaux (C. patr. art. R 523-20). **6575**

En cas de **saisine à l'initiative de l'aménageur** (n° 6540), le préfet, dès lors qu'il a prescrit un diagnostic, ne peut édicter que des prescriptions de fouilles ou de modification de projet lorsqu'il reçoit un dossier relatif à la même opération. S'il a prescrit dès l'origine d'autres mesures que le diagnostic, il ne peut édicter aucune prescription supplémentaire lorsqu'il reçoit un dossier relatif à la même opération (C. patr. art. R 523-20, al. 2).

EFFETS DES PRESCRIPTIONS ARCHÉOLOGIQUES

L'exécution des prescriptions est préalable à la **réalisation des travaux** (C. patr. art. R 523-17). **6580**
Lorsque des opérations sont réalisées par **tranches successives,** le calendrier prévisionnel de leur réalisation est communiqué par l'aménageur au préfet de région qui peut décider de prescrire les mesures soit d'emblée pour la totalité du projet, soit lors de l'exécution de chaque tranche opérationnelle. Dans ce dernier cas, le préfet définit par arrêté les délais de sa saisine et la nature des documents à fournir. Les opérations de diagnostic sont toutefois conduites pour l'ensemble du projet si la personne qui réalise ce projet en fait la demande (C. patr. art. R 523-21).

Les prescriptions imposées au titre de l'archéologie préventive constituent des **servitudes administratives** (CE 23-2-2005 n° 271131, Min. équipement c/ Assoc. de défense de l'environnement du Nivernais : BPIM 6/05 inf. 377).

MODALITÉS D'EXÉCUTION DES PRESCRIPTIONS ARCHÉOLOGIQUES

Diagnostic Dans le délai d'un mois à compter de la date à laquelle il reçoit la notification de l'attribution du diagnostic, l'opérateur élabore un **projet d'intervention** détaillant la mise en œuvre de la prescription et le soumet au préfet de région pour approbation. Si le projet n'est pas conforme à la prescription qu'il a édictée, le préfet demande à l'opérateur de le modifier. Faute d'observation de la part du préfet dans le délai d'un mois, l'approbation est réputée acquise (C. patr. art. R 523-30, al. 1). **6585**

Dès que le projet d'intervention a été approuvé, et au plus tard 2 mois après que lui a été notifiée l'attribution du diagnostic, l'opérateur adresse à l'aménageur un **projet de convention** précisant les conditions de réalisation du diagnostic (C. patr. art. R 523-30, al. 2).

Après transmission de ce projet et, au plus tard 3 mois après la notification de l'attribution du diagnostic, l'opérateur et l'aménageur signent la **convention.** À défaut de signature de la convention dans ce délai, ou en cas de désaccord sur les éléments de la convention, le préfet de région peut être saisi par la partie la plus diligente. Dans les 15 jours de sa saisine, le préfet fixe les délais de réalisation du diagnostic en cas de désaccord (C. patr. art. L 523-7, al. 2 et R 523-30, dernier al.). Si le préfet ne s'est pas prononcé dans ce délai de 15 jours, la prescription du diagnostic est réputée caduque (C. patr. art. L 523-7, al. 2). Les dispositions des articles L 531-14 à L 531-16 du Code du patrimoine relatives aux découvertes fortuites sont alors applicables (C. patr. art. L 523-7, al. 4).

La convention définit les délais de réalisation du diagnostic et de remise du rapport de diagnostic, les conditions de l'intervention de l'opérateur, les conséquences pour les parties du dépassement du délai, notamment quant aux indemnités dues. Les délais de réalisation du diagnostic et de remise du rapport courent à compter de la mise à disposition des terrains dans les conditions permettant à l'opérateur de se livrer aux opérations archéologiques (C. patr. art. L 523-7, al. 1 et R 523-31).

Le préfet dispose d'un délai d'un mois à compter de la réception du **rapport du diagnostic** pour vérifier sa conformité aux normes mentionnées à l'article R 546-5 du Code du patrimoine. Si le rapport est incomplet, le préfet sollicite, dans ce même délai, les pièces manquantes auprès de l'opérateur. Lorsque le préfet considère que le rapport est conforme, il le transmet à l'aménageur et au propriétaire du terrain (C. patr. art. L 523-7, dernier al. et R 523-36).

6587 Lorsque, du fait de l'opérateur, le **diagnostic** n'est **pas achevé dans le délai** fixé par la convention, la prescription du diagnostic est réputée caduque un mois après la date conventionnelle d'achèvement des travaux archéologiques sur le terrain. Ce délai est porté à 2 mois quand le diagnostic a été prescrit à l'occasion de travaux soumis à étude d'impact (C. patr. art. L 523-7, al. 3 et R 523-37, al. 1). Il peut être suspendu en cas de force majeure (C. patr. art. R 523-37, al. 2). Si la prescription est devenue caduque, les dispositions des articles L 531-14 à L 531-16 du Code du patrimoine relatives aux découvertes fortuites sont applicables (C. patr. art. L 523-7, al. 4).

Dès qu'il apparaît que le diagnostic **ne peut pas être réalisé dans les délais,** l'opérateur en informe le préfet, tout en lui indiquant si des vestiges ont été découverts et en fournissant une première caractérisation de ceux-ci (C. patr. art. R 523-38, al. 1). Dans ce cas, ou si leur découverte est faite pendant les travaux d'aménagement, les vestiges sont soumis aux dispositions des articles L 531-14 et L 531-15 (C. patr. art. R 523-38).

6590 **Fouilles** Dans les 3 mois suivant la réception du rapport de diagnostic, le préfet peut prescrire des fouilles (C. patr. art. L 522-2). La prescription de fouilles est assortie d'une ou plusieurs **tranches opérationnelles et** d'un **cahier des charges scientifique** dont le contenu doit être fixé par voie réglementaire (C. patr. art. L 523-9, I-al. 1 et R 523-39).

L'État assure la maîtrise scientifique des fouilles, mais leur réalisation incombe à l'aménageur, lequel doit faire appel à un **opérateur de fouilles** : il s'agit, selon les cas, soit de l'Inrap, soit d'un service archéologique territorial, soit de toute autre personne de droit public ou privé agréée (C. patr. art. L 523-8, al. 1). Si aucun opérateur ne s'est porté candidat ou ne remplit les conditions pour réaliser les fouilles, l'Inrap est tenu d'y procéder (C. patr. art. L 523-10, al. 1). En cas de cessation d'activité de l'opérateur choisi ou de retrait de son agrément ou de son habilitation, la poursuite des opérations est confiée à l'Inrap, qui passe un contrat avec l'aménageur (C. patr. art. L 523-13).

L'agrément pour la réalisation de fouilles est délivré par l'État pour 5 ans après avis du Conseil national de la recherche archéologique. Il peut être refusé ou retiré par décision motivée (C. patr. art. L 523-8-1). Les opérateurs de fouille agréés peuvent contribuer à l'exploitation des opérations qu'ils réalisent et à la diffusion de leurs résultats (C. patr. art. L 523-8-2).

L'aménageur peut solliciter des **offres d'un ou plusieurs opérateurs** (C. patr. art. L 523-9, I-al. 1). Leur composition est définie par arrêté (C. patr. art. L 523-9, I-al. 2 ; Arrêté MICC1714323A du 3-7-2017). Les offres doivent comprendre le projet scientifique d'intervention, les conditions de sa mise en œuvre, le prix proposé et, si les travaux doivent porter sur un projet d'aménagement mentionné à l'article L 523-8, alinéa 3 du Code du patrimoine (lotissement ou ZAC), l'autorisation accordée au service archéologique territorial habilité pour réaliser une fouille en dehors de son territoire.

Avant de choisir la personne chargée de la réalisation des travaux, l'aménageur doit transmettre au préfet les offres reçues, qu'elles relèvent d'un contrat de droit privé ou d'un marché public. Il appartient notamment au préfet de vérifier leur conformité aux prescriptions de fouilles (C. patr. art. L 523-9, I-al. 3 et R 523-43-1, I-al. 1). Le préfet doit, dans le délai d'un mois, transmettre à l'aménageur son avis motivé sur chacune des offres (C. patr. art. R 523-43-1, I-al. 3).

Les conditions de réalisation des fouilles sont déterminées par un **contrat entre l'aménageur et l'opérateur.** Ce contrat fixe le prix, les moyens techniques et humains mis en œuvre, les délais de réalisation des fouilles, ainsi que les indemnités dues par l'une ou l'autre des parties en cas de dépassement des délais. Le projet scientifique d'intervention en fait partie intégrante (C. patr. art. L 523-9, II-al. 1). Le contrat comporte en annexe le projet scientifique d'intervention et les pièces justifiant des conditions d'emploi du responsable scientifique proposé pour l'opération. Si l'aménageur est une personne publique soumise aux dispositions du Code de la commande publique qui régissent les marchés publics, le contrat contient les mentions obligatoires prévues par les textes relatifs à cette catégorie de marchés (C. patr. art. R 523-44). **6595**

Le contrat conclu entre l'aménageur et l'opérateur est destiné à exécuter les prescriptions édictées par l'État. Il doit donc être élaboré et exécuté conformément à ces dernières et sous le contrôle des services de l'État, y compris lorsque les prescriptions sont modifiées au cours de l'exécution du contrat. En revanche, la modification par le préfet des prescriptions édictées par l'État n'entraînent pas, par elles-mêmes et sans l'intervention des parties, une modification des clauses contractuelles (CE 2-11-2022 n° 450930, Inrap : BPIM 6/22 inf. 398).

Le contrat par lequel un aménageur confie à l'Inrap, qui est un établissement public, le soin de réaliser les opérations de fouilles a pour objet l'exécution même de la mission de service public de l'archéologie préventive. Dès lors qu'elles sont effectuées par l'Inrap dans le cadre de cette mission de service public, les **opérations de fouilles** présentent le caractère de **travaux publics** (T. confl. 2-11-2020 n° C4196, Sté Eveha).

Après avoir contrôlé la conformité du contrat aux prescriptions imposées par l'État, le préfet **autorise la réalisation des fouilles.** Celles-ci sont exécutées sous le contrôle de l'État (C. patr. art. L 523-9, II-al. 2 à 4). Les conditions de réalisation des fouilles sont fixées par les articles R 523-40 à R 523-51 du Code du patrimoine. **6597**

Lorsque, du fait de l'opérateur et sous réserve des dispositions prévues par le contrat susvisé, les **travaux** nécessaires aux opérations archéologiques ne sont **pas engagés** dans un délai de 6 mois suivant la délivrance par le préfet de l'autorisation des fouilles, l'État prononce le retrait, ce qui vaut renonciation à la mise en œuvre des prescriptions édictées (C. patr. art. L 523-9, II-al. 5).

Lorsque, du fait de l'opérateur, ces mêmes **travaux** ne sont **pas achevés** dans le délai de 12 mois à compter de la délivrance de l'autorisation (délai susceptible d'être prorogé une fois pour une période de 18 mois par décision motivée de l'autorité administrative prise après avis de la commission territoriale de la recherche archéologique), l'État prononce le retrait de l'autorisation. Les prescriptions sont alors réputées caduques. Les dispositions des articles L 531-14 et L 531-15 du Code du patrimoine relatives aux découvertes fortuites sont applicables (C. patr. art. L 523-9, II-dernier al.).

Lorsque, du fait de l'Inrap, les travaux n'ont **pas été engagés** dans les 6 mois de l'autorisation de fouilles **ou n'ont pas été achevés** dans les 18 mois, prorogeable une fois par décision motivée du préfet, les prescriptions édictées en application de l'article L 522-2 du Code du patrimoine sont réputées caduques (C. patr. art. L 523-10, al. 2).

Lorsque l'intérêt des vestiges découverts impose leur conservation, l'État notifie au propriétaire une proposition de **classement** de tout ou partie du terrain au titre des monuments historiques (C. patr. art. L 522-3, al. 2).

Lorsque des découvertes réalisées pendant l'intervention, conduisent à remettre en cause les résultats du diagnostic et les données scientifiques du cahier des charges, le préfet peut formuler des **prescriptions complémentaires,** qui ne peuvent cependant conduire à modifier l'économie du contrat (C. patr. art. R 523-47, al. 2 et 4). En cas de découverte d'importance exceptionnelle, le préfet peut, par une décision motivée, prolonger la durée d'intervention de l'opérateur et, le cas échéant, demander une modification du projet de construction ou d'aménagement. En ce cas, le surcoût résultant du dépassement des délais est pris en charge par l'État (C. patr. art. R 523-48).

› Précisions **a.** En cas de **désaccord** entre les parties sur les conditions de réalisation ou sur le financement des fouilles, le différend est réglé par le préfet de région (C. patr. art. L 523-10, al. 1 et R 523-52).

b. La réalisation des fouilles doit être justifiée par un **intérêt public** (CE 25-7-2008 n° 314707, Min. culture c/ Sté Élite Invest : BPIM 5/08 inf. 344, affaire où le juge fait prévaloir l'intérêt public de la réalisation des fouilles sur le préjudice économique invoqué par un promoteur).

B. Redevance et taxe d'archéologie préventive

TRANSFERT DE LA GESTION DE LA PART LOGEMENT DE LA REDEVANCE À LA DGFIP ET CRÉATION DE LA TAXE D'ARCHÉOLOGIE PRÉVENTIVE

6650 Le coût des fouilles archéologiques constitue une dépense incombant au propriétaire aménageur du sol sur lequel sont réalisés des travaux affectant le sous-sol. Ainsi, une redevance d'archéologie préventive a été instituée en vue de financer les dépenses permettant de détecter la présence d'éléments du patrimoine archéologique à conserver.

À l'origine, et avant la réforme réalisée par l'ordonnance 2022-883 du 14 juin 2022 relative au transfert à la DGFiP de la gestion de la taxe d'aménagement et de la part logement de la redevance d'archéologie préventive, cette redevance était perçue selon deux régimes d'imposition distincts :

– la taxation des **opérations soumises à études d'impact** en application du Code de l'environnement et d'opérations assimilées expressément désignées par la loi (C. patr. art. L 524-2, b et c). Dans le cadre de ce dispositif, les missions d'assiette et de liquidation relèvent de la compétence des services de l'État chargés des affaires culturelles ;

– la taxation des **opérations soumises à permis de construire ou d'aménager** (part logement de la redevance) (C. patr. art. L 524-2, a dans sa rédaction antérieure à l'ordonnance 2022-883 du 14-6-2022). Les missions d'assiette et de liquidation relevaient de la compétence des services de l'État en charge de l'urbanisme.

L'ordonnance du 14 juin 2022 n'a pas modifié le premier régime d'imposition. Mais elle a substantiellement modifié le second. Le transfert à la DGFiP de la part logement de la redevance s'est accompagné de la création d'une « **taxe d'archéologie préventive** » qui désormais remplace l'ancienne redevance pour la part logement. Cette taxe, applicable à la « **filière urbanisme** », constitue, avec la **redevance d'archéologie préventive** proprement dite, qui est applicable à la « **filière culture** », un autre mode de recouvrement obligatoire de sommes destinées au financement de l'archéologie préventive.

Les dispositions applicables à la taxe d'archéologie préventive reprennent en grande partie celles qui régissent la **taxe d'aménagement,** dont la gestion est assurée par la DGFiP. Elles figurent pour l'essentiel dans le Code général des impôts (CGI art. 235 ter ZG et, sur renvoi, art. 1635 quater A à E ; CGI ann. III art. 54 et 55).

1. RÈGLES COMMUNES À LA REDEVANCE ET À LA TAXE D'ARCHÉOLOGIE PRÉVENTIVE

OPÉRATIONS CONCERNÉES

6655 La redevance et la taxe d'archéologie préventive ont, en partie, des **champs d'application différents.** La **redevance,** qui est due sur les opérations soumises à études d'impact et assimilées, vise les travaux et aménagements autres que ceux relevant d'un régime d'autorisation en vertu du Code de l'urbanisme, ou plus exceptionnellement, d'une déclaration préalable. La **taxe** frappe, en revanche, les opérations relevant d'un tel régime ou d'une telle déclaration.

Mais la redevance et la taxe ont en commun de n'être applicables qu'aux opérations **affectant le sous-sol** (C. patr. art. L 524-2 ; CGI art. 235 ter ZG, I).

Si l'institution de la redevance, comme celle de la taxe, est liée à la réalisation de travaux et d'aménagements affectant le sous-sol, son exigibilité ne dépend pas de l'existence ou de l'**importance** de cet effet (Rép. Chassaigne : AN 24-1-2017 n° 98356 : BPIM 2/17 inf. 88 ; Rép. Genevard : AN 25-9-2018 n° 7068). La redevance et la taxe doivent être acquittées à raison de la seule survenance des faits générateurs mentionnés n°s 6745 et 6815, sous réserve des règles d'exemption exposées n°s 6750 et 6810.

AFFECTATION DE LA REDEVANCE ET DE LA TAXE

6660 Le produit de la redevance et de la taxe d'archéologie préventive est affecté au budget de l'État et permet d'assurer le fonctionnement de l'Institut national de recherches archéologiques préventives (Inrap) (C. patr. art. L 524-1). Il permet aussi, en tant que de besoin, d'attribuer des **subventions aux services d'archéologie préventive** des collectivités territoriales ou de leurs groupements lorsqu'ils prennent en charge des opérations de diagnostics préalables aux opérations de construction ou d'aménagement (C. patr. art. L 524-11).

La taxe et la redevance d'archéologie préventive ne constituent pas des **aides de l'État** au bénéfice de l'Inrap ou du FNAP. Par conséquent, leur institution dans le Code du patrimoine et dans le Code général des impôts n'entrait pas dans le champ d'application des stipulations des articles 107 et 108 du Traité sur le fonctionnement de l'Union européenne (CE 9-12-2022 n° 448108, min. c/ Les sablières de l'Atlantique : RJF 3/23 inf. 263).

Les modalités de **calcul des subventions** que l'État peut accorder aux services des collectivités locales sont réglementées. Le montant de la subvention est fixé sur la base d'une valeur forfaitaire par mètre carré de la surface des opérations de diagnostic d'archéologie préventive prescrites par le préfet de région et réalisées au cours d'une période de référence. Celle-ci correspond aux 12 mois précédant le 31 mai de l'année de la demande de subvention. La valeur forfaitaire est fixée à 0,38 € par mètre carré du terrain objet de l'opération. Elle est majorée en fonction du niveau de complexité des opérations (C. patr. art. R 524-34 et R 524-35 ; Arrêté MCCC1628573A du 2-11-2016). 6665

Cette majoration est déterminée en fonction des coefficients suivants :

CATÉGORIES	SURFACE PRESCRITE	COEFFICIENTS
1	Supérieure à 15 ha	1
	Comprise entre 3 à 15 ha	1,5
	Inférieure à 3 ha	4
2	-	3
3	-	8
4	-	3
5	-	2,7

Les catégories d'opérations correspondent aux définitions suivantes.
Catégorie 1 : l'opération de diagnostic a révélé une unique séquence de construction et/ou d'occupation par l'étude soit d'un faible nombre de couches stratigraphiques, soit d'une succession simple de couches stratigraphiques appartenant à cette séquence.
Catégorie 2 : l'opération de diagnostic a révélé plusieurs séquences de construction et/ou d'occupation par l'étude soit d'un nombre important de couches stratigraphiques de moins de 1,30 mètre de profondeur, soit d'une succession complexe de couches stratigraphiques de moins de 1,30 mètre de profondeur appartenant à ces séquences.
Catégorie 3 : l'opération de diagnostic a révélé plusieurs séquences de construction et/ou d'occupation par l'étude soit d'un nombre important de couches stratigraphiques de plus de 1,30 mètre de profondeur, soit d'une succession complexe de couches stratigraphiques de plus de 1,30 mètre de profondeur appartenant à ces séquences.
Catégorie 4 : l'opération de diagnostic a révélé des occupations paléolithiques, néolithiques ou protohistoriques par l'étude de couches stratigraphiques complexes avec des phénomènes de colluvionnement ou de recouvrement d'origine géologique ou anthropique qui nécessitent le recours à des techniques adaptées aux structures et aux biens mobiliers mis au jour.
Catégorie 5 : l'opération de diagnostic consiste en une étude archéologique de bâti sur édifice en élévation.

PROCÉDURE DE RESCRIT

Afin de sécuriser les **projets supérieurs à 50 000 m²** de surface taxable, les assujettis peuvent demander aux services de l'État chargés d'établir la redevance et la taxe d'archéologie préventive de prendre formellement position sur l'application à leurs projets des règles prévues en la matière (C. patr. art. L 524-7-1). 6670

Une seule **demande écrite** peut être déposée par projet, lequel doit faire l'objet d'une présentation complète et précise pour permettre une exacte appréciation de la situation de fait (C. patr. art. L 524-7-1). Sauf changement de fait ou de droit, la réponse est opposable à l'administration.

La demande de rescrit doit être adressée par **lettre recommandée avec avis de réception** :
– au service de l'État chargé des affaires culturelles dans la région, lorsque les travaux projetés relèvent de la redevance et sont situés dans le domaine terrestre et dans les eaux intérieures ne relevant pas du domaine public maritime ;

 © Éd. Francis Lefebvre

– au département des recherches archéologiques subaquatiques et sous-marines lorsque les travaux projetés relèvent de la redevance et sont situés dans le domaine public maritime ou dans la zone contiguë ;
– à la DGFiP, lorsque les travaux projetés relèvent de la taxe d'archéologie préventive.

La **réponse** motivée de **l'administration** doit intervenir dans les trois mois suivant la date de réception de la demande (C. patr. art. R 524-11 et, sur renvoi, art. L 524-7-1). La réponse de l'administration lui est opposable sauf changement de fait ou de droit qui en affecte la validité.

Lorsque les travaux projetés relèvent de la taxe d'archéologie préventive, la décision sur la demande de rescrit est jointe par le demandeur au **dossier de demande d'autorisation** ou de déclaration préalable (C. patr. art. R 524-11).

2. REDEVANCE D'ARCHÉOLOGIE PRÉVENTIVE (« FILIÈRE CULTURE »)

CHAMP D'APPLICATION DE LA REDEVANCE D'ARCHÉOLOGIE PRÉVENTIVE

6740 La redevance due sur les opérations soumises à études d'impact et assimilées vise les travaux et aménagements autres que ceux soumis à un régime d'autorisation en vertu du Code de l'urbanisme, ou plus exceptionnellement, à l'obligation de déposer une déclaration préalable

Les modalités de calcul et d'établissement de la redevance d'archéologie préventive ont été adaptées aux **opérations d'aménagement réalisées en mer** (C. patr. art. L 524-4, L 524-6, L 524-7 et L 524-8) afin de tenir compte des spécificités et des contraintes du domaine public maritime, qui accueille des activités économiques d'importance (production d'énergie éolienne et extraction de granulats, notamment).

OPÉRATIONS IMPOSABLES ET FAITS GÉNÉRATEURS DE LA REDEVANCE D'ARCHÉOLOGIE PRÉVENTIVE

6745 Entrent dans le champ d'application de la redevance due sur les opérations soumises à études d'impact et assimilées :

a. L'ensemble des **opérations soumises à étude d'impact** en application du Code de l'environnement, dès lors qu'elles affectent le sous-sol et sont réalisées sur des terrains d'une superficie au moins égale à 3 000 m². La décision de réalisation de l'opération, le cas échéant après enquête publique, constitue le fait générateur de la redevance (C. patr. art. L 524-2, b et L 524-4, b). Sont notamment concernées par ces dispositions les opérations de construction d'**infrastructures routières ou ferroviaires.** Sont également soumis à redevance les travaux d'extraction de granulats des fonds marins soumis à étude d'impact dès lors que le Code de l'environnement ne prévoit pas de dispense d'une telle étude (CE 9-12-2022 n° 448108, min. c/ Les Sablières de l'Atlantique : RJF 3/23 inf. 263).

b. Les **travaux d'affouillement, de nivellement ou d'exhaussement** de plus de 0,50 mètres de profondeur sur des terrains de plus de 10 000 m² (C. patr. art. R 523-5). Les déclarations faites en application des dispositions précitées constituent le fait générateur de la redevance (C. patr. art. L 524-2, c et L 524-4, c).

c. Les **demandes volontaires de diagnostics** préalables aux opérations d'aménagement ultérieurement développées en application du Code de l'urbanisme. Les montants de redevance ainsi acquittés sont déductibles de la redevance ultérieurement exigible des bénéficiaires de permis de construire ou d'aménager. Le dépôt de la demande constitue le fait générateur de la redevance (C. patr. art. L 524-4, al. 5 et L 524-6, al. 3).

d. Les aménagements situés sur le **domaine public maritime** au-delà d'un mille à compter de la ligne de laisse de basse mer ou dans la zone contiguë (C. patr. art. L 524-4).

OPÉRATIONS EXONÉRÉES DE LA REDEVANCE D'ARCHÉOLOGIE PRÉVENTIVE

6750 Sont expressément exclus du champ d'application de la redevance due sur les opérations soumises à études d'impact et assimilées :
– les travaux et aménagements dont la **surface au sol** est **inférieure à 3 000 m²** (C. patr. art. L 524-7, II) ;
– les affouillements nécessaires à la réalisation des **travaux agricoles ou forestiers** ou à la prévention des **risques naturels** (C. patr. art. L 524-3, 2°) ;
– les opérations réalisées sur le **domaine public maritime** au-delà d'un mille calculé depuis la laisse de basse mer ou dans la zone contiguë et ayant fait l'objet d'une opération d'évaluation archéologique effectuée dans la cadre d'une convention conclue entre la personne projetant

les travaux et l'État (C. patr. art. L 524-6). L'exonération s'étend aux ouvrages, travaux ou aménagements dont l'emprise est située en tout ou partie dans le domaine public maritime ;
– les aménagements liés à la pose et à l'exploitation de **câbles sous-marins** de transport d'informations (C. patr. art. L 524-3, 3°).

ATTENTION

Les **travaux de dragage d'entretien des ports,** destinés à maintenir la profondeur des chenaux de navigation, sans affouillement complémentaire, sont exonérés de redevance. En revanche, les approfondissements ou élargissements d'un **chenal de navigation**, entraînant une modification de sa bathymétrie par creusement du fond marin, constituent une atteinte au sous-sol immergé susceptible de contenir des vestiges archéologiques. Dès lors, ces travaux sont considérés comme des travaux d'aménagement passibles de la redevance d'archéologie préventive (Rép. Panonacle : AN 25-12-2018 n° 13944).

MODALITÉS D'IMPOSITION DE LA REDEVANCE D'ARCHÉOLOGIE PRÉVENTIVE

Base imposable La base imposable de la redevance due sur les opérations soumises à études d'impact et assimilées se différencie selon les espaces où ces opérations sont réalisées. **6755**

Pour les **opérations réalisées sur le domaine terrestre,** la base imposable est constituée de la surface au sol des travaux, qui diffère selon la nature de l'opération. La surface prise en compte est, ainsi, selon le cas (C. patr. art. L 524-7, II) :
– la surface au sol des travaux nécessaires à la réalisation des installations autorisées pour les aménagements et ouvrages soumis à autorisation d'urbanisme qui doivent être précédés d'une étude d'impact en application de l'article L 122-1 du Code de l'environnement ;
– la surface au sol des travaux nécessaires à la réalisation des aménagements et ouvrages non soumis à autorisation administrative qui doivent être précédés d'une étude d'impact en application de l'article L 122-1 du Code de l'environnement, sur la base d'un dossier transmis pour prescription de diagnostic éventuelle en application des articles L 522-1 et suivants du Code du patrimoine ;
– la surface de la zone pour laquelle l'aménageur fait procéder à un diagnostic de fouilles d'archéologie préventive par application du dernier alinéa de l'article L 524-4 du Code du patrimoine ;
– la surface au sol des travaux soumis à déclaration administrative préalable aux travaux d'affouillement visés à l'article L 524-2 du Code du patrimoine.

Pour les opérations réalisées **sur le domaine public maritime** au-delà d'un mille à compter de la laisse de basse mer ou dans la zone contiguë, la base imposable est constituée (C. patr. art. L 524-7, III) :
– pour les installations de production et de transport de l'énergie et de transport d'information, de la surface d'une bande de 100 mètres de part et d'autre des câbles ou canalisations de transport que multiplie la longueur des câbles ou des canalisations ;
– pour les autres natures de travaux (dont les travaux d'extraction de matériaux) la surface au sol des travaux nécessaires à la réalisation de l'exploitation autorisée.

> **Précisions** Les **dispositions** de l'article L 524-7, II du Code du patrimoine qui prévoient, en dépit de leur différence de situation, des règles d'imposition identiques pour les personnes qui exécutent des travaux affectant le sous-sol terrestre et pour celles qui exécutent des travaux affectant le sous-sol marin sont **conformes à la Constitution** (Cons. const. 7-2-2020 n° 2019-825 QPC : RJF 4/20 n° 373).

Calcul de la redevance Pour les opérations réalisées sur le **domaine terrestre,** le montant de la redevance due sur les opérations soumises à études d'impact et assimilées résulte de l'application à la surface au sol des travaux, telle que définie n°s 39950 s., d'un **taux** unique fixé par la loi à 0,50 € par mètre carré de terrain, ce taux étant **indexé** sur l'indice du coût de la construction (C. patr. art. L 524-7, II). **6760**

Pour les **années 2013 à 2025,** les taux applicables sont les suivants.

Périodes	Taux	Textes
Du 1er janvier au 31 décembre 2025	0,71 €/m²	Arrêté du 20-12-2024
Du 1er janvier au 31 décembre 2024	0,68 €/m²	Arrêté du 21-12-2023
Du 1er janvier au 31 décembre 2023	0,64 €/m²	Arrêté du 27-12-2022
Du 1er janvier au 31 décembre 2022	0,60 €/m²	Arrêté du 27-12-2021

Périodes	Taux	Textes
Du 1er janvier au 31 décembre 2021	0,58 €/m²	Arrêté du 23-12-2020
Du 1er janvier au 31 décembre 2010	0,56 €/m²	Arrêté du 23-12-2019
Du 1er janvier au 31 décembre 2019	0,55 €/m²	Arrêté du 20-12-2018
Du 1er janvier au 31 décembre 2018	0,54 €/m²	Arrêté du 22-12-2017
Du 1er janvier au 31 décembre 2017	0,53 €/m²	Arrêté du 21-12-2016
Du 1er janvier au 31 décembre 2016	0,53 €/m²	Arrêté du 23-12-2015
Du 1er janvier au 31 décembre 2015	0,53 €/m²	Arrêté du 19-12-2014
Du 1er janvier au 31 décembre 2014	0,54 €/m²	Arrêté du 11-10-2013
Du 1er janvier au 31 décembre 2013	0,53 €/m²	Arrêté du 18-10-2012

6762 Pour les opérations réalisées sur le **domaine public maritime,** au-delà d'un mille à compter de la laisse de basse mer ou dans la zone contiguë, le montant de la redevance due sur les travaux et aménagements est fixé à 0,10 € par mètre carré (C. patr. art. L 524-7-III).

Toutefois, ce **mode de calcul ne s'applique pas** lorsque l'emprise des travaux a fait l'objet d'une opération d'évaluation archéologique, valant étude d'impact du projet sur le patrimoine culturel maritime, au sens du 4° du III de l'article L 122-1 du Code de l'environnement, et de diagnostic au sens du Code du patrimoine. L'évaluation archéologique est réalisée dans le cadre d'une convention entre l'État et la personne projetant les travaux. Cette convention doit notamment définir les modalités de financement de l'évaluation archéologique (C. patr. art. L 524-6).

6765 **Établissement, contrôle et contentieux de la redevance** Pour les opérations soumises à études d'impact et assimilées portant sur des opérations situées dans le **domaine terrestre** et dans les eaux intérieures ne relevant pas du domaine public maritime, la redevance est établie par les services de l'État chargés des affaires culturelles dans les régions (C. patr. art. L 524-8, II), à savoir, les directions régionales des affaires culturelles (Drac).

La redevance due sur les travaux réalisés dans le **domaine public maritime** ou dans la zone contiguë est recouvrée par les services de l'État chargés de l'archéologie sous-marine, à savoir le département des recherches archéologiques subaquatiques et sous-marines (DRASSM), service à compétence nationale établi à Marseille.

6767 Lorsque l'opération est réalisée par **tranches de travaux,** des titres de perception sont émis au début de chaque tranche au prorata de la surface au sol des travaux concernée (C. patr. art. L 524-8, II).

Les redevables doivent joindre à leur demande d'autorisation tous éléments de nature à justifier leurs droits à **exonération** (C. patr. art. R 524-4).

En cas d'**insuffisance de déclaration,** la procédure de rectification contradictoire prévue aux articles L 55 à L 61 B du LPF est applicable.

Le **droit de reprise** de la Drac (ou du DRASSM) s'exerce jusqu'au 31 décembre de la troisième année suivant la survenance du fait générateur de la redevance (n° 6745) ou, lorsque l'autorisation administrative est accordée pour une durée supérieure à trois ans, l'année d'expiration de l'autorisation administrative (C. patr. art. L 524-8, II-al. 3).

C'est le service liquidateur (Drac ou DRASSM) qui est compétent pour recevoir et instruire les **réclamations** relatives à l'assiette de la redevance. Ces réclamations sont instruites et jugées dans les conditions prévues pour la taxe d'aménagement (C. patr. art. L 524-15) ; voir nos 40655 s. Les **dégrèvements** ne sont prononcés que si les travaux de fouilles n'ont pas été réalisés ou l'opération de diagnostic engagée par l'Inrap ou un service territorial compétent (C. patr. art. L 524-12 et R 524-5).

Lorsque la redevance qui fait l'objet d'un titre d'annulation a été acquittée par le contribuable en tout ou partie et répartie entre les bénéficiaires, le **versement indu** fait l'objet d'un remboursement par le comptable et un titre de perception est émis à l'égard des bénéficiaires pour les montants indûment reversés. Le comptable peut recouvrer ce titre par voie de compensation (C. patr. art. L 524-12).

RECOUVREMENT DE LA REDEVANCE D'ARCHÉOLOGIE PRÉVENTIVE

La redevance due sur les opérations soumises à études d'impact et assimilées est recouvrée par le comptable public compétent, agissant comme en matière de créances autres que fiscales ou domaniales, désigné par le ministre chargé du budget (C. patr. art. L 524-8, III et R 524-8). En pratique, il s'agit des comptables de la Direction générale des finances publiques (DGFiP). **6770**

La redevance est exigible immédiatement dès l'émission du **titre de perception.**

S'agissant des règles relatives à la solidarité au paiement de la redevance, au privilège en garantissant le recouvrement, au délai de prescription et au contentieux du recouvrement, nous renvoyons n° 6840, les règles relatives à la taxe d'archéologie préventive qui y sont exposées étant applicables à la redevance d'archéologie préventive.

3. OPÉRATIONS SOUMISES À PERMIS DE CONSTRUIRE OU D'AMÉNAGER (TAXE D'ARCHÉOLOGIE PRÉVENTIVE)

CHAMP D'APPLICATION DE LA TAXE D'ARCHÉOLOGIE PRÉVENTIVE

L'ensemble des opérations de construction ou d'aménagement affectant le sous-sol est placé dans le champ d'application de la taxe d'archéologie préventive due sur les opérations autorisées en application du Code de l'urbanisme (taxe « filière urbanisme »), sous réserve des opérations expressément exonérées. Les faits générateurs et les modalités d'assiette de la taxe sont ceux prévus pour la taxe d'aménagement (CGI art. 235 ter ZG, I et, sur renvoi, CGI art. 1635 quater B). **6800**

Sur la redevance due sur les opérations soumises à études d'impact et assimilées, voir n°s 6740 s.

OPÉRATIONS IMPOSABLES À LA TAXE D'ARCHÉOLOGIE PRÉVENTIVE

Comme en matière de taxe d'aménagement (TA), sont imposables à la taxe due sur les opérations autorisées en application du Code de l'urbanisme (CGI art. 1635 quater B) : **6805**

– les **constructions,** reconstructions et agrandissements de bâtiments (voir n° 40270). Les agrandissements précédés de la démolition d'une partie non divisible d'un bâtiment ne sont pas imposables (CE 31-3-2022 n° 460168, Sté Aix Lesseps et Tubingen : BPIM 3/22 inf. 178) ;
– les **installations et aménagements** désignés par la loi (voir n° 40485).

La taxe est due sur ces travaux s'ils affectent le **sous-sol.**

OPÉRATIONS EXONÉRÉES DE LA TAXE D'ARCHÉOLOGIE PRÉVENTIVE

Les **exonérations de plein droit** de taxe d'aménagement s'appliquent également à la taxe d'archéologie préventive due sur les opérations autorisées en application du Code général des impôts (CGI art. 235 ter ZG, III-1° et, sur renvoi, art. 1635 quater D, I ; n°s 40305 à 40356). L'exonération des surfaces de stationnement aménagées au-dessus ou en dessous des immeubles ou intégrées au bâti, dans un plan vertical, est applicable aux opérations autorisées depuis le 1er janvier 2024 (CGI art. 235 ter ZG, III-1°). Les surfaces précitées autorisées avant cette date sont imposables. **6810**

Les exonérations relatives aux constructions de locaux d'habitation et d'hébergement, des exploitations et coopératives agricoles et des surfaces de bâtiments affectés aux activités équestres des centres de loisirs (CGI art. 1635 quater D, I-2° à 4°) sont mises en œuvre dans les conditions prévues pour la liquidation de la TA (n°s 40340 s.).

Sont également exemptés de la taxe d'archéologie préventive :
– les **travaux n'affectant pas le sous-sol,** notamment les surélévations d'immeubles existants, les reconstructions sur fondations conservées, les emplacements destinés aux tentes dans un camping et les emplacements de stationnement simplement matérialisés au sol (Circ. METL du 18-6-2013 § 3.1) ;
– les aménagements liés à la pose et à l'exploitation de **câbles sous-marins** de transport d'informations (CGI art. 235 ter ZG, III-2°).

FAITS GÉNÉRATEURS DE LA TAXE D'ARCHÉOLOGIE PRÉVENTIVE

Les faits générateurs de la taxe due sur les opérations autorisées en application du Code de l'urbanisme sont ceux retenus pour l'application de la taxe d'aménagement, à savoir (CGI art. 1635 quater F) : **6815**
– la date de délivrance de l'autorisation initiale de construire ou d'aménager ;
– la date de naissance d'une autorisation initiale tacite de construire ou d'aménager ;
– la date de décision de non-opposition à une déclaration préalable initiale ;

– la date du procès-verbal en cas de construction sans autorisation ou en infraction aux obligations résultant de l'autorisation de construire ou d'aménager.

Ces actes constituent également le fait générateur de la taxe lorsqu'ils concernent des **changements de destination de surface de plancher** soumis à permis de construire ou d'aménager.

MODALITÉS D'IMPOSITION DE LA TAXE D'ARCHÉOLOGIE PRÉVENTIVE

6820 **Base imposable** Les dispositions prévues pour le calcul de la base imposable à la taxe d'aménagement sont applicables pour déterminer la base imposable de la taxe d'archéologie préventive (CGI art. 235 ter ZG, VI). Le **produit de la surface de plancher** imposable par **la valeur forfaitaire**, définie à l'article 1635 quater H dans sa rédaction issue du décret 2024-496 du 30 mai 2024, constitue la base imposable :

– l'abattement de 50 % prévu en matière de taxe d'aménagement (CGI art. 1635 quater I) étant également applicable pour le calcul de la taxe (voir n° 40475). Le bénéfice de cet abattement subsiste même si les locaux demeurent vacants après leur achèvement (CAA Bordeaux 9-1-2024 n° 22BX01347) ;

– les unités de valeur spécifiques de l'article 1635 quater J dans sa rédaction issue du décret 2024-496 du 30 mai 2024 s'appliquent pour la taxation des installations et aménagements imposables (voir n° 40485). Pour les aires de stationnement non comprises dans la surface de plancher d'un bâtiment, la base imposable, par unité, est fixée à 3 052 € pour 2025.

6825 **Taux de la taxe** Le taux de la taxe due sur les opérations autorisées en application du Code de l'urbanisme est de 0,40 % de la valeur de l'ensemble immobilier (CGI art. 235 ter ZG, VI).

6830 **Calcul de la taxe** Le montant de la taxe due sur les opérations autorisées en application du Code de l'urbanisme est **déterminé par** application du taux (n° 6825) à la base imposable (n° 6820).

Ce **montant** est **réduit,** sur demande du redevable, du montant de la taxe acquittée avant la délivrance des permis de construire ou d'aménager en cas de demande volontaire de diagnostic (CGI art. 235 ter ZG, VIII et C. patr. art. L 524-6, al. 3).

Les demandes de déduction doivent être effectuées dans le **délai** légal **de réclamation** prévu à l'article R 196-2 du LPF et doivent préciser les noms et adresses postales des demandeurs et les références cadastrales des terrains concernés.

Les demandes assorties d'une copie des titres de perception précisant les montants de redevance acquittés à la suite des demandes volontaires de diagnostic doivent être adressées aux services fiscaux auprès desquels les contribuables sont tenus de satisfaire à leurs obligations déclaratives en matière de taxe d'archéologie préventive (CGI ann. III art. 54 et 55).

6835 **Établissement de la taxe** La taxe due sur les opérations autorisées en application du Code de l'urbanisme est établie, comme en matière de taxe d'aménagement, par les **services** de la DGFiP.

Les règles de **contrôle** et les **sanctions** sont également celles prévues en matière de taxe d'aménagement, voir n°s 40590 à 40605. Il en est de même de celles concernant les **réclamations contentieuses,** voir n°s 40655 s.

Sur les **obligations déclaratives** auxquelles sont soumis les redevables, voir n° 40576.

RECOUVREMENT DE LA TAXE D'ARCHÉOLOGIE PRÉVENTIVE

6840 La taxe d'archéologie préventive est recouvrée par les comptables de la DGFiP agissant comme en matière d'impôts directs.

La **taxe** est **contrôlée** selon les procédures, sanctions, garanties et les réclamations sont présentées, instruites et jugées également comme en matière de taxe d'aménagement (CGI art. 235 ter ZG, VIII).

Le **redevable** de la taxe **déclare** les éléments nécessaires à son établissement selon les modalités prévues pour la taxe d'aménagement (CGI art. 235 ter ZG, VII, voir n° 40578), soit dans les 90 jours suivant sa date d'exigibilité déterminée par la date d'achèvement des constructions ou aménagements.

La taxe fait l'objet d'un titre unique de perception et est exigible dans le délai de 90 jours après la date d'achèvement des constructions ou aménagements imposables.

L'**action** en recouvrement de la taxe est dans les conditions de l'article L 274 du LPF, **prescrite** dans le délai de 4 ans à compter de la date d'émission des titres de perception.

Les époux ou les partenaires liés par un Pacs sont solidaires pour le paiement de la taxe. Les **réclamations** portant sur le recouvrement de la taxe sont de la compétence du directeur départemental des finances publiques.

SECTION 3

RESTAURATION IMMOBILIÈRE

PRÉSENTATION GÉNÉRALE DES OPÉRATIONS DE RESTAURATION IMMOBILIÈRE

Les opérations de restauration immobilière (ORI) relèvent du droit de l'urbanisme (C. urb. art. L 313-4 à L 313-4-4 et R 313-23 à R 313-29). 7060

Elles bénéficient d'**aides** spécifiques. Mais leur intérêt essentiel est d'ordre **fiscal.** En effet, les propriétaires d'immeubles ayant fait l'objet de travaux de restauration complète, sur la base d'une demande d'un permis de construire ou d'une déclaration de travaux déposée depuis le 1er janvier 2009, sont susceptibles de bénéficier d'une réduction d'impôt dont les conditions d'attribution sont cependant assez strictes (voir nos 7150 s.).

A. Règles d'urbanisme

DÉFINITION DES OPÉRATIONS DE RESTAURATION IMMOBILIÈRE

Les opérations de restauration immobilière (ORI) **consistent** en des travaux de remise en état, d'amélioration, de rénovation, de réhabilitation ou de démolition ayant pour objet ou pour effet de garantir la salubrité, l'intégrité ou l'habitabilité d'un ou de plusieurs immeubles, ainsi que la sécurité des personnes, notamment au regard du risque d'incendie, par l'aménagement d'accès pour les services de secours et d'issues pour l'évacuation. La rénovation à laquelle ces travaux sont destinés peut conduire à améliorer la performance énergétique du logement ou des immeubles concernés (C. urb. art. L 313-4, al. 1 dans sa rédaction issue de la loi 2024-322 du 9-4-2024). 7070

Ces opérations ne peuvent pas avoir pour objet ou pour effet de contraindre un propriétaire à transformer en habitation un local dont la destination est commerciale. Toutefois, lorsqu'un local à usage commercial compris dans un immeuble ou ensemble d'immeubles principalement destiné à l'habitation est devenu impropre à une activité commerciale, rien ne s'oppose à ce que, dans le cadre de l'opération de restauration immobilière, il soit transformé en habitation afin que soit améliorées les conditions d'habitabilité de l'immeuble ou de l'ensemble d'immeubles (CE 17-6-2020 n° 427957, Cne de Mâcon : BPIM 5/20 inf. 296).

Les ORI peuvent **porter** soit **sur** des immeubles compris dans un site patrimonial remarquable, soit sur un immeuble ou un ensemble d'immeubles dont la qualité justifie cependant l'exécution de travaux de restauration. Il s'agit en fait d'une alternative à l'expropriation.

Aucune disposition n'impose que les immeubles compris dans l'opération soient situés à proximité les uns des autres ou se trouvent dans un état comparable (CAA Versailles 23-6-2016 n° 14VE01438).

PROCÉDURE DE RESTAURATION IMMOBILIÈRE

Les ORI sont engagées à l'**initiative** soit des collectivités publiques, soit d'un ou plusieurs propriétaires, groupés ou non en association syndicale. Lorsqu'elles ne sont pas prévues par un plan de sauvegarde et de mise en valeur (PSMV) approuvé, elles doivent être déclarées d'utilité publique (C. urb. art. L 313-4). 7075

Lorsque l'opération nécessite une déclaration d'utilité publique (DUP), le dossier d'**enquête publique** est constitué comme en matière d'expropriation (C. urb. art. L 313-4-1 et R 313-23). Le dossier soumis à enquête comprend notamment un plan de situation des immeubles, l'indication de leur caractère vacant ou occupé et une notice explicative qui présente le programme des travaux, ainsi qu'une estimation de la valeur des immeubles avant restauration et une estimation sommaire du coût des restaurations (C. urb. art. R 313-24).

Une fois prononcée la DUP éventuellement nécessaire à l'opération, la personne qui en a pris l'initiative arrête, pour chaque immeuble à restaurer, le programme des travaux à réaliser dans un délai qu'elle fixe (C. urb. art. L 313-4-2, al. 1). L'arrêté fixant ainsi le programme des travaux est notifié à chaque propriétaire, ou encore à chaque copropriétaire et au syndic lorsque ce programme concerne des bâtiments en copropriété (C. urb. art. L 313-4-2, al. 2).

Une **enquête parcellaire,** dont l'objet est de déterminer les immeubles destinés à être expropriés et la liste des propriétaires concernés, est organisée par le préfet dans les formes prévues par le Code de l'expropriation (C. urb. art. R 313-26). Au cours de cette enquête, chaque propriétaire ou copropriétaire doit recevoir notification du programme des travaux qui lui incombent. Dans le cas d'un immeuble en copropriété, le programme des travaux portant sur les parties communes est également notifié au syndic (C. urb. art. L 313-4-2, al. 3).

Le propriétaire peut échapper à l'expropriation en faisant connaître, au cours de l'enquête, son intention soit de réaliser lui-même les travaux dont le détail lui a été notifié pour information, soit d'en confier la réalisation à l'organisme chargé de la restauration (C. urb. art. L 313-4-2, al. 3). Il doit alors produire à l'autorité expropriante un dossier complet précisant notamment le délai maximal de réalisation des travaux et le sort des baux (C. urb. art. R 313-28). Quand l'opération se situe dans le périmètre d'un site patrimonial remarquable classé en application de l'article L 631-1 du Code du patrimoine, l'ABF accompagne, s'il y a lieu, pour l'application de l'article 199 tervicies du CGI (réduction d'impôt : nº 7150), son accord sur les travaux projetés d'une attestation certifiant que ces travaux constituent la restauration complète de l'immeuble concerné (C. urb. art. R 313-29).

> **Précisions** Le Conseil d'État a jugé que l'**expropriation** d'immeubles dans le cadre d'une opération de restauration immobilière n'est pas contraire à l'article 17 de la Déclaration des droits de l'Homme et du citoyen de 1789 protégeant le droit de propriété, compte tenu du contrôle exercé par le juge administratif lors de l'opération (CE QPC 30-10-2023 nº 474408 : BPIM 6/23 inf. 363).

EXÉCUTION DES TRAVAUX DE RESTAURATION IMMOBILIÈRE

7080 Les travaux nécessaires à la réalisation d'une opération de restauration sont soumis à **permis de construire** (C. urb. art. R 421-14, d). Le projet architectural joint à la demande de permis doit comprendre un document graphique faisant apparaître l'état initial et l'état futur du bâtiment faisant l'objet des travaux (C. urb. art. R 431-11).

Les travaux exécutés sur des immeubles dont la restauration a été déclarée d'utilité publique ne peuvent faire l'objet d'un permis de construire, d'aménager ou de démolir ou d'une décision de non-opposition à une déclaration préalable que s'ils sont compatibles avec la déclaration d'utilité publique (C. urb. art. R 313-25).

Les **travaux d'entretien et de réparation** sont dispensés de permis ou de déclaration (voir nºs 13455 et 13470).

B. Réduction d'impôt plafonnée

7150 Les propriétaires d'immeubles bâtis situés dans certaines zones protégées qui effectuent des travaux en vue de la **restauration complète** de ces immeubles bénéficient d'une réduction d'impôt sur le revenu plafonnée ; ce régime est connu en pratique sous l'appellation « loi Malraux » (CGI art. 199 tervicies).

BÉNÉFICIAIRES

7155 La réduction d'impôt bénéficie aux **personnes physiques** qui procèdent à des ORI **directement ou par l'intermédiaire d'une société** de personnes non soumise à l'impôt sur les sociétés. Elle profite également aux personnes qui souscrivent des parts de sociétés civiles de placement immobilier (SCPI) lorsque le montant de la souscription sert en partie à financer de telles opérations.

Ces personnes doivent être fiscalement **domiciliées en France** et imposées à raison des revenus de l'immeuble restauré, dans la catégorie des **revenus fonciers.**

> **Précisions** **a.** Le dispositif n'est pas applicable aux titulaires de droits démembrés (**usufruitier, nu-propriétaire**). Une exception est prévue en cas de démembrement de propriété consécutif au décès de l'un des conjoints (voir nº 7190).
> **b.** Lorsque l'immeuble est détenu en **indivision,** chaque indivisaire est susceptible de bénéficier de la réduction d'impôt à raison de sa quote-part (BOI-IR-RICI-200-10 nº 70).
> **c.** Les contribuables non-résidents (dits **« non-résidents Schumacker »**) assimilés à des personnes fiscalement domiciliées en France, au sens de la jurisprudence de la CJUE, peuvent bénéficier de la réduction d'impôt (BOI-IR-RICI-200-10 nº 1).

OPÉRATIONS CONCERNÉES

7160 **Localisation de l'immeuble** L'opération doit être réalisée en vue de la restauration complète d'un immeuble bâti situé dans le périmètre d'un **site patrimonial remarquable** (SPR) couvert soit par un plan de sauvegarde et de mise en valeur (**PSVM**) approuvé, soit par un plan de valorisation de l'architecture et du patrimoine (**PVAP**) approuvé, ou dans un site patrimonial remarquable lorsqu'un plan n'a pas encore été approuvé à condition, dans ce cas, que l'ORI ait été déclarée **d'utilité publique** en application de l'article L 313-4 du Code de l'urbanisme.

Pour les dépenses supportées **jusqu'au 31 décembre 2024**, l'avantage fiscal bénéficiait également aux restaurations d'immeubles situés soit dans un quartier ancien dégradé, soit dans un quartier présentant une concentration élevée d'habitat ancien dégradé.

> **Précisions** La loi 2016-925 du 7 juillet 2016 relative à la liberté de la création, à l'architecture et au patrimoine a créé un **régime unique de protection du patrimoine** : les « sites patrimoniaux remarquables » (SPR). Ce dispositif s'est substitué au dispositif précédent, pour les demandes de permis de construire et les déclarations préalables déposées **depuis le 9 juillet 2016** ou les souscriptions au capital de parts de SCPI dont la date de clôture est intervenue depuis la même date, et a automatiquement transformé les **secteurs sauvegardés,** les zones de protection du patrimoine architectural, urbain et paysager (**ZPPAUP**) et les aires de mise en valeur de l'architecture et du patrimoine (**Avap**) en **sites patrimoniaux remarquables.** Cette mesure s'applique aux dépenses de restauration immobilière portant sur des immeubles pour lesquels une demande de permis de construire ou une déclaration préalable a été déposée **depuis le 9 juillet 2016** ou aux souscriptions au capital de parts de SCPI dont la date de clôture est intervenue depuis la même date.

Nature de l'immeuble Le régime s'applique aux dépenses effectuées pour des **locaux d'habitation** ou pour des locaux **destinés** après travaux **à l'habitation,** comme notamment des bureaux transformés en logements. 7165

Il s'applique également aux dépenses engagées pour des **locaux affectés à un autre usage que l'habitation** dont le produit est imposé dans la catégorie des revenus fonciers. Il peut s'agir notamment de locaux affectés à un usage de commerce.

> **Précisions** Sont exclus du champ d'application de la réduction les travaux qui ne permettent qu'une **restauration partielle** de l'immeuble. Mais les travaux de restauration peuvent ne porter que sur les **parties de l'immeuble** qui nécessitent une intervention (en ce sens, BOI-IR-RICI-200-10 n° 170).

DÉPENSES OUVRANT DROIT À RÉDUCTION D'IMPÔT

Nature des dépenses Ouvrent droit à la réduction d'impôt : 7170

– les **charges de droit commun** suivantes : dépenses de réparation et d'entretien (CGI art. 31, I-1°-a) ; primes d'assurance (CGI art. 31, I-1°-a bis) ; dépenses d'amélioration afférentes à des locaux d'habitation, à l'exclusion des frais correspondant à des travaux de construction, de reconstruction ou d'agrandissement (CGI art. 31, I-1°-b) ; dépenses d'amélioration afférentes aux locaux professionnels et commerciaux destinées à protéger ces locaux des effets de l'amiante ou à faciliter l'accueil des handicapés, à l'exclusion des frais correspondant à des travaux de construction, de reconstruction ou d'agrandissement (CGI art. 31, I-1°-b bis) ; impositions autres que celles incombant normalement à l'occupant perçues au profit des collectivités locales (CGI art. 31, I-1°-c) : taxe foncière en particulier ; frais de gestion, tels que frais de rémunération des gardes et concierges, frais de rémunération, honoraires et commissions versés à un tiers, frais de procédure, etc. (CGI art. 31, I-1°-e) ; fraction des provisions pour dépenses de travaux de copropriété pour le montant effectivement employé par le syndic pour le paiement desdites dépenses (CGI art. 199 tervicies, II-al. 2) ;

– les **frais d'adhésion** à une association foncière urbaine de restauration (AFU) ;

– les **travaux imposés ou autorisés par l'autorité publique,** y compris les travaux de transformation en logement de tout ou partie d'un immeuble d'habitation réalisés ou non dans le volume bâti existant (travaux ayant pour effet de rendre habitables des combles, des greniers ou des parties communes, extension de superficies habitables…) et les travaux de démolition.

Ouvrent droit également à la réduction d'impôt les **souscriptions de parts de SCPI** dont 65 % au minimum servent exclusivement à financer des dépenses mentionnées ci-dessus et 30 % au minimum servent à financer l'acquisition d'immeubles mentionnés n° 7160.

> **Précisions** **a.** La réduction d'impôt est calculée sur le montant des dépenses effectivement supportées par le contribuable. Il y a donc lieu de déduire, le cas échéant, les **aides ou subventions** accordées pour la réalisation des travaux.
> **b.** Lorsque les travaux sont réalisés dans le cadre d'un **contrat de vente d'immeuble à rénover,** le montant des dépenses ouvrant droit à réduction d'impôt est celui correspondant au prix des travaux devant être réalisés par le vendeur et effectivement payés par l'acquéreur selon l'échéancier prévu au contrat. Si l'acquéreur renonce au bénéfice de la « réduction Malraux », il ne peut pas déduire

les dépenses de travaux de ses revenus fonciers, ces travaux constituant un élément du prix d'acquisition de l'immeuble (BOI-IR-RICI-200-30 nos 110 et 170).

c. Lorsque le contribuable bénéficie de la réduction d'impôt, les dépenses correspondantes ne peuvent faire l'objet d'aucune déduction pour la détermination des **revenus fonciers** (pas de double avantage).

d. Toutes les dépenses de **travaux imposés ou autorisés par l'autorité publique** ouvrent droit à la réduction d'impôt, y compris les travaux de construction, reconstruction et d'agrandissement (BOI-IR-RICI-200-10 no 320).

e. Ouvrent également droit à la réduction d'impôt les **dépenses connexes et accessoires aux travaux de restauration,** telles que les honoraires versés à l'architecte pendant la période mentionnée no 7175 en contrepartie de l'établissement et du contrôle des devis, ainsi que de la direction et de la surveillance des travaux (BOI-IR-RICI-200-10 no 300).

7175 **Période de réalisation des dépenses** Les **dépenses** prises en compte sont celles **supportées à compter** soit de la date de délivrance du permis de construire, soit de l'expiration du délai d'opposition à la déclaration préalable **et jusqu'au** 31 décembre de la troisième année suivante. Les contribuables peuvent donc en principe bénéficier d'un avantage fiscal pendant au plus quatre ans.

Cette **durée** peut toutefois être **prolongée** lorsque les travaux sont interrompus ou ralentis en raison de découvertes archéologiques ou de la force majeure.

S'agissant des parts de SCPI, le montant de la **souscription** doit être intégralement affecté dans les dix-huit mois qui suivent la clôture de celle-ci.

> **Précisions** Selon l'administration, la délivrance d'un **permis modificatif** ne peut constituer le point de départ d'une nouvelle période de prise en compte des dépenses au titre de la réduction d'impôt, même si les travaux de restauration n'ont pas encore commencé ; de même, en cas de **transfert du permis** de construire, le point de départ de cette période reste fixé à la date de délivrance du permis initial (BOI-IR-RICI-200-30 no 50).

AFFECTATION DE L'IMMEUBLE À LA LOCATION

7180 Le propriétaire doit prendre l'**engagement** de louer l'immeuble pendant neuf ans. Lorsque la restauration porte sur un immeuble d'habitation, le contribuable prend l'engagement de le louer nu, à usage d'habitation principale du locataire.

Lorsque l'immeuble est la propriété d'une société civile non soumise à l'impôt sur les sociétés (autre qu'une SCPI), les associés doivent en outre s'engager à conserver l'intégralité de leurs parts jusqu'au terme de l'engagement de location pris par la société. Il en va de même lorsque l'immeuble est la propriété d'une SCPI.

La location doit prendre **effet** dans les douze mois de l'achèvement des travaux. Elle doit être effective et continue pendant toute la durée de l'engagement.

> **Précisions** **a.** L'engagement de location doit prévoir que le locataire est une **personne autre qu'un membre du foyer fiscal,** qu'un **ascendant** ou qu'un **descendant** du contribuable. Lorsque le **logement** est la **propriété d'une société,** le locataire doit être une personne autre qu'un des associés ou un membre du foyer fiscal, qu'un ascendant ou qu'un descendant d'un associé.

b. Lorsqu'une même **souscription de parts de SCPI** est **affectée à la réalisation de plusieurs investissements,** la durée de location de neuf ans est calculée de date à date, à compter de celle de la prise d'effet du bail initial, pour chacun des immeubles mis en location (BOI-IR-RICI-200-20 no 80). La période d'engagement de conservation des parts expire au terme de celle couverte par l'engagement de location afférent au dernier des logements acquis au moyen de la souscription et mis en location par la société (BOI précité no 60).

c. En cas de **congé du locataire** pendant la période couverte par l'engagement de location, l'administration admet une **période de vacance** si le propriétaire établit qu'il a accompli les diligences concrètes (insertion d'annonces, recours à une agence immobilière, etc.) et que les conditions de mise en location ne sont pas dissuasives. À défaut de relocation effective dans un délai de douze mois à compter de la date de réception de la lettre recommandée par laquelle le locataire a signifié son congé au propriétaire, la réduction d'impôt obtenue est remise en cause (BOI-IR-RICI-200-20 no 140).

MODALITÉS D'APPLICATION DE LA RÉDUCTION D'IMPÔT

7185 **Taux** La réduction d'impôt est égale à :

– 22 % du montant des dépenses définies no 7170 pour les immeubles situés dans le périmètre d'un **site patrimonial remarquable** (SPR) couvert par un plan de valorisation de l'architecture et du patrimoine (**PVAP**) approuvé ainsi que pour ceux situés dans un SPR pour lesquels l'opération de **restauration** immobilière a été **déclarée d'utilité publique** ;

– 30 % du montant des mêmes dépenses pour les immeubles situés dans le périmètre d'un SPR couvert par un plan de sauvegarde et de mise en valeur (**PSMV**) approuvé. Ce taux s'applique également pour les immeubles situés dans un quartier ancien dégradé ou dans un quartier présentant une concentration élevée d'habitat ancien dégradé.

Les mêmes taux sont applicables aux souscriptions de parts de **SCPI,** la réduction d'impôt étant calculée sur la fraction du montant de la souscription affectée au financement desdites dépenses (à l'exclusion de la quote-part de souscription correspondant à l'acquisition d'immeubles et aux frais de collecte, de recherche et d'investissement : BOI-IR-RICI-200-30 n° 120).

> **Précisions** Pour les dépenses réalisées sur des immeubles pour lesquels une demande de permis de construire ou une déclaration préalable a été déposée **avant le 9 juillet 2016** ou les souscriptions au capital de parts de SCPI dont la date de clôture est intervenue avant la même date, le taux de la réduction était fixé à 22 % pour les immeubles situés en ZPPAUP ou dans des Avap et à 30 % pour les immeubles situés en secteur sauvegardé.

Montant et imputation de la réduction d'impôt Les dépenses ouvrant droit à la réduction sont retenues dans la limite d'un **plafond pluriannuel** de 400 000 € sur quatre ans. Ce plafond s'applique au titre de la période comprise entre la date de délivrance du permis de construire ou de l'expiration du délai d'opposition à la déclaration préalable et le 31 décembre de la troisième année suivante. 7186

Cette limite est **globale** et s'apprécie en tenant compte, au titre d'une période de quatre années consécutives, des dépenses réalisées par le contribuable et des souscriptions de parts de SCPI.

La réduction d'impôt, accordée au titre de l'**année du paiement des dépenses,** est imputée sur l'impôt dû au titre de cette même année. Lorsque la fraction de la réduction d'impôt imputable au titre d'une année d'imposition excède l'impôt dû par le contribuable au titre de cette même année, le solde peut être imputé sur l'impôt sur le revenu dû au titre des trois années suivantes.

> **Précisions** **a.** Les règles exposées ci-dessus s'appliquent aux dépenses portant sur des immeubles pour lesquels une demande de permis de construire ou une déclaration préalable a été déposée **depuis le 1er janvier 2017** et aux souscriptions au capital de parts de SCPI dont la date de clôture est intervenue depuis la même date. Pour les **opérations engagées avant le 1er janvier 2017,** les dépenses étaient retenues dans une limite annuelle de 100 000 €.
> **b.** La « réduction Malraux » n'est pas prise en compte pour l'application du **plafonnement global de certains avantages fiscaux** (CGI art. 200-0 A).
> **c.** La « réduction Malraux » ne peut pas se **cumuler** pour un même logement (ou une même souscription) avec les **réductions d'impôt** au titre des investissements réalisés outre-mer (CGI art. 199 undecies A et C) ou avec les dispositifs Duflot, Pinel et Denormandie ancien (CGI art. 199 novovicies) ou l'ancien « Scellier » (CGI art. 199 septvicies).
> **d.** Lorsque le **bien** est **détenu en indivision ou par** l'intermédiaire d'une **société civile** non soumise à l'impôt sur les sociétés, le plafond de dépenses n'est pas divisé par le nombre de propriétaires indivis ou de porteurs de parts mais s'applique séparément à chacun (BOI-IR-RICI-200-30 n° 97).

REPRISE DE LA RÉDUCTION D'IMPÔT

La réduction d'impôt obtenue est reprise au titre de l'année au cours de laquelle intervient une **rupture de l'engagement** de location ou de conservation des parts ou encore en cas de **démembrement** de la propriété de l'immeuble ou des parts. Par **exception,** il n'y a pas de remise en cause (CGI art. 199 tervicies, VI) : 7190

– lorsque le démembrement ou le transfert de la propriété du bien résulte du **décès** de l'un des membres d'un couple soumis à imposition commune, si le conjoint survivant reprend les engagements courants ;

– lorsque la rupture de l'engagement de location ou de conservation des parts résulte de l'**invalidité,** du **licenciement** ou du **décès** du contribuable ou de l'un des membres du couple soumis à imposition commune.

L'impôt sur le revenu de l'année au cours de laquelle intervient l'événement entraînant la déchéance de l'avantage fiscal est **majoré** du montant total de la réduction d'impôt obtenue.

Cette remise en cause intervient dans le **délai** normal de reprise, soit au plus tard avant le 31 décembre de la troisième année suivant celle de la survenance de l'événement entraînant la déchéance de la réduction d'impôt.

ATTENTION

En cas de **non-respect des conditions initiales,** l'impôt sur le revenu des années au titre desquelles la réduction d'impôt a été pratiquée est majoré du montant de cette réduction (BOI-IR-RICI-200-40 n° 50).

OBLIGATIONS DÉCLARATIVES

7195 Les contribuables souscrivant leur **déclaration de revenus en ligne** n'ont aucun justificatif, quelle qu'en soit la nature, à adresser à l'administration (déclaration « zéro papier »).

S'agissant de la **déclaration « papier »,** l'administration dispense de manière générale les contribuables de joindre à leur déclaration de revenus les **pièces justificatives établies par des tiers,** à savoir les documents qui ne sont établis ni par eux-mêmes ni par la Direction générale des finances publiques. Sont ainsi visés pour les propriétaires d'un immeuble placé sous le régime de la loi Malraux les documents suivants : déclaration d'utilité publique, autorisation d'urbanisme, déclaration d'achèvement des travaux, factures, etc.

Doivent seulement être joints à la déclaration papier les **documents établis par le contribuable lui-même** : copie du bail, engagement de location ou de conservation des parts.

Les **sociétés** sont tenues de délivrer chaque année à leurs associés, au plus tard le deuxième jour ouvré suivant le 1er mai, une **attestation** (fournissant notamment le détail de calcul de la réduction d'impôt correspondant aux droits des associés) dont un exemplaire est joint à leur déclaration de résultats. Lorsque l'immeuble appartient à une SCPI, les porteurs de parts doivent également déposer leurs parts sur un **compte spécial** de la société dans les trente jours suivant la date limite de dépôt de la déclaration de revenus de l'année de souscription. Pendant toute la période d'application du régime, ils doivent joindre à leur déclaration de revenus un **état** fournissant le détail du calcul de la réduction d'impôt.

ATTENTION

Si l'administration dispense les contribuables de fournir les **justificatifs,** ces derniers doivent cependant être en mesure de les produire si elle les demande. Aussi, toutes les pièces justificatives doivent être **conservées** au minimum jusqu'à l'expiration du délai de reprise de l'administration (voir n° 7190).

SECTION 4

RÉGIME DES ESPACES BOISÉS ET FORESTIERS

TEXTES APPLICABLES

7350 La **sauvegarde des espaces boisés** fait l'objet du titre I du livre Ier du Code de l'urbanisme (C. urb. art. L 113-1 à L 113-7) et des dispositions relatives à son application (C. urb. art. R 113-1 à R 113-14 et A 130-1 à A 130-3).

Par ailleurs, la **protection des espaces forestiers** est assurée, notamment, par les articles L 341-1 s. et R 341-1 s. du Code forestier, l'article R 121-4, 2° du Code de l'urbanisme et certaines dispositions du Code de l'environnement et du Code rural.

Les articles du Code de l'urbanisme comportent de nombreux renvois à ceux du Code forestier. Les uns traitent des coupes ou abattages d'arbres, les autres du défrichement. Ces deux notions ne se confondent pas.

A. Espaces boisés classés

CLASSEMENT DES ESPACES BOISÉS

7380 **Principes régissant le classement des espaces boisés** Conformément aux orientations définies par les schémas de cohérence territoriale (Scot), les **plans locaux d'urbanisme** (PLU) **peuvent classer** comme espaces boisés les bois, forêts, parcs à conserver, à protéger ou à créer, qu'ils soient soumis ou non au régime forestier, enclos ou non, attenant ou non à des habitations (C. urb. art. L 113-1).

Dans les espaces littoraux sensibles, les PLU **doivent classer** comme espaces boisés les parcs et ensembles boisés existants les plus significatifs de la commune ou du groupement de communes, après avis de la commission départementale de la nature, des paysages et des sites (C. urb. art. L 121-27).

Le classement d'un terrain en espace boisé est une **disposition d'urbanisme** au sens de l'article L 600-2 du Code de l'urbanisme mentionné au nº 16535 (CAA Paris 6-3-1997 nº 96PA02758, Cne de Jouy-en-Josas). Il n'emporte aucune privation du droit de propriété, mais apporte à son exercice des limites justifiées par l'intérêt général (CE 17-2-2011 nº 344445 : BPIM 2/11 inf. 94).

Le **document local d'urbanisme** peut distinguer, dans son règlement, entre ceux des espaces boisés qui sont soumis aux dispositions des articles L 113-1 s. du Code de l'urbanisme et ceux qui sont soumis à d'autres dispositions (CE 23-6-1995 nº 105855). Seul le règlement peut comporter des prescriptions relatives aux espaces boisés classés. Les représentations graphiques qui l'accompagnent ne peuvent par elles-mêmes créer de telles prescriptions (CE 19-11-2008 nº 297382).

› Précisions **a.** Le **maire** ou le président de l'EPCI **informe le Centre national de la propriété forestière** des décisions prescrivant l'élaboration d'un PLU ou d'un document d'urbanisme en tenant lieu, ainsi que des classements d'espaces boisés (C. urb. art. R 113-1).
b. Dans les espaces naturels sensibles, en l'**absence de PLU opposable** et à compter de la décision du département de percevoir la taxe départementale d'aménagement, le président du conseil départemental peut déterminer les bois, forêts et parcs, soumis ou non au régime forestier, enclos ou non, attenants ou non à des habitations, dont la préservation est nécessaire, et auxquels est applicable le **régime des espaces boisés classés** (C. urb. art. L 113-11). La mesure cesse d'être applicable dès qu'un POS ou un PLU est opposable sur le territoire considéré.

Espaces boisés susceptibles d'être classés Peuvent être concernés par le classement : les **espaces boisés forestiers** (forêts domaniales et autres forêts soumises au régime forestier, bois et forêts des particuliers pouvant comprendre les bosquets d'un espace rural), ainsi que les **espaces verts urbains** (espaces boisés, bosquets urbains ou périurbains donnant au paysage son caractère, parcs publics ou privés, espaces libres peu boisés susceptibles d'être replantés et même plantations d'alignement publiques ou privées). Ce classement peut **s'appliquer aussi à** des arbres isolés, des haies ou réseaux de haies, des plantations d'alignements. **7385**

Peut être classé comme espace boisé un terrain qui, à la date à laquelle le document d'urbanisme est établi, ne présente **pas toutes les caractéristiques** d'un parc, d'un bois ou d'une forêt (CE 14-12-1984, Cts Cordier : Lebon T. p. 771 ; CE 3-12-1992 nº 124045 ; CE 19-2-1993 nº 97202, ASL des propriétaires des parcs de Saint-Tropez).

› Précisions **a.** Un classement en espace boisé n'est pas subordonné à la **valeur du boisement** existant sur le terrain concerné (CE 5-12-1986 nº 55448).
b. La loi « littoral » prévoit que les documents et décisions relatifs à la vocation des zones ou à l'occupation et à l'utilisation des sols doivent **préserver** les **forêts** et zones boisées **proches du rivage** de la mer et des plans d'eau intérieurs d'une superficie supérieure à 1 000 hectares (C. urb. art. L 121-23 et R 121-4, 2º).

EFFETS DU CLASSEMENT EN ESPACE BOISÉ

Changement d'affectation Le classement interdit tout changement d'affectation ou tout mode d'occupation du sol **de nature à compromettre** la conservation, la protection ou la création des boisements (C. urb. art. L 113-2, al. 1). La question de savoir si un changement d'affectation d'une parcelle classée en espace boisé, ou un mode d'occupation du sol de cette parcelle est de nature à compromettre la conservation, la protection ou la création de boisements et s'il est par suite contraire aux dispositions de l'article L 130-1 (devenu L 113-1) du Code de l'urbanisme relève de l'**appréciation souveraine des juges** du fond (CE 29-12-1999 nº 198021, SNC du Capon : Lebon T. p. 1071). **7390**

Dans un espace boisé classé, une **servitude de passage** ne peut pas être créée, même si l'acte de vente qui la prévoit est antérieur au classement (Cass. 3e civ. 15-3-2018 nº 17-14.366 FS-PB : BPIM 2/18 inf. 93).

› Précisions Constituent un **changement d'affectation** du sol de nature à compromettre la conservation, la protection ou la création de boisements :
– la réalisation, à travers un espace boisé classé, de deux voies pour l'accès des véhicules à un parc de stationnement, même si elle ne nécessite aucune coupe ni abattage d'arbres (CE 13-3-1989, nº 61117, SCI Boulevard des Lions) ;
– une construction empiétant sur la partie d'un terrain classé en espace boisé, bien qu'il n'entraîne pas l'abattage d'arbres (CE 22-4-1992 nº 91436, SA HLM de la Ville de Laval) ;
– la construction d'une piscine couverte sur un terrain classé en espace boisé, alors même que la réalisation de la construction ne suppose aucune coupe ou abattage d'arbres et se situe sur l'emplacement d'un ancien potager (CAA Nantes 15-4-1998 nº 97NT01909, Préfet d'Indre-et-Loire).

7395 **Autorisation de défrichement** Nonobstant toutes dispositions contraires, le classement entraîne le **rejet de plein droit** de la demande d'autorisation de défrichement prévue à l'article L 341-1 du Code forestier (C. urb. art. L 113-2, al. 2). Sur la distinction entre la coupe et le défrichement, voir Rép. Boyer : Sén 4-9-1997 n° 798.

Il existe une **exception** à l'interdiction de défrichement pour les exploitations de produits minéraux d'importance nationale ou régionale, reconnues par un POS opposable avant le 10 juillet 1973, et dont le concessionnaire s'est engagé à réaménager le site. Au surplus, les conséquences de l'exploitation ne doivent pas être dommageables pour l'environnement (C. urb. art. L 113-2, al. 3). Dans cette hypothèse, la demande d'autorisation de défrichement est instruite dans les formes prévues par le Code forestier, et accompagnée d'une étude d'impact.

7450 **Coupes et abattages d'arbres** Dans les bois, forêts ou parcs situés sur le territoire de communes où l'établissement d'un PLU a été prescrit, ainsi que dans tout espace boisé classé, les coupes et abattages d'arbres sont soumis à **déclaration préalable** (C. urb. art. R 421-23, g). La procédure de déclaration préalable obéit au régime de droit commun (voir n°s 15000 s.), étant précisé que la décision de non-opposition à la déclaration préalable d'une coupe ou abattage d'arbres est exécutoire un mois après la date à laquelle elle est acquise (C. urb. art. R 424-1, dernier al.).

Il a été jugé qu'un **permis de construire** ne peut **tenir lieu de non-opposition** à déclaration préalable de coupe et d'abattage d'arbres que si celle-ci est jointe au dossier de demande de permis de construire (CE 28-4-2017 n° 396172).

7460 Par exception au g de l'article R 421-23 du Code de l'urbanisme, la **déclaration** préalable n'est **pas exigée** pour les coupes et abattages d'arbres lorsque (C. urb. art. R 421-23-2 dans sa rédaction issue du décret 2024-295 du 29-3-2024) :
– les bois et forêts sont soumis au régime forestier ;
– le propriétaire procède à l'enlèvement des arbres dangereux, des chablis et des bois morts ;
– le propriétaire applique un plan simple de gestion agréé dans les conditions des articles L 312-2 et L 312-3 du Code forestier ou un règlement type de gestion approuvé conformément aux articles L 124-1 et L 313-1 du même Code ou un programme des coupes et travaux d'un adhérent au code des bonnes pratiques sylvicoles agréé en application de l'article L 124-2 du Code forestier ;
– les coupes entrent dans le cadre d'une autorisation par catégories définies par arrêté du préfet pris après avis du Centre national de la propriété forestière ;
– les coupes sont nécessaires à la mise en œuvre d'une obligation légale de débroussaillement en application des articles L 131-1 à L 131-6 du Code forestier ;
– et depuis le 1er avril 2024, pour les coupes et abattages dans les espaces boisés identifiés comme présentant un intérêt d'ordre culturel, historique, architectural ou écologique en application des articles L 151-19 et L 151-23 du Code de l'urbanisme. Ont ainsi été mis en cohérence les régimes de dispense de déclaration préalable des coupes et abattages d'arbres en espace boisé classé (C. urb. art. L 113-1) et en espace boisé identifié comme présentant un intérêt d'ordre culturel, historique, architectural ou écologique (C. urb. art. R 421-23-2, al. 1 dans sa rédaction issue du décret 2024-295 du 29-3-2024).

Bien que l'**élagage** ne figure pas dans la liste des exceptions à l'exigence d'une déclaration préalable, la Cour de cassation a jugé que le classement ne faisait pas obstacle au droit imprescriptible d'un voisin d'exiger qu'il soit procédé à l'élagage des arbres sur le fondement de l'article 673 du Code civil, dès lors que celui-ci n'est pas nuisible à la conservation des arbres (Cass. 3e civ. 27-4-2017 n° 16-13.953 FS-PB : BPIM 3/17 inf. 179).

7465 Le préfet peut, dans les 3 ans qui suivent l'année au cours de laquelle des **déboisements non autorisés ou des travaux illicites** ont été exécutés, ordonner le rétablissement des lieux en nature de bois. Faute par le propriétaire d'effectuer la plantation ou le semis dans le délai prescrit par le préfet, il y est pourvu par l'administration aux frais du propriétaire. La contribution de celui-ci est recouvrée comme en matière de contributions directes (C. urb. art. R 113-2, al. 1).

Cette même procédure est applicable au cas où des **travaux** dont l'exécution a été prescrite n'ont **pas été exécutés,** le délai de 3 ans partant de la fin de l'année au cours de laquelle ils auraient dû l'être (C. urb. art. R 113-2, al. 2).

Ouverture au public Les collectivités territoriales ou leurs groupements, ainsi que le Conservatoire de l'espace du littoral, peuvent passer avec les propriétaires des parcs, bois et espaces naturels des **conventions** portant sur l'ouverture de ceux-ci au public, ainsi que des conventions pour l'**exercice des sports de nature** (C. urb. art. L 113-6, al. 1). Dans le cas où les biens sont situés sur des territoires excédant les limites territoriales de la collectivité contractante ou du groupement, le projet de convention est soumis pour avis à la ou aux collectivités intéressées ou à leur groupement (C. urb. art. L 113-7). 7480

Les collectivités concernées peuvent prendre en charge tout ou partie du financement des dépenses d'aménagement, d'entretien, de réparation et des coûts d'assurances nécessités par l'ouverture au public de ces espaces. Les conventions peuvent également prévoir le versement au propriétaire d'une rémunération pour service rendu (C. urb. art. L 113-6, al. 2).

REMISE GRATUITE DE TERRAINS BOISÉS CLASSÉS À LA COMMUNE

En vue de préserver, aménager et entretenir les espaces verts dans l'intérêt du public, un **système de compensation** en faveur des propriétaires d'espaces boisés classés qui consentent à céder cet espace gratuitement est organisé (C. urb. art. L 113-3 et L 113-14). Deux possibilités leur sont offertes : une remise gratuite de terrains à bâtir ou une autorisation de construire sur une fraction du terrain classé. 7490

Échange contre remise de terrain à bâtir Pour sauvegarder les bois et parcs et, en général, tous les espaces boisés et sites naturels situés dans les agglomérations ou leurs environs et pour en favoriser l'aménagement, l'État, les départements, les communes ou les établissements publics ayant pour objet la réalisation d'opérations d'urbanisme peuvent offrir, **à titre de compensation,** un terrain à bâtir aux propriétaires qui consentent à leur céder gratuitement un terrain classé par un POS ou un PLU approuvé comme espace boisé à conserver, à protéger ou à créer. Cette offre ne peut pas être faite si la dernière acquisition à titre onéreux dont le terrain classé a fait l'objet n'a pas date certaine depuis 5 ans au moins (C. urb. art. L 113-3, 1°). 7495

La **valeur du terrain à bâtir offert en compensation** du terrain boisé ne peut pas dépasser la valeur du terrain cédé à la collectivité (C. urb. art. L 113-3, dernier al.). La **valeur du terrain cédé** et le surcroît de valeur pris par la partie déclassée du fait de l'autorisation de construire sont fixés conformément aux évaluations du directeur départemental ou régional des finances publiques, qui tient compte notamment des possibilités de construction (C. urb. art. R 113-5).

Autorisation de construire sur une partie du terrain classé En contrepartie de la cession gratuite du solde du terrain, il peut être accordé au propriétaire une autorisation de construire sur une **partie du terrain classé n'excédant pas 1/10e de** la superficie dudit terrain, si la dernière acquisition à titre onéreux dont ce terrain a fait l'objet a date certaine depuis 5 ans au moins (C. urb. art. L 113-3, 2°). 7500

L'autorisation ainsi accordée doit être compatible avec les dispositions du Scot. Un changement d'affectation de la portion de terrain cédée par le propriétaire doit également faire l'objet d'une autorisation. L'application de ces dispositions est subordonnée à l'accord de la ou des communes sur le territoire desquelles est situé le terrain classé (C. urb. art. L 113-4). L'interdiction de changement d'affectation n'empêche pas une modification ou une suppression de classement dans les conditions normales de révision du document local d'urbanisme (CE 2-5-1980 n° 8697, Assoc. de défense de l'environnement de la Vendée).

La **procédure** à suivre est définie par les articles R 113-3 à R 113-13 du Code de l'urbanisme. L'autorisation est demandée au préfet. La **demande** est accompagnée des pièces justifiant que son auteur a la qualité de propriétaire, d'un plan de situation du terrain classé, d'un plan parcellaire de la propriété dans laquelle le terrain est compris, d'un état des plantations, ainsi que d'une étude d'impact de prise en compte de l'environnement. 7505

La demande est **instruite** par le préfet qui consulte le directeur départemental ou régional des finances publiques et établit un rapport faisant état, le cas échéant, des nécessités de défrichement au regard de l'article L 341-5 du Code forestier. Le préfet saisit le maire des communes intéressées en vue d'obtenir la délibération des **conseils municipaux** donnant leur **accord.** Cet accord est réputé refusé s'il n'est pas intervenu dans les 4 mois.

Sauf en cas de désaccord des communes intéressées, le préfet transmet le dossier avec son avis et ses observations au ministre chargé de l'urbanisme. L'autorisation de construire est accordée par décret pris sur le rapport du ministre chargé de l'urbanisme, ainsi que des ministres de l'intérieur et de l'agriculture. Ce décret désigne la collectivité publique bénéficiaire de la cession gratuite, approuve les dispositions proposées par celle-ci pour sauvegarder le terrain cédé, l'aménager et l'entretenir dans l'intérêt du public, délimite la partie sur laquelle porte l'autorisation de construire et prononce le déclassement de cette partie. Il tient lieu d'autorisation de défrichement pour la partie déclassée. Le décret fixe aussi les possibilités de construction accordées au propriétaire. Il est publié au Journal officiel et dans deux journaux régionaux ou locaux diffusés dans le département.

L'autorisation ne peut **produire ses effets** qu'après le transfert de propriété, lequel doit intervenir dans les 2 ans de la publication du décret. À défaut, toute la procédure est à recommencer. Le PLU est ensuite mis à jour par report, dans les conditions de l'article R 153-18 du Code de l'urbanisme.

> **Précisions** **a.** Le préfet peut opposer un **refus** à la demande d'autorisation de construire (C. urb. art. R 113-6). Le refus d'autorisation peut donc intervenir à trois niveaux : celui du préfet, celui des communes et enfin celui du ministre.
> **b.** La demande et l'autorisation ne dispensent pas de la demande de **permis de construire** éventuellement nécessaire pour réaliser le projet (Circ. 77-14 du 1-8-1977).

B. Espaces boisés non classés

AUTORISATION PRÉALABLE DE DÉFRICHEMENT

7650 **Principe d'une autorisation préalable** Le régime des défrichements en dehors des espaces boisés classés mentionnés n°s 7380 s. relève du **Code forestier** (C. for. art. L 341-1 s. et R 341-1 s.). Une instruction du ministère de l'agriculture détaille ce régime (Inst. Agriculture AGRT1722232J du 29-8-2017 : BO agriculture sommaire n° 35). Une seconde instruction précise les modalités d'application des évaluations environnementales en matière forestière concernant la création et l'amélioration des routes forestières, les premiers boisements et les déboisements et défrichements en vue de la reconversion des sols (Inst. DGPE/SDFCB/2017-295 du 30-3-2017 : BO agriculture sommaire n° 14).

Aucun particulier ne peut user du droit d'**arracher ou de défricher ses bois** sans autorisation préalable (C. for. art. L 341-3, al. 1). La même obligation s'impose aux régions, à la collectivité territoriale de Corse, aux départements, communes ou sections de communes, établissements publics, établissements d'utilité publique, sociétés mutualistes et caisses d'épargne propriétaires dans leurs bois et forêts, qu'ils relèvent ou non du régime forestier (C. for. art. L 214-13 et, sur renvoi, art. L 211-1, I-2°).

> **Précisions** **a.** La législation de l'urbanisme et les dispositions du Code forestier étant indépendantes l'une de l'autre, le classement d'un terrain en **zone constructible** est sans incidence sur la légalité d'une autorisation de défrichement (CE 28-7-2000 n° 213671).
> **b.** L'obtention d'un **certificat d'urbanisme positif** concernant une parcelle boisée ne dispense pas d'obtenir l'autorisation de défrichement (CE 19-11-1999 n° 190676 : BPIM 2/00 inf. 78).

7652 **Dispense d'autorisation préalable** Par exception, certaines opérations sont dispensées d'autorisation préalable de défrichement. Tel est le cas, **notamment** :

– en raison de leur faible importance, des défrichements des bois de faible superficie ainsi que ceux des parcs et jardins clos et attenants à une habitation principale (C. for. art. L 342-1, 1° et 2°) ;

– des jeunes bois de moins de 30 ans, sauf s'ils ont été conservés à titre de réserves boisées ou plantés à titre de compensation en application de l'article L 341-6 du Code forestier ou bien exécutés dans le cadre de la restauration des terrains en montagne ou de la protection des dunes (C. for. art. L 342-1, 4°) ;

– des boisements spontanés de première génération sans aucune intervention humaine et âgés de moins de 40 ans en zone de montagne, sauf s'ils ont été conservés à titre de réserve boisée (C. for. art. L 342-1, 5°) ;

– des zones délimitées et spécifiquement définies comme devant être défrichées pour la réalisation d'aménagements par un plan de prévention des risques naturels prévisibles établi en application des articles L 562-1 à L 562-7 du Code de l'environnement (C. for. art. L 342-1, 6°) ;

– des défrichements destinés à la réouverture des espaces à vocation pastorale. Ces défrichements sont autorisés après que le représentant de l'État dans le département a soumis, pour avis, le projet à la commission de la préservation des espaces naturels, agricoles et forestiers. Cet avis est réputé favorable s'il n'est pas intervenu dans un délai d'un mois à compter de la saisine de la commission (C. for. art. L 341-2, II) ;

– des travaux de débroussaillement, qui sont considérés comme des travaux d'exploitation courante et d'entretien des fonds concernés, à l'exclusion des abattages d'arbres de haute tige en principe assujettis à autorisation pour lesquels des procédures d'autorisation simplifiées sont définies par décret (C. for. art. L 131-10, al. 2).

ATTENTION

Les exemptions d'autorisation préalable de défrichement prévues à l'article L 342-1 du Code forestier ne s'appliquent pas lorsque le maintien des bois est prescrit par un **plan de prévention des risques naturels prévisibles** établi en application des articles L 562-1 à L 562-7 du Code de l'environnement (C. for. art. L 342-1, dernier al.).

NOTION DE DÉFRICHEMENT

Le défrichement se définit comme la destruction de l'état boisé d'un terrain et la suppression de sa destination forestière (C. for. art. L 341-1, al. 1). Sont **assimilées** au défrichement les opérations volontaires ayant pour conséquence d'entraîner indirectement et à terme la destruction de l'état boisé d'un terrain et de mettre fin à sa destination forestière, sauf si elles sont entreprises en application d'une servitude d'utilité publique (par exemple, l'installation d'une ligne électrique). La destruction accidentelle ou volontaire du boisement ne fait pas disparaître la destination forestière du terrain (C. for. art. L 341-1, al. 2 et 3). 7653

En revanche, ne sont **pas constitutifs d'un défrichement** (C. for. art. L 341-2, I) :

– les opérations ayant pour but de remettre en valeur d'anciens terrains de culture, de pacage ou d'alpage envahis par une végétation spontanée ou les terres occupées par les garrigues, landes et maquis ;

– l'exploitation d'arbres produisant une récolte (noyers, oliviers, chênes truffiers et vergers à châtaignes) ;

– les opérations effectuées sur les taillis normalement entretenus et exploités, implantés sur d'anciens sols agricoles depuis moins de 30 ans ;

– tout déboisement ayant pour but de créer à l'intérieur des bois et forêts les équipements indispensables à leur mise en valeur et à leur protection ou de préserver ou restaurer des milieux naturels, à condition que le défrichement ne modifie pas la destination forestière du bois et que les actions qui en résultent n'en constituent que les « annexes indispensables » ;

– les opérations ayant pour but la mise en œuvre d'une obligation de débroussaillement ou de maintien en l'état débroussaillé ;

– les opérations destinées à créer une coupure agricole qui a pour effet de renforcer la défense des forêts contre les incendies, dans le cadre d'un contrat de mise en valeur agricole ou pastorale conclu avec l'autorité compétente de l'État et dans un périmètre défini par un plan départemental ou interdépartemental de protection des forêts contre l'incendie ;

– les feux et les coupes tactiques nécessaires à la lutte contre l'incendie.

PROCÉDURE D'AUTORISATION DE DÉFRICHEMENT

Demande d'autorisation de défrichement Le **demandeur** de l'autorisation de défrichement est en principe le propriétaire des bois ou son mandataire (C. for. art. R 341-1, al. 2). La demande peut également être présentée par une personne morale ayant qualité pour bénéficier soit de l'expropriation pour cause d'utilité publique de ces bois, soit des servitudes sur les distributions d'énergie prévues aux articles L 323-4 et L 433-6 du Code de l'énergie et de canalisation prévue à l'article L 555-27 du Code de l'environnement ou de la servitude instituée par l'article L 342-20 du Code du tourisme pour le passage des pistes de ski et des remontées mécaniques. Peuvent également présenter la demande les personnes susceptibles de bénéficier soit d'une autorisation d'exploiter une carrière relevant des installations classées, soit d'une autorisation de recherche ou d'un permis exclusif de carrières prévus par les articles L 322-1 et L 333-1 du Code minier (C. for. art. R 341-1, al. 2). 7655

La **demande,** effectuée sur le formulaire Cerfa n° 13632*08, doit être adressée au préfet du département où sont situés les terrains (en pratique, à la direction départementale des territoires) par tout moyen permettant d'établir date certaine (C. for. art. R 341-1, al. 1 ; Inst. Agriculture AGRT1722232J du 29-8-2017 : BO agriculture sommaire n° 35). Elle est accompagnée d'un dossier comportant un certain nombre de pièces listées par l'article R 341-1 du Code forestier, notamment, l'étude d'impact ou la décision de ne pas prescrire d'évaluation environnementale. Elle indique si les terrains ont été ou non parcourus par un incendie durant les 15 dernières années (C. for. art. R 341-1, 9°) et mentionne les **demandes d'autorisation ou les déclarations déjà déposées au titre d'une autre législation** pour le projet concerné, avec la date de dépôt et la mention de l'autorité compétente (C. for. art. R 341-1, 12°). Le préfet doit, dès la réception de la demande, notifier le dépôt de celle-ci au maire de la commune sur laquelle se situe le terrain dont le défrichement est envisagé (C. for. art. L 341-4, al. 1).

› Précisions Doivent faire l'objet d'une **évaluation environnementale** systématique les défrichements portant sur une superficie totale, même fragmentée, égale ou supérieure à 25 hectares. Une évaluation au cas par cas est requise s'il s'agit de défrichements soumis à autorisation et effectués en vue de la reconversion des sols, lorsqu'ils portent sur une superficie totale, même fragmentée, de plus de 0,5 hectares (C. envir. art. R 122-2 annexe n° 47). Les défrichements de plus de 10 hectares qui font l'objet d'une étude d'impact (de façon systématique ou au cas par cas) sont aussi soumis à **enquête publique environnementale** (C. envir. art. R 123-1, I et II-5°).

7660 **Délai d'instruction de la demande de défrichement** Le délai d'instruction de la demande de défrichement est en **principe** de 2 mois à compter de la réception du dossier complet (C. for. art. R 341-4, al. 1). Lorsque le préfet décide de soumettre le projet à un examen au cas par cas dans le délai de 15 jours à compter de la réception du dossier complet, le délai est suspendu à compter de l'envoi de cette décision au demandeur jusqu'à ce qu'il reçoive de ce dernier l'étude d'impact ou la décision de ne pas y soumettre le projet (C. for. art. R 341-4, al. 2 et, sur renvoi, art. R 341-1, 8°).

Lorsqu'une **visite des lieux est nécessaire**, le délai d'instruction est porté à 4 mois ; une prorogation de 3 mois supplémentaires est possible (C. for. art. R 341-4, dernier al.). Le procès-verbal de reconnaissance de la situation et de l'état des terrains est notifié au demandeur si le préfet estime que la demande de défrichement peut faire l'objet d'un refus ou être soumise à des prescriptions spéciales. Le demandeur dispose de 15 jours pour faire connaître ses observations (C. for. art. R 341-5, al. 2).

› Précisions Lorsque le défrichement est soumis à **enquête publique environnementale** (voir n° 7655, Précisions) **ou** à une procédure de **participation du public par voie électronique** en application de l'article L 123-19 du Code de l'environnement, la durée de l'enquête ou de la participation du public est au minimum de 30 jours ; ce délai peut être réduit à 15 jours si le projet n'est pas soumis à évaluation environnementale ou être au contraire rallongé de 15 jours pour les besoins de la concertation du public (C. for. art. R 341-6, al. 1). Lorsque l'opération en vue de laquelle le défrichement est demandé fait l'objet d'une **enquête publique régie par le Code de l'expropriation,** cette enquête tient lieu d'enquête environnementale si l'avis de mise à l'enquête indique qu'elle porte également sur le défrichement. Cette disposition s'applique également lorsqu'est requise la participation du public par voie électronique pour les projets non soumis à enquête publique (C. for. art. R 341-6, al. 2).

7665 **Délivrance de l'autorisation de défrichement** L'autorisation de défrichement peut être **expresse.** Pour les particuliers, elle peut être réputée **tacitement** accordée à défaut de réponse du préfet dans les 2 mois suivant la réception du dossier complet (C. for. art. R 341-4, al. 1). Sur la suspension de ce délai en cas de soumission du projet à un examen au cas par cas, voir n° 7660.

Lorsque le défrichement est soumis à enquête publique réalisée conformément aux articles L 123-1 et L 123-2 du Code de l'environnement (voir n°s 7655 et 7660, Précisions), l'autorisation est **toujours expresse** (C. for. art. L 341-3, 1°) car la demande d'autorisation est réputée rejetée en l'absence de réponse du préfet dans les 6 mois à compter de la réception du dossier complet (C. for. art. R 341-7). De même, l'autorisation est toujours expresse lorsque le défrichement a pour objet de permettre l'exploitation d'une carrière autorisée au titre des installations classées (C. for. art. L 341-3, 2°).

Pour les bois des collectivités territoriales et personnes morales mentionnées à l'article L 211-1 du Code forestier, l'autorisation de défrichement ne peut être qu'expresse. La demande d'autorisation est réputée rejetée à défaut de décision du préfet dans le délai de 2 mois à compter de la réception du dossier ou 6 mois en cas d'enquête publique environnementale (C. for. art. R 214-30-1).

L'autorisation ne peut pas être délivrée sans être assortie de conditions. Elle est subordonnée au respect d'une ou plusieurs **prescriptions particulières,** notamment : l'exécution sur d'autres terrains de réserves boisées suffisamment importantes ; l'exécution de travaux visant à réduire les risques naturels comme les incendies et les avalanches ; l'exécution, sur d'autres terrains, de travaux de boisement ou de reboisement ou d'autres travaux d'amélioration sylvicoles d'un montant équivalent (non applicable en zone de montagne). Le demandeur peut s'acquitter de cette dernière obligation en versant une indemnité équivalente fixée par l'autorité administrative (C. for. art. L 341-6 ; Inst. Agriculture AGRT1722232J du 29-8-2017 : BO agriculture). Toutefois, sont exclus du dispositif de compensation de l'article L 341-6, 1° à 3° les défrichements qui répondent à un « motif de préservation ou de restauration du patrimoine naturel ou du patrimoine paysager », dès lors que deux conditions sont réunies : le défrichement est indispensable à la bonne mise en œuvre du document de gestion ou du programme auquel est soumise la forêt concernée ; il est réalisé dans l'un des espaces mentionnés à l'article L 341-6, c'est-à-dire dans les parcs nationaux, les réserves naturelles classées, les parcs naturels régionaux, les sites inscrits ou classés, les sites Natura 2000, les conservatoires régionaux d'espaces naturels ou des réserves biologiques (C. for. art. L 341-6, al. 1). Lorsque l'autorisation de défrichement est tacite, le préfet fixe par arrêté les travaux dont le bénéficiaire de l'autorisation doit s'acquitter et le montant de l'indemnité équivalente qu'il doit verser à défaut de réaliser ces travaux (C. for. art. R 341-4, al. 3).

L'autorisation peut être **refusée** pour l'un des motifs visés à l'article L 341-5 du Code forestier.

Le **juge administratif** exerce un **contrôle** approfondi sur un refus d'autorisation. Il exerce un contrôle restreint sur la décision accordant l'autorisation (CE 23-4-2001 n° 221973, Sté Girondine de travaux immobiliers : BPIM 5/01 inf. 285).

> **Précisions** **a.** L'**autorisation** de défrichement **et** les **prescriptions** particulières dont elle est assortie forment un tout **indivisible.** En conséquence, le particulier qui a obtenu l'autorisation de défrichement ne peut pas saisir valablement le juge d'une demande tendant à l'annulation des seules prescriptions (CAA Versailles 29-9-2005 n° 04VE02304 : BPIM 5/06 inf. 337).
> **b.** Lorsqu'une autorisation de défrichement a prévu certaines **mesures de compensation** et qu'une autorisation modificative leur substitue d'autres mesures, les irrégularités ayant éventuellement affecté la définition des mesures de compensation initiale ne peuvent pas être utilement invoquées à l'appui d'un recours contre la seconde autorisation (CE 17-12-2018 n° 400311, Sté Clairsienne).
> **c.** Le défrichement de bois appartenant à des collectivités locales et relevant du régime forestier ne peut être autorisé qu'après **avis de l'Office national des forêts** (C. for. art. R 214-30), même si la demande d'autorisation n'est pas présentée par une telle collectivité, mais par une personne privée qu'elle a habilitée à exploiter les parcelles (CE 14-10-2015 n° 369995 : BPIM 6/15 inf. 365).

Publicité de l'autorisation de défrichement L'autorisation de défrichement doit, 7670
15 jours au moins avant le début des opérations de défrichement, faire l'objet d'un **affichage** sur le terrain et en mairie, selon des modalités fixées par le Code forestier (C. for. art. L 341-4). Il est maintenu 2 mois en mairie et pendant toute l'opération sur le terrain. Le défaut d'affichage régulier sur le terrain expose le contrevenant à l'amende prévue pour les contraventions de 3e classe (C. for. art. R 363-1).

DURÉE DE VALIDITÉ DE L'AUTORISATION DE DÉFRICHEMENT

La durée de validité de l'autorisation de défrichement est de 5 ans. Le **délai court** à compter 7675
de la date de notification de la décision en cas d'autorisation expresse et à compter de la date de l'échéance indiquée dans l'accusé réception du dossier en cas d'autorisation tacite.

Le délai de 5 ans est **prorogé** dans une limite de 5 ans (C. for. art. D 341-7-1 ; Inst. Agriculture AGRT1722232J du 29-8-2017 : BO agriculture sommaire n° 2.5) :
- en cas de recours devant le juge administratif contre l'autorisation de défrichement ou contre une autorisation nécessaire à la réalisation des travaux en vue desquels le défrichement est envisagé ; cette prorogation est de plein droit et ne nécessite pas un arrêté de prorogation ;
- sur décision de l'autorité administrative ayant accordé l'autorisation, en cas d'impossibilité matérielle d'exécuter les travaux de défrichement, établie par tous moyens par le bénéficiaire de l'autorisation.

Ce dispositif de prorogation est considéré comme légal, notamment au regard du principe de non-régression en matière de protection de l'environnement (CE 24-7-2019 n° 425973, Assoc. France Nature Environnement Auvergne-Rhône-Alpes : BPIM 5/19 inf. 315).

La durée de validité de l'autorisation est portée à 30 ans lorsque le défrichement a pour objet de permettre l'**exploitation d'une carrière** autorisée au titre des installations classées (Inst. Agriculture AGRT1722232J du 29-8-2017 n° 2.5 susvisée).

COORDINATION DE L'AUTORISATION DE DÉFRICHEMENT AVEC UNE AUTRE AUTORISATION

Lorsqu'une opération ou des **travaux de construction** soumis à autorisation administrative 7680
nécessitent un défrichement, l'autorisation d'y procéder doit être obtenue préalablement à la délivrance de cette autorisation, sauf exceptions (C. for. art. L 341-7 ; C. urb. art. L 425-6). Il en va ainsi pour le permis de construire ou le permis d'aménager.

La demande de permis de construire (C. urb. art. R 431-19) ou d'aménager (C. urb. art. R 441-7) est complétée par la copie de la lettre par laquelle l'autorité compétente fait connaître au demandeur que son dossier de demande d'autorisation de défrichement est complet, si le défrichement est ou non soumis à reconnaissance de la situation et de l'état des terrains et si la demande doit ou non faire l'objet d'une enquête publique.

La circonstance que le maire a omis d'inviter le pétitionnaire à compléter sa demande de permis de construire en produisant l'autorisation de défrichement qui était requise est sans influence sur la légalité du refus de permis (CAA Paris 18-11-1997 n° 95PA00573, Cne de Buno-Bonnevaux : BPIM 4/98 inf. 242). L'illégalité de l'autorisation de défrichement devenue définitive est sans influence sur la légalité du permis de construire (CE sect. 6-1-1997 n° 97305, Assoc. des Amis de Saint-Palais-sur-Mer : BPIM 1/97 inf. 7).

Lorsque le projet est soumis à **évaluation environnementale** (voir n°s 21115 s.), l'autorisation environnementale prévue aux articles L 181-1 et suivants du Code de l'environnement tient lieu d'autorisation de défrichement (C. envir. art. L 181-2, I-11°).

SANCTIONS DU DÉFAUT D'AUTORISATION DE DÉFRICHEMENT

7685 L'absence d'autorisation préalable de défrichement est sanctionnée par :

– une **amende** calculée à raison de 150 € par mètre carré de bois illégalement défriché lorsque la surface défrichée en infraction aux dispositions de l'article L 341-3 du Code forestier est supérieure à 10 m^2 (C. for. art. L 363-1) ; cette amende peut être prononcée contre les utilisateurs du sol, les bénéficiaires des opérations de défrichement, les entrepreneurs et les autres personnes responsables de l'exécution de ces opérations ;

– l'**interruption des travaux** de défrichement ordonnée dans les conditions de l'article L 363-4 du Code forestier, alors que ces travaux ont été exécutés sans autorisation ; en cas de poursuite des travaux, l'article L 363-5 du même Code prévoit que le contrevenant est passible de sanctions pénales qui varient selon la superficie défrichée (plus ou moins 10 m^2) ;

– le **rétablissement de l'état des lieux** dans les conditions et délai fixés par le préfet en cas de défrichement sans autorisation (C. for. art. L 341-8 et R 341-8) ou de non-respect des prescriptions imposées en application de l'article L 341-6 du Code forestier et mentionnées n° 7665 (C. for. art. L 341-9 et D 341-7-2). L'injonction préfectorale de reboiser ne peut intervenir qu'après que le juge saisi de l'infraction s'est prononcé (CE 9-3-1990 n° 86898).

Par ailleurs, si le propriétaire n'a pas exécuté dans le délai prescrit les **obligations prévues aux articles L 341-6, L 341-8 et L 341-9,** l'administration peut mettre en œuvre les mesures coercitives mentionnées à l'article L 171-8 du Code de l'environnement (C. for. art. L 341-10) : paiement d'une somme correspondant au montant des travaux en vue de sa consignation à la Caisse des dépôts et consignation, exécution d'office des travaux aux frais de l'intéressé au moyen des sommes consignées, suspension des travaux de défrichement jusqu'à l'exécution des conditions exigées, paiement d'une amende de 45 000 € au plus et d'une astreinte journalière de 4 500 € au plus.

C. Lutte contre les risques d'incendie

1. DÉBROUSSAILLEMENT

7860 Le « débroussaillement » **se définit** comme les opérations dont l'objectif est de diminuer l'intensité et de limiter la propagation des incendies par la réduction des combustibles végétaux de toute nature. Ces opérations assurent une rupture suffisante de la continuité du couvert végétal. Elles peuvent comprendre l'élagage des sujets maintenus et l'élimination des rémanents de coupes (C. for. art. L 131-10, al. 1).

RÈGLES COMMUNES À L'ENSEMBLE DU TERRITOIRE

7861 **Décision préfectorale de débroussaillement** Le préfet de département arrête les **modalités de mise en œuvre** du débroussaillement selon la nature des risques (C. for. art. L 131-10, al. 5). L'arrêté préfectoral contient un socle « a minima » de travaux, commun à tous les départements, mais peut être complété par des modalités spécifiques pour tenir compte des enjeux locaux (Arrêté AGRT2402972A du 29-3-2024).

Dans les **territoires** qui ne sont **pas particulièrement exposés au risque d'incendie**, au sens de l'article L 133-1 du Code forestier (n° 7868) les maires et présidents des EPCI indiquent au préfet les risques qu'ils identifient dans les zones de leurs communes qui ne sont pas couvertes par un plan de prévention des risques naturels prévisibles en matière d'incendies de forêts (nº 7875) ou dont les bois et forêts ne sont pas classés à risque d'incendie (nº 7868) (C. for. art. L 131-10, dernier al.).

Dans les **zones particulièrement exposées aux incendies** situées en dehors des territoires classés à risque d'incendie et des territoires particulièrement exposés au risque d'incendie (nº 7868), le préfet peut prescrire le **débroussaillement d'office** aux frais des propriétaires, faute pour ces derniers de débroussailler jusqu'à une distance de 50 m des habitations (C. for. art. L 131-11). La décision du préfet mentionne le délai au-delà duquel, faute pour le propriétaire d'avoir rempli ses obligations, il y sera pourvu d'office à ses frais (C. for. art. R 131-13).

Les périmètres des terrains concernés par l'obligation de débroussaillement doivent être indiqués sur un ou plusieurs documents graphiques et **annexés au PLU,** au document en tenant lieu ou à la carte communale (C. for. art. L 131-16-1, R 151-53, 13º et R 161-8, 4º issus du décret 2024-295 du 29-3-2024).

Mise en œuvre de l'obligation de débroussaillement En principe, le débroussaillement incombe au **propriétaire** (C. for. art. L 131-13). Mais pour alléger la charge financière du débroussaillement, il peut être confié à une **association syndicale** constituée par les propriétaires (C. for. art. L 131-15 et R 131-16). 7862

Différentes **personnes publiques ou privées** (notamment, l'État, les collectivités territoriales et leurs groupements, les services locaux de l'Office national des forêts) peuvent également effectuer ou faire effectuer les actions de débroussaillement, avec l'accord du propriétaire, selon des modalités fixées par le Code forestier (C. for. art. L 131-14, al. 1 et D 131-15-1 dans sa rédaction issue du décret 2024-284 du 29-3-2024). Les personnes qui se sont chargées du débroussaillement se font rembourser les frais correspondants par les propriétaires concernés (C. for. art. L 131-14, al. 1).

Lorsque les **travaux** de débroussaillement ou de maintien en état débroussaillé doivent s'étendre **au-delà des limites de la propriété** concernée, le propriétaire ou l'occupant du ou des fonds voisins compris dans le périmètre soumis à débroussaillement ne peut pas s'opposer à leur réalisation par celui qui en a la charge. En cas de refus d'accès à sa propriété, l'obligation est mise à sa charge (C. for. art. L 131-12 et R 131-14).

› Précisions **a.** Lorsque les propriétaires se regroupent en association syndicale (C. for. art. L 131-15), une **réduction d'impôt** est accordée au titre des **cotisations versées aux associations syndicales autorisées** qui réalisent des travaux de prévention contre les incendies dans les bois classés en application de l'article L 132-1 du Code forestier ou les massifs forestiers visés aux articles L 133-1 et L 133-2 du même Code. La réduction d'impôt est égale à 50 % du montant des cotisations versées, retenu dans la limite de 1 000 € par an et par foyer fiscal (CGI art. 200 decies A).

b. Le propriétaire, qui a recours à une aide à domicile ou à un organisme déclaré, habilité ou conventionné de services à la personne pour la réalisation des travaux bénéficie d'un **crédit d'impôt.** S'agissant de travaux assimilés aux **petits travaux de jardinage,** le crédit d'impôt est égal à 50 % des dépenses supportées, elles-mêmes prises en compte dans la limite de 5 000 € par an et par foyer fiscal (CGI art. 199 sexdecies ; C. trav. art. D 7233-5).

Sanctions du non-respect de l'obligation de débrouissaillement Le non-respect de l'obligation de débroussaillement est puni de l'**amende de 1 500 €** prévue par les contraventions de 5e classe (C. for. art. R 163-3). Le propriétaire qui n'a pas procédé aux travaux de débroussaillement après mise en demeure du préfet peut, en outre, être sanctionné par une **amende administrative** d'un montant maximum de 50 € par mètre carré (C. for. art. L 135-2). Il encourt également des poursuites devant le tribunal correctionnel et peut être condamné à une **amende de 50 € par mètre carré** (C. for. art. L 163-5, I). Le non-respect de l'obligation de débroussaillement peut aussi, par l'application d'une franchise supplémentaire, entraîner une **minoration des indemnisations** versées au titre de l'assurance incendie (C. ass. art. L 122-8). 7867

RÈGLES DE DÉBROUSSAILLEMENT DANS LES ZONES EXPOSÉES AU RISQUE D'INCENDIE

Des obligations de débroussaillement s'imposent aux propriétaires de : 7868

– bois et forêts « **classés à risque d'incendie** » par arrêté conjoint des ministres chargés de la forêt, de l'environnement et de la sécurité civile (C. for. art. L 132-1, al. 1 ; Arrêté AGRT2401596A du 6-2-2024 art. 2) ;

– et de bois et forêts situés dans les « **territoires particulièrement exposés au risque d'incendie** » listés dans un arrêté conjoint des ministres chargés de la forêt, de l'environnement et de la sécurité civile (C. for. art. L 133-1 ; Arrêté AGRT2401596A du 6-2-2024 art. 3). L'arrêté exclut de cette catégorie les massifs forestiers d'une taille inférieure à 0,5 hectare d'un seul tenant ainsi que les massifs forestiers à moindres risques d'incendie qu'il liste dans une annexe (Arrêté AGRT2401596A du 6-2-2024 art. 4).

7870 **Débroussaillement imposé par la loi** Dans les communes comportant des bois « classés à risque d'incendie » (C. for. art. L 132-1) et dans les départements où les bois et forêts sont « particulièrement exposés aux risques d'incendie » (C. for. art. L 133-1), le débroussaillement et le maintien en état débroussaillé sont obligatoires dans certaines **zones situées à moins de 200 m des bois et forêts** (C. for. art. L 134-1 et L 134-6). Cette **obligation** de débroussaillement **s'applique** :
– aux terrains non bâtis en zone urbaine et aux abords des constructions ou installations de toute nature, jusqu'à une profondeur de 50 m (profondeur pouvant être élargie à 100 m si le maire le juge nécessaire). Dans les communes non dotées d'un PLU ou d'un document d'urbanisme en tenant lieu, cette profondeur peut être portée au maximum à 200 m par le préfet. L'obligation de débroussaillement s'applique également de part et d'autre des voies d'accès aux constructions mentionnées ci-dessus sur une largeur de 10 m (C. for. art. L 134-6, 1° à 4°). Un propriétaire ne peut être soumis à l'obligation de débroussaillement au titre des 3° et 4° de l'article L 134-6 que si son terrain se trouve en zone urbaine (Cass. 3e civ. 25-1-2024 n° 22-14.081 FS-B) ;
– aux terrains servant d'assiette à la création d'une ZAC, d'une association foncière urbaine (AFU) ou d'un lotissement (C. for. art. L 134-6, 5°) ;
– aux terrains destinés à l'implantation de résidences démontables ou mobiles constituant l'habitat permanent de leurs utilisateurs (C. for. art. L 134-6, 6°) ;
– aux terrains de camping et autres terrains aménagés pour l'hébergement touristique sur une profondeur de 50 mètres, pouvant être portée à 100 mètres par le maire (C. for. art. L 134-6, 7°) ;
– aux abords des installations classées pour la protection de l'environnement (ICPE) sur une profondeur de 100 mètres à compter des limites de propriété de l'établissement, pouvant être augmentée sans pouvoir excéder 200 mètres (C. for. art. L 134-6, 8°).

Si les propriétaires n'effectuent pas les travaux de débroussaillement prescrits par l'article L 134-6 du Code forestier, la **commune y pourvoit d'office** et à leur charge, après mise en demeure (C. for. art. L 134-9, I et R 134-5). Le maire peut assortir cette mise en demeure d'une astreinte (C. for. art. L 134-9, II).

7872 **Débroussaillement imposé par le PPRNP** Dans les communes comportant des bois « classés à risque d'incendie » (C. for. art. L 132-1) et dans les départements où les bois et forêts sont « particulièrement exposés aux risques d'incendie » (C. for. art. L 133-1), le plan de prévention des risques naturels prévisibles (PPRNP) prévoit le débroussaillement et le maintien en état débroussaillé dans les zones qu'il délimite et selon les modalités qu'il définit afin de **protéger les constructions**, chantiers et installations de toute nature (C. for. art. L 134-1 et L 134-5). Ces travaux sont à la charge des propriétaires (C. for. art. L 134-8, al. 1).

2. PLAN DE PRÉVENTION DES RISQUES NATURELS PRÉVISIBLES INCENDIES

PPRNP INCENDIES DE FORÊT

7875 Dans les zones sensibles aux incendies de forêt, le préfet de département élabore, en concertation avec les conseils régionaux et départementaux, un plan de prévention des risques naturels prévisibles en matière d'incendies de forêt (PPRNP incendies) dans les conditions fixées aux articles L 562-1 et suivants du Code de l'environnement (C. for. art. L 131-17 et C. envir. art. L 567-2). Les dispositions générales applicables aux plans de prévention des risques naturels prévisibles (PPRNP) leur sont applicables (voir nos 1110 s.). Les PPRNP déterminent les zones exposées aux risques dans lesquelles les travaux, constructions ou installations peuvent être soit soumis à des conditions particulières de sécurité, soit interdits.

Dans les **zones délimitées par un PPRNP incendies**, où des constructions, ouvrages, aménagements ou exploitations agricoles, forestières, artisanales, commerciales ou industrielles peuvent être autorisés, toute **opération nouvelle d'aménagement** comporte obligatoirement dans son périmètre une bande de terrain non bâtie à maintenir en état débroussaillé, d'une largeur d'au moins 50 m et d'au plus 200 m, isolant les constructions des bois et forêts. En outre, le plan peut imposer le **débroussaillement** et le maintien en l'état débroussaillé des terrains compris dans les zones qu'il détermine en vue de la protection des constructions (C. for. art. L 131-18).

CARTE DES TERRITOIRES SENSIBLES AUX FEUX DE FORÊT

Le ministre chargé de la prévention des risques élabore, conjointement avec les ministres chargés de la forêt et de la sécurité civile, une carte, mise à la disposition du public analysant la sensibilité du territoire au danger prévisible de feux de forêt et de végétation (C. envir. art. L 567-1, I). Sur le fondement notamment de cette carte, un arrêté conjoint desdites autorités établit la **liste des communes exposées** à un danger élevé ou très élevé de feux de forêt et de végétation (C. envir. art. L 567-1, II). **7877**

Lorsque le **territoire** d'une commune inscrite sur cette liste n'est **pas couvert par un PPRNP incendies** à la date de publication de cette liste, le préfet de département peut délimiter sur le territoire en cause une « **zone de danger** ». Une fois arrêtée par le préfet, la « zone de danger » vaut servitude d'utilité publique. Elle est annexée au PLU, au document en tenant lieu ou à la carte communale (C. envir. art. L 567-6, III).

Dans la « zone de danger », le préfet peut rendre immédiatement opposables à toute personne publique ou privée les interdictions et prescriptions prévues à l'article L 567-5 du Code de l'environnement (C. envir. art. L 567-4) : sauf exceptions, tous les **ouvrages**, aménagements, installations ou constructions sont interdits dans la zone urbanisée. En dehors des espaces urbanisés de la zone, seuls peuvent être autorisés certains projets : par exemple, les aménagements, travaux, ouvrages, équipements et locaux techniques nécessaires à la prévention et à la lutte contre les incendies de forêt, ou encore les constructions ou les installations nécessaires à des services publics (C. envir. art. L 567-5). En cas de construction ou d'aménagement d'un terrain en méconnaissance des interdictions et limitations de construire, les sanctions prévues à l'article L 567-2 du Code de l'environnement peuvent s'appliquer (C. envir. art. L 567-7).

SECTION 5

PROTECTION ET UTILISATION DU LITTORAL

GÉNÉRALITÉS

On s'accorde généralement à définir le **littoral** comme étant une bande du territoire à la fois terrestre et maritime, géographiquement limitée, caractérisée par une intense activité économique et une fragilité écologique. **8050**

Le régime actuel de la **protection du littoral** a été établi par la loi 86-2 du 3 janvier 1986 relative à l'aménagement, la protection et la mise en valeur du littoral, dite « loi littoral ». La plupart de ses dispositions ont été reprises dans le Code de l'urbanisme, le Code de l'environnement, le Code du tourisme et le Code général de la propriété des personnes publiques.

> **Précisions** **a.** Le littoral n'est pas uniquement constitué par le **rivage.** Il inclut aussi les espaces littoraux voisins (lais et relais de la mer, fonds et sous-sol de la mer, embouchures des fleuves, rivières et cours d'eau, domaine public artificiel, etc.).
> **b.** Élaborée par le ministre chargé de la mer et révisée tous les six ans, la **stratégie nationale pour la mer et le littoral** est définie dans un document-cadre (C. envir. art. L 219-1 s. et R 219-1 s.). À l'échelon régional, cette stratégie est déclinée par des « documents stratégiques de façade » en métropole et par des « documents stratégies de bassin » en outre-mer (C. envir. art. R 219-1-7 s.) Des conseils maritimes ultramarins ont été institués (C. envir. art. R 219-1-15 à 22) et le contenu du document stratégique de bassin maritime a été défini (C. envir. art. R 219-1-13 à 28). Le décret 2024-530 du 10 juin 2024 a approuvé le document définissant la stratégie nationale pour la mer et le littoral en ce qui concerne la période 2024-2030.

A. Dispositions relatives au domaine public maritime

RÉGLEMENTATION APPLICABLE

8080 Le domaine public maritime est régi par le Code général de la propriété des personnes publiques (CGPPP art. L 2111-4 à L 2111- 6, L 2124-1 à L 2124-5, L 2132-15 et R 2111-4 à R 2111-14).

> **Précisions** Les modalités de cession des terrains dépendant du domaine public maritime et situés dans les **DOM** relèvent des articles L 5111-1 à L 5111-5 et R 5111 du Code général de la propriété des personnes publiques (zone des 50 pas géométriques). Les articles L 5112-1 à 10 de ce Code concernent les départements de la Guadeloupe et de la Martinique (Circ. 2002-49 du 25-7-2002 : BO équipement 2002/15 du 25-8-2002) ; les articles L 5113-1 et L 5113-2 concernent la Guyane et La Réunion.

1. DÉLIMITATION DU DOMAINE PUBLIC MARITIME

8100 Le **domaine public maritime** comprend, outre le sol et le sous-sol de la mer (CGPPP art. L 2111-4) :
– le rivage de la mer, qui constitue la bande côtière couverte et découverte jusqu'où les plus hautes mers peuvent s'étendre en l'absence de perturbations météorologiques exceptionnelles ;
– les étangs salés en communication directe, naturelle et permanente avec la mer ;
– les lais et relais de la mer.

La définition donnée par le CGPPP des rivages de la mer reprend celle d'un texte ancien (Ordonnance sur la marine d'août 1681) qui avait donné lieu à un important arrêt du Conseil d'État (CE ass. 12-10-1973 n° 86682 : Lebon p. 563).

Les dispositions fixant, sur les rivages de la mer, la limite entre le domaine public maritime naturel et les propriétés privées ne peuvent pas être considérées comme portant atteinte au droit de propriété des riverains (Cons. const. 24-5-2013 n° 2013-316 QPC).

Des **règles communes** s'appliquent à la **délimitation** du rivage de la mer, des lais et relais et des limites transversales de la mer à l'embouchure des fleuves et rivières (CGPPP art. R 2111-5 s. ; voir aussi CE 26-3-2008 n° 279917, Assoc. pour la défense et la protection du site de la rivière de Crach : Lebon T. p. 735).

Dans tous les cas, le dossier de délimitation doit être soumis à enquête publique environnementale (CGPPP art. R 2111-8), tandis que la délimitation doit être constatée par arrêté préfectoral ou par un décret en Conseil d'État si l'avis du commissaire enquêteur est défavorable. L'arrêté ou le décret doit faire l'objet de certaines mesures de publicité (CGPPP art. R 2111-11 et R 2111-12).

8105 La délimitation des **rivages de la mer** est soumise à des règles particulières. Les limites du rivage sont constatées unilatéralement par les autorités de l'État en fonction des observations opérées sur les lieux à délimiter ou des informations fournies par des procédés scientifiques (CGPPP art. L 2111-5, al. 1).

L'acte administratif portant constatation du rivage fait l'objet d'une participation du public par voie électronique selon les modalités prévues par l'article L 123-19 du Code de l'environnement. Il est publié et notifié aux riverains (CGPPP art. L 2111-5, al. 2).

La limite ainsi constatée est reportée sur un plan cadastral adressé au directeur départemental des finances publiques. Le préfet notifie à chacun des propriétaires concernés une attestation indiquant les limites du rivage (CGPPP art. R 2111-13).

Les revendications de propriété sur les portions de rivage ainsi délimitées **se prescrivent** par 10 ans à compter de la publication de l'acte administratif portant constatation du rivage (CGPPP art. L 2111-5, al. 2).

Si l'article R 2111-5 du CGPPP envisage le recours à divers procédés scientifiques pour opérer la délimitation, il n'est pas certain que ces dispositions puissent résoudre toutes les difficultés susceptibles de se présenter : par exemple, la situation d'un terrain privé inondé et incorporé au domaine public qui viendrait à émerger de nouveau.

8110 Tout propriétaire riverain du domaine public maritime naturel a le droit de **demander** que celui-ci soit **préalablement délimité** avant de réaliser des travaux sur une parcelle dont il s'estime être propriétaire (CE 5-1-1955 : Lebon p. 1). Le pouvoir d'appréciation du préfet est lié :

celui-ci ne peut pas refuser de procéder à cette délimitation (CE 6-2-1976 n° 95784, min. transports c/ SCI Villa Miramar : Lebon p. 88). En revanche, saisi par une association de défense, le préfet a la faculté, mais non l'obligation, de faire droit à une telle demande (CE 13-2-2002 n° 235326, min. équipement c/ Assoc. pour la défense de l'environnement et de la qualité de la vie de Golfe-Juan-Vallauris : BJDU 3/02 p. 206).

En l'absence de délimitation du domaine public maritime, le juge a la possibilité de déterminer sur la base des éléments du dossier, qu'un terrain est ordinairement atteint par le plus haut flot de l'année et qu'il est, ainsi, situé sur le domaine public maritime (CE 20-5-2011 n° 328338, Cne du Lavandou : BPIM 5/11 inf. 354).

De façon générale, il appartient au juge administratif de se prononcer sur l'existence, l'étendue et les limites du domaine public maritime, sauf à renvoyer à l'autorité judiciaire une question préjudicielle en cas de contestation sur la propriété du bien litigieux dans le cas où cette contestation soulève une difficulté sérieuse (CE 14-4-2023 n° 466993, Sté Cuisine éco-logique et diététique caribéenne).

2. ACCÈS AU DOMAINE PUBLIC MARITIME

SERVITUDES DE PASSAGE DES PIÉTONS

Servitude longitudinale Les propriétés privées riveraines du domaine public maritime sont grevées, sur une bande de 3 m de largeur, d'une servitude longitudinale destinée à assurer exclusivement le passage des piétons : « le **sentier du douanier** » (C. urb. art. L 121-31 et R 121-9). **8130**

Si cette servitude a pour objet d'instaurer un droit de passage réservé aux piétons, elle peut aussi avoir pour effet, dans certaines circonstances, d'assurer la desserte d'une parcelle. Ainsi en va-t-il dans le cas d'un chemin côtier situé sur le territoire de l'île de Houat (Morbihan), alors que presque aucun véhicule n'est autorisé à circuler sur ce chemin grevé de la servitude (CE 21-6-2018 n° 416584 : BPIM 4/18 inf. 244 ; CE 25-3-2019 n° 412836).

Pour tenir compte des situations préexistantes à la création, en 1976, de la servitude, celle-ci **ne peut pas grever** :

– les terrains situés à moins de 15 m des bâtiments à usage d'habitation édifiés avant le 1er janvier 1976 ;
– les terrains attenants à des maisons d'habitation et clos de murs au 1er janvier 1976.

Il **peut toutefois en aller autrement** dans le cas où l'institution de la servitude est le seul moyen d'assurer la continuité du cheminement des piétons ou leur libre accès au rivage de la mer (C. urb. art. L 121-33).

› Précisions a. La **servitude** s'applique **de plein droit,** sans qu'une délimitation particulière soit nécessaire, à compter de la limite du domaine public maritime, déterminée conformément à l'article R 121-10 du Code de l'urbanisme.

b. En l'absence d'acte administratif de délimitation, tout propriétaire riverain peut demander au préfet qu'il soit procédé à la **délimitation** du domaine public maritime au droit de sa propriété. Il en est de même dans le cas où, depuis une délimitation antérieure, des phénomènes naturels non liés à des perturbations météorologiques exceptionnelles ont eu pour effet de modifier le niveau des plus hautes eaux (C. urb. art. R 121-11).

c. Les mesures prescrites par un arrêté préfectoral en vue de réaliser les **constats nécessaires à la constitution du dossier** d'enquête publique préalable à la définition du tracé de la servitude ne portent pas, par elles-mêmes, d'atteinte grave au droit de propriété (CE réf. 10-1-2005 n° 276137, Sté SIMBB).

d. L'article L 121-31 du Code de l'urbanisme est directement **opposable** aux autorisations d'urbanisme.

e. Les occupations sans titre et les obstacles créés de manière illicite, qui s'opposent à l'exercice par le public de son droit à l'utilisation des rivages de la mer, sont passibles d'une **contravention de grande voirie** (CE sect. 23-2-1979 n° 04467, min. équipement c/ Assoc. Les Amis des chemins de ronde : Lebon p. 75).

f. Des dispositions particulières s'appliquent dans les **DOM** (C. urb. art. R 121-37 à R 121-43).

Modification de la servitude Le préfet peut, par décision motivée prise après avis de la ou des communes intéressées, modifier le **tracé** et les **caractéristiques** de la servitude. Cette modification doit assurer la continuité du cheminement des piétons ou leur libre accès au rivage de la mer et prendre en compte les chemins ou règles locales préexistants (C. urb. art. L 121-32, al. 1 et 2). Elle doit également tenir compte de l'évolution prévisible du rivage (C. urb. art. R 121-12). **8135**

Le tracé modifié peut grever exceptionnellement des **propriétés non riveraines du domaine public** maritime (C. urb. art. L 121-32, al. 3).

 © Éd. Francis Lefebvre

La servitude ne saurait être modifiée pour créer un nouveau chemin à travers une propriété, alors que la continuité du cheminement des piétons est assurée par un simple aménagement d'un chemin préexistant qui est ouvert au public en bordure du littoral (CE 31-3-1989 n° 70784).

La modification de la servitude est prononcée après enquête (C. urb. art. R 121-16 à R 121-18 et R 121-20 à R 121-25). Le dossier soumis à l'enquête publique doit permettre à la population de connaître les motifs du projet de modification. À cet effet, il doit notamment indiquer la nature et la localisation des obstacles qui justifient la modification du tracé (CE 29-6-2020 n° 433662 : BPIM 4/20 inf. 236).

8140 Si la modification du tracé envisagée pour la servitude a pour effet de porter atteinte à des **constructions préexistantes au 1er janvier 1976,** soit en grevant des terrains attenants à des maisons d'habitation qui, au 1er janvier 1976, étaient clos de murs en matériaux durables et adhérant au sol, soit en réduisant, par rapport aux bâtiments à usage d'habitation édifiés au 1er janvier 1976, la distance de 15 m, le dossier soumis à enquête publique doit comprendre, outre les pièces prévues à l'article R 121-16 du Code de l'urbanisme, la justification du bien-fondé du tracé retenu au regard des dispositions des articles L 121-32, R 121-13 et R 121-14 du même Code (C. urb. art. R 121-17). À défaut de cette justification, la procédure est irrégulière (CE 25-11-1988 n° 72482, min. urbanisme c/ Assoc. pour la sauvegarde du pays fouesnantais : Lebon p. 427).

Le dossier doit contenir les observations et informations fournies par des procédés scientifiques qui motivent le nouveau tracé (C. urb. art. R 121-18).

Des dispositions particulières s'appliquent dans les DOM ; notamment, la servitude ne peut pas grever les terrains situés à moins de 10 m des bâtiments à usage d'habitation édifiés avant le 1er août 2010 (C. urb. art. R 121-39).

La **distance** de 15 m (ou de 10 m) peut être réduite (C. urb. art. R 121-14 et R 121-40) :

– lorsque le bâtiment à usage d'habitation est, en raison de la configuration des lieux, situé à un niveau sensiblement plus élevé que celui de l'emprise de la servitude ;

– s'il existe déjà, dans cet espace de 15 m (ou de 10 m), un passage ouvert à la libre circulation des piétons ;

– si le mur clôturant le terrain sur lequel est situé le bâtiment est lui-même à moins de 15 m (ou de 10 m) dudit bâtiment ;

– dans les DOM, sur les terrains visés au I de l'article R 121-39 afin d'assurer une rectitude minimale au tracé ;

– avec l'accord du propriétaire du bâtiment, cet accord résultant d'une convention passée avec une collectivité publique ou un groupement de collectivités publiques (C. urb. art. R 121-15).

> **Précisions** **a.** Le tracé modifié de la servitude peut grever des terrains situés à moins de 15 m d'un bâtiment à usage d'habitation édifié avant le 1er janvier 1976, dès lors que ce **bâtiment** est **impropre à toute habitation** à la date de l'arrêté approuvant la modification (CE 13-3-1996 n° 136746 : BPIM 4/96 inf. 252).
>
> **b.** Le **contrôle de** l'affectation réelle des bâtiments à **l'usage d'habitation** relève de l'appréciation souveraine des juges du fond (CE 13-2-2002 n° 215151, min. équipement c/ Assoc. « Les amis des chemins de ronde du Morbihan » : BJDU 3/02 p. 170).
>
> **c.** Il n'appartient pas au juge administratif d'apprécier l'**opportunité du tracé** retenu parmi les différents tracés légalement possibles (CAA Nantes 18-12-1996 n° 94NT01166 : BPIM 2/97 inf. 90, 2e esp.).
>
> **d.** Les dispositions relatives à la protection du littoral ne peuvent pas être utilement invoquées pour contester des **modifications apportées au tracé** de la servitude de passage, car celle-ci est soumise à un régime distinct et n'a pas le même champ d'application (CAA Nantes 22-4-2008 n° 07NT02126 : BPIM 6/08 inf. 413).
>
> **e.** Lorsque la **liste des propriétaires concernés** par la modification du tracé comporte la mention de la SCI qui a vendu les parcelles, et non pas celle du syndicat de copropriétaires qui l'a acquise, cette **erreur substantielle** est de nature à entacher d'irrégularité l'arrêté préfectoral (CAA Nantes 2-10-2007 n° 06NT02153 : BPIM 1/09 inf. 5).

8145 **Suspension de la servitude** À titre exceptionnel, le préfet peut **suspendre** la **servitude** (C. urb. art. L 121-32, al. 3). Il en va notamment ainsi dans les **cas suivants** (C. urb. art. R 121-13) :

– lorsque les piétons peuvent circuler le long du rivage de la mer grâce à des voies ou passages ouverts au public ;

– si le maintien de la servitude de passage fait obstacle au fonctionnement soit d'un service public, soit d'un établissement de pêche bénéficiaire d'une concession, soit d'une entreprise de construction ou de réparation navale ;

– à l'intérieur des limites d'un port maritime ;

– à proximité des installations utilisées pour les besoins de la défense nationale ;

– si le maintien de la servitude de passage est de nature à compromettre soit la conservation d'un site à protéger pour des raisons d'ordre archéologique ou écologique (réserves et parcs naturels), soit la stabilité des sols (présence de dunes, par exemple) ;
– si l'évolution prévisible du rivage est susceptible d'entraîner un recul des terres émergées.

La suspension de la servitude est prononcée après enquête (C. urb. art. R 121-16 à R 121-18 et R 121-20 à R 121-25).

Contrôle du juge Le juge administratif exerce un **contrôle approfondi** sur les décisions portant suspension de la servitude (CE 28-5-2014 n° 368963). 8150

Dans le cas où le maintien de la servitude de passage est susceptible de compromettre la conservation d'un site à protéger ou la stabilité des sols, l'administration ne peut prendre une décision de suspension que si elle justifie que ni la définition, ni la modification de la servitude ne peuvent, même après la réalisation des travaux nécessaires à la remise en état du site pour assurer le libre passage et la sécurité des piétons, garantir la conservation de ce site (CE 29-6-2020 n° 433662 ; CE 29-6-2020 n° 433697, min. cohésion des territoires c/ SCI Les Mouettes du Bois Marin : BPIM 4/20 inf. 237).

Servitude transversale Une servitude de passage des piétons transversale au rivage peut également être instaurée sur les **voies et chemins privés d'usage collectif** existants, à l'exception de ceux réservés à l'usage professionnel. 8155

Cette servitude a pour **but** de relier la voie publique au rivage de la mer, en l'absence de voie publique située à moins de 500 m, et permettant l'accès au rivage (C. urb. art. L 121-34).

Les dispositions relatives à la création de cette servitude sur des voies privées d'usage collectif figurent aux articles R 121-19 (tracé) et R 121-20 (enquête publique) du Code de l'urbanisme.

Des règles spécifiques s'appliquent dans les DOM (C. urb. art. R 121-42 et R 121-43).

Dispositions communes aux deux servitudes Les dispositions communes (enquête publique, établissement et approbation de leurs tracés et caractéristiques) sont fixées par les articles R 121-20 à R 121-32 du Code de l'urbanisme. 8160

Le commissaire enquêteur peut décider de procéder à une visite des lieux (C. urb. art. R 121-21). Sont, le cas échéant, convoqués les propriétaires intéressés, c'est-à-dire les propriétaires des parcelles concernées soit par les modifications envisagées, soit par la suspension de la servitude (CE 28-12-2012 n° 349059, Assoc. U Levante : BPIM 2/13 inf. 99). L'obligation de convocation ne se limite pas aux seuls propriétaires ayant exprimé le souhait que la visite soit organisée, mais s'étend à tous les propriétaires concernés (CE 28-4-2017 n° 397015 : BPIM 3/17 inf. 180).

Une irrégularité affectant le déroulement de l'enquête publique est susceptible d'entraîner l'annulation de l'arrêté préfectoral modifiant l'assiette de la servitude (CAA Nantes 28-9-2004 n° 02NT01824 : BPIM 6/04 inf. 339).

En l'absence d'opposition de la ou des communes intéressées, l'approbation de la servitude résulte d'un arrêté préfectoral qui doit faire l'objet de plusieurs **mesures de publicité** (C. urb. art. R 121-23 et R 121-24). 8162

La mise en œuvre de ces mesures (publication au recueil des actes administratifs de la préfecture ; dépôt d'une copie à la mairie de chacune des communes concernées avec affichage d'un avis de ce dépôt ; insertion d'une mention dans deux journaux régionaux ou locaux) a pour effet de rendre opposable aux tiers l'acte par lequel le préfet institue ou modifie la servitude. L'absence de publication au service de la publicité foncière n'est pas une condition de l'opposabilité de l'arrêté. De même, aucune disposition n'impose une notification individuelle aux propriétaires concernés, le défaut d'une telle notification étant seulement de nature à faire obstacle au déclenchement du délai de recours contentieux (CE 4-2-2015 Cne de Sarzeau n° 366861 : BPIM 2/15 inf. 90).

Les servitudes instituées par les articles L 121-31 et L 121-34 du Code de l'urbanisme entraînent pour le **propriétaire** l'**obligation,** sous peine d'amende (C. urb. art. R 121-26) : 8165
– de laisser aux piétons le droit de passage ;
– de n'apporter à l'état des lieux aucune modification de nature à faire, même provisoirement, obstacle au libre passage des piétons, sauf autorisation préalable accordée par le préfet, pour une durée de 6 mois au maximum ;
– de ne pas empêcher l'administration d'établir la signalisation prévue à l'article R 121-25 du Code de l'urbanisme et d'effectuer les travaux nécessaires pour assurer le libre passage et la sécurité des piétons, sous réserve d'un préavis de 15 jours sauf en cas d'urgence.

 © Éd. Francis Lefebvre

Ces servitudes entraînent, pour toute personne qui emprunte le passage, l'obligation de se conformer aux fins définies par les articles L 121-31 ou L 121-34 du Code de l'urbanisme (C. urb. art. R 121-27).

En cas d'utilisation du passage non conforme à ces fins, le contrevenant s'expose à une amende (C. urb. art. R 121-32).

8170 Les servitudes n'ouvrent droit à **indemnité** que s'il en résulte pour le propriétaire un dommage direct, matériel et certain (C. urb. art. L 121-35).

Par ailleurs, la **responsabilité civile des propriétaires** des terrains, voies et chemins grevés par ces servitudes ne saurait être engagée au titre de dommages causés ou subis par les bénéficiaires de ces servitudes (C. urb. art. L 121-37).

> **Précisions a.** La **demande d'indemnisation** du préjudice résultant de l'établissement de la servitude doit parvenir au préfet dans les 6 mois à compter de la date où le dommage a été causé, c'est-à-dire dans les 6 mois qui suivent la date à laquelle les travaux ont été achevés sur la parcelle qui en est grevée (CE 30-9-2011 n° 336664 : BPIM 6/11 inf. 435). Elle doit être établie dans les conditions définies à l'article R 121-29 du Code de l'urbanisme.

b. L'indemnité, à la charge de l'État, est fixée soit à l'amiable, soit, en cas de désaccord, dans les conditions précisées n°s 95 s. Le **montant de l'indemnité** de privation de jouissance est calculé compte tenu de l'utilisation habituelle antérieure du terrain (C. urb. art. L 121-36, al. 2).

La perte de valeur vénale de la propriété qui subit la servitude n'est pas indemnisable, dès lors que la servitude n'entraîne aucune privation de propriété (CAA Nantes 18-1-2013 n° 11NT01464).

c. Ne donne pas lieu à indemnité la **suppression des obstacles** placés en violation des dispositions de l'article R 121-26 ou édifiés en infraction aux règles d'urbanisme ou d'occupation du domaine public (C. urb. art. R 121-31, al. 1).

d. L'indemnité allouée est sujette à **répétition partielle ou totale** dans le cas où le préjudice se trouve atténué ou supprimé en raison de la suspension de la servitude ou de la modification de son tracé ou de ses caractéristiques (C. urb. art. R 121-31, al. 2).

CONCESSIONS DE PLAGE

8175 Le régime juridique des concessions de plage et des sous-traités d'exploitation résulte de l'article L 321-9 du Code de l'environnement, des articles L 2124-4, II et R 2124-13 à 38 du Code général de la propriété des personnes publiques.

Le **principe** fondamental est celui de l'usage libre et gratuit pour le public. Toutefois, par **exception** à ce principe, des concessions de plage peuvent, après enquête publique, être accordées à des personnes publiques ou privées : par priorité aux métropoles et, en dehors du territoire de celles-ci, aux communes ou groupements de communes ou encore, le cas échéant, à des personnes privées après mise en concurrence préalable (C. envir. art. L 321-9, al. 2 et 4 ; CGPPP art. L 2124-4, II-al. 1 et 3). Ces concessions ont pour objet l'aménagement, l'exploitation et l'entretien des plages (CGPPP art. R 2124-13, al. 1).

Elles emportent autorisation d'occupation du domaine public de l'État. Mais elles doivent préserver la libre circulation sur la plage et le libre usage par le public d'un espace d'une largeur significative tout le long de la mer. Cet espace doit être déterminé en tenant compte des caractéristiques des lieux (C. envir. art. L 321-9, al. 4 ; CGPPP art. L 2124-4, II-al. 2).

Un minimum de 80 % de la longueur du rivage, par plage, et de 80 % de la surface de la plage, doit rester libre de tout équipement et installation. Dans le cas des plages artificielles, ces limites ne peuvent être inférieures à 50 % (CGPPP art. R 2124-16, al. 2).

Les concessions de plage ne sont pas constitutives de **droits** réels et ne confèrent pas la propriété commerciale à leurs titulaires. Elles peuvent comporter une clause d'indemnisation des investissements non encore amortis en cas de résiliation pour un motif d'intérêt général (CGPPP art. R 2124-20).

La **durée** de la concession est limitée à 12 ans (CGPPP art. R 2124-13, al. 3). Le droit de construire, éventuellement accordé par le concédant au concessionnaire, doit être exercé dans le respect des articles L 121-16, L 121-17 et L 121-23 du Code de l'urbanisme.

À la fin de la concession, le site doit être rendu à l'état initial. Toutefois, le maintien des installations de plage au-delà de la période normale d'exploitation peut être autorisé dans certaines conditions (Arrêté EQUT0754247A du 27-4-2007).

Les collectivités territoriales concessionnaires peuvent sous-traiter les concessions à des **plagistes privés,** mais en se conformant à des obligations de publicité et de mise en concurrence préalable (CGPPP art. L 2124-4, II-al. 3). Il s'agit de la procédure applicable à la passation des conventions de délégation de service public (CGPPP art. R 2124-31 et, sur renvoi, CGCT art. L 1411-1 s.).

3. PROTECTION ET UTILISATION DU DOMAINE PUBLIC MARITIME

PRINCIPE

L'implantation irrégulière de constructions, ouvrages ou autres aménagements sur le domaine public maritime présente le caractère d'une **contravention de grande voirie** (CGPPP art. L 2132-3). C'est, par exemple, le cas lorsqu'un particulier réalise sans autorisation, sur ce domaine, plusieurs installations, dont une plate-forme en béton dallée, un plongeoir et une rampe double d'escaliers (CE 31-5-2022 n° 457886, SCI Mayer) ou encore une plage artificielle en béton, un plongeoir, ainsi que deux canalisations alimentant une piscine d'eau de mer (CE 14-6-2022 n° 455050, SA immobilière de la Pointe du Cap Martin). La solution est analogue pour l'installation, sans autorisation, d'une terrasse, d'un escalier d'accès à la mer, d'un appontement et d'une portion d'embarcadère (CE 13-11-2023 n° 474211, Préfet des Alpes-Maritimes c. Sté Westmead Production). En revanche, une passerelle surplombant la mer doit être qualifiée de construction régulière (CE 6-6-2018 n° 410651 : BPIM 4/18 inf. 243). 8200

La protection du domaine public maritime contre son urbanisation implique aussi une **interdiction générale d'endigage** en dehors des zones portuaires. Dans les dépendances domaniales ainsi protégées, il ne peut pas être porté atteinte à l'état naturel du rivage de la mer, notamment par endiguement, assèchement, enrochement ou remblaiement (CGPPP art. L 2124-2).

Les décisions relatives à l'utilisation du domaine public sont régies par le Code général de la propriété des personnes publiques (C. envir. art. L 321-5). Elles doivent tenir compte de la vocation des zones concernées et de celle des espaces terrestres avoisinants, ainsi que des impératifs de préservation des sites et paysages du littoral et des ressources biologiques. Tout changement substantiel d'utilisation est soumis à enquête publique environnementale préalable (CGPPP art. L 2124-1 s.). Les opérations réalisées avant le 3 janvier 1986 demeurent régies par la législation antérieure (CGPPP art. L 2124-2, al. 2).

L'appartenance d'un terrain au domaine public ne fait pas obstacle à l'application d'un document d'urbanisme (CE 28-7-2000 n° 135835, Port autonome de Nantes : Lebon p. 334). Cependant, les travaux prévus par une concession portuaire sur des terrains couverts par un document d'urbanisme ne peuvent pas être autorisés s'ils ne sont pas compatibles avec le document (CE ass. 30-3-1973 n° 88151 : Lebon p. 264).

Le document définissant la stratégie nationale pour la mer et le littoral (n° 8050, Précisions, d) est opposable aux documents et aux autorisations d'urbanisme (C. envir. art. L 219-3, L 219-4 et R 219-1 s.).

> Précisions a. La **concession d'endigage se définit** comme une opération par laquelle une personne physique ou morale, privée ou publique, est autorisée à effectuer sur un terrain situé sur le rivage de la mer (éventuellement sur le sol de la mer territoriale) ou sur les rives d'un fleuve les travaux nécessaires pour les faire échapper à l'incursion des flots.

b. La loi littoral n'interdit pas les **marinas** intérieures.

c. Si un **port de plaisance est creusé à l'intérieur des terres** et non pas aménagé grâce à des terre-pleins gagnés sur la mer, rien n'interdit l'opération de promotion immobilière qui peut y être attachée, sous réserve du respect de l'article L 121-21 du Code de l'urbanisme (voir n° 8330).

d. Une zone à usage de **plage**, destinée à recevoir l'extension d'un port de plaisance, est une zone portuaire au sens de l'article L 2124-2 du CGPPP (CE 29-12-1993 n° 148567, Ville de Royan : BJDU 4/94 p. 17).

e. Les **biens culturels maritimes** situés sur le domaine public maritime font l'objet d'une protection particulière (C. patr. art. L 532-1 s. et R 532-1 s.).

f. Les auteurs d'un document d'urbanisme ne sont pas tenus de recueillir l'**avis préalable** de la personne publique chargée de la gestion du domaine avant de créer un emplacement réservé (CE 28-7-2000 n° 135835, Port autonome de Nantes : Lebon p. 334).

g. La bonne foi d'un acquéreur d'ouvrages partiellement édifiés dans la zone des cinquante pas géométriques (n° 8080, Précisions) lors de son acquisition permet d'écarter la démolition de l'empiètement (Cass. 3e civ. 30-3-2017 n° 15-21.790 FS-PB ; Cass. 3e civ. QPC 30-3-2017 n° 16-22.058 FS-PB).

EXCEPTIONS

De façon dérogatoire **sont admises** hors des limites des ports (CGPPP art. L 2124-2) : 8205
- les opérations de défense contre la mer ;
- la réalisation des ouvrages et installations nécessaires à la sécurité maritime, à la défense nationale, à la pêche maritime, à la saliculture et aux cultures marines ;
- la réalisation d'ouvrages ou d'installations liés à l'exercice d'un service public ou l'exécution d'un travail public dont la localisation en bord de mer s'impose pour des raisons topographiques ou techniques impératives et qui ont donné lieu à une déclaration d'utilité publique.

› Précisions **a.** Les **ouvrages de défense contre l'action des flots** n'ont pas à être expressément prévus au document local d'urbanisme (CE 10-10-1978, Assoc. des Amis des chemins de ronde : Lebon p. 178).

b. Les concessions pour les **cultures marines** sont soumises à un régime spécifique (Décret 83-228 du 22-3-1983 modifié par le décret 2009-1349 du 29-10-2009).

8210 Les dépendances du domaine public maritime situées hors des limites des ports peuvent faire l'objet de **concessions d'utilisation** en vue de leur affectation à l'usage public, à un service public ou à une opération d'intérêt général (CGPPP art. L 2124-3 et R 2124-1 s.).

Ces concessions sont accordées par l'État après enquête publique pour une **durée** qui ne peut pas excéder 30 ans. Les concessions relatives aux ouvrages de production d'énergie renouvelable en mer et leurs ouvrages connexes, ainsi que celles relatives aux ouvrages des réseaux publics d'électricité dont l'assiette est située sur le domaine public maritime, sont conclues pour une durée qui ne peut excéder 50 ans (CGPPP art. R 2124-1, al. 2 et 3 dans sa rédaction issue du décret 2023-1419 du 29-12-2023).

Les concessions ne sont pas constitutives de **droits** réels et ne confèrent pas la propriété commerciale aux titulaires et sous-traitants. Elles peuvent comporter une clause d'indemnisation des investissements non encore amortis en cas de résiliation pour un motif d'intérêt général (CGPPP art. R 2124-9).

› Précisions **a.** Les dispositions relatives aux concessions d'utilisation du domaine maritime hors des ports (CGPPP art. R 2124-1 s.) ne concernent ni les concessions de plage (n° 8175), ni les autorisations d'exploitation de cultures marines (n° 8205), ni les ouvrages et installations soumis à l'octroi d'un titre minier. Mais elles peuvent permettre la réalisation d'installations d'équipements d'énergies marines renouvelables ou de récifs artificiels. À la fin de la concession, l'exploitant a l'obligation de remettre le site en son état originaire et doit donner une garantie financière.

b. Sur la constitution de droits réels sur le domaine public naturel et artificiel de l'État : voir n°s 85105 s.

B. Urbanisation du littoral

1. RÈGLES D'URBANISME

RÉGLEMENTATION APPLICABLE

8310 La protection du littoral résulte principalement :
– de la loi dite « littoral » (Loi 86-2 du 3-1-1986) dont la plupart des dispositions ont été reprises, notamment, dans le Code de l'urbanisme (art. L 121-1 s.), le Code de l'environnement (art. L 321-1 à L 321-9) et le Code du tourisme (art. L 341-1 à L 341-15) ;
– du décret 2015-1783 du 28 décembre 2015 également codifié (C. urb. art. R 121-1 s.).

› Précisions **a.** Les modalités d'application de loi littoral sont explicitées dans une instruction pour une meilleure intégration dans les Scot et les PLU (Inst. ETLL1511660J du 7-12-2015 : BO écologie 2015/23 du 25-12-2015 p. 17).

b. Les conseils régionaux des régions littorales limitrophes peuvent coordonner leurs politiques du littoral et élaborer un **schéma régional d'aménagement, de développement durable et d'égalité des territoires** (n°s 980 s.).

c. Le **Conseil national de la mer et des littoraux** a essentiellement un rôle de consultation et de proposition (C. envir. art. L 219-1-A).

d. La loi offre la possibilité aux communes littorales de passer des conventions à long terme avec des personnes publiques ou privées pour la gestion, l'animation et la promotion d'**ensembles touristiques** (C. tourisme art. L 341-1) et contient également des dispositions particulières sur la police municipale, les secours en mer, les carrières, la qualité des eaux, l'usage des plages, etc.

COMMUNES CONCERNÉES

8315 La loi littoral est applicable dans **trois types de communes.** Il s'agit des communes :
– riveraines des mers et océans, des étangs salés, des plans d'eau intérieurs d'une superficie supérieure à 1 000 hectares (C. urb. art. L 121-1, 1° ; C. envir. art. L 321-2, 1°) ; sur l'application de la loi littoral autour des lacs de montagne, voir n° 8910 ;
– riveraines des estuaires et des deltas, qui sont situées en aval de la limite de la salure des eaux et qui participent aux équilibres économiques et écologiques littoraux ; la liste de ces communes est fixée par un décret en Conseil d'État, après consultation des conseils municipaux intéressés (C. urb. art. L 121-1, 1° ; C. envir. art. L 321-2, 2° et R 321-1) ;

– qui participent aux équilibres économiques et écologiques littoraux et qui sont inscrites à leur demande sur une liste fixée par décret en Conseil d'État après avis du Conservatoire de l'espace littoral et des rivages lacustres (C. urb. art. L 121-1, 2°) ; cette disposition vise les communes « rétro-littorales » qui ne possèdent aucune façade maritime ou estuarienne, mais le décret annoncé n'a toujours pas été pris.

Les deux premières catégories sont qualifiées de communes littorales par l'article L 321-2, al. 1 du Code de l'environnement.

En cas de **création d'une commune nouvelle** à la suite du regroupement de deux communes dont une seule était « littorale », les dispositions de la loi littoral qui, normalement, devraient s'appliquer à tout le territoire de la nouvelle commune restent circonscrites au territoire de l'ancienne commune littorale fusionnée, sauf décision du conseil municipal d'étendre cette législation à tout le territoire de la commune nouvelle (C. envir. art. L 321-2, dernier al.).

> Précisions **a.** **87 communes** figurent dans la liste de celles qui sont considérées comme **riveraines des estuaires et des deltas** (C. envir. art. R 321-1). Celles qui n'y figurent pas se trouvent nécessairement en dehors du champ d'application des articles L 121-1, 1° du Code de l'urbanisme et L 321-2, 2° du Code de l'environnement (CE 14-11-2012 n° 347778, Sté Neo Plouvien : BPIM 1/13 inf. 11).

b. La limite aval d'un estuaire, qui **sépare les communes riveraines de la mer et celles riveraines des estuaires,** s'entend de la limite transversale de la mer, déterminée conformément aux dispositions en vigueur (CE 14-11-2012 n° 347778, Sté Neo Plouvien : BPIM 1/13 inf. 11). Ces dispositions figurant aujourd'hui aux articles L 2111-5, dernier al. et R 2111-5 s. du Code général de la propriété des personnes publiques (CE 14-11-2012 n° 347778, Sté Neo Plouvien : BPIM 1/13 inf. 11).

La **délimitation de la mer** à l'embouchure des cours d'eau repose sur l'observation combinée de plusieurs indices tels que la configuration des côtes et notamment l'écartement des rives, la proportion respective d'eaux fluviales et d'eau de mer, l'origine des atterrissements, le caractère fluvial ou maritime de la faune et de la végétation. En outre, la part relative de chacun des indices, dont se dégage l'influence prépondérante ou non de la mer, doit être appréciée en fonction des circonstances propres à chaque espèce. Eu égard au caractère recognitif de l'acte de délimitation, la limite transversale de la mer peut être contestée à toute époque (CE 12-11-2014 n° 369147, Cne de Pont-Aven : BPIM 1/15 inf. 9).

À propos de la distinction entre rives d'un estuaire et rivage de la mer en application des articles L 121-15 et L 121-20 du Code de l'urbanisme, voir n° 8435.

c. La loi littoral s'applique dans les **DOM** (C. urb. art. L 121-38) à l'exception des articles L 121-12, L 121-13, L 121-16, L 121-17 et L 121-19 et sous réserve de dispositions particulières réglementant l'extension de l'urbanisation en continuité des zones urbanisées (C. urb. art. L 121-39), dans les espaces proches du rivage (C. urb. art. L 121-40 à L 121-44) et dans la bande des 50 pas géométriques. Les récifs coralliens, lagons et mangroves font l'objet d'une protection particulière (C. urb. art. L 121-50). Ne peut bénéficier de ces dispositions une parcelle ne jouxtant qu'un seul terrain supportant une construction (CAA Bordeaux 15-3-2001 n° 97BX02362).

d. La **protection des secteurs sensibles** peut également être assurée au titre d'**autres législations** (sites, parcs nationaux, réserves naturelles, forêts de protection, arrêtés de biotope, directives UE), sans que cela fasse obstacle à l'application de l'article L 121-23 du Code de l'urbanisme.

e. Dans les communes soumises tout à la fois à la loi littoral et à la loi montagne, les dispositions de cette dernière loi relatives à l'extension en continuité de l'urbanisation existante, à la protection des rives des plans d'eau de moins de 1 000 hectares ainsi que celles relatives aux unités touristiques nouvelles ne sont pas applicables (C. urb. art. L 121-2).

PERSONNES ET OPÉRATIONS CONCERNÉES

La portée des règles issues de la loi littoral est très générale puisque ces règles sont directement opposables à toute **personne** publique ou privée pour l'exécution de tous **travaux,** constructions, défrichements, plantations, installations et travaux divers, la création de lotissements et l'ouverture de terrains de camping ou de stationnement de caravanes, l'établissement de clôtures, ou encore pour l'ouverture de carrières, la recherche et l'exploitation de minerais et les **installations** classées pour la protection de l'environnement (C. urb. art. L 121-3, al. 1). 8320

Les opérations d'aménagement admises à proximité du rivage doivent organiser ou préserver le libre accès du public à celui-ci (C. urb. art. L 121-7).

Certains ouvrages et installations échappent toutefois à ces dispositions protectrices du littoral (voir n° 8540).

DOCUMENTS D'URBANISME CONCERNÉS

Les Scot doivent être compatibles avec les dispositions issues de la loi littoral (C. urb. art. L 131-1, 1°). Il en va de même, en l'absence de Scot, pour les PLU, les documents en tenant lieu et les cartes communales (C. urb. art. L 131-7, al. 1 ; C. urb. art. L 131-6, al. 1). 8330

Par ailleurs, afin de déterminer la capacité d'accueil des espaces urbanisés ou à urbaniser, les documents d'urbanisme doivent tenir compte des **contraintes propres au littoral** (C. urb. art. L 121-21) :
– préservation des espaces et milieux mentionnés à l'article L 121-23 du Code de l'urbanisme (voir nos 8460 s.) ;
– existence de risques littoraux, notamment ceux liés à la submersion marine, et projection du recul du trait de côte ;
– protection des espaces nécessaires au maintien ou au développement des activités agricoles, pastorales, forestières et maritimes ;
– conditions de fréquentation par le public des espaces naturels, du rivage et des équipements qui y sont liés.
Toutefois, dans les espaces urbanisés, ces dispositions ne font pas obstacle à la réalisation des opérations de rénovation des quartiers ou de réhabilitation de l'habitat existant, ainsi qu'à l'amélioration, l'extension ou la reconstruction des constructions existantes. Sur la notion d'espace urbanisé, voir no 8415.
Le Scot doit préciser, en tenant compte des paysages, de l'environnement, des particularités locales et de la capacité d'accueil du territoire, les modalités d'application des dispositions relatives à l'aménagement et à la protection du littoral (C. urb. art. L 121-3, al. 2).
Lorsque le territoire couvert par un PLU l'est également par un Scot, la compatibilité du PLU avec la législation protectrice du littoral s'apprécie en tenant compte des dispositions du Scot relatives à l'application de cette législation, sans pouvoir exclure certaines dispositions du schéma, au motif qu'elles seraient insuffisamment précises (CE 28-9-2020 no 423087, Cne du Lavandou : BPIM 6/20 inf. 36 ; CE 7-2-2023 no 450707, Cne de Pléneuf-Val-André).
Le PLU n'a pas à reprendre les dispositions de la loi littoral applicables sur le territoire qu'il couvre (CE 12-10-2016 no 387308 : BPIM 6/16 inf. 350).

8335 Les Scot et les PLU doivent prévoir des espaces naturels présentant le caractère d'une **coupure d'urbanisation** (C. urb. art. L 121-22). La localisation de ces coupures d'urbanisation doit figurer dans le document d'urbanisme avec un zonage propre (NC ou ND pour les POS ; A ou N pour les PLU).

> **Précisions** **a.** Une coupure d'urbanisation ne peut se concevoir que sur une part significative du territoire communal (CE 21-9-1992 no 110165, Assoc. de défense de Juan-les-Pins et de ses pinèdes : Lebon T. p. 1372). Le juge administratif n'exerce sur ce point qu'un contrôle restreint.
> Un espace n'ayant jamais comporté ni construction ni équipement de desserte ou des espaces naturels présentant le caractère d'une coupure verte est considéré comme étant une coupure d'urbanisation (Rép. Bachelet : AN 11-10-1993 no 3739).
> **b.** Le classement en zone NL couvrant les espaces naturels à vocation de loisirs de plusieurs parcelles situées à 400 m du rivage au sein d'un vaste espace naturel identifié correspond à une véritable coupure d'urbanisation (CAA Nantes 14-5-2012 no 10NT02518).
> **c.** Un vignoble situé en espace agricole périurbain peut constituer une coupure d'urbanisation (CAA Marseille 12-1-2017 no 15MA01202, Assoc. pour la protection de l'aire d'appellation d'origine contrôlée du muscat de Frontignan).

8340 La **légalité d'une décision individuelle d'occupation ou d'utilisation du sol** doit être principalement appréciée au regard des règles de protection du littoral, cette décision devant être directement conforme à ces règles. Si la commune est dotée d'un PLU, la circonstance que l'autorisation soit conforme à celui-ci, tout en étant contraire aux dispositions issues de la loi littoral, ne suffit pas à assurer sa légalité, dès lors qu'il existe seulement un rapport de compatibilité entre le PLU et ces dispositions (CE sect. 31-3-2017 no 392186, SARL Savoie Lac Investissements : BPIM 3/17 inf. 181).
La solution est comparable dans le cas d'un certificat d'urbanisme négatif justifié par une méconnaissance de la loi littoral, alors même que la carte communale applicable en l'espèce prévoit que le terrain concerné est constructible (CE 3-10-2016 no 391750, Le Brun : BPIM 6/16 inf. 351).

8345 Les **directives territoriales d'aménagement et de développement durables** (DTADD) (C. urb. art. L 102-4 s.) ne sont pas directement opposables aux autorisations d'urbanisme dont la légalité s'apprécie uniquement au regard des articles L 121-1 s. du Code de l'urbanisme. Sur les DTADD, voir nos 945 s.

> **Précisions** **a.** Les dispositions des **DTA** approuvées avant la date de l'entrée en vigueur de la loi du 12 juillet 2010 restent en vigueur. Celles qui précisent les modalités d'application des articles L 121-1 s. du Code de l'urbanisme sur les zones littorales s'appliquent aux personnes et opérations qui y sont mentionnées (C. urb. art. L 172-1 s.). Mais il est nécessaire, d'une part, qu'elles aient défini de manière suffisamment précise les modalités d'application de

ces dispositions et, d'autre part, qu'elles soient compatibles avec elles (CE sect. 16-7-2010 n° 313768, min. écologie c/ Sté Les Casuccie : BPIM 5/10 inf. 349).

b. Jugé que la **légalité d'une DTA au regard des dispositions sur le littoral** doit s'apprécier dans le cadre d'une approche globale, à l'échelle du territoire qu'elle couvre et compte tenu de l'ensemble de ses orientations et prescriptions (CE 27-7-2005 n° 264336, Comité de sauvegarde du port Vauban Vieille-Ville et Antibes-Est : BPIM 6/05 inf. 369).

2. RÉGIME DE L'URBANISATION

Le législateur s'est efforcé de lutter contre le phénomène de « mitage » du littoral. Il n'a cependant pas adopté les mêmes modes de protection pour l'ensemble du territoire communal. Tout en réservant le cas des estuaires (n° 8435), il a différencié les règles applicables en distinguant trois sortes d'espaces : **8360**
- l'ensemble des territoires communaux (C. urb. art. L 121-8 s.) ;
- les espaces proches du rivage (C. urb. art. L 121-13 s.) ;
- la bande littorale de 100 m (C. urb. art. L 121-16 s.).

Plus récemment, c'est le phénomène de l'érosion des côtes maritimes qui a constitué la préoccupation majeure des pouvoirs publics. En le désignant par l'expression de « recul du trait de côte », la loi Climat 2021-1104 du 22 août 2021 lui consacre plusieurs dispositions (C. urb. art. L 121-22-1 s.).

ENSEMBLE DES TERRITOIRES COMMUNAUX (C. URB. ART. L 121-8)

Règles générales Jusqu'au 25 novembre 2018, l'**extension de l'urbanisation** devait se réaliser (C. urb. art. L 121-8 dans sa rédaction antérieure à la loi 2018-1021 du 23-11-2018) : **8365**
– soit en continuité avec les agglomérations et villages existants ;
– soit en hameaux nouveaux intégrés à l'environnement.

La loi Élan a supprimé cette seconde disposition (art. L 121-8, al. 1). Toutefois, cette suppression s'applique sans préjudice des autorisations d'urbanisme délivrées avant le 25 novembre 2018. De plus, les dispositions antérieures continuent à s'appliquer aux demandes d'autorisation déposées avant le 31 décembre 2021, ainsi qu'aux révisions, mises en compatibilité ou modifications de documents d'urbanisme approuvées avant la même date (Loi 2018-1021 art. 42, V).

En outre, il appartient désormais au Scot de déterminer les « critères d'identification » des villages, agglomérations et autres secteurs déjà urbanisés, ainsi que d'en définir la localisation (C. urb. art. L 121-3, al. 2).

Si, en adoptant les dispositions qui figurent sous l'article L 121-8 du Code de l'urbanisme, le législateur a entendu interdire en principe toute opération de construction isolée dans les communes du littoral, ces dispositions ne s'opposent pas au simple agrandissement d'une construction existante qui ne peut être regardée comme une extension de l'urbanisation (CE 3-4-2020 n° 419139 : BPIM 3/20 inf. 180). Un simple agrandissement est une extension présentant un caractère limité au regard de sa taille propre, de sa proportion par rapport à la construction et de la nature de la modification apportée. Ce caractère de l'extension s'apprécie par comparaison avec l'état de la construction initiale, sans qu'il y ait lieu de tenir compte des éventuels agrandissements ultérieurs (CE avis 30-4-2024 n° 490405 : BPIM 3/24 inf. 157).

> **Précisions** Il appartient au juge administratif de vérifier la conformité de l'autorisation contestée à la loi littoral, compte tenu des dispositions pertinentes du Scot relatives aux critères d'identification des villages, agglomérations et autres secteurs déjà urbanisés, ainsi qu'à leur localisation, dès lors que ces dispositions sont suffisamment précises et compatibles avec les modalités de protection du littoral (CE 9-7-2021 n° 445118, Cne de Landéda : BPIM 5/21 inf. 317 ; CE 21-4-2023 n° 456788, Cne de Ploemeur : BPIM 3/23 inf. 160).

L'extension de l'urbanisation répond aux **conditions exigées par le législateur** si les constructions projetées sont en continuité avec les zones déjà urbanisées, caractérisées par une densité significative des constructions. En revanche, aucune construction ne peut être autorisée, même en continuité avec d'autres constructions, dans les zones d'urbanisation diffuse éloignées des agglomérations (CE 27-9-2006 n° 275924, Cne du Lavandou : BPIM 6/06 inf. 409 ; CE 25-7-2008 n° 315862, Assoc bonifacienne comprendre et défendre l'environnement : BPIM 6/08 inf. 414 ; CE 27-7-2009 n° 306946, Cne du Bono : BPIM 5/09 inf. 338 ; CE 9-11-2015 n° 372531, Cne de Porto-Vecchio : BPIM 1/16 inf. 10 ; CE 11-7-2018 n° 410084, Préfet des Pyrénées-Atlantiques : BPIM 4/18 inf. 323 ; CE 28-6-2019 n° 417773, Sté European Homes Centre). **8366**

> **Précisions** **a.** Les notions de hameau, village et agglomération ne se définissent pas seulement par rapport à un nombre précis d'habitations.
> Le **hameau** s'entend d'un petit groupe d'habitations (10 à 15 au maximum) avec éventuellement d'autres constructions telles que des bâtiments agricoles, isolé et distinct du bourg ou

© Ed. Francis Lefebvre

du village. Il n'est pas nécessaire qu'il comprenne un commerce, un café ou un service public. À l'inverse, l'existence de tels équipements ne suffit pas à estimer qu'on est en présence d'un hameau. Ce qui caractérise le hameau, c'est une taille relativement modeste et le regroupement des constructions.

Les **villages,** petites agglomérations rurales, sont plus importants que les hameaux et comprennent ou ont compris des équipements ou lieux collectifs administratifs, cultuels ou commerciaux, même si, dans certains cas, ces équipements ne sont plus en service.

L'**agglomération** recouvre toutes les zones urbanisées d'une taille supérieure ou de nature différente. De nombreux secteurs peuvent être concernés. Constituent notamment une agglomération : une zone d'activité, un ensemble de maisons d'habitation excédant sensiblement la taille d'un hameau ou d'un village mais qui n'est pas doté des équipements ou lieux collectifs et, bien sûr, une ville ou un bourg important (Rép. Chevé : Sén. 12-3-2009 n° 7848 ; voir aussi Rép. Bizet : Sén. 29-4-2010 ; Rép. Le Cam 27-5-2010 : Sén. n° 11358 ; Rép. Larcher : Sén. 7-10-2010 ; encore à propos des lacs de montagne, Rép.Masson : Sén. 22-3-2007 n° 1675).

b. Un **hameau nouveau** ne peut être autorisé que si le projet est conforme à la destination d'une zone délimitée par le document local d'urbanisme, dans laquelle celui-ci autorise une extension de l'urbanisation de faible ampleur intégrée à l'environnement par la réalisation d'un petit nombre de constructions, proches les unes des autres et formant un ensemble dont les caractéristiques et l'organisation s'inscrivent dans les traditions locales (CE 3-4-2014 n° 360902, Cne de Bonifacio : BPIM 3/14 inf. 155 ; CE 7-10-2020 n° 427701, Cne de Ramatuelle).

Par ailleurs, la construction d'une maison d'habitation ne constitue pas un hameau nouveau (CE 27-7-2009 n° 306946, Cne du Bono : BPIM 5/09 inf. 338).

c. Ne peuvent pas être regardés comme des **hameaux intégrés** à l'environnement :
– un îlot de ZAC où sont autorisés 23 800 m² de Shon et un ensemble d'îlots représentant 47 500 m² de Shon (CE 3-7-1996 n° 137623, SCI Mandelieu Maure-Vieil : Lebon p. 261) ;
– une urbanisation par bandes parallèles alternativement constructibles et inconstructibles (CE 19-3-2008 n° 296504, Cne de Saint-Cast-le-Guildo : BPIM 6/08 inf. 415).

d. Dans les espaces urbanisés situés dans des **lieux-dits** ne pouvant pas être qualifiés de village, il est possible de construire dans une « dent creuse », en respectant les caractéristiques du quartier (Rép. Lebœuf : AN 12-3-2013 n° 9333 ; Rép. Gosselin-Fleury : AN 10-6-2014).

e. Un **lotissement** est susceptible de constituer une agglomération ou un village au sens de l'article L 121-8 du Code de l'urbanisme (CE 12-6-2023 n° 459918, Sté Bouygues Immobilier : BPIM 4/23 Inf. 233).

f. Doivent être considérés comme des **opérations d'urbanisation** :
– la construction d'un bâtiment destiné à l'élevage hors-sol de volailles, d'une Shob de 1 228 m² et d'une capacité de 9 000 dindes ou de 27 000 poulets, et ce, alors même que ce bâtiment, qui revêt le caractère d'une installation classée pour la protection de l'environnement, doit être affecté à une activité de production animale (CE 15-10-1999 n° 198578, Cne de Logonna-Daoulas : BJDU 5/99 p. 341, concl. L. Touvet) ;
– le projet d'aménagement du site mégalithique de Carnac consistant en la construction d'un bâtiment et en l'aménagement d'un parking (CAA Nantes 27-12-2002 n° 98NT02744 : BPIM 2/03 inf. 79) ;
– la réalisation d'une centrale de production d'électricité photovoltaïque au sol (CE 28-7-2017 n° 397783) ;
– la réalisation d'un parc éolien (CE 14-11-2012 n° 347778, Sté Neo Plouvien : BPIM 1/13 inf. 12) ;
– l'implantation d'une infrastructure de téléphonie mobile comprenant une antenne-relais et ses systèmes d'accroche (CE avis 11-6-2021 n° 449840 : BPIM 4/21 inf. 243).

g. Les voies de desserte de terrains bâtis contigus à une parcelle non bâtie ne sont pas constitutives d'une rupture d'urbanisation (CAA Marseille 1-10-2015 n° 14MA01799 Cne de Sanary-sur-Mer).

8367 **Exceptions** Un régime dérogatoire aux règles qui encadrent l'extension de l'urbanisation s'applique dans les **secteurs déjà urbanisés** autres que les agglomérations et villages identifiés par le Scot et délimités par le PLU. Des **constructions et installations** peuvent y être autorisées, sous réserve que trois séries de conditions soient réunies (C. urb. art. L 121-8, al. 2) :
– ces constructions et installations doivent être implantées en dehors de la bande littorale de 100 m, des espaces proches du rivage, ainsi des rives des plans d'eau ;
– elles doivent répondre à des finalités exclusives d'amélioration de l'offre de logement ou d'hébergement et d'implantation de services publics ;
– elles ne doivent pas avoir pour effet d'étendre le périmètre bâti existant, ni de modifier de manière significative les caractéristiques de ce bâti.

Les secteurs déjà urbanisés se distinguent des espaces d'urbanisation diffuse, notamment par la densité de l'urbanisation, sa continuité, sa structuration par des voies de circulation et des réseaux publics (distribution d'eau potable, électricité, assainissement, collecte de déchets), ainsi que par la présence d'équipements ou de lieux collectifs (sur cette distinction, voir CE 22-4-2022 n° 450229, Office public de l'habitat des Pyrénées-Atlantiques : BPIM 4/22 inf. 269).

L'autorisation fait l'objet d'un avis de la commission départementale de la nature, des paysages et des sites. Elle est refusée lorsque les constructions et installations sont susceptibles de porter atteinte à l'environnement ou aux paysages (C. urb. art. L 121-8, al. 3).

© Éd. Francis Lefebvre

Il existe également d'autres **dérogations.** 8368

Ainsi, les **constructions ou installations nécessaires aux activités agricoles ou forestières ou aux cultures marines** peuvent être autorisées avec l'accord du préfet, après avis de la commission départementale de la nature, des paysages et des sites, ainsi que de la commission départementale de la préservation des espaces naturels, agricoles et forestiers. Les nouvelles dispositions ne se réfèrent plus à la notion de constructions ou installations incompatibles avec le voisinage des zones habitées (C. urb. art. L 121-10, al. 1 et 2).

Ces opérations ne peuvent être autorisées qu'en dehors des espaces proches du rivage, à l'exception, toutefois, des constructions ou installations nécessaires aux cultures marines. L'accord du préfet est refusé si les constructions ou installations sont de nature à porter atteinte à l'environnement ou aux paysages. Le changement de destination des constructions ou installations est interdit (art. L 121-10, al. 3 à 5).

En deuxième lieu, la réalisation de travaux de mise aux normes des exploitations agricoles est autorisée à la condition que les effluents d'origine animale ne soient pas accrus (C. urb. art. L 121-11).

En troisième lieu, est admise l'implantation d'éoliennes qui sont incompatibles avec le voisinage des zones habitées, à condition cependant (C. urb. art. L 121-12) :

– que les éoliennes soient implantées en dehors des espaces proches du rivage et au-delà d'une bande d'un kilomètre à compter de la limite haute du rivage ou des plus hautes eaux pour les plans d'eau intérieurs désignés à l'article L 321-2 du Code de l'environnement. Le PLU peut adapter, hors les espaces proches du rivage, la largeur de la bande d'un kilomètre ;

– que les ouvrages ne soient pas de nature à porter atteinte à l'environnement ou aux sites et paysages remarquables ;

– que la réalisation du projet ne puisse intervenir qu'après une délibération favorable de l'organe délibérant de l'EPCI compétent en matière de PLU ou, à défaut, du conseil municipal de la commune concernée par l'ouvrage, et après avis de la commission départementale de la nature, de paysages et de sites.

Enfin, les ouvrages nécessaires à la **production d'énergie solaire, photovoltaïque ou thermique** peuvent être autorisées sur des friches, ainsi que sur des bassins industriels de saumure saturée. L'autorisation est accordée par le ministre de l'urbanisme, après avis de la commission départementale de la nature, de paysages et de sites. Elle est notamment subordonnée à la condition que le projet ne soit pas de nature à porter atteinte à l'environnement, notamment à la biodiversité ou aux paysages et à la salubrité ou à la sécurité publique. Il en va ainsi que l'ouvrage soit en fonctionnement normal comme en cas d'incident ou d'accident (C. urb. art. L 121-12-1 et R 121-3-1). Le silence gardé par le ministre pendant 4 mois vaut décision implicite de rejet (C. urb. art. R 121-3-2 et R 121-3-3). Il existe une liste de 22 friches pour lesquelles il est possible de bénéficier de ce dispositif dérogatoire (Décret 2023-1311 du 27-12-2023).

ESPACES PROCHES DU RIVAGE (C. URB. ART. L 121-13)

Conditions de l'urbanisation Dans les espaces proches du rivage ou des rives des plans d'eau intérieurs désignés à l'article L 321-2 du Code de l'environnement (voir n° 8315), seule est admise l'**extension limitée** de l'urbanisation. Celle-ci doit être justifiée et motivée dans le PLU selon des critères liés à la configuration des lieux ou à l'accueil d'activités économiques exigeant la proximité immédiate de l'eau (C. urb. art. L 121-13, al. 1). 8370

Les **critères** liés à la configuration des lieux ou à l'accueil des activités économiques ne sont cependant **pas applicables** si l'urbanisation est conforme aux dispositions d'un Scot, ou d'un schéma d'aménagement régional ou si elle est compatible avec les prescriptions d'un schéma de mise en valeur de la mer (SMVM) (C. urb. art. L 121-13, al. 2).

Lorsqu'un Scot comporte des dispositions suffisamment précises et compatibles avec les conditions de l'extension de l'urbanisation dans l'espace proche du rivage, le caractère limité de l'urbanisation qui résulte de l'opération envisagée dans cet espace s'apprécie en tenant compte des dispositions du Scot (CE 11-3-2020 n° 419861, Confédération Environnement Méditerranée : BPIM 3/20 inf. 81 ; CE 21-4-2023 n° 456788, Cne de Ploemeur : BPIM 3/23 inf. 160).

Les **schémas de mise en valeur de la mer (SMVM)** peuvent être établis dans les zones côtières afin de fixer les orientations fondamentales de la protection, de l'exploitation et de l'aménagement du littoral (Loi 83-8 du 7-1-1983 art. 57, al. 1). 8380

Ils déterminent la vocation générale des différentes zones et notamment celles affectées au développement industriel et portuaire, aux cultures marines et aux activités de loisirs. Ils précisent les mesures de protection du milieu marin (Loi 83-8 du 7-1-1983 art. 57, al. 2).

Ils déterminent également les vocations des différents secteurs de l'espace maritime et les principes de compatibilité applicables aux usages correspondants, ainsi que les conséquences qui en résultent pour l'utilisation des divers secteurs de l'espace terrestre liés à l'espace maritime. Ils peuvent, en particulier, édicter les sujétions particulières intéressant les espaces maritime, fluvial ou terrestre attenants, nécessaires à la préservation du milieu marin et littoral (Loi 83-8 du 7-1-1983 art. 57, al. 3).

8385 Selon les dispositions applicables avant le 1er avril 2021, l'élaboration du SMVM pouvait être confiée à l'établissement public en charge du schéma de cohérence territoriale [Epscot] (C. urb. art. L 141-24). Dans cette hypothèse, le Scot comprenant une ou plusieurs communes littorales pouvait comporter un chapitre individualisé valant SMVM (C. urb. art. L 141-24 à L 141-26, R 141-8 et R 141-9). L'ordonnance 2020-744 du 17 juin 2020 a abrogé ces dispositions à compter du 1er avril 2021. Le Scot continue à définir certaines orientations relatives aux espaces maritimes et littoraux (C. urb. art. L 141-12 s.). Mais ces orientations ne prennent plus la forme d'un chapitre individualisé du Scot.

À la suite de l'entrée en vigueur de l'ordonnance 2020-744 du 17 juin 2020, un seul autre mécanisme d'élaboration peut désormais être utilisé. La procédure, dont les modalités sont fixées par décret, relève alors de l'État (Loi 83-8 du 7-1-1983 art. 57, al. 4 s. ; Décret 86-1252 du 5-12-1986 art. 6 s.). Les projets de SMVM sont obligatoirement soumis à enquête publique environnementale et approuvés par le préfet. L'approbation par décret en Conseil d'État est nécessaire en cas d'avis défavorable d'un certain nombre de communes intéressées. Les schémas doivent être **révisés** tous les 10 ans. Ils ont les mêmes **effets** que les anciennes DTA, qui pouvaient préciser les modalités d'application des dispositions particulières au littoral issues du Code de l'urbanisme aux personnes et opérations qui y sont mentionnées (nos 930 s.).

› Précisions **a.** Les SMVM constituent des **documents d'urbanisme.** Le juge de l'excès de pouvoir vérifie que les partis d'urbanisme qu'ils retiennent sont compatibles avec la loi littoral et ne sont pas entachés d'erreur manifeste d'appréciation (CE 7-7-1997 n° 170375 : BJDU 5/97 p. 315, concl. J.-C. Bonichot). Les SMVM peuvent servir de référence pour l'appréciation des possibilités d'urbanisation des espaces proches du rivage dès lors qu'ils comportent des dispositions précises. Dans le cas contraire, les Scot, PLU et cartes communales doivent respecter les dispositions du SMVM tout en se référant aux critères fixés par l'article L 146-4, II du Code de l'urbanisme (CE 3-3-2008 n° 278168 : Lebon p. 73).

b. Les **schémas d'aménagement régionaux** prévus pour les DOM valent SMVM (CGCT art. L 4433-15). Le Padduc vaut SMVM pour les secteurs qu'il détermine (CGCT art. L 4424-10, III).

8390 En l'**absence d'un Scot, d'un schéma d'aménagement régional ou d'un SMVM,** l'urbanisation peut être réalisée en accord avec le préfet, sur demande motivée de la commune et après avis de la commission départementale des sites. Les communes limitrophes peuvent également faire connaître leur avis. Le document local d'urbanisme concerné doit respecter les dispositions de cet accord (C. urb. art. L 121-13, al. 3 et R 121-2).

› Précisions **a.** La circonstance que le **préfet** n'a pas mis en œuvre les prérogatives dont il dispose pour assurer la compatibilité du POS avec la loi littoral ne fait pas obstacle à ce qu'il puisse **contester la légalité d'un permis de construire** délivré sans son accord dans une zone proche du rivage (CE 29-7-1994 n° 85532 Cne de Frontignan : Lebon p. 409).

b. La **demande de la commune** doit résulter d'une délibération du conseil municipal (CAA Bordeaux 29-4-1999 n° 95BX01718, Sté Sodifront : BPIM 1/00 inf. 6 ; CE 30-12-2009 n° 323069, L. et Cne de Séné : BPIM 1/10 inf. 8).

c. L'autorisation doit être refusée lorsque l'**accord du préfet** n'a pas été sollicité (CAA Nantes 3-11-1999 n° 98NT00083, Cne de Saint-Pair-sur-Mer). Il en va de même lorsque le préfet a refusé de donner son accord (CAA Nantes 3-11-1999 n° 98NT02170 : BPIM 2/00 inf. 80).

d. La **décision du préfet** est un acte préparatoire qui ne peut pas faire l'objet d'un **recours** pour excès de pouvoir. Sa légalité ne peut être contestée, par voie d'exception, qu'à l'occasion d'un recours contre une décision définitive telle que l'approbation d'un document d'urbanisme ou de sa révision (CE 14-10-1998 n° 170888) ou encore un refus de permis de construire (CE ass. 26-10-2001 n° 216471 : BJDU 5/01 p. 339 concl. S. Austry). L'illégalité du refus d'accord du préfet peut être invoquée devant la juridiction saisie d'un recours contre la décision de l'autorité communale, quel que soit le sens de cette décision. Si l'illégalité est reconnue, le permis demeure valide.

e. La **responsabilité de l'État** peut être engagée pour toute faute commise par le préfet, et pas seulement en cas de faute lourde (CE 7-2-2003 n° 223882, min. équipement c/ SNC Empain - Graham : BPIM 4/03 inf. 209).

La responsabilité **de la commune** est engagée avec celle de l'État lorsque la collectivité territoriale modifie son POS et classe illégalement, après accord du préfet, des terrains proches du rivage en zone constructible : l'acquéreur de ces parcelles, qui les a payées au prix de terrains constructibles a droit à une indemnité (CE 8-4-2015 n° 367167, min. égalité des territoires c/ Sté Masarin : BPIM 3/15 inf. 153).

Notion d'« espace proche du rivage » Pour déterminer si une zone peut être qualifiée d'espace proche du rivage, **trois critères** doivent être pris en compte : la distance séparant cette zone du rivage, son caractère urbanisé ou non et la covisibilité entre cette zone et le plan d'eau. Si certaines parcelles ne sont pas en covisibilité avec la mer, cette circonstance n'interdit pas qu'elles soient considérées comme proches du rivage dès lors qu'elles ne peuvent pas être séparées de l'ensemble cohérent dont elles font partie (CE 3-6-2009 n° 310587, Cne de Rognac : BPIM 4/09 inf. 261). 8395

Ont été **qualifiés d'« espaces proches du rivage »** :
– un terrain inclus dans une ZAC créée dans la presqu'île de Saint-Tropez et situé pour l'essentiel à une distance de 500 à 1 000 m du rivage, bien qu'il en ait été séparé par une ligne de crête et par une zone urbanisée (CE sect. 12-2-1993 n° 128251, Cne de Gassin : Lebon p. 26) ;
– un secteur situé sur le flanc d'une colline distante de 800 à 1 200 m du rivage dont il n'est séparé par aucune ligne de crête, bien qu'il soit séparé de la plaine côtière par une route et une voie ferrée (CE 28-7-2000 n° 173229, Fédération pour les espaces naturels et l'environnement catalan : BJDU 4/00 p. 218, concl. S. Austry) ;
– des terrains situés dans l'emprise d'un port de plaisance (CE 10-5-1996 n° 140799, Sté du Port de Toga : BJDU 5/96 p. 309, concl. S. Fratacci) ;
– un terrain situé à une distance d'environ 200 m du rivage de la mer dans la plaine de la Brague, non loin de l'étang de Vaugrenier (CE 22-11-2006 n° 278571, Sté Marineland et Cne d'Antibes Juan-les-Pins : BPIM 1/07 inf. 9).

Ne constituent pas des espaces proches du rivage :
– des terrains qui, bien que distants de 800 m de la mer, se situent dans le prolongement immédiat d'une zone entièrement urbanisée qui les sépare du rivage de la mer et qui interdit toute visibilité entre ces terrains et la mer (CE 3-5-2004 n° 251534 : BJDU 2/04 p. 86, concl. M.-H. Mitjaville ; dans le même sens CAA Nantes 28-10-2008 n° 08NT00426, Assoc. Vert Pays Blanc et Noir : BJDU 1/09 p. 12) ;
– des terrains distants d'environ 350 m du rivage de la mer dont ils sont séparés par une zone comportant de nombreux pavillons et des immeubles collectifs édifiés sur une dune d'environ 30 m de hauteur qui interdisent toute covisibilité entre ces terrains et la mer (CAA Nantes 18-4-2006 n° 04NT01390, Sté Investimmo Régions et Cne de Varaville : BPIM 6/06 inf. 410).

> **Précisions** **a.** La particularité de l'affaire « Sté du port de Toga » réside dans le fait que l'ensemble immobilier dont la construction avait été autorisée à proximité du rivage était situé dans l'emprise d'un port de plaisance autorisé par le préfet et dont l'aménagement et l'exploitation avaient été concédés par la commune à la société bénéficiaire du permis de construire attaqué. Cette dernière tirait argument des dispositions de l'article 27 de la loi 86-2 du 3 janvier 1986 (désormais CGPPP art. L 2124-2), qui interdit de porter atteinte à l'état naturel du rivage, mais ne s'applique qu'« **en dehors des zones portuaires** », tout en introduisant une exception pour les ouvrages liés à l'exercice d'un service public ou à l'exécution d'un travail public dont la localisation au bord de la mer s'impose pour des raisons impératives et qui ont été déclarés d'utilité publique. L'arrêt relève que ces dispositions ne font nullement obstacle à l'application de l'article L 146-4, II du Code de l'urbanisme relatif à l'urbanisation des espaces proches du rivage, devenu l'article L 121-8.
> **b.** Par ailleurs, alors que le permis de construire concernait des **bâtiments distincts,** les uns à usage d'habitation et les autres à usage de commerces et de bureaux, et était ainsi divisible, le Conseil d'État en a prononcé l'annulation totale, en relevant que l'ensemble immobilier constituait, en raison de ses caractéristiques, **une même opération** dont la conformité à l'article L 121-13 devait être appréciée globalement.

Règle de l'extension limitée de l'urbanisation Le caractère limité de l'extension de l'urbanisation s'apprécie notamment par rapport à l'importance et à la densité des constructions qu'il est envisagé de réaliser (CE 27-9-1999 n° 178866, Cne de Bidart : Lebon p. 282 ; CE 2-10-2006 n° 271327, Sté Marcellesi : BJDU 2/07 p. 103 ; CE 12-12-2007 n° 290312, Cne de Séné : BJDU 6/07 p. 451, concl. M. Guyomar). 8400

Une opération qu'il est envisagé de réaliser en agglomération ou dans un espace urbanisé constitue une extension non limitée de l'urbanisation « si elle conduit à étendre ou à renforcer de manière significative l'urbanisation de quartiers périphériques ou si elle modifie de manière importante les caractéristiques d'un quartier, notamment en augmentant sensiblement la densité des constructions » (CE 7-2-2005 n° 264315, Sté Soleil d'Or et Cne de Menton : BPIM 3/05 inf. 173). Symétriquement, lorsque les dispositions d'un PLU prévoient l'implantation, dans un secteur peu urbanisé, d'installations susceptibles d'en modifier très significativement le caractère, ce classement a pour effet une extension non limitée de l'urbanisation (CE 11-4-2018 n° 399094, Cne d'Annecy : BPIM 4/18 inf. 245). Seuls des critères « quantitatifs » doivent être retenus.

8401 L'autorité compétente doit, en tenant compte de l'ensemble des caractéristiques du quartier, rechercher si le projet élargit le périmètre urbanisé ou entraîne une densification « sensible » des constructions (CE 12-3-2007 n° 280326, Cne de Lancieux : BPIM 4/07 inf. 251). Il peut être tenu compte des parkings et des éléments de voirie projetés (CE 5-4-2006 n° 272004, Sté Les Hauts de Saint-Antoine : BPIM 4/06 inf. 236).

S'agissant d'un lotissement dans lequel ont été délivrés successivement deux permis de construire, le caractère limité de l'extension autorisée par le premier permis doit être apprécié sans tenir compte du second, tandis que l'appréciation de l'extension résultant du second doit s'effectuer en prenant en compte le premier (CE 30-12-2009 n° 315966, Assoc. pour la protection du littoral rochelais : BPIM 1/10 inf. 9).

L'appréciation à laquelle se livrent les juges du fond quant au caractère limité de l'extension de l'urbanisation est souveraine et n'est pas contrôlée en cassation, sauf dénaturation (CE sect. 26-3-1999 n° 185841, Sté d'aménagement de Port-Léman : Lebon p. 111).

EXEMPLE

Constitue une **extension limitée de l'urbanisation** :
– une opération réalisée en continuité avec un hameau ancien, comportant, sur une superficie totale de 32 000 m², la construction d'un ensemble hôtelier de 3 étages et d'une Shon de 3 600 m² (CE 20-3-1998 n° 158178 : Lebon T. p. 1213) ;
– une opération de construction sur des îlots encore vierges situés au milieu d'espaces déjà urbanisés (CE 26-3-2001 n°s 206285 et 206286, SCI L1 Antibes-les-Pins : BJDU 3/01 p. 155, concl. L. Touvet) ;
– eu égard à son implantation, son importance et à la destination des constructions envisagées, la construction de 143 logements sur un terrain d'assiette situé entre une zone à l'urbanisation diffuse et une zone fortement urbanisée (CE 30-7-2003 n° 203766, Syndicat de défense du Cap d'Antibes : BPIM 6/03 inf. 328) ;
– la construction d'une maison individuelle dans un petit compartiment de terrain où sont déjà édifiées 5 maisons, quand bien même le terrain d'assiette de cette construction est un lot inoccupé d'un ancien lotissement (CAA Nantes 21-12-2004 n° 02NT01456 : BPIM 2/05 inf. 96) ;
– eu égard à son secteur d'implantation et au caractère raisonnable de ses dimensions et de sa densité, la construction de moins de 30 maisonnettes d'un étage dans un espace de développement urbain constitué d'habitats essentiellement individuels, pour une Shon de 6 492 m², sur une parcelle de 29 700 m² (CE 16-7-2010 n° 313768, min. écologie c/ Sté « Les Casuccie » : BPIM 5/10 inf. 349) ;
– la réalisation de 9 700 m² de Shon sur un terrain de 18 975 m², alors que celui-ci se trouve entouré de parcelles déjà bâties, tout en étant inclus dans un quartier d'habitat balnéaire dense, à proximité immédiate du centre bourg (CE 1-6-2022 n° 440917, Association Erquy Environnement et Habitat).

En revanche, ne peut **pas** être considérée comme une **extension limitée de l'urbanisation** :
– la réalisation d'un ensemble de constructions de 44 870 m² de Shon sur un terrain boisé de 25 hectares (CE sect. 12-2-1993 n° 128251, Cne de Gassin et Sté Agic : Lebon p. 26 ; voir également CE 27-2-1995 n° 118644, Assoc. de défense des quartiers de Fréjus, Fréjus-Plage, Villepey et Saint-Aygulf : Lebon p. 110 ; CE 10-7-1995 n° 138588, Sté du golf de Pardigon et Cne de La Croix-Valmer : Lebon p. 294) ;
– la réalisation de 170 000 m² de Shon dans une commune fortement urbanisée (CE 5-2-2001 n° 211877, SNC d'aménagement d'Antibes) ;
– la réalisation d'un immeuble sur une parcelle déjà bâtie entourée d'autres constructions (CE 9-6-2004 n° 262689 Cne de Roquebrune-Cap-Martin : BJDU 3/04 p. 166, concl. M.-H. Mitjaville) ;
– la création, dans le cadre d'un parc de loisirs aquatiques, de nouveaux bassins bordés de gradins pouvant accueillir 3 600 spectateurs, d'un bâtiment destiné à héberger des animaux marins, d'un restaurant de 400 places, d'une aire de repos, de locaux techniques et de nouveaux parcs de stationnement, le tout représentant une Shob de 9 464 m² et une Shon de 5 689 m², soit un accroissement de 75 % de la Shon du parc de loisirs, qui était initialement de 7 581 m², et ce, nonobstant la superficie du terrain d'assiette concerné, qui s'élève à 47 569 m², et l'existence dans le secteur d'une urbanisation diffuse (CE 22-11-2006 n° 278571, Sté Marineland et Cne d'Antibes Juan-les-Pins : BPIM 1/07 inf. 9).

BANDE LITTORALE (C. URB. ART. L 121-16)

8410 **En dehors des espaces urbanisés** Les constructions ou installations sont interdites sur une bande littorale de **100 m** à compter de la limite haute du rivage ou des plus hautes eaux pour les plans d'eau intérieurs visés n° 8315 (C. urb. art. L 121-16), et cela indépendamment du classement du terrain dans le document d'urbanisme local (CE 10-5-1989 n° 88904, Assoc. de défense du patrimoine sétois : Lebon T. p. 1003).

L'**interdiction s'applique** tant **aux constructions** et installations nouvelles qu'à l'extension de constructions ou d'installations existantes (CE 21-5-2008 n° 297744, min. transports c/ Assoc. pour le libre accès aux plages et la défense du littoral : BPIM 4/08 inf. 277). En revanche, elle ne fait pas obstacle à des travaux d'adaptation et de réfection de bâtiments existants sans extension ni changement de destination (CE 8-10-2008 n° 293469 : BPIM 6/08 inf. 416 ; voir, de même, pour « l'aménagement des constructions

© Éd. Francis Lefebvre

ou installations existantes », CE 22-6-2012 n° 331051, Assoc. Languedoc Roussillon nature environnement). De même, les dispositions interdisant de construire dans la bande littorale des 100 mètres ne s'opposent pas à la restauration, autorisée par l'article L 111-23 du Code de l'urbanisme, d'un bâtiment dont il reste l'essentiel des murs porteurs et qui présente un intérêt architectural ou patrimonial (CAA Nantes 9-4-2024 n° 22NT01781, Cne de Trébeurden : BPIM 5/24 inf. 288).

› Précisions **a.** Les dispositions des articles L 121-16 s. du Code de l'urbanisme s'appliquent aux rives des estuaires les plus importants qui sont ceux de la Seine, de la Loire et de la Gironde (C. urb. art. L 121-20 et R 121-3).
b. La limite haute du rivage est assimilable à la **limite du domaine public,** laquelle est appréciée souverainement par le juge du fond en fonction des caractéristiques des lieux (CE 12-5-1997 n° 151359, Sté Coprotour : BPIM 4/97 inf. 232).
c. Quelle que soit la configuration physique des lieux, la **distance de 100 m se calcule** horizontalement de tout point des façades des constructions à l'élévation à la verticale du point jusqu'où les plus hautes mers peuvent s'étendre en l'absence de perturbations météorologiques exceptionnelles (CE 22-10-1999 n° 180422, Cne de Pénestin-sur-Mer : Lebon T. p. 1065).
d. Un terrain compris dans la bande des 100 m ne peut pas être inclus dans une **zone à urbaniser** alors même que son règlement y interdirait toute construction (CAA Nantes 13-11-2001 n° 00NT01526, Cne de Grandcamp-Maisy : BJDU 2/02 p. 85).
e. En **Corse,** le plan d'aménagement et de développement durable peut autoriser, dans certains espaces de la bande littorale qu'il détermine, des aménagements légers et des constructions non permanentes destinés à l'accueil du public, notamment des « paillotes », à l'exclusion de toute forme d'hébergement. La réalisation de ces aménagements et constructions est soumise à enquête publique environnementale (CGCT art. L 4424-12, II).
f. Doit être annulé un permis de construire pour la construction de 4 bâtiments dont l'un est situé dans la bande des 100 m dès lors qu'ils forment ensemble un **tout indivisible** (CE 8-3-2004 n° 248079, Sté des constructions immobilières de Bretagne : BJDU 5/04 p. 348, concl. F. Séners).
g. L'interdiction de construire dans la bande littorale n'est pas considérée comme une charge exorbitante ouvrant **droit à indemnisation** au regard de l'article L 105-1 (CE 27-6-2007 n° 280693 : BPIM 4/07 inf. 244).

Dans les espaces déjà urbanisés **Un espace urbanisé** se caractérise par un nombre et une densité significatifs de constructions, tandis que les projets envisagés à l'intérieur de ces espaces compris dans la bande littorale ne doivent pas eux-mêmes entraîner une « densification significative » des espaces en cause (CE 21-6-2018 n° 416564 : BPIM 4/18 inf. 246). **8415**

L'appréciation du juge s'effectue au cas par cas (CE 5-7-1995 n° 138326 : Lebon p. 286 ; CE 12-1-2005 n° 226269, Cne d'Arzon : BJDU 2/05 p. 135, concl. T. Olson).

La circonstance qu'un lotissement ait été autorisé dans la bande des 100 m n'implique ni qu'il s'agisse d'un espace urbanisé, ni la constructibilité des lots (Cass. 3e civ. 10-11-1998 n° 97-11.128 : BPIM 1/99 inf. 17).

Doivent être considérés comme situés dans un **espace non urbanisé** :
– un terrain limitrophe d'une zone de constructions diffuses (CE 29-12-1993 : BJDU 2/94 p. 16) ;
– un terrain séparé d'une zone bâtie par une route et un chemin rural, et qui s'intègre lui-même à un ensemble de plusieurs hectares de bois et de taillis restés à l'état naturel (CAA Nantes 9-11-1995, n° 93NT01025, SCI de Larden : BPIM 1/96 inf. 15). L'existence en sous-sol de casemates avec galeries ne permet pas de considérer que le terrain appartient à un espace urbanisé (CE 12-4-1995 n° 146508 : BJDU 3/95 p. 191) ;
– un terrain bordé de parcelles, certes construites (7 constructions dont une illégale) mais vastes et jouxtant d'autres parcelles non construites et entourées d'espaces naturels (CAA Nantes 1-6-2015 n° 14NT01268, Cne d'Arzon : BPIM 5/15 inf. 299) ;
– un terrain s'ouvrant à l'ouest sur une vaste zone naturelle et à l'est sur le rivage dont il n'est séparé que par une voie et une bande de terrain non construit (CAA Nantes 7-2-2020 n° 19NT01038, Cne de Saint-Cast Le Guildo).

Se trouve dans un **espace urbanisé** un terrain bordé sur 3 côtés de parcelles déjà construites, desservi par des équipements publics, délimité par le rivage et sur ses autres côtés par des voies (CAA Nantes 24-5-2005 n° 03NT01514, Cne de l'Épine : BPIM 5/05 inf. 302).

Le caractère urbanisé d'un espace relève de l'appréciation souveraine des juges du fond et ne peut donc, sauf dénaturation, être discuté devant le juge de cassation (CE 12-5-1997 n° 151359, Sté Coprotour : Lebon p. 188).

› Précisions Les dispositions protectrices des articles **L 121-8 à L 121-11 se combinent entre elles.** Ainsi, pour qu'une construction puisse être réalisée dans la bande littorale, il ne suffit pas que son terrain d'assiette se situe dans un espace urbanisé, il faut aussi qu'il se trouve en continuité avec une agglomération ou un village existant (CAA Lyon 21-12-2004 n° 03LY01801, préfet de la Haute-Savoie : BPIM 2/05 inf. 97). De même, un espace urbanisé, au sens de l'**article L 121-16,** appartient, par nature, à une agglomération ou à un village existant, au sens de l'**article L 121-8** (CE 22-2-2008 n° 280189 : BPIM 2/08 inf. 110).

 © Éd. Francis Lefebvre

8420 **Sort des constructions existantes** En principe, les constructions existantes situées **en dehors des espaces urbanisés** de la bande littorale ne peuvent faire l'objet que de travaux confortatifs (voir n° 8410). Toutefois, la reconstruction à l'identique d'un bâtiment détruit ou démoli depuis moins de 10 ans est autorisée (CAA Nantes 10-7-2015 n° 13NT03010 ; CAA Marseille 6-4-2017 n° 15MA01104, Cne de Saint-Raphaël), voir n° 13070.

Par ailleurs, afin d'améliorer les conditions d'accès au domaine public maritime, un **schéma d'aménagement de plage** peut, à titre dérogatoire, autoriser le maintien ou la reconstruction d'une partie des équipements ou constructions existant à l'intérieur de la bande des 100 m, dès lors qu'ils permettent de concilier les objectifs de préservation de l'environnement et d'organisation de la fréquentation touristique (C. urb. art. L 121-30). Le schéma est approuvé, après enquête publique environnementale par décret en Conseil d'État, après avis de la commission départementale des sites (C. urb. art. L 121-29).

Le contenu et les conditions d'élaboration des schémas sont déterminés par les articles R 121-7 et R 121-8 du Code de l'urbanisme (voir n° 8465).

8425 **Constructions exigeant la proximité de l'eau** L'interdiction de construire dans la bande des 100 m ne s'applique pas aux constructions ou installations (ou à leurs extensions) nécessaires à des **services publics** ou à des **activités économiques** exigeant la proximité immédiate de l'eau (C. urb. art. L 121-17, al. 1).

Sont, notamment, autorisés, dans les communes riveraines des mers, des océans, des estuaires et des deltas, l'atterrage de toutes les canalisations et leurs jonctions, si ces canalisations et jonctions sont nécessaires au transport et à la distribution d'électricité, ainsi qu'à l'établissement des réseaux ouverts au public de communications électroniques. Les techniques permettant de réaliser ces ouvrages doivent être souterraines et toujours de moindre impact environnemental.

L'autorisation d'occupation du domaine public ou, à défaut, l'approbation des projets d'ouvrage de transport et de distribution d'électricité est refusée si les canalisations et leurs jonctions ne respectent pas ces conditions (C. urb. art. L 121-17, al. 2).

La réalisation de constructions, installations, canalisations et jonctions exigeant la proximité immédiate de l'eau est soumise à enquête publique environnementale (C. urb. art. L 121-17, al. 3). L'opération ne peut pas faire l'objet d'un permis tacite (CE 11-2-2004 n° 212855, Sté France Travaux : BJDU 1/04 p. 35).

› Précisions **a.** Sur la notion d'activités exigeant la proximité immédiate de l'eau, voir conclusions Pochard sous CE 23 juillet 1993, Cne de Plouguerneau : BJDU 1/94 p. 3.

Ne nécessitent pas la proximité immédiate de l'eau :
– une station d'épuration (CE 20-10-1995 n° 151282, Cne de Saint-Jean-Cap-Ferrat : BJDU 5/95 p. 365) ;
– un parking (CE 10-5-1996 n° 155169, Cne de Saint-Jorioz) ;
– un bar-restaurant alors même que la commune a mis à la charge du propriétaire certaines obligations relatives à la sécurité des baigneurs (CE 9-10-1996 n° 161555, UDVN 83 : BPIM 2/97 inf. 91).

b. Inversement, **nécessitent la proximité immédiate de l'eau** :
– la construction d'une surface de 10 000 m² destinée pour l'essentiel à accueillir des activités économiques liées à un port (CE 25-3-1998 n° 159040, Cne de Saint-Quay-Portrieux) ;
– des installations de pêche et de conchyliculture (CAA Nantes 7-4-1999 n° 97NT00926, Assoc. Collectif de la protection de la pointe d'Agon) ;
– l'installation de sanitaires (CE 8-10-2008 n° 293469 : BPIM 6/08 inf. 416).

8430 **Extension de la bande des 100 m** Le **plan local d'urbanisme** peut porter à plus de 100 m la largeur de la bande littorale inconstructible lorsque des motifs liés à la sensibilité des milieux ou à l'érosion des côtes le justifient (C. urb. art. L 121-19, al. 1).

Le juge administratif exerce un **contrôle** approfondi sur la décision des auteurs du PLU de faire usage de cette faculté (CE 17-6-1998 n° 169463, Assoc. de défense des propriétaires longevillais).

Ces dispositions n'ont ni pour objet ni pour effet de priver les auteurs du PLU de la faculté de créer pour d'**autres motifs** une zone littorale inconstructible excédant la largeur de 100 m à compter du rivage (CE 21-4-1997 n° 137565 : BPIM 6/97 inf. 362).

Dans les communes exposées à un recul du trait de côte, lorsque la projection de ce recul à l'horizon de 30 ans le justifie, le PLU ou la carte communale porte la largeur de la bande littorale à plus de 100 mètres. Cette bande correspond aux parties situées en dehors des espaces urbanisés de la zone concernée (C. urb. art. L 121-19, al. 1).

Sur le passage des **lignes électriques** dans la bande littorale, voir n° 8545.

RIVES DES ESTUAIRES (C. URB. ART. L 121-15 ET L 121-20)

Les dispositions relatives à l'extension limitée de l'urbanisation (voir nos 8370 s.) s'appliquent aux rives des estuaires les plus importants, dont la liste est fixée par décret en Conseil d'État (C. urb. art. L 121-15, al. 1). Il s'agit des estuaires de la Seine, de la Loire et de la Gironde (C. urb. art. R 121-3). Il en est de même des dispositions relatives à la bande littorale inconstructible (voir no 8410). **8435**

A contrario, les estuaires autres que ceux précités ne sont pas soumis à ces dispositions (CAA Nantes 17-2-2012 no 10NT01621, Cne de Camoël : BPIM 2/12 inf. 99, à propos d'une commune désignée comme littorale par l'art. R 321-1 du C. environnement).

> **Précisions** **a.** Les rives des estuaires qui ne sont pas considérés comme « les plus importants » sont toutefois protégées par les articles L 121-23 à L 121-26 relatifs à la préservation des **espaces littoraux sensibles.** En effet, l'article L 121-23 mentionne les « parties naturelles des estuaires, des rias ou abers » (CE 20-11-1995 no 144817, Assoc. « L'environnement à Concarneau » : Lebon p. 419).
> **b.** La question de savoir si un terrain est situé le long des **rives d'un estuaire ou** bien le long du **rivage de la mer** doit être tranchée par référence à la limite transversale de la mer telle qu'elle est fixée par le décret du 17 novembre 1884 (CAA Nantes 31-12-2001 no 99NT01477, préfet du Finistère : BPIM 3/02 inf. 158).
> Voir aussi no 8315 à propos de la distinction entre les communes riveraines de la mer et celles riveraines d'estuaires pour l'application de l'article L 121-1.

COMMUNES EXPOSÉES AU RECUL DU TRAIT DE CÔTE (C. URB. ART. L 121-22-1 À L 121-22-12)

Des dispositions nouvelles sont destinées à protéger les communes contre le **risque d'érosion du littoral** qui les menace éventuellement. Ce risque est qualifié de recul du trait de côte, expression qui désigne elle-même le recul de la limite entre la terre et la mer, déterminée lors de la marée haute et dans des conditions météorologiques normales. Les communes concernées doivent être incluses dans une liste établie par décret (C. envir. art. L 321-15). Cette liste est annexée au décret 2022-750 du 29 avril 2022 modifié par les décrets 2023-698 du 31 juillet 2023 et 2024-531 du 10 juin 2024. **8440**

Lorsque son territoire n'est pas couvert par un plan de prévention des risques naturels littoraux (PPRL), qui est une catégorie particulière de plan de prévention des risques naturels prévisibles (PPRNP), la commune est tenue d'élaborer une **carte d'exposition au recul du trait de côte.** Dans le cas contraire, l'élaboration de cette carte est facultative (C. urb. art. L 121-22-1).

Le document graphique du **PLU** délimite une zone exposée au recul du trait de côte à l'horizon de 30 ans, ainsi qu'une zone exposée au même risque à un horizon compris entre 30 et 100 ans. L'évolution du document d'urbanisme doit être engagée afin de permettre la délimitation de ces zones (C. urb. art. L 121-22-2 et L 121-22-3).

Des règles analogues s'appliquent sur le territoire des communes dotées d'une **carte communale** (C. urb. art. L 121-22-6 et L 121-22-7).

Au titre de la **lutte contre l'artificialisation des sols,** le calcul des zones artificialisées des communes exposées au phénomène d'érosion côtière fait l'objet de dispositions dérogatoires. Ainsi, les surfaces artificialisées situées dans les zones les plus exposées (horizon 0-30 ans) peuvent être considérées comme désartificialisées, au sens de l'article L 101-2-1 du Code de l'urbanisme, dès lors qu'elles ont vocation à être renaturées dans le cadre d'un projet de recomposition spatiale du territoire littoral. Au terme de chaque tranche de 10 années, les surfaces n'ayant pas fait l'objet d'une renaturation seront de nouveau considérées comme artificialisées (C. envir. art. L 321-15-1, al. 2).

> **Précisions** **a.** La liste des communes exposées au recul du trait de côte est élaborée notamment en fonction de l'indicateur national de l'érosion littorale. Elle est établie après consultation des communes qu'il est envisagé d'y faire figurer. Elle est révisée au moins tous les 9 ans (C. envir. art. L 321-15).
> **b.** Aucun texte ne permet au préfet de région de prendre, dans le cadre d'une stratégie de gestion du trait de côte, des dispositions impératives interdisant certains travaux (CAA Toulouse 30-5-2023 no 21TL01532, Cne de Vias : BPIM 5/23 inf. 291).

Selon leur emplacement, les **travaux et constructions** susceptibles d'être réalisés dans les zones exposées au recul du trait de côte suivant la délimitation du **PLU,** se répartissent en trois catégories (C. urb. art. L 121-22-4 et L 121-22-5). **8445**

En premier lieu, dans les **espaces urbanisés** des zones exposées au recul du trait de côte à l'**horizon de 30 ans,** seuls peuvent être autorisés (C. urb. art. L 121-22-4, I) :

– les travaux de réfection et d'adaptation des constructions existantes ;

– les constructions ou installations nouvelles nécessaires à des services publics ou à des activités économiques exigeant la proximité immédiate de l'eau, à condition qu'elles soient démontables ;
– les extensions des constructions existantes, à condition qu'elles soient démontables.

En deuxième lieu, dans les **espaces non urbanisés** du même type de zone, peuvent être autorisées les constructions ou installations nécessaires à des services publics ou à des activités économiques exigeant la proximité immédiate de l'eau, à condition qu'elles soient démontables (C. urb. art. L 121-22-4, II).

En troisième lieu, des dispositions concernent l'hypothèse où la zone est exposée au recul du trait de côte à un **horizon compris entre 30 et 100 ans,** tandis que le recul est tel que la sécurité des personnes ne pourra plus être assurée au-delà de 3 ans. Il est prévu que sont obligatoires, sous la responsabilité et aux frais du propriétaire, la **démolition** de toute construction nouvelle à compter de l'entrée en vigueur du PLU délimitant cette zone et la démolition des extensions existantes à compter de la même date, ainsi que la remise en état du terrain. L'obligation de démolition et de remise en état est ordonnée par le maire (C. urb. art. L 121-22-5).

Des règles analogues s'appliquent sur le territoire des communes dotées d'une **carte communale** (C. urb. art. L 121-22-8 et L 121-22-9).

8450 L'ordonnance n° 2022-489 du 6 avril 2022 a complété les règles qui viennent d'être exposées par plusieurs séries de dispositions.

L'État, les collectivités locales ou leurs groupements, ou les établissements publics y ayant vocation peuvent constituer des **réserves foncières** en vue de prévenir les conséquences du recul du trait de côte sur les biens situés dans les zones exposées, telles que délimitées par le PLU (C. urb. art. L 221-1 et, sur renvoi, art. L 121-22-2).

En outre, le dispositif du **contrat de projet partenarial d'aménagement (PPA)** (voir n° 25555) peut faire l'objet d'adaptations lorsque ce contrat prévoit une opération d'aménagement destinée à mettre en œuvre la recomposition spatiale d'une ou de plusieurs communes figurant sur la liste annexée au décret 2022-750 du 29 avril 2022 modifié par les décrets 2023-698 du 31 juillet 2023 et 2024-531 du 10 juin 2024. Le contrat peut alors délimiter, sur le territoire qu'il couvre, des secteurs de relocalisation de constructions, d'ouvrages ou d'installations menacés par l'évolution du trait de côte (C. urb. art. L 312-8 et L 321-9).

Est encore institué un « **bail réel d'adaptation à l'érosion côtière** » par lequel l'État, une autre personne publique ou le concessionnaire d'une opération d'aménagement consent à un preneur, pour une durée comprise entre 12 et 99 ans, des droits réels immobiliers en vue d'occuper lui-même ou de louer, exploiter, réaliser des installations, des constructions ou des aménagements dans les zones exposées au recul du trait de côte. À l'échéance du bail, le terrain d'assiette du bien fait l'objet d'une **renaturation** comprenant, le cas échéant, la démolition de l'ensemble des installations, des constructions ou des aménagements, y compris ceux réalisés par le preneur, ainsi que les actions ou opérations de dépollution nécessaires (C. envir. art. L 321-18 s.).

3. PROTECTION DES ESPACES LITTORAUX SENSIBLES

DOCUMENTS ET DÉCISIONS RELATIFS À L'UTILISATION DES SOLS

8460 Les documents d'urbanisme et les décisions relatifs à l'utilisation des sols doivent préserver les espaces terrestres et marins, sites et paysages remarquables ou caractéristiques du patrimoine naturel et culturel du littoral et des milieux nécessaires au maintien des équilibres biologiques ou présentant un intérêt écologique, quelle que soit leur situation sur le littoral (C. urb. art. L 121-23).

Le **territoire, objet de la protection** légale, s'étend jusqu'à la limite de la mer territoriale (CE 20-2-1981 n° 16449, Cne de Saint-Quay-Portrieux : Lebon p. 96). Cette protection s'applique à tout terrain situé sur le territoire d'une commune littorale et présentant les caractéristiques définies par le Code de l'urbanisme, que ce terrain soit ou non situé à proximité du rivage (CAA Marseille 30-8-2001 n° 98MA0564, Sté Ryans de Lys : BPIM 1/02 inf. 8 ; CE 27-9-2006 n° 275922, Cne du Lavandou : BPIM 6/06 inf. 411).

Il s'agit, notamment, des dunes, landes côtières, îlots inhabités, marais, vasières, zones humides, forêts maritimes, parties naturelles de sites protégés, parcs nationaux, réserves naturelles, etc., mentionnés par l'article R 121-4 du Code de l'urbanisme. Toutefois, s'agissant des espaces boisés, la protection ne s'applique qu'à ceux qui remplissent la condition de proximité du rivage (CE 30-12-2009 n° 307893, Cne du Lavandou : BPIM 1/10 inf. 10).

Les documents d'urbanisme indiquent, le cas échéant, la nature des **activités** et catégories d'**équipement nécessaires** à la gestion ou à la mise en valeur de ces espaces (C. urb. art. R 121-4). Le contenu du dossier de permis de construire ou de la déclaration préalable nécessaire à certains aménagements est précisé par une circulaire (Circ. 2005-57 du 15-9-2005 : BO équipement 2005/18 du 10-10 p. 58).

La protection instituée par l'article L 121-23 du Code de l'urbanisme implique par elle-même l'**inconstructibilité** des espaces caractéristiques du littoral (CE 6-5-1996 n° 151698, Assoc. Hardelot Opale environnement ; CE 29-6-1998 n° 160256 : BPIM 5/98 inf. 310 ; CE 25-11-1998 n° 168029, Cne de Grimaud : BPIM 1/99 inf. 4 ; CE 27-9-2006 n° 275922, Cne du Lavandou : BPIM 6/06 inf. 411). L'implantation de certains aménagements est toutefois autorisée (nos 8485 s.).

Les ouvrages implantés irrégulièrement doivent être démolis, dès lors qu'aucune régularisation appropriée n'est possible et que la démolition n'entraîne pas une atteinte excessive à l'intérêt général (CE 20-5-2011 n° 325552, Communauté d'agglomération du lac du Bourget : BPIM 4/11 inf. 270 ; pour un cas où l'intérêt général s'oppose à la démolition d'une cale d'accès à la mer destinée à faciliter l'exploitation de parcs à huîtres, CE 13-2-2009 n° 295885, Communauté de communes du canton de Saint-Malo de la Lande : BPIM 2/09 inf. 104).

> Précisions a. L'article **L 121-23** est **directement opposable** aux demandes de permis de construire et de concessions de plage (CE 13-11-2002 n° 219034, Cne de Ramatuelle et min. équipement : BJDU 5/02 p. 344).

b. Le **Conseil d'État,** statuant en cassation, contrôle la qualification juridique des faits permettant de considérer qu'un site constitue un espace remarquable (CE 3-9-2009 n° 306298, Cne de Canet-en-Roussillon : BPIM 5/09 inf. 339 ; CE 14-11-2011 n° 333675, Sté les Hauts du Golf : BJDU 2/12 p. 105).

En revanche, le caractère d'aménagement léger pouvant être implanté dans un tel espace relève de l'appréciation souveraine des juges du fond (CE 20-5-2011 n° 325552, Communauté d'agglomération du lac du Bourget : BPIM 4/11 inf. 270).

c. Les juges du fond ne peuvent se borner à retenir que la réalisation d'équipements portuaires est incompatible avec l'objectif de protection des espaces remarquables sans rechercher si l'importance et les caractéristiques de ces aménagements les rendaient incompatibles avec cet objectif (CE 20-5-2011 n° 321440, Cne de Saint-Joseph : BJDU 1/12 p. 72).

d. En **Corse,** le plan d'aménagement et de développement durable peut compléter, en précisant leur localisation, la liste des espaces naturels sensibles du littoral à protéger prévue à l'article L 121-23 du Code de l'urbanisme (CGCT art. L 4424-10, I).

e. Le classement de **marais** au titre de la protection des sites n'est pas incompatible avec l'article L 121-23 (CE 16-5-2012 n° 314564, Sté de protection des paysages de l'île d'Oléron : BJDU 6/12 p. 437).

f. Le document communal ou intercommunal qui délimite les **zones d'assainissement collectif ou individuel** (CGCT art. L 2224-10) ne constitue pas, en lui-même, l'un des documents et décisions relatifs à la vocation et l'utilisation des zones visés par l'article L 121-3, al. 1 (CE 12-2-2014 n° 360161 : BPIM 2/14 inf. 84).

g. La circonstance qu'une parcelle soit la dernière non construite d'un secteur dans lequel elle s'insère ne fait pas obstacle à ce qu'elle soit considérée comme un espace remarquable (CE 9-11-2015 n° 375604 Assoc. de défense de l'environnement de Bormes et du Lavandou).

En présence d'équipements ou de constructions réalisés avant l'entrée en vigueur de la loi 86-2 du 3 janvier 1986, un **schéma d'aménagement de plage** peut être établi afin de réduire les nuisances ou dégradations des plages et de leurs alentours et d'améliorer l'accès au domaine public maritime (C. urb. art. L 121-28). Un tel schéma d'aménagement (C. urb. art. R 121-7) : **8465**

– comporte, pour le territoire qu'il délimite, une analyse de l'état initial du site, portant notamment sur les paysages, les milieux naturels, les conditions d'accès au domaine public maritime et les équipements et constructions réalisés avant l'entrée en vigueur de la loi littoral ;

– définit les conditions d'aménagement des plages et des espaces naturels qui leur sont proches ainsi que les modalités de desserte et de stationnement des véhicules ;

– fixe les mesures permettant d'améliorer l'accès au domaine public maritime, de réduire les dégradations constatées et d'atténuer les nuisances ;

– justifie les partis d'aménagement retenus et évalue leur incidence sur l'environnement, au regard des objectifs définis à l'article L 121-28 ;

– détermine, dans la bande des 100 m du littoral, les équipements ou constructions dont le maintien ou la reconstruction peuvent être autorisés ainsi que leur implantation, tout en indiquant ceux qui doivent être démolis et en fixant les conditions de la remise en état du site.

Lorsque le maintien ou la reconstruction d'équipements ou de constructions sont autorisés, le schéma d'aménagement définit les prescriptions qui pourront être imposées aux bénéficiaires de ces autorisations afin que ces équipements et constructions ne dénaturent pas le caractère du site et ne compromettent pas la préservation des paysages et des milieux naturels.

Le projet de schéma est arrêté, selon le cas, par le conseil municipal ou l'organe délibérant de l'EPCI compétent en matière de PLU (C. urb. art. R 121-8). Ce projet, auquel est joint l'avis de la commission départementale compétente en matière de nature, de paysages et de sites, est soumis par le préfet à l'enquête publique environnementale.

Le décret en Conseil d'État approuvant le schéma fait l'objet de mesures de publicité et le schéma approuvé est annexé au PLU, s'il existe.

LISTE DES SITES ET PAYSAGES REMARQUABLES

8470 La liste de l'article R 121-4 du Code de l'urbanisme n'est **pas limitative** (CE 25-11-1998 n° 168029, Cne de Grimaud : BPIM 1/99 inf. 4). L'appréciation du caractère remarquable d'un site ou d'un paysage relève de la **compétence des juridictions** administratives (CA Paris 27-3-1997, Sté Gérémi c/ SNC Empain-Graham).

> **Précisions** **L'énumération, par un arrêté préfectoral, des espaces et milieux littoraux à protéger** sur une commune ne saurait faire obstacle à la protection, au titre de l'article L 121-23 du Code de l'urbanisme, d'autres sites et paysages qui présentent les mêmes caractéristiques (CE 2-4-1998 n° 144301, Sepanso Landes).

APPRÉCIATION DES SITES ET PAYSAGES À PROTÉGER

8475 Le législateur n'a pas souhaité paralyser le développement des communes. Aussi, la protection qu'il a organisée ne vise pas à protéger toutes les dunes, landes côtières et forêts.

Pour bénéficier de la protection, celles-ci doivent être **remarquables ou caractéristiques.**

Le fait qu'un incendie ait gravement endommagé un espace boisé remarquable ne lui fait pas perdre cette qualité (CAA Lyon 31-5-1994 n° 93LY01253, SCI La Cascatelle : Lebon T. p. 1229).

Les espaces et milieux à préserver comprennent notamment les parties naturelles des sites inscrits ou classés (C. urb. art. R 121-4, 7°). Pour l'application de cette disposition, le juge doit d'abord vérifier l'existence d'un site, puis la réalité du caractère naturel du terrain et enfin l'absence de contestation utile de la présomption légale du caractère remarquable (CE 12-3-2007 n° 289031, min. transports c/ Assoc. « Vivre dans la presqu'île de Saint-Tropez » : BJDU 2/07 p. 108, concl. P. Collin).

Par exemple, l'extension du port de plaisance de Golfe-Juan a été jugée légale, dès lors qu'elle ne portait pas atteinte à des fonds marins remarquables ou caractéristiques du patrimoine naturel (CE 10-12-1990 n° 97119, Groupement des assoc. de défense des sites et de l'environnement de la Côte d'Azur). Tel n'a pas été le cas pour l'extension du port de Six-Fours-les-Plages (CE 30-12-2002 n° 245621, Cne de Six-Fours-les-Plages).

Le juge doit apprécier les caractéristiques écologiques des terrains et leurs caractéristiques propres, il ne peut pas se borner à constater qu'ils sont inclus dans une Znieff ou un site Natura 2000 (CE 3-9-2009 n° 306298, Cne de Canet-en-Roussillon : BPIM 5/09 inf. 339).

EXEMPLE

Constituent des espaces naturels remarquables ou caractéristiques du littoral :

– l'extrémité nord du lac du Bourget, qui est une partie naturelle du site inscrit du lac du Bourget, ne présente pas un caractère urbanisé, n'a fait l'objet d'aucune altération du fait de l'activité humaine et, au surplus, est inscrit dans les périmètres d'une zone naturelle d'intérêt écologique, faunistique et floristique (Znieff) et d'une zone importante pour la conservation des oiseaux (Zico) (CE 20-5-2011 n° 325552, Communauté d'agglomération du lac du Bourget : BPIM 4/11 inf. 270) ;

– une propriété située dans une forêt, dans un secteur proche des dunes littorales (CE 17-6-1998 n° 169465) ;

– un terrain de 322 hectares, situé à Sainte-Maxime, à une distance du rivage comprise entre 2 et 7 km, sur les contreforts du massif des Maures, dépourvu de toute urbanisation et faisant partie d'un ensemble plus vaste comportant une végétation de type méditerranéen qui, bien que partiellement endommagée par un incendie, est restée relativement dense (CAA Marseille 30-8-2001 n° 98MA0564, Sté Ryans de Lys : BPIM 1/02 inf. 8) ;

– les collines de la Mauresque et de la Mirande, sur le territoire de la commune de Port-Vendres, ensemble situé à proximité immédiate de la mer qui ne comporte, à l'exception de quelques ouvrages militaires à l'état d'abandon, aucune urbanisation (CAA Marseille 22-11-2001 n° 97MA011677 : BPIM 2/02 inf. 95) ;

– des espaces correspondant à un site classé en zone naturelle d'intérêt écologique, faunistique et floristique considéré comme une zone d'intérêt communautaire pour la conservation des oiseaux (Zico) et répertorié comme une zone humide d'importance internationale (CAA Nantes 30-11-2004 n° 02NT01395, Ligue pour la protection des oiseaux de Loire-Atlantique : BPIM 2/05 inf. 98) ;

– des parcelles ne comportant aucune construction, entièrement boisées de chênes, situées dans le prolongement d'un important espace boisé disposant d'une façade sur mer de plus de 100 m et offrant une coupure d'urbanisation, peu important le fait que près d'un tiers des arbres serait

en état de dépérissement et que l'espace est bordé par deux avenues (CAA Bordeaux 23-3-2006 n° 02BX02343 : BPIM 4/06 inf. 237) ;
– un terrain boisé d'essences variées situé à 200 m de la mer dans un vaste espace dunaire demeuré à l'état naturel et compris en tout ou partie dans différentes zones protégées (CAA Nantes 13-11-2007 n° 07NT00076, Assoc. Manche-Nature : BPIM 3/08 inf. 200) ;
– un secteur qui est compris dans une Znieff du marais poitevin, qui est classé en espace naturel sensible et qui est également inclus dans une zone d'intérêt communautaire pour la conservation des oiseaux (Zico) (CAA Nantes 7-6-2019 n° 18NT02340, préfet de la Vendée).

La présence de prairies de cymodocées et d'herbiers de posidonies, espèces marines protégées, peut justifier la qualification d'espace remarquable (CE 17-6-2015 n° 372537, Assoc. Union départementale pour la sauvegarde de la vie).

En revanche, **ne constitue pas un espace remarquable** ou caractéristique du littoral une bande de terrains restés à l'état naturel, séparée d'une rivière par une route départementale, limitrophe de zones déjà largement ouvertes à l'urbanisation et voisine d'un parc de stationnement (CE 3-10-1997 n° 158554 : BPIM 3/98 inf. 171).

Seules les **parties naturelles** des paysages remarquables du littoral sont protégées au titre de l'article L 121-23 du Code de l'urbanisme. La qualification d'espace remarquable doit prendre en compte les caractéristiques propres du territoire concerné, ainsi que, le cas échéant, celles de l'« unité paysagère » qu'il forme avec des parcelles voisines (CE 30-5-2018 n° 408068, Cne de Sète : BPIM 4/18 inf. 247). Il n'y a pas lieu de tenir compte des constructions dont le permis de construire a été annulé et qui n'ont pas fait l'objet d'une régularisation (CE 27-9-2006 n° 275922, Cne du Lavandou : BPIM 6/06 inf. 411). Dès lors que l'existence d'un lotissement situé à l'arrière de la plage de Pampelonne et de quelques bâtiments sur la plage elle-même ne suffit pas à lui faire perdre son caractère naturel, cette plage, qui est située dans un site inscrit, constitue un espace remarquable (CE 13-11-2002 n° 219034, Cne de Ramatuelle : BJDU 5/02 p. 344, concl. D. Piveteau). 8480

La circonstance qu'un terrain, situé dans un espace naturel remarquable, serait classé en zone constructible et viabilisé ne fait pas obstacle à sa protection (CAA Nantes 24-11-1994 n° 93NT00416 : BJDU 2/95 p. 120).

Une parcelle de terre située dans un **secteur urbanisé** ne peut être considérée comme une partie naturelle d'un site classé, devant comme telle être préservée en vertu de l'article L 121-23 du Code de l'urbanisme (CE 29-6-1998 n° 160256 : BPIM 5/98 inf. 310).

Le Conseil d'État, statuant en qualité de juge de cassation, exerce un contrôle de qualification juridique des faits afin de déterminer si une parcelle forme une unité paysagère avec un espace remarquable (CE 7-4-2021 n° 433923, Cne de Sète : BPIM 3/21 inf. 165).

AMÉNAGEMENTS AUTORISÉS

Aménagements légers Des aménagements légers, dont la liste limitative et les caractéristiques sont définies par décret, peuvent être implantés dans les espaces protégés lorsqu'ils sont nécessaires à leur gestion, à leur mise en valeur notamment économique ou, le cas échéant, à leur ouverture au public et qu'ils ne **portent pas atteinte au caractère remarquable du site** (C. urb. art. L 121-24, al. 1). Cette dernière condition, qui a été introduite par la loi Élan, devrait entraîner une conception plus stricte de la faculté de réaliser des aménagements légers. 8485

Ces aménagements sont **énumérés** par l'article R 121-5 du Code de l'urbanisme. Il s'agit notamment :
– des aménagements nécessaires à l'ouverture au public du site concerné et à l'accueil des visiteurs (Rép. Boyce : AN 26-9-2006 n° 80131) ;
– de la réfection des bâtiments existants et de l'extension limitée des bâtiments et installations nécessaires à l'exercice d'activités économiques ;
– sous certaines conditions, des aménagements nécessaires à l'exercice des activités agricoles, pastorales et forestières ne créant pas plus de 50 m^2 de surface de plancher ;
– en bord de mer, des constructions et aménagements indispensables exigeant la proximité immédiate de l'eau.

Sont également admis les aménagements nécessaires à la gestion et à la remise en état d'éléments du patrimoine bâti ayant fait l'objet d'un classement au titre de la législation sur les monuments historiques ou localisés dans un site inscrit ou classé.

Depuis l'entrée en vigueur de la loi Élan et du décret 2019-462 du 21 mai 2019 qui a modifié l'article R 121-5 du Code de l'urbanisme, la liste ci-dessus est, en principe, devenue **limitative.** La jurisprudence avait admis auparavant que des aménagements destinés à la lutte contre l'incendie (abattage d'arbres pour réaliser une voie d'accès), qui ne figuraient pas sur cette liste, puissent cependant être implantés dans un espace protégé, dès lors qu'ils étaient légers et strictement nécessaires à cette fin (CE 6-2-2013 n° 348278, Cne de Gassin : BPIM 2/13 inf. 100).

Saisi d'un recours contre le décret du 21 mai 2019, le Conseil d'État a cependant admis qu'en imposant que la liste des aménagements légers soit limitative (C. urb. art. L 121-24, al. 1), le législateur n'avait pas entendu interdire « tout ajout ou modification » aux aménagements déjà énumérés par l'article R 121-5 (CE 10-7-2020 n° 432944, Assoc. France Nature Environnement : BPIM 5/20 inf. 297). On notera que le même décret a complété la liste de l'article R 121-5 en ajoutant, notamment, les équipements d'intérêt général nécessaires à la sécurité des populations et à la préservation des espaces et milieux.

Les aménagements nouveaux et les réfections et extensions doivent être conçus de manière à permettre un **retour du site à l'état naturel.**

> **Précisions** **a.** Selon l'importance des aménagements et leur incidence sur l'environnement, une **évaluation** environnementale ou une **mise à disposition du public** est nécessaire (C. urb. art. L 121-24, al. 2).
> La réalisation des aménagements exigeant la proximité immédiate de l'eau implique une enquête publique environnementale (C. urb. art. L 121-17, al. 3).
> **b.** Une circulaire précise notamment les conditions d'**appréciation du caractère léger, réversible et démontable** d'un aménagement. Elle indique également les conditions dans lesquelles les bâtiments existants peuvent être reconstruits, voire étendus (Circ. 2005-57 du 15-9-2005 : BO équipement 2005/18 du 10-10-2005 p. 58).
> **c.** Les aménagements qui ne sont pas soumis à enquête publique font l'objet d'une mise à disposition du public (C. envir. art. L 123-2 et R 121-6).
> **d.** La méconnaissance du principe de non-régression de la protection de l'environnement ne peut utilement être invoquée à l'encontre des dispositions du décret du 21 mai 2019, qui a modifié l'article R 121-5 du Code de l'urbanisme. L'article L 121-24, al. 1 du même Code a, en effet, créé une réglementation spécifique qui déroge à l'interdiction de construction dans les espaces protégés (CE 10-7-2020 n° 432944, Assoc. France Nature Environnement : BPIM 5/20 inf. 297).

8490 Le juge administratif applique strictement ces dispositions. N'a **pas été jugée conforme** l'implantation :

– d'une aire de jeux et de sports (CE 20-10-1995 n° 151282, Cne de Saint-Jean-Cap-Ferrat : BJDU 5/95 p. 365) ;

– d'une route nouvelle à proximité du rivage (CE 25-11-1998 n° 168029, Cne de Grimaud : BPIM 1/99 inf. 4) ;

– d'un bâtiment destiné à l'élevage de 400 moutons dans la baie du mont Saint-Michel (CAA Nantes 11-10-2013 n° 12NT02432, Cne de Genêt : BPIM 6/13 inf. 371) ;

– d'un camping (CAA Nantes 3-2-2012 n° 10NT00972, Sté camping de Port-la-Chaîne : DMF n° 739, 9/2012 p. 784) ;

– des emplacements réservés à des aires de stationnement importantes (CE 30-9-2020 n° 428319, Cne de Belz).

Par ailleurs, jugé que porte **atteinte à la préservation d'un espace littoral** l'extension de l'urbanisation :

– dans une partie d'une forêt de protection constituant tout à la fois un paysage caractéristique et un élément de protection des forêts voisines (CE 30-4-1997 n° 158945, Syndicat intercommunal du Port d'Albret) ;

– dans une végétation inscrite au fichier des zones naturelles d'intérêt écologique, faunistique et floristique (CE 12-11-1997 n° 170248, Cne d'Erquy).

> **Précisions** **a.** Des établissements hôteliers ne peuvent pas être réalisés dans les espaces remarquables (Rép. Vitel : AN 13-2-2007 n° 111051).
> **b.** Des travaux d'édification et de réfection de clôtures peuvent être autorisés dès lors qu'ils ne dénaturent pas le caractère du site, ne compromettent pas sa qualité architecturale et paysagère et ne portent pas atteinte à la préservation des milieux (CE 4-5-2016 n° 376049 : BPIM 3/15 inf. 161).

8495 Raccordement aux réseaux d'électricité et de communication électrique

Peuvent être implantés, dans les espaces protégés des communes riveraines des mers, des océans, des estuaires et des deltas, l'atterrage des canalisations et leurs jonctions, si ces canalisations et jonctions sont nécessaires à l'exploitation et à la distribution d'électricité et à l'établissement des réseaux ouverts au public de communication électronique (C. urb. art. L 121-25, al. 2).

Les techniques utilisées pour la réalisation de ces ouvrages électriques et de communication électronique doivent être souterraines et de moindre impact environnemental (C. urb. art. L 121-25, al. 2).

Leur réalisation est soumise à enquête publique environnementale (C. urb. art. L 121-25, al. 3).

L'autorisation d'occupation du domaine public ou, à défaut, l'approbation des projets d'ouvrage de transport et de distribution d'électricité est refusée si les canalisations et leurs jonctions ne respectent pas ces conditions ou sont de nature à porter atteinte à l'environnement ou aux sites et paysages remarquables (C. urb. art. L 121-25, al. 4).

Travaux de conservation ou de protection des espaces La réalisation de travaux ayant pour objet la conservation ou la protection des espaces et milieux à préserver peut être admise après enquête publique (C. urb. art. L 121-26). 8500

Sur le passage des **lignes électriques** dans les espaces protégés, voir n° 8545.

4. CONSTRUCTIONS ET OPÉRATIONS PARTICULIÈRES

CAMPING-CARAVANAGE

L'aménagement et l'ouverture des terrains de camping ou de stationnement de caravanes en dehors des espaces urbanisés sont subordonnés à la délimitation de secteurs prévus à cet effet par le PLU de la commune intéressée, ce dernier pouvant autoriser le camping en dehors des zones urbaines ou à urbaniser (C. urb. art. L 121-9). 8530

La délimitation des secteurs de camping doit respecter les dispositions relatives à l'extension limitée de l'urbanisation (CE 16-12-2016 n° 389079, Cne de Pénestin : BPIM 1/17 inf. 8). En tout état de cause, les terrains de camping ne peuvent pas être installés dans la bande littorale définie n° 8410 (C. urb. art. L 121-18 ; CE 25-9-1996 n° 138197, Cne de Sangatte), et ce, même si la zone est déjà urbanisée (TA Rennes 17-11-1994 n° 89-1848 ; TA Pau 20-1-1993, Lemaire c/ Cne de Saint-Jean-de-Luz).

ROUTES NOUVELLES

Toute nouvelle **route de transit** doit être réalisée à une distance minimale de 2 km du rivage. Cependant, cette disposition ne s'applique pas aux rives des plans d'eau intérieurs (C. urb. art. L 121-6, al. 1). 8535

La création de nouvelles routes sur les plages, cordons lagunaires, dunes ou en corniche est interdite. Les nouvelles **routes de desserte** locale ne peuvent ni être établies sur le rivage ni le longer (C. urb. art. L 121-6, al. 2).

Les deux derniers alinéas de l'article L 121-6 du Code de l'urbanisme prévoient toutefois certaines **dérogations** liées à la configuration des lieux (CE 4-10-1996 n° 159456, Assoc. « Défense et protection de l'environnement de Pleurtuit » : BPIM 2/97 inf. 92, 1e esp.). Dans ce cas, la commission départementale des sites doit être obligatoirement consultée (CE 15-6-1992 n° 132416, Sté du canal de Provence : Lebon p. 235).

> **Précisions** **a.** Des **travaux de conservation et d'entretien** d'un chemin rural existant, qui n'ont pas pour objet d'en modifier la nature ou l'utilisation, ne doivent pas être regardés comme l'aménagement d'une route au sens de ces dispositions (CE 21-8-1996 n° 144082, Assoc. des riverains des bois de Rys et de la Maladière : BPIM 1/97 inf. 9 ; CE 30-12-1996 n° 102023, Sté de Protection de la nature de Sète-Frontignan-Balaruc : BPIM 2/97 inf. 92, 2e esp.).
> **b.** La création d'un emplacement réservé pour l'aménagement d'un **parc de stationnement** doit être compatible avec ces dispositions (CE 17-6-1998 n° 168977, Assoc. de l'amicale des loisirs et du temps libre longevillais : BPIM 5/98 inf. 311).
> **c.** La **transformation** d'une route express **en autoroute** ne peut pas être considérée comme la création d'une route nouvelle (CE 10-12-2001 n° 218331, Cne de Queven : BJDU 6/01 p. 418).
> **d.** Le **juge de cassation** ne contrôle pas l'appréciation souveraine à laquelle se livrent les juges du fond lorsque ceux-ci reconnaissent à un équipement le caractère de route de transit (CE 12-12-2007 n° 290312, Cne de Séné : BPIM 1/08 inf. 11).

OPÉRATIONS PUBLIQUES

Les installations, constructions, aménagements de nouvelles routes et ouvrages nécessaires à la **sécurité** maritime et aérienne, à la défense nationale, à la sécurité civile et ceux nécessaires au fonctionnement des aérodromes et des services publics portuaires (autres que les ports de plaisance) ne sont pas soumis aux dispositions des articles L 121-1 s. du Code de l'urbanisme, lorsque leur **localisation** répond à une **nécessité technique impérative** (C. urb. art. L 121-4). Pour l'appréciation de cette dernière condition, il peut être tenu compte des contraintes de l'urbanisation (CE 29-12-1999 n° 197720 : BPIM 3/00 inf. 148). 8540

> **Précisions** **a.** À titre exceptionnel, les **stations d'épuration d'eaux usées avec rejet en mer,** non liées à une opération d'urbanisme nouvelle, peuvent être autorisées par décision conjointe des ministres compétents (C. urb. art. L 121-5 et R 121-1 ; CAA Nantes 27-7-2007 n° 06NT00017, Sivom de Combrit-Sainte Marine-Île Tudy : BPIM 2/08 inf. 111 qui annule le permis de construire d'une station d'épuration délivré sans l'autorisation ministérielle).

b. Lorsqu'un port comporte à la fois une activité de plaisance et d'autres activités, les équipements nécessaires au service public portuaires sont ceux qui ne sont pas affectés à l'activité de plaisance (CE 17-6-2015 nº 372537, Syndicat mixte du port de Toulon Provence).

RÉSEAU PUBLIC DE TRANSPORT D'ÉLECTRICITÉ

8545 Les ouvrages du réseau public de transport d'électricité qui contribuent à atteindre les objectifs de la politique énergétique peuvent être autorisés en dehors des zones exposées au recul du trait de côte. L'autorisation est accordée par les ministres chargés de l'urbanisme et de l'énergie après avis de l'EPCI compétent en matière de PLU ou, à défaut, du conseil municipal de la commune concernée. La commission départementale de la nature, de paysages et de sites doit également être consultée.

Lorsque sont en cause des lignes électriques, il est nécessaire que celles-ci soient souterraines, sauf si leur enfouissement s'avère plus dommageable pour l'environnement, ou encore excessivement complexe ou financièrement disproportionné par rapport à l'installation de lignes aériennes (C. urb. art. L 121-5-2).

Le passage de lignes électriques dans la **bande littorale** et dans les **espaces protégés** peut être autorisé.

Il faut que la localisation des lignes électriques réponde à une nécessité technique impérative démontrée. Le projet doit être refusé s'il est de nature à porter une atteinte excessive aux sites et paysages remarquables ou caractéristiques, ainsi qu'aux espaces et aux milieux à préserver (C. urb. art. L 121-5-2).

C. Accueil des bateaux de plaisance

8600 L'accueil des navires de plaisance doit être organisé de manière à s'intégrer aux sites naturels et urbains dans le respect des normes édictées par les **schémas de mise en valeur de la mer** (C. envir. art. L 321-3).

La réalisation d'un **port** doit être compatible avec les documents d'urbanisme (CE ass. 15-2-1980 nº 08-596, Assoc. pour la protection du site du vieux Pornichet : Lebon p. 85). La concession d'un port de plaisance est, s'il y a lieu, subordonnée à la reconstitution s'il y a lieu d'une surface artificielle ou d'un potentiel conchylicole ou aquacole équivalant à ce qui aura été détruit (C. envir. art. L 321-4). Le juge vérifie que les prescriptions environnementales sont prises en compte (CE 1-2-1991 nº 116339, Assoc. des amoureux du littoral et des sites trébeurdinais ; CE 9-2-2004 nº 223121, Assoc. Manche nature).

Afin de limiter l'occupation permanente du littoral par les ports de plaisance, les formes légères d'aménagement dénommées « **zones de mouillage** » permettent aux communes qui ne désirent pas prendre le risque d'investissements trop lourds de réaliser néanmoins l'accueil des plaisanciers en assurant la sécurité de navires pendant l'été, l'hivernage se faisant à terre (nº 8680).

1. PORT DE PLAISANCE

8620 La **création de nouveaux ports** dont l'activité dominante sera la plaisance **ou l'extension** des ports existants relèvent de la compétence des communes et doivent avoir été prévues dans un document d'urbanisme (CE ass. 30-3-1973 nº 88151 : Lebon p. 264).

Les **décisions** de création et d'extension de port sont **prises,** en principe, **par** les communes ou, le cas échéant, les communautés de communes, les communautés urbaines, les métropoles ou les communautés d'agglomération (C. transports art. L 5314-4). Toutefois, en l'absence de SMVM ou de chapitre individualisé valant SMVM au sein du Scot, ces décisions relèvent du préfet sur proposition de la collectivité territoriale intéressée et après avis du ou des conseils régionaux concernés (C. transports art. L 5314-8).

Sont considérés comme créations ou extensions de port les projets comportant l'institution ou la modification du périmètre portuaire délimité en application de l'article R 5311-1 du Code des transports ou, à l'intérieur dudit périmètre, l'accroissement de la superficie du plan d'eau abrité (C. transports art. R 5314-1). Il en est ainsi de l'allongement d'un quai en vue d'accueillir un bateau de plaisance de 85 m (TA Nice 19-11-1996, Cts Canto c/ Cne de Cannes : DMF nº 573 p. 763).

La **légalité** de l'extension d'un port **s'apprécie** en considération de l'article L 121-23 du Code de l'urbanisme (CE 30-12-2002 nº 245621, Cne de Six-Fours-les-Plages : Lebon T. p. 861).

© Éd. Francis Lefebvre

> **Précisions** **a.** La création de ports maritimes de plaisance doit être précédée d'une **évaluation environnementale,** soit de manière systématique lorsque la capacité d'accueil du port est supérieure ou égale à 250 emplacements, soit au cas par cas si sa capacité est inférieure à 250 emplacements (C. envir. art. R 122-2 ann. 9C) ;
> **b.** Une **étude d'impact** qui ne mentionne pas l'existence de zones de protection de l'environnement n'est pas irrégulière, dès lors que son contenu répond à la nature et à l'importance de l'opération (CE 6-1-1999 n° 161403, Sté pour l'étude et la protection de la nature en Aunis et Saintonge (Sepronas) : DMF n° 592 p. 364 s.).

DOMANIALITÉ

Les ouvrages destinés à la plaisance établis sur le **domaine public maritime** en constituent des dépendances (CE 31-5-1989 n° 75706, Assoc. pour la sauvegarde du pays fouesnantais). **8625**

Toutefois, la délimitation administrative d'un port est indépendante de la délimitation du domaine public portuaire (Cass. 1e civ. 13-4-1999 n° 97-15.638, Sté DTM : DMF n° 597 p. 882).

> **Précisions** **a.** La **délimitation administrative d'un port** ne crée qu'une présomption simple du caractère portuaire de l'espace délimité (CE 4-12-1995, n° 124977, Cne d'Hyères : Lebon T. p. 948).
> **b.** Les **appontements** sont considérés comme des outillages publics dont la gestion relève du droit privé (T. confl. 3-6-1996 n° 2968 : Lebon p. 540). C'est le concessionnaire qui fixe les conditions d'usage des outillages publics. En revanche, l'autorité concédante peut exercer son pouvoir de police. L'exécution de travaux de mise en sécurité indispensables à la conservation du domaine public n'ouvre pas droit à indemnité au profit de l'utilisateur de l'appontement qui a été privé de son usage pendant la durée des travaux (CE 31-3-2014 n° 361079, Sté Yacht Club international de Saint-Laurent-du-Var : DMF n° 765 1/2015 p. 65).
> **c.** Les travaux réalisés dans le cadre d'une concession de port de plaisance accordée à une société privée sont des **travaux publics** (Cass. 1e civ. 17-2-1977, Roba).
> Les ports de plaisance constituent des **ouvrages publics** (CE 26-7-2006 n° 272625, Maif). Il en est de même d'un chenal naturel d'accès dès lors qu'il fait l'objet de travaux d'entretien réguliers (CE 26-3-1960, n° 41271, Cie maritime de transports de goudrons : Lebon p. 199).
> **d.** Sauf stipulations contraires dans la concession, les ouvrages réalisés dans les limites administratives d'un port font partie du **domaine public artificiel** (Avis CE ass. 16-10-1980 : RDI 1981 p. 309) alors que ceux irrégulièrement endigués demeurent dans le domaine public naturel (CE 16-11-1977, Cresto Alaric : Lebon p. 439).
> **e.** En ce qui concerne la propriété des terrains privés devant servir d'emprise à un port, les dispositions applicables précisent que les bassins et les plans d'eau destinés à l'accueil des navires de plaisance doivent être **incorporés au domaine public,** avec une bande bord à quai, reliés à la voie publique, d'une largeur suffisante pour la circulation et l'exploitation des installations avant d'être mis en communication avec la mer ou avec des bassins portuaires existants (C. tourisme art. L 341-7). Cette incorporation est suivie d'une **mise en concession.**
> **f.** Des terrains affectés à un port de plaisance et en cours d'aménagement sont incorporés au domaine public dès qu'ils deviennent propriété de l'État (CE 29-3-1957 n° 33132 : Lebon p. 223). Il s'agit de **biens de retour** (CE 16-11-1988 n° 47685, min. de la mer c/ Cne d'Arcachon : Lebon T. p. 729 ; Cass. 1e civ. 10-6-1992 n° 87-14.006, ASL de Port-Grimaud Sud c/ SCI Baie de Saint-Tropez ; CE 25-10-2017 n° 402921, Cne du Croisic : RJDA 4/18 n° 316).
> **g.** Il ne peut être établi sur les dépendances transférées que des ouvrages, bâtiments ou équipements ayant un rapport avec l'exploitation du port ou de nature à contribuer à son animation ou à son développement. Les conditions d'occupation des postes à quai par des navires de plaisance sont fixées par l'article R 5314-31 du Code des transports. Tout occupant doit être titulaire d'une **amodiation** qui ne peut pas être transférée, car elle a un caractère strictement personnel (CE 10-5-1989 n° 73146 : Lebon T. p. 675 ; CE 31-7-2009 n° 316534, Sté Jonathan Loisirs). Le refus de renouvellement d'une amodiation doit être motivé (CAA Marseille 10-6-2011 n° 09MA02779 : DMF 11/2011 p. 956).
> Les litiges relatifs aux contrats d'amodiation relèvent de la juridiction administrative (Cass. 1e civ. 23-2-2012 n° 11-10.178 : RJDA 7/12 n° 736). Toutefois pour la Cour de cassation, la clause d'un contrat d'amodiation qui interdit la cession ou la sous-location de l'emplacement alors que le règlement de police du port ne prévoit la possibilité d'un transfert de jouissance du poste qu'en cas de vente du navire avec l'accord préalable du concessionnaire constitue une clause abusive au regard du droit de la consommation (Cass. 1e civ. 8-12-2009 n° 08-20.413).
> **h.** Il convient de distinguer le **stationnement** d'un bateau à un poste à quai, qui est un droit d'occupation du domaine public, du simple **placement** à quai, qui est une mesure de police (T. confl 11-12-1972 n° 1975 : Lebon p. 950).
> Les litiges relatifs aux garanties d'usage de poste à quai délivrées par les sociétés concessionnaires à leurs associés relèvent de la compétence du juge judiciaire (CA Aix-en-Provence 26-9-2013 n° 11/21347 : DMF n° 765, 1/2015 p. 72).

RÉALISATION ET EXPLOITATION

Les **communes** sont, par délégation de l'État, les autorités concédantes pour la création, l'aménagement et l'exploitation des ports affectés exclusivement à la plaisance (C. transports art. L 5314-4). **8630**

Le **transfert** ainsi opéré depuis le 1er janvier 1984 au profit des communes a été total et automatique pour :

– les ports existants dont les installations étaient exclusivement affectées à la plaisance et qui avaient fait l'objet d'une concession de port de plaisance ou d'une concession d'équipements légers accompagnée de la délimitation prévue à l'article R 5311-1 du Code des transports ;

– les ports qui abritent des bateaux de commerce et de pêche, dès lors que les activités de commerce et de pêche sont accessoires par rapport à l'activité de plaisance (CE 25-10-2002 n° 214458, Cne d'Hyères : BPIM 1/03 inf. 6).

Les **règlements existant** lors du transfert de compétence ne sont pas devenus caducs de ce fait (CE 23-6-2000 n° 201780, min. équipement c/ Salle : Lebon p. 238).

> **Précisions** Le transfert de propriété du domaine public portuaire de l'État n'est réalisé qu'à la demande de l'autorité portuaire (Loi 2004-809 du 13-8-2004 art. 30).

8635 Le **régime juridique du port** varie selon que son financement est assuré uniquement par des fonds publics ou exclusivement au moyen de fonds privés.

Dans le premier cas, il est exploité directement sous forme de **régie.** Dans le second, le port peut faire l'objet d'une **concession** (CGPPP art. L 2124-3 et R 2124-1), avec obligation de respecter un cahier des charges lui conférant certaines prérogatives de puissance publique. La concession constitue un contrat d'occupation du domaine public (T. confl. 18-10-1999 n° 3169, Préfet de Corse c/ CA Bastia : Lebon p. 468). Elle peut être constitutive d'un droit réel sur le domaine public de l'État relevant de la compétence de la commune (CGPPP art. R 2122-10).

La collectivité compétente fixe par délibération la proportion de postes à quai réservés à des navires de plaisance. La disposition privative de postes à quai destinés à des navires de plaisance ne peut être consentie pour une durée supérieure à un an renouvelable chaque année. Lorsqu'elle est consentie à des entreprises exerçant des activités de commerce et de réparation nautiques ou à des associations sportives et de loisirs, la durée de la disposition privative est portée à cinq ans (C. transports art. R 5314-31).

> **Précisions** **a.** La concession n'est pas un acte d'application du document d'urbanisme (CE 2-2-2004 n° 215763, Assoc. des cinq cantons la Barre : BJDU 3/04 p. 177).
>
> L'exploitation d'un port de plaisance constitue une mission de service public à caractère industriel et commercial (CE 13-12-2002 n° 248591, Sté international sporting yachting club de la mer).
>
> **b.** Dans les ports publics, la conclusion de sous-traités d'établissement au profit de personnes privées est autorisée.
>
> **c.** Bien qu'il ne soit pas propriétaire des ouvrages, le concessionnaire en assume la responsabilité de maître d'ouvrage et d'exploitant (CE 19-6-1992 n° 66925, Ville de Palavas-les-Flots : Lebon T. p. 1283).
>
> **d.** Une collectivité publique ne peut pas imposer à l'exploitant d'un port de plaisance de limiter le nombre de postes de mouillage pour les propriétaires d'embarcations résidant dans un autre État membre de l'Union européenne sans porter atteinte au principe de libre prestation de services (CJCE 29-4-1999 aff. 224/97, Ciola c/ Land Vorarlberg : Rec. p. 2517).
>
> **e.** Les actionnaires sont tenus de participer aux charges portuaires définies dans les statuts et le règlement intérieur (Cass. com. 3-12-1991 n° 90-15.038 : RJDA 3/92 n° 244).
>
> **f.** La société concessionnaire est redevable, au titre de l'occupation du domaine public, de la redevance domaniale (CGPPP art. L 2125-1). Cette redevance, qui n'est pas la contrepartie d'un service rendu, n'a pas la nature d'une imposition (CE 29-11-2002 n° 219244, Cne du Barcarès : RJF 2/03 n° 246).
>
> C'est à l'autorité chargée de la gestion du domaine public qu'il appartient de fixer, tant dans l'intérêt du domaine et de son affectation que dans l'intérêt général, les conditions auxquelles elle entend subordonner les permissions d'occupation (CE 8-7-1996 n° 121520 : Lebon p. 272). Le juge peut vérifier si le taux fixé n'est pas disproportionné par rapport à la prestation fournie (CE 21-2-1996 n° 126095, Amicale des plaisanciers et des pêcheurs de Ferrières). La redevance doit être fixée en considération des avantages que les usagers retirent de l'équipement du port (CGPPP art. L 2125-1 ; CE 2-2-1996 n° 149427).
>
> **g.** Le concessionnaire peut être autorisé, y compris pour les ports existants, à conclure des baux ou des droits d'une durée excédant celle du contrat de concession.
>
> **h.** L'attribution d'un contrat de concession doit respecter les principes d'égalité de traitement des candidats, de liberté d'accès et de transparence des procédures (CCP art. L 3).

8640 Les litiges doivent, selon les cas, être portés devant la juridiction administrative ou la juridiction judiciaire.

Relèvent de la **juridiction administrative** les litiges relatifs à :

– la légalité des actes autorisant l'occupation du domaine public maritime par voie de concession (CE ass. 29-12-1978 n° 95260, Assoc. de défense de la Côte Fleurie : Lebon p. 533) ;

– l'exécution du contrat de concession (CE 9-7-1997 n° 163238, Ville de Cannes) ;

– un contrat conclu entre une société concessionnaire et son sous-traitant (CE réf. 26-5-2006 n° 293501, Sycim Baie des Anges : Lebon p. 265) ;
– l'occupation sans titre du domaine public portuaire concédé (Cass. 1e civ. 5-3-2008 n° 07-12.472 : Bull. civ. I n° 67).

En revanche, il n'appartient qu'à la **juridiction judiciaire** de connaître des litiges relatifs :
– à l'exécution du contrat conclu par le concessionnaire avec l'entreprise à laquelle celui-ci a confié la réalisation de travaux (CE 29-7-1983 n° 27425 : Lebon p. 356) ;
– à l'attribution d'un poste d'amarrage, alors que le litige, qui oppose une personne morale de droit privé gestionnaire de cet emplacement et un particulier, ne met en cause aucune prérogative de puissance publique (T. confl. 22-6-1998 n° 3102 : DMF n° 587 p. 1098 note Rézenthel) ;
– aux atteintes portées par l'autorité administrative aux droits des concessionnaires lorsque ces atteintes présentent le caractère d'une emprise irrégulière ou d'une voie de fait (T. confl. 18-10-1999 n° 031, Préfet de Corse : Lebon p. 468) ;
– aux dommages causés à des tiers par le mauvais état d'une digue portuaire (T. confl. 24-5-2004 n° C3331, SCI du port des Engraviers et Cass. 1e civ. 8-3-2005 n° 95-17.543 : Bull. civ. I n° 125) ;
– à l'action en responsabilité introduite par l'usager d'un port de plaisance contre la régie gestionnaire du port en raison des dommages causés à un navire par la rupture d'un amarrage sur corps-mort (Cass. 1e civ. 30-11-2016 n° 15-25.516 : RJDA 3/17 n° 217) ;
– à la destruction de deux voiliers à la suite d'un incendie survenu dans un port de plaisance (CAA Nantes n° 19NT01157, Sté Zurich Insurance PLC).

> Précisions **a.** Le juge administratif est compétent pour statuer sur un litige relatif à la **redevance** due par l'amodiataire au concessionnaire public d'un port de plaisance (CE 1-7-1991 n° 95724, Sté Chantiers navals Boiteux). La même solution a été retenue dans le cas où le concessionnaire du port est une personne privée (CAA Nantes 5-11-1998 n° 94NT01226 : BPIM 3/99 inf. 213).
b. Sauf stipulation contraire dans le traité de concession, la remise d'ouvrages au concessionnaire dégage la **responsabilité** du concédant à l'égard des tiers pour les dommages imputables aux modalités d'exécution ou à l'existence de ces ouvrages (CE 8-2-1985 n° 43160, CCI de Brest). Il en va de même lorsque le contrat de concession est annulé pour inexécution par le concessionnaire de ses obligations (CE 1-10-1993 n° 54660, Sté Le Yacht club international de Bormes-les-Mimosas).

Lorsque le **retrait de la concession** est prononcé **pour faute** du concessionnaire, les droits de ses cocontractants sur les biens concédés qu'ils ont financés deviennent caducs sans que les intéressés puissent invoquer l'enrichissement sans cause du concédant (CE 21-9-1990 n° 71991). **8645**

Le **rachat de la concession** par l'autorité concédante constitue une prérogative de puissance publique. Il peut intervenir s'il est justifié par un motif d'intérêt général (T. confl. 2-3-1987 n° 2469, SADBM c/ Cne de Montgenèvre). Le concédant peut user de cette faculté alors même qu'aucune disposition législative, réglementaire ou contractuelle n'en a organisé l'exercice (CE 31-7-1996 n° 126594, Sté des téléphériques du massif du Mont-Blanc : RJDA 11/96 n° 1314). Il s'agit d'un acte de gestion domaniale et non pas d'une sanction (CE 6-11-1988 n° 65694, min. TP c/ Cne du Mont-Saint-Michel). **8650**

La décision de rachat peut faire l'objet d'un recours pour excès de pouvoir (CE 16-11-1956 n° 6278, Sté BAB : Lebon p. 436). Le rachat de la concession ne peut pas être prononcé pour des motifs d'ordre financier (CE 26-2-1975 n° 86185, Sté du port de pêche de Lorient : Lebon p. 155).

> Précisions **a.** Il ne doit pas exister, au détriment de la personne publique, une disproportion manifeste entre l'indemnité de résiliation et le montant du préjudice résultant, pour le concessionnaire, des dépenses qu'il a exposées et du gain dont il a été privé (CE 4-5-2011 n° 334280, Chambre de commerce et d'industrie de Nîmes : RJDA 2/12 n° 158).
b. L'amodiation ne peut pas être transférée car elle a un caractère strictement personnel (CE 10-5-1989 n° 73146 : Lebon T. p. 675 ; TA Nice 28-6-2001, Assoc. de défense des actionnaires et usagers du second port de Cannes c/ Cne de Cannes).

Le concessionnaire n'a pas de droit acquis au **renouvellement** de son titre (CE 14-10-1991 n° 95857 : Lebon T. p. 927). Le refus de l'autorité concédante est une décision susceptible de recours (CE 20-9-1999 n° 179345, Sté Alabel). Le refus de renouvellement ne donne pas lieu à indemnisation (CE 20-3-1996 n° 121601). **8655**

2. ZONES DE MOUILLAGE

Les **autorisations d'occupation temporaire du domaine public** peuvent être accordées par les autorités de l'État à des personnes publiques ou privées pour l'aménagement, l'organisation et la gestion de zones de mouillage et d'équipements légers, dès lors qu'ils ne sont pas de nature à entraîner l'affectation irréversible du site (CGPPP art. L 2124-5). Les dispositions de **8680** la partie réglementaire du CG3P relatives à ces zones (CGPPP R 2124-39 et R 2124-55) ont été profondément modifiées par le décret 2020-677 du 4 juin 2020.

Dans les zones de mouillage et d'équipements légers, seuls sont admis les équipements et installations destinés exclusivement à l'amarrage ou la mise à l'eau des navires et bateaux, ainsi que les équipements et installations mobiles et relevables. En outre, il est nécessaire que la nature et l'importance de ces équipements et installations soient compatibles avec l'objet de l'autorisation, sa durée et l'obligation de démolition qui s'impose à la fin de l'autorisation (CGPPP art. R 2124-40).

L'autorisation est accordée par la voie d'une **convention** fixant les conditions et modalités d'occupation du domaine public maritime (CGPPP art. R 2124-45). Cette convention est conclue pour une durée maximale de 15 ans. Elle peut être reconduite à la demande du bénéficiaire (CGPPP art. R 2124-46). Elle ne peut être résiliée sans indemnité que si l'autorisation n'a pas été mise en œuvre un an après la signature de la convention ou en cas de liquidation judiciaire ou de décès du titulaire, ou encore en cas de dissolution s'agissant d'une personne morale (CGPPP art. R 2124-49). Le bénéficiaire d'une telle autorisation peut être habilité à percevoir des usagers une redevance pour service rendu (C. tourisme art. L 341-9).

› Précisions **a.** La création de mouillages et d'équipements légers, qui n'entraîne pas un changement substantiel d'utilisation du domaine public maritime, n'est pas soumise à **enquête publique** (C. envir. art. R 123-1, II-1°). Des modifications mineures d'ordre technique qui, de par leur importance ou leur nature, ne sont pas susceptibles d'altérer l'économie générale du projet peuvent être introduites sans enquête publique préalable (CE 8-3-1989 n° 90453, Dépt de la Charente-Maritime : Lebon p. 84).

À l'inverse, lorsque la demande d'autorisation entraîne un changement substantiel dans l'utilisation du domaine public maritime, le dossier est soumis à enquête publique environnementale (CGPPP art. L 2124-4, II et R 2124-44).

b. La proportion des **postes réservés** aux associations et navires de passage ne peut pas être nulle (CGPPP art. R 2124-45).

c. Lorsque l'État accorde une autorisation à une **collectivité** territoriale, cette autorisation ne porte que sur la **gestion du domaine public** et ne saurait être assimilée à un transfert de propriété. En cas de désaccord, il est fait application des articles R 2123-9 et R 2123-14 du CGPPP.

d. En ce qui concerne l'**évaluation environnementale,** il est fait application de la procédure « au cas par cas » (C. envir. art. R 122-2, ann. 9 d).

SECTION 6 ZONES DE MONTAGNE

CHAMP D'APPLICATION DE LA RÉGLEMENTATION

8850 **Zones de montagne** La loi 85-30 du 9 janvier 1985 relative au développement et à la protection de la montagne, dite « Loi montagne », a été partiellement reprise dans le Code de l'urbanisme (art. L 122-1 à L 122-25 et R 122-1 à R 122-17) et dans le Code du tourisme (art. L 342-1 à 26-1, D 342-1, R 342-2 à R 342-20 et R 342-22 à R 342-29).

Cette loi s'applique dans les zones de montagne qu'elle **définit** comme étant les zones caractérisées par « des handicaps significatifs entraînant des conditions de vie plus difficiles et restreignant l'exercice de certaines activités économiques ».

Chaque zone est délimitée par un arrêté interministériel (C. urb. art. L 122-1 ; Loi 85-30 du 9-1-1985 art. 3). En réalité, cet arrêté, pris le 6 septembre 1995, se réfère simplement à 8 arrêtés antérieurs ayant le même objet. La liste de ces arrêtés présente un caractère limitatif (CE 22-7-2020 n° 428023, Association Sauvegarde des Boutets : BPIM 5/20 inf. 298).

8851 La loi du 9 janvier 1985 a fait l'objet de plusieurs modifications dont les dernières résultent de la loi de modernisation, de développement et de protection des territoires de montagne du 28 décembre 2016, dite **« loi montagne 2 »** (Loi 2016-1888 du 29-12-2016). Cette loi vise à soutenir l'emploi et le dynamisme économique, à réhabiliter l'immobilier de loisir par un urbanisme adapté et à moderniser notamment le régime des unités touristiques nouvelles (UTN).

Elle prévoit que les documents d'urbanisme peuvent prendre en compte des mesures spécifiques en faveur de la forêt en montagne (Loi 85-30 du 9-1-1985, art. 18 bis).

Le Gouvernement a publié le 12 octobre 2018 la première circulaire globale sur le droit de l'urbanisme applicable en montagne. Cette instruction est destinée à être un instrument au service des élus et des communes de montagne (Inst. TERLI826263J du 12-10-2018).

Massif Chaque zone de montagne, ainsi que les zones immédiatement contiguës formant avec elle une même entité géographique, économique et sociale, constituent un massif. Il en existe 6 : Alpes, Corse, massif Central, massif jurassien, Pyrénées et massif vosgien. La délimitation des massifs a été effectuée par un décret 2004-69 du 16 janvier 2004. 8855

Les **comités de massif** sont chargés du développement, de l'aménagement et de la protection de chaque massif (Loi 85-30 du 9-1-1985 art. 7, I).

Ils définissent les objectifs et précisent les actions qu'ils jugent nécessaires. Ils facilitent, par leurs avis et propositions, la coordination des actions publiques dans le massif concerné et l'organisation des services publics. Ils préparent le schéma interrégional de massif mentionné à l'article 9 bis de la loi du 9 janvier 1985. Ils élaborent un plan stratégique d'adaptation au changement climatique. Ils sont consultés sur divers sujets et, notamment, sur l'élaboration des prescriptions particulières de massif, sur les projets de DTADD, ainsi que sur les projets de Scot (Loi 85-30 du 9-1-1985 art. 7, II).

Les comités de massif peuvent élaborer des recommandations particulières à certaines zones sensibles, notamment de haute montagne (C. urb. art. R 122-20). Mais ces dispositions n'ont ni pour objet ni pour effet d'instituer une procédure de consultation obligatoire préalablement à la délivrance des autorisations d'exploitation de mines (CE 30-7-1997 n° 159446, Assoc. SOS Environnement Portes).

Une **entente interrégionale de massif** peut être chargée de mener, pour le compte de ses membres, la politique de massif (Loi 85-30 du 9-1-1985 art. 6 bis).

Lorsque les directives territoriales d'aménagement existant éventuellement au jour de l'entrée en vigueur de la loi portant engagement national pour l'environnement (Loi 2010-788 du 12-7-2010) n'y ont pas déjà pourvu, des décrets en Conseil d'État, pris après enquête publique environnementale et sur proposition des comités de massif, peuvent définir des prescriptions particulières sur tout ou partie des massifs (C. urb. art. L 122-26 et R 122-19) à l'effet : 8860
- d'adapter les seuils et critères des études d'impact et des enquêtes publiques ;
- de désigner les paysages et éléments les plus remarquables (grottes, gorges, glaciers, lacs, lieux d'alpinisme ou de canoë-kayak, cours d'eau, tourbières) et définir les modalités de leur préservation ;
- de préciser les modalités de l'urbanisation visée nos 8885 s.

Opérations concernées Les conditions d'utilisation et de protection de l'espace montagnard (C. urb. art. L 122-1 s.) sont directement opposables à toute **personne** publique ou privée, et pour tous **travaux,** constructions, plantations, défrichement, carrières, mines, lotissements, camping, caravanage, remontées mécaniques, pistes, clôtures et installations de toute sorte (C. urb. art. L 122-2). La construction d'une ligne électrique entre dans le champ d'application de ces dispositions (CE 9-6-2004 n° 254691, Cne de Peille : BPIM 6/04 inf. 340). 8865

En ce qui concerne l'opposabilité des DTA et des DTADD, voir n° 8345.

Les installations et ouvrages nécessaires aux établissements scientifiques, à la défense nationale, aux recherches et à l'exploitation de ressources minérales d'intérêt national, à la protection contre les risques naturels sont exclus des dispositions régissant les zones de montagne si leur localisation dans les espaces protégés correspond à une nécessité technique impérative (C. urb. art. L 122-3). Depuis le 25 novembre 2018, les installations et ouvrages nécessaires à l'établissement de réseaux de communications électroniques ouverts au public entrent dans le champ d'application de l'exception. Dans le cas des réseaux de communications électroniques, l'exception doit être justifiée, non par une nécessité technique impérative, mais par la nécessité d'améliorer la couverture du territoire (C. urb. art. L 122-3).

La capacité d'accueil des espaces destinés à l'urbanisation doit être compatible avec la préservation des espaces naturels et agricoles (C. urb. art. L 122-8).

PRINCIPES D'AMÉNAGEMENT ET DE PROTECTION

Préservation des activités de montagne Les **terres nécessaires** au maintien et au développement des activités agricoles, pastorales et forestières doivent être préservées. Cette obligation s'apprécie au regard du rôle et de la place des terres concernées dans les systèmes d'exploitation locaux. Sont également pris en compte la situation des terres par rapport au siège de l'exploitation, leur relief, leur pente et leur exposition (C. urb. art. L 122-10). L'existence d'une pression foncière dans une commune ne figure pas parmi ces critères (CE 7-2-2013 n° 354681, min. écologie : BPIM 2/13 inf. 101). 8870

Sur ces territoires, seules sont admises les **constructions nécessaires** aux activités précitées et les équipements liés à la pratique du ski et de la randonnée (C. urb. art. L 122-11).

> Précisions **a.** Si les dispositions de l'article L 122-10 du Code de l'urbanisme n'interdisent pas d'affecter des terres agricoles à des activités autres que l'agriculture, l'urbanisation de ces terres ne peut être admise que pour satisfaire des besoins justifiés et dans une mesure compatible avec le maintien et le développement des activités agricoles. Le juge administratif exerce un contrôle complet sur la compatibilité d'un projet de construction avec ces exigences (CAA Lyon 4-3-2008 n° 06LY00158 : BPIM 3/08 inf. 201).

b. L'exploitation d'une **ferme-auberge** peut contribuer au maintien de l'activité agricole et pastorale. Ainsi, le permis de construire qui autorise l'agrandissement et la mise en conformité aux règles sanitaires des installations d'accueil des clients a pour objet la préservation d'une activité agricole et pastorale, sans qu'il soit besoin de rechercher s'il s'agit d'un chalet d'alpage (TA Strasbourg 13-6-1995, Comité de défense contre le projet d'extension de la ferme-auberge de Frankenthal : BJDU 3/95 p. 204).

c. Le projet de construction d'une déviation routière ayant pour effet de faire disparaître 5,3 hectares de prairies dans une commune disposant d'une surface agricole de 260 hectares ne porte pas à la nécessité de préserver les terres agricoles une atteinte excessive par rapport à l'objet de l'opération (CE 21-3-2001 n° 209459, Sté Euroraft).

8875 Peuvent également être autorisées, par arrêté préfectoral, après avis de la commission départementale de la préservation des espaces naturels, agricoles et forestiers et de la commission des sites, la restauration ou la reconstruction d'anciens **chalets d'alpage** ou de bâtiments d'estive ainsi que les extensions limitées de ces chalets et bâtiments d'estive existants, lorsque la destination est liée à une activité professionnelle saisonnière (C. urb. art. L 122-11, al. 4). L'autorisation des travaux, qui doit toujours être expresse, est subordonnée à l'instauration d'une servitude interdisant ou limitant l'utilisation du bâtiment en période hivernale (C. urb. art. L 122-11, al. 5).

Dans le cas des demandes présentées depuis le 1er février 2019, le préfet territorialement compétent dispose d'un délai de 4 mois, à compter de la date de réception de la demande, pour notifier au demandeur l'autorisation expresse. Faute de délivrance de l'autorisation dans ce même délai, cette dernière est réputée rejetée (C. urb. art. R 122-3-1).

> Précisions **a.** Un permis de construire destiné à **transformer un chalet d'alpage** en habitation permanente doit être refusé si la desserte par les réseaux est insuffisante (CAA Lyon 7-7-1995, Cne du Grand-Bornand : BJDU 3/95 p. 229). Même si elle est identifiée par le PLU comme un ancien chalet d'alpage, une construction qui ne présente pas ce caractère compte tenu des transformations qu'elle a subies ne peut pas être soumise par le maire à une servitude de non-utilisation hivernale (CAA Lyon 30-4-2024 n° 22LY00989, Cne de la Clusaz : BPIM 5/24 inf. 289).

b. La **reconstruction d'un chalet d'alpage** ne peut se faire que sur son emplacement d'origine (CE 27-5-2013 n° 349262 : BPIM 4/13 inf. 236).

c. Le chalet d'alpage ne saurait être confondu avec le **refuge** dont la création ou l'extension relève de la procédure d'UTN (nos 8920 s.)

d. La servitude de non-utilisation en période hivernale n'est pas inconstitutionnelle (Cons. const. 10-2-2016 n° 2016-540 QPC, SCI Groupement foncier rural Namin et Co).

8880 Les **documents et décisions** relatifs à l'occupation des sols comportent les dispositions propres à préserver les espaces, paysages et milieux caractéristiques du patrimoine naturel et culturel montagnard (C. urb. art. L 122-9).

Ils doivent concilier l'occupation du sol projetée avec l'exigence de préservation de l'environnement montagnard prévue par la loi. En conséquence, pour apprécier la légalité d'un arrêté municipal autorisant la réalisation d'un terrain de camping et de caravanage, le juge ne peut pas se borner à relever que cet équipement est de nature à diminuer les atteintes à l'environnement résultant du camping sauvage ; il doit aussi s'interroger sur l'insertion du terrain dans le site (CE 24-4-2012 n° 346439, Assoc. interdépartementale et intercommunale pour la protection du lac de Sainte-Croix : BPIM 3/12 inf. 197).

> Précisions **a.** Appliquant les dispositions de l'ancien article L 145-3 du Code de l'urbanisme, le Conseil d'État a annulé un **permis de construire** autorisant, dans une zone dédiée aux activités agricoles, et pastorales, une construction qui n'était pas nécessaire à ces activités et qui ne constituait pas un équipement sportif (CE 9-7-1997 : BPIM 6/97 inf. 363). Par ailleurs, contrôlant la compatibilité du **document local d'urbanisme** avec les impératifs de protection prévus par le même article, il a jugé incompatible la création dans une commune de montagne de deux zones d'urbanisation future qui compromettaient le maintien et le développement des exploitations agricoles du secteur et n'étaient pas justifiées par les besoins de la commune (CE 6-2-1998 n° 161812, Cne de Faverges : BPIM 2/98 inf. 83). En revanche, le classement d'un terrain impropre à l'agriculture en zone constructible et qui permet de préserver des terres plus proches d'un bourg, mais de meilleure qualité agricole, doit être considéré comme de nature à maintenir ou développer les activités agricoles (CE 22-9-1997, Cne d'Eygliers : BJDU 6/97 p. 397).

b. La **partie naturelle d'un site inscrit** a pu être considérée comme étant un espace caractéristique du patrimoine naturel et culturel de la montagne (CE 9-6-2004 n° 254691, Cne de Peille : BPIM 6/04 inf. 340 ; voir auparavant, dans le même sens,

© Éd. Francis Lefebvre

TA Nice 11-5-1995, Assoc. de défense et de sauvegarde des sites de Peille c/ Cne de Peille : BJDU 3/95 p. 200).

c. Si les dispositions de l'article L 122-9 du Code de l'urbanisme permettent, à l'appui d'un recours pour excès de pouvoir contre les documents et décisions relatifs à l'occupation des sols en montagne, de contester utilement l'atteinte causée par le projet aux milieux montagnards et, par suite, aux habitats naturels qui s'y trouvent situés, ces dispositions n'ont en revanche pas pour objet de prévenir les risques que le projet serait susceptible de causer à une **espèce animale** caractéristique de la montagne (CE 17-1-2024 n° 462638, Assoc. Bien vivre en pays d'Urfé : BPIM 3/24 inf. 88).

d. Les autorités chargées de délivrer les permis de construire et autres autorisations d'occuper le sol doivent notamment tenir compte des **risques naturels** dans ces zones, et consulter sur ce point le service de restauration des terrains en montagne [RTM] (Rép. Haenel : Sén. 13-4-1989 n° 1529).

Continuité de l'urbanisation Sous réserve de l'adaptation, du changement de destination, de la réfection ou de l'extension limitée des constructions existantes et des installations ou équipements d'intérêt public incompatibles avec le voisinage des zones habitées, le **principe** est que l'urbanisation doit se réaliser en continuité avec les bourgs, villages, hameaux, groupes de constructions traditionnelles ou d'habitations existants (C. urb. art. L 122-5). 8885

Ces dispositions s'imposent aux documents locaux d'urbanisme (CE 23-10-1996 n° 159473, Cne de Combloux ; CE 23-3-1998 n° 168475, Cne de Thilliot). Elles régissent entièrement la situation des communes classées en zone de montagne, qu'elles soient ou non dotées d'un plan d'urbanisme (CE 16-4-2012 n° 323555, min. écologie c/ L. : BPIM 3/12 inf. 198).

La circonstance qu'une décision individuelle relative à l'occupation ou à l'utilisation du sol respecte les prescriptions du PLU ne suffit pas à assurer sa légalité au regard des dispositions directement applicables de l'article L 122-5 du Code de l'urbanisme (CAA Marseille n° 22MA00759, Cne d'Aghione : BPIM 2/24 inf. 198).

Une construction existante peut s'adjoindre des **annexes de taille limitée** (C. urb. art. L 122-5). Il s'agit de constructions secondaires détachées des constructions existantes, qui, eu égard à leur implantation par rapport à celles-ci et à leur ampleur limitée en proportion de ces constructions existantes, peuvent être ainsi qualifiées (CE 12-6-2023 n° 466725, min. transition écologique c/ SCI Mornans : BPIM 4/23 inf. 235). Sont notamment concernés les garages, piscines et abris de jardin situés autour des constructions isolées.

Le principe de continuité **s'apprécie** au regard des caractéristiques locales de l'habitat traditionnel, des constructions implantées et de l'existence de voies et réseaux (C. urb. art. L 122-5-1). Ces critères sont pris en compte (C. urb. art. L 122-6) :

– pour la délimitation des hameaux, groupes de constructions traditionnelles ou d'habitations existants en continuité desquels le PLU ou la carte communale prévoit une extension de l'urbanisation ;

– pour l'interprétation des notions de hameaux, groupes de constructions traditionnelles ou d'habitations existants, lorsque la commune n'est pas dotée d'un PLU ou d'une carte communale.

> Précisions **a.** Des parcelles classées en zone d'urbanisation future mais pratiquement libres de constructions et distantes de 3 km du bourg ne peuvent pas constituer un **village** ou un **bourg** au sens de l'article L 122-5 du Code de l'urbanisme (CE 18-5-1998 n° 163708, Cne d'Allonzier-la-Caille : BPIM 4/98 inf. 244). De même, des constructions implantées de manière disséminée le long d'une route ne peuvent pas être regardées comme constituant un village (CAA Lyon 18-2-1997 n° 95LY00005, SCI Crêt du Four et Cne de Combloux c/ préfet de Haute-Savoie).

b. La circonstance que des constructions sont édifiées sur des parcelles contiguës ne suffit pas à considérer qu'elles constituent un **hameau,** lequel est caractérisé par l'existence de plusieurs bâtiments suffisamment proches les uns des autres pour être regardés comme groupés (CE 5-2-2001 n° 217796, secrétaire d'État au logement c/ Cne de Saint-Gervais : BPIM 4/01 inf. 236). Sur la notion de hameau pour l'application de la loi littoral, voir n° 8365.

c. Comme la notion de hameau, la **notion de continuité ou de discontinuité** de l'urbanisation s'apprécie au cas par cas et ne peut recevoir une définition applicable à l'ensemble du territoire national (Rép. Barnier : Sén. 28-5-1998 p. 1720 n° 5489). La continuité de l'urbanisation ne s'apprécie pas seulement au regard des bourgs, villages, etc., de la commune concernée, mais aussi de l'urbanisation des autres communes (CE 30-12-2013 n°s 356338 et 356681, min. intérieur c/ M. : BPIM 1/14 inf. 7).

Par exemple, la condition de continuité avec l'urbanisation existante est réalisée s'agissant d'un terrain situé à proximité immédiate de plusieurs parcelles de la commune voisine qui supportent des habitations et sont desservies par des voies d'accès et des réseaux d'eau et d'électricité (CE 5-1-1995 : Lebon T. p. 1227).

En revanche, la même condition n'est pas satisfaite si la construction projetée, bien que destinée à être implantée sur un terrain proche d'un bourg, doit être située sur la partie du terrain la plus éloignée des dernières maisons (CAA Bordeaux 17-1-2002 n° 99BX00487).

d. Il est possible d'édifier des constructions nouvelles en continuité d'un **groupe de constructions traditionnelles ou d'un groupe d'habitations** qui, faute de s'inscrire dans les traditions locales, ne saurait être qualifié de hameau. L'existence d'un tel groupe suppose plusieurs constructions qui, eu

 © Éd. Francis Lefebvre

égard notamment à leurs caractéristiques, à leur implantation les unes par rapport aux autres et la desserte par des voies et réseaux, peuvent être perçues comme appartenant à un même ensemble (CE 2-10-2019 n° 418666, Cne du Broc : BPIM 6/19 inf. 372).

e. Les dispositions de l'article L 122-5 du Code de l'urbanisme ne font pas obstacle à la possibilité de création d'un **emplacement réservé** (CE 10-6-1998 n° 168718, Cne de Cipières).

f. L'installation d'**éoliennes** est une opération d'urbanisation qui peut, en raison de circonstances particulières, être considérée comme incompatible avec le voisinage des zones habitées, et emporter ainsi la dérogation à la règle de l'urbanisation en continuité (CE 16-6-2010 n° 311840 : BPIM 5/10 inf. 350 ; CE 16-7-2010 n° 324515, Assoc. pour la protection des paysages et ressources de l'Escandorgue et du Lodevois : BJDU 5/10 p. 395 ; CE 19-9-2014 n° 357327, Assoc. Protégeons nos espaces pour l'avenir).

g. Le moyen tiré de la méconnaissance par un permis de construire de la règle d'urbanisation limitée ne constitue pas un moyen d'**ordre public** qu'il appartiendrait au juge de soulever d'office (CE 13-7-2012 n° 349747, Sté Éco Delta développement).

h. La règle d'urbanisation en continuité en zone de montagne s'applique à la délibération approuvant le programme des équipements publics d'une ZAC et s'oppose à l'extension d'une zone d'activités qui n'est pas en continuité avec une agglomération ou un bourg existant (CAA Toulouse 13-10-2022 n° 19TL01591, Association Nouvelle dynamique mendoise BPIM 6/22 Inf. 413).

8890 Le **principe** de l'urbanisation en continuité est **écarté** dans 4 hypothèses (C. urb. art. L 122-7) :
En premier lieu, quand une étude, intégrée au Scot ou au PLU, justifie, en fonction des spécificités locales, que l'urbanisation discontinue est compatible avec les objectifs de préservation de la montagne et de protection contre les risques naturels. Cette étude, soumise à l'avis de la commission départementale de la nature, des paysages et des sites avant que le projet de document ne soit arrêté, est jointe au dossier d'enquête publique. Les zones à urbaniser sont ensuite délimitées par le PLU ou la carte communale dans le respect des conclusions de cette étude.

Le principe de l'urbanisation en continuité est également écarté lorsque le respect des objectifs de préservation de la montagne et de protection contre les risques naturels impose une urbanisation discontinue. Dans ce cas, le PLU et la carte communale peuvent délimiter des hameaux et des groupes d'habitations nouveaux intégrés à l'environnement ou, à titre exceptionnel et après accord de la chambre d'agriculture et de la commission des sites, des zones d'urbanisation future de taille et de capacité d'accueil limitées.

Par ailleurs, dans les communes qui ne sont pas couvertes par un SCOT intégrant l'étude mentionnée ci-dessus, la carte communale peut comporter une étude relative à la réalisation d'ouvrages de production d'énergie solaire photovoltaïque ou thermique installés sur le sol en discontinuité de l'urbanisation existante. La carte communale délimite les secteurs où les constructions sont autorisées dans le respect des conclusions de cette étude.

Enfin, par délibération motivée de son conseil municipal, une commune qui n'est pas couverte par un PLU ou une carte communale peut éventuellement autoriser des constructions en discontinuité si cette dérogation est justifiée par l'intérêt communal. La dérogation, qui doit être compatible avec les objectifs de préservation de la montagne et de protection contre les risques naturels, n'est admise que si la commune ne subit pas de pression foncière due au développement démographique ou à la construction de résidences secondaires. Les constructions sont autorisées dans les conditions définies par les articles L 111-4 et L 111-5 du Code de l'urbanisme relatifs à la règle de constructibilité limitée.

Dans tous les cas, la capacité d'accueil des espaces destinés à l'urbanisation doit être compatible avec la préservation des espaces naturels et agricoles.

8895 **Développement touristique** Le développement touristique et en particulier la création d'une **unité touristique nouvelle** (n°s 8920 s.) doivent prendre en compte les communautés d'intérêt des collectivités locales concernées, et contribuer à l'équilibre des activités économiques et de loisirs, notamment en favorisant l'utilisation rationnelle du patrimoine bâti existant et des formules de gestion locative pour les constructions nouvelles. La qualité des sites et les grands équilibres naturels doivent être préservés (C. urb. art. L 122-15).

8900 **Protection des rives des plans d'eau** Les parties naturelles des rives des plans d'eau naturels ou artificiels de **moins de 1 000 hectares,** situées en totalité ou pour partie en zone de montagne, sont protégées sur une distance de 300 m à compter de la rive (C. urb. art. L 122-12, al. 1).
Peuvent être **exclus de ce dispositif** protecteur (C. urb. art. L 122-12, al. 2 à 4) :
– par arrêté du préfet coordonnateur de massif, les plans d'eau dont moins du quart des rives est situé dans la zone de montagne ;
– par un PLU, un Scot ou une carte communale, certains plans d'eau de faible importance.

Dans la bande des 300 m des rives naturelles des lacs protégés, toutes constructions, routes ou tous travaux quelconques sont **interdits** (C. urb. art. L 122-12, al. 1). 8905

Par exception, des constructions et aménagements peuvent être **admis,** en fonction des spécificités locales, dans certains secteurs délimités (C. urb. art. L 122-14, R 122-1, al. 3, R 123-1, al. 2, et R 161-1) :
– par un PLU ou un Scot avec l'accord du préfet et au vu d'une étude circonstanciée ;
– par une carte communale avec l'accord du préfet, après avis de la commission des sites et au vu d'une étude de compatibilité avec l'environnement.

Dans ce cas, le permis de construire est soumis pour avis à la commission (C. urb. art. L 122-14).

Dans ces secteurs, **ne peuvent être autorisés** que (C. urb. art. L 122-13) :
– des bâtiments à usage agricole, pastoral ou forestier ;
– des refuges et gîtes d'étape ouverts au public pour la promenade et la randonnée ;
– des aires naturelles de camping ;
– un équipement culturel dont l'objet est directement lié au caractère lacustre des lieux ;
– des installations à caractère scientifique si aucune autre implantation n'est possible ;
– des équipements d'accueil et de sécurité nécessaires à la pratique de la baignade, des sports nautiques, de la promenade ou de la randonnée ;
– l'adaptation, le changement de destination, la réfection ou l'extension des constructions existantes ;
– la construction de bâtiments nouveaux à usage d'habitation, à l'intérieur du périmètre regroupant les bâtiments d'une ancienne exploitation agricole, dans le respect des traditions architecturales locales.

Par ailleurs, il a été jugé que ces dispositions qui tendent à protéger les parties naturelles des rives n'interdisent pas la délivrance d'un permis de construire sur un terrain déjà urbanisé ou déjà altéré par l'activité humaine. Est donc légal le permis de construire accordé à un particulier pour couvrir d'une structure légère une piscine située sur un terrain supportant déjà sa maison d'habitation (CAA Nancy 20-10-2005 n° 03NC00898 : BPIM 1/06 inf. 8).

> **Précisions** **a.** La **reconnaissance du caractère naturel** des rives d'un plan d'eau relève de l'appréciation souveraine des juges du fond (CE 28-7-2004 n° 256154, Sté Thomas : BPIM 6/04 inf. 341).
> **b.** Doit être considérée comme une **partie naturelle** la portion de rive qui constitue une coupure verte entre le lac et un ensemble de villas, même s'il existe une aire de stationnement à proximité du lac (CE 1-7-1998 n° 171733, Cne de Doucier : BPIM 5/98 inf. 312).
> **c.** Un **refuge** est un établissement en site isolé de montagne, gardé ou non gardé, et recevant du public (C. tourisme art. L 326-1). Ses caractéristiques ont été précisées (C. tourisme art. D 326-1 à 3). Il s'agit d'un établissement d'hébergement d'une capacité maximale de 150 personnes, situé en altitude dans un site isolé. Son isolement est caractérisé par l'absence d'accès tant par voie carrossable que par remontée mécanique de type téléporté ouvertes au public, ainsi que par l'inaccessibilité aux véhicules et engins de secours pendant au moins une partie de l'année. Le refuge peut disposer d'aménagements permettant un service de restauration.

Autour des **lacs** de montagne d'une surface **supérieure à 1 000 hectares,** les lois montagne et littoral s'appliquent cumulativement, la protection la plus restrictive devant prévaloir. En effet, pour se conformer à la jurisprudence « Commune d'Annecy » (CE ass. 3-10-2008 n° 297931, Cne d'Annecy : BPIM 6/08 inf. 417), la loi Grenelle II (Loi 2010-788 du 12-7-2010) a supprimé l'alinéa 2 de l'ancien article L 145-1 du Code de l'urbanisme. 8910

Création de route La création de routes, corniches, bouclages est interdite au-dessus de la limite forestière, sauf désenclavement d'agglomérations ou de massifs forestiers, ou considérations de défense nationale ou de liaison internationale (C. urb. art. L 122-4). 8915

UNITÉS TOURISTIQUES NOUVELLES (UTN)

Les UTN sont régies par les articles L 122-15 à L 122-25 et R 122-4 à R 122-15 du Code de l'urbanisme ainsi que par l'article L 342-1 à L 342-30 du Code du tourisme. Voir aussi la circulaire du 29-1-2008 : BO équipement 2008-10 du 10-6-2008 p. 92. 8920

La **loi « montagne 2 »** du 28 décembre 2016 et son **décret d'application** du 10 mai 2017 ont modernisé le régime des unités touristiques nouvelles (UTN).

Définition L'UTN est définie comme une opération de développement touristique effectuée en zone de montagne et contribuant aux performances socio-économiques de l'espace montagnard (C. urb. art. L 122-16). Les extensions inférieures aux seuils des créations d'UTN ne sont pas soumises à autorisation (C. urb. art. L 122-16, al. 2). 8925

 © Éd. Francis Lefebvre

8925 (suite) La loi « montagne 2 » du 28 décembre 2016 a substitué aux anciennes UTN de « première catégorie » et de « deuxième catégorie » deux catégories : les **UTN structurantes** (C. urb. art. L 122-17) et les **UTN locales** (C. urb. art. L 122-18).

Les opérations constituant, depuis le **1er août 2017,** des UTN structurantes et des UTN locales, ainsi que les seuils applicables, sont précisées dans le tableau ci-après.

Opérations	UTN structurantes (C. urb. art. R 122-8)	UTN locales (C. urb. art. R 122-9)
Création, extension ou remplacement de remontées mécaniques, lorsque ces travaux ont pour effet	– la création d'un nouveau domaine skiable alpin ; – l'augmentation de la superficie d'un domaine skiable alpin existant, supérieure ou égale à 100 hectares – la création d'une remontée mécanique qui n'a pas pour objet principal de desservir un domaine skiable, pouvant transporter plus de dix mille voyageurs par jour sur un dénivelé supérieur à 300 m.	– l'augmentation de plus de 10 hectares et de moins de 100 hectares d'un domaine skiable alpin existant
Liaisons entre domaines skiables alpins existants	oui	non
Opérations de construction ou d'extension d'hébergements et d'équipements touristiques d'une surface de plancher totale	– supérieure à 12 000 m², à l'exclusion des logements à destination des personnels saisonniers ou permanents des équipements et hébergements touristiques	– supérieure à 500 m², lorsque les opérations ne sont pas situées dans un secteur urbanisé ou dans un secteur constructible situé en continuité de l'urbanisation
Aménagement, la création et l'extension de terrains de golf	– d'une superficie supérieure à 15 hectares	– d'une superficie inférieure ou égale à 15 hectares
Aménagement de terrains de camping	– d'une superficie supérieure à 5 hectares	– d'une superficie comprise entre 1 et 5 hectares, lorsque les opérations ne sont pas situées dans un secteur urbanisé ou dans un secteur constructible situé en continuité de l'urbanisation
Aménagement de terrains pour la pratique de sports ou de loisirs motorisés	– d'une superficie supérieure à 4 hectares	non
Aménagement de pistes pour la pratique des sports d'hiver alpins, situés en site vierge (c'est-à-dire non accessible gravitairement depuis les remontées mécaniques ou accessible mais ne revenant pas sur une piste ou un départ de remontée mécanique du même domaine skiable – voir C. envir. art. R 122-2 tableau annexé modifié)	– d'une superficie supérieure à 4 hectares	non
Création de refuges de montagne et leur extension pour une surface de plancher totale supérieure à 200 m² (un refuge est un établissement en site isolé de montagne, gardé ou non, recevant du public – voir C. tourisme art. L 326-1)	non	oui

Toutefois, le **champ des UTN structurantes** est susceptible d'être **étendu** puisqu'un Scot peut (C. urb. art. R 122-7) :
- d'une part, abaisser les seuils prévus par l'article R 122-8 précité (voir tableau ci-dessus) ;
- d'autre part, définir comme telles des opérations de développement touristique en zone de montagne et contribuant aux performances socio-économiques de l'espace montagnard, qui ne figurent pas sur la liste de l'article R 122-8 précité.

De même, le **champ des UTN locales** peut être **élargi** par un PLU pour traiter comme telles des opérations de développement touristique effectuées en zone de montagne et contribuant aux performances socio-économiques de l'espace montagnard qui ne sont pas visées par l'article R 122-9 (voir tableau ci-dessus). Encore faut-il que ces opérations ne puissent être considérées comme structurantes en application de l'article R 122-8 ou d'un Scot (C. urb. art. R 122-7).

> **Précisions** **a.** Le **domaine skiable,** qui peut s'étendre sur le territoire de plusieurs communes, est défini comme étant « une piste de ski alpin ou un ensemble de pistes qui ont le même point de départ ou qui communiquent entre elles ou qui communiquent par le seul intermédiaire d'une ou de plusieurs remontées mécaniques ». La surface du domaine skiable prise en compte est la somme des surfaces des pistes de ski alpin. Un domaine skiable peut s'étendre sur le territoire de plusieurs communes. Une commune peut comporter plusieurs domaines skiables (C. urb. art. R 122-4).
> **b.** La surface des **logements** destinés aux **personnels** saisonniers ou permanents des **équipements et hébergements touristiques** n'est pas prise en compte pour le calcul des seuils (C. urb. art. R 122-8).
> **c.** En cas de réalisation fractionnée de l'aménagement, la surface ou les seuils à retenir sont ceux du programme général de l'opération (C. urb. art. R 122-6).

Conditions de création et d'extension

8930 Les caractéristiques des UTN sont définies :
- pour les **UTN structurantes,** par le document d'orientation et d'objectifs (DOO) du schéma de cohérence territoriale (Scot) (C. urb. art. L 122-20) ; lorsque cette unité est située dans une commune qui n'est pas couverte par un Scot, sa création ou son extension est soumise, après avis de la commission spécialisée du comité de massif, à l'autorisation spécifique délivrée par le préfet coordonnateur de massif (C. urb. art. R 122-10) ;
- pour les **UTN locales,** par le plan local d'urbanisme (PLU) (C. urb. art. L 122-21) ; lorsque cette unité est située dans une commune qui n'est pas couverte par un PLU, sa création ou son extension est soumise, après avis d'une formation spécialisée de la commission départementale de la nature, des paysages et des sites, à l'autorisation du préfet de département (C. urb. art. R 122-11).

L'évaluation relative à l'application du Scot doit, notamment, prendre en compte les résultats de cette application en matière de réhabilitation de l'immobilier de loisir et d'UTN structurantes (C. urb. art. L 143-28). De même, l'analyse des résultats de l'application d'un PLU doit porter sur les UTN, structurantes ou locales (C. urb. art. L 153-27).

La loi 2020-1525 du 7 décembre 2020 d'accélération et de simplification de l'action publique (**Asap**) a, dans le cas des procédures engagées **depuis le 9 décembre 2020,** soumis les UTN au régime de l'**évaluation environnementale.**

La création et l'extension d'**UTN locales,** situées dans des communes non couvertes par un PLU, font l'objet d'une évaluation environnementale, à condition que ces projets soient susceptibles d'avoir des incidences notables sur l'environnement au sens du droit européen (C. urb. art. L 104-2, 4° et, sur renvoi, L 122-21, al. 2).

La création et l'extension d'**UTN structurantes,** situées dans des communes non couvertes par un Scot, font l'objet d'une évaluation environnementale systématique ou après un examen au cas par cas, en fonction de critères qui sont précisés par voie réglementaire (C. urb. art. L 104-2-1 et, sur renvoi, L 122-20, al. 2 ; art. R 104-17-2, 1°).

Par ailleurs, dans les communes non couvertes par un Scot ou un PLU, les projets de création et d'extension des UTN font l'objet d'une évaluation environnementale s'ils permettent la réalisation de travaux, aménagements, ouvrages ou installations susceptibles d'affecter de manière significative un site Natura 2000 (C. urb. art. R 104-17-1).

8950 Dans les communes non couvertes par un Scot, les **autorisations d'occupation du sol** nécessaires à la réalisation d'une UTN structurante ne peuvent être accordées que si la commune est dotée d'un PLU. Lorsque l'autorisation est nécessaire à la réalisation d'une UTN locale, elle ne peut être délivrée que dans une commune dotée d'une carte communale ou d'un PLU (C. urb. art. L 122-25).

> **Précisions** **a.** Les communes doivent **élaborer ou réviser leur PLU** afin que les autorisations d'occupation des sols nécessaires aux UTN puissent être délivrées. Si rien ne fait obstacle à ce que la procédure d'élaboration ou de révision soit engagée avant l'intervention de la décision créant l'UTN, le document d'urbanisme ne saurait être approuvé avant que l'unité n'ait été créée s'il comporte des dispositions incompatibles avec les prescriptions de l'article L 122-10 du Code de l'urbanisme ; en effet, seule la création de l'UTN est de nature à permettre d'écarter ces prescriptions (CE 22-1-2003 n° 212522, Cne de Saint-Ours-les-Roches : BPIM 4/03 inf. 211).
> **b.** Il n'est pas nécessaire que **l'UTN** soit, dès sa création, **compatible avec le PLU.** Il suffit que la compatibilité soit effective lors de la réalisation de l'UTN (CE 28-7-2004 n° 246750, Assoc. fédération pour les espaces naturels et l'environnement catalan : BJDU 5/04 p. 353, concl. M.-H. Mitjaville).

8951 La création ou l'extension d'une UTN peut être réalisée dans le cadre d'une **procédure intégrée** selon les conditions fixées par l'article L 300-6-1 du Code de l'urbanisme. Cette procédure permet d'accélérer la mise en compatibilité d'un Scot ou d'un PLU avec un projet d'UTN lorsque les dispositions qu'ils contiennent font obstacle à la réalisation d'une UTN. Selon qu'il s'agit d'une UTN structurante ou locale, la procédure intégrée est conduite dans un délai de 15 ou 12 mois à compter de son engagement. Lorsque la mise en compatibilité du document d'urbanisme n'est pas approuvée dans ces délais, le préfet peut finaliser la procédure, après avoir demandé aux collectivités territoriales, ou à leurs groupements compétents pour élaborer le document d'urbanisme, de lui communiquer les motifs justifiant la méconnaissance de ces délais.

8955 **Procédure de création des UTN** Une demande d'autorisation de créer une UTN peut porter simultanément sur plusieurs opérations (C. urb. art. R 122-12). Quelle que soit la catégorie de l'UTN, la demande est présentée au préfet du département par la commune ou l'EPCI compétent (C. urb. art. R 122-13).

Selon les dispositions applicables aux procédures engagées avant le 8 décembre 2020, date de la publication de la loi 2020-1525 du 7 décembre 2020, ces procédures comportent les **étapes suivantes** :
– composition du dossier comprenant un rapport et des documents graphiques qui précisent notamment l'état des milieux naturels, des paysages, du site et de son environnement, les caractéristiques principales du projet, les risques naturels, ainsi que les équilibres naturels et économiques à respecter (C. urb. art. R 122-14) ;
– saisine par l'autorité administrative de l'État compétente de la commission spécialisée du comité de massif ou de la commission départementale des sites (C. urb. art. R 122-15) ;
– mise à la disposition du public du dossier dans des conditions lui permettant de formuler ses observations (C. urb. art. L 122-22 et R 122-16) ;
– notification aux demandeurs de l'arrêté du préfet coordonnateur de massif ou du préfet du département (C. urb. art. R 122-17) ;
– publication de l'arrêté d'autorisation, éventuellement assorti de prescriptions, ou de l'arrêté de refus (C. urb. art. R 122-17).

Dans le cas des procédures engagées après le 8 décembre 2020, le projet de création d'une UTN devra faire l'objet d'une procédure de participation du public par voie électronique, selon les modalités prévues par l'article L 123-19 du Code de l'environnement. Lorsque l'état de la couverture numérique du territoire est susceptible de ne pas permettre effectivement cette forme de participation du public, un exemplaire du dossier peut, à compter de l'ouverture de la procédure, être consulté sur support papier dans des lieux et des conditions déterminés par l'autorité compétente. Cette dernière peut prévoir des modalités complémentaires de mise à disposition du dossier si elles s'avèrent nécessaires (C. urb. art. L 122-22).

> **Précisions** **a.** Doit être annulée l'autorisation préfectorale d'équipement du domaine skiable d'une commune, délivrée au vu d'un dossier qui, s'il souligne la richesse et la variété de la flore et de la faune présentes, ainsi que l'existence d'un risque significatif d'avalanches, ne présente pas les mesures de **protection** de l'environnement et de **prévention** des risques naturels(CE 11-3-1996 n° 140275, Cne d'Orelle faisant application de l'ancien article R 145-2 du Code de l'urbanisme mais transposable pour l'article R 124-14).
> **b.** Les communes ou EPCI qui envisagent de créer une UTN peuvent, préalablement, demander au préfet que les orientations générales de leur **projet** soient examinées par la commission compétente (C. urb. art. R 122-18). Le préfet peut donner un accord de principe et réserver sa décision jusqu'à ce que la commune complète le dossier. Ce faisant, il prend une simple mesure préparatoire qui est insusceptible d'un recours pour excès de pouvoir (CE 15-5-1992 sect. n° 118573, Cne de Cruseilles : Lebon p. 210).
> **c.** Les autorisations de création d'UTN prennent en compte les besoins de logements destinés aux salariés de la station, notamment les travailleurs saisonniers, et peuvent, le cas échéant, en imposer la réalisation. Elles peuvent prévoir des dispositions pour l'accueil et l'accès aux pistes des

skieurs non résidents (C. urb. art. L 122-23).
d. Le recours contre la décision de création d'une UTN n'est pas soumise à l'obligation de notification prévue à l'article R 600-1 du Code de l'urbanisme (CE 9-10-2015 nº 384804, Cne de Lauzet-sur-Ubaye).

Les autorisations de création ou d'extension d'une UTN deviennent **caduques** si, dans un délai de 5 ans à compter de leur notification au bénéficiaire, les équipements et les constructions autorisés n'ont pas été engagés. En cas de recours, le délai de caducité est suspendu pendant la durée des instances. En cas d'interruption des travaux supérieure à 5 ans, la caducité ne s'applique qu'à l'égard des travaux non encore réalisés. L'autorisation ne peut être prorogée qu'une seule fois pour une durée de 5 ans (C. urb. art. L 122-24). 8958
Toutefois, la loi 2020-1525 du 7 décembre 2020 assouplit ces règles. Elle prévoit que la durée de validité des autorisations d'UTN, dont la caducité intervient entre le 8 décembre 2020, date de publication de la loi, et le 30 avril 2021, est prolongée pour une durée de six mois. Cette prolongation prend effet à compter de la date à laquelle la caducité aurait dû intervenir (Loi 2020-1525 du 7-12-2020 art. 41).

Le **juge administratif** exerce un **contrôle** approfondi sur la décision de création d'une UTN (CE 15-5-1992 sect. nº 118573, Cne de Cruseilles : Lebon p. 210). Est ainsi entaché d'erreur d'appréciation l'arrêté autorisant la création d'une UTN de 95 000 m², alors que l'opération va entraîner la disparition d'activités agricoles et qu'il n'est pas établi que les ressources en eau susceptibles d'être utilisées permettraient de subvenir à l'ensemble des besoins que ferait naître la réalisation de cette unité (CE 10-12-1993 nº 110697, min. équipement c/ Assoc. régionale pour la protection des oiseaux et de la nature : Lebon p. 363). 8960

Dispositions transitoires Les dispositions issues de la loi montagne 2 ne s'appliquent qu'aux demandes d'autorisation d'UTN déposées après le 1er août 2017. Demeurent régis par les **dispositions antérieures** : 8962
– les demandes de création ou d'extension d'UTN déposées antérieurement ;
– les Scot et les PLU approuvés antérieurement, et ce jusqu'à leur prochaine révision ;
– les projets de Scot et de PLU arrêtés antérieurement.

REMONTÉES MÉCANIQUES

Dans les communes dotées d'un PLU, les équipements et aménagements destinés à la pratique du ski alpin et les remontées mécaniques ne peuvent être respectivement réalisés qu'à l'intérieur des secteurs délimités par le document d'urbanisme en application de l'article L 151-38, alinéa 2 du Code de l'urbanisme. Les remontées mécaniques sont également régies par le Code des transports et le Code de tourisme. 8965
Les nouvelles remontées mécaniques et les nouveaux tapis roulants sont soumis à un haut niveau de sécurité (C. tourisme art. R 342-2). Le décret 2016-29 du 19 janvier 2016 attribue à l'État le contrôle technique et de sécurité sur les remontées mécaniques et les tapis roulants.

Les travaux de construction ou de modification substantielle des remontées mécaniques sont soumis à une **double autorisation** : l'une, avant l'exécution des travaux ; l'autre, avant la mise en exploitation (C. urb. art. L 472-1). 8970
Sont des remontées mécaniques :
– tous les appareils de transports publics de personnes par chemin de fer à crémaillère et par installation à câbles relevant du règlement (UE) 2016/424 du 9 mars 2016, ainsi que les installations à câbles utilisées pour le service des refuges en montagne (C. tourisme art. L 342-7) ;
– un « fil à neige » de dimension modeste réservé à la pratique du ski pour les enfants d'une garderie (CAA Lyon 4-2-1997 nº 94-379, Cne de Chamonix Mont-Blanc : BPIM 2/97 inf. 94) ;
– les tapis roulants assurant un transport à vocation touristique ou sportive dans les stations de montagne (C. tourisme art. L 342-17-1 et R 342-27).

Autorisation d'exécution des travaux L'autorisation d'exécution des travaux est présentée par le maître d'ouvrage (C. urb. art. R 472-1 et A 472-1). Elle tient lieu de demande de permis de construire ou de déclaration de travaux (C. urb. art. R 472-2). 8975
La liste des pièces composant le **dossier** joint à la demande est fixée par voie réglementaire (C. urb. art. R 472-3 et R 472-4).
Les conditions de dépôt et d'**instruction** de la demande, ainsi que les conditions de **délivrance** et de validité de l'autorisation d'exécution des travaux, sont identiques à celles applicables au permis de construire. L'autorisation est délivrée par l'autorité compétente en matière de permis de construire après avis conforme rendu par le préfet au titre de la **sécurité** des installations et des aménagements de remontée (C. urb. art. L 472-2, al. 1 et 2).

L'autorisation de réaliser des remontées mécaniques est assortie d'une obligation de démontage et de remise en état du site dans les 3 ans de l'arrêt des installations (C. urb. art. L 472-2, al. 3). Si les remontées ne sont pas exploitées durant 5 ans, le préfet met en demeure l'exploitant de procéder à leur mise à l'arrêt définitive (C. urb. art. L 472-4, al. 2).

> **Précisions a.** L'autorisation de coupe ou d'**abattage d'arbres** et l'autorisation de défrichement doivent, le cas échéant, avoir été obtenues préalablement (C. urb. art. R 472-12).
> **b.** Le préfet peut subordonner l'autorisation de travaux au respect de **prescriptions particulières** (C. urb. art. R 472-2 et R 472-8).
> **c.** Un **maître d'œuvre unique,** indépendant du maître d'ouvrage, du ou des constructeurs, ainsi que de l'exploitant de l'installation, doit être choisi pour la construction ou la modification substantielle d'une remontée mécanique ou d'un tapis roulant (C. tourisme art. R 342-2). Ce maître d'œuvre doit être agréé par les pouvoirs publics (Arrêté du 9-5-2008 : JO 21).

8980 **Autorisation de mise en exploitation** La mise en exploitation des remontées mécaniques est autorisée par l'autorité compétente en matière de permis de construire, après avis conforme du préfet au titre de la sécurité (C. urb. art. L 472-4, al. 1). Cette autorisation permet de vérifier que l'installation est conforme à la **réglementation technique et de sécurité** et que les prescriptions imposées par le préfet ont été respectées. Les conditions de délivrance et de mise en œuvre sont prévues aux articles R 472-14 s. du Code de l'urbanisme.

> **Précisions a.** La conception, la réalisation et la modification des remontées mécaniques, les modalités de leur exploitation et les vérifications effectuées sur l'état de leur fonctionnement sont soumises à des **règles de sécurité** (C. tourisme art. L 342-17, I et R 342-7 s.).
> **b.** Les **infractions** concernant la construction ou l'exploitation des remontées mécaniques (y compris le défaut d'autorisation) relèvent des articles L 480-1 s. du Code de l'urbanisme.

AMÉNAGEMENT DU DOMAINE SKIABLE

8985 **Demande d'autorisation** L'aménagement de **pistes de ski alpin** est soumis à autorisation délivrée par l'autorité compétente en matière de permis de construire (C. urb. art. L 473-1). Dans les communes dotées d'un PLU, les équipements destinés à la pratique du ski et les remontées mécaniques ne peuvent être réalisés qu'à l'intérieur de zones ou secteurs délimités en application de l'article L 151-38, alinéa 2 du Code de l'urbanisme. Ces dispositions s'appliquent à partir de l'approbation de la première modification du POS, lorsqu'une commune en était dotée lors de la publication de la loi 85-30 du 9 janvier 1985 (C. urb. art. L 473-2). La liste des pièces composant le **dossier** joint à la demande est fixée par l'article R 473-2 du Code de l'urbanisme.

Les conditions de dépôt et d'**instruction** de cette demande sont définies par référence aux dispositions applicables en matière de permis de construire (C. urb. art. R 473-3). L'autorisation ne peut être délivrée que si les aménagements satisfont aux dispositions législatives et réglementaires qui lui sont applicables en matière d'utilisation du sol (C. urb. art. R 473-4). La décision de non-opposition à la déclaration préalable de coupe ou d'abattage d'arbres et l'autorisation de défrichement doivent avoir été obtenues préalablement à la délivrance de l'autorisation. De même, la servitude de passage des pistes (n° 8990) doit avoir été instituée (C. urb. art. R 473-5).

8990 **Servitude de passage des pistes** Une servitude d'utilité publique peut être instituée **en vue de permettre** (C. tourisme art. L 342-20) :
– le passage, l'aménagement et l'équipement des pistes de ski et des sites nordiques ;
– le survol des terrains où doivent être implantées des remontées mécaniques ;
– l'implantation des supports de ligne dont l'emprise au sol est inférieure à 4 m² ;
– le passage des pistes de montée ;
– les accès nécessaires à l'implantation ;
– l'entretien et la protection des pistes et des installations de remontée mécanique ;
– les accès aux voies d'alpinisme et d'escalade en zone de montagne et de sport de nature ;
– les accès aux refuges de montagne ;
– le cas échéant, le passage, l'aménagement et l'équipement de pistes de loisirs non motorisés en dehors des périodes d'enneigement.

La servitude doit être au moins **distante** de 20 m **des bâtiments** d'habitation ou professionnels édifiés ou dont la construction a été autorisée avant la délimitation, dans le document d'urbanisme, des zones et secteurs prévus à l'article L 151-38 du Code de l'urbanisme. Il en va autrement dans les cas suivants (C. tourisme art. L 342-23) :
– la construction des bâtiments est postérieure à l'existence de la piste ou des équipements ;

– l'existence effective de la piste ou des équipements est antérieure à l'entrée en vigueur de la loi 2005-157 du 23 février 2005 ;
– il s'agit du seul moyen d'assurer la réalisation des pistes, accès ou équipements.

La servitude doit être **instituée,** par arrêté préfectoral motivé, au profit de la collectivité locale concernée, dans les zones et secteurs délimités dans les PLU et les POS en application de l'article L 151-38, alinéa 2 du Code de l'urbanisme.

> **Précisions** **a.** L'administration doit démontrer que le tracé retenu est le seul concevable pour la réalisation d'un parcours de ski de fond. Il lui appartient de motiver spécialement sa décision sur ce point (CAA Nancy 13-4-2000 nº 96NC02999, min. équipement c/ M.).
> **b.** Les dispositions analysées ci-dessus ne sont pas applicables aux servitudes instituées en vue de faciliter la pratique du ski de fond ou l'accès aux sites d'alpinisme, d'escalade ou de sport de nature (C. tourisme art. L 342-18).

La servitude ouvre droit à **indemnité** s'il en résulte pour le propriétaire du terrain ou l'exploitant un préjudice direct, matériel et certain (C. tourisme art. L 342-24). À défaut d'accord amiable, cette indemnité est fixée par le juge de l'expropriation dans les conditions fixées aux articles L 342-25 et L 342-26 du Code du tourisme. **8995**

Lorsque la servitude est susceptible de compromettre gravement l'exploitation agricole ou sylvicole d'un terrain grevé, son ou ses propriétaires peuvent, à compter de la publication de l'acte créant la servitude, mettre en demeure son bénéficiaire de procéder à l'**acquisition du terrain grevé.** Si, 3 mois après l'expiration du délai d'un an suivant la mise en demeure d'acquérir, le juge de l'expropriation n'a pas été saisi, la servitude n'est plus opposable au propriétaire comme aux tiers (C. tourisme art. L 342-26-1). **9000**

MOTONEIGE

Sauf sur les terrains autorisés à cet effet, l'utilisation, à des fins de loisirs, d'**engins motorisés** pour la progression sur neige est interdite, exception faite du convoyage de la clientèle vers les établissements de restauration (C. envir. art. L 362-3, al. 3 et 4 et R 362-1 à 7 ; Circ. du 30-11-2000 : BO équipement 2001/1 du 25-2-2001 p. 71). **9005**

La création d'itinéraires balisés est interdite (CE 5-11-2014 nº 365121, Cne de St-Martin-de-Belleville).

SECTION 7

URBANISME AU VOISINAGE DES AÉRODROMES

GÉNÉRALITÉS

La maîtrise de l'urbanisation aux abords des aérodromes répond à un double objectif : éviter d'exposer immédiatement ou à terme de nouvelles populations aux nuisances sonores ; préserver l'activité aéronautique et l'équipement aéroportuaire. **9150**

Les dispositions relatives à l'urbanisation au voisinage des aérodromes (C. urb. art. L 112-3 à L 112-17 et R 112-1 à 112-17) relèvent des règles générales de l'urbanisme (C. urb. art. L 101-3). Elles édictent des **règles d'urbanisme de portée supracommunale** visant à interdire ou limiter les possibilités de construction dans les zones soumises au bruit des aéronefs, telles qu'elles sont délimitées par un plan d'exposition au bruit (PEB), propre à chaque aérodrome. L'élaboration de ce plan relève de la responsabilité de l'État (Circ. du 19-1-1988 : JO 2-3). Sur l'opposabilité de ces dispositions, voir nº 9185.

Une autorité administrative indépendante, l'**autorité de contrôle des nuisances aéroportuaires** [Acnua] (C. transports art. L 6361-1 s.), intervient dans le processus d'élaboration des PEB des principaux aérodromes (C. transports art. L 6361-5 s.). **9155**

Elle peut également prononcer des amendes administratives, principalement, à l'encontre des transporteurs aériens ne respectant pas les mesures de limitation de bruit (C. transports art. L 6361-12). La procédure de sanction est régie par l'article L 6361-14 du Code des transports.

› Précisions Les **aérodromes** à fort trafic public, dont l'activité est susceptible d'engendrer des nuisances sonores, sont, chaque année civile, classés en **trois groupes** : groupe 1 (aérodromes de Nantes-Atlantique, Paris-Charles de Gaulle, Paris-Le Bourget et Paris-Orly) ; groupe 2 (aérodrome de Toulouse-Blagnac) ; groupe 3 (autres aérodromes pour lesquels le nombre annuel des mouvements d'aéronefs, lors d'une des cinq années civiles précédentes, a excédé notamment 20 000 pour les aéronefs de masse maximale au décollage supérieure ou égale à 20 tonnes (C. transports art. L 6360-1).
S'agissant de ces aérodromes, l'Acnua doit définir les indicateurs de mesure du bruit et de la gêne sonore, ainsi que les prescriptions applicables aux dispositifs de ces mesures (C. transports art. L 6361-6, I).
Pour les **autres aérodromes,** seule la commission consultative de l'environnement des aérodromes, quand elle existe, doit être consultée par le préfet (C. envir. art. L 571-13).

PLAN D'EXPOSITION AU BRUIT

9160 Pour chacun des **aérodromes** classés en catégories A, B ou C par le Code de l'aviation civile, et chacun des **aérodromes civils ou militaires** figurant sur une liste établie par l'administration ou encore pour les nouveaux aérodromes de délestage (C. urb. art. L 112-5 ; Arrêté du 28-3-1988 plusieurs fois modifié), il doit être établi un plan d'exposition au bruit [PEB] (C. urb. art. L 112-6, al. 1), qui comprend un rapport de présentation et des documents graphiques. Le PEB définit des zones diversement exposées au bruit des aéronefs (C. urb. art. L 112-7 al. 1 et 2). Son contenu est fixé par les articles R 112-4 à R 112-6.

Le PEB est **établi à l'initiative** du préfet selon une procédure consultative élargie et après enquête publique environnementale (C. urb. art. L 112-16 et R 1112-8 s. ; C. envir. art. R 571-59 s.). Il doit être annexé au PLU de la commune, au PSMV ou à la carte communale (C. urb. art. L 112-6, al. 2).

Aucune disposition n'impose de faire précéder un PEB d'un avant-projet de plan-masse d'un aéroport ni d'une étude de capacité aéroportuaire (CE 16-4-2010 n° 324001, Assoc. contre l'extension et les nuisances de l'aéroport de Satolas : BJDU 4/10 p. 309).

Dès lors qu'ils doivent être considérés comme constituant des plans et programmes, au sens de la directive 2001/42/CE du 27 juin 2001, les PEB sont soumis à une évaluation environnementale. Dans le cas des aérodromes à fort trafic (voir n° 9155), les dispositions régissant ces plans instituent une procédure d'évaluation environnementale conforme aux objectifs de la directive (CE 28-10-2021, n° 447123, Assoc. de défense contre les nuisances aériennes).

› Précisions Une **carte de bruit** et un **plan de prévention du bruit** contribuent à l'évaluation, la prévention et la réduction des nuisances sonores résultant de diverses activités humaines (C. envir. art. R 572-1 s.). Les **données, objectifs** et **mesures** constitutifs de ces documents sont établis pour les aérodromes civils dont le trafic annuel est supérieur à 50 000 mouvements. La liste de ces aérodromes est fixée par arrêté (C. urb. art. R 112-5, al. 1 ; Arrêté du 3-4-2006 : JO 8). Ces données, objectifs et mesures sont éventuellement élaborés à l'occasion de la révision du PEB. Ils sont annexés au rapport de présentation du PEB. Ils sont réexaminés en cas d'évolution significative des niveaux de bruit identifiés et, en tout état de cause, au moins tous les cinq ans. Si nécessaire, ils sont actualisés (C. urb. art. R 112-5, al. 2 à 6).

9162 Le PEB classe les **zones de bruit** par catégories (bruit fort : catégories A et B ; bruit modéré : catégorie C), selon les indices d'évaluation de la gêne sonore fixés par décret en Conseil d'État (C. urb. art. L 112-7, al. 3, R 112-1 et R 112-3 ; Arrêté du 4-4-2006 : JO 5). La valeur de ces indices peut être modulée, compte tenu de la situation des aérodromes au regard de leur utilisation (C. urb. art. L 112-8).

Depuis le 20 février 2009, le PEB des aérodromes dont le nombre de créneaux horaires attribuables fait l'objet d'une limitation réglementaire sur l'ensemble des plages horaires d'ouverture ne comprend plus que des zones A et B (C. urb. art. L 112-9, al. 1).

S'agissant des aérodromes à fort trafic public, le PEB doit délimiter une zone de bruit D, à l'intérieur de laquelle les constructions sont autorisées sous réserve du respect de certaines règles d'isolation acoustique. La délimitation d'une zone D est facultative pour les aérodromes moins importants (C. urb. art. L 112-7, al. 4).

Les **documents graphiques** du PEB font apparaître les limites des différentes zones de bruit.

Les prescriptions d'urbanisme concernant les zones C et D peuvent être rendues **applicables par anticipation** à l'occasion de l'élaboration ou de la révision du PEB. Cette application anticipée est limitée à 2 ans, renouvelable une fois (C. urb. art. L 112-14).

Par ailleurs et sauf exceptions, à compter de la mise en révision d'un PEB, les dispositions concernant la zone C peuvent être rendues applicables, pour la durée de la procédure de révision, dans les communes et parties de communes incluses dans le périmètre d'un plan de gêne sonore mais non comprises dans le périmètre des zones A, B et C du PEB jusque-là en vigueur (C. urb. art. L 112-15).

> Précisions a. Le PEB est un **document d'urbanisme** auquel s'applique la formalité de notification prévue par l'article R 600-1 du Code de l'urbanisme (CE 7-7-2000 n° 200949, secrétaire d'État logement c/ Assoc. Quétigny environnement : BJDU 4/2000 p. 266, concl. L. Touvet). Le juge administratif exerce un contrôle restreint sur le choix des indices de bruit, mais un contrôle normal sur l'opération de zonage (CE 7-8-2008 n° 306109, Collectif interassociatif du refus des nuisances aériennes dans le Nord-Ouest : BJDU 4/09 p. 326).

b. Les dispositions d'un PEB ne peuvent pas être utilement **invoquées** à l'appui d'un recours contre la décision administrative définissant les conditions d'utilisation d'un aéroport (CE 23-10-1998 n° 177404, Assoc. de défense de l'environnement et du cadre de vie : Constr. urb. 1999 n° 55).

c. Un PEB comportant une **zone d'incertitude** séparant les zones B et C, qui est représentée en grisé sur les documents graphiques et qui ne précise ni les limites des zones A, B, et C ni les prescriptions d'urbanisme correspondantes n'est pas opposable au demandeur d'un permis de construire dans cette zone d'incertitude (CE 29-12-2000 n° 206685 : BPIM 2/01 inf. 98). Voir aussi n° 9195, Précisions, e.

d. L'arrêté décidant de l'**application anticipée** des dispositions relatives à la zone C (C. urb. art. L 112-14) ne constitue pas une mesure d'application de l'arrêté qui a mis en révision le plan. Dès lors l'illégalité de ce dernier ne saurait être invoquée à l'encontre du premier (CE 6-6-2007 n° 292942, Cne de Groslay : BPIM 5/07 inf. 319).

e. Des règles dérogatoires pour le calcul de l'indice d'évaluation de la gêne sonore s'appliquent aux petits aéroports où le **trafic** est **saisonnier ou hebdomadaire** (C. urb. art. R 112-2 et R 112-3).

f. Les recours tendant à l'annulation de plans de prévention du bruit dans l'environnement des aérodromes relèvent de la compétence des tribunaux administratifs qui sont, en vertu de l'article L 311-1 du Code de justice administrative, juges de droit commun en premier ressort du contentieux administratif (CE 7-2-2018 nos 410043 et 410052, Assoc. « Alertes nuisances aériennes » et Assoc. de défense contre les nuisances aériennes : BPIM 2/18 inf. 94).

PRESCRIPTIONS D'URBANISME

Principe Dans les **zones définies par le PEB,** toute urbanisation est interdite, sous réserve de certaines exceptions, dès lors qu'elle conduit à exposer immédiatement ou à terme de nouvelles populations aux nuisances sonores des aéronefs (C. urb. art. L 112-10, al. 1). Ces dispositions n'interdisent pas la création par le PLU d'une zone dans laquelle peut être autorisée l'implantation d'équipements nécessaires à des activités économiques et commerciales et à leur desserte (CE 28-3-2011 n° 312282, Groupement des usagers de l'aérodrome de Saint-Cyr-l'École : BPIM 3/11 inf. 183). L'interdiction de principe énoncée au premier alinéa de l'article L 112-10 du Code de l'urbanisme doit être appréciée en fonction des alinéas suivants qui en précisent la portée et les limites. **9165**

Lorsqu'elles sont autorisées, les constructions doivent respecter des règles d'isolation acoustique particulières (C. urb. art. L 112-12).

Dans les **zones D,** toutes les constructions sont autorisées sous réserve d'isolation (C. urb. art. L 112-10).

Constructions nouvelles à usage d'habitation Elles sont interdites à l'exception (C. urb. art. L 112-10) : **9170**

– en toutes zones de bruit, des logements nécessaires à l'activité aéronautique ou liées à celle-ci ;

– en zones B et C et dans les secteurs déjà urbanisés de la zone A, des logements de fonction nécessaires aux activités industrielles ou commerciales admises dans la zone et des constructions directement liées ou nécessaires à l'activité agricole ;

– en zone C, des constructions de maisons d'habitation individuelles non groupées situées dans des secteurs déjà urbanisés et desservis par des équipements publics, dès lors qu'elles n'entraînent qu'un faible accroissement de la capacité d'accueil d'habitants exposés aux nuisances.

Sont également autorisées les opérations de reconstruction de bâtiments d'habitation rendues nécessaires par une opération de démolition réalisées en zone A ou B à trois conditions : pas d'accroissement de la population exposée aux nuisances, respect des normes d'isolation phonique et financement de cette isolation par le constructeur.

> Précisions a. Ne constitue pas un « **faible accroissement de la capacité d'accueil** » et ne doit donc pas être autorisée en zone C :

– l'extension d'un pavillon de 24 m² en une maison de près de 100 m² habitables (CE 21-7-1989, n° 87133, Cne de Villeneuve-Saint-Georges c/ V. : AJDA 1990 p. 72) ;

– l'extension d'une maison de retraite impliquant la création de 41 lits (CE 25-3-1994 n° 117991 : BJDU 3/94 p. 92).

En revanche, un permis de construire une maison individuelle d'une Shon de 113 m² sur un terrain de 375 m² situé en zone de bruit C du PEB, dans un secteur déjà urbanisé d'une zone urbaine du POS et desservi par des équipements publics n'entraîne qu'un faible accroissement de la capacité d'accueil d'habitants exposés au bruit (CAA Paris 28-7-1998 n° 96PA02969, C. et Cne de Villeneuve-le-Roi : BJDU 1/99 p. 10).

b. La **notion de capacité d'accueil** d'habitants exposés aux nuisances doit être appréciée au regard du nombre d'habitants susceptibles d'être hébergés dans les constructions envisagées, pour lesquelles la Shon bâtie n'est qu'un élément qui peut être modulé par des variations de confort et d'habitabilité des bâtiments (Avis CE 16-11-1993 n° 355197 : EDCE 1993 p. 389).

c. Ne crée pas de capacité de logement supplémentaire l'**agrandissement d'une maison** en zone B en utilisant l'espace extérieur entre la salle à manger et le garage (CAA Marseille 25-11-2013 n° 11MA04013).

9175 **Constructions nouvelles autres que d'habitation** Les constructions à usage **industriel, commercial ou de bureaux** sont autorisées en toutes zones dès lors qu'elles ne risquent pas d'entraîner une augmentation de la population exposée au bruit (CE 28-3-2011 n° 312282, Groupement des usagers de l'aérodrome de Saint-Cyr-l'École : BPIM 3/11 inf. 183).

Les **équipements publics ou collectifs** ne sont admis dans les zones A et B que lorsqu'ils sont nécessaires à l'activité aéronautique (superstructures de l'aéroport) ou indispensables aux populations existantes (par exemple, crèches ou écoles) (C. urb. art. L 112-10). En aucun cas, ils ne doivent être dimensionnés de telle sorte qu'ils induisent ou imposent un apport d'habitants nouveaux.

> **Précisions** Si les ZAC d'habitation ne peuvent pas être admises en zones de bruit, y compris en zone C, il est en revanche possible d'y accueillir des ZAC d'activités, dans la mesure où elles répondent aux exigences des règles applicables et où les activités en cause sont à la fois peu sensibles au bruit et non génératrices de développement de l'habitat.

9180 **Travaux sur constructions existantes** En toutes zones, sont autorisées la **rénovation,** la réhabilitation, l'amélioration, l'extension mesurée ou la **reconstruction** des constructions existantes dès lors qu'elles n'entraînent pas un accroissement de la capacité d'accueil d'habitants exposés aux nuisances (C. urb. art. L 112-10, 2°). Dans les zones A et B, ces opérations ne doivent pas conduire à un agrandissement équivalant à une construction neuve (CAA Marseille 25-10-2013 n° 11MA04013, Cne de Saint-Victoret). En zone A, le changement de destination d'un garage en habitation est interdit (CAA Nancy 26-4-2012 n° 11NC01206, B. c/ min. écologie).

À l'intérieur des zones C, le PEB ou le préfet peuvent délimiter des secteurs où, pour permettre le **renouvellement urbain des quartiers** ou villages existants, des opérations de réhabilitation et de réaménagement urbain sont susceptibles d'être autorisées, à condition, toutefois, qu'elles n'entraînent pas d'augmentation de la population soumise aux nuisances sonores (C. urb. art. L 112-10, 5°).

Cette condition a été assouplie dans le cas du Grand Paris : des opérations de réhabilitation ou de réaménagement urbain peuvent être prévues dans des contrats de développement territorial si elles n'entraînent pas d'augmentation significative de la population soumise aux nuisances sonores (Loi 2014-366 du 24-3-2014 art. 166, I).

9182 **Vente ou location d'un immeuble situé dans une zone de bruit** Lorsque des immeubles bâtis à usage d'habitation ou à usage mixte professionnel et d'habitation, ainsi que des immeubles non bâtis constructibles, situés dans l'une des zones de bruit définies par un PEB, font l'objet de vente ou de location, un document informant de cette situation est communiqué au futur acquéreur ou locataire. Ce document comporte l'indication claire et précise de la zone, l'adresse du service d'information en ligne permettant de consulter le PEB et la mention de la possibilité d'effectuer cette consultation en mairie (C. urb. art. L 112-11, I).

Le document concerné est, d'une part, intégré au dossier de diagnostic technique annexé, selon les cas, à la promesse de vente, à l'acte authentique de vente ou au contrat de location et, d'autre part, annexé à l'acte authentique de vente. L'acquéreur ou le locataire ne peut se prévaloir à l'encontre du vendeur ou du bailleur des informations contenues dans ce document qui n'a que valeur indicative. Néanmoins, en cas de manquement à l'obligation d'intégrer le document dans le dossier de diagnostic et de l'annexer à l'acte de vente, l'acquéreur peut poursuivre la résolution du contrat ou demander au juge une diminution de prix (C. urb. art. L 112-11, II et III).

EFFETS SUR LES DOCUMENTS D'URBANISME ET LES AUTORISATIONS D'UTILISATION DU SOL

9185 Les Scot doivent être compatibles avec ces dispositions relatives à l'urbanisation au voisinage des aérodromes (C. urb. art. L 131-1, 11°). En l'absence de Scot, les PLU, les documents en tenant lieu et les cartes communales sont compatibles avec les mêmes dispositions (C. urb. L 131-6 et, sur renvoi, C. urb. art. L 131-1, 11°).

Les prescriptions d'urbanisme au voisinage des aérodromes sont **opposables** à toute personne publique ou privée pour l'exécution de tous travaux, constructions, affouillements ou

© Éd. Francis Lefebvre

exhaussements des sols, pour la création de lotissements et l'ouverture des installations classées (C. urb. art. L 112-4).

Si l'élaboration d'un PLU est prescrite, il peut être **sursis à statuer,** en raison du plan d'exposition au bruit, sur les demandes d'autorisation ou d'utilisation du sol (voir n° 14790).

En cas d'accord, l'autorisation peut être assortie de **prescriptions,** notamment dans le domaine de l'**isolation acoustique.** Le certificat d'urbanisme doit, le cas échéant, mentionner l'existence de la zone de bruit et l'obligation de respecter les règles d'isolation acoustique (C. urb. art. L 112-13).

INSTALLATIONS À L'EXTÉRIEUR DES ZONES GREVÉES DE SERVITUDES

À l'extérieur des zones grevées de **servitudes aéronautiques de dégagement,** l'implantation de certaines installations qui, en raison de leur hauteur, pourraient constituer des obstacles à la navigation aérienne, est soumise à **autorisation spéciale** du ministre chargé de l'aviation civile et du ministre de la défense (C. transports art. L 6352-1 ; art. R 6352-1 s.). Le permis de construire ne peut être délivré qu'avec l'accord des ministres intéressés (C. urb. art. R 425-9). **9190**

> **Précisions a.** Voir arrêté du 25 juillet 1990 et circulaire EQUA9000475C du 25 juillet 1990 à propos de la procédure d'instruction et de l'autorisation.
> **b.** Le juge administratif vérifie que les circonstances de fait justifient la décision ministérielle qui ordonne la suppression, par leurs propriétaires, d'arbres considérés comme des « obstacles gênants dépassant les cotes limites de dégagement » fixées par le plan des servitudes aéronautiques (CE sect. 25-9-1998 n° 161409, min. équipement c/ SCI de la Faucherie : BPIM 6/98 inf. 376).

DROITS DES RIVERAINS

Aides financières Lorsqu'ils subissent une gêne réelle constatée par un **plan de gêne sonore** (PGS) simple ou commun pour deux ou plusieurs aérodromes, les riverains des aérodromes à fort trafic public (C. transports art. L 6360-1) peuvent recevoir une aide financière des exploitants de ces aérodromes pour l'**insonorisation** des locaux affectés en tout ou partie au logement autres que les hôtels, des établissements d'enseignement et des locaux à caractère sanitaire et social (C. envir. art. L 571-14 s. et R 571-66 s.). **9195**

L'aide ne peut être affectée qu'aux locaux ou établissements existants ou autorisés et situés en tout ou partie dans les zones I, II et III du PGS.

Lorsque l'**insonorisation** des locaux est techniquement **impossible** selon des critères fixés pour chaque aérodrome par arrêté du ministre chargé de l'aviation civile, les fonds affectés peuvent être utilisés pour leur acquisition, leur démolition, le relogement de leurs occupants et l'aménagement des terrains. Ces locaux doivent être situés en zone I des PGS.

Quant à l'**exploitant** de chacun **des aérodromes** concernés :
– il définit un programme pluriannuel d'aides aux riverains après avis de la commission consultative d'aide aux riverains ;
– il attribue les aides aux riverains sur avis conforme de la commission consultative d'aide aux riverains ;
– il procède aux acquisitions des locaux et prend toutes mesures en vue de l'aliénation des immeubles acquis ou de leur utilisation.

> **Précisions a.** Les **PGS** délimitent les zones à l'intérieur desquelles les logements peuvent bénéficier d'une aide à l'insonorisation en se fondant sur l'état existant du trafic et son développement à très court terme (Rép. Poirier : Sén. 9-9-2004 n° 11946).
> **b.** Le financement des aides est assuré par la **taxe sur les nuisances sonores aériennes** perçue au profit des exploitants d'aérodromes (C. transports art. L 6360-2 et, sur renvoi, CIBS art. L 422-49).
> **c.** Le préfet détermine, après consultation de la commission consultative d'aide aux riverains, les parties des communes qui servent de référence à l'**évaluation des locaux à acquérir.**
> **d.** Les **montants et conditions d'obtention des aides** sont fixés par les articles R 571-85 à R 571-90 du Code de l'environnement.
> **e.** Si, en application de l'article R 571-86 du Code de l'environnement, les **opérations d'insonorisation** ne bénéficient d'une aide financière qu'à condition de porter sur des locaux situés dans l'une des zones du PGS, elles ne sont plus éligibles lorsque, à la date de l'autorisation de construire, les mêmes locaux étaient également compris dans l'une des zones du PEB. Toutefois, dans le cas où des immeubles se trouvent implantés dans une zone d'incertitude séparant la zone C de la partie de la commune non soumise au PEB, ils ne doivent pas être considérés comme ayant été pris en compte par ce plan. En conséquence, ils ne sont pas exclus du bénéfice de l'aide financière (CE 11-4-2019 n° 411903, Sté Aéroports de Paris : BPIM 3/19 inf. 154). Voir aussi n° 9162, Précisions, c.
> **f.** La décision par laquelle l'exploitant d'un **aérodrome** attribue, ou refuse, une aide à l'insonorisation constitue un acte administratif susceptible d'être déféré au juge administratif (CE 11-4-2019 n° 411903, Sté Aéroports de Paris : BPIM 3/19 inf. 154).

9200 **Droit de délaissement** Les propriétaires d'immeubles à usage d'habitation, ou d'immeubles où s'exercent des activités en lien immédiat avec les habitants, situés dans un périmètre délimité en vue de la réalisation d'un **nouvel aéroport** de catégorie A (aérodrome destiné aux services à grande distance assurés normalement en toutes circonstances) bénéficient d'un droit de délaissement (C. transports art. L 6353-2). Sur la procédure de délaissement, voir nos 26000 s.

CHAPITRE 4

ÉVALUATION ENVIRONNEMENTALE

SOMMAIRE

ÉVOLUTION LÉGISLATIVE

Le régime de l'évaluation environnementale est l'aboutissement d'un processus législatif particulièrement complexe. **9600**

À l'origine, la loi 76-629 du 10 juillet 1976 relative à la protection de la nature avait soumis à une **étude d'impact** les **aménagements et ouvrages** susceptibles de porter atteinte au milieu naturel. Tout en remaniant profondément ce dispositif, la loi « Grenelle II » 2010-788 du 12 juillet 2010 a introduit dans le droit national, et plus précisément dans le Code de l'environnement, le mécanisme de l'évaluation environnementale imposé par le droit communautaire (Directive 85/337/CEE du 27-6-1985 relative à certains projets publics et privés ; Directive 2001/42/CE du 27-6-2001 relative aux plans et programmes).

Une nouvelle réforme a été réalisée par l'ordonnance 2016-1058 du 3 août 2016 prise sur le fondement de la loi Macron 2015-990 du 6 août 2015. Celle-ci a autorisé le Gouvernement à prendre par ordonnances toute mesure de nature législative en vue de modifier les règles applicables à l'**évaluation environnementale des projets,** ainsi qu'aux **plans et programmes.** Il s'agissait de rendre le droit national compatible avec les nouvelles exigences du droit de l'Union européenne : celles de la directive 2011/92/UE concernant l'évaluation des incidences de certains projets publics et privés sur l'environnement (dite directive « EIE »), modifiée par la directive 2014/52/UE du 16 avril 2014. La réforme a également permis de simplifier et de clarifier le droit de l'évaluation environnementale, ainsi que d'améliorer l'articulation entre les différentes évaluations environnementales.

Les dispositions issues de l'ordonnance du 3 août 2016 et de son décret d'application 2016-1110 du 11 août 2016 figurent dans le Code de l'environnement. Elles ont été ensuite modifiées à maintes reprises.

Le processus qui vient d'être rappelé explique les particularités que comportent les dispositions actuelles. **9605**

Les projets (voir nos 9610 s.), ainsi que les plans et programmes (voir nos 10100 s.), sont susceptibles de faire l'objet d'une évaluation environnementale. Mais, dans le cas des projets, et dans ce cas seulement, le mécanisme de l'évaluation environnementale, d'origine exclusivement européenne, se combine avec le dispositif de l'étude d'impact, initialement créé par la législation française. Toutefois, celle-ci ne constitue plus aujourd'hui qu'un élément de l'évaluation environnementale.

> **Précisions** Depuis la réforme de 2016, le terme d'**autorité environnementale** (AE) se substitue à celui d'autorité administrative de l'État compétente en matière d'environnement dans l'ensemble des dispositions législatives et le **terme d'étude d'impact** est remplacé par celui d'évaluation environnementale dans un certain nombre d'articles identifiés du Code de l'environnement et du Code de l'urbanisme. Le terme « étude d'impact », lorsqu'il est utilisé, désigne le rapport environnemental (l'étude d'impact), le terme « évaluation environnementale » désignant le processus complet d'autorisation du projet (Ord. 2016-1058 du 3-8-2016 art. 2).

A. Évaluation environnementale des projets

DÉFINITION

9610 Les projets qui, par leur nature, leur dimension ou leur localisation, sont susceptibles d'avoir des incidences notables sur l'environnement doivent faire l'objet, avant autorisation, d'une évaluation environnementale (C. envir. art. L 122-1, II).

On entend par projet, la réalisation de travaux de construction, d'installations ou d'ouvrages, mais aussi d'autres interventions dans le milieu naturel ou le paysage, y compris celles destinées à l'exploitation des ressources du sol (C. envir. art. L 122-1, I-1°).

L'évaluation environnementale est un **processus** constitué :

– de l'élaboration, par le maître d'ouvrage (l'auteur de la demande d'autorisation), d'un rapport comportant une évaluation des incidences sur l'environnement (l'étude d'impact proprement dite) ;

– de la mise en œuvre de diverses consultations, dont l'une est effectuée auprès de l'autorité environnementale (AE) ;

– et de l'examen, par l'autorité compétente pour autoriser le projet, de l'ensemble des informations présentées dans l'étude d'impact et reçues dans le cadre des consultations.

L'évaluation environnementale permet de décrire et d'apprécier les incidences notables directes et indirectes d'un projet sur différents « facteurs » : la population, la santé humaine, les biens matériels, le patrimoine culturel, le paysage, la biodiversité, les terres, le sol, l'eau, l'air et le climat. S'y ajoutent les incidences du projet sur une « interaction » entre les « facteurs » en question. Par ailleurs, les incidences à prendre en compte englobent celles qui peuvent résulter de la vulnérabilité du projet aux risques d'accidents majeurs ou de catastrophes (C. envir. art. L 122-1, III).

1. PROJETS CONCERNÉS

CHAMP D'APPLICATION DE L'ÉVALUATION ENVIRONNEMENTALE

9630 Les projets de travaux, d'ouvrages ou d'aménagements sont soumis à évaluation environnementale en fonction de critères et de seuils, soit de **façon systématique,** soit après un **examen au cas par cas** (C. envir. art. L 122-1, II-al. 1). C'est un **tableau** annexé à l'article R 122-2 du Code de l'environnement qui permet de déterminer, pour les **projets** relevant d'une ou de plusieurs **rubriques** énumérées dans ce tableau, ceux qui font l'objet d'une évaluation systématique et ceux qui font l'objet d'une évaluation après un examen au cas par cas (voir n°s 9640 s.).

Toutefois, certains projets, qui se situent en deçà des seuils fixés par ce tableau, doivent, par exception, faire néanmoins l'objet d'un examen au cas par cas (voir n°s 9670 s.).

Une évaluation environnementale globale est requise dès lors qu'un projet relève de **plusieurs rubriques** énumérées dans le tableau, tout en répondant aux seuils et critères fixés par l'une des rubriques applicables (C. envir. art. R 122-2, IV).

> Précisions a. Si le projet consiste en une **modification ou** une **extension d'activités,** installations, ouvrages ou travaux, **qui relèvent de certaines catégories particulières d'autorisations,** le maître d'ouvrage saisit l'autorité administrative compétente pour délivrer l'autorisation afin que celle-ci détermine si cette modification ou extension doit être soumise à évaluation environnementale (C. envir. art. L 122-1, IV-al. 2). Sont concernés : l'autorisation environnementale (C. envir. art. L 181-1 s.), l'enregistrement d'une installation classée pour la protection de l'environnement (ICPE) (C. envir. art. L 512-7 s.), les autorisations portant sur une canalisation de transport de gaz naturel, d'hydrocarbures et de produits chimiques (C. envir. art. L 555-1 s.), ainsi que l'autorisation nécessaire à la création d'une installation nucléaire de base (C. envir. art. L 593-7 s.).

b. Lorsqu'un même **projet relève à la fois d'une évaluation environnementale systématique et d'un examen au cas par cas,** le maître d'ouvrage est dispensé de suivre la procédure du cas par cas, mais l'étude d'impact doit traiter de l'ensemble des incidences du projet, y compris pour les travaux qui, pris séparément, seraient en dessous du seuil de l'examen au cas par cas (C. envir. art. R 122-2, III).

c. Dès lors qu'ils sont susceptibles d'affecter des éléments du **patrimoine archéologique,** les ouvrages ou aménagements ne peuvent être entrepris qu'après la mise en œuvre des mesures permettant la détection, la conservation ou la sauvegarde du patrimoine archéologique (C. patr. art. R 523-1).

© Éd. Francis Lefebvre

Cas d'un projet constitué de plusieurs travaux Lorsqu'un projet comporte plusieurs travaux, installations, ouvrages ou autres interventions dans le milieu naturel ou le paysage, il doit être appréhendé dans son ensemble, y compris en cas de fractionnement dans le temps et dans l'espace, ou encore en cas de multiplicité de maîtres d'ouvrage (C. envir. art. L 122-1, III). La jurisprudence européenne s'oppose à ce que le fractionnement artificiel d'un projet ait pour objet de le soustraire à l'obligation d'effectuer une évaluation environnementale (CJCE 21-9-1999 aff. C-392/96, Commission c/ Irlande ; CJUE 27-3-2014 aff. C-300/13, Ayuntamiento de Benferri). 9635

Tout en se conformant à cette règle, le juge administratif français n'en fait pas une application excessivement stricte. Ainsi, lorsqu'un lotissement doit être réalisé dans l'un des trois sous-secteurs entre lesquels a été scindée une zone dont la modification du PLU a prévu l'urbanisation et organisé l'aménagement en plusieurs étapes, le projet soumis à évaluation environnementale est celui du seul lotissement, et non pas l'ensemble du projet d'urbanisation de la zone (CE 28-11-2018 n° 419315, Cne de La Turballe : BPIM 1/19 inf. 13). De même, dans le cas où un terrain, sur lequel doivent être réalisés des logements sociaux, est à proximité immédiate d'une parcelle adjacente destinée à recevoir des constructions analogues, les juges du fond commettent une erreur de droit en estimant que, pour l'application des dispositions relatives à l'évaluation environnementale, les deux projets forment un projet global, sans rechercher s'il existe entre eux des liens de nature à caractériser le fractionnement d'un projet unique (CE 1-2-2021 n° 429790, Sté Le Castellet-Faremberts : BPIM 2/21 inf. 99). De même encore, tandis qu'il est établi que le projet de construction d'une ligne de tramway peut être réalisé sans son prolongement ultérieur, ces deux opérations n'ont pas à faire l'objet d'une appréciation globale (CAA Versailles 25-3-2024 n° 21VE02731, Dépt des Hauts-de-Seine : BPIM 3/24 inf. 158).

Cependant, selon une juridiction d'appel, un projet portant sur la construction d'un centre commercial et d'un parc de stationnement souterrain, dont la réalisation nécessite des fouilles archéologiques et l'abattage d'arbres, doit être appréhendé dans son ensemble, même s'il est constitué de plusieurs travaux fractionnés dans le temps, avec une multiplicité de maîtres d'ouvrage (CAA Nantes 16-1-2022 n° 19NT04965 : BPIM 2/22 inf. 95).

NOMENCLATURE DES PROJETS SOUMIS À ÉVALUATION ENVIRONNEMENTALE

Le tableau annexé à l'article R 122-2 du Code de l'environnement détermine pour chaque type de projet, ceux qui sont systématiquement soumis à évaluation environnementale et ceux qui peuvent y être assujettis au cas par cas. 9640

Le **principe de non-régression de la protection de l'environnement** (C. envir. art. L 110-1, II) ne s'oppose pas à ce que la réglementation soumette à une évaluation environnementale au cas par cas un type de projet qui était auparavant soumis à une évaluation environnementale systématique. En revanche, une dispense totale d'évaluation pour un type de projet précédemment soumis à évaluation au cas par cas n'est possible que si ce type de projet, eu égard à sa nature, à ses dimensions et à sa localisation et compte tenu des connaissances scientifiques et techniques du moment, n'est pas susceptible d'avoir des incidences notables sur l'environnement ou la santé humaine (CE 8-12-2017 n° 404391, Fédération Allier Nature : BPIM 1/18 inf. 10 ; CE 9-10-2019 n° 420804, Association France Nature Environnement : Lebon T. p. 847).

Le tableau comprend une liste de **48 catégories d'aménagements, d'ouvrages et de travaux** les plus divers : des installations classées aux crématoriums en passant par les installations nucléaires, les infrastructures ferroviaires et routières, les aérodromes, les ports, les travaux sur les cours d'eau, les canalisations d'eau, de vapeur ou de gaz, les stations d'épuration, les centrales solaires, les remontées mécaniques, les villages de vacances ou encore les aires de stationnement. Chacune de ces catégories constitue une rubrique qui comporte un ou plusieurs types de projets.

› Précisions **a.** Dans le cas où le projet porte sur la construction d'un **ensemble commercial** qui comprend des **places de stationnement extérieures,** la circonstance que celles-ci fassent partie d'une **opération plus vaste** et qu'en raison de sa superficie l'ensemble commercial ne relève d'aucune des rubriques du tableau annexé à l'article R 122-2 du Code de l'environnement, n'est pas susceptible de faire échapper la réalisation des places de stationnement à l'obligation d'évaluation environnementale, dès lors qu'elles entrent dans la rubrique 42 du tableau, qui concerne les « aires de stationnement ouvertes au public » (CE 1-7-2020 n° 423076, Association Athéna : Lebon T. p. 853).

b. Un juge des référés méconnaît son office lorsqu'il estime qu'une **opération d'aménagement** n'est pas soumise à évaluation environnementale, sans rechercher si la **dimension du terrain d'assiette** du projet excède le seuil de 10 hectares prévu à la rubrique 39 b) du tableau annexé à l'article R 122-2 du Code de l'environnement (CE 25-5-2022 n° 447898, Association France Nature Environnement Languedoc-Roussillon).

 © Éd. Francis Lefebvre

9641 Parmi les rubriques et types de projets concernés, on mentionnera notamment les suivants (C. envir. art. R 122-2 annexe dans sa rédaction issue du décret 2024-529 du 10-6-2024) :

Catégories d'aménagements, d'ouvrages ou de travaux	Projets systématiquement soumis à évaluation environnementale	Projets soumis à évaluation environnementale au cas par cas
6. Infrastructures routières (les ponts, tunnels et tranchées couvertes supportant des infrastructures routières doivent être étudiés au titre de cette rubrique). On entend par « route » une voie destinée à la circulation des véhicules à moteur, à l'exception des pistes cyclables, des voies vertes et des voies destinées aux engins d'exploitation et d'entretien des parcelles.	**a)** Construction d'autoroutes et de voies rapides. **b)** Construction d'une route à quatre voies ou plus, élargissement d'une route existante à deux voies ou moins pour en faire une route à quatre voies ou plus, lorsque la nouvelle route ou la section de route alignée et/ou élargie a une longueur ininterrompue supérieure ou égale à 10 kilomètres. **c)** Construction, élargissement d'une route par ajout d'au moins une voie, extension d'une route ou d'une section de route, lorsque la nouvelle route ou la section de route élargie ou étendue excède une longueur ininterrompue d'au moins 10 kilomètres.	**a)** Construction de routes classées dans le domaine public routier de l'État, des départements, des communes et des établissements publics de coopération intercommunale non mentionnées aux b) et c) de la colonne précédente. **b)** Construction d'autres voies non mentionnées au a) mobilisant des techniques de stabilisation des sols et d'une longueur supérieure à 3 km. En Guyane, ce seuil est porté à 30 km pour les projets d'itinéraires de desserte des bois et forêts mentionnés au premier alinéa de l'article L 272-2 du Code forestier, figurant dans le schéma pluriannuel de desserte forestière annexé au programme régional de la forêt et du bois mentionné à l'article L 122-1 du Code forestier et au 26° du I de l'article R 122-17 du Code de l'environnement. **c)** Construction de pistes cyclables et voies vertes de plus de 10 km.
7. Transports guidés de personnes (les ponts, tunnels et tranchées couvertes supportant des transports guidés de personnes doivent être étudiés au titre de cette rubrique).	Tramways, métros aériens et souterrains, funiculaires ou lignes analogues.	**a)** Lignes suspendues ou lignes analogues de type particulier servant exclusivement ou principalement au transport des personnes, y compris gares. **b)** Gares de tramways, de métros aériens et souterrains, de funiculaires.
9. Infrastructures portuaires, maritimes et fluviales.	**a)** Voies navigables et ports de navigation intérieure permettant l'accès de bateaux de plus de 1 350 tonnes. **b)** Ports de commerce, quais de chargement et de déchargement reliés à la terre et avant-ports (à l'exclusion des quais pour transbordeurs) accessibles aux bateaux de plus de 1 350 tonnes. **c)** Ports de plaisance d'une capacité d'accueil supérieure ou égale à 250 emplacements.	**a)** Construction de voies navigables non mentionnées à la colonne précédente. **b)** Construction de ports et d'installations portuaires, y compris de ports de pêche (projets non mentionnés à la colonne précédente). **c)** Ports de plaisance d'une capacité d'accueil inférieure à 250 emplacements. **d)** Zones de mouillages et d'équipements légers.

9641
(suite)

Catégories d'aménagements, d'ouvrages ou de travaux	Projets systématiquement soumis à évaluation environnementale	Projets soumis à évaluation environnementale au cas par cas
11. Travaux, ouvrages et aménagements en zone côtière.		**a)** Ouvrages et aménagements côtiers destinés à combattre l'érosion et travaux maritimes susceptibles de modifier la côte par la construction notamment de digues, de môles, de jetées, d'enrochements, d'ouvrages de défense contre la mer et d'aménagements côtiers constituant un système d'endiguement. **b)** Reconstruction d'ouvrages ou aménagements côtiers existants.
14. Travaux, ouvrages et aménagements dans les espaces remarquables du littoral et mentionnés au 2 et au 4 de l'article R121-5 du Code de l'urbanisme.		Tous travaux, ouvrages ou aménagements.
24. Système de collecte et de traitement des eaux résiduaires. On entend par « un équivalent habitant (EH) » : la charge organique biodégradable ayant une demande biochimique d'oxygène en 5 jours (DB05) de 60 grammes d'oxygène par jour.	Système d'assainissement dont la station de traitement des eaux usées est d'une capacité supérieure ou égale à 150 000 équivalents-habitants.	**a)** Système d'assainissement dont la station de traitement des eaux usées est d'une capacité inférieure à 150 000 équivalents-habitants et supérieure ou égale à 10 000 équivalents-habitants. **b)** Système d'assainissement situé dans la bande littorale de 100 mètres prévue à l'article L 121-16 du Code de l'urbanisme, dans la bande littorale prévue à l'article L 121-45 de ce Code ou dans un espace remarquable du littoral prévu à l'article L 121-23 du même Code.
30. Installations photovoltaïques de production d'électricité (hormis celles sur toitures, ainsi que celles sur ombrières situées sur des aires de stationnement).	Installations d'une puissance égale ou supérieure à 1 MWc, à l'exception des installations sur ombrières.	Installations d'une puissance égale ou supérieure à 300 kWc.
31. Installation en mer de production d'énergie.	Éolienne en mer.	Toute autre installation.
32. Construction de lignes électriques aériennes en haute et très haute tension.	Construction de lignes électriques aériennes de très haute tension (HTB 2 et 3) et d'une longueur égale ou supérieure à 15 km.	Construction de lignes électriques aériennes en haute tension (HTB 1) et construction de lignes électriques aériennes en très haute tension (HTB 2 et 3) inférieures à 15 km. Postes de transformation dont la tension maximale de transformation est égale ou supérieure à 63 kilovolts, à l'exclusion des opérations qui n'entraînent pas d'augmentation de la surface foncière des postes.

9641 (suite)

Catégories d'aménagements, d'ouvrages ou de travaux	Projets systématiquement soumis à évaluation environnementale	Projets soumis à évaluation environnementale au cas par cas
39. Travaux, constructions et opérations d'aménagement.	**a)** Travaux et constructions créant une emprise au sol au sens de l'article R 420-1 du Code de l'urbanisme supérieure ou égale à 40 000 m^2 dans un espace autre que : - les zones mentionnées à l'article R 151-18 du Code de l'urbanisme, lorsqu'un plan local d'urbanisme est applicable ; - les secteurs où les constructions sont autorisées au sens de l'article L 161-4 du même Code, lorsqu'une carte communale est applicable ; - les parties urbanisées de la commune au sens de l'article L 111-3 du même Code, en l'absence de plan local d'urbanisme et de carte communale applicable. **b)** Opérations d'aménagement dont le terrain d'assiette est supérieur ou égal à 10 hectares. **c)** Opérations d'aménagement créant une emprise au sol au sens de l'article R 420-1 du Code de l'urbanisme supérieure ou égale à 40 000 m^2 dans un espace autre que : - les zones mentionnées à l'article R 151-18 du Code de l'urbanisme lorsqu'un plan local d'urbanisme est applicable ; - les secteurs où les constructions sont autorisées au sens de l'article L 161-4 du même Code, lorsqu'une carte communale est applicable ; - les parties urbanisées de la commune au sens de l'article L 111-3 du même Code, en l'absence de plan local d'urbanisme et de carte communale applicable.	**a)** Travaux et constructions qui créent une surface de plancher au sens de l'article R 111-22 du Code de l'urbanisme ou une emprise au sol au sens de l'article R 420-1 du même Code supérieure ou égale à 10 000 m^2. **b)** Opérations d'aménagement dont le terrain d'assiette est compris entre 5 et 10 hectares, ou dont la surface de plancher au sens de l'article R 111-22 du Code de l'urbanisme ou l'emprise au sol au sens de l'article R 420-1 du même Code est supérieure ou égale à 10 000 m^2.
40. Villages de vacances et aménagements associés.	Villages de vacances et aménagements associés dont les travaux créent une surface de plancher supérieure ou égale à 40 000 m^2 ou dont le terrain d'assiette couvre une superficie supérieure ou égale à 10 hectares.	Villages de vacances et aménagements associés dont les travaux créent une surface de plancher supérieure ou égale à 10 000 m^2 ou dont le terrain d'assiette couvre une superficie supérieure ou égale à 3 hectares.

9641 (suite)

Catégories d'aménagements, d'ouvrages ou de travaux	Projets systématiquement soumis à évaluation environnementale	Projets soumis à évaluation environnementale au cas par cas
41. Aires de stationnement ouvertes au public, dépôts de véhicules et garages collectifs de caravanes ou de résidences mobiles de loisirs.		**a)** Aires de stationnement ouvertes au public de 50 unités et plus **b)** Dépôts de véhicules et garages collectifs de caravanes ou de résidences mobiles de loisirs de 50 unités et plus.
42. Terrains de camping et caravanage.	Terrains de camping et de caravanage permettant l'accueil de plus de 200 emplacements de tentes, caravanes, résidences mobiles de loisirs ou d'habitations légères de loisirs.	**a)** Terrains de camping et de caravanage permettant l'accueil de 7 à 200 emplacements de tentes, caravanes, résidences mobiles de loisirs ou d'habitations légères de loisirs. **b)** Aires naturelles de camping et de caravanage permettant l'accueil de 7 à 30 emplacements de tentes ou de caravanes.
44. Équipements sportifs, culturels ou de loisirs et aménagements associés.		**a)** Pistes permanentes de course, d'essais et de loisirs pour véhicules motorisés. **b)** Parcs d'attractions à thème et attractions fixes. **c)** Terrains de golf et aménagements associés d'une superficie supérieure à 4 hectares. **d)** Autres équipements sportifs, culturels ou de loisirs et aménagements associés susceptibles d'accueillir plus de 1 000 personnes.
47. Premiers boisements et déboisements en vue de la reconversion de sols.	**a)** Défrichements portant sur une superficie totale, même fragmentée, égale ou supérieure à 25 hectares. **b)** Pour La Réunion et Mayotte, dérogations à l'interdiction générale de défrichement, mentionnée aux articles L 374-1 et L 375-4 du Code forestier, ayant pour objet des opérations d'urbanisation ou d'implantation industrielle ou d'exploitation de matériaux.	**a)** Défrichements soumis à autorisation au titre de l'article L 341-3 du Code forestier en vue de la reconversion des sols, portant sur une superficie totale, même fragmentée, de plus de 0,5 hectare. **b)** Autres déboisements en vue de la reconversion des sols, portant sur une superficie totale, même fragmentée, de plus de 0,5 hectare. En Guyane, ce seuil est porté à 20 hectares dans les zones classées agricoles par un PLU ayant fait l'objet d'une évaluation environnementale ou, en l'absence d'un tel PLU, dans le schéma d'aménagement régional. **c)** Premiers boisements d'une superficie totale de plus de 0,5 hectare.
48. Crématoriums.		Toute création ou extension.

TRAVAUX SUR EXISTANT

9645 Si, à la suite d'une **modification** ou d'une **extension,** un **projet déjà autorisé** dépasse, dans sa totalité, les seuils fixés par le tableau en ce qui concerne certaines rubriques, ou si cette modification ou extension atteint, en elle-même, ce seuil, elle doit faire l'objet d'une évaluation environnementale ou d'un examen au cas par cas (C. envir. art. R 122-2, II-al. 1).
Les autres modifications ou extensions de projet soumis à l'évaluation environnementale systématique ou relevant d'un examen au cas par cas sont soumises à un tel examen dès lors qu'elles peuvent avoir des incidences négatives notables sur l'environnement (C. envir. art. R 122-2, II-al. 2).

9647 Sauf disposition contraire, les **travaux d'entretien, de maintenance et de grosses réparations** ne sont pas soumis à évaluation environnementale, quels que soient les ouvrages, aménagements ou travaux auxquels ils se rapportent (C. envir. art. R 122-2, II-al. 3).

PROCÉDURE DE L'EXAMEN AU CAS PAR CAS

9650 **Autorité compétente pour procéder à l'examen au cas par cas** Lorsqu'un projet relève d'un examen au cas par cas, il n'est soumis à évaluation environnementale que dans la mesure où une autorité compétente à cet effet en a ainsi décidé. Pour les demandes d'examen au cas par cas enregistrées depuis le 5 juillet 2020, c'est une **autorité distincte de l'AE** qui doit décider s'il y a lieu, ou non, de réaliser une évaluation environnementale (C. envir. art. L 122-1, IV-al. 1 ; Décret 2020-844 du 3-7-2020 art. 21).
Afin de garantir l'indépendance de l'autorité chargée de l'examen au cas par cas, la loi prévoit que ne peut pas être désignée en cette qualité une autorité dont les services ou les établissements publics relevant de sa tutelle sont chargés de l'élaboration du projet ou assurent sa maîtrise d'ouvrage (C. envir. art. L 122-1, V bis).
Par ailleurs, aucune disposition de la directive 2011/92/UE du 13 décembre 2011 ne fait obstacle à ce que l'autorité chargée de l'examen au cas par cas soit également l'autorité compétente pour statuer sur la demande d'autorisation du projet, dans le cadre de l'instruction de celle-ci, ou par une autre autorité disposant de la compétence à cet effet. Encore faut-il que ces autorités accomplissent leurs missions de façon objective et ne se trouvent pas dans une position donnant lieu à un conflit d'intérêts (CE 16-2-2022 n° 442607, Association France Nature Environnement : BPIM 2/22 inf. 96 ; voir dans le même sens, CE 25-9-2019 n° 427145, Association France Nature Environnement : BPIM 6/19 inf. 373).

9655 Selon les hypothèses, l'autorité compétente pour procéder à l'examen au cas par cas est (C. envir. art. R 122-3) :
– le **ministre de l'environnement,** pour les projets autres ceux qui relèvent de la formation d'autorité environnementale de l'inspection générale de l'environnement et du développement durable (IGEDD), s'ils donnent lieu à un décret, à une décision d'autorisation, d'approbation ou d'exécution prise par un ministre, ou encore s'ils sont élaborés par les services placés sous l'autorité d'un ministre ;
– la **formation d'autorité environnementale de l'IGEDD,** notamment pour les projets élaborés sous l'autorité du ministre de l'environnement ou par des services agissant dans des domaines relevant des attributions de ce ministre, ou encore pour des projets élaborés sous maîtrise d'ouvrage d'établissements publics relevant de la tutelle du même ministre ;
– le **préfet de région,** pour les projets qui n'entrent dans aucune des deux catégories précédentes (décision conjointe des préfets de région concernés lorsque le projet est situé sur les territoires de plusieurs régions).

> **Précisions** L'autorité chargée de l'examen au cas par cas doit exercer sa mission de manière objective et veiller à prévenir ou à faire cesser immédiatement les situations de **conflit d'intérêts.** Si le ministre de l'environnement estime se trouver dans une situation de conflit d'intérêts, il confie l'examen au cas par cas à la formation d'autorité environnementale de l'IGEDD. S'il s'agit du préfet de région, l'examen au cas par cas est confié à la mission régionale d'autorité environnementale (MRAE) de l'IGEDD (C. envir. art. R 122-24-1 et R 122-24-2).

9660 **Déroulement de l'examen au cas par cas** La procédure débute par une **demande du maître d'ouvrage** (formulaire Cerfa 14734-04 et notice explicative Cerfa 51656#05) adressée à l'autorité compétente par voie électronique ou par lettre recommandée avec demande d'avis de réception. Cette demande comporte un formulaire qui renseigne certaines informations relatives au projet (C. envir. art. R 122-3-1, I). Dans le cadre du dispositif expérimental du certificat de projet concernant une friche, la demande est adressée à la préfecture du département (Décret 2024-452 du 21-5-2024 art. 1).

Pour décider s'il est nécessaire, ou non, de réaliser une évaluation environnementale, l'autorité chargée de l'examen au cas par cas apprécie si les **incidences du projet** sur l'environnement et la santé humaine sont notables au regard de **« critères pertinents »** définis par l'annexe à l'article R 122-3-1 du Code de l'environnement. L'annexe à l'article R 122-3-1 retient 26 **critères** et **sous-critères** de l'examen au cas par cas. Ceux-ci sont répartis en trois ensembles : caractéristiques du projet, localisation du projet, type et caractéristiques du projet (C. envir. art. R 122-3-1 annexe). L'autorité concernée tient compte également des mesures et caractéristiques du projet qui sont destinées à éviter ou réduire de tels effets négatifs notables (C. envir. art. R 122-3-1, IV).

Si l'autorité chargée de l'examen au cas par cas **décide de soumettre** un projet à évaluation environnementale, sa décision précise les objectifs spécifiques poursuivis par la réalisation de l'évaluation environnementale du projet (C. envir. art. L 122-1, II-dernier al.).

L'autorité concernée dispose de 35 jours à compter de la réception d'un dossier complet pour prendre sa décision. L'absence de réponse dans le délai de 35 jours vaut obligation de réalisation.

La décision prise par l'autorité ou, en l'absence de décision, le formulaire de la demande, avec mention de l'intervention d'une décision implicite imposant une évaluation environnementale, sont publiées sur le site internet de l'autorité (C. envir. art. R 122-3-1, IV).

Le demandeur qui entend **contester la décision** de l'autorité lui imposant une évaluation environnementale doit, avant de saisir le tribunal administratif, former un recours administratif devant la même autorité. À défaut, son recours contentieux est irrecevable (C. envir. art. R 122-3-1, VI).

PROJETS RELEVANT PAR DÉROGATION DE L'EXAMEN AU CAS PAR CAS

Conformément aux exigences du droit européen, l'article R 122-2-1 du Code de l'environnement introduit un système de dérogation aux règles qui viennent d'être précisées. Ce système, habituellement dénommé « **clause filet** », concerne les « petits » projets. 9670

Lorsqu'un projet, y compris de modification ou d'extension, lui paraît susceptible d'avoir des **incidences notables sur l'environnement ou la santé humaine** au regard des critères énumérés à l'annexe à l'article R 122-3-1 du Code de l'environnement, l'autorité compétente doit soumettre ce projet à l'examen au cas par cas, bien qu'il soit **situé en deçà des seuils** fixés par le tableau annexé à l'article R 122-2 du Code de l'environnement. Il y a lieu d'interpréter cette disposition en fonction d'un arrêt du Conseil d'État qui avait enjoint au Gouvernement d'adopter une nouvelle réglementation permettant de soumettre à une évaluation environnementale un projet susceptible d'avoir des incidences notables sur l'environnement et la santé humaine pour d'autres caractéristiques que ses dimensions (CE 15-4-2021 n° 425424, Association France Nature Environnement).

Il est nécessaire que l'autorité compétente soit la première saisie du projet, que ce soit dans le cadre d'une procédure d'autorisation ou d'une déclaration (C. envir. art. R 122-2-1, I).

L'autorité compétente pour la première demande d'autorisation ou déclaration relative au projet informe le maître d'ouvrage de sa décision motivée de soumettre le projet à un examen au cas par cas. Elle doit effectuer cette information, au plus tard 15 jours à compter du dépôt du dossier de cette demande ou déclaration. Le maître d'ouvrage saisit alors l'autorité chargée de l'examen au cas par cas (C. envir. art. R 122-2-1, II).

Le maître d'ouvrage peut, de sa propre initiative, saisir du même type de projet l'autorité chargée de l'examen au cas par cas (C. envir. art. R 122-2-1, III).

2. ÉLABORATION DE L'ÉTUDE D'IMPACT

AUTEUR

L'étude d'impact est réalisée sous la responsabilité du maître d'ouvrage (C. envir. art. R 122-1). 9750

Afin de veiller à l'exhaustivité et à la qualité de cette étude, le maître d'ouvrage doit s'assurer qu'elle est préparée par des experts compétents (C. envir. art. R 122-5, VIII).

CONSULTATION PRÉALABLE SUR LE CONTENU DE L'ÉTUDE D'IMPACT

Avant de déposer la demande d'autorisation, d'approbation ou d'exécution du projet, le maître d'ouvrage peut consulter l'**autorité compétente pour prendre la décision** en vue d'obtenir de celle-ci un avis sur le degré de précision des informations qui devront figurer dans l'étude d'impact (C. envir. art. L 122-1-2, al. 1). La demande d'avis préalable précise les 9755 caractéristiques spécifiques du projet, ses enjeux environnementaux et ses principaux impacts. Avant de rendre son avis, l'autorité compétente consulte l'AE, les collectivités territoriales et leurs groupements intéressés et, pour les aspects liés à la santé humaine, le ministre de la santé ou le directeur général de l'agence régionale de santé. Pour les projets miniers portant sur le fond de la mer et son sous-sol, elle consulte l'Institut français de recherche pour l'exploitation de la mer (Ifremer) (C. envir. art. R 122-4, al. 5).

En outre, à la demande du maître d'ouvrage, l'autorité compétente pour prendre la décision organise une **réunion de concertation** avec les parties prenantes locales intéressées par le projet afin que chacune puisse faire part de ses observations sur les incidences potentielles de celui-ci (C. envir. art. L 122-1-2, al. 2).

Dans son avis, l'autorité compétente précise les éléments permettant au maître d'ouvrage d'**ajuster le contenu de l'étude** d'impact à la sensibilité des milieux et aux impacts potentiels du projet sur l'environnement ou la santé humaine. Elle indique, notamment, le degré de précision des différentes thématiques abordées dans l'étude d'impact (C. envir. art. R 122-4, al. 6).

Les **précisions apportées** par l'autorité compétente constituent de simples informations données dans le cadre d'une mission d'assistance. Elles n'empêchent pas cette autorité de faire, le cas échéant, compléter la demande d'autorisation ou d'approbation du projet et ne préjugent pas non plus de la décision qui sera prise à l'issue de la procédure d'instruction (C. envir. art. L 122-1-2, al. 3). Le maître d'ouvrage reste seul responsable de la qualité et du contenu de l'étude d'impact (C. envir. art. R 122-4, al. 1).

CONTENU DE L'ÉTUDE D'IMPACT

9760 L'étude d'impact doit comprendre un minimum d'éléments en fonction des caractéristiques spécifiques du projet et du type d'incidences sur l'environnement qu'il est susceptible de produire. Les principaux éléments requis sont les suivants (C. envir. art. L 122-3, II-2° et R 122-5) :

– une description du projet : localisation, dimensions, conception, fonctionnement, pollution, déchets, etc. ;

– une description de l'état actuel de l'environnement et de son évolution en cas de mise en œuvre du projet, ainsi qu'un aperçu de son évolution probable en l'absence de mise en œuvre du projet ;

– une description des facteurs susceptibles d'être affectés de manière notable par le projet : population, santé humaine, biodiversité, terres, sol, eau, air, climat, biens matériels, patrimoine culturel, y compris les aspects architecturaux et archéologiques, et paysage ;

– une description des effets du projet sur l'environnement, l'utilisation des ressources naturelles, la consommation énergétique, la commodité du voisinage (bruits, vibrations, odeurs, émissions lumineuses, pollution), la santé humaine, la sécurité et la salubrité publiques, y compris les effets cumulés avec d'autres projets connus. Cette description porte sur les effets négatifs et positifs, directs et indirects, temporaires (y compris pendant la phase des travaux) et permanents, à court, moyen et long terme, du projet ;

– une description des incidences négatives notables attendues du projet sur l'environnement résultant de la vulnérabilité du projet à des risques d'accidents ou de catastrophes majeurs ;

– une description des solutions de substitution raisonnables qui ont été examinées par le maître d'ouvrage et les principales raisons de son choix, eu égard notamment aux effets sur l'environnement ou la santé humaine ;

– les mesures envisagées pour éviter, réduire et, lorsque c'est possible, compenser les effets négatifs notables du projet sur l'environnement ou la santé, une estimation des dépenses correspondantes ainsi qu'une présentation du dispositif de suivi de ces mesures et du suivi de leurs effets sur l'environnement ;

– une description des méthodes de prévision ou des éléments probants utilisés pour identifier et évaluer les incidences notables sur l'environnement ;

– les noms et qualités précises et complètes du ou des experts ayant préparé l'étude d'impact et des études qui ont contribué à sa réalisation ;

– un résumé non technique des informations qui viennent d'être énumérées.

> **Précisions** **a.** S'agissant de la description des **solutions de substitution** (C. envir. art. R 122-5, II-7°) l'étude d'impact peut légalement s'abstenir de présenter des solutions qui ont été écartées en amont et qui n'ont donc pas été envisagées par le maître d'ouvrage (CE 15-11-2021 n° 432819, Association Force 5 : BPIM 1/22 inf. 8).
>
> **b.** Dans le cas des **infrastructures de transport,** l'étude d'impact comprend, en outre, une analyse des effets du projet sur l'urbanisation et sur la consommation des espaces agricoles, naturels et

forestiers, une analyse des coûts collectifs des pollutions et nuisances et des avantages induits pour la collectivité, ainsi qu'une évaluation des consommations énergétiques résultant de l'exploitation du projet (C. envir. art. R 122-5, III).

c. Dans le cas des **ICPE** relevant de la directive 2010/75/UE du 2 novembre 2010 relative aux **émissions industrielles,** l'étude d'impact est éventuellement complétée par d'autres éléments spécifiques (C. envir. art. R 122-5, VI, art. D 181-15-2, II et art. R 515-59).

d. Les actions ou opérations d'aménagement (telles que définies n° 25500) soumises à évaluation environnementale doivent faire l'objet d'une étude de faisabilité sur le **potentiel de développement en énergies renouvelables** de la zone et d'une étude d'**optimisation de la densité des constructions** dans la zone (C. urb. art. L 300-1-1). L'étude d'impact comprend les conclusions de ces études et une description de la façon dont il en est tenu compte (C. envir. art. R 122-5, VII).

CONTRÔLE DU CONTENU DE L'ÉTUDE D'IMPACT

Le juge administratif veille à ce que l'étude d'impact réponde aux exigences de la réglementation. L'étude doit, en effet, être complète au regard des dispositions rappelées ci-dessus. Son contenu doit être proportionné à la sensibilité environnementale de la zone concernée par le projet, à l'importance et la nature des travaux, ouvrages et aménagements projetés, ainsi qu'à leurs incidences prévisibles sur l'environnement ou la santé humaine (C. envir. art. R 122-5, I). **9770**

Néanmoins, selon la jurisprudence actuelle, toute lacune ou autre défaut de l'étude d'impact n'entraîne pas nécessairement l'illégalité de la décision prise au vu de l'étude. En effet, il résulte du principe général dégagé par l'arrêt Danthony (CE ass. 23-12-2011 n° 335033 : RJDA 10/12 n° 924) qu'une illégalité ne peut être retenue que si les inexactitudes, omissions ou insuffisances qui entachent l'étude d'impact ont pu avoir pour conséquence de nuire à l'information complète de la population ou si elles ont été de nature à exercer une influence sur le sens de la décision de l'autorité administrative (CE 11-4-2018 n° 401753, Fédération Sepanso Aquitaine : BPIM 3/18 inf. 182 ; CE 1-3-2023 n° 458933, Sté Ferme éolienne de Saint-Maurice : BPIM 3/23 inf. 161 ; CAA Lyon 15-2-2024 n° 22LY00841, Sté Engie Green Saint-Maurice-en-Rivière : BPIM 2/24 inf. 90).

Par ailleurs, si l'étude d'impact ne doit omettre aucun des effets négatifs notables du projet sur l'environnement ou la santé humaine ni les mesures qu'ils appellent, ces mesures peuvent, si nécessaire, être précisées ou complétées ultérieurement, en particulier à l'occasion de la délivrance des autorisations requises, dès lors que l'étude d'impact les identifie avec une précision suffisante (CE 19-11-2020 n° 417362, Cne de Val-de-Reuil).

Le Conseil d'État, statuant en qualité de juge de cassation, ne contrôle pas l'appréciation à laquelle se livrent les juges du fond quant au caractère substantiel ou non des insuffisances ou omissions que présente une étude d'impact (CE 22-10-1999 n° 189214, Sté Arrow : BPIM 2/00 inf. 82).

3. DIFFÉRENTES CONSULTATIONS

AVIS DE L'AUTORITÉ ENVIRONNEMENTALE

Différentes catégories d'autorités environnementales Selon les cas, l'AE est (C. envir. art. R 122-6) : **9775**

– le **ministre de l'environnement,** pour les projets autres que ceux qui relèvent de la formation d'autorité environnementale de l'inspection générale de l'environnement et du développement durable (IGEDD), s'ils donnent lieu à un décret pris sur le rapport d'un autre ministre, à une décision d'autorisation, d'approbation ou d'exécution prise par un autre ministre, ou encore s'ils sont élaborés par les services placés sous l'autorité d'un autre ministre ; le ministre de l'environnement peut aussi se saisir de tout projet relevant de la mission régionale d'autorité environnementale (MRAE) afin d'en confier l'instruction à la formation d'autorité environnementale de l'IGEDD ;

– la **formation d'autorité environnementale de l'IGEDD,** notamment pour les projets qui donnent lieu à une décision prise par le ministre de l'environnement ou à un décret pris à son rapport, ainsi que pour les projets élaborés sous l'autorité du ministre de l'environnement ou par des services agissant dans des domaines relevant des attributions de ce ministre, ou encore pour des projets élaborés sous maîtrise d'ouvrage d'établissements publics relevant de la tutelle du même ministre ;

– la **mission régionale d'autorité environnementale (MRAE) de l'IGEDD,** pour les projets qui n'entrent dans aucune des deux catégories précédentes (décision de la formation d'autorité environnementale de l'IGEDD lorsque le projet est situé sur les territoires de plusieurs régions).

 © Éd. Francis Lefebvre

› Précisions L'AE doit exercer sa mission de manière objective et veiller à prévenir ou à faire cesser immédiatement les situations de **conflit d'intérêts** (C. envir. art. R 122-24-1, I et II). Si le ministre de l'environnement estime se trouver dans une situation de conflit d'intérêts, il confie le dossier à la formation d'autorité environnementale de l'IGEDD. S'il s'agit de la mission régionale d'autorité environnementale (MRAE) de l'IGEDD, le dossier est également confié à la formation d'autorité environnementale de l'IGEDD (C. envir. art. R 122-24-2, III et IV).

9776 **Transmission pour avis** Lorsque le projet fait l'objet d'une évaluation environnementale (systématique ou sur décision au cas par cas), l'autorité compétente pour prendre la décision d'autorisation, d'approbation ou d'exécution des travaux, de l'ouvrage ou de l'aménagement projeté, doit transmettre pour avis à l'AE le dossier comprenant l'étude d'impact et la demande d'autorisation (C. envir. art. L 122-1, V-al. 1 et art. R 122-7, I).

› Précisions **a.** Lorsque l'AE est la **mission régionale d'autorité environnementale (MRAE) de l'IGEDD,** la demande d'avis est adressée au service régional de l'environnement (C. envir. art. R 122-7, I).
b. Lorsque le **ministre de l'environnement** confie à la formation d'autorité environnementale de l'IGEDD l'instruction d'un dossier relevant de la mission régionale, celle-ci transmet, sans délai, le dossier à l'AE concernée (C. envir. art. R 122-6, I-1°-al. 4).

9777 **Cas où l'autorité compétente pour autoriser le projet est aussi l'AE**

La question de savoir si l'autorité compétente pour autoriser un projet, ou en assurer la maîtrise d'ouvrage, peut, en même temps, rendre valablement un avis sur l'évaluation environnementale a suscité de nombreuses interrogations et une jurisprudence administrative abondante. Elle a été partiellement résolue par la loi 2019-1147 du 8 novembre 2019 relative à l'énergie et au climat.

Il est ainsi prévu que ne peut pas être désignée en qualité d'AE une autorité dont les services, ou les établissements publics qui en relèvent, sont chargés de l'élaboration du projet ou assurent sa maîtrise d'ouvrage (C. envir. art. L 122-1, V bis). Cette règle s'applique aux demandes d'avis enregistrées depuis le **5 juillet 2020** (Décret 2020-844 du 3-7-2020 art. 21).

Elle ne semble cependant pas remettre entièrement en cause les solutions jurisprudentielles antérieures.

9779 Ainsi, la jurisprudence avait admis la **possibilité d'un cumul** des attributions pourvu qu'une séparation fonctionnelle soit organisée au sein de l'autorité concernée, de manière à ce qu'une entité administrative, interne à celle-ci, dispose d'une autonomie réelle, impliquant notamment des moyens administratifs et humains propres, lui permettant de remplir la mission de consultation et de donner un avis objectif sur le projet concerné (CE 6-12-2017 n° 400559, Association France Nature Environnement : BPIM 1/18 inf. 11). On pourrait considérer que, dans cette hypothèse, la condition posée par l'article L 122-1, V bis du Code de l'environnement est satisfaite. Mais cela reste à confirmer.

Un raisonnement analogue peut valoir pour les avis émis par la mission régionale d'autorité environnementale (MRAE) de l'ancien CGEDD (CE 27-5-2019 n° 420554, Min. cohésion des territoires c/ Association « Éoliennes s'en naît trop » : Lebon T. p. 846) ou par la formation d'autorité environnementale du CGEDD (CE 9-7-2018 n° 410917, Cne de Villiers-le-Bâcle : BPIM 5/18 inf. 324). En effet, l'une et l'autre disposent d'une autonomie réelle par rapport à l'autorité chargée d'autoriser le projet. C'est d'ailleurs la solution qui a été adoptée dans le cas d'un avis de la MRAE, bien qu'en l'espèce la mission ait disposé de l'appui technique de la direction régionale de l'environnement, de l'aménagement et du logement (DREAL) (CE 5-2-2024 n° 463619, Sté Doubs Ouest Énergies 2 : BPIM 2/24 inf. 91).

Lorsque le projet est autorisé par un préfet de département autre que le préfet de région, l'avis rendu par ce dernier émane, en tout état de cause, d'une autorité distincte. La jurisprudence avait admis qu'un tel avis était rendu par une autorité qui dispose d'une autonomie réelle, sauf si c'est le même service (par exemple, la DREAL) qui a, à la fois, instruit la demande d'autorisation et préparé l'avis de l'AE (CE 5-2-2020 n° 425451, Association Des évêques aux cordeliers : BPIM 2/20 inf. 93 ; CE 25-3-2020 n° 427556 ; CE 7-7-2021 n° 436301, Association Plus belle notre Verzée). Toutefois, il avait été jugé que cette dernière solution pouvait être écartée, bien que le projet ait été instruit par la DREAL, dès lors que l'avis émis par le préfet de région avait été préparé, au sein de cette direction, par le service, mentionné à l'article R 122-21 du Code de l'environnement, qui a spécialement pour rôle de préparer les avis des autorités environnementales (CE 25-1-2023 n° 448911, Sté Haut-Vannier).

> **Précisions** La **régularisation** des **autorisations environnementales** et des **permis de construire** entachés d'illégalité en raison d'une méconnaissance des règles garantissant l'autonomie de l'AE soulève des problèmes délicats. Le Conseil d'État s'est efforcé de définir un **mode d'emploi** permettant au juge administratif, saisi d'un recours contre de telles décisions, de prescrire les mesures de régularisation nécessaires (CE avis 27-9-2018 n° 420119, Association Danger de tempête sur le patrimoine rural : BPIM 5/19 inf. 307 s'agissant des autorisations environnementales ; CE 27-5-2019 n° 420444, Min. cohésion des territoires : BPIM 5/19 inf. 307 s'agissant des permis de construire).

Délivrance de l'avis L'autorité environnementale dispose d'un **délai** de 2 mois à compter de la réception du dossier pour rendre son avis (C. envir. art. R 122-7, II-al. 1 dans sa rédaction issue du décret 2024-742 du 6-7-2024). Avant de se prononcer, l'AE doit consulter le préfet du département concerné et éventuellement, selon la nature du projet, le ministre de la santé ou le préfet maritime. Les autorités consultées disposent d'un mois pour se prononcer, ce délai pouvant être réduit au minimum à 10 jours en cas d'urgence (C. envir. art. R 122-7, III). **9780**

L'avis de l'AE, dès son adoption, ou l'information relative à l'absence d'observation formulée dans le délai, est **mis en ligne** sur internet. Il est **transmis au maître d'ouvrage** pour être joint au dossier d'enquête publique, de la procédure de participation du public par voie électronique ou de la consultation du public prévue pour les autorisations environnementales (C. envir. art. R 122-7, II-al. 3 dans sa rédaction issue du décret 2024-742 du 6-7-2024). Il fait l'objet d'une réponse écrite du maître d'ouvrage (C. envir. art. L 122-1, V-al. 2).

AVIS DES COLLECTIVITÉS TERRITORIALES

L'autorité compétente pour prendre la décision doit consulter les collectivités territoriales intéressées par le projet, ainsi que leurs groupements, en leur transmettant le dossier qui comporte l'étude d'impact et la demande d'autorisation. **9783**

Ces collectivités et groupements disposent de 2 mois pour se prononcer (C. envir. art. R 122-7, II-al. 2). L'avis, ou l'information relative à l'absence d'observation émise dans le délai, est mis en ligne sur le site internet de l'autorité compétente ou, à défaut, sur le site de la préfecture du département (C. envir. art. L 122-1, V-al. 2).

INFORMATION ET CONSULTATION DU PUBLIC

Le maître d'ouvrage doit **mettre à la disposition du public,** par voie électronique, l'étude d'impact et la réponse de l'AE. Cette mise à disposition intervient, au plus tard, lors de l'ouverture de l'enquête publique environnementale ou de la participation du public par voie électronique (C. envir. art. L 122-1, VI). **9785**

Lorsque le projet est soumis à **enquête publique,** l'étude d'impact, accompagnée, le cas échéant, de la décision rendant obligatoire la réalisation d'une évaluation environnementale (ou, en l'absence de décision, accompagnée du formulaire de la demande d'examen, avec mention de l'intervention d'une décision implicite imposant une évaluation environnementale) est insérée dans le dossier soumis à enquête (C. envir. art. R 122-9). Il en va de même pour l'avis de l'AE et la réponse du maître d'ouvrage à cet avis, ainsi que pour les avis des collectivités consultées.

Lorsque le projet est dispensé d'enquête publique, ces mêmes pièces sont jointes au dossier qui fera l'objet d'une **participation du public par voie électronique** (C. envir. art. R 122-9). Il est alors nécessaire qu'au moins 15 jours avant l'ouverture de la participation électronique soit mis en ligne et affiché un avis mentionnant notamment (C. envir. art. L 123-19, II-al. 2 à 9) :

- la demande d'autorisation du projet ;
- les coordonnées des autorités compétentes pour prendre la décision, celles des personnes auprès desquelles peuvent être obtenus les renseignements sur le projet et celles auxquelles des observations ou questions peuvent être adressées ;
- la ou les décisions susceptibles d'être adoptées au terme de la consultation et les autorités compétentes pour statuer ;
- une indication de la date à laquelle et du lieu où les renseignements pertinents seront mis à la disposition du public, ainsi que des conditions de cette mise à disposition ;
- le fait que le projet soit soumis à évaluation environnementale ;
- l'avis de l'AE.

Les observations et propositions du public, déposées par voie électronique, doivent parvenir à l'autorité administrative concernée dans un délai qui ne peut pas être inférieur à 30 jours à compter de la date de début de la participation électronique (C. envir. art. L 123-19, II-al. 11). La décision finale sur le projet ne peut pas être prise avant l'expiration d'un délai de 4 jours qui court à compter de la date de clôture de la consultation et qui permet la prise en considération des observations et propositions déposées par le public, ainsi que la rédaction d'une note de synthèse. Ce délai ne s'applique pas en l'absence d'observations et propositions (C. envir. art. L 123-19-1, II-al. 5 sur renvoi de L 123-19, III).

Lorsque la décision finale est prise sans que la participation du public (enquête publique ou participation par voie électronique) ait eu lieu, le juge administratif des **référés** doit faire droit à toute demande de **suspension** de cette décision (C. envir. art. L 123-1-B).

9790 Si le projet est susceptible d'avoir des **incidences notables sur l'environnement d'un autre État,** notamment membre de l'Union européenne, l'autorité compétente pour prendre la décision d'autorisation, d'approbation ou d'exécution de ce projet transmet à cet État le résumé non technique de l'étude d'impact, incluant notamment une description du projet et de ses éventuelles incidences transfrontalières, la nature de la décision susceptible d'être prise, ainsi que l'indication de la façon dont l'enquête publique s'insère dans la procédure administrative. Ces pièces sont traduites, si nécessaire, dans la langue de cet État, les frais de traduction étant à la charge du pétitionnaire ou du maître d'ouvrage. L'autorité nationale indique à l'État concerné le délai dans lequel il peut exprimer son intention de participer à l'enquête.

Dès publication de l'arrêté d'ouverture de l'enquête, celui-ci est notifié aux États ayant manifesté leur intention de participer. Le dossier d'enquête leur est également transmis.

Les délais prévus par les procédures réglementaires applicables au projet en cause sont augmentés, le cas échéant, pour tenir compte du délai de consultation des autorités étrangères.

L'autorité nationale adresse sa décision aux autorités de l'État concerné.

Cette même procédure s'applique pour les projets faisant l'objet d'une participation du public par voie électronique ou encore d'une consultation du public prévue pour les autorisations environnementales (C. envir. art. R 122-10, I et III dans leur rédaction issue du décret 2024-742 du 6-7-2024).

4. DÉCISION D'AUTORISATION DU PROJET

FORME ET CONTENU DE LA DÉCISION D'AUTORISATION

9795 L'autorité compétente pour autoriser le projet doit prendre en considération l'étude d'impact, les avis émis (notamment celui de l'AE) et le résultat de la consultation du public. Toute **décision** conduisant à autoriser un projet soumis à évaluation environnementale (systématique ou au cas par cas, y compris en vertu de la « clause-filet ») doit être **expresse** et **motivée** au regard des incidences notables du projet sur l'environnement (C. envir. art. L 122-1-1, I-al. 1 et 2 ; CE 4-10-2023 n° 465921, Association France Nature Environnement).

La décision fixe les **prescriptions** que devra respecter le maître d'ouvrage, ainsi que les mesures et caractéristiques du projet ayant pour but d'éviter les incidences négatives notables, de réduire celles qui ne peuvent être évitées et de compenser celles qui ne peuvent être évitées, ni réduites. Elle précise également les **modalités de suivi** des incidences du projet sur l'environnement ou la santé (C. envir. art. L 122-1-1, I-al. 2). Les **mesures compensatoires** doivent être mises en œuvre en priorité sur le site affecté ou à proximité (C. envir. art. R 122-13, I).

En cas de **refus d'autorisation,** la décision expose les motifs du refus, tirés notamment des incidences notables potentielles du projet sur l'environnement (C. envir. art. L 122-1-1, I-al. 3).

> **Précisions** Lorsque la réalisation du projet est subordonnée à **plusieurs autorisations,** ses incidences sont appréciées à la date de la première autorisation (C. envir. art. L 122-1-1, III-al. 1 ; CAA Nantes 18-1-2022 n° 19NT04956 : BPIM 2/22 inf. 95). Si les incidences du projet n'ont pu être complètement identifiées ni appréciées avant l'octroi de la première autorisation, le maître d'ouvrage doit actualiser l'étude d'impact (C. envir. art. L 122-1-1, III-al. 2).

PUBLICITÉ ET SUITES DE LA DÉCISION D'AUTORISATION

9800 L'autorité compétente informe le public et l'AE de sa décision accordant ou refusant l'autorisation. Elle rend également publiques les informations concernant le processus de participation du public et la prise en compte des observations du public et des autres personnes consultées, ainsi que les lieux où peut être consultée l'étude d'impact (C. envir. art. L 122-1-1, IV).

L'**information du public** sur la décision est assurée par l'autorité compétente selon les modalités prévues par les dispositions réglementaires applicables au projet. À défaut de telles dispositions, l'information du public est faite par une mention insérée dans au moins un journal régional ou local diffusé dans le ou les départements intéressés. Pour les opérations d'importance nationale, elle est faite, en outre, dans deux journaux à diffusion nationale (C. envir. art. R 122-11).

Le **suivi de la réalisation** des prescriptions, mesures et caractéristiques du projet, qui sont destinées à éviter, réduire et compenser les effets négatifs notables de celui-ci, ainsi que le suivi de leurs incidences sur l'environnement, font l'objet d'un ou de plusieurs bilans réalisés sur une période déterminée (C. envir. art. R 122-13, II).

5. SANCTIONS ADMINISTRATIVES

Des sanctions administratives sont applicables en cas de **manquement aux prescriptions, mesures et caractéristiques du projet** fixées par la décision d'autorisation afin d'éviter, de réduire et compenser les effets négatifs notables du projet sur l'environnement. Du moins en va-t-il ainsi sous réserve de l'existence de dispositions particulières (C. envir. art. L 170-1). **9900**

Les **fonctionnaires et agents chargés du contrôle** disposent de pouvoirs d'investigation importants : droit de visite, communication de documents, etc. (C. envir. art. L 171-1 s.). En cas de manquement, un rapport est transmis à l'autorité administrative et à l'intéressé, lequel dispose d'un mois pour présenter ses observations (C. envir. art. L 122-3-3).

C'est, en principe, l'autorité compétente pour prendre la décision d'autorisation, d'approbation ou d'exécution du projet qui exerce les **pouvoirs de sanction.** Toutefois, elle peut, notamment quand il s'agit d'une collectivité territoriale, saisir le préfet afin qu'il exerce à sa place ces pouvoirs (C. envir. art. L 122-3-1).

Lorsque les prescriptions, mesures et caractéristiques du projet permettant de remédier à ses effets ne sont pas respectées, l'autorité compétente doit mettre en demeure le bénéficiaire de l'autorisation ou le maître d'ouvrage d'y satisfaire dans un délai déterminé. Si cette mise en demeure reste infructueuse, l'autorité administrative peut (C. envir. art. L 171-8) :
- obtenir la consignation, dans un délai déterminé, de la somme correspondant au montant des travaux ou opérations à réaliser ;
- faire exécuter d'office, aux frais de la personne mise en demeure, les mesures prescrites, les sommes consignées étant utilisées à cette fin ;
- suspendre le fonctionnement des installations et ouvrages, l'utilisation des objets et dispositifs, la réalisation des travaux et des opérations ou l'exercice des activités jusqu'à l'exécution complète des conditions imposées ;
- prendre les mesures conservatoires nécessaires, aux frais de la personne mise en demeure ;
- ordonner le paiement d'une amende et d'une astreinte jusqu'à satisfaction de la mise en demeure.

Les dépenses réalisées pour procéder aux contrôles, expertises ou analyses prescrits par l'administration sont à la charge du maître d'ouvrage (C. envir. art. L 122-3-2).

6. CONTENTIEUX DE L'ÉTUDE D'IMPACT

RECOURS

L'étude d'impact ne constitue pas un acte administratif susceptible d'être contesté directement devant le juge administratif. Un recours dont l'auteur entend soulever l'irrégularité d'une étude d'impact doit donc être dirigé contre la **décision administrative** qui fait l'objet de cette étude d'impact. **10000**

Sur le **contentieux du contenu de l'étude d'impact,** voir n° 9770.

RÉFÉRÉ-SUSPENSION

Lorsqu'une requête, déposée devant la juridiction administrative contre une autorisation ou une décision d'approbation d'un projet nécessitant une **étude d'impact,** est fondée sur **l'absence** d'une telle étude, le juge des référés, saisi d'une demande de suspension de la décision attaquée, doit y faire droit dès que cette absence est constatée (C. envir. art. L 122-2). Ces dispositions sont applicables, non seulement si le projet est systématiquement soumis à étude d'impact, mais aussi lorsque l'étude aurait dû être réalisée au terme d'un examen au cas par cas (CE 18-12-2015 n° 389238, Sté routière Chambard). **10005**

Ce référé-suspension relève de dispositions particulières. Le prononcé de la suspension n'est pas subordonné à une condition d'urgence (voir n° 16642, Précisions a). Toutefois, la procédure n'échappe pas à l'application de l'article L 600-3 du Code de l'urbanisme selon lequel une requête en référé-suspension dirigée contre une autorisation d'urbanisme n'est recevable que jusqu'à l'expiration du délai de 2 mois fixé pour la cristallisation des moyens soulevés devant le juge saisi en premier ressort (CE 17-4-2023 nº 468789, Cne de Mérignac : BPIM 3/23 inf. 165).

> **Précisions** L'absence de toute étude d'impact doit conduire le juge des référés à prononcer la suspension de la décision attaquée (CE 6-7-2011 nº 342385, Communauté locale de l'eau du Drac amont). En revanche, la seule **insuffisance de l'étude** ne lui permet pas d'exercer son pouvoir de suspension, sauf si en raison de sa gravité cette insuffisance équivaut à une absence (CE 15-7-2010 nº 340558, Comité de quartier Jean Bouin). Il en va ainsi quand un document intitulé étude d'impact ne comporte aucun des éléments d'information requis (CE 29-7-1983 nº 38795, Cne de Roquevaire : Lebon p. 353, dont la solution est transposable à la procédure du référé-suspension).

B. Évaluation environnementale des plans et programmes

1. CAS GÉNÉRAL

CHAMP D'APPLICATION

10100 Font l'objet d'une évaluation environnementale les plans, schémas, programmes et autres documents de planification élaborés, adoptés ou modifiés par l'État, les collectivités territoriales ou leurs groupements et les établissements publics en dépendant. Le processus d'évaluation consiste dans (C. envir. art. L 122-4, I) :
– l'élaboration d'un rapport sur les incidences environnementales ;
– la mise en œuvre de consultations ;
– la prise en compte de ce rapport et de ces consultations lors de la prise de décision par l'autorité qui adopte ou approuve le plan ou programme ;
– la publication d'informations sur la décision.

Les documents d'urbanisme (Scot, PLU, cartes communales, etc.) ne sont pas concernés par ces dispositions, mais relèvent de règles spécifiques (nºs 10150 s.).

10105 Selon le type de document concerné, l'évaluation environnementale est effectuée de façon systématique ou sur décision au cas par cas (C. envir. art. L 122-4, II et III).

Ainsi, 60 types de documents font l'objet d'une **évaluation** environnementale **systématique.** Au nombre de ceux-ci figurent les schémas de mise en valeur de la mer (SMVM), les plans de mobilité, les schémas directeurs d'aménagement et de gestion des eaux (Sdage), les schémas d'aménagement et de gestion des eaux (Sage), les chartes des parcs naturels nationaux ou régionaux (C. envir. art. R 122-17, I). Sont également soumis à évaluation systématique les plans, schémas, programmes et autres documents de planification soumis à évaluation des incidences Natura 2000 (C. envir. art. L 122-4, II-2°).

Font éventuellement l'objet d'une évaluation environnementale après **examen au cas par cas,** 18 types de documents et notamment les directives paysagères, les plans de prévention des risques technologiques (PPRT), les plans de prévention des risques naturels prévisibles (PPRNP), les plans de sauvegarde et de mise en valeur (PSMV) ou les zones d'exploitation coordonnée des carrières (C. envir. art. R 122-17, II).

Lorsque l'AE décide de soumettre un document à évaluation environnementale après un examen au cas par cas, la décision précise les objectifs spécifiques poursuivis par la réalisation de l'évaluation (C. envir. art. L 122-4, III-dernier al.).

Un **document absent de ces listes** peut, sur décision du ministre de l'environnement, être soumis à évaluation environnementale systématique, ou après examen au cas par cas. L'arrêté ministériel est publié au Journal officiel et sur le site internet du ministère. Ses effets cessent, au plus tard, soit un an après son entrée en vigueur, soit au moment de l'entrée en vigueur de la révision des listes si elle intervient avant la fin du délai d'un an (C. envir. art. R 122-17, III). Le plan national de restauration de la nature a ainsi été soumis à évaluation environnementale (Arrêté TECD2434325A du 31-12-2024).

> **Précisions a.** Le **caractère de plan ou de programme** doit être reconnu à tout acte qui a pour objet d'encadrer, dans un secteur géographique, la réalisation de certains projets (CJUE 27-10-2016 aff. C-290/15, D'Oultremont ; CJUE 7-6-2018 aff. C-160/17, Thybaut). Cette analyse a été confirmée à propos d'une réglementation portant sur l'implantation et l'exploitation

© Éd. Francis Lefebvre

d'éoliennes (CJUE 25-6-2020 aff. C-24/19). Transposant la jurisprudence européenne, le Conseil d'État a estimé que les plans de prévention du bruit dans l'environnement ne pouvaient pas être considérés comme constituant des plans ou des programmes, au sens de la directive du 27 juin 2001. En revanche, il a retenu une solution différente à l'égard des plans d'exposition au bruit des aérodromes (CE 28-10-2021 n° 447123, Association de défense contre les nuisances aériennes).

b. Les documents de planification et les programmes qui sont susceptibles d'affecter un **site Natura 2000** de manière significative sont soumis à une évaluation particulière dénommée « évaluation des incidences Natura 2000 » (C. envir. art. L 414-4). L'évaluation environnementale tient lieu de dossier d'évaluation des incidences Natura 2000 si elle comporte les éléments exigés au titre de cette évaluation Natura 2000 (C. envir. art. R 414-22 et, sur renvoi, R 414-19, I-1° et art. R 414-23). Pour évaluer les incidences d'un projet sur l'état de conservation d'un site Natura 2000, il doit être tenu compte des seules mesures permettant de supprimer ou de réduire les effets dommageables du projet sur le site, et non des mesures compensatoires éventuellement envisagées dans l'évaluation d'incidences (CE 13-12-2013 n° 349541, Min. écologie c/ Sté Résidence Porte des Neiges : BPIM 1/14 inf. 5).

c. La **décision imposant la réalisation d'une évaluation environnementale** peut faire l'objet d'un recours contentieux qui doit, à peine d'irrecevabilité, être précédé d'un recours administratif préalable devant l'autorité environnementale qui a pris la décision (C. envir. art. R 122-18, IV). En revanche, la **décision dispensant d'une telle évaluation** est une mesure préparatoire qui ne peut être contestée qu'à l'occasion d'un recours contre le document approuvé (CE avis 6-4-2016 n° 395916 : BPIM 3/16 inf. 155).

AVIS DE L'AUTORITÉ ENVIRONNEMENTALE

Compétence Selon les cas, l'AE est (C. envir. art. R 122-17, IV) : 10107

– la **formation d'autorité environnementale de l'IGEDD,** pour les projets qui donnent lieu à une approbation par décret ou à une décision ministérielle, ainsi que pour certains plans et programmes déterminés ;

– la **mission régionale d'autorité environnementale (MRAE) de l'IGEDD,** pour les autres plans et programmes.

› Précisions Le **ministre de l'environnement** peut, par décision motivée au regard de la complexité et des enjeux environnementaux du dossier, confier à la formation d'autorité environnementale de l'IGEDD la charge de se prononcer en lieu et place de la MRAE (C. envir. art. R 122-17, IV).

Délivrance de l'avis La personne publique responsable de l'élaboration ou de l'adoption du document transmet pour avis à l'AE le dossier comprenant le projet de document, le rapport sur les incidences environnementales, ainsi que les pièces et avis exigés par les législations et réglementations applicables (C. envir. art. L 122-7, al. 1 et 2 et art. R 122-21, I). Après diverses consultations, l'AE doit rendre son avis dans les 3 mois. À défaut, elle est réputée n'avoir aucune observation à formuler. L'avis, ou l'information relative à l'absence d'observation, est mis en ligne sur internet et transmis à la personne publique responsable du document (C. envir. art. R 122-21, IV). 10108

› Précisions Lorsque le **ministre de l'environnement** confie à la formation d'autorité environnementale de l'IGEDD le soin de se prononcer en lieu et place de la mission régionale, celle-ci transmet, sans délai, le dossier à l'AE concernée (C. envir. art. R 122-17, IV).

CADRAGE PRÉALABLE À L'ÉVALUATION ENVIRONNEMENTALE

La personne publique chargée de l'élaboration du plan ou du document peut consulter l'AE sur l'ampleur et le degré de précision des informations à fournir dans le rapport environnemental (C. envir. art. L 122-7, al. 3). Elle peut ainsi se faire préciser les éléments permettant d'ajuster le contenu du rapport à la sensibilité des milieux et aux impacts potentiels du document sur l'environnement ou la santé humaine (C. envir. art. R 122-19). 10110

RAPPORT ENVIRONNEMENTAL

L'évaluation environnementale comporte l'élaboration d'un rapport qui identifie, décrit et évalue les effets notables que peut avoir la mise en œuvre du document sur l'environnement, ainsi que les solutions de substitution raisonnables. Ce rapport environnemental présente les mesures prévues pour éviter les incidences négatives notables que l'application du document peut entraîner, les mesures permettant de réduire les incidences qui ne peuvent être évitées, ainsi que les mesures destinées à compenser les incidences qui ne peuvent être évitées ni réduites. Il expose les autres solutions envisagées et les raisons pour lesquelles, notamment du point de vue de la protection de l'environnement, le projet a été retenu (C. envir. art. L 122-6, al. 1 et art. R 122-20, II). 10115

INFORMATION DU PUBLIC

10120 Une fois que le document a été adopté, l'autorité qui l'a arrêté en informe le public, tout en mettant à sa disposition le document et une « déclaration » résumant (C. envir. art. L 122-9, I) :
– la manière dont il a été tenu compte du rapport environnemental et des consultations effectuées ;
– les motifs qui ont fondé les choix opérés par le document, compte tenu des diverses solutions envisagées ;
– les mesures destinées à évaluer les incidences sur l'environnement de la mise en œuvre du document.

L'information doit être immédiate. Elle porte sur les lieux, jours et heures où le public peut prendre connaissance du document et de la déclaration.
Le public est également informé des modalités par lesquelles il peut obtenir, à ses frais, une copie du document et de la déclaration. Cette information indique l'adresse du site internet sur lequel il est possible d'effectuer une consultation en ligne (C. envir. art. R 122-23, I).

Si l'AE a estimé, après un examen au cas par cas, que le document n'avait pas à être soumis à évaluation environnementale, le public doit être informé de cette décision (C. envir. art. L 122-9, II).

RÉFÉRÉ-SUSPENSION

10125 Le juge administratif des référés, saisi d'une demande de suspension portant sur la décision d'**approbation du document,** doit y faire droit, dès lors qu'il constate l'absence de l'évaluation environnementale requise (C. envir. art. L 122-11).

En cas de **modification d'un document** (en l'espèce, un schéma départemental des carrières) ces dispositions sont applicables, non seulement lorsque l'évaluation environnementale est systématiquement exigée, mais aussi lorsqu'il a été décidé, à la suite d'un examen au cas par cas, de ne pas procéder à cette évaluation en raison du caractère mineur des modifications opérées. Il appartient au juge des référés d'apprécier si, eu égard à la portée des modifications intervenues, une évaluation environnementale était nécessaire (CE 19-6-2015 n° 386291, Cne de Saint-Leu : Lebon p. 209).

RÉGULARISATION D'UNE ILLÉGALITÉ ENTACHANT UN PLAN OU UN PROGRAMME

10130 Le mécanisme institué par l'article L 600-9 du Code de l'urbanisme en ce qui concerne les documents d'urbanisme (voir nos 2015 s.) a été transposé aux plans et programmes soumis à une évaluation environnementale systématique ou après un examen au cas par cas.
Saisi d'un recours contre un tel plan ou un tel programme, le juge administratif peut, après avoir constaté que les autres moyens ne sont pas fondés et invité les parties à présenter leurs observations, décider de surseoir à statuer s'il estime qu'une illégalité entachant l'élaboration, la modification ou la révision de cet acte est susceptible d'être régularisée. Il fixe, pour cette régularisation, un délai pendant lequel le plan ou le programme reste applicable. Si la régularisation intervient dans le délai fixé, le juge statue après avoir invité les parties à présenter leurs observations (C. envir. art. L 191-1 et, sur renvoi, C. envir. art. L 122-5, 1° et R 122-17). Encore que le texte ne le précise pas, il est probable que, parmi les illégalités spécialement visées, figurent celles qui se rapportent à l'obligation d'évaluation environnementale.

2. CAS DES DOCUMENTS D'URBANISME

PRINCIPE DE L'ÉVALUATION ENVIRONNEMENTALE DES DOCUMENTS D'URBANISME

10150 L'évaluation environnementale des documents d'urbanisme fait l'objet de **dispositions spécifiques** figurant dans le Code de l'urbanisme (C. envir. art. L 122-4, VI ; C. urb. art. L 104-1 s. et R 104-1 s.).
Les documents d'urbanisme susceptibles d'avoir des incidences sur l'environnement doivent faire l'objet d'une évaluation environnementale au regard des critères mentionnés à l'annexe II à la directive 2001/42/CE du 27 juin 2001 (C. urb. art. L 104-1, al. 1).

© Éd. Francis Lefebvre

ÉVALUATION ENVIRONNEMENTALE À L'OCCASION DE L'ÉLABORATION DES DOCUMENTS D'URBANISME

Dans le cadre de leur élaboration, certains documents d'urbanisme sont soumis à une **évaluation environnementale systématique** (C. urb. art. L 104-1 et L 104-2). Il en va ainsi pour : 10155

– les directives territoriales d'aménagement et de développement durable (DTADD) (C. urb. art. R 104-3) ;

– le schéma directeur de la région Île-de-France (Sdrif) (C. urb. art. R 104-4) ;

– les schémas d'aménagement régional d'outre-mer et le plan d'aménagement et de développement durable de la Corse (Padduc) (C. urb. art. R 104-5) ;

– les prescriptions particulières de massif (C. urb. art. R 104-6) ;

– les Scot (C. urb. art. R 104-7) ;

– les schémas d'aménagement de plage (C. urb. art. R 104-17) ;

– les PLU (C. urb. art. L 104-1, 3° bis). Pour les procédures d'élaboration engagées avant le 9 décembre 2020 (Loi 2020-1525 du 7-12-2020 art. 148, IV), sont seuls concernés les PLU dont le territoire comprend en tout ou partie un site Natura 2000, ou couvre le territoire d'au moins une commune littorale, ou encore se trouve situé dans une zone de montagne, ainsi que les PLU tenant lieu de Scot ou de plan de déplacements urbains (C. urb. art. R 104-8 s. dans leur rédaction antérieure au décret 2021-1345 du 13-10-2021) ;

– les cartes communales dont le territoire comprend tout ou partie d'un site Natura 2000 (C. urb. art. R 104-15).

À l'occasion de leur élaboration, font l'objet d'une **évaluation environnementale au cas par cas** les PLU dont la procédure d'élaboration a été engagée avant le 9 décembre 2020 et les cartes communales qui ne relèvent pas de l'évaluation systématique, mais qui sont susceptibles d'avoir des incidences notables sur l'environnement en vertu du droit européen (C. urb. art. R 104-8 et R 104-16 dans leur rédaction antérieure au décret 2021-1345 du 13-10-2021). La décision d'évaluation au cas par cas est prise par la mission régionale d'autorité environnementale (MRAE) de l'inspection générale de l'environnement et du développement durable (IGEDD) (C. urb. art. R 104-21 et R 104-28 s. dans leur rédaction issue du décret 2022-1025 du 20-7-2022).

> Précisions **a.** Depuis le 9 décembre 2020, les projets de création et d'extension des **unités touristiques nouvelles (UTN)** situées dans des communes qui ne sont pas couvertes par un PLU sont soumis à évaluation environnementale s'ils sont susceptibles d'avoir des incidences notables sur l'environnement au sens du droit européen (C. urb. art. L 104-2, 4° et, sur renvoi, art. L 122-21, al. 2). Par ailleurs, depuis le 16 octobre 2021, les projets de création et d'extension des UTN situées dans les communes non couvertes par un Scot ou un PLU font l'objet d'une évaluation environnementale s'ils permettent la réalisation de travaux, aménagements, ouvrages ou installations susceptibles d'affecter de manière significative un site Natura 2000 (C. urb. art. R 104-17-1). Dans les communes qui ne sont pas couvertes par un Scot, les UTN structurantes font l'objet d'une évaluation environnementale systématique ou après examen au cas par cas en fonction de critères fixés pour chaque catégorie d'UTN (C. urb. art. L 104-2 et R 104-17-2).

b. Lorsque la question lui est soumise, le juge administratif doit rechercher si le document d'urbanisme contesté est éventuellement susceptible d'affecter un **site Natura 2000** de manière significative (voir n° 10105, Précisions b). Il en va ainsi pour un Scot, dès lors que le rapport environnemental annexé doit exposer les « problèmes particuliers posés par l'adoption » du document « sur la protection des zones revêtant une importance particulière pour l'environnement, en particulier l'évaluation des incidences Natura 2000 » (C. urb. art. R 104-18, sur renvoi de R 141-9). Le juge exerce un contrôle comparable dans le cas d'un PLU dont le rapport de présentation doit exposer « les conséquences éventuelles de l'adoption du plan » sur la protection des mêmes zones, et notamment l'évaluation des incidences Natura 2000 (C. urb. art. R 151-3, 3° ; voir CAA Nantes 20-1-2012 n° 11NT01012, Communauté urbaine de Nantes Métropole).

ÉVALUATION ENVIRONNEMENTALE À L'OCCASION DE L'ÉVOLUTION DES DOCUMENTS D'URBANISME

À l'occasion de l'évolution ultérieure du document d'urbanisme (révision, modification, mise en compatibilité), une évaluation environnementale peut être requise, éventuellement au cas par cas, dès lors que cette évolution est susceptible d'avoir une incidence notable sur l'environnement. L'évaluation prend la forme d'une nouvelle évaluation ou d'une actualisation de l'évaluation existante (C. urb. art. L 104-3). Sont concernées les procédures d'évolution des DTADD (C. urb. art. R 104-3), du Sdrif (C. urb. art. R 104-4), des schémas d'aménagement régional d'outre-mer et du Padduc (C. urb. art. R 104-5), des prescriptions particulières de massif (C. urb. art. R 104-6), des Scot (C. urb. art. R 104-7 à R 104-10), des PLU (C. urb. art. R 104-11 à R 104-14), des cartes communales (C. urb. art. R 104-15 et R 104-16) et des schémas d'aménagement de plage (C. urb. art. R 104-17). 10160

› Précisions Jusqu'à l'entrée en vigueur du décret 2021-1345 du 13 octobre 2021, aucune évaluation environnementale n'était exigée ni dans le cas de la procédure de modification du PLU, ni dans celui de la mise en compatibilité d'un document d'urbanisme avec un document supérieur. Le Conseil d'État a censuré ces omissions qui étaient illégales (CE 19-7-2017 nº 400420, Association France Nature Environnement : BPIM 5/17 inf. 317).

EXAMEN AU CAS PAR CAS PAR LA PERSONNE PUBLIQUE RESPONSABLE

10162 Lorsque la « personne publique responsable » d'un document d'urbanisme estime que l'élaboration d'une carte communale, la création ou l'extension d'une UTN ou encore l'évolution d'un Scot, d'un PLU ou d'une carte communale est susceptible d'avoir des incidences notables sur l'environnement, elle a le choix entre deux possibilités (C. urb. art. R 104-33) :
– décider de réaliser une évaluation environnementale dans les conditions applicables à cette hypothèse ;
– ou saisir l'AE pour obtenir un avis conforme sur l'absence de nécessité de réaliser une évaluation environnementale.

La seconde possibilité est entourée des garanties d'impartialité requises. En effet, la saisine pour avis conforme de l'AE implique qu'en toute hypothèse l'évolution ou l'élaboration du document d'urbanisme ne sera dispensée d'évaluation environnementale qu'avec l'accord de L'AE. Il est certes prévu qu'au terme d'un délai de 2 mois à compter de sa saisine, l'AE est réputée avoir émis un avis favorable à la solution envisagée par la « personne publique responsable », mais il faut alors que cette dernière prenne une décision expresse motivée exposant les raisons pour lesquelles une évaluation n'a pas été considérée comme nécessaire (CE 23-11-2022 nº 458455, Association France Nature Environnement : BPIM 1/23 inf. 4).

La « personne publique responsable » est, selon les cas, l'organe délibérant de l'Epscot ou l'organe délibérant de l'EPCI compétent en matière de PLU ou de carte communale, ou encore le conseil municipal (C. urb. art. R 104-36).

RAPPORT ENVIRONNEMENTAL

10165 L'évaluation environnementale est intégrée au rapport de présentation du document d'urbanisme concerné. Ce rapport décrit et évalue les incidences notables que peut avoir le document sur l'environnement. Il présente les mesures envisagées pour éviter, réduire et compenser ces incidences négatives. Il expose les raisons pour lesquelles, notamment du point de vue de la protection de l'environnement, le projet a été retenu parmi les partis d'aménagement envisagés (C. urb. art. L 104-4).

Lorsque le document d'urbanisme concerné ne comporte pas de rapport de présentation, un rapport environnemental spécifique doit être établi. Celui-ci comprend, notamment, une analyse de l'état initial de l'environnement et des perspectives de son évolution. Il expose les motifs pour lesquels le projet a été retenu, ainsi que les mesures permettant de remédier aux conséquences dommageables de la mise en œuvre du document (C. urb. art. R 104-18).

Le rapport doit être proportionné à l'importance du document d'urbanisme, aux effets de sa mise en œuvre, ainsi qu'aux enjeux environnementaux de la zone considérée (C. urb. art. R 104-19). En cas de modification ou de révision du document d'urbanisme, le rapport est complété, le cas échéant, par l'exposé des motifs des changements apportés (C. urb. art. R 104-20).

AVIS DE L'AUTORITÉ ENVIRONNEMENTALE

10170 L'AE doit être consultée sur l'évaluation environnementale contenue dans le rapport de présentation (ou le rapport environnemental) et sur la prise en compte de l'environnement par le projet de document d'urbanisme (C. urb. art. L 104-6 et R 104-23). Son avis est réputé favorable s'il n'intervient pas dans un délai de 3 mois. Il est, dès son adoption, transmis à la personne publique responsable. L'avis de l'AE est, s'il y a lieu, joint au dossier d'enquête publique ou mis à la disposition du public (C. urb. art. R 104-25).

› Précisions a. L'AE consultée est la formation d'autorité environnementale de l'inspection générale de l'environnement et du développement durable (IGEDD) pour les DTADD, le Sdrif, les schémas d'aménagement régional d'outre-mer, les prescriptions particulières de massif et les schémas d'aménagement des plages, ainsi que les Scot, PLU, cartes communales et UTN concernant plusieurs régions. Il s'agit de la mission régionale d'autorité environnementale (MRAE) de l'IGEDD pour le Padduc, les Scot, les PLU, les cartes communales et les UTN (C. urb. art. R 104-21).

b. Le **ministre de l'environnement** peut, par décision motivée au regard de la complexité et des enjeux environnementaux du dossier, confier à la formation d'autorité environnementale de l'IGEDD la charge de se prononcer en lieu et place de la MRAE. Celle-ci transmet alors, sans délai, le dossier à l'AE concernée (C. urb. art. R 104-21).

c. Lorsqu'une déclaration de projet adoptée par l'État procède, dans le cadre de la **mise en compatibilité d'un Scot ou d'un PLU,** aux

© Éd. Francis Lefebvre

adaptations nécessaires du règlement d'un document supérieur ou d'une servitude mentionnée à l'article L 300-6, alinéa 2 du Code de l'urbanisme, l'autorité environnementale compétente est celle qui est consultée sur l'évaluation environnementale de ce règlement ou de cette servitude (C. urb. art. R 104-22, al. 2).

d. Le rapport de présentation et le projet de document sont éventuellement communiqués pour avis à un **État voisin, membre de l'Union européenne,** si des effets notables sur l'environnement sont susceptibles de se produire sur son territoire ou si cet État en fait la demande (C. urb. art. R 104-26).

C. Procédures communes et coordonnées d'évaluation environnementale

PRINCIPE

Une procédure d'évaluation environnementale « unique », valant à la fois évaluation environnementale d'un document (plan/programme) et d'un projet, peut être organisée à l'initiative de l'autorité responsable du document ou du maître d'ouvrage du projet. Il faut toutefois que le rapport sur les incidences environnementales du document contienne les éléments exigés au titre de l'étude d'impact et que les consultations requises au titre du document et du projet aient été mises en œuvre (C. envir. art. L 122-13, al. 1, art. R 122-25 et R 122-26). Cette procédure « unique » est tantôt qualifiée de « commune », tantôt de « coordonnée ». 10200

Les documents d'urbanisme soumis à évaluation environnementale peuvent faire l'objet d'une telle procédure (C. urb. art. R 104-34).

PROCÉDURE COMMUNE D'ÉVALUATION ENVIRONNEMENTALE

La procédure est dite « commune » lorsque les consultations et la participation du public portent à la fois sur le **document et** le **projet** (C. envir. art. L 122-13, al. 2). 10205

Cette procédure fait intervenir une AE unique qui est l'autorité compétente pour le document. Toutefois, lorsque celui-ci relève de plusieurs missions régionales d'autorité environnementale (MRAE) ou lorsque l'AE compétente au titre du projet ou du document est la formation d'autorité environnementale de l'inspection générale de l'environnement et du développement durable (IGEDD), c'est cette dernière qui est l'AE unique.

L'AE unique est consultée sur le rapport environnemental commun au document et au projet. Une procédure commune de participation du public est mise en œuvre. Si le document ou le projet est soumis à enquête publique, il y a lieu de réaliser une enquête unique (C. envir. art. R 122-26).

Une évaluation environnementale commune à **plusieurs documents** faisant l'objet d'**adoption** ou d'**approbation concomitante** peut être mise en œuvre, à l'initiative des personnes publiques responsables de l'élaboration ou de la modification des documents concernés, lorsque le rapport environnemental contient les éléments exigés au titre de l'ensemble des documents. 10207

Cette procédure fait intervenir une AE unique. Lorsque les documents relèvent de plusieurs missions régionales d'autorité environnementale (MRAE) ou lorsque l'AE compétente au titre d'un des documents est la formation d'autorité environnementale de l'inspection générale de l'environnement et du développement durable (IGEDD), c'est cette dernière qui est l'AE unique.

L'AE unique est consultée sur le rapport environnemental commun à l'ensemble des documents. Une procédure commune de participation du public est mise en œuvre. Si l'un des documents est soumis à enquête publique, il y a lieu de réaliser une enquête unique (C. envir. art. R 122-26-1).

Une évaluation environnementale commune à **plusieurs projets** faisant l'objet de procédures d'**autorisations concomitantes** peut être mise en œuvre, à l'initiative des maîtres d'ouvrage concernés, lorsque l'étude d'impact contient les éléments exigés au titre de l'ensemble des projets. 10210

Cette procédure fait intervenir une AE unique. Lorsque les projets relèvent de plusieurs missions régionales d'autorité environnementale (MRAE) ou lorsque l'AE compétente au titre d'un des projets est la formation d'autorité environnementale de l'inspection générale de l'environnement et du développement durable (IGEDD), c'est cette dernière qui est l'AE unique. S'il est compétent pour l'un des projets, le ministre de l'environnement a la qualité d'AE unique.

L'AE unique est consultée sur l'étude d'impact commune à l'ensemble des projets. Une procédure commune de participation du public est mise en œuvre. Si l'un des projets est soumis à enquête publique, il y a lieu de réaliser une enquête unique (C. envir. art. R 122-26-2).

10215 Une procédure d'évaluation environnementale commune peut être mise en œuvre, à l'initiative du maître d'ouvrage, lorsque la réalisation d'un **projet,** soumis à évaluation environnementale et subordonné à une déclaration d'utilité publique ou à une déclaration de projet, implique soit la **mise en compatibilité d'un document d'urbanisme,** soit la **modification d'un plan ou d'un programme** autre qu'un document d'urbanisme. Il est nécessaire que l'étude d'impact contienne tous les éléments exigés. Dans un tel cas, la procédure commune concerne l'évaluation environnementale de la mise en compatibilité du document d'urbanisme, ou de la modification de ce plan/programme, ainsi que l'étude d'impact du projet.

Cette procédure fait intervenir une AE unique qui est l'autorité compétente pour le projet. Toutefois, lorsque l'AE compétente au titre du plan ou du programme est la formation d'autorité environnementale de l'inspection générale de l'environnement et du développement durable (IGEDD), c'est cette dernière qui est l'AE unique.

L'AE unique est consultée sur l'étude d'impact du projet, qui tient lieu de rapport environnemental relatif à la mise en compatibilité du document d'urbanisme ou de la modification du plan/programme. Elle vérifie que le rapport d'évaluation est complet. Une procédure commune de participation du public est mise en œuvre. Si une enquête publique est requise, soit au titre du projet, soit au titre de la mise en compatibilité ou de la modification, c'est cette procédure qui s'applique (C. envir. art. L 122-14 et R 122-27).

PROCÉDURE COORDONNÉE D'ÉVALUATION ENVIRONNEMENTALE

10220 La procédure est dite « coordonnée » lorsque le maître d'ouvrage d'un projet prévu par un plan/programme, au titre duquel les consultations et la participation du public ont déjà été effectuées, se trouve dispensé de les conduire à nouveau et de demander un nouvel avis de l'AE (C. envir. art. L 122-13, al. 3).

Lorsqu'elle est saisie pour avis sur le plan/programme, l'AE évalue les incidences notables de ce document sur l'environnement, ainsi que celles du ou des projets prévus au titre de la procédure coordonnée.

Avant le dépôt de la demande d'autorisation, l'AE compétente au titre du projet est saisie pour avis. Elle dispose d'un mois pour déterminer si le rapport sur les incidences environnementales du document peut valoir étude d'impact du projet. L'AE peut demander des éléments complémentaires au maître d'ouvrage lorsque les éléments requis au titre du projet sont insuffisants dans le rapport environnemental présenté au stade de l'avis sur le document. Le maître d'ouvrage dispose de 15 jours pour répondre à cette demande et l'AE se prononce ensuite dans le délai d'un mois. Si l'AE estime que les conditions de la procédure unique ne sont pas remplies, le maître d'ouvrage est tenu de mettre en œuvre la procédure d'évaluation environnementale pour son projet (C. envir. art. R 122-25).

© Ed. Francis Lefebvre

CHAPITRE 5

ENQUÊTE PUBLIQUE ENVIRONNEMENTALE

SOMMAIRE

A. Présentation générale

La procédure particulière d'enquête publique portant sur les opérations susceptibles d'affecter l'environnement, initialement créée par la loi Bouchardeau 83-630 du 13 juillet 1983, a été profondément remaniée par la loi Grenelle II du 12 juillet 2010, puis par l'ordonnance 2016-1060 du 3 août 2016 en vue de renforcer l'information et la participation du public à l'élaboration de certaines décisions susceptibles d'avoir une incidence sur l'environnement. Les différentes dispositions figurent dans le Code de l'environnement. Elles ont depuis été modifiées à plusieurs reprises. 10300

L'enquête publique environnementale a pour objet d'assurer l'**information et** la **participation du public,** ainsi que la prise en compte de l'intérêt des tiers lors de l'élaboration des **décisions susceptibles d'affecter l'environnement.** Les observations et propositions recueillies au cours de l'enquête doivent être prises en considération par le maître d'ouvrage et l'autorité compétente pour prendre la décision (C. envir. art. L 123-1). 10310

L'enquête doit éventuellement être précédée d'une procédure de participation du public (voir n°s 25630 s.), telle qu'un débat public ou une concertation préalable (C. envir. art. L 121-1-A s.).

Lorsqu'un plan, un programme ou un projet n'est pas soumis à enquête publique, la participation du public s'effectue par voie électronique dans les conditions précisées n° 9785 (C. envir. art. L 123-1-A et L 123-19). Il existe un régime spécifique de consultation du public pour les autorisations environnementales (voir n°s 21217 s.).

Les **enquêtes** publiques **environnementales,** dénommées « enquêtes publiques relatives aux projets, plans et programmes ayant une incidence sur l'environnement », ne doivent pas être confondues avec les **enquêtes** publiques qui doivent précéder une déclaration d'utilité publique (DUP) en matière d'**expropriation** (C. expr. art. L 110-1, al. 1). Ces procédures ont, en principe, des champs d'application distincts (CE sect. 8-3-1991 n° 104973, Ville de Maisons-Laffitte : Lebon p. 85, arrêt relatif à une enquête « Bouchardeau » mais dont la solution reste valable). Toutefois, lorsque la DUP porte sur une opération susceptible d'affecter l'environnement, l'enquête est régie par les dispositions propres aux enquêtes publiques environnementales (C. expr. art. L 110-1, al. 2). 10320

> **Précisions** Une procédure particulière d'enquête publique environnementale concerne **les projets localisés sur le territoire d'un autre État** et susceptibles d'avoir en France des incidences notables sur l'environnement (C. envir. art. L 123-8 et R 123-27-1 s.). Lorsqu'à l'inverse, le projet est susceptible d'avoir des **incidences notables sur l'environnement d'un autre État,** notamment membre de l'Union européenne, les renseignements permettant l'information et la participation du public sont transmis aux autorités de cet État, à la demande de celles-ci ou à l'initiative des autorités françaises. Les autorités de l'État intéressé sont invitées à participer à l'enquête publique (C. envir. art. L 123-7 et R 123-9, I-7°).

B. Champ d'application de l'enquête publique environnementale

OPÉRATIONS CONCERNÉES

10400 **Projets** Sous réserve des exceptions mentionnées n° 10410, sont soumis à enquête publique environnementale (C. envir. art. L 123-2, I dans sa rédaction issue de la loi 2024-322 du 9-4-2024) :
– les projets de travaux, d'ouvrages ou d'aménagements soumis à évaluation environnementale, soit d'office, soit après examen au cas par cas (voir n°s 9630 s.) ;
– les projets de création d'un parc national ou d'un parc naturel marin, les projets de charte d'un parc national ou d'un parc naturel régional, les projets d'inscription ou de classement de sites, ainsi que les projets de classement en réserve naturelle ;
– les décisions portant sur des travaux, ouvrages ou aménagements qui relèvent d'une enquête publique environnementale en vertu des dispositions particulières qui leur sont applicables.

10405 **Documents de planification** Le régime des enquêtes publiques environnementales s'étend aux plans, schémas, programmes et autres documents de planification soumis à évaluation environnementale et pour lesquels une enquête publique est requise en application des dispositions en vigueur (C. envir. art. L 123-2, I-2° dans sa rédaction issue de la loi 2024-322 du 9-4-2024).

Il en va de même pour les différentes catégories de **documents d'urbanisme** (C. envir. art. L 123-2, I-2° et 4°). Ainsi, une enquête est, par exemple, requise pour :
– l'élaboration des Scot (C. urb. art. L 143-22), leur révision (C. urb. art. L 143-30), leur modification selon la procédure « normale » (C. urb. art. L 143-34), leur mise en compatibilité avec une déclaration d'utilité publique ou une déclaration de projet (C. urb. art. L 143-44) ;
– l'élaboration des PLU (C. urb. art. L 153-19), leur révision (C. urb. art. L 153-33), leur modification selon la procédure « normale » (C. urb. art. L 153-41), leur mise en compatibilité avec une déclaration d'utilité publique ou une déclaration de projet (C. urb. art. L 153-54) ;
– l'élaboration des PSMV (C. urb. art. R 313-11), leur révision (C. urb. art. R 313-15) et leur modification (C. urb. art. R 313-16) ;
– l'élaboration des cartes communales et leur révision (C. urb. art. L 163-5 et L 163-8) ;
– la modification des DTA approuvées avant le 10 juillet 2010 et maintenues en vigueur (C. urb. art. L 172-4) ;
– l'élaboration des prescriptions particulières de massif en l'absence de DTA maintenue en vigueur (C. urb. art. L 122-26) ;
– la modification des cahiers des charges des lotissements afin de les rendre compatibles avec un nouveau PLU (n° 27210) ou sur déclaration d'utilité publique (n° 27380).

OPÉRATIONS DISPENSÉES

10410 Sont dispensés d'enquête publique environnementale (C. envir. art. L 123-2, I dans sa rédaction issue de la loi 2024-322 du 9-4-2024) :
– les projets de ZAC ;
– les projets de caractère temporaire ou de faible importance : création de zones de mouillages et d'équipements légers sur le domaine public maritime ; ouvrages, travaux ou activités d'une durée inférieure à un an n'ayant pas d'effets importants et durables sur les eaux ou le milieu aquatique ; installations classées soumises à autorisation devant fonctionner moins d'un an ; installations nucléaires de base destinées à fonctionner moins de 6 mois ; défrichements et premiers boisements de moins de 10 hectares (C. envir. art. R 123-1, II) ;
– les demandes de permis de construire, d'aménager ou de démolir et les déclarations préalables portant sur des projets donnant lieu à la réalisation d'une évaluation environnementale après un examen au cas par cas ;
– les projets d'îles artificielles, d'installations, d'ouvrages et d'installations connexes sur le plateau continental ou dans la zone économique exclusive ;
– les projets situés dans le périmètre d'une opération d'intérêt national (OIN) ou d'une grande opération d'urbanisme (GOU) et répondant aux objectifs de cette opération ou toute évolution de plan ou de programme rendue nécessaire pour en permettre la réalisation, dès lors qu'une participation du public par voie électronique est organisée (C. envir. art. L 123-19-11 dans sa rédaction issue de la loi 2024-322 du 9-4-2024).

© Éd. Francis Lefebvre

Sont encore dispensés :
– les travaux ou ouvrages exécutés en vue de prévenir un danger grave et immédiat (C. envir. art. L 123-2, III) ;
– les travaux d'entretien, de maintenance et de grosses réparations quels que soient les ouvrages ou aménagements concernés, sauf disposition contraire (C. envir. art. R 123-1, IV).
La protection du secret de la défense nationale justifie également une dispense d'enquête publique environnementale pour certains projets (C. envir. art. L 123-19-8).

> **Précisions** **a.** Doivent faire l'objet d'une enquête publique les projets « soumis de façon systématique à la réalisation d'une étude d'impact » et ceux qui, à l'issue d'un examen au cas par cas, « sont soumis à la réalisation d'une telle étude » (C. envir. art. R 123-1, I). Cette disposition peut paraître en contradiction avec celle qui dispense d'enquête les demandes de **permis de construire, d'aménager ou de démolir et les déclarations préalables** portant sur des projets donnant lieu à la réalisation d'une évaluation environnementale après un examen au cas par cas (C. envir. art. L 123-2, I-1° dans sa rédaction issue de la loi 2024-322 du 9-4-2024).
> **b.** Lorsque le projet dispensé d'enquête publique fait l'objet d'une évaluation environnementale, une **participation du public par voie électronique** doit être organisée (voir n° 9785). C'est notamment le cas pour les demandes de permis de construire, d'aménager ou de démolir et les déclarations préalables (C. envir. art. L 123-2, I-1° dans sa rédaction issue de la loi 2024-322 du 9-4-2024). Ne sont cependant pas concernés par cette obligation les travaux urgents et les travaux d'entretien (C. envir. art. L 123-2, III et R 123-1, IV).

OPÉRATIONS COMPLEXES

Enquête unique Lorsqu'un projet, plan ou programme nécessite plusieurs consultations du public, dont l'une au moins est une enquête environnementale, il peut être procédé à une enquête publique unique relevant du Code de l'environnement. Une enquête unique est également admise lorsque les consultations du public relatives à plusieurs opérations peuvent être organisées simultanément et que l'organisation d'une telle enquête contribue à améliorer l'information et la participation du public (C. envir. art. L 123-6, I-al. 1 et 2). **10415**

Dans les deux cas, les **autorités compétentes** désignent d'un commun accord celle qui est chargée d'ouvrir et d'organiser cette enquête. À défaut, et à la demande du maître d'ouvrage ou de la personne publique responsable, le préfet, dès lors qu'il est compétent pour prendre l'une des décisions d'autorisation ou d'approbation envisagées, peut ouvrir et organiser l'enquête unique (C. envir. art. L 123-6, I-al. 1). L'arrêté d'ouverture de l'enquête précise les coordonnées de chaque responsable des différents éléments du projet, plan ou programme soumis à enquête (C. envir. art. R 123-7, al. 1).

Le **dossier** soumis à enquête publique unique comporte les pièces ou éléments exigés au titre de chacune des consultations du public initialement exigées, ainsi qu'une note de présentation non technique de l'opération envisagée (C. envir. art. L 123-6, I-al. 4).

La **durée** de l'enquête publique ne peut être inférieure à la durée minimale de la plus longue prévue par l'une des législations ou réglementations concernées (C. envir. art. L 123-6, I-al. 3).

L'enquête unique fait l'objet d'un **rapport** unique du commissaire enquêteur et de **conclusions** motivées au titre de chacune des consultations du public initialement exigées (C. envir. art. L 123-6, I-al. 5). L'autorité organisatrice adresse le rapport et les conclusions à chacune des autorités compétentes pour prendre les décisions en vue desquelles l'enquête unique a été organisée, ainsi qu'au président du tribunal administratif et à chacun des responsables concernés (C. envir. art. R 123-7, al. 3).

En cas de **contestation** de la décision prise au terme de l'enquête publique unique, la régularité du dossier d'enquête est appréciée au regard des règles spécifiques applicables à la décision contestée (C. envir. art. L 123-6, II).

> **EXEMPLE**
>
> La construction d'une **station d'épuration** mixte peut impliquer la réalisation de trois enquêtes publiques : une pour réviser le PLU, une dans le cadre de l'autorisation « loi sur l'eau » et la troisième au titre des installations classées.
>
> En cas d'enquête publique unique, la décision d'approbation de la révision du PLU ne pourra pas être annulée au motif que le dossier d'enquête ne comportait pas l'étude de dangers exigée dans le dossier de demande d'autorisation au titre des installations classées. De même, la décision d'autorisation au titre de la loi sur l'eau ne pourra pas être annulée au motif que le dossier d'enquête publique ne comportait pas l'avis des collectivités ou organismes associés ou consultés qui est imposé pour la révision du PLU.

10420 **Opération devant être déclarée d'utilité publique** Lorsqu'une déclaration d'utilité publique est nécessaire, l'enquête préalable à la DUP est, selon le cas, une enquête publique classique relevant du Code de l'expropriation ou une enquête environnementale (C. expr. art. L 110-1).

L'enquête préalable à la DUP est une **enquête « environnement »** pour les travaux, aménagements, constructions ou ouvrages constituant une opération soumise à enquête publique au titre du Code de l'environnement (principalement les projets soumis à évaluation environnementale).

Pour les autres opérations, l'enquête préalable à la DUP est une **enquête « expropriation »** menée selon des modalités déterminées par le Code de l'expropriation (voir n°s 35110 s.).

Afin de **limiter les risques de contentieux** en cas d'ouverture d'une enquête ne relevant pas des dispositions applicables, il est prévu que toute décision prise au terme d'une enquête publique environnementale n'est pas illégale du seul fait qu'elle aurait dû l'être dans le cadre d'une enquête d'utilité publique régie par le Code de l'expropriation (C. envir. art. L 123-2, IV). En revanche, la solution inverse doit être écartée : l'autorité administrative compétente qui ouvre une enquête d'utilité publique classique au lieu de l'enquête publique environnementale qui était obligatoire commet une illégalité.

> **Précisions** En vertu du principe de l'**indépendance des législations,** l'absence, ou les éventuelles insuffisances, d'une enquête publique environnementale précédant une déclaration d'utilité publique ne peuvent pas entacher cette DUP d'irrégularité (CE 5-5-2021 n° 429243).

C. Organisation de l'enquête publique environnementale

OUVERTURE DE L'ENQUÊTE

10500 C'est l'autorité compétente pour prendre la décision en vue de laquelle l'enquête est requise qui prescrit son ouverture. Lorsque l'enquête porte sur l'opération d'une collectivité territoriale, d'un groupement de collectivités territoriales ou d'un des établissements publics en dépendant, la décision d'ouverture est prise par le président de l'organe délibérant de la collectivité ou de l'établissement. Lorsque l'enquête est préalable à une DUP, elle est ouverte par l'autorité de l'État compétente pour prononcer la DUP. L'autorité compétente pour ouvrir l'enquête informe sans délai le maître d'ouvrage de l'opération de ce que le tribunal administratif a été saisi en vue de la désignation d'un commissaire enquêteur (C. envir. art. L 123-3).

> **Précisions a.** Le préfet est en principe compétent pour prescrire l'ouverture d'une enquête publique concernant une décision relevant d'une autorité nationale de l'État (C. envir. art. R 123-3, I).
> **b.** Si le projet concerne le territoire de plusieurs communes, départements ou régions, l'enquête peut être ouverte et organisée par une décision conjointe des autorités compétentes désignant l'autorité chargée de coordonner l'organisation de l'enquête et d'en centraliser les résultats (C. envir. art. R 123-3, III).
> **c.** Alors qu'une communauté d'agglomération était seule titulaire du permis de construire autorisant la réalisation d'un stade, tout en étant maître d'ouvrage du projet, le président de la communauté était exclusivement compétent pour prescrire l'ouverture de l'enquête publique (CE sect. 17-7-2009 n° 301615, Cne de Grenoble : Lebon p. 170 concl. J. Burguburu).
> **d.** La décision qui prescrit l'ouverture d'une enquête constitue un acte préparatoire insusceptible de faire l'objet d'un recours pour excès de pouvoir (CE 25-9-1992 n° 81618 ; CE 18-2-1994 n° 112720).

DOSSIER D'ENQUÊTE PUBLIQUE ENVIRONNEMENTALE

10510 Le dossier soumis à l'enquête publique comprend les éléments suivants (C. envir. art. L 123-12 et R 123-8 dans sa rédaction issue du décret 2024-742 du 6-7-2024) :

– les pièces et avis exigés par la législation et la réglementation relative au projet ou au document de planification ;

– lorsque le projet fait l'objet d'une évaluation environnementale, l'étude d'impact (pour les projets) ou le rapport sur les incidences environnementales (pour les documents de planification) ainsi que le résumé non technique de cette étude ou de ce rapport ;

– la décision de l'autorité environnementale (AE) imposant éventuellement une évaluation environnementale après un examen au cas par cas, ainsi que l'avis de cette autorité et la réponse écrite du maître d'ouvrage à cet avis (pour les projets) ;

© Éd. Francis Lefebvre

– en l'absence d'étude d'impact ou d'évaluation environnementale, une note de présentation indiquant : l'objet de l'enquête, les coordonnées du maître d'ouvrage, les caractéristiques les plus importantes de l'opération soumise à enquête, les raisons pour lesquelles, notamment du point de vue de l'environnement, l'opération a été retenue parmi les partis envisagés par le maître d'ouvrage ;
– la décision d'examen au cas par cas dispensant d'évaluation environnementale et, si elle est requise, l'étude d'incidence environnementale et son résumé non technique (voir nº 21175) ;
– la mention des textes qui régissent l'enquête publique en cause et l'indication de la façon dont cette enquête s'insère dans la procédure administrative relative à l'opération considérée ;
– la mention des décisions pouvant être prises au terme de l'enquête et celle des autorités compétentes pour le faire ;
– les avis obligatoires émis avant l'ouverture de l'enquête sur le projet ou le document ;
– le bilan de la procédure de participation du public qui a été organisée (débat public, concertation optionnelle ou autre) ; si aucune participation préalable n'a eu lieu, le dossier le mentionne ;
– la mention des autres autorisations nécessaires pour réaliser le projet, plan ou programme ;
– la mention indiquant que le projet a, éventuellement, fait l'objet d'une évaluation transfrontalière de ses incidences sur l'environnement (voir nº 9790).

Toutefois, les éléments qui sont soumis à des règles de protection du secret de la défense nationale ou qui sont nécessaires à la sauvegarde des intérêts de la défense ou de la sûreté nationales ne peuvent pas figurer dans le dossier d'enquête, ni être communiqués ou mis à la disposition du public (C. envir. art. L 123-19-9).

> **Précisions** **a.** Lorsque, seuls, les articles des **textes applicables** sont **visés dans l'arrêté d'ouverture** de l'enquête, ce visa ne peut pas suffire à remplacer la mention de ces textes, telle qu'exigée par l'article R 123-8, 3° du Code de l'environnement (CAA Marseille 20-6-2013 nº 11MA00594, Min. écologie : BPIM 5/13 inf. 311).
b. Le **dossier** d'enquête publique est **communicable,** avant l'ouverture de l'enquête ou pendant celle-ci, à toute personne qui en fait la demande et à ses frais et ce dès la publication de l'arrêté d'ouverture de l'enquête (C. envir. art. L 123-11).

COMMISSAIRE ENQUÊTEUR

L'enquête est conduite, selon la nature et l'importance des opérations, par un commissaire enquêteur ou une commission d'enquête dont la **désignation** relève du président du tribunal administratif ou du magistrat délégué par lui. Seules peuvent être désignées les personnes figurant sur une liste d'aptitude établie par une commission départementale. Le président du tribunal ou le magistrat délégué désigne également un ou plusieurs suppléants au commissaire enquêteur ou aux membres de la commission d'enquête. Les suppléants interviennent pour les besoins d'un remplacement, selon un ordre d'appel préalablement défini par la juridiction au moment du choix du commissaire enquêteur. Ils remplacent le titulaire en cas d'empêchement et exercent leurs fonctions jusqu'au terme de la procédure. Lorsque l'empêchement du titulaire est constaté par le président du tribunal ou le magistrat délégué, le suppléant intervient dans la conduite de l'enquête, y compris pour l'élaboration du rapport et des conclusions motivées (C. envir. art. L 123-4 et R 123-5 dans sa rédaction issue du décret 2024-742 du 8-7-2024). **10515**

Ne peuvent pas être désignées comme commissaires enquêteurs ou comme membres de la commission d'enquête les **personnes intéressées à l'opération** soit à titre personnel, soit en raison des fonctions qu'elles exercent ou ont exercées depuis moins de 5 ans, notamment au sein de la collectivité, de l'organisme ou du service qui exerce la maîtrise d'ouvrage, la maîtrise d'œuvre ou le contrôle de l'opération soumise à enquête, ou encore au sein des associations concernées par cette opération (C. envir. art. L 123-5 et R 123-4).

À la demande du commissaire enquêteur ou du président de la commission d'enquête et lorsque les spécificités de l'enquête l'exigent, le président du tribunal administratif ou le magistrat délégué par lui peut désigner un **expert** chargé d'assister le commissaire ou le président de la commission. Le coût de cette expertise est à la charge du responsable du projet (C. envir. art. L 123-13, II-al. 6).

INFORMATION DU PUBLIC

Contenu de l'information Au moins 15 jours avant l'ouverture de l'enquête et après consultation du commissaire enquêteur ou du président de la commission d'enquête, l'autorité compétente pour organiser l'enquête prend un **arrêté d'ouverture** qui contribue à assurer l'information du public (C. envir. art. L 123-10, I et art. R 123-9). Cet arrêté précise : **10520**
– l'objet de l'enquête et les caractéristiques principales du projet ou du document de planification ;
– la nature des décisions qui pourront être prises au terme de l'enquête, ainsi que l'identité de l'autorité compétente pour prendre la décision d'autorisation ou d'approbation ;

– le nom et les qualités du commissaire enquêteur ou des membres de la commission d'enquête et de leurs suppléants ;
– la date d'ouverture de l'enquête, sa durée et ses modalités ;
– l'adresse du ou des sites internet sur lequel le dossier d'enquête peut être consulté ;
– les lieux, ainsi que les jours et heures où le public pourra consulter le dossier d'enquête sur support papier et présenter ses observations sur le registre ouvert à cet effet ;
– en cas de pluralité de lieux d'enquête, le siège de l'enquête où toute correspondance relative à l'enquête peut être adressée ;
– l'adresse électronique à laquelle le public peut transmettre ses observations et propositions pendant la durée de l'enquête, ainsi que, le cas échéant, l'adresse du site internet comportant un registre dématérialisé sécurisé ;
– les lieux, jours et heures où le commissaire enquêteur ou un membre de la commission d'enquête se tiendra à la disposition du public pour recevoir ses observations ;
– la date et le lieu des réunions d'information éventuellement envisagées ;
– la durée et les lieux où, à l'issue de l'enquête, le public pourra consulter le rapport et les conclusions du commissaire enquêteur ou de la commission d'enquête ;
– le lieu et l'adresse du site internet où peuvent être consultés l'évaluation environnementale, l'étude d'impact ou le dossier comportant les informations environnementales relatives au projet, ainsi que les divers avis émis à ce titre (notamment par l'AE et les collectivités territoriales) ;
– le cas échéant, l'information selon laquelle le dossier d'enquête est transmis à un autre État sur le territoire duquel le projet est susceptible d'avoir des incidences notables ;
– l'identité et les coordonnées de chaque maître d'ouvrage ou de la personne publique responsable des différents éléments du projet.

10525 **Modalités de l'information** Le public doit recevoir les informations exigées par voie dématérialisée et par voie d'affichage sur les lieux concernés par l'enquête, ainsi que, selon l'importance et la nature de l'opération, par voie de publication locale (C. envir. art. L 123-10, I).

Un avis portant à la connaissance du public les indications figurant dans l'arrêté d'ouverture est publié en caractères apparents 15 jours au moins avant le début de l'enquête et rappelé dans les 8 premiers jours de celle-ci dans 2 **journaux** régionaux ou locaux diffusés dans le ou les départements concernés. Pour les opérations d'importance nationale, cet avis est, en outre, publié dans 2 journaux à diffusion nationale 15 jours au moins avant le début de l'enquête (C. envir. art. R 123-11, I).

L'avis d'enquête est publié sur le **site internet** de l'autorité organisatrice ou, à défaut d'un tel site, sur le site internet de la préfecture (C. envir. art. R 123-11, II).

L'avis est également publié par voie d'**affiches** et, éventuellement, par tous autres procédés, **dans chacune des communes** désignées par l'autorité organisatrice. Cette désignation porte au minimum sur toutes les communes sur le territoire desquelles l'opération doit avoir lieu. Pour les plans et programmes de niveau départemental ou régional, sont au minimum désignées les préfectures et sous-préfectures. L'avis est publié 15 jours au moins avant l'ouverture de l'enquête et pendant toute la durée de celle-ci (C. envir. art. R 123-11, III).

En outre, dans les mêmes conditions de délai et de durée, et sauf impossibilité, il est procédé, par les soins du maître de l'ouvrage, à l'**affichage** du même avis **sur les lieux** prévus pour la réalisation du projet. Ces affiches doivent être visibles et lisibles de la voie publique. Elles doivent aussi être conformes à des caractéristiques et dimensions fixées par arrêté (C. envir. art. R 123-11, IV ; Arrêté DEVD1221800A du 24-4-2012).

Conformément au principe général dégagé par l'arrêt Danthony (CE ass. 23-12-2011 n° 335033 : RJDA 10/12 n° 924), la **méconnaissance des règles** de publicité ne peut entraîner l'annulation de la décision prise à l'issue de l'enquête que dans la mesure où l'irrégularité a exercé une influence sur le sens de la décision ou a privé les intéressés d'une garantie (CE 3-6-2013 n° 345174, Cne de Noisy-le-Grand : BPIM 4/13 inf. 248 ; CE 27-2-2015 n° 382502, Min. intérieur : BPIM 2/15 inf. 91 ; CE 4-11-2020 n° 416017, Cne de Vias).

> **Précisions** Un exemplaire du dossier soumis à enquête est adressé pour **information au maire** de chaque commune sur le territoire de laquelle l'opération est située et dont la mairie n'a pas été désignée comme lieu d'enquête (C. envir. art. R 123-12).

ACCÈS AU DOSSIER D'ENQUÊTE PUBLIQUE ENVIRONNEMENTALE

10530 Le dossier d'enquête publique est mis en ligne pendant toute la durée de l'enquête. Il reste consultable, pendant cette même durée, sur support papier en un ou plusieurs lieux déterminés dès l'ouverture de l'enquête publique. Un accès gratuit au dossier est également garanti par un ou plusieurs postes informatiques dans un lieu ouvert au public (C. envir. art. L 123-12). Les jours et heures où le public pourra consulter le dossier et présenter ses observations sont fixés de manière à permettre la participation de la plus grande partie de la population, compte tenu notamment de ses horaires normaux de travail. Ils comprennent, au minimum, les jours et heures habituels d'ouverture au public de chacun des lieux où est déposé le dossier. En outre, ils peuvent comprendre des heures en soirée ainsi que plusieurs demi-journées prises parmi les samedis, dimanches et jours fériés (C. envir. art. R 123-10, al. 1).

En revanche, aucune disposition législative ou réglementaire n'impose que la période choisie pour le déroulement de l'enquête coïncide avec un moment de l'année où la commune connaît une forte affluence touristique (CE 17-6-1998 n° 169463, Association de défense des propriétaires longevillais : BJDU 5/98 p. 333).

Les modalités d'organisation de l'enquête doivent permettre à l'ensemble des personnes intéressées de prendre connaissance du projet, d'en mesurer les impacts et d'émettre ses observations (CE 23-10-2015 n° 375814, Cne de Maisons-Laffitte : BPIM 6/15 inf. 367).

Lorsqu'un registre dématérialisé est mis en place, il est accessible sur internet durant toute la durée de l'enquête (C. envir. art. R 123-10, al. 2).

ILLUSTRATIONS

Dans un cas où l'enquête portant sur l'approbation d'un PLU devait se dérouler du 25 juin au 25 juillet 2015, période de vacances scolaires, et où la mairie était fermée le 25 juillet, dernier jour de l'enquête, il a été jugé qu'aucune irrégularité de procédure ne résultait de ces circonstances, dès lors que la durée légale de 30 jours avait été respectée, que le dossier d'enquête était disponible à la mairie le samedi 4 juillet et qu'il était accessible pendant toute la durée de l'enquête sur le site internet de la commune (CE 24-9-2021 n° 444673).

D. Déroulement de l'enquête publique environnementale

OBSERVATIONS DU PUBLIC

Le commissaire enquêteur ou la commission d'enquête conduit l'enquête de manière à per- **10540**
mettre au public de disposer d'une information complète sur le projet, ou le document de planification, et de participer effectivement au processus de décision.

Le public doit pouvoir faire parvenir au commissaire enquêteur ou à la commission d'enquête, pendant toute la durée de l'enquête, ses observations et propositions. Celles-ci sont transmises par voie électronique ou selon toute autre modalité précisée dans l'arrêté d'ouverture de l'enquête (C. envir. art. L 123-13, I).

Ainsi, le public peut consigner ses observations et propositions sur le **registre d'enquête** tenu à sa disposition dans chaque lieu où est déposé un dossier, ou sur un registre dématérialisé si celui-ci a été mis en place. Chaque registre papier, établi sur feuillets non mobiles, est coté et paraphé par le commissaire enquêteur, le président de la commission d'enquête ou un membre de celle-ci.

Les observations et propositions du public, écrites ou orales, peuvent aussi être reçues **sur place** par le commissaire enquêteur ou un membre de la commission d'enquête, aux lieux, jours et heures qui ont été fixés et annoncés dans l'arrêté d'ouverture de l'enquête.

Elles peuvent encore être adressées au commissaire enquêteur ou au président de la commission d'enquête par **voie postale** ou par **courrier électronique** (C. envir. art. R 123-13, I).

Les observations et propositions reçues sur place ou par voie postale sont consultables au siège de l'enquête. Celles transmises par voie électronique sont consultables sur le registre dématérialisé ou, si celui-ci n'est pas mis en place, sur le site internet de l'autorité organisatrice (C. envir. art. L 123-13, I et R 123-13, II-al. 1).

Les observations et propositions du public sont communicables, pendant toute la durée de l'enquête, aux frais de la personne qui en fait la demande (C. envir. art. R 123-13, II-al. 3).

> **Précisions** Les dispositions de l'article L 123-13 du Code de l'environnement n'imposent pas que soit prévue une **permanence** dans chacune des **communes** situées à proximité du projet, ni que plusieurs permanences soient tenues au siège des communes les plus concernées par le projet (CE 8-4-2019 n° 411862).

POUVOIRS DU COMMISSAIRE ENQUÊTEUR

10545 Le commissaire enquêteur peut **recevoir toute information, visiter les lieux** concernés, à l'exception des lieux d'habitation, après information préalable des propriétaires et des occupants par les soins de l'autorité compétente. Il peut **entendre toutes personnes** dont il juge l'audition utile et convoquer les autorités administratives intéressées. Il reçoit, à sa demande, le responsable du projet ou du document de planification.

Il peut organiser, sous sa présidence, une **réunion d'information** et d'échange avec le public en présence du responsable de l'opération.

Le responsable de l'opération doit communiquer au public les documents en sa possession que le commissaire enquêteur ou le président de la commission d'enquête juge utiles à la bonne information du public (C. envir. art. L 123-13, II).

> **Précisions** **a.** Lorsqu'il entend faire **compléter le dossier** par un document en la possession du responsable du projet, plan ou programme, le commissaire enquêteur ou le président de la commission d'enquête doit lui en faire la demande. Le document ainsi obtenu ou le refus motivé du responsable de l'opération est versé au dossier tenu au siège de l'enquête et sur le site internet dédié (C. envir. art. R 123-14). Le juge administratif exerce un contrôle approfondi sur les motifs du refus de communiquer (CE 8-7-1998 n° 161587, Min. équipement : BPIM 6/98 inf. 377).
b. Le commissaire enquêteur n'est pas tenu de **visiter** tous les **lieux** concernés par l'enquête (CE 12-10-2016 n° 390489). Lorsqu'il a l'intention de le faire, il en informe les propriétaires et occupants concernés au moins 48 heures à l'avance en leur précisant la date et l'heure de la visite projetée. Si les intéressés n'ont pu être prévenus, ou en cas d'opposition de leur part, le commissaire enquêteur ou la commission d'enquête en fait mention dans le rapport d'enquête (C. envir. art. R 123-15).
c. Lorsqu'il estime que l'importance ou la nature de l'opération, ou les conditions de déroulement de l'enquête publique, rendent nécessaire l'**organisation d'une réunion publique**, le commissaire enquêteur ou le président de la commission d'enquête en fait part à l'autorité organisatrice de l'enquête et au responsable du projet ou du document de planification en leur indiquant les modalités qu'il propose pour l'organisation de cette réunion.
Le commissaire enquêteur ou le président de la commission d'enquête définit, en concertation avec l'autorité organisatrice et le responsable de l'opération, les modalités de l'information préalable du public et du déroulement de la réunion publique.
En tant que de besoin, la durée de l'enquête est prorogée dans les conditions précisées n° 10555 pour permettre l'organisation de la réunion publique.
À l'issue de la réunion publique, un compte rendu est établi par le commissaire enquêteur ou par le président de la commission d'enquête. Il est adressé au responsable de l'opération et à l'autorité organisatrice. Ce compte rendu, ainsi que les observations éventuelles du responsable de l'opération, sont annexés au rapport d'enquête. Le refus du responsable de l'opération de participer à une telle réunion, ou de prendre en charge les frais liés à son organisation, doit être mentionné dans le rapport de fin d'enquête (C. envir. art. R 123-17).

FRAIS DE L'ENQUÊTE PUBLIQUE ENVIRONNEMENTALE

10550 Le **responsable du projet, plan ou programme** prend en charge les frais de l'enquête (C. envir. art. L 123-18, al. 1). Sont notamment concernés les frais afférents aux différentes mesures de publicité (C. envir. art. L 123-10, II), les frais d'organisation de la réunion publique (C. envir. art. R 123-17, al. 6), le coût d'intervention de l'expert éventuellement chargé d'assister le commissaire enquêteur ou la commission d'enquête (C. envir. art. L 123-13, II-al. 6), l'indemnisation du commissaire enquêteur et des membres de la commission (C. envir. art. L 123-18, al. 1 et R 123-44 dans sa rédaction issue du décret 2024-742 du 6-7-2024).

Sur demande motivée du commissaire enquêteur, le responsable de l'opération peut être tenu de lui verser une **provision.** Son montant et le délai de versement sont fixés par le président du tribunal administratif ou le magistrat délégué par lui (C. envir. art. L 123-18, al. 2 et R 123-45-3 dans sa rédaction issue du décret 2024-742 du 6-7-2024).

Lorsque l'enquête porte sur un **projet localisé sur le territoire d'un autre État** et susceptible d'avoir en France des incidences notables sur l'environnement, les frais sont pris en charge par l'État français, sauf accord bilatéral en disposant autrement (C. envir. art. R 123-28).

DURÉE DE L'ENQUÊTE PUBLIQUE ENVIRONNEMENTALE

10555 L'autorité organisatrice fixe la durée de l'enquête qui ne peut pas être inférieure à 30 jours pour les projets et documents de planification faisant l'objet d'une évaluation environnementale. Elle peut être réduite à 15 jours si une évaluation environnementale n'est pas requise (C. envir. art. L 123-9, al. 1 et 2).

Le commissaire enquêteur ou le président de la commission d'enquête peut **prolonger** pour une durée maximale de 15 jours le délai initialement fixé. Cette prolongation fait l'objet d'une décision motivée, prise après information de l'autorité organisatrice. Elle est portée à la connaissance du public, au plus tard à la date prévue initialement pour la fin de l'enquête, par voie dématérialisée et par un affichage réalisé dans les conditions de lieu précisées n° 10525, ainsi que, le cas échéant, par tout autre moyen approprié (C. envir. art. L 123-9, al. 3). Lorsqu'il est fait application de ces dispositions, l'accomplissement des formalités précisées n° 10570 est reporté à la clôture de l'enquête ainsi prorogée (C. envir. art. R 123-18).

En cas de **suspension de l'enquête,** l'enquête est prolongée d'au moins 30 jours à l'issue de la suspension (C. envir. art. L 123-14, I).

La durée d'une **enquête complémentaire** est de 15 jours (C. envir. art. R 123-23).

Le **délai** d'enquête ne présente pas le caractère d'un délai franc. Il **expire,** à 24 heures, le jour du mois suivant qui porte le même quantième que le jour d'ouverture de l'enquête. Toutefois, si le dernier jour de l'enquête est un jour où le public n'est pas admis, le délai expire le jour suivant.

La circonstance que l'**enquête** se soit en partie déroulée pendant les **vacances scolaires** n'entache pas d'irrégularité la procédure (CE 17-4-2023 n° 464389, Sté Hublot Défense).

SUSPENSION DE L'ENQUÊTE PUBLIQUE ENVIRONNEMENTALE

Au cours de l'enquête, le responsable de l'opération peut demander à l'autorité organisatrice de suspendre la procédure afin de pouvoir apporter à l'opération, à l'étude d'impact ou au rapport sur les incidences environnementales les **modifications substantielles** qu'il estime nécessaires. Cette possibilité de suspension, d'une **durée maximale** de 6 mois, ne peut être utilisée qu'une fois (C. envir. art. L 123-14, I-al. 1). **10560**

Pendant le délai de suspension, le **nouveau projet, plan ou programme,** accompagné de l'étude d'impact ou du rapport sur les incidences environnementales intégrant ces modifications, est **transmis pour avis** à l'AE, ainsi qu'aux collectivités territoriales et à leurs groupements intéressés (C. envir. art. L 123-14, I-al. 2).

Le **dossier d'enquête** initial est **complété** dans ses différents éléments. Il comprend, notamment, une note expliquant les modifications substantielles apportées à l'opération (C. envir. art. R 123-22).

À l'issue de la suspension, la **reprise de l'enquête** fait l'objet d'un nouvel arrêté d'organisation et de nouvelles mesures de publicité. L'**enquête** est **prolongée** d'au moins 30 jours. Elle est menée si possible par le même commissaire enquêteur ou la même commission d'enquête (C. envir. art. L 123-14, I et R 123-22).

ENQUÊTE COMPLÉMENTAIRE

Au vu des conclusions du commissaire enquêteur ou de la commission d'enquête, la personne responsable du projet ou du document de planification peut souhaiter apporter certains changements **modifiant l'économie générale** de l'opération. À cette fin, elle peut demander à l'autorité organisatrice d'ouvrir une enquête complémentaire, d'une durée de 15 jours, portant sur les avantages et les inconvénients de ces changements pour l'opération et l'environnement (C. envir. art. L 123-14, II-al. 1). **10565**

Avant l'ouverture de l'enquête complémentaire, le **nouveau projet d'opération,** accompagné de l'étude d'impact ou du rapport environnemental intégrant ces modifications, est **transmis pour avis** à l'AE, ainsi qu'aux collectivités territoriales et à leurs groupements intéressés (C. envir. art. L 123-14, II-al. 3).

Le **dossier d'enquête** initial est **complété** dans ses différents éléments. Il comprend, notamment, une note expliquant les modifications substantielles apportées au projet.

À compter de la date de clôture de l'enquête complémentaire, le commissaire enquêteur ou la commission dispose d'un délai de 15 jours pour joindre au rapport initial son rapport complémentaire et ses conclusions motivées (C. envir. art. R 123-23).

Le point de départ du délai imparti à l'autorité compétente pour prendre la décision après clôture de l'enquête est reporté à la date de clôture de l'enquête complémentaire (C. envir. art. L 123-14, II-al. 2).

Dans le cas des **projets d'infrastructures linéaires,** l'enquête complémentaire peut ne concerner que les territoires affectés par la modification (C. envir. art. L 123-14, II-al. 1).

FORMALITÉS DE CLÔTURE DE L'ENQUÊTE PUBLIQUE ENVIRONNEMENTALE

À l'expiration du délai d'enquête, le ou les registres d'enquête sont clos par le commissaire enquêteur ou le président de la commission d'enquête. **10570**

Le commissaire enquêteur ou le président de la commission d'enquête rencontre dans les 8 jours le responsable du projet ou du document de planification pour lui communiquer les observations écrites et orales consignées dans un procès-verbal de synthèse. Le responsable de l'opération dispose de 15 jours pour produire ses observations éventuelles (C. envir. art. R 123-18).

RAPPORT ET CONCLUSIONS DU COMMISSAIRE ENQUÊTEUR

10575 **Délai de remise** Le commissaire enquêteur rend son rapport et ses conclusions motivées dans un délai de 30 jours à compter de la date de clôture de l'enquête (C. envir. art. L 123-15, al. 1).

Il transmet à l'autorité organisatrice l'exemplaire du dossier d'enquête déposé au siège de l'enquête, ainsi que son rapport et ses conclusions motivées. Une copie du rapport et des conclusions est également transmise au président du tribunal administratif (C. envir. art. R 123-19, al. 4).

Le commissaire enquêteur peut éventuellement demander une **prolongation du délai** de remise. Celle-ci peut être accordée par l'autorité organisatrice après avis du responsable de l'opération (C. envir. art. L 123-15, al. 1).

Le commissaire enquêteur qui n'a pas rendu son rapport et ses conclusions à l'expiration du délai imparti, et qui n'est pas en mesure de justifier des raisons du **dépassement de délai,** peut faire l'objet d'une mise en demeure par l'autorité organisatrice, après accord du responsable de l'opération. Si cette mise en demeure reste infructueuse, l'autorité organisatrice peut demander au président du tribunal administratif de dessaisir le commissaire enquêteur et de confier la mission à un nouveau commissaire enquêteur. Le remplaçant désigné dispose de 30 jours pour remettre son rapport et ses conclusions motivées. Il bénéficie des mêmes pouvoirs que son prédécesseur (C. envir. art. L 123-15, al. 5 et 6).

Ces différentes dispositions sont également applicables lorsque l'enquête est confiée à une commission.

> **Précisions** Lorsque l'enquête porte sur un projet d'**installation de production d'énergies renouvelables,** au sens de l'article L 211-2 du Code de l'énergie, situé dans une zone d'accélération pour l'implantation d'une telle installation, le délai imparti au commissaire enquêteur pour rendre son rapport et ses conclusions est réduit à 15 jours. La même durée de 15 jours s'impose pour le délai supplémentaire éventuellement accordé (C. envir. art. L 123-15, al. 2).

10580 **Rapport** Le commissaire enquêteur ou la commission d'enquête doit, dans son rapport, relater le déroulement de l'enquête et examiner les observations du public. Il doit faire état des propositions qui ont été produites durant l'enquête, ainsi que des réponses éventuelles du responsable de l'opération (C. envir. art. L 123-15, al. 3 et R 123-19, al. 1 et 2).

10585 **Conclusions** Sur la base du dossier d'enquête et après avoir analysé les observations et propositions du public, le commissaire enquêteur ou la commission d'enquête doit remettre ses conclusions motivées à l'autorité organisatrice de l'enquête. Ces conclusions doivent être consignées dans un document distinct du rapport. Le commissaire ou la commission précise si elles sont favorables, favorables sous réserves ou défavorables au projet (C. envir. art. R 123-19, al. 3).

L'autorité organisatrice qui estime que les conclusions ne sont pas motivées ou le sont insuffisamment peut saisir le président du tribunal administratif dans un délai de 15 jours. Si l'absence ou l'insuffisance de motivation est avérée, le président du tribunal dispose d'un délai de 15 jours pour demander au commissaire enquêteur ou à la commission d'enquête de compléter ses conclusions (C. envir. art. R 123-20).

L'autorité compétente pour prendre la décision peut organiser, dans les 2 mois de la clôture de l'enquête et en présence du responsable de l'opération, une réunion publique afin de répondre aux éventuelles réserves, recommandations ou conclusions défavorables du commissaire enquêteur ou de la commission d'enquête (C. envir. art. L 123-15, al. 7).

> **Précisions** **a.** Les **conclusions** du commissaire enquêteur doivent être motivées de manière circonstanciée (CE 10-12-1990 n° 94523, Min. environnement c/ Association Les amis de Port Ripaille : Lebon T. p. 548).
>
> **b.** Le commissaire enquêteur doit indiquer au moins sommairement, en donnant son **avis personnel,** les raisons qui déterminent le sens de cet avis. Mais il n'est pas tenu de répondre à chacune des observations présentées au cours de l'enquête et ses réponses peuvent revêtir une forme synthétique (CE 22-7-2020 n° 428023, Association Sauvegarde des Boutets ; CE 22-3-2022 n° 448610, Association Église Évangélique de Crossroads).
>
> **c.** Conformément à la **jurisprudence Danthony** (CE ass. 23-12-2011 n° 335033 : RJDA 10/12 n° 924), une insuffisance de motivation ne peut entraîner l'annulation de la décision que dans la mesure où l'irrégularité a exercé une influence sur le sens de la décision ou a privé les intéressés d'une garantie (CE 17-12-2020 n° 430592, Min. transition écologique c/ Sté SKPRF ; CE 22-6-2022 n° 450701, Association France Nature Environnement Île-de-France : BPIM 4/22 inf. 281 ; CAA Nancy 19-12-2013 n° 13NC00212, Cne de Dannelbourg, s'agissant d'un cas où l'insuffisance de motivation a effectivement exercé une influence sur la décision).

Publicité Le rapport et les conclusions motivées du commissaire enquêteur ou de la commission d'enquête sont rendus publics par voie dématérialisée sur le site internet de l'enquête publique et sur le lieu où ils peuvent être consultés sur support papier (C. envir. art. L 123-15, al. 4). 10590

L'autorité organisatrice de l'enquête adresse, dès leur réception, copie du rapport et des conclusions au responsable de l'opération. Ces copies sont également adressées à la mairie de chacune des communes où s'est déroulée l'enquête, ainsi qu'à la préfecture de chaque département concerné pour y être, sans délai, tenues à la disposition du public pendant un an à compter de la date de clôture de l'enquête. Le rapport et les conclusions sont également mis en ligne pendant un an sur le site internet de l'autorité organisatrice où a été publié l'avis d'ouverture de l'enquête (C. envir. art. R 123-21).

> **Précisions** La délibération du conseil municipal approuvant un POS n'est pas illégale du seul fait qu'elle est intervenue dès la réception par le maire du rapport et des conclusions de l'enquête et avant que ces documents ne soient mis à la disposition du public (CE 19-12-2007 n° 281803, Cne d'Ungersheim : BPIM 1/08 inf. 8).

E. Suites de l'enquête publique environnementale

PRINCIPE

Le rapport et les conclusions sont seulement destinés à éclairer l'autorité compétente pour prendre sa décision. Le responsable de l'opération n'est pas lié par les suggestions et recommandations formulées dans le rapport (CE 2-4-1993 n° 97150 ; CE 30-12-2021 n° 438686, Ville de Genève). S'il le souhaite, il peut modifier, même substantiellement, son projet et demander l'ouverture d'une enquête complémentaire (voir n° 10565). 10600

ATTENTION

Lorsqu'une opération subordonnée à une autorisation administrative doit faire l'objet d'une enquête publique régie par le Code de l'environnement, cette autorisation ne peut résulter que d'une décision explicite (C. envir. art. L 123-2, II).

CONCLUSIONS DÉFAVORABLES

Le caractère défavorable des conclusions du commissaire enquêteur ou de la commission d'enquête ne lie pas l'autorité compétente mais entraîne certaines conséquences particulières. 10605

Ainsi, tout **projet d'une collectivité territoriale** ou d'un EPCI ayant donné lieu à des conclusions défavorables doit faire l'objet d'une **délibération** motivée de l'organe délibérant de la collectivité ou de l'établissement concerné réitérant la demande d'autorisation ou de déclaration d'utilité publique (C. envir. art. L 123-16, al. 2). L'organe délibérant n'a pas à débattre spécifiquement des conclusions du commissaire enquêteur. Il doit seulement délibérer sur le projet en ayant eu connaissance du sens et du contenu de ces conclusions (CE 15-12-2015 n° 374027, Cne de Saint-Cergues : BPIM 1/16 inf. 9).

Par ailleurs, en cas d'enquête publique environnementale, le **juge administratif des référés** doit faire droit à une demande de **suspension** portant sur une décision prise après un avis défavorable du commissaire ou de la commission d'enquête, dès lors que cette demande comporte un moyen propre à créer, en l'état de l'instruction, un doute sérieux quant à la légalité de la décision (C. envir. art. L 123-16, al. 1 ; CE 27-12-2024 n° 489079, Établissement public foncier du Grand Est : BPIM 1/25 inf. 9). La condition d'urgence, à laquelle est habituellement subordonnée la suspension d'une décision administrative, n'est pas exigée (voir n° 16642, Précisions a). À titre exceptionnel, le juge des référés peut refuser de suspendre l'exécution de la décision prise après avis défavorable si cette suspension porte une atteinte d'une particulière gravité à l'intérêt général (CE sect. 16-4-2012 n° 355792, Cne de Conflans-Sainte-Honorine : Lebon p. 153). Lorsque la décision a été prise sans que l'enquête publique ait eu lieu, la suspension échappe à toute autre condition. Elle est donc automatique (C. envir. art. L 123-1-B).

> **Précisions** Lorsque le commissaire enquêteur assortit un avis favorable de réserves tendant à ce que certaines modifications soient apportées au projet et que ces réserves ne sont finalement pas prises en compte, cet avis doit être considéré comme défavorable (CE 3-11-2003 n° 230432, Cne de Luzarches ; CE 13-7-2007 n° 298772, Sté Carrières et Matériaux : BPIM 5/07 inf. 323, 1e espèce ; CE 19-3-2008 n° 305593, Min. transports c/ Association pour la sauvegarde du Gers : Lebon T. p. 852).

MODIFICATION DE L'OPÉRATION APRÈS ENQUÊTE PUBLIQUE ENVIRONNEMENTALE

10610 L'opération peut subir des modifications à l'issue de l'enquête à condition, d'une part, que l'économie générale du projet ne soit pas remise en cause et, d'autre part, que ces modifications procèdent de l'enquête. Doivent être regardées comme procédant de l'enquête les modifications destinées à tenir compte des réserves et recommandations du commissaire enquêteur, des observations du public et des avis émis par les collectivités territoriales et instances consultées (CE 5-12-2016 nº 394592, Association Sauvegarde du Trégor : Lebon T. p. 840).

Néanmoins, par exception à cette règle jurisprudentielle, des modifications affectant l'économie de l'opération peuvent lui être apportées grâce à l'organisation d'une enquête complémentaire après que le commissaire enquêteur a rendu ses conclusions (voir nº 10565).

DURÉE DE VALIDITÉ DE L'ENQUÊTE PUBLIQUE ENVIRONNEMENTALE

10615 Lorsque l'opération envisagée n'a pas été entreprise dans les 5 ans de la décision prise après enquête publique, une nouvelle enquête est nécessaire, à moins qu'une **prorogation** de 5 ans au plus ne soit décidée avant l'expiration de ce délai (C. envir. art. L 123-17). L'autorité compétente pour proroger le délai est celle qui est compétente pour prendre la décision en vue de laquelle l'enquête a été organisée. La prorogation est exclue si l'opération a fait l'objet, depuis la décision prise après enquête, de modifications substantielles ou de modifications impliquant une nouvelle consultation du public (C. envir. art. R 123-24).

CHAPITRE 6

POLITIQUE DE LA VILLE ET DE L'HABITAT

SOMMAIRE

A. Politique de la ville

OBJECTIFS

La politique de la ville et du développement social urbain a pour objectifs la diversité de l'habitat et la mixité sociale. Elle tend aussi à compenser les **handicaps économiques et sociaux** des populations habitant dans des grands ensembles ou des quartiers d'habitat dégradé. Des mesures dérogatoires au droit commun, essentiellement à caractère fiscal et social, sont prévues à cette fin. 10900

Une succession de lois est venue renforcer ce dispositif, jusqu'à l'intervention de la loi 2014-173 du 21 février 2014 de programmation pour la ville et la cohésion urbaine.

Celle-ci a instauré un nouveau cadre géographique d'intervention : les quartiers prioritaires de la politique de la ville (QPPV), qui se substituent aux zones urbaines sensibles (ZUS) et aux zones de redynamisation urbaines (ZRU). En revanche, la loi n'a pas modifié le régime des zones franches urbaines-territoires entrepreneurs (ZFU-TE) prévues à l'article 42, 3-B de la loi 95-115 du 4 février 1995 d'orientation pour l'aménagement et le développement du territoire.

Telle que définie par la loi du 21 février 2014, la politique de la ville est une politique de cohésion urbaine et de solidarité, nationale et locale, en faveur des **quartiers défavorisés** et de leurs habitants. Elle est conduite par l'État, les collectivités territoriales et leurs groupements dans l'objectif commun d'assurer l'égalité entre les territoires, de réduire les écarts de développement entre les quartiers défavorisés et leurs unités urbaines et d'améliorer les conditions de vie de leurs habitants. 10905

En tenant compte de la diversité des territoires et de leurs ressources, la politique de la ville vise à (Loi 2014-173 du 21-2-2014 art. 1, I) :

– lutter contre les inégalités de tous ordres, les concentrations de pauvreté et les fractures économiques, sociales, numériques et territoriales ;

– garantir aux habitants des quartiers défavorisés l'égalité réelle d'accès aux droits, à l'éducation, à la culture, au sport, aux services et aux équipements publics ;

– agir pour le développement économique, la création d'entreprises et l'accès à l'emploi par les politiques de formation et d'insertion professionnelles ;

– agir pour l'amélioration de l'habitat ;

– développer la prévention, promouvoir l'éducation à la santé et favoriser l'accès aux soins ;

– garantir la tranquillité des habitants par les politiques de sécurité et de prévention de la délinquance ;

– favoriser la pleine intégration des quartiers dans leur unité urbaine, en accentuant notamment leur accessibilité en transports en commun, leur mixité fonctionnelle et urbaine et la mixité de leur composition sociale ; elle veille à ce titre à la revitalisation et la diversification de l'offre commerciale dans les quartiers prioritaires de la politique de la ville ;

– promouvoir le développement équilibré des territoires, la ville durable, le droit à un environnement sain et de qualité et la lutte contre la précarité énergétique ;

– reconnaître et valoriser l'histoire, le patrimoine et la mémoire des quartiers ;
– concourir à l'égalité entre les femmes et les hommes, à la politique d'intégration et à la lutte contre les discriminations dont sont victimes les habitants des quartiers défavorisés, notamment celles liées au lieu de résidence et à l'origine réelle ou supposée.

MISE EN ŒUVRE

10925 La politique de la ville est mise en œuvre par des **contrats de ville** conclus à l'échelle intercommunale entre, d'une part, l'État, ses établissements publics et les groupements d'intérêt public dont il est membre et, d'autre part, les communes et établissements publics de coopération intercommunale (EPCI) à fiscalité propre concernés. Ces contrats sont signés par les départements et les régions.

Ils peuvent également être signés par la Caisse des dépôts et consignations, les organismes d'habitation à loyer modéré, les sociétés d'économie mixte de construction et de logements sociaux, les organismes de protection sociale, les chambres consulaires, les établissements d'enseignement supérieur, le Comité national olympique et sportif français (CNOSF), le Comité paralympique et sportif français, les fédérations sportives agréées et les autorités organisatrices de la mobilité (Loi 2014-173 du 21-2-2014 art. 6, I-al. 1 et 2).

Sur la base d'un projet de territoire coproduit et partagé à l'échelle intercommunale, les signataires du contrat de ville s'engagent, dans le cadre de leurs compétences respectives, à mettre en œuvre les actions de droit commun concourant à la réalisation des objectifs de la politique de la ville à l'échelon intercommunal ou communal (Loi 2014-173 du 21-2-2014 art. 6, I-al. 4).

Les **contrats** de ville seront **renouvelés** au 1er janvier 2030, puis tous les 6 ans. Ils sont **actualisés** tous les 3 ans, si les parties en conviennent (Décret 2024-1037 du 15-11-2024 art. 1).

QUARTIERS PRIORITAIRES DE LA POLITIQUE DE LA VILLE

10930 **Délimitation** Les quartiers prioritaires de la politique de la ville (QPPV) sont situés en territoire urbain et sont **caractérisés par** (Loi 2014-173 du 21-2-2014 art. 5, I) :
– un nombre minimal d'habitants ;
– un écart de développement économique et social apprécié par un critère de revenu des habitants. Cet écart est défini par rapport, d'une part, au territoire national et, d'autre part, à l'unité urbaine dans laquelle se situent chacun de ces quartiers, selon des modalités qui peuvent varier en fonction de la taille de cette unité urbaine.

Dans les départements et collectivités d'outre-mer, ces quartiers peuvent être caractérisés par des critères sociaux, démographiques, économiques ou relatifs à l'habitat, liés aux spécificités de chacun de ces territoires.

Les **modalités d'identification** de ces quartiers ainsi que les **critères** destinés à la délimitation de leurs contours sont fixés par voie réglementaire (Décret 2014-767 du 3-7-2014 pour la métropole ; Décret 2024-1211 du 27-12-2024 pour l'outre-mer). Il en va de même pour la **liste** des quartiers prioritaires (Décret 2023-1314 du 28-12-2023 dans sa rédaction issue du décret 2024-806 du 13-7-2024 pour la métropole ; Décret 2024-1212 du 27-12-2024 pour l'outre-mer).

L'**Agence nationale de la cohésion des territoires** (ANCT) a notamment pour mission de conseiller et de soutenir les collectivités territoriales dans la conception, la définition et la mise en œuvre de leurs projets portant sur la mobilisation en faveur des QPPV et des quartiers urbains en difficulté (CGCT art. L 1231-2, I).

› Précisions **a.** Pour procéder à la **délimitation des QPPV,** il y a lieu de tenir compte du nombre et des revenus fiscaux des personnes résidant dans la commune. Dès lors, la population non résidente qui fréquente un secteur de la commune, et notamment les agents publics qui y sont affectés, ne peut pas être prise en considération (CE 1-7-2019 n° 424794).

b. Dans les QPPV, lorsque la **dégradation** ou l'absence d'entretien d'un **ensemble commercial** compromet la rénovation urbaine du quartier, le préfet, le maire ou le président de l'EPCI peuvent mettre en demeure le propriétaire de le réhabiliter. L'expropriation des locaux peut être engagée si le propriétaire n'a pas manifesté, dans un délai de 3 mois, sa volonté de se conformer à cette mise en demeure, ou si les travaux de réhabilitation n'ont pas débuté dans un délai d'un an (C. urb. art. L 300-7).

10935 **Contrats de ville** Les contrats de ville élaborés sur les territoires comprenant un ou plusieurs **QPPV** fixent (Loi 2014-173 du 21-2-2014 art. 6 ; Décret 2024-1037 du 15-11-2024 art. 2) :
– les objectifs, notamment chiffrés, que les signataires s'engagent à poursuivre dans le cadre des domaines de la politique de la ville ;
– la nature des actions à conduire et, le cas échéant, les modalités opérationnelles de leur mise en œuvre ;

– les moyens humains et financiers mobilisés au titre des politiques de droit commun, d'une part, et des instruments spécifiques de la politique de la ville, d'autre part ;
– les moyens d'ingénierie pour l'élaboration, la conduite et l'évaluation du contrat de ville ;
– les indicateurs permettant de mesurer les résultats obtenus ; outre les indicateurs disponibles au niveau national pour chaque quartier prioritaire, les contrats de ville incluent des indicateurs et éléments d'appréciation qualitative issus de l'observation locale ;
– la structure locale d'évaluation chargée de mesurer et d'évaluer ces résultats, à laquelle tous les signataires du contrat communiquent leurs données.

Les contrats de ville fixent les orientations et le cadre de référence pour la passation, entre l'Agence nationale pour la rénovation urbaine (Anru) et les collectivités ou EPCI compétents, des conventions pluriannuelles concourant à la réalisation du nouveau programme national de renouvellement urbain mentionnées à l'article 10-3, I de la loi 2003-710 du 1er août 2003.

Ces contrats intègrent les actions prévues par l'ensemble des plans, schémas ou contrats visant les quartiers prioritaires, ainsi que les politiques thématiques concernées par la politique de la ville, de manière à en garantir la cohérence.

Lorsque les plans et schémas de planification en matière d'aménagement, d'habitat, de cohésion sociale et de transports, ainsi que les contrats conclus par les collectivités territoriales et leurs groupements, dont la liste est fixée par décret en Conseil d'État, incluent, en tout ou partie, un ou plusieurs quartiers prioritaires, ces documents et contrats doivent prendre en considération les objectifs spécifiques de la politique de la ville visant les quartiers prioritaires. Encore faut-il que leur élaboration ou leur révision générale soit postérieure à la promulgation de la loi.

> Précisions **a.** Les **contrats de ville conclus depuis le 1er janvier 2017** définissent, en outre, des actions stratégiques dans le domaine de la jeunesse, ainsi que celui de l'égalité entre les femmes et les hommes (Loi 2014-173 du 21-2-2014 art. 6, V et VI).

b. Les **contrats de ville conclus depuis le 2 mars 2022** définissent également des actions stratégiques dans le domaine du sport (Loi 2014-173 du 21-2-2014 art. 6, VI bis).

c. Les **conseils citoyens** institués dans chaque QPPV peuvent saisir le préfet des difficultés particulières rencontrées par les habitants. Cette saisine peut éventuellement aboutir à un diagnostic de la situation et à la définition des actions permettant de remédier à ces difficultés (Loi 2014-173 du 21-2-2014 art. 6, VI et VII et, sur renvoi, art. 7).

d. Un contrat de ville n'emporte, par lui-même, aucune conséquence directe quant à la réalisation effective des actions ou opérations qu'il prévoit. Il **ne constitue donc pas un acte faisant grief** susceptible d'être contesté auprès du juge administratif (CAA Douai 9-11-2021 n° 20DA01109).

ZONES FRANCHES URBAINES-TERRITOIRES ENTREPRENEURS

Délimitation Les zones franches urbaines-territoires entrepreneurs **(ZFU-TE)** sont sélectionnées parmi les quartiers de plus de 10 000 habitants particulièrement défavorisés. Depuis le 1er août 2006, elles peuvent aussi être créées dans les quartiers de plus de 8 500 habitants. Dans les DOM aucune condition de population n'est requise. La délimitation des ZFU-TE tient compte des éléments de nature à faciliter l'implantation d'entreprises ou le développement d'activités économiques (Loi 95-115 du 4-2-1995 art. 42, 3-B). **10945**

La liste des communes et des quartiers où sont créées les ZFU-TE est fixée par l'annexe de la loi 96-987 du 14 novembre 1996 (ultérieurement modifiée) et par celle du décret 2006-930 du 28 juillet 2006 pour les zones créées depuis le 1er août 2006.

> Précisions **a.** La délimitation des ZFU-TE peut prendre en compte des espaces situés à proximité du quartier désigné si ceux-ci sont de nature à servir le projet de développement d'ensemble de ce quartier. Il peut s'agir d'espaces appartenant, le cas échéant, à une ou plusieurs communes voisines qui ne figurent pas dans la liste des quartiers désignés (Loi 95-115 du 4-2-1995 art. 42, 3-B).

b. Le décret d'application qui délimite des ZFU peut ne pas faire coïncider exactement leurs limites avec celles des quartiers dont la liste est annexée à la loi, s'il apparaît que la fixation d'un périmètre restant, à la marge, en deçà de ces limites, suffit à permettre de réaliser les objectifs énoncés par la loi (CE 19-5-1999 n° 185842, Sté Dellie : RJF 7/99 n° 905, 4e espèce).

c. Lorsque la limite d'une ZFU correspond à une voie publique, elle est réputée suivre l'axe central de cette voie, sauf mention contraire dans les annexes (Décret 2006-1623 du 19-12-2006 art. 1, al. 2).

d. La délinquance ne figure pas spécifiquement au nombre des critères permettant l'instauration d'une ZFU (CE 27-4-2001 n° 197464 : BPIM 5/01 inf. 288).

Mise en œuvre Sur le **plan urbanistique,** les principaux **avantages** attachés aux ZFU-TE sont les suivants : **10950**
– la dispense d'agrément préalable à l'implantation des locaux d'activités en Île-de-France (C. urb. art. L 510-1, IV-al. 3) ;

– l'exonération de la taxe pour création de bureaux en Île-de-France (C. urb. art. L 520-6, 8° et, sur renvoi, CGI art. 231 ter, V-1°).

L'**Agence nationale de la cohésion des territoires** (ANCT) a notamment pour mission de favoriser l'aménagement et la restructuration des espaces commerciaux et artisanaux dans les ZFU-TE (voir n° 20300, Précisions).

B. Renouvellement urbain

10960 Le renouvellement urbain figure parmi les catégories d'**actions ou d'opérations d'aménagement** visées à l'article L 300-1 du Code de l'urbanisme. Il recouvre les notions de restructuration, aménagement et développement (Circ. 2001-3 du 18-1-2001 art. 89 : BO équipement 2001/2 du 10-2-2001 p. 104). Les communes et les EPCI doivent, notamment, par les actions ou opérations d'aménagement qu'ils conduisent ou autorisent, permettre la réalisation de logements sociaux nécessaires à la mixité sociale des villes et des quartiers (CGCT art. L 2254-1).

Les opérations de renouvellement urbain peuvent être confiées à des aménageurs de ZAC. Elles peuvent également être réalisées par les sociétés anonymes d'HLM (CCH art. L 422-2, al. 4), les AFU (C. urb. art. L 322-2, 6°), ainsi que par les établissements publics fonciers de l'État (C. urb. art. L 321-1) ou encore les établissements publics d'aménagement (C. urb. art. L 321-14).

La loi SRU 2000-1208 du 13 décembre 2000 a, dans l'article L 300-1 du Code de l'urbanisme, substitué le terme « renouvellement » à celui de « **restructuration** ». Toutefois, il convient de noter que l'article L 322-2, 6° du Code de l'urbanisme, concernant les AFU, continue à faire état d'opérations de restructuration urbaine et non de renouvellement urbain, au titre des missions qui leur sont dévolues.

10962 Dans le cadre fixé par les contrats de ville (n° 10925), le **nouveau programme national de renouvellement urbain** concourt à la réalisation des objectifs de la politique de la ville par des interventions en faveur de la requalification des quartiers prioritaires. Ce programme, qui couvre la période 2014-2026, vise en priorité les quartiers présentant les dysfonctionnements urbains les plus importants (Loi 2003-710 du 1-8-2003 art. 9-1, I-al. 1). Ces quartiers figurent sur une liste établie par deux arrêtés (Arrêté VJSV1508731A du 29-4-2015 ; Arrêté TERV1900211A du 15-1-2019).

Le programme de renouvellement urbain doit garantir une reconstitution de l'offre de logements locatifs sociaux démolis compatible avec les besoins structurels en logements locatifs sociaux, tels qu'ils sont fixés par les programmes locaux de l'habitat (PLH).

Il comprend les opérations d'aménagement urbain au nombre desquelles : la création et la réhabilitation des espaces publics, la réhabilitation, la résidentialisation, la démolition et la production de logements, la création, la réhabilitation et la démolition d'équipements publics ou collectifs, la création et la réorganisation d'espaces d'activité économique et commerciale ou tout autre investissement contribuant au renouvellement urbain. Il s'articule avec les actions menées par d'autres acteurs afin de prévenir la dégradation des copropriétés. Il participe avec ces acteurs au traitement des copropriétés dégradées et au traitement de l'habitat indigne. Il contribue à l'amélioration de la performance énergétique des bâtiments et à la transition écologique des quartiers concernés (Loi 2003-710 du 1-8-2003 art. 9-1, I-al. 2 à 4).

> **Précisions** Les **sociétés d'investissement régional** interviennent dans le cadre de la réalisation d'opérations de renouvellement urbain en assurant totalement ou partiellement le financement d'opérations qui peuvent concerner le foncier, le logement, l'immobilier d'entreprise et la restructuration de centres commerciaux (Loi 2000-1208 du 13-2-2000 art. 89).

C. Rénovation urbaine

10970 Le **programme national de rénovation urbaine** a pour objet, dans un objectif de mixité sociale et de développement durable, la restructuration des quartiers classés en ZUS avant la loi du 21 février 2014 et, à titre exceptionnel, les quartiers présentant des caractéristiques économiques et sociales analogues. Ce programme comprend : des opérations d'aménagement urbain, la réhabilitation, la résidentialisation, la démolition et la production de logements, la création, la réhabilitation et la démolition d'équipements publics ou collectifs, la réorganisation d'espaces d'activité économique et commerciale, ou tout autre investissement concourant à la rénovation urbaine (Loi 2003-710 du 1-8-2003 art. 6).

Les **établissements publics locaux de rénovation urbaine** sont compétents pour conduire des opérations et actions de rénovation urbaine et de développement économique et social dans les quartiers prioritaires (C. urb. art. L 326-1).

L'**Agence nationale pour la rénovation urbaine** (Anru) est un établissement public national à caractère industriel et commercial. **10975**

Elle contribue à la réalisation du **programme national de rénovation urbaine** en accordant, dans les quartiers concernés, des concours financiers aux collectivités territoriales, aux EPCI compétents et aux organismes publics ou privés qui y conduisent des opérations concourant à la rénovation urbaine.

Ses **concours financiers** sont destinés aux opérations mentionnées n° 10970. L'Anru passe des conventions pluriannuelles avec les bénéficiaires de ces subventions.

À titre exceptionnel et sous réserve du respect de certaines conditions déterminées par décret, l'Agence peut assurer la maîtrise d'ouvrage de tout ou partie des projets de rénovation urbaine (Loi 2003-710 du 1-8-2003 art. 10).

L'Agence apporte également son concours financier pour la réalisation du **programme national de requalification des quartiers anciens dégradés.** Dans ce cas, elle passe des conventions pluriannuelles avec les bénéficiaires de ce concours (Loi 2003-710 du 1-8-2003 art. 10-1).

De la même manière, l'Anru contribue au **nouveau programme national de renouvellement urbain** (n° 10962) dans les quartiers prioritaires en accordant des concours financiers aux collectivités territoriales, aux EPCI compétents et aux organismes publics ou privés qui y conduisent des opérations concourant au renouvellement urbain. **10980**

Les **concours financiers** de l'Agence sont destinés : à des opérations d'aménagement urbain, à l'acquisition ou à la reconversion de logements existants, à la création, la réhabilitation et la démolition d'équipements publics ou collectifs, à la création et la réorganisation d'espaces d'activité économique et commerciale, à l'ingénierie, à l'assistance à la maîtrise d'ouvrage, au relogement, aux actions portant sur l'histoire et la mémoire des quartiers, à la concertation, la participation citoyenne et la « coconstruction » des projets, ou encore à tout investissement concourant au renouvellement urbain des quartiers prioritaires. L'Anru passe des conventions pluriannuelles avec les bénéficiaires de ces subventions. Pour chaque projet de renouvellement urbain, des mesures ou des actions spécifiques relatives à la gestion urbaine de proximité sont prévues, dans le respect des principes et objectifs fixés par les contrats de ville (Loi 2003-710 du 1-8-2003 art. 10-3).

Dans le cadre du nouveau programme national de renouvellement urbain, sont assimilées aux aides de l'État prévues au livre III du CCH pour l'octroi des prêts et pour l'application de l'article L 831-1 du même Code relatif à l'aide personnalisée au logement (APL) les **subventions** accordées par l'Anru en vue de financer : la construction, l'acquisition suivie, ou non, de travaux d'amélioration et la réhabilitation de logements locatifs sociaux, ainsi que la réhabilitation de structures d'hébergement, d'établissements ou logements de transition, de logements foyers ou de résidences hôtelières à vocation sociale. Les montants, les taux et les modalités d'attribution de ces subventions sont fixés par le conseil d'administration de l'Anru dans le cadre des règles et des orientations déterminées par l'État (Loi 2003-710 du 1-8-2003 art. 14-1).

En dehors de ce cadre, les subventions accordées pour des opérations analogues sont, en principe, soumises aux mêmes conditions que les aides de l'État. L'Anru peut, toutefois, dans certaines conditions, majorer les subventions, en modifier l'assiette ou les conditions de versement. Les montants, les taux et modalités d'attribution des subventions accordées pour d'autres objets sont fixés par le conseil d'administration de l'Anru dans le cadre des règles et orientations déterminées par l'État (Loi 2003-710 du 1-8-2003 art. 14).

D. Programmes locaux de l'habitat

OBJET

Les programmes locaux de l'habitat (PLH) sont des **documents** destinés à programmer, au niveau intercommunal, différentes actions en matière de logement. **11050**

Le PLH définit, pour une **durée** de 6 ans, les objectifs communs et les principes d'une politique visant à répondre aux besoins en logements et en hébergement, à favoriser le renouvellement urbain et la mixité sociale, à améliorer la performance énergétique de l'habitat et l'accessibilité du cadre bâti aux handicapés en assurant une répartition équilibrée et diversifiée de l'offre de logements entre les communes et entre les quartiers d'une même commune (CCH art. L 302-1, II-al. 1).

› Précisions **a.** Les **objectifs** et les principes définis par le PLH **tiennent compte** de l'évolution démographique et économique, de l'évaluation des besoins des habitants actuels et futurs, de la desserte en transports, des équipements publics, de la nécessité de lutter contre l'étalement urbain et des options d'aménagement déterminées par le Scot ou le schéma de secteur, lorsqu'ils existent, ainsi que du plan départemental d'action pour le logement et l'hébergement des personnes défavorisées, du schéma départemental d'accueil des gens du voyage et de l'accord collectif intercommunal relatif au respect du principe de mixité sociale, quand ils existent (CCH art. L 302-1, II al. 2).

b. Lorsque l'EPCI, compétent à cet effet, a pris une délibération engageant l'élaboration d'un nouveau PLH, le **PLH** peut, au terme du délai de 6 ans, être **prorogé** pour une durée maximale de 2 ans avec l'accord du préfet (CCH art. L 302-4-2, I).

c. Chaque département est doté d'un **plan départemental de l'habitat** afin d'assurer la cohérence entre les politiques d'habitat menées dans les territoires couverts par un PLH et le reste du département. Ce plan définit des orientations conformes à celles résultant des Scot et des PLH (CCH art. L 302-10 dans sa rédaction issue de la loi 2024-317 du 8-4-2024). Il est élaboré pour une durée de 6 ans (CCH art. L 302-11) après diverses concertations (CCH art. L 302-12).

CONTENU DU PROGRAMME LOCAL DE L'HABITAT

11065 Le PLH comporte (CCH art. L 302-1, III et IV, art. R 302-1 à R 302-1-4) :
– un **diagnostic** sur le fonctionnement des marchés du logement et de l'hébergement (analyse de la situation existante et des évolutions en cours, analyse des marchés fonciers, de l'offre foncière et de son utilisation, de la mutabilité des terrains et de leur capacité à accueillir des logements, évaluation des résultats et des effets de la politique de l'habitat déjà mise en œuvre, exposé des conséquences en matière d'habitat des perspectives de développement et d'aménagement telles qu'elles ressortent du Scot avec prise en compte de l'objectif de mixité sociale dans l'habitat, etc.) ;
– un **document d'orientation** énonçant les principes et objectifs du PLH (répartition équilibrée et diversifiée de l'offre de logements, attribution des logements locatifs sociaux, requalification du parc public et privé, lutte contre l'habitat indigne, renouvellement urbain, réponses apportées aux besoins particuliers des étudiants, des personnes défavorisées ou mal logées, adaptation de l'habitat aux personnes âgées ou handicapées, etc.) ;
– un **programme d'actions** détaillé par communes et, le cas échéant, par secteurs géographiques (nombre et types de logements à réaliser ; moyens, notamment fonciers, à mettre en œuvre ; échéancier prévisionnel de réalisation des logements et de lancement des opérations d'aménagement ; orientations relatives à l'application des bonus de constructibilité en matière de logement et à l'instauration d'emplacements réservés pour la réalisation de programmes de logement ; etc.).

Le PLH définit les conditions de mise en place d'**observatoires de l'habitat et du foncier.** Ceux-ci ont notamment pour mission d'analyser la conjoncture des marchés foncier et immobilier, ainsi que l'offre foncière disponible. Ils rendent compte annuellement du nombre de logements construits sur des espaces déjà urbanisés et sur des zones ouvertes à l'urbanisation (CCH art. L 302-1, III).

Le PLU et la carte communale doivent être **compatibles** avec le PLH qui doit, lui-même, être compatible avec le Scot. Toutefois, le PLU n'est pas illégal du seul fait qu'il autorise la construction de plus de logements que les obligations minimales du PLH en prévoient (C. urb. art. L 131-4 et L 142-1, 1°). Les dispositions du PLH peuvent être directement intégrées dans le PLU. Celui-ci « tient alors lieu » de PLH (voir n° 3000).

› Précisions La légalité d'une autorisation de lotir ne peut pas être utilement contestée au regard des orientations générales d'un PLH (CAA Douai 25-9-2003 n° 00DA01443, Cne de Haubourdin).

ÉLABORATION DU PROGRAMME LOCAL DE L'HABITAT

11070 Le PLH est en principe établi par un **EPCI** pour l'ensemble du périmètre de ses communes membres (CCH art. L 302-1, I et art. R 302-1). Il peut englober un territoire s'étendant sur plusieurs départements (CCH art. R 302-6). Les communautés de communes compétentes en matière d'habitat de plus de 30 000 habitants comprenant, au moins, une commune de plus de 10 000 habitants, ainsi que toutes les communautés d'agglomérations, métropoles et communautés urbaines doivent être dotées d'un PLH (CCH art. L 302-1, IV-dernier al.). Les **communes** de plus de 20 000 habitants non membres d'un EPCI doivent également élaborer un PLH (CCH art. L 302-4-1). Une commune membre d'un EPCI ne peut pas élaborer seule un PLH.

L'élaboration du PLH intervient à l'initiative de l'EPCI, en **association** avec l'État, le président de l'établissement public chargé d'élaborer le Scot (Epscot), les communes et établissements publics compétents en matière de PLU directement concernés, le représentant des organismes HLM et des SEM de construction et de gestion de logements sociaux ainsi que toute autre personne morale qu'il juge utile (CCH art. L 302-2, al. 2 et art. R 302-2 à R 302-13-1). Dans les communes de Paris, Marseille et Lyon, les maires d'arrondissement ou leurs représentants participent à l'élaboration du PLH (CCH art. L 302-1, I-al. 2). Pendant toute la durée de son élaboration, le PLH peut faire l'objet d'une **concertation** associant les habitants et les associations locales (CCH art. L 302-2, al. 3).

Le département peut, dans des conditions déterminées par une convention, proposer une **assistance technique** aux **communautés de communes** qui ne disposent pas de moyens suffisants pour élaborer un PLH. De façon comparable, un EPCI à fiscalité propre peut, dans des conditions identiques, proposer une assistance technique aux communautés de communes membres d'un même pôle métropolitain (CGCT art. L 5731-1) ou d'un même pôle d'équilibre territorial et rural (CGCT art. L 5741-1) qui ne disposent pas non plus de moyens suffisants pour élaborer un PLH (CCH art. L 302-2-1).

Dans les 3 mois de la transmission de la délibération engageant la procédure d'élaboration du PLH, le préfet **porte à la connaissance** de l'EPCI toutes informations utiles, ainsi que les objectifs locaux à prendre en compte en matière de diversité de l'habitat, de répartition équilibrée des différents types de logements, de renouvellement du parc immobilier et d'accroissement du nombre de logements et de places d'hébergement nécessaires (CCH art. L 302-2, al. 1 et art. R 302-7). **11072**

Le **projet de PLH,** arrêté par l'organe délibérant de l'EPCI, est transmis aux communes et aux EPCI compétents en matière de PLU concernés, qui disposent de 2 mois pour faire connaître leur **avis,** celui-ci étant réputé favorable faute de réponse dans ce délai. Au vu des avis ainsi exprimés, l'organe délibérant de l'EPCI délibère à nouveau sur le projet et le transmet au préfet du département qui consulte le comité régional de l'habitat et de l'hébergement. Celui-ci dispose de 2 mois pour se prononcer. Si le préfet estime que le projet ne répond pas à l'objectif de répartition équilibrée et diversifiée de l'offre de logements, de renouvellement du parc immobilier, ainsi que d'accroissement du nombre de logements et de places d'hébergement nécessaires, il dispose d'un mois pour adresser à l'EPCI des **demandes motivées de modifications.** Il peut faire de même en cas d'avis défavorable ou de réserves émises par le comité régional de l'habitat et de l'hébergement. L'EPCI délibère sur les modifications demandées. S'il les accepte, il transmet pour avis le projet modifié aux communes et aux EPCI associés (CCH art. L 302-2, al. 4 à 7 et art. R 302-8 à R 302-11, al. 1).

L'**EPCI adopte** ensuite le PLH. La délibération publiée approuvant le PLH devient exécutoire 2 mois après sa transmission au préfet. Ce dernier peut, toutefois, demander que des modifications soient apportées au plan. Dans ce cas, le PLH ne devient exécutoire qu'à compter de la publication et de la transmission au préfet de la délibération apportant les modifications demandées (CCH art. L 302-2, al. 8 et art. R 302-11, al. 2).

Au titre des **mesures de publicité,** la délibération adoptant le PLH est notamment affichée pendant un mois au siège de l'EPCI et dans les mairies des communes membres. Le PLH adopté est tenu à la disposition du public dans les mêmes lieux (CCH art. R 302-12).

MODIFICATION DU PROGRAMME LOCAL DE L'HABITAT

L'EPCI délibère au moins une fois par an sur l'état de réalisation du PLH et décide d'éventuelles adaptations justifiées par l'évolution de la situation sociale ou démographique (CCH art. L 302-3, al. 1 et art. R 302-13). **11075**

L'EPCI peut, en suivant une procédure simplifiée, modifier son PLH à condition de ne pas porter atteinte à son économie générale. Cette modification est susceptible de répondre à l'un des objectifs suivants :

– mettre en conformité le PLH avec les dispositions législatives et réglementaires relatives à la politique du logement qui sont entrées en vigueur après son adoption ;

– tenir compte des évolutions du contexte démographique, économique et social ;

– prendre en compte les objectifs des projets de rénovation urbaine et de renouvellement urbain.

La procédure simplifiée de modification peut également être utilisée sous certaines conditions lorsque le périmètre de l'EPCI est étendu à une ou plusieurs communes (CCH art. L 302-4, I). Le PLH peut également être adapté dans le cadre d'une procédure intégrée mentionnée n°s 25560 s. (C. urb. art. L 300-6-1 sur renvoi de CCH art. L 302-4, I-al. 7).

Lorsque de nouvelles obligations de réalisation de logements sociaux sont imposées aux communes de son territoire, l'EPCI dispose de 2 ans pour modifier son PLH. S'il ne s'acquitte pas de cette obligation, les pénalités financières imposées aux communes sont versées, non pas à l'EPCI, mais à l'établissement public foncier compétent sur le territoire ou, à défaut, au Fonds national des aides à la pierre (CCH art. L 302-4, II).

> **Précisions** En cas de **modification du périmètre d'un EPCI** ou de création par fusion d'un nouvel EPCI, les PLH exécutoires préexistants demeurent applicables. L'EPCI est considéré, pendant une durée maximale de 2 ans et dans l'attente de l'entrée en vigueur d'un PLH exécutoire couvrant l'ensemble de son périmètre, comme doté d'un PLH exécutoire reprenant les orientations et le programme d'action du ou des PLH préexistants (CCH art. L 302-4-2, II).

CONTRÔLE DES RÉALISATIONS DU PROGRAMME LOCAL DE L'HABITAT

11080 L'EPCI doit communiquer, pour avis, au préfet, ainsi qu'au comité régional de l'habitat et de l'hébergement, un bilan de la réalisation du PLH. Cette communication doit intervenir 3 ans après l'adoption du PLH, puis 3 ans plus tard, au terme de la durée de validité du plan fixée à 6 ans (CCH art. L 302-3, al. 2).

EFFETS DU PROGRAMME LOCAL DE L'HABITAT

11085 Les EPCI disposant d'un PLH exécutoire, hormis la métropole du Grand Paris, peuvent demander à conclure avec l'État une convention de délégation de gestion des « aides à la pierre » (rénovation de l'habitat privé, construction, acquisition, réhabilitation, démolition de logements sociaux). Cette convention est conclue pour une durée de 6 ans renouvelable. Elle permet d'adapter les conditions d'octroi des aides de l'État, selon les secteurs géographiques et en raison des particularités locales et démographiques ainsi que de la situation du marché immobilier (CCH art. L 301-5-1). Les conventions doivent être conformes à un modèle type (Circ. 2007-07 du 22-1-2007 annexe : BO équipement 2007/3 du 25-2-2007).

E. Obligation de réalisation de logements sociaux

OBJET

11100 La loi SRU 2000-1208 du 13 décembre 2000 a introduit dans le Code de la construction et de l'habitation un dispositif applicable à certaines **communes insuffisamment dotées en logements sociaux** et conçu en vue de les contraindre à remédier à cette situation en réalisant les logements manquants. Ce dispositif a été modifié à plusieurs reprises et, en dernier lieu, par la loi 3DS 2022-217 du 21 février 2022.

COMMUNES CONCERNÉES PAR L'OBLIGATION DE RÉALISATION DE LOGEMENTS SOCIAUX

11110 Sont soumises à l'obligation de réalisation de logements sociaux les communes qui répondent aux critères suivants (CCH art. L 302-5, I et II-al. 1 et art. R 302-14, II ; Décret 2023-325 du 28-4-2023 annexe I) :
– leur **population** doit être au moins égale à 3 500 habitants, ou à 1 500 habitants dans l'unité urbaine de Paris Île-de-France ;
– ces communes doivent être comprises dans une **agglomération** ou un EPCI à fiscalité propre de plus de 50 000 habitants comprenant, au moins, une commune de plus de 15 000 habitants ;
– elles doivent comporter un **nombre total de logements locatifs sociaux** représentant, au 1er janvier de l'année précédente, moins de 25 % des résidences principales ; toutefois, ce taux est réduit à 20 % pour celles de ces communes qui appartiennent à une agglomération ou un EPCI à fiscalité propre dont le parc existant de logements sociaux ne justifie pas un effort de production supplémentaire.

Sont également concernées les communes de plus de 15 000 habitants qui n'appartiennent pas à une agglomération ou un EPCI à fiscalité propre de plus de 50 000 habitants comprenant, au moins, une commune de plus de 15 000 habitants, lorsqu'elles sont en **croissance démographique** d'au moins 5 % sur les 5 dernières années et que le parc existant de logements sociaux justifie un effort de production supplémentaire. Pour ces communes, le seuil de logements sociaux est fixé à 20 % (CCH art. L 302-5, II-al. 3 et art. R 302-14, III ; Décret 2023-325 du 28-4-2023 annexe II).

La liste des agglomérations, EPCI et communes qui relèvent des taux de 20 % respectivement prévus par les deux séries de dispositions analysées ci-dessus est fixée par décret en fonction du ratio entre le nombre de demandes de logements sociaux par rapport au nombre d'emménagements annuels, hors mutations internes, dans le parc locatif social des agglomérations, EPCI ou communes concernés (CCH art. L 302-5, II-al. 1 et 3). Ce décret doit intervenir au moins au début de chacune des périodes triennales mentionnées n° 11160. Pour la période triennale 2023-2025, c'est le décret 2023-325 du 28 avril 2023 qui détermine les valeurs des seuils relatifs à chacun des deux ratios applicables. Son annexe I fixe la liste des agglomérations et EPCI visés par la première série de dispositions (CCH art. L 302-5, II-al. 1) et son annexe II la liste de communes concernées par la seconde série (CCH art. L 302-5, II-al. 3).

> Précisions a. Le nombre de **résidences principales,** qui permet de déterminer les communes concernées, est celui figurant dans la liste établie par l'administration fiscale sur la base de la déclaration prévue par l'article 1418 du CGI. En effet, les propriétaires de locaux affectés à l'habitation sont tenus de déclarer à l'administration fiscale, avant le 1er juillet de chaque année, certaines informations si elles ont fait l'objet de changements depuis la dernière déclaration. Toutefois, les logements concédés par nécessité absolue de service, ainsi que ceux qui sont concédés à des militaires des armées dans des immeubles dépendant du domaine de l'État, doivent être exclus de la liste (CCH art. L 302-5, IV-al. 11).

b. Pour déterminer si des communes sont comprises dans une **agglomération de plus de 50 000 habitants,** il convient de se référer à la notion d'unité urbaine retenue par l'Insee (CE 17-4-2013 n° 350071, Cne de Juvignac : Lebon T. p. 685).

COMMUNES EXEMPTÉES DE L'OBLIGATION DE RÉALISATION DE LOGEMENTS SOCIAUX

Deux catégories distinctes de communes sont susceptibles d'être exemptées de l'obligation de réalisation de logements sociaux. **11115**

Les unes sont des communes qui devraient relever de cette obligation mais qui sont **exemptées par décret,** à condition de figurer sur une liste fixée sur proposition des EPCI dont elles sont membres, après avis des préfets du département et de la région, ainsi que de la commission nationale mentionnée n° 11180. Ce décret doit intervenir au moins au début de chacune des périodes triennales mentionnées n° 11160. Ce sont les communes qui (CCH art. L 302-5, III) :

– ne sont pas situées dans une agglomération de plus de 30 000 habitants et dont l'isolement ou les difficultés d'accès aux bassins de vie et d'emplois environnants les rendent faiblement attractives ;

– sont situées dans une agglomération ou un EPCI mentionné n° 11110 où le nombre de demandes de logements sociaux par rapport au nombre d'emménagements annuels, hors mutations internes dans le parc locatif social, se situe en deçà d'un seuil fixé par décret.

La situation d'isolement d'une commune et ses difficultés d'accès aux bassins de vie et d'emplois environnants sont établies au vu des temps de transport nécessaires pour atteindre, depuis cette commune, un « pôle de centralité ». Cette expression désigne la ou les communes agglomérées concentrant l'essentiel de l'activité, des emplois ou des services du bassin de vie dont elles sont le cœur. La faible attractivité d'une commune s'apprécie en fonction d'une série de 5 indicateurs (CCH art. R 302-14-1).

Pour la période triennale 2023-2025, c'est le décret 2023-601 du 13 juillet 2023, modifié par le décret 2023-699 du 31 juillet, qui fixe la liste des communes exemptées.

Une seconde catégorie de communes bénéficie d'une **exemption de plein droit,** dès lors que plus de la moitié du territoire urbanisé de ces communes est soumise à une interdiction de construire des bâtiments à usage d'habitation et que cette interdiction résulte de certaines dispositions limitativement énumérées : un classement en zone A, B ou C d'un plan d'exposition au bruit ; une servitude de protection relative à des installations classées ; le règlement d'un plan de prévention des risques technologiques (PPRT), d'un plan de prévention des risques naturels prévisibles (PPRNP) ou d'un plan de prévention des risques miniers ; les dispositions régissant les zones exposées au recul du trait de côte à l'horizon de 30 ans ; les dispositions relatives aux périmètres des points de captage d'eau potable (CCH art. L 302-5, III bis).

Un arrêté pris par le préfet du département fixe, une fois au moins au début de chacune des périodes triennales mentionnées n° 11160, la liste des communes mentionnées n° 11110 qui bénéficient d'une exemption de plein droit.

› Précisions **a.** Pour déterminer si une commune est située hors d'une **agglomération de plus de 30 000 habitants,** il convient de se référer à la notion d'unité urbaine retenue par l'Insee (CE 30-7-2021 n° 439236, Cne de Châtel-Guyon).

b. Les dispositions qui définissent les conditions auxquelles doivent répondre les **communes susceptibles d'être exemptées par décret** (CCH art. L 302-5, III) ne prévoient pas une application de plein droit aux communes éligibles. Les auteurs du décret d'exemption doivent donc déterminer celles qu'ils entendent exempter au regard de l'ensemble des intérêts publics en cause et des circonstances locales. Parmi les critères à prendre en compte figurent notamment le taux de logements sociaux de la commune, sa politique en matière de réalisation de logements sociaux et ses performances passées dans l'atteinte de ses objectifs (CE 1-7-2019 n° 418568, Cne de Leucate à propos du décret 2017-1810 du 28-12-2017 concernant les années 2018-2019).

c. Pour proposer, à la demande d'une commune, que celle-ci soit exemptée par décret, il appartient à l'**EPCI compétent** d'apprécier si la collectivité publique remplit l'une ou l'autre des conditions d'éligibilité exigées. La circonstance que ces conditions soient effectivement réalisées n'impose pas à l'EPCI de **proposer l'exemption** demandée. Il lui appartient éventuellement d'opposer un refus, au motif de l'ensemble des intérêts publics en cause et compte tenu, notamment, de l'importance de la demande de logements locatifs sociaux sur le territoire de la commune, de son taux de logements sociaux, de sa politique en matière de réalisation de logements sociaux et de ses performances passées dans l'atteinte de ses objectifs. L'**absence de présentation** d'une commune par l'EPCI compétent fait obstacle à ce qu'elle soit exemptée par décret (CE 10-5-2022 n° 439128, Cne d'Émerainville à propos du décret 2019-1577 du 30-12-2019 concernant les années 2020-2022).

d. Certaines règles particulières, issues de la loi 3DS (CCH art. L 302-5, III ter) et qui sont entrées en vigueur le 1er janvier 2023, s'appliquent aux **communes exemptées de plein droit** qui ne sont pas situées dans une agglomération ou un EPCI où le nombre de demandes de logements sociaux par rapport au nombre d'emménagements annuels, hors mutations internes, dans le parc locatif social, se situe en deçà d'un seuil fixé par décret. Pour toute opération de construction d'immeubles collectifs de plus de 12 logements ou de plus de 800 m² de surface de plancher, il est nécessaire qu'au moins 25 % des logements familiaux soient des logements locatifs sociaux. Le préfet peut, sur demande motivée de la commune, accorder une dérogation à cette obligation pour tenir compte de la typologie des logements situés à proximité de l'opération.

LOGEMENTS SOCIAUX PRIS EN COMPTE

11130 Les logements **locatifs** sociaux retenus pour le décompte du parc existant sont principalement (CCH art. L 302-5, IV) :

– les logements HLM, à l'exception de ceux construits ou acquis et améliorés depuis le 5 janvier 1977 et ne faisant pas l'objet d'une convention définie à l'article L 831-1 du CCH, à savoir les logements locatifs intermédiaires dont les loyers sont trop élevés pour les ménages modestes ;
– les logements conventionnés des autres bailleurs (SEM, bailleurs privés, filiales de la CDC, de compagnies d'assurances, de banques) dont l'accès est soumis à des conditions de ressources ;
– les logements des SEM des départements d'outre-mer ;
– les logements appartenant à l'Entreprise minière et chimique, aux houillères de bassins ainsi qu'à leurs sociétés à participation majoritaire, aux sociétés à participation majoritaire des Charbonnages de France ;
– les logements ou les lits des logements-foyers de personnes âgées, de personnes handicapées, de jeunes travailleurs, de travailleurs migrants et des résidences sociales conventionnées ainsi que des places des centres d'hébergement et des centres d'accueil pour demandeurs d'asile ;
– sous certaines conditions, les terrains locatifs familiaux destinés à l'installation prolongée de résidences mobiles des gens du voyage ;
– les logements du parc privé faisant l'objet d'un dispositif d'intermédiation locative sous réserve que le loyer pratiqué au mètre carré soit inférieur ou égal à un montant défini par arrêté ;
– les logements financés par l'État ou les collectivités locales en faveur des harkis ;
– les logements occupés par des titulaires de contrats de location-accession signés après le 24 novembre 2018 (sous réserve d'un conventionnement et d'un agrément), pour la période comprise entre la date de signature du contrat et le terme du délai de 5 ans qui suit la levée de l'option ;
– les logements faisant l'objet d'un bail réel solidaire.

Restent décomptés, pendant une période de 5 ans à compter de l'expiration de la convention, les logements conventionnés, et pendant une période de 10 ans à compter de leur vente, les logements vendus par les organismes d'HLM à leurs locataires.

Aucun logement en **accession** à la propriété n'est pris en compte y compris les logements en accession sociale.

© Ed. Francis Lefebvre

› Précisions Avant le 1er juillet de chaque année, et sous peine d'une amende de 1 500 €, les propriétaires et les gestionnaires de logements sociaux situés dans les communes mentionnées nº 11110 doivent adresser au préfet un **inventaire,** par commune, **des logements sociaux** qui leur appartiennent ou dont ils ont la gestion au 1er janvier de l'année en cours ; le nombre de logements sociaux retenus est arrêté par le préfet qui le notifie à la commune avant le 31 décembre (CCH art. L 302-6 et R 302-15).

PÉNALITÉS

Lorsqu'une commune n'atteint pas le seuil légal de logements sociaux, un prélèvement annuel est effectué sur ses ressources fiscales. Ce prélèvement est fixé à 25 % du **potentiel fiscal par habitant,** tel que défini par l'article L 2334-4 du CGCT, multipliés par le nombre de logements sociaux manquants. Ce prélèvement ne peut excéder 5 % des dépenses réelles de fonctionnement de la commune constaté sur l'avant-dernier exercice. Sont **exclues** du champ d'application de ce prélèvement les **communes** bénéficiant de la dotation de solidarité urbaine et de cohésion sociale, ainsi que de la 3e fraction de la dotation de solidarité, si le nombre de logements sociaux y excède 15 ou 20 % selon le seuil légal applicable (CCH art. L 302-7, al. 1 et 2). 11150

› Précisions **a.** Certaines **dépenses** exposées par les communes, l'avant-dernière année, pour financer la réalisation de logements sociaux ou de terrains familiaux des gens du voyage sont totalement ou partiellement **déductibles** du prélèvement : subventions foncières ; différents travaux portant sur des terrains ou des biens immobiliers mis à disposition pour la réalisation de logements sociaux ou de jardins familiaux (viabilisation, dépollution, démolition, désamiantage, fouilles archéologiques, coûts d'éviction de ces terrains ou biens immobiliers) ; financement des dispositifs d'intermédiation locative dans le parc privé permettant de loger des personnes qui éprouvent des difficultés particulières ; moins-values foncières résultant de cessions immobilières pour la réalisation de logements sociaux ; création d'aires d'accueil ou de grand passage pour les gens du voyage (CCH art. L 302-7, al. 4 et 5 et art. R 302-16).

b. Les **recettes** provenant du prélèvement sont en principe versées à l'EPCI dont la commune est membre lorsqu'il est doté d'un PLH et a signé une convention avec l'État ou, à défaut, à l'établissement public foncier auquel appartient la commune ou encore au Fonds national des aides à la pierre (CCH art. L 302-7, al. 7 à 10).

OBJECTIF DE RÉALISATION DE LOGEMENTS SOCIAUX

Règles générales Les communes qui n'atteignent par le seuil légal de logements sociaux et qui sont soumises au prélèvement doivent s'engager dans un **plan de rattrapage,** avec un objectif de réalisation de logements locatifs sociaux **par période triennale.** Cet objectif est notifié à la commune par le préfet. Les périodes triennales s'entendent par tranches de 3 ans à compter du 1er janvier 2002 (CCH art. L 302-8, I-al. 1). 11160

Selon les dispositions issues de la loi 3DS, l'**objectif** en cause est **fixé** à 33 % du nombre de logements à réaliser. Toutefois, il est **rehaussé** au fur et à mesure que se réduit l'écart avec le seuil légal. Il est, ainsi, porté (CCH art. L 302-8, VII) :
– à 50 % pour les communes, dont le taux de logement social au 1er janvier de l'année précédant la période triennale présente un écart compris entre deux et quatre points avec le seuil légal ;
– à 100 % pour les communes, dont le même taux calculé à la même date présente un écart inférieur à deux points avec le seuil légal.

L'objectif de réalisation est recalculé à l'issue de chaque période triennale. Le préfet peut, si le fonctionnement des marchés locaux de l'habitat le permet et après accord du maire, rehausser l'objectif.

À l'issue de chaque période triennale, la collectivité ou l'EPCI établit un bilan portant notamment sur le respect des engagements en matière de mixité sociale. Ce bilan est communiqué au conseil régional de l'habitat et de l'hébergement et rendu public par le préfet (CCH art. L 302-9).

› Précisions **a.** À **Paris, Lyon et Marseille,** le PLH fixe l'objectif par arrondissement (CCH art. L 302-8, V).

b. L'objectif de réalisation de logements locatifs sociaux doit respecter la **typologie des logements prévus** par le PLH en fonction de leur mode de financement (PLS, PLUS, PLA-I, Anah, etc.) (CCH art. L 302-8, II et, sur renvoi, art. L 302-1, IV-al. 7). À défaut de PLH, la part des logements PLA-I à réaliser doit être d'au moins 30 % et celle des logements PLS est limitée à 30 %. Cette proportion est réduite à 20 % dans les communes comportant moins de 10 % de logements locatifs sociaux (CCH art. L 302-8, III).

11165 **Dérogations aux règles générales** Lorsqu'une **commune** est **nouvellement soumise à l'obligation** de réalisation de logements sociaux, l'objectif de réalisation est fixé (CCH art. L 302-8, VIII) :
– au titre de la 1e période triennale pleine, à 15 % du nombre de logements nécessaires pour atteindre le seuil légal ;
– au titre de la 2e période, à 25 % du nombre de logements nécessaires pour atteindre le même seuil.

À compter de la 3e période, l'objectif est défini dans les conditions générales mentionnées nº 11160 ou dans le cadre d'un contrat de mixité sociale.

Si une commune est nouvellement soumise à l'objectif de réalisation en cours de période triennale, l'objectif est, pour la durée restante de la 1e période, fixé à 10 % du nombre de logements nécessaires pour atteindre le seuil légal.

11166 Par ailleurs, une commune, l'EPCI dont elle est membre et l'État peuvent conclure, pour une période de 3 ans renouvelable, un **contrat de mixité sociale (CMS).** Celui-ci constitue un « cadre d'engagement de moyens » permettant à la commune d'atteindre les objectifs mentionnés nº 11160. Le contrat peut être signé par toute personne morale susceptible de contribuer à ces objectifs. Un CMS unique peut être conclu à l'échelle du territoire d'un EPCI (CCH art. L 302-8-1, I-al. 1 à 3).

Le contrat détermine, pour chacune des périodes triennales et pour chacune des communes signataires, les objectifs de réalisation à atteindre, ainsi que les engagements pris, notamment en matière d'action foncière, d'urbanisme, de programmation et de financement des logements locatifs sociaux, ainsi que d'attribution de logements locatifs aux publics prioritaires (CCH art. L 302-8-1, I-al. 4). Le CMS facilite la réalisation d'objectifs de répartition équilibrée des logements locatifs sociaux pour chaque commune. Les objectifs de réalisation déterminés par le CMS peuvent déroger aux règles générales mentionnées nº 11160 (CCH art. L 302-8, IX et X).

> **Précisions** **a.** En cas de **constat de carence de la commune** (voir nº 11180), le préfet propose à cette commune d'élaborer un CMS (CCH art. L 302-8-1, I-al. 5).
> **b.** La **commune qui estime ne pas pouvoir atteindre l'objectif** mentionné nº 11160 peut demander au préfet la conclusion d'un CMS prévoyant une adaptation de cet objectif. Après examen des difficultés rencontrées et des besoins spécifiques d'intérêt général identifiés par la commune lors des périodes triennales échues ou envisagés sur les périodes suivantes, le préfet engage l'élaboration d'un CMS s'il parvient aux mêmes conclusions que la collectivité publique (CCH art. L 302-8-1, II).

NON-RÉALISATION DE L'OBJECTIF

11180 **Procédure du constat de carence** Lorsque, au terme de la période triennale, le nombre de logements locatifs sociaux à réaliser à l'échelle communale n'a pas été atteint ou lorsque la typologie de leur financement n'a pas été respectée, le **préfet** peut **engager la procédure** de constat de carence de la commune, après en avoir informé le maire et l'avoir invité à présenter des observations (CCH art. L 302-9-1, al. 1).

Le préfet peut, par un arrêté motivé, pris après avis du comité régional de l'habitat et de l'hébergement, **prononcer la carence** de la commune. Il consulte, le cas échéant, la commission nationale placée auprès du ministre chargé du logement (CCH art. L 302-9-1-1). Il doit tenir compte de l'écart entre les objectifs fixés et les réalisations constatées, des difficultés éventuellement rencontrées par la commune et des projets de logements sociaux en cours de réalisation (CCH art. L 302-9-1, al. 2).

11185 **Effets du constat de carence** Le constat de carence prononcé par le préfet entraîne les conséquences suivantes :
– le **prélèvement applicable** en cas de non-respect du seuil légal est majoré pour une durée maximale de 3 ans. Le taux de majoration ne peut pas être inférieur au rapport entre le nombre de logements sociaux non réalisés et l'objectif total de réalisation. Le prélèvement majoré ne peut pas excéder 5 fois le prélèvement annuel applicable, dans la limite de 5 % des dépenses de fonctionnement de la commune. Cette dernière limite est relevée à 7,5 % pour les communes dont le potentiel fiscal par habitant est supérieur ou égal à 150 % du potentiel fiscal par habitant médian des communes soumises au prélèvement annuel (CCH art. L 302-9-1, al. 2) ;
– le préfet peut, par **convention,** charger un organisme de **réaliser les opérations de construction ou d'acquisition** des logements locatifs sociaux afin d'atteindre le seuil légal ou les objectifs du PLH. La commune doit participer financièrement à cette réalisation dans

la limite de 50 000 € par logement en Île-de-France et en Provence-Alpes-Côte d'Azur, et de 30 000 € par logement sur le reste du territoire (CCH art. L 302-9-1, al. 6 et 7) ;

– les **permis de construire** et autres autorisations d'urbanisme, dans les secteurs et pour les catégories de constructions et d'aménagements à usage de logements, mentionnés dans l'arrêté de carence, sont délivrés au nom de l'État par le préfet, après avis de la commune (CCH art. L 302-9-1, al. 2 ; C. urb. art. L 422-2, d) ;

– l'**institution ou le rétablissement du droit de préemption urbain** (DPU) relève de la compétence du préfet pour les immeubles affectés ou destinés à être affectés au logement. En cas de caducité du POS, le **DPU** est **maintenu** dans les parties actuellement urbanisées de la commune (C. urb. art. L 211-1, al. 3 et, sur renvoi, L 210-1, al. 2) ;

– l'**exercice du DPU,** ou du droit de **préemption applicable dans les ZAD,** relève du préfet lors de l'aliénation d'un des biens ou droits énumérés aux 1° à 4° de l'article L 213-1 du Code de l'urbanisme, affecté au logement ou destiné à être affecté à une opération ayant fait l'objet de la convention. Le préfet peut déléguer ce droit à un EPCI à fiscalité propre délégataire des « aides à la pierre », à un établissement public foncier de l'État ou local, à l'office foncier de la Corse, à une société d'économie mixte ou un organisme HLM ou à un organisme agréé de maîtrise d'ouvrage concourant aux objectifs de la politique d'aide au logement, comme par exemple une association d'insertion. Par ailleurs, le préfet peut, sur demande motivée de la collectivité territoriale initialement titulaire du droit de préemption et en vue d'un bien précisément identifié, renoncer pour lui-même à l'exercice de ce droit et autoriser cette collectivité à le mettre en œuvre (C. urb. art. L 210-1, al. 2). Il peut également décider, par arrêté motivé, d'appliquer le DPU renforcé sur la totalité ou sur certaines parties de la commune (C. urb. art. L 211-4, al. 6) ;

– tout **programme de construction d'immeubles collectifs** de plus de 12 logements ou de plus de 800 m² de surface de plancher doit comporter, au titre des logements familiaux, au moins 30 % de logements locatifs sociaux, hors logements financés avec un prêt locatif social. Le préfet peut toutefois déroger à cette obligation, sur demande motivée de la commune, pour tenir compte de la typologie des logements situés à proximité de l'opération (CCH art. L 302-9-1-2, al. 1 ; C. urb. art. L 111-24, al. 1).

> **Précisions** **a.** Lorsque la commune dans laquelle se situent des logements sociaux fait l'objet d'un arrêté de **carence sans** avoir conclu un **contrat de mixité sociale,** l'organisme d'HLM propriétaire de ces logements ne peut pas les vendre, sauf au bénéfice d'autres organismes d'HLM (CCH art. L 443-7, al. 2).
> **b.** Lorsqu'une commune demande, par la voie d'un recours de plein contentieux, l'**annulation de l'arrêté préfectoral** prononçant sa carence et lui infligeant un prélèvement majoré, il appartient au juge administratif, saisi de moyens en ce sens, de déterminer si le prononcé de la carence procède d'une erreur d'appréciation des circonstances de l'espèce et, dans la négative, de rechercher si, compte tenu également des circonstances de l'espèce, la sanction retenue est proportionnée à la gravité de la carence et d'en réformer, le cas échéant, le montant (CE 28-10-2022 n° 453414, Cne d'Auvers-sur-Oise).

F. Opérations programmées d'amélioration de l'habitat

PRÉSENTATION GÉNÉRALE

11250 Les opérations programmées d'amélioration de l'habitat (Opah) ont pour vocation le maintien de l'habitat, notamment à vocation sociale, dans les quartiers anciens (CCH art. L 303-1). L'Opah comporte un programme d'action qui précise les engagements de la collectivité territoriale compétente, de l'État et de l'Agence nationale de l'habitat (Anah).

Il existe plusieurs formes d'Opah : l'Opah de droit commun et les Opah renforcées dans les territoires relevant du renouvellement urbain (Opah-RU) ou de la revitalisation rurale (Opah-RR). Une quatrième forme d'Opah, dite « Opah-copropriété » concerne plus spécifiquement les immeubles en copropriété connaissant des problèmes dont l'ampleur et la multiplicité rendent nécessaire une intervention publique (Circ. 2002-68 du 8-11-2002 : BO équipement 2002/22 du 10-12-2002).

> **Précisions** Les **communes rurales** confrontées à des difficultés sociales et économiques peuvent mettre en œuvre une Opah de revitalisation rurale (Opah-RR). Sont concernées les villes de moins de 10 000 habitants qui ne sont pas situées en Île-de-France, dans les zones urbaines ou suburbaines, les zones littorales ou à fort développement touristique (Circ. 2002-68 du 8-11-2002 annexe III : BO équipement 2002/22 du 10-12-2002).

OBJECTIFS DES OPAH

11255 Les Opah ont pour objet la **réhabilitation** du parc immobilier bâti, notamment des copropriétés dégradées. Elles tendent à améliorer l'offre de logements, en particulier locatifs, ainsi qu'à maintenir ou à développer les services de voisinage. Elles sont mises en œuvre dans le respect des équilibres sociaux, de la sauvegarde du droit des occupants et des objectifs du plan départemental d'action pour le logement et l'hébergement des personnes défavorisées, ainsi que, s'il existe, du PLH (CCH art. L 303-1, al. 1).

L'Opah doit s'inscrire dans un projet global d'aménagement des territoires urbains. Il peut s'agir d'un PLH, d'un contrat de ville ou de pays (Circ. Anah 99-04 du 16-12-1999 : BO équipement 2000/1 du 25-1-2000 p. 27).

Une Opah de **renouvellement urbain** (Opah-RU) peut être mise en place sur les territoires urbains qui présentent de graves dysfonctionnements urbains et sociaux nécessitant une action foncière ou immobilière forte (présence significative d'immeubles insalubres ou menaçant ruine, friche urbaine, etc.).

CRÉATION D'UNE OPAH

11260 La réalisation d'une Opah nécessite un diagnostic préalable, le choix de la catégorie d'Opah, la mise en place d'un comité de pilotage et une **concertation** avec les habitants. L'Opah donne lieu à une **convention,** d'une durée de 5 ans au maximum, entre la commune, l'EPCI compétent en matière d'habitat, ou le syndicat mixte qui aurait reçu mandat de ces derniers, l'Anah et l'État. Avant signature, la convention est mise à disposition du public pendant un mois (CCH art. L 303-1, al. 1 et 8).

Cette convention précise (CCH art. L 303-1, al. 2 à 8) :
– le périmètre de l'opération ;
– le montant total des aides susceptibles d'être accordées par l'Anah, l'État et, le cas échéant, la commune ou l'EPCI ou d'autres personnes publiques ou privées, pour l'amélioration de l'habitat, la construction de logements sociaux, l'acquisition de logements en vue de leur amélioration pour un usage locatif social, les baux à réhabilitation et les actions d'accompagnement prévues ;
– les actions d'accompagnement et d'amélioration du cadre de vie prévues par l'État, la commune ou l'EPCI ;
– les actions destinées à assurer le respect de la diversité de la population dans les quartiers, à maintenir le caractère social de l'occupation des logements et à favoriser le maintien sur place des occupants ;
– les actions destinées à assurer le maintien ou l'implantation de services ou d'équipements commerciaux ou artisanaux de proximité.

La convention peut être consultée en mairie pendant sa durée de validité (CCH art. L 303-1, al. 9).

EFFETS

11265 Les études préopérationnelles, ainsi que la conduite des opérations d'amélioration, bénéficient d'**aides majorées** de l'État (Circ. 2002-68 du 8-11-2002 : BO équipement 2002/22 du 10-12-2002). Pendant la durée de l'Opah, des **subventions** majorées de l'Anah peuvent être obtenues par les propriétaires pour le financement des travaux entrepris.

Des dispositions particulières s'appliquent lorsque la poursuite d'une Opah comportant un immeuble ou un ensemble immobilier en **copropriété** nécessite la division du syndicat des copropriétaires ou la création de syndicats secondaires. Le préfet ou l'une des collectivités signataire de la convention d'Opah peut demander au syndic d'inscrire le projet concerné à l'ordre du jour de la prochaine assemblée générale. Un certain nombre de conditions relatives à l'Opah et à l'immeuble en cause doivent être satisfaites. Si l'assemblée générale n'adopte pas le projet, le syndic en informe les signataires de la convention qui pourront saisir le juge. Après expertise, le juge pourra prononcer la scission ou la création de syndicats secondaires (CCH art. L 303-1-1 dans sa rédaction issue de la loi 2024-322 du 9-4-2024).

G. Opérations de revitalisation de territoire

OBJECTIFS DES ORT

11270 Les opérations de revitalisation de territoire (ORT) sont une création de la loi Élan 2018-1021 du 23 novembre 2018. Elles se substituent aux opérations de requalification des quartiers anciens dégradés (ORQAD), antérieurement prévues par l'article L 304-1 du CCH.

Le dispositif des ORT est conçu en faveur des **villes moyennes** dont les quartiers-centres sont touchés par une inadaptation de l'offre de logement, le départ des occupants, ainsi que la disparition des commerces. Il s'inscrit dans le cadre du plan gouvernemental « Action cœur de ville » lancé en décembre 2017.

Les ORT permettent la mise en œuvre d'un **projet global de territoire** destiné à adapter et moderniser le parc de logements et de locaux commerciaux ou artisanaux, ainsi que le tissu urbain de ce territoire. Il s'agit d'améliorer l'attractivité des quartiers concernés, de lutter contre la vacance des logements et des locaux commerciaux ou artisanaux, ainsi que contre l'habitat indigne, de réhabiliter l'immobilier de loisirs, de valoriser le patrimoine bâti et de réhabiliter les friches urbaines (CCH art. L 303-2, I-al. 1).

L'ORT peut donner lieu à l'institution du droit de **préemption** urbain renforcé, ainsi qu'à celle du droit de préemption sur les fonds artisanaux, les fonds de commerce, les baux commerciaux et les terrains faisant l'objet d'un projet d'aménagement commercial. L'un et l'autre droits peuvent être délégués (CCH art. L 303-2, III-al. 16 et, sur renvoi, C. urb. art. L 211-2-3 et L 214-1-1).

Les EPCI, chargés de créer, d'aménager et de gérer les **zones d'activité économique** (ZAE) situées sur les territoires des secteurs d'intervention des ORT, devaient établir un inventaire de ces zones pour le 22 août 2022. Lorsque l'état de dégradation ou l'absence d'entretien d'un local inventorié compromet la réalisation d'une opération d'aménagement ou de restructuration de la zone d'activité, le préfet, le maire ou le président de l'EPCI peut mettre en demeure le propriétaire de réhabiliter le local concerné. Une procédure d'expropriation peut être engagée si le propriétaire ne manifeste pas, dans un délai de 3 mois, l'intention de se conformer à la mise en demeure ou si les travaux de réhabilitation ne débutent pas dans le délai d'un an (C. urb. art. L 300-8, L 318-8-1 et L 318-8-2).

CONVENTION ORT

L'opération de revitalisation de territoire donne lieu à une convention conclue entre l'État, **11275**
ses établissements publics intéressés, un EPCI à fiscalité propre et tout ou partie des communes membres, ainsi que toute personne publique ou tout acteur privé susceptible d'apporter son soutien ou de prendre part à la réalisation des opérations prévues par la convention (CCH art. L 303-2, I-al. 2).

Celle-ci définit le **projet urbain,** économique et social de revitalisation du territoire concerné.

La convention délimite le **périmètre des secteurs d'intervention,** parmi lesquels figure, en principe, le centre-ville de la ville principale appartenant à l'EPCI. Ce périmètre peut également inclure un ou plusieurs centres-villes d'autres communes membres de l'EPCI, ainsi que des parties déjà urbanisées de toute commune membre (CCH art. L 303-2, II-al. 1).

Toutefois, une ORT peut être conclue sur le périmètre d'une ou de plusieurs communes membres d'un EPCI sans intégrer la ville principale de cet établissement. Cette dérogation doit être accordée par le préfet, sous réserve de répondre à deux conditions (CCH art. L 303-3) :
– une situation de discontinuité territoriale ou d'éloignement par rapport à la ville principale de l'EPCI ;
– l'identification, au sein du périmètre concerné, d'une ou de plusieurs villes présentant des caractéristiques de centralité, appréciées notamment au regard de la diversité des fonctions urbaines exercées en matière d'équipements et de services vis-à-vis des communes alentour.

La convention précise, outre sa durée, le **calendrier des actions** prévues et leur répartition dans les différents secteurs d'intervention. Elle prévoit également les conditions dans lesquelles ces actions peuvent être déléguées à un ou plusieurs opérateurs (CCH art. L 303-2, II).

Par ailleurs, la convention ORT comprend tout ou partie des actions d'amélioration de l'habitat qui doivent être prévues par la convention à laquelle donne lieu une Opah. Si elle comprend les 5 éléments que doit préciser la **convention Opah** (voir n° 11260), la convention ORT se substitue à la convention Opah (CCH art. L 303-2, III).

> Précisions **a.** La convention ORT peut comporter l'engagement pris par les autorités compétentes d'apporter aux **documents d'urbanisme** approuvés ou en cours d'approbation les **modifications** nécessaires à la mise en œuvre des plans, projets ou actions qu'elle prévoit (CCH art. L 303-2, III-10°).

b. Dans les secteurs d'intervention des ORT, l'autorité compétente pour délivrer le permis de construire peut apporter certaines **dérogations** au **règlement du PLU.** Celles-ci doivent contribuer à la revitalisation du territoire, faciliter le recyclage et la transformation des zones déjà urbanisées et lutter contre la consommation des espaces naturels, agricoles et forestiers (voir n° 3374).

c. Les **conventions de mise en œuvre des ORQAD** (opérations de requalification des quartiers anciens dégradés) conclues avant le 25 novembre 2018 demeurent en vigueur. Les ORQAD

concernées peuvent être transformées en ORT dans le cadre d'un avenant à la convention initiale (Loi Élan 2018-1021 du 23-11-2018 art. 157, VI).

d. Dans les secteurs d'intervention délimités par la convention ORT, l'Agence nationale de la cohésion des territoires (ANCT) a pour mission de favoriser l'aménagement et la restructuration des **espaces commerciaux et artisanaux** (voir n° 20300, Précisions).

e. Dans les secteurs d'intervention délimités par la convention ORT les projets qui devraient être soumis à la délivrance d'une **autorisation d'exploitation commerciale** peuvent en être dispensés (voir n° 20682). Sur le territoire des communes signataires de la convention, mais en dehors des secteurs que celle-ci délimite, le préfet a le pouvoir de suspendre l'enregistrement et l'examen par la commission d'aménagement commercial des demandes d'autorisation relatives à certains projets (voir nos 20685 s.).

CONCESSIONS D'AMÉNAGEMENT ORT

11277 Un contrat conclu dans les mêmes formes qu'une concession d'aménagement (voir nos 29420 s.) peut, dans les secteurs d'intervention délimités par la convention ORT, confier à une personne y ayant vocation la réalisation (C. urb. art. L 300-9, al. 1 et, sur renvoi, CCH art. L 303-2, III-6°, 8° et 9°) :

– des actions ou opérations d'aménagement contribuant à l'aménagement des espaces et des équipements publics de proximité, tout en prenant en compte les problèmes d'accessibilité, de desserte des commerces et des locaux artisanaux de centre-ville et les problèmes de mobilité, ainsi que l'objectif de localisation des commerces en centre-ville ;

– des actions destinées à moderniser ou à créer des activités ou des animations économiques, commerciales, artisanales, touristiques ou culturelles, sous la responsabilité d'un opérateur ;

– des actions ou opérations favorisant, notamment en centre-ville, la création, l'extension, la transformation ou la reconversion de surfaces commerciales ou artisanales.

© Ed. Francis Lefebvre

TITRE II

Occupation ou utilisation individuelle du sol

© Ed. Francis Lefebvre

CHAPITRE 1

CERTIFICAT D'URBANISME

SOMMAIRE

CARACTÉRISTIQUES DU CERTIFICAT D'URBANISME

12300 Le certificat d'urbanisme, document administratif de renseignements sur la situation d'urbanisme d'un immeuble donné (appelé à l'origine « note de renseignements »), est né d'une circulaire du 13 décembre 1950 et a d'abord servi de base à des actions en responsabilité contre les notaires qui omettaient de se munir de cette note de renseignements et contre l'administration qui la délivrait de manière incomplète ou erronée.

C'est la loi 71-581 du 16 juillet 1971 qui a fait du certificat d'urbanisme un **acte administratif** à part entière, conférant des garanties aux administrés. Depuis le **1er octobre 2007** son statut résulte de l'ordonnance 2005-1527 du 8 décembre 2005 complétée par le décret 2007-18 du 5 janvier 2007 (C. urb. art. L 410-1 et R 410-1 s.). Seul ce statut est exposé ci-après.

12305 Il convient de distinguer le **certificat d'information générale** (ou simple), qui se borne à indiquer le régime juridique auquel le terrain est soumis (C. urb. art. L 410-1, a), et le **certificat opérationnel** (ou détaillé), qui précise en outre si un projet déterminé, mentionné dans la demande, peut être réalisé sur ce terrain (C. urb. art. L 410-1, b).

Le certificat d'urbanisme, positif ou négatif, n'est jamais, en lui-même, une autorisation ou un refus d'autorisation : il n'est qu'un **document d'information.** Son objet n'est pas d'autoriser une construction ou la réalisation d'une opération d'urbanisme sur le terrain pour lequel il est délivré (Avis CE 13-10-2000 no 223297 : JO 9-11 p. 17752 ; Cass. 1e civ. 9-6-2010 no 09-12.995 : RJDA 11/10 no 1122). Aucune disposition législative ou réglementaire n'impose d'ailleurs de l'obtenir avant de demander une autorisation d'urbanisme (CE 4-7-1986 no 60754, Cne de La Neuville-en-Hez : Dr. adm. 1986 no 446).

Un certificat d'urbanisme « **positif** », s'il peut conférer certains droits acquis, n'apporte aucune certitude de l'obtention ultérieure du permis de construire. À l'inverse, un certificat d'urbanisme « **négatif** » peut être suivi de cette obtention (pour un refus de permis malgré un certificat positif, voir CE 11-2-1987 no 47195, Sté Négofia Investissements : Lebon p. 39 et CE 11-10-1989 no 73750 : AJDA 1990 p. 114 ; pour la situation inverse, CE 13-2-1987 no 55073).

Sur la notion de certificat positif ou négatif, voir nos 12450 et 12460.

ANCIENNE NOTE DE RENSEIGNEMENTS D'URBANISME

12310 **Depuis le 1er octobre 2007,** la note de renseignements d'urbanisme ne peut plus être officiellement sollicitée et obtenue car son formulaire de demande a été supprimé. Elle est « avantageusement » remplacée par le certificat d'urbanisme d'information générale (Rép. Nicolin : AN 11-3-2008 no 13317), ce qui paraît douteux lorsque ce certificat est délivré tacitement (voir no 12370). Les communes ne sont donc nullement tenues par le Code de l'urbanisme de répondre aux questionnaires d'information relatifs à l'état des réseaux publics et au classement de terrains qui leur sont encore adressés par certains notaires (Rép. Leroy : Sén. 19-4-2012 no 15795 ; Rép. Fromantin : AN 27-8-2013 no 25914).

L'ancienne note de renseignements était plus particulièrement adaptée à la mutation d'un immeuble bâti sans modification de son état (Circ. 73-217 du 31-12-1973 : BO équipement 73/103 bis ; Circ. 85-27 du 22-4-1985 : BO équipement 85/20). En principe délivrée « rapidement » (aucun délai n'était fixé), elle n'avait pas pour **objet** de se prononcer sur la constructibilité du terrain. Il s'agissait d'un acte purement informatif précisant les dispositions d'urbanisme et les limitations administratives au droit de propriété intéressant l'immeuble (servitudes d'utilité publique, existence d'une zone de préemption, d'une zone d'aménagement concerté, d'un emplacement réservé, etc.). À la différence du certificat d'urbanisme, elle ne conférait aucun droit et aucune garantie pour l'avenir, les renseignements donnés étant valables au moment où elle était délivrée (Rép. Jacquat : AN 10-5-1999 n° 24692). En l'absence de « droits acquis », la note de renseignements ne pouvait pas être déférée au juge. Mais elle pouvait engager la **responsabilité** de ses auteurs en cas d'erreur ou d'omission portant préjudice direct au vendeur ou à l'acquéreur.

A. Délivrance du certificat d'urbanisme

PRÉSENTATION DE LA DEMANDE

12340 **Toute personne peut** demander un certificat d'urbanisme, même en l'absence de tout droit sur le terrain.

Plusieurs demandes de certificats d'urbanisme peuvent être déposées **simultanément** pour un même terrain ; elles doivent alors être instruites en même temps (Rép. Raybaud : Sén. 18-10-1974 n° 14928). Il est également possible de demander **successivement** plusieurs certificats d'urbanisme pour un même terrain. Chaque demande est alors instruite indépendamment et les certificats successifs sont autant d'actes administratifs distincts. Le nouveau certificat n'est pas une décision confirmative du certificat antérieurement délivré (CE 3-2-1984 n° 38793 : Lebon p. 42 ; CE 17-10-2007 n° 294964, Cne d'Arronville). Le certificat d'urbanisme a un **caractère réel** de sorte qu'un tiers peut bénéficier de ses effets (voir n° 12550).

12345 **Contenu de la demande** La demande doit être présentée à peine d'irrecevabilité sur un **imprimé** défini par arrêté ministériel (C. urb. art. R 410-21). Il s'agit du formulaire Cerfa 13410 disponible auprès des mairies, des DDT ou DDTM et sur internet « http://www.service-public.fr/ » (C. urb. art. A 410-1). Le contenu de la demande est fixé par l'article R 410-1 du Code de l'urbanisme ; le dossier est complet s'il est ainsi présenté et l'administration ne saurait exiger la production d'autres pièces, comme un devis pour les travaux d'alimentation électrique du terrain (Rép. Pistre : AN 14-7-1980 n° 29364). Il y a tout lieu pour le demandeur de veiller au **caractère complet** de sa demande dans la mesure où rien n'impose à l'administration de solliciter du demandeur les éventuelles pièces manquantes (TA Toulon 12-6-2014 n° 1202027). Mais le certificat d'urbanisme délivré au vu d'un dossier incomplet n'est pas illégal si l'omission dans le dossier n'a pas induit l'administration en erreur (CE 22-7-2020 n° 428023, Association Sauvegarde des Boutets : BPIM 5/20 inf. 300).

La demande mentionne l'**identité** du **demandeur,** la localisation, la superficie et les références cadastrales du **terrain** ainsi que le type de certificat sollicité. Un plan de situation permettant de localiser le terrain dans la commune est joint à la demande (C. urb. art. R 410-1, al. 1). Ce plan précise son échelle et l'orientation du terrain par rapport au nord (C. urb. art. A 410-2).

Lorsque la demande concerne un **certificat opérationnel,** le dossier doit comprendre en outre une note descriptive succincte de l'opération envisagée. Si elle comporte la construction de bâtiments, la destination et la sous-destination de ceux-ci et leur localisation approximative dans l'unité foncière doivent être indiquées. Dans le cas où des constructions existent déjà sur le terrain, un plan doit faire apparaître leur emplacement (C. urb. art. R 410-1, al. 2).

12350 **Dépôt de la demande** La demande doit être adressée au maire de la commune dans laquelle le terrain est situé (C. urb. art. R 410-3, al. 1). Le dossier doit être établi en 2 **exemplaires** pour le certificat d'information générale, en 4 exemplaires pour le certificat opérationnel (C. urb. art. R 410-2).

Le maire affecte à la demande un **numéro d'enregistrement** mais ne délivre pas obligatoirement de **récépissé,** comme c'est le cas en matière d'autorisations d'urbanisme, et ce alors même qu'un certificat d'urbanisme est susceptible de naître tacitement. Il incombe donc au demandeur de se ménager la preuve du dépôt d'une demande (par exemple, par lettre recommandée avec accusé de réception) pour déterminer la date de naissance d'un éventuel certificat tacite.

La demande peut être formulée par **voie électronique.** Dans un tel cas, l'accusé de réception électronique comporte, outre diverses mentions (CRPA art. R 112-11-1), le numéro d'enregistrement (C. urb. art. R 410-3, al. 2). Sur les échanges par voie électronique : voir nº 14297.

Lorsque la demande concerne un certificat opérationnel, le maire procède aux **transmissions** nécessaires à l'instruction du dossier. Selon le cas, peuvent être destinataires d'un ou plusieurs exemplaires du dossier : le préfet, le président de l'EPCI, le service départemental de l'architecture et du patrimoine, l'architecte des Bâtiments de France, le directeur de l'établissement public du parc national. Le délai de transmission est d'une semaine à compter de la réception du dossier (C. urb. art. R 423-9 à R 423-13, sur renvoi de art. R 410-3, al. 3).

INSTRUCTION DE LA DEMANDE

Autorité compétente Si la **commune** est **dotée d'un plan local d'urbanisme** (ou d'un document en tenant lieu, comme un PSMV) ou d'une carte communale dans les conditions définies nº 13905, le maire est en principe compétent pour instruire et délivrer les certificats d'urbanisme au nom de la commune. Si la commune a délégué sa compétence à un EPCI, les certificats sont alors instruits et délivrés au nom de l'EPCI par le président de l'EPCI (C. urb. art. L 422-1, sur renvoi de L 410-1). 12355

Si la **commune** n'est **pas dotée d'un tel document d'urbanisme,** la procédure relève des services de l'État : instruction par la DDT ou DDTM et délivrance par le maire au nom de l'État, voire par le préfet (C. urb. art. L 422-1, sur renvoi de L 410-1). Sur l'ensemble de la question, voir nºs 13900 s.

> **Précisions** **a.** Les communes et EPCI compétents qui ne disposent pas des services suffisants pour instruire les demandes de certificats d'urbanisme peuvent, par convention, confier les actes de l'instruction aux services d'une collectivité territoriale ou d'un groupement de collectivités, à un syndicat mixte ne constituant pas un groupement de collectivités, à une agence départementale ou aux services de l'État (C. urb. art. R 410-5). La mise à disposition des services de l'État n'est gratuite que pour les communes de moins de 10 000 habitants ne faisant pas partie d'un établissement public de coopération intercommunale regroupant 10 000 habitants ou plus, ou pour les EPCI regroupant des communes dont la population totale est inférieure à 10 000 habitants (C. urb. art. L 422-8, sur renvoi de R 410-5).
>
> **b.** La délivrance du certificat d'urbanisme ne procédant pas d'une compétence liée, mais impliquant, même en secteur constructible, un certain pouvoir d'appréciation, le moyen tiré de l'incompétence du signataire de ce certificat est opérant (CAA Lyon 13-7-1993 nº 92-888, Cne de Divonne-les-Bains : D. 1993 IR p. 224).
>
> **c.** À la différence de ce qui est prévu en matière d'autorisations d'urbanisme (C. urb. art. L 423-1 al. 8), l'autorité compétente en matière de certificats d'urbanisme ne peut pas déléguer l'instruction à des prestataires privés.

Consultations Lorsque le **certificat est délivré au nom de l'État,** l'avis du maire (ou du président de l'EPCI) doit parvenir au directeur départemental des territoires et de la mer dans les 15 jours du dépôt de la demande s'il s'agit d'un certificat simple ou dans le délai d'un mois s'il s'agit d'un certificat opérationnel. Passé ce délai, le maire ou le président est réputé n'avoir aucune observation à formuler (C. urb. art. R 410-6). 12360

Lorsque le **certificat est délivré au nom d'un EPCI,** le maire doit donner son avis au président de l'établissement dans les mêmes conditions de délai. Le silence vaut absence d'observations (C. urb. art. R 410-7).

Lorsque le **maire ou le président de l'EPCI est compétent** pour délivrer le certificat, il peut solliciter l'avis du préfet lorsque le terrain est situé sur une partie du territoire communal non couverte par une carte communale, un PLU (ou un document en tenant lieu) ou lorsqu'une demande d'autorisation concernant le terrain est susceptible de faire l'objet d'un sursis à statuer. Mais à la différence de ce qui est prévu en matière d'autorisations d'urbanisme (C. urb. art. L 422-5), le maire ou le président de l'EPCI n'est pas lié par l'avis du préfet (CAA Nantes 17-7-2020 nº 19NT01520 : BPIM 5/20 inf. 299).

Pour les demandes de **certificats opérationnels,** le service instructeur consulte, s'il y a lieu, les autres autorités ou services intéressés. Les autorités consultées doivent répondre dans le mois qui suit leur saisine. Leur silence vaut avis réputé favorable. 12365

Sont ainsi consultés, le cas échéant, les services habilités à demander que soient prescrites les contributions d'urbanisme ainsi que les services gestionnaires de la voie et des réseaux publics (C. urb. art. R 410-10).

> **Précisions** L'absence d'une consultation obligatoire ne rend illégal le certificat d'urbanisme que si cette omission a exercé une influence sur le sens de la décision et a privé les requérants d'une garantie (CAA Nantes 10-7-2015 nº 14NT01922 sur la consultation du gestionnaire du réseau d'eau potable ; CAA Nantes 21-7-2014 nº 12NT02189, Cne de Saint-Philibert, sur la consultation du gestionnaire de la voirie).

DÉLIVRANCE DU CERTIFICAT D'URBANISME

12370 **Délai** Le délai d'instruction est fixé à un mois pour le certificat d'information générale et à 2 mois pour le certificat opérationnel (C. urb. art. R 410-9 et R 410-10). Le délai court à compter de la réception de la demande en mairie.

En ce qui concerne le **certificat d'information générale,** à défaut de notification d'une réponse dans ce délai, le demandeur obtient un certificat d'urbanisme tacite (C. urb. art. R 410-12). Par définition, ce certificat tacite ne donne aucune information, son seul effet est de **cristalliser** les dispositions d'urbanisme applicables, voir n° 12550.

En ce qui concerne le **certificat opérationnel,** d'après les articles L 410-1, R 410-10 et R 410-12 du Code de l'urbanisme combinés, si l'administration ne répond pas dans les 2 mois, le demandeur obtient un certificat opérationnel tacite dont le seul effet est de cristalliser les dispositions d'urbanisme applicables. Si les décrets relatifs aux exceptions au principe « silence de l'administration vaut acceptation » visent le certificat d'urbanisme opérationnel (Décret 2014-1299 du 23-10-2014 ; Décret 2015-1461 du 10-11-2015) et semblent faire disparaître de l'ordonnancement juridique la possibilité pour le demandeur d'obtenir un certificat tacite en l'absence de réponse de l'administration, il peut raisonnablement être affirmé, à la lecture de la jurisprudence (CE 18-12-2017 n° 380438 : BPIM 1/18 inf. 12), que la décision de rejet de la demande née du silence de l'administration ne concerne que le caractère réalisable de l'opération, sans préjudice du bénéfice de la cristallisation, voir n° 12551.

12375 **Notification** Le certificat d'urbanisme exprès est notifié au **demandeur** par l'administration (C. urb. art. R 410-11 et R 410-16). Sur la notification par voie électronique, voir n° 14297. Si le certificat est délivré au nom d'un EPCI, le **maire** doit en recevoir une copie (C. urb. art. R 410-20).

Lorsqu'il est délivré par la commune ou l'EPCI, le certificat d'urbanisme produit ses effets stabilisateurs dès sa notification, sans qu'ait d'incidence à cet égard le respect des conditions de publicité et de transmission au préfet imposées par les dispositions du Code général des collectivités territoriales pour qu'un tel acte devienne exécutoire (CGCT art. L 2131-1 et L 2131-2 ; CE 18-11-2024 n° 476298, Sté Panorama : BPIM 1/25 inf. 10). Le demandeur est informé de la date à laquelle la décision et le dossier ont été transmis au préfet (C. urb. art. R 410-19). Cette transmission fait courir le délai de 2 mois dont le préfet dispose pour déférer l'acte devant le tribunal administratif au titre du contrôle de légalité. La généralisation de l'interface entre la plateforme des autorisations d'urbanisme (PLAT'AU) et le système @CTES permet, pour les certificats exprès, une continuité entre leur délivrance et l'envoi numérisé au contrôle de légalité (Arrêté TREB2231535A du 24-2-2023).

12380 **Publicité** Le certificat d'urbanisme ne fait l'objet d'aucune publicité, ni sur le terrain concerné ni en mairie.

B. Contenu du certificat d'urbanisme

DUALITÉ DU CERTIFICAT D'URBANISME

12450 Le **certificat d'urbanisme d'information générale** ou simple indique la situation du terrain au regard des dispositions d'urbanisme et des limitations administratives au droit de propriété, il précise la liste des taxes et participations d'urbanisme applicables. Ce certificat ne se prononce pas sur la constructibilité du terrain, il n'est ni positif ni négatif (CAA Nantes 21-6-2005 n° 04-562 : BPIM 6/05 inf. 373).

Le **certificat d'urbanisme opérationnel** indique en outre si le terrain peut être utilisé pour réaliser l'opération déterminée décrite dans la demande. Ce certificat peut être positif ou négatif.

CONTENU OBLIGATOIRE DE TOUT CERTIFICAT D'URBANISME

12455 Le certificat d'urbanisme exprès, qu'il soit de simple information ou opérationnel, indique (C. urb. art. L 410-1, al. 4) :

– les **dispositions d'urbanisme** applicables au terrain : il s'agit selon le cas des dispositions du RNU ou du document local d'urbanisme (PLU, PAZ, PSMV ou carte communale). Un simple renvoi à ces documents n'est pas suffisant. Le certificat doit indiquer si le terrain est compris dans une ZAC ou un lotissement et en préciser les conséquences. Le cas

© Éd. Francis Lefebvre

échéant, il doit mentionner la nécessité d'obtenir l'avis ou l'accord d'un service de l'État et la possibilité pour l'administration d'opposer un sursis à statuer à l'occasion d'une déclaration préalable ou d'une demande de permis ultérieure en précisant quelle circonstance au sens de l'article L 424-1 du Code de l'urbanisme permettrait d'opposer ce sursis à statuer (C. urb. art. L 410-1, al. 5 ; CAA Lyon 20-2-2024 n° 22LY03400, insistant sur la nécessité de motiver précisément le sursis à statuer : BPIM 2/24 inf. 92). Un sursis à statuer non annoncé peut rendre le certificat illégal mais ne rend plus pour autant la décision de sursis illégale (CE 3-4-2014 n° 362735, Cne de Langolen ; CE 6-7-1994 n° 122470, Min. équipement : Petites affiches du 11-12-1995 p. 8). Le certificat doit aussi signaler l'existence d'une zone de préemption (C. urb. art. R 410-15) ;
– les **limitations administratives au droit de propriété** : le certificat doit mentionner les servitudes d'utilité publique affectant l'utilisation du sol et notamment celles figurant sur une liste annexée au PLU (nos 75 et 3080) ;
– la liste des **taxes et participations d'urbanisme** applicables au terrain (voir toutefois n° 12550, Précisions dans le cas particulier des certificats en cours de validité au 1er mars 2012) ;
– les informations en matière de **pollution des sols** : le certificat doit mentionner si le terrain est situé sur un site répertorié sur la carte des anciens sites industriels et activités de services ou sur un ancien site industriel ou de service non répertorié dont le service instructeur a connaissance. Le certificat doit aussi indiquer si le terrain est situé dans un secteur d'information sur les sols (SIS) (C. urb. art. R 410-15-1).

MENTIONS COMPLÉMENTAIRES DU CERTIFICAT OPÉRATIONNEL

Le certificat opérationnel est délivré lorsque le demandeur a fait état d'une opération en précisant sa nature ainsi que la localisation approximative et la destination des bâtiments projetés (C. urb. art. L 410-1, b). Il comporte les mêmes mentions que le certificat d'information générale mais indique en outre si le terrain peut être utilisé pour la réalisation de l'opération déterminée. Il mentionne l'état des équipements publics existants ou prévus (C. urb. art. A 410-5) : il s'agit de l'état de viabilité du terrain, c'est-à-dire de la desserte par les voies et réseaux et, notamment, les réseaux publics de distribution d'eau, d'assainissement et d'électricité. 12460

Si l'opération peut se réaliser, le certificat est **positif.** L'accord de l'administration sur la réalisation de l'opération porte exclusivement sur la localisation approximative des bâtiments, leur destination et leur sous-destination, ainsi que sur les modalités de desserte par les équipements publics existants ou prévus (C. urb. art. R 410-13).

L'accord peut être assorti de **prescriptions,** la décision doit alors être motivée.

Si l'opération n'est pas réalisable, le certificat est **négatif.** Le certificat négatif doit être motivé (C. urb. art. A 410-5, al. 3). En pratique, il doit énoncer les motifs tirés des dispositions d'urbanisme, des limitations administratives au droit de propriété ou des conditions de desserte par les équipements publics qui s'opposent à la réalisation de l'opération.

› Précisions a. Alors même que la **méconnaissance des règles du POS** relatives à la hauteur des constructions et la mauvaise intégration du projet dans les espaces environnants sont susceptibles de justifier un refus de permis de construire, ces motifs ne peuvent pas valablement fonder la délivrance d'un certificat d'urbanisme opérationnel négatif, ce document ne portant que sur la localisation approximative du ou des bâtiments dans l'unité foncière, leur destination et sur les modalités de desserte par les équipements publics existants ou prévus (TA Strasbourg 29-11-2011 n° 0802491, Sté Cofinance : AJDA 2012 p. 344). De même, le non-respect d'une orientation d'aménagement et de programmation du **PLU** fixant une proportion de logements sociaux ne justifie pas la délivrance d'un certificat d'urbanisme négatif (CE 28-9-2020 n° 426961 : BPIM 6/20 inf. 368). A l'inverse, la délivrance d'un certificat d'urbanisme négatif se justifie quand un projet porte sur la construction de 6 maisons d'habitation sur une parcelle de 1 330 m² qui en compte déjà une alors que le règlement du PLU, éclairé par le rapport de présentation, s'oppose à une densification excessive de l'habitat dans le secteur concerné, et donc à un tel projet (CE 11-5-2023 n° 462554). De même, un certificat d'urbanisme mentionnant que la desserte du projet ne présente pas des conditions de sécurité suffisantes et précisant que la configuration du terrain serait de nature à porter atteinte à la **sécurité publique** s'agissant de la distance et des moyens d'accessibilité des engins de secours est suffisamment motivé (CAA Lyon 17-5-2016 n° 15LY00280).

b. Quelle que soit la réponse apportée par l'autorité compétente sur la possibilité de réaliser ou non le projet sur le terrain (au cas d'espèce, la commune arguait à bon droit de l'impossibilité d'implanter une maison d'habitation en zone agricole), le certificat doit être annulé s'il ne mentionne pas l'état des **équipements publics** existants ou prévus (CAA Bordeaux 19-3-2015 n° 13BX03091 : BPIM 3/15 inf. 154).

C. Effets du certificat d'urbanisme

CRISTALLISATION DU DROIT APPLICABLE

12550 **Principe** Si une demande d'autorisation ou une déclaration préalable est déposée pendant le délai de validité d'un certificat d'urbanisme et respecte les dispositions d'urbanisme qui existaient à la date de ce certificat, celles-ci ne peuvent pas être remises en cause. Il en est de même du régime des taxes et participations d'urbanisme applicables au terrain ainsi que des limitations administratives au droit de propriété applicables au terrain, à l'exception de celles ayant pour objet la préservation de la sécurité ou de la salubrité publique (C. urb. art. L 410-1, al. 4). Le droit de préemption urbain instauré après la délivrance d'un certificat d'urbanisme ne peut pas être appliqué en cas de vente du terrain concerné pendant la durée de validité du certificat (Rép. Sueur : Sén. 12-9-2013 nº 3713).

Cet effet stabilisateur des énonciations du **certificat d'urbanisme simple ou opérationnel** concerne les dispositions réellement applicables au terrain à la date du certificat, que ces dispositions y aient ou non été mentionnées. Autrement dit, le certificat d'urbanisme permet un droit à la cristallisation des règles légalement applicables à la date de sa délivrance et non un droit à la cristallisation de son contenu (CE 18-12-2017 nº 380438 : BPIM 1/18 inf. 12). Ainsi, un certificat ne mentionnant pas la **faculté de surseoir à statuer** est certes illégal (voir nº 12455) mais il ne fait pas obstacle à ce que l'autorité compétente oppose un sursis à statuer à une déclaration préalable ou à une demande de permis ultérieure concernant le terrain objet du certificat d'urbanisme (CE 3-4-2014, nº 362735, Cne de Langolen : BPIM 3/14 inf. 156). Lorsqu'un certificat d'urbanisme a été délivré et qu'un sursis a été opposé à la demande de permis de construire ultérieure au motif que la demande serait de nature à compromettre ou à rendre plus onéreuse l'exécution du futur PLU (C. urb. art. L 153-11, al. 3), l'autorité compétente peut appliquer le nouveau PLU si, à l'expiration du sursis, il est entré en vigueur (CE 11-10-2017 nº 401878 ; CE 10-7-1987 nº 63010, Min. de l'urbanisme : Leb. p. 266). Si le PLU a déjà été approuvé à la date de la demande de permis, un refus de permis fondé sur ses dispositions peut être opposé (CE 18-12-2017 nº 380438 : BPIM 1/18 inf. 12).

Le certificat d'urbanisme a un **caractère réel** en ce sens que les droits conférés pendant sa durée de validité par les indications qu'il porte ne sont pas réservés au titulaire de cet acte mais bénéficient à toute personne qui sollicite la délivrance d'une autorisation d'urbanisme en vue de la réalisation d'un projet sur le terrain en cause (CE 15-12-2015 nº 374026 : BPIM 1/16 inf. 11).

Un certificat mentionnant des **dispositions erronées,** pas encore en vigueur ou pas légalement applicables à la date de sa délivrance ne confère pas de droits acquis (CE 4-11-1994 nº 102929, SCI Le Parc de Vaugien : BJDU 6/94 p. 30 ; CE 11-2-2004 nº 212855, Sté France Travaux : BPIM 4/04 inf. 199). Le titulaire d'un certificat d'urbanisme n'a donc pas la certitude qu'il se verra appliquer les dispositions indiquées dans le certificat, mais une erreur de l'auteur du document serait de nature à engager la responsabilité de l'administration (voir nº 12660).

En pratique, un **certificat opérationnel positif** ou **négatif** a les mêmes effets qu'un certificat simple (CE 18-12-2017 nº 380438). Certes l'accord ou le désaccord de l'administration sur la réalisation de l'opération porte sur la localisation approximative des bâtiments, leur destination et sur les modalités de desserte par les équipements publics existants ou prévus, mais un certificat positif n'exclut pas un refus de permis (tout comme un certificat négatif n'exclut pas la délivrance d'un permis). En outre, l'autorité compétente n'est pas liée par les mentions du certificat relatives à l'état des équipements existants ou prévus. Elle doit tenir compte des équipements existants à la date à laquelle elle statue (CE 13-12-1996 nº 119548 : BPIM 2/97 inf. 97). En cas d'erreur dans la délivrance du certificat, un recours indemnitaire contre l'administration est possible.

Les effets de la délivrance d'un **certificat tacite simple** sont limités à la cristallisation des règles applicables (C. urb. art. R 410-12).

> Précisions **a.** Le certificat d'urbanisme peut profiter à une **demande d'autorisation en cours d'instruction,** sans même que le pétitionnaire n'ait à en faire la demande expresse, ce qui fait peser sur l'administration l'obligation de vérifier l'existence d'un certificat en cours de validité (CE 15-12-2015 nº 374026 : BPIM 1/16 inf. 11).

b. Le pétitionnaire peut se prévaloir de l'effet stabilisateur du certificat d'urbanisme dès lors qu'il dépose sa **demande d'autorisation d'urbanisme** dans le délai légal de dix-huit mois, sans qu'ait d'incidence à cet égard que sa demande soit **complétée** au-delà de l'expiration du délai de validité du certificat (CE 18-11-2024 nº 476298, Sté Panorama : BPIM 1/25 inf. 11).

c. La cristallisation n'empêche pas l'autorité administrative d'examiner une demande d'autorisation d'urbanisme au regard de règles d'urbanisme postérieures à la date du certificat d'urbanisme dans le cas où le projet serait conforme à ces **règles nouvelles** sauf si elles ne sont pas dissociables d'autres règles d'urbanisme applicables à la date de délivrance du certificat que l'autorité administrative aurait déjà prise en compte lors de l'examen de la demande (CAA Nantes 29-12-2017 n° 16NT01961).

d. Un certificat d'urbanisme peut, de par son effet cristallisateur, tenir en échec une décision de sursis à statuer opposée ultérieurement à une demande de permis si, à la date de délivrance du certificat, la **procédure d'élaboration ou de révision du PLU** n'était pas suffisamment avancée (CAA Bordeaux 25-10-2018 n° 16BX04265 ; CAA Marseille 2-12-2019 n° 18MA04572 ; TA Bordeaux, 15-10-2020 n° 1990793). Commet d'ailleurs une erreur de droit la cour qui se fonde sur la circonstance qu'à la date de prorogation du certificat d'urbanisme, le projet de PLU serait suffisamment avancé pour que soit opposé un sursis à statuer, alors qu'il lui revenait de rechercher si la possibilité d'opposer un sursis existait à la date de la délivrance du certificat d'urbanisme initial (CE 27-7-2022 n° 451788, Sté Le Parc de Chavaray). **À l'inverse,** le fait que le débat sur PADD ait eu lieu 7 mois avant la délivrance du certificat d'urbanisme permet de regarder l'état d'avancement de l'élaboration du PLU comme suffisamment avancé pour apprécier si le projet serait de nature à compromettre le futur plan. En l'occurrence, en se fondant sur le projet de PADD, la cour relève qu'en l'espèce le terrain d'assiette du projet serait situé au-delà des franges urbaines, dans de futures zones agricoles ou naturelles, justifiant le sursis à statuer (CAA Marseille 17-09-2019 n° 17MA05089). La fermeture de la faculté de sursis à statuer par l'administration en cas de simple modification du PLU (CE 28-01-2021 n° 433619, Sté Denali Consulting ; BPIM 2/21 inf. 101) apparaît confirmer qu'un certificat d'urbanisme délivré en amont de l'approbation de ladite modification cristallise efficacement les anciennes règles légalement applicables.

e. Lorsque le juge annule un **refus opposé à une demande de permis de construire** présentée dans les 18 mois de la délivrance d'un certificat d'urbanisme, le pétitionnaire conserve le bénéfice de l'effet cristallisateur du certificat lors du réexamen de sa demande (CE 24-11-2021 n° 437375, Sté Dai Muraille : BPIM 1/22 inf. 9).

f. Les dispositions d'un **plan de prévention des risques** peuvent être opposées à tout moment au demandeur d'un permis de construire bénéficiaire d'un certificat d'urbanisme positif. Il en va de même de l'article R 111-2 du Code de l'urbanisme étudié n°s 570 s. (CAA Douai 31-10-2002 n° 00-1003, Cne de Tatinghem : Constr.-urb. 2003 n° 135).

g. S'agissant des **taxes et participations d'urbanisme,** on relèvera que l'article L 410-1, alinéa 4 du Code de l'urbanisme vise le régime de ces contributions et non leur montant (les taux applicables seront ceux en vigueur à la date de délivrance des autorisations). Le montant effectivement exigé sera déterminé, pour les taxes, sur la base des autorisations délivrées et, pour les participations, par prescription dans ces autorisations ou en application de conventions de PUP. Si seules les taxes et participations instaurées à la date de délivrance du certificat sont exigibles, toutes ces taxes et participations pourront l'être. En effet, l'omission par l'auteur du certificat de la mention d'une taxe ou d'une participation légalement applicable à la date de délivrance de ce document ne crée pas de droit acquis au profit du bénéficiaire du permis de construire (CE 22-1-2010 n° 312425, Cne de La Foye-Monjault : RJF 4/10 n° 364). De la même façon, la mention erronée d'un taux de taxe d'aménagement (TA) de 0,3 % alors que le conseil municipal l'a fixé à 3 % n'est pas de nature à créer un droit acquis à ne pas acquitter les sommes dues au taux de 3 % (CE 8-2-2019 n° 422007, Cne d'Annesse-et-Beaulieu).

Par dérogation aux dispositions de l'article L 410-1, alinéa 4, les permis de construire ou d'aménager délivrés sur la base de certificats d'urbanisme en cours de validité au 1er mars 2012 constituent le fait générateur de la TA (Loi 2010-1658 du 29-12-2010 art. 28, I-B-3 et I-C-2 ; Circ. METL 18-6-2013 § 5.2).

Sur le dépôt d'une demande d'autorisation de construire pendant la durée de validité d'un certificat d'urbanisme mentionnant la participation PUP et l'exonération corrélative de la TA et, antérieurement, de la TLE, voir n° 43520.

Cas particulier du certificat d'urbanisme opérationnel « tacite » Le silence gardé sur une demande de certificat d'urbanisme opérationnel valant **rejet,** la cristallisation pouvait apparaître douteuse. Mais la jurisprudence considère qu'un certificat d'urbanisme opérationnel est divisible : il comporte, d'une part, la réponse à une demande sur la faisabilité de l'opération envisagée et, d'autre part, l'indication des règles d'urbanisme applicables au terrain (CAA Marseille 23-1-2015 n° 13MA04455, Cne de Lauris). La décision de rejet de l'administration pourrait donc être comprise comme un rejet de la demande sur la faisabilité de l'opération envisagée. En revanche, le demandeur pourrait toujours se prévaloir de la cristallisation des règles applicables sur le terrain. Un arrêt rendu à propos d'un certificat exprès négatif (CE 18-12-2017 n° 380438 : BPIM 1/18 inf. 12) confirme que la décision de rejet de la demande née du silence de l'administration ne concerne que le caractère réalisable de l'opération, sans préjudice du bénéfice de la cristallisation qui jouerait pour tous les certificats d'urbanisme. 12551

DURÉE DE VALIDITÉ DU CERTIFICAT D'URBANISME

La durée de validité du certificat d'urbanisme exprès ou tacite (pour le certificat simple) est de 18 mois (C. urb. art. L 410-1, al. 4). La délivrance d'un certificat d'urbanisme exprès après le 12555 terme du délai d'instruction de la demande est sans effet sur le délai de validité du certificat d'urbanisme initial tacitement accordé (C. urb. art. R 410-18).

La **durée de validité** du certificat peut être **prorogée** d'année en année, sur demande présentée au moins 2 mois avant l'expiration du délai de validité, si les prescriptions d'urbanisme, les servitudes administratives de tous ordres et le régime des taxes et participations d'urbanisme applicable n'ont pas changé (C. urb. art. R 410-17). Constitue en principe un tel changement l'adoption, la révision ou la modification du PLU couvrant le territoire dans lequel se situe le terrain, à moins, pour la modification ou la révision du PLU, qu'elle n'affecte pas concrètement le terrain concerné (CE 5-2-2020 n° 426573, Cne de Firmi : BPIM 2/20 inf. 94, s'agissant en l'espèce de la substitution du PLU au POS ; CE 27-7-2022 n° 751788, Sté Le Parc de Chavaray). En l'absence de réponse expresse de l'administration dans les 2 mois de la demande, la prorogation est tacitement accordée. Cette prorogation tacite d'un an prend effet au terme de la validité de la décision initiale ou, à notre avis, de la prorogation précédente (C. urb. art. R 410-17-1). L'intérêt d'une demande de prorogation (possible si les prescriptions ou servitudes d'urbanisme n'ont pas évolué et valable un an) semble assez limité en comparaison d'une nouvelle demande aboutissant à la délivrance d'un nouveau certificat pour 18 mois.

Compte tenu du **caractère réel**, et non personnel, du certificat d'urbanisme (voir n° 12550), son titulaire n'est pas le seul à avoir qualité pour présenter une demande de prorogation, et le propriétaire du terrain d'assiette faisant l'objet d'un certificat d'urbanisme initial doit être regardé comme ayant qualité pour présenter une demande de prorogation (TA Strasbourg 1-2-2024 n° 2107251).

En cas de **recours contentieux** contre le certificat d'urbanisme, le délai de cristallisation n'est ni interrompu, ni suspendu (CE 13-6-2003 n° 218312, SCI Eivlys : BPIM 5/03 inf. 273).

D. Contentieux du certificat d'urbanisme

RECOURS EN ANNULATION

12650 Qu'il soit « positif » ou « négatif », un certificat d'urbanisme opérationnel peut faire l'objet d'un recours en annulation, dans le **délai** de 2 mois de sa notification. Cette possibilité est également admise pour un certificat de simple information (CE 6-6-2012 n° 329123 : BPIM 4/12 inf. 293).

Il est possible de contester certaines mentions d'un certificat d'urbanisme sans le remettre en cause dans son ensemble. Ont ainsi été jugées **divisibles** du reste du certificat la mention selon laquelle un sursis à statuer ultérieur est possible (CE 21-5-2012 n° 323882 : BJDU 4/12 p. 284) ou la mention d'un emplacement réservé et d'une servitude d'urbanisme (CE 19-12-2007 n° 297148 : BJDU 6/07 p. 417).

> **Précisions** **a.** Le recours en annulation à l'encontre d'un **certificat négatif** peut paraître inutile dans la mesure où le certificat d'urbanisme ne sera pas accordé pour autant : tout au plus y a-t-il là matière à dommages-intérêts éventuels (CE 23-4-1980 n° 154036, Min. environnement : Lebon p. 191).
> **b.** Le demandeur qui obtient un **certificat positif** sans réserve est irrecevable à contester cette décision, quand bien même cette personne n'est pas propriétaire du terrain concerné et n'a aucune intention d'y réaliser une construction (CAA Nantes 17-12-1997 n° 94-1036 : BPIM 1/99 inf. 7).
> **c.** Un **notaire** n'est pas habilité - faute d'intérêt pour agir - à demander l'annulation d'un certificat délivré à l'un de ses clients (CE 17-1-1990 n° 81827 ; JCP éd. N 1990 II p. 97). Même solution pour un géomètre expert (CAA Lyon 21-10-2003 n° 99-1436 : AJDA 2004 p. 406).
> **d.** Le recours des **tiers** contre un certificat d'urbanisme suppose un intérêt à agir, ce qui semble exclu en présence d'un certificat négatif.
> **e.** Le certificat d'urbanisme doit être annulé s'il ne précise pas les **conditions de desserte** ou l'absence de desserte du terrain en équipements publics qui justifient son caractère négatif (TA Nice 9-10-1989 : Lebon T. p. 996).
> **f.** L'obligation de **notification des recours** visée n°s 16310 s. concerne les certificats d'urbanisme, mais elle ne s'applique pas aux certificats négatifs (Avis CE 1-4-2010 n° 334113 : BPIM 3/10 inf.193 ; CE 16-4-2012 n° 323555, Min. écologie).
> **g.** Un **référé-suspension** est recevable contre un certificat d'urbanisme négatif, sa délivrance empêchant la vente du terrain (CE 5-12-2001 n° 237189, Cne de Contes : BJDU 1/02 p. 60).

RETRAIT

12655 Le certificat d'urbanisme, qu'il soit **tacite ou exprès,** peut être retiré par l'autorité qui l'a délivré, à **condition** qu'il soit illégal et que ce retrait intervienne dans un **délai de 4 mois** à compter de la date de la décision tacite ou expresse (CRPA art. L 242-1). Les certificats d'urbanisme ne sont pas expressément visés par les dispositions législatives particulières fixant à 3 mois le délai de retrait des autorisations d'urbanisme (C. urb. art. L 424-5).

Si un certificat d'urbanisme est **entaché d'illégalité** en raison d'une appréciation erronée des dispositions d'urbanisme applicables au terrain, il ne crée pas de droits acquis au profit du bénéficiaire (voir n° 12550). Ce certificat peut être implicitement retiré par un refus de permis de construire opposé plus de 4 mois après sa signature (CAA Nantes 22-4-2003 n° 01-1245 : BPIM 4/03 inf. 212 ; dans le même sens, CE 11-2-2004 n° 212855, Sté France Travaux : BPIM 4/04 inf. 199).

En ce qui concerne le certificat d'urbanisme **tacite,** on peut douter en pratique de la possibilité pour l'administration de le retirer. En effet, le seul droit accordé au bénéficiaire d'un tel certificat est de se voir appliquer, en cas de demande de permis, les dispositions d'urbanisme en vigueur lors de la délivrance tacite du certificat. Ce certificat ne donnant aucune information, on ne voit pas très bien comment ce document pourrait être illégal.

ACTIONS EN RESPONSABILITÉ

Responsabilité de l'administration La responsabilité de l'administration peut être considérable, dès lors que c'est notamment au vu d'un certificat d'urbanisme positif que se concluent beaucoup de transactions immobilières. 12660

Un **certificat erroné ou incomplet** engage la responsabilité de l'autorité qui l'a délivré, aussi bien s'il énonce à tort que le terrain est constructible que dans le cas inverse. Mais le demandeur ne doit pas, de son côté, avoir commis de faute, comme ne pas avoir mentionné que le terrain était compris dans un lotissement (CE 17-10-1973 n° 82740 : Lebon p. 573).

L'omission de la mention d'une **taxe d'urbanisme** légalement exigible ne constitue pas un préjudice de nature à engager la responsabilité de la collectivité ayant délivré le certificat d'urbanisme (CAA Lyon 2-4-2019 n° 17LY04176, Cne de Bourg-en-Bresse).

ILLUSTRATIONS

L'administration est **responsable** notamment dans les cas suivants :
– si elle délivre à tort un certificat déclarant un terrain inconstructible, faisant ainsi échouer une vente sérieusement engagée (CE 3-12-1986 n° 40163 : Dr. adm. 1987 n° 45) ; ou à tort constructible ; elle doit alors rembourser les frais de promesse de vente, d'architecte, etc. (CE 16-10-1989 n° 71305) ;
– si elle omet d'indiquer que le caractère incomplet et insuffisant de la desserte d'un terrain en équipements publics peut motiver un refus de permis de construire (CE 3-10-1990 n° 96666 : JCP éd. N 1991 II p. 158) ;
– si elle délivre un certificat sans réserve et délivre un permis de construire alors qu'elle est informée de l'existence d'une marnière sur une parcelle située à proximité immédiate du terrain d'assiette (CAA Douai 2-2-2012 n° 10DA01448 : BPIM 3/12 inf. 205) ;
– si elle omet de mentionner l'inconstructibilité résultant de la loi littoral (CE 7-5-2007 n° 282311, Sté immobilière de la banque de Bilbao et de Viscaya d'Ilbarritz ; CAA Nantes 3-7-2017 n° 16NT01289, Cne de Moëlan-sur-Mer) ;
– si elle omet de signaler l'existence du DPU (Rép. Demange : AN 9-9-1991 n° 42443) ;
– si elle mentionne des dispositions illégales du PLU (autres qu'un vice de forme ou de procédure) alors même que sa responsabilité n'était pas engagée par l'illégalité du PLU (CE 18-2-2019 n° 414233, Cne de L'Houmeau) ;
– si, elle mentionne, à propos d'un projet de construction d'une maison individuelle par un particulier non professionnel, que « les dispositions de la loi Littoral sont applicables sur le territoire de la commune » mais également, sans équivoque, que « le terrain objet de la demande peut être utilisé pour la réalisation de l'opération envisagée » (CAA Bordeaux 30-11-2021 n° 20BX00238, Cne de Meschers).

En revanche, l'administration ne commet pas de faute si elle déclare constructible un terrain malgré une déclaration d'utilité publique préfigurant une expropriation pour le passage d'une ligne de chemin de fer alors que les études précises de ce projet ne sont pas encore réalisées (CE 14-3-1986 n° 57426 : Lebon p. 74).

La responsabilité administrative ne peut conduire à **indemnisation** que s'il existe un préjudice, et la jurisprudence est très restrictive sur ce point. À titre d'exemple, il n'y a pas préjudice si le terrain est finalement revendu avec plus-value. De même, un certificat positif ne saurait engager la responsabilité de l'administration au prétexte qu'il a une répercussion sur la valeur des terrains à déclarer dans un acte de mutation (TA Amiens 24-5-1995 : Gaz. Pal. 1996 pan. adm. p. 43). Le préjudice invoqué n'est pas suffisamment « direct » au sens évoqué ci-après. 12665

Le **préjudice** doit être direct, matériel et certain : il ne l'est pas si l'impossibilité de construire résulte, non pas du caractère négatif du certificat, mais du refus du permis de construire. Si l'absence de réserves dans le certificat quant à l'application de la loi littoral est susceptible d'engager la responsabilité de la commune pour délivrance d'un certificat incomplet, le préjudice résultant des frais liés à la constitution du dossier du permis de construire ne présente pas un lien de causalité direct et certain avec la faute commise lorsque le permis est refusé pour un motif ne tenant pas à l'application de la loi littoral (CAA Nantes 20-1-2012 n° 10NT00975, Sté Val d'Erdre Promotion). L'obligation de payer un loyer faute d'avoir pu construire ou l'expropriation d'un terrain déclaré constructible par le certificat ne constituent pas non plus des préjudices directs (CE 14-3-1986 n° 57426 : Lebon p. 74).

Le juge administratif considère qu'il y a **partage des responsabilités** en cas de faute ou d'imprudence du demandeur (CAA Douai 2-2-2012 n° 10DA01448 : BPIM 3/12 inf. 205 ; CE 14-10-2015 n° 375538 : BPIM 6/15 inf. 368). Il peut également tenir compte de la compétence professionnelle du demandeur (CE 7-5-2007 n° 282311, Sté immobilière de la banque de Bilbao et de Viscaya d'Ilbarritz). La qualité de professionnel de l'immobilier n'est pas reconnue à un particulier du seul fait qu'il possède des parts dans deux SCI (CAA Marseille 2-5-2022 n° 21MA00404). Quand le juge accorde une indemnisation, il la limite aux stricts **frais justifiés** : commission d'agence, honoraires de géomètres, etc.

12670 La **personne responsable** est soit la commune, soit l'État selon la distinction opérée au niveau de la compétence pour délivrer le certificat. Seule la responsabilité de la collectivité qui a délivré le certificat peut être recherchée. Il en est ainsi même si la faute résulte d'un avis émis par une autre personne pendant l'instruction (CE 9-11-2015 n° 380299 : BPIM 6/15 inf. 370). Rien n'empêche en revanche la collectivité responsable de se retourner contre l'auteur de la faute, à l'origine du dommage.

> Précisions **a.** Les **communes** peuvent souscrire une **assurance** pour couvrir cette responsabilité.

b. Lorsqu'une commune a conclu avec les **services de l'État** une convention de **mise à disposition gratuite** pour l'instruction des demandes de certificat d'urbanisme, cette circonstance ne saurait la décharger de sa responsabilité, sauf si un agent de l'État commet une faute en refusant ou en négligeant d'exécuter un ordre ou une décision du maire. Si l'instruction des demandes est assurée par les services de l'État moyennant **rémunération,** la responsabilité de l'État est engagée selon le droit commun (CE 27-10-2008 n° 297432, Cne de Poilly-Lez-Gien : Lebon p. 371, BPIM 6/08 inf. 419).

12675 **Responsabilité du notaire** Aucun texte n'oblige le notaire à faire précéder une vente d'immeuble destiné à la construction de la délivrance d'un certificat d'urbanisme.

Mais une jurisprudence constante et abondante retient la responsabilité du notaire qui **omet de s'assurer de cette délivrance,** sauf le cas de dispense donnée par un acquéreur dûment averti du risque que constitue l'absence de ce certificat. Le notaire peut voir sa responsabilité écartée s'il apporte la preuve d'une **impossibilité d'avoir connaissance de l'information** qu'il lui est reproché de n'avoir pas donnée ou vérifiée (Cass. 1e civ. 17-10-2012 n° 11-24.038 : BPIM 6/12 inf. 488). Mais, dès qu'il existe le moindre indice de nature à éveiller les soupçons du notaire sur l'existence d'un risque, il doit effectuer les vérifications nécessaires à la levée du doute (Cass. 1e civ. 30-5-1995 n° 93-13.758 : Bull. civ. I n° 226).

Le notaire doit non seulement s'assurer de l'existence du certificat d'urbanisme et l'annexer à son acte, mais encore en indiquer et **en expliquer le contenu aux parties** à l'acte ainsi que ses limites (Cass. 1e civ. 31-1-2018 n° 17-13.303 F-D : BPIM 2/18 inf. 162). La seule limite à sa responsabilité à cet égard est la responsabilité de l'administration, lorsque le certificat est erroné ou incomplet.

12680 **Responsabilité de l'agent immobilier** L'**obligation de conseil et de prudence** de l'agent immobilier le rend responsable du préjudice causé par l'absence de certificat d'urbanisme au niveau des transactions qu'il négocie (sauf, bien entendu, si la vente est conclue sous condition suspensive de la délivrance de ce certificat) (CA Versailles 30-10-1979 : Gaz. Pal. 1982 som. p. 73).

CHAPITRE 2

PERMIS DE CONSTRUIRE

SOMMAIRE

SECTION 1

CARACTÉRISTIQUES GÉNÉRALES DU PERMIS DE CONSTRUIRE

PRÉSENTATION DES AUTORISATIONS D'URBANISME

13000 Le permis de construire est la principale des autorisations d'urbanisme prévues par le livre IV du Code de l'urbanisme. Ce livre distingue trois catégories d'opérations : les **constructions,** les **aménagements** et les **démolitions.** Au sein de chaque catégorie, le législateur a déterminé les opérations qui, en raison de leur faible importance, peuvent être réalisées **sans formalités,** celles qui exigent une **déclaration préalable** à laquelle l'administration pourra s'opposer et celles qui sont subordonnées à l'obtention d'un **permis** (permis de construire, permis d'aménager, permis de démolir).

Dans un but de simplification, des **règles communes** aux trois permis et aux déclarations préalables ont été posées en ce qui concerne notamment le dépôt des demandes et déclarations, le délai d'instruction et les conséquences de son dépassement, les avis à recueillir et l'autorité compétente pour statuer. Chaque catégorie de permis fait néanmoins l'objet de **règles particulières,** qui complètent les règles communes ; il en va de même pour les déclarations préalables. On a donc affaire à une procédure unique avec des variantes.

Dans ce chapitre, nous nous sommes placés au point de vue des personnes qui entendent réaliser une **construction.** Elles trouveront dans les pages qui suivent un exposé complet des règles dont elles doivent tenir compte. Compte tenu de l'unification de la procédure, une partie de ces règles est également applicable aux aménagements et aux démolitions ; le chapitre suivant, qui traite de ces deux catégories d'opérations, renverra au présent chapitre en ce qui concerne ces dispositions communes.

NATURE JURIDIQUE DU PERMIS DE CONSTRUIRE

13055 Le permis de construire est un procédé de police administrative, dont la réglementation est d'**ordre public** : elle s'impose aussi bien à l'administration qu'à l'administré. Cette réglementation s'applique sur la totalité du territoire national, à tous les travaux de construction qui entrent dans son champ d'application, que ces travaux soient réalisés par des personnes privées ou des personnes publiques.

Le permis de construire a la nature d'un **acte administratif individuel.** Bien qu'il ne puisse être délivré que si le projet est conforme à la réglementation d'urbanisme, il n'est pas considéré comme un acte d'application de cette réglementation (CE 28-1-1987 nº 39146, Comité de défense des espaces verts : Lebon p. 20).

Le permis n'est pas délivré en considération de la personne qui en devient titulaire. Il a un **caractère réel** par le fait qu'il autorise, conformément aux prescriptions qu'il impose, une construction déterminée sur un terrain donné. C'est ainsi qu'**en cas de transfert** de la responsabilité de la construction à une ou plusieurs autres personnes, il n'y a pas lieu pour l'administration de délivrer un nouveau permis mais simplement de transférer, avec l'accord du propriétaire du terrain, le permis précédemment accordé (CE 10-12-1965 nº 53773, Syndicat des copropriétaires de l'immeuble Pharo-Pasteur : Lebon p. 684).

La délivrance d'un permis de construire est un **droit pour le pétitionnaire** lorsque les constructions projetées sont conformes aux dispositions législatives et réglementaires concernant l'implantation des constructions, leur destination, leur nature, leur architecture, leurs dimensions et l'aménagement de leurs abords.

> **Précisions** Le droit de construire n'est pas une **obligation de construire.** Le bénéficiaire du permis peut **renoncer à construire,** ou être dans l'impossibilité de le faire. Dans ces hypothèses, il peut obtenir le remboursement des taxes ou participations d'urbanisme payées à l'occasion de la délivrance de son permis de construire ou d'aménager. Toutefois, les participations ne sont pas restituables pour leur montant utilisé conformément à leur objet.

OBJET DU PERMIS DE CONSTRUIRE

13060 **Règles d'urbanisme** Le permis de construire ne peut être accordé que si les constructions projetées sont conformes aux dispositions législatives et réglementaires relatives à l'utilisation des sols, à l'implantation, la destination, la nature, l'architecture, les dimensions,

© Éd. Francis Lefebvre

l'assainissement des constructions et à l'aménagement de leurs abords et si elles ne sont pas incompatibles avec une déclaration d'utilité publique (C. urb. art. L 421-6, al. 1).

Le principal objet du permis de construire est donc d'assurer le respect des règles d'urbanisme ; ces règles résultent du Code de l'urbanisme mais aussi des documents locaux d'urbanisme qu'il prévoit (PLU, carte communale, PSMV, documents approuvés des lotissements, etc.).

En principe – c'est-à-dire en l'absence de dispositions expresses contraires – le permis de construire ne sanctionne pas les règles posées par d'autres législations que le Code de l'urbanisme et ne dispense pas d'obtenir les autorisations qu'elles prévoient ; c'est le principe de l'**indépendance des législations.** Mais, précisément, des dispositions ont été prises pour assurer une coordination avec des législations telles que le CCH (immeubles de grande hauteur, établissements recevant du public, réglementation thermique), le Code du patrimoine (monuments historiques), le Code de l'environnement (sites classés, parcs nationaux), etc. Dans certains cas, le permis peut tenir lieu des autorisations prévues par ces législations, à condition qu'il ait été délivré avec l'accord des autorités qu'elles désignent ; dans d'autres, la délivrance du permis est subordonnée à cet accord ; dans d'autres encore, la délivrance ou la mise en œuvre du permis est différée jusqu'à l'accomplissement des formalités prévues par une autre législation ; enfin, les autorisations prévues par d'autres législations peuvent dispenser de permis, ou encore tenir lieu de permis.

› Précisions **a.** Parmi les dispositions qui s'imposent au permis de construire figurent les règles de fond des **règlements sanitaires** départementaux (CE 4-1-1985 n° 47248, SCI Résidence du port : Lebon p. 5 ; CE 31-7-1996 n° 126120, Cne de Saint-Mathurin-sur-Loire et Oudin : BPIM 1/97 inf. 10). Ces documents peuvent notamment édicter des règles relatives à l'implantation des immeubles d'habitation par rapport aux bâtiments affectés à l'élevage (CE 16-1-2002 n° 210340 : BPIM 3/02 inf. 161). Des règles analogues de distance entre bâtiments agricoles et habitation peuvent figurer dans la réglementation des **installations classées** et s'imposent pour la délivrance du permis de construire (CE 24-2-2016 n° 380556 : BPIM 2/16 inf. 82 ; CE 8-6-2016 n° 383638 : BPIM 4/16 inf. 229).

b. Les **infractions aux règles de construction** fixées par le CCH peuvent être constatées par tous agents de police judiciaire et agents administratifs commissionnés à cet effet, qui dressent procès-verbal (CCH art. L 183-1).

Le ministère public, le juge d'instruction et le tribunal peuvent ordonner l'**interruption des travaux.** Le maire a ce même pouvoir (CCH art. L 183-2). Il peut également faire saisir les matériaux et du matériel de chantier. En cas de continuation des travaux malgré l'ordre d'interruption, une amende de 45 000 € et un emprisonnement de 3 mois sont encourus (CCH art. L 183-3).

L'infraction aux règles de construction est punie d'une **amende** de 45 000 € et, en cas de récidive, une **peine de prison** de 6 mois peut en outre être prononcée. Une publication de la condamnation dans les journaux peut également être ordonnée. Les peines sont identiques en cas d'inexécution des travaux prescrits suite à une infraction. L'obstacle à l'exercice du **droit de visite** de l'administration est sanctionné pénalement (CCH art. L 181-1 et L 183-11). Les infractions à ces règles se **prescrivent** par 6 ans (CPP art. 8).

c. Le permis de construire n'a pas à assurer le respect des règles régissant la **domanialité publique** ou la voirie publique (CE 18-10-1993 n° 129444 : Lebon T. p. 1109).

d. Lorsqu'elle se prononce sur l'octroi d'une autorisation d'urbanisme, l'administration doit prendre en compte le **principe de précaution** (Charte de l'environnement art. 5 ; C. urb. art. R 111-26). Toutefois, ce principe ne permet pas de refuser une autorisation d'urbanisme en l'absence d'éléments circonstanciés faisant apparaître, en l'état des connaissances scientifiques, des risques, fussent-ils incertains, de nature à justifier un tel refus. En cas de refus, le juge administratif exerce un contrôle complet sur l'appréciation de l'administration (CE 30-1-2012 n° 344992, Sté Orange France : BPIM 2/12 inf. 102). Si, en revanche, elle a estimé que le principe de précaution ne faisait pas obstacle à l'octroi de l'autorisation, le juge vérifie seulement qu'elle n'a pas commis d'erreur manifeste d'appréciation (CE 19-7-2010 n° 328687, Association du quartier « Les Hauts de Choiseul » : BPIM 5/10 inf. 352).

Stipulations de droit privé Le permis de construire est, sauf exceptions, limité au contrôle du respect des règles de droit public relatives à l'occupation du sol ; il n'a pas pour objet de contrôler ou d'empêcher la violation de stipulations de droit privé, sauf quand il s'agit de servitudes stipulées pour des raisons d'urbanisme, telle, par exemple, une servitude de « cour commune ». Cependant, le permis n'autorise nullement son bénéficiaire à méconnaître ses obligations de droit privé. Le permis est toujours délivré sous **réserve du droit des tiers** (sur les actions civiles pouvant être intentées par les tiers, voir nos 16890 s.). Par suite, en principe, des contestations relatives aux droits des tiers ne peuvent pas justifier un refus du permis de construire ni être utilement invoquées à l'appui d'un recours contentieux contre le permis. **13065**

De même, un permis de construire peut être délivré assorti de prescriptions qui ne peuvent être réalisées qu'avec l'accord d'un tiers (CE 16-10-2015 n° 385114 : BPIM 6/15 inf. 369, s'agissant d'un permis délivré sous réserve que des haies soient plantées sur des parcelles voisines). L'obtention de cet accord ne conditionne pas la légalité du permis mais la possibilité de réaliser la construction.

En dépit du principe qui vient d'être énoncé, l'administration peut refuser un permis de construire, si la preuve d'une **servitude de passage** n'est pas rapportée pour l'accès au terrain considéré (voir cependant nº 14690, Précisions, e).

TRAVAUX DE RECONSTRUCTION

13070 **Cas général** Le permis de construire est exigé aussi bien pour une construction que pour une reconstruction, même à l'identique. Les travaux de reconstruction totale d'un bâtiment sur des fondations préexistantes nécessitent l'obtention d'un permis de construire. Il en est de même d'une modification importante de l'implantation.

La reconstruction à l'identique d'un **bâtiment détruit ou démoli** depuis moins de 10 ans est autorisée nonobstant toute disposition d'urbanisme contraire, sauf si le PLU, la carte communale ou le plan de prévention des risques naturels prévisibles en dispose autrement ou si le bâtiment n'avait pas été édifié régulièrement (C. urb. art. L 111-15 ; Rép. Goulard : AN 28-1-2002 p. 472 nº 65052). Seules des dispositions **expresses** de la réglementation locale d'urbanisme prévoyant l'interdiction de la reconstruction à l'identique d'un bâtiment détruit par sinistre ou démoli peuvent empêcher cette reconstruction (CE 8-11-2017 nº 403599, Sté Battos : BPIM 6/17 inf. 388).

Les **bâtiments édifiés irrégulièrement,** dont la reconstruction ne peut pas être autorisée, sont ceux qui ont été construits sans autorisation alors qu'elle était requise, ou en violation des prescriptions de l'autorisation délivrée, ou encore sur le fondement d'une autorisation annulée par le juge administratif ou retirée par l'administration (CE 9-5-2012 nº 341259, Cne de Tomino et Cne de Meria : BPIM 4/12 inf. 294). En revanche, l'administration ne saurait refuser le permis demandé en vue de la reconstruction au motif que le permis initial était illégal (CE 5-3-2003 nº 252422 : Lebon p. 116 ; CE 13-12-2006 nº 284237 : BPIM 2/07 inf. 105 ; CE 9-5-2012 nº 341259, Cne de Tomino et Cne de Meria : BPIM 4/12 inf. 294).

Il demeure nécessaire de demander un permis de construire mais celui-ci ne peut pas normalement être refusé (CE 20-2-2002 nº 235725 : BJDU 3/02 p. 175). Si la reconstruction du bâtiment est de nature à exposer ses occupants à un risque grave, certain et prévisible, le permis peut toutefois être refusé ou assorti de prescriptions spéciales de salubrité ou de sécurité sur le fondement de dispositions d'urbanisme ayant pour objet la prévention des risques, notamment de l'article R 111-2 du Code de l'urbanisme.

> **Précisions** **a.** **Avant le 14 mai 2009,** date d'entrée en vigueur de la **loi du 12 mai 2009,** seuls les bâtiments détruits par un sinistre étaient concernés par l'article L 111-3 (devenu L 111-15) du Code de l'urbanisme et aucun **délai de reconstruction** n'était prévu. Toutefois, le Conseil d'État a jugé que la reconstruction devait intervenir dans un délai raisonnable après la destruction (CE 9-5-2012 nº 341259, Cne de Tomino et Cne de Meria : BPIM 4/12 inf. 294). Pour les **sinistres antérieurs** au 14 mai 2009, deux hypothèses sont à distinguer (CE 21-1-2015 nº 382902, Sté EURL 2B : BPIM 2/15 inf. 92) :

— le délai raisonnable était déjà expiré lors de la publication de la loi de 2009. Dans ce cas, la loi n'a pas rouvert un droit de construction au profit du propriétaire ;

— le délai raisonnable n'était pas encore expiré au 14 mai 2009. Dans ce cas, le propriétaire a disposé d'un délai de 10 ans à compter de l'entrée en vigueur de la loi de 2009 pour user de son droit de reconstruction (CE 16-3-2016 nº 386878 : BPIM 3/16 inf. 163).

Pour les **sinistres postérieurs** à la publication de la loi de 2009, le délai de 10 ans court à partir de la date du sinistre.

b. Peut être autorisée, sauf dispositions contraires des documents d'urbanisme et sous réserve des dispositions relatives à la desserte des constructions par les réseaux publics, la **restauration d'un bâtiment** dont il reste l'essentiel des murs porteurs lorsque son intérêt architectural ou patrimonial en justifie le maintien et sous réserve de respecter les principales caractéristiques de ce bâtiment (C. urb. art. L 111-23). Même si le pétitionnaire **ne se prévaut pas** de cette disposition, l'administration doit délivrer un permis de construire en vue de la restauration d'un bâtiment ancien si les conditions sont remplies et qu'aucune autre disposition n'y fait obstacle (CE 4-8-2021 nº 433761 : BPIM 5/21 inf. 318). Les dispositions interdisant de construire dans la **bande littorale** des 100 mètres ne peuvent pas y faire obstacle (CAA Nantes 9-4-2024 nº 22NT01781 : BPIM 5/24 inf. 288).

c. Les **travaux de réfection** d'un bâtiment existant entrepris à la suite d'un **incendie** ne nécessitent pas de permis s'ils n'entraînent ni modification extérieure, ni création d'un niveau supplémentaire, ni changement de destination, ni accroissement de volume (Rép. Türk : Sén. 1-7-1993 p. 1055 nº 69). Par exemple, un permis ne sera pas requis pour la réinstallation d'une charpente sur les murs, demeurés intacts et ayant conservé intégralement leur aplomb et leur fonction d'appui, d'une grange incendiée (CAA Lyon 7-7-1998 nº 95LY00357 : BPIM 2/99 inf. 107). En revanche, selon le ministre de l'équipement, la reconstruction à l'identique d'un bâtiment dont seuls les murs n'ont pas été détruits par le feu exige un permis de construire dès lors que les travaux envisagés concernent la structure de l'édifice, par exemple la reconstruction d'un mur pignon (Rép. Berthol : AN 25-1-1999 p. 494 nº 20264)

PERMIS DE « RÉGULARISATION »

L'édification d'une construction sans permis expose le contrevenant à des sanctions pénales, civiles et administratives. Toutefois, un permis de construire peut être accordé après la construction. Ainsi, un permis de construire de « régularisation » peut être délivré pour régulariser des travaux déjà entrepris, voire terminés, et réalisés sans permis ou en violation des prescriptions d'un permis. 13075

Le permis de régularisation n'a pas pour effet d'effacer rétroactivement l'infraction qu'a constituée la réalisation de travaux sans permis ou non conformes au permis d'origine, et ne fait pas obstacle à l'application de **sanctions** pénales ou fiscales motivées par cette infraction. En revanche, la délivrance du permis fait obstacle au prononcé par l'autorité judiciaire d'une mesure de démolition.

Le permis de régularisation doit être conforme aux dispositions en vigueur à la date à laquelle il est délivré.

> **Précisions** **a.** Sur ce que doit faire l'autorité compétente saisie d'une demande de permis de construire visant à régulariser une construction dont la **démolition** a été **ordonnée** par une décision de justice devenue définitive : voir n° 16755, Précisions, c.
> **b.** Une demande d'autorisation de construire portant uniquement sur des aménagements ou sur l'**extension d'une construction** existante, réalisée sans permis, est irrecevable. Dans ce cas, la demande doit porter sur l'ensemble de la construction, y compris la partie déjà réalisée (voir n° 13080).
> **c.** Si la construction est achevée, la régularisation d'une construction non conforme au permis de construire obtenu ne peut pas, en principe, prendre la forme d'un **permis modificatif** mais exige la délivrance d'un **nouveau permis** portant sur les éléments de construction qui diffèrent du projet autorisé (CE 25-11-2020 n° 429623 : BPIM 1/21 inf. 12). La régularisation par permis modificatif est toutefois possible si l'administration a constaté la non-conformité des travaux à la suite d'un récolement et adressé au pétitionnaire une mise en demeure de déposer un dossier modificatif. Par ailleurs, lorsque le juge a **sursis à statuer** sur un recours contre le permis initial en fixant un délai de régularisation (voir n°s 16657 s.), le fait que les travaux soient achevés ne fait pas obstacle à la délivrance à cette fin d'un permis modificatif (CE 22-2-2017 n° 392998 : BPIM 2/17 inf. 91).

TRAVAUX SUR UN BÂTIMENT CONSTRUIT SANS PERMIS OU EN MÉCONNAISSANCE D'UN PERMIS

Lorsque les travaux sont envisagés sur un bâtiment qui a été construit sans permis ou en violation du permis délivré, le pétitionnaire doit en principe présenter une **demande de permis** portant sur **l'ensemble** des éléments de construction : ceux illégalement réalisés et ceux envisagés (CE 9-3-1984 n° 41314 : Lebon T. p. 775). Il n'en va autrement que dans le cas où le permis initial autorisait la construction de plusieurs immeubles distincts et où la modification demandée ne concerne pas ceux de ces immeubles qui ont été édifiés en violation du permis (CE 25-4-2001 n° 207095 : BPIM 5/01 inf. 289). 13080

Le **permis** ne pourra normalement être **délivré** que si, à l'issue des travaux, la construction est conforme à la réglementation d'urbanisme. Toutefois, s'agissant d'une construction ancienne, à l'égard de laquelle aucune action pénale ou civile n'est plus possible, la jurisprudence reconnaît à l'administration la faculté, après avoir apprécié les différents intérêts publics et privés en présence, d'autoriser, parmi les travaux envisagés, ceux qui sont nécessaires à la préservation du bâtiment et au respect des normes (CE 3-5-2011 n° 320545 : BPIM 3/11 inf. 186 ; CE 16-3-2015 n° 369553 : BPIM 3/15 inf. 155).

L'obligation de déposer une demande de permis portant à la fois sur l'existant et sur les éléments nouveaux vaut y compris dans le cas où ces derniers ne relèvent pas du permis de construire mais d'une simple déclaration (CE 30-3-1994 n° 137881 : Lebon T. p. 1269).

Sauf fraude, si le bénéficiaire du permis a adressé au maire une **déclaration attestant l'achèvement et la conformité des travaux** et que l'administration n'a pas contesté la régularité des travaux dans les délais légaux (voir n°s 16055 s.), elle ne peut plus exiger du pétitionnaire qui envisage de nouveaux travaux qu'il présente une demande de permis portant sur les éléments de la construction existante, au motif qu'elle aurait été réalisée en méconnaissance du permis obtenu (CE 26-11-2018 n° 411991 : BPIM 1/19 inf. 15).

> **Précisions** **a.** Si les **bâtiments déjà édifiés ne nécessitaient pas de permis de construire** au moment de leur réalisation, et alors même qu'ils en nécessiteraient un à la date à laquelle il est envisagé de les modifier, le constructeur peut se borner à demander une autorisation relative aux travaux à venir (CE 3-2-2017 n° 373898 : BPIM 2/17 inf. 89 ; Rép. Salles : AN 29-9-2009 p. 9242 n° 45840). Il en est ainsi pour les constructions édifiées avant la généralisation du permis de construire par la loi du 15 juin 1943 (CAA Marseille 23-11-2006 n° 04MA01369) et pour les travaux qui n'étaient pas soumis au permis de construire à la date à laquelle ils ont été réalisés, en raison par exemple de dérogations inscrites au Code de l'urbanisme alors en vigueur (CE 15-3-2006 n° 266238). Il en est ainsi aussi lorsqu'il existe un **doute sur la régularité** des travaux antérieurs parce qu'il n'est pas

possible de déterminer la date à laquelle ils ont eu lieu (CAA Nantes 14-6-2017 n° 15NT03847 : BPIM 5/17 inf. 319).

b. Saisie d'une **demande portant uniquement sur la réalisation de travaux** sur une construction édifiée ou transformée irrégulièrement, l'administration doit la **rejeter** en invitant le pétitionnaire à présenter une demande portant sur l'ensemble de la construction ou des transformations ; si au contraire elle délivre l'autorisation, celle-ci est illégale et ne peut pas être régularisée (CE 6-10-2021 n° 442182, Sté Maresias : BPIM 6/21 inf. 337).

c. L'autorité compétente ne peut pas exiger du pétitionnaire qui envisage de modifier son projet **en cours d'exécution** que sa demande de **permis modificatif** porte également sur la régularisation des travaux réalisés en méconnaissance du permis initial (CE 30-4-2024 n° 472746 : BPIM 3/24 inf. 159).

d. Lorsque la **construction** est **demeurée inachevée** et que le permis de construire est désormais périmé, la reprise des travaux implique l'obtention d'un permis portant à la fois sur les éléments déjà construits et sur ceux qui restent à réaliser (CAA Paris 2-10-2024 n° 24PA00362, SCI Les Violettes : BPIM 6/4 inf. 337)

13081 La règle du permis d'ensemble s'applique lorsqu'un bâtiment édifié en vertu d'un permis de construire a fait l'objet de **modifications nécessitant un permis qui n'a pas été sollicité** : pour y apporter de nouvelles modifications, il faut déposer une demande de permis portant à la fois sur les modifications déjà effectuées et sur celles qui sont envisagées (CE 9-7-1986 n° 51172 : Lebon p. 201 ; CE 27-7-2009 n° 305920, SCI La Paix : BPIM 6/09 inf. 404). Il en va ainsi y compris dans le cas où les travaux envisagés ne prennent pas directement appui sur une partie du bâtiment réalisée irrégulièrement (CE 13-12-2013 n° 349081 : BPIM 1/14 inf. 8).

TRAVAUX SUR UN BÂTIMENT NON CONFORME AUX RÈGLES D'URBANISME

13085 Lorsqu'un **bâtiment,** édifié **conformément** à un permis de construire, **ne respecte pas les dispositions du PLU** (soit que le permis, devenu définitif, ait méconnu ces dispositions, soit qu'elles aient été édictées après sa délivrance), cette situation ne fait pas nécessairement obstacle à la réalisation de travaux sur l'immeuble. Sous réserve du cas où le plan contiendrait des dispositions relatives à la modification des immeubles existants, les travaux envisagés peuvent être autorisés s'ils rendent l'immeuble plus conforme aux dispositions réglementaires méconnues ou s'ils sont étrangers à ces dispositions (CE sect. 27-5-1988 n° 79530, Sekler : JCP éd. G 1990 II n° 21414 note Maublanc). Des travaux ayant pour effet d'aggraver même très légèrement la méconnaissance des dispositions du plan d'urbanisme ne peuvent pas être autorisés (CE 7-2-1994 n° 93259, Sté Rypp : Lebon p. 60). Les mêmes principes s'appliquent en matière de **déclaration de travaux** (CE 13-10-1993 n° 126112 : BJDU 1/94 p. 53).

Le moyen tiré de ce que les **travaux autorisés** sont **étrangers aux dispositions d'urbanisme** méconnues par la construction existante n'étant pas d'ordre public, il appartient au requérant de le soulever devant les juges du fond (CE 15-10-1999 n° 180298 : Lebon T. p. 970).

> Précisions **a.** La notion de **travaux étrangers aux dispositions méconnues** a été précisée par le Conseil d'État : les travaux ne sont pas étrangers aux dispositions méconnues lorsque, confortant l'irrégularité, ils rendent plus difficile la mise en conformité ultérieure de la construction. Ainsi, la transformation de bureaux implantés irrégulièrement dans une zone à vocation résidentielle en studios de production et en locaux techniques n'est pas étrangère aux dispositions méconnues (CE 30-9-1988 n° 59075, Sté nationale de télévision en couleur Antenne 2 : Lebon p. 324) et l'agrandissement d'un pavillon n'est pas étranger aux dispositions fixant le nombre de places de stationnement en fonction de la superficie des constructions (CE 14-2-1996 n° 152895 : BPIM 3/96 inf. 177).

Ont également été jugés illégaux des permis autorisant la surélévation de bâtiments dont l'implantation n'était pas conforme aux dispositions du plan d'urbanisme relatives à l'alignement et au recul par rapport aux limites séparatives (CE sect. 15-5-1992 n° 103051 et CE sect. 15-5-1992 n° 90397 : ADJA 1992 p. 700 obs. critiques Jacquot). Toutefois, dans un cas où le PLU prévoyait une règle de recul applicable aux façades comportant des baies, la surélévation d'une telle façade implantée sur la limite séparative a été regardée comme étrangère à la disposition méconnue dès lors qu'elle ne s'accompagnait pas de la création de nouvelles baies (CE 7-4-2021 n° 433609 : BPIM 3/21 inf. 166). La solution aurait été différente si le PLU avait fait dépendre le recul par rapport à la limite de la hauteur de la construction.

b. Si le règlement du PLU prévoit une règle d'implantation des constructions par rapport aux limites séparatives en précisant qu'elle s'applique aux **« bâtiments nouveaux »,** une construction édifiée avant l'entrée en vigueur du règlement peut être modifiée sans qu'il y ait lieu de rechercher si les travaux envisagés rendent l'immeuble plus conforme aux règles d'urbanisme ou s'ils sont étrangers aux dispositions méconnues (CE 1-6-2016 n° 387794 : BPIM 5/16 inf. 289).

c. Lorsque le permis sollicité concerne une partie d'un **ouvrage indivisible,** il y a lieu de tenir compte de l'ensemble de l'ouvrage pour déterminer si la méconnaissance de la réglementation est atténuée. Ainsi, est légal le permis délivré pour des travaux sur un pylône électrique, dès lors qu'ils ont pour finalité de permettre l'enfouissement d'autres pylônes de la ligne, formant avec lui un ouvrage indivisible et implantés en méconnaissance d'une règle de reculement par rapport à la voie publique (CE 9-7-2008 n° 284831, min. transports c/ Cne de Montigny-le-Bretonneux : BPIM 5/08 inf. 347).

© Éd. Francis Lefebvre

RÉGULARISATION DES CONSTRUCTIONS ACHEVÉES DEPUIS PLUS DE 10 ANS

Lorsqu'une construction est achevée depuis plus de 10 ans, le refus de permis de construire (ou l'opposition à une déclaration de travaux) ne peut être fondé sur l'irrégularité de la construction initiale au regard du droit de l'urbanisme (C. urb. art. L 421-9). Cette « **prescription administrative** » **ne s'applique pas** dans les cas suivants : 13090
– construction de nature, par sa situation, à exposer ses usagers ou des tiers à un risque de mort ou de blessures de nature à entraîner une mutilation ou une infirmité permanente ;
– construction visée par une action en démolition engagée dans les conditions prévues par l'article L 480-13 (voir n° 16895) ;
– construction située dans un site classé ou un parc national ;
– construction située sur le domaine public ;
– construction réalisée sans qu'aucun permis de construire ait été obtenu, alors qu'un permis était requis ;
– construction située dans une zone de danger d'un plan de prévention des risques naturels prévisibles ;
– construction réalisée sans qu'il ait été procédé à la consignation exigée par l'autorisation d'urbanisme dans les zones exposées à l'érosion du littoral (voir n° 14692).

› Précisions **a.** Cette prescription administrative des irrégularités entachant les constructions, s'ajoutant à la prescription de l'action pénale et de l'action civile, s'applique aux **constructions édifiées en méconnaissance des prescriptions du permis de construire** qui les a autorisées. En revanche, elle ne s'applique pas aux constructions édifiées sans permis alors qu'il était requis. Elle ne s'applique pas non plus aux travaux réalisés après coup, sans permis, y compris ceux de faible ampleur qui ne conduisent pas à la réalisation d'une nouvelle construction (CE 3-2-2017 n° 373898 : BPIM 2/17 inf. 89).
b. La prescription décennale bénéficie aux travaux réalisés sans **déclaration préalable** (CE 3-2-2017 n° 373898 : BPIM 2/17 inf. 89).
c. Les dispositions de l'article L 421-9 du Code de l'urbanisme ne permettent pas d'autoriser des travaux aggravant la **méconnaissance par une construction existante d'une règle d'urbanisme** (voir n° 13085) ; il ne faut pas assimiler à ces travaux ceux qui ne sont pas étrangers à la règle méconnue et qui ne rendent pas plus conforme à cette règle la construction existante (CAA Marseille 6-11-2012 n° 10MA03957 : BPIM 1/13 inf. 13).
d. Même si les irrégularités entachant une construction sont prescrites, lorsque de nouveaux travaux sont envisagés, la **demande de permis de construire** doit porter sur l'**ensemble de la construction** : les irrégularités antérieures et les travaux envisagés (CE 16-3-2015 n° 369553 : BPIM 3/15 inf. 155), sauf si le pétitionnaire a adressé au maire une déclaration attestant l'achèvement et la conformité des travaux et que l'administration n'a pas contesté la conformité des travaux dans les délais de récolement visés n°s 16055 s. (CE 26-11-2018 n° 411991 : BPIM 1/19 inf. 15).

SECTION 2

CHAMP D'APPLICATION DU PERMIS DE CONSTRUIRE ET DE LA DÉCLARATION PRÉALABLE

DISPENSE DE FORMALITÉS, DÉCLARATION PRÉALABLE, PERMIS DE CONSTRUIRE

Trois catégories d'opérations doivent être distinguées : celles qui ne sont soumises à aucune formalité au titre du Code de l'urbanisme, celles qui exigent seulement une déclaration préalable (à laquelle l'autorité compétente pourra s'opposer) et celles qui sont subordonnées à l'obtention d'un permis de construire. 13200

Cette délimitation obéit à deux logiques différentes selon que le projet porte sur une construction neuve ou sur des travaux sur une construction existante.
Pour les **constructions neuves**, le Code énumère les opérations soumises à déclaration et celles qui sont dispensées de formalités. Les autres constructions neuves sont soumises au permis de construire.

Pour les **travaux sur des constructions existantes,** le Code énumère les opérations soumises au permis de construire et celles qui sont soumises à déclaration. Les autres opérations sont dispensées de toute formalité.

> Précisions Des **travaux qui relèvent en principe du régime de la déclaration** préalable doivent être autorisés par un **permis de construire,** le cas échéant modificatif, lorsque (CE 12-11-2012 n° 351377, Sté Caro Beach Village : BPIM 1/13 inf. 14) :
– ces travaux forment avec une construction déjà autorisée par un permis de construire en cours de validité et dont la réalisation n'est pas encore achevée un ensemble immobilier unique ;
– en l'absence même d'un ensemble immobilier unique, ils modifient une construction déjà autorisée et en cours d'achèvement.

NOTION DE CONSTRUCTION

13205 Au sens de la législation sur le permis de construire, le terme « construction » englobe non seulement les **immeubles,** au sens courant du terme, mais encore tout **ouvrage** relevant de l'activité créatrice, par assemblage de matériaux, des diverses parties d'un édifice.

EXEMPLE

Il a été jugé qu'entraient dans le champ d'application du permis de construire les travaux relatifs à la réalisation d'une station d'épuration, d'un hangar, d'un four de boulanger, d'une dalle en béton, d'une chambre froide, d'un abri de chasse construit en sous-sol, d'une excavation dans un rocher pour construire un garage pour bateaux. Il en est ainsi même si la construction est aisément démontable, ou si elle ne comporte pas de fondations.

De même, selon la jurisprudence, doivent être considérés comme des constructions : un baraquement en planches à usage de bar-restaurant, un petit ouvrage préfabriqué en bois reposant sur des parpaings, un chalet en bois, même démontable, un poulailler, un garage démontable, un abri de jardin, une pergola (ou tonnelle).

PERMIS DE CONSTRUIRE ET PERMIS DE DÉMOLIR

13210 Lorsqu'une opération de construction comporte des démolitions soumises au permis de démolir, la demande de permis de construire peut porter à la fois sur la construction du nouveau bâtiment et la démolition (C. urb. art. L 451-1 et R 431-21). S'il est délivré, le permis de construire vaudra permis de démolir. La même règle vaut pour le permis d'aménager, quand la réalisation de l'aménagement s'accompagnera de démolitions.

PERMIS DE CONSTRUIRE ET PERMIS D'AMÉNAGER

13215 Lorsque des travaux de construction doivent être réalisés de manière accessoire dans le cadre d'une opération soumise au permis d'aménager, la demande de permis d'aménager peut porter à la fois sur l'aménagement et les constructions. Elle doit alors être accompagnée de pièces relatives aux constructions. Le permis d'aménager, s'il est délivré, autorisera les constructions ; un permis de construire ne sera donc pas requis (C. urb. art. L 441-2 et R 441-6).

A. Constructions nouvelles

1. CONSTRUCTIONS NOUVELLES SOUMISES À PERMIS DE CONSTRUIRE

13250 Les constructions nouvelles doivent être précédées de la délivrance d'un permis de construire à l'exception de celles qui sont dispensées de toute formalité (C. urb. art. R 421-2 à R 421-8-2) et de celles qui doivent faire l'objet d'une déclaration préalable (C. urb. art. R 421-9 à R 421-12).

2. CONSTRUCTIONS NOUVELLES DISPENSÉES DE TOUTE FORMALITÉ

13280 Certaines constructions nouvelles sont dispensées de toute formalité au titre du Code de l'urbanisme en raison de leur nature, de leur très faible importance, de leur caractère temporaire ou du fait qu'elles nécessitent le secret pour des raisons de sûreté ou que la préservation de leur confidentialité est nécessaire pour la sauvegarde des intérêts de la défense nationale ou enfin que leur contrôle est exclusivement assuré par une autre autorisation ou une autre législation (C. urb. art. L 421-5). La loi Grenelle II a ajouté à cette liste les constructions dispensées de toute formalité en raison de leur nature et de leur implantation en mer (Loi 2010-788 du 12-7-2010 art. 90).

> **Précisions** Sont dispensés de toute formalité au titre du Code de l'urbanisme :
> – les travaux de démolition de constructions et de remise en état du terrain ordonnés dans les zones exposées au **recul du trait de côte** (voir n° 17382) ;
> – les travaux d'enlèvement des installations de production d'**énergie photovoltaïque** sur des terrains agricoles, naturels et forestiers et de remise en état des terrains (C. urb. art. L 421-5-2). Ces travaux ne sont pas soumis au respect des règles d'urbanisme (C. urb. art. L 421-8).

CONSTRUCTIONS DIVERSES SITUÉES EN DEHORS DES SITES PATRIMONIAUX REMARQUABLES, DES ABORDS DES MONUMENTS HISTORIQUES ET DES SITES CLASSÉS OU EN INSTANCE DE CLASSEMENT

Les opérations suivantes sont dispensées de toute formalité sauf si l'opération doit être réalisée dans le périmètre d'un site patrimonial remarquable, aux abords d'un monument historique ou dans un site classé ou en instance de classement (C. urb. art. R 421-2 dans sa rédaction issue du décret 2024-1023 du 13-11-2024) : **13285**

a. Constructions nouvelles répondant aux critères cumulatifs suivants : hauteur au-dessus du sol inférieure ou égale à 12 m, emprise au sol et surface de plancher inférieures ou égales à 5 m^2.

b. Habitations légères de loisirs implantées dans les emplacements mentionnés à l'article R 111-38 (parcs résidentiels de loisir, villages de vacances classés en hébergement léger, etc.) et dont la surface de plancher est inférieure ou égale à 35 m^2.

c. Éoliennes terrestres dont la hauteur du mât et de la nacelle au-dessus du sol est inférieure à 12 m et ouvrages de production d'électricité à partir de l'énergie solaire (panneaux photovoltaïques) installés sur le sol et ombrières intégrant un procédé de production d'énergies renouvelables, dont la puissance crête est inférieure à 3 kW et dont la hauteur maximum au-dessus du sol ne peut dépasser 1,80 m.

d. Piscines dont le bassin a une superficie inférieure ou égale à 10 m^2.

e. Châssis et serres dont la hauteur au-dessus du sol est inférieure ou égale à 1,80 m.

f. Murs dont la hauteur au-dessus du sol est inférieure à 2 m, sauf s'ils constituent des clôtures soumises à déclaration préalable (voir n° 13350).

g. Clôtures, en dehors des cas prévus à l'article R 421-12 (voir n° 13350), ainsi que les clôtures nécessaires à l'activité agricole ou forestière.

h. Mobilier urbain.

i. Caveaux et monuments funéraires situés dans l'enceinte d'un cimetière.

j. Terrasses de plain-pied.

k. Plates-formes nécessaires à l'activité agricole.

l. Fosses nécessaires à l'activité agricole dont le bassin a une superficie inférieure ou égale à 10 m^2.

m. Travaux de ravalement en dehors des cas où ils sont soumis à déclaration préalable ou à permis de construire (voir n° 13471).

> **Précisions** **a.** Sont dispensées de toute formalité au titre du Code de l'urbanisme en raison de leur nature et de leur **implantation en mer,** sur le domaine public maritime immergé au-delà de la laisse de la basse mer, les **installations de production d'électricité** à partir de sources d'énergie renouvelable, y compris leurs ouvrages de raccordement aux réseaux publics d'électricité, notamment les éoliennes, les hydroliennes, les installations houlomotrices et marémotrices ainsi que celles utilisant l'énergie thermique des mers (C. urb. art. R 421-8-1).
> **b.** Sont également dispensés de toute formalité en raison de leur caractère amovible, les **rampes, auvents, rampes d'accès et terrasses accolés aux habitations légères de loisirs** et aux **résidences mobiles de loisirs** implantées dans les zones visées aux articles R 111-38 et R 111-42 du Code de l'urbanisme (C. urb. art. R 421-8-2).

MURS DE SOUTÈNEMENT ET INFRASTRUCTURES SITUÉS EN DEHORS DES SITES PATRIMONIAUX REMARQUABLES ET DES ABORDS D'UN MONUMENT HISTORIQUE, CANALISATIONS ET LIGNES SOUTERRAINES

Sont dispensés de toute formalité, sauf si l'opération doit être réalisée dans le périmètre d'un site patrimonial remarquable ou dans les abords des monuments historiques, les murs de soutènement et tous ouvrages d'infrastructure terrestre, maritime ou fluviale (voies, **13290**

 © Éd. Francis Lefebvre

ponts, infrastructures portuaires ou aéroportuaires, etc.) ainsi que les outillages, les équipements ou les installations techniques directement liés à leur fonctionnement, à leur exploitation ou au maintien de la sécurité de la circulation maritime, fluviale, ferroviaire, routière ou aérienne (C. urb. art. R 421-3). Dans le périmètre des sites patrimoniaux remarquables et dans les abords des monuments historiques, la réalisation d'ouvrages d'infrastructure est soumise à déclaration (voir n° 13340).
En raison de leur nature, sont dispensés de toute formalité les canalisations, lignes ou câbles, lorsqu'ils sont souterrains (C. urb. art. R 421-4).

CONSTRUCTIONS TEMPORAIRES

13295 Les constructions implantées pour une **durée** qui, en principe, n'excède pas 3 mois sont dispensées de toute formalité (voir n° 13550).

CONSTRUCTIONS EXIGEANT LE SECRET POUR DES RAISONS DE SÉCURITÉ

13300 Sont dispensées de toute formalité au titre du Code de l'urbanisme les constructions couvertes par le secret de la défense nationale et celles qui sont situées à l'intérieur des arsenaux de la marine, des aérodromes militaires et des grands camps figurant sur une liste fixée par arrêté (C. urb. art. A 421-1). Il en va de même des dispositifs techniques nécessaires aux systèmes de radiocommunication numérique de la police et de la gendarmerie nationales, des constructions situées à l'intérieur de l'enceinte des établissements pénitentiaires et de certaines constructions édifiées sur une propriété immobilière de l'État pour le compte des services de renseignement ou réalisées dans le cadre d'une opération sensible intéressant la défense nationale ou la sécurité intérieure (C. urb. art. R 421-8).

3. CONSTRUCTIONS NOUVELLES SOUMISES À DÉCLARATION PRÉALABLE

13330 Certaines constructions nouvelles sont soumises à déclaration préalable en raison de leurs dimensions, de leur nature ou de leur localisation (C. urb. art. L 421-4). La liste en est fixée par décret en Conseil d'État.

> **Précisions** Dans les parcs de stationnement extérieurs de 1 500 m², l'installation d'**ombrières** intégrant un procédé de production d'énergies renouvelables fait partie de la liste des ouvrages relevant d'une déclaration préalable. Un décret doit lister, pour ces installations, les travaux relevant de la déclaration préalable sans exigence de permis de construire (C. urb. art. L 421-4).

CONSTRUCTIONS DIVERSES SITUÉES EN DEHORS DES SITES PATRIMONIAUX REMARQUABLES, DES ABORDS DES MONUMENTS HISTORIQUES ET DES SITES CLASSÉS OU EN INSTANCE DE CLASSEMENT

13335 En dehors du périmètre des sites patrimoniaux remarquables, des abords des monuments historiques et des sites classés ou en instance de classement, les constructions suivantes sont soumises à déclaration à moins qu'elles n'entrent dans les cas de dispense de toute formalité énumérés ci-dessus (C. urb. art. R 421-9 dans sa rédaction issue du décret 2024-1023 du 13-11-2024) :

a. Constructions dont soit l'**emprise au sol**, soit la **surface de plancher** est supérieure à 5 m² et répondant aux critères cumulatifs suivants : hauteur au-dessus du sol inférieure ou égale à 12 m, emprise au sol et surface de plancher inférieures ou égales à 20 m².

b. Habitations légères de loisirs implantées dans les conditions définies à l'article R 111-38, dont la surface de plancher est supérieure à 35 m².

c. Constructions répondant aux critères cumulatifs suivants : **hauteur** au-dessus du sol supérieure à 12 m, **emprise au sol** et **surface de plancher** inférieures ou égales à 5 m² (sauf éoliennes, ouvrages de production d'électricité à partir de l'énergie solaire installés au sol, ombrières intégrant un procédé de production d'énergies renouvelables et antennes-relais de radiotéléphonie mobile ; voir toutefois « Précisions » s'agissant des antennes de radiotéléphonie mobile).

d. Ouvrages et accessoires des lignes de distribution d'**énergie électrique** dont la tension est inférieure à 63 000 volts.

e. Murs dont la hauteur au-dessus du sol est supérieure ou égale à 2 m.

f. Piscines dont le bassin a une superficie inférieure ou égale à 100 m² et qui ne sont pas couvertes ou dont la couverture, fixe ou mobile, a une hauteur au-dessus du sol inférieure à 1,80 m.

g. Châssis et serres dont la hauteur au-dessus du sol est comprise entre 1,80 et 4 m, et dont la surface au sol n'excède pas 2 000 m² sur une même unité foncière.

h. Ouvrages de production d'électricité à partir de l'énergie solaire (**panneaux photovoltaïques**) installés sur le sol et les ombrières intégrant un procédé de production d'énergies renouvelables dont la puissance crête est inférieure à 3 kW et dont la hauteur maximum au-dessus du sol est supérieure à 1,80 m ainsi que ceux dont la puissance crête est supérieure ou égale à 3 kW et inférieure ou égale à 3 mégawatt, quelle que soit leur hauteur.

i. Fosses nécessaires à l'activité agricole dont le bassin a une superficie supérieure à 10 m² et inférieure ou égale à 100 m².

j. Antennes-relais de radiotéléphonie mobile et leurs systèmes d'accroche, quelle que soit leur hauteur, et locaux ou installations techniques nécessaires à leur fonctionnement dès lors que ces locaux ou installations techniques ont une surface de plancher et une emprise au sol supérieures à 5 m² et inférieures ou égales à 20 m².

› Précisions Combinant le c et le j de l'article R 421-9 du Code de l'urbanisme, malgré la disposition selon laquelle le c ne les concerne pas, la jurisprudence a précisé que les **antennes-relais** de radiotéléphonie mobile sont soumises à déclaration préalable dans deux hypothèses (CE avis 21-3-2024 n° 490536 : BPIM 3/24 inf. 160) :
– lorsque, quelle que soit la hauteur de l'antenne, la surface de plancher et l'emprise au sol sont supérieures à 5 m² et inférieures ou égales à 20 m² (j).
– lorsque la hauteur de l'antenne est supérieure à 12 m et que la surface de plancher et l'emprise au sol sont inférieures ou égales à 5 m² (c).
La jurisprudence remédie ainsi à une **modification mal conçue** de l'article R 421-9 par le décret 2018-1123 du 10 décembre 2018.

INFRASTRUCTURES SITUÉES DANS LES SITES PATRIMONIAUX REMARQUABLES ET AUX ABORDS DES MONUMENTS HISTORIQUES

Dans le périmètre des sites patrimoniaux remarquables et les abords des monuments historiques, les ouvrages d'infrastructure terrestre, maritime ou fluviale (voies, ponts, infrastructures portuaires ou aéroportuaires, etc.) sont soumis à déclaration (C. urb. art. R 421-10). En dehors de ces secteurs, ces ouvrages ne sont soumis à aucune formalité au titre du Code de l'urbanisme (voir n° 13290). **13340**

› Précisions Les projets d'**infrastructure terrestre linéaire de transport** liée à la circulation routière ou ferroviaire, réalisés pour le compte de l'État, de ses établissements publics et concessionnaires, ou d'États étrangers ou organisations internationales, ne sont pas concernés par la déclaration préalable car l'autorisation environnementale à laquelle ils donnent lieu dispense de permis de construire ou de déclaration préalable (C. urb. art. R 425-29-3 ; n° 13765).

CONSTRUCTIONS SITUÉES DANS LES SITES PATRIMONIAUX, ABORDS DES MONUMENTS HISTORIQUES, SITES CLASSÉS OU EN INSTANCE DE CLASSEMENT, RÉSERVES NATURELLES ET PARCS NATIONAUX

Dans le périmètre des sites patrimoniaux remarquables, dans les abords des monuments historiques, dans les sites classés ou en instance de classement, dans les réserves naturelles, à l'intérieur du cœur des parcs nationaux et dans les espaces ayant vocation à être classés dans le cœur d'un futur parc national dont la création a été prise en considération, les constructions nouvelles suivantes doivent être précédées d'une déclaration préalable (C. urb. art. R 421-11, I dans sa rédaction issue du décret 2024-1023 du 13-11-2024) : **13345**
– constructions répondant aux critères cumulatifs suivants : **hauteur** au-dessus du sol inférieure ou égale à 12 m, **emprise au sol** et **surface de plancher** inférieures ou égales à 20 m² ;
– ouvrages de production d'électricité à partir de l'énergie solaire (**panneaux photovoltaïques**) installés sur le sol et les **ombrières** intégrant un procédé de production d'énergies renouvelables dont la puissance crête est inférieure à 3 kW ;
– **murs,** quelle que soit leur hauteur.

Dans les sites patrimoniaux remarquables, abords des monuments historiques et sites classés ou en instance de classement, les constructions suivantes doivent être précédées d'une déclaration préalable (C. urb. art. R 421-11, II) : **13346**

a. Habitations légères de loisirs implantées dans les emplacements mentionnés à l'article R 111-38, quelle que soit leur surface de plancher.

b. Éoliennes terrestres dont la hauteur du mât et de la nacelle au-dessus du sol est inférieure à 12 m.

c. Ouvrages et accessoires des lignes de distribution d'**énergie électrique** dont la tension est inférieure à 63 000 volts.

d. Piscines dont le bassin a une superficie inférieure ou égale à 100 m² et qui ne sont pas couvertes ou dont la couverture, fixe ou mobile, a une hauteur au-dessus du sol inférieure à 1,80 m.

e. Châssis et serres dont la hauteur au-dessus du sol est inférieure à 4 m et dont la surface au sol n'excède pas 2 000 m² sur une même unité foncière.

f. Caveaux et **monuments funéraires** situés dans l'enceinte d'un cimetière.

g. Terrasses de plain-pied.

h. Plates-formes nécessaires à l'activité agricole.

i. Fosses nécessaires à l'activité agricole dont le bassin a une superficie supérieure à 10 m² et inférieure ou égale à 100 m².

CLÔTURES

13350 L'édification d'une clôture est soumise à déclaration dans les secteurs suivants (C. urb. art. R 421-12) :

a. Sites patrimoniaux remarquables, abords des monuments historiques.

b. Site inscrit ou site classé ou en instance de classement.

c. Secteur délimité par le PLU en application de l'article L 151-19 ou L 151-23 du Code de l'urbanisme (secteurs à protéger, à mettre en valeur ou à requalifier pour des motifs d'ordre culturel, historique ou écologique).

d. Commune ou partie de commune où le conseil municipal ou l'organe délibérant de l'EPCI compétent en matière de PLU a décidé de soumettre les clôtures à déclaration.

En dehors de ces secteurs, les clôtures sont dispensées de toute formalité au titre du Code de l'urbanisme (voir nº 13285, g).

> **Précisions** **a.** Si une déclaration est requise, elle doit être effectuée que la clôture soit située **en limite ou à l'intérieur d'une propriété** (CE 21-7-2009 nº 309356 : BPIM 5/09 inf. 343).
> **b.** Des **barrières levantes à l'entrée d'un lotissement** sont des clôtures au sens de la réglementation de l'urbanisme (CE 17-10-2014 nº 359459, ASL des propriétaires du lotissement « de la Baie du Gaou Benat » : BPIM 6/14 inf. 362).
> **c.** Sont seules applicables aux clôtures, y compris celles qui prennent la forme d'un mur, les dispositions du **règlement du PLU** édictées spécifiquement pour régir leur situation. Les dispositions relatives aux constructions ne s'appliquent à un mur de clôture que s'il est incorporé dans une construction (CE 18-12-2019 nº 421644 : BPIM 1/20 inf. 5).

B. Travaux sur constructions existantes

PRINCIPE

13450 Les travaux sur les constructions existantes sont dispensés de toute formalité, à l'exception des opérations expressément soumises soit à l'obtention d'un permis de construire, soit à une déclaration préalable.

Les travaux réalisés sur les constructions exigeant le secret pour des **raisons de sécurité** sont également dispensés de toute formalité, alors même qu'ils rentreraient dans un cas où les travaux sur les constructions existantes sont normalement soumis soit à un permis de construire, soit à une déclaration. Il en va de même des travaux sur les installations de production d'électricité à partir de sources d'énergie renouvelable implantées sur le domaine public maritime et des travaux de reconstruction des prisons après mutinerie (C. urb. art. R 421-13).

> **Précisions** **a.** Des travaux de réaménagement intérieur d'un bâtiment d'habitation, non soumis à permis de construire ni à déclaration, consistant à **diviser des logements** doivent, s'ils créent des **besoins en stationnement,** s'accompagner de l'aménagement des places exigées par le PLU (Rép. Masson : Sén. 23-9-2010 p. 2492 nº 13699 : BPIM 6/10 inf. 452). Bien qu'ils ne soient soumis à aucune formalité, de tels travaux doivent néanmoins respecter les règles d'urbanisme (C. urb. art. L 421-8). Puisqu'ils ne peuvent donner lieu au versement de la participation pour non-réalisation d'aires de stationnement (supprimée depuis le 1er mars 2012), dont le fait générateur est la délivrance d'une autorisation, le constructeur doit s'abstenir de créer des besoins allant au-delà des aires qu'il est en mesure de réaliser. La méconnaissance de cette obligation pourrait donner lieu à un procès-verbal et à des poursuites pénales. Une

action en dommages-intérêts de la commune serait également possible (voir n° 16890).

b. L'implantation d'une **antenne de radiotéléphonie mobile** sur la terrasse d'un immeuble constitue une opération de travaux exécutés sur une construction existante. Eu égard aux critères fixés par les articles R 421-14 et R 421-17 du Code de l'urbanisme, la question de savoir si cette opération est soumise au permis de construire ou à une simple déclaration préalable dépend de l'emprise au sol de l'ensemble constitué par la ou les antennes-relais et par l'armoire technique. En revanche, la hauteur de l'antenne est sans incidence sur la détermination du régime applicable (CE 30-4-2014 n° 366712, SFR : BPIM 3/14 inf. 157).

TRAVAUX SOUMIS À PERMIS DE CONSTRUIRE

Cas général Sauf lorsqu'ils revêtent le caractère de travaux d'entretien ou de réparations ordinaires, les travaux suivants sont soumis à permis de construire (C. urb. art. R 421-14) : **13455**

a. Travaux ayant pour effet la création d'une surface de plancher ou d'une emprise au sol supérieure à 20 m².

b. Dans les zones urbaines d'un PLU ou d'un document d'urbanisme en tenant lieu, travaux ayant pour effet la création d'une surface de plancher ou d'une emprise au sol supérieure à 40 m² ; également, travaux ayant pour effet la création d'une surface de plancher ou d'une emprise au sol supérieure à 20 m² et inférieure ou égale à 40 m², lorsque leur réalisation aurait pour effet de porter la surface ou l'emprise totale de la construction au-delà de l'un des seuils de dispense de l'obligation de recourir à un architecte fixés à l'article R 431-2 du Code de l'urbanisme (voir n° 14230).

c. Travaux ayant pour effet de modifier les structures porteuses ou la façade du bâtiment, lorsque ces travaux s'accompagnent d'un changement de destination entre les différentes destinations et sous-destinations définies aux articles R 151-27 et R 151-28 du Code de l'urbanisme ; pour l'application de ces dispositions, les locaux accessoires d'un bâtiment sont réputés avoir la même destination et sous-destination que le local principal.

d. Travaux nécessaires à la réalisation d'une opération de restauration immobilière au sens de l'article L 313-4 du Code de l'urbanisme.

Monuments historiques Tous les travaux portant sur un immeuble ou une partie d'immeuble inscrit au titre des monuments historiques sont soumis à permis de construire, à l'exception des travaux d'entretien ou de réparations ordinaires et des travaux dispensés de toute formalité parce qu'ils exigent le secret (C. urb. art. R 421-16). **13465**

TRAVAUX SOUMIS À DÉCLARATION PRÉALABLE

Lorsqu'ils ne sont pas soumis à permis de construire en vertu des règles indiquées ci-dessus, les travaux suivants exécutés sur des constructions existantes, à l'exception des travaux d'entretien ou de réparations ordinaires, doivent faire l'objet d'une déclaration préalable (C. urb. art. R 421-17) : **13470**

a. Travaux ayant pour effet de modifier l'aspect extérieur d'un bâtiment existant, à l'exception des travaux de ravalement.

b. Changements de destination d'un bâtiment existant entre les différentes destinations définies à l'article R 151-27 du Code de l'urbanisme ; pour l'application de cette disposition, les locaux accessoires d'un bâtiment sont réputés avoir la même destination que le local principal. Le contrôle des changements de destination ne porte pas sur les changements entre sous-destinations d'une même destination de l'article R 151-28.

c. Travaux susceptibles de modifier l'état des éléments d'architecture et de décoration, immeubles par nature ou effets mobiliers attachés à perpétuelle demeure (C. civ. art. 524 et 525), lorsque ces éléments, situés à l'extérieur ou à l'intérieur d'un immeuble, sont protégés par un PSMV et, pendant la phase de mise à l'étude de ce plan, travaux susceptibles de modifier l'état des parties intérieures du bâti situé à l'intérieur du périmètre d'étude de ce plan.

d. Travaux ayant pour effet de modifier ou de supprimer un élément que le PLU ou un document d'urbanisme en tenant lieu a identifié comme présentant un intérêt d'ordre culturel, historique, architectural ou écologique (C. urb. art. L 151-19 et L 151-23).

e. Travaux ayant pour effet, dans une commune non couverte par un PLU, de modifier ou de supprimer un élément qu'une délibération du conseil municipal, prise après enquête publique, a identifié comme présentant un intérêt patrimonial, paysager ou écologique en application de l'article L 111-22 du Code de l'urbanisme.

f. Travaux ayant pour effet la création d'une emprise au sol ou d'une surface de plancher supérieure à 5 m² sans créer d'emprise au sol ou de surface de plancher supérieure à 20 m².

De même, travaux réalisés dans une zone urbaine d'un PLU ou d'un document d'urbanisme en tenant lieu, ayant pour effet la création d'une emprise au sol ou d'une surface de plancher supérieure à 5 m² sans créer d'emprise au sol ou de surface de plancher supérieure à 40 m², dès lors que la surface ou l'emprise totale de la construction après travaux ne dépasse pas le seuil de recours obligatoire à un architecte (voir nº 14230).

g. Transformation de plus de 5 m² de surface close et couverte non comprise dans la surface de plancher de la construction en local constituant de la surface de plancher.

13471 Sauf s'ils sont soumis à permis de construire (voir nºs 13455 à 13465), les **ravalements** sont soumis à déclaration préalable dans les **espaces protégés** : sites patrimoniaux remarquables, abords des monuments historiques, sites inscrits, sites classés ou en instance de classement, réserve naturelle, intérieur du cœur d'un parc national, immeuble protégé par le règlement du PLU et périmètre délimité par délibération motivée du conseil municipal ou de l'organe délibérant de l'EPCI (C. urb. art. R 421-17-1).

CHANGEMENTS DE DESTINATION ET DE SOUS-DESTINATION

13475 **Cas général** Le Code de l'urbanisme définit les destinations des constructions, au nombre de cinq (C. urb. art. R 151-27). Il distingue au sein de chaque destination plusieurs sous-destinations (C. urb. art. R 151-28) dont la définition et le contenu sont précisés par un arrêté LHAL 1622621A du 10 novembre 2016. Les **locaux accessoires** d'un bâtiment sont réputés avoir la même destination que le local principal.

Lorsqu'il s'accompagne de travaux ayant pour effet de modifier les **structures porteuses** ou la **façade** du bâtiment, le passage d'une destination à une autre ou d'une sous-destination à une autre de la même destination exige un **permis de construire** (C. urb. art. R 421-14, c ; CAA Paris 28-12-2023 nº 23PA01639, Ville de Paris : BPIM 1/24 inf. 9).

En l'**absence** de travaux modifiant les structures porteuses ou la façade, le passage d'une destination à une autre est soumis à **déclaration préalable** (C. urb. art. R 421-17, b). En revanche, le passage d'une sous-destination à une autre de la même destination n'est soumis à aucune formalité.

> Précisions **a.** La détermination de la destination d'une construction relève, sauf dénaturation, de l'**appréciation souveraine** des juges du fond (CE 26-7-2011 nº 328378, Cne de Maincy : BPIM 5/11 inf. 355).

b. Pour déterminer l'autorisation d'urbanisme applicable aux changements de destination et sous-destination des constructions, il faut aussi tenir compte des **autres dispositions exigeant un permis** ou **une déclaration préalable** en cas de travaux sur une construction existante. Un permis est exigé en cas de création ou d'extension de surface au-delà de certains seuils, ou si les travaux concernent une opération de restauration immobilière (C. urb. art. R 421-14, a, b et d). Une déclaration est requise dans sept hypothèses et, notamment, lorsque les travaux modifient l'aspect extérieur du bâtiment (C. urb. art. R 421-17, a).

c. Depuis le 1er janvier 2016, il faut se référer aux destinations et sous-destinations des constructions créées par le décret du 28 décembre 2015 pour déterminer l'autorisation d'urbanisme applicable au titre des changements de destination (C. urb. art. R 151-27 et R 151-28 dans leur rédaction issue du décret 2015-1783 du 28-12-2015 ; CE 7-7-2022 nº 454789, Ville de Paris : BPIM 5/22 inf. 344). Peu importe que le **PLU en vigueur** liste encore les 9 destinations de l'ancien article R 123-9 du Code de l'urbanisme.

d. Un permis de construire pour le changement de destination de locaux d'artisanat en meublés de tourisme peut être refusé si le projet présente un risque de **nuisances sonores** excédant les désagréments habituels de voisinage, portant ainsi atteinte à la salubrité publique au sens de l'article R 111-2 du Code de l'urbanisme (CAA Paris 18-6-2024 nº 23PA00354, Ville de Paris : BPIM 4/24 inf. 224).

13477 **Constructions anciennes** D'une **manière générale**, pour l'application des règles d'urbanisme, la destination d'une construction est celle en vue de laquelle elle a été autorisée ou, s'agissant des constructions anciennes pour lesquelles ce critère ne peut pas être mis en œuvre (la généralisation du permis de construire n'ayant eu lieu qu'en 1943), celle qui résulte de leurs caractéristiques ou, à défaut, de l'ensemble des circonstances de l'espèce (CE 8-7-2024 nº 475635, Ville de Paris et SCI Mousseau : BPIM 5/24 inf. 286). En l'absence d'autorisation fixant une destination, le juge doit donc vérifier si la construction présente des caractéristiques ne permettant qu'un seul type d'affectation. Si tel n'est pas le cas, il doit se prononcer au vu de l'ensemble des circonstances.

Une construction ancienne, n'ayant pas donné lieu à une autorisation fixant sa destination et **laissée** de longue date **à l'abandon**, peut être regardée comme n'ayant plus de destination. Ainsi, il a été jugé, quand le PLU autorise la modification des constructions existantes à condition qu'elle ne soit pas accompagnée d'un changement de destination, que cette condition n'est pas opposable à des travaux portant sur une construction qui est abandonnée de longue date et n'a, par suite, plus de destination (CE 20-5-1996 n° 125012 : Lebon tables p. 1210, s'agissant d'une ancienne filature). Dans un cas où le PLU détermine les travaux autorisés sur les constructions existantes en fonction de leur destination et où le projet concerne une construction édifiée à une époque où un permis de construire n'était pas requis et abandonnée de longue date, le maire doit tenir compte non de la destination initiale, mais de l'usage qu'impliquent les travaux pour lesquels l'autorisation est demandée (CE 28-12-2018 n° 408743 : BPIM 1/19 inf. 16, s'agissant d'une ancienne bergerie ; l'arrêt précise que si la construction avait été autorisée par un permis de construire, il aurait fallu tenir compte de la destination indiquée par ce permis). Mais s'il ressort des caractéristiques de la construction qu'elle est **à usage d'habitation**, elle conserve cette destination même si elle reste inoccupée pendant une longue période (CE 9-12-2011 n° 335707 : BPIM 1/12 inf. 11).

ILLUSTRATIONS

Un bâtiment construit à la fin du XIXe siècle ayant d'abord abrité une imprimerie mais qui, entre 1984 et 2015, a été utilisé par un établissement d'enseignement supérieur pour y accueillir notamment des unités de recherche, une bibliothèque et des services administratifs a perdu sa destination industrielle initiale et doit être regardé, au sens du PLU de Paris, comme étant au nombre des constructions et installations nécessaires aux services publics ou d'intérêt collectif (CE 8-7-2024 n° 475635, Ville de Paris et SCI Mousseau : BPIM 5/24 inf. 286). Dans cette affaire, les locaux n'étaient plus occupés depuis 6 ans lors de la délivrance du permis ; cette période a manifestement été regardée comme trop brève pour avoir pu leur faire perdre la destination qui pouvait être déduite de leur dernière utilisation.

C. Constructions « provisoires »

CONSTRUCTIONS TEMPORAIRES

Les constructions implantées pour une **durée** n'excédant pas 3 mois sont dispensées de toute formalité (C. urb. art. R 421-5, al. 1). 13550

Cette durée est toutefois limitée à 15 jours dans le périmètre des sites patrimoniaux remarquables, les abords des monuments historiques, les sites classés ou en instance de classement et les périmètres justifiant une protection particulière et délimités par une délibération motivée du conseil municipal ou de l'organe délibérant de l'EPCI compétent en matière de PLU (C. urb. art. R 421-7).

La durée est portée à un an en ce qui concerne les constructions nécessaires au **relogement d'urgence** des personnes victimes d'un sinistre ou d'une catastrophe naturelle ou technologique ou à l'hébergement d'urgence des demandeurs d'asile et à une année scolaire (ou la durée du chantier des travaux) en ce qui concerne les **classes démontables** installées dans les établissements scolaires ou universitaires pour pallier les insuffisances temporaires des capacités d'accueil (C. urb. art. R 421-5, a et b).

Les constructions temporaires liées à la réalisation de travaux peuvent être maintenues pendant la durée du **chantier** en ce qui concerne les installations directement nécessaires à la conduite des travaux ou liées à la commercialisation du futur bâtiment (C. urb. art. R 421-5, c). Les constructions nécessaires au maintien des activités économiques ou des équipements existants, implantées à moins de 300 m du chantier, peuvent être maintenues pendant un an. Cette durée est limitée à 3 mois dans les sites classés ou en instance de classement, les sites patrimoniaux remarquables, les abords des monuments historiques et les périmètres justifiant une protection particulière (C. urb. art. R 421-7).

Les constructions ou installations directement liées à une **manifestation culturelle, commerciale, touristique ou sportive** peuvent être maintenues pendant la durée de cette manifestation dans la limite d'un an, ramenée à 3 mois dans le périmètre des sites patrimoniaux remarquables, dans les abords des monuments historiques et dans les sites classés ou en instance de classement (C. urb. art. R 421-5, d et R 421-6).

La durée est portée à deux ans en ce qui concerne les constructions à usage de **résidence universitaire** (CCH art. L 631-12), de **résidence sociale** (CCH art. L 633-1, al. 3), de centre d'hébergement et de réinsertion sociale (CASF art. L 345-2-2 et L 345-2-3), de **structure d'hébergement d'urgence** (CASF art. L 345-2-2 et L 345-2-3) et de **relogement temporaire** rendu nécessaire par des opérations d'aménagement urbain réalisées dans le cadre du programme national de renouvellement urbain telles que définies par la loi 2003-710 du 1er août 2003 d'orientation et de programmation pour la ville et la rénovation urbaine (C. urb. art. R 421-5, e). La durée de

2 ans ne s'applique pas dans les zones où les constructions sont interdites en application d'un plan de prévention des risques naturels, d'un plan de prévention des risques miniers ou d'un plan de prévention des risques technologiques (C. envir. art. R 421-5-1).

Lors de l'**enlèvement de la construction** temporaire, le constructeur est tenu de remettre les lieux dans leur état initial (C. urb. art. R 421-5, der. al.).

> **Précisions** **a.** Les constructions dispensées de toute formalité en raison de la faible durée de leur maintien en place, de leur caractère temporaire compte tenu de l'usage auquel elles sont destinées ou encore de leur nature et de leur implantation en mer peuvent ne pas être conformes aux **règles d'urbanisme,** dont le respect s'impose normalement à tous les constructeurs (C. urb. art. L 421-8 dans sa rédaction issue de la loi 2024-322 du 9-4-2024). Lorsque la condition de durée à laquelle est subordonnée la dispense de formalité n'est pas remplie, le constructeur peut solliciter un permis précaire (voir n° 13560). La délivrance de ce permis n'est pas non plus subordonnée au respect des règles d'urbanisme.
>
> **b.** À titre dérogatoire, les constructions, installations et aménagements directement liés à la préparation, à l'organisation ou au déroulement des **jeux Olympiques et Paralympiques de 2024** et ayant un caractère temporaire ont été dispensés de toute formalité au titre du Code de l'urbanisme et peuvent demeurer en place, selon les cas, 6, 8 ou 18 mois (4, 6 ou 14 mois dans le périmètre d'un site classé ou en instance de classement, d'un site patrimonial remarquable ou dans les abords d'un monument historique), avec une période de remise en état du site pouvant aller jusqu'à 12 mois (Loi 2018-202 du 26-3-2018 art. 10 ; Décret 2018-512 du 26-6-2018 art. 1).

13552 Sont dispensées de toute formalité les constructions temporaires et démontables à usage exclusif de relogement temporaire des occupants délogés à titre définitif ou provisoire rendu nécessaire par certaines opérations de **lutte contre l'habitat indigne** (C. urb. art. L 421-5-3 créé par la loi 2024-322 du 9-4-2024). Elles ne sont pas soumises au respect des règles d'urbanisme (C. urb. art. L 421-8 dans sa rédaction issue de la loi 2024-322 du 9-4-2024).

Cette dispense s'applique dans le cas où le relogement est lié à :

– des opérations d'aménagement ayant pour objet la lutte contre l'habitat dégradé ou indigne ou réalisées dans le cadre du nouveau programme national de renouvellement urbain (voir n° 10962) ;

– des actions de lutte contre l'habitat indigne réalisées dans le cadre d'une opération programmée d'amélioration de l'habitat (CCH art. L 303-1) ou d'une opération de requalification des copropriétés dégradées (CCH art. L 741-1) ainsi que dans le cadre des procédures d'expropriation visant à résorber l'habitat indigne (C. expr. art. L 511-1 et L 512-1).

Le maître d'ouvrage doit obtenir l'**accord du maire** au plus tard un mois avant l'implantation des constructions.

Cet accord fixe les **dates de début** et **de fin d'implantation**. Il peut être renouvelé, au plus tard 3 mois avant son expiration. La dispense de formalités vaut pour la durée de l'opération d'aménagement, dans la limite de l'échéance fixée par l'accord. Le maître d'ouvrage est ensuite tenu de remettre les lieux dans leur état initial. Le relogement dans une construction temporaire démontable ne peut pas excéder 2 ans (C. urb. art. L 314-2 dans sa rédaction issue de la loi 2024-322 du 9-4-2024).

L'implantation temporaire n'est pas applicable dans les zones où un **plan de prévention des risques naturels prévisibles** interdit les constructions ou aménagements ou les soumet à des conditions de réalisation, d'utilisation ou d'exploitation.

PERMIS DE CONSTRUIRE À DOUBLE OBJET

13553 Dans le cadre de l'organisation des jeux Olympiques et Paralympiques de 2024, il a été prévu qu'un projet de construction puisse avoir un **état provisoire** répondant aux seules nécessités de la préparation, de l'organisation ou du déroulement des jeux et un **état définitif** correspondant à l'affectation ou à la destination postérieure aux jeux (Loi 2018-202 du 26-3-2018 art. 15 ; Décret 2018-512 du 26-6-2018 art. 2 s.). Un permis de construire ou d'aménager à « double objet » a pu être délivré, autorisant cet état provisoire et cet état définitif, l'idée étant d'assurer la transformation des ouvrages après les jeux, sans avoir à solliciter une nouvelle autorisation d'urbanisme. L'état provisoire du projet, c'est-à-dire celui correspondant aux seules nécessités des jeux, a pu déroger aux exigences d'urbanisme de l'article L 421-6 du Code de l'urbanisme sauf celles relatives à la préservation de la sécurité et de la salubrité publique.

CONSTRUCTIONS SAISONNIÈRES

13555 Lorsqu'une construction est destinée à être **périodiquement démontée et réinstallée,** le permis de construire précise la ou les périodes de l'année pendant lesquelles la construction doit être démontée. Un nouveau permis n'est pas exigé lors de chaque réinstallation (C. urb. art. L 432-1).

Le permis fixe sa durée de validité, qui ne peut excéder 5 ans. Il peut être renouvelé. Le renouvellement ne donne pas lieu au versement des taxes et participations d'urbanisme.

Si la construction n'est pas démontée à la date fixée par l'autorisation, le permis devient immédiatement caduc (C. urb. art. L 432-2).

PERMIS PRÉCAIRES

Champ d'application et procédure de délivrance Lorsqu'une construction n'est pas dispensée de permis de construire et ne remplit pas les conditions de fond auxquelles la délivrance d'un permis est normalement subordonnée (conformité des travaux aux dispositions relatives à l'utilisation des sols, à l'implantation, la destination, la nature, l'architecture, les dimensions, l'assainissement des constructions et à l'aménagement de leurs abords, absence d'incompatibilité avec une déclaration d'utilité publique), un permis de construire peut exceptionnellement être délivré à titre précaire (C. urb. art. L 433-1, al. 1). **13560**

Les conditions relatives à la compétence pour délivrer le permis, au dépôt et à l'instruction des demandes et aux décisions expresses et tacites sont applicables à la délivrance des permis précaires (C. urb. art. L 433-1, al. 2).

Le permis de construire précaire prescrit l'établissement aux frais du demandeur et par voie d'expertise contradictoire d'un état descriptif des lieux (C. urb. art. L 433-2, al. 1).

> **Précisions** Un permis de construire précaire dérogeant à la réglementation d'urbanisme ne peut être délivré qu'à titre exceptionnel et doit répondre à une **nécessité caractérisée** (CAA Marseille 20-4-2015 nº 13MA01618, Sté Hôtel impérial Garoupe : BPIM 3/15 inf. 156, refusant de reconnaître en l'espèce une telle nécessité).

Enlèvement de la construction et remise en état du terrain Le permis peut fixer un **délai** à l'expiration duquel le pétitionnaire doit enlever la construction autorisée (C. urb. art. L 433-2). La fixation d'un délai d'enlèvement est obligatoire dans les cas suivants (C. urb. art. L 433-2, al. 2 et R 433-1) : **13565**

– le terrain d'assiette n'est situé ni dans une zone urbaine, une zone à urbaniser ou un emplacement réservé délimités par un PLU ni dans un secteur constructible délimité par une carte communale ;

– le terrain est situé dans le périmètre d'un site patrimonial remarquable ou dans les abords des monuments historiques ou dans un périmètre de restauration immobilière, dans un site inscrit, dans un site classé ou en instance de classement.

Une prolongation du délai d'enlèvement est accordée si les nécessités d'une expérimentation dans le domaine des énergies renouvelables le justifient.

Lorsque la construction est située sur un emplacement réservé ou dans le périmètre d'une déclaration d'utilité publique, l'enlèvement doit avoir lieu à la première demande du bénéficiaire de la réserve ou de l'expropriant, même si le permis a fixé un délai d'enlèvement qui n'est pas expiré (C. urb. art. L 433-3, b).

L'enlèvement de la construction n'ouvre pas droit à **indemnité** et le bénéficiaire du permis de construire précaire ou son ayant droit doit remettre le terrain en l'état à ses frais (C. urb. art. L 433-3). Il n'est fait exception à cette règle de non-indemnisation que dans une hypothèse : si l'arrêté accordant le permis de construire a fixé un délai pour l'enlèvement de la construction et si l'administration exige la remise en état avant l'expiration de ce délai, le bénéficiaire du permis peut prétendre à une indemnité proportionnelle au délai restant à courir (C. urb. art. L 433-4).

Acquisition du terrain par une collectivité publique Si le terrain d'assiette est acquis par l'État, par une collectivité publique ou un établissement public, il n'est pas tenu compte, dans la **détermination du prix ou de l'indemnité d'expropriation,** de la valeur des constructions édifiées sur le fondement d'un permis précaire. Il n'est pas non plus tenu compte de la valeur ou de l'augmentation de valeur des fonds de commerce ou d'industrie dont ces constructions auraient permis la création, le développement ou la transformation (C. urb. art. L 433-5). **13570**

Si la remise en état n'a pas été faite par le bénéficiaire du permis ou son ayant droit avant le transfert de propriété, les **frais de démolition ou d'enlèvement** de la construction sont déduits du prix ou de l'indemnité.

13575 **Droits réels sur les constructions** Les titulaires de droits réels ou de baux de toute nature portant sur des constructions créées ou aménagées à la faveur d'un permis de construire précaire ne peuvent prétendre à aucune **indemnité** de la part de l'autorité qui a fait procéder à la remise en état. La même règle s'applique aux titulaires de droits réels ou de baux de toute nature constitués après la délivrance du permis de construire sur des bâtiments existant à cette date que le pétitionnaire s'était engagé à supprimer (C. urb. art. L 433-6).

À peine de nullité, tout acte portant **vente, location ou constitution de droits réels** sur des bâtiments édifiés sur le fondement d'un permis de construire précaire doit mentionner ce caractère précaire (C. urb. art. L 433-7).

SECTION 3

ARTICULATION AVEC LES AUTORISATIONS PRÉVUES PAR D'AUTRES LÉGISLATIONS

SITUATIONS POSSIBLES

13750 Cinq types d'opérations sont à distinguer, selon que :

– le permis ou la décision prise sur la déclaration préalable tient lieu de l'autorisation prévue par une autre législation (c'est le cas le plus fréquent) ;

– le permis ou la décision prise sur la déclaration préalable est subordonné à un accord prévu par une autre législation ;

– l'autorisation prévue par une autre législation dispense de permis ou de déclaration préalable ;

– la délivrance d'un permis ou la réalisation des travaux est différée dans l'attente de formalités prévues par une autre législation ;

– l'autorisation prévue par une autre législation tient lieu de permis ou de déclaration préalable.

› Précisions Ces règles concernent l'ensemble des autorisations d'urbanisme. Nous les présentons ci-après du point de vue du permis de construire, en précisant toutefois celles qui valent également pour les permis d'aménager ou de démolir et les décisions de non-opposition à une déclaration préalable.

AUTORISATION D'URBANISME TENANT LIEU DE L'AUTORISATION PRÉVUE PAR UNE AUTRE LÉGISLATION

13755 Le permis de construire tient lieu de l'autorisation :

a. Relative aux **immeubles de moyenne ou grande hauteur** (CCH art. L 141-2, L 145-1 et 146-1), dès lors que la décision a fait l'objet d'un accord de l'autorité chargée de la police de la sécurité (C. urb. art. L 425-2 et R 425-14).

b. Relative aux **établissements recevant du public** (CCH art. L 122-3), dès lors que l'autorité compétente pour ce type d'établissement a donné son accord ; le cas échéant, des prescriptions relatives à l'exploitation des bâtiments sont mentionnées dans le permis. Toutefois, lorsque l'aménagement intérieur d'un ERP n'est pas connu lors du dépôt de la demande de permis, celui-ci doit indiquer, à peine d'illégalité, qu'une autorisation complémentaire au titre du CCH devra être demandée et obtenue en ce qui concerne l'aménagement intérieur avant l'ouverture au public (C. urb. art. L 425-3 et R 425-15 ; CE 23-5-2018 nº 405937, Ville de Paris ; CE 25-11-2020 nº 430754 : BPIM 1/21 inf. 13). En pareil cas, le permis ne vaut pas autorisation au titre de la police des ERP et il n'a pas à être précédé d'une décision du préfet acceptant le principe de la création de l'établissement (CE 13-1-2023 nº 450446, OPH Paris Habitat et ville de Paris : BPIM 2/23 inf. 90).

c. Relative aux constructions protégées au titre des **abords d'un monument historique** ou aux constructions situées dans un **site patrimonial remarquable** dès lors que l'ABF a, selon les cas, donné son accord ou émis son avis (C. patr. art. L 621-32, L 632-2 et L 632-2-1, C. urb. art. R 425-1 et R 425-2) ; cette règle ne concerne pas les projets portant sur les immeubles protégés au titre des monuments historiques.

d. Relative aux constructions situées sur un territoire en instance de classement ou classé en **réserve naturelle** (C. envir. art. L 332-6 et L 332-9) dès lors que la décision a fait l'objet de l'accord exprès, selon le cas du préfet ou du ministre chargé de la protection de la nature (réserve naturelle nationale ou, en Corse, réserve classée par l'État), du conseil régional (réserve naturelle régionale) ou de l'Assemblée de Corse (réserve naturelle classée par la collectivité territoriale de Corse) (C. urb. art. R 425-4).

e. Relative aux constructions situées dans un **espace ayant vocation à être classé dans le cœur d'un futur parc national** (C. envir. art. L 331-6), dès lors que le préfet a donné son accord (C. urb. art. R 425-5).

f. Relative aux **constructions situées dans le cœur d'un parc national délimité** (C. envir. art. L 331-4, I) ou dans les espaces maritimes du cœur du parc (C. envir. art. L 331-14, I), dès lors que la décision a fait l'objet de l'accord du directeur du parc (projet situé en dehors des espaces urbanisés délimités par le décret de création), du conseil d'administration du parc (travaux, constructions ou installations ne figurant pas sur la liste fixée par le décret de création et devant être réalisés en dehors des espaces urbanisés délimités par le décret de création) ou du préfet après consultation du directeur du parc (projet situé dans les espaces urbanisés) (C. urb. art. R 425-6).

g. Relative aux constructions situées **à proximité d'un ouvrage militaire** (C. défense art. L 5112-2), dès lors que le ministre de la défense a donné son accord (C. urb. art. R 425-7).

h. Relative aux constructions situées **à l'intérieur d'un polygone d'isolement** (C. défense art. L 5111-6), dès lors que le ministre de la défense a donné son accord (C. urb. art. R 425-8).

i. Relative aux constructions susceptibles, en raison de leur emplacement et de leur hauteur, de constituer un **obstacle à la navigation aérienne** (C. aviation civile art. R 244-1 dans sa rédaction antérieure au décret 2023-1008 du 31-10-2023), dès lors que le ministre chargé de l'aviation civile et le ministre de la défense ont donné leur accord (C. urb. art. R 425-9). Si l'un des deux ministres ne donne pas son accord, le permis doit être refusé (CE 9-7-2018 n° 414419, min. cohésion des territoires : BPIM 5/18 inf. 325).

j. Relative aux **constructions situées le long de la Loire ou d'un de ses affluents** mentionnés à l'article L 2124-16 du CGPPP, ou sur un terrain situé à moins de 19,50 m du pied des levées du côté du val (CGPPP art. L 2124-18), dès lors que le préfet a donné son accord (C. urb. art. R 425-10).

k. Relative aux constructions situées dans la **zone d'inondation du Rhin** (Loi locale du 2-7-1891 art. 39), dès lors que le préfet a donné son accord (C. urb. art. R 425-11).

l. Relative aux constructions situées dans une **zone de servitude de protection des canaux d'irrigation** (C. rur. art. L 152-8), dès lors que le préfet a donné son accord (C. urb. art. R 425-12).

m. Relative aux constructions situées à moins de 100 m d'un **cimetière** transféré (CGCT art. L 2223-5), dès lors que la décision a fait l'objet d'un accord du maire, si celui-ci n'est pas l'autorité compétente pour délivrer le permis (C. urb. art. R 425-13).

n. Relative à l'**exploitation commerciale** (C. com. art. L 752-1), dès lors que la demande de permis a fait l'objet d'un avis favorable de la CDAC, ou de la CNAC dans les cas et aux conditions fixées à l'article L 752-17 du Code de commerce (C. urb. art. L 425-4 et R 425-15-1).

o. Relative aux travaux conduisant à la création de plusieurs **locaux à usage d'habitation** dans un immeuble existant lorsque le projet a lieu dans une zone où a été instituée l'autorisation préalable de l'article L 126-18 ou L 126-19 du Code de la construction et de l'habitation (C. urb. art. R 425-15-2).

› Précisions **a.** La même règle s'applique au **permis d'aménager** dans les cas c à m, au **permis de démolir** dans les cas c à f et à la décision de **non-opposition à une déclaration** préalable dans les cas c, d, e, f, j, k, l, m et o.

b. À titre expérimental et jusqu'au 23 novembre 2025, le permis de construire ou la déclaration préalable vaut approbation de dérogation aux règles applicables aux constructions et aménagements situés dans le périmètre d'une **opération d'intérêt national** (OIN), d'une **grande opération d'urbanisme** (GOU) ou d'un secteur d'intervention (Loi 2016-925 du 7-7-2016 art. 88).

c. Lorsqu'un projet de construction implique l'abattage d'**arbres bordant une voie de communication,** l'autorisation d'urbanisme vaut dérogation à l'interdiction d'abattage prévue par l'article L 350-3 du Code de l'environnement (CE avis 21-6-2021 n° 446662, Association La Nature en Ville : BPIM 4/21 inf. 284).

AUTORISATION D'URBANISME SUBORDONNÉE À UN ACCORD PRÉVU PAR UNE AUTRE LÉGISLATION

Dans les hypothèses suivantes, une législation autre que celle de l'urbanisme, sans prévoir une autorisation, impose à l'autorité compétente pour statuer sur la demande de permis de construire de recueillir l'accord d'une autre autorité. 13760

a. Projet portant sur un immeuble inscrit au titre des **monuments historiques** : accord prévu par l'article L 621-27 du Code du patrimoine, donné par le préfet de région (C. urb. art. R 425-16).

b. Projet situé dans un **site classé ou en instance de classement** : accord exprès prévu par les articles L 341-7 et L 341-10 du Code de l'environnement, donné par le ministre chargé des sites, après avis de la commission départementale de la nature, des paysages et des sites (C. urb. art. R 425-17). Pour éviter une superposition de protection, si les travaux ont été autorisés au titre des monuments historiques, cet accord dispense de l'autorisation spéciale requise au titre de l'article L 341-10 alinéa 1 (C. envir. art. L 341-10, al. 2).

c. Projet situé dans un **parc national** et devant être précédé d'une évaluation environnementale : accord de l'établissement public du parc (émis après consultation de son conseil scientifique) ou, le cas échéant, accord du directeur ou du conseil d'administration du parc (C. urb. art. R 425-19).

d. Projet altérant durablement le potentiel agronomique, biologique ou économique d'une **zone agricole protégée** et situé dans un territoire non couvert par un PLU ou un document d'urbanisme en tenant lieu : avis de la chambre d'agriculture et de la commission départementale d'orientation agricole et, si l'un de ces deux avis est défavorable, accord motivé du préfet (C. urb. art. R 425-20).

e. Projet situé dans un **plan de surfaces submersibles** valant plan de prévention des risques naturels prévisibles : le permis ne peut être délivré si le préfet, après consultation du service chargé des mesures de défense contre les inondations et du service chargé de la police des cours d'eau, s'y oppose ; si le préfet subordonne son accord au respect de prescriptions nécessaires pour assurer le libre écoulement des eaux ou la conservation des champs d'inondation, le permis doit imposer ces prescriptions (C. urb. art. R 425-21).

f. Projet situé dans une **zone de protection** créée, antérieurement à la loi 83-8 du 7 janvier 1983 relative à la répartition de compétences entre les communes, les départements, les régions et l'État, en application des articles 17 ou 28 de la loi du 2 mai 1930 sur la protection des **monuments naturels et des sites** : accord exprès de l'autorité mentionnée dans le décret instituant la zone de protection (C. urb. art. R 425-22).

g. Projet soumis pour avis à la commission départementale d'**aménagement commercial** par le maire ou le président de l'EPCI compétent en matière d'urbanisme (C. com. art. L 752-4) : avis favorable de la CDAC ou de la CNAC (C. urb. art. R 425-22-1).

> Précisions **a.** Sauf le cas **g** qui ne concerne que le permis de construire et le cas **c** qui ne concerne que le permis de construire et le permis d'aménager, la même règle s'applique dans les autres cas pour le **permis d'aménager** et la décision de non-opposition à une **déclaration préalable** (toutefois, dans le cas **b,** si le projet est soumis à déclaration préalable, l'accord est donné par le préfet ou, le cas échéant, le directeur du parc national, après avis de l'ABF). Elle s'applique pour la délivrance du **permis de démolir** dans les cas **a, b** et **f.** Par ailleurs, s'agissant des projets portant sur la démolition de bâtiments situés dans un site inscrit, le permis de démolir ne peut être délivré qu'avec l'accord exprès de l'ABF (C. urb. art. R 425-18). Lorsque la demande de permis de construire porte à la fois sur la démolition et la construction, le permis de construire, qui autorise également la démolition, ne peut être délivré qu'avec l'accord exprès de l'ABF portant sur l'ensemble de l'opération projetée. Il n'est donc pas nécessaire que cet avis mentionne expressément la démolition (CE 16-3-2015 n° 380498, Ville de Paris : BPIM 3/15 inf. 161).

b. Lorsque les travaux exigent l'abattage d'arbres dans un **espace boisé classé,** la délivrance du permis de construire est en principe subordonnée à une décision de non-opposition à une déclaration relative à cet abattage. Un permis de construire peut valoir lui-même décision de non-opposition si cette déclaration préalable est jointe au dossier de demande de permis (CE 28-4-2017 n° 396172).

AUTORISATION PRÉVUE PAR UNE AUTRE LÉGISLATION DISPENSANT D'AUTORISATION D'URBANISME

13765 Les autorisations suivantes dispensent de permis de construire :

– autorisation prévue à l'article L 621-9, alinéa 1 du Code du patrimoine pour toute modification d'un immeuble **classé** au titre des **monuments historiques,** dès lors que la décision a fait l'objet d'un accord de l'autorité compétente pour statuer sur les demandes de permis de construire (C. urb. art. L 425-5 et R 425-23) ;

– autorisation relative aux ouvrages ou installations de **stockage souterrain de gaz, de fluides ou de déchets** prévue à l'article 3-1 du Code minier, aux articles L 515-7, L 541-17 et L 542-7 du Code de l'environnement ou par le décret 2006-649 du 2 juin 2006 (C. urb. art. R 425-24) ;

– autorisations prévues aux articles L 581-1 s. du Code de l'environnement relatives aux dispositifs de **publicité, enseignes** ou **préenseignes** (C. urb. art. R 425-29) ;

– approbation d'un projet de **ligne électrique aérienne** prévue à l'article L 323-11, 1° du Code de l'énergie, dès lors que sont prises en compte les règles du Code de l'urbanisme applicables à ce projet (C. urb. art. R 425-29-1) ;
– autorisation environnementale relative à un projet d'**infrastructure terrestre linéaire de transport** liée à la circulation routière ou ferroviaire, réalisé pour le compte de l'État, de ses établissements publics et concessionnaires, ou d'États étrangers ou organisations internationales (C. urb. art. R 425-29-3) ;
– autorisation environnementale relative à un projet d'**éoliennes terrestres** ou travaux exécutés sur une éolienne terrestre après que le préfet a imposé des prescriptions complémentaires (C. urb. art. R 425-29-2). Même dispensé d'autorisation d'urbanisme, le projet doit être conforme aux règles d'urbanisme (CE 14-6-2018 n° 409227, Association Fédération environnement durable : BPIM 4/18 inf. 253).

Sauf dans le cas du monument historique, l'accord préalable de l'autorité compétente en matière de permis de construire n'est pas requis.

> **Précisions** Dans les cinq premiers cas mentionnés ci-dessus, la dispense vaut également pour la **déclaration préalable** ; dans le premier cas, elle vaut en outre pour le **permis de démolir** et le **permis d'aménager.** Par ailleurs, dans quatre hypothèses concernant des **affouillements** ou **exhaussements du sol,** des autorisations ou déclarations prévues par d'autres législations dispensent de permis d'aménager ou de déclaration préalable :
– déclaration, enregistrement ou autorisation prévus par le Code de l'environnement, livre V, titre I, chapitres I et II et titre IV, chapitre I (C. urb. art. R 425-25) ;
– déclaration ou autorisation prévue par le Code minier (C. urb. art. R 425-26) ;
– autorisation prévue par l'article 29 de la loi 2006-686 du 13 juin 2006 relative à la transparence et à la sécurité en matière nucléaire (C. urb. art. R 425-27) ;
– permis de stationnement sur le domaine public ou autorisation d'occupation de ce domaine (C. urb. art. R 425-28).

AUTORISATION PRÉVUE PAR UNE AUTRE LÉGISLATION TENANT LIEU D'AUTORISATION D'URBANISME

Lorsque la location d'un local à usage commercial en tant que **meublé de tourisme** implique 13767
un **changement de destination** relevant du permis de construire ou de la déclaration préalable (voir n° 13475), l'autorisation prévue par le Code de tourisme (C. tourisme art. L 324-1-1, IV bis-al. 1) tient lieu de permis de construire ou de décision de non-opposition dès lors que l'autorité compétente en matière d'autorisation d'urbanisme a donné son accord, le cas échéant assorti de prescriptions motivées (C. urb. art. R 425-32). Le silence de cette autorité vaut accord au terme du délai d'instruction applicable en vertu du Code de l'urbanisme, sauf dans les cas où le Code de l'urbanisme exclut une autorisation tacite.

DÉLIVRANCE OU MISE EN ŒUVRE DE L'AUTORISATION D'URBANISME DIFFÉRÉE

Diverses législations et réglementations imposent de différer, dans l'attente de l'accomplis- 13770
sement des formalités qu'elles prévoient, soit la délivrance de l'autorisation d'urbanisme, soit l'engagement des travaux (C. urb. art. L 425-6 s. et R 425-30 s.).

a. Projet portant sur une opération ou des travaux soumis à **autorisation de défrichement** : l'autorisation doit être obtenue préalablement à la délivrance du permis (C. urb. art. L 425-6 ; C. for. art. L 341-7) sauf lorsqu'une autorisation environnementale tient lieu d'autorisation de défrichement (C. envir. art. L 181-29).

b. Permis de construire portant sur un projet soumis à une **autorisation de création de salle de spectacle cinématographique** : le permis ne peut pas être accordé avant la délivrance de l'autorisation ni mis en œuvre avant l'expiration des recours contre cette autorisation (C. urb. art. L 425-8 ; C. cinéma art. L 212-13).

c. Projet portant sur des travaux ayant pour objet un **changement d'usage de locaux d'habitation,** soumis à autorisation préalable en application de l'article L 631-7 du CCH : les travaux ne peuvent être exécutés qu'après l'obtention de l'autorisation de changement d'usage (C. urb. art. L 425-9).

d. Projet portant sur une **installation classée** : les travaux ne peuvent être exécutés avant la décision d'enregistrement lorsqu'une demande d'enregistrement a été présentée (C. urb. art. L 425-10). Pour les installations soumises à autorisation environnementale, voir le cas **i.**

e. Projet portant sur une **installation nucléaire de base** soumise à autorisation de création ou à nouvelle autorisation : les travaux ne peuvent pas être exécutés avant la clôture de l'enquête publique (C. urb. art. L 425-12).

f. Projet situé dans un **site inscrit** : la demande de permis ou la déclaration préalable tient lieu de la déclaration exigée par l'article L 341-1 du Code de l'environnement. Les travaux ne peuvent pas être entrepris avant l'expiration d'un délai de 4 mois à compter du dépôt de la demande ou de la déclaration. La décision prise sur la demande de permis ou sur la déclaration préalable intervient après consultation de l'ABF (C. urb. art. R 425-30).

g. Projet entrant dans le champ d'application de l'article R 523-4 du Code du patrimoine relatif à l'**archéologie préventive** : le dossier joint à la demande de permis doit comprendre les pièces exigées à l'article R 523-9 du même Code. La décision ne peut pas intervenir avant que le préfet de région ait statué, dans les conditions prévues à l'article R 523-18 du Code précité, sur les prescriptions d'archéologie préventive. Dans le cas où le préfet de région a prescrit la réalisation d'opérations d'archéologie préventive, les travaux ne peuvent pas être entrepris avant l'achèvement de ces opérations (C. urb. art. L 425-11 et R 425-31).

h. Projet de **surélévation** d'un immeuble existant, dans certaines communes, pour lequel une dérogation aux règles de construction est demandée (CCH art. L 112-13) : le permis ne peut pas être accordé avant l'obtention de cette dérogation (C. urb. art. L 425-13).

i. Projet soumis à **autorisation environnementale** (C. envir. art. L 181-1) ou projet soumis à déclaration au titre de ses effets sur **l'eau et les milieux aquatiques** (C. envir. art. L 214-1 s.) : le permis ou la décision de non-opposition à la déclaration de travaux ne peut pas être mis en œuvre avant l'obtention de l'autorisation environnementale (sous réserve de la possibilité de mettre en œuvre un permis de démolir prévue à l'article L 181-30, alinéa 2 du Code de l'environnement) ou de la non-opposition à déclaration (C. urb. art. L 425-14). Toutefois, par dérogation spécialement motivée, certains travaux peuvent commencer avant l'obtention de l'autorisation environnementale (C. urb. art. L 425-14, al. 2).

j. Projet devant faire l'objet d'une dérogation à certaines règles de protection du **patrimoine naturel** (C. envir. art. L 411-2, I, 4°) : le permis ou la décision de non-opposition à la déclaration de travaux ne peut pas être mis en œuvre avant obtention de cette dérogation (C. urb. art. L 425-15).

k. Projet relatif à une **installation classée pour la protection de l'environnement** pour laquelle une procédure d'**enregistrement** est en cours : la décision ne peut intervenir avant l'expiration du délai de 15 jours après la fin de la consultation du public prévu à l'article R 512-46-9 du Code de l'environnement (C. urb. art. R 425-31-1).

l. Projet portant sur une construction soumise à l'obligation de démolition et de remise en état dans une **zone exposée au recul du trait de côte** à un horizon compris entre 30 et 100 ans mais présentant un recul du trait de côte tel que la sécurité des personnes ne pourra plus être assurée au-delà de trois ans : le permis ou la déclaration préalable ne peut pas être mis en œuvre avant la consignation et la transmission au maire du récépissé de consignation (C. urb. art. L 425-16).

m. Projet relatif à l'aménagement de terrains, à l'édification de poteaux, de pylônes ou de toute autre construction supportant des **antennes d'émission** ou de **réception de signaux radioélectriques** aux fins de fournir au public un service de communications électroniques : les travaux ne peuvent pas être réalisés avant que le maire du lieu de situation du terrain ou le président de l'EPCI n'ait été informé par écrit du projet (C. urb. art. L 425-17). Doit être joint à cette information un document attestant d'un mandat de l'opérateur de téléphonie mobile ayant vocation à exploiter ces installations.

SECTION 4 AUTORITÉ COMPÉTENTE

13900 Il faut **distinguer** la question de la collectivité compétente en matière d'autorisations d'urbanisme et celle de l'autorité administrative compétente pour statuer au nom de cette collectivité sur les demandes de permis et les déclarations préalables (les mêmes règles s'appliquent pour les certificats d'urbanisme). Quand la commune est compétente, la décision est prise par le maire. Quand l'État est compétent, elle appartient soit au maire (c'est la règle générale), soit au préfet (pour certaines opérations limitativement énumérées). Enfin, une commune peut déléguer sa compétence à un établissement public de coopération intercommunale (EPCI) ; c'est alors le président de cet établissement qui statue à la place du maire.

Sur le **service instructeur** de la demande, voir n° 14550.

COMMUNES COMPÉTENTES EN MATIÈRE D'AUTORISATIONS D'URBANISME

Transfert de compétence Les communes dotées d'un **PLU,** d'un document d'urbanisme en tenant lieu ou d'une carte communale sont compétentes en matière d'autorisations d'urbanisme (C. urb. art. L 422-1, a). 13905

Lorsque le transfert est intervenu, il est **définitif** ; le conseil municipal ne peut donc pas revenir sur sa décision. Les demandes sur lesquelles il n'a pas été statué à la date du transfert demeurent soumises aux règles d'instruction et de compétence en vigueur à la date du dépôt de la demande.

Dans les communes bénéficiant du transfert de compétence, la décision est prise par le **maire au nom de la commune,** sous réserve d'une éventuelle délégation à un EPCI.

> **Précisions** **a.** Si le **maire** (ou le président de l'EPCI) est **intéressé** au projet faisant l'objet de la demande de permis ou de la déclaration préalable, soit en son nom personnel, soit comme mandataire, le conseil municipal (ou l'organe délibérant de l'EPCI) désigne un autre de ses membres pour prendre la décision (C. urb. art. L 422-7). Sur la notion d'intérêt personnel, voir Rép. Jacquat : AN 4-3-1996 p. 1205 n° 32679 ; CE 24-6-1988 n° 76935 : Lebon p. 1081 ; CE 3-9-2008 n° 276115 : BPIM 5/08 inf. 348 ; CE 3-7-2009 n° 321634 : BPIM 4/09 inf. 263 ; CE 22-2-2016 n° 367901 : BPIM 2/16 inf. 85. Le conseil municipal désigne un autre conseiller si le maire est intéressé au projet ou s'il estime pouvoir être légitimement regardé comme intéressé (CE 13-12-2024 n° 470383, Sté Le Château de Balanzac : BPIM 1/25 inf. 12). Si la décision est prise par le maire, elle n'est illégale que s'il résulte d'**éléments objectifs** que celui-ci doit être regardé comme intéressé à l'affaire. En revanche, il semble que pour apprécier la légalité d'une décision prise par un autre conseiller désigné à cet effet, il faille seulement vérifier si l'impartialité du maire pouvait donner lieu à un **doute légitime**.
>
> **b.** Une circulaire fait le point sur les **délégations de signature** et les **délégations de pouvoirs** consenties en matière d'urbanisme. Elle rappelle les conditions de validité de ces délégations accordées par les collectivités locales et les autorités agissant au nom de l'État (Circ. UHC/DU/9 n° 2000-33 du 15-5-2000 : BO équipement 2000/10 du 31-5-2000 p. 49).
>
> **c.** Le **maire** peut déléguer sa signature à un **adjoint.** La **délégation de signature** doit être rendue exécutoire soit par publication, soit par affichage (CGCT art. L 2131-3). Même dans les communes de plus de 3 500 habitants, où une publication dans un recueil des actes administratifs de la commune était prévue (CGCT art. L 2122-29 dans sa rédaction antérieure à l'ordonnance 2021-1310 du 7-10-2021), l'affichage suffisait à rendre la délégation exécutoire (CE 21-5-2008 n° 284801 : BPIM 6/08 inf. 418).
>
> **d.** Une **délégation** du maire habilitant l'un de ses adjoints à signer **toutes les décisions relevant du Code de l'urbanisme** doit être regardée comme habilitant son titulaire à signer les arrêtés accordant un permis de construire, y compris lorsque le permis tient lieu de l'autorisation prévue par l'article L 122-3 du CCH (CE 27-3-2015 n° 367896, Centre hospitalier Pierre Oudot : BPIM 3/15 inf. 157).
>
> **e.** Lorsqu'un **bâtiment est implanté sur deux communes** ayant bénéficié du transfert de compétence, le permis de construire doit être délivré par le maire de chacune des communes concernées (TA Rennes 30-5-1990). Mais le fait qu'une partie du terrain d'assiette soit située sur le territoire de la commune voisine n'implique pas la délivrance d'un permis par le maire de cette commune si les travaux effectués sur cette partie du terrain ne sont pas soumis à permis de construire (CE 8-4-1994 n° 132721, Sté Centaure Normandie et Cne de Bosgouet : Lebon T. p. 1252).

Opérations relevant de la compétence de l'État Dans les communes bénéficiant du transfert de compétence, les projets suivants continuent de relever de la compétence de l'État (C. urb. art. L 422-2). 13910

a. Travaux, constructions et installations réalisés pour le compte de l'État, de ses établissements publics et concessionnaires ainsi que pour le compte d'États étrangers ou d'organisations internationales.

b. Ouvrages de production, de transport, de distribution et de stockage d'énergie et ouvrages utilisant des matières radioactives.

c. Travaux, constructions et installations réalisés à l'intérieur des périmètres des opérations d'intérêt national (OIN). Toutefois, le décret conférant la qualité d'OIN à l'opération (ou un décret complémentaire pour les OIN existantes) peut limiter cette compétence et revenir au droit commun (permis délivré par le maire au nom de la commune) dans des secteurs particuliers et pour une période déterminée lorsque le stade de réalisation de l'aménagement ou la zone concernée ne justifient pas l'intervention de l'État (C. urb. art. L 102-14 et L 422-2, c).

d. Opérations de logement situées dans les secteurs arrêtés par le préfet lorsque la commune n'a pas respecté ses obligations de réalisation de logements locatifs sociaux (CCH art. L 302-9-1, al. 2) et appartenant aux catégories de constructions ou d'aménagements définies par l'arrêté de carence, et les opérations faisant l'objet, pendant la durée d'application de l'arrêté de carence, d'une convention conclue par le préfet en vue de l'acquisition ou de la construction de logements sociaux (CCH art. L 302-9-1, al. 6). Dans le cas où un bien fait ponctuellement l'objet d'un renoncement par le préfet à exercer son droit de préemption au profit de la commune dans un de ces secteurs (voir nº 32590), le préfet peut autoriser cette même commune à exercer la compétence en matière d'autorisation d'urbanisme pour ce seul bien (C. urb. art. L 210-1, al. 2).

e. Logements, locaux d'hébergement et résidences hôtelières à vocation sociale construits ou exploités par des sociétés de construction dont l'État détient au moins un tiers du capital.

f. Ouvrages, constructions ou installations situés à moins de 19,50 m du pied des levées de la Loire et de certains de ses affluents, du côté du val (CGPPP art. L 2124-18).

g. Travaux, constructions et installations réalisés pour le compte de la société « SNCF Réseau » ou de sa filiale (C. transports art. L 2111-9) dans le cadre de leurs missions de service public.

h. Travaux, installations, constructions et aménagements d'un projet industriel qualifié par décret de projet d'intérêt national majeur pour la transition écologique ou la souveraineté nationale.

Les **décisions** concernant ces opérations sont prises par le maire agissant comme agent de l'État, sauf dans les cas limitativement énumérés où la compétence de l'État est exercée par le préfet (voir nº 13925).

> Précisions **a.** Une **construction** peut être réalisée **pour le compte de l'État** et relever par suite d'un permis de construire délivré par le préfet alors même que l'État n'est ni le pétitionnaire ni le propriétaire du terrain d'assiette (CE 5-2-2014 nº 366208, Cne de Bollène : BPIM 2/14 inf. 87).

b. Les **installations de production d'électricité** à partir de l'énergie renouvelable **accessoires à des constructions,** notamment les panneaux photovoltaïques sur toit ou façade, ne sont pas des ouvrages de production d'énergie relevant de la compétence de l'autorité administrative de l'État, à l'exception des installations agrivoltaïques (C. urb. art. R 422-2-1 dans sa rédaction issue du décret 2024-318 du 8-4-2024).

13915 **Délégation de la compétence communale à un EPCI** Lorsqu'une commune fait partie d'un établissement public de coopération intercommunale, elle peut, en accord avec cet établissement, lui déléguer sa compétence. Les décisions sont alors prises par le **président de l'EPCI** au nom de cet établissement (C. urb. art. L 422-3).

La délégation doit porter sur l'ensemble des autorisations et actes relatifs à l'occupation ou à l'utilisation du sol (C. urb. art. R 422-3). La délégation de compétence doit être confirmée dans les mêmes formes après chaque **renouvellement du conseil municipal** ou après l'élection d'un nouveau président de l'EPCI. Si la confirmation n'intervient pas dans les 6 mois du renouvellement ou de l'élection, la commune retrouve sa compétence à compter de cette date (C. urb. art. R 422-4).

Lorsqu'une délégation a été consentie à un EPCI, le maire doit émettre un **avis** sur chaque demande de permis et sur chaque déclaration préalable. Il doit recevoir **copie des décisions** (C. urb. art. R 424-10, der. al.).

13920 **Cas où l'avis conforme du préfet est requis** Dans certaines hypothèses, la compétence communale, sans être remise en cause dans son principe, est assortie de l'obligation de recueillir l'avis conforme (c'est-à-dire l'accord) du préfet.

C'est le cas si :

– le projet est situé sur une partie du territoire communal qui n'est pas couverte par le PLU, un document d'urbanisme en tenant lieu ou par la carte communale (C. urb. art. L 422-5, a). Cette disposition trouve aussi à s'appliquer si la commune s'était dotée d'un POS qui est devenu caduc faute d'avoir été mis en forme de PLU au plus tard le 31 décembre 2015 (C. urb. art. L 174-1), son territoire n'étant plus couvert par un document d'urbanisme (CAA Douai 5-10-2023 nº 22DA00229, Cne de Cottévard : BPIM 6/23 inf. 353) ;

– le projet est situé dans un périmètre où des mesures de sauvegarde prévues par l'article L 424-1 du Code de l'urbanisme (sursis à statuer) peuvent être appliquées, dès lors du moins que ce périmètre a été institué à l'initiative d'une personne autre que la commune (C. urb. art. L 422-5, b) ;

– le PLU, un document d'urbanisme en tenant lieu ou la carte communale a fait l'objet d'une annulation ou d'une déclaration d'illégalité par le juge administratif, ou a été abrogé, sans que cela ait eu pour effet de faire revivre un document d'urbanisme antérieur (C. urb. art. L 422-6). La règle ne s'applique qu'aux demandes de permis et aux déclarations préalables déposées après l'annulation, la déclaration d'illégalité ou l'abrogation.

Un **avis simple** du représentant de l'État dans le département est requis si le projet porte sur des constructions ou installations destinées au culte (C. urb. art. L 422-5-1). Cet avis n'est obligatoire que si le projet crée ou étend significativement un lieu de culte (CE 25-7-2022 n° 463525, Cne de Bagneux : BPIM 5/22 inf. 345).

AUTRES COMMUNES

Dans les communes autres que celles qui bénéficient du transfert de compétence, la décision est prise au nom de l'État (C. urb. art. L 422-1, b). **13925**

L'autorité compétente est normalement le **maire,** pris comme agent de l'État (C. urb. art. R 422-1). L'illégalité éventuelle de sa décision engage la responsabilité de l'État (CAA Lyon 29-4-2021 n° 19LY00688 : BPIM 3/21 inf. 167).

Toutefois, le **préfet** est compétent dans un certain nombre de cas, limitativement énumérés (C. urb. art. R 422-2 dans sa rédaction issue des décrets 2024-318 du 8-4-2024 et 2024-704 du 5-7-2024) :

a. Projets réalisés pour le compte de l'État, de ses établissements publics ou concessionnaires, ainsi que pour le compte d'un État étranger ou d'une organisation internationale.

b. Ouvrages de production, de transport, de distribution et de stockage d'énergie lorsque cette énergie n'est pas destinée, principalement, à une utilisation directe par le demandeur. En sont exclues les installations de production d'électricité à partir d'énergie renouvelable accessoires à une construction, à l'exception des installations agrivoltaïques (C. urb. art. R 422-2-1 dans sa rédaction issue du décret 2024-318 du 8-4-2024).

c. Installations, ouvrages et constructions présentés par le demandeur comme agrivoltaïques (C. énergie art. R 314-36).

d. Installations nucléaires de base.

e. Travaux soumis à l'autorisation du ministre de la défense ou du ministre chargé des sites ou en cas d'évocation par le ministre chargé de la protection de la nature ou par le ministre chargé des monuments historiques et des espaces protégés.

f. Désaccord entre le maire et le responsable du service de l'État dans le département chargé de l'instruction (normalement la DDT).

g. Ouvrages, constructions ou installations situés à moins de 19,50 m du pied des levées de la Loire et de certains de ses affluents, du côté du val (CGPPP art. L 2124-18).

h. Constructions à usage de logements situés dans les secteurs arrêtés par le préfet lorsque la commune n'a pas respecté ses obligations en matière de logement social, et faisant partie des catégories de constructions énumérées dans l'arrêté préfectoral et les opérations ayant fait l'objet, pendant la durée d'application de l'arrêté de carence, d'une convention conclue entre le préfet et un organisme chargé de réaliser les logements (CCH art. L 302-9-1).

i. Travaux, constructions et installations réalisés pour le compte de la société SNCF Réseau ou de sa filiale chargée de la gestion des gares de voyageurs dans le cadre de leurs missions de service public (C. transp. art. L 2111-9).

j. Travaux, installations, constructions et aménagements d'un projet industriel qualifié par décret de projet d'intérêt national majeur pour la transition écologique ou la souveraineté nationale.

Le préfet peut déléguer sa signature au **responsable du service de l'État** dans le département chargé de l'instruction ou à ses subordonnés, sauf en cas de désaccord entre ce dernier et le maire (C. urb. art. R 422-2, der. al.).

GRANDES OPÉRATIONS D'URBANISME

Dans le périmètre d'une grande opération d'urbanisme (C. urb. art. L 312-3 s.), l'autorité compétente pour délivrer le permis de construire, d'aménager ou de démolir et pour se prononcer sur un projet faisant l'objet d'une déclaration préalable est le maire de Paris, le président de la métropole de Lyon ou le président de l'EPCI à fiscalité propre ou de l'établissement public territorial ayant décidé de la qualification de grande opération d'urbanisme (C. urb. art. L 422-3-1). Toutefois, l'acte décidant de cette qualification, ou un acte ultérieur pris dans les mêmes formes, peut maintenir la règle normale de compétence dans tout ou partie du périmètre de l'opération (C. urb. art. L 312-5-1). **13928**

SECTION 5

PROCÉDURE D'OBTENTION DU PERMIS DE CONSTRUIRE

PROCÉDURE COMMUNE AUX AUTORISATIONS D'URBANISME

14050 La présentation des demandes de permis de construire, d'aménager et de démolir et déclarations préalables, leur instruction et la décision de l'autorité compétente obéissent aux mêmes règles, que l'opération envisagée soit une construction, un aménagement ou une démolition. Seul le contenu du dossier varie selon la nature de l'opération.

Nous indiquerons plus loin les **variantes** intéressant, d'une part, le permis de démolir et, d'autre part, le permis d'aménager et les déclarations relatives aux opérations d'aménagement.

Peuvent être soumis à **concertation préalable** certains projets de travaux ou d'aménagement soumis à permis de construire ou à permis d'aménager à l'initiative de l'autorité compétente pour statuer sur la délivrance du permis ou, avec l'accord de celle-ci, à l'initiative du maître de l'ouvrage (C. urb. art. L 300-2).

A. Demande de permis de construire

1. PERSONNES AYANT QUALITÉ POUR PRÉSENTER LA DEMANDE

14090 Les demandes peuvent être présentées par les **personnes suivantes** (C. urb. art. R 423-1) :

– le ou les propriétaires du ou des terrains, leurs mandataires ou une ou plusieurs personnes attestant être autorisées par eux à exécuter les travaux. En pratique, cette attestation prend la forme d'une case cochée dans le formulaire de demande ;

– en cas d'indivision, un ou plusieurs coïndivisaires ou leur mandataire ;

– une personne ayant qualité pour bénéficier de l'expropriation du terrain pour cause d'utilité publique.

En prévoyant une **attestation** du demandeur, le législateur a entendu renforcer la règle selon laquelle l'administration n'a pas normalement à effectuer des vérifications relatives à la qualité du pétitionnaire (théorie jurisprudentielle dite du « propriétaire apparent », voir n° 14095). Le permis peut être délivré si l'attestation figure au dossier. C'est seulement si, sans avoir à procéder à aucune investigation, l'autorité saisie d'une demande de permis (ou d'une déclaration) vient à disposer au moment où elle statue d'informations établissant le caractère frauduleux de l'attestation ou, sans que cela puisse donner lieu à une contestation sérieuse, que le pétitionnaire ne dispose d'aucun droit pour la déposer, qu'il lui appartient de refuser la demande de permis (CE 23-3-2015 n° 348261 : BPIM 3/15 inf. 158). Le maire doit tenir compte, s'il en a connaissance, d'une décision de justice faisant apparaître que le pétitionnaire n'a pas le droit de construire sur le terrain mais non d'une procédure judiciaire seulement engagée (CE 12-2-2020 n° 424608, Cne de Norges-la-Ville : BPIM 2/20 inf. 95). Une décision de justice n'a aucune incidence sur la légalité du permis si elle lui est postérieure (CE 19-6-2015 n° 368667, Cne de Salbris : BPIM 4/15 inf. 235).

> **Précisions** **a.** Les propriétaires de **terrains distincts mais contigus** peuvent présenter conjointement une demande de permis en vue de la construction, sur les terrains considérés, d'un ou plusieurs bâtiments présentant une unité d'ensemble (CE 28-7-1999 n° 182167, Sté HLM Le nouveau logis centre limousin : BPIM 5/99 inf. 340).
>
> **b.** Lorsqu'une demande de permis émane de **plusieurs personnes,** chacune d'elles doit justifier d'un titre l'habilitant à construire. Cependant, si l'un des bénéficiaires du permis ne justifie pas d'un tel titre, le permis sera annulé en tant seulement qu'il désigne cette personne comme bénéficiaire (CAA Lyon 12-6-2001 n° 00LY01431, Association Lac d'Annecy environnement : BPIM 5/01 inf. 291 ; CE 14-10-2009 n° 297727, Cne de Messanges : BPIM 6/09 inf. 405).
>
> **c.** Lorsque l'administration est informée après la délivrance du permis qu'il a été obtenu par **fraude,** elle peut le retirer sans condition de délai (CE 10-10-1990 n° 86379 ; CE 9-10-2017 n° 398853, Sté les Citadines : BPIM 6/17 inf. 389). La fraude suppose que le pétitionnaire a eu l'intention de tromper l'administration sur sa qualité pour demander le permis.
>
> **d.** Une demande d'autorisation d'urbanisme concernant un terrain en **indivision** peut être présentée par un seul coïndivisaire, alors même que les travaux pourraient être contestés par les autres propriétaires devant le juge judiciaire

(CE 17-10-2014 n° 360968, Cne de Jouars-Pontchartrain : BPIM 6/14 inf. 363). Même solution concernant un **mur séparatif** de propriété : il peut être demandé par un seul de ses propriétaires indivis (CE 13-12-2013 n° 356097 : BPIM 1/14 inf. 10).

e. La recevabilité d'une demande de permis de construire n'est pas subordonnée à la justification par le pétitionnaire qu'il dispose du **droit de passer** sur les terrains donnant accès au terrain d'assiette de son projet (CE 11-6-2014 n° 346333 : BPIM 4/14 inf. 227).

f. Si le projet est implanté en tout ou partie sur le **domaine public,** le juge saisi d'un recours contre le permis de construire doit vérifier que le pétitionnaire a joint au dossier l'accord de la personne publique pour engager une procédure d'autorisation d'occupation temporaire du domaine, exigé par l'article R 421-13 du Code de l'urbanisme (CE 23-11-2022 n° 449443, Sté Les jardins de Flore : BPIM 1/23 inf. 5). Il n'a pas à procéder à d'autres vérifications quant à la licéité de l'occupation.

PROPRIÉTAIRE

Propriétaire apparent Selon la jurisprudence traditionnelle, lorsque le droit de propriété du demandeur est contesté par un tiers, l'administration ne peut pas s'immiscer dans ce **litige d'ordre privé,** ni se fonder sur son existence pour refuser d'examiner la demande ou surseoir à statuer : elle doit délivrer le permis si le demandeur peut être regardé comme le propriétaire apparent compte tenu du titre qu'il est en mesure de produire (CE 27-3-1957, Ville d'Alger : Lebon T. p. 222). La règle selon laquelle le permis est valablement délivré au pétitionnaire qui atteste avoir qualité pour le demander s'inscrit dans cette logique mais écarte toute obligation de produire un titre. 14095

Futur propriétaire Le bénéficiaire d'une **promesse de vente,** qu'elle soit unilatérale ou synallagmatique, peut valablement déposer une demande de permis de construire (CE 28-7-1995 n° 112775, Sté Logi-Est). En revanche, une **promesse unilatérale d'achat** émise par le pétitionnaire ne l'habilite pas à déposer une demande de permis (CE 10-10-1990 n° 86379). 14100

Copropriété Lorsque des travaux devant être réalisés dans un immeuble en copropriété exigent une **autorisation des copropriétaires** en application de la loi 65-557 du 10 juillet 1965 ou du règlement de copropriété, le pétitionnaire peut se contenter d'attester avoir qualité pour effectuer les travaux. Le maire saisi d'une demande de permis ou d'une déclaration doit se borner à s'assurer de la présence de cette attestation. Il n'a pas à vérifier s'ils portent sur les parties communes ou affectent l'aspect extérieur de l'immeuble ni, dans l'affirmative, à exiger la production de l'autorisation de l'assemblée générale (CE 15-2-2012 n° 333631 : BPIM 2/12 inf. 105). Une contestation du syndicat des copropriétaires, faisant valoir que les travaux ne peuvent pas être réalisés sans son autorisation, ne suffit pas à caractériser une fraude du pétitionnaire, de nature à justifier un refus de permis (CE 3-4-2020 n° 422802, Ville de Paris : BPIM 3/20 inf. 183). Même le fait que le pétitionnaire se soit vu refuser l'autorisation par l'assemblée générale des copropriétaires ne caractérise pas une fraude, dès lors que la qualité de copropriétaire permet à elle seule de demander le permis (CE 23-10-2020 n° 425457, Ville de Paris : BPIM 6/20 inf. 369). Mais la détention d'un permis n'autorise pas son titulaire à réaliser les travaux sans l'accord de la copropriété et celle-ci dispose de voies de droit devant la juridiction civile pour faire respecter ses droits. 14105

> **Précisions** **Selon une réponse ministérielle,** si le demandeur ne dispose pas de l'autorisation de la copropriété, le permis peut être regardé comme obtenu par fraude et retiré à tout moment (Rép. Breton : AN 6-7-2010 p. 7645 n° 51235). Mais la jurisprudence retient une acception restrictive de la fraude.

MANDATAIRE

Le mandat donné par le propriétaire (ou la personne qu'il a habilitée à construire) n'est soumis à aucun formalisme. La qualité du mandataire est indifférente. Le **bénéficiaire** de l'autorisation reste le **mandant.** L'identité du propriétaire du terrain doit être indiquée dans la demande. Sauf mandat exprès, les notifications doivent être adressées au mandant. 14110

> **Précisions** Le syndic a de plein droit qualité pour demander un permis au nom de la **copropriété** mais il ne peut en demander un au nom d'un copropriétaire que s'il a reçu un mandat (CE 11-2-2005 n° 366296, Syndicat des copropriétaires du 12, rue de Tournon : BPIM 2/15 inf. 93).

TITULAIRES DE DROITS RÉELS

Toutes les personnes pouvant justifier de droits réels sur le terrain (bail à construction, emphytéose, usufruit, etc.) sont traditionnellement admises à présenter une demande de permis de construire. On peut penser que cette solution n'est pas remise en cause. 14115

Une autorisation d'occupation du domaine public habilite à demander un permis de construire si elle a été délivrée préalablement à la demande (CE 23-9-2005 nº 276772, Cne de Saint-Vallier-sur-Rhône c/ Sté Saria Industries : BPIM 3/06 inf. 170).

EXPROPRIANT

14120 Il s'agit de la personne ayant qualité pour bénéficier de l'expropriation. Cette personne ne pourra pas mettre en œuvre le permis avant d'avoir acquis la maîtrise du terrain.

> Précisions **a.** Un permis délivré à la commune alors qu'une procédure d'expropriation du terrain à son profit n'a même pas été engagée est illégal (CE 19-7-1991 nº 94055, Association yerroise).

b. Le permis de construire délivré par le maire à un aménageur sur un terrain faisant l'objet d'une procédure de déclaration d'utilité publique qui n'a pas encore abouti est illégal, le maire n'ayant pu ignorer que l'aménageur n'avait pas qualité pour le demander (CAA Toulouse 7-12-2023 nº 22TL21304 : BPIM 2/24 inf. 93).

c. L'annulation d'une ordonnance d'expropriation a pour effet d'entraîner la nullité d'une promesse de vente consentie par l'expropriant à une SCI. Cette circonstance prive rétroactivement cette dernière de la qualité pour présenter une demande de permis de construire sur le terrain litigieux (CE 5-4-1993 nº 117090, Cne de Fréjus : Lebon p. 98).

d. L'annulation d'une ordonnance d'expropriation fait perdre à l'expropriant, rétroactivement, sa qualité pour présenter une demande de permis mais cette circonstance ne rend pas, par elle-même, illégal le permis de construire qui a été délivré (CE 19-6-2015 nº 368667 : BPIM 4/15 inf. 235).

MINEUR

14125 La circonstance que le bénéficiaire du permis de construire n'ait pas été majeur à la date de sa délivrance est sans influence sur la légalité de cet acte dans la mesure où les dispositions du Code de l'urbanisme n'imposent pas à l'autorité compétente de vérifier la capacité civile du demandeur du permis de construire (TA Strasbourg 18-3-1994 : BJDU 3/94 p. 38).

MAJEUR PROTÉGÉ

14130 Une demande de permis de construire n'engageant pas le patrimoine de la personne protégée mais constituant un acte d'administration de ses biens, une personne sous **curatelle** peut déposer seule cette demande. Une personne en **tutelle** doit passer par son tuteur, qui agira en son nom, mais l'autorisation du juge des tutelles n'est pas nécessaire (Rép. Zimmermann : AN 22-12-2009 p. 12253 nº 17462).

2. DOSSIER DE DEMANDE

14160 La demande de permis de construire est établie sur le formulaire Cerfa 13406 lorsque la demande porte sur une maison individuelle ou sur le formulaire 13409 dans les autres cas (C. urb. art. A 431-4).

Ces formulaires sont disponibles dans les mairies, auprès des directions départementales des territoires et sur internet (www.service-public.fr).

Les demandes doivent être accompagnées de pièces dont la liste doit être récapitulée dans un **bordereau** dont le modèle est annexé aux formulaires.

Les communes de plus de 3 500 habitants disposent normalement d'une **téléprocédure** spécifique pour recevoir et instruire sous forme dématérialisée les demandes de permis (C. urb. art. L 423-3 et A 423-5). Cette téléprocédure peut être mutualisée au travers du service en charge de l'instruction des actes d'urbanisme. Une **plate-forme,** baptisée **Plat'Au,** permet l'échange d'informations, pièces, courriers et notifications entre le demandeur et l'administration dans le cadre de l'instruction de la demande et le recueil par l'autorité compétente des avis d'autres autorités. Le demandeur peut à tout moment consulter le dossier et vérifier l'état d'avancement de la procédure.

> Précisions **a.** Des **constructions distinctes,** ne comportant pas de liens physiques ou fonctionnels entre elles, n'ont pas à faire l'objet d'un permis de construire unique (CE 28-12-2017 nº 406782, Cne de Strasbourg).

b. Une construction constituée de plusieurs éléments formant, en raison des liens physiques ou fonctionnels entre eux, un **ensemble immobilier unique** doit en principe faire l'objet d'un seul permis de construire. Mais si l'ampleur et la complexité du projet le justifient (notamment en cas d'intervention de plusieurs maîtres d'ouvrage), les éléments de construction ayant une vocation fonctionnelle autonome peuvent faire l'objet de **permis distincts.** L'autorité compétente doit alors vérifier, par une appréciation globale, que le respect des règles et la protection des intérêts généraux que garantirait un permis unique sont assurés par l'ensemble des permis délivrés (CE sect. 17-7-2009 nº 301615, Cne de Grenoble et communauté d'agglomération Grenoble Alpe Métropole : BPIM 5/09 inf. 344).

c. C'est au regard des **règles d'urbanisme** qu'il faut apprécier l'existence d'un ensemble immobilier unique ; à elle seule, la circonstance que des constructions distinctes ne pourraient, pour des raisons techniques ou économiques, être exploitées indépendamment n'implique pas qu'elles doivent faire l'objet d'un même permis de construire (CE 12-10-2016 n° 391092, Sté WPD Énergie 21 Limousin : BPIM 6/16 inf. 352). A été jugée légale la délivrance de permis distincts pour la construction d'un parc éolien, le lien fonctionnel de nature technique et économique entre les éoliennes et leur poste de livraison n'étant pas suffisant pour caractériser l'ensemble immobilier unique.

a. Composition du dossier

Toutes les pièces et informations qui peuvent être exigées du pétitionnaire sont énumérées de manière précise et exhaustive. Peuvent seules être exigées les pièces nécessaires à la vérification du respect du droit de l'Union européenne, des règles relatives à l'utilisation des sols et à l'implantation, à la destination, à la nature, à l'architecture, aux dimensions et à l'assainissement des constructions et à l'aménagement de leurs abords ainsi que des dispositions relatives à la salubrité ou à la sécurité publique ou relevant d'une autre législation dont l'application est prise en compte lors de l'instruction du permis (C. urb. art. L 423-1). **14180**

Si certains éléments n'ont pas été produits, l'administration a un mois pour les réclamer (voir n° 14340). Aucune autre information ou pièce que celles exigées par la réglementation ne peut être exigée par l'autorité compétente (C. urb. art. R 431-4, der. al.).

> Précisions a. Les pièces des dossiers des demandes de permis sont **mises à la disposition de l'administration** à des fins de contrôle, de traitement des taxes d'urbanisme, de suivi des changements relatifs aux propriétés bâties dans le cadre de l'assiette de la fiscalité directe locale, de mise en œuvre et de suivi des politiques publiques basées sur la construction neuve et de statistiques (C. urb. art. L 423-2). La transmission des informations aux services concernés s'effectue mois par mois par voie dématérialisée (C. urb. art. R 423-75 à R 423-79).

b. Lorsqu'elle instruit une demande de permis, l'administration n'a pas à vérifier l'**exactitude des déclarations** du demandeur relatives à la **consistance du projet** – à moins qu'elles ne soient contredites par les éléments du dossier joint à la demande tels que limitativement définis par les articles R 431-4 et suivants du Code de l'urbanisme –, ni l'intention du demandeur de les respecter, sauf en présence d'éléments établissant une fraude (CE Sect. 15-2-2019 n° 401384, Cne de Cogolin : BPIM 2/19 inf. 91 ; CAA Douai 5 octobre 2023 n° 22DA00229, Cne de Cottévrard). En revanche, l'administration peut relever des inexactitudes relatives au **terrain d'assiette** du projet (surface, emplacement de ses limites séparatives, etc.) ou à son environnement. De telles inexactitudes ne peuvent entacher la légalité du permis que si elles ont eu une incidence sur l'appréciation du respect des règles d'urbanisme (CAA Nantes 23-6-2023 n° 22NT02265, SCI Edcla).

c. Le fait que l'administration ait **indûment réclamé une pièce** qui n'avait pas à être produite par le pétitionnaire ne rend pas illégal le refus d'autorisation d'urbanisme qui n'est pas fondé sur cette pièce (CE 13-11-2019 n° 419067 : BPIM 1/20 inf. 9).

ÉLÉMENTS NORMALEMENT REQUIS

Demande La demande de permis de construire doit comporter les éléments suivants (C. urb. art. R 431-5 et R 431-6) : **14185**

– identité du ou des demandeurs, qui comprend son numéro Siret lorsqu'il s'agit d'une personne morale et sa date de naissance lorsqu'il s'agit d'une personne physique ;
– attestation du ou des demandeurs qu'ils remplissent les conditions pour déposer une demande de permis (voir n° 14090) ;
– identité de l'architecte auteur du projet (sauf si l'obligation de recourir à un architecte ne s'applique pas, voir n° 14230) ;
– localisation et superficie du ou des terrains ;
– nature des travaux ;
– destination des constructions, par référence aux destinations et sous-destinations définies aux articles R 151-27 et R 151-28 du Code de l'urbanisme (voir n° 13475) ;
– surface de plancher des constructions projetées, s'il y a lieu répartie selon les différentes destinations et sous-destinations ;
– puissance électrique nécessaire au projet, lorsque la puissance électrique est supérieure à 12 kilovoltampères (kVA) monophasé ou 36 kVA triphasé ;
– si le terrain comporte déjà des constructions, leur destination, par référence aux destinations et sous-destinations définies par le Code de l'urbanisme, et leur surface de plancher ; le demandeur doit en outre préciser si les constructions seront maintenues et si leur destination ou sous-destination sera modifiée ;
– s'il y a lieu, que les travaux portent sur une installation, un ouvrage, des travaux ou une activité soumis à déclaration au titre de l'eau et des milieux aquatiques (C. envir. art. L 214-1 s.), ou soumis à autorisation environnementale (C. envir. art. L 181-1) ;

– s'il y a lieu, que les travaux doivent faire l'objet d'une dérogation à certaines règles de protection du patrimoine naturel (C. envir. art. L 411-2, 4°) ;
– s'il y a lieu, que les travaux portent sur un projet situé dans un site patrimonial remarquable ou aux abords d'un monument historique pour lequel l'ABF n'est pas appelé à donner son accord mais à émettre un avis (C. patr. art. L 632-2-1) ;
– s'il y a lieu, les demandes d'autorisation et les déclarations dont le projet a déjà fait l'objet au titre d'une autre législation que celle du Code de l'urbanisme ;
– s'il y a lieu, que le projet est soumis à l'obligation de raccordement à un réseau de chaleur ou de froid (C. énergie art. L 712-3) ;
– s'il y a lieu, indication que les travaux portent sur un projet visé n° 678 et soumis à l'obligation de réaliser certains dispositifs écologiques (CCH art. L 171-4).
– lorsque le projet porte sur un ouvrage de production d'électricité à partir de l'énergie solaire installé sur le sol, sa puissance crête ainsi que la destination principale de l'énergie produite.

14186 **Éléments complémentaires** En vue de la collecte d'informations statistiques, la demande doit en outre comporter les données suivantes (C. urb. art. R 431-34) :
– nombre de logements créés ou démolis, répartis en fonction du nombre de pièces, du type de financement et de leur caractère individuel ou collectif ;
– mode d'utilisation principale envisagée pour les logements créés ;
– nombre de niveaux du bâtiment le plus élevé, au-dessous et au-dessus du sol ;
– type d'annexe ;
– type de travaux si le projet porte sur une construction existante ;
– catégorie de résidence prévue et nombre de chambres ;
– destination et sous-destination en cas de réalisation au bénéfice d'un service public ou d'intérêt collectif.

14190 **Dossier joint** Le dossier joint à la demande doit toujours comprendre (C. urb. art. R 431-7) :
– un plan de situation ;
– le projet architectural dans tous ses éléments : notice, plan de masse et documents joints (voir nos 14235 s.).

PIÈCES COMPLÉMENTAIRES

14195 En fonction de la situation ou de la nature du projet, le dossier doit comprendre des pièces complémentaires énumérées aux articles R 431-13 à R 431-33-1 et R 431-34-1 du Code de l'urbanisme. Ces pièces sont fournies sous l'entière responsabilité des demandeurs (C. urb. art. R 431-33-2).

14200 **Vérification de l'accomplissement de formalités** Certaines de ces pièces sont destinées à permettre de vérifier l'accomplissement de formalités exigées par le Code de l'urbanisme ou une autre législation.

a. Projet portant sur une dépendance du **domaine public** : accord du gestionnaire du domaine pour engager la procédure d'autorisation d'occupation temporaire du domaine public (C. urb. art. R 431-13) ; le seul fait que le projet comporte des éléments surplombant le domaine public rend cette pièce exigible (CE 23-11-2022 n° 450008 : BPIM 1/23 inf. 6).

b. Projet soumis à **évaluation environnementale** systématique ou au cas par cas par le Code de l'environnement : étude d'impact ou décision de l'autorité en charge de l'examen au cas par cas dispensant le projet d'évaluation environnementale (C. urb. art. R 431-16, a). L'autorité compétente pour délivrer l'autorisation d'urbanisme vérifie que le projet qui lui est soumis est conforme aux mesures et caractéristiques qui ont justifié la décision de l'autorité chargée de l'examen au cas par cas de ne pas le soumettre à évaluation environnementale.

c. Projet soumis à évaluation environnementale nécessitant la délivrance de plusieurs autorisations échelonnées dans le temps (C. envir. art. L 122-1-1, III) : l'**étude d'impact actualisée,** le cas échéant, ainsi que les avis de l'autorité environnementale compétente et des collectivités territoriales et leurs groupements intéressés par le projet rendus sur l'étude d'impact actualisée (C. urb. art. R 431-16, b).

d. Projet devant faire l'objet d'une évaluation de ses incidences sur un **site Natura 2000** (C. envir. art. L 414-4) : dossier d'évaluation prévu à l'article R 414-23 du Code de l'environnement ; toutefois, lorsque le dossier de demande comporte une étude d'impact, cette étude tient lieu de dossier d'évaluation des incidences Natura 2000 si elle satisfait aux prescriptions de l'article R 414-23 du même Code (C. urb. art. R 431-16, c).

e. Projet exposé aux **risques sismiques** (CCH art. L 122-8, 1° et R 122-36) : attestation relative au respect des règles de construction parasismique au stade de la conception (C. urb. art. R 431-16, e). 14200 (suite)

f. Projet soumis à étude préalable exigée par un **plan de prévention des risques** naturels prévisibles ou par un plan de prévention des risques technologiques : attestation de l'architecte ou d'un expert agréé certifiant la réalisation et la prise en compte de l'étude (C. urb. art. R 431-16, f).

g. Projet d'**implantation en Île-de-France** de locaux servant à des activités industrielles, commerciales, professionnelles, administratives, techniques, scientifiques ou d'enseignement : agrément d'implantation (C. urb. art. R 431-16, g).

h. Projet soumis à **étude de sécurité publique** : l'étude concernée (C. urb. art. R 431-16, i).

i. Projet soumis aux dispositions relatives aux **caractéristiques thermiques des bâtiments** : selon les dispositions applicables, attestation de respect des exigences de performance énergétique et environnementale (CCH art. R 122-24-1 s.) ou attestation de respect de la réglementation thermique et, si elle est requise, la réalisation de l'étude de faisabilité relative aux approvisionnements en énergie (CCH art. R 122-22 s.) (C. urb. art. R 431-16, j). Les modalités de l'attestation sont précisées par un arrêté DEVL1126896A du 11 octobre 2011 modifié.

j. Construction ou extension d'un établissement recevant du public de plus de 100 personnes ou d'un immeuble de grande hauteur à **proximité d'une canalisation de transport,** dans la zone de danger définie à l'article R 555-30, b-1er tiret du Code de l'environnement : analyse de la compatibilité du projet avec la sécurité des personnes prévue à l'article R 555-31 du même Code (C. urb. art. R 431-16, k).

k. Construction d'un **bâtiment comportant un lieu sécurisé** pour le chargement et le déchargement des véhicules de **transport de fonds** : récépissé de transmission du dossier à la commission départementale de sécurité des transports de fonds (C. urb. art. R 431-16, l).

l. Travaux nécessitant une autorisation de **défrichement** : copie de la lettre par laquelle le préfet fait connaître au demandeur que son dossier de demande d'autorisation de défrichement est complet, si le défrichement est ou non soumis à reconnaissance de la situation et de l'état des terrains et si la demande doit ou non faire l'objet d'une enquête publique (C. urb. art. R 431-19).

m. Travaux portant sur une **installation classée pour la protection de l'environnement (ICPE)** faisant l'objet d'une demande d'enregistrement ou soumise à déclaration : récépissé de la demande d'enregistrement ou justification du dépôt de la déclaration (C. urb. art. R 431-16, a et R 431-20).

n. Travaux nécessitant la **démolition** de bâtiments soumis au régime du permis de démolir : la demande de permis de construire (comme la demande de permis d'aménager) doit soit être accompagnée de la justification du dépôt de la demande de permis de démolir, soit porter à la fois sur la démolition et sur la construction ou l'aménagement (C. urb. art. R 431-21).

o. Travaux portant sur un projet soumis à une autorisation de création de **salle de cinéma** : copie de la lettre adressée par le préfet indiquant que le dossier joint à la demande d'autorisation a été reconnu complet (C. urb. art. R 431-28).

p. Construction dont la réalisation est subordonnée à l'institution sur les terrains voisins d'une **servitude de cour commune** : contrats ou décisions judiciaires relatifs à l'institution de ces servitudes (C. urb. art. R 431-32). Une attestation notariale relative à la constitution de la future servitude peut suffire (CE 21-10-2019 n° 419647, Sté Ogic). Le permis de construire peut être délivré avant que la servitude ait été établie et soit entrée en vigueur (CE 16-10-2017 n° 401706, SCCV du 109-131 avenue Gambetta à Bagnolet : BPIM 6/17 inf. 451).

q. Construction dont la réalisation est subordonnée à un **transfert des possibilités de construction** (C. urb. art. L 151-25) : contrats ayant procédé à ces transferts des possibilités de construire (C. urb. art. R 431-33).

r. Travaux sur une construction à édifier dans une **opération d'intérêt national** : le cas échéant, attestation de l'aménageur certifiant qu'il a réalisé ou prendra en charge l'intégralité des travaux mentionnés à l'article 318 G, a et b de l'annexe II du CGI (C. urb. art. R 431-23-1).

s. Projet ayant donné lieu à **concertation facultative préalable** (C. urb. art. L 300-2) : bilan de la concertation et document établi par le maître d'ouvrage expliquant les conséquences qu'il a tirées de ce bilan (C. urb. art. R 431-16, m).

t. Projet sur un terrain ayant accueilli une **ICPE** : document établi par un bureau d'études certifié dans le domaine des sites et sols pollués attestant que les mesures de gestion de la pollution au regard du nouvel usage du terrain projeté ont été prises en compte dans la conception du projet (C. urb. art. R 431-16, n).

© Éd. Francis Lefebvre

u. Projet situé dans un **secteur d'information sur les sols** (C. envir. art. L 125-6) : dans les cas et aux conditions prévus par l'article L 556-2 du Code de l'environnement, attestation établie par un bureau d'études certifié dans le domaine des sites et sols pollués garantissant la réalisation d'une étude de sols et sa prise en compte dans la conception du projet de construction (C. urb. art. R 431-16, o).

v. Projet soumis à l'obligation de **raccordement à un réseau de chaleur et de froid** (C. énergie art. L 712-3), la décision prise, le cas échéant, sur la demande de dérogation (C. urb. art. L 431-16, q).

> Précisions **a.** Lorsqu'une **étude d'impact** a été réalisée et qu'il est établi qu'elle a été portée en temps utile à la connaissance de l'autorité chargée d'instruire la demande de permis de construire, la seule circonstance qu'elle n'ait pas figuré dans le dossier joint à cette demande ne peut suffire à entraîner l'annulation du permis de construire (CAA Lyon 28-2-2012 n° 11LY00911 : BPIM 2/12 inf. 106).

b. Lorsque le **plan de prévention des risques** exige une étude préalable (cas f ci-dessus) et qu'une demande d'annulation du permis se fonde sur l'absence de prise en compte de cette étude, le juge doit juste vérifier que le dossier contient une attestation certifiant sa réalisation et sa prise en compte ; il n'a pas à apprécier le contenu de l'étude ou son caractère suffisant (CE 25-10-2018 n° 412542, Cne de Montreuil : BPIM 6/18 inf. 390).

14205 **Vérification de la conformité du projet** Certaines pièces sont exigées afin de permettre à l'administration de vérifier la conformité du projet aux **dispositions de fond** qui lui sont applicables.

a. Projet portant sur une opération de **restauration immobilière** (C. urb. art. L 313-4) ou sur un **immeuble inscrit** au titre des monuments historiques, sur un immeuble situé dans le périmètre d'un **site patrimonial remarquable** ou dans les **abords des monuments historiques** : la notice du projet architectural doit indiquer les matériaux utilisés et les modalités d'exécution des travaux (C. urb. art. R 431-14).

b. Travaux projetés dans un cœur de **parc national** : la notice du projet architectural doit indiquer les matériaux utilisés et les modalités d'exécution des travaux et la demande comprend des pièces complémentaires mentionnées au II de l'article R 331-19 du Code de l'environnement (C. urb. art. R 431-14-1).

c. Projet accompagné de la réalisation ou de la réhabilitation d'une installation d'**assainissement non collectif** : document attestant de la conformité de cette installation aux prescriptions réglementaires (C. urb. art. R 431-16, d).

d. **Aménagement léger** destiné à l'exercice d'une activité économique dans un espace sensible du **littoral** : notice justifiant que cette activité répond aux conditions prévues par l'article R 121-5, 4° du Code de l'urbanisme, anciennement R 146-2, d (C. urb. art. R 431-16, h).

e. Projet entrant dans le champ des obligations de réaliser certains **dispositifs écologiques** (voir nos 678 s.), attestation faisant état du projet d'installation ou s'il est dispensé de ces obligations : attestations relatives à cette dispense (C. urb. art. R 431-16, r).

f. Constructions dans un **emplacement réservé** par le PLU en vue de la réalisation de programmes de **logements sociaux** (C. urb. art. L 151-41, 4°) ou dans un secteur dans lequel il impose que les programmes de logements comportent un pourcentage de logements appartenant à certaines catégories (C. urb. art. L 123-2, d dans sa rédaction antérieure à la loi 2009-323 du 25-3-2009 et art. L 151-15) : tableau indiquant la surface de plancher des logements créés correspondant aux catégories de logements dont la construction est imposée par le document d'urbanisme (C. urb. art. R 431-16-1).

g. Constructions dans un secteur où le PLU impose que les programmes de logements comportent une proportion de logements d'une taille minimale (C. urb. art. L 151-14) : tableau indiquant la proportion de **logements de cette taille minimale** (C. urb. art. R 431-16-2).

h. Construction d'un **immeuble collectif de plus de 12 logements ou de plus de 800 m^2 de surface de plancher** dans une commune faisant l'objet d'un constat de carence pour non-respect de ses objectifs de réalisation de logements locatifs sociaux : sauf dérogation accordée par le préfet, tableau indiquant le nombre de logements familiaux et part de ces logements correspondant à des logements locatifs sociaux financée hors PLS (C. urb. art. R 431-16-3).

i. Projet portant sur des **logements locatifs sociaux** bénéficiant d'une **majoration du volume constructible** (C. urb. art. L 151-28, 2°) : délimitation de la partie des constructions concernées, mention de la surface de plancher correspondante, estimation sommaire du coût foncier imputé, et (en métropole) engagement du demandeur de conventionner ces logements (C. urb. art. R 431-17).

j. Projet pouvant bénéficier d'un **dépassement des règles relatives au gabarit** des constructions en raison de sa **performance énergétique** (C. urb. art. L 151-28, 3° et L 151-29, al. 2) : document attestant que la construction fait preuve d'exemplarité énergétique ou d'exemplarité environnementale ou est à énergie positive (C. urb. art. R 431-18). **14205** (suite)

k. Projet comportant l'installation de systèmes de **production d'énergie** à partir de sources renouvelables alors que les dispositions d'urbanisme s'opposent à leur installation : engagement du demandeur d'installer des dispositifs conformes aux dispositions de l'arrêté prévu à l'article R 111-23 du Code de l'urbanisme (C. urb. art. R 431-18-1).

l. Travaux portant sur une construction à édifier dans un **lotissement** : certificats devant être remis par le lotisseur lorsque ce dernier effectue la répartition de la surface de plancher maximale (C. urb. art. R 431-22).

m. Travaux portant sur une construction à édifier sur un terrain inclus dans un **lotissement soumis à permis d'aménager** : certificat prévu par l'article R 442-18, 4e alinéa du Code de l'urbanisme quand l'ensemble des travaux mentionnés dans le permis d'aménager n'est pas achevé et attestation de l'accord du lotisseur en cas de subdivision de lots (C. urb. art. R 431-22-1 ; la référence à l'alinéa 4 de l'article R 442-18 du Code de l'urbanisme pose problème compte tenu de la modification de cet article par le décret 2012-274 du 28-2-2012).

n. Travaux portant sur une construction à édifier dans une **zone d'aménagement concerté** (C. urb. art. R 431-23) :
– si le terrain a fait l'objet d'une cession, location ou concession d'usage consentie par l'aménageur de la ZAC et dès lors que le cahier des charges de cession de terrain a été approuvé et publié conformément aux règles applicables dans les ZAC : copie des dispositions du cahier des charges de cession de terrain indiquant le nombre de mètres carrés de surface de plancher dont la construction est autorisée sur la parcelle cédée ainsi que, si elles existent, de celles des dispositions du cahier des charges qui fixent des prescriptions techniques, urbanistiques et architecturales imposées pour la durée de la réalisation de la ZAC ;
– dans le cas contraire (ZAC à maîtrise foncière partielle) : convention de participation au financement des équipements de la zone qui profitent aux terrains des lotisseurs ou constructeurs (C. urb. L 311-4).

o. Travaux faisant l'objet d'une **convention de projet urbain partenarial** (C. urb. art. L 332-11-3, I modifié par la loi 2023-973 du 23-10-2023) ou portant sur une construction à édifier dans une zone de tels projets ou portant sur une construction à édifier dans le périmètre d'un tel projet (C. urb. art. L 332-11-3, II modifié par la loi 2023-973 du 23-10-2023) : extrait de la convention précisant le lieu du projet urbain partenarial et la durée d'exonération de la taxe d'aménagement (C. urb. art. R 431-23-2).

p. Travaux portant sur la construction, sur une unité foncière ou sur plusieurs unités foncières contiguës, de plusieurs bâtiments dont le terrain d'assiette, comprenant une ou plusieurs unités foncières contiguës, doit faire l'objet d'une division en propriété ou en jouissance avant l'achèvement de l'ensemble du projet (**permis de construire valant division**) : plan de division et, lorsque des voies ou espaces communs sont prévus, projet de constitution d'une association syndicale des acquéreurs à laquelle seront dévolus la propriété, la gestion et l'entretien de ces voies et espaces communs à moins que l'ensemble ne soit soumis au statut de la copropriété ou que le demandeur ne justifie de la conclusion avec la commune ou l'EPCI compétent d'une convention prévoyant le transfert dans leur domaine de la totalité des voies et espaces communs une fois les travaux achevés (C. urb. art. R 431-24).

q. Travaux situés dans une commune où est instituée la **taxe pour les locaux à usage de bureaux, les locaux commerciaux et les locaux de stockage** : déclaration permettant d'asseoir et de liquider la taxe mentionnée à l'article L 520-1 du Code de l'urbanisme (C. urb. art. R 431-25-2).

r. Constructeur demandant à réaliser tout ou partie des **aires de stationnement** imposées par le plan local d'urbanisme **sur un autre terrain** que le terrain d'assiette : plan de situation du terrain sur lequel seront réalisées les aires de stationnement et plan des constructions ou aménagements correspondants (C. urb. art. R 431-26).

s. Constructeur demandant à être tenu quitte de ses obligations en matière de réalisation d'**aires de stationnement** en justifiant de l'obtention d'une **concession** à long terme dans un parc public de stationnement ou de l'**acquisition** de places dans un parc privé de stationnement : promesse synallagmatique de concession ou d'acquisition, éventuellement assortie de la condition suspensive de l'octroi du permis (C. urb. art. R 431-26).

t. Construction portant sur un projet d'**équipement commercial** dont la surface est comprise entre 300 et 1 000 m^2 et concerne une commune de moins de 20 000 habitants : notice précisant la nature du commerce projeté et la surface de vente (C. urb. art. R 431-27-1).

u. Travaux portant sur un **immeuble de grande hauteur** : récépissé du dépôt en préfecture du dossier prévu par l'article R 146-14 du CCH (C. urb. art. R 431-29).

v. Travaux portant sur un **établissement recevant du public** : dossiers relatifs à l'accès des handicapés et à la sécurité prévus par le CCH (C. urb. art. R 431-30).

w. Travaux d'**accessibilité des personnes handicapées** à un logement existant nécessitant une dérogation aux règles du PLU : note précisant la nature des travaux pour lesquels la dérogation est sollicitée et justifiant que ces travaux sont nécessaires pour permettre l'accessibilité du logement aux personnes handicapées (C. urb. art. R 431-31).

x. Projet consistant en une **surélévation d'immeuble** et nécessitant une dérogation aux règles de construction visées à l'article L 112-13 du CCH : demande de dérogation qui est présentée et instruite dans les conditions prévues à l'article R 112-9 CCH (C. urb. art. R 431-31-1).

y. Projet exigeant une ou plusieurs **dérogations au plan local d'urbanisme** (C. urb. art. L 151-29-1, L 152-5, L 152-5-1 et L 152-6) : demande de dérogation précisant la nature des dérogations et justifiant pour chacune d'elles du respect des objectifs et conditions pour en bénéficier (C. urb. art. R 431-31-2) ; s'agissant d'une dérogation aux règles de hauteur pour une construction respectant les critères d'exemplarité environnementale (C. urb. art. L 152-5-2) : demande de dérogation et document du maître d'ouvrage relatif à la prise en compte de ces critères (C. urb. art. R 431-31-3).

z. Projet soumis à **autorisation d'exploitation commerciale** : dossier comprenant les éléments mentionnés à l'article R 752-6 du Code de commerce (C. urb. art. R 431-33-1).

aa. Installation, ouvrage ou construction **photovoltaïque compatible avec l'activité agricole** (C. urb. art. L 111-29) : document justifiant le respect des critères prévus à l'article R 111-20-1 du Code de l'urbanisme (C. urb. art. R 431-27, I dans sa rédaction issue du décret 2024-318 du 8-4-2024).

ab. Serres, hangar ou ombrière à usage agricole supportant des **panneaux photovoltaïques** (C. urb. art. L 111-29) : document justifiant d'une nécessité liée à l'exercice effectif d'une activité agricole, pastorale ou forestière significative (C. urb. art. R 431-27, III dans sa rédaction issue du décret 2024-318 du 8-4-2024).

ac. Installation, ouvrage ou construction **agrivoltaïque** (C. énergie art. L 314-36) : dossier présentant les justifications détaillées des conditions légales (C. urb. art. R 431-27, III dans sa rédaction issue du décret 2024-318 du 8-4-2024, qui fixe le contenu du dossier).

> **Précisions** **a.** A été annulé un permis de construire une **usine** délivré au vu d'un dossier ne comportant pas les **documents exigés au titre des ERP,** alors que l'un des bâtiments devait comprendre un espace d'accueil des chauffeurs des poids lourds assurant la desserte de l'usine, lesquels devaient être regardés comme constituant un public dès lors qu'ils ne faisaient pas partie du personnel de l'usine (CAA Nancy 19-1-2012 n° 11NC00101, Association de sauvegarde du patrimoine et de l'environnement des villages de Marnay-sur-Seine, Saint-Aubin, Pont-sur-Seine, Courtavent et Barbuise : BPIM 3/12 inf. 200).
> **b.** Si le **dossier de sécurité** joint à la demande de permis de construire un ERP est erroné et qu'il a pu fausser l'appréciation de l'administration sur la conformité du projet aux règles de sécurité, le permis de construire est illégal (CE 22-2-2018 n° 389518, Sté Udicité : BPIM 2/18 Inf. 99).

14208 **Logements collectifs** Sur demande du maire, un **plan intérieur** du projet concerné doit être joint au dossier de demande de permis de construire ou à la déclaration préalable lorsque les demandes de permis de construire ou les déclarations préalables concernent la construction de logements collectifs (C. urb. art. L 423-1, al. 4 et R 431-34-1).

Lorsque la demande de permis concerne un projet qui conduirait à la **construction** de **plus de 200 nouveaux logements** en habitat collectif, le maire recueille l'avis de l'autorité organisatrice de la mobilité compétente, qui lui indique notamment si ce projet peut conduire à une saturation des infrastructures de transport existantes (C. urb. art. L 423-1, al. 5).

b. Projet architectural

OBLIGATION DE RECOURIR À UN ARCHITECTE

14230 En **principe,** la demande de permis de construire ne peut être instruite que si la personne qui désire entreprendre des travaux soumis à une autorisation a fait appel à un architecte pour établir le projet architectural faisant l'objet de la demande de permis de construire (C. urb. art. L 431-1 et R 431-1).

Des **exceptions** sont toutefois prévues (C. urb. art. L 431-3 et R 431-2).

D'une part, l'obligation de recourir à un architecte ne s'applique pas aux travaux portant exclusivement sur l'aménagement et l'équipement des **espaces intérieurs** des constructions et des vitrines commerciales ou limités à des reprises n'entraînant pas de modifications visibles de l'extérieur.

D'autre part ne sont pas tenues de recourir à un architecte les **personnes physiques** ou les **exploitations agricoles** et les coopératives d'utilisation de matériel agricole agréées (C. rur. art. L 525-1) qui déclarent vouloir édifier ou modifier pour elles-mêmes :

– une **construction à usage autre qu'agricole** dont la surface de plancher n'excède pas 150 m^2 ;

– une **construction à usage agricole** ou une construction nécessaire au stockage et à l'entretien de matériel agricole par les coopératives d'utilisation de matériel agricole dont à la fois la surface de plancher et l'emprise au sol n'excèdent pas 800 m^2 ;

– des **serres de production** dont le pied-droit a une hauteur inférieure à 4 m et dont à la fois la surface de plancher et l'emprise au sol n'excèdent pas 2 000 m^2.

Le fait que le recours à un architecte ne soit pas obligatoire n'implique pas que le demandeur soit dispensé de présenter un projet architectural, tel que décrit ci-après. Le demandeur doit également préciser qu'il a connaissance de l'existence de règles générales de construction prévues par le CCH et notamment, lorsque la construction y est soumise, des règles d'accessibilité aux personnes handicapées.

Les demandeurs de permis de construire sont tenus de recourir à un architecte pour les projets de travaux sur **construction existante** conduisant soit la surface de plancher, soit l'emprise au sol de l'ensemble, à dépasser l'un des plafonds indiqués ci-dessus.

> Précisions **a.** La **sanction** du défaut d'architecte est la nullité du permis.

b. En cas d'**agrandissement**, le recours à un architecte n'est pas obligatoire si la surface totale résultant de la réalisation du projet (surface existante et surface créée) est inférieure à 170 m^2 (150 m^2 depuis le 1er mars 2017). Il s'impose pour tous les travaux d'agrandissement soumis à permis de construire d'un bâtiment dont la surface excède déjà ce seuil ou sera portée à plus de 170 m^2 (150 m^2 depuis le 1er mars 2017) par l'effet de l'agrandissement (Rép. Voisin : AN 6-4-1998 p. 1978 n° 4392). Cette position de l'administration est confirmée par la jurisprudence, au moins dans le cas où les travaux d'extension s'accompagnent d'une transformation du bâtiment préexistant (CE 30-5-2007 n° 292741 : BPIM 4/07 inf. 256).

c. Une personne qui **construit pour louer** un immeuble de moins de 170 m^2 (150 m^2 depuis le 1er mars 2017) peut bénéficier de la dispense d'architecte (CAA Bordeaux 17-5-1994 n° 93BX00084, Cne de Bignoux : Lebon T. p. 1251). En effet, la condition selon laquelle le demandeur doit édifier la construction « pour lui-même » est remplie dès lors qu'il en sera propriétaire, même s'il n'a pas l'intention de l'habiter.

d. Sur la possibilité pour l'autorité compétente d'abréger le **délai d'instruction** quand le projet a été élaboré par un architecte alors que le demandeur n'était pas tenu d'y recourir, voir n° 14465.

e. Le **nom de l'architecte** auteur du projet architectural et la date d'achèvement de l'ouvrage sont apposés sur l'une des façades du bâtiment (C. patrim. art. L 650-2).

CONTENU DU PROJET ARCHITECTURAL

14235 Le projet architectural définit, par des plans et documents écrits, l'implantation des bâtiments, leur composition, leur organisation et l'expression de leur volume ainsi que le choix des matériaux et des couleurs. Il précise, par des documents graphiques ou photographiques, l'insertion dans l'environnement et l'impact visuel des bâtiments ainsi que le traitement de leurs accès et de leurs abords (C. urb. art. L 431-2).

14240 **Notice de présentation** Le projet architectural comprend une notice de présentation indiquant l'**état initial** du terrain et de ses abords (constructions, végétation et éléments paysagers existants) ainsi que les **partis retenus** pour assurer l'insertion du projet dans son environnement et la prise en compte des paysages. Il convient de faire apparaître (C. urb. art. R 431-8) :

– l'aménagement du terrain ;
– les constructions nouvelles (implantation, organisation, composition et volume) ;
– les constructions, clôtures, végétations ou aménagements situés en limite de terrain ;
– les matériaux et couleurs des constructions ;
– le traitement des espaces libres (notamment des plantations) ;
– l'organisation et l'aménagement des accès.

14245 **Plan de masse** Le projet architectural comprend un plan de masse, coté dans les trois dimensions, des constructions à édifier ou à modifier (C. urb. art. R 431-9).

En fonction des caractéristiques du projet, le plan de masse fera apparaître les éléments suivants :

– travaux extérieurs aux constructions, plantations maintenues, supprimées ou créées, constructions existantes dont le maintien est prévu ;

– modalités du raccordement aux réseaux publics ou, à défaut d'équipements publics, équipements privés prévus, notamment pour l'alimentation en eau et l'assainissement ;
– si le terrain n'est pas directement desservi par une voie ouverte à la circulation publique, emplacement et caractéristiques de la servitude de passage permettant d'y accéder.

> **Précisions** **a.** Le plan de masse indique l'échelle et l'orientation du terrain par rapport au nord. Lorsque le projet est situé dans une zone inondable délimitée par un plan de prévention des risques, les cotes du plan doivent être rattachées au système altimétrique de référence de ce plan (C. urb. art. R 431-9).
> **b.** Il a été jugé que le demandeur était tenu de faire figurer sur le plan de masse les bâtiments préexistants sur le terrain d'assiette de la construction projetée et qu'il s'agissait là d'une formalité substantielle (TA Besançon 29-1-1986, Association Club du Soleil de la Loue : Gaz. Pal. 1987 som. p. 256).

14250 **Autres documents** Les autres documents composant le projet architectural sont les suivants (C. urb. art. R 431-10) :
– plan des façades et des toitures (état initial et état futur) ;
– plan en coupe précisant l'implantation de la construction par rapport au profil du terrain (état initial et état futur) ;
– document graphique permettant d'apprécier l'insertion du projet de construction par rapport aux constructions avoisinantes et aux paysages, son impact visuel ainsi que le traitement des accès et du terrain ;
– photographies permettant de situer le terrain respectivement dans l'environnement proche et dans le paysage lointain.

> **Précisions** **a.** Si le projet porte sur des travaux nécessaires à la réalisation d'une opération de **restauration immobilière,** sur des travaux exécutés à l'intérieur d'un immeuble inscrit au titre des **monuments historiques** et ne présentant pas le caractère de travaux d'entretien ou de réparations ordinaires, un document graphique doit faire apparaître l'état initial et l'état futur de chacune des parties du bâtiment faisant l'objet des travaux. Si les travaux concernent exclusivement l'**intérieur du bâtiment,** les documents requis au titre du projet architectural sont limités, les pièces visant à contrôler l'insertion du projet dans son environnement n'étant pas exigées (C. urb. art. R 431-11).
> **b.** L'absence au dossier de demande de permis de construire d'une **photographie** permettant de **situer le terrain dans le paysage lointain** peut entacher le permis d'illégalité (CE 26-10-2011 n° 328241, Gaec Lefebvre et fils : BPIM 6/11 inf. 437). Toutefois, si, malgré un dossier incomplet, l'administration a été mise en mesure de porter, en connaissance de cause, son appréciation sur l'**insertion du projet dans son environnement,** le permis accordé ne sera pas illégal pour ce motif (CE 23-12-2015 n° 393134 : BPIM 1/16 inf. 16).

3. ENREGISTREMENT DE LA DEMANDE

DÉPÔT DU DOSSIER

14290 La demande doit être adressée par lettre recommandée avec demande d'avis de réception à la **mairie** de la commune dans laquelle les travaux doivent être exécutés. Elle peut également y être déposée (C. urb. art. R 423-1). La demande peut aussi être formulée par voie électronique et doit l'être si elle émane d'une personne morale et qu'elle est adressée à une commune de plus 3 500 habitants (C. urb. art. R 423-2-1 créé par le décret 2024-1043 du 18-11-2024).
La demande doit normalement être établie en 4 **exemplaires.** Des exemplaires supplémentaires sont exigés dans certaines hypothèses (C. urb. art. R 423-2).

NOTIFICATION DES COURRIERS

14295 Les courriers adressés au demandeur lors de l'instruction du dossier, de même que la notification de la décision, sont normalement envoyés par lettre recommandée avec demande d'avis de réception (C. urb. art. R 423-46). Toutefois, si l'administration a été saisie par voie électronique, elle peut répondre par la même voie, sauf opposition du demandeur : voir n° 14297.

> **Précisions** En cas d'envoi par **lettre recommandée,** la notification est réputée effectuée à la **date** de la première présentation du courrier (C. urb. art. R 423-47). Si le pli recommandé n'a pas pu être remis à son destinataire, la notification est réputée effectuée à la date de sa première présentation à son domicile.

ÉCHANGES PAR VOIE ÉLECTRONIQUE

14297 Les **demandes** de permis de construire et les documents et informations réclamés par l'administration en cours d'instruction peuvent être adressés par voie électronique (CRPA art. L 112-8).

Le pétitionnaire qui recourt à ce mode de transmission est dispensé de présenter la demande et les pièces en plusieurs exemplaires (C. urb. art. R 474-1). Chaque pièce (qu'il s'agisse des pièces jointes à la demande ou de pièces complémentaires) doit être transmise par un fichier distinct. Le pétitionnaire doit joindre un inventaire détaillé des pièces, sauf s'il utilise la plate-forme Plat'Au mise en place dans les communes de plus de 3 500 habitants (voir nº 14160).

En cas de transmission par voie électronique, les **délais** courant à compter du dépôt ou de la réception de la demande ou déclaration s'entendent comme courant **à compter de l'envoi de l'accusé de réception électronique** ou accusé d'enregistrement délivré dans les conditions prévues à l'article L 112-11 du CRPA (C. urb. art. R 474-1, I, 1°).

Lorsque l'administration a été saisie par voie électronique, elle peut **répondre par la même voie,** sauf **refus exprès** du pétitionnaire (CRPA art. L 112-14). Le destinataire est **réputé avoir reçu notification du document** dès le lendemain de la date d'envoi de l'information selon laquelle il est à sa disposition, et ce quelle que soit la date à laquelle il l'a effectivement consulté et même s'il n'en a pas pris connaissance (C. urb. art. R 474-1, II, dérogeant à la règle différente posée à l'article R 112-20 du CRPA).

> **Précisions** **a.** Si l'administration a été saisie d'un **dossier papier,** une notification électronique ne serait possible qu'avec l'accord exprès du pétitionnaire (CRPA art. L 112-15, al. 2).
> **b.** Le CRPA définit les procédés électroniques que l'usager et l'administration peuvent utiliser lorsque (comme dans le cadre des demandes d'autorisations d'urbanisme) ils doivent recourir à des envois en recommandé (CRPA art. L 112-15) : téléservice mis en place par l'administration ou accepté par elle et offrant certaines garanties, envoi recommandé électronique prévu à l'article L 100 du Code des postes et des télécommunications électroniques. **En pratique,** en matière d'autorisations d'urbanisme, l'alternative est la plate-forme Plat'Au ou l'envoi recommandé électronique.

RÉCÉPISSÉ DE LA DEMANDE

Le maire doit délivrer un récépissé de la demande (C. urb. art. R 423-3). Ce document indique le numéro d'enregistrement. Il comporte des **informations** données à titre provisoire et qui pourront être rectifiées dans le délai d'un mois. À défaut de **rectification** dans ce délai, ces indications lieront l'administration. **14300**

Ainsi, le récépissé mentionne la date à laquelle le silence gardé par l'administration fera naître un permis tacite (C. urb. art. R 423-4). Cette date est déterminée en fonction du délai d'instruction de droit commun. Le récépissé précise que, dans le délai d'un mois, l'autorité compétente peut notifier au demandeur que le dossier est incomplet, lui notifier un délai d'instruction différent du délai indiqué dans le récépissé ou l'informer qu'il se trouve dans une situation où un permis tacite ne peut pas être acquis ou ne peut l'être qu'en l'absence d'opposition ou de prescriptions de l'ABF (C. urb. art. R 423-5).

Lorsque la demande est effectuée par **voie électronique,** le récépissé est constitué par l'accusé de réception électronique prévu à l'article L 112-11 du CRPA, qui comprend les informations indiquées ci-dessus (C. urb. art. R 423-5-1).

AFFICHAGE DE LA DEMANDE

Au plus tard 15 jours après le dépôt de la demande de permis, le maire procède à l'affichage en **mairie** ou à la publication sur le **site internet** de la commune d'un avis de dépôt de demande qui précise les caractéristiques essentielles du projet (C. urb. art. R 423-6). L'affichage ou la mise à disposition sur le site internet doit être maintenu pendant la durée de l'instruction. **14305**

TRANSMISSION DU DOSSIER AUX SERVICES COMPÉTENTS

Dans la semaine qui suit le dépôt, le maire procède à des transmissions d'exemplaires de la demande. Ces transmissions diffèrent selon l'autorité compétente pour statuer et les caractéristiques du projet (C. urb. art. R 423-7 à R 423-13-2). **14315**

Les **destinataires** sont le préfet (si la décision relève de l'État ainsi que dans les sites classés ou en instance de classement et les réserves naturelles), le président de l'EPCI (si la commune a délégué sa compétence), le préfet de région (si un dépassement de certaines règles volumiques du PLU est demandé), le service départemental de l'architecture et du patrimoine (si le projet concerne un immeuble inscrit au titre des monuments historiques ou un immeuble adossé à un immeuble classé), l'architecte des Bâtiments de France (si son accord ou son avis est requis), le directeur de l'établissement public gérant un parc national (si le projet est situé dans le cœur d'un tel parc), la CDAC ou la CNAC (si le projet nécessite une autorisation d'exploitation commerciale), l'autorité environnementale ou les collectivités territoriales et leurs groupements intéressés (si le projet est soumis à évaluation environnementale).

› Précisions Le décret 2023-1037 du 10-11-2023 a supprimé l'obligation pour le maire ou le président de l'EPCI de transmettre au préfet, dans la semaine suivant leur dépôt, les demandes de permis et les déclarations préalables relevant de leur compétence (C. urb. art. R 423-7 dans sa rédaction antérieure au décret 2023-1037 du 10-11-2023). Cependant, la transmission au préfet de la décision et du dossier au vu duquel elle a été prise s'impose en vertu des dispositions du CGCT pour permettre l'entrée en vigueur des permis exprès (n° 15830) et le contrôle de légalité des permis exprès ou tacites (n° 16405) (C. urb. art. R 424-12 et R 424-13, al. 3).

4. NOTIFICATIONS ADRESSÉES AU DEMANDEUR DANS LE MOIS DU DÉPÔT DE LA DEMANDE

14340 L'administration dispose d'un délai d'un mois à compter de la date du dépôt de la demande pour inviter le demandeur à compléter son dossier et pour lui notifier un délai d'instruction différent du délai de droit commun indiqué dans le récépissé. À défaut d'une telle notification (ou en cas de notification tardive), le dossier sera réputé complet et un permis tacite naîtra à l'expiration du délai de droit commun. Ce dispositif contraignant pour l'administration permet au demandeur, un mois après le dépôt de son dossier, de savoir dans quel délai il sera instruit.

Les demandes de complément de dossier et les courriers relatifs à la majoration du délai d'instruction doivent être notifiés par lettre recommandée avec demande d'avis de réception, sauf si les conditions de la notification par voie électronique sont remplies (voir n° 14297). Pour déterminer si le délai d'un mois a été respecté, il faut tenir compte de la date à laquelle la lettre recommandée a été remise à l'intéressé (ou présentée pour la première fois à son domicile, voir n° 14295) et non de la date à laquelle elle a été envoyée par l'administration. En cas de notification par voie électronique, le délai court du lendemain de la date à laquelle l'intéressé est informé que le document est à sa disposition (C. urb. art. R 474-1, II).

DEMANDE DE COMPLÉMENT DE DOSSIER

14345 Lorsque le dossier ne comprend pas toutes les pièces exigées par le Code de l'urbanisme, l'autorité compétente doit, dans le mois qui suit la réception du dossier, adresser au demandeur la **liste des pièces manquantes** (C. urb. art. R 423-38).

Le **courrier** doit préciser (C. urb. art. R 423-39) :

– que les pièces manquantes doivent être adressées à la mairie dans les 3 mois de sa réception ;

– qu'à défaut de production dans ce délai de l'ensemble des pièces manquantes, la demande fera l'objet d'une décision tacite de rejet ;

– que le délai d'instruction commencera à courir à compter de la réception des pièces manquantes par la mairie.

Si la demande de production de pièces manquantes est notifiée à l'intéressé plus d'un mois après la réception du dossier par l'administration, ou si elle ne porte pas sur des pièces exigées par le Code de l'urbanisme, elle n'a pas pour effet de modifier les délais d'instruction (C. urb. art. R 423-41).

Le dossier étant réputé complet si une demande de complément n'a pas été notifiée dans le mois suivant son dépôt, l'absence d'une pièce ne devrait pas conduire à regarder le permis comme illégal si cette pièce n'a pas été réclamée. Mais le permis est certainement illégal si le projet autorisé n'est pas conforme aux règles d'urbanisme, alors même que ce défaut de conformité n'apparaissait pas au vu du dossier du fait de l'absence d'une pièce exigée par le Code mais non réclamée par l'administration.

› Précisions **a.** La liste des pièces manquantes doit être exhaustive. Si l'administration s'aperçoit qu'elle a omis, dans une demande de complément de dossier, de réclamer certaines pièces manquant au dossier, c'est seulement si le délai d'un mois à compter de la réception du dossier n'est pas expiré qu'elle peut adresser à l'intéressé une **seconde demande.** Cette nouvelle demande se substitue à la première ; elle doit récapituler de façon exhaustive les pièces manquantes. Le délai de production de ces pièces court de la réception de la nouvelle demande (C. urb. art. R 423-40).

b. Les règles relatives aux demandes de pièces manquantes s'appliquent également au contenu des dossiers spécifiques devant être joints à la demande de permis de construire d'un **immeuble de grande hauteur** (dossier relatif à la sécurité) ou d'un **établissement recevant du public** (dossier relatif à l'accessibilité aux personnes handicapées et dossier relatif à la sécurité) (C. urb. art. R 423-41-1).

c. La circonstance que le dossier de demande de permis de construire ne comporte pas tous les documents requis ou comporte des **documents insuffisants, imprécis** ou **inexacts** ne rend illégal le permis de construire qui a été accordé que si

les omissions, inexactitudes ou insuffisances ont faussé l'appréciation de l'administration sur la conformité du projet à la réglementation applicable (CE 23-12-2015 nº 393134 : BPIM 1/16 inf. 16).
Par le passé, a été jugé illégal le permis délivré au vu d'un dossier ne faisant pas apparaître :
– un changement de destination de l'immeuble (CE 25-1-1989 nº 85402 : Lebon T. p. 499) ;
– la présence d'une construction sur le terrain d'assiette (CE 25-10-1996 nº 137361, SEM d'aménagement de Gennevilliers : BPIM 2/97 inf. 99) ;
– l'inclusion de celui-ci dans un lotissement (CAA Nancy 31-12-1997 nº 94NC00762, min. équipement : BPIM 4/98 inf. 246) ;
– la présence d'un lotissement à 20 m de l'emplacement où le pétitionnaire entend édifier 30 boxes à chevaux (CE 14-6-2004 nº 249465, Cne d'Écouflant : BJDU 6/04 p. 440) ; dans cette affaire la circonstance alléguée que l'administration aurait eu une bonne connaissance des lieux n'a pas fait obstacle à l'annulation du permis.

d. Le permis délivré au vu d'un dossier mentionnant une **servitude de passage** sur le fonds voisin qui n'existait pas à la date de la demande est illégal mais peut se trouver régularisé si cette servitude est ensuite instituée (CAA Toulouse 12-5-2022 nº 19TL01569 : BPIM 5/22 inf. 346).

e. Sur la possibilité reconnue au pétitionnaire d'**attaquer devant le tribunal administratif la décision** par laquelle l'administration lui réclame des pièces complémentaires, voir nº 16501.

INFORMATION RELATIVE AU DÉLAI D'INSTRUCTION

Application d'un délai particulier ou d'une majoration du délai Quand il apparaît au vu de la demande que le délai légal d'instruction est supérieur au délai de droit commun indiqué dans le récépissé (application d'un délai particulier, voir nº 14470, ou d'une majoration du délai de droit commun, voir nº 14475), l'autorité compétente doit adresser à l'intéressé un **courrier** comportant les **indications** suivantes (C. urb. art. R 423-42) : **14350**
– le nouveau délai et, le cas échéant, son nouveau point de départ ;
– les motifs de la modification de délai.

Quand le projet entre dans les cas où un permis tacite est exclu (voir nº 14755), le courrier doit indiquer qu'à l'issue du délai d'instruction le silence éventuel de l'autorité compétente vaudra refus tacite.

Le courrier comportant ces indications doit être notifié dans un **délai** d'un mois à compter de la date à laquelle le dossier a été déposé (même s'il était incomplet). Si la notification n'est pas effectuée en temps utile, c'est le délai d'instruction de droit commun qui s'appliquera (C. urb. art. R 423-43, al. 1).

La lettre modifiant le délai d'instruction ne peut pas faire l'objet d'un **recours** pour excès de pouvoir et son **illégalité** ne peut pas non plus être invoquée par voie d'exception à l'appui d'un recours contre une décision négative prise au terme de l'instruction. Mais cette lettre demeure sans effet sur le délai d'instruction si elle est notifiée au pétitionnaire plus d'un mois après le dépôt de sa demande ou si elle ne se réfère pas à un des cas où le Code de l'urbanisme prévoit l'application d'un délai spécial (CE 24-10-2023 nº 462511 : BPIM 6/23 inf. 355). Dans ces deux hypothèses, un permis tacite naîtra au terme du délai de droit commun, si bien qu'un refus notifié ultérieurement devra être regardé comme un retrait de ce permis tacite, retrait illégal s'il n'a pas été précédé d'une procédure contradictoire (voir nº 15310). L'administration doit aussi être en mesure d'établir qu'elle a effectivement mis en œuvre la consultation ou la procédure qui a motivé le délai spécial ; à défaut, le juge pourrait également retenir l'existence d'un permis tacite né au terme du délai de droit commun. En revanche, le pétitionnaire ne peut pas contester le bien-fondé du délai spécial en soutenant que le projet ne répondait pas aux conditions prévues par la disposition du Code de l'urbanisme que l'administration a invoquée pour justifier ce délai.

› Précisions a. Lorsque le permis doit être précédé d'une autorisation de **défrichement** et que cette autorisation n'exige pas une enquête publique – cas dans lequel le délai d'instruction majoré est de 7 mois –, la notification par le préfet de sa décision de faire procéder à une reconnaissance de la situation des terrains tient lieu de la notification par l'autorité chargée de délivrer le permis (C. urb. art. R 423-43, al. 2).

b. Le délai d'un mois imparti à l'administration pour notifier au pétitionnaire une **modification du délai d'instruction** court de la réception de la demande de permis de construire, même si elle n'est pas accompagnée de toutes les pièces requises (CAA Nantes 10-11-2023 nº 22NT00357).

Éventualité d'une prolongation exceptionnelle du délai Le cas échéant, le courrier informant le demandeur de l'application d'un délai d'instruction supérieur au délai de droit commun doit signaler que ce délai d'instruction est susceptible de faire en outre l'objet d'une prolongation exceptionnelle (C. urb. art. R 423-45). Les prolongations exceptionnelles sont celles dont la nécessité ne peut apparaître que plus d'un mois après l'enregistrement du dossier (voir nº 14480). **14355**

Si le délai d'instruction fait effectivement l'objet d'une prolongation exceptionnelle, cette prolongation devra être notifiée au demandeur avant l'expiration du délai d'instruction initialement fixé : délai de droit commun mentionné dans le récépissé ou délai majoré notifié dans le mois suivant le dépôt de la demande (C. urb. art. R 423-44, al. 1).

> **Précisions** **a.** En **pratique,** l'indication selon laquelle le délai d'instruction est susceptible de faire l'objet d'une prolongation exceptionnelle sera requise si le permis est subordonné à une autorisation de défrichement, à l'accord de l'ABF ou à une autorisation de création de salle de spectacle cinématographique, ou si le projet est soumis à une autorisation commerciale, à un avis favorable de la CNAC ou entre dans un cas où une évocation par le ministre chargé des sites, de la protection de la nature ou des monuments historiques et espaces protégés est possible.
>
> **b.** Lorsque l'**avis de la Commission européenne** est requis pour certains projets situés dans un site Natura 2000 (voir n° 14480, f), le délai d'instruction de la demande est suspendu. La date de saisine de la Commission constitue le point de départ de la suspension. Cette date est notifiée au demandeur. Ce dernier sera informé de la réponse de la Commission et de sa date de réception par l'autorité compétente, date à partir de laquelle le délai d'instruction de l'autorisation d'urbanisme recommencera à courir (C. urb. art. R 423-44, al. 2).
>
> **c.** Lorsque le délai d'instruction fait l'objet d'une suspension parce que le projet est soumis à **évaluation environnementale** (C. urb. art. R 423-37-3, voir n° 14480, h), cette suspension est notifiée au demandeur (C. urb. art. R 423-44, al. 3). La date de notification constitue le point de départ de la suspension du délai d'instruction.
>
> **d.** Lorsque le **projet** est **évoqué par le ministre** chargé des sites, la lettre notifiant que le délai d'instruction est porté à un an informe en outre le demandeur qu'à l'issue de ce délai le silence éventuel de l'autorité compétente vaudra refus et non octroi tacite du permis (C. urb. art. R 423-44, al. 4).

5. MODIFICATION DE LA DEMANDE PAR LE PÉTITIONNAIRE

14390 En l'absence dans le Code de l'urbanisme de disposition réglant cette question, la jurisprudence a précisé que l'auteur d'une demande de permis de construire peut modifier son projet pendant la phase d'instruction, tant qu'il n'a pas fait l'objet d'une décision expresse ou tacite (CE 1-12-2023 n° 448905, Commune de Gorbio : BPIM 1/24 inf. 10). Les modifications ne doivent pas changer la nature du projet. Elles font l'objet d'une demande accompagnée de pièces nouvelles qui sont intégrées au dossier afin que la décision porte sur le projet modifié.

Cette demande est en principe sans incidence sur le **délai d'instruction** et la date de naissance d'un permis tacite.

Mais lorsque, du fait de l'**objet** ou de l'**importance des modifications** ou de la **date** à laquelle elles sont présentées, leur examen ne peut être mené à bien dans le délai d'instruction (notamment parce qu'elles impliquent de nouvelles vérifications ou consultations), l'administration doit en informer par tout moyen le pétitionnaire avant la date à laquelle serait normalement intervenue une décision tacite. Elle lui indique alors la date à compter de laquelle, à défaut de décision expresse, la demande modifiée sera réputée acceptée. Dans ce cas, l'administration est regardée comme saisie d'une **nouvelle demande** se substituant à la demande initiale à compter de la date de réception des pièces nouvelles modifiant la demande initiale. Si l'examen du projet modifié exige la production de pièces supplémentaires, elle doit les réclamer au pétitionnaire dans un délai d'un mois à compter de cette date.

B. Délai d'instruction

14450 Le délai légal d'instruction est très important car si ce délai expire sans que le demandeur ait reçu notification d'une décision, le permis est normalement réputé accordé (pour les règles applicables au permis tacite, voir n°s 14730 s.).

Le délai d'instruction est un délai non franc, ce qui signifie qu'un délai de 2 mois déclenché par le dépôt le 21 janvier d'une demande de permis de construire **expire** le 21 mars à minuit (CE 17-9-2010 n° 316259, Cne de Saint-Baudille-de-La-Tour : BPIM 6/10 n° 440, concernant le délai d'opposition à une déclaration de travaux prévu par l'ancien article L 422-2 du Code de l'urbanisme mais dont la solution est transposable).

POINT DE DÉPART DU DÉLAI

14455 Le point de départ du délai est la réception en mairie d'un **dossier complet** (C. urb. art. R 423-19). Le dossier est réputé complet si l'autorité compétente n'a pas, dans le mois qui suit son dépôt, invité le demandeur à le compléter (C. urb. art. R 423-22).

Toutefois, quand l'autorisation (permis ou décision de non-opposition à une déclaration préalable) ne peut être délivrée qu'après **enquête publique,** ce n'est pas le dépôt de la demande qui fait courir le délai d'instruction mais la réception par l'autorité compétente du rapport du commissaire-enquêteur ou de la commission d'enquête (C. urb. art. R 423-20).

> Précisions Dans le cadre des **procédures intégrées,** le délai d'instruction visé nº 14470, j court à compter de la date à laquelle la décision de mise en compatibilité du document d'urbanisme devient exécutoire ou, si plusieurs documents d'urbanisme doivent être mis en comptabilité, de la date à laquelle la dernière décision de mise en comptabilité est exécutoire (C. urb. art. R 423-21 renvoyant à l'article R 300-16 ; C. urb. art. R 423-21-1, visant la procédure d'évaluation environnementale unique prévue à l'article R 104-38).

DÉLAI D'INSTRUCTION DE DROIT COMMUN

Pour les permis de construire, le délai d'instruction de droit commun dépend de la nature du projet (C. urb. art. R 423-23) : **14460**

– 2 mois pour une **maison individuelle** ou ses annexes. La définition de la maison individuelle est celle de l'article L 231-1 du CCH : un immeuble à usage d'habitation ou mixte professionnel et d'habitation comportant au maximum 2 logements destinés au même maître de l'ouvrage ; si l'immeuble est à usage mixte, la partie « habitation » doit être majoritaire (CE 26-3-2018 nº 405330 : BPIM 3/18 inf. 175).

– 3 mois pour les **autres projets.**

Pour les **autres autorisations d'urbanisme,** le délai de droit commun est le suivant :

– 1 mois pour les déclarations préalables ;

– 2 mois pour les permis de démolir ;

– 3 mois pour les permis d'aménager.

MODIFICATIONS DU DÉLAI DE DROIT COMMUN

En fonction de la nature du projet ou de sa localisation, des délais particuliers – tous plus longs que le délai de droit commun – ou des majorations du délai de droit commun sont applicables. L'administration peut s'en apercevoir dès le premier examen de la demande ; par suite, elle a l'obligation d'en informer l'intéressé dans le délai d'un mois (voir nº 14350). **14465**

> Précisions Lorsqu'une personne physique ou morale, **dispensée de recourir à un architecte** en raison de la faible importance de la construction présente néanmoins un projet élaboré par un architecte, l'autorité compétente peut réduire le délai d'instruction de la demande de permis de construire (C. urb. art. L 423-1, al. 3).

Délais particuliers

Des délais particuliers sont prévus dans certaines hypothèses. La durée indiquée est celle du délai d'instruction applicable, il ne faut donc pas l'ajouter au délai de droit commun. Ces délais particuliers d'instruction sont les suivants : **14470**

a. Permis pour un projet situé dans le cœur d'un **parc national** délimité ou dans un espace ayant vocation à être classé dans le cœur d'un futur parc national dont la création a été prise en considération : 5 mois (C. urb. art. R 423-26).

b. Permis exigeant la consultation d'une **commission nationale,** celle de l'**Assemblée de Corse** ou celle du **préfet** en cas de modification de l'état ou de l'aspect d'une réserve naturelle nationale ou, en Corse, d'une réserve classée par l'État : 5 mois (C. urb. art. R 423-27).

c. Permis de construire, d'aménager ou de démolir portant sur un immeuble inscrit au titre des **monuments historiques** ou lorsqu'il y a lieu d'instruire une dérogation au titre de l'article L 152-4, 2° du Code de l'urbanisme : 5 mois (C. urb. art. R 423-28, a).

d. Permis de construire portant sur des travaux relatifs à un **établissement recevant du public** soumis à l'autorisation prévue à l'article L 122-3 du CCH : 5 mois (C. urb. art. R 423-28, b).

e. Permis de construire portant sur des travaux relatifs à un **immeuble de grande ou moyenne hauteur** soumis à l'autorisation prévue à l'article L 122-1 du CCH : 5 mois (C. urb. art. R 423-28, b).

f. Permis devant être précédé d'une **autorisation de défrichement** : 7 mois lorsque le défrichement est soumis à enquête publique, 5 mois lorsque le défrichement est soumis à la reconnaissance de la situation et de l'état des terrains, 3 mois dans les autres cas (C. urb. art. R 423-29).

g. Permis relatif à des travaux subordonnés à une autorisation du **ministre de la défense** ou du ministre chargé de l'**aviation civile** : 10 mois s'il s'agit de l'autorisation prévue à l'article L 512-1 du Code de l'environnement, 5 mois si cette autorisation n'est pas requise (C. urb. art. R 423-31, a et b).

h. Permis relatif à des travaux subordonnés à une autorisation du **ministre chargé des sites** : 8 mois (C. urb. art. R 423-31, c).

i. Permis relatif à un projet autre qu'un défrichement, ne pouvant être délivré qu'après **enquête publique** : 2 mois à compter de la réception par l'autorité compétente du rapport du commissaire enquêteur ou de la commission d'enquête (C. urb. art. R 423-32).

j. Permis bénéficiant d'une **procédure intégrée** : 1 mois à compter de la date à laquelle la décision de mise en comptabilité d'un document d'urbanisme est exécutoire. Si plusieurs documents doivent être mis en comptabilité, le délai d'instruction est de 1 mois à compter de la date à laquelle la dernière décision de mise en comptabilité est exécutoire (C. urb. art. R 423-32-1 renvoyant à L 300-6-1). L'information de l'autorité compétente pour délivrer le permis et du maître de l'ouvrage sur la date à laquelle la décision devient exécutoire est prévue à l'article R 423-71-2 du Code de l'urbanisme.

14475 **Majoration du délai de droit commun** Si le projet n'entre dans aucune des hypothèses qui viennent d'être énumérées, le délai d'instruction est susceptible de faire l'objet de l'une ou l'autre des majorations suivantes (C. urb. art. R 423-33).

a. Majoration d'un mois, applicable dans les cas suivants (C. urb. art. R 423-24) :
– si le projet est soumis à un régime d'autorisation ou à des prescriptions prévues par d'autres législations ou réglementations que le Code de l'urbanisme ;
– si le projet nécessite l'instruction d'une dérogation aux règles du PLU pour permettre une reconstruction après une catastrophe naturelle, l'accessibilité d'un logement aux handicapés, ou la construction de logements dans les communes où existe un déséquilibre marqué entre l'offre et la demande de logements (C. urb. art. L 152-4, 1° et 3° et L 152-6) ;
– si le projet est situé dans le périmètre d'un site patrimonial remarquable ou dans les abords d'un monument historique ou doit être soumis à l'avis de la commission départementale de la préservation des espaces naturels, agricoles et forestiers (C. rur. art. L 112-1-1) ;
– si le projet non soumis à enquête publique fait l'objet d'une participation du public hors procédure particulière (C. envir. art. L 123-19-2).
– si le projet est soumis à participation du public en raison de sa proximité avec une installation Seveso (C. urb. art. R 423-58-1 créé par le décret 2024-1256 du 30-12-2024).

b. Majoration de deux mois, applicable dans les cas suivants (C. urb. art. R 423-25) :
– lorsqu'il y a lieu de consulter une commission départementale ou régionale (commission régionale du patrimoine et de l'architecture par exemple) ;
– lorsqu'il y a lieu de consulter le ministre chargé de l'agriculture au titre de la protection des aires de production délimitées (C. rur. art. L 643-4) ;
– lorsqu'il y a lieu d'instruire une dérogation à la distance réglementaire entre les habitations et les bâtiments agricoles (C. rur. art. L 111-3, al. 4) ;
– lorsque le demandeur a joint à sa demande de permis de construire une demande de dérogation en vue d'une surélévation d'un bâtiment (CCH art. L 112-13) ;
– lorsque le permis porte sur un projet soumis à autorisation d'exploitation commerciale (C. com. art. L 752-1) ;
– lorsque le projet est soumis à participation du public par voie électronique (C. envir. art. L 123-19).

Ces majorations de délai s'ajoutent au délai de droit commun. Elles ne sont pas cumulables entre elles (selon toute apparence, si un projet entre simultanément dans les deux hypothèses, le délai peut être majoré de 2 mois).

PROLONGATION EXCEPTIONNELLE DU DÉLAI NOTIFIÉ

14480 Le délai indiqué au demandeur ne peut normalement pas être modifié une fois expiré le délai d'un mois à compter du dépôt du dossier. Toutefois, des exceptions sont prévues afin de prendre en compte des obligations de procédure qui ne peuvent être connues avant l'expiration de ce délai. Comme précisé n° 14355, le demandeur doit être informé dans le mois qui suit le dépôt de sa demande que son projet est au nombre de ceux qui peuvent donner lieu à une prolongation exceptionnelle ; si, par la suite, les conditions de cette prolongation se trouvent réunies, le demandeur doit en être informé avant l'expiration du délai notifié initialement.

Sauf dans le cas d'une évocation par le ministre, ces prolongations exceptionnelles s'ajoutent au délai indiqué dans le délai d'un mois, qui peut être soit le délai de droit commun mentionné par le récépissé, soit un délai spécial dont l'intéressé a été informé par la suite.

© Ed. Francis Lefebvre

a. Permis subordonné à une autorisation de **défrichement** : le délai d'instruction est prolongé de 3 mois quand le préfet a décidé de prolonger de 3 mois le délai d'instruction de l'autorisation de défrichement (C. urb. art. R 423-34).

b. Permis subordonné à l'accord de l'**architecte des Bâtiments de France** : le délai d'instruction est prolongé de 2 mois lorsque les travaux portent sur un immeuble situé dans le périmètre d'un site patrimonial remarquable ou dans les abords des monuments historiques et que l'autorité compétente en matière d'autorisation d'urbanisme a saisi le préfet de région ou le préfet de Corse d'un recours en cas de désaccord avec l'ABF (C. urb. art. R 423-35). La règle vaut aussi pour les déclarations préalables.

c. Permis subordonné à une autorisation de création, extension ou réouverture d'un **établissement cinématographique** : le délai d'instruction est prolongé de 5 mois lorsque le refus de la CDAC fait l'objet, dans le délai d'instruction du permis, d'un recours devant la CNAC ; le délai de 5 mois court à compter du recours (C. urb. art. R 423-36).

d. Permis d'**équipement commercial** : le délai d'instruction est prolongé de 2 mois si le projet est soumis à un avis favorable de la CNAC exigé par l'article L 752-4 du Code de commerce et de 5 mois s'il est soumis à un avis favorable de la CNAC exigé par le I ou le V de l'article L 752-17 du Code de commerce ; par ailleurs, si le préfet suspend l'enregistrement et l'examen de la demande d'autorisation d'exploitation commerciale par la CDAC (C. com art. L 752-1-2), le délai d'instruction est suspendu jusqu'au terme de la durée fixée par l'arrêté de suspension ou, le cas échéant, par l'arrêté prolongeant cette suspension (C. urb. art. R 423-36-1).

e. Lorsque le projet fait l'objet d'une **évocation par le ministre** chargé des sites ou le ministre chargé de la protection de la nature, le délai d'instruction est porté à 8 mois (C. urb. art. R 423-37).

f. Lorsque la **Commission européenne** est saisie dans les conditions prévues par l'article R 414-25 du Code de l'environnement d'un projet susceptible de comporter un effet significatif sur un **site Natura 2000** abritant un type d'habitat naturel ou une espèce prioritaires, le délai d'instruction de la demande ou de la déclaration est suspendu jusqu'à la date de réception de cet avis par l'autorité compétente (C. urb. art. R 423-37-1). Le délai d'un mois à l'issue duquel l'autorité consultée est réputée avoir donné un avis favorable au projet n'est pas applicable à cet avis de la Commission européenne (C. urb. art. R 423-71-1). Sur l'information du pétitionnaire, voir n° 14355, Précisions, b.

g. Lorsque l'autorité compétente pour autoriser le projet impose au maître d'ouvrage l'organisation d'une **concertation préalable** (C. envir. art. L 121-17, II), le délai d'instruction est suspendu jusqu'à la date de publication du bilan de cette concertation (C. urb. art. R 423-37-2).

h. Lorsque le projet doit faire l'objet d'une **évaluation environnementale** et que, par conséquent, le dossier doit être complété par une étude d'impact, le délai d'instruction est suspendu jusqu'à la date de réception par l'autorité compétente en matière d'urbanisme du rapport du commissaire enquêteur ou de la commission d'enquête ou, le cas échéant, de la synthèse des observations du public (C. urb. art. R 423-37-3).

C. Déroulement de l'instruction

SERVICE INSTRUCTEUR

Lorsque la décision doit être prise au nom de l'État, l'instruction de la demande est normalement effectuée par les **services déconcentrés de l'État** (DDT ou DDTM). 14550

Lorsque la décision doit être prise au nom de la commune ou d'un EPCI, l'instruction est faite sous l'autorité du maire ou du président de l'EPCI (C. urb. art. R 423-14). Les actes d'instruction peuvent être confiés aux **services de la commune,** à ceux d'une collectivité territoriale, d'un groupement de collectivités ou d'un syndicat mixte, ou encore à une agence départementale créée en application de l'article L 5511-1 du CGCT (C. urb. art. R 423-15).

Lorsque la commune a moins de 10 000 habitants et ne fait pas partie d'un EPCI regroupant 10 000 habitants ou plus (ou lorsque l'EPCI compétent en matière d'urbanisme regroupe des communes dont la population totale est inférieure à 10 000 habitants), le maire (ou le président de l'EPCI compétent) peut aussi bénéficier d'une **mise à disposition gratuite** des services déconcentrés de l'État pour l'étude technique des demandes de permis ou des déclarations préalables (C. urb. art. R 423-15, e et L 422-8). Cette mise à disposition est de droit pour toutes les demandes et déclarations dont le maire ou le président de l'EPCI estime qu'elles le justifient. Les services et les personnels de l'État agissent alors en concertation avec le maire ou le président de l'EPCI, qui leur adresse toutes instructions nécessaires.

Les communes et EPCI qui dépassent les seuils de 10 000 habitants peuvent obtenir de l'État, à titre gratuit, une **assistance juridique et technique ponctuelle,** mais seulement pour l'instruction des demandes de permis.

Lorsque le conseil municipal ou l'organe délibérant de l'EPCI compétent décide de confier aux services de l'État l'instruction de tout ou partie des déclarations préalables ou des demandes de permis, une convention précise les conditions et délais de transmission et d'instruction des dossiers, les obligations réciproques des parties en matière de classement, d'archivage des dossiers et d'établissement des statistiques (C. urb. art. R 422-5).

L'organe délibérant de la commune ou de l'EPCI compétent peut **confier l'instruction** des demandes et déclarations à un ou plusieurs **prestataires privés** (C. urb. art. L 423-1, al. 8 et R 423-15). Ces prestataires ne doivent pas être placés dans une situation de conflit d'intérêts. Ils agissent sous la responsabilité du maire ou du président de l'EPCI, qui demeure compétent pour signer les actes d'instruction et garde l'entière liberté de ne pas suivre les propositions des prestataires. Les missions confiées à un prestataire privé ne doivent entraîner aucune charge financière pour le pétitionnaire.

> **Précisions a.** Lorsqu'une commune bénéficie d'une mise à disposition gratuite des services de l'État, la **responsabilité de l'État** ne peut être engagée que si le service commet une faute en refusant ou en négligeant d'exécuter un ordre ou une instruction du maire. En revanche, en cas de recours onéreux à un service de l'État dans le cadre d'un contrat de louage d'ouvrage, la responsabilité de l'État est engagée dans les conditions de droit commun au titre de la mauvaise exécution de ce contrat (CE 27-10-2008 n° 297432, Cne de Poilly-lez-Gien : BPIM 6/08 inf. 419).
> **b.** Pour la **signature des actes d'instruction** des dossiers, le maire ou, s'il est compétent, le président de l'EPCI peut déléguer sa signature aux agents chargés de l'instruction (C. urb. art. L 423-1, al. 7). Les agents bénéficiant d'une telle délégation peuvent signer les récépissés (n° 14300), les lettres de notification (nos 14340 s.) et plus généralement tous les actes intervenant dans le cours de l'instruction.
> **c.** Une démarche effectuée auprès de la DDE (désormais DDT ou DDTM) chargée d'instruire les demandes de permis au nom de la commune doit être regardée comme effectuée auprès de l'**autorité compétente** (CE 13-7-2011 n° 325263, Cne de Beuvillers : BPIM 5/11 inf. 356).

INTERVENTION DU MAIRE QUAND LA DÉCISION EST PRISE AU NOM DE L'ÉTAT

14555 Lorsque la décision doit être prise au nom de l'État, le **maire** doit adresser son **avis** au chef du service de l'État dans le département chargé de l'instruction. Cet avis est réputé favorable s'il n'est pas intervenu dans le mois du dépôt à la mairie du dossier de demande de permis. À l'expiration de ce délai, le maire peut modifier son avis réputé favorable en émettant un avis défavorable tant que le chef du service de l'État chargé de l'instruction n'a pas transmis son projet de décision à l'autorité compétente pour statuer au nom de l'État (CE 25-11-2015 n° 372045 : BPIM 1/16 inf. 15). Lorsque la commune a délégué sa compétence à un EPCI, le **président de l'EPCI** adresse son avis au chef du service de l'État dans le département chargé de l'instruction dans les mêmes conditions et délais (C. urb. art. R 423-72). Ces conditions s'appliquent également à l'avis que le président du syndicat d'agglomération nouvelle et le maire doivent émettre lorsqu'un projet de construction, situé dans le périmètre d'urbanisation d'une **agglomération nouvelle,** se trouve dans une ZAC ou dans un lotissement de plus de 30 logements ou constitue une opération groupée de plus de 30 logements (C. urb. art. R 423-73).

Le chef du service de l'État dans le département chargé de l'instruction adresse un **projet de décision** au maire, auquel il appartient normalement de statuer au nom de l'État (C. urb. art. R 423-74). Dans les cas où c'est le préfet qui est compétent pour statuer au nom de l'État (C. urb. art. R 422-2), le projet de décision lui est adressé, avec copie au maire et, lorsque la commune a délégué sa compétence à un EPCI, au président de cet établissement.

ENQUÊTE PUBLIQUE

14560 Lorsque le projet est soumis à enquête publique en application de l'article R 123-1 du Code de l'environnement (et que ne joue pas la dispense prévue à l'article L 300-2 alinéa 4 du Code de l'urbanisme en cas de concertation préalable) ou à participation du public sous forme électronique (C. envir. art. L 123-19), l'enquête ou la participation est **organisée** par le maire ou le président de l'EPCI lorsque le permis est délivré au nom de la commune ou de l'établissement public et par le préfet lorsque le permis est délivré au nom de l'État (C. urb. art. R 423-57).

Lorsque la réalisation du projet est soumise à la réalisation de plusieurs enquêtes publiques – et sauf demande contraire du pétitionnaire acceptée par le préfet –, il peut être procédé à une enquête unique (C. envir. art. L 123-6).

Le **commissaire-enquêteur** (ou la commission d'enquête) doit rendre son avis dans le mois de la clôture de l'enquête. Le demandeur doit être informé dans les 8 jours de la date de réception du rapport et de la substance des conclusions du commissaire enquêteur ou de la commission d'enquête.

Lorsque le projet est soumis à participation du public sous forme électronique, l'autorité compétente rend sa décision dans un délai permettant la prise en considération des observations et propositions du public. Ce délai ne peut être inférieur à 4 jours à compter de la clôture de la procédure de participation du public. L'autorité compétente informe le demandeur de la synthèse des observations et propositions du public.

> **Précisions** **a.** Le fait que le projet a précédemment donné lieu à une enquête publique au titre du Code de l'environnement peut dispenser de mener une **nouvelle enquête** au titre du permis de construire ou d'aménager. Deux conditions doivent toutefois être remplies : il faut que l'avis de mise à l'enquête ait indiqué que celle-ci portait également sur la construction projetée et que le projet n'ait pas subi de modification substantielle après la clôture de l'enquête (C. urb. art. R 423-58 ; CE 8-2-1999 n° 127651 : BPIM 6/99 inf. 410).
> **b.** Dans le cas où un projet requiert une **autorisation environnementale** et une autorisation d'urbanisme pour laquelle il faut mettre en œuvre une enquête publique ou une procédure de participation par voie électronique et que celle-ci n'a pas encore été réalisée, la procédure de consultation du public spécifique à l'autorisation environnementale se substitue à cette enquête ou à cette participation du public par voie électronique (C. envir. art. L 181-10, I-al. 2).
> **c.** Une procédure spéciale de participation du public s'applique si le projet, implanté à proximité d'une ICPE **Seveso**, est susceptible, par ses caractéristiques ou sa localisation, d'aggraver le risque ou les conséquences d'un accident majeur et ne fait pas l'objet d'une autre procédure de participation du public (C. urb. art. R 423-58-1 créé par le décret 2024-1256 du 30-12-2024).

CONSULTATIONS

L'autorité compétente recueille auprès des personnes publiques, services ou commissions intéressés par le projet les accords, avis ou décisions prévus par les lois ou règlements en vigueur (C. urb. art. R 423-50 et R 423-51), notamment lorsque le projet porte sur une opération soumise à un régime d'autorisation prévu par une autre législation. 14565

L'autorité compétente consulte en tant que de besoin les autorités et services publics habilités à demander que soient prescrites les **participations d'urbanisme** prévues au 2° de l'article L 332-6-1 (participation pour réalisation d'équipements publics exceptionnels), à l'ancien article L 332-9 (participation en PAE) ou au 2° de l'article L 332-6 du Code de l'urbanisme (participation pour voirie et réseaux et participation des riverains des départements du Bas-Rhin, du Haut-Rhin et de la Moselle définies au d du 2° et au 3° de l'article L 332-6-1, dans leur rédaction antérieure à l'entrée en vigueur de la loi 2014-1655 du 29-12-2014) ; voir n° 41800.

Divers avis ou accords sont prévus par le Code de l'urbanisme, notamment dans les cas suivants :
– projet ayant pour effet la création ou la modification d'un **accès à une voie publique** dont la gestion ne relève pas de l'autorité compétente pour délivrer le permis : avis de l'autorité ou du service gestionnaire de cette voie, sauf lorsque le plan local d'urbanisme ou le document d'urbanisme en tenant lieu réglemente de façon particulière les conditions d'accès à ladite voie (C. urb. art. R 423-53) ;
– projet situé dans le périmètre d'un **site patrimonial remarquable** ou dans les **abords des monuments historiques** : selon les cas, accord ou avis de l'architecte des Bâtiments de France (C. urb. art. R 423-54) ;
– projet **soumis à étude d'impact** : l'autorité compétente recueille l'avis de l'autorité environnementale (selon le cas, le ministre de l'environnement, la formation d'autorité environnementale du conseil général de l'environnement et du développement durable ou le préfet de région) si cet avis n'a pas été émis dans le cadre d'une autre procédure portant sur le même projet (C. urb. art. R 423-55) ;
– projet d'implantation en **Corse** d'un **ouvrage de production** utilisant la géothermie, l'énergie solaire, l'énergie éolienne et de la mer, l'énergie tirée de la biomasse, l'énergie tirée de la valorisation et de la récupération des déchets, des réseaux de chaleur, l'énergie hydraulique : transmission d'un exemplaire du dossier au conseil exécutif, en vue de la saisine de l'Assemblée de Corse (C. urb. art. R 423-56) ;
– projet **éolien** soumis à permis de construire : avis des communes et des établissements publics de coopération intercommunale compétents en matière de plan local d'urbanisme ou d'autorisations d'urbanisme limitrophes de l'unité foncière d'implantation du projet (C. urb. art. R 423-56-1) ;

– projet destiné à **l'exercice d'un culte** : avis du préfet, si la délivrance du permis relève du maire ou du président de l'EPCI (C. urb. art. L 422-5-1).

Il peut être procédé **par voie électronique** au recueil des avis et accords requis, notamment au moyen de la plate-forme Plat'Au. L'autorité saisie est informée qu'une demande a été mise à sa disposition ; elle est réputée avoir reçu la demande à la date de mise à disposition, qui constitue le point de départ du délai de réponse (C. urb. art. R 423-59-1).

› Précisions a. La plupart des avis sont destinés à éclairer l'autorité compétente pour statuer sur la demande de permis, sans lier sa décision. Mais certaines législations (monuments historiques, sites, forêts, etc.) prévoient que le permis ne peut être délivré qu'avec l'**accord** de certaines autorités (ABF, par exemple). D'autres dispositions imposent un « **avis conforme** », ce qui a la même portée (par exemple l'avis conforme du préfet pour la délivrance d'un permis situé dans une partie du territoire communal non couverte par le PLU ou le document en tenant lieu). Que l'avis lie ou non la décision de l'autorité compétente, il est regardé comme un acte préparatoire qui n'est pas susceptible de faire l'objet d'un **recours pour excès de pouvoir** devant le juge administratif. Son illégalité pourra toutefois être invoquée par voie d'exception contre la décision prise par l'autorité compétente sur la demande de permis de construire (voir notamment CE 27-7-2016 n° 388564 : BPIM 5/16 inf. 296).

b. Les **documents locaux d'urbanisme,** qui ne peuvent comporter que des conditions de fond de l'octroi du permis de construire, ne sauraient imposer des consultations supplémentaires (CE sect. 21-3-1986 n° 61817, Syndicat des copropriétaires de l'immeuble Les Périades : Lebon p. 78).

c. Sur les consultations imposées par le **cahier des charges d'un lotissement** ou d'une **ZAC,** voir n° 27055.

d. Dans les **zones d'anciennes carrières de Paris,** la délivrance d'un permis de construire est soumise par un arrêté interpréfectoral à un avis de l'inspection générale des carrières relatif aux conditions techniques de construction. Compte tenu de ces dispositions, l'administration peut refuser le permis si le pétitionnaire n'établit pas, au besoin par des études techniques réalisées par ses soins et à ses frais, que la construction présentera des garanties suffisantes de stabilité (CE 14-3-2003 n° 233545, Ville de Paris : BPIM 3/03 inf. 154).

e. Lorsque le projet a pour effet la **création ou la modification d'un accès à une voie communale** et que le permis a été signé par le maire, l'autorité gestionnaire de la voirie communale doit être réputée avoir été consultée alors même que son avis n'est pas matérialisé dans un document distinct (CAA Lyon 30-11-2006 n° 04LY01077 : BPIM 2/07 inf. 106).

AVIS ET ACCORDS TACITES

14570 Sauf dispositions contraires, si la collectivité territoriale, le service, l'autorité ou la commission saisie d'une demande d'avis n'a pas communiqué sa **réponse** motivée dans le **délai** d'un mois, l'avis est réputé favorable (C. urb. art. R 423-59).

Le **délai** au terme duquel un avis favorable est acquis est **majoré** dans certains cas :

a. Commission régionale du **patrimoine et de l'architecture,** commission départementale de la **nature, des paysages et des sites** : 2 mois (C. urb. art. R 423-60).

b. Commissions nationales : 3 mois (C. urb. art. R 423-61).

c. Ministre chargé de l'aviation civile, ministre de la défense ou leur délégué, consultés sur un projet de construction susceptible de constituer un obstacle à la **navigation aérienne** : 2 mois (C. urb. art. R 423-63).

d. Ministre de l'agriculture consulté sur un projet susceptible de porter atteinte à une **aire d'appellation d'origine contrôlée** : 3 mois (C. urb. art. R 423-65).

e. Préfet de région appelé à donner son accord lorsque la demande de permis porte sur un immeuble ou une partie d'immeuble inscrit au titre des **monuments historiques** : 3 mois (C. urb. art. R 423-66).

f. Préfet appelé à donner son accord à la délivrance d'un permis portant sur un **établissement recevant du public** : 4 mois (C. urb. art. R 423-70).

g. Préfet appelé à donner son accord à la délivrance d'un permis portant sur un **immeuble de grande hauteur** : 4 mois (C. urb. art. R 423-71).

h. Autorité compétente en matière d'environnement, consultée sur un projet soumis à **évaluation environnementale** : 2 mois lorsque cette autorité est le préfet de région, 3 mois dans les autres cas (C. urb. art. R 423-69-1).

i. Préfet appelé à accorder dans certaines communes des dérogations aux règles de construction pour un **projet de surélévation** d'un immeuble existant : 3 mois (C. urb. art. R 423-69-2). Pendant ce délai et selon la dérogation sollicitée, le préfet saisit pour avis les services d'incendie et de secours, la commission consultative départementale de sécurité et d'accessibilité, le centre d'études et d'expertise pour les risques, l'environnement, la mobilité et l'aménagement. Ces organismes ont 2 mois pour se prononcer ; à défaut, ils sont réputés avoir rendu leur avis (CCH art. R 112-9) ;

j. Collectivités territoriales et leurs groupements consultés sur un projet soumis à **évaluation environnementale** : 2 mois (C. urb. art. R 423-69-3).

Le **délai** au terme duquel un avis favorable est acquis est **minoré** dans le cas suivant :

k. Autorité compétente pour statuer sur des travaux de **création de plusieurs locaux d'habitation** dans un immeuble existant (CCH art. L 126-18 et L 126-19) : 15 jours (C. urb. art. R 423-70-1).

l. Commission départementale de préservation des espaces naturels, agricoles et forestiers, dans le cas où la demande de permis ou la déclaration porte sur une **installation agrivoltaïque** ou une installation **photovoltaïque** compatible avec une activité agricole (C. urb. art. L 111-27 à L 111-29) : 2 mois (C. urb. art. R 423-70-2 créé par le décret 2024-318 du 8-4-2024).

> Précisions **a.** Pour les projets situés dans le cœur d'un **parc national** délimité ou dans un espace ayant vocation à être classé dans le cœur d'un futur parc national dont la création a été prise en considération, le délai imparti au préfet ou au directeur ou au conseil d'administration de l'établissement public du parc national pour se prononcer est de 45 jours si les travaux doivent faire l'objet d'une déclaration préalable et 4 mois si les travaux doivent être précédés de la délivrance d'un permis de construire, d'aménager ou de démolir. Si le préfet, le directeur ou le conseil d'administration n'a pas répondu dans ce délai, l'accord est réputé refusé (C. urb. art. R 423-62).

b. Pour les projets situés dans une **zone agricole protégée** sur un terrain non couvert par un PLU ou un document d'urbanisme en tenant lieu, la chambre d'agriculture et la commission départementale d'orientation agricole ont 2 mois pour répondre ; leur silence vaut avis favorable. En cas d'avis défavorable de l'un ou l'autre de ces organismes, le permis ne peut être délivré qu'avec l'accord du préfet qui doit se prononcer par décision motivée dans le mois suivant la transmission de l'avis défavorable ; son silence vaut refus d'accord (C. urb. art. R 423-64).

c. Lorsque le projet est soumis à évaluation environnementale et entre dans le champ d'application de l'article R 523-4 du Code du patrimoine relatif à l'**archéologie préventive,** le délai à l'issue duquel le préfet de région est réputé avoir renoncé à édicter une prescription de fouille ou demander la modification de la consistance du projet est de 2 mois (C. urb. art. R 423-69).

d. Lorsque la Commission européenne est saisie d'un projet susceptible de comporter un effet significatif sur un **site Natura 2000** abritant un type d'habitat naturel ou une espèce prioritaires (voir n° 14480, f), aucun avis tacite ne naît (C. urb. art. R 423-71-1).

e. Pour les projets situés sur un territoire en instance de classement ou classé en **réserve naturelle,** le délai imparti au préfet, au conseil régional ou à l'Assemblée de Corse pour se prononcer est de 45 jours si les travaux doivent faire l'objet d'une déclaration préalable et de 4 mois si les travaux doivent être précédés de la délivrance d'un permis de construire, de démolir ou d'aménager. En l'absence de réponse dans ce délai, l'accord est réputé refusé (C. urb. art. R 423-61-1).

INTERVENTION DE L'ABF

Accord de l'ABF Dans les **abords des monuments historiques** et dans les **sites patrimoniaux remarquables,** les travaux affectant l'aspect extérieur des bâtiments sont soumis à une autorisation préalable (C. patr. art. L 621-32 et L 632-1). Le permis de construire, de démolir ou d'aménager ou l'absence d'opposition à une déclaration préalable souscrite au titre du Code de l'urbanisme tient lieu de cette autorisation au titre du Code du patrimoine si l'architecte des Bâtiments de France (ABF) a donné son accord, le cas échéant, assorti de prescriptions motivées. Le silence de l'ABF vaut accord. Un refus d'accord doit comporter une mention informative sur les possibilités de recours et ses modalités (C. patr. art. L 621-32, al. 3 et L 632-2, I). **14575**

Toutefois, si l'autorité compétente pour délivrer l'autorisation d'urbanisme ne se borne pas à transmettre le dossier à l'ABF mais lui soumet un **projet de décision,** l'ABF est appelé non à donner ou refuser son accord, mais à émettre sur ce projet un **avis « consultatif »** qui ne s'imposera pas à l'autorité compétente ; il peut proposer d'apporter des modifications au projet de décision, le cas échéant après étude conjointe du dossier (C. patr. art. L 632-2, I-al. 4).

Dans un **site inscrit, site classé ou en instance de classement,** l'accord de l'ABF est requis pour les permis de démolir ; les projets de construction et d'aménagement sont seulement soumis à son avis.

> Précisions Le maire est tenu de transmettre un dossier à l'ABF dans la semaine qui suit le dépôt de la demande de permis ou de la déclaration (C. urb. art. R 423-11). Si l'autorité compétente transmet un projet de décision à l'ABF, elle doit le faire dans la semaine qui suit le dépôt si cette autorité est le maire ou, si ce n'est pas le maire, dans la semaine qui suit la date à laquelle l'autorité compétente a eu communication du dossier (C. urb. art. R 423-11-1).

14576 **Avis de l'ABF** Dans les cas suivants, bien que le projet soit situé aux abords d'un monument historique ou dans un site patrimonial remarquable, le permis de construire, de démolir ou d'aménager ou l'absence d'opposition à une déclaration préalable souscrite au titre du Code de l'urbanisme est simplement soumis à l'avis de l'ABF (C. patr. art. L 632-2-1) :
– antennes relais de **radiotéléphonie mobile** ou de diffusion du très haut débit par voie hertzienne et leurs systèmes d'accroche ainsi que leurs locaux et installations techniques ;
– opérations sur des **bâtiments** utilisés comme habitations mais **impropres à cet usage** (CCH art. L 522-1, al. 2) ;
– mesures prescrites par un arrêté de mise en sécurité ou de traitement de l'insalubrité prévoyant la démolition ou l'interdiction définitive d'habiter (CCH art. L 511-11).

Le silence de l'ABF vaut avis favorable.

14580 **Délai imparti à l'ABF** Dans le périmètre d'un **site patrimonial remarquable** ou aux **abords d'un monument historique,** l'ABF est réputé avoir donné son accord ou, dans les cas mentionnés au n° 14576, avoir émis un avis favorable, s'il n'a pas répondu dans les 2 mois (C. urb. art. R 423-67, al. 1). Lorsque l'autorité compétente lui a transmis un projet de décision, il est réputé avoir donné un avis favorable au terme du même délai ; s'il entend proposer des modifications au projet, il doit le faire avant l'expiration de ce délai (C. urb. art. R 423-11-1, al. 3).

Dans un **site inscrit, site classé ou en instance de classement,** le délai à l'issue duquel l'ABF est réputé avoir émis un avis favorable sur le projet de permis de construire ou d'aménager ou le projet de déclaration préalable est également de 2 mois (C. urb. art. R 423-67, al. 2 à 4). Le silence de l'ABF sur un permis de démolir dans un site inscrit vaut refus d'accord au terme du même délai (C. urb. art. R 423-67-2) ; si le permis de démolir concerne un site classé, l'accord du ministre est nécessaire, après avis de la commission départementale de la nature, des paysages et des sites (C. urb. art. R 425-17).

> **Précisions** Lorsque l'**ABF a donné son accord,** l'autorité compétente conserve la possibilité de refuser le permis en se fondant sur d'autres dispositions légales (l'atteinte apportée au site par exemple). L'accord peut être assorti de prescriptions relatives notamment aux couleurs, à la nature des matériaux ou à l'aménagement des lieux ; de telles prescriptions doivent alors être reprises dans le permis.

14585 **Recours devant le préfet de région** Dans les **sites patrimoniaux remarquables** et dans les **abords des monuments historiques,** l'avis de l'ABF peut faire l'objet d'un recours de l'autorité compétente pour délivrer le permis ou du pétitionnaire devant le préfet de région ou, en Corse, devant le préfet de Corse.

14586 L'**autorité compétente** pour délivrer le permis doit saisir le préfet par lettre recommandée dans les 7 jours à compter de la date à laquelle elle a reçu l'accord, assorti ou non de prescriptions, ou le refus d'accord de l'ABF (C. urb. art. R 423-68, al. 2). Doit être jointe au recours une copie du projet de décision relative à la demande de permis (C. patr. art. L 632-2, II). Une copie du recours est adressée à l'ABF, au maire lorsqu'il n'est pas l'autorité compétente pour délivrer le permis et au demandeur.

Le préfet de région statue après **avis de la commission régionale du patrimoine et de l'architecture.** Il notifie sa décision expresse à l'autorité compétente, au maire (s'il n'est pas l'autorité compétente) et au demandeur (C. urb. art. R 423-68, al. 3 et 4) et il la met à la disposition du public (C. patr. art. L 632-2, II).

À défaut de réponse expresse, le préfet de région est réputé, au terme d'un délai de 2 mois, avoir approuvé le projet de décision qui lui a été transmis (C. urb. art. R 423-68, al. 1). Sa **décision tacite** doit être mentionnée dans l'autorisation d'urbanisme (C. patr. art. L 632-2, II). La **décision expresse** est affichée en mairie en même temps que le permis (voir n° 15842).

14587 Le **demandeur** dispose d'un recours devant le préfet de région contre l'avis de l'ABF mais il ne peut l'exercer **qu'à la suite d'une décision,** fondée sur le refus d'accord de l'ABF, **rejetant sa demande de permis** ou s'opposant à sa déclaration préalable (C. urb. art. R 424-14).

L'intéressé doit saisir le préfet par lettre recommandée avec demande d'avis de réception dans les 2 mois de la notification de la décision négative. Le recours est notifié par le préfet au maire et à l'autorité compétente en matière de permis (si ce n'est pas le maire). Le préfet doit statuer dans les 2 mois de la réception du recours. Au terme de ce délai, son silence vaut confirmation de la décision de l'autorité compétente pour délivrer l'autorisation d'urbanisme, donc du refus d'autorisation (C. patr. art. L 632-2, III).

Si le préfet désavoue l'ABF, le maire (ou l'autorité compétente si ce n'est pas le maire) devra, dans le mois suivant la réception de la décision du préfet, statuer à nouveau sur la demande de permis.

Dans le cadre de son recours, le demandeur peut faire appel à un **médiateur** désigné par le président de la commission régionale du patrimoine et de l'architecture parmi les membres de cette commission titulaires d'un mandat électif. Le préfet de région statue alors après avis du médiateur (C. patr. art. L 632-2, III). Le souhait de recourir à une médiation doit être mentionné dans le recours adressé au préfet, auquel il appartient de saisir le médiateur ; le médiateur se prononce dans le mois qui suit cette saisine (C. urb. R 424-14, al. 1). Si le préfet rejette le recours sans avoir désigné un médiateur alors que le pétitionnaire réclamait sa désignation, sa décision est illégale et le refus de permis doit être annulé (CAA Marseille 12-12-2024 n° 24MA00340, Sté Sophinvest : BPIM 1/25 inf. 14).

> Précisions **a.** L'exercice du recours administratif devant le préfet de région contre le refus d'accord de l'ABF constitue un **préalable obligatoire à l'exercice d'un recours contentieux** contre le refus de permis. L'irrecevabilité concerne le recours contentieux lui-même et non les seuls moyens relatifs à la régularité ou au bien-fondé de l'avis de l'ABF (CE 12-2-2014 n° 359343, Sté Siber : BPIM 2/14 inf. 90).

b. Le demandeur peut **exercer directement un recours contentieux,** sans saisir au préalable le préfet de région, contre le refus de permis dans l'hypothèse où le maire ou l'autorité compétente pour délivrer le permis ont eux-mêmes contesté l'avis de l'ABF devant le préfet. Par ailleurs, la notification de la décision de refus de permis n'est de nature à faire courir le délai de 2 mois imparti pour saisir le préfet de région qu'à la condition que l'avis de l'ABF, comme les voies et délais de recours ouverts à son encontre, ait été porté à la connaissance du demandeur (Avis CE 30-6-2010 n° 334747, Sté Château d'Epinay : BPIM 4/10 inf. 273 ; CAA Bordeaux 15-3-2012 n° 11BX01635, Ville de Toulouse : BPIM 3/12 inf. 201).

c. Si le recours devant le préfet de région n'est pas accompagné du dossier complet de la demande de permis, le préfet doit impartir un délai au pétitionnaire pour fournir les pièces manquantes ; le **délai de naissance d'une décision implicite** est suspendu et ne recommence à courir qu'à réception des pièces manquantes (CE 4-5-2018 n° 410790, Cne de Bouc Bel Air : BPIM 3/18 inf. 176).

d. Si le **préfet confirme** l'avis défavorable de l'ABF, l'autorité compétente n'a pas à se prononcer à nouveau sur la demande de permis et le délai de recours contre le refus de permis court à compter de la notification au pétitionnaire de la décision du préfet (CE 4-5-2018 n° 410790, Cne de Bouc-Bel-Air : BPIM 3/18 n° 410790).

Recours devant le juge administratif La légalité de l'avis de l'ABF (accord ou refus d'accord) ne peut être contestée devant le juge administratif que dans le cadre d'un recours contre la décision accordant ou refusant le permis. L'**illégalité** de la décision de l'ABF ou du préfet de région pourra être invoquée par **voie d'exception** par un tiers attaquant un permis de construire ou par un demandeur attaquant le refus qui lui a été opposé. Le juge administratif exercera un entier contrôle sur cette décision (CE 26-3-2001 n° 216936, secrétaire d'État au logement : BPIM 4/01 inf. 238 annulant un permis au motif que l'ABF a commis une erreur d'appréciation en autorisant la construction). Mais la question relève de l'appréciation souveraine des juges du fond et ne pourra donc pas être discutée dans le cadre d'un recours en cassation (CE 28-12-2005 n° 284863, Ville de Lille et communauté urbaine de Lille : BPIM 2/06 inf. 92). **14590**

> Précisions **a.** **L'avis défavorable du préfet** de région, qui se substitue à celui de l'ABF, ne peut être contesté que dans le cadre d'un recours contentieux contre le refus de permis. Un recours direct contre cet avis est irrecevable (CE 19-2-2014 n° 361769, min. culture : BPIM 2/14 inf. 89).

b. La possibilité ouverte au demandeur d'invoquer par **voie d'exception l'illégalité** du refus d'accord n'est pas limitée au cas où le maire s'est conformé à la position de l'ABF, comme il était tenu de le faire, et où le demandeur attaque le refus de permis qui lui a été opposé. Quand le maire est passé outre et a délivré le permis qui est attaqué par un tiers, le Conseil d'État considère que le titulaire du permis peut faire valoir en défense que le refus d'accord était illégal. Si cette illégalité lui paraît établie, le juge rejettera le recours introduit contre le permis ; dans le cas contraire, il annulera le permis comme délivré en l'absence d'accord de l'ABF (CE ass. 26-10-2001 n° 216471 : Lebon p. 495).

D. Décision

L'autorité compétente pour statuer sur la demande peut soit accorder le permis, soit le refuser, soit décider de surseoir à statuer. Les décisions d'octroi et de refus peuvent être soit expresses, soit tacites (les décisions tacites sont celles qui naissent à l'expiration du délai légal d'instruction, si à cette date le demandeur n'a reçu notification d'aucune décision). Les décisions de sursis à statuer ne peuvent être qu'expresses. **14650**

1. OCTROI OU REFUS EXPRÈS DE PERMIS DE CONSTRUIRE

MOTIVATION

14670 Dans les cas suivants, l'autorité compétente est tenue de motiver sa décision, c'est-à-dire d'indiquer les dispositions légales sur lesquelles elle se fonde et les éléments de fait qui la déterminent (C. urb. art. L 424-3 et R 424-5) :
– refus de permis ;
– décision favorable assortie de prescriptions ;
– décision favorable accordant une dérogation ou une adaptation mineure aux règles d'urbanisme applicables. Par exception, la motivation n'est pas nécessaire si la dérogation est accordée pour favoriser la construction de logements (C. urb. art. L 152-6, 1° à 6°).

L'autorité compétente doit indiquer l'intégralité des motifs justifiant sa décision de rejet, notamment l'ensemble des absences de conformité des travaux aux dispositions législatives et réglementaires visées à l'article L 421-6 du Code de l'urbanisme.

> **Précisions** **a.** Toute décision d'une autorité administrative doit comporter, « outre la **signature** de son auteur, la mention, en caractères lisibles, du prénom, du nom et de la qualité de celui-ci » (CRPA art. L 212-1). Au regard de cette disposition, un permis de construire est illégal s'il porte seulement la mention « le maire », suivie de la signature de celui-ci qui est illisible (CE 31-3-2010 n° 306122 : BPIM 3/10 inf. 195). La méconnaissance de cette obligation peut être invoquée non seulement par le destinataire de la décision mais aussi par des tiers (CE 11-3-2009 n° 307656, Cne d'Auvers-sur-Oise : BPIM 3/09 inf. 189). Le moyen peut donc être invoqué tant à l'encontre d'un permis de construire qu'à l'encontre d'un refus ou d'un retrait (dans le cas d'un retrait, voir n° 15305, Précisions, c).
b. Lorsque la décision autorise un projet soumis à **évaluation environnementale,** elle comprend en annexe un document comportant les éléments mentionnés à l'article L 122-1-1 du Code de l'environnement (C. urb. art. L 424-4). Jugé qu'un **permis de construire** soumis à étude d'impact **n'est pas exécutoire** tant que l'autorité qui l'a délivré n'a pas produit le document d'information requis (CAA Marseille 20-12-2011 n°s 10MA00360 et 10MA00537, Ronse et Association pour la protection des paysages et ressources de l'Escandorgue et du Lodévois : BPIM 1/12 inf. 15). Mais un arrêt ultérieur du Conseil d'État juge plus radicalement que le permis concernant un projet soumis à étude d'impact est **illégal** s'il ne fixe pas les mesures destinées à éviter, réduire et compenser ses incidences négatives pour l'environnement, mesures qui font partie des éléments mentionnés à l'article L 122-1-1 (CE 30-12-2020 n° 432539, Ass. Koenigshoffen demain).
c. Dans les zones urbaines d'un **PLU intercommunal** réglementées exclusivement par le règlement national d'urbanisme (C. urb. art. R 151-19), les autorisations d'urbanisme relatives à un projet identifié et localisé par des orientations d'aménagement et de programmation (OAP) doivent être motivées au regard de l'atteinte au caractère ou à l'intérêt des lieux avoisinants, aux sites, aux paysages naturels ou urbains ainsi qu'à la conservation des perspectives monumentales (C. urb. art. R 424-5-2).

NOTIFICATION DE LA DÉCISION AU DEMANDEUR

14675 La décision expresse prise sur une demande de permis est notifiée au demandeur par **lettre recommandée** avec demande d'avis de réception postal (C. urb. art. R 424-10). Cela n'exclut pas une notification **par voie électronique** lorsque l'administration a été saisie par cette voie et que le demandeur n'a pas expressément refusé ce mode de notification.

Une décision accordant un permis sans prévoir de participation ni de prescription peut être notifiée par **lettre simple.**

> **Précisions** La date de la notification est importante car elle déclenche le délai dont le demandeur dispose pour saisir le tribunal administratif si la décision lui est défavorable ou seulement partiellement favorable (voir n° 16515).

OCTROI DU PERMIS

14680 La **décision accordant un permis** précise les conditions dans lesquelles elle devient exécutoire (C. urb. art. R 424-11). Lorsque la décision est prise par le maire ou par le président d'un EPCI, le demandeur doit être informé de la date à laquelle la décision et le dossier ont été transmis au préfet ou à son délégué (C. urb. art. R 424-12). Cette information est en effet nécessaire pour déterminer la date à laquelle le permis deviendra exécutoire (voir n° 15830).

Le permis doit mentionner la date à laquelle l'avis de dépôt de la demande a été affiché en mairie ou publié sur le site internet de la mairie (C. urb. art. R 424-5).

Le cas échéant, la décision doit indiquer que les travaux ne pourront être entrepris qu'une fois accomplies les formalités prévues par une autre législation (C. urb. art. R 424-6).

Taxes et participations La délivrance (expresse ou tacite) du permis de construire constitue, en droit commun, le fait générateur des **taxes d'urbanisme** et des **participations des constructeurs** (voir n°s 39410 s. et 41805). Lorsque la décision met des participations à la charge du constructeur, elle doit indiquer le montant de certaines d'entre elles (C. urb. art. L 332-28 et R 424-7 ; voir n° 41810). 14685

> **Précisions** Si le **paiement de la participation en PAE,** instituée avant le 1er mars 2012, est accepté sous forme d'un **apport de terrain** (bâti ou non) ou de la réalisation de **travaux,** la prescription de la participation dans le permis fixe les modalités d'exécution des apports ou des travaux : notamment, superficie des terrains cédés, valeur déterminée par le service du domaine, valeurs ou estimation des coûts des travaux à réaliser.

Prescriptions particulières Le permis de construire peut être accordé purement et simplement ; il autorise alors la réalisation du projet décrit dans le dossier de demande. Le permis accordé peut également imposer certaines prescriptions particulières qui devront être respectées par le demandeur. Ces prescriptions (espaces verts, voirie, assainissement, sites, etc.) peuvent être **imposées** au constructeur en vertu des dispositions du règlement national d'urbanisme, dans les territoires non couverts par un PLU. Dans les territoires couverts par un PLU, et nonobstant les dispositions issues du règlement, des prescriptions spéciales peuvent être également imposées aux constructeurs. 14690

Ces prescriptions doivent avoir un fondement législatif ou réglementaire exprès et ne peuvent intervenir que pour des objets précis et limités, directement dépendants de la règle d'occupation ou d'utilisation du sol. Elles doivent être **motivées,** mais cette motivation peut résulter du contenu même des prescriptions (CE 4-1-1985 n° 41301, Sté Serdi : Lebon p. 1 ; CE 17-6-1996 n° 108304, Sté Scierie du Ternois : BPIM 5/96 inf. 326). Dans l'arrêté doivent figurer tous les éléments concrets nécessaires à leur bonne exécution.

Ces prescriptions font partie intégrante du permis de construire, et leur **inobservation** rend le constructeur passible des **sanctions** applicables en cas de non-respect des dispositions du permis de construire (n°s 16700 s.). Toutefois, en cas de prescriptions trop nombreuses, impliquant la production d'un nouveau plan, le permis peut être jugé illégal (CE 26-1-1979 n° 2200, SCI le Maréchal).

> **Précisions** **a.** Si la création d'**aires de stationnement** est nécessaire et réalisable dans le cadre du projet de construction lui-même, seule la réalisation de ces aires de stationnement peut être exigée. La cession des aires réalisées est libre et ne peut pas être contrôlée au titre de la réglementation d'urbanisme (Rép. Galametz : AN 20-7-1992 p. 3275 n° 10463).
b. Un permis de construire une **installation classée** peut être accordé sous réserve de prescriptions spéciales relevant de la police de l'urbanisme. En revanche, il ne peut pas être assorti de prescriptions relevant de la police des installations classées, lesquelles relèvent de l'autorité compétente en la matière (CE 6-12-2017 n° 398537 : BPIM 1/18 inf. 14).
c. Les prescriptions d'un plan de prévention des **risques naturels prévisibles** (PPRNP), qui vaut servitude d'utilité publique, s'imposent directement aux autorisations de construire, sans que l'autorité compétente pour les délivrer soit tenue de faire figurer ces prescriptions dans l'autorisation. Toutefois, il incombe à l'autorité compétente, si les particularités de la situation l'exigent, de préciser dans le permis de construire, le cas échéant, les conditions d'application d'une prescription générale contenue dans le PPRNP ou de subordonner, en application de l'article R 111-2 du Code de l'urbanisme, la délivrance du permis sollicité à d'autres prescriptions spéciales que celles contenues dans le plan, si elles lui apparaissent nécessaires (CE 4-5-2011 n° 321357, Cne de Fondettes : BPIM 3/11 inf. 179 ; CE 22-7-2020 n° 426139, Sté Altarea Cogedim IDF). La règle nationale d'urbanisme de l'article R 111-2 du Code de l'urbanisme peut même fonder un refus de permis alors que le PPRNP classe le terrain en zone constructible ou ne contient pas de prescriptions particulières (CE15-2-2016 n° 389103 : BPIM 2/16 inf. 83).
d. L'**imprécision des prescriptions** destinées à assurer le respect d'une disposition d'urbanisme peut entacher le permis d'illégalité (CAA Lyon 22-5-2012 n° 11LY01648 : BPIM 4/12 inf. 290, relevant l'imprécision tant de la demande de permis que du permis lui-même sur le dispositif d'évacuation des eaux pluviales exigé par le règlement du PLU).
e. Jugé légal le permis de construire assorti de prescriptions qui ne peuvent être réalisées qu'avec l'**accord d'un tiers,** par exemple, la plantation de haies sur des parcelles voisines du projet (CE 16-10-2015 n° 385114 : BPIM 6/15 inf. 369) ou la régularisation d'un titre créant une servitude de passage assurant l'accès au terrain (CE 3-6-2020 n° 427781, Sté Compagnie immobilière Méditerranée : BPIM 4/20 inf. 238).
f. Le maire qui assortit un permis de construire d'une prescription ne peut exiger du titulaire du permis qu'il recueille l'**avis des services communaux** sur les modalités retenues pour s'y conformer (CE 2-6-2023 n° 461645, SCI du 90-94 avenue de la République BPIM 4/23 inf. 237, s'agissant en l'espèce de prescriptions sur l'aspect extérieur de la construction).
g. Sur la possibilité pour le titulaire d'un permis de construire de demander au juge administratif d'**annuler les prescriptions** qui l'accompagnent, voir n° 16502.

14692 **Projets menacés par l'érosion du littoral** Dans une commune exposée à l'érosion du littoral, quand le PLU a délimité une zone exposée au **recul du trait de côte à un horizon compris entre 30 et 100 ans,** un permis de construire ou d'aménager ou une décision de non-opposition à une déclaration de travaux concernant un projet situé dans cette zone doit imposer, au titre de ses prescriptions, la consignation d'une somme correspondant au coût des travaux de démolition et de remise en état que le maire est susceptible d'ordonner s'il apparaît que le recul du trait de côte est tel que la sécurité des personnes ne pourra plus être assurée au-delà d'un délai de trois ans. Le bénéficiaire de l'autorisation ne peut entreprendre les travaux qu'après avoir transmis au maire le récépissé de la consignation de la somme auprès de la Caisse des dépôts et consignations (C. urb. art. L 121-22-5 et L 425-16).

14693 **Installations photovoltaïques** Un permis de construire autorisant une installation de production d'électricité à partir de l'énergie solaire sur des **sols agricoles, naturels** ou **forestiers** doit imposer, au titre de ses prescriptions, l'enlèvement des ouvrages et la remise en état du terrain et préciser la durée de l'autorisation (C. urb. art. L 421-6-2). Il en va de même de la décision de non-opposition à une déclaration préalable lorsqu'un permis de construire n'est pas requis. Voir nº 1098.

14695 **Dérogations et adaptations mineures aux règles du PLU** Dans certains cas, l'édification des constructions est subordonnée à l'octroi de dérogations ou d'adaptations mineures (C. urb. art. L 152-3).

Il peut être dérogé aux dispositions réglementaires relatives à l'urbanisme ou aux servitudes d'utilité publique affectant l'utilisation des sols (C. urb. art. L 152-4 à L 152-6-4). Ces dérogations peuvent, au besoin, être instruites d'office. Voir nºs 3360 s.

Ces règles et servitudes peuvent par ailleurs faire l'objet d'adaptations mineures (C. urb. art. L 152-3, 1º), de même que les dispositions d'un PSMV (C. urb. art. R 313-5). L'arrêté de permis doit obligatoirement comporter un article spécial relatif à l'adaptation mineure, laquelle, par ailleurs, doit être **motivée** (voir nº 3355). Les dispositions d'un règlement de **lotissement** ne peuvent faire l'objet d'adaptations mineures que si cette possibilité est expressément prévue par le règlement (CE 19-6-1996 nº 106795).

> **Précisions** Même si le pétitionnaire ne le lui demande pas expressément, l'administration doit s'interroger sur la possibilité de délivrer le permis de construire à la faveur d'une **adaptation mineure** aux règles du PLU (CE 11-2-2015 nº 367414 : BPIM 2/15 inf. 87).

14700 **Dérogations aux règles de construction** Afin de faciliter la construction de logements **dans certaines communes,** des dérogations aux **règles de construction** sont permises (CCH art. L 112-13). Les communes concernées sont celles où s'applique la taxe sur les logements vacants prévue par l'article 232 du CGI ; un décret fixe la liste de ces communes (Décret 2013-392 du 10-5-2013 modifié par le décret 2023-822 du 25-8-2023). Ces mesures sont également applicables dans les communes en croissance démographique dont le parc existant de logements locatifs sociaux justifie un effort de production supplémentaire. La liste des communes concernées, beaucoup plus limitée, est également fixée par décret (Décret 2013-671 du 24-7-2013 ann. II).

Ces dérogations aux règles de construction sont accordées par le préfet. Ne sont concernés que les projets de surélévation d'un immeuble d'habitation achevé depuis plus de 2 ans.

Les dérogations susceptibles d'être accordées sont relatives aux règles applicables en matière d'isolation acoustique, de brancards, d'ascenseurs, d'aération, de protection des personnes contre l'incendie et de lignes de communications électroniques à très haut débit en fibre optique. Il peut également être accordé des dérogations en matière d'accessibilité, de performance énergétique et environnementale, de qualité de l'air et de garantie quant au respect des exigences minimales requises en matière d'isolation phonique.

Le projet de surélévation ne doit pas dégrader les caractéristiques de la partie existante du bâtiment. Des prescriptions particulières et des mesures compensatoires peuvent être imposées au maître de l'ouvrage.

À côté de ces dérogations aux règles de construction, d'autres dérogations peuvent être accordées, dans ces mêmes communes, aux règles des PLU : voir nºs 3370 s.

14701 Afin de favoriser les **projets de construction innovants,** les maîtres d'ouvrage peuvent déroger aux règles de construction sous réserve qu'ils apportent la preuve qu'ils parviennent, en utilisant des techniques de construction alternatives, à des résultats équivalents à ceux provenant des règles auxquelles ils dérogent.

La possibilité de recourir à des solutions d'effet équivalent (SEE) peut porter sur toutes les règles de construction ; la procédure est régie par les articles L 112-9 s. et R 112-1 s. du CCH.

À titre expérimental et jusqu'au 23 novembre 2030, dans les périmètres des **opérations d'intérêt national,** des **GOU** et des **opérations de revitalisation de territoire,** les maîtres d'ouvrage peuvent demander une dérogation aux règles applicables à leurs projets, à condition de démontrer que sont atteints des résultats satisfaisant aux objectifs poursuivis par les règles auxquelles ils dérogent (Loi 2016-925 du 7-7-2016 art. 88, II). Le demandeur doit faire établir une étude sur ce point et recueillir l'avis conforme d'un établissement public ou du préfet ; ces documents sont joints à la demande de permis ou à la déclaration et le permis ou la décision de non-opposition vaut alors approbation de la dérogation. **14702**

REFUS DU PERMIS

S'il peut être assorti de l'injonction d'exécuter certaines prescriptions (n° 14690), le permis de construire n'est jamais accordé sous réserve, car il ne saurait y avoir de permis sous condition résolutoire. Mais il peut être **refusé.** En cas de refus, le demandeur n'est pas autorisé à construire. Tout refus de permis de construire doit entrer dans un cas légalement prévu et être motivé (sur la motivation d'un rejet implicite, voir n° 14755). **14705**

> **Précisions** **a.** Les **motifs du refus** doivent être tirés du non-respect de dispositions législatives ou réglementaires, soit essentiellement le RNU, les documents d'urbanisme ou encore des documents à caractère réglementaire régissant les lotissements, la législation sur les monuments historiques et les sites, les règles d'alignement des constructions, les espaces boisés, la législation sur l'urbanisme commercial. S'agissant des travaux sur les réseaux, voir n° 635.
b. La demande doit être rejetée lorsque le projet doit faire l'objet d'une **étude de sécurité publique** et que celle-ci est considérée comme insuffisante par l'autorité compétente (C. urb. art. R 424-5-1).
c. Le refus de permis de construire peut faire l'objet d'un **recours administratif et/ou contentieux.** En cas de recours contentieux, le juge administratif contrôle la **motivation** des arrêtés de refus de permis de construire qui lui sont déférés. D'un point de vue formel, il s'assure que l'arrêté indique sous une forme suffisante les considérations de droit et de fait sur lesquelles son auteur s'est fondé (CE 27-10-1989 n° 83590). Sur le fond, il vérifie si le refus est bien motivé par des considérations d'intérêt public, les seules dont soit gardienne l'administration, et si les dispositions sur lesquelles l'administration s'est fondée justifiaient le rejet de la demande. Un **refus opposé à tort** peut ainsi être annulé pour des motifs tirés de l'incompétence, de la violation de la loi, de l'erreur matérielle, du détournement de pouvoir ou encore de l'erreur d'appréciation (voir n° 16525). Un **refus opposé de façon illégale** engage la responsabilité pécuniaire de l'administration (voir n° 16545).
d. Un permis de construire n'a d'autre objet que d'autoriser la construction d'immeubles conformes aux plans fournis par le pétitionnaire ; la seule éventualité que ces plans ne soient pas respectés ou que l'immeuble soit ultérieurement transformé ou affecté à un usage non conforme à la réglementation d'urbanisme ne justifie pas légalement un refus de permis. Toutefois, en présence d'éléments établissant l'existence d'une **fraude** à la date à laquelle le maire statue sur la demande, le refus sera regardé comme légal (CE 3-6-2013 n° 342673, Cne de Lamastre : BPIM 4/13 inf. 237).

2. OCTROI OU REFUS TACITE DE PERMIS DE CONSTRUIRE

Si l'administration ne notifie pas une décision avant l'**expiration du délai d'instruction** (délai de droit commun mentionné dans le récépissé de la demande ou délai modifié notifié dans le mois suivant le dépôt du dossier), éventuellement prolongé à titre exceptionnel, son silence fait naître une décision tacite. Cette décision est normalement une **décision favorable** à l'intéressé (permis tacite). Toutefois, dans certains cas limitativement énumérés, le silence de l'administration sur une demande de permis vaut **rejet implicite** de cette demande. **14730**

> **Précisions** **a.** La décision tacite naît si le déclarant ou le demandeur n'a pas **reçu notification** d'une décision expresse dans le délai d'instruction. Peu importe qu'une décision expresse ait été signée avant l'expiration de ce délai, si elle est notifiée après. Peu importe également que le courrier contenant la décision ait été expédié à une date qui devait normalement permettre une réception dans le délai (CE 24-5-2024 n° 472321 : BPIM 4/24 inf. 233). Toutefois, s'agissant spécifiquement du permis tacite, la notification tardive d'un refus exprès s'analyse comme un retrait du permis tacite né à l'expiration du délai d'instruction (voir n° 15310).
b. Quand un permis de construire est demandé par **plusieurs personnes,** la notification à l'une d'elles, dans le délai d'instruction, d'une décision de refus suffit en principe à faire obstacle à la naissance d'un permis tacite (CE 2-4-2021 n° 427931 : BPIM 3/21 inf. 168). Il faut seulement réserver le cas

où la décision notifiée à l'un des pétitionnaires ne rejetterait la demande qu'en tant qu'elle émane de lui et pour des motifs qui lui sont propres.

c. La notification de la décision doit être regardée comme ayant été effectuée à la date à laquelle la **lettre recommandée** a été présentée pour la première fois au domicile du demandeur, même si elle n'a pu lui être remise et a été mise en instance au bureau de poste (CE 7-7-2008 n° 310985 : BPIM 5/08 inf. 349 ; CE 16-3-2014 n° 388936). Si la décision lui a été notifiée **par voie électronique,** le demandeur est réputé en avoir reçu notification le lendemain de la date à laquelle il a été informé qu'une décision était à sa disposition (C. urb. art. R 474-1, II).

d. Une **notification électronique** effectuée avant l'expiration du délai d'instruction alors que les **conditions** pour recourir à ce mode de notification n'étaient **pas remplies** ne produit pas effet (CAA Lyon 2-6-2021 n° 19LY03389, Sté Gaia : BPIM 6/21 inf. 347).

e. Dans une affaire où le récépissé de la demande indiquait par erreur que le délai d'instruction expirerait « avant le 23 mars » alors qu'en application des dispositions en vigueur il n'expirait que le 23 mars à minuit, le Conseil d'État a considéré que la notification d'un refus dans la journée du 23 avait empêché la naissance d'un permis tacite (CE 7-7-2008 n° 310985 : BPIM 5/08 inf. 349). Cet arrêt fait donc prévaloir le délai légal sur le **délai dont l'intéressé a été informé**. Il a cependant été rendu sous l'empire des dispositions antérieures à la réforme des autorisations d'urbanisme ; il n'est pas évident que la même solution puisse être retenue au regard des dispositions actuelles qui confèrent une grande importance à l'information des pétitionnaires sur le délai d'instruction.

f. Sur le délai du **déféré préfectoral** contre un permis tacite, voir n° 16405.

g. Sur la naissance d'un permis tacite quand le pétitionnaire **modifie** sa **demande en cours d'instruction**, voir n° 14390.

PERMIS TACITE

14735 **Principe** En cas de demande de permis (de construire, mais aussi de démolir ou d'aménager), la naissance d'un permis tacite en l'absence de décision expresse notifiée dans le délai d'instruction constitue la règle générale (C. urb. art. L 424-2 et R 424-1, b). Cette règle n'est écartée que si la demande entre dans l'une des exceptions prévues aux articles R 424-2 et R 424-3 du Code de l'urbanisme ou dans les décrets énumérant les exceptions au principe « silence vaut acceptation » (CRPA art. L 231-1 et L 231-5 ; Décret 2014-1299 du 23-10-2014 ; Décret 2015-1461 du 10-11-2015).

> Précisions En l'absence de disposition expresse contraire, même lorsque la délivrance du permis de construire est subordonnée à un **avis conforme du préfet,** un avis défavorable de celui-ci ne fait pas obstacle à la naissance d'un **permis tacite** (CAA Marseille 23-3-2023 n° 22MA02284 : BPIM 3/23 inf. 163).

14740 **Certificat d'obtention d'un permis tacite** L'autorité dont émane un permis tacite est tenue d'en délivrer certificat sur simple demande du constructeur ou de ses ayants droit. Le certificat doit mentionner la date à laquelle le dossier a été transmis au préfet (C. urb. art. R 424-13). Cette mention a seulement pour objet d'informer le bénéficiaire du permis tacite sur la date limite impartie au préfet pour demander l'annulation de la décision devant le juge administratif (2 mois à compter de la transmission du permis), sachant que la transmission au préfet n'est pas une condition du caractère exécutoire du permis. Le certificat doit également indiquer la date d'affichage en mairie ou de publication sur le site internet de la commune de l'avis de dépôt de la demande de permis (C. urb. art. R 424-13). Tout indique que cette mention n'est pas exigée à peine d'illégalité de l'autorisation puisqu'il s'agit de mieux garantir les droits de son titulaire.

Le certificat d'obtention d'un permis tacite est un **acte** purement **récognitif** qui, par lui-même, n'a pas d'incidence sur le droit de construire ; celui-ci est attaché à l'absence de décision dans le délai légal d'instruction. Le refus de délivrer une attestation de permis tacite est une décision susceptible de recours (CE 28-7-1993 n° 129263, Sté Les nouveaux constructeurs Ouest ; CE 12-2-2020 n° 421949, Ville de Paris : BPIM 2/20 Inf. 96).

14745 **Détermination des participations d'urbanisme** L'autorité compétente dispose d'un **délai** de 2 mois à compter de l'intervention d'un permis tacite pour fixer, par arrêté, les participations exigibles du bénéficiaire (C. urb. art. L 424-6). La décision doit comporter les mêmes mentions qu'un permis qui impose des participations (voir n° 41810).

14750 **Légalité du permis tacite** Le permis tacite peut être illégal, notamment si le projet ne respecte pas les règles d'urbanisme. Il est alors susceptible d'être retiré par l'autorité compétente dans les 3 mois de sa naissance (voir n° 15300), ou d'être annulé par le juge administratif s'il a été attaqué par un tiers dans le délai de recours contentieux, déclenché par son affichage sur le terrain (voir n° 15840).

REFUS TACITE

Cas dans lesquels un permis tacite ne peut pas naître Dans les cas suivants, le silence de l'administration fait naître, non un permis tacite mais une décision implicite de rejet de la demande : 14755

a. Permis de construire, d'aménager ou de démolir, **en site classé, en instance de classement** ou des **réserves naturelles** (C. urb. art. R 424-2, a).

b. Travaux soumis à l'**autorisation du ministre de la défense** (C. urb. art. R 424-2, a).

c. Projet ayant fait l'objet d'une **évocation** par le ministre chargé des sites ou par le ministre chargé de la protection des réserves naturelles (C. urb. art. R 424-2, b).

d. Permis de construire, d'aménager ou de démolir pour des travaux sur un immeuble inscrit au titre des **monuments historiques** (C. urb. art. R 424-2, c).

e. Projet soumis à **enquête publique ou à participation du public par voie électronique** au titre de son incidence sur l'environnement (C. urb. art. R 424-2, d).

f. Projet exigeant la consultation de l'**Assemblée de Corse** (C. urb. art. R 424-2, e).

g. Projet situé dans le cœur d'un **parc national** délimité ou dans un espace ayant vocation à être classé dans le cœur d'un futur parc national dont la création a été prise en considération (C. urb. art. R 424-2, f).

h. Permis subordonné à une autorisation de création, extension ou réouverture d'un **établissement cinématographique,** en cas de refus par la commission départementale compétente (C. urb. art. R 424-2, g).

i. Permis de construire valant **autorisation d'exploitation commerciale,** en cas d'**avis défavorable** de la commission départementale d'aménagement commercial ou, le cas échéant, de la Commission nationale (C. urb. art. R 424-2, h).

j. Projet d'**équipement commercial** soumis pour **avis** à la commission départementale d'aménagement commercial, en cas d'avis défavorable de la commission départementale d'aménagement commercial ou, le cas échéant, de la Commission nationale (C. urb. art. R 424-2, h).

k. Permis de **démolir** en **site inscrit** (C. urb. art. R 424-2, i).

l. Projet de **surélévation,** dans certaines communes, nécessitant une dérogation aux règles de construction qui a été refusée (C. urb. art. R 424-2, j).

m. Projet situé dans une **zone de protection** créée antérieurement à la loi 83-8 du 7 janvier 1983, en application de la loi du 2 mai 1930 sur la protection des monuments naturels et des sites (C. urb. art. R 425-22).

> **Précisions** **a.** Lorsque sa demande de permis de construire a fait l'objet d'un **rejet implicite,** le pétitionnaire peut, sur le fondement de l'article L 232-4 du Code des relations entre le public et l'administration, demander à l'administration de lui indiquer les **motifs** de ce rejet. Cette demande doit recevoir une réponse dans le délai d'un mois. Lorsqu'elle est formée avant l'expiration du délai de recours contentieux contre le refus de permis, elle proroge ce délai ; le refus ne deviendra donc définitif que 2 mois après la date à laquelle l'intéressé aura reçu communication de ces motifs.
> **b.** Lorsqu'une demande de permis dans un site inscrit porte **à la fois** sur une **construction** et sur une **démolition,** le silence de l'administration fait naître un refus implicite d'autoriser tant la construction que la démolition (CE 12-2-2020 n° 421949, Ville de Paris : BPIM 2/20 inf. 97).

Cas d'une décision soumise à l'accord de l'ABF Le défaut de notification d'une décision expresse dans le délai d'instruction vaut également décision implicite de rejet lorsque la décision est soumise à l'accord de l'architecte des Bâtiments de France et que celui-ci a notifié à l'autorité compétente, dans le délai qui lui était imparti, un avis défavorable ou un avis favorable assorti de prescriptions. Il en va de même en cas de recours de l'autorité compétente contre l'avis défavorable de l'ABF, lorsque le préfet de région a rejeté le recours (C. urb. art. R 424-3). 14760

L'ABF ou le préfet de région doit adresser au demandeur une copie de son avis défavorable ou assorti de prescriptions, en l'informant qu'il ne pourra pas se prévaloir d'un permis tacite (C. urb. art. R 424-4).

Cas où le dossier était incomplet Lorsque la demande n'était pas accompagnée de toutes les pièces requises par le Code de l'urbanisme et que l'autorité compétente, dans le mois qui suit la réception du dossier, a invité l'intéressé à lui transmettre la ou les pièces manquantes, une décision implicite de rejet naît à défaut de production de ces pièces dans les trois mois de cette invitation (C. urb. art. R 423-38 et R 423-39). 14763

 © Éd. Francis Lefebvre

Dans le cas où, en réponse à une invitation à compléter le dossier dans un délai de 3 mois, le pétitionnaire ne produit qu'une partie des pièces demandées, l'administration peut **lui écrire à nouveau** pour réclamer les pièces manquantes. Mais une telle démarche n'empêche pas la naissance d'une décision implicite de rejet 3 mois après l'invitation initiale, si au moment de l'expiration de ce délai toutes les pièces requises n'ont pas été fournies (CE 30-4-2024 n° 461958 : BPIM 3/24 inf. 161).

Dans le dernier état de la jurisprudence, si le dossier était complet et que l'administration a demandé la production de **pièces non exigées** par le Code de l'urbanisme, un permis tacite naît au terme du délai normal d'instruction (CE sect. 9-12-2022 n° 454521, Cne de Saint-Herblain : BPIM 1/23 inf. 7 ; D. Chauvaux, Évolution du régime des autorisations d'urbanisme tacites : chausse-trappes pour l'administration : BPIM 2/23 inf. 77).

INFORMATION PRÉALABLE SUR LA POSSIBILITÉ D'OBTENIR UN PERMIS TACITE

14765 Le **récépissé** de la demande délivré par l'administration indique au demandeur qu'il sera titulaire d'un permis tacite si aucune décision ne lui est notifiée dans le délai de droit commun, en précisant toutefois que ces indications sont provisoires et peuvent être modifiées dans le délai d'un mois à compter de l'enregistrement.

Si l'**examen préliminaire du dossier** révèle qu'il rentre dans l'un des cas où un permis tacite ne peut pas être acquis ou ne peut être acquis qu'en l'absence d'opposition ou de prescription de l'architecte des Bâtiments de France (C. urb. art. R 424-2 et R 424-3), l'intéressé doit être informé dans ce délai d'un mois qu'il n'est pas susceptible d'obtenir un permis tacite (C. urb. art. R 423-5, der. al.). Si un avis de l'ABF est requis, l'autorité compétente doit indiquer qu'un permis tacite ne naîtra à l'issue du délai d'instruction que si l'ABF rend un avis favorable sans l'assortir de prescriptions.

Par ailleurs, le **ministre** chargé des sites doit, lorsqu'il évoque une affaire, informer le demandeur qu'il ne pourra pas obtenir un permis tacite (C. urb. art. R 423-44, al. 4). L'**ABF** doit procéder de même s'il rend un avis défavorable ou un avis favorable assorti de prescriptions ainsi que le **préfet de région** s'il rejette un recours de l'autorité compétente pour délivrer le permis contre l'avis de l'ABF (C. urb. art. R 424-4). Ces dispositions assurent l'information du demandeur dans les cas où l'impossibilité d'obtenir un permis tacite résulte d'un événement (l'évocation par le ministre ou l'avis de l'ABF) postérieur à l'expiration du délai d'un mois à compter de l'enregistrement du dossier.

Lorsque le permis est subordonné à une autorisation de création, extension ou réouverture d'un **établissement cinématographique** (C. cinéma art. L 212-7) et que cette autorisation est refusée par la CDAC, la lettre qui notifie ce refus au pétitionnaire l'informe qu'en cas de recours devant la CNAC le délai d'instruction sera majoré de 5 mois à compter du recours et lui précise qu'en l'absence de recours ou de rejet du recours il ne pourra pas se prévaloir d'un permis tacite (C. urb. art. R 423-44-1, al. 1 à 3).

Lorsque le projet est soumis à **autorisation d'exploitation commerciale** (C. urb. art. L 425-4), la lettre de notification de l'avis de la CDAC informe le demandeur qu'en cas de recours devant la CNAC le délai d'instruction sera prolongé de 5 mois et qu'il ne pourra pas se prévaloir d'un permis tacite en cas d'avis défavorable de la CNAC ou de confirmation tacite par la CNAC de l'avis défavorable de la CDAC. Par ailleurs, si la CNAC décide de se saisir elle-même d'un projet (C. com. art. L 752-17, V), la lettre de notification de la CNAC informe le demandeur que le délai d'instruction est prolongé de 5 mois et que, dans la même hypothèse que précédemment, il ne pourra pas se prévaloir d'un permis tacite (C. urb. art. R 423-44-1).

Lorsque le maire ou le président de l'EPCI compétent en matière d'urbanisme décide de saisir la CDAC pour avis d'un projet d'un projet d'équipement commercial non soumis à autorisation (C. com. art. L 752-4), la lettre de notification de l'**avis de la CDAC** informe le demandeur qu'en cas de recours devant la CNAC le délai d'instruction sera prolongé de 2 mois et que, dans la même hypothèse que précédemment, il ne pourra pas se prévaloir d'un permis tacite (C. urb. art. R 423-44-1).

> **Précisions** **a.** Que se passe-t-il si l'autorité compétente omet d'**informer le demandeur** qu'il n'est pas susceptible d'obtenir un permis tacite ou si elle l'en informe tardivement, c'est-à-dire plus d'un mois après l'enregistrement du dossier ? Le **silence de l'administration** fait-il naître un permis tacite à l'expiration du délai d'instruction, alors même que la demande entre dans une des hypothèses où la naissance d'un permis tacite est normalement exclue ?
> Cette question s'était posée sous l'empire des dispositions antérieures à la réforme applicable au 1er octobre 2007, qui prévoyaient déjà que le récépissé de la demande devait informer le

pétitionnaire soit qu'il obtiendrait un permis tacite en l'absence de réponse dans le délai d'instruction, soit qu'il se trouvait dans un cas où la naissance d'un permis tacite était exclue (C. urb. art. R 421-12 ancien). Dans une affaire où le maire avait indiqué à tort qu'un permis tacite pourrait naître, le Conseil d'État a considéré que cette erreur n'avait pas pu avoir pour conséquence la naissance d'un tel permis (CE 17-11-1999 n° 180320 : BPIM 2/00 inf. 84). L'**indication erronée** donnée par le maire pouvait seulement engager la responsabilité de l'administration, tenue à la réparation des dommages résultant du fait que le demandeur s'était, de bonne foi, considéré comme autorisé à entreprendre les travaux.

On peut penser que cette **solution** est **maintenue** sous l'empire de la réforme de 2007. Ainsi, lorsque l'ABF a rendu un avis défavorable ou un avis favorable assorti de prescriptions, la règle selon laquelle le silence de l'autorité compétente vaut rejet de la demande de permis de construire s'applique même si l'ABF omet d'adresser une copie de son avis au demandeur et de l'informer qu'il ne pourra pas obtenir un permis tacite, l'exécution de cette formalité n'ayant pour objet que l'information du demandeur (CE 29-3-2017 n° 392940, Sté Maryse : BPIM 3/17 inf. 184). De même, lorsque l'architecte des Bâtiments de France (ABF), consulté sur une demande de permis de construire, estime à tort que son accord n'est pas requis, le silence de l'autorité compétente ne fait pas naître un permis tacite (CAA Marseille 1-3-2018 n° 16MA04304, Sté Raspor : BPIM 5/18 inf. 327).

b. L'**information sur le délai d'instruction** lie l'administration. Si le récépissé, mentionnant le délai de droit commun, n'a pas été démenti dans le mois qui suit l'enregistrement du dossier, c'est le délai de droit commun qui s'appliquera. Selon toute apparence, le permis tacite naîtra à l'expiration de ce délai, si le demandeur n'a pas reçu notification d'une décision expresse.

3. SURSIS À STATUER SUR LA DEMANDE DE PERMIS

CHAMP D'APPLICATION DU SURSIS À STATUER

Sauf erreur manifeste d'appréciation, l'autorité compétente peut, de façon discrétionnaire, surseoir à statuer sur toute demande d'**autorisation** de travaux. 14790

Un sursis à statuer peut être opposé dans les **cas suivants** (C. urb. art. L 424-1) :

a. Projet susceptible de compromettre ou de rendre plus onéreuse la réalisation d'une opération d'aménagement dans le périmètre des **opérations d'intérêt national** (C. urb. art. L 102-13, 6°) : le sursis à statuer peut être opposé dès lors que la mise à l'étude du projet d'aménagement a été prise en considération par l'autorité administrative compétente de l'État et que les terrains affectés par ce projet ont été délimités.

b. Lorsque l'autorité compétente a prescrit l'**élaboration d'un PLU** et si le projet est de nature à compromettre ou à rendre plus onéreuse l'exécution du futur plan (C. urb. art. L 153-11, al. 3), un sursis à statuer peut être opposé si le débat sur les orientations générales du projet d'aménagement et de développement durable a eu lieu.

c. À compter de la publication de l'acte créant une **zone d'aménagement concerté** (ZAC) pour les terrains compris dans cette zone, lorsque le projet est susceptible de compromettre ou de rendre plus onéreux l'aménagement et l'équipement de la zone (C. urb. art. L 311-2).

d. À compter de la décision de prise en considération de la création d'un **parc national,** si le projet a pour effet de modifier l'état des lieux ou l'aspect des espaces ayant vocation à figurer dans le cœur du parc (C. envir. art. L 331-6).

e. Dès la date d'ouverture de l'enquête préalable à la **déclaration d'utilité publique** d'une opération, lorsque le projet doit être réalisé sur des terrains devant être compris dans cette opération (C. urb. art. L 424-1, 1°).

f. Lorsque le projet est susceptible de compromettre ou de rendre plus onéreuse l'exécution de **travaux publics,** dès lors que la mise à l'étude d'un projet de travaux publics a été prise en considération par l'autorité compétente et que les terrains affectés par ce projet ont été délimités (C. urb. art. L 424-1, 2°).

g. Lorsque le projet est susceptible de compromettre ou de rendre plus onéreuse la réalisation d'une **opération d'aménagement,** dès lors que le projet d'aménagement a été pris en considération par la commune ou l'EPCI compétent et que les terrains affectés par ce projet ont été délimités (C. urb. art. L 424-1, 3° , qui ne déroge pas à la règle applicable aux ZAC indiquée au c. ci-dessus).

h. Dans les communes subissant l'**érosion du littoral** où l'autorité compétente a engagé une procédure d'évolution du PLU ou de révision de la carte communale afin de délimiter des zones exposées au recul du trait de côte, lorsqu'une délibération a adopté une carte de préfiguration de ces zones et que le projet, situé dans une zone préfigurée, est de nature à compromettre ou rendre plus onéreuse l'exécution du futur document d'urbanisme (C. urb. art. L 424-1, al. 2 renvoyant à C. urb. art. L 121-22-3 et L 121-22-7).

› Précisions a. Dans les cas **a, f et g,** le sursis à statuer ne peut être prononcé que si la **décision de prise en considération** a été publiée avant le dépôt de la demande d'autorisation. La décision de prise en considération cesse de produire effet si, dans un délai de 10 ans, l'exécution des travaux publics ou la réalisation de l'opération d'aménagement n'a pas été engagée (C. urb. art. L 424-1, al. 7).

b. L'**autorité compétente** pour décider la prise en considération est celle qui est compétente pour décider du projet ; il lui appartient de délimiter les terrains – qui peuvent s'étendre au-delà de la seule emprise de l'ouvrage projeté – de manière précise, sous le contrôle restreint du juge de l'excès de pouvoir (CE 27-6-2008 n° 292844, Cne de Sartrouville et Cne d'Argenteuil : BPIM 5/08 inf. 350). La simple institution dans un plan d'urbanisme d'emplacements réservés en vue de la réalisation éventuelle de voies ou d'ouvrages publics ne peut tenir lieu de la décision de « prise en considération » et de délimitation (CE 25-9-1996 n° 111980, Cne de Roques-sur-Garonne : BPIM 1/97 inf. 12).

c. La décision de prise en considération est affichée pendant un mois en mairie ou, si un EPCI est compétent, au siège de l'EPCI et dans les mairies des communes membres concernées ; elle est mentionnée dans un journal diffusé dans le département et, s'agissant des arrêtés préfectoraux, au recueil des actes administratifs de l'État dans le département. Chacune de ces **formalités de publicité** mentionne le ou les lieux où le dossier peut être consulté. La décision de prise en considération produit ses effets juridiques dès l'exécution de l'ensemble des formalités prévues, la date à prendre en compte pour l'affichage étant celle du premier jour où il est effectué (C. urb. art. R 424-24).

d. Appliquant le **droit antérieur à la refonte du livre 1er du Code de l'urbanisme** (Ord. 2015-1174 du 23-9-2015), le Conseil d'État a jugé que la possibilité de surseoir à statuer sur les demandes de permis lorsque l'autorité compétente a prescrit « l'élaboration » d'un PLU valait également en cas de **révision** du plan, mais non en cas d'engagement d'une procédure de **modification** (CE 28-1-2021 n° 433619, Sté Denali Consulting : BPIM 2/21 inf. 101). On peut penser que cette **solution demeure valable.** En effet, l'article L 153-33 prévoit, comme l'ancien article L 123-13, que la révision est effectuée selon les modalités prévues pour l'élaboration du PLU. En revanche, les dispositions relatives à la procédure de modification (C. urb. art. L 153-36 s.) ne renvoient pas à la procédure d'élaboration.

DÉCISION DE SURSIS À STATUER

14795 Le sursis à statuer doit être **motivé** de manière explicite et ne peut excéder **2 ans,** au bout desquels un nouveau sursis ne peut plus être opposé pour le même motif (C. urb. art. L 424-1, al. 8). En cas de **motif différent,** le sursis global ne peut pas excéder 3 ans.

La décision de sursis à statuer indique la **durée maximale** du sursis et le délai dans lequel l'usager devra confirmer sa demande ; à défaut, aucun délai n'est opposable au demandeur (C. urb. art. R 424-9). En cas d'annulation contentieuse d'un sursis à statuer, la durée pendant laquelle il a produit ses effets jusqu'à son annulation ne doit pas être prise en compte pour calculer la durée maximale des sursis à statuer pouvant être opposés à une même demande (CE 9-3-2016 n° 383060, Cne de Beaulieu : BPIM 3/16 inf. 165).

› Précisions a. Lorsqu'un sursis à statuer est opposé parce que le projet risque de compromettre ou de rendre plus onéreuse une opération d'aménagement ou de travaux publics (cas c, f et g visés n° 14790), l'arrêté doit mentionner avec une précision suffisante les **considérations de droit et de fait** sur lesquelles le maire de la commune s'est appuyé pour surseoir à statuer. La jurisprudence n'est pas très exigeante, tolérant des motivations proches du simple rappel du texte législatif (CE 29-7-1994 n° 129089, Cne de Milhaud : BJDU 5/94 p. 49).

b. Lorsqu'une décision de sursis à statuer est intervenue, les propriétaires des terrains auxquels a été opposé le refus d'autorisation de construire ou d'utiliser le sol peuvent mettre en demeure la collectivité ou le service public qui a pris l'initiative du projet de procéder à l'acquisition de leur terrain (C. urb. art. L 424-1, al. 9 renvoyant à L 230-1 s.). Sur ce **droit de délaissement,** voir nos 26000 s.

c. La décision de surseoir à statuer peut être attaquée selon les modalités de droit commun du **contentieux** administratif. Sur l'application des dispositions de l'article L 600-2 du Code de l'urbanisme en cas d'annulation du sursis à statuer, voir n° 16535.

d. Une décision de sursis peut faire l'objet du **référé-suspension** (CE 9-10-2002 n° 244783, Cne d'Aix-en-Provence : BPIM 2/03 inf. 81). La suspension éventuelle pourra se traduire par l'injonction faite à l'autorité administrative d'instruire à nouveau la demande de permis. Si un permis est délivré à l'issue de cette nouvelle instruction, il présente un caractère provisoire en ce sens qu'il peut être remis en cause si le recours tendant à l'annulation de la décision de sursis est finalement rejeté (CE 13-7-2007 n° 294721, Cne de Sanary-sur-Mer : BPIM 5/07 inf. 321).

e. Les juges du fond **apprécient souverainement** si un projet est de nature à compromettre ou rendre plus onéreuse l'exécution du PLU en cours d'élaboration (cas b visé n° 14790). Le juge de cassation ne peut censurer cette appréciation que si elle résulte d'une dénaturation des pièces du dossier (CE 30-4-2014 n° 356730, Cne de Ramatuelle : BPIM 3/14 inf. 158).

f. Lorsque le maire, saisi d'une demande de permis de construire, se fonde sur le **PLU** en cours d'élaboration pour prendre une décision de sursis à statuer, le juge, saisi d'un recours, peut à cette occasion examiner la **légalité de ce plan** (CE 22-7-2020 n° 427163, Cne de La Queue-les-Yvelines : BPIM 5/20 inf. 302).

CONFIRMATION DE LA DEMANDE

À l'expiration du délai, si l'intéressé confirme sa demande dans les 2 mois, l'autorité compétente doit statuer dans les 2 mois de cette confirmation. À défaut, l'autorisation est réputée accordée telle qu'elle a été demandée (C. urb. art. L 424-1, al. 8). 14800

Selon la jurisprudence, les limitations auxquelles est normalement soumise la naissance d'un permis tacite ne s'appliquent pas quand le pétitionnaire confirme sa demande à la suite d'un sursis à statuer. Ces limitations résultent en effet de dispositions réglementaires qui ne peuvent pas prévaloir sur l'article L 424-1 du Code de l'urbanisme. Ainsi :

– un permis tacite peut naître même quand le projet est au nombre de ceux pour lesquels le silence de l'administration sur la demande initiale vaut refus tacite du permis (CAA Lyon 21-7-1998 n° 98LY00594, Cne de Lans-en-Vercors : Dr. adm. 1998 n° 383) ;

– le délai de 2 mois imparti à l'administration pour statuer ne peut être prorogé ni par une invitation à compléter le dossier ni par la circonstance que la consultation de certains services est nécessaire (CAA Nancy 10-12-1998 n° 95NC01328, Cne de Cinqueux : BPIM 2/99 inf. 108).

> Précisions a. Une confirmation de la demande intervenue **avant l'expiration du sursis à statuer** ne peut pas faire naître un permis tacite (CE 9-2-2001 n° 198456 : BPIM 4/01 inf. 239).

b. Si le **PLU** dont l'élaboration a justifié une décision de sursis à statuer sur une demande de permis est adopté avant l'expiration de la période de sursis qu'elle prévoit, le pétitionnaire peut confirmer immédiatement sa demande de permis. La date d'expiration du délai dont il dispose demeure toutefois celle indiquée dans la décision (CE 11-2-2015 n° 361433, SCI Naq Gamma : BPIM 2/15 inf. 95).

c. Sur la possibilité d'opposer un sursis à statuer à la demande confirmée par le pétitionnaire **à la suite de l'annulation d'un refus**, voir n° 16535, Précisions, b.

SURSIS À STATUER SUR LES PROJETS ARTIFICIALISANTS

Un sursis à statuer peut être opposé aux projets susceptibles de compromettre l'atteinte des objectifs de réduction de la **consommation d'espaces naturels**, **agricoles** et **forestiers** fixés par le document d'urbanisme en cours d'élaboration ou de modification durant la première période décennale prévue par la loi Climat (Loi 2021-1104 du 22-8-2021 art. 194, IV-14° créé par la loi 2023-630 du 20-7-2023). Un sursis ne peut pas être opposé si l'impact du projet est compensé par une action de renaturation d'une surface au moins équivalente à l'emprise du projet. 14805

Le sursis peut être **prononcé** ou **prolongé** jusqu'à l'approbation du document d'urbanisme intégrant les objectifs territorialisés de lutte contre l'artificialisation des sols (soit au plus tard le 22 février 2028, date limite fixée pour la modification des PLU et des cartes communales). À l'expiration du délai de validité du sursis à statuer, l'autorité compétente doit statuer sur la demande d'autorisation d'urbanisme dans les 2 mois de la confirmation par le pétitionnaire de cette demande. À défaut, l'autorisation est considérée comme accordée dans les termes de la demande.

Le propriétaire du terrain qui se voit opposer un sursis bénéficie d'un droit de **délaissement** (C. urb. art. L 230-1 s.).

SECTION 6 DÉCLARATION PRÉALABLE D'UNE CONSTRUCTION

Pour l'essentiel, la procédure de déclaration préalable suit les règles relatives aux demandes de permis de construire. Les dispositions mentionnées n°s 14050 s. sont donc normalement applicables. Certaines particularités doivent cependant être signalées. 15000

> Précisions a. Lorsqu'une **demande de permis** est déposée pour un projet qui, eu égard à ses caractéristiques, est soumis à une simple déclaration préalable, l'autorité compétente doit instruire l'affaire conformément aux dispositions relatives à la déclaration préalable. Elle commet une erreur de droit si elle s'abstient de le faire et rejette la demande au motif qu'un permis n'est pas requis (CAA Douai 21-2-2012 n° 10DA01593, min. écologie : BPIM 2/12 inf. 107).

b. Lorsqu'une **déclaration de travaux** est souscrite en vue de réaliser une opération qui, en vertu du Code de l'urbanisme, exige l'obtention d'un permis de construire, le maire est tenu de s'opposer aux travaux et d'inviter le pétitionnaire à présenter une demande de permis (CE 9-7-2014 n° 373295, Cne de Chelles : BPIM 5/14 inf. 305).

DÉPÔT DE LA DÉCLARATION

15005 Les personnes **habilitées** à déposer une déclaration sont celles qui auraient qualité pour demander un permis de construire. Les modalités de dépôt sont les mêmes. Le déclarant qui n'utilise pas la voie électronique doit utiliser le formulaire Cerfa nº 16702 prévu à l'article A 431-1 du Code de l'urbanisme et déposer son dossier en 2 exemplaires.

CONTENU DE LA DÉCLARATION

15010 Qu'elle porte sur un projet de construction, sur des travaux sur une construction existante ou sur un changement de destination d'une construction, la déclaration préalable doit contenir les éléments suivants (C. urb. art. R 431-35 et A 431-1 dans sa rédaction issue de l'arrêté LRUL2418037A du 18-10-2024) :

– identité du ou des déclarants, qui comprend son numéro Siret s'il s'agit d'une personne morale et sa date de naissance s'il s'agit d'une personne physique, et attestation qu'ils remplissent les conditions pour déposer la déclaration préalable ;
– localisation et superficie du ou des terrains ;
– nature des travaux ou du changement de destination ;
– le cas échéant, surface de plancher et destination et sous-destination des constructions projetées ;
– s'il y a lieu, que les travaux portent sur une installation, un ouvrage, des travaux ou une activité soumis à déclaration au titre de l'eau et des milieux aquatiques (C. envir. art. L 214-1 s.) ou soumis à autorisation environnementale (C. envir. art. L 181-1) ;
– s'il y a lieu, que les travaux doivent faire l'objet d'une dérogation à certaines règles de protection du patrimoine naturel (C. envir. art. L 411-2, 4º).
– s'il y a lieu, que les travaux, situés dans un site patrimonial remarquable ou aux abords d'un monument historique, portent sur un projet relevant d'un avis simple de l'ABF (C. patr. art. L 632-2-1) ;
– s'il y a lieu, les demandes d'autorisation et les déclarations dont le projet a déjà fait l'objet au titre d'une autre législation que celle du Code de l'urbanisme ;
– s'il y a lieu, que le projet est soumis à l'obligation de raccordement à un réseau de chaleur ou de froid (C. énergie art. L 712-3).
– s'il y a lieu, indication que les travaux portent sur un projet visé au nº 678 et soumis à l'obligation de réaliser des dispositifs écologiques (CCH art. L 171-4) ;
– lorsque le projet porte sur un ouvrage de production d'électricité à partir de l'énergie solaire installé sur le sol, sa puissance crête ainsi que la destination principale de l'énergie produite.

Aucune autre information ou pièce ne peut être exigée par l'autorité compétente (C. urb. art. R 431-35, der. al.).

15015 Le **dossier** joint à la déclaration comprend (C. urb. art. R 431-36 dans sa rédaction issue du décret 2024-318 du 8-4-2024) :

a. Un **plan de situation.**

b. En cas de création d'une construction ou de modification du volume d'une construction existante, un **plan de masse** coté dans les 3 dimensions.

c. En cas de **modification de l'aspect extérieur** d'une construction, une représentation de l'aspect extérieur faisant apparaître les modifications projetées.

d. Si la construction, située à l'extérieur d'une zone grevée de servitudes de dégagement, est néanmoins susceptible, en raison de son emplacement et de sa hauteur, de constituer un obstacle à la **navigation aérienne,** justificatif de dépôt de la demande d'autorisation prévue à l'article R 244-1 du Code de l'aviation civile dans sa rédaction antérieure au décret 2023-1008 du 31 octobre 2023.

e. S'il y a lieu, le plan des façades et des toitures et un plan en coupe précisant l'implantation de la construction par rapport au profil du terrain.

f. Si le projet porte sur des travaux nécessaires à la réalisation d'une opération de **restauration immobilière,** sur un immeuble inscrit au titre des **monuments historiques,** sur un immeuble situé dans le périmètre d'un **site patrimonial remarquable** ou aux abords des monuments historiques, les matériaux utilisés et les modalités d'exécution des travaux.

g. Si le projet est soumis à **évaluation environnementale** systématique ou au cas par cas par le Code de l'environnement : **étude d'impact** ou décision de l'autorité en charge de l'examen au cas par cas dispensant le projet d'évaluation environnementale. L'autorité compétente pour délivrer l'autorisation d'urbanisme vérifie que le projet qui lui est soumis est conforme aux mesures et caractéristiques qui ont justifié la décision de l'autorité chargée

© Éd. Francis Lefebvre

de l'examen au cas par cas de ne pas le soumettre à évaluation environnementale. Si le projet concerne une **installation classée pour la protection de l'environnement** ayant fait l'objet d'une demande d'enregistrement, le dossier doit comprendre une copie de cette demande. **15015** (suite)

h. Pour un projet soumis à évaluation environnementale nécessitant la délivrance de plusieurs autorisations échelonnées dans le temps (C. envir. art. L 122-1-1, III) : l'**étude d'impact actualisée,** le cas échéant, ainsi que les avis de l'autorité environnementale compétente et des collectivités territoriales et leurs groupements intéressés par le projet rendus sur l'étude d'impact actualisée.

i. Pour un projet soumis à l'obligation de **raccordement à un réseau de chaleur et de froid** (C. énergie art. L 712-3) : la décision prise, le cas échéant, sur une demande de dérogation.

j. Le cas échéant, le dossier d'évaluation des incidences du projet sur un **site Natura 2000** (C. urb. art. R 431-16, b devenu c après le décret 2016-1110 du 11-8-2016).

k. Pour un projet d'**implantation en Île-de-France** de locaux servant à des activités industrielles, commerciales, professionnelles, administratives, techniques, scientifiques ou d'enseignement : agrément d'implantation.

l. Si le projet porte sur un aménagement léger destiné à l'exercice d'une activité économique dans un **espace remarquable ou** dans un **milieu à préserver d'une commune littorale,** une notice justifiant que cette activité répond aux conditions prévues par l'article R 121-5 du Code de l'urbanisme (C. urb. art. R 431-16, h).

m. Si le projet peut bénéficier d'un dépassement de densité (majoration des droits à construire) en raison de sa performance énergétique (C. urb. art. L 151-28, 3° et L 151-29, al. 2), un document attestant que le projet respecte les critères de **performance énergétique** (CCH art. R 171-2).

n. Si le projet comporte l'installation de **systèmes de production d'énergie** à partir de sources renouvelables alors que des dispositions d'urbanisme s'opposent à leur installation, l'engagement d'installer des dispositifs conformes à l'arrêté prévu à l'article R 111-50, 2° du Code de l'urbanisme.

o. Si les travaux impliquent une **démolition** soumise au permis de démolir, la déclaration préalable doit soit être accompagnée de la justification du dépôt de la demande de ce permis, soit porter à la fois sur la démolition et la construction ou l'aménagement (il faudra alors joindre à la demande les pièces exigées pour le permis de démolir).

p. Si les travaux portent sur une construction à édifier dans un périmètre de **projet urbain partenarial** (C. urb. art. L 332-11-3), un extrait de la convention précisant le lieu du projet urbain partenarial et la durée d'exonération de la taxe d'aménagement.

q. Si le projet nécessite une **dérogation aux règles du PLU** pour réaliser des travaux nécessaires permettant l'accessibilité d'un logement existant aux **handicapés** (C. urb. art. L 152-4, 3°), une note précisant la nature des travaux et justifiant que ces travaux sont nécessaires.

r. Si le projet consiste en une **surélévation d'immeuble** et nécessite une dérogation aux règles de construction visées à l'article L 112-13 du CCH (et non plus L 111-4-1 abrogé par l'ord. 2020-71 du 29-1-2020), la demande de dérogation (qui est présentée et instruite dans les conditions prévues à l'article R 112-9 du CCH).

s. Projet exigeant une ou plusieurs **dérogations au plan local d'urbanisme** (C. urb. art. L 151-29-1, L 152-5 et L 152-6) : demande de dérogation précisant la nature des dérogations et justifiant pour chacune d'elles du respect des objectifs et conditions pour en bénéficier (C. urb. art. R 431-31-2).

t. Si le projet porte sur une construction dont la réalisation est subordonnée à l'institution sur les terrains voisins d'une **servitude de cour commune,** les contrats ou décisions judiciaires relatifs à l'institution de ces servitudes. Une attestation notariale relative à la constitution de la future servitude peut suffire (CE 21-10-2019 n° 419647, Sté OGIC).

u. Si le projet porte sur une construction dont la réalisation est subordonnée à un **transfert de constructibilité** (C. urb. art. R 431-33), les contrats ayant procédé à ces transferts.

v. Si le projet porte sur des **logements collectifs,** le plan intérieur de l'immeuble, si le maire en fait la demande.

w. Si les travaux de création ou de modification d'une construction sont **visibles depuis l'espace public** ou sont situés dans le périmètre d'un **site patrimonial remarquable** ou dans les **abords des monuments historiques,** un document graphique permettant d'apprécier l'insertion du projet de construction par rapport aux constructions avoisinantes et aux paysages, son impact visuel ainsi que le traitement des accès et du terrain, et deux photographies permettant de situer le terrain dans l'environnement proche et le paysage lointain.

x. Projet entrant dans le champ des obligations de réaliser certains **dispositifs écologiques** (voir nos 678 s.), attestation faisant état du projet d'installation ou s'il est dispensé de ces obligations : attestations relatives à cette dispense (C. urb. art. R 431-16, r).

y. Installation, ouvrage ou construction **photovoltaïque compatible avec l'activité agricole** (C. urb. art. L 111-29) : document justifiant le respect des critères prévus à l'article R 111-20-1 (C. urb. art. R 431-27, I dans sa rédaction issue du décret 2024-318 du 8-4-2024).

z. Serres, **hangar** ou **ombrière** à usage agricole **supportant des panneaux photovoltaïques** (C. urb. art. L 111-29) : document justifiant d'une nécessité liée à l'exercice effectif d'une activité agricole, pastorale ou forestière significative (C. urb. art. R 431-27, III dans sa rédaction issue du décret 2024-318 du 8-4-2024).

aa. Installation, **ouvrage** ou **construction agrivoltaïque** (C. énergie art. L 314-36) : dossier présentant les justifications détaillées du respect des conditions légales (C. urb. art. R 431-27, III dans sa rédaction issue du décret 2024-318 du 8-4-2024, qui fixe le contenu du dossier).

Aucune autre information ou **pièce** ne peut être exigée par l'autorité compétente (C. urb. art. R 431-36, der. al.) Ainsi, lors du dépôt d'une déclaration de travaux relative à un relais de téléphonie mobile, le maire ne peut pas se fonder sur la charte de l'environnement pour exiger la production de documents relatifs aux risques supposés de cette installation (CE 21-10-2013 no 36048, Sté Orange France : BPIM 6/13 inf. 372).

INSTRUCTION DES DÉCLARATIONS

15020 Pour les déclarations, le **délai d'instruction** de droit commun est normalement fixé à un mois quelle que soit la nature du projet (C. urb. art. R 423-23).
Une majoration d'un mois est prévue dans les cas mentionnés no 14475, a (C. urb. art. R 423-24).
Une majoration de 2 mois s'applique lorsque le projet est soumis à **participation du public par voie électronique** (C. urb. art. R 423-25, avant-der. al).
Le délai d'instruction est de 2 mois lorsqu'il s'agit d'une **réserve naturelle** nationale ou en Corse, d'une réserve classée par l'État et qu'il y a lieu de consulter le préfet (C. urb. art. R 423-27, der. al.). Lorsque le projet, autre qu'un défrichement, ne peut être autorisé qu'après **enquête publique,** le délai d'instruction de la déclaration est de 2 mois à compter de la réception par l'autorité compétente du rapport du commissaire enquêteur ou de la commission d'enquête (C. urb. art. R 423-32). L'application de ces délais spéciaux exclut l'application des majorations mentionnées ci-dessus (C. urb. art. R 423-33).

Par ailleurs, lorsque la décision de non-opposition est subordonnée à l'accord de l'**architecte des Bâtiments de France** et que le maire ou l'autorité compétente pour délivrer le permis a saisi le préfet de région ou le préfet de Corse d'un recours contre l'avis de l'ABF, le délai d'instruction est prolongé de 2 mois (C. urb. art. R 423-35).
Le délai d'instruction est porté à 8 mois en cas d'évocation par le ministre chargé de la protection des sites ou le ministre chargé de la protection de la nature (C. urb. art. R 423-37).
Le **délai** d'instruction est **suspendu** lorsque la Commission européenne est saisie d'un projet susceptible de comporter un effet significatif sur un **site Natura 2000** abritant un type d'habitat naturel ou une espèce prioritaire (C. urb. art. R 423-37-1). Il est également suspendu lorsque le projet doit faire l'objet d'une **évaluation environnementale** et que par conséquent, le dossier doit être complété par une étude d'impact (C. urb. art. R 423-37-3).

15022 Le délai d'instruction est **mentionné dans le récépissé** délivré par le maire ou reçu par voie électronique : ce document indique la date à laquelle les travaux pourront être entrepris en l'absence d'opposition (C. urb. art. R 423-4 et R 423-5-1).

S'il apparaît, à l'examen de la déclaration, qu'une **majoration du délai** est applicable, l'administration doit notifier le nouveau délai au déclarant dans le mois suivant l'enregistrement du dossier (donc, avant la date à laquelle il aurait normalement pu entreprendre les travaux). C'est aussi dans le mois suivant le dépôt de la déclaration que l'administration peut demander au déclarant de **compléter son dossier** s'il n'a pas fourni toutes les pièces requises (voir no 14345).

DÉCISION

15025 **Décision expresse** L'autorité compétente ne notifie normalement une décision expresse au déclarant que si elle considère que le projet n'est pas conforme aux règles d'urbanisme et entend par suite soit **s'opposer à sa réalisation** soit **imposer des prescriptions** (C. urb. art. L 421-7). La décision doit être **motivée** et cette motivation doit indiquer l'intégralité des motifs justifiant la décision d'opposition, notamment l'ensemble des absences de conformité des travaux aux dispositions législatives et réglementaires mentionnées à l'article

L 421-6 du Code de l'urbanisme (C. urb. art. L 424-3). L'administration doit la notifier au déclarant par lettre recommandée, avant l'expiration du délai d'instruction (C. urb. art. R 424-10). Cela n'exclut pas une notification **par recommandé électronique** lorsque l'administration a été saisie par cette voie et que le demandeur n'a pas expressément refusé ce mode de notification (voir n° 14297). La notification de la décision d'opposition avant l'expiration du délai d'instruction constitue une condition de la légalité de cette décision (CE 30-1-2013 n° 340652 : BPIM 2/13 inf. 102).

La décision peut être déférée par le déclarant devant le tribunal administratif dans le délai de **recours contentieux,** qui court à compter de sa notification (voir n° 16515).

> Précisions Quels que soient ses motifs, une décision d'opposition à une déclaration de travaux n'encourt pas l'annulation si l'opération exigeait un permis de construire (CE 9-7-2014 n° 373295, Cne de Chelles : BPIM 5/14 inf. 305).

Décision tacite de non-opposition Si le déclarant n'a pas reçu notification d'une décision expresse dans le mois suivant la date de réception de sa demande en mairie (ou, le cas échéant, avant l'expiration du **délai** d'instruction majoré qui lui a été indiqué dans ce délai d'un mois), l'autorité compétente est réputée avoir pris une décision tacite de non-opposition autorisant la réalisation du projet décrit dans la déclaration (C. urb. art. R 424-1, a). Il n'en va autrement qu'en cas d'évocation du dossier par le ministre chargé des sites lorsque le projet est situé dans un site classé ou en instance de classement (C. urb. art. R 423-37 et R 425-17 ; C. envir. art. R 341-12) : le silence de l'administration fait naître une décision d'opposition tacite à l'expiration du délai d'instruction (Décret 2014-1271 du 23-10-2014 ; Décret 2015-1461 du 10-11-2015). **15030**

La **décision** tacite de non-opposition devient **exécutoire** dès la date à laquelle elle a été acquise (C. urb. art. L 424-8). Les travaux peuvent donc être entrepris immédiatement.

L'autorité dont émane une décision tacite de non-opposition à une déclaration préalable est tenue de délivrer un **certificat de non-opposition** à la demande du constructeur ou de ses ayants droit (C. urb. art. R 424-13). Le certificat de non-opposition doit indiquer la date d'**affichage en mairie** ou de publication sur le **site internet de la commune** de l'avis de dépôt de la déclaration. L'autorité compétente dispose d'un délai de 2 mois à compter de l'intervention d'une décision tacite de non-opposition pour fixer, par arrêté, les **participations exigibles** du bénéficiaire (C. urb. art. L 424-6). La décision doit comporter les mêmes mentions qu'un permis imposant des contributions (voir n° 41810).

Une décision de non-opposition à une **déclaration préalable** ne peut faire l'objet d'un **retrait** que si elle est illégale et dans un délai de 3 mois suivant la date de cette décision. Passé ce délai, la décision de non-opposition ne peut être retirée que sur demande expresse de son bénéficiaire (C. urb. art. L 424-5).

> Précisions **a.** Même en l'absence d'accord exprès du préfet après avis de l'ABF, le silence gardé au terme du délai d'instruction par l'autorité compétente pour statuer sur une déclaration préalable concernant un **projet situé dans un site classé** vaut décision tacite de non-opposition (CE 26-10-2012 n° 350737, Cne de Saint-Jean-Cap-Ferrat : BPIM 6/12 inf. 426).

b. Un recours tendant à l'**annulation d'un certificat de non-opposition** à une déclaration préalable, par des moyens tirés de l'illégalité de la décision de non-opposition, doit être regardé comme dirigé contre cette décision de non-opposition (CE 12-12-2012 n° 339220, SCEA Pochon et GFA Pochon : BPIM 1/13 inf. 15).

c. Sur le délai du **déféré préfectoral** contre une décision tacite de non-opposition, voir n° 16405.

d. La demande de la mairie, d'adjoindre des **pièces manquantes** à une déclaration préalable incomplète, constitue une opposition implicite. Le fait d'exécuter les travaux sans fournir les documents demandés équivaut à une construction sans déclaration préalable (Cass. crim. 4-4-2018 n° 17-84.577 F-D). Il faut cependant tenir compte du fait que le Conseil d'État considère que si les pièces réclamées ne sont pas légalement exigibles, une décision tacite de non-opposition naît au terme du délai normal d'instruction (CE 9-12-2022 n° 454521, Cne de Saint-Herblain : BPIM 1/23 inf. 7 ; D. Chauvaux, Évolution du régime des autorisations d'urbanisme : chausse-trappes pour l'administration : BPIM 2/23 inf. 77).

e. Qu'une personne ait obtenu une autorisation d'urbanisme sur un terrain donné ne fait pas obstacle à ce qu'elle demande **une nouvelle autorisation sur le même terrain.** Par suite, « le dépôt de cette nouvelle demande ne nécessite pas d'obtenir le retrait de l'autorisation précédemment délivrée et n'emporte pas le retrait implicite de cette dernière » (C. urb. art. L 424-5, al. 2).

f. Sur le **recours contre une demande de pièces complémentaires,** voir n° 16501.

Information des tiers Comme les demandes de permis, les **déclarations** font l'objet d'un affichage en mairie dans les 15 jours de leur dépôt ou d'une publication par voie électronique sur le site internet de la commune (C. urb. art. R 423-6). **15035**

Par ailleurs, dès la date à laquelle il obtient une **décision de non-opposition** à une déclaration préalable, le constructeur doit afficher sur le terrain, de manière visible de l'extérieur, un panneau mentionnant la déclaration préalable (C. urb. art. R 424-15, al. 1 et 2). Ce panneau, qui doit être maintenu pendant toute la durée du chantier, doit comprendre les mentions prévues pour l'affichage des permis de construire, notamment l'obligation de notifier tout recours administratif ou contentieux à l'auteur de la décision et à son bénéficiaire (voir nº 15840). Un affichage régulier sur le terrain est la condition du déclenchement du délai de recours des tiers contre la décision de non-opposition.

Dans les 8 jours de la naissance d'une décision de non-opposition, un extrait de la déclaration doit également être affiché en mairie, ou publié sur le site internet de la commune, le cas échéant accompagné de la décision explicite du préfet saisi d'un recours lorsque le projet se situe dans un site patrimonial remarquable ou aux abords d'un monument historique (voir nº 14586). Lorsqu'une dérogation ou une adaptation mineure est accordée, l'affichage porte sur l'intégralité de l'arrêté. L'affichage doit durer 2 mois. Il doit être mentionné au registre chronologique des actes de publication et de notification des arrêtés du maire (C. urb. art. R 424-15, al. 3).

SECTION 7

VALIDITÉ DE L'AUTORISATION DE CONSTRUIRE

15150 Le permis de construire demeure valide pendant une certaine durée, sauf s'il a fait l'objet d'une décision de retrait ou d'une annulation par suite d'une procédure contentieuse. La même règle vaut pour la décision de non-opposition à une déclaration préalable.

A. Durée de validité

15180 Les règles relatives à la péremption et à la prorogation du **permis de construire** indiquées ci-après valent également pour les **permis d'aménager et de démolir** et la décision de non-opposition à une **déclaration** préalable relative à une opération comportant des travaux (C. urb. art. R 424-17).

> **Précisions** Lorsque la **déclaration** porte sur un changement de destination ou sur une division de terrain **sans travaux,** le délai de péremption est de 3 ans à compter de la naissance de la décision de non-opposition. Il en va de même lorsque la déclaration ne comporte pas de travaux et porte sur l'installation d'une caravane ou sur la mise à disposition des campeurs de terrains ne nécessitant pas de permis d'aménager (C. urb. art. R 424-18).

DÉLAI DE PÉREMPTION

15185 Le permis de construire est périmé si les constructions ne sont pas entreprises dans le délai de 3 ans (C. urb. art. R 424-17, al. 1). Ce délai court, pour les permis exprès, de la date de leur notification et, pour les permis tacites, de la date à laquelle ils ont été acquis. Toutefois, si le **commencement des travaux** est subordonné à la délivrance d'une autorisation ou à l'accomplissement d'une procédure au titre d'une autre législation, le délai court à compter de la date à laquelle les travaux peuvent être entrepris en application de cette législation (C. urb. art. R 424-20 ; CE 10-2-2017 nº 383329 Sté Immoconseil : BPIM 2/17 inf. 90). Du moins, cette date marque le **point de départ du délai** si elle est postérieure à la notification du permis exprès ou à la naissance du permis tacite.

> **Précisions** **a.** Toute construction édifiée sur la base d'un **permis caduc** est considérée comme entreprise sans permis, et le constructeur se rend coupable d'une infraction sanctionnée par les articles L 480-1 s. du Code de l'urbanisme étudiés nºs 16703 s. (CE 15-4-1992 nº 67407, SCI Chaptal : JCP éd. N 1992 II p. 298).
> **b.** La lettre qui avertit le constructeur de la péremption est une **décision faisant grief,** susceptible de faire l'objet d'un recours pour excès de pouvoir (CE 5-12-1984 nº 41573, SCI Le Pavois).
> **c.** Un **tiers** peut demander à l'administration de constater la péremption d'un permis et déférer un refus éventuel au juge administratif (CE 27-3-2000 nº 205430, Syndicat des copropriétaires de l'immeuble Le Lympia : BJDU 2/00 p. 123).

© Éd. Francis Lefebvre

NOTION DE COMMENCEMENT DES TRAVAUX

Le commencement des travaux résulte de circonstances de fait, à savoir la mise en œuvre du permis, matérialisée par la réalisation de travaux immobiliers conformes à ses prescriptions. 15190

Il peut s'agir de **travaux préparatoires.** Ainsi, la jurisprudence a considéré comme des éléments de mise en œuvre du permis la réalisation de sondages, terrassements, clôtures, démolitions, fondations, s'ils présentent une importance suffisante.

La **déclaration d'ouverture de chantier** n'est pas en elle-même la preuve du commencement d'exécution des travaux.

Si la réalisation des **travaux par tranches autonomes** a été autorisée, il n'est pas nécessaire que le commencement des travaux porte sur la totalité des constructions autorisées.

Lorsqu'ils se prononcent sur le point de savoir si les travaux ont reçu un commencement d'exécution, les **juges du fond** portent une **appréciation** souveraine qui ne peut être discutée devant le Conseil d'État juge de cassation, à moins qu'elle ne soit entachée de dénaturation (CE 28-7-1999 n° 191375, SCI Jeanne d'Arc : BPIM 1/00 inf. 9).

ILLUSTRATIONS

Ont été jugés insuffisants la simple pose de repères, l'aménagement de voies coupe-feu et d'une plate-forme d'évolution pour véhicules, des travaux de débroussaillage et de préparation ou d'entretien du terrain. La pratique visant à faire une **ouverture fictive du chantier** quelques jours avant l'expiration du délai, puis à l'interrompre pendant une durée inférieure à un an, a été condamnée par les tribunaux (CE 3-1-1975 n° 93325, SCI Foncière Cannes-Bénéficiat : AJPI 1975 p. 211). Il en est de même lorsque le commencement de travaux est visiblement effectué dans le seul but d'éviter la péremption du permis. Ainsi, un **décapage superficiel** de la terre végétale sur une partie de l'emprise de la construction envisagée ne peut être considéré comme équivalant à un début de construction (CE 6-6-1986 n° 51000, Syndic de copropriété SNC Val d'Isère), non plus, s'agissant d'une opération immobilière importante, que l'extraction de matériaux par une pelle de chantier et le nivellement par un bulldozer d'une voie d'accès au terrain (CAA Bordeaux 19-3-2007 n° 03BX01944, Cne de Villenave d'Ornon : BPIM 4/07 inf. 258).

SUSPENSION DU DÉLAI DE PÉREMPTION

Si le **permis** est **attaqué** par un tiers devant le tribunal administratif, ou si une **action en démolition** a été engagée devant le juge civil sur le fondement de l'article L 480-13, le délai de péremption est suspendu jusqu'au prononcé d'une décision de justice irrévocable (C. urb. art. R 424-19). Elle vaut également pour les déclarations préalables. 15195

Le délai de péremption est également suspendu en cas de recours contre une décision prévue par une législation connexe donnant lieu à une réalisation différée de travaux dans l'attente de son obtention (C. urb. art. R 424-19, al. 2).

› **Précisions** **a.** Lors de l'intervention de la **décision irrévocable rejetant le recours,** le délai, qui avait seulement été suspendu, devrait recommencer à courir pour la durée qui n'avait pas encore couru lors de l'introduction de l'action (par exemple, 26 mois si le recours avait été déposé 10 mois après la délivrance du permis).

b. Lorsque la décision rejetant le recours peut faire l'objet d'un **appel** ou d'un **pourvoi en cassation** qui n'est pas exercé, elle devient irrévocable à la date d'expiration du délai d'appel ou de pourvoi. Jugé que le délai de péremption recommence à courir à compter de cette date (CAA Marseille 6-4-2023 n° 21MA01935, SCCV Corniche des anges).

c. Le délai de péremption du permis de construire n'est pas suspendu par un recours de son titulaire contre le refus de lui délivrer un **permis modificatif** (CE 21-2-2018 n° 402109, Cne de Crest-Volland : BPIM 2/18 inf. 95). En revanche, le recours d'un tiers contre le permis modificatif suspend le délai de validité du permis initial jusqu'à l'obtention d'une décision juridictionnelle irrévocable (CE 19-6-2019 n° 434671 : BPIM 4/20 inf. 239). La suspension ne peut jouer que si le délai de péremption du permis initial n'était pas expiré à la date de présentation du recours contre le permis modificatif.

INTERRUPTION DU DÉLAI DE VALIDITÉ

Si l'inexécution des travaux résulte d'un fait de l'administration – tel que le retrait du **permis** de construire –, le délai de péremption n'est pas suspendu mais interrompu (CE 26-7-1978 n° 7381, Comité de défense du site de Trégastel : Lebon p. 314). Cela signifie que, si le titulaire obtient du juge administratif l'annulation du retrait, un nouveau délai de validité de 3 ans courra à compter de la date à laquelle il recevra notification du jugement prononçant cette annulation (CE 30-7-2003 n° 255368, min. équipement : BPIM 1/04 inf. 6). La règle vaut également pour les **décisions de non-opposition** aux déclarations de travaux (CE 25-9-2013 n° 351103) ; le fait de l'administration peut être, par exemple, un arrêté interruptif de travaux. 15200

› Précisions Ne constitue pas un fait de l'administration de nature à empêcher la péremption l'introduction par la commune, devant le juge civil, d'une action visant à faire constater la nullité de l'acte par lequel le titulaire du permis a acquis le terrain d'assiette du projet, une telle action n'ayant par elle-même aucune incidence sur la validité du permis (CE 29-12-1999 n° 185628, SCI Les Cottages de Chantereine : BPIM 4/00 inf. 225 ; pour un autre arrêt refusant d'attribuer l'inexécution des travaux au fait de l'administration, CE 9-2-1996 n° 113889, Sté Aubertin).

INTERRUPTION VOLONTAIRE DES TRAVAUX

15205 Le permis est également périmé si, passé le délai de péremption initial de 3 ans, les travaux sont interrompus par décision du constructeur pendant plus d'un an (C. urb. art. R 424-17, al. 2). Le délai d'un an d'interruption des travaux entraînant la péremption du permis est porté à 2 ans si le projet vise à satisfaire aux obligations écologiques applicables à certains **parcs de stationnement** (C. urb. art. R 424-17-1, renvoyant à art. L 111-19-1).

› Précisions Les dispositions en vigueur **avant la réforme** des autorisations d'urbanisme entrée en vigueur le 1er octobre 2007 prévoyaient que le permis de construire était périmé si les constructions n'avaient pas été entreprises dans le délai de 2 ans à compter de sa notification à son bénéficiaire, ou si les travaux étaient interrompus pendant plus d'un an (C. urb. art. R 421-32 ancien). La jurisprudence avait déduit de ces dispositions qu'une interruption des travaux de plus d'un an entraînait la caducité du permis alors même qu'à la date de la constatation de cette interruption le délai de 2 ans à compter de la notification n'était pas expiré (CE 8-11-2000 n° 197505, Sté Les maisons traditionnelles : Lebon p. 509).
La **rédaction** du Code issue de la réforme précise que la péremption du fait d'une interruption du chantier pendant un an ne vaut que passé le délai initial, aujourd'hui porté à 3 ans. Elle vise donc nettement à **revenir sur l'interprétation des dispositions antérieures.** L'interruption des travaux ne rend caduc un permis de construire que si sa durée excède un délai d'un an, commençant à courir après l'expiration du délai de 3 ans (CE 10-5-2017 n° 399405, SCI La Bruyère : BPIM 4/17 inf 256). En pratique, il semble qu'il faut comprendre que si les travaux sont interrompus moins de 3 ans après la notification du permis, celui-ci devient caduc, en l'absence de reprise des travaux, 4 ans après cette notification (soit un an après l'expiration du délai de 3 ans), et que s'ils sont interrompus plus de 3 ans après la notification, il devient caduc un an après l'interruption.

PROROGATION

15210 **Demande de prorogation** Le permis de construire peut être prorogé deux fois pour une **durée** d'un an si les prescriptions d'urbanisme et les servitudes administratives de tous ordres auxquelles le projet est soumis n'ont pas évolué défavorablement (C. urb. art. R 424-21, al. 1).

La **demande** de prorogation, établie en 2 exemplaires, doit être adressée par pli recommandé ou déposée à la mairie au plus tard 2 mois avant l'expiration du délai de validité (C. urb. art. R 424-22).

La prorogation est **acquise** si aucune décision n'a été notifiée à l'intéressé dans les 2 mois de la réception de la demande (date de signature de l'avis de réception ou de la décharge d'un dépôt en mairie) (C. urb. art. R 424-23).

La prorogation **prend effet** à compter de la date d'expiration du délai de validité initial de la décision (C. urb. art. R 424-23).

L'**arrêté de prorogation** doit être publié de la même façon que le permis de construire pour faire courir le délai de **recours contentieux** à l'encontre des tiers.

› Précisions **a.** Pour les **ouvrages de production d'énergie renouvelable,** la demande de prorogation peut être présentée, tous les ans, dans la limite de 10 ans à compter de la délivrance de l'autorisation (C. urb. art. R 424-21, al. 2). La troisième décision de prorogation vaut décision de prorogation de la durée de validité de l'enquête publique pour cinq ans.

b. Une demande de prorogation déposée après l'**expiration du délai de validité du permis** ou même reçue ultérieurement par l'administration constitue une nouvelle demande de permis ; l'administration ne peut pas proroger un permis expiré (CE 23-7-1974 n° 88359 : Lebon p. 460 ; CE 22-4-1983 n° 26148, SCI La Frégère).

15215 **Refus de prorogation** La demande de prorogation ne peut qu'être rejetée en cas d'évolution défavorable des « prescriptions d'urbanisme » et des « servitudes administratives » ayant pour effet de rendre dorénavant illicites les travaux primitivement autorisés (C. urb. art. R 424-21, al. 1).

Les dispositions prévoyant que la prorogation peut être refusée en cas d'évolution défavorable des « prescriptions d'urbanisme » et des « servitudes administratives » sont **interprétées strictement.**

– L'administration ne peut pas refuser la prorogation en invoquant des circonstances de fait postérieures à la délivrance du permis, par exemple l'aggravation d'un risque de chute de pierres sur le terrain d'assiette de la construction (CE sect. 5-11-2003 n° 230535, Cne d'Eze : Lebon p. 457).

– Un refus de proroger le permis ne saurait être fondé sur des règles d'urbanisme ou des servitudes administratives qui n'ont pas changé mais dont les lignes directrices d'interprétation ont été rendues plus sévères (CE 11-12-2015 n° 371567 : BPIM 1/16 inf. 18).
– Un refus ne saurait être fondé sur des dispositions nouvelles ne relevant pas des prescriptions d'urbanisme strictement entendues, par exemple des dispositions soumettant la création du centre commercial pour lequel le permis a été délivré à une autorisation au titre de la législation relative aux équipements commerciaux (CE sect. 5-11-2003 n° 237383, SCI Les Blés d'or : Lebon p. 455).
– L'évolution défavorable des prescriptions d'urbanisme peut résulter de l'annulation du POS, rendant à nouveau applicables les dispositions, plus rigoureuses, du RNU (TA Nice 10-11-2005 n° 014734 : BPIM 4/06 inf. 244).
– Constituent des servitudes administratives pouvant faire obstacle à la prorogation, les prescriptions applicables au terrain d'assiette édictées par le préfet en application des textes relatifs à l'archéologie préventive (CE 23-2-2005 n° 271131, min. équipement : BPIM 6/05 inf. 377).

> **Précisions** **a.** Le maire ne peut pas refuser de proroger un permis de construire au motif que son titulaire n'est plus **habilité à construire** sur le terrain (CE 15-4-2015 n° 371309, Cne de Perros-Guirec : BPIM 3/15 inf. 162). La solution inverse avait été retenue sous l'empire des dispositions antérieures à la réforme des autorisations d'urbanisme de 2007 (CE 1-10-1993 n° 115703, Cne de Boos).
> **b.** Un refus de prorogation fautif entraîne la **responsabilité de l'administration** (CE 28-10-1987 n° 60333, SCI Résidence Neptune : Lebon p. 332).
> **c.** La circonstance que l'administration a eu connaissance, après la délivrance d'un permis de construire qui n'a pas été obtenu par fraude, de faits qui auraient été de nature à justifier un refus de permis ne l'autorise pas à **refuser la prorogation** (CAA Paris 20-3-2008 n° 07PA00819, Polynésie française : BPIM 3/08 inf. 202).

B. Retrait

CONDITIONS DU RETRAIT

Le **permis de construire, d'aménager ou de démolir** et la **décision de non-opposition à déclaration préalable** créent des droits au profit de leur titulaire. Leur retrait est donc subordonné à des conditions très strictes. À moins qu'il ne soit demandé par le titulaire, le retrait n'est possible que si le permis ou la décision de non-opposition à déclaration préalable sont illégaux. Par ailleurs, il est enfermé dans un délai de 3 mois qui court à compter de la date à laquelle il a été délivré (C. urb. art. L 424-5). 15300

L'autorité compétente pour retirer les permis de construire ou décisions de non-opposition à déclaration préalable est celle qui, à la date du retrait, est compétente pour les délivrer.
En cas de retrait légal, le demandeur se place dans une situation irrégulière s'il entreprend les travaux.

> **Précisions** **a.** Il résulte d'une jurisprudence constante du Conseil d'État que le permis de construire exprès ou tacite **obtenu par fraude** peut être retiré sans condition de délai (CE 9-10-2017 n° 398853, Sté les Citadines). Un tiers ne peut pas attaquer un permis obtenu par fraude après l'expiration du délai de recours contentieux ; en revanche, le tiers peut **demander à l'autorité compétente de retirer le permis** et attaquer un éventuel refus (CE 5-2-2018 n° 407149, Sté Cora). Sur le délai de recours contre le refus de retrait, voir n° 16635, Précisions, c.
> **La fraude est établie** lorsqu'un propriétaire dépose une déclaration préalable de travaux en **omettant sciemment** de dire que le bâtiment a, par le passé, fait l'objet de travaux irréguliers ; que le maire ait eu connaissance de la réalité des faits est sans incidence (CE 26-4-2018 n° 410019 : BPIM 3/18 inf. 178).
> **b.** L'autorité compétente ne peut rapporter un permis de construire, d'aménager ou de démolir, tacite ou explicite, que si la **décision** de retrait est **notifiée** au bénéficiaire du permis, et pas seulement signée, avant l'expiration du délai de 3 mois suivant la date à laquelle ce permis a été accordé (CE 13-2-2012 n° 351617, Association Société protectrice des animaux de Vannes : BPIM 2/12 inf. 108). Pour déterminer si la notification par **lettre recommandée avec demande d'avis de réception** a eu lieu dans le délai de 3 mois, il faut tenir compte de la date à laquelle le pli recommandé a été présenté au domicile du pétitionnaire, que ce pli ait pu ou non lui être remis à cette date (CAA Lyon 23-5-2019 n° 18LY01154 : BPIM 5/19 inf. 316).
> **c.** La décision retirant un permis **crée des droits** au profit des tiers qui avaient demandé ce retrait. Par suite, l'administration ne pourra revenir sur cette décision (ce qui fera revivre le permis) que si elle n'est pas devenue définitive et est entachée d'illégalité – du fait, notamment, que le permis était légal et ne pouvait donc pas être retiré (CE 9-7-1997 n° 125748, Cne de Théoule-sur-Mer : BPIM 6/97 inf. 365).
> **d.** Le tiers qui a demandé le retrait doit être **mis en cause** par le tribunal administratif dans l'instance engagée par le bénéficiaire du permis contre la décision de retrait ; s'il ne l'a pas été, il pourra former tierce opposition contre le

© Éd. Francis Lefebvre

jugement. En revanche, les voisins qui n'avaient pas demandé le retrait n'ont pas à être mis en cause (CE 28-4-1997 nº 133879 : BPIM 4/97 inf. 239).

e. Sur la possibilité pour le bénéficiaire du permis de recourir au **référé-suspension** à l'encontre du retrait, voir nº 16540, Précisions, c.

f. Le moyen tiré de ce que le retrait d'une décision individuelle créatrice de droits serait entaché d'illégalité faute pour l'autorité administrative d'avoir respecté les conditions de délai ou de fond auxquelles un tel retrait est subordonné n'est **pas d'ordre public** et n'a donc pas à être soulevé d'office par le juge (CE 25-6-2003 nº 229023 : BPIM 6/03 inf. 331 ; Avis CE 3-5-2004 nº 262073 : BPIM 6/04 inf. 346).

g. Si la **décision de retrait** du permis est **annulée** par le juge administratif, le permis revivra et ne pourra pas faire l'objet d'un nouveau retrait (CE avis 26-7-2018 nº 419204 : BPIM 5/18 inf. 331). Si le retrait a eu lieu avant l'expiration des délais de recours ouvert au préfet et aux tiers, le permis rétabli devra faire l'objet d'une nouvelle transmission au préfet et d'un nouvel affichage sur le terrain, ces formalités étant requises pour faire courir un nouveau délai de recours contentieux.

FORME DU RETRAIT

15305 **Retrait exprès** La décision de retirer un permis de construire est en principe expresse. Devant être motivée en application de l'article L 211-2 du Code des relations entre le public et l'administration, cette décision ne peut intervenir, conformément aux articles L 121-1 et L 122-1 du même Code, qu'après que le titulaire du permis a été mis à même de présenter des observations écrites et, s'il en fait la demande, des observations orales (CE 23-4-2003 nº 249712, Sté Bouygues immobilier : BPIM 4/03 inf. 215).

› Précisions **a.** **L'absence de motivation** ou de **procédure contradictoire** justifie l'annulation de la décision de retrait lorsque l'administration a dû procéder à une appréciation des faits, et non à une simple constatation matérielle, pour déterminer si le permis était illégal (Avis CE 23-2-2005 nº 271270 : BPIM 3/05 inf. 176). Lorsque le permis a été délivré par le maire contre l'avis du préfet dont l'accord était exigé, aucune appréciation n'est nécessaire pour constater l'illégalité du permis. Dans ce cas, le fait que la décision de retrait n'ait pas été précédée d'une procédure contradictoire ne justifie pas son annulation (CE 25-6-2024 nº 474026, Min. transition écologique : BPIM 4/24 inf. 232).

b. La décision de retrait n'est pas illégale si le titulaire du permis, bien qu'il n'ait pas été invité par l'administration à produire des observations, a pu en fait faire valoir son **point de vue** auprès d'elle (CE 24-3-2014 nº 356142, Cne du Luc-en-Provence : BPIM 3/14 inf. 159). Toutefois, si l'autorité compétente a refusé au pétitionnaire qui demandait à être entendu la possibilité de présenter des **observations orales,** la décision de retrait est illégale alors même qu'il a pu s'exprimer dans des observations écrites (CE 12-6-2023 nº 465241, Sté Bobigny indépendance : BPIM 4/23 inf. 238).

c. Comme la décision accordant le permis de construire, celle qui le retire doit comporter la **signature de son auteur** et l'indication de son prénom, de son nom et de sa qualité. Toutefois, a été jugé légal un retrait portant seulement une signature et la mention « le maire », dès lors que le bénéficiaire du permis avait reçu 12 jours auparavant, dans le cadre de la procédure contradictoire préalable au retrait, un courrier comportant la même signature ainsi que les nom et prénom du maire (CAA Lyon 5-7-2007 nº 05LY01966, Sté Lade : BPIM 6/07 inf. 395).

d. Sur la possibilité pour l'administration de demander au juge de **substituer un autre motif** au motif erroné sur lequel elle a fondé le retrait d'un permis de construire, voir nº 16527.

e. La décision de retrait est illégale si le titulaire du permis ne dispose pas d'un **délai suffisant** pour faire valoir ses observations. Quand le pli recommandé de l'administration a été retiré par l'intéressé à la poste dans le délai réglementaire de 15 jours, c'est à la date de ce retrait qu'il faut apprécier le caractère suffisant du délai dont il a disposé pour répondre (CE 30-12-2015 nº 383264 : BPIM 1/16 inf. 19).

15310 **Retrait implicite** Un permis tacite est réputé implicitement retiré si l'autorité compétente notifie au demandeur, dans le délai de retrait, un **refus explicite ou** une décision de **sursis à statuer** (CE ass. 1-6-1973 nº 85804 : Lebon p. 390 ; CE 26-3-1990 nº 86482, Cne de Mesnil-Saint-Père : AJDA 1990 p. 549 concl. Abraham).

Ce retrait doit être précédé d'une **procédure contradictoire** (CE 30-5-2007 nº 288519, SCI Agyr : BPIM 4/07 inf. 255). Comme l'administration n'a pas eu conscience de retirer un permis tacite, il est peu probable qu'elle ait respecté cette exigence. Si le pétitionnaire invoque le défaut de procédure contradictoire à l'appui d'un recours, il obtiendra l'annulation du refus valant retrait et ce, vraisemblablement, à une date où il ne sera pas possible de procéder à un nouveau retrait, le délai de 3 mois étant expiré. Le permis tacite lui sera ainsi définitivement acquis, à moins qu'il ait été attaqué par un tiers (sur ces questions, voir D. Chauvaux, Évolution du régime des autorisations d'urbanisme tacites : chausse-trappes pour l'administration : BPIM 2/23 inf. 77).

Par ailleurs, depuis la **loi Élan,** une nouvelle demande d'autorisation concernant un terrain sur lequel le pétitionnaire a déjà obtenu une autorisation ne nécessite pas d'obtenir le retrait de l'autorisation précédemment délivrée et n'emporte pas son retrait implicite (C. urb. art. L 424-5, al. 2 créé par la loi 2018-1021 du 23-11-2018). Cette solution semble remettre en cause une **jurisprudence**

bien établie selon laquelle, lorsque l'administration délivre successivement au même pétitionnaire deux permis de construire portant sur le même terrain, chacun épuisant les possibilités de construire, le second permis est normalement regardé comme retirant le premier même s'il ne le précise pas expressément (CE 3-2-1982 n° 23224, SCI Résidence de Saint-Mandé ; CE 30-1-2020 n° 417565, Sté Pôle Hospitalier Privé, dans un litige où la loi Élan n'était pas applicable).

› Précisions **a.** Lorsque le retrait intervient alors qu'un **recours** est **pendant contre le premier permis,** le juge prononce un non-lieu à statuer, le litige dont il est saisi ayant perdu son objet. Cette solution ne peut cependant être retenue que si le retrait est devenu définitif. Par suite, lorsqu'il se trouve saisi simultanément d'un recours contre un permis et d'un recours contre un permis ultérieur emportant retrait du précédent, le juge statue d'abord sur le recours contre le second permis. S'il le rejette, il constate que le recours contre le premier a perdu son objet, le retrait étant devenu définitif. Si au contraire il annule le second permis, faisant ainsi revivre le premier, il statue sur le recours dirigé contre celui-ci.

b. Un arrêt quelque peu étonnant avait considéré qu'un litige relatif à un permis de construire avait perdu son objet du fait de la délivrance en cours d'instance d'un nouveau permis, alors même que celui-ci avait ensuite été annulé, le Conseil d'État estimant que l'annulation ne concernait que la délivrance d'une nouvelle autorisation de construire et non le retrait de la précédente, retrait qui était ainsi devenu définitif (CE 31-3-1999 n° 156630 : BPIM 3/99 inf. 196). Cette solution contredisait des décisions antérieures (CE 10-7-1996 n° 124231 ; CE 3-2-1982 n° 23224, SCI Résidence Saint-Mandé ; CE 29-3-1985 : JCP éd. N 1985 prat. n° 9481). Elle a été nettement abandonnée par la suite au motif que les **deux faces du nouveau permis** (autorisation nouvelle et retrait du permis précédent) sont indivisibles et que la circonstance qu'il fait l'objet d'un recours interdit, même en l'absence de conclusions dirigées expressément contre le retrait, de prononcer un non-lieu à statuer sur un recours contre le premier permis (CE 7-4-2010 n° 311694, SCI La Tilleulière : BPIM 3/10 inf. 196).

c. Si le **nouveau permis** est **délivré à la suite de l'annulation du premier,** donc à un moment où celui-ci n'a plus d'existence juridique, il ne peut être regardé comme en prononçant le retrait. Par suite, l'appel ou le recours en cassation contre la décision juridictionnelle ayant prononcé l'annulation conserve son objet (CE 29-6-2005 n° 262328, Sté Semmaris : BPIM 5/05 inf. 307).

d. La délivrance d'un nouveau permis peut valoir retrait du précédent même si le **délai de retrait** est **expiré.** En effet, ce délai ne s'applique pas en cas de retrait à la demande du titulaire ; or c'est nécessairement à sa demande que le nouveau permis a été délivré (Avis CE 6-7-2005 n° 277276, Corcia et Association des riverains des Hespérides et du Mourre Rouge « À la pointe » : BPIM 5/05 inf. 306).

SECTION 8

MODIFICATION ET TRANSFERT DU PERMIS DE CONSTRUIRE

A. Permis modificatif

OBJET

Champ d'application L'autorité compétente peut délivrer au titulaire d'un permis de construire en cours de validité un (ou plusieurs) permis modificatif à condition, d'une part, que la construction ne soit **pas achevée** et, d'autre part, que les modifications envisagées n'apportent pas au projet un **bouleversement** tel qu'il en changerait la nature même (CE sect. 26-7-2022 n° 437765 : BPIM 5/22 inf. 347 ; D. Chauvaux, Évolution de la jurisprudence sur les permis modificatifs : BPIM 6/22 inf. 393 ; pour un exemple de modifications très importantes n'impliquant pas un bouleversement, CAA Lyon 18-4-2023 n° 21LY03879 : BPIM 5/23 inf. 295). 15520

Il s'agit d'une **évolution de jurisprudence** car auparavant, le Conseil d'État jugeait qu'un permis modificatif ne pouvait autoriser que des modifications ne remettant pas en cause l'économie générale du projet (CE sect. 26-7-1982 n° 23604 : Lebon p. 316 ; CE 1-10-2015 n° 374338, Cne de Toulouse : BPIM 6/15 inf. 373). Cette condition, plus restrictive que l'absence de bouleversement changeant la nature du projet, a d'abord été remise en cause dans le cas du permis modificatif destiné à régulariser un permis faisant l'objet d'un recours contentieux (CE sect. avis 2-10-2020 n° 438318 : BPIM 6/20 inf. 374). La condition tenant à l'absence de bouleversement du projet vaut désormais pour tous les permis modificatifs.

> **Précisions** **a.** Si les conditions pour demander un permis modificatif ne sont **pas remplies,** un **nouveau permis** doit être sollicité, ce qui empêche le bénéficiaire de se prévaloir de droits acquis au titre du permis initial. Le juge administratif n'est **pas lié** par la qualification retenue par l'autorité qui a délivré le permis. Il peut considérer qu'un acte se présentant comme un nouveau permis constitue en réalité un permis modificatif (CE 6-3-2002 n° 238478 : BPIM 5/02 inf. 301). Inversement, un permis se présentant comme un permis modificatif mais autorisant un bouleversement du projet sera regardé comme un nouveau permis (par exemple, appliquant l'ancien critère de la remise en cause de l'économie générale du projet, CE 7-10-2020 n° 426477, Sté Berrier-Carnot : BPIM 6/20 inf. 370).
b. Dans l'hypothèse où l'administration a constaté la **non-conformité** des travaux à la suite d'un récolement et adressé une mise en demeure au pétitionnaire, un permis modificatif peut être délivré **nonobstant** l'achèvement des travaux (CE 25-11-2020 n° 429623 : BPIM 1/21 inf. 12).
c. Que le permis initial ait ou non été attaqué, un permis modificatif peut avoir pour objet de supprimer des illégalités dont le permis initial était entaché. En principe, cette **régularisation par voie de permis modificatif** est subordonnée à la condition que les travaux n'aient **pas encore été exécutés** ; au cas contraire, seul un permis de régularisation est possible et il s'agit d'un nouveau permis (voir n° 13075). Toutefois, La régularisation par un permis modificatif est possible **nonobstant l'achèvement des travaux** si le permis initial fait l'objet d'un recours contentieux, au moins dans le cas où le juge a sursis à statuer en application de l'article L 600-5-1 du Code de l'urbanisme (CE 22-2-2017 n° 392998 : BPIM 2/17 inf. 91 ; voir n°s 16657 s.). Mais lorsqu'un permis de construire a été obtenu par **fraude**, l'illégalité qui en résulte ne peut pas être régularisée par un permis modificatif (CE 18-12-2024 n° 490711 : BPIM 1/25 inf. 16).
d. Le permis modificatif peut **remédier à des illégalités de toute nature** : méconnaissance des **règles de fond** applicables au projet comme les règles de hauteur (CE 9-12-1994 n° 116447, Sté Séri) ou les règles d'aménagement des abords de la construction (CE 15-1-1997 n° 100494, Association pour la sauvegarde des espaces verts et du cadre de vie de Châtenay-Malabry), mais également **vice de forme ou de procédure,** par exemple, si l'autorité compétente a omis, avant de délivrer le permis, de consulter l'ABF dont l'accord était requis, elle peut procéder à cette consultation puis, en cas d'accord, délivrer un permis modificatif (CE 2-2-2004 n° 238315, SCI La Fontaine de Villiers : BPIM 2/04 inf. 76). Un permis de construire illégal peut également être régularisé par un permis modificatif si la règle d'urbanisme qu'il méconnaissait a ensuite été modifiée. Ainsi, un permis délivré illégalement sur un emplacement réservé du PLU peut être régularisé par un permis modificatif si, entre temps, une **modification du PLU** a supprimé l'emplacement réservé (CE 7-3-2018 n° 404079 : BPIM 2/18 inf. 96). Il peut également être régularisé par un permis modificatif si, en raison d'un **changement de circonstances de fait,** cette règle n'est plus méconnue (CE 10-10-2022 n° 451530, 451531, Sté Territoire Soixante-Deux et autres : BPIM 6/22 inf. 400). En pareil cas, le « permis modificatif » autorise un projet inchangé. Il semblerait donc plus adapté de parler d'une « mesure de régularisation », expression dont l'usage se développe.
e. Sur le cas où le pétitionnaire demande un permis modificatif alors que les **travaux en cours** ne respectent pas les prescriptions du permis de construire initial, voir n° 13080, Précisions, c.

15522 **Intérêts du permis modificatif** La possibilité de demander un permis modificatif présente un **double avantage** par rapport à l'alternative qui consisterait à solliciter un nouveau permis. D'une part, le **dossier à produire** est plus léger. D'autre part, le permis modificatif laisse subsister les **droits acquis** que le bénéficiaire tient du permis initial en ce qui concerne la partie du projet qui n'est pas modifiée. Ces droits ne peuvent pas être remis en cause même si, depuis l'obtention du permis initial, les règles d'urbanisme ont évolué dans un sens qui ne permettrait plus de le délivrer ; dans ce cas, le permis modificatif devra seulement s'abstenir d'aggraver la contrariété entre le projet et les règles désormais applicables. Par ailleurs, si le permis initial n'a pas fait l'objet d'un recours dans le délai légal, des tiers ne pourront pas le remettre en cause en attaquant le modificatif (voir n° 15530).

DÉLIVRANCE

15525 Il ne faut pas confondre la modification apportée à une demande de permis en cours d'instruction et le permis modificatif, qui autorise la modification d'un projet faisant l'objet d'un permis déjà délivré.

À moins qu'elle ne porte que sur des points de détail, la modification d'une demande de **permis en cours d'instruction** exigera une nouvelle consultation des services dont l'avis est requis (CE 25-2-1983 n° 32070, SCI Les Tamaris) ; le délai d'instruction pourra être différé pour courir de la date de présentation de la demande modifiée (CE 4-3-1983 n° 22648 : Lebon p. 96).

La modification d'un projet ayant fait l'objet d'un **permis déjà délivré** et en cours d'exécution implique la présentation d'une demande de permis modificatif. Cette demande est établie sur le **formulaire** Cerfa 16700 (C. urb. art. A 431-7 dans sa rédaction issue de l'arrêté LRUL2418037A du 18-10-2024). Le permis initial ne doit pas être périmé ni avoir été annulé par le juge administratif. L'instruction portera sur les seules modifications apportées au projet. La demande sera examinée au regard des règles d'urbanisme en vigueur à la date à laquelle l'autorité compétente statuera.

© Ed. Francis Lefebvre

> **Précisions** **a.** Lorsque, saisie d'une **demande de permis modificatif,** l'autorité compétente estime que l'ampleur des modifications apportées au projet est excessive, elle adresse au pétitionnaire un courrier lui indiquant qu'il lui appartient de déposer un dossier de demande d'un **nouveau permis** de construire. Cette lettre vaut rejet de la demande de permis modificatif (CAA Paris 27-6-1995 n° 94PA00554) ; elle peut donc être attaquée devant le tribunal administratif.
> **b.** Une fois le permis modificatif délivré, le pétitionnaire n'a **pas le choix** d'exécuter l'un ou l'autre des deux permis, il est tenu d'exécuter le projet dans les termes modifiés (CAA Marseille 21-1-1999 n° 96MA02171, Sté Terre et Pierre).
> **c.** La délivrance d'un permis modificatif n'a pas pour effet de modifier la **période de validité** du permis initial (CE 4-7-1994 n° 116778, SCI Les Palmiers).

CONTENTIEUX

Le permis modificatif doit être **affiché** dans les mêmes conditions que le permis initial (n° 15840). Cet affichage permet de faire courir le délai de recours des tiers. **15530**

Le permis modificatif peut faire l'objet d'un **recours** dans les conditions ordinaires. Le requérant doit cependant justifier de son intérêt pour agir au regard des seules modifications apportées au projet déjà autorisé. Il peut faire valoir la péremption du permis initial (CE sect. 16-2-1979 n° 3646, SCI Cap Naio : Lebon p. 66), mais non le remettre en cause dès lors qu'il est devenu définitif (CE 3-4-1987 n° 53869). Lorsque le permis initial est devenu définitif, la contestation du permis modificatif ne peut être fondée que sur des illégalités résultant des modifications (CE 4-6-1997 n° 131233, Ville de Montpellier : BPIM 6/97 inf. 367). Ainsi, le permis modificatif est légal s'il n'aggrave pas l'illégalité dont le permis initial définitif était entaché (CE sect. 26-7-1982 n° 23604 : Lebon p. 316 ; CE 6-4-1992 n° 87168). Tel est le cas, par exemple, lorsque le permis initial autorise illégalement une emprise déterminée et que le permis modificatif se borne à modifier la destination de volumes déjà construits et la proportion entre la Shon et la Shob (CE 27-4-1994 n° 128478 : BJDU 4/94 p. 67).

Lorsque le permis modificatif supprime les illégalités qui entachaient le permis initial, les **tiers** qui ont **attaqué le permis initial** ne peuvent plus invoquer ces illégalités (CE 2-2-2004 n° 238315, SCI La Fontaine de Villiers : BPIM 2/04 inf. 76).

> **Précisions** **a.** La délivrance d'un permis modificatif est insusceptible de faire revivre le délai de **recours contentieux contre le permis initial** devenu définitif (CE 12-12-1975 n° 95405, Syndicat des copropriétaires de l'immeuble Résidence des Lilas).
> **b.** Si le **permis initial** a été attaqué dans le délai, son **annulation éventuelle** fera tomber le permis modificatif – à moins qu'il ne soit regardé, eu égard à l'importance des modifications apportées au projet, comme un nouveau permis indépendant du précédent (CE 26-1-1996 n° 118683, Sté Sorman Cie et SCI Elysées Kléber).

B. Transfert du permis

Le transfert du permis de construire est une création jurisprudentielle, d'application délicate ; le Code de l'urbanisme donne très peu d'indications sur cette question. **15600**

Un formulaire spécifique existe néanmoins pour les demandes de transfert de permis ou de déclaration préalable : **formulaire** Cerfa 16701 (C. urb. art. A 431-3-2 et A 431-8 dans leur rédaction issue de l'arrêté LRUL2418037A du 18-10-2024).

CONDITIONS

Le transfert n'est possible que si le permis est en cours de **validité** et si les **deux parties le souhaitent.** **15605**

Le nouveau bénéficiaire doit avoir la **qualité pour construire.**

En outre, quand la délivrance du permis a été subordonnée à la possession d'une autorisation délivrée au titre d'une autre législation, le transfert ne peut être accordé qu'à une personne **ayant obtenu cette autorisation.** Ainsi, en matière d'implantation de locaux en Île-de-France, le nouveau titulaire doit être agréé par l'autorité compétente. Il en est de même en matière d'aménagement cinématographique, le transfert ne pouvant être accordé qu'au bénéficiaire d'une autorisation d'exploitation cinématographique. De manière analogue, l'administration doit tenir compte, le cas échéant, de ce que le permis avait été accordé en raison de la qualité d'agriculteur du pétitionnaire, pour l'édification d'une maison d'habitation en milieu rural (voir Letrosne « Transfert du permis de construire » : JCP éd. N. 1993 prat. n° 2602).

Quant au fond, il semble que le transfert soit **de droit** lorsque les conditions préalables sont remplies. L'administration aurait donc compétence liée (en ce sens, TA Nice 8-12-1981 n° 23158, SCI Socores : D. 1983 IR p. 29). La décision apparaît comme un acte purement récognitif par lequel l'administration prend acte de l'existence d'un nouveau bénéficiaire. Il semble également, selon une partie de la doctrine, que cette décision rétroagisse au jour de la demande. Quant à la forme, il s'agit d'un **arrêté** modifiant le permis initial, qui est notifié au bénéficiaire du transfert et doit faire l'objet des mêmes mesures de publicité qu'un permis de construire : affichage sur le terrain pendant toute la durée du chantier, affichage en mairie (ou publication sur le site internet de la commune) dans les 8 jours de la délivrance et pendant 2 mois. Depuis le 1er octobre 2007, le demandeur bénéficie d'un **transfert tacite** de permis à défaut de réponse de l'administration à l'issue du délai d'instruction (2 mois pour le transfert d'un permis de construire une maison individuelle, 3 mois pour les autres permis). Cette indication figure sur le récépissé de dépôt de la demande de transfert.

> **Précisions** **a.** L'administration ne peut transférer un permis de construire qu'avec l'accord de son **titulaire initial,** même si celui-ci n'est plus propriétaire du terrain à la date de la demande de transfert (CE 20-10-2004 n° 257690, SCI Logana : Lebon p. 381).
b. La **demande de transfert** doit émaner du titulaire initial et être accompagnée de l'accord du ou des bénéficiaires du transfert et de celui du propriétaire du terrain lorsqu'il n'est ni le titulaire du permis ni le bénéficiaire du transfert (Circ. 73-85 du 16-3-1973). Il est toutefois admis que la demande soit formulée par le bénéficiaire du transfert s'il justifie d'un titre l'habilitant à construire (CE 4-6-1997 n° 131233, Ville de Montpellier) ; dans ce cas, l'accord du titulaire initial doit être joint à la demande (CE 20-10-2004 n° 257690, SCI Logana : Lebon p. 381).
c. À l'occasion d'une demande de transfert, l'administration ne peut pas remettre en cause la légalité d'un **permis** devenu **définitif.**
d. L'annulation d'un **permis non définitif** par le juge administratif entraîne par voie de conséquence celle de l'arrêté accordant son transfert (CE 24-2-1992 n° 119134, Sté Cogédim Île-de-France).
e. L'acquéreur d'un terrain ne se rend pas coupable du **délit de construction sans permis** prévu par l'article L 480-4 du Code de l'urbanisme en mettant en œuvre le permis de construire délivré au vendeur sans avoir obtenu une décision de transfert de ce permis à son nom (Cass. crim. 29-6-1999 n° 98-83.839 : Bull. crim. n° 166).
f. L'autorité compétente ne peut pas autoriser le transfert d'un **permis** de construire dont la validité est expirée. Même si le transfert a été demandé avant la péremption du permis, il doit être refusé si la **péremption** est acquise à la date à laquelle l'administration se prononce (CE 27-10-2006 n° 278226, Sté Lidl : BPIM 1/07 inf. 17).
g. La personne qui se voit opposer un **refus de transfert** peut introduire un recours administratif et/ou contentieux contre ce refus.
h. **L'illégalité du permis** ne peut pas être utilement invoquée à l'appui d'un recours tendant à l'annulation de la décision de le transférer (CAA Douai 16-2-2012 n° 11DA01253, Cne de Tardinghen : BPIM 2/12 inf. 109). En effet, le transfert s'analyse comme une simple rectification du nom du bénéficiaire du permis initial (CE sect. 25-4-1980 n° 13657, SCI Les Alyscamps : Lebon p. 201).

EFFETS DU TRANSFERT

15610 **a. À l'égard du précédent titulaire** : le précédent titulaire est dégagé de toute obligation.
En matière de **taxe d'aménagement,** le redevable est le titulaire du permis à la date d'exigibilité de la taxe, c'est-à-dire à la date d'achèvement des constructions (CGI art. 1635 quater C et 1635 quater G), le précédent titulaire n'en est pas redevable (voir n° 40581).

b. À l'égard du bénéficiaire : le bénéficiaire du transfert est tenu au respect de toutes les obligations du permis.
S'agissant de la **taxe d'aménagement,** c'est le bénéficiaire du transfert qui est redevable de la taxe (CGI art. 1635 quater C ; voir n° 40275).
De son côté, l'administration n'a aucun pouvoir pour **modifier le permis** à l'occasion du transfert, ni pour imposer des **obligations** supplémentaires. L'arrêté de transfert n'interrompt pas le délai de péremption du permis (CE 21-9-1990 n° 87547).

c. À l'égard des tiers : les tiers lésés par le permis ont intérêt à attaquer la décision de transfert (CE 26-9-1994 n° 128074). Le délai du recours des tiers court comme en matière de permis de construire. Les recours administratifs et contentieux doivent être notifiés à l'auteur de l'arrêté et au bénéficiaire du transfert, mais non au titulaire initial du permis de construire (Avis CE 3-11-1997 n° 189228, Préfet des Alpes-Maritimes c/ Cne de Roquebrune-Cap-Martin : JO 12-12 p. 17791 ; CAA Nantes 7-2-2001 n° 00NT01467). L'arrêté de transfert n'ouvre pas un nouveau délai de recours contre le permis. Si le permis est devenu définitif, son illégalité ne pourra pas être invoquée utilement.

TRANSFERT PARTIEL

15615 Lorsqu'un permis global a été délivré pour la construction de plusieurs bâtiments, il peut arriver que le bénéficiaire de l'autorisation ne veuille ou ne puisse plus réaliser la totalité de son programme, et qu'un tiers accepte de se charger de son achèvement. Plusieurs hypothèses peuvent alors être envisagées :

Le permis a été délivré pour la réalisation d'un ensemble de constructions, **sans division du sol,** qui doit rester une partie commune à l'ensemble des futurs coïndivisaires. Le « promoteur » qui ne peut ou ne veut plus réaliser la totalité des constructions peut envisager : 15620
– soit de transformer son opération en une opération de vente de lots de terrain à bâtir. Il s'agit alors purement et simplement d'un **lotissement** de la partie non bâtie du programme initial, et une autorisation de lotissement est indispensable ;
– soit de « passer la main », c'est-à-dire **vendre la suite de son programme** à un tiers, qui va l'achever, avec bénéfice du transfert, à son profit, du permis de construire : transfert partiel, puisqu'une partie en a déjà été mise en œuvre. À condition que le sol ne soit pas, à cette occasion, divisé, même en jouissance, mais reste bien aussi commun qu'au départ entre **toutes** les constructions réalisées, le procédé ne rencontre pas d'objection de principe – encore que, pour des raisons mal définies, l'administration s'y montre souvent très opposée.

Le permis a été délivré pour la réalisation d'un ensemble de constructions, mais avec **autorisation de division parcellaire** par le constructeur (C. urb. art. R 431-24). Dans cette hypothèse, le promoteur qui ne veut ou ne peut plus continuer son opération peut envisager : 15625
– soit de la transformer en une opération de **vente de terrains à bâtir** ;
Dans cette hypothèse, la « transformation » en autorisation de lotir, une première fois admise par une réponse ministérielle (Rép. Collette : AN 30-9-1972 p. 3791 n° 25702) qui utilise d'ailleurs expressément l'expression « transfert partiel » du permis de construire, est prévue par la note technique annexée à la circulaire du 3 août 1978 (n° 4.1.2 C : BO équipement 78-42 bis). Selon cette note, elle devrait être obtenue après une instruction rapide.
– soit de « passer la main » à une personne qui va **continuer son programme,** au bénéfice d'un transfert partiel du permis de construire.
Dans ce cas, il ne faut pas oublier que le titulaire d'un permis de construire valant division parcellaire n'est pas autorisé à morceler son terrain sans l'avoir bâti. Il ne faudra donc pas céder au successeur des fractions de terrain correspondant aux futures divisions envisagées, ce qui serait lotir. Dans cette situation, non prévue à notre connaissance par un texte, il convient, à notre avis, de céder en bloc au successeur tout le terrain non encore bâti, et de transférer à son profit le bénéfice partiel du permis de construire. Ce successeur pourra ensuite, au bénéfice de ce permis, morceler à son tour le terrain d'assiette de ses constructions.

Remarque : Le transfert partiel d'un permis de construire est vu avec **défaveur** par certaines des personnes ayant compétence pour délivrer les autorisations de construire, parce qu'elles croient y voir une opération de division du terrain d'assiette du permis d'origine. Mais cette position a priori n'est pas fondée. Lorsqu'en cédant une partie de son programme et son permis de construire un opérateur ne cède que le droit de construire certains immeubles **dans un contexte unitaire inchangé,** il n'y a aucune modification du terrain d'assiette du permis, et le transfert partiel doit être accordé. Ce n'est que dans l'hypothèse de la cession partielle du terrain accompagnée du transfert partiel du permis que l'on peut parler de modification d'assiette de celui-ci, et s'opposer à son transfert partiel. 15630
Le Conseil d'État a confirmé clairement la possibilité du transfert de la responsabilité de la construction à une ou plusieurs personnes, avec l'accord du titulaire d'origine, sans qu'il y ait lieu de délivrer à celles-ci un nouveau permis (CE 24-7-1987 n° 61164). Selon cet arrêt, lorsque le permis porte sur 2 constructions distinctes, rien ne s'oppose à ce que ce transfert ait lieu, pour chacune d'elles, en faveur de **bénéficiaires différents.**

SECTION 9

MISE EN ŒUVRE DE L'AUTORISATION DE CONSTRUIRE

FACULTÉ DE CONSTRUIRE

15800 Le principal effet du permis de construire – ou de la non-opposition à une déclaration préalable – réside dans la faculté pour le pétitionnaire de **réaliser,** dans le délai de **3 ans** suivant sa délivrance, les constructions autorisées. Il s'agit d'un **droit acquis** qui ne peut pas être altéré par la mise en vigueur de dispositions réglementaires postérieures à sa délivrance, sous la réserve expresse que l'autorisation n'ait pas été obtenue à la suite de manœuvres frauduleuses ou de fausses déclarations du demandeur. Cette faculté de construire est ouverte dès l'obtention de l'autorisation. Toutefois, si le constructeur entreprend les travaux dans le délai de recours ou de retrait, il le fait à ses risques et périls.

A. Réalisation de la construction

DATE À LAQUELLE L'AUTORISATION DEVIENT EXÉCUTOIRE

15830 Lorsqu'un **permis exprès** de construire (ou d'aménager) a été délivré soit par le maire au nom de la commune, soit par le président d'un EPCI, sa **notification** au demandeur ne suffit pas à le rendre exécutoire. Il faut en outre qu'il ait fait l'objet d'une **transmission** au préfet (C. urb. art. L 424-7). Le permis doit mentionner les conditions dans lesquelles il devient exécutoire et, lors de sa notification, le demandeur doit être informé de la date à laquelle la décision et le dossier ont été transmis au préfet ou à son délégué (C. urb. art. R 424-11 et R 424-12).

Le **permis tacite** est exécutoire à compter de la date à laquelle il a été acquis (C. urb. art. L 424-8). Il en va de même de la **décision tacite de non-opposition à une déclaration préalable.**

Lorsque le projet est soumis à **évaluation environnementale,** voir n° 14670, Précisions, b.

DÉCLARATION D'OUVERTURE DE CHANTIER

15835 La déclaration d'ouverture de chantier, qui n'est au plus qu'une présomption de commencement des travaux, est établie en 3 exemplaires, sur le **formulaire** Cerfa 13407 qui doit être adressé au **maire** de la commune où sont situées les constructions, quelle que soit l'autorité qui a délivré le permis (C. urb. art. R 424-16, A 424-8 et A 424-19).

AFFICHAGE

15840 **Affichage sur le terrain** Mention du permis de construire, exprès ou tacite, ou de la déclaration préalable ayant fait l'objet d'une décision de non-opposition, doit être affichée sur le terrain, de manière visible « de l'extérieur », c'est-à-dire « de la voie publique ou des espaces ouverts au public », par les soins de son bénéficiaire, dès la notification de la décision expresse ou dès la naissance du permis tacite, et pendant toute la durée du chantier (C. urb. art. R 424-15 et A 424-15 s.). L'inobservation de ces formalités entraîne l'application de **sanctions pénales** (contravention de 5e classe).

Cet affichage, qui doit demeurer lisible pendant toute la durée du chantier, doit être effectué sur un **panneau** rectangulaire dont les dimensions sont supérieures à 80 cm, et qui indique les nom, raison ou dénomination sociale du bénéficiaire, la date de délivrance et le numéro du permis, la nature du projet, la superficie du terrain, la superficie de plancher autorisée, la hauteur de la ou des constructions, exprimée en mètres par rapport au sol naturel (celle qui ressort du dossier de la demande de permis : CE 25-2-2019 n° 416610 : BPIM 2/19 inf. 93), la surface du ou des bâtiments à démolir, l'adresse de la mairie où le dossier peut être consulté et le nom de l'architecte auteur du projet architectural (C. urb. art. A 424-16). Est également requise une mention relative au **délai de recours** et à l'obligation prévue par l'article R 600-1 du Code de l'urbanisme de **notifier** tout recours au pétitionnaire et à l'autorité qui a délivré le permis (C. urb. art. A 424-17).

C'est l'affichage sur le terrain et lui seul qui déclenche le **délai de recours** (voir n° 16635). Pour qu'il ait cet effet, il faut et il suffit qu'il reste en place pendant 2 mois.

© Éd. Francis Lefebvre

> Précisions **a.** La **mention du délai de recours et de l'obligation de notification** doit être ainsi libellée (C. urb. art. A 424-17) : « Droit de recours : – Le délai de recours contentieux est de deux mois à compter du premier jour d'une période continue de deux mois d'affichage sur le terrain du présent panneau (art. R 600-2 du Code de l'urbanisme). – Tout recours administratif ou tout recours contentieux doit, à peine d'irrecevabilité, être notifié à l'auteur de la décision et au bénéficiaire du permis ou de la décision prise sur la déclaration préalable. Cette notification doit être adressée par lettre recommandée avec accusé de réception dans un délai de quinze jours francs à compter du dépôt du recours (art. R 600-1 du Code de l'urbanisme) ». L'absence de mention du délai de recours des tiers, ou une mention erronée, empêche le délai de courir (CE 1-7-2010 n° 330702, Centre hospitalier de Menton – La Palmosa : BPIM 5/10 inf. 356). Sur l'incidence de l'absence de mention de l'obligation de notifier les recours, voir n° 16310.

b. Il n'y a pas d'obligation d'afficher à chaque **entrée,** lorsque le terrain est situé entre deux rues (CE 16-3-1990 n° 82790). Pour les permis délivrés dans une ZAC, l'affichage peut être régulièrement effectué en bordure d'une **voie publique** servant à délimiter le périmètre de la ZAC (CE 23-10-1991 n° 119194, Cne de Rueil-Malmaison : JCP éd. N 1992 II p. 390). De même, il n'est pas nécessaire de procéder à l'affichage du permis de construire relatif à l'installation d'éoliennes sur chacune des **parcelles cadastrales** composant le terrain d'assiette du projet (CE 23-2-2004 n° 262430, Sté Juwi énergie éolienne : BPIM 3/04 inf. 141).

c. L'affichage du permis sur le terrain d'assiette doit être effectué de telle façon que les mentions qu'il comporte soient lisibles de la voie publique ou, lorsque le terrain n'est pas desservi par une voie publique, d'une voie privée ouverte à la circulation du public. Lorsque le terrain n'est **pas desservi par une telle voie,** seul un affichage sur un panneau placé en bordure de la voie publique ou de la voie privée ouverte à la circulation du public **la plus proche** fait courir le délai de recours contentieux à l'égard des tiers autres que les voisins qui empruntent la voie desservant le terrain pour leurs besoins propres (CE 27-7-2015 n° 370846 : BPIM 5/15 inf. 303).

d. Quant aux **modalités** et **mentions de l'affichage**, il a été admis que n'empêchaient pas de faire courir le délai de recours contentieux des tiers : un panneau légèrement inférieur aux dimensions réglementaires (CE 26-3-1980 n° 9187), l'absence de rappel de l'obligation de notification des recours (Avis CE 19-11-2008 n° 317279, Sté Sahelac : JO 10-12 p. 18804), une omission de la date du permis alors que le numéro affiché permet d'identifier le dossier consultable en mairie (CE 23-3-1979 n° 3137, Comité du quartier Puech-du-Teil-Ouest), une erreur dans le numéro du permis, une omission de la surface de plancher autorisée et une inexactitude de la superficie du terrain (CE 29-4-1994 n° 105924 ; CE 16-10-2019 n° 419756), une omission de l'adresse de la mairie où le dossier peut être consulté (CE 16-10-2020 n° 429357, Sté Chemin de Trabacchina : BPIM 6/20 inf. 371), une omission du nom du bénéficiaire du permis dès lors que les autres indications portées sur le panneau permettaient aux personnes susceptibles de déférer le permis devant le tribunal administratif d'identifier le bénéficiaire (CE 14-11-2003 n° 254003, Ville de Nice et Schiller : BPIM 1/04 inf. 8). S'agissant de la hauteur de la construction, le Conseil d'État a considéré que l'absence de toute indication à cet égard devait faire regarder la publicité comme irrégulière et insusceptible de faire courir le délai de recours des tiers (CE 16-2-1994 n° 138207, Sté Northern Telecom Immobilier : Lebon p. 73) ; il a adopté la position inverse dans le cas d'une simple erreur sur la hauteur du bâtiment (CE 17-5-1999 n° 172918). Attention, si l'erreur est substantielle, l'affichage sera jugé irrégulier (CE 6-7-2012 n° 339883 : BPIM 5/12 inf. 381). Les tiers doivent pouvoir, à la seule lecture du panneau d'affichage, apprécier l'importance et la consistance du projet (CE 16-10-2019 n° 419756). La hauteur indiquée peut toujours être celle du point le plus élevé du bâtiment, mais si le PLU fixe une règle de hauteur faisant référence à la hauteur mesurée en un autre point, par exemple l'égout du toit, le pétitionnaire peut valablement indiquer la hauteur mesurée en ce point, sans être tenu de le préciser (CE 8-11-2024 n° 475461 : BPIM 1/25 inf. 17).

e. Les constructeurs doivent prendre toutes mesures utiles pour être en mesure d'apporter la **preuve,** en cas de contestation, de la réalité de l'affichage sur le terrain ainsi que de sa conformité avec les dispositions réglementaires (constats d'huissier ou attestations de témoins). Cependant, si le bénéficiaire du permis prouve l'existence de l'affichage, c'est normalement au requérant qu'il appartient d'apporter des éléments de nature à établir qu'il n'a pas duré 2 mois ; le juge se prononcera sur ce point au regard de l'ensemble des pièces versées au dossier (CE 25-3-2002 n° 219409 : BJDU 3/02 p. 216 ; CE 26-3-2004 n° 247691 : BPIM 4/04 inf. 203).

f. L'enregistrement, lors de l'affichage du permis sur le terrain, de photographies du panneau dans un « **coffre-fort numérique** » constitue un élément de preuve de la réalité et de la continuité de l'affichage (CAA Lyon 12-12-2023 n° 21LY04307 : BPIM 1/24 inf. 13).

g. En vue de lutter contre le **travail dissimulé,** tout entrepreneur travaillant sur un chantier ayant donné lieu à la délivrance d'un permis de construire doit afficher sur ce chantier ses nom, raison sociale et adresse (C. trav. art. R 8221-1).

h. L'affichage du permis est régi par les **dispositions en vigueur** à la date de sa délivrance (CE 22-9-2014 n° 361715 : BPIM 6/14 inf. 364).

Affichage en mairie En dehors de l'affichage sur le terrain qui incombe au demandeur, le maire doit dans les 8 jours de la délivrance expresse ou tacite du permis en faire afficher un **extrait** à la mairie, le cas échéant accompagné de la décision explicite du préfet saisi d'un recours lorsque le projet se situe dans un site patrimonial remarquable ou aux **15842**

abords d'un monument historique (voir nº 14586). Lorsqu'une dérogation ou une adaptation mineure est accordée, l'affichage en mairie porte sur l'**intégralité** de l'arrêté.

L'affichage doit rester en place pendant 2 mois et il doit être mentionné au registre chronologique des actes de publication et de notification (C. urb. art. R 424-15).

La publication par voie d'affichage en mairie peut être remplacée par une **publication** par voie **électronique** sur le site internet de la commune (C. urb. art. R 424-15, al. 3).

DROIT DE COMMUNICATION

15845 Dès l'affichage en mairie, toute personne intéressée peut librement **consulter**, dans les locaux de la mairie, les documents limitativement énumérés ci-après, à savoir :
- la demande complète de permis ;
- les avis recueillis ;
- l'arrêté accordant le permis ;
- les conventions de droit privé ou décisions judiciaires relatives à l'institution de servitudes de cours communes ou de servitude « réductrice ».

Les services municipaux ne peuvent pas s'opposer à une demande de délivrance de photocopies, si cela est techniquement possible.

B. Déclaration d'achèvement et de conformité des travaux

DÉPÔT DE LA DÉCLARATION

15950 À l'achèvement des travaux de construction ou d'aménagement, l'intéressé doit souscrire, sur le **formulaire** Cerfa 13408, une déclaration attestant cet achèvement et la conformité des travaux au permis délivré ou à la déclaration préalable (C. urb. art. L 462-1 et A 462-1).

La **DACT** est **signée** par le bénéficiaire du permis de construire ou d'aménager ou de la décision de non-opposition à la déclaration préalable ou par l'architecte ou l'agréé en architecture, dans le cas où il a dirigé les travaux (et non pas seulement élaboré le projet). Elle est **adressée** par lettre recommandée avec demande d'avis de réception au maire de la commune ou déposée contre décharge à la mairie. Elle peut aussi être adressée par voie électronique (CRPA art. L 112-8).

Les **attestations** accompagnant la déclaration attestant l'achèvement et la conformité des travaux sont fournies sous l'entière responsabilité du déclarant (C. urb. art. R 462-4-4).

> **Précisions** Un immeuble peut être considéré comme **achevé** lorsque l'avancement des travaux est tel que l'immeuble peut être effectivement utilisé pour l'usage auquel il est destiné (Rép. Demange : AN 10-8-1992 p. 3700 nº 14236).

INDICATIONS COMPLÉMENTAIRES DE LA DÉCLARATION

15955 Selon les cas, la DACT doit comporter certaines indications ou être accompagnée de certains éléments.

a. Elle doit préciser si l'achèvement concerne la totalité ou une **tranche des travaux** (C. urb. art. R 462-2, al. 1).

b. Lorsqu'un aménageur a été autorisé à **différer les travaux de finition des voiries,** la déclaration doit le préciser (C. urb. art. R 462-2, al. 2).

c. Lorsqu'un permis d'aménager a autorisé la réalisation d'un **lotissement par tranches de travaux**, il faut joindre à la déclaration la justification de la garantie d'achèvement des travaux relatifs à la tranche suivante à réaliser (C. urb. art. R 462-3 dans sa rédaction issue du décret 2024-1043 du 18-11-2024).

d. Lorsque les **règles de construction parasismique** et les règles de construction liées au risque de retrait-gonflement des **sols argileux** (CCH art. L 122-11, 1º et 3º , R 122-37 et R 122-38) sont applicables, la déclaration doit être accompagnée des attestations du respect de ces règles qui doivent être établies à l'achèvement des travaux (C. urb. art. R 462-4).

e. Pour les constructions qui y sont soumises, la déclaration doit être accompagnée d'une attestation de respect des **exigences de performance thermique et environnementale** (CCH art. R 122-24-3) ou d'un document attestant le respect de la **réglementation thermique** (CCH art. R 122-24 s.) (C. urb. art. R 462-4-1 dans sa rédaction issue du décret 2023-1175 du 12-12-2023).

f. Pour les travaux de **rénovation** (CCH art. R 173-2 et R 173-3), il faut joindre une attestation de prise en compte de la **réglementation thermique** (C. urb. art. R 462-4-2).

g. Pour les bâtiments d'habitation, il faut joindre une attestation de respect par le maître d'ouvrage des règles relatives à l'**acoustique** (CCH art. R 154-1 s.) et à l'**accessibilité des bâtiments** (CCH art. R 161-1 s.) (C. urb. art. R 462-4-3). Cette attestation doit être établie par une des personnes mentionnées à l'article L 122-12 du CCH.

EFFETS DE LA DÉCLARATION

La réception en mairie de la DACT fait courir le **délai ouvert à l'administration pour contester la conformité** des travaux. Mais elle est importante à un autre point de vue : elle fait courir le délai de 6 mois à l'expiration duquel le **recours des tiers** contre le permis de construire ou d'aménager ou la décision de non-opposition à la déclaration préalable cesse d'être recevable (C. urb. art. R 600-3). **15960**

C. Contrôle de la conformité des travaux

La conformité est attestée par le constructeur par le biais de la déclaration d'achèvement et de conformité (DACT) ; elle peut et, dans certains cas, doit être vérifiée par l'administration. L'administration dispose également d'un droit de visite des lieux accueillant ou susceptibles d'accueillir des constructions, aménagements, installations et travaux (voir n° 16690). **16050**

> **Précisions** Les installations **photovoltaïques** compatibles avec une activité agricole (C. urb. art. L 111-29) donnent lieu à un contrôle avant leur mise en service, puis après 6 ans de fonctionnement et lors de leur démantèlement et de la remise en état du site (C. urb. art. R 463-1 à R 463-3 créés par le décret 2024-318 du 8-4-2024).

RÉCOLEMENT DES TRAVAUX

L'autorité compétente pour délivrer les permis et statuer sur les déclarations a la **faculté** et, dans certains cas, l'**obligation** de faire procéder à un récolement des travaux. S'il s'avère qu'ils ne sont pas conformes au permis ou à la déclaration préalable, le maître de l'ouvrage sera mis en demeure de déposer un dossier modificatif ou de mettre les travaux en conformité (C. urb. art. L 462-2). Les visites de récolement se déroulent dans les conditions prévues pour le droit de visite et de communication de l'administration (voir n° 16690). **16055**

Le récolement ne peut être effectué que dans un certain **délai,** qui court à compter de la date de la réception en mairie de la déclaration d'achèvement (C. urb. art. R 462-6). Ce délai est normalement de 3 mois, mais il est porté à 5 mois dans le cas où l'administration a l'obligation de faire procéder à un récolement.

Le **bénéficiaire** du permis ou de la décision de non-opposition à la déclaration préalable doit être informé au préalable de l'intention de l'administration de procéder à un récolement (C. urb. art. R 462-8).

Le récolement des travaux ne **porte** que **sur** les règles relatives à l'utilisation des sols, à l'implantation, la destination, la nature, l'architecture, les dimensions, l'assainissement des constructions et à l'aménagement de leurs abords (C. urb. art. R 462-8).

Le **récolement** est **obligatoire** dans les cas suivants (C. urb. art. R 462-7) : **16060**

– travaux sur un immeuble inscrit au titre des **monuments historiques,** travaux situés dans le périmètre d'un **site patrimonial remarquable** ou dans un site **classé** ou en instance de classement (le récolement est alors effectué en liaison avec l'architecte des Bâtiments de France ou le cas échéant le représentant du ministre chargé des monuments historiques ou du ministre chargé des sites) ;

– travaux soumis aux dispositions relatives aux **immeubles de grande hauteur** ou aux **établissements recevant du public** (dans ce cas il est en principe effectué en liaison avec le directeur départemental des services d'incendie et de secours) ;

– travaux réalisés dans le cœur d'un **parc national** délimité, ou dans un espace ayant vocation à être classé dans le cœur d'un futur parc national dont la création a été prise en considération, ou dans une réserve naturelle ;

– travaux réalisés dans un secteur couvert par un **plan de prévention des risques** naturels prévisibles ou par un plan de prévention des risques technologiques établi en application du Code de l'environnement, ou par un plan de prévention des risques miniers établi en application du Code minier, sauf si le plan n'impose que des normes paracycloniques ou parasismiques ou l'obligation de réaliser une étude préalable sur l'aptitude du terrain à recevoir la construction.

 © Éd. Francis Lefebvre

CONTESTATION DE LA CONFORMITÉ

16065 **Délai** La possibilité pour l'**administration** de contester la conformité des travaux au permis ou à la décision de non-opposition est enfermée dans le délai dont elle dispose pour procéder au récolement (3 ou 5 mois selon que le récolement est facultatif ou obligatoire). Une fois ce délai expiré, la contestation n'est plus légalement possible (C. urb. art. L 462-2).

> **Précisions a.** Certaines solutions dégagées par la jurisprudence sur les anciens **certificats de conformité** devraient demeurer valables :
— le contrôle ne porte que sur l'implantation des bâtiments, leur aspect extérieur, leurs dimensions, leur destination, la nature et l'aménagement des abords ;
— la conformité de la construction s'apprécie au regard du projet autorisé. Si le permis porte exclusivement sur l'édification d'un immeuble d'habitation avec garage, le maire ne peut pas refuser le certificat de conformité au seul motif qu'un mur de clôture a été édifié sans autorisation en limite séparative (CAA Nantes 2-12-2003 n° 02NT0664 : BPIM 1/04 inf. 9) ;
— s'agissant de la destination des constructions, la conformité avec le permis de construire doit s'apprécier au regard des travaux réalisés (c'est-à-dire des caractéristiques des locaux) et non pas au regard de la façon dont l'ouvrage est ensuite utilisé (CE 4-11-1996 n° 160910, Sté Simofop : Lebon p. 440 ; CE 22-12-2006 n° 274851, Ville de Paris : BPIM 2/07 inf. 108) ;
— la conformité n'est pas refusée en cas de faibles écarts par rapport au permis délivré, à condition qu'aucune règle d'urbanisme n'ait été violée. Il en est ainsi lorsque les plantations effectuées ne respectent pas strictement les positions envisagées au niveau de la demande de permis (Rép. Moreau : AN 20-11-1989 p. 5118 n° 17117).
b. Si le juge administratif est saisi d'un litige relatif à la conformité des travaux au permis, il doit tenir pour acquises, comme revêtues de l'autorité absolue de la chose jugée, les **constatations de fait auxquelles le juge pénal a pu procéder** sur ce point dans une décision devenue définitive (CE 29-5-2009 n° 319334, Cne de Ligne).
c. L'absence de contestation par l'autorité compétente de la conformité des travaux au permis de construire dans le délai qui lui est imparti à cet effet ne fait pas naître une décision implicite admettant la conformité, susceptible d'être attaquée par les tiers (CAA Nancy plén. 16-6-2011 n° 10NC00782 : BPIM 5/11 inf. 361).

16070 **Mise en demeure** Si elle estime que les travaux ne sont pas conformes – et si le délai de contestation n'est pas expiré –, l'autorité compétente pour délivrer le permis ou pour statuer sur la déclaration préalable adresse une mise en demeure au maître de l'ouvrage. Cette mise en demeure enjoint à l'intéressé de déposer un **dossier modificatif** ou de **mettre les travaux en conformité** avec l'autorisation qui lui a été accordée.
Elle est notifiée par lettre recommandée avec demande d'avis de réception ou par voie électronique si la déclaration d'achèvement a été présentée sous cette forme et que le déclarant n'a pas expressément refusé qu'elle soit utilisée par l'administration. Elle rappelle les sanctions encourues (C. urb. art. R 462-9).

CERTIFICAT DE NON-CONTESTATION

16075 Lorsqu'aucune décision n'est intervenue dans le délai imparti pour contester la conformité, l'autorité compétente doit, sur simple requête du bénéficiaire du permis ou de ses ayants droit, délivrer une attestation certifiant que la conformité des travaux avec le permis ou la déclaration n'a pas été contestée. En cas de refus ou de silence de l'autorité compétente, l'attestation est fournie par le préfet, à la demande du bénéficiaire du permis ou de ses ayants droit (C. urb. art. R 462-10).

SECTION 10

CONTENTIEUX DU PERMIS DE CONSTRUIRE

A. Généralités

1. RECOURS DEVANT LE JUGE ADMINISTRATIF

16270 Les recours devant le juge administratif doivent être introduits devant le tribunal administratif du lieu de situation de l'immeuble.

© Éd. Francis Lefebvre

Le **recours pour excès de pouvoir** permet d'obtenir l'annulation d'une décision administrative. Le demandeur d'un permis de construire peut ainsi poursuivre l'annulation de la décision par laquelle l'autorité compétente a sursis à statuer sur sa demande, lui a refusé le permis, a procédé au retrait du permis qui lui avait été délivré, etc. De leur côté, les tiers auxquels la réalisation de la construction porterait préjudice peuvent attaquer le permis. Ils peuvent également agir contre d'autres actes.

Le **recours en réparation,** ou recours de plein contentieux, permet à la personne qui a subi un préjudice du fait d'une décision illégale ou d'un comportement fautif de l'administration d'obtenir une indemnité. Le recours en réparation doit être précédé par une demande d'indemnité adressée à l'administration. Il doit être dirigé contre la personne morale (État, collectivité territoriale, établissement public) au nom de laquelle la décision a été prise. Lorsque le maire s'est prononcé au nom de l'État sur une demande d'autorisation d'urbanisme, une action indemnitaire visant la commune doit être regardée comme dirigée contre l'État dont la responsabilité est seule engagée (CAA Lyon 29-4-2021 n° 19LY00688, Sté Han : BPIM 3/21 inf. 167).

› Précisions **a.** Le recours pour excès de pouvoir peut être précédé d'un **recours administratif.** Celui-ci consiste à demander à l'auteur de la décision (recours gracieux) ou à son supérieur hiérarchique (recours hiérarchique) de rapporter celle-ci. Si l'autorité saisie n'a pas répondu dans les 2 mois, elle est réputée avoir rejeté le recours (CRPA art. L 231-4, 2°).

b. Un permis délivré pour la réalisation d'une opération qui, eu égard à ses caractéristiques et aux dispositions applicables, **peut être réalisée sans permis et sans déclaration** est un acte superfétatoire qui ne peut pas faire l'objet d'un recours contentieux (CAA Douai 12-6-2014 n° 13DA00594, SCI Stanford : BPIM 4/14 inf. 230).

2. CONDITIONS GÉNÉRALES DE RECEVABILITÉ

MINISTÈRE D'AVOCAT

Les recours pour excès de pouvoir sont dispensés du ministère d'avocat en première instance. En revanche, les recours en réparation doivent être présentés par un avocat (sauf en première instance quand le défendeur est une collectivité territoriale ou un établissement public en relevant). Les pourvois en cassation doivent être présentés par un avocat au Conseil d'État. **16275**

INTÉRÊT POUR AGIR

Le requérant doit justifier d'un intérêt pour agir : la décision qu'il attaque doit lui porter directement préjudice. **16280**

Une personne à laquelle la décision ne porte pas une atteinte suffisamment directe pour qu'elle se voie reconnaître un intérêt pour présenter elle-même un recours mais qui se trouve néanmoins affectée dans ses intérêts peut intervenir à l'appui d'un recours présenté par une autre personne (« **intervention en demande** »). De même, une personne autre que le bénéficiaire de l'autorisation mais qui a intérêt à son maintien peut intervenir afin de défendre cette autorisation (« **intervention en défense** »). Le juge admet l'intervention s'il estime que l'intérêt invoqué est suffisant. Il doit alors tenir compte des moyens invoqués par l'intervenant. Celui-ci n'acquiert pas la qualité de partie et ne peut donc pas exercer une voie de recours (sauf pour contester un refus d'admettre son intervention).

Une intervention peut être présentée pour la première fois devant le juge d'appel ou même de cassation.

ILLUSTRATIONS

Jugé que le **maire d'un arrondissement** ne justifie pas d'un intérêt suffisant pour intervenir devant le juge de cassation au soutien d'un jugement annulant un permis de construire délivré par le maire de la commune (CE 13-1-2023 n° 450446, Office public de l'habitat Paris Habitat et Ville de Paris : BPIM 2/23 inf. 92).

DÉLAI DE RECOURS

La requête doit être présentée dans le délai de recours contentieux, qui est normalement de 2 mois. Le **point de départ** du délai de recours contentieux n'est pas le même s'agissant du demandeur (n° 16515) ou des tiers (n°s 16635 s.). Pour le point de départ du délai du déféré préfectoral, voir n° 16405. **16285**

> Précisions **a.** Pour être recevable, le recours doit être **expédié** avant l'expiration du délai, le cachet de la poste faisant foi (CE sect. 13-5-2024 n° 466541 : BPIM 4/24 inf. 235, revenant sur la jurisprudence antérieure qui exigeait que le recours soit reçu par le tribunal administratif avant l'expiration du délai).

b. Le délai de recours est un **délai franc.** Pour déterminer le dernier jour du délai, il convient donc d'ajouter une unité à la date du jour qui en constitue le point de départ. Par exemple, si un refus de permis a été notifié le 7 janvier, la requête du demandeur doit être expédiée le 8 mars au plus tard. Toutefois, si le 8 mars est un samedi, un dimanche ou un jour férié, la requête sera recevable si elle est expédiée au tribunal le premier jour ouvrable suivant.

MOTIVATION DE LA REQUÊTE

16290 La requête doit être motivée.

Le requérant peut invoquer des moyens de **légalité externe** : incompétence de l'auteur de la décision, irrégularités commises lors de l'instruction (par exemple en ce qui concerne les consultations requises), irrégularité formelle de la décision (essentiellement l'absence de motivation expresse ou l'insuffisance de cette motivation).

Il peut également invoquer des moyens de **légalité interne** : décision fondée sur des faits matériellement inexacts, application inexacte de la réglementation d'urbanisme, détournement de pouvoir, etc.

Si aucune motivation n'a été présentée avant l'expiration du **délai** de recours, la requête est irrecevable (C. just. adm. art. R 411-1). En revanche, si une motivation même sommaire a été présentée dans le délai, elle pourra être développée par la suite.

Toutefois, si les moyens invoqués dans le délai ne concernaient que la légalité externe de la décision attaquée, la légalité interne ne pourra plus être contestée. Inversement, si la légalité interne a seule été mise en cause dans le délai, la légalité externe ne pourra pas l'être ultérieurement.

> Précisions L'obligation de motiver la requête dans le délai vaut également en **appel.** Contrairement à la règle applicable devant le juge civil, le requérant ne peut pas se contenter de déposer, avant l'expiration du délai d'appel, une « déclaration d'appel » non motivée. Il ne peut pas non plus se borner à se référer au texte de sa requête de première instance, même s'il la joint à sa requête d'appel (CE sect. 11-6-1999 n° 173972, OPHLM de la ville de Caen : Lebon p. 178), ni à en reproduire littéralement les termes (CAA Douai 6-7-2000 n° 96DA02374, Sté Le Régent : Lebon T. p. 1192). Des appels présentés sous cette forme seraient regardés comme non motivés et par suite irrecevables ; l'irrecevabilité ne pourrait être couverte par la production d'un mémoire complémentaire que jusqu'à l'expiration du délai d'appel (C. just. adm. art. R 411-1).

3. VOIES DE RECOURS CONTRE LES JUGEMENTS

APPEL

16295 Toute partie présente dans une instance devant le tribunal administratif peut interjeter appel contre toute décision juridictionnelle rendue dans cette instance (C. just. adm. art. R 811-1, al. 1). Les personnes présentes en première instance ou qui ont été régulièrement appelées peuvent faire appel du jugement devant la **cour administrative d'appel.** L'appel doit normalement être formé dans les 2 mois de la notification du jugement.

Lorsque le pétitionnaire attaque un refus de permis opposé par le maire à la suite du refus du préfet de donner son accord dans un cas où il est requis, l'**État** représenté par le préfet a la **qualité de partie à l'instance** devant le tribunal administratif et le ministre chargé de l'urbanisme peut faire appel ou se pourvoir en cassation (CE 16-10-2020 n° 427620 : BPIM 6/20 inf. 372). Sur l'appel et le pourvoi en cassation contre les décisions rendues à la suite d'un **déféré préfectoral,** voir n° 16405, Précisions, g.

> Précisions **a.** Le **bénéficiaire d'un permis** ne peut pas faire appel d'un jugement qui a rejeté le recours contre ce permis, même si ce jugement est fondé sur la péremption du permis entraînant l'irrecevabilité du recours. En effet, si ce motif est défavorable au bénéficiaire puisqu'il implique qu'il ne peut plus construire, le dispositif du jugement ne le lèse en rien (CE sect. 3-2-1999 n° 126687, Hôpital de Cosne-Cours-sur-Loire : BPIM 3/99 inf. 198).

b. Lorsqu'à la suite de l'annulation d'un permis de construire par le tribunal administratif le maire délivre au pétitionnaire un nouveau permis sur le même terrain, le **litige relatif au premier permis** ne perd pas son objet. La CAA doit donc statuer sur l'appel dirigé contre le jugement d'annulation ; son arrêt peut ensuite faire l'objet d'un recours en cassation (CE 29-6-2005 n° 262328, Sté Semmaris : BPIM 5/05 inf. 307).

c. En principe, l'appel contre un refus de permis perd son objet si, **en cours d'instance,** un permis est finalement délivré pour ce projet. Par exception, le recours conserve son objet si le permis finalement accordé diffère du permis initialement refusé parce que le pétitionnaire a dû modifier sa demande pour se conformer aux exigences de l'administration (CE 26-9-2016 n° 385627 : BPIM 6/16 inf. 355).

d. Une **personne autre que le titulaire du permis** qui est intervenue à l'instance devant le tribunal administratif, que ce soit sur invitation du tribunal ou de sa propre initiative, n'est recevable à faire appel du jugement que si, en l'absence d'intervention de sa part, elle aurait eu qualité pour faire tierce opposition (CE 23-2-2011 n° 322924, Sté Lidl : BPIM 2/11 inf. 95). Sur ce dernier point, voir n° 16300, Précisions.

e. Même appelée en cause pour produire des observations devant le tribunal administratif, une **commune** n'est pas recevable à faire appel du jugement qui annule un permis délivré au nom de l'État sur son territoire, mais elle peut se pourvoir en cassation contre l'arrêt d'appel (CE 4-2-2013 n° 335589, Cne de Saint-Lanne : BPIM 2/13 inf. 103).

f. Le **représentant d'une personne morale** qui fait appel d'un jugement doit justifier, soit spontanément, soit à défaut sur invitation de la cour administrative d'appel, de sa qualité pour agir en justice au nom de cette personne (CE 3-11-2014 n° 372980, Dépt de la Seine-Maritime : BPIM 6/14 inf. 365).

g. Si le tribunal administratif rend un **jugement avant-dire droit,** y compris un jugement impartissant un délai pour régulariser le permis (C. urb. art. L 600-5-1, voir nos 16657 s.), le **délai d'appel** contre ce jugement court à compter de la notification du jugement ultérieur par lequel le tribunal tranche définitivement le litige (C. just. adm. art. R 811-6 ; CAA Bordeaux 9-7-2015 n° 15BX00442, Préfet de la Charente-Maritime). Même raisonnement s'agissant du délai de **recours en cassation.**

SUPPRESSION DE L'APPEL EN ZONE « TENDUE »

Une suppression transitoire de l'appel a été instaurée dans certaines situations. Sont concer- **16296**
nés les **recours contre un permis de construire** ou de **démolir un bâtiment comportant plus de deux logements** (que le bâtiment soit, ou non, à usage d'habitation) ou contre un **permis d'aménager un lotissement** ou une décision de **non-opposition à une déclaration préalable** relative à la création d'un lotissement lorsque le bâtiment ou le lotissement est implanté en tout ou partie sur le territoire d'une **commune soumise à la taxe sur les logements vacants** (C. just. adm. art. R 811-1-1, 1° dans sa rédaction issue du décret 2022-929 du 24-6-2022, applicable aux recours introduits entre le 1-9-2022 et le 31-12-2027). Sont également concernés les recours contre les décisions **refusant** un tel permis ou **s'opposant** à une telle déclaration préalable. La mesure est destinée à abréger la période pendant laquelle les projets de construction de logements se trouvent paralysés du fait de recours contentieux, dans les communes où existe un déséquilibre marqué entre l'offre et la demande de logements. Le jugement du tribunal administratif continue en revanche à pouvoir faire l'objet d'un pourvoi en cassation devant le Conseil d'État.

› Précisions **a.** La suppression transitoire de l'appel ne concerne pas les litiges relatifs aux **certificats de conformité** des travaux à l'autorisation d'urbanisme (CE 26-4-2022 n° 452695, Sté immobilière Aire Saint-Michel : BPIM 3/22 n° 185).

b. Le **permis de construire modificatif,** pour l'application du dispositif de la suppression transitoire de l'appel, obéit aux mêmes règles de procédure contentieuse que le permis de construire initial auquel il se rattache (CE 16-5-2018 n° 414777 : BPIM 4/18 inf. 250).

c. La suppression transitoire de l'appel est applicable au recours du pétitionnaire contre les **prescriptions** dont le permis est assorti (CE 2-6-2023 n° 461645, SCI du 90-94 avenue de la République : BPIM 4/23 inf. 236).

d. Lorsque la voie de l'appel était ouverte à la date du **jugement prononçant un sursis à statuer** (C. urb. art. L 600-5-1), il est possible de faire appel tant de ce jugement que de celui qui règle définitivement le litige même si entre-temps, la commune d'implantation du projet est inscrite sur la liste de celles où s'applique la taxe sur les logements vacants (CE 25-6-2024 n° 490864 : BPIM 4/24 inf. 234).

e. Selon la cour administrative d'appel de Paris, un **sursis à statuer sur une demande de permis** de construire un bâtiment comportant plus de deux logements doit être assimilé à un refus de permis pour l'application des dispositions supprimant l'appel en « zone tendue » (CAA Paris 26-9-2024 n° 24PA02736, Cne de Livry-Gargan : BPIM 6/24 inf. 340).

L'article R 811-1-1 tel qu'il résulte du décret du 24 juin 2022 a élargi le champ d'application **16297**
de la suppression provisoire de l'appel car, dans sa **rédaction initiale,** cet article visait les recours contre les permis de construire ou de démolir un bâtiment à usage principal d'habitation et contre les permis d'aménager un lotissement (C. just. adm. art. R 811-1-1 dans sa rédaction antérieure au décret 2022-929 du 24-6-2022). Sous l'empire de l'ancienne rédaction et **compte tenu de l'objectif poursuivi** (ne pas retarder la réalisation des projets pour lesquels une autorisation a été délivrée), il a été jugé que le recours du pétitionnaire contre le retrait d'un permis entrait dans le champ de la suppression de l'appel (CE sect. 5-5-2017 n° 391925). Même solution s'agissant du recours d'un tiers contre le refus de retirer un permis (CE 26-4-2022 n° 452695, Sté immobilière Aire Saint-Michel : BPIM 3/22 n° 185) ou le refus de constater la caducité d'un permis (CE 17-3-2017 n° 396362 ; CE 22-11-2022 n° 461869, Synd. Copr. du 153 rue de Saussure : BPIM 1/23 inf. 10). Ces solutions demeurent certainement valables sous l'empire de la nouvelle rédaction.

L'article R 811-1-1 dérogeant aux dispositions ouvrant la voie de l'appel contre les jugements des tribunaux administratifs, il a été **interprété strictement.** Les dispositions qui visaient les recours contre les permis concernant des « **bâtiments à usage principal d'habitation** » ont été regardées comme applicables au recours contre le permis de construire un centre d'hébergement d'urgence (CE 19-6-2017 n° 394677, Synd. Copr. de la résidence Butte Stendhal : BPIM 4/17 inf. 257), une résidence sociale pour personnes handicapées (CE 22-11-2019 n° 420948) ou un immeuble à usage mixte dont plus de moitié de la surface de plancher est destinée à l'habitation (CE 20-3-2017 n° 401463 : BPIM 3/17 inf. 185) mais comme inapplicables aux recours contre un permis de construire une tente démontable sur la terrasse du jardin d'un château ou une résidence hôtelière de tourisme (CE 29-12-2014 n° 385051 ; CE 9-10-2015 n° 393032 : BPIM 6/15 inf. 372). Ces dispositions n'ont pas non plus été appliquées au recours contre un permis autorisant des travaux sur une construction existante lorsque ces travaux n'ont pas pour objet la réalisation de logements supplémentaires (CE 16-5-2018 n° 414777 : BPIM 4/18 inf. 250), solution qui devrait demeurer valable. S'agissant des dispositions, non modifiées, qui visent les recours contre un permis d'aménager un lotissement, il a été jugé qu'elles s'appliquent même si les lots ne sont pas destinés à accueillir des maisons d'habitation (CE 8-11-2017 n° 410433, Association Les amis de la terre-Val-d'Oise : BPIM 6/17 inf. 390).

OPPOSITION ET TIERCE OPPOSITION

16300 Si le tribunal administratif a annulé le permis de construire sans avoir communiqué la requête au **bénéficiaire de ce permis,** celui-ci peut former, devant le tribunal lui-même, une requête en tierce opposition. Si cette requête est fondée, le jugement sera déclaré nul et non avenu. Lorsque le bénéficiaire a reçu notification du jugement, il ne peut présenter une tierce opposition que dans les 2 mois de cette notification.

Le bénéficiaire du permis qui, ayant reçu du tribunal administratif communication de la requête, s'est abstenu de produire des observations en défense ne peut agir que par la **voie de l'appel** car l'opposition n'est pas ouverte devant les tribunaux administratifs. En revanche, elle est ouverte devant la cour administrative d'appel : la partie en défense (qui peut être selon le cas le requérant de première instance ou le bénéficiaire du permis) qui n'a pas produit peut, dans les 2 mois de la notification de l'arrêt, saisir la cour d'une requête en opposition. Elle peut également présenter un recours en cassation devant le Conseil d'État (sect. 20-11-1992 n° 114667 : Lebon p. 417).

> **Précisions** **a.** Pour qu'une personne soit recevable à former tierce opposition, il faut que le jugement préjudicie à ses droits et qu'elle n'ait pas été présente à l'instance et qu'elle n'y ait pas non plus été représentée par une personne ayant le même intérêt qu'elle (C. just. adm. art. R 832-1). La **lésion d'un droit** doit résulter du dispositif du jugement et non de ses seuls motifs (CE ass. 29-11-1929 n° 83104 Baumann : Lebon p. 1061 ; CE 16-2-2004 n° 261490 ; CAA Nantes 9-2-2021 n° 20NT01513, SCI La lunellerie : BPIM 2/21 inf. 103). Dès lors que le titulaire du permis bénéficiaire d'une **promesse de vente** a été présent à l'instance, le **propriétaire du terrain** n'est pas recevable à former tierce opposition contre le jugement annulant ce permis ; celui-ci a en effet été rendu en présence d'une personne ayant le même intérêt que lui à obtenir le maintien de la décision attaquée (CE 8-2-1999 n° 161799 ; voir également CE 23-2-2011 n° 322924, Sté Lidl : BPIM 2/11 inf. 95).
> **b.** Si celui au droit duquel le jugement préjudicie, sans avoir été mis en cause devant le tribunal administratif, y est **intervenu en défense,** il a qualité pour faire appel (CE 24-3-2014 n° 362030, Sté EDF énergie nouvelle France : BPIM 3/14 inf. 160). Cet arrêt admet que le jugement annulant l'acte créant une zone de développement de l'éolien préjudicie aux droits du titulaire d'un permis de construire des éoliennes et donc qu'il a qualité pour faire appel puisqu'il est intervenu devant le tribunal administratif.
> **c.** Une **association agréée de protection de l'environnement** n'est pas recevable à former tierce-opposition contre un jugement annulant un refus d'autorisation affectant l'environnement car un tel jugement ne lèse pas ses droits (CE 28-9-2016 n° 390111 : BPIM 6/16 inf. 354). Il en aurait été autrement si, statuant comme juge de plein contentieux, le juge avait fait droit au recours contre le refus d'autorisation et avait délivré lui-même l'autorisation.
> **d.** Une décision juridictionnelle qui **annule un refus** d'autorisation d'urbanisme et **ordonne de délivrer une autorisation** ne **préjudicie pas** aux droits des personnes qui ont intérêt à attaquer l'autorisation (CE 25-1-2023 n° 450161, Cne de Tourville-la-Campagne : BPIM 2/23 inf. 91). En effet, si elles forment un recours contre l'autorisation, l'autorité de la chose jugée par cette décision juridictionnelle ne leur sera pas opposable.

RECOURS EN CASSATION

16305 L'arrêt de la cour administrative d'appel – ou le jugement du tribunal administratif lorsqu'il n'est pas susceptible d'appel (voir n° 16296) – peut être déféré au **Conseil d'État** par la voie d'un pourvoi en cassation.

© Éd. Francis Lefebvre

La voie de la cassation est ouverte à ceux qui ont eu la **qualité de partie** en appel. Le bénéficiaire d'un permis de construire qui n'a pas fait appel dans le délai légal d'un jugement en prononçant l'annulation n'est donc pas recevable **à se pourvoir** contre l'arrêt par lequel la cour administrative d'appel rejette l'appel de la commune (CE sect. 3-10-2008 n° 291928 : BJDU 5/08 p. 350).

Le juge de cassation **contrôle** la régularité de la procédure qui s'est déroulée devant les juges du fond et l'application qu'ils ont faite de la règle de droit. Les appréciations de fait ne peuvent pas être remises en cause en cassation, sauf si elles sont entachées de dénaturation. En revanche, la qualification juridique des faits est contrôlée par le juge de cassation.

ILLUSTRATIONS

Relève d'une **appréciation souveraine** des juges du fond la question de savoir si le terrain d'assiette du projet de construction est situé dans une partie urbanisée de la commune (CE 26-7-1996 n° 160065 : Lebon p. 314), si le permis est entaché d'une erreur manifeste d'appréciation (CE 23-4-1997 n° 161328 : Lebon p. 165), s'il a été obtenu par fraude (CE 15-10-1999 n° 180298 : BPIM 2/00 inf. 85), si une omission dans le dossier de demande d'un permis de construire a pu avoir une influence sur la décision de délivrer ce permis (CE 10-10-2001 n° 208663 : BJDU 1/02 p. 67), si le projet porte sur une extension mesurée de bâtiments existants au sens du règlement d'un PLU (CE 16-3-2005 n° 253923 : BJDU 4/05 p. 265), si l'ABF ou le ministre de la culture a commis une erreur d'appréciation en donnant un avis favorable à un projet situé dans le champ de visibilité d'un édifice classé ou inscrit (CE 28-12-2005 n° 284863, Ville de Lille et communauté urbaine de Lille : BPIM 2/06 inf. 92), si les travaux ont reçu un commencement d'exécution de nature à faire obstacle à la péremption du permis (CE 28-7-1999 n° 191375, SCI Jeanne d'Arc : BPIM 1/00 inf. 9), si le permis est divisible (CE 6-11-2006 n° 281072, Association Préservation des paysages exceptionnels du Mézenc : BPIM 2/07 n° 109), si un projet de construction présente un risque pour la sécurité publique justifiant un refus de permis sur le fondement de l'article R 111-2 du Code de l'urbanisme (CE 15-2-2016 n° 389103 : BPIM 2/16 inf. 83), si un projet de construction respecte l'objectif de mixité sociale auquel l'article L 152-6 du Code de l'urbanisme subordonne la dérogation à certaines règles du PLU (CE 17-12-2020 n° 432651, SCCV Lapeyre : BPIM 1/21 inf. 14) ou la condition d'insertion dans le tissu urbain prévue par le PLU de Paris (CE 13-1-2023 n° 450446, Office public de l'habitat Paris Habitat et Ville de Paris : BPIM 2/23 inf. 81).

Relève, en revanche, de la **qualification juridique des faits** la question de savoir si l'objet social d'une association lui confère un intérêt pour demander l'annulation d'un permis de construire (CE 9-12-1996 n° 155477, Association pour la sauvegarde du patrimoine martiniquais : Lebon p. 479), si des travaux ont pour effet de changer la destination des constructions existantes (CE 25-3-1998 n° 167430 : BPIM 3/98 inf. 173) ou si le demandeur dispose d'un titre l'habilitant à construire (CE 5-5-1999 n° 161153, Ville de Bayonne : BPIM 4/99 inf. 269).

4. NOTIFICATION DES RECOURS

OBJECTIF DE LA NOTIFICATION

L'auteur d'un recours administratif ou contentieux en matière d'autorisation d'urbanisme doit notifier ce recours à l'auteur de la décision et au bénéficiaire de la décision qu'il attaque (C. urb. art. R 600-1). Cette disposition vise à assurer la **sécurité juridique** du bénéficiaire de l'autorisation en l'informant de l'existence d'un recours contre son autorisation, remettant ainsi en cause son droit de construire ou d'effectuer des travaux. Elle n'est pas contraire à la **convention européenne des droits de l'Homme** (CEDH 21-11-2000 n° 56188/00, Comité des quartiers Mouffetard et bords de Seine c/ France : BPIM 3/01 inf. 177 ; CE 5-4-2006 n° 266777 : BPIM 4/06 inf. 245). **16310**

L'omission de la formalité a des conséquences lourdes car elle entraîne l'**irrecevabilité** du recours contentieux.

L'auteur du recours, c'est-à-dire le **tiers,** doit être **informé de cette obligation** qui lui incombe et pour cela, l'obligation de notifier les recours doit être mentionnée sur le panneau affiché sur le terrain (C. urb. art. A 424-17). Le défaut de cette mention a pour conséquence l'impossibilité d'opposer au tiers qui n'aurait pas notifié son recours l'irrecevabilité qui résulte normalement de la méconnaissance des prescriptions de l'article R 600-1 (Avis CE 19-11-2008 n° 317279, Sté Sahelac : JO 10-12 p. 18804). Même chose lorsque l'affichage mentionne l'obligation de notifier les recours mais est irrégulier, faute d'être visible de la voie publique (CAA Douai 19-4-2012 n° 11DA01164 : BPIM 3/12 inf. 202). L'irrecevabilité résultant de la méconnaissance de l'obligation de notification est inopposable à tous les stades de la procédure : recours introduit devant le tribunal administratif, requête en appel, pourvoi en cassation (CE 28-5-2014 n° 369456 : BPIM 4/14 inf. 231). En revanche, le requérant peut faire valoir pour la première fois en appel que l'obligation de notification n'était pas mentionnée dans l'affichage du permis de construire, rendant ainsi son recours recevable (CE 4-11-2015 n° 387074 : BPIM 6/15 inf. 371).

> Précisions Le **maire** qui fait appel d'un jugement annulant le retrait d'une décision de non-opposition tacite à une déclaration de travaux doit notifier son appel, qui tend à remettre en cause le droit de construire. S'il a omis de procéder à cette notification, il ne peut utilement faire valoir que l'obligation de notifier un éventuel recours n'était pas mentionnée dans l'affichage sur le terrain de la déclaration préalable. En effet, cette mention est destinée à informer les tiers et non l'auteur ou le bénéficiaire de l'autorisation d'urbanisme (CE 14-11-2012 n° 342389, Cne de Lunel : BPIM 1/13 inf. 16).

CHAMP D'APPLICATION DE LA NOTIFICATION

16311 **Recours contentieux** L'auteur d'un recours contentieux contre un **certificat d'urbanisme** ou une **décision relative à l'occupation ou l'utilisation du sol** régie par le Code de l'urbanisme doit, dans un délai de 15 jours, notifier ce recours par lettre recommandée avec accusé de réception à l'auteur de la décision et à son bénéficiaire (C. urb. art. R 600-1 dans sa rédaction issue du décret 2018-617 du 17-7-2018). Ces dispositions concernent non seulement les recours contre les certificats d'urbanisme, les décisions de non-opposition à une déclaration ou les permis de construire, de démolir et d'aménager, mais aussi les recours contre les **refus de rapporter**, d'**abroger une autorisation** ou de **constater sa caducité** (D. Chauvaux, De nouvelles dispositions pour accélérer le contentieux des autorisations d'urbanisme : BPIM 5/18 inf. 316 ; CE 27-9-2022 n° 456071 : BPIM 6/22 inf. 401).

Avant le décret 2018-617 du 17 juillet 2018, l'article R 600-1 mentionnait expressément les certificats d'urbanisme, les décisions de non-opposition à une déclaration et les permis de construire, démolir et aménager ; la jurisprudence avait précisé que n'étaient concernés ni les certificats d'urbanisme négatifs ni les refus de permis ou décisions d'opposition (Avis CE 1-4-2010 n° 334113 : BPIM 3/10 inf. 193 ; Rép. Zimmermann : AN 22-9-2009 p. 9029 n° 50578). Ces indications jurisprudentielles demeurent certainement exactes car le décret du 17 juillet 2018 (qui a modifié l'article R 600-1) a rétabli la rédaction de l'ancien article L 600-3 du Code de l'urbanisme (C. urb. art. L 600-3 dans sa rédaction issue de la loi 94-112 du 9-2-1994), dont il avait été jugé, compte tenu de l'objectif de sécurité juridique des autorisations d'urbanisme poursuivi, qu'elle **ne concernait pas les refus d'autorisation** (Avis CE 6-5-1996 n° 178426, SARL Nicolas Hill immobilier).

L'obligation de notification ne s'impose pas à l'auteur du recours qui, au cours de l'instance relative au permis de construire, conteste le **permis modificatif,** la décision modificative ou la mesure de régularisation du permis initial (C. urb. art. R 600-1 al. 4, renvoyant à L 600-5-2).

Une **demande** en **référé** tendant à la **suspension** d'une décision d'urbanisme n'entre pas, à la différence du recours au fond tendant à l'annulation de cette décision, dans le champ d'application de l'article R 600-1 du Code de l'urbanisme ; elle n'a donc pas à être notifiée aux défendeurs, formalité qui ferait double emploi avec la notification du recours au fond (CE 9-5-2001 n° 231076 : Lebon T. p. 1123, s'agissant du pourvoi en cassation contre une ordonnance de référé ; CE 29-7-2002 n° 237370, s'agissant de la demande présentée devant le juge des référés). Toutefois, la suspension ne peut être prononcée que si le recours en annulation a été valablement introduit et notifié. Les défendeurs peuvent donc faire valoir devant le juge des référés qu'ils n'ont pas reçu notification du recours en annulation. S'ils s'abstiennent de le faire, le juge des référés n'a pas à vérifier d'office que cette notification a bien été effectuée (CE 1-3-2004 n° 258505 : BPIM 4/04 inf. 206).

> Précisions **a.** L'obligation de notification ne concerne pas le recours en appréciation de validité d'un document ou d'une autorisation d'urbanisme, consécutif à un **renvoi préjudiciel** ordonné par le juge judiciaire (CE 20-11-2002 n° 244453).

b. N'a pas à être notifié le recours du bénéficiaire d'une autorisation de construire contre la décision d'un maire constatant sa **caducité** (CE 25-9-2013 n° 351103, s'agissant de la caducité d'une décision de non-opposition à travaux). En revanche, doit être notifié le recours d'un tiers contre la décision qui **refuse** de constater la caducité, un tel recours tendant à remettre en cause le droit de construire (CE 27-3-2000 n° 205430 Syndicat des copropriétaires de l'immeuble Le Lympia : BJDU 2/00 p. 123).

c. N'a pas à être notifié le recours du **titulaire de l'autorisation de construire** contre les prescriptions particulières qui accompagnent cette autorisation (CE 13-3-2015 n° 358677 : BPIM 3/15 inf. 163).

d. L'obligation de notifier le recours contre le permis vaut y compris pour le commerçant concurrent qui attaque un permis de construire en tant qu'il vaut **autorisation d'exploitation commerciale** (Avis CE 23-12-2016 n° 398077, Sté MDVP Distribution : BPIM 1/17 inf. 3).

16312 **Recours administratif** L'auteur d'un **recours** administratif, **gracieux** ou **hiérarchique,** est également tenu de notifier ce recours. S'il s'abstient de le faire, le recours administratif n'aura pas pour effet de proroger le délai du recours contentieux. Mais si le recours contentieux est introduit dans le délai de 2 mois de la décision attaquée, peu importe que le recours administratif qui l'aurait éventuellement précédé ait été notifié ou non. Dans cette hypothèse il suffit que le recours contentieux soit notifié (Avis CE sect. contentieux 1-3-1996 n° 175126, Association Soisy Etiolles environnement : Lebon p. 60).

> Précisions **a.** Une **demande de déféré préfectoral** est regardée comme un recours administratif soumis à l'obligation de notification (CE 28-7-2000 nº 211872, Sté Lapalun : BPIM 6/00 inf. 361).
b. Si un recours administratif a été présenté et n'a pas été notifié dans les 15 jours, non seulement le délai de recours contentieux n'est pas prorogé mais il ne peut plus l'être, même par la présentation d'un second recours administratif régulièrement notifié (Avis CE 6-7-2005 nº 277276, Association des riverains des Hespérides et du Mourre-Rouge « À la pointe » : BPIM 5/05 inf. 308). Sur les **conséquences** de la présentation d'un recours administratif non notifié sur le déclenchement du **délai de recours** contre un permis n'ayant pas fait l'objet des mesures légales de publicité, voir nº 16637.

Recours contre une décision juridictionnelle L'obligation de notification s'applique aussi en cas de demande tendant à l'**annulation** ou à la **réformation** d'une décision juridictionnelle, par voie d'appel ou de cassation. Peu importe que l'exigence de cette formalité ne soit pas indiquée dans la notification du jugement (CE 5-5-1999 nº 181581, SCI Kerroy : BPIM 6/99 inf. 412). Toutefois, c'est seulement si le jugement ou l'arrêt rejette la demande d'annulation de l'autorisation d'urbanisme que l'appel ou le pourvoi en cassation doit être notifié. Le recours contre une décision juridictionnelle **annulant un permis** n'est pas normalement concerné (Avis CE sect. contentieux 26-7-1996 nº 180373, Cne de Triel-sur-Seine et Sté Horde-Bâtisseurs : Lebon p. 301). La notification peut néanmoins s'imposer si, compte tenu de ses motifs, la décision juridictionnelle attaquée reconnaît au pétitionnaire le droit de construire. Il en va ainsi dans le cas d'un recours en cassation de l'administration contre un arrêt annulant un refus de permis au motif qu'un permis tacite est né (CE 19-4-2000 nº 176148, Cne de Breuil-Bois-Robert : Lebon p. 158). Ces solutions s'expliquent par l'idée que l'obligation de notification a pour objet de renforcer la sécurité juridique au profit des titulaires d'autorisations d'urbanisme : la notification est requise si le recours a pour objet de remettre en cause le droit de construire ; elle ne s'impose pas s'il vise à faire renaître ce droit. 16313

> Précisions **a.** L'appel contre un jugement **annulant le retrait** d'une autorisation d'urbanisme doit être notifié, puisqu'il tend à remettre en cause le droit de construire (CE 5-4-2006 nº 264269 : BPIM 4/06 inf. 245).
b. N'a pas à être notifié l'appel contre un jugement qui, après avoir annulé une décision du maire retirant un permis de construire tacite et rejetant la demande de permis, ordonne à la commune de procéder à une nouvelle instruction de cette demande. En effet, l'**injonction de procéder à une nouvelle instruction** exclut nécessairement toute reconnaissance d'un droit de construire (CE 28-9-2011 nº 335591, Cne de Grimaud : BPIM 6/11 inf. 438).
c. Lorsque le **juge** a annulé un refus d'autorisation d'urbanisme et **enjoint à l'administration de délivrer l'autorisation** (voir nº 16538), l'administration qui conteste la décision juridictionnelle n'a pas à notifier au pétitionnaire son appel ou son pourvoi en cassation (CE avis 8-4-2019 nº 427729, Cne Le Grand-Village-Plage : BPIM 3/19 inf. 158). Ce cas n'est pas assimilé à celui où le juge constate l'existence d'une autorisation.
d. Un appel ou un pourvoi en cassation contre une décision juridictionnelle qui annule une décision constatant la **caducité** d'une autorisation d'urbanisme au motif que cette caducité n'est **pas acquise,** et qui rétablit ainsi la validité de l'autorisation, doit être notifié à son bénéficiaire et à l'autorité qui l'a délivrée (CE 12-4-2023 nº 456141, Sté Cystaim V3 : BPIM 3/23 inf. 164).
e. L'obligation de notification s'applique aux **appels incidents** et aux **pourvois en cassation** incidents (CE 1-10-2024 nº 477859 : BPIM 6/24 inf. 339).

DESTINATAIRE DE LA NOTIFICATION

Le recours doit être notifié à l'**auteur de la décision** (C. urb. art. R 600-1). Lorsque le permis est délivré par le maire au nom de l'État, la notification est valablement faite au maire (CE 22-4-2005 nº 257743) ou au préfet (CE 13-7-2011 nº 320448, Sté Love Beach : BPIM 5/11 inf. 357). À Paris, elle est valablement faite au maire de l'arrondissement où est situé le terrain d'assiette du projet (CE 30-1-2024 nº 471649 : BPIM 2/24 inf. 95). 16320

Le recours doit également être notifié au **titulaire de l'autorisation.** Cette exigence est satisfaite dès lors que la notification est adressée au titulaire de l'autorisation tel qu'il est désigné par l'acte attaqué ou, s'ils sont plusieurs, à chacun de ceux dont les noms et adresses sont mentionnés dans le permis (CE 4-12-2017 nº 407165 : BPIM 1/18 inf. 16). Si le panneau d'affichage sur le terrain fait apparaître une adresse comme étant celle du titulaire de l'autorisation, une notification à cette adresse est également valable (CE 28-11-2024 nº 488592 : BPIM 1/25 inf. 18). Si le permis est délivré aux membres d'une **indivision,** la notification est faite à ceux qui ont présenté la demande ou à leur mandataire, dont le nom et l'adresse figurent dans le permis attaqué. Le défaut d'indication du nom du bénéficiaire du permis sur le panneau d'affichage est sans incidence sur l'obligation de notification (CE réf. 14-11-2003 nº 254003, Ville de Nice). Si le permis est délivré à une **société,** la notification peut être envoyée à son siège social même si le permis mentionne l'adresse d'un de ses établissements (CE 20-10-2021 nº 444581 : BPIM 6/21 inf. 348).

La notification prévue peut être régulièrement faite à la **personne pour le compte de laquelle l'autorisation a été demandée,** alors même que son nom n'apparaît ni dans l'acte attaqué ni dans la demande d'autorisation. Lorsque l'autorisation a été demandée par le maître d'ouvrage délégué dans le cadre d'une convention conclue avec le maître d'ouvrage sur le fondement de la loi relative à la maîtrise d'ouvrage publique, la notification peut être faite soit au maître d'ouvrage, soit au maître d'ouvrage délégué qui a sollicité l'autorisation (CE 31-12-2008 n° 305881, min. écologie c/ Syndicat des copropriétaires de l'immeuble « Les Jardins d'Arago » : BPIM 1/09 inf. 15).

La notification d'une requête d'appel non à l'auteur et au bénéficiaire d'un permis mais à l'**avocat** qui les représentait en première instance ne peut pas être regardée comme régulière (CAA Nantes 20-12-1995 n° 95NT00288 : Lebon p. 564 ; CE 28-9-2011 n° 341749).

En revanche, une notification adressée par erreur non à la bénéficiaire de l'autorisation mais à son **époux** doit être regardée comme régulière dès lors que le couple a un domicile commun (CE 7-8-2008 n° 288966, Cne de Libourne).

La circonstance que l'**autorisation** ait été **transférée** à un nouveau bénéficiaire n'a pas pour effet d'imposer une notification à cette personne. Est ainsi recevable un recours contre un permis de construire notifié au titulaire initial du permis, alors même que celui-ci avait été transféré à un tiers avant l'introduction du recours (CE 23-4-2003 n° 251608, Association Nos villages : BPIM 4/03 inf. 216).

> **Précisions** **a.** Un recours contre un **permis de construire délivré à plusieurs personnes morales distinctes** doit être notifié à chacune de ces personnes (CAA Lyon 9-4-2013 n° 13LY00066, Association des habitants de Vésegnin).
> **b.** Les recours gracieux et contentieux contre un **permis de construire valant division parcellaire** doit être notifié à chacun de ses bénéficiaires (CE 5-3-2014 n° 370552 : BPIM 2/14 inf. 91).
> **c.** Une requête d'appel est régulièrement notifiée au bénéficiaire du permis de construire à l'**adresse mentionnée dans le permis** comme étant celle où il est domicilié (CE 24-9-2014 n° 351689 : BPIM 6/14 inf. 366). Un pourvoi en cassation est régulièrement notifié au bénéficiaire du permis de construire à l'**adresse indiquée dans l'arrêt attaqué** comme étant la sienne (CE 15-10-2014 n° 366065 : BPIM 6/14 inf. 367).
> **d.** L'appel contre un jugement rejetant un recours contre un permis de construire délivré par un préfet est valablement notifié au **ministre** qui **représente l'État** devant la cour administrative d'appel (CAA Versailles 30-9-2024 n° 22VE02791, Association Collectif pour le triangle de Gonesse : BPIM 6/24 inf. 341).

FORME ET DÉLAI DE NOTIFICATION

16325 La notification doit être faite par lettre recommandée avec accusé de réception, dans un délai de 15 jours francs à compter du dépôt du déféré ou du recours (C. urb. art. R 600-1). Elle implique la transmission du **mémoire** introductif d'instance (Avis CE sect. 1-3-1996 n° 175126, Association Soisy Etiolles environnement : Lebon p. 60). La notification est réputée accomplie à la date de l'envoi de la lettre, le récépissé de dépôt faisant foi (C. urb. art. R 600-1 ; CPC art. 668).

Le requérant qui n'aurait pas procédé à la notification de son recours dans les 15 jours de son enregistrement conserverait, dans l'hypothèse où le délai du recours contentieux ne serait pas expiré, la possibilité de se désister de l'instance engagée et d'introduire un **nouveau recours** contre le même acte en respectant cette fois l'obligation de notification (CE 17-3-2017 n° 397107, Association Novissen : BPIM 3/17 inf. 187).

Le requérant qui sollicite l'**aide juridictionnelle** afin d'exercer un recours n'a pas à notifier aux défendeurs la demande d'aide juridictionnelle ; il doit notifier sa requête dans les 15 jours de son dépôt intervenu dans le délai de recours prorogé par la demande d'aide juridictionnelle (CE 10-1-2001 n° 211878 : BPIM 2/01 inf. 100).

> **Précisions** **a.** Le titulaire d'un permis de construire qui, 15 jours après l'expiration du **délai** de recours contentieux, ne reçoit pas notification d'un recours administratif ou contentieux peut considérer que son **droit de construire** est devenu **définitif.** Il convient, toutefois, de tenir compte du délai d'acheminement postal du pli recommandé contenant la notification (celle-ci étant réputée accomplie à la date d'envoi, et non de réception, de ce pli) et de l'interruption du délai de recours en cas de demande d'aide juridictionnelle (voir JCP éd. N 1995 prat. n° 3572).
> **b.** Une **notification prématurée,** effectuée plusieurs semaines avant que le recours ne soit effectivement déposé devant le tribunal administratif, a été regardée comme irrégulière (CAA Marseille 10-2-2005 n° 04MA01688 : BPIM 6/05 inf. 378).

PREUVE DE LA NOTIFICATION

16330 L'auteur du recours doit adresser au **greffe de la juridiction** une copie du certificat de dépôt de la lettre recommandée par laquelle il a opéré la notification. Si le recours contentieux a été précédé d'un recours administratif ayant pour effet de conserver le délai de recours contentieux, une copie du certificat de dépôt de la lettre recommandée par laquelle ce recours a été notifié doit également être transmise au greffe.

Il appartient au juge, au besoin d'**office,** de rejeter le recours comme irrecevable lorsque son auteur n'a pas justifié de l'accomplissement des formalités de notification par la production du certificat de dépôt de la lettre recommandée ou de documents présentant des garanties équivalentes (Avis CE sect. 6-5-1996 n° 178473 : Lebon p. 150). **16330** (suite)

Lorsque ces pièces n'ont pas été communiquées spontanément et que les défendeurs n'invoquent pas une fin de non-recevoir fondée sur ce motif (CE 20-2-2002 n° 208100, SCI Sedemathoge : BPIM 4/02 inf. 252), **le juge doit inviter le requérant à les produire.** S'il n'est pas donné suite à cette invitation, ou si les pièces produites font apparaître que la notification n'a pas été accomplie dans le délai légal de 15 jours, la requête doit être rejetée comme irrecevable même si les défendeurs n'opposent pas cette irrecevabilité.

Si un défendeur a opposé la **fin de non-recevoir** tirée du défaut de notification du recours, le requérant est mis en mesure de produire les justificatifs de cette notification, en sorte que le juge n'est pas tenu de l'inviter à le faire (CAA Douai 1-7-2010 n° 09DA01349 : BPIM 6/10 inf. 443).

> Précisions **a.** **L'invitation à régulariser** porte uniquement sur la production des justificatifs. Le juge n'a pas à inviter le requérant à procéder à la notification : il lui serait en effet très difficile de procéder à cette invitation en temps utile, la notification devant impérativement être effectuée dans les 15 jours du dépôt de la requête. Par ailleurs, il a été jugé que la notification de la requête aux défendeurs par le greffe ou le juge, même si elle est effectuée dans les 15 jours à compter du dépôt, ne régularise pas l'absence de notification par le requérant (Avis CE sect. 6-5-1996 n° 178473 : Lebon p. 150).

b. Le tribunal administratif (ou la cour administrative d'appel) qui invite le requérant à **justifier de l'accomplissement des formalités** de notification lui impartit un **délai.** À défaut de réponse, la requête peut, dès l'expiration du délai, être rejetée comme manifestement irrecevable par une simple ordonnance (C. just. adm. art. R 222-1 ; CE 13-7-2011 n° 314093 : BPIM 5/11 inf. 357). Si les justificatifs sont reçus après l'expiration du délai imparti mais avant qu'une ordonnance ait été signée, la requête se trouve régularisée. Toutefois, ils doivent parvenir au greffe avant la date fixée pour la **clôture de l'instruction** ; s'ils sont produits après cette date, le tribunal peut refuser d'en tenir compte (CE 19-12-2008 n° 297716 : BPIM 1/09 inf. 16). L'instruction est close à la date fixée par une ordonnance de clôture ou, à défaut, 3 jours francs avant la date de l'audience (C. just. adm. art. R 613-2).

c. Lorsque le recours émane de **plusieurs requérants,** l'invitation à justifier de l'accomplissement des formalités de notification peut n'être adressée qu'à la personne dont le nom apparaît en tête, à la condition cependant que cette personne ait été préalablement informée qu'elle est regardée comme le représentant unique de tous les requérants (CE 9-10-2002 n° 234417 : BPIM 2/03 inf. 83).

d. Si le tribunal administratif n'a pas effectué les **vérifications** relatives à la notification du recours, la **cour administrative d'appel** doit inviter elle-même le requérant de première instance à justifier du respect de cette obligation (CE 9-5-2005 n° 257191, Cne de Villard-Reculas c/ Richard : BPIM 4/05 inf. 248, 2e esp.). Lorsque la requête d'appel, dirigée contre le jugement rejetant le recours contre le permis, doit elle-même être notifiée, la cour doit inviter le requérant à justifier qu'elle l'a bien été ; à défaut, l'arrêt est entaché d'une irrégularité que la partie adverse peut invoquer à l'appui d'un pourvoi en cassation alors même qu'elle ne l'a pas relevée devant la cour (CE 13-7-2011 n° 320448, Sté Love Beach : BPIM 5/11 inf. 357). En s'abstenant d'effectuer les vérifications relatives à la notification du recours, les juges du fond commettent une irrégularité que le Conseil d'État, statuant comme **juge de cassation,** relève au besoin d'office (CE 27-9-2022 n° 456071).

e. Si l'auteur du recours n'a **pas justifié en première instance** de l'accomplissement des formalités de notification, alors qu'il a été mis à même de le faire soit par une fin de non-recevoir opposée par le défendeur, soit par une invitation à régulariser émanant du tribunal administratif, il n'est **pas recevable** à produire les justificatifs devant la cour administrative d'appel (CE 27-10-2008 n° 301600, Association Plœmeur Vie et nature : BPIM 6/08 inf. 422, 1e espèce ; CAA Douai 30-3-2006 n° 04DA00257 : BPIM 5/06 inf. 341). Sur la possibilité pour le requérant d'invoquer l'irrégularité de l'affichage du permis pour la première fois en appel, rendant ainsi inopposable l'irrecevabilité du recours, voir n° 16310.

f. Alors que le Code de l'urbanisme prévoit la production du **certificat de dépôt d'une lettre recommandée** (C. urb. art. R 600-1), la jurisprudence admet celle de documents présentant des garanties équivalentes. Le récépissé du dépôt au bureau de poste d'un pli « **Chronopost** » a été jugé suffisant (CE 28-4-2000 n° 198565, Gilloire : BPIM 5/00 inf. 308). En revanche, une **télécopie** n'offre pas des garanties équivalentes à celles d'un envoi postal en recommandé (CAA Lyon 20-10-1998 n° 95LY01922, Cne de Théoule-sur-Mer : Dr. adm. 1999 n° 115). Il en va de même d'un **certificat du maire** ne précisant ni la date ni le contenu de la notification (CAA Nantes 28-5-1997 n° 96NT00662 : BJDU 5/97 p. 383). La validité d'une notification du recours par **exploit d'huissier** reste discutée (TA Montpellier 18-10-1996 n° 95-3764 ; TA Melun 20-2-1997 : BJDU 4/97 p. 304).

g. Les dispositions prévoyant que la notification est réalisée par lettre recommandée avec demande d'avis de réception n'ont d'autre objet que de faciliter la **preuve de l'envoi** dans le délai imparti. Lorsque le destinataire de la lettre se borne à soutenir devant le juge qu'il ne l'a pas reçue, la production du certificat de dépôt suffit à justifier de l'accomplissement de la formalité de notification, sans que l'auteur du recours ait à produire l'accusé de réception (Avis CE 3-3-2009 n° 321157 : BPIM 2/09 inf. 106).

B. Contrôle de légalité

ACTES CONCERNÉS

16400 Le contrôle de légalité de la décision, mis en œuvre par le préfet, s'exerce dans le cadre des dispositions de **droit commun** relatives au **contrôle des actes des collectivités locales.** Ce contrôle des autorisations de construire et des actes s'y rapportant ne s'exerce que sur la décision elle-même, qu'elle soit expresse ou tacite. S'agissant spécialement des autorisations expresses, elles peuvent être télétransmises au préfet à partir de la plate-forme Plat'au (Arrêté TREB2231535A du 24-2-2023).

Tous les **actes d'urbanisme** (plans, schémas, permis de construire, permis d'aménager, certificats d'urbanisme, autorisations de campings, clôtures, coupes et abattages d'arbres, permis de démolir, etc.) entrent dans le cadre du **contrôle de légalité.**

Le contrôle du préfet s'étend à l'ensemble des **décisions individuelles** prises par le maire et susceptibles de faire grief, y compris les décisions de refus (CE 15-4-1988 n° 75533, Cne de Vitry-sur-Seine).

Le **recours contentieux de droit commun** reste toujours possible, parallèlement au contrôle de légalité, de la part de tout intéressé.

> **Précisions** Le contrôle de légalité, qui est un contrôle **a posteriori,** a pour but de vérifier que les actes des collectivités locales sont bien conformes aux lois et règlements.
> Il existe **deux catégories d'actes** des collectivités locales : ceux qui doivent être transmis au préfet, et qui, à défaut, ne peuvent devenir exécutoires (délibérations des assemblées locales, actes à caractère réglementaire des autorités territoriales, permis de construire et autres autorisations d'occupation du sol, certificats d'urbanisme, etc.), et ceux qui sont exécutoires de plein droit sans cette transmission (c'est-à-dire tous les autres actes). Mais le préfet peut déférer au tribunal administratif les actes de l'une ou l'autre catégorie (CGCT art. L 2131-1 s.).

INITIATIVE DU PRÉFET

16405 Les permis de construire et autres autorisations d'occupation du sol délivrés par le maire ou par le président de l'EPCI compétent sont au nombre des actes soumis à l'obligation de transmission au préfet (CGCT art. L 2131-2, I-6°). Le préfet dispose d'un délai de **2 mois à compter de la transmission** pour déférer ces actes au tribunal administratif s'il estime qu'ils sont illégaux (CGCT art. L 2131-6). S'agissant des actes des communes non soumis à l'obligation de transmission (tels qu'un refus de permis), le préfet peut demander à en avoir communication ; à condition que cette demande soit formée dans les 2 mois suivant la date à laquelle la décision est devenue exécutoire, la communication fait courir un délai de 2 mois pour saisir le tribunal (CGCT art. L 2131-3).

Le délai du déféré préfectoral est **interrompu** lorsque le préfet indique, par lettre, au maire qu'un acte est entaché d'illégalité et lui demande de le retirer car cette demande vaut **recours gracieux** (CE 18-4-1986 n° 62470, Préfet d'Ille-et-Vilaine).

Le déféré du préfet est soumis à l'obligation de notification. Son recours gracieux doit être notifié au bénéficiaire faute de quoi il ne suspend pas le délai de recours contentieux (nos 16310 s.).

Une **autre cause** d'interruption du délai de 2 mois est une demande du préfet tendant à la **communication des pièces** nécessaires à l'appréciation de la légalité de l'acte ; dans le cas d'un permis, le préfet doit disposer de l'entier dossier au vu duquel il a été délivré. Une telle demande n'a pas à être notifiée au titulaire du permis car elle ne présente pas le caractère d'un recours administratif (CE 18-10-2002 n° 222957 : BPIM 1/03 inf. 9). Le préfet qui a demandé les pièces manquantes dans les 2 mois de la transmission du permis dispose, pour saisir le tribunal administratif, d'un **nouveau délai de 2 mois** qui court soit de la réception de ces pièces, soit de la décision expresse ou implicite par laquelle le maire refuse de les lui communiquer (CE 29-10-2008 n° 273569, Cne de Sainte-Marie-aux-Mines : BPIM 2/09 inf. 98). Mais si le permis est accompagné de l'ensemble des pièces requises, une demande de pièces complémentaires n'interrompt pas le délai du déféré préfectoral (CAA Marseille 1-4-1999 n° 98MA00507, Préfet des Bouches-du-Rhône : BPIM 4/99 inf. 273).

La transmission au préfet est également nécessaire au déclenchement du délai du déféré s'agissant des **permis tacites** mais des règles particulières s'appliquent dans ce cas. Selon la jurisprudence, la commune est réputée avoir satisfait à l'obligation de transmission du permis tacite si elle a transmis au préfet **l'entier dossier** de la demande de permis ; le délai court alors à compter de la date à laquelle le permis est acquis ou, si elle est postérieure, de la date de transmission de l'entier dossier (CE 17-12-2014 n° 373681, min. égalité des territoires c/ Cne de

Mollans-sur-Ouvèze : BPIM 1/15 inf. 11). Cette solution vaut également pour les décisions tacites de **non-opposition** à une déclaration préalable (CE 23-10-2013 n° 344454, Sté Prestig'immo : BPIM 6/13 inf. 373). À défaut de transmission de l'entier dossier, le délai pour former un déféré contre un permis tacite ne peut être déclenché que par la transmission au préfet du **certificat de permis tacite** prévu à l'article R 424-13 du Code de l'urbanisme (CE 6-5-2015 n° 366004). **16405** (suite)

On notera que cette jurisprudence a été dégagée alors que le Code de l'urbanisme prévoyait que les demandes de permis et les déclarations préalables relevant de la compétence du maire ou du président de l'EPCI étaient transmises au préfet dans la semaine suivant leur dépôt en mairie (C. urb. art. R 423-7 dans sa rédaction antérieure au décret 2023-1037 du 10-11-2023). Cette obligation a été supprimée mais une **disposition toujours en vigueur** prévoit que le certificat de permis tacite précise la date à laquelle le dossier a été transmis au préfet en application des dispositions du CGCT (C. urb. art. R 424-13, voir n° 14740). L'obligation de transmettre le dossier au préfet subsiste donc en vertu de ce code. À défaut, le délai de 2 mois ne sera déclenché que par la transmission du certificat de permis tacite et le préfet pourra l'interrompre en demandant la transmission du dossier.

Le déféré préfectoral peut être assorti d'une demande tendant à la **suspension de l'exécution** de la décision.

› Précisions a. Le **point de départ du délai** de 2 mois est la date à laquelle l'acte a été reçu en préfecture ou dans la sous-préfecture de l'arrondissement ou, si elle est antérieure, la date à laquelle son texte intégral a été communiqué au préfet par le service extérieur qui l'a reçu. La simple transmission du permis à un service placé sous l'autorité du préfet, tel que la DDE (aujourd'hui, DDT ou DDTM), ne suffit pas à déclencher le délai (CE 6-7-2007 n° 298744, Cne de Saint-Paul-Trois-Châteaux : BPIM 5/07 inf. 322).

b. Pour que la **demande de retrait** de permis adressée au maire **interrompe le délai de recours** contentieux ouvert au préfet, il faut évidemment qu'elle soit formée avant l'expiration de ce délai, donc dans les 2 mois qui suivent la transmission du permis au préfet. En revanche, peu importe que la demande soit formée plus de 3 mois à compter de la signature du permis, donc à une date à laquelle le maire ne dispose plus de la possibilité légale de procéder au retrait. Dans une telle hypothèse, le maire sera tenu de rejeter la demande préfectorale mais celle-ci aura néanmoins eu pour effet d'interrompre le délai de recours contentieux (CAA Nantes 26-12-2003 n° 01NT00628, Sté Suravenir : BPIM 2/04 inf. 77 ; CE 5-5-2011 n° 336893, min. écologie : BPIM 3/11 inf. 189).

c. S'agissant des **permis tacites,** la nécessité d'une transmission de l'entier dossier pour que le délai puisse courir concerne y compris, le cas échéant, les pièces produites par le pétitionnaire à la suite d'une invitation à compléter son dossier (CE 22-10-2018 n° 400779 : BPIM 6/18 inf. 394). Lorsqu'une commune fait appel aux services de l'État en application de l'article L 422-8 du Code de l'urbanisme, cette demande ne constitue pas une transmission du dossier de demande de permis, sauf demande expresse du maire en ce sens (CE 17-12-2014 n° 373681, min. égalité des territoires : BPIM 1/15 inf. 11).

d. Lorsqu'un permis tacite est né à la suite de la **confirmation de la demande après retrait** ou **annulation d'un refus,** le délai imparti au préfet pour le déférer au tribunal administratif ne court que si la commune lui a transmis le dossier de la demande initiale et l'a informé soit de la confirmation de la demande, soit de la naissance du permis tacite (CE 5-2-2020 n° 426160, SCI de L'Aire et du Cros : BPIM 2/20 inf. 98).

e. Les **demandes de suspension émanant du préfet** obéissent à des règles spécifiques (CGCT art. L 2131-6, al. 3 à 6 repris par C. just. adm. art. L 554-1 à L 554-3), différentes de celles applicables au référé-suspension de droit commun visé n° 16640 (C. just. adm. art. L 521-1). En matière d'urbanisme, la demande en référé du préfet, si elle est présentée dans les 10 jours de la transmission de l'acte aux services préfectoraux, entraîne par elle-même la suspension de cet acte pour une durée maximale d'un mois. Le juge des référés du tribunal administratif doit ordonner la suspension jusqu'au jugement au fond si l'un des moyens invoqués par le préfet crée un doute sérieux quant à la légalité de l'acte attaqué, sans avoir à s'interroger sur l'existence d'une situation d'urgence. Sa décision peut faire l'objet d'un appel devant la CAA (CE 14-3-2001 n° 230487, Centre de gestion de la fonction publique territoriale du Vaucluse), alors que dans le cadre du référé-suspension de droit commun la seule voie de recours est un pourvoi en cassation devant le Conseil d'État. La demande de suspension, réitérée par le préfet en appel, n'a pas d'effet suspensif, la loi ne le prévoyant pas expressément (CE 8-2-2017 n° 402417 : BPIM 2/17 inf. 92).

f. Une **commune** ou un EPCI attaquant un permis de construire peut présenter une **demande de suspension** dans les mêmes conditions que le préfet (C. urb. art. L 600-3, anciennement L 421-9 repris par C. just. adm. art. L 554-10).

g. Par dérogation à la règle selon laquelle l'État est représenté en **appel** par le ministre concerné par l'affaire, le préfet a qualité pour déférer à la cour administrative d'appel le jugement rejetant son déféré. Mais s'il est débouté par la cour, seul le ministre pourra saisir le Conseil d'État d'un pourvoi en **cassation.** Le délai du pourvoi en cassation courra – quel que soit le ministre concerné – à compter de la notification de l'arrêt au préfet (CE 19-3-2008 n° 301797, min. aménagement c/ Sté Poitevin constructions : BPIM 3/08 inf. 203).

h. Sur le délai de recours contentieux du préfet lorsqu'un permis revit à la suite de l'**annulation de son retrait,** voir n° 15300, Précisions, g.

INITIATIVE DES TIERS

16410 Si le préfet n'agit pas spontanément, les tiers lésés par la décision peuvent lui demander d'agir. Formée avant l'expiration du délai de recours contentieux, cette demande proroge le délai (CE 26-2-1992 nº 120067). Si le préfet n'y donne pas suite, les intéressés bénéficient, pour saisir eux-mêmes le tribunal, d'un nouveau délai de 2 mois courant à compter de la notification d'un refus exprès du préfet ou de la naissance d'un refus implicite 2 mois après la réception de la demande en préfecture. Toutefois, pour que le délai de recours contentieux soit prorogé, la demande adressée au préfet devra avoir été notifiée à l'auteur et au bénéficiaire de l'acte litigieux (CE 28-7-2000 nº 211872, Sté Lapalun : BPIM 6/00 inf. 361).

Le refus du préfet ne peut pas faire l'objet d'un recours pour excès de pouvoir.

> **Précisions** Le tiers qui n'a pas agi dans les 2 mois de la réponse du préfet est forclos, alors même que le préfet a engagé une action dont il s'est ultérieurement désisté : ce désistement n'a pas pour effet de rouvrir au tiers la possibilité de saisir le tribunal (CE 6-12-1999 nº 196403, Sté Aubettes SA).

C. Voies de recours ouvertes au demandeur

DÉCISIONS SUSCEPTIBLES DE RECOURS

16500 **Généralités** Le recours contre une décision de **refus** de permis de construire est toujours possible, et cela même si le permis de construire n'est pas exigé. Le demandeur n'est pas normalement concerné par l'obligation de **notifier les recours,** obligation qui ne s'applique pas aux recours dirigés contre les refus d'autorisation.

Le demandeur peut également contester l'ensemble des **décisions défavorables** prises à son égard : sursis à statuer, retrait du permis, etc. Sont ainsi susceptibles de recours le refus de délivrer l'attestation d'obtention d'un permis tacite (CE 12-2-2020 nº 421949, Ville de Paris : BPIM 2/20 inf. 96) ou une lettre dans laquelle l'administration déclare que le permis est périmé (CE 5-12-1984 nº 41573, SCI Le Pavois).

Les **avis défavorables** émis lors de l'instruction de la demande ne peuvent pas être attaqués directement, même dans le cas où ils interdisent de délivrer le permis (avis conforme). Ils constituent en effet des mesures préparatoires de la décision prise sur la demande de permis. C'est le refus de permis qui devra être attaqué, le requérant pouvant, à l'appui de son recours, invoquer l'illégalité de l'avis.

> **Précisions a.** Les clauses prévoyant une participation aux **dépenses d'équipements publics** peuvent faire l'objet d'un recours pour excès de pouvoir. Celui-ci n'est soumis à aucune condition de délai car il soulève un litige de travaux publics (CE sect. 13-11-1981 nº 16504 : Lebon p. 413 ; CE 21-6-1985 nº 59521, min. urbanisme c/ SCI Le Carpion).
>
> Lorsqu'une **contribution** aux dépenses d'équipements publics est **réputée sans cause** dans le cadre d'une action en restitution – et non pas annulée pour illégalité par le juge de l'excès de pouvoir – le maire ne peut mettre à la charge du requérant une nouvelle participation (CE 10-12-2012 nº 338708, Cne de La Bretonnerie : RJF 2/13 nº 169, BPIM 1/13 inf. 26). Les participations pour le financement d'équipements publics sont divisibles des autres prescriptions du permis de construire (C. urb. art. L 332-7) et peuvent être contestées lors de la notification des permis ; leur bien-fondé peut également être contesté lors de la notification d'un titre de recette (CAA Lyon 1-4-2021 nº 19LY03505, Cne de Confrançon : BPIM 4/21 inf. 251).
>
> **b.** La contestation des **taxes d'urbanisme à caractère fiscal** doit être exercée suivant les règles du contentieux fiscal. Ces règles comportent notamment l'exigence d'une réclamation préalable et fixent le régime des délais de recours (voir nº 40660). Le recours pour excès de pouvoir est normalement exclu.
>
> **c.** S'agissant :
> – de la **participation pour non-réalisation d'aires de stationnement,** voir nº 42495 ;
> – de la **participation en programme d'aménagement d'ensemble (PAE),** voir nº 43380 ;
> – de la **participation pour le financement des réseaux d'assainissement collectif (PAC),** voir nº 42295.
>
> **d.** Lorsque le recours est dirigé contre le **refus d'un permis de construire un bâtiment de plus de 2 logements,** ou d'un permis d'aménager un lotissement, le juge de première instance et d'appel doit statuer dans un délai de 10 mois au plus, qui toutefois ne lui est pas imparti à peine de dessaisissement (C. urb. art. R 600-6).

16501 **Recours contre une décision exigeant des pièces complémentaires**
Le pétitionnaire peut attaquer la décision par laquelle l'autorité compétente pour statuer sur la demande de permis (ou la déclaration préalable) lui demande des pièces complémentaires

(CE 8-4-2015 n° 365804 : BPIM 3/15 inf. 160). Selon cet arrêt, la demande de pièces complémentaires, bien qu'illégale, faisait obstacle à la naissance d'un **permis tacite** au terme du délai normal d'instruction ; à défaut de production des pièces réclamées dans un délai de trois mois, une décision implicite refusant le permis naissait (ou, s'agissant d'une déclaration, une décision implicite d'opposition CE 9-12-2015 n° 390273 : BPIM 1/16 inf. 17). Il appartenait au pétitionnaire, soit de demander au juge d'annuler ce refus par voie de conséquence de l'annulation de la décision d'exiger les pièces, soit de confirmer sa demande de permis auprès de l'administration.

Cette **solution** est **obsolète** : dans le dernier état de la jurisprudence, une demande illégale de complément de dossier ne fait pas obstacle à la naissance, au terme du délai normal d'instruction, d'un permis tacite ou d'une décision tacite de non-opposition (CE section 9-12-2022 n° 454521, Cne de Saint-Herblain : BPIM 1/23 inf. 7). Néanmoins, la possibilité d'exercer un recours contre la décision réclamant des pièces ne semble pas remise en cause. En revanche, aucun recours n'est possible contre un **courrier modifiant le délai d'instruction** en substituant au délai de droit commun un délai plus long : voir n° 14350.

> **Précisions** Compte tenu du **nouvel état de la jurisprudence**, un recours contre un refus implicite qui serait né à l'expiration du délai imparti pour la production de pièces non requises par le Code de l'urbanisme est irrecevable car il est dirigé contre une décision inexistante (CAA Marseille 28-12-2023 n° 22MA00833, Cne de Réotier : BPIM 2/24 inf. 94). Le juge saisit d'un tel recours peut toutefois, à la demande du requérant, enjoindre au maire de délivrer un certificat relatif à l'existence d'une autorisation tacite née à l'expiration du délai légal d'instruction. Et dans le cas où la demande avait été présentée et instruite avant le changement de jurisprudence, cette autorisation n'a pas pu devenir caduque faute d'être mise en œuvre dans le délai légal de péremption car le pétitionnaire ne pouvait pas savoir qu'il avait acquis une autorisation tacite.

Permis attaqué en tant qu'il comporte certaines prescriptions La jurisprudence admet que le titulaire d'une autorisation de construire est **recevable** à demander l'annulation d'une ou plusieurs prescriptions qui l'accompagnent. Le juge ne peut toutefois annuler ces prescriptions lorsqu'elles sont illégales que si l'autorisation de construire peut être regardée comme légale une fois amputée de ces prescriptions (CE sect. 13-3-2015 n° 358677 : BPIM 3/15 inf. 164). La loi prévoit que les clauses relatives à l'exigibilité de taxes ou de participations financières aux dépenses d'équipement public sont susceptibles d'être contestées isolément (C. urb. art. L 332-7). 16502

> **Précisions a.** Ne pas avoir contesté la participation financière au coût d'**équipements publics exceptionnels** lors de la notification du permis de construire n'interdit pas de le faire à l'appui d'un recours contre le titre exécutoire par lequel l'administration en réclame le paiement (CAA Lyon 1-4-2021 n° 19LY03505 : BPIM 3/21 inf. 180).
> **b.** Sur la **prorogation du délai de recours contentieux** par un recours administratif contre les prescriptions du permis, voir n° 16520 Précisions, e).

RECOURS GRACIEUX ET HIÉRARCHIQUE

En cas de refus de permis de construire, l'intéressé peut, dans le délai de recours contentieux, demander à l'autorité compétente de revenir sur sa décision. Ce recours gracieux **proroge le délai** de recours contentieux. 16505

Le recours administratif est normalement écrit. Cependant, il n'est pas exclu qu'une **réclamation orale** puisse proroger le délai de recours, si sa réalité est parfaitement établie (TA Grenoble 29-3-2007 n° 03-4980 : BPIM 4/07 inf. 258, dans cette affaire, le maire avait mentionné la réclamation dans un courrier la rejetant).

Le recours hiérarchique n'est possible que lorsque la décision est prise au **nom de l'État.** Il est introduit soit auprès du préfet, soit auprès du ministre chargé de l'urbanisme. Ce recours proroge également le délai de recours contentieux. 16510

DÉLAI DU RECOURS POUR EXCÈS DE POUVOIR

Le recours pour excès de pouvoir initié par le demandeur doit être adressé au tribunal administratif du lieu de situation de l'immeuble dans les 2 mois de la notification de l'acte attaqué. Ce délai est un **délai franc** (n° 16285). 16515

Toutefois, le délai de recours n'est opposable qu'à la condition d'avoir été **mentionné, de même que les voies de recours,** dans la notification de la décision (C. just. adm. art. R 421-5). Quand le délai de recours n'est pas opposable au demandeur, celui-ci doit néanmoins agir dans un délai raisonnable qui, sauf circonstances particulières, est d'un an à compter de la date à laquelle une décision expresse lui a été notifiée sans indication des voies et délais de recours ou de la date à laquelle il est établi, par tout moyen, qu'il a eu connaissance du refus (CE ass. 13-7-2016 n° 387763 : BPIM 5/16 inf. 297).

> Précisions **a.** La jurisprudence sur l'obligation d'**agir dans un délai raisonnable** concerne initialement le destinataire d'une décision administrative individuelle (refus de permis par exemple), mais elle a été étendue au tiers qui conteste un permis (voir nº 16638).

b. En cas de **refus tacite,** le délai de recours n'est opposable au demandeur que si l'administration a accusé réception de la demande en indiquant à quelle date son silence ferait naître une décision tacite de rejet et quels seraient les voies et délais de recours contre cette décision (CRPA art. L 112-3 et R 112-5, L 112-6).

c. Si une demande de permis de construire a fait l'objet d'un **refus implicite devenu définitif** en l'absence de recours du pétitionnaire, la notification d'un refus exprès ne fait pas courir un nouveau délai de recours, à moins qu'entre-temps la situation ait changé (CAA Nantes 9-4-2024 nº 22NT01781 : BPIM 3/24 inf. 162).

PROROGATION DU DÉLAI DE RECOURS CONTENTIEUX

16520 Si un **recours gracieux ou hiérarchique** a été introduit par le demandeur dans le délai du recours contentieux, ce délai est prorogé. Un nouveau délai de 2 mois court à compter de la notification du rejet du recours administratif ou de l'expiration du délai de 2 mois au terme duquel le silence gardé par l'administration vaut rejet de ce recours.

Si, dans les deux mois de la notification du refus, le demandeur exerce **à la fois un recours gracieux et un recours hiérarchique** (dans un cas où celui-ci est possible), le nouveau délai ne court que lorsque ces recours administratifs ont été l'un et l'autre rejetés (CE 7-10-2009 nº 322581 : BPIM 1/10 inf. 14).

> Précisions **a.** Selon un arrêt, l'introduction d'un **recours contentieux avant le rejet du recours gracieux** fait obstacle à ce que le requérant puisse se prévaloir de la prorogation du délai attachée à l'exercice du recours gracieux (CAA Paris 1-4-1999 nº 97PA02401).

b. L'autorité saisie d'un **recours gracieux ou hiérarchique** doit en **accuser réception** en indiquant notamment le délai de naissance d'une décision implicite de rejet (CRPA art. L 112-3 et R 112-5). Si cette formalité n'a pas été accomplie, les délais de recours ne sont pas opposables sauf si une décision expresse lui a été régulièrement notifiée avant l'expiration du délai au terme duquel est susceptible de naître une décision implicite (CRPA art. L 112-6). Cette règle, qui ne concerne pas les recours des tiers contre les autorisations administratives, paraît en revanche applicable au recours du pétitionnaire qui conteste un refus d'autorisation.

c. Si, **après rejet implicite du recours administratif** mais avant l'expiration du nouveau délai de recours contentieux, l'intéressé reçoit notification d'une **décision expresse** sur son recours administratif, il peut saisir le juge dans les 2 mois de cette notification (CE 8-7-2011 nº 342113 : BPIM 5/11 inf. 359).

d. Le pétitionnaire dont le recours contentieux contre la décision lui refusant le permis de construire a été rejeté comme tardif par le tribunal administratif, faute d'avoir été formé dans les 2 mois de la notification de cette décision, peut utilement faire valoir **pour la première fois en appel** qu'il avait dans ce délai saisi le maire d'un recours gracieux (CE 18-11-2011 nº 340181, Sté Norbert Famularo et Sté Di Trento : BPIM 1/12 inf. 16). En revanche, il ne serait pas recevable à invoquer cet élément pour la première fois à l'appui d'un recours en cassation devant le Conseil d'État.

e. Un recours administratif du pétitionnaire dirigé contre certaines des **prescriptions** du permis qui lui a été délivré ne proroge pas le délai qui lui est imparti pour demander au juge d'annuler les autres prescriptions (CE 2-6-2023 nº 461645, SCI du 90-94 avenue de la République : BPIM 4/23 inf. 239).

MOYENS D'ANNULATION

16525 Le requérant peut invoquer des moyens de **légalité externe** et de **légalité interne** (voir nº 16290). Parmi les moyens de légalité interne figure l'illégalité des dispositions réglementaires sur lesquelles l'administration a fondé son refus. L'**exception d'illégalité** d'un règlement est recevable sans condition de délai sauf, s'agissant des **documents d'urbanisme,** en ce qui concerne certains vices de forme et de procédure (voir nº 2010). Sur l'annulation ou la déclaration d'illégalité d'un document d'urbanisme et ses effets sur les refus de permis, voir nºs 2030 s.

S'agissant d'un recours contre un **refus de permis** de construire, le juge de l'excès de pouvoir exerce un **contrôle complet** sur les appréciations que l'administration a portées sur la situation d'espèce, au regard des dispositions applicables. En d'autres termes, si l'appréciation du juge diffère de celle de l'administration, le refus sera annulé. La situation est différente en cas de recours d'un tiers contre un permis de construire : certaines des appréciations portées par l'administration font l'objet d'un contrôle restreint, c'est-à-dire qu'elles ne sont annulées qu'en cas d'erreur manifeste d'appréciation (voir nº 16650).

> Précisions Lorsque le **PLU** prévoit une règle générale mais permet à l'autorité compétente de l'écarter dans certaines situations, le choix de l'autorité compétente de ne pas faire usage de cette faculté est soumis au contrôle restreint du juge de l'excès de pouvoir (CE 12-5-2022 nº 453502, Cne de Tassin-la-Demi-Lune : BPIM 4/22 inf. 268).

SUBSTITUTION DE MOTIFS

Sur le **plan de la légalité interne,** le requérant est conduit à critiquer les motifs sur lesquels l'autorité compétente s'est fondée pour refuser le permis. Il convient toutefois de tenir compte des possibilités de substitution de motifs. 16527

D'une part, quand le refus repose sur plusieurs motifs, l'**illégalité d'un seul motif** n'entraînera pas nécessairement l'annulation de la décision ; le juge rejettera le recours s'il estime que l'administration aurait pris la même décision en se fondant uniquement sur les motifs légaux (CE ass. 12-1-1968 n° 70951, min. économie c/ Perrot : Lebon p. 39 ; CE 4-6-2004 n° 264902 : BPIM 5/04 inf. 271 ; CE 7-11-2022 n° 455195, Cne de Gometz-le-Châtel : BPIM 1/23 inf. 8). C'est normalement le cas car l'autorité compétente doit refuser d'autoriser un projet qui n'est pas en tout point conforme à la réglementation d'urbanisme. Le juge qui constate qu'un des motifs est de nature à fonder légalement le refus peut d'ailleurs rejeter le recours sans avoir à s'interroger sur les autres motifs (CE 22-3-2024 n° 463970, Sté AC Promotions : BPIM 3/24 inf. 164).

D'autre part, s'il apparaît que les motifs mentionnés dans sa décision étaient illégaux, l'autorité compétente peut demander au juge administratif de leur substituer un autre motif qu'elle estime plus solide. Le juge communiquera la demande de substitution de motifs au requérant, afin de recueillir ses observations. Il fera droit à cette demande si le **motif invoqué en cours d'instance** est de nature à fonder légalement le refus, compte tenu de la situation de droit et de fait qui existait à la date à laquelle ce refus a été opposé. Deux autres conditions doivent être remplies : le juge doit admettre que l'administration aurait pris la même décision en se fondant sur le motif substitué et il doit s'assurer que la substitution n'a pas pour effet de priver le requérant d'une garantie procédurale (CE sect. 6-2-2004 n° 240560 : Lebon p. 48).

> Précisions **a.** L'administration qui fait état devant le juge, de façon suffisamment explicite, d'un motif non mentionné par la décision attaquée, en soutenant qu'il justifie légalement le refus, **doit être regardée comme demandant une substitution de motifs** (CE 19-5-2021 n° 435109, Cne de Rémire-Montjoly : BPIM 4/21 inf. 240). Dans un cas où le maire avait statué alors que le PLU avait été annulé par un jugement du tribunal administratif frappé d'appel et ultérieurement censuré par la cour administrative d'appel, le juge substitue au motif erroné du refus un motif fondé sur le PLU qui est réputé n'avoir jamais cessé de s'appliquer (CE 21-7-2009 n° 307540).

b. Selon la **CAA de Bordeaux**, lorsque le **retrait d'un permis de construire** est fondé sur un motif erroné, l'administration ne peut pas demander au juge saisi d'un recours de l'intéressé de procéder à une substitution de motifs (CAA Bordeaux 3-11-2020 n° 19BX03698, Cne de Poitiers : BPIM 2/21 inf. 102). En effet, la substitution de motifs est exclue dans le cas où elle priverait le requérant d'une garantie. Or l'administration doit, dans le cadre de la procédure contradictoire (n° 15305), informer à l'avance le pétitionnaire du motif pour lequel elle entend retirer le permis, lui permettant ainsi de modifier son projet en tenant compte de ce motif et de demander un permis modificatif. Cela peut être regardé comme une garantie. Ce raisonnement laisserait toutefois ouverte la possibilité de substituer au motif erroné un motif tiré d'une contrariété avec la réglementation insusceptible d'être levée par une modification du projet.

Pour sa part, la **CAA de Marseille** considère que la substitution de motifs est possible dès lors que le bénéficiaire du permis peut présenter dans le cadre de l'instance des observations sur le motif que l'autorité compétente invoque devant le juge (CAA Marseille 21-3-2024 n° 22MA01857, Cne de Sainte-Maxime : BPIM 3/24 inf. 63). Le Conseil d'État n'a pas encore eu l'occasion de se prononcer sur la question.

c. Même si l'illégalité de certains des motifs d'un refus ne justifie pas nécessairement son annulation par les juges du fond, lorsque ceux-ci ont rejeté le recours contre un refus en estimant que tous ses motifs sont légaux, le juge de cassation qui constate une erreur concernant **un des motifs** annule le jugement (CE 22-7-2021 n° 438247, Syndicat des copropriétaires de l'immeuble situé 9, place Hoche à Versailles : BPIM 5/21 inf. 319).

EFFETS DE L'ANNULATION

L'annulation d'un **refus de permis** oblige l'autorité compétente à se prononcer à nouveau sur la demande de permis sans, bien entendu, pouvoir opposer, pour rejeter la nouvelle demande, le ou les motifs qui ont été censurés par la juridiction administrative (sauf en cas de changement dans la situation de droit ou de fait survenu après la décision annulée et de nature à rendre légal un nouveau refus). 16530

En cas d'annulation d'un refus de permis, le demandeur ne peut pas se considérer comme étant devenu titulaire d'un permis tacite, sauf si cette autorisation tacite avait déjà été acquise avant le refus. Seule la **confirmation de la demande** fera courir un nouveau délai de délivrance d'un permis tacite (CE 7-12-1973 n° 88252, Société civile agricole des Nigritelles : Lebon p. 699). Il en va ainsi même si le juge, en annulant le refus ou en en prononçant la suspension en référé, a **enjoint** à l'administration de réexaminer la demande de permis dans un certain délai (CE 28-12-2018 n° 402321, Association du Vajra triomphant Mandarom aumisme : BPIM 1/19 inf. 17 ; CE 20-7-2023 n° 467318, Sté de développement d'études foncières et immobilières : BPIM 5/23 inf. 297)

© Éd. Francis Lefebvre

> **Précisions a.** Lorsqu'un refus de permis de construire a été annulé et que le pétitionnaire a confirmé sa demande, l'autorité compétente doit statuer dans le **délai d'instruction** qu'elle lui avait notifié lors du dépôt de la demande initiale. Ce délai court à compter de la confirmation de la demande et à son terme, à défaut de décision expresse, le demandeur se trouve titulaire d'un permis tacite (CAA Marseille 27-3-2015 n° 13MA01787, Cne de Saint-Guiraud : BPIM 3/15 inf. 165).
> **b.** Sauf changement de circonstances, l'**autorité de chose jugée** s'oppose à ce qu'un permis de construire délivré à la suite de l'annulation juridictionnelle d'un refus de permis soit annulé à la demande d'un tiers pour le motif sur lequel reposait le refus et qui a été jugé illégal (CE 12-10-2018 n° 412104, Sté Néoen : BPIM 6/18 inf. 393). Le fait que le tiers qui attaque le permis produise des pièces qui ne figuraient pas au dossier lors de l'annulation du refus n'est pas une circonstance nouvelle permettant de s'affranchir de l'autorité de chose jugée. On relèvera cependant que selon d'autres décisions un jugement annulant un refus et ordonnant de délivrer le permis n'est pas opposable aux tiers ayant intérêt à attaquer ce permis (voir n°s 16300, Précisions, d et 16538, Précisions, a). Les deux solutions paraissent difficilement compatibles.

16535 Lorsque le refus de permis a fait l'objet d'une annulation par le juge, le demandeur est protégé contre une **évolution défavorable du PLU,** qui permettrait de lui opposer régulièrement un second refus. En effet, « la demande d'autorisation ou la déclaration confirmée par l'intéressé ne peut faire l'objet d'un nouveau refus ou être assortie de prescriptions spéciales sur le fondement de dispositions d'urbanisme intervenues après la date d'intervention de la décision annulée sous réserve que l'annulation soit devenue définitive et que la confirmation de la demande ou de la déclaration soit effectuée dans les six mois suivant la notification de l'annulation au pétitionnaire » (C. urb. art. L 600-2).

Dans le **dernier état de la jurisprudence,** si le pétitionnaire confirme sa demande dans un délai de 6 mois à compter de la notification d'une décision juridictionnelle annulant le refus, l'administration doit le faire bénéficier de la cristallisation des dispositions applicables à la date de ce refus, **même si** l'annulation n'est **pas devenue définitive** parce qu'un appel ou un pourvoi en cassation a été introduit ou peut encore l'être, le délai de recours n'étant pas expiré (CE 13-11-2023 n° 466407, Cne de Saint-Didier-au-Mont-d'Or : BPIM 1/24 inf. 15). Mais le permis délivré à la suite de cette confirmation demeure précaire tant que l'annulation n'est pas définitive. Si la juridiction supérieure la remet en cause et rejette le recours du pétitionnaire contre le refus, l'administration pourra retirer le permis dans un délai de 3 mois à compter de la notification de cette nouvelle décision juridictionnelle. Elle devra au préalable recueillir les observations du pétitionnaire.

Cette solution ne paraît pas remettre en cause la jurisprudence antérieure selon laquelle le délai de 6 mois court à compter de la notification au pétitionnaire de la décision de la juridiction supérieure qui confère un caractère définitif à l'annulation du refus (CE 4-3-2009 n° 319974, Cne de Beaumettes : BPIM 2/09 inf. 99 ; CE 8-6-2016 n° 388740 : BPIM 4/16 inf. 236, précisant qu'en cas de refus d'admission d'un pourvoi en cassation, le délai de 6 mois court à compter de la communication du refus d'admission au pétitionnaire). Tout indique que, lorsqu'un jugement ou un arrêt annulant le refus de permis fait l'objet d'un appel ou d'un pourvoi en cassation, le pétitionnaire a le choix : soit il confirme sa demande dans les 6 mois de la date à laquelle ce jugement ou arrêt lui a été notifié, soit il attend l'issue du recours, se réservant la possibilité de la confirmer dans les 6 mois de la date à laquelle lui sera notifiée la décision de la juridiction supérieure, si elle lui est favorable.

On précisera que la cristallisation des règles d'urbanisme au jour du refus initial ne concerne pas les servitudes d'utilité publique qui pourront être opposées au pétitionnaire même si elles sont apparues postérieurement au refus illégal initial (voir, sur ces différents points, Circ. 94-38 du 22-4-1994 art. 5-2 : BO équipement 94/13 du 20-5-1994 p. 68).

Par ailleurs, cette stabilisation des règles d'urbanisme ne joue pas si le pétitionnaire apporte à son projet des modifications allant au-delà d'ajustements ponctuels (CE 14-12-2022 n° 448013, Sté Eolarmor : BPIM 1/23 inf. 11).

> **Précisions a.** L'article L 600-2 s'applique en cas d'**annulation** d'une décision de **sursis à statuer** sur une demande de permis de construire (CE 9-3-2016 n° 383060, Cne de Beaulieu : BPIM 3/16 inf. 164).
> **b.** Il n'est pas par principe exclu que l'autorité compétente, statuant à nouveau après annulation d'un refus, **oppose un sursis à statuer** à la demande confirmée du pétitionnaire. Mais elle ne pourra pas se fonder sur la circonstance que la réalisation du projet serait de nature à compromettre ou à rendre plus onéreuse l'exécution d'un PLU intervenu après la date du refus ayant fait l'objet de l'annulation contentieuse (CE 16-7-2010 n° 338860, Sté Francimo : BPIM 5/10 inf. 354).
> **c.** Lorsqu'il a obtenu du juge, à la suite de l'annulation d'un refus de permis, qu'il enjoigne à l'administration de réexaminer sa demande, le pétitionnaire n'a pas besoin de la confirmer pour

bénéficier des dispositions de l'article L 600-2 (CE 23-2-2017 n° 395274 : BPIM 3/17 inf. 188). En présentant des **conclusions à fin d'injonction,** le pétitionnaire doit en effet être regardé comme ayant confirmé sa demande d'autorisation (Avis CE n° 417350 du 25-5-2018 ; D. Chauvaux, Contentieux du refus des autorisations d'urbanisme : le Conseil d'État précise les pouvoirs du juge : BPIM 4/18 inf. 238).

d. Les dispositions du règlement d'un **plan de prévention des risques** naturels prévisibles constituent des dispositions d'urbanisme au sens de l'article L 600-2. Lorsque le plan a été édicté après l'annulation d'un refus de permis par le juge administratif, il n'est pas opposable au bénéficiaire de cette annulation (Avis CE 12-06-2002 n° 244634, Préfet de Charente-Maritime : BJDU 3/02 p. 220). En revanche, les dispositions soumettant à autorisation l'implantation d'équipements commerciaux ne sont pas des dispositions d'urbanisme au sens de l'article L 600-2 (CAA Marseille 21-3-2002 n° 98MA01844, SCI Infossi-Gimet : BPIM 1/03 inf. 15).

INJONCTION DU JUGE

Lorsqu'il annule un refus d'autorisation, le **juge administratif,** saisi par le pétitionnaire de conclusions en ce sens ou agissant de sa propre initiative, peut **ordonner à l'administration,** soit de réexaminer la demande, soit de délivrer l'autorisation (C. just. adm. art. L 911-1 s.). 16538

S'agissant d'un refus de permis de construire ou d'une opposition à une déclaration de travaux, le juge doit normalement aller jusqu'à une injonction de délivrer le permis ou de prendre une décision de non-opposition (Avis CE 25-5-2018 n° 417350, Préfet des Yvelines : BPIM 4/18 n° 238 ; D. Chauvaux, Contentieux du refus des autorisations d'urbanisme : Le Conseil d'État précise les pouvoirs du juge : BPIM 4/18 inf. 238). En effet, l'administration a dû indiquer dans la motivation de sa décision l'ensemble des motifs qui s'opposaient selon elle à la délivrance de l'autorisation (voir n° 14670) et elle a eu la possibilité de faire état d'autres motifs en cours d'instance. Pour annuler le refus, le juge a dû constater l'illégalité de chacun des motifs ainsi invoqués. Par ailleurs, les dispositions applicables à la demande demeurent celles en vigueur à la date du refus annulé.

Dans ces conditions, c'est seulement en présence d'un **obstacle légal à la délivrance de l'autorisation** dont l'administration ne s'était pas avisée, ou s'il constatait une modification de la situation de fait rendant cette délivrance impossible, que le juge pourrait rejeter la demande d'injonction.

› Précisions a. Le permis délivré sur injonction du juge pourra être **attaqué par les tiers** sans qu'ils puissent se voir opposer les termes du jugement prononçant l'injonction. Par ailleurs, si ce jugement est **annulé par le juge d'appel ou de cassation,** l'autorité qui a délivré le permis pourra le **retirer** dans un délai de 3 mois à compter de la notification de la décision de la cour administrative d'appel ou du Conseil d'État, après avoir recueilli les observations du pétitionnaire (Avis CE 25-5-2018 n° 417350, Préfet des Yvelines). Sur l'absence d'obligation pour l'administration de notifier au pétitionnaire un appel ou un pourvoi en cassation contre le jugement lui enjoignant de délivrer le permis, voir n° 16313, Précisions, d.

b. La **commune** ne peut pas **exercer un recours contentieux** contre un permis délivré par le maire sur injonction du juge administratif, ni faire appel ou se pourvoir en cassation contre un jugement ou un arrêt rejetant le recours d'un tiers contre ce permis (CE 15-10-2018 n° 416670, Cne des Sables-d'Olonne : BPIM 6/18 inf. 395).

c. Pour un exemple où un **changement des circonstances de fait** postérieur au refus illégal – un mouvement de terrain impliquant une nouvelle instruction pour vérifier l'absence de risque pour la sécurité publique – conduit le juge à ordonner non la délivrance du permis mais un réexamen de la demande : voir CAA Douai 5-10-2023 n° 22DA00229, Cne de Cottévrard.

d. Une injonction de délivrer le permis est également la conséquence normale de l'annulation d'une décision par laquelle l'autorité compétente a **sursis à statuer** sur la demande de permis (CE 13-11-2023 n° 466407, Cne de Saint-Didier-au-Mont-d'Or : BPIM 1/24 inf. 12).

RÉFÉRÉ-SUSPENSION

La procédure du référé-suspension (voir n° 16640) peut être exercée à l'encontre d'une décision administrative « même de rejet ». La **suspension d'une décision de rejet** peut consister, selon la nature du moyen jugé sérieux, soit à ordonner à l'administration de statuer à nouveau sur la demande selon une procédure régulière, soit à lui prescrire d'accorder au requérant une autorisation provisoire dans l'attente du jugement du litige (CE sect. 20-12-2000 n° 206745 : Lebon p. 643). 16540

Pour établir que sa demande en référé est justifiée par l'**urgence**, le requérant doit démontrer que le refus de permis a pour lui des conséquences graves. L'administration peut toutefois, en défense, faire valoir que la réalisation immédiate de la construction porterait atteinte à un intérêt public tel que la protection d'une zone naturelle (CE 25-11-2002 n° 248423, min. équipement : BPIM 2/03 inf. 84, 1e esp.). La suspension du refus de délivrer un permis de régularisation, alors que la démolition de la construction a été ordonnée par le juge civil ou pénal, est justifiée par l'urgence (CE 5-5-2006 n° 285655, SCEA La Frênaie : BPIM 5/06 inf. 339). L'urgence a également été reconnue s'agissant d'un retrait de permis effectué hors délai : entaché d'une illégalité certaine eu égard au dessaisissement de l'administration, ce retrait causait en l'espèce un important préjudice financier au constructeur (CE 14-10-2002 n° 246583, Sté Détroit : AJDA 16-12-2002 p. 1456 concl. D. Chauvaux).

> **Précisions** **a.** Saisi de conclusions en ce sens, le juge des référés ordonne soit la délivrance d'un **permis provisoire,** si le moyen regardé comme sérieux est tiré de ce que les dispositions que l'administration a opposées ne permettaient pas de refuser le permis, soit le réexamen de la demande, si ce moyen est tiré d'un vice de procédure ou de forme. Le permis délivré à la suite d'une injonction du juge des référés de réexaminer la demande présente par nature un caractère provisoire (CE 13-7-2007 n° 294721, Cne de Sanary-sur-Mer : BPIM 5/07 inf. 321, CE 11-8-2005 n° 281486 : Lebon T. p. 1030). Il appartient au pétitionnaire de prendre, ou non, le risque de mettre en œuvre un tel permis.
> **b.** Le **retrait** d'un permis de construire provisoire, délivré après suspension d'un refus, obéit à un régime spécifique qui n'est pas celui du permis de construire « classique » de l'article L 424-5 du Code de l'urbanisme (CE sect. 7-10-2016 n° 395211 : BPIM 6/16 inf. 353). Il doit intervenir dans un délai raisonnable (3 mois maximum) à compter de la notification à l'administration de l'événement qui le justifie (rejet du recours pour excès de pouvoir contre le refus de permis, annulation de la suspension du refus de permis en Conseil d'État, nouvelle ordonnance du juge des référés mettant fin à la suspension ou désistement du requérant).
> **c.** L'urgence à suspendre une décision de **sursis à statuer** ne se présume pas ; elle doit être démontrée par le requérant (CE 12-6-2013 n° 358922, Cne de Lambesc).

RECOURS INDEMNITAIRE POUR REFUS ILLÉGAL

16545 La **responsabilité pécuniaire** de la collectivité au nom de laquelle l'autorité compétente a statué peut se trouver engagée du fait d'un refus illégal de permis de construire (CE 7-3-1990 n° 69881, min. urbanisme : D. 1991 som. p. 230). Elle l'est aussi en cas de délivrance d'un permis illégal (voir n° 16663). Le demandeur doit apporter la preuve du **préjudice** qu'il a subi du fait de la décision illégale. Seul est indemnisable le préjudice certain en lien de causalité direct avec la faute de l'administration.

Il n'est pas indispensable d'obtenir l'annulation de la décision avant de présenter un recours indemnitaire. L'illégalité de la décision pourra être établie dans le cadre de ce recours.

> **Précisions** **a.** Si le refus de permis résulte d'une exacte application de dispositions d'urbanisme légalement édictées, le demandeur ne peut normalement prétendre à une indemnité. En effet, les **servitudes d'urbanisme** n'ouvrent droit à aucune indemnisation, sauf exceptions limitativement énumérées (voir nos 50 s.).
> **b.** En principe, la **perte de bénéfices** ou le manque à gagner découlant de l'impossibilité de réaliser une opération immobilière en raison d'un refus illégal de permis de construire revêt un caractère éventuel non indemnisable. Par exception, si le requérant justifie de **circonstances particulières,** telles que des engagements souscrits par de futurs acquéreurs ou l'état avancé des négociations commerciales, ce préjudice peut revêtir un caractère direct et certain (CE 12-7-2017 n° 394941, Sté Négocimmo : BPIM 5/17 inf. 329 ; CE 15-4-2015 n° 371274 : BPIM 3/16 inf. 167 ; CE 11-5-1983 n° 33370 : JCP éd. G 1984 II n° 20165 ; CAA Nantes 30-12-1996 n° 94NT0607 : BPIM 2/97 inf. 102).
> **c.** Dans le cas où le permis, d'abord refusé illégalement, a fini par être accordé, le demandeur peut prétendre à être indemnisé des conséquences du **retard** apporté à la réalisation du projet (CE 26-10-1988 n° 79400, min. équipement c/ SCI Les Moulins d'Hyères : Lebon p. 382).
> **d.** Le rejet illégal d'une demande de permis modificatif par le maire engage la responsabilité de la commune, sans que celle-ci puisse invoquer comme **cause exonératoire** l'infraction commise par le constructeur en réalisant des travaux non conformes au permis de construire initial (CE 17-12-2003 n° 255235, Cne de Cannes : BPIM 3/04 inf. 142).
> **e.** La commune, condamnée à indemniser le pétitionnaire, dispose d'une **action en garantie** contre la collectivité publique ayant pris en charge l'instruction de la demande de permis et ayant commis une faute dans l'exercice de cette mission (CAA Lyon 29-12-2005 n° 00LY01297 : BPIM 2/06 inf. 94). En l'espèce il s'agissait d'une demande instruite pour le compte de la ville de Lyon par la communauté urbaine dans le cadre d'une convention prévoyant une rémunération et ne comportant pas de clause limitative de responsabilité.
> **f.** La faute commise lors de l'instruction d'une autorisation d'urbanisme n'engage que la **responsabilité** de la collectivité au nom de laquelle cette autorisation est délivrée même si la faute résulte d'un avis émis par une autre personne pendant l'instruction (CE 9-11-2015 n° 380299 : BPIM 6/15 inf. 370). Lorsque le maire se prononce au nom de l'État sur une demande de permis, un refus illégal engage la responsabilité de l'État.

D. Voies de recours ouvertes aux tiers

INTÉRÊT À AGIR

Définition Tout tiers ayant un intérêt pour agir, personnel et direct, peut, en cas de contestation de la légalité de la décision accordant permis, introduire un recours gracieux, hiérarchique ou contentieux contre cette décision. Le plus souvent, il s'agira d'un voisin lésé (propriétaire ou locataire). 16600

Pour qu'un tiers ait intérêt à agir contre une **décision relative à l'occupation ou à l'utilisation** du sol régie par le Code de l'urbanisme (y compris les déclarations préalables de travaux), il faut que la construction, l'aménagement ou les travaux soient « de nature à affecter directement les conditions d'occupation, d'utilisation ou de jouissance » d'un bien que le demandeur détient ou occupe régulièrement, ou pour lequel il bénéficie d'une promesse de vente ou de bail, ou d'un contrat préliminaire dans le cadre d'une vente d'immeuble à construire. Cette règle de recevabilité concerne les personnes physiques mais aussi les personnes morales autres que l'État, les collectivités territoriales et leurs groupements ainsi que les associations (C. urb. art. L 600-1-2).

Le requérant doit faire état d'éléments suffisamment précis et étayés de nature à établir une atteinte directe aux conditions d'occupation, d'utilisation ou de jouissance de son bien (CE 10-6-2015 n° 386121 : BPIM 4/15 inf. 238) sans pour autant devoir apporter la preuve du caractère certain de l'atteinte qu'il invoque (CE 13-4-2016 n° 389798 : BPIM 3/16 inf. 168). Les écritures et les documents produits par l'auteur du recours doivent faire apparaître clairement en quoi les conditions d'occupation, d'utilisation ou de jouissance de son bien sont susceptibles d'être directement affectées par le projet litigieux (CE 10-2-2016 n° 387507 : BPIM 2/16 inf. 87). Les juges sont moins exigeants envers le voisin immédiat du projet de construction, qui, parce qu'il est dans une « situation particulière », n'a pas à être aussi précis (voir n° 16615).

Sauf pour le requérant à justifier de circonstances particulières, l'intérêt pour agir contre un permis de construire, de démolir ou d'aménager s'apprécie à la **date d'affichage en mairie** ou de publication sur le **site internet** de la commune de la demande de permis (C. urb. art. L 600-1-3 et art. R 423-6) et lorsque les troubles d'occupation et de jouissance du tiers étaient constitués à la date d'affichage (ou de publication), la requête est recevable et elle le demeure même si ces troubles disparaissent ultérieurement (CE 21-9-2022 n° 461113, Sté Maison Camp David : BPIM 6/22 inf. 402). La date d'affichage (ou la publication sur le site internet) doit figurer sur le permis ou sur le certificat de permis tacite ou de non-opposition à la déclaration (C. urb. art. R 424-5 et R 424-13). Une personne qui s'est installée à proximité du terrain d'assiette du projet après la date de publication de la demande de permis se verra normalement opposer un défaut d'intérêt pour agir ; en se bornant à soutenir que son recours ne procède pas d'un détournement ou d'une intention malveillante à l'encontre du titulaire du permis, elle n'établit pas une **circonstance particulière** permettant de déroger à la règle de l'appréciation de l'intérêt à cette date (CE 13-12-2021 n° 450241, Sté Ocean Dream's Resort : BPIM 1/22 inf. 11). On peut imaginer que les circonstances particulières pourraient résulter par exemple du fait qu'à la date d'affichage le requérant était déjà engagé par une promesse de vente à acquérir le bien voisin du terrain d'assiette.

› Précisions **a.** Un tiers sans acte de propriété, promesse de vente ou contrat préliminaire mais qui **prétend sérieusement** à la propriété du terrain d'assiette du projet de construction ou du bien voisin peut justifier d'un intérêt à agir contre le permis de construire (CE 25-1-2023 n° 445937, Sté Touche Automobiles : BPIM 2/23 inf. 94).

b. L'article 26 de la loi 77-2 du 3 janvier 1977 sur l'architecture reconnaît au conseil national ou régional de l'**ordre des architectes** le droit de contester un permis si le projet n'a pas été élaboré par un architecte, peu importe que les conditions de l'article L 600-1-2 du Code de l'urbanisme ne soient pas remplies (CE 26-7-2018 n° 418298, Conseil régional de l'ordre des architectes de Bretagne : BPIM 5/18 inf. 328).

c. L'intérêt pour agir contre un permis de construire s'appréciant sur le seul fondement du Code de l'urbanisme, la règle civile selon laquelle les **héritiers** légaux sont saisis de plein droit des actions du défunts ne peut pas jouer pour admettre l'intérêt à agir de l'héritière (CE 20-11-2024 n° 489830, Sté le Gardeno : BPIM 1/25 inf. 19).

Appréciation de l'intérêt à agir C'est au regard de l'incidence concrète du projet sur la situation du requérant que l'intérêt pour agir doit être apprécié (CE 16-6-2004 n° 264185, Cne de Cogolin et Sté Socodag : BPIM 4/04 inf. 205). Parmi les critères permettant cette appréciation, la configuration des lieux est d'une importance certaine (CE 25-1-2012 n° 344705 : BPIM 2/12 inf. 111). Le seul fait que le projet puisse avoir certaines incidences visuelles ou sonores sur la propriété du requérant, pas plus que les raisons pour lesquelles celui-ci a acquis son bien, 16605 ne peuvent suffire à établir l'intérêt pour agir (CE 18-3-2019 nº 422460, Cne de Montségur-sur-Lauzon : BPIM 3/19 inf. 159).

L'intérêt à agir contre un **permis modificatif** s'apprécie au regard des modifications apportées au projet de construction initialement autorisé (CE 17-3-2017 nº 396362 : BPIM 3/17 inf. 190). Ainsi, celui qui attaque un modificatif sans avoir attaqué le permis initial ou alors que son recours a été définitivement rejeté doit justifier que, par elles-mêmes, les modifications affectent la jouissance de son bien (CE 17-2-2023 nº 454284 : BPIM 2/23 inf. 93).

Le Conseil d'État **juge de cassation** contrôle les critères retenus par les juges du fond pour déterminer si un requérant justifie d'un intérêt pour demander l'annulation d'un permis de construire (CE 9-12-1996 nº 155477, Association pour la sauvegarde du patrimoine martiniquais : Lebon p. 479 ; CE 10-2-2016 nº 387507 : BPIM 2/16 inf. 87 ; CE 13-4-2016 nº 389798 : BPIM 3/16 inf. 168).

16610 **Intérêt à agir au regard de la réglementation d'urbanisme** L'intérêt invoqué doit être pertinent au regard des finalités de la réglementation de l'urbanisme. Ainsi la volonté d'un **commerçant** d'éviter l'installation d'un concurrent ne lui confère pas un intérêt pour attaquer le permis. La **jurisprudence** est **constante** sur ce point. Ainsi jugé pour :

– l'exploitant d'un cinéma attaquant le permis de construire un autre cinéma dans la même localité (CE sect. 13-3-1987 nº 55525, Sté Albigeoise de spectacles : Lebon p. 97) ;

– des commerçants et associations de commerçants attaquant un permis de construire un centre commercial (CE 7-7-1995 nº 101500, Carbo et Carré) ;

– un agent immobilier exerçant dans la commune où doit être construit un ensemble immobilier (CE sect. 5-10-1979 nº 5727, SCI Adal d'Arvor : Lebon p. 365).

Le fait que le requérant exploite un **magasin situé à proximité immédiate** du terrain d'assiette du projet ne suffit pas à lui conférer un intérêt pour agir, dès lors qu'il se plaint de l'arrivée d'un concurrent. En revanche, son intérêt peut être reconnu si les caractéristiques du projet sont de nature à nuire à l'exploitation de son établissement, par exemple en rendant plus difficile l'accès des clients ou en dégradant le site (CE 22-2-2002 nº 216088, Sté France Quick SA : BJDU 2/02 p. 143 ; CAA Nantes 3-12-2002 nº 01NT01541, Cne de La Faute-sur-Mer : BPIM 1/03 inf. 10).

En ce qui concerne les recours contentieux contre les **permis de construire valant autorisation d'exploitation commerciale,** voir nº 20615.

> **Précisions** La circonstance que le permis de construire a été délivré après **avis de la CDAC** (C. com art. L 752-4) est sans incidence sur l'absence d'intérêt d'une entreprise commerciale pour demander l'annulation du permis de construire délivré à un concurrent si la construction envisagée n'est pas de nature à affecter ses conditions d'exploitation (CE 11-6-2014 nº 360135, Sté Devarocle : BPIM 4/14 inf. 235).
>
> **Dans le même esprit** :
>
> – une association de libres-penseurs n'est pas recevable, en cette qualité, à attaquer un permis de construire une école catholique (CE 29-7-1983 nº 50013, Fédération départementale des libres-penseurs des Yvelines : Lebon p. 357) ;
>
> – un comité social et économique n'a pas qualité pour contester un permis de construire un ouvrage voisin de l'entreprise, dès lors que le permis ne porte atteinte ni aux intérêts des salariés de l'entreprise ni aux intérêts propres du comité (CE 1-12-1993 nº 111730, Comité d'entreprise de la société française de munitions : BJDU 2/94 p. 111).

16615 **Intérêt à agir du propriétaire et du voisin** Le **propriétaire du terrain d'assiette** du projet justifie d'un intérêt à agir dès lorsqu'il remplit les critères posés par la loi et la jurisprudence (voir nº 16600). Il en va de même de l'ancien propriétaire exproprié, dès lors que l'ordonnance d'expropriation n'est pas devenue définitive (CE 25-10-1996 nº 137361, SEM d'aménagement de Gennevilliers : BPIM 2/97 inf. 103, 1er esp.). Jugé en revanche que le nu-propriétaire n'a pas qualité pour contester un permis de construire demandé par le locataire avec l'autorisation du bailleur alors plein propriétaire et demeuré usufruitier (CAA Marseille 31-5-2012 nº 10MA02415 : BPIM 4/12 inf. 296).

L'**ancien locataire** d'un immeuble n'est pas recevable à attaquer le permis autorisant la transformation de celui-ci, alors même qu'il continue à l'occuper sans titre (CE 27-2-1985 nº 39357, Sté Grands travaux et constructions immobilières).

Le simple **fait d'habiter la commune** n'est en principe pas suffisant (CE 6-6-1973 nº 85938 : Lebon p. 404), pas plus que le **fait d'y être contribuable** (CE 8-4-1987 nº 50755) même si la réalisation du projet impliquera une participation financière de la commune (CE 22-1-1988 nº 51687).

Le **voisin immédiat,** eu égard à sa situation particulière, justifie en principe d'un intérêt à agir lorsqu'il fait état devant le juge d'éléments relatifs à la nature, à l'importance ou à la localisation du projet de construction : troubles occasionnés par les travaux, conséquences du projet sur sa vue, son cadre de vie, etc. (CE 13-4-2016 nº 389798 : BPIM 3/16 inf. 168). Il ne peut pas se borner à faire valoir sa qualité de voisin direct de la construction projetée (CE 10-2-2016 n° 387507 : BPIM 2/16 inf. 87). En dehors du voisin immédiat de la construction, le voisin « ordinaire », même si le projet est visible depuis chez lui, doit démontrer, par des éléments précis et étayés, en quoi la construction projetée est susceptible d'affecter directement les conditions d'occupation, d'utilisation ou de jouissance de son bien (CE 10-6-2015 n° 386121 : BPIM 4/15 inf. 238 ; CE 16-5-2018 n° 408950, Sté P et Technologie : BPIM 4/18 inf. 251 ; CE 27-1-2020 n° 423529, Sté Sodipaz : BPIM 2/20 inf. 99, dans le cas du propriétaire d'un terrain situé à 150 m du lieu d'implantation du projet). L'appréciation de l'intérêt pour agir tient compte de la distance entre le terrain d'assiette du projet et la résidence du requérant et de l'importance et de la destination de la construction autorisée. La configuration des lieux peut également être déterminante (CE 25-1-2012 n° 344705 : BPIM 2/12 inf. 111).

› Précisions **a.** La qualité d'**usufruitier successif** (usufruitier en second) de la parcelle située à proximité du terrain d'assiette du projet conférait au requérant, en tant que titulaire de ce droit d'usufruit, même à exercice différé, un intérêt suffisamment direct et certain pour agir contre le permis de construire (CE 14-11-2007 n° 305987 : BPIM 1/08 inf. 14).

b. Le propriétaire d'un terrain non construit, qu'il **n'occupe pas et n'exploite pas,** est néanmoins susceptible d'avoir intérêt pour agir contre un permis de construire délivré à proximité (CE 28-4-2017 n° 393801 : BPIM 3/17 inf. 189).

c. Le **syndicat des copropriétaires** d'un immeuble jouxtant le terrain d'assiette du projet de construction peut, pour justifier de son intérêt pour agir contre le permis de construire, faire simplement valoir l'importance du projet (CE 24-2-2021 n° 432096, Syndicat des copropriétaires de la Résidence la Dauphine : BPIM 2/21 inf. 104). Le critère d'appréciation de l'intérêt pour agir est donc le même pour le syndicat que pour chacun des copropriétaires.

d. Le locataire d'un **immeuble** qui sera **démoli** pour réaliser un projet de construction ne justifie pas d'un intérêt lui donnant qualité pour demander l'annulation du permis de construire (CE 16-10-2024 n° 475093, Sté Immobilière Abraham Bloch : BPIM 6/24 inf. 342).

Intérêt à agir d'une association Une association n'est recevable à agir contre une décision relative à l'occupation ou l'utilisation des sols que si le dépôt de ses statuts en préfecture est intervenu au moins un an avant l'affichage en mairie ou la publication sur le site internet de la commune de la demande du pétitionnaire (C. urb. art. L 600-1-1 et art. R 423-6). 16620
Même après l'introduction du **délai d'un an** par la loi **Élan,** cette disposition n'a pas été jugée contraire au droit constitutionnel d'exercer des recours, compte tenu de l'objectif poursuivi par le législateur : empêcher qu'une autorisation puisse être contestée par une association qui s'est constituée dans le seul but de s'opposer au projet correspondant (Cons. const. 1-4-2022 n° 2022-986 QPC).

Quand la **condition relative au dépôt des statuts** est remplie, il faut encore que l'association justifie que le permis qu'elle attaque affecte véritablement les intérêts qu'elle a pour mission de défendre. Est généralement rejeté comme irrecevable le recours d'une association de défense de l'environnement ayant un ressort géographique ou un objet social trop vaste au regard de l'importance du projet qu'elle conteste (CE 27-5-1991 n° 113203, Fédération régionale des associations de protection de la nature et de l'environnement dans le nord de la France – Nord Nature).

Toutefois, une **association de protection de l'environnement agréée** au titre de l'article L 141-1 du Code de l'environnement est toujours recevable à attaquer un permis de construire ayant un rapport direct avec son objet et ses activités statutaires et produisant des effets dommageables pour l'environnement sur tout ou partie du territoire pour lequel elle bénéficie de cet agrément (C. envir. art. L 142-1). Cette disposition ne permet pas d'opposer à une association agréée la disproportion entre son ressort géographique et l'importance du projet litigieux (CE 8-2-1999 n° 176779, Fédération des associations de protection de l'environnement et de la nature des Côtes-d'Armor : BPIM 2/99 inf. 96). Mais elle ne concerne que les recours dirigés contre des décisions postérieures à l'octroi de l'agrément.

› Précisions **a.** L'intérêt d'une association pour attaquer un permis de construire s'apprécie sans tenir compte d'une **modification des statuts** postérieure à l'affichage en mairie de la demande de permis (CE 29-3-2017 n° 395419, Association « Garches est à vous » : BPIM 3/17 inf. 191).

b. En règle générale, seule une association constituée à l'**échelle de la commune** a intérêt à contester un permis de construire délivré sur le territoire de cette commune. De manière exceptionnelle, une association départementale, voire régionale, peut se voir reconnaître un intérêt pour agir compte tenu soit de l'importance particulière du projet de construction, soit du fait qu'il est implanté dans une zone que l'association s'est donné vocation particulière à protéger (CE 10-2-1997 n° 140841, Association de défense, de protection et de valorisation du patrimoine naturel et historique de Corse : BPIM 3/97 inf. 173 ; CE 24-10-1997 n° 161043, SCI du hameau de Piantarella et Cne de Bonifacio : BPIM 1/98 inf. 8 ; CE 1-12-2023 n° 466492, Association En Toute Franchise Département du Var : BPIM 1/24 inf. 16).

c. En l'absence de **précisions sur le champ d'intervention** d'une association dans les stipulations définissant son objet social, le juge doit examiner l'ensemble des statuts pour déterminer son ressort géographique et, par suite, son intérêt pour agir (CE 17-3-2014 n° 354596, Association de consommateurs de la Fontaulière : BPIM 3/14 inf. 161).

d. A été jugé recevable le recours d'une association de **défense du cadre de vie d'un quartier** contre un permis de construire portant sur un projet d'une certaine importance sur un terrain jusqu'alors non bâti (CE 20-10-2017 n° 400585, Association de défense de l'environnement et du cadre de vie du quartier Épi d'Or-Saint Cyr-l'École : BPIM 6/17 inf. 392).

e. Une association dont l'objet social est la **défense de l'environnement** ne justifie pas d'un intérêt pour attaquer un permis de construire une maison d'habitation sur un terrain comportant déjà une construction et situé dans une zone urbanisée (CE 12-4-2022 n° 451778 : BPIM 3/22 inf. 184).

f. Pour que le recours contentieux présenté au nom d'une association soit recevable, l'exercice de l'action doit avoir été décidé par l'**instance compétente de l'association.** Cette instance est celle à laquelle les statuts confèrent le pouvoir de décider d'agir en justice, ou, dans le silence des statuts sur ce point, celle qu'ils habilitent à représenter l'association « dans les actes de la vie civile » (CE 27-6-2016 n° 388758 : BPIM 4/16 inf. 239). Rien n'interdit à l'assemblée générale, plutôt que d'habiliter son président ou une autre instance pour représenter l'association, de désigner elle-même un avocat (CE 24-9-2010 n° 328661, Association La vallée aux chevaux : BPIM 6/10 inf. 444).

g. Si la **personne qui a engagé une action au nom d'une association** n'a pas justifié devant le tribunal administratif de sa qualité pour la représenter en justice, alors qu'elle avait été mise en mesure de le faire soit par une fin de non-recevoir opposée par le défendeur, soit par une invitation du tribunal, elle ne peut pas en justifier pour la première fois devant la cour administrative d'appel, même en produisant une habilitation établie avant la date du jugement (CE 5-5-2010 n° 304059, Comité pour la sauvegarde du domaine de la Coudoulière et Le Port : BPIM 5/10 inf. 355).

h. La vérification par le juge administratif de la **qualité du représentant** d'une association pour agir en justice au nom de celle-ci ne s'étend pas à la régularité de l'habilitation qui lui a été accordée par un organe statutaire (CE 19-6-2013 n° 347346, SCI Ugari : BPIM 4/13 inf. 240).

i. L'**association syndicale libre d'un lotissement,** dont l'objet statutaire n'est pas la défense de l'intérêt collectif de ses membres mais la gestion et l'entretien des terrains et équipements communs, le respect des règles du lotissement et la répartition des dépenses communes, ne justifie pas d'un intérêt pour demander l'annulation d'un permis de construire délivré à un coloti et n'affectant pas les parties communes (CE 1-4-2010 n° 331380, ASL du lotissement Beaupré : BPIM 3/10 inf. 197).

j. Les associations ne sont pas concernées par les **règles légales de recevabilité** des recours qui ne visent que les tiers autres que l'État, les collectivités territoriales et leurs groupements et les associations (C. urb. art. L 600-1-2).

16625 **Intérêt à agir d'une personne publique** Le **maire** peut également se pourvoir au nom de la commune contre un permis de construire délivré sur le territoire de celle-ci par une autre autorité (CE 10-3-1978 n° 3895, Cne de Roquefort-les-Pins : Lebon p. 126). Le **préfet,** quant à lui, est toujours recevable à agir en exerçant un déféré.

L'État et les collectivités territoriales ne sont pas concernés par les règles légales de recevabilité des recours qui ne visent que les tiers autres que l'État, les collectivités territoriales et leurs groupements et les associations (C. urb. art. L 600-1-2).

› Précisions **a.** Les membres des **organismes collégiaux** qui ont été **consultés** sur la demande de permis (ou qui auraient dû l'être) paraissent avoir intérêt à agir, au moins dans la mesure où ils invoquent une méconnaissance des prérogatives de l'organisme (CE 14-10-1977 n° 594 : Lebon p. 391) ; mais cette condition ne paraît plus exigée (CE 29-12-1997 n° 167956).

b. Un **conseiller municipal** n'a en revanche pas qualité pour contester un permis délivré sur le territoire de la commune, même s'il invoque une méconnaissance du PLU (CE 27-10-2006 n° 286569 : BPIM 1/07 inf. 18). En effet, les travaux ne portent pas atteinte aux prérogatives du conseil municipal ; c'est la commune elle-même qui doit agir.

c. Alors qu'un permis de construire est délivré en vue de la réalisation d'une aire d'accueil des gens du voyage, la **commune voisine** justifie d'un intérêt pour demander l'annulation de ce permis dès lors que son territoire est immédiatement contigu et que le projet occasionnera pour elle des inconvénients résultant d'une augmentation de la circulation dans une rue longeant le site et reliant les deux communes (CAA Douai 17-9-2009 n° 08DA00632, Cne de Pinterville et association de défense de l'environnement de Pinterville : BPIM 2/10 inf. 95).

DOCUMENTS À JOINDRE À LA REQUÊTE

16627 À peine d'irrecevabilité du recours, le **tiers** doit joindre à sa requête le titre de propriété, la promesse de vente, le contrat de bail, le contrat préliminaire ou tout autre acte de nature à établir le caractère régulier de l'occupation ou de la détention de son bien (C. urb. art. R 600-4 ; D. Chauvaux, De nouvelles dispositions pour accélérer le contentieux des autorisations d'urbanisme : BPIM 5/18 inf. 316). Si le requérant est une **association,** elle doit joindre ses statuts et le récépissé de sa déclaration en préfecture. Ces documents sont destinés à permettre de vérifier la recevabilité de la requête au regard des exigences légales (C. urb. art. L 600-1-1 et L 600-1-2).

Cette mesure ne s'applique pas aux décisions contestées par le pétitionnaire.

Si les justificatifs ne sont pas produits spontanément par le requérant, le tribunal administratif doit l'inviter à les verser au dossier (CE 3-7-2020 nº 424293, Conseil national des Barreaux : BPIM 4/20 inf. 242). S'il n'est pas donné suite à cette invitation, la requête sera rejetée comme irrecevable et les justificatifs ne pourront pas être utilement produits devant le juge d'appel (CE 22-4-2022 nº 451156 : BPIM 3/22 inf. 186).

INTERVENTION DU BÉNÉFICIAIRE

Le bénéficiaire de l'autorisation doit être appelé **à l'instance.** Le fait que le requérant a dû lui communiquer sa requête et le cas échéant le recours administratif qui l'a précédée ne dispense pas la juridiction de le mettre en cause. Le bénéficiaire appelé à l'instance par le tribunal administratif peut faire **appel** en cas d'annulation (sur la notification des recours en cas d'appel, voir nº 16313). À défaut d'avoir été appelé à l'instance, la **tierce opposition** contre le jugement du tribunal administratif lui est ouverte (voir nº 16300). **16630**

DÉLAI DE RECOURS DES TIERS

Délai de recours contentieux Le délai de recours contentieux contre les décisions administratives, au nombre desquelles figurent les autorisations d'urbanisme, est de 2 mois. Il s'agit d'un **délai franc** (voir nº 16285). L'expiration de ce délai rend le requérant **forclos.** **16635**

Le **délai** de recours est **déclenché** par des mesures de publicité destinées à porter l'existence de la décision à la connaissance des tiers dont elle est susceptible d'affecter les intérêts.

Le délai court à compter du premier jour d'une période continue de 2 mois d'**affichage sur le terrain** (C. urb. art. R 600-2). Un affichage en mairie ou une publication sur le site internet de la commune pendant 2 mois est également prévu, mais son accomplissement n'est pas une condition du déclenchement du délai de recours des tiers. La règle concerne les permis exprès ou tacites (permis de construire, mais aussi permis d'aménager ou de démolir) et les décisions (normalement tacites) de non-opposition à une déclaration de travaux.

L'affichage sur le terrain doit être conforme aux prévisions des articles R 424-15 et A 424-15 et suivants du Code de l'urbanisme. Le délai ne court pas si ces prescriptions ne sont pas respectées (voir toutefois nº 15840). Pour déterminer si l'**affichage** est **régulier,** il faut se référer aux dispositions en vigueur à la date de délivrance de cette autorisation (CE 22-9-2014 nº 361715 : BPIM 6/14 inf. 364).

L'affichage doit normalement durer pendant toute la durée du chantier. Cependant, pour que le délai de recours soit déclenché, il suffit qu'il dure 2 mois. Cette période ne doit pas être interrompue. S'il en allait autrement, le délai de recours n'aurait pas commencé à courir. Le bénéficiaire du permis doit être en mesure d'apporter la preuve d'un affichage continu de 2 mois sur le terrain. Il peut le faire par tout moyen, mais il est prudent de faire dresser un constat par un huissier au début et à la fin de la période de 2 mois.

La **commune n'étant pas un « tiers »** à l'égard d'un permis de construire délivré par le préfet, le point de départ du délai de recours court, à son égard, à compter de la réception par le maire du permis ou de l'extrait qui lui est communiqué en vue de l'affichage en mairie, peu important que l'affichage du permis sur le terrain soit irrégulier (CE 9-3-2016 nº 384341, Cne de Chapet : BPIM 3/16 inf. 166).

Sur le point de départ du délai de recours du professionnel qui conteste un permis de construire valant **autorisation d'exploitation commerciale,** voir nº 20615. Sur le délai de recours des tiers lorsqu'un permis revit à la suite de l'**annulation de son retrait,** voir nº 15300, Précisions, g).

› Précisions **a.** La circonstance qu'après son affichage sur le terrain le **permis** soit **notifié à un tiers** n'a pas pour effet de différer au profit de ce tiers le point de départ du délai de recours contentieux (CE 26-9-2007 nº 288514, Syndicat des copropriétaires du 2, rue de la Paroisse : BPIM 6/07 inf. 397). Lorsque les travaux concernent une **copropriété,** le permis n'a pas à être notifié au syndicat des copropriétaires pour faire courir à son encontre le délai de recours (CE 31-3-2008 nº 292715, Syndicat des copropriétaires du 14, rue de la Cure : BPIM 5/08 inf. 351).

b. Si, dans le délai légal, le requérant a saisi une **juridiction incompétente,** un délai de 2 mois court à nouveau à son profit à compter de la date à laquelle il a été averti de son erreur (CE sect. 24-1-1958 : Lebon p. 53).

c. La circonstance qu'un permis de construire a été obtenu par **fraude** n'a pas pour effet de proroger le délai de recours au bénéfice des tiers (CE 17-5-1999 nº 172918). Mais un tiers peut, à tout moment, demander à l'autorité compétente de retirer le permis et, si l'autorité administrative refuse, **attaquer ce refus** dans le délai de recours contentieux ouvert contre celui-ci (CE 5-2-2018 n° 407149, Sté Cora). Un tiers qui a sollicité le retrait d'une autorisation d'urbanisme obtenue par fraude et auquel un **refus implicite** a été opposé dispose, pour saisir le juge, d'un délai de deux mois à compter de la date à laquelle ce refus est né ; le fait que l'autorité compétente n'ait pas accusé réception de sa demande ne fait pas obstacle au déclenchement de ce délai (CE 22-6-2022 n° 443625, Cne de Juvignac : BPIM 4/22 inf. 270).

d. Si un permis est attaqué et que l'administration délivre **en cours d'instance** au défendeur un **nouveau permis** ayant le même objet, le respect du principe du contradictoire exige qu'elle notifie le nouveau permis au requérant ; l'accomplissement de cette formalité peut seul déclencher le délai de recours dont il dispose pour l'attaquer (CE ass. 23-3-1973 n° 80513, Cie d'assurances l'Union : Lebon p. 251). Cette règle ne joue pas dans l'hypothèse où un permis a été annulé par un jugement contre lequel un appel est pendant : si un nouveau permis est alors délivré, le délai de recours courra à l'encontre de la personne ayant obtenu l'annulation dans les conditions du droit commun, c'est-à-dire à compter de l'affichage du permis (CE 15-11-2000 n° 200819, Association de sauvegarde du site de Courcourt : BPIM 1/01 inf. 14).

16636 **Prorogation du délai de recours contentieux** En cas de **recours gracieux ou hiérarchique,** le délai de recours contentieux est prorogé. Un nouveau délai de 2 mois court à compter de la notification de la décision expresse de rejet du recours ou, au plus tard, de l'expiration du délai de 2 mois au terme duquel le silence gardé par l'autorité saisie vaut rejet implicite (lorsqu'une décision expresse est notifiée après rejet implicite, voir n° 16520, Précisions, c). La circonstance que l'administration n'ait pas accusé réception du recours administratif est sans incidence sur le calcul du délai de recours contentieux des tiers (Avis CE sect. 15-7-2004 n° 266479 : JO 4-9 p. 15772).

› Précisions **a.** Par suite du cumul des délais, un **permis** de construire ne devient éventuellement **définitif** qu'au bout de 6 mois (délai de recours : 2 mois ; délai de réponse : 2 mois en cas de silence ; délai de saisine du tribunal : 2 mois). Ce délai peut se trouver encore allongé si la personne qui attaque le permis demande à bénéficier de l'aide juridictionnelle (voir n° 16325).

b. Même si le requérant se borne à demander au juge d'annuler la décision par laquelle l'autorité compétente a rejeté son **recours gracieux** contre un permis, il doit être regardé comme demandant aussi l'annulation du **permis lui-même** (CE 7-3-2018 n° 404079 : BPIM 2/18 inf. 97).

c. Un recours gracieux contre un permis de construire ne proroge le délai de recours contentieux **qu'au profit de la personne qui l'a présenté** ou de celle qui lui a donné un **mandat exprès** pour le présenter en son nom (CE 24-2-2021 n° 432096, Syndicat des copropriétaires de la Résidence la Dauphine et autres : BPIM 2/21 inf. 105). Un recours gracieux présenté par un syndicat de copropriétaires ne proroge pas le délai au profit d'un copropriétaire qui ne lui avait pas donné un mandat exprès, **fût-il verbal,** pour effectuer cette démarche.

d. Seul le **premier recours administratif** contre un acte peut interrompre le délai de recours (CE 27-2-1935 n° 28348, Sieurs Séguéla : Lebon p. 249). Si un permis de construire est retiré par le maire à la demande de voisins, puis renaît à la suite de l'annulation du retrait par le juge, le délai imparti pour l'attaquer devant le tribunal administratif n'est pas interrompu par un **nouveau recours** gracieux devant le maire (CE 28-12-2022 n° 447875 : BPIM 1/23 inf. 9).

16637 **Connaissance acquise** La personne qui exerce un **recours administratif** contre un permis de construire établit qu'elle en a une « connaissance acquise » qui permet de lui opposer le délai de recours contentieux, même si le permis n'a pas fait l'objet d'un affichage régulier (CE 6-10-1978 n° 1898, Association de quartier La Corvée de la Roche des Fées ; CE 15-4-2016 n° 375132 : BPIM 3/16 inf. 169). Cette personne devra donc saisir le juge dans les 2 mois à compter soit de la notification d'une décision expresse rejetant son recours administratif, soit de l'expiration du délai de 2 mois au terme duquel ce recours est réputé rejeté implicitement. Il faut cependant que le recours administratif ait été notifié au bénéficiaire du permis faute de quoi le délai de 2 mois courrait de la date de sa présentation car en l'absence de notification, ce recours n'a pas pu suspendre le délai (CAA Nantes 19-2-2002 n° 01NT0653, Association dolchardienne de préservation de la qualité de la vie : BPIM 2/03 inf. 82). Il faut cependant tenir compte du fait que l'obligation de notification n'est opposable que si elle a été mentionnée sur le panneau d'affichage (CAA Bordeaux 21-2-2019 n° 17BX00315 : BPIM 2/19 inf. 94).

ILLUSTRATIONS

N'établit pas une connaissance acquise de nature à faire courir le délai de recours contentieux le seul fait d'avoir consulté en mairie le dossier du permis (CE 18-12-2002 n° 244925 : BPIM 3/03 inf. 156), d'avoir produit le permis dans une instance civile (CE 30-6-1999 n° 190250, Fondation Asturion : BPIM 5/99 inf. 345), d'avoir demandé au maire d'en constater la péremption (CE 27-7-2005, n° 278337 : BPIM 6/05 inf. 381), d'avoir attaqué un permis modificatif qui en faisait mention (CE 29-11-1999 n° 182214 : BPIM 2/00 inf. 86) ou d'avoir fait constater par un huissier l'absence d'affichage du permis sur le terrain (CAA Lyon 22-5-2012 n° 11LY01648 : BPIM 4/12 inf. 298).

© Éd. Francis Lefebvre

En revanche, un recours gracieux présenté par l'association syndicale d'un lotissement sur décision unanime de ses membres manifeste que chacun d'entre eux a acquis une connaissance du permis de nature à déclencher le délai de recours contentieux (CAA Marseille 22-9-2011 n° 09MA03271, Cne d'Hyères : BPIM 6/11 inf. 440).

Délais butoirs Si le **délai de recours n'a pas été déclenché** par l'exécution des formalités de publicité, la recevabilité d'un recours contre le permis pourra encore se heurter à **deux obstacles.** 16638

Le **premier** est la disposition prévoyant l'irrecevabilité des recours contre les permis et les décisions de non-opposition aux déclarations préalables présentés plus de 6 mois après l'achèvement des travaux (C. urb. art. R 600-3). La date de l'achèvement est réputée être celle de la réception en mairie de la déclaration d'achèvement déposée par le bénéficiaire, mais le tiers qui attaque l'autorisation peut s'efforcer d'apporter la preuve que les travaux n'ont été achevés qu'à une date ultérieure.

Le **second** est le principe de sécurité juridique, qui empêche qu'une autorisation d'urbanisme puisse être indéfiniment contestée par les tiers. Lorsque l'affichage du permis de construire sur le terrain, par ailleurs régulier, n'a pas fait courir le délai de recours contentieux de 2 mois faute de l'avoir mentionné (ou parce qu'il l'a mentionné de façon erronée), les tiers doivent néanmoins agir dans un délai raisonnable, normalement fixé à un an à compter du premier jour de l'affichage (CE 9-11-2018 n° 409872 : BPIM 6/18 inf. 392 ; CE 7-12-2018 n° 411920 : BPIM 1/19 inf. 18). Mais si le délai de 6 mois à compter de l'achèvement expire avant le délai raisonnable d'un an, l'autorisation est à l'abri des recours dès l'expiration du délai de 6 mois.

> **Précisions** Le délai raisonnable d'un an pour attaquer une décision administrative qui n'a pas été notifiée (ou, s'agissant d'un permis, affichée) avec indication des voies et délais de recours est prorogé par un **recours administratif.** Un nouveau délai d'un an s'applique si à l'occasion de ce recours l'intéressé ne reçoit pas l'information sur ces voies et délais ; dans le cas contraire, il faut saisir le juge dans les 2 mois du rejet du recours administratif (CE avis 12-7-2023 n° 474865 : BPIM 5/23 inf. 296).

RÉFÉRÉ-SUSPENSION

Demande en référé-suspension Le **tiers lésé** par les travaux peut tenter d'en paralyser la réalisation en saisissant le juge des référés du tribunal administratif d'une demande tendant à ce que l'exécution du permis soit suspendue (C. just. adm. art. L 521-1). La demande en référé, qui doit faire l'objet d'une requête distincte, n'est recevable que si le permis fait parallèlement l'objet d'un recours en annulation. 16640

Cette possibilité d'agir en référé est **limitée dans le temps** : une fois expiré le délai de cristallisation des moyens devant le tribunal administratif, c'est-à-dire le délai au terme duquel les parties ne peuvent plus soulever de nouveaux moyens devant le juge (voir n° 16652), le tiers qui attaque l'autorisation d'urbanisme ne peut plus saisir le juge des référés d'une demande de suspension (C. urb. art. L 600-3 al. 1). L'auteur du recours en annulation, s'il entend présenter une demande de suspension, doit donc le faire avant l'expiration d'un délai de 2 mois à compter de la date à laquelle le tribunal administratif lui transmet le premier mémoire en défense produit soit par le bénéficiaire de l'autorisation, soit par l'autorité qui l'a délivrée (CE 20-10-2021 n° 445733 : BPIM 6/21 inf. 351). Le juge des référés, saisi d'une demande de suspension du permis, doit vérifier d'office que le délai fixé pour la cristallisation des moyens dans l'instance ouverte par le recours en annulation n'est pas expiré (CE 14-4-2023 n° 460040 : BPIM 3/23 inf. 166). Cette limitation dans le temps concerne non seulement le référé-suspension de droit commun, mais aussi les référés-suspensions spéciaux tels que celui prévu en l'absence d'étude d'impact visé n° 16642, Précisions, a) (CE 17-4-2023 n° 468789, Cne de Mérignac : BPIM 3/23 inf. 165).

Les demandes de suspension en référé ne peuvent pas être présentées pour la première fois en appel (C. urb. art. L 600-3, al. 1 ; CE 25-9-2019 n° 429680, Cne de Fosses : BPIM 6/19 inf. 378).

> **Précisions** **a.** Sur la question de la **notification des demandes** en référé-suspension, voir n° 16311.
> **b.** Le **référé-suspension** est également ouvert au **préfet** en cas de permis décentralisé, à la commune contre un permis délivré par l'État ou l'EPCI, ou à cet établissement contre un permis délivré par l'État, voir n° 16405.
> **c.** Le **représentant d'une personne morale** qui saisit le juge administratif d'un référé soumis à une condition d'urgence, tel que le référé-suspension, n'a pas à justifier de son **habilitation** pour agir en justice (CE 30-5-2016 n° 376187 : BPIM 4/16 inf. 240, s'agissant d'une association).
> **d.** La mission du juge des référés étant de statuer en urgence, il ne peut pas **surseoir à statuer pour permettre au bénéficiaire de régulariser le permis contesté,** comme le prévoit l'article L 600-5-1 du Code de l'urbanisme (CE 22-5-2015 n° 385183, SCI Paolina : BPIM 4/15 inf. 239).

e. L'ordonnance du juge des référés peut, dans les 15 jours de sa notification, faire l'objet d'un **pourvoi en cassation** devant le Conseil d'État. Mais ce pourvoi **perd son objet** dès que le tribunal administratif se prononce sur le recours pour excès de pouvoir contre le permis, même s'il décide de surseoir à statuer sur ce recours en fixant un délai de régularisation (CE 9-11-2023 n° 469380 : BPIM 1/24 inf. 18).

f. Le délai imparti pour soulever des moyens nouveaux contre l'autorisation d'urbanisme attaquée et en demander la suspension n'est pas interrompu lorsque le juge ordonne une **médiation** (CE 13-11-2023 n° 471898 : BPIM 1/24 inf. 19).

16641 **Conditions de la suspension** Le juge des référés, qui est un magistrat statuant seul, se prononce à bref délai selon une procédure simplifiée. Il doit normalement statuer dans le délai d'un mois sur les demandes de suspension des permis de construire (C. urb. art. L 600-3, al. 4). Il accorde la suspension si l'**urgence** le justifie et si le requérant fait état d'un **moyen** propre à créer un **doute sérieux** quant à la légalité de la décision. La suspension peut ne concerner que certains des effets de l'acte attaqué. En cas de **rejet** de la demande de suspension fondée sur l'absence de doute sérieux quant à la légalité de la décision, le requérant est réputé se désister de son recours en annulation s'il ne le confirme pas expressément dans un délai d'un mois à compter de la notification de l'ordonnance du juge des référés (C. just. adm. art. R 612-5-2).

16642 La **condition d'urgence** est **présumée satisfaite** en cas de demande de suspension d'un permis de construire, d'aménager ou de démolir ou d'une décision de non-opposition à la déclaration préalable (C. urb. art. L 600-3, al. 2). Cette présomption législative issue de la loi Élan 2018-1021 du 23 novembre 2018 n'est **pas irréfragable** et peut donc être écartée dans les mêmes conditions que la présomption jurisprudentielle qui l'avait précédée (CE 26-5-2021 n° 436902 : BPIM 6/21 inf. 350).

Selon la **jurisprudence antérieure** à la loi Élan, c'est-à-dire avant que la présomption d'urgence soit consacrée, la suspension d'un permis de construire ou d'une décision de non-opposition à déclaration préalable doit normalement être regardée comme justifiée par l'urgence, eu égard au caractère difficilement réversible de la réalisation des travaux (CE 27-7-2001 n° 230231, Cne de Tulle c/ Dufour : BJDU 5/01 p. 381, s'agissant d'un permis de construire ; CE 25-7-2013 n° 363537, Sté Lodge At Val : BPIM 5/13 inf. 317, s'agissant d'une non-opposition à déclaration préalable). Dès lors que les travaux vont commencer ou sont en cours, l'urgence est présumée et le demandeur n'a pas à la démontrer (CE 15-6-2007 n° 300208 : BPIM 4/07 inf. 260).

Le titulaire du permis et l'administration peuvent toutefois s'efforcer d'établir qu'en raison de **circonstances particulières** un intérêt majeur s'attache à ce que les travaux soient réalisés sans délai (notamment, CE 22-3-2010 n° 324763 : BPIM 3/10 inf. 198, concernant un équipement exigé par la réglementation sur les handicapés ; CE 28-9-2011 n° 345699, SCI 30, rue de Thionville : BPIM 6/11 inf. 441, s'agissant de travaux nécessaires pour éviter la dégradation d'un monument historique ; CE 17-1-2024 n° 467572, Sté Agri Bioénergies : BPIM 2/24 inf. 96, s'agissant d'une unité de méthanisation présentant un intérêt environnemental et alors que la suspension du permis compromettrait la viabilité économique du projet). L'appréciation de l'urgence tient compte en effet du dommage pouvant résulter d'une exécution immédiate, mais également, le cas échéant, de celui qu'entraînerait une mesure de suspension (voir toutefois CE 16-2-2011 n° 341422, copropriété Les Bleuets et copropriété Primevère : BPIM 2/11 inf. 96, où les risques que comportait l'arrêt des travaux n'ont pas suffi à écarter la demande de suspension). Le fait que la demande de suspension ne soit pas présentée dès l'introduction de la demande au fond mais plusieurs mois plus tard, au moment du début des travaux, n'est pas de nature à faire douter de l'urgence (CE 14-3-2003 n° 251335, Association Air pur environnement : BPIM 4/03 inf. 218 ; CE 20-10-2021 n° 445731 : BPIM 6/21 inf. 351). Il a cependant été jugé que l'urgence n'était pas constituée dans une affaire où la suspension avait été demandée alors que la construction était pratiquement achevée (CE 26-6-2002 n° 240487).

› Précisions **a.** Des **dispositions spéciales** – en dehors de l'article L 600-3 – prévoient une suspension en référé non subordonnée à une condition d'urgence. La première concerne le cas où un projet soumis à **étude d'impact** a été autorisé sans que l'étude ait été effectuée (C. envir. art. L 122-2). Le juge des référés doit faire droit à la demande de suspension dès lors qu'il constate l'absence d'étude d'impact. Mais la circonstance que l'étude n'a pas été jointe au dossier de la demande d'autorisation ne conduit pas à la regarder comme inexistante, dès lors du moins que le maire en avait connaissance (CE 13-7-2007 n° 294603, Syndicat intercommunal pour l'enlèvement et le traitement des ordures ménagères de la région de Tournan-en-Brie : BPIM 5/07 inf. 323).
La seconde procédure spéciale concerne les décisions prises après **enquête publique.** En cas de conclusions défavorables du commissaire-enquêteur, la suspension doit être prononcée dès lors que le requérant invoque un moyen sérieux d'annulation (C. envir. art. L 123-16, al. 1). La suspension doit également être prononcée lorsque la décision a été prise sans qu'une participation du public aux décisions ayant une incidence sur l'environnement ait eu lieu alors qu'elle était

© Éd. Francis Lefebvre

requise (C. envir. art. L 123-1 B). Ces référés spéciaux qui peuvent viser des permis de construire obéissent aux mêmes règles de procédure que le référé-suspension de droit commun, y compris en ce qui concerne les voies de recours (CE 14-3-2001 nº 230134, Cne de Goutrens : BPIM 5/01 inf. 287).
Le juge des référés doit également faire droit à la demande de suspension en référé en cas de recours contre une décision devant faire l'objet d'une **évaluation des incidences Natura 2000,** si cette évaluation n'a pas été faite (C. envir. art. L 414-4, IX renvoyant à L 122-12, devenu L 122-11).
b. Lorsque c'est le **préfet** qui demande la suspension (ou la commune ou l'EPCI), la condition d'urgence ne s'applique pas, l'existence d'un doute sérieux sur la légalité de l'acte suffit, voir nº 16405.

Décision du juge des référés L'ordonnance de référé, qui, si elle ordonne la suspension, doit indiquer l'ensemble des moyens regardés comme sérieux (C. urb. art. L 600-4 et L 600-4-1), n'est pas susceptible d'appel. Elle peut seulement faire l'objet, dans les 15 jours de sa notification, d'un recours en cassation devant le Conseil d'État. Ce recours doit être présenté par un avocat au Conseil d'État. Le **contrôle du juge de cassation** est limité : il s'assure que la procédure a été régulière, que l'ordonnance est suffisamment motivée et qu'elle ne fait apparaître ni erreur de droit ni dénaturation des faits. En revanche, l'appréciation portée par le juge des référés sur l'urgence et sur le caractère sérieux des moyens est souveraine. 16643

Sur la **sanction pénale** encourue en cas de poursuite des travaux en dépit d'une décision de la juridiction administrative ordonnant la suspension de l'exécution d'une autorisation, voir nos 16703 s.

> **Précisions** **a.** Est entaché de détournement de pouvoir le permis délivré en vue de **faire échec à la suspension** d'un précédent permis ordonné par le juge (CE 11-12-1991 nº 125745, Association Fouras Environnement Écologie ; CE 10-7-1996 nº 139435, Sté Le Saint Alexis et Cne de Saint-Paul de La Réunion : BPIM 1/97 inf. 15).
> **b.** Le juge des référés n'est pas tenu d'expliquer pourquoi un **moyen d'annulation** lui paraît **sérieux.** En revanche, il doit indiquer avec précision la teneur de ce moyen (CE 23-6-2006 nº 290261, min. transports : BPIM 5/06 inf. 342).
> **c.** Un **tiers** qui a obtenu la suspension d'un permis de construire ne peut pas contester l'ordonnance du juge des référés en tant qu'elle écarte certains de ses moyens (CE 6-10-2023 nº 471190, Sté EP Immo : BPIM 6/23 inf. 356).
> **d.** Lorsqu'il prononce la suspension d'un permis de construire, le juge des référés peut, de sa propre initiative et en tenant compte du moyen d'annulation qu'il considère comme sérieux, éclairer les parties sur les mesures qu'il appartient à l'administration de prendre. Mais il ne peut adresser une **injonction à l'administration** que s'il est saisi de conclusions expresses en ce sens (CE 9-5-2005 nº 269452, SCI Pauline : BPIM 6/05 inf. 382).
> **e.** Le juge administratif des référés qui a ordonné la suspension de l'exécution d'un permis de construire peut mettre fin à cette mesure s'il est saisi à cette fin d'une demande de l'auteur ou du bénéficiaire du permis, faisant état d'un **élément nouveau** de nature à dissiper les doutes relatifs à la légalité de l'acte (CE 30-12-2009 nº 327334 : BPIM 1/10 inf. 15).
> **f.** La délivrance d'un **nouveau permis** sur le même terrain prive d'objet le pourvoi en cassation contre l'ordonnance de référé suspendant le précédent permis. Peu importe que le nouveau permis ne soit pas devenu définitif (CE 23 juin 2014 nº 366498, Sté Castel Invest : BPIM 4/14 inf. 236). Cette solution paraît remise en cause par l'article L 424-5, al. 2 créé par la loi Élan, voir nº 15310.
> **g.** Lorsqu'il lui est demandé de mettre fin à la suspension d'un permis de construire en raison de la délivrance d'un **permis modificatif à des fins de régularisation,** le juge administratif des référés doit tenir compte des vices éventuels du permis modificatif (CE 16-6-2023 nº 470160, Sté Mésange : BPIM 4/23 inf. 240).

DEMANDE DE DÉFÉRÉ PRÉFECTORAL

Tout tiers qui s'estime **lésé,** du fait de la délivrance d'un permis de construire par une commune, peut demander au préfet du département de déférer ledit acte au tribunal administratif s'il l'estime contraire à la légalité, (voir nº 16410). 16645

MOYENS D'ANNULATION

Comme dans le cas du recours contre un refus de permis de construire, le requérant peut invoquer tout moyen de **légalité externe ou interne** (voir nº 16290). 16650

Le juge administratif se limite à un **contrôle restreint** sur certaines appréciations portées par l'administration pour délivrer le permis. C'est le cas lorsque l'autorité compétente a appliqué une disposition prévoyant que le permis « peut être refusé » dans telle ou telle situation (**disposition** dite **« permissive »**). Ainsi, le permis de construire « peut être refusé » si les constructions sont de nature à porter atteinte au caractère ou à l'intérêt des lieux avoisinants (C. urb. art. R 111-27). Cette disposition implique que le permis ne peut être refusé que si l'atteinte au site est avérée ; par suite, si le permis a été refusé, le juge vérifie dans le cadre d'un contrôle complet que cette condition était remplie. En revanche, en cas d'atteinte au site, l'administration dispose d'un pouvoir discrétionnaire pour accorder néanmoins le permis ; son appréciation n'est alors censurée qu'en cas d'erreur manifeste.

Quand il annule pour excès de pouvoir un acte intervenu en matière d'urbanisme ou en ordonne la suspension, le juge administratif doit se prononcer sur l'ensemble des moyens qu'il estime susceptibles de fonder l'annulation ou la suspension (C. urb. art. L 600-4-1). Le juge doit **relever tous les moyens** qu'il estime **fondés** et dire pourquoi ils le sont ; il est réputé avoir rejeté tous les autres moyens, sans avoir à le dire expressément (CE sect. 8-4-2009 nº 307515, Cne de Banon : BPIM 3/09 inf. 191).

Les moyens tirés de vices du permis attaqué qui ont été régularisés en cours d'instance par un **permis modificatif** deviennent inopérants (CE 2-2-2004 nº 238315, SCI La Fontaine de Villiers : BPIM 2/04 inf. 76 ; CE 24-4-2019 nº 417175 : BPIM 3/19 inf. 160, dans le cas où un permis modificatif a été présenté spontanément par le pétitionnaire). Lorsqu'un permis modificatif est délivré après la **clôture de l'instruction,** le juge, informé par le titulaire, doit rouvrir l'instruction pour pouvoir tenir compte de cet élément si l'intéressé n'a pas été en mesure d'en faire état avant la clôture de l'instruction (CE 30-3-2015 nº 369431, Sté Éole-Res et min. égalité des territoires : BPIM 3/15 inf. 166 ; CE 28-4-2017 nº 395867, Cne de Bayonne et Sté ICB Investimmo côte Basque : BPIM 3/17 inf. 192). En revanche, la simple présentation d'une demande de permis modificatif ne suffit pas à justifier la réouverture de l'instruction (CE 27 mai 2019 nºs 420554 et 420575, min. cohésion des territoires).

ATTENTION

L'article **L 600-4-1 du Code de l'urbanisme** – dont la méconnaissance peut être critiquée en cassation aussi bien par l'administration ou le titulaire du permis que par le tiers qui l'a attaqué (CE 10-2-2010 nº 327149, Cne de Saint-Lunaire) – impose au juge d'écarter dans cette matière la pratique consistant, lorsqu'il apparaît que plusieurs moyens d'annulation sont fondés, à n'en retenir qu'un dans les motifs du jugement. L'**objectif poursuivi par le législateur** est d'éclairer les parties sur l'ensemble des illégalités dont l'acte est entaché, afin d'éviter que la nouvelle décision prise à la suite de l'annulation ne soit elle aussi illégale, l'administration s'étant bornée à la purger du vice relevé par le jugement. Cependant, le juge ne se prononcera que sur les moyens dont il aura été saisi ; or il est possible que l'acte soit entaché d'une illégalité qui n'a pas été invoquée par le requérant et, n'étant pas d'ordre public (incompétence de l'auteur de l'acte), n'a pas à être relevée d'office par le juge (voir Doctrine : D. Chabanol, L'article L 600-4-1 du Code de l'urbanisme, une réponse dangereuse à un problème à la mode : AJDA 3/2001 p. 216). Saisi d'un pourvoi contre une décision juridictionnelle annulant une décision d'urbanisme en retenant plusieurs motifs d'illégalité, le Conseil d'État juge de cassation doit vérifier le bien-fondé de chaque motif (CE sect. 22-4-2005 nº 257877, Cne du Barcarès : BPIM 3/05 inf. 178 ; CE 23-11-2005 nº 279968 : BPIM 1/06 inf. 13). L'existence d'un motif fondé suffit à justifier le rejet du recours, mais les autres motifs, s'ils sont erronés, seront expressément censurés afin d'être dépouillés de l'autorité de chose jugée. Il appartient cependant à l'auteur du pourvoi en cassation d'invoquer les erreurs commises par les juges du fond.

16651 **Exception d'illégalité** Le tiers intéressé peut attaquer le permis sur la base de l'exception d'illégalité d'un acte réglementaire servant de support audit permis, et notamment un document local d'urbanisme. La possibilité d'invoquer par voie d'exception l'illégalité pour vice de forme ou de procédure d'un document d'urbanisme est limitée à 6 mois à compter de la prise d'effet du document, sauf exceptions (C. urb. art. L 600-1 ; voir nº 2010). Les autres illégalités peuvent être invoquées sans condition de délai. Sur l'annulation ou la déclaration d'illégalité d'un document d'urbanisme et ses effets sur le permis de construire, voir nºs 2030 s.

› **Précisions** **a.** Lorsque le requérant invoque par voie d'exception l'illégalité du PLU sous l'empire duquel le permis qu'il attaque a été délivré, la jurisprudence exige qu'il démontre également que le document d'urbanisme **antérieur,** redevenant applicable en cas d'illégalité du plan en vigueur, aurait fait obstacle à la délivrance du permis (CE sect. 7-2-2008 nº 297227, Cne de Courbevoie : BPIM 2/08 inf. 114 ; CE sect. avis 2-10-2020 nº 436934, SCI du Petit Bois : BPIM 6/20 inf. 366). À défaut, l'exception d'illégalité est inopérante.

Dans la même logique, le moyen tiré de ce que le permis a été délivré **au visa d'un document d'urbanisme qui n'était plus en vigueur** à la date de sa délivrance n'est opérant que si le requérant soutient également que ce permis méconnaît le document en vigueur à la date de sa délivrance (CE 31-5-2024 nº 467427, SCI du Domaine de la Tour : BPIM 4/24 inf. 231).

b. À l'encontre d'une décision par laquelle l'administration a sursis à statuer sur une demande de permis de construire au motif que le projet serait de nature à compromettre l'exécution d'un **plan local d'urbanisme** dont l'élaboration a été prescrite (C. urb. art. L 153-11, al. 3), il est possible d'invoquer l'illégalité de l'acte prescrivant cette élaboration (CE 22-6-1979 : Lebon T. p. 848), mais aussi l'illégalité interne du plan en cours d'élaboration (CE 22-7-2020 nº 427163, Cne de La Queue-les-Yvelines : BPIM 5/20 inf. 302).

CRISTALLISATION DES MOYENS

Lorsqu'un recours est exercé contre une autorisation d'urbanisme, la cristallisation des moyens est **automatique** : passé un délai de 2 mois à compter de la communication du premier mémoire en défense (celui du titulaire de l'autorisation ou celui de l'administration), les parties ne peuvent plus invoquer de moyens nouveaux (C. urb. art. R 600-5). Le juge conserve toutefois la **possibilité de fixer une nouvelle date** de cristallisation des moyens lorsque l'affaire le justifie. Il est dans l'**obligation de fixer une nouvelle date** dans le cas particulier où une partie invoque, passé le délai de 2 mois, un moyen susceptible d'exercer une influence sur l'affaire et fondé sur une circonstance de fait ou un élément de droit dont cette partie n'était pas en mesure de faire état avant l'expiration de ce délai (CE 8-4-2022 n° 442700 : BPIM 3/22 inf. 187). 16652

Quand la cristallisation est acquise et qu'un nouveau moyen est soulevé, le juge doit informer les parties de son **irrecevabilité,** à moins qu'il ne décide de fixer une nouvelle date de cristallisation (CE 8-4-2022 n° 442700 : BPIM 3/22 inf. 187).

La cristallisation automatique des moyens joue aussi en cas de **recours contre une décision juridictionnelle** concernant une autorisation ; on peut penser, mais la jurisprudence devra le préciser, que cette disposition vise les recours de l'adversaire du permis. Elle devrait concerner, en appel, les moyens contestant la régularité du jugement (ceux relatifs à la légalité du permis ayant déjà été cristallisés en première instance, à moins qu'on considère que cette cristallisation ne vaut que devant le tribunal administratif) et, en cassation, l'ensemble des moyens (D. Chauvaux, De nouvelles dispositions pour accélérer le contentieux de l'urbanisme : BPIM 5/18 inf. 316).

La cristallisation automatique joue également lorsqu'un **permis modificatif,** une **décision modificative** ou une **mesure de régularisation** est contesté dans le cadre de l'instance relative au permis initial, conformément à l'article L 600-5-2 du Code de l'urbanisme (voir n° 16661) : les moyens dirigés contre ce permis modificatif ou cette mesure de régularisation sont cristallisés deux mois après la communication aux parties du premier mémoire en défense le concernant (C. urb. art. R 600-5, al. 2).

> Précisions **a.** **En principe,** des moyens nouveaux peuvent être invoqués à tout moment devant le tribunal administratif ou la cour administrative d'appel, à la seule condition de se rattacher à la même cause juridique (légalité externe ou interne) qu'un moyen invoqué dans le délai de recours. Toutefois, selon une disposition de portée générale, le juge peut fixer une date au-delà de laquelle des moyens nouveaux ne peuvent plus être invoqués (C. just. adm. art. R 611-7-1). Cette cristallisation par le juge ne vaut que pour l'instance au cours de laquelle elle est prononcée ; si elle intervient en première instance, elle n'interdit pas de présenter de nouveaux moyens devant le juge d'appel (CE avis 13-2-2019 n° 425568, Sté Active immobilier : BPIM 2/19 inf. 97 ; CE 24-4-2019 n° 417175 : BPIM 3/19 inf. 161). Mais la **logique** est **différente** dans le **contentieux des autorisations d'urbanisme** puisqu'une cristallisation automatique a lieu, tant en première instance qu'en appel ou en cassation, 2 mois après la communication du premier mémoire en défense (C. urb. art. R 600-5) et le juge n'a pas la possibilité de fixer une date de cristallisation inférieure à 2 mois, à la différence du droit commun (CAA Versailles 30-9-2024 n° 22VE02791, Association Collectif pour le triangle de Gonesse : BPIM 6/24 inf. 343). La jurisprudence devra préciser, en particulier, comment cette cristallisation, qui est destinée à accélérer le règlement des litiges en interdisant à l'adversaire du permis d'égrener des moyens au fil de l'instance, joue devant le juge d'appel.

b. Lorsqu'elle **annule le jugement pour irrégularité** et évoque la demande de première instance, la **cour administrative d'appel** doit examiner tous les moyens dirigés contre l'autorisation d'urbanisme valablement invoqués devant le tribunal administratif ; peu importe qu'ils n'aient pas été repris devant la cour ou l'aient été après la date à laquelle les moyens ont été cristallisés en appel (CAA Nancy 29-12-2021 n° 20NC00295 : BPIM 1/22 inf. 12).

c. La **fixation** par le juge d'une **date limite** pour soulever de nouveaux moyens ne permet pas au requérant de soulever des moyens ne se rattachant pas à une cause juridique invoquée dans le délai de recours contentieux ouvert contre le permis (CAA Nancy 2-4-2015 n° 14NC00388, Association Rabodeau environnement : BPIM 3/15 inf. 167).

d. Selon la cour administrative d'appel de Nancy, l'instruction doit demeurer ouverte jusqu'à l'expiration du délai de cristallisation des moyens : en cas de **clôture de l'instruction,** par exemple en raison de l'inscription de l'affaire à une audience, alors que ce délai courait encore, le jugement est irrégulier (CAA Nancy 6-6-2023 n° 20NC02913 : BPIM 5/23 inf. 299).

e. En cas d'appel contre un jugement par lequel le tribunal administratif a **sursis à statuer en vue de régulariser le permis de construire** (C. urb. art. L 600-5-1), la cristallisation des moyens joue ; le requérant ne peut pas invoquer de moyens nouveaux plus de 2 mois après la date à laquelle la cour administrative d'appel lui a communiqué le premier mémoire en défense (CE 24-6-2022 n° 456348 : BPIM 4/22 inf. 271). Dans ce cas, les moyens d'appel peuvent être cristallisés avant même l'expiration du délai d'appel, qui s'agissant d'un jugement avant dire droit ne court que de la notification du jugement réglant définitivement l'affaire.

f. La règle de cristallisation des moyens s'applique à un recours dirigé contre un permis de construire en tant qu'il vaut **autorisation d'exploitation commerciale** (CE 4-4-2023 n° 460754, Sté Distribution Casino France : BPIM 3/23 inf. 177).

g. Les moyens doivent être assortis avant la date de cristallisation des **précisions permettant d'en apprécier la portée et le bien-fondé** (CAA Nantes 12-7-2024 n° 22NT01245, Association pour la préservation de l'environnement de Longuenée-en-Anjou c/ SAS Parc éolien de Longuenée : BPIM 5/24 inf. 298, dans un litige relatif à une autorisation environnementale, mais la solution est transposable).

SORT DU RECOURS

16654 En cas d'**annulation du permis** par le tribunal administratif, les travaux doivent être immédiatement interrompus. Si le **jugement** d'annulation est **censuré** en appel, les travaux peuvent reprendre immédiatement, l'appel interjeté ayant suspendu le délai à l'issue duquel le permis est frappé de péremption.

En cas de **rejet du recours,** et même si le jugement est frappé d'appel, les travaux peuvent être entrepris ou poursuivis normalement.

> **Précisions** Si un permis de construire a été annulé au motif que le projet méconnaissait une règle d'urbanisme, l'**autorité de chose jugée** fait obstacle, sauf changement des circonstances de droit ou de fait, à l'annulation d'une décision se fondant sur la méconnaissance de cette même règle pour rejeter une demande de permis portant sur le même projet (CE 21-9-2023 n° 467076, Sté Alpes constructions contemporaines : BPIM 6/23 inf. 358). Peu importe que ce refus soit postérieur ou antérieur à la délivrance du permis annulé.

16655 L'**annulation** du permis peut n'être que **partielle** si l'autorisation est divisible, ce qui suppose que le projet comporte des éléments ayant une vocation fonctionnelle autonome qui auraient pu faire l'objet d'autorisations distinctes (CE 1-3-2013 n° 350306, Fritot : BPIM 2/13 inf. 104).

À cette hypothèse s'ajoute celle prévue par l'**article L 600-5** du Code de l'urbanisme. Aux termes de ce texte, le juge administratif qui, saisi de conclusions dirigées contre un permis de construire, de démolir ou d'aménager ou une décision de non-opposition à une déclaration préalable, estime, après avoir constaté que les autres moyens ne sont pas fondés, qu'un vice **n'affectant qu'une partie du projet** peut être **régularisé,** limite à cette partie la portée de l'annulation qu'il prononce et, le cas échéant, fixe le délai dans lequel le titulaire du permis pourra en demander la régularisation. La régularisation peut intervenir, même après l'achèvement des travaux. Il n'est pas nécessaire que la partie illégale soit divisible du reste du projet (CE 1-3-2013 n° 350306 : BPIM 2/13 inf. 104 ; CE 11-9-2015 n° 374338 : BPIM 6/15 inf. 373) ni que le juge soit saisi de conclusions en ce sens (CE 6-12-2017 n° 405839, Sté Nacarat Saint-Jean). L'intérêt de l'annulation partielle est que, dans l'attente de la régularisation, les travaux peuvent se poursuivre sur les autres parties du bâtiment. Le texte ne règle pas la question de savoir ce qui arrive si la régularisation n'intervient pas dans le délai imparti.

L'annulation partielle paraît constituer une **obligation** pour le juge quand les conditions en sont remplies, à moins qu'il n'opte pour le sursis à statuer en vue d'une régularisation (voir n°s 16657 s.). Le refus de faire droit à une demande d'annulation partielle doit être motivé.

> **Précisions a.** Lorsqu'un **permis,** portant sur plusieurs bâtiments, est **divisible,** le juge commettrait une erreur de droit s'il l'annulait intégralement en se fondant sur un motif d'illégalité ne concernant qu'un bâtiment (CE 18-2-2005 n° 261171 : BPIM 6/05 inf. 380 ; CAA Nantes 6-5-2008 n° 07NT02215, min. écologie : BPIM 2/09 inf. 100). Sur le point de savoir si un permis est divisible, les juges du fond exercent une appréciation souveraine qui ne peut être discutée en cassation (CE 6-11-2006 n° 281072, Association Préservation des paysages exceptionnels du Mézenc : BPIM 2/07 inf. 109).
>
> **b.** **L'annulation partielle** du permis peut être prononcée **pour une prescription « oubliée ».** Faisant une lecture large de l'article L 600-5 du Code de l'urbanisme, le Conseil d'État a ainsi prononcé l'annulation d'un permis de construire en tant qu'il s'abstenait de prescrire, comme l'imposait le PLU, que le pétitionnaire devrait acquérir des places dans un parc de stationnement ou verser une participation à la réalisation d'un parc public (CE 23-2-2011 n° 325179, Sté Hôtel de la Bretonnerie : BPIM 2/11 inf. 97). Il n'allait pas de soi d'affirmer que « seule une partie » du projet de construction était illégale mais l'annulation partielle a été regardée comme un moyen de contraindre l'autorité compétente à compléter le permis, sans aller jusqu'à en prononcer l'annulation.
>
> **c.** Le vice n'entraînant qu'une **illégalité partielle** peut être un vice de légalité externe (incompétence ou irrégularité). Ainsi, l'autorisation d'un lotissement situé sur le territoire de deux communes, délivrée par le maire de l'une de ces communes, sera annulée en tant seulement qu'elle concerne la partie du projet située sur le territoire de l'autre commune, pour laquelle il n'était pas compétent (CE 27-11-2013 n° 358765, Association Bois-Guillaume Réflexion).
>
> **d.** Lorsqu'un permis de construire est **entièrement illégal,** le juge administratif méconnaît son office en ne l'annulant que partiellement (CE 9-4-2014 n° 338363, Cne de Saint-Martin-le-Vinoux : BPIM 3/14 inf. 162).
>
> **e.** Si le juge choisit l'annulation partielle, il doit écarter de manière expresse et motivée

les moyens qui, s'ils étaient fondés, justifieraient une annulation totale (CE 16-10-2017 n° 398902 : BPIM 6/17 inf. 393).

f. Un permis de construire portant uniquement sur de nouveaux travaux alors que la **construction** a été **irrégulièrement édifiée** ou **transformée** est illégal (voir n° 13080) et cette irrégularité n'est pas régularisable au moyen du mécanisme de l'annulation partielle (CE 6-10-2021 n° 442182, Sté Maresias : BPIM 6/21 inf. 337).

g. Lorsque le juge prononce l'annulation partielle d'un permis de construire (C. urb. L 600-5), il accord normalement au requérant le **remboursement** de ses **frais** (CAA Lyon 30-22-2021 n° 21LY00415, Cne d'Aix-les-Bains : BPIM 1/22 inf. 14).

h. Lorsque l'autorisation d'urbanisme a été obtenue par **fraude**, le juge ne peut pas prononcer une annulation partielle (CE 11-3-2024 n° 464257, Cne de Saint-Raphaël : BPIM 3/24 inf. 165).

SURSIS À STATUER EN VUE D'UNE RÉGULARISATION

Prononcé du sursis à statuer À l'hypothèse de l'annulation partielle prévue par l'article L 600-5 du Code de l'urbanisme pour régulariser un permis illégal s'ajoute celle du sursis à statuer de l'**article L 600-5-1.** Lorsque le juge administratif, saisi d'un recours contre un permis de construire, de démolir ou d'aménager, ou d'une non-opposition à une déclaration préalable, estime que l'autorisation n'est entachée que d'un vice susceptible d'être régularisé, il sursoit à statuer sur le recours en impartissant un délai pour la régularisation (C. urb. art. L 600-5-1). Lorsqu'il envisage de faire usage de cette faculté, le juge doit au préalable recueillir les observations des parties. Il doit également, dès le premier jugement, écarter expressément les moyens dont il estime qu'ils ne sont pas fondés. 16657

Comme pour l'annulation partielle (C. urb. art. L 600-5), ce dispositif s'applique même si les **travaux** sont **déjà achevés** (C. urb. art. L 600-5-1).

Le sursis à statuer peut être prononcé par le juge même s'il n'est pas saisi de **conclusions** en ce sens. Dès lors que le permis attaqué est régularisable, le juge est **tenu** de surseoir à statuer (CE Section 2-10-2020 n° 438318 : BPIM 6/20 inf. 374). Il n'en va autrement que dans deux hypothèses :

– le titulaire du permis déclare ne pas souhaiter une régularisation ;

– le juge opte pour l'annulation partielle en vue d'une régularisation, prévue par l'article L 600-5 (voir n° 16655).

Le **refus** de faire droit à une demande de sursis à statuer doit être motivé.

> Précisions **a.** Quand le tribunal administratif, soit rejette le recours, soit annule le permis, un sursis à statuer peut être prononcé par le **juge d'appel** s'il estime que le permis est entaché d'un vice régularisable et constate qu'aucun des autres moyens du requérant de premier instance n'est fondé (Avis CE 18-6-2014 n° 376113, SCI Mounou : BPIM 4/14 inf. 233 ; Avis CE 18-6-2014 n° 376760, Sté Batimalo et Cne de Saint-Malo : BPIM 4/14 inf. 233).

b. Si, au cours de l'instance, l'administration transmet spontanément au juge un permis modificatif de régularisation du permis litigieux, le juge peut prendre en considération ce permis modificatif sans être tenu de surseoir à statuer ; la légalité du permis modificatif peut alors être contestée dans le cadre de l'instance (CE 6-4-2018 n° 402714, Sté NARTECS : BPIM 3/18 inf. 179). La même possibilité de **régularisation spontanée** existe quand le tribunal administratif annule un permis par un jugement qui est frappé d'appel : en dépit de l'annulation, l'administration peut délivrer un permis modificatif ; le juge d'appel peut constater la régularisation ou surseoir à statuer pour rendre possible cette régularisation (CE 22-2-2018 n° 389518, Sté Udicité : BPIM 2/18 inf. 100).

c. Lorsque les vices affectant un permis de construire sont régularisables et que le juge du fond refuse de surseoir à statuer, le Conseil d'État statuant comme **juge de cassation** censure ce refus (CE 3-6-2020 n° 427781, Sté Compagnie immobilière Méditerranée : BPIM 5/20 inf. 303). Le Conseil d'État peut confirmer la décision du juge du fond en tant qu'elle constate les illégalités et se borner à l'annuler en tant qu'elle refuse de surseoir à statuer (CE 22-2-2018 n° 389518, Sté Udicité : BPIM 2/18 inf. 101).

d. Lorsque le juge invite les parties à présenter des observations sur la mise en œuvre éventuelle du sursis à statuer alors que l'**instruction** est **close,** cette invitation ne vaut pas réouverture de l'instruction (CE 10-10-2022 n° 455573, Sté Horizon et autre : BPIM 6/22 inf. 404). Les parties ne peuvent donc pas, en réponse à cette invitation, soulever de nouveaux moyens relatifs à la légalité du permis.

e. Si les travaux exigent un permis de construire, une non-opposition à une déclaration préalable est entachée d'une **illégalité non régularisable** et le juge saisi d'un recours ne peut pas surseoir à statuer (CAA 1-12-2022n° 20MA02543 : BPIM 2/23 inf. 95). De même, lorsque le maire délivre un permis pour un projet incompatible avec le PLU en cours d'adoption, le permis est illégal et ne peut pas être régularisé (CAA Lyon 18-4-2023 n° 21LY02999, Sté SIAB : BPIM 5/23 inf. 294).

f. Lorsque l'autorisation d'urbanisme a été obtenue par **fraude,** le juge ne peut pas surseoir à statuer pour permettre sa régularisation (CE 11-3-2024 n° 464257, Cne de Saint-Raphaël : BPIM 3/24 inf. 165).

g. Quand il apprécie le caractère régularisable d'une autorisation d'urbanisme, le juge doit tenir compte de la possibilité de **faire évoluer** le projet, y compris en en modifiant l'économie générale (CE 11-3-2024 n° 463413, Cne de Nouméa : BPIM 3/24 inf. 166).

h. Dans le cas où un recours est exercé contre le **retrait** d'un permis de construire pour illégalité, le juge ne peut pas surseoir à statuer pour permettre la régularisation du permis (CAA Paris 13-6-2024 n° 23PA01626, Cne de Villemomble : BPIM 4/24 inf. 236).

16658 **Suites du sursis à statuer** Une fois expiré le délai pour régulariser, le juge statue définitivement. Si une mesure de régularisation lui est bien notifiée dans ce délai – mesure qui revêt normalement la forme d'un **permis modificatif** –, le juge statue après avoir invité les parties à présenter leurs observations. Soit il constate la régularisation et rejette le recours contre le permis initial, soit il constate qu'elle n'a pas été effectuée et annule le permis.

Lorsque le juge a sursis à statuer pour permettre la régularisation, la délivrance à cette fin d'un permis modificatif n'est **pas subordonnée à une demande** du titulaire du permis attaqué à l'autorité compétente (CE 19-6-2017 n° 394677, Synd. copr. de la résidence Butte Stendhal).

Pour régulariser le permis, il faut appliquer les **dispositions de procédure** en vigueur à la date à laquelle il a été délivré et les **dispositions de fond** en vigueur à la date de la régularisation (CE 3-6-2020 n° 420736, SCI Alexandra : BPIM 4/20 inf. 240). Ainsi, lorsque le vice résulte de la méconnaissance d'une règle de procédure en vigueur à la date de délivrance du permis initial, la régularisation suppose que la procédure soit reprise dans le respect de cette règle, même si entre-temps elle a été modifiée ou supprimée. Toutefois, en cas de modification des règles de compétence, tout indique que c'est l'autorité compétente pour statuer sur la demande de permis à la date de la régularisation qui doit procéder à celle-ci (CE 29-7-2020 n° 428158, SCI L'Harmas : BPIM 5/20 inf. 294).

La régularisation est possible même si elle implique de modifier l'**économie générale du projet** ; toutefois, le projet ne doit pas subir « un bouleversement tel qu'il en changerait la nature même » (CE Section 2-10-2020, n° 438318 : BPIM 6/20 inf. 374). La même condition vaut pour les permis modificatifs délivrés à d'autres fins que la régularisation d'un permis attaqué (voir n° 15520).

> **Précisions** **a.** Après que le juge a sursis à statuer, il n'est plus possible d'invoquer devant lui de **nouveaux moyens** dirigés contre le permis initial (Avis CE 18-6-2014 n° 376760, Sté Batimalo et Cne de Saint-Malo : BPIM 4/14 inf. 233 ; CAA Bordeaux 2-4-2015 n° 12BX02522 : BPIM 3/15 inf. 169). Mais de tels moyens pourront être invoqués à l'appui d'un appel contre un jugement ordonnant le sursis à statuer (CAA Marseille 12-12-2019 n° 18MA02729, SCI Morena : BPIM 2/20 inf. 91, concernant un sursis à statuer sur un recours contre un document d'urbanisme (C. urb. art. L 600-9), mais la solution est transposable).

b. Lorsqu'il a sursis à statuer en fixant un délai pour la régularisation du permis, le juge peut statuer dès l'expiration de ce délai mais il doit tenir compte d'une **régularisation effectuée hors délai,** si elle lui est notifiée avant qu'il ait statué (CE 16-2-2022 n° 420554, 420575, min. cohésion des territoires : BPIM 2/22 inf. 100).

c. Le tribunal administratif peut ne pas tenir compte d'une mesure de régularisation du permis attaqué délivrée avant la **clôture de l'instruction** mais qui ne lui a été communiquée qu'après cette clôture, un tel retard n'étant pas justifié par une impossibilité de produire cet élément décisif en temps utile. Mais s'il est fait appel du jugement cette mesure devra être prise en compte par le juge d'appel (CAA Lyon 6-7-2023 n° 21LY04226, Cne de Megève : BPIM 5/23 inf. 301).

d. Lorsque le juge a sursis à statuer, le **refus de l'administration** de régulariser doit entraîner l'annulation du permis attaqué. Ce refus ne peut être contesté par le pétitionnaire que dans le cadre d'une nouvelle instance (CE 9-11-2021 n° 440028, SCCV Lucien Viseur : BPIM 1/22 inf. 13). Si l'autorité compétente prend une mesure de régularisation, l'auteur du recours contre le permis initial peut soutenir que cette mesure est inadaptée et n'a pas remédié au vice du permis initial. Si le juge constate que ce **vice subsiste,** il doit annuler ce permis, et non surseoir à statuer à nouveau pour donner une seconde chance à l'administration et au pétitionnaire (CE sect. 14-10-2024 n° 471936, Sté Saint-Saturnin Roussillon Ferme : BPIM 6/24 inf. 345).

e. Si le juge constate que le permis initial a été régularisé, il rejette le recours contre ce permis. En pareil cas, il ne met pas à la charge du requérant les **frais** exposés par le titulaire du permis (CE 28-5-2021 n° 437429 : BPIM 4/21 inf. 242).

f. La mesure de régularisation peut prendre la forme d'une **dérogation aux règles d'urbanisme** applicables, dans les conditions prévues par le Code de l'urbanisme et à la condition que le pétitionnaire ait formé une demande en ce sens (CE 17-12-2020 n° 432651, SCCV Lapeyre : BPIM 1/21 inf. 15).

g. Quand la **règle de fond** méconnue par le permis a ensuite été supprimée, ou modifiée de telle sorte qu'elle n'est plus méconnue, la régularisation à la suite d'un sursis à statuer implique néanmoins l'intervention d'une nouvelle décision relative au projet (CE 4 mai 2023 n° 464702, Sté Octogone : BPIM 3/23 inf. 167).

h. Le permis initial attaqué peut se trouver régularisé par un **permis modificatif tacite** même si la demande ne mentionnait pas qu'elle était présentée à des fins de régularisation (CE 30-6-2023 n° 463230, Sté AFC Promotion : BPIM 4/23 inf. 241). Il suffit qu'il ressorte des circonstances que la demande avait bien un tel objet.

i. Le jugement qui clôt le litige à l'expiration du délai de régularisation peut, sans que le **principe d'impartialité** soit méconnu, être rendu par une formation formée des mêmes magistrats que celle qui a prononcé le sursis à statuer (CE 17-1-2024 n° 462638, Association Bien vivre au pays d'Urfé : BPIM 2/24 inf. 97).

Contestation du permis modificatif de régularisation Une fois le permis modificatif délivré, il peut être contesté en justice. C'est devant le juge saisi du recours initial que le requérant doit porter la contestation : il n'est pas recevable à introduire devant le tribunal administratif un recours distinct dirigé contre ce permis (C. urb. art. L 600-5-2 ; CE 19-6-2017 nº 398531, Syndicat des copropriétaires de la résidence Butte Stendhal). De même, lorsque le **juge d'appel** prononce un sursis à statuer, la légalité du permis modificatif doit être contestée devant lui (CE 22-2-2017 nº 392998 : BPIM 2/17 inf. 91 ; CE 15-2-2019 nº 401384, Cne de Cogolin, voir nº 16661). 16659

Le requérant peut contester sans condition de **délai** le permis modificatif tant que le juge ne s'est pas prononcé à l'issue du sursis à statuer (CE 16-2-2022 nº 420554, min. cohésion des territoires : BPIM 2/22 inf. 102). Lorsque le juge constate que le permis modificatif est lui-même entaché d'un vice régularisable, distinct du vice entachant le permis initial, il doit à nouveau surseoir à statuer, à moins qu'il choisisse l'annulation partielle (CE 17-3-2021 nº 436073 : BPIM 3/21 inf. 170).

Dans le cas où l'auteur du recours contre le permis fait **appel du jugement ayant prononcé le sursis à statuer,** c'est dans le cadre de l'instance qui se poursuit devant le tribunal administratif et non devant la cour administrative d'appel qu'il doit contester la légalité du permis modificatif (CE 5-2-2021 nº 430990 : BPIM 2/21 inf. 107). Si le tribunal estime que le permis a été régularisé et rejette la requête, l'auteur de celle-ci peut faire appel de ce second jugement et, dans ce cadre, reprendre sa contestation contre le permis modificatif.

> **Précisions** La demande d'un permis modificatif de régularisation (ou déclaration préalable de régularisation) est établie sur le **formulaire** Cerfa 16700 (C. urb. art. A 431-3-1 et A 431-7 dans leur rédaction issue de l'arrêté LRUL2418037A du 18-10-2024).

Contestation du jugement prononçant le sursis à statuer L'appel contre le jugement d'un tribunal administratif prononçant un sursis à statuer – le **jugement avant dire droit** – peut être présenté soit immédiatement, soit dans les 2 mois de la notification du jugement ultérieur qui statue sur la régularisation du permis (CE 19-6-2017 nº 394677, Syndicat des copropriétaires de la résidence Butte Stendhal : BPIM 4/17 inf. 258). La même règle devrait valoir pour le recours en cassation contre un jugement de tribunal administratif non susceptible d'appel, ou un arrêt de cour administrative d'appel, qui prononce un sursis à statuer (C. just. adm. art. R 821-1-1). 16660

Le jugement avant dire droit peut être **contesté dans ses deux volets** : en tant qu'il prend parti sur les vices du permis et en tant qu'il sursoit à statuer en vue d'une régularisation. Toutefois, à compter de la délivrance de la mesure de régularisation, les conclusions dirigées contre le jugement en tant qu'il sursoit à statuer sont privées d'objet. Le juge d'appel doit constater qu'il n'y a plus lieu de statuer sur ces conclusions (CE 19-6-2017 nº 394677, Syndicat des copropriétaires de la résidence Butte Stendhal : BPIM 4/17 inf. 258). À l'appui d'un appel contre le jugement ultérieur par lequel le tribunal reconnaît que le permis initial a été régularisé par un permis modificatif, le tiers peut contester la légalité du permis modificatif par des moyens propres à ce permis et au motif que le permis initial n'était pas régularisable (CE 19-6-2017 nº 394677, Syndicat des copropriétaires de la résidence Butte Stendhal : BPIM 4/17 inf. 258). Des moyens dirigés contre le permis de construire initial sont en revanche inopérants.

L'appel contre le jugement avant dire droit **perd son objet** si le jugement qui statue sur la régularisation du permis devient définitif faute d'avoir lui-même fait l'objet d'un appel dans le délai légal (CE 14-5-2024 nº 475663 : BPIM 4/24 inf. 237). Tout indique que cette règle concerne aussi le pourvoi en cassation.

> **Précisions** **a.** L'**auteur** et le **bénéficiaire du permis** attaqué peuvent contester dans ses deux volets un jugement qui retient l'existence d'un vice régularisable et sursoit à statuer en fixant un délai de régularisation (CE 10-7-2023 nº 463914 : BPIM 5/23 inf. 300).
>
> **b.** Lorsqu'un **tribunal administratif** prononce un sursis à statuer **sans s'être prononcé sur un des moyens** invoqués à l'encontre du permis, l'appel formé par le tiers contre ce jugement irrégulier perd son objet si le second jugement valide le permis modificatif de régularisation et répare cette omission à statuer (CE 5-2-2021 nº 430990 : BPIM 2/21 inf. 106).
>
> **c.** L'**annulation** par le juge d'appel ou de cassation **du jugement prononçant le sursis à statuer** doit entraîner celle du jugement ultérieur qui constate la régularisation de l'autorisation (CE 25-9-2020 nº 432511 : BPIM 6/20 inf. 373).
>
> **d.** En cas de censure, sur **appel du pétitionnaire,** d'un jugement qui, après sursis à statuer, a annulé le permis attaqué au motif qu'il n'a **pas été régularisé,** le juge d'appel se trouve saisi par l'**effet dévolutif de l'appel** des moyens du requérant de première instance relatifs à la mesure de régularisation, mais non de ceux dirigés contre le permis initial (CAA Marseille 6-7-2023 nº 22MA00129, SCI Gamajac : BPIM 5/23 inf. 303).

 © Éd. Francis Lefebvre

MODIFICATION EN COURS D'INSTANCE DU PERMIS ATTAQUÉ

16661 Lorsqu'une autorisation d'urbanisme (permis de construire, de démolir ou d'aménager ou décision de non-opposition à une déclaration préalable) est attaquée devant le juge administratif et qu'elle fait l'objet en cours d'instance d'un permis modificatif, d'une décision modificative ou d'une mesure de régularisation qui a été communiquée aux parties, cette décision modificative ou cette mesure de régularisation ne peut être contestée que dans le cadre de l'instance relative à l'autorisation initiale (C. urb. art. L 600-5-2). La règle vaut non seulement pour les **parties à l'instance** engagée contre le permis initial, mais aussi pour les **tiers** à cette instance (CE sect. 15-2-2019 nº 401384, Cne de Cogolin ; D. Chauvaux, Régularisation des permis illégaux : nouvelles précisions sur le mode opératoire : BPIM 2/19 inf. 83).

Cette règle implique que, si le litige relatif au permis initial est en cours d'examen par **la cour administrative d'appel,** le tribunal administratif saisi d'un recours contre le permis modificatif ou la mesure de régularisation doit renvoyer ce recours, quel qu'en soit l'auteur, devant la cour (CE 15-12-2021 nº 453316 : BPIM 1/22 inf. 15).

Il est possible qu'un permis modificatif porte atteinte aux **intérêts d'autres personnes** que celle qui a attaqué le permis initial. Si leur recours, qui doit être présenté dans le délai de recours contentieux de 2 mois déclenché par l'affichage du modificatif sur le terrain, relevait de la compétence du tribunal administratif, alors que le recours contre le permis initial se trouve entre les mains de la cour administrative d'appel, la **situation procédurale** serait inextricable. En effet, le sort du permis initial dépend de celui du permis modificatif destiné à le régulariser. En outre, la légalité du permis modificatif risque d'être également contestée par le requérant qui a attaqué le permis initial, ce qui conduirait à une situation où cette question serait examinée parallèlement par la cour et par le tribunal. L'article L 600-5-2 évite ces complications.

L'**obligation de notifier les recours** contre les autorisations d'urbanisme ne s'applique pas à la contestation d'une autorisation modificative ou mesure de régularisation (C. urb. art. R 600-1, al. 4).

Les **moyens** dirigés contre le permis modificatif ou la mesure de régularisation sont **cristallisés** deux mois après la communication aux parties du premier mémoire en défense le concernant (C. urb. art. R 600-5, al. 2).

› Précisions **a.** La demande d'un permis modificatif de régularisation (ou déclaration préalable de régularisation) est établie sur le **formulaire Cerfa** 16700 (C. urb. art. A 431-3-1 et A 431-7 dans leur rédaction issue de l'arrêté LRUL2418037A du 18-10-2024).

b. Dans le cas où la décision modificative ou mesure de régularisation transmise au cours de l'instance fait suite à un **sursis à statuer en vue de la régularisation** (C. urb. art. L 600-5-1), l'article L 600-5-2 du Code de l'urbanisme vient confirmer une solution retenue par la jurisprudence (voir nº 16659). Mais l'article L 600-5-2 concerne également le cas où un permis modificatif est délivré à des **fins autres que de régularisation** : si le modificatif est produit dans le cadre de l'instance relative au permis initial, il ne pourra être contesté par l'adversaire de ce permis que dans le cadre de l'instance.

c. Les parties qui, au cours de l'instance relative à la légalité d'une autorisation d'urbanisme, reçoivent communication d'une autorisation modificative ou d'une mesure de régularisation peuvent en contester la légalité **sans condition de délai ni de forme** (CE 1-2-2023 nº 459243 : BPIM 2/23 inf. 98).

d. Si un permis modificatif est postérieur au jugement relatif au permis initial, c'est devant le **juge d'appel** qu'il pourra être contesté (CAA Versailles 12-5-2023 nº 20VE00300 : BPIM 5/23 inf. 302). Tout indique qu'il en va de même si le modificatif, bien que délivré avant le jugement, n'a été communiqué aux parties qu'au cours de l'instance d'appel.

e. Lorsque le **Conseil d'État** casse un jugement ou un arrêt prononçant l'annulation partielle d'un permis (C. urb. art. L 600-5) puis règle l'affaire au fond, **il est compétent** pour connaître d'un recours contre un permis modificatif délivré en cours d'instance à des fins de régularisation (CE 10-10-2022 nº 452955, 463843 : BPIM 6/22 inf. 403).

INDEMNISATION

16663 **Dommage causé par un permis illégal** La réparation des préjudices résultant directement (pour le pétitionnaire ou pour des tiers) de la délivrance d'un permis de construire illégal peut être recherchée par l'exercice devant le **tribunal administratif** d'un recours indemnitaire dirigé contre la collectivité au nom de laquelle le permis a été délivré (CE 8-10-2008 nº 295343, Sté Rand Kar : BPIM 6/08 inf. 423). En cas de refus illégal de permis, voir nº 16545.

Si le permis a été annulé ou déclaré illégal par le juge administratif, les tiers peuvent rechercher la responsabilité du constructeur devant la **juridiction civile.**

> Précisions **a.** En délivrant sans l'assortir de prescriptions spéciales un permis autorisant une construction sur un sol instable, l'administration engage sa responsabilité. Pour **déterminer le préjudice indemnisable,** il n'y a pas lieu de tenir compte du coût de l'acquisition du terrain et des frais financiers liés à cette acquisition, cette dépense n'étant pas la conséquence directe de la délivrance du permis. Il faut prendre en compte le coût des travaux de construction, y compris les intérêts des emprunts qui les ont financés. Ce coût doit toutefois être diminué de la valeur de revente de l'immeuble ainsi bâti, non compris le prix de son terrain d'assiette (CE 29-11-1999 n° 187749).

b. Le juge tient compte des **fautes ou imprudences commises par le pétitionnaire** pour exonérer de tout ou partie de sa responsabilité la collectivité au nom de laquelle le permis illégal a été délivré (CAA Douai 2-2-2012 n° 10DA01448 : BPIM 3/12 inf. 205 ; CAA Nantes 22-6-2017 n° 17NT00465 : BPIM 5/17 inf. 325).

c. Le **délai de prescription** du recours indemnitaire du bénéficiaire d'un permis de construire jugé illégal contre la collectivité qui l'a délivré est de 4 ans (Loi 68-1250 du 31-12-68). S'agissant de la créance détenue par le titulaire du permis illégalement délivré, au titre du préjudice lié à la condamnation, par une juridiction judiciaire, à démolir le bâtiment litigieux ou à indemniser des tiers, le délai court à compter du premier jour de l'année suivant celle au cours de laquelle la décision de la juridiction judiciaire est passée en force de chose jugée (CE 22-10-2012 n° 330650 : BPIM 6/12 inf. 428).

d. Le permis engage la responsabilité de la collectivité **au nom de laquelle il a été délivré** ; un permis délivré par le maire au nom de l'État engage la responsabilité de l'État et non la responsabilité de la commune.

e. Seul un préjudice anormal peut engager la responsabilité sans faute du propriétaire d'un **ouvrage public** à l'égard des tiers. Qu'un tel ouvrage ait été édifié en vertu d'un permis de construire illégal ne constitue pas, en soi, un préjudice anormal indemnisable (CE 28-9-2016 n° 389581, OPH Gironde Habitat : BPIM 6/16 inf. 356).

f. Le voisin dont le bien a **perdu de sa valeur** du fait d'une construction autorisée par un permis illégal n'a pas à justifier d'un projet de vente pour obtenir de la collectivité l'indemnisation de ce préjudice (CE 24-7-2019 n° 417915 : BPIM 5/19 inf. 318).

Dommage causé par un recours abusif Le bénéficiaire du permis peut demander au **juge administratif,** dans le cadre de l'instance ouverte par le recours tendant à son annulation, que des dommages-intérêts soient mis à la charge du demandeur (C. urb. art. L 600-7). La demande peut être présentée pour la première fois en appel, y compris au titre des préjudices que la procédure de première instance a causés au demandeur (CE 16-10-2017 n° 396494, Office public d'habitat de la ville d'Avignon : BPIM 6/17 inf. 394). La disposition autorise ainsi expressément les conclusions reconventionnelles à fin de dommages-intérêts pour citation abusive, ces conclusions devant être présentées dans un mémoire distinct. L'octroi des dommages-intérêts est subordonné à la double condition que le droit au recours soit exercé dans des conditions qui « traduisent un comportement abusif de la part du requérant » et que le bénéficiaire du permis subisse de ce fait un préjudice. **16665**

Cette voie de droit devant le juge administratif n'écarte pas la compétence de droit commun du **juge civil** pour indemniser le préjudice subi du fait d'un recours abusif (Cass. 1e civ. 16-11-2016 n° 16-14.152 : BPIM 1/17 inf. 11).

> Précisions **a.** N'entrent pas dans le **champ d'application de l'article L 600-7** du Code de l'urbanisme un recours contre le refus de constater la caducité d'un permis de construire (CAA Marseille 25-7-2014 n° 12MA03175, Laclaverie : BPIM 5/14 inf. 309) ou un recours contre un transfert de permis (CAA Marseille 13-5-2016 n° 14MA05185 : BPIM 4/16 inf. 243).

b. En se bornant à invoquer l'**incertitude sur le devenir d'une construction,** même pendant une période prolongée (5 ans), le titulaire du permis de construire ne justifie pas avoir subi un préjudice excessif du fait du recours contre le permis de construire (CAA Bordeaux 5-3-2015 n° 13BX01443 : BPIM 3/15 inf. 170).

Transaction entre l'auteur du recours et le pétitionnaire La transaction est le contrat par lequel les parties, par des concessions réciproques, terminent une contestation née ou préviennent une contestation à naître (C. civ. art. 2044). Toute transaction par laquelle l'auteur d'un recours contre un permis, ou une personne ayant l'intention de présenter un tel recours, s'engage à s'en désister, ou à s'abstenir de le présenter, en échange d'une contrepartie pécuniaire ou en nature doit faire l'objet de l'**enregistrement** prévu à l'article 635 du CGI, dans le délai d'un mois (C. urb. art. L 600-8). **16670**

Afin de rendre effective cette obligation, il est prévu qu'une transaction qui n'a pas été enregistrée dans le délai d'un mois est réputée sans cause et que la somme versée ou le coût de l'avantage en nature consenti peut faire l'objet d'une **action en répétition** (C. urb. art. L 600-8, al. 2). Cette action se prescrit par 5 ans à compter du dernier versement ou de l'obtention de l'avantage. Elle peut être exercée par les acquéreurs successifs du bien ayant fait l'objet du permis, à raison du préjudice qu'ils ont subi du fait de l'inclusion dans le prix du coût de la contrepartie.

Les transactions conclues avec des **associations** ne peuvent pas avoir pour contrepartie le versement d'une somme d'argent, sauf lorsqu'elles agissent pour la défense de leurs intérêts matériels propres (C. urb. art. L 600-8, al. 3).

> Précisions a. La disposition permettant au bénéficiaire d'un permis, si la transaction n'a pas été enregistrée dans le délai légal, de récupérer la somme qu'il a versée à l'auteur d'un recours pour obtenir son désistement n'est pas contraire au principe d'égalité, ni à aucun autre droit garanti par la Constitution (Cons. const. 13-9-2023 n° 2023-1060 QPC).
b. Une transaction conclue entre le titulaire du permis et la commune fait obstacle à tout recours indemnitaire contre la commune (CAA Nantes 22-6-2017 n° 17NT00465 : BPIM 5/17 inf. 324). En revanche, un **acte unilatéral de renonciation** à rechercher la responsabilité de la commune en cas d'annulation du permis qui n'a donné lieu ni à contrepartie ni à acceptation de la commune, ne lie pas le titulaire du permis.

ATTESTATION RELATIVE À L'EXISTENCE D'UN RECOURS

16675 Toute personne peut se faire délivrer par le **greffe du tribunal administratif** territorialement compétent un document attestant soit de l'absence de **recours contre une autorisation d'urbanisme,** soit de la date d'enregistrement d'un tel recours. De même, l'absence ou la date d'enregistrement d'un appel ou d'un pourvoi en cassation contre un jugement ou un arrêt rendu dans le cadre du litige peut être attesté par le greffe de la cour administrative d'appel ou le secrétariat de la section du contentieux du Conseil d'État (C. urb. art. R 600-7).

SECTION II CONTRÔLE ET SANCTIONS

A. Visite des constructions

OBJET DES VISITES

16690 La visite des constructions en cours ou achevées permet de **vérifier** le respect des règles d'urbanisme afin de sanctionner les infractions constatées. Deux types d'opérations peuvent être menées : le contrôle administratif des lieux accueillant ou susceptibles d'accueillir des constructions, aménagements, installations et travaux ; l'enquête pénale visant la constatation des infractions prévues par le Code de l'urbanisme.

Faire **obstacle** aux opérations de visite, qu'il s'agisse de la recherche et de constatation des infractions pénales comme du contrôle administratif, est un délit passible de 6 mois d'emprisonnement et 7 500 € d'amende (C. urb. art. L 480-12).

ILLUSTRATIONS

La simple **absence du propriétaire** au rendez-vous fixé par les agents de contrôle ne suffit pas à fonder une condamnation pénale pour obstacle à contrôle (Cass. crim. 21-11-2017 n° 16-86.745 F-D : BPIM 1/18 inf. 13). Il en va autrement lorsque les circonstances de l'absence démontrent que le propriétaire a voulu se soustraire au contrôle (Cass. crim. 29-6-2010 n° 09-82.834 F-D : absences répétées ; Cass. crim. 1-9-2015 n° 14-84.940 F-D : fausses excuses avancées pour justifier l'absence).

CONTRÔLE ADMINISTRATIF

16692 Le préfet et l'autorité compétente pour délivrer les autorisations d'urbanisme, ou leurs délégués, ainsi que les fonctionnaires et les agents habilités à constater les infractions aux règles d'urbanisme (voir n° 16696), peuvent visiter les lieux accueillant ou susceptibles d'accueillir des constructions, aménagements, installations et travaux et se faire communiquer tous documents se rapportant à la réalisation de ces opérations (C. urb. art. L 461-1). Ce **droit de visite et de communication** peut être exercé jusqu'à six ans après l'achèvement des travaux.

À l'issue de la visite, s'il est établi qu'une construction, un aménagement, une installation ou des travaux ont été réalisés sans permis ou sans décision de non-opposition à déclaration préalable, ou en méconnaissance d'un permis ou d'une non-opposition à déclaration préalable, le préfet, l'autorité compétente pour délivrer les autorisations d'urbanisme ou leurs délégués peuvent **mettre en demeure** le maître d'ouvrage, dans un délai qu'ils déterminent et qui ne peut excéder six mois, de déposer, selon le cas, une demande de permis ou une déclaration préalable (C. urb. art. L 461-4).

> Précisions Le droit de visite et de communication doit **s'exercer** entre 6 h et 21 h lorsque les lieux ne sont pas ouverts au public. Les domiciles et les locaux comportant des parties à usage d'habitation ne peuvent être visités qu'en présence de leur occupant et avec son assentiment (C. urb. art. L 461-2 ; CEDH 16-5-2019 n° 66554/14 : BPIM 4/19 inf. 239). À notre avis, ces règles ne s'appliquent pas pendant la durée du chantier, la jurisprudence estimant qu'une maison en construction ne peut être qualifiée de domicile (Cass. crim. 1-4-1992 n° 91-85.279 : Rev. sc. crim. 1993 p. 121, jurisprudence antérieure à la création des articles précités mais à notre avis transposable). En revanche, une résidence secondaire est un domicile (Cass. crim. 25-1-2022 n° 20-84.185 F-D : BPIM 2/22 inf. 101).

En cas de refus de l'occupant ou d'impossibilité de le joindre, les visites peuvent être autorisées par une **ordonnance du juge des libertés et de la détention** (JLD), exécutoire par provision, qui précise les noms et qualités des agents et les heures auxquelles la visite peut avoir lieu (C. urb. art. L 461-3, I). Cette ordonnance est notifiée au moment de la visite à l'occupant ou à son représentant ; s'il est absent, l'ordonnance lui est notifiée après la visite, par lettre recommandée avec demande d'avis de réception, et à défaut de réception du courrier elle lui est signifiée par acte d'huissier.

Le JLD peut se rendre **sur place** et décider de suspendre ou d'arrêter la visite. La saisine du JLD aux fins de suspension ou d'arrêt des opérations n'a pas d'effet suspensif (C. urb. art. L 461-3, III). L'occupant (ou son représentant) peut se faire assister d'un conseil de son choix. Si l'occupant est absent, les agents ne peuvent procéder à la visite qu'en présence de deux témoins non placés sous leur autorité.

Un **procès-verbal** est rédigé sur-le-champ et signé par les agents, l'occupant ou, le cas échéant, son représentant et les témoins ; l'original est adressé au JLD et une copie est remise ou adressée par lettre AR à l'occupant ou à son représentant (C. urb. art. L 461-3, IV).

L'ordonnance du JLD autorisant la visite peut faire l'objet, dans les 15 jours de sa notification, d'un **appel** non suspensif devant le premier président de la cour d'appel (les parties ne sont pas tenues de constituer avocat). L'ordonnance du premier président peut faire l'objet, dans un délai de 15 jours, d'un **pourvoi en cassation** (C. urb. art. L 461-3, V). Les mêmes voies de recours sont ouvertes contre le déroulement des opérations de visite autorisées par le JLD, le délai de 15 jours pour saisir le premier président de la cour d'appel courant alors à compter de la remise ou de la réception du procès-verbal de visite (C. urb. art. L 461-3, VI).

RECHERCHE ET CONSTATATION DES INFRACTIONS PÉNALES

Les officiers ou agents de police judiciaire et les fonctionnaires et agents de l'État et des collectivités publiques commissionnés à cet effet par le maire ou le ministre chargé de l'urbanisme et assermentés recherchent et constatent les infractions prévues par le Code de l'urbanisme en quelque lieu qu'elles soient commises (C. urb. art. L 480-1). **16696**

Ils sont tenus d'informer le procureur de la République, qui peut s'y opposer, avant d'accéder aux établissements et **locaux professionnels.** Ils ne peuvent pénétrer dans ces lieux avant 6 h et après 21 h, à moins que les locaux soient ouverts au public (C. urb. art. L 480-17, I).

Les **domiciles** et les locaux comportant des parties à usage d'habitation ne peuvent être visités qu'entre 6 h et 21 h, avec l'assentiment de l'occupant ou, à défaut, en présence d'un officier de police judiciaire agissant conformément aux dispositions du Code de procédure pénale relatives aux visites domiciliaires, perquisitions et saisies de pièces à conviction (C. urb. art. L 480-17, II).

Si l'article L 480-1 du Code de l'urbanisme n'exclut pas que l'agent verbalisateur entende une personne présente sur les lieux, y compris l'auteur présumé de l'infraction, il n'a pas pour objet de prévoir et d'organiser une telle audition. Dès lors, une QPC visant cet article en tant qu'il ne prévoit pas l'obligation d'informer l'intéressé de son **droit de garder le silence** ne présente pas un caractère sérieux (CE 29-11-2024 n° 498358, Syndicat Union défense active foraine et association France liberté voyage). Cette décision ne prend pas parti sur la nécessité d'une telle information au regard du principe résultant de l'article 9 de la Déclaration des droits de l'homme et du citoyen selon lequel nul n'est tenu de s'accuser.

ATTENTION

L'**accord de l'occupant** doit faire l'objet d'une déclaration écrite de la main de l'intéressé. Si celui-ci ne sait pas écrire, il en est fait mention au procès-verbal, ainsi que de son assentiment (C. urb. art. L 480-17, II).

OBLIGATION DE DRESSER PROCÈS-VERBAL

Lorsque l'autorité administrative a **connaissance d'une infraction,** elle est tenue d'en faire dresser procès-verbal (C. urb. art. L 480-1, al. 3). Cette obligation pèse sur le maire (ou le président de l'EPCI) lorsqu'il est compétent pour délivrer les permis de construire. L'autorité administrative se trouve en situation de **compétence liée** (CAA Lyon 19-11-1991 n° 89LY01433). **16698**

> Précisions **a.** Si l'infraction est constituée, le juge administratif, saisi d'un **recours pour excès de pouvoir,** annulera le refus de la constater ; il pourra enjoindre à l'administration de dresser un procès-verbal et de le transmettre au ministère public (TA Grenoble 3-11-1999, Association Les amis de Megève : BJDU 6/99 p. 465).

b. L'**inertie de l'administration** est susceptible d'engager sa responsabilité pour faute. L'action indemnitaire, portée devant le tribunal administratif, doit être dirigée contre l'État et non contre la commune car c'est au nom de l'État que le maire exerce le pouvoir de constater les infractions (CE 10-5-1996 n° 133195 : BPIM 4/96 inf. 257). L'État a ainsi été condamné dans un cas où une année s'était écoulée entre la date à laquelle l'administration avait été informée de l'infraction et celle à laquelle un procès-verbal avait été transmis au ministère public (TA Nice 20-4-1995 n° 90-3091).

c. Pour contraindre le maire à dresser procès-verbal rapidement, il est possible de saisir le **juge des référés.** Lorsque la demande vise un refus du maire de dresser un procès-verbal pour constater la non-conformité d'un commencement de travaux au permis de construire, la **condition d'urgence** permettant de saisir le juge des référés n'est pas satisfaite par principe, mais dépend des circonstances de chaque affaire (CE 23-9-2019 n° 424270 : BPIM 6/19 inf. 377). En revanche, lorsque les travaux ont été entrepris sans autorisation, le maire est obligé d'ordonner l'interruption des travaux ; s'il ne le fait pas, l'urgence est présumée (CE 9-5-2001 n° 231076 : Lebon p. 1115).

d. Le **juge judiciaire** est seul compétent pour accorder une réparation au titre des **conséquences dommageables** de la décision de l'autorité administrative de saisir le parquet, une telle décision étant indissociable de la procédure pénale. Il est aussi seul compétent pour connaître d'une demande d'indemnisation d'un préjudice né de l'établissement ou de la transmission d'un procès-verbal constatant une infraction aux dispositions relatives aux autorisations d'urbanisme, qui constitue un acte de police judiciaire (T. confl. 11-10-2021 n° 4220 : BPIM 6/21 inf. 353). La responsabilité de la commune ou du maire ne peut être engagée s'il a fait un usage régulier de ses pouvoirs ou en transmettant un procès-verbal justifié au procureur de la République (Rép. min. Garnier n° 20098 : Sén. 11-11-2021 p. 6335).

e. Le **maire** peut légalement mettre en demeure un propriétaire, sur le fondement des **pouvoirs de police** générale qu'il tire des dispositions de l'article L 2212-2 du Code général des collectivités territoriales, de rétablir à ses frais le dispositif exigé par l'autorisation d'urbanisme et destiné à protéger la construction des chutes de rochers d'une falaise (CE 22-10-2010 n° 316945 : BPIM 6/10 inf. 445). Alors même que le risque découle de la méconnaissance des prescriptions de l'autorisation, le maire n'est pas tenu de procéder par voie de procès-verbal en vue d'une intervention de l'autorité judiciaire.

f. Si l'**infraction** à la législation sur le permis de construire est **prescrite,** le maire ne peut pas en dresser procès-verbal et le juge administratif ne saurait lui enjoindre de le faire (CAA Bordeaux 30-10-2012 n° 10BX02980, Cne de la Possession : BPIM 1/13 inf. 19).

SUITES DE LA VISITE : DIVERSITÉ DES SANCTIONS

16700 Le fait de réaliser des travaux soumis au permis de construire sans l'avoir obtenu ou sans respecter ses prescriptions constitue une infraction pénale. Une fois l'infraction constatée, le maire est tenu de **saisir le procureur** de la République. Si des poursuites pénales sont engagées, elles donnent lieu à une décision du juge répressif, qui pourra également statuer sur l'action civile.

Indépendamment des poursuites pénales, le maire, en tant qu'autorité compétente en matière d'autorisations d'urbanisme, ou l'autorité exerçant cette compétence peut prendre des mesures administratives afin de faire cesser rapidement l'infraction après avoir invité l'intéressé à présenter ses observations. Il peut mettre en demeure la personne responsable de réaliser les travaux de mise en conformité requis ou de déposer une demande d'autorisation pour **régulariser la situation** (C. urb. art. L 481-1). Cette mise en demeure peut être assortie d'une astreinte (montant maximal : 500 € par jour, sans pouvoir excéder 25 000 € au total). Le délai imparti par la mise en demeure est fonction de la nature de l'infraction constatée et des moyens d'y remédier. Il peut être prolongé pour un an au plus pour tenir compte des difficultés que rencontre l'intéressé pour s'exécuter. Lorsque cette mise en demeure est restée infructueuse, le maire peut contraindre les personnes à **consigner** une somme d'un montant équivalant au coût des travaux à réaliser (C. urb. art. L 481-3). La somme est progressivement restituée si les mesures demandées dans la mise en demeure sont exécutées.

Le maire a également la faculté (ou l'obligation) d'ordonner l'**interruption des travaux** dans l'attente de la décision du juge répressif ; cette mesure peut également être prescrite par le tribunal correctionnel ou par le juge d'instruction saisi des poursuites (voir nos 16875 s.).

La condamnation pénale pourra être assortie d'une injonction de **mettre l'ouvrage en conformité** ou de procéder à sa **démolition** (voir nos 16743 s.).

Le juge civil peut aussi être saisi d'une **action en responsabilité** par un tiers auquel la construction irrégulière cause un préjudice (voir nos 16890 s.). Si elle est fondée, l'action débouchera normalement sur l'ordre de procéder à une mise en conformité ou à une démolition.

Enfin, le **maire** peut décider une interdiction de se raccorder aux **réseaux urbains** (voir n° 16925).

> **Précisions a.** Si l'article L 481-1 du Code de l'urbanisme vise la personne qui réalise des travaux irréguliers, il est aussi applicable à l'ensemble des opérations soumises à permis de construire, permis d'aménager, permis de démolir ou déclaration préalable ou dispensée, à titre dérogatoire, d'une telle formalité et qui ont été entreprises ou exécutées irrégulièrement. Un **changement de destination ne s'accompagnant pas de travaux** peut donc donner lieu à une mise en demeure de déposer une déclaration préalable ou, si la nouvelle destination est interdite par le PLU, de rétablir la destination initiale (CE 23-3-2023 n° 468360 : BPIM 3/23 inf. 152).
> **b.** En cas de mise en demeure de régulariser une construction irrégulière prise sur le fondement de l'article L 481-1 du Code de l'urbanisme, si la **décision prononçant l'astreinte** n'a pas été attaquée dans le délai légal, il n'est pas possible d'invoquer son illégalité à l'appui d'un recours contre le **titre exécutoire** réclamant le versement de son montant (CAA Paris 25-4-2023 n° 22PA00969 : BPIM 3/23 inf. 168).

Cas où la construction illicite présente un risque pour la sécurité ou la santé Lorsque des travaux irréguliers, ayant donné lieu à une mise en demeure non suivie d'effet, ont produit des installations présentant un **risque certain** pour la sécurité ou la santé, le maire peut faire **procéder d'office** aux mesures prescrites, aux frais de l'intéressé (C. urb. art. L 481-1, IV créé par la loi 2024-322 du 9-4-2024). 16701

Lorsque les installations en cause sont occupées, les **occupants** bénéficient de mesures de protection spécifiques (C. urb. art. L 481-1, IV-al. 2).

S'il n'existe aucun moyen technique de mettre les travaux en conformité avec les règlements, obligations ou prescriptions méconnus, le maire peut faire procéder à la **démolition complète** des installations qui présentent un risque certain pour la sécurité ou pour la santé, aux frais de l'intéressé, après y avoir été autorisé par un jugement du président du tribunal judiciaire statuant selon la procédure accélérée au fond (C. urb. art. L 481-1, IV-al. 3).

B. Infractions et sanctions pénales

1. DÉFINITION DES INFRACTIONS

ACTES RÉPRÉHENSIBLES

L'article L 480-4 du **Code de l'urbanisme** sanctionne pénalement l'exécution de travaux ou l'utilisation du sol en méconnaissance des obligations imposées par les titres I à VII du livre IV du Code de l'urbanisme, par les règlements pris pour leur application ou par les autorisations délivrées en conformité avec leurs dispositions. Sont notamment visés l'exécution de travaux sans permis de construire ou sans déclaration préalable ainsi que l'accomplissement de travaux non conformes à un permis ou à une déclaration. 16703

En cas de violation des dispositions d'un PLU, les mêmes poursuites peuvent être engagées, sauf si les travaux ont été exécutés conformément à une autorisation définitive d'occupation ou d'utilisation du sol et que le bénéficiaire de cette autorisation était de bonne foi (C. urb. art. L 610-1). Ces poursuites peuvent se cumuler avec celles pour construction non conforme à un permis de construire (Cass. crim. 3-12-2019 n° 18-86.032 F-PBI : BPIM 1/20 inf. 12) ou celles pour défaut de déclaration de travaux (Cass. crim. 22-10-2019 n° 18-86.313 F-D).

Par ailleurs est sanctionné le fait de poursuivre les travaux en dépit (C. urb. art. L 480-3) :
– d'un arrêté du maire (voir n° 16875) ou d'une décision de l'autorité judiciaire (voir n° 16880) en ordonnant l'interruption ;
– d'une décision de la juridiction administrative ordonnant la suspension ou le sursis à exécution de l'autorisation d'urbanisme (voir n° 16640).

La **jurisprudence** a apporté plusieurs précisions sur la définition des infractions. Tombe sous le coup de la loi pénale l'exécution de travaux sans permis (de construire, d'aménager ou de démolir) ou sans déclaration préalable. Sont aussi **punissables** les travaux ne respectant pas l'autorisation obtenue : il peut s'agir aussi bien de la non-exécution des prescriptions émises dans le permis ou la déclaration, que de l'exécution de travaux différents de ceux autorisés par le permis ou la déclaration. 16705

Celui qui exécute des travaux sur la base d'une autorisation qui n'a pas encore été délivrée (Cass. crim. 27-1-1987 n° 85-96.263) ou au contraire frappée de péremption (Cass. crim. 18-2-2003 n° 02-83.310) peut également être sanctionné. Il en est de même lorsque le permis a été obtenu par fraude (Cass. crim. 17-10-2000 n° 00-80.612), ou encore que le refus de permis n'a pas été notifié au bénéficiaire des travaux (Cass. crim. 11-9-2018 n° 17-86.252 F-D).

Quant aux travaux nécessitant une simple déclaration préalable, il ne suffit pas d'avoir déposé un dossier pour échapper à toute sanction pénale. Lorsque la déclaration est incomplète et que la mairie demande des pièces complémentaires au signataire, le fait d'exécuter les travaux sans fournir au préalable les documents demandés équivaut à une construction sans déclaration préalable (Cass. crim. 4-4-2018 n° 17-84.577 F-D).

16707 En revanche, ne sont **pas répréhensibles** pénalement :
– la réalisation de travaux conformes à un permis de construire, par une personne qui n'a pas obtenu le transfert de ce permis à son profit (Cass. crim. 29-6-1999 n° 98-83.839 PF : Bull. crim. n° 166) ;
– la poursuite des travaux alors que le juge administratif a ordonné le sursis à exécution du permis, dès lors qu'il n'a pas été annulé par la juridiction administrative (Cass. ass. plén. 13-2-2009 n° 01-85.826 F-PBRI : D. 2009 p. 633) ;
– la construction d'une clôture après une déclaration de travaux effectuée à l'aide d'un formulaire périmé (Cass. crim. 9-9-2014 n° 13-85.985 F-PB : D. 2014 p.1824).

> **Précisions** **a.** Qu'en est-il d'une **construction autorisée mais non terminée** ? Les travaux exécutés n'étant pas conformes à l'autorisation d'urbanisme délivrée, ils peuvent donner lieu à poursuites pénales (Rép. Masson : Sénat 18-9-2014 p. 2119 n° 12716).
> **b.** S'agissant de travaux dispensés de formalité par le Code de l'urbanisme, la conformité au PLU s'apprécie à la date d'achèvement des travaux et non lors de leur commencement : l'inobservation d'un **PLU entré en vigueur pendant l'exécution des travaux** peut être sanctionné pénalement (Cass. crim. 27-9-2016 n° 15-82.796 FS-D : BPIM 6/16 inf. 357).
> **c.** Le juge pénal qui condamne un prévenu pour construction illicite doit **rechercher les dispositions du PLU** applicables lorsqu'elles fondent les poursuites. Le fait que ce document soit consultable en mairie et que le prévenu ait reconnu l'illégalité de la construction n'exonère pas les magistrats de cette recherche (Cass. crim. 14-2-2023 n° 22-83.768 F-D : BPIM 2/23 inf. 99).

NÉCESSITÉ D'UN ÉLÉMENT MORAL

16710 La violation de la réglementation d'urbanisme doit revêtir un caractère intentionnel (C. pén. art. 121-3, al. 1). Mais la **seule constatation** de la violation en connaissance de cause d'une prescription légale ou réglementaire établit l'intention coupable exigée (Cass. crim. 12-7-1994 n° 93-85.262 : Bull. crim. n° 280 ; Cass. crim. 28-9-1999 n° 99-80.760).

Pour établir que l'auteur du délit avait bien conscience de cette violation, les juges tiennent compte du **contexte** dans lequel les faits se sont produits. Par exemple, une mise en garde du maire pendant les travaux (Cass. crim. 20-6-2000 n° 00-80.065 F-D) ou l'importance de la superficie de la construction illégale (Cass. crim. 29-2-2000 n° 99-83.531 F-D) sont des éléments pertinents.

En revanche, comme pour toute infraction pénale, peu importe le **mobile** poursuivi par l'auteur des faits. À moins de pouvoir démontrer l'existence d'un fait justificatif (voir n° 16724), la responsabilité pénale ne dépend pas du but poursuivi par l'auteur de l'infraction. Mais les juges peuvent en tenir compte pour choisir une sanction adaptée.

> **Précisions** Le **cogérant** d'une société ayant effectué des travaux illégaux ne peut pas s'exonérer de sa responsabilité pénale au motif que l'interlocutrice de la mairie en matière d'urbanisme était sa cogérante et qu'elle était plus compétente que lui en la matière (Cass. crim. 25-1-2022 n° 21-81.032 F-D : BPIM 2/22 inf. 103).

2. AUTEUR DE L'INFRACTION

16715 Les sanctions pénales pour exécution irrégulière de travaux peuvent être prononcées contre les utilisateurs du sol, les bénéficiaires des travaux, les architectes, les entrepreneurs ou autres personnes responsables de l'exécution des travaux (C. urb. art. L 480-4).

Peuvent être déclarées responsables les personnes physiques comme les personnes morales (C. urb. art. L 480-4-2). Ces responsabilités sont cumulables.

BÉNÉFICIAIRE DES TRAVAUX

16716 La qualité de bénéficiaire des travaux est donnée au cas par cas par le juge en fonction des éléments du dossier, appréciés à la date où les faits ont été commis.

Il s'agit souvent du **propriétaire** de l'ouvrage, et ce même si la demande de permis de construire a été déposée par quelqu'un d'autre. Est ainsi bénéficiaire directe des travaux l'**épouse** propriétaire d'un terrain sur lequel son mari, titulaire du permis, a fait édifier le bâtiment irrégulier (Cass. crim. 6-3-2001 n° 00-86.421 D). Il en est de même de l'ex-épouse, devenue seule propriétaire du bien sur lequel les travaux illicites ont été exécutés avant son divorce par son mari (Cass. crim. 18-10-2011 n° 11-82.306 D). Ont encore été qualifiés de bénéficiaires des travaux le **nu-propriétaire** d'un bien (Cass. crim. 14-9-1999 n° 98-87.802 F-D) et le **copropriétaire** du sol et son concubin (Cass. crim. 12-10-1999 n° 99-80.391 F-D).

Le fait qu'une construction illégale ait été édifiée par le **locataire** d'un terrain est sans conséquence sur la responsabilité pénale du propriétaire : il en est bénéficiaire et doit imposer au preneur de respecter les règles d'urbanisme (Cass. crim. 24-10-2017 n° 16-87.178 F-PB : BPIM 6/17 inf. 395).

Lorsque le bien appartient à une société civile immobilière (SCI), tous les **dirigeants et actionnaires** de la SCI peuvent être poursuivis en tant que bénéficiaires des travaux (Cass. crim. 25-1-2011 n° 10-84.448 ; Cass. crim. 16-2-2016 n° 15-83.939 F-D : BPIM 2/16 inf. 88). Il a même été jugé que les deux cogérants d'une SCI sont tous deux bénéficiaires des travaux alors que les travaux consistaient à améliorer le logement d'habitation d'un seul des deux (Cass. crim. 22-3-2016 n° 15-81.423 F-D).

Sur les conséquences d'un **changement de propriétaire** après la réalisation des travaux illégaux sur l'exécution des mesures de restitution, et notamment sur la démolition : voir n° 16748.

PERSONNE RESPONSABLE DES TRAVAUX

Toute personne qui dirige les travaux ou qui est chargée de leur exécution peut voir sa responsabilité **pénale** engagée en tant qu'auteur ou en tant que complice. Sont ainsi susceptibles d'être condamnés les architectes, les entrepreneurs, promoteurs mais aussi le dirigeant de droit ou de fait d'une société de construction, le syndic de copropriété ayant en charge des travaux relatifs à l'immeuble qu'il gère, le maître d'œuvre, etc. **16718**

Toutefois, si leur responsabilité pénale peut être engagée, ils ne sauraient être condamnés aux **mesures de restitution** (condamnation à démolir ou mise en conformité : voir n° 16748).

> **Précisions** Un **maire** qui délivre un permis de construire en sachant que le projet de construction est contraire au POS applicable au jour de la demande peut voir sa responsabilité pénale engagée en tant que complice (Cass. crim. 14-6-2005 n° 05-80.916 F-PF : Bull. crim. n° 179).

3. CAUSES D'EXONÉRATION DE RESPONSABILITÉ PÉNALE

Comme pour toutes les infractions pénales, certaines circonstances peuvent faire **obstacle à la condamnation** même si un acte répréhensible a bien été commis. Bien que souvent invoqués, les faits justificatifs sont rarement admis par les tribunaux. Il faut également envisager la situation dans laquelle l'illégalité d'une construction est remise en cause. **16722**

ÉTAT DE NÉCESSITÉ

Parfois invoquée pour l'édification de maisons d'habitation, cette cause d'exonération prévue par l'article 122-7 du Code pénal est rarement reconnue. Jugé par exemple que la volonté de quitter une caravane insalubre avec ses enfants **ne justifie pas** la violation des règles élémentaires du droit de l'urbanisme dans la mesure où la prévenue ne démontrait pas qu'elle s'était trouvée devant des refus tels qu'elle ne disposait d'aucune autre alternative pour se sédentariser (CA Rennes 16-5-1991 n° 726/91). De même, a été maintenue la condamnation d'un prévenu ayant fait construire dans son jardin une petite maison d'habitation pour sa mère dépendante qui avait besoin immédiatement de soins quotidiens, construction réalisée sans attendre l'obtention d'un permis (Cass. crim. 4-11-1998 n° 97-85.560 F-D). **16724**

ERREUR

Erreur de fait Elle consiste en une erreur d'appréciation des éléments de fait, l'auteur de l'infraction croyant agir en toute légalité. Son utilité est toute relative en matière d'urbanisme, en raison du caractère particulier de l'élément intentionnel : l'intention est présumée par le seul fait que la réglementation a été transgressée. **16726**

ILLUSTRATIONS

> Ainsi jugé qu'un constructeur reste pénalement responsable du délit de construction sans permis, même si par erreur il pensait que son **architecte** avait effectué les démarches requises (CA Rouen 21-10-1948 : JCP éd. G 1949 IV p. 59).

Erreur de droit L'erreur de droit porte sur l'existence ou l'interprétation de la réglementation. L'ignorance de la loi n'exonère pas le prévenu, ce dernier n'étant pas censé l'ignorer. En revanche, une erreur d'interprétation des textes peut être prise en compte si l'auteur des faits n'était pas en mesure de l'éviter (C. pén. art. 122-3). **16727**

Selon l'**administration,** une telle erreur peut être invoquée en matière d'urbanisme lorsque cette dernière a fourni des renseignements erronés ou délivré une autorisation informelle d'accomplir les travaux incriminés (Note du ministre de l'équipement, des transports et du tourisme n° 93-0523 du 6-8-1993).

ILLUSTRATIONS

La jurisprudence a retenu cette solution à propos d'une construction édifiée après obtention d'un **permis de construire annulé** postérieurement (Cass. crim. 15-2-1995 n° 94-80.741 : RSC 1996 p. 382). Mais encore faut-il que le prévenu n'ait pas contribué à cette erreur en fournissant des renseignements inexacts à l'administration (CA Aix-en-Provence 28-3-1995 n° 424/95).

DISPARITION DE L'ÉLÉMENT LÉGAL

16729 La disparition du caractère illégal de la construction après la constatation de l'infraction a-t-elle un effet sur la responsabilité pénale du prévenu ? Tout dépend de la cause de cette disparition.

Le juge pénal peut, au cours du procès, être amené à constater l'**illégalité des documents et autorisations d'urbanisme,** faisant ainsi disparaître le caractère irrégulier de la construction et la responsabilité pénale du prévenu.

À noter que l'exception d'illégalité doit être invoquée par le prévenu avant toute défense au fond (Cass. crim. 4-1-1995 n° 94-82.368). L'annulation par le juge pénal a les mêmes conséquences que si elle était prononcée par le juge administratif.

16730 Un **changement de la réglementation d'urbanisme** postérieur à la construction ne s'applique pas aux infractions commises avant son entrée en application dès lors que le texte législatif, support de l'incrimination, reste en vigueur (Cass. crim. 16-6-2015 n° 14-83.798 FS-D, pour un changement du PLU et de la réglementation relative au RNU).

16734 Quant à la délivrance d'un **permis de régularisation** (voir n° 13075), si elle permet de rendre conforme l'occupation ou l'utilisation du sol à la réglementation en vigueur, elle ne saurait avoir pour effet de faire disparaître le délit (Cass. crim. 19-3-1992 n° 91-83.290). L'obtention d'un permis de régularisation fait cependant obstacle au prononcé d'une mesure de démolition de l'ouvrage (C. urb. art. L 480-13 ; Cass. crim. 18-6-1997 n° 96-83.082 ; Cass. crim. 12-1-2010 n° 09-80.531), même s'il ne s'agit que d'un permis de régularisation tacite (Cass. crim. 8-9-2009 n° 09-82.036 F-D). Mais encore faut-il que le prévenu puisse démontrer que l'ensemble des irrégularités qui lui sont reprochées ont été couvertes par le permis modificatif (Cass. crim. 24-9-2019 n° 18-86.164 F-PBI : BPIM 6/19 inf. 379).

> **Précisions** **a.** La **déclaration de travaux** effectuée après l'infraction est également sans effet sur la responsabilité pénale (Cass. crim. 28-4-1997 n° 96-81.527).
b. La solution est identique en cas de **construction non conforme** à une autorisation d'urbanisme ou à un plan d'occupation des sols. Dès lors qu'un délit d'urbanisme est constaté par procès-verbal, des sanctions pénales peuvent être prononcées. La régularisation ultérieure des manquements, même avant l'achèvement des travaux, n'a pas d'effet sur les poursuites pénales (Cass. crim. 16-1-2018 n° 17-81.157 FS-PB : BPIM 2/18 inf. 102).

4. SANCTIONS PRONONCÉES PAR LE JUGE PÉNAL

PEINES

16740 Les **personnes physiques** s'exposent à une amende comprise entre 1 200 € et un montant qui ne peut excéder, dans le cas de construction d'une surface de plancher, 6 000 € par mètre carré de surface construite, démolie ou rendue inutilisable et, dans les autres cas, 300 000 € (C. urb. art. L 480-4). Un emprisonnement de 6 mois est encouru par les récidivistes.

Le montant de l'amende encourue par les **personnes morales** est multiplié par cinq par rapport aux personnes physiques. Des peines complémentaires peuvent être prononcées, comme l'exclusion des marchés publics, la diffusion de la condamnation ou la fermeture d'un établissement (C. urb. art. L 480-4-2 ; C. pén. art. 131-38 et 131-39).

Le choix de la peine doit être **justifié** par les circonstances de l'infraction, la personnalité de son auteur ainsi que sa situation matérielle, familiale et sociale (C. pén. art. 132-1 ; Cass. crim. 27-6-2023 n° 22-84.804 FS-B : BPIM 4/23 inf. 243).

MESURES DE RESTITUTION

16743 **Prononcé de la mesure** En cas de condamnation pour une infraction prévue aux articles L 610-1 et L 480-4 du Code de l'urbanisme, le tribunal doit statuer soit sur la **mise en conformité** des ouvrages avec la réglementation d'urbanisme, le permis de construire ou

© Éd. Francis Lefebvre

la déclaration de travaux, soit sur la **démolition** des ouvrages en vue du rétablissement des lieux dans leur état antérieur (C. urb. art. L 480-5 al. 1er). Ces mesures peuvent également être ordonnées lorsque la procédure choisie est celle de l'ordonnance pénale ou de la comparution sur reconnaissance préalable de culpabilité (C. urb. art. L 480-5 al. 2).

Le **juge** pénal est seul **compétent** pour ordonner de telles mesures ; celles-ci n'entrent ni dans les pouvoirs du maire (CE 6-9-1993 n° 135377) ni dans ceux du juge administratif (CE 29-6-1983 n° 35518 : Lebon p. 284). Le juge civil n'est compétent qu'en cas d'extinction de l'action publique résultant du décès du prévenu, de la dissolution de la personne morale mise en cause ou de l'amnistie (C. urb. art. L 480-6 ; Cass. 3e civ. 2-2-2005 n° 04-16.964 : BPIM 2/05 inf. 106).

Le juge statue au vu des observations écrites ou après **audition du maire** ou du fonctionnaire compétent. Il s'agit d'une formalité substantielle qui doit être mentionnée dans le jugement (Cass. crim. 10-1-1996 n° 94-85.938 ; Cass. crim. 28-6-2017 n° 16-86.261 F-D : BPIM 4/17 inf. 260). Cela étant, l'avis du maire ou du fonctionnaire compétent n'a pas à être formulé postérieurement à la saisine de la juridiction (Cass. crim. 8-3-2011 n° 10-80.464). À titre d'exemple, cet avis peut résulter des conclusions écrites dans lesquelles le maire, représentant de la commune partie civile, demande la mise en conformité des lieux ou la démolition de l'ouvrage (Cass. crim. 26-6-2012 n° 11-88.221 F-D), ou encore d'un écrit du directeur de la DDE (désormais DDT ou DDTM) émis avant que l'action publique n'ait été mise en mouvement par le biais d'une plainte (Cass. crim. 27-6-2006 n° 05-83.070 : Bull. crim. n° 200).

Les mesures de mise en conformité et de démolition sont **facultatives** et les juges du fond apprécient souverainement s'il y a lieu de les ordonner (Cass. crim. 23-1-2001 n° 00-83.610 5-2-1985 : Bull. crim. n° 64), y compris si l'administration les a demandées (Rép. Flory : AN 23-9-2008 p. 8202 n° 26100). Contrairement à l'amende pénale, elles n'ont pas à être motivées (Cass. crim. 27-6-2023 n° 22-84.804 FS-B : BPIM 4/23 inf. 243). **16745**

Toutefois, en vertu du principe de réparation intégrale du préjudice, le juge pénal est tenu de prononcer la démolition lorsqu'elle est demandée par la partie civile et qu'elle **s'impose pour réparer le dommage** subi (Cass. crim. 3-11-2010 n° 10-80.561 ; Cass. crim. 24-9-2019 n° 18-86.039 F-D : BPIM 6/19 inf. 380). Prononcée au titre de l'action civile, la démolition peut se cumuler avec celle décidée au titre de l'action publique (Cass. crim. 8-12-2020 n° 19-84.245 FS-PBI : BPIM 1/21 inf. 16).

Avant de prononcer la démolition d'une maison d'habitation édifiée illégalement, le juge doit s'assurer que cette mesure ne porte pas une **atteinte disproportionnée** à la vie **privée et familiale** du prévenu (Cass. crim. 31-1-2017 n° 16-82.945 FS-PB : BPIM 2/17 inf. 94 ; Cass. crim. 14-12-2021 n° 20-84.114 F-D : BPIM 1/22 inf. 17 ; CEDH 11-4-2023 n° 30782/16, Simonova c/ Bulgarie). Cependant, si les habitants de la maison courent un risque, par exemple parce qu'elle est située en zone inondable, la démolition s'impose même si elle porte atteinte à leur vie privée et familiale (Cass. crim. 16-1-2018 n° 17-81.884 F-PB : BPIM 2/18 inf. 103). La faculté de décider une mesure de restitution **disparaît** lorsque le bénéficiaire des travaux obtient un permis de régularisation (voir n° 13075). Quand une construction méconnaît des règles d'urbanisme, le juge ne peut pas non plus prononcer la démolition si elle a été édifiée conformément à un permis de construire, à moins que le permis n'ait été annulé par le juge administratif depuis moins de deux ans et que la construction soit située dans une zone protégée (C. urb. art. L 480-13).

› Précisions **a.** Lorsqu'un **permis de régularisation** a été accordé mais ensuite **retiré** et que le retrait a été jugé légal par le tribunal administratif et la cour administrative d'appel, le juge civil peut ordonner la démolition alors même qu'un pourvoi en cassation est pendant devant le Conseil d'État (Cass. crim. 26-6-2018 n° 17-86.271 F-D : BPIM 4/18 inf. 252).

b. Le juge pénal peut ordonner la démolition d'un chalet irrégulièrement édifié en zone classée malgré sa bonne intégration dans l'**environnement** et ses effets bénéfiques sur la faune locale (Cass. crim. 19-3-2019 n° 18-80.613 F-D : BPIM 3/19 inf. 163).

c. Le bénéficiaire de travaux exécutés en violation du Code de l'urbanisme peut être condamné par le juge pénal à remettre en état les lieux, y compris lorsque le bien fait l'objet d'une procédure d'**expropriation** à l'issue de laquelle il a vocation à être démoli (Cass. crim. 2-4-2019 n° 18-82.436 F-D : BPIM 3/19 inf. 164).

d. Si la démolition est souvent réclamée par la commune au titre de la réparation de son préjudice, elle peut également être prononcée pour satisfaire la demande **d'une association agréée de défense de l'environnement** (voir n° 16800), lorsque la remise en état des lieux permet de réparer le dommage environnemental causé par l'infraction, à condition qu'elle soit proportionnée au regard de la gravité de l'atteinte portée au site remarquable par la construction illicite (Cass. crim. 23-6-2020 n° 19-81.106 F-D : BPIM 4/20 inf. 241).

e. En cas de **travaux illégalement entrepris sur une construction existante illégalement**

édifiée, mais non visée dans les poursuites, les juges ne peuvent ordonner la remise en état de l'ensemble des constructions que si la construction existante formait avec les constructions objet de la déclaration de culpabilité un tout indivisible, dont les éléments ne pouvaient subsister les uns sans les autres (Cass. crim. 16-5-2023 n° 22-83.634 FS-B : BPIM 4/23 inf. 242).

16748 **Exécution de la mesure** L'ordre de mise en conformité ou de démolition ne peut être donné qu'au **bénéficiaire des travaux** ou à ses ayants cause (Cass. crim. 23-11-1994 : JCP éd. N 1995 II p. 839), même si les poursuites ont également concerné l'entrepreneur qui les a réalisés (Cass. crim. 12-10-1983 : Bull. crim. n° 245 ; Cass. crim. 10-1-1996 : Bull. crim. n° 13).

Ces mesures suivent le bien et doivent être exécutées par le bénéficiaire des travaux, y compris si le bien a été vendu (Cass. crim. 10-5-2022 n° 21-84.389 F-D : BPIM 4/22 inf. 273). Dans le cas où les travaux ordonnés porteraient atteinte à des **droits acquis par des tiers** sur les lieux ou ouvrages visés, l'autorité administrative ne peut les faire réaliser d'office qu'après décision du tribunal judiciaire qui ordonne, le cas échéant, l'expulsion de tous les occupants (C. urb. art. L 480-9, al. 2).

La sanction de remise en état des lieux doit aussi être exécutée par le **gérant** d'une société bénéficiaire des travaux, même si ultérieurement il a perdu cette qualité à la suite d'une procédure de liquidation judiciaire (Cass. crim. 19-8-1997 n° 96-84.783).

16750 Le tribunal impartit au bénéficiaire des travaux irréguliers ou de l'utilisation irrégulière du sol un **délai pour l'exécution** de l'ordre de démolition, de mise en conformité ou de réaffectation.

Ce délai est fixé librement par le juge correctionnel et comporte un point de départ et une durée. Lorsque le point de départ est fixé à compter du jugement ou de l'arrêt qui prononce la mesure, il ne **commence à courir** que du jour où cette décision de justice est devenue définitive (Cass. crim. 3-11-2010 n° 10-80.154). Le tribunal peut également ordonner l'exécution provisoire de l'injonction de mise en conformité (C. urb. art. L 480-7).

À l'**expiration** du délai, la commune peut faire procéder d'office aux travaux de mise en conformité (Cass. crim. 18-11-2014 n° 13-83.836 F-PB : BPIM 1/15 inf. 14).

16755 Les mesures de restitution peuvent être assorties d'**astreintes** et/ou d'**exécution d'office** des travaux (C. urb. art. L 480-7 à L 480-9). Le **montant** de l'astreinte est au maximum de 500 € par jour de retard (C. urb. art. L 480-7).

Le tribunal peut accorder son reversement partiel après réalisation des ouvrages ordonnés ou une **dispense** partielle de paiement en cas de bonne volonté du contrevenant ou de difficultés d'exécution (C. urb. art. L 480-7, der. al.).

Les astreintes sont **liquidées** au moins une fois par année et recouvrées par l'État pour le compte de la commune moyennant un prélèvement de 4 % pour frais d'assiette et de recouvrement (C. urb. art. L 480-8).

> Précisions a. Les mesures de démolition et de mise en conformité ordonnées par le juge pénal en application de l'article L 480-5 du Code de l'urbanisme sont des **mesures à caractère réel** destinées à faire cesser une situation illicite et non des sanctions pénales (Cass. crim. 6-11-2012 n° 12-82.449 : BPIM 1/13 inf. 18 ; Cass. crim. 1-9-2015 n° 14-84.353 F-PB). Elles ne peuvent pas être prononcées à titre de peine principale. Leur exécution s'impose même en cas d'amnistie, prescription de la peine ou décès du prévenu. En revanche, si une partie de l'ouvrage a été édifiée illégalement mais à une date couverte par le délai de prescription de l'action publique, la mesure de démolition ne peut la concerner, même si elle altère le milieu naturel (Cass. crim. 22-11-2022 n° 21-83.755 F-D).

b. Pour libérer l'immeuble de ses occupants, une **procédure d'expulsion** peut être nécessaire. La demande est formée par le préfet ; elle est tranchée par le juge civil des référés (Cass. 3e civ. 5-3-2014 n° 13-12.540 : BPIM 3/14 inf. 163).

c. Au terme du délai fixé par le juge pénal pour la mise en conformité ou la démolition de la construction, le **maire doit** de sa propre initiative ou sur la demande d'un tiers **faire procéder d'office** à tous travaux nécessaires à l'exécution de la décision (C. urb. art. L 480-9). Il peut toutefois refuser pour des motifs tenant à la sauvegarde de l'ordre ou de la sécurité publics, ou délivrer à la personne condamnée une autorisation lui permettant de régulariser sa situation (CE 8-7-1996 n° 123437 : Lebon p. 271 ; CE 17-3-2019 n° 408123 : BPIM 3/19 inf. 165). Cependant, en refusant l'exécution d'office demandée par un tiers, le maire peut engager la **responsabilité de l'État,** au nom duquel il exerce cette compétence, soit sur le fondement de la faute si ce refus est illégal, soit même sans faute au titre de l'égalité devant les charges publiques s'il est légal mais cause au tiers un préjudice grave et spécial.

d. L'obligation incombant à l'autorité compétente de faire procéder d'office aux travaux naît **dès l'expiration du délai imparti par le juge pénal** pour la mise en conformité ou la démolition de la construction irrégulière (CE 5-4-2022 n° 447631, min. écologique : BPIM 3/22 inf. 188). Dans le cas où le juge a prononcé une astreinte par jour de retard à compter de l'expiration de ce délai, l'autorité compétente n'est pas pour autant fondée à refuser l'exécution d'office, ni à la différer en attendant que l'astreinte ait été liquidée.

e. La liquidation de l'astreinte ordonnée par le juge pénal sur le fondement de l'article L 480-7 du Code de l'urbanisme, y compris au titre de l'action civile, est soumise à la **prescription** décennale (Cass. crim. 31-5-2023 n° 22-81.234 F-B).

f. Si le jugement pénal qui a ordonné la mise en conformité sous astreinte a **omis de fixer un délai** pour la réalisation des travaux, l'astreinte ne peut pas être liquidée : un titre de perception émis à cet effet est dépourvu de fondement et doit être annulé (Cass. crim. 26-3-2024 n° 23-81.499 : BPIM 3/24 inf. 168).

5. POURSUITES PÉNALES

CONSTATATION DES INFRACTIONS

Les infractions prévues par l'article L 480-4 sont constatées au cours des opérations de visite des constructions (voir nos 16692 s.). 16770

Les procès-verbaux, qui sont transmis au ministère public, font foi jusqu'à preuve du contraire.

Les infractions peuvent également être constatées par des agents assermentés commissionnés à cet effet par le préfet de région, lorsqu'elles affectent des immeubles soumis aux dispositions du Code du patrimoine relatives aux monuments historiques, aux abords de monuments historiques, aux sites patrimoniaux remarquables ou des dispositions du Code de l'environnement relatives aux sites, et consistent soit dans le défaut de permis de construire, soit dans la non-conformité de la construction ou des travaux au permis accordé.

> **Précisions** Le prévenu peut, à tout moment de la procédure, s'efforcer d'apporter la preuve de l'**inexactitude du procès-verbal,** soit par écrit, soit par témoins (CPP art. 431 ; Cass. crim. 18-1-2000 n° 99-80.759). Il peut également invoquer une violation des règles de forme selon lesquelles les procès-verbaux doivent être établis ; une telle contestation doit cependant être soulevée avant toute défense au fond (Cass. crim. 10-1-2001 n° 00-82.063).

PRESCRIPTION

Les poursuites pénales ne peuvent plus être engagées ni l'infraction sanctionnée après l'écoulement du délai de prescription de l'action publique. Le délai **court à compter** de l'achèvement de l'ensemble des travaux dès lors qu'ils forment un tout indivisible (Cass. crim. 20-5-1992 n° 90-87.350 : RJDA 11/92 n° 1064 ; Cass. crim. 17-12-2019 n° 19-82.453 F-D ; Cass. crim. 1-6-2021 n° 20-86.073 F-D : BPIM 4/21 inf. 243), c'est-à-dire à partir du jour où les installations sont en état d'être affectées à l'usage auquel elles sont destinées (Cass. crim. 27-5-2014 n° 13-80.574 : BPIM 4/14 inf. 238 ; Cass. crim. 9-1-2024 n° 22-81.032 F-D). La notion concerne les travaux dans leur totalité, et non une tranche déterminée, même si l'ouvrage a commencé à être habité (Cass. crim. 8-7-2004 n° 03-83.823) ou s'il est constitué de trois bâtiments constituant un tout indissociable (Cass. crim. 18-5-2005 n° 04-86.697). 16790

Le **délai** de prescription de l'action publique est de 6 ans (CPP art. 8). Une fois ce délai expiré, l'auteur du délit ne peut plus faire l'objet de poursuites pénales puisque l'action publique est éteinte. Dans certains cas, une action civile est envisageable. Mais le maire ne peut plus dresser le procès-verbal de constat prévu par l'article L 480-1 du Code de l'urbanisme.

Comme pour les autres infractions pénales, les actes de poursuite, d'instruction et d'enquête **interrompent** l'écoulement du délai (CPP art. 9-2). Il en va ainsi de l'ensemble des actes qui mettent en œuvre l'action publique : citation directe, réquisitoire introductif, constitution de partie civile, etc. De même, le délai est interrompu par les procès-verbaux constatant l'existence d'une infraction, les commissions rogatoires délivrées à la police judiciaire, les auditions ou visites domiciliaires.

> **Précisions** **a.** Le délai de prescription du délit d'exécution de travaux sans permis court **à compter** du jour où l'immeuble incriminé est en état d'être affecté à l'usage auquel il est destiné. Les juges du fond peuvent retenir la date à laquelle la **déclaration d'achèvement des travaux** a été déposée, à condition que leur décision ne se fonde pas uniquement sur cet événement (Cass. crim. 16-1-2018 n° 17-81.896 FS-PB). Peuvent par exemple emporter la conviction du juge pénal des photos aériennes, le coût des travaux effectués ou encore les mentions figurant dans des actes d'acquisition antérieurs (Cass. crim. 24-10-2017 n° 16-85.066 F-D : BPIM 6/17 inf. 396).
>
> **b.** L'écoulement du délai de prescription n'est **pas interrompu** par le courrier du directeur départemental de l'équipement qui propose au procureur de la République de classer sans suite une infraction (Cass. crim. 4-11-2011 n° 11-81.774) ni par une sommation de la commune invitant les prévenus à vérifier si une régularisation de leur situation au regard des obligations du Code

de l'urbanisme est possible (Cass. crim. 24-2-2015 n° 13-85.049 F-PB : D. 2015 act. p. 570).

c. Lorsqu'ils déterminent si des **travaux forment un tout indivisible** du point de vue des règles de prescription, les juges du fond portent une appréciation souveraine qui n'est pas contrôlée par la Cour de cassation (Cass. crim. 1-6-2021 n° 20-86.073 F-D : BPIM 4/21 inf. 243). À cet égard, peu importe que seule une partie des travaux formant ce tout soient illicites : il faut considérer les travaux dans leur ensemble (Cass. crim. 14-9-2021 n° 20-773 F-D : BPIM 6/21 inf. 354).

CONSTITUTION DE PARTIE CIVILE

16800 Les **particuliers** subissant un préjudice personnel, direct et certain du fait de l'infraction peuvent se constituer partie civile afin de recevoir une réparation (CPP art. 2 ; Cass. crim. 17-1-1984 n° 81-92.858 : Bull. crim. n° 24).

Les droits de la partie civile peuvent être exercés par les **associations** agréées de défense de l'environnement, lorsque les faits causent un préjudice direct ou indirect aux intérêts collectifs qu'elles ont pour objet de défendre. Quant aux associations non agréées, une constitution de partie civile est possible si l'infraction d'urbanisme a provoqué un préjudice direct et personnel à l'association, distinct de celui de ses membres, en raison de la spécificité de son but et de l'objet de sa mission (Cass. crim. 12-9-2006 n° 05-86.958 F-PF : BAF 1/07 inf. 11).

Les **communes** (ou les établissements publics de coopération intercommunale, EPCI) sont également autorisées à exercer ces droits (C. urb. art. L 480-1). Le préjudice subi par la personne morale correspond alors à l'infraction d'urbanisme commise sur son territoire, la commune n'ayant pas à prouver qu'elle a subi un préjudice personnel et direct (Cass. crim. 9-4-2002 n° 01-82.687 FS-PF). Tel est le cas par exemple de la violation des prescriptions du plan d'urbanisme s'agissant de l'alignement des constructions (Cass. crim. 9-9-2008 n° 07-88.699 F-PF).

› Précisions Quand le propriétaire d'un appartement réalise des travaux illégaux dans les parties communes de son immeuble, un **copropriétaire** peut se constituer partie civile car ces travaux lui ont causé un préjudice personnel (Cass. crim. 19-3-2019 n° 18-83.833 F-D : BPIM 3/19 inf. 162).

C. Autres sanctions

1. INTERRUPTION FORCÉE DES TRAVAUX

INTERRUPTION ADMINISTRATIVE DES TRAVAUX

16875 Lorsqu'un procès-verbal constatant une des infractions prévues à l'article L 480-4 du Code de l'urbanisme a été dressé, le maire peut, si l'autorité judiciaire ne s'est pas encore prononcée, ordonner l'interruption des travaux par un **arrêté motivé** ; une copie de cet arrêté est transmise sans délai au ministère public (C. urb. art. L 480-2, al. 3). En cas d'infractions aux prescriptions d'archéologie préventive, le préfet de région ou le ministre de la culture peut ordonner, dans les mêmes conditions, l'interruption des travaux ou des fouilles.

Le maire peut prendre des **mesures de coercition** telles que la saisie de matériaux de construction ou de matériels de chantier. Il peut ordonner l'apposition de scellés par les agents assermentés mentionnés à l'article L 480-1 du Code de l'urbanisme.

L'interruption administrative des travaux constitue normalement une **simple faculté** pour le maire. Elle revêt cependant le caractère d'une **obligation** en cas de construction sans permis ou en exécution d'un permis dont le juge administratif a ordonné la suspension (C. urb. art. L 480-2, al. 10). Dans ce cas le maire peut ordonner l'exécution, aux frais du constructeur, des mesures nécessaires à la sécurité des personnes et des biens.

Le non-respect de l'injonction administrative d'arrêter les travaux fait l'objet d'une **sanction pénale** : l'amende peut aller jusqu'à 75 000 € et trois mois d'emprisonnement peuvent être prononcés (C. urb. art. L 480-3).

› Précisions **a.** Dans l'exercice du pouvoir d'ordonner l'interruption de travaux irréguliers, le **maire agit au nom de l'État.** Le préfet peut donc user de son pouvoir hiérarchique pour annuler l'arrêté du maire (CE sect. 16-11-1992 n° 96016, Ville de Paris : Lebon p. 406). En cas d'inertie du maire, le préfet peut ordonner lui-même l'interruption de travaux effectués sans permis, après avoir adressé au maire une mise en demeure restée sans effet (C. urb. art. L 480-2, al. 10). Si la mise en œuvre des pouvoirs du maire agissant au nom de l'État donne lieu à une action devant la juridiction administrative (demande en référé, recours pour excès de pouvoir, etc.), la commune n'est pas partie à l'instance et n'a pas qualité pour faire appel ou se pourvoir en cassation (CE 10-10-2003 n° 238035, Cne de Cannes : BPIM 2/04 inf. 79).

© Éd. Francis Lefebvre

b. Le maire ne peut pas ordonner l'interruption forcée de **travaux réalisés conformément à une autorisation d'urbanisme** en vigueur, alors même qu'ils seraient contraires à la réglementation d'urbanisme (CE 26-6-2013 n° 344331, SCI d'Anjou : BPIM 4/13 inf. 241).

c. Sont applicables les dispositions législatives selon lesquelles les décisions individuelles qui doivent être motivées n'interviennent qu'après que la personne intéressée a été mise à même de présenter des observations écrites et, le cas échéant, sur sa demande, des observations orales (CRPA art. L 211-2, L 121-1 et L 122-1). Mais la **procédure contradictoire** préalable n'est pas requise en cas d'urgence ou lorsque sa mise en œuvre serait de nature à compromettre l'ordre public (CRPA art. L 121-2 ; CAA Paris 26-2-1998 n° 95PA03298 : BJDU 3/98 p. 189, s'agissant d'un cas d'urgence). Pour déterminer si l'urgence est constituée, il faut tenir compte à la fois des conséquences dommageables des travaux et le cas échéant de la nécessité de les interrompre rapidement en raison de la brièveté de leur exécution (CE 10-3-2010 n° 324076 : BPIM 3/10 inf. 199).

En prescrivant l'interruption de travaux au motif que le permis de construire qui les avait autorisés est atteint de péremption, sans avoir mis l'intéressé en mesure de **présenter des observations,** le maire méconnaît les articles L 211-2 et L 122-1 du CRPA entre le public et l'administration (anciennement loi du 12-4-2000, art. 24) ; son arrêté encourt l'annulation pour ce motif (CE 29-12-2006 n° 271164, min. transports : BPIM 1/07 inf. 19). Cette solution paraît liée au fait que la question de la péremption appelait une appréciation du maire. En cas de construction en l'absence de tout permis, on peut penser que d'éventuelles **irrégularités de procédure** commises par l'administration n'entraîneraient pas l'annulation de l'arrêté interruptif compte tenu du fait que le maire avait compétence liée pour ordonner l'interruption.

d. Rien ne fait obstacle à l'exercice d'un **référé-suspension** à l'encontre d'un arrêté interruptif de travaux. En revanche, le **référé-libertés** ne trouve normalement pas à s'appliquer (CE référé 28-3-2008, n° 314368, min. écologie : BPIM 3/08 inf. 204).

e. Statuant sur un recours pour excès de pouvoir contre un arrêté interruptif de travaux fondé sur la péremption du permis, le juge administratif doit tenir compte d'un jugement pénal ultérieur relaxant le constructeur au motif que le permis n'était pas périmé. Cette appréciation est en effet revêtue de l'**autorité** absolue **de chose jugée** dès lors que la légalité de la décision du maire était subordonnée à l'existence d'une infraction pénale (CE 10-10-2003 n° 242373, Cne de Soisy-sous-Montmorency : Lebon p. 390).

f. En cas de **poursuites pour méconnaissance d'un arrêté interruptif,** le juge pénal sera compétent pour apprécier, par voie d'exception, la légalité de l'arrêté. S'il juge l'arrêté illégal, il ne prononcera pas de sanction.

g. Dans le cas où le constructeur a déposé une **déclaration de travaux** et ne s'est pas vu notifier une décision d'opposition, il ne peut pas être regardé comme ayant réalisé des constructions sans permis de construire, au sens de l'article L 480-2, alinéa 10 du Code de l'urbanisme (CE 3-5-2002 n° 240853, min. équipement : BPIM 6/02 inf. 373).

h. Lorsqu'un permis a été suspendu ou annulé par le juge administratif et que son titulaire poursuit les travaux, les tiers intéressés peuvent demander au juge des référés du tribunal administratif d'ordonner au maire, à des fins conservatoires, de dresser procès-verbal de l'infraction, de prendre un arrêté interruptif des travaux et d'en transmettre copie au procureur de la République (CE sect. 6-2-2004 n° 256719 : Lebon p. 45). La demande est présentée sur le fondement de l'article L 521-3 du Code de justice administrative qui habilite le juge des **référés** à ordonner toute **mesure utile** sans faire obstacle à l'exécution d'aucune décision administrative. Il n'est pas nécessaire d'avoir au préalable demandé au maire de faire usage de ses pouvoirs.

i. L'article **L 600-4-1 du Code de l'urbanisme,** qui impose au juge administratif, lorsqu'il annule ou suspend un acte intervenu en matière d'urbanisme, de mentionner tous les moyens qui lui paraissent fondés (voir n° 16650), trouve à s'appliquer en cas d'annulation ou de suspension d'un arrêté interruptif de travaux (CAA Marseille 23-11-2006 n° 04MA0318, min. transports : BPIM 2/07 inf. 110).

j. Le juge de l'excès de pouvoir saisi d'un recours contre un arrêté interruptif fondé sur un **motif erroné** peut, à la demande de l'administration, substituer un motif de nature à justifier légalement la mesure et, en conséquence, rejeter le recours (CE 26-11-2010 n° 320871, min. écologie : BPIM 1/11 inf. 9, substituant au motif tiré de ce que les travaux exigeaient un permis de construire celui tiré de ce qu'ils étaient contraires aux dispositions du POS).

k. Si un arrêté interruptif de travaux a été pris, le **délai de péremption de l'autorisation de construire** est interrompu : voir n° 15200.

INTERRUPTION JUDICIAIRE DES TRAVAUX

L'interruption des travaux peut également être ordonnée par le tribunal correctionnel ou **16880**
par le juge d'instruction saisi de poursuites pénales, soit d'office, soit sur réquisition du ministère public agissant à la requête de l'administration ou d'une association agréée de protection de l'environnement. L'autorité judiciaire statue après avoir entendu le bénéficiaire des travaux ou l'avoir dûment convoqué à comparaître sous 48 heures. La décision est exécutoire sur minute. Un recours non suspensif peut être déposé devant la cour d'appel s'agissant d'une décision du tribunal correctionnel et devant la chambre de l'instruction s'agissant d'une décision du juge d'instruction. L'interruption des travaux peut

également être ordonnée par le préfet de région ou par le ministre chargé de la culture en cas d'infractions aux prescriptions d'archéologie préventive (C. urb. art. L 480-2, al. 1).

Le non-respect de l'injonction judiciaire d'arrêter les travaux est sanctionné pénalement (voir n° 16703).

LEVÉE DE L'INTERRUPTION DES TRAVAUX

16885 Le tribunal correctionnel ou le juge d'instruction saisi des poursuites peuvent à tout moment, d'office ou à la demande de l'administration ou du bénéficiaire des travaux, prononcer la **mainlevée** des mesures d'interruption des travaux, qu'elles aient été prises par le maire ou résultent d'une décision judiciaire.

> **Précisions a.** La **saisine du tribunal** correctionnel peut intervenir par le biais d'une citation directe émanant du bénéficiaire des travaux contre le maire en vue d'ordonner la mainlevée de l'arrêté interruptif des travaux, et cela même si le tribunal correctionnel n'est saisi d'aucune poursuite (Cass. crim. 28-1-1986 : Bull. crim. n° 37).
> **b.** En l'absence même d'une décision de mainlevée, l'arrêté du maire cesse d'avoir effet lorsque le juge pénal, estimant que l'infraction n'est pas constituée, prononce un **non-lieu** ou une **relaxe** (C. urb. art. L 480-2, al. 4). L'appréciation du juge pénal s'impose au juge administratif qui doit annuler l'arrêté s'il lui a été déféré (CE 22-7-1994 n° 135127).
> **c.** Lorsque le procureur de la République décide de ne pas engager de poursuites, il en informe le maire qui, soit d'office, soit à la demande de l'intéressé, met fin aux mesures par lui prises (C. urb. art. L 480-2, al. 6). La décision de **classement sans suite** est sans incidence sur l'appréciation par le juge administratif de la légalité de l'arrêté du maire (CE 10-5-1985 n° 32293, Cne d'Aigues-Mortes : Lebon p. 146).

2. ACTIONS EN RESPONSABILITÉ CIVILE

VIOLATION D'UNE RÈGLE D'URBANISME

16890 Parallèlement à la possibilité de se constituer partie civile devant le juge pénal, une personne qui subit un préjudice direct du fait de la réalisation irrégulière d'une construction peut introduire une action en responsabilité extracontractuelle devant la juridiction civile sur le fondement de l'article 1240 du Code civil.

Cette action ne pourra toutefois aboutir que si le constructeur a violé une **servitude d'urbanisme** entendue au sens large et, notamment, les règles de fond prévues par les documents locaux d'urbanisme ou le RNU, y compris les règles « permissives » (Cass. 3e civ. 28-3-2001 n° 420 : Bull. civ. III n° 40). Toute méconnaissance des règles d'urbanisme ou des servitudes d'utilité publique peut être invoquée (Cass. 3e civ. 11-1-2023 n° 21-19.778 FS-B, Association Vigilance patrimoine paysager et naturel c/ Sté Énergie renouvelable du Languedoc, statuant sur l'action civile de l'article L 480-13 du Code de l'urbanisme : BPIM 1/23 inf. 12).

Le succès de l'action exigera, outre la preuve d'une violation d'une servitude d'urbanisme, celle d'un **préjudice** personnel et d'un lien direct entre la violation et ce préjudice (Cass. 3e civ. 26-9-2007 n° 04-20.636, SCI les Chênes : BPIM 6/07 inf. 398 s'agissant d'une association). À elle seule, la méconnaissance des règles d'urbanisme n'est donc pas de nature à engager la responsabilité civile du constructeur. Ainsi, l'action d'un voisin se plaignant qu'une construction dépasse de quelques décimètres la hauteur maximale autorisée par le PLU sera rejetée, une telle circonstance n'entraînant pour lui aucun dommage sensible (Cass. 3e civ. 20-2-2002 n° 00-17.412 : BPIM 3/02 inf. 165).

La **commune** qui subit un préjudice peut demander des dommages-intérêts (Rép. Masson : Sénat 23-9-2010 p. 2492 n° 13699, BPIM 6/10 inf. 452).

> **Précisions** Un voisin peut, en dépit de la délivrance du certificat de conformité, **prouver par tout moyen** la faute du maître d'ouvrage résultant de la violation des règles d'urbanisme et obtenir sa condamnation sur le fondement de la responsabilité extracontractuelle (Cass. 3e civ. 23-10-2013 n° 12-24.919 : BPIM 6/13 inf. 379).

16892 En cas de **construction sans permis ou en méconnaissance du permis,** l'action en responsabilité civile fondée sur l'article 1240 du Code civil doit être introduite dans un délai de 5 ans et le juge civil peut statuer sans intervention du juge administratif.

Cette action peut déboucher sur la démolition totale ou partielle de la construction irrégulière. Si elle s'impose pour mettre fin à un préjudice direct, l'auteur du dommage ne peut pas s'opposer à la démolition en faisant valoir qu'elle entraînera pour lui un coût disproportionné (Cass. 3e civ. 4-4-2024 n° 22-21.132 : BPIM 3/24 inf. 169). Une argumentation tirée d'une atteinte excessive à des droits fondamentaux tels que la protection du domicile et de la vie privée et familiale aurait peut-être de meilleures chances de succès (voir n° 16745 s'agissant de l'action pénale).

En cas de **construction conforme à un permis** de construire, l'action en responsabilité civile fondée sur la méconnaissance des règles d'urbanisme ou des servitudes d'utilité publique se prescrit par 2 ans et il faut distinguer l'action en démolition de l'action en dommages-intérêts (C. urb. art. L 480-13). Un préjudice personnel en relation directe avec la violation d'une règle d'urbanisme doit être établi (Cass. 3e civ. 11-7-2019 no 18-18.803 F-D : BPIM 5/19 inf. 319). **16895**

Le propriétaire ne peut être condamné à démolir la construction édifiée conformément à un permis de construire que si, préalablement, ce permis a été annulé pour excès de pouvoir par la juridiction administrative et – sauf si la condamnation est demandée par le préfet à la suite d'une annulation du permis sur déféré préfectoral – si la construction est située dans l'un des secteurs protégés suivants (C. urb. art. L 480-13, 1o) :

a. Les zones de montagne mentionnées au II de l'article L 122-9 et au 2° de l'article L 122-26 du Code de l'urbanisme.

b. Les zones du littoral mentionnées à l'article L 146-6 du Code de l'urbanisme (sauf s'il s'agit de constructions en bois antérieures au 1er janvier 2010, d'une superficie inférieure à 1 000 m^2, destinées à une exploitation d'agriculture biologique remplissant certaines conditions).

c. La bande de 300 m des parties naturelles des rives de plans d'eau naturels ou artificiels d'une superficie inférieure à 1 000 ha (C. urb. art. L 145-5).

d. La bande littorale de 100 m visée au III de l'article L 146-4 du Code de l'urbanisme.

e. Les cœurs de parcs nationaux (C. envir. art. L 331-2).

f. Les réserves naturelles et les périmètres de protection autour de ces réserves (C. envir. art. L 332-1 et L 332-16 à L 332-18).

g. Les sites inscrits ou classés (C. envir. art. L 341-1 et L 341-2).

h. Les sites désignés Natura 2000 (C. envir. art. L 414-1).

i. Les zones figurant dans les plans de prévention des risques technologiques (C. envir. art. L 515-16, 1o), les plans de prévention des risques naturels prévisibles (C. envir. art. L 562-1, II, 1o et 2o) ou les plans de prévention des risques miniers (C. minier art. L 174-5) lorsque le droit de réaliser des aménagements, ouvrages ou constructions nouvelles et d'étendre les constructions existantes est limité ou supprimé ; il suffit que la construction soit située dans une zone comportant de telles limitations ou interdictions, sans qu'il soit nécessaire qu'elle contrevienne elle-même à ces prescriptions (Cass. 3e civ. 16-11-2022 no 21-24.473 FS-B BPIM 1/23 inf. 13).

j. Les périmètres de servitudes relatives aux ICPE lorsqu'elles comportent une limitation ou une suppression du droit d'implanter des constructions ou des ouvrages (C. envir. L 515-8).

k. Les périmètres de servitudes sur les terrains pollués, sur l'emprise des sites de stockage de déchets, sur l'emprise d'anciennes carrières ou dans le voisinage d'un site de stockage géologique de dioxyde de carbone (C. envir. art. L 515-12) lorsque ces servitudes comportent une limitation ou une suppression du droit d'implanter des constructions ou des ouvrages.

l. Les sites patrimoniaux remarquables (C. patr. art. L 631-1 et L 631-2).

m. Les abords des monuments historiques (C. patr. art. L 621-30 et L 621-31) ; en l'absence de périmètre délimité par l'autorité administrative, toute construction édifiée dans la zone de 500 mètres du monument historique peut être démolie peu importe qu'elle soit visible du monument historique ou visible en même temps que lui (Cass. 3e civ. 16-11-2022 no 21-24.473 FS-B BPIM 1/23 inf. 13).

n. Les secteurs délimités par le PLU en application des articles L 151-19 et L 151-23 du Code de l'urbanisme.

Si la construction n'est pas située dans l'un des secteurs protégés énumérés ci-dessus, un **tiers** est irrecevable à agir en démolition. C'est **à la date à laquelle il statue** – et non à la date à laquelle la construction a été réalisée – que le juge doit apprécier si elle est située dans une zone protégée (Cass. 3e civ. 11-2-2021 no 20-13.627 FS-PL, D. c/ SCI Laurie : BPIM 2/21 inf. 108). C'est la **localisation géographique** qui compte, sans qu'il soit nécessaire que la construction ait été édifiée en violation du régime particulier de protection propre à la zone protégée (Cass. 3e civ. 16-11-2022 no 21-24.473 FS-B : BPIM 1/23 inf. 13 ; Cass. 3e civ. 11-1-2023 no 21-19.778 FS-B, Association Vigilance patrimoine paysager et naturel c/ Sté Énergie renouvelable du Languedoc : BPIM 1/23 inf. 12).

Que la construction soit située dans un secteur protégé ou non, le **préfet** peut toujours demander la démolition si le permis a été annulé sur déféré préfectoral (C. urb. art. L 480-13 et L 600-6).

Le délai de prescription de 2 ans court de « la décision devenue définitive de la juridiction administrative ».

La condamnation du constructeur à des **dommages-intérêts** est possible si, préalablement, le permis a été soit annulé pour excès de pouvoir, soit déclaré illégal par la juridiction administrative saisie d'une question préjudicielle. Le délai de prescription de 2 ans court de l'achèvement des travaux.

> **Précisions** **a. Avant la loi du 13 juillet 2006,** l'article L 480-13 prévoyait simplement que le propriétaire ne pouvait être condamné par un tribunal de l'ordre judiciaire du fait de la méconnaissance des règles d'urbanisme ou des servitudes d'utilité publique que si, préalablement, le permis avait été annulé ou déclaré illégal par la juridiction administrative. Pour l'application de ces dispositions, la jurisprudence avait considéré que l'action en responsabilité civile devait normalement déboucher sur une **réparation en nature** (mise en conformité ou démolition). C'est seulement en cas d'impossibilité (ou si la règle d'urbanisme méconnue avait entre-temps été modifiée) qu'une **réparation en espèces** était admise (Cass. 3e civ. 7-6-1979 : Bull. civ. III no 124 ; Cass. 3e civ. 30-9-1998 no 96-19.771 : Bull. civ. III no 185).
> **b.** Depuis la loi du 13 juillet 2006, le **recours sur renvoi préjudiciel** présenté dans le cadre d'une action en démolition est fermé dès lors qu'une telle action est subordonnée à l'annulation préalable pour excès de pouvoir du permis par la juridiction administrative. En revanche, il reste ouvert dans le cadre d'une action en dommages-intérêts. Ce mécanisme du recours sur renvoi préjudiciel n'est pas soumis à l'obligation de notification prévue par l'article R 600-1 du Code de l'urbanisme (CE 20-11-2002 no 244453). Le juge administratif n'a pas à statuer sur un tel recours si le permis en cause a été annulé et n'a donc plus d'existence juridique ; en revanche, il doit se prononcer sur la légalité du permis alors même qu'il est devenu définitif ou a fait l'objet d'un recours pour excès de pouvoir qui a été rejeté (CE 30-12-2009 no 323069, Cne de Séné). Lorsqu'il statue dans le cadre d'un tel renvoi préjudiciel, le juge administratif ne peut trancher d'autres questions que celles qui sont mentionnées dans la décision du juge judiciaire prononçant le renvoi ; c'est seulement dans le cas où cette décision ne limite pas la portée du renvoi que le juge administratif peut connaître de tout moyen invoqué devant lui par les parties (CE sect. 17-10-2003 no 244521 : Lebon p. 403). Si en cours d'instance la décision de renvoi est réformée par la cour d'appel judiciaire qui étend le renvoi à des questions nouvelles, les parties pourront inviter le juge administratif (tribunal administratif et, en appel, Conseil d'État) à se prononcer sur ces questions (CE sect. 17-10-2003 no 247747, Syndicat des copropriétaires de la résidence Atlantis : Lebon p. 406). Un recours en appréciation de validité d'un permis de construire au regard du PLU est dépourvu d'objet et par suite irrecevable si le plan a fait l'objet d'une annulation contentieuse ; le juge administratif n'estime pas devoir se prononcer sur la légalité du permis au regard du RNU, redevenu applicable sur le territoire de la commune, car cette question n'a pas été posée par le juge judiciaire (CE 10-3-2006 no 274952 : BPIM 4/06 inf. 248).
> **c.** Pour l'application de l'article L 480-13, l'**achèvement des travaux** s'entend de la date à laquelle la construction est en état d'être affectée à l'usage auquel elle est destinée. La date d'achèvement s'apprécie concrètement et peut être établie par tous moyens de preuve (Cass. 3e civ. 11-5-2000 no 98-18.385 : Bull. civ. III no 107). Depuis la réforme applicable au 1er octobre 2007, on peut penser que la date à prendre en considération est celle du dépôt en mairie de la déclaration d'achèvement des travaux, la preuve pouvant toutefois être apportée par tous moyens que les travaux ont été achevés à une autre date.
> **d.** L'article L 480-13 du Code de l'urbanisme n'est applicable ni aux **déclarations de travaux** (Cass. 3e civ. 2-10-1996 no 92-13.724 : RJDA 1/97 no 106) ni aux **permis** de construire **obtenus par fraude** (Cass. crim. 9-9-2003 no 02-84.334 : BPIM 1/04 inf. 10 ; Cass. crim. 8-12-2020 no 19-84.245 FS-PBI : BPIM 1/21 inf. 16).
> **e.** Lorsque le permis de construire une **éolienne** a été annulé par le juge administratif, le juge judiciaire est compétent pour statuer sur la démolition de cette installation qui méconnaît les règles d'urbanisme, même s'il s'agit d'une installation classée pour la protection de l'environnement (Cass. 1e civ. 14-2-2018 no 17-14.703 FS-PB, P. c/ Sté Parc éolien Guem : BPIM 2/18 inf. 104).
> **f.** Le juge judiciaire, saisi d'une demande de démolition doit vérifier si, à la date à laquelle il statue, la **règle d'urbanisme** dont la méconnaissance a justifié l'annulation du permis de construire est **toujours opposable** au pétitionnaire, et, le cas échéant, si celui-ci n'a pas régularisé la situation au regard de celles qui lui sont désormais applicables (Cass. 3e civ. 25-4-2024 no 24-10.256 FS-B).

16900 L'**arrêt de travaux** peut être ordonné en référé, à titre conservatoire, par le président du tribunal judiciaire dès lors qu'est apportée devant lui la preuve d'un trouble manifestement illicite (CPC art. 835).

Lorsque les travaux sont effectués conformément à un permis de construire, l'obligation de surseoir à statuer jusqu'à ce que le juge administratif se soit prononcé sur la légalité de ce permis, prévue par l'article L 480-13 du Code de l'urbanisme, s'impose au juge civil des référés (Cass. 3e civ. 19-10-1988 : Bull. civ. III no 144).

Le juge des référés peut ordonner l'interruption dès lors que le permis de construire a été annulé par le tribunal administratif, même si le jugement d'annulation n'est pas définitif (Cass. 3e civ. 13-7-1999 no 96-19.057 : Bull. civ. III no 177).

© Éd. Francis Lefebvre

ACTION EN DÉMOLITION ENGAGÉE PAR LA COMMUNE OU PAR LE PRÉFET

La **commune ou** l'**EPCI** compétent en matière de PLU peut saisir le tribunal judiciaire en vue de faire ordonner la démolition ou la mise en conformité d'un ouvrage édifié ou installé sans l'autorisation requise, en violation de cette autorisation ou, pour les aménagements, installations et travaux dispensés de toute formalité au titre du Code de l'urbanisme, en violation de l'article L 421-8 qui exige qu'ils soient conformes aux règles d'urbanisme (C. urb. art. L 480-14). Si la mise en conformité est possible et qu'elle est acceptée par le propriétaire, cette mesure doit prévaloir sur le prononcé d'une mesure de démolition (Cons. const. 31-7-2020 n° 2020-853 QPC : BPIM 5/20 inf. 304). L'action civile se prescrit par 10 ans à compter de l'achèvement des travaux. Il s'agit d'une action autonome de la commune ne nécessitant pas la démonstration d'un préjudice personnel et direct causé par les constructions irrégulières (Cass. 3e civ. 16-5-2019 n° 17-31.757 FS-PBI). 16905

Lorsque la juridiction administrative, saisie d'un déféré préfectoral, a annulé par une décision devenue définitive un permis de construire pour un motif non susceptible de régularisation, le **représentant de l'État dans le département** peut engager une action civile en vue de la démolition de la construction dans les conditions et délais définis par l'article L 480-13 (C. urb. art. L 600-6), qui précise que le préfet peut engager cette action y compris dans le cas où la construction est située hors des zones protégées mentionnées à l'article L 480-13. Le préfet doit saisir le juge judiciaire dans les 2 ans de « la décision devenue définitive de la juridiction administrative » (voir n° 16895).

> **Précisions** **a.** Comme c'est le cas pour le juge pénal (voir n° 16745), avant de prononcer la démolition d'une maison d'habitation édifiée illégalement, le juge civil doit s'assurer que cette mesure ne porte pas une **atteinte disproportionnée** au droit au respect de la vie **privée et familiale** et du domicile des occupants (Cass. 3e civ. 17-12-2015 n° 14-22.095 FS-PBR : Bull. civ. III n° 138 ; Cass. 3e civ. 16-1-2020 n° 19-10.375 FS-PBI, F. c/ Cne de Chelle : BPIM 2/20 inf. 100). Cependant, en cas de risque pour la sécurité des personnes, par exemple en zone inondable, la démolition doit être ordonnée quelle que soit l'atteinte portée à ce droit (Cass. 3e civ. 16-1-2020 n° 19-13.645 FS-PBI, W. c/ Cne de Montévrain : BPIM 2/20 inf. 101).
>
> **b.** Si le **juge judiciaire** est **compétent** pour statuer sur la demande d'une commune en démolition d'une construction irrégulière, **il ne l'est pas** pour statuer sur la question de savoir **si un permis tacite a pu naître** dans le cadre de l'article L 600-2 du Code de l'urbanisme (Cass. 3e civ. 27-5-21 n° 20-23.287, L. c/ Cne de Tresques : BPIM 4/21 inf. 241). Il doit transmettre cette question au juge administratif.
>
> **c.** Même si la **compétence en matière de PLU** a été transférée à un EPCI, le **maire** peut saisir le tribunal judiciaire pour faire ordonner la mise en conformité ou la démolition d'une construction irrégulière (CAA Paris 7-12-2023 n° 22PA05283 : BPIM 2/24 inf. 98).

VIOLATION D'UNE RÈGLE PRIVÉE

Lorsque la construction entreprise porte **atteinte à un droit réel,** le juge civil peut être saisi sur d'autres fondements que l'article 1240 du Code civil : par exemple, article 545 en cas d'empiètement sur la propriété d'un tiers, article 555 en cas de construction sur le fonds d'autrui, articles 675 s. en cas de création illicite de jours et de vues sur une propriété ou violation du cahier des charges d'un lotissement. De telles actions se prescrivent par 30 ans (C. civ. art. 2227). Lorsque la construction a été édifiée conformément à un permis de construire, ces actions n'impliquent aucune appréciation de la légalité de ce permis, qui a été délivré sous réserve des droits des tiers, et donc aucune intervention du juge administratif (Cass. 3e civ. 23-5-2002 : Bull. civ. III n° 108). 16910

TROUBLE ANORMAL DE VOISINAGE

La responsabilité du propriétaire d'une construction nouvelle peut également être engagée par le voisin devant la juridiction civile au titre des troubles anormaux du voisinage. D'abord dégagé par la jurisprudence (Cass. 2e civ. 19-11-1986 n° 84-16.379), le principe est désormais consacré par la loi : le propriétaire, le locataire, l'occupant sans titre, le bénéficiaire d'un titre ayant pour objet principal de l'autoriser à occuper ou à exploiter un fonds, le maître d'ouvrage ou celui qui en exerce les pouvoirs qui est à l'origine d'un trouble excédant les inconvénients normaux de voisinage est responsable de plein droit du dommage qui en résulte (C. civ. art. 1253 créé par la loi 2024-346 du 15-4-2024). 16915

Il s'agit d'une responsabilité objective : il suffit au voisin de prouver par tous moyens qu'il existe un trouble anormal, qu'il subit un préjudice et qu'il existe un lien de causalité entre le préjudice et la construction édifiée. L'existence du trouble s'apprécie indépendamment du problème de la régularité de la construction au regard des règles d'urbanisme ou de droit privé.

Le juge du fond apprécie souverainement le caractère anormal du trouble (perte d'ensoleillement, d'une vue…) et son lien direct avec le préjudice qui peut être économique, moral ou esthétique (le plus souvent il s'agira d'une dépréciation du bien). S'il reconnaît l'existence d'un trouble anormal, le juge ordonnera sa réparation en nature (par exemple, démolition de la construction) ou, plus souvent, par équivalent (dommages et intérêts).

L'action en responsabilité pour trouble anormal de voisinage – action en responsabilité extracontractuelle – doit être intentée dans un délai de 5 ans à compter du jour où l'auteur du recours a connu ou aurait dû connaître les faits lui permettant d'exercer l'action (C. civ. art. 2224 ; Cass. 3e civ. 17-9-2020 no 19-18.848 F-D : BPIM 6/20 inf. 397).

Lorsque la construction a été édifiée conformément à un permis de construire, l'action en trouble anormal du voisinage n'implique aucune appréciation de la légalité de ce permis (Cass. 3e civ. 20-7-1994 no 220 : Bull. civ. III no 158).

16920 Dans le cas où le trouble anormal de voisinage résulte de **nuisances dues à certaines activités**, il n'engage pas la responsabilité de son auteur si l'activité en cause remplit trois conditions cumulatives (C. civ. art. 1253, al. 2 créé par la loi 2024-346 du 15-4-2024) :
– elle est antérieure à l'installation de la personne qui s'en plaint,
– elle s'est poursuivie après cette installation dans les mêmes conditions ou dans des conditions nouvelles qui ne sont pas à l'origine d'une aggravation du trouble anormal,
– elle est conforme aux lois et règlements en vigueur.

Cette disposition est une reprise de l'article **L 113-8 du CCH** dont l'origine remontait à la loi 80-502 du 4 juillet 1980 et concernait les activités agricoles, industrielles, artisanales, commerciales, touristiques, culturelles ou aéronautiques (CCH art. L 113-8 abrogé par la loi 2024-346 du 15-4-2024). Cet article, qui avait été regardé comme conforme à la Constitution et à la Charte de l'environnement (Cons. const. 8-4-2011 no 2011-116 QPC), posait déjà la **règle dite de « préoccupation » ou d'« antériorité »**. Désormais sont visées les « activités », sans distinction.

Si, **après l'installation de la personne** qui s'en plaint, l'activité se poursuit dans des conditions nouvelles, celles-ci ne doivent pas aggraver le trouble anormal (C. civ. art. 1253, al. 2 créé par la loi 2024-346 du 15-4-2024). La jurisprudence était déjà en ce sens : pour un cas d'aggravation notable des nuisances postérieure à la date à laquelle la victime avait demandé un permis de construire, voir Cass. 2e civ. 17-7-1991 no 90-15.747 : RJDA 10/91 no 839.

16921 La responsabilité au titre du trouble anormal de voisinage n'est pas engagée lorsque ce trouble provient d'**activités agricoles** existant antérieurement à l'acte transférant la propriété ou octroyant la jouissance du bien ou, à défaut d'acte, à la date d'entrée en possession du bien par la personne lésée. Ces activités doivent être conformes aux lois et aux règlements et s'être poursuivies dans les mêmes conditions, dans des conditions nouvelles qui ne sont pas à l'origine d'une aggravation du trouble anormal ou dans des conditions qui résultent de la mise en conformité de l'exercice de ces activités aux lois et aux règlements ou sans modification substantielle de leur nature ou de leur intensité (C. rur. art. L 311-1-1 créé par la loi 2024-346 du 15-4-2024).

3. DÉMOLITION D'UN OUVRAGE PUBLIC

COMPÉTENCE

16922 C'est la **juridiction** administrative qui est normalement compétente pour connaître d'une action en démolition d'un ouvrage public édifié illégalement ; la juridiction judiciaire n'est compétente que si la réalisation de l'ouvrage était manifestement insusceptible de se rattacher à un pouvoir de l'administration et si aucune procédure de régularisation appropriée n'a été engagée (T. confl. 6-5-2002 no 3287 : JCP G 2002 no 10170). Revenant sur le principe d'intangibilité des ouvrages publics, la jurisprudence reconnaît désormais au juge administratif le pouvoir d'ordonner la démolition (CE sect. 29-1-2003 no 245239, Syndicat départemental de l'électricité et du gaz des Alpes-Maritimes : BPIM 3/03 inf. 158 ; CE 13-2-2009 no 295885, Communauté de communes du canton de Saint-Malo de la Lande : BPIM 2/09 inf. 104 ; CE Sect. 14-10-2011 no 320371, Cne de Valmeinier et Syndicat mixte des Islettes : BPIM 6/11 inf. 442).

CONDITIONS

16923 Ce pouvoir doit être exercé dans les conditions suivantes (CE sect. 29-1-2003 no 245239, Syndicat départemental de l'électricité et du gaz des Alpes-Maritimes et Cne de Clans : Lebon p. 21 ; CE 29-11-2019 no 410689 : BPIM 1/20 inf. 13 ; CE 27-9-2023 no 466321, Sté Enedis : BPIM 6/23 inf. 359). Saisi d'une demande tendant à l'exécution d'une décision juridictionnelle dont il résulte qu'un ouvrage public a été implanté irrégulièrement, le juge, statuant en fonction de la **situation de droit et de fait** existant à la date à laquelle il examine cette demande, recherchera d'abord si, eu égard notamment aux motifs de la décision juridictionnelle, la construction est susceptible d'être régularisée. Une perspective

© Éd. Francis Lefebvre

concrète d'expropriation peut être prise en compte par le juge comme moyen de régularisation pour refuser la démolition (CE 28-2-2020 n° 425743 : BPIM 2/20 inf. 102).

Dans la négative, il ordonnera la démolition sauf s'il estime qu'elle entraînerait une **atteinte excessive à l'intérêt général.** Pour apprécier ce point, il prendra en considération, en tenant compte de l'écoulement du temps, à la fois des inconvénients que la présence de l'ouvrage entraîne pour des intérêts publics ou privés (notamment, le cas échéant, ceux du propriétaire du terrain d'assiette) et des conséquences de la démolition pour l'intérêt général (compte tenu notamment du coût des investissements déjà réalisés et, si elle est invoquée par les parties au litige, de la possibilité de réutiliser, dans un délai raisonnable, les constructions déjà édifiées dans le cadre d'un projet modifié ou d'un nouveau projet). Si les travaux sont toujours en cours, le juge commence par ordonner leur arrêt.

4. INTERDICTION DE RACCORDEMENT AUX RÉSEAUX URBAINS

MESURE DE POLICE

Les **constructions irrégulières** ne peuvent pas être raccordées définitivement aux réseaux d'électricité, d'eau, de gaz ou de téléphone (C. urb. art. L 111-12) ; les demandes de raccordement doivent être accompagnées de la demande de permis de construire valide. L'interdiction de raccordement, qui n'est pas une sanction mais une mesure de police, s'applique alors même que l'infraction pénale constituée par la construction non autorisée est prescrite (CE 7-10-1998 n° 140759 : BPIM 1/99 inf. 10). L'exécution d'une décision de police est imprescriptible (CE 23-7-1993 n° 125331 ; CE 7-10-1998 n° 140759). **16925**

Un **raccordement** est considéré comme **définitif** (et non provisoire) s'il n'a pas vocation à prendre fin à un terme défini ou prévisible, quand bien même les bénéficiaires ne seraient présents que lors de séjours intermittents et de courte durée (CE 23-11-2022 n° 459043, Cne d'Esbly : BPIM 1/23 inf. 14).

Il n'appartient pas aux services intéressés de **contrôler** la régularité de la situation des constructeurs au regard de l'autorisation de construire. Le refus de procéder au raccordement ne peut résulter que d'une décision de l'autorité administrative compétente. Le gestionnaire du réseau électrique ne peut pas de lui-même refuser une demande de raccordement ou refuser de rétablir le branchement si l'injonction du maire de le supprimer a été annulé par le juge (Cass. 3e civ. 15-6-2017 n° 16-16.838 FS-PB : BPIM 5/17 inf. 326 ; Cass. 3e civ. 12-10-2022 n° 21-17.040 FS-B, Sté Enedis : BPIM 6/22 inf. 406).

Le refus de raccordement impliquant une ingérence de l'administration dans le **droit au respect de la vie privée et familiale,** garanti par l'article 8 de la convention européenne des droits de l'Homme, l'administration et, en cas de recours, le juge doivent s'assurer, en fonction des circonstances de chaque espèce, que la mesure n'est pas excessive au regard de l'objectif légitimement poursuivi (CE 15-12-2010 n° 323250 : BPIM 1/11 inf. 10).

› Précisions **a.** Une **caravane ayant perdu sa mobilité,** parce que posée sur le sol ou sur des plots de fondation, doit être regardée comme une maison légère d'habitation. En l'absence de permis de construire, le maire peut refuser le raccordement définitif de la caravane aux réseaux d'électricité, d'eau, de gaz et de téléphone. Si une **caravane stationne irrégulièrement** au regard soit de l'article R 111-48 du Code de l'urbanisme, soit du règlement du PLU, le maire pourra faire usage des pouvoirs de police spéciale qu'il tient de l'article L 111-12 pour s'opposer à son raccordement définitif aux mêmes réseaux (Avis CE 7-7-2004 n° 266478 : JO 7-9 p. 15772).

b. La circonstance que les travaux de construction aient été réalisés irrégulièrement est de nature à justifier légalement le refus de raccordement, mais non à faire regarder l'intéressé comme dépourvu d'un intérêt légitime à présenter contre cette mesure un **recours pour excès de pouvoir** et une demande en **référé-suspension** (CE 24-2-2011 n° 343442 : BPIM 2/11 inf. 99).

c. La décision du maire refusant le raccordement d'un bâtiment aux réseaux publics, susceptible d'être attaquée devant le juge de l'excès de pouvoir, peut avoir été notifiée à l'intéressé lui-même mais peut aussi figurer dans un **courrier adressé au gestionnaire du réseau électrique** (CE 24-3-2014 n° 359554, SCI Les Verdures : BPIM 3/14 inf. 164).

d. L'article L 111-12 ne permet pas à l'autorité administrative de faire procéder à la dépose des raccordements déjà effectués sur le fondement d'un **permis ultérieurement annulé** (CAA Lyon 18-2-1997 n° 94LY00243, min. équipement c/ SCI Paese di mare : CJEG avril 1997 p. 154).

D. Tableau synoptique des actions/délais de prescription applicables à une construction irrégulière

16950 Il s'agit d'un aperçu schématique des différents régimes d'actions et délais de prescription pour contester une construction non conforme aux règles d'urbanisme, soit qu'elle ait été édifiée conformément à un permis de construire illégal, soit qu'elle n'ait pas respecté les prescriptions du permis soit enfin qu'aucun permis n'ait été obtenu.

Contester une construction irrégulière : actions et délais de prescription			
	Construction conforme à un permis de construire illégal	Construction non conforme au permis de construire	Construction sans permis de construire
Prescription administrative	Action en annulation du permis de construire - 2 mois à compter de l'affichage du permis (C. urb. art. R 600-2). - 6 mois à compter de l'achèvement des travaux en l'absence d'affichage du permis (C. urb. art. R 600-3)	• Droit de contester la conformité des travaux au permis dans les 3 mois (ou 5 mois si récolement) à compter de la réception de la déclaration attestant l'achèvement des travaux (C. urb. art. R 462-6)	Obligation de régulariser la construction irrégulière à l'occasion de toute nouvelle demande de permis (sauf exceptions), sans limite de délai (CE 16-3-2015 nº 369553 : BPIM 3/15 inf. 155)
		• Obligation de régulariser la construction irrégulière à l'occasion de toute nouvelle demande de permis dans les 10 ans de l'achèvement de la construction (C. urb. art. L 421-9) sauf si le bénéficiaire du permis a déposé une déclaration attestant l'achèvement des travaux et que l'administration n'a pas contesté leur régularité dans les 3 ou 5 mois (CE 26-11-2018 nº 411991)	
Prescription administrative		La construction ne peut pas être raccordée définitivement aux réseaux urbains d'eau, d'électricité, de gaz ou de téléphone (C. urb. art. L 111-12), quelle que soit la date de la construction puisqu'il s'agit d'une mesure de police (CE 23-7-1993 nº 125331 ; CE 7-10-1998 nº 140759)	

16950 (suite)

Contester une construction irrégulière : actions et délais de prescription

		Construction conforme à un permis de construire illégal	Construction non conforme au permis de construire	Construction sans permis de construire
Prescription pénale		Condamnation pénale pour méconnaissance volontaire de la réglementation d'urbanisme (C. urb. art. L 480-4) : 6 ans à compter de l'achèvement des travaux (CPP art. 8). Sanctions : amende (prison en cas de récidive) + mesures de restitution sous astreinte (mise en conformité ou démolition).		
Prescription civile	Action en responsabilité extracontractuelle (C. civ. art. 1240)	Action en dommages-intérêts : 5 ans à compter du jour où l'auteur du recours a connu ou aurait dû connaître les faits lui permettant d'exercer l'action (C. civ. art. 2224). Cette possibilité est toutefois discutée (H. Périnet-Marquet, Régularisation, contentieux et préemption : trois difficultés d'interprétation de la loi ENL : Constr.-urb. 2006 étude 9)	Action en démolition/dommages-intérêts : 5 ans à compter du jour où l'auteur du recours a connu ou aurait dû connaître les faits lui permettant d'exercer l'action (C. civ. art. 2224)	
	Action civile (C. urb. art. L 480-13)	• Action en démolition exercée par un tiers (en secteur protégé uniquement) : 2 ans à compter de la décision de la juridiction administrative annulant le permis de construire (C. urb. art. L 480-13, 1°) • Action en démolition exercée par le préfet : 2 ans à compter de la décision de la juridiction administrative annulant le permis de construire (C. urb. art. L 480-13, 1° et L 600-6) • Action en dommages-intérêts (contre le constructeur seulement) : 2 ans à compter à compter de l'achèvement des travaux à la condition que le permis ait été annulé ou « constaté illégal » par le juge administratif (C. urb. art. L 480-13, 2°)		

16950 (suite)

Contester une construction irrégulière : actions et délais de prescription

		Construction conforme à un permis de construire illégal	Construction non conforme au permis de construire	Construction sans permis de construire
	Action civile réservée à la commune (ou à l'EPCI compétent)		Action en démolition/mise en conformité de la construction : 10 ans à compter de l'achèvement des travaux (C. urb. art. L 480-14)	
Prescription civile	Action en violation d'un droit réel (empiètement, violation d'une servitude, etc.)	Action en démolition/dommages-intérêts : 30 ans à compter du jour où l'auteur du recours a connu ou aurait dû connaître les faits lui permettant d'exercer l'action (C. civ. art. 2227)		
	Action en violation d'un trouble de voisinage (C. civ. art. 1253)	Action en démolition/dommages-intérêts : 5 ans à compter du jour où l'auteur du recours a connu ou aurait dû connaître les faits lui permettant d'exercer l'action (C. civ. art. 2224)		

CHAPITRE 3

AUTRES AUTORISATIONS D'URBANISME ET DE CONSTRUCTION

SOMMAIRE

SECTION 1

PERMIS DE DÉMOLIR

A. Champ d'application

17300 La démolition, totale ou partielle, d'une construction n'est, en principe, soumise à aucune formalité. Toutefois, elle est subordonnée à l'obtention préalable d'un permis de démolir dans les cas où cela est prévu par une disposition expresse du Code de l'urbanisme.

Sont assimilés à une démolition les travaux ayant pour objet de rendre inutilisable tout ou partie d'une construction.

› Précisions **a.** La technique de la **déclaration préalable** n'est pas utilisée en matière de démolition.

b. Les PLU peuvent délimiter des secteurs dans lesquels la délivrance du permis de construire peut être subordonnée à la démolition de tout ou partie des bâtiments existants (**secteurs de « curetage »**) (C. urb. art. L 151-10).

OPÉRATIONS SOUMISES AU PERMIS DE DÉMOLIR

17375 Le permis de démolir est normalement requis quand la construction à démolir est :

– située dans une commune ou une partie de commune où le permis de démolir a été institué par une délibération du conseil municipal (C. urb. art. L 421-3 et R 421-27) ; cette délibération est indépendante du PLU et n'a pas à être précédée d'une enquête publique (CAA Douai 16-5-2012 n° 11DA00690, Cne de Rosoy-en-Multien : BPIM 4/12 inf. 295) ;

– située dans un site patrimonial remarquable ou dans un périmètre de restauration immobilière (C. urb. art. R 421-28, a et c) ;

– inscrite au titre des monuments historiques ou située aux abords d'un monument historique (C. urb. art. R 421-28, b) ;

– située dans un site inscrit ou un site classé ou en instance de classement (C. urb. art. R 421-28, d) ;

– identifiée comme constituant un élément à protéger et à mettre en valeur, soit du fait de son classement dans un périmètre délimité par le plan local d'urbanisme ou le document en tenant lieu (C. urb. art. L 151-19 ou L 151-23) ou, sur un territoire non couvert par un PLU ou un document en tenant lieu, par une délibération du conseil municipal prise après enquête publique prise dans le cadre de l'article L 111-22 du Code de l'urbanisme (C. urb. art. R 421-28, e).

DISPENSES

17380 Même lorsqu'elles entrent dans les cas énumérés ci-dessus, les opérations suivantes sont dispensées de permis de démolir (C. urb. art. R 421-29) :

– démolitions soumises à des règles de protection du secret de la défense nationale ou réalisées dans le cadre d'une opération sensible intéressant la défense nationale ou la sécurité intérieure (C. défense art. L 2391-1, CSI art. L 112-3) ;

– démolitions effectuées sur un bâtiment menaçant ruine ou un immeuble insalubre ;

– démolitions effectuées en application d'une décision de justice devenue définitive ;

– démolitions de bâtiments frappés de servitude de reculement en exécution de plans d'alignement ;

– démolitions de lignes électriques et de canalisations.

Sont également dispensés de permis de démolir les travaux d'enlèvement des installations de production d'énergie photovoltaïque sur des terrains agricoles, naturels et forestiers et de remise en état des terrains (C. urb. art. L 421-5-2).

17382 Dans une commune exposée à l'**érosion du littoral,** quand le PLU a délimité une zone exposée au **recul du trait de côte** à un horizon compris entre 30 et 100 ans, s'il apparaît que la sécurité ne peut plus y être assurée au-delà de trois ans, le maire doit ordonner la démolition des constructions et des extensions de constructions existantes postérieures à la création de la zone, ainsi que la remise en état du terrain, sauf si les constructions et extensions ont été réalisées dans le cadre spécifique du bail réel d'adaptation à l'érosion côtière (C. urb. art. L 121-22-5). Les travaux nécessaires à la mise en œuvre de l'arrêté de démolition sont dispensés de toute formalité au titre du Code de l'urbanisme (C. urb. art. L 421-5-1). Ils ne sont pas soumis au respect des règles d'urbanisme (C. urb. art. L 421-8).

› Précisions a. Après réalisation des travaux de démolition et de remise en état, une **déclaration attestant leur achèvement et leur conformité** à l'arrêté du maire est adressée à celui-ci (C. urb. art. L 462-1, al. 2). Le maire peut faire procéder à un récolement pour vérifier cette conformité (C. urb. art. L 462-2, al. 4).

b. L'**inexécution des travaux** de démolition et de remise en état dans le délai prescrit par le maire – qui ne peut pas être inférieur à 6 mois – est sanctionnée pénalement (C. urb. art. L 480-4).

c. En cas d'**inaction du propriétaire,** le maire à la possibilité de procéder d'office aux travaux à ses frais, en utilisant les sommes qui ont été consignées à l'époque du permis de construire, du permis d'aménager ou de la déclaration préalable (C. urb. art. L 121-22-5, IV).

CAS OÙ LE PERMIS DE DÉMOLIR EST REMPLACÉ PAR UNE AUTRE AUTORISATION

Permis de construire ou d'aménager valant permis de démolir Lorsque la démolition est nécessaire à une opération de construction ou d'aménagement, la demande de permis de construire ou d'aménager peut porter à la fois sur la démolition et sur la construction ou l'aménagement. Dans ce cas, le permis de construire ou le permis d'aménager autorise la démolition (C. urb. art. L 451-1). 17385

› Précisions Lorsque le permis de construire et le permis de démolir sont délivrés par une même décision, ils demeurent distincts et l'illégalité de l'un n'entraîne pas celle de l'autre (CE 21-2-2018 n° 401043, SCI La villa Mimosas : BPIM 2/18 inf. 98).

Autorisation de modifier un immeuble classé valant permis de démolir 17390
L'autorisation prévue à l'article L 621-9, alinéa 1 du Code du patrimoine pour toute modification d'un immeuble classé au titre des monuments historiques dispense de permis de démolir, dès lors que la décision a fait l'objet d'un accord de l'autorité compétente pour statuer sur les demandes d'autorisations d'urbanisme (C. urb. art. L 425-5).

B. Délivrance

Le permis de démolir est délivré dans les mêmes conditions que les permis de construire et d'aménager. 17450

L'autorité compétente pour délivrer le permis de démolir est donc celle qui l'est pour délivrer les permis de construire ou d'aménager. Nous rappelons ci-après la procédure applicable en soulignant les points sur lesquels elle présente une spécificité.

DÉPÔT DE LA DEMANDE

La demande de permis de démolir, déposée ou adressée à la mairie, doit être établie sur le **formulaire** Cerfa 13405 (C. urb. art. A 451-1). Elle peut également être déposée par voie électronique, et doit l'être si elle émane d'une personne morale dans une commune de plus de 3 500 habitants. La **qualité** pour présenter la demande est appréciée comme en matière de permis de construire. Comme pour les deux autres permis, si le **dossier** est **incomplet,** l'administration dispose d'un délai d'un mois à compter de la réception de la demande pour réclamer les éléments manquants (voir n° 14345). 17455

Aucune information ou pièce autre que celles exigées par les textes ne peut être exigée par l'autorité compétente pour instruire la demande (C. urb. art. R 451-7).

La **demande** doit comporter les **éléments suivants** (C. urb. art. R 451-1) : 17460
– identité du ou des demandeurs ;
– en cas de démolition partielle, indication des constructions qui subsisteront sur le terrain et, le cas échéant, des travaux qui seront exécutés sur ces constructions ;
– date approximative à laquelle le ou les bâtiments à démolir ont été construits ;
– s'il y a lieu, indication que la démolition est soumise à déclaration au titre de l'eau et des milieux aquatiques (C. envir. art. L 214-1 s.) ou qu'elle doit faire l'objet d'une dérogation à certaines règles de protection du patrimoine naturel (C. envir. art. L 411-2, 4°) ;
– s'il y a lieu, indication que la démolition porte sur une installation, un ouvrage, des travaux ou une activité soumis à autorisation environnementale (C. envir. art. L 181-1) si les travaux portent atteinte aux intérêts protégés par cette autorisation ;
– s'il y a lieu, indication que les travaux portent sur un projet situé dans un site patrimonial remarquable ou aux abords d'un monument historique pour lequel l'ABF n'est pas appelé à donner son accord mais à émettre un avis (C. patr. art. L 632-2-1, 1° et 2°) ;

– attestation du ou des demandeurs qu'ils remplissent les conditions pour déposer une demande de permis ;
– s'il y a lieu, les demandes d'autorisation et les déclarations dont le projet a déjà fait l'objet au titre d'une autre législation que celle du Code de l'urbanisme.

17465 Le **dossier** joint à la demande doit comprendre (C. urb. art. R 451-2) :
– un plan permettant de connaître la situation du terrain à l'intérieur de la commune ;
– un plan de masse des constructions à démolir ou, s'il y a lieu, à conserver ;
– un document photographique faisant apparaître le ou les bâtiments à démolir et leur insertion dans les lieux environnants.

17470 Lorsque le bâtiment est **inscrit au titre des monuments historiques,** le dossier joint à la demande comprend en outre (C. urb. art. R 451-3) :
– une notice expliquant les raisons pour lesquelles la conservation du bâtiment ne peut plus être assurée bien que l'intérêt de celui-ci du point de vue de l'histoire ou de l'art ait été reconnu suffisant pour justifier sa préservation ;
– des photographies faisant apparaître l'ensemble des façades et toitures du bâtiment ainsi que ses dispositions intérieures ;
– dans le cas d'une démolition partielle, la description des moyens mis en œuvre pour éviter toute atteinte aux parties conservées.

17475 Si le bâtiment est situé dans le périmètre d'un **site patrimonial remarquable** ou dans les **abords des monuments historiques,** le dossier joint à la demande comprend également la description des moyens mis en œuvre dans la démolition pour éviter toute atteinte au patrimoine protégé (C. urb. art. R 451-4).

17480 Lorsque les travaux sont projetés dans le cœur d'un **parc national,** le demandeur doit fournir les pièces visées au II de l'article R 331-19 du Code de l'environnement. Dans les 15 jours suivant la transmission d'exemplaires du dossier au directeur de l'établissement public du parc national (C. urb. art. R 423-13), celui-ci précise, le cas échéant, au maire les pièces manquantes qui doivent figurer au dossier (C. urb. art. R 451-5).

Lorsque la démolition doit faire l'objet d'une évaluation de ses incidences sur un **site Natura 2000** (C. envir. art. L 414-4), le demandeur doit fournir le dossier d'évaluation des incidences Natura 2000 (C. urb. art. R 451-6).

17482 Le dossier comprend le cas échéant (C. urb. art. R 451-6-1) :
– l'**étude d'impact** ou la décision de l'autorité chargée de l'examen au cas par cas dispensant le projet d'**évaluation environnementale** ; l'autorité compétente pour délivrer le permis de démolir vérifie le cas échéant que le projet qui lui est soumis est conforme aux mesures et caractéristiques qui ont justifié une telle dispense ;
– lorsque le projet exige plusieurs autorisations et que ses incidences sur l'environnement n'ont pas pu être complètement appréciées avant la délivrance de la première autorisation (C. envir. art. L 122-1-1, III), l'**étude d'impact actualisée** ainsi que les avis auxquels elle a donné lieu de la part de l'autorité environnementale et des collectivités territoriales intéressées.

DÉLAI D'INSTRUCTION

17485 **Délai de droit commun** Le délai d'instruction est normalement de 2 mois pour les demandes de permis de démolir (C. urb. art. R 423-23, b). Ce délai de droit commun est mentionné dans le récépissé de la demande, qui indique la date de naissance d'un permis tacite. Si l'examen de celle-ci révèle qu'un délai plus long est applicable, l'administration doit en informer le demandeur dans le mois qui suit la réception de la demande. Si cette information n'est pas notifiée au demandeur en temps utile, c'est le délai d'instruction de droit commun qui s'appliquera (C. urb. art. R 423-43, al. 1).

> **Précisions** Le cas échéant, l'administration doit, dans le délai d'un mois à compter de la réception de la demande, informer le pétitionnaire que le délai d'instruction est susceptible de faire l'objet d'une prolongation exceptionnelle (nº 14355) ou qu'il se trouve dans une situation où un permis tacite ne peut pas être acquis, ou ne peut l'être qu'en l'absence d'opposition ou de prescriptions de l'ABF (nº 14765).

17490 **Délais particuliers** Un délai d'instruction particulier de 5 mois s'applique quand la demande porte sur la démolition d'un **immeuble inscrit** au titre des monuments historiques ou qu'il y a lieu d'instruire une dérogation au PLU (C. urb. art. R 423-28, a). Lorsque l'opération exige une autorisation du ministre chargé des sites – immeuble situé dans un **site classé** ou en instance de classement (C. urb. art. R 425-17) – le délai est de 8 mois (C. urb. art. R 423-31, c).

Si l'immeuble est situé dans le cœur d'un **parc national** délimité ou dans un espace ayant vocation à être classé dans le cœur d'un futur parc national dont la création a été prise en considération, le délai d'instruction est de 5 mois (C. urb. art. R 423-26).

Majoration du délai Si aucun délai particulier ne s'applique, le délai de droit commun de 2 mois peut néanmoins faire l'objet de majorations (voir n° 14475). Ainsi, le délai est majoré d'un mois si l'immeuble est situé dans un site patrimonial remarquable ou dans les abords des monuments historiques ou si la démolition est soumise à l'avis de la commission départementale de la préservation des espaces naturels, agricoles et forestiers (C. rur. art. L 112-1-1) ou à un régime d'autorisation prévu par une autre législation que le Code de l'urbanisme (notamment la législation sur les monuments historiques et les sites) (C. urb. art. R 423-24). 17495

Prolongation exceptionnelle du délai notifié Passé le délai d'un mois à compter de la réception de la demande, le délai d'instruction ne peut plus, normalement, être modifié. Il demeure toutefois susceptible de faire l'objet d'une prolongation exceptionnelle (voir n° 14480). Ainsi, lorsque la délivrance du permis est subordonnée à l'accord de l'**architecte des Bâtiments de France,** le délai d'instruction est prolongé lorsque les travaux portent sur un immeuble situé dans un site patrimonial remarquable ou dans les abords des monuments historiques et que l'autorité compétente pour délivrer le permis a saisi le préfet de région ou le préfet de Corse d'un recours contre l'avis de l'ABF ; la prolongation est de **2 mois** (C. urb. art. R 423-35). 17500

Le délai d'instruction est porté à **8 mois** en cas d'**évocation du dossier par le ministre** chargé des sites ou par le ministre chargé de la protection de la nature (C. urb. art. R 423-37).

Lorsque la démolition est susceptible d'avoir un effet significatif sur un site Natura 2000 et que l'avis préalable de la Commission européenne est requis, le délai d'instruction du permis de démolir est suspendu jusqu'à la réception de cet avis (C. urb. art. R 423-37-1).

ACCORDS PRÉALABLES

L'autorité compétente pour délivrer le permis de démolir doit recueillir l'accord d'autorités désignées par d'autres législations dans les cas suivants (sur l'articulation entre les autorisations d'urbanisme et les autorisations exigées par d'autres législations, voir n°s 13750 s.). 17505

a. Immeuble protégé au titre des **abords d'un monument historique** ; le permis de démolir tient lieu de l'autorisation prévue par l'article L 621-32 du Code du patrimoine si l'ABF a donné son accord ou, pour certains projets, émis son avis (C. patr. art. L 621-32, L 632-2, I et L 632-2-1 ; C. urb. art. R. 423-54).

b. Immeuble inscrit au titre des monuments historiques : accord du préfet de région (C. urb. art. R 425-16 ; C. patr. art. L 621-27).

c. Immeuble situé dans un **site patrimonial remarquable** : accord de l'ABF, ou avis pour certains projets (C. patr. art. L 632-2, I et L 632-2-1 ; C. urb. art. R 423-54) ;

d. Immeuble situé dans une **zone de protection** créée, avant la loi 83-8 du 7 janvier 1983 relative à la répartition de compétences entre les communes, les départements, les régions et l'État, en application des articles 17 ou 28 de la loi du 2 mai 1930 sur la protection des **monuments naturels et des sites** : accord exprès de l'autorité mentionnée dans le décret instituant la zone de protection (C. urb. art. R 425-22).

e. Immeuble situé dans un **site classé ou en instance de classement** : accord exprès du ministre chargé des sites, après avis de la commission départementale de la nature, des paysages et des sites (C. urb. art. R 425-17 ; C. envir. art. L 341-7 et L 341-10).

f. Immeuble situé dans un **site inscrit** : accord exprès de l'ABF (C. urb. art. R 425-18).

g. Immeuble situé sur un territoire en instance de classement ou classé en **réserve naturelle** : accord exprès, selon le cas, du préfet ou du ministre chargé de la protection de la nature (réserve naturelle nationale ou, en Corse, réserve classée par l'État), du conseil régional (réserve naturelle régionale) ou de l'Assemblée de Corse (réserve naturelle classée par la collectivité territoriale de Corse) (C. urb. art. R 425-4) ; le permis de démolir tient alors lieu de l'autorisation prévue par les articles L 332-6 et L 332-9 du Code de l'environnement.

h. Immeuble situé dans un **espace ayant vocation à être classé dans le cœur d'un futur parc national** : accord du préfet (C. urb. art. R 425-5) ; le permis de démolir tient alors lieu de l'autorisation prévue par l'article L 331-6 du Code de l'environnement ;

i. Immeuble situé dans le cœur d'un parc national délimité : accord du directeur de l'établissement public du parc national (projet situé en dehors des espaces urbanisés délimités par le décret de création), du conseil d'administration du parc (travaux non prévus par le décret de création et envisagés en dehors des espaces urbanisés) ou du préfet après consultation du directeur de l'établissement public du parc national (projet situé dans les espaces urbanisés) (C. urb. art. R 425-6) ; le permis de démolir tient alors lieu de l'autorisation prévue par l'article L 331-4 ou L 331-14 du Code de l'environnement.

> **Précisions** **a.** L'autorité appelée à donner son accord (ou son avis dans les cas listés à l'article L 632-2-1 du Code du patrimoine voir Précisions, f) dispose normalement d'un **délai d'un mois** au terme duquel, si elle ne s'est pas prononcée, elle est réputée accepter le projet (C. urb. art. R 423-59). Toutefois :
>
> – le délai est de 2 mois dans les cas a, c, e et f (C. urb. art. R 423-67 et R 423-67-2), de 3 mois dans le cas b (C. urb. art. R 423-66) et de 4 mois dans les cas h et i (C. urb. art. R 423-62) ;
>
> – le silence de l'autorité saisie vaut refus implicite dans le cas f (C. urb. art. R 423-67-2) et, selon toute apparence, dans les autres cas où le texte prévoit un accord exprès (cas d, e, g).
>
> **b.** Sur les possibilités de **recours contre l'avis de l'ABF**, voir n°s 14585 s. Même si l'ABF a donné son accord, l'autorité compétente peut ensuite refuser le permis de démolir, sous le **contrôle** complet **du juge** de l'excès de pouvoir, pour des motifs liés à la protection ou à la mise en valeur des quartiers, monuments et sites (CE 7-7-2008 n° 296438, Cne de Verdun : BPIM 5/08 inf. 343).
>
> **c.** Quand l'immeuble est situé dans un **site inscrit** (cas f), la demande de permis tient lieu de la déclaration exigée par l'article L 341-1 du Code de l'environnement. Les travaux ne peuvent pas être entrepris avant l'expiration d'un délai de 4 mois à compter du dépôt de la demande ou de la déclaration (C. urb. art. R 425-30). Le délai de péremption du permis de démolir ne courra alors que de l'expiration de ce délai de 4 mois (voir n° 17615 précision a).
>
> **d.** Si les travaux de démolition entrent dans le champ d'application des opérations d'**archéologie préventive** (C. patr. art. R 523-4 et R 523-5), le dossier joint à la demande de permis doit comprendre des pièces complémentaires faisant notamment apparaître l'emplacement prévu des travaux sur le terrain d'assiette, leur superficie, leur impact sur le sous-sol (C. patr. art. R 523-9). La décision ne peut intervenir avant que le préfet de région ait statué sur les prescriptions d'archéologie préventive (C. patr. art. R 523-18). Dans le cas où le préfet de région a prescrit la réalisation d'opérations d'archéologie préventive, les travaux de démolition ne peuvent pas être entrepris avant l'achèvement de ces opérations (C. urb. art. L 425-11 et R 425-31).
>
> **e.** Lorsqu'une demande de **permis de construire** dans un site inscrit porte à la fois sur la démolition et sur la construction d'un bâtiment, un accord exprès de l'ABF est requis. Si le dossier présente de manière complète les deux volets de l'opération, l'avis de l'ABF est réputé porter sur l'ensemble, même s'il ne mentionne pas expressément la démolition (CE 16-3-2015 n° 380498, Ville de Paris : BPIM 3/15 inf. 161).
>
> **f.** Exceptionnellement, aux **abords des monuments historiques** et dans les **sites patrimoniaux remarquables,** le permis de démolir est soumis à l'**avis simple** de l'ABF dans les cas suivants (C. patr. art. L 632-2-1) :
>
> – antennes relais de radiotéléphonie mobile ou de diffusion du très haut débit par voie hertzienne et leurs systèmes d'accroche ainsi que leurs locaux et installations techniques ;
>
> – opérations sur des bâtiments utilisés comme habitations mais impropres à cet usage (CCH art. L 522-1, al. 2) ;
>
> – mesures prescrites par un arrêté de mise en sécurité ou de traitement de l'insalubrité prévoyant la démolition ou l'interdiction définitive d'habiter (CCH art. L 511-11).
>
> Le silence de l'ABF vaut avis favorable.

DÉCISION

17510 **Motifs de refus** Le permis de démolir peut être refusé ou n'être accordé que sous réserve de l'observation de prescriptions spéciales si les travaux envisagés sont de nature à compromettre la protection ou la mise en valeur du patrimoine bâti ou non bâti, du patrimoine archéologique, des quartiers, des monuments et des sites (C. urb. art. L 421-6, al. 2).

Le permis de démolir ne peut pas être refusé lorsque la démolition est le seul moyen de mettre fin à la ruine de l'immeuble (C. urb. art. L 451-2).

La décision refusant le permis de démolir ou imposant des prescriptions doit être motivée. Cette motivation doit indiquer l'intégralité des motifs justifiant la décision de rejet ou d'opposition (C. urb. art. L 424-3 et R 424-5).

17515 **Permis tacite** Les règles relatives aux permis tacites sont les mêmes qu'en matière de permis de construire. Nous en rappelons ici l'essentiel.

Si le demandeur ne reçoit pas notification d'une décision dans le délai d'instruction qui lui a été indiqué, le permis est réputé accordé. Toutefois, dans certains cas, le silence de l'autorité compétente vaut au contraire **refus implicite** du permis. Il en est ainsi, notamment, dans les situations suivantes (C. urb. art. R 424-2 ; Décrets 2014-1299 du 23-10-2014 et 2015-1461 du 10-11-2015) :

– démolition dans un site classé ou en instance de classement ou des réserves naturelles ;
– dossier faisant l'objet d'une évocation par le ministre chargé des sites ou du ministre chargé de la protection des réserves naturelles ;
– démolition d'un immeuble inscrit au titre des monuments historiques ;

– démolition d'un immeuble situé dans le cœur d'un parc national délimité ou dans un espace ayant vocation à être classé dans le cœur d'un futur parc national dont la création a été prise en considération ;
– démolition dans un site inscrit.

Le défaut de notification d'une décision expresse dans le délai d'instruction vaut également décision implicite de rejet lorsque la décision est soumise à l'**accord de l'ABF** et que celui-ci a notifié à l'autorité compétente, dans le délai qui lui était imparti, un avis défavorable ou un avis favorable assorti de prescriptions – et, en cas de recours de l'autorité compétente contre cet avis, que le préfet de région a rejeté ce recours (C. urb. art. R 424-3).

> **Précisions** Lorsqu'une demande de permis de construire dans un site inscrit porte à la fois sur une construction et sur une démolition (C. urb. art. L 451-1), le silence de l'administration fait naître un refus implicite d'autoriser tant la construction que la démolition (CE 12-2-2020 n° 421949, Ville de Paris : BPIM 2/20 inf. 97).

C. Mise en œuvre

AFFICHAGE SUR LE TERRAIN

17600 Le titulaire d'un permis de démolir, exprès ou tacite, doit procéder à un affichage sur son terrain dans les mêmes conditions que le titulaire d'un permis de construire.

En revanche, il n'y a pas lieu, lorsque les travaux sont entrepris, de souscrire une déclaration d'ouverture de chantier.

RÉALISATION DES TRAVAUX DE DÉMOLITION

17605 **Date à laquelle les travaux peuvent être entrepris** Le titulaire d'un permis de démolir, exprès ou tacite, ne peut pas procéder immédiatement à la démolition. Le **permis** ne devient **exécutoire** qu'au terme d'un délai de 15 jours (C. urb. art. L 424-9 et R 452-1).

Pour les **permis exprès** délivrés par le maire au nom de la commune ou par le président d'un EPCI, ce délai de 15 jours court à compter de la date à laquelle les deux formalités suivantes ont été accomplies : la notification du permis au demandeur et sa transmission au préfet. Pour les autres permis exprès, la notification au demandeur suffit à déclencher le délai, la transmission au préfet n'étant pas requise.

Pour les **permis tacites,** le délai de 15 jours court de la date à laquelle le permis de démolir est acquis (donc de l'expiration du délai, indiqué dans le récépissé de la demande et éventuellement modifié par la suite, dont l'autorité compétente disposait pour se prononcer).

> **Précisions** Le demandeur est mis en mesure de déterminer lui-même la date à laquelle il pourra procéder à la démolition. En effet, le permis doit indiquer les conditions dans lesquelles il devient exécutoire. Par ailleurs, si l'obligation de transmission du permis au préfet est applicable, la lettre de notification doit préciser la date à laquelle la transmission a été effectuée.

17610 **Plaques commémoratives** Lorsque le permis de démolir porte sur un immeuble ou une partie d'immeuble qui est le support d'une plaque commémorative, celle-ci est conservée par le maître d'ouvrage durant les travaux de démolition. À l'issue des travaux, le maître d'ouvrage doit réinstaller la plaque en un lieu visible de la chaussée (C. urb. art. L 451-3).

DURÉE DE VALIDITÉ

17615 Comme le permis de construire, le permis de démolir est **périmé** si les travaux ne sont pas entrepris dans le délai de 3 ans à compter de la notification du permis exprès ou de la naissance du permis tacite (C. urb. art. R 424-17). Il en serait de même si, passé ce délai, les travaux étaient interrompus pendant plus d'un an.

Le permis peut être **prorogé** deux fois pour une durée d'un an sur demande de l'intéressé (C. urb. art. R 424-21). La prorogation est réputée accordée si l'autorité compétente ne répond pas dans les 2 mois (C. urb. art. R 424-23).

> **Précisions** **a.** Si le commencement des travaux de démolition est subordonné à l'accomplissement d'une procédure au titre d'une autre législation, le délai de validité court à compter de la date à laquelle les travaux peuvent être entrepris en application de cette législation (C. urb. art. R 424-20).
> **b.** Si le permis est attaqué par un tiers devant le tribunal administratif, le délai de péremption est suspendu jusqu'au prononcé d'une décision de justice irrévocable (C. urb. art. R 424-19).

D. Contentieux et sanctions

17700 Le **délai de recours** contentieux court, pour le pétitionnaire attaquant un refus de permis de démolir, de la date à laquelle il a reçu notification de ce refus et, pour les tiers attaquant un permis, du premier jour d'une période continue de 2 mois d'affichage sur le terrain. Les règles sont identiques à celles examinées en matière de permis de construire (voir n° 16515 pour le pétitionnaire et n°s 16635 s. pour les tiers).

L'**obligation de notification** des recours, décrite n°s 16310 s., s'applique aux permis de démolir (C. urb. art. R 600-1). Il en est de même, en principe, de l'ensemble des règles applicables au contentieux des permis de construire (n°s 16270 s.).

17705 Au titre des infractions relatives à la législation des autorisations d'urbanisme figurent les **infractions au permis de démolir** : démolition effectuée sans permis alors qu'il est exigé, non-respect des prescriptions dont un permis de démolir est assorti. Des peines d'amende et, en cas de récidive, une peine d'emprisonnement de 6 mois sont prévues (C. urb. art. L 480-4).

> **› Précisions a.** Sur l'interruption des travaux ordonnée par le maire, voir n° 16875.
> **b.** L'article L 480-13 du Code de l'urbanisme (n° 16895) ne s'applique pas à la demande de reprise des travaux de démolition en cas de contestation du permis de démolir (Cass. 3e civ.18-6-1997 n° 95-18.735 : BPIM 6/97 inf. 369). Le juge judiciaire peut donc statuer sans poser une question préjudicielle au juge administratif.

SECTION 2 PERMIS D'AMÉNAGER

INTRODUCTION

17900 Le Code de l'urbanisme distingue, à côté des constructions et des démolitions, une troisième catégorie d'opérations dénommée « **aménagements** ». Cet ensemble regroupe :
- les lotissements ;
- l'aménagement des terrains de camping et des parcs résidentiels de loisirs ;
- des installations et travaux de toute nature affectant l'utilisation du sol.

Les aménagements sont, selon le cas, **dispensés de toute formalité** au titre du Code de l'urbanisme ou soumis soit à une **déclaration préalable** à laquelle l'administration peut s'opposer si le projet n'est pas conforme aux règles d'urbanisme, soit à l'obtention d'un **permis d'aménager.** Pour l'essentiel, les règles applicables au permis d'aménager et à la déclaration préalable relative aux aménagements sont celles qui ont été exposées à propos du permis de construire et de la déclaration relative aux constructions (voir n°s 13900 s.).

Dans certains cas, une **concertation** peut avoir lieu entre les habitants, associations locales et autres personnes concernées sur un projet d'aménagement. Cette concertation, initiée par l'autorité compétente pour statuer sur la demande de permis ou, avec l'accord de celle-ci, par le maître d'ouvrage, est préalable au dépôt de la demande de permis d'aménager (C. urb. art. L 300-2). Voir n° 25690.

Nous indiquerons ici dans quels cas un aménagement doit faire l'objet d'un permis d'aménager ou d'une déclaration et les pièces qui doivent être produites par le demandeur ou le déclarant. Nous rappellerons ensuite brièvement les principales règles relatives à l'instruction du dossier, à la décision et à sa mise en œuvre, en renvoyant pour les détails au chapitre sur le permis de construire.

> **› Précisions a.** Le lecteur trouvera un exposé systématique des règles applicables aux **terrains de camping** et aux parcs résidentiels de loisirs aux n°s 18600 s. et des règles applicables aux **lotissements** aux n°s 26300 s. La procédure d'obtention du permis d'aménager ou de déclaration préalable comporte, s'agissant de ces aménagements, certaines particularités qui sont traitées dans ces chapitres.
> **b.** En ce qui concerne la **taxe d'aménagement,** voir n°s 40150 s.

A. Champ d'application

La **règle de principe** est l'absence de formalités, sauf pour les opérations que des dispositions expresses soumettent soit à l'obtention d'un permis d'aménager (C. urb. art. R 421-19 à R 421-22), soit à une déclaration préalable (C. urb. art. R 421-23 à R 421-25). 17930

Dans certaines hypothèses concernant notamment des affouillements ou exhaussements du sol, des **autorisations** ou déclarations **prévues par d'autres législations** dispensent de permis d'aménager ou de déclaration préalable (voir n° 13765).

> **Précisions** Même dans le cas où ils relèvent de dispositions exigeant un permis d'aménager ou une déclaration préalable, sont dispensés de toute formalité au titre du Code de l'urbanisme les travaux, installations et aménagements soumis à des règles de protection du secret de la **défense nationale,** ou réalisés dans le cadre d'une opération sensible intéressant la défense nationale (C. défense art. L 2391-1) ou la sécurité nationale (CSI art. L 112-3) (C. urb. art. R 421-18-1).

1. TRAVAUX, INSTALLATIONS ET AMÉNAGEMENTS SOUMIS AU PERMIS D'AMÉNAGER

DISPOSITIONS GÉNÉRALES

Les opérations suivantes sont soumises à permis d'aménager (C. urb. art. R 421-19) : 17950

a. Lotissements prévoyant la création ou l'aménagement de voies, d'espaces ou d'équipements communs à plusieurs lots destinés à être bâtis et propres au lotissement, et dont la réalisation est à la charge du lotisseur, ou lotissements situés dans un site patrimonial remarquable, dans les abords d'un monument historique ou dans un site classé ou en instance de classement ;

b. Remembrements réalisés par une Aful comportant la réalisation de voies ou espaces communs ;

c. Création ou agrandissement d'un **terrain de camping** permettant l'accueil de plus de 20 personnes ou de plus de 6 hébergements de loisirs (tentes, caravanes, résidences mobiles de loisirs ou habitations légères de loisirs) ;

d. Création ou agrandissement d'un **parc résidentiel de loisirs** (C. urb. art. R 111-42) ou d'un **village de vacances** classé en hébergement léger (C. tourisme art. L 325-1) ;

e. Réaménagement d'un **terrain de camping** ou d'un parc résidentiel de loisirs existant, lorsque ce réaménagement a pour objet ou pour effet d'augmenter de plus de 10 % le nombre des emplacements ;

f. Travaux ayant pour effet, dans un **terrain de camping** ou un parc résidentiel de loisirs, de modifier substantiellement la végétation qui limite l'impact visuel des installations ;

g. Aménagement d'un terrain pour la pratique des **sports ou loisirs motorisés** ;

h. Aménagement d'un **parc d'attractions** ou d'une **aire de jeux et de sports** d'une superficie supérieure à 2 ha ;

i. Aménagement d'un **golf** d'une superficie supérieure à 25 ha ;

j. Aires de **stationnement** ouvertes au public, dépôts de véhicules et **garages collectifs de caravanes ou de résidences mobiles de loisirs,** lorsqu'ils sont susceptibles de contenir au moins 50 unités ;

k. À moins qu'ils ne soient nécessaires à l'exécution d'un permis de construire, **affouillements et exhaussements du sol** dont la hauteur ou la profondeur excède 2 m et qui portent sur une superficie supérieure ou égale à 2 ha ;

l. Aménagement de terrains bâtis ou non bâtis prévu à l'article L 444-1 du Code de l'urbanisme (voir n° 19260), destinés aux **aires d'accueil** et aux **terrains familiaux des gens du voyage,** permettant l'installation de plus de deux résidences mobiles constituant l'habitat permanent des gens du voyage ; ne sont pas concernées les « aires de grand passage » aménagées pour l'accueil temporaire lors de rassemblements traditionnels ou occasionnels, voir n° 19270, Précisions ;

m. Aménagement de terrains bâtis ou non bâtis pour permettre l'installation d'au moins deux **résidences démontables** créant une surface de plancher totale supérieure à 40 m² (C. urb. art. R 111-51) et constituant l'habitat permanent de leurs utilisateurs.

DISPOSITIONS PROPRES AUX SECTEURS PROTÉGÉS

17955 Dans les **sites patrimoniaux remarquables,** les **abords des monuments historiques,** les **sites classés** ou en instance de classement et les **réserves naturelles,** un permis d'aménager est en outre requis pour les opérations suivantes (C. urb. art. R 421-20) :

a. Aménagements mentionnés n° 17950, points h, i et j (parcs d'attractions, aires de jeux et de sports, golfs, aires de stationnement ouvertes au public, dépôts de véhicules et garages collectifs de caravanes ou de résidences mobiles de loisirs) quelle que soit leur importance ;

b. Affouillements et exhaussements du sol dont la hauteur ou la profondeur excède 2 m et portant sur une superficie supérieure ou égale à 100 m^2 ;

c. Création d'un espace public.

17960 En outre, dans les **sites patrimoniaux remarquables** et les **abords des monuments historiques,** la création d'une voie ou les travaux ayant pour effet de modifier les caractéristiques d'une voie existante doivent également être précédés de la délivrance d'un permis d'aménager (C. urb. art. R 421-21).

17965 Dans les **espaces sensibles du littoral** qui sont identifiés dans un document d'urbanisme comme devant être préservés en application de l'article L 121-23 du Code de l'urbanisme, les aménagements légers mentionnés à l'article R 121-5, 1°, 2°, 3° et 4° doivent être précédés de la délivrance d'un permis d'aménager (C. urb. art. R 421-22).

2. TRAVAUX, INSTALLATIONS ET AMÉNAGEMENTS SOUMIS À DÉCLARATION PRÉALABLE

DISPOSITIONS GÉNÉRALES

18000 Les travaux, installations et aménagements suivants doivent être précédés d'une déclaration préalable (C. urb. art. R 421-23) :

a. Lotissements autres que ceux qui sont soumis au permis d'aménager (voir n° 26600) ;

b. Divisions des propriétés foncières situées à l'intérieur des zones délimitées par le conseil municipal en application de l'article L 115-3 du Code de l'urbanisme, à l'exception des divisions opérées dans le cadre d'une opération d'aménagement autorisée, des divisions effectuées avant la clôture d'une opération d'aménagement foncier rural et des divisions résultant d'un bail rural consenti à des preneurs exerçant la profession agricole (voir n°s 27920 s.) ;

c. Aménagement ou mise à disposition des **campeurs,** de façon habituelle, de terrains ne nécessitant pas un permis d'aménager ;

d. Installation, en dehors des terrains aménagés ou sur un emplacement ayant fait l'objet d'une cession ou d'une location de longue durée (voir n° 18700), d'une **caravane** autre qu'une résidence mobile mentionnée au j ci-dessous, lorsque la durée de cette installation est supérieure à 3 mois par an (compte tenu de toutes les périodes de stationnement, consécutives ou non) ;

e. Aires de stationnement ouvertes au public, dépôts de véhicules et **garages collectifs** de caravanes, lorsqu'ils sont susceptibles de contenir de 10 à 49 unités ;

f. À moins qu'ils ne soient nécessaires à l'exécution d'un permis de construire, les **affouillements et exhaussements du sol** dont la hauteur ou la profondeur excède 2 m et qui portent sur une superficie supérieure ou égale à 100 m^2. Ce seuil de hauteur et de profondeur n'est pas une valeur moyenne mais une limite maximale que les affouillements et les exhaussements ne doivent jamais dépasser (CE 14-6-2012 n° 342445) ;

g. Coupes ou abattages d'arbres dans les bois, forêts ou parcs situés sur le territoire de communes où un PLU a été prescrit, ainsi que dans tout espace boisé classé en application de l'article L 113-1 du Code de l'urbanisme (voir cependant ci-dessous, Précisions) ;

h. Travaux ayant pour effet de modifier ou de supprimer un élément que le **PLU** ou un document d'urbanisme en tenant lieu a identifié comme présentant un **intérêt culturel, historique, architectural ou écologique** en application de l'article L 151-19 ou L 151-23 du Code de l'urbanisme ;

i. Travaux autres que ceux exécutés sur des constructions existantes ayant pour effet, dans une commune non couverte par un PLU, de modifier ou de supprimer un élément, qu'une délibération du **conseil municipal,** prise après enquête publique, a identifié comme présentant un **intérêt patrimonial, paysager ou écologique** en application de l'article L 111-22 du Code de l'urbanisme ;

j. Installation d'une **résidence mobile** visée par l'article 1er de la loi 2000-614 du 5 juillet 2000 relative à l'accueil et à l'habitat des gens du voyage, constituant l'habitat permanent des gens du voyage, lorsque cette installation dure plus de 3 mois consécutifs ;

k. Aménagement de terrains bâtis ou non bâtis prévu à l'article L 444-1 du Code de l'urbanisme, destinés aux **aires d'accueil** et aux **terrains familiaux des gens du voyage,** ne nécessitant pas un permis d'aménager (voir nº 17950) ;

l. Aménagement de terrains bâtis ou non bâtis pour permettre l'installation de plusieurs **résidences démontables** définies à l'article R 111-51 du Code de l'urbanisme, créant une surface de plancher totale inférieure ou égale à 40 m², constituant l'habitat permanent de leurs occupants et ne nécessitant pas un permis d'aménager (voir nº 17950).

› Précisions **a.** La délibération prescrivant l'élaboration d'un PLU peut soumettre à déclaration préalable les coupes ou abattages d'**arbres isolés**, de haies ou de réseaux de haies et de plantations d'alignement, sur tout ou partie du territoire couvert par le plan (C. urb. art. L 113-2, dernier al.). Cette possibilité n'est pas prévue pour les coupes ou abattages d'arbres non isolés.

b. Par exception au g ou, dans les espaces boisés identifiés comme présentant un intérêt culturel, historique, architectural ou écologique, par exception au h, une déclaration préalable n'est pas requise pour les **coupes et abattages** (C. urb. art. R 421-23-2 dans sa rédaction issue du décret 2024-295 du 29-3-2024) :

– lorsque le propriétaire procède à l'enlèvement des arbres dangereux, des chablis et des bois morts ;

– lorsqu'il est fait application du régime forestier ;

– lorsqu'il est fait application d'un plan simple de gestion agréé, d'un règlement type de gestion approuvé ou d'un programme des coupes et travaux d'un adhérent au code des bonnes pratiques sylvicoles agréé ;

– lorsque les coupes entrent dans le cadre d'une autorisation par catégories définies par arrêté préfectoral, après avis du Centre national de la propriété forestière ;

– lorsque les coupes et abattages sont nécessaires à la mise en œuvre d'une obligation légale de débroussaillement prévue par le Code forestier relatives à la gestion des bois et forêts des particuliers.

c. La demande d'**autorisation de défrichement** (C. for. art. L 312-1 s.), dans les cas prévus à l'alinéa 3 de l'article L 113-2 du Code de l'urbanisme, vaut déclaration préalable de coupe ou d'abattage d'arbres au titre de cet article.

DISPOSITIONS PROPRES AUX SECTEURS PROTÉGÉS

Dans les **sites patrimoniaux remarquables** et les **abords des monuments historiques,** les travaux, à l'exception des travaux d'entretien ou de réparations ordinaires, ayant pour effet de modifier l'aménagement des abords d'un bâtiment existant doivent être précédés d'une déclaration préalable (C. urb. art. R 421-24). **18005**

Dans les **sites patrimoniaux remarquables,** les **abords des monuments historiques,** les **sites classés** ou en instance de classement et les **réserves naturelles,** doivent être précédées d'une déclaration l'installation de mobilier urbain ou d'œuvres d'art, les modifications des voies ou espaces publics et les plantations qui sont effectuées sur ces voies ou espaces (C. urb. art. R 421-25). Une exception est faite pour les travaux d'entretien ou de réparations ordinaires et les travaux imposés par les réglementations applicables en matière de sécurité.

ILLUSTRATIONS

Relèvent de la déclaration préalable les travaux effectués en vue d'une opération de fouilles d'archéologie préventive préalable à la mise en œuvre d'un projet de construction, consistant à abattre la quasi-totalité des arbres présents sur une parcelle auparavant à usage de parc de stationnement et à décaper le bitume ; ayant pour effet de modifier l'aménagement des espaces non bâtis autour des bâtiments existants, ils ne peuvent pas être regardés comme des **travaux d'entretien** ou de **réparations ordinaires,** alors même que l'abattage de certains arbres pouvait être justifié par des raisons de sécurité (CAA Nantes 18-1-2022 nº 19NT04955 : BPIM 2/22 inf. 404).

B. Présentation des demandes et déclarations

Les demandes de permis d'aménager et les déclarations préalables relatives à des aménagements sont soumises aux mêmes règles que les demandes de permis de construire et les déclarations relatives à des constructions (voir nos 14050 s.). La seule différence tient au contenu du dossier qui doit être joint à la demande ou à la déclaration. Les demandes de permis ou les déclarations préalables peuvent être adressées ou déposées sous forme papier à la mairie, qui délivre un récépissé. Elles peuvent également être déposées par voie électronique. Elles doivent l'être quand elles émanent d'une personne morale dans les communes de plus de 3 500 habitants. **18100**

1. DEMANDE DE PERMIS D'AMÉNAGER

18120 La demande de permis d'aménager est établie sur le **formulaire** Cerfa 16297 (C. urb. art. A 441-4). Elle doit être accompagnée d'un ensemble de pièces récapitulées dans un **bordereau** (C. urb. art. A 441-5).

Aucune autre **information** ou **pièce** que celles prévues par les dispositions applicables ne peut être exigée par l'administration (C. urb. art. R 441-8-2). Si le dossier est incomplet, l'administration dispose d'un délai d'un mois pour réclamer les éléments manquants.

La demande de **modification** d'un permis d'aménager en cours de validité ou de régularisation et la demande de **transfert** d'un permis d'aménager en cours de validité sont établies, respectivement, sur les formulaires Cerfa 16700 et Cerfa 16701 (C. urb. art. A 441-7 et A 441-8 dans leur rédaction issue de l'arrêté LRUL2418037A du 18-10-2024).

DOSSIER DE DEMANDE DE PERMIS D'AMÉNAGER

18125 La demande, qui peut ne porter que sur une partie d'une unité foncière, doit comporter les **éléments suivants** (C. urb. art. R 441-1) :

– identité du ou des demandeurs, qui comprend son numéro Siret lorsqu'il s'agit d'une personne morale et sa date de naissance lorsqu'il s'agit d'une personne physique ;

– attestation du ou des demandeurs qu'ils remplissent les conditions pour déposer une demande de permis (voir n° 14090) ;

– localisation et superficie du ou des terrains à aménager ;

– nature des travaux ;

– s'il y a lieu, indication que les travaux portent sur une installation, un ouvrage, des travaux ou une activité soumis à déclaration au titre de la loi sur l'eau (C. envir. art. L 214-1 s.) ;

– s'il y a lieu, indication que les travaux portent sur un projet soumis à autorisation environnementale (C. envir. art. L 181-1) ;

– s'il y a lieu, indication que les travaux doivent faire l'objet d'une dérogation au titre de la préservation du patrimoine naturel (C. envir. art. L 411-2, 4°) ;

– s'il y a lieu, indication que les travaux portent sur un projet situé dans un site patrimonial remarquable ou aux abords d'un monument historique pour lequel l'ABF n'est pas appelé à donner son accord mais à émettre un avis (C. patr. art. L 632-2-1) ;

– s'il y a lieu, indication des demandes d'autorisation et déclarations dont le projet a déjà fait l'objet au titre d'une autre législation que le Code de l'urbanisme ;

– s'il y a lieu, indication que le projet est soumis à l'obligation de raccordement à un réseau de chaleur ou de froid (C. énergie art. L 712-3).

– s'il y a lieu, indication que les travaux portent sur un projet visé n°s 678 s. et soumis à l'obligation de réaliser des dispositifs écologiques (CCH art. L 171-4) ;

Le dossier joint à la demande doit toujours comprendre, outre un **plan de situation,** un **projet d'aménagement** (C. urb. art. R 441-2). Ce projet d'aménagement se compose d'une notice et de plans.

18130 **Notice du projet d'aménagement** Cette notice précise l'état initial du terrain (en indiquant s'il y a lieu les constructions, la végétation et les éléments paysagers existants) et les partis retenus pour assurer l'insertion du projet dans son environnement et la prise en compte des paysages, faisant apparaître, en fonction des caractéristiques du projet (C. urb. art. R 441-3) :

– l'aménagement du terrain, en indiquant ce qui est modifié ou supprimé ;

– la composition et l'organisation du projet, la prise en compte des constructions ou paysages avoisinants, le traitement minéral et végétal des voies et espaces publics et collectifs et les solutions retenues pour le stationnement des véhicules ;

– l'organisation et l'aménagement des accès au projet ;

– le traitement des parties du terrain situées en limite du projet ;

– les équipements à usage collectif et notamment ceux liés à la collecte des déchets.

Si le projet porte sur des aménagements extérieurs dans un **site patrimonial remarquable** ou les **abords des monuments historiques,** ou si les travaux doivent être réalisés dans **le cœur d'un parc national** la notice du projet d'aménagement doit indiquer les matériaux utilisés et les modalités d'exécution des travaux (C. urb. art. R 441-8 et R 441-8-1).

18135 **Plans du projet d'aménagement** Ils sont au nombre de deux (C. urb. art. R 441-4) :

– un plan de l'état actuel du terrain à aménager et de ses abords, faisant apparaître les constructions et les plantations existantes, les équipements publics qui desservent le terrain,

ainsi que, dans le cas où la demande ne concerne pas la totalité de l'unité foncière, la partie de celle-ci qui n'est pas incluse dans le projet d'aménagement ;
– un plan coté dans les trois dimensions faisant apparaître la composition d'ensemble du projet et les plantations à conserver ou à créer.

Autres pièces Lorsque le projet d'aménagement fait l'objet d'une convention de **projet urbain partenarial** ou est situé dans un périmètre de projet urbain partenarial (C. urb. art. L 332-11-3), la demande est accompagnée d'un extrait de la convention précisant le lieu du projet urbain partenarial et la durée de l'exonération de la taxe d'aménagement (C. urb. art. R 441-4-1). **18140**

Si le projet est soumis à **évaluation environnementale,** le dossier comprend selon le cas (C. urb. art. R 441-5) :
– l'étude d'impact ou la décision de l'autorité chargée de l'examen au cas par cas dispensant le projet d'évaluation environnementale ; l'autorité compétente pour délivrer le permis vérifiera que le projet est conforme aux mesures et caractéristiques qui ont justifié la dispense d'évaluation ;
– le cas échéant, l'étude d'impact actualisée (C. envir. art. L 122-1-1, III) ainsi que les avis rendus sur cette étude actualisée par l'autorité environnementale compétente et les collectivités territoriales et leurs groupements intéressés par le projet.

Lorsque la demande porte sur l'aménagement d'un terrain en vue de l'installation de **résidences démontables,** constituant l'habitat permanent de leurs utilisateurs et disposant d'équipements non raccordés aux réseaux publics, doit être jointe au dossier une attestation permettant de s'assurer du respect des règles d'hygiène et de sécurité, notamment de sécurité contre les incendies, ainsi que des conditions dans lesquelles sont satisfaits les besoins des occupants en eau, assainissement et électricité ; cette attestation est fournie sous la responsabilité du demandeur (C. urb. art. R 441-6-1).

De même, si une **autorisation de défrichement** est requise, la copie de la lettre par laquelle le préfet fait connaître au demandeur que son dossier de demande d'autorisation de défrichement est complet doit figurer au dossier ; cette lettre doit préciser si le défrichement est ou non soumis à reconnaissance de la situation et de l'état des terrains et si la demande doit ou non faire l'objet d'une enquête publique (C. urb. art. R 441-7).

Si le projet porte sur le cœur d'un **parc national,** doivent être jointes au dossier les pièces mentionnées à l'article R 331-19, II du Code de l'environnement (C. urb. art. R 441-8-1).

Lorsque le projet d'aménagement ne prévoit pas l'édification, par l'aménageur, de constructions à l'intérieur du périmètre, la demande de permis d'aménager est, le cas échéant, complétée par l'évaluation des incidences du projet sur un **site Natura 2000** (sauf si l'étude d'impact du projet en tient lieu) et l'attestation de la conformité du projet d'installation d'assainissement non collectif avec les normes applicables dans le cas où le projet est accompagné de la réalisation ou de la réhabilitation d'un telle installation (C. urb. art. R 441-6, al. 3 à 5).

Lorsque les travaux projetés sont situés sur un terrain ayant accueilli une **installation classée mise à l'arrêt définitif** (C. envir. art. L 556-1), le demandeur doit joindre au dossier, sous son entière responsabilité, un document établi par un bureau d'études certifié dans le domaine des sites et sols pollués attestant que les mesures de gestion de la pollution au regard du nouvel usage du terrain ont été mises en œuvre (C. urb. art. R 441-8-3).

Lorsque les travaux portent sur un projet visé n° 678 et soumis à l'obligation de réaliser des **dispositifs écologiques** (CCH art. L 171-4, II), le demandeur doit joindre au dossier l'attestation, éventuellement accompagnée de pièces justificatives, faisant état du projet d'installation d'un de ces dispositifs ou justifiant d'une exception lui permettant de s'y soustraire (C. urb. R 441-8-4).

DEMANDE PORTANT À LA FOIS SUR UN AMÉNAGEMENT ET SUR UNE DÉMOLITION OU UNE CONSTRUCTION

Démolition Si les travaux d'aménagement impliquent la démolition de constructions dans un secteur où le permis de démolir est obligatoire, la demande de permis d'aménager peut porter à la fois sur l'aménagement et sur la démolition (C. urb. art. L 441-1). S'il est délivré, le permis d'aménager autorisera la démolition (C. urb. art. L 441-3). **18145**

Si la demande ne porte pas à la fois sur l'aménagement et la démolition, elle doit être accompagnée de la justification du dépôt de la demande de permis de démolir (C. urb. art. R 431-21).

Construction Si les travaux d'aménagement impliquent, de façon accessoire, la réalisation par l'aménageur de constructions et d'installations diverses, la demande de permis d'aménager peut porter à la fois sur l'aménagement et sur la construction (C. urb. art. L 441-2, al. 1). **18150**

Dans ce cas, la notice du projet d'aménagement doit comporter un ensemble d'éléments relatifs à la construction (voir ci-après). Par ailleurs, la demande de permis d'aménager ne peut être instruite que si l'aménageur a fait appel à un architecte, à moins qu'il n'en soit dispensé eu égard à sa qualité et aux caractéristiques du projet (C. urb. art. L 441-2, al. 2). S'il est délivré, le permis d'aménager autorisera la construction (C. urb. art. L 441-3).

18155 Si le projet prévoit la réalisation par l'aménageur de constructions à l'intérieur du périmètre, la **notice du projet d'aménagement** doit indiquer (C. urb. art. R 441-6) :
– l'implantation, l'organisation, la composition et le volume des constructions nouvelles, notamment par rapport aux constructions ou paysages avoisinants ;
– le traitement des constructions, clôtures, végétations ou aménagements situés en limite de terrain ;
– les matériaux et les couleurs des constructions.
Ces pièces sont fournies sous l'entière responsabilité des demandeurs.

18160 Il faut par ailleurs joindre au dossier certains des documents qui doivent figurer dans le **projet architectural** accompagnant une demande de permis de construire (C. urb. art. R 441-6) :
– plan de masse coté dans les trois dimensions des constructions à édifier, faisant apparaître divers éléments architecturaux ;
– plan des façades et des toitures (état initial et état futur) ;
– plan en coupe précisant l'implantation de la construction par rapport au profil du terrain (état initial et état futur) ;
– si le projet porte sur des travaux exécutés à l'intérieur d'un bâtiment situé dans un secteur sauvegardé et modifiant la structure du bâtiment ou la composition des volumes existants, ou sur des travaux exécutés à l'intérieur d'un immeuble inscrit au titre des monuments historiques et ne présentant pas le caractère de travaux d'entretien ou de réparations ordinaires, un document graphique faisant apparaître l'état initial et l'état futur de chacune des parties du bâtiment faisant l'objet des travaux.
Ces pièces sont fournies sous l'entière responsabilité des demandeurs.

18165 Enfin, le cas échéant, le dossier devra comprendre les **pièces complémentaires** exigées par les articles R 431-13 à R 431-33-1 du Code de l'urbanisme afin de vérifier que le projet de construction répond aux conditions de fond applicables eu égard à la situation ou à la nature des travaux et que les formalités exigées par le Code de l'urbanisme ou une autre législation ont bien été accomplies (voir n°s 14195 s.).

DEMANDE CONCERNANT UN LOTISSEMENT, UN CAMPING OU UN PRL

18170 Si la demande porte sur un lotissement ou sur un terrain destiné à l'hébergement touristique (camping, parc résidentiel de loisirs), des éléments supplémentaires doivent figurer dans le dossier de demande. La liste de ces pièces est indiquée n°s 18875 s. pour les campings et PRL et n°s 26650 s. pour les lotissements.

2. DÉCLARATION PRÉALABLE

18200 La déclaration préalable portant sur un projet d'aménagement est établie sur le **formulaire** Cerfa 16703 (C. urb. art. A 441-1 dans sa rédaction issue de l'arrêté LRUL2418037A du 18-10-2024). La demande de modification d'une déclaration préalable en cours de validité ou de régularisation et la demande de transfert d'une déclaration préalable sont établies, respectivement sur les formulaires Cerfa 16700 et Cerfa 16701 (C. urb. art. A 431-3-1 et A 431-3-2 dans leur rédaction issue de l'arrêté LRUL2418037A du 18-10-2024). La déclaration doit comporter les éléments suivants (C. urb. art. R 441-9) :
– identité du ou des déclarants, qui comprend son numéro Siret lorsqu'il s'agit d'une personne morale et sa date de naissance lorsqu'il s'agit d'une personne physique ;
– attestation du ou des demandeurs qu'ils remplissent les conditions pour déposer une déclaration ou une demande de permis ;
– localisation et superficie du ou des terrains à aménager (la demande peut porter sur une fraction d'unité foncière) ;
– nature des travaux ;
– s'il y a lieu, indication que les travaux portent sur une installation, un ouvrage, des travaux ou une activité soumis à déclaration au titre de la loi sur l'eau (C. env. art. L 214-1 s.) ;
– s'il y a lieu, indication que les travaux portent sur un projet soumis à autorisation environnementale (C. envir. art. L 181-1) ;

– s'il y a lieu, indication que les travaux doivent faire l'objet d'une dérogation au titre de la préservation du patrimoine naturel (C. envir. art. L 411-2, 4°) ;
– s'il y a lieu, indication que les travaux portent sur un projet situé dans un site patrimonial remarquable ou aux abords d'un monument historique pour lequel l'ABF n'est pas appelé à donner son accord mais à émettre un avis (C. patr. art. L 632-2-1) ;
– s'il y a lieu, indication des demandes d'autorisation et déclarations dont le projet a déjà fait l'objet au titre d'une autre législation que le Code de l'urbanisme.
– s'il y a lieu, indication que les travaux portent sur un projet visé nos 678 s. et soumis à l'obligation de réaliser des dispositifs écologiques (CCH art. L 171-4) ;

Le **dossier** joint doit toujours comprendre (C. urb. art. R 441-10) : **18205**
– un **plan de situation** ;
– un **plan sommaire des lieux** indiquant les bâtiments de toute nature existant sur le terrain ;
– un croquis et un plan coté dans les trois dimensions de l'aménagement faisant apparaître, s'il y a lieu, la ou les **divisions projetées.**

En fonction de la nature du projet, le dossier doit être complété par :
– si le projet fait l'objet d'une **convention de projet urbain partenarial** ou s'il est situé dans un périmètre de projet urbain partenarial (C. urb. art. L 332-11-3), un extrait de la convention précisant le lieu du projet urbain partenarial et la durée de l'exonération de la taxe d'aménagement (C. urb. art. R 441-4-1) ;
– si le projet est soumis à **évaluation environnementale,** l'étude d'impact ou la dispense d'évaluation environnementale et, le cas échéant, l'étude d'impact actualisée ; voir n° 18140 ;
– si le projet est susceptible d'affecter un **site Natura 2000,** l'évaluation des incidences du projet sur ce site Natura 2000 (sauf si l'étude d'impact du projet en tient lieu) (C. urb. art. R 441-6, a) ;
– si le projet porte sur l'aménagement d'un terrain pour y installer des **résidences démontables** constituant l'habitat permanent de leurs utilisateurs et disposant d'équipements non raccordés aux réseaux publics, une attestation permettant de s'assurer du respect des règles d'hygiène et de sécurité, notamment de sécurité contre les incendies, ainsi que des conditions dans lesquelles sont satisfaits les besoins des occupants en eau, assainissement et électricité (C. urb. art. R 441-6-1) ;
– la copie de l'accusé de réception d'un dossier complet de demande d'autorisation de **défrichement,** si cette autorisation est requise par le Code forestier (C. urb. art. R 441-7) ; sur ce point, voir n° 18140 ;
– si le projet porte sur des aménagements extérieurs dans un **site patrimonial remarquable** ou dans les **abords des monuments historiques** ou si les travaux doivent être réalisés dans le cœur d'un **parc national,** un document indiquant les matériaux utilisés et les modalités d'exécution des travaux (C. urb. art. R 441-8 et R 441-8-1) ; dans le cœur d'un parc national, sont également requises les pièces complémentaires mentionnées à l'article R 331-19, II du Code de l'environnement ;
– lorsque les travaux portent sur un projet visé n° 678 et soumis à l'obligation de réaliser des **dispositifs écologiques** (CCH art. L 171-4, II), le demandeur doit joindre au dossier l'attestation, éventuellement accompagnée de pièces justificatives, faisant état du projet d'installation d'un de ces dispositifs ou justifiant d'une exception lui permettant de s'y soustraire (CCH art. R 441-8-4 sur renvoi de R 441-10) ;
– si le projet concerne la subdivision d'un lot d'un **lotissement** intervenant dans la limite du nombre maximum de lots autorisés (C. urb. art. R 442-21, b), une attestation d'accord du lotisseur.

C. Instruction et décision

Une fois le dossier déposé, l'instruction est menée et la décision est prise dans les conditions déjà exposées à propos du permis de construire. **18300**

L'**autorité compétente** pour instruire le dossier et prendre la décision (refus ou délivrance du permis d'aménager, opposition ou non-opposition à la déclaration) est la même qu'en matière de permis de construire et de démolir (voir nos 13900 s.).

> **Précisions** Lorsqu'une **demande de permis** d'aménager est déposée **pour un projet relevant d'une déclaration préalable,** l'autorité compétente doit instruire l'affaire conformément aux dispositions relatives à la déclaration préalable. Elle ne peut pas rejeter la demande au motif qu'un permis n'est pas requis (CAA Douai 21-2-2012 n° 10DA01593, Min. écologie : BPIM 2/12 inf. 107).

DÉLAI D'INSTRUCTION

18305 Le délai d'instruction est de 3 mois pour les **permis d'aménager** et d'un mois pour les **déclarations** (C. urb. art. R 423-23). Comme pour le permis de construire, ce délai, qui doit être indiqué dans le récépissé de la demande, peut être majoré dans certains cas, en fonction des consultations requises, mais le demandeur doit en être informé dans le mois qui suit le dépôt de la demande ou déclaration. Passé ce délai, demeurent seules possibles certaines prorogations exceptionnelles. Sur l'ensemble de la question, voir n°s 14465 s.

CONSULTATIONS ET ACCORDS

18310 L'autorité compétente doit procéder, en **fonction de la nature et de la localisation du projet,** à diverses consultations (voir n°s 14565 s.). La personne ou l'organisme consulté dispose d'un certain délai pour répondre et son silence vaut généralement avis favorable.

Dans certaines hypothèses où l'opération est soumise à autorisation par une **autre législation,** l'autorité compétente en vertu du Code de l'urbanisme pour statuer sur la demande de permis d'aménager ou la déclaration préalable doit recueillir l'accord d'une autorité désignée par cette législation. Si elle n'obtient pas cet accord, elle doit refuser le permis ou s'opposer à la déclaration préalable (voir n° 13760). Dans d'autres hypothèses, l'accord est la condition pour que le permis d'aménager ou la décision de non-opposition vaille autorisation au titre de l'autre législation (voir n° 13755 précisions).

> **Précisions** Si la réalisation des travaux exige une **autorisation de défrichement,** le permis d'aménager ne peut pas être délivré avant l'obtention de cette autorisation (C. urb. art. L 425-6). Par dérogation, lorsqu'une autorisation de défrichement est incluse dans une autorisation environnementale, le permis d'aménager peut être délivré avant cette autorisation environnementale mais il ne peut être mis en œuvre qu'après sa délivrance (C. envir. art. L 181-29 et L 181-30).

DÉCISIONS TACITES

18315 Si l'intéressé n'a pas reçu notification d'une décision dans le délai d'instruction, l'autorité compétente est, sauf exceptions, réputée avoir délivré le permis ou ne pas s'être opposée à la déclaration. Le permis tacite ou la décision tacite de non-opposition à la déclaration préalable peut faire l'objet d'un retrait pour illégalité dans un délai de 3 mois (voir n° 15300).

DÉLAI DE VALIDITÉ

18320 Exprès ou tacite, le permis d'aménager ou la décision de non-opposition doit faire l'objet d'un **affichage** sur le terrain (voir n° 15840). Le début des travaux doit donner lieu à une déclaration d'**ouverture de chantier,** leur achèvement à une **déclaration d'achèvement** (n°s 15950 s.).

À peine de **péremption,** les travaux doivent être réalisés dans un délai de 3 ans et ne pas être interrompus pendant plus d'un an (C. urb. art. R 424-17). Le permis (ou la décision de non-opposition) peut toutefois être prorogé deux fois pour une durée d'un an sur demande de son bénéficiaire si les prescriptions d'urbanisme et les servitudes administratives de tous ordres auxquelles est soumis le projet n'ont pas évolué de façon défavorable à son égard (C. urb. art. R 424-21, al. 1). Lorsqu'une **déclaration** porte sur une division de terrain (ou lorsque la déclaration ne comporte pas de travaux et porte sur l'installation d'une caravane ou la mise à disposition d'un terrain pour des campeurs), le délai de péremption de la décision de non-opposition est de 3 ans à compter de la naissance de la décision de non-opposition (C. urb. art. R 424-18).

> **Précisions** À peine de péremption, les travaux doivent être réalisés dans un délai de 3 ans et ne pas être interrompus pendant plus de 2 ans (et non un an) quand le projet vise à satisfaire aux exigences écologiques requises en matière **parcs de stationnement** (C. urb. art. R 424-17-1, renvoyant à C. urb. art. L 111-19-1).

D. Contentieux

18400 Le **permis d'aménager** ou la **décision de non-opposition** peut faire l'objet d'un recours contentieux de la part des tiers devant le tribunal administratif dans les 2 mois qui suivent le premier jour d'une période continue de 2 mois d'affichage sur le terrain (voir n°s 16635 s.). Un recours administratif exercé dans ce délai a pour effet de le proroger. Le délai de recours expire au plus tard un an après l'achèvement des travaux : le permis (ou la décision de non-opposition) qui n'a pas été attaqué avant cette date devient définitif alors même qu'il n'aurait pas été régulièrement affiché sur le terrain.

Le recours contentieux et le cas échéant le recours administratif préalable doivent être notifiés par le requérant à l'auteur et au bénéficiaire de la décision dans les 15 jours de leur présentation (nos 16310 s.). En cas de recours, le délai de péremption du permis ou de la déclaration de non-opposition est suspendu (no 15195).

Quant aux **décisions défavorables** (refus du permis, opposition à la déclaration), elles peuvent être attaquées par le demandeur ou le déclarant dans les 2 mois qui suivent la date à laquelle il en a eu notification.

Sont applicables, en principe, au contentieux des permis d'aménager l'ensemble des règles relatives au contentieux des permis de construire (nos 16270 s.).

SECTION 3

CAMPING, CARAVANES, RÉSIDENCES MOBILES ET HABITATIONS LÉGÈRES DE LOISIRS

Nous nous placerons d'abord du point de vue des personnes qui pratiquent le camping, possèdent une caravane ou une résidence mobile de loisirs ou entendent acquérir une habitation légère de loisirs, en présentant les dispositions qui régissent leur installation dans leurs lieux de villégiature. **18600**

Nous aborderons ensuite les règles qui s'imposent aux exploitants de terrains aménagés (terrains de camping, parcs résidentiels de loisirs destinés à recevoir des habitations légères de loisirs) et les dispositions applicables aux terrains accueillant des gens du voyage.

Enfin, nous traiterons les aspects fiscaux de ces différentes formes d'hébergement.

A. Pratique du camping et installation de l'habitat de loisirs

Un décret en Conseil d'État précise les conditions dans lesquelles peuvent être installées ou implantées les caravanes, résidences mobiles de loisirs (RML) et habitations légères de loisirs (HLL) et détermine les catégories de terrains aménagés sur lesquels les RML et les HLL peuvent être installées ou implantées (C. urb. art. L 111-25). Les règles relatives à la pratique du camping et à l'installation de l'habitat de loisirs figurent parmi les règles générales d'urbanisme (C. urb. art. R 111-31 à R 111-50). Ces dispositions ne sont applicables ni sur les foires, marchés, voies et places publiques, ni sur les aires de stationnement des gens du voyage (C. urb. art. R 111-31). **18630**

1. CAMPING

Il n'existe pas de **définition** officielle du camping. Est réputé campeur, selon un arrêté de 1952, celui qui, muni d'un équipement permettant d'accomplir les actes essentiels à la vie quotidienne, utilise temporairement un abri transportable établi provisoirement sur les propriétés publiques ou privées. **18650**

En principe, le camping est **librement pratiqué,** hors de l'emprise des routes et voies publiques, avec l'accord de celui qui a la jouissance du sol, sous réserve, le cas échéant, de l'opposition du propriétaire (C. urb. art. R 111-32 ; C. tourisme art. R 331-1). Mais des restrictions à cette pratique peuvent être édictées en vertu de règles nationales ou locales.

INTERDICTIONS DE PORTÉE NATIONALE DE LA PRATIQUE DU CAMPING

18655 Sauf dérogation, le camping pratiqué isolément ainsi que la création de terrains de camping sont interdits (C. urb. art. R 111-33) :

a. Sur les rivages de la mer et dans les sites inscrits ;

b. Dans les sites classés ou en instance de classement ;

c. Dans les sites patrimoniaux remarquables et dans les abords des monuments historiques ;

d. Dans un rayon de 200 m autour des points d'eau captée pour la consommation, sans préjudice des dispositions relatives aux périmètres de protection délimités en application de l'article L 1321-2 du Code de la santé publique.

› Précisions **a.** Les **rivages de la mer** s'entendent au sens juridique du terme (« bande de terrain alternativement couverte et découverte par les flots ») et correspondent aux dépendances du domaine public maritime.

b. Les **dérogations** sont décidées par l'autorité compétente pour délivrer les permis de construire et les autres autorisations d'urbanisme, après avis, selon le cas, de l'architecte des Bâtiments de France, de la commission départementale de la nature, des paysages et des sites ou du conseil départemental de l'environnement et des risques sanitaires et technologiques.

c. Dans les **parcs naturels** nationaux ou régionaux et dans les **réserves naturelles,** la circulation du public et toute action susceptible de contrarier la finalité du parc ou de la réserve sont réglementées (C. envir. art. L 331-4-1 et L 332-3). Le camping peut ainsi être interdit ou soumis à autorisation spéciale.

d. Dans les forêts classées comme **forêts de protection,** il est interdit de camper en dehors des zones prévues à cet effet (C. for. art. R 141-18 et R 163-11).

INTERDICTIONS LOCALES DE LA PRATIQUE DU CAMPING

18660 La pratique du camping en dehors des terrains aménagés à cet effet peut être interdite dans certaines zones par le **plan local d'urbanisme** ou le document d'urbanisme en tenant lieu (CE sect. 13-5-1994 n° 112758, Cne de La Tranche-sur-Mer : Lebon p. 240).

L'interdiction peut également résulter d'un **arrêté du maire.** Un tel arrêté peut intervenir si la pratique du camping est de nature à porter atteinte à la salubrité, à la sécurité ou à la tranquillité publiques, aux paysages naturels ou urbains, à la conservation des perspectives monumentales, à la conservation des milieux naturels ou à l'exercice des activités agricoles et forestières (C. urb. art. R 111-34, al. 1).

Les **interdictions** édictées localement, qu'elles résultent du PLU ou d'un arrêté municipal, ne sont **opposables** que si elles ont été portées à la connaissance du public par **affichage** en mairie et par apposition de panneaux aux points d'accès habituels aux zones visées par ces interdictions (C. urb. art. R 111-34, al. 2).

› Précisions **a.** Les interdictions de camping dans les **terrains boisés, bois, forêts,** prises par le préfet en vertu du décret du 7 février 1959 (aujourd'hui abrogé) continuent à produire effet, jusqu'à nouvelle décision du maire, désormais compétent.

b. Dans les **communes littorales,** l'aménagement et l'ouverture de terrains de camping ou de stationnement de caravanes en dehors des espaces urbanisés sont subordonnés à la délimitation de secteurs prévus à cet effet par le PLU (C. urb. art. L 121-9). Le PLU ne peut pas autoriser l'aménagement de terrains qui ne sont pas en continuité avec une zone urbanisée, à moins qu'ils ne forment un hameau nouveau intégré à l'environnement (CE 16-12-2016 n° 389079, Cne du Pénestin : BPIM 1/17 inf. 8).

2. CARAVANES

DÉFINITION DES CARAVANES

18690 Sont des caravanes les véhicules terrestres habitables qui sont destinés à une occupation temporaire ou saisonnière à usage de loisirs, qui conservent en permanence des moyens de mobilité leur permettant de se déplacer par eux-mêmes ou d'être déplacés par traction et que le Code de la route n'interdit pas de faire circuler (C. urb. art. R 111-47).

› Précisions **a.** Le critère relatif au Code de la route permet de distinguer les caravanes des **résidences mobiles de loisirs** qui peuvent être tractées mais dont le Code de la route interdit la circulation (voir n° 18730).

b. Les « **moyens de mobilité** » s'entendent des roues munies de pneumatiques, d'un moyen de remorquage et des dispositifs réglementaires de freinage et de signalisation. Par ailleurs, la caravane ne doit comporter aucun aménagement extérieur de nature à la fixer durablement au sol, qui la priverait de la possibilité d'être déplacée dans un temps limité (Rép. Pistre : AN 26-4-1982 n° 8958).

© Éd. Francis Lefebvre

Une circulaire du 29 février 1988 précise la notion de « moyen de mobilité » pour la classification des résidences mobiles.

c. Les caravanes visées par l'article R 111-47 du Code de l'urbanisme sont « à **usage de loisirs** ». Les règles relatives à leur installation ne concernent donc pas les caravanes à usage professionnel ou celles qui constituent l'habitat permanent de leurs occupants.

d. Sur l'assujettissement des caravanes et habitations légères de loisirs à la **taxe d'habitation,** voir n° 19350.

e. Sur le **raccordement aux réseaux** d'une « caravane » ayant perdu ses moyens de mobilité, voir n° 16925.

f. Les **camping-cars** répondent à la définition de la caravane donnée par le Code de l'urbanisme et sont donc soumis aux mêmes règles (Circ. intérieur INT/D/04/00127/C du 19-10-2004).

ZONES OÙ L'INSTALLATION DES CARAVANES EST INTERDITE

L'installation des caravanes est interdite, quelle qu'en soit la durée (C. urb. art. R 111-48) : **18695**
– dans les secteurs où le camping pratiqué isolément et la création de terrains de camping sont interdits en vertu des règles nationales (C. urb. art. R 111-33) ;
– dans les bois, forêts et parcs classés par un PLU comme espaces boisés à conserver, sous réserve de l'application éventuelle des articles L 113-1 à L 113-5 du Code de l'urbanisme, ainsi que dans les forêts classées en application de l'article L 141-1 du Code forestier.

L'installation des caravanes est également interdite, quelle qu'en soit la durée, dans les secteurs où la pratique du camping a été interdite par le PLU ou par un arrêté du maire (C. urb. art. R 111-49 renvoyant à l'article R 111-34). Un arrêté du maire peut néanmoins autoriser l'installation des caravanes dans ces zones pour une durée qui peut varier selon les périodes de l'année et qui ne peut être supérieure à 15 jours. Cet arrêté précise les emplacements affectés à cet usage (C. urb. art. R 111-49, dernier al.).

› Précisions a. L'**interdiction** n'est **opposable** que si elle a été portée à la connaissance du public par **affichage** permanent en mairie et par apposition de panneaux réglementaires aux points d'accès habituels aux zones visées par ces interdictions (C. urb. art. R 111-49, al. 1, A 111-4 et A 111-5). La connaissance personnelle que les justiciables pourraient avoir de cette réglementation n'est pas de nature à suppléer à l'absence de signalisation (Cass. crim. 13-1-1987 n° 86-93.645 : Bull. crim. n° 18).

b. La réglementation sur l'installation des caravanes n'est pas applicable aux **gens du voyage** dont l'habitat (résidences mobiles) est régi par la loi du 5-7-2000 (CE 9-11-2018 n° 411010 : BPIM 1/19 inf. 14).

DÉCLARATION PRÉALABLE EN CAS D'INSTALLATION PROLONGÉE DE CARAVANES

En dehors des zones d'interdiction, l'installation des caravanes est libre. Toutefois, lorsqu'elle **18700**
a lieu en dehors d'un terrain de camping, d'un parc résidentiel de loisirs, d'un village de vacances ou d'une dépendance de maison familiale de vacances agréée, elle est soumise à déclaration préalable si sa durée dépasse 3 mois par an, compte tenu de toutes les périodes de stationnement, consécutives ou non (C. urb. art. R 421-23, d). Une déclaration est également requise pour l'installation d'une caravane sur l'emplacement d'un terrain de camping, d'un village de vacances ou d'une dépendance de maison familiale de vacances agréée ayant fait l'objet d'une cession en pleine propriété, d'une cession de droits sociaux donnant vocation à sa propriété en attribution ou en jouissance ou d'une location d'une durée supérieure à 2 ans (C. urb. art. R 421-23, d). Ces dernières dispositions ne s'appliquent pas aux cessions et, jusqu'à leur terme, aux locations d'emplacement antérieures au 2 octobre 2011, ni aux campings constitués sous forme de société d'attribution en propriété ou en jouissance enregistrée avant cette date (C. urb. art. R 421-23-1 ; Circ. écologie DEVL1130129C du 28-11-2011 : BO écologie 2011/23 du 25-12-2011 p. 126).

La déclaration, qui doit être déposée à la mairie, est effectuée conformément au droit commun des autorisations d'urbanisme. L'autorité compétente peut s'opposer à l'installation (pour des raisons de salubrité, sécurité, protection des milieux naturels, etc.) ou d'édicter des prescriptions (distances, écrans de verdure, etc.).

› Précisions a. Pour les résidences mobiles constituant l'habitat permanent des **gens du voyage,** une déclaration est exigée en cas d'installation pour une durée de plus de 3 mois consécutifs (voir n° 19260).

b. Dans les communes **non dotées d'un PLU** ou d'une carte communale opposable aux tiers et de tout document d'urbanisme en tenant lieu, le stationnement d'une caravane pendant plus de 3 mois est interdit en dehors des zones actuellement urbanisées de la commune (CE 28-1-2015 n° 363197, Min. égalité des territoires : BPIM 2/15 inf. 99, décision se fondant sur l'art. L 111-1-2, devenu L 111-4, du Code de l'urbanisme qui énumère limitativement les constructions et installations pouvant être autorisées dans ces zones).

ENTREPOSAGE DES CARAVANES

18705 Même dans les zones où leur installation est interdite, les caravanes peuvent être entreposées, en vue de leur prochaine utilisation (C. urb. art. R 111-50) :
– sur les terrains affectés au garage collectif des caravanes et résidences mobiles de loisirs, aires de stationnement ouvertes au public et dépôts de véhicules ayant fait l'objet d'un permis d'aménager (C. urb. art. R 421-19, j) ou d'une déclaration préalable (C. urb. art. R 421-23, e) ;
– dans les bâtiments et remises et sur le terrain où est implantée la construction constituant la résidence de l'utilisateur.

3. RÉSIDENCES MOBILES DE LOISIRS

DÉFINITION DES RÉSIDENCES MOBILES DE LOISIRS

18730 Sont des résidences mobiles de loisirs (RML) les véhicules terrestres habitables qui sont destinés à une occupation temporaire ou saisonnière à usage de loisirs, qui conservent des moyens de mobilité leur permettant d'être déplacés par traction mais que le Code de la route interdit de faire circuler (C. urb. art. R 111-41). Ces véhicules doivent répondre à la norme NF « S 56410 résidences mobiles : définition et modalités d'installation » (C. urb. art. A 111-2).

> **Précisions a.** L'enjeu de la distinction entre les RML et les caravanes est que l'installation des caravanes est en principe libre, alors que celle des RML n'est permise que dans certains espaces aménagés.
> **b.** Sur les caractéristiques des véhicules dont la circulation sur la voie publique est autorisée, voir les articles R 312-1 s. du Code de la route.
> **c.** Avant l'introduction de la notion de RML, les maisons mobiles ou « mobile homes » ont été assimilées aux caravanes si elles conservaient en permanence leurs moyens de mobilité (CAA Nantes 23-4-1997 n° 96-782, Sté Madex : BPIM 5/97 inf. 309 ; Rép. Bœuf : Sén. 23-10-1986 n° 2111). En revanche, posées sur le sol (au moyen de plots), elles ont été regardées comme des maisons légères soumises au permis de construire (CE 15-4-1983 n° 28555, Cne de Menet : Lebon p. 154 ; CE 12-2-1990 n° 76485 : BRDA 10/90 p. 23).
> **d.** Un véhicule spécialement aménagé pour l'accueil des personnes à mobilité réduite peut être regardé comme une RML même si sa surface est supérieure à celle prévue par la norme NF S 56410, à condition toutefois qu'elle n'excède pas 50 m² (C. urb. art. A 111-2 dans sa rédaction issue de l'arrêté TREL2319314A du 8-4-2024).

ESPACES OÙ L'INSTALLATION DES RML EST PERMISE

18735 Les résidences mobiles de loisirs ne peuvent être installées que dans les espaces suivants (C. urb. art. R 111-42) :
– parcs résidentiels de loisirs (PRL), à l'exception des terrains créés après le 1er octobre 2007 et exploités par cession d'emplacements ou par location d'emplacements d'une durée supérieure à un an ;
– villages de vacances classés en hébergement léger ;
– terrains de camping régulièrement créés, à l'exception de ceux créés par une déclaration préalable ou créés sans autorisation d'aménager, par une déclaration en mairie, sur le fondement des dispositions du Code de l'urbanisme antérieures au 1er octobre 2007 ou constituant des aires naturelles de camping.

Les résidences mobiles de loisirs ne peuvent pas être installées sur un emplacement situé à l'intérieur d'un périmètre d'un terrain de camping ou village de vacances ayant fait l'objet d'une cession en pleine propriété, de la cession de droits sociaux donnant vocation à son attribution en propriété ou en jouissance ou d'une location pour une durée supérieure à 2 ans (C. urb. art. R 111-44, al. 1). Ces dernières dispositions ne s'appliquent pas aux cessions et, jusqu'à leur terme, aux locations d'emplacement antérieures au 2 octobre 2011, ni aux campings constitués sous forme de société d'attribution en propriété ou en jouissance enregistrée avant cette date (C. urb. art. R 111-44, al. 2 s. ; Circ. écologie DEVL1130129C du 28-11-2011 : BO écologie 2011/23 du 25-12-2011 p. 126.).

En cas de catastrophe naturelle ou technologique, sur décision préfectorale, les résidences mobiles de loisirs peuvent, à titre temporaire, être installées sur tout autre terrain afin de permettre le relogement provisoire des victimes (C. urb. art. R 111-46).

> **Précisions a. Auvents, rampes d'accès et terrasses amovibles** peuvent être accolés aux RML dans l'enceinte des PRL, villages de vacances et terrains de camping ; ces installations accessoires, qui ne doivent pas être tenues au sol par scellement ou autre fixation définitive, doivent demeurer, à tout moment, facilement et rapidement démontables (C. urb. art. R 111-43).
> **b.** La réglementation sur les résidences mobiles de loisirs n'est pas applicable aux **gens du voyage** dont l'habitat (résidences mobiles) est régi par la loi du 5-7-2000 (CE 9-11-2018 n° 411010 : BPIM 1/19 inf. 14).

ENTREPOSAGE DES RML

Les résidences mobiles de loisirs peuvent en outre être entreposées, en vue de leur prochaine utilisation, sur les terrains affectés au **garage collectif** des caravanes et résidences mobiles de loisirs, aires de **stationnement** ouvertes au public et dépôts de véhicules ayant fait l'objet d'un permis d'aménager ou d'une déclaration préalable en application des articles R 421-19, j ou R 421-23, e du Code de l'urbanisme (C. urb. art. R 111-45). **18740**

4. HABITATIONS LÉGÈRES DE LOISIRS

DÉFINITION DES HLL

Sont des habitations légères de loisirs (HLL) les constructions démontables ou transportables, destinées à une occupation temporaire ou saisonnière à usage de loisirs (C. urb. art. R 111-37). **18770**

ESPACES AYANT VOCATION À ACCUEILLIR DES HLL

Les habitations légères de loisirs peuvent être implantées dans les espaces suivants (C. urb. art. R 111-38) : **18775**

– parcs résidentiels de loisirs spécialement aménagés à cet effet ;
– villages de vacances classés en hébergement léger ;
– dépendances des maisons familiales de vacances agréées ;
– terrains de camping à l'exception de ceux créés par une déclaration préalable ou créés sans autorisation d'aménager, par une déclaration en mairie, sur le fondement des dispositions du Code de l'urbanisme antérieures au 1er octobre 2007 ou constituant des aires naturelles de camping. Toutefois, le nombre d'HLL doit être inférieur à 35 lorsque le terrain comprend moins de 175 emplacements ou à 20 % du nombre total d'emplacements dans les autres cas.

En dehors de ces emplacements, l'implantation des HLL est soumise au droit commun des constructions. Il en est de même de l'implantation d'une HLL sur un emplacement situé à l'intérieur du périmètre d'un terrain de camping, village de vacances ou maison familiale ayant fait l'objet d'une cession ou d'une location supérieure à 2 ans (C. urb. art. R 111-40 ; Circ. écologie DEVL1130129C du 28-11-2011 : BO écologie 2011/23 du 25-12-2011 p. 126).

> **Précisions** Auvents, rampes d'accès et terrasses amovibles peuvent être accolés aux HLL dans l'enceinte des PRL, villages de vacances et terrains de camping ; ces éléments accessoires, qui ne doivent pas être tenus au sol par scellement ou autre fixation définitive, doivent demeurer, à tout moment, facilement et rapidement démontables (C. urb. art. R 111-39).

L'implantation, dans les **espaces autorisés** situés en dehors des sites patrimoniaux remarquables, des abords des monuments historiques et des sites classés ou en instance de classement, d'une HLL dont la surface de plancher est inférieure ou égale à 35 m² n'est soumise à aucune formalité (C. urb. art. R 421-2, b) ; au-delà de 35 m², l'implantation est subordonnée à une déclaration préalable (C. urb. art. R 421-9, b). Dans les sites patrimoniaux remarquables, les abords des monuments historiques, dans les sites classés ou en instance de classement, l'implantation d'une HLL est soumise à déclaration préalable quelle que soit sa surface (C. urb. art. R 421-11, II, a). Ces dispositions mentionnent uniquement l'implantation d'une HLL dans un des espaces visés à l'article R 111-38 du Code de l'urbanisme (voir n° 18775). **18780**

L'implantation d'une HLL **en dehors des espaces** ayant vocation à recevoir ce type de constructions est donc soumise à permis de construire.

B. Terrains de camping

1. AMÉNAGEMENT DU TERRAIN DE CAMPING

DÉFINITION DU TERRAIN DE CAMPING

Les terrains aménagés de camping et de caravanage sont destinés à l'accueil de tentes, de caravanes, de résidences mobiles de loisirs et d'habitations légères de loisirs. Ils sont constitués d'emplacements nus ou équipés de l'une de ces installations ainsi que d'équipements communs. Ils font l'objet d'une exploitation permanente ou saisonnière et accueillent une clientèle qui n'y élit pas domicile. Ils doivent disposer d'un règlement intérieur conforme à un modèle type arrêté par le ministre chargé du tourisme (C. tourisme art. D 331-1-1 ; Arrêté ACTI1318894A du 17-2-2014 fixant le modèle type de régl. intérieur). **18860**

> Précisions Une **notice d'information** sur les conditions de location des emplacements à l'année doit être remise à tous les propriétaires de RML, qui doivent attester en avoir pris connaissance avant de signer le contrat de location (C. tourisme art. D 331-1-1, al. 4 ; Arrêté ACTI1318894A du 17-2-2014, prévoyant les mentions devant figurer dans cette notice d'information).

NORMES DU TERRAIN DE CAMPING

18865 Les terrains de camping sont soumis à des normes d'urbanisme, d'insertion dans les paysages, d'aménagement, d'équipement et de fonctionnement fixées par des arrêtés conjoints des ministres chargés de l'urbanisme, de l'environnement, de la santé publique et du tourisme. Ces arrêtés peuvent prévoir des règles particulières pour les terrains aménagés pour une exploitation saisonnière (C. urb. art. R 111-35 et A 111-7).

> Précisions **a.** Les préfets peuvent imposer des normes spéciales d'équipement et de fonctionnement en vue de la protection contre les risques d'incendie et les **risques naturels et technologiques** majeurs (C. tourisme art. R 331-8). Les campings exposés à un risque naturel ou technologique sont soumis à des mesures d'information, d'alerte et d'évacuation particulières (C. tourisme art. D 331-7 ; C. envir. art. R 125-15 s. ; Circ. équip. 95-14 du 6-2-1995 : BO équip. 95/7 du 20-3-1995 p. 44). Sur les prescriptions particulières en matière de sécurité, voir n°s 19000 s.
b. Dans certaines **stations classées,** le préfet peut, après avis de la commission départementale de l'action touristique, n'autoriser que les terrains classés au minimum dans la catégorie « 2 étoiles » (C. tourisme art. R 331-8).
c. Les **terrains** de camping **autorisés avant le 1er octobre 2007** doivent respecter les normes imposées aux nouveaux établissements. Une demande de **permis d'aménager** visant cette **mise aux normes** devait être déposée avant le 12 juillet 2013 et les travaux achevés pour le 12 juillet 2018. Passé ce délai, le maire ou, à défaut, le préfet peut ordonner la fermeture du camping jusqu'à sa mise aux normes. Les campings régulièrement autorisés avant la réforme ne peuvent pas être remis en cause à l'occasion de la demande de permis d'aménager portant sur la mise aux normes (Loi 2010-788 du 12-7-2010 art. 35). La demande de permis d'aménager de mise aux normes comporte une description sommaire du terrain indiquant les équipements et les aménagements qui ne sont pas conformes aux normes, une description détaillée des mesures de mise aux normes et un document graphique permettant d'apprécier l'insertion du camping dans l'environnement après la réalisation des travaux (C. urb. art. R 443-2-1 ; Circ. écologie DEVL1130129C du 28-11-2011 ann. : BO écologie 2011/23 du 25-12-2011 p. 126.).

PERMIS D'AMÉNAGER OU DÉCLARATION PRÉALABLE

18870 La **création** ou l'**agrandissement** d'un terrain de camping permettant l'accueil de plus de 20 personnes ou de plus de 6 tentes, caravanes, résidences mobiles de loisirs ou habitations légères de loisirs est soumis à un permis d'aménager (C. urb. art. R 421-19, c). Il en va de même du **réaménagement** d'un terrain de camping existant, si le nombre des emplacements est augmenté de plus de 10 %, et des travaux ayant pour effet, dans un terrain de camping, de modifier substantiellement la végétation qui limite l'impact visuel des installations (C. urb. art. R 421-19, e et f).

L'aménagement ou la **mise à disposition** des campeurs, de façon habituelle, de terrains ne nécessitant pas un permis d'aménager sont soumis à une déclaration préalable (C. urb. art. R 421-23, c). Le réaménagement d'un terrain de camping lorsque le nombre des emplacements est augmenté de 10 % au maximum est soumis à déclaration préalable (Circ. ECOI1919487C du 7-8-2019).

DEMANDE DE PERMIS D'AMÉNAGER

18875 **Notice et plan de composition** Outre les éléments normalement requis pour un permis d'aménager (voir n°s 18125 s.), la notice jointe à la demande doit préciser les mesures envisagées pour atteindre les objectifs suivants (C. urb. art. R 443-2) :
– limiter l'impact visuel des installations ;
– répartir les emplacements au sein d'une trame paysagère ;
– assurer l'insertion des équipements et bâtiments collectifs ;
– organiser les circulations à l'intérieur du terrain.

La demande précise si l'implantation d'habitations légères de loisirs est envisagée.

Le plan de composition du projet indique, s'il y a lieu, les espaces de regroupement des hébergements mobiles au-dessus de la cote inondable (C. urb. art. R 443-3).

Sur le permis d'aménager de mise aux normes, voir n° 18865 précisions c.

18880 **Autres éléments** Le dossier joint à la demande doit également comporter (C. urb. art. R 443-4 et R 443-5) :
– l'engagement du demandeur d'exploiter le terrain selon le **mode de gestion** indiqué dans sa demande ;

– si la demande est présentée en vue d'une **exploitation saisonnière,** l'indication de la période d'exploitation ;
– une **étude d'impact** ou la décision de l'autorité chargée de l'examen au cas par cas dispensant d'une évaluation environnementale et, le cas échéant, une étude d'impact actualisée accompagnée des avis de l'autorité environnementale compétente et des collectivités territoriales intéressées.

DÉCISION

Le permis d'aménager impose le respect des **normes** applicables (sur ces normes, voir nº 18865). Il fixe le nombre maximum d'**emplacements** et le nombre de ceux qui sont réservés indistinctement aux tentes, aux caravanes et aux résidences mobiles de loisirs (et ne peuvent donc accueillir des HLL). Le permis doit délimiter les emplacements des HLL s'il est prévu d'en implanter (C. urb. art. R 443-6 et A 424-13). **18885**

Le permis qui autorise l'aménagement d'un camping en vue d'une **exploitation saisonnière** fixe la période d'exploitation, en dehors de laquelle aucune tente ou caravane ne peut être ou rester installée sur le terrain (C. urb. art. R 443-7).

ILLUSTRATIONS

L'autorisation d'aménager un terrain de camping (délivrée sous l'empire de l'ancien article R 443-10 du Code de l'urbanisme) a été jugée illégale dans les situations suivantes :
– terrain situé sur les bords d'une rivière présentant des risques de débordement, sans que des prescriptions de sécurité aient été édictées (CAA Lyon 19-4-1994 nº 93LY00976 : BJDU 4/94 p. 78) ;
– terrain de 35 500 m^2 comportant 50 emplacements et deux bâtiments, portant une atteinte excessive à un site naturel d'une grande qualité paysagère, comportant des perspectives sur certains monuments historiques (CAA Nantes 17-2-2004 nº 02NT00426, GFR du Moulin Foulon : BPIM 4/04 inf. 207).

MISE EN ŒUVRE DU PERMIS D'AMÉNAGER

L'exploitation du terrain de camping ou du parc résidentiel de loisirs ne peut être entreprise qu'après accomplissement de la **formalité** suivante : le bénéficiaire doit avoir adressé à la mairie la déclaration d'achèvement visée nºs 15950 s. **18890**

Si l'autorité compétente conteste la **conformité des travaux** en adressant une mise en demeure au bénéficiaire (voir nº 16070), ce dernier est tenu d'interrompre l'exploitation jusqu'à obtention d'un permis modificatif ou mise en conformité des travaux (C. urb. art. R 443-8).

> **Précisions** L'**affichage** du permis d'aménager **sur le terrain** doit préciser le nombre d'emplacements et, le cas échéant, le nombre d'emplacements réservés à des HLL (C. urb. art. A 424-13).

2. CLASSEMENT DU TERRAIN DE CAMPING

PRÉSENTATION DE LA DEMANDE DE CLASSEMENT DU CAMPING

Une décision de classement n'est pas indispensable pour que le terrain de camping ou de caravanage autorisé puisse être exploité (C. tourisme art. D 332-1 s. ; Arrêté ECOI1823645A du 10-4-2019). **18920**

L'exploitant qui souhaite obtenir le classement doit transmettre sa demande par voie électronique à **Atout France** (Agence de développement touristique de la France), placé sous la tutelle du ministre chargé du tourisme (C. tourisme art. L 141-2). La demande précise le nombre total d'emplacements et, le cas échéant, pour les terrains classés dans une des catégories désignées par un nombre d'étoiles, leur répartition suivant leur mode de location (« tourisme » ou « loisirs ») (C. tourisme art. D 332-2).

Doit être joint à la demande un **certificat de visite** délivré par un organisme évaluateur de type A ou C accrédité pour le contrôle des terrains de camping et de caravanage par le Comité français d'accréditation (Cofrac) ou tout organisme européen équivalent. Le certificat, qui comprend un rapport et une grille d'évaluation, est délivré par l'organisme sous forme numérique dans un délai de 15 jours après une visite de l'établissement. L'organisme établit ces documents directement sur le site internet d'Atout France. La demande de classement doit être transmise à Atout France moins de 3 mois après la visite (C. tourisme art. D 332-2 et D 332-3 ; Arrêté ECOI1823645A du 10-4-2019).

> **Précisions** Si, avant la décision de classement, il apparaît que le certificat de visite est irrégulier (vice de forme ou de procédure, erreur matérielle), Atout France demande à l'organisme certificateur de le régulariser dans un certain délai (Arrêté ECOI1823645A du 10-4-2019 art. 4). Un vice décelé après la décision peut conduire à une modification de la décision de classement jusqu'à l'expiration d'un délai de 4 mois à compter de cette décision.

DÉCISION DE CLASSEMENT DU CAMPING

18925 La décision de classement relève d'Atout France (C. tourisme art. L 332-1, al. 2). Elle est prise dans le délai d'un mois à compter de la réception d'un dossier complet. Le classement intervient dans la catégorie pour laquelle l'organisme évaluateur a émis un avis favorable. La décision précise le nombre d'emplacements exploités, par types d'emplacements (Arrêté ECOI1823645A du 10-4-2019 art. 6).

Le classement est prononcé pour une **durée** de 5 ans. Dès lors qu'avant le terme de cette durée, l'exploitant a accompli les formalités nécessaires à la visite de son établissement par un organisme évaluateur, le classement initial est maintenu à titre temporaire jusqu'à notification d'une nouvelle décision ; en cas de non-réalisation de la visite, l'organisme évaluateur en informe sans délai Atout France qui notifie à l'exploitant que la durée de validité du classement a expiré. En cas d'augmentation de plus de 10 % du nombre d'emplacements exploités mentionné dans la décision de classement, l'exploitant qui souhaite conserver un classement doit demander un **nouveau classement** (C. tourisme art. D 332-4).

Le classement doit être refusé si le demandeur n'a pas obtenu l'autorisation d'aménager le terrain (aujourd'hui, le permis d'aménager) (CE 27-10-2000 n° 195687 : BPIM 1/01 inf. 16).

18930 Les terrains de camping sont répartis en 5 **catégories** désignées par un nombre croissant d'étoiles (de 1 à 5), ou dans la catégorie « aire naturelle », en fonction de critères fixés par un tableau de classement élaboré par Atout France et homologué par arrêté (C. tourisme art. D 332-1 ; Arrêté ECOI1823645A du 10-4-2019 ann. I). Il est possible de prendre en compte le partage d'équipements et de services entre hébergements touristiques marchands (hôtels de tourisme, résidences de tourisme, terrains de camping etc.) pour leur classement respectif (Arrêté TMEI2137579A du 30-12-2021).

Deux types de classement sont distingués : le classement **« tourisme »** si plus de la moitié des emplacements est destinée à la location à la nuitée, à la semaine ou au mois pour une clientèle de passage et le classement **« loisirs »** si plus de la moitié des emplacements est destinée à la location supérieure au mois par une clientèle qui n'y élit pas domicile (C. tourisme art. D 332-1-1).

Les terrains classés « **aire naturelle** » obéissent à des règles dérogatoires entrées en vigueur le 1er avril 2014 (C. tourisme art. D 332-1-2). Ils sont destinés exclusivement à l'accueil de tentes, de caravanes et d'autocaravanes. Les HLL et les RML y sont interdites. La période d'exploitation de ces terrains ne doit pas excéder 6 mois par an, continus ou non. Les emplacements et les hébergements ne doivent pas être individuellement desservis en eau ou raccordés à un système d'assainissement. Il ne peut être créé qu'une seule aire naturelle par unité foncière. Les normes de classement des campings « aire naturelle » sont spécifiques (Arrêté ECOI1823645A du 10-4-2019 ann. I-C).

RADIATION ET RÉVISION DU CLASSEMENT

18935 Le préfet peut prononcer la radiation de la liste des établissements classés terrains de camping pour défaut ou insuffisance grave d'entretien des aménagements. L'intéressé doit être avisé des mesures envisagées et invité à se faire entendre personnellement ou par mandataire (C. tourisme art. R 332-7 et R 332-8).

En cas de réclamation faisant apparaître un **écart de conformité** par rapport à la décision de classement, Atout France peut inviter l'exploitant à évaluer sa pratique professionnelle. En l'absence de réponse ou si les informations fournies ne permettent pas d'établir la conformité des prestations aux critères du classement obtenu, l'exploitant est mis en demeure d'appliquer des mesures correctrices puis de faire procéder à une contre-visite par un organisme évaluateur accrédité. Faute de transmission d'un certificat de contre-visite, la décision de classement est abrogée. Si le certificat fait apparaître un changement de catégorie, la décision de classement est modifiée pour la durée restant à courir (C. tourisme art. R 332-5-1 ; Arrêté ECOI1823645A du 10-4-2019 art. 5).

3. EXPLOITATION DU CAMPING

EXPLOITATION LOCATIVE

18960 L'exploitation est possible **après l'obtention** de l'autorisation d'aménagement et le dépôt de l'attestation d'achèvement. Toute personne, y compris une commune, en cas de carence de l'initiative privée, peut exploiter le terrain.

> **Précisions** À l'entrée du camp, un **panneau** indique la catégorie du terrain (C. tourisme art. D 332-5). Par ailleurs, le nombre d'emplacements, les prix et le règlement intérieur doivent être affichés (Arrêté ECOI1823645A du 10-4-2019 art. 8).
> Les emplacements sont loués moyennant un certain **loyer,** qui donne droit à l'utilisation des équipements correspondant à la catégorie de classement.

EXPLOITATION PAR CESSION D'EMPLACEMENTS

La cession d'emplacements, qui s'oppose à l'exploitation locative, n'est ni prévue ni exclue par la réglementation alors qu'auparavant elle était expressément envisagée (C. urb. art. R 443-8 dans sa rédaction antérieure au décret 2007-18 du 5-1-2007). Cette forme d'exploitation n'est pas expressément interdite mais l'utilisation des emplacements cédés est, quant à elle, strictement encadrée. Sauf exceptions, l'installation de résidences mobiles de loisirs y est interdite (voir n° 18735) ; l'installation d'habitations légères de loisirs et l'installation pour plus de 3 mois de caravanes sont soumises au droit commun des autorisations d'urbanisme (voir n°s 18700 et 18775). 18965

La mise en **copropriété** du terrain avec la création de lots correspondant à la jouissance privative d'une partie du terrain et comprenant une quote-part des parties communes, ne paraît pas pouvoir être réalisée – dès lors que la loi 65-557 du 10 juillet 1965 ne vise que les immeubles bâtis – alors même que l'établissement d'un état descriptif de division est permis. En revanche, il est possible de constituer une **association syndicale** après la vente des lots en toute propriété, qu'ils soient issus de l'état descriptif de division ou qu'ils résultent d'une division foncière. Cette association sera alors propriétaire de tous les équipements communs du camp. 18970

> **Précisions** Les terrains exploités par cession d'emplacements sont soumis aux règles concernant l'apposition de panneaux (n° 18960) et au droit de contrôle de l'administration (n°s 19040 s.).

4. PRESCRIPTIONS DE SÉCURITÉ DANS LES ZONES À RISQUES

Dans les zones soumises à un **risque naturel ou technologique** prévisible définies par l'autorité administrative, des prescriptions peuvent être définies à tout moment pour assurer la sécurité des occupants des terrains de camping (C. urb. art. L 443-2). 19000

Les **zones** sont **délimitées** par le préfet (C. urb. art. R 443-9). Elles comprennent notamment celles mentionnées à l'article R 125-10 du Code de l'environnement (risque naturel, risque minier, risque d'incendie de forêt, risque sismique, risque d'éruption volcanique, etc.).

Les **prescriptions** sont **définies** par l'autorité compétente en matière de permis d'aménager après consultation du propriétaire et de l'exploitant et après avis de l'autorité administrative. L'avis de la commission consultative départementale de sécurité et d'accessibilité est également requis (C. urb. art. L 443-2 et. R 443-10 ; C. envir. art. R 125-15). En cas de carence de l'autorité compétente en matière de permis d'aménager, le préfet se substitue à elle après mise en demeure restée sans effet (C. urb. art. L 443-3). 19005

Les prescriptions peuvent porter sur la réalisation de travaux et la mise en place de dispositifs permettant d'assurer l'information, l'alerte et l'évacuation des occupants. Elles doivent être compatibles avec le plan de prévention des risques naturels prévisibles (C. urb. art. L 443-2).

L'autorité compétente fixe le **délai de réalisation** des prescriptions qui doivent être réalisées. En cas d'inexécution, l'autorité compétente en matière de permis d'aménager peut, à l'issue du délai imparti, ordonner la fermeture du terrain et l'évacuation des occupants jusqu'à exécution des prescriptions (C. urb. art. L 443-3). Ces mesures ne peuvent être ordonnées qu'après mise en demeure adressée à l'exploitant (C. urb. art. R 443-11). La mise en demeure doit informer l'intéressé qu'il peut présenter des observations écrites ou, sur sa demande, orales et se faire assister par un conseil ou représenter par un mandataire de son choix. 19010

5. CONTRÔLE

INSPECTIONS

Les terrains aménagés pour le camping et ceux sur lesquels se trouvent des caravanes dont le stationnement a été autorisé ou aurait dû l'être peuvent faire l'objet d'inspections, même inopinées, par les personnes suivantes (C. urb. art. R 443-12) : 19040

– personnes habilitées à exercer le droit de visite et de communication lors des travaux (C. urb. art. L 461-1) ;

– fonctionnaires et agents assermentés désignés par le ministre chargé du tourisme et porteurs d'un ordre de mission ou d'une commission.

MISE EN DEMEURE ET FERMETURE ADMINISTRATIVE

19045 L'administration dispose de pouvoirs étendus pour assurer le **respect des prescriptions** de sécurité et d'hygiène et des prescriptions fixées par l'autorisation, le permis d'aménager ou la décision de non-opposition à la déclaration préalable (C. urb. art. R 480-7).

Le maire peut **mettre en demeure** le propriétaire ou l'exploitant de procéder aux aménagements ou aux réparations nécessaires. La mise en demeure, qui doit être motivée, informe les intéressés qu'ils peuvent présenter des observations écrites ou, sur leur demande, des observations orales et qu'ils peuvent se faire assister par un conseil ou représenter par un mandataire de leur choix.

En cas de refus ou de silence du propriétaire ou de l'exploitant pendant un mois à compter de la réception de la mise en demeure, le préfet (et non le maire) peut ordonner la **fermeture temporaire** du terrain et l'évacuation des emplacements tant que les aménagements ou les réparations nécessaires n'auront pas été effectués. Si les travaux à réaliser nécessitent la délivrance d'un permis d'aménager, la décision de fermeture temporaire ne peut intervenir que si la demande de permis d'aménager n'a pas été déposée dans les 6 mois de la mise en demeure ou si, déposée dans ce délai, elle a été rejetée.

> **Précisions** Dans le cadre des **pouvoirs de police générale,** une mesure de **fermeture définitive** peut être prise à l'encontre d'un camping présentant des risques excessifs auxquels il ne peut être remédié, par exemple parce qu'il est exposé à des débordements torrentiels et imprévisibles d'un cours d'eau. S'il estime que la mesure n'est pas justifiée par des risques réels, l'exploitant peut présenter un recours pour excès de pouvoir et rechercher la **responsabilité pour faute de l'administration.** Si le risque est avéré, la mesure de fermeture est légale et l'exploitant ne peut prétendre à une indemnité. En effet, si un camping est implanté dans un lieu où peuvent se produire des inondations soudaines, l'obligation de le fermer ne sera pas regardée comme excédant les aléas qui pesaient normalement sur l'exploitant. Par suite, ce dernier ne pourra rechercher la responsabilité de l'administration au titre des décisions légales rompant l'égalité devant les charges publiques (CE 25-7-2007 nº 278190 : BPIM 6/07 inf. 399).

C. Parcs résidentiels de loisirs

19150 Les **habitations légères de loisirs** peuvent être accueillies dans des terrains permanents de camping ou de caravanage (sous certaines conditions, voir nºs 18775 s.) ou dans des terrains spécialement destinés à les recevoir, appelés « parcs résidentiels de loisirs » (PRL).

NORMES DES PARCS RÉSIDENTIELS DE LOISIRS

19155 Les PRL sont soumis à des normes d'urbanisme, d'insertion dans les paysages, d'aménagement, d'équipement et de fonctionnement définies par des arrêtés conjoints des ministres chargés de l'urbanisme, de la santé publique et du tourisme (C. urb. art. R 111-36 et A 111-9 ; Arrêté ECOI1823645A du 10-4-2019).

PERMIS D'AMÉNAGER

19160 La **création** ou l'**agrandissement** d'un PRL ou d'un village de vacances classé en hébergement léger (C. tourisme art. L 325-1) sont soumis à l'obtention d'un permis d'aménager, quelle que soit la capacité d'accueil (C. urb. art. R 421-19, d). Il en va de même du **réaménagement** d'un PRL, lorsque ce réaménagement a pour objet ou pour effet d'augmenter de plus de 10 % le nombre des emplacements, ou de travaux ayant pour effet, dans un PRL, de modifier substantiellement la végétation qui limite l'impact visuel des installations (C. urb. art. R 421-19, e et f).

19165 Les **règles particulières** relatives aux permis d'aménager des terrains de camping (voir nºs 18875 s.) valent également pour les PRL, à l'exception de ceux qui sont exploités par cession d'emplacements ou par location d'emplacements d'une durée supérieure à un an renouvelable (C. urb. art. R 443-1).

Le permis d'aménager impose le respect des normes relatives aux PRL. Il fixe le **nombre** maximum **d'emplacements** (C. urb. art. R 443-6 et A 424-12).

EXPLOITATION DU PARC RÉSIDENTIEL DE LOISIR

19170 L'exploitation du PRL ne peut être entreprise qu'après dépôt d'une déclaration d'achèvement des travaux d'aménagement (voir nºs 15950 s.) et obtention d'un arrêté de classement lorsqu'il est requis (sur les conditions du classement, voir nº 19175).

L'exploitation d'un PRL sous **régime hôtelier** est subordonnée à une décision de classement délivré par Atout France (C. tourisme art. L 333-1 et D 333-5). Les PRL exploités sous régime hôtelier sont destinés à l'accueil d'habitations légères de loisirs, de résidences mobiles de loisirs et de caravanes. Ils sont constitués d'emplacements nus ou équipés de l'un de ces habitats de loisirs, destinés à la location pour une durée qui peut être supérieure au mois par une clientèle qui n'y élit pas domicile. L'exploitation sous le régime hôtelier n'est possible qu'à la double condition qu'une seule personne physique ou morale ait la propriété ou la jouissance du terrain et que l'exploitation en soit assurée par une seule personne physique ou morale (C. tourisme art. D 333-4).

L'exploitation est également possible par **cession d'emplacements** – en propriété ou en jouissance – et **locations non hôtelières.** Dans ce cas, l'exploitation peut être entreprise après obtention du permis d'aménager et dépôt de la déclaration d'achèvement. La cession d'emplacements peut être réalisée par ventes directes avec ou sans les HLL déjà implantées, ou par le truchement de sociétés d'attribution. À défaut de texte l'autorisant, la vente n'est pas possible par anticipation, mais seulement après exécution de tous les travaux d'aménagement.

Le classement emporte deux conséquences (C. tourisme art. D 333-5). D'une part, le PRL classé doit être **exclusivement** exploité sous régime hôtelier. D'autre part, il doit être consacré pour la **totalité des parcelles** à la location à une clientèle qui n'y élit pas domicile. En cas de **cession de parcelle,** le parc ne remplit plus les conditions du classement ; l'exploitant doit en informer Atout France, qui abrogera la décision de classement.

> **Précisions** **a.** Les PRL doivent disposer d'un **règlement intérieur** conforme à un modèle type fixé par le ministre chargé du tourisme (C. tourisme art. D 333-4, al. 3 ; Arrêté ACTI1318894A du 17-2-2014 fixant ce modèle type).
> **b.** Une **notice d'information** sur les conditions de location des emplacements à l'année doit être remise à tous les propriétaires de RML, qui attestent en avoir pris connaissance avant de signer un contrat de location d'un emplacement à l'année (C. tourisme art. D 333-4, al. 4 ; Arrêté ACTI1318894A du 17-2-2014).

CLASSEMENT DU PARC RÉSIDENTIEL DE LOISIR

La **demande** de classement d'un PRL est présentée auprès d'Atout France dans des condi- **19175**
tions similaires à celle présentées n° 18920 pour les terrains de camping. L'organisme statue et sa **décision** s'applique dans les conditions similaires à celles indiquées n° 18925 (C. tourisme art. D 333-5-1 à D 333-5-3). Il existe 5 catégories de 1 à 5 étoiles (Arrêté ECOI1823645A du 10-4-2019 ann.). Le cas échéant, le partage d'équipements et de services entre hébergements touristiques marchands est pris en compte pour le classement du PRL (Arrêté TMEI2137579A du 30-12-2021). Un panonceau officiel doit être apposé à l'entrée du PRL (C. tourisme art. D 333-5-4).

La **radiation** de la liste des PRL classés peut être prononcée par le préfet pour défaut ou insuffisance grave d'entretien des équipements. L'intéressé doit être avisé de la mesure envisagée et invité à se faire entendre personnellement ou par mandataire (C. tourisme art. R 333-6 et R 333-6-1).

En cas de réclamation faisant apparaître un **écart de conformité** par rapport à la décision de classement, Atout France peut inviter l'exploitant à évaluer sa pratique professionnelle. La procédure, la même que pour les terrains de camping (voir n° 18935), peut déboucher sur l'abrogation de la décision ou sa modification (C. tourisme art. R 333-5-5 ; Arrêté ECOI1823645A du 10-4-2019 art. 5).

CONTRÔLE DU PARC RÉSIDENTIEL DE LOISIR

Les dispositions relatives à la mise en demeure de respecter les prescriptions applicables et **19180**
à la fermeture administrative des terrains de camping valent également pour les PRL (voir n° 19045).

D. Habitat des gens du voyage

OBLIGATIONS DES COMMUNES

Les communes sont soumises à des obligations d'accueil des personnes dites « gens du **19250**
voyage », dont l'habitat traditionnel est constitué de résidences mobiles (Loi 2000-614 du 5-7-2000 ; Circ. 2001-49 du 5-7-2001 : BO équip. 2001/14 du 10-8-2001 p. 83 ; Circ. intérieur INTD1705027C du 27-1-2017).

Un **schéma départemental d'accueil des gens du voyage** doit être élaboré dans chaque département par le préfet et le président du conseil départemental. Il précise, notamment, les secteurs géographiques d'implantation des aires permanentes d'accueil et des terrains familiaux, ainsi que leurs capacités. Il détermine les emplacements susceptibles d'être occupés temporairement, notamment les aires de grand passage.

Toutes les **communes de plus de 5 000 habitants** doivent figurer au schéma et sont tenues de participer à sa mise en œuvre en mettant à la disposition des gens du voyage une ou plusieurs aires d'accueil, aménagées et entretenues, des terrains familiaux locatifs et des aires de grand passage dont la réalisation a été prévue sur leur territoire. À défaut, le préfet peut se substituer à la commune ou à l'EPCI défaillant pour prendre toutes les mesures nécessaires et notamment, passer des marchés publics selon les règles de procédure applicables à l'État (Loi 2000-614 du 5-7-2000 art. 3).

Dès lors que la commune a rempli ses obligations, le maire peut interdire le stationnement des résidences mobiles en dehors des aires d'accueil aménagées. En cas de stationnement illégal, les occupants peuvent être expulsés (Loi 2000-614 du 5-7-2000 art. 9).

> **Précisions** Si une **révision** du schéma départemental institue des **obligations supplémentaires**, la commune dispose d'un nouveau délai, prorogeable, pour satisfaire à ces obligations. C'est seulement s'il n'y a pas été satisfait au terme de ce délai que le maire perd son pouvoir d'interdire le stationnement des résidences mobiles en dehors des aires d'accueil aménagées (CE 11-10-2024 nº 467520, Min. intérieur : BPIM 6/24 inf. 346).

AIRES D'ACCUEIL ET TERRAINS FAMILIAUX

19255 Les **aires d'accueil** des gens du voyage, aménagées par les communes ou pour leur compte pour accueillir les gens du voyage itinérants, sont des équipements publics.

Les **terrains familiaux** sont des équipements privés, destinés à un habitat locatif ou en pleine propriété ; ils peuvent être réalisés à l'initiative de personnes physiques ou de personnes morales de droit privé ou de droit public (Circ. 2003-76 du 17-12-2003 : BO équip. 2003/24 du 10-1-2004 p. 276).

L'aménagement de terrains bâtis ou non bâtis destinés aux aires d'accueil et aux terrains familiaux des gens du voyage sont soumis à **permis d'aménager** s'ils permettent l'installation d'**au moins 2 résidences mobiles** constituant l'habitat permanent des gens du voyage (C. urb. art. R 421-19, l). Si l'aménagement ne nécessite pas de permis d'aménager, il est soumis à **déclaration préalable** (C. urb. art. R 421-23, k).

Les constructions et installations nécessaires à la réalisation d'aires d'accueil ou de terrains de passage des gens du voyage figurent parmi les opérations qui, dans les communes **non dotées d'un PLU ou d'une carte communale,** peuvent être autorisées en dehors des parties actuellement urbanisées de la commune (C. urb. art. L 111-4, 2º).

Les terrains accueillant des résidences mobiles de gens du voyage doivent être situés dans des **secteurs constructibles** du document local d'urbanisme (C. urb. art. L 444-1). Les PLU peuvent délimiter dans des zones naturelles, agricoles ou forestières, des secteurs de taille et de capacité d'accueil limitées dans lesquels des aires d'accueil et des terrains familiaux locatifs destinés à l'habitat des gens du voyage peuvent être autorisés (C. urb. art. L 151-13, 2º).

> **Précisions** Les dispositions du Code de l'urbanisme relatives au **camping** et à l'**hébergement touristique** (C. urb. art. R 111-31 s. et R 443-1 s.) ne concernent pas les gens du voyage, dont l'habitat est régi par des dispositions spéciales : celles de la loi du 5-7-2000 (C. urb. art. R 111-31, R 443-1 ; CE 9-11-2018 nº 411010 : BPIM 1/19 inf. 14).

INSTALLATION D'UNE RÉSIDENCE MOBILE CONSTITUANT L'HABITAT PERMANENT DES GENS DU VOYAGE

19260 Les résidences mobiles des gens du voyage sont des véhicules terrestres habitables qui conservent des moyens de mobilité et que le Code de la route n'interdit pas de faire circuler (Décret 2019-1478 du 26-12-2019 art. 1). Leur installation doit donner lieu à une **déclaration préalable** si elle dure plus de 3 mois consécutifs (C. urb. art. R 421-23, j). La déclaration, qui doit être déposée à la mairie, est effectuée conformément au droit commun des autorisations d'urbanisme.

RÉSIDENCES DÉMONTABLES DES GENS DU VOYAGE ET TERRAINS DESTINÉS À LES ACCUEILLIR

19265 **Définition des résidences démontables** Sont regardées comme des résidences démontables constituant l'habitat permanent de leurs utilisateurs les installations sans fondation disposant d'équipements intérieurs et extérieurs et pouvant être autonomes vis-à-vis des réseaux publics. Elles sont destinées à l'habitation et occupées à titre de résidence principale au moins 8 mois par an. Ces résidences ainsi que leurs équipements extérieurs sont, à tout moment, facilement et rapidement démontables (C. urb. art. R 111-51 reprenant des dispositions issues du décret 2015-482 du 27-4-2015). La yourte et le tipi accèdent ainsi à un statut juridique.

Terrains destinés à les accueillir L'aménagement de terrains bâtis ou non bâtis pour permettre l'installation d'au moins 2 résidences démontables constituant l'habitat permanent de leurs utilisateurs est soumis au permis d'aménager si la **surface de plancher** totale créée est supérieure à 40 m² (C. urb. art. R 421-19, m). Si la surface de plancher n'excède pas ce seuil, l'aménagement est soumis à déclaration préalable (C. urb. art. R 421-23, l). 19270

Comme pour les aires d'accueil et terrains familiaux des gens du voyage, les terrains doivent être situés dans un **secteur constructible,** éventuellement dans des « pastilles » créées par le PLU dans des zones naturelles (C. urb. art. L 444-1).

Lorsque les résidences démontables disposent d'équipements non raccordés aux **réseaux publics,** le demandeur doit joindre à son dossier une attestation fournie sous sa propre responsabilité, permettant de s'assurer du respect des règles d'hygiène et de sécurité, notamment de sécurité contre les incendies, ainsi que des conditions dans lesquelles sont satisfaits les besoins des occupants en eau, assainissement et électricité ; ces conditions sont fixées, le cas échéant, par le PLU (C. urb. art. R 441-6-1).

> **Précisions** Les « **aires de grand passage** » n'étant pas destinées à l'installation des résidences mobiles mais à leur accueil temporaire lors de rassemblements traditionnels ou occasionnels, leur aménagement n'est soumis ni au permis d'aménager ni à la déclaration préalable (CE 28-9-2020 n° 430521, Cne de Ruffy-sur-Seille : BPIM 6/20 inf 376).

E. Fiscalité

IMPÔTS LOCAUX

La taxe d'habitation ne s'applique qu'aux résidences secondaires et aux locaux meublés non affectés à l'habitation principale (THRS). Les solutions présentées ci-après, prises sous l'empire de l'ancienne taxe d'habitation, le cas échéant, nous paraissent transposables à la THRS. 19350

Le Conseil d'État juge qu'une **caravane,** même immobilisée sur un terrain et reliée aux divers réseaux, n'est pas assujettie à la taxe d'habitation car elle ne constitue pas une propriété bâtie au sens de la taxe foncière (CE 21-10-1981 n° 20656 : RJF 12/81 n° 1093 ; CE 11-4-1986 n° 63824 : RJF 6/86 n° 609). De la même façon, les **maisons mobiles susceptibles d'être déplacées à tout moment** ne sont pas imposables à la taxe d'habitation, quelles que soient les conditions de leur stationnement et de leur utilisation (CE 13-4-1988 n° 64547 : RJF 6/88 n° 746). En revanche, des habitations légères de loisirs posées sur un socle de béton n'étant normalement **pas destinées à être déplacées** présentent le caractère de véritables constructions constitutives de propriétés bâties au sens de la taxe foncière, et ce alors même que certaines d'entre elles sont périodiquement déplacées à l'intérieur du terrain sur lequel elles sont implantées (CE 28-12-2005 n° 266558 : RJF 3/06 n° 266).

L'administration s'est alignée sur cette jurisprudence et distingue (BOI-IF-TH-10-10-10 nos 50 et 60) :

– les caravanes et maisons mobiles qui disposent en permanence de moyens de mobilité leur permettant de se déplacer par elles-mêmes ou par simple traction, non soumises à la taxe d'habitation ;

– les habitations légères non mobiles, soumises à la taxe d'habitation. Il en est ainsi des habitations légères et baraquements simplement posés sur le sol ou sur des supports de toute nature et qui ne disposent pas en permanence de moyens de mobilité : bungalows, mobile homes, chalets de moins de 35 m², meublés et affectés à l'habitation. Toutefois, lorsque ces **locaux** sont **passibles de la cotisation foncière des entreprises** et qu'ils ne font pas partie de l'habitation personnelle du redevable de cette taxe, ils sont exclus du champ d'application de la taxe d'habitation, en application de l'article 1407, II-1° du CGI. Tel est notamment le cas lorsque l'habitation légère de loisirs fait l'objet d'occupations précaires et successives s'apparentant à un régime hôtelier.

> **Précisions** **a.** Les **cabanes dans les arbres** fixées au sol sont assimilées à des habitations légères de loisirs (Rép. Habib : AN 7-7-2015 n° 65742).
> **b.** Les **yourtes** affectées à l'habitation construites sur des plots en béton qui comportent des aménagements, tels que le raccordement aux réseaux publics de distribution d'eau, d'assainissement ou de distribution d'électricité de nature à rendre leur déplacement non régulier, sont soumises à la taxe foncière sur les propriétés bâties

(Rép. Masson : Sén. 30-3-2017 n° 14336 ; Rép. Zimmermann : AN 4-4-2017 n° 66651).

c. Les **abris de jardin,** qui ne sont pas par nature affectés à l'habitation, ne sont pas imposables à la taxe d'habitation, sauf s'ils constituent des dépendances des habitations. Tel peut être également le cas des **cabanes de pêcheurs** qui ne seraient pas affectées à l'habitation mais uniquement au rangement de matériel de pêche. En revanche, les cabanes de pêcheurs affectées à l'habitation et ne pouvant être déplacées en permanence sont en principe imposables à la taxe d'habitation. Il convient cependant de distinguer deux situations :

– si la cabane de pêcheur est à la disposition d'une personne qui l'occupe à titre d'habitation, cette dernière est imposable à la taxe d'habitation dans les conditions de droit commun ;

– en revanche, dans l'hypothèse où la cabane de pêcheur fait l'objet d'occupations précaires et successives s'apparentant à un régime hôtelier, son gestionnaire est passible de la cotisation foncière des entreprises (CFE) et la taxe d'habitation n'est alors pas due pour ces locaux lorsqu'ils ne font pas partie de l'habitation personnelle du contribuable, conformément à l'article 1407, II du CGI (Rép. Masson : Sén. 15-4-2021 n° 13110).

d. La **taxe de séjour** ou la taxe de séjour forfaitaire peut être instituée pour les terrains de camping, de caravanage, ainsi que pour tout autre terrain d'hébergement de plein air (CGCT art. L 2333-26 et R 2333-44, 8°). L'institution de cette taxe perçue auprès des utilisateurs de caravane et de résidence mobile ou mobile home par les communes réalisant notamment des actions de promotion en faveur du tourisme, de protection ou de gestion de leurs espaces naturels peut être un moyen pour elles de compenser le non-assujettissement aux impôts locaux de ces utilisateurs (Rép. Novelli : AN 19-4-2005 n° 45604, non reprise au Bofip).

e. Sur le régime des habitations légères de loisirs en matière de **taxe d'aménagement,** voir n° 40485.

TAXE SUR LA VALEUR AJOUTÉE

19355 **Vente de la maison mobile ou du terrain** Une **maison mobile,** tant qu'elle demeure transportable, n'est pas un immeuble au sens de l'article 257 du CGI mais un bien meuble (Rép. Godfrain : AN 26-9-1983 n° 30571 ; Rép. Bally : AN 4-2-1985 n° 57801, solutions non reprises au Bofip, rendues pour l'ancien régime de la TVA immobilière mais conservant leur valeur). La vente de la maison mobile dans les cinq ans de son implantation sur le terrain ne saurait donc être assimilée à la vente d'un immeuble neuf.

En revanche, la notion de terrain à bâtir étant définie de façon objective (c'est-à-dire, sans tenir compte des intentions de l'acquéreur), l'acquisition du **terrain destiné à supporter la maison mobile** pourra être qualifiée d'acquisition d'un terrain à bâtir si ce terrain en remplit les conditions légales (CE (na) 21-10-2019 n° 429940 : RJF 1/20 n° 15, à propos de ventes de parcelles imposant concomitamment aux acquéreurs d'y implanter une habitation légère de loisirs). Il en est ainsi même si le terrain a été préalablement viabilisé (CE (na) 27-12-2021 n° 451195 : RJF 4/22 n° 343). Il en ira de même pour la revente dudit terrain. Sur le régime fiscal de l'acquisition d'un terrain à bâtir, voir n°s 44200 s.

19360 **Location d'emplacements sur terrains de camping** La TVA sur les locations d'emplacements de **terrains de camping classés** est perçue au taux réduit de 10 % (CGI art. 279, a-al. 4). La procédure de classement des campings auprès d'Atout France est facultative et le classement est prononcé pour une durée de cinq ans (n°s 18920 s.). Ainsi, sont susceptibles de relever du taux réduit les opérations portant sur des terrains de camping, des aires naturelles de camping et des terrains de stationnement de caravanes aménagés (BOI-TVA-LIQ-30-20-10-10 n° 80). Le bénéfice du taux réduit s'applique également aux terrains de camping à la ferme subventionnés (BOI-TVA-LIQ-30-20-10-10 n° 90).

Demeurent soumis au **taux normal** de 20 % les terrains de camping qui ne sont pas classés et qui seraient, par exemple, seulement titulaires d'un label ou d'une marque garantissant un niveau de qualité de service (BOI précité n° 90).

› Précisions a. Les **locations** par des exploitants **à des intermédiaires** (organisme à caractère social ou entreprise de tourisme) bénéficient du taux réduit (BOI-TVA-LIQ-30-20-10 n° 10). En revanche, les locations par les propriétaires des terrains **aux exploitants des campings** sont exclues du dispositif (CE 30-12-2009 n° 301077 : RJF 4/10 n° 342 ; dans le même sens, CAA Nantes 11-3-2022 n° 20NT00539 : BPIM 3/22 inf. 244 rendu définitif par CE (na) 16-12-2022 n° 463896 : RJF 3/23 n° 194). Tel est notamment le cas de la location consentie à une entreprise de tourisme (agence de voyages, organisateur de circuit touristique, etc.) lorsque celle-ci assure l'exploitation du terrain (BOI-TVA-LIQ-30-20-10-10 n° 110).

b. En application de l'article 256 B du CGI, l'**exploitation d'un terrain de camping par une commune** n'entraîne pas son assujettissement à la TVA lorsque les services rendus dans ce cadre par la collectivité exploitante sont de nature sociale et ne sont pas concurrentiels.

Le caractère social de l'activité est présumé établi : si les tarifs pratiqués sont modulés en fonction des revenus de la clientèle et demeurent en moyenne inférieurs à ceux qui sont demandés par le secteur privé pour des équipements similaires ;

si la clientèle qui fréquente le terrain de camping est prioritairement une catégorie sociale défavorisée ; si les besoins ne sont pas suffisamment couverts par l'initiative privée ; lorsque les recettes annuelles sont inférieures pour la commune à 36 800 € (BOI-TVA-CHAMP-10-20-10-30 n° 310).

À défaut, l'exploitant du terrain de camping municipal peut bénéficier du taux réduit de 10 %, dans les conditions posées par l'article 279, a du CGI (voir n° 19365) au titre des prestations relatives à la fourniture de logement dans les terrains de camping classés.

Location de logement dans les terrains de camping La fourniture de logement (caravanes, tentes, mobile homes, habitations légères de loisirs) dans les **terrains de camping classés** bénéficie du taux réduit de 10 % (CGI art. 279, a-al. 4). À défaut, cette fourniture de logement est soumise à la TVA au taux normal de 20 %. 19365

La location de logements nus ou meublés par des exploitants de campings à des **organismes intermédiaires**, tels que des organismes à caractère social (mutuelles, comités d'entreprise, associations, etc.) ou des entreprises de tourisme (agences de voyages, organisateurs de séjours touristiques, etc.), afin qu'ils y réalisent, en leur nom et pour leur compte, des prestations d'hébergement relève du taux réduit de 10 % (BOI-TVA-LIQ-30-20-10 n° 10).

S'agissant du taux de TVA applicable aux **autres biens et services** proposés par les exploitants de camping à leurs clients, l'administration fiscale précise que l'existence d'un **lien indissociable**, du point de vue du consommateur, entre un service d'hébergement ou une location meublée et certains autres biens et services, rend artificielle toute décomposition de l'ensemble ainsi formé. En conséquence, les différents éléments de cet ensemble doivent suivre le même régime en matière de TVA. À l'inverse, le fait que certains biens et services soient proposés de façon optionnelle est un indice tendant à dissocier ces services de la prestation d'hébergement ou de location meublée en elle-même (BOI-TVA-LIQ-30-20-10-10 n° 50).

Le **caractère accessoire d'un service** au sein d'une opération d'hébergement ou de location meublée se traduit par son absence de finalité autonome. Ainsi, un service est accessoire dès lors qu'il a une fonction auxiliaire, telle que le fait de rendre techniquement ou matériellement possible la fourniture de l'élément principal, ou de la rendre plus facile ou de meilleure qualité, y compris en la complétant. Il en découle que sa valeur est nécessairement minime, voire marginale. Par exemple, au sein d'une opération d'hébergement, la mise à disposition d'une piscine n'a pas de finalité autonome du point de vue du client moyen, mais lui permet de bénéficier dans les meilleures conditions de la fourniture de ce logement, en la rendant de meilleure qualité (BOI-TVA-LIQ-30-20-10-10 n° 60). Le Conseil d'État a statué en ce sens à propos de l'accès à un complexe aquatique (voir Précisions).

> Précisions a. La location et la mise à disposition de biens meubles corporels tels que caravanes, tentes, mobile homes ou habitations légères de loisirs spécialement aménagés pour l'habitation ne relèvent pas du **régime d'exonération** de l'article 261 D, 4° du CGI. Cette activité de fourniture de logement est soumise de plein droit à la TVA (BOI-TVA-CHAMP-10-10-50-20 n° 50).

b. La circonstance que les logements comportent ou non des **moyens de mobilité** reste sans influence dès lors que le locataire les utilise comme des installations fixes et ne peut les déplacer (BOI-TVA-LIQ-30-20-10-10 n° 100).

c. L'article 261, 7-1°-a du CGI exonère de TVA les prestations de services à caractère social, éducatif, culturel ou sportif rendues aux membres des **organismes sans but lucratif** et, dans la limite de 10 % des recettes totales de ces organismes, les ventes accessoires consenties aux mêmes personnes.

d. **L'accès à un complexe aquatique** peut constituer une **prestation accessoire** à une prestation d'hébergement et bénéficier, à ce titre, du taux réduit de TVA de 10 %. Pour cela, il ne doit pas représenter pour les clients une fin en soi, mais le moyen de bénéficier dans les meilleures conditions de la prestation principale d'hébergement (CE 24-6-2015 n° 365849 : RJF 10/15 n° 779).

Locations d'aires d'accueil ou de terrains de passage des gens du voyage 19367

Le taux réduit de 10 % s'applique aux locations d'aires d'accueil ou de terrains de passage des gens du voyage (CGI art. 279, a-al. 5). L'exploitation **à titre onéreux** de ce type de terrains par une collectivité locale se trouve en effet potentiellement en concurrence avec une offre privée de services dès lors qu'il n'existe aucun monopole légal pour cette activité. Par conséquent, les recettes perçues auprès des usagers, issues de son activité de location de terrains aménagés, sont en principe soumises à la TVA, sauf lorsque le service est fourni **à titre gratuit** ou pour un prix symbolique (BOI-TVA-LIQ-30-20-10-30 n° 210).

Les locations auxquelles s'applique le taux réduit de 10 % sont (BOI précité n° 220) :

– les **aires permanentes d'accueil** qui sont prévues pour le séjour temporaire de résidences mobiles pendant une période maximale de trois mois pouvant être prolongée ;

– les **terrains de passage**, qui regroupent les aires de grand passage, les aires de petit passage et les terrains pour la halte.

ATTENTION

Le taux réduit **ne s'applique pas** (BOI-TVA-LIQ-30-20-10-30 n° 230) :
– aux locations de terrains familiaux qui sont prévus pour une installation prolongée dont la durée est définie par un contrat d'occupation ;
– aux locations de terrains mis à disposition pour les grands rassemblements religieux ou traditionnels de plusieurs milliers de caravanes pour une durée généralement brève ;
– aux prestations de gestion des aires permanentes d'accueil et les terrains de passage susvisés rendues à des collectivités locales.

IMPOSITION DES REVENUS

19370 La location d'**emplacements sur un terrain nu par une personne physique** constitue un acte purement civil dont les profits entrent dans la catégorie des revenus fonciers. En revanche, lorsqu'il s'agit d'un **terrain aménagé** ou sur lequel est assuré un service de gardiennage, l'opération revêt, en principe, un caractère commercial.

L'administration a apporté les précisions suivantes : il est admis que les profits tirés de la location de terrains de camping rangés dans la 4e catégorie, visée par l'arrêté interministériel du 23 septembre 1971, revêtent le caractère soit de revenus fonciers, soit de bénéfices non commerciaux, selon que l'exploitant est ou non propriétaire des terrains, mais le caractère commercial est de plein droit maintenu, avec toutes les conséquences fiscales qui en résultent, à la location de terrains de camping comportant au moins des **installations** communes et une garde de jour, c'est-à-dire des terrains – classés ou non – dont les normes d'équipement et de fonctionnement sont au moins équivalentes à celles prévues pour les terrains de camping appartenant à la 3e catégorie, quel que soit le nombre de campeurs ou d'abris de camping susceptibles d'être reçus (BOI-BIC-CHAMP-60-20 nos 450 à 470). On notera que l'arrêté de classement auquel l'administration fait référence n'est plus celui actuellement en vigueur (voir n° 18930). Pour leur part, les juges considèrent comme des bénéfices industriels et commerciaux les profits tirés de la location d'un terrain de camping dès lors que ce dernier comporte les équipements essentiels à son exploitation (dans l'espèce jugée, outre les emplacements de camping eux-mêmes : bureau d'accueil, ensemble de lavabos, douches et sanitaires, laverie, piscine, salle de réunion ou de jeux, salle à manger, cuisine équipée avec réserve, pizzeria), même si le locataire rajoute des équipements utiles tels que des maisons mobiles ou des bungalows (CE (na) 25-5-2018 n° 415855 : BPIM 5/18 inf. 379).

> Précisions a. Selon l'administration, les revenus tirés de la **location d'emplacements situés dans un parc résidentiel de loisirs** sont imposables dans la catégorie des BIC si les terrains comportent des aménagements dont la nature et l'importance sont suffisantes pour caractériser l'exercice d'une exploitation commerciale. Le caractère civil ou commercial de la location est déterminé en fonction d'éléments de fait (BOI-BIC-CHAMP-60-20 n° 480).

b. Les **associations** qui exploitent un terrain de camping et qui ne répondent pas aux trois critères suivants : gestion désintéressée, activité s'exerçant dans des conditions différentes de celles du secteur concurrentiel, absence de services à des entreprises qui en retirent un avantage concurrentiel présentent un caractère lucratif et sont en principe assujetties, à ce titre, aux impôts commerciaux (impôt sur les sociétés, TVA et contribution économique territoriale) (BOI-IS-CHAMP-10-50-10-10 nos 30 s.).

SECTION 4

CHANGEMENT D'USAGE DES LOCAUX D'HABITATION

OBJET DE LA RÉGLEMENTATION

19550 La réglementation des changements d'usage des locaux destinés à l'habitation a pour objectif essentiel de maintenir l'intégralité des surfaces habitables (déjà affectées à l'habitation) et d'éviter la transformation des centres des villes importantes en quartiers de bureaux.

> Précisions Sur le plan **fiscal,** les transformations de locaux d'habitation en bureaux dans la région **Île-de-France** donnent lieu, en principe, au paiement d'une taxe spéciale lors du changement d'affectation (voir nos 20050 s.) et ensuite au versement de la taxe annuelle sur les bureaux ou locaux assimilés (CGI art. 231 ter).

A. Communes concernées

Depuis le 21 novembre 2024, sont susceptibles d'être concernées par la réglementation les communes où s'applique la **taxe sur les logements vacants** de l'article 232 du CGI. Il suffit d'une **délibération** du conseil municipal soumettant à autorisation préalable le changement d'usage des locaux à usage d'habitation (CCH art. L 631-7, al. 1 dans sa rédaction issue de la loi 2024-1039 du 19-11-2024). 19553

Dans les autres communes, la réglementation peut être étendue à tout ou partie de leur territoire par une délibération de l'organe délibérant de l'EPCI compétent en matière de PLU ou, à défaut, du conseil municipal. Cette **délibération** doit être **motivée** par un déséquilibre entre l'offre et la demande de logements entraînant des difficultés sérieuses d'accès au logement sur l'ensemble du parc résidentiel existant (CCH art. L 631-9 dans sa rédaction issue de la loi 2024-1039 du 19-11-2024).

> **Précisions** **a.** **Avant la loi Le Meur** du 19 novembre 2024 (Loi 2024-1039 du 19-11-2024), la réglementation du changement d'usage des locaux d'habitation s'appliquait automatiquement dans les communes de plus de 200 000 habitants et dans les départements de la petite couronne parisienne. La réglementation s'appliquait sur délibération dans les autres communes soumises à la taxe sur les logements vacants et sur décision du préfet prise sur proposition du maire dans toute autre commune.
> **b.** À **Paris, Marseille et Lyon,** le maire d'arrondissement doit être consulté pour avis sur tous les projets de transformation d'immeubles en bureaux ou en locaux d'habitation (CGCT art. L 2511-30, dernier al.).

B. Locaux concernés

RÈGLES GÉNÉRALES

Est soumis à une autorisation administrative préalable le changement d'usage des locaux à **usage d'habitation** (CCH art. L 631-7 dans sa rédaction issue de la loi 2024-1039 du 19-11-2024). L'usage d'habitation s'entend de tout local habité ou ayant vocation à l'être même s'il n'est pas occupé effectivement et notamment en cas de vacance ou lorsqu'il fait l'objet d'un arrêté au titre de la réglementation sur l'habitat indigne. 19555

Sont concernées toutes les **catégories de logements** et leurs annexes, y compris les logements-foyers, logements de gardien, chambres de service, logements de fonction, logements inclus dans un bail commercial, locaux meublés donnés en location à titre de résidence principale du locataire (CCH art. L 632-1 et, sur renvoi, loi 89-462 du 6-7-1989 titre 1 bis) ou locaux meublés loués dans le cadre d'un bail mobilité dans les conditions du titre 1 ter de la loi 89-462 du 6 juillet 1989.

L'usage des locaux définis à l'article L 631-7 n'est en aucun cas affecté par la **prescription** de 30 ans prévue par l'article 2227 du Code civil (CCH art. L 631-7-1, al. 3).

> **Précisions** **a.** Le passage de locaux d'un **usage mixte professionnel et d'habitation** à un usage exclusivement professionnel requiert une autorisation de changement d'usage, peu important que la partie « habitation » du local soit minoritaire (Cass. 1e civ. 28-10-2015 nº 14-17.518 F-PB ; Cass. 3e civ. 22-6-2017 nº 16-17.946 FS-PBI : BPIM 4/17 inf. 261).
> **b.** Un local affecté à un usage d'habitation au 1er janvier 1970 ne perd pas cet usage lorsqu'il est ultérieurement réuni avec un local ayant un autre usage. Par suite, la location touristique d'un appartement issu de la **réunion de deux lots de copropriété** dont l'un était à usage d'habitation au 1er janvier 1970 exige, pour la partie correspondant à ce lot, une autorisation de changement d'usage (Cass. 3e civ. 13-6-2024 nº 23-11.053 FS-B, Ville de Paris : BPIM 4/24).

PREUVE DE L'USAGE D'HABITATION DU LOCAL

Avant la loi Le Meur Selon les dispositions applicables avant le 21 novembre 2024, un local est réputé à usage d'habitation s'il était affecté à cet usage au **1er janvier 1970**, la preuve pouvant être apportée par tout moyen (CCH art. L 631-7, al. 3 dans sa rédaction antérieure à la loi 2024-1039 du 19-11-2024 dite « loi Le Meur »). Les locaux construits après cette date sont réputés avoir l'usage prévu par le permis de construire. De même, les locaux ayant fait, après le 1er janvier 1970, l'objet de travaux ayant pour conséquence d'en changer la destination sont réputés avoir l'usage prévu par l'autorisation d'urbanisme relative à ces travaux. 19556

La **preuve** d'un usage d'habitation au 1er janvier 1970 était donc une condition pour qu'un local existant à cette date et n'ayant pas fait l'objet par la suite de travaux en vue d'un changement de destination soit réputé à usage d'habitation. Or cette preuve a soulevé des **difficultés**.

Dans le cadre de la révision foncière de 1970, les redevables de la contribution foncière ont dû remplir une déclaration relative à l'usage de leur bien, dite « déclaration H2 » (loi 68-108 du 2-2-68, art. 16). Cette déclaration a constitué le mode de preuve le plus utilisé. Mais il a été jugé que si la déclaration H2 avait été souscrite à une date postérieure, fût-ce de quelques mois, au 1er janvier 1970 elle ne pouvait pas, à elle seule, établir l'usage du local à cette date ni même le faire présumer (Cass. 3e civ. 18-2-2021 no 19-11.462 FP-P, Sté Herlytte c/ Ville de Paris : BPIM 2/21 inf. 91 ; Cass. 3e civ. 7-9-2023 no 22-18.101 FS-B : BPIM 5/23 inf. 339 ; Cass. 3e civ. 11-1-2024 no 22-21.126 FS-B : BPIM 1/24 inf. 72, s'agissant d'une déclaration remplie en octobre 1970).

Pour remédier à cette difficulté, qui gênait les efforts des communes pour entraver la prolifération des meublés de tourisme, la loi Le Meur du 19 novembre 2024 a modifié la date d'appréciation de l'usage d'habitation.

> **Précisions** **a.** Sous l'empire des dispositions antérieures à la loi Le Meur du 19 novembre 2024, il a été jugé que **n'est pas réputé à usage d'habitation** un local dont l'usage d'habitation n'est pas établi au 1er janvier 1970, peu important qu'après le 1er janvier 1970 :
– un formulaire déposé à l'administration fiscale révèle des travaux et l'affectation du local à l'habitation (Cass. 3e civ. 28-11-2019 no 18-24.157 FS-PBI) ;
– il ait eu – de fait – un usage d'habitation (Cass. 3e civ. 28-11-2019 no 18-23.769 FS-PBI ; Cass. 3e civ. 28-5-2020 no 18-26.366 FS-PBI, Ville de Paris : BPIM 4/20 inf. 243, dans une affaire où la preuve de l'achat d'un « appartement » en 1980 a été jugée inopérante).
b. Sous l'empire des dispositions antérieures à la loi Le Meur du 19 novembre 2024, il a été jugé qu'un local **est réputé à usage d'habitation** s'il était affecté à cet usage au 1er janvier 1970, sans qu'il y ait lieu de rechercher si cet usage était fondé en droit à cette date. Il est également réputé à usage d'habitation si, à la même date, il constituait en droit un logement, alors même qu'en fait il avait été affecté irrégulièrement à un autre usage : ainsi, un local à usage d'habitation qui, en 1963, a été affecté sans autorisation à un usage commercial doit être regardé comme ayant eu au 1er janvier 1970 un usage d'habitation et l'avoir conservé par la suite (CE 5-4-2019 no 410039 : BRDA 18/19 inf. 12). A donc été regardé comme à usage d'habitation un local affecté à cet usage, en droit et/ou en fait, au 1er janvier 1970.

19557 **Après la loi Le Meur** Depuis le 21 novembre 2024, un local est réputé à usage d'habitation s'il était affecté à cet usage (CCH art. L 631-7, al. 3 dans sa rédaction issue de la loi 2024-1039 du 19-11-2024) :
– soit à une date comprise entre le **1er janvier 1970 et le 31 décembre 1976** inclus ;
– soit à n'importe quel moment au cours des **30 dernières années** précédant la demande d'autorisation préalable au changement d'usage ou la contestation de l'usage dans le cadre des procédures du CCH pour remédier aux difficultés exceptionnelles de logement (livre VI du CCH).

L'usage d'habitation peut être établi par **tout mode de preuve**, la charge de la preuve incombant à celui qui veut démontrer un usage illicite.

Les dispositions relatives aux locaux **construits** ou **ayant fait l'objet de travaux après le 1er janvier 1970** ont été maintenues : ces locaux sont réputés avoir l'usage pour lequel la construction ou les travaux ont été autorisés. Mais une disposition nouvelle précise qu'une **autorisation d'urbanisme** ayant pour conséquence de changer la destination de locaux à usage d'habitation ne constitue un mode de preuve valable que si elle est accompagnée d'une autorisation de changement d'usage.

Dans tous les cas, lorsqu'une **autorisation de changement d'usage** a été accordée après le 1er janvier 1970, le local concerné et, dans le cas où cette autorisation a été accordée contre compensation, le local ayant servi à compensation sont réputés avoir l'usage résultant de l'autorisation (CCH art. L 631-7, al. 4).

> **ATTENTION**
> La réécriture par la loi Le Meur du 3e alinéa de l'article L 631-7 du CCH débouche sur un **cadre légal** plus **difficile à appréhender** et pourrait susciter des difficultés d'interprétation. La méthode pour déterminer si un local est à usage d'habitation semble être désormais la suivante.
> – Un **local construit après le 1er janvier 1970** est à usage d'habitation si le permis de construire lui donne cette destination, sauf autorisation de changement d'usage ultérieure. Le local n'est pas à usage d'habitation si le permis prévoit une autre destination, à moins qu'une autorisation d'urbanisme ait ensuite été délivrée en vue de lui donner une destination d'habitation (ou qu'une autorisation de changement d'usage ait imposé son affectation à l'habitation à titre de compensation).
> – Un **local construit avant le 1er janvier 1970** est à usage d'habitation si la preuve est apportée qu'il était affecté à cet usage à une date quelconque entre 1970 et 1976 ou au cours des trente dernières années, ou s'il a fait l'objet après le 1er janvier 1970 d'une autorisation d'urbanisme en vue de lui donner une destination d'habitation. Là aussi, il faut réserver l'hypothèse d'une autorisation de changement d'usage ultérieure.

LOCAUX LOUÉS EN TANT QUE MEUBLÉ DE TOURISME

Le fait de louer un local meublé à usage d'habitation en tant que meublé de tourisme constitue un changement d'usage soumis à autorisation (CCH art. L 631-7, dernier al. dans sa rédaction issue de la loi 2024-1039 du 19-11-2024). Les meublés de tourisme sont des villas, appartements ou studios meublés, à usage exclusif du locataire, offerts à la location à une clientèle de passage qui n'y élit pas domicile et qui y effectue un séjour caractérisé par une location à la journée, à la semaine ou au mois (C. tourisme art. L 324-1-1 dans sa rédaction issue de la loi 2024-1039 du 19-11-2024). 19558

Toutefois, lorsque le local constitue la **résidence principale** du loueur au sens de la loi du 6 juillet 1989, l'autorisation permanente ou temporaire de changement d'usage n'est pas nécessaire pour le louer de façon limitée pour de courtes durées à une clientèle de passage qui n'y élit pas domicile (CCH art. L 631-7-1 A, dernier al. et, sur renvoi, loi 89-462 du 6-7-1989 art. 2). Cette limite est fixée à 120 jours au cours d'une même année civile, sauf obligation professionnelle, raison de santé ou force majeure. Une délibération motivée du conseil municipal de la commune peut abaisser jusqu'à 90 jours le nombre maximal de jours de location (C. tourisme art. L 324-1-1, IV dans sa rédaction issue de la loi 2024-1039 du 19-11-2024).

> **Précisions** **a.** Les communes qui ont mis en place l'**enregistrement des meublés touristiques** peuvent instaurer une autorisation de location en tant que meublés de tourisme de locaux qui ne sont pas à usage d'habitation (C. tourisme art. L 324-1-1, IV bis dans sa rédaction issue de la loi 2024-1039 du 19-11-2024, la version antérieure visait les seuls locaux commerciaux). À compter d'une date fixée par décret et au plus tard le 20 mai 2026, le dispositif sera décorrélé de la procédure d'enregistrement et cette faculté concernera les communes ou s'applique la réglementation sur le changement d'usage des locaux d'habitation (C. tourisme art. L 324-1-1, IV bis dans sa rédaction issue de la loi 2024-1039 du 19-11-2024). Les articles R 324-1-4 et suivants du Code de tourisme devront être adaptés.
> **b.** L'autorisation de changement d'usage doit être obtenue par le propriétaire lorsqu'il met lui-même son bien en location meublée touristique mais également lorsqu'il consent **un bail autorisant le locataire à le sous-louer** de manière temporaire à une clientèle de passage n'y élisant pas domicile (Cass. 3e civ. 12-7-2018 n° 17-20.654 FS-PBI : RJDA 10/18 n° 782) dès lors, en effet, qu'il incombe au bailleur d'obtenir l'autorisation de changement d'usage avant la signature du bail lorsqu'elle est nécessaire. La circonstance que le propriétaire ait autorisé le locataire à sous-louer le local pour de courtes durées et lui ait garanti la licéité de cette pratique **n'exonère pas le locataire** de sa responsabilité. En l'absence d'autorisation de changement d'usage, tant le locataire que le propriétaire encourent une amende civile au titre des sous-locations (Cass. 3e civ. 15-2-2023 n° 22-10.187 FS-B, Sté Habitat parisien : BPIM 2/23 inf. 139). Sur l'amende civile, voir n° 19620.
> **c.** Les juges du fond apprécient souverainement si le logement mis en location touristique saisonnière est la **résidence principale** du bailleur (Cass. 3e civ. 11-7-2024 n° 23-13.789 FS-B, S. c/ Ville de Paris : BPIM 5/24 inf. 334).
> **d.** La décision de classement en meublé de tourisme prévue par l'article L 324-1 du **Code du tourisme** ne peut pas se substituer à l'autorisation de changement d'usage prévue par l'article L 631-7 du CCH (Cass. 3e civ. 27-6-2024, n° 23-13.131 FS-B : BPIM 4/24 inf. 277).

AUTORISATION TEMPORAIRE DE LOUER EN TANT QUE MEUBLE DE TOURISME

Les **communes** (ou les EPCI compétents en matière d'urbanisme) peuvent instituer un régime d'autorisation temporaire de changement d'usage permettant à une personne physique ou, depuis la loi Le Meur, à une personne morale de louer un local à usage d'habitation en tant que meublé de tourisme (CCH art. L 631-7-1 A dans sa rédaction issue de la loi 2024-1039 du 19-11-2024). 19560

L'autorisation est délivrée par le maire (après avis du maire d'arrondissement à Paris, Lyon et Marseille). La **délibération** du conseil municipal (ou de l'organe délibérant de l'EPCI) qui institue cette autorisation temporaire fixe les conditions et critères de sa délivrance, qui peuvent porter sur la durée des contrats de location, les caractéristiques physiques du local et sa localisation en fonction notamment des marchés de locaux d'habitation et de la nécessité de ne pas aggraver la pénurie de logements. Les critères peuvent être modulés en fonction du nombre d'autorisations accordées à un même propriétaire personne physique ou personne morale.

La délibération peut également fixer, dans une ou plusieurs zones géographiques, ou sur l'ensemble du territoire communal, un nombre maximal d'autorisations temporaires ou la part maximale de locaux d'habitation pouvant faire l'objet d'une autorisation temporaire. Dans ces zones de « **quotas** », toutes les autorisations temporaires sont délivrées pour une durée identique, inférieure à 5 ans, et **aucune autorisation permanente** de changement d'usage ne peut être délivrée dans le but de louer un local à usage d'habitation en tant que meublé de tourisme, sauf si elle est accordée contre une compensation. La délibération définit une **procédure de sélection** pour accorder les autorisations.

Le local bénéficiant de l'autorisation temporaire ne change pas de **destination** au sens des règles du PLU relatives au changement de destination des constructions.

> Précisions a. Pour le calcul des quotas, sont exclus les logements inclus dans des **résidences de tourisme** lorsqu'ils constituent des résidences principales en dehors des périodes de location touristique (CCH art. L 631-7-1 A, al. 4 dans sa rédaction issue de la loi 2024-1039 du 19-11-2024).
b. L'autorisation de changement d'usage temporaire ne peut être demandée que si le changement d'usage est conforme au **règlement de copropriété**. Le demandeur en atteste par une déclaration sur l'honneur (CCH art. L 631-7-1 A, al. 5 dans sa rédaction issue de la loi 2024-1039 du 19-11-2024).

LOCAUX AFFECTÉS TEMPORAIREMENT À L'HABITATION

19563 Les communes (ou les EPCI compétents en matière d'urbanisme) peuvent instituer un régime de **déclaration préalable** permettant d'affecter temporairement à l'habitation des locaux destinés à un autre usage, pour une durée de 15 ans au plus (CCH art. L 631-7-1 B). Jusqu'à l'expiration de ce délai, les locaux peuvent, par dérogation à l'article L 631-7, retrouver leur usage antérieur.

Si un local affecté temporairement à l'habitation est **loué,** le bail doit mentionner le caractère temporaire de cette affectation. Si le caractère temporaire de l'affectation est mentionné dans le bail, le retour des locaux à leur usage antérieur est un motif légitime et sérieux de congé au sens de l'article 15 de la loi 89-462 du 6 juillet 1989. En revanche, le caractère temporaire de l'affectation à l'habitation ne constitue pas un événement au sens de l'article 11 de la loi, lequel justifierait que le contrat de bail d'habitation soit d'une durée inférieure à la durée légale.

> Précisions Le conseil municipal de la Ville de **Paris** a institué un régime de déclaration préalable permettant d'affecter temporairement à l'habitation des locaux destinés à un autre usage, pour une durée n'excédant pas 15 ans (Délibération 2016 DLH 59 des 15, 16 et 17-2-2016 modifiant le régl. municipal relatif au changement d'usage des locaux d'habitation art. 10). Si, dans le délai de 15 ans le propriétaire ne déclare pas le retour à l'usage initial, le local concerné perdra définitivement son usage initial et devra être maintenu à usage d'habitation, sauf à obtenir une autorisation délivrée dans les conditions fixées par le règlement municipal.

LOCAUX DES PROFESSIONS LIBÉRALES

19565 Les sociétés civiles professionnelles et les membres des professions libérales soumises à un statut législatif ou réglementaire, ou dont le titre est protégé (architectes, chirurgiens-dentistes, médecins, avocats, experts agricoles et fonciers, etc.), exerçant en commun leur activité sont soumis aux dispositions de l'article L 631-7 du CCH.

> Précisions a. La « loi Mermaz » du 6 juillet 1989 a abrogé l'article 57 de la « loi Méhaignerie » du 23 décembre 1986 qui avait dispensé ces sociétés et professionnels de toute procédure d'autorisation au titre des changements d'affectation des locaux à usage d'habitation. Toutefois, celles et ceux qui ont (comme propriétaires ou locataires) bénéficié de cette exemption sont réputés être titulaires à titre personnel, pour le local en cause, d'une autorisation d'usage professionnel s'ils en ont fait la déclaration avant le 8 octobre 1989.
b. Sur les conditions dans lesquelles un logement peut être affecté en partie à un usage professionnel, voir n°s 19600 s.

C. Autorisation de changement d'usage

19575 **Délibération du conseil municipal réglementant la délivrance des autorisations** Dans chaque commune où l'article L 631-7 est applicable, une délibération du conseil municipal fixe (CCH art. L 631-7-1, al. 4) :
– les conditions dans lesquelles les autorisations sont délivrées ;
– les conditions dans lesquelles les compensations sont déterminées (voir n° 19595).

> Précisions Saisi de la légalité d'une délibération qui fixe les conditions du changement d'usage, le juge administratif vérifie que les dispositions prévues sont **nécessaires** pour lutter contre une pénurie de logements destinés à la location et **proportionnées** à l'objectif poursuivi (CAA Bordeaux 30-1-2024 n° 21BX04629, Association des hôtes de Bordeaux : BPIM 2/24 inf. 99).

PROCÉDURE D'AUTORISATION

19580 L'**autorité compétente** pour autoriser le changement d'usage d'une construction destinée à l'habitation est le maire. À Paris, Marseille et Lyon, le maire d'arrondissement émet un avis sur la demande (CCH art. L 631-7-1, al. 1).

L'octroi de l'autorisation n'a pas à être motivé. En revanche, un refus d'autorisation doit comporter une **motivation,** par application de la loi du 11 juillet 1979 sur la motivation des actes administratifs, aujourd'hui codifiée dans le Code des relations entre le public et l'administration (CE 23-10-1998 n° 180241, Min. équipement : BPIM 1/99 inf. 12).

> **Précisions** Pour **refuser une autorisation,** l'autorité compétente ne peut se fonder que sur des considérations tirées du nombre de logements disponibles dans le secteur (CE 15-12-2000 nº 212175 : BPIM 3/01 inf. 180), mais ce secteur peut s'étendre au-delà des limites de la commune dès lors qu'un intérêt général en relation avec les objectifs de la législation en cause le justifie (CE sect. 30-12-2010 nº 308067, Min. logement).

PORTÉE DE L'AUTORISATION

L'autorisation de changement d'usage est accordée à titre personnel (CCH art. L 631-7-1, al. 2). **19585**
Elle cesse de produire effet lorsqu'il est mis fin, à titre définitif, pour quelque raison que ce soit, à l'exercice professionnel du bénéficiaire. Les surfaces ayant fait l'objet de l'autorisation doivent donc être rendues à un usage d'habitation dès le départ du bénéficiaire.

Toutefois, lorsque l'autorisation est subordonnée à une compensation (voir nº 19595), le titre est attaché au local et non à la personne.

> **Précisions** **a.** Les autorisations sont accordées sous **réserve du droit des tiers** et de leur compatibilité avec les règles d'urbanisme.
> **b.** Le **caractère personnel** des autorisations a été expressément consacré par la loi Méhaignerie du 23 décembre 1986 (CE 28-2-1997 nº 158194, SCPI France-Pierre : BPIM 3/97 inf. 175). Mais la jurisprudence reconnaît un caractère personnel aux autorisations délivrées avant l'entrée en vigueur de ce texte (CE sect. 25-7-2007 nº 277960, Min. emploi : Lebon p. 394, BPIM 6/07 inf. 400).
> **c.** L'ordonnance du 8 juin 2005 a maintenu la règle du caractère personnel des autorisations de changement d'usage tout en prévoyant une exception pour celles qui ont été subordonnées à une compensation, c'est-à-dire à l'affectation concomitante à l'habitation de locaux ayant un autre usage. Cette exception vaut y compris pour les autorisations antérieures à l'ordonnance de 2005. Celle-ci précise en effet que les autorisations définitives accordées avant son entrée en vigueur et qui ont donné lieu à compensation effective sont attachées, à compter de cette entrée en vigueur, au local et non à la personne (Ord. 2005-655 du 8-6-2005 art. 29, II). Il résulte de cette disposition que le **caractère réel** d'une autorisation délivrée avant le 10 juin 2005 et ayant donné lieu à compensation effective peut être invoqué pour toute opération effectuée après cette date (CE 7-3-2008 nº 293343, SCI Haussmann Boétie : BPIM 3/08 inf. 206). En revanche, dans un litige concernant une opération antérieure au 10 juin 2005, l'autorisation sera regardée comme personnelle (en ce sens Cass. 3e civ. 9-5-2012 nº 11-16.139 : RJDA 11/12 nº 1012).
> **d.** La seule qualité de voisin ne confère pas un **intérêt pour agir** contre une décision autorisant le changement d'affectation d'une villa (CE 20-4-1988 nº 79844).

PERMIS DE CONSTRUIRE

Lorsque le changement d'usage fait l'objet de travaux entrant dans le champ d'application **19590**
du permis de construire, la **demande** de permis de construire ou la déclaration de travaux vaut demande de changement d'usage (CCH art. L 631-8).

La procédure d'instruction de la demande d'autorisation est cependant indépendante de celle du permis de construire. Le fait qu'un changement de destination des locaux ait été autorisé par un permis de construire ou une décision de non-opposition à une déclaration préalable n'impose pas à l'autorité compétente pour autoriser le changement d'usage des locaux d'habitation de délivrer cette autorisation (CE 9-2-2023 nº 462409, Sté Eurotrade Fish : BPIM 2/23 inf. 100). Les travaux ne pourront être exécutés qu'après l'obtention de cette autorisation (CCH art. L 631-8 ; C. urb. art. L 425-9).

D. Compensation

RÈGLES GÉNÉRALES DE COMPENSATION

L'autorisation peut être subordonnée à une compensation sous la forme de la **transforma-** **19595**
tion concomitante en habitation de locaux ayant un autre usage. Les locaux offerts en compensation sont mentionnés dans l'autorisation qui est publiée au fichier immobilier ou inscrite au livre foncier (CCH art. L 631-7-1, al. 1 et 2).

La **délibération du conseil municipal** mentionnée nº 19575 fixe les conditions dans lesquelles les compensations sont déterminées. Les règles applicables doivent être définies par quartier et, le cas échéant, par arrondissement, au regard des objectifs de mixité sociale, en fonction notamment des caractéristiques des marchés de locaux d'habitation et de la nécessité de ne pas aggraver la pénurie de logements.

Comme indiqué nº 19585, le fait qu'une autorisation prévoie une compensation a pour effet de lui conférer un caractère réel et non personnel.

Les **compensations financières** sont strictement **interdites** (Circ. 89-69 du 3-11-1989 : BO équipement 90/1 du 10-1-1990 ; CE 6-3-1992 nº 69602 : RJDA 5/92 nº 502).

> Précisions La somme versée par une société à un tiers pour acheter un **droit de commercialité** afin d'obtenir l'autorisation de modifier l'affectation d'un immeuble (laquelle autorisation était subordonnée à une obligation de compensation consistant à transformer d'autres locaux commerciaux en locaux d'habitation) constitue un coût directement exposé pour la mise en état d'utilisation du bien conformément à son nouvel usage. Elle entre dans le prix de revient de l'immeuble (CGI ann. III art. 38 quinquies) et ne constitue pas une charge déductible (CE 21-7-2017 n° 395457 : RJF 11/17 n° 1075).

LE CAS DE PARIS

19596 **Règlement municipal de Paris** À Paris, les conditions de la compensation ont fait l'objet d'un **règlement municipal** plusieurs fois modifié notamment pour y intégrer un article 10 sur la déclaration d'affectation temporaire à l'habitation des locaux destinés à un autre usage (voir n° 19563), puis pour ouvrir la possibilité de demander l'autorisation par voie dématérialisée. Enfin, la Ville de Paris a renforcé les règles de compensation des meublés de tourisme (Régl. municipal de la ville de Paris du 15-12-2021 : BOVP n° 5 du 18-1-2022).

Le règlement municipal de Paris doit être mis à jour après l'adoption, notamment, de la loi Le Meur du 19 novembre 2024 (Loi 2024-1039 du 19-11-2024).

> Précisions Est reconnue la **proportionnalité de l'obligation de compensation** prévue par le règlement municipal de la Ville de Paris et donc sa compatibilité avec la directive 2006/123 du 12 décembre 2006 relative aux services dans le marché intérieur dite « directive services » (Cass. 3e civ. 18-2-2021 n° 17-26.156 FP-PR, Sté Cali Apartments c/ Ville de Paris : BPIM 2/21 inf. 91).

19597 **Règle de compensation** La compensation est assurée par l'affectation à l'habitation d'un **local équivalent,** en surface et en qualité, à celui qui perdra cet usage. Ce local doit avoir eu une affectation autre que l'habitation au 1er janvier 1970 et n'avoir pas été déjà utilisé à titre de compensation. Les locaux proposés en compensation doivent correspondre à des unités de logement, répondre aux normes du logement décent, ne pas constituer une extension du logement existant et être situés dans le **même arrondissement** que les locaux d'habitation faisant l'objet du changement d'usage.

La compensation est plus sévère dans le cas où un local d'habitation est transformé en **meublé touristique.** Dans un périmètre où la densité des meublés est particulièrement importante, les locaux proposés en compensation doivent représenter une surface triple de celle faisant l'objet de la demande de changement d'usage. En dehors de ce périmètre mais à l'intérieur des secteurs de compensation renforcée (voir n° 19598), la surface de compensation doit être double (sauf logements sociaux ou logements faisant l'objet de baux réels solidaires [BRS]). Ce périmètre spécifique comprend les 1er à 11e et 18e arrondissements.

19598 **Règle de compensation renforcée** Dans le secteur dit « de compensation renforcée », les locaux proposés en compensation doivent représenter une surface double de celle faisant l'objet de la demande de changement d'usage, sauf si ces locaux sont transformés en logements locatifs sociaux faisant l'objet d'une convention conclue pour au moins 20 ans en application de l'article L 831-1 du CCH ou en logements faisant l'objet de BRS (CCH art. L 255-1), ou si des locaux sont transformés et compensés par un propriétaire identique au sein d'une même unité foncière, dans le cadre d'une rationalisation des surfaces d'habitation de cette unité. Le secteur de compensation renforcée couvre l'ouest et le centre de la capitale, ainsi qu'un ensemble d'emprises destinées au logement, situées dans le grand arc nord-est.

Par dérogation à la règle selon laquelle le local transformé et celui offert en compensation doivent être situés dans le même arrondissement, dans les secteurs de compensation renforcée, les locaux transformés en **logements locatifs sociaux** ou en logements faisant l'objet de **baux réels solidaires** proposés en compensation peuvent être situés à tout emplacement du secteur de compensation renforcée. Toutefois, si les locaux transformés sont situés dans les 1er, 2e, 3e, 4e à 9e et les 16e et 17e arrondissements, 50 % au moins de la surface proposée en compensation devra se trouver dans le même arrondissement, le solde se trouvant dans le secteur de compensation renforcée.

19599 **Dispense de compensation** Des changements d'usage sans compensation sont possibles pour les personnes physiques exerçant une **profession libérale réglementée** entrant dans le champ d'application de la loi du 29-11-1966 sur les sociétés civiles professionnelles ou de la loi du 31-12-1990 sur les sociétés d'exercice libéral et pour les personnes physiques ou morales qui poursuivent une **mission d'intérêt général** ou qui reprennent des **locaux situés au rez-de-chaussée** en vue de certains usages (profession libérale, activité artisanale sur rue ou sur cour dans une voie comportant une protection particulière de l'artisanat, activité commerciale en dehors du secteur de compensation renforcée si le local appartient ou est loué par un office HLM ou une société d'économie mixte, accueil d'une association ou d'une fondation).

Ces autorisations sans compensation sont des **autorisations personnelles** qui cessent de produire effet lorsque leur titulaire met fin à son activité professionnelle dans le local (qui revient alors à l'habitation). Pour les professions libérales réglementées, la dispense de compensation s'applique dans la limite de 250 m² en cas de remplacement d'un professionnel régulièrement installé par une personne exerçant la même profession (mais le local revient à l'habitation si la totalité des professionnels y exerçant cessent leur activité) ; dans les autres cas, elle s'applique dans la limite de 50 m² par professionnel et 150 m² par local dans les quartiers autres que ceux présentant un déséquilibre au profit des activités professionnelles (et sans limite de surface dans les quartiers prioritaires définis par l'article 5 de la loi 2014-173 du 21-2-2014).

E. Affectation partielle d'un logement à une activité professionnelle

DISPENSE D'AUTORISATION

19600 Dès lors qu'aucune stipulation contractuelle du bail ou du règlement de copropriété ne s'y oppose, l'exercice d'une activité professionnelle, y compris commerciale, dans une partie d'un local à usage d'habitation est autorisée dès lors que l'activité considérée n'est exercée que par le ou les occupants ayant leur **résidence principale** dans ce local et ne conduit à y recevoir ni clientèle ni marchandise. Cette disposition est applicable au représentant légal d'une personne morale (CCH art. L 631-7-3).

Si le local d'habitation est situé au **rez-de-chaussée,** l'interdiction de recevoir des clients et des marchandises ne s'applique pas. L'exercice de l'activité ne doit toutefois engendrer ni nuisance ni danger pour le voisinage et elle ne doit conduire à aucun désordre pour le bâti (CCH art. L 631-7-4).

Par dérogation à ces dispositions, si le logement appartient à un organisme HLM, l'exercice d'une activité commerciale dans un local situé au rez-de-chaussée est soumis à l'autorisation mentionnée n° 19605 (CCH art. L 631-7-5, I-al. 3). Bien que le texte ne soit pas très clair sur ce point, on peut penser que cette autorisation n'est requise que si l'intéressé entend recevoir des clients ou des marchandises.

> **Précisions a.** Dans tous les cas, seul le professionnel occupant les lieux à titre de résidence principale est autorisé à exercer, ce qui interdit l'**emploi de salariés** dans le local.
> **b.** Les dispositions sur l'affectation partielle s'appliquent sans limitation de durée à toutes les **sociétés,** quelle que soit leur date de création.
> **c.** L'occupant doit respecter les clauses relatives à l'usage des locaux prévues par le **règlement de copropriété** ou le **bail.** Si ces documents interdisent l'usage des locaux à titre professionnel, le représentant légal d'une société peut néanmoins en installer le siège à son domicile mais pour une durée limitée à 5 ans (C. com. art. L 123-11-1). En effet, cette dernière faculté de domiciliation s'applique nonobstant toute disposition légale ou stipulation contractuelle contraire.

AUTORISATION DÉROGATOIRE

19605 Lorsque les conditions visées ci-dessus ne sont pas remplies, le maire peut autoriser, dans une partie d'un local d'habitation utilisé par le demandeur comme sa **résidence principale,** l'exercice d'une activité professionnelle y compris commerciale, pourvu qu'elle n'engendre ni nuisance, ni danger pour le voisinage et qu'elle ne conduise à aucun désordre pour le bâti (CCH art. L 631-7-2). Le bail d'habitation de cette résidence n'est pas pour autant soumis au statut des baux commerciaux et ne peut pas être un élément du fonds de commerce.

Si le logement appartient à un organisme **HLM,** l'autorisation est délivrée après avis du propriétaire (l'avis est réputé favorable en l'absence de réponse dans le délai d'un mois). Le maire ne peut autoriser une activité commerciale que si le local est situé au rez-de-chaussée (CCH art. L 631-7-5).

À Paris, le règlement municipal limite à 50 % de la surface du local la partie utilisée à des fins professionnelles (Règl. municipal art. 5, www.paris.fr).

F. Régularisation et dispositions transitoires

RÉGULARISATION DES CHANGEMENTS D'AFFECTATION ILLICITES

19610 L'ordonnance du 8 juin 2005 a prévu une régularisation des changements d'affectation effectués sans autorisation avant son entrée en vigueur.

Lorsque la désaffectation irrégulière d'un local destiné à l'habitation a été effectuée **avant le 1er janvier 1970,** la régularisation est automatique. Elle résulte de la règle selon laquelle, pour les constructions édifiées avant 1970, la destination du local est appréciée en fonction de l'usage auquel il était effectivement consacré à cette date (voir no 19555).

Pour les désaffectations irrégulières effectuées **entre le 1er janvier 1970 et le 10 juin 2005,** date d'entrée en vigueur de l'ordonnance, une possibilité de régularisation était ouverte jusqu'au 1er juillet 2006. Les personnes ayant changé, sans autorisation, l'usage d'un local auquel était applicable l'article L 631-7 du CCH ont pu bénéficier sur demande d'une autorisation à titre personnel en justifiant, avant le 1er juillet 2006, de l'usage continu et non contesté des lieux à des fins autres que l'habitation depuis au moins 20 ans à la date d'entrée en vigueur de l'ordonnance (Ord. 2005-655 du 8-6-2005 art. 29, I).

LOCAUX AYANT FAIT L'OBJET AVANT LE 10 JUIN 2005 D'UNE DÉCLARATION D'AFFECTATION TEMPORAIRE À L'HABITATION

19615 Dans sa rédaction antérieure à l'ordonnance du 8 juin 2005, l'article L 631-7-1 du CCH permettait d'affecter de manière temporaire à l'habitation des locaux affectés à un autre usage. Cette affectation faisait l'objet d'une déclaration adressée au maire et au préfet (CCH art. R 631-6 à R 631-8). Le **retour à l'affectation antérieure** résultait également d'une déclaration, présentée dans un délai maximal de 13 ans.

Les locaux ayant fait l'objet d'une déclaration d'affectation temporaire à l'habitation avant le 10 juin 2005 peuvent retrouver leur affectation antérieure sur simple déclaration adressée au préfet avant l'expiration du délai mentionné dans la déclaration d'affectation temporaire. En l'absence de déclaration, les locaux qui, à l'expiration de ce délai, demeurent affectés à l'habitation seront régis par les dispositions applicables aux locaux à usage d'habitation (Ord. 2005-655 du 8-6-2005 art. 29, II).

G. Sanctions

19620 Les accords conclus en violation de l'article L 631-7 sont **nuls** de plein droit (CCH art. L 631-7, al. 7).

Le changement d'affectation opéré en violation des réglementations sur le changement d'usage (CCH art. L 631-7) et le changement d'usage temporaire (CCH art. L 631-7-1) est puni d'une **amende** pouvant aller jusqu'à 100 000 € par local irrégulièrement transformé. Cette amende civile est prononcée par le juge, à la requête de la commune, de l'autorité organisatrice de l'habitat, de l'EPCI compétent en matière d'urbanisme ou de l'Agence nationale de l'habitat (Anah). Le juge ordonne le retour à l'habitation des locaux transformés sans autorisation dans le délai qu'il fixe ; à l'expiration de ce délai, il prononce une **astreinte** pouvant aller jusqu'à 1 000 € par jour et par mètre carré utile des locaux irrégulièrement transformés (CCH art. L 651-2 dans sa rédaction issue de la loi 2024-1039 du 19-11-2024).

Le propriétaire et le locataire chargé de conclure des sous-locations touristiques doivent tous deux être condamnés en cas d'infraction à l'article L 631-7 (CA Paris 30-9-2021 no 21/03183). Le propriétaire et le locataire, ou des propriétaires indivis, ne peuvent pas être condamnés in solidum : le juge doit individualiser la peine en fixant le montant de l'amende due par chacun des intéressés, dans la limite du montant maximal de l'amende par personne pour un même local (Cass. 3e civ. 11-7-2024 nos 22-24.020, 23-10.467 et 23-13.789 : BPIM 5/24 inf. 233).

Le produit de l'amende et de l'astreinte est intégralement versé à la commune dans laquelle est situé l'immeuble (CCH art. L 651-2).

› Précisions a. Avant la loi 2008-561 du 17-6-2008, qui a ramené de 30 à 5 ans le délai général de prescription en matière civile (C. civ. art. 2224), la **prescription** de l'action civile des tiers en matière de changement d'affectation a été regardée comme trentenaire (voir en ce sens Liet-Veaux, « Réflexions nouvelles sur les changements de destination ou d'affectation de locaux » JCP éd. N 1990 I p. 290 ; CA Paris 5-6-1992 : D. 1992 IR p. 248 ; Rép. Mesmin : AN 9-9-1996 no 37322).

b. La **violation** des dispositions de l'article L 631-7 peut être **invoquée** par toute personne qui y a intérêt et notamment le syndicat des copropriétaires (Cass. 3e civ. 15-1-2003 no 01-03.076 : RJDA 6/03 no 663).

c. Indépendamment de l'application des dispositions du CCH, un changement d'affectation, même ne nécessitant pas de permis de construire, qui viole des **règles d'urbanisme** issues d'un document local d'urbanisme, tombe sous le coup des sanctions prévues par l'article L 610-1 du Code de l'urbanisme, lequel renvoie à la procédure de poursuite en matière de permis de construire (voir nos 16703 s.).

d. L'autorisation de changement d'usage doit être obtenue par le propriétaire avant la signature du **contrat de bail,** même lorsque ce contrat prévoit une prise d'effet différée. À défaut, le bail est nul de plein droit (Cass. 3e civ. 10-6-2015 no 14-15.961 : BPIM 4/15 inf. 240).

e. Toute personne exerçant une **activité d'entremise** ou de **négociation** ou d'**activité de mise à disposition de services** qui enfreint la réglementation sur le changement d'usage (CCH art. L 631-7) et le changement d'usage temporaire (CCH art. L 631-7-1 A) est condamné à une amende civile pouvant aller jusqu'à 100 000 € par local irrégulièrement transformé (CCH art. L 651-2-1 créé par la loi 2024-1039 du 19-11-2024). Échappent à cette sanction les plateformes numériques servant d'intermédiaires pour la location.

SECTION 5 DÉROGATION AUX RÈGLES D'ACCESSIBILITÉ DES BÂTIMENTS

NOTION D'ACCESSIBILITÉ

À l'exception des propriétaires construisant ou améliorant un logement pour leur propre usage, il est de principe que les **dispositions architecturales,** les **aménagements et équipements intérieurs** et **extérieurs** des locaux d'habitation, des établissements recevant du public (ERP), des installations ouvertes au public (IOP) et des lieux de travail doivent être tels que ces locaux et installations soient accessibles à tous (CCH art. L 161-1). Est regardé comme accessible un bâtiment ou un aménagement qui, dans des conditions normales de fonctionnement, permet à l'ensemble des personnes susceptibles d'y accéder avec la plus grande autonomie possible, de circuler, d'accéder aux locaux, d'utiliser les équipements, de se repérer, de s'orienter, de communiquer et de bénéficier des prestations en vue desquelles il a été conçu, quelles que soient les capacités ou les limitations fonctionnelles motrices, sensorielles, cognitives, intellectuelles ou psychiques de ces personnes (CCH art. L 111-1, 3o). 19750

Un **registre public d'accessibilité** doit être mis à disposition du public dans les ERP. Il indique les dispositions qui ont été prises pour permettre à tous, notamment aux personnes handicapées, de bénéficier des prestations en vues desquelles l'établissement a été conçu (CCH art. L 164-1 et R 164-6 ; Arrêté LHAL1614039A du 19-4-2017).

BÂTIMENTS NEUFS

Principe de mise en accessibilité totale L'obligation de mise en accessibilité est en principe totale pour les nouveaux bâtiments (maisons individuelles, bâtiments d'habitation collectifs, ERP/IOP). Toutefois, dans les bâtiments d'habitation collectifs (libres ou secteur HLM), l'exigence d'accessibilité dès la construction est limitée à **20 % des logements,** tandis que les autres logements sont dits « évolutifs » (CCH art. L 162-1, 1o). 19755

Concrètement, toutes les circulations des bâtiments collectifs d'habitation doivent être accessibles en présentant des **caractéristiques minimales** (CCH art. R. 162-4). Il en va de même pour les portes d'accès aux logements. Ensuite 20 % des logements situés au rez-de-chaussée ou en étage desservis par un ascenseur doivent être intégralement accessibles avec un minimum d'un logement. La notion de **logement évolutif,** qui concerne le solde des logements, consiste à offrir les mêmes conditions d'accessibilité par logement, seulement pour le séjour et un cabinet d'aisances, étant entendu que le reste de chaque logement doit pouvoir facilement être rendu accessible, par des travaux simples, sans incidence sur des éléments de structure et certains réseaux encastrés en cloisons, sans conduire au déplacement du tableau électrique du logement et sans porter sur les entrées d'air (CCH art. R. 162-4, I, 3o ; Arrêté ETLL1511145A 24-12-2015 modifié, art. 16). Les logements évolutifs doivent disposer de la même surface moyenne que ceux intégralement accessibles.

› Précisions **a.** Les règles d'accessibilité ne s'appliquent pas aux **maisons individuelles** dont le propriétaire a, directement ou par l'intermédiaire d'un professionnel de la construction, entrepris la construction ou la réhabilitation **pour son propre usage** (CCH art. R 162-5).
b. Le moyen tiré de la méconnaissance des règles d'accessibilité prévues à l'article L. 161-1 CCH peut être utilement invoqué à l'encontre d'un **permis de construire** lorsque les travaux autorisés par celui-ci portent notamment sur la création d'un ERP (TA Nice 7-9-2023 n° 2203973).
c. Le paiement par l'architecte concepteur d'une indemnité correspondant au coût de la démolition-reconstruction n'est pas disproportionné au regard de la **non-conformité non remédiable** aux règles d'accessibilité d'un immeuble neuf ne comportant pas d'ascenseur (Cass. 3e civ. 5-9-2024 n° 21-21.970 F-D).

19756 **Bâtiments vendus en l'état futur d'achèvement** Lors d'une opération de construction de logements, l'acquéreur du logement neuf peut conclure avec le promoteur un **contrat de travaux modificatifs** pour permettre l'adaptation du logement à ses besoins. Cet « assouplissement » aux règles d'accessibilité est encadré pour permettre l'adaptabilité future du logement par des travaux simples et pour garantir que le logement puisse être visité par une personne handicapée, quel que soit son handicap (CCH art. R 162-4, III pour les bâtiments d'habitation collectifs et CCH R 162-7, IV pour les maisons individuelles). Le plan du logement correspondant au logement réalisé avec les travaux modificatifs et le plan du logement correspondant à la configuration du logement conforme aux règles d'accessibilité sont annexés au contrat de travaux modificatifs. Ces plans sont également annexés à l'acte authentique de vente si le contrat de travaux modificatifs a été conclu antérieurement.

19757 **Occupation temporaire et saisonnière** Un régime d'accessibilité distinct dont la fixation est confiée au pouvoir réglementaire (décret après avis du Conseil national consultatif des personnes handicapées) est prévu pour les logements destinés à l'occupation temporaire ou saisonnière dont la **gestion et l'entretien** sont **organisés et assurés de façon permanente** (résidences sociales, résidences étudiantes, résidences de tourisme). Pour ces constructions, un accord du préfet doit être délivré, au cas par cas après avis simple de la commission compétente en matière d'accessibilité (CCH art. L 162-1, 4°). Les dispositions architecturales, aménagements et équipements de ces logements ainsi que les prestations propres à assurer la qualité du séjour des personnes handicapées sont définis aux articles R 162-4, II du CCH pour les logements situés dans des bâtiments d'habitation collectifs et R 162-7, III pour ceux situés dans des maisons individuelles. Un arrêté ETLL1404845A du 14 mars 2014 modifié en détaille les conditions d'application.

› Précisions Sur l'application des règles d'accessibilité à un projet de construction comportant **trois appartements** indépendants ayant vocation à être loués à l'année et une **villa de quatre chambres,** destinée à la location saisonnière, voir n° 19785 Précisions d.

19758 **Solutions d'effet équivalent** Un maître d'ouvrage peut substituer à une solution technique prévue par le Code de la construction et de l'habitation une « solution d'effet équivalent » (SEE). Cette solution doit respecter les objectifs généraux fixés par le CCH et permettre d'atteindre des résultats au moins équivalents à ceux de la solution de référence (CCH art. L 112-9 al. 1).

Avant de mettre en œuvre une SEE, le maître d'ouvrage doit obtenir d'un organisme tiers, offrant des garanties de compétence et d'indépendance, une attestation selon laquelle la solution envisagée répond à cette exigence (« **attestation de respect des objectifs** ») et transmettre cette attestation à l'administration (CCH art. L 112-9 al. 2 et 3). La transmission doit intervenir avant le dépôt de la demande d'autorisation d'urbanisme ou, si les travaux n'en exigent pas, avant leur achèvement.

La SEE est mise en œuvre dans les conditions validées par l'attestation de respect des objectifs (CCH art. L 112-10, al. 2 et 3). La conformité de la mise en œuvre doit être vérifiée au cours des travaux par un contrôleur technique n'ayant aucun lien avec l'organisme qui a établi cette attestation. Le contrôleur technique établit une « **attestation de bonne mise en œuvre** » que le maître d'ouvrage transmet à l'administration, accompagnée de l'attestation de respect des objectifs.

Les solutions d'effet équivalent peuvent concerner les règles d'accessibilité. On peut déroger aux **obligations de moyens** mais non à celles formulées en termes de **résultat** et l'équivalence est appréciée en vérifiant que les dispositions architecturales, aménagements et équipements intérieurs et extérieurs permettent d'atteindre l'objectif d'un usage normal et d'une accessibilité à tous, notamment aux personnes handicapées quel que soit leur handicap.

> **Précisions** Plusieurs **articles réglementaires du CCH** disposent que les arrêtés fixant les obligations d'accessibilité prévoient la possibilité pour le maître d'ouvrage de recourir à des solutions d'effet équivalent (CCH art. R. 162-2 et R 162-4 pour la construction des bâtiments d'habitation collectifs, art. R. 162-7 pour la construction de maisons individuelles en vue de leur vente ou location, art. R 162-10 et R 162-11 pour la construction d'ERP et l'aménagement d'IOP, art. R 164-1, II et III pour les ERP existants ou créés dans un cadre bâti existant et les IOP existantes). Ces articles sont issus de la recodification à l'identique, par le décret 2021-872 du 30-6-2021, de dispositions antérieures à l'ordonnance 2020-71 du 25-1-2020, qui a étendu à toutes les règles de construction la possibilité de recourir à des SEE (CCH art. R 111-18-1, R 111-18-2, R 111-18-6, R 111-19-2 et R 111-19-3 anciens). Les **arrêtés** pris sur le fondement de ces dispositions réglementaires prévoient que le maître d'ouvrage qui envisage de mettre en œuvre une SEE notifie au préfet, avant les travaux, les éléments permettant de vérifier qu'elle permet d'atteindre les objectifs d'accessibilité, que le préfet statue sous 3 mois après avoir consulté la commission consultative départementale de sécurité et d'accessibilité, et que son silence vaut accord tacite (par exemple, pour la construction de bâtiments d'habitation collectifs et de maisons individuelles : arrêté ETLL1511145A du 24-12-2015). Bien que les arrêtés n'aient pas pour l'instant été modifiés sur ce point, cette **procédure** paraît **obsolète** car les articles L 112-9 s. et R 112-1 s. du CCH ne prévoient pas un accord préalable de l'administration sur la SEE, mais une attestation d'un organisme tiers compétent et indépendant.

BÂTIMENTS EXISTANTS

Cas général En cas de travaux sur un bâtiment existant, le **principe** de l'obligation de mise en accessibilité est « modulé » en fonction de la nature et de l'importance des travaux (pour les bâtiments d'habitation collectifs, voir CCH art. R 163-1 et R 163-2 ; pour les ERP/IOP, voir CCH art. R 164-1 et R 164-2). Quelle que soit l'importance des travaux envisagés, ceux-ci ne doivent pas dégrader l'accessibilité existante (CCH art. R 163-1 et R 164-2). 19760

Des **dérogations** motivées peuvent être accordées en cas d'impossibilité technique ou de contraintes liées à la préservation du patrimoine architectural, lorsqu'il y a disproportion manifeste entre les améliorations apportées et leurs conséquences ou lorsqu'il s'agit de l'ouverture d'un ERP dans un bâtiment collectif à usage principal d'habitation existant, lorsque les copropriétaires refusent les travaux de mise en accessibilité (CCH art. L 163-2 et R 163-3 pour les bâtiments d'habitation, L 164-3 et R 164-3 pour les ERP/IOP).

> **Précisions** **a.** Même si la notion d'**impossibilité technique** n'a pas encore été précisée par la jurisprudence en matière de bâtiments existants, il y a lieu de penser qu'elle le serait de manière aussi rigoureuse qu'en matière d'accessibilité des services de transport collectif. En cette matière, le principe d'accessibilité n'admet de dérogation qu'au cas par cas et seulement lorsque l'« impossibilité technique résulte d'un obstacle de nature technique impossible à surmonter ou qui ne pourrait être surmonté qu'au prix d'aménagements spéciaux d'un coût manifestement hors de proportion avec le coût habituellement supporté » (CE 22-6-2012 n° 343364, Communauté d'agglomération du pays voironnais).
> **b.** La possibilité de recourir à des **solutions d'effet équivalent** applicable aux bâtiments neufs (voir n° 19758) semble concerner les bâtiments anciens selon des modalités identiques lorsque l'obligation de mise en accessibilité leur est applicable, même si les textes ne la prévoient expressément que s'agissant des ERP/IOP situés dans un cadre bâti existant (Arrêté LHAL1707925A du 28-4-2017).

Dérogations pour les bâtiments d'habitation collectifs existants Sur demande du maître d'ouvrage, le préfet peut accorder des dérogations aux exigences d'accessibilité qui ne peuvent être respectées du fait des **caractéristiques du bâtiment** (notamment pour des motifs d'impossibilité technique liés au terrain, à la présence de constructions existantes ou à des contraintes résultant du classement de la zone de construction, en particulier au regard des règles de prévention des risques naturels ou technologiques), ou au vu d'un rapport d'analyse des **bénéfices et des inconvénients** résultant de l'application des articles R 163-1 et R 163-2 joint à la demande de dérogation (CCH art. R 163-3). Des dérogations sont également possibles en cas de contraintes liées à la **préservation du patrimoine architectural,** lorsque le bâtiment est classé ou inscrit au titre des monuments historiques, identifié dans le PLU au titre de l'article L 151-19 du Code de l'urbanisme, ou lorsqu'il est situé dans un site patrimonial remarquable ou dans les abords d'un monument historique (CCH art. R 163-3 al. 4). 19765

La **demande** établie sous la responsabilité du maître d'ouvrage précise les règles auxquelles il souhaite déroger, les éléments du projet concernés et les justifications invoquées. Elle est présentée en 3 exemplaires (CCH art. R 163-3, al. 5).

Le préfet transmet une copie du dossier à la commission consultative départementale de sécurité et d'accessibilité, laquelle dispose d'un délai de 2 mois pour rendre son **avis** sur la demande de dérogation. En cas de silence de la commission pendant ce délai, elle est réputée avoir délivré un avis favorable. Lorsque le préfet ne se prononce pas, par une **décision** explicite, dans les 3 mois du dépôt de la demande, son **silence** vaut refus de la dérogation demandée (CCH art. R 163-3, al. 6 et 7).

> **Précisions** La procédure de demande de dérogation n'étant pas coordonnée avec celle des **autorisations et déclarations d'urbanisme,** il est possible que l'administration, d'un côté, délivre un permis de construire ou ne s'oppose pas à une déclaration préalable pourtant non conforme aux règles d'accessibilité prévues par le CCH (l'administration chargée de la sanction des règles d'urbanisme est déchargée du contrôle des règles de construction depuis le 1er octobre 2007) et, de l'autre, refuse de délivrer une dérogation à ces règles.

SPÉCIFICITÉ DES ERP ET IOP EXISTANTS

19770 **Exigences d'accessibilité** Les exigences applicables aux ERP existants ou créés dans un cadre bâti existant et aux IOP existantes sont définies aux articles R 164-1 et R 164-2 du CCH. Des exigences assouplies s'appliquent aux ERP de 5e catégorie (CCH art. R 164-2, III). Le maître d'ouvrage peut satisfaire aux exigences réglementaires d'accessibilité par des solutions d'effet équivalent à la condition qu'elles répondent aux objectifs poursuivis (CCH art. R 164-1).

> **Précisions** L'arrêté d'application prévoit que les solutions d'effet équivalent sont soumises au préfet, qui se prononce dans les 3 mois après consultation de la commission départementale de sécurité et d'accessibilité, son silence valant approbation (Arrêté ETLL1413935A du 8-12-2014 art. 1). Voir cependant n° 19758, précision b.

19775 **Délai de mise en conformité aux règles d'accessibilité** Le respect des exigences d'accessibilité applicables aux ERP existants ou créés dans un cadre bâti existant et aux IOP existantes devait être assuré au plus tard le 31 décembre 2014 (CCH art. R 165-3).

Si le propriétaire ou l'exploitant n'a pas répondu aux exigences d'accessibilité au 31 décembre 2014, il a dû élaborer un **agenda d'accessibilité programmée** (Adap) et le transmettre à l'administration au plus tard le 27 septembre 2015. Cet Adap comporte une analyse des actions nécessaires pour que l'établissement réponde à ces exigences et qu'il prévoit le programme et le calendrier ainsi que les financements correspondants. Il a dû être approuvé par le préfet (CCH art. L 165-1 à L 165-7 et art. R 165-1 à R 165-17). Ce **délai a pu être prolongé** dans la limite de 3 ans en cas de difficultés financières liées à l'évaluation ou à la programmation des travaux, dans la limite de 12 mois en cas de difficultés techniques liées à l'évaluation ou à la programmation de travaux ou dans la limite de 6 mois en cas de rejet d'un premier agenda (CCH art. L 165-2).

La **durée maximale d'exécution de l'agenda** est normalement de 3 ans à compter de son approbation mais dans certains cas elle peut être portée à deux voire trois périodes de 3 ans maximum chacune (CCH art. L 165-3). En l'absence de tout commencement d'exécution, de retard important ou de non-respect des engagements, un **arrêté de carence** fixe les mesures applicables ; il peut prévoir une sanction pécuniaire comprise entre 5 et 20 % du montant des travaux restant à exécuter (CCH art. L 165-6 et R 165-18 s.).

> **Précisions** Est annulée et assortie d'une injonction de le faire, la décision tacite de refus du président d'une **université** d'installer des ascenseurs permettant à des personnes à mobilité réduite d'accéder aux étages d'une bibliothèque après avoir vainement mis en œuvre un agenda d'accessibilité programmée et des mesures compensatoires (TA Cergy-Pontoise 5-3-2024 n° 2203787).

19780 **Dérogations aux règles d'accessibilité** À titre exceptionnel, le préfet peut accorder des dérogations aux ERP situés dans un cadre bâti existant en cas d'**impossibilité technique** de procéder à la mise en accessibilité, de contraintes liées à la conservation du **patrimoine architectural** (monuments historiques inscrits ou classés, abords de monuments historiques, sites patrimoniaux remarquables, immeubles à protéger, mettre en valeur ou requalifier identifiés par le PLU) ou de **disproportion manifeste entre les améliorations** apportées par la mise en œuvre des prescriptions techniques d'accessibilité et **leurs coûts,** leurs effets sur l'usage du bâtiment et de ses abords ou la viabilité de l'exploitation de l'établissement (CCH art. L 164-3, et R 164-3, I-1° à 3°).

Une dérogation peut aussi être accordée lorsque les **copropriétaires** d'un bâtiment à usage principal d'habitation existant réunis en assemblée générale s'opposent par une délibération motivée, dans les conditions de majorité requises, à la réalisation des travaux de mise en accessibilité d'un ERP existant ou créé dans ce bâtiment (CCH art. L 164-3, 4° et R 164-3, I-4°). Une dérogation est même accordée d'office pour les ERP situés dans un immeuble collectif à usage d'habitation et existants dans ce bâtiment au 28 septembre 2014.

Lorsque les copropriétaires s'opposent à la réalisation des travaux de mise en accessibilité d'un ERP, si le propriétaire ou l'exploitant de l'ERP prend à sa charge l'intégralité du coût des travaux de mise en accessibilité, le refus ne peut être prononcé par les copropriétaires de l'immeuble que s'ils justifient que ce refus est fondé sur l'impossibilité technique de procéder à une mise en accessibilité, sur les contraintes liées à la conservation du patrimoine architectural ou en cas de disproportion manifeste entre les améliorations apportées et leurs coûts et effets sur l'usage du bâtiment (CCH art. L 164-3, dern. al.).

Les dérogations sont accordées sur avis de la commission départementale de la protection civile, de la sécurité et de l'accessibilité.

Pour les ERP remplissant une **mission de service public,** les dérogations s'accompagnent obligatoirement de mesures de substitution. Au-dessus d'un certain seuil de fréquentation de l'ERP, l'avis doit être conforme et le préfet doit nécessairement statuer par une décision explicite (CCH art. L 164-3, avant-dern. al.).

La **demande de dérogation,** transmise en 3 exemplaires, indique les règles auxquelles le demandeur souhaite déroger, les éléments du projet auxquels elles s'appliquent, les justifications produites ainsi que les mesures de substitution proposées dans le cas où l'établissement remplit une mission de service public (CCH art. R 164-3, III).

ERP NÉCESSITANT UN PERMIS DE CONSTRUIRE

Lorsque les travaux sont soumis à permis de construire, ce dernier tient lieu de l'autorisation 19785
prévue à l'article L 122-3 du CCH dès lors que l'autorité compétente a donné son avis conforme au cours de la procédure d'instruction. Le permis de construire mentionne le cas échéant les prescriptions imposées par cette autorité.

Toutefois, lorsque l'aménagement intérieur d'un ERP ou d'une partie de celui-ci n'est pas connu lors du dépôt d'une demande de permis de construire, le permis de construire indique qu'une autorisation complémentaire au titre de l'article L 122-3 du CCH devra être demandée et obtenue en ce qui concerne l'aménagement intérieur du bâtiment ou de la partie de bâtiment concernée avant son ouverture au public (CCH art. L 122-3 ; C. urb. art. L 425-3). Dans une telle hypothèse, souvent rencontrée en pratique (ERP « **coquille vide** »), la jurisprudence est très stricte s'agissant de l'obligation de mention expresse, dans le permis de construire, de la nécessité d'obtenir une autorisation au titre de l'aménagement intérieur (CE 23-05-2018 n° 405937). Cette obligation ne peut pas être satisfaite par simple référence à un avis d'une commission d'accessibilité, lequel faisait état de l'obligation pour le demandeur de solliciter l'autorisation complémentaire d'aménagement intérieur prévue par le CCH (CE 25-11-2020 n° 430754 : BPIM 1/21 inf. 13). Toutefois dans cette hypothèse précise, le permis de construire ne tient lieu ni d'autorisation d'aménagement ni d'autorisation de création au titre de la réglementation des ERP et sa légalité n'est dès lors pas subordonnée à la délivrance préalable d'une telle autorisation (CE 13-1-2023 n° 450446, OPH Paris Habitat et ville de Paris, BPIM 2/23 Inf. 90).

À l'**achèvement des travaux** de mise en accessibilité, le maître d'ouvrage transmet à l'autorité qui a délivré le permis un document attestant du respect concernant les règles d'accessibilité (CCH art. L 122-10).

Si les travaux conduisent à la **perte de la qualité d'ERP** pour la totalité de l'immeuble, l'autorisation prévue à l'article L 122-3 du CCH n'est pas requise, sauf si l'immeuble est situé dans un quartier prioritaire de la politique de la ville (CCH art. L 122-3).

› Précisions **a.** Le maire, **autorité compétente pour s'assurer de l'accessibilité d'un ERP** au titre de l'article L 111-8 (désormais L 122-3) du CCH, ne peut pas se borner, dans le permis de construire qu'il délivre, à indiquer que la réglementation à cet égard devrait être respectée ; il doit s'assurer de son respect effectif (CAA Marseille 24-6-2015 n° 13MA02601, Synd. copr. des Terrasses de la mer).

b. La **méconnaissance des règles d'accessibilité** ne peut être utilement invoquée pour contester la légalité d'un permis de construire que si le projet porte sur un ERP (CE 9-7-2018 n° 411206 : BPIM 5/18 inf. 326).

c. La jurisprudence semble hésitante sur la possibilité de **dissocier surfaces d'accueil du public et surfaces d'hébergement** pour l'application des règles d'accessibilité. Si les unités d'hébergement d'une résidence hôtelière réalisées dans un ancien couvent sont considérées comme des ERP et doivent donc, à ce titre, sous réserve des éventuelles dérogations octroyées, être en principe intégralement accessibles (CAA Douai 10-4-2012 n° 11DA00533, SCI de l'Ermitage), un permis de construire relatif à une résidence de tourisme peut ne pas être soumis dans son ensemble aux exigences de mise en accessibilité des ERP, notamment en ce qui concerne les parties du projet destinées à l'habitation saisonnière (CAA Nantes 22-4-2011 n° 09NT01967, Assoc. pour la protection du site de Veillas).

d. Ne constitue pas un ERP et ne permet pas de justifier l'annulation au regard des règles d'accessibilité concernant ces établissements le projet constitué de **trois appartements indépendants,** qui ont vocation à être loués à l'année, et d'une **villa de quatre chambres** destinée à la location saisonnière, dès lors qu'il ne ressort pas des pièces du dossier que ces établissements d'hébergement comporteraient plus d'un minimum d'équipements ou de services communs, partagés entre eux ou avec une autre villa mitoyenne, sans que l'existence d'une servitude desservant les différents logements, ni la présence d'un portillon permettant d'accéder à la villa mitoyenne ne suffisent à regarder les divers modules créés comme tels (TA Saint-Barthélémy 14-12-2022 n° 2200003).

SECTION 6

IMPLANTATION DE LOCAUX D'ACTIVITÉS EN ÎLE-DE-FRANCE

INTRODUCTION

19900 Dans le cadre de la **politique de décentralisation** et d'**aménagement du territoire,** la loi prévoit la possibilité de soumettre à un agrément administratif préalable l'implantation de locaux servant à des activités industrielles, commerciales, professionnelles, administratives, techniques, scientifiques ou d'enseignement. À ce jour, le pouvoir réglementaire n'a fait usage de cette faculté que pour la région Île-de-France.

Par ailleurs, la création ou la simple possession de locaux à usage de bureaux, de locaux commerciaux ou de locaux de stockage situés en Île-de-France rend exigibles certains prélèvements à la charge du propriétaire. Il s'agit, d'une part, de la taxe pour création de bureaux, de locaux commerciaux ou de stockage (nos 20050 s.) et, d'autre part, de la taxe annuelle assise sur la surface des locaux à usage de bureaux, de locaux commerciaux, de locaux de stockage ou de stationnement (incluant les parkings commerciaux) également situés en Île-de-France. Cette dernière, relative à la possession de l'immeuble bâti, fait l'objet d'une étude générale dans le Mémento Gestion immobilière nos 87500 s.

A. Agrément préalable à l'implantation

19930 La construction, la reconstruction, l'extension, le changement d'utilisateur ou d'utilisation de locaux ou installations, ou de leurs annexes, servant à des **activités industrielles, commerciales, professionnelles, administratives, techniques, scientifiques** ou d'**enseignement** ne relevant pas de l'État, peuvent être soumis à un agrément de l'autorité administrative (C. urb. art. L 510-1, I-al. 1).

19935 Dans la région Île-de-France, l'agrément est obligatoire depuis le 1er janvier 1995 (Circ. 96-38 du 14-6-1996 : BO équip. 96/19 du 20-7-1996 p. 7).

Les articles R 510-1 s. du Code de l'urbanisme déterminent les conditions de mise en œuvre de l'agrément, et les zones et opérations auxquelles il s'applique.

CHAMP D'APPLICATION DE L'AGRÉMENT

19940 **Principe** Dans la région Île-de-France, est soumise à agrément toute **opération** entreprise par toute personne physique ou toute personne morale de droit privé ou toute personne morale de droit public dont le champ d'action relève en majeure partie du secteur concurrentiel, tendant à la construction, la reconstruction, la réhabilitation ou l'extension de tous locaux ou installations servant à des activités industrielles, commerciales, professionnelles, administratives, techniques, scientifiques ou d'enseignement (C. urb. art. R 510-1). Les changements d'utilisateur ou d'utilisation de locaux sont exclus du champ de l'agrément en Île-de-France.

L'agrément est obligatoire quelle que soit l'affectation des locaux existants indépendamment de la qualité de leur propriétaire, et quelles que soient les conditions juridiques de l'utilisation.

Exceptions Les **transferts à titre gratuit** sont exclus du champ d'application de l'agrément (C. urb art. R 510-1, al. 2). Il en est de même des opérations entreprises par les **collectivités locales** sur leur territoire pour les besoins de leurs propres services publics (C. urb. art. R 510-4). 19945
En outre, les opérations et les changements d'utilisateur ou d'utilisation réalisés dans les **zones franches urbaines - territoires entrepreneurs** ne sont pas soumis à agrément préalable (C. urb. art. L 510-1, IV-al. 3).
Par ailleurs, il existe plusieurs dispenses tenant à la situation des opérations ou à leur nature (C. urb. art. R 510-6).

1. Dispenses liées à la situation : sont dispensées de l'agrément les opérations situées dans les **agglomérations nouvelles** ou dans les communes situées à l'intérieur du périmètre d'un établissement public d'aménagement de ville nouvelle et ayant passé convention avec l'État. 19950
Sont également dispensées d'agrément les reconstructions réalisées dans le périmètre de l'opération d'intérêt national de **La Défense,** dans la limite de la création de 40 000 m² de surface de planchers supplémentaires ou lorsque l'extension de surface est inférieure à la moitié de la surface initiale (C. urb. art. R 510-6, 1).
Sont enfin dispensées d'agrément les opérations situées dans **certains cantons** de Seine-et-Marne, des Yvelines, de l'Essonne et du Val-d'Oise (C. urb. art. R 510-6, 1).

› Précisions Il s'agit des cantons suivants.
– Seine-et-Marne : Bray-sur-Seine, Chapelle-la-Reine (La), Château-Landon, Châtelet-en-Brie (Le), Coulommiers, Donnemarie-Dontilly, Ferté-Gaucher (La), Ferté-sous-Jouarre (La), Fontainebleau, Lizy-sur-Ourcq, Lorrez-le-Boccage-Préaux, Montereau-Fault-Yonne, Moret-sur-Loing, Nangis, Nemours, Provins, Rebais, Villiers-Saint-Georges ;
– Yvelines : Bonnières-sur-Seine, Houdan ;
– Essonne : Méréville, Milly-la-Forêt ;
– Val-d'Oise : Magny-en-Vexin.

2. Dispenses tenant à la nature de l'opération : la dispense d'agrément concerne également les opérations portant : 19955
– sur les locaux à usage de magasin de vente, à usage industriel par un utilisateur déterminé, à usage de salles de cinéma ou d'équipement hospitalier (C. urb. art. R 510-6, 2) ;
– sur la reconstruction ou la réhabilitation de bureaux sans extension de surface (C. urb. art. R 510-6, 3) ;
– sur une surface de plancher inférieure à 1 000 m² pour les locaux destinés à un usage technique, scientifique, d'enseignement ou de bureaux, à 5 000 m² pour les locaux destinés à un usage industriel sans utilisateur déterminé ou à usage d'entrepôt ; cette surface est appréciée en tenant compte des opérations éventuellement réalisées sur le même site au cours des 12 mois précédents (C. urb. art. R 510-6, 4) ;
– sur des locaux d'internat à usage scolaire ou sur des résidences universitaires (C. urb. art. R 510-6, 6).

RÉGIME DE L'AGRÉMENT

Autorité compétente L'autorité compétente pour statuer sur la demande d'agrément est (C. urb. art. R 510-2) : 19960
– le préfet de département, pour toutes opérations de construction, reconstruction ou extension, lorsqu'il existe une **convention,** prévue par l'article L 510-1, II du Code de l'urbanisme, en cours de validité (sur cette convention, voir n°s 19980 s.) ;
– le préfet de la région Île-de-France dans les **autres cas.**

Procédure Les **demandes** d'agrément relevant du préfet du département doivent être **adressées** à l'unité territoriale, pour Paris et les départements de la Petite Couronne, ou à la direction départementale des territoires, pour les départements de la Grande Couronne. Celles relevant du préfet de région doivent être **déposées** à la direction régionale et interdépartementale de l'équipement, de l'aménagement et des transports (DRIEAT) d'Île-de-France – mission activités agréments (21-23, rue Miollis, Paris XVe). Les formulaires sont disponibles sur internet (www.drieat.ile-de-france.developpement-durable.gouv.fr). 19965

Décision Le préfet doit normalement statuer dans un **délai** de 3 mois à compter de la réception de la demande. Il peut soit accorder l'agrément, soit le refuser, soit l'ajourner pour complément d'instruction. S'il refuse l'agrément ou s'il l'ajourne, il doit motiver sa décision. Les décisions prennent la forme d'arrêtés qui doivent faire l'objet d'une publication au recueil des actes administratifs de la préfecture. 19970

Si le préfet n'a pas répondu dans les 3 mois, l'agrément est **réputé accordé** dans les termes où il a été demandé. Toutefois, s'il a, dans ce délai, pris une décision motivée d'ajournement pour complément d'instruction, l'autorisation sera réputée accordée à défaut de réponse dans un délai de 3 mois à compter de la réception de cette décision par le demandeur (C. urb. art. R 510-2).

L'agrément est une autorisation à **caractère personnel.**

Le préfet doit prendre en compte les orientations définies par la politique d'aménagement et de développement du territoire et par la politique de la ville, relatives notamment au développement du logement social et de la mixité sociale, ainsi que la nécessité d'un équilibre entre les constructions destinées à l'habitation et celles destinées aux activités professionnelles (C. urb. art. L 510-1, al. 2). Les agréments doivent être compatibles avec le schéma directeur de la région Île-de-France et avec les orientations de la politique d'aménagement du territoire et de la politique de la ville (C. urb. art. R 510-7).

La décision accordant l'agrément fixe la **surface de plancher autorisée** et détermine les modalités de réalisation de l'opération (C. urb. art. R 510-9). L'agrément peut n'être accordé qu'à titre précaire et pour une durée limitée pour certaines opérations (C. urb. art. R 510-11).

L'agrément fixe un **délai de validité** pendant lequel doit intervenir, selon le cas, le dépôt du permis de construire, la passation des actes juridiques permettant l'utilisation des locaux ou l'utilisation effective des installations. Passé ce délai, l'agrément devient caduc, sauf prolongation accordée par le préfet (C. urb. art. R 510-10).

L'agrément doit être joint à la **demande de permis de construire** (C. urb. art. R 431-16, g).

19975 **Sanction** L'absence d'agrément, la violation des dispositions réglementaires régissant l'agrément ou le non-respect des conditions fixées dans la décision elle-même sont punis d'une **amende** maximale de 300 000 € (C. urb. art. L 480-4 sur renvoi de l'art. L 510-1).

L'**évacuation** des locaux irrégulièrement occupés et leur **remise en état** peuvent être ordonnées. La **démolition** des constructions peut aussi être requise (C. urb. art. L 510-2).

> **› Précisions** Les **contrats** et conventions conclus en violation des articles L 510-1 s. du Code de l'urbanisme sont inopposables à l'administration lorsqu'elle procède à l'expulsion des occupants, à la remise en état ou à la démolition des constructions (C. urb. art. L 510-3).

CONVENTIONS RELATIVES À L'AGRÉMENT

19980 **Durée** Les conventions prévues par l'article L 510-1, II du Code de l'urbanisme sont conclues pour une durée de 3 à 5 ans, entre le préfet du département et le maire, ou le président de l'EPCI compétent en matière d'aménagement et d'urbanisme (C. urb. art. R 510-5). La délivrance des agréments d'implantation relève alors du préfet du département.

19985 **Régime** Ces conventions comportent notamment l'engagement par les signataires de prendre, dans les limites de leurs compétences, les mesures nécessaires pour assurer l'**équilibre entre les constructions** destinées à l'habitation et celles destinées aux activités entrant dans le champ d'application de l'agrément (voir n° 19940). Cet équilibre se mesure par le rapport de la surface de logements à la surface de locaux destinés à des activités. Ce rapport varie selon les zones concernées en fonction de la situation mesurée au 1er janvier 1990 et de son évolution depuis cette date (C. urb. art. R 510-5).

Lorsque les termes de la convention ne sont pas respectés, le préfet du département, après mise en demeure restée sans effet, en suspend l'application ou la dénonce (C. urb. art. R 510-5, al. 3).

Les conventions, les décisions les suspendant ou les dénonçant sont tenues à la disposition du public dans les mairies et sous-préfectures concernées (C. urb. art. R 510-15).

B. Taxe pour création de bureaux, de locaux commerciaux ou de stockage en Île-de-France

PRINCIPE

20050 En Île-de-France, une taxe est **perçue** au profit de la région **à l'occasion de** :
- la construction, la reconstruction ou l'agrandissement de locaux à usage de bureaux, de locaux commerciaux et de locaux de stockage ;
- la transformation en de tels locaux de locaux précédemment affectés à un autre usage.

Cette taxe, régie par les articles L 520-1 s. et R 520-1 s. du Code de l'urbanisme, est **due par** la personne, physique ou morale, qui est propriétaire des locaux à la date de l'autorisation de réaliser les travaux (ou, à défaut, à la date du commencement des travaux ou du changement d'usage).

PROCÉDURE DE RESCRIT

Avant toute mise en œuvre d'un projet important, le contribuable peut demander aux services de l'État chargés de l'urbanisme compétent dans le département, ou le cas échéant, dans la région Île-de-France, de prendre formellement position sur l'application à sa situation des règles de droit relatives à la taxe (procédure de rescrit). Cette procédure est réservée aux **projets supérieurs à 50 000 m²** de surface taxable (telle que définie n° 20085). 20052

La **demande** écrite (limitée à une seule par projet) doit exposer de façon précise et complète l'opération envisagée ainsi que toutes les informations et pièces nécessaires. Elle précise l'identité du contribuable, son adresse, les références cadastrales de l'unité foncière objet de la demande, ainsi que les dispositions législatives dont le demandeur souhaite bénéficier. Elle est présentée par tout moyen conférant date certaine à sa réception avant le dépôt de la demande d'autorisation de construire ou d'aménager ou, à défaut, avant le début des travaux ou le changement d'usage des locaux. La **réponse** de l'administration doit être motivée et intervenir dans un **délai** de trois mois à compter de la date de réception de la demande (ou des éléments complémentaires demandés le cas échéant par l'administration en cas de dossier incomplet). Elle est opposable à l'administration qui l'a émise jusqu'à ce qu'un changement de fait ou de droit en affecte la validité ou que l'administration notifie au demandeur une modification de son appréciation. Le contribuable doit joindre la décision de l'administration à sa demande d'autorisation de construire ou d'aménager (C. urb. art. L 520-13-1 et R 520-15-1).

CHAMP D'APPLICATION DE LA TAXE

Champ d'application territorial La taxe est perçue dans les **limites territoriales de la région Île-de-France,** composée de Paris et des départements de l'Essonne, des Hauts-de-Seine, de Seine-et-Marne, de la Seine-Saint-Denis, du Val-de-Marne, du Val-d'Oise et des Yvelines (C. urb. art. L 520-1). 20055

Opérations concernées Sont passibles de la taxe les **constructions, reconstructions** ou **agrandissements** de locaux à usage de bureaux, de locaux commerciaux ou de locaux de stockage (C. urb. art. L 520-1). Les opérations concernées sont celles qui emportent création ou extension de la surface de construction définie comme en matière de taxe d'aménagement (n° 20085) (C. urb. art. R 520-1). 20060

Sont également soumis à la taxe les **changements d'affectation** suivants (C. urb. art. L 520-2) :
- affectation à usage de bureaux de locaux précédemment affectés à un autre usage ;
- affectation à usage de locaux commerciaux de locaux précédemment affectés à un usage autre que de bureaux ou de locaux commerciaux ;
- affectation à usage de locaux de stockage de locaux précédemment affectés à un usage autre que de bureaux, de locaux commerciaux ou de locaux de stockage.

Relèvent également de la taxe les changements en raison desquels un local, relevant du champ d'application de la taxe, cesse de bénéficier d'une exonération (n° 20070) (C. urb. art. R 520-2).

> **Précisions** **a.** La taxe s'applique même si le changement d'affectation est réalisé sans **travaux** (C. urb. art. R 520-2).
> **b.** L'installation de **bureaux commerciaux dans un immeuble précédemment occupé par les bureaux administratifs** d'un établissement public peut donner lieu à assujettissement (CE 23-10-2002 n° 221464 : RJF 1/03 n° 54 ; solution rendue pour l'application de l'ancienne redevance pour création de bureaux en Île-de-France, qui nous paraît conserver sa valeur).

Locaux concernés Les locaux imposables sont définis comme en matière de taxe annuelle sur les bureaux en Île-de-France (CGI art. 231 ter, III sur renvoi de C. urb. art. L 520-1). Il s'agit : 20065

1. Des locaux à usage de **bureaux,** qui s'entendent, d'une part, des bureaux proprement dits et de leurs dépendances immédiates et indispensables destinés à l'exercice d'une activité, de quelque nature que ce soit, par des personnes physiques ou morales privées, ou utilisés par l'État, les collectivités territoriales, les établissements ou organismes publics et les organismes professionnels, et, d'autre part, des locaux professionnels destinés à l'exercice d'activités libérales ou utilisés par des associations ou organismes privés poursuivant ou non un but lucratif ;

2. Des **locaux commerciaux,** qui s'entendent des locaux destinés à l'exercice d'une activité de commerce de détail ou de gros et de prestations de services à caractère commercial ou artisanal ainsi que de leurs réserves attenantes couvertes ou non et des emplacements attenants affectés en permanence à la vente ;

3. Des **locaux de stockage,** qui s'entendent des locaux ou aires couvertes destinés à l'entreposage de produits, de marchandises ou de biens et qui ne sont pas intégrés topographiquement à un établissement de production.

> **Précisions** **a.** Des **locaux créés en vue de leur location à un service médical du travail** interentreprises, destinés entièrement à l'activité médicale de ce service, ne peuvent être regardés comme des locaux à usage de bureaux (CE 28-7-2011 n° 317372 : RJF 11/11 n° 1158, solution rendue pour l'application de l'ancienne redevance pour création de bureaux en Île-de-France, qui nous paraît conserver sa valeur).
> **b.** Pour être qualifiés de **locaux commerciaux,** les locaux doivent être destinés à accueillir une clientèle pour l'exercice d'une activité de vente ou la réalisation de prestations commerciales ou artisanales (CE 3-3-2022 n° 435318 : BPIM 3/22 inf. 246, solution rendue pour l'application de l'ancienne redevance pour création de bureaux en Île-de-France, qui nous paraît conserver sa valeur).
> **c.** Sont qualifiés de **réserves attenantes** à des locaux commerciaux, les locaux qui se situent à proximité immédiate de ceux où est exercée l'activité commerciale et contribuent directement à l'activité (CE 19-4-2022 n° 443039 : BPIM 3/22 inf. 245, solution rendue pour l'application de l'ancienne redevance pour création de bureaux en Île-de-France, qui nous paraît conserver sa valeur).
> **d.** Les locaux utilisés par des **associations** sont imposables dans la catégorie des locaux à usage de bureaux, à l'exception de ceux qu'elles utilisent pour accueillir la clientèle dans le cadre d'une activité commerciale, qui sont imposables dans la catégorie dite des locaux commerciaux (CE 23-9-2022 n° 452256 : BPIM 6/22 inf. 452).
> **e.** Les locaux qui hébergent des serveurs informatiques traitant des données numériques (« **data center** ») ne sont pas des locaux de stockage et ne sont pas taxables. En effet, les données numériques traitées dans ces locaux ne constituent ni des produits, ni des marchandises, ni des biens et la circonstance que ces locaux abritent des matériels et infrastructures informatiques en fonctionnement ne saurait conduire à regarder ces locaux comme destinés à un entreposage (CE 11-10-2022 n° 463134 : BPIM 6/22 inf. 453, solution rendue pour l'application de la taxe annuelle sur les bureaux en Île-de-France, transposable à la taxe pour création de bureaux).
> **f.** Les espaces de **« coworking »** doivent être regardés comme utilisés pour la réalisation de prestations de services et sont donc qualifiés de locaux commerciaux, et non de bureaux (TA Paris 29-11-2022 n° 2113114/2-1 : BPIM 1/23 inf. 69, solution rendue pour l'application de la taxe annuelle sur les bureaux en Île-de-France, transposable à la taxe pour création de bureaux).

20070 **Exonérations** Sont exclus du champ d'application de la taxe (C. urb. art. L 520-6) :
– les locaux à usage de bureaux qui font **partie d'un local d'habitation** à usage d'habitation principale ;
– les locaux affectés au **service public** et appartenant ou destinés à appartenir à l'**État,** aux **collectivités territoriales** ou aux **établissements publics** ne présentant pas un caractère industriel et commercial ainsi que ceux utilisés par des organismes de **sécurité sociale** ou d'**allocations familiales** et appartenant ou destinés à appartenir à ces organismes ou à des sociétés civiles constituées exclusivement entre ces organismes ;
– dans les établissements industriels, les **bureaux dépendant des locaux de production,** ainsi que les **bureaux indépendants** de ceux-ci d'une superficie inférieure à 1 000 m² ;
– les locaux spécialement aménagés pour l'exercice d'activités de **recherche** ;
– les bureaux des **professions libérales et officiers ministériels** ;
– les locaux utilisés par des **associations reconnues d'utilité publique** ;
– les **locaux** à usage de bureaux, les locaux commerciaux et les locaux de stockage situés dans une **zone franche urbaine-territoire entrepreneur** (CGI art. 231 ter, V-1°).

Les locaux construits à **titre précaire** pour une durée limitée ne sont pas exonérés mais la taxe est remboursée à leurs propriétaires lors de la démolition (C. urb. art. L 520-13, 1°).

Les propriétaires de locaux **détruits à la suite d'un sinistre ou expropriés** pour cause d'utilité publique ont le droit de reconstituer en exonération de la taxe une superficie de construction équivalente à celle des locaux détruits ou expropriés (C. urb. art. L 520-13, 2°). La reconstitution suppose qu'il n'y ait pas de changement d'affectation et s'effectue dans la limite d'un montant correspondant à la surface de construction égale à celle des locaux sinistrés ou expropriés à laquelle est appliqué le tarif de la circonscription où étaient situés ces locaux (C. urb. art. R 520-15).

> **Précisions** **a.** Les **établissements industriels** sont ceux dont l'activité consiste dans la fabrication ou la transformation de biens et nécessite d'importants moyens techniques (C. urb. art. R 520-4). Jugé à ce propos qu'un centre de traitement de données informatiques qualifié d'établissement industriel au sens de la taxe foncière ne peut être exclu de ce seul fait du champ de la taxe sans rechercher s'il constitue un local de stockage à ce titre tel que défini n° 20065

(CE 27-4-2021 nº 441652 : BPIM 4/21 inf. 298 ; solution rendue pour l'application de l'ancienne redevance pour création de bureaux en Île-de-France et transposable au régime actuel de la taxe pour création de bureaux).

b. Les locaux spécialement aménagés pour l'exercice d'**activités de recherche** s'entendent des locaux et de leurs annexes de toute nature utilisés pour des activités de recherche fondamentale ou appliquée et comportant des aménagements particuliers les rendant impropres à une autre utilisation (C. urb. art. R 520-5).

c. L'utilisation d'un local par des membres de **professions libérales** ou par une **association reconnue d'utilité publique** doit être exclusive pour donner lieu à exonération de la taxe. Le propriétaire est tenu de souscrire une déclaration dans les conditions de l'article R 520-11 du Code de l'urbanisme si ce motif d'exonération vient à cesser (C. urb. art. R 520-6) ; voir nº 20120.

d. La taxe est exigible sur les constructions de locaux utilisés par les **associations non reconnues d'utilité publique** pour l'exercice d'**activités à caractère sanitaire, social, éducatif** ou **culturel** tel un service de crèche (Cons. const. 25-11-2022 nº 2022-1026 QPC : BPIM 1/23 inf. 75-19).

e. Les solutions ci-après, rendues pour l'application de l'ancienne redevance pour création de bureaux en Île-de-France, semblent transposables au régime actuel. Jugé ainsi que :

– l'exonération des locaux à usage de bureaux faisant partie d'un local principal d'habitation n'est pas applicable en cas de **transformation en bureau d'un garage attenant à une maison d'habitation** (TA Melun 20-11-2014 nº 1303449) ;

– pour l'application des dispositions prévoyant une exonération en leur faveur, les **professions libérales** s'entendent de celles dont l'exercice est réglementé, que leurs membres exercent leur activité à titre individuel ou dans le cadre de groupements ou sociétés constitués pour l'exercice libéral de cette profession (CE 29-6-2001 nº 210989 : RJF 10/01 nº 1243 ; CE 28-7-2011 nº 317372 : RJF 11/11 nº 1158), ou au sein d'une structure associative (CE 28-7-2011 nº 317372 précité) ;

– un **laboratoire d'analyses médicales** bénéficie de l'exonération applicable aux bureaux exploités dans le cadre des **professions libérales** à la fois pour les locaux à usage de laboratoire et pour les locaux à usage de bureaux (CE 16-2-2021 nº 432264 : BPIM 3/21 inf. 220).

FAIT GÉNÉRATEUR ET REDEVABLE DE LA TAXE

Fait générateur Le fait générateur de la taxe est la date de délivrance, expresse ou tacite, de l'**autorisation de construire ou d'aménager** ou, à défaut, celle du **début des travaux** ou du **changement d'usage des locaux** (C. urb. art. L 520-4). En cas de **changement de destination** imposable **non autorisé**, le procès-verbal doit être établi dans les six années qui suivent le changement d'affectation en application de l'article L 186 du LPF. Ainsi, la délivrance d'une autorisation portant extension ou régularisation de tout ou partie de locaux non autorisés ne peut pas constituer le fait générateur de la taxe antérieurement éludée (CE 20-12-2024 nº 470275 : BPIM 1/25 inf. 57). 20075

> **Précisions** **a.** Le fait générateur est le début des travaux pour les seules **opérations non soumises à autorisation** en vertu du Code de l'urbanisme. Lorsqu'un **changement d'affectation** s'accompagne de travaux, le fait générateur est le début des travaux (C. urb. art. R 520-3, al. 1).
> **b.** Si une **opération soumise à autorisation** est réalisée sans que celle-ci ait été obtenue ou en violation des obligations qu'elle prévoit, le fait générateur est le procès-verbal constatant l'achèvement des travaux (C. urb. art. R 520-3, al. 2).

Redevable La taxe est due par le **propriétaire** des locaux ou le **titulaire d'un droit réel** portant sur ces locaux à la date du fait générateur (C. urb. art. L 520-5, al. 1). Le titulaire d'un droit réel peut être notamment l'usufruitier, le preneur d'un bail à construction, l'emphytéote, ou le titulaire d'une autorisation d'occupation temporaire du domaine public. 20080

Toutefois, si la déclaration de construction (nº 20120) n'a pas été déposée ou ne mentionne pas le nom du propriétaire, le titre de perception peut être émis au nom du **maître de l'ouvrage** ou, à défaut, du **responsable des travaux.** Le maître de l'ouvrage ou le responsable des travaux peut demander le remboursement du montant de la taxe au propriétaire ou au titulaire de droits réels (C. urb. art. L 520-5, al. 2 et 3).

En cas de **cession des locaux avant la date d'exigibilité de la taxe,** le redevable peut en demander le remboursement au nouveau propriétaire (C. urb. art. L 520-5, al. 4).

> **Précisions** Jugé que le **transfert du permis de construire** n'a pas d'incidence sur la redevance demandée au constructeur initial (CE 18-11-1985 nº 28514 : RJF 1/86 nº 68). Par ailleurs, la redevance est due par le **propriétaire des locaux** même s'il n'est pas propriétaire du terrain (CE 26-5-1970 nº 72719). Ces solutions, dégagées pour l'application de l'ancienne redevance pour création de bureaux en Île-de-France, nous paraissent transposables au régime actuel.

ASSIETTE DE LA TAXE

La taxe est assise sur la **surface de construction** définie comme en matière de taxe d'aménagement, à savoir la somme des surfaces de plancher de chaque niveau clos et couvert, calculées 20085 à partir du nu intérieur des façades du bâtiment (C. urb. art. L 520-7, I ; CGI art. 1635 quater H). Sont déduites les surfaces correspondant à l'épaisseur des murs entourant les embrasures des portes et fenêtres donnant sur l'extérieur, les vides et les trémies afférentes aux escaliers et ascenseurs et les surfaces de plancher dont la hauteur sous plafond est inférieure ou égale à 1,80 mètre (CGI ann. II art. 318 J).

Ne sont pas pris en considération pour établir l'assiette de la taxe les **locaux de caractère social ou sanitaire** mis à la disposition du personnel (C. urb. art. L 520-7, III).

› Précisions Les solutions ci-après, rendues pour l'application de l'ancienne redevance pour création de bureaux en Île-de-France, semblent transposables au régime actuel. Jugé ainsi que :
– dans le cas de **conversion de locaux précédemment affectés à un autre usage,** la redevance est due alors même qu'il s'agirait d'une création de bureaux destinés à remplacer d'autres surfaces situées en Île-de-France que la société redevable a renoncé à affecter à usage de bureaux. Il n'y a pas lieu en pareil cas de déduire la surface de l'immeuble ayant cessé d'être affecté à usage de bureaux (CE 23-10-2002 n° 221464 : RJF 1/03 n° 54) ;
– les **compensations assortissant la délivrance d'une autorisation d'affectation** à un usage autre que l'habitation, sur le fondement de l'article L 631-7 du CCH (n° 19595), n'affectent pas le montant de la redevance due (CE 23-10-2002 n° 221464 : RJF 1/03 n° 54).

20090 **Opérations de reconstruction** Les opérations de reconstruction d'un immeuble ne sont assujetties à la taxe qu'à raison des **mètres carrés** de surface de construction **qui excèdent** la surface de construction de l'immeuble avant reconstruction ou réhabilitation (C. urb. art. L 520-7, II). Cette règle s'applique notamment aux opérations de réhabilitation conduisant à la production d'un immeuble neuf au sens de l'article 257, I-2-2° du CGI.

› Précisions Sont déduits de l'assiette de la taxe de **chaque catégorie de local** les mètres carrés de surface de construction relevant de la même catégorie de local et passibles de la taxe avant l'opération de reconstruction ou de réhabilitation (C. urb. art. R 520-7).

MONTANT DE LA TAXE

20095 **Zonage** Le montant de la taxe varie en fonction d'un zonage (C. urb. art. L 520-8, I) :
– **1e circonscription** : **Paris** et communes des **Hauts-de-Seine** ;
– **2e circonscription** : autres communes appartenant à la **métropole du Grand Paris** ;
– **3e circonscription** : autres communes appartenant à l'**unité urbaine de Paris** ;
– **4e circonscription** : autres communes d'**Île-de-France.**

› Précisions a. La **métropole du Grand Paris** est définie à l'article L 5219-1 du CGCT. Son périmètre a été constaté par le décret 2015-1212 du 30 septembre 2015. Les communes qui en font partie, autres que Paris et les communes des Hauts-de-Seine, constituent la **2e circonscription.** En voici la liste : Ablon-sur-Seine, Alfortville, Arcueil, Argenteuil, Athis-Mons, Aubervilliers, Aulnay-sous-Bois, Bagnolet, Bobigny, Boissy-Saint-Léger, Bondy, Bonneuil-sur-Marne, Bry-sur-Marne, Cachan, Champigny-sur-Marne, Charenton-le-Pont, Chennevières-sur-Marne, Chevilly-Larue, Choisy-le-Roi, Clichy-sous-Bois, Coubron, Créteil, Drancy, Dugny, Épinay-sur-Seine, Fontenay-sous-Bois, Fresnes, Gagny, Gentilly, Gournay-sur-Marne, Ivry-sur-Seine, Joinville-le-Pont, Juvisy-sur-Orge, La Courneuve, La Queue-en-Brie, Le Blanc-Mesnil, Le Bourget, Le Kremlin-Bicêtre, Le Perreux-sur-Marne, Le Plessis-Trévise, Le Pré-Saint-Gervais, Le Raincy, Les Lilas, Les Pavillons-sous-Bois, L'Haÿ-les-Roses, L'Île-Saint-Denis, Limeil-Brévannes, Livry-Gargan, Maisons-Alfort, Mandres-les-Roses, Marolles-en-Brie, Montfermeil, Montreuil, Morangis, Neuilly-Plaisance, Neuilly-sur-Marne, Nogent-sur-Marne, Noiseau, Noisy-le-Grand, Noisy-le-Sec, Orly, Ormesson-sur-Marne, Pantin, Paray-Vieille-Poste, Périgny, Pierrefitte-sur-Seine, Romainville, Rosny-sous-Bois, Rungis, Saint-Denis, Saint-Mandé, Saint-Maur-des-Fossés, Saint-Maurice, Saint-Ouen-sur-Seine, Santeny, Savigny-sur-Orge, Sevran, Stains, Sucy-en-Brie, Thiais, Tremblay-en-France, Valenton, Vaujours, Villecresnes, Villejuif, Villemomble, Villeneuve-le-Roi, Villeneuve-Saint-Georges, Villepinte, Villetaneuse, Villiers-sur-Marne, Vincennes, Viry-Châtillon, Vitry-sur-Seine.

b. L'**unité urbaine de Paris** mentionnée aux articles 231 ter du CGI et L 520-8 du Code de l'urbanisme est délimitée par un arrêté EFIE1238702A du 31 décembre 2012, modifié en dernier lieu par l'arrêté ECOE2429677A du 28 novembre 2024 (JO 5-12 texte n° 87). Les communes de cette unité urbaine qui n'appartiennent pas à la métropole du Grand Paris constituent la **3e circonscription.** Il s'agit des communes suivantes :
– département de **Seine-et-Marne** : Boissise-la-Bertrand, Boissy-le-Roi, Brou-sur-Chantereine, Bussy-Saint-Georges, Bussy-Saint-Martin, Carnetin, Cesson, Chalifert, Champs-sur-Marne, Chanteloup-en-Brie, Chelles, Chessy, Collégien, Combs-la-Ville, Conches-sur-Gondoire, Courtry, Croissy-Beaubourg, Dammarie-les-Lys, Dampmart, Émerainville, Ferrières-en-Brie, Gouvernes, Guermantes, Lagny-sur-Marne, Lésigny, Lieusaint, Livry-sur-Seine, Lognes, Le Mée-sur-Seine, Melun, Le Mesnil-Amelot, Mitry-Mory, Moissy-Cramayel, Montévrain, Nandy, Noisiel, Ozoir-la-Ferrière, Pomponne, Pontault-Combault, Pringy, La Rochette, Roissy-en-Brie, Rubelles, Saint-Fargeau-Ponthierry,

Saint-Thibault-des-Vignes, Savigny-le-Temple, Serris, Servon, Thorigny-sur-Marne, Torcy, Vaires-sur-Marne, Vaux-le-Pénil, Vert-Saint-Denis, Villeparisis ;

– département des **Yvelines** : Achères, Andrésy, Auffreville-Brasseuil, Bois-d'Arcy, Bougival, Buc, Buchelay, Carrières-sous-Poissy, Carrières-sur-Seine, La Celle-Saint-Cloud, Chambourcy, Chanteloup-les-Vignes, Chapet, Chatou, Le Chesnay-Rocquencourt, Chevreuse, Les Clayes-sous-Bois, Coignières, Conflans-Sainte-Honorine, Croissy-sur-Seine, Élancourt, L'Étang-la-Ville, Évecquemont, Follainville-Dennemont, Fontenay-le-Fleury, Gaillon-sur-Montcient, Gargenville, Guyancourt, Hardricourt, Houilles, Issou, Jouars-Pontchartrain, Jouy-en-Josas, Juziers, Limay, Les Loges-en-Josas, Louveciennes, Magnanville, Magny-les-Hameaux, Maisons-Laffitte, Mantes-la-Jolie, Mantes-la-Ville, Mareil-Marly, Marly-le-Roi, Maurecourt, Maurepas, Médan, Le Mesnil-le-Roi, Le Mesnil-Saint-Denis, Meulan-en-Yvelines, Mézy-sur-Seine, Montesson, Montigny-le-Bretonneux, Les Mureaux, Neauphle-le-Château, Neauphle-le-Vieux, Orgeval, Le Pecq, Plaisir, Poissy, Porcheville, Le Port-Marly, Saint-Cyr-l'École, Saint-Germain-de-la-Grange, Saint-Germain-en-Laye, Saint-Rémy-lès-Chevreuse, Sartrouville, Tessancourt-sur-Aubette, Trappes, Triel-sur-Seine, Vaux-sur-Seine, Vélizy-Villacoublay, Verneuil-sur-Seine, Vernouillet, La Verrière, Versailles, Vert, Le Vésinet, Villennes-sur-Seine, Villepreux, Villiers-Saint-Frédéric, Viroflay, Voisins-le-Bretonneux ;

– département de l'**Essonne** : Arpajon, Ballainvilliers, Bièvres, Bondoufle, Boussy-Saint-Antoine, Brétigny-sur-Orge, Breuillet, Breux-Jouy, Brunoy, Bruyères-le-Châtel, Bures-sur-Yvette, Champlan, Chilly-Mazarin, Corbeil-Essonnes, Le Coudray-Montceaux, Crosne, Draveil, Écharcon, Égly, Épinay-sous-Sénart, Épinay-sur-Orge, Étiolles, Évry-Courcouronnes, Fleury-Mérogis, Fontenay-le-Vicomte, Gif-sur-Yvette, Gometz-le-Châtel, Grigny, Igny, Leuville-sur-Orge, Linas, Lisses, Longjumeau, Longpont-sur-Orge, Marcoussis, Massy, Mennecy, Montgeron, Montlhéry, Morsang-sur-Orge, Morsang-sur-Seine, La Norville, Nozay, Ollainville, Ormoy, Orsay, Palaiseau, Le Plessis-Pâté, Quincy-sous-Sénart, Ris-Orangis, Saclay, Saint-Aubin, Sainte-Geneviève-des-Bois, Saint-Germain-lès-Arpajon, Saint-Germain-lès-Corbeil, Saint-Michel-sur-Orge, Saint-Pierre-du-Perray, Saintry-sur-Seine, Saint-Yon, Saulx-les-Chartreux, Soisy-sur-Seine, Varennes-Jarcy, Vauhallan, Verrières-le-Buisson, Vigneux-sur-Seine, Villabé, Villebon-sur-Yvette, La Ville-du-Bois, Villejust, Villemoisson-sur-Orge, Villiers-le-Bâcle, Villiers-sur-Orge, Wissous, Yerres, Les Ulis ;

– département du **Val-d'Oise** : Andilly, Arnouville, Auvers-sur-Oise, Beauchamp, Bessancourt, Bezons, Bonneuil-en-France, Bouffémont, Butry-sur-Oise, Cergy, Champagne-sur-Oise, Cormeilles-en-Parisis, Courdimanche, Deuil-la-Barre, Domont, Eaubonne, Écouen, Enghien-les-Bains, Épiais-lès-Louvres, Éragny, Ermont, Ézanville, Franconville, Frépillon, La Frette-sur-Seine, Garges-lès-Gonesse, Gonesse, Goussainville, Groslay, Herblay-sur-Seine, L'Isle-Adam, Jouy-le-Moutier, Margency, Mériel, Méry-sur-Oise, Montigny-lès-Cormeilles, Montlignon, Montmagny, Montmorency, Nesles-la-Vallée, Neuville-sur-Oise, Osny, Parmain, Pierrelaye, Piscop, Le Plessis-Bouchard, Pontoise, Puiseux-Pontoise, Roissy-en-France, Saint-Brice-sous-Forêt, Saint-Gratien, Saint-Leu-la-Forêt, Saint-Ouen-l'Aumône, Saint-Prix, Sannois, Sarcelles, Soisy-sous-Montmorency, Taverny, Le Thillay, Valmondois, Vaudherland, Vauréal, Villiers-Adam, Villiers-le-Bel.

TARIF

Pour l'année 2025, le tarif de la taxe **par mètre carré** de surface de construction est fixé comme suit (C. urb. art. L 520-8, II-C ; Arrêté LRUL2432033A du 18-12-2024) : **20100**

Lieu de situation des immeubles	Zone 1	Zone 2	Zone 3	Zone 4
Locaux à usage de **bureaux**	463,96 €	104,42 €	58,03 €	0 €
Locaux **commerciaux**	149,67 €	92,84 €	37,16 €	0 €
Locaux de **stockage**	16,28 €	16,28 €	16,28 €	16,28 €

Ce tarif est **actualisé au 1er janvier de chaque année** par arrêté ministériel en fonction de la prévision de l'indice des prix à la consommation, hors tabac.

> Précisions Par **dérogation,** les **communes de la première circonscription** éligibles à la fois, pour l'année précédant celle de l'imposition, à la dotation de solidarité urbaine et de cohésion sociale (**DSU**) (CGCT art. L 2334-15) et au bénéfice du fonds de solidarité des communes de la région Île-de-France (**FSRIF**) (CGCT art. L 2531-12) sont **classées** pour le calcul de la taxe **dans la deuxième circonscription** (C. urb. art. L 520-8, III).

Si ces communes **perdent leur éligibilité** soit à la DSU, soit au bénéfice du FSRIF, elles bénéficient, au titre de l'année suivant cette perte d'éligibilité et pendant les deux années suivantes, d'un **abattement,** respectivement, des trois quarts, de la moitié et du quart de l'augmentation du tarif de la taxe liée à cette perte d'éligibilité. L'**augmentation du tarif de la taxe** est égale à la différence entre le tarif applicable après cette perte d'éligibilité et le tarif de la deuxième circonscription (C. urb. art. L 520-8, III). Compte tenu de l'abattement, les **valeurs applicables** en **2025** sont les suivantes (Arrêté LRUL2432033A du 18-12-2024) :

	Perte DSU ou FSRIF en 2022	Perte DSU ou FSRIF en 2023	Perte DSU ou FSRIF en 2024
Locaux à usage de **bureaux**	374,08 €	284,19 €	194,31 €
Locaux **commerciaux**	135,46 €	121,26 €	107,05 €
Locaux de **stockage**	16,28 €	16,28 €	16,28 €

PLAFONNEMENT

20115 Le montant de la taxe **ne peut excéder** 30 % de la part du coût de l'opération imputable à l'acquisition et à l'aménagement de la surface de construction (C. urb. art. L 520-9). Cette part **comprend** (C. urb. art. R 520-8) :
– le coût d'acquisition du terrain d'assiette ;
– les coûts d'aménagement du terrain permettant le passage d'un terrain brut à un terrain constructible ;
– les coûts de démolition totale ou partielle de l'immeuble bâti.
Ces coûts s'entendent **hors taxe.**

> **Précisions** Lorsqu'une opération réalisée sur un **terrain partiellement bâti** a pour objet d'augmenter la surface de construction et qu'elle ne constitue pas une opération de reconstruction visée à l'article L 520-7, II du Code de l'urbanisme (voir n° 20090), les coûts mentionnés ci-dessus ne sont retenus qu'à proportion de l'extension de surface sur la surface totale de construction après extension (C. urb. art. R 520-9).

ÉTABLISSEMENT ET RECOUVREMENT DE LA TAXE

20120 La taxe est établie par les services de l'État chargés de l'urbanisme dans le département (C. urb. art. L 520-10), à l'appui d'une **déclaration** souscrite par le redevable comportant les éléments utiles au calcul de la taxe (C. urb. art. L 520-11 et R 520-12).

Pour les **opérations soumises à autorisation,** le redevable doit joindre cette déclaration à la demande d'autorisation ou la faire parvenir à l'autorité compétente pour délivrer l'autorisation d'urbanisme **au plus tard** à la date de délivrance de cette autorisation, qu'elle soit expresse ou tacite (C. urb. art. R 520-13). Cette dernière transmet les éléments utiles aux services de l'État chargés de l'établissement de la taxe dans le mois suivant la délivrance expresse ou tacite de l'autorisation. Si l'opération est réalisée sans autorisation ou en violation des obligations résultant de l'autorisation, l'autorité de l'État qui a établi le procès-verbal d'achèvement des travaux le transmet sans délai (C. urb. art. R 520-10).

Pour les **opérations non soumises à autorisation,** le redevable doit faire parvenir la déclaration aux services de l'État compétents pour établir la taxe dans le **délai** d'un mois à compter de la date du début des travaux ou du changement d'affectation (C. urb. art. R 520-11).

20125 La taxe et la pénalité dont elle peut être assortie (voir n° 20135) sont recouvrées par les comptables publics compétents. Un **titre de perception** est émis par le directeur du service de l'État chargé de l'urbanisme avant le 31 décembre de la troisième année suivant celle du fait générateur. La taxe et la pénalité sont **exigibles** à la date d'émission du titre de perception (C. urb. art. L 520-17).

L'action en recouvrement du comptable **se prescrit** conformément aux dispositions de l'article L 274 du LPF, c'est-à-dire en principe **par 4 ans** à compter de l'envoi du titre de perception (C. urb. art. L 520-18).

En cas de contestation par un tiers auprès du tribunal administratif des autorisations de construire, le **paiement** de la taxe peut être **différé,** sur demande expresse du redevable assortie de la présentation de garanties, jusqu'au prononcé de la décision devenue définitive (LPF art. L 278).

> **Précisions** **a.** La **notification d'une proposition de rectification ou** de l'**information** prévue **en l'absence de déclaration** (n° 20135) interrompt le délai imparti pour émettre le titre de perception. Le titre est alors émis par le directeur du service de l'État chargé de l'urbanisme avant le 31 décembre de la troisième année suivant celle de cette notification (C. urb. art. R 520-16).
>
> **b.** Les taxes afférentes à des constructions réalisées à la suite d'un **agrément à titre précaire** et pour une durée limitée (n° 19970) et d'un **permis de construire précaire** (n° 13560) sont remboursées à la demande du redevable si celui-ci justifie que les locaux en cause ont été démolis dans les six mois à compter de l'expiration du délai de précarité (C. urb. art. R 520-14).

c. Lorsque des locaux précédemment affectés à un usage de locaux de stockage sont affectés à un usage de locaux commerciaux ou lorsque des locaux précédemment affectés à un usage de locaux commerciaux ou de locaux de stockage sont affectés à un usage de bureaux, la taxe due est diminuée du **montant de la taxe versée au titre des usages antérieurs.** La preuve du versement de la taxe incombe au redevable (C. urb. art. L 520-12).

CONTRÔLE, SANCTIONS ET CONTENTIEUX

En dehors de la procédure visée nº 20052, le contrôle de la taxe est assuré par les services de l'État chargés de l'urbanisme dans le département. Le **droit de reprise** de ces services s'exerce jusqu'au 31 décembre de la sixième année qui suit l'année du fait générateur (C. urb. art. L 520-14). **20130**

Lorsque la **déclaration de construction a été déposée,** les services chargés du contrôle peuvent mettre en œuvre la procédure de rectification contradictoire prévue à l'article L 55 du LPF.

Si la **déclaration n'a pas été déposée,** les bases ou les éléments servant au calcul de la taxe et des sanctions applicables sont portés à la connaissance du redevable 30 jours au moins avant la mise en recouvrement (C. urb. art. L 520-16).

Le montant de la taxe ou du complément de taxe due est assorti d'une **pénalité** (C. urb. art. L 520-15) : **20135**

– de **10 %** en cas de **dépôt tardif de la déclaration de construction** (nº 20120) ou de dépôt dans les 30 jours suivant la réception d'une mise en demeure, notifiée par lettre recommandée avec demande d'avis de réception, d'avoir à déposer la déclaration dans ce délai ;

– de **80 %** en l'**absence de dépôt de la déclaration de construction** dans les 30 jours suivant une telle mise en demeure.

Après avis des services de l'État chargés de l'urbanisme et de la région Île-de-France, le comptable public compétent peut faire droit à une demande de **remise gracieuse,** partielle ou totale, de cette pénalité (C. urb. art. L 520-20).

Le redevable de la taxe peut en obtenir la **décharge,** la **réduction** ou la **restitution** totale ou partielle (C. urb. art. L 520-21) : **20140**

– s'il établit que la surface de construction prévue n'a pas été entièrement construite ;

– s'il établit que la construction n'a pas été entreprise et s'il renonce au bénéfice du permis de construire ou de la non-opposition à la déclaration préalable ;

– si une erreur a été commise dans l'assiette ou le calcul de la taxe.

Lorsque la taxe fait l'objet d'une décharge, totale ou partielle, le versement indu fait l'objet d'un **remboursement** au redevable par le comptable public compétent (C. urb. art. L 520-19).

Les **réclamations** concernant la taxe sont présentées, instruites et jugées dans les conditions prévues aux articles 117 à 119 du décret 2012-1246 du 7 novembre 2012 relatif à la gestion budgétaire et comptable publique, dans sa rédaction en vigueur au 30 décembre 2015 (C. urb. art. L 520-22). Les responsables des services de l'État chargés de l'urbanisme dans le département sont compétents pour se prononcer sur les réclamations et peuvent déléguer cette compétence aux agents placés sous leur autorité (C. urb. art. R 520-18). **20145**

> Précisions Le décret 2012-1246 du 7 novembre 2012 prévoit que les titres de perception peuvent faire l'objet d'une **opposition à l'exécution** en cas de contestation de l'existence de la créance, de son montant ou de son exigibilité ou d'une **opposition à poursuites** en cas de contestation de la régularité de la forme d'un acte de poursuite. L'exercice d'une opposition entraîne la **suspension du recouvrement** de la créance. Avant de saisir la juridiction compétente, le redevable doit adresser une **réclamation** appuyée de toutes justifications utiles au comptable chargé du recouvrement. La réclamation doit être déposée, sous peine de nullité, en cas d'opposition à l'exécution d'un titre de perception, dans les deux mois qui suivent la notification de ce titre ou du premier acte de poursuite qui en procède, et, en cas d'opposition à poursuites, dans les deux mois qui suivent la notification de l'acte de poursuite. L'autorité compétente statue dans un délai de six mois en cas d'opposition à exécution et dans un délai de deux mois en cas d'opposition à poursuites. À défaut d'une décision notifiée dans ces délais, la réclamation est considérée comme rejetée.

Le débiteur peut **saisir la juridiction compétente** dans un **délai** de deux mois à compter de la date de notification de la décision prise sur sa réclamation ou, à défaut de cette notification, dans un délai de deux mois à compter de la date d'expiration des délais impartis à l'administration.

RÉGIME FISCAL DE LA TAXE

20150 La taxe est un élément du **prix de revient du terrain** sur lequel est édifiée la construction (CGI art. 302 septies B, I-a).

Si le redevable est une **entreprise ou** une **société soumise à l'impôt sur les sociétés,** la taxe n'est pas déductible par voie d'amortissement puisqu'elle est la contrepartie de l'entrée dans l'actif d'un bien non amortissable (le terrain). Elle n'est pas déductible non plus au titre des charges d'exploitation, même si le débiteur n'est que locataire du terrain (CE 13-12-1972 n°s 81107 et 81108 : Dupont 1973 p. 95, solution dégagée sous le régime de l'ancienne redevance pour création de bureaux en Île-de-France mais qui nous paraît conserver sa valeur).

Si le redevable est un **particulier** agissant dans le cadre de la gestion de son patrimoine privé ou une **SCI** de location **non soumise à l'IS,** la taxe n'est pas déductible des revenus fonciers.

© Éd. Francis Lefebvre

CHAPITRE 4

AMÉNAGEMENT COMMERCIAL

SOMMAIRE

LOI ROYER

La nécessité de préserver l'existence du petit commerce est à l'origine de la loi d'orientation du commerce et de l'artisanat 73-1193 du 27 décembre 1973, dite loi « Royer » qui soumet l'implantation des **magasins à grande surface** à une autorisation préalable délivrée par une commission départementale. Sont également visés les **établissements cinématographiques** (n°s 20800 s.). **20300**

Le **dispositif,** codifié aux articles L 750-1 s et R 751-1 s du Code de commerce s'agissant des commerces et aux articles L 212-6 s et R 212-6 s du Code du cinéma et de l'image animée s'agissant des cinémas, a fait l'objet de nombreuses réformes, la dernière d'ampleur étant la loi dite « Élan » du 23 novembre 2018 dont l'objet principal a été de redynamiser les centres-villes en y favorisant l'implantation de surfaces commerciales (Voir R. Vandermeeren, Une nouvelle réforme en matière d'urbanisme commercial : BPIM 1/19 inf. 3).

> **Précisions** L'**Agence nationale de la cohésion des territoires** assure la maîtrise d'ouvrage d'actions et d'opérations tendant à la création, l'extension, la transformation ou la reconversion de surfaces commerciales et artisanales situées dans les quartiers prioritaires de la **politique de la ville** ou les secteurs d'intervention des **opérations de revitalisation de territoire** (CGCT art. L 1231-2, IV et R 1231-1 s.). À cette fin, l'agence peut acquérir, en qualité de délégataire du droit de préemption, des fonds commerciaux ou artisanaux et, au besoin, par voie d'expropriation, des immeubles ou droits réels immobiliers, céder les fonds ou les immeubles acquis, confier les fonds acquis en location-gérance, gérer et exploiter directement ou indirectement les locaux acquis.

SECTION 1

AUTORISATION D'EXPLOITATION COMMERCIALE

A. Champ d'application de l'autorisation d'exploitation commerciale

20330 L'autorisation d'exploitation commerciale concerne les magasins de commerce de détail, les centres commerciaux et les « drives » (C. com. art. L 752-1 s.). Une opération ne relevant pas de l'autorisation d'exploitation commerciale peut toutefois être soumise à avis conforme de la commission départementale (voir n°s 20700).

1. DÉFINITIONS

MAGASIN DE COMMERCE DE DÉTAIL

20335 Par « magasin de commerce de détail », il faut entendre tout magasin où s'effectue essentiellement la vente de marchandises neuves ou d'occasion à des consommateurs pour un usage domestique. Sont également visés les commerces de gros qui pratiquent une activité significative de commerce de détail (Circ. du 16-1-1997 : Le Moniteur du 31-1-1997 Textes officiels/Cahier spécial n° 4862 p. 309).

> **Précisions** Les **prestataires de services à caractère artisanal** (pressing, salon de coiffure et d'esthétique, cordonnerie, boulangerie, serrurerie, photographie, etc.) relèvent de l'autorisation d'urbanisme commercial (CE 30-9-1987 n° 76268 : Lebon p. 298 ; CE 4-11-1994 n° 132905, SCI Les Trois Sautets : RJDA 1/95 n° 62). En revanche, sont exclus du champ d'application de la loi les **prestataires de services à caractère immatériel ou intellectuel** (banques, agences de voyages, assurances, activités financières et de courtage, etc.) à condition qu'il n'y ait pas de vente au détail (Circ. du 16-1-1997 : Le Moniteur du 31-1-1997 Textes officiels/Cahier spécial n° 4862 p. 309). L'activité de **restauration** est également exclue du champ d'application de la loi (Circ. du 16-1-1997 ; Rép. Chassaigne : AN 31-10-2017 n° 980 : BPIM 6/17 inf. 399).

CENTRE COMMERCIAL

20337 Les magasins réunis sur un même site sont considérés comme faisant partie d'un même ensemble commercial, qu'ils soient ou non situés dans des bâtiments distincts et qu'une même personne en soit ou non le propriétaire ou l'exploitant, dans les cas suivants (C. com. art. L 752-3) :

– lorsqu'ils ont été conçus dans le cadre d'une **même opération d'aménagement** foncier (ZAC, restauration immobilière ou lotissement), que celle-ci soit réalisée en une ou plusieurs tranches ;

La seule existence d'un programme d'aménagement d'ensemble (PAE) institué avant le 1er mars 2012 ne permet pas de considérer que toutes les constructions édifiées dans ce secteur ont été conçues dans le cadre d'une même opération d'aménagement foncier (CAA Lyon 12-12-2000 n° 96-270, Sté Sofiva : BPIM 3/01 inf. 179).

– lorsqu'ils bénéficient d'aménagements conçus pour permettre à une **même clientèle** l'accès des divers établissements (voirie interne, parcs de stationnement communs n'interdisant pas la circulation piétonne entre eux, accès piétonniers spéciaux) ;

Selon la circulaire du 16 janvier 1997, cette disposition exclut les magasins établis par simple juxtaposition le long des axes routiers affectés à la circulation générale, dans la mesure où ils ne relèvent pas d'une opération d'aménagement foncier (en particulier les rues piétonnes et les rues de centre-ville).

– lorsqu'ils font l'objet d'une **gestion commune** de certains éléments de leur exploitation (services collectifs communs ou pratiques et publicités commerciales communes) ;

Au titre de l'utilisation habituelle de pratiques et de publicités commerciales communes, la circulaire du 16 janvier 1997 cite les enseignes génériques ou logotypes identiques, les publicités ou campagnes commerciales concertées, la signalisation routière et les panneaux informatifs. Elle exclut toutefois les animations commerciales traditionnelles réalisées par des associations de commerçants. À notre avis, les services collectifs communs visés par la loi sont, notamment, gardiennage et sécurité, nettoyage, entretien des espaces verts, chauffage et climatisation, entrepôts communs, services administratifs communs. Ont été regardés comme faisant l'objet d'une gestion commune des magasins appartenant à des sociétés distinctes dirigées par des personnes différentes, mais qui étaient liés à un groupe de distribution par des contrats de franchise leur permettant d'utiliser l'enseigne et le logotype de ce groupe et qui effectuaient des publicités commerciales communes soulignant leur proximité géographique (CE 3-10-2003 n° 248499, Sté Norminter : BPIM 1/04 inf 11).

– lorsqu'ils sont réunis par une **structure juridique commune,** contrôlée directement ou indirectement par au moins un associé, exerçant sur elle une influence notable au sens de l'article L 233-16 du Code de commerce ou ayant un dirigeant de droit ou de fait commun.

Cette disposition vise à soumettre aux commissions départementales les modifications de structures juridiques, au même titre que les transformations matérielles, survenant au cours de l'exploitation, telles que rachat, constitution de filiales, prises de contrôle et ayant pour conséquence la gestion commune des magasins, antérieurement indépendants. L'influence notable sur la gestion et la politique financière d'une entreprise est présumée « lorsqu'une société dispose, directement ou indirectement, d'une fraction au moins égale au cinquième des droits de vote de cette entreprise ». Ainsi, toute prise de contrôle, directe ou indirecte, dans plusieurs sociétés propriétaires de magasins distincts réunis sur un même site donnera lieu à une demande d'autorisation auprès de la CDAC.

À noter que le paragraphe IV de l'article L 233-16, qui définissait la notion d'influence notable et auquel renvoie l'article L 752-3, I-4°, a été abrogé par l'ordonnance 2015-900 du 23 juillet 2015. Mais celle-ci a repris littéralement la même définition sous l'article L 233-17-2. Le renvoi doit donc être considéré comme visant aujourd'hui ce dernier texte.

On relèvera que la condition commune à toutes ces hypothèses est la **réunion** des magasins **sur un même site.** Cette condition n'est pas remplie si la configuration des lieux fait obstacle à la circulation de la clientèle entre les deux bâtiments (Cass. com. 19-6-2001 n° 99-15.411 : RJDA 12/01 n° 1271 ; CE 3-10-2003 n° 248499, Sté Norminter : BPIM 1/04 inf. 11).

Par **exception,** la notion d'ensemble commercial ne s'applique pas dans les **ZAC de centres urbains** (C. com. art. L 752-3, II). Dans ce dernier cas, les surfaces de vente sont à considérer magasin par magasin. Selon la circulaire du 16 janvier 1997, une ZAC de centre urbain ne peut être envisagée que dans une commune urbaine (c'est-à-dire une commune de plus de 2 000 habitants ou une commune appartenant à une agglomération multi-communale de plus de 2 000 habitants). Peut être considérée comme une ZAC de centre urbain toute ZAC destinée à renforcer ou compléter l'attraction des rues commerçantes de centre-ville d'une commune urbaine ou à restructurer l'appareil commercial d'un centre-ville.

SURFACE DE VENTE

L'autorisation d'exploitation commerciale est obligatoire au-delà d'une certaine superficie exprimée en surface de vente. **20340**

Cette surface de vente s'entend de la superficie des espaces, couverts ou non, d'un commerce de détail affectés (Loi 72-657 du 13-7-1972 art. 3 ; Circ. ECOI2316200C du 15-11-2023) :

– à la circulation de la clientèle pour effectuer ses achats (sas d'entrée et arrières-caisses d'un seul et unique magasin au sein d'un même bâtiment, allées de circulation entre les rayons, escalators et ascenseurs reliant directement le parc de stationnement au magasin, etc.) ;

– à l'exposition des marchandises proposées à la vente (emprise occupée par les rayonnages, gondoles, stands, etc., que ces derniers soient temporaires ou permanents) ;

– au paiement des marchandises (caisses physiques et/ou automatiques, bornes de paiement, appareils permettant de scanner directement les achats en rayon, etc.) ;

– à la circulation du personnel pour présenter les marchandises à la vente (comptoirs de présentation, etc.).

En revanche, **sont notamment exclus** de la surface de vente (Circ. du 16-1-1997 ; Circ. ECOI2316200C du 15-11-2023) :

– les mails des centres commerciaux desservant plusieurs commerces sous réserve que n'y soit exposée aucune marchandise destinée à la vente ;

– les ateliers d'entretien, de réparation, de fabrication ou de préparation des marchandises proposées à la vente, si leur accès est interdit au public.

– les réserves, locaux sociaux, les chambres froides, les laboratoires, les locaux techniques, les espaces de circulation affectés aux issues de secours ayant vocation à ne pas être accessibles au public durant les heures d'ouverture de l'équipement commercial ;

– l'intégralité des espaces relevant du parc de stationnement (que ce dernier soit aérien, en silo ou en infrastructure) ainsi que les espaces affectés aux abris vélos, motocycles et les aires de livraisons non accessibles au public.

La surface des pharmacies, des commerces d'automobiles et de motocycles et les installations de distribution de carburant n'est pas prise en compte pour déterminer la surface de vente d'un ensemble commercial (C. com. art. R 752-1, al. 1). Pour les établissements exploités par des pépiniéristes ou des horticulteurs, sont seules prises en compte les surfaces destinées à la vente de produits ne provenant pas de l'exploitation (C. com. art. R 752-1, al. 2).

› **Précisions** **a.** Même s'il n'accueille aucune marchandise, un **sas d'entrée** dans un magasin (et les arrières-caisses), affecté à la circulation de la clientèle à laquelle il permet d'accéder aux prestations commerciales, doit être pris en compte dans le calcul de la surface de vente (CE 16-11-2022 nº 462720 Sté Poulbric : BPIM 1/23 inf. 17.) ; cet arrêt constitue un revirement par rapport à un précédent (CE 6 juin 2018 nº 405608, Sté Hurtevent LC : RJDA 10/18 nº 778). En revanche les **allées** qui, dans un centre commercial, permettent de circuler entre des commerces **indépendants** les uns des autres sont exclus de la surface de vente, sauf si elles sont utilisées pour présenter des marchandises (CE Sect. 18-5-1979 nº 07418, Sté Les Mouettes : Lebon p. 219 ; CE 3-7-2019 nº 414009, Sté Keréol : RJF 10/19 nº 987).

b. Dans le cas où une **enseigne** propose à des tiers des **emplacements de vente,** ils doivent être inclus dans l'assiette de la surface de vente de la société qui exploite le magasin lorsque cette société est regardée comme exploitant une surface de vente pour y réaliser une activité de vente au détail et non comme exerçant une activité de prestation de services de mise à disposition d'espaces de ventes au détail au profit de tiers (CE 12-4-2019 nº 411500, Sté Printemps).

2. PROJETS CONCERNÉS

CRÉATION DE MAGASINS DE COMMERCE DE DÉTAIL

20345 Sont soumis à une autorisation d'exploitation commerciale les projets de création d'un magasin d'une surface de vente supérieure à 1 000 m² résultant soit d'une **construction nouvelle,** soit de la **transformation** d'un immeuble existant qui n'était pas auparavant affecté à un commerce de détail (C. com. art. L 752-1, 1º).

La **reconstruction** d'un magasin de commerce de détail équivaut à une création sauf si les conditions suivantes sont cumulativement remplies (Circ. du 16-1-1997) :
– le nouveau bâtiment doit être reconstruit sur le même emplacement, cette condition étant considérée comme remplie si le nouveau bâtiment est implanté sur la même parcelle de terrain que l'ancien, alors même qu'il n'a pas la même emprise (CE 3-6-2002 nº 241313 : RJDA 12/02 nº 1328) ;
– le nouveau magasin ne doit comporter par rapport à l'ancien ni augmentation de la surface de vente, ni modification dans la nature du commerce ;
– la cessation d'activité commerciale ne doit pas être supérieure à 2 ans.

Lorsqu'il résulte d'un **transfert d'activités existantes,** le projet de création d'un magasin de détail d'une surface de vente supérieure à 1 000 m² est également soumis à autorisation. Depuis la réforme de 2008, la surface libérée peut continuer à être utilisée à des fins commerciales.

EXTENSION DE LA SURFACE DE VENTE D'UN MAGASIN

20350 L'extension de la surface de vente d'un magasin de commerce de détail ayant déjà atteint le seuil de 1 000 m² ou devant le dépasser par la réalisation du projet doit faire l'objet d'une autorisation (C. com. art. L 752-1, 2º). Est considérée comme une extension l'utilisation supplémentaire de tout espace, couvert ou non, fixe ou mobile, qui n'entre pas dans le cadre des ventes au déballage définies à l'article L 310-2 du Code de commerce (sont notamment visées les ventes sous chapiteaux installés sur les parkings des grandes surfaces). Les **regroupements de magasins** constituent en principe des extensions soumises à autorisation. Toutefois, en sont dispensés les regroupements de magasins voisins, sans création de surface de vente supplémentaire, lorsqu'il en résulte un magasin de commerce de détail n'excédant pas 2 500 m² de vente ou 1 000 m² s'il est à prédominance alimentaire (C. com. art. L 752-2, I). La notion de dominante alimentaire doit, à notre avis, être entendue en termes de chiffre d'affaires.

CRÉATION OU EXTENSION D'UN CENTRE COMMERCIAL

20355 La création ou l'extension d'un ensemble commercial d'une surface de vente totale supérieure à 1 000 m² ou devant dépasser ce seuil par la réalisation du projet est soumise à autorisation (C. com. art. L 752-1, 4º et 5º). Sur la notion de centre commercial, voir nº 20337.

Lorsqu'est en cause l'extension d'un seul magasin au sein d'un même ensemble commercial, ce sont les règles applicables à l'extension d'un ensemble commercial qui s'appliquent (C. com. art. L 752-1, 5º) et non celles applicables à l'extension d'un commerce de détail (C. com. art. L 752-1, 2º) (CE 29-12-2023 nº 471159, Sté Deta Distribution : BPIM 2/24 inf. 100).

RÉOUVERTURE D'UN MAGASIN

Est soumise à autorisation la réouverture au public, sur le même emplacement, d'un magasin de commerce de détail d'une surface de vente supérieure à 2 500 m² dont les locaux ont cessé d'être exploités pendant 3 ans (C. com. art. L 752-1, 6°). En cas de redressement judiciaire de l'exploitant, ce délai court du jour où le propriétaire a recouvré la pleine et entière disposition des locaux. 20360

> Précisions La réalisation d'actes de commerce isolés dans un fonds de commerce inexploité n'est pas de nature à être regardée comme susceptible d'interrompre l'inexploitation (TGI Thionville 21-2-1990 ; Circ. du 16-1-1997).

CHANGEMENT DE SECTEUR D'ACTIVITÉ

Est soumis à autorisation tout changement de secteur d'activité d'un commerce d'une surface de vente supérieure à 2 000 m², seuil ramené à 1 000 m² lorsque le commerce nouveau est à prédominance alimentaire (C. com. art. L 752-1, 3°). 20365

Les **seuils** de 2 000 m² et 1 000 m² s'appliquent aux surfaces de vente créées dans la nouvelle activité.

Les **secteurs** d'activité visés sont les suivants (C. com. art. R 752-2) :
– le commerce de détail à prédominance alimentaire ;
– les autres commerces de détail et les activités de prestation de services à caractère artisanal.

Le changement d'activité d'un magasin de commerce de détail ou de prestations de services à caractère artisanal, sans extension de surface, s'opère librement si la nouvelle activité relève du même secteur que l'ancienne. Il est en revanche soumis à autorisation préalable si la nouvelle activité est classée dans un secteur différent de l'ancienne (Circ. du 16-1-1997).

DRIVES

Relèvent de l'autorisation d'exploitation commerciale la **création** ou l'**extension** des « drives », c'est-à-dire des points permanents de retrait par la clientèle d'achats au détail commandés par voie télématique organisés pour l'accès en automobile (C. com. art. L 752-1, 7°). Sont visés les installations, aménagements ou équipements conçus pour le retrait de la marchandise ainsi que les pistes de ravitaillement attenantes (C. com. art. L 752-3, III) et, plus précisément, l'activité « développée par les grandes enseignes alimentaires, qui consiste, pour les consommateurs, à commander et à payer leurs courses sur internet et à aller les chercher en voiture sur une aire de livraison située à proximité d'une surface de stockage » (Exposé des motifs de la loi 2014-366 du 24-3-2014). 20367

L'autorisation est accordée par piste de ravitaillement et par mètre carré d'emprise au sol des surfaces, bâties ou non, affectées au retrait des marchandises (C. com. art. L 752-16).

La création d'un « drive » intégré à un commerce de détail ouvert au public au 26 mars 2014 (date de publication de la loi 2014-366 du 24 mars 2014) ne nécessite pas d'autorisation d'exploitation commerciale si elle n'entraîne pas la création de plus de 20 m² de surface de plancher (C. com. art. L 752-1, 7°).

> Précisions a. Un drive de **restauration rapide** n'est pas soumis à une autorisation d'exploitation commerciale, notamment parce que l'activité de restauration, fût-elle rapide, est considérée non pas comme une activité commerciale mais comme une activité de service (Rép. Chassaigne : AN 31-10-2017 n° 980 : BPIM 6/17 inf. 399).

b. L'autorisation d'exploitation commerciale relative à un « drive » doit porter sur la surface des pistes de ravitaillement et celle des zones bâties ou non dans lesquelles **la clientèle peut se rendre à pied** pour retirer les produits achetés par voie électronique (CE 14-5-2024 n° 469687, Min. économie et Sté Cora : BPIM 4/24 inf. 238). Il n'est donc pas tenu compte de la surface des zones affectées au stockage des marchandises, aux bureaux ou aux besoins du personnel.

3. EXCLUSIONS

Cas général Les opérations et activités suivantes sont exclues du champ d'application de l'autorisation (C. com. art. L 752-2, I à IV) : 20370
– les **regroupements** de surfaces de vente de magasins voisins, sans création de surfaces de vente supplémentaires, n'excédant pas 2 500 m², ou 1 000 m² lorsque l'activité nouvelle est à prédominance alimentaire ;
– les **pharmacies** ;
– les **commerces de véhicules automobiles** et de motocycles ;
– les **halles et marchés** d'approvisionnement au détail, couverts ou non, établis sur les dépendances du domaine public et dont la création est décidée par le conseil municipal ;
– les magasins accessibles aux seuls voyageurs munis de billets et situés dans l'enceinte des **aéroports** ;

– les parties du domaine public affecté aux **gares ferroviaires et routières** situées en centre-ville d'une surface maximum de 2 500 m² ;
– les opérations immobilières combinant un projet d'implantation commerciale et des logements situées dans un centre-ville compris dans l'un des secteurs d'intervention d'une **opération de revitalisation de territoire** (ORT) dès lors que la surface de vente du commerce est inférieure au quart de la surface de plancher à destination d'habitation.

20375 **Exclusion en vue de favoriser les implantations industrielles** Les **regroupements** de surfaces de vente de magasins situés dans le périmètre d'une **grande opération d'urbanisme** (C. urb. art. L 312-3) ayant pour objet la **transformation d'une zone d'activité économique** (C. urb. art. L 318-8-1) afin d'en favoriser la mixité fonctionnelle notamment au profit d'implantations industrielles ne sont pas soumis à une autorisation d'exploitation commerciale lorsqu'ils remplissent les conditions cumulatives suivantes (C. com. art. L 752-2, V) :
– ils contribuent à la réalisation des objectifs de cette opération ;
– ils résultent du transfert de surfaces de vente autorisées, sans création de surfaces de vente supplémentaires ;
– ils n'engendrent pas une artificialisation des sols (C. urb. art. L 101-2-1, al. 9).

Cette exemption s'applique à compter de la publication de l'acte décidant de la qualification de GOU et pendant toute la durée de l'opération.

> **Précisions** **À titre expérimental** et pour 3 ans à compter du 23 octobre 2023, soit **jusqu'au 23 octobre 2026,** les regroupements de surfaces de vente de magasins situés à l'intérieur d'une même zone d'activité économique – même hors périmètre d'une GOU – ou entre différentes zones d'activité économique situées dans le périmètre d'un même EPCI, ne sont pas soumis à autorisation d'exploitation commerciale lorsqu'ils remplissent les conditions requises par l'article L 752-2, V-1° à 3° (Loi 2023-973 du 23-10-2023 art. 22, II). Le regroupement doit avoir lieu en vue de favoriser la mixité fonctionnelle au profit d'implantations industrielles.

B. Délivrance de l'autorisation d'exploitation commerciale

1. AUTORITÉ COMPÉTENTE POUR DÉLIVRER L'AUTORISATION D'EXPLOITATION COMMERCIALE

20450 Les autorisations d'exploitation commerciale sont délivrées par les commissions départementales d'aménagement commercial (CDAC) ou, en cas de recours, par la Commission nationale d'aménagement commercial (CNAC). L'autorisation doit être obtenue avant la réalisation du projet (C. com. art. L 752-15, al. 1).

Si le projet nécessite un **permis de construire,** l'obtention de celui-ci **tient lieu** d'autorisation d'exploitation commerciale, à condition que la CDAC ou, le cas échéant, la CNAC, ait donné un avis favorable (C. urb. art. L 425-4). Il résulte de cet article qu'un avis favorable ou défavorable de la CDAC lie l'autorité compétente pour délivrer le permis de construire en ce qui concerne tous les éléments relevant de l'appréciation de la CDAC. L'autorité compétente pour délivrer le permis conserve bien entendu son propre pouvoir d'appréciation pour contrôler la régularité du projet de construction proprement dit au regard des règles d'urbanisme. Certaines de ces règles sont propres aux bâtiments commerciaux (voir nos 20602 s.). Sur le régime de droit commun de la délivrance du permis de construire, voir nos 13000 s.

> **Précisions** La loi 3DS a mis en place un **dispositif expérimental** dans lequel les autorisations d'exploitation commerciale sont délivrées par l'autorité compétente en matière d'autorisation d'urbanisme, sans intervention de la CDAC (loi 3DS 2022-217 du 21-2-2022 art. 97). Voir n° 20750.

COMMISSIONS DÉPARTEMENTALES D'AMÉNAGEMENT COMMERCIAL

20451 La CDAC est **présidée** par le préfet, qui toutefois ne prend pas part au vote (C. com. art. L 752-14, I-al. 2).

La CDAC est **composée** de 7 **élus** (le maire de la commune d'implantation ou son représentant, les présidents de l'EPCI à fiscalité propre à laquelle elle appartient, de l'Épscot, du conseil départemental et du conseil régional, ou leur représentant, un représentant des maires et un représentant des intercommunalités du département) et de 4 personnalités qualifiées désignées par le préfet.

© Éd. Francis Lefebvre

À ces membres s'ajoutaient 3 **personnalités qualifiées représentant le tissu économique** et désignées respectivement par la chambre de commerce et d'industrie, la chambre de métiers et de l'artisanat et la chambre d'agriculture (C. com. art. L 751-2 et R 751-1, 5°). Ces personnalités ne prenaient pas part aux votes mais présentaient l'impact du projet sur le tissu économique de leur zone de chalandise. La **chambre de commerce et d'industrie** et la **chambre de métiers et de l'artisanat** étant composées de concurrents actuels ou potentiels du demandeur, la présence, au sein des CDAC, de personnalités désignées par ces chambres a été jugée incompatible avec la directive 2006/123/CE du 12 décembre 2006 relative aux services dans le marché intérieur (CE 22-11-2021 n° 431724, Conseil national des centres commerciaux ; C. com. art. R 751-1, 5° annulé en tant qu'il s'applique aux personnalités désignées par la chambre de commerce et d'industrie et par la chambre des métiers et de l'artisanat). Les **chambres d'agriculture** n'étant pas constituées d'opérateurs concurrents du demandeur d'autorisation d'exploitation commerciale, elles peuvent, sans incompatibilité avec le droit européen, désigner une personnalité qualifiée au sein des CDAC.

À **Paris,** la commission est composée de 5 élus et de 3 personnalités qualifiées désignées par le préfet. La présence de 2 personnalités qualifiées désignées respectivement par la chambre de commerce et d'industrie et la chambre de métiers et de l'artisanat a été jugée illégale, leur désignation par ces chambres comprenant des opérateurs concurrents actuels ou potentiels des demandeurs d'autorisation d'exploitation commerciale étant contraire à la directive 2006/123/CE du 12 décembre 2006 relative aux services dans le marché intérieur (CE 22-11-2021 n° 431724, Conseil national des centres commerciaux ; C. com. art. R 751-1, 5° annulé en tant qu'il s'applique aux personnalités désignées par la chambre de commerce et d'industrie et par la chambre des métiers et de l'artisanat).

Pour chaque demande d'autorisation, un arrêté préfectoral fixe la composition de la commission (C. com. art. R 751-2).

Aucune personne ne peut siéger au sein de la commission à deux titres différents. Aucun élu de la commune d'implantation ne peut siéger en une autre qualité que celle de représentant de cette commune ; aucun élu d'une commune de la zone de chalandise ne peut siéger en qualité de personnalité qualifiée.

> Précisions **a.** Le **pouvoir ponctuel** donné par le maire à l'un de ses adjoints pour le représenter lors d'une séance de la CDAC n'a pas à être publié et transmis au préfet pour être exécutoire (CE 4-12-2013 n° 349277, Sté Bricoman et Sté Immochan France : BPIM 1/14 inf. 13).

b. Si la **zone de chalandise** du projet excède les limites du département, le préfet complète la composition de la commission en désignant au moins un et au plus 5 élus et au moins une et au plus 4 personnalités qualifiées de chaque autre département concerné (2 parmi celles désignées par le préfet et 2 parmi celles représentant le tissu économique sauf si elles ont été désignées par les chambres de commerce et d'industrie ainsi que de métiers et d'artisanat qui ne sont plus admises à siéger au sein des CDAC), sur proposition du préfet de ce département (C. com. art. L 751-2, II-avant-dernier al. et R 751-3, annulé partiellement par CE 22-11-2021 n° 431724 du 22-11-2021, Conseil national des centres commerciaux). Cette disposition ne s'applique pas dans le cadre de la procédure de saisine de la CDAC par le conseil municipal (C. com. art. R 752-21, al. 2) ; voir n°s 20700 s.

Le cas échéant, le préfet invite à participer à la réunion, sans voix délibérative, un représentant de chacune des **collectivités territoriales frontalières** ou de leurs groupements compétents en matière d'aménagement commercial ; si la commune d'implantation est située dans le périmètre d'un groupement européen de coopération territoriale compétent en matière d'aménagement commercial ou d'aménagement du territoire, son représentant est également invité (C. com. art. L 751-2, II-avant-dernier al.).

c. Tout membre de la CDAC informe le préfet des intérêts qu'il détient et de la fonction qu'il exerce dans une activité économique. Aucun membre ne peut délibérer dans une affaire où il a un **intérêt personnel** ou s'il représente ou a représenté une partie (C. com. art. L 751-3). Aucun membre – même s'il n'a qu'une voix consultative – ne peut siéger s'il n'a pas remis au président de la commission un formulaire relatif aux fonctions et mandats qu'il exerce ou a exercés dans les 3 années précédant sa désignation, ainsi qu'à ses intérêts au cours de la même période (C. com. art. R 751-4).

d. Le **secrétariat** de la CDAC est assuré par les services placés sous l'autorité du préfet (C. com. art. R 751-5).

COMMISSION NATIONALE D'AMÉNAGEMENT COMMERCIAL

La composition de la CNAC et les obligations de ses membres sont fixées par les articles L 751-5 s. et R 751-6 s. du Code de commerce. La CNAC est **composée** de 12 membres **20453**
(4 membres de grands corps administratifs, 4 personnalités qualifiées et 4 représentants des élus locaux) nommés par décret pour une durée de 6 ans non renouvelable. Elle est renouvelée par moitié tous les 3 ans. Chaque membre a un suppléant. Après chaque renouvellement partiel, la commission élit son président et 2 vice-présidents (C. com. art. L 751-5, L 751-6, R 751-6 et R 751-7). Elle élabore son règlement intérieur qui est adopté à une majorité de 7 membres (C. com. art. R 751-11).

› Précisions **a.** Le **mandat** de membre de la CNAC est **incompatible** avec toute fonction dans le cadre d'une activité économique ou financière en relation avec le secteur du commerce. Aucun membre ne peut délibérer dans une affaire dans laquelle lui-même ou une personne morale au sein de laquelle il a exercé des fonctions ou détenu un mandat depuis moins de 3 ans a un intérêt, ou s'il a représenté une partie au cours de la même période. Les membres déposent les déclarations prévues par la loi 2013-907 du 11 octobre 2013 relative à la transparence de la vie publique. En cas d'incompatibilité, empêchement ou manquement, la commission peut, à la majorité des 3/4, suspendre le mandat d'un de ses membres (C. com. art. L 751-7).

b. Le **secrétariat** de la CNAC est assuré par les services du ministre chargé du commerce. Le directeur général des entreprises ou son représentant assure les fonctions de commissaire du gouvernement (C. com. art. R 751-10).

c. La CNAC n'est pas soumise au **pouvoir hiérarchique** des ministres (C. com. art. L 751-7, V).

2. PRÉSENTATION ET CONTENU DE LA DEMANDE D'AUTORISATION D'EXPLOITATION COMMERCIALE

QUALITÉ POUR PRÉSENTER LA DEMANDE

20470 Que le projet commercial requière ou non un permis de construire, la demande d'autorisation est présentée soit par le propriétaire du terrain ou de l'immeuble, soit par une personne justifiant d'un titre du propriétaire l'habilitant à exécuter les travaux, soit par le mandataire d'une de ces personnes, soit encore par une personne ayant qualité pour bénéficier de l'expropriation pour cause d'utilité publique (C. com. art. R 752-4, al. 1 à 3).

Dans le cas où un permis de construire n'est pas nécessaire, l'autorisation peut également être demandée par toute personne justifiant d'un titre du propriétaire l'habilitant à exploiter commercialement l'immeuble ou par le mandataire de cette personne (C. com. art. R 752-4, dernier al.).

La demande doit préciser la qualité en laquelle le demandeur agit, la nature du projet (C. com. art. R 752-5 al. 1) et comporter un ensemble d'informations relatives au projet, même dans le cas où celui-ci exige par ailleurs un permis de construire (C. com. art. R 752-7, 1° à 3°).

› Précisions Lorsque le demandeur l'accepte, les réponses de l'administration peuvent lui être notifiées par **voie électronique** (C. com. art. R 752-8). La notification est réputée effectuée à la date à laquelle le demandeur consulte le courrier électronique. À défaut de consultation à l'issue d'un délai de 8 jours, le demandeur est réputé avoir reçu cette notification.

ÉLÉMENTS À FOURNIR

20475 La demande doit être accompagnée d'un dossier comportant un ensemble d'éléments, assez nombreux et regroupés en six catégories (C. com. art. R 752-6) :
- informations relatives au **projet,** notamment sa nature et les surfaces de vente ;
- **cartes** ou **plans** relatifs au projet ;
- effets du projet en matière d'**aménagement du territoire** ;
- effets du projet en matière de **développement durable** ;
- effets du projet en matière de **protection du consommateur** ;
- effets du projet en matière **sociale.**

Par ailleurs, le dossier doit comporter en annexe une **analyse d'impact** (voir n° 20477).

Des éléments supplémentaires doivent être fournis (C. com. art. R 752-7). Ils sont relatifs au terrain, au projet et à son insertion dans l'environnement (description du projet, carte et vue aérienne, présentation visuelle et document graphique des façades).

› Précisions **a.** Les **lacunes** entachant un dossier de demande peuvent entraîner l'illégalité de l'autorisation délivrée si elles n'ont pas été réparées lors de l'instruction de la demande et ont conduit la commission à se prononcer au vu de données incomplètes. Le juge administratif détermine avec pragmatisme si la commission a été suffisamment éclairée (CE 11-2-2004 n° 242160, Sté Éts Grassot et Sté Jardivil : BPIM 3/04 inf. 143 ; CE 11-2-2004 n° 238592, Conseil national des professions de l'automobile : BPIM 3/04 inf. 143).

b. Si certains éléments nécessaires pour évaluer l'impact du projet sont manquants dans le **dossier,** la commission doit, non pas rejeter d'emblée la demande pour ce motif, mais inviter le pétitionnaire à fournir les **éléments manquants** (CE 30-5-2011 n° 336055, Sté Frenodis : BPIM 4/11 inf. 275).

ANALYSE D'IMPACT COMMERCIAL

20477 Le demandeur doit produire une analyse d'impact du projet. Réalisée par un organisme indépendant habilité par le préfet, cette analyse évalue les **effets du projet commercial** sur l'animation et le développement économique des territoires concernés (centre-ville de la commune d'implantation, des communes limitrophes et de l'EPCI) ainsi que sur l'emploi (C. com. art. L 752-6, III).

Le demandeur doit démontrer, dans cette analyse d'impact, qu'aucune **friche** existante en centre-ville ne permet l'accueil du projet envisagé ; en l'absence d'une telle friche, il doit démontrer qu'aucune friche existante en périphérie ne permet l'accueil du projet envisagé (C. com. art. L 752-6, III). Ce critère relatif à l'absence de friches n'est qu'un élément à prendre en compte parmi d'autres. Il n'a pas pour effet d'interdire toute délivrance d'une autorisation au seul motif que le demandeur ne justifie pas de l'impossibilité de réaliser le projet sur une friche existante (Cons. const. 12-3-2020 n° 2019-830 QPC, Conseil national des centres commerciaux : RJDA 7/20 inf. 394 ; CE 15-7-2020 n° 431703, Société BEMH : BPIM 5/20 inf. 308).

L'analyse d'impact comprend les **éléments et informations** suivants, en précisant ses sources et la méthode choisie (C. com. art. R 752-6, II) : **20478**

1. Description de l'existant :
– zone de chalandise du projet : éléments justifiant sa délimitation, population de cette zone, description de la desserte actuelle et future, pôles d'attraction notamment commerciale, temps de trajet moyen entre ces pôles et le projet, etc. ;
– environnement proche du projet : localisation des activités commerciales, des autres activités et des équipements publics, locaux commerciaux vacants, friches susceptibles d'accueillir le projet, zones d'habitat, desserte actuelle et future, opérations d'urbanisme, programmes de logements, etc. ;
– principaux pôles commerciaux situés à proximité de la zone de chalandise et temps de trajet moyen entre ces pôles et le projet ;

2. Contribution du projet à l'animation des principaux secteurs existants : contribution, y compris en termes d'emploi, à l'animation, la préservation ou la revitalisation du tissu commercial des centres-villes de la commune d'implantation et des communes limitrophes incluses dans la zone de chalandise ;

3. Effets du projet en matière de protection des consommateurs, en particulier en termes de variété, de diversification et de complémentarité de l'offre proposée par le projet avec l'offre existante.

4. Effets du projet en matière d'artificialisation des sols et, pour tout projet engendrant une artificialisation des sols, les éléments justifiant que le pétitionnaire entre dans l'un des cas où il lui est permis de déroger au principe de non-artificialisation (voir nos 20532 s.)

ZONE DE CHALANDISE

20480 La zone de chalandise est définie comme l'aire géographique au sein de laquelle un équipement commercial exerce une attraction sur la clientèle (C. com. art. R 752-3). Cette zone est délimitée en tenant compte notamment de la nature et de la taille de l'équipement envisagé, des temps de déplacement nécessaires pour y accéder, de la présence d'éventuelles barrières géographiques ou psychologiques, de la localisation et du pouvoir d'attraction des équipements commerciaux existants.

› Précisions **a.** Une **zone de chalandise unique** doit être déterminée pour l'ensemble du projet faisant l'objet d'une même demande ; cette zone doit être délimitée en fonction de l'attraction que l'équipement, pris dans sa globalité, est susceptible d'exercer sur la clientèle (CE 18-2-2005 n° 260288, Ville de Paris : BPIM 3/05 inf. 179).

b. Si la commission statue en prenant en considération une **zone de chalandise inadéquate** compte tenu des caractéristiques du projet, sa décision encourt l'annulation car elle n'a pas été à même d'apprécier l'impact prévisible du projet au regard des critères fixés par le législateur (CE 29-10-2007 n° 294930, Confédération nationale des syndicats CID et des unions annexes professionnelles : BPIM 6/07 inf. 401). Si elle procède à une nouvelle délimitation de la zone de chalandise, qu'elle estime inadéquate, la commission doit en informer le pétitionnaire afin qu'il puisse présenter ses observations (CE 7-10-2009 n° 314262, Sté Alta CRP Mougins : BPIM 6/09 inf. 408).

c. Lorsqu'un équipement commercial doit être implanté dans une **zone frontalière,** la zone de chalandise indiquée dans le dossier de demande doit éventuellement inclure des zones situées à l'étranger, dans la mesure où la frontière ne constitue pas un obstacle géographique ou monétaire à l'accès au site prévu. Il appartient au demandeur de fournir les renseignements exigés par la réglementation, y compris pour la partie de la zone de chalandise située à l'étranger ; si les informations normalement requises ne sont pas disponibles, il lui appartient de communiquer des données s'en rapprochant, avec la plus grande précision possible (CE 3-2-2003 n° 226804, Sté Cora Belgique : BPIM 3/03 inf. 159).

3. DÉPÔT DE LA DEMANDE D'AUTORISATION D'EXPLOITATION COMMERCIALE

AUTORISATION D'EXPLOITATION COMMERCIALE NÉCESSITANT UN PERMIS DE CONSTRUIRE

20485 La demande, accompagnée du dossier défini nº 20475, est adressée ou déposée à la mairie selon les règles de droit commun applicables aux demandes de permis de construire (voir nos 14290 s.), à ceci près que deux exemplaires supplémentaires, dont un sur support dématérialisé, doivent être fournis (C. com. art. R 752-9 ; C. urb. art. R 423-2, avant-dernier al.). Le maire **transmet** ces deux exemplaires au secrétariat de la CDAC dans un délai de 7 jours francs suivant le dépôt (C. urb. art. R 423-13-2). Dans le cas d'une nouvelle demande visé nº 20595, il les transmet au secrétariat de la CNAC. Le maire délivre un récépissé de la demande au pétitionnaire conformément au droit commun du permis de construire (C. urb. art. R 423-3).

Si le dossier de demande d'autorisation d'exploitation commerciale est **complet,** le secrétariat de la commission en informe le maire ; en l'absence d'une information contraire communiquée au maire par le secrétariat de la CDAC dans un délai de 15 jours francs à compter de la date à laquelle il a reçu la demande d'autorisation, le dossier est réputé complet. Si le dossier est **incomplet,** le secrétariat indique au maire les pièces manquantes. Ces pièces sont transmises par le maire au secrétariat dans les trois jours suivants celui où il les reçoit du pétitionnaire (C. com. art. R 752-10, al. 1 et 2).

Le **délai d'instruction** de la demande d'autorisation d'exploitation commerciale court à compter de la réception d'un dossier complet ; dès cette réception, le préfet – qui préside la CDAC – informe les maires des communes limitrophes de la commune d'implantation du projet, si elles sont comprises dans sa zone de chalandise. Le cas échéant, elle en informe également l'organe exécutif des collectivités territoriales frontalières ou de leurs groupements compétents en matière d'aménagement commercial (C. com. art. R 752-10, al. 3 renvoyant à C. com. art. L 751-2, I).

> **Précisions** Pour tout projet d'équipement commercial portant sur **une surface de vente comprise entre 3 000 et 10 000 m²** et dès lors que le dossier de demande est enregistré, le secrétariat de la CDAC transmet le dossier de demande au préfet pour avis conforme (C. com. art. R 752-10-1). Il s'agit de l'avis conforme du préfet auquel est subordonnée la dérogation à l'interdiction d'artificialiser les sols (voir nº 20534).

AUTORISATION D'EXPLOITATION COMMERCIALE NE NÉCESSITANT PAS UN PERMIS DE CONSTRUIRE

20490 La demande accompagnée du dossier est adressée au secrétariat de la CDAC en deux exemplaires, dont un sur support dématérialisé. Elle peut être envoyée par lettre AR, déposée contre décharge ou envoyée par voie électronique et, dans ce dernier cas, un accusé de réception électronique est alors délivré sans délai (C. com. art. R 752-11).

Dès son **enregistrement,** la CDAC informe les maires des communes limitrophes de la commune d'implantation de la demande d'autorisation d'exploitation commerciale ; le cas échéant, elle en informe également les collectivités territoriales frontalières ou leurs groupements compétents en matière d'aménagement commercial (C. com. art. L 751-2, I).

Si le dossier est **complet,** le secrétariat de la commission fait connaître au demandeur la date, le numéro d'enregistrement de sa demande et la date avant laquelle la décision doit lui être notifiée. Le demandeur est en outre informé que, si aucune décision ne lui a été notifiée avant cette date, l'autorisation sera réputée accordée (C. com. art. R 752-12, al. 1). Si le dossier est **incomplet,** le secrétariat dispose d'un délai de 15 jours francs pour inviter le demandeur, par lettre AR ou, s'il l'a accepté, par courrier électronique, à fournir les pièces manquantes. À défaut de réception par le demandeur d'une demande de production de pièces manquantes dans ce délai, le dossier est réputé complet (C. com. art. R 752-12, al. 2 et 3).

Le **délai d'instruction** de la demande court à compter de la réception par le secrétariat de la commission d'un dossier complet ; dès cette réception, le préfet – qui préside la CDAC – informe les maires des communes limitrophes de la commune d'implantation du projet, si elles sont comprises dans sa zone de chalandise, en application du I de l'article L 751-2 (C. com. art. R 752-12, al. 4).

© Éd. Francis Lefebvre

4. EXAMEN DE LA DEMANDE PAR LA CDAC

DÉLAI D'INSTRUCTION

La commission départementale se prononce dans un délai de **2 mois** à compter de sa saisine (ou de la date à laquelle le dossier a été complété, voir nos 20485 et 20490). Passé ce délai, la décision est **réputée favorable** (C. com. art. L 752-14, II-al. 1 et 2). 20495

Si le projet nécessite un **permis de construire,** le délai d'instruction du permis de construire, normalement de 3 mois, est porté à 5 mois (C. urb. art. R 423-25, e). Le silence de l'autorité compétente pour délivrer le permis de construire emporte **rejet de la demande** si l'avis de la commission départementale d'aménagement commercial (ou, le cas échéant, de la Commission nationale, voir nos 20550 s.) est défavorable (C. urb. art. L 425-4, R 423-44-1 et R 424-2, h ; C. com. art. L 752-4).

SERVICE INSTRUCTEUR

L'instruction des demandes d'autorisation est faite par les services déconcentrés de l'État (C. com. art. L 752-12). 20500

INFORMATION PRÉALABLE DES MEMBRES DE LA CDAC ET DU PUBLIC

Chaque membre de la CDAC doit recevoir, **au moins 10 jours avant la séance,** le dossier de la demande d'autorisation accompagné de divers documents (C. com. art. L 752-14, II-al. 3, R 752-13, I-al. 1 à 5). Dans le même délai, la date et l'ordre du jour sont publiés au recueil des actes administratifs de la préfecture (C. com. art. R 752-13, I-al. 6). 20505

Au moins 5 jours avant la séance, chaque membre de la CDAC doit recevoir les rapports de l'instruction (C. com. art. R 752-13, I-al. 7). La communication aux élus appelés à siéger vaut communication à leurs remplaçants (C. com. art. R 752-13, I-al. 8).

Dans ce même délai de 5 jours avant la séance, chaque membre doit également recevoir, si le projet porte sur une surface de vente comprise entre 3 000 et 10 000 m² et entraîne une artificialisation des sols, **l'avis conforme du préfet** auquel est subordonnée la dérogation à l'interdiction d'artificialisation (voir no 20534) ; si l'avis n'est **pas parvenu** dans ce délai, il est **réputé défavorable** (C. com. art. R 752-13, I-al. 7 dans sa rédaction issue du décret 2022-1312 du 13-10-2022).

› Précisions a. En l'état de dispositions qui prévoyaient une **transmission des rapports d'instruction** 8 jours à l'avance, le Conseil d'État a estimé qu'un délai plus bref, mais suffisant pour permettre aux membres de prendre connaissance des dossiers en temps utile, n'entachait pas la décision d'illégalité (CE 14-11-2008 no 297439, SCI Bercy-Village : BPIM 1/09 inf. 12).

b. Le préfet – qui préside la CDAC – peut, au plus tard un mois avant l'examen du dossier par la CDAC, demander à la **chambre de commerce et d'industrie,** la **chambre de métiers et de l'artisanat** et la **chambre d'agriculture** de réaliser, avant l'analyse du dossier de demande d'autorisation d'exploitation commerciale, une étude spécifique d'organisation du tissu économique, commercial et artisanal ou de consommation des terres agricoles (C. com. art. L 751-2, V). Cette étude décrit l'activité économique, en particulier commerciale, dans la zone de chalandise du projet et fournit, s'il y a lieu, un état des superficies affectées aux exploitations agricoles dans cette zone ainsi que des éléments sur leur évolution au cours des trois dernières années (C. com. art. R 752-13, II). Le préfet ne peut pas exiger cette étude dans le cadre de la procédure d'avis conforme, voir no 20700.

SÉANCE DE LA CDAC

La CDAC ne peut délibérer que si la majorité au moins de ses membres sont présents (C. com. art. R 752-15). Les personnalités qualifiées désignées par les chambres de commerce et d'industrie, de métiers et de l'artisanat et d'agriculture ne sont pas prises en compte (voir Précisions, b). Si ce quorum n'est pas atteint, une nouvelle réunion est convoquée au moins 3 jours après la date d'envoi de la seconde convocation ; la commission ne peut délibérer que si le tiers des membres sont présents. 20510

La CDAC entend le demandeur (C. com. art. R 752-14). Pour tout projet nouveau, la CDAC auditionne la personne chargée d'animer le commerce de centre-ville au nom de la commune ou de l'EPCI à fiscalité propre, l'agence du commerce et les associations de commerçants de la commune d'implantation et des communes limitrophes lorsqu'elles existent, dans la limite de deux associations par commune (C. com. art. L 751-2, I et R 752-14). De sa propre initiative ou sur demande écrite adressée au secrétariat, la commission peut également entendre toute personne dont l'avis présente un intérêt pour l'examen de la demande dont elle est saisie.

La commission autorise les projets par un vote à la majorité absolue des membres présents, le préfet, qui la préside, ne prenant pas part au vote, non plus que les personnalités qualifiées désignées par la chambre de commerce et d'industrie, de métiers et de l'artisanat et d'agriculture. Le vote est nominatif (C. com. art. L 752-14, I et R 752-16, al. 1).

Dans le mois qui suit la séance, un procès-verbal est adressé à chaque membre et aux services instructeurs (C. com. art. R 752-18). Les membres doivent garder le secret sur les délibérations et sur les documents qui leur ont été soumis (C. com. art. R 752-17).

> **Précisions** **a.** Les **associations de commerçants** sont entendues, lors de l'examen de la première demande d'autorisation présentée pour un projet (C. com. art. R 752-14, al. 2 à 5). Elles doivent avoir été déclarées en préfecture depuis un an révolu à la date de dépôt de la demande d'autorisation d'exploitation commerciale. Sont en principe entendues l'association regroupant le plus de commerçants du centre-ville et celle, autre que la première, qui regroupe le plus grand nombre de commerçants implantés sur le territoire communal. Il n'est pas procédé à l'audition d'associations dans le cadre de la procédure d'avis conforme, voir n° 20700 (C. com. art. R 752-14, al. 2).
> **b.** La présence au sein des CDAC de **personnalités qualifiées** désignées par les chambres de commerce et d'industrie et de métiers et d'artisanat (et non celle désignée par les chambres d'agriculture) a été jugée illégale car contraire à la directive 2006/123/CE du 12 décembre 2006 relative aux services dans le marché intérieur (CE 22-11-2021 n° 431724, Conseil national des centres commerciaux). Voir n° 20451.

CRITÈRES D'APPRÉCIATION DE LA CONFORMITÉ DU PROJET COMMERCIAL

20515 La CDAC – qui ne peut qu'autoriser le projet ou le rejeter dans sa totalité (C. com. art. L 752-22) – doit prendre en considération un ensemble de critères regroupés sous trois rubriques (C. com. art. L 752-6, I). Ils sont :

a. En matière d'aménagement du territoire :
– la localisation du projet et l'intégration urbaine de celui-ci ;
– la consommation économe de l'espace, notamment en termes de stationnement ;
– l'effet du projet sur l'animation de la vie urbaine, rurale et dans les zones de montagne et du littoral ;
– l'effet sur les flux de transports et son accessibilité par les transports collectifs et les modes de déplacement les plus économes en émission de dioxyde de carbone ;
– la contribution du projet à la préservation ou à la revitalisation du tissu commercial du centre-ville de la commune d'implantation, des communes limitrophes et de l'EPCI à fiscalité propre dont la commune d'implantation est membre ; ce critère – à prendre en compte parmi d'autres pour apprécier les effets du projet sur l'aménagement du territoire – ne subordonne pas la délivrance de l'autorisation commerciale à l'absence de toute incidence négative sur le tissu commercial des centres-villes (Cons. const. 12-3-2020 n° 2019-830 QPC, Conseil national des centres commerciaux : RJDA 7/20 inf. 394 ; CE 15-7-2020, Sté BEMH : BPIM 5/20 inf. 308) ;
– les coûts indirects supportés par la collectivité en matière notamment d'infrastructures et de transports ;

b. En matière de développement durable :
– la qualité environnementale du projet, notamment du point de vue de la performance énergétique et des émissions de gaz à effet de serre, du recours le plus large qui soit aux énergies renouvelables et à l'emploi de matériaux ou procédés écoresponsables, de la gestion des eaux pluviales, de l'imperméabilisation des sols et de la préservation de l'environnement ;
– l'insertion paysagère et architecturale du projet, notamment par l'utilisation de matériaux caractéristiques des filières de production locales ;
– les nuisances de toute nature que le projet est susceptible de générer au détriment de son environnement proche ;

c. En matière de protection des consommateurs :
– l'accessibilité, en termes, notamment, de proximité de l'offre par rapport aux lieux de vie ;
– la contribution du projet à la revitalisation du tissu commercial, notamment par la modernisation des équipements commerciaux existants et la préservation des centres urbains ;
– la variété de l'offre proposée par le projet, notamment par le développement de concepts novateurs et la valorisation de filières de production locales ;
– les risques naturels, miniers et autres auxquels peut être exposé le site d'implantation du projet, ainsi que les mesures propres à assurer la sécurité des consommateurs.

À titre accessoire, la commission peut prendre en considération la contribution du projet en matière sociale (C. com. art. L 752-6, II).

L'**autorisation** ne peut être **refusée que si,** eu égard à ses effets, le projet contesté compromet la réalisation des objectifs énoncés par la loi ; les commissions doivent se prononcer au vu des critères d'évaluation mentionnés à l'article L 752-6 du Code de commerce, au nombre desquels ne figure pas la densité d'équipement commercial de la zone de chalandise (CE 4-10-2010 n° 333413, Synd. commercial et artisanal de l'agglomération sénonaise et Sté Sens Distribution : BPIM 6/10 inf. 446).

© Éd. Francis Lefebvre

› Précisions **a.** Une **circulaire guide** les services instructeurs dans l'examen des dossiers de demande d'aménagement commercial au titre des critères relatifs à l'aménagement du territoire et au développement durable (Circ. du 31-12-2009 : BO équip. 2010/2 du 10-2-2010 p. 77).

b. Pour des **exemples d'évaluation** du projet au regard de sa « **qualité environnementale** », voir CE 30-5-2011 n° 336134, Sté Vinli et CE 27-6-2011 n° 336234, GIE Centre commercial des Longs Champs : BPIM 4/11 inf. 276.

c. La CDAC prend en compte la qualité environnementale et l'insertion paysagère et architecturale des bâtiments existants lorsqu'elle statue sur un **projet d'extension d'un commerce de détail.** En revanche, ces critères ne sont pas pris en compte lorsqu'elle statue sur un projet d'extension de la surface de vente d'un ensemble commercial (C. com. art. L 752-6, I-2°).

d. L'incidence d'un projet commercial se mesure non seulement au regard des besoins de la population locale, mais aussi en fonction de l'ampleur des **flux touristiques** dont pourrait bénéficier le futur établissement (CE 17-10-1997 n° 174782, chambre des métiers des Pyrénées-Orientales : RJDA 5/98 n° 230 ; CE 17-12-1997 n° 164839, Assoc. Village Boutiques : RJDA 5/98 n° 650) ou de la fréquentation éventuelle de frontaliers étrangers (CE 16-3-1998 n° 174234, Union commerciale de Bailleul et environs : RJDA 8-9/98 n° 1056).

e. Dans les départements et régions d'**outre-mer** et les collectivités d'outre-mer de Saint-Barthélemy, de Saint-Martin et de Saint-Pierre-et-Miquelon, la commission tient compte de la puissance économique déjà détenue dans la zone par l'entreprise qui sollicite une autorisation d'exploitation commerciale. Si sa part de marché, calculée en surface de vente, est susceptible de dépasser 50 % de la zone de chalandise après l'opération, la commission peut demander l'avis de l'Autorité de la concurrence (C. com. art. L 752-6-1). Si la CDAC saisit l'Autorité de la concurrence, celle-ci se prononce dans un délai de 25 jours ouvrés à compter de la réception de l'entier dossier.

f. Lorsque des aménagements aux **infrastructures routières** existantes sont nécessaires, l'autorisation ne peut être accordée que s'il est suffisamment certain que ces aménagements seront réalisés à l'ouverture de l'ensemble commercial (CE 23-9-2013 n° 359270, Confédération pour les entrepreneurs et la préservation du Pays du Bassin d'Arcachon).

COMPATIBILITÉ AVEC LE SCOT OU LE PLU INTERCOMMUNAL

En raison du principe de l'**indépendance des législations,** l'autorisation d'exploitation commerciale ne peut pas être refusée pour un **motif d'urbanisme.** Il n'appartient pas en principe à la commission chargée d'autoriser les équipements commerciaux de vérifier si les projets qui lui sont soumis sont conformes à la réglementation d'urbanisme (CE 13-4-1983 n° 23578 : Lebon p. 44). **20530**

Cependant, les autorisations d'exploitation commerciale, de même que les permis de construire en tenant lieu, doivent être compatibles avec le **document d'orientation et d'objectifs** des schémas de cohérence territoriale (Scot) ou, le cas échéant, avec les orientations d'aménagement et de programmation des plans locaux d'urbanisme intercommunaux (C. com. art. L 752-6, I-al. 1).

Le document d'orientation et d'objectifs doit comporter un **document d'aménagement artisanal et commercial** qui détermine, notamment, les conditions d'implantation des équipements commerciaux qui, en raison de leur importance, sont susceptibles d'avoir un impact significatif sur l'aménagement du territoire, le commerce de centre-ville et le développement durable (C. urb. art. L 141-6). En l'absence de Scot, les orientations d'aménagement et de programmation du PLUi doivent comporter des orientations relatives à l'équipement commercial et artisanal (C. urb. art. L 151-6, al. 2).

Dans les communes qui ne sont pas couvertes par un Scot applicable, il ne peut être délivré ni autorisation d'exploitation commerciale ni autorisation cinématographique à l'intérieur d'une zone ou d'un secteur rendu constructible après le 4 juillet 2003 (C. urb. art. L 142-4).

› Précisions **a.** Si la CDAC doit vérifier la compatibilité du projet avec les orientations du Scot ou le cas échéant, du PLU intercommunal, il appartient à l'autorité compétente pour délivrer le permis de construire et à elle seule de vérifier sa **conformité aux autres dispositions d'urbanisme.**

b. L'**obligation de compatibilité,** moins rigoureuse que l'obligation de conformité, suppose que le projet ne soit pas radicalement contraire aux orientations du Scot ou, le cas échéant, du Plu intercommunal (CE 28-9-2005 n° 274706, Sté Suidis et Sté Coco fruits : RJDA 4/06 n° 467 ; CE 12-12-2012, n° 353496, Sté Davalex : RJDA 2/13 n° 168).

c. Lorsque le **Scot** fixe un seuil quantitatif, le Conseil d'État l'applique avec souplesse pour tenir compte du fait que le schéma (sous réserve des règles applicables aux zones d'aménagement commercial) ne doit normalement énoncer que des orientations et des objectifs et que le juge est seulement appelé à vérifier la **compatibilité** des décisions individuelles avec ses prévisions. Ainsi, en se fondant sur d'autres orientations du Scot, le Conseil d'État juge compatible avec les prévisions du Scot un projet de supermarché de 2 000 m², alors que le schéma prévoyait expressément l'arrêt de l'implantation des supermarchés de plus de 1 000 m² (CE 12-12-2012 n° 353496, Sté Davalex : RJDA 2/13 n° 168). Cette décision a été rendue sous l'empire des dispositions antérieures à la loi « Grenelle II » qui ont renforcé le caractère prescriptif des Scot, notamment dans le cadre du document d'aménagement commercial (DAC).

d. L'**appréciation de la compatibilité** d'un projet commercial se fait en tenant compte des

 © Éd. Francis Lefebvre

orientations générales du Scot prises dans leur ensemble, y compris celles se présentant formellement comme régissant des actes distincts des autorisations d'exploitation commerciale (CE 11-10-2017 n° 401807, Fédération des artisans et commerçants de Caen « Les vitrines de Caen » : BPIM 6/17 inf. 400).

e. Les commissions n'ont pas à s'assurer du respect des dispositions législatives destinées à assurer la protection de la **qualité des eaux** (CE 22-11-1999 n° 194435, Union commerciale économie et commerce trévoltien et Communauté urbaine de Lyon : BPIM 2/00 inf. 88).

f. Dans les territoires où est mise en œuvre l'**expérimentation,** prévue par la loi 3DS, confiant la **délivrance des autorisations d'exploitation commerciale** à l'autorité compétente en matière d'autorisations d'urbanisme sans intervention de la CDAC, le Scot et le PLU doivent être modifiés pour y insérer un ensemble de dispositions relatives aux équipements commerciaux (voir n° 20750).

PROJET COMMERCIAL ENTRAÎNANT UNE ARTIFICIALISATION DES SOLS

20532 **Principe de non-artificialisation des sols** L'autorisation d'exploitation commerciale ne peut pas être délivrée pour une implantation ou une extension qui engendrerait une artificialisation des sols (C. com. art. L 752-6, V). L'artificialisation des sols s'entend comme l'altération durable des fonctions écologiques d'un sol, en particulier de ses fonctions biologiques, hydriques et climatiques ainsi que son potentiel agronomique par son occupation ou son usage (C. urb. art. L 101-2-1 al. 9).

Est considéré comme engendrant une artificialisation des sols un projet d'équipement commercial dont la réalisation engendre, sur la ou les parcelles cadastrales sur lesquelles il prend place, une augmentation des superficies des terrains artificialisés par rapport à l'état de ces mêmes parcelles à la date du 23 août 2021 (C. com. art. R 752).

20533 **Dérogations au principe de non-artificialisation des sols** Par dérogation au principe de non-artificialisation des sols, l'autorisation d'exploitation commerciale peut être délivrée si l'analyse d'impact produite par le pétitionnaire démontre que le projet s'insère en **continuité avec les espaces urbanisés** dans un secteur au type d'urbanisation adéquat, qu'il répond aux besoins du territoire et qu'il répond à l'un des **critères** suivants :

– il s'insère dans le secteur d'intervention d'une **opération de revitalisation de territoire** ou dans un **quartier prioritaire de la politique de la ville** ;

– il s'insère dans une **opération d'aménagement** au sein d'un espace déjà urbanisé, afin de favoriser notamment la **mixité fonctionnelle** du secteur concerné ;

– il donne lieu à **compensation** par transformation d'un sol artificialisé en sol non artificialisé, c'est-à-dire en une surface soit naturelle, nue ou couverte d'eau, soit végétalisée, constituant un habitat naturel ou utilisée à usage de cultures (C. urb. art. L 101-2-1, al. 14) ;

– il s'insère au sein d'un **secteur d'implantation périphérique** ou d'une **centralité urbaine** identifiés dans le document d'orientation et d'objectifs d'un schéma de cohérence territoriale entré en vigueur avant le 24 août 2021, ou au sein d'une zone d'activité commerciale délimitée dans le règlement du plan local d'urbanisme intercommunal entré en vigueur avant cette date.

> **Précisions** Si le projet doit entraîner une artificialisation des sols, le **dossier de la demande d'autorisation** doit comporter un ensemble d'éléments permettant de vérifier qu'il entre dans un des cas de dérogation (C. com. art. R 752-6, II-4°). S'il doit donner lieu à **compensation,** celle-ci est appréciée en termes qualitatifs et quantitatifs, les gains permis devant être au moins égaux aux pertes occasionnées par le projet, et les mesures de compensation sont mises en œuvre, en plus de ce qui peut être fait à proximité immédiate du projet, en priorité au sein des zones de renaturation préférentielles lorsque de telles zones sont identifiées par le PLU ou le Scot et que les mesures s'inscrivent dans les orientations d'aménagement et de programmation définies par le document d'urbanisme.
>
> Le dispositif a fait l'objet de la **circulaire du Premier ministre** du 24 août 2020 sur le rôle des préfets en matière d'aménagement commercial dans le cadre de la lutte contre l'artificialisation (Circ. PRMX2022573C du 24-8-2020 n° 6206/SG).

20534 **Champ d'application du régime dérogatoire** Les dérogations au principe de non-artificialisation des sols sont applicables uniquement aux projets ayant pour objet :

– la création d'un magasin de commerce de détail ou d'un ensemble commercial d'une surface de vente inférieure à 10 000 m² ;

– l'extension de la surface de vente d'un magasin de commerce de détail ou d'un ensemble commercial dès lors que la surface de vente totale dudit magasin ou ensemble commercial reste inférieure à 10 000 m² ;

– l'extension de la surface de vente d'un magasin de commerce de détail ou d'un ensemble commercial ayant déjà atteint le seuil des 10 000 m² ou devant le dépasser par la réalisation du projet, dans la limite d'une seule extension par magasin ou ensemble commercial et sous réserve que l'extension de la surface de vente soit inférieure à 1 000 m².

Pour tout projet d'une surface de vente de plus de 3 000 et moins de 10 000 m², la dérogation n'est accordée qu'après avis conforme du préfet (voir nº 20505).

5. DÉCISION OU AVIS DE LA CDAC

FORME DE LA DÉCISION OU DE L'AVIS DE LA CDAC

L'avis ou la décision de la CDAC est motivé et signé par le président. Il indique le sens du vote de chacun des membres de la commission (C. com. art. R 752-16, al. 2). Lorsque l'avis ou la décision est favorable, un tableau récapitulatif des caractéristiques du projet y est joint (C. com. art. R 752-16, al. 3 ; Arrêté ECOI1927869A du 1-10-2019 fixant le contenu du tableau récapitulatif). Lors de l'adoption de l'avis ou de la décision, la CDAC désigne un de ses membres qui, en cas de recours, exposera sa position devant la CNAC (C. com. art. R 752-16, al. 4). **20535**

L'autorisation est accordée par mètre carré de surface de vente (C. com. art. L 752-15, al. 2). Pour les « drives » (voir nº 20367), elle est accordée par piste de ravitaillement et par mètre carré d'emprise au sol des surfaces, bâties ou non, affectées au retrait des marchandises (C. com. art. L 752-16).

PUBLICITÉ DE LA DÉCISION OU DE L'AVIS DE LA CDAC

Notification de la décision ou de l'avis de la CDAC Dans les 10 jours suivant la séance de la CDAC ou la date de l'autorisation tacite, la décision ou l'avis est notifié au demandeur et, si le projet nécessite un permis de construire, à l'autorité compétente pour le délivrer (C. com. art. L 752-14, II-dernier al., R 752-19, al. 1 et 2). La notification est faite par le préfet, par la voie administrative contre décharge, par lettre AR ou par courrier électronique si le demandeur l'a accepté (C. com. art. R 752-19, al. 1). **20540**

Si le projet répond aux conditions auxquelles est subordonnée l'auto-saisine de la CNAC (voir nº 20600), le préfet lui notifie la décision ou l'avis, toujours dans le délai de 10 jours (C. com. art. R 752-19, al. 4).

Information des tiers Dans les 10 jours suivant la séance de la commission ou la date de l'autorisation tacite, la décision ou l'avis est publié par le préfet au **recueil des actes administratifs** de la préfecture (C. com. art. R 752-19, al. 3). **20545**

Si la décision ou l'avis est **favorable,** le préfet, dans le même délai de dix jours, en fait publier un extrait aux frais du demandeur dans deux **journaux régionaux ou locaux** diffusés dans le département (C. com. art. R 752-19, al. 5).

6. RECOURS DEVANT LA CNAC

PRÉALABLE OBLIGATOIRE AVANT UN RECOURS CONTENTIEUX

La décision ou l'avis de la CDAC peut faire l'objet d'un recours devant la CNAC. Précisons toutefois que la CNAC ne peut pas être saisie d'un recours visant à confirmer l'autorisation délivrée par la CDAC (CE 7-10-2009 nº 314763, Sté Distribution du Bourget : BPIM 6/09 inf. 407). **20550**

Pour les personnes auxquelles il est ouvert, l'exercice de ce recours est un préalable obligatoire à l'exercice d'un recours contentieux : pour aller devant le juge, il faut d'abord être allé devant la CNAC (C. com. art. L 752-17, I-al. 3 et II-al. 3 ; C. urb. art. L 425-4, al. 2).

Toutefois, le **maire** de la commune d'implantation et le **préfet** ne sont pas tenus de saisir la CNAC avant d'exercer un recours contentieux contre un permis de construire valant autorisation d'exploitation commerciale (C. com. art. L 752-17, I-al. 3), voir nº 20615. Si le projet ne nécessite pas de permis de construire, l'absence de saisine de la CNAC par le maire de la commune d'implantation du projet ou par le préfet entraîne l'irrecevabilité de leur recours contentieux contre l'autorisation.

PERSONNES AYANT QUALITÉ POUR EXERCER LE RECOURS

Le recours devant la CNAC contre la décision ou l'avis de la CDAC peut être exercé par (C. com. art. L 752-17, I-al. 1) : **20555**

- le demandeur ;
- le préfet ;
- tout membre de la CDAC ;
- tout professionnel dont l'activité, exercée dans la zone de chalandise du projet, est susceptible d'être affectée par celui-ci ;
- toute association représentant de tels professionnels.

› Précisions Un **professionnel** qui n'est pas implanté dans la **zone de chalandise** d'un projet autorisé par la CDAC, mais dont l'activité est susceptible d'être affectée parce que sa propre zone de chalandise chevauche celle du projet, est recevable à présenter un recours devant la CNAC puis le cas échéant un recours contentieux (CE 26-9-2018 nº 402275, Sté Distribution Casino France : BPIM 6/18 inf. 397).

DÉLAI DE RECOURS

20560 Le délai de recours est d'un mois. Il court (C. com. art. R 752-30) :
– pour le **demandeur,** à compter de la date à laquelle il a reçu notification de la décision ou de l'avis de la commission départementale ;
– pour le **préfet** et les **membres de la commission départementale,** à compter de la date de la réunion de la commission ou, en cas de décision tacite, de la date à laquelle l'autorisation est réputée accordée ;
– pour les **autres personnes ayant qualité pour agir,** à compter de la date de la plus tardive des mesures d'information des tiers (publication au recueil des actes administratifs de la préfecture, publication dans deux journaux régionaux ou locaux publiés dans le département, voir nº 20545).

Il suffit que le recours soit **envoyé** avant l'expiration du délai, il sera recevable même s'il est reçu après.

› Précisions **a.** Le délai n'est **pas un délai franc** (CE 11-2-2004 nº 242849, Sté Centre de jardinage Castelli Nice : BPIM 3/04 inf. 145). Cela signifie que si le délai a couru à compter du 1er janvier, le dernier jour utile pour présenter le recours est le 1er mars (alors que, s'il s'agissait d'un délai franc, comme ceux qui sont ouverts pour saisir les juridictions, le recours pourrait être présenté jusqu'au 2 mars inclus).

b. L'**avis publié par voie de presse** de la délivrance d'une autorisation par la CDAC peut déclencher le **délai de recours** devant la CNAC même s'il comporte une erreur sur le lieu d'affichage de la décision (CE 3-7-2013 nº 356922, Communauté de communes Braconne et Charente : BPIM 4/13 inf. 242). Le délai de recours est déclenché dès lors que la publicité de l'avis comporte tous les éléments d'information nécessaires relatifs au projet.

c. À peine d'irrecevabilité de son **recours devant le juge administratif,** un professionnel qui entend contester un projet commercial sur lequel la CDAC a émis un avis favorable doit introduire son recours devant la CNAC dans le délai d'un mois (C. com. art. L 752-17, I ; CAA Marseille 1-10-2018 nº 16MA03806, Sté Jusaveti).

d. Dans un cas où la publication de l'avis favorable de la CDAC mentionnait une augmentation de la surface de vente de 260 m² alors que l'augmentation portait en réalité sur 1 360 m², a été jugé recevable un recours devant la CNAC présenté plus d'un an après cette publication (CAA Douai 13-4-2021 nº 19DA00896, Sté Beauvaisis distribution : BPIM 3/21 inf. 175). L'**information erronée** relative à l'importance du projet était telle qu'elle justifiait, selon la cour administrative d'appel de Douai, d'écarter non seulement le délai d'un mois prévu par le Code de commerce, mais aussi le délai raisonnable d'un an à compter de la date à laquelle la décision a été connue dans lequel la jurisprudence enferme la possibilité d'exercer un recours lorsque le délai prévu par les textes n'a pas été déclenché faute de publicité régulière (CE ass. 13-7-2016 nº 387763 : BPIM 5/16 inf. 297).

e. Lorsque la CDAC a rendu un avis favorable et que la CNAC a été saisie d'un recours (nº 20550) ou s'est autosaisie (nº 20600), l'autorité compétente pour délivrer le **permis de construire valant autorisation d'exploitation commerciale** doit attendre l'avis (exprès ou tacite) de la CNAC pour procéder à cette délivrance. À défaut, le permis est illégal (Avis CE 23-12-2016 nº 398077). En revanche, un permis délivré avant l'expiration du **délai imparti pour la saisine de la CNAC**, mais à une date où il n'y a pas encore de saisine ni d'autosaisine, ne se trouve pas entaché d'illégalité « de ce seul fait » (Avis CE 23-12-2016 nº 398077, Sté MDVP Distribution : BPIM 1/17 inf. 3). Mais le permis doit être retiré si la CNAC a ensuite été saisie ou s'est autosaisie et a rendu un avis défavorable au projet (CAA Paris 7-12-2023 nº 22PA03678, Sté Distribution Casino France : BPIM 2/24 inf. 101).

FORME DU RECOURS

20565 Le recours est adressé au président de la CNAC par tout moyen sécurisé ou, lorsqu'il est présenté par le préfet, par la voie administrative ordinaire (C. com. art. R 752-31).

À peine d'irrecevabilité, le recours est motivé et accompagné de la justification de la qualité et de l'intérêt pour agir de chaque requérant. Lorsqu'il est présenté par plusieurs personnes, ses auteurs élisent domicile en un seul lieu.

› Précisions Un **envoi par courriel** est valable ; la réalité et la date de cet envoi peuvent être établies par un rapport de suivi de courriel émis par le serveur informatique hébergeant l'adresse de contact de l'envoyeur mentionnant la délivrance au serveur hébergeant l'adresse de contact du destinataire (CAA Lyon 1-12-2022 nº 22LY01015, Assoc. Pour la défense du commerce traditionnel de proximité et de protection des zones agricoles, naturelles et humides : BPIM 2/23 inf. 102).

INFORMATION SUR L'EXISTENCE DU RECOURS

Des règles précises sont prévues pour cette information (C. com. art. R 752-32) : 20570
– si le recours n'est pas présenté par la personne qui a demandé l'autorisation d'exploitation commerciale, l'auteur du recours doit, à peine d'irrecevabilité, en informer le **demandeur** dans les 5 jours suivant la date de la saisine de la CNAC, soit par lettre AR, soit par tout moyen sécurisé ;
– s'il n'en est pas l'auteur, le **préfet** du département de la commune d'implantation est informé du dépôt du recours par le secrétariat de la commission nationale, à charge pour lui d'informer les membres de la commission départementale ;
– pour les projets nécessitant un permis de construire, dans les 7 jours francs suivant la réception du recours, le secrétariat de la commission nationale informe, par tout moyen, l'**autorité compétente en matière de permis de construire** du dépôt du recours.

> **Précisions** L'obligation faite à l'auteur du recours devant la CNAC contre une autorisation, à peine d'irrecevabilité, d'en informer le titulaire de cette autorisation, a été introduite par le décret 2015-165 du 12 février 2015. Elle est inspirée de l'**article R 600-1 du Code de l'urbanisme** qui s'applique aux recours administratifs et contentieux contre les permis de construire. Le délai imparti est très bref (5 jours).

MODALITÉS D'INSTRUCTION DU RECOURS

Les dossiers sont instruits et rapportés par le secrétariat de la CNAC (C. com. art. R 752-36). La CNAC peut recevoir des contributions écrites. Elle entend toute personne qui en fait la demande écrite au secrétariat, en justifiant les motifs de son audition, au moins 5 jours avant la réunion. Elle peut entendre toute autre personne qu'elle juge utile de consulter. Elle peut entendre en deux groupes distincts les personnes défavorables et favorables au projet. La CDAC dont la décision ou l'avis fait l'objet du recours a la faculté de désigner un de ses membres pour exposer sa position devant la commission nationale (C. com. art. L 752-19, al. 2). 20575

Un **commissaire du gouvernement** nommé par le ministre chargé du commerce présente et communique à la commission les **avis des ministres** chargés de l'urbanisme et du commerce (C. com. art. L 752-19, al. 3, R 752-36, dernier al.). Il donne son avis sur les demandes après audition des parties.

Au moins **15 jours avant la réunion** de la commission, les parties, ainsi que le membre de la CDAC désigné par elle pour exposer sa position devant la CNAC, sont convoqués et informés qu'il ne sera pas tenu compte de pièces produites moins de 10 jours avant la réunion, sauf si elles émanent d'autorités publiques (C. com. art. R 752-34, al. 2). Au moins **5 jours avant la réunion,** chacun des membres de la commission reçoit l'ordre du jour et les documents essentiels de chaque affaire (C. com. art. R 752-35).

> **Précisions a.** Sont **dispensés de justifier les motifs de leur audition** : l'auteur du recours devant la CNAC, le demandeur, le membre de la CDAC désigné par elle pour exposer sa position devant la CNAC, le maire de la commune d'implantation, le président de l'établissement public de coopération intercommunale à fiscalité propre dont est membre la commune d'implantation et le président de l'établissement public compétent en matière de schéma de cohérence territoriale dont est membre la commune d'implantation (C. com. art. R 752-36, al. 3).
> **b.** Les **avis des ministres** doivent émaner de fonctionnaires disposant de délégations régulières de signature (CE 15-12-2010 n° 327993, Sté Bricoman France : BPIM 1/11 inf. 11). L'avis du ministre chargé du commerce n'est pas irrégulier du seul fait qu'il a été rendu par un fonctionnaire chargé par ailleurs des fonctions de secrétaire général de la CNAC (CE 13-2-2012 n° 353218, Sté Sodica Carrières : BPIM 2/12 inf. 113).
> **c.** Le fait que le **commissaire du gouvernement,** qui appartient aux services du ministre chargé du commerce, doit prendre position devant la commission ne le dispense pas de recueillir et de porter à la connaissance de la commission l'avis de ce ministre (CE 16-5-2011 n° 336104, Communauté d'agglomération du bassin d'Aurillac : BPIM 4/11 inf. 277).

DÉSISTEMENT DU RECOURS

Si le recours est retiré plus de 2 mois après avoir été présenté, la CNAC peut néanmoins, par un vote à la majorité des présents, décider de se prononcer sur le projet que ce recours lui avait soumis (C. com. art. R 752-33). Elle doit alors en informer les parties 10 jours au moins avant la séance au cours de laquelle le projet sera examiné. 20580

Cette disposition réglementaire, qui ne met en cause aucune règle ou aucun principe dont la Constitution prévoit qu'ils relèvent du domaine de la loi, n'a ni pour objet ni pour effet d'instituer une possibilité d'auto-saisine de la CNAC, s'ajoutant à celle prévue par la loi (voir n° 20600) (CE 28-4-2023 n° 469710, Commission nationale d'aménagement commercial : BPIM 3/23 inf. 176).

7. DÉCISION OU AVIS DE LA CNAC

INSTRUCTION DU RECOURS

20585 La CNAC doit se prononcer dans le **délai** de 4 mois à compter de la réception du recours. En l'absence de décision ou d'avis exprès à l'expiration de ce délai, elle est réputée avoir confirmé la décision ou l'avis de la CDAC (C. com. art. L 752-17, I-al. 2 et L 752-17, II-al. 2).

Le délai d'instruction du **permis de construire,** porté à 5 mois lorsqu'une autorisation d'exploitation commerciale est requise (C. urb. art. R 423-25, e), est prolongé de 5 mois lorsque la CNAC est saisie (ou se saisit elle-même, voir nº 20600) d'un recours contre la décision de la CDAC (R 423-36-1). La lettre de notification de l'avis de la CDAC en informe le demandeur (C. urb. art. R 423-44-1). Le **silence de l'autorité compétente** pour délivrer le permis de construire emporte rejet de la demande si l'avis de la CNAC est défavorable ou s'il confirme l'avis défavorable de la CDAC (C. urb. art. L 425-4, R 423-44-1 et R 424-2, h ; C. com. art. L 752-4).

SÉANCE DE LA CNAC

20587 La CNAC ne peut délibérer que si au moins 6 de ses membres sont présents. Si ce **quorum** n'est pas atteint, une nouvelle réunion est convoquée au moins 7 jours après la date d'envoi de la seconde convocation ; la CNAC ne peut délibérer que si au moins 4 de ses membres sont présents. Si ce quorum n'est pas atteint, la CNAC est réputée ne pas s'être réunie (C. com. art. R 752-37).

La décision ou l'avis est adopté à la majorité des membres présents ; selon la cour administrative d'appel de Douai, la décision ou l'avis de la CDAC ne peut être regardé comme favorable que si la moitié au moins des membres présents a voté en ce sens (CAA Douai 15-6-2017 nº 17DA00200, Sté Yvetodis et nº 17DA00227, Sté Cora : BPIM 5/17 inf. 327) ; la voix du président est prépondérante en cas de partage des voix. La décision ou l'avis est **motivé** et signé par le président. Il indique le nombre de voix favorables et défavorables et le nombre d'abstentions (C. com. art. L 752-20 et R 752-38).

Lorsque l'avis ou la décision est favorable, un tableau récapitulatif des caractéristiques du projet est joint à la décision (C. com. art. R 752-38 ; Arrêté ECOI1927869A du 1-10-2019 fixant contenu du tableau récapitulatif).

La commission nationale, comme la commission départementale, autorise ou refuse le projet dans sa totalité.

> **Précisions** Un **avis tacite** de la CNAC est irrégulier et rend illégal le permis de construire valant autorisation d'exploitation commerciale si la CNAC n'a pas instruit le recours dont elle était saisie (CAA Bordeaux 11-7-2019 nº 17BX03415, Sté Issoudun Distribution : BPIM 6/19 inf. 383). En revanche, le fait qu'un avis tacite, par nature, n'énonce pas de motifs, alors que les avis des commissions d'aménagement commercial (CDAC et CNAC) doivent être motivés, n'est pas une cause d'irrégularité. Il en irait autrement si la CNAC ne répondait pas au requérant qui demanderait la communication des motifs.

PUBLICITÉ DE LA DÉCISION DE LA CNAC

20590 Dans le mois suivant la séance de la CNAC ou la date de la confirmation tacite, la décision ou l'avis est **notifié** au requérant, au demandeur s'il n'est pas le requérant, au préfet et, si le projet nécessite un permis de construire, à l'autorité compétente en matière de permis de construire (C. com. art. R 732-39, al. 1).

Dans les 10 jours suivant la séance de la commission ou la date de la confirmation tacite, la décision ou l'avis est publié par le préfet au **recueil des actes administratifs** de la préfecture du département de la commune d'implantation du projet (C. com. art. R 752-39, al. 2). Cette publication ne concerne pas les avis demandés à la CNAC sur les projets de moins de 1 000 m² (voir nºs 20700 s.). En outre, si la décision ou l'avis est favorable au projet d'équipement commercial, le préfet en fait publier un extrait aux frais du demandeur dans deux journaux régionaux ou locaux diffusés dans le département.

Toutes les décisions et avis de la CNAC sont rendus publics par **voie électronique** (C. com. art. R 752-39, al. 3).

EFFETS DE LA DÉCISION DE LA CNAC

20595 La décision ou l'avis de la CNAC sur la conformité du projet à la réglementation commerciale **se substitue** à la décision ou à l'avis de la CDAC (C. com. art. L 752-17 I-al. 2, II-al. 2).

Un pétitionnaire dont le projet a été rejeté pour un motif de fond par la CNAC ne peut déposer une **nouvelle demande** d'autorisation sur un même terrain, à moins d'avoir pris en compte les motivations de la décision ou de l'avis de la CNAC (C. com. art. L 752-21). En l'absence de toute modification **en lien avec** les motifs du refus de la CNAC, la CDAC (ou la CNAC dans le cas visé nº 20597) saisie d'une nouvelle demande doit refuser de l'examiner ; en présence de telles modifications, elle doit prendre parti sur la conformité du projet modifié aux exigences du Code de commerce, sans être tenue de se référer à l'avis défavorable précédemment émis (CE 21-7-2023 nº 461753, Sté Distribution Casino France : BPIM 5/23 inf. 305). En d'autres termes, les modifications en lien avec les motifs de la CNAC rendent la nouvelle demande **recevable** et c'est dans le cadre d'un examen au fond que la CDAC devra dire si ces modifications sont suffisantes pour assurer le respect de la législation sur l'aménagement commercial (CE 7-10-2022 nº 450615, Sté Entrepôt Nîmes : BPIM 6/22 inf. 410).

Lorsque la nouvelle demande ne constitue pas une modification substantielle (voir nº 20645), elle peut être déposée directement auprès de la CNAC (voir nº 20597). L'avis ou la décision de la CNAC mentionne cette possibilité (C. com. art. R 752-43-1).

> **Précisions** Quand le recours est dirigé contre une autorisation, la **décision implicite de rejet** née du silence de la CNAC vaut délivrance par la CNAC d'une nouvelle autorisation qui se substitue à celle accordée par la CDAC. Cette autorisation nouvelle créant des droits au profit du pétitionnaire, la CNAC ne peut la retirer que si la décision est illégale et dans un délai de 4 mois à compter de la prise de décision (CRPA art. L 242-1).

SAISINE DIRECTE DE LA CNAC

Lorsque le pétitionnaire, à la suite d'un avis ou d'une décision défavorable de la CNAC, recti- **20597**
fie son projet afin de tenir compte des motifs du refus, sans pour autant le modifier substantiellement, il peut en saisir directement la CNAC (C. com. art. L 752-21, al. 2, et R 752-43-1 s.).

Lorsque la réalisation du projet ne nécessite pas de **permis de construire,** la nouvelle demande est adressée au président de la CNAC dans les mêmes conditions qu'une demande présentée à la CDAC (voir nº 20490). Lorsqu'un permis de construire est requis, la demande est présentée devant le maire, qui la transmet au secrétariat de la CNAC.

La nouvelle demande comprend, outre l'avis ou la décision de la CNAC sur le projet, le **dossier actualisé** de demande d'autorisation d'exploitation commerciale. À peine d'irrecevabilité, la demande est accompagnée d'un exposé synthétique des ajustements apportés au projet. À peine d'irrecevabilité également, le demandeur doit, dans les 5 jours de la saisine de la CNAC ou de l'enregistrement de la nouvelle demande en mairie (si un permis de construire est requis), notifier la nouvelle demande, accompagnée de cet exposé synthétique, au préfet du département d'implantation du projet et, s'il y a lieu, à chaque requérant ayant antérieurement contesté le projet devant la CNAC. Cette notification comporte une copie de l'exposé synthétique mentionné à l'alinéa précédent. Le préfet informe sans délai les membres de la CDAC.

La CNAC a 4 mois à compter de l'enregistrement de la demande à son secrétariat pour se prononcer. Elle transmet la nouvelle demande pour avis aux services instructeurs départementaux, sous couvert du préfet.

Les tiers auxquels la demande est notifiée par le pétitionnaire ont 2 mois à compter de cette notification pour produire des observations, les productions tardives n'étant pas prises en compte par la commission.

Le nouvel avis (ou la nouvelle décision) est notifié et publié comme indiqué nº 20590. Les tiers qui ont produit des observations ou demandé à être entendus en reçoivent notification.

AUTO-SAISINE DE LA CNAC

La CNAC peut se saisir elle-même de tout projet soumis à autorisation d'exploitation **20600**
commerciale dont la **surface de vente** atteint au moins **20 000 m²** (C. com. art. L 752-17, III à V).

La CDAC doit informer la CNAC, dès le dépôt de la demande d'autorisation, de tout projet concernant un équipement dont la surface de vente est d'ores et déjà supérieure à 20 000 m² ou dépassera ce seuil par la réalisation du projet.

La CNAC dispose d'un **délai** d'un mois pour se saisir du projet. Le délai court à compter de la notification au secrétariat de la CNAC de l'avis ou de la décision de la CDAC (C. com. art. R 752-41). Le respect de ce délai s'apprécie à la date à laquelle la CNAC notifie sa décision d'autosaisine au demandeur (art. R 752-42). Il s'agit d'un **délai non franc**, ce qui signifie que si l'avis ou la décision de la CDAC a été notifié le 17 avril à la CNAC, la décision d'autosaisine doit être reçue par le demandeur au plus tard le 17 mai. En cas de notification par lettre recommandée avec demande d'avis de réception, le demandeur est réputé en avoir reçu notification à la date de la première présentation du courrier par lequel elle lui est adressée. Le non-respect de ce délai entraîne l'**illégalité** de l'avis ou de la décision de la CNAC sur le projet (CE 17-6-2024 nº 461667, Min. économie : BPIM 4/24 inf. 239).

Elle émet alors une décision ou un avis relatif à la conformité du projet aux critères légaux (voir nos 20515 s.) dans un délai de 4 mois à compter de la notification au demandeur de la décision d'autosaisine (C. com. art. R 752-43). Si elle ne s'est pas prononcée dans ce délai, elle est réputée avoir confirmé la décision ou l'avis de la CDAC.

> **Précisions** Les « **projets dont la surface de vente atteint 20 000 m²** », dont la CNAC peut s'auto-saisir, ne sont pas seulement ceux qui portent sur la création d'un équipement nouveau qui disposera d'une surface de vente d'au moins 20 000 m², ni les projets d'extension d'équipements existants comportant la création d'au moins 20 000 m² de surface de vente supplémentaire, mais aussi tout projet d'extension portant sur un équipement dont la surface de vente initiale est d'au moins 20 000 m² ou qui atteindra ce seuil du fait de la réalisation du projet (CE 13-6-2022 n° 452457 : BPIM 4/22 n° 277).

8. RÈGLES D'URBANISME PROPRES AUX BÂTIMENTS COMMERCIAUX

20602 Lorsque le projet commercial nécessite un permis de construire, le volet urbanistique du projet est apprécié par l'autorité compétente en matière d'urbanisme et selon les règles de droit commun du permis de construire (voir n° 20450).

Si la réalisation d'une construction à usage commercial relève pour l'essentiel des règles d'urbanisme applicables aux autres constructions, certaines dispositions spécifiques s'appliquent plus particulièrement aux bâtiments commerciaux.

AIRES DE STATIONNEMENT

20603 L'**emprise au sol des surfaces,** bâties ou non, affectées aux aires de stationnement, annexes d'un commerce soumis à l'autorisation d'exploitation commerciale au titre de la création d'un commerce ou ensemble commercial de plus de 1 000 m², ne peut excéder un plafond correspondant à 75 % de la surface de plancher des bâtiments affectés au commerce (C. urb. art. L 111-19). Le PLU ne peut pas supprimer ni diminuer ce plafond mais il peut l'augmenter pour le fixer à un niveau compris entre 75 et 100 % de la surface de plancher affectée au commerce. Les espaces paysagers en pleine terre, les surfaces des aménagements accessibles au public destinés à faciliter la prise en charge ou la dépose de passager des services réguliers de transport routier, les surfaces réservées à l'auto-partage et les places de stationnement dédiées à l'alimentation des véhicules électriques ou hybrides rechargeables sont déduits de l'emprise au sol des surfaces affectées au stationnement. La surface des places de stationnement non imperméabilisées compte pour la moitié de leur surface.

> **Précisions** **a.** Les règles d'urbanisme relatives aux aires de stationnement, dont la méconnaissance justifierait le refus du permis de construire, ne font pas obstacle aux travaux de réfection et d'amélioration ou à l'extension limitée des **bâtiments commerciaux existant le 15 décembre 2000** (C. urb. art. L 111-21).
> **b.** Les règles relatives à l'emprise au sol des aires de stationnement valent également pour un projet de création de **cinéma** de plusieurs salles et plus de 300 places soumis à autorisation d'aménagement cinématographique implanté sur le même site qu'un commerce soumis à autorisation d'exploitation commerciale. S'agissant de la règle applicable à un cinéma qui n'est pas implanté sur le même site qu'un commerce soumis à autorisation, voir n° 20850 précision c.

DISPOSITIFS ÉCOLOGIQUES

20604 Un ensemble d'exigences environnementales s'applique en cas de **construction, extension** ou **rénovation lourde,** portant sur plus de 500 m² d'emprise au sol, de bâtiments ou parties de bâtiment à usage notamment commercial (CCH art. L 171-4). Sont également concernés les **parcs de stationnement extérieurs** de plus de 500 m² associés à ces bâtiments. Voir nos 678 s.

C. Contentieux de l'autorisation d'exploitation commerciale

JURIDICTION COMPÉTENTE

20605 Les litiges relatifs aux **décisions d'exploitation commerciale** prises par la CNAC sur les recours contre les décisions des CDAC relèvent de la compétence de premier et dernier ressort de la cour administrative d'appel dans le ressort de laquelle la CDAC concernée a son siège (C. just. adm. art. R 311-3). Le Conseil d'État n'est donc saisi de ces contentieux qu'en qualité de juge de cassation. Il ne contrôle pas l'appréciation que portent les juges du fond sur les effets du projet au regard des objectifs de la réglementation sur l'aménagement commercial. Du moins, il ne censure l'appréciation des juges qu'en cas de dénaturation (CE 6-4-2016 n° 367564, Sté commerciale de Taiaparu est : BPIM 3/16 inf. 170). Il en va de même en matière d'aménagement cinématographique (CE 9-10-2020 n° 421312, Sté Les Nemours : BPIM 6/20 inf. 375).

Les litiges relatifs aux **permis de construire valant autorisation d'exploitation commerciale** relèvent également de la compétence de premier et dernier ressort de la cour administrative d'appel (C. urb. art. L 600-10). Mais un permis de construire délivré sans avoir été soumis pour avis à la CDAC alors que cet avis était requis ne peut pas valoir autorisation d'exploitation commerciale et relève donc en premier ressort de la compétence du tribunal administratif (CE 14-11-2018 n° 413246, Cne de Vire-Normandie et Sté LIDL : BPIM 1/19 inf. 23). De même, un litige relatif à un permis de construire un équipement commercial non soumis à autorisation d'exploitation commerciale (projet inférieur à 1 000 m²) doit être porté en premier ressort devant le tribunal administratif, même si la commune a recueilli l'avis conforme de la CDAC (CE 24-7-2024 n° 464565, Sté Distribution Casino France : BPIM 5/24 inf. 301 ; sur la procédure d'avis conforme, voir nos 20700 s.).

> **Précisions** **a.** Seule la CNAC peut demander au juge de l'excès de pouvoir, saisi d'un recours contre sa décision, de substituer un motif légal au motif illégal sur lequel sa décision repose. Une demande de **substitution de motifs,** qui lorsqu'elle est accueillie conduit au rejet du recours, ne peut en effet émaner que de l'auteur de la décision attaquée, et non de son bénéficiaire (CE 5-2-2014 n° 367815, Sté Pludis : BPIM 2/14 inf. 95).
> **b.** Dès lors que le recours d'un tiers contre une autorisation d'exploitation commerciale a été communiqué au propriétaire du terrain et des futurs locaux, le futur exploitant, dont les intérêts coïncident avec ceux du propriétaire, est réputé avoir été représenté par lui à l'instance et n'est donc pas recevable à former une **tierce opposition** contre la décision juridictionnelle qui a annulé l'autorisation (CE 14-10-2009 n° 312177, Sté Orion 42 : BPIM 6/09 inf. 409). Voir également n° 20615, précision f.
> **c.** Un **recours en responsabilité** fondé sur l'illégalité d'une **décision de la CNAC** doit être regardé comme un litige relatif à cette décision. Il relève donc, à ce titre, de la compétence de premier et dernier ressort de la cour administrative d'appel (CAA Marseille 14-5-2018 n° 16MA02942, SCI Palmyra : BPIM 5/18 inf. 334). De même, l'action en réparation d'un **préjudice imputé à un permis de construire** valant autorisation d'exploitation commerciale doit être portée devant la cour administrative d'appel statuant en premier et dernier ressort (CE 2-3-2022 n° 440779, Sté Distaff : BPIM 2/22 inf. 108).
> **d.** Un litige relatif à un **permis modificatif** concernant un équipement commercial soumis à AEC doit être porté directement devant la cour administrative d'appel dès lors que la CDAC avait été consultée, sans qu'il y ait lieu de vérifier si l'ampleur des modifications apportées au projet initial rendait cette consultation obligatoire (CE 18-11-2020 n° 420857, Sté MG Patrimoine : BPIM 1/21 inf. 18).

RECOURS CONTRE UNE DÉCISION PRISE PAR LA CNAC SUR UNE DEMANDE D'AUTORISATION D'EXPLOITATION COMMERCIALE

Lorsque le projet **ne nécessite pas de permis de construire,** la CDAC prend une **décision,** à laquelle se substitue celle prise par la CNAC si elle a été saisie. Ainsi, lorsque la CDAC a délivré l'autorisation, la CNAC, en rejetant le recours d'un concurrent du pétitionnaire, est réputée délivrer elle-même une autorisation. 20610

Les autorisations et refus d'autorisation peuvent faire l'objet de recours contentieux.

Personnes ayant qualité pour saisir le juge Les personnes qui, en vertu de l'article L 752-17, I du Code de commerce (voir n° 20555), ont qualité **pour saisir la CNAC** d'un recours contre la décision de la CDAC peuvent demander au juge administratif d'annuler la décision de la CNAC si elle leur est défavorable. Ces personnes ne sont recevables à saisir le juge que si elles ont préalablement et personnellement exercé, dans le délai prévu, un recours devant la CNAC (C. com. art. L 752-17, II-al. 3). Ainsi, dans le cas où la CDAC a délivré l'autorisation et où seule une société concurrente a présenté un recours devant la CNAC, une autre société concurrente n'est pas recevable à demander au juge d'annuler la décision de la CNAC confirmant l'autorisation (CE sect. 28-6-2013 n° 355812, Sté Coutis : BPIM 4/13 inf. 243). 20611

On ne peut cependant exclure que l'autorisation ou le refus d'autorisation lèse les intérêts d'une **personne non mentionnée à l'article L 752-17, I.** N'ayant pas qualité pour présenter un recours devant la CNAC, cette personne peut saisir le juge directement, en lui demandant d'annuler la décision prise par la CDAC ou par la CNAC si celle-ci a été saisie par une personne habilitée à le faire (CE 10-3-2006 n° 278220, Sté Leroy Merlin : BPIM 3/06 inf. 170).

Toutefois, pour que le recours contentieux soit recevable, la décision attaquée doit léser le requérant d'une manière suffisamment directe et certaine. Selon la jurisprudence, la **commune** sur le territoire de laquelle un magasin devait être implanté justifie d'un intérêt pour agir contre la décision refusant l'autorisation (CE 12-11-1997 n° 151821, Cne de Coudekerque-Branche : BPIM 1/98 inf. 10). Une **association** de défense des artisans et des commerçants indépendants ne justifie pas, eu égard au caractère national et à la généralité de son objet social, d'un intérêt pour poursuivre l'annulation d'une autorisation d'urbanisme commercial, qui ne produit des effets que dans une aire géographique limitée (CE 29-4-2002 n° 227742, Assoc. En toute franchise : RJDA 11/02 n° 1207, 1e esp.). Le **propriétaire** d'un terrain n'est pas recevable à attaquer une autorisation délivrée à son locataire (CAA Lyon 10-7-2001 n° 95LY00279 : BPIM 1/03 inf. 13, 2e esp.).

> **Précisions a.** Une commune située dans la zone de chalandise du projet est recevable à présenter devant le juge administratif une **intervention** au soutien d'une demande d'annulation de l'autorisation (CE 17-5-2006 n° 277966, Cne de Haguenau : BPIM 5/06 inf. 344).
> **b.** La **méconnaissance des règles d'urbanisme** ne peut pas être invoquée à l'appui d'un recours contre l'autorisation d'urbanisme commercial (CE 10-6-1983 n° 13315 : Lebon p. 237 ; CE 27-4-1984 n° 39040, Sté Continent Hypermarchés : Lebon p. 159).

20612 **Délai de recours contentieux** Conformément au droit commun, le délai de recours contre une **décision explicite** de la CNAC devant la cour administrative d'appel est de deux mois à compter de la notification ou de la publication de la décision attaquée (C. just. adm. art. R 421-1).

Lorsqu'une nouvelle autorisation est née du **silence gardé par la CNAC** sur un recours dirigé contre une autorisation délivrée par la CDAC, l'auteur de ce recours demeure recevable à saisir le Conseil d'État jusqu'à l'expiration d'un délai de 2 mois à compter de la date à laquelle il aura eu notification d'une décision expresse la confirmant (CE 4-7-2012 n° 353314, Sté Bridecar : BPIM 4/12 inf. 307). Cet arrêt applique les dispositions de l'article R 421-3, 1° du Code de justice administrative selon lesquelles, s'agissant des organismes collégiaux, seule la notification d'une décision expresse de rejet du recours déclenche le délai de recours contentieux.

Dans le cas où un recours a été introduit contre une autorisation et où, **en cours d'instance,** le bénéficiaire de celle-ci sollicite et obtient une **nouvelle autorisation,** identique à la précédente ou comportant des modifications qui n'en altèrent pas l'économie générale, cette nouvelle autorisation doit être notifiée au requérant. À défaut, le délai imparti à ce dernier pour introduire un recours contentieux n'est pas déclenché (CE 15-12-2010 n° 331744, Sté Spectacles sélectionnés : BPIM 2/11 inf. 101).

20613 **Effets de l'annulation contentieuse** À la **suite de l'annulation** d'une de ses décisions par le Conseil d'État, la CNAC se trouve ressaisie non du recours formé contre la décision de la commission départementale mais de la demande d'autorisation initialement formée (CE 12-1-2005 n° 260198, Sté Cora Belgique et Sté des supermarchés Match : BPIM 2/05 inf. 108).

Lorsque la CNAC a autorisé implicitement un projet puis retiré cette autorisation par une décision expresse, l'**annulation de ce retrait** par le Conseil d'État fait renaître l'autorisation implicite qui peut être attaquée par des tiers (CE 11-2-2015 n° 373673, Sté Aubert France : BPIM 2/15 inf. 101).

RECOURS CONTRE LA DÉCISION PRISE APRÈS AVIS DE LA CDAC OU DE LA CNAC SUR UNE DEMANDE DE PERMIS DE CONSTRUIRE VALANT AUTORISATION D'EXPLOITATION COMMERCIALE

20615 Quand le projet nécessite un permis de construire, celui-ci ne peut être délivré qu'au vu d'un avis favorable de la CDAC ou de la CNAC et il vaut autorisation d'exploitation commerciale (C. urb. art. L 425-4). Qu'il soit favorable ou défavorable, l'avis de la CDAC (ou l'avis de la CNAC) est un acte préparatoire qui, comme tel, ne peut pas faire l'objet d'un recours contentieux. Seule la décision prise par l'autorité compétente en matière de permis de construire peut être déférée au juge (CE 25-3-2020 n° 409675, Sté le parc du Béarn : BPIM 3/20 inf. 186).

En cas de **refus** de permis de construire faisant suite à un avis défavorable de la commission d'aménagement commercial, le pétitionnaire peut invoquer à l'appui de son recours l'illégalité de cet avis. Il s'agit nécessairement d'un avis rendu par la CNAC, soit sur recours d'un tiers contre un avis favorable de la CDAC, soit sur recours du pétitionnaire contre un avis défavorable. En cas d'avis défavorable de la CDAC, le pétitionnaire doit en effet saisir la CNAC dans le délai prévu, sans quoi il ne pourra pas contester l'avis devant le juge.

En cas d'**octroi** du permis de construire suivi du **recours de tiers,** la situation est plus complexe. Le contentieux de ce permis à double face repose en effet sur la distinction entre **deux catégories** de requérants.

Les personnes détenant ou occupant régulièrement un bien situé à proximité de la construction projetée, et dont les conditions d'occupation, d'utilisation ou de jouissance seront affectées par celle-ci, ont intérêt à agir contre l'autorisation de construire (voir C. urb. art. L 600-1-2, n° 16600). Leur intérêt est limité à cet aspect du permis : elles ne peuvent en poursuivre l'annulation qu'en tant qu'il vaut **autorisation de construire** et elles ne sont pas recevables à invoquer des moyens relatifs à sa régularité en tant qu'il tient lieu d'autorisation d'exploitation commerciale (C. urb. art. L 600-1-4, al. 2 ; CE 7-3-2018 n° 404079 : BPIM 2/18 inf. 106). 20615 (suite)

Symétriquement, les personnes qui ont qualité pour exercer un recours devant la CNAC contre l'avis de la CDAC (voir n° 20555) ne peuvent saisir le juge que de conclusions tendant à l'annulation de l'acte en tant qu'il tient lieu d'**autorisation d'exploitation commerciale.** Elles ne sont pas recevables à invoquer des moyens relatifs à la régularité du permis en tant qu'il vaut autorisation de construire (C. com. art. L 600-1-4, al. 1). Par ailleurs, ces personnes ne peuvent saisir le juge qu'à la condition d'avoir préalablement exercé, dans le délai prévu, un recours devant la CNAC ; toutefois, cette interdiction ne concerne pas le préfet ni le maire de la commune d'implantation du projet (C. com. art. L 752-17, I).

L'obligation de **notifier le recours** contre le permis à son titulaire et à l'autorité qui l'a délivré (C. urb. art. R 600-1) vaut y compris pour les tiers qui exercent un recours contre le volet commercial du permis (Avis CE 23-12-2016 n° 398077). Le **délai de recours** contre le permis court à leur égard dans les conditions de droit commun des autorisations d'urbanisme (C. urb. art. R 600-2), c'est-à-dire à compter du premier jour d'une période continue de deux mois d'affichage du permis sur le terrain (Avis CE 23-12-2016 n° 398077). Dans le cas exceptionnel où la CNAC, régulièrement saisie, rend son avis après la délivrance du permis, la publication de cet avis ouvre un nouveau délai de 2 mois pour attaquer le permis (Avis CE 23-12-2016 n° 398077). Les tiers admis à exercer un recours contre le volet commercial du permis peuvent ainsi saisir le tribunal administratif alors même que le délai de 2 mois à compter de l'affichage du permis est expiré. Le Conseil d'État justifie cette solution par le fait que pour ces tiers, la saisine de la CNAC est un préalable obligatoire à tout recours contentieux contre le permis de construire valant autorisation d'exploitation commerciale.

> Précisions **a.** L'annulation du refus de délivrer un permis de construire valant autorisation d'exploitation commerciale en raison d'un avis défavorable de la CNAC préjudicie aux droits du concurrent qui avait saisi la CNAC d'un recours contre l'avis favorable de la CDAC. Si le juge annule le refus sans lui avoir communiqué la requête du pétitionnaire, le concurrent, lésé dans ses droits par cette annulation, peut présenter une **tierce-opposition** contre le jugement (CAA Lyon 12-3-2020 n° 19LY02969, Sté IF Allondon : BPIM 3/20 inf. 187).

b. **L'annulation du volet commercial** du permis interdit de mettre en œuvre le volet « autorisation de construire ». Si les modifications à apporter au projet sur le plan commercial n'affectent pas la légalité des travaux au regard du droit de l'urbanisme, un nouveau permis peut, à la demande du pétitionnaire, être délivré au seul vu d'un nouvel avis favorable de la CDAC ou, le cas échéant, de la CNAC (Avis CE 23-12-2016 n° 398077).

c. Comme pour tout permis de construire, les règles gouvernant les pouvoirs et devoirs du juge sont applicables au permis de construire valant autorisation d'exploitation commerciale (Avis CE 23-12-2016 n° 398077). Ainsi, le juge doit **surseoir à statuer** lorsqu'un vice entraînant l'illégalité d'un permis peut être régularisé par un permis modificatif (C. urb. art. L 600-5-1, voir n° 16657 s.).

d. Si la CNAC a **rejeté à tort comme irrecevable** le recours contre un avis favorable de la CDAC, cette irrégularité a pu avoir une influence sur la légalité du permis. Si c'est le cas, le juge doit surseoir à statuer en application de l'article L 600-5-1 du Code de l'urbanisme en invitant l'administration à **régulariser la procédure,** la régularisation consistant en un examen au fond par la CNAC du recours qu'elle avait jugé à tort irrecevable (Avis CE 15-4-2019 n° 425854, Sté Difradis : BPIM 3/19 inf. 151 ; CAA Bordeaux 11-7-2019 n° 16BX03291, Sté Difradis : BPIM 6/19 inf. 385).

e. Un **commerçant** exerçant son activité sur la **parcelle mitoyenne du terrain d'assiette du projet** peut attaquer le permis de construire valant autorisation d'exploitation commerciale à la fois en tant qu'autorisation d'urbanisme et en tant qu'autorisation commerciale. Mais ces deux demandes ayant des objets distincts, elles doivent l'une et l'autre, pour être recevables, être présentées dans le délai de recours contentieux (CAA Bordeaux 11-7-2019 n°s 17BX03222 et 17BX03327, Sté Sodino : BPIM 6/19 inf. 384).

f. Lorsqu'un permis de construire valant autorisation d'exploitation commerciale a été refusé en raison de l'avis défavorable de la CNAC, le juge, s'il censure les motifs de l'avis et s'il est saisi de conclusions en ce sens, doit normalement **enjoindre à la CNAC** de **réexaminer** l'affaire ; il ne lui enjoint de rendre un avis favorable que si les motifs d'annulation impliquent nécessairement cet avis (CE 22-11-2021 n° 441118, Sté Taninges Distribution : BPIM 1/22 inf. 20).

g. L'**État** a la **qualité de partie** dans les litiges concernant les permis de construire en tant qu'ils valent autorisation d'exploitation commerciale. En effet, c'est en son nom que les commissions d'aménagement commercial statuent. Le président de la CNAC a qualité pour représenter l'État dans ces litiges, y compris devant le Conseil d'État juge de cassation (CE 22-11-2021 nº 441118, Sté Taninges Distribution : BPIM 1/22 inf. 21).

h. En cas d'avis défavorable de la CNAC contraignant le maire à refuser le permis de construire valant autorisation d'exploitation commerciale, **la commune** ne peut pas présenter un recours contentieux contre l'avis dès lors qu'il s'agit d'une mesure préparatoire ; en revanche, elle peut **attaquer la décision de son maire,** en tant qu'elle refuse l'autorisation d'exploitation commerciale, et invoquer au soutien de ce recours l'illégalité de l'avis de la CNAC (CE 24-1-2022 nº 440164, Sté Année distribution, précisant que la commune devra justifier de son intérêt pour agir, certainement au regard de ce que lui apporterait la réalisation du projet).

i. Le délai du recours contentieux contre la décision prise par le maire sur une demande de permis de construire valant autorisation d'exploitation commerciale est **prorogé par un recours gracieux** (CE 7-10-2022 nº 452959, Association En toute franchise département de l'Hérault : BPIM 6/22 inf. 412).

j. Il n'est pas exclu qu'une **association** puisse, eu égard aux finalités que lui assignent ses statuts, justifier d'un intérêt la rendant recevable à attaquer un permis de construire valant autorisation d'exploitation commerciale dans ses volets commercial et urbanistique (CE 7-10-2022 nº 452959, Association En toute franchise département de l'Hérault : BPIM 6/22 inf. 411).

k. Un **requérant lésé par un projet de construction** n'est pas recevable à invoquer, à l'appui de son recours contre le permis de construire, le moyen tiré de ce que le projet aurait dû être soumis à la CDAC (CAA Versailles 30-9-2024 nº 22VE02791, Association Collectif pour le triangle de Gonesse et autres : BPIM 6/24 inf. 347).

l. La règle du **contentieux de l'urbanisme** dite de « **cristallisation des moyens** » (voir nº 16652) s'applique en cas de recours contre un permis de construire en tant qu'il vaut autorisation de construire mais aussi en tant qu'il vaut autorisation d'exploitation commerciale (CE 4-4-2023 nº 460754, Sté Distribution Casino France : BPIM 3/23 inf. 177).

D. Mise en œuvre de l'autorisation d'exploitation commerciale

COMMUNICATION DES CONTRATS

20630 Tous les contrats d'un **montant** supérieur à un seuil fixé par décret, passés par des personnes publiques ou privées, à l'occasion de la réalisation d'un projet relevant de la législation sur l'aménagement commercial et dans une période de 2 ans à compter de son achèvement, doivent être communiqués par chaque partie contractante au **préfet** et à la **chambre régionale des comptes** sous peine d'une amende maximale de 75 000 €. L'obligation s'étend aux contrats antérieurs à l'autorisation ou, à défaut, au permis de construire et portant sur la maîtrise ou l'aménagement des terrains sur lesquels est réalisée l'implantation d'établissements ayant bénéficié de l'autorisation. La communication doit intervenir dans les 2 mois de la conclusion des contrats ou, s'il s'agit de contrats antérieurs à l'autorisation, dans les 2 mois de la délivrance de l'autorisation (C. com. art. L 752-25).

> Précisions **a.** Les **contrats concernés** par l'obligation de communication sont de tout type, y compris ceux prévoyant des cessions à titre gratuit, des prestations en nature et des contreparties immatérielles.

b. Un article D 752-55 fixait le **seuil** à 10 000 € et prévoyait l'**envoi** par le titulaire de l'autorisation d'une **liste récapitulative** des contrats conclus à l'occasion de la réalisation du projet autorisé mentionnant, pour chaque contrat, l'identité des parties, l'objet du contrat, les conditions financières de sa réalisation. Cette disposition a été abrogée par le décret 2015-165 du 12 février 2015 qui a réécrit les dispositions réglementaires sur les autorisations d'exploitation commerciale et elle n'a pas été remplacée.

TRANSFERT OU CESSION DE L'AUTORISATION D'EXPLOITATION COMMERCIALE

20640 L'autorisation d'exploitation commerciale est cessible et transmissible. Il en va de même du **permis de construire** valant autorisation d'exploitation commerciale.

> Précisions Les **modalités pratiques** du transfert de l'autorisation commerciale n'ont fait l'objet d'aucune précision législative, réglementaire ou administrative. Sur ce point, voir G. Daudré, Abrogation du principe d'incessibilité et d'intransmissibilité des autorisations d'exploitation commerciale, Defrénois 2016 p. 13. Cet auteur préconise, compte tenu des incertitudes en la matière, d'attendre que l'autorisation de transfert soit purgée de tout recours et de retrait avant de la mettre en œuvre.

MODIFICATION DU PROJET COMMERCIAL

20645 Une nouvelle demande d'autorisation est nécessaire lorsque le projet, en cours d'instruction ou dans sa réalisation, subit des modifications substantielles, du fait des pétitionnaires au regard des critères légaux (C. com. art. L 752-15, al. 3). Lorsqu'elle devient définitive, l'autorisation de modifier substantiellement le projet se substitue à la précédente autorisation d'exploitation commerciale accordée pour le projet (C. com. art. L 752-15, al. 3).

© Éd. Francis Lefebvre

Cette règle vaut également pour le permis de construire valant autorisation d'exploitation commerciale. Toutefois, dès lors que la modification substantielle n'a pas d'effet sur la conformité des travaux projetés au regard des règles d'urbanisme de l'article L 421-6 du Code de l'urbanisme, le projet nécessite alors une nouvelle demande d'autorisation d'exploitation commerciale auprès de la CDAC seulement et non une nouvelle demande de permis de construire (C. urb. art. L 425-4).

> **Précisions** **a.** Les **modifications** apportées au projet « **en cours d'instruction ou dans sa réalisation** » sont celles qui interviennent entre le dépôt de la demande et l'ouverture au public des surfaces de vente autorisées (CE 3-9-2009 nº 318980, Sté L'immobilière Groupe Casino : BPIM 5/09 inf. 346).
> **b.** Une modification importante de la **répartition des surfaces** entre les commerces, même sans modification de la surface totale, constitue une modification substantielle (CE 13-3-1996 nº 127544, Sté Sari Centres commerciaux : RJDA 7/96 nº 965).
> **c.** Lorsqu'un permis de construire valant autorisation d'exploitation commerciale a été accordé après avis favorable de la commission d'aménagement commercial, un **permis modificatif** peut être délivré sans nouvelle consultation de cette commission si le projet ne subit pas des modifications substantielles au regard des critères fixés par le Code de commerce (CAA Lyon 16-3-2023 nº 21LY02799, Sté Brico Calade).

CADUCITÉ DE L'AUTORISATION D'EXPLOITATION COMMERCIALE

Pour les **projets nécessitant** un **permis de construire,** l'autorisation d'exploitation commerciale est périmée dans un délai d'un an à compter de la date de dépôt en mairie de la déclaration d'achèvement et de conformité des travaux au permis (C. urb. art. L 462-1), et au plus tard dans un délai de 7 ans à compter de la date à laquelle le permis de construire est devenu définitif pour les surfaces de vente qui n'ont pas été ouvertes au public et pour les points permanents de retrait qui n'ont pas été ouverts à la clientèle (C. com. art. R 752-20 al. 1 à 3 dans leur rédaction issue du décret 2024-1248 du 30-12-2024). **20650**

Pour les projets **ne nécessitant pas** un permis de construire, l'autorisation est périmée dans un délai de 3 ans à compter de la notification de la décision de la CDAC ou, le cas échéant, de la CNAC, toujours pour les surfaces de vente ou points de retrait non ouverts (C. com. art. R 752-20, al. 4 à 6).

En cas de **recours devant la juridiction administrative** contre l'autorisation d'exploitation commerciale, le délai de péremption est suspendu jusqu'au prononcé d'une décision juridictionnelle définitive (C. com. art. R 752-20, dernier al.).

> **Précisions** La péremption des autorisations d'exploitation commerciale délivrées jusqu'au 31 décembre 2024 pour des projets nécessitant un permis de construire demeurent régies par l'**article R 752-20** dans sa **rédaction antérieure**. Le délai de péremption est de 3 ans à compter de la date à laquelle le permis est devenu définitif ; il est prolongé de 2 ans si la surface de vente prévue excède 2 500 m^2 et de 4 ans si elle excède 6 000 m^2 (C. com. art. R 752-20 dans sa rédaction antérieure au décret 2024-1248 du 30-12-2024 ; Décret 2024-1248 art. 3).

CERTIFICAT DE CONFORMITÉ

Un mois **avant l'ouverture au public,** l'exploitant doit communiquer au préfet, au maire et au président de l'EPCI dont la commune d'implantation est membre un certificat établi à ses frais par un organisme habilité par le préfet attestant du respect de l'autorisation. En l'absence de délivrance du certificat dans le délai prescrit, l'exploitation des surfaces concernées est réputée illicite (C. com. art. L 752-23). **20655**

Si le projet autorisé est réalisé ou commercialisé par étapes, il est établi un certificat pour chaque étape, au prorata de chaque réalisation ou commercialisation, dans la limite de la durée de validité de l'autorisation d'exploitation commerciale (C. com. art. R 752-44-10). Tous les certificats mentionnent l'autorisation d'exploitation commerciale et les références des certificats précédemment établis.

Si l'équipement commercial réalisé est d'une surface de vente ou, pour les « drives », d'une emprise au sol et d'un nombre de pistes moindres que ce qui a été autorisé, il est établi un certificat pour la part du projet qui a été réalisée (C. com. art. R 752-44-11).

Le certificat de conformité ne peut pas être assorti de réserves (C. com. art. R 752-44-12). Le cas échéant, il mentionne les différences constatées avec l'autorisation d'exploitation commerciale ; ces différences ne peuvent pas être substantielles. Le refus de certification est motivé.

La conformité à l'autorisation d'exploitation commerciale s'apprécie au regard de certaines **caractéristiques de l'équipement commercial,** avant et après réalisation du projet, qui doivent être récapitulées dans le tableau qui a été joint à l'avis ou à la décision favorable de la CDAC ou de la CNAC (C. com. art. R 752-44). **20656**

 © Éd. Francis Lefebvre

Ces caractéristiques sont les suivantes :
– pour les **magasins et ensembles commerciaux** (le cas échéant, par commerce venant à dépasser le seuil de 300 m^2), la surface de vente, le secteur d'activité, le nombre de places de stationnement (en distinguant celles dédiées aux véhicules électriques ou hybrides, au covoiturage, à l'auto-partage, et les places non imperméabilisées) ;
– pour les « **drives** », le nombre de pistes de ravitaillement et les mètres carrés d'emprise au sol affectés au retrait des marchandises ;
– pour l'**ensemble des équipements commerciaux,** la superficie totale du lieu d'implantation du projet, le nombre et les sens de circulation des points d'accès et de sortie du site, la surface des espaces verts, la nature et la surface des autres espaces végétalisés, notamment en toiture, et des autres espaces non imperméabilisés (avec mention des matériaux ou procédés éventuellement utilisés aux fins de limiter l'imperméabilisation des sols), la superficie et la localisation des panneaux photovoltaïques, le nombre et la localisation des dispositifs d'énergie renouvelable intégrés au projet, et tout autre élément mentionné expressément par la commission pour motiver son avis favorable.

Sont joints au certificat (C. com. art. R 752-44-1) :
– pour les projets ne nécessitant pas de permis de construire, l'autorisation d'exploitation commerciale et le justificatif de la date de sa notification ;
– pour les projets nécessitant un permis de construire, l'avis favorable de la commission d'aménagement commercial, l'arrêté accordant le permis de construire valant autorisation d'exploitation commerciale et la déclaration attestant l'achèvement et la conformité des travaux (C. urb. art. L 462-1).

Établi sur un formulaire fixé par arrêté ministériel (Arrêté ECOI1927871A du 1-10-2019 ; C. com. art. A 752-3 ann.), daté et signé par l'organisme qui l'a établi, le certificat de conformité est adressé au préfet, par voie électronique, par le bénéficiaire de l'autorisation, accompagné du tableau récapitulatif (C. com. art. R 752-44-8 et s.). Le préfet transmet sans délai, par voie électronique, le certificat de conformité pour information au maire de la commune d'implantation et au président de l'établissement public de coopération intercommunale à fiscalité propre dont la commune d'implantation est membre, ainsi qu'au service de l'État chargé de la réalisation d'études économiques en matière de commerce (C. com. art. R 752-44-13).

E. Contrôle et sanctions

CONTRÔLE LORS DU DÉPÔT DU CERTIFICAT DE CONFORMITÉ

20657 Le préfet dispose d'un délai de 2 mois, à compter de la date de réception du certificat de conformité, pour contester la conformité de l'équipement commercial à l'autorisation d'exploitation commerciale (C. com. art. R 752-44-15).

Dans ce délai, le préfet peut demander toute explication au porteur du projet (C. com. art. R 752-44-17). Cette demande est sans incidence sur le cours du délai de 2 mois.

S'il estime que l'exigence de conformité n'est pas satisfaite, le préfet **met en demeure** le porteur de projet de mettre l'équipement en conformité avec l'autorisation. Cette mise en demeure interrompt le délai de 2 mois et vaut interdiction d'ouvrir au public l'équipement commercial réalisé, sauf mention expresse contraire du préfet. L'ouverture au public malgré cette interdiction constitue une exploitation illicite, passible des mesures et sanctions prévues à ce titre.

En cas d'exploitation illicite révélée après le délai de 2 mois, ou lorsque ce délai n'a pas couru, des mesures administratives et des sanctions applicables peuvent être mises en œuvre (C. com. art. R 752-44-17, dern. al.).

> **Précisions** Des dispositions analogues s'appliquent aux projets situés dans un **secteur d'intervention d'une opération de revitalisation du territoire** et dispensés d'autorisation d'exploitation commerciale (voir n°s 20680 s.) à la différence que le délai de 2 mois, dont bénéficie le préfet pour contester à l'équipement commercial le bénéfice de la dispense d'autorisation, court à compter du jour où il reçoit les publications de l'avis d'ouverture au public de l'équipement commercial (C. com. art. R 752-44-16 s.).

CONTRÔLES ULTÉRIEURS

20658 Les infractions sont recherchées et constatées par les **fonctionnaires habilités** par le ministre chargé de l'économie (C. com. art. L 752-5-1). Ces agents disposent des pouvoirs d'injonction et d'astreinte prévus aux articles L 521-1 et L 521-2 du Code de la consommation et des pouvoirs de saisine de la juridiction compétente prévus aux articles L 524-1 à L 524-3 du même Code.

© Éd. Francis Lefebvre

Le **préfet** peut faire réaliser des contrôles par les fonctionnaires ainsi habilités (C. com. art. R 752-44-18). Si une infraction est constatée, l'exploitant en est informé, à charge pour lui, le cas échéant, d'informer le titulaire de l'autorisation d'exploitation commerciale. Il est invité à s'expliquer sous 15 jours francs, son silence valant acquiescement au constat d'infraction. Si, à l'expiration de ce délai, les agents maintiennent leur constat, ils transmettent un rapport relevant les infractions au préfet, qui met en œuvre, s'il y a lieu, ses pouvoirs de mise en demeure et de fermeture administrative sous astreinte des surfaces de vente exploitées irrégulièrement.

Le **maire,** sur le territoire de sa commune, ou, s'il est compétent, le **président de l'EPCI,** sur le territoire de ses communes membres, peut faire réaliser des contrôles par ses agents (C. com. art. R 752-44-19). Si une infraction est constatée, l'exploitant concerné en est informé et est invité à s'expliquer sous 15 jours francs, son silence valant acquiescement au constat d'infraction. Si, à l'expiration de ce délai, les agents de la commune ou de l'EPCI maintiennent leur constat, le maire ou le président de l'établissement transmet un rapport relevant les infractions au préfet, qui met en œuvre, s'il y a lieu, les pouvoirs qui sont les siens.

SANCTIONS

Les agents habilités, constatant l'exploitation illicite d'une surface de vente, établissent un rapport qu'ils transmettent au préfet. Celui-ci met l'exploitant en demeure de fermer au public les surfaces de vente exploitées illégalement ou de ramener la surface commerciale à celle qui a été autorisée. À défaut de mise en conformité dans le délai de 3 mois, et sans préjudice de l'application de sanctions pénales, il ordonne, sous 15 jours, la fermeture au public des surfaces de vente exploitées illicitement, jusqu'à régularisation effective. Ces mesures sont assorties d'une astreinte journalière pouvant aller jusqu'à 150 € par mètre carré exploité illicitement. Est puni d'une amende de 15 000 € le fait de ne pas exécuter les mesures ordonnées par le préfet (C. com. art. L 752-23). **20660**

› Précisions **a.** Le contrevenant peut aussi se voir appliquer les **sanctions prévues par le Code de l'urbanisme,** notamment en cas de construction sans permis.
b. L'exploitation en infraction constitue un acte de **concurrence déloyale** pouvant donner lieu à réparation (Cass. com. 28-11-1995 n° 94-13.045 : RJDA 2/96 n° 298).
c. Tout annonceur qui diffuse, ou fait diffuser, une **publicité** portant sur l'ouverture ou l'extension d'un magasin à grande surface ou d'un espace « drive » n'ayant pas fait l'objet d'une autorisation au titre de la réglementation de l'urbanisme commercial est passible d'une amende administrative d'un montant maximal de 15 000 € pour une personne physique et 75 000 € pour une personne morale (C. consom. art. L 132-24).

F. Fin de l'exploitation commerciale

OBLIGATION DE DÉMANTÈLEMENT

Le **propriétaire** du site d'implantation bénéficiant de l'autorisation d'exploitation commerciale est responsable de l'organisation de son démantèlement et de la remise en état de ses terrains d'assiette s'il est mis fin à l'exploitation et qu'aucune réouverture au public n'intervient sur le même emplacement pendant un délai de 3 ans (C. com. art. L 752-1, al. 11, 12 et 13). Ce délai court normalement à compter de la date de cessation de l'exploitation mais en cas de procédure de redressement judiciaire de l'exploitant, il ne court que du jour où le propriétaire a recouvré la pleine et entière disposition des locaux. **20665**

L'obligation de démantèlement **ne s'applique pas** aux équipements commerciaux situés dans des immeubles qui ne sont pas destinés exclusivement au commerce ou dans des immeubles dont certains locaux font l'objet d'une exploitation commerciale (C. com. art. R 752-47). Elle ne s'applique pas non plus aux équipements faisant l'objet d'un programme de réhabilitation ou d'un changement effectif de destination.

L'obligation de démantèlement **cesse de s'appliquer** si l'équipement est à nouveau exploité ou se trouve dans l'une des situations précédemment énumérées (C. com. art. R 752-47, dernier al.).

› Précisions Les **opérations de démantèlement** et de **remise en état** du site comprennent (C. com. art. R 752-46, al. 2 à 5) :
– le démantèlement des installations, y compris les fondations, équipements et aménagements réalisés pour les besoins et à l'occasion de l'exploitation commerciale ;
– la remise du site en un état compatible avec la réalisation du projet d'aménagement inscrit dans le document d'urbanisme opposable dans cette zone ;
– la valorisation ou l'élimination des déchets de démolition ou de démantèlement dans les filières dûment autorisées à cet effet.

MODALITÉS DU DÉMANTÈLEMENT

20670 La procédure de démantèlement et de remise en état du site est placée sous l'autorité et le contrôle des **préfets** (Inst. économie ECFI1713905C du 3-5-2017 : BPIM 3/17 inf. 194). Le propriétaire **notifie la date de cessation d'exploitation** commerciale au préfet (C. com. art. R 752-45). À l'expiration du délai de 3 ans sans réouverture au public sur cet emplacement, il lui notifie les mesures prévues pour démanteler les installations et la remise en état du site ainsi que le calendrier des opérations (C. com. art. R 752-46). Ces opérations doivent être réalisées dans les **18 mois** qui suivent. Lorsque, 6 mois avant le terme prévu, le propriétaire justifie de difficultés techniques ou administratives indépendantes de sa volonté, il peut demander la prorogation de ce délai. Le préfet se prononce par un arrêté motivé qui fixe éventuellement un nouveau délai ; s'il n'a pas répondu au bout de 3 mois, la prorogation est réputée accordée pour la durée sollicitée, dans la limite de 18 mois.

En cas de carence ou d'insuffisance des dispositions prévues par le propriétaire, le préfet **met en demeure** le propriétaire de lui fournir sous 2 mois des explications sur les mesures prévues et le calendrier de réalisation ; il en informe l'autorité compétente pour délivrer le permis de construire (C. com. art. L 752-1, al. 12 et R 752-48). En l'absence de justifications suffisantes, le préfet met en demeure le propriétaire de procéder aux opérations de démantèlement et remise en état dans un délai qu'il fixe.

Si les mesures requises ne sont pas exécutées dans le délai prescrit, le préfet peut obliger le propriétaire à **consigner** entre les mains d'un comptable public une somme correspondant au montant des travaux à réaliser, qui lui sera restituée à mesure de l'exécution des mesures prescrites si la mise en demeure n'est pas suivie d'effet. Il peut également **faire procéder d'office,** aux frais du propriétaire, au démantèlement et à la remise en état, en puisant dans la somme consignée (C. com. art. L 752-1, al. 12 et R 752-49).

G. Régime particulier dans les opérations de revitalisation de territoire

20680 Pour favoriser la **revitalisation des centres-villes,** la loi Élan du 23 novembre 2018 a créé les opérations de revitalisation de territoire (ORT) (CCH art. L 303-2). La convention relative à une ORT, conclue entre l'État, ses établissements publics intéressés, un EPCI à fiscalité propre et tout ou partie de ses communes membres, délimite le périmètre des secteurs d'intervention, qui comprend obligatoirement le centre-ville de la ville principale du territoire de l'EPCI signataire et peut également inclure un ou plusieurs centres-villes ou des parties déjà urbanisées d'autres communes membres de l'établissement.

> **Précisions** Dans les territoires ayant conclu une convention d'ORT, peut être mis en œuvre un **dispositif expérimental** décrit n° 20750 confiant la délivrance des autorisations d'exploitation commerciale à l'autorité compétente en matière d'autorisation d'urbanisme.

DISPENSE D'AUTORISATION D'EXPLOITATION COMMERCIALE

20682 À l'**intérieur du périmètre** des secteurs d'intervention (centres-villes) d'une opération de revitalisation du territoire, les projets d'aménagements commerciaux ne sont pas soumis à autorisation d'exploitation commerciale, dès lors du moins qu'ils n'entraînent pas une artificialisation des sols (C. com. art. L 752-1-1). Échappe seule à la dispense d'autorisation la création ou l'extension des espaces « drives ».

Le porteur de projet (le propriétaire ou une personne habilitée par lui à construire ou exploiter l'équipement commercial) fait publier, dans deux journaux régionaux ou locaux diffusés dans le département, un **avis d'ouverture au public** (C. com. art. R 752-44-14). Cette **publication** a lieu au plus tard un mois avant la date d'ouverture prévue. L'avis décrit l'équipement commercial, indique son adresse exacte d'implantation et mentionne l'article L 752-1-1 du Code de commerce ainsi que la convention d'opération de revitalisation de territoire applicable. Le porteur de projet communique au préfet une copie de ces publications avant l'ouverture au public. Si l'équipement comporte plusieurs commerces, les délais de publication et de communication du ou des avis d'ouverture au public s'apprécient commerce par commerce.

Le préfet peut, dans les deux mois de la réception des publications, contester à l'équipement commercial le bénéfice de la dispense d'autorisation.

Toutefois, la convention ORT peut **soumettre à autorisation** les projets dont la surface de vente dépasse un seuil qu'elle détermine et qui ne peut pas être inférieur à 5 000 m^2, seuil

© Éd. Francis Lefebvre

ramené à 2 500 m² pour les magasins à dominance alimentaire (C. com. art. L 752-1-1, al. 2). Mais s'agissant des projets combinant commerces et logements, la loi prévoit une dispense d'autorisation à laquelle la convention ne peut pas déroger (voir nº 20370).

GEL DES DEMANDES D'AUTORISATION D'EXPLOITATION COMMERCIALE

Sur le territoire d'une des communes signataires de la convention mais **hors des secteurs d'intervention de l'ORT comprenant un centre-ville,** le préfet peut suspendre par arrêté, à la demande ou après avis de l'EPCI et des communes signataires, l'enregistrement et l'examen en CDAC des demandes d'autorisation d'exploitation commerciale (y compris les drives), sauf si une demande tend à la réouverture sur le même emplacement d'un magasin fermé depuis moins de 3 ans (C. com. art. L 752-1-2). La suspension est d'une durée maximale de 3 ans et peut être prorogée d'une année après avis de l'EPCI et des communes. La suspension est décidée en tenant compte des caractéristiques des projets et des données relatives à la zone de chalandise, notamment le niveau et l'évolution des taux de logements vacants, de vacance commerciale et de chômage dans les centres-villes et les territoires concernés. 20685

Le préfet peut aussi suspendre, dans les mêmes conditions et pour la même durée, l'enregistrement et l'examen des demandes d'autorisation relatives à un projet situé dans une commune qui n'a pas signé la convention mais qui est membre de l'EPCI signataire ou d'un EPCI limitrophe de celui-ci, lorsque ces projets, évalués au regard des mêmes critères, sont de nature à compromettre gravement les objectifs de l'ORT (C. com. art. L 752-1-2). Lorsqu'une demande d'autorisation concerne une implantation sur le territoire d'un EPCI limitrophe situé dans un autre département, la mesure de suspension est prise par arrêté conjoint des préfets de chacun des deux départements.

Le dispositif de gel des autorisations d'exploitation commerciale a fait l'objet d'une circulaire ministérielle (Circ. ECOI1929035C du 31-10-2019).

PROCÉDURE DE GEL

Demande de suspension La suspension d'une demande d'autorisation d'exploitation commerciale intervient aux termes d'échanges par voie électronique entre le préfet, le président de l'EPCI à fiscalité propre et les maires (C. com. art. R 752-29-4). 20688

Dans un délai de 15 jours à compter de l'enregistrement de la demande d'autorisation par la CDAC, **le préfet, s'il envisage une suspension,** consulte le président de l'EPCI et les maires des communes signataires de la convention d'ORT. Si l'équipement est implanté dans une commune non signataire de la convention, le maire de cette commune et, si elle appartient à un EPCI limitrophe, le président de celui-ci doivent aussi être consultés (C. com. art. R 752-29-2). La demande d'avis du préfet expose les éléments de nature à justifier une suspension de la procédure. Son envoi (ou l'envoi le plus tardif) fait courir un délai de réponse de 15 jours à l'issue duquel le préfet a 7 jours pour prendre un arrêté de suspension (C. com. art. R 752-29-2, dernier al.).

La **demande de suspension** peut aussi être **formulée conjointement** par le président de l'EPCI et des maires des communes signataires de la convention, auxquels doivent se joindre, pour un équipement implanté dans une commune non signataire de la convention, le maire de cette commune et, si elle appartient à un EPCI limitrophe, le président de celui-ci (C. com. art. R 752-29-3). La demande (ou l'ensemble des demandes, si elles ne sont pas simultanées) doit parvenir au préfet dans un délai de 21 jours francs à compter de l'enregistrement de la demande d'autorisation par la CDAC. À compter de la réception de la demande, qui doit exposer les éléments de nature à justifier la suspension, le préfet a 15 jours pour prendre un arrêté en ce sens. Son silence ne fait pas naître une suspension tacite.

Décision du préfet La décision du préfet est prise **au cas par cas,** en fonction des caractéristiques du projet (C. com. art. R 752-29-1). L'arrêté de suspension expose les objectifs poursuivis par la convention d'ORT que le projet est susceptible de compromettre ou de compromettre gravement, les caractéristiques du projet qui les mettent en péril, ainsi que les données, sur une période d'au moins 3 ans, relatives à la vacance de logements, à la vacance commerciale et au chômage ou tout élément utile relatif à la zone de chalandise contribuant à ce risque (C. com. art. R 752-29-5). À peine d'inopposabilité, l'arrêté de suspension mentionne la durée de la suspension, qui ne peut excéder 3 ans ; cette durée doit être cohérente avec les motifs de la suspension. 20690

Terme de la suspension Au plus tard 6 mois avant le terme initial de la suspension, le préfet peut, après avoir recueilli les mêmes avis selon les mêmes modalités, **proroger la suspension** pour un an au plus, par une décision motivée au regard de données actualisées (C. com. art. R 752-29-6). La décision est notifiée au pétitionnaire et, en cas de demande de 20692 permis de construire valant autorisation d'exploitation commerciale, à l'autorité compétente en matière de permis de construire (C. com. art. R 752-29-7). Elle est publiée au recueil des actes administratifs de l'État dans le département.

Trois mois avant le terme de la suspension, le secrétariat de la CDAC invite le pétitionnaire à **actualiser,** dans les 2 mois, les **données de son dossier** de demande d'autorisation d'exploitation commerciale (C. com. art. R 752-29-8). S'il s'agit d'une demande de permis de construire valant autorisation d'exploitation commerciale, le dossier actualisé est transmis à l'autorité compétente en matière de permis de construire. La procédure devant la CDAC reprend son cours, pour le délai restant à courir, au lendemain du dernier jour de suspension (C. com. art. R 752-29-9).

H. Opérations soumises à avis conforme

20700 Afin d'atténuer dans les **petites communes** les effets du relèvement du seuil de surface de vente au-dessus duquel une autorisation est requise, la réforme de 2008 a permis aux autorités locales de provoquer l'intervention de la CDAC pour les projets compris entre 300 m² et 1 000 m² (et par suite non soumis à autorisation d'exploitation commerciale) qui donnent lieu à une demande de permis de construire (C. com. art. L 752-4, I et R 752-21 à R 752-29). La CDAC se prononce dans le délai d'un mois sur la conformité du projet aux critères visés n°s 20515 s. Si son avis est défavorable, le permis ne peut pas être délivré (C. urb. art. R 425-22-1). Le pétitionnaire dispose toutefois d'un recours devant la CNAC qui se prononce dans un délai d'un mois. Son silence vaut confirmation de l'avis de la CDAC. Toutefois, après l'expiration du délai d'un mois, elle peut émettre un avis favorable se substituant à l'avis tacite précédemment rendu (CE 21-9-2015 nº 376359 : BPIM 5/15 inf. 310).

La faculté de provoquer un avis de la CDAC concerne **toutes les communes** pour les projets, toujours compris entre 300 m² et 1 000 m², qui entraînent une **artificialisation des sols** (C. com. art. L 752-4).

La procédure d'avis conforme **n'est pas applicable** aux demandes de permis de construire un équipement commercial situé dans un secteur d'intervention d'une opération de revitalisation de territoire (C. com. art. L 752-4, II).

> **Précisions** L'exercice de ce recours devant la CNAC prolonge de 2 mois le **délai d'instruction** du permis de construire (C. urb. art. R 423-36-1, al. 2). La lettre de notification de l'avis de la CDAC en informe le demandeur. Elle l'informe également qu'en cas d'avis défavorable de la CNAC (ou de confirmation tacite d'un avis défavorable de la CDAC), il ne pourra pas se prévaloir d'un permis tacite (C. urb. art. R 423-44-2). Cette règle résulte de l'article R 424-2, h du Code de l'urbanisme.

CHAMP D'APPLICATION DE LA PROCÉDURE D'AVIS

20705 **Communes et opérations concernées** Sont concernées les demandes de permis de construire relatives à un projet de création ou d'extension, dans une commune de moins de 20 000 habitants – et dans toutes les communes si le projet engendre une artificialisation des sols par rapport à l'état des parcelles concernées au 23 août 2021 –, d'un magasin de commerce de détail ou d'un ensemble commercial dont la surface de vente globale, en cas de réalisation du projet, serait comprise entre 300 et 1 000 m² (C. com. art. R 752-21).

20710 **Autorité compétente pour engager la procédure** S'il est l'autorité compétente pour délivrer le permis de construire, le **maire** peut proposer au conseil municipal de saisir la CDAC. Si cette compétence a été transférée à un EPCI, c'est le **président de l'EPCI** qui peut proposer à son organe délibérant de saisir la commission (C. com. art. L 752-4, al. 1).

Concurremment, le **président de l'Epscot** (auquel la demande de permis doit être transmise) peut déclencher la procédure en proposant à l'organe délibérant de cet établissement de saisir la commission (C. com. art. L 752-4, al. 2).

DÉLIBÉRATION ET DEMANDE D'AVIS

20715 Le conseil municipal ou l'organe délibérant de l'EPCI doit délibérer dans le délai d'un mois suivant la réception de la demande de permis de construire. Sa délibération doit être motivée. Dans les 3 jours suivant son adoption, elle est transmise au demandeur par le maire ou le président de l'EPCI et affichée pendant un mois à la porte de la mairie de la commune d'implantation (C. com. art. L 752-4, al. 3 et R 752-22).

La demande d'avis, également motivée, est adressée au secrétariat de la CDAC, accompagnée de la délibération, par lettre AR, par voie administrative contre décharge ou par voie électronique (C. com. art. R 752-23).

© Éd. Francis Lefebvre

INSTRUCTION DE LA DEMANDE D'AVIS

Dès réception de la demande d'avis, le secrétariat de la commission fait connaître au demandeur du permis de construire la date et le numéro d'enregistrement de son dossier et le **délai** imparti à la commission pour statuer. Le demandeur est en outre informé que, si aucune décision ne lui a été notifiée dans le délai d'un mois, l'avis est réputé favorable (C. com. art. R 752-24). Ce délai court à compter de la réception par le secrétariat de la commission de la demande d'avis. 20720

Le secrétariat de la commission invite le pétitionnaire à transmettre sans délai à la commission toutes pièces susceptibles de permettre à la commission d'apprécier les effets du projet au regard des critères visés nos 20515 s.

> **Précisions** Les membres de la commission reçoivent la demande d'avis accompagnée de divers documents 10 jours avant la date de la séance et les rapports d'instruction 5 jours avant celle-ci (C. com. art. R 752-25). La date et l'ordre du jour de la séance sont publiés 10 jours à l'avance au recueil des actes administratifs de la préfecture.

AVIS

La commission entend le demandeur à sa demande (C. com. art. R 752-26). Elle peut également entendre toute personne dont l'avis présente un intérêt, de sa propre initiative ou sur demande écrite adressée par cette personne au secrétariat. 20725

La commission ne peut délibérer que si la majorité au moins de ses membres sont présents ; si ce **quorum** n'est pas atteint, elle est réputée ne pas s'être réunie (C. com. art. R 752-27).

L'avis, adopté à la majorité des membres présents, est **motivé.** Il indique le sens du vote de chacun des membres de la commission (C. com. art. R 752-28 renvoyant à l'art. R 752-16).

NOTIFICATION DE L'AVIS

Dans les 10 jours suivant la réunion de la commission ou la date de l'avis tacite, l'avis de la commission est notifié par le préfet au demandeur, à l'autorité compétente pour délivrer le permis de construire et, s'il s'agit d'une personne distincte, à l'auteur de la demande d'avis. La notification est faite par lettre AR, par la voie administrative contre décharge ou par courrier électronique (C. com. art. R 752-29). 20730

RECOURS AUPRÈS DE LA CNAC

En cas d'**avis défavorable** de la commission départementale, le demandeur du permis peut saisir la CNAC qui se prononce dans le délai d'un mois. Son silence vaut confirmation de l'avis de la CDAC (C. com. art. L 752-4, al. 6). Seuls les avis défavorables de la CDAC peuvent être déférés à la CNAC lorsque la procédure de l'article L 752-4 est mise en œuvre et ils ne peuvent l'être que par le demandeur (C. com. art. R 752-31, al. 4). L'autorité qui a saisi la CDAC ne peut donc pas déférer à la CNAC un avis favorable au projet. Le demandeur a un mois à compter de la notification de l'avis de la CDAC pour exercer le recours (C. com. art. R 752-30, 1°). 20735

> **Précisions** **a.** Les règles applicables devant la CNAC à la **présentation** et à l'**examen des recours** contre les décisions des CDAC sur les projets soumis à autorisation au titre de l'aménagement commercial valent également pour les recours contre les avis défavorables à la délivrance du permis de construire (voir nos 20550 s.).
> **b.** Les **avis rendus par la CNAC** dans le cadre de la procédure de délivrance des permis de construire ont le caractère d'actes préparatoires et ne constituent pas, par eux-mêmes, des décisions susceptibles de faire l'objet d'un recours pour excès de pouvoir (CE 15-12-2010 n° 334627, Sté Montludis : RJDA 2/11 n° 189, BPIM 1/11 inf. 12).

INCIDENCE SUR LE PERMIS DE CONSTRUIRE

Un avis défavorable de la CDAC ou de la CNAC fait obstacle à la délivrance du permis de construire (C. com. art. L 752-4, al. 4 ; C. urb. art. R 425-22-1). 20740

En cas d'avis défavorable, le défaut de notification d'une décision expresse dans le délai d'instruction du permis de construire vaut décision implicite de rejet et non permis tacite (C. urb. art. R 424-2, h). Par ailleurs, lorsqu'un avis défavorable de la CDAC fait l'objet, avant l'expiration du délai normal d'instruction du permis, d'un recours devant la CNAC, le délai d'instruction du permis est prolongé de 2 mois à compter du recours (C. urb. art. R 423-36-1). La notification au demandeur du permis de l'avis défavorable de la CDAC l'informe qu'en cas de recours le délai d'instruction sera majoré de 2 mois et qu'en cas d'absence de recours ou de rejet du recours il ne pourra pas se prévaloir d'un permis tacite (C. urb. art. R 423-44-2).

> **Précisions** Dans le cas où le silence de la CNAC a fait naître un avis tacite confirmant l'avis défavorable de la CDAC, mais où la CNAC, comme elle en a la possibilité, a ensuite rendu un avis exprès favorable qui s'est substitué à son avis tacite, le permis peut légalement être délivré (CE 21-9-2015 n° 376359 : BPIM 5/15 inf. 310).

I. Expérimentation de l'autorisation d'exploitation commerciale sans la CDAC

TERRITOIRES CONCERNÉS

20750 À titre expérimental, dans les territoires ayant conclu une convention d'**opération de revitalisation du territoire** (ORT) ou ayant qualifié de **grande opération d'urbanisme** (GOU) une opération d'aménagement portant en tout ou partie sur la transformation d'une zone d'activité économique, ainsi que dans les **communautés urbaines,** les **métropoles,** la **métropole d'Aix-Marseille-Provence,** la **métropole de Lyon** et la **métropole du Grand Paris,** peut être mis en œuvre un dispositif dans lequel l'instruction des demandes et la délivrance de l'autorisation d'exploitation commerciale sont confiées à l'autorité compétente en matière d'autorisation d'urbanisme (Loi 3DS 2022-217 du 21-2-2022 art. 97 ; Décret 2023-977 du 23-10-2023).

L'expérimentation a lieu dans le ressort des **EPCI à fiscalité propre** que le préfet a désignés à cette fin, désignation qui intervient sur leur demande et après avis conforme de la CNAC. Le Scot et le ou les PLU doivent avoir été modifiés afin de déterminer les conditions d'implantation des équipements commerciaux.

INSTRUCTION ET DÉLIVRANCE DE L'AUTORISATION

20752 Dans les territoires participant à l'expérimentation, lorsque le projet nécessite une autorisation d'exploitation commerciale, l'instruction et la délivrance de l'autorisation appartiennent à l'**autorité compétente pour délivrer les autorisations d'urbanisme,** sans saisine de la CDAC et sans instruction par les services déconcentrés de l'État. L'autorisation d'urbanisme délivrée tient lieu d'autorisation d'exploitation commerciale.

La **demande,** accompagnée du dossier commercial défini n° 20475, est adressée ou déposée à la mairie selon les règles de droit commun applicables aux demandes de permis de construire (voir n°s 14290 s.) ; le délai d'instruction est majoré d'un mois (Décret 2023-977 du 23-10-2023 art. 8).

L'autorité compétente vérifie la conformité du projet aux prévisions du **Scot** et du **PLU** en matière d'équipements commerciaux et tient également compte de critères qui s'écartent quelque peu de ceux que prévoit le Code de commerce. L'avis conforme de l'EPCI expérimentateur doit être recueilli (sauf si la compétence en matière d'autorisation d'urbanisme lui a été déléguée). L'autorité organisatrice de la mobilité est consultée. Si une dérogation à l'interdiction d'artificialiser les sols est requise (voir n° 20534), elle ne peut être accordée qu'avec l'avis conforme de la CDAC et le cas échéant, avec l'accord du préfet.

DURÉE DE L'EXPÉRIMENTATION

20755 L'expérimentation est menée pour une durée de 6 ans à compter de la promulgation de la loi 3DS du 21 février 2022, soit jusqu'au 21 février 2028. Les EPCI souhaitant y participer avaient jusqu'au 21 janvier 2025 pour adopter une délibération en ce sens, après avis des communes qui en sont membres. À condition d'être engagée avant cette même date, la modification nécessaire du Scot et du PLU peut se faire selon la procédure simplifiée.

Un **collège interministériel,** institué auprès du ministre chargé du commerce, a pour mission le suivi et l'évaluation des expérimentations (Décret 2023-977 du 23-10-2023 art. 10 et 11).

SECTION 2

AUTORISATION D'AMÉNAGEMENT CINÉMATOGRAPHIQUE

20800 La loi 96-603 du 5 juillet 1996 a introduit dans la loi Royer du 27 décembre 1973 un chapitre relatif aux aménagements cinématographiques. Alors qu'une partie du régime des autorisations cinématographiques figurait dans le Code de commerce, la réforme Pinel du

18 juin 2014 a rendu ce régime autonome en l'intégrant entièrement dans le Code du cinéma et de l'image animée. Désormais, les conditions dans lesquelles sont délivrées les autorisations de création, extension et réouverture au public d'établissements de spectacles cinématographiques sont régies par les articles L 212-6 s. et R 212-6 s. du Code du cinéma et de l'image animée. Ce sont des **commissions d'aménagement cinématographique** (et non plus la CDAC ou la CNAC statuant dans une composition différente comme c'était le cas auparavant), qui se prononcent sur les projets d'aménagement cinématographique.

La plupart des dispositions relatives aux aménagements cinématographiques sont calquées sur celles applicables aux équipements commerciaux (instruction du dossier, publicité de la décision, contentieux, etc.). Nous nous bornerons à préciser ici les spécificités de l'autorisation cinématographique.

CHAMP D'APPLICATION DE L'AUTORISATION

Sont soumis à autorisation les projets ayant pour objet : **20805**

– la **création** d'un cinéma comportant plusieurs salles et plus de 300 places et résultant soit d'une construction nouvelle, soit de la transformation d'un immeuble existant (C. cinéma art. L 212-7-1°) ;

– l'**extension** d'un cinéma comportant plusieurs salles et ayant déjà atteint le seuil de 300 places ou devant le dépasser par la réalisation du projet, à l'exception des extensions représentant moins de 30 % des places existantes et s'effectuant plus de 5 ans après la mise en exploitation ou la dernière extension (C. cinéma art. L 212-7-2°) ;

– l'extension d'un cinéma comportant plusieurs salles et ayant déjà atteint le seuil de 1 500 places ou devant le dépasser par la réalisation du projet (C. cinéma art. L 212-7-3°) ;

– l'extension d'un cinéma comportant déjà 8 salles au moins ou devant dépasser ce seuil par la réalisation du projet (C. cinéma art. L 212-7-3° bis) ;

– la **réouverture au public,** sur le même emplacement, d'un établissement de spectacles cinématographiques comportant plusieurs salles et plus de 300 places et dont les locaux ont cessé d'être exploités pendant deux années consécutives (C. cinéma art. L 212-7-4°).

> **Précisions a.** Pour l'**appréciation de ces seuils,** sont regardées comme faisant partie d'un même établissement de spectacles cinématographiques, qu'elles soient ou non situées dans des bâtiments distincts et qu'une même personne en soit ou non le propriétaire ou l'exploitant, les salles qui sont réunies sur un même site et qui (C. cinéma art. L 212-8) :
> – soit ont été conçues dans le cadre d'une même opération d'aménagement foncier, que celle-ci soit réalisée en une ou plusieurs tranches ;
> – soit bénéficient d'aménagements conçus pour permettre à une même clientèle l'accès à celles-ci ;
> – soit font l'objet d'une gestion commune des éléments de leur exploitation, notamment par la création de services collectifs ou l'utilisation habituelle de pratiques et publicités commerciales communes ;
> – soit sont réunies par une structure juridique commune, contrôlée directement ou indirectement par au moins un associé, exerçant sur elle une influence au sens de l'article L 233-16 du Code de commerce ou ayant un dirigeant de droit ou de fait commun. À noter que le paragraphe IV de l'article L 233-16, qui définissait la notion d'influence notable et auquel renvoie l'article L 212-8, a été abrogé par l'ordonnance 2015-900 du 23 juillet 2015. Mais celle-ci a repris littéralement la même définition sous l'article L 233-17-2. Le renvoi doit donc être considéré comme visant aujourd'hui ce dernier texte.
> **b.** Pour les **projets d'extension,** le délai de 5 ans mentionné à l'article L 212-7-2° du Code du cinéma et de l'image animée court à compter de la date d'enregistrement par le Centre national du cinéma et de l'image animée du premier bordereau de déclaration de recettes de la dernière salle du cinéma mise en exploitation (C. cinéma art. R 212-7).

COMMISSIONS D'AMÉNAGEMENT CINÉMATOGRAPHIQUE

Les autorisations d'aménagement cinématographique sont délivrées par les commissions départementales d'aménagement cinématographique ou, en cas de recours, par la Commission nationale d'aménagement cinématographique. **20810**

Commissions départementales La composition des commissions départementales d'aménagement cinématographique est fixée par les articles L 212-6-2 et R 212-6-1 s. du Code du cinéma et de l'image animée. La commission est présidée par le préfet ou son représentant et comprend 5 **élus** (le maire de la commune d'implantation du projet, celui de la commune la plus peuplée de l'arrondissement, autre que la commune d'implantation, le président de l'EPCI compétent en matière d'aménagement de l'espace et de développement, le président de l'Epscot et le président du conseil départemental) et 3 **personnalités qualifiées,** respectivement, en matière de distribution et d'exploitation cinématographiques, de développement durable et d'aménagement du territoire. **20815**

20820 **Commission nationale** La composition de la commission nationale est fixée par l'article L 212-6-6 du Code du cinéma et de l'image animée. La commission comprend **9 membres** nommés par décret pour une durée de 6 ans non renouvelable : 4 membres de grands corps administratifs (dont un membre du Conseil d'État, président), 2 personnalités qualifiées en matière de distribution et d'exploitation cinématographiques, désignées par le ministre de la culture et 3 personnalités désignées par les présidents de l'Assemblée nationale et du Sénat et par le ministre chargé de l'urbanisme pour leurs compétences, respectivement, en matière de consommation, d'urbanisme, de développement durable, d'aménagement du territoire ou d'emploi. Chaque membre a un suppléant.

DEMANDE D'AUTORISATION D'AMÉNAGEMENT CINÉMATOGRAPHIQUE

20825 **Présentation et contenu de la demande** La demande d'autorisation est présentée soit par le propriétaire de l'immeuble, soit par une personne justifiant d'un titre l'habilitant à construire sur le terrain ou à exploiter commercialement l'immeuble (C. cinéma art. R 212-7-2). Elle est soit adressée au préfet par lettre AR, soit déposée au secrétariat contre décharge, soit adressée par voie électronique (C. cinéma art. R 212-7-4). Elle indique la personne qui sera titulaire de l'autorisation d'exercice délivrée en application des articles L 212-2 à L 212-5 du Code du cinéma et de l'image animée (C. cinéma art. L 212-8-1).

La demande d'autorisation est accompagnée de plusieurs renseignements et documents dont la liste est fixée par arrêté du ministre chargé de la culture (C. cinéma art. R 212-7-3, A 212-7-3-1, 1° à 11°), notamment :

– enseigne sous laquelle le cinéma est ou sera exploité ;

– commune d'implantation et le caractère de cette implantation selon qu'elle est isolée ou insérée dans une ZAC, une zone commerciale ou une opération d'urbanisme ;

– délimitation de la zone d'influence cinématographique de l'établissement, population de cette zone et de chaque commune, avec l'évolution entre les deux derniers recensements ;

– nombre de salles de l'établissement et nombre de places de chaque salle et pour les projets portant sur une extension, l'indication du nombre de salles et places de spectateurs par salle existante et envisagée ;

– dispositifs et matériels envisagés permettant l'accessibilité de l'établissement aux personnes handicapées ;

– liste des cinémas implantés dans la zone d'influence cinématographique avec indication pour chacun du nombre de salles et de places de spectateurs ainsi que leur appartenance éventuelle à une entente ou à un groupement de programmation et enfin, une carte géographique permettant de les localiser.

DÉCISION DE LA COMMISSION DÉPARTEMENTALE

20830 La commission départementale se prononce dans un délai de 2 mois à compter de sa saisine (ou de la date à laquelle le dossier a été complété s'il est incomplet). Passé ce délai, la décision est **réputée favorable** (C. cinéma art. L 212-10-1, II). La commission se prononce, par un scrutin à bulletins nominatifs, à la majorité absolue des membres présents, le préfet ne prenant pas part au vote (C. cinéma art. L 212-10-1, I). Sa décision, motivée et signée par le président, indique le sens du vote émis par chaque membre (C. cinéma art. R 212-7-1).

La commission départementale, comme la commission nationale, doit autoriser ou refuser le projet dans sa totalité (C. cinéma art. L 212-6-9). Les décisions d'autorisation sont délivrées pour un nombre de salles et de places de spectateurs (C. cinéma art. L 212-10-2, al. 2). Elles décrivent le projet autorisé et mentionnent le nombre de salles et de places autorisées (C. cinéma art. R 212-7-17).

À la différence de l'autorisation d'exploitation commerciale (voir n° 20640) l'autorisation d'aménagement cinématographique n'est **ni cessible, ni transmissible** tant que le cinéma n'a pas été mis en exploitation (C. cinéma art. L 212-10-2 dernier al.).

CRITÈRES D'APPRÉCIATION

20835 Dans le respect des principes légaux – notamment diversité de l'offre cinématographique, aménagement culturel du territoire, protection de l'environnement et qualité de l'urbanisme, modernisation des cinémas et satisfaction des intérêts du spectateur en termes de programmation diversifiée et de qualité des services (C. cinéma art. L 212-6) – la commission départementale se prononce sur **deux critères** (C. cinéma art. L 212-9) :

1. Effet potentiel sur la **diversité cinématographique** offerte aux spectateurs dans la zone d'influence cinématographique concernée, évalué au moyen des indicateurs suivants :

– projet de programmation envisagé et, le cas échéant, le respect des engagements de programmation éventuellement souscrits ;

– nature et diversité culturelle de l'offre cinématographique proposée dans la zone concernée, compte tenu de la fréquentation cinématographique ;
– situation de l'accès des œuvres cinématographiques aux salles et des salles aux œuvres cinématographiques pour les établissements de spectacles cinématographiques existants ;
2. Effet du projet sur **l'aménagement culturel du territoire, la protection de l'environnement et la qualité de l'urbanisme,** évalué au moyen des indicateurs suivants :
– implantation géographique des cinémas dans la zone d'influence cinématographique et la qualité de leurs équipements ;
– préservation d'une animation culturelle et le respect de l'équilibre des agglomérations ;
– qualité environnementale appréciée en tenant compte des différents modes de transports publics, de la qualité de la desserte routière, des parcs de stationnement ;
– insertion du projet dans son environnement ;
– localisation du projet, notamment au regard des schémas de cohérence territoriale et des plans locaux d'urbanisme.

La **méthode d'évaluation** est la même que pour les autorisations de commerces de détail (voir n° 20515) : l'autorisation ne peut être refusée que si, eu égard à ses effets, le projet compromet la réalisation des objectifs et principes énoncés à l'article L 212-6 du Code du cinéma et de l'image animée (CE 9-2-2011 n° 330727, Sté NCO II : BPIM 3/11 inf. 190).

> **Précisions** **a.** Un projet qui, créant un plus grand nombre de salles de cinéma, accroît l'**offre cinématographique,** ne compromet pas en l'espèce la réalisation des objectifs et principes énoncés par la loi (CE 15-10-2014 n°s 363457 et 15-10-2014 n° 363458, Sté Royal Cinéma : BPIM 6/14 inf. 369).
> **b.** Lorsqu'une autorisation s'appuie notamment sur le projet de **programmation cinématographique,** ce projet doit faire l'objet d'un engagement de programmation cinématographique souscrit en application de l'art. L 212-23, 3° du C. cinéma (C. cinéma art. L 212-9, avant-dernier al.).
> **c.** Lorsque le projet présenté concerne l'extension d'un cinéma, le respect de l'engagement de programmation cinématographique souscrit par l'exploitant de l'établissement de spectacles cinématographiques en application de l'article L 212-23 du C. cinéma fait l'objet d'un **contrôle du Centre national du cinéma et de l'image animée,** transmis à la commission d'aménagement cinématographique compétente pour l'instruction du dossier (C. cinéma art. L 212-9, dernier al.).

RECOURS DEVANT LA COMMISSION NATIONALE

20840 La décision de la commission départementale peut faire l'objet d'un recours devant la Commission nationale. Ce recours est ouvert aux personnes mentionnées à l'article L 212-10-3 du C. cinéma et il est un préalable obligatoire à l'exercice d'un recours contentieux, à peine d'irrecevabilité (C. cinéma art. L 212-10-3, al. 2).

Le délai de recours est d'un mois et la Commission nationale se prononce dans le délai de 4 mois (C. cinéma art. L 212-10-3). Avant l'expiration du délai de recours ou, en cas de recours, avant la décision de la Commission nationale, le permis de construire ne peut être accordé ni la réalisation entreprise et aucune nouvelle demande ne peut être déposée pour le même terrain d'assiette auprès de la commission départementale (C. cinéma art. L 212-10-4).

La Commission nationale prend des décisions sans recevoir d'instruction d'aucune autorité (C. cinéma art. L 212-10-8-1). Ces décisions sont insusceptibles de réformation.

CADUCITÉ DE L'AUTORISATION CINÉMATOGRAPHIQUE

20845 Lorsque la réalisation d'un projet autorisé **ne nécessite pas de permis de construire,** l'autorisation est périmée pour les salles et pour les places de spectateurs qui n'ont pas été mises en exploitation dans un délai de 3 ans. Le délai de péremption court à compter de la date à laquelle l'autorisation expresse a été notifiée au demandeur ou de celle à laquelle l'autorisation tacite est née (C. cinéma art. R 212-7-20 renvoyant à R 212-7-18 et L 212-10-1).

Lorsque la réalisation d'un projet autorisé est subordonnée à l'**obtention d'un permis de construire,** l'autorisation est périmée si le dossier de demande de permis de construire, considéré comme complet au regard du Code de l'urbanisme, n'est pas déposé dans un délai de 2 ans (C. cinéma art. R 212-7-20, al. 2).

Lorsque la demande de permis a été déposée dans ce délai, l'autorisation est périmée pour les salles et pour les places de spectateurs qui n'ont pas été mises en exploitation dans un délai de 3 ans à compter de la date à laquelle le permis de construire est devenu définitif. Toutefois, ce délai est porté à 5 ans dans le cas où le projet a vocation à s'intégrer dans un ensemble commercial de plus de 6 000 m^2 situé sur le même terrain. En cas de délivrance d'un **permis de construire modificatif,** le délai de 3 ou 5 ans court de la date à laquelle le permis initial est devenu définitif (C. cinéma art. R 212-7-20, al. 5).

› Précisions Si un **recours** a été exercé **devant la commission nationale,** le délai de péremption de 3 ans applicable quand le projet ne nécessite pas de permis de construire et le délai de 2 ans imparti pour déposer la demande de permis courent à compter de la notification de la décision de cette commission (C. cinéma art. R 212-7-20, al. 4).

En cas de recours **devant la juridiction administrative,** les délais (délai de péremption applicable quand le projet ne nécessite pas de permis de construire, délai pour demander le permis, délai de péremption après délivrance du permis) sont **prorogés** jusqu'au prononcé d'une décision juridictionnelle irrévocable (C. cinéma art. R 212-7-20, al. 6). On relèvera que la disposition analogue figurant dans le Code de commerce mentionne un recours devant la juridiction administrative « contre l'autorisation d'exploitation commerciale » (C. com. art. R 752-20, voir n° 20650). En l'absence, dans le Code du cinéma et de l'image animée, de toute précision sur l'objet du recours, on pourrait soutenir que la prorogation doit jouer lorsqu'il vise l'autorisation cinématographique mais aussi lorsqu'il est dirigé contre le permis de construire.

OBTENTION DU PERMIS DE CONSTRUIRE

20850 À la différence de l'autorisation d'exploitation commerciale, le permis de construire ne peut pas être accordé avant la délivrance de l'autorisation d'exploitation cinématographique et les travaux ne peuvent être entrepris avant l'expiration des recours entrepris contre cette autorisation (C. urb. art. L 425-8 ; C. cinéma art. L 212-13).

La **demande de permis** peut être déposée dès que la demande d'autorisation d'exploitation cinématographique a été reconnue complète par le préfet. La demande de permis est alors accompagnée de la copie de la lettre adressée par le préfet au demandeur lorsque le dossier joint à la demande de création, extension ou réouverture de cinéma a été reconnu complet (C. urb. art. R 431-28).

Le **délai d'instruction** de la demande de permis, normalement de 3 mois, est porté à 4 mois du fait de la nécessité d'obtenir une autorisation de création, extension ou réouverture de cinéma (C. urb. art. R 423-24, a). Si la commission départementale **refuse** cette autorisation, la lettre qui notifie ce refus au pétitionnaire l'informe qu'en cas de recours devant la commission nationale dans le délai d'instruction du permis de construire, ce délai d'instruction sera **prolongé** de 5 mois à compter du recours et qu'en l'absence de recours, ou si le recours est rejeté, le pétitionnaire ne pourra pas se prévaloir d'un permis tacite (C. urb. art. R 423-44-1, al. 1 à 3, l'**absence de permis tacite** en cas de refus de la commission résultant de l'art. R 424-2, g).

Dans la région **Île-de-France,** l'agrément prévu par l'article L 510-1 du Code de l'urbanisme (voir n°s 19930 s.) ne s'applique pas aux opérations portant sur des cinémas (C. urb. art. R 510-6, 2).

› Précisions a. L'**illégalité de la décision de la commission** ne peut pas être invoquée pour obtenir l'annulation du permis de construire (CE sect. 17-12-1982 n° 35554, Sté Angélica-Optique Centraix : JCP éd. G 1983 II n° 19940 concl. Genevois, à propos d'une autorisation d'urbanisme commercial).

b. L'**annulation du permis** est sans effet sur la validité de l'autorisation commerciale (Rép. Bourg-Broc : AN 17-10-1988 n° 1147, à propos des autorisations d'urbanisme commercial dans leur version antérieure à la loi Pinel 2014-626 du 14-6-2014, mais transposable aux autorisations cinématographiques).

c. L'emprise au sol des surfaces, bâties ou non, affectées aux **aires de stationnement** annexes du cinéma ne doit pas excéder une place de stationnement pour 3 places de spectateur (C. cinéma art. L 212-11 renvoyant à C. urb. art. L 111-20). Mais si le cinéma est installé sur le même site qu'un commerce soumis à autorisation d'exploitation commerciale, c'est la règle indiquée n° 20603 qui s'applique.

SANCTIONS

20855 Le fait d'entreprendre des travaux pour réaliser un projet, ou d'exploiter un cinéma, sans avoir obtenu l'autorisation requise ou en méconnaissance de ses prescriptions, est puni de l'**amende** prévue pour les contraventions de la 5ᵉ classe (C. cinéma art. R 434-1). En cas d'exploitation irrégulière, l'infraction est constituée par jour d'exploitation, par salle et par place de spectateur. Les amendes prévues en cas de récidive sont applicables.

Par ailleurs, le préfet peut, dans un délai d'un mois après réception du rapport d'un agent habilité à constater l'exploitation irrégulière de salles ou places de cinéma, mettre l'exploitant en demeure de ramener le nombre de salles ou de places de spectateur au nombre figurant dans l'autorisation de création, extension ou réouverture de cinéma. Il peut, à défaut, prendre un arrêté ordonnant, dans un délai de 15 jours, la **fermeture au public** de l'établissement exploité illicitement, jusqu'à régularisation effective. Ces mesures sont assorties d'une astreinte journalière de 150 € par place de spectateur (C. cinéma art. L 425-1). Leur inexécution est punie d'une amende de 15 000 € (C. cinéma art. L 434-1).

© Éd. Francis Lefebvre

CHAPITRE 5

INSTALLATIONS CLASSÉES

SOMMAIRE

A. Domaine des installations classées

OBJET DE LA PROTECTION

Sont soumis à la législation sur les installations classées pour la protection de l'environnement (ICPE) les usines, ateliers, dépôts, chantiers et, d'une manière générale, les installations exploitées ou détenues par toute personne physique ou morale, publique ou privée, qui peuvent présenter des **dangers ou** des **inconvénients** soit pour la commodité du voisinage, soit pour la santé, la sécurité, la salubrité publiques, soit pour l'agriculture, soit pour la protection de la nature, de l'environnement et des paysages, soit pour l'utilisation rationnelle des sols naturels, agricoles ou forestiers, soit pour la conservation des sites et des monuments ainsi que des éléments du patrimoine archéologique, soit pour l'utilisation rationnelle de l'énergie (C. envir. art. L 511-1). Sont également concernées les exploitations de carrières au sens du Code minier. 21000

La **notion d'installation** recouvre toute activité exercée à poste fixe, inscrite par décret en Conseil d'État sur la nomenclature des installations classées (C. envir. art. R 511-9 ann.). De cette inscription résulte l'application à l'activité concernée de la police des installations classées.

> **Précisions** La police des installations classées est applicable aux installations ayant cessé d'être exploitées avant le 1er janvier 1977, **date d'entrée en vigueur de la loi 76-629 du 10 juillet 1976,** dès lors que ces installations sont de la nature de celles qui sont soumises à autorisation et qu'elles sont susceptibles, du fait de leur existence même, de présenter les dangers ou inconvénients mentionnés à l'article 1 de la loi (CE 16-11-1998 n° 182816, Min. environnement c/ Cie des bases lubrifiantes : BPIM 2/99 inf. 112). Le préfet peut donc légalement prescrire l'exécution de certains travaux.

CLASSIFICATION DES INSTALLATIONS CLASSÉES

21080 La législation distingue les installations soumises à **autorisation** préalable en raison « de dangers ou inconvénients pour l'environnement » (classe A), celles soumises à **enregistrement,** régime intermédiaire correspondant à une autorisation simplifiée applicable aux installations présentant des risques significatifs mais susceptibles d'être prévenus par le respect de prescriptions standardisées (classe E) et celles soumises à une simple **déclaration** préalable car ne comportant que des risques limités (classe D).

BÉNÉFICE DE L'ANTÉRIORITÉ

21085 Les installations qui, après avoir été régulièrement mises en service, sont soumises, en vertu d'un décret relatif à la nomenclature des installations classées, à autorisation, à enregistrement ou à déclaration peuvent continuer à fonctionner sans cette autorisation, enregistrement ou déclaration à la seule condition que l'exploitant se soit déjà fait connaître du préfet ou se fasse connaître de lui dans l'année suivant l'entrée en vigueur du décret. La même règle s'applique lorsque l'origine du **changement de classement** de l'installation est un changement de classification de dangerosité d'un produit utilisé ou stocké dans l'installation (C. envir. art. L 513-1 et R 513-1 s.). Le bénéfice du droit d'antériorité consacré par cette disposition ne peut être conservé qu'en l'absence de modification apportée, après son classement, aux conditions d'exploitation de l'activité en cause. Fait ainsi perdre le bénéfice de l'antériorité le transfert d'une installation dans une autre commune, après l'intervention du décret qui a soumis à autorisation les installations de ce type (CE 14-6-2010 n° 306249, Min. écologie : BPIM 5/10 inf. 358).

Le préfet peut exiger de l'exploitant d'une installation bénéficiant du droit d'antériorité qu'il produise une étude relative à la prévention des dangers et inconvénients, assortie au besoin d'engagements à cet effet ; il peut soumettre l'installation à certaines **mesures particulières** qui ne doivent pas entraîner de modifications importantes touchant le gros œuvre ni de changements considérables dans les modalités d'exploitation - sauf si les engagements de l'exploitant sont manifestement insuffisants et à la condition que les mesures imposées ne soient pas disproportionnées, ou si les mesures sont nécessaires pour satisfaire aux exigences de la directive 2010/75/UE du 24-11-2010 relative aux émissions industrielles (C. envir. art. R 513-2 dans sa rédaction issue du décret 2023-722 du 3-8-2023). Par ailleurs, ces installations peuvent se voir imposer le respect des mesures générales prises par arrêté ministériel sur le fondement de l'article L 512-5 du Code de l'environnement (voir n° 21090), à la condition que, compte tenu des délais de mise en conformité, ces mesures ne présentent pas un caractère disproportionné (CE 8-10-2012 n° 340486 : BPIM 6/12 inf. 429).

> **Précisions** **a.** Dans le cadre du Grenelle II de l'environnement, la décision a été prise de soumettre les **éoliennes** à la législation sur les installations classées. Par l'effet de la loi, celles qui constituent des unités de production (au moins 5 mâts) et dont la hauteur dépasse 50 m sont soumises à autorisation. Le classement des autres catégories d'éoliennes résulte d'un décret modifiant la nomenclature (Décret 2011-984 du 23-8-2011 ; Circ. DEVP1119997C du 29-8-2011 : BO écologie 2011/16 du 10-9-2011 p. 76) ; ce décret a été jugé légal alors même qu'il étend le régime d'autorisation au-delà de ce qu'imposait la loi (CE 13-7-2012 n° 353565, Sté Volkswind France et Sté Innovent). Les éoliennes ayant fait l'objet d'une étude d'impact, d'une enquête publique et d'un permis de construire avant le classement dans la nomenclature peuvent être mises en service et exploitées dans le respect des prescriptions applicables avant ce classement (bénéfice de l'antériorité). Sous cette réserve, les installations existantes sont soumises au régime des installations classées. L'exploitant devait se faire connaître au préfet avant le 26 août 2012. La procédure de demande d'autorisation d'une éolienne en cours au 26 août 2011 s'est poursuivie selon les anciennes règles si l'arrêté d'ouverture d'enquête publique avait été pris. En fin de procédure, l'installation est soumise au régime des ICPE (C. envir. art. L 515-44, anciennement L 553-1).
>
> **b.** L'exploitant d'un **parc éolien** dont le **permis de construire** a été **annulé** après la mise en service du parc ne peut pas bénéficier du droit d'antériorité faute de justifier d'une situation juridiquement constituée à la date à laquelle les éoliennes terrestres sont devenues des ICPE (CAA Nantes 22-3-2022 n° 20NT03690, Sté Parc éolien Guern : BPIM3/22 inf. 189).

PRESCRIPTIONS GÉNÉRALES

21090 Le **ministre chargé des installations classées** fixe par arrêté, après consultation des ministres intéressés et du conseil supérieur de la prévention des risques technologiques, des prescriptions générales applicables aux installations classées.

Ces arrêtés s'appliquent de plein droit aux installations nouvelles. Ces arrêtés précisent, après avis des organisations professionnelles intéressées, les délais et conditions dans lesquels ils s'appliquent aux **installations existantes** lors de leur entrée en vigueur. Sauf motif tiré de la sécurité, de la santé et de la salubrité publiques ou du respect des conventions internationales ou du droit de l'Union européenne, ces mêmes délais et conditions s'appliquent aux installations qui, à la date de publication de l'arrêté fixant des prescriptions générales, ont fait l'objet d'une **demande d'autorisation** ou **d'enregistrement** complète sur laquelle il n'a pas encore été statué (C. envir. art. L 512-5 et L 512-7). Une demande est réputée complète si elle répond aux conditions de forme prévues par le Code l'environnement.

Sauf motif tiré de la sécurité, de la santé et de la salubrité publiques ou du respect des conventions internationales ou du droit de l'Union européenne, les prescriptions générales relatives aux **dispositions constructives** concernant le gros œuvre ne sont applicables ni aux installations existantes (qu'elles soient enregistrées, déclarées ou autorisées) ni à celles qui sont en cours d'autorisation ou d'enregistrement (C. envir. art. L 512-5, L 512-7 et L 512-10).

Les prescriptions générales peuvent être complétées par des **prescriptions particulières** contenues dans la décision du **préfet** prise sur le projet. Elles peuvent aussi, dans certains cas, faire l'objet d'adaptations. Le préfet peut, dans le cadre de ses pouvoirs de police spéciale en matière d'ICPE, soumettre une installation à des prescriptions particulières complétant les prescriptions générales fixées par le ministre pour la catégorie en cause, ou dérogeant à ces prescriptions générales, alors même que les arrêtés ministériels ne prévoient pas de faculté d'adaptation aux circonstances locales (CE 20-12-2024 nº 475355, Sté Gurdebeke).

> Précisions **a.** Les **projets de prescriptions générales** applicables aux installations classées (qu'elles soient enregistrées, déclarées ou autorisées) sont soumis aux règles générales applicables à l'élaboration des décisions autres qu'individuelles de l'État et de ses établissements publics ayant une incidence sur l'environnement. Ces règles organisent la participation du public. Le projet accompagné d'une note de présentation est mis à la disposition du public par voie électronique, les observations du public font l'objet d'une synthèse transmise à l'organisme consultatif, enfin, lors de la publication de la décision, cette synthèse est rendue publique ainsi que les motifs de la décision (C. envir. art. L 123-19-1).

b. Les **organisations professionnelles** intéressées sont celles dont les membres exploitent des installations auxquelles l'arrêté ministériel en cause impose des prescriptions (CE 24-4-2012 nº 325454, Union des industries de la fertilisation : BPIM 3/12 inf. 209).

c. Les règles générales et prescriptions techniques qui peuvent être prévues pour les **installations soumises à autorisation** « déterminent les mesures propres à prévenir les risques d'accident ou de pollution de toute nature, susceptibles d'intervenir ainsi que les conditions d'insertion dans l'environnement de l'installation ou de réhabilitation du site après arrêt de l'exploitation » (C. envir. art. L 512-5).

Pour les **installations soumises à enregistrement,** le ministre peut notamment prévoir (C. envir. art. L 512-7, II) :
– des conditions d'intégration du projet dans son environnement local ;
– l'éloignement des installations des habitations, des immeubles habituellement occupés par des tiers, des établissements recevant du public, des cours d'eau, des voies de communication, des captages d'eau ou des zones destinées à l'habitation par des documents d'urbanisme opposables aux tiers.

d. Les prescriptions générales fixent les règles applicables aux installations ayant un impact sur le **milieu aquatique,** notamment en ce qui concerne leurs rejets et prélèvements (C. envir. art. L 512-16, al. 2).

B. Mise en service des installations classées

1. INSTALLATIONS AUTORISÉES

a. Régime applicable : l'autorisation environnementale

CHAMP D'APPLICATION DE L'AUTORISATION ENVIRONNEMENTALE

Sont soumises à autorisation au titre des ICPE les installations qui présentent de graves dangers ou inconvénients soit pour la commodité du voisinage, soit pour la santé, la sécurité, la salubrité publique, soit pour l'agriculture, soit pour la protection de la nature, de l'environnement et des paysages, soit pour l'utilisation rationnelle de l'énergie, soit pour la conservation des sites et des monuments ainsi que des éléments du patrimoine archéologique (C. envir. art. L 512-1). L'autorisation requise est dénommée : **autorisation environnementale** (C. envir. art. L 181-1 s. et R 181-1 s.). 21110

> Précisions L'autorisation environnementale ne concerne pas seulement les ICPE. Elle est également applicable, notamment, aux installations, ouvrages, travaux et activités (Iota) soumis à autorisation en raison de leurs incidences sur l'**eau** et les **milieux aquatiques** (C. envir. art. L 181-1, 1º). L'autorisation environnementale concerne aussi les **travaux miniers** (C. envir. art. L 181-1, 3º).

AUTORISATION UNIQUE POUR LA PROTECTION DE L'ENVIRONNEMENT

21115 Lorsqu'un projet d'ICPE est par ailleurs soumis à autorisation, enregistrement, déclaration, absence d'opposition, approbation ou agrément au titre de certaines dispositions du Code de l'environnement ou d'autres codes, l'autorisation environnementale en tient lieu. Elle est délivrée au terme d'une procédure qui permet de vérifier que les conditions d'obtention de ces autorisations, enregistrements, etc. sont remplies.

Avec l'autorisation environnementale, le pétitionnaire a un **interlocuteur unique** et l'administration, une **vue d'ensemble** des incidences du projet sur l'environnement.

La liste des autorisations, enregistrements, etc. dont l'autorisation tient lieu est la suivante (C. envir. art. L 181-2, I) :

a. Absence d'opposition à déclaration d'installations, ouvrages, travaux et activités requise au titre de la **législation sur l'eau** (C. envir. art. L 214-3, II) ;

b. Autorisation pour l'émission de **gaz à effet de serre** (C. envir. art. L 229-6) ;

c. Autorisation spéciale au titre des **réserves naturelles** (C. envir. art. L 332-6 et L 332-9), lorsqu'elle est délivrée par l'État et hors des cas où une autorisation d'urbanisme en tient lieu (C. urb. art. L 425-1) ;

d. Autorisation spéciale au titre des **sites classés** ou en instance de classement (C. envir. art. L 341-7 et L 341-10), hors des cas où une autorisation d'urbanisme en tient lieu (C. urb. art. L 425-1) ;

e. Dérogation aux interdictions édictées pour la conservation de sites d'intérêt géologique, d'**habitats naturels,** d'espèces animales non domestiques ou végétales non cultivées et de leurs habitats (C. envir. art. L 411-2, 4°) ;

f. Absence d'opposition au titre du régime d'évaluation des incidences **Natura 2000** (C. envir. art. L 414-4, VI) ;

g. Récépissé d'**enregistrement** ou de **déclaration d'installations classées** pour la protection de l'environnement (C. envir. art. L 512-7 ou L 512-8), à l'exception des déclarations que le pétitionnaire indique vouloir effectuer de façon distincte de la procédure d'autorisation environnementale, ou arrêté de prescriptions applicable aux installations objet de la déclaration ou de l'enregistrement ;

h. Autorisation pour l'utilisation d'**organismes génétiquement modifiés** (C. envir. art. L 532-3) ;

i. Agrément pour le traitement de **déchets** (C. envir. art. L 541-22) ;

j. Autorisation d'exploiter une **installation de production d'électricité** (C. énergie art. L 311-1) ;

k. Autorisation de **défrichement** (C. for. art. L 214-13, L 341-3, L 372-4, L 374-1 et L 375-4) ;

l. Autorisations diverses nécessaires à l'établissement d'**éoliennes** (C. défense art. L 5111-6, L 5112-2, L 5114-2, L 5113-1 ; CPCE art. L 54 ; C. patr. art. L 621-32 et L 632-1 ; C. transports art. L 6352-1) ;

m. S'agissant des infrastructures terrestres linéaires de **transport routier** ou **ferroviaire** de l'État et de ses établissements publics et concessionnaires, autorisation au titre des abords des monuments historiques et des sites patrimoniaux remarquables (C. patr. art. L 621-32 et L 632-1) ;

n. Dérogation aux **objectifs de qualité et de quantité des eaux** fixés par les schémas directeurs d'aménagement et de gestion des eaux (C. envir. art. L 212-1, VII) ;

o. Autorisation de porter atteinte aux **allées et alignements d'arbres** (C. envir. art. L 350-3) ;

p. Donné acte ou définition des prescriptions relatives aux **travaux miniers** objets d'une déclaration (C. minier art. L 162-1 et L 162-10) ;

q. Autorisation des activités exercées sur le **plateau continental** ou dans la zone économique exclusive et agrément du tracé des pipe-lines sur le plateau continental (Ord. 2016-1687 du 8-12-2016 art. 20 et 28) lorsqu'ils sont nécessaires à l'établissement des ouvrages de raccordement aux réseaux publics d'électricité afférents ;

r. Arrêté d'approbation de la convention de **concession d'utilisation du domaine public maritime** en dehors des ports lorsqu'il est nécessaire à l'établissement d'installations de production d'énergies renouvelables en mer ou des ouvrages de raccordement aux réseaux publics d'électricité afférents ainsi qu'à l'établissement des ouvrages d'interconnexion avec les réseaux électriques des États limitrophes.

CONDITIONS DE FOND DE L'AUTORISATION ENVIRONNEMENTALE

21120 Pour que l'autorisation environnementale puisse être délivrée, il faut que le projet satisfasse non seulement aux conditions de fond prévues par la législation relative aux installations classées, mais aussi à celles prévues par les dispositions relatives aux autorisations, enregistrement, etc., dont elle tient lieu, mentionnées n° 21115, si elles lui sont applicables (C. envir. art. L 181-3 et L 181-4). Ainsi, les prescriptions d'un **plan de prévention des risques naturels**

© Éd. Francis Lefebvre

prévisibles (PPRNP) sont opposables à l'autorisation (CE 9-10-2017 n° 397199, Sté Les carrières de Mougins). Au contraire, la méconnaissance des objectifs de réduction des émissions de gaz à effet de serre ne peut pas être invoquée contre une autorisation environnementale si cette dernière ne tient pas lieu d'autorisation d'exploiter une **installation de production d'électricité** au titre du Code de l'énergie (CE 10-2-2022 n° 455465, Sté EDF Production Électrique Insulaire : BPIM 2/22 inf. 105).

> **Précisions** Si le projet d'installation crée plus de 500 m² d'emprise au sol, ou implique la rénovation lourde de bâtiments sur plus de 500 m², il doit satisfaire à des **objectifs de performance énergétique et environnementale** (CCH art. L 171-4, II ; voir n° 678). Compte tenu de la spécificité de certaines installations, ces obligations sont écartées ou adaptées (Arrêté TREP2000433A du 5-2-2020 dans sa rédaction issue de l'arrêté TECP2418017A du 21-11-2024).

CAS DES ÉOLIENNES

La délivrance d'une autorisation environnementale pour l'installation d'éoliennes est subordonnée à des conditions de fond spécifiques (C. envir. art. L 515-44 à L 515-46). En particulier, une **distance d'éloignement** doit être respectée par rapport aux habitations existantes et aux zones destinées à l'habitation prévues par les documents d'urbanisme en vigueur au 13 juillet 2010 et ayant encore cette destination dans le document en vigueur au moment de la demande d'autorisation. **21122**

L'autorité compétente doit également tenir compte du nombre d'éoliennes existantes dans le territoire concerné, afin de prévenir les effets de **saturation visuelle** (C. envir. art. L 515-44, al. 5). La jurisprudence avait déjà admis la prise en compte de tels effets (CE 1-3-2023 n° 459716, Sté EDPR France Holding : BPIM 3/23 inf. 173). Pour apprécier la saturation visuelle, il faut tenir compte non seulement du cumul des angles de vision occupés par des éoliennes (« angle d'occupation »), mais aussi du plus grand angle de vision continu sans éoliennes (« angle de respiration ») (CE 10-11-2023 n° 459079, Min. transition écologique : BPIM 1/24 inf. 22).

Par ailleurs, bien qu'ils soient dispensés de permis de construire, les projets d'éoliennes terrestres doivent être conformes aux **dispositions d'urbanisme** (CE 14-6-2018 n° 409227, Assoc. Fédération environnement durable : BPIM 4/18 inf. 253).

> **Précisions** **a.** Pour apprécier l'**atteinte au paysage** pouvant résulter d'une ICPE, telle que des éoliennes, il peut être tenu compte d'éléments historiques, mémoriels, culturels et artistiques, y compris littéraires (CE 4-10-2023 n° 464855, Sté Combray énergie : BPIM 6/23 inf. 360). Une **covisibilité avec un monument historique** est un élément important pour apprécier l'atteinte au site mais n'implique pas mécaniquement que cette atteinte soit excessive (CAA Bordeaux 2-4-2024 n° 22BX01433, Sté Les Pâtis Longs : BPIM 3/24 inf. 170).
> **b.** Le **respect des règles d'urbanisme**, y compris celles relatives à la hauteur des constructions, est une condition de délivrance de l'autorisation environnementale relative à un projet d'éoliennes terrestres (CE 18-12-2023 n° 459339, Assoc. pour la défense des habitants du Vexin Normand : BPIM 1/24 inf. 21). Une disposition d'un PLU interdisant l'implantation d'éoliennes en raison d'une opposition de principe à l'éolien est illégale faute de reposer sur un motif d'urbanisme et ne peut pas fonder un refus d'autorisation (CAA Bordeaux 2-4-2024 n° 22BX01433, Sté Les Pâtis Longs : BPIM 3/24 inf. 153).
> **c.** L'implantation d'éoliennes dans un **parc naturel régional** doit avoir lieu en cohérence avec les orientations et les mesures fixées par la **charte** du parc, compte tenu notamment de la spécificité de ces installations et des nuisances associées à leur exploitation (CE 21-4-2022 n° 442953, Association pour le développement durable de l'Ouest ornais et de ses environs : BPIM 3/22 inf. 180).
> **d.** L'autorisation environnementale doit être refusée si l'exploitation d'un parc éolien entraînerait pour une **espèce protégée** d'oiseaux ou de chauves-souris des risques qui ne peuvent pas être supprimés par des mesures préventives et que les conditions de délivrance d'une dérogation à l'interdiction de porter atteinte aux espèces protégées (C. envir. art. L 411-2, I-4°) ne sont pas remplies (CE 6-11-2024 n° 477317, Min. transition écologique : BPIM 1/25 inf. 22).

PROJET RÉALISÉ EN PLUSIEURS TRANCHES

Lorsqu'un projet doit être réalisé en plusieurs tranches, simultanées ou successives, des autorisations environnementales distinctes peuvent être sollicitées pour celles des tranches qui les nécessitent (C. envir. art. L 181-7). Le découpage envisagé doit présenter une cohérence au regard des enjeux environnementaux. Les autorisations délivrées dans ce cadre seront, le cas échéant, complétées ex post afin de prendre en compte les incidences environnementales cumulées à l'échelle du projet. **21125**

ARTICULATION AVEC LE PERMIS DE CONSTRUIRE

Le pétitionnaire choisit librement le moment où il sollicite un permis de construire, qui peut être délivré avant que l'autorisation environnementale ait été obtenue. **21127**

Le permis ne pourra **en principe** être mis en œuvre qu'une fois obtenue l'autorisation environnementale (C. envir. art. L 181-30 ; C. urb. art. L 425-14) ; il en va de même de la décision de non-opposition à une déclaration de travaux (mais non du permis de démolir qui peut être mis en œuvre immédiatement si la démolition ne porte pas atteinte aux intérêts protégés par l'autorisation environnementale).

Par dérogation, l'autorité compétente pour délivrer l'autorisation environnementale peut, par une décision spéciale motivée, permettre au pétitionnaire, sur sa demande et à ses frais et risques, de mettre en œuvre l'autorisation d'urbanisme avant d'avoir obtenu l'autorisation environnementale (C. envir. art. L 181-30, al. 3 et 4).

Lorsque la délivrance du permis de construire est soumise à une **enquête publique** ou une participation du public par voie électronique **qui n'a pas encore été réalisée** au moment de la demande d'autorisation environnementale, la consultation du public prévue dans le cadre de l'instruction de cette demande **en tient lieu** (C. envir. art. L 181-10, I-al. 2).

> **Précisions a.** L'autorité compétente pour délivrer le permis de construire ne peut pas l'assortir de **prescriptions** relatives à l'exploitation de l'installation classée et aux nuisances qu'elle peut entraîner. Il lui incombe en revanche de tenir compte de ces prescriptions édictées au titre des installations classées ou susceptibles de l'être (CE 6-12-2017 n° 398537 : BPIM 1/18 inf. 14).
> **b.** Une demande d'autorisation environnementale ne peut pas donner lieu au **sursis à statuer** prévu à **l'article L 153-11 du Code de l'urbanisme** lorsqu'un PLU est en cours d'élaboration et que le projet est de nature à compromettre ou à rendre plus onéreuse l'exécution du futur PLU (CE avis 9-7-2021 n° 450859, Sté Les Pâtis Longs : BPIM 5/21 inf. 320). En revanche, si la réalisation de l'activité suppose également une demande de permis de construire, l'autorité compétente pourra surseoir à statuer sur cette demande si le projet est de nature à compromettre ou rendre plus onéreuse l'exécution du PLU en cours d'élaboration. Pour les **éoliennes,** soumises à autorisation environnementale et dispensées de permis de construire, le sursis à statuer est exclu, mais si le projet paraît incompatible avec le voisinage des zones habitées, il doit recueillir l'avis favorable de l'organe délibérant de l'EPCI compétent en matière de PLU ou du conseil municipal.

b. Autorité compétente et organisation de la procédure

AUTORITÉ COMPÉTENTE POUR DÉLIVRER L'AUTORISATION ENVIRONNEMENTALE

21130 L'autorisation environnementale est délivrée par le **préfet de département** (C. envir. art. R 181-2). Toutefois, à Paris, elle est délivrée par le **préfet de police** lorsqu'elle concerne une installation classée. Si le projet est situé sur le territoire de plusieurs départements, une décision conjointe des préfets concernés est requise, la procédure étant conduite par le préfet du département où doit être réalisée la plus grande partie du projet.

> **Précisions a.** Pour certains projets intéressant la **défense nationale** (C. envir. art. L 217-1 et L 517-1), l'autorisation est délivrée par le ministre de la défense et une procédure particulière s'applique (C. envir. art. R 181-55).
> **b.** La loi Énergies renouvelables du 10 mars 2023 a créé un **référent** à l'instruction des **projets de développement des énergies renouvelables** et des **projets industriels** nécessaires à la transition écologique (C. envir. art. L 181-28-10). Nommé par le préfet parmi les sous-préfets, ce référent a notamment pour rôle de faciliter les démarches administratives des pétitionnaires, de coordonner les travaux des services chargés de l'instruction des autorisations et de faire un bilan annuel de l'instruction des projets sur son territoire.

SERVICE COORDONNATEUR DE L'INSTRUCTION

21132 Lorsque l'autorisation environnementale concerne une installation classée, l'instruction est coordonnée par le service de l'État chargé de l'**inspection des installations classées** (C. envir. art. R 181-3, 2°). Ce service est l'unique interlocuteur du pétitionnaire. Il se charge de recueillir les avis des services compétents pour vérifier le respect d'autres réglementations.

RÈGLES DE PROCÉDURE APPLICABLES

21135 Les règles de procédure et de consultation prévues en matière d'autorisation environnementale **se substituent** aux règles de procédure et de consultation prévues par d'autres dispositions du Code l'environnement ou par d'autres législations (C. envir. art. L 181-11). Ainsi, dans le cas où le projet exige normalement une autorisation de défrichement, dont l'autorisation environnementale tient désormais lieu (voir n° 21115), les règles procédurales prévues par le Code forestier pour la délivrance de l'autorisation de défrichement ne s'appliquent pas à la délivrance de l'autorisation environnementale.

© Éd. Francis Lefebvre

PHASES DE LA PROCÉDURE

La loi relative à l'industrie verte a réformé la procédure de délivrance des autorisations environnementales afin d'accélérer le traitement des demandes (C. envir. art. L 181-9 s. dans leur rédaction issue de la loi 2023-973 du 23-10-2023 et R 181-16 s. dans leur rédaction issue du décret 2024-742 du 6-7-2024). Les dispositions nouvelles s'appliquent aux demandes présentées depuis le 22 octobre 2024 (Décret 2024-742 art. 70, I). 21140

Auparavant la procédure comprenait trois phases successives, l'examen de la demande par l'administration (y compris le recueil des avis requis), la consultation du public puis la décision.

Désormais, l'examen et la consultation du public sont menés en parallèle, si bien qu'il n'y a plus que **deux phases** :
– phase d'examen et de consultation ;
– phase de décision.

La demande peut cependant être rejetée sans attendre le terme normal de la phase d'examen et de consultation (voir n° 21228).

c. Démarches antérieures au dépôt de la demande d'autorisation environnementale

DEMANDE D'INFORMATIONS

Le porteur du projet peut solliciter de l'administration des informations lui permettant de préparer son projet et de constituer le dossier de demande (C. envir. art. L 181-5, 1°). Les réponses sont fonction de l'état du projet et ne préjugent ni du contenu du dossier qui sera finalement exigé ni de la décision qui sera prise. 21150

> **Précisions** La possibilité offerte au pétitionnaire de demander au préfet de lui délivrer un « **certificat de projet** » précisant le régime juridique applicable au projet, qui était rarement utilisée, a été supprimée (C. envir. art. L 181-5, 2° et L 181-6 abrogés par la loi 2023-175 du 10-3-2023, et art. R 181-4 à R 181-11 abrogés par le décret 2024-742 du 6-7-2024).

DEMANDES RELATIVES À L'ÉVALUATION ENVIRONNEMENTALE

Dans les cas où la nécessité d'une évaluation environnementale fait l'objet d'un **examen au cas par cas** (C. envir. art. L 122-1, IV, voir nos 9630 s.), le porteur du projet doit saisir l'autorité compétente afin de déterminer si une évaluation est requise (C. envir. art. L 181-5, al. 1). Lorsque le projet est soumis à évaluation environnementale, il peut interroger le préfet sur le champ et le degré de précision des informations qui devront figurer dans l'**étude d'impact** (C. envir. art. L 181-5, 4°). 21152

d. Composition du dossier de demande d'autorisation environnementale

ÉLÉMENTS COMMUNS

Quelle que soit la nature du projet, la demande d'autorisation environnementale comprend les éléments suivants (C. envir. art. R 181-13 dans sa rédaction issue du décret 2024-742 du 6-7-2024) : 21170

a. Identité du demandeur, qui comprend sa date de naissance et son adresse lorsqu'il s'agit d'une personne physique et son numéro Siret, l'adresse du siège et la qualité du signataire de la demande lorsqu'il s'agit d'une personne morale ;

b. Mention du **lieu** où le projet doit être réalisé et plan de situation ;

c. Attestation indiquant que le **pétitionnaire** est le propriétaire du terrain ou qu'il dispose du droit d'y réaliser son projet ou qu'une procédure est en cours ayant pour effet de lui conférer ce droit ;

d. Nature et **volume de l'activité, de l'installation, de l'ouvrage** ou **des travaux envisagés,** modalités d'exécution et de fonctionnement, procédés mis en œuvre, rubrique(s) de la nomenclature, moyens de suivi et de surveillance, moyens d'intervention en cas d'incident ou d'accident, conditions de remise en état du site après exploitation, nature, origine et volume des eaux utilisées ou affectées, mesures permettant une utilisation efficace, économe et durable de la ressource en eau ;

e. Étude d'impact si le projet est soumis à évaluation environnementale, étude d'incidence environnementale dans le cas contraire (voir n° 21175) ; si l'étude d'impact a été réalisée à l'occasion d'une autre demande d'autorisation, elle est actualisée dans les conditions prévues à l'article L 122-1-1, III du Code de l'environnement ;

f. Décision dispensant d'évaluation environnementale à l'issue d'un examen au cas par cas ; le cas échéant, le pétitionnaire doit indiquer les modifications qu'il a apportées aux caractéristiques et mesures du projet ayant motivé cette décision ;

g. Éléments graphiques, plans ou **cartes** utiles à la compréhension des pièces du dossier ;

h. Note de présentation non technique ;

i. Justification du dépôt de la **demande d'autorisation d'urbanisme** si une telle autorisation est requise et si elle est demandée avant ou en même temps que l'autorisation environnementale ;

j. Information relative aux a**utres demandes d'autorisation ou déclarations** nécessaires à la réalisation du projet et requérant une **enquête publique** qui n'a pas encore été réalisée ;

k. Si une demande de **titre minier** est présentée simultanément, décision identifiant le dossier retenu à l'issue de la mise en concurrence prévue par le Code minier.

Le pétitionnaire peut inclure dans son dossier de demande, sous forme de synthèse, des « **propositions de prescriptions** » que le préfet pourra édicter pour assurer le respect de la réglementation.

> **Précisions** Pour les **projets d'éoliennes,** le résumé non technique de l'étude d'impact doit être communiqué par le pétitionnaire aux maires de la commune concernée et des communes limitrophes un mois au moins avant le dépôt de la demande d'autorisation environnementale (C. envir. art. L 181-28-2, al. 1). Le maire de la commune d'implantation a alors un mois pour adresser au porteur du projet, après délibération du conseil municipal, des observations auxquelles celui-ci doit répondre, en adaptant au besoin son projet, dans un nouveau délai d'un mois (C. envir. art. L 181-28-2, al. 2).

ÉTUDE D'INCIDENCE ENVIRONNEMENTALE

21175 Si le projet est soumis à une **évaluation environnementale,** le dossier comprend une étude d'impact (voir nos 9600 s.) ; dans le cas contraire, il comprend une étude d'incidence environnementale (C. envir. art. L 181-8, al. 1). L'étude d'incidence environnementale, qui doit être proportionnée à l'importance du projet et à son incidence prévisible sur l'environnement, comprend les éléments suivants (C. envir. art. R 181-14) :

a. Description de l'état actuel du site sur lequel le projet doit être réalisé et de son environnement ;

b. Incidences directes et indirectes, temporaires et permanentes du projet sur les intérêts environnementaux de l'article L 511-1 du Code de l'environnement (et aux intérêts protégés par les autres réglementations applicables) eu égard à ses caractéristiques et à la sensibilité de son environnement ;

c. Mesures envisagées pour éviter et réduire les effets négatifs notables du projet sur l'environnement et la santé, les compenser s'ils ne peuvent être évités ni réduits et, s'il n'est pas possible de les compenser, justification de cette impossibilité ;

d. Mesures de suivi proposées ;

e. Conditions de remise en état du site après exploitation ;

f. Résumé non technique.

Des éléments supplémentaires sont requis lorsque le projet est susceptible d'affecter la gestion équilibrée et durable de la ressource en eau (C. envir. art. L 211-1), ou est susceptible d'affecter un site Natura 2000.

> **Précisions** L'appréciation des effets sur l'environnement d'une ICPE suppose que soient analysées dans l'étude d'impact non seulement ses incidences directes sur le milieu naturel, mais aussi celles susceptibles d'être provoquées par son utilisation et son exploitation, en particulier les effets du **prélèvement de ressources naturelles locales** (CE 27-3-2023 no 450135, Association France nature Bouches-du-Rhône : BPIM 3/23 inf. 170, dans le cas d'une centrale de production d'électricité à partir de la biomasse consommant de très grandes quantités de bois).

ÉLÉMENTS PROPRES AUX INSTALLATIONS CLASSÉES

21177 Des éléments complémentaires sont exigés pour les installations classées (C. envir. art. D 181-15-2, I) :

a. Si le pétitionnaire requiert l'institution de servitudes d'utilité publique (C. envir. art. L 515-8), périmètre de ces servitudes et règles souhaités ;

b. Procédés de fabrication, matières utilisées, produits fabriqués, en vue de l'appréciation des dangers ou inconvénients de l'installation ;

© Éd. Francis Lefebvre

c. Description des capacités techniques et financières dont le pétitionnaire dispose, ou, lorsque ces capacités ne sont pas encore constituées lors du dépôt de la demande, les modalités prévues pour les établir au plus tard à la mise en service de l'installation (voir nº 21182) ;

d. Lorsque des garanties financières sont exigées eu égard à la nature de l'installation (C. envir. art. L 516-1), voir nº 21185 ;

e. Plan d'ensemble à l'échelle de 1/200e au minimum indiquant les dispositions projetées de l'installation ainsi que l'affectation des constructions et terrains avoisinants et le tracé de tous les réseaux enterrés existants ;

f. Étude de dangers (voir nº 21180) ;

g. Pour les installations à implanter sur un site nouveau, avis du propriétaire, lorsqu'il n'est pas le pétitionnaire, et avis du maire ou du président de l'EPCI compétent en matière d'urbanisme, sur l'état dans lequel devra être remis le site lors de l'arrêt définitif de l'installation et en particulier, sur l'usage futur du site (ces avis sont réputés émis si les personnes consultées ne se sont pas prononcées dans un délai de 45 jours suivant leur saisine par le pétitionnaire) ;

h. Si la réalisation du projet est incompatible avec le document d'urbanisme local (PLU, document en tenant lieu ou carte communale) en vigueur au moment du dépôt de la demande, délibération ou acte formalisant la procédure d'évolution du document.

› Précisions D'autres éléments sont requis pour certaines catégories d'installations classées : installations de traitement des déchets, installations relevant des articles L 229-5 et L 229-6 du Code de l'environnement, installations mentionnées à l'annexe I de la directive nº 2010/75/UE du 24 novembre 2010 relative aux émissions industrielles, éoliennes, carrières et installations de stockage de déchets non inertes, etc. En particulier, pour les **éoliennes**, le dossier doit comprendre un document justifiant que le projet est conforme aux dispositions d'urbanisme (C. envir. art. D 181-15-2, I-12º-a). Si, pendant l'instruction de la demande, le document d'urbanisme applicable connaît une évolution de nature à avoir une incidence sur le projet, le pétitionnaire doit produire un nouveau document justifiant de sa conformité aux dispositions d'urbanisme (CE 24-7-2024 nº 472039, Cne de Plumieux : BPIM 5/24 inf. 293).

ÉTUDE DE DANGERS

L'étude de dangers qui doit être jointe au dossier d'un projet d'installation classée précise les risques d'accident que présente l'installation projetée, que la cause soit interne ou externe à l'installation (C. envir. art. L 181-25). Son contenu doit être en relation avec l'importance des risques engendrés par l'installation, compte tenu de son environnement et de la vulnérabilité des intérêts protégés par la loi. En tant que de besoin, cette étude donne lieu à une analyse de risques qui prend en compte la probabilité d'occurrence, la cinétique et la gravité des accidents potentiels selon une méthodologie qu'elle explicite. Elle définit et justifie les mesures propres à réduire la probabilité et les effets de ces accidents. 21180

CAPACITÉS DU PÉTITIONNAIRE

L'autorisation environnementale prend en compte les capacités techniques et financières que le pétitionnaire entend mettre en œuvre, à même de lui permettre de conduire son projet dans le respect des intérêts protégés par la loi et d'être en mesure de satisfaire à ses obligations lors de la cessation d'activité (C. envir. art. L 181-27). Lorsque ces capacités ne sont pas encore constituées lors du dépôt de la demande, le pétitionnaire indiquera au préfet les modalités prévues pour les établir au plus tard lors de la mise en service de l'installation (C. envir. art. D 181-15-2, I-3º). 21182

› Précisions a. Pour apprécier le respect des règles relatives aux capacités techniques et financières, le **juge de plein contentieux** des installations classées se place à la date à laquelle il statue (CE 26-7-2018 nº 16831, Assoc. Non au projet éolien de Walincourt-Selvigny et Haucourt-en-Cambrésis : BPIM 5/18 nº 333). Il porte sur les capacités du pétitionnaire une **appréciation souveraine** qui, sauf s'il a dénaturé les éléments qui lui étaient soumis, ne peut pas être remise en cause par le Conseil d'État statuant comme juge de cassation (CE 15-11-2021 nº 432819, Association Force 5 : BPIM 1/22 inf. 18).

b. Après la délivrance de l'autorisation, le **préfet** peut à tout moment, par un arrêté complémentaire, prescrire à l'exploitant de fournir des précisions ou de mettre à jour les informations relatives à ses capacités techniques et financières. En cas d'inobservation des prescriptions relatives à ces capacités, le préfet peut mettre l'exploitant en demeure d'y satisfaire dans un délai déterminé, sous peine de sanctions administratives. À compter de la mise en service de l'installation, les **tiers intéressés** peuvent agir auprès du préfet s'ils estiment que l'exploitant ne justifie pas des capacités requises et contester devant le juge administratif l'éventuel refus du préfet de prendre des mesures à l'égard de l'exploitant (CE 26-7-2018 nº 16831, Assoc. Non au projet éolien de Walincourt-Selvigny et Haucourt-en-Cambrésis : BPIM 5/18 nº 333).

GARANTIES FINANCIÈRES

21185 Lorsque la demande d'autorisation environnementale porte sur une **installation de stockage des déchets** (à l'exclusion des déchets inertes), une **carrière,** une installation dite « **Seveso** » ou encore un **site de stockage géologique de dioxyde de carbone,** elle doit préciser le montant des garanties financières destinées à assurer la surveillance du site, la sécurité de l'installation, les interventions en cas d'accident avant ou après la fermeture, et la réhabilitation après fermeture (C. envir. art. L 516-1, R 516-1 s. dans leur rédaction issue du décret 2024-742 du 6-7-2024 et D 181-15-2).

Les garanties peuvent prendre les diverses formes (C. envir. art. R 516-2, I). Elles sont constituées pour une durée minimale de 3 ans et renouvelées 3 mois avant leur échéance (C. envir. art. R 516-2, V). Elles sont appelées et mises en œuvre dans des hypothèses précisément définies et, notamment, en cas d'inexécution d'une mesure de mise en sécurité en dépit d'une mise en demeure ou en cas de mise en liquidation judiciaire de l'exploitant (C. envir. art. R 516-3).

Après la délivrance de l'autorisation, l'exploitant est tenu, sous peine de sanctions pénales, de signaler à l'administration toute modification substantielle de ses capacités techniques et financières. Le préfet peut alors imposer la constitution de nouvelles garanties financières ou la révision des garanties existantes (C. envir. art. L 516-2).

Des garanties financières sont également requises pour les **éoliennes**. Elles sont soumises à des règles spéciales (C. envir. art. L 515-46 et R 515-101 à R 515-104).

> **Précisions** **a.** La loi Industrie verte a **rayé de la liste** des installations tenues de constituer des garanties financières, les « installations définies par décret en Conseil d'État présentant des risques importants de pollution ou d'accident » (C. envir. art. L 516-1 dans sa rédaction antérieure à la loi 2023-973 du 23-10-2023, art. R 516-1, 5° abrogé par le décret 2024-742 du 6-7-2024). En conséquence, le décret d'application a abrogé les arrêtés préfectoraux ayant prescrit la constitution de garanties pour ces installations ; les actes de cautionnement correspondants sont caducs et les sommes consignées auprès de la Caisse des dépôts et consignation sont déconsignées sur demande des exploitants (Décret 2024-742 du 6-7-2024 art. 64).
> **b.** Sont dispensées de constituer des garanties financières les installations classées exploitées directement par l'**État** ou qui bénéficient d'une garantie financière de la part de l'État (C. envir. art. R 516-1, al. 6).

ÉLÉMENTS COMPLÉMENTAIRES LIÉS À D'AUTRES RÉGLEMENTATIONS

21187 Des éléments complémentaires sont requis lorsque l'autorisation environnementale tiendra lieu d'une autorisation, enregistrement, etc. requis au titre d'autres réglementations (C. envir. art. D 181-15-3 à D 181-15-11). C'est le cas notamment si le projet est soumis à autorisation au titre des réserves naturelles, des sites classés ou en instance de classement, à agrément au titre de la gestion des déchets ou à autorisation de défrichement.

e. Présentation de la demande

DÉPÔT DU DOSSIER

21190 Le dossier de demande d'autorisation environnementale est adressé au préfet en 4 **exemplaires papier** et sous forme électronique (C. envir. art. R 181-12, 1°). À la demande du préfet, le pétitionnaire fournit les exemplaires supplémentaires nécessaires pour procéder à la consultation du public et aux diverses autres consultations. Le demandeur peut utiliser le formulaire Cerfa 15964*03 (C. envir. art. D 181-13-1 ; Arrêté TREP2313837A du 16-6-2023).

Le dossier de demande peut aussi être adressé sous la forme dématérialisée d'une **téléprocédure** (C. envir. art. R 181-12, 2°).

Les informations susceptibles de porter atteinte à certains intérêts (C. envir. art. L 124-4, I et L 124-5, II) et les projets relevant du ministère de la défense ou soumis à des règles de protection du secret de la défense nationale (C. envir. art. R 181-55) ne peuvent être transmis au préfet que sous forme papier.

> **Précisions** Le pétitionnaire peut indiquer les informations figurant dans le dossier dont il estime qu'elles ne doivent pas être divulguées (C. envir. art. L 181-8). Dans ce cas, il fournit sous forme papier des exemplaires supplémentaires du dossier où ces informations occultées figurent.

ACCUSÉ DE RÉCEPTION ET DEMANDE DE PIÈCES COMPLÉMENTAIRES

21192 Dès la réception de la demande d'autorisation, le préfet délivre une preuve de dépôt (C. envir. art. R 181-16, I dans sa rédaction issue du décret 2024-742 du 6-7-2024). Cet accusé de réception est délivré même si le dossier est incomplet ou irrégulier.

© Éd. Francis Lefebvre

Si l'instruction fait apparaître que le dossier n'est pas complet ou n'est pas régulier, ou qu'il ne comporte pas des éléments suffisants pour permettre l'examen, le préfet invite le demandeur à le compléter ou à le régulariser en lui impartissant à cette fin un délai raisonnable (C. envir. art. R 181-16, II dans sa rédaction issue du décret 2024-742 du 6-7-2024).

FORMALITÉS INCOMBANT AU PRÉFET DÈS LE DÉPÔT DE LA DEMANDE

Demande de désignation du commissaire enquêteur Lorsque la **procédure de consultation du public** propre aux autorisations environnementales est applicable (voir nos 21219 s.), le préfet, dès réception du dossier, saisit le président du tribunal administratif en vue de la désignation du commissaire enquêteur ou d'une commission d'enquête (C. envir. art. L 181-10-1, I-al. 1 et R 181-16-3 créé par le décret 2024-742 du 6-7-2024, al. 1). 21195

S'il y a lieu d'organiser une **enquête publique unique** sur la demande d'autorisation environnementale et une décision soumise à enquête publique autre qu'une autorisation d'urbanisme, le préfet, dès qu'il le constate, informe le président du tribunal administratif (C. envir. art. R 181-16-3, al. 2). Mais c'est seulement après avoir procédé aux consultations requises qu'il lui adressera une demande de désignation d'un commissaire enquêteur ou d'une commission d'enquête (C. envir. art. R 181-35, I).

> **Précisions** Les **autorisations d'urbanisme** bénéficient d'un régime spécifique car il est prévu que la consultation du public prévue dans le cadre de l'instruction environnementale tienne lieu de l'enquête publique ou de la participation du public par voie électronique requise pour la délivrance du permis de construire si elle n'a pas encore été réalisée (C. envir. art. L 181-10, I-al. 2).

Dérogation à l'enquête publique unique Si le pétitionnaire demande une dérogation à l'organisation d'une enquête publique unique sur la demande d'autorisation environnementale et une décision soumise à enquête publique autre qu'une autorisation d'urbanisme, le préfet l'informe de son acceptation ou de son refus avant d'engager la phase d'examen et de consultation (C. envir. art. R 181-16-2 créé par le décret 2024-742 du 6-7-2024). Son silence vaut refus. 21197

Servitudes d'utilité publique Lorsque le projet est susceptible de faire l'objet de servitudes d'utilité publique, le préfet, dès la réception de la demande d'autorisation, en informe le maire de la ou des communes concernées, ainsi que le pétitionnaire (C. envir. art. R 181-16-1 créé par le décret 2024-742 du 6-7-2024). Les maires ont **un mois** pour se prononcer. La phase d'examen et de consultation ne peut pas commencer avant que tous les avis aient été reçus ou que ce délai soit expiré. 21200

Si le maire demande l'institution d'une servitude, il est procédé à une enquête publique unique (voir n° 21227) portant, d'une part, sur la délivrance de l'autorisation environnementale et, d'autre part, sur l'institution de la servitude et son périmètre.

> **Précisions** Sont concernées les servitudes liées aux installations classées prévues à l'article L 525-8 du code de l'environnement (voir n° 21242) mais aussi celles prévues par ses articles L 211-12 (terrain riverain d'un cours d'eau ou situé dans son bassin-versant) et L 214-4-1 (ouvrage hydraulique présentant un danger pour la sécurité publique).

OUVERTURE DE LA PHASE D'EXAMEN ET DE CONSULTATION

Dès que le dossier est complet et régulier, et sous réserve de l'accomplissement des formalités à accomplir dès le dépôt de la demande, le préfet informe le pétitionnaire de l'ouverture de la phase d'examen et de consultation et transmet un exemplaire de la demande et du dossier aux autorités et organismes dont l'avis est requis (C. envir. art. R 181-17 dans sa rédaction issue du décret 2024-742 du 6-7-2024). 21202

f. Examen de la demande

DEMANDES D'INFORMATIONS COMPLÉMENTAIRES ADRESSÉES AU PÉTITIONNAIRE

Lors de l'examen de la demande, le préfet peut demander au pétitionnaire de lui transmettre des informations complémentaires sur les pièces du dossier (C. envir. art. R 181-17, I-al. 2 dans sa rédaction issue du décret 2024-742 du 6-7-2024). 21205

CONSULTATION DES SERVICES ET ÉTABLISSEMENTS PUBLICS DE L'ÉTAT

Le service coordonnateur de l'instruction sollicite les **services et les établissements publics de l'État** concernés, qui, sauf dispositions particulières prévoyant un délai différent, rendent 21207 leurs contributions sous 45 jours à compter de leur saisine, leur **silence** valant avis favorable (C. envir. art. D 181-17-1, al. 1).

Doivent ainsi être saisis (la liste n'est pas exhaustive) :

– l'autorité environnementale, lorsque le projet est soumis à évaluation environnementale (C. envir. art. R 181-19). À défaut, la décision prise par le préfet est illégale même s'il a refusé l'autorisation en raison des effets du projet sur l'environnement (CAA Lyon 15-2-2024 n° 22LY00841, Sté Engie Green Saint-Maurice-en-Rivière : BPIM 2/24 inf. 90) ;

– le directeur général de l'agence régionale de santé lorsque le projet est soumis à évaluation environnementale (C. envir. art. R 181-20) ; si le projet n'est pas soumis à évaluation environnementale, le préfet a la possibilité (et non l'obligation) de le saisir s'il estime que le projet peut présenter des dangers et des inconvénients pour la santé et la salubrité publique ;

– l'établissement public du parc national, pour certains projets de nature à affecter notablement le cœur d'un parc ou ses espaces maritimes (C. envir. art. R 181-24) ;

– la commission départementale de la nature, des paysages et des sites, puis le ministre chargé des sites, lorsque l'autorisation environnementale tiendra lieu de l'autorisation spéciale au titre des sites classés ou en instance de classement (C. envir. art. R 181-25, le silence gardé par le ministre au-delà de 45 jours vaut avis défavorable).

Des **délais** de réponse **abrégés** sont applicables pour les projets relevant d'une situation d'urgence à caractère civil (C. envir. art R 181-53-1, renvoyant à L 181-23-1).

Le service coordonnateur adresse les contributions recueillies, ainsi que les éléments relevant de sa compétence propre, à l'autorité environnementale (C. envir. art. D 181-17-1, al. 2).

ÉOLIENNES

21210 Lorsque la demande d'autorisation environnementale porte sur un projet d'éoliennes (C. envir. art. R 181-32), le préfet saisit pour **avis conforme** le ministre chargé de l'aviation civile, le ministre de la défense, l'architecte des Bâtiments de France si l'autorisation environnementale tient lieu des autorisations prévues aux articles L 621-32 et L 632-1 du Code du patrimoine, et les opérateurs de radars dans les cas prévus par arrêté (C. envir. art. R 181-32). Ces avis sont rendus dans le **délai** de 2 mois.

> **Précisions** Un refus d'autoriser des éoliennes, fondé sur un avis défavorable du ministre de la défense, n'est pas illégal du seul fait que cet avis applique des lignes directrices non publiées relatives aux interférences avec les équipements militaires (CE 1-3-2023 n° 446826, Sté Éoliennes des Cosmos : BPIM 3/23 Inf. 171).

CONSULTATION DES COLLECTIVITÉS TERRITORIALES

21212 Le préfet consulte le conseil municipal des communes sur le territoire desquelles se situe le projet (C. envir. art. R 181-18 dans sa rédaction issue du décret 2024-742 du 6-7-2024). Il consulte également les autres collectivités territoriales, ainsi que leurs groupements, qu'il estime intéressés par le projet, notamment parce qu'il aura des incidences environnementales notables sur leur territoire. Les collectivités territoriales et leurs groupements se prononcent dans le délai de 2 mois.

TIERCE EXPERTISE

21215 Lorsque le projet présente des **dangers** ou **inconvénients d'une importance particulière,** l'autorité administrative compétente peut demander une tierce expertise afin de procéder à l'analyse d'éléments du dossier nécessitant des vérifications particulières (C. envir. art. L 181-13). Cette tierce expertise est effectuée par un organisme extérieur choisi, en accord avec l'administration, par le pétitionnaire et aux frais de celui-ci.

La possibilité de demander une tierce expertise existe au cours de l'instruction de la demande mais également après la délivrance de l'autorisation, pendant toute sa durée de validité.

g. Consultation du public

LOI RELATIVE À L'INDUSTRIE VERTE

21217 La loi relative à l'industrie verte a réformé la procédure de consultation du public (C. envir. art. L 181-10 et L 181-10-1 dans leur rédaction issue de la loi 2023-973 du 23-10-2023 ; C. envir. art. R 181-35 à R 181-38-1 réécrits par le décret 2024-742 du 6-7-2024). Alors que les dispositions antérieures ouvraient à l'autorité compétente une option entre l'enquête publique et la participation du public par voie électronique, cette loi a défini une **procédure hybride**, propre à l'autorisation environnementale (C. envir. art. L 181-10-1).

La procédure de l'enquête publique demeure cependant applicable lorsque le projet nécessite, outre l'autorisation environnementale, une décision autre que d'urbanisme soumise à enquête publique (C. envir. art. L 181-10, I-al. 3 et 4, voir n° 21227).

> Précisions Dans le cas particulier où le projet a déjà fait l'objet d'une autorisation délivrée après enquête publique et où l'**étude d'impact** a ensuite été **actualisée** en vue de l'obtention de l'autorisation environnementale, c'est la **participation du public par voie électronique** qui est mise en œuvre (C. envir. art. L 181-10, I-al. 1, renvoyant aux articles L 122-1-1, III-al. 3 et L 123-19).

ARTICULATION DE LA PROCÉDURE DE CONSULTATION DU PUBLIC AVEC CELLE EXIGÉE À UN AUTRE TITRE

La loi Industrie verte a articulé la consultation du public sur la demande d'autorisation environnementale avec celle qui peut être exigée à un autre titre pour le même projet. **21218**

Lorsque le pétitionnaire doit obtenir une **autorisation d'urbanisme** nécessitant la mise en œuvre d'une enquête publique ou d'une participation du public par voie électronique qui n'a pas encore été réalisée, la consultation du public sur la demande d'autorisation environnementale en tient lieu (C. envir. art. L 181-10, I-al. 2).

Lorsqu'il doit obtenir une **décision autre qu'une autorisation d'urbanisme** nécessitant une enquête publique qui n'a pas encore été réalisée, il est procédé à une **enquête publique unique**, sauf dérogation accordée à la demande du pétitionnaire par l'autorité compétente pour délivrer l'autorisation environnementale. L'enquête publique unique, dont la durée ne peut pas être inférieure à un mois, est conduite par cette autorité. Le dossier comprend les éléments requis pour la délivrance de l'autorisation environnementale (C. envir. art. L 181-10, I-al. 3 et 4).

PROCÉDURE DE CONSULTATION DU PUBLIC PROPRE À L'AUTORISATION ENVIRONNEMENTALE

Objet et durée La consultation a pour objet l'information et la participation du public **21219**
ainsi que la prise en compte des intérêts des tiers lors de l'élaboration de la décision (C. envir. art. L 181-10-1, II-al. 1). Elle permet au public d'émettre des observations et des propositions que le pétitionnaire et le préfet devront prendre en considération.

Le commissaire enquêteur ou la commission d'enquête doit veiller à ce que l'information du public soit complète et sa participation effective (C. envir. art. L 181-10-1, III-al. 1).

La consultation dure **3 mois** ou, lorsque l'avis de l'autorité environnementale est requis, **un mois de plus** que le délai imparti à cette autorité pour rendre cet avis (C. envir. art. L 181-10-1, II-al. 2).

> Précisions Les **frais** de la consultation (coût des mesures de publication, indemnisation du commissaire enquêteur ou de la commission d'enquête...) sont à la charge du pétitionnaire (C. envir. art. L 181-10-1, V).

Ouverture de la consultation Dès réception de la demande d'autorisation environ- **21220**
nementale, le préfet demande au président du tribunal administratif de désigner un commissaire enquêteur ou une commission d'enquête (C. envir. art. L 181-10-1, I-al. 1 ; art. R 181-16-3, al. 1).

À moins qu'il rejette immédiatement la demande d'autorisation environnementale, il organise la consultation dès qu'il a été procédé à cette désignation et que le dossier est complet et régulier (C. envir. art. L 181-10-1, I-al. 2).

Le **public** est **informé** de la consultation, au moins 15 jours à l'avance, par un avis mis en ligne sur le site internet de la préfecture, publié dans 2 journaux locaux et régionaux diffusés dans le département et affiché en préfecture, dans la mairie du lieu d'implantation du projet et les mairies des communes affectées par celui-ci (C. envir. art. L 181-10-1, II-al. 2 renvoyant à l'article L 123-19, II ; art. R 181-36, I renvoyant à l'article R 123-46-1, I-2° à 3°). Le pétitionnaire doit afficher l'avis sur le terrain d'assiette du projet.

L'avis contient les informations utiles pour participer à la consultation et précise, le cas échéant, qu'elle porte aussi sur la délivrance d'une autorisation d'urbanisme (C. envir. art. R 181-36, II et III).

Un site internet peut être créé pour les besoins de la consultation (C. envir. art. R 181-36, I-al. 4). Dans ce cas, l'avis d'ouverture est mis en ligne à la fois sur le site de la préfecture et sur ce site dédié. Par la suite, les éléments nécessaires à la consultation seront mis en ligne uniquement sur le site dédié.

 © Éd. Francis Lefebvre

> **Précisions** **a.** Les **communes affectées par le projet,** dans les mairies desquelles l'avis d'ouverture doit être affiché, comprennent au moins celles dont le territoire est situé à une distance, prise à partir du périmètre de l'installation, inférieure au « rayon d'affichage » fixé dans la nomenclature des installations classées pour la rubrique dont l'installation relève (C. envir. art. R 181-36, I-2°). Le préfet peut ajouter d'autres communes par décision motivée.
> **b.** Jugé, avant la réforme de la procédure par la loi Industrie verte, qu'une **irrégularité dans la publicité de l'avis d'enquête publique** n'entraîne l'illégalité de l'autorisation d'installation classée que si elle n'a pas permis une bonne information de l'ensemble des personnes intéressées par l'opération ou si elle a été de nature à exercer une influence sur les résultats de l'enquête (CE 25-9-2013 n° 359756, Sté Carrière de Bayssan). Tout indique que cette solution demeure valable en cas d'irrégularité dans la publicité de l'avis relatif à la consultation.

21222 **Publication du dossier** Le dossier de la consultation est mis à disposition du public **par voie électronique** sur le site internet de la préfecture ou sur le site dédié à la consultation (C. envir. art. L 181-10-1, II-al. 3 renvoyant à l'article L 123-19, II). Il est toutefois possible de demander à consulter le dossier sur support papier (C. envir. art. R 181-36-1, II renvoyant à l'article D 123-46-2).

Dès le début de la consultation, le dossier comprend notamment l'étude d'impact et son résumé non technique, ou bien la décision de dispense d'évaluation environnementale prise après examen au cas par cas et l'étude d'incidence environnementale (C. envir. art. L 181-10-1, II-al. 3 et R 181-36-1, I). Figurent également au dossier le bilan du débat public ou de la concertation préalable auxquels le projet a pu donner lieu et la mention des autres autorisations nécessaires à sa réalisation. Si la consultation porte également sur la délivrance d'une autorisation d'urbanisme, le dossier comprend les pièces exigées à ce titre.

Pendant le cours de la consultation, le dossier est **complété** par les avis des autorités et organismes consultés, à mesure qu'ils sont émis (C. envir. art. L 181-10-1, II-al. 3 et R 181-37, I). Y sont également versés les observations et propositions du public ainsi que les informations complémentaires transmises par le pétitionnaire à la demande du préfet et ses réponses aux avis et aux observations du public. Si une tierce expertise a été sollicitée, elle est versée au dossier dès qu'elle est disponible.

21224 **Échanges au cours de la consultation** Le commissaire enquêteur ou la commission d'enquête tient **deux réunions publiques** en présence du pétitionnaire, la première au cours des 15 premiers jours de la consultation et la seconde au cours des 15 derniers jours (C. envir. art. L 181-10-1, III-1° et 5°).

Le **public** peut transmettre ses observations et ses propositions par voie électronique, par voie postale ou selon toute autre modalité indiquée dans l'avis d'ouverture (C. envir. art. L 181-10-1, III-2° et 3°). Ses contributions sont mises en ligne sur le site internet de la préfecture ou le site dédié à la consultation.

Le **pétitionnaire** peut répondre aux avis émis par les autorités et organismes consultés et aux observations et propositions du public (C. envir. art. L 181-10-1, III-4° et dernier al.). Ses réponses sont mises en ligne, y compris celles formulées lors de la seconde réunion. Sont réputées faire partie du dossier les réponses apportées au plus tard lors de cette réunion. Il en va de même des modifications apportées au projet, sous réserve qu'elles n'en modifient pas l'économie générale.

21225 **Rapport et conclusions motivées du commissaire enquêteur** Après la clôture de la consultation, le commissaire enquêteur ou la commission d'enquête ont 3 semaines pour rendre leur rapport et leurs conclusions motivées en concertation avec le pétitionnaire (C. envir. art. L 181-10-1, IV-al. 1 à 3).

À cette fin, le commissaire enquêteur ou le président de la commission d'enquête rencontre le pétitionnaire pour récapituler les observations et propositions du public (C. envir. art. R 181-37, II-al. 1). Le pétitionnaire a 5 jours après cette réunion pour présenter d'ultimes observations.

Rapport et conclusions motivées sont adressés simultanément au président du tribunal administratif et au préfet qui les transmet au pétitionnaire (C. envir. art. R 181-37, II-al. 3 et 4). Au plus tard à la date de publication de la décision préfectorale, ils sont mis en ligne pour une durée d'un an sur le site internet de la préfecture ou le site dédié à la consultation.

La phase d'examen et de consultation prend fin dès la réception par le préfet du rapport et des conclusions motivées ou, à défaut, à l'expiration du délai de 3 semaines imparti pour leur transmission (C. envir. art. L 181-10-1, IV-al. 4 et 5). La décision ne peut ensuite être adoptée avant l'expiration d'un délai permettant la prise en considération des observations et des propositions formulées pendant la consultation et des réponses du pétitionnaire.

> **Précisions** **a.** Le rapport du commissaire enquêteur ou de la commission d'enquête fait état des principaux éléments recueillis lors de la consultation et comporte une synthèse des observations et des propositions du public et des réponses du pétitionnaire (C. envir. art. L 181-10-1, IV-al. 2 et R 181-37, II-al. 2).
> **b.** Si le rapport et les conclusions motivées ne sont pas transmis dans le délai de 3 semaines, le préfet établit une synthèse des observations et propositions du public et les met en ligne au plus tard lors de la publication de sa décision et pour une durée de 3 mois (C. envir. art. R 181-38). Cette synthèse est transmise au pétitionnaire.
> **c.** Jugé, avant la réforme de la procédure par la loi Industrie verte, que si le pétitionnaire modifie son projet eu égard aux observations du commissaire enquêteur, une nouvelle enquête n'est requise que si les modifications apportées transforment le projet initial de « manière essentielle » (CE 26-4-1985 n° 47756). La solution paraît valable pour la consultation, même si le critère sera sans doute plutôt l'existence d'une atteinte à « l'économie générale » du projet.

ENQUÊTE PUBLIQUE UNIQUE SUR L'AUTORISATION ENVIRONNEMENTALE ET UNE DÉCISION AUTRE QUE D'URBANISME

L'**enquête publique unique** sur l'autorisation environnementale et une décision autre que d'urbanisme (voir n° 21218) est conduite par l'autorité compétente pour délivrer l'autorisation environnementale, donc normalement par le préfet. 21227

La durée de cette enquête unique est d'**au moins un mois** (C. envir. art. L 181-10, I-al. 4). Elle se tient après réception des avis relatifs à l'autorisation environnementale.

Au plus tard 15 jours après la réception de ces avis, le préfet demande au président du tribunal administratif de désigner un commissaire-enquêteur ou une commission d'enquête (C. envir. art. R 181-35, I).

Au plus tard 15 jours après cette désignation (ou, si elle est plus tardive, à compter de la réception de la réponse du maître d'ouvrage à l'avis de l'autorité environnementale), le préfet prend un **arrêté d'ouverture et d'organisation** de l'enquête publique (C. envir. art. R 181-35, II-1°).

Le **dossier** soumis au public comprend les avis relatifs à la demande d'autorisation environnementale, les éventuelles informations complémentaires produites par le pétitionnaire à la demande de l'administration, ainsi que la tierce expertise si elle est produite avant l'ouverture de l'enquête (C. envir. art. R 181-35, II-5°).

Pour le reste, les dispositions relatives aux enquêtes publiques environnementales sont applicables (voir nos 10300 s.).

h. Rejet de la demande au cours de la phase d'examen et de consultation

Le préfet peut rejeter la demande au cours de la phase d'examen et de consultation lorsque celle-ci fait apparaître que l'autorisation ne peut être accordée en l'état du dossier ou du projet (C. envir. art. L 181-9, al. 4). 21228

C'est le cas lorsque l'autorisation environnementale ou l'autorisation d'urbanisme nécessaire à la réalisation du projet est manifestement insusceptible d'être délivrée eu égard à l'affectation des sols définie par le PLU ou la carte communale en vigueur, à moins qu'une procédure de révision, de modification ou de mise en compatibilité du document d'urbanisme soit engagée afin de permettre cette délivrance (C. envir. art. L 181-9, al. 5 et R 181-34, 3°).

De même, le préfet est tenu de rejeter la demande et peut le faire sans attendre le terme normal de la phase d'examen et de consultation (C. envir. art. R 181-34, 1° à 3° dans sa rédaction issue du décret 2024-742 du 6-7-2024, 1° à 3°) :

– si une autorité qui doit donner son accord pour que le projet puisse être réalisé (avis conforme) émet un avis défavorable ;

– s'il s'avère que l'autorisation ne peut être accordée, les conditions de fond auxquelles la délivrance de l'autorisation est subordonnée n'étant pas remplies ;

– s'il apparaît que la réalisation du projet a été entreprise sans attendre l'issue de l'instruction.

La décision de rejet est motivée (C. envir. art. R 181-34, dernier al.). Elle met fin à la phase d'examen et de consultation. Le préfet la transmet sans délai au président du tribunal administratif et au commissaire enquêteur ou au président de la commission d'enquête. La décision est mise en ligne, le cas échéant, sur le site internet dédié à la demande.

 © Éd. Francis Lefebvre

› Précisions **a.** Pour apprécier le **respect des conditions de fond** de l'autorisation lorsqu'un refus est opposé dès la phase d'examen préalable, le juge tient compte du fait que l'instruction permettra d'infléchir le projet en renforçant les mesures destinées à atténuer et à compenser ses inconvénients pour l'environnement (CAA Bordeaux 19-5-2020 n° 18BX04582 : BPIM 5/20 inf. 306).

b. La décision rejetant une demande d'autorisation environnementale avant qu'il soit procédé aux consultations en raison de l'insuffisance de l'étude d'impact doit **éclairer** suffisamment le pétitionnaire sur les carences qui lui sont reprochées (CAA Douai 25 mai 2021 n° 19DA01123, Sté Parc éolien de la Croix-Dorée).

i. Décision prise à l'issue de la phase d'examen et de consultation

DÉLAI POUR STATUER

21230 Le préfet statue sur la demande d'autorisation environnementale dans les 2 mois à compter de la date à laquelle il a envoyé au pétitionnaire le rapport et les conclusions du commissaire enquêteur ou la synthèse des observations du public (C. envir. art. R 181-41). Ce délai est toutefois **prolongé d'un mois** lorsque l'avis de la commission départementale de la nature, des paysages et des sites (CDNPS) ou du conseil départemental de l'environnement et des risques sanitaires et technologiques (CODERST) est sollicité (voir n° 21232).

Le délai peut être **prorogé** par arrêté du préfet dans la limite de 2 mois, pour une durée supérieure si le **pétitionnaire donne son accord.** Il est **suspendu** si une procédure de révision, modification ou mise en compatibilité d'un document d'urbanisme local, destinée à permettre la réalisation du projet est en cours (voir n° 21228), ou si le préfet demande une tierce expertise (voir n° 21215). Ils recommencent alors à courir à compter de l'achèvement de la procédure ou de la production de l'expertise.

Le **silence** gardé par le préfet à l'issue du délai qui lui est imparti pour statuer sur la demande d'autorisation environnementale vaut **décision implicite de rejet** (C. envir. art. R 181-42).

INFORMATION ET CONSULTATION DE LA CDNPS OU DU CODERST

21232 Dans les 15 jours suivant la date à laquelle il a envoyé au pétitionnaire le rapport et les conclusions du commissaire enquêteur ou la synthèse des observations du public, le préfet transmet pour information la note de présentation non technique du projet et les conclusions motivées du commissaire enquêteur, ou la synthèse des observations du public, ainsi que les réponses du pétitionnaire, à la commission départementale de la nature, des paysages et des sites (CDNPS) pour les projets de carrière et d'éoliennes et au conseil départemental de l'environnement et des risques sanitaires et technologiques (Coderst) pour les autres projets (C. envir. art. R 181-39).

S'il envisage de **refuser l'autorisation** ou l'assortir de **prescriptions,** le préfet peut solliciter l'avis des mêmes organismes. Il en informe le pétitionnaire au moins 8 jours avant la réunion de la commission ou du conseil. Il lui en indique la date et le lieu, l'informe qu'il pourra se faire entendre ou représenter et lui transmet le projet de décision.

COMMUNICATION AU PÉTITIONNAIRE DU PROJET DE DÉCISION

21235 Le projet d'arrêté statuant sur la demande d'autorisation environnementale est communiqué par le préfet au pétitionnaire, qui dispose de **15 jours** pour présenter ses **observations** éventuelles par écrit (C. envir. art. R 181-40).

Si le préfet envisage de refuser l'autorisation ou l'assortir de prescriptions et qu'il sollicite l'avis de la CDNPS ou du Coderst (voir n° 21232), le pétitionnaire – qui en en informé – peut faire valoir ses observations lors de la réunion de la CDNPS ou du Coderst. Si le projet n'est pas modifié à l'issue de cette réunion, il n'est pas nécessaire que le préfet communique au pétitionnaire le projet d'arrêté statuant sur la demande d'autorisation environnementale.

› Précisions L'obligation de communiquer le projet d'arrêté au pétitionnaire et de recueillir ses observations ne s'applique pas si la demande est rejetée dès la **phase d'examen**, désormais dénommée phase d'examen et de consultation (CE 6-11-2024 n° 478501, Société Parc éolien des monts d'Eringes : BPIM 1/25 inf. 21).

PRESCRIPTIONS

21237 L'autorisation fixe les prescriptions nécessaires pour assurer le respect des conditions de fond auxquelles sa délivrance est subordonnée. Ces prescriptions portent sur les **mesures et moyens à mettre en œuvre** lors de la réalisation du projet, au cours de son exploitation, au moment de sa cessation et après celle-ci, notamment les mesures d'évitement, de réduction et de compensation des effets négatifs notables sur l'environnement et la santé (C. envir. art. L 181-12, al. 1 et 2).

L'arrêté d'autorisation comporte également les éléments suivants (C. envir. art. R 181-43) :
– s'il y a lieu, prescriptions de nature à réduire ou à prévenir les pollutions à longue distance ainsi que les pollutions transfrontalières ;
– conditions d'exploitation de l'installation en période de démarrage, de dysfonctionnement ou d'arrêt momentané ;
– moyens d'analyses et de mesures nécessaires au contrôle du projet et à la surveillance de ses effets sur l'environnement, conditions dans lesquelles les résultats de ces analyses et mesures sont portés à la connaissance de l'inspection de l'environnement ;
– conditions de remise en état après la cessation d'activité.

Lorsque des **prescriptions archéologiques** ont été édictées par le préfet de région, l'arrêté d'autorisation indique que la réalisation des travaux est subordonnée à l'observation préalable de ces prescriptions.

Le préfet détermine dans l'autorisation l'état dans lequel le site devra être remis à son **arrêt définitif,** après avoir recueilli l'avis du propriétaire du terrain et celui du maire ou du président de l'EPCI compétent en matière d'urbanisme (C. envir. art. L 512-6-1). À défaut d'accord, voir n° 21454.

› Précisions **a.** Lorsque l'autorisation environnementale est accordée dans le cadre d'un projet dont la réalisation incombe à **plusieurs maîtres d'ouvrage,** le préfet identifie, le cas échéant, dans l'arrêté, les obligations et les mesures relevant de la responsabilité de chacun d'eux (C. envir. art. R 181-43, al. 1).

b. Les prescriptions peuvent également porter sur les **équipements et installations déjà exploités** et les activités déjà exercées par le pétitionnaire ou autorisés à son profit lorsque leur connexité les rend nécessaires aux activités, installations, ouvrages et travaux soumis à autorisation ou dont la proximité est de nature à en modifier notablement les dangers ou inconvénients (C. envir. art. L 181-12, al. 3).

c. Le préfet peut créer, à son initiative ou à la demande de l'exploitant, des collectivités ou des riverains, autour d'une ou plusieurs installations classées soumises à autorisation ou dans des zones géographiques comportant des risques et pollutions industriels et technologiques, une **commission de suivi de site** lorsque les nuisances, dangers et inconvénients le justifient. Cette commission peut faire réaliser des expertises. Elle est tenue informée de tout incident ou accident touchant à la sécurité des installations. Son financement est normalement assuré par l'État (C. envir. art. L 125-2-1 et R 125-8-1 s. ; Circ. DEVP1237375C du 15-11-2012 : BO écologie n° 2012/22 du 10-12-2012 p. 117).

d. En l'absence de péril imminent, le **maire** ne saurait, en invoquant ses pouvoirs de police générale, s'immiscer dans la police spéciale des installations classées que la loi a confiée au préfet et, à l'échelon national, au Gouvernement. L'arrêté municipal qui renforce les prescriptions d'un arrêté préfectoral instituant un périmètre de protection autour d'un complexe chimique est donc illégal (CE 29-9-2003 n° 218217, Houillères du bassin de Lorraine : BPIM 1/04 inf. 13).

e. Lorsqu'il délivre une autorisation environnementale pour une installation classée, le préfet n'a pas à reprendre sous forme de prescriptions expresses les **engagements** destinés à réduire les inconvénients pour l'environnement qui figurent dans le dossier de demande (CE 31-5-2021 n° 434542, Sté Castorama : BPIM 4/21 inf. 245). En effet, l'autorisation ne vaut que pour une installation fonctionnant dans les conditions décrites dans le dossier au vu duquel elle a été délivrée.

PRESCRIPTIONS D'ÉLOIGNEMENT

La délivrance des autorisations relatives aux installations classées peut être subordonnée à l'éloignement des installations vis-à-vis des habitations, immeubles habituellement occupés par des tiers, établissements recevant du public, cours d'eau, voies de communication, captages d'eau, zones fréquentées par le public, zones de loisir, zones présentant un intérêt naturel particulier ou ayant un caractère particulièrement sensible ou des zones destinées à l'habitation par des documents d'urbanisme opposables aux tiers (C. envir. art. L 181-26). 21240

SERVITUDES D'UTILITÉ PUBLIQUE

À la demande de l'exploitant ou du maire, ou sur sa propre initiative, le préfet peut instituer, dans un **périmètre autour de l'installation classée,** des servitudes d'utilité publique concernant l'utilisation du sol ainsi que l'exécution de travaux soumis au permis de construire (C. envir. art. L 515-8 s.). Ces servitudes, qui sont annexées au PLU, peuvent concerner : 21242
– la limitation ou l'interdiction de certains usages, du droit d'implanter des constructions ou des ouvrages ou d'aménager les terrains ;
– la subordination des autorisations de construire au respect de prescriptions techniques tendant à limiter l'exposition des occupants des bâtiments aux phénomènes dangereux ;
– la limitation des effectifs employés dans les installations industrielles et commerciales.

Des servitudes, comprenant notamment des limitations de l'usage du sol, du sous-sol et des nappes phréatiques, peuvent également être instituées sur des **terrains pollués** par l'exploitation d'une installation, sur l'emprise des sites de stockage de déchets ou des anciennes carrières (C. envir. art. L 515-12 et R 515-31-1 à R 515-31-7). Si les surfaces concernées sont peu étendues ou si les propriétaires sont peu nombreux, l'enquête publique peut être remplacée par une consultation écrite des propriétaires.

› Précisions a. Les servitudes ne peuvent contraindre à la démolition ou à l'abandon de **constructions existantes** édifiées en conformité avec les dispositions législatives et réglementaires en vigueur avant l'institution desdites servitudes (C. envir. art. L 515-8).

b. Les propriétaires et titulaires de droits réels peuvent prétendre à être **indemnisés par l'exploitant** s'ils subissent du fait des servitudes un préjudice direct, matériel et certain ; à défaut d'accord amiable, l'indemnité est fixée par le juge de l'expropriation (C. envir. art. L 515-11).

c. Dans le cas des **terrains pollués** par l'exploitation d'une installation classée, lorsqu'une servitude d'utilité publique est devenue sans objet, elle peut être supprimée, à la demande de l'ancien exploitant, du maire, du propriétaire du terrain, ou à l'initiative du préfet (C. envir. art. L 515-12, al. 5 à 7). La demande d'abrogation doit être accompagnée d'un rapport justifiant que cette servitude d'utilité publique est devenue sans objet. Lorsqu'ils ne sont pas à l'origine de la demande, le propriétaire du terrain et l'exploitant sont informés par le préfet du projet de suppression de la servitude.

d. En ce qui concerne les servitudes pouvant être instituées par un **plan de prévention des risques technologiques,** voir n° 1130.

DURÉE DE L'AUTORISATION

21245 L'autorisation est délivrée sans condition de durée. Il n'en va autrement que pour certaines installations classées : celles dont l'exploitation pour une durée illimitée créerait des dangers ou inconvénients inacceptables pour les intérêts protégés par la loi, du fait d'une utilisation croissante du sol ou du sous-sol. Pour ces installations, l'autorisation fixe la **durée maximale** de l'exploitation ou de la phase d'exploitation concernée et, le cas échéant, le volume maximal de produits stockés ou extraits, ainsi que les conditions du réaménagement, de suivi et de surveillance du site à l'issue de l'exploitation (C. envir. art. L 181-28).

› Précisions Les autorisations relatives aux installations de stockage de déchets, aux sites de stockage géologique de dioxyde de carbone et aux carrières sont délivrées pour une durée limitée et fixent le volume maximal de produits stockés ou extraits ainsi que les conditions de remise en état du site (C. envir. art. R 512-35). Des autorisations de durée limitée peuvent aussi être délivrées lorsque des procédés nouveaux doivent être mis en œuvre ou en cas de transformations prévisibles des conditions d'habitation ou du mode d'utilisation de sols aux abords de l'installation (C. envir. art. R 512-36). Pour les installations qui doivent fonctionner pendant moins d'un an, une autorisation de six mois, renouvelable une fois peut être délivrée sans enquête publique et après des consultations allégées (C. envir. art. R 512-37).

INFORMATION DES TIERS

21247 L'information des tiers est assurée par diverses mesures de **publicité** (C. envir. art. R 181-44) :
– une copie de l'arrêté d'autorisation ou de refus est déposée à la mairie de la commune d'implantation du projet où il peut être consultée ;
– un extrait de l'arrêté est affiché à la mairie de cette commune pendant une durée minimum d'un mois (le maire dresse procès-verbal de l'accomplissement de cette formalité) ;
– l'arrêté est adressé aux conseils municipaux et autres autorités locales consultés ;
– l'arrêté est publié sur le site internet des services de l'État dans le département où il a été délivré pendant une durée minimale de 4 mois.

L'information des tiers s'effectue dans le respect du secret de la défense nationale, du secret industriel et de tout secret protégé par la loi.

j. Mise en œuvre du projet

PÉREMPTION DE L'AUTORISATION ENVIRONNEMENTALE

21255 L'arrêté d'autorisation environnementale cesse de produire effet lorsque le projet n'a pas été mis en service ou réalisé soit dans le **délai** fixé par l'arrêté d'autorisation soit dans un délai de 3 ans à compter du jour de la notification de l'autorisation, sauf cas de force majeure ou demande justifiée et acceptée de prorogation de délai (C. envir. art. R 181-48, I).

En cas de recours devant la juridiction administrative contre l'arrêté d'autorisation environnementale ou ses arrêtés complémentaires, ou contre le permis de construire ou la décision de non-opposition à déclaration préalable, le délai de caducité est suspendu jusqu'à ce que bénéficiaire de l'autorisation environnementale ait reçu notification d'une décision devenue définitive (C. envir. art. R 181-48, II). En cas de recours devant un tribunal de l'ordre judiciaire contre le permis de construire en application de l'article L 480-13 du Code de l'urbanisme (voir n° 16895), le délai est suspendu jusqu'à notification d'une décision devenue irrévocable.

Sauf cas de force majeure ou de demande justifiée et acceptée de prorogation du délai, l'arrêté d'autorisation cesse de produire effet lorsque l'exploitation a été **interrompue** pendant plus de 3 années consécutives, à la suite d'un constat de l'inspection des installations classées ou d'une information de l'exploitant (C. envir. art. R 512-74, II dans sa rédaction issue du décret 2024-742 du 6-7-2024). Le préfet peut alors mettre l'exploitant en demeure de procéder aux opérations de cessation d'activité de son installation ou de la partie concernée de son installation.

> **Précisions** **a.** Une **décision irrévocable** est une décision qui ne peut plus faire l'objet d'aucun recours, même un pourvoi en cassation. Une **décision définitive** est une décision qui ne peut plus faire l'objet que d'un pourvoi en cassation. La décision ne devient irrévocable ou définitive que postérieurement à sa notification aux parties, du fait que les délais de recours déclenchés par cette notification expirent sans qu'un pourvoi en cassation ou un appel soit présenté.

b. Le délai de caducité **suspendu** par un recours contentieux **recommence à courir pour la durée restante.** En revanche, lorsqu'un fait de l'administration (par exemple, le retrait de l'autorisation) fait obstacle à la mise en service ou impose la cessation de l'exploitation, le délai de caducité n'est pas suspendu mais **interrompu.** Cela signifie qu'un nouveau délai de caducité de 3 ans commence à courir à compter de la date à laquelle le fait de l'administration cesse de produire son effet interruptif, par exemple en raison de l'annulation contentieuse de la décision de retrait, point jugé, sous l'empire des dispositions antérieures à la réforme de l'autorisation environnementale (CE 22-5-2012 n° 339504, Cne d'Izeaux : BPIM 4/12 inf. 303).

c. Seul un **défaut total d'exploitation** est de nature à entraîner la caducité de l'autorisation. L'interruption pendant une durée supérieure au délai de caducité du fonctionnement d'une installation classée sur une partie seulement de la zone concernée par l'autorisation n'entraîne donc pas, en principe, une **caducité partielle** de celle-ci. Il ne pourrait en aller autrement que si le même acte avait autorisé plusieurs installations classées distinctes (CE sect. 27-9-2006 n° 269553, Communauté d'agglomération de Montpellier : BPIM 6/06 inf. 417).

d. L'arrêté du préfet qui **abroge** une autorisation et en accorde une **nouvelle** pour une installation comparable avec des prescriptions plus rigoureuses tenant compte d'une réglementation nouvelle fait courir un nouveau délai de caducité (CE 18-2-2011 n° 318234, Lille métropole communauté urbaine : BPIM 2/11 inf. 102).

e. En cas d'interruption de l'exploitation **par suite d'un accident,** le préfet peut conditionner le redémarrage de l'installation à une **nouvelle autorisation** (C. envir. art. R 512-70). La même règle vaut pour les enregistrements et déclarations.

f. Pour les **éoliennes,** le délai de caducité peut être prorogée par le préfet à la demande de l'exploitant, dans la limite d'un délai total de 10 ans, incluant le délai initial de 3 ans, en l'absence de changement substantiel de circonstances de fait et de droit ayant fondé l'autorisation ou la déclaration, lorsque, pour des raisons indépendantes de sa volonté, l'exploitant ne peut mettre en service son installation dans ce délai ; les décisions de prorogation doivent faire l'objet de mesures de publicité en vue de l'information des tiers (C. envir. art. R 515-109).

g. Dans sa rédaction issue du **décret 2024-742 du 6 juillet 2024**, l'article R 512-74 prévoit que l'autorisation « cesse de produire effet lorsque l'exploitation a été interrompue pendant plus de trois années consécutives, à la suite d'un constat de l'inspection des installations classées ou d'une information de l'exploitant ». La **rédaction** n'est **pas limpide** mais il faut certainement comprendre que lorsque l'exploitation a été interrompue pendant plus de 3 ans, l'autorisation devient caduque à compter du constat de cette interruption par l'inspection des installations classées, ou d'une information adressée à ce sujet à l'exploitant. La seule expiration d'un délai de 3 ans à compter de la cessation de l'exploitation ne suffit donc pas à priver d'effet l'autorisation, il faut que l'interruption ait été constatée par l'administration. Il semble donc que, tant qu'il n'a pas été procédé à ce constat, l'exploitation pourrait reprendre sous couvert de l'autorisation.

Par ailleurs, la caducité peut concerner **une partie seulement** de l'installation (C. envir. art. R 512-74, II dans sa rédaction issue du décret 2024-742 du 6-7-2024). C'est sans doute ce qui a conduit à subordonner la caducité à un constat préalable, qui en précise l'étendue exacte.

MODIFICATION DE L'INSTALLATION

Toute **modification substantielle** des activités, installations, ouvrages ou travaux faisant l'objet de l'autorisation environnementale implique l'obtention d'une nouvelle autorisation, après accomplissement des mêmes formalités que pour l'autorisation initiale (C. envir. art. L 181-14, al. 1, R 181-46, I, dernier al.). Peu importe que cette modification intervienne avant la réalisation du projet ou lors de sa mise en œuvre ou de son exploitation. **21257**

Est regardée comme substantielle la modification qui constitue une extension devant faire l'objet d'une nouvelle évaluation environnementale, atteint des seuils quantitatifs et des critères fixés par arrêté du ministre chargé de l'environnement ou est de nature à entraîner des dangers et inconvénients significatifs pour les intérêts protégés par la loi (C. envir. art. R 181-46, I).

Toute **modification notable** mais non substantielle doit être portée à la connaissance du préfet avec tous les éléments d'appréciation (C. envir. art. L 181-14, al. 2 et R 181-46, II).

> **Précisions** Pour les installations susceptibles de créer des accidents majeurs impliquant des substances dangereuses (**installations Seveso**), sont regardées comme substantielles, dans tous les cas, les modifications pouvant avoir des conséquences importantes sur le plan des dangers liés aux accident majeurs et celles qui font qu'un établissement « seuil bas » devient un établissement « seuil haut » (C. envir. art. R 181-46, III). Celles qui ont l'effet inverse et les modifications significatives de la quantité ou de la nature des substances dangereuses ou des procédés utilisés sont regardées comme notables.

PRESCRIPTIONS COMPLÉMENTAIRES

21260 Le préfet peut imposer des prescriptions complémentaires à l'occasion de modifications substantielles ou notables, mais aussi à tout moment et indépendamment de toute modification, s'il apparaît que les prescriptions initiales ne suffisent pas à garantir les intérêts protégés par la loi (C. envir. art. L 181-14, al. 3). Le projet d'arrêté est communiqué par le préfet à l'exploitant, qui dispose de 15 jours pour présenter ses observations éventuelles par écrit. Des arrêtés complémentaires peuvent ainsi imposer les mesures additionnelles nécessaires, atténuer les prescriptions initiales dont le maintien en l'état n'est plus justifié ou prescrire la fourniture de précisions ou la mise à jour des informations fournies lors de la demande d'autorisation (C. envir. art. R 181-45, al. 1 à 3).

Le bénéficiaire de l'autorisation peut demander une **adaptation** des prescriptions imposées par un arrêté complémentaire (C. envir. art. R 181-45, al. 4). Le silence gardé sur cette demande pendant plus de 4 mois à compter de l'accusé de réception délivré par le préfet vaut décision implicite de rejet.

Le préfet peut solliciter l'**avis de la CDNPS ou du Coderst** sur les prescriptions complémentaires ou sur le refus qu'il prévoit d'opposer à la demande d'adaptation de ces prescriptions. Le délai de naissance d'un refus implicite est alors porté à **5 mois** (C. envir. art. R 181-45, al. 5). L'exploitant peut se faire entendre, présenter ses observations, et s'il le demande, lors de la réunion du conseil ou de la commission. Si le projet n'est pas modifié, il n'est pas nécessaire que le projet d'arrêté fixant les prescriptions complémentaires soit communiqué par le préfet à l'exploitant.

L'arrêté complémentaire est publié sur le site internet de la préfecture où il a été délivré pendant au moins 4 mois (C. envir. art. R 181-45, al. 6).

En cas de modification notable, le préfet peut procéder aux consultations requises lors de l'instruction d'une demande d'autorisation que la nature et l'ampleur de la modification rendent nécessaires et, le cas échéant, à une consultation du public (C. envir. art. R 181-46, II-al. 2).

RÉCLAMATION DES TIERS

21262 À compter de la mise en service du projet autorisé, les tiers intéressés peuvent déposer une réclamation auprès du préfet, pour contester l'**insuffisance** ou l'**inadaptation des prescriptions** définies dans l'autorisation, en raison des inconvénients ou des dangers que le projet autorisé présente pour le respect des intérêts protégés par la loi (C. envir. art. R 181-52). Le préfet dispose d'un délai de 2 mois, à compter de la réception de la réclamation, pour y répondre de manière motivée. À défaut, la réponse est réputée négative. S'il estime la réclamation fondée, le préfet fixe des prescriptions complémentaires dans les formes prévues à cet effet (voir n° 21260).

CHANGEMENT DE BÉNÉFICIAIRE

21265 **Transfert total** En principe, le changement de bénéficiaire ne requiert qu'une simple déclaration auprès du préfet (C. envir. art. L 181-15, al. 1 et R 181-47). Pour les transferts d'installations Seveso (autres que celles mentionnées à l'article R 516-1, 3°), l'exploitant doit informer le préfet avant le transfert envisagé. Le préfet peut s'y opposer et son refus doit être motivé (C. envir. art. R 181-47, IV).

Par exception, le transfert d'installations classées pour lesquelles des garanties financières sont exigées (voir n° 21185) nécessite une autorisation préfectorale (C. envir. art. R 516-1).

21266 **Transfert partiel** Lorsqu'un ou plusieurs tiers souhaitent, avec l'accord du ou des titulaires d'une autorisation environnementale, bénéficier d'un transfert partiel de celle-ci, ils en font la demande auprès de l'autorité compétente (C. envir. art. L 181-15-1). Celle-ci délivre une

© Éd. Francis Lefebvre

autorisation distincte à chaque demandeur et au titulaire initial si elle estime que la modification n'est pas substantielle, que le transfert partiel peut s'effectuer sans porter atteinte aux intérêts environnementaux, que les conditions relatives notamment aux capacités techniques et financières des exploitants demeurent remplies et qu'il est possible d'identifier les mesures relevant de chacun, notamment pour assurer le respect des prescriptions relatives à l'installation en cause.

PROLONGATION ET RENOUVELLEMENT DE L'AUTORISATION

La prolongation et le renouvellement d'une autorisation environnementale sont soumis à la délivrance d'une nouvelle autorisation s'ils comportent une **modification substantielle** du projet autorisé ou en cas de **changement substantiel** dans les circonstances de fait et de droit ayant présidé à la délivrance de l'autorisation initiale (C. envir. art. L 181-15, al. 2). Lorsqu'une nouvelle autorisation n'est pas requise, des **prescriptions complémentaires** peuvent être imposées à l'occasion de la prolongation ou du renouvellement si elles sont nécessaires pour garantir les intérêts protégés par la loi. **21267**

Le bénéficiaire de l'autorisation doit saisir le préfet de la demande de prolongation ou de renouvellement 6 mois au moins avant la date d'expiration de cette autorisation (C. envir. art. R 181-49). La demande présente notamment les analyses, mesures et contrôles effectués, les effets constatés sur le milieu et les incidents survenus, ainsi que les modifications envisagées compte tenu de ces informations ou des difficultés rencontrées dans l'application de l'autorisation.

2. INSTALLATIONS ENREGISTRÉES

INSTALLATIONS CONCERNÉES

Sont soumises à une autorisation simplifiée, sous la dénomination d'« enregistrement » (classe E), les installations qui présentent des dangers ou inconvénients qui peuvent, en principe, être prévenus par le respect de **prescriptions générales** édictées par le ministre chargé des installations classées (C. envir. art. L 512-7 et R 512-46-1 s. ; Circ. DEVP1022207C du 22-9-2010 : BO écologie 2010/19 du 25-10-2010 p. 44). **21280**

Les **activités pouvant relever du régime** d'enregistrement concernent les secteurs ou technologies dont les enjeux environnementaux et les risques sont bien connus. Les installations ne doivent être soumises ni à la directive 2010/75/UE du 24 novembre 2010 relative aux émissions industrielles au titre de son annexe I, ni à une obligation d'évaluation environnementale systématique au titre de l'annexe I de la directive 85/337/CEE du 27 juin 1985 concernant l'évaluation des incidences de certains projets publics et privés sur l'environnement.

> **Précisions** **a.** L'**entrée en vigueur** de cette procédure est progressive depuis le 15 avril 2010. Pour qu'une catégorie d'installations soit soumise au régime de l'enregistrement, il faut que la nomenclature soit modifiée à cet effet et qu'un arrêté ministériel fixe les prescriptions générales applicables à la rubrique ainsi créée (C. envir. art. L 512-7, III-al. 2).
> **b.** L'enregistrement porte également sur les installations, ouvrages, travaux et activités soumis à autorisation ou déclaration en raison de leurs **incidences sur l'eau et les milieux aquatiques** (C. envir. art. L 214-1 s.) que leur **connexité** rend nécessaires à l'installation classée ou dont la proximité est de nature à en modifier notablement les dangers ou inconvénients (C. envir. art. L 512-7, I bis). Ils sont regardés comme faisant partie de l'installation et ne sont pas soumis aux dispositions relatives à l'autorisation ou à la déclaration au titre de la loi sur l'eau (C. envir. art. L 214-3 à L 214-6) ni à celles relatives à l'autorisation environnementale.

PRESCRIPTIONS GÉNÉRALES

Les prescriptions générales, fixées par **arrêté ministériel,** peuvent notamment prévoir (C. envir. art. L 512-7, II et III) : **21285**

– des conditions d'intégration du projet dans son environnement local ;
– l'éloignement des installations des habitations, des immeubles habituellement occupés par des tiers, des établissements recevant du public, des cours d'eau, des voies de communication, des captages d'eau ou des zones destinées à l'habitation par des documents d'urbanisme opposables aux tiers.

Sur les conditions dans lesquelles les prescriptions générales s'appliquent aux installations classées soumises à enregistrement, voir n° 21090.

© Éd. Francis Lefebvre

DEMANDE D'ENREGISTREMENT

21290 La demande d'enregistrement est accompagnée d'un dossier (C. envir. art. L 512-7-1, al. 1). L'exploitant doit notamment y justifier que les conditions d'exploitation garantiront le respect de l'ensemble des prescriptions générales, et éventuellement particulières, applicables, et qu'il possède les capacités techniques et financières pour assurer tant l'exploitation de l'installation que la remise en état du site après son arrêt définitif ou, lorsque ces capacités ne sont pas encore constituées, les modalités prévues pour les établir au plus tard à la mise en service de l'installation (C. envir. art. L 512-7-3, al. 3 et R 512-46-4).

Le dossier n'a pas à comporter une étude d'impact ni une étude de dangers mais seulement une description des **incidences notables** que le projet est susceptible d'avoir **sur l'environnement et la santé humaine** et, le cas échéant, les mesures et caractéristiques du projet, destinées à éviter ou réduire ses probables effets négatifs notables sur l'environnement ou la santé humaine (C. envir. art. R 512-46-3, 4°). À certaines conditions, le projet doit satisfaire à des conditions de performance énergétique et environnementale (voir n° 21120, précisions).

Lorsque l'implantation de l'installation nécessite un **permis de construire,** la demande doit être accompagnée ou complétée dans les 10 jours de son dépôt par la justification du dépôt du permis de construire (C. envir. art. R 512-46-6, 1°). Corrélativement, la demande de permis de construire doit être complétée par le récépissé de la demande d'enregistrement de l'installation (C. urb. art. R 431-16, a). Une fois le dossier complet et régulier, le préfet en avise le demandeur (C. envir. art. R 512-46-8).

MISE À DISPOSITION DU PUBLIC

21295 Le dossier de demande d'enregistrement est **mis à disposition du public** à la mairie du lieu d'implantation du projet et sur le site internet de la préfecture afin qu'il puisse émettre des observations (C. envir. art. R 512-46-14). Les modalités de la consultation font l'objet d'une information par voie d'affichage sur le site dans les mairies de la commune d'implantation et des communes voisines et, le cas échéant, par voie électronique. Certaines informations contenues dans le dossier, de nature à révéler des secrets de fabrication, peuvent rester confidentielles (C. envir. art. L 512-7-1, al. 2 et 3) et d'autres, relatives à la défense nationale, ne peuvent ni figurer dans le dossier de la demande d'enregistrement mis à la disposition du public, ni être communiquées (C. envir. art. L 512-7-1, al. 4).

Le demandeur doit procéder, dès le dépôt de sa demande et jusqu'à la fin de la consultation du public, à l'**affichage sur le site** prévu pour l'installation d'un avis dont le contenu et la forme sont définis par arrêté du ministre chargé des installations classées (C. envir. art. R 512-46-15 ; Arrêté DEVP1220096A du 16-4-2012).

INSTRUCTION

21300 Les **modalités de l'instruction** sont les suivantes (C. envir. art. R 512-46-8 à R 512-46-18) :

– l'instruction est enfermée dans un délai de 5 mois à compter de la réception d'un dossier complet et régulier, délai que le préfet peut porter à 7 mois par décision motivée, dans des cas exceptionnels liés notamment à la nature, la complexité, la localisation ou la dimension du projet (C. envir. art. R 512-46-18). L'absence de réponse équivaut à un refus d'enregistrement ;

– l'avis relatif à la consultation du public intervient au moins 15 jours à l'avance, le dossier est mis à disposition en mairie pendant 4 semaines ;

– la consultation débute au plus tard 30 jours après la réception d'un dossier complet et régulier, sauf exception motivée ;

– l'inspection des installations classées établit un rapport sur le projet ;

– si le préfet envisage soit de refuser l'enregistrement, soit d'édicter des prescriptions particulières, il doit communiquer ce rapport au pétitionnaire et, dans certains cas, saisir le Coderst (voir n° 21310). Il peut aussi consulter le Coderst à titre facultatif s'il le juge nécessaire eu égard aux enjeux du projet (C. urb. art. R 512-46-17). Le pétitionnaire peut présenter des observations écrites et demander à être entendu par le conseil départemental.

Avant de statuer, le préfet recueille l'**avis des conseils municipaux** intéressés (C. envir. art. L 512-7-3, al. 1).

> **Précisions** Lorsqu'une installation doit être implantée sur le territoire de **plusieurs départements,** la demande d'enregistrement est adressée au préfet du département où doit être réalisée la plus grande partie du projet. C'est lui qui procède à l'instruction. La décision est prise par arrêté conjoint des préfets concernés (C. envir. art. R 512-46-1, al. 3).

DÉCISION DU PRÉFET DE SOUMETTRE L'INSTALLATION À AUTORISATION

Le préfet peut décider que la demande d'enregistrement sera instruite selon la procédure prévue pour l'autorisation environnementale (C. envir. art. L 512-7-2). Cette décision, qui peut intervenir au plus tard 15 jours après la fin de la consultation du public (art. R 512-46-9), doit être justifiée : 21305

– soit par la **sensibilité environnementale** du milieu dans lequel le projet sera localisé (l'appréciation est portée selon les critères mentionnés à l'annexe III de la directive 2011/92/UE du 13-12-2011) ;

– soit par le **cumul des incidences** du projet avec celles d'autres projets d'installations, ouvrages ou travaux situés dans la même zone ;

– soit par l'**aménagement des prescriptions générales** applicables à l'installation, sollicité par l'exploitant.

Les projets relevant des deux premiers cas sont soumis à **évaluation environnementale.** Les projets relevant uniquement du dernier cas n'y sont pas soumis (C. envir. art. L 512-7-2, dernier al.). Lorsque le préfet se fonde sur le dernier cas, il indique dans sa décision les motifs pour lesquels une évaluation environnementale n'est pas nécessaire, au regard des critères prévus dans l'annexe à l'article R 122-3-1 du Code de l'environnement (C. envir. art. R 512-46-9, al. 2).

Le **pétitionnaire** peut demander lui-même au préfet que sa demande d'enregistrement soit instruite selon la procédure prévue pour l'autorisation environnementale (C. envir. art. R 512-46-9, al. 3).

Dans tous les cas, le pétitionnaire fournit au préfet le **dossier** prévu pour les demandes d'autorisation. Lorsque le projet est soumis au **permis de construire,** copie de la décision ou de la demande conduisant à appliquer la procédure d'autorisation est notifiée sans délai à l'autorité compétente pour délivrer le permis (C. envir. art. R 512-46-9, al. 4).

ARRÊTÉ D'ENREGISTREMENT

Le préfet se prononce compte tenu des **capacités techniques et financières** (voir n° 21182) que le demandeur entend mettre en œuvre pour garantir le respect des intérêts protégés par la loi et assurer la remise en état du site après cessation d'activité (C. envir. art. L 512-7-3, al. 3). 21310

L'enregistrement rend applicables les **prescriptions générales** afférentes au type d'installation en cause. Toutefois, le préfet peut les compléter ou les renforcer par des **prescriptions particulières.** Il peut également apporter aux prescriptions générales des aménagements justifiés par des circonstances locales. Dans les deux cas, il doit informer le demandeur avant de prendre l'arrêté et dans le second cas, il doit consulter le Coderst (C. envir. art. L 512-7-3, al. 2).

Dans le cas d'une installation implantée sur un site nouveau, l'arrêté d'enregistrement détermine l'état dans lequel le site devra être remis en état par l'exploitant lors de l'arrêt définitif de l'exploitation (C. envir. art. R 512-46-20).

L'information des tiers est assurée par les mêmes mesures de **publicité** que celles prévues pour les autorisations environnementales (C. envir. art. R 512-46-24). Voir n° 21247.

> **Précisions** **a.** Pour les installations dont l'exploitation pour une durée illimitée créerait des dangers ou inconvénients inacceptables, du fait d'une utilisation croissante du sol ou du sous-sol, l'enregistrement fixe la **durée maximale de l'exploitation** ou de la phase d'exploitation concernée et, le cas échéant, le volume maximal de produits stockés ou extraits (C. envir. art. L 512-7-4).
> **b.** Dans le cas où un **permis de construire** a été demandé, il peut être accordé mais les travaux ne peuvent pas être exécutés avant que le préfet ait pris l'arrêté d'enregistrement (C. envir. art. L 512-7-3, al. 4).

CADUCITÉ DE L'ARRÊTÉ D'ENREGISTREMENT

L'arrêté d'enregistrement cesse de produire effet lorsque, sauf cas de force majeure ou de demande justifiée et acceptée de prorogation de délai, l'installation n'a pas été mise en service dans le délai de 3 ans (C. envir. art. R 512-74, I). 21315

En cas de **recours** devant la juridiction administrative contre l'arrêté d'enregistrement ou le permis de construire, le délai de mise en service est suspendu jusqu'à la notification au préfet ou à l'exploitant d'une décision devenue définitive. En cas de recours devant la juridiction judiciaire contre le permis de construire sur le fondement de l'article L 480-13 du Code de l'urbanisme, il est suspendu jusqu'à la notification d'une décision devenue irrévocable.

Sauf cas de force majeure ou de demande justifiée et acceptée de prorogation du délai, l'arrêté d'enregistrement cesse de produire effet lorsque l'exploitation a été **interrompue** pendant plus de trois années consécutives, à la suite d'un constat de l'inspection des installations classées ou d'une information de l'exploitant (C. envir. art. R 512-74, II dans sa rédaction issue du décret 2024-742 du 6-7-2024 ; voir n° 21255, Précisions g). Le préfet peut alors mettre l'exploitant en demeure de procéder aux opérations de cessation d'activité de son installation ou de la partie concernée de son installation.

ARRÊTÉS COMPLÉMENTAIRES

21320 Si, après la mise en service de l'installation, il apparaît que les prescriptions générales applicables à l'exploitation ne protègent pas suffisamment les intérêts mentionnés à l'article L 511-1 du Code de l'environnement, ainsi que ceux mentionnés à l'article L 211-1 en cas d'incidence sur les milieux aquatiques, le préfet peut imposer, par arrêté complémentaire, toutes prescriptions nécessaires (C. envir. art. L 512-7-5).

TRANSFERT ET MODIFICATIONS DE L'INSTALLATION CLASSÉE

21322 Le déplacement ou la modification substantielle de l'installation exige le renouvellement de la procédure d'enregistrement (C. envir. art. L 512-15).

Tout transfert d'une installation soumise à enregistrement sur un autre emplacement nécessite donc un nouvel enregistrement (C. envir. art. R 512-46-23, I). Toute modification apportée par le demandeur à l'installation, à son mode d'exploitation ou à son voisinage, de nature à entraîner un changement notable des éléments du dossier de demande d'enregistrement doit être portée avant sa réalisation à la connaissance du préfet avec tous les éléments d'appréciation (C. envir. art. R 512-46-23, II). S'il estime, après avis de l'inspection des installations classées, que les **modifications** sont **substantielles,** le préfet invite l'exploitant à déposer une nouvelle demande d'enregistrement. Dans le cas contraire, il fixe au besoin des prescriptions complémentaires.

Une modification est considérée comme substantielle si elle est de nature à entraîner des dangers ou inconvénients significatifs pour les intérêts mentionnés aux articles L 211-1 et L 511-1 du Code de l'environnement, ou si des seuils quantitatifs ou des critères fixés par arrêté ministériel sont atteints (voir Circ. DEVP1208015C du 14-5-2012 : BO écologie 2012/10 du 10-6-2012 p. 79).

CHANGEMENT D'EXPLOITANT DE L'INSTALLATION CLASSÉE

21325 Tout changement d'exploitant doit être signalé à l'autorité administrative (C. envir. art. R 512-68).

3. INSTALLATIONS DÉCLARÉES

21340 Sont soumises à déclaration des installations ne présentant pas de graves dangers ou inconvénients pour les intérêts visés à l'article L 511-1 (C. envir. art. L 512-8).

Outre les prescriptions générales édictées par le ministre chargé des installations classées (voir n° 21090), ces installations doivent respecter des **prescriptions générales édictées par arrêtés préfectoraux,** pris après avis du conseil départemental de l'environnement et des risques sanitaires et technologiques (C. envir. art. L 512-9 et R 512-51).

Le site internet mis à disposition du déclarant donne accès aux prescriptions générales applicables à l'installation (C. envir. art. R 512-49 et R 512-51). Le déclarant reconnaît, avant de solliciter la délivrance de la preuve de dépôt de la déclaration, en avoir pris connaissance.

Le déclarant peut demander au préfet une **modification des prescriptions** applicables à l'installation (C. envir. art. R 512-52). Il peut être entendu par le conseil départemental de l'environnement et des risques sanitaires et technologiques qui doit être consulté sur cette demande.

À certaines conditions, l'installation déclarée doit satisfaire à des objectifs en matière de performance énergétique et environnementale (voir n° 21120, précisions).

> Précisions a. Sur la **participation du public** à l'élaboration des prescriptions générales, voir n° 21090, précision a.

b. Les arrêtés préfectoraux et ministériels fixant les prescriptions générales précisent les délais et les conditions de leur **application aux installations existantes** (C. envir. art. L 512-9, al. 2 et L 512-10, al. 3). Sur l'application aux installations existantes des prescriptions générales fixées par arrêté ministériel, voir n° 21090.

c. Au titre des prescriptions générales, le ministre peut fixer une **distance minimale** que l'installation doit respecter, pendant toute la durée de son exploitation, par rapport aux **propriétés et habitations.** Le ministre détermine cette distance sous le contrôle du juge administratif, qui ne censure son appréciation que si elle est entachée d'erreur manifeste (CE 5-4-2002 n° 212741 Synd. national des activités du déchet : BPIM 6/02 inf. 376 ; CE 24-4-2012 n° 325454, Union des industries de la fertilisation : BPIM 3/12 inf. 209).

d. Comme pour l'enregistrement (voir n° 21280, Précisions b), la déclaration doit inclure les installations, ouvrages, travaux et activités soumis à autorisation ou déclaration en raison de leurs **incidences sur l'eau et les milieux aquatiques** (C. envir. art. L 214-1 s.) que leur **connexité** rend nécessaires à l'installation classée ou dont la proximité est de nature à en modifier notablement les dangers ou inconvénients (C. envir. art. L 512-8, al. 2). La déclaration vaut alors application des articles L 214-3 à L 214-6 du Code de l'environnement.

e. Dans le cas où une installation bénéficiant d'une autorisation d'exploiter est modifiée de telle sorte qu'elle **relève désormais du régime de la déclaration,** l'exploitant peut déposer un dossier de déclaration. Le préfet doit en principe délivrer un récépissé et communiquer à l'exploitant une copie des prescriptions générales qui lui sont désormais applicables. S'il entend fixer des prescriptions spéciales complémentaires, il peut le faire soit en prenant un nouvel arrêté, soit en modifiant l'arrêté d'autorisation antérieur (CE 26-6-2019 nº 413898, Min. transition écologique et solidaire : BPIM 4/19 inf. 241).

DÉPÔT DE LA DÉCLARATION

Avant la mise en service d'une installation inscrite en classe D par la nomenclature, l'exploitant doit adresser une simple **déclaration préalable** à la préfecture du département concerné (ou à la préfecture de police à Paris). Cette déclaration indique notamment l'identité du demandeur, l'emplacement de l'installation et le volume des activités. Elle doit être accompagnée d'un plan de situation et d'un plan d'ensemble et comporter des indications relatives aux eaux résiduaires et émanations de toute nature et à la gestion des déchets, ainsi que, le cas échéant, la mention des demandes d'autorisations et des déclarations au titre d'une autre législation que le Code de l'environnement déjà déposées ou dont le dépôt est envisagé (C. envir. art. R 512-47). **21345**

La déclaration et les documents joints sont normalement transmis par **voie électronique,** dans les conditions définies par l'arrêté DEVP1530691A du 15 décembre 2015. Il est délivré immédiatement par voie électronique une preuve de dépôt de la déclaration (C. envir. art. R 512-48, al. 1). La **preuve de dépôt** est mise à disposition sur le site internet de la ou des préfectures où est projetée l'installation, pour une durée minimale de trois ans. Le maire de la commune où l'installation doit être exploitée en reçoit une copie (C. envir. art. R 512-49). À la différence de l'accusé de réception délivré mécaniquement, la « preuve de dépôt » ne doit être délivrée qu'après vérification de l'applicabilité du régime déclaratif et du caractère régulier et complet de la déclaration et constitue une décision susceptible de recours (CE avis 15-9-2022 nº 463612 : BPIM 6/22).

L'installation peut être mise en service **15 jours** après la délivrance de la preuve de dépôt sauf si, dans ce délai, le préfet a décidé de soumettre le projet à un **examen au cas par cas** pour déterminer si une **évaluation environnementale** est requise (C. envir. art. R 512-48, al. 2). Dans cette hypothèse, de deux choses l'une : soit l'autorité chargée de cet examen décide de ne pas prescrire d'évaluation environnementale, et l'installation peut être mise en service ; soit elle prescrit une telle évaluation et la mise en service est subordonnée à l'obtention d'une autorisation. Le déclarant doit transmettre au préfet la décision de l'autorité chargée de l'examen au cas par cas.

> **Précisions** La transmission par voie électronique concerne également toutes les informations relatives à la vie de l'installation déclarée : **modifications notables** apportées à l'installation telles qu'un changement d'exploitant ou de mode d'exploitation et la **mise à l'arrêt définitif** de l'installation (C. envir. art. R 512-47, R 512-54, II, R 512-66-1 et R 512-68). Il en va de même des informations à fournir par l'exploitant d'une installation déclarée fonctionnant au bénéfice de l'antériorité (C. envir. art. R 513-1, II).

Si l'installation déclarée est en réalité soumise au régime des **installations autorisées ou enregistrées,** il appartient au préfet de refuser la déclaration et de demander la présentation d'un dossier d'autorisation ou d'enregistrement. Le Conseil d'État, juge de cassation, exerce un contrôle de qualification juridique des faits sur le **classement d'une installation dans la nomenclature** des installations classées. La question de savoir si une installation est soumise à autorisation ou à déclaration peut donc être utilement discutée devant lui (CE 17-11-1999 nº 199098, Sté Sodex : BPIM 2/00 inf. 90). **21350**

PRESCRIPTIONS SPÉCIALES

Si l'exploitation d'une installation soumise à déclaration présente des inconvénients pour lesquels les prescriptions générales s'avèrent insuffisantes, le préfet, éventuellement à la demande des tiers intéressés, peut imposer par arrêté toutes prescriptions spéciales nécessaires (C. envir. art. L 512-12). **21355**

> **Précisions** **a.** Selon un arrêt, les prescriptions spéciales ne peuvent légalement être imposées qu'après la mise en service de l'installation (CAA Nantes 23-6-1999 nº 95NT00064, Assoc. pour la défense des Essarts et autres riverains : RJE 2000 p. 109 concl. Lalauze).
> **b.** Le préfet fixe au besoin les prescriptions nécessaires à la protection des milieux aquatiques, notamment en ce qui concerne les rejets et prélèvements (C. envir. art. L 512-12, al. 2).

CADUCITÉ DE LA DECLARATION

21360 Les conditions de validité dans le temps et de caducité de la déclaration sont les mêmes qu'en matière d'installations enregistrées (voir n° 21315).

TRANSFERT, MODIFICATIONS NOTABLES ET CHANGEMENT D'EXPLOITANT

21365 Les règles applicables sont analogues à celles qui s'appliquent pour les installations enregistrées (voir n°s 21322 et 21325).

Tout transfert d'une installation déclarée sur un autre site exige une nouvelle déclaration (C. envir. art. R 512-54, I). Toute modification entraînant un changement notable des éléments du dossier de déclaration initiale doit être portée à la connaissance du préfet qui, s'il juge la modification substantielle, invite l'exploitant à déposer une nouvelle déclaration (C. envir. art. R 512-54, II). Tout changement d'exploitant doit être signalé à l'administration (C. envir. art. R 512-68).

C. Cessation d'activité

1. CESSATION D'ACTIVITÉ ET REMISE EN ÉTAT

PROCÉDURE DE CESSATION D'ACTIVITÉ

21450 Lorsque l'installation est mise à l'arrêt définitif, l'exploitant est soumis à un ensemble d'**obligations administratives** et **techniques.** Il doit placer le site dans un état tel qu'il ne puisse pas porter atteinte aux intérêts protégés par la réglementation sur les installations classées (C. envir. art. L 511-1) et par celle sur les milieux aquatiques (C. envir. art. L 211-1).

La première étape est la **mise en sécurité** du site. Elle est suivie d'une **réhabilitation** (ou remise en état) destinée à rendre l'état du site compatible avec un usage futur qui, pour les installations soumises à autorisation et à enregistrement, fait l'objet d'une détermination conjointe faisant intervenir l'autorité compétente en matière d'urbanisme et le propriétaire du terrain (C. envir. art. L 512-6-1 et L 512-7-6). Pour les installations soumises à déclaration, cet usage futur doit appartenir à la même catégorie de la typologie des usages prévue au I de l'article D. 556-1 A que la dernière période d'exploitation (C. envir. art. L 512-12-1 et R 512-66-1).

Des **entreprises certifiées** dans le domaine des sites et sols pollués ou disposant de compétences équivalentes en matière de prestations de services dans ce domaine attestent de la mise en œuvre des mesures de mise en sécurité ainsi que de l'adéquation et la mise en œuvre des mesures de réhabilitation (C. envir. art. L 512-6-1, al. 5 et L 512-7-6, al. 5).

Lors de la mise à l'arrêt définitif d'une installation classée, le préfet peut, après consultation de l'exploitant, du maire ou du président de l'EPCI compétent en matière d'urbanisme et, s'il ne s'agit pas de l'exploitant, du propriétaire du terrain sur lequel est situé l'installation, fixer un **délai contraignant** pour la réhabilitation du site et l'atteinte des objectifs et obligations correspondants. Cette décision peut concerner une partie d'installation mise à l'arrêt définitif, située sur un terrain que le préfet doit alors délimiter (C. envir. art. L 512-22).

> **Précisions a.** La cessation d'activité comporte les opérations suivantes (C. envir. art. R 512-75-1) :
> – la mise à l'arrêt définitif ;
> – la mise en sécurité ;
> – la détermination du ou des usages futurs ;
> – la réhabilitation ou remise en état.
>
> **b.** Quand une ICPE passe d'un régime (autorisation, enregistrement, déclaration) à un autre, les obligations en matière de cessation d'activité :
> – demeurent celles afférentes au régime initial si le changement résulte d'une réduction de l'activité ;
> – sont désormais celles afférentes au nouveau régime si le changement résulte d'une modification de la nomenclature (C. envir. art. R 512-75-1, II).
>
> **c.** Quand l'installation continue d'être le siège d'une activité mais que celle-ci ne justifie plus son classement au titre de la nomenclature, les mesures de mise à l'arrêt définitif et de mise en sécurité peuvent être adaptées pour répondre aux nécessités de l'activité qui continue (C. envir. art. R 512-75-1, VII dans sa rédaction issue du décret 2024-742 du 6-7-2024).
>
> **d.** Les règles relatives à l'intervention d'entreprises certifiées attestant de l'accomplissement des mesures de mise en sécurité et de réhabilitation sont applicables depuis le 1er juin 2022. Toutefois, pour les cessations d'activité notifiées à l'administration avant cette date, l'exploitant d'une ICPE relevant de l'autorisation ou de l'enregistrement peut, à certaines conditions et jusqu'au 1er janvier 2026, demander à en bénéficier (C. envir. art. L 512-6-1, al. 6 et L 512-7-6, al. 6 ; Décret 2024-742 du 6-7-2024 art. 66).

CESSATION D'ACTIVITÉ DES INSTALLATIONS AUTORISÉES ET ENREGISTRÉES

Règles communes Les dispositions applicables à ces deux catégories d'installations en matière de cessation d'activité sont pratiquement identiques (C. envir. art. L 512-6-1 et R 512-39 à R 512-39-6, pour les installations soumises à autorisation, L 512-7-6 et R 512-46-24 bis à R 512-46-29 pour les installations soumises à enregistrement). 21451

> **Précisions** **a.** Pour les **éoliennes,** la remise en état du site est soumise à des règles spéciales (C. envir. art. R 515-105 à R 515-108).
> **b.** La **remise en état du site** sur lequel a été exploitée une installation classée **fait partie intégrante de l'activité** exercée. Le site ne peut donc être considéré comme restitué au bailleur qu'à compter de la date à laquelle les mesures de dépollution sont achevées (Cass. 3e civ. 19-5-2010 nº 09-15.255 : RJDA 8-9/10 nº 831). L'indemnité d'occupation due par l'exploitant qui a mis fin au bail après la cessation de l'activité doit être fixée, pour la période de dépollution, par référence au loyer prévu par le bail (Cass. 3e civ. 23-6-2016 nº 15-11.440 FS-PB).

Notification de la cessation d'activité L'exploitant doit notifier au préfet, au moins **3 mois à l'avance,** la date d'arrêt définitif des installations ainsi que la liste des terrains concernés. Ce délai est porté à 6 mois pour les installations de stockage de déchets, les sites de stockage géologique de dioxyde de carbone et les carrières, dont les autorisations ont une durée limitée (C. envir. art. R 512-39-1, I et R 512-46-25, I). 21452

La notification indique les **mesures de mise en sécurité** et leur calendrier. Le cas échéant, elle comprend une demande de report de la réhabilitation (voir nº 21456).

Mise en sécurité du site La mise en sécurité du site comporte notamment (C. envir. art. R 512-75-1, IV) : 21453

– l'évacuation des produits dangereux et, pour les installations autres que les installations de stockage de déchets, la gestion des déchets présents ;
– des interdictions ou limitations d'accès ;
– la suppression des risques d'incendie et d'explosion ;
– la surveillance des effets de l'installation sur son environnement, tenant compte d'un diagnostic proportionné aux enjeux.

Des mesures de gestion temporaires ou de restrictions d'usage temporaires peuvent être adoptées.

L'exploitant fait attester de la mise en œuvre des mesures de mise en sécurité par une **entreprise certifiée**. Il transmet cette attestation à l'inspection des installations classées (C. envir. art. R 512-39-1, III et R 512-46-25, III).

Détermination de l'usage futur du site L'usage futur du site est déterminé **conjointement** avec le maire ou le président de l'EPCI compétent en matière d'urbanisme et le propriétaire du terrain s'il est distinct de l'exploitant (C. envir. art. L 512-6-1 et L 512-7-6). Les **types d'usages** auxquels il convient de se référer pour déterminer l'usage futur du site sont les suivants : usage industriel, usage tertiaire, usage résidentiel, usage récréatif de plein air, usage agricole, usage d'accueil des populations sensibles, usage de renaturation ou « autres usages » à préciser au cas par cas (C. envir. art. D 556-1 A, qui précise la définition de chaque type d'usage). 21454

Depuis **le 1er février 2004,** l'arrêté autorisant une installation sur un site nouveau fixe lui-même, après avis de ces personnes, l'usage du site après mise à l'arrêt définitif. Il en va de même pour l'arrêté d'enregistrement, depuis l'institution de cette formalité par l'ordonnance 2009-663 du 11 juin 2009. Pour les installations autorisées **avant le 1er février 2004,** la détermination conjointe de l'usage futur du site est effectuée lors de la mise à l'arrêt définitif (sur les modalités, voir C. envir. art. R 512-39-2 et R 512-46-26).

À défaut d'accord, l'exploitant doit placer le site dans un état tel qu'il permette un usage futur « comparable à celui pour lequel l'autorisation est demandée » (dans le cas où l'usage futur est fixé par la décision d'autorisation ou d'enregistrement) ou « comparable à celui de la dernière période d'exploitation de l'installation mise à l'arrêt » (dans le cas où il est déterminé lors de la mise à l'arrêt). Toutefois, si la réhabilitation ainsi définie est manifestement incompatible avec l'usage futur de la zone, tel qu'il résulte en particulier des documents d'urbanisme, le préfet peut fixer, après avis des mêmes personnes, des prescriptions de réhabilitation plus contraignantes permettant un usage du site cohérent avec ces documents. Il appartient au maire ou au président de l'EPCI compétent en matière d'urbanisme d'invoquer cette incompatibilité manifeste et de la démontrer.

> **Précisions** **a.** Dès lors que la décision de **fermeture** peut être regardée comme **irrévocable** et qu'il existe un désaccord sur l'usage futur du site, le préfet doit normalement se prononcer sur cet usage même si la fermeture effective de l'installation et la libération des terrains ne

doivent intervenir qu'ultérieurement. Il ne peut refuser de se prononcer que s'il est saisi d'une **annonce prématurée de cessation d'activité** révélant la volonté manifeste de l'exploitant de détourner la procédure de son objet, notamment pour se prémunir contre une modification des règles d'urbanisme (CE 20-3-2013 n° 347516, Min. écologie).

b. Un même site peut avoir **plusieurs usages** et dans ce cas, un zonage détaille leur répartition géographique (C. envir. art. D 556-1 A, dernier al.).

21455 **Réhabilitation du site** La réhabilitation consiste à placer le terrain dans un état permettant l'usage futur déterminé. Elle obéit aux modalités suivantes (C. envir. art. R 512-39-3 et R 512-46-27 dans leur rédaction issue du décret 2024-742 du 6-7-2024).

Dans un délai de **6 mois** après l'arrêt définitif, l'exploitant doit transmettre au préfet un **mémoire de réhabilitation** précisant les mesures prises ou prévues à cet effet. Le préfet peut prolonger le délai pour tenir compte de circonstances particulières. Doit être jointe au mémoire une **attestation de l'adéquation des mesures de réhabilitation** à la protection des intérêts mentionnés aux articles L 511-1 et, le cas échéant, L 211-1 du Code de l'environnement. Cette attestation est établie par une entreprise certifiée. Cette entreprise peut avoir rédigé le mémoire de réhabilitation.

Si l'attestation mentionne une **pollution du sol ou des eaux** et n'exclut pas l'exposition des populations, l'exploitant transmet copie du mémoire et de l'attestation à l'**Agence régionale de santé** (ARS) et en informe le préfet. L'ARS a 45 jours pour faire part au préfet de ses observations éventuelles.

Le préfet a **4 mois** à compter de la réception de l'attestation pour **prescrire**, s'il y a lieu, des travaux de réhabilitation, des mesures de surveillance des milieux et des restrictions d'usages pendant les travaux. Il peut prolonger ce délai en demandant des éléments complémentaires. Son silence vaut accord sur les travaux et les mesures de surveillance des milieux proposés par l'exploitant. Toutefois, si l'exploitant propose de déroger au principe de suppression des pollutions concentrées, le silence du préfet vaut rejet (C. envir. art. R 512-39-3, II et R 512-46-27, II dans leur rédaction issue du décret 2024-742 du 6-7-2024).

Après réalisation des travaux, l'exploitant doit faire attester par une entreprise certifiée de leur conformité aux objectifs prescrits, le cas échéant, par le préfet, ou définis dans le mémoire de réhabilitation. L'exploitant transmet cette attestation au préfet, au maire ou au président de l'EPCI compétent en matière d'urbanisme, ainsi qu'au propriétaire du terrain. L'entreprise fournissant l'attestation peut avoir réalisé le mémoire de réhabilitation ou délivré l'attestation de l'adéquation des mesures de réhabilitation mais ne peut pas avoir réalisé les travaux.

À réception de l'attestation, le préfet arrête, s'il y a lieu, des mesures de surveillance des milieux, des restrictions d'usage ainsi que les modalités de conservation de la mémoire. Sauf opposition ou demande complémentaire de sa part dans le délai de 2 mois après la transmission de l'attestation ou, le cas échéant, l'intervention de cet arrêté, la cessation d'activité est réputée achevée.

› Précisions **a.** Si le mémoire de réhabilitation et l'attestation jointe concluent à l'**absence de nécessité** de mesures de gestion et de travaux, le silence gardé par le préfet pendant 4 mois à compter de la transmission de ces documents vaut accord sur ce point et la cessation d'activité est réputée achevée dès ce stade (C. envir. art. R 512-39-3, V et VI et R 512-46-27, V et VI dans leur rédaction issue du décret 2024-742 du 6-7-2024).

b. Dans le cas où, après mise en œuvre des mesures de gestion de la pollution, l'exploitant ne démontre pas que la **pollution résiduelle** du site est compatible avec un usage résidentiel et avec l'accueil de populations sensibles, il doit remettre au préfet un **projet de secteur d'information sur les sols** (C. envir. art. R 512-39-3, III-al. 5 et R 512-46-27, III-al. 5 créés par le décret 2024-742 du 6-7-2024).

21456 **Report de la détermination de l'usage futur et de la réhabilitation** Lorsque l'exploitant d'une ou plusieurs installations classées arrête définitivement une installation soumise à autorisation ou enregistrement (ou plusieurs installations d'un même site dont au moins une soumise à autorisation ou enregistrement) et que les terrains concernés ne sont pas libérés, l'exploitant a la possibilité de différer sur demande justifiée la réhabilitation ainsi que, le cas échéant, les opérations de détermination de l'usage futur (C. envir. art. R 512-39 et R 512-46-24 bis).

L'exploitant **notifie au préfet** son intention de procéder à ce report et le calendrier envisagé, en joignant un exposé des justifications. Cette notification doit avoir lieu dans le même délai que la notification de la cessation d'activité (voir n° 21452) et elle peut y être intégrée.

Le préfet, s'il accorde le report, précise notamment les mesures conditionnant la libération du terrain, l'information préalable requise avant la mise en œuvre des opérations de réhabilitation, et la réévaluation périodique de la justification du report. L'absence de réponse du préfet dans un délai de 4 mois vaut rejet de la demande.

Impossibilité technique Dans le cas où une impossibilité technique imprévue engendrant des surcoûts manifestement excessifs, constatée au cours des opérations de réhabilitation, ne permet pas, compte tenu de l'usage futur déterminé comme indiqué nº 21454, de garantir les intérêts protégés par la réglementation sur les ICPE et le cas échéant, celle sur les milieux aquatiques (C. envir. art. R 512-39-3 bis et R 512-46-27 bis). L'exploitant doit alors transmettre au préfet un **mémoire** présentant les travaux réalisés, les travaux prévus non réalisés et les difficultés rencontrées, et permettant d'apprécier l'impossibilité de garantir ces intérêts. Après consultation du maire ou du président de l'EPCI compétent en matière d'urbanisme et du propriétaire du terrain, le préfet peut, par arrêté motivé, **réviser l'usage déterminé** et modifier en conséquence les prescriptions applicables. Les avis sollicités sont réputés favorables s'ils ne sont pas rendus dans un délai de 2 mois. 21457

CESSATION D'ACTIVITÉ DES INSTALLATIONS DÉCLARÉES

Pour les installations soumises à déclaration, la **procédure** applicable lors de la cessation d'activité est **simplifiée** (C. envir. art. L 512-12-1 et R 512-66-1 à R 512-66-3). 21460

L'exploitant notifie par voie électronique l'arrêt définitif de l'exploitation un mois à l'avance au préfet, en indiquant les mesures qu'il envisage pour assurer la **mise en sécurité** du site et leur calendrier (C. envir. art. R 512-66-1, I ; Arrêté DEVP1530691A du 15-12-2015).

Une fois achevée la mise en sécurité, qui doit être effective dès l'arrêt de l'installation, l'exploitant en informe par écrit le propriétaire du terrain sur lequel est située l'installation ainsi que le maire ou le président de l'EPCI compétent en matière d'urbanisme (C. envir. art. R 512-66-1, III). Si l'installation relève de certaines rubriques de la nomenclature (celles énumérées à l'article R 512-66-3 du Code de l'environnement), l'exploitant doit joindre à cette information une attestation relative à la mise en œuvre des mesures de mise en sécurité établie par **une entreprise certifiée** (C. envir. art. L 512-12-1, al. 2 et R 512-66-1, III-al. 2).

L'exploitant doit par ailleurs **réhabiliter** le site en le plaçant dans un état tel qu'il ne puisse porter atteinte aux intérêts mentionnés à l'article L 511-1 et qu'il permette un **usage futur** du site entrant dans la même catégorie d'usage que celle en cours lors de la **dernière période d'activité** de l'installation.

L'achèvement des opérations de réhabilitation donne lieu à une information écrite adressée au préfet, au propriétaire du terrain et au maire ou au président de l'EPCI compétent en matière d'urbanisme. Le silence gardé par le préfet pendant 2 mois à compter de la réception de cette information vaut acceptation des conditions de la cessation d'activité, qui est alors **réputée achevée** (C. envir. art. R 512-66-1, IV dans sa rédaction issue du décret 2024-742 du 6-7-2024).

> **Précisions** Lorsque la cessation d'activité d'une installation soumise à déclaration s'inscrit dans le cadre de la cessation d'activité de l'ensemble d'un site également constitué d'installations pour lesquelles l'autorisation environnementale tient lieu de récépissé de déclaration (C. envir. art. L 181-2, I-7º), la procédure prévue pour les installations soumises à autorisation s'applique (C. envir. art. R 512-66-1, VI créé par le décret 2024-742 du 6-7-2024).

DÉBITEUR ET ÉTENDUE DE L'OBLIGATION DE REMISE EN ÉTAT

L'obligation de remise en état du site après la cessation définitive de l'activité d'une installation classée pèse sur l'**ancien exploitant** ou, s'il a disparu, sur son **ayant droit.** Lorsque l'exploitant ou son ayant droit a cédé le site à un tiers, cette cession ne l'exonère de sa responsabilité que si le cessionnaire s'est substitué à lui en qualité d'exploitant. Aucune charge financière ne peut être imposée au propriétaire du site s'il n'a pas la qualité d'exploitant ou d'ayant droit de l'exploitant (CE ass. 8-7-2005 nº 247976, Sté Alusuisse-Lonza-France). 21465

Seul le **titulaire de l'autorisation** a la qualité d'exploitant et peut se voir imposer les prescriptions qui s'imposent pour remédier aux nuisances se rattachant à la période couverte par l'autorisation. Il en va ainsi même si l'exploitation de l'installation a été confiée à un **tiers** (CAA Lyon 9-12-1997 nº 93LY00816, Sté Elipol : BPIM 1/98 inf. 11, 2e espèce). En effet, en matière d'installations classées, les stipulations d'un contrat de droit privé sont inopposables à l'administration (CE 11-4-1986 nº 62234, min. environnement : Lebon p. 89). Lorsque le **changement d'exploitant** est soumis à autorisation, notamment s'agissant d'une installation de stockage de déchets (C. envir. art. R 516-1), et que cette autorisation n'a pas été obtenue, l'existence d'un contrat par lequel le bénéficiaire de l'autorisation a confié l'exploitation à un tiers est sans incidence

21465 (suite) sur son obligation de remettre le site en état à la fin de l'exploitation (CE 29-3-2010 n° 318886, Communauté de cnes de Fécamp : BPIM 3/10 inf. 203).

À tout moment, même après la remise en état du site, le préfet peut contraindre l'ancien exploitant ou son ayant droit à prendre les mesures nécessaires dans l'intérêt, notamment, de la santé ou de la sécurité publique et de la protection de l'environnement (voir n° 21502). Son obligation de remise en état est constituée dès lors que les inconvénients résultent de l'exploitation passée du site, par exemple la présence de résidus industriels ; peu importe que ces inconvénients aient pu être aggravés par le comportement du nouveau propriétaire.

Les obligations ainsi prévues valent y compris pour les installations dont l'exploitation a cessé **avant l'entrée en vigueur de la loi du 19 juillet 1976,** dès lors qu'elles étaient de la nature de celles que cette loi a soumises à autorisation. Cependant, les obligations de l'ancien exploitant sont prescrites 30 ans après la date à laquelle la cessation d'activité a été portée à la connaissance de l'administration, sauf dans le cas où les dangers et inconvénients présentés par le site auraient été dissimulés ; s'agissant des installations dont l'exploitation a cessé avant l'entrée en vigueur de la loi du 19 juillet 1976, la prescription de 30 ans court à compter de la cessation d'activité, sauf dissimulation (CE 13-11-2019 n° 416860, Cne de Marennes : BPIM 1/20 inf. 16) ; le Conseil d'État considère que la **prescription** de 30 ans prévue par l'ancien article 2262 du Code civil revêt le caractère d'un principe général du droit valable même en dehors du champ d'application de cet article (CE ass. 8-7-2005 n° 247976, Sté Alusuisse-Lonza-France).

La loi prévoit expressément que les **obligations financières** liées à la réparation des dommages causés à l'environnement par les installations, travaux, ouvrages et activités régis par le Code de l'environnement se prescrivent par 10 ans à compter du jour où le titulaire de l'action a connu ou aurait dû connaître la manifestation du dommage (C. envir. art. L 152-1).

Dans le cas où la remise en état du site ne peut pas être mise à la charge de la personne responsable, du fait de sa disparition ou de son insolvabilité, ou parce que la prescription trentenaire est acquise, l'**État peut assurer lui-même les opérations de dépollution** ; il est tenu de le faire en cas de risque grave pour la santé, la sécurité ou la salubrité publiques, ou pour l'environnement (CE 13-11-2019 n° 416860, Cne de Marennes : BPIM 1/20 inf. 16).

› Précisions **a.** La **garantie financière** imposée aux exploitants de certaines installations a notamment pour objet d'assurer la remise en état des lieux après la fermeture de l'installation (n° 21185).

b. Lorsque l'exploitant fait l'objet d'une procédure de **liquidation judiciaire,** les mesures de remise en état du site peuvent être imposées au liquidateur agissant en sa qualité de **représentant de l'exploitant** (Circ. environnement du 1-9-1997 : Le Moniteur 7-11-1997 Textes officiels n° 4902 p. 344). Le Conseil d'État juge en ce sens : le liquidateur judiciaire de l'exploitant doit veiller au respect des obligations découlant de la législation sur les installations classées, notamment en proposant à l'administration les mesures de remise en état du site (CE 28-9-2016 n° 384315 : BPIM 6/16 inf. 359).

Lorsque l'exploitant en liquidation judiciaire est une **société filiale,** l'existence d'une faute caractérisée commise par la **société mère** ayant contribué à une insuffisance d'actif de la filiale permet de mettre à la charge de la société mère tout ou partie du financement des mesures de réhabilitation. Si la société mère est elle-même filiale d'une autre société et qu'elle n'est pas en mesure de financer la remise en état, la même action peut être engagée contre sa propre société mère (C. envir. art. L 512-17). Ces dispositions valent également pour les installations déclarées.

c. Lorsque l'exploitant était **locataire** des lieux, il ne saurait normalement demander au propriétaire d'assumer la charge de la remise en état exigée de lui par l'administration après la résiliation du bail (Cass. 3e civ. 10-4-2002 n° 00-17.874 : RJDA 7/02 n° 734 ; Cass. 3e civ. 2-4-2008 n° 07-12.155 : RJDA 7/08 n° 762). Il pourrait cependant en aller autrement en présence de stipulations expresses du bail ou d'une convention de résiliation transférant cette obligation sur la tête du **bailleur** (CA Paris 9-6-2004 n° 02-21819 : BPIM 6/04 inf. 393). De telles stipulations sont inopposables à l'administration qui est en droit de demander à l'ancien exploitant de dépolluer le site, mais elles sont efficaces entre les parties qui les ont souscrites si bien que le propriétaire devrait in fine assumer le coût de la remise en état.

d. Le dernier exploitant d'une ICPE est tenu d'une obligation de remise en état du site lorsqu'il met l'installation à l'arrêt définitif, peu importan que le propriétaire du site ait l'**intention de reprendre l'activité** (Cass. 3e civ. 11-5-2022 n° 21-16.348 FS-B).

e. Une personne devenue **propriétaire du terrain** sur lequel s'élevait une installation classée mais **n'ayant pas la qualité d'ayant droit** de l'exploitant ne pourra pas faire l'objet d'une mise en demeure de dépolluer au titre de la police des installations classées sauf si l'acte d'acquisition a eu pour effet, eu égard à son objet et à sa portée, en lui transférant l'ensemble des biens et droits se rapportant à l'exploitation concernée, de le substituer, même sans autorisation préfectorale, à l'exploitant (CE 29-6-2018 n° 400677, Min. environnement : BPIM 4/18 inf. 254).

En revanche, cette personne est susceptible d'être regardée comme détentrice de déchets et se voir enjoindre par le maire ou, en cas de carence de celui-ci, par le préfet, d'en assurer l'élimination au titre de la **police des déchets** (CE 23-11-2011 n° 325334, Min. écologie, dans un cas de pollution du sol par le mercure). Toutefois, dès lors que l'ancien exploitant, détenteur des déchets restés sur le site, conserve une existence légale, et même s'il est insolvable, le préfet ne peut pas enjoindre au propriétaire du terrain, au titre de la police des déchets, de procéder à leur enlèvement (CAA Douai 18-10-2022 n° 20DA02096, Sté OLC Activités : BPIM 6/22 inf. 408).

f. **L'élimination des déchets d'une ancienne ICPE** peut être mise à la charge du propriétaire du terrain s'il ne s'est pas opposé à l'abandon de ces déchets ou s'il a acquis le terrain en sachant qu'ils y étaient présents et que leur producteur ne serait pas en mesure de procéder à leur enlèvement (CE 24-10-2014 n° 361231, Sté Unibail-Rodamco : BPIM 6/14 inf. 370).

g. Le principe de la **prescription trentenaire** est sans incidence, d'une part, sur l'exercice, à toute époque, par l'autorité administrative des pouvoirs de police spéciale conférés par la loi en présence de dangers ou inconvénients se manifestant sur le site où a été exploitée une telle installation, et, d'autre part, sur l'engagement éventuel de la responsabilité de l'État à ce titre (CE 12-4-2013 n° 363282, SCI Chalet des Aulnes : BPIM 3/13 inf. 172).

RÉHABILITATION PAR UN TIERS

Dès la notification de la cessation d'activité d'une installation classée, un tiers intéressé peut demander au préfet de se substituer à l'exploitant, avec l'accord de celui-ci, pour réaliser les travaux de réhabilitation en fonction de l'usage que ce tiers envisage pour le terrain concerné (C. envir. art. L 512-21 et R 512-76 à R 512-81 dans leur rédaction issue du décret 2024-742 du 6-7-2024). **21500**

Les usages à prendre en compte sont définis à l'article D 556-1 A du Code de l'environnement. Le tiers demandeur peut aussi se substituer sur une partie du terrain seulement et l'ancien exploitant assure alors la remise en état sur la partie restante (C. envir. art. R 512-77).

Lorsque l'usage ou les usages envisagés par le tiers demandeur sont d'une autre nature que celles définies comme indiqué n°s 21454 et 21460, le tiers demandeur recueille l'accord du maire ou du président de l'EPCI compétent en matière d'urbanisme et du propriétaire du terrain.

Le tiers adresse d'abord au préfet une demande d'**accord préalable** indiquant le ou les types d'usage futur envisagés et accompagnée notamment de l'accord du dernier exploitant, à moins qu'il ne soit pas connu (C. envir. art. R 512-76). Le préfet se prononce en tenant compte en particulier des documents d'urbanisme applicables et de l'utilisation des terrains situés au voisinage du site. S'il donne son accord, il détermine les types d'usage futur et fixe un délai pour déposer un dossier de demande de substitution.

Ce dossier comprend notamment un **mémoire de réhabilitation** définissant les mesures permettant d'assurer la compatibilité entre l'usage futur envisagé et l'état des sols (C. envir. art. R 512-78). Si le préfet accepte la substitution, il fixe notamment les travaux de réhabilitation à réaliser, le délai de réalisation et les garanties financières requises. Une fois les travaux achevés, le tiers fait attester de leur conformité avec les prescriptions du préfet.

Le tiers demandeur doit disposer de capacités techniques suffisantes et de **garanties financières** couvrant la réalisation des travaux de réhabilitation pour assurer la compatibilité entre l'état des sols et l'usage envisagé (C. envir. art. L 512-21, V, R 512-80 et R 512-81, détaillant les modalités de constitution, d'appel et de levée de ces garanties). Le montant des garanties peut être réévalué en cas de modification substantielle des mesures prévues dans le mémoire de réhabilitation rendant nécessaires des travaux de réhabilitation supplémentaires.

En cas de défaillance du tiers demandeur et d'impossibilité de mettre en œuvre les garanties financières, le dernier exploitant demeure responsable de la mise en sécurité de l'installation, mais non de sa réhabilitation (C. envir. art. L 512-21, VII).

Un **autre tiers intéressé** peut demander à se substituer au tiers demandeur, avec l'accord de celui-ci et de l'exploitant (C. envir. art. L 512-21, V, al. 3). Si l'usage prévu est identique à celui sur lequel il s'est déjà prononcé, le préfet se bornera à vérifier les garanties présentées par ce nouvel intervenant.

> Précisions **a.** Le tiers intéressé peut demander à se substituer à l'exploitant pour réaliser, outre la réhabilitation, tout ou partie des mesures de **mise en sécurité** de l'installation (C. envir. art. L 512-21, I). Ces mesures sont alors précisées dans le mémoire de réhabilitation et peuvent faire l'objet de prescriptions du préfet. Dans ce cas, le montant des garanties financières couvre non seulement les travaux de réhabilitation, mais aussi les travaux de mise en sécurité du site (C. envir. art. L 512-21, V).

b. Avec l'accord de l'exploitant, un tiers intéressé peut demander au préfet, par **anticipation,** de se substituer à lui en cas de future cessation d'activité (C. envir. art. L 512-21, I-al. 3 et R 512-76, V dans sa rédaction issue du décret 2024-742 du 6-7-2024).

© Éd. Francis Lefebvre

PRESCRIPTIONS DU PRÉFET APRÈS CESSATION D'ACTIVITÉ

21502 À tout moment après la cessation d'activité, même après l'achèvement de la réhabilitation, et quel qu'ait été le régime de l'installation (autorisation, enregistrement, déclaration), le préfet peut imposer à l'exploitant les prescriptions nécessaires à la protection des intérêts visés à l'article L 511-1 (et, le cas échéant, à l'article L 211-1) du Code de l'environnement). Mais en cas de **modification ultérieure de l'usage du site,** l'exploitant ne peut pas se voir imposer des mesures complémentaires induites par ce nouvel usage sauf s'il est lui-même à l'initiative du changement d'usage (C. envir. art. R 512-39-4, I, R 512-46-28, I et R 512-66-2, I).

Si la réhabilitation a été confiée à un **tiers demandeur** (voir nº 21500), les prescriptions sont imposées à ce tiers, sous la même réserve (C. envir. art. R 512-39-4, II, R 512-46-28, II et R 512-66-2, II).

> **Précisions** **a.** Les prescriptions après cessation d'activité sont prises selon la même procédure que les **prescriptions complémentaires** relatives à l'exploitation des installations (voir nºs 21260 s. pour les installations autorisées). L'exploitant ou le tiers demandeur doit notamment pouvoir présenter ses observations.
> **b.** Pour les installations autorisées ayant cessé leur activité **avant le 1er octobre 2005,** les prescriptions prennent en compte un usage du site appartenant à la même catégorie de la typologie des usages prévue au I de l'article D 556-1 A que celui de la dernière période d'exploitation de l'installation (C. envir. art. R 512-39-5). Sur les types d'usages, voir nº 21454.

CHANGEMENT D'USAGE DU TERRAIN

21503 Lorsqu'une installation est mise à l'arrêt définitif et régulièrement réhabilitée et qu'un usage différent est ultérieurement envisagé sur le terrain, le maître d'ouvrage à l'initiative du changement d'usage du terrain doit, sur la base d'une **étude des sols,** définir des mesures de gestion de la pollution des sols et les mettre en œuvre afin d'assurer la compatibilité entre l'état des sols et la protection de la sécurité, de la santé et de la salubrité publiques, l'agriculture et l'environnement au regard du nouvel usage projeté (C. envir. art. L 556-1, R 556-1 et R 556-2). Une attestation établie par un bureau certifié dans les sites et sols pollués doit être jointe aux **demandes de permis de construire** et **d'aménager** ou à la déclaration préalable (C. envir. art. R 556-3 ; C. urb. art. R 431-16, n et R 441-8-3).

Si une **pollution résiduelle** demeure et si elle est compatible avec le nouvel usage envisagé sur le terrain, le maître d'ouvrage en informe le propriétaire et le préfet qui peut alors créer sur le terrain un secteur d'information sur les sols (voir nº 21510). Si le maître d'ouvrage n'est pas en mesure de démontrer que la pollution résiduelle après mise en œuvre des mesures de gestion est compatible avec un usage résidentiel et l'accueil de populations sensibles, il doit transmettre au préfet, au plus tard à la date de la déclaration d'achèvement des travaux, un projet de secteur d'information sur les sols (C. envir. art. R 556-1, III dans sa rédaction issue du décret 2024-742 du 6-7-2024 modifié).

Le changement d'usage s'apprécie au regard des **types d'usages** définis par décret (C. envir. art. D 556-1 A et R 556-1 B).

21504 Le maître d'ouvrage à l'origine du changement d'usage doit au préalable **s'informer sur l'état de la procédure de la cessation d'activité** (C. envir. art. R 556-1, I dans sa rédaction issue du décret 2024-742 du 6-7-2024). Si le site a fait l'objet d'une **réhabilitation régulière,** le maître d'ouvrage définit au besoin des mesures de gestion de la pollution garantissant la compatibilité de l'état des sols avec le nouvel usage, fait certifier leur prise en compte et transmet l'attestation au service instructeur de sa demande d'autorisation d'urbanisme (ainsi qu'à l'inspection des installations et à l'agence régionale de santé si l'un des usages projetés est l'accueil de populations sensibles).

S'il n'y a **pas eu réhabilitation régulière,** les travaux de réhabilitation sont menés par le dernier exploitant ou par le maître de l'ouvrage qui prend alors la qualité de tiers intéressé (voir nº 21500). Si toutefois le dernier exploitant est inconnu ou a disparu, le maître de l'ouvrage définit et fait certifier des mesures de gestion de la pollution.

Le maître de l'ouvrage doit justifier, dans l'attestation relative aux mesures de gestion de la pollution, des **démarches effectuées** pour vérifier les informations relatives à la cessation d'activité de l'installation.

> **Précisions** En cas de modification ultérieure de l'usage du site, l'exploitant ne peut se voir imposer de **mesures complémentaires induites par ce nouvel usage** sauf s'il est lui-même à l'initiative de ce changement d'usage (C. envir. art. R 512-39-4). Le coût d'une dépollution complémentaire du site nécessitée par le nouvel usage voulu par un tiers ne peut pas être mis à sa charge dès lors qu'en son temps, il s'est acquitté de ses obligations environnementales en matière de remise en état du site (Cass. 3e civ. 29-6-2022 nº 21-17.502 FS-B, SCI c/ Sté SH2 HEM : BPIM 4/22 inf. 275).

2. VENTE DU TERRAIN

INFORMATION DÉLIVRÉE À L'ACQUÉREUR

Le vendeur d'un terrain, **ancien site d'exploitation** d'une installation soumise à autorisation ou à enregistrement, a l'**obligation d'informer** l'acquéreur par écrit de cette ancienne affectation et des « dangers ou importants inconvénients » qui peuvent en résulter. Si le vendeur est l'exploitant de l'installation, il doit également indiquer par écrit à l'acquéreur si son activité a entraîné la manipulation ou le stockage de substances chimiques ou radioactives ; l'acte de vente doit attester de l'accomplissement de cette formalité. 21505

Si cette information n'a **pas été délivrée**, et si une pollution constatée rend le terrain impropre à la destination précisée dans le contrat, dans un délai de 2 ans à compter de la découverte de la pollution, l'acheteur a le choix de demander la résolution de la vente ou de se faire restituer une partie du prix ; il peut aussi demander la réhabilitation du site aux frais du vendeur, lorsque le coût de cette réhabilitation ne paraît pas disproportionné par rapport au prix de vente (C. envir. art. L 514-20). L'obligation d'information ne concerne pas la vente d'un terrain ayant supporté une installation déclarée (Cass. 3e civ. 20-6-2007 no 06-15.663 : Bull. civ. III no 111).

Les **notaires** devront se montrer soucieux de susciter, de la part du vendeur, ces déclarations dans l'acte de vente. À défaut, comme indiqué ci-dessus, l'acquéreur serait en droit soit de demander la résolution de la vente, soit d'exiger la remise en état du site aux frais du vendeur, et ce proportionnellement au prix de vente. Il pourrait aussi demander la réhabilitation du site aux frais du vendeur si son coût ne paraît pas disproportionné par rapport au prix de vente.

> **Précisions** **a.** Il ne peut pas être dérogé au **formalisme** de cette obligation d'information (Cass. 3e civ. 12-1-2005 no 03-18.055 : RJDA 6/05 no 680).
> **b.** L'obligation d'information s'applique à la vente d'un terrain ayant supporté une **installation exploitée avant la loi de 1976** dès lors qu'il s'agissait d'une installation soumise à autorisation au regard de la législation et de la réglementation applicable à la période d'exploitation (Cass. 3e civ. 17-11-2004 no 03-14.038 : RJDA 5/05 no 532).
> **c.** L'obligation d'information ne s'applique pas si **aucune des installations classées** sur le site industriel n'a **été exploitée sur le terrain vendu,** ni aucune installation connexe exploitée à proximité au sens de l'ancien article R 512-32 du Code de l'environnement, désormais L 181-1 dernier alinéa (Cass. 3e civ. 22-11-2018 no 17-26.209 FS-PBI). S'agissant d'une parcelle où se trouvaient l'entrée d'une usine exploitée de 1893 à 1961 et la maison du gardien, il a été jugé que l'obligation d'information s'appliquait dès lors qu'elle était incluse dans le périmètre de l'ICPE (Cass. 3e civ. 21-9-2022 no 21-21.933 FS-B, Établissement Bordeaux Métropole c/ Sté Établissements A Gré et Cie : BPIM 6/22 inf. 436).

SECTEURS D'INFORMATION SUR LES SOLS

Des **secteurs d'information sur les sols** (SIS) permettent d'identifier les terrains où la connaissance de la pollution des sols justifie, notamment en cas de changement d'usage, la réalisation d'études de sols et de mesures de gestion de la pollution pour préserver la sécurité, la santé ou la salubrité publiques et l'environnement (C. envir. art. L 125-6 et R 125-41 et s.). Les SIS sont créés par arrêté préfectoral. L'avis du maire ou du président de l'EPCI compétent en matière d'urbanisme est préalablement recueilli et les propriétaires des terrains sont informés. Les SIS sont indiqués dans un document graphique du PLU ou de la carte communale. Le préfet tient une liste des SIS du département, révisée annuellement. 21510

Lorsqu'un terrain situé dans un secteur d'information sur les sols fait l'objet d'un contrat de vente ou de location, le vendeur ou le bailleur de ce terrain est tenu d'en **informer par écrit l'acquéreur ou le locataire** et de lui communiquer les informations rendues publiques par l'État (C. envir. art. L 125-7). L'acte de vente ou de location atteste de cette formalité. **À défaut** et si une pollution constatée rend le terrain impropre à sa destination précisée dans le contrat ou, à défaut, l'usage envisagé au sens de l'article L 556-1 A (c'est-à-dire la fonction ou la ou les activités ayant cours ou envisagées pour un terrain ou un ensemble de terrains donnés, le sol de ces terrains ou les constructions et installations qui y sont implantées), l'acheteur ou le locataire peut, dans un délai de 2 ans après la découverte de la pollution, soit poursuivre la résolution du contrat, soit se faire restituer une partie du prix de vente ou obtenir une réduction du loyer, soit demander la **réhabilitation** du terrain aux frais du vendeur si cette réhabilitation ne paraît pas disproportionnée par rapport au prix de vente. La réhabilitation s'entend au sens du même article L 556-1 A, c'est-à-dire la mise en compatibilité de l'état des sols avec, d'une part, la protection des intérêts mentionnés par la législation sur les ICPE et sur les milieux aquatiques et, d'autre part, l'usage futur envisagé pour le terrain.

Pour les terrains qui supportaient anciennement une installation classée et sont compris dans un SIS, l'obligation d'information sur les SIS s'ajoute à celle mentionnée no 21505.

 © Éd. Francis Lefebvre

> **Précisions** **a.** Les **projets de construction** ou de **lotissement** prévus dans un secteur d'information des sols (C. envir. art. L 556-2) font l'objet d'une étude des sols pour établir les mesures de gestion de la pollution à mettre en œuvre pour assurer la compatibilité entre l'usage futur et l'état des sols (C. envir. art. L 556-2 et R 556-2). Dans le dossier de demande de permis de construire ou d'aménager, le maître d'ouvrage fournit une attestation garantissant la réalisation de cette étude des sols et de sa prise en compte dans la conception du projet de construction ou de lotissement (C. envir. R 556-3 ; C. urb. art. R 431-16, o et R 442-8-1).
> **b.** Quand une **ICPE** est nouvellement autorisée, enregistrée ou déclarée sur un secteur **déjà classé en SIS**, celui-ci n'est pas supprimé, sauf si, lors de l'aménagement de la nouvelle installation, l'état du site est rendu compatible avec un usage résidentiel et l'accueil de populations sensibles (C. envir. art. R 125-47, dern. al. dans sa rédaction issue du décret 2024-742 du 6-7-2024). Sous cette réserve, sont **exclus des SIS** les ICPE en exploitation ou en cours de cessation d'activité, sauf lorsque l'exploitant de l'installation classée a disparu ou est insolvable et que l'installation a fait l'objet d'une mise en sécurité (suppression des risques d'incendie, d'explosion, etc.) (C. envir. art. R 125-43).

D. Contrôle des installations classées

1. INFORMATION ET POUVOIRS DE L'ADMINISTRATION

OBLIGATION D'INFORMATION

21550 Le législateur impose à l'exploitant un certain nombre d'informations à destination du **public.** Ainsi la loi prévoit le **droit à l'information** des citoyens sur les risques majeurs technologiques ou naturels (C. envir. art. L 125-2). Dans les communes exposées à un risque majeur, le maire doit communiquer à la population, par tout moyen approprié, notamment par voie électronique, les caractéristiques du ou des risques majeurs, les mesures de prévention, les modalités d'alerte et d'organisation des secours et, le cas échéant, celles de sauvegarde en application du Code de la sécurité intérieure. Une information sur les risques et les mesures de sauvegarde est affichée dans certaines catégories de locaux et de terrains, notamment au regard des caractéristiques du risque ou du caractère non permanent de l'occupation des lieux. Un dossier complet peut être consulté par toutes personnes s'estimant concernées par l'information dans les mairies des communes exposées à un risque majeur. Les documents mis à disposition comprennent un dossier départemental sur les risques majeurs, également consultable à la préfecture, et un document d'information communal indiquant les risques pesant sur la commune et les mesures de prévention et de sauvegarde (C. envir. art. R 125-9 s.). Pour les **installations Seveso** qui présentent des **dangers particulièrement importants** pour la sécurité et la santé des populations voisines et pour l'environnement, le préfet peut, dans l'arrêté d'autorisation ou dans un arrêté complémentaire, fixer les obligations de l'exploitant en matière d'information et d'alerte des personnes susceptibles d'être affectées par un accident, quant aux dangers encourus, aux mesures de sécurité et au comportement à adopter.

Tout **incident** ou **accident** de nature à porter atteinte au voisinage ou à l'environnement doit être signalé à l'autorité administrative. Un rapport établi par l'exploitant doit être transmis au préfet et à l'inspection des installations classées. Ce **rapport d'accident ou d'incident** précise les circonstances et les causes de l'événement, les effets sur les personnes et l'environnement, les mesures prises ou envisagées pour éviter un accident ou incident similaire et pour en pallier les effets à moyen ou long terme (C. envir. art. R 512-69). Si une enquête plus approfondie révèle ensuite des éléments nouveaux, le rapport doit être mis à jour et transmis à l'administration.

> **Précisions** **a.** Pour les installations classées susceptibles de créer des accidents majeurs impliquant des substances dangereuses (**installations « Seveso »**), l'exploitant est tenu de recenser tous les 4 ans les substances, préparations ou mélanges dangereux susceptibles d'être présents dans ses installations. Il tient régulièrement à jour ce recensement. Il établit une étude de dangers et définit une politique de prévention des accidents majeurs, qu'il actualise tous les 5 ans. Le préfet met à la disposition du public, par voie électronique, les informations relatives aux accidents majeurs susceptibles de se produire et aux moyens pour en assurer la prévention (C. envir. art. L 515-32 à L 515-35 et R 515-85 à R 515-90-1). Les programmes d'inspection sont conçus en vue d'un examen planifié et systématique des systèmes techniques, d'organisation et de gestion appliqués dans l'établissement (C. envir. art. R 515-90-1). Quand plusieurs établissements sont implantés à proximité les uns des autres dans des conditions de nature à aggraver le risque ou les conséquences

d'un accident majeur, ils doivent échanger entre eux les informations utiles et coopérer pour l'information du public et de l'administration (C. envir. art. R 515-88-1). De son côté, le préfet communique à chaque établissement les informations utiles relatives à son environnement (C. envir. art. R 515-90).

b. Pour celles des installations Seveso qui présentent des **dangers particulièrement importants** pour la sécurité et la santé des populations voisines et pour l'environnement, des servitudes d'utilité publique peuvent être instituées à l'intérieur d'un périmètre délimité autour de l'installation. L'exploitant met en place un système de gestion de la sécurité et élabore un **plan d'opération interne,** en vue de contenir et maîtriser les incidents et de mettre en œuvre les mesures nécessaires pour protéger la santé publique et l'environnement contre les effets d'accidents majeurs (C. envir. art. L 515-36 à L 515-42 et R 515-91 à R 515-100). Par ailleurs, l'exploitant doit, pour chacun des accidents majeurs identifiés dans l'étude de dangers, présenter une **évaluation** des probabilités d'occurrence et du **coût des dommages** matériels potentiels aux tiers. Ce rapport d'évaluation est révisé en même temps que l'étude de dangers (C. envir. art. L 515-26 et R 515-51).

c. À chaque **changement notable** des conditions d'exploitation d'une installation de stockage de déchets, d'une carrière ou d'une installation « Seveso », un **état de la pollution des sols** doit être transmis au préfet, au maire et au propriétaire du terrain (C. envir. art. L 512-18).

PRESCRIPTIONS COMPLÉMENTAIRES

Le préfet peut, à tout moment, prescrire les évaluations et les mesures rendues nécessaires **21555** par un accident ou un incident, par l'inobservation des conditions imposées à l'exploitant ou par tout autre danger ou inconvénient portant ou menaçant de porter atteinte aux intérêts protégés (C. envir. art. L 512-20). Pour les installations autorisées, il peut exiger de l'exploitant la réalisation d'une « tierce expertise » (voir n° 21215).

Les mesures qui à ce titre sont susceptibles d'être imposées à l'exploitant (y compris après la mise à l'arrêt définitif de l'installation en cause) peuvent concerner, le cas échéant, des terrains situés au-delà du strict périmètre de l'installation, dans la mesure où ils présentent des risques de nuisance pour la santé publique ou la sécurité publique ou la protection de l'environnement, se rattachant directement à l'activité présente ou passée de cette installation. Un arrêté préfectoral ordonnant la réalisation d'études relatives à la pollution de terrains voisins d'un complexe sidérurgique désaffecté est donc légal (CE 26-11-2010 n° 323534, Sté Arcelormittal France : BPIM 1/11 inf. 13).

> **Précisions** Si le préfet envisage d'imposer des prescriptions complémentaires à une installation, il doit en principe solliciter l'avis du conseil départemental des risques sanitaires et technologiques et **communiquer** à l'exploitant les **pièces utiles** pour qu'il puisse présenter ses observations (C. envir. art. L 512-20 ; CE 16-10-2017 n° 395303, Sté chimique d'Oissel).

2. MISE EN ŒUVRE DU CONTRÔLE

CAS GÉNÉRAL

Les règles applicables au contrôle des installations, ouvrages, travaux, opérations, objets, dis- **21570** positifs et activités régies par le Code de l'environnement sont unifiées (C. envir. art. L 170-1 s.), sous réserve de certaines dispositions particulières notamment pour les installations classées (C. envir. art. L 514-4 s.).

Le contrôle de la mise en service et du fonctionnement de l'installation classée appartient à **l'inspection des installations classées.** Le préfet choisit les inspecteurs principalement parmi les ingénieurs des mines qui dépendent de la direction régionale de l'industrie et de la recherche. Ils sont tenus au secret professionnel.

Dans le cadre de la **recherche d'infractions,** les agents habilités accèdent de 6 heures à 21 heures, sur simple information préalable du procureur de la République, aux installations de production, fabrication, stockage, etc. (C. envir. art. L 172-5).

En dehors de cette hypothèse, les **opérations de contrôle** sont plus encadrées. En cas de refus d'accès, la visite est autorisée par le juge de la liberté et de la détention. Elle se déroule alors sous l'autorité et le contrôle de ce magistrat, en présence de l'exploitant ou de son représentant, qui peut se faire assister du conseil de son choix. Il en est dressé un procès-verbal que l'exploitant est invité à signer et dont un exemplaire lui est remis (C. envir. art. L 171-1 et L 171-2). Les agents chargés des contrôles peuvent se faire communiquer et prendre copie de documents (C. envir. art. L 171-3). L'exploitant est informé par l'inspecteur des installations classées des suites du contrôle. L'inspecteur des installations classées transmet son rapport de contrôle au préfet et en fait copie simultanément à l'exploitant qui peut faire part au préfet de ses observations (C. envir. art. L 514-5). Le défaut de transmission de la copie à l'exploitant entache la mise en demeure ultérieure prise par le préfet d'un vice substantiel entraînant son illégalité (CE 6-12-2012 n° 354241, Min. écologie c/ Sté Arcelormital Real Estate France : BPIM 2/13 inf. 105 ; CAA Marseille 4-7-2011 n° 08MA04008, Sté Granulats Gontero : BPIM 6/11 inf. 445).

> **Précisions** **a.** La **faute de l'administration** dans sa mission de contrôle des installations classées, de nature à engager la responsabilité de l'État, doit s'apprécier au regard des informations dont elle pouvait disposer quant à l'existence de facteurs de risques particuliers ou d'éventuels manquements de l'exploitant de l'installation classée autorisée (ainsi jugé, dans l'affaire de l'indemnisation des victimes de l'explosion survenue le 21 septembre 2001 à l'usine AZF de Toulouse : CE 17-12-2014 n°s 367202 et 367203, Min. écologie : BPIM 1/15 inf. 15).
> **b.** Sous certaines conditions, les agents chargés du contrôle des installations classées peuvent recourir à des **drones** (C. envir. art. L 171-5-2).

INSTALLATIONS SOUMISES À DÉCLARATION

21575 Certaines catégories **d'installations soumises à déclaration** doivent faire l'objet de contrôles périodiques permettant à l'exploitant de s'assurer que ses installations fonctionnent dans les conditions requises par la réglementation. Ces contrôles portent sur le respect des prescriptions techniques applicables à l'installation et sont effectués aux frais de l'exploitant par des **organismes agréés.** Les résultats sont tenus à la disposition de l'administration ou, lorsque certaines non-conformités sont détectées, transmis à l'autorité compétente (C. envir. art. L 512-11 et R 512-55 s.). Peuvent être dispensées du contrôle les installations exploitées par une organisation bénéficiant d'un enregistrement en application du règlement CE 1221/2009 du 25 novembre 2009 (système « EMAS ») (C. envir. art. R 512-57, II).

3. SUITES DU CONTRÔLE

MISE EN DEMEURE ET SANCTIONS ADMINISTRATIVES

21585 Le Code de l'environnement dote l'autorité compétente du pouvoir de prendre, après mise en demeure, des **mesures conservatoires** et, le cas échéant, des sanctions si une installation fonctionne sans autorisation, enregistrement ou déclaration (C. envir. art. L 171-7) ou ne respecte pas les prescriptions qui lui sont applicables (C. envir. art. L 171-8). Ces mesures doivent être précédées d'une procédure contradictoire.

L'exploitant peut se voir infliger des **amendes** et des **astreintes** peuvent être prononcées pour obtenir l'exécution des mesures ordonnées. Amendes et astreintes doivent être proportionnées à la gravité des manquements constatés et tenir compte de l'importance du trouble causé à l'environnement (C. envir. art. L 171-7, I-1° et L 171-8, II-4°-al. 2).

L'autorité compétente peut également obliger l'exploitant à déposer entre les mains d'un comptable public une **somme** correspondant au coût des mesures qu'elle ordonne (C. envir. art. L 171-7, I-2° et L 171-8, II-1°). Cette somme est **consignée** auprès de la Caisse des dépôts et consignations. En cas d'inexécution persistante, il est procédé à une exécution d'office au frais de l'exploitant, les dépenses s'imputant sur la somme consignée.

> **Précisions** **a.** Les dispositions relatives aux mises en demeure et sanctions administratives (C. envir. art. L 171-7 et L 171-8) sont issues de l'**ordonnance 2012-34 du 11 janvier 2012** portant simplification, réforme et harmonisation des dispositions de police administrative et de police judiciaire du Code de l'environnement. Leur champ d'application s'étend à l'ensemble des installations, ouvrages, travaux, opérations et activités régis par ce code. Elles reprennent des dispositions antérieures qui concernaient les seules installations classées (C. envir. anciens art. L 514-1 et L 514-2).
> **b.** Les mesures de mise en demeure et de suspension peuvent être prises lorsque l'exploitant d'une installation déclarée, enregistrée ou autorisée s'y livre à des **activités non couvertes par la déclaration, l'enregistrement ou l'autorisation** (CE 6e ch. 8-7-2016 n° 390160 : BPIM 5/16 inf. 298).
> **c.** La mise en demeure peut faire l'objet d'un **recours pour excès de pouvoir** devant le juge administratif. L'exploitant peut également exciper de son illégalité à l'appui d'un recours dirigé contre la sanction prise ultérieurement. Toutefois, si un danger grave et imminent impose de suspendre l'exploitation, la circonstance que cette mesure fasse suite à une mise en demeure irrégulière est sans incidence sur sa légalité (CE 14-11-2008 n° 297275, Min. écologie c/ Sté Soferti : BPIM 1/09 inf. 13).
> **d.** L'**exception d'illégalité** de la mise en demeure peut être invoquée à l'encontre des mesures ultérieurement imposées par le préfet si cette exception est invoquée avant l'expiration du délai de recours contentieux contre la mise en demeure – ou bien si cette mise en demeure a fait l'objet d'un recours introduit dans ce délai, tant que le juge n'a pas définitivement statué (CE 20-3-2013 n° 352551, Min. écologie : BPIM 3/13 inf. 173).
> **e.** Les sanctions susceptibles d'être prises intervenant à l'issue d'une **procédure contradictoire particulière** définie par le Code de l'environnement, l'article 24 de la loi 2000-321 du 12 avril 2000, qui fixe les règles générales de procédure applicables aux décisions qui doivent être motivées (et dont les dispositions sont aujourd'hui

reprises aux articles L 121-12 s. du CRPA), n'est pas applicable (CE 28-12-2009 n° 319736, Min. écologie : Lebon p. 534).

f. La mise en demeure, qui constitue une mesure de police, doit être **motivée** (CAA Lyon 8-3-1994 n° 92LY00635, Sté ELF France). Voir cependant, sur l'inopérance des moyens tirés de vices de forme ou de procédure à l'appui d'un recours contre une mise en demeure dès lors que le préfet est légalement tenu de la prendre, n° 21595, Précisions e.

g. Contrairement au droit commun, l'**opposition** formée devant le juge administratif contre un état exécutoire pris en application d'une mesure de **consignation** n'a pas de caractère suspensif (C. envir. art. L 171-7, I-2° et L 171-8, II-1°). La somme consignée bénéficie d'un **privilège** de même rang que celui prévu à l'article 1920 du CGI. Elle est insaisissable (art. R 171-3 dans sa rédaction issue du décret 2024-742 du 6-7-2024). Après exécution des travaux, la personne qui les a réalisés, qu'il s'agisse de l'exploitant, d'un liquidateur judiciaire qui a pu les financer sur les fonds disponibles ou d'une entreprise mandatée par l'administration en cas d'exécution d'office ou par le liquidateur, peut demander au préfet d'ordonner que la somme soit **déconsignée** pour lui être versée (C. envir. art. R 171-3 dans sa rédaction issue du décret 2024-742 du 6-7-2024).

Mise en demeure de régulariser l'installation Si l'installation classée fonctionne sans avoir fait l'objet de l'**autorisation,** de l'**enregistrement** ou de la **déclaration** requise, le préfet prend un arrêté mettant en demeure l'exploitant de déposer une demande de régularisation dans un délai déterminé, qui ne peut pas excéder un an. Il peut assortir cette mise en demeure d'une amende pouvant aller jusqu'à 45 000 € (C. envir. art. L 171-7, I-al. 1). 21590

En cas de mise en demeure, le préfet peut **suspendre** le fonctionnement de l'installation jusqu'à la régularisation éventuelle et ordonner des **mesures conservatoires** aux frais de l'exploitant (C. envir. art. L 171-7, I-al. 2 et 3). Il peut alors, à tout moment, pour obtenir l'exécution, ordonner le paiement d'une astreinte journalière pouvant aller jusqu'à 4 500 €, qui peut être doublée d'une amende pouvant aller jusqu'à 45 000 €. Le préfet peut également exiger la consignation d'une somme correspondant au coût des mesures prescrites et faire exécuter ces mesures d'office aux frais de l'exploitant (C. envir. art. L 171-7, I-1° à 3°).

Si l'exploitant ne dépose pas une déclaration ou une demande d'autorisation ou d'enregistrement dans le délai prescrit, ou si la régularisation s'avère impossible, le préfet peut ordonner la **fermeture** ou la suppression de l'installation et la remise en état des lieux (C. envir. art. L 171-7, II).

Sauf urgence, l'exploitant doit pouvoir présenter des **observations** avant que le préfet ordonne toutes ces mesures, à l'exception de la mise en demeure elle-même (C. envir. art. L 171-7, III).

Un **recours** contre une mise en demeure du préfet de régulariser la situation relève du plein contentieux et perd donc son objet lorsque les mesures ou formalités de régularisation prescrites ont été entièrement exécutées (CE 18-12-2019 n° 418921, Sté GGL Aménagement).

Mise en demeure de respecter les prescriptions applicables Si l'installation ne fonctionne pas dans le respect des prescriptions légales ou résultant de l'arrêté d'autorisation, l'autorité administrative met en demeure l'exploitant de se conformer à ces prescriptions (C. envir. art. L 171-8, I). 21595

Si la mise en demeure reste sans effet, le préfet peut prendre les mesures suivantes (C. envir. art. L 171-8, II) : **suspension** de l'installation jusqu'à la mise en conformité, **mesures conservatoires, consignation** entre les mains d'un comptable public du montant des travaux ou opérations prescrits, **astreintes** journalières pouvant aller jusqu'à 4 500 €, **exécution d'office** aux frais de l'exploitant, **amende** pouvant aller jusqu'à 45 000 €. L'amende ne peut être prononcée au-delà d'un délai de 3 ans à compter de la constatation des manquements.

Ces mesures sont prises après que l'exploitant a été informé des éléments susceptibles de les fonder et mis à même de présenter des **observations** dans un certain délai. Elles peuvent être publiées sur le site internet des services de l'État dans le département pendant une durée comprise entre 2 mois et 5 ans, l'exploitant devant également être mis en mesure de présenter des observations sur cette mesure de publication (C. envir. art. L 171-8, II).

› Précisions **a.** Le défaut de **transmission de la copie du rapport de contrôle** de l'inspecteur des installations classées à l'exploitant entache la mise en demeure prise par le préfet d'un vice substantiel entraînant son illégalité (CE 6-12-2012 n° 354241, Min. écologie c/ Sté Arcelormital Real Estate France : BPIM 2/13 inf. 105 ; CAA Marseille 4-7-2011 n° 08MA04008, Sté Granulats Gontero : BPIM 6/11 inf. 445).

b. La **mise en demeure n'a pas pour objet** de fixer des prescriptions nouvelles ou de modifier les prescriptions existantes. Lorsqu'une étude est nécessaire pour déterminer les travaux à effectuer, celle-ci doit être imposée par arrêté complémentaire préalablement à l'arrêté de mise en demeure.

c. Le préfet ne peut mettre en demeure l'exploitant qu'après lui avoir laissé un **délai pour**

 © Éd. Francis Lefebvre

formuler ses observations sur le rapport de contrôle de l'inspecteur des installations classées. Ce délai doit être approprié aux circonstances de l'espèce et à l'urgence (CAA Bordeaux 2-6-2015 n° 13BX00937, SA Areva NC).

d. La mise en demeure doit fixer le **délai imparti à l'exploitant pour respecter les règles** dont la violation est invoquée (pour les travaux complexes, plusieurs délais peuvent être fixés : passation des commandes, début des travaux, etc.). Ce délai est au maximum de 3 mois ; l'administration considère qu'en cas d'urgence, il peut être réduit à quelques heures ou moins (Circ. 98-72 du 18-6-1998 : BO équipement 98/14 du 10-8-1998 p. 73). Le Conseil d'État juge toutefois que le délai imparti doit être en rapport avec les mesures prescrites. En effet, la mise en demeure a pour objet, en tenant compte des intérêts qui s'attachent à la fois à la protection de l'environnement et à la continuité de l'exploitation, de permettre à l'exploitant de régulariser sa situation dans un délai déterminé, en vue d'éviter une sanction pouvant aller jusqu'à la suspension du fonctionnement de l'installation. A été regardée comme irrégulière une mise en demeure de procéder dans un délai de quelques jours à une étude de danger (CE 14-11-2008 n° 297275, Min. écologie : BPIM 1/09 inf. 13).

e. Dès lors que l'inspecteur des installations classées a constaté, selon la procédure requise, l'inobservation des conditions de l'autorisation, le préfet se trouve dans **l'obligation légale** d'adresser une mise en demeure à l'exploitant. Par suite, la circonstance que la mise en demeure soit entachée d'un **vice de procédure** (autre que ceux qui peuvent entacher le constat de l'inspecteur, y compris le défaut de communication de son rapport à l'exploitant) ou d'un **vice de forme** ne justifie pas qu'elle soit annulée par le juge (CE 9-7-2007 n° 288367, Min. écologie : BPIM 5/07 inf. 324 ; CE 6-12-2012 n° 354241, Min. écologie c/ Sté Arcelormital Real Estate France : BPIM 2/13 inf. 105 ; CE 10-5-2023 n° 447189, Sté Lombricorse : BPIM 3/23 inf. 174). Sont en revanche opérants à l'encontre de la mise en demeure les moyens tirés de l'illégalité des prescriptions dont la méconnaissance a été constatée, ou du caractère insuffisant du délai imparti pour la mise en conformité.

f. Le préfet ne peut pas user des pouvoirs qu'il tient de l'article L 171-8 du Code de l'environnement pour ordonner la fermeture d'une installation classée implantée en méconnaissance de la **réglementation d'urbanisme** (CAA Marseille 11-6-2021 n° 19MA03834, Sté Traitement Eco Compost : BPIM 6/21 inf. 355).

MESURES D'ORDRE PUBLIC

21600 La **suspension provisoire** peut être décidée, à titre de mesure d'ordre public et non de sanction administrative, **par le ministre** de l'environnement jusqu'à la suppression des dangers ou inconvénients présentés par une installation classée, alors qu'ils « n'étaient pas connus lors de son autorisation ou de sa déclaration » (C. envir. art. L 514-7, al. 1).

La **fermeture définitive** peut aussi revêtir le caractère d'une mesure d'ordre public sans aspect de sanction, lorsque l'installation classée, bien qu'ayant été régulièrement déclarée, autorisée ou enregistrée, présente des dangers pour l'environnement qui ne sauraient être supprimés par la mise en œuvre des mesures prévues par la loi. Dans ce cas, la fermeture définitive est ordonnée **par décret** pris en Conseil d'État après avis du conseil supérieur de la prévention des risques technologiques (C. envir. art. L 514-7, al. 2).

Enfin, le **préfet** peut mettre l'exploitant en demeure de procéder à la mise à l'arrêt définitive d'une installation – ou d'une partie d'exploitation située sur un terrain qu'il détermine – qui n'a **pas été exploitée pendant 3 années** consécutives (C. envir. art. L 512-19). Cette interruption doit au préalable avoir été constatée par l'inspection des installations classées ou avoir donné lieu à une information de l'exploitant (voir n° 21255, Précisions g). Le projet de mise en demeure est communiqué préalablement à l'exploitant qui dispose d'un mois pour présenter des observations écrites (C. envir. art. R 512-74, II-al. 2 dans sa rédaction issue du décret 2024-742 du 6-7-2024).

› Précisions **a.** En l'absence même de dispositions le prévoyant expressément, l'exploitant d'une installation dont la fermeture définitive est ordonnée sur le fondement de l'article L 514-7 du Code de l'environnement peut prétendre à une **indemnisation** si le dommage qu'il subit de ce fait, excédant les aléas que comporte nécessairement une telle installation, revêt un caractère grave et spécial et ne peut, dès lors, être regardé comme une charge incombant normalement à l'intéressé (CE 2-11-2005 n° 266564, Sté coopérative agricole Ax'ion : Lebon p. 468). Cet arrêt a apporté un infléchissement important à la théorie de la responsabilité du fait des lois : auparavant, en présence d'une disposition poursuivant un objectif de protection de la sécurité publique, le Conseil d'État considérait que le législateur avait entendu exclure toute indemnisation.

b. Si l'installation présente des risques particulièrement graves, qui ne peuvent pas être supprimés par des aménagements techniques, l'obligation de fermeture ne sera pas regardée comme une **charge anormale** ouvrant droit à réparation (CE 27-7-2009 n° 300040, Min. écologie : BPIM 5/09 inf. 347). S'il estime que le dommage résultant de la fermeture excède **en partie seulement** les aléas normaux de l'exploitation, le juge peut mettre à la charge de l'État, au titre de la responsabilité sans faute, une indemnisation partielle. A ainsi été limitée à 30 % la responsabilité de l'État au titre d'un décret ordonnant la suppression de chais de stockage de cognac installés en 1782 dans une zone alors dépourvue de toute habitation mais incluse ensuite dans le centre-ville de La Rochelle (CE 9-5-2012 n° 335613, Sté Godet frères et Sté Charentaise d'entrepôt : BPIM 4/12 inf. 305).

SANCTIONS PÉNALES

Indépendamment des sanctions applicables aux **dirigeants** et **préposés** des installations classées, les **personnes morales** ayant en charge l'exploitation peuvent être déclarées pénalement responsables (C. pén. art. 121-2). Par ailleurs, l'existence d'un **élément intentionnel** est exigée par l'article 121-3 du Code pénal pour que l'infraction à la réglementation des installations classées soit constituée (sur la caractérisation de cet élément, voir n° 16710). **21605**

Le préfet est juge de l'opportunité de mettre en œuvre l'action pénale. Mais les **associations,** même non agréées, peuvent se porter partie civile dès lors qu'entre dans leur objet statutaire la défense des intérêts protégés par la législation sur les installations classées (C. envir. art. L 142-2, al. 2).

Le Code de l'environnement prévoit un certain nombre de **délits** passibles de peines d'emprisonnement : exploitation d'une installation sans l'autorisation ou l'enregistrement requis (C. envir. art. L 173-1, I) ou sans respect des prescriptions techniques imposées (C. envir. art. L 173-3) ; non-respect d'un arrêté de mise en demeure, de suppression, de suspension, de remise en état des lieux ou de fermeture (C. envir. art. L 173-1, II) ; entrave aux mesures de contrôle (C. envir. art. L 173-4). **21610**

En revanche, l'absence de déclaration d'une installation de classe D ou son exploitation sans respect des prescriptions techniques la concernant doivent être qualifiées de simples **contraventions** (C. envir. art. R 514-4).

E. Contentieux des installations classées

Les autorisations d'ouverture d'installations classées et les arrêtés d'enregistrement sont toujours délivrés sous réserve des droits des tiers. Ces derniers peuvent donc engager la **responsabilité civile de l'exploitant** pour faute ou même sans faute, sur le fondement des troubles de voisinage (C. civ. art. 1253 créé par la loi 2024-346 du 15-4-2024 ; Cass. 1e civ. 15-5-2001 n° 99-20.339 : RJDA 10/01 n° 1058). **21650**

La **responsabilité de l'administration** est également concevable en cas d'usage abusif de ses prérogatives ou, au contraire, si elle n'en use pas suffisamment. L'illégalité d'une mesure prise par l'administration est susceptible d'engager sa responsabilité à l'égard de l'exploitant s'il en résulte pour lui un préjudice direct et certain (CE 28-9-2016 n° 389587 : BPIM 6/16 inf. 360).

Les décisions prises par l'administration en matière d'installations classées peuvent être contestées devant le juge administratif par des recours spéciaux qui relèvent du **contentieux de pleine juridiction** (ou « plein contentieux »). Les articles L 181-17 et L 514-6 du Code de l'environnement énumèrent les décisions susceptibles de donner prise à ces recours : décisions positives ou négatives prises sur les demandes d'autorisation ou d'enregistrement, prescriptions de toute nature, imposées aux exploitants d'installations de toutes catégories etc. **21655**

Les règles contentieuses sont précisées, en matière d'autorisation environnementale, par les articles R 181-50 et R 181-51 du Code de l'environnement, et en matière d'enregistrement et de déclaration, par l'article R 514-3-1 du même Code.

Les développements qui suivent concernent ces recours spéciaux.

› Précisions a. Les cours administratives d'appel sont compétentes pour connaître en **premier et dernier ressort** des litiges portant sur certaines décisions concernant les **éoliennes,** notamment l'octroi ou le refus des autorisations requises et les décisions modifiant les prescriptions dont ces autorisations sont assorties (C. just. adm. art. R 311-5). Elles le sont également pour connaître de mesures de police qui en sont la conséquence directe (CE 9-10-2019 n° 432722, Sté FE Sainte-Anne : BPIM 6/19 inf. 382) ou d'une action en responsabilité engagée contre l'État, fondée sur des fautes commises lors de l'instruction d'une demande se rapportant à un projet d'éoliennes (CAA Nancy 16-3-2021 n° 19NC00481, Sté d'exploitation du parc éolien Ginko : BPIM 3/21 inf. 173).

b. Depuis le 1er septembre 2024, les tribunaux administratifs sont compétents pour connaître en premier et dernier ressort (donc sans possibilité d'appel) des litiges portant sur certaines décisions concernant les **ICPE d'élevage de bovins**, de **porcs**, de **lapins**, de **volailles** et de

gibiers à plumes ainsi que les **couvoirs** et la **pisciculture** (C. just. adm. art. R 811-1-4 issu du décret 2024-423 du 10-5-2024). Pour ces litiges, le tribunal doit statuer dans un délai de 10 mois (C. just. adm. art. R 77-15-2 nouveau). À peine d'irrecevabilité, le requérant doit notifier son recours aux défendeurs (C. just. adm. art. R 77-15-1 nouveau).

c. Aussi bien dans les litiges relatifs aux **éoliennes** que dans ceux relatifs aux **ICPE d'élevage**, s'applique une règle de **cristallisation des moyens**, comme dans le contentieux des autorisations d'urbanisme. Passé un délai de 2 mois à compter de la communication du premier mémoire en défense, les parties ne peuvent plus invoquer de moyens nouveaux (C. just. adm. art. R 611-7-2 dans sa rédaction issue du décret 2024-423 du 10-5-2024). Toutefois, le juge peut rouvrir la possibilité de présenter des moyens nouveaux en fixant une nouvelle date de cristallisation. Jugé que si un moyen est invoqué avant la date de cristallisation sous une forme trop sommaire et que les précisions nécessaires pour en apprécier la portée et le bien-fondé ne sont apportées qu'après cette date, le moyen est irrecevable (CAA Nantes 12-7-2024 n° 22NT01245, Association pour la préservation de l'environnement de Longuenée-en-Anjou c/ Sté Parc éolien de Longuenée : BPIM 5/24 inf. 298).

1. INTÉRÊT POUR AGIR ET POUVOIRS DU JUGE

INTÉRÊT POUR AGIR

21660 Les recours spéciaux sont ouverts aux **exploitants,** aux **tiers** directement concernés par les nuisances causées par l'installation classée, aux **communes** dont une partie du territoire est située dans le périmètre de l'établissement, aux **associations** de protection de l'environnement.

Le juge administratif apprécie si les tiers, personnes physiques ou morales, qui contestent une décision prise au titre de la police des installations classées justifient d'un intérêt suffisamment direct, compte tenu des inconvénients et dangers que présente pour eux l'installation, appréciés notamment en fonction de ses conditions de fonctionnement, de leur situation et de la configuration des lieux (CE 13-7-2012 n° 339592, Sté Moulins Soufflet et Min. écologie : BPIM 5/12 inf. 383 pour un tiers personne physique ; CE 30-1-2013 n° 347347, Sté Nord Broyage : BPIM 2/13 inf. 106 pour un tiers personne morale).

Toutefois, les tiers qui ont acquis, construit ou pris à bail des immeubles situés dans le voisinage de l'installation classée après la publication ou l'affichage de l'arrêté autorisant ou enregistrant cette installation ou allégeant les prescriptions imposées initialement ne sont pas recevables à attaquer cet arrêté (C. envir. art. L 514-6, III). Cette irrecevabilité ne concerne que les recours dirigés contre les **actes antérieurs à l'établissement des requérants dans le voisinage** de l'installation ; elle ne s'étend pas aux actes postérieurs, sans qu'il y ait lieu de faire une distinction entre les actes qui assouplissent les prescriptions imposées à l'exploitant et ceux qui les renforcent (CE sect. 22-10-2004 n° 242323, Sté française de meunerie : Lebon p. 383). Les nouveaux venus pourront donc demander au préfet d'édicter des mesures de protection supplémentaires et déférer au tribunal administratif un éventuel refus.

> **Précisions** **a.** Une **association** tendant, aux termes de ses **statuts,** à assurer « la sauvegarde et l'amélioration de l'environnement naturel, patrimonial, social et humain » d'une commune ne peut être regardée, eu égard à la généralité de cet objet social, comme justifiant d'un intérêt à poursuivre l'annulation d'un arrêté préfectoral autorisant l'exploitation d'une carrière sur le territoire communal (CAA Lyon 1-4-2008 n° 07LY01399, Sté Delmonico-Dorel : BPIM 3/08 inf. 208). La solution paraît sévère, s'agissant d'une association dont le ressort n'excède pas le cadre de la commune et dont l'objet social est la protection de l'environnement.

b. Un tiers qui conteste une décision autorisant la création d'une **installation nucléaire de base** doit justifier d'un intérêt pour agir suffisamment direct et certain compte tenu des dangers que présente l'installation en cause. Ces dangers sont appréciés notamment en fonction de la situation des intéressés et de la configuration des lieux. Ainsi, n'ont pas intérêt à agir des collectivités territoriales situées à 60 km en amont du site d'une installation qui n'a vocation ni à produire de l'énergie ni à fabriquer ou enrichir des combustibles nucléaires (CE 24-3-2014 n° 358882, République et canton de Genève et Ville de Genève : BPIM 3/14 inf. 165).

c. Un tiers qui s'installe à proximité d'une installation classée pour la protection de l'environnement (ICPE) déjà autorisée n'est recevable ni à attaquer l'autorisation en justice, ni à présenter une **intervention** au soutien d'une telle action présentée par une autre personne (CE 16-3-2018 n° 408182 : BPIM 3/18 inf. 180).

d. Des personnes dont les habitations sont distantes d'environ 2 km du terrain d'assiette d'un projet d'**éoliennes** n'ont pas intérêt à demander l'annulation de l'autorisation dès lors qu'elles ne subiront aucune nuisance sonore ; la seule circonstance que les éoliennes seront visibles depuis leurs habitations n'est pas suffisante, compte tenu de la distance (CAA Douai 15-6-2021 n° 19DA00274, Sté d'exploitation du parc éolien de l'Alémont : BPIM 6/21 inf. 356).

e. Une **collectivité publique** ne justifie d'un intérêt pour demander l'annulation d'une autorisation environnementale que si les inconvénients ou dangers que le projet génère sont de nature à affecter sa situation, les intérêts dont

elle a la charge et les compétences que la loi lui attribue.
S'agissant d'un projet de **parc éolien, ni la région** (CE 1-12-2023 n° 470723, Région Auvergne-Rhône-Alpes : BPIM 1/24 inf. 23), **ni le département** (CE 1-12-2023 n° 467009, Département de la Charente-Maritime : BPIM 1/24 inf. 23) n'ont intérêt à agir. Une région peut seulement se voir reconnaître un intérêt pour présenter une intervention dans une instance introduite par un tiers (CE 12-7-2024 n° 464958, Association Regards de la Durande : BPIM 5/24 inf. 300).

À l'inverse, une **commune** peut justifier d'un intérêt pour demander l'annulation d'un projet de parc éolien situé dans une commune voisine (CE 1-12-2023 n° 470723, Région Auvergne-Rhône-Alpes : BPIM 1/24 inf. 23 ; CE 22-5-2012 n° 326367, Sté MSE Le Haut des Épinettes : BPIM 4/12 inf. 297). Elle doit cependant justifier de l'atteinte qu'elle subit. Il en va de même si le projet est situé sur son propre territoire (CAA 6-6-2024 n° 21LY3834 : BPIM 5/24 inf. 299, jugeant qu'il n'y a pas lieu de reconnaître systématiquement l'intérêt pour agir de la commune dans cette hypothèse).

CONTENTIEUX DE PLEINE JURIDICTION

Pouvoirs du juge La spécificité du recours contentieux est révélée par les pouvoirs très étendus du juge administratif. Ainsi peut-il substituer au refus illégal d'autorisation une autorisation d'ouverture d'installation classée. Cette action en déclaration de droit est pourtant fermée aux tiers sur le terrain du recours contentieux de droit commun en matière de permis de construire ou de lotissement. Il est vrai que le juge ne peut accorder l'autorisation d'ouverture d'installation classée au lieu et place du préfet que si l'étude d'impact et l'enquête publique ont bien été réalisées (CE sect. 15-12-1989 n° 70316, Min. environnement : Dr. adm. 1990 n° 118). **21665**

Le juge peut également confirmer l'autorisation tout en imposant de nouvelles prescriptions à l'exploitant (CE 27-5-1988 n° 66490, Comité de défense du site de Kervoazou : Lebon p. 222 ; CAA Nancy 17-10-1991 n° 89NC01558, District urbain de Nancy).

Il peut aussi, conformément au droit commun, prononcer la suspension de la décision, confirmer ou annuler la décision administrative (autorisation, enregistrement ou récépissé de déclaration).

› Précisions **a.** Dans l'exercice de ses pouvoirs de plein contentieux, le juge peut être conduit à délivrer lui-même une autorisation. Un tiers peut former **tierce opposition** contre un jugement autorisant une ICPE dès lors que ni lui ni ceux qu'il représente n'ont été présents ou régulièrement appelés à l'instance ayant abouti à cette décision et qu'il justifie d'un intérêt suffisant (CE 29-5-2015 n° 381560, Assoc. Nonant environnement : BPIM 4/15 inf. 241). Dans le cas où le juge, annulant un refus d'autorisation, ne délivre pas lui-même l'autorisation mais enjoint à l'administration de la délivrer, voir n° 16300, Précisions, d.
b. Lorsqu'il annule une autorisation, le juge peut enjoindre au préfet de mettre l'exploitant en demeure de régulariser sa situation et, dans l'immédiat, de suspendre l'exploitation (CE 15-9-2004 n° 230665, Sté Lecouffe Darras : BPIM 6/04 inf. 355). Si le juge n'a pas ordonné la **suspension de l'exploitation,** le préfet peut autoriser le titulaire de l'autorisation annulée à la poursuivre dans l'attente de la régularisation. Prise dans l'urgence afin de permettre la **continuité de l'exploitation,** cette autorisation provisoire n'a pas à être précédée d'une étude d'impact (CE 7-8-2008 n° 312022, Assoc. des terres minées : BPIM 5/08 inf. 354). Le juge lui-même peut autoriser la poursuite provisoire de l'exploitation, le cas échéant sous réserve de prescriptions et pour un délai qu'il détermine, dans l'attente de la régularisation de sa situation par l'exploitant (CE 15-5-2013 n° 353010, Sté ARF : BPIM 4/13 inf. 245). Il se détermine en tenant compte notamment de la nature de l'illégalité ayant entraîné l'annulation, de considérations d'ordre économique et social ou tout autre motif d'intérêt général pouvant justifier la poursuite de l'exploitation.
c. Les permis de construire des **éoliennes terrestres** en cours de validité au 1er mars 2017 sont depuis cette date considérés comme des autorisations environnementales (Ord. 2017-80 du 26-1-2017 art. 15, 1° dans sa rédaction issue de la loi 2018-727 du 10-8-2018). Néanmoins, un tel permis continue de produire les effets d'une autorisation d'urbanisme. Saisie d'un recours, la juridiction administrative doit statuer comme juge de plein contentieux sur la légalité de l'autorisation environnementale et comme juge de l'excès de pouvoir sur la légalité de l'autorisation d'urbanisme (CAA Nantes 7-1-2022 n° 20NT03390, Sté pour la protection des paysages et de l'esthétique de la France : BPIM 2/22 inf. 106).
d. Le juge saisi d'un recours contre un refus d'autorisation, qui constate qu'une partie du projet est illégale, rejette le recours à moins que le pétitionnaire lui demande expressément de prononcer une **annulation partielle** du refus afin qu'il puisse obtenir une autorisation partielle (CE 23-11-2022 n° 442732, Sté Parc éolien de la Vallée du paradis Embres : BPIM 1/23 inf. 15).
e. Sur la possibilité pour le juge qui constate que l'autorisation attaquée méconnaît une règle de fond de la modifier pour mettre fin lui-même à l'illégalité ou de faire application de l'article **L 181-18 du Code de l'environnement,** voir n° 21686, Précisions b.

Étendue du contrôle du juge Le juge de plein contentieux tient compte de la situation de droit et de fait existant à la date de sa décision. Il apprécie la légalité de l'autorisation au regard des **règles de fond** en vigueur à la date à laquelle il statue. Par exception, la **21666**

compatibilité d'une installation classée avec un Scot, un PLU ou une carte communale est appréciée à la date de l'autorisation, de l'enregistrement ou de la déclaration. C'est ce que prévoit l'article L 514-6, I al. 2 du Code de l'environnement (qui toutefois, depuis la réforme de l'autorisation environnementale, ne concerne plus que le contentieux des installations enregistrées ou déclarées). Dans son dernier état, la jurisprudence est également en ce sens, sous une réserve : si l'autorisation a été délivrée en méconnaissance du PLU alors en vigueur mais qu'à la date à laquelle le juge statue elle s'est trouvée régularisée par une modification ultérieure du plan, le juge doit rejeter le recours (CE 16-12-2016 n° 391452, Sté Ligérienne Granulats SA). Par ailleurs, l'exception de l'article L 514-6, I al. 2 ne concerne que les recours contre les autorisations : saisi d'un recours contre un refus d'autorisation, le juge doit se placer au jour où il statue pour déterminer si les règles d'urbanisme font obstacle à l'implantation d'une ICPE (CE 29-1-2018 n° 405706, Sapan : BPIM 2/18 inf. 105).

S'agissant des **règles de procédure,** ce sont celles en vigueur à la date à laquelle le préfet s'est prononcé qui sont prises en compte par le juge pour apprécier la régularité de l'autorisation (CE 10-1-2011 n° 317076, Assoc. Oiseaux nature : BPIM 2/11 inf. 104 ; CE 22-9-2014 n° 367889, Synd. mixte pour l'enlèvement et le traitement des ordures ménagères de la région de Tournan-en-Brie c/ Cne d'Ozoir-la-Ferrière : BPIM 6/14 inf. 371). Le juge rejette le recours si l'autorisation initiale, dont les prescriptions étaient insuffisantes, a été complétée en cours d'instance par le préfet ; l'autorisation peut être complétée en appel, même si elle a été annulée en première instance (CE 26-11-2008 n° 301151, Synd. mixte de la vallée de l'Oise : BPIM 4/09 inf. 266). Un exploitant que le préfet a, à tort, mis en demeure de demander une autorisation qui n'était pas légalement requise voit son recours rejeté si, en cours d'instance, son activité est inscrite dans la nomenclature ; le juge lui impartit lui-même un délai pour déposer une demande d'autorisation (CE 26-7-2011 n° 324728, Sté Lanvin : BPIM 5/11 inf. 364).

> Précisions **a.** Les **inexactitudes, omissions ou insuffisances** affectant un dossier de demande d'autorisation ne peuvent vicier la procédure et donc entacher l'autorisation d'une irrégularité que dans deux cas : si elles ont pour effet de nuire à l'information complète de la population ou si elles ont été de nature à exercer une influence sur la décision de l'autorité administrative. En outre, le juge de plein contentieux des installations classées peut prendre en compte la circonstance, à la date à laquelle il statue, que de telles irrégularités ont été régularisées, sous réserve qu'elles n'aient pas nui à l'information complète du public (CE 22-9-2014 n° 367889, Synd. mixte pour l'enlèvement et le traitement des ordures ménagères de la région de Tournan-en-Brie c/ Cne d'Ozoir-la-Ferrière : BPIM 6/14 inf. 371).

b. Dès lors que la légalité de l'autorisation s'apprécie au regard des règles de procédure en vigueur à la date à laquelle elle a été obtenue, la **suppression** dans le Code de l'environnement, après la délivrance d'une autorisation, d'une **formalité qui n'a pas été correctement accomplie** ne la met pas à l'abri d'une annulation contentieuse : il faut la **régulariser** en accomplissant la formalité en cause, alors même qu'elle n'est plus exigée par les dispositions en vigueur (CE 11-3-2020 n° 423164, Sté Eqiom : BPIM 3/20 inf. 184, dans un cas où le dossier de demande était incomplet faute d'indications précises sur les garanties techniques et financières, exigées par des dispositions ultérieurement modifiées).

c. Le juge de plein contentieux des installations classées doit tenir compte des **dispositions de fond** intervenues après la délivrance de l'autorisation, à moins qu'elles n'aient **vocation à s'appliquer seulement pour l'avenir** (CE 26-6-2019 n° 416924, Synd. intercommunal du littoral : BPIM 4/19 inf. 242).

d. Le Conseil d'État, juge de cassation, contrôle l'appréciation par les juges du fond de la qualité d'exploitant d'une ICPE (CE 26-4-2024 n° 467046, Sté Marie Dubois : BPIM 3/24 inf. 171).

2. CONTENTIEUX DE L'AUTORISATION ENVIRONNEMENTALE

DÉLAI DE RECOURS

21675 Pour les **pétitionnaires** ou exploitants, le délai pour saisir le juge contre une décision en matière d'autorisation environnementale est de 2 mois à compter du jour où la décision leur a été notifiée (C. envir. art. R 181-50, 1°).

Pour les **tiers** intéressés en raison des inconvénients ou des dangers pour les intérêts protégés par la loi, le délai est de 2 mois à compter de la plus tardive des deux dates suivantes (C. envir. art. R 181-50, 2° dans sa rédaction issue du décret 2024-423 du 10-5-2024) :
– le jour de l'affichage de la décision en mairie ;
– le jour de la publication de la décision sur le site internet de la préfecture.

Pour les tiers, l'affichage et la publication mentionnent l'obligation de **notifier tout recours** à l'auteur de la décision et au bénéficiaire de l'autorisation, à peine de non-prorogation du délai de recours contentieux (en cas de recours administratif) ou d'irrecevabilité du recours contentieux (C. envir. art. R 181-50, dernier al.).

> **Précisions** **a.** Tant l'**affichage en mairie** que la **publication sur le site internet** de la préfecture doivent durer au minimum un mois (C. envir. art. R 181-44). Le délai pour saisir le juge court du premier jour de la plus tardive de ces deux périodes. Mais tout indique que l'affichage ne peut déclencher le délai que s'il a été maintenu pendant un mois ; de même pour la publication sur le site de la préfecture.
> **b.** Si la décision contestée fait l'objet, dans le délai de 2 mois imparti pour saisir le juge, d'un **recours gracieux** ou d'un recours **hiérarchique**, le délai est interrompu et recommence à courir quand ce recours a été rejeté (C. envir. art. R 181-50, al. 1 dans sa rédaction issue du décret 2024-423 du 10-5-2024 renvoyant à CRPA art. L 411-2). Si la décision fait l'objet dans le délai à la fois d'un recours gracieux et d'un recours hiérarchique, le délai recommence à courir quand les deux recours ont été rejetés. Le **recours gracieux** est adressé à l'auteur de la décision, en l'occurrence le préfet, le **recours hiérarchique** à son supérieur, en l'occurrence le ministre chargé des installations classées.
> **c.** Pour être recevable, le recours contentieux doit être **expédié** avant l'expiration du délai, le cachet de la poste faisant foi (CE sect. 13-5-2024 n° 466541 : BPIM 4/24 inf. 235, revenant sur la jurisprudence antérieure qui exigeait que le recours contentieux soit reçu par la juridiction avant l'expiration du délai).

NOTIFICATION DU RECOURS

21680 En cas de **recours contentieux** d'un tiers à l'encontre d'une autorisation environnementale ou d'un arrêté fixant des **prescriptions complémentaires,** l'auteur du recours doit, à peine d'irrecevabilité, le notifier à l'auteur et au bénéficiaire de la décision (C. envir. art. L 181-17, al. 2 et R 181-51). Cette notification est effectuée dans les mêmes conditions en cas de demande tendant à l'annulation ou à la réformation d'une **décision juridictionnelle** concernant une telle autorisation ou un tel arrêté.

La même notification est requise en cas de **recours administratif** à l'encontre d'une autorisation environnementale ou d'un arrêté fixant des prescriptions complémentaires, à peine de non-prorogation du délai de recours contentieux.

De même, elle s'impose en cas de recours contre une décision refusant de **retirer** ou d'**abroger** une telle autorisation ou un tel arrêté. Cette décision doit mentionner l'obligation de notification à peine d'irrecevabilité (ou de non-prorogation du recours contentieux s'il s'agit d'un recours administratif).

La notification a lieu par **lettre recommandée** avec avis de réception, dans les 15 jours (délai franc) à compter du dépôt du recours contentieux ou de la date d'envoi du recours administratif. Elle est réputée accomplie à la date de l'envoi de la lettre recommandée. Le certificat de dépôt de la lettre auprès des services postaux atteste de l'accomplissement de cette formalité.

> **Précisions** L'obligation faite à l'auteur du recours contre l'autorisation environnementale, d'en informer l'auteur et le titulaire de cette autorisation, a été introduite par la **loi du 10 mars 2023 relative à l'accélération de la production d'énergies renouvelables** et un décret d'application du 27 novembre 2023 (Loi 2023-175 du 10-3-2023 ; Décret 2023-1103 du 27-11-2023). Elle est inspirée de l'**article R 600-1 du Code de l'urbanisme** qui concerne les recours administratifs et contentieux contre les autorisations d'urbanisme. La jurisprudence abondante relative à l'article R 600-1 du Code de l'urbanisme sera certainement transposée pour l'application de l'article R 181-51 du Code de l'environnement.

POUVOIRS DU JUGE SAISI D'UN RECOURS D'UN TIERS CONTRE UNE AUTORISATION ENVIRONNEMENTALE

21682 **Suspension par le juge des référés** Lorsqu'une décision administrative fait l'objet d'un recours en annulation, le juge administratif des référés saisi d'une demande en ce sens en peut suspendre l'exécution dans l'attente du jugement de ce recours (C. just. adm. art. L 521-1). La suspension doit être justifiée par une situation d'urgence et par l'existence d'un doute sérieux quant à la légalité de la décision.

Il est cependant dérogé à ces conditions d'urgence et de doute sérieux dans deux hypothèses. D'une part, le juge des référés doit faire droit à toute demande de suspension d'une décision prise **sans que la participation du public ait eu lieu** alors qu'elle était requise (C. envir. art. L 123-1-B). Cette règle trouverait à s'appliquer si une autorisation environnementale était délivrée sans qu'on ait procédé à la consultation du public. L'article L 123-1-B renvoie en effet à l'article L 123-1-A qui mentionne la procédure de consultation du public prévue à l'article L 181-10-1.

D'autre part, si les **conclusions du commissaire enquêteur** ou de la commission d'enquête ont été **défavorables**, le juge des référés doit suspendre l'autorisation à la demande de toute personne intéressée dès lors qu'il existe un doute sérieux sur la légalité de l'acte

(C. envir. art. L 123-16, al. 1). Cette disposition déroge à la condition d'urgence. Comme elle figure dans une subdivision du Code de l'environnement relative à l'enquête publique, il ne semble pas qu'elle s'applique en cas de recours contre une autorisation environnementale délivrée à l'issue de la consultation du public prévue à l'article L 181-10-1, qui n'est pas qualifiée d'enquête publique.

21685 **Annulation partielle** Si le juge, après avoir constaté que les autres moyens ne sont pas fondés, retient un vice qui n'affecte qu'une phase de l'instruction de la demande d'autorisation, ou une partie de l'autorisation, il prononce une **annulation limitée à cette phase ou à cette partie** et demande à l'autorité compétente de reprendre l'instruction à la phase ou sur la partie qui a été entachée d'irrégularité (C. envir. art. L 181-18, I-1°). L'annulation partielle ne peut porter que sur une partie divisible de l'autorisation : soit une des anciennes autorisations désormais regroupées dans l'autorisation environnementale, soit un élément divisible de ces autorisations (CE avis 22-3-2018 n° 415852, Assoc. Novissen : BPIM 3/18 inf. 169). L'autorité compétente prendra une décision pour compléter l'autorisation amputée, en appliquant les textes en vigueur à la date à laquelle elle statuera, que l'annulation ait été motivée par un vice de forme ou de procédure ou un vice de fond.

Le prononcé d'une annulation partielle est une **obligation** pour le juge si les conditions en sont remplies. S'il lui a été demandé de prononcer une annulation partielle, le juge doit motiver son refus (C. envir. art. L 181-18, I-dern. al.). L'annulation partielle est possible même après l'**achèvement des travaux** (C. envir. art. L 181-18, I-al. 1 modifié).

Le juge qui prononce l'annulation d'une partie divisible de l'autorisation peut suspendre l'exécution des parties non annulées dans l'attente de la nouvelle décision que l'administration devra prendre sur la partie annulée (C. envir. art. L 181-18, II).

> **Précisions a.** En cas de **vice de procédure** concernant une des trois phases de l'instruction : examen, participation du public et décision (C. envir. art. L 181-9 dans sa rédaction antérieure à la loi 2023-973 du 23-10-2023, voir n° 21140), le juge qui annule l'autorisation doit préciser quelle phase doit être regardée comme viciée, afin de simplifier la reprise de la procédure administrative (CE avis 22-3-2018 n° 415852, Assoc. Novissen : BPIM 3/18 inf. 169). Il ne s'agit donc pas à proprement parler, dans ce cas-là, d'une annulation partielle. On peut penser que la **solution demeure valable** même si l'examen et la participation du public sont désormais menés en parallèle.
> **b.** Une **autorisation** délivrée avant le 1er mars 2017 au titre de la **loi sur l'eau** est devenue autorisation environnementale et doit faire l'objet d'une annulation partielle si, à l'époque, son titulaire n'avait pas sollicité une autorisation requise à un autre titre, désormais incorporée dans l'autorisation environnementale (CE 22-7-2020 n° 429610, Min. transition écologique et solidaire : BPIM 5/20 inf. 306).

21686 **Sursis à statuer en vue d'une régularisation** Si le juge estime qu'un vice entraînant l'illégalité de l'autorisation est susceptible d'être **régularisé,** il doit, après avoir invité les parties à présenter leurs observations, surseoir à statuer jusqu'à l'expiration du délai qu'il fixe pour cette régularisation (C. envir. art. L 181-18, I-2°). Si une mesure de régularisation lui est notifiée dans ce délai, il statue après avoir invité les parties à présenter leurs observations. Le sursis à statuer en vue d'une régularisation est possible, que le vice constaté entache d'illégalité l'ensemble de l'autorisation ou une partie divisible de l'autorisation. Un **jugement avant dire droit** constate un vice régularisable, écarte les autres moyens, fixe un délai pour la régularisation et en précise au besoin les modalités. Au terme du délai, s'il constate que la régularisation a été effectuée, le juge rejette le recours dont il est saisi. Sinon, il annule l'autorisation.

La régularisation d'un vice de forme ou de procédure se fait en application des textes en vigueur à la date de l'autorisation, la régularisation d'un vice de fond se fait en application des textes en vigueur à la date de la décision complémentaire.

En cas de sursis à statuer affectant une partie seulement de l'autorisation environnementale, le juge détermine s'il y a lieu de suspendre l'exécution des parties de l'autorisation non viciées (C. envir. art. L 181-18, II).

Le sursis à statuer constitue une **obligation** pour le juge si les conditions en sont remplies. S'il lui a été demandé de surseoir à statuer, il doit motiver son refus (C. envir. art. L 181-18, I-dern. al.).

Le sursis à statuer est possible même après l'**achèvement** des travaux (C. envir. art. L 181-18, I-al. 1).

> **Précisions a.** Lorsqu'il relève que l'autorisation environnementale contestée devant lui méconnaît une règle de fond applicable à la date à laquelle il se prononce, le **juge** peut, dans le cadre de son **office de plein contentieux,** lorsque les conditions sont remplies, soit modifier ou compléter l'autorisation afin de remédier lui-même à l'illégalité constatée, soit faire application de

l'article L 181-18 en prononçant une annulation partielle ou un sursis à statuer en vue d'une régularisation (CE 9-8-2023 nº 455196, Association Environnement et patrimoine en pays du Serein : BPIM 5/23 inf. 304).

b. L'article **L 181-18, I, 2°** peut trouver à s'appliquer que le vice régularisable constaté entache d'illégalité l'ensemble de l'autorisation environnementale – y compris un vice d'incompétence – ou une partie divisible de celle-ci. Le jugement ou l'arrêt avant dire droit qui constate ce vice et sursoit à statuer pour permettre une régularisation peut préciser les modalités de celle-ci (CE 28-12-2022 nº 447229, Association « sans offshore à l'horizon » : BPIM 1/23 inf. 75-4).

c. Le tiers qui a attaqué l'autorisation peut contester le **jugement** ou l'**arrêt avant dire droit,** d'une part, en tant qu'il écarte comme non fondés certains de ses moyens d'annulation et, d'autre part, en tant qu'il sursoit à statuer pour permettre la régularisation du ou des vices retenus. À compter de la délivrance de l'autorisation modificative délivrée à des fins de régularisation, les conclusions dirigées contre le jugement avant dire droit en tant qu'il sursoit à statuer sont privées d'objet (CE 28-12-2022 nº 447229, Association « sans offshore à l'horizon » : BPIM 1/23 inf. 75-4). L'ensemble des conclusions dirigées contre le jugement avant dire droit perdent leur objet si le jugement qui rejette le recours contre l'autorisation à la suite de la régularisation n'est pas contesté et devient définitif (CE 30-6-2023 nº 450481, Association Tournai-Villedieu Environnement et autres : BPIM 4/23 inf. 245).

d. Lorsque le **vice régularisable** tient à l'irrégularité d'un **avis** émis lors de l'instruction de la demande, il faut consulter à nouveau l'organisme en cause mais aussi porter le nouvel avis à la connaissance du public, au moyen d'une enquête publique complémentaire s'il diffère substantiellement du précédent, ou d'une publication sur internet dans le cas contraire (CE avis 27-9-2018 nº 420119, Assoc. Danger de tempête sur le patrimoine rural et autres : BPIM 5/19 inf. 307).

e. Lorsqu'une **lacune du dossier** de demande ne permet pas d'apprécier la conformité de l'autorisation environnementale à une règle de fond, le juge qui sursoit à statuer peut réserver l'examen du moyen tiré de la méconnaissance de cette règle (CAA Nantes 11-6-2021 nº 19NT01040, Libre association de vigilance et de résistance à l'éolien : BPIM 6/21 inf. 357). Il s'agit d'une exception à la règle selon laquelle le juge qui constate que l'autorisation est entachée d'un vice régularisable doit, avant de surseoir à statuer pour permettre sa régularisation, écarter les autres moyens.

f. Lorsque le juge, saisi d'un recours contre une autorisation environnementale, a sursis à statuer pour permettre la régularisation d'un **vice de procédure,** le titulaire de l'autorisation peut, dans cette même instance, contester le refus de l'autorité compétente de procéder à la régularisation (CAA Bordeaux 29-12-2020 nº 17BX02824, Sté Les Nauds : BPIM 2/21inf. 109).

g. Une insuffisance de l'**étude d'impact** n'entache d'illégalité la décision prise et, par suite, ne justifie la fixation d'un délai pour la régularisation d'une autorisation environnementale que si elle a pu nuire à l'information de la population ou exercer une influence sur la décision prise (CE 1-3-2023 nº 458933, Sté Ferme éolienne de Saint-Maurice : BPIM 3/23 Inf. 161).

Annulation partielle ou sursis à statuer ? Avant la **loi « Énergies renouvelables »**, l'article L 181-18 prévoyait que le juge pouvait surseoir à statuer lorsque les conditions étaient remplies. Le Conseil d'État considérait que lorsque l'autorisation n'était entachée que de vices régularisables, le juge avait l'obligation de surseoir à statuer en vue d'une régularisation si une partie le lui demandait et la faculté de le faire s'il n'était saisi d'aucune conclusion en ce sens (CE 11-3-2020 nº 423164, Sté Eqiom : BPIM 3/20 inf. 185). En remplaçant « peut surseoir à statuer » par « sursoit à statuer » (C. envir. art. L 181-18, I-2º dans sa rédaction issue de la loi 2023-175 du 10-3-2023), le législateur est intervenu pour poser une obligation du juge, comme il l'avait fait auparavant en matière d'autorisations d'urbanisme (C. urb. art. L 600-5 et L 600-5-1). 21687

La même modification a été opérée pour l'annulation partielle, qui est désormais prévue dans des termes impératifs (art. L 181-18, I-1º dans sa rédaction issue de la loi 2023-175 du 10-3-2023).

Dans ces conditions, que doit faire le juge quand les conditions du sursis à statuer et celles de l'annulation partielle sont simultanément remplies, c'est-à-dire dans le cas où un vice régularisable n'entache d'illégalité qu'une partie de l'autorisation ? Selon un **arrêt antérieur** à la loi « Énergies renouvelables », il doit faire prévaloir le sursis à statuer, dès lors du moins qu'une partie lui demande de surseoir à statuer (CE 1-3-2023 nº 458933, Sté Ferme éolienne de Saint-Maurice : BPIM 3/23 inf. 175).

En tout cas, si le juge fait application de l'article L 181-18 du Code de l'environnement, il doit opter soit pour l'annulation partielle, soit pour le sursis à statuer en vue d'une régularisation sous son contrôle ; il ne peut pas combiner ces deux mesures (CE 8-3-2024 nº 463249, Sté Engie Green Doussay : BPIM 3/24 inf. 172).

DOMMAGES-INTÉRÊTS POUR RECOURS ABUSIF

Lorsque le droit de former un recours est mis en œuvre dans des conditions qui traduisent un comportement abusif de la part du requérant et qui causent un **préjudice** au bénéficiaire de l'autorisation, celui-ci peut demander au juge administratif saisi du recours de condamner 21688 l'auteur de celui-ci à lui verser des dommages et intérêts (C. envir. art. L 181-17, al. 3). La demande doit être formée par un mémoire distinct et peut être présentée pour la première fois en appel.

Cette disposition s'inspire de celle qui s'applique en cas de recours abusif contre un permis de construire, de démolir ou d'aménager (C. urb. art. L 600-7).

3. CONTENTIEUX DE L'ENREGISTREMENT ET DE LA DÉCLARATION

DÉLAI DE RECOURS

21690 L'**exploitant** doit introduire son recours administratif ou contentieux dans le délai de 2 mois à compter de la notification de la décision contestée (C. envir. art. R 514-3-1).

Les **tiers** peuvent présenter leurs recours dans un délai de 2 mois à compter du premier jour de la publication ou de l'affichage de la décision (C. envir. art. R 514-3-1, 1° dans sa rédaction issue du décret 2024-423 du 10-5-2024).

RECOURS ADMINISTRATIF

21695 Si la décision contestée fait l'objet, dans le délai de 2 mois imparti pour saisir le juge, d'un **recours gracieux** ou d'un recours **hiérarchique**, le délai est interrompu et recommence à courir quand ce recours a été rejeté (C. envir. art. R 514-3-1, al. 1 dans sa rédaction issue du décret 2024-423 du 10-5-2024 renvoyant à CRPA art. L 411-2). Si la décision fait l'objet dans le délai à la fois d'un recours gracieux et d'un recours hiérarchique, le délai recommence à courir quand les deux recours ont été rejetés.

> **Précisions** Le recours gracieux est adressé à l'auteur de la décision, le recours hiérarchique est adressé à son supérieur (en l'espèce, le ministre compétent en matière d'installations classées). Si l'autorité saisie ne répond pas, elle est réputée avoir rejeté le recours deux mois après avoir été saisie.

21700 **Pouvoirs de régularisation du juge** Les pouvoirs de régularisation d'une autorisation environnementale que le juge tient de la loi (C. envir. art. L 181-18 ; voir n° 21685 s.) ne s'appliquent pas en cas de recours contre une décision d'enregistrement d'une ICPE. Toutefois, saisi d'un tel recours, le juge de plein contentieux dispose sans texte du pouvoir de prononcer une **annulation partielle** et de **surseoir à statuer** en vue d'une régularisation (CE avis 10-11-2023 n° 474431, Sté ENEDEL 7). Cet avis définit les conditions de mise en œuvre de ces pouvoirs en s'inspirant étroitement de l'article L 181-18.

CHAPITRE 6

RAPPORTS ENTRE FONDS VOISINS

SOMMAIRE

SECTION 1

DOMAINE PUBLIC ROUTIER

TEXTES APPLICABLES AU DOMAINE PUBLIC ROUTIER

La loi 89-413 du 22 juin 1989 a institué la partie législative du **Code de la voirie routière,** et a abrogé la quasi-totalité des dispositions antérieurement applicables au domaine public routier. Les dispositions réglementaires de ce Code sont issues du décret 89-631 du 4 septembre 1989. Ce Code contient, entre autres, les dispositions concernant l'**alignement** (n°s 21980 s.), les **droits et servitudes des riverains** des voies du domaine public routier (n°s 22250 s.), les règles particulières pour la **voirie parisienne** et celle des grandes villes (n°s 22280 s.). Les règles concernant le **nivellement** ne sont pas codifiées (n°s 22140 s.). Sur la création d'itinéraires cyclables, voir C. envir. art. L 228-2 s. 21900

CONSISTANCE DU DOMAINE PUBLIC ROUTIER

Le domaine public routier comprend l'ensemble des biens du domaine public de l'**État,** des **départements** et des **communes,** affectés aux besoins de la circulation terrestre, à l'exception des voies ferrées (C. voirie routière art. L 111-1, al. 1). 21955

21955 (suite) Les **voies privées ouvertes à la libre circulation du public** et appartenant à des personnes privées ne deviennent pas publiques pour autant (Cass. crim. 7-7-1887, Sarrazin c/ Min. public ; CE 15-2-1989, Cne de Mouveaux). Pour qu'une voie privée soit classée dans le domaine public, il faut soit une acquisition amiable, soit une expropriation. Il existe aussi une procédure de transfert d'office sans indemnité. L'acte portant classement d'office comporte également approbation d'un plan d'alignement dans lequel l'assiette des voies publiques est limitée aux emprises effectivement livrées à la circulation publique (C. urb. art. L 318-3 et R 318-10).

> Précisions **a.** Sur la condition d'ouverture des voies privées à la circulation publique et à la **desserte d'ensembles d'habitations,** les juges ont précisé que cette dernière expression, faute de définition donnée par les textes, doit être comprise comme désignant tout regroupement de constructions à vocation résidentielle. Qu'en outre, cette disposition ayant pour finalité d'unifier en une trame cohérente des sections de voies hétérogènes, son champ d'application ne saurait se limiter aux dessertes aménagées en exécution d'autorisations de lotir, de permis valant autorisation de diviser après construction ou d'opérations d'aménagement foncier visées par le livre III du Code de l'urbanisme (CAA Lyon 22-6-2023 n° 21LY02813 : BPIM 5/23 inf. 346).

b. La voirie publique ou privée ouverte à la circulation publique doit être aménagée pour permettre l'**accessibilité des personnes handicapées** (Loi 91-663 du 13-7-1991 art. 2).

c. Le maire peut imposer, pour des impératifs de sécurité, un **droit d'accès direct à un bâtiment,** par une voirie privée, au bénéfice des services de sécurité (CE 24-7-1987, Damman et Rohmer : Lebon T. p. 892). Toutefois, en dehors de ces impératifs, une commune ne peut pas donner accès, par son terrain communal, à une voie privée non ouverte à la circulation publique sans obtenir le consentement des propriétaires de cette voie (CE 25-10-2024 n° 490521 : BPIM 1/25 inf. 59).

d. Une collectivité territoriale ne peut légalement conclure un **bail emphytéotique** sur un bien immobilier lui appartenant dès lors que celui-ci constitue une dépendance de la voirie routière, laquelle entre nécessairement dans le champ d'application de la contravention de voirie (CE 18-10-1995 n° 116316, Cne de Brive-la-Gaillarde : Lebon p. 356, s'agissant d'un parc de stationnement automobile).

e. Une parcelle communale, bien qu'ouverte à la **circulation piétonnière,** ne peut être regardée comme une dépendance du domaine public routier en l'absence de toute manifestation en ce sens de la part de la commune (CE 2-11-2015 n° 373896, Cne de Neuves-Maisons : BPIM 6/15 inf. 399).

f. Le **transfert d'office et sans indemnité dans le domaine public des voies privées** ouvertes à la circulation est conforme à la **Constitution** (Cons. const. 6-10-2010 n° 2010-43 QPC : JO 7 p. 18155). La décision de l'autorité administrative portant transfert vaut classement dans le domaine public et éteint, par elle-même et à sa date, tous **droits réels et personnels existant** sur les biens transférés (C. urb. art. L 318-3, al. 2). Ce transfert est subordonné à l'expression par les propriétaires de leur volonté d'accepter l'**usage public de la voie** (CE 3-6-2015 n° 369534, Cne de Saint-Selve). Même si une procédure de transfert est engagée, la fermeture des voies à l'usage public - empêchant ainsi le transfert - peut être décidée par leurs propriétaires dès lors qu'ils en informent l'administration avant que l'arrêté de transfert ne soit pris (CE 17-6-2015 n° 373187, Cne de Noisy-le-Grand : BPIM 4/15 inf. 242). Un **terre-plein** situé au croisement de deux rues n'est pas une voie privée ouverte à la circulation publique dès lors qu'il ne constitue ni une voie ni un accessoire indispensable aux rues dont il est contigu. Il ne peut donc pas être transféré d'office dans le domaine public (CE 19-9-2016 n° 386950 : BPIM 6/16 inf. 362). Le **délai de recours contentieux** contre une décision autorisant le transfert de voies privées ouvertes à la circulation publique dans le domaine public communal court, à l'égard des propriétaires intéressés, à compter de la notification de la décision de transfert (CE 13-10-2016 n° 381574 : BPIM 6/16 inf. 363). Toutefois, la notification ne peut faire courir le délai que si elle mentionne les voies et délais de recours (C. just. adm. art. R 421-5). Lorsqu'une notification ne fait pas courir le délai de deux mois faute de comporter cette mention, le propriétaire doit néanmoins saisir le juge dans un délai raisonnable qui, sauf circonstances particulières, ne saurait excéder un an (CE 25-9-2020 n° 430945, SCI La Chaumière : BPIM 6/20 inf. 446). Des **riverains** peuvent **contester le refus de transfert** d'une voie privée dans le domaine public (CE 27-5-2020 n° 433608 : BPIM 4/20 inf. 288).

g. Pour **Paris,** une procédure spécifique de classement d'office des voies privées ouvertes à la circulation publique est prévue (C. voirie routière art. L 171-14).

h. Si l'article L 318-3 du Code de l'urbanisme prévoit une enquête publique réalisée conformément aux dispositions du Code des relations entre le public et l'administration (CRPA), il est précisé par voie réglementaire que l'enquête a lieu conformément aux dispositions des articles R 141-4 s. du Code de la voirie routière (C. urb. art. R 318-10). La **régularité de l'enquête** s'apprécie donc au regard de ces articles, étant précisé que seules les irrégularités de nature à priver le public d'une garantie ou à exercer une influence sur les résultats de la concertation sont susceptibles de vicier la procédure et d'entraîner l'annulation de la décision de transfert. La tardiveté de la publication de l'arrêté d'ouverture de l'enquête publique n'est pas de nature à priver le public d'une garantie ou à exercer une influence sur les résultats de la concertation dès lors que la durée de l'enquête a permis de compenser cette tardiveté (CAA Lyon 22-6-2023 n° 21LY02813 : BPIM 5/23 inf. 346).

A. Alignement

MESURE DE POLICE ADMINISTRATIVE

L'alignement, mesure de police administrative, est la détermination par l'autorité administrative de la limite du **domaine public routier** (de l'État, des départements ou des communes) au droit des propriétés riveraines. Il est fixé soit par un plan d'alignement (nos 22000 s.) qui résulte le plus souvent du document local d'urbanisme (nos 22110 s.), soit par un alignement individuel (nos 22060 s.) (C. voirie routière art. L 112-1, al. 1). 21980

› Précisions **a.** La **servitude d'alignement** ne tombe pas en désuétude (CE 5-1-1955, Lapouge et Mandavy : Lebon p. 5).

b. À défaut de précision contraire dans le document local d'urbanisme, l'**alignement doit s'entendre** de la limite du domaine public au droit des parcelles privées et non aux façades des constructions (CE 16-3-2001 no 214489, Epx Chomel : BJDU 2/01 p. 89).

c. Un alignement peut concerner des **constructions souterraines** (CAA Lyon 23-3-1999 no 95-890, Ville de Cannes).

d. La procédure d'alignement a été jugée conforme à la **Constitution** (Cons. const. 2-12-2011 no 2011-201 QPC : JO 3 p. 20497, BPIM 1/12 inf. 88). Les Sages ont toutefois formulé une réserve d'interprétation concernant le cas des propriétés bâties (voir no 22025).

1. PLAN D'ALIGNEMENT

DÉFINITION DU PLAN D'ALIGNEMENT

Le plan d'alignement est un document à valeur réglementaire (CE 28-5-1935, Chrétien : Lebon p. 630), approuvé et publié, qui détermine la limite entre voie publique et propriétés riveraines. Il peut soit se borner à constater les limites existantes, soit les modifier, notamment pour élargir les voies publiques. Il y est joint un **plan parcellaire.** Son élaboration n'est pas obligatoire. 22000

ÉLABORATION DES PLANS

Les modalités d'établissement des plans d'alignement sont fixées par le Code de la voirie routière en fonction de la nature de la voirie concernée. Le projet de plan est soumis à **enquête publique.** Il fait ensuite l'objet d'une approbation par arrêté motivé du préfet ou délibération du conseil municipal selon le type de voie et d'une publication. Le plan d'alignement est modifié ou révisé dans les mêmes conditions, sauf s'il résulte du document local d'urbanisme (voir no 22110). 22005

› Précisions **a.** À **Paris** et dans les communes ayant obtenu l'application des mêmes dispositions, le classement de voies privées ouvertes à la circulation publique dans le domaine public de la ville (ou de la collectivité locale) comporte l'approbation d'un plan d'alignement (C. voirie routière art. L 171-14).

b. Si la servitude de reculement frappe un immeuble inscrit au titre des **monuments historiques,** le plan d'alignement ne peut être adopté qu'après accord du préfet de région. Si cette servitude frappe un immeuble situé dans le périmètre d'un site patrimonial remarquable, dans les abords des monuments historiques ou dans un site classé, inscrit ou en instance de classement, le plan d'alignement ne peut être adopté que sur l'avis de l'architecte des Bâtiments de France. En l'absence de réponse dans un délai de 4 mois, l'architecte des Bâtiments de France est réputé avoir donné un avis favorable (C. voirie routière art. R 112-1).

c. Le **permis de construire** ne peut pas être refusé sur le fondement d'un plan d'alignement non encore approuvé et publié (CE 20-2-1935, Dupérier : Lebon p. 233).

EFFET ATTRIBUTIF DU PLAN D'ALIGNEMENT

La publication d'un plan d'alignement attribue de plein droit à la collectivité ayant la maîtrise de la voie publique le sol des **propriétés non closes et non bâties** dans les limites qu'il détermine. Le sol des **propriétés bâties** à la date de la publication du plan est attribué à la collectivité dès la destruction du bâtiment (C. voirie routière art. L 112-2 et R 112-2). 22010

Dans ce cas, le droit du propriétaire se résout en un droit à **indemnité.** Cette indemnité, à défaut d'accord amiable, est fixée par le juge de l'expropriation, et comme en matière d'expropriation. La prise de possession des terrains ne peut intervenir qu'après paiement ou consignation des indemnités dues (C. civ. art. 545). À compter de la prise de possession, la délibération approuvant le plan d'alignement ne peut plus être suspendue par le juge administratif des référés (CE 26-3-2012 no 350834, Association des habitants des quartiers sud et maraîchers de Colmar : BPIM 3/12 inf. 281).

Les **droits des créanciers** inscrits sur l'immeuble sont reportés sur l'indemnité avec le rang de préférence qui était le leur.

Lorsque l'élargissement porte sur des immeubles bâtis ou clos de murs, le plan n'entraîne pas transfert immédiat de la propriété mais crée une **servitude de reculement** de la propriété.

> **Précisions a.** L'effet attributif de propriété des terrains non bâtis a fait, avant la codification de 1989, l'objet de décisions de jurisprudence qui conservent leur portée.
> Cet effet est limité aux **élargissements de faible importance,** et il ne saurait en être question pour l'ouverture d'une voie nouvelle, à laquelle la jurisprudence assimile les élargissements importants (ainsi jugé pour des élargissements de 5 à 11 m, de 18 à 21 m, de 22 à 30 m), ni pour un élargissement important d'un seul côté de la voie. Pour cela, c'est la procédure d'expropriation pour cause d'utilité publique qui doit être utilisée (CE 27-6-1913 n° 44071, Crevel : Lebon p. 774 ; CE 14-5-1915 n° 54088, Martin : Lebon p. 464).
> On ne peut pas utiliser cette procédure en cas d'**atteinte grave** portée à une propriété riveraine, telle qu'une atteinte sur une grande profondeur ou une utilisation rendue impossible ou malaisée, notamment par suite du bouleversement des aménagements intérieurs (CE 16-11-1983, Tribier : Lebon p. 457 ; TA Strasbourg 24-3-1998 n° 96-2658, Fischer c/ Dépt du Haut-Rhin).
> Un plan d'alignement est inopérant lorsqu'il touche des **bâtiments qui forment voûte** sur la voie publique (Cass. civ. 18-2-1905, Aubin).
> **b.** En cas de **rétrécissement de la voie,** le propriétaire riverain peut s'avancer sur la voie, en payant la valeur du terrain qui lui sera ainsi cédé. Il a une priorité pour l'achat des parcelles ainsi déclassées et peut être mis en demeure de les acquérir par la collectivité publique concernée (C. voirie routière art. L 112-8).
> **c.** L'**indemnité** est versée au **syndicat des copropriétaires,** en l'absence de réserves de la société constructrice (Cass. 3e civ. 14-11-1978, Sté Jardins de la Tolosane c/ Didot).
> **d.** L'**indemnité** est fonction de la **constructibilité,** en mètres carrés, de la parcelle retranchée.
> **e.** Les **droits des riverains** visés n° 22250 s'appliquent aux délaissés résultant d'une modification du plan d'alignement.

OPPOSABILITÉ DU PLAN D'ALIGNEMENT

22015 Un plan d'alignement régulièrement approuvé et publié doit être reporté au plan local d'urbanisme, ainsi qu'à la carte communale élaborée ou révisée depuis le 27 mars 2014, en tant que **servitude d'utilité publique** (C. urb. art. L 151-43 et L 161-1). Il devient alors opposable aux tiers (Rép. Tenaillon : AN 21-8-1989 p. 3672 n° 12495 ; Rép. de Catuelan : Sén. 2-11-1989 p. 1802 n° 3733).
À défaut de report, le plan d'alignement n'est pas opposable aux demandes d'autorisations d'utilisation du sol (n° 75).

> **Précisions a.** Les **plans d'alignement nouveaux** qui ne seraient **pas mentionnés parmi les emplacements réservés aux voies publiques** dans les annexes du POS (ou du PLU) n'auraient pas pour effet de modifier les alignements existants (CE 25-3-1985, Min. urbanisme c/ Association des amis de la terre).
> **b.** Les **plans d'alignement existant** à la date d'approbation d'un POS (ou d'un PLU) continuent de produire effet pendant un an même s'ils ne sont **pas reportés au document d'urbanisme** (CAA Paris 19-5-1998 n° 96-1165, Min. équipement c/ Bruche : BJDU 6/98 p. 426).
> **c.** Le PLU permet de préciser le **tracé et** les **caractéristiques des voies** de circulation à conserver, à modifier ou à créer (C. urb. art. L 151-38).

ALIGNEMENT ET TRAVAUX

22020 Aucune **construction nouvelle** ne peut, à quelque hauteur que ce soit, empiéter sur l'alignement, sous réserve des règles particulières aux saillies autorisées (C. voirie routière art. L 112-5). Lorsque les **balcons** d'une construction projetée sont en saillie sur le domaine public, il convient de se référer aux dispositions locales applicables en la matière (plan d'occupation des sols, plan local d'urbanisme ou règlement de voirie) pour apprécier si une permission de voirie est ou non nécessaire (Rép. Zimmermann : AN 14-10-2014 p. 8650 n° 39053).

22025 Aucun **travail confortatif** ne peut être entrepris sur un bâtiment frappé d'alignement, sauf s'il s'agit d'un immeuble classé monument historique (C. voirie routière art. L 112-6).
Le propriétaire se voit ainsi obligé de supporter la dégradation progressive de son immeuble pendant une durée indéterminée. Dans ces conditions, l'atteinte aux conditions d'exercice du droit de propriété serait disproportionnée au regard de l'objectif poursuivi si l'indemnité due à l'occasion du transfert de propriété ne réparait pas également le préjudice subi du fait de la servitude de reculement (Cons. const. 2-12-2011 n° 2011-201 QPC : JO 3 p. 20497, BPIM 1/12 inf. 88).

> **Précisions a.** Sont « confortatifs » tous travaux de nature à augmenter la solidité, et donc la durée, de la construction. Seuls sont autorisés les badigeons et crépis, les réparations de toiture, les aménagements intérieurs. C'est l'administration qui apprécie le **caractère confortatif ou non des travaux** et c'est le juge répressif qui connaît des infractions commises. Les tiers qui y ont intérêt sont recevables à invoquer l'inobservation de la servitude de reculement.

b. Si un **immeuble** est **frappé d'arrêté de péril,** les travaux confortatifs étant interdits, cet immeuble ne peut qu'être démoli.

c. Si l'**immeuble** est **détruit par la faute ou le fait d'un tiers,** le propriétaire a droit à une indemnité égale au coût de reconstruction, sous déduction de la différence entre le vieux et le neuf, et à la réparation du préjudice résultant de la nécessité d'acquérir un autre terrain pour reconstruire, son terrain étant devenu inconstructible en raison de l'alignement.

CONTRÔLE DE L'ADMINISTRATION

Lorsqu'une **construction nouvelle** est édifiée en bordure du domaine public routier, l'autorité chargée de la conservation de la voie dispose des pouvoirs de vérification qui lui sont attribués par l'article L 461-1 du Code de l'urbanisme (nº 16692) (C. voirie routière art. L 112-7). **22030**

2. ALIGNEMENT INDIVIDUEL

ARRÊTÉ D'ALIGNEMENT

L'alignement individuel, ou arrêté d'alignement, est délivré au propriétaire conformément au plan d'alignement, s'il en existe un. En l'absence d'un tel plan ou d'un acte de classement, il constate la limite de la **voie publique** au droit de la propriété riveraine (C. voirie routière art. L 112-1, dernier al. ; CE 30-7-1997 nº 155530, Cne de Bordes-sur-Lez). Il ne saurait résulter d'une décision implicite (CE 26-5-2004 nº 249157, Joubert : BPIM 4/04 inf. 208). **22060**

> Précisions a. En l'**absence de plan d'alignement,** l'arrêté individuel ne peut que constater les **limites de fait** de la voie publique, telles qu'elles apparaissent matériellement sur le terrain (CE 28-7-2004 nº 260608, Dubois : illégalité d'un arrêté d'alignement pour ne pas avoir pris en compte une clôture récemment implantée). Peu importe que le terrain soit réservé, la seule délimitation d'un emplacement réservé ne constituant pas un alignement nouveau (CE 12-4-1995 nº 86981, Laflorentie : Lebon T. p. 1080), ou qu'il fasse l'objet d'un projet de cession ultérieure même obligatoire pour le propriétaire (CE 4-12-1995 nº 110592, Cne des Alleuds). Il en va de même si l'indication d'une future voie figure dans un tableau annexé au plan d'urbanisme (CE 3-11-1995 nº 150733, Delanne). Même en cas d'empiétement sur la voie publique, celui-ci doit être pris en compte (CE 13-6-1984, Fiedos Ignace : Lebon T. p. 522).

b. La procédure d'alignement ne concerne que la voirie publique ; elle est donc inapplicable aux **chemins ruraux.**

c. Le propriétaire riverain n'est pas tenu de participer au **déroulement d'une opération** d'alignement (Rép. Masson : Sén. 9-11-2006 p. 2838 nº 22921).

d. Lorsqu'une commune délivre un arrêté d'alignement individuel auquel est annexé un plan dressé par un géomètre expert, elle ne peut pas exiger de l'administré la prise en charge des **frais du géomètre** (Rép. Zimmermann : AN 6-10-2015 p. 7621 nº 17152).

AUTORITÉ COMPÉTENTE

L'alignement individuel est délivré par le représentant de l'État dans le département, le président du conseil départemental ou le maire, suivant qu'il s'agit d'une route nationale, d'une route départementale ou d'une voie communale (C. voirie routière art. L 112-3, al. 1). Dans les agglomérations, le maire doit être obligatoirement consulté lorsqu'il n'est pas compétent pour délivrer l'alignement (C. voirie routière art. L 112-3, al. 2). **22065**

L'alignement individuel ne peut pas être refusé au propriétaire qui en fait la demande (C. voirie routière art. L 112-4).

DEMANDE D'ALIGNEMENT

L'alignement individuel doit être demandé pour tous travaux, soumis ou non à permis de construire, sur un **immeuble joignant la voie publique** (ravalement, clôture…), par celui qui possède l'immeuble (l'usufruitier notamment). **22070**

La demande est faite sur papier libre, avec des indications précises concernant le demandeur, l'immeuble et les travaux projetés.

L'alignement individuel ne dispense pas de demander le **permis de construire** pour les travaux soumis à ce permis, mais le permis de construire obtenu dispense de demander l'alignement individuel (Cass. crim. 15-10-1958 : Bull. crim. nº 628) sauf si le permis en prévoit lui-même l'obligation (Cass. 3e civ. 8-11-1978).

EFFETS DE L'ALIGNEMENT INDIVIDUEL

L'alignement individuel est un acte purement déclaratif dont les effets se limitent à la détermination des **limites actuelles** de la voie. Les tribunaux judiciaires restent compétents en cas de conflit sur le droit de propriété du riverain (notamment, Cass. 3e civ. 16-5-2019 nº 17-26.210 FS-PBI). **22075**

Lorsqu'aucun plan d'alignement ni acte de classement n'a fixé les limites de la voie, l'arrêté d'alignement individuel constate les **limites réelles** de celle-ci à la date où il est délivré (voir n° 22060, Précisions, a).

La **durée de validité** de l'arrêté d'alignement est d'un an.

CONTENTIEUX

22080 L'arrêté individuel d'alignement n'étant pas un acte créateur de droits, son **retrait** et sa **substitution** par un nouvel arrêté sont possibles sans condition de délai (CE 19-11-1980, Giraud : Lebon T. p. 941 ; CE 10-1-2007 n° 283384).

L'arrêté peut par ailleurs être attaqué pour **excès de pouvoir.** Il serait notamment illégal s'il ne respectait pas le plan d'alignement au moment où il est délivré.

3. ALIGNEMENT RÉSULTANT DES DOCUMENTS D'URBANISME

22110 Les documents d'urbanisme, essentiellement les schémas de cohérence territoriale, les PLU et les anciens POS, fixent le **tracé** et les **caractéristiques** des voies à conserver, à modifier, à créer, y compris les rues, sentiers et pistes cyclables (C. urb. art. L 151-38, s'agissant des PLU).

Les dispositions de l'ancien article R 123-32-1 du Code de l'urbanisme selon lesquelles les **alignements nouveaux** des voies et places **résultant du POS** opposable aux tiers **se substituaient aux alignements** résultant des plans généraux d'alignement applicables sur le même territoire sont abrogées depuis le 1er avril 2001 (Décret 2001-260 du 27-3-2001 art. 1). Depuis cette date nous sommes donc revenus à la situation antérieure au décret 77-736 du 7 juillet 1977 : il peut exister deux limites différentes, l'une résultant du plan d'alignement conservant son effet attributif, l'autre résultant du document graphique du PLU, sans effet attributif, mais opposable aux autorisations d'urbanisme.

> **Précisions** **a.** À notre avis, les **alignements nouveaux résultant des POS opposables avant le 1er avril 2001** et qui se sont substitués aux alignements résultant des plans généraux d'alignement restent opposables, mais ils ne produisent pas pour autant les effets d'un plan d'alignement, notamment en ce qui concerne le régime d'attribution de propriété visé n° 22010.
> **b.** L'approbation d'un PLU dispense d'enquête préalable les **classements et déclassements de voies et places publiques** communales prévus à ce plan, sous réserve que celui-ci précise la catégorie dans laquelle elles doivent entrer et que ces classements et déclassements figurent parmi les opérations soumises à l'enquête publique relative au projet de PLU. Cette dispense n'est applicable aux voiries nationale et départementale que si l'acte d'approbation est accompagné de l'avis conforme, selon le cas, du préfet ou du président du conseil départemental relatif à ce classement ou ce déclassement (C. urb. art. R 153-10).

22115 Lorsqu'il s'agit de **voies à créer, à modifier ou à élargir,** c'est la procédure de l'inscription en **emplacements réservés** dans le PLU qui est retenue, même s'il s'agit d'immeubles bâtis (nos 3170 s.). En l'absence de plan d'alignement publié dans la commune, la seule inscription en emplacement réservé ne constitue pas un alignement nouveau au sens de l'ancien article R 123-32-1 du Code de l'urbanisme (CE 12-4-1995 n° 86981, Laflorentie : Lebon T. p. 1080).

4. NIVELLEMENT

22140 Le Code de la voirie routière ne comporte pas de disposition nouvelle en matière de nivellement. Il est seulement fait référence au nivellement, notamment dans les articles L 131-4 (routes départementales), L 141-3 et R 141-6 (routes communales). Les **règles** en vigueur antérieurement à la publication de ce Code doivent donc être considérées comme étant toujours applicables.

22145 Le nivellement a pour **objet** la détermination, par des chiffres et des signes graphiques, du niveau que présentent ou doivent présenter les voies publiques à l'intérieur des agglomérations. Il permet aux communes d'envisager leur politique à long terme de remblai, déblai, assainissement, et aux particuliers d'établir les accès et issues de leurs fonds sur la voie publique sans risquer de se trouver par la suite en contrebas ou au-dessus de cette voie.

22150 Les **pentes et rampes** des voies sont indiquées sur le plan d'alignement. Les cotes du niveau actuel sont indiquées en chiffres noirs et celles du niveau futur ou officiel en chiffres rouges. Le nivellement est soumis à **enquête publique,** en principe, en même temps que l'alignement. L'approbation se fait comme celle de l'alignement.

Tout propriétaire peut demander un **arrêté de nivellement individuel** ; la question reste controversée de savoir si cette demande est obligatoire avant de construire : la jurisprudence est, dans l'ensemble, dans le sens de l'obligation. Toujours est-il qu'en l'absence de cette demande, le constructeur se prive de tout recours pour le cas où, par la suite, l'administration apporterait aux plans des modifications changeant le niveau de ses accès. 22155

Le nivellement est **demandé** dans les mêmes formes et conditions que l'alignement individuel (nos 22060 s.). En l'absence de plan légal de nivellement, le nivellement individuel est donné conformément à l'état actuel des lieux (voir n° 22060, Précisions, a, les conséquences qu'en tire la jurisprudence en matière d'alignement individuel).

B. Droits des riverains et servitudes d'utilité publique

DROITS DES RIVERAINS

Les riverains des voies du domaine public disposent d'un droit d'**accès à la voie publique** qui constitue en quelque sorte un accessoire du droit de propriété. Ils ne peuvent être privés de ce droit qu'à la condition de recevoir une indemnité, et pour autant que cette privation soit fondée sur des motifs tirés des nécessités relatives soit à la conservation du domaine public, soit à la circulation publique (CE 18-3-1994, Malingue : BJDU 5/94 p. 63). 22250

Les propriétaires riverains des voies du domaine public routier ont une **priorité pour l'acquisition** des parcelles situées au droit de leur propriété et déclassées par suite d'un changement de tracé de ces voies ou de l'ouverture d'une voie nouvelle (délaissés de voirie). Un déclassement pour une autre raison ne permet pas de bénéficier de ce droit de priorité (Cass. 3e civ. 19-9-2019 n° 17-27.628 FS-PBI). Le **prix** de cession est estimé à défaut d'accord amiable, comme en matière d'expropriation.

Chaque propriétaire riverain d'une parcelle ainsi cédée doit être **mis en demeure** d'acquérir la parcelle, sous peine de nullité de la vente (Cass. 3e civ. 5-5-2004 n° 02-21.188 : Bull. civ. III n° 91). Si, mis en demeure, le propriétaire ne se porte pas acquéreur dans un délai d'un mois, il est procédé à l'aliénation de la parcelle suivant les règles applicables au domaine concerné (C. voirie routière art. L 112-8).

> Précisions **a.** Ce droit d'accès ne s'applique pas aux **propriétés riveraines des voies spécialisées** non ouvertes à la circulation générale : pistes pour cyclistes, sentiers de touristes notamment (C. urb. art. L 111-13).

b. Les **délaissés de voirie** sont déclassés de fait, ayant perdu leur caractère de dépendances du domaine public routier (CE 27-9-1989 n° 70653). La commune qui en est propriétaire peut ainsi les céder sans avoir besoin de prendre un **acte de déclassement** (Rép. Masson : Sénat 12-3-2015 p. 555 n° 3420).

Lorsque les **parcelles déclassées** sont acquises par les propriétaires des terrains d'emprise de la voie nouvelle, elles peuvent être cédées par voie d'**échange ou** de **compensation de prix.**

c. Les riverains des voies publiques bénéficient, sauf dispositions contraires, des **« aisances de voirie »** (droits d'accès, de vue et de déversement des eaux) qui sont juridiquement protégées (Cass. 3e civ. 27-11-1991 : D. 1992 IR p. 5).

d. Les propriétés riveraines des **autoroutes** n'ont pas d'accès direct à celles-ci (C. voirie routière art. L 122-2). Il en est de même des **routes express** (C. voirie routière art. L 151-3 et R 151-5) et des **déviations** de route à grande circulation (C. voirie routière art. L 152-1).

e. Lorsque la réalisation d'une **« bordure bateau »** est rendue nécessaire par une opération de construction, son coût peut être mis, par le permis de construire, à la charge du constructeur, qui devra obtenir une permission de voirie pour réaliser les travaux d'abaissement du trottoir (Rép. Jacquat : AN 4-12-2000 p. 6892 n° 42394).

f. Sur l'**interdiction de construire** en bordure de certaines voies importantes, voir n° 1075.

g. Le droit d'accès n'implique pas le droit d'exiger de la commune la réalisation de **travaux d'amélioration et d'élargissement** (CE 26-7-2006 n° 269724, Fleury).

h. Avant de **refuser** à un riverain le **droit d'accéder** avec un véhicule à la voie publique en raison du risque pour la sécurité de la circulation, le maire doit rechercher si un **aménagement léger sur le domaine** est légalement possible et préserve de bonnes conditions de sécurité (CE 15-12-2016 n° 388335 : BPIM 1/17 inf. 71).

i. Le **PLU** peut légalement prévoir que **lorsque le terrain est desservi par plusieurs voies,** l'accès automobile sera situé sur celle qui présenterait une gêne ou un risque moindre pour la circulation des différents usagers de la voirie et que le nombre d'accès automobiles aux voies sera limité au minimum indispensable (CE 22-7-2021 n° 442334, Cne de Croissy-sur-Seine : BPIM 5/21 inf. 364).

SERVITUDES DE VISIBILITÉ

22255 **Principe** Les propriétés riveraines ou voisines des voies publiques, situées à proximité de croisements, virages ou points dangereux ou incommodes pour la circulation publique peuvent être frappées de servitudes destinées à assurer une meilleure visibilité (C. voirie routière art. L 114-1). Ces dispositions s'appliquent également aux propriétés riveraines ou voisines du croisement à niveau d'une voie publique et d'une voie ferrée.

Ces servitudes comportent, selon le cas (C. voirie routière art. L 114-2) :

1. L'**obligation** de supprimer les murs de clôture ou de les remplacer par des grilles, de supprimer les plantations gênantes, de ramener et de tenir le terrain et toute superstructure à un niveau au plus égal au niveau qui est fixé par le plan de dégagement prévu à l'article L 114-3 du Code de la voirie routière. Ce plan, soumis à enquête publique, et approuvé, définit les servitudes et les localise (C. voirie routière art. R 114-1).

2. L'**interdiction** absolue de bâtir, de placer des clôtures, de remblayer, de planter et de faire des installations quelconques au-dessus du niveau fixé par le plan de dégagement.

3. Le **droit pour l'autorité gestionnaire** de la voie d'opérer la résection des talus, remblais et de tous obstacles naturels de manière à réaliser des conditions de vue satisfaisantes.

22260 **Indemnisation** L'établissement de servitudes de visibilité ouvre droit au profit du propriétaire à une indemnité compensatrice du dommage direct, matériel et certain en résultant (C. voirie routière art. L 114-4). À défaut d'entente amiable, l'indemnité est fixée et payée comme en matière d'expropriation.

22265 **Sanctions** Toute **infraction au plan de dégagement** constitue à la charge du propriétaire du sol, sans préjudice de son recours éventuel contre le tiers auteur des travaux, une contravention dont la répression est poursuivie conformément aux règles régissant la police de la conservation du domaine public routier (C. voirie routière art. L 114-5).

> **Précisions** **a.** L'**action en réparation** de l'atteinte au domaine public est imprescriptible. L'**arrêt immédiat des travaux** peut être ordonné.
> **b.** Dans le cadre de ses **pouvoirs de police**, le **préfet** peut prévoir qu'il incombe aux riverains des routes nationales de procéder à l'élagage ou même à l'abattage des arbres de leur propriété qui menacent de tomber sur les dépendances du domaine public routier. Toutefois, si la mise en demeure reste sans effet, le préfet ne peut pas mettre à la charge des propriétaires les frais d'exécution d'office des travaux (CE 23-10-1998 n° 172017, Prébot : BPIM 1/99 inf. 15).
> **c.** Le **maire** peut infliger une **amende administrative** d'un montant maximum de 500 € en cas de manquement à un arrêté municipal pris en matière d'élagage et d'entretien des arbres et des haies donnant sur la voie ou le domaine public, à condition que le manquement soit répétitif ou continu et qu'il présente un risque pour la sécurité des personnes (CGCT art. L 2212-2-1). Il peut également **exécuter d'office,** aux frais des propriétaires négligents, l'élagage des plantations privées débordant sur les voies sur lesquelles il exerce la police de la circulation afin de garantir la sûreté et la commodité du passage (CGCT art. L 2212-2-2).

PUBLICITÉ

22270 Des servitudes destinées à éviter les abus de la publicité peuvent être imposées aux riverains des **autoroutes** (C. voirie routière art. L 122-2 et R 122-4) ou des **routes express** (C. voirie routière art. L 151-3 et R 151-7).

APPLICATION DU CODE FORESTIER

22275 Certaines règles issues du Code forestier (gestion forestière et débroussaillement) peuvent trouver à s'appliquer (C. voirie routière art. L 114-7 et L 114-8).

DISPOSITIONS PROPRES À LA VILLE DE PARIS

22280 **Éclairage public** Les articles L 171-2 à L 171-11 du Code de la voirie routière fixent, pour la ville de Paris, les modalités de l'établissement sur les bâtiments ou sur les fonds riverains de la voie publique des supports, ouvrages et conditions nécessaires à l'éclairage public. Ces dispositions peuvent être rendues applicables, sur délibération de leur assemblée, aux communes, EPCI et syndicats mixtes (C. voirie routière, art. L 173-1).

22285 **Voirie** Pour la ville de Paris sont édictées des règles particulières relatives à l'**assainissement d'office** des voies privées (C. voirie routière art. L 171-12 et L 171-13), au **classement** desdites voies ouvertes à la circulation publique (C. voirie routière art. L 171-14 et L 171-15) et aux **dispositions financières** y afférentes (C. voirie routière art. L 171-16 à L 171-21). L'application de ces dispositions aux **autres communes** peut intervenir dans les conditions visées à l'article L 173-2 du Code de la voirie routière.

SECTION 2
SERVITUDES DE COUR COMMUNE

OBJET DES SERVITUDES DE COUR COMMUNE

Une servitude de cour commune a pour objet d'imposer une certaine distance entre les **constructions réalisées sur des propriétés voisines**, afin de garantir un confort minimal d'utilisation de ces derniers et de limiter la gêne qu'ils peuvent se causer. Sur ce périmètre, les propriétaires se voient interdire ou limiter toute construction ou toute édification au-delà d'une certaine hauteur (C. urb. art. L 471-1). 22450

La constitution d'une telle servitude ne permet pas de s'affranchir des règles de distance édictées par le règlement du PLU, mais de modifier l'assiette d'appréciation de leur respect, en la déplaçant partiellement vers la partie du fonds voisin grevée par cette servitude (Rép. Masson : Sén. 14-5-2020 n° 13002).

EXEMPLE

Dans un secteur où il est exigé 10 m de **distance** aux limites séparatives des fonds pour pouvoir construire, l'implantation d'un immeuble à 6 m de cette limite nécessite, sur le fonds voisin, une servitude de cour commune (non aedificandi) sur une profondeur de 4 m.

Si le voisin s'engage à ne pas construire à plus de 8 m de **hauteur,** par exemple, en limite séparative de sa propriété, alors que la règle de prospect est de H/2, il permet au voisin qui construit de s'implanter à 4 m de la limite séparative.

CARACTÉRISTIQUES D'UNE SERVITUDE DE COUR COMMUNE

Il s'agit d'une charge grevant à perpétuité le fonds servant dans l'intérêt général, à l'encontre de laquelle on ne peut pas prescrire (Cass. 3e civ. 15-12-1999 n° 97-22.161 : Bull. civ. III n° 250 ; Cass. 3e civ. 12-6-2012 n° 10-31.094 : BPIM 4/12 inf. 366). Il n'y a pas de fonds dominant au sens du droit civil. Les règles relatives aux servitudes de cour commune sont fixées par les articles L 471-1 s. et R 471-1 s. du Code de l'urbanisme. 22452

Une telle servitude peut être exigée par les règles d'urbanisme, mais peut être instituée même lorsque la **commune** n'est **pas dotée d'un PLU** (ou d'un document d'urbanisme en tenant lieu) ou lorsque la commune est **dotée d'un PLU** qui ne mentionne pas explicitement cette possibilité (C. urb. art. L 471-1, al. 2). Jugé que ce double principe était applicable avant même de figurer dans le Code de l'urbanisme (CE 29-1-2014 n° 357293, SCI Circée : BPIM 2/14 inf. 143).

La cause de la servitude de cour commune convenue entre les propriétaires intéressés s'apprécie au moment où elle a été consentie et ne disparaît pas en raison d'une **modification ultérieure des règles d'urbanisme** (Cass. 3e civ. 23-1-2013 n° 11-27.086 : BPIM 2/13 inf. 161).

› Précisions **a.** Les constructions à usage de **bureaux** peuvent, comme celles d'habitation, justifier l'institution d'une servitude de cour commune (Cass. 3e civ. 14-10-1975 : JCP éd. G 1976 II n° 18268 obs. Stemmer). La loi parle en effet de « constructions » sans autre précision (C. urb. art. L 471-1).

b. L'**assiette** d'une servitude de cour commune ne peut pas s'étendre sur une voie publique, ou destinée à devenir publique (CA Paris 24-6-1977 : JCP éd. N 1980 II p. 72).

c. Lorsque le PLU le prévoit, mais aussi dans son silence, les servitudes, dites de « cour commune », permettent de se départir des **limites séparatives** prises en compte pour l'application des règles de prospect. Ainsi, un projet de construction trop proche d'une limite séparative de sa parcelle d'assiette, ou même implanté sur cette limite, ne sera pas jugé illégal si une servitude de cour commune grève la parcelle voisine (CE 4-3-1994 n° 132788). Dans ce cas, en effet, la limite à prendre en compte pour l'application des règles de distance n'est plus la ligne séparative, mais la limite opposée de la fraction de terrain frappée d'inconstructibilité par la servitude (CAA Lyon 31-7-2018 n° 17LY00727).

d. Le bénéfice d'une servitude de cour commune n'autorise pas à inclure la superficie de celle-ci dans le terrain du bénéficiaire, au regard des **superficies exigées pour pouvoir construire** (CE 3-11-1989 n° 64169, Sigler). Mais il est possible d'utiliser la surface grevée pour construire en sous-sol (Cass. 3e civ. 5-5-1975 : Bull. civ. III n° 156) ou, à notre avis, pour créer des parkings ou de la voirie.

e. L'existence d'une **cour à usage commun** non grevée d'une servitude de cour commune est sans incidence sur l'application des règles du POS relatives à l'implantation des constructions par rapport aux limites séparatives de propriété (CE 20-6-1997 n° 136743, Esnavant : BPIM 5/97 inf. 312).

f. Une servitude de cour commune ne s'éteint pas par la **réunion des fonds en une seule main** (en ce sens, Cass. 3e civ. 15-12-1999 n° 97-22.161 : BJDU 1/00 p. 44).

g. Dès lors que le règlement d'urbanisme l'autorise, un traité de cour commune peut **déroger à la règle de prospect** dans les conditions qu'il

détermine (CE 23-6-2004 n° 253917, SCI Paris Heine Source : BJDU 5/04 p. 382).
h. Il y a lieu de prendre en considération l'existence d'une servitude de cour commune figurant dans un acte notarié lorsque le **règlement d'urbanisme** applicable en fait découler des **prescriptions particulières** (CE 13-3-2013 n°s 346916 et 346931, SCI La Colonie).

ÉTABLISSEMENT D'UNE SERVITUDE DE COUR COMMUNE

22455 L'administration doit faire connaître au candidat constructeur que son projet ne sera accepté, quant aux règles de distance avec les fonds voisins, que si cette servitude de cour commune est instituée sur ces fonds, sur telle distance. Le demandeur peut l'obtenir à l'**amiable ou** en demander l'établissement au **juge** (C. urb. art. L 471-1) (n° 22465). La servitude de cour commune peut être imposée à l'occasion d'un permis de construire initial, ou même modificatif (Cass. 3e civ. 4-1-1995 : Bull. civ. III n° 7) ou d'une déclaration préalable (CE 2-1-2014 n° 357293). Lorsque l'institution d'une servitude de cour commune est requise pour l'édification d'une construction, le permis de construire autorisant cette construction peut être délivré même si la servitude n'est pas encore établie ou entrée en vigueur (CE 16-10-2017 n° 401706 : BPIM 6/17 inf. 451).

Lorsque l'édification des constructions est subordonnée, pour l'application des dispositions relatives à l'urbanisme, à l'institution sur des terrains voisins d'une servitude de cour commune, la demande d'autorisation est accompagnée des **contrats** ou décisions judiciaires relatifs à l'institution de ces servitudes (C. urb. art. R 431-32 et R 431-36, al. 6).

Les contrats légalement formés tiennent lieu de loi à ceux qui les ont faits (C. civ. art. 1103). La convention doit être rédigée de manière claire et précise. En cas d'imprécision, il appartient au juge d'en déterminer la portée exacte. Ainsi, l'inexécution d'une obligation résultant d'une servitude de cour commune est de nature à justifier la démolition de l'ouvrage, dans la mesure nécessaire au respect de la convention des parties (Cass. 3e civ. 28-3-2024 n° 22-13.993 FS-B : BPIM 3/24 inf. 217).

À défaut de servitude, le permis de construire doit être refusé dès lors que le projet ne respecte pas les règles de prospect (CE 21-1-1981, SCI Chézy-Bineau : Lebon T. p. 967 ; CE 20-6-1997 n° 136743, Esnavant : BPIM 5/97 inf. 312).

> **Précisions** Dans un immeuble en **copropriété,** la convention de cour commune doit en principe être approuvée à la majorité visée à l'article 25, d de la loi du 10 juillet 1965, sauf à exiger une décision unanime s'il est porté atteinte aux modalités de jouissance des lots de rez-de-chaussée (Rép. Frédéric-Dupont : AN 6-11-1979 p. 9429 n° 15282). Il s'agissait en l'espèce d'instituer la servitude sur des jardins attribués en jouissance privative à des copropriétaires.
> Sont irrégulières les clauses d'un règlement de copropriété contrevenant à une servitude de cour commune (Cass. 3e civ. 15-12-1999 n° 97-22.161 : JCP N 2000 p. 682 note Siane).

22460 **Création par voie judiciaire** La demande tendant à l'institution d'une servitude de cour commune est portée devant le **tribunal judiciaire** du lieu de situation des terrains (C. urb. art. R 471-1). Le juge n'est jamais obligé d'instituer la servitude de cour commune (Cass. 3e civ. 15-12-1982 : Bull. civ. III n° 256) ; son intervention étant prévue « à défaut d'accord amiable ».

Le jugement du tribunal institue les servitudes et fixe les **indemnités** approximatives et prévisionnelles (C. urb. art. R 471-3). L'acceptation de l'indemnité approximative et provisionnelle ne préjudicie pas aux droits des propriétaires intéressés quant à la fixation de l'indemnité définitive suivant la procédure définie à l'article L 471-3 du Code de l'urbanisme.

Le jugement est publié au **fichier immobilier,** à peine d'inopposabilité aux tiers (C. urb. art. R 471-4).

> **Précisions a.** Les **contestations** concernant l'existence d'une cour commune relèvent de la **compétence** des tribunaux judiciaires (CE 10-12-1997 n° 160046, Carbonel). Il en va de même de la fixation des indemnités (CE 4-3-1994 n° 132788, Cne de Douai).
> **b.** Bien que le texte indique que l'**indemnisation du propriétaire grevé** s'entend « compte tenu de l'**importance du préjudice** » (C. urb. art. R 451-4 ancien, devenu art. R 471-5), la Cour de cassation, revenant sur ses positions antérieures, a jugé que la servitude de cour commune est par nature préjudiciable à celui qui la subit, et qu'elle fait naître un principe de créance incontestable (Cass. 3e civ. 26-4-1977 : JCP éd. N 1977 II p. 213 obs. critiques Stemmer). Il semble que l'indemnisation soit donc toujours possible, même si le préjudice est objectivement nul.
> L'indemnité due pour la seule création d'une servitude de cour commune ne devant tenir compte que de l'**atteinte au droit réel de propriété,** doit être cassé l'arrêt d'une cour d'appel qui avait retenu qu'il était nécessaire, pour apprécier le montant de l'indemnité due par le propriétaire du fonds dominant, de mettre en cause les copropriétaires des étages inférieurs de l'immeuble collectif édifié sur le fonds servant qui allaient subir un préjudice personnel en raison d'une réduction de la clarté de leurs appartements, causée par la construction envisagée (Cass. 3e civ. 20-1-1993 : Loyers et copr. 1993 n° 157 note Vigneron).

c. Le jugement instituant la servitude dans le cadre d'un immeuble en **copropriété** est réputé contradictoire à l'égard des copropriétaires non représentés le jour de l'audience, et des indemnités différentes peuvent être fixées pour les différents copropriétaires, selon le préjudice causé à chacun (C. urb. art. R 471-5).

d. Depuis le **1er janvier 2020,** c'est le jugement du tribunal judiciaire, ce dernier statuant au fond, qui institue les servitudes de cour commune (C. urb. art. R 471-3). Avant cette date, la compétence relevait du président du TGI, qui statuait comme en matière de référé. Pour autant, les ordonnances instituant les servitudes de cour commune étaient de véritables jugements préjudiciant au principal, et qui avaient autorité de chose jugée si elles n'étaient pas frappées d'appel (Cass. 3e civ. 29-6-1976 : Bull. civ. III no 291).

ANNULATION D'UNE SERVITUDE DE COUR COMMUNE

La **décision judiciaire** qui a institué la servitude peut être **rapportée** à la demande du propriétaire du terrain grevé, même passée en force de chose jugée, si, un an après l'institution de la servitude, le permis de construire n'a pas été délivré, si le demandeur n'a pas commencé les travaux dans l'année de la délivrance du permis de construire ou les a interrompus pendant au moins un an. Ce **délai** est par ailleurs **suspendu** lorsque le permis fait l'objet d'un recours devant la juridiction administrative ou d'une action en responsabilité civile devant la juridiction judiciaire, jusqu'à l'intervention d'une décision juridictionnelle irrévocable (C. urb. art. L 471-2). 22465

Le délai d'un an pour commencer les travaux n'a pas été modifié lorsque le **délai de péremption du permis** de construire a été porté à 2 ans, puis à 3 ans, et que la procédure du sursis à exécution a été remplacée par celle du référé-suspension.

SECTION 3

SERVITUDES PRIVÉES

DÉFINITION DES SERVITUDES

Une servitude est une **charge réelle** imposée sur un héritage pour l'usage et l'utilité d'un héritage appartenant à un autre propriétaire (C. civ. art. 637). 22600

La propriété bénéficiaire est dite **« fonds dominant »,** et la propriété grevée est dite **« fonds servant ».**

La **dualité des propriétés** est indispensable pour qu'il y ait servitude.

› Précisions a. Des propriétaires en **indivision** sur un fonds ne peuvent pas se voir reconnaître une servitude sur ce même fonds (Cass. 3e civ. 27-5-2009 no 08-14.376 : BPIM 4/09 p. 2).

b. En **copropriété,** aucune servitude ne peut être établie sur une partie commune au profit d'un lot (Loi 65-557 du 10-7-1965 art. 6-1 A), et ce même lorsque la partie commune est affectée à la jouissance privative et exclusive d'un lot (Cass. 3e civ. 23-9-2021 no 19-22.556 F-D : BPIM 6/21 inf. 391). En revanche, une servitude peut être créée entre les parties privatives de deux lots (Cass. 3e civ. 30-6-2004 no 03-11.562 : Bull. civ. III no 140).

c. Il ne peut pas exister de servitude entre deux villas faisant partie d'une même **copropriété horizontale,** dès lors que le terrain qui les supporte leur appartient indivisément à toutes deux (Cass. 3e civ. 10-1-1984 : JCP éd. N 1984 II p. 238 obs. Stemmer ; CA Paris 7-11-1990 et CA Paris 22-2-1991 : D. 1991 som. p. 311).

d. Le **droit de passage** conféré pour les câbles d'un **téléski** n'est pas un droit de servitude, l'ensemble mécanique que constitue le téléski ne pouvant pas être considéré comme un « fonds » dominant (Cass. 3e civ. 12-12-1984 : JCP éd. G 1985 II no 20411 obs. Goubeaux).

e. Le **réseau de distribution électrique** ne pouvant constituer un fonds dominant, la convention par laquelle un particulier donne à bail à EDF l'une de ses parcelles afin d'y construire un poste de transformateur ne peut pas être requalifiée en convention de servitude (Cass. 3e civ. 13-6-2012 no 10-21.788 : Bull. civ. III no 95, BPIM 4/12 inf. 367).

f. Une **servitude conventionnelle de passage sur** une parcelle du **domaine public** instituée avant l'entrée en vigueur du Code général de la propriété des personnes publiques (CGPPP) peut être maintenue à condition d'avoir été consentie avant l'incorporation de la parcelle au domaine public et d'être compatible avec l'affectation de la parcelle (CE 26-2-2016 no 383935 : BPIM 2/16 inf. 149 ; T. confl. 5-7-2021 no 4218, SCI LMG c/ Cne d'Evecquemont : BPIM 6/21 inf. 383). Concernant la période postérieure à l'entrée en vigueur du CGPPP, une servitude peut être instituée sur une dépendance du domaine public à condition d'être compatible avec l'affectation de la parcelle (CGPPP art. L 2122-4).

g. Le titulaire d'une servitude de droit privé sur le domaine public doit supporter les **frais de déplacement des ouvrages** implantés à raison de cette servitude, pour permettre l'exécution de travaux dans l'intérêt du domaine public et conformes à sa destination (CE 31-3-2022 no 453904, Dépt du Val-d'Oise : BPIM 3/22 inf. 258).

Le Conseil d'État étend ainsi la règle applicable au bénéficiaire d'une autorisation d'occupation du domaine public, telle qu'elle résulte d'une jurisprudence bien établie (CE sect. 6-2-1981 nº 9689, Min. équipement c/ Sté Cie française de raffinage : Lebon p. 62 ; CE 6-12-1985 nº 50795, Sté Gaz de France : Lebon p. 361) au titulaire d'une servitude de droit privé sur le domaine public.

CARACTÈRES DES SERVITUDES

22605 La servitude est un **droit réel** immobilier accessoire à la propriété du fonds dominant, **publié** comme tel au fichier immobilier, qui ne peut grever qu'**un fonds** (non une personne), au profit d'un autre fonds (non d'une autre personne). Une obligation personnelle ne peut pas constituer une servitude qui, en tant que droit réel, se **transmet,** activement et passivement, avec les fonds concernés, de façon indivisible.

La question de savoir si l'on est en présence d'une servitude ou d'une obligation personnelle est une question de fait, qui dépend au premier chef des termes de la convention. Un droit réservé à une personne pour ses besoins personnels, ou accordé à titre de simple tolérance, ne constitue pas une servitude.

La servitude est en principe **perpétuelle** comme la propriété elle-même, sauf convention contraire. La stipulation d'une **servitude temporaire** est licite (Cass. 3e civ. 22-3-1989 : Bull. civ. III nº 73). En l'espèce, l'existence de la servitude était liée à des circonstances appelées à disparaître un jour.

La servitude est **indivisible**. Si le fonds dominant ou servant vient à être divisé ou devient une copropriété, leur assiette et leur service ne sont en rien modifiés (C. civ. art. 700).

› Précisions **a.** Il a été jugé que l'interdiction faite à l'acquéreur d'un fonds de l'**affecter à un usage déterminé** peut revêtir le caractère d'une servitude établie par le fait de l'homme, et attachée au fonds dans l'intérêt d'un autre fonds (Cass. com. 15-7-1987 : D. 1987 IR p. 182 ; Cass. 3e civ. 24-3-1993 nº 91-11.690 : RJDA 6/93 nº 553). Une clause de ce genre peut toutefois revêtir le caractère d'une obligation personnelle (Cass. 3e civ. 4-7-2001 nº 99-14.784 : Bull. civ. III nº 94). Ces décisions ne sont pas contradictoires : la qualification d'une clause d'interdiction d'exercer un commerce déterminé peut, selon la rédaction des actes et selon les circonstances, être regardée comme attachée à la protection d'un fonds (c'est alors une servitude) ou comme attachée à l'intérêt d'une personne (c'est alors une obligation personnelle).

b. Constitue bien une servitude le droit de passage conféré à une personne et stipulant que le droit subsisterait au profit des **propriétaires successifs** de l'immeuble de cette personne (Cass. 3e civ. 9-7-1986 : Gaz. Pal. 1986 pan. p. 207).

c. Une servitude ne peut pas être constituée par un **droit exclusif interdisant au propriétaire du fonds servant toute jouissance de sa propriété** (Cass. 3e civ. 24-5-2000 nº 97-22.255 : Bull. civ. III nº 113 ; Cass. 3e civ. 6-6-2019 nº 18-14.547 FS-PBI : BPIM 4/19 inf. 307).

d. Un **droit de stationnement** constitué à l'usage et pour l'utilité du fonds d'un autre propriétaire constitue une servitude et non une charge imposée à la personne (Cass. 3e civ. 8-12-1999 : Constr.-urb. 2000 nº 67).

CLASSIFICATION GÉNÉRALE DES SERVITUDES

22610 **1.** Les servitudes sont continues ou discontinues (C. civ. art. 688).

Les **servitudes continues** sont celles dont l'usage peut être continuel sans avoir besoin du fait de l'homme, d'actes quelconques du propriétaire du fonds dominant. Il en est ainsi :
- des vues ;
- de l'égout des eaux pluviales ;
- de la servitude d'aqueduc ou de prise d'eau ;
- des servitudes « non aedificandi », ou « non altius tollendi ».

Les **servitudes discontinues** sont celles qui ont besoin du fait de l'homme pour être exercées, telles par exemple :
- les servitudes de passage ;
- les servitudes de puisage, lavage, etc. ;
- les servitudes d'extraction de produits du sol.

2. Les servitudes sont apparentes ou non apparentes (C. civ. art. 689).

Les **servitudes apparentes** sont celles qui s'annoncent par la présence d'ouvrages ou installations (porte, canalisation…). Ainsi en est-il de la servitude de vue.

Les **servitudes non apparentes** ne se signalent pas par un signe extérieur : servitude « non aedificandi » ou « non altius tollendi », par exemple.

Il faut observer que, selon la présentation des choses, une même servitude peut être apparente (aqueduc de surface) ou non (canalisation enfouie dans le sol).

3. Les deux classifications citées ci-dessus se combinent, pour donner place à des servitudes continues et apparentes, continues et non apparentes, discontinues et apparentes, discontinues et non apparentes.

L'intérêt essentiel de ces distinctions est examiné nos 22950 s.

A. Différentes sortes de servitudes

1. SERVITUDES DÉRIVANT DE LA SITUATION DES LIEUX

SERVITUDE D'ÉCOULEMENT DES EAUX

Il y a obligation, pour les fonds inférieurs (fonds servant), de recevoir les eaux qui s'écoulent naturellement des fonds supérieurs (fonds dominant) sans qu'aucun des deux propriétaires de ces fonds puisse modifier cet **écoulement naturel** (C. civ. art. 640). S'agissant de l'eau s'écoulant des toits, voir nos 22775 s. 22650

Cette servitude s'impose même au domaine public (et lui profite le cas échéant) et existe même si les deux fonds sont séparés par une voie publique.

› Précisions **a.** L'écoulement « naturel » des eaux exclut les **ouvrages** qui seraient la cause de l'écoulement. Les seuls travaux licites à cet égard sont ceux qui aménagent l'écoulement des eaux (C. civ. art. 641) sans créer ni aggraver la servitude (Rép. Demange : AN 17-10-1988 p. 2934 n° 646). La canalisation qui correspond au lit d'un ancien cours d'eau enterré, installée afin de séparer les eaux pluviales des eaux de source, constitue une servitude légale d'écoulement des eaux qui s'impose au fonds inférieur (Cass. 3e civ. 14-3-2019 n° 17-31.200 F-D).

b. L'écoulement des **eaux altérées** « par la main de l'homme » n'entre pas dans le champ d'application de l'article 640 du Code civil. Ainsi en est-il des eaux sortant d'une buanderie où s'effectue le lavage du linge (CA Dijon 11-3-1987, Levantal c/ Duval) ou, de manière générale, des « eaux usées » (Cass. 3e civ. 9-6-2015 n° 14-11.400 : BPIM 4/15 inf. 286).

c. L'article 640, alinéa 2 du Code civil, qui interdit au propriétaire du fonds inférieur d'élever des digues faisant obstacle à l'écoulement des eaux, ne s'applique pas aux **eaux de débordement** des cours d'eau (Cass. 3e civ. 18-3-1987 : Bull. civ. III n° 56).

d. Si un **propriétaire aggrave** la servitude dont il bénéficie en modifiant le cours des eaux ou encore en faisant surgir une source sur son terrain, il en doit indemnité au fonds inférieur qui reste tenu de recevoir ces eaux (C. civ. art. 641). Par ailleurs, la réalisation d'une construction ne saurait être imposée au propriétaire du fonds inférieur sur son propre terrain afin de remédier à une aggravation de la servitude causée par le propriétaire du fonds supérieur, la construction fût-elle souterraine et à la charge de ce dernier (Cass. 3e civ. 29-9-2010 n° 09-69.608 : Bull. civ. III n° 177). Le fonds dominant ne peut pas non plus empiéter sur la propriété du fonds servant pour réaliser des travaux (Cass. 3e civ. 14-11-2024 n° 22-23.976 F-D : BPIM 1/25 inf. 60).

e. Si le propriétaire du fonds inférieur a, depuis plus de **30 ans,** réalisé des ouvrages pour utiliser les eaux ou en faciliter le passage, le propriétaire du fonds supérieur ne peut l'en priver, pas plus qu'il ne peut en enlever l'usage aux habitants d'une commune ou d'un village qui en bénéficient depuis plus de 30 ans (C. civ. art. 642 ; Cass. 3e civ. 29-2-2024 n° 22-17.135 F-D).

f. Le propriétaire d'un terrain sur lequel jaillit une **source** ne peut pas réaliser de travaux modifiant le cours des eaux et conduisant à assécher un bassin jusqu'ici alimenté par celles-ci (Cass. 3e civ. 2-7-1997 : JCP éd. N 1997 II p. 1508). Voir aussi n° 22660.

g. Une servitude d'écoulement des **eaux de pluie** étant continue, elle peut s'acquérir par le jeu de la **prescription trentenaire** (Cass. 1e civ. 26-10-1964 : Bull. civ. I n° 469 ; Cass. 3e civ. 12-9-2019 n° 18-12.876 F-D : BPIM 5/19 inf. 366).

h. La servitude d'écoulement des **eaux usées** est de caractère discontinu et ne peut pas s'acquérir par prescription mais seulement par titre (Cass. 3e civ. 15-2-1995 : JCP N 1995 II p. 1320 ; Cass. 3e civ. 2-5-2012 n° 11-18.455 F-D ; Cass. 3e civ. 17-6-2021 n° 20-19.968 F-B : BPIM 4/21 inf. 302). Le titre constitutif de la servitude ne peut être remplacé que par un titre recognitif de la servitude émanant du propriétaire du fonds asservi. En l'absence de titre constitutif ou de **titre récognitif** émanant du propriétaire du fonds asservi, il n'y a pas de servitude conventionnelle d'écoulement des eaux usées (Cass. 3e civ. 15-2-2023 n° 21-20.579 F-D : BPIM 2/23 inf. 149). Voir n° 22960.

ÉCOULEMENT SANS INTERVENTION DE L'HOMME

L'écoulement des eaux du fonds supérieur, sans que la main de l'homme y ait contribué, ne permet pas au propriétaire du fonds inférieur d'exiger que celui du fonds supérieur établisse un réseau de drainage en vue d'empêcher cet écoulement. L'assujettissement du fonds inférieur à recevoir les eaux qui découlent du fonds supérieur ne donne lieu, par principe et en elle-même, à **aucune indemnité**. Le propriétaire soumis à cette servitude naturelle ne peut prétendre à une indemnisation ni en raison des dégâts causés à son bâtiment par le ruissellement des eaux de pluie, ni à titre de participation aux frais d'aménagement d'un caniveau destiné à limiter ces dommages (Cass. 3e civ. 14-12-1983 n° 82-14.476 : Bull. civ. II n° 264). 22655

En revanche, le propriétaire du fonds inférieur à droit à une indemnité lorsque le propriétaire du **fonds supérieur aggrave** la servitude d'écoulement, par l'usage qu'il fait de ses eaux pluviales ou eaux de source, ou encore par la direction qui leur est donnée (C. civ. art. 641, al. 2 et 3).

Aucune aggravation ne peut toutefois être subie par les maisons, cours, jardins, parcs et enclos attenants aux habitations (C. civ., art. 641, al. 5).

Précisons que lorsque l'écoulement est important : l'absence d'intervention de l'homme dans le phénomène exclut qu'il puisse constituer un trouble anormal de voisinage (Cass. 3e civ. 2-2-2000 nº 97-14.935 : Bull. civ. III nº 25).

ATTENTION

Cette notion de **trouble anormal de voisinage** pourrait en revanche être retenue s'il s'agissait non plus de la servitude naturelle découlant de la situation des lieux, mais de l'acquisition par prescription du droit de déverser les eaux de pluie sur la propriété voisine (Cass. 3e civ. 26-6-1996 nº 93-21.820 : RJDA 10/96 nº 1244).

UTILISATION DES EAUX

22660 Tout propriétaire a le droit d'user et de disposer des **eaux pluviales** qui tombent sur son fonds (C. civ. art. 641).

Le propriétaire du fonds que traverse une **eau courante** peut l'utiliser au passage, à charge de la rendre à son cours ordinaire à la sortie de son fonds. Celui dont la propriété borde une eau courante (ne dépendant pas du domaine public) peut s'en servir pour irriguer sa propriété (C. civ. art. 644 et 645). Ces règles ne sont pas applicables aux canaux privés.

L'article 640 du Code civil (nº 22650) est applicable aux **eaux de source.**

> **Précisions** **a.** Le propriétaire d'un fonds est de plein droit **propriétaire de la source** qui s'y trouve et des eaux qu'elle fournit. La source est un bien immeuble, dont la propriété peut s'établir dans les conditions prévues pour la prescription acquisitive immobilière. Son **usage** ne peut être **limité** que **par** titre, prescription ou destination du père de famille - et à condition de ne pas en priver les habitants d'une commune (C. civ. art. 642). Le propriétaire du fonds sur lequel existe une source peut **capter cette source,** quel que soit le dommage qui en résulte pour les fonds inférieurs, sauf abus de droit démontré (Cass. 3e civ. 26-11-1974 : Bull. civ. III nº 441).

b. Un **syndicat intercommunal,** autorisé par **convention avec le propriétaire du terrain** à exploiter une source, n'en a pas la possession à titre de propriétaire : il n'en prescrit pas l'usage et ne peut pas refuser de payer une indemnité au nouveau propriétaire du terrain (Cass. 3e civ. 6-7-2017 nº 16-19.539 FS-PB : BPIM 4/17 inf. 312).

SERVITUDE D'AQUEDUC

22665 Toute personne physique ou morale qui veut utiliser les eaux dont elle a le droit de disposer afin de s'alimenter en eau potable, d'irriguer son fonds ou pour les besoins de son exploitation, peut obtenir le passage, par **canalisations souterraines,** par les fonds intermédiaires (Cass. 3e civ. 28-1-2004 : JCP N 2004 p. 1384 concernant le bénéficiaire d'une autorisation de prélèvement par pompage en rivière). Les maisons sont exemptées de cette servitude (C. rur. art. L 152-14). Les biens du domaine public en sont également exclus (routes, chemins...).

Cette servitude n'existe pas de plein droit. Le propriétaire demandeur doit l'obtenir amiablement ou par décision de justice.

> **Précisions** La **servitude d'écoulement des eaux usées** est le pendant de la servitude d'aqueduc : elle permet d'acheminer les eaux usées provenant des habitations et des exploitations desservies grâce à une servitude d'aqueduc vers des ouvrages de collecte et d'épuration, au moyen d'une canalisation souterraine passant par les propriétés situées entre les deux (C. rur. art. L 152-15, al. 3). Cette servitude suppose la reconnaissance préalable de la servitude d'aqueduc (Cass. 3e civ. 31-3-2016 nº 14-22.259 FS-PB : BPIM 3/16 inf. 225). L'exemption légale bénéficiant aux habitations, cours et jardins y attenant est commune à la servitude d'aqueduc et à celle d'écoulement des eaux usées (C. rur. art. L 152-14, al. 2 et L 152-15, al. 2).

SERVITUDE D'APPUI

22670 Tout propriétaire qui veut **utiliser les eaux** naturelles ou artificielles dont il a le droit de disposer peut obtenir la faculté d'appuyer, sur le fonds du riverain opposé, les ouvrages nécessaires à sa prise d'eau, à charge d'une juste et préalable indemnité (C. rur. art. L 152-17).

Le riverain supportant les ouvrages peut en demander l'**usage commun,** auquel cas aucune indemnité ne lui est due.

ÉCOULEMENT DES EAUX NUISIBLES ET DE DRAINAGE

22675 Tout propriétaire qui veut **assainir son fonds** peut en conduire les eaux par souterrain ou à ciel ouvert, à travers les propriétés qui le séparent d'un cours d'eau ou autre voie d'écoulement, moyennant une juste et préalable indemnité (C. rur. art. L 152-20).

Les propriétaires des **fonds traversés** peuvent utiliser les travaux ainsi réalisés en participant à leur coût, à leur entretien et aux modifications rendues nécessaires.

Les **maisons** sont exemptées de cette servitude.

CANALISATIONS PUBLIQUES D'EAU OU D'ASSAINISSEMENT

Les collectivités publiques et leurs concessionnaires ont le droit d'établir à demeure des canalisations souterraines dans les terrains privés non bâtis (sauf jardins et cours attenants aux habitations). Cette servitude ouvre droit à indemnité (C. rur. art. L 152-3 et L 152-4). **22680**

2. SERVITUDES LÉGALES

ÉNUMÉRATION

Les servitudes établies par la loi sont celles qui ont pour objet l'utilité publique ou communale, ou l'utilité des particuliers (C. civ. art. 649). **22710**

Les servitudes légales d'**intérêt public** comprennent (C. civ. art. 650) : **22715**
– la servitude de halage et de marchepied le long des rivières navigables ou flottables ;
– la construction ou la réparation des chemins et autres ouvrages publics ou communaux.

Cette énumération n'est pas limitative, et ces servitudes pèsent sur tous les immeubles quels qu'ils soient, sans exception. Leurs modalités de mise en œuvre résultent de textes et règlements particuliers.

Les servitudes légales d'**intérêt privé** sont : **22720**
– la mitoyenneté des murs et fossés (voir nos 23650 s.) ;
– la distance à observer pour les plantations (voir nos 22740 s.) ;
– la distance à observer pour certaines constructions (voir nos 22730 s.) ;
– les distances de vues sur la propriété voisine (voir nos 22755 s.) ;
– l'égout des toits (voir nos 22775 s.) ;
– le droit de passage en cas d'enclave (voir nos 22795 s.) ;
– le droit de puisage (voir no 22835).

Suivant une partie de la doctrine selon laquelle il pourrait constituer « une servitude légale ressemblant [...] à la servitude de passage pour cause d'enclave » (J.-L. Bergel, Le droit de surplomb instauré par la « loi climat » du 22 août 2021 : RDI 2021 p. 599), le droit de surplomb aux fins d'isolation thermique sera examiné en fin de ces développements.

SERVITUDE DITE DE « TOUR D'ÉCHELLE »

Le « tour d'échelle » est le droit pour le propriétaire d'un mur ou d'un bâtiment contigu au fonds voisin de poser, le long de ce mur ou de ce bâtiment, une ou des échelles pour **réparer son bien** (ce qui s'entend, par extension, du passage des ouvriers et de leurs échafaudages). **22725**

Depuis le Code civil, le « tour d'échelle » a disparu en tant que servitude légale mais il peut toujours résulter d'**un titre** l'établissant entre deux fonds (et non par prescription : servitude discontinue et non apparente).

À défaut de titre aujourd'hui, le droit de pénétrer sur le fonds voisin pour l'exécution de travaux ponctuels ne peut plus résulter que d'un **accord entre voisins** – sauf le recours au juge en cas de nécessité absolue (Rép. Adavah-Pœuf : AN 25-1-1988 p. 366 no 33204 ; Rép. Demange : AN 22-5-1989 p. 2350 no 8686). Chaque contractant est tenu de respecter les conditions fixées et notamment l'assiette de la servitude de tour d'échelle. Ainsi, le propriétaire bénéficiaire doit s'abstenir d'empiéter au-delà de ces limites lorsqu'il réalise ses travaux et le propriétaire du fonds grevé doit laisser cet espace libre, afin que le voisin puisse l'utiliser. Ainsi, la reconnaissance d'une servitude de tour d'échelle n'exclut pas, à elle seule, la faute tenant à la méconnaissance des conditions posées et l'indemnisation des préjudices (Cass. 3e civ. 30-5-2024 no 22-18.909 F-D).

Alors même que le « tour d'échelle » n'existe plus, la **jurisprudence** tend à admettre, sans le qualifier de servitude, le droit d'un propriétaire de pénétrer chez son voisin en cas d'urgence (Cass. 1e civ. 14-12-1955 : D. 1956 p. 283), de nécessité (Cass. 3e civ. 15-4-1982 : JCP éd. G 1982 IV p. 220) ou d'impossibilité de faire autrement (CA Paris 20-11-1997 : D. 1998 som. p. 351), sauf dédommagement éventuel du voisin (CA Versailles 28-4-1986 : D. 1987 som. p. 15) et indemnisation de toutes les dégradations. Ainsi, le propriétaire qui doit refaire sa toiture peut être autorisé par le juge à installer temporairement un échafaudage chez le voisin dès lors que les travaux sont nécessaires et qu'il est impossible de faire autrement (Cass. 3e civ. 15-2-2012 no 10-22.899 : Bull. civ. III no 32, BPIM 2/12 inf. 175). Le voisin ne peut s'y opposer sous peine de commettre un abus de droit (même arrêt).

Ce droit ne se justifie que pour des travaux indispensables et de la façon la plus restreinte possible.

Il ne peut se concevoir que pour les réparations sur **immeubles existants** et non pour les besoins de l'édification de constructions nouvelles (Rép. Rolland : AN 9-1-2007 p. 391 nº 75162).

A contrario, certaines décisions de première instance ont néanmoins reconnu l'existence d'un tel droit pour la réalisation de travaux de finition (crépissage, pose d'enduit) dans le cadre de la construction d'un immeuble, à condition qu'il soit impossible de réaliser les travaux sans accéder au fonds voisin (Rép. Zimmermann : AN 29-11-2016 nº 98209).

> **Précisions** **a.** Il ne faut pas confondre le « tour d'échelle » avec l'**échelage,** bande de terrain qu'un propriétaire conservait entre son propre mur de clôture et la limite séparative de sa propriété avec celle de son voisin, pour pouvoir y poser des échelles et faire tous travaux nécessaires sans passer par le fonds voisin. Cette bande de terrain, dite « ceinture » ou « invêtison », fait partie de sa propriété privée.
> **b.** « L'**usoir communal** » est, dans le département de la Moselle, une servitude légale au profit des fonds riverains, qui peuvent y renoncer ou en perdre le bénéfice par non-usage pendant 30 ans (sur la définition et le régime juridique de cette servitude, voir Rép. Masson : Sén. 18-3-2010 nºs 10646 et 11335).

DISTANCES À OBSERVER POUR CERTAINES CONSTRUCTIONS

22730 Celui qui fait creuser un puits ou une fosse d'aisances près d'un mur mitoyen ou non, celui qui veut y construire une cheminée, un âtre, une forge, un four ou un fourneau, ou établir contre ce mur un magasin de sel ou un amas de matière corrosive, est obligé de laisser la distance prescrite par les **règlements et usages** particuliers sur ces objets, ou de faire les ouvrages prescrits par les mêmes règlements et usages pour éviter de nuire au voisin (C. civ. art. 674).

Cette énumération n'est pas limitative. L'article 674 du Code civil vise tous travaux de nature à nuire aux propriétés voisines. Ainsi en est-il, selon la jurisprudence, des citernes, égouts et cloaques, eaux dormantes (mares), tuyaux de fournaise, amas de fumier, porcheries…

En l'**absence de règlement ou d'usage,** le constructeur doit respecter une distance suffisante pour ne pas nuire au voisin. Si le trouble est reconnu, le juge peut ordonner toute mesure appropriée - ou accorder seulement des dommages-intérêts. Toutefois, l'article 674 du Code civil édictant une servitude, le voisin qui n'en respecte pas les termes peut, par usucapion (nº 24200), acquérir le droit de maintenir les ouvrages, dans la mesure du moins où les prescriptions édictées par le texte sont conçues dans un intérêt privé, ce qui est discuté.

22735 Il peut, d'autre part, exister des **servitudes conventionnelles** dites « **de prospect** », interdisant toute construction sur le fonds servant qui pourrait gêner la vue du fonds dominant, aussi loin qu'elle s'étende. Cette servitude n'est pas à confondre avec les servitudes « non aedificandi » ou « non altius tollendi », encore qu'elle comporte nécessairement interdiction de construire dans les limites de la convention : elle empêche aussi toute plantation et tout obstacle, même autre que de construction.

La règle de prospect peut aussi découler de la **réglementation nationale d'urbanisme** ou du règlement du plan local d'urbanisme.

DISTANCES À OBSERVER POUR LES PLANTATIONS

22740 Il n'est permis d'avoir des arbres, arbrisseaux et arbustes près de la **limite de la propriété** voisine qu'à la distance prescrite par les règlements particuliers ou les usages et, à défaut, qu'à 2 m de la ligne séparative pour les plantations dépassant 2 m, et à 0,5 m pour les autres plantations. Sont concernées toutes les sortes de plantation (haies vives, arbres isolés ou bois et forêts), mais ne sont assujettis que les fonds privés. En ce qui concerne le domaine public, routes, voies ferrées…, les règles administratives déterminent le régime des plantations (C. civ. art. 671, al. 1).

Les **plantations en espalier** sont autorisées de chaque côté du mur séparatif, sans qu'on soit tenu d'observer aucune distance, mais sans dépasser la crête du mur. Si le mur n'est pas mitoyen, seul le propriétaire peut y apposer des espaliers (C. civ. art. 671, al. 2).

> **Précisions** **a.** Les **règlements particuliers** sont ceux des préfets ou des maires, et notamment les POS et PLU (Cass. 3e civ. 15-6-1999 nº 1090, Épx Mayeur c/ Miotti ; Rép. Marleix : AN 9-7-2001 p. 4020 nº 45185). En matière de plantations, ces documents d'urbanisme peuvent imposer des obligations aux constructeurs (Rép. Brottes : AN 4-6-2001 p. 3294 nº 58222) et sont opposables à toute personne (C. urb. art. L 152-1).
> **b.** Les **usages** s'établissent par tous moyens. Ils doivent être constants et reconnus (C. civ. art. 671). Les chambres d'agriculture ont pour attribution de codifier les usages locaux à caractère agricole (C. rur. art. L 511-3). L'existence de ces usages est

appréciée souverainement par les juges du fond, au vu des éléments de preuve produits et contradictoirement discutés. La démonstration peut être apportée par tous moyens : recueils publics ou privés, témoignages, avis d'experts, attestations ou certificats, sans que les uns aient une autorité juridique supérieure aux autres (Rép. Dufaut : Sén. 10-12-1998 p. 3972 n° 11369).

c. Dans les banlieues pavillonnaires de la **région parisienne,** l'usage autorise la plantation d'arbres jusqu'en limite extrême des jardins (CA Paris 19-12-1986 : D. 1987 IR p. 16) à condition de ne pas causer de gêne excessive (CA Paris 24-4-1985 : D. 1985 IR p. 399 obs. Robert ; CA Versailles 21-11-1997 : BPIM 1/98 inf. 12).

Dans le **Finistère,** une grande liberté est admise pour la plantation des arbres, et l'article 671 du Code civil ne s'applique pas (CA Rennes 14-12-1979, Peytist de Morcourt c/ Guillot).

d. La **distance** légale se compte de la ligne séparative des propriétés jusqu'à l'axe médian du tronc (Cass. 3e civ. 1-4-2009 n° 08-11.876 : BPIM 3/09 inf. 255). Elle inclut les chemins publics, ou d'exploitation, pouvant séparer les propriétés (Cass. req. 12-4-1910 : DP 1913 V p. 28).

e. Seule la **hauteur** intrinsèque des végétaux est à prendre en compte (distance du pied au sommet), indépendamment du relief du sol (Cass. 3e civ. 4-11-1998 n° 96-19.708 : BPIM 6/98 inf. 383 ; CA Dijon 14-2-1992, Pinto c/Oudot, pour une application à une rangée d'espaliers). Lorsque le mur est rehaussé d'une clôture faite de piquets métalliques, seule sa partie maçonnée doit être prise en compte pour déterminer si les plantations en espalier dépassent la hauteur légale (Cass. 3e civ. 22-10-2020 n° 19-10.379 F-D).

f. S'agissant des **arbres morts ou arrachés,** le voisin ne peut les remplacer qu'en observant les distances légales (C. civ. art. 672).

g. La hauteur maximale de 2 m doit être respectée en **toute saison,** sans égard à la croissance naturelle des végétaux et aux périodes de taille recommandées (Cass. 3e civ. 19-5-2004 n° 03-10.077 : Bull. civ. III n° 106).

h. Les dispositions de l'article 671 du Code civil ayant un caractère supplétif, le **cahier des charges d'un lotissement** peut prévoir des règles de distance et de hauteur différentes, par exemple en imposant une hauteur maximale de 1,30 mètre. Dès lors, la prescription du droit de demander l'arrachage ou l'élagage court de la date à laquelle la haie a atteint la hauteur maximale de 1,30 mètre fixée par le cahier des charges et non de celle à laquelle la haie a dépassé les 2 mètres prévus par la loi (Cass. 3e civ. 27-3-2013 n° 11-21.221 : Bull. civ. III n° 44, BPIM 3/13 inf. 230).

i. Ne méconnaissant ni la charte de l'environnement ni le droit de propriété, les règles relatives aux distances de plantation prévues par les articles 671 et 672 du Code civil sont conformes à la **Constitution** (Cons. const. 7-5-2014 n° 2014-394 QPC : JO 10 p. 7873, BPIM 3/14 inf. 216).

Demande d'élagage Celui sur la propriété duquel avancent les **branches** des arbres, arbustes et arbrisseaux du voisin peut contraindre celui-ci à les couper. Les **fruits** tombés naturellement de ces arbres lui appartiennent. Il peut couper lui-même, en limite séparative, les **racines,** ronces et brindilles avançant sur son héritage. 22745

Ces droits sont imprescriptibles (C. civ. art. 673 ; Cass. 3e civ. 30-6-2010 n° 09-16.257 : Bull. civ. III n° 137, concernant les branches d'un cèdre plus que centenaire qui avançaient chez le voisin).

En revanche, l'article 673 du Code civil n'étant pas d'**ordre public,** il peut y être dérogé. Ainsi, le cahier des charges d'un lotissement imposant le maintien et la protection des plantations quelles que soient leurs distances aux limites séparatives peut faire obstacle à la demande d'élagage d'un coloti qui se plaint des branches de l'arbre planté chez un autre coloti (Cass. 3e civ. 13-6-2012 n° 11-18.791 : Bull. civ. III n° 96, BPIM 4/12 inf. 369).

L'action en élagage étant ouverte **quelle que soit la nature du droit réel à protéger,** elle peut être exercée par le titulaire d'une servitude de passage contre le voisin (du fonds grevé) sur la propriété duquel sont plantés des arbres dont les branches obstruent l'assiette du passage (Cass. 3e civ. 5-6-2013 n° 11-25.627 : BPIM 4/13 inf. 302). Le droit d'obtenir l'élagage des branches qui dépassent suppose la **contiguïté des fonds** ; il ne s'applique donc pas lorsque ces derniers sont séparés par une voie privée (Cass. 3e civ. 2-2-1982 n° 81-12.532 : Bull. civ. III n° 34) ou publique (Cass. 3e civ. 20-6-2019 n° 18-12.278 F-PBI).

> **Précisions** **a.** Le propriétaire d'un **arbre,** même **planté à distance légale,** est responsable des **dommages** causés par les racines s'étendant aux héritages voisins (Cass. 1e civ. 6-4-1965 : D. 1965 p. 432 ; CA Paris 13-12-1960 : JCP éd. G 1961 II n° 11937 note Mazeaud). Ces dommages peuvent constituer un trouble anormal de voisinage justifiant l'abattage des arbres (Cass. 3e civ. 4-1-1990 : Bull. civ. III n° 4).

b. L'exercice du **droit de demander l'élagage** des branches ne saurait constituer un **abus** au motif que l'opération entraînera le dépérissement d'arbres devenus trop grands pour résister à la coupe (Cass. 3e civ. 18-10-2006 n° 04-20.370 : Bull. civ. III n° 203).

c. L'âge de l'arbre, répertorié comme « **arbre remarquable** » dans le plan vert de la commune, les risques pour sa survie d'une taille éventuelle ou encore l'absence de trouble anormal de voisinage ne sauraient faire obstacle à l'action en élagage (Cass. 3e civ. 31-5-2012 n° 11-17.313 : BPIM 4/12 inf. 368). Ce qui n'est pas le cas pour un arbre répertorié comme arbre isolé remarquable dans le PLU, soumettant ainsi la coupe ou l'abatage à autorisation (Cass. 3e civ. 30-11-2022 n° 21-17.974 F-D : BPIM 1/23 inf. 73).

d. Un propriétaire ne peut toutefois être condamné par avance à un **élagage annuel** de sa haie afin que celle-ci respecte la hauteur réglementaire (Cass. 3e civ. 6-1-2009 no 07-21.948 : BPIM 2/09 inf. 178).

e. La demande d'élagage du voisin doit être accueillie quand bien même les arbres sont situés en **espace boisé classé** (Cass. 3e civ. 25-4-2017 no 16-13.953 FS-PB : BPIM 3/17 inf. 179).

22750 **Plantations ne respectant pas la distance légale** Le voisin peut exiger que les plantations ne respectant pas la distance légale soient arrachées ou réduites aux hauteurs visées à l'article 671 du Code civil, sauf titre, destination du père de famille ou prescription trentenaire (C. civ. art. 672). Le **point de départ de la prescription** est la date à laquelle l'arbre a dépassé la hauteur maximum permise (Cass. 3e civ. 8-12-1981 : Bull. civ. III no 207 ; Cass. 3e civ. 13-6-2007 no 06-14.376 FS-PB ; Cass. 3e civ. 6-5-2014 no 13-11.617 F-D). En revanche, s'agissant d'une haie située dans la zone des 50 cm de la ligne séparative, où toute plantation est en principe interdite, le point de départ de la prescription de 30 ans est la date de plantation et non celle à laquelle les végétaux ont atteint la hauteur de 2 mètres (Cass. 3e civ. 3-4-2012 no 11-12.928 F-D : BPIM 3/12 inf. 282 ; Cass. 3e civ. 6-5-2014, précité). Les actions concernant les distances à respecter pour les plantations et l'élagage de celles-ci sont de la **compétence** du tribunal judiciaire ou de l'une de ses chambres de proximité territorialement compétents (C. org. jud. art. R 211-3-8 et D 212-19-1). À peine d'irrecevabilité que le juge peut prononcer d'office, la demande en justice doit être précédée, au choix des parties, d'une tentative de conciliation menée par un conciliateur de justice, d'une tentative de médiation ou d'une tentative de procédure participative (CPC art. 750-1).

› Précisions **a.** Les dispositions de l'article 672 du Code civil ont été jugées conformes à la **Constitution** (voir no 22740, Précisions, i).
b. L'action en arrachage ou en élagage pour non-respect des distances légales ne peut pas être intentée contre le **locataire** du terrain concerné (Cass. 3e civ. 5-2-2014 no 12-28.701 : Bull. civ. III no 18).
c. Des **arbres arrachés** par le voisin parce qu'ils étaient à une distance inférieure à la distance légale, même trentenaires, doivent être **replantés** à distance légale (Cass. 3e civ. 27-4-2017 no 15-27.546 FS-D : BPIM 3/17 inf. 251).

SERVITUDE DE VUE SUR LA PROPRIÉTÉ DU VOISIN

22755 Sont qualifiés de « vue » les fenêtres, balcons et autres semblables saillies donnant sur le fonds voisin (C. civ. art. 678). Cette énumération n'est pas limitative et les juges peuvent y inclure d'autres types d'ouverture, en fonction de leurs caractéristiques. En principe, la vue est une ouverture béante ou munie de fenêtres s'ouvrant à volonté. Par nature, elle permet de regarder chez le voisin.

On ne peut avoir de vues s'il n'y a pas 1,90 m **(vues droites)** ou 0,60 m **(vues obliques)** entre le mur où on la pratique et ladite propriété, à moins que le fonds sur lequel s'exerce la vue ne soit déjà grevé au profit de l'autre d'une servitude de passage faisant obstacle à l'édification de constructions (C. civ. art. 678 et 679).

Il en est autrement si, par titre ou par prescription, une servitude de vue a été acquise au profit du fonds où se situe l'ouverture (C. civ. art. 690 ; Cass. 3e civ. 12-11-1975 : JCP éd. G 1976 II no 18400 obs. Goubeaux). Sur le fondement des articles 686, 688 al. 2 et 689 du Code civil, la servitude de vue est une servitude continue et apparente qui existe du fait même de la présence de l'ouverture donnant sur l'héritage d'autrui et dont la possession subsiste tant qu'il n'y est pas matériellement contredit. Les juges du fond ne sauraient ajouter comme condition que l'ouverture doit être irrégulièrement effectuée (Cass. 3e civ. 23-11-2023 no 22-11.047 F-D).

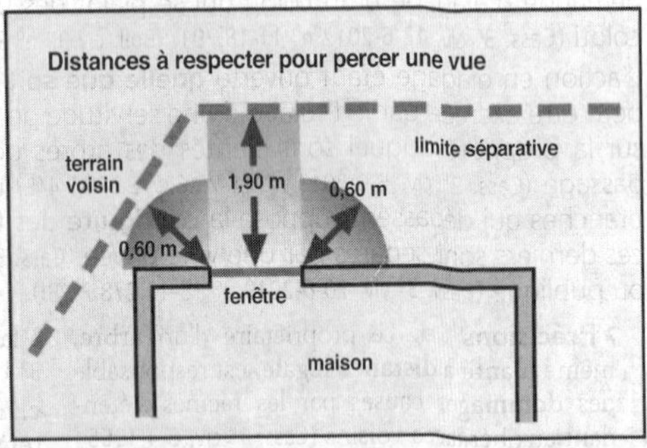

Dans l'axe de la fenêtre, la limite séparative doit se situer au moins à 1,90 m. Aux angles de la fenêtre, cette distance est réduite à 0,60 m.

Les dispositions de l'article 678 du Code civil ne concernent que les **propriétés contiguës** et non deux propriétés séparées par une sente appartenant à un tiers (Cass. 3e civ. 22-3-1989 no 527 : Bull. civ. III no 74) ou une voie publique (Cass. 3e civ. 28-9-2005 no 04-13.942 : Bull. civ. III no 188). Elles ne jouent pas non plus lorsqu'ils sont séparés par une bande de terrain à usage commun (Cass. 3e civ. 23-11-2017 no 15-26.240 FS-PBI : SNH 12/17 inf. 1).

Le **calcul de la distance** légale se fait jusqu'à la limite du fonds sur lequel s'exerce la vue même lorsque la construction du voisin comporte un balcon ou une saillie avançant au-delà de cette limite (Cass. 3e civ. 14-1-2004 no 02-18.564 : Bull. civ. III no 9).

Indépendamment des quelques exemples cités par le Code civil, tous les ouvrages permettant effectivement de regarder sur le fonds voisin, sans effort particulier, de manière constante et normale, peuvent être qualifiés de vue.

> Précisions **a.** Une **terrasse** accessible est assimilable à un balcon ou une saillie (Cass. 3e civ. 23-10-1984 : JCP éd. G 1985 IV p. 7).

b. La **transformation d'un toit** plat en terrasse, jointive du fonds voisin, constitue une vue prohibée (CA Besançon 1e civ. 31-3-1998 : Constr.-urb. 1998 no 302).

c. L'ouverture d'un **Velux** sur le toit d'un pavillon constitue une vue dès lors qu'il permet de voir chez le voisin en utilisant une échelle ou un grand escabeau (Cass. 3e civ. 19-1-2005 no 03-19.179 : BPIM 2/05 inf. 110 ; solution contraire : CA Paris 2e ch. B 27-1-2000 : D. 2000 IR p. 77).

d. La vue s'exerçant sur un **mur aveugle** (CA Aix 19-6-1962 : D. 1962 p. 538) ou sur un **toit sans ouverture** (Cass. 3e civ. 3-7-1969 : D. 1969 p. 685) n'est pas une vue au sens des articles 678 et 679 du Code civil.

e. Si la **vue** est **réciproque** (grille à barreaux), elle ne constitue pas une vue droite (Cass. 3e civ. 17-1-1973 : Bull. civ. III no 59).

f. Le juge a le devoir de **supprimer la vue illégale** (Cass. 3e civ. 14-1-1963 : D. 1963 p. 421), sauf à estimer qu'une démolition partielle suffit à supprimer le préjudice (Cass. 3e civ. 6-1-1972 : Bull. civ. III no 13).

g. Le propriétaire d'un fonds grevé d'une servitude de vue peut **garer un véhicule** dans le rayon des 1,90 m (Cass. 3e civ. 13-7-2005 no 04-13.137 : Bull. civ. III no 161).

h. **L'agrément de profiter d'une vue dégagée** ne constitue pas une servitude de vue et ne constitue pas en milieu urbain un droit acquis (Cass. 3e civ. 4-11-2014 no 13-19.122 : BPIM 6/14 inf. 428).

Droit de construire Cette servitude de vue n'est pas une servitude « non aedificandi », ni une servitude « non altius tollendi » : le **propriétaire du fonds grevé** a le droit de construire, pourvu qu'il respecte la distance légale au droit de l'ouverture dont bénéficie son voisin ; autrement dit, toute construction est interdite dans le rayon de la distance fixée par les articles 678 et 679 du Code civil (Cass. 3e civ. 4-10-1989 : Administrer juin 1990 p. 52). **22760**

Le **titre de servitude,** s'il en existe un, peut cependant porter des indications spécifiques sur la distance où toute construction est interdite.

> Précisions **a.** Aucune construction ne peut être édifiée à l'**aplomb** d'une ligne distante de moins de 1,90 m (ou 0,60 m) de la façade de l'immeuble où s'ouvrent les fenêtres (Cass. 3e civ. 14-1-1963 : D. 1963 p. 421).

b. La **distance légale** s'entend à partir du sol et sur toute l'élévation du mur à construire. En cas d'ouverture en encorbellement, elle doit être respectée à partir de l'aplomb de cette ouverture (CA Agen 7-11-1947 : Gaz. Pal. 1948 p. 114 ; CA Agen 19-3-1948 : Gaz. Pal. 1948 p. 165).

c. Le respect des distances légales n'exclut pas l'existence éventuelle de **troubles anormaux de voisinage** (Cass. 3e civ. 12-10-2005 no 03-19.759 : Bull. civ. III no 195).

d. En dehors de toute servitude, le **droit à la vue** n'est pas protégé en milieu urbanisé d'une commune en pleine expansion. La perte d'une vue imputable à des constructions que la modification du PLU a rendue possible ne constitue pas un trouble anormal de voisinage (Cass. 3e civ. 9-11-2023 no 22-15.403 : BPIM 1/24 inf. 77).

RÈGLES APPLICABLES AUX JOURS

En principe, le jour (jour de souffrance ou de tolérance) est une ouverture destinée uniquement à éclairer le lieu où elle est pratiquée. Il n'a pas pour fonction de laisser passer l'air ou de ménager une véritable vue sur l'extérieur et ses caractéristiques doivent même, par principe, s'y opposer. **22765**

Dans un **mur mitoyen,** toute ouverture est interdite, même « à verre dormant » (C. civ. art. 675 ; Cass. 3e civ. 25-3-2015 no 13-28.137 : BPIM 3/15 inf. 228). Les matériaux modernes, du genre briques de verre, ne sont pas des « ouvertures », mais participent de l'ouvrage lui-même, selon la jurisprudence dominante.

La règle cesse de s'appliquer dès que le mur cesse d'être mitoyen - et lorsqu'une convention avec le voisin crée un titre autorisant l'ouverture. L'ouverture établie en infraction à la règle peut être acquise par prescription, si elle constitue une servitude de vue (et non un simple jour) (Cass. 3e civ. 10-4-1975 : Bull. civ. III no 117).

Dans un **mur non mitoyen,** sont possibles les jours et fenêtres à fer maillé et verre dormant (C. civ. art. 676). Il appartient aux juges du fond d'apprécier le caractère des ouvertures ainsi autorisées, selon la nature des matériaux (verre translucide, briques de verre…) et l'atteinte, portée ou non, aux droits du voisin. Ces jours et fenêtres ne peuvent être établis qu'à 2,60 m au-dessus du plancher ou du sol de la chambre qu'on veut éclairer, s'agissant d'un rez-de-chaussée, et 1,90 m au-dessus du plancher pour les étages supérieurs (C. civ. art. 677).

Le propriétaire voisin peut toujours demander la suppression d'un **jour irrégulier** ; seule l'acquisition d'une servitude de vue permet de conserver une ouverture pratiquée en dehors des conditions prescrites par les articles 676 et 677 du Code civil. L'existence d'un jour même régulier n'interdit pas au voisin de construire et de l'obstruer (CA Caen 1e ch. sect. civ. 23-11-1999 : Constr.-urb. 2000 n° 149).

> **Précisions a.** Un **verre laissant passer la lumière** mais non la vue, inséré dans un cadre en aluminium fixé par vis à une structure métallique scellée dans le mur, est une ouverture conforme aux dispositions de l'article 676 du Code civil (TI Saint-Girons 28-1-1999, Deguerre c/ Grence).
> **b.** Deux **fenêtres construites à 2,65 m du sol,** même munies de verres transparents et d'un châssis basculant, constituent des jours de souffrance et non des vues dès lors qu'elles ne permettent pas de voir l'héritage voisin (CA Aix-en-Provence 31-5-2006, Carrel c/ Bremond : Constr.-urb. 2007 n° 11).
> **c. Des jours garnis d'un** treillis métallique et d'un châssis fixe sur lequel est monté un **matériau** translucide mais **opaque,** qui ne font qu'éclairer l'immeuble dans lequel ils sont pratiqués, offrent au fonds servant des garanties de discrétion suffisante ; ils peuvent dès lors être créés quelle que soit leur hauteur par rapport au plancher (Cass. 3e civ. 27-5-2009 n° 08-12.819).

SERVITUDE D'ÉGOUT DES TOITS

22775 Tout propriétaire doit établir ses toits de manière que les **eaux pluviales** s'écoulent sur son terrain ou sur la voie publique. Il ne peut pas les faire se déverser sur le fonds voisin (C. civ. art. 681). En application de ce texte, ni les **gouttières** ni aucun élément d'un immeuble ne doivent faire saillie sur la propriété voisine - sous peine de démolition s'il y a préjudice ou dégradation par les eaux pour l'immeuble voisin (Cass. 2e civ. 3-3-1966 : Bull. civ. II n° 299).

De l'article 681 résulte également le fait que le propriétaire d'un immeuble bordant la **voie publique** peut faire écouler ses eaux pluviales sur cette voie publique (ce qui s'applique aussi aux eaux ménagères) et sauf à occasionner sur la voie publique inondations ou dégâts. Les règlements administratifs peuvent en décider autrement.

> **Précisions a.** Un propriétaire ne peut pas détourner les eaux de son toit **vers le toit et la gouttière de son voisin,** même s'il a l'accord de la direction des monuments historiques (CA Paris 24-3-1998 : D. 1998 som. p. 350). Une fois déversées sur le terrain du propriétaire du toit, les eaux peuvent s'écouler sur le fonds voisin, en vertu de la servitude décrite n° 22650 (Cass. 3e civ. 7-11-1972 : Bull. civ. III n° 583 ; Cass. 3e civ. 11-5-1976 : Bull. civ. III n° 195).
> **b.** Une jurisprudence ancienne présumait, sauf preuve contraire, que le terrain situé entre le mur d'une maison et la ligne d'aplomb des gouttières ou chenaux faisant saillie appartenait au propriétaire de la maison (Cass. req. 28-7-1851 : S. 1851 I p. 600 ; CA Besançon 12-12-1930 : D. 1931 p. 95). Cette **présomption jurisprudentielle** semble aujourd'hui remise en cause. En effet, il a été jugé qu'en absence de présomption légale il appartient à celui qui revendique un droit de propriété d'en rapporter la preuve (Cass. 3e civ. 20-12-1995 n° 94-12.156, Ferré c/ Jouffroy Gonsans).

22790 **Exceptions** Il existe des exceptions à l'application de l'article 681 du Code civil :
– lorsque deux propriétaires voisins sont séparés par une **bande de terrain indivise,** chacun des indivisaires peut déverser ses eaux sur le terrain indivis (Cass. 3e civ. 9-1-1985 : Bull. civ. III n° 9) ;
– le droit de déverser ses eaux sur le terrain voisin peut **s'acquérir** à titre de **servitude,** laquelle peut s'établir par titre ou par prescription, ou encore par destination du père de famille (nos 22950 s.).

La servitude ne peut s'acquérir par prescription que pour les eaux pluviales, et non pour les eaux ménagères, dont l'écoulement, même apparent, est discontinu (n° 22960).

SERVITUDE DE PASSAGE EN CAS D'ENCLAVE

22795 **Notion d'enclavement** Le propriétaire dont le fonds est enclavé et qui n'a sur la voie publique **aucune issue ou** qu'une **issue insuffisante** soit pour l'exploitation agricole, industrielle ou commerciale de sa propriété, soit pour la réalisation d'opération de construction ou de lotissement, est fondé à réclamer sur les fonds de ses voisins un passage suffisant pour assurer la desserte complète de son fonds, à charge d'une indemnité proportionnée au dommage qu'il peut occasionner (C. civ. art. 682). Il s'agit d'une servitude discontinue et non apparente.

Cette règle fait l'objet d'une **application extensive** : le droit, pour le propriétaire d'une parcelle enclavée, de réclamer un passage sur les fonds de ses voisins est fonction de l'utilisation normale du fonds, quelle que soit sa destination (Cass. 1e civ. 2-5-1961 : Bull. civ. I n° 220). Jugé ainsi pour l'exploitation d'une salle de cinéma exigeant une issue de secours (Cass. 3e civ. 5-3-1974 : Bull. civ. III n° 102), ou pour l'habitation d'une maison exigeant le passage d'une voiture, l'accès en véhicule correspondant à l'usage normal d'un fonds destiné à l'habitation (Cass. 3e civ. 14-1-2016 n° 14-25.089 FS-PB : BPIM 1/16 inf. 77 ; Cass. 3e civ. 9-7-2020 n° 18-24.426 F-D : BPIM 5/20 inf. 360-3).

Le passage auquel donne droit l'article 682 du Code civil s'entend également du passage souterrain de toutes **canalisations** et tous **réseaux** nécessaires (Cass. 3e civ. 14-12-1977 : Bull. civ. III no 451 ; CA Paris 14-1-1998 : Constr.-urb. 1998 no 303), et éventuellement d'un passage aérien (Cass. civ. 24-2-1930 : DP 1932 I p. 9 note Bosson). Cette solution relative aux canalisations et réseaux ne s'étend pas au cas de servitude de passage conventionnelle (voir no 23055). En cas d'enclave exclusivement souterraine, le droit de faire passer les canalisations et réseaux peut être accordé à titre principal, et non pas accessoire d'un droit de passage « classique » (Cass. 3e civ. 23-1-2007 no 06-12.726 F-D).

> **Précisions** Un terrain peut être **considéré comme enclavé** même s'il est inconstructible (Cass. 3e civ. 30-5-1996 no 94-16.533 : RJDA 8-9/96 no 1098). Est considéré comme enclavé le terrain qui, quoique bénéficiant d'une issue sur la voie publique, se voit refuser une autorisation administrative en raison de l'insuffisance de cet accès au regard des exigences des règles d'urbanisme (pour un camping, Cass. 3e civ. 27-4-1982 : Gaz. Pal. 1982 pan. p. 287 ; pour un immeuble collectif, Cass. 3e civ. 18-3-1987 : Gaz. Pal. 1987 pan. p. 153). De même, est enclavé un terrain devenu constructible et dont les servitudes constituées alors qu'il était à usage agricole ne suffisent plus pour assurer la desserte du lotissement aujourd'hui réalisable (Cass. 3e civ. 4-10-2000 no 1372 : JCP N 2001 p. 242). L'état d'enclave peut résulter du fait que si des travaux sont réalisables pour créer une issue sur la voie publique, leur coût est disproportionné par rapport à la valeur du fonds enclavé (Cass. 3e civ. 8-4-1999 : Bull. civ. III no 93 ; CA Bordeaux 3-8-1999 no 97/832).
> En revanche, n'est **pas enclavé** le terrain situé à 30 m de la voie publique et desservi par une sente piétonnière (Cass. 3e civ. 9-5-2001 : Defrénois 19/2001 art. 37406 p. 1124 no 74) ou le terrain desservi par un escalier de 12 marches (Cass. 3e civ. 1-10-1997 no 95-15.706, Schmit c/ Goncalves de Sousa). Il est clair que, si la distance est longue et difficultueuse, l'état d'enclave est caractérisé. L'appréciation du juge du fond est sur ce point souveraine (no 22805). Un fonds bénéficiant d'une tolérance de passage, permettant un libre accès à la voie publique pour les besoins de son exploitation, ne peut pas être considéré comme enclavé tant que cette tolérance est maintenue (Cass. 3e civ. 16-6-1981 no 80-11.230 : Bull. civ. III no 126 ; Cass. 3e civ. 31-3-2016 no 15-14.343 FS-D ; Cass. 3e civ. 28-6-2018 no 16-27.702 F-D) et peu important qu'elle ne soit pas personnellement accordée au propriétaire mais à celui qui exploite le fonds (Cass. 3e civ. 14-3-2024 no 22-15.205 FS-B : BPIM 3/24 inf. 218). L'enclave ne peut naître que de la levée de cette autorisation précaire (Cass. 3e civ. 6-2-2007 no 05-21.284 F-D) ou de son insuffisance. Le fonds appartenant en propre à un époux ne peut pas être regardé comme enclavé au sens de l'article 682 du Code civil lorsqu'il est seulement séparé de la voie publique par un fonds dépendant de la communauté constituée entre cet époux et son conjoint (Cass. 3e civ. 6-2-2013 no 11-21.252 : Bull. civ. III no 19, BPIM 2/13 inf. 162). Même chose pour le fonds appartenant à une SCI dès lors que son gérant est usufruitier d'un fonds contigu qui le sépare de la voie publique et dispose d'une issue sur celle-ci (Cass. 3e civ. 10-9-2020 no 19-10.885 F-D : BPIM 5/20 inf. 359 ; sur cette question, voir également W. Dross, La servitude légale de passage en cas d'enclave : Defrénois 23-8-2018 no 134q2 p. 51). Est cassé l'arrêt qui accueille une demande de désenclavement alors que l'état d'enclave dont se prévalaient les demandeurs résultait de leur propre fait (Cass. 3e civ. 26-10-2023 no 22-10.555 F-D).

Exceptions Il existe des exceptions à l'application de l'article 682. Ainsi en est-il : 22797
– lorsque l'enclave résulte du **fait personnel** du propriétaire du fonds enclavé (par suite de travaux, par exemple), ce propriétaire ne peut pas prétendre à une servitude de passage (Cass. 3e civ. 10-10-1984 : JCP éd. G 1984 IV p. 348 ; Cass. 3e civ. 17-6-1992 : JCP éd. N 1993 II p. 98). Jugé également que le propriétaire d'une parcelle ne peut pas prétendre que celle-ci est enclavée alors que cet état résulte de la construction qu'il a réalisée sur la parcelle contiguë lui appartenant également (Cass. 3e civ. 14-11-2019 no 18-19.985 F-D) ;
– lorsqu'il existe un droit de **passage conventionnel** au profit du fonds prétendument enclavé - même s'il s'agit d'une simple tolérance, tant que celle-ci n'est pas supprimée (Cass. 3e civ. 29-5-1968 : Bull. civ. III no 247).

Bénéficiaire Bénéficie de la servitude celui qui est **propriétaire** du fonds enclavé, ou titulaire d'un **droit réel** sur ce fonds (emphytéote, preneur à bail à construction, usufruitier…). 22800

Le **fermier** en est exclu (Cass. 3e civ. 2-3-1983 : Bull. civ. III no 67).

Un **copropriétaire** peut en revanche bénéficier d'une servitude de passage établie entre deux lots de copropriété : voir no 22600, Précisions b.

Preuve La **charge** de la preuve de l'état d'enclave pèse sur celui qui se prétend enclavé (Cass. req. 6-7-1926 : DP 1927 I p. 53 note Bricout ; Cass. 3e civ. 17-12-2020 no 19-11.376 FP-PBI : BPIM 1/21 inf. 87). Les immeubles étant en principe libres de tout droit accordé à des tiers, il incombe à celui qui prétend bénéficier d'une servitude de passage pour cause d'enclave de prouver l'existence d'un obstacle à l'accès à la voie publique. L'appréciation des juges du fond est souveraine à cet égard (Cass. 1e civ. 21-1-1964 : Bull. civ. I no 39). 22805

S'agissant de l'**objet** de la preuve, l'obstacle est souvent matériel, par exemple lorsque l'accès à la voie publique est possible par une impasse mais qui nécessiterait des travaux d'aménagement pour le passage d'un véhicule que les requérants ne peuvent imposer à la commune (Cass. 3e civ. 17-12-2013 n° 12-25.485 F-D).

L'obstacle peut également être juridique. L'état d'enclave a ainsi été reconnu pour un fond bordé par une route départementale à laquelle un certificat d'urbanisme interdit tout accès direct, le propriétaire du fonds ne pouvant se voir contraint à exercer un recours contre ce certificat (Cass. 3e civ. 14-1-2016 n° 14-26.640 FS-PB).

22810 **Assiette** Le passage doit en principe être pris à l'endroit où le **trajet** est le plus court du fonds enclavé à la voie publique (C. civ. art. 683). Mais à défaut d'accord entre les parties, le juge peut, en raison de l'état des lieux, fixer une assiette autre que le chemin le plus court (Cass. 3e civ. 24-10-1974 : Bull. civ. III n° 376), en particulier si cette assiette est moins dommageable (C. civ. art. 683). Le juge doit par ailleurs rechercher si le tracé retenu est compatible avec les contraintes d'urbanisme et environnementales de la zone concernée (Cass. 3e civ. 5-9-2012 n° 11-22.276 : Bull. civ. III n° 115, BPIM 5/12 inf. 418 ; Cass. 3e civ. 24-10-2024 n° 22-24.410 FS-B : BPIM 6/24 inf. 380). Ainsi, une servitude de passage ne peut pas être créée dans un espace boisé classé même si l'acte de vente qui la prévoit est antérieur au classement (Cass. 3e civ. 15-3-2018 n° 17-14.366 FS-PB : BPIM 2/18 inf. 93). Il doit également tenir compte des contraintes de sécurité applicables, par exemple lorsqu'une citerne de gaz souterraine est implantée à l'endroit où la servitude devait passer (Cass. 3e civ. 11-5-2017 n° 16-12.627 F-D : SN 7/17 inf. 171).

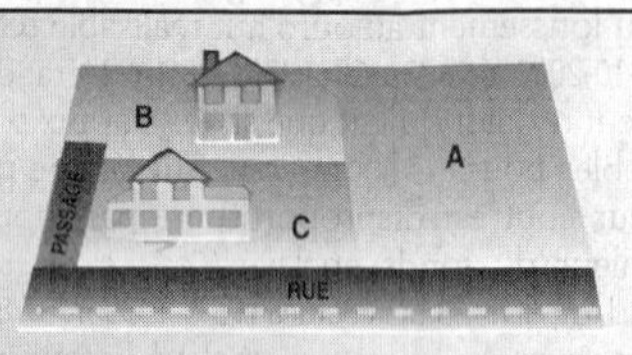

Pour B, le passage le plus court est possible.

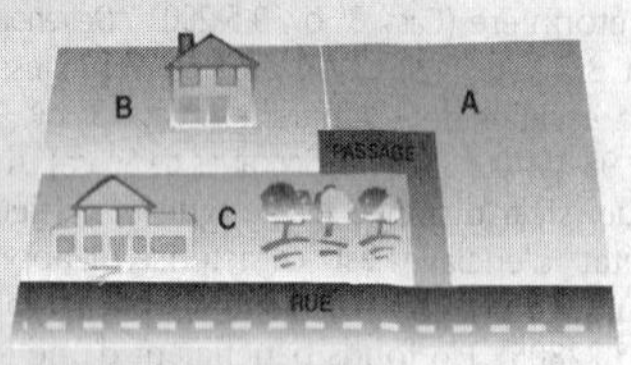

Le passage le plus court obligerait à couper les arbres de la propriété C. Un autre trajet plus long mais moins dommageable sera choisi.

Si l'enclave résulte de la **division d'un fonds,** le passage ne peut être pris que sur les terrains composant le fonds d'origine (C. civ. art. 684) – sauf impossibilité obligeant alors à appliquer l'article 682 (n° 22795). Dans tous les cas, l'assiette de la servitude doit être compatible avec les règles d'urbanisme et d'environnement (Cass. 3e civ. 24-10-2024 n° 22-24.410 FS-B : BPIM 6/24 inf. 380).

L'article 684 du Code civil n'est toutefois pas applicable en cas d'enclave résultant de la division d'un fonds par suite d'une expropriation pour cause d'utilité publique (Cass. 3e civ. 28-1-2021 n° 19-21.089 F-P).

Le propriétaire du fonds servant est admis à demander le **déplacement** ultérieur de son assiette, mais uniquement dans des conditions particulières (accord amiable, assiette trop onéreuse, adaptation aux évolutions techniques), lorsque celle-ci est devenue particulièrement gênante, et non simplement parce qu'elle est source de relations conflictuelles entre les propriétaires (CA Nîmes 25-1-2011 n° 09/04596). Ce changement peut, par exemple, être justifié par un projet d'agrandissement de la maison édifiée sur le fonds servant (Cass. 3e civ. 27-11-1993 n° 91-17.024 : Bull. civ. III n° 133). Il peut aussi être demandé au bénéficiaire de faire passer ses engins agricoles sur un seul côté du passage (même s'il en résulte un léger allongement de trajet), afin que les autres personnes empruntant le chemin ne soient plus gênées par les dégradations créées par la circulation des machines (Cass. 3e civ. 19-1-2010 n° 09-11.448).

Si le déplacement est admis, c'est au demandeur qu'il incombe de prendre en charge les frais correspondants (Cass. 3e civ. 20-12-1989 : JCP éd. N 1990 II p. 143).

Le propriétaire du fonds servant ne peut pas demander le déplacement sur un fonds qui ne lui appartient pas (Cass. 3e civ. 26-10-1983 n° 82-11.072 : Bull. civ. III n° 204) et ce, même lorsqu'il a des droits indivis sur le « fonds de remplacement » (Cass. 3e civ. 17-11-2016 n° 15-12.368 FS-D : BPIM 1/17 inf. 72).

CONSEIL

L'**appréciation du trajet le plus court et le moins dommageable** pouvant être sujette à discussion (Cass. 3e civ. 20-5-2021 n° 20-15.082 F-P : BPIM 4/21 inf. 301, relevant que le juge peut retenir un tracé différent de celui demandé), il est conseillé au propriétaire qui réclame un passage en justice d'agir contre tous les propriétaires dont les fonds l'entourent et de laisser au tribunal le soin de désigner le fonds débiteur (F. Zenati, Assiette de la servitude de passage dont bénéficie le fonds enclavé : RTD civ. 1993 p. 620 ; voir également Cass. 3e civ. 6-2-2020 n° 18-23.384 F-PBI).

Indemnisation et frais L'indemnité due au propriétaire du fonds servant (C. civ. art. 682) se mesure au « dommage occasionné » par le passage (Cass. 3e civ. 9-2-1994 : JCP éd. N 1994 II p. 262). L'exercice du droit de passage n'est pas subordonné au paiement préalable de l'indemnité de désenclavement (Cass. 3e civ. 25-3-2021 no 20-15.155 FS-P). Il est acquis que la fixation de l'indemnité relève du pouvoir souverain d'appréciation des juges du fond (Cass. 3e civ. 27-10-2010 no 09-66.270), et la Cour de cassation juge régulièrement que celle-ci doit être **proportionnée** aux inconvénients et désagréments subis par le propriétaire du fonds servant en raison du passage grevant à l'avenir son fonds (Cass. 3e civ. 12-11-2020 no 19-20.224 F-D). La gêne subie par le fonds servant doit seule être prise en compte, même si la dépréciation consécutive à l'instauration de la servitude est potentiellement indemnisable au titre du dommage occasionné (Cass. 3e civ. 31-5-2007 no 05-11.693). Pour le surplus, le juge conserve son pouvoir souverain d'appréciation du montant de l'indemnité. 22815

Lorsque plusieurs propriétaires de fonds enclavés bénéficient d'un passage sur un fonds voisin, chacun d'eux est redevable d'une indemnité réparant les inconvénients et désagréments causés par l'exercice de son droit et ne peut pas être condamné solidairement au paiement (Cass. 3e civ. 12-9-2024 no 22-18.602 FS-B).

L'**entretien** du passage incombe en principe au propriétaire du fonds dominant (C. civ. art. 697 et 698). Mais la convention contraire est tout à fait possible. En cas de communauté d'usage du passage par le propriétaire du fonds dominant et par celui du fonds servant, celui-ci doit participer à l'entretien du passage (Cass. 3e civ. 22-3-1989 : Bull. civ. III no 71). Dans un autre cas, l'acheteur d'une parcelle qui se trouve enclavée, car le promettant vendeur a finalement cédé à un tiers les parcelles contiguës qu'il s'était engagé à lui vendre également, peut demander à ce dernier de prendre en charge les frais et coûts d'une servitude de passage (Cass. 1e civ. 28-9-2022 no 21-11.846 F-D : BPIM 6/22 inf. 462).

> **Précisions** **a.** D'une très abondante jurisprudence, on peut retenir que le **préjudice** occasionné par le passage se mesure :
> – dans le fait qu'une partie du terrain servant est soustraite, par le passage, au libre usage de son propriétaire ;
> – dans la gêne imposée à ce propriétaire ;
> – dans la réduction des droits de celui-ci sur la partie grevée.
> Le **montant de l'indemnisation** est donc essentiellement variable (et peut être tout à fait nul, le cas échéant).
> **b.** Le principe d'indemnisation joue également dans le cas où le droit de passage est accordé au titre de l'article 684 du Code civil : **enclave résultant de la division d'un fonds** par suite d'une vente, d'un échange, d'un partage ou de tout autre contrat (Cass. 3e civ. 21-7-1999 : Bull. civ. III no 186 ; Cass. 3e civ. 15-10-2013 no 12-19.563 : Bull. civ. III no 126, BPIM 6/13 inf. 441). Le propriétaire du fonds dominant n'échappera au versement d'une indemnité que s'il démontre que le propriétaire du fonds servant y a renoncé dans l'acte opérant la division ou, s'agissant de l'enclave résultant d'une vente, qu'il a été tenu compte de l'état d'enclave dans la fixation du prix (mêmes arrêts).

Prescription L'**existence de la servitude** de passage ne peut pas s'établir par prescription, mais seulement par l'effet de la loi, par titre, ou par destination du père de famille (nos 22950 s.). Toutefois, l'**assiette et** le **mode de passage** s'établissent par 30 ans d'usage continu (C. civ. art. 685). Et l'action en indemnité prévue par l'article 682 du Code civil (nos 22795 et 22815) se prescrit par 30 ans, après lesquels la servitude subsiste malgré l'extinction de l'action (C. civ. art. 685). 22820

Une fois prescrite, la **modification** de l'assiette ou du mode de passage n'est possible que d'un commun accord entre les parties. Toutefois, au cas où « l'assignation primitive » du passage serait devenue plus onéreuse ou empêcherait d'effectuer des réparations avantageuses, et si le propriétaire du fonds servant offrait pour le passage un endroit aussi commode, le propriétaire du fonds dominant ne pourrait alors pas refuser (C. civ. art. 701). Pour plus de précisions, voir no 23075.

Extinction En cas de **cessation de l'état d'enclave,** la servitude de passage s'éteint d'elle-même, faute de raison d'être. L'article 685-1 du Code civil précise qu'il en est ainsi quelle que soit la manière dont ont été déterminés l'assiette et le mode de la servitude. 22825

À défaut d'accord amiable, la disparition de la servitude est constatée par décision de justice (C. civ. art. 685-1). L'article 685-1 du Code civil s'applique à la servitude légale de passage, et non aux servitudes conventionnelles de passage (Cass. 3e civ. 9-11-1977 : D. 1978 IR p. 215). Elle ne s'applique pas non plus aux chemins d'exploitation (no 22830), le propriétaire ne pouvant être privé du droit d'en user simplement parce que son fonds bénéficie d'une nouvelle issue sur la voie publique (Cass. 3e civ. 27-1-1982 no 80-16.832 : Bull. civ. III no 28 ; Cass. 3e civ. 24-10-1990 no 89-12.618 : Bull. civ. III no 210).

Mais il s'applique à la servitude résultant de l'enclave d'un fonds par acte de partage (Cass. 3e civ. 23-11-1976 : D. 1977 p. 158 note Frank ; CA Rennes 10-12-1996 no 94-5082) ou à celle prétendument « conventionnelle » dès lors que l'état d'enclave a été la cause déterminante de la clause qui a fixé l'assiette et les modalités du passage (Cass. 3e civ. 13-12-1983 no 82-15.224 : Bull. civ. III no 260 ; Cass. 3e civ. 24-9-2020 no 19-19.179 FS-PBI : JCP G 2020 no 1233 chron. Droit des biens par H. Périnet-Marquet § 8).

La servitude s'éteint encore par **abandon** du fonds grevé au propriétaire du fonds dominant (C. civ. art. 699).

> **Précisions** La servitude pour cause d'enclave consécutive à la division d'un fonds ayant un fondement légal, le propriétaire de l'une des parcelles issues de la division ne saurait invoquer, pour refuser l'exercice sur son fonds de la servitude de passage à l'acquéreur de la parcelle enclavée par suite de cette même division, une **renonciation** de leur auteur commun au bénéfice de cette servitude (Cass. 3e civ. 27-3-1991 no 89-16.443). De même, l'acquéreur de la parcelle enclavée ne peut pas se voir opposer la renonciation d'un précédent propriétaire au bénéfice de la servitude légale de passage conventionnellement aménagée (Cass. 3e civ. 23-1-2008 no 06-20.544 FS-PB : D. 2008 pan. 2464 obs. N. Reboul-Maupin et p. 2407 note A. Penneau, RDI 2008 p. 330 obs. E. Gavin-Millan-Oosterlynck ; Cass. 3e civ. 24-10-2019 no 18-20.119 F-PBI : BPIM 6/19 inf. 441).

SERVITUDE DE PASSAGE SUR LES CHEMINS D'EXPLOITATION

22830 Le chemin d'exploitation est celui qui sert exclusivement à la communication entre divers fonds ou à leur exploitation (C. rur. art. L 162-1). Il profite à tous les fonds desservis, c'est-à-dire ceux qui bordent la voie, ceux qu'elle traverse ou auxquels elle aboutit, qu'ils soient ou non enclavés (Cass. ass. plén. 14-3-1986 no 84-15.131 : Bull. ass. plén. no 5 ; Cass. 3e civ. 2-7-1997 no 95-16.706 : Bull. civ. III no 163). Constitue aussi un chemin d'exploitation la voie privée qui relie la voie publique à un fonds en en traversant un autre, et qui dessert les deux fonds (Cass. 3e civ. 21-12-1988 : JCP éd. N 1989 prat. no 997 p. 281 ; Cass. 3e civ. 26-5-1992 : Bull. civ. III no 178).

Leur existence n'est pas subordonnée à leur mention dans un titre (Cass. 3e civ. 2-3-2017 no 15-24.374 F-D). La loi prévoit qu'en l'absence de titre, les chemins d'exploitation sont présumés **appartenir aux propriétaires riverains** « chacun en droit soi », ce qui correspond à une répartition divise par portion jouxtant chaque héritage concerné et allant jusqu'à l'axe médian du passage (C. rur. art. L 162-1).

Il appartient au juge de vérifier si les éléments de la définition sont réunis, quelle qu'ait été la situation dans le passé (Cass. 3e civ. 26-5-1992 : Bull. civ. III no 178). Le droit d'usage n'est pas lié à la propriété du sol, il bénéficie à tous les intéressés (Cass. 3e civ. 5-2-1997 : JCP éd. N 1998 p. 287 ; Cass. 3e civ. 24-11-2010 no 09-70.917 : Bull. inf. C. cass. 15-3-2011 no 386). Il en est ainsi même en l'absence d'acte et même si le fonds desservi par le chemin d'exploitation est par ailleurs suffisamment desservi (Cass. ass. plén. 14-3-1986 no 84-15.131 : Bull. civ. plén. no 5).

L'usage de ces chemins peut être **interdit au public** (C. rur. art. L 162-1). Il s'agit d'une possibilité et non d'une obligation. L'**ouverture** d'un chemin **au public** ne suffit pas à exclure la qualification de « chemin d'exploitation » (Cass. 3e civ. 9-2-2017 no 15-29.153 : BPIM 2/17 inf. 170) ; pour autant, un chemin qui ne sert pas exclusivement à la communication entre les fonds riverains et à leur exploitation ne peut pas être qualifié de chemin d'exploitation (Cass. 3e civ. 14-11-2019 no 18-20.133 FS-PBI : BPIM 6/19 inf. 442, rendu dans la même affaire).

Un chemin d'exploitation peut être d'**usage ancien ou récent.** L'usage depuis des temps immémoriaux n'est pas une condition de la qualification de chemin d'exploitation (Cass. 3e civ. 21-1-2009 no 08-10.208 : Bull. civ. III no 20).

La participation des riverains à son **entretien** n'est pas une condition nécessaire à son existence (Cass. 3e civ. 28-5-1986 : JCP éd. N 1987 prat. no 76 p. 145). Et le riverain qui ne contribue pas aux charges d'entretien d'un chemin d'exploitation ne renonce pas pour autant, de ce seul fait, à ses droits sur le chemin (Cass. 3e civ. 22-10-2015 no 13-27.315 F-D). De même qu'une demande de remise en état d'un chemin d'exploitation ne peut pas être refusée en se fondant sur l'absence d'utilité du chemin (Cass. 3e civ. 12-9-2024 no 23-15.391 F-D).

Les chemins d'exploitation ont vocation à se maintenir à **perpétuité**.

La **suppression** d'un chemin d'exploitation ne peut résulter que de l'accord unanime de tous ses utilisateurs (C. rur. art. L 162-3 ; Cass. 3e civ. 10-11-1993 : JCP éd. N 1994 II p. 110 ; Cass. 3e civ. 5-4-2011 no 10-16.940 F-D ; Cass. 3e civ. 12-9-2024 no 23-15.391 F-D) ; même si, matériellement, il s'est progressivement effacé (Cass. 3e civ. 2-3-2017 no 15-24.374 F-D ; Cass. 3e civ. 19-5-1999 no 97-16.428 F-D : Bull. civ. III no 121). La **perte du droit** d'utiliser le chemin d'exploitation ne saurait résulter ni du non-usage trentenaire (Cass. 3e civ. 4-2-1998 no 96-12.554 F-D : Bull. civ. III no 27), ni de l'inutilité ou de l'absence d'intérêt (Cass. 3e civ. 10-11-1993 no 91-17.217 F-D : JCP éd. N 1994 II p. 110).

© Éd. Francis Lefebvre

Il importe peu que le demandeur soit le seul riverain à utiliser encore le chemin (Cass. 3e civ. 5-2-2013 no 12-13.621 F-D). Le rétablissement du chemin peut même être demandé par celui des propriétaires riverains qui ne s'en sert plus (Cass. 3e civ. 10-6-1998 no 96-10.374).

L'article 685-1 du Code civil prévoyant l'extinction de la servitude de passage en cas de cessation de l'état d'enclave (no 22825) n'est pas applicable aux chemins d'exploitation.

Un propriétaire ne peut pas décider unilatéralement de **modifier le tracé du chemin** traversant sa parcelle (Cass. 3e civ. 8-11-1995 : Bull civ. III no 231) et seuls peuvent y être installés des ouvrages qui ne portent pas atteinte à son utilisation par les intéressés. La pose d'un portail d'accès à un chemin d'exploitation ou d'une barrière en son milieu n'est possible que dans la mesure où elle ne porte pas atteinte au droit de jouissance des usagers du chemin considéré (Cass. 3e civ. 24-9-2002 nos 01-00.811 et 01-01.914). L'article 701 du Code civil (no 22820), qui ne s'applique pas aux chemins d'exploitation, ne saurait être invoqué pour justifier une telle modification.

› Précisions **a.** La **praticabilité en voiture** ne fait pas partie des conditions posées par la loi à l'existence d'un chemin d'exploitation (Cass. 3e civ. 3-10-2007 no 06-18.107 : Bull. civ. III no 168).

b. La qualification de chemin d'exploitation doit être refusée à un chemin destiné à assurer la **desserte** non seulement de ses riverains mais aussi d'autres **propriétaires non riverains** et débouchant sur un chemin de servitude (Cass. 3e civ. 3-10-2007 no 06-19.454 : Bull. civ. III no 169).

c. Le chemin qui a pour objet essentiel, non pas de servir à la communication des fonds entre eux ou à leur exploitation, mais d'assurer leur **desserte à partir de la voie publique** ne constitue pas un chemin d'exploitation (Cass. 3e civ. 27-9-2011 no 10-21.514).

d. Un chemin d'exploitation n'a pas nécessairement un **usage agricole** (Cass. 3e civ. 3-5-2012 no 11-15.010 : Bull. civ. III no 66, BPIM 3/12 inf. 283).

e. L'action possessoire en réintégrande permettait de recouvrer l'usage du chemin d'exploitation qu'un autre riverain avait supprimé en édifiant une **clôture** (Cass. 3e civ. 12-10-1983 : D. 1984 IR p. 429, 1re espèce). Compte tenu de la suppression des actions possessoires, le riverain évincé agira désormais en référé (no 23085).

f. Un chemin d'exploitation ne peut pas être assimilé à une **servitude de passage.** Dès lors, l'un des riverains ne peut pas imposer aux autres l'aménagement d'un tel chemin par goudronnage ou empierrement (Cass. 3e civ. 24-6-2015 no 14-12.999 FS-PB : Bull. civ. III no 67). Mais il n'existe aucune contradiction entre le **régime** du chemin d'exploitation et celui des servitudes de passage ; un chemin d'exploitation peut donc être grevé de servitudes de passage au profit de certains riverains (Cass. 3e civ. 14-6-2018 no 17-20.567 F-PB : BPIM 4/18 inf. 314).

g. L'usage commun des chemins d'exploitation n'est pas régi par les **règles de l'indivision** ; chaque propriétaire riverain dispose du droit d'en interdire l'accès aux non-riverains (Cass. 3e civ. 29-11-2018 no 17-22.508 FS-PBRI : BPIM 1/19 inf. 81, Defrénois 2019 no 146k7 obs. A. Chamoulaud-Trapiers).

SERVITUDE DE PUISAGE

L'article 696 du Code civil fait état de la « servitude de puiser de l'eau à la fontaine d'autrui », et précise que cette servitude emporte nécessairement le droit de passage. Ce **droit de passage accessoire** de la servitude de puisage ne peut pas être utilisé à d'autres fins (Cass. 3e civ. 2-6-1999 : Constr.-urb. 1999 no 276). **22835**

DROIT DE SURPLOMB

Isolation thermique d'un bâtiment existant par l'extérieur La loi Climat du 22 août 2021 a créé un droit de surplomb pour l'isolation thermique par l'extérieur d'un bâtiment existant (CCH art. L 113-5-1). Le décret 2022-926 du 23 juin 2022 codifié aux articles R 113-19 à R 113-24 du CCH indique la forme et le contenu de la notification que doit réaliser le propriétaire qui entend isoler son bâtiment, il précise également le contenu de l'acte authentique matérialisant ce droit et son indemnisation et détermine celui de la convention fixant les conditions de mise en œuvre du droit d'accès au fonds contigu pour réaliser les travaux (Décret 2022-926 du 23-6-2022 : JO 24 texte no 9). **22840**

Le propriétaire d'un bâtiment à isoler bénéficie du droit de surplomb à **conditions** que (CCH art. L 113-5-1, I-al. 1) :

– aucune autre solution technique ne permette d'atteindre un niveau d'efficacité énergétique équivalent ou que cette autre solution soit excessivement complexe ou onéreuse ;
– le surplomb soit au maximum de 35 cm ;
– l'ouvrage d'isolation débute à 2 m au moins au-dessus du pied du mur, du pied de l'héberge ou du sol, sauf accord des propriétaires des deux fonds sur une hauteur inférieure.

Le propriétaire du fonds à isoler doit **indemniser** préalablement celui du fonds surplombé (CCH art. L 113-5-1, I-al. 2).

Les modalités de mise en œuvre du droit de surplomb doivent être constatées par **acte authentique ou** par **décision de justice,** publié pour l'information des tiers au fichier immobilier (CCH art. L 113-5-1, I-al. 4). Selon nous, il y a lieu de publier cet acte en qualité de convention d'exercice de servitude légale (Décret 55-22 du 4-1-1955 art. 37, 1-2°).

22842 **Accès au fonds voisin pour la réalisation des travaux** Le propriétaire du bâtiment à isoler a le droit d'accéder temporairement à l'immeuble voisin pour mettre en place les **installations provisoires strictement nécessaires** à la réalisation des travaux. Il s'agira là d'une sorte de « servitude de tour d'échelle » (n° 22725). Et le propriétaire de l'immeuble voisin aura droit à une indemnité de perte de jouissance. Les **conditions de mise en œuvre** de l'accès au fonds voisin sont définies conventionnellement (CCH art. L 113-5-1, II). Sont précisés dans la convention le droit d'accéder temporairement à l'immeuble voisin et l'indemnité à devoir en conséquence, mais non le droit de surplomb lui-même.

22845 **Obligation d'information du propriétaire voisin** Le propriétaire du bâtiment à isoler doit, avant tout travaux, **notifier** au propriétaire voisin son intention de réaliser un ouvrage d'isolation en surplomb et de la nécessité d'accéder à son fonds pour ce faire (CCH art. L 113-5-1, III). Cette notification doit être faite par lettre recommandée avec « accusé de réception » ou par acte de commissaire de justice (ex-huissier de justice) et doit comporter les éléments suivants (CCH art. R 113-19 ; décret 2022-926 du 23-6-2022) :

– les noms, prénoms, adresses postales et électroniques et coordonnées téléphoniques du ou des propriétaires du bâtiment à isoler et, le cas échéant, ceux de son ou de ses représentants légaux ou statutaires ;

– un descriptif détaillé de l'ouvrage d'isolation thermique par l'extérieur, accompagné d'un plan des façades et, le cas échéant, des toitures modifiées par le projet, en faisant apparaître l'état initial et l'état futur ;

– les justificatifs démontrant qu'aucune autre solution technique ne permet d'atteindre un niveau d'efficacité énergétique équivalent ou que cette autre solution présente un coût ou une complexité excessifs ;

– une proposition relative au montant des indemnités préalables prévues aux I et II de l'article L 113-5-1 ;

– le projet d'acte authentique prévu au I de l'article L 113-5-1 ;

– le projet de la convention prévue au II de l'article L 113-5-1 ;

– une reproduction des dispositions de l'article L 113-5-1.

La notification doit contenir tous les éléments devant permettre au propriétaire du fonds surplombé d'être informé de la nature des travaux à entreprendre, et de vérifier si les conditions d'exercice du droit de surplomb par le propriétaire du bâtiment voisin sont remplies afin d'envisager l'exercice de son propre droit d'opposition.

22846 **Contenu de la convention** Le projet de convention ayant pour objet de préciser d'une part le droit d'accéder temporairement à l'immeuble voisin et d'y mettre en place les installations provisoires nécessaires à la réalisation des travaux, et d'autre part l'indemnité due au propriétaire de l'immeuble voisin doit contenir les éléments suivants :

– la localisation et le périmètre de l'accès au fonds à surplomber à prévoir pour la réalisation des travaux d'isolation thermique par l'extérieur ainsi que la durée à prévoir de cet accès au fonds ;

– la nature des installations provisoires à mettre en place pour la réalisation des travaux d'isolation thermique par l'extérieur et les conditions de cette mise en place, notamment pour la protection du fonds à surplomber ;

– l'indemnité due en contrepartie des droits d'accès et d'installation temporaires ;

– le cas échéant, les mesures prévisionnelles de remise en état du fonds voisin (CCH art. R 113-20).

22848 **Opposition du propriétaire du fonds surplombé** Le voisin a **6 mois,** à compter de la notification, pour manifester son opposition à condition qu'elle soit fondée sur un motif sérieux et légitime tenant à l'usage présent ou futur de sa propriété ou au non-respect des conditions de fond de l'exercice du droit de surplomb. Durant ce même délai, le voisin peut également s'opposer au droit d'accès à sa propriété pour la mise en place des installations provisoires si la destination, la consistance ou la jouissance de son fonds en seraient affectées de manière durable ou excessive. Il peut saisir le juge, toujours durant ce délai, pour fixer le montant de l'indemnité préalable pour l'exercice de ces droits (CCH art. L 113-5-1, III et art. R 113-21). Ces procédures relèvent de la compétence du président du tribunal judiciaire du lieu de situation de l'immeuble à surplomber, et que celui-ci statuera selon la procédure accélérée au fond.

© Éd. Francis Lefebvre

Lorsque le fonds à surplomber est un immeuble soumis au **statut de la copropriété** des immeubles bâtis, la procédure d'opposition est précisée à l'article R 113-22 du CCH. Le syndicat doit convoquer une assemblée générale dans un délai préservant la faculté du syndicat de saisir le juge dans les 6 mois suivant la notification du projet. À cette occasion, le syndicat doit annexer les documents notifiés par le propriétaire du bâtiment à isoler, au soutien de l'inscription à l'ordre du jour d'une assemblée générale des copropriétaires de :

– la question de la saisine du juge en opposition à l'exercice des droits prévus aux I et II de l'article L 113-5-1 ;

– la question de la saisine du juge en fixation des indemnités prévues aux I et II de l'article L 113-5-1.

Le cas échéant, le syndicat des copropriétaires exerce son droit d'opposition devant le même juge et selon la même procédure que celle précédemment décrite.

Réalisation des travaux et notification complémentaire En cas de signature des actes, « ou sur le fondement d'une décision de justice devenue définitive », le propriétaire du bâtiment à isoler peut réaliser les travaux (CCH art. R 113-23). 22849

L'article R 113-23 précise que la réalisation des travaux ne sera possible qu'« après signature [...] de la convention mentionnée au II de l'article L 113-5-1 » (hors hypothèse de procédure d'opposition). Cela signifie donc qu'en cas de passivité totale du propriétaire du fonds à surplomber, le propriétaire du bâtiment à isoler ne devrait pas pouvoir réaliser ses travaux, faute de justifier d'une convention signée sur les modalités d'indemnisation et d'exercice des travaux (Dalloz actualités 30-6-2022 obs. P.-E. Lagraulet).

Une fois que les deux propriétaires sont d'accord, le propriétaire du bâtiment à isoler **notifie** au propriétaire du fonds à surplomber, dès qu'il a fait son choix, les noms, prénoms, adresses postales et électroniques et coordonnées téléphoniques de la ou des personnes appelées à intervenir et, s'il s'agit d'une entreprise, son numéro d'inscription au répertoire des entreprises et de leurs établissements, ainsi que son ou leur numéro de police pour l'assurance mentionnée à l'article L 241-1 du Code des assurances. Il notifie également le numéro de police pour l'assurance mentionnée à l'article L 242-1 du Code des assurances dès qu'il l'a souscrite (CCH art. R 113-24).

Ces notifications complémentaires sont valablement faites par lettre recommandée avec demande d'avis de réception et sont sans incidence sur le point de départ du délai d'opposition mentionné à l'article R. 113-19.

Extinction du droit de surplomb La **destruction du bâtiment isolé** entraîne l'extinction du droit de surplomb (CCH art. L 113-5-1, I-al. 3). 22850

Lorsque le voisin propriétaire du fonds surplombé a obtenu une autorisation administrative de **construire en limite séparative** ou en usant de ses droits mitoyens et que sa mise en œuvre nécessite la dépose de l'ouvrage d'isolation, les frais de cette dépose incombent au propriétaire du bâtiment isolé. L'indemnité versée préalablement à l'exercice du droit de surplomb demeure acquise (CCH art. L 113-5-1, IV).

3. SERVITUDES ÉTABLIES PAR LE FAIT DE L'HOMME

Toutes les **conventions** de servitudes peuvent être établies par les propriétaires des fonds, pourvu qu'il s'agisse bien de servitudes et non de services imposés à la personne ou en faveur de la personne (C. civ. art. 686). 22860

Ce principe fait l'objet d'un contrôle abondant de la part des tribunaux, qui examinent souverainement si le service est imposé à un fonds ou à une personne, et cet examen a pour base première l'analyse des termes des actes intervenus.

En général, il y a servitude si l'**intervention du propriétaire du fonds servant** n'est pas requise (usage d'un pressoir, droit de prendre du bois, droit de faire moudre son blé, etc.) – encore que ce propriétaire puisse être tenu à certaines prestations accessoires (entretien d'ouvrages, maniement d'une vanne, construction d'un mur, extraction de minerai, etc.) – alors qu'au contraire constitue une obligation personnelle celle qui contraint ce propriétaire (droit de sciage illimité, fourniture perpétuelle de vin, réception de wagons...).

Seules les personnes ayant droit à la propriété peuvent établir ou acquérir le bénéfice des servitudes (emphytéote et usufruitier, le temps de leur droit – indivisaires concourant tous à la convention).

B. Acquisition des servitudes

ÉTABLISSEMENT PAR LA LOI

22950 Les servitudes peuvent s'établir par l'effet de la loi. Elles sont alors instituées soit pour l'utilité publique, soit en faveur des particuliers (C. civ. art. 649). Les servitudes d'utilité publique ont pour objet le marchepied le long des cours d'eau domaniaux, la construction ou réparation des chemins et autres ouvrages publics ou communaux (C. civ. art. 650).

ÉTABLISSEMENT PAR LA CONVENTION DES PARTIES

22955 Les servitudes peuvent s'établir par la convention des parties, c'est-à-dire par **titre.** La servitude peut valablement reposer sur un titre sous signature privée (Cass. 3e civ. 25-3-2021 no 20-13.846 F-D). Mais en pratique, l'acte notarié est nécessaire pour permettre la publicité (C. civ. art. 710-1) car le titre doit obligatoirement être **publié** au service de la publicité foncière (Décret 55-22 du 4-1-1955 art. 28, 1o-a). Il doit désigner les parties, les deux fonds intéressés et leurs effets relatifs respectifs (référence de publication de leur titre). Si la servitude ne grève qu'une partie de parcelle, l'établissement d'un état descriptif de division comme d'un document d'arpentage ne sont pas obligatoires (Décret 55-22 du 4-1-1955 art. 7, al. 3 ; BOI-CAD-MAJ-10-10 no 30). Néanmoins, un tel document, facultatif dans ce cas, peut être conseillé en vue de faciliter le cantonnement de l'assiette de la servitude lors d'une division ultérieure (M. Suquet-Cozic, Servitude : comment dégrever une partie de parcelle lors d'une division : SNH 20/20 inf. 8). Un extrait cadastral (de moins de 3 mois) n'a à être produit que si l'acte se situe en cadastre rénové et s'il s'agit de la première publication sur l'immeuble considéré depuis le 1er janvier 1956 (extrait modèle 3).

Il appartient au juge du fond, bien entendu, d'analyser les titres et de déterminer s'ils établissent une servitude, ou seulement une obligation personnelle, ou toute autre convention.

> **Précisions** **a.** Les servitudes établies par le fait de l'homme ne sont **opposables aux acquéreurs** que si elles sont mentionnées dans leur titre de propriété ou si elles ont fait l'objet de la publicité foncière (Cass. 3e civ. 27-10-1993 : Administrer mai 1994 p. 41 ; Cass. 3e civ. 14-12-2005 no 04-14.245 : Bull. civ. III no 249 ; Cass. 3e civ. 16-3-2011 no 10-13.771 : BPIM 3/11 inf. 259) ou encore si l'acquéreur en connaissait l'existence au moment de l'acquisition (Cass. 3e civ. 16-9-2009 no 08-16.499 ; Cass. 3e civ. 15-12-2016 no 15-24.832 F-D : BPIM 1/17 inf. 73 ; Cass. 3e civ. 24-9-2020 no 19-19.179 FS-PBI : BPIM 6/20 inf. 447).
> **b.** Le **procès-verbal de bornage** dont le plan indique un passage entre les propriétés bornées ne vaut pas pour autant acte constitutif d'une servitude conventionnelle de passage : le procès-verbal de bornage est un acte de nature seulement déclarative qui se borne à fixer les limites des propriétés et à constater une situation de fait (Cass. 3e civ. 12-5-2016 no 15-14.984 F-D : BPIM 4/16 inf. 285). Il peut cependant valoir titre constitutif de servitude lorsque le plan de bornage et la servitude qu'il comporte établissent clairement la volonté des parties de créer une servitude (Cass. 3e civ. 8-6-2017 no 16-16.788 F-D : BPIM 4/17 inf. 313 ; Cass. 3e civ. 17-2-2022 no 20-19.954 F-D : BPIM 2/22 inf. 176).
> **c.** On ne peut pas acquérir de servitude par convention sur un **immeuble classé** (C. patr. art. L 621-16), ni sur un **monument naturel ou** un **site classé** (C. envir. art. L 341-14), sauf à obtenir un agrément administratif.

ÉTABLISSEMENT PAR LA PRESCRIPTION TRENTENAIRE

22960 La prescription acquisitive, encore appelée « usucapion », est un moyen d'acquérir un bien ou un droit par l'effet de la possession sans que celui qui l'allègue soit obligé d'en rapporter un titre ou qu'on puisse lui opposer l'exception déduite de la mauvaise foi (C. civ. art. 2258). La prescription acquisitive suppose une possession véritable et exempte de vices, c'est-à-dire continue et non interrompue, paisible, publique et non équivoque (C. civ. art. 2261).

Ce mode d'établissement n'est possible que pour les **servitudes continues et apparentes** (C. civ. art. 690) (no 22610). Les autres servitudes ne peuvent pas s'établir par prescription, sauf le cas de celles déjà acquises en 1804 « dans les pays où elles pouvaient s'acquérir de cette manière » (C. civ. art. 691).

La prescription commence à courir à l'achèvement des ouvrages et signes extérieurs permanents. Elle peut être interrompue si pendant un temps ces ouvrages ou signes ne remplissent plus leur office.

L'interdiction de prescrire une servitude qui ne serait pas apparente et continue n'empêche pas de prescrire, le cas échéant, la propriété du fonds sur lequel s'exercent les faits de servitude.

La prescription ne peut pas jouer en présence d'immeubles inaliénables, ou dépendants du domaine public.

La servitude de **passage,** de caractère discontinu, ne peut pas s'acquérir par prescription (Cass. 3e civ. 17-4-1996 no 94-14.135 : RJDA 7/96 no 963). Même la matérialisation d'un passage par des ouvrages permanents ne permet pas l'acquisition par prescription (Cass. 3e civ. 4-7-2001 n° 1163 : Constr.-urb. 2001 n° 226).

Ce qui vaut pour l'établissement de la servitude vaut également pour ses conditions d'exercice. Le propriétaire d'un fonds bénéficiant d'une servitude conventionnelle de passage ne peut donc pas prescrire une assiette différente de celle convenue (Cass. 3e civ. 19-1-2011 n° 10-10.528 : BPIM 2/11 inf. 173).

La servitude d'**écoulement des eaux usées,** de caractère discontinu, ne peut pas s'acquérir par prescription (Cass. 3e civ. 15-2-1995 : JCP éd. N 1995 II p. 1320 ; Cass. 3e civ. 2-5-2012 n° 11-18.455 F-D ; Cass. 3e civ. 17-6-2021 n° 20-19.968 F-B : BPIM 4/21 inf. 302 ; Cass. 3e civ. 15-2-2023 n° 21-20.579 F-D : BPIM 2/23 inf. 149). Il en est ainsi alors même que cette servitude serait apparente et que la canalisation servirait également à l'écoulement des eaux pluviales, laquelle est continue et pourrait donc, quant à elle, s'acquérir par prescription (Cass. 3e civ. 21-6-2000 n° 97-22.064 : Bull. civ. III n° 127). Dès lors que les critères permettant d'acquérir, par prescription acquisitive, une servitude d'**écoulement des eaux pluviales** sont remplis, le juge doit en effet en reconnaître l'existence (Cass. 3e civ. 12-9-2019 n° 18-12.876 F-D : BPIM 5/19 inf. 366).

› Précisions **a.** La prescription ne peut constituer un mode d'acquisition des servitudes que pour celles qui résultent du **fait de l'homme** (Cass. 3e civ. 15-5-1996 : D. 1996 IR p. 156).

b. La servitude de **réseaux en tréfonds** ne peut pas s'acquérir par prescription, faute d'être apparente, si les équipements en surface ne révèlent pas l'emplacement exact des réseaux souterrains (Cass. 3e civ. 12-3-2020 n° 18-24.566 F-D : BPIM 2/20 inf. 167).

c. L'ouverture précaire de deux fenêtres ne permet pas l'acquisition par prescription d'une **servitude de vue** non plus que l'existence d'ouvertures donnant sur des toits aveugles (CA Aix-en-Provence 18-11-1997 : Constr.-urb. 1998 n° 197).

d. Les dispositions de la loi du 15 juin 1906 sur les distributions d'énergies (aujourd'hui codifiées) excluent le recours à celles régissant les servitudes de droit privé instituées pour l'utilité des particuliers, interdisant ainsi à **EDF** de prétendre bénéficier de la prescription acquisitive (Cass. 3e civ. 7-3-2007 n° 05-18.057 : Bull. civ. III n° 35).

e. La Cour de cassation admet de longue date que les règles de la prescription acquisitive trouvent à s'appliquer en matière de **copropriété.** Ainsi, la propriété d'une partie commune peut s'acquérir par prescription. Le défaut d'autorisation par l'assemblée générale du percement par un copropriétaire du mur extérieur de la copropriété, partie commune, et l'absence de déclaration d'urbanisme ne font pas obstacle à l'acquisition par prescription d'une servitude de vue sur le fonds voisin (Cass. 3e civ. 21-4-2022 n° 21-12.240 FS-B : BPIM 3/22 inf. 229). À l'inverse, le syndicat des copropriétaires peut prescrire la propriété des parties privatives d'un lot (Cass. 3e civ. 8-10-2015 n° 14-16.071 FS-PB : BPIM 6/15 inf. 412) ou celle d'une parcelle voisine (Cass. 3e civ. 25-3-2014 n° 11-17.435 F-D).

ÉTABLISSEMENT PAR DESTINATION DU PÈRE DE FAMILLE

La destination du père de famille suppose la division juridique d'un fonds et son aménagement permanent. La division qui peut résulter de la vente d'une parcelle, d'une donation, d'un partage n'affecte pas l'**aménagement** (C. civ. art. 694). Les deux fonds actuellement divisés doivent avoir appartenu, l'un et l'autre, au même propriétaire, la servitude n'apparaissant qu'au moment où le fonds dominant et le fonds servant tombent dans deux patrimoines distincts (C. civ. art. 693). **22965**

Attention, des propriétaires indivis ne peuvent pas constituer une servitude par destination du père de famille (Cass. 3e civ. 6-6-2007 n° 06-15.044 FP-PBR).

Seules les servitudes **apparentes** peuvent s'acquérir par destination du père de famille, peu important en revanche qu'elles soient continues ou discontinues (n° 22610). Les juges du fond apprécient souverainement si existent bien les aménagements apparents qui caractérisent « la destination du père de famille » et l'intention de celui-ci d'asservir un fonds au profit de l'autre (Cass. 3e civ. 6-4-2023 n° 21-22.380 F-D : BPIM 3/23 inf. 226). La servitude doit être apparente au moment de la division du fonds (Cass. 3e civ. 10-1-1996 n° 94-13.194 : RJDA 4/96 n° 543 ; Cass. 3e civ. 5-2-2003 n° 01-14.669 ; Cass. 3e civ. 9-9-2014 n° 13-16.786 : RDI 2014 p. 559 obs. J.-L. Bergel ; Cass. 3e civ. 23-3-2022 n° 21-11.986 FS-B : BPIM 3/22 inf. 259).

C'est sur le terrain de la **preuve** de la servitude par destination du père de famille que nombre de contentieux se cristallisent (voir V. Gélu-Lafargue, Division foncière : gare à la servitude par destination du père de famille ! BPIM 1/13 inf. 4 n° 9). La charge de la preuve obéit aux principes suivants :

- **soit** la servitude est **continue et apparente** : dans ce cas, la destination du père de famille vaut titre (C. civ. art. 692). C'est alors à celui qui en conteste l'existence qu'il appartient de démontrer qu'elle n'existe pas ;
- **soit** la servitude est **discontinue et apparente** : celui qui invoque l'existence de la servitude doit produire l'acte de division foncière établissant qu'il ne contient aucune disposition

contraire à l'existence de cette servitude (C. civ. art. 694 ; Cass. 3e civ. 16-9-2009 no 08-16.238 : Bull. civ. III no 194 ; Cass. 3e civ. 17-6-2021 no 20-10.740 F-D : BPIM 4/21 inf. 303 ; Cass. 3e civ. 23-3-2022 no 21-11.986 FS-B : BPIM 3/22 inf. 259 ; Cass. 3e civ. 19-10-2023 no 22-12.376 F-D) ainsi que l'existence lors de la division des fonds de signes apparents de servitude (aménagement d'un accès, tracé d'un itinéraire, brèche dans un mur, etc.). Les dispositions contraires de nature à exclure la servitude doivent être suffisamment caractérisées (Cass. 3e civ. 9-6-2016 no 14-28.893 F-D). Les juges du fonds ont le pouvoir d'apprécier souverainement si une clause d'un acte de division constitue une stipulation contraire au maintien d'une servitude discontinue par destination du père de famille. Ainsi l'acte d'échange qui prévoit expressément l'absence de servitude sur des parcelles divisées n'est pas une simple clause de style et est contraire au maintien d'une servitude de passage par destination du père de famille (Cass. 3e civ. 18-1-2023 no 22-10.019 FS-B : BPIM 1/23 inf. 74). Ainsi, des photos de l'IGN prouvant l'existence d'un passage en 1950 n'établissent pas les signes apparents de servitude le 26 septembre 1980, date de l'acte de division des fonds (Cass. 3e civ. 6-4-2023 no 21-22.380 F-D). La clause de style par laquelle le vendeur déclare qu'il n'a constitué aucune servitude sur l'immeuble, ou qu'à sa connaissance il n'en existe pas d'autres que celles qui pourraient résulter de la loi ou dériver de la situation des lieux, est en principe jugée insuffisante (Cass. 3e civ. 21-3-2001 no 99-10.913 FS-PB : BPIM 3/01 inf. 200 ; Cass. 3e civ. 28-4-2009 no 08-15.404 F-D ; voir toutefois, en sens contraire, Cass. 3e civ. 6-9-2018 no 17-21.527 F-D).

> **Précisions** **a.** Cette servitude peut exister même si les deux **fonds** ne sont **pas contigus** (Cass. civ. 9-6-1937).
> **b.** La servitude par destination du père de famille est **opposable aux tiers** même si elle n'a pas été publiée (CA Lyon 15-10-1974), et elle ne disparaît pas du seul fait qu'elle serait devenue inutile (Cass. 1e civ. 19-12-1966 : Bull. civ. I no 552).

ÉTABLISSEMENT PAR TITRE RÉCOGNITIF

22970 Ce titre est la reconnaissance de l'existence d'une servitude par le propriétaire du fonds asservi. Il faut qu'il s'agisse d'une servitude discontinue, ou continue mais non apparente, dont on ne retrouve pas le titre de création. L'intervention du propriétaire du fonds dominant n'est pas requise.

Si le propriétaire du fonds servant refuse de produire l'acte récognitif qu'il possède (acte, cahier des charges, quittance…), il peut y être contraint par justice. Le titre récognitif peut résulter de l'assignation par les auteurs du vendeur du fonds en reconnaissance de leur servitude de passage (CA Grenoble 3-4-1995 : Rev. loyers 1995 p. 560).

Le titre récognitif dont il s'agit ici (C. civ. art. 695) n'a pas à satisfaire aux conditions exigées par l'article 1380 du Code civil. Mais il ne peut pas résulter de simples lettres et d'attestations de tiers, même valant aveu (Cass. 3e civ. 15-12-1993 : Bull. civ. III no 173 ; Cass. 3e civ. 4-2-1998 : JCP éd. N 1998 p. 1044).

Le titre récognitif doit en outre faire référence au titre constitutif de la servitude (Cass. 3e civ. 27-5-2009 no 08-11.665 : BPIM 4/09 inf. 329 ; Cass. 3e civ. 28-3-2019 no 18-11.357 FS-D : BPIM 3/19 inf. 227 ; Cass. 3e civ. 17-6-2021 no 20-10.451 F-D).

ILLUSTRATIONS

Ne constitue pas un titre récognitif une **correspondance du propriétaire** du terrain sur lequel est pris un passage dont l'assiette devait être fixée, non à la largeur visée dans cette correspondance, mais à la largeur habituelle de ce type de passage (Cass. 3e civ. 13-10-1999 : Bull. civ. III no 208).

PUBLICATION

22975 Tout acte constitutif de servitude doit faire l'objet d'une **publication** au service de la publicité foncière (Décret 55-22 du 4-1-1955 art. 28). La servitude, même non apparente, est opposable dès lors qu'elle a été publiée (Cass. 3e civ. 31-1-2001 no 98-19.009 : Procédures 6/01 no 131).

C. Exercice des servitudes

USAGE ET ÉTENDUE DES SERVITUDES

23050 « L'usage et l'étendue des servitudes se règlent par le **titre**… à défaut de titre par les règles ci-après » (C. civ. art. 686, al. 2).

Une servitude ne peut pas conférer le droit d'**empiéter sur la propriété d'autrui** (Cass. 3e civ. 27-6-2001 : Bull. civ. III no 87 ; Cass. 3e civ. 12-6-2003 : Constr.-urb. 2003 no 229). La Cour de cassation reconnaît toutefois la validité d'une servitude de surplomb qui, par définition, empiète sur l'espace aérien du fonds servant (Cass. 3e civ. 12-3-2008 no 07-10.164 : Bull. civ. III no 47, s'agissant de la corniche d'un immeuble surplombant le terrain voisin ; voir également Cass. 3e civ. 5-3-2013 no 12-12.377, concernant une servitude de surplomb acquise par voie de prescription). Sur le « droit de surplomb » créé par la loi Climat du 22 août 2021 pour l'isolation thermique d'un bâtiment existant par l'extérieur, voir nos 22840 s.

Si l'**adaptation** d'une servitude conventionnelle **aux conditions actuelles de la vie** est admise (Cass. 3e civ. 22-3-2011 no 09-70.533 : BPIM 3/11 inf. 260), elle ne doit pas aboutir à créer une situation contraire au titre de la servitude, même très ancien (Cass. 3e civ. 3-11-2005 no 04-11.424 : Bull. civ. III no 211, concernant un passage desservant une grange « par chars et bœufs »).

SITUATION DU FONDS DOMINANT

La servitude est censée comprendre tout ce qui est nécessaire à son usage. Ainsi, le droit de puiser l'eau d'une fontaine suppose le droit de passage pour accéder à la fontaine (voir no 22835). 23055

Contrairement au principe applicable en matière de servitude légale de passage (no 22795), la jurisprudence récente estime que le droit de passage conventionnel n'emporte pas nécessairement le droit de faire passer des canalisations dans le sous-sol et que l'examen du titre de servitude reste nécessaire dans chaque cas pour le déterminer (Cass. 3e civ. 8-4-2010 no 09-65.261 FS-PB : BPIM 3/10 inf. 269 ; Cass. 3e civ. 14-6-2018 no 17-20.280 FS-PBI : BPIM 4/18 inf. 315).

Celui à qui est due une servitude (fonds dominant) a le droit de faire tous les **ouvrages nécessaires** pour en user et la conserver, à ses frais, sauf clause contraire du titre de servitude mettant les travaux à la charge du fonds servant, ou en partageant les frais entre les deux fonds (C. civ. art. 697 et 698). Il appartient ainsi au propriétaire du fonds dominant de prendre en charge le coût de démolition d'un mur de soutènement situé sur le tracé du passage dont il bénéficie sur le fonds servant (Cass. 3e civ. 12-3-2014 no 12-28.152 : Bull. civ. III no 38, BPIM 2/14 inf. 144). 23060

Le mode d'exercice de la servitude peut se prescrire comme la servitude elle-même, et aux mêmes conditions (voir no 22960).

Si le titre impose au propriétaire du fonds servant l'exécution à ses frais de ces ouvrages, il peut s'affranchir de la charge en abandonnant le fonds (C. civ. art. 699). Ce texte est d'ordre public et s'applique après 30 ans. L'abandon s'entend de la partie de la propriété qui sert d'assiette à la servitude (ce peut être toute la propriété), et ne requiert pas l'accord du fonds dominant. Les frais de l'acte d'abandon, qui sera obligatoirement publié au fichier immobilier, sont à la charge du fonds servant.

Le propriétaire du fonds dominant ne peut rien faire qui soit de nature à **aggraver la servitude** (C. civ. art. 702), ce qui s'entend par référence au titre de la servitude ou par rapport à la condition du fonds servant. 23065

L'aggravation, pour être sanctionnée, doit être certaine, actuelle, sensible et appréciable, et causer un préjudice. L'action en aggravation, qui se traduit par le rétablissement de l'état primitif ou par des dommages-intérêts, se prescrit par 30 ans.

> **Précisions** **a.** Il y a, sur la notion d'aggravation de la servitude, une abondante jurisprudence. En principe, ne constitue pas une aggravation d'une servitude de passage le seul fait que la division du fonds dominant amène un plus grand nombre de personnes à l'utiliser, ou le fait que l'usage du fonds dominant ait été modifié et entraîne un **passage supplémentaire** sur le fonds grevé. Le tout sauf à examiner le titre de servitude et à rechercher si les changements apportés au fonds dominant n'aggravent pas la condition du fonds servant de façon préjudiciable ou rendent la servitude plus onéreuse.
>
> **b.** L'**ouverture de nouvelles fenêtres** constitue une aggravation indemnisable de la servitude de vue (Cass. 3e civ. 16-7-1998 no 96-13.662 : Bull. civ. III no 168). Mais la création de jours constitués par des pavés de verre lors de la surélévation d'un immeuble bénéficiant d'une servitude de vue ne constitue pas une aggravation de la servitude (CA Toulouse 10-1-2000 : Constr.-urb. 2000 no 149).
>
> **c.** L'**élargissement** d'une servitude conventionnelle de passage accordé par le juge justifie le paiement d'une indemnité proportionnelle au dommage causé (Cass. 3e civ. 15-6-1999 no 1087 : AJDI 1999 p. 823).

SITUATION DU FONDS SERVANT

Obligation passive Le propriétaire du fonds servant ne peut rien faire qui tende à **diminuer l'usage de la servitude ou** à la **rendre plus incommode.** Il ne peut pas changer l'état des lieux, ni transporter ailleurs l'exercice de la servitude ; le tout sauf accord des parties (C. civ. art. 701). L'obligation ainsi imposée au fonds servant est une obligation de ne pas faire, purement passive. Sous cette réserve, le propriétaire du fonds servant peut user de sa propriété comme il l'entend. Il existe de très nombreuses applications en cas d'entrave ou de gêne apportées à l'exercice d'un droit de passage. 23070

Le propriétaire du fonds servant conservant le **droit de se clore,** l'installation d'un dispositif de fermeture à l'entrée d'une voie grevée de servitude de passage n'est pas nécessairement constitutive d'une entrave à l'exercice de cette servitude (Cass. 3e civ. 21-3-1972 : Bull. civ. III no 200). Mais elle peut le devenir en cas de gêne excessive (Cass. 3e civ. 13-5-1998 : Constr.-urb. 1998 no 304). Par exemple, le bénéficiaire de la servitude devra se voir remettre un jeu de clefs du portail installé à l'entrée du passage.

Ici encore, la **violation** de l'interdiction est **sanctionnée** par la remise en l'état ou par des dommages-intérêts, l'action se prescrivant par 30 ans. La démolition est la sanction d'un droit réel transgressé. Ainsi jugé, s'agissant d'une construction en violation d'une servitude non aedificandi (Cass. 3e civ. 19-7-1995 : Bull. civ. III no 207) ou de prospect (Cass. 3e civ. 17-12-2003 no 1428).

ATTENTION

La sanction de la démolition peut être soumise au contrôle de proportionnalité. Ainsi jugé en cas d'**empiétement sur l'assiette d'une servitude** conventionnelle de passage résultant de la construction d'une maison par le propriétaire du fonds servant. La Cour de cassation a reproché aux juges du fond d'avoir ordonné la démolition de la construction sans rechercher, comme il le leur était demandé, si cette mesure n'était pas disproportionnée au regard du droit au respect du domicile du constructeur (Cass. 3e civ. 19-12-2019 no 18-25.113 FS-PBI : BPIM 1/20 inf. 84, JCP N 2020 no 1157 chron. Droit des biens par H. Périnet-Marquet § 10, RTD civ. 2020 p. 416 obs. W. Dross).

23075 **Déplacement de l'assiette** Si l'**état actuel** de la servitude devient **plus onéreux** pour le propriétaire du fonds servant ou l'empêche de faire des réparations avantageuses, il peut offrir au propriétaire du fonds dominant un autre endroit aussi commode pour l'exercice de ses droits, et celui-ci ne peut pas refuser (C. civ. art. 701). Toutefois, le propriétaire du fonds servant ne peut pas se prévaloir de cette règle si c'est par une modification des lieux à son avantage qu'il a rendu la servitude plus onéreuse (Cass. 3e civ. 24-3-2004 no 01-17.327 : Procédures 6/04 no 132 ; Cass. 3e civ. 10-9-2020 no 19-11.590 F-D). Dans le cadre d'une servitude de passage (voir no 22810), le fonds servant ne peut modifier unilatéralement l'assiette de la servitude qu'à un endroit plus commode et sans méconnaître les prescriptions d'un plan de prévention des risques naturels prévisibles (PPRNP) (Cass. 3e civ. 25-1-2024 no 22-16.920 FS-B : BPIM 2/24 inf. 144).

Le juge doit ainsi vérifier que le nouvel endroit est aussi commode pour le fonds dominant que l'ancien (Cass. 3e civ. 4-11-1998 : Constr.-urb. 1999 no 10). Si les conditions légales sont remplies, le propriétaire du fonds dominant est tenu d'accepter le changement proposé (Cass. 3e civ. 18-3-1987 : Bull. civ. III no 57 ; Cass. 3e civ. 18-1-2023 no 22-10.700 FS-B : BPIM 1/23 inf. 75). Tous les frais entraînés par le changement sont à la charge du fonds servant (Cass. 3e civ. 31-10-2006 no 05-17.519 : Bull. civ. III no 216).

L'article 701 du Code civil n'est pas applicable aux **chemins d'exploitation** (voir no 22830).

23080 **Division du fonds** En cas de division du **fonds dominant,** la servitude reste due pour chaque portion, sans que la condition du fonds servant puisse être aggravée (C. civ. art. 700). Tous les nouveaux bénéficiaires devront par exemple utiliser le même passage. De ce principe d'indivisibilité, il résulte notamment que la servitude bénéficie à l'acquéreur de la parcelle issue de la division, même s'il n'a pas conclu d'accord en ce sens avec le propriétaire du fonds servant (Cass. 3e civ. 12-1-2005 no 03-17.273 FS-PB).

En revanche, les dispositions de l'article 700 du Code civil ne régissent que les rapports entre le propriétaire du fonds servant d'une part, et les propriétaires des terrains issus de la division d'autre part et peu importe l'absence de contiguïté des portions avec le fonds servant (Cass. 3e civ. 12-9-2024 no 23-14.479 FS-B : BPIM 5/24 inf. 335). Elles n'ont pas pour effet d'entraîner de plein droit la constitution d'une servitude de passage entre les portions du fonds dominant divisé (Cass. 3e civ. 12-9-2024 no 23-14.479 FS-B : BPIM 5/24 inf. 335). Ces rapports doivent ainsi être envisagés en amont, lors de l'opération de division (CA Amiens 31-1-2012 no 11/00852). En revanche, la règle de l'**indivisibilité de la servitude** ne peut pas avoir pour effet de faire bénéficier de la servitude des fonds qui n'étaient pas visés dans l'acte constitutif. Ainsi jugé à propos d'une servitude conventionnelle de passage et du rattachement de certaines parcelles issues de la division du fonds dominant à d'autres parcelles étrangères à la servitude (Cass. 3e civ. 21-7-1998 no 96-17.504 : Constr.-urb. 1998 no 415).

En cas de division du **fonds servant,** la servitude subsiste inchangée – que cela libère ou non, selon la nature de la servitude, certaines parcelles issues de la division.

ACTIONS CONTENTIEUSES LIÉES À L'EXISTENCE D'UNE SERVITUDE

23085 Le propriétaire du **fonds dominant** dispose de l'**action confessoire,** pour obtenir la reconnaissance d'un droit réel de servitude.

Le propriétaire du **fonds servant** peut exercer l'**action négatoire** de servitude, pour dénier l'existence de la servitude ou la ramener à ses limites exactes.

S'ils s'estiment troublés dans l'exercice de leurs droits, le propriétaire du fonds dominant comme celui du fonds servant ne peuvent plus se tourner vers les **actions possessoires,** celles-ci ayant été supprimées par la loi de modernisation et de simplification du droit (Loi 2015-177 du 16-2-2015 art. 9).

Reste la voie de l'**action en référé.** L'ordonnance de référé est une décision provisoire rendue à la demande d'une partie, l'autre présente ou appelée, dans les cas où la loi confère à un juge qui n'est pas saisi du principal le pouvoir d'ordonner immédiatement les mesures nécessaires (CPC art. 484). Des colotis revendiquant un droit de passage sur une parcelle contiguë ont ainsi obtenu en référé sur le fondement du trouble manifestement illicite, la suppression des piquets et de la chaîne installés par la propriétaire de la parcelle pour leur en interdire l'accès (Cass. ass. plén. 28-6-1996 n° 94-15.935 : Bull. civ. ass. plén. n° 6). Par ailleurs, la demande en justice, même en référé, interrompt le délai de prescription (C. civ. art. 2241). Le propriétaire du fonds servant peut ainsi agir en référé pour éviter qu'un tiers, autre que le propriétaire du fonds dominant, n'acquière une servitude par prescription sur son fonds.

Le fait que le bénéfice d'une servitude soit lié à l'existence d'une contrepartie n'autorise pas le fonds servant à s'affranchir de la servitude en invoquant l'**exception d'inexécution** lorsque cette contrepartie n'est pas donnée (Cass. 3e civ. 21-1-1998 n° 95-16.630 : Bull. civ. III n° 18 ; Cass. 3e civ. 25-3-2021 n° 20-15.155 FS-P). De même, le non-respect des conditions d'exercice d'une servitude ne peut pas donner lieu à une **action résolutoire** (Cass. 3e civ. 10-3-1999 n° 95-22.093 : Bull. civ. III n° 64). Il est possible d'introduire une action en dommages-intérêts fondée sur l'article 1240 du Code civil, aux termes duquel « tout fait quelconque de l'homme qui cause à autrui un dommage oblige celui par la faute duquel il est arrivé, à le réparer ». Sur la possibilité d'intenter une action fondée sur un **trouble anormal de voisinage,** voir nos 22655 et 22760, Précision c.

› Précisions **a.** En l'absence de disposition particulière sur ce point, la **suppression des actions possessoires** est effective depuis le 18 février 2015 (Cass. 3e civ. 24-9-2020 n° 19-16.370 FS-PBI). Les actions possessoires régulièrement introduites avant cette date restent en revanche soumises au régime qui leur était propre (Circ. min. justice du 19-2-2015 : BOMJ 2015-02 du 27-2-2015 p. 8).

b. Le **locataire ou** le **simple occupant** du fonds dominant n'a pas qualité pour se prévaloir en justice de la servitude de passage dont ce fonds bénéficie (Cass. 3e civ. 2-3-1983 n° 81-16.323 : Bull. civ. III n° 67, s'agissant de la servitude légale pour cause d'enclave ; Cass. 3e civ. 14-11-2019 n° 18-21.136 FS-PBI, concernant une servitude conventionnelle). Dans l'hypothèse contraire où c'est le fonds servant qui est loué, le locataire ne saurait ni contester l'assiette d'une servitude de passage (Cass. 3e civ. 2-12-1992 n° 90-19.446 : Bull. civ. n° 317, RTD civ. 1994 p. 896 obs. F. Zenati) ni se voir réclamer par le voisin l'arrachage ou l'élagage d'arbres ne respectant pas les distances légales de plantation (Cass. 3e civ. 5-2-2014 n° 12-28.701 FS-PBR : D. 2014 p. 812 note F. Julienne).

c. La demande en reconnaissance d'une servitude conventionnelle de passage et celle d'une servitude légale de passage pour cause d'enclave n'ont pas le même objet, de sorte que la seconde ne se heurte pas à l'**autorité de la chose jugée** sur la première (Cass. 3e civ. 25-3-2021 n° 19-20.603 FS-P : BPIM 3/21 inf. 231).

D. Extinction des servitudes

RÈGLES GÉNÉRALES

En dehors des événements entraînant l'extinction de toutes conventions : renonciation, terme extinctif, condition résolutoire, rachat de servitude… (toutes conventions qui devront être publiées au fichier immobilier), il existe trois **causes spécifiques** d'extinction des servitudes. **23150**

Le non-respect des conditions d'exercice ne peut pas entraîner l'extinction d'une servitude (Cass. 3e civ. 10-3-1999 n° 95-22.093 : Bull. civ. III n° 64).

IMPOSSIBILITÉ D'USAGE

Les servitudes s'éteignent lorsque les choses sont en tel état qu'on ne peut plus en user (C. civ. art. 703). **23155**

Cette circonstance peut résulter d'un **changement de l'état des lieux** : passage devenu impossible (quelle qu'en soit la raison sauf la faute du propriétaire du fonds dominant), vue obstruée, création d'un trottoir rendant le passage impossible (Cass. 3e civ. 3-4-1996 : JCP éd. G 1996 IV n° 1295).

En revanche, l'impossibilité d'user ne sera pas reconnue si l'usage est simplement rendu plus difficile, ou si le rétablissement des lieux est possible sans difficulté.

La **servitude revit** si les choses viennent à être remises en tel état qu'on puisse de nouveau en user, à moins qu'il ne se soit écoulé 30 ans depuis le début de l'impossibilité d'usage (C. civ. art. 704). Il en est ainsi même si l'état des lieux n'est plus le même qu'avant l'interruption d'usage, dès lors du moins que le sort du fonds servant n'est pas aggravé. Exemple : source tarie, et ressurgissant à un endroit différent du fonds servant.

En cas de **destruction totale** de l'un des deux **fonds,** la servitude disparaît faute d'objet. Ainsi, par exemple, en cas de destruction d'un abreuvoir, l'usage des eaux destinées à l'alimenter disparaît.

> **Précisions** **a.** L'impossibilité d'user ne se confond pas avec le cas de la **servitude devenue inutile** : l'inutilité d'une servitude conventionnelle n'entraîne pas, en principe, son extinction (Cass. 3e civ. 27-5-1998 : Constr.-urb. 1998 no 353 ; Cass. 3e civ. 25-10-2011 no 10-25.906 : BPIM 6/11 inf. 516 ; Cass. 3e civ. 17-09-2013 no 12-20.724 F-D). Un courant jurisprudentiel estime cependant qu'une servitude affectée dans l'acte constitutif à une destination déterminée est éteinte dès lors que les choses se trouvent en tel état qu'on ne peut plus en user (Cass. 3e civ. 9-7-2003 no 01-00.876 FS-PB : Bull. civ. III p. 139 no 157 ; Cass. 3e civ. 5-4-2018 no 17-12.593 F-D : BPIM 3/18 inf. 236 ; Cass. 3e civ. 10-9-2020 no 19-10.802 F-D). Et l'usage de la servitude dans le seul but de nuire peut constituer un abus de droit (CA Pau 17-12-1968 : JCP éd. G 1969 II no 15878 ; CA Nancy 24-3-1994 : JCP éd. G 1994 IV no 2638).
> **b.** Sur le cas particulier de la **cessation de l'état d'enclave** pour la servitude de passage, voir no 22825.
> **c.** L'impossibilité d'usage d'une servitude de passage ne peut pas être opposée au propriétaire du fonds dominant dès lors que cette **impossibilité** est **due au fait du propriétaire du fonds servant** (CA Versailles 13-1-1988 : RTD civ. 1990 p. 118 obs. F. Zenati ; Cass. 3e civ. 25-6-2020 no 19-10.057 F-D : BPIM 4/20 inf. 289).

CONFUSION DES FONDS

23160 Toute servitude s'éteint lorsque fonds dominant et fonds servant sont réunis dans la même main (C. civ. art. 705), quelle que soit la raison de cette réunion (Cass. 3e civ. 3-3-2009 no 08-11.879 F-D). Ainsi, des indivisaires, propriétaires d'un fonds, ne peuvent pas se voir reconnaître un droit de passage sur ce fonds (Cass. 3e civ. 6-2-1973 : Bull. civ. III no 101).

La réunion des fonds doit être totale - ou du moins intéresser les parties du fonds où s'exerçait la servitude -, définitive et irrévocable (ce qui exclut la propriété sous condition résolutoire). Cette réunion doit être celle de la **pleine propriété** des deux fonds. L'acquisition, par le propriétaire du fonds servant, de la nue-propriété du fonds dominant n'éteint pas la servitude (Cass. 3e civ. 17-4-1996 no 94-16.873 : RJDA 7/96 no 964). En revanche, lorsque le fonds servant est divisé en plusieurs parcelles et que le propriétaire du fonds dominant en acquiert certaines, la servitude grevant ces parcelles s'éteint par confusion (Cass. 3e civ. 8-9-2016 no 15-20.371 FS-PB : BPIM 5/16 inf. 342).

L'extinction est définitive, à moins que la réunion des fonds ne soit annulée ou résolue, ou ne cesse par l'effet d'une clause de réméré. Le propriétaire unique, s'il revend l'ex-fonds servant, le transmet libre de servitude.

En cas d'**expropriation** de l'un des fonds, tous les droits réels sont éteints (Cass. 3e civ. 20-6-2001 no 99-14.536 : Bull. civ. III no 81). Les servitudes ne revivent pas en cas de rétrocession du bien exproprié.

NON-USAGE TRENTENAIRE

23165 La servitude s'éteint par non-usage pendant 30 ans (C. civ. art. 706). Cette extinction s'applique à toutes les **servitudes conventionnelles** (en ce sens, Cass. 3e civ. 4-5-2000 : Constr.-urb. 2000 no 185).

La servitude reste éteinte même si l'exercice en a été repris après 30 ans sans opposition du propriétaire du fonds servant, sauf si cette non-opposition peut s'interpréter comme valant **renonciation** au bénéfice de la prescription (Cass. 1e civ. 7-6-1961 : Bull. civ. I no 295 ; Cass. 3e civ. 27-2-2002 : JCP N 2002 p. 1696).

Le **délai** de 30 ans **commence** à courir du jour où cesse l'usage de la servitude, pour les servitudes discontinues, ou du jour où a été fait un acte contraire à la servitude (fait matériel qui modifie l'état des lieux), en ce qui concerne les servitudes continues (C. civ. art. 707). La charge de la preuve incombe au propriétaire du fonds servant s'il s'agit d'une servitude continue fondée sur un titre et à celui du fonds dominant dans les autres cas.

L'extinction se produit quelle que soit la **cause** du non-usage (Cass. 3e civ. 26-1-2017 no 15-24.190 F-D), mais il n'y a pas non-usage si la servitude est exercée pour le compte du propriétaire du fonds dominant (par un locataire, par exemple).

Dans une affaire où un bâtiment avait été construit depuis plus de 30 ans sur une parcelle grevée d'une servitude non aedificandi sans que le propriétaire du fonds dominant ne s'y oppose, il a été retenu que l'ampleur de la méconnaissance de la servitude réalisée par la construction constituait un acte contraire qui, datant de plus de 30 ans, l'avait éteinte en totalité (Cass. 3e civ. 26-10-2023 no 22-13.910 F-D).

> **Précisions a.** S'agissant d'une **servitude de passage** conventionnelle, il appartient au propriétaire du fonds dominant de démontrer que la servitude a été exercée une seule fois depuis moins de 30 ans pour qu'elle ne soit pas éteinte (CA Paris 2e ch. 15-5-2001 : Constr.-urb. 2001 no 227). Par ailleurs, si l'enclavement du fonds a été la cause déterminante de l'établissement conventionnel de la servitude de passage, le non-usage trentenaire ne peut pas entraîner l'extinction du droit de servitude (Cass. 3e civ. 6-5-2021 no 20-15.705 F-D : BPIM 3/21 inf. 232 ; voir également W. Dross, La servitude légale de passage en cas d'enclave : Defrénois 23-8-2018 no 134q2 p. 51).
> **b.** La stipulation d'une **servitude non aedificandi** de part et d'autre d'une parcelle centrale issue de la division en trois d'un terrain générant deux servitudes distinctes, la construction établie sur l'une de ces limites depuis plus de 30 ans n'éteint pas la servitude existant de l'autre côté (Cass. ass. plén. 23-3-2001 no 98-19.018 : JCP N 2001 p. 1778).

SECTION 4

BORNAGE ET CLÔTURE

A. Bornage

PRINCIPES

Bornage et clôture sont deux droits distincts n'ayant ni le même objet, ni le même régime juridique. 23350

Le bornage est l'opération qui consiste à déterminer, entre les propriétaires de deux propriétés contiguës, la **ligne séparative** de ces propriétés et à marquer cette ligne par des signes extérieurs appelés « bornes ». Contrairement à la clôture (voir nos 23450 s.), le bornage n'a pas vocation à fermer physiquement un terrain. Bien qu'en pratique, les deux démarches soient presque systématiquement accomplies en même temps et constatées dans un même document, les juges considèrent que les opérations de bornage ne comprennent pas nécessairement l'arpentage des terrains, c'est-à-dire la mesure de leur superficie (Cass. 3e civ. 5-10-1994 no 92-10.827 F-D : Bull. civ. III no 162).

Tout propriétaire peut obliger son voisin au bornage de leurs propriétés (C. civ. art. 646). Toutefois, l'action en bornage supposant des fonds et des propriétaires distincts, elle n'est pas possible entre deux lots de copropriété (Cass. 3e civ. 27-4-2000 no 98-17.693 : Bull. civ. III no 89 ; Cass. 3e civ. 19-11-2015 no 14-25.403 FS-PB : BPIM 1/16 inf. 78).

Le droit au bornage est **imprescriptible** nonobstant toute convention contraire.

Le bornage n'est **pas obligatoire,** mais il a une grande utilité pratique, les titres de propriété n'étant pas toujours exacts, et le cadastre ne présentant aucune force probante de l'étendue précise des propriétés.

Seules peuvent procéder au bornage les personnes **titulaires** d'un droit réel sur les immeubles (propriétaire, usufruitier, nu-propriétaire, usuaire, emphytéote, preneur d'un bail à construction). Le bornage n'est qu'un **acte d'administration** s'il n'est que la reconnaissance de la séparation existante, et est **acte de disposition** s'il y a contestation sur la limite à établir, et, éventuellement, mutation ou échanges pour établir cette limite. Une demande de bornage ne peut donc pas être accueillie sans qu'il soit établi que le demandeur est bien propriétaire de l'un des fonds à délimiter et non, par exemple, titulaire d'une simple servitude de passage sur le terrain d'autrui (Cass. 3e civ. 15-6-2011 no 10-14.802 F-D).

Le bornage n'est possible qu'entre propriétés privées contiguës (de particuliers ou d'organismes publics), et non pour les immeubles du domaine public (Cass. 3e civ. 16-1-2002 : Bull. civ. III no 8) ou les propriétés séparées par une limite naturelle tel un ruisseau (Cass. 3e civ. 12-10-2004 no 03-12.737). Faute de contiguïté, l'action en bornage n'est pas fondée lorsque les propriétés concernées sont séparées par une falaise qui constitue non seulement une limite naturelle, mais encore infranchissable sans moyens techniques appropriés (Cass. 3e civ. 13-12-2018 no 17-31.270 FS-PBI : BPIM 1/19 inf. 82, RDI 2019 p. 90). Le bornage peut avoir lieu entre propriétés bâties, sauf si les bâtiments se touchent (Cass. 1e civ. 28-12-1957 : Bull. civ. I no 512 ; Cass. 3e civ. 15-11-1983 : JCP éd. N 1984 prat. 320), ou entre propriétés séparées par un chemin d'exploitation (Cass. 3e civ. 8-12-2010 no 09-17.005 : BPIM 1/11 inf. 89). Si un mur mitoyen court tout le long de la limite séparative, la demande en bornage judiciaire doit être rejetée : la ligne séparative est nécessairement située sur l'axe médian du mur (Cass. 3e civ. 30-10-2012 no 11-24.141 : BPIM 6/12 inf. 491).

> **Précisions a.** S'agissant d'un **bien non délimité,** issu d'une division parcellaire et destiné à former plusieurs lots, alors que les parties qui en avaient acquis la propriété privative n'en avaient pas fixé les limites, son partage judiciaire ne pouvait être ordonné en l'absence d'indivision (Cass. 3e civ. 12-12-2019 no 18-19.291 F-D : RTD civ. 2020 p. 424 note W. Dross, JCP N 2020 no 1060 note F. Vern). Pour délimiter de telles propriétés, l'action en bornage paraît préférable (F. Vern, précitée).
> **b.** Est jugé valable le **bornage** amiable du terrain **signé par la mère, usufruitière pour le tout et nue-propriétaire pour moitié** en indivision avec ses enfants, en l'absence d'opposition de ces derniers (Cass. 3e civ. 31-10-2012 no 11-24.602 : Bull. civ. III no 157).
> **c.** L'**arrachage d'une borne** est une dégradation de l'immeuble au sens des articles 322-1 s. du Code pénal (Cass. crim. 13-11-1979 : Bull. crim. no 314 ; Cass. crim. 8-7-1986 : Bull. crim. no 231).
> **d.** La ligne divisoire doit être fixée sur l'axe médian du **chemin d'exploitation** qui sépare deux propriétés situées en bord de ravine, désigné « chemin entre » à La Réunion (Cass. 3e civ. 28-3-2019 no 18-11.275 F-D).

23355 **Vente de terrain à bâtir** Toute promesse unilatérale de vente ou d'achat, tout contrat réalisant ou constatant la vente d'un terrain indiquant l'intention de l'acquéreur de **construire un immeuble à usage d'habitation ou** à usage **mixte** d'habitation et professionnel sur ce terrain mentionne si le descriptif du terrain résulte d'un bornage. Lorsque le terrain est un lot de lotissement, est issu d'une division effectuée à l'intérieur d'une zone d'aménagement concerté par la personne publique ou privée chargée de l'aménagement ou est issu d'un remembrement réalisé par une association foncière urbaine, la mention du descriptif du terrain résultant du bornage est inscrite dans la promesse ou le contrat (C. urb. art. L 115-4).

À défaut de l'une ou l'autre de ces mentions, l'acquéreur peut dans le délai d'un mois suivant l'acte authentique intenter une **action en nullité** de la vente. Lorsque l'acte authentique comporte la mention requise, l'acquéreur ne peut plus agir en nullité sur ce fondement (C. urb. art. L 115-5). Il s'agira d'un bornage contradictoire dès lors que le terrain aura une limite commune avec un propriétaire différent. En revanche, lorsqu'il s'agira de délimiter des lots de terrain issus d'une même unité foncière (bornage de division), le bornage requis se limitera aux opérations matérielles de pose de bornes sur le terrain et de leur report sur un plan de géomètre. A été jugée conforme aux exigences du texte l'annexion des documents d'arpentage et de piquetage à l'acte authentique de vente qui comporte une description des limites du terrain en l'absence de bornage (Cass. 3e civ. 30-6-2016 no 15-20.623 FS-PB : RDI 2016 p. 539). Précisons que l'établissement d'un document d'arpentage relève du monopole des géomètres experts (Cass. crim. 8-11-2022 no 21-86.499 FP : BPIM 6/22 inf. 463).

FRAIS

23375 Le bornage se fait à frais communs (C. civ. art. 646). En pratique, le procès-verbal de **bornage amiable** doit préciser le mode de répartition (par exemple, par moitié ou en fonction de la superficie des terrains). En cas de **bornage judiciaire,** le juge peut librement répartir les frais de bornage ou les imputer en totalité sur le propriétaire ayant refusé ou contesté le bornage (Cass. 3e civ. 16-6-1976 : Bull. civ. III no 273).

> **Précisions a.** Les **propriétaires riverains** peuvent être contraints de participer aux frais dus au titre d'opérations de bornage réalisées à la **seule initiative d'un propriétaire** (Cass. 3e civ. 18-2-1998 no 96-18.833, Delahaye c/ Delahaye). En revanche, un propriétaire supportera seul les frais du bornage qu'il a mis en œuvre unilatéralement en faisant intervenir un géomètre alors que son voisin s'était formellement opposé à sa demande de bornage amiable (Cass. 3e civ. 14-9-2017 no 16-21.067 F-D).
> **b.** Les **frais de piquetage** et de mesurage sont à la charge du **vendeur** lorsqu'il vend une partie d'un terrain (Cass. 3e civ. 8-2-1983 : RDI 1983 p. 355).

BORNAGE AMIABLE

23380 Le bornage est amiable si les parties sont d'accord pour le réaliser. Il n'est alors soumis à aucune **forme** (Cass. 3e civ. 16-2-1968 : Bull. civ. III no 64). En pratique, un procès-verbal de bornage (ou d'abornement) est établi et signé par toutes les parties concernées sans contestation ni réserve.

En vertu du droit commun applicable aux contrats, le procès-verbal peut être attaqué pour toute cause pouvant vicier la convention. Ainsi, l'erreur commise par l'expert sur la teneur de la propriété d'une des parties peut vicier le consentement de celle-ci et entraîner la nullité du bornage amiable intervenu. Il convient de préciser que l'appréciation sur le caractère déterminant de l'erreur relève du pouvoir souverain des juges du fond (Cass. 3e civ. 3-10-1972 no 71-11.705 F-D). Le bornage amiable concrétisé par la signature d'un procès-verbal constitue une transaction, sur la ligne divisoire des fonds, revêtue, à ce titre, de l'autorité de la chose jugée, en application de l'article 2052 du Code civil. En conséquence, à condition d'être

© Éd. Francis Lefebvre

régulier, le bornage amiable s'impose au juge. Il n'autorise plus le recours à un bornage par voie de justice (Cass. 3e civ. 26-11-1997 no 1621, Cne du Marin c/ Charron). Toutefois, l'accord sur l'implantation des bornes et la délimitation des fonds n'implique pas accord sur la propriété d'une parcelle litigieuse (Cass. 3e civ. 5-1-1978 : Bull. civ. III no 13 ; Cass. 3e civ. 8-12-2004 no 03-17.241 : Bull. civ. III no 227 ; Cass. 3e civ. 23-5-2013 no 12-13.898 : BPIM 4/13 inf. 303 ; Cass. 3e civ. 10-6-2015 no 14-14.311 : BPIM 4/15 inf. 287). Le **procès-verbal de bornage**, signé par les parties ou homologué par le juge, vaut titre définitif de contenance et de limites pour les parties. L'accord inclus dans un procès-verbal de bornage sur la cession d'une parcelle objet d'un empiétement fait obstacle à la demande en démolition de la construction édifiée sur cet empiétement (Cass. 3e civ. 12-5-1998 : Constr.-urb. 1998 no 352).

L'intervention d'un **géomètre** n'est pas obligatoire, bien qu'en pratique elle soit la garantie recherchée par les parties.

Le bornage se matérialise, après examen des titres et mesurage des parcelles, par la **pose des bornes** marquant la ligne séparative des fonds.

BORNAGE JUDICIAIRE

Tout propriétaire peut **obliger son voisin** au bornage de leurs propriétés contiguës (C. civ. art. 646). La recevabilité de l'action en bornage est directement liée à l'absence de délimitation claire et suffisante des fonds, résultant d'un accord antérieur de leurs propriétaires et de sa matérialisation. L'action en bornage est irrecevable dès lors qu'il existe un **précédent bornage** régulier et certain entre les parties (Cass. 3e civ. 26-11-1997 no 1621, Cne du Marin c/ Charron ; Cass. 3e civ. 19-3-1997 no 95-10.151 ; Cass. 3e civ. 6-4-2005 no 04-10.316) ; encore faut-il que le précédent bornage ait été matérialisé par l'implantation concrète de bornes sur le terrain (Cass. 3e civ. 19-1-2011 no 09-71.207 : BPIM 2/11 inf. 174). **23385**

L'action en bornage ne peut pas être exercée par un **indivisaire** agissant seul : il ne vise pas à protéger les limites du fonds, mais uniquement à les fixer par une ligne séparative. Il ne s'agit donc pas d'un acte de conservation mais bien d'un acte d'administration, qui requiert la majorité des 2/3 des droits indivis (C. civ. art. 815-3 ; Cass. 3e civ. 12-4-2018 no 16-24.556 FS-PBI : BPIM 3/18 inf. 237 ; Cass. 1e civ. 12-2-2020 no 18-14.672 F-D : BPIM 2/20 inf. 168-10).

Même s'il est fréquent que des litiges portant sur la propriété des terrains se révèlent à l'occasion d'une action en bornage, l'objet de celle-ci consiste uniquement à définir ou matérialiser les limites entre deux propriétés et non à revendiquer un droit de propriété sur les terrains concernés. L'action en bornage est une **action pétitoire,** mais elle n'a **pas** la nature d'une **action en revendication** de propriété (Cass. 3e civ. 10-7-2013, no 12-19.416 FS-PB ; Cass. 3e civ. 10-11-2009 no 08-19.756 : Bull. civ. III no 249 ; Cass. 3e civ. 18-10-2006 no 05-13.852 : Bull. civ. III no 202). Elle n'interrompt pas la prescription acquisitive dès lors qu'elle tend exclusivement à la fixation de la ligne divisoire (Cass. 3e civ. 13-3-2002 no 00-11.654 : Bull. civ. III no 67). En revanche, une action en bornage peut être requalifiée d'action en revendication lorsqu'il apparaît que son objet ne se limite pas à assurer les limites d'un immeuble mais vise à la consécration du droit de propriété lui-même. Cette déduction peut notamment être tirée des nombreuses discordances existantes entre la description du terrain, telle qu'elle figure dans les actes de propriétés, et la matérialité des lieux, compliquée par la présence de nombreux signes de servitudes d'accès (Cass. 3e civ. 8-7-2009 no 08-15.042 FS-PB).

L'action en bornage est dépourvue d'intérêt si la limite de propriété des parcelles, non contestée, est déjà matérialisée par un mur séparatif construit depuis plus de 30 ans (Cass. 3e civ. 14-4-2016 no 15-10.153 F-D).

En cas de déplacement ou de suppression des bornes, le propriétaire ne peut plus exercer d'action possessoire, celle-ci ayant été supprimée depuis le 18 février 2015 (Loi 2015-177 du 16-2-2015 art. 9). Il conserve en revanche la possibilité d'intenter une **action en référé.** Sur les conditions d'un tel référé, voir no 23085.

Les **actions en bornage** sont portées devant le tribunal judiciaire ou l'une de ses chambres de proximité territorialement compétents (C. org. jud. art. R 211-3-4 et D 212-19-1). La chambre de proximité ne pourra toutefois intervenir en cas de contestation sérieuse du droit de propriété, le tribunal judiciaire ayant compétence exclusive en matière d'action immobilière pétitoire (C. org. jud. art. R 211-3-26). À peine d'irrecevabilité que le juge peut prononcer d'office, la demande en bornage judiciaire doit être précédée d'une tentative de résolution amiable (conciliation menée par un conciliateur de justice, médiation ou procédure participative) (CPC art. 750-1). **23387**

L'action en bornage rend chacune des parties à la fois demanderesse et défenderesse, et il incombe à chacune de faire la **preuve** de son droit (Cass. 3e civ. 30-11-1977 : D. 1978 IR p. 197). Les juges du fond apprécient souverainement la valeur probante des titres et autres éléments de décision soumis à leur examen (titre, témoignages, arpentage, configuration des terrains, etc.). En cas de discordance des titres fournis par les parties, les juges peuvent se fonder sur les présomptions qui leur paraissent les meilleures et les plus caractérisées (Cass. 3e civ. 18-2-1987 : Bull. civ. III no 29 ; Cass. 3e civ. 28-10-2003 no 02-14.333 F-D) et peuvent ordonner toute mesure d'instruction (Rép. Duboscq : AN 21-3-1970 p. 663 no 7102). Le bornage peut ainsi résulter de la prise en compte d'éléments de construction (cloison, grillage, dalle, etc.) préfigurant une ancienne limite séparative existant entre les deux propriétés (Cass. 3e civ. 3-4-2001 no 99-15.228).

L'action judiciaire peut être déclarée recevable si, à la suite de la disparition de certaines bornes, la **limite** fixée par le bornage amiable est devenue **incertaine** (Cass. 3e civ. 4-6-2013 no 11-28.910 F-D ; Cass. 3e civ. 28-3-2024 no 22-16.473 FS-B : BPIM 3/24 inf. 219). Mais l'irrecevabilité de l'action a pu être opposée dans des cas où le point de délimitation manquant était resté matérialisé par une simple tache de peinture (Cass. 3e civ. 4-7-2012 no 10-26.113 FS-D) ou par la prise en compte d'une clôture grillagée, existant alors de longue date, et que le demandeur a ultérieurement remplacée par un mur (Cass. 3e civ. 31-10-2012 no 11-24.602 FS-PB).

L'instance donne lieu à un procès-verbal d'abornement, qui sera homologué par le juge en cas de désaccord des parties pour le signer.

L'administration doit se refuser à toute modification des parcelles cadastrales tant qu'un bornage amiable ou une décision judiciaire n'est pas intervenu (CE 12-2-1988 : D. 1989 p. 15).

> **Précisions** **a.** L'action en bornage ne saurait être rejetée au seul motif que celui-ci n'est pas nécessaire compte tenu de l'**absence de points de désaccord** entre les parties sur les limites de propriété (Cass. 3e civ. 12-4-2018 no 17-14.633 F-D).
> **b.** Dès lors que la **propriété d'un passage entre les fonds concernés** est **contestée et incertaine,** l'action en bornage doit être rejetée faute de justificatif de la contiguïté des fonds (Cass. 3e civ. 29-11-2018 no 17-26.172 F-D).
> **c.** L'**action** en bornage reste **recevable**, même si les biens ont déjà fait l'objet d'une **expertise judiciaire**, dès lors que cette procédure antérieure n'a pas été menée à son terme et qu'aucun accord n'est intervenu sur les délimitations proposées, même de manière implicite (Cass. 3e civ. 13-11-2007 no 06-18.580).

PUBLICITÉ FONCIÈRE

23390 Le bornage peut emporter mutation ou échanges de parcelles s'il y a modification de limite. La publicité foncière nécessitera alors l'établissement d'un document d'arpentage et d'un acte notarié. Mais hors ce cas, la publicité foncière du procès-verbal de bornage est discutée. Jugé qu'un procès-verbal de bornage n'est pas un **acte constitutif ou translatif de propriété** et n'est donc pas soumis à publicité obligatoire sous peine d'inopposabilité aux tiers au titre de l'article 28, 1° du décret 55-22 du 4 janvier 1955. Dès lors, le procès-verbal de bornage signé par l'auteur du propriétaire de la parcelle peut être opposé à ce dernier même s'il n'a été ni publié ni mentionné dans son titre (Cass. 3e civ. 9-4-2013 no 12-13.5162 : BPIM 4/13 inf. 231). À notre avis, le procès-verbal pourrait en revanche être publié en vertu de l'article 28, 4° du décret concernant les **actes déclaratifs** soumis à publicité obligatoire pour l'information des tiers.

La publication du procès-verbal de bornage donne lieu à la perception de la **taxe de publicité foncière** au droit fixe de 25 € si la consistance des fonds n'est pas modifiée (BOI-ENR-DG-20-30-30-10 no 190). Dans le cas contraire, la TPF est exigible sur la valeur de la superficie prélevée sur un terrain pour être adjointe à l'autre, au taux prévu en matière de vente, d'échange ou de partage suivant les énonciations contenues dans le procès-verbal (BOI-ENR-DMTOI-10-10-30-50 no 190).

B. Clôture

DROIT DE SE CLORE

23450 Une clôture est un ouvrage qui sert à enclore un espace, pour en fermer l'accès. Le plus souvent elle sépare deux propriétés privées, mais elle peut également séparer une propriété privée d'un domaine public. Elle est alors élevée en limite séparative des deux propriétés et peut relever du régime de la mitoyenneté (voir nos 23650 s.).

Tout propriétaire peut clore son héritage (C. civ. art. 647). Mais ce n'est **pas un droit d'ordre public**, il peut y être dérogé soit de manière conventionnelle (Cass. 3e civ. 7-3-2007 no 06-12.702 FS-PB), soit pour assurer la protection de l'intérêt général (liberté de circulation du public, servitude d'alignement, rivages de la mer ou des cours d'eau, etc.).

Il est possible de **renoncer** au droit de se clore, mais cette renonciation ne se présume pas. Il s'agit alors d'une servitude qui n'est opposable à l'acquéreur que si cette restriction a été

© Éd. Francis Lefebvre

publiée ou figure dans son titre de propriété (Cass. 3e civ. 9-1-2007 no 05-20.762 F-D). Cette renonciation ne résulte pas nécessairement de l'interdiction de construire grevant le terrain (Cass. req. 9-8-1853 : DP 1854 p. 82).

La **nature de la clôture** n'est pas réglementée par la loi civile. Seule la réglementation administrative (document local d'urbanisme) ou la convention (lotissements notamment) peuvent réglementer le droit de se clore, la nature des matériaux de clôture, la hauteur de la clôture, etc. (sur les formalités administratives en matière de clôture, voir no 13350).

> **Précisions** **a.** Selon l'article L 651-4 du Code rural et de la pêche maritime, tout terrain clos est affranchi du **droit de vaine pâture.** Le propriétaire qui se clôt échappe donc à ce droit, mais le perd aussi en proportion du terrain qu'il y soustrait (C. civ. art. 648). Le droit de vaine pâture, s'il est assis sur un titre, et non sur l'usage immémorial, peut emporter interdiction de clôture.
> **b.** Les règles applicables aux **clôtures électriques** résultent de la circulaire 223 du 7 avril 1965 du ministre de l'Intérieur.
> **c.** En l'absence de précision, la **hauteur d'une clôture** se détermine à partir du sol naturel (Rép. Zimmermann : AN 7-12-1998 p. 6731 no 19700).
> **d.** L'édification ou la réfection de clôtures dans les **espaces remarquables** sont autorisées dès lors que ces travaux ne dénaturent pas le caractère des lieux (CE 4-5-2016 no 376049 SARL Mericea : BPIM 3/16 inf. 161).

LIMITES AU DROIT DE SE CLORE

Le propriétaire qui se clôt doit respecter toutes **servitudes** légales et conventionnelles de passage, d'écoulement des eaux et autres de toute nature qui supposent le passage par son fonds (C. civ. art. 647 et 682). Sous cette réserve, il peut se clore sauf à **abuser de son droit** dans l'intention de nuire au voisin, comme par exemple installer une clôture opaque dans le seul but de priver le voisin de soleil ou construire, en toute connaissance de cause, un mur de clôture en parpaings bruts de 3 m de haut réduisant de manière considérable la clarté des pièces du rez-de-chaussée du voisin (Cass. 3e civ. 9-5-2001 : Defrénois 19/2001 art. 37406 no 73 p. 1123). **23455**

En cas d'**empiétement,** voir no 24170.

Dans les **espaces naturels,** les clôtures ne permettant pas le libre passage de la faune sont interdites (Loi 2023-54 du 2-2-2023). L'implantation de nouvelles clôtures est soumise à **déclaration préalable** et les clôtures déjà existantes (excepté celles réalisées il y a plus de 30 ans, plus précisément avant le 3 février 1993) doivent être mises en conformité avant le 1er janvier 2027 (Loi 2023-54 du 2-2-2023). Il appartient au propriétaire d'apporter par tous moyens la preuve de la date de construction de la clôture, y compris par une attestation administrative (C. envir. art. L 372-1). Si ces clôtures anciennes cernent des « terrains attenant à une habitation » et qu'elles sont « continues et constantes », comme « empêchant complètement le passage des animaux non domestiques et celui de l'homme », elles devront faire l'objet d'un « plan de gestion annuel contrôlé par la fédération départementale des chasseurs ». Un décret en Conseil d'État précisera ce point (C. envir. art. L 424-3). **23457**

La **nature** de la clôture est réglementée. Les clôtures enterrées sont interdites, elles doivent être posées 30 cm au-dessus du sol et ne pas dépasser 1,20 m de haut. Elles ne peuvent ni être vulnérantes ni constituer des pièges pour la faune. La loi exige, en outre, que les clôtures soient en matériaux naturels ou traditionnels (C. envir. art. L 372-1).

La suppression d'une clôture, y compris pour se conformer à la nouvelle réglementation, devra être réalisée sans atteinte « ni à l'état sanitaire, ni aux équilibres écologiques, ni aux activités agricoles du territoire » (C. envir. art. L 424-3-1). Toute atteinte de ce type imposera une déclaration préalable auprès de la préfecture, précisant notamment les mesures prises pour réguler les populations de grand gibier contenues dans l'enclos concerné. Les modalités de cette déclaration seront fixées par arrêté ministériel.

Des exceptions sont prévues (C. envir. art. L 372-1). Notamment, clôturer des parcelles utilisées pour l'exercice d'une activité agricole, pour entraîner des chiens de chasse ou pour permettre à la forêt de se régénérer reste dispensé de contraintes. De même, une clôture « étanche » peut toujours être installée à moins de 150 m des limites du siège d'une exploitation agricole ou d'une habitation.

CLÔTURE FORCÉE

Chacun peut contraindre son voisin, dans les villes et faubourgs, à contribuer aux constructions et réparations des clôtures séparant leurs **maisons, cours et jardins** (C. civ. art. 663). La contrainte s'impose même lorsqu'il existe déjà un mur en retrait de la ligne séparative et qu'aucune clôture n'a été construite en limite de propriété (Cass. 3e civ. 19-3-2008 no 07-10.287 : Bull. civ. III no 57). **23460**

Des juges ont même appliqué cette règle dite de la « clôture forcée » à des terrains situés à la campagne mais agencés comme à la ville, chacun des deux voisins y ayant construit une maison avec jardin (CA Rouen 1e ch. 26-5-2004 no 02/03718).

À défaut d'usages ou de règlements locaux, la clôture sera constituée d'un mur d'une hauteur égale au moins à 3,20 m dans les villes de 50 000 habitants et plus, hauteur réduite à 2,60 m dans les villes d'une population inférieure (C. civ. art. 663).

L'article 663 du Code civil s'applique à tout terrain dépendant d'une habitation, dès lors qu'il s'agit du terrain contigu, mais ne s'applique pas au mur pignon faisant partie d'un édifice (Cass. 3e civ. 15-3-1968 : Bull. civ. III no 120). Il ne se déduit pas du texte de l'article 663 que la clôture soit mitoyenne entre les propriétés concernées.

23465 La dangerosité potentielle de certains éléments pour la sécurité publique peut conduire à l'instauration d'une obligation de clôture, au sens large, pour éviter un accès imprudent aux lieux et limiter le risque d'accident (accotement instable, autoroute, installation électrique, etc.). Le maire peut prescrire d'entourer les **puits et excavations** présentant un danger pour la sécurité publique (CGCT art. L 2213-27).

Le maintien ou la création de haies, talus, murets, fossés d'infiltration et aménagement ralentissant ou déviant l'écoulement des eaux peut être imposé dans les zones d'érosion des sols. Ces mesures s'inscrivent dans un programme général de soumission des activités agricoles à des contraintes environnementales (C. rur. art. R 114-6), notamment susceptibles de déroger aux distances ordinaires de plantation des haies, telles que prévues par l'article 671 du Code civil (C. rur. art. L 114-1).

BRIS DE CLÔTURE

23470 La dégradation des fossés et clôtures constitue une contravention de cinquième classe passible d'une amende maximale de 1 500 € (C. pén. art. 322-1, R 635-1 et 131-13).

SECTION 5 MITOYENNETÉ DES MURS

CARACTÉRISATION DU MUR MITOYEN

23650 La mitoyenneté des murs pose de sérieux problèmes dans la **construction moderne,** car le statut du mur mitoyen est imparfaitement réglementé par les dispositions des articles 653 à 662 du Code civil, qui ne répondent pas toujours aux exigences techniques actuelles.

23655 La mitoyenneté est l'état d'un **mur commun à deux propriétaires** de fonds distincts que le mur sépare. Pour qu'un mur soit mitoyen, il faut que les héritages séparés se joignent, qu'ils soient contigus (Cass. 3e civ. 18-5-1994 no 92-19.763 : RJDA 8-9/94 no 955) et que les fonds appartiennent à des **propriétaires différents.** Le mur mitoyen doit servir de clôture, ce qui paraît écarter les murs de soutènement (Cass. 3e civ. 15-6-1994 : Bull. civ. III no 125).

Le mur peut être totalement mitoyen (exemple 1). Il peut également être mitoyen sur une partie et privatif sur une autre, par exemple lorsque deux maisons mitoyennes n'ont pas la même hauteur (exemple 2).

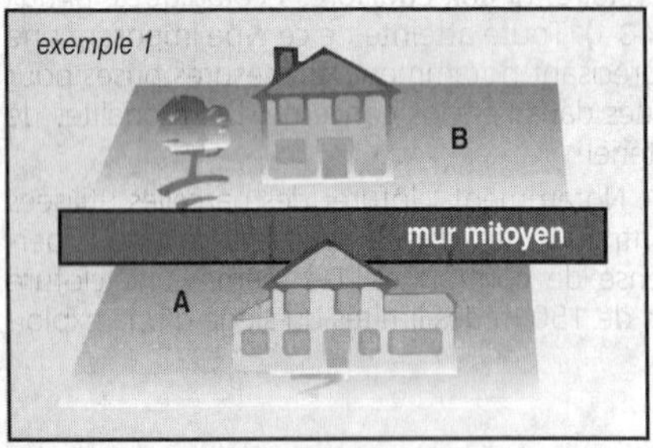

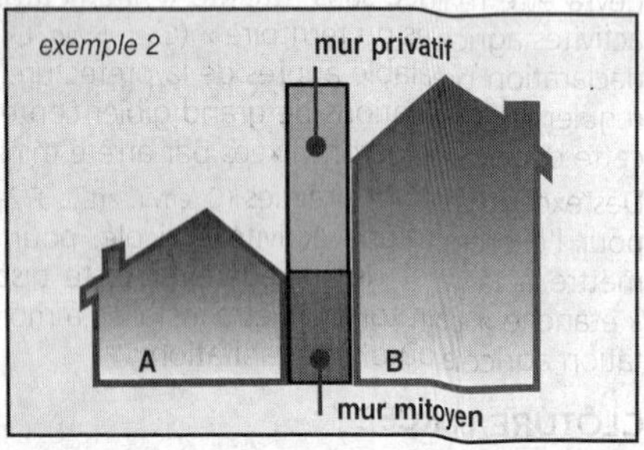

23660 La mitoyenneté des murs se distingue de la **clôture forcée** (no 23460). Si un mur servant à la clôture forcée des héritages peut être mitoyen, la clôture forcée n'est pas la mitoyenneté des murs. D'une part, il peut y avoir clôture des héritages répondant aux conditions de l'article 663 du Code civil, sans mitoyenneté. Ainsi en est-il lorsque l'un des propriétaires a clos sa propriété en respectant la hauteur prescrite par la loi (3,20 m au moins). D'autre part, la clôture commune peut ne pas être constituée par un mur.

Le mur mitoyen est un **mur commun** aux deux voisins : il est leur **copropriété** (voir B. Boubli « La mitoyenneté des murs et des clôtures autres que les murs », 1986, éd. Journ. Not.). Cette copropriété pose différents problèmes relatifs au statut du mur mitoyen, à l'établissement de la mitoyenneté, à sa preuve et à la cessation de mitoyenneté. Le juge peut estimer que la clause d'un acte qui interdit les constructions « en mitoyenneté » ne vise pas la mitoyenneté au sens des dispositions du Code civil relatives à la mitoyenneté des murs, mais se borne à garantir l'existence d'un dégagement entre deux propriétés voisines (Cass. 3e civ. 4-7-2012 no 11-17.832 : BPIM 5/12 inf. 419). **23665**

A. Copropriété du mur mitoyen

1. MUR MITOYEN

La loi ne donne **aucune définition** du mur susceptible de mitoyenneté. Tout mur séparatif à la jonction des héritages peut donc être la copropriété des voisins. Bien que la cour d'appel de Rennes ait défini le mur commun comme « un ouvrage en **maçonnerie** » (CA Rennes 29-2-1904 : DP 1904 II p. 326), il a été jugé que le mur mitoyen pouvait être constitué en **briques de verre,** laissant passer le jour mais non la vue (Cass. 1e civ. 6-12-1955 : JCP éd. G 1956 II no 9042 ; Cass. 3e civ. 8-12-1971 : Bull. civ. III no 620). **23700**

Il doit cependant s'agir d'un **mur séparatif vertical** élevé sur le sol séparant deux fonds distincts, c'est-à-dire deux propriétés contiguës.

Il est d'autre part de plus en plus fréquent que l'ouvrage servant de séparation entre propriétés différentes soit soutenu par des pans de fer ou de béton armé dans l'intervalle desquels on glisse un « **mur-rideau** ». **23705**

Ces murs, qui font partie d'un édifice, sont susceptibles de devenir la copropriété des voisins, mais la question est posée de savoir si leur structure est compatible avec le statut de la mitoyenneté qui vise à conférer à chacun des copropriétaires des prérogatives particulières. Il semble que la structure du mur soit une limite objective à l'exercice de certains droits individuels.

ILLUSTRATIONS

Il a été jugé que le propriétaire d'un terrain dans un lotissement séparé de la maison édifiée par le voisin sur son lot par un mur élevé par celui-ci à cheval sur la ligne divisoire, qui a fait bâtir un immeuble en le juxtaposant à celui du voisin, les murets clôturant les deux propriétés étant accolés, ne saurait être condamné à acquérir la mitoyenneté au motif que la seule **juxtaposition des murs,** séparés par un interstice de quelques centimètres dans lequel ont été glissées des plaques de polystyrène, constitue une emprise de mitoyenneté lorsqu'elle procure aux murs nouveaux une **isolation thermique** et phonique, sans que soit relevée autrement une atteinte au droit de propriété du voisin (Cass. 3e civ. 18-2-1987 : Bull. civ. III no 32).

2. ÉLÉMENTS DU STATUT DE LA MITOYENNETÉ

La mitoyenneté est une **copropriété** résultant d'un état de **servitude** : lorsqu'un mur privatif est construit à la limite d'une propriété, le voisin peut en acquérir la mitoyenneté sans que l'autre puisse s'y opposer. Mais, une fois la propriété acquise, il se crée une indivision entre les voisins, c'est-à-dire une copropriété partiellement aménagée par la loi. Le mur est, par l'effet de la loi, affecté à un usage commun. **23740**

La mitoyenneté est un droit de propriété dont deux personnes jouissent en commun et non une servitude (Cass. 3e civ. 20-7-1989 : Bull. civ. III no 173).

Le mur mitoyen est un **ouvrage commun** : la chose (le mur) n'est pas divisée (elle est indivise) ; mais le droit de propriété, lui, est partagé (copropriété). L'état de copropriété du mur permet d'évincer la théorie ancienne selon laquelle la mitoyenneté devait s'entendre de deux propriétés séparées par la ligne divisoire des héritages, se situant idéalement dans l'axe du mur. En réalité, chacun des voisins a des **prérogatives individuelles** ayant, en principe, pour objet le mur dans son entier. **23745**

Toutefois, ces prérogatives individuelles ne sont pas illimitées : elles sont d'abord cantonnées par le droit égal de l'autre ; elles sont aussi organisées par la loi.

CONSENTEMENT DU VOISIN

Le voisin qui veut pratiquer un enfoncement **dans le corps du mur** (ou y appliquer ou y appuyer un ouvrage) doit demander le consentement de l'autre ou, à défaut, faire régler la question par experts (C. civ. art. 662). **23755**

23760 **Principe** Ce texte pose le principe suivant lequel l'**usage du mur commun** par l'un des copropriétaires requiert le consentement de l'autre. C'est une règle d'administration de cette indivision particulière qu'est la mitoyenneté qui est ici posée. Il s'agit d'une règle générale applicable à toute espèce de travail entrant dans les prévisions de l'article 662 du Code civil. La Cour de cassation semble se ranger à ce point de vue, même lorsque ces ouvrages sont exécutés conformément aux prescriptions de l'article 657 du Code civil (Cass. 1e civ. 3-5-1962 : Bull. civ. I n° 234 ; Cass. 3e civ. 4-1-1973 : Bull. civ. III n° 17).

Il en résulte que le dépôt d'une demande de permis de construire concernant un ouvrage destiné à prendre appui sur un mur présumé mitoyen requiert la production d'un document attestant soit l'accord du voisin, soit que le mur n'appartient qu'au pétitionnaire (CAA Bordeaux 15-3-2012 n° 11-653 et 11BX00564, Hostein : BPIM 3/12 inf. 199). On peut toutefois se demander si la solution retenue est conforme à la logique déclarative du titre habilitant le pétitionnaire à construire depuis la réforme des autorisations d'urbanisme de 2007 (voir n° 14090).

23765 **Exception** Il semble qu'il faille réserver le cas des **menus ouvrages** prenant appui contre le mur et non susceptibles d'en aggraver la charge ou de causer au voisin un **préjudice.** Dans cette mesure, l'auteur des travaux pourrait être dispensé d'avoir le consentement de l'autre copropriétaire, encore qu'un arrêt ait laissé entendre qu'une simple gêne peut être invoquée par celui qui se prévaut d'un manquement aux dispositions de l'article 662 du Code civil (Cass. 3e civ. 28-5-1979 : RJE 1980 p. 189). La règle est en effet que l'usage du mur mitoyen doit être exempt de nuisance aux droits du voisin (Cass. 3e civ. 4-1-1973 : Bull. civ. III n° 17). Tel est le cas, semble-t-il d'un chaînage prenant appui sur le mur (Cass. 3e civ. 6-7-2017 n° 15-17.278 : BPIM 5/17 inf. 378).

REFUS DU VOISIN

23770 Le voisin dont le consentement est requis n'a pas un droit de **veto.** La procédure vise simplement à lui permettre d'être vigilant et de garantir ses droits pour le cas où les travaux lui causeraient un préjudice anormal (Cass. 3e civ. 4-1-1973 : Bull. civ. III n° 17, solution implicite).

23775 **Règlement d'expert** En cas de refus du voisin, la loi prévoit le recours au « règlement d'expert », procédure originale de solution des conflits de voisinage, qui s'apparente à la médiation actuelle, sous l'égide du juge des référés. En fait, il s'agit de confier le soin à un ou plusieurs « experts », désignés en référé ou même sur requête, de cerner les points de désaccord, d'émettre un avis sur les risques présentés par les travaux projetés et sur les précautions à prendre. Cet expert, qui aujourd'hui n'a plus de fonction conciliatrice, peut cependant faire office de **médiateur.** Cette pratique a été développée par le tribunal de Paris dans d'autres domaines que celui de la mitoyenneté et peut s'appliquer sans aucun doute en cette matière, l'article 662 du Code civil lui donnant même alors une légitimité renforcée par les dispositions sur la médiation judiciaire.

ACTIONS EN JUSTICE

23785 **Action en responsabilité civile** Le voisin peut exercer l'action en responsabilité civile contre le copropriétaire qui a méconnu l'article 662 du Code civil. Il s'agit d'une action en responsabilité quasi délictuelle fondée sur l'article 1240 du Code civil (Cass. 3e civ. 5-12-1972 : Bull. civ. III n° 656, rendu sur le fondement de l'ancien article 1382 du Code civil), qui ne semble devoir prospérer que si la construction litigieuse est « nuisible » aux droits de l'autre, les tribunaux ne retenant pas le caractère matériel de l'infraction aux dispositions de l'article 662 et exigeant la preuve d'un réel préjudice (Cass. 3e civ. 4-1-1973 : Bull. civ. III n° 17 ; Cass. 3e civ. 25-6-1975 : Bull. civ. III n° 225). Les **sanctions** encourues sont la démolition des ouvrages litigieux ou l'allocation de dommages-intérêts, les juges du fond ayant à cet égard un pouvoir d'appréciation (Cass. 3e civ. 19-6-1973 : Bull. civ. III n° 426 ; Cass. 3e civ. 3-10-1974 : D. 1975 p. 151).

> **Précisions** L'action en responsabilité peut être **accessoire à une action réelle de nature immobilière.** Dans ce cas, la prescription, normalement de 5 ans (C. civ. art. 2224) peut être portée à 30 ans (C. civ. art. 2272). En effet, le comportement d'un des voisins peut compromettre le droit, au moins égal, de l'autre et le priver des attributs de son droit de propriété. L'action de la victime est alors revendicative de son droit, et elle a un caractère réel, comme en cas d'emprise illicite (voir n° 24315). La Cour de cassation, statuant à propos du découpage et de l'arrachage, par l'un des copropriétaires, de la bande bitumée permettant d'assurer l'étanchéité des propriétés mitoyennes, a jugé que l'action de la victime avait un caractère immobilier et qu'elle était soumise à la prescription trentenaire (Cass. 3e civ. 9-7-2020 n° 19-12.202 F-D : BPIM 5/20 inf. 360).

© Éd. Francis Lefebvre

Autres actions possibles La responsabilité des **architectes et entrepreneurs** peut également être encourue. Le voisin peut leur reprocher d'avoir méconnu les règles privées de la construction, sous la réserve qu'il justifie d'un préjudice qui peut parfois n'être que de principe lorsque l'on se plaint d'un trouble de droit. 23790

Le voisin peut également agir sur le fondement des **troubles anormaux de voisinage** (Cass. 3e civ. 22-2-1977 no 75-11.765 : Bull. civ. III no 90 ; Cass. 3e civ. 16-6-1991 no 89-19.527 ; Cass. 3e civ. 5-9-2012 no 11-21.771 : RDI 2012 p. 558 obs. L. Tranchant) : même lorsque les dispositions de l'article 662 du Code civil ont été respectées, il est possible d'envisager la responsabilité du copropriétaire et des constructeurs pour le dommage subi par le voisin, lorsque les travaux détériorent le mur et l'immeuble qui lui appartient ou lui causent un « trouble anormal ». Celui qui a endommagé le mur par son fait en doit **réparation.** Celle-ci peut consister en la démolition des ouvrages litigieux (Cass. 3e civ. 12-12-1973 : Bull. civ. III no 628) et ce même si c'est la responsabilité des constructeurs qui est recherchée (Cass. 1e civ. 2-11-1964 : JCP éd. G 1965 II no 13976).

En revanche, le voisin ne peut plus exercer l'une des anciennes **actions possessoires** (complainte, dénonciation de nouvel œuvre, réintégrande), celles-ci ayant été supprimées depuis le 18 février 2015 (Loi 2015-177 du 16-2-2015 art. 9). Il conserve toutefois la possibilité d'**agir en référé** (voir no 23085).

3. DROITS DÉRIVÉS DE LA MITOYENNETÉ

a. Droit d'usage

OUVRAGES CONTRE OU DANS LE MUR

Chacun des copropriétaires a la faculté de faire usage du mur. La loi permet la réalisation d'**ouvrages bâtis** contre le mur et d'y faire placer des **poutres ou solives** (C. civ. art. 657 sur renvoi de CCH art. L 113-5). 23830

Lorsque le mur est de nature à supporter les travaux envisagés, celui qui veut en faire usage a la possibilité de s'accoler au mur existant et même d'y pratiquer des enfoncements jusqu'à 54 mm de la paroi située du côté de la propriété voisine (C. civ. art. 657). L'autre indivisaire aura alors la possibilité de faire réduire la poutre ou la solive jusqu'à la moitié de l'épaisseur du mur.

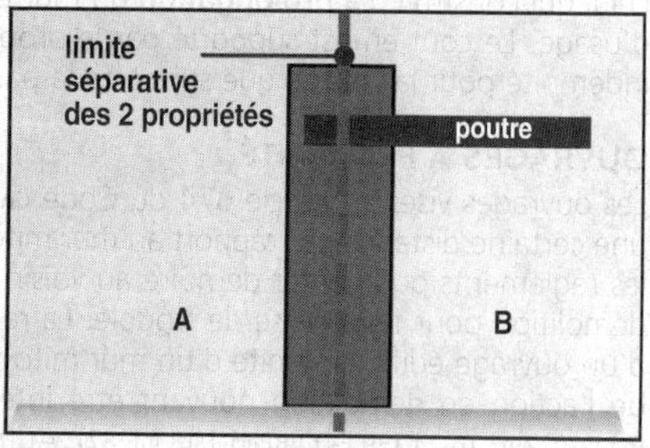

Le copropriétaire qui bâtit doit effectuer les **reprises** - autres que celles en raccord ou de liaisonnement - dans toute l'épaisseur du mur. Les raccords à faire chez le voisin par suite des percements sont aux frais de celui qui construit. 23835

AUTRES UTILISATIONS DU MUR

Il est également permis d'utiliser le mur à des **fins diverses,** pourvu qu'elles soient conformes à sa destination : adossements ou appui de plantations, treillages, sculpture, cadran solaire, berceau, hangar, ouvrages qui ne s'y incorporent point et n'exercent aucune poussée. 23840

Lorsque la face du mur mitoyen affectant un héritage est dégarnie, il semble, malgré une controverse persistante, que le copropriétaire concerné ait un droit exclusif à la jouissance de la paroi qui se trouve de son côté (voir no 24610). Il peut notamment la louer à des **fins publicitaires** et conserver le produit de la location (Cass. civ. 10-7-1969 : Journ. Not. 1970 p. 580, note Boubli ; TGI Paris 7-3-1985, Fondation Musée Clémenceau c/ Syndicat 6, rue Franklin ; TGI Paris 13-9-1989 : RDI 1993 p. 193). 23845

OUVERTURES DANS LE MUR

La copropriété du mur ne confère pas aux parties le droit de pratiquer des ouvertures, qu'elles soient ou non constitutives de **jours** ou de **vues,** à moins qu'un accord n'intervienne entre les intéressés. Toutefois, la Cour de cassation admet le remplacement de briques opaques par des briques de verre translucides (Cass. 1e civ. 26-11-1964 : JCP éd. G 1965 II no 14185), 23850 ce qui limite, en pratique, la portée de la prohibition de l'article 675 du Code civil aux ouvertures constitutives de vues. Ces dernières, en effet, sont susceptibles de créer un droit en faveur de leur bénéficiaire si elles se perpétuent pendant 30 ans sans que le voisin s'y oppose (nº 22765). Ce dernier a donc intérêt à faire cesser immédiatement le trouble.

TRAVAUX NON NÉCESSAIRES

23855 Il peut advenir que le mur existant, suffisant pour l'un des copropriétaires, ne le soit plus pour l'autre qui entend modifier sa propre construction. Le mur étant, par hypothèse, en bon état pour satisfaire à sa destination actuelle, le propriétaire qui désire l'utiliser à de nouvelles fins doit supporter seul les travaux confortatifs nécessaires au support de la construction qu'il projette d'édifier.

CAS DES AMÉNAGEMENTS INTÉRIEURS

23860 Lorsque le mur contient des aménagements intérieurs qui ne permettent pas à l'un des copropriétaires d'en tirer toutes les utilités (conduits de fumée, placards, niches), il semble qu'il faille distinguer selon qu'ils ont été faits pendant la mitoyenneté ou avant son établissement.

Dans le premier cas, ils sont irréguliers s'ils ont été réalisés sans dénonciation préalable au voisin ; dans le second cas, les aménagements effectués par le propriétaire du mur, à une époque où ce dernier était privatif, sont parfois considérés comme étant inopposables à l'acquéreur de la mitoyenneté (Cass. civ. 1-7-1861 : DP 1862 p. 138 ; Cass. civ. 28-7-1936 : DH 1936 p. 492). Mais cette solution est contestée, car le voisin acquiert la mitoyenneté du mur dans l'état où ce dernier se trouve. Il doit donc en subir les inconvénients.

REPRISES EN SOUS-ŒUVRE DU MUR

23865 Les reprises en sous-œuvre, qui ont pour objet de satisfaire les besoins d'un copropriétaire et qui ne sont pas motivées par l'état de délabrement du mur, doivent être supportées par celui qui construit. La **prolongation** du mur en profondeur, qui est possible, relève du droit d'usage. Le coût en est supporté par le propriétaire intéressé qui ne peut prétendre à une indemnité pour la charge que supporte la partie ainsi prolongée.

OUVRAGES À PROXIMITÉ

23870 Les ouvrages visés à l'article 674 du Code civil ne peuvent être construits qu'en respectant une certaine distance par rapport au mur mitoyen ou en procédant aux travaux prescrits par les règlements pour éviter de nuire au voisin (voir nº 22730). À défaut, le voisin peut agir en démolition pour faire cesser le trouble. La reconstruction au même endroit et à l'identique d'un ouvrage édifié en limite d'un mur mitoyen fait courir un nouveau délai de prescription de l'action en démolition pouvant être intentée par le voisin pour nuisances (Cass. 3e civ. 9-11-2017 nº 16-24.139 F-D : BPIM 1/18 inf. 87). Autrement dit, si la prescription acquise ne permet plus de remettre en cause l'ouvrage existant, elle ne confère pas au propriétaire un droit de construire en limite du mur mitoyen ; si l'ouvrage existant est détruit, les dispositions de l'article 674 du Code civil s'appliquent.

b. Droit de surélever le mur

23890 Chacun des copropriétaires peut faire **exhausser** le mur mitoyen (C. civ. art. 658). Celui qui veut exhausser n'a pas de raison particulière à faire valoir. Il peut exhausser à tout moment, s'il ne se heurte pas à un droit contraire du voisin ou à une réglementation impérative (servitude « non altius tollendi »).

Le droit d'exhausser n'est cependant pas discrétionnaire : il peut être déclaré abusif si son exercice révèle une intention de nuire de son titulaire.

> **Précisions a.** Il semble, en particulier, que les principes qui gouvernent les relations de voisinage doivent recevoir ici application car on voit mal pourquoi un voisin non copropriétaire du mur doit respecter la mesure des inconvénients normaux de voisinage et non le copropriétaire du mur. La responsabilité de l'auteur d'un exhaussement est donc encourue s'il cause à autrui un dommage constitutif d'un « **trouble anormal de voisinage** » (Cass. 3e civ. 18-7-1972 : Bull. civ. III nº 478). Mais il n'est pas interdit de penser que « l'anormalité » peut s'apprécier sous un jour particulier lorsque le voisin sait qu'il est exposé au droit d'exhausser de l'autre.
>
> **b.** Si le **mur,** quoique élevé sur le domaine privé, **soutient une voie publique**, la surélévation se fait aux risques et périls du propriétaire : si cette surélévation entraîne un basculement du mur, la collectivité publique dont dépend la voie échappe à toute responsabilité (CE 26-2-2016 nº 389258 : BPIM 2/16 inf. 148).

CONDITIONS DE L'EXHAUSSEMENT DU MUR

L'exhaussement n'est licite que si le **mur** est **déjà mitoyen** : il s'agit d'un droit dérivé de la mitoyenneté. Par suite, lorsque le mur sépare deux constructions dont l'une est plus élevée que l'autre et comporte une gouttière par laquelle les eaux pluviales se déversent sur cette parcelle, la partie supérieure du mur au-dessus de la construction la moins élevée n'est pas présumée mitoyenne (voir dans le même sens pour la bande de terrain séparant deux propriétés, TI Saint-Girons 4-4-1996 : RDI 1996 p. 337). Le propriétaire de cette parcelle qui désire exhausser le mur doit au préalable acquérir la mitoyenneté de sa partie supérieure. L'exhaussement à ses frais et sans autorisation du voisin l'expose à réparer le préjudice causé à celui-ci (Cass. 3e civ. 7-1-1987 : D. 1988 som. p. 17 obs. Robert, et sur renvoi après cassation : CA Douai 16-2-1989 : RDI 1989 p. 445, obs. Bergel, cassé sur un autre point par Cass. 3e civ. 13-2-1991 n° 89-14.300, Sté Progim c/ Lougarre). 23895

Si l'**ouvrage nouveau** édifié par le voisin **ne prend pas appui** sur le mur mitoyen, il n'y a pas d'exhaussement. Si, au-dessus de celui-ci, la construction nouvelle déborde la ligne divisoire et empiète en surplomb sur le fonds des voisins, ceux-ci sont fondés à en obtenir la démolition mais seulement pour la partie réalisée au-delà de la limite séparative des fonds (Cass. 3e civ. 6-7-2017 n° 15-17.278 : BPIM 5/17 inf. 378). Cette situation fait perdre au voisin son droit à l'exhaussement sur la totalité de la partie mitoyenne du mur, mais elle est conforme à une jurisprudence qui autorise un exhaussement à moindre épaisseur que celle du mur de soutien (voir n° 23905).

On doit également retenir des arrêts que l'emprise sur la partie non mitoyenne du mur n'emporte pas automatiquement acquisition forcée de la mitoyenneté (nos 24305 s.).

L'exhaussement est, en principe, soumis à l'**accord du voisin** (C. civ. art. 662 ; voir n° 23760) spécialement lorsque, outre l'exhaussement, le propriétaire concerné procède à un adossement sur le mur (Cass. 3e civ. 5-9-2012 n° 11-21.771 : RDI 2012 p. 558 obs. L. Tranchant). Telle est d'ailleurs l'orientation de la jurisprudence (Cass. 1e civ. 27-4-1963 : Bull. civ. I n° 227 ; Cass. civ. 28-5-1979 : RJE 1980 p. 189 ; CA Toulouse 1e ch. 2-4-2002 : JCP N 2003 p. 203 n° 1099). 23900

> Précisions **1.** Pour certains arrêts, l'exhaussement est dispensé du consentement du voisin lorsqu'il n'implique pas l'**appui d'une construction** (en ce sens, Cass. req. 18-4-1866 : DP 1866 p. 336 ; Cass. 1e civ. 27-4-1963 : Bull. civ. III n° 227). Toutefois, cette jurisprudence ancienne, d'une part, méconnaît que l'exhaussement n'est qu'une modalité renforcée du droit d'usage du mur indivis, impliquant, dans son principe, l'information du voisin (nos 23755 s.), d'autre part, résiste mal aux techniques modernes de construction et en particulier au cas de l'exhaussement d'un mur de pierre par un pan de béton armé prenant appui sur une partie du mur de soutien (n° 23905).

2. Lorsque la question de la mitoyenneté d'un mur séparatif n'est pas spécialement tranchée à l'égard de celui qui procède à un exhaussement, celui-ci ne peut être effectué que dans la **limite de l'autorisation** donnée par le voisin réputé propriétaire, sous peine de dénaturation de cette autorisation (Cass. 3e civ. 1-6-2022 n° 21-16.195 : BPIM 4/22 inf. 337).

CAS D'EXHAUSSEMENT DU MUR

Mur suffisant pour supporter l'exhaussement 23905

Le Code civil prévoit deux cas d'exhaussement. Le premier cas concerne le **mur** qui est **suffisant pour supporter l'exhaussement** (C. civ. art. 658).

Le constructeur doit respecter les **obligations** suivantes :

– payer seul la dépense de l'exhaussement et les réparations d'entretien au-dessus de la hauteur de clôture commune ;

– payer seul les frais d'entretien de la clôture commune rendus nécessaires par l'exhaussement ;

– rembourser au voisin toutes les dépenses rendues nécessaires à ce dernier par l'exhaussement.

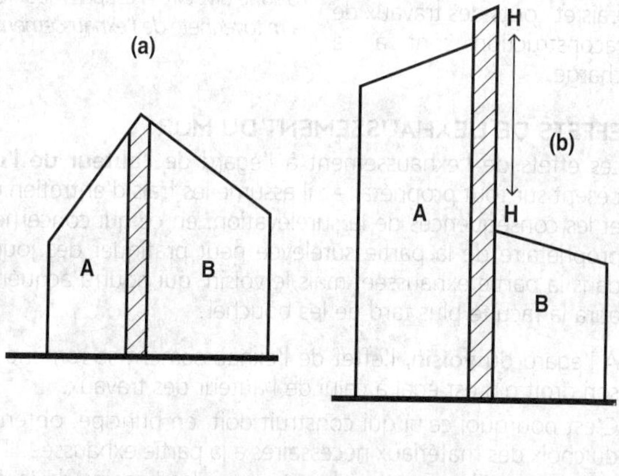

Exhaussement simple (art. 658)

a) Situation initiale : le mur est mitoyen entre A et B.

b) A procède à un exhaussement simple (H-H1). B peut acquérir la mitoyenneté de cet exhaussement par application de l'art. 660.

› Précisions Le copropriétaire peut donner à l'exhaussement **moins d'épaisseur** qu'au mur de soutien (Cass. 1e civ. 1-3-1961 : Bull. civ. I nº 135). La question est débattue de savoir s'il peut ne pas respecter l'**axe du mur,** situation qui peut se rencontrer lorsque le constructeur n'utilise pas le même matériau que celui composant le mur de soutien. Il faut signaler le danger, et probablement l'irrégularité de certaines pratiques consistant à élever l'ouvrage en exhaussant le mur du côté du voisin seulement sans respecter l'axe du mur, ce qui permet de profiter de l'espace vacant au-dessus de la demi-épaisseur du mur. Sauf si le voisin a donné son accord, cette pratique qui préjudicie au droit futur de ce voisin qui peut à son tour exhausser, mais perd l'usage de la demi-épaisseur du mur, risque de lui être inopposable.

23910 Mur insuffisant pour supporter l'exhaussement

Le second cas d'exhaussement concerne le mur insuffisant pour supporter la charge du nouvel ouvrage (C. civ. art. 659).

Il faut supposer que le mur est en bon état d'entretien mais qu'il n'est pas conçu pour supporter l'exhaussement projeté.

Dans ce cas, il convient de faire **constater** contradictoirement **l'état du mur.** Celui qui veut exhausser a intérêt à prendre cette précaution car, si le mur n'est pas en bon état d'entretien, sa mise en conformité avec sa destination première a lieu aux frais partagés des voisins.

L'auteur de l'exhaussement doit prendre chez lui l'excédent d'épaisseur s'il y a lieu. Il doit construire l'exhaussement en un matériau de qualité et aux conditions déjà exposées ci-dessus à propos de l'article 658 du Code civil (voir nº 23905). Les frais et coûts des travaux de reconstruction sont à sa charge.

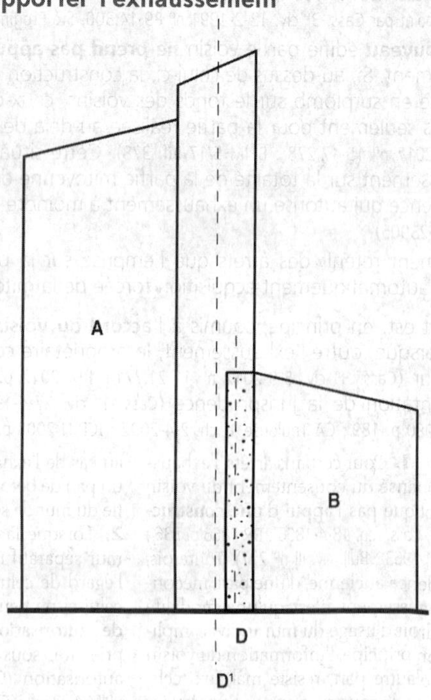

Exhaussement avec reconstruction

La situation initiale étant celle de 9 (a), A veut exhausser et reconstruire un mur plus important ; il doit prendre chez lui l'excédent d'épaisseur. La ligne divisoire n'est pas modifiée (elle reste en D). Si B acquiert la mitoyenneté de l'exhaussement, elle passe en D1.

EFFETS DE L'EXHAUSSEMENT DU MUR

23915 Les effets de l'exhaussement à l'égard de l'**auteur de l'ouvrage surélevé** sont ceux qui pèsent sur tout propriétaire : il assume les frais d'entretien du mur dans sa partie exhaussée, et les conséquences de la surélévation, en ce qui concerne la partie du mur mitoyenne. Le propriétaire de la partie surélevée peut pratiquer des jours à fer maillé ou verre dormant dans la partie exhaussée, mais le voisin, qui pourra acquérir la mitoyenneté de cette partie, aura la faculté plus tard de les boucher.

23920 À l'égard du **voisin,** l'effet de l'exhaussement se ramène à l'idée qu'il ne faut pas nuire à son droit qui est égal à celui de l'auteur des travaux.

C'est pourquoi celui qui construit doit, en principe, obtenir l'**accord** du voisin pour décider du choix des matériaux nécessaires à la partie exhaussée. Il doit respecter les **servitudes** existantes, et, s'il reconstruit le mur pour les besoins de la construction qu'il surélève, il doit veiller à ce que la destination du mur, pour le riverain, soit préservée.

Si le **mur** est **plus épais** dans sa partie mitoyenne, il semble que le droit soit désormais inégalement partagé.

> **Précisions** Certains auteurs soutiennent que le **voisin qui a pris chez lui l'excédent d'épaisseur** en conserve la propriété exclusive. Cette position, concevable lorsque le mur n'a pas été reconstruit, ne l'est plus guère lorsqu'un nouvel ouvrage est substitué à l'ancien : le mur est alors mitoyen dans sa totalité, mais les droits sont inégaux.

DOMMAGES CAUSÉS AU VOISIN

Les dommages causés au voisin par l'exhaussement engagent la responsabilité de l'auteur de celui-ci. L'article 658 du Code civil, qui met à la charge de celui qui fait construire toutes les dépenses rendues nécessaires par l'exhaussement, consacre une **responsabilité sans faute** dans la limite des inconvénients normaux de voisinage. **23925**

Le propriétaire qui surélève le mur ne doit pas d'indemnité au voisin pour les **embarras momentanés consécutifs aux travaux,** y compris la perte temporaire de profits, dès lors que ces préjudices relèvent des inconvénients normaux de voisinage (Cass. 1e civ. 18-1-1961 : Bull. civ. I no 32). La seule question est aujourd'hui de savoir dans quelle mesure la perte de loyers pour le voisin relève des inconvénients normaux de voisinage.

Cas des conduits de cheminées Il est admis que les frais de rehaussement des conduits de cheminées, rendu nécessaire par l'exhaussement, sont à la charge de celui qui a surélevé l'immeuble (Cass. 3e civ. 9-10-1985 : Bull. civ. III no 118). C'est lui qui subit une véritable servitude d'appui lorsque les conduits doivent être **adossés** à la partie exhaussée du mur. S'agissant des conduits **incorporés à la partie mitoyenne,** la question se pose de savoir si l'auteur de l'exhaussement peut demander leur suppression. C'est le régime des aménagements intérieurs qui s'applique (voir no 23860). **23930**

Lorsque les conduits incorporés sont **opposables** à celui qui construit, ce dernier doit, soit les surélever dans l'épaisseur du mur, soit leur ménager une ouverture permettant leur adossement à la partie exhaussée.

4. OBLIGATIONS DÉRIVÉES DE LA MITOYENNETÉ

a. Obligation d'entretien

L'obligation d'entretien, visée par l'article 655 du Code civil, est une obligation **permanente et continue** qui pèse sur chacun des copropriétaires. À ce titre, c'est une obligation réelle (Cass. 3e civ. 17-6-1981 no 80-10.611 : Gaz. Pal. 1982, 1, p. 46 obs. AP). Elle les astreint à assurer la sauvegarde de la chose et à participer aux frais d'entretien. **23990**

CONTENU DE L'OBLIGATION

Chacun des copropriétaires est tenu de l'obligation d'entretenir le mur mitoyen, quelle que soit sa finalité ; même les collectivités locales n'échappent pas à cette obligation (Cass. req. 17-5-1836 : Jur. Gle Dalloz, Servitudes, no 491 ; Cass. 1e civ. 22-12-1969 : Bull. civ. I no 405). **23995**

L'obligation est **proportionnelle au droit** de chacun des copropriétaires. Elle se manifeste par la participation aux frais d'entretien et la contribution aux frais de reconstruction, lorsque le mur n'est plus en état de satisfaire à sa **destination actuelle.** Cette hypothèse doit être distinguée de celle que l'on rencontre lorsque, le mur étant satisfaisant, l'un des copropriétaires veut le démolir pour reconstruire un nouvel immeuble (C. civ. art. 659) : en ce cas, il en supporte seul les frais (Cass. 3e civ. 2-12-1975 : Bull. civ. III no 356). C'est, en fait, le **mur vétuste** qui relève du régime de l'article 655 du Code civil. **24000**

Sous réserve de l'appréciation souveraine des tribunaux, des travaux uniquement motivés par des considérations esthétiques ne peuvent être qualifiés ni de nécessaires ni d'utiles. Dans ces conditions, le voisin ne semble pas être tenu de participer à leur financement (Rép. min. no 55137 : JOAN Q 17-5-2005, p. 5153).

> **Précisions** **a.** Le principe selon lequel la réparation et la reconstruction du mur mitoyen sont à la charge des copropriétaires proportionnellement à leurs droits (C. civ. art. 655) tient à la **nature juridique de la mitoyenneté** qui est une propriété indivise (Cass. 3e civ. 19-2-1985 : RDI 1985 p. 339 ; Cass. 3e civ. 27-3-1996 no 94-14.113 : BPIM 3/96 inf. 186).
> **b.** La règle de partage des frais de réparation d'un mur mitoyen, posée par l'article 655 du Code civil, est écartée chaque fois que les travaux sont effectués dans l'intérêt exclusif de l'un des propriétaires. Toute la difficulté consiste à identifier les interventions correspondant à ce cas de figure puisque, en général, les deux propriétaires peuvent trouver un avantage à des travaux de reprise de l'existant. Sur la responsabilité voir no 24045.

EXÉCUTION DE L'OBLIGATION D'ENTRETIEN

24005 En principe, les voisins doivent se mettre d'accord pour effectuer les travaux d'entretien. À défaut, une autorisation judiciaire est nécessaire, le cas échéant, par renvoi au règlement d'experts (voir n° 23775). En l'absence d'**accord du voisin,** le copropriétaire qui a entrepris des travaux ne peut pas lui en demander le remboursement de la moitié (Cass. 3e civ. 14-6-2006 n° 05-14.146 : Bull. civ. III n° 152). Il semble que l'obligation de chaque copropriétaire d'entretenir la partie du mur située de son côté soit permanente.

24010 S'il y a **urgence,** il est admis que l'un des voisins peut pratiquer seul les actes conservatoires (Cass. 3e civ. 14-6-2006 n° 05-14.146 : Bull. civ. III n° 152, qui réserve le cas des travaux de caractère urgent), sauf s'ils requièrent le passage chez autrui ; dans ce cas, l'appel au juge des référés semble inévitable, encore que l'idée ait été émise que chacun des copropriétaires faisait ici office de syndic investi d'un **mandat légal** d'agir dans l'intérêt commun (B. Boubli « La mitoyenneté des murs et des clôtures autres que les murs », 1986, éd. Journ. Not. nos 250 et 259).

24015 Les **dépenses** sont réparties entre les copropriétaires selon l'étendue de leurs droits sur le mur. Mais le copropriétaire dont l'attitude dilatoire a aggravé l'état du mur doit supporter l'excédent de dépense imputable à son fait (voir n° 24005).

Celui qui a payé a un recours contre son voisin ; la dette se transmet passivement à l'ayant cause, selon une partie de la doctrine. Mais on peut douter du caractère exclusivement réel de cette obligation. Si celle-ci normalement se transmet, la cession du fonds ne suffit pas nécessairement à libérer le cédant. En fait, l'acquéreur a alors deux débiteurs, le vendeur et le voisin.

Il en est ainsi, en particulier, lorsque le cédant a eu une attitude dilatoire ayant aggravé le coût des dépenses, et, a fortiori, semble-t-il, lorsque ce comportement a eu pour effet non seulement de précipiter la dégradation du mur mais encore d'endommager l'immeuble voisin.

> **Précisions** Le **défaut d'entretien** de la partie du mur située de son côté, qui a entraîné la dégradation de l'ensemble du mur, oblige le copropriétaire défaillant à supporter seul les **frais de** sa **reconstruction** (Cass. 3e civ. 12-12-2019 n° 18-23.076 F-D : BPIM 1/20 inf. 86).

b. Responsabilité des copropriétaires

RAPPORTS ENTRE COPROPRIÉTAIRES

24040 Les copropriétaires engagent leur responsabilité dans leurs rapports entre eux lorsqu'ils exercent leur droit de mitoyenneté (exhaussement), lorsqu'ils méconnaissent leurs obligations (entretien), mais aussi lorsque le mur mitoyen est endommagé par le fait d'un des voisins.

La jurisprudence mettant à la charge du propriétaire qui, par son fait, a endommagé le mur mitoyen les frais de réparation du mur s'étend au cas où l'affaissement du mur procède exclusivement de la poussée exercée par un arbre (Cass. 3e civ. 23-1-1991 : Bull. civ. III n° 37, RDI 1992 p. 47 obs. Berger).

Le principe de la **répartition proportionnelle des dépenses** de réparation et de reconstruction cesse lorsque l'un des copropriétaires a un comportement dilatoire ayant pour effet de précipiter la dégradation du mur et d'endommager l'immeuble voisin (n° 24015), mais non, semble-t-il, lorsque la négligence est imputable aux deux indivisaires et qu'elle a eu pour effet de détériorer la construction voisine (Boubli, « La mitoyenneté des murs et des clôtures autres que les murs », 1986, éd. Journ. Not. nos 264 s. ; Cass. 3e civ. 5-12-1972 : Bull. civ. III n° 656 ; CA Orléans, 10-2-1972 : AJPI 1973 p. 897). Plus généralement, lorsque les copropriétaires n'entretiennent pas le mur, ils répondent des désordres qui en résultent, et la charge est partagée entre eux au prorata de leurs droits (Cass. 3e civ. 27-3-1996 n° 94-14.113 : BPIM 3/96 inf. 186).

> **Précisions** L'**action en responsabilité** d'un des voisins contre l'autre peut relever du **droit commun de la responsabilité civile** des articles 1240 et suivants du Code civil. Mais elle peut également être fondée sur le droit indivis de chacun sur le mur qui génère des **obligations réelles** entre eux (voir n° 23785, précisions).

RESPONSABILITÉ D'UN SEUL COPROPRIÉTAIRE

24045 Si le mur vient à être endommagé par le fait d'un seul des voisins qui effectue un **travail dans son seul intérêt** (exhaussement, appui), alors que ce mur était dans un état correct pour répondre à sa destination avant les travaux, la responsabilité de l'auteur de ces travaux est engagée à l'égard du voisin. Il doit assumer la charge de sa réfection si le mur s'est effondré (Cass. 3e civ. 30-5-1973 : Bull. civ. III n° 385 ; Cass. 3e civ. 17-7-1991 : Bull. civ. III n° 217 ; Rép. Demange : AN 17-10-1988 p. 2933 n° 643).

La responsabilité de celui qui construit dans son seul intérêt s'étend aux **dommages causés à la construction voisine** si les désordres ne se limitent pas au mur mitoyen, réserve étant faite de son recours éventuel contre les architectes et les entrepreneurs (Cass. 1e civ. 2-11-1964 : JCP éd. G 1965 II no 13976 ; Cass. 3e civ. 12-12-1973 : Bull. civ. III no 628 ; Cass. 3e civ. 17-1-1996 no 94-10.670 : Le Moniteur 15-3-1996 p. 54).

B. Établissement de la mitoyenneté

1. MUR CONÇU MITOYEN

Le mur est conçu mitoyen lorsque, **dès l'origine,** les voisins conviennent de **l'édifier, à frais communs,** à cheval sur la ligne séparative des propriétés. **24160**

Lorsque le **mur** est élevé « **à cheval** » sur la ligne séparative, aux frais d'un seul des voisins, mais **avec l'accord de l'autre,** le mur n'est pas mitoyen dès l'origine ; il a seulement vocation à l'être. Ici l'empiétement est autorisé, la propriété du dessus est exclusivement celle du constructeur, mais le voisin pourra acquérir la mitoyenneté ultérieurement en ne payant que la valeur du mur. **24165**

EMPIÉTEMENT ILLICITE

Lorsque le mur est élevé « à cheval » sur la ligne séparative aux frais d'un seul des voisins et **sans l'accord de l'autre,** il y a empiétement illicite sur la propriété d'autrui (Cass. 3e civ. 18-2-1998 no 95-19.106 : Bull. civ. III no 43). Aucun texte n'autorise l'un des voisins à construire, même pour partie, chez l'autre. En particulier, l'article 663 du Code civil, relatif à la clôture forcée, ne contient pas une telle permission. **24170**

En cas d'empiétement illicite, il ne peut pas y avoir de mur « né-mitoyen » ; le mur, qui a seulement vocation à la mitoyenneté (Cass. 3e civ. 11-5-1982 : RTD civ. 1983 p. 560 obs. Giverdon), demeure privatif tant que la victime de l'empiétement n'en a pas acquis la mitoyenneté (Cass. 3e civ. 9-7-1984 no 83-11.987 : D. 1985 p. 409 note Souleau). Mais depuis 2007, la Cour de cassation estime qu'un empiétement fait **obstacle à l'acquisition de la mitoyenneté** (Cass. 3e civ. 19-9-2007 no 06-16.384 : Bull. civ. III no 147 ; Cass. 3e civ. 19-2-2014 no 13-12.107 : Bull. civ. III no 25, BPIM 2/14 inf. 145). Il faudrait, logiquement, distinguer l'empiétement illicite sur le terrain d'autrui de l'emprise illicite sur le mur privatif du voisin (voir no 24310). Mais du rapprochement des arrêts du 17 septembre 2007 et du 19 février 2014, il semble que, dans les deux cas, la mitoyenneté ne puisse être imposée à celui qui ne le souhaite pas. L'arrêt du 19 février 2014 en particulier estime que la victime de l'empiétement ne peut pas demander la mitoyenneté de l'ouvrage édifié par le voisin si celui-ci préfère démolir la partie litigieuse.

Le propriétaire du sol peut, s'il le préfère, **conserver la propriété de la partie** du mur **qui empiète** chez lui. Il doit alors verser une indemnité à l'auteur de l'empiétement, dont le montant doit être déterminé en fonction de l'enrichissement qu'il en retire et de l'appauvrissement corrélatif subi par le constructeur. Cette faculté semble désormais subordonnée à l'accord de l'auteur de l'empiétement (Cass. 3e civ. 19-2-2014 no 13-12.107, précité, solution implicite).

En cas d'empiétement sur le terrain d'autrui, l'auteur de l'empiétement peut acquérir la partie usurpée par **usucapion** (prescription acquisitive) si la possession est paisible et apparente, et ce même si l'empiétement a lieu en sous-sol (Cass. 3e civ. 17-2-2015 no 13-26.678 : BPIM 2/15 inf. 151).

L'exigence d'une possession continue et non interrompue, paisible, publique et non équivoque à titre de propriétaire s'applique à toute forme d'empiétement pour que l'auteur de celui-ci puisse se prévaloir de la prescription acquisitive, et le juge doit constater des actes matériels de possession sur la période de prescription (Cass. 3e civ. 30-6-2021 no 20-16.955 F-D : BPIM 5/21 inf. 366).

La **sanction** de l'empiétement illicite s'applique même si celui-ci est minime, et peut se traduire par la démolition de l'ouvrage litigieux (Cass. 3e civ. 4-3-2021 no 19-17.616 F-D : RDI 2021 p. 350 obs. J.-L. Bergel). Toutefois, à propos de semelles d'un mur débordant chez le voisin, il a été jugé que la victime ne peut demander que la suppression des seuls empiétements établis par sondages du géomètre et non l'indemnisation de travaux sans rapport avec ceux destinés à restituer son intégrité à la propriété (Cass. 3e civ. 3-6-2021 no 20-17.787 F-D : BPIM 4/21 inf. 304). L'action de la victime contre l'auteur de l'empiétement n'est pas enfermée dans le délai des actions personnelles (Cass. 3e civ. 11-2-2015 no 13-26.023 : BPIM 2/15 inf. 151), solution logique puisque seule l'usucapion fait obstacle à l'action en revendication. L'empiétement illicite peut engager la responsabilité du constructeur. Elle est en principe décennale (Cass. 3e civ. 18-3-2021 no 19-21.078 : BPIM 3/21 inf. 195) ; sur cette question, voir no 87132.

> Précisions a. Le **mur édifié irrégulièrement** à cheval sur la ligne séparative ne relève pas des dispositions de l'article 555 du Code civil, non applicable à l'empiètement (voir no 47180). Le maître de l'ouvrage n'est pas fondé à invoquer sa bonne foi pour se soustraire à la **démolition** qui est alors encourue (Cass. 3e civ. 5-3-1968 : Bull. civ. III no 120 et les arrêts cités in Boubli « La mitoyenneté des murs et des clôtures autres que les murs », 1986, éd. Journ. Not. no 299), à moins qu'il ne produise un titre putatif (titre dont il ignore les vices). Peu importe en particulier la circonstance que le voisin n'ait élevé aucune protestation pendant la construction (Cass. 1e civ. 1-7-1965 : D. 1965 p. 650), que l'empiétement soit minime (Cass. 3e civ. 17-4-1996 no 94-11.371 : RJDA 7/96 no 962 ; Cass. 3e civ. 20-3-2002 no 00-16.015 : Bull. civ. III no 71), ou que cette démolition ne soit pas sans risque pour la pérennité des ouvrages (Cass. 3e civ. 10-11-2016 no 15-19.561 FP-PB : BPIM 1/17 inf. 75). C'est le propriétaire du mur empiétant sur le terrain voisin qui doit être condamné à démolition, peu important qu'il n'ait pas lui-même construit ou fait construire l'immeuble (Cass. 3e civ. 16-12-1998 no 96-14.760 : Bull. civ. III no 252). La démolition, conformément à une règle posée par la troisième chambre civile et qui semble avoir une portée générale, peut être limitée à la partie qui empiète (Cass. 3e civ. 9-7-2014 no 13-15.483 : RDI 2014 p. 557 obs. J.-L. Bergel). Lorsqu'une construction empiète légèrement chez autrui, le juge peut ordonner un simple rabotage de la partie qui empiète si cela est techniquement possible (Cass. 3e civ. 10-11-2016 : no 15-25.113 FP-PB : BPIM 1/17 inf. 74).

b. La **défense du droit de propriété** contre un empiétement ne peut pas dégénérer en **abus** (Cass. 3e civ. 7-6-1990 : Bull. civ. III no 140 ; Cass. 3e civ. 7-11-1990 : Bull. civ. III no 226 ; voir également, Giannotti : « L'abus du droit de propriété et l'empiétement sur le terrain d'autrui » : RDI 1991 p. 303). La Cour de cassation a refusé de renvoyer devant le Conseil constitutionnel une question prioritaire de constitutionnalité portant sur ce point pour des raisons de procédure : en l'espèce, la disposition n'était pas applicable au litige (Cass. 3e civ. 11-2-2016 no 15-21.949 FS-PB : BPIM 2/16 inf. 150). Il faudra donc encore attendre pour savoir si le fait que la demande de démolition n'est jamais considérée comme abusive est ou non conforme à la Constitution. La Cour de cassation reste ferme et fait droit le plus souvent à l'action en démolition (Cass. 3e civ. 23-11-2017 no 16-20.521 F-D ; Cass. 3e civ. 21-12-2017 no 16-25.406 FS-PBI : SNH 1/18 inf. 3 ; voir sur le sujet : J.-L. Bergel, La sanction de l'empiétement de constructions sur le terrain d'autrui : RDI 2017 p. 124). Elle applique toutefois le principe de proportionnalité et se réfère aux principes fondamentaux s'agissant d'une construction, non limitée à un mur, sur le terrain d'autrui (Cass. 3e civ. 17-5-2018 no 16-15.792 PBRI : SNH 18/18 inf. 1, RDI 2018 p. 446 obs. J.-L. Bergel, RTD civ. 2018 p. 708 obs. W. Dross ; voir également Cass. 3e civ. 19-12-2019 no 18-25.113 FS-PBI).

c. Des **ouvrages construits lors de la surélévation d'un mur mitoyen** et qui empiètent sur le fonds voisin sont assimilés à un empiétement illicite qui doit être réduit à la limite de la ligne divisoire (Cass. 3e civ. 6-7-2017 no 15-17.278 : BPIM 5/17 inf. 378).

2. PRESCRIPTION ACQUISITIVE

24200 La mitoyenneté peut s'acquérir par prescription lorsque, le mur étant construit à la **limite de la propriété,** l'autre propriétaire l'utilise comme s'il était mitoyen.

Il faut alors que le voisin accomplisse des actes de possession caractérisant un état de mitoyenneté (enfoncement, appuis, adossement), que le propriétaire du mur demeure passif, que la possession soit paisible, publique et non équivoque, et qu'elle dure 30 ans (usucapion) (Cass. 3e civ. 8-12-1971 : Bull. civ. III no 620) ; sur cette question, voir également no 24170, précisions a. Ce délai peut être ramené à 10 ans en cas de juste titre et de bonne foi (C. civ. art. 2272). La prescription acquisitive de 30 ans est interrompue si, au cours de cette durée, une assignation en référé pour dénoncer l'empiètement du mur édifié par le voisin et une demande d'expertise contradictoire en se prévalant de la propriété de la bande de terrain litigieuse ont été effectuées. Le mur ayant été construit en 1986 et l'assignation en référé étant intervenue en 2009, le voisin n'a pas pu acquérir la propriété du terrain par prescription (Cass. 3e civ. 29-6-2023 no 21-25.390 FS-B).

3. CESSION AMIABLE OU FORCÉE

24230 La mitoyenneté d'un mur ou de l'exhaussement peut résulter de l'accord des parties et faire l'objet d'une **cession amiable.** Le propriétaire qui a fait élever l'ouvrage à la limite de son fonds en cède alors, par contrat, la copropriété à son voisin. Dans ce cas, il y a **vente pure et simple,** soumise au droit commun de la vente immobilière.

© Éd. Francis Lefebvre

La **cession de mitoyenneté** peut également être **forcée** en application de l'article 661 du Code civil. Lorsqu'un mur séparatif privatif est à la limite des héritages, le voisin peut en acquérir la mitoyenneté. Le propriétaire ne peut s'opposer à cette acquisition car la loi lui impose une servitude : celle de céder la mitoyenneté. **24235**

Cette règle dite de « cession forcée de mitoyenneté » a été déclarée conforme à la Constitution (Cons. const. 12-11-2010 n° 2010-60 QPC : JO 13 p. 20237, RDI 2011 p. 99).

Lorsque l'article 661 a vocation à s'appliquer, la cession est toutefois exclue si elle se heurte à une servitude incompatible, comme une servitude de vue (Cass. 3e civ. 10-7-1969 : Bull. civ. III n° 563 ; Cass. 3e civ. 23-10-1985 : Bull. civ. III n° 130).

La cession forcée de mitoyenneté ne fait pas obstacle à la libre disposition de l'immeuble et du terrain par le propriétaire tant qu'elle n'est pas réalisée. La copropriété qui résulterait de la cession et ferait de l'ouvrage un mur mitoyen résulte d'un état de servitude (voir n° 23740) : l'éventuel acquéreur dispose d'un droit d'acquisition qu'il peut exercer contre tout voisin propriétaire du mur existant encore lorsqu'il décide d'exercer ce droit. Le droit réel comporte un droit de suite. Statuant sur la législation applicable en Alsace-Moselle, qui prévoit qu'une prénotation (c'est-à-dire une mention) peut être portée à titre provisoire et conditionnel au livre foncier (Décret 2009-1193 du 7-10-2009 art. 47 modifié par Décret du 29-12-2021), un arrêt décide que le candidat à l'acquisition de la mitoyenneté ne peut se faire autoriser, fût-ce par ordonnance sur requête, à obtenir l'inscription au livre foncier d'une prénotation qui interdirait au propriétaire du mur d'aliéner et de réaliser tout acte contrevenant à son droit : en l'absence d'action en justice pour l'obtention de la cession forcée de mitoyenneté la prénotation ne peut avoir cet objet (Cass. 3e civ. 2-2-2022 n° 20-20.111 FS-D : BPIM 2/22 inf. 177).

a. Objet de la cession forcée

CESSION FORCÉE DES MURS

La cession forcée de l'article 661 du Code civil ne s'applique qu'aux **murs** et non aux autres espèces de clôture. Peu importent, cependant, la morphologie du mur et sa composition. Il suffit que le mur relève du domaine privé : les murs du **domaine public** sont exclus du statut car inaliénables (Cass. req. 18-6-1856 : DP 1856 p. 423). Sont également exclus du champ d'application de la cession forcée les palissades, cloisons et murs en pierres sèches. **24250**

Seul le mur construit à la **limite des héritages** peut faire l'objet d'une cession forcée. **24255**
Le mur élevé à cheval sur la ligne séparative obéit aux règles déjà décrites : au mieux, si le voisin non constructeur a donné son accord à la construction, on peut estimer qu'il s'est réservé le droit d'acquérir la mitoyenneté ultérieurement, de sorte que la cession n'est pas forcée.

Le mur implanté en **retrait de la ligne séparative,** si cette pratique est conforme aux règlements d'urbanisme, ne peut pas faire l'objet d'une cession forcée : le propriétaire a la faculté de se soustraire à la contrainte légale de l'article 661 du Code civil (B. Boubli : « La mitoyenneté des murs et des clôtures autres que les murs », 1986, éd. Journ. Not. n°s 324 s.), sauf s'il émane des circonstances que la construction en retrait est minime et accidentelle et que l'intention du propriétaire était de construire à la limite des héritages (Cass. 1e civ. 27-2-1957 : Bull. civ. I n° 107). **24260**

CESSION PARTIELLE OU TOTALE

Lorsqu'elle est possible, la cession forcée peut être totale ou partielle : le voisin peut acquérir, en effet, tout ou partie de la mitoyenneté du mur séparatif. En pratique, l'acquisition est limitée à l'emprise de la construction projetée augmentée des pieds d'aile (33 cm en largeur) et solins (16,5 cm en hauteur). En aucun cas, la cession ne peut être limitée à une partie de l'épaisseur du mur : la copropriété s'étend au **sol** sur lequel le mur est élevé. **24265**

L'acquisition peut également porter sur la **partie** d'un mur mitoyen **exhaussée** par l'un des propriétaires. L'acquisition de la mitoyenneté d'un exhaussement est visée par l'article 660 du Code civil, mais ce texte n'est qu'une modalité d'application du principe énoncé dans l'article 661 (Cass. 1e civ. 30-6-1965 : JCP G 1966 II n° 14499). La cession forcée est exclusive de toute garantie (Cass. 3e civ. 2-10-1980 : Bull. civ. III n° 143). **24270**

b. Conditions de la cession forcée

ACTE DE REVENDICATION

C'est au **propriétaire du fonds joignant le mur** qu'il appartient de revendiquer la servitude de mitoyenneté et d'exercer la faculté d'acquérir que lui réserve l'article 661 du Code civil. **24290**

24295 L'exercice de cette faculté est **absolu** (Cass. civ. 6-3-1969 : Journ. Not. 1969 p. 1084), son titulaire pouvant, ou non, en user. On admet parfois que le droit d'acquérir est **discrétionnaire,** voulant marquer par-là que le voisin peut acquérir la mitoyenneté sans donner les raisons de sa décision ; il peut notamment acquérir la mitoyenneté dans le seul dessein de boucher les jours et les vues non constitutifs de servitude au profit du propriétaire du mur.

Sur le paiement de la cession, voir nº 24360.

24300 L'**obligation de céder** la mitoyenneté incombe au propriétaire du mur qui peut donner son consentement, ce qui débouche sur une vente. Même si le propriétaire ne donne pas son accord, la cession s'opère par voie forcée : le **juge** supplée le consentement du propriétaire défaillant. Il semble que le juge des référés pourrait remplir cet office à titre provisoire (voir toutefois nº 24310 dans un cas d'emprise). La date du transfert a pu être fixée à celle de la demande d'acquisition (Cass. 3e civ. 18-1-1972 : Bull. civ. III nº 41). Mais cette solution est à l'épreuve des règles mises en exergue par le Conseil constitutionnel (nº 24360).

ACTES D'EMPRISE

24305 Le **voisin qui entend acquérir** la mitoyenneté peut-il se borner à accomplir des actes d'emprise sur le mur séparatif ?

Les tribunaux ne considèrent pas que l'emprise vaut, à elle seule, demande d'acquérir. Elle constitue, selon eux, une voie de fait, que le propriétaire du mur peut sanctionner en contraignant l'auteur de l'emprise à acquérir la mitoyenneté. Ainsi, l'on passe d'une cession forcée de mitoyenneté à une **acquisition forcée.**

24310 **Caractérisation de l'emprise** Toute utilisation du mur privatif ne caractérise pas l'emprise. Il faut que le constructeur tire un profit particulier du mur existant et que celui-ci lui procure en fait les avantages d'un mur mitoyen.

Ainsi, l'**appui,** l'**adossement** caractérisent l'emprise, tandis qu'un **simple accolement,** préservant l'autonomie de l'immeuble qui vient d'être construit, relève des relations normales de voisinage. Ainsi la construction contre un mur séparatif par l'un des voisins doit se faire dans les limites de l'autorisation donnée par l'autre et le juge ne peut dénaturer le document accordant cette autorisation (Cass. 3e civ. 1-6-2022 nº 21-16.195 F-D : BPIM 4/22 inf. 337).

> **Précisions** **a.** On a longtemps considéré que l'acquisition de la mitoyenneté pouvait être inspirée du désir de fermer les jours de souffrance non constitutifs de servitude (Cass. 1e civ. 21-7-1981 : RDI 1982 p. 200 ; CA Paris 30-1-1990 : RDI 1990 p. 191). Si l'accolement n'est pas un acte d'emprise, permet-il aussi d'obturer les jours non constitutifs de servitude ? La jurisprudence a pu alimenter cette hésitation, mais la Cour de cassation semble la lever en précisant que l'accolement du mur d'un immeuble construit au pignon du voisin dont l'effet est de murer totalement les jours perçant ce pignon ne constitue pas un acte d'emprise mais peut excéder les **inconvénients normaux de voisinage** (Cass. 3e civ. 3-10-2024 nº 23-11.448 F-D : BPIM 6/24 inf. 381).
> **b.** En pratique, il faut se demander si, à la faveur d'une démolition éventuelle du mur par son propriétaire, l'immeuble construit par le voisin conserve son **autonomie,** et demeure **conforme à sa destination.** Si la réponse est affirmative, il n'y a pas emprise illicite ; si elle est négative, il y a voie de fait passible de la sanction de l'acquisition forcée.

24315 **Exception d'acquisition** Pour échapper à la démolition de l'ouvrage qu'il a construit, l'auteur de l'emprise peut opposer au propriétaire qui demande cette démolition « l'exception d'acquisition ». Il soutient alors qu'ayant la possibilité d'acquérir la mitoyenneté du mur en application de l'article 661, il y a lieu d'interpréter l'acte d'emprise comme une manifestation de sa volonté d'y procéder. Bien qu'ils ne soient pas tenus d'y faire droit, les juges peuvent admettre que le constructeur fasse ainsi **obstacle à l'action en démolition** des ouvrages litigieux en offrant d'acquérir la mitoyenneté (Cass. 1e civ. 21-12-1964 : JCP G 1965 II nº 14137). C'est alors à la date de la demande que s'apprécie le transfert (Cass. 3e civ. 18-1-1972 : Bull. civ. III nº 41). Le Conseil constitutionnel ayant toutefois subordonné « l'accès forcé à la mitoyenneté » au remboursement des sommes dues au propriétaire (nº 24360), il est permis de se demander si le transfert ne doit pas s'apprécier, dans tous les cas, à la date du paiement.

La validation de l'exception d'acquisition n'est pas systématique et l'on peut **se demander si elle n'est pas** aujourd'hui **interdite** : il a été jugé qu'en cas d'emprise illicite sur une partie exhaussée s'accompagnant du découpage de la toiture du voisin, l'offre d'acquisition de la mitoyenneté de l'exhaussement ne peut pas faire échec à l'action en démolition du voisin (Cass. 3e civ. 22-3-2006 nº 05-10.093 : Bull. civ. III nº 81). Jugé également que l'acte d'emprise est un empiètement faisant obstacle à l'exception d'acquisition de la mitoyenneté invoquée par un propriétaire qui avait surélevé sa maison en prenant appui sur la partie du mur s'élevant au-dessus de l'héberge commune, propriété privative du voisin (Cass. 3e civ. 19-9-2007 nº 06-16.384 : Bull. civ. III nº 147). Par ailleurs, le juge des référés tranche une contestation sérieuse et excède ainsi ses pouvoirs en accueillant l'exception d'acquisition (Cass. 3e civ. 5-4-2011 nº 10-12.840 : BPIM 3/11 inf. 261).

Si la Cour de cassation analyse l'emprise illicite comme un empiétement sur le terrain d'autrui faisant obstacle à l'acquisition de la mitoyenneté, à moins que les parties en décident autrement (voir nº 24170), il faut en conclure que l'exception d'acquisition est désormais théorique, car elle suppose un accord du voisin, dans la mesure du moins de sa renonciation à exiger la destruction des actes d'emprise. Cette option n'est toutefois pas sans danger : la victime de l'emprise se trouve investie d'un droit et même parfois d'un titre judiciaire de démolition dont elle peut faire usage pour faire pression sur l'auteur de l'emprise et obtenir de lui une indemnité plus importante.

c. Prix de cession

Qu'elle soit **conventionnelle ou forcée,** la **cession de mitoyenneté** donne lieu à paiement d'un prix. Ce prix, s'agissant d'un « mur limite », comprend la moitié de la dépense que le mur a coûté (ou la moitié de la dépense de la portion que l'on veut rendre mitoyenne) et la moitié de la valeur du sol sur lequel le mur est bâti (C. civ. art. 661). En cas de cession forcée, le juge constitutionnel fait de ce paiement une condition du transfert (Cons. const. 12-11-2010 nº 2010-60 QPC : JO 13 p. 20237, RDI 2011 p. 99). **24360**

La **dépense que le mur a coûté** s'apprécie à la date d'acquisition de la mitoyenneté et prend en compte la valeur du mur **tel qu'il est.** En pratique, on actualise le coût de la construction à la date d'acquisition de la mitoyenneté.

Lorsque l'**acquisition** de la mitoyenneté est la **conséquence d'une emprise** et que l'offre d'acquérir a été faite à la suite de la demande en destruction des ouvrages litigieux, formulée par le propriétaire du mur, c'est à la date de l'offre que s'apprécie le prix de cession. Mais, comme cette offre est postérieure à l'utilisation effective du mur, le juge peut allouer en sus une indemnité - généralement symbolique - pour sanctionner spécialement l'emprise illicite et réparer le préjudice subi par le propriétaire du mur. **24365**

L'acquisition de la **mitoyenneté d'un exhaussement** est soumise aux mêmes règles que celle d'un « mur limite ». Le prix tient compte de la dépense que l'exhaussement a coûté, pris pour moitié, et de la valeur de la moitié du sol fourni pour l'excédent d'épaisseur s'il y en a (C. civ. art. 660). **24370**

Les estimations se font à la date d'acquisition.

d. Publicité foncière

La cession de mitoyenneté entraîne transfert de propriété immobilière. **24400**

Si elle a été opérée par **accord amiable,** l'acte de cession sera publié au service de la publicité foncière aux fins d'opposabilité aux tiers (Cass. civ. 9-6-1939 : DH 1939 p. 419 ; Décret 55-22 du 4-1-1955 art. 28, 1° ; sur la nécessité d'établir un document d'arpentage, voir M. Suquet-Cozic, Comment publier une cession de mitoyenneté ? : Sol. Not. 8-9/17 inf. 218).

Si elle a été ordonnée par **décision judiciaire,** c'est cette décision qui fera l'objet de la publicité (Décret 55-22 précité).

En revanche, la Cour de cassation retient, s'agissant d'un mur d'origine dont la mitoyenneté est établie par présomption (C. civ. art. 653), que la cession de la mitoyenneté d'un exhaussement de ce mur s'opère « par l'effet de la demande d'acquisition et à sa date, à la seule condition imposée au bénéficiaire de payer le prix de la mitoyenneté à acquérir, **sans formalisme** pouvant donner lieu aux formalités de publicité foncière » (Cass. 3e civ. 30-9-2021 nº 20-18.778 FS-B : BPIM 6/21 inf. 420, Dalloz actualité 19-10-2021 obs. N. Le Rudulier, RDI 2021 p. 655 obs. J.-L. Bergel, Constr.-urb. 2021 comm. 130 par C. Sizaire). Si la présomption ne joue pas, on peut se demander si la cession amiable de mitoyenneté d'un mur privatif ne devrait pas échapper à la restriction apportée par la Cour de cassation.

C. Preuve de la mitoyenneté

TITRE DE PROPRIÉTÉ

24450 La mitoyenneté s'établit, en principe, sur la foi d'un titre de propriété. Le titre peut servir de preuve à l'existence d'une copropriété (vente, jugement constatant la cession forcée) ou à l'existence d'une propriété privative.

24455 Peu importent la **forme** du titre et sa **nature.** Il est admis, en particulier, qu'un titre peut ne pas être commun aux parties. Dans ce dernier cas, sa force probante est cependant plus limitée car il ne fait que rendre plus probable le droit de celui qui s'en prévaut. Le juge dispose alors d'un pouvoir d'appréciation quasi souverain (Cass. 3e civ. 15-2-1968 : Bull. civ. III n° 62 ; Cass. 1e civ. 30-10-1968 : Bull. civ. I n° 257).

24460 La **prescription vaut titre.** Il est possible d'établir par la possession de longue durée, soit la mitoyenneté d'un mur, soit sa propriété exclusive. La possession, en général de 30 ans, peut être abrégée à 10 ans en cas de juste titre et de bonne foi.

PRÉSOMPTION DE MITOYENNETÉ

24465 L'article 653 du Code civil institue une présomption de mitoyenneté pour les **murs** entre cours et jardins et enclos dans les champs, d'une part, et pour les murs servant de séparation entre bâtiments, d'autre part. La présomption de mitoyenneté ne concerne pas les **plafonds** (Cass. 3e civ. 8-6-1988 : Bull. civ. III n° 107), mais elle concerne les **murs pignons** séparant deux propriétés (Cass. 3e civ. 5-10-1994 : RDI 1995 p. 79).

24470 Les murs entre cours et jardins et entre enclos dans les **champs** sont présumés mitoyens, que la séparation concerne deux cours, deux jardins, une cour et un jardin, d'une part, des propriétés closes de tous côtés, d'autre part. Compte tenu de cette présomption, celui qui démolit le mur séparatif qu'il prétend privatif sans pour autant en rapporter la preuve doit en assumer la reconstruction (Cass. 3e civ. 11-6-1986 : RDI 1987 p. 203).

24475 Les murs servant de séparation **entre bâtiments** sont présumés mitoyens lorsque les bâtiments sont **adossés** l'un à l'autre, mais non lorsqu'il existe un bâtiment d'un seul côté (Cass. 3e civ. 7-3-1973 : Bull. civ. III n° 186).

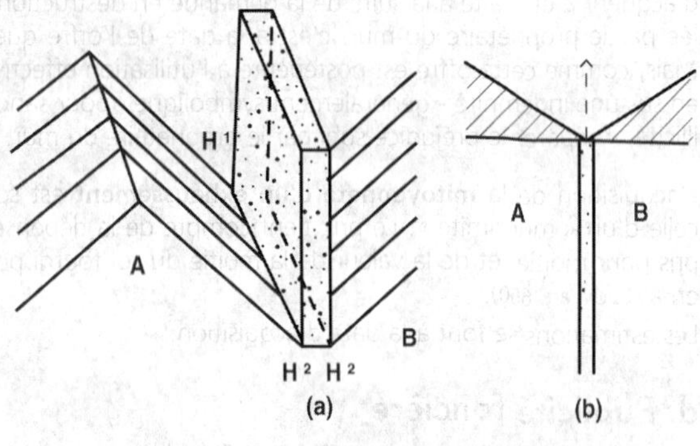

Héberge
a) H1-H2, H'1-H'2, héberges communes à A et B. La partie supérieure est présumée mitoyenne.
b) Mur présumé commun sur toute sa hauteur.

La présomption joue dans la limite de l'héberge commune, c'est-à-dire de la partie du mur qui sert d'appui aux deux constructions. À l'héberge, qui constitue la limite de l'emprise commune en hauteur, il faut ajouter une bande de 16,5 cm (le solin) ; en largeur, la présomption ne joue également que pour la partie du mur servant de contact aux constructions, augmentée des pieds d'aile (bande de 33 cm).

24480 La **présomption s'apprécie** à la date de la contestation. Elle profite alors à celui qui se prévaut de la mitoyenneté. Toutefois, le voisin peut établir que les conditions de la présomption n'étaient pas remplies à la date de la construction du mur. Dès lors, si celui qui se prévaut de la mitoyenneté ne produit aucun titre et n'établit pas la possession trentenaire, la présomption aura été renversée par le voisin.

Pour établir que, contrairement aux apparences, le mur ne remplissait pas les conditions requises pour qu'il soit présumé mitoyen, celui qui conteste la mitoyenneté peut utiliser tous moyens de preuve : la présomption n'est **pas irréfragable.**

24485 En tout état de cause, les juges apprécient souverainement les éléments de preuve qui leur sont soumis pour déterminer le caractère mitoyen du mur. En cas de conflit entre les éléments présentés, ils doivent appliquer la hiérarchie des modes de preuves dégagées par la loi. En l'absence de preuves de mitoyenneté par titres, par la présomption légale de l'article

653 du Code civil, par la prescription acquisitive, la preuve par des **présomptions simples** est possible (Cass. 3e civ. 19-4-1989 : Bull. civ. III n° 87). Si la mitoyenneté d'un mur ne résulte pas clairement des titres, une expertise judiciaire peut être demandée en référé au cas où les travaux que veut entreprendre une des parties risqueraient de faire disparaître les marques de mitoyenneté (CA Versailles 13-1-1995 : Bull. inf. C. cass. 1-5-1995 p. 15).

PRÉSOMPTION DE NON-MITOYENNETÉ

Lorsque le mur présente certains caractères, il est présumé non mitoyen. En réalité, l'article 24490
653 du Code civil prévoit des cas où la présomption de mitoyenneté ne peut pas jouer. Tout se passe alors comme si le mur était présumé privatif.

L'article 654 du Code civil énonce deux séries de cas. 24495

Il y a marque de non-mitoyenneté lorsque les **eaux pluviales** ne sont **reçues que d'un côté** par suite de la configuration du mur : sommité droite et à plomb de son parement d'un côté, présentant un plan incliné de l'autre ; chaperon ou larmier d'un seul côté ; le mur est alors réputé appartenir à celui qui reçoit les eaux.

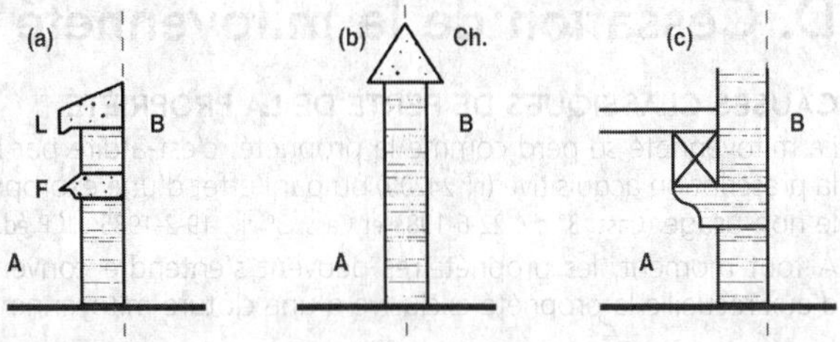

Marques
a) Sommité du mur inclinée vers A, auquel l'ouvrage est présumé appartenir. La solution est la même, s'il n'existe de filet (F) ou de chaperon et larmier (L) que du côté du fonds de A.
b) Chaperon à deux égouts : mur présumé mitoyen (ch.).
c) Corbeau d'un seul côté : mur présumé n'appartenir qu'à A.

Il y a également marque de non-mitoyenneté lorsque la **configuration** du mur fait appa- 24500
raître que le **droit de bâtir** n'appartient qu'à un seul des voisins. Ainsi, les corbeaux de pierre placés dans l'épaisseur du mur, à une certaine distance les uns des autres, et d'un seul côté, dénoncent l'existence d'anciens adossements et font présumer que le mur est privatif.

L'article 654 du Code civil n'est qu'énonciatif. Le juge doit prendre en compte la situation et les indices existant au moment de la création du mur pour apprécier les présomptions et marques de non-mitoyenneté. Il faut ainsi se reporter à l'époque de la construction d'un mur pour savoir si les conditions de la mitoyenneté sont bien établies (Cass. 3e civ. 19-11-2015 n° 14-25.528 ; 25-9-2002 n° 01-10.629). Des interventions ultérieures peuvent, en effet, avoir modifié la situation, or, en principe, celles-ci restent sans effet sur le caractère d'origine de l'ouvrage. Les **juges** du fond **apprécient** souverainement les signes caractéristiques de la non-mitoyenneté (Cass. 1e civ. 22-12-1964 : Bull. civ. I n° 598) car les marques visées à l'article 654 ne sont pas limitativement énumérées par lui (Cass. 1e civ. 1-3-1961 : Bull. civ. I n° 135).

La **présence de marques** fait présumer le caractère totalement privatif du mur, y compris 24505
au-dessus des traces.

Pour **combattre cette présomption,** celui qui revendique la mitoyenneté peut produire un 24510
titre qui peut ne pas être commun aux parties. Il peut également établir que les marques de non-mitoyenneté ne sont pas contemporaines de la construction du mur et que 30 ans ne se sont pas écoulés depuis qu'elles ont été faites.

Le **mur de soutènement** ne bénéficie pas de la présomption de mitoyenneté (Cass. 3e civ. 26-1-2022 n° 20-14.580 F-D : BPIM 2/22 inf. 177-4) ; il est généralement présumé appartenir au propriétaire qui en profite, c'est-à-dire celui du fonds soutenu (Cass. 3e civ. 15-6-1994 : RDI 1995 p. 79 ; Cass. 3e civ. 8-12-2004 n° 03-15.541 : Bull. civ. III n° 232), présomption qui résulte en général des usages locaux (Cass. 3e civ. 13-4-2022 n° 21-13.257 F-D : BPIM 3/22 inf. 260). Toutefois, il peut être partiellement mitoyen pour la partie qui 24515

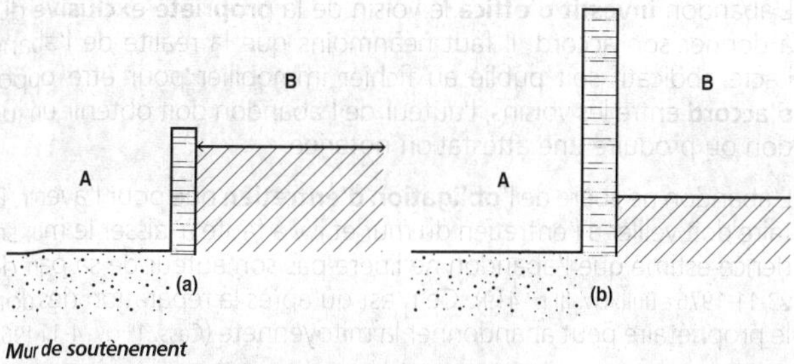

Mur de soutènement
a) La présomption de mitoyenneté ne joue pas.
b) La présomption de mitoyenneté s'applique.

sert à l'usage commun des deux voisins (Cass. 3e civ. 4-1-1995 : Bull. civ. III no 6). Lorsque, selon les usages locaux, le mur est présumé appartenir au propriétaire du terrain le plus élevé, ce dernier doit en assurer l'entretien jusqu'au niveau de son fonds, la portion dépassant ce niveau étant soumise au droit commun (Cass. 3e civ. 13-4-2022 no 21-13.257 précité). Toutefois, si les deux propriétaires tirent avantage du mur de soutènement : la présomption de mitoyenneté retrouve, alors, son empire. Il en est ainsi lorsque l'ouvrage permet la retenue des terres des deux héritages ou l'adossement de l'une des constructions (Cass. 3e civ. 4-1-1995 no 92-19.818 P : Bull. civ. III no 6 ; Cass. 3e civ. 19-3-1996 no 94-18.104 ; Cass. 3e civ. 11-5-2022 no 20-22.840 F-D).

D. Cessation de la mitoyenneté

CAUSES CLASSIQUES DE PERTE DE LA PROPRIÉTÉ

24600 La mitoyenneté se perd comme la propriété, c'est-à-dire par la disparition de la chose, par la prescription acquisitive (no 24200) ou par l'effet d'une expropriation. Elle ne s'éteint pas par le non-usage (Cass. 3e civ. 22-6-1983 et Cass. 3e civ. 19-2-1985 : JCP éd. N 1986 II p. 263 obs. Barbièri).

À tout moment, les propriétaires peuvent s'entendre conventionnellement pour que l'un d'eux recueille la propriété exclusive d'une clôture mitoyenne et de son sol d'assiette.

CESSATION DE CONTIGUÏTÉ

24605 La mitoyenneté cesse également en cas de **modification** dans les **relations de voisinage.**

Si la propriété des héritages séparés par le mur se modifie au point d'entraîner une cessation de contiguïté, il n'y a plus de mitoyenneté. Ainsi, lorsque l'un des fonds est incorporé au domaine public mais que le mur reste indivis entre les copropriétaires initiaux, il y a une mitoyenneté « atrophiée ». L'un des indivisaires ne peut plus faire usage des droits qu'il tient de la mitoyenneté.

24610 La cessation de contiguïté par **incorporation** d'un des deux fonds **au domaine public** libère généralement la face du mur donnant sur la voie publique.

Le copropriétaire du mur dont le fonds a été exproprié ou n'est plus contigu possède alors le droit d'usage de la face dégarnie du mur car la cessation de l'état de mitoyenneté laisse subsister le droit de copropriété (Cass. req. 17-3-1891 : D. 1892 p. 25 ; Cass. 3e civ. 10-7-1969 : JCP éd. G 1970 II no 16172 note Goubeaux ; Cass. 3e civ. 18-5-1994 no 92-19.763 : RJDA 8-9/94 no 955) ; il peut la louer à un afficheur sans avoir à partager le produit de la location (voir no 23845).

ABANDON DE MITOYENNETÉ

24615 La mitoyenneté se perd également par l'abandon. L'abandon de mitoyenneté est une faculté réservée à l'un des copropriétaires qui peut ainsi se décharger des **frais d'entretien** du mur mitoyen (C. civ. art. 656).

Il faut, pour que l'abandon soit possible, que le mur ne serve pas de séparation entre bâtiments, que l'auteur de l'abandon soit tenu d'une obligation positive (entretenir le mur) et que la partie du mur abandonnée soit celle assujettie à l'obligation d'entretien dont on entend se décharger (C. civ. art. 656 ; TGI Limoges 13-6-1990 : Bull. inf. C. cass. 15-11-1990 p. 29 no 1351).

L'abandon de mitoyenneté n'est pas possible lorsque le propriétaire retire du mur un avantage particulier comme le soutien des terres de sa propriété (Cass. 3e civ. 23-11-1976 : Bull. civ. III no 419) ou de celles de son voisin (Cass. 3e civ. 25-9-2002 no 00-22.701 : Bull. civ. III no 182).

24620 L'abandon **investit d'office** le voisin de la **propriété exclusive** du mur, sans que celui-ci ait à donner son accord. Il faut néanmoins que la réalité de l'abandon soit constatée et que l'acte abdicatif soit publié au fichier immobilier pour être opposable aux tiers. À **défaut d'accord** entre les voisins, l'auteur de l'abandon doit obtenir un jugement constatant l'abandon ou produire une attestation notariée.

24625 L'abandon ne libère de l'**obligation d'entretien** que pour l'avenir. En effet, chaque copropriétaire doit veiller à l'entretien du mur et il y a faute à laisser le mur se détériorer. Or, la jurisprudence estime que l'abandon ne libère pas son auteur de sa part de responsabilité (Cass. 3e civ. 23-11-1976 : Bull. civ. III no 419). Ce n'est qu'après la réparation des dommages dus à son fait que le propriétaire peut abandonner la mitoyenneté (Cass. 1e civ. 4-11-1963 : Bull. civ. I no 473).

24630 Contrairement à l'opinion parfois émise, le bénéficiaire de l'abandon n'est pas tenu de réparer le mur devenu sa propriété privative. Il doit seulement se borner à veiller à ce que le mur n'endommage pas la propriété de celui qui a abandonné la mitoyenneté (voir B. Boubli : « La mitoyenneté des murs et des clôtures autres que les murs », 1986, éd. Journ. Not. no 435).

© Éd. Francis Lefebvre

TITRE III

Opérations foncières et d'aménagement

CHAPITRE 1

DISPOSITIONS GÉNÉRALES RELATIVES À L'AMÉNAGEMENT URBAIN

SOMMAIRE

A. Actions et opérations d'aménagement

DÉFINITION DES ACTIONS ET OPÉRATIONS D'AMÉNAGEMENT

Le terme d'aménagement désigne l'ensemble des actes des collectivités locales ou des établissements publics de coopération intercommunale (EPCI) qui sont destinés à conduire ou à autoriser certaines actions ou opérations, ainsi qu'à assurer leur harmonisation. Des objectifs particulièrement larges sont assignés à ces actions ou opérations d'aménagement. Il peut s'agir (C. urb. art. L 300-1) : **25500**

– de mettre en œuvre un projet urbain ;
– de mettre en œuvre une politique locale de l'habitat ;
– d'organiser la mutation, le maintien, l'extension ou l'accueil des activités économiques ;
– de favoriser le développement des loisirs et du tourisme ;
– de réaliser des équipements collectifs ou des locaux de recherche ou d'enseignement supérieur ;
– de lutter contre l'insalubrité et l'habitat indigne ou dangereux ;
– de permettre le recyclage foncier ou le renouvellement urbain ;
– de sauvegarder, de restaurer ou de mettre en valeur le patrimoine bâti ou non bâti, ainsi que les espaces naturels, notamment en recherchant l'optimisation de l'utilisation des espaces urbanisés et à urbaniser ;
– de renaturer ou de désartificialiser des sols, notamment en procédant à la même recherche que ci-dessus.

ILLUSTRATIONS

Entrent dans le champ d'application des actions ou opérations d'aménagement :
– la création d'un pôle d'attraction industriel et commercial (CE 31-3-1989 n° 88113, Sté d'ingénierie et de développement économique : Lebon T. p. 992) ;
– le relogement de personnes évincées de leur logement par une opération d'aménagement (CE 6-4-2001 n° 202791, Cne de Montreuil : RJDA 6/01 n° 671) ;
– l'extension de l'activité d'une entreprise (CE 6-2-2006 n° 266821, Cne de Lamotte-Beuvron : BPIM 3/06 inf. 175) ;
– la réalisation, par un office public de l'habitat, d'un ensemble immobilier comportant environ 40 logements sociaux (CE 19-12-2019 n° 420227, Cne de Villemomble).

À l'inverse, en **sont exclus** :
– la réalisation d'une ligne de TGV (CE 3-12-1990 nº 111677, Ville d'Amiens : Lebon p. 354) ;
– l'aménagement d'une route nationale en vue de la transformer en voie expresse (CE 26-4-1993 nº 133009, Ville de Chamonix : Lebon T. p. 1098) ;
– les travaux destinés à améliorer la sécurité de la circulation dans une voie urbaine (CE 30-7-1997 nº 160949, Ville d'Angers : RJDA 12/97 nº 1528) ;
– la démolition d'un bâtiment, sa dépollution et la restructuration de parcelles (CE 6-5-2009 nº 311167, Cne du Plessis-Trévise : BPIM 4/09 inf. 269).

Pour d'**autres illustrations,** voir notamment la jurisprudence citée en matière de droit de préemption nº 31955.

25520 Les actions ou opérations d'aménagement sont le plus souvent réalisées dans le cadre d'une procédure organisée à cet effet : zones d'aménagement concerté (ZAC), opérations de restauration immobilière, opérations de remembrement ou de regroupement de parcelles réalisées par les associations foncières urbaines (AFU), actions d'accompagnement de la politique du logement telles que, par exemple, les opérations programmées d'amélioration de l'habitat (Opah) ou les opérations de résorption de l'habitat insalubre (RHI). Mais, le cas échéant, il peut en aller autrement.

> **Précisions** Lorsqu'un PLU subordonne la réalisation d'une opération d'aménagement d'ensemble à l'ouverture d'une zone à l'urbanisation (C. urb. art. R 151-20, al. 2), celle-ci doit porter sur tous les terrains concernés pour en garantir la cohérence (Rép. Zimmermann : AN 5-1-2016 nº 40842).

PRISE EN COMPTE DE L'ENVIRONNEMENT DANS LES ACTIONS ET OPÉRATIONS D'AMÉNAGEMENT

25530 Toute action ou opération d'aménagement soumise à évaluation environnementale doit faire l'objet (C. urb. art. L 300-1-1) :
– d'une **étude de faisabilité** sur le potentiel de développement en **énergies renouvelables** de la zone, notamment sur l'opportunité de la création ou du raccordement à un réseau de chaleur ou de froid ayant recours aux énergies renouvelables et de récupération ;
– d'une **étude d'optimisation** de la **densité des constructions** dans la zone concernée, en tenant compte de la qualité urbaine, ainsi que de la préservation et de la restauration de la biodiversité et de la nature en ville.

L'étude d'impact, élément de l'évaluation environnementale, doit comporter les conclusions de ces deux études et la description de la façon dont il en est tenu compte (C. envir. art. R 122-5, VII).

OUTILS DE MISE EN ŒUVRE D'UNE ACTION OU OPÉRATION D'AMÉNAGEMENT

25545 Pour mettre en œuvre une action ou une opération d'aménagement répondant à l'un des objectifs définis par le législateur, les collectivités territoriales et les EPCI disposent de plusieurs instruments juridiques.

Ils peuvent exercer des **droits de préemption** (C. urb. art. L 210-1), ou encore constituer des **réserves foncières** en vue de réaliser ces actions ou opérations (C. urb. art. L 221-1).

Ils ont également la possibilité de conclure avec l'État des contrats de **projet partenarial d'aménagement** (C. urb. art. L 312-1).

Par ailleurs, l'État et les collectivités territoriales, ainsi que leurs établissements publics, peuvent **concéder la réalisation des opérations** d'aménagement à toute personne y ayant vocation (C. urb. art. L 300-4). Lorsqu'elles ont pour objet de transférer au concessionnaire un risque économique lié à la réalisation de l'opération, les concessions d'aménagement relèvent du régime général des contrats de concession, tel qu'il est défini par le droit européen (Directive 2014/23/UE du 26-2-2014) et le droit national (CCP art. L 1121-1 et L 3100-1 s.).

L'État, les collectivités locales et leurs établissements publics peuvent aussi, dans les conditions prévues par le Code de la commande publique, **donner mandat** à des personnes publiques ou privées d'agir en leur nom et pour leur compte pour procéder (C. urb. art. L 300-3) :
– à la réalisation d'études, notamment d'études préalables nécessaires à une opération d'aménagement ;
– à la réalisation de travaux et à la construction d'ouvrages ou de bâtiments de toute nature, lorsque ces travaux ou constructions n'entrent pas dans le champ d'application des dispositions du Code de la commande publique concernant les marchés publics liés à la maîtrise d'ouvrage publique et à la maîtrise d'œuvre privée (CCP art. L 2410-1 s.) ;
– à l'achat et à la revente de biens fonciers ou immobiliers dans le respect de la loi 70-9 du 2 janvier 1970 réglementant les conditions d'exercice des activités relatives à certaines opérations portant sur les immeubles et les fonds de commerce.

Un **contrat de coopération opérationnelle** entre l'État et les collectivités locales peut aussi être conclu dans le cadre de la réalisation des « projets d'intérêt majeur » comportant la réalisation d'actions ou d'opérations d'aménagement et, le cas échéant, de projets d'infrastructure (C. urb. art. L 350-1 s.).

RÉSERVES FONCIÈRES

En vue de permettre la réalisation d'une action ou d'une opération d'aménagement, l'État, les collectivités locales ou leurs groupements y ayant vocation (EPCI), les syndicats mixtes, les établissements publics fonciers et d'aménagement, les établissements publics fonciers locaux, les concessionnaires d'aménagement, les sociétés publiques locales d'aménagement et les grands ports maritimes sont habilités à acquérir des immeubles par **préemption** et, au besoin, par voie d'**expropriation** afin de constituer des réserves foncières. Des réserves foncières peuvent également être constituées par l'État, les collectivités locales ou leurs groupements, ou les établissements publics y ayant vocation en vue de prévenir les conséquences du recul du trait de côte (C. urb. art. L 221-1). **25550**

La personne publique qui s'est rendue acquéreur d'une réserve foncière doit en assurer la **gestion** de manière raisonnable. Avant leur utilisation définitive, les immeubles acquis pour la constitution de réserves foncières ne peuvent faire l'objet d'aucune **cession** en pleine propriété, ou en démembrement de propriété (Rép. Tardy : AN 1-1-2013 n° 2955). Seules échappent à cette interdiction les cessions que les personnes publiques pourraient se consentir entre elles et les cessions faites en vue de la réalisation d'opérations pour lesquelles la réserve a été constituée. Les immeubles acquis peuvent seulement faire l'objet de **concessions** temporaires qui ne confèrent au preneur aucun droit de renouvellement ni aucun droit à se maintenir dans les lieux lorsque l'immeuble est repris en vue de son utilisation définitive. Toutefois, lorsque les terres concédées sont à usage agricole, il ne peut être mis fin à ces concessions qu'à la condition de respecter un préavis soit d'une durée d'au moins un an, soit d'une durée correspondant au cycle des cultures en cours (C. urb. art. L 221-2).

› Précisions **a.** Par analogie avec la règle jurisprudentielle applicable en matière de préemption (n° 31990), lorsqu'une constitution de réserve foncière **par voie d'expropriation** est envisagée, les personnes publiques concernées doivent, à la date à laquelle l'enquête publique est engagée, justifier de la réalité d'un projet d'action ou d'opération d'aménagement même si les caractéristiques précises de ce projet n'ont pas encore été définies (CE 21-5-2014 n° 354804, Communauté d'agglomération de Montpellier : BPIM 4/14 inf. 243 ; CE 30-4-2024 n° 465919, Communauté d'agglomération du Grand Angoulême : BPIM 3/24 inf. 177).

b. Les EPCI à fiscalité propre peuvent exercer le **droit de priorité** pour constituer des réserves foncières en vue de permettre la réalisation d'actions ou d'opérations d'aménagement (C. urb. art. L 240-1, al. 4).

c. Lorsque le **projet** d'urbanisme qui justifiait la constitution de la réserve foncière a été finalement **abandonné,** de sorte que les immeubles ne sont pas repris par la personne publique en vue de leur utilisation définitive, l'exploitant qui bénéficiait de la concession temporaire de terres agricoles peut se prévaloir du statut d'ordre public des baux ruraux (Cass. 3e civ. 27-2-2020 n° 18-24.772 FS-PBI : BPIM 2/20 inf. 104).

PROJET PARTENARIAL D'AMÉNAGEMENT

Un **contrat** de projet partenarial d'aménagement (PPA) peut être conclu entre, d'une part, l'État et, d'autre part, un EPCI à fiscalité propre, un établissement public territorial relevant de la métropole du Grand Paris, la Ville de Paris, la métropole de Lyon, ainsi qu'une ou plusieurs communes appartenant à ces entités. Ce contrat est destiné à favoriser la réalisation d'opérations d'aménagement (C. urb. art. L 312-1). **25555**

Les communes concernées sont associées à l'élaboration du contrat. Les autres collectivités territoriales et les établissements publics intéressés peuvent, à leur demande, être signataires du contrat. Sur proposition d'une ou plusieurs parties au contrat, celui-ci peut également être signé par toute société publique locale, toute société d'économie mixte, ainsi que toute autre personne publique ou tout acteur privé implantés dans le périmètre territorial du contrat et susceptibles de prendre part à la réalisation des opérations qu'il prévoit.

Lorsqu'un contrat de PPA prévoit une **opération d'aménagement** susceptible d'être qualifiée de grande opération d'urbanisme (voir nos 25580 s.), il en précise les dimensions et les caractéristiques (C. urb. art. L 312-2).

Une opération d'aménagement prévue par un contrat de PPA peut donner lieu à un **permis d'aménager** portant sur des **unités foncières non contiguës** si l'opération d'aménagement garantit l'unité architecturale et paysagère des sites concernés. La totalité des voies et des espaces communs inclus dans le permis d'aménager peut faire l'objet d'une convention de transfert au profit de la commune ou de l'EPCI compétent (C. urb. art. L 312-2-1).

Les EPCI chargés de créer, d'aménager et de gérer les **zones d'activité économique** (ZAE) faisant l'objet d'un PPA doivent établir un inventaire de ces zones. Lorsque l'état de dégradation ou l'absence d'entretien d'un local inventorié compromet la réalisation d'une opération d'aménagement ou de restructuration de la zone d'activité, le préfet, le maire ou le président de l'EPCI peut mettre en demeure le propriétaire de réhabiliter le local concerné. Une procédure d'expropriation peut être engagée si le propriétaire ne manifeste pas, dans un délai de 3 mois, l'intention de se conformer à la mise en demeure ou si les travaux de réhabilitation ne débutent pas dans le délai d'un an (C. urb. art. L 300-8, L 318-8-1 et L 318-8-2).

RÉALISATION D'OPÉRATIONS EN PROCÉDURE INTÉGRÉE

25560 La loi Élan 2018-1021 du 23 novembre 2018 a remanié les dispositions du Code de l'urbanisme relatives à la « procédure intégrée pour le logement » (PIL) et la « procédure intégrée pour l'immobilier d'entreprise » (PIIE). L'une et l'autre étaient destinées à accélérer la **mise en compatibilité,** avec certaines opérations ou certains projets, des principaux documents d'urbanisme ou d'**adapter** d'autres documents.

Tout en réaffirmant le même objectif, la loi Élan a fusionné les deux procédures et élargi leur champ d'application. Il n'existe plus désormais qu'une seule « procédure intégrée » (C. urb. art. L 300-6-1, I dans sa rédaction issue de la loi 2024-322 du 9-4-2024). Les dispositions de la partie réglementaire du Code de l'urbanisme (C. urb. art. R 300-15 s.) n'ont toujours pas été modifiées afin de prendre en compte la fusion des deux anciennes procédures intégrées. Nous mentionnons cependant ces dispositions, dès lors qu'elles étaient communes à l'une et l'autre procédure.

Lorsqu'un projet d'opération de construction ou d'aménagement est suffisamment précis à la date de l'engagement de la procédure intégrée, les pièces nécessaires à la délivrance du permis de construire ou d'aménager peuvent, dès cette date, être transmises par l'autorité ayant engagé la procédure intégrée aux autorités compétentes pour accorder le permis (C. urb. art. L 300-6-1, VI et art. R 300-16).

ATTENTION

La **procédure intégrée** doit être **distinguée de la procédure de déclaration de projet** relative à la réalisation d'une opération d'aménagement ou d'un programme de construction, à l'implantation de certaines installations de production ou de transport d'énergie, de certaines installations industrielles ou encore de certaines installations de recherche et développement (C. urb. art. L 300-6). Dans le cas de la déclaration de projet, l'État, ses établissements publics, les collectivités territoriales et leurs groupements peuvent, après enquête publique environnementale, se prononcer, par cette déclaration, sur l'intérêt général du projet en question. Le Scot ou le PLU peuvent être mis en compatibilité avec le projet dans les conditions précisées n°s 2545 s. pour les Scot et n°s 3675 s. pour les PLU. Sauf si elle est adoptée par l'autorité responsable du document, la déclaration de projet ne peut pas porter atteinte à l'économie générale du PADD du Scot ou, en l'absence de Scot, du PLU. Lorsque la déclaration de projet est adoptée par l'État, elle peut apporter les adaptations nécessaires aux autres documents suivants : Sdrif ; schéma d'aménagement régional d'outre-mer ; Padduc ; schéma régional d'aménagement de développement durable et d'égalité des territoires (Sraddet) ; charte de parc naturel régional ou de parc national ; Sdage ; Sage ; ZPPAUP (devenue site patrimonial remarquable) ; schéma régional de cohérence écologique ; plan climat-énergie territorial.

25565 **Opérations concernées** Relèvent de la procédure intégrée (C. urb. art. L 300-6-1, I dans sa rédaction issue de la loi 2024-322 du 9-4-2024) :
– la réalisation, dans une unité urbaine, d'une opération d'aménagement ou d'une construction comportant principalement des logements et présentant un caractère d'intérêt général ;
– la réalisation d'un projet immobilier de création ou d'extension de locaux d'activités qui présentent un caractère d'intérêt général en raison de son intérêt majeur pour l'activité économique locale ou nationale et au regard de l'objectif de développement durable ;
– la réalisation d'une grande opération d'urbanisme (GOU) présentant un caractère d'intérêt général ;
– la réalisation d'une opération de revitalisation du territoire (ORT) ;
– la réalisation d'une opération d'intérêt national (OIN) ;
– la réalisation d'une opération de requalification des copropriétés dégradées (Orcod).

La réalisation d'un projet de service express régional métropolitain (Serm) peut également bénéficier de la procédure intégrée (C. urb. art. L 300-6-3).

25567 **Compétence pour engager la procédure intégrée** La procédure intégrée peut être engagée soit par l'État (ou ses établissements publics), soit par les collectivités territoriales ou leurs groupements compétents pour élaborer les documents d'urbanisme à mettre en compatibilité ou compétents pour autoriser ou réaliser l'opération envisagée (C. urb. art. L 300-6-1, II).

Mise en compatibilité des documents d'urbanisme Dans le cadre de la **procédure** intégrée, la mise en compatibilité peut concerner le Sdrif, le Padduc, les schémas d'aménagement régional, les Scot, les PLU et les documents tenant lieu de PLU. La procédure intégrée est menée (C. urb. art. R 300-15) : 25570
- par le préfet, lorsqu'elle est engagée par l'État ;
- par l'autorité compétente en vertu des statuts de l'établissement ou, dans le silence de ceux-ci, par l'organe délibérant, lorsque la procédure est engagée par un établissement public de l'État ;
- par le président de l'organe délibérant, lorsqu'elle est engagée par une collectivité territoriale ou par un groupement de collectivités territoriales ;
- par le président du conseil exécutif, lorsqu'elle est engagée par la collectivité territoriale de Corse.

La procédure de mise en compatibilité des Scot est examinée n° 2542 (C. urb. art. L 143-44 s.) et celle des PLU, n° 3673 (C. urb. art. L 153-54 s.). Des procédures particulières sont applicables dans le cas du Sdrif (C. urb. art. L 123-23), du Padduc (CGCT art. L 4424-15-1) et des schémas d'aménagement régional (CGCT art. L 4433-10-1).

L'**autorité environnementale** (AE) est consultée sur l'étude d'impact du projet soumis à permis de construire ou d'aménager, pour lequel la procédure intégrée a été engagée, ainsi que sur l'analyse des incidences environnementales de la mise en compatibilité.

L'AE émet son avis à l'intention de l'autorité compétente pour autoriser le projet. Elle se prononce au vu d'un dossier comprenant la demande d'autorisation du projet, l'étude d'impact, le dossier de mise en compatibilité et l'analyse des incidences environnementales de la mise en compatibilité (C. urb. art. R 300-17). Le projet est ensuite soumis à enquête publique environnementale. Il est éventuellement modifié pour tenir compte du procès-verbal d'examen conjoint, des avis joints au dossier d'enquête, des observations du public et du rapport du commissaire enquêteur ou de la commission d'enquête (C. urb. art. R 300-18).

La mise en compatibilité est approuvée, selon le cas, par l'autorité responsable du document ou par l'État. Dès l'ouverture de l'enquête publique et jusqu'à l'approbation de la mise en compatibilité, les dispositions du document d'urbanisme dont la mise en compatibilité est requise ne peuvent plus faire l'objet d'une modification ou d'une révision (C. urb. art. L 300-6-1, III).

Adaptation des autres documents Une **procédure simultanée** permet d'assurer, à la fois, la compatibilité des documents d'urbanisme dont il vient d'être question et l'adaptation des documents suivants : DTA encore en vigueur ; Sraddet ; Sdage ; Sage ; règlement d'une ZPPAUP ; règlement d'une Avap ; plan de valorisation de l'architecture et du patrimoine ; PPRNP relatif aux risques d'inondation à cinétique lente dans les zones urbaines d'un PLU hors champs d'expansion des crues ; PPRNP relatif aux risques liés aux cavités souterraines et aux marnières dans l'hypothèse d'un comblement de la cavité ou de la marnière ; plan de prévention des risques miniers dans l'hypothèse d'un comblement des cavités minières ou d'une étude du sous-sol démontrant l'absence de telles cavités ; schéma régional de cohérence écologique ; plan climat-énergie territorial ; plan de mobilité (ancien plan de déplacements urbains) ; PLH (C. urb. art. L 300-6-1, IV-al. 1 à 15). 25575

Les **adaptations** envisagées sont soumises à **conditions.** Elles doivent respecter les objectifs fixés par le document à adapter et ne pas porter atteinte à l'intérêt culturel, historique ou écologique des zones concernées. Elles ne peuvent pas modifier la vocation de l'ensemble de la zone où se situe le projet, mais seulement prévoir des exceptions ponctuelles et d'ampleur limitée à cette vocation. En cas d'adaptation d'un plan de prévention des risques d'inondation, le projet d'aménagement ou de construction doit prévoir les mesures de prévention, de protection et de sauvegarde nécessaires pour assurer la sécurité des personnes et des biens. Il ne peut pas aggraver les risques considérés (C. urb. art. L 300-6-1, IV-al. 16 à 18).

La **procédure** d'adaptation est menée par l'État. Les adaptations proposées font l'objet d'une évaluation environnementale, à moins que l'étude d'impact de l'opération ait examiné les incidences de ces adaptations sur l'environnement. Elles sont présentées par l'État à l'autorité responsable du document dans le cadre de l'examen conjoint organisé au titre de la procédure de mise en compatibilité du document d'urbanisme. Il est procédé à une enquête publique environnementale unique portant à la fois sur l'adaptation et la mise en compatibilité (avec rapport unique mais conclusions distinctes). Les dispositions des documents dont l'adaptation est requise ne peuvent plus faire l'objet d'une modification ou d'une révision entre la date d'ouverture de l'enquête et celle d'approbation des adaptations. À l'issue de l'enquête publique, le projet d'adaptation est soumis pour avis à l'autorité responsable du document, laquelle dispose de 2 mois pour se prononcer, son avis étant réputé favorable s'il n'est pas émis dans ce délai. Le projet d'adaptation est éventuellement modifié pour tenir compte des avis joints au dossier d'enquête, des observations du public et du rapport du commissaire ou de la commission d'enquête. Les adaptations sont approuvées par arrêté du préfet, ou décret en Conseil d'État si le document à adapter a été approuvé par décret en Conseil d'État (C. urb. art. L 300-6-1, IV-al. 19 à 23).

PROJETS INDUSTRIELS

25578 Un projet industriel qui revêt, eu égard à son objet et à son envergure, une importance particulière pour la transition écologique ou la souveraineté nationale peut être qualifié par décret de **projet d'intérêt national majeur** (PINM).

Lorsqu'un schéma régional (Sraddet, Sdrif, Padduc, SAR d'outre-mer), un Scot, un PLU ou une carte communale doit être modifié ou révisé pour permettre la réalisation du PINM, il peut être fait application d'une **procédure particulière de mise en compatibilité** engagée par le préfet et comportant évaluation environnementale, examen conjoint du projet de mise en compatibilité, participation du public par voie électronique, présentation du bilan de la consultation du public et décret emportant mise en compatibilité (C. urb. art. L 300-6-2).

GRANDES OPÉRATIONS D'URBANISME

25580 **Définition et qualification** Les « grandes opérations d'urbanisme » **(GOU)** constituent un outil d'aménagement inspiré du dispositif des opérations d'intérêt national (OIN). Elles ont pour but de faciliter la réalisation d'opérations d'aménagement importantes et complexes.

Une opération d'aménagement peut être qualifiée de GOU lorsqu'elle est prévue par un contrat de projet partenarial d'aménagement (PPA) et que, en raison de ses dimensions ou de ses caractéristiques, sa réalisation requiert un engagement conjoint spécifique de l'État et d'une collectivité territoriale ou d'un établissement public partie au contrat de PPA (C. urb. art. L 312-3).

La qualification de GOU est décidée par l'organe délibérant de la collectivité territoriale ou de l'établissement public contractant, après avis conforme des communes dont le territoire est inclus, en tout ou partie, dans le périmètre de l'opération et avec l'accord des préfets dans les départements concernés (C. urb. art. L 312-4, al. 1 et art. L 312-7).

L'acte décidant de la qualification de GOU fixe sa durée et le périmètre de l'opération, ainsi qu'une densité minimale de constructions, le cas échéant, déclinée par secteur. Cet acte peut être modifié selon les mêmes modalités que celles prévues pour la qualification initiale (C. urb. art. L 312-4, al. 2).

25585 **Conséquences de la qualification de GOU** La mise en place d'une GOU entraîne diverses conséquences et, en particulier, les suivantes (C. urb. art. L 312-5 dans sa rédaction issue de la loi 2024-322 du 9-4-2024 et art. L 312-5-1) :

– l'autorité compétente pour délivrer les **autorisations d'urbanisme** est le maire de Paris, le président de la métropole de Lyon, ou encore le président de l'EPCI ou de l'établissement public territorial du Grand Paris qui est à l'initiative de l'opération. Toutefois, l'acte décidant de la qualification de GOU (ou un acte ultérieur pris dans les mêmes formes) peut prévoir qu'il n'y aura pas transfert de cette compétence ;

– les **règles de construction** applicables aux projets relevant d'un permis de construire, autres que les projets de logements sociaux, peuvent faire l'objet de dérogations dans les conditions prévues à l'article 88, II de la loi 2016-925 du 7 juillet 2016, le maître d'ouvrage devant démontrer que les règles dérogatoires ainsi mises en œuvre permettent d'atteindre des résultats similaires aux objectifs poursuivis par les règles auxquelles il est dérogé ;

– la collectivité territoriale ou l'établissement public ayant pris l'initiative de l'opération est compétent pour la réalisation, la construction, l'adaptation ou la gestion d'**équipements publics** relevant de la compétence de la commune d'implantation et nécessaires à la GOU. La compétence ainsi transférée s'exerce, en principe, pendant toute la durée de la GOU, ou, par dérogation, pour une durée inférieure ou supérieure avec l'accord de la commune. Les équipements sont remis à la commune selon les modalités et dans les délais fixés d'un commun accord ;

– la **prise de possession d'un ou de plusieurs immeubles** bâtis ou non bâtis dont l'acquisition est nécessaire à l'opération peut, à titre exceptionnel, être autorisée par décret pris après avis conforme du Conseil d'État si l'exécution de projets compris dans le périmètre d'une GOU risque d'être retardée par des difficultés tenant à cette prise de possession. Pour les immeubles à usage d'habitation, un plan de relogement doit avoir été établi (C. expr. art. L 522-1 dans sa rédaction issue de la loi 2024-322 du 9-4-2024) ;

– les projets répondant aux objectifs de l'opération, ainsi que les évolutions de plan ou de programme nécessaires pour en permettre la réalisation, peuvent faire l'objet d'une procédure de **participation du public** par voie électronique (C. envir. art. L 123-19).

L'acte décidant la qualification de GOU peut délimiter, sur tout ou partie du territoire de celle-ci, une **ZAD** et, dans ce cas, désigne le titulaire du droit de préemption (C. urb. art. L 312-6, al. 1). Par ailleurs, le **droit de préemption urbain** (DPU) et le **droit de préemption sur les fonds artisanaux, fonds de commerce, baux commerciaux** ou terrains portant ou destinés à porter des commerces sont exercés par la collectivité territoriale ou l'établissement public signataire du contrat de PPA. L'exercice de ce droit peut être délégué à un établissement public y ayant vocation ou au concessionnaire d'une opération d'aménagement (C. urb. art. L 211-2, al. 4, L 214-1-1, a et L 312-5, 1° bis). Un droit de préemption commercial dérogatoire au droit commun peut également être institué pour faciliter la transformation d'une **zone d'activité économique** (ZAE) comprise dans une GOU (C. urb. art. L 214-2-1).

Enfin, sur le territoire des zones urbaines ou à urbaniser délimitées par un PLU ou un document d'urbanisme en tenant lieu, et dans le périmètre d'une GOU, lorsqu'une opération d'aménagement ou de construction nécessite la réalisation d'équipements publics autres que les équipements propres dont la réalisation peut être exigée du bénéficiaire d'une autorisation d'utilisation du sol, une convention de **projet urbain partenarial** (PUP) peut être conclue. Celle-ci prévoit la prise en charge financière de tout ou partie des équipements publics concernés. Elle est conclue entre les propriétaires des terrains, les aménageurs, les constructeurs, ainsi que la collectivité territoriale ou l'établissement public partie au contrat de PPA ou encore les communes concernées en cas de dérogation au transfert automatique de la compétence pour la délivrance des autorisations d'urbanisme (C. urb. art. L 312-5, 5°, L 312-5-1, al. 2 et L 332-11-3).

ATTENTION

Par **dérogation** à la règle générale selon laquelle le **droit de préemption dans les ZAD** peut être exercé pendant une durée de 6 ans renouvelable, cette durée est portée à 10 ans pour le droit de préemption dans les ZAD-GOU (C. urb. art. L 312-6, al. 2).

ÉTUDE DE SÉCURITÉ PUBLIQUE

Les **projets d'aménagement,** ainsi que la réalisation des équipements collectifs et des programmes de construction qui, par leur importance, leur localisation ou leurs caractéristiques propres, peuvent avoir des incidences sur la **protection des personnes et des biens** contre les menaces et les agressions, doivent faire l'objet d'une étude de sécurité publique permettant d'en apprécier les conséquences (C. urb. art. L 114-1 s. ; Circ. intérieur INTK0700103C du 1-10-2007). 25590

Sont notamment concernées, dans les agglomérations de plus de 100 000 habitants : la création d'un établissement de 1e ou de 2e catégorie pouvant recevoir du public, ainsi que les opérations de construction ou d'aménagement ayant pour effet de créer plus de 70 000 m^2 de surface de plancher. En dehors de ces agglomérations, l'obligation concerne la création de certains établissements scolaires et de certaines gares ferroviaires, routières ou maritimes. Le préfet peut aussi délimiter sur l'ensemble du territoire national un périmètre spécifique à l'intérieur duquel la réalisation d'une opération d'aménagement ou la création d'un établissement recevant du public devra donner lieu à l'élaboration d'une étude de sécurité publique. Les opérations de rénovation urbaine de grande ampleur font également l'objet d'une telle étude (C. urb. art. R 114-1).

L'étude de sécurité publique comprend trois séries d'éléments : un diagnostic ; une analyse du projet au regard des risques de sécurité pesant sur l'opération ; la définition des mesures proposées pour prévenir et réduire les risques, ainsi que pour faciliter les missions des services de sécurité et de secours. Elle se prononce sur l'opportunité d'installer, ou non, un système de vidéoprotection. Peuvent être concernés les établissements recevant du public qui existent déjà (C. urb. art. R 114-2). 25595

B. Information et participation du public

PRÉSENTATION GÉNÉRALE DES DIFFÉRENTS DISPOSITIFS

Le public dispose du droit de participer à l'élaboration des décisions publiques ayant une incidence sur l'environnement. Ce droit comporte notamment la faculté d'accéder aux informations permettant la participation effective du public (C. envir. art. L 120-1). 25630

La participation et l'information de public sont aujourd'hui assurées au moyen de mécanismes nombreux et divers.

L'enquête publique relative aux projets, plans et programmes ayant une incidence sur l'environnement, dite **enquête publique environnementale** (C. envir. art. L 123-1 s.), constitue l'une des principales procédures de participation. Son efficacité se trouve renforcée par le dispositif de l'**évaluation environnementale** (C. envir. art. L 122-1 s.).

Toutefois, avant d'être soumis à enquête, le projet ou le document de planification envisagé peut, selon le cas, faire l'objet d'un **débat public** ou d'une **concertation préalable** (C. envir. art. L 121-1-A). La concertation est, elle-même, susceptible de relever, ou non, de la Commission nationale du débat public (CNDP).

Lorsqu'une opération soumise à évaluation environnementale est dispensée d'enquête publique, une **participation du public par voie électronique** se substitue à l'enquête, voir nº 9785 (C. envir. art. L 123-19).

Un **régime spécifique** de participation du public est prévu pour certains projets soumis à **autorisation environnementale,** voir nºs 21217 s. (C. envir. art. L 181-10).

Une **participation minimale du public** est également prévue lorsqu'une décision non individuelle d'une autorité publique ayant une incidence sur l'environnement n'est pas soumise à une procédure particulière organisant la participation du public à son élaboration (C. envir. art. L 123-19-1 s.).

Les projets d'ouvrages de raccordement au réseau public de **transport d'électricité** permettant de réduire les émissions de gaz à effet de serre peuvent faire l'objet d'une concertation préalable selon des **modalités particulières** (Loi 2023-175 du 10-3-2023 art. 27, II).

Par ailleurs, à l'initiative de l'État, un **« référendum » local** peut éventuellement être organisé (C. envir. art. L 123-20 s.). Il s'ajoute aux autres procédures de consultation, sans que l'issue du scrutin ne lie l'autorité administrative. Le référendum peut se dérouler au terme du processus d'adoption d'un projet, alors même que celui-ci aurait fait l'objet des autorisations nécessaires et qu'aucune nouvelle autorisation ne serait requise (CE 20-6-2016 nº 400364, Association citoyenne intercommunale des populations concernées par le projet d'aéroport de Notre-Dame-des-Landes : BJDU 5/2016 p. 336).

Enfin, dans le cas de certains documents ou projets d'urbanisme, c'est le **Code de l'urbanisme** lui-même qui organise une procédure de **concertation.**

1. DÉBAT PUBLIC ET CONCERTATION PRÉALABLE

PROJETS, PLANS OU PROGRAMMES RELEVANT DE LA CNDP

25640 La **Commission nationale du débat public** (CNDP) est une autorité administrative indépendante chargée de veiller à ce que le public puisse participer au processus d'élaboration de certains projets ou documents de planification. Elle peut décider de l'organisation d'un débat public ou d'une concertation préalable portant sur ces projets ou documents.

Il s'agit, en premier lieu, de **projets d'aménagement ou d'équipement d'intérêt national** de l'État, des collectivités territoriales, des établissements publics et des personnes privées. Ces projets doivent présenter un fort enjeu socio-économique ou avoir un impact significatif sur l'environnement ou l'aménagement du territoire. Ils doivent relever de catégories définies en fonction de la nature, des caractéristiques techniques ou du coût prévisionnel du projet (C. envir. art. L 121-1, I et L 121-8, I).

Sont notamment concernés : les projets de création ou d'élargissement d'autoroutes, de routes express et de voies routières à 2x2 voies ou plus, de création de lignes ferroviaires, de création ou de mise à grand gabarit de voies navigables, de création ou d'extension d'infrastructures portuaires ou de pistes d'aérodromes, de création de lignes électriques, de canalisations de transport de gaz, d'hydrocarbures ou de produits chimiques, de création d'une installation nucléaire de base, de barrages ou de transfert d'eau de bassin fluvial, de création d'équipements culturels, sportifs, scientifiques, touristiques ou industriels (C. envir. art. R 121-1 et R 121-2).

En second lieu, un débat public ou une concertation préalable peut aussi porter sur un **plan ou** un **programme de niveau national** faisant l'objet d'une évaluation environnementale (C. envir. art. L 121-8, IV et R 121-1-1).

Les dispositions relatives au débat public ne s'appliquent pas, notamment, aux opérations sensibles intéressant la **défense ou la sécurité nationale,** ni aux projets pour lesquels des informations relèvent de la protection du secret de la défense nationale (C. envir. art. L 121-24).

› Précisions Lorsque **plusieurs projets d'aménagement ou d'équipement,** susceptibles de relever de la CNDP, sont envisagés dans les 8 ans à venir sur un même territoire délimité et homogène, il peut être organisé, à la demande d'une personne publique, un **débat public global ou une concertation globale** pour l'ensemble de ces projets. Si un tel débat ou une telle concertation a eu lieu, les projets concernés, ainsi que ceux envisagés ultérieurement sur le même territoire et cohérents avec sa vocation, sont dispensés de débat public propre ou de concertation préalable propre, à condition que leur mise en œuvre débute dans les 8 ans de la fin du débat public global ou de la concertation globale (C. envir. art. L 121-8-2 et R 121-3-2 dans sa rédaction issue du décret 2024-742 du 6-7-2024).

L'**objet du débat public ou de la concertation préalable** est de permettre de débattre de l'opportunité du projet, de ses objectifs et de ses principales caractéristiques. S'il s'agit d'un plan ou d'un programme de niveau national, le débat ou la concertation porte sur ses objectifs et ses principales orientations. Dans les deux cas, sont également débattus les effets socio-économiques du projet ou du document, ses impacts significatifs sur l'environnement et l'aménagement du territoire. Des solutions alternatives peuvent également être envisagées, y compris l'abandon du projet. Le débat ou la concertation s'étend aussi aux modalités d'information et de participation du public après sa clôture. **25645**

La participation du public doit être assurée pendant toute la phase d'élaboration, depuis les études préliminaires jusqu'à l'ouverture de l'enquête publique ou, en l'absence d'enquête publique, du mode de participation du public retenu (C. envir. art. L 121-1, I).

La CNDP s'assure que le public dispose de bonnes conditions d'information durant la phase de réalisation du projet, jusqu'à la réception des équipements et travaux, et, pour les plans et programmes, jusqu'à leur adoption ou approbation. Elle ne se prononce pas sur le contenu du projet ou du document de planification (C. envir. art. L 121-1, II). Elle peut se voir confier une mission de conciliation relative aux modalités de participation du public au processus décisionnel (C. envir. art. L 121-2).

SAISINE DE LA CNDP

Projets d'aménagement ou d'équipement Les modalités de saisine de la CNDP diffèrent selon l'importance du projet d'aménagement ou d'équipement. Pour chaque catégorie d'opération, deux séries de critères techniques et de seuils financiers sont fixés par le tableau de l'article R 121-2 du Code de l'environnement. Les seuils diffèrent en fonction du coût prévisionnel de l'opération (C. envir. art. L 121-8, I et II). **25650**

Lorsque le projet ne répond à **aucune de ces conditions de critère et de seuil,** il n'y a pas lieu à débat public.

Lorsque le projet répond à la **première série de critères et de seuils,** la plus exigeante, la saisine de la CNDP est automatique. Le maître d'ouvrage doit adresser à la Commission un dossier présentant les objectifs et les principales caractéristiques du projet, ses enjeux socio-économiques, son coût estimatif et ses impacts significatifs sur l'environnement et l'aménagement du territoire, ainsi qu'une description des différentes solutions alternatives (C. envir. art. L 121-8, I). Si, au plus tard, lors de l'ouverture de l'enquête publique, le maître d'ouvrage s'aperçoit que les caractéristiques du projet ou son coût prévisionnel impliquent la saisine de la CNDP, le même dossier doit lui être transmis (C. envir. art. L 121-8, III). **25651**

Lorsque le projet répond à la **seconde série de critères et de seuils,** moins exigeante, le maître d'ouvrage doit rendre publics les objectifs et les caractéristiques essentielles du projet, tout en indiquant s'il entend ou non saisir la CNDP. Il précise également les modalités de concertation qu'il s'engage à mener, si la Commission n'est pas saisie. Cette concertation doit être mise en œuvre selon les modalités définies aux articles L 121-16 et L 121-16-1 du Code de l'environnement (C. envir. art. L 121-8, II). **25652**

Pour cette catégorie de projets, la CNDP peut être saisie, non seulement par le maître d'ouvrage, mais aussi par 10 000 ressortissants européens résidant en France, 10 parlementaires, un conseil régional, départemental ou municipal, un EPCI territorialement intéressé, une association agréée de protection de l'environnement exerçant son activité sur l'ensemble du territoire national.

La saisine doit intervenir dans un délai de 2 mois à compter du moment où le maître d'ouvrage a rendu public le projet. Elle doit être motivée. La CNDP invite le maître d'ouvrage à lui communiquer le dossier du projet dans le délai d'un mois (C. envir. art. L 121-8, II et art. R 121-5).

› Précisions **a.** En l'**absence de saisine** par l'une des personnes habilitées, la CNDP n'est jamais tenue d'organiser un débat public (CE 13-12-2002 n° 229348, Association pour la sauvegarde de l'environnement et la promotion de Saint-Léger-en-Bray : BPIM 3/03 inf. 144).

b. Lorsqu'un **débat public global ou une concertation globale** peut être organisé pour **plusieurs projets,** la CNDP doit être saisie par la personne publique qui demande l'organisation de ce débat ou de cette concertation (C. envir. art. L 121-8-2 et R 121-3-2 dans sa rédaction issue du décret 2024-742 du 6-7-2024).

c. Des **dispositions particulières** permettent au ministre chargé de l'énergie de saisir la CNDP en vue de la participation du public à une ou plusieurs procédures de mise en concurrence portant sur la construction et l'exploitation d'**installations de production d'énergie renouvelable en mer** et de leurs ouvrages de raccordement aux réseaux publics d'électricité (C. envir. art. L 121-8-1).

d. Un **projet** d'équipement ne doit être soumis à la CNDP que si ses principales caractéristiques, ses enjeux socio-économiques, son coût estimatif et ses impacts sur l'environnement sont **suffisamment définis** pour permettre au public d'exprimer son avis (CE 13-3-2019 n° 414930, Association France Nature Environnement ; CE 7-6-2019 n° 414426, Association GRSB ; CE 21-8-2019 n° 419959, Association « Non aux éoliennes entre Noirmoutier et Yeu »).

e. Le débat public doit intervenir avant la mention au Journal officiel, ou la publication régulière, de la décision fixant les principales caractéristiques du projet et, en tout état de cause, avant l'arrêté prescrivant l'enquête publique. La CNDP est tenue de rejeter toute **demande tardive** tendant à l'organisation d'un débat (CE 8-10-2001 n° 217170, Union française contre les nuisances des aéronefs : Lebon p. 457).

25655 **Plans et programmes** Pour les plans et programmes, la saisine de la CNDP doit être considérée comme systématique s'il s'agit d'un document de niveau national faisant l'objet d'une évaluation environnementale (C. envir. art. L 121-8, IV). La liste de ces documents est fixée par l'article R 121-1-1 du Code de l'environnement.

Échappent toutefois à ces dispositions les documents d'urbanisme soumis à concertation obligatoire au titre de l'article L 103-2 du Code de l'urbanisme (C. urb. art. L 103-1). Mais, lorsqu'un projet d'aménagement relevant de cette concertation obligatoire fait l'objet d'un débat public organisé par la CNDP ou par le maître d'ouvrage, la procédure organisée par le Code de l'urbanisme ne s'applique pas (C. envir. art. L 121-8, V).

› Précisions La CNDP n'a pas à être saisie du schéma d'ensemble du réseau de transport public du Grand Paris auquel est applicable une procédure particulière de débat public (C. envir. art. L 121-8, V).

DÉCISION DE LA CNDP

25660 La CNDP dispose de 2 mois pour se prononcer sur la **suite réservée à la saisine** par décision motivée (C. envir. art. L 121-9, 3°).

Si elle estime qu'un **débat public** est nécessaire, elle l'organise et en confie l'animation à une commission particulière (C. envir. art. L 121-9, 1°).

Dans le cas contraire, elle peut décider de recourir à une **concertation préalable.** Elle en confie l'organisation au maître d'ouvrage ou à la personne publique responsable du projet, du plan ou du programme et désigne un « garant ». La concertation se déroule dans les conditions prévues par les articles L 121-15-1 s. du Code de l'environnement. La CNDP en définit les modalités après consultation du maître d'ouvrage ou de la personne publique responsable, ainsi que du « garant » (C. envir. art. R 121-8).

Lorsqu'un projet a fait l'objet d'un **débat public** lors de l'élaboration d'un plan ou d'un programme approuvé **depuis moins de 8 ans** et définissant le cadre dans lequel le projet pourrait être autorisé et mis en œuvre, ce dernier est dispensé de débat public ou de concertation préalable. La CNDP peut cependant décider, si elle l'estime nécessaire et en motivant sa décision, d'organiser un tel débat ou une telle concertation (C. envir. art. L 121-9, 1°).

La CNDP peut enfin décider de ne recourir **ni** à un **débat** public **ni** à une **concertation** préalable. À défaut de décision dans les 2 mois, la CNDP est réputée avoir renoncé à l'organisation d'un débat ou d'une concertation (C. envir. art. L 121-9, 3°).

Quel que soit son objet, la décision est transmise sans délai au maître d'ouvrage ou à la personne publique responsable et, le cas échéant, à l'auteur de la saisine, avant d'être publiée sur le site internet de la commission et au Journal officiel (C. envir. art. R 121-6).

Une fois que l'acte par lequel la commission renonce à organiser un débat ou une concertation est devenu définitif, aucune irrégularité au regard des dispositions applicables en la matière ne peut être invoquée (C. envir. art. L 121-15).

› Précisions **a.** Le « **garant** » est désigné parmi les membres d'une liste nationale établie par la CNDP. Il est tenu à une obligation de neutralité et d'impartialité. Il veille, notamment, à la qualité, la sincérité et l'intelligibilité des informations diffusées au public, au bon déroulement de la concertation préalable, ainsi qu'à la possibilité pour le public de formuler des questions, et de présenter des observations et propositions. Il veille aussi à la diffusion de l'ensemble des études techniques et des expertises présentées par le public au cours de la procédure de participation (C. envir. art. L 121-1-1).

b. Le juge administratif peut être saisi d'un **recours contre la décision de la CNDP** d'organiser ou non un débat public (CE 17-5-2002 n° 236202, Association France nature environnement : BPIM 6/02 inf. 364). Ce recours ne relève pas de la compétence du Conseil d'État en premier et dernier ressort. Il doit être porté devant le tribunal administratif de Paris (CE 8-12-2021 n° 446947, Association Fracture : BPIM 1/22 inf. 22). Le juge exerce un contrôle restreint sur le refus d'organiser un débat public (CE 24-5-2006 n° 285213 : BPIM 5/06 inf. 352). En revanche, les modalités d'organisation du débat arrêtées par la CNDP ne peuvent pas faire l'objet d'un recours (CE 14-6-2002 n° 215154, Association pour garantir l'intégrité rurale restante : BPIM 4/02 inf. 240 ; CE 21-8-2019 n° 430906, Collectif des citoyens exposés au trafic aérien).

c. Le moyen tiré du **défaut d'organisation du débat public** ne peut plus être utilement invoqué à l'encontre d'une déclaration d'utilité publique, dès lors que l'enquête publique est close (CE 2-6-2003 n° 249321, Association Bouconne-Val-de-Save : BPIM 6/03 inf. 324).

d. Lorsqu'un projet a donné lieu à un débat public ou à une concertation préalable, l'**illégalité pour vice de forme ou de procédure** de la décision qui l'autorise ne peut plus être invoquée après l'expiration d'un **délai** de 4 mois à compter de sa prise d'effet (C. envir. art. L 121-22).

DÉROULEMENT DU DÉBAT PUBLIC

Lorsque la CNDP décide l'organisation d'un débat public, elle met en place une **commission** 25665
particulière de 3 à 10 membres (C. envir. art. R 121-7, I). Dans le mois de la publication de la décision imposant le débat, le maître d'ouvrage ou la personne publique responsable élabore un **document de synthèse** publié sur le site internet de la CNDP. Dans les 6 mois de la publication de cette même décision, le maître d'ouvrage ou la personne publique responsable doit élaborer, suivant les indications de la CNDP, le **dossier qui sera soumis au débat.** L'un ou l'autre peut proposer des modalités d'organisation et un calendrier (C. envir. art. R 121-7, II). Le **délai** de 6 mois peut être prorogé afin de permettre au maître d'ouvrage de proposer un dossier qui permette de satisfaire au mieux les exigences du débat à venir (CE 11-1-2008 n° 292493 : Lebon p. 1).

La CNDP peut demander une expertise technique et des études complémentaires. Elle accuse réception du dossier lorsqu'elle l'estime complet. Elle publie le calendrier et les modalités d'organisation du débat (C. envir. art. L 121-11, al. 1 et 2 et art. R 121-7, III et IV).

La **durée du débat** public ne peut pas excéder 4 mois pour les projets et 6 mois pour les plans et programmes de niveau national soumis à évaluation environnementale. Cette durée peut toutefois être prolongée de 2 mois par une décision motivée de la CNDP (C. envir. art. L 121-11, al. 1). Le **compte rendu** du débat public est élaboré par le président de la commission particulière. Il est transmis au président de la CNDP qui dresse le **bilan** du débat. Ces documents sont publiés sur le site internet de la CNDP dans les 2 mois de la clôture du débat (C. envir. art. L 121-11, al. 3 et R 121-7, V).

SUITES DU DÉBAT PUBLIC

Dans les 3 mois de la publication du bilan du débat public relatif au projet, au plan ou au 25670
programme, le maître d'ouvrage ou la personne publique responsable décide, par un acte qui est publié, du principe et des conditions de la **poursuite du projet** ou du document de planification. Il précise, le cas échéant, les principales **modifications** apportées au projet ou au document soumis au débat et les mesures qu'il juge nécessaire de mettre en place. Cet acte est transmis à la CNDP. Lorsque le maître d'ouvrage ou la personne publique responsable est une collectivité territoriale ou un EPCI, l'acte donne lieu à délibération (C. envir. art. L 121-13). L'acte est publié, selon le cas, au Journal officiel, au recueil des actes administratifs ou encore au moyen d'une mention dans un journal national et un journal diffusé dans le département (C. envir. art. R 121-9).

Le juge administratif et, plus particulièrement le Conseil d'État statuant en premier et dernier ressort, est compétent pour connaître d'un recours contre l'acte décidant de la poursuite du projet, même s'il émane d'un maître d'ouvrage privé. Toutefois, cet acte ne peut être contesté qu'en raison des vices propres dont il serait entaché et de l'irrégularité du débat public. Le bien-fondé du projet ne peut donc pas être remis en cause (CE 10-7-2023 n° 457659, Sté Port d'Ostende : BPIM 5/23 inf. 306).

Aucune irrégularité au regard des dispositions relatives au débat public ne peut être invoquée lorsque l'acte décidant du principe et des conditions de la poursuite du projet est devenu définitif (C. envir. art. L 121-15).

25673 Après le débat public ou la concertation préalable, la CNDP désigne un « garant » chargé de veiller à la bonne information et à la participation du public jusqu'à l'**ouverture de l'enquête publique** (C. envir. art. L 121-14). Le compte rendu et le bilan du débat (ou le compte rendu de la concertation), ainsi que l'acte décidant de la poursuite du projet sont joints par le maître d'ouvrage ou la personne publique responsable au dossier d'enquête publique ou de participation par voie électronique (C. envir. art. R 121-10). Le rapport final du « garant » est également joint au dossier et publié sur le site internet de la CNDP (C. envir. art. R 121-11).

L'ouverture de l'enquête publique, ou de la participation du public par voie électronique, ne peut être décidée qu'à partir :

– de la date à laquelle le débat ou la concertation ne peut plus être organisé ;

– de la date de la publication du bilan du débat ;

– ou de l'expiration du délai imparti au président de la CNDP pour procéder à cette publication.

L'enquête ou la participation du public doit se dérouler dans les 8 ans qui suivent ces dates. Au-delà de ce délai, la Commission doit à nouveau être consultée mais elle ne peut décider de relancer la participation du public que si les circonstances de fait ou de droit justifiant le projet, le plan ou le programme ont subi des modifications substantielles (C. envir. art. L 121-12 ; CE 2-2-2024 nº 473429, Association Alerte LGV sur Thau : BPIM 2/24 inf. 102).

CONCERTATION PRÉALABLE POUR LES PROJETS, PLANS OU PROGRAMMES NON SOUMIS À LA CNDP

25675 Certains projets, plans ou programmes, autres que ceux recensés nº 25640, peuvent éventuellement faire l'objet d'une concertation préalable dans les conditions prévues par les articles L 121-15-1 s. du Code de l'environnement. Il s'agit des projets et des documents de planification soumis à évaluation environnementale et qui ne relèvent pas du champ de compétence de la CNDP (C. envir. art. L 121-15-1, al. 4 et 5).

ATTENTION

Une telle procédure de concertation ne peut pas porter sur les projets et documents d'urbanisme soumis à concertation obligatoire au titre de l'article L 103-2 du Code de l'urbanisme, ni sur les projets ayant fait l'objet d'une concertation au titre de l'article L 300-2 du Code de l'urbanisme. Certains documents particuliers ne sont pas non plus concernés : PPRT, plan de gestion des risques d'inondation, Sdage, plan d'action pour le milieu marin, schéma d'ensemble du réseau de transport public du Grand Paris (C. envir. art. L 121-15-1, al. 7 à 12).

Toutefois, lorsqu'un projet est soumis en partie à concertation obligatoire au titre de l'article L 103-2 du Code de l'urbanisme et qu'il pourrait également être soumis en partie à concertation dans les conditions des articles L 121-15-1 s. du Code de l'environnement, le maître d'ouvrage peut choisir de soumettre l'ensemble du projet à la procédure organisée par le Code de l'environnement. Il doit à cet effet obtenir l'accord de l'autorité compétente au titre de l'urbanisme pour préciser les objectifs et les modalités de la concertation (C. envir. art. L 121-15-1, al. 13).

2. CONCERTATION AU TITRE DU CODE DE L'URBANISME

PRINCIPE

25680 Lorsqu'elles ont une incidence sur l'environnement et n'appartiennent pas à une catégorie de décisions pour laquelle des dispositions législatives particulières organisent une participation du public, les décisions d'urbanisme sont soumises à la participation organisée par les articles L 123-19-1 à L 123-19-6 du Code de l'environnement (C. urb. art. L 103-1). Mais dans le cas des principaux documents locaux d'urbanisme et les grandes opérations d'aménagement publiques ou privées, le Code de l'urbanisme organise lui-même cette participation des habitants, des associations locales et des autres personnes concernées.

25685 **Concertation obligatoire** La concertation obligatoire précède (C. urb. art. L 103-2) :

– l'élaboration et la révision d'un Scot ou d'un PLU ;

– pour les procédures engagées depuis le 9 décembre 2020, la modification et la mise en compatibilité d'un Scot ou d'un PLU si elles sont soumises à évaluation environnementale ;

– pour les procédures engagées depuis le 9 décembre 2020, l'élaboration et la révision d'une carte communale si elles sont soumises à évaluation environnementale ;

– la création d'une ZAC ;

– les projets et opérations d'aménagement ou de construction ayant pour effet de modifier substantiellement le cadre de vie, l'environnement ou l'activité économique ;

– les projets de renouvellement urbain.

Au nombre des opérations d'aménagement figurent, notamment (C. urb. art. R 103-1) :
– la création de plus de 5 000 m^2 de surface de plancher ou la restauration immobilière d'un ensemble de bâtiments ayant au moins cette surface, si elle a fait l'objet d'une enquête publique et si l'opération est réalisée dans une commune non dotée d'un PLU ou d'un document en tenant lieu ;
– certains investissements routiers ;
– la création ou l'extension de gares ferroviaires ou routières, ainsi que de certaines installations portuaires ;
– certains ouvrages et travaux réalisés sur le rivage maritime, au droit d'une partie urbanisée d'une commune.

Une **opération réalisée par tranches** au cours d'une période de moins de 5 ans doit être appréciée globalement pour l'application des seuils éventuellement fixés (C. urb. art. R 103-2).

Échappent à la concertation obligatoire les travaux d'entretien et de grosses réparations (C. urb. art. R 103-3). Depuis le 9 décembre 2020, sont dispensées de concertation obligatoire la révision, la modification ou la mise en compatibilité d'un Scot ou d'un PLU, lorsqu'elles ont pour objet exclusif la réalisation d'une opération sensible intéressant la défense ou la sécurité nationale. La dispense porte également sur les projets et opérations d'aménagement ou de construction ayant reçu la même qualification d'opérations sensibles (C. urb. art. L 103-7).

> Précisions **a.** Aucun texte, ni aucun principe n'impose au maître d'ouvrage d'un projet d'aménagement ou d'équipement d'organiser une **concertation distincte,** spécifiquement consacrée à la **mise en compatibilité de documents d'urbanisme,** lorsque celle-ci est décidée en **conséquence de la déclaration d'utilité publique** d'un tel projet qui nécessite une participation du public (CE 19-11-2020 n° 417362, Cne de Val-de-Reuil).

b. Lorsque la création d'une ZAC ou la réalisation d'un projet ou d'une opération d'aménagement nécessite la révision du Scot ou du PLU, elle peut faire l'objet, avec la révision du document d'urbanisme, d'une **concertation unique** dont les objectifs et les modalités sont précisés par le conseil municipal ou par l'organe délibérant de l'EPCI (C. urb. art. L 103-5). L'organisation de cette concertation unique n'est qu'une faculté (CAA Bordeaux 11-2-2014 n° 12BX02488).

Concertation volontaire ou imposée Dans les cas où la concertation n'est pas obligatoire, une concertation volontaire peut être organisée. Elle concerne, les **projets de travaux ou d'aménagements** soumis à permis de construire ou à permis d'aménager s'ils sont situés sur un territoire couvert par un Scot, un PLU ou par un document d'urbanisme en tenant lieu, ou encore par une carte communale. Cette concertation volontaire est réalisée avant le dépôt de la demande de permis, à l'initiative de l'autorité compétente pour statuer sur la demande d'autorisation ou, avec l'accord de celle-ci, à l'initiative du maître d'ouvrage (C. urb. art. L 300-2, al. 1). 25690

Le préfet, le conseil municipal ou l'organe délibérant de l'EPCI peut imposer cette concertation pour certains projets, compte tenu de leur importance, de leur impact potentiel sur l'aménagement de la commune ou de la sensibilité du lieu où ils seront implantés (C. urb. art. L 300-2, al. 6).

Le maître d'ouvrage transmet à l'autorité compétente pour autoriser le projet un dossier de présentation comportant, au moins, une description de la localisation du projet dans l'environnement et sur le terrain concerné, sa destination, les caractéristiques des constructions ou aménagements envisagés, ainsi que la desserte du projet par les équipements publics et l'aménagement de ses abords. Un avant-projet architectural doit être joint lorsque le projet comporte des bâtiments. Ce dossier est mis à la disposition du public dans des conditions lui permettant d'en prendre connaissance et de formuler des observations ou propositions (C. urb. art. L 300-2, al. 2 et 3).

> Précisions **a.** La concertation relative à un **projet situé dans une ZAC** peut être conduite simultanément à la concertation relative à la création de cette ZAC. Mais il est nécessaire que les caractéristiques du projet soient connues de façon suffisamment précise au moment de la création de la ZAC (C. urb. art. L 300-2, al. 7 et 8).

b. Les projets devant faire l'objet d'une **évaluation environnementale** et pour lesquels une **concertation** préalable **volontaire** est réalisée sont dispensés d'**enquête publique** (C. urb. art. L 300-2, al. 4). Le document par lequel le maître d'ouvrage explique comment il a pris en compte les observations et propositions ressortant du bilan de la concertation est mis à la disposition du public, ainsi que l'avis de l'autorité environnementale (C. urb. art. R 300-2).

ORGANISATION DE LA CONCERTATION

La concertation doit être organisée suffisamment tôt pour avoir un effet utile, c'est-à-dire avant que le projet ne soit arrêté dans sa nature et ses options essentielles et, a fortiori, avant que ne soient pris les actes conduisant à la réalisation effective de l'opération (CE sect. 6-5-1996 n° 121915, Association Aquitaine Alternatives : BPIM 5/96 inf. 310 ; CE 30-12-1996 n° 102023, Sté de protection de la nature de Sète-Frontignan-Balaruc : Lebon p. 512). 25695

Même quand elle n'est pas obligatoire, une concertation doit être régulière. Il en va ainsi lorsqu'elle se déroule à une date à laquelle il demeure possible d'apporter des modifications au projet et qu'elle a une durée suffisante pour que l'ensemble des personnes et groupements concernés puissent émettre un avis (CE ass. 13-11-1998 nº 160260, Association de défense des intérêts des riverains du projet de l'autoroute A 20 Brive-Montauban : BPIM 1/99 inf. 1).

CONTENU DE LA CONCERTATION

25700 Les **objectifs poursuivis** et les **modalités de la concertation** sont définis par le préfet lorsque la révision du document d'urbanisme ou l'opération est à l'initiative de l'État et, dans les autres cas, par délibération de l'autorité compétente : conseil municipal ou organe délibérant de l'EPCI (C. urb. art. L 103-3).

Les modalités de la concertation doivent permettre au public d'accéder aux informations concernant le projet, ainsi qu'aux avis requis par les dispositions législatives ou réglementaires applicables, puis de formuler des **observations et propositions** qui sont enregistrées et conservées par l'autorité compétente. À cet effet, la concertation doit avoir une durée suffisante et reposer sur des moyens adaptés à l'importance et aux caractéristiques du projet (C. urb. art. L 103-4).

La décision ou la délibération préalable à la concertation doit comporter les deux volets « objectifs » et « modalités ». Lorsque la délibération d'un conseil municipal prescrivant l'élaboration d'un PLU ne comporte pas le premier volet, la procédure est irrégulière (CE 10-2-2010 nº 327149, Cne de Saint-Lunaire : BPIM 2/10 inf. 103 ; CAA Lyon 5-1-2016 nº 14LY01319, Association Défense Triolet Bourg). Les deux volets sont en principe adoptés simultanément. Mais deux décisions ou délibérations successives, relatives, l'une aux modalités de la concertation, l'autre aux objectifs, sont admises dès lors que cette pratique n'a pas privé d'effet utile la concertation sur les objectifs poursuivis (CE 17-4-2013 nº 348311, Cne de Ramatuelle : BPIM 3/13 inf. 174 ; voir également, CAA Bordeaux 18-4-2013 nº 12BX01967, Cne de Biganos : BPIM 5/13 inf. 320, dans l'hypothèse inverse où la délibération définissant les objectifs a précédé la délibération sur les modalités de la concertation).

ILLUSTRATIONS

L'organisation d'une exposition publique pendant une durée de 15 jours suffit à satisfaire aux obligations légales (CE 5-10-1990 nº 101698, Association de défense des propriétaires de la ZAD de Levallois-Perret : Lebon T. p. 1050). Il en est de même de l'information assurée par un bulletin municipal diffusé auprès de la population et accompagné de l'ouverture au public d'un registre destiné à recueillir ses observations (CE 13-3-1992 nº 122786, Cne de Savenay) ou encore de l'organisation de réunions d'information et d'expositions, ainsi que de la tenue du même type de registre (CE 17-7-2013 nº 350380, SFR : BPIM 5/13 inf. 309 ; CE 28-9-2020 nº 423129). Le déroulement des deux réunions prévues, au cours desquelles ont été examinés les problèmes spécifiques liés à l'opération, suffit à la régularité de la concertation, même si les autres réunions envisagées n'ont pas eu lieu (CE 10-12-1993 nº 134235, Association pour l'aménagement de la ZAC Dupleix : Lebon p. 360).

BILAN DE LA CONCERTATION

25705 À l'issue d'une **concertation obligatoire,** l'autorité organisatrice en arrête le bilan. Lorsque le projet est soumis à enquête publique, le bilan est joint au dossier d'enquête (C. urb. art. L 103-6).

En cas de **concertation volontaire (ou imposée),** l'autorité compétente pour statuer sur la demande de permis de construire ou d'aménager établit le bilan de la concertation et le transmet au maître d'ouvrage dans les 21 jours de la clôture de la concertation. Le maître d'ouvrage doit alors élaborer un document expliquant comment il a pris en compte les observations et propositions ressortant du bilan (C. urb. art. R 300-1). Le bilan et ce document sont joints au dossier d'enquête publique. Lorsque le projet est dispensé d'enquête publique, parce que soumis à évaluation environnementale, la demande de permis, l'étude d'impact, le bilan de la concertation, le document de prise en compte établi par le maître d'ouvrage et l'avis de l'autorité environnementale font l'objet d'une participation du public par voie électronique selon les modalités prévues à l'article L 123-19 du Code de l'environnement (C. urb. art. L 300-2, al. 4 et 5 et art. R 300-2).

25706 Le **projet** définitivement adopté peut comporter des **modifications** par rapport au projet soumis à concertation, à condition qu'elles n'affectent ni la nature ni les options fondamentales de l'opération d'aménagement (CE 18-3-1994 nº 136634, Copropriété Le Melchior : Lebon T. p. 1244 ; CE 16-5-2012 nº 314564, Sté de protection des paysages de l'île d'Oléron : BJDU 6/12 p. 437). De telles modifications peuvent éventuellement prendre en compte les observations présentées par le public dans le cadre de la procédure de concertation (CAA Paris 6-4-1995 nº 93PA00964, Association Sucy Plus : Dr. adm. 1995 nº 473). Mais la collectivité concernée n'est pas tenue de tenir compte de ces observations (CE sect. 3-12-1993 nº 146710, Ville de Paris : Lebon p. 340).

CONTENTIEUX

La décision ou la délibération qui définit les objectifs et les modalités de la concertation peut faire l'objet d'un recours pour excès de pouvoir. Mais, dans le cas de la procédure d'élaboration d'un PLU, l'illégalité de la délibération préparatoire ne peut pas être utilement invoquée à l'appui d'un recours contre la délibération approuvant le document (CE sect. 5-5-2017 nº 388902, Cne de Saint-Bon-Tarentaise : BPIM 3/17 inf. 177 ; CE 24-3-2023 nº 448282). Est également inopérante la circonstance que les formalités conditionnant l'entrée en vigueur de la délibération préparatoire n'auraient pas été accomplies (CE 24-9-2021 nº 314564 : BPIM 6/21 inf. 345). **25710**

Par ailleurs, les **documents d'urbanisme ou** les **opérations d'aménagement** ne sont pas illégaux du seul fait des vices susceptibles d'entacher la concertation, dès lors que les modalités définies par la décision du préfet ou la délibération de la commune ou de l'EPCI ont été respectées (C. urb. art. L 600-11). Ces dispositions font l'objet d'une interprétation restrictive. Le juge, saisi d'un recours contre la délibération approuvant un PLU, n'a pas à exercer un contrôle sur les modalités de la concertation, telle qu'elle s'est déroulée concrètement. Il doit seulement vérifier que les modalités prévues par la délibération préparatoire ont été observées (CE 28-10-2012 nº 338760, Cne d'Illats : BPIM 6/12 inf. 424 ; CE 30-1-2020 nº 419837, Association Non au béton).

Si l'irrégularité affectant le déroulement de la concertation au regard des modalités préalablement définies peut donc être invoquée à l'appui d'un recours contre la décision finale, celle-ci ne pourra cependant être annulée, conformément à un principe général, que si cette irrégularité a exercé une influence sur le sens de la décision ou a privé les intéressés d'une garantie (CE ass. 23-12-2011 nº 335033 : RJDA 10/12 nº 924). En tout état de cause, une telle annulation ne peut porter ni sur la délibération par laquelle le conseil d'une communauté urbaine autorise son président à conclure des contrats d'études relatives à l'opération et décide l'élaboration d'un « schéma directeur des déplacements » (CE 21-6-1996 nº 127155, Association Aquitaine Alternatives : Lebon T. p. 1232), ni sur la délibération qui arrête le « dossier définitif du projet » (CE sect. 30-3-2016 nº 383037 : BPIM 3/16 inf. 171). En effet, ces délibérations constituent des actes préparatoires à la décision finale.

L'obligation de respecter les modalités de la concertation, telles que préalablement définies, ne s'oppose pas à l'organisation d'autres formes de concertation. Mais il faut que, compte tenu de son déroulement, cette procédure supplémentaire n'entache pas d'irrégularité la concertation prévue par la loi (CE 23-11-2015 nº 372659, Cne de Cazedarnes : BPIM 1/16 inf. 8 ; CE 24-3-2023 nº 448282).

C. Protection des occupants en cas d'aménagement urbain

OCCUPANTS CONCERNÉS

Les dispositions figurant sous les articles L 314-1 à L 314-9 du Code de l'urbanisme ont pour objet la protection des occupants dans le cadre des opérations d'aménagement urbain, quelle que soit la procédure utilisée (expropriation, ZAC, site patrimonial remarquable, restauration immobilière). Elles sont également susceptibles de s'appliquer à la suite de l'exercice du droit de préemption par une collectivité locale (nos 33550 s.). **25800**

Les obligations sont à la charge de la personne publique qui a pris l'initiative de la réalisation de l'opération d'aménagement ou qui bénéficie de l'expropriation (nos 38420 s.).

Les occupants concernés sont les occupants visés à l'article L 521-1 du Code de la construction et de l'habitation, c'est-à-dire les personnes titulaires d'un droit réel conférant l'usage, les locataires, les sous-locataires, ou les occupants de bonne foi de locaux à usage d'habitation et de locaux d'hébergement constituant l'habitation principale, ainsi que les preneurs de baux professionnels, commerciaux et ruraux (C. urb. art. L 314-1).

> **Précisions a.** Selon l'article 4, alinéa 2 de la loi 48-1360 du 1er septembre 1948, « sont **réputés de bonne foi** les locataires, sous-locataires, cessionnaires de baux à l'expiration de leur contrat, ainsi que les occupants qui, habitant dans les lieux en vertu ou en suite d'un bail écrit ou verbal, d'une sous-location régulière, d'une cession régulière d'un bail antérieur, d'un échange opéré dans les conditions légales, exécutent leurs obligations ».
>
> L'article 72 (abrogé) de la loi 82-526 du 22 juin 1982 réputait de bonne foi l'occupant qui, habitant effectivement les lieux, exécute les obligations du bail expiré. La bonne foi s'apprécie exclusivement au regard des obligations issues du bail et non par rapport au comportement général du

locataire (Cass. 3e civ. 10-3-1993 no 91-15.280 : RJDA 7/93 no 607). L'appréciation de la bonne foi de l'occupant relève du pouvoir souverain des juges du fond (Cass. 3e civ. 12-9-2012 no 11-18.073 : BPIM 6/12 inf. 431).

b. L'ancienne rédaction de l'article L 314-1 du Code de l'urbanisme faisait état des **preneurs de baux artisanaux et industriels,** auxquels il n'est plus fait référence sauf dans les articles subséquents. À notre avis, ces sous-catégories de locataires doivent être considérées comme comprises à l'intérieur de la catégorie des preneurs commerciaux.

c. Le droit au relogement ne bénéficie pas à un **commerçant propriétaire de son local** (Cass. 3e civ. 11-9-2013 no 12-23.034 : BPIM 6/13 inf. 385).

1. RÈGLES GÉNÉRALES

MAINTIEN DANS LES LIEUX

25820 Si les **travaux ne nécessitent pas l'éviction** des occupants, ceux-ci ont droit au maintien sur place dans les conditions suivantes (C. urb. art. L 314-4).

Selon la nature des travaux, et sous réserve d'un préavis de 3 mois, les occupants doivent évacuer la partie des locaux intéressée par les travaux ou permettre l'**accès du local** et accepter notamment le passage des canalisations ne faisant que le traverser. Le locataire qui s'oppose aux travaux projetés pendant le délai de préavis de 3 mois ne se comporte pas de manière fautive (Cass. 3e civ. 30-6-1998 no 96-20.402 : Constr.-urb. 1998 no 424).

Si les travaux durent plus de 21 jours, le **loyer** est réduit, pendant la durée des travaux, au prorata de la durée et de la superficie de la partie des locaux en travaux (C. civ. art. 1724). La réduction du loyer est à la charge de la personne publique qui a pris l'initiative des travaux.

En cas d'expropriation ou d'exercice du droit de préemption après déclaration d'utilité publique, un **nouveau bail** doit être proposé aux occupants. Ce bail doit permettre, le cas échéant, la poursuite des activités antérieures.

ÉVICTION DÉFINITIVE

25825 Aux termes de l'article L 314-2 du Code de l'urbanisme, si les travaux nécessitent l'éviction définitive des occupants, ceux-ci bénéficient des dispositions applicables en matière d'expropriation (C. expr. art. L 423-1 à L 423-5, art. R 423-1 à R 423-10). Dans le cadre de ces dispositions, l'expropriant n'est jamais tenu d'assurer le relogement du **propriétaire exproprié,** mais il peut toujours le faire. Celui-ci dispose selon les cas d'un droit de priorité ou de préférence (voir nos 38420 s.).

Le **commerçant, l'artisan ou l'industriel évincé** peut, en lieu et place du paiement de l'indemnité d'expropriation, se voir offrir un local équivalent situé dans la même agglomération (C. expr. art. L 322-12 et art. R 322-6).

Tous les **occupants de locaux à usage d'habitation, professionnel ou mixte** ont droit au relogement selon les modalités suivantes (C. urb. art. L 314-2, al. 1) : il doit être fait à chacun d'eux au moins 2 propositions portant sur des locaux satisfaisant, à la fois, aux normes d'habitabilité définies par application de l'ancien article L 322-1, alinéa 3 du Code de la construction et de l'habitation (abrogé par la loi SRU 2000-1208 du 13-12-2000) et aux conditions prévues à l'article 13 bis de la loi 48-1360 du 1er septembre 1948.

Les occupants bénéficient en outre de droits de **priorité** et de **préférence,** analysés nos 38420 s., **même** dans le cas où ils ne sont **pas propriétaires** (Circ. 87-60 du 7-7-1987 : BO équipement 87/20 du 19-7-1987 p. 30). Ils bénéficient également, à leur demande, d'un **droit de priorité** pour l'attribution ou l'acquisition d'un local dans les immeubles compris dans l'opération ou de parts ou actions d'une société immobilière donnant vocation à l'attribution en propriété ou en jouissance d'un tel local (C. urb. art. L 314-2, al. 1).

Le **local mis à la disposition** des personnes évincées doit satisfaire aux **caractéristiques** du logement décent et correspondre à leurs besoins personnels ou familiaux, le cas échéant professionnels, et à leurs possibilités. Il doit en outre être situé (Loi 48-1360 du 1-9-1948 art. 13 bis) :

– dans le même arrondissement ou les arrondissements limitrophes ou les communes limitrophes de l'arrondissement où se trouve le local, objet de la reprise, si celui-ci est situé dans une commune divisée en arrondissements ;

– dans le même canton ou dans les cantons limitrophes de ce canton inclus dans la même commune ou dans les communes limitrophes de ce canton, si la commune est divisée en cantons ;

– dans les autres cas, sur le territoire de la même commune ou d'une commune limitrophe, sans pouvoir être éloigné de plus de 5 kilomètres.

© Éd. Francis Lefebvre

› Précisions a. Dans le cadre de certaines opérations de **lutte contre l'habitat dégradé**, les intéressés peuvent, à titre exceptionnel et sous réserve de leur accord, bénéficier d'un **relogement temporaire** limité à 2 ans dans des constructions temporaires et démontables (C. urb. art. L 314-2, al. 3 et, sur renvoi, art. L 421-5-3 dans leur rédaction issue de la loi 2024-322 du 9-4-2024).

b. Le juge de l'expropriation est seul compétent pour statuer au fond sur le **litige relatif au droit au relogement** d'un occupant et à l'indemnisation pouvant lui être due à ce titre (Cass. 3e civ. 12-9-2012 nº 11-18.073 : BPIM 6/12 inf. 431).

c. L'obligation de relogement peut profiter à un **étranger en situation irrégulière** sur le territoire français (Cass. 3e civ. 12-9-2012 nº 11-18.073 : BPIM 6/12 inf. 431, s'agissant d'une préemption ; CA Paris 22-9-2011 nº 09/02542 : BPIM 1/12 inf. 24, s'agissant d'une expropriation).

d. Le **droit au relogement** ne saurait se confondre avec le **droit à indemnisation** (Cass. 3e civ. 27-2-2013 nº 12-11.996 : JCP G 2013 nº 1033 p. 1815 obs. M. Huyghe).

ÉVICTION PROVISOIRE

Si les travaux nécessitent l'éviction provisoire des occupants, il doit être pourvu à leur **relogement provisoire** dans un local compatible avec leurs besoins, leurs ressources et, le cas échéant, leur activité antérieure, tout en satisfaisant aux conditions de localisation prévues à l'article 13 bis de la loi 48-1360 du 1er septembre 1948 (voir nº 25825). **25830**

Nonobstant toutes dispositions ou stipulations contraires, le relogement provisoire peut donner lieu à un bail à titre précaire pour la durée des travaux. Au-delà de 3 ans, toute éviction est considérée comme définitive et donne droit à l'application des dispositions de l'article L 314-2 du Code de l'urbanisme (nº 25825).

Lorsque la **réinstallation provisoire** est **impossible,** le commerçant, l'artisan ou l'industriel évincé bénéficie d'une indemnisation des pertes financières résultant de la cessation temporaire d'activité.

Les occupants disposent d'un **droit à réintégration** après les travaux du local qu'ils ont évacué. Les baux des locaux évacués pendant la période d'exécution des travaux sont considérés comme ayant été suspendus et reprennent cours à la date à laquelle la réintégration aura été possible. Toutefois, ces dispositions ne sont pas applicables lorsque le bailleur et l'occupant ont décidé d'un commun accord le report définitif du bail sur un local équivalent.

Les occupants sont **remboursés** de leurs frais normaux de déménagement et de réinstallation (C. urb. art. L 314-3).

MODALITÉS D'EXERCICE DU DROIT AU RELOGEMENT ET DU DROIT À RÉINTÉGRATION

Toute **offre** de relogement, définitive ou provisoire, doit être **notifiée** au moins 6 mois à l'avance. L'occupant doit faire connaître son acceptation ou son refus dans un délai de 2 mois, faute de quoi il est réputé avoir accepté l'offre. **25835**

Au cas où les occupants bénéficient du droit à réintégration mentionné nº 25830, le propriétaire doit les **mettre en demeure,** par lettre recommandée avec demande d'avis de réception ou par acte extrajudiciaire, et dès l'achèvement des travaux, de lui faire connaître, dans le délai d'un mois et dans la même forme, s'ils entendent user de ce droit. La notification doit mentionner, à peine de nullité, la forme et le délai de la réponse (C. urb. art. L 314-7).

2. PROTECTION DES COMMERÇANTS, ARTISANS ET INDUSTRIELS

DROIT À RÉINSTALLATION

Les commerçants, artisans et industriels ont, en cas d'éviction définitive, un **droit de priorité** pour l'**attribution** de locaux de même nature compris dans l'opération lorsque l'activité considérée est compatible avec les dispositions du PLU ou du document d'urbanisme en tenant lieu. **25860**

Les commerçants, artisans ou industriels auxquels il n'a pas été fait d'offre de réinstallation conformément aux conditions mentionnées ci-dessus ont un **droit de priorité** pour **acquérir** un local dans un immeuble compris dans l'opération, ou pour acquérir des parts ou actions d'une société immobilière donnant vocation à l'attribution, en propriété ou en jouissance, d'un tel local. Mais il est nécessaire que l'activité considérée soit compatible avec les dispositions du PLU ou du document d'urbanisme en tenant lieu.

Les priorités ainsi prévues jouent en faveur des titulaires de baux à usage des **mêmes activités** que celles dont l'installation est prévue dans les locaux nouveaux. Pour chaque commerce de même nature, les priorités sont données aux titulaires des baux les plus anciens (C. urb. art. L 314-5).

› Précisions L'exercice de ces droits de priorité rend applicables les dispositions analysées nº 38435, selon lesquelles l'expropriant peut se **soustraire au paiement** de l'indemnité en espèces en **offrant** au commerçant, à l'artisan ou à l'industriel évincé un **local équivalent** situé dans la même agglomération.

INDEMNISATION

25865 L'indemnisation des commerçants et artisans au titre de l'activité qu'ils exercent dans un immeuble destiné à être acquis ou exproprié en vue de sa démolition dans le cadre d'une opération d'aménagement doit, sur leur demande, intervenir avant l'acte portant **transfert de propriété** et, par dérogation aux règles générales (C. expr. art. L 322-2), être fondée sur la situation existant avant le commencement de l'opération (C. urb. art. L 314-6). C'est pourquoi l'indemnité d'éviction est calculée en prenant en compte les chiffres d'affaires déclarés au cours des 3 années précédant le commencement de l'opération, et non ceux des 3 dernières années connues au jour de la fixation de l'indemnité, période au cours de laquelle la situation du fonds a déjà pu se dégrader fortement (Circ. 87-60 du 7-7-1987 : BO équipement 87/20 du 19-7-1987 p. 30).

Cette indemnisation obéit pour le surplus au régime des indemnités d'expropriation (nos 37500 s.).

Pour bénéficier de l'**indemnisation avant le transfert de propriété,** l'intéressé doit :

– justifier d'un **préjudice** causé par la réduction progressive des facteurs locaux de commercialité dans le périmètre de l'opération et résultant directement de celle-ci ;

– s'**engager à cesser son activité** et, s'il est locataire, à quitter les lieux dès le versement de l'indemnité et à ne pas se réinstaller sur le territoire concerné par l'opération avant que les bénéficiaires du droit de priorité aient été appelés à exercer leur droit (nº 25860). Par là même, le commerçant indemnisé renonce au droit de priorité.

Le bail est **résilié de plein droit,** sans indemnité et nonobstant toute clause contraire, à compter de la notification au propriétaire du versement de l'indemnité prévue ci-dessus. Cette disposition ne fait pas obstacle au versement par l'acquéreur au propriétaire de l'immeuble d'une indemnité pour perte de revenu (loyer) qui compense le préjudice subi par le propriétaire du fait du départ de son locataire (Circ. 87-60 du 7-7-1987 : BO équipement 87/20 du 19-7-1987 p. 30).

À l'expiration du délai d'un mois qui suit le paiement de l'indemnité (C. expr. art. L 231-1), le commerçant récalcitrant pourra être expulsé.

Dans l'hypothèse où, indemnisés avant le transfert de propriété, un ou plusieurs commerçants ou artisans, propriétaires du bien qu'ils occupent, ont libéré les lieux, la **valeur des immeubles** ou parties d'immeubles ainsi libérés doit être estimée en prenant en compte la situation d'occupation qui existait avant l'indemnisation du ou des commerçants ou artisans. Dans ce cas, la valeur de l'immeuble est fixée « murs occupés » et non « murs libres ».

DÉSPÉCIALISATION DU BAIL

25870 Lorsque des dispositions législatives ou réglementaires s'opposent à ce que le titulaire du bail portant sur un local commercial, industriel ou artisanal, exerce, dans le local qu'il a le droit de réintégrer après les travaux, l'activité prévue au bail, l'intéressé peut, si le bail ne le prévoit pas, être autorisé par le juge à **changer la nature de son commerce ou de son industrie,** sous réserve des dispositions législatives ou réglementaires qui s'opposeraient à l'exercice dans ce local de la nouvelle activité choisie (C. urb. art. L 314-8).

Il s'agit ici d'un droit à déspécialisation (C. com. art. L 145-47 à L 145-55).

› Précisions On appelle « déspécialisation » des locaux commerciaux la faculté accordée au locataire, dans certaines conditions, de modifier la destination prévue au bail.

Celle-ci, sauf accord des parties, est en principe immuable :

– en cours de bail, le preneur ne peut pas la modifier sous peine de résiliation de son bail ou de refus de renouvellement ;

– lors du renouvellement, le juge n'a pas la faculté de modifier la destination des lieux, qui ne constitue pas une clause accessoire.

Normalement, la déspécialisation peut revêtir deux formes bien distinctes :

– dans la première, dite mineure ou partielle, l'exploitant est autorisé à adjoindre à son commerce (à son industrie ou à son artisanat) des activités « connexes ou complémentaires » (C. com. art. L 145-47, al. 1), la destination principale restant la même ; cette adjonction est largement favorisée même au détriment des voisins ;

– dans la seconde, dite plénière (C. com. art. L 145-48), l'exploitant est autorisé à changer totalement la destination des lieux loués : on comprend que cette modification soit subordonnée à des conditions plus strictes.

AIDE À LA RECONVERSION

Les commerçants et artisans dont la situation est compromise de façon irrémédiable du fait d'une opération d'équipement collectif engagée par une collectivité publique ou un organisme en dépendant, et en priorité, du fait d'une opération de rénovation urbaine, peuvent recevoir une aide pour leur reconversion lorsqu'ils ne bénéficient pas d'une indemnisation directe (C. urb. art. L 318-8). **25875**

3. DISPOSITIONS SPÉCIFIQUES AUX ANCIENS SECTEURS SAUVEGARDÉS ET AUX PÉRIMÈTRES DE RESTAURATION IMMOBILIÈRE

Des règles particulières concernent les **locataires et occupants de bonne foi** de locaux à usage d'habitation, ainsi que les locataires de locaux à usage commercial, industriel ou artisanal, lorsque ces locaux sont situés dans les anciens secteurs sauvegardés et les périmètres de restauration immobilière (C. urb. art. L 313-5 s.). **25900**

Sous peine de se voir appliquer les sanctions visées aux articles L 480-2 à L 480-9 du Code de l'urbanisme, les intéressés **ne peuvent s'opposer** ni à l'exécution des travaux autorisés, ni à la visite des lieux par un homme de l'art spécialement habilité par le maire. Ils **peuvent être tenus** d'évacuer tout ou partie des locaux, sous réserve d'un préavis de 6 mois (C. urb. art. L 313-6, L 313-10 et L 313-11).

Leurs **droits et obligations** sont également régis par les articles 3 et 12 de la loi du 1er septembre 1948 (non-application du titre Ier de cette loi aux locaux dans lesquels ont été effectués des travaux, sauf maintien dans les lieux, droit à réintégration, report du bail sur un autre local, absence de maintien dans les lieux en cas de travaux autorisés ou prescrits nécessitant l'évacuation des lieux), ainsi que les articles L 145-18 (reprise pour construire), L 145-28 à L 145-30 (paiement de l'indemnité d'éviction et restitution des lieux), L 145-6 et L 145-7 (reprise en cours de bail) du Code de commerce sur les baux commerciaux (C. urb. art. L 313-5).

Ces dispositions s'étendent aux **personnes publiques,** qu'elles soient propriétaires ou locataires (C. urb. art. L 313-14).

S'il offre de reporter le bail sur un local équivalent dans le même immeuble ou dans un autre immeuble, au moins un an à l'avance, le **bailleur** d'un local à usage d'habitation ou professionnel peut, en cours de bail, **reprendre les lieux,** en tout ou partie, pour exécuter des travaux autorisés ou prescrits, (C. urb. art. L 313-7, al. 1). Cette offre ne fait pas obstacle au **droit de réintégration** (nos 25830 s.). Si le locataire ne saisit pas le juge dans les 2 mois, il est réputé avoir accepté l'offre (C. urb. art. L 313-7, al. 2). **25905**

D. Droit de délaissement des propriétaires

CHAMP D'APPLICATION

La procédure de délaissement permet au propriétaire d'un bien grevé d'une réserve au profit d'une collectivité ou d'un service public d'exiger qu'il soit procédé à son acquisition (C. urb. art. L 230-1 s.). **26000**

Cette **procédure** s'applique notamment :

– aux emplacements réservés par un PLU (C. urb. L 152-2, al. 1 et, sur renvoi, L 151-41) ;

– aux terrains grevés d'une servitude « d'urbanisation » instituée par un PLU (C. urb. art. L 152-2, al. 2 et, sur renvoi, L 151-41) ;

– aux terrains compris dans une ZAC (C. urb. art. L 311-2) ;

– aux terrains compris dans une opération faisant l'objet d'une déclaration d'utilité publique, ainsi qu'aux terrains affectés par un projet de travaux publics ou un projet d'aménagement, lorsqu'à la suite d'une décision de sursis à statuer sur une demande d'autorisation relative à des travaux, constructions ou installations, un refus d'autorisation est opposé aux propriétaires des terrains concernés (C. urb. art. L 424-1) ;

– aux terrains situés aux abords d'un futur aérodrome (voir n° 9200) ;

– aux terrains situés dans les secteurs de délaissement délimités par les PPRT (voir n° 1135) ;

– aux terrains grevés de servitudes liées à la proximité d'un cours d'eau (C. envir. art. L 211-12, X) ;

– aux terrains grevés de servitudes destinées à assurer le passage des pistes de ski et des remontées mécaniques, dès lors que cette servitude compromet gravement l'exploitation agricole ou sylvicole du terrain concerné (C. tourisme art. L 342-26-1).

DEMANDE DE DÉLAISSEMENT

26005 La **mise en demeure** de procéder à l'acquisition d'un terrain bâti ou non bâti est adressée par le propriétaire à la mairie de la commune où se situe le bien, cette mairie devant, le cas échéant, la transmettre au bénéficiaire de la réserve s'il est autre que la commune.

La mise en demeure mentionne les fermiers, locataires, ceux qui ont des droits d'emphytéose, d'habitation ou d'usage et ceux qui peuvent réclamer des servitudes. Les autres intéressés sont mis en demeure de faire valoir leurs droits par **publicité collective** à l'initiative de la collectivité ou du service public qui fait l'objet de la mise en demeure. Ils sont tenus de se faire connaître à ces derniers dans le délai de 2 mois, à défaut de quoi ils perdent tout droit à indemnité (C. urb. art. L 230-1, al. 2 et 3).

> **Précisions** **a.** Dans le cas du droit de délaissement aux abords d'un **futur aérodrome,** la mise en demeure d'acquérir doit être déposée dans les 2 ans de la date d'ouverture de l'aérodrome à la circulation aérienne publique (C. transports art. L 6353-2).
> **b.** Lorsque l'immeuble est soumis au statut de la **copropriété** des immeubles bâtis, seul le syndicat des copropriétaires, représenté par le syndic, peut exiger qu'il soit procédé à l'achat du bien (Cass. 3e civ. 10-3-1982 no 81-70.312 : Bull. civ. III no 69). Toutefois, il a été jugé que la limitation du droit de délaissement à l'immeuble entier, sans que son exercice puisse porter sur un lot déterminé, reviendrait à instituer une sorte d'inaliénabilité sans limite dans le temps (TGI Nice 11-2-1998, P. c/ Cne de Nice : Gaz. Pal. 1998 p. 734 note Bernard).
> **c.** En cas d'**indivision** du bien, la mise en œuvre de la procédure de délaissement nécessite, comme toute vente, l'accord de tous les coïndivisaires, sauf autorisation du juge (C. civ. art. 815-5-1).
> **d.** Avec l'accord du bénéficiaire de la réserve, l'acquisition du terrain situé en **emplacement réservé** peut être réalisée par une autre personne publique ou par le titulaire d'une concession d'aménagement. La destination de l'emplacement réservé reste inchangée (C. urb. art. L 230-3, al. 7).

RÉQUISITION D'EMPRISE TOTALE

26010 Le propriétaire d'un terrain partiellement réservé peut en requérir l'emprise totale dans les cas prévus aux articles L 242-1 à L 242-5 du Code de l'expropriation (C. urb. art. L 230-3, al. 6). L'emprise totale est admise pour les bâtiments lorsque la partie restante n'est plus utilisable. Pour les terrains non bâtis, il faut, à la fois, que le terrain restant soit réduit au 1/4 de sa contenance originelle, qu'il soit inférieur à 1 000 m^2 et que le propriétaire ne possède aucun terrain immédiatement contigu (C. expr. art. L 242-1).

DÉLAI DE RÉPONSE

26015 Le **bénéficiaire de la réserve** doit se prononcer dans le délai d'un an à compter de la réception en mairie de la demande du propriétaire (C. urb. art. L 230-3, al. 1).

Pendant le délai imparti au bénéficiaire pour se prononcer, le bien ne peut pas faire l'objet d'une vente sur saisie immobilière (Cass. 2e civ. 1-7-1987 no 86-12.519 : Bull. civ. II no 147).

FIXATION ET PAIEMENT DU PRIX

26020 En cas d'**accord amiable,** le prix d'acquisition doit être payé au plus tard 2 ans à compter de la réception en mairie de la demande de délaissement (C. urb. art. L 230-3, al. 2).

En cas de **désaccord** à l'expiration du délai d'un an de la réception de la demande, le juge de l'expropriation, saisi par le propriétaire ou le destinataire de la mise en demeure, prononce le transfert de propriété et fixe le prix de l'immeuble. Ce prix, y compris l'indemnité de réemploi, est fixé et payé comme en matière d'expropriation, sans qu'il soit tenu compte des dispositions qui ont justifié le droit de délaissement (C. urb. art. L 230-3, al. 3). Il n'est donc pas tenu compte de ce que le terrain fait l'objet d'une réserve qui le rend inconstructible. Le juge fixe également, le cas échéant, les indemnités auxquelles peuvent prétendre les ayants droit du propriétaire décédé (C. urb. art. L 230-3, al. 5).

Le propriétaire demandeur peut **renoncer** unilatéralement à la faculté d'exiger l'acquisition de son terrain jusqu'à ce que le prix soit fixé et le transfert de propriété prononcé par une décision passée en force de chose jugée (Cass. 3e civ. 5-11-1985 : Gaz. Pal. Tables 1986 vo construction et urbanisme no 36).

La **demande** de délaissement doit être **rejetée** si, à la date du jugement de première instance, le droit de délaissement n'est plus applicable en vertu d'une décision opposable au propriétaire ; ainsi jugé à propos de la modification du périmètre d'une ZAC excluant de celle-ci le bien objet de la demande (Cass. 3e civ. 21-12-2017 no 16-26.564 FS-PBI : BPIM 1/18 inf. 18).

La **date de référence** pour l'estimation du prix, prévue à l'article L 322-2 du Code de l'expropriation pour cause d'utilité publique, est la date à laquelle est devenu opposable aux tiers le plus récent des actes approuvant le PLU, le révisant ou le modifiant et délimitant la zone dans laquelle est situé le terrain (C. urb. art. L 230-3, al. 4). **26025**

En l'**absence de POS** rendu public **ou de PLU,** la date de référence est la suivante (C. urb. art. L 230-3, al. 4) :

– un an avant l'ouverture de l'enquête préalable à la déclaration d'utilité publique portant sur l'opération dans laquelle sont compris des terrains qui devaient faire l'objet de travaux, constructions ou installations (C. urb. art. L 424-1, al. 4 et 9) ;

– la date de publication de l'acte ayant pris en considération le projet de travaux publics ou d'aménagement affectant des terrains qui devaient faire l'objet de travaux, constructions ou installations (C. urb. art. L 424-1, al. 5 et 9) ; la même date est retenue dans le cas d'une opération d'aménagement réalisée à l'intérieur du périmètre d'une OIN (C. urb. art. L 102-13, 6°) ;

– un an avant la création de la ZAC pour les terrains compris dans son périmètre (C. urb. art. L 311-2) ;

– la date de publication du décret délimitant le périmètre et déterminant les catégories d'immeubles liées à l'habitation ou aux activités, en lien immédiat avec les habitants, qui sont susceptibles de faire l'objet de la procédure de délaissement aux abords d'un futur aérodrome (C. transports art. L 6353-2).

> Précisions **a.** Une **indemnité de réemploi** peut être accordée en cas de délaissement, comme en matière d'expropriation (Cass. 3e civ. 15-1-2013 n° 12-30.182 : BPIM 2/13 inf. 107).

b. Une modification du document d'urbanisme dont le seul but est de **réduire la valeur du terrain** est constitutive d'un détournement de pouvoir (CE 12-1-1994 n° 104765).

c. Le juge doit indemniser le préjudice né de la **dépréciation du surplus** de la propriété en cause (Cass. 3e civ. 19-2-1992 n° 90-70.092 : Bull. civ. III n° 52). Il doit aussi indemniser l'ensemble du préjudice subi par le propriétaire, y compris les **dommages accessoires** afférents au transfert de l'activité exploitée dans l'immeuble (Cass. 3e civ. 26-5-1993 n° 91-70.267 : Bull. civ. III n° 73).

LEVÉE DES LIMITATIONS ADMINISTRATIVES

Lorsqu'un terrain est réservé par le PLU (n° 3170) ou s'il est grevé d'une servitude « d'urbanisation » instituée par le PLU (n° 3190), les limitations au droit de construire et la réserve ne sont plus opposables si le juge de l'expropriation n'a pas été saisi 3 mois après l'expiration du délai d'un an imparti au bénéficiaire pour se prononcer sur l'acquisition. Cette disposition ne fait pas obstacle à la saisine du juge de l'expropriation au-delà de ces 3 mois dans les conditions prévues à l'alinéa 3 de l'article L 230-3 (C. urb. art. L 230-4). Pour tenir compte de l'inopposabilité de l'ancienne réserve, le PLU doit être mis à jour. **26030**

> Précisions Lorsque la réserve a cessé d'être opposable, l'entrée en vigueur d'un nouveau document d'urbanisme reprenant la réserve, avec la même emprise et le même objet, n'a pas d'incidence sur l'inopposabilité de la réserve (CAA Bordeaux 6-10-2009 n° 07BX02455, Sté CH Immobilier : BPIM 2/10 inf. 90).

SORT DES INSCRIPTIONS

L'acte ou la décision portant transfert de propriété éteint, par lui-même et à sa date, tous droits réels ou personnels existants sur les immeubles cédés même en l'absence de déclaration d'utilité publique antérieure. Les droits des créanciers inscrits sont reportés sur le prix dans les conditions prévues à l'article L 222-3 du Code de l'expropriation pour cause d'utilité publique (C. urb. art. L 230-5). **26035**

Le régime de gestion applicable aux réserves foncières (n° 25550) s'étend aux terrains acquis à la suite d'un délaissement (C. urb. art. L 230-6).

ABSENCE DE DROIT DE RÉTROCESSION

Les anciens propriétaires ayant exercé le droit de délaissement ne bénéficient pas d'un droit de rétrocession analogue à celui qui est ouvert aux anciens propriétaires d'immeubles expropriés lorsque ceux-ci n'ont pas reçu, dans le délai de 5 ans à compter de l'ordonnance de l'expropriation, la destination prévue ou ont cessé de recevoir cette destination. En effet, l'exercice du droit de délaissement constitue une réquisition d'achat à l'initiative du propriétaire de l'immeuble (Cass. 3e civ. 26-3-2014 n° 13-13.670 FS-PBR : BPIM 3/14 inf. 154). **26038**

En ne prévoyant pas de droit de rétrocession en matière de délaissement, le législateur n'a porté aucune atteinte au droit de propriété garanti par la Déclaration de 1789 (Cons. const. 21-6-2013 n° 2013-325 QPC).

Toutefois, dans le cas où le propriétaire d'un bien faisant l'objet d'un emplacement réservé exerce son droit de délaissement et où la collectivité publique ayant fait l'acquisition de ce bien le revend ultérieurement, après l'avoir rendu constructible, pour un prix représentant près de 45 fois le prix d'achat, l'absence de rétrocession et d'indemnisation porte une atteinte excessive au droit de toute personne physique ou morale au respect de ses biens, tel qu'il est garanti par l'article 1 du premier protocole additionnel à la Convention européenne de sauvegarde des droits de l'Homme et des libertés fondamentales (Cass. 3e civ. 18-4-2019 no 18-11.414 FS-PBRI : BPIM 3/19 inf. 152).

FISCALITÉ APPLICABLE AU DROIT DE DÉLAISSEMENT

26040 Si le terrain susceptible d'être délaissé fait l'objet d'une **transmission pour cause de décès,** les ayants droit du propriétaire décédé peuvent, sur justification que l'immeuble en cause représente au moins la moitié de l'actif successoral et sous réserve de présenter la demande d'acquisition dans le délai de 6 mois à compter de l'ouverture de la succession, si celle-ci n'a pas été formulée par le propriétaire décédé, demander qu'il soit sursis, à concurrence du montant de son prix, au recouvrement des droits de mutation afférents à la succession tant que ce prix n'aura pas été payé (C. urb. art. L 230-2 ; CGI art. 1722 quater).

26050 Les **plus-values** réalisées par les particuliers ayant exercé le droit de délaissement mentionné aux articles L 424-1, L 152-2 et L 311-2 du Code de l'urbanisme ainsi qu'au I de l'article L 515-16-3 du Code de l'environnement (voir no 26000 les cas visés) peuvent bénéficier d'une exonération de plus-values dans les mêmes conditions et limites que celles applicables en cas d'expropriation indiquées nos 37200 s. (CGI art. 150 U, II-4o ; BOI-RFPI-PVI-10-40-60 nos 55 et 57).

CHAPITRE 2

LOTISSEMENTS ET TECHNIQUES DE DIVISION DES SOLS

SOMMAIRE

SECTION 1

LOTISSEMENTS

RÉFORMES DU LOTISSEMENT

26300 La **définition de l'opération** de lotissement a fait l'objet d'une réforme par l'ordonnance 2011-1916 du 22 décembre 2011 et le décret 2012-274 du 28 février 2012. L'intervention de ces deux textes a été justifiée par la nécessaire clarification et amélioration des « procédures de création et de gestion des lotissements », ce « dans le but de faciliter le passage à l'acte de construire et d'introduire de la souplesse dans l'évolution des lotissements vers plus de densité et de qualité ». Il s'agissait notamment de mettre un terme aux débats suscités par le **champ d'application** de la procédure de lotissement dès le premier lot telle que définie par la réforme du droit des sols entrée en vigueur le 1er octobre 2007. Cette précédente réforme, d'importance, avait déjà modifié, outre la définition du lotissement, les modalités d'obtention de l'autorisation de lotir, ses effets et son exécution. Même si leur nouvelle définition n'en fait plus mention, les lotissements relèvent pour partie (s'agissant surtout des lotissements soumis à permis d'aménager emportant des voies, espaces ou équipements communs) de la catégorie des aménagements regroupant également l'aménagement des terrains de camping, des parcs résidentiels de loisirs et un ensemble d'installations et de travaux divers affectant l'utilisation des sols.

Les dispositions « correctives » sont entrées en vigueur le 1er mars 2012. La jurisprudence intervenue pour l'application des anciens textes a été conservée dans la mesure où elle peut être considérée comme transposable.

La procédure de lotissement a été à nouveau réformée par la loi Alur du 24 mars 2014, l'objectif étant de supprimer les obstacles s'opposant à la densification et la construction sur les lots de lotissement puis, par la loi Élan du 23 novembre 2018 qui a corrigé et simplifié certains aspects de son régime pour davantage de sécurité juridique.

> **Précisions** **a.** Un **plan local d'urbanisme** ne peut pas interdire les lotissements. Les auteurs d'un règlement local d'urbanisme ne sont pas habilités par la loi à interdire par principe ou à limiter la procédure de lotissement ; la faculté de procéder, dans les conditions prévues par les dispositions relatives aux lotissements, à la division d'une ou de plusieurs propriétés foncières en vue de l'implantation de bâtiments participe de l'exercice du droit des propriétaires à disposer de leurs biens (CE sect. 27-7-2012 n° 342908 : BPIM 5/12 inf. 375).
>
> **b.** Une **nouvelle loi** réformant le champ d'application du lotissement ne s'applique qu'aux opérations de divisions foncières postérieures à son entrée en vigueur, peu importe la date d'obtention du permis de construire sur le terrain issu de la division (CE 20-5-2016 n° 382976 : BPIM 4/16 inf. 244).

A. Définition et éléments constitutifs

DÉFINITION DU LOTISSEMENT

26380 Constitue un lotissement la division en propriété ou en jouissance d'une unité foncière ou de plusieurs unités foncières contiguës ayant pour objet de créer un ou plusieurs lots destinés à être bâtis (C. urb. art. L 442-1).

Cette définition « ramassée », issue de l'ordonnance 2011-1916 du 22 décembre 2011 et du décret 2012-274 du 28 février 2012 ne fait plus référence au caractère d'opération d'aménagement du lotissement, ce qui semble parachever le transfert de cette procédure de contrôle des divisions foncières en vue de bâtir du livre III (aménagement foncier) au livre IV (régime applicable aux constructions, aménagements et démolitions) du Code de l'urbanisme par l'ordonnance du 8 décembre 2005. Elle remplace également la notion de propriété foncière par celle d'unité foncière et exclut, en principe (voir n° 26385), la possibilité d'une autorisation de lotissement portant sur des unités foncières non contiguës.

La rédaction actuelle met un terme aux discussions sur le nombre de lots et la temporalité des divisions générant l'application de la procédure de lotissement : la référence au nombre de lots ne réapparaît pas et l'ancien « délai de 10 ans » est supprimé (« lotissement effet »). Il en résulte que, en dehors des exceptions précisément délimitées par le décret (C. urb. art. R 442-1), la procédure de lotissement est applicable dès le premier détachement, comme l'administration le défend depuis la réforme entrée en vigueur le 1er octobre 2007.

NOTION « D'UNE OU PLUSIEURS UNITÉS FONCIÈRES »

En principe, il ne peut y avoir lotissement qu'en présence d'un **tènement unique,** c'est-à-dire d'un terrain d'un seul tenant aux mains de son propriétaire : une unité foncière. Même si ce terrain est composé de plusieurs **parcelles cadastrales,** il n'en constitue pas moins une unité foncière s'il est d'un seul tenant et appartient à un même propriétaire ou à la même indivision (CE 27-6-2005 n° 264667, Cne de Chambéry : BPIM 5/05 inf. 310). Si un **propriétaire achète plusieurs terrains contigus,** il constitue ainsi un tènement unique, qui ne peut plus être divisé en vue de l'implantation de bâtiments que dans le respect de la procédure de lotissement. 26385

Il est toutefois possible de créer un lotissement en utilisant plusieurs unités foncières à condition que ces **unités foncières** soient **contiguës.** Plusieurs propriétaires peuvent donc se réunir pour solliciter l'autorisation de créer un lotissement.

Si une propriété est composée de **parcelles non contiguës,** leur cession séparée n'est pas une opération de lotissement. Ainsi en est-il, par exemple, de parcelles séparées par une voie publique, ou par d'autres parcelles appartenant à des tiers.

› Précisions **a.** Deux **terrains séparés par un chemin** privé ou un cours d'eau non domanial appartenant au même propriétaire forment un tènement unique (CE 18-11-1988 n° 81673). En revanche, un chemin public ou appartenant à un tiers, même non entretenu et devenu impraticable, suffit à définir deux terrains distincts (CE 14-12-1984 n° 46301 : Lebon p. 424 ; Rép. Zimmermann : AN 5-11-2013 p. 11623 n° 36018 s'agissant d'un chemin communal). Il en va autrement si le chemin est désaffecté, fermé par un portail et se situe entièrement dans l'une des parcelles vendues (CE 24-7-1987 n° 54573 : JCP éd. N 1987 II p. 276 note Stemmer).

b. Si une parcelle « A » appartient au mari et une parcelle contiguë « B » à la **communauté,** mari et femme, il y a deux propriétés distinctes et non tènement unique (Rép. Richomme : AN 15-12-1980 p. 5254 n° 36282). Il en est de même si la parcelle « A » appartient à X, et la parcelle « B » à une **indivision** X-Y, sauf les hypothèses de fraude.

c. Par dérogation, un lotissement peut être créé sur des unités foncières non contigües pour mettre en œuvre les actions d'une convention d'**opération de revitalisation du territoire** (ORT) lorsque l'opération d'aménagement garantit l'unité architecturale et paysagère des sites concernés (CCH art. L 303-2, III-al. 17). La délivrance d'un permis d'aménager sur des unités foncières non contiguës est également possible pour réaliser une opération d'aménagement dans le cadre d'un **contrat de projet partenarial d'aménagement** (C. urb. art. L 312-2-1).

NOTION DE DIVISION DU SOL

La notion de lotissement repose sur celle de division du sol. Il faut que, matériellement, on ait fait, de ce qui était un terrain, plusieurs **terrains distincts.** 26390

Il peut s'agir d'une division en **propriété ou en jouissance** (C. urb. art. L 442-1). L'attribution, à des personnes différentes, de la jouissance privative de parties désignées d'un même terrain est une opération de division au sens de la réglementation des lotissements. Il en est ainsi d'une division par **locations distinctes** ou par **baux à construction** *a fortiori*, ceux-ci donnant au preneur un droit réel sur le sol (n° 83050).

› Précisions Lorsqu'une partie d'une propriété foncière a été divisée pour constituer un lotissement, la réalisation ultérieure d'une construction sur la **partie conservée** ne relève pas du régime du lotissement s'il n'est pas opéré de division sur ce reliquat (CE 26-1-2015 n° 362019 : BPIM 2/15 inf. 104).

La division peut résulter d'une cession de **droits sociaux,** si elle aboutit à un morcellement de la propriété de la société (Cass. 3e civ. 9-1-1973 n° 71-11.840 : Bull. civ. III n° 34). Dans une société d'attribution, la simple modification de la répartition des parts sociales ne constitue pas une division de propriété ; la réglementation des lotissements ne s'applique qu'aux divisions des terrains issues du retrait d'un associé ou de la dissolution de la société (CE 3-5-2004 n° 236880 : BJDU 4/04 p. 284). 26395

ABSENCE DE RÉFÉRENCE AU NOMBRE DE LOTS ISSUS DE LA DIVISION

Ni la définition du lotissement (C. urb. art. L 442-1) ni celle du champ d'application du permis d'aménager (C. urb. art. R 421-19) ou de la déclaration préalable (C. urb. art. R 421-23) ne font référence au nombre de lots issus de la division. La procédure de lotissement s'applique donc dès le premier détachement en vue de l'implantation de bâtiments. 26400

› Précisions Alors que depuis le 1er octobre 2007 la définition légale du lotissement ne faisait plus référence à un nombre de lots issus de la division, des doutes quant à l'applicabilité de la procédure de lotissement dès le premier détachement se sont fait jour compte tenu des habitudes prises, de la rédaction sujette à caution du texte et malgré la position tranchée de l'administration en la matière (Rép. Hamel : AN 27-1-2009 p. 756 n° 11201). Le Conseil d'État est toutefois venu mettre un terme aux incertitudes sous l'empire de ces textes, en jugeant la procédure de lotissement applicable dès lors qu'il est prévu d'implanter des bâtiments sur l'un au moins des lots envisagés : le détachement d'un seul lot à bâtir constitue un lotissement (CE 20-2-2013 n° 345728 : BPIM 2/13 inf. 108).

PÉRIMÈTRE DU LOTISSEMENT

26405 Le périmètre du lotissement comprend le ou les **lots destinés à l'implantation de bâtiments** ainsi que, s'ils sont prévus, les voies de desserte et les espaces communs à ces lots. Le maître d'ouvrage peut toutefois choisir d'inclure dans le périmètre du lotissement des **parties déjà bâties** de l'unité foncière ou des unités foncières concernées (C. urb. art. L 442-1-2). Le lotisseur peut donc inclure les parties déjà bâties de l'unité foncière ou des unités foncières contiguës constituant le terrain d'assiette du lotissement projeté pour, le cas échéant, augmenter la surface constructible (dans l'hypothèse de surfaces non consommées par les bâtiments déjà présents sur le terrain d'assiette). La demande de permis d'aménager peut ne porter que sur une partie de l'unité foncière (C. urb. art. R 441-1, dernier al.).

> **Précisions** **a.** Lorsque le périmètre d'un lotissement n'inclut pas les parties déjà bâties de l'unité foncière concernée, le **respect des règles d'urbanisme** doit être apprécié au regard de la seule partie de l'unité foncière comprise dans le périmètre du lotissement projeté, c'est-à-dire sans tenir compte, le cas échéant, du fait que le reliquat déjà bâti méconnaîtra les prescriptions du règlement du PLU applicable, du fait de la création de ce lotissement (CE 29-11-2023 n° 470788, Association de défense de l'environnement du parc de Maisons-Laffitte : BPIM 1/24 inf. 26 ; CAA Marseille 29-6-2021 n° 19MA00260, Sté du bout du Gail : BPIM 5/21 inf. 322).

b. Un lotissement peut inclure des parcelles situées dans des **secteurs inconstructibles** à la double condition que leur inclusion dans le lotissement est nécessaire à la cohérence d'ensemble de l'opération et que la réglementation qui leur est applicable est respectée (CE 20-1-2020 n° 419837, Association Non au Béton : BPIM 2/20 inf. 105). Pour bien comprendre le caractère restreint et subsidiaire de cette exception, on peut noter que dans l'affaire « Association Non au Béton », le **lotissement multi-activité** comprend 8 lots : les lots 1 à 5 sont destinés à accueillir des constructions à vocation commerciale ou d'activité, tandis que les lots 6 et 7 sont destinés à des espaces agricoles et que le lot 8 correspond à un espace boisé classé. Les lots 6 et 8 sont inconstructibles en vertu du POS, le lot 6 étant classé en zone NC exclusivement réservée à la valorisation agricole des sols et le lot 8 en zone ND, zone naturelle dont la vocation est la conservation de l'espace boisé classé. Dès lors que ces lots participent à l'économie générale du lotissement, sont donc nécessaires à la cohérence d'ensemble de l'opération et que leur exploitation est conforme à la réglementation de leurs zonages respectifs, leur présence ne fait pas obstacle à la délivrance du permis d'aménager.

RÉGULARISATION D'UNE DIVISION FONCIÈRE SOUMISE À DÉCLARATION PRÉALABLE DE LOTISSEMENT POUR UNE CONSTRUCTION

26410 Au moment du dépôt d'une demande de permis de construire concernant une construction, il est prévu un mécanisme de régularisation d'une division foncière non déclarée alors qu'elle aurait dû l'être. Lorsqu'une construction est édifiée sur une partie d'une unité foncière qui a fait l'objet d'une division, la demande de permis de construire tient lieu de déclaration préalable de lotissement dès lors que la demande indique que le terrain est issu d'une division (C. urb. art. R 442-2 ; CAA Marseille 18-6-2020 n° 19MA01042). Cette procédure dite « de régularisation » ne peut jouer que pour les lotissements soumis à déclaration préalable.

DIVISION EN VUE DE L'IMPLANTATION DE BÂTIMENTS

26415 Il n'y a lotissement que si la division est faite en vue de l'implantation de bâtiments. Cela signifie que l'existence d'un lotissement s'apprécie en ne tenant compte que des terrains **destinés à être bâtis** issus de la propriété d'origine. La division d'un terrain situé en **zone inconstructible du PLU** ne peut pas constituer un lotissement. Ainsi, le maire est tenu de s'opposer à une déclaration de lotissement (ou refuser un permis d'aménager) portant sur un terrain que la réglementation d'urbanisme rend inconstructible (CE 17-12-2014 n°s 367134 et 367160, Cne du Lavandou : BPIM 1/15 inf. 17).

26420 Par **« implantation de bâtiments »,** il faut entendre **toute espèce** de bâtiments, qu'ils soient d'habitation ou commerciaux, industriels, agricoles, ou qu'il s'agisse même de maisons mobiles, si elles ne sont ni démontables ni tractables. Il n'est fait **aucune distinction** quant à la destination des immeubles.

L'**extension d'une construction existante** ne peut pas être assimilée à l'implantation d'un bâtiment. Ainsi jugé pour une extension de 87 m² (TA Poitiers 8-10-1998 n° 95-2072 : BJDU 1/99 p. 46 ; dans le même sens, CAA Bordeaux 20-3-1997 n° 94-719 : BJDU 4/97 p. 300).

> **Précisions a.** Sont exclues de la réglementation des lotissements les divisions en vue de l'installation de **caravanes ou de villages de tentes** (Rép. Barthe : AN 8-10-1977 p. 6033 n° 39975).
> **b.** Des **abris de jardin** ne sauraient être assimilés à des bâtiments pour l'application des règles des lotissements, alors même que leur constructeur aurait été condamné pour défaut de permis de construire ces abris (Cass. crim. 12-2-1985 n° 84-93.835 : JCP éd. N 1985 II p. 248 note Stemmer).
> **c.** L'**intention d'implanter un bâtiment** peut être déduite de la situation de fait et rendre la division constitutive d'un lotissement. Ainsi en va-t-il d'un pétitionnaire qui s'est vu céder le reliquat d'une propriété déjà bâtie. Le dépôt d'un permis de construire sur le reliquat non bâti de la propriété divisée, consécutif à sa vente, fit l'objet d'un refus par l'autorité compétente, confirmé par le juge qui considère que la division issue de la vente a pour effet de créer un lot non bâti destiné à l'être, constitutive d'un lotissement puisque l'intention de l'opérateur, au demeurant non contestée, était de bâtir ce reliquat (CAA Marseille 21-1-2021 n° 19MA01946, Sté Safe).

B. Opérations ne constituant pas des lotissements

TERRAINS AYANT FAIT L'OBJET D'AUTORISATION AU PROFIT DE TIERS : LA « DIVISION PRIMAIRE »

Sont exclues du régime du lotissement les « divisions primaires », c'est-à-dire les divisions en propriété ou en jouissance effectuées par un propriétaire au profit de personnes qui ont obtenu un permis de construire ou d'aménager portant sur la création d'un groupe de bâtiments ou d'un immeuble autre qu'une maison individuelle au sens de l'article L 231-1 du CCH (C. urb. art. R 442-1, a). **26500**

La chronologie de la division primaire peut, en cas de **division en propriété,** être illustrée de la manière suivante :

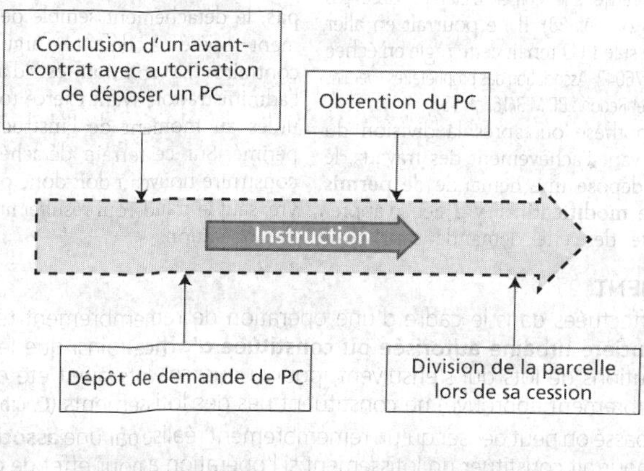

La division primaire, dont l'importance a été volontairement renforcée par le décret 2012-274 du 28 février 2012 en étant citée comme première **exception au régime du lotissement** (et dont le champ d'application a été clarifié par la même occasion), permet à un propriétaire d'opérer volontairement la division de sa propriété soit par vente, soit par location conférant au preneur un droit réel immobilier (bail à construction, bail emphytéotique, etc.), au profit des personnes « qu'il a habilitées à réaliser une opération immobilière sur une partie de sa propriété » et qui sont **déjà titulaires de l'autorisation** de construire ou d'aménager. Il faut donc que cette autorisation ait été obtenue par le cessionnaire – et pas seulement demandée.

Dans cette hypothèse, la division intervient lors de la vente de la partie de terrain détachée ou lors de la signature d'un contrat de bail assorti d'un droit à construire caractérisant une division en propriété ou en jouissance du foncier, sans autorisation administrative spécifique portant sur la division puisque l'administration est supposée avoir été en capacité d'exercer un contrôle lors de la délivrance du permis de construire ou d'aménager.

Ce **mécanisme offre** ainsi aux porteurs de projets une **souplesse** et une **simplification,** du fait de la possibilité d'obtenir une seule autorisation (et non un permis d'aménager ou une déclaration préalable de division, suivi d'un permis de construire) et, par la même occasion, permet d'ouvrir une seule voie de recours.

> **Précisions** **a.** Si la demande concerne un **permis de construire,** s'est posée la question du **terrain d'assiette objet de l'autorisation** que demande la personne habilitée par le propriétaire à réaliser l'opération immobilière. La cour administrative d'appel de Lyon écartait comme inopérant le moyen selon lequel le terrain d'assiette devrait être obligatoirement constitué de l'unité foncière appartenant à ce propriétaire (CAA Lyon 12-11-2013 n° 13LY00584, statuant sur l'ancien article L 442-1, d applicable au litige mais dont la solution apparaissait transposable : RDI 2014 p. 130). Au contraire, selon l'administration, c'était l'unité foncière initiale appartenant au propriétaire qui devait faire l'objet de la demande de permis de construire puisque la division n'avait (par définition) pas encore été effectuée (Rép. d'Ettore : AN 6-7-2010 p. 7649 n° 65630). Le Conseil d'État confirme la position de l'administration en jugeant que dans le cadre d'une division primaire où la division du terrain a lieu après l'obtention du permis de construire, la conformité de l'opération de construction aux règles d'urbanisme s'apprécie au regard de l'ensemble de l'unité foncière existant à la date à laquelle l'administration statue sur la demande, bien que cette dernière soit informée de la division à venir (CE 12-11-2020 n° 421590, Sté du 3 rue Jules Gautier : BPIM 1/21 inf. 19 ; O. Bonneau et N. Jarroux, Division primaire et permis de construire : le Conseil d'État ne casse pas l'assiette ! : BPIM 2/21 inf. 88). Il ne pourrait en aller autrement que si le PLU tenait cette règle en échec (CE 9-3-2016 n° 376042, Association des propriétaires riverains du chemin du Collet Redon : BPIM 3/16 inf. 156).
>
> **b.** Dans l'hypothèse où, après la division du terrain mais avant l'achèvement des travaux, le pétitionnaire dépose une demande de **permis de construire modificatif,** il y a lieu d'apprécier la légalité de cette demande sans tenir compte des effets sur le terrain d'assiette de la division intervenue (CE 12-11-2020 n° 421590 Sté du 3 rue Jules Gautier : BPIM 1/21 inf. 19 ; O. Bonneau et N. Jarroux, Division primaire et permis de construire : le Conseil d'État ne casse pas l'assiette ! : BPIM 2/21 inf. 88), sauf si le **PLU prévoit** une appréciation des règles d'urbanisme à l'échelle de chacun des lots issus de la division.
>
> **c.** Dans le cas d'une demande de **permis d'aménager,** la demande peut porter soit sur la totalité de l'unité foncière, soit sur une partie seulement, conformément à l'article R 441-1 du Code de l'urbanisme afin d'éviter dans ce deuxième cas que les colotis aient un droit de regard sur les règles applicables à ce reliquat. Cela ne dispense pas le dossier de demande de permis d'aménager de comporter un plan du terrain à aménager faisant apparaître la partie de l'unité foncière non incluse dans le projet d'aménagement (C. urb. art. R 441-4 ; Rép. d'Ettore : AN 6-7-2010 p. 7649 n° 65630).
>
> **d.** L'administration considère que l'article R 442-1, a du Code de l'urbanisme est applicable à tout **bénéficiaire de permis,** que celui-ci en ait fait la demande initiale ou qu'il ait obtenu le transfert d'un permis préalablement délivré (Rép. Huyghe : AN 6-4-2012 p. 4068 n° 41893).
>
> **e.** Si le **cessionnaire,** finalement, **ne construit pas,** le détachement semble demeurer valablement opéré, à défaut d'argument de texte contraire. La solution est d'ailleurs logique, l'administration ayant exercé tous les contrôles utiles au moment de l'instruction du permis périmé. Sur ce terrain détaché, un permis de construire nouveau doit donc pouvoir être délivré, sauf la fraude qui résulterait de la répétition de l'opération.

REMEMBREMENT

26505 Les divisions effectuées dans le cadre d'une opération de remembrement réalisée par une **association foncière urbaine autorisée ou constituée d'office** (ainsi que les ventes, locations ou attributions de lots qui s'ensuivent, pourvu que ces lots aient été délimités par le plan de remembrement approuvé) ne constituent pas des lotissements (C. urb. art. R 442-1, b). Comme par le passé on peut penser qu'un remembrement réalisé par une **association foncière urbaine libre** pourrait constituer un lotissement si l'opération a pour effet de créer un terrain constructible (Rép. Crucis : Sén. 5-9-1991 p. 1881 n° 14342).

ZONES D'AMÉNAGEMENT CONCERTÉ

26510 Sont exclues de la réglementation des lotissements les divisions effectuées dans les zones d'aménagement concerté (C. urb. art. R 442-1, c). Seules sont exclues les divisions opérées par l'**aménageur** de la ZAC. Les subdivisions ultérieures par les acquéreurs relèvent des lotissements.

PERMIS DE CONSTRUIRE VALANT DIVISION

26515 Sont exclues de la réglementation des lotissements les divisions de terrain effectuées conformément à un permis de construire valant division du terrain (voir n°s 28000 s.).

DIVERS AUTRES DÉTACHEMENTS

26520 Sont exclus de la réglementation des lotissements les détachements de **terrain supportant des bâtiments** qui ne sont pas destinés à être démolis (C. urb. art. R 442-1, e) y compris lorsqu'est envisagée l'extension, même significative, de l'un de ces bâtiments, le cas échéant après démolition d'une partie de celui-ci, ou la construction d'annexes à ces bâtiments (CE 29-11-2023 n° 470788, Association de défense de l'environnement du parc de Maisons-Laffitte : BPIM 1/24 inf. 26), les détachements de terrain d'une propriété en vue d'un **rattachement à une propriété contiguë** (C. urb. R 442-1, f), les détachements de terrain dans le cadre d'une procédure d'**expropriation** (C. urb. R 442-1, g), les détachements de terrain réservés acquis par une collectivité publique dans le cadre du **droit de délaissement** (C. urb. art. R 442-1, h), enfin, les détachements de terrains en vue du paiement en nature de la **participation d'équipements publics exceptionnels** ou de la participation prévue par une convention de **projet urbain partenarial** (C. urb. art. R 442-1, i).

C. Procédure d'autorisation de lotissement

CHAMP D'APPLICATION DU PERMIS ET DE LA DÉCLARATION

Les lotissements relèvent soit d'un permis d'aménager, soit d'une déclaration préalable. Ils ne sont jamais dispensés de toute formalité au titre du Code de l'urbanisme. L'autorisation de lotir prend donc la forme d'un permis ou d'une décision de non-opposition à une déclaration (C. urb. art. L 442-2 et L 442-3). **26600**

Doivent être systématiquement précédés de la délivrance d'un **permis d'aménager** les lotissements situés dans le périmètre d'un site patrimonial remarquable, dans les abords des monuments historiques, dans un site classé ou en instance de classement (C. urb. art. R 421-19 a, al. 2).

En dehors de ces espaces protégés, la création ou l'aménagement de voies, d'espaces ou d'équipements communs à plusieurs lots destinés à être bâtis, propres au lotissement constitue le critère discriminant entre déclaration préalable et permis d'aménager. Les équipements communs à prendre en compte sont ceux qui sont communs à plusieurs lots destinés à être bâtis, ces équipements doivent être propres au lotissement et leur réalisation doit être à la charge du lotisseur (C. urb. art. R 421-19 a, al. 1).

Auparavant, seuls les lotissements « sans travaux » situés en dehors des espaces protégés faisaient l'objet d'une **déclaration préalable** (C. urb. art. R 421-23 a dans sa rédaction antérieure au décret 2014-253 du 27-2-2014, entré en vigueur le 1er avril 2014). Depuis le 1er avril 2014, le champ d'application de la déclaration préalable (C. urb. art. R 421-23 a) s'est quelque peu élargi puisqu'un projet de lotissement prévoyant un **équipement commun** à plusieurs lots, mis à la charge d'une autre personne que le lotisseur (une commune, un EPCI, etc.) n'est plus soumis à permis d'aménager. En d'autres termes, on ne peut plus affirmer que seuls les terrains situés à proximité directe des voies publiques et des réseaux et dont chacun des lots bénéficie d'un raccordement exclusif à la voie et aux réseaux, peuvent faire l'objet d'une déclaration préalable de lotissement.

> **Précisions a.** La décision de **classer par anticipation dans la voirie communale** la voie interne d'un lotissement communal permet, en l'absence de voie ou d'espace commun audit lotissement, de déposer une simple déclaration préalable au lieu d'une demande de permis d'aménager (CAA Nancy 12-6-2014 n° 13NC02042, Cne de Vincey).
> **b.** Doit être précédée d'un permis d'aménager la création d'un lotissement comprenant 7 lots à bâtir ainsi qu'une **parcelle destinée à servir de voie de desserte** de plusieurs lots et ayant fait l'objet d'aménagements à cet effet (CE 18-5-2017 n° 403965).

1. RÈGLES GÉNÉRALES D'INSTRUCTION

La procédure d'obtention des autorisations d'urbanisme (permis de construire, d'aménager, de démolir ou déclaration préalable) obéit à un ensemble de **règles communes** qui concernent l'autorité compétente, la présentation des demandes, les délais d'instruction, le déroulement de l'instruction. Cette procédure est exposée en détail n°s 13900 s. à propos du permis de construire. **26620**

Des **règles spécifiques** s'appliquent pour le permis d'aménager et la déclaration préalable relative à un aménagement. Ces règles sont présentées n°s 18100 s. Elles concernent la composition du dossier qui doit être joint à la demande de permis ou à la déclaration. La demande de permis d'aménager est établie sur le formulaire Cerfa 16297 (C. urb. art. A 441-4), la déclaration sur le formulaire Cerfa 16703 (C. urb. art. A 441-1 dans sa rédaction issue de l'arrêté LRUL2418037A du 18-10-2024). **26625**

Ces formulaires sont disponibles dans les mairies, auprès des directions départementales des territoires et sur internet.

2. DISPOSITIONS PROPRES AUX LOTISSEMENTS

26650 Lorsqu'elle porte sur un lotissement, la demande de **permis** d'aménager doit comporter, outre les éléments normalement requis (voir n°s 18120 s.), plusieurs indications supplémentaires. Le contenu de la **déclaration** est identique qu'elle soit faite avec le formulaire spécifique ou le formulaire commun.

RENSEIGNEMENTS COMPLÉMENTAIRES

26655 Pour un lotissement la demande de permis d'aménager est complétée par les éléments suivants :
– le **nombre** maximum de **lots** (C. urb. art. R 442-3, al. 1) ;
– la **surface de plancher** maximale dont la construction est envisagée dans l'ensemble du lotissement (C. urb. art. R 442-3, al. 1) ;
– en l'absence de PLU ou de document en tenant lieu, la **surface de plancher** maximale dont la construction est envisagée dans l'ensemble du lotissement (C. urb. art. R 442-3, al. 2) ;
– l'attestation de l'accord du lotisseur en cas de **subdivision de lot** lorsque le projet est situé à l'intérieur d'un lotissement autorisé par un permis d'aménager (C. urb. art. R 442-3, al. 3) ;
– la répartition prévue entre les **terrains** réservés à des équipements ou des **usages collectifs** et les terrains destinés à une **utilisation privative.** Cette indication doit être portée sur le plan faisant apparaître la composition d'ensemble du projet (C. urb. art. R 442-4) ;
– le **projet de règlement,** s'il est envisagé d'apporter des compléments aux règles d'urbanisme en vigueur (C. urb. art. R 442-6, a) ;
– le cas échéant, l'attestation de la **garantie d'achèvement** des travaux (C. urb. art. R 442-6, b) ;
– dans le cas où le lotisseur souhaite commercialiser les lots par **tranches** (C. urb. art. R 442-13-1 créé par le décret 2024-1043 du 18-11-2024), un plan faisant apparaître les différentes tranches de travaux ainsi qu'une attestation de la garantie d'achèvement à fournir au titre de la première tranche (C. urb. art. R 442-6, c) ;
– l'engagement du lotisseur que sera constituée une **association syndicale** des acquéreurs de lots à laquelle seront dévolus la propriété, la gestion et l'entretien des terrains et équipements communs (C. urb. art. R 442-7), à moins que ces éléments communs ne soient destinés à être attribués en propriété aux acquéreurs de lots ou à être transférés à la commune ou à l'EPCI (C. urb. art. R 442-8). Ces dispositions font clairement apparaître le sort des terrains et équipements communs : ils sont destinés soit à être remis à une association syndicale ou aux acquéreurs pris individuellement, soit à entrer dans le domaine de la commune ou de l'EPCI ;
– le cas échéant, lorsque le projet est situé dans un **secteur d'information sur les sols** (SIS), l'attestation établie par un bureau d'études certifié dans le domaine des sites et sols pollués garantissant la réalisation d'une étude de sols et sa prise en compte dans la conception du projet (C. urb. art. R 442-8-1 et C. envir. art. L 556-2 et R 556-3).

> **Précisions** **a.** Par rapport aux dispositions antérieures au 1er octobre 2007, il n'est plus fait mention de l'existence, même facultative, d'un **cahier des charges.** Il apparaît certain que la rédaction de ce document reste possible. Il est d'ailleurs toujours prévu les conditions dans lesquelles ce document peut être modifié (voir n°s 27160 s.).
> **b.** Aucune disposition du Code de l'urbanisme n'impose de joindre au dossier de demande un **plan de division en lots.** Si le lotisseur choisit de joindre au dossier ce plan de division, les modifications qui sont susceptibles d'y être apportées nécessitent la plupart du temps de mettre en œuvre la procédure lourde de modification des documents du lotissement (voir n°s 27160 s.).
> **c.** L'action d'une association syndicale libre tendant à voir dire que la **voirie** et les **réseaux** d'un lotissement sont la propriété de la commune ou de l'EPCI après que leur cession eut été réalisée par délibération de la commune est une action réelle immobilière, soumise à la prescription trentenaire de l'article 2227 du Code civil (Cass. 3e civ. 11-1-2023 n° 21-20.388 FS-B : Bull. civ. III).

PROJET ARCHITECTURAL, PAYSAGER ET ENVIRONNEMENTAL

26660 Le demandeur doit joindre au dossier de permis d'aménager un lotissement un projet architectural, paysager et environnemental qui tient lieu du **projet d'aménagement** normalement requis (C. urb. art. R 442-5). Ce projet architectural comporte, outre les éléments devant figurer dans un projet d'aménagement (voir n°s 18125 s.) :
– 2 vues et coupes faisant apparaître la situation du projet dans le profil du terrain naturel ;
– 2 documents photographiques permettant de situer le terrain respectivement dans l'environnement proche et dans le paysage lointain ;
– le programme et les plans des travaux d'aménagement indiquant les caractéristiques des ouvrages à réaliser, le tracé des voies, l'emplacement des réseaux et les modalités de

raccordement aux bâtiments qui seront édifiés par les acquéreurs de lots ainsi que les dispositions prises pour la collecte des déchets ;
– un document graphique faisant apparaître une ou plusieurs hypothèses d'implantation des bâtiments.

Si la surface à aménager est supérieure à 2 500 m², le projet architectural, paysager et environnemental est élaboré par un **architecte** ou par un **paysagiste concepteur** (C. urb. art. L 441-4 et R 441-4-2), ce qui n'empêche nullement que ce projet soit élaboré par une équipe pluridisciplinaire associant d'autres professionnels de l'aménagement, de l'urbanisme et des paysages, tels que les géomètres experts (CE 8-4-2019 n° 411241, Conseil supérieur de l'ordre des géomètres experts).

D. Régime de l'autorisation de lotir

Le régime des décisions expresses ou tacites, le contenu de ces décisions, leur notification, leur affichage, etc. relèvent des dispositions communes applicables à tous les permis et toutes les déclarations. 26750

PUBLICITÉ DE L'AUTORISATION

Dès la date à laquelle il obtient un permis ou une décision de non-opposition à une déclaration préalable, le lotisseur doit **afficher sur le terrain,** de manière visible de l'extérieur, un panneau mentionnant le permis exprès ou tacite ou la déclaration préalable (C. urb. art. R 424-15). Outre les indications toujours requises (voir n° 15840), le panneau d'affichage mentionne le nombre maximum de lots autorisés (C. urb. art. A 424-16). Dans les 8 jours de la délivrance d'un permis exprès ou tacite ou d'une décision de non-opposition, un extrait (ou la totalité, lorsqu'une dérogation ou une adaptation mineure est accordée) du permis ou de la déclaration doit être **affiché en mairie.** L'affichage doit également être mentionné au registre chronologique des actes de publication et de notification des arrêtés du maire (C. urb. art. R 424-15). La publication par voie d'affichage en mairie peut être remplacée par une publication par voie électronique sur le site internet de la commune. 26755

Par ailleurs, le permis d'aménager, ainsi que le cahier des charges, doivent être publiés, pour l'information des usagers, au **fichier immobilier** tenu par les services chargés de la publicité foncière (Décret 55-1350 du 14-10-1955 art. 73, 1°).

NATURE DE L'AUTORISATION

Dès lors qu'il autorise le demandeur à réaliser le lotissement, le permis d'aménager ou la décision de non-opposition à la déclaration a le caractère d'une décision individuelle ; il ne peut donc être contesté utilement au contentieux que s'il n'est pas devenu définitif. En revanche, le règlement de lotissement et le programme des travaux s'analysent comme des dispositions réglementaires et sont susceptibles de fonder une exception d'illégalité sans condition de délai (CE 15-10-2003 n° 255623, Territoire de la Polynésie française : Constr.-urb. 2004 n° 18). 26760

EFFETS IMMÉDIATS DE L'AUTORISATION

Le permis d'aménager ou la décision de non-opposition rendu exécutoire (C. urb. art. L 424-7 et L 424-8) donne à l'intéressé le droit de procéder aux travaux de viabilisation et de **diviser le terrain** en le vendant par lots en vue de la construction. 26765

À aucun moment, il ne confère le **droit de construire** sur les lots, ce droit restant soumis à l'octroi préalable d'un permis de construire.

CADUCITÉ DE L'AUTORISATION DE LOTIR

Le permis d'aménager concernant un lotissement devient caduc si les travaux ne sont pas commencés dans le délai de 3 ans à compter de la notification de la décision ou, passé ce délai, si les travaux sont interrompus pendant un délai supérieur à une année (C. urb. art. R 424-17). 26770

Les règles de péremption sont les mêmes pour les décisions de non-opposition à des déclarations préalables relatives à des opérations comportant des travaux (C. urb. art. R 424-17, der. al.). Quand la déclaration préalable porte sur une division de terrain, la décision de non-opposition devient caduque si l'opération n'a pas lieu dans les 3 ans (C. urb. art. R 424-18, al. 1).

TRANSFERT DE L'AUTORISATION DE LOTIR

Le Conseil d'État s'est prononcé sur ce point, en matière de lotissement, dans les mêmes termes qu'en matière de permis de construire : « Considérant que l'**autorisation de lotir** 26775

n'est pas délivrée en considération de la personne qui en devient titulaire, qu'ainsi lorsque, pendant la période de validité d'une telle autorisation, la personne du lotisseur change à la suite d'une mutation de propriété, il n'y a pas lieu, pour l'administration, de délivrer au nouveau propriétaire une nouvelle autorisation, qu'il lui appartient seulement de transférer, avec l'accord du propriétaire du terrain, l'autorisation de lotir précédemment accordée » (CE 12-7-1972 n° 83186 : Lebon p. 548). La demande de transfert a lieu, qu'il s'agisse de la non-opposition à déclaration préalable ou du permis d'aménager, sur le **formulaire Cerfa** 16701 (C. urb. art. A 441-3-2 et A 441-8 dans leur rédaction issue de l'arrêté LRUL2418037A du 18-10-2024).

Par analogie avec les règles retenues en matière de permis de construire, l'**arrêté de transfert** peut être obtenu tacitement, avec l'accord des 2 titulaires successifs de l'arrêté, et le nouveau titulaire est tenu de toutes les obligations liées à l'arrêté. Cette indication figure sur le récépissé de dépôt de la demande de transfert.

CONTENTIEUX DE L'AUTORISATION DE LOTIR

26780 Le **délai de recours** contentieux à l'égard des tiers court comme en matière de permis de construire (voir nos 16635 s.). Sur les conditions d'un **retrait** de l'autorisation expresse ou tacite, voir nos 15300 s.

L'autorisation de lotir ne constituant pas un acte d'application de la réglementation d'urbanisme (CE 8-6-1990 n° 93191, Association de sauvegarde du patrimoine martiniquais : Lebon p. 149), la constatation par le juge de l'**illégalité d'un PLU** n'entraîne pas, par elle-même, celle d'une autorisation de lotir délivrée sous l'empire de ce plan (sur ce point, voir nos 2030 s.). L'autorisation de lotir doit respecter les **règles nationales et locales d'urbanisme.** Ainsi, l'autorité compétente pour délivrer une autorisation de lotir est tenue de la refuser quand la réglementation d'urbanisme rend inconstructible le terrain d'assiette du projet de lotissement (CE 17-12-2014 nos 367134 et 367160, Cne du Lavandou : BPIM 1/15 inf. 17). De même une servitude « de mixité sociale » prévue par un PLU est opposable à un permis d'aménager (CE 24-2-2016 n° 383079 : BPIM 2/16 inf. 91).

Le juge doit statuer dans un délai de **10 mois** sur le recours contre un permis d'aménager un lotissement (C. urb. art. R 600-6). Dans les **zones tendues en matière de logement,** le degré d'appel est supprimé pour accélérer le traitement des litiges (voir n° 16296 s.).

> **Précisions** De la même manière que l'autorisation de lotir ne constitue pas un acte d'application de la réglementation d'urbanisme, un **permis de construire** ne constitue pas un acte d'application d'une autorisation de lotir ; l'illégalité d'une autorisation de lotir ne peut donc être invoquée par voie d'exception à l'appui d'un recours dirigé contre un permis de construire (CE 22-12-2022 n° 458524, Cne-de-Bonneville sur Touques).

CONTRÔLE DE L'EXÉCUTION ET DE LA CONFORMITÉ DES TRAVAUX

26785 La **déclaration** attestant l'achèvement et la conformité des travaux avec l'autorisation de lotir est établie par l'aménageur. Elle est adressée en mairie par lettre recommandée avec demande d'avis de réception ou déposée contre décharge (C. urb. art. R 462-1). Cette déclaration peut aussi être déposée par voie électronique (CRPA art. L 112-8).

La réception en mairie de la déclaration d'achèvement fait courir le **délai ouvert à l'administration pour contester** la conformité des travaux (voir n° 16065). Si elle estime que les travaux ne sont pas conformes, elle adresse une mise en demeure à l'aménageur lui enjoignant de déposer un dossier modificatif ou de mettre les travaux en conformité avec l'autorisation qui lui a été accordée (C. urb. art. R 462-9).

Si aucune contestation n'est intervenue dans les délais, une **attestation de non-contestation de la conformité** est délivrée dans un délai de 15 jours, sur simple requête du bénéficiaire de l'autorisation, par le maire ou, à défaut, par le préfet (C. urb. art. R 462-10).

26790 La délivrance de l'attestation de non-contestation de la conformité ne dégage pas le lotisseur de ses **obligations vis-à-vis des acquéreurs** de lots, et notamment de l'obligation de livrer une viabilisation correcte et exempte de vices.

> **Précisions** **a.** Les travaux du lotisseur peuvent être des **travaux publics** s'ils apparaissent comme réalisés directement pour la commune, à qui les voies vont être immédiatement remises gratuitement (T. confl. 16-3-1998 n° 3058, Sté HLM Carpi : Dr. adm. 1998 n° 366).
>
> **b.** Les VRD (voies et réseaux divers) constituent des ouvrages au sens de l'article 1792 du Code civil, même lorsqu'ils ne sont pas rattachés à un bâtiment. Le lotisseur est donc tenu à **garantie décennale** pour ces travaux et à assurance en conséquence (Cass. 3e civ. 17-12-1997 n° 96-12.209 : Bull. civ. III n° 224). Depuis le 10 juin 2005, l'obligation d'assurance ne concerne que les VRD situés sur l'unité foncière du futur bâtiment (C. ass. art. L 243-1-1).

c. En tant que professionnel, le lotisseur est responsable de l'**état du sol du terrain vendu,** notamment lorsqu'il n'est pas possible de construire sans recourir à des fondations spéciales. Il est responsable vis-à-vis de l'acquéreur (CA Angers 20-1-2003 n° 00/1557 : Constr.-urb. 2004 n° 10, annulant la vente pour vice caché ; CA Dijon 24-2-2004 n° 02/853 : Constr.-urb. 2004 n° 215, condamnant le lotisseur au remboursement du surcoût des fondations), mais aussi vis-à-vis du constructeur de maison individuelle (Cass. 3e civ. 12-5-2004 n° 02-20.911 : RJDA 10/04 n° 1108).

d. Aucune disposition des textes régissant la profession de **géomètre-expert** n'interdit qu'un tel professionnel puisse se voir confier la mission de **maîtrise d'œuvre** d'une opération d'aménagement foncier, et notamment d'un lotissement (CE 9-7-2008 n° 295464, Sté Duho Immobilier).

E. Vente des lots

PUBLICITÉ COMMERCIALE

Toute publicité relative à la vente ou à la location de terrains situés dans un lotissement doit mentionner de manière explicite si le permis a été ou non délivré ou si la déclaration préalable a ou non fait l'objet d'une opposition (C. urb. art. L 442-5). **26850**

Toute publicité postérieure à l'intervention du permis ou de la non-opposition à la déclaration doit préciser la date de la décision et mentionner que le dossier peut être consulté à la mairie. Cette publicité ne doit comporter aucune indication non conforme à la décision et à ses prescriptions ou susceptible d'induire l'acquéreur en erreur sur les charges et conditions des ventes ou des locations imposées par le lotisseur (C. urb. art. L 442-6).

La publicité ici réglementée s'entend de toute **forme de publicité** : panneaux d'affichage, campagnes de sondage, etc. Cette règle s'applique aux lotissements communaux.

INTERDICTION DES VENTES ANTICIPÉES

Le fait de vendre ou louer des terrains, bâtis ou non, sans avoir obtenu le permis d'aménager, sans s'être conformé aux obligations de déclaration préalable ou sans avoir respecté les prescriptions imposées par le permis ou la décision sur la déclaration est sanctionné pénalement (voir n° 27505) et le contrat peut être annulé (voir n° 27460). **26855**

L'interdiction de vendre ou de louer **avant le permis d'aménager** est absolue et vise même les ventes sous condition suspensive (Cass. 3e civ. 18-3-1974 n° 72-13.127 : Bull. civ. III n° 128). En revanche, comme on le verra ci-après, il peut être dérogé, dans certains cas, à l'interdiction de commercialiser les lots **avant l'exécution des travaux** imposés au lotisseur.

AVANT-CONTRATS DE VENTE

Aucune promesse de vente ou de location d'un terrain situé dans un lotissement ne peut être consentie et aucun acompte ne peut être accepté avant la **délivrance du permis d'aménager** (C. urb. art. L 442-4). Cette interdiction concerne aussi bien les terrains à lotir que les lots d'un lotissement (Cass. 3e civ. 11-3-2009 n° 07-20.580 : Bull. civ. III n° 62), même sous forme de « dation » (Cass. 3e civ. 20-12-2018 n° 17-24.478 : Constr.-urb. 2/19 n° 3 comm. P. Cornille). **26860**

À compter de la délivrance du permis d'aménager, le lotisseur peut consentir une **promesse de vente unilatérale spécifique** indiquant la consistance du lot, sa délimitation, son prix et son délai de livraison (C. urb. art. L 442-8). Cette disposition et cette promesse spécifique ne concernent que le permis d'aménager, il n'est donc pas interdit au lotisseur de consentir une promesse de vente avant l'expiration du délai de réponse à une déclaration.

En échange de l'immobilisation du lot, le lotisseur peut obtenir de l'acquéreur potentiel une **indemnité d'immobilisation** ne pouvant pas excéder 5 % du prix de vente (C. urb. art. R 442-12). Cette somme est versée sur un compte bloqué. Elle est indisponible, incessible et insaisissable jusqu'à la conclusion de la vente.

La promesse de vente ne devient définitive qu'après un **délai de rétractation** de 10 jours pendant lequel l'acquéreur a la possibilité de se rétracter par lettre recommandée avec demande d'avis de réception ou tout autre moyen offrant des garanties équivalentes (C. urb. art. L 442-8). En cas de rétractation, les fonds sont restitués dans un délai de 21 jours à compter du lendemain de la date de cette rétractation. Même s'il ne se rétracte pas, l'acquéreur conserve la liberté de ne pas acquérir en abandonnant l'indemnité d'immobilisation. En effet, l'indemnité lui est restituée dans les 3 mois sauf si la vente n'est pas conclue de son fait alors que toutes les conditions de la promesse sont réalisées (C. urb. art. L 442-8).

VENTE AVANT TOUT OU PARTIE DES TRAVAUX

26865 Lorsque le permis d'aménager le prévoit et que le lotisseur justifie d'une garantie d'achèvement des travaux, les ventes peuvent intervenir avant tout ou partie des travaux imposés au lotisseur (C. urb. art. R 442-13, b). Le permis doit fixer la date limite au-delà de laquelle le garant devra intervenir si les travaux ne sont pas achevés (sur la mise en œuvre de la garantie, voir n°s 26950 s.).

Cette **garantie d'achèvement** des travaux est donnée par une banque, un établissement financier ou une société de caution mutuelle constituée conformément aux dispositions des articles L 515-4 s. du Code monétaire et financier. L'engagement du garant est un contrat privé qui relève des juridictions de l'ordre judiciaire (CA Reims 17-5-1995 : Gaz. Pal. 1996 som. p. 39).

Cette intervention peut prendre la **forme** (C. urb. art. R 442-14) :

– soit d'une **ouverture de crédit** par laquelle celui qui l'a consentie s'oblige à avancer au lotisseur ou à payer pour son compte les sommes nécessaires à l'achèvement des travaux, cette convention devant stipuler au profit des futurs attributaires de lots le droit d'en exiger l'exécution ;

– soit d'une convention aux termes de laquelle la **caution** s'oblige envers les futurs attributaires de lots, solidairement avec le lotisseur, à payer les sommes nécessaires à l'achèvement des travaux.

> **Précisions** **a.** La garantie n'a pas à préciser le coût des travaux garantis, puisque le garant assure l'achèvement quel qu'en soit le coût (Note technique du 22-12-1977). Mais la **garantie** ne **couvre** que les travaux prescrits, et non les participations d'urbanisme, ni les malfaçons ou non-conformités. Elle ne couvre que les lots mentionnés dans le permis d'aménager au moment où elle est donnée ; en cas d'augmentation du nombre de lots par un permis modificatif, une extension de garantie doit être souscrite (Cass. com. 25-2-2004 n° 00-10.346 : Constr.-urb. 2004 n° 116).
>
> **b.** La garantie donnée sous forme de caution ne s'assimile pas à un cautionnement ordinaire et n'est pas soumise à déclaration de créance en cas de **redressement ou de liquidation judiciaire** du lotisseur (Cass. 3e civ. 28-11-2001 n° 00-12.947 : RJDA 10/02 n° 1060).
>
> **c.** L'établissement financier **garant** peut se retourner contre le lotisseur défaillant et réclamer le **remboursement** des sommes versées (C. mon. fin. art. L 313-22-1 et C. ass. art. L 443-1).

26867 **Réalisation du lotissement par tranches**

Depuis le 21 décembre 2024, le lotisseur peut, lorsqu'il en fait la demande et que le permis d'aménager ou un arrêté ultérieur l'autorise, procéder à la vente (ou à la location) des lots au fur et à mesure de la réalisation de tranches de travaux, avant tout ou partie des travaux prescrits par le permis d'aménager au titre d'une tranche, lorsqu'il justifie d'une garantie d'achèvement des travaux de la tranche en cause (C. urb. art. R 442-13-1, al. 1 créé par le décret 2024-1043 du 18-11-2024).

La garantie d'achèvement de cette tranche est levée lors du dépôt de **la déclaration attestant l'achèvement et la conformité des travaux** relatifs à cette tranche, accompagnée de la justification de la garantie d'achèvement des travaux relatifs à la tranche suivante à réaliser (C. urb. art. R 442-13-1, al. 2 et R 462-3 créés par le décret 2024-1043 du 18-11-2024).

Le dépôt de ces documents autorise le lotisseur à procéder à la vente ou à la location des lots au titre de la tranche suivante.

VENTE AVANT LES TRAVAUX DE FINITION

26870 Pour éviter la dégradation des voies durant l'édification des constructions, le lotisseur peut, sur sa **demande,** être autorisé à vendre en différant la réalisation du revêtement définitif des voies, l'aménagement des trottoirs et la pose de leurs bordures, les équipements qui dépendent de ces trottoirs et les plantations prescrites.

Cette **autorisation,** de droit, est subordonnée à l'engagement de terminer les travaux dans les délais fixés par le permis de lotir et à la **consignation** à cette fin, en compte bloqué, d'une somme équivalant à leur coût fixé par le permis. Le déblocage de la somme consignée peut être autorisé, au fur et à mesure de l'avancement des travaux (C. urb. art. R 442-13, a). La consignation peut être remplacée par une **garantie d'achèvement** conforme à l'article R 442-14 (voir n° 26865).

Les **collectivités publiques** sont dispensées de cette consignation.

> **Précisions** **a.** L'autorité compétente est invitée à accorder cette autorisation chaque fois que les conditions nécessaires à son obtention sont remplies (Note technique du 22-12-1977 n° 1.3.1.2).
>
> **b.** La somme à consigner est fixée sur présentation de devis, et peut inclure une provision pour variation des prix des contrats d'entreprise.
>
> L'arrêté qui autorise le différé peut soit constater que le compte bloqué est bien approvisionné

(par attestation de la banque), soit prescrire son approvisionnement progressif au moyen du produit des premières ventes, mais non pas par prélèvement sur ces prix d'un pourcentage calculé en fonction du prix des travaux différés, car ce système ferait dépendre la provision du rythme de la commercialisation (Note technique du 22-12-1977).

c. Le différé de finition laisse intacte l'obligation finale de tout lotisseur de livrer des voies recouvertes de leur bande de roulement définitive (Cass. 3e civ. 24-5-1989 no 87-15.670 : Bull. civ. III no 118).

DESCRIPTIF DU TERRAIN VENDU

Lorsque l'acquéreur a l'intention de construire un **immeuble à usage d'habitation** ou à usage mixte professionnel et d'habitation, la promesse de vente ou l'acte de vente d'un lot d'un lotissement doit mentionner que le descriptif du terrain résulte d'un **bornage** de ce lot. À défaut, le bénéficiaire de la promesse ou l'acquéreur du lot peut dans le délai d'un mois suivant l'acte authentique intenter une **action en nullité de la vente.** Lorsque l'acte authentique comporte la mention requise, l'acquéreur ne peut plus agir en nullité sur ce fondement (C. urb. art. L 115-4). 26875

› Précisions **a.** L'obligation de mention du bornage semble devoir s'appliquer même si le **lotissement** a **plus de 10 ans** et si ses règles d'urbanisme sont caduques.

b. La **pratique habituelle** de bornage en matière de lots de lotissements semble remise en question dans la mesure où pour les juges, l'exigence légale de bornage est satisfaite si l'acte de vente comporte une mention « bornage » par laquelle le vendeur déclare que le descriptif du terrain résulte d'un **piquetage,** les documents d'arpentage et de piquetage étant par ailleurs annexés à l'acte, lequel décrit bien les limites du terrain (Cass. 3e civ. 30-6-2016 no 15-20.623 FS-PB : BPIM 4/16 inf. 265 ; J.-L. Bergel, RDI 2016 p. 539).

c. L'article L 115-4 visant les « terrains », on peut estimer que la vente d'un **lot bâti** échappe à l'obligation de mention du bornage, réserve faite de l'hypothèse d'un agrandissement ou d'une construction supplémentaire, si elle est possible, par l'acquéreur du lot.

COMMUNICATION DES DOCUMENTS DU LOTISSEMENT

Le permis d'aménager doit être remis à l'acquéreur lors de la signature de l'acte de vente (ou de location) et lui avoir été communiqué préalablement (C. urb. art. L 442-7). L'absence de communication n'empêche pas l'acquéreur d'être tenu de toutes les obligations résultant de l'existence du lotissement et de son cahier des charges (Cass. 3e civ. 29-1-1974 no 72-12.740 : Bull. civ. III no 43). 26880

F. Mise en œuvre de la garantie d'achèvement des travaux

La garantie d'achèvement des travaux visée no 26865 et accordée au lotisseur peut être **mise en œuvre par** les attributaires de lots (acquéreur, locataire, etc.), l'association syndicale, le maire de la commune, le président de l'EPCI ou le préfet (C. urb. art. R 442-15). 26950

La garantie est **mise en œuvre en cas** de défaillance du lotisseur (C. urb. art. R 442-16 et R 442-17). 26955
La défaillance du lotisseur résulte notamment de l'ouverture d'une procédure de redressement judiciaire ou de liquidation de biens, ou du non-achèvement des travaux à l'expiration du plus court des délais contractuels fixés par l'un des actes de mutation ou de location ou, au plus tard, à l'expiration du délai fixé par le permis pour la mise à disposition des fonds (voir no 26865).

Lorsque les travaux ne sont pas achevés dans le délai fixé, l'**obligation du garant** est de verser les sommes nécessaires à l'achèvement des travaux (C. urb. art. R 442-16) : 26960
– soit à la personne qu'il aura choisie pour se substituer au lotisseur défaillant ;
– soit à la personne désignée par le maire, le préfet ou l'association syndicale selon que la garantie a été mise en œuvre par le maire, le préfet, l'association syndicale ou les attributaires de lots.
À défaut, le versement est fait à une personne désignée par autorité de justice, notamment au syndic en cas de règlement judiciaire ou de liquidation de biens du lotisseur défaillant.

G. Édification des constructions

DATE DE DÉLIVRANCE DU PERMIS DE CONSTRUIRE

27050 Le permis de construire peut être accordé sur les lots (C. urb. art. R 442-18) :
– soit à compter de l'**achèvement des travaux** d'aménagement constaté comme il est indiqué n° 26785 ;
– soit à compter de la délivrance de l'autorisation de procéder à la vente ou à la location des lots **avant exécution des travaux,** à condition que les équipements desservant le lot soient achevés. L'acquéreur doit alors joindre à la demande de permis de construire un certificat du lotisseur attestant, sous sa responsabilité, l'achèvement de ces équipements ;
– soit, dès la délivrance du permis d'aménager, sous réserve que le permis de construire ne soit mis en œuvre que lorsque les **équipements desservant le lot** seront **achevés** et qu'il ne concerne pas la construction d'une ou plusieurs maisons individuelles (Rép. Chrétien : AN 21-3-2017 n° 51402).

CONFORMITÉ AUX RÈGLES DU LOTISSEMENT

27055 Le permis de construire ne peut être délivré que dans le respect de la réglementation des lotissements et des documents approuvés du lotissement : permis d'aménager, déclaration préalable, règlement de lotissement, plan de division parcellaire (CE 8-11-1995 n° 89646). En revanche, le cahier des charges, document purement privé, ne s'impose pas au permis de construire. Dans les lotissements antérieurs au 1er janvier 1978, règlement de lotissement et cahier des charges, souvent confondus et approuvés ensemble, s'imposaient, sauf caducité (voir nos 27250 s.), à l'autorité qui délivrait le permis de construire (Rép. Fenech : AN 14-7-2003 p. 5633 n° 16534).

> **Précisions** **a.** La circonstance qu'un lotissement ait été autorisé par arrêté préfectoral n'implique pas la reconnaissance de la **constructibilité des lots** (Cass. 3e civ. 10-11-1998 n° 97-11.128 : Bull. civ. III n° 213).
> **b.** Un règlement de lotissement peut prévoir que le **géomètre** du lotissement aura la faculté de moduler le recul des constructions par rapport à l'alignement des voies publiques ou privées et que tout projet en ce sens devra recevoir son accord préalable (CE 25-3-1998 n° 55100 : Constr.-urb. 1998 n° 275).
> **c.** Le cahier des charges d'un lotissement peut subordonner la délivrance des permis de construire à l'**accord de l'association syndicale** des propriétaires ou de l'**architecte** du lotissement (CE sect. 6-5-1983 n° 22877, ASA des propriétaires des lotissements d'Anthéor : Lebon p. 186 ; CE 29-6-1990 n° 81295, Min. équipement : Lebon p. 198). Si l'autorisation prévue par le cahier des charges n'est pas obtenue, la démolition est encourue (Cass. 3e civ. 28-3-2001 n° 98-16.730 : Constr.-urb. 2001 n° 188).

CRISTALLISATION DES RÈGLES D'URBANISME À LA DATE DE L'AUTORISATION DE LOTIR

27060 Pendant un **délai de 5 ans** à compter, soit de la date de la constatation de l'**achèvement des travaux** pour les lotissements ayant fait l'objet d'un permis d'aménager, soit de la **date de la non-opposition à déclaration** préalable pour les lotissements ayant fait l'objet de cette procédure, le permis de construire ne peut être refusé ni assorti de prescriptions spéciales sur le fondement de dispositions d'urbanisme intervenues après l'autorisation du lotissement (C. urb. art. L 442-14). De même, pendant ce délai de 5 ans, un **sursis à statuer** ne peut pas être opposé à une demande de permis de construire par l'autorité compétente au motif que la réalisation du projet de construction serait de nature à compromettre ou à rendre plus onéreuse l'exécution du futur PLU en cours d'élaboration (CE 31-1-2022 n° 449496 : BPIM 2/22 inf. 111). Toutefois, les dispositions résultant des modifications des documents du lotissement en application des articles L 442-10, L 442-11 et L 442-13 sont opposables (C. urb. art. L 442-14).

Ces dispositions s'appliquent aux demandes de permis de construire (la date du récépissé de dépôt en mairie ou l'accusé de réception électronique faisant foi) intervenues avant l'expiration du délai de 5 ans. Le permis est alors délivré selon les règles en vigueur au moment de l'autorisation de lotir (date de délivrance du permis d'aménager ou date de la non-opposition à déclaration préalable).

Lorsque ce **délai** de 5 ans est **expiré** à la date de la demande de permis de construire, le permis est délivré selon les règles en vigueur au moment où la décision est prise.

L'**annulation** totale ou partielle, ou la **déclaration d'illégalité du document d'urbanisme** pour un motif étranger aux règles d'urbanisme applicables au lotissement ne fait pas obstacle au maintien de l'application des règles au vu desquelles le permis d'aménager a été accordé ou la décision de non-opposition a été prise (C. urb. art. L 442-14, al. 4). En d'autres termes, la cristallisation joue même si le document d'urbanisme a été annulé ou déclaré illégal dès lors que le motif d'annulation ou d'illégalité est étranger aux règles d'urbanisme applicables au lotissement.

> **Précisions** **a.** Dans le cas d'un **lotissement** réalisé **par tranches,** la constatation de l'achèvement de chacune des tranches fait courir le délai de 5 ans.

b. Pour qu'il y ait cristallisation, il faut un lotissement ; si un permis de construire est demandé alors que le **terrain** ayant fait l'objet d'une autorisation de lotir **n'a pas été concrètement divisé** en propriété ou en jouissance, la cristallisation des dispositions d'urbanisme ne peut pas jouer (CE 13-6-2022 n° 452457 : BPIM 4/22 inf. 277). Rien n'indique que cette solution doive nécessairement s'appliquer au cas où le propriétaire aurait engagé des démarches actives pour diviser, telle que la signature d'un compromis de vente (Rép. Agresti-Roubache : AN 7-3-2023 n° 3456).

c. Dès lors que la division foncière a été réalisée dans le délai de validité de l'autorisation de lotir, la cristallisation des dispositions d'urbanisme joue même si, dans l'hypothèse de la création d'un seul lot à bâtir, ce **lot destiné à être bâti** n'a pas lui-même fait l'objet d'un transfert en propriété ou en jouissance (CE 18-10-2024 n° 473828 : BPIM 6/24 inf. 349).

d. Lorsque le lotissement relève du permis d'aménager, le **point de départ du délai** de cristallisation court, à compter de la réception par l'administration, de la déclaration attestant l'achèvement et la conformité des travaux (DACT) du lotissement et la possibilité qu'a l'administration de contester la conformité des travaux dans les 3 mois (ou 5 mois) de la réception de la DACT n'a aucune incidence sur le déclenchement du délai (CE 19-7-2017 n° 396775 : BPIM 5/17 inf. 330).

e. Pendant la durée de 5 ans, les permis de construire seront délivrés en fonction des **règles du lotissement,** d'une part, et, d'autre part, des **règles d'urbanisme** en vigueur au jour de l'autorisation de lotissement.

Après l'expiration de ce délai, il est fait application du principe (jurisprudence constante du Conseil d'État) selon lequel, lorsque les règles locales d'urbanisme viennent à changer après la délivrance d'une autorisation de lotissement, la possibilité de construire sur les lots s'apprécie en fonction de la **règle la plus sévère,** même si c'est celle du document local d'urbanisme postérieur à l'arrêté (CE 26-10-1992 n° 98563 : Lebon T. p. 1394). Les règles du lotissement s'appliquent cumulativement avec celles du document d'urbanisme ; en cas d'incompatibilité entre ces règles, le permis de construire ne peut pas être accordé (CE 23-6-1995 n° 90211, Min. équipement : Lebon p. 272).

f. Dans le délai de 5 ans, les **règles d'urbanisme** introduites après l'autorisation de lotir ne sont pas **opposables** aux permis de construire (CE 19-7-2017 n° 396775 : BPIM 5/17 inf. 330). Mais d'après l'administration, dans ce délai, les permis de construire sont délivrés selon le règlement du lotissement et les règles d'urbanisme en vigueur au moment de la délivrance du permis – donc après l'autorisation de lotir – si les règles d'urbanisme ont évolué de manière plus favorable (Rép. Thévenoud : AN 4-4-2017 n° 98931).

g. Si, dans le règlement du lotissement, il est fait **renvoi au document local d'urbanisme** pour certaines règles et si ce dernier a changé depuis l'adoption de ce règlement, les solutions suivantes peuvent être retenues :
– dès lors que la règle du document d'urbanisme a été explicitée, elle sera réputée faire partie du règlement du lotissement ;
– dès lors que l'on a fait renvoi à une règle d'un document d'urbanisme dont la date a été précisée, cette règle doit être considérée comme incluse dans le règlement, à l'exclusion de toute autre règle contenue dans un document d'urbanisme ultérieur ;
– dès lors que le renvoi n'explicite pas la règle ni n'en fixe la date, il y a lieu de considérer que cette règle n'est pas juridiquement incluse dans le règlement du lotissement (Circ. 87-107 du 2-11-1987 : BO équipement 88/3 du 31-1-1988 p. 26).

SURFACE DE PLANCHER MAXIMALE AUTORISÉE

La surface de plancher maximale autorisée sur le périmètre d'un lotissement ne peut pas être supérieure à celle qui résulte des **règles de densité** du document d'urbanisme à la totalité du terrain faisant l'objet de l'autorisation de lotir. Cette surface de plancher maximale peut être répartie librement entre les différents lots soit par l'autorité compétente à l'occasion de la délivrance du permis d'aménager, soit par le lotisseur à l'occasion de la vente ou de la location des lots. **27065**

Lorsqu'un **coefficient d'occupation des sols** demeure applicable sur un territoire encore couvert par un POS (C. urb. art. L 174-1 s.), la surface de plancher maximale autorisée dans un lotissement ne peut pas être supérieure à celle qui résulte de l'application de ce COS à la totalité du terrain faisant l'objet de la demande d'autorisation de lotir (y compris les voiries et autres espaces collectifs), éventuellement majorée du dépassement pour les constructions faisant preuve d'exemplarité énergétique ou environnementale, ou, qui intègrent des procédés de production d'énergie renouvelables (C. urb. art. L 151-28, 3°, L 151-29 et R 442-10). Elle peut être répartie librement entre les différents lots soit par l'autorité compétente à l'occasion de la délivrance du permis d'aménager, soit par le lotisseur à l'occasion de la vente ou de la location des lots que l'autorisation de lotir résulte d'un permis ou d'une déclaration. En l'absence de répartition par l'autorité compétente ou le lotisseur, la surface de plancher maximale autorisée pour chaque lot résulte de l'application du COS à la superficie de chaque lot (C. urb. art. R 442-9 et R 442-10).

Lorsque la **répartition** de la surface de plancher maximale est effectuée par le lotisseur, celui-ci fournit aux attributaires de lots un certificat indiquant la surface de plancher constructible sur le lot ; ce certificat devra être joint à la demande de permis de construire (C. urb. art. R 442-11).

En cas de démolition par sinistre ou autrement, il est logique de penser que la **reconstruction** pourra se faire sur la base de la surface de plancher attribuée au lot considéré par le lotisseur, même si cette densité excède l'application du COS à ce lot.

H. Modifications apportées aux documents des lotissements

1. MODIFICATION DES DOCUMENTS DU LOTISSEMENT À LA DEMANDE DES « COLOTIS »

PRINCIPE

27160 Lorsque la moitié des propriétaires détenant ensemble les 2/3 au moins de la superficie d'un lotissement ou les 2/3 des propriétaires détenant au moins la moitié de ladite superficie le demandent ou l'acceptent, l'autorité compétente peut prononcer la modification de tout ou partie des documents du lotissement lorsque cette modification est compatible avec la réglementation d'urbanisme applicable (C. urb. art. L 442-10, al. 1).

Cependant, pendant les 5 ans qui suivent l'achèvement du lotissement, les modifications souhaitées par les colotis ne peuvent être prononcées qu'en l'absence d'opposition du lotisseur tant qu'il possède encore au moins un lot constructible (C. urb. art. L 442-10, al. 3 ; Circ. 91-57 du 31-7-1991 : Le Moniteur du 23-8-1991 cahier n° 2 p. 194).

> **› Précisions** **a.** Les documents du lotissement ne peuvent pas prévoir une **majorité différente** ou une procédure différente (Cass. 3e civ. 16-10-1984 n° 83-15.203 : Bull. civ. III n° 169 ; Cass. 3e civ. 1-12-1993 n° 91-15.159 : Bull. civ. III n° 158).
>
> **b.** Tous les **lotissements** soumis à autorisation sont **concernés** par la procédure de l'article L 442-10, qu'ils soient en cours ou achevés (CE 23-12-1970 n° 79657 : Lebon p. 797). Elle concerne aussi bien les lotissements d'habitation que les lotissements industriels ou communaux (CE 21-11-1973 n° 90489, Min. équipement : Lebon p. 662).

CONFORMITÉ À LA CONSTITUTION

27161 La procédure de modification des documents du lotissement de l'article L 442-10 est conforme à la Constitution en ce qu'elle poursuit un **objectif d'intérêt général** : faciliter l'évolution des règles propres aux lotissements dans le respect de la politique publique d'urbanisme (Cons. const. 19-10-2018 n° 2018-740 QPC : BPIM 6/18 inf. 398). Le Conseil constitutionnel émet toutefois une **réserve** : la modification du cahier des charges approuvé ou des clauses réglementaires du cahier des charges non approuvé ne peut pas – sans porter atteinte au droit de propriété et au droit au maintien des conventions légalement conclues – aggraver les contraintes pesant sur les colotis sans que cette aggravation soit commandée par le respect des documents d'urbanisme en vigueur.

CALCUL DES MAJORITÉS

27165 Le calcul des majorités exigées par l'article L 442-10 a donné lieu à des interprétations divergentes de la part des tribunaux. La solution qui reçoit l'approbation quasi unanime de la doctrine est celle du Conseil d'État : chaque propriétaire compte pour une seule **voix,** même s'il possède plusieurs lots (CE 13-6-1975 n° 92275 : Lebon p. 358 ; CE 1-6-2022 n° 443808, Sté le Flocon : BPIM 4/22 inf. 278).

Pour le calcul de la **superficie du lotissement,** il convient de déduire de la superficie totale du lotissement celles des voies et espaces verts affectés à l'usage commun des colotis (Cass. 3e civ. 3-10-2001 n° 00-10.550 : Bull. civ. III n° 113).

> **Précisions** **a.** En cas de lotissement comprenant des **villas** individuelles, des collectifs en **copropriété** et des lots affectés à un **autre usage que l'habitation,** la jurisprudence a évolué en abandonnant une position ancienne consistant à exclure du vote les lots affectés à d'autres usages que l'habitation (CE 28-2-1996 n° 105846, SCI Tennis Park : Lebon p. 53). Désormais, ce sont les biens destinés à la construction, sans distinction, qui composent l'assiette de la superficie du lotissement (CE 1-6-2022 n° 443808, Sté le Flocon : BPIM 4/22 inf. 278) :
> – chaque villa, chaque copropriété ou chaque lot affecté à un autre usage que l'habitation destiné à la construction, compte pour une unité ;
> – les lots non destinés à la construction sont exclus du calcul.
> **b.** En cas de **lot indivis,** l'accord de tous les indivisaires est nécessaire (CE 12-2-1986 n° 51295 : AJDA 1986 p. 270).
> **c.** En cas de **bail emphytéotique,** c'est le preneur qui vote (CE 12-5-1978 n° 6366 : Lebon p. 206).

DOCUMENTS POUVANT ÊTRE MODIFIÉS

Les modifications visées par l'article L 442-10 concernent notamment le **plan parcellaire,** le **règlement** de lotissement et le **cahier des charges** s'il a été approuvé ou les clauses de nature réglementaire du cahier des charges s'il n'a pas été approuvé. 27170

Depuis le 1er janvier 1978, le cahier des charges, d'ailleurs facultatif, n'est plus soumis à l'approbation administrative. La doctrine a eu tendance a en déduire que ses modifications ultérieures ne pouvaient se concevoir qu'à l'unanimité. Cette position, pour logique qu'elle soit, n'était cependant pas conforme à la lettre même du texte dans sa rédaction antérieure à la loi Alur, qui visait expressément le « cahier des charges ». Pour la jurisprudence, les règles de majorité de l'article L 442-10 étaient applicables à la modification de tous les documents du lotissement, y compris le cahier des charges des lotissements postérieurs au 1er janvier 1978 (CE 10-3-1989 n° 70070, Cne de Reichstett ; Cass. 3e civ. 1-12-1993 n° 91-15.159 : Bull. civ. III n° 158 ; Cass. 3e civ. 4-2-2004 n° 02-11.409 : Bull. civ. III n° 22). Le Conseil constitutionnel confirme cette jurisprudence en l'affinant (Cons. const. 19-10-2018 n° 2018-740 QPC) : la procédure ne concerne que les clauses des cahiers des charges, approuvés ou non, qui contiennent des règles d'urbanisme. Les clauses étrangères à cet objet, intéressant les seuls colotis, ne sont pas visées. La modification ou la suppression de ces clauses sans rapport avec les règles d'urbanisme ne peut intervenir qu'avec l'accord unanime des colotis en application de l'article 1193 du Code civil ou, le cas échéant, dans les conditions définies par le cahier des charges (Cass. 3e civ. 12-7-2018 n° 17-21.081 FS-PBI : RDI 11/18 p. 548 obs. J.-L. Bergel ; Rép. Kasbarian : AN 9-7-2019 n° 18752) ou par les statuts de l'ASL du lotissement, adoptés à l'unanimité des colotis (Cass. 3e civ. 27-6-2019 n° 18-14.003 FS-PBI : BPIM 4/19 inf. 243).

Depuis la **loi Élan,** la procédure de modification peut concerner l'affectation des « **parties communes** » du lotissement (C. urb. art. L 442-10 al. 2 supprimé par la loi Élan 2018-1021 du 23-11-2018). Or, peu avant la loi Élan, le Conseil constitutionnel confirmait que la procédure de modification « ne peut concerner l'affectation des parties communes du lotissement » (Cons. const. 19-10-2018 n° 2018-740 QPC). L'avenir de cette extension par la loi Élan est donc plus qu'incertain.

ILLUSTRATIONS

La procédure de modification concerne en particulier :
– l'**exclusion** de certains lots du lotissement (CE 9-12-1966 n° 64962, Sté Provence-Logis) ;
– la **division** d'un lot, entraînant la modification du plan du lotissement (CE 11-2-1970 n° 73611 : JCP éd. G 1970 II n° 16343). Les **subdivisions** de lots provenant d'un lotissement soumis à permis d'aménager sont assimilées à des modifications relevant de l'article L 442-10 sauf lorsqu'il s'agit de détacher une partie d'un lot pour la rattacher à un lot contigu ou lorsque la subdivision se fait avec l'accord du lotisseur et dans le respect du nombre maximal de lots autorisés par le permis initial (C. urb. art. R 442-21) ;
– la **réunion** de plusieurs lots contigus d'un même lotissement (CE 18-6-1969 n° 70733, Sté artistique du Cap Bénat : Lebon p. 322 ; CE 29-4-1970 n° 74340 : Lebon p. 293) ou de plusieurs lotissements distincts, dans ce dernier cas il faudra modifier les périmètres de tous les lotissements concernés (Rép. Masson : Sén. 6-1-2011 p. 20 n° 15450) ;
– la modification des **limites et des surfaces de lots** (CE 13-10-1967 n° 58575, SCI La Méditerranée ; CE 6-12-1968, Min. équipement c/ Quilfen ; CE 10-1-1969, Min. équipement c/ Brigant) ;
– l'agrandissement d'une construction édifiée par un propriétaire, impliquant également la **modification du plan parcellaire** (CE sect. 23-12-1970 n° 79657 : Lebon p. 797) ;
– la **construction** par le propriétaire d'un lot d'un **second édifice d'habitation** alors que le cahier des charges n'autorisait qu'une seule maison d'habitation et des bâtiments secondaires au fond du jardin qui ne pouvaient comprendre que des réserves, remises, écuries, poulailler (Cass. 3e civ. 8-2-1977) ;

– l'attribution d'une **affectation** commerciale à une **parcelle** réservée à l'habitation (CE 21-1-1970 n° 72322 : Lebon p. 36) ;
– le déplacement et la division d'un **espace vert** partie commune (CE 18-6-1969 n° 70733, Sté artistique du Cap Bénat : Lebon p. 322) ou la cession d'un espace vert par l'association syndicale et la modification qui en résulte des documents du lotissement (Cass. 3e civ. 3-10-2001 n° 00-10.550 : Bull. civ. III n° 113) ;
– une dérogation aux **règles de prospect** (CE 2-11-1966, Turpin : Lebon p. 611) ;
– la **renonciation** par les colotis à des **équipements** prévus dans les actes de vente (Cass. 3e civ. 22-1-1992 n° 90-10.003 : Bull. civ. III n° 28).

La procédure de modification ne concerne pas une clause relative à la **hauteur des haies** de sorte que cette évolution est dispensée d'un arrêté d'approbation de l'autorité administrative (Cass. 3e civ. 12-7-2018 n° 17-21.081 FS-PBI : BPIM 5/18 inf. 335).

PROCÉDURE DE MODIFICATION

27175 Aucun formalisme n'est prédéfini. La **décision** majoritaire des **colotis** n'a pas à être nécessairement prise en assemblée (CE 30-7-1997 n° 124352 : BPIM 2/98 inf. 90). Il suffit qu'elle soit clairement exprimée et que tous les colotis aient été clairement informés de l'objet de la modification projetée (en ce sens, Rép. Daubresse : AN 1-11-2016 n° 97481 et plusieurs décisions, notamment CE 4-2-1976 : Lebon T. p. 1181 ; CE 7-5-1997 n° 136177 : Lebon T. p. 1125). Selon la Cour de cassation, il n'est pas nécessaire que tous les colotis soient avisés du projet de modification ; il suffit que celle-ci soit approuvée par une majorité d'entre eux (Cass. 1e civ. 25-6-1991 n° 90-12.223 : Bull. civ. I n° 215).

27180 L'**autorité administrative** n'est pas obligée de prononcer la modification demandée par la majorité qualifiée des colotis (Rép. Masson. : Sén. 3-11-2022 n° 01913). Elle conserve un **pouvoir d'appréciation** ; son éventuel refus devra toutefois être motivé pour des motifs juridiques, tels que l'incompatibilité de la modification sollicitée avec la réglementation générale d'urbanisme applicable ou pour un motif d'intérêt général en rapport avec l'urbanisme (CE 28-06-1987 n° 63985 : Lebon p. 235). La pratique montre peu de refus administratifs dans cette procédure.

Toutefois, l'administration doit veiller à ce que l'accord exprimé par la majorité des colotis porte sur un objet précis et ait été donné en connaissance de cause (CE 7-5-1997 n° 136177 : Lebon T. p. 1125). Si l'autorité administrative a un doute sur la clarté de la proposition de modification faite aux colotis, il lui appartient de refuser cette modification (CE 15-12-2000 n° 196737).

27185 Un **arrêté modificatif** de l'autorité compétente pour statuer sur les demandes de permis d'aménager est indispensable (C. urb. art. R 442-19). La majorité qualifiée des colotis ne suffit pas à réaliser la modification souhaitée même s'il s'agit d'un cahier des charges « contractuel » (Cass. 3e civ. 20-5-1998 n° 96-16.639 : Defrénois 20/1998 art. 36885 p. 1239 n° 11 ; Cass. 3e civ. 4-2-2004 n° 02-11.409 : Bull. civ. III n° 22). Depuis le 1er octobre 2007, le Code de l'urbanisme ne fait plus référence à une obligation d'**affichage** de l'arrêté modificatif en mairie et sur le terrain.

L'arrêté modificatif est **exécutoire** d'office. La modification, régulièrement intervenue, des documents d'un lotissement s'impose à tous les colotis (Cass. 3e civ. 9-10-1979 n° 78-10.900 : Bull. civ. III n° 167 ; Cass. 3e civ. 16-10-1984 n° 83-15.203 : Bull. civ. III n° 169).

L'arrêté modificatif, à l'instar de l'arrêté autorisant le lotissement, doit être publié au **fichier immobilier** pour l'information des usagers (Décret 55-1350 du 14-10-1955 art. 73, 1°).

> **› Précisions** En l'**absence d'arrêté modificatif**, la vente d'un terrain issu de la division d'un lot de lotissement est nulle pour absence d'objet (Cass. 3e civ. 9-12-1998 n° 97-12.303 : Constr.-urb. 1999 n° 161). De son côté, le Conseil d'État considère en pareil cas, et de façon imprescriptible, qu'un permis de construire ne peut pas être valablement délivré sur ce terrain (CE 29-4-1988 n° 78744).

2. MODIFICATION DES LOTISSEMENTS PAR L'AUTORITÉ ADMINISTRATIVE

27210 Lorsque l'approbation d'un **plan local d'urbanisme** (ou d'un document en tenant lieu, PSMV par exemple) est prononcée après une autorisation de lotissement, l'autorité compétente pour statuer sur les demandes de permis d'aménager peut modifier tout ou partie des documents, c'est-à-dire surtout le règlement et le cahier des charges du lotissement approuvé ou non approuvé, pour les **mettre en concordance** avec le document d'urbanisme, au regard notamment de la densité maximale de construction résultant de l'application de l'ensemble des règles du document d'urbanisme (C. urb. art. L 442-11).

La décision de l'autorité compétente est prise après **enquête publique** environnementale et délibération du conseil municipal.

Lorsque les règles d'urbanisme à caractère réglementaire du lotissement sont caduques du point de vue de la délivrance des autorisations d'urbanisme (voir n° 27250), mais continuent de produire des effets contractuels entre les colotis au titre du cahier des charges, le maire peut aussi les modifier pour les mettre en concordance avec le PLU (CE 7-10-2013 n° 361934).

› Précisions Le texte de l'article L 442-11 du Code de l'urbanisme ne limite pas l'**ampleur des modifications** qui peuvent être apportées aux documents du lotissement, dès lors qu'il s'agit bien de mettre celui-ci en concordance avec le document d'urbanisme approuvé (CE 24-7-1981 n° 6466 : Lebon p. 316). Ces modifications ont lieu sans l'intervention des colotis. L'administration peut recourir à la procédure de l'article L 442-11 après que les colotis auront rejeté les modifications projetées dans le cadre de l'article L 442-10 du Code de l'urbanisme (CE 31-1-1992 n° 72064, Copropriété Résidence du château : Lebon T. p. 1382). Mais l'utilisation de l'article L 442-11 pour régulariser des constructions irrégulières est entachée de détournement de pouvoir (CE 8-4-1998 n° 155357, Min. équipement : RDI 1998 p. 354).

3. MODIFICATION LÉGALE DES LOTISSEMENTS

OBJECTIF

Les **règles d'urbanisme des documents du lotissement** (règlement, cahier des charges approuvé ou clauses réglementaires d'un cahier des charges non approuvé) sont caduques au bout de 10 ans si le lotissement est couvert par un PLU ou un document d'urbanisme en tenant lieu et les colotis n'ont pas la possibilité (comme c'était le cas avant la loi Alur) de demander le maintien de ces dispositions réglementaires (C. urb. art. L 442-9, al. 1). **27250**

Si les colotis avaient demandé le maintien de ces règles conformément au droit antérieur à la loi Alur, elles ont cessé **immédiatement** de s'appliquer dès le 27 mars 2014, si le lotissement était couvert par un PLU ou un document d'urbanisme en tenant lieu (C. urb. art. L 442-9, al. 2).

La règle pose le principe de **mise en concordance** automatique des lotissements avec les **règles actuelles d'urbanisme** : dès lors qu'un PLU est approuvé, les règles d'urbanisme propres aux lotissements existants cessent de s'appliquer à l'expiration du délai de 10 ans après la date de l'autorisation de lotir. **27255**

Cette mesure a pour effet, dès lors qu'elle s'applique, de ne rendre opposables à une demande de **permis de construire** ou à une demande de **certificat d'urbanisme** que les seules règles contenues dans le document local d'urbanisme. Ainsi, les divisions foncières s'effectuent selon le droit commun, dans le respect de la seule réglementation générale applicable à ces opérations. Il en est de même de la densité de construction et de ses modalités de répartition.

› Précisions **a.** La caducité « automatique » des règles d'urbanisme n'est pas remise en cause par l'**annulation** de l'approbation du **PLU** dès lors que cette caducité est intervenue avant la date de la délibération annulée (CE 24-5-2006 n° 278688, Cne d'Antibes Juan-les-Pins : BPIM 5/06 inf. 354).

b. Les **lots contigus invendus** d'un lotissement devenu « caduc » ne peuvent pas être vendus séparément sans une nouvelle autorisation de lotir (Rép. Dutin : AN 8-11-1999 p. 6477 n° 32671). Jugé, toutefois, qu'un permis de construire ne peut pas être refusé au motif qu'un terrain composé de 4 parcelles contiguës d'un lotissement autorisé en 1972 constituerait une nouvelle unité foncière soumise à nouveau à autorisation de lotir en cas de construction sur plus de 2 parcelles (CAA Lyon 18-2-2003 n° 02-891, Cne du Breuil-sur-Couze : BPIM 4/03 inf. 221).

OPÉRATIONS VISÉES

L'article L 442-9 du Code de l'urbanisme vise aussi bien les lotissements autorisés avant l'approbation du document d'urbanisme que ceux autorisés après. **27260**

Il s'applique non seulement aux opérations ayant fait l'objet d'une autorisation de lotissement mais aussi aux groupes d'habitation réalisés dans le cadre d'un **permis emportant division parcellaire** soumis au régime antérieur au 1er janvier 1978.

Il vise également les documents et cahiers des charges des **îlots remembrés** en application de la loi validée n° 3087 des 11 octobre 1940 et 12 juillet 1941 relative aux immeubles détruits par suite d'actes de guerre.

En revanche, ne sont **pas concernés** : **27265**

– les opérations d'urbanisation ayant donné lieu à cahier des charges (ZUP et zones d'habitation ou zones industrielles créées avant l'institution des ZAC) ;

– les associations foncières urbaines autorisées ;
– les lotissements-jardins approuvés lorsque ces opérations étaient soumises à autorisation de lotir (voir n° 27700) ;
– les anciennes divisions intervenues en dehors de tout cadre administratif (c'est-à-dire avant la loi du 14 mars 1919) dans la mesure où les documents régissant ces divisions ont un caractère purement contractuel et ne relèvent donc pas de l'article L 442-9 ;
– les opérations réalisées depuis le 1er janvier 1978 dans le cadre d'un permis de construire avec division parcellaire (voir n° 28065).

RÈGLES CONCERNÉES

27270 Les « **règles d'urbanisme** » qui disparaissent ainsi sont celles que contiennent les documents approuvés (règlements et cahiers des charges antérieurs à 1978) du lotissement et que pourrait contenir le règlement d'un PLU : destination des constructions autorisées, règles de distance, de hauteur, clôtures, plantations (Rép. Péricard : AN 8-6-1992 p. 2570 n° 46361). Les effets de la caducité s'appliquent aussi aux cahiers des charges non approuvés qui comportent des **clauses de nature réglementaire.**

L'affectation d'une partie commune à usage d'emplacement de stationnement est une règle d'urbanisme susceptible de caducité (Cass. 3e civ. 26-1-2005 n° 03-15.584 : BPIM 2/05 inf. 112).

Le **plan de division parcellaire** fait partie des règles d'urbanisme qui cessent de s'appliquer lorsqu'il a été approuvé par l'autorité administrative (Avis CE 5-7-1991 n° 124072 : JO 23-7 ; CE 8-11-1995 n° 89646), tout comme les clauses relatives au nombre maximal de lots (CE avis 24-7-2019, n° 430362 : BPIM 5/19 inf. 323).

27275 Les droits et obligations contenus dans le **cahier des charges** du lotissement régissant les **rapports des colotis** entre eux ou le mode de gestion des parties communes sont « épargnés » par les règles de caducité (C. urb. art. L 442-9 al. 3). Le juge judiciaire devait se prononcer sur la portée de cette disposition par rapport aux règles de caducité vues ci-dessus et c'est ce qui semble chose faite par la Cour de cassation qui décide, nonobstant les termes de l'article L 442-9 du Code de l'urbanisme, même s'il s'agit d'une affaire antérieure à l'état du droit « loi Alur », que le cahier des charges, quelle que soit sa date, constitue un document contractuel. Les clauses qui y sont contenues engagent les colotis entre eux (Cass. 3e civ. 21-1-2016 n° 15-10.566 FS-PB : BPIM 2/16 inf. 92 ; Cass. 3e civ. 26-10-2017 n° 16-13.540 F-D ; Cass. 3e civ. 13-2-2020 n° 19-10.977 F-D). Cette solution se place dans la lignée de la **jurisprudence classique** en la matière. En effet, sous l'empire de l'ancienne rédaction de l'article L 442-9, c'est-à-dire avant le 27 mars 2014, le juge judiciaire a toujours eu une analyse protectrice des clauses contractuelles qui figurent dans le cahier des charges. Que celui-ci ait été approuvé ou non par l'autorité administrative et quelle que soit sa date, ses clauses ne sont pas remises en cause par la caducité « automatique » (Cass. 3e civ. 31-3-2010 n° 09-10.024 : Constr.-urb. 2010 comm. n° 84). Elles conservent toujours entre les colotis un caractère contractuel et subsistent au-delà des 10 ans (Cass. 3e civ. 11-1-1995 n° 92-15.732 : Bull. civ. III n° 13), même s'il s'agit de règles d'urbanisme (Cass. 3e civ. 12-2-1997 n° 95-11.599 : Bull. civ. III n° 34 ; Cass. 3e civ. 11-2-1998 n° 96-16.819 : Droit et patrimoine juin 1998 p. 76). Elles s'imposent aux colotis et aux acquéreurs de lots même dans le silence de l'acte de vente (voir nos 27605 s.).

27280 La seule **reproduction d'un règlement de lotissement** dans un cahier des charges, un acte ou une promesse de vente ne confère pas à ce document un caractère contractuel (C. urb. art. L 115-1), sauf volonté expressément exprimée de lui donner ce caractère (Cass. 3e civ. 15-12-1999 n° 97-20.503 : Bull. civ. III n° 247). La **contractualisation d'un règlement** de lotissement résulte d'une prise de position claire des colotis ou du lotisseur. L'appréciation du caractère contractuel ou non d'une disposition de cet acte relève du pouvoir souverain d'appréciation du juge du fond (Cass. 3e civ. 15-12-1999 n° 97-20.503 : Bull. civ. III n° 247 ; Cass. 3e civ. 29-9-2016 n° 15-22.414 F-D). La simple remise par le lotisseur à l'acquéreur du programme des travaux annexé à l'autorisation de lotir ne vaut pas contractualisation de ce document (Cass. 3e civ. 10-3-2009 n° 07-17.421 : AJDI 2009 p. 370).

4. MISE EN COMPATIBILITÉ DES LOTISSEMENTS AVEC UNE OPÉRATION DÉCLARÉE D'UTILITÉ PUBLIQUE

27380 La déclaration d'utilité publique (DUP) d'une **opération** qui n'est **pas compatible** avec les dispositions à caractère réglementaire régissant un lotissement approuvé ne peut intervenir que si l'**enquête publique** concernant cette opération a porté à la fois sur l'utilité publique et sur la modification des documents régissant le lotissement. La DUP emporte alors modification de ces documents (C. urb. art. L 442-13).

Cette procédure n'est utilisable que lorsque l'opération projetée exige l'acquisition d'immeubles, mais non à seule fin de modifier les documents du lotissement (CE 16-1-1998 n° 168168, Sivom du canton d'Accous : BPIM 2/98 inf. 92).

I. Sanctions de la réglementation des lotissements

1. SANCTIONS CIVILES

NULLITÉ DES VENTES ET LOCATIONS

Principe En cas d'inobservation de la réglementation applicable aux lotissements, l'acquéreur, le maire ou le préfet peuvent demander la nullité des ventes et locations de terrains compris dans un lotissement aux frais et dommages du lotisseur (C. urb. art. L 480-15). 27460

> **Précisions** **a.** Jugé que la nullité encourue est une **nullité absolue** (Cass. civ. 9-6-1939 : DH 1939 p. 418 ; Cass. 1e civ. 29-1-1958 : Bull. civ. I n° 68 ; Cass. 1e civ. 6-3-1958 : Bull. civ. I n° 136), alors même que seules les parties prévues au texte peuvent l'invoquer, à l'exclusion notamment du vendeur (mêmes arrêts, et Cass. 3e civ. 2-2-1982 : Bull. civ. III n° 33).
> **b.** Les **locataires** ne peuvent pas être condamnés in solidum avec le lotisseur aux dépens (Cass. 3e civ. 7-11-1990 n° 89-14.377 : Bull. civ. III n° 224).
> **c.** L'**administration** préconise de n'intenter l'action en nullité, en ce qui la concerne, que si les infractions sont graves (Note technique du 22-12-1977 § 1-2-3).

Exception Les ventes et locations des parcelles pour lesquelles le **permis de construire** a été accordé ne peuvent plus être annulées (C. urb. art. L 480-15, al. 2). Le permis de construire délivré sur un lot irrégulièrement détaché couvre la **nullité civile** née de l'infraction. 27465

Ce texte est partiellement conforté par la possibilité, pour une construction ayant été implantée sans que la division du terrain n'ait été déclarée alors qu'elle était soumise à déclaration préalable de lotissement, d'être « régularisée » par le truchement d'une demande de permis de construire mentionnant que le terrain d'assiette est issu d'une division (voir n° 26410). En revanche, s'agissant des permis d'aménager, il ne faut pas perdre de vue qu'en vertu d'une très abondante et constante **jurisprudence** du Conseil d'État, un permis de construire ne peut pas être légalement délivré en infraction à la réglementation des lotissements. Le permis de construire « rédempteur » de l'article L 480-15 est donc illégal en lui-même, c'est-à-dire susceptible de retrait ou de recours. De même, en toute logique, le permis de construire susceptible de couvrir la nullité s'entend d'un **permis** délivré **après le détachement irrégulier.** Une infraction ne peut, en effet, être couverte qu'après qu'elle a été commise.

PRESCRIPTION DE L'ACTION EN NULLITÉ

L'action se prescrit par **10 ans** à compter de la **publication des actes** portant transfert de propriété à la publicité foncière. Passé ce délai, la non-observation de la réglementation applicable aux lotissements ne peut plus être opposée (C. urb. art. L 480-16). Cette prescription concerne les infractions telles que les divisions irrégulières de lots ou autres atteintes à des documents administratifs approuvés ; elle a une portée générale (CE 29-4-1988 n° 78744). Elle s'applique dans le cadre des litiges portés devant le juge administratif. Ainsi, un permis de construire ne peut plus être contesté au motif que le terrain d'assiette est compris dans un lotissement non autorisé dès lors qu'il s'est écoulé plus de 10 ans depuis la publication de l'acte de droit privé ayant eu pour objet ou pour effet de diviser une unité foncière de façon à créer le lotissement en cause (CAA Lyon 25-6-2013 n° 12LY01921, Cne d'Alba-la-Romaine : BPIM 5/13 inf. 321). 27470

> **Précisions** L'action en nullité engagée en application de l'article L 480-15 du Code de l'urbanisme ne trouvant pas sa source dans l'infraction que réprime l'article L 480-4-1 du Code de l'urbanisme (voir n° 27505), la prescription de 6 ans de l'article 8 du Code de procédure pénale ne lui est pas applicable.

2. SANCTIONS PÉNALES

CONSTATATION DES INFRACTIONS

27500 Les infractions à la réglementation des lotissements sont constatées et poursuivies au vu d'un **procès-verbal** dressé par tous officiers ou agents de police judiciaire ainsi que par les fonctionnaires de l'État et des collectivités publiques commissionnés et assermentés (C. urb. art. L 480-1).

INFRACTIONS CONCERNANT LES VENTES ET LOCATIONS

27505 Une **amende** de 15 000 € sanctionne la vente ou la location de terrains, bâtis ou non, dans un lotissement non autorisé, non déclaré ou non conforme aux prescriptions imposées par l'administration dans le permis d'aménager ou la décision prise sur la déclaration préalable (C. urb. art. L 480-4-1).

> **Précisions** L'article L 480-4-1 du Code de l'urbanisme traite seulement de la vente ou de la location de lots compris dans un lotissement sans avoir obtenu une autorisation de lotir (permis d'aménager ou déclaration préalable) ou non conforme aux prescriptions imposées par l'autorité compétente, et non de la situation des constructions illégales devant faire l'objet d'un permis de construire de régularisation (Rép. Masson : Sén. 1-12-2022 n° 02241).

OBSTACLE À L'EXERCICE DU DROIT DE CONTRÔLE

27510 Sans préjudice, le cas échéant, de l'application de peines plus fortes prévues aux articles 433-7 et 433-8 du Code pénal, quiconque met obstacle à l'exercice du droit appartenant, pour l'application de la réglementation en matière de lotissements, au préfet, au maire, au directeur départemental des territoires ou à leurs délégués, de procéder à tout moment à la **visite des lieux** et aux vérifications qu'ils jugent utiles, sera puni d'une **amende** de 7 500 €. En outre, un **emprisonnement** de six mois pourra être prononcé (C. urb. art. L 480-12).

NON-RESPECT DES PRESCRIPTIONS

27515 Lorsque les prescriptions imposées par le permis d'aménager ou la décision prise sur la déclaration n'ont pas été respectées, le tribunal peut prononcer les peines d'amende prévues n° 27505. Il peut en outre impartir un délai au lotisseur pour **mettre les travaux en conformité** (C. urb. art. L 480-4-1, al. 2). Une **astreinte** de 500 € au plus par jour de retard peut être prononcée (C. urb. art. L 480-7 et L 480-8).

À défaut de mise en conformité dans les délais fixés par le juge, l'administration peut faire effectuer les travaux d'office, aux frais et risques financiers du lotisseur (C. urb. art. L 480-4-1, al. 3).

> **Précisions** S'agissant de textes répressifs, les peines édictées pour inexécution des travaux prescrits par l'arrêté ne peuvent pas frapper les **héritiers du lotisseur** qui n'ont pas, personnellement, participé aux opérations de lotissement ni à la vente ou à la location des lots (Cass. crim. 4-11-1976 : Bull. crim. n° 311).

PRESCRIPTION DE L'ACTION PÉNALE

27520 Les sanctions pénales édictées par le Code de l'urbanisme en matière de lotissements sont des **délits,** qui, comme tels, se prescrivent par 6 ans.

Mais l'infraction est à **caractère successif,** c'est-à-dire qu'elle se perpétue tant qu'il n'a pas été satisfait aux conditions imposées par l'arrêté de lotissement (Cass. crim. 13-11-1957 : Bull. crim. n° 734).

J. Contentieux des « servitudes de lotissement »

27600 Par le terme « servitudes de lotissement », on entend ici les règles fixées dans les **documents du lotissement** (règlement et cahier des charges essentiellement).

L'objet de cette étude n'est pas d'entrer dans le détail des très nombreuses solutions jurisprudentielles rendues sur des cas d'espèce, mais d'indiquer les lignes directrices et les principes qui ressortent de cette jurisprudence, c'est-à-dire le régime des **obligations résultant, pour les colotis,** des documents qui régissent la construction et la vie dans leur lotissement ainsi que la sanction de leur violation. Un important revirement jurisprudentiel a introduit le **principe de proportionnalité** en matière de sanction des violations des cahiers des charges dont les effets ne peuvent pas encore être entièrement mesurés sur la remise en cause de certains des développements subséquents (Cass. 3e civ. 13-7-2022 no 20-19.329 FS-B : BPIM 5/22 inf. 352 ; O. Bonneau, C. Morot-Monomy, Violation des cahiers des charges de lotissements et action en démolition : esprit, es-tu là ? : BPIM 6/22 inf. 392).

> Précisions Ces obligations sont communément assimilées à des servitudes, ce qui est, à notre avis, discutable car le créancier d'une obligation de cette nature n'est pas nécessairement le propriétaire d'un autre fonds.

NATURE ET OPPOSABILITÉ

Les servitudes de lotissement constituent des **obligations réciproques,** ce qui exclut le jeu de l'exception « non adimpleti contractus » (expression qu'on peut traduire par « exception de faute réciproque ») : un coloti ne peut pas se prétendre affranchi du respect de ces règles sous prétexte que d'autres n'ont pas eux-mêmes respecté ces mêmes règles ; il s'agit de **liens contractuels** dont chacun s'impose l'exécution indépendamment de celle des autres (Cass. 3e civ. 16-3-1976 : Bull. civ. III no 118 ; Cass. 3e civ. 6-5-1980 : Bull. civ. III no 91 ; Cass. 3e civ. 18-12-1991 : Bull. civ. III no 328). **27605**

Ces servitudes ont un **caractère réel,** c'est-à-dire qu'elles sont attachées aux lots eux-mêmes et non à la personne de leurs propriétaires. Elles sont opposables au lotisseur, aux **acquéreurs** et à leurs ayants cause. Il en va ainsi même dans le silence des actes de vente ou des titres de propriété (Cass. 3e civ. 3-6-1987 : Bull. civ. III no 117 ; Cass. 3e civ. 11-10-1995 no 93-14.277 : Droit et patrimoine mars 1996 p. 77 no 1254), à condition que le document contenant ces servitudes de lotissement (ou celui modifiant les règles initiales du lotissement) ait été **publié au fichier immobilier,** permettant aux intéressés de s'y référer (Cass. 3e civ. 23-5-1991 : Bull. civ. III no 151 ; Cass. 3e civ. 7-10-1998 : Constr.-urb. 1998 no 420 ; Cass. 3e civ. 13-7-2023 no 22-13.233 FS-B). En cas de contradiction entre le cahier des charges et l'acte de vente, c'est le cahier des charges qui prévaut (Cass. 3e civ. 17-6-2009 no 06-19.347 : BPIM 5/09 inf. 348). **27610**

Les **propriétaires extérieurs** au lotissement peuvent se prévaloir des dispositions du règlement de lotissement à l'encontre des colotis à condition de démontrer l'existence d'un préjudice personnel (Cass. 3e civ. 25-10-1989 : Bull. civ. III no 197 ; Cass. 3e civ. 1-3-2006 no 04-20.833 : Bull. civ. III no 54). En revanche, ils ne peuvent pas invoquer la violation des règles contractuelles fixées par le cahier des charges, pas plus qu'elles ne peuvent leur être opposées (Cass. 3e civ. 19-7-1982 : Bull. civ. III no 181).

> Précisions a. Un **document non publié** peut être opposable par renvoi d'un document publié. Ainsi jugé s'agissant d'une servitude d'espace vert prévue au cahier des charges publié mais dont les modalités particulières d'application sont fixées par le plan parcellaire, document non publié (Cass. 3e civ. 20-12-2000 no 99-14.372 : Bull. civ. III no 199). Jugé également qu'une servitude non publiée est opposable au propriétaire du fonds servant s'il en a eu connaissance lors de l'acquisition (voir no 22955).

b. Les dispositions de la loi du 2 juillet 1966 portant « **droit à l'antenne** » sont d'ordre public et un coloti peut s'en prévaloir pour se soustraire aux prescriptions contraires du cahier des charges (Cass. 3e civ. 25-9-2002 no 01-02.262 : Bull. civ. III no 183).

INTÉRÊT POUR AGIR

Un coloti n'avait pas à justifier d'un **préjudice** pour être admis à demander en justice la sanction des infractions aux clauses du **cahier des charges** (nombreux arrêts : voir notamment Cass. 3e civ. 24-10-1990 : Bull. civ. III no 201 ; Cass. 3e civ. 22-5-1996 : Bull. civ. III no 118 ; Cass. 3e civ. 21-6-2000 no 98-21.129 : Bull. civ. III no 124). Cette position apparaît remise en question dès lors que n'est plus écarté de l'analyse de l'intérêt pour agir des colotis le critère de la gravité de leur préjudice (Cass. 3e civ. 13-7-2022 no 20-19.329 FS-B : BPIM 5/22 inf. 352 ; O. Bonneau, C. Morot-Monomy, Violation des cahiers des charges de lotissements et action en démolition : esprit, es-tu là ? : BPIM 6/22 inf. 392). **27615**

S'agissant de la violation du **règlement de lotissement,** celle-ci ne peut être invoquée à l'encontre d'un autre coloti que s'il est démontré l'existence d'un préjudice (Cass. 3e civ. 24-10-1990 : Bull. civ. III no 203) ; la même solution vaut pour le propriétaire extérieur (Cass. 3e civ. 25-10-1989 : Bull. civ. III no 197).

L'intérêt pour agir de l'**association syndicale libre** d'un lotissement est apprécié strictement au regard de ses statuts. Elle est ainsi irrecevable, faute d'intérêt pour agir, à contester un permis de construire délivré dans le lotissement à un coloti dès lors que ses statuts ne lui donnent pas pour objet la défense des intérêts collectifs de ses membres et que le permis litigieux n'affecte pas les parties communes du lotissement (CE 1-4-2010 no 331380, ASL du lotissement Beaupré : BPIM 3/10 inf. 197).

La **nécessité de justifier ou non d'un préjudice** était la conséquence directe de la distinction entre la violation d'une disposition contractuelle et celle présentant un caractère réglementaire (no 27275) ; les juges doivent déterminer exactement la nature des obligations violées (voir notamment

Cass. 3e civ. 24-10-1990, cité dans le Rapport annuel de la Cour de cassation 1990 p. 321 ; Rapport 1986 p. 162 et 1987 p. 173 ; dans le même sens, Cass. 3e civ. 12-5-1993 : Gaz. Pal. 1993 pan. p. 268) mais cette distinction apparaît vouée à évoluer depuis le revirement de jurisprudence intervenu en 2022 s'agissant de la prise en compte du principe de proportionnalité en matière de sanction des violations des cahiers des charges (Cass. 3e civ. 13-7-2022 n° 20-19.329 FS-B : BPIM 5/22 inf. 352 ; O. Bonneau, C. Morot-Monomy, Violation des cahiers des charges de lotissements et action en démolition : esprit, es-tu là ? : BPIM 6/22 inf. 392).

SANCTION

27620 La **sanction classique** de l'infraction consistait en la démolition de l'ouvrage irrégulièrement édifié. La Cour de cassation veillait à l'application de cette solution rigoureuse malgré la résistance de certaines cours d'appel (nombreux arrêts, voir notamment Cass. 3e civ. 27-11-1984). Mais cette position de principe fait désormais l'objet d'un **tempérament important** depuis le revirement opéré en 2022 puisque seul un cas de violation avérée d'une règle du cahier des charges créant un préjudice suffisamment intense et portant atteinte à l'esprit du document contractuel entraînerait la sanction maximale de la démolition (Cass. 3e civ. 13-7-2022 n° 20-19.329 FS-B : BPIM 5/22 inf. 352 ; O. Bonneau, C. Morot-Monomy, Violation des cahiers des charges de lotissements et action en démolition : esprit, es-tu là ? : BPIM 6/22 inf. 392). Dans la négative, des dommages et intérêts peuvent être prononcés.

> **Précisions** **a.** Dès lors que l'obligation violée présente un **caractère réglementaire,** la démolition ne peut être ordonnée par les tribunaux judiciaires qu'après **annulation du permis de construire** ou constat par le juge administratif de son illégalité (Cass. 3e civ. 24-10-1990 : Bull. civ. III n° 202 ; Cass. 3e civ. 13-10-1992 : JCP éd. N 1993 II p. 63 note Stemmer).
> **b.** S'agissant de constructions édifiées en violation d'une **règle contractuelle,** notamment une règle du **cahier des charges** d'un lotissement, les dispositions de l'article L 480-13 du Code de l'urbanisme ne sont pas applicables (Cass. 3e civ. 4-6-1997 n° 95-18.042 : BPIM 4/97 inf. 244 ; Cass. 3e civ. 12-6-2002 n° 01-01.597 : BPIM 4/02 inf. 258).

DÉROGATIONS AUX SERVITUDES DE LOTISSEMENT

27625 **Principe** Un **coloti** ne peut pas renoncer au bénéfice des servitudes de lotissement, fût-ce au profit par exemple du lot voisin (Cass. 3e civ. 27-9-1983 n° 82-11.175 : Bull. civ. III n° 171). Un assouplissement des règles du cahier des charges ne peut découler que d'une modification de ce cahier des charges avec l'accord unanime des colotis en application de l'article 1193 du Code civil ou le cas échéant, dans les conditions définies par le cahier des charges (Rép. Kasbarian : AN 9-7-2019 p. 6515 n° 18752) ou par les statuts de l'ASL du lotissement, adoptés à l'unanimité des colotis (Cass. 3e civ. 27-6-2019 n° 18-14.003 FS-PBI : BPIM 4/19 inf. 243). En revanche, dès lors que le cahier des charges est respecté, des colotis peuvent convenir d'appliquer entre eux des règles plus sévères et établir à cette fin sur leurs lots une servitude conventionnelle qui, dûment publiée, sera opposable à leurs acquéreurs et ayants droit (Cass. 3e civ. 17-11-2004 n° 03-15.116 : BPIM 1/05 inf. 17).

Une autorisation de l'**association syndicale** ne permet pas de déroger aux règles du cahier des charges (Cass. 3e civ. 9-12-1986 : Bull. civ. III n° 174).

Un **permis de construire** ne saurait valablement déroger aux clauses des documents régissant un lotissement (Cass. 3e civ. 17-11-1981 n° 80-12.171 : Bull. civ. III n° 190). Son obtention, même régulière, est sans incidence sur les droits et obligations régissant les rapports des colotis entre eux contenus dans le cahier des charges (Cass. 3e civ. 17-11-2004 n° 03-15.193 : BPIM 1/05 inf. 18). Si les documents du lotissement soumettent toute demande de permis de construire à l'accord préalable d'un collège d'architectes, l'absence de cet accord permet d'ordonner la démolition de la construction objet du permis (voir n° 27055).

27630 **Exception** Lorsque le **lotisseur** s'est réservé le droit, par une **clause du cahier des charges,** de déroger à ce cahier des charges, cette stipulation est valable de sorte que la première vente d'un lot (celle opérée par le lotisseur) fixe définitivement ces dérogations éventuelles (Cass. 3e civ. 29-5-1973 n° 72-10.304 : Bull. civ. III n° 377). La faculté ainsi réservée au lotisseur s'éteint avec la **première vente** des lots et ne profite plus aux acquéreurs successifs de ces lots. Pour la Cour de cassation, ce genre de dérogation (en l'espèce, celle permettant de construire à une hauteur supérieure à celle fixée par le cahier des charges) doit être publiée au service de la publicité foncière (Cass. 3e civ. 6-5-1980 n° 78-15.562 : Bull. civ. III n° 90).

Après la **disparition du lotisseur,** nul (même le juge) ne peut plus accorder ces dérogations (Cass. 3e civ. 3-11-1981 n° 80-12.677 : Bull. civ. III n° 175). Le lotisseur lui-même ne peut les accorder qu'à ses premiers acheteurs et non à un sous-acquéreur (Cass. 3e civ. 17-1-1978 n° 76-13.324 : Bull. civ. III n° 39) et il ne le peut que si ces dérogations (même profitant à un bénéficiaire donné) sont prises dans l'**intérêt général** et dans le respect de la finalité du lotissement (CA Aix 27-11-1975 : Bull. Aix n° 329 p. 8).

© Éd. Francis Lefebvre

K. Lotissements-jardins et lotissements communaux

LOTISSEMENTS-JARDINS

Depuis le 1er janvier 1978, la création de lotissements-jardins ne nécessite **plus** l'obtention d'une **autorisation de lotir** puisque, par définition, ils n'impliquent pas la construction de bâtiments (Note technique du 3-8-1978 n° 2.1.3 : BO équipement 78-42 bis). 27700

Toute renonciation à la **clause** d'interdiction d'édifier des constructions à usage d'habitation, d'industrie, de commerce ou d'artisanat figurant **dans les actes de vente ou de location** de terrains lotis en vue de la création de jardins est nulle et de nul effet, même si elle est postérieure à la vente ou à la location (C. urb. art. L 115-6). 27705

Le **certificat d'urbanisme** déclarant constructible un terrain compris dans un lotissement-jardin est illégal (CE 30-3-1977 n° 4351, Min. équipement : Lebon p. 166).

LOTISSEMENTS COMMUNAUX

Principes **Aucune disposition législative particulière** ne régit les lotissements communaux, qui obéissent donc à toutes les règles exposées dans la présente section, dès lors que le contrat de vente n'a pas pour objet l'exécution d'un service public et ne contient pas de clause exorbitante du droit commun (Cass. 1e civ. 9-10-1991 n° 90-12.818 : Bull. civ. I n° 261). 27710

Les dispositions relatives à la maîtrise d'ouvrage publique ne s'appliquent pas aux **infrastructures** réalisées dans le cadre d'un lotissement (CCP art. 2412-2, 2°).

Le lotissement communal pose au préalable un problème de principe, à savoir celui de la **liberté du commerce** et de l'industrie et de la **concurrence à l'initiative privée.** 27715

Il existe sur cette question une abondante **jurisprudence,** dont il ressort que le Conseil d'État, s'il est vrai qu'il contrôle l'opportunité, la nécessité et l'utilité publique de l'intervention communale, est assez libéral pour admettre cette intervention. La « nécessité de lutter contre la dispersion de l'habitat, de rééquilibrer l'agglomération et de faire face à de nouveaux besoins de logements » lui paraît une justification suffisante (CE 27-4-1984 n° 41786).

Commercialisation des lots Après l'acquisition du terrain à lotir par voie d'**expropriation,** la commune réalise le lotissement en régie directe, ou par concession. 27720

Pour la vente des lots, elle est tenue d'établir des **cahiers des charges** comportant les **clauses types** prévues par le décret 55-216 du 3 février 1955 (C. expr. art. L 411-1 et R 411-2).

Il en résulte certaines **particularités** propres aux lotissements communaux : en particulier, les ventes peuvent être conclues sous la condition résolutoire de la construction par l'acheteur dans un certain délai (Cass. 3e civ. 18-7-1977 : Bull. civ. III nos 319 et 320). L'acte de vente peut également contenir, au profit de la commune, un pacte de préférence valable 20 ans obligeant l'acquéreur, en cas de revente du bien, à donner une priorité d'achat à la commune pour un prix fixé dès la conclusion du pacte (Cass. 3e civ. 23-9-2009 n° 08-18.187 : RJDA 2/10 n° 135).

La commune est en principe soumise au **droit commun** des lotissements, notamment en ce qui concerne : 27725
- la réglementation de la **publicité** avant et après l'arrêté d'autorisation de lotir (voir n° 26850) ;
- l'interdiction de **commercialiser** avant achèvement des travaux (n° 26855) ;
- l'obligation de fournir une **garantie d'achèvement** pour vendre avant tous travaux (n° 26865). La commune peut adhérer à une société de caution mutuelle ou, avec l'accord préalable du ministre du trésor, obtenir la garantie d'achèvement d'un établissement bancaire (Rép. Gaubert : AN 28-4-2003 p. 3349 n° 11753) ;
- la responsabilité des **vices du sol** (malgré une clause de non-garantie jugée nulle : Cass. 3e civ. 28-5-1979).

Mais, ne **s'applique pas à une commune** l'obligation du compte bloqué en cas de différé d'achèvement des finitions (n° 26870).

Contentieux En cas de malfaçons dans les travaux d'aménagement, les litiges sont de la **compétence** des tribunaux judiciaires (T. confl. 2-7-1984 : JCP éd. G 1985 II n° 20425). 27730

SECTION 2

AUTRES MODALITÉS DE DIVISION DES SOLS

A. Divisions soumises à déclaration préalable

CRÉATION DE LA ZONE TERRITORIALE D'APPLICATION

27920 Le **conseil municipal** peut décider, par délibération motivée, de soumettre à déclaration préalable, à l'intérieur de **zones spécifiques** qu'il délimite, toute division volontaire, en propriété ou en jouissance, d'une propriété foncière, par ventes ou locations simultanées ou successives, qui n'est pas soumise à permis d'aménager.

Ces dispositions ne sont applicables que dans les parties des communes identifiées comme nécessitant une protection particulière en raison de la qualité des **sites,** des **milieux naturels** et des paysages (C. urb. art. L 115-3, al. 1).

> **› Précisions** Le contrôle des divisions des propriétés foncières doit être justifié par les **risques d'occupation « sauvage »** de l'espace sur des parties de communes qui méritent une protection particulière, en raison de la qualité des sites, des paysages, des milieux naturels (Cons. const. 17-7-1985 : JO 19 p. 8200). Le texte n'élimine pas a priori les **terrains bâtis.** Mais étant donné sa finalité, qui est la protection des milieux naturels et des paysages, on peut penser qu'il ne vise que des **espaces non bâtis,** sauf hypothèses très exceptionnelles.

PUBLICITÉ DE LA DÉCISION DÉLIMITANT LES ZONES

27925 La délimitation des zones dans lesquelles les divisions sont soumises à déclaration préalable ne peut produire effet qu'après l'accomplissement des mesures de publicité suivantes (C. urb. art. R 115-1) :

a. La délibération du conseil municipal délimitant la zone doit avoir été affichée en mairie pendant un mois et tenue à la disposition du public en mairie.

b. Mention en est publiée dans un journal régional ou local diffusé dans le département.

La décision prend effet lorsque ces formalités sont accomplies ; la date à prendre en considération pour l'affichage en mairie est celle du premier jour où il est effectué.

Une copie de la délibération est adressée au conseil supérieur du notariat à la chambre départementale des notaires, aux barreaux et aux greffes des tribunaux judiciaires dans le ressort desquels est située la zone.

DIVISIONS CONCERNÉES

27930 Il s'agit de toutes les divisions volontaires, en propriété ou en jouissance, par ventes ou locations simultanées ou successives d'une propriété foncière qui ne sont pas soumises à un permis d'aménager (C. urb. art. L 115-3, al. 1).

En outre, ne sont pas soumises à déclaration préalable (C. urb. art. R 421-23, b) :

– les divisions de propriétés foncières opérées dans le cadre d'une opération d'aménagement autorisée ;

– les divisions effectuées dans le cadre des opérations d'aménagement foncier rural relevant du titre II du livre Ier du Code rural et de la pêche maritime, à l'exception de celles opérées après la clôture des opérations ;

– les divisions résultant d'un bail rural consenti à des preneurs exerçant la profession agricole.

Dès lors que le texte vise les divisions volontaires, les divisions consécutives aux adjudications forcées et aux expropriations sont exclues du champ d'application de l'article L 115-3 du Code de l'urbanisme. Il en est de même des mutations à titre gratuit et des partages successoraux puisqu'il ne s'agit pas de ventes ou de locations.

DÉPÔT DE LA DÉCLARATION PRÉALABLE

27935 La procédure de déclaration relève du droit commun (voir nos 15000 s.). Concernant un aménagement, cette déclaration précise l'identité du déclarant, la localisation et la superficie du terrain ainsi que la description du projet de division (C. urb. art. R 441-9). Le dossier joint à la déclaration comprend : un plan de situation du terrain dans la commune, un plan sommaire des lieux indiquant les bâtiments existants, un croquis et un plan coté faisant apparaître la division projetée (C. urb. art. R 441-10).

OPPOSITION À LA DIVISION DE PROPRIÉTÉ

À compter du dépôt en mairie d'un dossier complet, l'autorité compétente dispose d'un **délai** d'un mois, en principe (voir nº 15020), pour s'opposer à la division envisagée si celle-ci, par son importance, le nombre de lots ou les travaux qu'elle implique est susceptible de compromettre gravement le caractère naturel des espaces, la qualité des paysages ou le maintien des équilibres biologiques (C. urb. art. L 115-3, al. 2). Passé ce délai, le déclarant peut procéder librement à la division ; il dispose de 3 ans pour le faire (C. urb. art. R 424-18, al. 1). 27940

La **décision d'opposition** à la division projetée est notifiée au déclarant par lettre recommandée avec demande d'avis de réception (C. urb. art. R 424-10) ou par voie électronique (CRPA L 112-14 et L 112-15).

SANCTIONS

Lorsqu'une **vente** ou une **location** a été effectuée en violation des dispositions de l'article L 115-3 du Code de l'urbanisme, l'autorité compétente peut demander à l'autorité judiciaire de constater la nullité de l'acte. L'**action en nullité** se prescrit par 5 ans à compter de la publication de l'acte ayant effectué la division (C. urb. art. L 115-3, al. 3). 27945

B. Permis de construire emportant division parcellaire

PRINCIPES

Lorsque les travaux projetés portent sur la construction, sur **une unité foncière ou plusieurs** unités foncière contiguës, de **plusieurs bâtiments** dont le terrain d'assiette comprenant une ou plusieurs unités foncières contiguës doit faire l'objet d'une **division** en propriété ou en jouissance avant l'achèvement de l'ensemble du projet, le dossier de permis de construire présenté à l'appui de la demande est complété par plusieurs pièces (C. urb. art. R 431-24). Le demandeur doit fournir les éléments suivants : un plan de division et, si des voies ou espaces communs sont prévus, le projet de constitution d'une association syndicale des acquéreurs à laquelle seront dévolus la propriété, la gestion et l'entretien de ces voies et espaces communs (à moins que l'ensemble ne soit soumis au statut de la copropriété ou que le demandeur justifie d'une convention de transfert dans le domaine de l'EPCI ou de la commune). Le permis délivré au vu de ces éléments porte à la fois sur les constructions, les aménagements communs et la division de propriété. Il rend donc inutile la délivrance d'un permis d'aménager. 28000

Le permis de construire emportant division parcellaire constitue une **exception au régime du lotissement** (C. urb. art. R 442-1, d).

Les dispositions antérieures au 1er octobre 2007 permettaient la délivrance d'un permis de construire valant division du terrain si le projet portait sur la construction de plusieurs bâtiments « par une seule personne physique ou morale » (C. urb. art. R 421-7-1 ancien). Cette condition n'existe plus.

> **Précisions** **a.** Relève d'un permis de construire emportant division parcellaire la construction, par un propriétaire unique, de 15 chalets destinés seulement dans l'avenir à être vendus à des propriétaires différents dans le cadre du régime de la loi 65-557 du 10 juillet 1965 sur la **copropriété,** chaque acquéreur devant disposer d'un droit de jouissance privative exclusif sur son chalet et sur le terrain attenant (CE 8-2-1999 nº 171946, Cne de La Clusaz : BPIM 1/00 inf. 14).

b. Relève d'un permis de construire emportant division parcellaire, pour certaines cours administratives d'appel, la construction d'un bâtiment dont les **appartements** situés en **rez-de-chaussée,** destinés à être vendus en l'état de futur achèvement, disposent d'un jardin privatif, leurs propriétaires disposant d'un droit de jouissance privative sur ceux-ci (CAA Lyon 2-4-2020 nº 18LY04130 ; CAA Bordeaux 4-7-2023, nº 22BX02527). De manière plus orthodoxe, le tribunal administratif de Melun juge que si l'opération ne confère qu'un simple droit d'usage exclusif des logements et des jardins attenants et a vocation à être soumise au statut de la copropriété, sans conférer de droit à construire, alors sa réalisation ne relève pas d'un permis de construire emportant division parcellaire (TA Melun 14-11-2022 nº 2200479).

c. À la différence de la **division primaire** (voir nº 26500), pour laquelle il ne peut être fait **exception à la procédure de lotissement** que si le projet porte sur un groupe de bâtiments ou un immeuble autre qu'une maison individuelle, une telle restriction n'existe pas concernant le permis de construire emportant division parcellaire (Cass. 3e civ. 19-1-2022 nº 20-19.329 FS-B : BPIM 2/22 inf. 112).

d. Ne relève pas de la procédure du lotissement l'obtention d'un permis de construire emportant division parcellaire par un professionnel puis la vente à un particulier d'un lot de la **copropriété**

horizontale constitué d'un droit de construire une maison étant entendu que rien n'établissait que la mise en œuvre de ce permis a eu pour but ou pour effet d'exonérer le vendeur des obligations qu'il avait contractées de réaliser les travaux de viabilisation et les équipements collectifs (Cass. 3e civ. 19-1-2022 no 20-19.329 FS-B : BPIM 2/22 inf. 112).

1. DÉFINITION ET MÉCANISME

OBJECTIFS DE LA MESURE

28020 Il s'agit de permettre, à certaines conditions précises, au constructeur de diviser le terrain d'assiette de ses constructions avant que celles-ci ne soient achevées et donc d'opérer en même temps division et construction.

Si la division a lieu après achèvement des constructions, elle n'est plus faite « en vue de l'implantation de bâtiments », et elle est donc libre (Note technique du 3-8-1978 no 4.1.1 : BO équipement 78-42 bis).

NÉCESSITÉ DE PLUSIEURS CONSTRUCTIONS

28025 La définition donnée ci-dessus suppose nécessairement que le constructeur édifie plusieurs constructions. Bien que certains auteurs aient cru pouvoir contester cette évidence, elle relève de la simple logique, autant que de la lettre du texte. Un arrêt a d'ailleurs été rendu en ce sens (CE 30-4-1982 no 23103 : JCP G 1983 II no 20030 obs. B. Stemmer).

En d'autres termes, on ne peut pas utiliser la technique de l'article R 431-24 pour demander le permis de construire d'un seul immeuble, et se croire autorisé ainsi à détacher le terrain qui le supporte en franchise de la réglementation des lotissements.

CONSTRUCTEUR PAS FORCÉMENT UNIQUE

28030 Dans le cas où le permis est obtenu par plusieurs personnes, celles-ci sont solidaires de la réalisation des équipements et du paiement des taxes (Rép. Giran : AN 12-8-2008 p. 6953 no 16282 ; concernant la taxe d'aménagement, voir no 40575, Précisions). En pratique, ces questions devront être envisagées, entre les cotitulaires du permis, par convention.

Avant la réforme applicable au 1er octobre 2007, il devait s'agir de plusieurs constructions édifiées par un constructeur unique : « une seule personne physique ou morale » (C. urb. art. R 421-7-1 ancien). Cette condition ne se retrouve pas dans le nouvel état du droit.

2. PARTICULARITÉS DE LA DEMANDE DE PERMIS

COMPOSITION DU DOSSIER

28060 La procédure à suivre est celle du permis de construire (voir nos 14050 s.), mais, s'agissant de morceler un terrain, des pièces complémentaires sont demandées : un **plan de division** et, si des voies ou espaces communs sont prévus, le projet de constitution d'une association syndicale (à moins que l'ensemble ne soit soumis au statut de la copropriété ou que le demandeur justifie d'une convention de transfert dans le domaine de l'EPCI ou de la commune). Le plan de division n'apparaît plus comme facultatif contrairement au régime antérieur. Ce régime permettait de répartir librement entre les lots issus de la division la surface de plancher globale applicable au terrain (en ce sens, CAA Paris 21-3-1994 : Gaz. Pal. 28-29/7/1995 pan. adm. p. 89).

AUTONOMIE DU PERMIS DE CONSTRUIRE

28065 Il n'y a pas de lien entre le permis de construire portant sur des groupes de bâtiments et l'arrêté de lotissement, comme cela était le cas avant le 1er janvier 1978 ; il en est ainsi bien qu'à l'issue de l'opération, les propriétaires de lots soient finalement dans la même situation de propriétaires divis dans un ensemble organisé.

Les **conséquences** de cet état de droit sont les suivantes :

a. L'« **attestation de non-contestation de la conformité** » des travaux visée no 26785 n'est plus exigée pour pouvoir vendre les lots bâtis issus de la division ;

b. L'évolution future de l'ensemble immobilier mis en place par le constructeur ne relève pas des dispositions des articles L 442-10 et L 442-11 du Code de l'urbanisme (voir nos 27160 s. et 27210 s.) ;

c. Les dispositions de l'article L 442-9 du Code de l'urbanisme (voir nos 27250 s.) sur la **caducité des règles d'urbanisme** d'un lotissement ne s'appliquent pas.

© Éd. Francis Lefebvre

C. Copropriété et division des sols

À défaut de convention contraire créant une organisation différente, la loi portant statut de la copropriété des immeubles bâtis s'applique également aux ensembles immobiliers qui – outre des terrains, des volumes, des aménagements et des services communs – comportent des parcelles ou des volumes, bâtis ou non, faisant l'objet de droits de propriété privatifs (Loi 65-557 du 10-7-1965 art. 1, II). 28150

On s'est beaucoup interrogé sur ce texte, sa portée, sa signification précise. Les meilleurs spécialistes s'y sont intéressés et ont tenté de **définir « l'ensemble immobilier »** comme un ensemble d'immeubles distincts (chacun d'eux pouvant, le cas échéant, être régi par une copropriété qui lui est propre) assis sur une infrastructure commune (sur les ensembles immobiliers complexes, voir n°s 30100 s.). 28155

La **jurisprudence** a mis l'accent sur les deux traits principaux du texte, à savoir :

– le caractère hétérogène de l'appropriation du sol, sans lequel on est en présence d'un ensemble d'immeubles obligatoirement soumis au statut de la copropriété (en ce sens, TGI Versailles 14-10-1970 ; TGI Paris 3-12-1971) ;

– le caractère volontaire de l'adoption d'un statut autre que celui de la copropriété (en ce sens, CA Paris 12-3-1954 ; voir aussi Cass. 3e civ. 21-11-1978).

Mais il s'agit là de principes de gestion des ensembles immobiliers et non de principes de division des sols. L'organisation d'un ensemble immobilier, quant à sa gestion, suppose que cet ensemble est bâti, alors que c'est au moment où il s'agit de le bâtir que se posent les questions de traitement du terrain. 28160

Il n'y a de rapprochement possible que si, au moment de la **conception** d'une opération immobilière, on divise le sol pour rechercher l'hétérogénéité qui permettra d'éviter de soumettre le futur ensemble immobilier au statut de la copropriété. Mais alors, on risque, évidemment, de tomber dans la définition même d'un lotissement si cette division porte sur des lots destinés à être bâtis.

En d'autres termes, la loi du 10 juillet 1965 s'applique à des immeubles bâtis et les règles de division des sols s'appliquent avant – et en vue de – la construction.

Il faut donc **écarter toute interférence** de ces deux législations, même si, une fois bâti, un ensemble immobilier hétérogène peut être géré comme un lotissement ou être soumis au statut de la copropriété.

SECTION 3

RÉGIME FISCAL DES LOTISSEURS

A. Imposition des profits de lotissement

PRÉSENTATION GÉNÉRALE

Les profits de lotissement s'entendent des plus-values résultant de la cession d'un terrain divisé en lots destinés à être construits. Ils peuvent, selon le cas, être taxés soit au titre des BIC (ou de l'IS), soit selon les règles des plus-values immobilières des particuliers. 28370

1. CRITÈRES DE DÉTERMINATION DU RÉGIME D'IMPOSITION DES LOTISSEURS

PRINCIPES

Relèvent des **BIC** (ou de l'**IS**) les profits réalisés par les personnes qui **cèdent, après l'avoir loti, un terrain acquis à cet effet** (CGI art. 35, I-3°). Le seul critère d'imposition des profits de lotissement dans cette catégorie est donc l'achat en vue de la revente après lotissement. Ainsi jugé que seule une personne qui procède à la division d'une propriété foncière en lots 28390 destinés à être construits, en vue de les céder, a la qualité de lotisseur (CE 9e-8e s.-s. 2-2-1996 no 145845 : RJF 3/96 no 284).

Lorsque le terrain n'a pas été acquis dans l'intention de la revente après lotissement, les profits sont présumés être réalisés dans le cadre de la gestion du patrimoine privé et relèvent du régime d'imposition des **plus-values des particuliers** (CGI art. 150 U, I). Ainsi, en règle générale, les personnes procédant à la cession après lotissement d'un **terrain acquis à titre gratuit** (par succession ou donation) relèvent de ce dernier régime, l'achat pour revendre étant exclu ; l'administration peut toutefois invoquer la règle de l'inopposabilité des donations entre vifs (CGI art. 35, III), auquel cas la donation est réputée inexistante et les bénéfices correspondant à la vente de terrains reçus en donation sont imposés comme profits de lotissement, en tenant compte du prix d'acquisition de ces terrains par le donateur (BOI-BIC-CHAMP-20-30-20 no 20 ; BOI-BIC-CHAMP-20-30-10 no 60).

> **Précisions** S'inspirant de la jurisprudence rendue pour les agents immobiliers (CE 3e-8e s.-s. 29-4-2002 no 234133 : RJF 7/02 no 769) et les marchands de biens (CAA Paris 22-11-2002 no 99-3902 : RJF 3/03 no 266), l'administration reconnaît aux **activités des lotisseurs exercées à titre professionnel** un **caractère commercial** par nature au sens de l'article 34 du CGI (BOI-BIC-CHAMP-80-10-10-10 no 380).

APPRÉCIATION DE L'INTENTION SPÉCULATIVE

28395 L'intention de revente après lotissement s'apprécie **au moment de l'achat du terrain,** sans qu'il y ait lieu de prendre en compte les circonstances de la vente : aliénation forcée, expropriation, difficultés de trésorerie, etc. (BOI-BIC-CHAMP-20-30-20 no 40). Lorsque plusieurs terrains sont cédés simultanément, il y a lieu, en principe, d'apprécier l'intention spéculative au moment de l'achat de chacun d'entre eux (Rép. Le Fur : AN 21-12-2004 no 44652, solution non reprise dans Bofip mais qui conserve sa portée).

Cette intention spéculative résulte des **circonstances de fait,** quel que soit, en principe, le nombre de lots réalisés : proximité dans le temps de l'achat et de la revente, situation géographique des terrains, ou profession du vendeur.

28400 Dans le cas d'une **opération isolée** réalisée par un **particulier** dans le cadre de la **gestion de son patrimoine privé,** il ne peut y avoir imposition qu'au titre des plus-values des particuliers. Tel est le cas notamment quel que soit le nombre de lots réalisés (BOI-BIC-CHAMP-20-30-20 no 20) :

– lorsque le terrain a été recueilli par succession ou par donation (sous réserve de la règle de l'inopposabilité des donations entre vifs : no 28390) ;

– lorsque le terrain a été acquis à titre onéreux mais sans intention spéculative. Il en serait ainsi par exemple d'un terrain précédemment affecté pendant une période suffisamment longue à l'usage privé de son propriétaire ou à l'exercice de son activité professionnelle, ou d'un terrain loti pour les besoins d'une vente consécutive à la dissolution d'une communauté conjugale.

28405 **Opérations réalisées par un marchand de biens** Selon l'administration (BOI-BIC-CHAMP-20-30-20 no 60), les profits de lotissement réalisés par un contribuable exerçant la profession de marchand de biens relèvent, en tout état de cause, du régime d'imposition des BIC en application de l'article 35, I-1° et 1° bis du CGI, même si le terrain a été acquis à titre gratuit (par succession ou donation). Toutefois, dans ce dernier cas, le cédant peut écarter la présomption du caractère professionnel de l'opération en apportant la preuve que celle-ci s'inscrit dans le cadre de la gestion de son patrimoine privé et que le terrain ne figurait pas, par suite, dans son stock immobilier.

De même, toujours selon l'administration, les profits de lotissement réalisés par des **contribuables qui, sans exercer la profession** de marchand de biens, **ont** déjà **cette qualité fiscale** à raison d'opérations immobilières d'achat-revente réalisées par ailleurs, sont imposés dans la catégorie des BIC en application de l'article 35, I-1° et 1° bis précité (BOI-BIC-CHAMP-20-30-20 no 70).

> **Précisions** **a.** L'article 35, I-1° du CGI visant les personnes qui « habituellement achètent, en vue de les revendre, des immeubles », on peut se demander s'il peut s'appliquer – comme l'a indiqué l'administration – à des **biens acquis à titre gratuit par des marchands de biens professionnels.** Force est de constater cependant que cette doctrine a été confirmée par plusieurs arrêts (voir CAA Marseille 16-11-1999 no 97-10620 : RJF 6/00 no 747 et CAA Marseille 25-4-2000 no 97-5422 : RJF 4/01 no 439 pour des opérations de lotissement ; CAA Nantes 27-4-1999 no 96-1629 : RJF 8-9/99 no 963 pour des opérations de construction-vente).
>
> Par ailleurs, les marchands de biens devraient pouvoir être autorisés à écarter la présomption du caractère professionnel de l'opération, même

dans le cas de **biens acquis à titre onéreux,** lorsque, en fonction des circonstances de chaque affaire, il est prouvé que le terrain n'était pas compris dans leur stock immobilier (en ce sens, BOI-BIC-CHAMP-20-10-30 n° 10).

b. L'article 35, I-1° du CGI visant les opérations habituelles et spéculatives, les **personnes considérées comme ayant par ailleurs une activité de marchand de biens** ne devraient être imposables au titre des BIC à raison des profits de lotissement que si elles ont acquis les terrains en vue de la revente.

28410 **Lotissement réalisé par l'intermédiaire d'une société civile** L'intention spéculative d'une société civile sera, le plus souvent, révélée par la définition de l'**objet social figurant dans les statuts** : ainsi, selon l'administration, une société civile spécialement constituée en vue de procéder à une opération de lotissement sera, dans tous les cas, soumise à l'IS au titre des profits de lotissement qu'elle réalise, que le terrain ait été acheté par la société ou apporté par un ou plusieurs associés (BOI-BIC-CHAMP-20-30-20 n°s 80 et 90).

Il en est de même si les statuts prévoient, même à titre subsidiaire, la possibilité de lotir, ou, en l'absence d'indication dans les statuts, lorsque des **faits révèlent** par ailleurs l'existence d'une **intention spéculative** lors de la constitution de la société ou de l'achat du terrain : ainsi en est-il de l'activité présente ou passée de la société ou de ses membres, de la réalisation à bref délai du lotissement, etc. (BOI-BIC-CHAMP-20-30-20 n°s 100 et 110).

En ce qui concerne les opérations de lotissement réalisées par les **sociétés civiles de construction-vente,** voir n° 65125.

› Précisions Comme indiqué ci-dessus, l'administration fiscale assimile à une « acquisition » tous les **apports en société** (y compris à titre pur et simple), quels que soient la qualité de l'apporteur et le mode d'acquisition du terrain (à titre onéreux ou à titre gratuit) par ce dernier.

Dès lors, selon cette doctrine, dans le cas d'un **terrain acquis par succession (ou par donation),** le régime d'imposition des profits sera totalement différent selon que les héritiers (ou les donataires) auront constitué ou non une SCI en vue de revendre ce terrain après lotissement.

Dans le premier cas, après avoir supporté l'IS au moment de leur réalisation (application de l'article 206, 2 du CGI), les profits de lotissement seront imposables au nom des associés quand ils les appréhenderont dans la catégorie des revenus de capitaux mobiliers.

Dans le cas contraire où le lotissement sera réalisé directement par l'indivision successorale ou par les donataires sans passer par l'intermédiaire d'une SCI, les profits de lotissement seront imposables selon les modalités prévues aux articles 150 U s. du CGI pour les plus-values immobilières des particuliers.

2. BASE ET MODALITÉS D'IMPOSITION DES LOTISSEURS

Les modalités de détermination et d'imposition des profits diffèrent selon que l'opération de lotissement relève ou non d'une activité imposable dans la catégorie des bénéfices industriels et commerciaux. 28440

a. Profits de lotissement relevant du régime des BIC

PRINCIPES D'IMPOSITION

Les profits réalisés lors de la cession après lotissement d'un terrain acquis à cet effet sont soumis aux **règles de droit commun** applicables aux bénéfices industriels et commerciaux et à l'impôt sur les sociétés lorsqu'ils sont réalisés par une **société civile** (application de l'article 206, 2 du CGI). 28460

DÉTERMINATION DU PROFIT IMPOSABLE

Le profit imposable est constitué en principe par la **différence** entre : 28465

– le **prix de cession** des terrains lotis, diminué des frais (notamment d'intermédiaire) supportés lors de la vente ;

– et le **prix d'acquisition** de ces mêmes terrains, majoré des frais d'acquisition (frais et loyaux coûts du contrat) et des frais afférents à la réalisation du lotissement dûment justifiés (essentiellement travaux d'aménagement et de viabilité).

Certaines particularités sont signalées ci-après.

a. Le lotisseur ne peut déduire, au titre d'un exercice donné, que les **frais afférents aux seules parcelles livrées** au cours de cet exercice (sur la notion de livraison, voir ci-après, n° 28470).

Il y a donc lieu de **ventiler** les dépenses par lot, en proportion de l'augmentation de valeur apportée à chaque parcelle par les impenses et travaux (CE 7e-8e s.-s. 7-12-1981 n° 17861 : RJF 2/82 n° 158).

En pratique, le moyen le plus commode pour procéder à cette affectation est de déterminer un prix moyen au mètre carré de terrain loti, puis de multiplier ce prix par la superficie du ou des lots cédés.

b. En principe, le prix de revient au mètre carré est calculé en appliquant le prix de revient global à la surface globale du terrain, y compris les surfaces non vendables. Mais, lorsque la **voirie et** les **réseaux** doivent être **cédés gratuitement à la commune,** le prix de revient au m^2 peut être calculé en faisant abstraction de leur superficie (en ce sens, Rép. Ansquer : AN 11-8-1973 n° 2680, solution non reprise dans Bofip). Même solution en cas de remise gratuite **à une association syndicale** d'une parcelle consacrée à la voirie (CAA Lyon 26-4-2002 n° 97-2186 : RJF 1/03 n° 48).

c. En ce qui concerne les **frais non encore exposés à la clôture d'un exercice,** les lotisseurs peuvent, conformément aux règles de détermination des BIC, les prendre en compte sous forme de **provisions,** sous réserve que les conditions générales de déduction des provisions soient réunies. Tel est le cas de **travaux** d'aménagement restant à réaliser à la clôture de l'exercice et afférents aux seuls **lots vendus** (BOI-BIC-CHAMP-20-30-40 n° 20).

d. Lorsque le contribuable a contracté des **emprunts** dans le cadre général de son activité industrielle et commerciale de lotisseur, il peut déduire la totalité des **intérêts.** La circonstance que ces emprunts n'aient pas été affectés en totalité à l'opération de lotissement a été jugée sans incidence (CE 7-2-1975 n° 82465 : RJF 4/75 n° 158 ; BOI-BIC-CHAMP-20-30-40 n° 100).

> **Précisions** Les **terrains** que l'opérateur destine au lotissement sont considérés comme des éléments du **stock** et non de l'actif immobilisé. Ils sont donc exclus du régime des plus-values professionnelles.
> La qualification qu'il convient d'attribuer à un terrain doit être appréciée en prenant en considération l'objet social de l'entreprise et en recherchant si celle-ci a acquis le bien concerné dans l'intention de le revendre ou au contraire d'en assurer l'exploitation (CE 7e-9e s.-s. 14-11-1990 n° 57363 : RJF 1/91 n° 26). Cette intention doit donc être appréciée à la date d'acquisition du terrain (en ce sens, CE 9e-10e s.-s. 26-3-2003 n° 221849 : RJF 6/03 n° 679). Les circonstances ultérieures sont par conséquent sans incidence sur cette qualification (CAA Douai 7-11-2001 n° 98-1342 : RJF 2/02 n° 139, pour le cas d'un classement en zone inconstructible rendant le terrain invendable).

FAIT GÉNÉRATEUR DE L'IMPOSITION

28470 Le fait générateur est constitué par la cession à titre onéreux des biens ou des droits (BOI-BIC-CHAMP-20-30-40 n° 10).

Les produits correspondant à des créances sur la clientèle ou à des paiements reçus à l'avance (acomptes) doivent être rattachés à l'exercice au cours duquel intervient la **livraison du bien** (CGI art. 38, 2 bis).

Il s'ensuit que les **produits** résultant de la cession de terrains lotis doivent être rattachés aux résultats de l'exercice au cours duquel intervient la **remise des titres de propriété** à l'acquéreur effectuée conformément aux dispositions de l'article 1605 du Code civil applicables aux ventes d'immeubles ne présentant pas le caractère de bâtiments. Dès lors, jusqu'à la date de la livraison, l'encaissement total ou partiel du prix de vente reste sans effet sur la détermination des résultats du vendeur.

Corrélativement, les **dépenses** afférentes aux travaux d'aménagement et de viabilité exécutés avant la livraison des terrains ne peuvent être déduites que des résultats de l'exercice auquel les produits – créance du prix de vente ou prix payé d'avance – sont eux-mêmes rattachés. En effet, ces dépenses – qui, jusqu'à la date de livraison, correspondent à des **travaux en cours** et doivent être inscrites comme tels à l'actif du bilan – n'entraînent aucune diminution de l'actif net et n'ont par suite aucune incidence sur le résultat fiscal de l'entreprise. Pour cette même raison, les lotisseurs ne sont pas autorisés à constituer en franchise d'impôt des **provisions** destinées à faire face à des charges résultant de la réalisation de travaux en cours (BOI-BIC-CHAMP-20-30-40 n° 20).

> **Précisions** S'il résulte clairement de l'examen des actes de vente que la **livraison** des biens **intervient immédiatement** par remise des titres de propriété, sans faire de l'exécution des travaux d'aménagement auxquels était subordonnée l'autorisation de lotir une condition suspensive ni subordonner l'exigibilité du prix à l'achèvement de ces travaux, les créances correspondantes doivent être comprises dans les résultats des exercices durant lesquels les actes ont été passés (CE 7e-8e s.-s. 16-6-1986 n° 49302 : RJF 10/86 n° 850).

MODALITÉS D'IMPOSITION

28475 **Régime d'imposition** Les lotisseurs sont expressément exclus du régime **micro-BIC** (CGI art. 50-0, 2-e). Alors qu'ils sont également exclus du **régime simplifié d'imposition** (RSI) en matière de TVA (CGI ann. II art. 204 quater), ils peuvent bénéficier de ce régime en matière

© Éd. Francis Lefebvre

d'impôt sur le revenu ou d'impôt sur les sociétés (BOI-BIC-CHAMP-20-10-40 n° 50) si leur **chiffre d'affaires** hors taxe réalisé l'année précédente **n'excède pas** une limite fixée à 840 000 € pour les années 2024 et 2025 (CGI art. 302 septies A bis ; CIBS art. L 162-4). Ils peuvent toutefois renoncer à ce régime en optant pour le **régime réel normal.**

> **Précisions** En cas d'**activité mixte** « lotisseur » et « intermédiaire », les limites du RSI, soit, pour 2024 et 2025, 840 000 € HT (pour les ventes) et 254 000 € HT (pour l'activité « prestataire de services »), s'apprécient de la façon suivante : d'une part, le chiffre d'affaires global de l'année précédente ne doit pas dépasser 840 000 € HT ; d'autre part, le chiffre d'affaires afférent à l'activité d'intermédiaire ne doit pas dépasser 254 000 € HT (en ce sens, BOI-BIC-CHAMP-20-10-40 n° 50).

Règles particulières d'imposition **a.** Lorsqu'ils sont réalisés par des **personnes** 28480
physiques ou morales (quelle que soit leur forme) **sans domicile ou établissement en France,** les profits de lotissements habituels (déterminés dans les mêmes conditions que les profits réalisés en France : voir n°s 28460 s.) sont en principe soumis à un **prélèvement** de 25 % correspondant au taux normal de l'IS (CGI art. 244 bis). Le taux du prélèvement est porté à 75 % lorsque les profits sont réalisés par des personnes ou organismes domiciliés, établis ou constitués dans un État non coopératif (ETNC) au sens de l'article 238-0 A du CGI, autre que ceux mentionnés au 2° du 2 bis de ce même article, sauf à démontrer que les opérations auxquelles correspondent ces profits ont principalement un objet et un effet autres que de permettre la localisation de ces profits dans un ETNC. Ce prélèvement est recouvré, lors de l'enregistrement de l'acte de cession, au vu d'une déclaration spéciale n° 3005. Il est libératoire de l'impôt sur le revenu et s'impute sur l'IS.

Le prélèvement n'est pas exigible sur la part des profits d'une société de personnes française revenant à ses associés non résidents (BOI-BIC-CHAMP-20-10-40 n° 270).

Les personnes domiciliées dans un État de l'Union européenne, en Islande, en Norvège ou au Liechtenstein et qui tirent l'essentiel de leurs revenus de la France peuvent, sous certaines conditions, demander à être imposées selon les règles applicables aux personnes fiscalement domiciliées en France (non-résidents dits « Schumacker »). Lorsque tel est le cas, le prélèvement prévu à l'article 244 bis du CGI n'est pas applicable.

b. Si la cession fait apparaître une **moins-value,** celle-ci est déductible des bénéfices entrant dans la catégorie des BIC. Le déficit éventuellement constaté dans cette catégorie peut être imputé, conformément aux dispositions de l'article 156, I du CGI, sur le revenu global de l'année considérée, et, en cas d'insuffisance de ce revenu, sur le revenu global des années suivantes jusqu'à la sixième année inclusivement (CE 7-2-1975 n° 82465 : RJF 4/75 n° 158 ; BOI-BIC-CHAMP-20-30-40 n° 160).

c. Lorsqu'ils sont réalisés en dehors d'une activité professionnelle, les profits de lotissement spéculatifs peuvent être considérés comme des **revenus exceptionnels** et bénéficier du système du quotient prévu à l'article 163-0 A, I du CGI (BOI-BIC-CHAMP-20-30-40 n° 150). Le système du quotient, qui vise à atténuer les effets de la progressivité de l'impôt, consiste à calculer l'impôt correspondant au revenu exceptionnel en ajoutant le quart de ce revenu au revenu net global « courant » de l'année de sa réalisation et en multipliant par quatre la cotisation supplémentaire ainsi obtenue.

d. L'exercice à titre professionnel de l'activité de lotisseur ouvre droit, toutes conditions étant par ailleurs remplies, au **régime des entreprises nouvelles,** ainsi qu'aux dispositifs prévus en faveur des entreprises créées en zones franches urbaines-territoires entrepreneurs, dans les bassins d'emploi à redynamiser, les bassins urbains à dynamiser ou en zones France ruralités revitalisation : dispositifs visés par les articles 44 sexies, 44 octies A, 44 duodecies, 44 sexdecies et 44 quindecies A du CGI.

OBLIGATIONS DES LOTISSEURS

Les lotisseurs sont soumis aux obligations générales incombant aux **contribuables imposés** 28485
d'après leur bénéfice réel au titre des BIC (notamment souscription de la déclaration n° 2031 et des tableaux annexes) et aux **redevables de la TVA** (notamment, déclaration d'existence, déclaration et paiement de la TVA).

Ils doivent également faire figurer au **pied des actes** constatant la cession de leurs lots les **mentions** prescrites par l'article 3 de l'annexe II au CGI (lieu du domicile réel du cédant, adresse du service des finances publiques dont il dépend, etc.).

b. Profits de lotissement relevant du régime des plus-values immobilières des particuliers

PRINCIPES D'IMPOSITION

28510 Sont concernés les profits résultant de la cession d'un terrain divisé en lots destinés à être construits lorsque le lotisseur n'a pas acquis le terrain dans cette intention. En pratique, il s'agira le plus souvent d'**opérations isolées** réalisées par des particuliers dans le cadre de la **gestion** de leur **patrimoine privé.**

Ces profits sont imposés en principe dans les mêmes conditions et selon les mêmes modalités que les **plus-values** réalisées par **des particuliers** sur des terrains non lotis (CGI art. 150 U, I) ; voir Mémento Gestion immobilière n°s 85400 s.

28515 **Règles spécifiques aux profits de lotissement** Pour le calcul des plus-values imposables, les **frais de voirie, réseaux et distribution** exposés sur des terrains à bâtir s'ajoutent, sur justificatifs, au prix d'acquisition – qu'ils soient ou non imposés par les collectivités territoriales ou leurs groupements (CGI art. 150 VB, II-5°). Peut, en particulier, être retenu l'ensemble des frais d'aménagement et de viabilisation d'un terrain engagés dans le cadre d'une opération de lotissement (BOI-RFPI-PVI-20-10-20-20 n° 410).

> **Précisions** **a.** Les dépenses de **drainage** réalisées sur les terrains nus peuvent être prises en compte pour leur montant réel (BOI-RFPI-PVI-20-10-20-20 n° 370).
> **b.** Les dépenses de **démolition d'une construction vétuste** afin de faciliter la vente de l'immeuble en tant que terrain à bâtir constituent un élément du prix de revient de ce terrain. Ces frais peuvent dès lors s'ajouter au prix d'acquisition (BOI-RFPI-PVI-20-10-20-20 n° 180).

B. TVA et droits d'enregistrement sur opérations de lotissement

PRINCIPES

28600 Bien que concourant par nature à la production ou à la livraison d'immeubles neufs, les opérations de lotissement ne sont pas toujours soumises à la TVA.

On étudiera ci-après le cas – de loin, le plus fréquent – où le lotissement est réalisé par un **assujetti à la TVA** agissant en tant que tel et celui, plus marginal, où il est le fait d'un **particulier** agissant dans le cadre de la gestion de son patrimoine privé. Sur ces notions, déterminantes tant en matière de TVA que de droits d'enregistrement : n°s 44200 s.

> **Précisions** Selon l'administration, une **collectivité territoriale réalisant une opération de lotissement,** entrant nécessairement en concurrence avec les opérateurs privés, est assujettie à la TVA à raison de cette opération et les cessions de terrains à bâtir qu'elle réalise dans ce cadre sont donc soumises de plein droit à la TVA. Ces règles valent pour la totalité des terrains vendus dans le cadre d'une même opération de lotissement et quel que soit le prix de vente des terrains. Le fait que la collectivité vende le terrain à prix coûtant en ne répercutant dans son prix que les seules dépenses engagées pour la viabilisation du terrain (sans, par conséquent, réaliser le moindre bénéfice sur l'opération) n'est pas de nature à modifier l'analyse (Rép. Nicolin : AN 29-1-2013 n° 2948). Il en va ainsi quand bien même le cédant agit en tant qu'autorité publique (BOI-TVA-IMM-10-10-10-10 n° 120). À l'inverse, le tribunal administratif d'Amiens juge, compte tenu des engagements imposés au cessionnaire dans la convention de partenariat en vue d'assurer la pérennité de la structure démographique de la commune (obligation d'aménager et de céder à des primo-accédants habitant la commune et sélectionnés par la commune, à un prix moyen fixé par elle), que cette dernière n'agit pas dans les mêmes conditions juridiques qu'un opérateur privé et n'est donc pas assujettie à la TVA (TA Amiens 2-2-2017 n° 1403846 : RJF 7/17 n° 673).

1. LOTISSEUR ASSUJETTI À LA TVA

a. Acquisition du terrain à lotir

OPÉRATIONS VISÉES

28630 Au plan juridique, l'opération de lotissement consiste en la division d'une ou plusieurs unités foncières en vue de l'implantation de bâtiments (n°s 26380 s.). L'existence d'un lotissement s'apprécie donc en ne tenant compte que des terrains destinés à être bâtis issus de la propriété d'origine.

Au plan fiscal, nous n'envisagerons donc ci-après que l'acquisition de **terrains à bâtir** (sur cette notion, voir n°s 44310 s.).

Sur le régime fiscal des livraisons de **terrains non à bâtir,** voir n° 44325.

TVA

Terrain acquis auprès d'un assujetti agissant en tant que tel Si le terrain à bâtir est acquis auprès d'un assujetti agissant en tant que tel, la **mutation** est **imposable** de plein droit à la TVA (n° 44500). 28635

L'**assiette** varie selon que l'acquisition du terrain à bâtir par le cédant avait ou non ouvert droit à déduction de la TVA (n°s 44510 s.) :

– si l'acquisition du terrain par le cédant avait ouvert droit à déduction, la taxe applicable à la revente du terrain au lotisseur frappe le prix total ;

– si l'acquisition du terrain par le cédant n'avait pas ouvert droit à déduction, la taxe est calculée sur la marge (voir n° 28675).

Terrain acquis auprès d'un non-assujetti Lorsque le terrain à bâtir est acquis auprès d'un non-assujetti ou auprès d'un assujetti n'agissant pas en tant que tel, la **mutation** n'est **pas soumise à la TVA** (n° 44650). 28640

DROITS D'ENREGISTREMENT

Acquisition du terrain à bâtir soumise à la TVA Si l'acquisition est soumise à la **TVA sur le prix de vente,** elle bénéficie de plein droit du taux réduit de 0,71498 % (n° 44880). Toutefois, le lotisseur assujetti peut prendre un engagement de construire dans les quatre ans (CGI art. 1594-0 G, A-I), la mutation est alors soumise au seul droit fixe de 125 € (n°s 44960 s.). La souscription d'un engagement de revendre n'a pas d'intérêt dans cette hypothèse. 28645

Si la **TVA est assise sur la marge,** le taux de droit commun est en principe applicable (voir n° 44875). Toutefois, le lotisseur assujetti peut prendre un engagement de construire dans les quatre ans (CGI art. 1594-0 G, A-I), la mutation est alors soumise au seul droit fixe de 125 €. Il peut également prendre un engagement de revendre dans les cinq ans (CGI art. 1115) pour bénéficier du taux réduit de 0,71498 % (n°s 45040 s.).

ATTENTION

En cas d'**acquisition auprès d'un assujetti qui avait lui-même pris un engagement** de construire lors de sa propre acquisition, le délai qui était imparti à l'acquéreur initial s'impose au nouvel acquéreur (CGI art. 1594-0 G, A-II). De même, si le vendeur avait souscrit un engagement de revente, le délai qui lui était imparti s'impose à l'acquéreur assujetti prenant le même engagement (CGI art. 1115, al. 2).

Acquisition du terrain à bâtir non soumise à la TVA Le lotisseur assujetti peut prendre l'**engagement de revendre** le terrain dans les cinq ans, l'acquisition bénéficie alors du taux réduit de 0,71498 % (CGI art. 1115 ; n°s 45040 s.), ou l'engagement **de construire,** d'où le droit fixe de 125 € (CGI art. 1594-0 G, A-I ; n°s 44960 s.). 28650

À **défaut d'engagement,** c'est le taux de droit commun qui s'applique (voir n° 44875).

b. Revente du terrain loti

TVA

La **revente** porte sur des terrains remplissant les conditions pour être qualifiés **de terrains à bâtir.** Quelles que soient la qualité de l'acquéreur (assujetti ou non-assujetti) et la destination du terrain, la vente dudit terrain par le lotisseur assujetti est dès lors **imposable** à la TVA de plein droit (n° 44500). 28670

Quant à l'**assiette** de la TVA :

– si l'acquisition du terrain à bâtir par le lotisseur lui avait ouvert droit à déduction, la taxe applicable à sa revente frappe le **prix de vente** (sur les modalités d'imposition, voir n° 44510 et n°s 44540 à 44560) ;

– si l'acquisition du terrain à bâtir par le lotisseur ne lui avait pas ouvert droit à déduction, la taxe est calculée sur la **marge** (ci-après n° 28675).

TVA sur la marge Les **cas d'imposition** sur la marge des terrains à bâtir sont détaillés n°s 44515 s. On prêtera particulièrement attention aux hypothèses où le terrain a changé de consistance (par exemple par suite de division ou de démolition) entre son acquisition et sa revente (n°s 44530 s.). 28675

Les modalités de **calcul de la marge,** et celles de **liquidation,** de **déclaration** et de **paiement** de la TVA sur la marge sont celles indiquées nos 44535 à 44560.

S'agissant de la **marge,** l'administration a indiqué que la circonstance qu'elle se révèle **nulle ou négative** ne fait pas obstacle à son application, la base d'imposition étant alors prise pour 0 (BOI-TVA-IMM-10-20-10 n° 300). La jurisprudence a précisé que la moins-value résultant de la vente d'un lot ne peut pas être déduite de la base d'imposition d'autres ventes de lot (CE 13-10-2021 n° 433745 : RJF 1/22 n° 13).

> **Précisions** Pour chaque vente, le lotisseur détermine le **prix de revient** en imputant au lot une fraction du prix d'achat global de l'immeuble, par la méthode de son choix, sous réserve du droit de vérification de l'administration et sous le contrôle du juge de l'impôt. À cet égard, le contribuable est autorisé à imputer sur le prix de revient de chacun des lots vendus une fraction du prix d'acquisition des terrains cédés gratuitement ou pour l'euro symbolique à une commune en vue de la réalisation d'aménagements de voirie, lorsque cette cession conditionne la réalisation de l'opération immobilière (CE 13-10-2021 n° 433745 : RJF 1/22 n° 13 ; CE 18-2-2022 n° 449811 : RJF 5/22 n° 438).
> En règle générale, le prix d'achat retenu pour le calcul de la base d'imposition propre à chaque lot doit être exactement déterminé à partir du prix d'acquisition des parcelles d'origine en proportion des surfaces incluses dans le lot cédé (en ce compris la fraction des parties communes éventuellement attachées à chaque lot par tantième ainsi qu'une part proportionnelle des emprises des équipements généraux ou collectifs). Il ne peut en aller autrement que lorsque les particularités tenant à la consistance et aux caractéristiques du terrain d'origine sont de nature à justifier que soit retenu un prix différencié entre diverses fractions de celui-ci, sans que cette différenciation puisse finalement conduire à ce que la somme des montants pris en considération à cet effet excède le montant effectif de l'acquisition de l'ensemble du terrain loti (BOI-TVA-IMM-10-20-10 n° 300).

28680 **Droits à déduction** Lorsqu'elles sont réalisées par des assujettis agissant en tant que tels, les opérations de lotissement ouvrent droit à déduction dans les conditions de droit commun, sous réserve des dispositions particulières propres aux équipements généraux ou parties communes mentionnés ci-après n° 28710.

À la condition qu'elle ait été mentionnée dans l'acte d'acquisition ou tout document valant facture (voir ci-dessous, Précisions, b), la **TVA ayant grevé l'acquisition des emprises du lotissement** est déductible, que la taxe ait été appliquée sur le prix total ou sur la marge du cédant. Dès lors que ces emprises ont vocation à être cédées comme terrain à bâtir, dont la livraison est soumise d'office à la TVA, cette taxe est immédiatement déductible (BOI-TVA-IMM-10-30 n° 440).

Est également déductible, dans les mêmes conditions, la **TVA grevant les frais liés à l'acquisition** des terrains ainsi que celle **grevant les travaux de viabilisation et d'aménagement** des lots commercialisés (BOI-TVA-IMM-10-30 n° 450).

Lorsque le lotisseur est amené à remettre gratuitement ou moyennant un prix symbolique des parcelles ou fractions de parcelle dont l'acquisition a été soumise à la TVA, la taxe déduite fait l'objet d'un **reversement** (CGI ann. II art. 207, VI-2°), à proportion des seules surfaces concernées et à l'exception des terrains d'assise des équipements communs mentionnés n° 28710 et, le cas échéant, des équipements remis en vertu d'une convention d'aménagement (BOI-TVA-IMM-10-30 n° 440).

> **Précisions** **a.** L'administration applique aux lotisseurs, dans les mêmes conditions qu'aux aménageurs de zones (n° 29570), l'arrêt du Conseil d'État du 7 mai 1986 qui a jugé que le coût des **équipements remis gratuitement** à une commune par un aménageur, en application d'une convention antérieure, constituait pour ce dernier un **élément du prix des terrains** dont la vente est imposable à la TVA (CE 7e-8e s.-s. 7-5-1986 n° 49991 : RJF 7/86 n° 685 ; en ce sens également, CJUE 14-9-2017 aff. 132/16 : RJF 12/17 n° 1268, concernant les travaux strictement nécessaires pour assurer le raccordement à une station de pompage des eaux usées). Le lotisseur est donc autorisé à déduire la taxe qui lui a été facturée à l'occasion de la réalisation d'équipements généraux ou de travaux exécutés en application de l'article L 332-15 du Code de l'urbanisme (prescriptions de réalisation et de financement des équipements propres aux opérations : nos 43700 s.) et qui sont repris dans l'autorisation de lotir (BOI-TVA-IMM-10-30 n° 510).
> **b.** Jugé que si l'**acte authentique** de vente d'un immeuble mentionnant le prix de vente et le montant de TVA sur marge qui y est compris est de nature à remplacer une **facture,** les **conditions formelles** prévues par l'article 242 nonies A de l'annexe II au CGI ne sont pas satisfaites dès lors qu'il ne précise ni la marge hors taxe réalisée par le vendeur ni le taux de taxe appliqué à cette marge, et l'administration est fondée à refuser pour ce seul motif la déduction de la taxe par l'acquéreur (CAA Lyon 5-4-2012 n° 11LY01863 : RJF 8-9/12 n° 810). Cette solution semble toutefois rigoureuse eu égard à la jurisprudence du Conseil d'État qui admet, en cas d'absence du nom complet et de l'adresse du client sur la facture (ou de leur caractère

erroné), la déduction de la taxe par celui-ci s'il apporte la preuve par tout moyen du règlement effectif par lui-même de cette facture pour les besoins de ses propres opérations imposables (CE 9e-10e s.-s. 26-3-2012 no 326333 : RJF 6/12 no 589). De même, la CJUE considère que la déduction de la taxe d'amont doit être accordée si l'administration dispose de toutes les informations nécessaires pour vérifier que les **conditions de fond** sont satisfaites, même si certaines conditions formelles ont été omises par l'assujetti. La Cour a ainsi jugé que l'administration ne saurait refuser la déduction de la taxe au seul motif de l'omission ou l'inexactitude de certaines mentions devant obligatoirement figurer sur la facture (CJUE 4e ch. 15-9-2016 aff. 516/14 : RJF 12/16 no 1078) ou, poussant la logique de ce raisonnement, au motif du défaut de production de la facture elle-même (CJUE 21-11-2018 aff. 664/16 : RJF 2/19 no 237).

DROITS D'ENREGISTREMENT

Vente du terrain à bâtir à un assujetti Si la vente est soumise à la **TVA sur le prix de vente,** elle bénéficie de plein droit du taux réduit de 0,71498 % (no 44880). Toutefois, l'acquéreur assujetti peut prendre un engagement de construire dans les quatre ans (CGI art. 1594-0 G, A-I), la mutation étant alors soumise au seul droit fixe de 125 € (nos 44960 s.). La souscription d'un engagement de revendre n'a pas d'intérêt dans cette hypothèse. 28685

Si la **TVA est assise sur la marge,** le taux de droit commun est en principe applicable (voir no 44875). Toutefois, l'acquéreur assujetti peut prendre un engagement de construire dans les quatre ans (CGI art. 1594-0 G, A-I), la mutation étant alors soumise au seul droit fixe de 125 €. Il peut également prendre un engagement de revendre dans les cinq ans (CGI art. 1115) pour bénéficier du taux réduit de 0,71498 % (nos 45040 s.).

Vente du terrain à bâtir à un non-assujetti L'acquéreur non assujetti n'est pas admis à prendre un quelconque engagement. Il supporte donc les tarifs suivants, par défaut : 28690

– si **la TVA est assise sur la marge,** c'est le taux de droit commun qui s'applique (voir no 44875) ;

– si **la TVA est assise sur le prix de vente,** le taux réduit de 0,71498 % est applicable de plein droit (no 44880).

c. Cession des parties communes

TVA ET DROITS D'ENREGISTREMENT

À l'issue de l'opération de lotissement, les parties communes (voiries et équipements communs) sont généralement **cédées à une association syndicale de propriétaires ou à la commune, à un prix symbolique** étant donné que leur coût est inclus par les lotisseurs dans le prix de vente des lots. 28710

Pour éviter une double imposition dans une telle situation, il est possible de faire **abstraction de la valeur vénale réelle des biens communs** transférés, pour la liquidation de la TVA et des droits d'enregistrement. Les deux **conditions** suivantes doivent être remplies :

– le transfert doit être effectué sans contrepartie ou moyennant un prix symbolique ;

– il doit être établi que le coût des biens considérés est intégré au prix de cession des lots ou parties de lots en application d'obligations légales ou contractuelles, par exemple lorsqu'il s'agit d'une condition d'octroi de l'autorisation de lotir (équipements propres prescrits par la commune notamment : voir nos 43700 s.). Cette solution, donnée par l'administration pour les équipements collectifs des ensembles immobiliers (BOI-TVA-IMM-10-20-10 no 210), nous semble transposable aux parties communes des lotissements.

Sur la prise en compte des parties communes pour chaque lot dans le calcul de la **marge soumise à la TVA,** voir no 28675, Précisions.

Sur les conditions de **déduction** de la **TVA ayant grevé la réalisation des parties communes,** voir no 28680.

2. LOTISSEUR NON ASSUJETTI À LA TVA

a. Acquisition du terrain à lotir

TVA

Le régime de l'acquisition du terrain au regard de la TVA étant indépendant du statut de l'acquéreur (assujetti ou non-assujetti à la TVA), les règles exposées nos 28635 et 28640 s'appliquent. 28760

DROITS D'ENREGISTREMENT

28765 **Acquisition soumise à la TVA** L'acquéreur non assujetti n'est pas admis à prendre un quelconque engagement. Il supporte donc les tarifs par défaut :
– si la **TVA** est assise **sur la marge,** le taux de droit commun s'applique (voir n° 44875) ;
– si la **TVA** est assise **sur le prix de vente,** le taux réduit de 0,71498 % est applicable de plein droit (n° 44880).

28770 **Acquisition non soumise à la TVA** L'acquisition, qui se trouve hors champ de la TVA, supporte les droits de mutation au taux de droit commun (voir n° 44875).

b. Revente du terrain loti

TVA

28790 Quelles que soient la qualité de l'acquéreur (assujetti ou non-assujetti à la TVA) et la destination du bien, la vente du terrain à bâtir par un non-assujetti n'est **pas soumise** à la TVA (voir n° 44650).

Corrélativement, le non-assujetti ne dispose d'**aucun droit à déduction** de la TVA ayant grevé, le cas échéant, l'acquisition du terrain à bâtir, les frais d'acquisition ou les travaux de viabilisation et d'aménagement.

DROITS D'ENREGISTREMENT

28795 **Vente à un assujetti** L'acquéreur assujetti du terrain à bâtir peut prendre l'**engagement de** le **revendre** dans les cinq ans, d'où le taux réduit de 0,71498 % (CGI art. 1115 ; n°s 45040 s.), ou l'engagement **de construire** dans les quatre ans, d'où le droit fixe de 125 € (CGI art. 1594-0 G, A-I ; n°s 44960 s.).

À **défaut d'engagement,** c'est le taux de droit commun qui s'applique (n° 44875).

28800 **Vente à un non-assujetti** L'acquéreur non assujetti du terrain à bâtir n'étant pas admis à prendre un quelconque engagement, la vente supporte les droits d'enregistrement au taux de droit commun (voir n° 44875).

CHAPITRE 3

ZONES D'AMÉNAGEMENT CONCERTÉ

SOMMAIRE

DÉFINITION ET OBJET DES ZAC

La zone d'aménagement concerté (ZAC) constitue le plus important des dispositifs de l'« urbanisme opérationnel ». 29200

La ZAC est définie comme une zone à l'intérieur de laquelle une **collectivité publique** ou un **établissement public** y ayant vocation décide d'intervenir pour réaliser ou faire réaliser l'**aménagement** et l'**équipement** des terrains bâtis ou non bâtis, notamment ceux que cette collectivité ou cet établissement a acquis ou acquerra en vue de les céder ou de les concéder ultérieurement à des utilisateurs publics ou privés (C. urb. art. L 311-1, al. 1).

De telles opérations ont pour but la réalisation concomitante de **constructions,** de quelque nature qu'elles soient, ainsi que d'**installations** et **équipements collectifs,** publics ou privés.

Le dispositif de la ZAC peut éventuellement être utilisé dans le cadre d'une opération de **revitalisation du territoire** (ORT) portant spécialement sur un centre-ville (voir nº 11270).

A. Création de la ZAC

OBJET DE L'ACTE CRÉANT LA ZAC

L'acte de création de la ZAC a pour objet de définir le périmètre et le programme de l'opération (C. urb. art. L 311-1, al. 2). Il indique le programme global prévisionnel des constructions à édifier et le régime applicable au regard de la part communale ou intercommunale de la taxe d'aménagement (C. urb. art. R 311-5, al. 1). Peuvent être inclus dans le périmètre de la ZAC des bâtiments faisant l'objet d'une protection particulière (CE 11-6-2014 nº 365800, Sté L'Atelier du piano). 29230

La décision qui approuve le périmètre et le programme de la zone peut également approuver l'aménagement et l'équipement de celle-ci (C. urb. art. L 311-1, al. 4).

MODALITÉS DE CRÉATION

Règles générales Une ZAC peut être créée à l'**initiative** de l'État, d'une collectivité territoriale ou d'un établissement public y ayant vocation, notamment une communauté d'agglomération ou une communauté de communes (C. urb. art. R 311-1, al. 1). Cette création implique des études préalables portant sur les besoins du secteur en constructions et en équipements collectifs, ainsi que sur l'aspect commercial de l'opération. Ces études sont menées la plupart du temps avec le concours des DDT (ou DDTM) et l'assistance de collaborateurs extérieurs. 29235

En principe, c'est une délibération du **conseil municipal** ou de l'organe délibérant de l'**EPCI** qui crée la ZAC en approuvant le périmètre et le programme global prévisionnel des constructions de la zone (C. urb. art. L 311-1, al. 2).

> Précisions **a.** Conformément à un principe général (CE ass. 15-4-1996 n° 120273, Syndicat CGT des hospitaliers de Bédarieux : Lebon p. 130), la délibération du conseil municipal décidant de lancer une procédure de ZAC constitue un **acte préparatoire** insusceptible de recours pour excès de pouvoir, quels que soient les moyens invoqués, y compris ceux tirés des vices propres dont elle serait entachée. Le préfet reste toutefois recevable à agir dans le cadre du contrôle de légalité.

b. La décision de création peut être prise sans **consultation** préalable **de l'ABF,** alors même qu'un des terrains inclus dans son périmètre se trouve dans le champ de visibilité d'un monument inscrit au titre des monuments historiques (CAA Paris 23-11-1995 n° 94PA00036 : Lebon T. p. 1084).

c. Au stade de la création de la ZAC, la **désignation de l'aménageur** n'est pas obligatoire (CE 20-9-1999 n° 156968, Association Zone ZAC).

29240 **Cas particuliers** Les règles générales de création des ZAC subissent deux séries d'exceptions.

D'une part, sont créées par le **préfet,** après avis de la commune ou de l'EPCI compétent, les ZAC réalisées à l'initiative de l'État, des régions, des départements ou de leurs établissements publics et concessionnaires, ainsi que celles situées, en tout ou partie, à l'intérieur d'un périmètre d'opération d'intérêt national (OIN) (C. urb. art. L 311-1, al. 3).

D'autre part, lorsque l'EPCI à fiscalité propre ou la commune est compétent à la fois en matière de PLU et pour approuver le dossier de création de la ZAC, la **délibération approuvant un PLU** qui comprend des **orientations d'aménagement et de programmation** (OAP) peut valoir acte de création de la ZAC (C. urb. art. L 151-7-2 et R 311-1, al. 2). Le rapport de présentation du PLU doit alors comporter une description de l'existant dans le périmètre de la ZAC, ainsi que de son environnement. Il doit également énoncer les raisons pour lesquelles, au regard des dispositions du PLU et de l'insertion dans l'environnement naturel ou urbain, la création de la zone a été retenue (C. urb. art. R 151-2-1).

PÉRIMÈTRE DE LA ZAC

29245 L'acte qui crée la ZAC en délimite le ou les périmètres (C. urb. art. R 311-5, al. 1). Une même zone d'aménagement peut être créée sur plusieurs emplacements territorialement distincts. Il s'agit alors d'une **ZAC « multisites »** (C. urb. art. L 311-1, al. 5). Cette possibilité permet d'inclure dans le périmètre de la ZAC les seules parcelles qui feront l'objet d'un aménagement.

29250 Une ZAC peut être créée sur un territoire qui n'est pas régi par un **PLU** et, plus généralement, dans une zone non constructible.

Lorsque la commune est couverte par un **Scot** (ou un schéma de secteur), la ZAC doit être compatible avec le document d'orientation et d'objectifs de ce schéma (C. urb. art. L 142-1, 4° et, sur renvoi, R 142-1, 2°).

Une ZAC peut être créée dans une zone d'aménagement différé (**ZAD**). Elle peut inclure des terrains compris dans un **lotissement** approuvé (CE 12-5-1989 n° 82323).

DOSSIER DE CRÉATION

29260 **Constitution et contenu du dossier de création** La personne publique qui a pris l'initiative de la création de la ZAC constitue le dossier de création. Ce dossier comprend (C. urb. art. R 311-2) :

– un rapport de présentation qui expose notamment l'objet et la justification de l'opération, comporte une description de l'état du site et de son environnement, indique le programme global prévisionnel des constructions à édifier dans la zone, énonce les raisons pour lesquelles, au regard des dispositions d'urbanisme en vigueur sur le territoire de la commune et de l'insertion dans l'environnement naturel ou urbain, le projet faisant l'objet du dossier de création a été retenu ;

– un plan de situation et un plan de délimitation du ou des périmètres composant la zone ;

– une étude d'impact, si elle est requise au titre de l'évaluation environnementale ;

– le régime de la zone au regard de la part communale ou intercommunale de la taxe d'aménagement (TA).

> Précisions **a.** La **description de l'état du site** et de son environnement peut comprendre, le cas échéant, la mention des autres opérations d'urbanisme en cours ou en projet dans l'environnement de la future ZAC (CE 3-9-2009 n° 309162, Cne de Nord-sur-Erdre : BPIM 5/09 inf. 350). Des insuffisances concernant la présentation du site et d'autres éléments de la zone sont sans influence sur la régularité de l'étude d'impact, dès lors qu'elles sont de faible importance (CE 3-4-1998 n° 161916, Association défense et avenir de Stanislas Meurthe).

b. Les projets de création de ZAC sont dispensés d'**enquête publique environnementale** (C. envir. art. L 123-2, I-1°-al. 3). Une participation du public par voie électronique doit toutefois être organisée lorsque le projet fait l'objet d'une évaluation environnementale (C. envir. art. L 123-19).

c. La création d'une ZAC doit être précédée d'une **concertation** associant, pendant toute la durée du projet, les habitants, les associations locales et les autres personnes concernées (voir n°s 25680 s.).

d. La ZAC figure au nombre des projets pouvant être soumis à **évaluation environnementale** (C. envir. art. L 122-1). La rubrique 39 du tableau annexé à l'article R 122-2 du Code de l'environnement fixe les seuils et les critères permettant de déterminer si une ZAC doit faire l'objet d'une évaluation environnementale soit de manière systématique, soit au cas par cas (voir n°s 9630 s.).
La décision créant la ZAC doit être considérée comme l'« autorisation » du projet au sens de l'article L 122-1-1 du Code de l'environnement.
Le cas échéant, l'étude d'impact, qui constitue un élément de l'évaluation environnementale, sera complétée au stade de l'approbation du dossier de réalisation (C. urb. art. R 311-7, al. 5).

e. Lorsque l'**approbation du PLU** vaut création d'une ZAC, il y a lieu de mettre en œuvre une procédure d'évaluation environnementale commune, valant, à la fois, évaluation d'un plan ou d'un programme et évaluation d'un projet (C. urb. art. R 151-3, al. 10 et, sur renvoi, C. envir. art. R 122-25). La partie de l'évaluation environnementale du PLU concernant le projet de ZAC sera, éventuellement, complétée au stade de l'approbation du dossier de réalisation (C. urb. art. R 311-7, al. 5).

f. Lorsqu'elle est soumise à évaluation environnementale, la ZAC doit faire l'objet d'une **étude de faisabilité** sur le potentiel de développement en **énergies renouvelables** de la zone, ainsi que d'une **étude d'optimisation de la densité** des constructions dans la zone concernée (C. urb. art. L 300-1-1). L'étude d'impact doit comporter les conclusions de ces études ainsi qu'une description de la façon dont il en est tenu compte (C. envir. art. R 122-5, VII).

g. L'exonération de la part communale de la **taxe d'aménagement** s'applique de plein droit aux constructions et aménagements réalisés dans les ZAC dès lors que les constructeurs ou les aménageurs supportent le coût de certains équipements publics visés à l'article 318 H de l'annexe II au CGI (CGI art. 1635 quater D, I-6°) ; voir n°s 29560 et 40370.

Approbation du dossier de création Le dossier de création est approuvé par l'organe délibérant de la personne publique qui a pris l'initiative de la création de la ZAC, sauf s'il s'agit de l'État (C. urb. art. R 311-2, al. 1). Cette délibération peut tirer simultanément le bilan de la concertation organisée avec le public. **29270**

Lorsque la commune ou l'EPCI compétent est à l'initiative de la ZAC, la délibération approuvant le dossier de la zone porte création de celle-ci (C. urb. art. R 311-3, al. 1).

Dans les autres cas, la personne publique à l'initiative de la création de la ZAC adresse le dossier de création à l'autorité compétente pour la créer. Lorsque la compétence appartient au préfet, la personne publique adresse également le dossier à la commune ou à l'EPCI compétent en vue de recueillir son avis (C. urb. art. R 311-3, al. 2). L'avis est réputé émis à l'issue d'un délai de 3 mois à compter de la réception par le maire ou le président de l'EPCI du dossier de création (C. urb. art. R 311-4).

À **Paris, Marseille et Lyon,** le conseil d'arrondissement doit être consulté avant l'approbation du dossier de création par le conseil municipal (C. urb. art. R 318-18).

PUBLICITÉ DE L'ACTE CRÉANT LA ZAC

Depuis le 1er juillet 2022, l'acte portant création de la ZAC donne lieu à une **publication sous forme électronique** comme tous les actes des autorités communales dépourvus de caractère individuel (CGCT art. L 2131-1, III). Ces actes sont mis à la disposition du public sur le site internet de la commune, dans leur intégralité, sous un format non modifiable, ainsi que dans des conditions propres à en assurer la conservation, à en garantir l'intégrité et à en effectuer le téléchargement. La durée de publicité de l'acte ne peut pas être inférieure à 2 mois (CGCT art. R 2131-1, I). **29275**

Ce système de publication remplace les précédentes formalités imposées par le Code de l'urbanisme.

Les **mêmes mesures de publication** sont applicables pour l'approbation du dossier de réalisation et pour celle du dossier des équipements publics (C. urb. art. R 311-9), ainsi que pour la modification ou la suppression de la ZAC (C. urb. art. R 311-12, al. 3).

> **Précisions** Les **anciennes formalités de publicité** figurent toujours à l'article R 311-5 du Code de l'urbanisme.
L'acte créant la ZAC faisait l'objet d'un affichage pendant un mois en mairie ou au siège de l'EPCI compétent et, dans ce second cas, dans les mairies des communes membres concernées. Mention de cet affichage était insérée en caractères apparents dans un journal diffusé dans le département. L'acte créant la ZAC était en outre publié au recueil des actes administratifs de la commune ou de l'État dans le département. Chacune de ces formalités de publicité mentionnait le ou les lieux où le dossier pouvait être consulté (C. urb. art. R 311-5, al. 2 à 6).
Les effets juridiques attachés à la création de la zone (n°s 29650 s.) ont pour point de départ l'exécution de l'ensemble des formalités de publicité.
La date à prendre en compte pour l'affichage en mairie ou au siège de l'EPCI compétent était celle du premier jour où il était effectué (C. urb. art. R 311-5, al. 7).

CONTENTIEUX DE LA CRÉATION DE LA ZAC

29280 **Contentieux de la légalité** L'**acte créant la ZAC** est un acte d'une **nature juridique** spécifique. Ce n'est ni une décision individuelle ni une décision réglementaire (CE 2-12-1977 n° 843, Comité de défense de l'environnement de Mâcon-Nord : Lebon p. 474 ; CE 25-9-1992 n° 95458, Min. équipement). N'étant pas un acte créateur de droits, il peut être abrogé après l'expiration des délais ouverts pour le contester devant le juge (CE 25-9-1996 n° 125544, Sté Au service du développement : BJDU 6/96 p. 455).

Le **juge administratif** exerce, sur la décision portant création de la ZAC, un **contrôle restreint,** limité à la censure éventuelle des erreurs manifestes d'appréciation (CE sect. 23-3-1979 n° 7654 : Lebon p. 153). Dans le cadre de ce contrôle, il doit tenir compte des implications du programme des constructions à édifier et, à ce titre, des destructions envisagées des bâtiments existants ou encore des précautions prévues pour assurer leur sauvegarde (CE 11-6-2014 n° 365800, Sté L'Atelier du piano).

En revanche, le juge vérifie, dans le cadre d'un **contrôle approfondi,** que l'objet de la ZAC est conforme aux dispositions de l'article L 311-1 du Code de l'urbanisme (n° 29200). Compte tenu de ses caractéristiques et de l'importance des travaux d'équipement qu'elle nécessite, l'opération doit constituer une opération d'aménagement et d'équipement au sens de cet article (CE sect. 28-7-1993 n° 124099, Cne de Chamonix-Mont-Blanc : Lebon p. 251). Des aménagements destinés à mettre en valeur, par la réalisation d'équipements publics, des espaces naturels proches d'une ZAC préexistante répondent à ces exigences (CE 7-7-2000 n° 205229, SCI Cité Haute en Provence : BPIM 6/00 inf. 363).

Par ailleurs, si les équipements et aménagements d'une ZAC doivent être réalisés dans le respect des règles d'urbanisme applicables (C. urb. art. R 311-6, al. 1), il n'est pas nécessaire que l'acte de création de la zone soit conforme aux règles fixées par le règlement du PLU (CE avis 4-7-2012 n° 356221 : BPIM 4/12 inf. 308).

29282 Les **recours introduits entre le 1er septembre 2022 et le 31 décembre 2027** contre les actes de création ou de modification des ZAC, ainsi que l'acte approuvant le programme des équipements publics, relèvent en premier et dernier ressort des tribunaux administratifs, à condition que la ZAC porte principalement sur la réalisation de logements et qu'elle se situe, en tout ou partie, dans une commune où s'applique la taxe sur les logements vacants (C. just. adm. art. R 811-1-1).

29285 L'**annulation de l'acte créant la ZAC** fait perdre son fondement légal à la déclaration d'utilité publique d'acquisition des immeubles compris dans le périmètre de la zone (CE 18-2-1998 n° 126326, Sté GRC Emin : BJDU 3/98 p. 182).

En revanche, l'annulation de l'acte créant la ZAC est sans influence sur la légalité de la délibération approuvant le dossier de réalisation de la zone (CE 23-3-1994 n° 115299, Sté GRC : Lebon T. p. 1244) ou d'un arrêté délivrant un permis de construire dans la zone (CE 23-3-1994 n° 67086, Syndicat des copropriétaires du groupe d'immeubles du rond-point Mirabeau).

Les irrégularités affectant la création de la ZAC n'impliquent pas nécessairement l'annulation de la concession (CAA Marseille 6-7-2015 n° 13MA03152).

29290 L'**annulation du document local d'urbanisme** n'entraîne pas celle de l'acte créant la ZAC (CE 3-7-1996 n° 112171, Min. équipement c/ Sté ABC Ingineering : BPIM 2/97 inf. 109). Toutefois, à la suite de cette annulation, les règles d'urbanisme antérieures, redevenues applicables, peuvent s'opposer à la délivrance des autorisations d'urbanisme nécessaires à la réalisation de l'opération.

29295 Les dispositions relatives à l'**exception d'illégalité** des documents d'urbanisme étudiées n° 2010 sont transposables, en ce qu'elles sont susceptibles de s'appliquer à l'acte créant la ZAC.

En vertu du régime jurisprudentiel des « opérations complexes », l'illégalité de l'acte créant la ZAC peut être invoquée sans condition de délai à l'encontre de la délibération du conseil municipal approuvant la convention d'aménagement (CE sect. 26-3-1999 n° 185841, Sté d'aménagement de Port Léman : BPIM 3/99 inf. 202). En revanche, le moyen tiré de l'illégalité de l'acte créant la ZAC est inopérant à l'appui d'un recours contre la DUP (CE 28-10-1987 n° 58096, Association pour la défense des sites et paysages : Lebon p. 327 ; CE 18-10-2018 n° 410111, Sté d'économie mixte pour le développement orléanais : BPIM 6/18 inf. 399 ; CE 22-3-2022 n° 448610, Association Église Évangélique de Crossroads).

29300 **Contentieux de la responsabilité** Conformément au principe selon lequel toute illégalité, même imputable à une simple erreur d'appréciation, constitue une faute de nature à engager la responsabilité de la puissance publique (CE sect. 26-1-1973 n° 84768, Ville de Paris :

Lebon p. 78), l'illégalité qui entache la décision portant création d'une ZAC est susceptible d'entraîner la condamnation pécuniaire de la personne publique qui a pris l'initiative de l'opération (CE 12-12-2003 n° 242649, Sté financière de la Porte Maillot ; CE 28-10-2009 n° 299753, Min. transports et Cne du Rayol-Canadel : BPIM 6/09 inf. 411).

Dans cette hypothèse, le concédant a droit au remboursement des frais d'acquisition foncière et de libération du sol qu'il a exposés dans le cadre du projet d'aménagement, déduction faite de la partie du prix d'achat qui aurait excédé la valeur normale des biens, et de leur valeur vénale résiduelle. En revanche, dès lors que l'opération était illégale, le droit à réparation ne saurait s'étendre à la perte des bénéfices escomptés (CE 6-2-2006 n° 268973, Sté d'aménagement de Port Léman : BPIM 3/06 inf. 174).

B. Réalisation de la ZAC

1. MISE EN PLACE DE LA PHASE OPÉRATIONNELLE

RÈGLES D'URBANISME APPLICABLES DANS LES ZAC

Les actes nécessaires à la mise en place de la ZAC (création de la zone, approbation du dossier de réalisation et du programme des équipements publics) n'ont pas à respecter les dispositions du PLU qui régit la zone, telles qu'en vigueur à la date de leur adoption (CE avis 4-7-2012 n° 356221 : BPIM 4/12 inf. 308). En effet, ils n'affectent pas directement les conditions d'utilisation du sol. Mais les autorisations individuelles d'urbanisme ayant pour objet l'aménagement et l'équipement de la ZAC devront être délivrées dans le respect des règles d'urbanisme (C. urb. art. R 311-6, al. 1). Le cas échéant, ces règles devront faire l'objet des adaptations permettant la réalisation de l'opération. **29360**

PLU Les règles normalement applicables dans une ZAC sont celles prévues par le règlement et les orientations d'aménagement et de programmation (OAP) du plan local d'urbanisme. **29365**

À cet égard, le PLU peut « préciser », s'il s'agit du règlement, ou « définir », s'il s'agit des OAP (C. urb. art. L 151-42, sur renvoi de R 311-6, al. 1, et art. L 151-7-1) :

– la localisation et les caractéristiques des espaces publics à conserver, à modifier ou à créer ;

– la localisation prévue pour les principaux ouvrages publics, les installations d'intérêt général et les espaces verts.

Le règlement peut également déterminer la surface de plancher dont la construction est autorisée dans chaque îlot, en fonction, le cas échéant, de la nature et de la destination des bâtiments (C. urb. art. L 151-27, al. 1). La détermination d'une constructibilité globale par îlot est donc facultative. Le règlement peut aussi déterminer une densité minimale de constructions, éventuellement déclinée par secteur (C. urb. art. L 151-27, al. 2).

> **Précisions** **a.** Si les règles du PLU ne permettent pas la réalisation de l'opération d'aménagement telle qu'elle est envisagée, la réalisation de la ZAC implique une **évolution du PLU** (soit sa révision, soit sa mise en compatibilité avec une DUP ou avec une déclaration de projet) afin de préciser la localisation et les caractéristiques des équipements publics et, le cas échéant, la détermination de la constructibilité globale par îlot et une densité minimale de constructions.
b. Lorsque le projet d'élaboration du PLU a pour objet ou pour effet de modifier les règles d'urbanisme applicables dans le périmètre de la ZAC et que celle-ci a été créée à l'initiative d'une personne publique autre que l'EPCI ou la commune, l'**avis** de cette personne publique est requis **avant l'approbation du PLU.** Si la ZAC a été créée à l'initiative d'un EPCI, cette approbation ne peut intervenir qu'après avis favorable de cet établissement (C. urb. art. L 153-18). En l'absence de réponse dans le délai de 3 mois, l'avis de la personne publique est réputé émis. Mais, lorsque l'avis requis est celui de l'EPCI, son silence vaut avis défavorable au projet (C. urb. art. R 153-7). La même procédure consultative s'applique à la modification ou la révision du PLU dès lors que projet affecte les règles en vigueur dans la ZAC (C. urb. art. L 153-18 et L 153-39). Elle s'applique également si le conseil municipal, sans élaborer un PLU, décide de modifier le plan d'aménagement de zone (PAZ) encore en vigueur (voir n° 29380).
c. Lorsque le projet de PLU soumis à **enquête publique** concerne une ZAC, cette enquête vaut enquête préalable à la déclaration d'utilité publique des travaux prévus dans la zone à condition que le dossier soumis à l'enquête comprenne les pièces requises par le Code de l'expropriation pour cause d'utilité publique (C. urb. art. L 153-20).

29370 **RNU** Lorsque la commune n'est pas dotée d'un PLU, les règles d'urbanisme applicables dans la ZAC sont celles issues du RNU, ce qui implique que le dossier de réalisation soit suffisamment détaillé pour permettre la mise en œuvre de l'opération (Rép. Grenet : AN 3-11-2003 n° 10942). La règle de constructibilité limitée, analysée n°s 350 s., s'applique dans cette hypothèse.

29375 **Carte communale** Lorsque la commune est dotée d'une carte communale, les règles d'urbanisme applicables dans le périmètre de la ZAC sont celles issues du RNU (C. urb. art. R 311-6, al. 1 et L 161-2). Aucune disposition spécifique aux ZAC ne peut figurer dans une carte communale. Il n'est donc pas possible de localiser les équipements publics ni de déterminer une constructibilité globale par îlot ou une densité minimale de constructions.

29380 **Suppression des PAZ et régime transitoire** Avant l'entrée en vigueur de la loi SRU du 13 décembre 2000, les règles d'urbanisme applicables dans une ZAC résultaient soit des dispositions du POS, formellement maintenues en vigueur, soit d'un document spécifique : le plan d'aménagement de zone (PAZ). La possibilité d'instaurer un PAZ a été supprimée au **1er avril 2001.**

Les PAZ approuvés avant le 1er avril 2001 demeurent applicables jusqu'à l'approbation d'un PLU. Ils ont, pour la zone concernée, les mêmes effets que les PLU et sont soumis au régime juridique de ceux-ci à l'exception des dispositions relatives au projet d'aménagement et de développement durable (PADD).

Ils peuvent faire l'objet d'une modification à condition que le changement apporté :
– ne porte pas atteinte à l'économie générale des orientations d'urbanisme de l'ensemble de la commune ;
– ne réduise ni un espace boisé classé, une zone agricole ou une zone naturelle et forestière, ni une protection édictée en raison des risques de nuisance, de la qualité des sites, des paysages ou des milieux naturels ;
– ne comporte pas de graves risques de nuisances.

Ils peuvent également faire l'objet d'une modification simplifiée ou d'une mise en compatibilité avec une opération d'utilité publique ou d'intérêt général.

Les projets de PAZ arrêtés avant le 1er avril 2001 ont été intégrés aux PLU dès leur approbation (C. urb. art. L 311-7).

APPROBATION DU DOSSIER DE RÉALISATION

29385 La personne publique qui a pris l'initiative de la création de la ZAC constitue un dossier de réalisation. Ce dossier est approuvé par son organe délibérant, sauf s'il s'agit de l'État (C. urb. art. R 311-7, al. 1). La décision d'approbation n'a pas à respecter les dispositions du PLU (CE avis 4-7-2012 n° 356221 : BPIM 4/12 inf. 308).

Le dossier de réalisation comprend (C. urb. art. R 311-7, al. 2 à 4) :
– le projet de programme des équipements publics à réaliser dans la zone ; lorsque celui-ci comporte des équipements dont la maîtrise d'ouvrage et le financement incombent normalement à d'autres collectivités ou établissements publics, le dossier doit comprendre les pièces faisant état de l'accord de ces personnes publiques sur le principe de la réalisation de ces équipements, les modalités de leur incorporation dans leur patrimoine et, le cas échéant, sur leur participation au financement ;
– le projet de programme global des constructions à réaliser dans la zone ;
– les modalités prévisionnelles de financement de l'opération d'aménagement, échelonnées dans le temps.

Le dossier de réalisation complète en tant que de besoin le contenu de l'étude d'impact mentionnée n° 29260, notamment en ce qui concerne les éléments qui ne pouvaient être connus au moment de la constitution du dossier de création. Le même dossier de réalisation complète, éventuellement, la ou les parties de l'évaluation environnementale du PLU portant sur le projet de ZAC (C. urb. art. R 311-7, al. 5).

› Précisions a. **L'étude d'impact** (éventuellement complétée) est jointe au dossier de toute enquête publique ou de toute mise à disposition du public concernant l'opération d'aménagement réalisée dans la zone. Il en va de même pour la ou les parties de l'évaluation environnementale du PLU portant sur le projet de ZAC (C. urb. art. R 311-7, al. 6).

b. La **décision d'approbation** du dossier de réalisation constitue une **mesure préparatoire** des actes qui définiront ultérieurement les éléments constitutifs de la zone, notamment l'acte approuvant le programme des équipements publics. Elle ne peut donc pas faire l'objet d'un recours pour excès de pouvoir, les illégalités qui l'affectent étant seulement susceptibles d'entacher d'irrégularité la

procédure d'adoption des décisions qu'elle prépare (CE avis 4-7-2012 n° 356221 : BPIM 4/12 inf. 308 ; CAA Nantes 11-1-2019 n° 17NT03556). Il en va de même des éléments composant ce dossier qui sont dépourvus de tout caractère décisionnel (CAA Lyon 22-1-2013 n° 12LY01451, Cne de Saint-Jean-de-Bournay).
c. Dans les villes de **Paris, Lyon et Marseille,** le conseil d'arrondissement doit être consulté avant l'approbation du dossier de réalisation (C. urb. art. R 318-18).
d. L'acte qui approuve le dossier de réalisation fait l'objet des mesures de **publicité** et d'information mentionnées n° 29275.
e. Selon l'importance ou la localisation de la ZAC, une **étude de sécurité publique** peut être nécessaire (voir nos 25590 s.). Cette étude doit être réalisée avant le commencement des travaux portant sur la réalisation des voies et espaces publics (C. urb. art. R 311-6, al. 5). La personne publique qui a pris l'initiative de la ZAC ou son concessionnaire est entendu au préalable par la commission consultative départementale de sécurité et d'accessibilité (sous-commission départementale pour la sécurité publique) en vue de se faire préciser les éléments qui devront être pris en compte (C. urb. art. R 311-5-1).

APPROBATION DU DOSSIER DES ÉQUIPEMENTS PUBLICS

Le conseil municipal ou l'organe délibérant de l'EPCI compétent ou, lorsque la création de la zone relève de sa compétence, le préfet, après avis du conseil municipal ou de l'organe délibérant de l'EPCI compétent, approuve le programme des équipements publics (C. urb. art. R 311-8, al. 1). Si la décision d'approbation n'a pas à respecter les dispositions du PLU (CE avis 4-7-2012 n° 356221 : BPIM 4/12 inf. 308), l'aménagement et l'équipement de la ZAC doivent être réalisés dans le respect des règles d'urbanisme applicables (C. urb. art. R 311-6, al. 1). Dès lors, en zone de montagne, la règle d'urbanisation en continuité s'applique à l'approbation du programme des équipements publics de la ZAC et s'oppose à l'extension d'une zone d'activités qui n'est pas en continuité avec une agglomération, un bourg, un village, un hameau ou un groupe de constructions traditionnelles ou d'habitations existants (CAA Toulouse 13-10-2022 n° 19TL01591, Association Nouvelle dynamique mendoise : BPIM 6/22 inf. 413). **29390**

> Précisions **a.** **L'avis du conseil municipal** ou de l'organe délibérant de l'EPCI compétent est réputé émis à l'issue d'un délai de 3 mois à compter de la réception par le maire ou le président de l'EPCI du dossier de réalisation (C. urb. art. R 311-8, al. 2).
b. À **Paris, Marseille et Lyon,** le conseil d'arrondissement doit être consulté avant l'approbation du dossier des équipements publics (C. urb. art. R 318-18).
c. L'acte qui approuve le programme des équipements publics fait l'objet des **mesures de publicité et d'information** mentionnées n° 29275.
d. Sur la **suppression de la procédure d'appel** pour les recours contre les actes d'approbation du programme des équipements publics, voir n° 29282.

MODIFICATION D'UNE ZAC

La modification d'une ZAC peut, notamment, intervenir lorsque le périmètre de la zone ou le programme des équipements publics subit une **évolution d'une certaine importance.** Elle est prononcée dans les formes prescrites pour la création de la zone (C. urb. art. R 311-12, al. 2). La décision qui modifie l'acte de création fait l'objet des mesures de publicité et d'information mentionnées n° 29275. **29395**

S'il s'agit d'une **modification limitée du programme des équipements publics,** il suffit d'une délibération de l'autorité compétente pour adapter le dossier de réalisation. Dans ce cas, la décision de modification du programme des équipements publics est soumise aux conditions de publicité et d'information mentionnées n° 29275 (Rép. Zimmermann : AN 23-6-2015 n° 19895).

Est entaché de **détournement de pouvoir** l'acte qui modifie le périmètre d'une ZAC dans le seul but de faire obstacle au droit de délaissement susceptible d'être exercé par le propriétaire de certains biens compris à l'intérieur de ce périmètre (CAA Versailles 31-1-2024 n° 22VE00765 : BPIM 2/24 inf. 103).

2. PHASE D'EXÉCUTION DE LA ZAC

CONCESSION D'AMÉNAGEMENT

L'aménagement et l'équipement de la ZAC peuvent être conduits directement par la personne publique qui a pris l'initiative de la zone (régie directe) ou concédés par cette personne publique dans les conditions prévues pour les concessions d'aménagement (C. urb. art. L 311-5, al. 1). **29420**

Les concessions d'aménagement sont des contrats administratifs. Elles relèvent donc de la compétence du juge administratif et des procédures contentieuses propres à cette catégorie de contrats (référé précontractuel, référé contractuel, recours de plein contentieux dans le cadre de la passation ou de l'exécution du contrat, etc.).

PASSATION DES CONCESSIONS

29425 L'attribution à toute personne publique ou privée d'une concession d'aménagement est soumise à une **procédure de publicité** permettant la présentation de plusieurs offres concurrentes (C. urb. art. L 300-4, al. 2). Cette règle doit être combinée avec le régime général des contrats de concession, tel qu'il est défini par le droit européen (Dir. 2014/23/UE du 26-2-2014) et le droit national. Dans le cadre de ce dernier, les dispositions relatives à la passation des contrats de concession figurent sous les articles L 3111-1 s. et R 3111-1 s. du Code de la commande publique (CCP).

La plupart des dispositions du CCP s'appliquent aux contrats de concession pour lesquels une consultation a été engagée **depuis le 1er avril 2019** ou pour lesquels un avis de concession a été envoyé à la publication depuis cette même date. Par exception, certaines dispositions, notamment relatives à la modification et à la résiliation des concessions, s'appliquent aux contrats conclus avant le 1er avril 2016 ou dont la procédure de passation a été engagée avant la même date (Ord. 2018-1074 du 26-11-2018 art. 20 ; Décret 2018-1075 du 3-12-2018 art. 16). Pour rappel, les dispositions applicables à la passation des concessions entre le 1er avril 2016 et le 31 mars 2019 (Ord. 2016-65 du 29-1-2016 ; Décret 2016-86 du 1-2-2016) ont été reprises à droit constant dans le CCP.

Les procédures de passation se différencient principalement selon que la concession d'aménagement relève ou non du régime général des contrats de concession. L'application du CCP est subordonnée à la condition que le concessionnaire supporte un risque économique lié à l'opération d'aménagement (C. urb. art. R 300-4). La part de risque transférée implique une réelle exposition aux aléas du marché, de sorte que toute perte potentielle supportée par le concessionnaire ne soit pas purement nominale ou négligeable. Le concessionnaire assume le risque de l'opération lorsqu'il n'est pas assuré d'amortir les investissements ou les coûts qu'il a supportés (CCP art. L 1121-1).

> **Précisions** **a.** En vertu du régime des **contrats de « quasi-régie »** (ou contrats « in house »), la passation des contrats de concession échappe aux règles de publicité et de mise en concurrence lorsque le concédant exerce sur le concessionnaire un contrôle analogue à celui qu'il exerce sur ses propres services et que le concessionnaire réalise plus de 80 % de son activité avec le concédant (CCP art. L 3211-1).
>
> **b.** L'**attribution** de la concession d'aménagement peut intervenir **avant la création de la ZAC**, dès lors que la personne publique ayant pris l'initiative de la zone a arrêté le bilan de la concertation et qu'elle a délibéré sur les enjeux et les objectifs de l'opération, son périmètre d'intervention et son bilan financier prévisionnel (C. urb. art. L 300-4, al. 2).

29430 **Concessions transférant un risque économique** Le concédant doit publier un avis conforme à un modèle européen, dans une publication habilitée à recevoir des annonces légales et une publication spécialisée en matière d'urbanisme, de travaux publics ou d'immobilier (C. urb. art. R 300-5). Si la valeur estimée de la concession est égale ou supérieure au seuil européen (5 538 000 € HT depuis le 1er janvier 2024), l'avis de concession doit également être publié au Journal officiel de l'Union européenne (CCP art. R 3122-1 s.).

Le concédant doit aussi adresser à chacun des candidats un document précisant les caractéristiques essentielles de la concession d'aménagement et indiquant le programme global prévisionnel des équipements et des constructions projetés, ainsi que les conditions de mise en œuvre de l'opération (C. urb. art. R 300-7). Il peut organiser une négociation avec un ou plusieurs candidats. La négociation ne peut pas porter sur l'objet de la concession, les critères d'attribution ou les conditions et caractéristiques minimales indiquées dans les documents de la consultation (CCP art. L 3124-1 ; C. urb. art. R 300-9). Doivent être pris en compte plusieurs critères objectifs, précis et liés à l'objet de la concession ou à ses conditions d'exécution (CCP art. L 3124-5).

29450 **Concessions ne transférant pas un risque économique** Il y a lieu de distinguer, au sein de cette catégorie de concessions, deux sous-ensembles en fonction du montant total des produits de l'opération d'aménagement, lui-même apprécié au regard du seuil européen de **5 538 000 € HT** (Rép. Lasbordes : AN 11-5-2010 n° 66351 pour la définition des produits de l'opération).

Lorsque ce montant est **égal ou supérieur au seuil,** les règles de passation sont celles applicables aux marchés publics moyennant quelques dérogations ponctuelles (C. urb. art. R 300-11-2). Il en va ainsi pour les concessions de l'État et de ses établissements publics (CCP art. L 2100-1 s.) comme pour celles des collectivités territoriales, de leurs établissements publics et de leurs groupements (CGCT art. L 1414-1 s.).

Les critères d'attribution sont définis et appréciés de manière à (C. urb. art. R 300-11-2, II-5°) :
– tenir compte du coût global de l'opération au regard de son bilan prévisionnel intégrant la totalité des recettes et des dépenses ;
– prendre en considération le respect des exigences de développement durable.

Lorsque le montant total des produits de l'opération d'aménagement est **inférieur au seuil,** la concession d'aménagement fait l'objet, avant son attribution, d'une publicité et d'une procédure adaptée dont les modalités sont fixées par le concédant en fonction de la nature et des caractéristiques du besoin à satisfaire, du nombre ou de la localisation des opérateurs économiques susceptibles d'y répondre, ainsi que des circonstances du lancement de la procédure (C. urb. art. R 300-11-3).

Contentieux des concessions Lorsque l'emplacement d'une ZAC n'est pas compatible avec les règles d'urbanisme applicables, en l'occurrence celles de la loi littoral, l'**objet de la concession** d'aménagement est illicite. Le juge administratif est donc fondé à en prononcer l'annulation (CE 10-7-2013 n° 362304, Cne de Vias : RJDA 7/14 n° 618). **29470**

Par ailleurs, l'**annulation** ou l'**illégalité** des actes administratifs ayant concouru à la conclusion de la concession n'entraîne pas automatiquement des **incidences sur les actes subséquents.** Ainsi, l'illégalité qui entache la délibération approuvant la concession et qui résulte de ce que le choix de l'aménageur n'a pas été précédé d'une procédure de publicité et de mise en concurrence ne peut être utilement invoquée à l'encontre ni de l'arrêté déclarant d'utilité publique l'opération ni des arrêtés de cessibilité relatifs aux terrains nécessaires à la réalisation de l'opération (CE sect. 11-7-2011 n° 320735, Sodemel : BPIM 5/11 inf. 366). De façon comparable, l'annulation de la délibération autorisant la signature de la concession n'entraîne pas celle de la déclaration d'utilité publique et des arrêtés de cessibilité (CE 20-3-2013 n° 351101, Sté d'aménagement de Lot-et-Garonne : BPIM 3/13 inf. 175).

En revanche, la **résolution** du contrat de concession a pour effet l'annulation de l'arrêté de cessibilité, dès lors que concessionnaire chargé de l'aménagement de la ZAC et bénéficiaire de l'expropriation ne peut plus être identifié (CE 26-2-2014 n° 360820, Min. intérieur : BPIM 2/14 inf. 96). Mais la **résiliation** de la concession, qui est dépourvue de caractère rétroactif, n'a pas de telles conséquences (CE 11-12-2015 n° 372521, Société d'équipement de la région montpelliéraine).

TRAITÉ DE CONCESSION

Le traité de concession d'aménagement précise les obligations de chacune des parties. Il fixe l'objet du contrat, sa durée, les conditions de sa modification, de sa prorogation, de son rachat par le concédant, de sa résiliation ou de la déchéance du concessionnaire, ainsi que les conditions et modalités de l'indemnisation éventuelle du concessionnaire (C. urb. art. L 300-5, I). **29480**

Lorsque le cocontractant est une SEM locale, la concession doit, à peine de nullité, contenir les clauses énumérées à l'article L 1523-2 du CGCT.

Les tiers ne peuvent pas se prévaloir des clauses non réglementaires d'une concession de ZAC dans le cadre d'une action en responsabilité extra-contractuelle (CE 31-3-2014 n° 360904, Union syndicale du Charvet et Union syndicale des Villards : BPIM 3/14 inf. 166).

Si le **concédant participe au coût de l'opération** sous forme d'un apport financier ou d'un apport de terrain, le traité de concession doit préciser, à peine de nullité (C. urb. art. L 300-5, II) : **29485**

1° Les modalités de cette participation financière, qui peut prendre la forme d'apports en nature.

2° Le montant total de cette participation et, s'il y a lieu, sa répartition en tranches annuelles.

3° Les modalités du contrôle technique, financier et comptable exercé par le concédant. À cet effet, le concessionnaire doit fournir chaque année un compte rendu financier comportant notamment en annexe :
– le bilan prévisionnel actualisé des activités, objets de la convention, faisant apparaître, d'une part, l'état des réalisations en recettes et en dépenses et, d'autre part, l'estimation des recettes et dépenses restant à réaliser ;
– le plan de trésorerie actualisé faisant apparaître l'échéancier des recettes et des dépenses de l'opération ;
– un tableau des acquisitions et cessions immobilières réalisées pendant la durée de l'exercice.

La participation financière est approuvée par l'organe délibérant du concédant ou par l'autorité administrative si le concédant est l'État. Toute révision de cette participation doit faire l'objet d'un avenant à la convention, approuvé par le concédant (C. urb. art. L 300-5, II).

> **Précisions** **a.** L'ensemble des documents est soumis à l'examen et au **contrôle de l'organe délibérant du concédant** ou à l'autorité administrative lorsque le concédant est l'État. Le concédant a le droit de contrôler les renseignements fournis, ses agents accrédités pouvant se faire présenter toutes pièces de comptabilité nécessaires à leur vérification. Si le concédant est une collectivité territoriale ou un groupement de collectivités territoriales, il est nécessaire que, dès la communication de ces documents et, le cas échéant, après les résultats du contrôle diligenté par le concédant, ces documents soient soumis, dans les 3 mois, à l'examen de l'organe délibérant, qui se prononce par un vote (C. urb. art. L 300-5, II).
> **b.** Les **participations publiques** ne doivent pas être d'une **importance** telle qu'elles exonèrent l'aménageur de tout risque financier.
> **c.** L'opération peut bénéficier, sous conditions et avec l'accord préalable du concédant, de **subventions publiques** (C. urb. art. L 300-5, III).

RÉALISATION DES TRAVAUX

29490 **Missions de l'aménageur** Le concessionnaire public ou privé assure la **maîtrise d'ouvrage** des travaux, bâtiments et équipements prévus dans la concession, ainsi que la réalisation des études et de toutes missions nécessaires à leur exécution. Il peut être chargé par le concédant d'**acquérir les biens** nécessaires à la réalisation de l'opération, y compris, le cas échéant, par **expropriation** ou **préemption** (C. urb. art. L 300-4, al. 3 et art. R 311-10, 1°). Le concédant n'est jamais tenu d'accorder ce droit au concessionnaire (notamment s'il s'agit d'une personne privée). L'expropriation ne peut être poursuivie que si l'objet de la DUP est le même que celui de la ZAC.

Le plus souvent, l'aménageur peut construire lui-même sur tout ou partie des terrains qu'il aura aménagés ou équipés. Il peut également les céder, en partie ou en totalité, à d'autres constructeurs, notamment par vente ou bail à construction, même avant qu'ils ne soient équipés.

Si la **réalisation** de la ZAC doit s'effectuer **par tranches,** chaque tranche doit comprendre les équipements nécessaires à l'utilisation normale des constructions qui y seront édifiées. En règle générale, une nouvelle tranche n'est lancée que d'un commun accord entre l'aménageur et les constructeurs.

Le concessionnaire procède à la **vente,** à la location ou à la concession des biens immobiliers situés à l'intérieur du périmètre de la concession (C. urb. art. L 300-4, al. 3).

> **Précisions** Les dispositions relatives à la **maîtrise d'ouvrage publique** ne s'appliquent pas aux ouvrages d'infrastructure réalisés dans les ZAC (CCP art. L 2412-2, 2°). En revanche, elles s'appliquent à tous les travaux de superstructure réalisés au nom et pour le compte de la personne publique qui a pris l'initiative de la ZAC.

29495 **Intervenants extérieurs** L'aménageur public ou privé qui fait appel à des prestataires extérieurs pour la réalisation de l'opération (**contrats d'exécution**) doit respecter des règles de publicité et de **mise en concurrence.** Il s'agit (C. urb. art. L 300-5-1, R 300-12 et R 300-13) :
– des règles prévues par le Code de la commande publique pour les concessionnaires soumis au droit des marchés publics ;
– des règles librement déterminées par le concessionnaire dans les autres cas.

> **Précisions** Les marchés de maîtrise d'œuvre ou de travaux passés avec des entreprises privées par un aménageur ayant le statut de société ne constituent des **contrats administratifs** que si cet **aménageur** a la qualité de **mandataire de la personne publique** avec laquelle il a conclu le contrat de concession (CE 11-3-2011 n° 330722, Communauté d'agglomération du Grand Toulouse : BPIM 3/11 inf. 194 ; T. confl. 15-10-2012 n° 3853, Sté Port Croisade : RJDA 6/13 n° 504, 2e esp.). Il en va ainsi bien que les travaux concernés aient le caractère de travaux publics.
> Pour que la convention puisse être considérée comme un **contrat de mandat,** il faut qu'une telle **qualification** résulte des stipulations qui définissent la mission de l'aménageur ou d'un ensemble de conditions particulières relative à l'exécution de la convention. Au nombre de ces conditions, figurent le maintien de la compétence de la collectivité publique pour décider des actes à prendre dans le cadre de l'opération d'aménagement, ou la substitution de la collectivité publique à l'aménageur pour engager des actions contre les entreprises avec lesquelles celui-ci a conclu des contrats (T. confl. 11-12-2017 n° 4103, Cne de Capbreton : RJDA 7/18 n° 566 ; CE 4-3-2021 n° 437232, Sté Socri Gestion : RJDA 10/21 n° 653).

29500 **ZAC en maîtrise foncière partielle** Il est possible de réaliser une ZAC dans laquelle certains constructeurs restent propriétaires de terrains (C. urb. art. L 311-1, al. 1, L 311-4, al. 4 et L 311-5, al. 2).

La personne publique à l'initiative de la ZAC ou le concessionnaire peut conclure avec ces propriétaires une convention définissant les conditions de leur participation à l'aménagement (convention d'« association »). Cette convention facultative permet d'assurer la **coordination des chantiers** de construction et d'aménagement. Elle est distincte de la convention de participation financière mentionnée n° 29535 (C. urb. art. L 311-5, al. 2).

Même si certains propriétaires de parcelles comprises dans la ZAC souhaitent aménager et construire eux-mêmes, l'aménageur peut préférer obtenir la **maîtrise foncière de l'ensemble de l'opération** (notamment par expropriation), afin d'en assurer un aménagement global et cohérent. Son refus de signer une convention de participation financière avec les propriétaires n'est pas, à elle seule, de nature à priver d'utilité publique la création de la ZAC (CAA Nantes 15-6-2012 n° 10NT01779).

CAHIERS DES CHARGES

Contenu Les **cessions** ou **concessions d'usage** des terrains situés dans les ZAC doivent faire l'objet d'un cahier des charges (C. urb. art. L 311-6, al. 1). 29505

Le cahier des charges indique le nombre de mètres carrés de **surface de plancher** dont la construction est autorisée sur la parcelle cédée. À défaut, le permis ne peut pas être délivré, sauf si le document d'urbanisme fixe une règle de densité (CE 15-10-2014 n° 349775, Association Assezat La Gaude : BPIM 6/14 inf. 372 ; CE 23-5-2018 n° 406010, Sté Le parc des Moulins : BPIM 4/18 n° 255). Le cahier des charges doit aussi, le cas échéant, indiquer la densité minimale de constructions qui s'applique à chaque secteur et qui est définie par le règlement du PLU. En revanche, il n'est pas nécessaire que le cahier des charges précise le nombre de mètres carrés de surface de plancher dont la construction serait autorisée sur chacun des lots qui composent la parcelle cédée (CE 23-5-2018 n° 406010, Sté Le parc des Moulins : BPIM 4/18 n° 255).

Le cahier des charges peut, en outre, fixer des **prescriptions techniques, urbanistiques et architecturales** imposées pour la durée de la réalisation de la ZAC.

Lorsque les terrains inclus dans la zone ont été acquis par voie d'**expropriation,** le cahier des charges doit comprendre les **clauses types** approuvées par décret en Conseil d'État et destinées à déterminer les conditions dans lesquelles les cessions ou concessions temporaires sont résolues en cas d'inexécution des charges (C. expr. art. L 411-2 et, sur renvoi, L 411-1).

> **› Précisions** Pour les **cahiers des charges signés avant le 1er mars 2012,** les valeurs exprimées en surface hors œuvre nette (Shon) et surface hors œuvre brute (Shob) doivent s'entendre en valeur de surface de plancher. Toutefois, les acquéreurs de terrains peuvent demander, lors de l'autorisation de construire, à bénéficier du maintien du calcul de leurs droits à construire en Shon si le passage à la surface de plancher se traduit par une perte de constructibilité de leur parcelle (Ord. 2011-1539 du 16-11-2011 art. 5, al. 2).

Opposabilité Le cahier des charges peut faire l'objet d'une **approbation préalable.** La loi Élan a rendu facultative cette mesure qui était auparavant obligatoire. 29507

L'approbation éventuelle du cahier des charges incombe soit au maire ou au président de l'EPCI, lorsque la création de la ZAC relève de la compétence du conseil municipal ou de l'organe délibérant de l'EPCI, soit au préfet dans les autres cas (C. urb. art. L 311-6, al. 2).

Mention de cette approbation, ainsi que du lieu où le document peut être consulté, est affichée pendant un mois en mairie ou au siège de l'EPCI compétent, la **formalité d'affichage** devant aussi être effectuée dans les mairies des communes membres concernées (C. urb. art. D 311-11-1). Depuis le 1er juillet 2022, la même mention doit faire l'objet d'une **publication sous forme électronique** si la décision a été prise par le maire ou le président de l'EPCI (CGCT art. L 2131-1, III et art. R 2131-1). Elle est publiée au **recueil des actes administratifs de l'État** dans le département lorsque le cahier des charges a été approuvé par le préfet.

La jurisprudence considère que l'approbation du cahier des charges de la ZAC lui confère un caractère réglementaire (CE 15-10-2014 n° 349775, Association Assezat La Gaude : BPIM 6/14 inf. 372 ; CE 23-5-2018 n° 406010, Sté Le parc des Moulins : BPIM 4/18 n° 255).

La loi Élan renforce cette solution. Une fois que le cahier des charges a été approuvé et qu'il a fait l'objet de mesures de publicité mentionnées ci-dessus, les dispositions relatives à la surface constructible de la parcelle cédée, ainsi que les prescriptions techniques, urbanistiques et architecturales, sont opposables aux demandes d'autorisation d'urbanisme (C. urb. art. L 311-6, al. 2 et D 311-11-2). En l'**absence d'approbation,** ces règles ont une valeur contractuelle à l'égard de l'aménageur et de l'acquéreur.

Caducité Le cahier des charges de la ZAC devient caduc à la date de la **suppression de la zone** (C. urb. art. L 311-6, al. 3). 29512

Cette disposition n'est pas applicable aux **cahiers des charges signés avant le 1er avril 2001** (C. urb. art. L 311-6, al. 3). Annexé aux actes de vente, un tel cahier des charges continue de s'appliquer à titre contractuel après la suppression de la zone. Ses dispositions ne prévalent pas sur les dispositions du plan local d'urbanisme, mais doivent être combinées avec celui-ci, comme toutes les servitudes privées (Rép. Terrot : AN 20-4-2010 p. 4494 n° 61682). Si le cahier des charges limite lui-même son application à la durée de la zone, les règles qu'il énonce deviennent caduques lors de la suppression de la zone (Rép. Zimmermann : AN 9-3-2010 n° 33533 ; Cass. 3e civ. 21-11-2012 n° 11-25.668 : BPIM 1/13 inf. 21).

La caducité « automatique » d'un **cahier des charges signé depuis le 1er avril 2001** peut être mise en échec par une contractualisation des règles qu'il contient qui vont alors continuer de régir, en raison de leur caractère contractuel, les rapports entre les propriétaires qui y sont consentis (Cass. 3e civ. 4-3-2021 n° 19-22.987 : BPIM 2/21 inf. 110). Ainsi, dans le cas où un acte de vente a reproduit les stipulations d'un cahier des charges prévoyant, d'une part, que les règles de droit privé, comme les conditions générales de vente consenties par l'aménageur, devaient être reproduites dans tous les actes de revente et s'imposeraient dans les rapports des propriétaires successifs entre eux et, d'autre part, que le cahier des charges serait opposable à quiconque détiendrait tout ou partie de la ZAC, les juges du fond doivent rechercher si de telles stipulations ne caractérisent pas la volonté des parties de conférer aux obligations ainsi prévues, par une stipulation pour autrui, un caractère contractuel (Cass. 3e civ. 4-3-2021 n° 19-22.987 : BPIM 2/21 inf. 110).

CESSION DE TERRAINS ET DE DROITS IMMOBILIERS

29520 Le contrat par lequel une société d'économie mixte, chargée de la réalisation d'une ZAC, cède à des sociétés privées un terrain avec droits à construire est un contrat de droit privé, même s'il se réfère au cahier des charges de la ZAC et comporte des clauses exorbitantes du droit commun. En conséquence, les juridictions judiciaires sont seules compétentes pour connaître de l'action en dommages-intérêts formées par les acquéreurs contre l'aménageur (T. confl. 23-10-1995 n° 2964, Sté Canal + Immobilier c/ SEM d'aménagement du XVe arrondissement de Paris : RJDA 3/96 n° 307).

Par ailleurs, les cessions de terrains ou de droits réels immobiliers opérées par une personne publique ou privée, agissant dans le cadre d'une convention conclue avec une commune de plus de 2 000 habitants ou un département, doivent faire l'objet d'un bilan annuel. Celui-ci donne lieu à une délibération motivée du conseil municipal ou départemental portant sur les conditions de la vente et ses caractéristiques essentielles. Ce bilan doit être annexé au compte administratif de la commune ou du département (CGCT art. L 2241-1 s'agissant des communes ; CGCT art. L 3213-2 s'agissant des départements).

> **Précisions** **a.** Lors de la vente des terrains, la collectivité publique ne doit pas accorder à un opérateur le **bénéfice d'un avantage économique** de nature à fausser les conditions de concurrence entre opérateurs exerçant, dans une situation comparable, la même activité (CE 3-11-1997 n° 156675, Sté Top Loisirs Guy Merlin : BPIM 2/98 inf. 9).
> **b.** L'acquéreur d'un **terrain** situé en ZAC, **devenu inconstructible,** en raison de l'annulation par le Conseil d'État du POS comme contraire à la loi littoral, peut agir en nullité de la vente contre son vendeur pour erreur sur la qualité substantielle de la chose vendue (Cass. 3e civ. 13-7-1999 n° 97-16.362 : RJDA 11/99 n° 1191). En revanche, les fautes commises par la commune et l'État lors de la création d'une ZAC ne peuvent pas être regardées comme la cause directe du préjudice subi par un acquéreur du fait de la différence entre le prix auquel le terrain lui a été vendu et sa valeur réelle, alors que cette différence résulte de l'interdiction de construire affectant ce terrain en application de la loi littoral (CE 28-10-2009 n° 299753, Min. transports et Cne du Rayol-Canadel : BPIM 6/09 inf. 411 ; CE 9-12-2009 n° 299754, Min. transports).

BORNAGE DES TERRAINS DANS LA ZAC

29525 Les **avant-contrats** portant sur des terrains qui sont issus de divisions effectuées par l'aménageur à l'intérieur d'une ZAC et qui sont destinés à la construction d'immeubles à usage d'habitation, ou à usage mixte professionnel et d'habitation, doivent mentionner que le descriptif du terrain résulte d'un bornage, dit « bornage de division » (C. urb. art. L 115-4).

Le bénéficiaire en cas de promesse de vente, le promettant en cas de promesse d'achat ou l'acquéreur du terrain peut intenter l'**action en nullité** sur le fondement de l'absence de cette mention, avant l'expiration du délai d'un mois à compter de l'acte authentique constatant la réalisation de la vente. La signature d'un acte authentique comportant la mention requise entraîne la déchéance du droit à engager ou à poursuivre l'action en nullité de la promesse ou du contrat qui l'a précédé, fondée sur l'absence de cette mention (C. urb. art. L 115-5).

> **Précisions** **a.** La possibilité d'agir en nullité relève du droit commun de la vente d'immeuble, notamment des articles 1616 s. du Code civil relatifs à la contenance du bien.
> **b.** À notre avis, l'obligation légale doit être considérée comme respectée, dès lors qu'il est procédé à la pose des bornes sur le terrain et que la limite séparative entre les fonds est tracée sur un plan établi par un géomètre. Dans ces conditions, il n'est pas nécessaire de procéder à un bornage contradictoire en application de l'article 646 du Code civil.

© Éd. Francis Lefebvre

PARTICIPATIONS FINANCIÈRES

Aménageur C'est à l'aménageur qu'incombe le **coût des équipements publics** à réaliser pour répondre aux besoins des futurs habitants ou usagers des constructions à édifier dans la ZAC. En pratique, ce coût est ensuite intégré dans le prix de vente des terrains aménagés. **29530**

Lorsque la capacité des équipements programmés excède les besoins de l'opération, seule la fraction du coût proportionnelle à ces besoins peut être mise à la charge de l'aménageur (C. urb. art. L 311-4, al. 1 et 2). L'aménageur ne doit supporter que la charge des dépenses spécifiquement engagées pour la réalisation des équipements publics (CE 23-12-2010 n° 307124, Sté d'équipement du Biterrois et de son littoral : RJF 3/11 n° 314 ; CE 27-7-2016 n° 390101, SCI La Carbonnière : RJF 11/16 n° 967).

> **Précisions** **a.** Mention des contributions exigées, ainsi que des taxes et contributions versées ou obtenues dans le cadre de la réalisation de la ZAC, est inscrite sur le **registre des taxes et contributions financières,** qui peut être consulté en mairie (C. urb. art. R 311-11).
> **b.** L'aménageur peut, éventuellement, s'acquitter de sa participation au coût des équipements de la ZAC en accordant la **cession gratuite d'un terrain** (CE 3-6-2013 n° 351612 : RJF 8-9/13 n° 829).
> **c.** La participation illégalement imposée à l'aménageur est réputée sans cause et susceptible d'une **action en répétition** qui se prescrit par 5 ans (C. urb. art. L 332-30 ; CE 5-10-2015 n° 382591, Sté Jenzi : RJF 6/18 n° 627).

Constructeurs et lotisseurs Dans les ZAC dites « à maîtrise foncière partielle » (n° 29500), lorsque le terrain n'a pas été acquis, loué ou concédé par l'aménageur, les constructeurs ou les lotisseurs qui interviennent sur ces terrains sont tenus de participer au coût d'équipement de la zone. Une **convention,** signée par l'aménageur, est conclue entre la commune ou l'EPCI compétent pour créer la ZAC et le constructeur ou le lotisseur. Elle précise les conditions dans lesquelles ceux-ci participent au coût d'équipement de la zone. Cette convention constitue une pièce obligatoire du dossier de permis de construire ou d'autorisation de lotir (C. urb. art. L 311-4, al. 4). À défaut de cette pièce, les autorisations ne peuvent pas être instruites ni légalement délivrées. **29535**

Si la convention le prévoit, le constructeur ou le lotisseur verse directement la participation à l'aménageur ou à la personne publique qui a pris l'initiative de la création de la ZAC (C. urb. art. L 311-4, al. 5).

3. CONSÉQUENCES FISCALES

TAXES D'AMÉNAGEMENT

Sont **exonérés de plein droit** de la part communale ou intercommunale de la taxe d'aménagement les constructions et aménagements réalisés dans une ZAC lorsque le coût des équipements publics a été mis à la charge des constructeurs ou des aménageurs. La liste de ces équipements (fixée à l'article 318 H de l'annexe II au CGI) peut être complétée par une délibération du conseil municipal de la commune ou de l'organe délibérant de l'EPCI, valable pour une durée minimale de 3 ans (CGI art. 1635 quater D, I-6°) ; voir n° 40370. **29560**

L'exonération est applicable dès la date d'entrée en vigueur de la délibération portant création de la ZAC ; elle cesse de produire ses effets à la suite de la délibération constatant l'achèvement de l'opération d'aménagement (voir toutefois n° 29755).

Pour éviter une double imposition des constructeurs qui contribuent au coût des équipements publics de la ZAC par leur acquisition de terrain auprès de l'aménageur, la mesure d'exemption est également applicable dans une **ZAC créée par une communauté de communes** alors même que la part communale de la taxe d'aménagement constitue une recette communale (Rép. Bourdin : Sén. 7-12-2006 n° 24556, solution relative à la TLE mais qui nous semble transposable pour la part communale de la TA).

TVA ET DROITS D'ENREGISTREMENT

Aménagement de zone réalisé en régie directe En cas d'aménagement de zone réalisé en régie directe (n° 29420), la collectivité locale est soumise de plein droit à la TVA pour les opérations qu'elle réalise à ce titre et qui doivent donner lieu à la constitution d'un **secteur distinct** pour l'exercice des droits à déduction (BOI-TVA-IMM-10-30 nos 480 et 520). **29565**

L'administration a apporté les précisions suivantes : les travaux d'aménagement et de viabilisation des surfaces (terrassement, voirie, collecteurs, ouvrages d'art, réseaux publics divers : eau, assainissement, etc.) consistent à réaliser des **équipements d'infrastructure** qui sont soit propres à certains terrains et deviennent la propriété privée des acquéreurs desdits terrains, soit conservés par la collectivité locale pour être classés dans son domaine. La TVA qui grève ces dépenses est déductible sous réserve qu'elles entretiennent un lien direct avec les recettes imposées à la TVA que perçoit la collectivité locale au titre de l'opération qu'elle réalise (BOI-TVA-IMM-10-30 n° 490).

Aucune récupération par la voie fiscale n'est, en revanche, possible pour les travaux qui correspondent à des **équipements généraux de superstructure classés dans le domaine public** et inscrits dans les comptes d'immobilisations de la collectivité locale. Il s'agit d'équipements (exemples : bâtiments administratifs, installations sportives) ayant vocation à être utilisés en dehors d'une activité économique. Il en va de même des équipements d'infrastructure extérieurs à la zone (BOI-TVA-IMM-10-30 n° 500).

Néanmoins, les dépenses afférentes aux équipements publics de superstructure (mairie, école, piscine) peuvent ouvrir droit à une récupération de la TVA par l'intermédiaire du fonds de compensation pour la TVA (**FCTVA**), dans des conditions précisées par la circulaire interministérielle du 23 septembre 1994 (BOI précité).

29570 **Équipements généraux réalisés par les aménageurs** Les aménageurs tenus, en **exécution d'une convention** d'aménagement, de réaliser des équipements généraux (d'infrastructure ou de superstructure) destinés à être remis gratuitement à la collectivité locale peuvent déduire la TVA ayant grevé le prix de revient de ces équipements (CE 7-5-1986 n° 49991 : RJF 7/86 n° 685 ; BOI-TVA-IMM-10-30 n° 460). Peu importe que les équipements soient situés à l'intérieur ou à l'extérieur de la ZAC. Il n'y a pas lieu non plus de distinguer selon que les terrains appartiennent à l'aménageur, à la collectivité concernée ou même à une collectivité tierce (BOI précité n°s 460 et 470). À noter que la remise gratuite de ces équipements à la collectivité ne donne pas lieu à paiement de la TVA.

En revanche, l'aménageur ne peut pas déduire la TVA afférente aux équipements remis gratuitement s'il n'existe pas de **convention préalable** d'aménagement, sauf s'il s'agit des **équipements collectifs** destinés à la satisfaction de tous les copropriétaires tels que les canalisations et branchements généraux, les installations de chaufferie communes, la voirie ainsi que, le cas échéant, les voies de circulation, les loges de gardien, les locaux sociaux, culturels (BOI précité n° 470 ; BOI-TVA-IMM-10-20-10 n° 210).

29575 **Subventions versées aux aménageurs** Les **subventions** versées à un aménageur de zones au titre d'une opération d'aménagement ne sont pas taxables à la TVA dès lors qu'elles sont **versées globalement sans affectation précise** à une opération imposable (BOI-TVA-BASE-10-10-50 n° 200).

Ne sont pas évoquées ici, car elles répondent à des règles particulières, les **subventions accordées par les institutions européennes.**

29580 **Participations financières versées aux aménageurs** Les participations financières versées à l'aménageur par une commune, une région, un département, une communauté d'agglomération, la Caisse des dépôts et consignations ou l'Agence nationale de rénovation urbaine (Anru), dans le cadre du financement d'un projet de rénovation urbaine, ne doivent pas être soumises à la TVA par l'aménageur, dès lors qu'elles ne constituent ni la **contrepartie** d'une livraison de biens ou d'une prestation de services réalisée à titre onéreux par la société d'économie mixte au profit de ces différentes parties versantes ni le **complément de prix** de telles opérations imposables (Lettre DLF à la Fédération des sociétés d'économie mixte 8-11-2007).

29585 **Prorogation du délai de revente ou de construire** Les aménageurs de terrains nus ou assimilés situés dans les ZAC peuvent demander une **prorogation annuelle renouvelable** du délai de revente de 5 ans prévu par l'article 1115 du CGI (CGI art. 1594-0 G, A-IV bis et CGI ann. III art. 266 bis, IV ; régime des achats de terrains assortis d'un engagement de revendre) ou du délai de 4 ans pour construire (CGI art. 1594-0 G, A-IV et ann. III art. 266 bis, III ; régime des achats de terrains assortis d'un engagement de construire).

C. Effets juridiques de la création d'une ZAC

PRÉROGATIVES DE L'AMÉNAGEUR

29650 Les exigences liées à la réalisation d'une opération d'aménagement aussi complexe qu'une ZAC justifient l'attribution de certaines prérogatives de puissance publique au titulaire de la concession d'aménagement. Il s'agit de l'exercice du droit de préemption, ainsi que du pouvoir d'exproprier.

© Éd. Francis Lefebvre

Préemption Le **droit de préemption urbain** (DPU) peut être institué et mis en œuvre dans une ZAC. L'aménageur public ou privé peut se voir déléguer l'exercice de ce droit (voir nº 32595). 29655

La commune peut exclure du champ d'application du DPU les cessions de terrains effectuées par l'aménageur (voir nº 32655).

Lorsque le bien situé dans une ZAC a été acquis par préemption, la procédure de rétrocession ouverte au profit de l'ancien propriétaire en cas de non-respect de la finalité de la préemption n'est pas applicable (C. urb. art. L 311-3).

> Précisions Si une commune peut préempter un immeuble situé en dehors d'une ZAC pour y reloger les habitants évincés de leur logement par l'opération d'aménagement, c'est à la condition que l'acquisition de l'immeuble soit justifiée par une politique locale de l'habitat impliquant le développement organisé d'une offre de logements (CE 6-4-2001 nº 202791, Cne de Montreuil : RJDA 6/01 nº 671). La loi Élan a assoupli cette condition. Le titulaire du DPU peut préempter en vue de la relocalisation d'activités ou le relogement d'occupants définitivement évincés d'un bien à usage d'habitation ou mixte en raison de la réalisation de travaux nécessaires à une opération d'aménagement (C. urb. art. L 211-1, al. 5).

Expropriation Lorsque l'opération est réalisée par le titulaire d'une concession d'aménagement, l'acte déclarant d'utilité publique les acquisitions de terrains situés dans la ZAC peut prévoir que l'expropriation sera réalisée par l'**aménageur** (C. urb. art. R 311-10, 1º). 29660

Lorsque l'expropriation des immeubles a été poursuivie directement par la **collectivité publique,** ces immeubles peuvent être ensuite cédés librement à l'aménageur, à condition que le prix de vente soit au moins égal au prix d'achat majoré des frais exposés par l'expropriant (C. urb. art. R 311-10, 2º).

Si un délai d'un an s'est écoulé à compter de la publication de la DUP, les propriétaires des terrains à acquérir bénéficient d'un **droit de délaissement.** Ils peuvent mettre en demeure l'expropriant bénéficiant de la DUP d'acquérir leurs terrains dans un délai de 2 ans à compter du jour de la demande. Ce délai peut être prorogé une fois pour un an (C. expr. art. L 241-1). La mise en demeure doit être adressée à l'expropriant avec copie au préfet (C. expr. art. R 241-1). À défaut d'accord amiable, le propriétaire peut saisir le juge de l'expropriation qui transfère la propriété et en fixe le prix comme en matière d'expropriation (C. expr. art. L 241-2).

Les **immeubles** expropriés peuvent être **cédés de gré à gré ou concédés temporairement** à des personnes de droit privé ou de droit public à la condition qu'elles les utilisent aux fins prescrites par le cahier des charges annexé à l'acte de cession ou de concession temporaire (C. expr. art. L 411-1).

> Précisions **a.** Lorsqu'il se prononce sur l'**utilité publique d'une ZAC qui nécessite l'expropriation** d'immeubles, le **juge administratif** doit vérifier successivement (CE 19-10-2012 nº 343070, Cne de Levallois-Perret : BPIM 6/12 inf. 433 ; CE 22-3-2022 nº 448610, Association Église Évangélique de Crossroads : BPIM 3/22 inf. 193) :
– que l'opération répond à une finalité d'intérêt général ;
– que l'expropriant n'était pas en mesure de réaliser l'opération dans des conditions équivalentes sans recourir à l'expropriation ;
– que, en application de la « théorie » du bilan coûts-avantages, les atteintes à la propriété privée, le coût financier et, le cas échéant, les inconvénients d'ordre social ou économique que comporte l'opération ne sont pas excessifs au regard de l'intérêt qu'elle présente.
Le juge doit également :
– s'assurer, au titre du contrôle sur la nécessité de l'expropriation, que l'inclusion d'une parcelle déterminée dans le périmètre de l'expropriation n'est pas sans rapport avec l'opération d'utilité publique (CE 6-7-2016 nº 371034, Cne d'Achères : BPIM 5/16 inf. 300 ; CE 22-3-2022 nº 448610, Association Église Évangélique de Crossroads : BPIM 3/22 inf. 193) ;
– tenir compte, éventuellement, au titre des inconvénients de l'opération, des motifs de fond qui auraient été susceptibles d'entacher d'illégalité l'acte créant la ZAC et qui seraient de nature à remettre en cause l'utilité publique de l'opération (CE 18-10-2018 nº 410111, SEM pour le développement orléanais : BPIM 6/18 inf. 399).
b. L'appréciation sommaire des dépenses figurant dans le **dossier de DUP** doit inclure les dépenses nécessaires à l'aménagement et à l'équipement des terrains et, le cas échéant, le coût de leur acquisition. En revanche, les dépenses relatives aux ouvrages qui seront ultérieurement construits n'ont pas à être incluses (CE 11-7-2016 nº 389936, Association Observatoire indépendant du cadre de vie : BJDU 6/16 p. 430 concl. X. Domino ; CE 28-6-2019 nº 408117). Il en va de même des recettes susceptibles d'être encaissées à la suite de la vente des terrains (CE 22-3-2022 nº 448610, Association Église Évangélique de Crossroads : BPIM 3/22 inf. 192).

Sursis à statuer sur les demandes d'autorisations d'urbanisme À compter de la publication de l'acte créant la ZAC (nº 29275), l'autorité administrative peut surseoir à statuer sur les demandes d'autorisation concernant des travaux, constructions ou installations 29670 susceptibles de compromettre ou de rendre plus onéreux l'aménagement et l'équipement de la zone (C. urb. art. L 311-2, 2° et, sur renvoi, L 424-1, al. 6).

Le sursis à statuer ne peut pas excéder 2 ans (C. urb. art. L 424-1, al. 8). L'expiration du délai de 2 ans n'annule pas les effets du sursis à statuer dès lors que l'intéressé n'a pas mis l'administration en demeure de statuer définitivement sur sa demande (Cass. crim. 28-10-1980 n° 79-94.404 : Bull. crim. n° 284).

DROITS DES PROPRIÉTAIRES

29675 **Droit de délaissement** À compter de la publication de l'acte créant la ZAC, les propriétaires des terrains compris dans la zone peuvent **mettre en demeure** la collectivité publique, ou l'établissement public, qui a pris l'initiative de cette opération de procéder à l'acquisition de leurs terrains (C. urb. art. L 311-2, 1°). Le terme « terrain » englobe les terrains non bâtis et les terrains bâtis (Cass. 3e civ. 7-5-1996 n° 95-70.031 : Bull. civ. III n° 111). Sur les modalités d'exercice de ce droit de délaissement, voir nos 26000 s.

> **Précisions** **a.** Sauf mandat d'acquérir les biens, prévu dans la convention ou la concession, l'aménageur n'a pas la qualité de **destinataire de la demande** de délaissement (Cass. 3e civ. 9-6-1999 n° 98-70.145 : Bull. civ. III n° 140).
> **b.** Les **plus-values** réalisées par les particuliers ayant exercé le droit de délaissement prévu par l'article L 311-2 du Code de l'urbanisme peuvent bénéficier d'une exonération à condition de remployer l'intégralité du prix de cession dans l'acquisition, la construction, la reconstruction ou l'agrandissement d'un ou plusieurs immeubles dans les 12 mois de la perception du prix (CGI art. 150 U, II-4°).

29685 **Sursis au paiement des droits de mutation par décès** Voir n° 26040.

29690 **Plus-values immobilières** Les plus-values immobilières réalisées par un particulier lors de cessions amiables consenties à un aménageur (établissement public ou société d'économie mixte) titulaire d'une convention de ZAC et bénéficiaire d'une DUP peuvent bénéficier, dans les conditions indiquées nos 37200 s., de l'exonération prévue en faveur des plus-values immobilières résultant d'une **expropriation** (BOI-RFPI-PVI-10-40-60 n° 30). On notera que l'administration n'a pas étendu cette solution au cas où l'aménageur est une personne de droit privé. Or le Code de l'urbanisme ne distingue plus – s'agissant du droit d'exproprier – selon que l'aménageur est une personne publique ou privée (voir n° 29490).

> **Précisions** N'est pas considérée comme réalisée à la suite d'une DUP la plus-value résultant de la vente d'un immeuble à une société d'économie mixte, dès lors qu'à la date de la vente l'**arrêté portant déclaration d'utilité publique** a été **abrogé** (TA Dijon 11-9-1996 n° 94-1065 : RJF 3/97 n° 255).

D. Fin de l'opération

ACHÈVEMENT DE LA ZAC

29750 Avant l'entrée en vigueur de la loi SRU, le Code de l'urbanisme prévoyait que l'achèvement de l'aménagement d'une ZAC devait être constaté par une décision de l'autorité administrative compétente. Cette décision avait notamment pour objet d'abroger l'acte de création de la zone. Les dispositions actuelles ne comportant plus un tel mécanisme, la ZAC conserve son existence juridique tant qu'elle n'a pas été supprimée.

Dans un souci de sécurité juridique, les personnes intéressées peuvent, éventuellement, se prévaloir de la fin des opérations d'aménagement pour demander la suppression de la ZAC.

Sur l'incidence de la fin de la ZAC sur les règles du cahier des charges, voir n° 29512.

SUPPRESSION DE LA ZAC

29755 La suppression d'une ZAC est prononcée, sur proposition ou après avis de la personne publique qui a pris l'initiative de sa création, par l'**autorité compétente** pour créer la zone. La **proposition** comprend un rapport de présentation qui expose les **motifs** de la suppression (C. urb. art. R 311-12, al. 1). Dans les villes de **Paris, Marseille** et **Lyon,** le conseil d'arrondissement doit être consulté préalablement (C. urb. art. R 318-18).

La décision qui supprime la zone fait l'objet des mesures de **publicité** et d'information mentionnées n° 29275.

CHAPITRE 4

ENSEMBLES IMMOBILIERS COMPLEXES ET VOLUMES IMMOBILIERS

SOMMAIRE

CONTEXTE

30100 Dans les centres des villes, le plus souvent dans les zones d'aménagement ou de rénovation, la nécessité d'**utiliser au maximum les surfaces** bâtissables ou aménageables conduit à superposer, juxtaposer ou imbriquer à l'intérieur d'un ou plusieurs ensembles immobiliers des locaux soumis à des régimes juridiques différents et destinés à recevoir des affectations différentes. Ainsi, dans un même bâtiment ou groupe de bâtiments, certains locaux pourront être affectés à l'habitation, d'autres à l'usage commercial, d'autres encore pourront abriter des équipements affectés à un usage public, un centre commercial ou une galerie marchande. Très souvent des passages publics devront être aménagés à l'intérieur des constructions, et des parcs de stationnement publics devront être réalisés en sous-sol. Des jardins publics et des terrains de sports ou de loisirs peuvent également être prévus.

De tels ensembles sont le plus souvent réalisés dans le cadre d'opérations d'aménagement et d'urbanisme, sous le contrôle d'organismes ayant une mission d'aménageur de zone. Il en est ainsi, par exemple, pour le quartier de La Défense ou le centre d'affaires de l'Arenas à Nice.

Dans ces opérations, communément dénommées « ensembles immobiliers complexes » (**EIC**), la notion de destination générale du bâtiment ou du groupe de bâtiments s'efface devant les multiples fonctions affectées aux **volumes** qui les composent. L'esprit communautaire, qui est le fondement même de la copropriété, est ici incompatible avec la nécessaire **hétérogénéité,** résultant de l'**absence d'intérêt commun** entre les différents utilisateurs des locaux. La mise en place de l'organisation différente exigée par la loi (voir n° 30195) implique que l'hétérogénéité constituant le critère de base d'un EIC existe également par rapport au foncier, les volumes immobiliers constituant alors des immeubles distincts, sièges de droits concurrents et/ou différents (JCP N 1989 prat. 949 et 1164).

A. Organisation d'un ensemble immobilier complexe

EN BREF

30130 L'organisation d'un véritable EIC en zone dense se caractérise par la création de volumes immobiliers et, corrélativement, par l'exclusion du statut de la copropriété pour l'ensemble de ses composantes.

CONSEIL

Il est préférable, pour des raisons pratiques évidentes, que l'organisation différente soit créée en même temps que l'EIC. Il apparaît toutefois possible de procéder à cette création ultérieurement (Rép. Fréville : Sén. 1-3-2001 n° 28921). Lorsqu'une telle organisation n'a pas été mise en place au début du projet, la création ultérieure de volumes nécessite au préalable l'annulation de l'état descriptif de division primitif et de recréer les copropriétés supprimées dans l'un ou plusieurs de ces nouveaux volumes (Sizaire et Fournier : JCP N 2000 p. 1311).

1. VOLUMES IMMOBILIERS

30150 Pour **individualiser** le droit de construire affecté à chacune des futures constructions, l'aménageur (au sens large) d'un EIC va procéder à la division du volume global constructible en **volumes immobiliers cessibles,** dont les destinations seront différentes en fonction de leurs affectations futures.

Le volume immobilier est une des formes du **droit de superficie,** issu de l'article 553 du Code civil, lequel a la nature d'un véritable droit de propriété (Rép. Zimmerman : AN 26-2-2001 n° 55306). Il résulte d'une division tridimensionnelle dans l'espace par référence aux parcelles cadastrales. Par suite d'une dissociation du sol (ou du sous-sol) et de l'espace non bâti, la division volumétrique aboutit à la création d'autant de droits réels immobiliers qu'il y aura de volumes créés.

30155 L'**organisation en volumes,** à la différence de la copropriété des immeubles bâtis, repose sur l'abandon de la notion classique de l'unicité de la propriété foncière et s'appuie sur la **dissociation** entre le sol, l'espace et le tréfonds, aboutissant ainsi à la création de volumes abstraits, subdivisables en autant de volumes réels que le permettent les règles d'urbanisme et les techniques de construction.

Cette technique d'organisation conventionnelle de la propriété bâtie peut également être retenue pour un **immeuble isolé,** dès lors que le statut de la copropriété des immeubles bâtis ne s'applique pas de plein droit. Ainsi la dualité de régime de propriété sur une même fraction d'immeuble justifie la division de cet immeuble en volumes immobiliers afin d'assurer la publicité foncière des droits en question (Cass. 3e civ. 18-1-2012 n° 10-27.396 : BPIM 2/12 inf. 177).

La jurisprudence reconnaît le concept de volume immobilier s'agissant de l'expropriation d'une partie d'un **tréfonds** : la Cour de cassation a considéré que l'expropriation ne porte que sur le volume nécessaire à l'expropriant pour réaliser l'ouvrage (Cass. 3e civ. 20-11-1996 n° 95-70.091 : Bull. civ. III n° 222, AJPI 1997 p. 214 obs. Deville). Il est admis qu'un dessous de sol peut être détaché du reste du sous-sol par fractions formant pour chacune d'elles un immeuble par nature susceptible d'appropriation particulière (CA Paris 25-9-1997, RATP c/ Syndicat des copropriétaires du 39, rue des Bourdonnais à Paris : JCP N 1998 p. 847 obs. Sizaire).

30160 À partir d'une assiette foncière cadastralement identifiée, le **volume immobilier** peut être schématiquement défini comme un **droit réel** de propriété, détaché du sol, portant sur une tranche tridimensionnelle et homogène d'espace ou de tréfonds, correspondant à un immeuble construit ou à construire, de forme géométrique ou non, déterminé en altimétrie par référence à des plans cotés, ne comportant **pas de parties communes indivises** et inséré dans un réseau de **mitoyennetés et** de **servitudes** réciproques ou non.

À l'intérieur de son volume, et sous réserve des prescriptions des documents réglementaires ou contractuels relatifs à la destination des locaux, chaque propriétaire est libre d'appliquer le régime de propriété de son choix.

> **Précisions** **a.** Un volume immobilier peut recevoir une **copropriété,** un **lotissement,** un groupe d'habitation. Il peut également être inclus dans une union de syndicats, notamment en cas de pluralité de copropriétés. En revanche, un volume immobilier affecté à un service public sera nécessairement classé dans le **domaine public.** L'adoption d'une organisation en volumes s'impose dès lors qu'il y aura coexistence entre domaine public et copropriété des immeubles bâtis. En effet, la domanialité publique est incompatible avec le statut de la copropriété

(CE 11-2-1994 n° 109564, Cie d'assurances Préservatrice foncière : AJDA 1994 p. 548 note Dufau ; T. confl. 7-10-2024 n° 4319, Synd. copr. de la résidence Saint-Georges Astorg : BPIM 6/24 inf. 366).

b. Lorsqu'une collectivité publique prend l'initiative de faire réaliser un EIC sur une emprise publique, avec l'objectif de maintenir l'affectation à l'usage public de partie des ouvrages qui y seront réalisés par la suite, elle devra procéder préalablement au **déclassement en volume** des emprises volumétriques destinées à recevoir des constructions à usage privé. La circulaire 91-33 du 18 avril 1991 (BO équipement 91/16) précise les conditions de superposition d'ouvrages publics et privés sur le domaine public routier national.

c. Si un lot de volume peut être aisément divisé – en tant qu'immeuble distinct au sens de la publicité foncière – en lots de copropriété, le contraire n'est pas possible (Fournier : JCP N 1999 p. 422, JCP N 2000 p. 1311). En cas de **subdivision d'un volume,** il doit être remplacé par de nouveaux volumes distincts et non par des « sous-volumes » (Fournier : JCP N 2002 p. 1367).

2. EXCLUSION DU STATUT DE LA COPROPRIÉTÉ DES IMMEUBLES BÂTIS

Pour ne pas enfermer dans le cadre homogène et parfois rigide de la copropriété les opérations d'urbanisation complexes, et pour permettre leur évolution en fonction des impératifs commerciaux, techniques et juridiques, la loi admet la possibilité de **s'affranchir du statut de la copropriété** lorsqu'il s'agit d'organiser des **ensembles immobiliers** qui, outre des terrains, des volumes, des aménagements et des services communs, comportent des parcelles ou des volumes, bâtis ou non, faisant l'objet de droits de propriété privatifs. La même possibilité est ouverte depuis le 1er juin 2020 aux immeubles ou groupes d'immeubles bâtis à destination totale autre que d'habitation dont la propriété est répartie par lots entre plusieurs personnes (Loi 65-557 du 10-7-1965 art. 1, II). 30190

> **Précisions** La **copropriété** des immeubles bâtis implique l'affectation, à chacun des lots privatifs, d'une quote-part dans la propriété des parties communes à l'ensemble des copropriétaires ou à certains d'entre eux, déterminée en fonction de la valeur relative de chaque lot. Avant la vente du premier lot, la consistance des ouvrages doit donc être définie et à chaque lot doivent être affectés ses tantièmes de choses communes déterminés en fonction d'un état descriptif de division, en principe définitif, et dont la modification implique dans la plupart des cas l'accord de tous les copropriétaires.

Une telle **rigidité** est incompatible avec les nécessaires **adaptations** qu'implique la réalisation, échelonnée dans le temps, des ensembles immobiliers de grande importance.

En effet, l'aménageur d'un EIC est confronté à une **double nécessité** :
– établir un **projet** qui ne soit pas intangible et qui puisse **évoluer en fonction des impératifs** découlant de la commercialisation et des modifications techniques ;
– **vendre** à différents maîtres d'ouvrage, dès le **début de l'opération,** les volumes déjà créés sans que l'appropriation de la totalité des sols soit nécessairement réalisée et le programme définitif établi, le tout afin de ne pas avoir à solliciter ultérieurement l'accord des personnes ayant déjà acquis un droit de propriété ou de leurs éventuels créanciers hypothécaires lors des cessions des nouveaux volumes.

Pour **exclure** l'application automatique du statut de la copropriété, l'aménageur d'un EIC va écarter ce statut par une **convention contraire** et créer une **organisation différente** pour les terrains, constructions, aménagements et services communs inclus dans un même périmètre, telle que la constitution d'une association syndicale de propriétaires (ASL) régie par l'ordonnance 2004-632 du 1er juillet 2004, d'une association foncière urbaine (AFU) régie par l'article L 322-2 du Code de l'urbanisme ou encore d'une union de syndicats prévue par l'article 29 de la loi 65-557 du 10 juillet 1965. L'existence d'une convention contraire et la création d'une organisation différente pour la gestion des éléments d'équipement communs de l'ensemble immobilier sont des conditions cumulatives devant être remplies pour écarter le statut de la copropriété (Loi 65-557 du 10-7-1965 art. 1, II ; Cass. 3e civ. 19-9-2012 n° 11-13.679 : BPIM 6/12 inf. 465 ; Cass. 3e civ. 12-6-2018 n° 17-18.705 FS-D : BPIM 4/18 inf. 285 ; Doctrine P. Capoulade et C. Giverdon, Propos sur les ensembles immobiliers : RDI 1997 p. 161 n° 15). 30195

Un ensemble immobilier qui n'est pas régi par une organisation spécifique est placé de plein droit dans le champ d'application de la loi du 10 juillet 1965 (Cass. 3e civ. 11-2-2009 n° 08-10.109 : Bull. civ. III n° 34, BPIM 3/09 inf. 223). L'organisation collective spécifique peut résulter d'un cahier des charges (Cass. 3e civ. 28-11-2001 n° 00-14.539 : Bull. civ. III n° 138). En cas d'ambiguïté, voire de contradiction, dans les documents contractuels, c'est la loi 65-557 du 10 juillet 1965 qui s'applique.

À la différence de ce qui se passe dans le cas d'un immeuble en copropriété, la **propriété du sol et des équipements communs** ne sera pas divisée en quotes-parts indivises destinées à être rattachées aux parties privatives. À défaut de parties communes en propriété indivise, 30200 le statut de la copropriété ne s'applique pas (Cass. 3e civ. 8-9-2010 no 09-15.554 : Bull. civ. III no 152, BPIM 6/10 inf. 484). Chaque propriétaire d'un volume sera aussi propriétaire des ouvrages qui y seront réalisés, sauf s'il est grevé conventionnellement de la charge de subir l'implantation dans son emprise d'éléments nécessaires à l'usage d'un ou plusieurs autres volumes.

30203 En vue de faciliter la gouvernance des ensembles immobiliers complexes, la **procédure de scission** de syndicat de copropriété prévue par l'article 28 de la loi 65-557 du 10 juillet 1965 peut être employée **pour la division en volumes d'un EIC** comportant soit plusieurs bâtiments distincts sur dalles soit plusieurs entités homogènes affectées à des usages différents pour autant que chacune de ces entités permette une gestion autonome. Cette procédure ne peut en aucun cas être employée pour la division en volumes d'un bâtiment unique. La décision de constituer une union de syndicats pour la création, la gestion et l'entretien des éléments à usage collectif est prise à la majorité de l'article 25 de la loi de 1965. Par dérogation à l'article 29 de la loi de 1965, les statuts de l'union peuvent interdire à ses membres de se retirer de celle-ci (Loi 65-557 du 10-7-1965 art. 28, IV).

B. Réalisation de l'ensemble immobilier complexe

INITIATIVE

30300 Souvent, la réalisation d'un EIC se fait, en raison de l'importance de ce type d'opération d'aménagement, sur initiative publique.

La réalisation d'un EIC peut également résulter d'une initiative privée. Dans ce cas, la construction d'ouvrages dans les différents volumes créés peut être réalisée par le vendeur lui-même, en vue de leur aliénation, généralement, dans le cadre des dispositions régissant les ventes d'immeubles à construire.

MISE EN ŒUVRE

30305 Dans les opérations importantes, c'est le plus souvent une collectivité publique qui, sur la base d'une étude d'urbanisme préalable, passe une **concession avec un aménageur** (personne publique ou privée), en vue de réaliser des équipements et services publics, des commerces, des bureaux et logements.

La réalisation de tels ensembles doit reposer sur la **maîtrise des terrains,** qui pourront être acquis par l'aménageur à l'amiable ou, après déclaration d'utilité publique, par voie d'expropriation, soit en bloc, soit la plupart du temps par fractions au fur et à mesure du déroulement de l'opération d'urbanisation. Dans ce dernier cas, chaque îlot fera l'objet d'un état descriptif de division en volume, dès lors que le principe de l'hétérogénéité sera adopté.

La plupart de ces opérations sont réalisées dans le cadre de **zones d'aménagement concerté** (le périmètre d'une ZAC peut inclure à la fois des parcelles sur lesquelles sont établis des états descriptifs en volume et des parcelles libres de tels documents).

RÔLE DE L'AMÉNAGEUR

30310 Le rôle premier de l'aménageur n'est pas de construire à l'intérieur des différents volumes. Cette fonction sera dévolue aux cessionnaires des volumes, qui constitueront alors autant de maîtres d'ouvrages. Les fonctions principales de l'aménageur consistent en la **conception** générale de l'opération, la détermination, voire la **réalisation** des éléments d'infrastructure nécessaires à l'édification des constructions, la **coordination** des diverses activités concourant à la réalisation de l'opération globale, la **définition** de l'ensemble des charges et obligations imposées aux divers constructeurs et à leurs ayants droit, le respect de ces obligations et la mise en œuvre de la structure juridique adoptée pour l'organisation de l'EIC.

SITUATION DES CONSTRUCTEURS

30315 L'**obligation** première de chacun des cessionnaires de volumes consiste à **construire** dans le volume par lui acheté, selon les prescriptions du permis de construire et des différents documents organiques de l'EIC, et cela, dans un **délai déterminé** par le contrat de vente ou, si tel est le cas, par le cahier des charges de cession. Le cessionnaire ne pourra s'exonérer de cette obligation qu'en renonçant à la fois à l'utilisation des points d'appui fournis par l'aménageur et à la propriété du volume vendu.

Les liens juridiques ainsi créés entre l'aménageur et le cessionnaire d'un volume deviennent **opposables** aux autres cessionnaires, tenus d'accorder au nouveau constructeur, à titre réciproque parfois, les mêmes **servitudes.**

Dès l'acquisition du volume, l'acquéreur est investi de tous les attributs d'un **propriétaire foncier.** Il pourra donc céder ce volume, en démembrer la propriété, l'hypothéquer, etc., sauf à respecter ou obliger son acquéreur au respect des obligations dont il est lui-même tenu envers l'aménageur, et notamment le respect de l'obligation de construire, en cas de vente d'un volume non bâti. 30320

> Précisions Sur le plan de la **TVA,** les cessions de droits réels immobiliers (par un assujetti agissant en tant que tel) suivent le régime du bien immeuble auquel ils se rapportent (CGI art. 257, I-1-1°). L'administration considère que cette disposition concerne notamment le droit de superficie (BOI-TVA-IMM-10-10-20 n° 80). Selon cette doctrine, la cession de **lot de volume non bâti** est traitée comme celle de l'immeuble qui en est le support (terrain à bâtir, immeuble neuf ou immeuble de plus de 5 ans selon la nature de l'immeuble inférieur) et non pas comme la cession d'un terrain à bâtir à part entière. Quant au **volume une fois construit,** il doit être qualifié d'immeuble bâti (neuf ou ancien selon sa date d'achèvement), quand bien même subsisteraient des droits à construire résiduels (BOI-TVA-IMM-10-10-10-40 n° 30).
Les cessions de volumes sont soumises au **droit de vente d'immeubles,** dans les conditions de droit commun, au taux normal ou selon un régime de faveur selon que ces volumes seront bâtis ou non et que l'acquéreur aura (hypothèse la plus probable) ou non la qualité d'assujetti à la TVA.

C. Documents juridiques

1. ÉTAT DESCRIPTIF DE DIVISION EN VOLUME

L'individualisation des volumes résulte de l'établissement d'un état descriptif de division (EDD), créant autant de lots que de volumes. 30410

Cet **acte authentique,** obligatoirement soumis à la publicité foncière pour la désignation de l'immeuble (Décret 55-22 du 4-1-1955 art. 7, al. 3), a pour objet, à partir de l'assiette parcellaire des terrains auxquels il s'applique :
– d'individualiser, en tréfonds ou dans l'espace, au moyen de plans et par référence à des **cotes altimétriques,** des **volumes matériels ou immatériels,** constituant autant de propriétés distinctes et comportant des parties privatives auxquelles il n'est pas attaché de parties communes ;
– d'en définir la **destination** et la **composition,** et de les assujettir à un réseau cohérent de **servitudes perpétuelles.**

Ces volumes sont définis par référence à des plans cotés en coupe ou en élévation, obligatoirement dressés par un géomètre-expert (Cass. 1e civ. 29-6-2022 n° 20-18.136 F-B : AJDI 2022 p. 617 note P.-É. Lagraulet, concernant un EDD en copropriété mais transposable à un EDD en volumes).

> Précisions **a.** Pour pouvoir s'extraire du statut de la copropriété, il est nécessaire qu'il n'existe aucune partie commune ou propriété indivise entre les propriétaires en volume. L'EDD doit donc contenir une définition très précise des lots quant à la propriété divise des éléments qui seraient qualifiés de parties communes indivises dans le régime de la copropriété, et notamment le sol, le gros œuvre et les canalisations (voir loi 65-557 du 10-7-1965 art. 3). Il convient d'entendre ici, par « sol », tout aussi bien l'assise de l'immeuble que le plancher de chaque volume. L'application des cotes altimétriques permet le découpage de ces éléments traditionnellement communs et, ce faisant, l'affectation en propriété d'une portion de ces éléments à un lot précis, avec le cas échéant la constitution de servitudes (réciproques ou non). À défaut, ceux-ci seront réputés parties communes par application de l'article 3 de la loi 65-557 du 10 juillet 1965 relative à la copropriété des immeubles bâtis.
b. L'EDD, dressé seulement pour les besoins de la publicité foncière, n'a pas en principe de caractère contractuel (Cass. 3e civ. 8-7-1992 n° 90-11.578 : Bull. civ. III n° 241 ; Cass. 3e civ. 30-5-1995 n° 93-16.021 : JCP éd. N 1996 II p. 673 obs. Sizaire ; pour la reconnaissance du caractère contractuel à titre exceptionnel, voir Cass. 3e civ. 6-7-2017 n° 16-16.849 FS-PBI : BPIM 5/17 inf. 351).

L'EDD peut également créer deux **volumes résiduels,** correspondant l'un au **tréfonds,** l'autre au droit de **surélévation,** et dont, en règle générale, l'aménageur (ou le vendeur) transférera ultérieurement la propriété à l'entité juridique à laquelle sera dévolue la propriété ou la gestion des ouvrages collectifs (ASL ou AFU généralement). 30415

En l'**absence d'indivision,** les propriétaires des volumes déjà cédés n'auront pas à intervenir dans la modification de l'état descriptif, sauf pour les dispositions qui les concernent.

30420 Les **rapports entre les volumes** créés seront régis par les dispositions du Code civil relatives à la mitoyenneté et aux servitudes.

Certaines de ces **servitudes** grèveront, parfois à titre réciproque, l'ensemble des volumes. Il s'agit essentiellement des servitudes d'appui, d'accrochage, de surplomb, de vues, de prospect, de passage de personnes, de canalisations, etc. Ces servitudes sont complétées par des **prescriptions** d'usage, d'entretien, de sécurité et de reconstruction.

Les servitudes, comme la désignation et la destination des volumes, ne peuvent être modifiées qu'avec l'accord des propriétaires intéressés.

30425 L'**état de division** en volumes immobiliers cessibles **prend effet** lors de la première aliénation d'un volume. C'est également cet événement qui rend applicables les autres documents que l'on établit généralement dans les EIC, en particulier le cahier des règles d'usage et d'occupation.

2. DOCUMENTS ORGANIQUES

EN BREF

30450 En vertu du pouvoir qu'il détient de la concession passée avec la collectivité publique, l'aménageur d'une zone d'urbanisme opérationnel où seront réalisés un ou plusieurs ensembles immobiliers en volume a la possibilité d'édicter les **règles** de construction et d'utilisation qui vont **s'imposer** aux différents maîtres d'ouvrage et à leurs ayants droit. Ces règles sont généralement contenues dans les principaux documents suivants :
- le cahier des règles d'usage et d'occupation ;
- le cahier des charges de la construction ;
- les conventions de délégation de maîtrise d'ouvrage ou de prestations de services ;
- les statuts de l'association syndicale ;
- et les règlements spécifiques.

Quand le terrain est situé dans une **ZAC,** ces règles peuvent figurer dans le ou les cahiers des charges de cession des terrains.

CAHIER DES RÈGLES D'USAGE ET D'OCCUPATION

30455 Ce document, publié au service de la publicité foncière en raison des servitudes conventionnelles qu'il comporte, définit les règles d'utilisation des différents volumes et équipements collectifs, et fixe les règles de **répartition des charges** de l'EIC. Il édicte des **servitudes générales** d'utilisation des équipements collectifs. Il précise les obligations des différents propriétaires quant à l'entretien de leurs ouvrages et les modalités de l'**assurance** de l'ensemble des bâtiments ou la répartition des droits à construire, en cas de reconstruction. Il fixe également les **règles d'utilisation** des volumes déjà bâtis, pendant que se poursuit l'opération de construction, ainsi que celles relatives à la surveillance et à la **sécurité générale** de l'EIC, une fois celui-ci achevé, notamment quand certains locaux sont destinés à recevoir du public.

CAHIER DES CHARGES DE LA CONSTRUCTION

30460 Ce document impose aux différents maîtres d'ouvrage des **obligations de faire** : à savoir, le respect des prescriptions du permis de construire, les dates de commencement et d'achèvement de la construction, les modalités techniques de construction, la coordination des chantiers, l'obligation de le faire respecter par le maître d'œuvre et les entreprises participant au chantier, etc. Il ne produit ses effets que pendant la période de construction ou en cas de reconstruction.

CONVENTIONS DE DÉLÉGATION DE MAÎTRISE D'OUVRAGE OU DE PRESTATIONS DE SERVICES

30465 Pour éviter les conséquences néfastes résultant d'un trop grand nombre de maîtres d'ouvrage, il est possible d'obtenir de certains d'eux qu'ils délèguent leurs pouvoirs à d'autres maîtres d'ouvrage ou à un seul maître d'ouvrage, parfois même à l'aménageur.

Dans d'autres circonstances, certaines délégations peuvent être partielles. Ainsi, un seul maître d'ouvrage ou l'aménageur lui-même peut être mandaté pour réaliser des équipements servant à tous les volumes.

STATUTS DE L'ASSOCIATION

30470 Cette association (en général une ASL ou une Aful) a le plus souvent pour **objet** de recevoir, à titre gratuit, de l'aménageur, la propriété et/ou la gestion des biens à usage collectif (jusqu'à leur classement, le cas échéant, dans le domaine public) et des volumes correspondant au tréfonds et au droit de surélévation.

Contrairement à ce qui se produit souvent en matière de lotissement, où l'association est amenée à disparaître lors du classement de la voirie dans le domaine public communal, l'organisme gestionnaire des parties communes d'un EIC est destiné à se perpétuer, car l'usage des équipements communs n'intéressera la plupart du temps que les seuls syndicataires.

En pratique, les statuts de l'association sont établis par le réalisateur de l'EIC. L'adhésion des acquéreurs successifs est constatée à l'occasion des actes de ventes ou dans des actes spéciaux qui sont annexés aux statuts.

Bien que le législateur ne prévoie pas de **publicité foncière** de ces statuts, l'Association des conservateurs en admet la publication en qualité de charge sur l'immeuble en raison des limitations au droit de propriété qu'ils constituent (BAMC 1994 art. 1654).

> **Précisions a.** L'association peut se voir conférer le pouvoir de **faire respecter les règlements et servitudes** applicables dans l'ensemble immobilier (en ce sens, Cass. 3e civ. 5-10-1994 no 92-13.426 : Bull. civ. III no 166).

b. Lorsqu'une **copropriété** est **intégrée** à l'intérieur d'un volume immobilier issu d'un EIC composé de plusieurs volumes et doté d'une organisation différente, ce sont les copropriétaires qui sont membres de l'**association syndicale.** Même si la copropriété est représentée par son syndic, les copropriétaires ont qualité pour agir en contestation des décisions prises en assemblée par l'association. L'action n'est pas soumise au délai de forclusion de 2 mois fixé par l'article 42 de la loi 65-557 du 10 juillet 1965 sur la copropriété (Cass. 3e civ. 13-2-2008 no 07-10.098 : BPIM 2/08 inf. 122 ; Rép. Sueur : Sén. 29-5-2008 no 3472). Le recours contre la décision de l'assemblée générale de l'association syndicale se prescrit « dans les délais statutaires ou légaux » (Cass. 3e civ. 3-4-1990 no 87-11.287 : Bull. civ. III no 78). Le délai légal est de 5 ans (C. civ. art. 2224).

RÈGLEMENTS

Pour les questions de détail, l'aménageur établit un ou plusieurs **règlements intérieurs** dont les objets principaux sont généralement la police de l'ensemble et les règles d'utilisation des équipements à usage collectif. De même, il peut être édicté un **règlement de chantier** qui s'appliquera pendant toute la période de construction. Ces documents n'ont pas à être établis en la forme authentique, mais doivent être visés par les acquéreurs avant les ventes pour leur être opposables. 30475

D. Questions particulières

RÉPARTITION DES CHARGES ENTRE LOCATAIRES COMMERCIAUX

Dans un ensemble immobilier comportant plusieurs locataires, le bail commercial précise la répartition des charges ou du coût des travaux entre les différents locataires occupant cet ensemble. Cette répartition est fonction de la surface exploitée. Le montant des impôts, taxes et redevances pouvant être imputés au locataire correspond strictement au local occupé par chaque locataire et à la quote-part des parties communes nécessaires à l'exploitation de la chose louée. En cours de bail, le bailleur est tenu d'informer les locataires de tout élément susceptible de modifier la répartition des charges entre locataires (C. com. art. L 145-40-2, 2°-al. 2). 30540

PERMIS DE CONSTRUIRE

Que l'ensemble immobilier soit ou non réalisé dans le périmètre d'une ZAC, l'obtention d'un ou plusieurs permis de construire sera **obligatoire.** En l'absence de division du sol, les règles des lotissements ne s'appliquent pas à la division en volumes. De même, il n'y a pas lieu de solliciter la délivrance d'un permis de construire « emportant division parcellaire ». 30550

Dans le cas où le ou les permis sont délivrés à l'aménageur, ils pourront être par la suite transférés aux différents maîtres d'ouvrage (sur le transfert partiel de permis, voir nos 15615 s.).

En principe, des **constructions distinctes,** ne comportant pas de liens physiques ou fonctionnels entre elles, doivent faire l'objet d'autorisations distinctes dont la conformité aux règles d'urbanisme est appréciée par l'administration pour chaque projet pris indépendamment (CE 28-12-2017 no 406782, Sté d'études et de réalisations immobilières et foncières 3b : BPIM 1/18 inf. 13). Par exception, une construction constituée de plusieurs éléments formant, en raison des liens physiques ou fonctionnels entre eux, un **ensemble immobilier unique** doit en principe faire l'objet d'un **permis de construire unique.** L'existence d'un lien fonctionnel au regard de considérations d'ordre technique ou économique et non au regard des règles d'urbanisme ne suffit pas pour caractériser l'ensemble immobilier unique devant faire l'objet d'un permis de construire unique (CE 12-10-2016 n° 391092, Sté WPD Énergie 21 Limousin : BPIM 6/16 inf. 352). Toutefois, si l'ampleur et la complexité du projet le justifient (notamment en cas d'intervention de plusieurs maîtres d'ouvrage), les éléments de construction ayant une vocation fonctionnelle autonome peuvent faire l'objet de **permis distincts.** L'autorité compétente doit alors vérifier, par une appréciation globale, que le respect des règles et la protection des intérêts généraux que garantirait un permis unique sont assurés par l'ensemble des permis délivrés (CE sect. 17-7-2009 n° 301615, Cne de Grenoble et communauté d'agglomération Grenoble Alpes Métropole : Lebon p. 270, BPIM 5/09 inf. 344).

> Précisions **a.** Les **règles des lotissements** sont susceptibles de s'appliquer lorsque la division en volumes recouvre en fait une division du sol (CAA Nancy 24-6-2004 n° 00NC00862 : Constr.-urb. 2004 n° 217), mais une division en volume ne peut pas être assimilée en tant que telle à une opération de lotissement (CE 30-11-2007 n° 271897, Ville de Strasbourg).

b. Lorsqu'un ouvrage privé doit être édifié sur le **domaine public** ou sur une dépendance accessoire indispensable de celui-ci, l'accord du gestionnaire du domaine pour engager la procédure d'autorisation d'occupation temporaire (AOT) du domaine public doit être jointe à la demande de permis de construire (C. urb. art. R 431-13).

RESPONSABILITÉ DE L'AMÉNAGEUR ET ASSURANCES

30555 L'aménageur (au sens large), sans être nécessairement maître d'ouvrage ou maître d'œuvre pour l'édification de constructions, assume néanmoins des responsabilités contractuelles ou délictuelles du fait de son activité de concepteur, voire de constructeur des équipements communs, d'organisateur et de vendeur professionnel.

En ses qualités de maître d'ouvrage pour les équipements d'infrastructure, de mandataire des différents maîtres d'ouvrage, lorsqu'il a été conclu des contrats à cet effet, et de vendeur de volumes à construire prenant appui sur des ouvrages qu'il aurait pu lui-même réaliser, l'aménageur devra souscrire les polices d'assurance couvrant sa **responsabilité décennale** et la réparation des **dommages à l'ouvrage.** Il en sera de même, en ce qui concerne les différents maîtres d'ouvrage, en leur qualité de constructeurs. En pratique, ceux-ci, à titre conventionnel, pourront adhérer aux différentes polices souscrites par l'aménageur telle la « **police unique chantier** » (PUC). Quant aux entreprises participant à la construction, elles seront couvertes par la souscription de polices « **tous risques chantier** ».

Après leur achèvement, les équipements communs, devenus la propriété de l'association, seront garantis par une police « **multirisque-propriétaire** ». Chaque propriétaire de volumes privatifs devra souscrire une police identique pour ses propres constructions, ou adhérer à une police globale souscrite d'un commun accord pour l'ensemble des bâtiments.

RECONSTRUCTION DE L'EIC

30560 Dans le cadre du statut de la **copropriété** des immeubles bâtis et sauf dérogations stipulées dans le règlement de copropriété, la reconstruction de l'immeuble sinistré est décidée à la **majorité absolue** des voix des copropriétaires intéressés (Loi 65-557 du 10-7-1965 art. 38 à 41). En cas de non-reconstruction, il est procédé à la liquidation des droits de chacun dans la copropriété et à l'indemnisation des copropriétaires dont les lots ne sont pas reconstruits.

À l'opposé, l'absence d'esprit communautaire conduit à écarter l'application de telles règles en cas de destruction totale ou partielle d'un **EIC organisé en volume.** Ainsi, une majorité de propriétaires ne pourrait contraindre une minorité ou même un seul propriétaire à renoncer à l'exercice de son droit de reconstruire son volume. Sauf accord unanime des propriétaires, la reconstruction de l'EIC totalement ou partiellement détruit est inéluctable, au moins au plan du droit civil. Pour y parvenir, **deux solutions** peuvent être proposées :

– dans la première, l'association, agissant alors en qualité de mandataire commun, **répartit l'indemnité d'assurance** entre les différents propriétaires et assure la coordination des travaux. En **cas de refus** d'un propriétaire, celui-ci se voit privé de sa quote-part dans l'indemnité, mais reste tenu, soit de **laisser passer** à travers son volume, devenu immatériel, les structures d'appui et d'accrochage des autres volumes à reconstruire ou de reconstruire les éléments de son ouvrage indispensables aux autres volumes, soit d'**abandonner son volume immatériel** aux autres copropriétaires ou à l'association (C. civ. art. 699) ;

– la seconde solution consiste à prévoir dans les documents de l'EIC la **charge pour l'association** de la reconstruction de tout volume détruit nécessaire aux autres volumes, en réemployant à cet effet l'indemnité d'assurance, sauf, là encore, pour le propriétaire opposant à laisser traverser son fonds ou à l'abandonner.

Il sera de bonne pratique d'insérer dans les documents organiques une clause relative à la reconstruction (Sizaire et Destame, « Divisions en volumes : reconstruction et réparations » : JCP éd. N 1993 I p. 169).

Déjà ardue en droit civil, la reconstruction à l'identique de l'EIC devient impossible, au regard du **droit de l'urbanisme,** lorsque les possibilités de construire ont été réduites. En effet, si la reconstruction à l'identique d'un bâtiment détruit ou démoli depuis moins de 10 ans est autorisée, nonobstant toute disposition d'urbanisme contraire, dès lors qu'il a été régulièrement édifié, le document local d'urbanisme (PLU ou carte communale) ou le plan de prévention des risques naturels prévisibles peut toujours en disposer autrement (C. urb. art. L 111-15). Dans un tel cas, sauf à obtenir l'accord des propriétaires sur la réduction de la contenance de tous les volumes ou l'accord de certains d'entre eux sur l'abandon de leur droit à la reconstruction, la seule solution consiste, pour les propriétaires, à décider à l'unanimité le partage de l'indemnité d'assurance et la vente des droits à bâtir correspondant à tous les volumes, y compris ceux appartenant à l'association. **30565**

CHAPITRE 5

ASSOCIATIONS FONCIÈRES URBAINES

SOMMAIRE

DÉFINITION DES AFU

30900 Les associations foncières urbaines **(AFU)** sont des associations syndicales particulières, dotées de la personnalité morale et régies, en ce qui concerne les règles générales applicables pour leur création et leur fonctionnement, par les dispositions de l'ordonnance 2004-632 du 1er juillet 2004 et du décret 2006-504 du 3 mai 2006 relatives aux **associations syndicales de propriétaires** (ces associations sont étudiées dans le Mémento Gestion immobilière nos 42000 s.). Mais en raison de leur rôle particulier dans le secteur urbain, les AFU sont également soumises à des **règles spécifiques** édictées par le Code de l'urbanisme (C. urb. art. L 322-1 s. et R 322-1 s.).

Certaines des dispositions spécifiques s'appliquent à toutes les AFU et d'autres seulement à celles qui ont le caractère d'institutions administratives : il s'agit des AFU autorisées ou forcées.

> **Précisions** **a.** Les AFU sont des instruments mis à la disposition des **propriétaires** d'immeubles compris dans leurs périmètres et **groupés,** de manière volontaire ou forcée, en vue de la réalisation de travaux et d'opérations d'urbanisation - éventuellement contrôlées par la puissance publique - et pouvant bénéficier d'aides financières spécifiques.
> **b.** Les **AFU autorisées et forcées** ne sont pas de simples groupements de propriétaires privés, mais sont des institutions œuvrant dans un but **d'intérêt général.**
> **c.** Ne peuvent pas constituer des **dépendances du domaine public** les immeubles appartenant à une personne publique et inclus depuis le 3 juillet 2004 dans le périmètre d'une association foncière urbaine libre (Aful), fût-ce pour les besoins d'un service public (CE 23-1-2020 n° 430192, Sté JV Immobilier : BPIM 2/20 inf. 106 ; CE 10-3-2020 n° 432555, Association syndicale des propriétaires de la cité Boigues : BPIM 3/20 inf. 215).

A. Champ d'intervention des AFU

1. OBJET DES AFU

30940 Les différents objets susceptibles de permettre la constitution d'associations foncières urbaines sont définis limitativement (C. urb. art. L 322-2).

REMEMBREMENT

30945 Peut faire l'objet d'une AFU le remembrement, notamment par voie d'échange de parcelles (bâties ou non) quelles que soient leur vocation, utilisation ou leur constructibilité, et la modification corrélative de l'assiette des droits de propriété, des charges et des servitudes qui y sont attachées, ainsi que la réalisation des travaux d'équipement et d'aménagement nécessaires (C. urb. art. L 322-2, 1°).

> **Précisions** **a.** Une AFU de remembrement est utilisée dans le cadre de la réorganisation des **zones périurbaines,** pour une meilleure utilisation du sol au regard notamment des règles d'urbanisme et au bénéfice tant de la collectivité que des propriétaires intéressés.
> **b.** Une AFU de remembrement ne peut pas inclure dans son périmètre des terrains constituant des **espaces littoraux remarquables** en vue de l'urbanisation de ces terrains (CAA Marseille 22-11-2001 n° 97MA11677 : BPIM 2/02 inf. 95).
> **c.** Le remembrement urbain doit être distingué du **remembrement rural** (désormais dénommé « aménagement foncier agricole et forestier ») régi par les articles L 123-1 s. du Code rural et de la pêche maritime.
> **d.** L'obligation de **bornage** des terrains (n° 26875) est applicable aux opérations de remembrement réalisées par les AFU.

GROUPEMENT DE PARCELLES

Peut faire l'objet d'une AFU le groupement de parcelles en vue d'en conférer l'usage à un tiers, notamment par **bail à construction,** ou bien encore d'en faire l'**apport** ou de les **vendre** à un établissement public ou société de construction ou d'aménagement (C. urb. art. L 322-2, 2°). **30950**

Le groupement de parcelles en vue d'un bail, d'un apport en société ou d'une vente est **exclu** du champ d'application des associations foncières urbaines **forcées** (C. urb. art. L 322-4).

> **Précisions** La formule du groupement de parcelles permet à des propriétaires qui, individuellement, n'auraient tiré aucun parti de leurs parcelles d'être payés, en tout ou partie, en espèces ou par remise d'un ou plusieurs immeubles ou fractions d'immeubles, lorsque les règles applicables à l'organisme constructeur ou aménageur ne s'y opposent pas.

CONSTRUCTION ET ADMINISTRATION D'OUVRAGES COLLECTIFS

Peuvent faire l'objet d'une AFU la construction, l'entretien et la gestion d'ouvrages d'intérêt collectif tels que **voirie, aires de stationnement** et garages enterrés ou non, chauffage collectif, **espaces verts** plantés ou non, **installations de jeux,** de repos ou d'agrément (C. urb. art. L 322-2, 3°). **30955**

À notre avis, une AFU peut être constituée dans le but de réaliser certains travaux nécessaires à la prévention des **risques naturels** prévisibles et de procéder à l'acquisition, à la gestion et au maintien en condition d'ouvrages ou de matériels (C. envir. art. R 562-4).

RESTAURATION IMMOBILIÈRE

Peuvent faire l'objet d'une association foncière urbaine la conservation, la restauration et la mise en valeur des sites patrimoniaux remarquables ainsi que la restauration immobilière (C. urb. art. L 322-2, 5°). **30960**

RESTRUCTURATION URBAINE

Les AFU peuvent procéder aux opérations de remembrement foncier ou de groupement de parcelles en vue de la **restructuration urbaine des grands ensembles et quartiers d'habitat dégradé** mentionnés au premier alinéa du 3 de l'article 42 de la loi 95-115 du 4 février 1995 d'orientation pour l'aménagement et le développement du territoire (désormais dénommés « quartiers prioritaires de la politique de la ville »). Dans ce cas, l'**objet de l'association** peut comporter la conduite d'actions de toute nature, menées ou prescrites à l'occasion des travaux nécessaires et pouvant inclure des actions d'insertion professionnelle et sociale en faveur des habitants des grands ensembles et quartiers concernés (C. urb. art. L 322-2, 6°). **30965**

Ces **associations foncières d'intégration urbaine et sociale (Afius)** peuvent être constituées sous la forme d'une association libre, autorisée ou encore être constituées d'office. Toutefois, la constitution d'une **Afius autorisée** nécessite l'adhésion de tous les propriétaires concernés (C. urb. art. L 322-3, 1°-c). En conséquence, l'exigence relative à l'engagement d'acquérir les immeubles délaissés par les propriétaires qui n'ont pas adhéré à l'AFU (n° 31230) n'est pas applicable aux Afius (C. urb. art. L 322-3, 2°).

Pour réaliser un **remembrement foncier** ou un **groupement de parcelles** en vue d'une restructuration urbaine, l'Afius autorisée ou constituée d'office dispose des mêmes pouvoirs que les AFU administratives de remembrement ou de regroupement de parcelles (n°s 31295 et 31370).

2. DIFFÉRENTES SORTES D'AFU

CARACTÉRISATION

30990 Les associations foncières urbaines peuvent être, selon le cas, des associations **libres, autorisées** ou encore **forcées** (c'est-à-dire constituées d'office). Dans les deux derniers cas, il s'agit alors d'établissements publics administratifs, dotés de **prérogatives de puissance publique,** telles que :
- le droit d'établir et de percevoir des taxes syndicales perçues par voie de rôle ;
- le caractère de travaux publics des travaux syndicaux ;
- le bénéfice de l'expropriation pour cause d'utilité publique ;
- l'absence de voie d'exécution forcée contre l'association.

Mais, en contrepartie du caractère public ainsi reconnu, l'autorité publique (le préfet) exerce un contrôle sur leur constitution, leur organisation, leur fonctionnement et l'exécution de leurs travaux (C. urb. art. L 322-1 ; Ord. 2004-632 du 1-7-2004 art. 2 et 25 ; Décret 2006-504 du 3-5-2006 art. 40 ; CE avis 19-4-2022 nº 461061, Association syndicale autorisée Mirabeau et Bobillot : BPIM 3/22 inf. 191).

ASSOCIATIONS FONCIÈRES URBAINES LIBRES

30995 Les associations foncières urbaines libres (Aful) ne sont en aucun cas placées sous un régime de tutelle administrative. Il s'agit de personnes morales de droit privé, librement formées par **consentement unanime** et écrit des propriétaires des terrains concernés, conformément à l'ordonnance du 1er juillet 2004 relative aux associations syndicales (Cass. 3e civ. 31-5-2000 nº 98-19.142 : RJDA 12/00 nº 1129). Le consentement unanime est nécessaire (Cass. 3e civ. 19-6-1996 nº 94-17.921 : RJDA 12/96 nº 1527). Une modification des statuts aboutissant à une augmentation des engagements de l'un des associés ne peut être décidée qu'avec l'accord de cet associé (Cass. 3e civ. 20-6-2001 nº 99-17.961 : RJDA 1/02 nº 63).

L'acte constitutif des Aful ainsi que les actes constatant les adhésions ultérieures sont **publiés** au fichier immobilier (C. urb. art. R 322-2-1).

ASSOCIATIONS FONCIÈRES URBAINES AUTORISÉES

31000 Elles sont autorisées par un **acte de l'autorité administrative** à la demande de la majorité doublement qualifiée - en nombre et en superficie - des propriétaires intéressés (C. urb. art. L 322-3). Ces majorités sont différentes, selon qu'il s'agit d'opérations de remembrement, de groupement de parcelles et de restauration immobilière, d'une part, ou de construction et administration, d'autre part.

> **Précisions** **a.** Pour les opérations de restructuration urbaine (nº 30965) tous les propriétaires doivent adhérer à l'association (C. urb. art. L 322-3, 1º-c).
> **b.** L'arrêté par lequel l'autorité administrative autorise la constitution d'une association foncière urbaine ne présente pas le caractère d'un acte réglementaire (CE 30-7-1997 nº 140919).

ASSOCIATIONS FONCIÈRES URBAINES CONSTITUÉES D'OFFICE

31005 Lorsque les propriétaires intéressés n'ont pu se mettre d'accord pour la constitution d'une AFU libre ou autorisée, l'autorité administrative **peut** constituer **autoritairement** une association foncière urbaine forcée. Il est possible de constituer d'office une AFU dans cinq hypothèses (C. urb. art. L 322-4) :

1. Pour le remembrement de parcelles :
- lorsque, par application des règles d'urbanisme, l'implantation et le volume des constructions doivent respecter une discipline spéciale dont la disposition des parcelles compromettrait ou empêcherait la réalisation ;
- ou lorsqu'il est équitable de répartir sur un ensemble de propriétés la charge des prélèvements de terrains opérés par voie de cession ou d'expropriation au profit des emprises publiques, ainsi que la charge des servitudes attachées à la présence des ouvrages construits sur ces emprises (autoroutes, par exemple) ;
- ou lorsqu'il convient de modifier des limites de lots dans un lotissement, à la suite de l'application de l'article L 442-11 du Code de l'urbanisme, c'est-à-dire quand il faut modifier tout ou partie des documents d'un lotissement pour les mettre en concordance avec un plan d'urbanisme.

2. Pour l'entretien et la gestion d'ouvrages d'intérêt collectif dans les ensembles immobiliers (que ceux-ci aient été aménagés sur initiative privée ou publique), lorsque le défaut d'entretien ou de gestion de ces ouvrages peut avoir des conséquences nuisibles à l'intérêt public, ainsi que pour la construction d'ouvrages d'intérêt collectif à l'exécution desquels l'autorité compétente aurait subordonné la modification d'un lotissement par application des articles L 442-10 à L 442-12 du Code de l'urbanisme (nos 27160 s.).

3. Pour la restauration prévue au 5° de l'article L 322-2 du Code de l'urbanisme (mise en valeur des sites patrimoniaux remarquables et restauration immobilière), lorsqu'il s'agit de parties d'immeubles visibles de l'extérieur, essentiellement pour des motifs d'intérêt général.

4. Pour faire participer à la réparation du dommage direct, matériel et certain que peuvent supporter les propriétaires de parcelles frappées de **servitudes non aedificandi** (d'utilité publique) édictées dans le but de réserver une **vue,** les propriétaires de parcelles qui bénéficient directement de cette servitude. Dans ce cas, la commune est de droit membre de l'association.

5. Pour les remembrements ou groupements de parcelles prévus au 6° de l'article L 322-2 du Code de l'urbanisme (n° 30965), lorsque la disposition actuelle des parcelles compromettrait ou empêcherait la mise en œuvre d'un programme de **restructuration urbaine** d'un grand ensemble ou d'un quartier d'habitat dégradé (quartier prioritaire de la politique de la ville).

La **constitution** d'une AFU forcée n'est pas nécessairement d'intérêt général. Les propriétaires d'immeubles compris dans le périmètre d'une association foncière urbaine forcée n'ont pas de faculté de **délaissement** et sont obligatoirement membres de l'association. **31010**

En cas de **vente,** les obligations y afférentes sont transmises de plein droit à l'acquéreur.

L'association foncière urbaine forcée est administrée par une **commission administrative.**

3. DISPOSITIONS COMMUNES AUX DIFFÉRENTS TYPES D'AFU

OBLIGATIONS DES MEMBRES

Les obligations qui dérivent de la constitution d'une AFU sont attachées aux immeubles **31040** compris dans son périmètre et les suivent, en quelques mains qu'ils passent, jusqu'à la dissolution de l'association : elles présentent un caractère réel.

COTISATIONS DES MEMBRES

Les cotisations régulièrement appelées par une AFU, qu'elles soient ensuite affectées à des **31041** dépenses déterminées ou à un fonds de réserve, font partie du patrimoine de l'association. En cas de vente, le propriétaire vendeur ne peut donc pas récupérer sa quote-part du fonds de réserve (Cass. 3e civ. 29-3-2006 n° 05-10.296 : Bull. civ. III n° 83, s'agissant d'une Aful).

HYPOTHÈQUE LÉGALE

Les **créances de toute nature** (charges communes, dépenses de travaux, frais de procédure **31045** et de recouvrement, etc.) exigibles d'une AFU à l'encontre d'un associé, qu'il s'agisse de provisions ou de paiements définitifs, sont garanties par une hypothèque légale sur les immeubles de l'associé compris dans le périmètre de l'association (C. urb. art. L 322-9, al. 1). Il faut toutefois que ces dépenses présentent un **intérêt réel** pour chaque propriété. Les **conditions d'inscription** et de mainlevée de cette hypothèque sont identiques à celles prévues pour l'hypothèque légale du syndicat des copropriétaires (Loi 65-557 du 10-7-1965 art. 19).

Lors de la **mutation à titre onéreux** d'un bien compris dans le périmètre d'une AFU, avis de la mutation doit être donné, dans les conditions prévues à l'article 20 de la loi 65-557 du 10 juillet 1965, à l'association qui peut faire **opposition** dans les conditions prévues par cet article pour obtenir le paiement des sommes restant dues par l'ancien propriétaire (C. urb. art. L 322-9, al. 2).

> **Précisions** En cas de **location-accession** à la propriété immobilière, le vendeur étant garant du locataire accédant, l'hypothèque légale ne peut être inscrite qu'après mise en demeure du vendeur demeurée infructueuse (Loi 84-595 du 12-7-1984 art. 32).

RÈGLES PARTICULIÈRES AUX IMMEUBLES EN COPROPRIÉTÉ

En cas d'immeuble en copropriété, **chaque copropriétaire** est **membre** à titre personnel de **31050** l'association.

Lorsqu'un ou plusieurs des immeubles compris dans le périmètre d'une AFU sont régis par le statut de la copropriété, les **travaux** sur lesquels porte l'objet de l'association sont réputés rendus **obligatoires** au sens du « paragraphe e) de l'article 25 » de la loi 65-557 du 10 juillet 1965 et les décisions les concernant pourront être adoptées à la majorité des voix de tous les copropriétaires. Depuis le 27 mars 2014, ces travaux obligatoires relèvent de la majorité de l'article 24 de la loi de 1965, c'est-à-dire la majorité des voix exprimées des propriétaires présents ou représentés.

Dans chaque copropriété, les copropriétaires peuvent charger un ou plusieurs d'entre eux, un mandataire ad hoc ou le syndic de la copropriété, dûment mandaté, de les représenter à l'assemblée générale de l'association. Un même syndic ne peut être mandaté par les copropriétaires de plus d'une copropriété (C. urb. art. L 322-9-1).

> **Précisions** **a.** Lorsqu'un **immeuble en indivision** se situe dans le périmètre de l'AFU, l'ensemble des indivisaires compte pour un seul propriétaire. Un mandataire de l'indivision doit alors être désigné.
> **b.** Dès lors que les **copropriétaires** sont **membres de l'Aful** et que le syndic ne fait que les représenter à l'assemblée générale de l'Aful, chaque copropriétaire a **qualité pour agir en contestation des décisions** prises par l'assemblée de l'Aful (Cass. 3e civ. 13-2-2008 no 07-10.098 : BPIM 2/08 inf. 122).
> **c.** Une **assemblée générale d'Aful** peut se préparer pendant une assemblée générale de copropriétaires (Cass. 3e civ. 13-11-2013 no 12-24.167 : BPIM 1/14 inf. 55).

ADMINISTRATION

31055 Les organes d'administration sont le conseil des syndics et le président. Ils sont contrôlés par l'assemblée générale.

Le président exerce les compétences définies à l'article 23 de l'ordonnance 2004-632 du 1er juillet 2004 (convocation des réunions, préparation et exécution des décisions prises, représentation de l'AFU, etc.). Il peut se faire assister par un technicien, agissant en qualité de prestataire de services, pour l'aider dans sa tâche (C. urb. art. L 322-4-1). En l'absence de désignation du conseil des syndics, l'assemblée générale peut autoriser le président à agir en justice (CE 19-1-2015 no 374218 : BPIM 2/15 inf. 105).

B. Dispositions particulières aux AFU à caractère administratif

31150 En plus des règles issues de l'ordonnance 2004-632 du 1er juillet 2004, le Code de l'urbanisme prévoit des règles particulières pour les AFU autorisées ou constituées d'office.

Certaines de ces règles s'appliquent aussi bien aux AFU autorisées qu'aux AFU forcées. Quelques-unes ne visent que les AFU autorisées. Enfin, certaines dispositions s'appliquent aux AFU autorisées ou aux AFU forcées en fonction de leur objet.

Ces AFU à caractère administratif ne peuvent pas édicter de normes qui s'imposeraient à d'autres personnes que les membres de l'association (CAA Versailles 20-9-2012 no 11VE01120, Cne de Maisons-Laffitte).

1. DISPOSITIONS COMMUNES

DÉNOMINATIONS

31170 Pour éviter toute confusion avec le régime de la copropriété, il est prévu qu'en ce qui concerne les **AFU** de remembrement, de groupement de parcelles et de restauration immobilière l'appellation de « syndicat », utilisée lorsqu'il s'agit d'une association syndicale libre (**ASL**), est remplacée par celle de « conseil des syndics » (C. urb. art. R 322-2).

TAXES SYNDICALES

31175 **Répartition** Pour couvrir les dépenses relatives aux travaux nécessaires aux propriétés incluses dans son périmètre, l'association a la faculté de lever des taxes syndicales auprès des propriétaires concernés (Ord. 2004-632 du 1-7-2004 art. 31).

Les bases de répartition entre les propriétaires doivent être établies de telle sorte que chaque propriété soit imposée en raison de l'intérêt qu'elle a à l'exécution des travaux. C'est une **délibération du conseil des syndics** qui fixe le rôle des redevances et les bases de répartition des dépenses. Quand il s'agit d'une association foncière urbaine forcée, les bases générales de répartition des dépenses sont déterminées par **arrêté préfectoral** (Ord. 2004-632 du 1-7-2004 art. 43).

> **Précisions** **a.** Les bases de répartition des dépenses ne peuvent pas être fixées par les statuts de l'association. Seul le conseil des syndics est compétent pour fixer les bases de la répartition des dépenses entre les membres de l'association, en tenant compte de l'intérêt de chaque propriété à l'exécution des missions de l'association (CE 20-3-2015 n° 360019).
> **b.** La répartition des dépenses en fonction de la superficie des propriétés exclusivement n'est pas possible (CE 8-3-1989 n° 54446).
> **c.** En cas de vente, les versements destinés à régler des travaux décidés par l'assemblée générale de l'association restent acquis à cette dernière. Le propriétaire vendeur ne peut demander le remboursement que de l'avance versée pour la réalisation de travaux futurs ou éventuels (Cass. 3e civ. 30-6-1998 n° 96-18.819 : Bull. civ. III n° 140). Cette décision rendue à propos d'une ASL nous paraît transposable aux AFU. Une solution similaire a été retenue, s'agissant d'une Aful, pour les sommes versées au titre du fonds de réserve (Cass. 3e civ. 29-3-2006 n° 05-10.296 : Bull. civ. III n° 83).
> **d.** Tant que l'association syndicale autorisée (ASA) n'a pas été informée de la mutation, l'ancien propriétaire doit les redevances (CE 13-11-2013 n° 340304, Sté Icade promotion logement : BPIM 1/14 inf. 43).

Recouvrement Le recouvrement des taxes des associations autorisées est fait comme en matière de contributions directes, c'est-à-dire par **voie de rôle,** mais elles ne présentent pas un caractère fiscal (C. urb. art. L 322-9-2). 31180

L'association a la faculté de décider que les règlements des dépenses de l'association peuvent être faits pour tout ou partie, par **remise d'immeubles** sous réserve de l'acceptation du créancier. Les modalités de règlement figurent au contrat créateur de la dépense (C. urb. art. L 322-9-3). Les personnes publiques, si elles en sont d'accord, peuvent également s'acquitter sous cette forme de leur contribution. Si la remise de l'immeuble n'est pas intervenue dans les délais prévus, le montant des taxes dues par le propriétaire est exigible immédiatement (C. urb. art. L 322-9-2).

> **Précisions** **a.** Dans le cas d'une **remise d'immeuble,** la délibération détermine les **valeurs de référence.** Une convention, passée entre l'association et l'associé, stipule notamment le montant des taxes dues et la valeur de l'immeuble cédé à l'association, ainsi que le délai dans lequel cette cession doit intervenir. Le receveur de l'association est tenu informé et veille, sous sa responsabilité, à l'exécution de la convention (C. urb. art. R 322-38).
> **b.** Les **cotisations** syndicales perçues par une association syndicale autorisée ne sont pas des impositions mais des redevances pour service rendu (CE 28-7-1993 n° 46886 : RJF 8-9/93 n° 1138). Sur les conséquences au regard de l'imposition à la TVA de ces taxes, voir n° 31530.
> **c.** Les membres d'une AFU autorisée ne sont pas tenus envers la commune des sommes relatives aux **travaux** de réfection **mis à la charge de l'association** à l'occasion de la prise en charge des réseaux et de la voirie par la commune ; les membres ne sont redevables qu'envers l'association (Rép. Masson : Sén. 4-3-2010 n° 8924).

Contentieux Le contentieux des taxes syndicales relève de la juridiction administrative. 31185

Les membres d'une AFU à caractère administratif peuvent, dans le cadre d'un **recours de plein contentieux spécial,** contester le bien-fondé des redevances syndicales mises à leur charge en faisant opposition, devant le juge administratif, aux titres de recettes exécutoires émis à leur encontre pour le recouvrement de ces créances publiques. En revanche, est exclue toute contestation directe, par la voie du **recours pour excès de pouvoir,** de la délibération du syndicat arrêtant la répartition des dépenses.

À l'appui de conclusions tendant à l'annulation du titre exécutoire le concernant, un membre de l'AFU peut présenter, par voie d'**exception,** un moyen tiré de l'**illégalité** de la délibération du syndicat répartissant les dépenses. Toutefois, un tel moyen n'est recevable que s'il a été soulevé dans le **délai** de 2 mois mentionné à l'article 54 du décret 2006-504 du 3 mai 2006. Ce délai court à compter de la réception du premier titre exécutoire faisant application au membre de l'AFU requérant de la délibération ou, à défaut, du premier acte procédant de ce titre ou de la notification d'un acte de poursuites (CE avis 17-7-2012 n° 357870, SCI de Pampelonne : RJF 11/12 n° 1078 ; CE 15-4-2016 n° 372131 : RJF 7/16 n° 666).

Le moyen tiré du **défaut d'accomplissement par l'association syndicale de ses missions** statutaires n'est pas soumis à ce régime contentieux spécifique de l'exception d'illégalité de la délibération du syndicat arrêtant la répartition des dépenses syndicales. Ce moyen peut donc être invoqué après l'expiration du délai de 2 mois prévu par l'article 54 du décret de 2006 (CE 14-11-2018 n° 405480, GFA Aglandau : RJF 2/19 n° 223). À noter que l'**exécution incomplète ou défectueuse** de ses missions par l'association ne justifie pas une décharge des redevances syndicales (CE 2-10-2006 n° 278676 : RJF 12/06 n° 1642 ; CE 13-12-2006 n° 271238 : RJF 3/07 n° 366 ; CE 22-10-2012 n° 325256 : RJF 1/13 n° 109).

MAÎTRISE D'OUVRAGE DÉLÉGUÉE

31190 Ces associations peuvent se voir confier une mission de maîtrise d'ouvrage déléguée par un maître d'ouvrage public (voir n° 47430).

2. DISPOSITIONS PROPRES AUX AFU AUTORISÉES

DÉLAISSEMENT

31220 Les propriétaires d'immeubles compris dans le périmètre d'une AFU autorisée qui n'ont **pas adhéré** à l'association, qui ont **voté contre** ou qui ont manifesté leur opposition par écrit peuvent, dans le délai de 3 mois à partir de la publication de la décision administrative autorisant l'association, délaisser ces immeubles moyennant indemnité. À défaut d'accord amiable, l'indemnité est fixée comme en matière d'expropriation (C. urb. art. L 322-5, al. 1).

À défaut de ce faire, les propriétaires concernés sont de plein droit membres de l'association.

Lorsque l'association a pour objet le **groupement de parcelles,** en vue de conférer à un tiers un bail à construction, ou en vue de réaliser un apport ou une vente, les propriétaires d'immeubles compris dans le périmètre syndical peuvent également, moyennant indemnité, délaisser leurs propriétés ou leurs quotes-parts de propriété sur les parcelles groupées, dans le délai de 3 mois à partir de la publication de l'arrêté préfectoral ayant constaté la compatibilité du projet avec la réglementation d'urbanisme et l'accomplissement des formalités prévues par le Code de l'urbanisme. À défaut d'accord amiable, l'indemnité est fixée comme en matière d'expropriation (C. urb. art. L 322-5, al. 2).

> **Précisions** **a.** Les **modalités du délaissement** sont identiques à celles applicables en matière d'ASL (Décret 2006-504 du 3-5-2006 art. 15).
> **b.** Le délaissement des **biens des absents** est valablement opéré par les envoyés en possession provisoire après autorisation du tribunal judiciaire donnée sur simple requête, le ministère public entendu (C. urb. art. L 322-5, al. 5).
> **c.** Les propriétaires de fonds inclus dans le périmètre d'une **AFU constituée d'office** n'ont pas la faculté de délaisser. Ils ne peuvent s'en retirer qu'en vendant leur terrain à un acquéreur de leur choix qui assumera en leur lieu et place les charges syndicales.

31225 Les **droits des créanciers** régulièrement inscrits sur l'immeuble délaissé avant la publication au fichier immobilier de l'acte de délaissement sont **reportés sur l'indemnité** de délaissement, compte tenu du rang de préférence qui leur est reconnu (C. urb. art. L 322-5, al. 3).

> **Précisions** Si l'indemnité fixée à l'amiable est inférieure au total des créances pour le recouvrement desquelles il a été pris inscription, les créanciers inscrits peuvent exiger que l'indemnité acceptée par leur débiteur soit soumise au juge (C. urb. art. L 322-5, al. 4).

ENGAGEMENT D'ACQUISITION

31230 Pour que le préfet puisse autoriser une association foncière urbaine, il est nécessaire qu'un engagement d'acquérir les biens délaissés ait été pris par une personne publique ou privée et que cet engagement figure dans les statuts de l'association.

Cet engagement doit être joint au projet d'acte d'association soumis à l'enquête publique, sauf s'il figure dans cet acte (C. urb. art. R 322-3, I).

La condition d'acquisition obligatoire des immeubles délaissés, par une personne publique ou privée, n'est pas applicable aux travaux de restructuration urbaine (C. urb. art. L 322-3, 2°).

INTERVENTION ADMINISTRATIVE

31235 Saisi du projet de statuts de l'association autorisée, le préfet soumet ce projet à l'accord de l'assemblée délibérante de l'**autorité compétente en matière de PLU** dès lors que la commune concernée est couverte par un PLU ou un PLUi. Lorsque la commune n'est pas couverte par un PLU ou lorsque l'AFU est située à l'intérieur du périmètre d'une opération d'intérêt national (OIN), le préfet recueille le simple avis de l'assemblée délibérante compétente.

Cette demande d'accord ou d'avis n'est pas obligatoire si la délibération de l'autorité compétente est jointe au projet de statuts. L'accord est réputé acquis, ou l'avis réputé favorable, s'il n'est pas émis dans les 2 mois de la réception du projet d'acte d'association (C. urb. art. L 322-3-2 et R 322-3, II).

Dans les 2 mois de la date de l'accord ou de l'avis (ou de la réception du projet d'association si la délibération de l'autorité compétente y est jointe), le préfet prend un arrêté ouvrant l'**enquête publique** et convoquant les propriétaires en assemblée générale ou, à défaut, notifie au demandeur les raisons pour lesquelles il estime que le dossier n'est pas susceptible d'être instruit (C. urb. art. R 322-3, II-al. 2).

CAS DES AFU DE PROJET

Particularités des AFU de projet Une association foncière urbaine de projet (**Afup**) est une AFU autorisée ayant pour **objet** de permettre la cession des terrains inclus dans son périmètre, après avoir réalisé un projet associant une opération de remembrement (n° 30945) ou de groupement de parcelles (n° 30950) et une opération d'aménagement au sens de l'article L 300-1 du Code de l'urbanisme (n° 25500). Son mode de fonctionnement est celui des associations foncières urbaines (C. urb. art. L 322-12). Elle peut être rendue débitrice des contributions d'urbanisme (C. urb. art. L 332-12). 31240

Les **statuts** de l'Afup doivent définir son nom, son objet, son siège et ses règles de fonctionnement. Ils comportent la liste des immeubles compris dans son périmètre et précisent ses modalités de financement et le mode de recouvrement des cotisations (Ord. 2004-632 du 1-7-2004 art. 7, al. 2, sur renvoi de C. urb. art. L 322-14, al. 2). Ils sont modifiés selon les règles applicables aux ASL (C. urb. art. L 322-16, al. 1).

Périmètre de l'Afup Le conseil municipal ou l'organe délibérant de l'EPCI compétent en matière de PLU, ou le préfet dans le cadre d'une OIN, peuvent délimiter des périmètres de projet au sein desquels les propriétaires fonciers sont incités à se regrouper en Afup et les Afup à mener leurs opérations de façon concertée (C. urb. art. L 322-13 et R 322-4). Les propriétaires intéressés adressent la **demande d'autorisation de création** à l'autorité administrative avec un dossier comportant notamment le projet de statuts et le périmètre des opérations envisagé (C. urb. art. L 322-14). 31243

Les statuts peuvent prévoir que, lorsqu'un membre de l'association souhaite vendre tout ou partie de ses terrains aménagés à un acquéreur qui ne veut pas être inclus dans le périmètre de l'association et les distraire de son périmètre, l'assemblée générale, à la majorité des propriétaires représentant au moins les 2/3 de la superficie des terrains de l'association ou au moins les 2/3 des propriétaires représentant plus de 50 % de la superficie des terrains, peut approuver, sans enquête publique préalable, la **distraction des terrains à vendre** du périmètre de l'association et fixer les conditions financières dans lesquelles le vendeur reste redevable des emprunts et des participations prévues. Si la proposition de distraction porte sur moins de 1/10e du périmètre de l'association, la décision est prise à la majorité simple des propriétaires (C. urb. art. L 322-16 et R 322-19-1). La décision approuvant la distraction est transmise à l'autorité administrative qui modifie en conséquence le périmètre de l'association. L'**acte modificatif** est publié au service de la publicité foncière et au recueil des actes administratifs de la préfecture. Il est affiché en mairie et notifié aux membres de l'association (Décret 2006-504 du 3-5-2006 art. 13, sur renvoi de C. urb. art. R 322-19-2).

Enquête publique sur le projet d'Afup L'autorité administrative soumet le projet de création de l'Afup à enquête publique réalisée conformément à l'article 12 de l'ordonnance 2004-632 du 1er juillet 2004. Selon le cas, il s'agira d'une enquête publique « expropriation » ou d'une enquête publique « environnement ». Le **dossier** d'enquête publique comprend, le cas échéant, les prescriptions d'urbanisme propres à l'opération, en complément de la réglementation applicable à la zone considérée (C. urb. art. L 322-15, al. 1). Le dossier comporte les pièces exigées pour la création d'une AFU autorisée de remembrement (voir n° 31285). Il est complété (C. urb. art. R 322-6-1) : 31245

- d'un projet d'aménagement présenté sous forme de plans, schémas ou coupes ;
- d'un rapport de présentation exposant l'objet et la justification de l'opération : description de l'état du site, de son environnement, du programme global des constructions à édifier et des raisons pour lesquelles le projet a été retenu au regard des règles d'urbanisme, des orientations du plan local de l'habitat et de l'insertion dans l'environnement naturel ou urbain ;
- du programme prévisionnel des équipements publics à réaliser pour répondre aux besoins des futurs habitants ou usagers des constructions à édifier dans la zone ;
- du bilan financier prévisionnel, comportant les modalités de participation aux équipements publics.

Arrêté de création de l'Afup Après enquête publique, l'autorité administrative peut, avec l'accord du conseil municipal ou de l'organe délibérant de l'EPCI compétent en matière de PLU, autoriser la création de l'Afup. Lorsque le projet de l'association est prévu dans le cadre d'une OIN, seul l'avis du conseil municipal ou de l'organe délibérant de l'EPCI est requis. L'acte de création est publié, affiché dans chaque commune sur le territoire de laquelle s'étend le périmètre de l'association et notifié aux propriétaires (C. urb. art. L 322-15). 31247

3. DISPOSITIONS PROPRES AUX AFU AUTORISÉES OU FORCÉES SELON LEUR OBJET

TEXTES APPLICABLES

31260 Les associations **autorisées** de remembrement sont régies par les articles L 322-6 et R 322-6 à R 322-22 du Code de l'urbanisme. Celles ayant pour objet le groupement de parcelles sont régies par les articles L 322-7 et R 322-25 à R 322-30 de ce Code. Celles ayant pour objet la restauration immobilière sont régies par les articles L 322-8, R 322-31 et R 322-32 dudit Code. Aucune disposition réglementaire n'a été prise pour les AFU autorisées de construction.

Les associations **forcées** de remembrement sont régies par les articles L 322-6, R 322-23 et R 322-24 du Code de l'urbanisme. Celles ayant pour objet la restauration immobilière sont régies par les articles L 322-8 et R 322-33 du même Code.

a. AFU autorisée ou forcée de remembrement

CONSTITUTION D'UNE AFU AUTORISÉE DE REMEMBREMENT

31280 L'association peut être autorisée sur la **demande** des 2/3 au moins des propriétaires **adhérents** de l'association, détenant ensemble les 2/3 au moins de la superficie (C. urb. art. L 322-3).

Toutefois, l'autorité administrative peut autoriser une AFU de remembrement à la demande ou avec l'accord de 50 % au moins des propriétaires, lorsque la localisation ou la configuration des parcelles limite de façon importante l'utilisation des droits à construire prévus par les documents d'urbanisme (C. urb. art. L 322-3-1).

Avant la création de l'association, le préfet recueille l'**accord** de l'assemblée délibérante de l'**autorité compétente en matière de PLU** dès lors que la commune concernée est couverte par un PLU ou un PLUi. Lorsque la commune n'est pas couverte par un PLU ou lorsque l'AFU est située à l'intérieur du périmètre d'une opération d'intérêt national (OIN), le préfet recueille le simple avis de l'assemblée délibérante compétente en matière de PLU (C. urb. art. L 322-3-2).

31285 Le dossier soumis à l'**enquête publique** inclut le projet d'acte d'association ainsi que (C. urb. art. R 322-6) :

– un plan parcellaire indiquant le tracé du ou des périmètres intéressés, accompagné de la liste des propriétaires de chaque parcelle avant remembrement ;
– une notice explicative de l'utilité du remembrement des propriétés pour parvenir à une meilleure utilisation du sol eu égard notamment aux prescriptions d'urbanisme ;
– une estimation du coût des études déjà réalisées et à prévoir ;
– le cas échéant, le programme des travaux d'aménagement à exécuter, son estimation sommaire ainsi qu'une étude d'impact, lorsque celle-ci est requise.

> **Précisions** **a.** La **notice explicative** doit donner des informations aux propriétaires sur l'affectation de leurs terrains prévue par le document local d'urbanisme à l'intérieur du périmètre syndical, sur les caractéristiques auxquelles devront répondre les terrains remembrés pour être considérés comme constructibles ainsi que sur les conditions et réserves relatives à leur utilisation ultérieure.
> **b.** Les travaux d'aménagement consistent à mettre les terrains en état de recevoir des constructions. Le **programme des travaux** doit indiquer la destination envisagée des ouvrages à réaliser.

DISPOSITIONS PROPRES AUX AFU FORCÉES DE REMEMBREMENT

31290 Le **projet** d'arrêté préfectoral portant **constitution d'office** de l'association foncière urbaine est joint au dossier d'enquête, ainsi qu'une notice explicative et une estimation du coût de l'opération (C. urb. art. R 322-23).

EXÉCUTION DE LA MISSION

31295 Les AFU autorisées ou forcées de remembrement ont le pouvoir (C. urb. art. L 322-6) :

– de **déterminer les bâtiments** ou les ouvrages dont le remembrement nécessite soit la destruction, soit le changement d'usage, éventuellement après réparation, aménagement ou transformation ;
– d'établir le **projet de remembrement.**

Il est tout à fait possible de **céder à l'amiable** un bâtiment ou un ouvrage à l'AFU. Cet acte amiable de cession produit les mêmes effets que l'acte amiable en matière d'expropriation en ce qui concerne l'extinction des droits réels et personnels. À défaut d'accord amiable, ces biens feront l'objet d'une expropriation (C. urb. art. L 322-6, al. 3).

Toute opération de remembrement doit être réalisée dans **l'intérêt commun,** eu égard aux possibilités d'utilisation du sol à l'intérieur du périmètre de remembrement (C. urb. art. R 322-8). Les divisions du sol effectuées dans le cadre d'une opération de remembrement réalisée par une AFU autorisée ou forcée sont exclues de la réglementation des **lotissements** (C. urb. art. R 442-1, b).

Après exécution des travaux indispensables, la construction sur le nouveau parcellaire est l'affaire personnelle de chaque propriétaire de terrains remembrés.

Le **projet de remembrement** comportant redistribution parcellaire, établi par l'association dans l'intérêt commun, est transmis au préfet qui, dans un délai de 15 jours, sollicite, selon le cas, l'accord ou l'avis de l'assemblée délibérante compétente en matière de PLU (voir nº 31280). Cette demande d'accord ou d'avis n'est pas obligatoire si la délibération de l'autorité compétente est jointe au projet. L'accord est réputé acquis, ou l'avis réputé favorable, s'il n'est pas émis dans les 2 mois de la réception du projet de remembrement (C. urb. art. L 322-6, al. 4, art. L 322-6-1 et art. R 322-8). **31300**

L'instruction du projet de remembrement peut être scindée en deux étapes afin que la fixation définitive des valeurs des parcelles anciennes puisse intervenir avant la mise à l'enquête du projet de redistribution parcellaire (C. urb. art. R 322-14).

Si le projet de remembrement est compatible avec les règles d'urbanisme applicables, l'**enquête publique** est ouverte dans les 3 mois de la date de l'accord ou de l'avis de l'assemblée délibérante compétente en matière de PLU (ou de la transmission du projet au préfet si la délibération de l'autorité compétente y est jointe). Il s'agit d'une enquête publique « expropriation » (C. urb. art. L 322-6, al. 4). Le dossier soumis à enquête comprend notamment un plan et un état parcellaires désignant les immeubles avant et après remembrement, un état des valeurs des parcelles avant et après remembrement (avec un tableau comparatif par propriétaires), un état des terrains affectés à des usages publics avant et après remembrement, un état des dépenses faites ou à faire, un état des constructions à démolir, les prescriptions d'urbanisme propres à l'opération (C. urb. art. R 322-10). **31305**

Lorsque l'opération est menée par une **AFU de projet** le dossier d'enquête est complété des éléments relatifs à la composition et l'organisation du projet (prise en compte des constructions ou paysages avoisinants, traitement minéral et végétal des voies et espaces publics, solutions retenues pour le stationnement des véhicules, aménagement des accès, traitement des terrains en limite du projet, équipements collectifs notamment ceux liés à la collecte des déchets) ; sont également joints au dossier, un plan actuel du terrain et des abords ainsi qu'un plan coté dans les trois dimensions faisant apparaître la composition d'ensemble du projet et les plantations à conserver ou à créer (C. urb. art. R 322-10-1).

À l'issue de l'enquête publique et dans un délai de 15 jours à compter de la réception du rapport du commissaire enquêteur, le préfet renvoie le dossier au président de l'association avec les observations présentées. **31307**

Si l'association ne peut pas donner satisfaction aux propriétaires, le dossier est transmis à une **commission consultative** présidée par le juge de l'expropriation qui entend les parties et donne un avis motivé. L'**avis** de cette commission et la décision motivée prise ensuite par le conseil des syndics de l'AFU sont notifiés aux intéressés, qui disposent d'un délai de 2 mois pour saisir la juridiction de l'expropriation compétente pour statuer sur les contestations relatives à l'évaluation des parcelles remembrées et les contestations relatives aux privilèges, hypothèques et autres droits réels. À défaut de saisine, les intéressés sont réputés avoir accepté l'évaluation et avoir renoncé à toute contestation.

La **notification** doit, à peine de nullité, contenir l'indication du délai pour saisir le juge de l'expropriation et faire mention des conséquences résultant pour les intéressés de son expiration (C. urb. art. L 322-6 et R 322-11). La notification doit reproduire, en caractères apparents, les dispositions suivantes (C. urb. art. L 322-6, al. 11) : « Faute d'avoir saisi la juridiction dans ce délai, les intéressés sont réputés avoir accepté l'évaluation des parcelles remembrées et avoir renoncé à toutes contestations relatives aux privilèges, hypothèques et autres droits réels. »

Les intéressés doivent **saisir la juridiction de l'expropriation** par lettre recommandée avec demande d'avis de réception. Ils doivent simultanément adresser une copie de cette lettre au président de l'association qui dispose alors d'un délai de 15 jours pour transmettre au juge le projet de remembrement. Il est ensuite procédé comme en matière d'expropriation (C. urb. art. R 322-12).

> **Précisions** La décision par laquelle le **conseil des syndics** d'une AFU statue, à la suite de l'enquête publique et de l'avis de la commission consultative, sur les **réclamations de propriétaires,** est une simple mesure préparatoire de l'arrêté préfectoral approuvant le plan de remembrement. Cette décision ne peut donc pas faire l'objet d'un recours pour excès de pouvoir

devant le juge administratif, mais seulement être contestée devant le juge de l'expropriation comme le prévoit l'article R 322-15 du Code de l'urbanisme. Son illégalité peut cependant être invoquée à l'appui d'un recours pour excès de pouvoir contre l'arrêté ultérieur par lequel le préfet approuve le plan de remembrement (CE 13-5-1996 n° 90586, Min. équipement : Lebon p. 179, BPIM 5/96 inf. 335).

APPROBATION DU PLAN DE REMEMBREMENT

31310 Le plan de remembrement est arrêté par le **conseil des syndics** après rectification, le cas échéant, en exécution de décisions judiciaires devenues définitives (C. urb. art. R 322-15). Un arrêt de cour d'appel est une décision définitive, même s'il est frappé d'un pourvoi en cassation (CE 13-5-1996 n° 90586, Min. équipement : Lebon p. 179, BPIM 5/96 inf. 335).

Le plan est transmis au **préfet** qui dispose de 2 mois pour l'approuver. Toutefois, s'il est envisagé de modifier les prescriptions d'urbanisme propres à l'opération qui ont été soumises à l'enquête publique, l'approbation ne peut intervenir qu'après que le conseil municipal (ou l'autorité compétente en matière de PLU) a été de nouveau saisi pour avis (C. urb. art. R 322-17).

L'arrêté qui approuve le remembrement prononce les **transferts et attributions de propriété,** ainsi que les reports et attributions de droits réels qui résultent de ce plan, avec le cas échéant des prescriptions propres à l'opération, en complément de la réglementation d'urbanisme applicable à la zone intéressée (C. urb. art. L 322-6). La répartition des droits des propriétaires doit être équitable (CE 13-5-1996 n° 90586, Min. équipement : Lebon p. 179, BPIM 5/96 inf. 335). En cas d'**annulation de la décision d'attribution** par le juge administratif, l'attributaire d'une parcelle remembrée n'est pas considéré comme propriétaire de bonne foi (Cass. 3e civ. 12-6-1991 n° 89-13.487 : Bull. civ. III n° 174). Toutefois, à titre provisoire et jusqu'à la révision des opérations annulées, il demeure en possession de la parcelle qui lui a été attribuée. Par ailleurs, la décision du juge ne suspend pas l'exécution des travaux inhérents ou annexes au remembrement (CE 14-3-2001 n° 204073).

L'arrêté du préfet prononce la **clôture** des opérations de remembrement (C. urb. art. R 322-17). Il fait l'objet de mesures de **publicité** et de notification aux titulaires de droits réels et aux titulaires de créances hypothécaires ou privilégiées, à la diligence du président. L'arrêté préfectoral est publié au fichier immobilier par le dépôt au service de la publicité foncière d'une copie et de trois expéditions respectant les règles de droit commun de désignation des personnes et des immeubles applicables à tout acte à publier (C. urb. art. R 322-20).

> **Précisions** Les **prescriptions d'urbanisme propres** à l'opération approuvées en complément de la réglementation d'urbanisme applicable deviennent caduques 10 ans après l'arrêté préfectoral approuvant le plan de remembrement si, à cette date, le périmètre de l'association est couvert par un PLU ou un document d'urbanisme en tenant lieu (C. urb. art. R 322-10, 12°).

EFFETS DE L'APPROBATION DU REMEMBREMENT

31315 **Servitudes et droits réels** L'arrêté préfectoral approuvant le plan de remembrement éteint par lui-même et à sa date, pour les immeubles qu'il concerne, les servitudes ainsi que les droits réels conférés aux preneurs par les baux à construction et les baux emphytéotiques, moyennant **indemnité** due par l'AFU et fixée, à défaut d'accord amiable, comme en matière d'expropriation.

Cet arrêté produit les mêmes effets à l'égard des autres droits réels. Toutefois, ces droits peuvent être **reportés** sur les immeubles ou droits indivis de propriété après remembrement et conservent l'ordre qu'ils avaient sur les immeubles qu'ils grevaient avant, à condition que dans le renouvellement de la publicité (qui doit obligatoirement intervenir) l'énumération des droits réels reportés soit complétée par l'indication des actes ou décisions judiciaires qui leur ont donné naissance, avec les mentions de publicité foncière. Ils s'exercent éventuellement sur les **soultes** (C. urb. art. L 322-6, al. 6).

> **Précisions** Lorsque les droits réels dont sont grevés séparément **plusieurs immeubles appartenant à un même propriétaire** sont reportés sur l'immeuble ou les immeubles transférés ou attribués à ce propriétaire après remembrement, ces droits s'exercent selon les besoins sur la totalité, une quote-part ou une fraction matérielle de l'immeuble ou des immeubles expressément désignés. Les quotes-parts et les fractions matérielles sont déterminées compte tenu de la valeur relative de chacun des immeubles qui étaient grevés des droits réels reportés.
> Lorsque le droit d'un créancier inscrit est reporté, il s'exerce, le cas échéant, sur la soulte due au propriétaire, laquelle, en cas de pluralité d'immeubles remembrés, est rattachée à chacun des immeubles anciens grevés de privilège ou d'hypothèque en proportion de sa valeur relative (C. urb. art. R 322-9).

© Éd. Francis Lefebvre

Contrats de louage L'arrêté du préfet met fin dans les mêmes conditions aux contrats de louage dont ces immeubles étaient l'objet. 31320

Si le bail éteint était soumis au statut des baux commerciaux, l'AFU devra au preneur une indemnité calculée selon les règles fixées par ce statut, à moins qu'elle ne préfère lui offrir le bail d'un local équivalant à celui dont la jouissance lui a été retirée. En ce qui concerne les locaux d'habitation ou professionnels, quelle que soit la nature du titre d'occupation, le droit au relogement est exercé comme en matière d'expropriation (C. urb. art. L 322-6, al. 7).

DISSOLUTION DE L'AFU AUTORISÉE OU FORCÉE DE REMEMBREMENT

L'association ne peut pas être dissoute avant (C. urb. art. R 322-19) : 31330
- la dernière des notifications à faire aux titulaires de créances hypothécaires ou privilégiées ;
- le paiement des indemnités dues aux titulaires de servitudes ou de droits réels ;
- la destruction complète des bâtiments ou ouvrages.

La **dissolution** intervient par acte de l'autorité administrative, **à la demande des membres** de l'association. La décision de l'assemblée doit être prise dans les conditions de majorité prévues par l'article 14 de l'ordonnance 2004-632 du 1er juillet 2004 en matière de constitution des associations syndicales autorisées (Ord. 2004-632 du 1-7-2004 art. 40), c'est-à-dire à la majorité des propriétaires représentant au moins les 2/3 de la superficie des propriétés ou les 2/3 des propriétaires représentant plus de 50 % de la superficie des propriétés.

Le préfet peut aussi prononcer la **dissolution d'office** de l'association en cas de difficultés graves et persistantes entravant son fonctionnement (Rép. Zimmermann : AN 5-5-2009 n° 43676).

b. AFU autorisée de groupement de parcelles

CONSTITUTION

Cette formule a été mise en place pour permettre aux propriétaires groupés de **traiter avec un constructeur.** Elle ne concerne que les AFU autorisées. Une AFU forcée ne peut pas être constituée pour le groupement de parcelles. 31360

Les AFU autorisées de groupement de parcelles sont constituées dans les **mêmes conditions** que les AFU autorisées de remembrement (nos 31280 s.).

Toutefois, le **projet d'acte** d'association doit en plus préciser les pouvoirs conférés à l'association, selon que celle-ci a pour objet (C. urb. art. R 322-25) :
- soit la passation du bail à construction et son exécution ;
- soit la représentation des associés en vue de la réalisation du transfert de propriété par apport à une société de construction ou d'aménagement ;
- soit la réalisation du transfert de propriété par vente à un établissement public ou à une société de construction ou d'aménagement.

> **Précisions** Au projet doivent notamment être **joints** l'engagement d'acquérir les biens délaissés (n° 31230), la nature et l'objet de la société bénéficiaire de l'apport, un plan parcellaire, une notice précisant la finalité de l'opération projetée, une notice sur les bâtiments à acquérir avec le coût des dépenses, une estimation du coût des études.

EXÉCUTION DE LA MISSION

Préparation de l'opération Lorsqu'elle a pour objet de grouper des parcelles, l'association (C. urb. art. L 322-7) : 31370
- **détermine les bâtiments** ou les ouvrages dont le groupement de parcelles nécessite soit la destruction, soit le changement d'usage, éventuellement après réparation, aménagement ou transformation ;
- **établit,** selon le cas, le **projet** de contrat de bail à construction, le projet d'acte d'apport ou le projet d'acte de vente des parcelles groupées.

> **Précisions** **a.** Le contrat de bail, l'acte d'apport ou l'acte de vente ne peut être passé que si l'autorité administrative a constaté, par arrêté, que le projet est compatible avec la réglementation de l'urbanisme et que les formalités prévues par le Code de l'urbanisme ont été régulièrement accomplies.
> **b.** Les actes de cession amiable produisent les mêmes effets que ceux des AFU de remembrement (n° 31295).
> **c.** La procédure administrative de transfert et attribution de propriété est identique à celle applicable pour les AFU de remembrement (nos 31295 s.).

31375 **Bail à construction** Le projet de groupement de parcelles en vue d'en conférer l'usage à un tiers par bail à construction comprend, en plus du projet de bail à construction, les pièces suivantes (C. urb. art. R 322-26) :

1. Une déclaration précisant l'**identité du preneur** du bail à construction.

2. Une notice **justifiant l'intérêt** de l'opération et décrivant les principales caractéristiques du ou des immeubles dont la construction est envisagée.

3. Le **plan masse** des constructions à édifier et éventuellement de celles à modifier, coté dans les trois dimensions, ainsi que la description graphique des façades.

4. Un **certificat d'urbanisme** opérationnel.

5. Une notice sur le mode d'**évaluation des parcelles** et un état précisant leur valeur avant groupement.

6. Le cas échéant, le **projet d'état descriptif** de division et le projet de règlement de copropriété.

7. Un état des dépenses faites ou à faire par l'association comprenant notamment le montant des **indemnités de délaissement** et, le cas échéant, le coût d'acquisition des bâtiments ou ouvrages existants.

31380 **Apport en société** Si l'AFU a pour objet l'apport à une **société de construction ou d'aménagement,** le projet de groupement comprend, en plus du projet d'acte d'apport (C. urb. art. R 322-27) :

1. Une notice **justifiant l'intérêt de l'opération** et décrivant les principales caractéristiques du ou des immeubles dont la construction est envisagée ou de l'opération d'aménagement projetée.

2. S'il s'agit de constructions, le **plan masse des constructions** édifiées, et éventuellement de celles à modifier, coté dans les trois dimensions, ainsi que la description graphique des façades ou, s'il s'agit d'un lotissement, le **nombre maximal de lots,** la surface de plancher maximale dont la construction est envisagée dans le lotissement ainsi que, s'il y a lieu, les pièces mentionnées aux paragraphes « d, e, f, i et j de l'article R 322-5 du Code de l'urbanisme », relatif à la composition du dossier de lotissement.

À notre avis, était en réalité visé l'ancien article R 315-5 du Code de l'urbanisme dans sa version applicable avant le 1er octobre 2007. Les pièces à joindre étaient les suivantes :

a. Un plan définissant la **composition d'ensemble du projet** et faisant apparaître la répartition prévue entre les terrains réservés à des équipements ou des usages collectifs et les terrains destinés à une utilisation privative, ainsi que les plantations à conserver ou à créer, ce plan pouvant se présenter sous la forme d'un plan de masse et pouvant également faire apparaître la division parcellaire.

b. Un **projet de règlement** s'il est envisagé d'apporter des compléments aux règles d'urbanisme en vigueur.

c. Si des **travaux d'équipement internes** aux lotissements sont prévus, un programme et des plans desdits travaux indiquant les caractéristiques des ouvrages à réaliser et les conditions de leur réalisation, notamment le tracé des voies, l'implantation des équipements et leurs modalités de raccordement aux bâtiments dont l'édification est prévue.

d. S'il est prévu une **réalisation par tranches,** les conditions et modalités d'exécution des travaux.

e. Le cas échéant, une attestation de la **garantie d'achèvement** des travaux.

3. Un **certificat d'urbanisme** opérationnel.

4. Les **statuts de la société** qui bénéficiera de l'apport.

5. Une notice sur le mode d'**évaluation des parcelles** et un état précisant leur valeur avant groupement.

6. Une notice précisant les **conditions de rémunération de l'apport** par l'attribution aux membres de l'association de parts ou actions de la société.

7. L'**état descriptif** de division et le projet de règlement de copropriété.

8. Un **état des dépenses** faites ou à faire par l'association comprenant notamment le montant des indemnités de délaissement et, le cas échéant, le coût d'acquisition des bâtiments ou ouvrages existants.

9. Le **contrat de promotion immobilière** lorsqu'il est exigé, ou l'écrit en tenant lieu ainsi que les devis descriptifs et les conditions d'exécution technique des travaux, les moyens et conditions de financement, le délai de réalisation et les éventuelles garanties de bonne fin ou d'achèvement relatifs, selon le cas, à l'opération de construction ou à l'opération de lotissement.

Vente Lorsque le projet de groupement est envisagé en vue de la vente des parcelles à un établissement public ou à une société de construction ou d'aménagement, les associés doivent, dans un **délai** d'un mois à compter de la notification par lettre recommandée avec demande d'avis de réception de l'arrêté préfectoral autorisant la création de l'association, faire connaître au président de l'association, par lettre recommandée avec demande d'avis de réception, leur **option** soit pour un **paiement** en monnaie, soit pour la remise d'une ou de plusieurs fractions d'immeubles. Les associés n'ayant pas opté dans ce délai sont rémunérés en monnaie (C. urb. art. R 322-27-1). 31385

Après notification du projet de groupement de parcelles, il est procédé comme en matière de remembrement.

> **Précisions** **a.** Si tous les associés ont opté ou sont réputés avoir opté pour la vente des parcelles, moyennant un **prix payé en monnaie,** le projet de groupement de parcelles comprend, en plus du projet d'acte de vente, les pièces suivantes (C. urb. art. R 322-28) :
– les statuts de l'établissement public ou de la société qui bénéficiera de la vente des parcelles ;
– une notice sur le mode d'évaluation des parcelles et un état précisant leur valeur avant groupement ;
– un état des dépenses faites ou à faire par l'association comprenant notamment le montant des indemnités de délaissement et, le cas échéant, le coût d'acquisition des bâtiments ou ouvrages dont la destruction est indispensable à la réalisation de l'opération projetée.
b. Lorsque les associés ou seulement certains d'entre eux ont opté pour une rémunération sous forme de **remise d'une ou plusieurs fractions d'immeubles,** le projet du groupement des parcelles comprend, en plus des pièces prévues en cas de prix payé en monnaie, les pièces suivantes (C. urb. art. R 322-28-1) :
– une notice décrivant les principales caractéristiques du ou des immeubles dont la construction est envisagée ou de l'opération d'aménagement projetée ;
– le plan masse des constructions à édifier et éventuellement de celles à modifier, coté dans les trois dimensions ainsi que la description graphique des façades ;
– un certificat d'urbanisme opérationnel ;
– s'il s'agit de constructions, le projet de règlement de copropriété et l'état descriptif de division ou, s'il s'agit d'un lotissement, le nombre maximum de lots, la surface de plancher maximale dont la construction est envisagée dans le lotissement ainsi que les pièces mentionnées au 2. du n° 31380.

Arrêté préfectoral Après approbation et rectification, le cas échéant, le projet de groupement de parcelles est adressé au préfet qui le transmet dans les 8 jours au **maire** en vue de recueillir son **avis** motivé. À défaut de réponse dans le **délai** de 2 mois, cet avis est réputé favorable. 31390

L'opération ne peut être réalisée qu'après que le **préfet** a constaté, par arrêté, que le projet respecte les dispositions législatives et réglementaires sur l'urbanisme et que les formalités légales ont été régulièrement accomplies (C. urb. art. R 322-28-3).

DISSOLUTION DE L'AFU AUTORISÉE DE GROUPEMENT DE PARCELLES

Lorsqu'elle a pour objet de donner à **bail à construction** (n° 31375), l'AFU autorisée de groupement de parcelles ne peut pas être dissoute avant le terme du bail et, lorsqu'il prévoit que les associés deviennent propriétaires en fin de bail des constructions édifiées, avant l'adoption définitive de l'état descriptif de division et du règlement de copropriété (C. urb. art. R 322-30). 31395

c. AFU autorisée ou forcée de restauration

CONSTITUTION D'UNE AFU DE RESTAURATION

Une association autorisée peut être constituée pour toute opération de restauration (n° 31000). Toutefois, une association foncière urbaine forcée ne peut être constituée que pour la restauration de parties visibles de l'extérieur (n° 31005). 31420

Les **associations autorisées** de restauration sont constituées dans les mêmes conditions que celles applicables en matière d'AFU de remembrement (n°s 31280 s.). Au projet d'association doivent être joints les plans, avant-projets, devis des travaux, l'engagement d'acquérir les délaissés ainsi qu'une notice faisant ressortir l'utilité commune tant des frais de restauration que des dépenses à exposer pour une meilleure utilisation de l'îlot (C. urb. art. R 322-31).

Les **associations forcées** de restauration sont constituées conformément au droit général des associations syndicales (Décret 2006-504 du 3-5-2006 art. 73 et 74, sur renvoi de C. urb. art. R 322-33).

EXÉCUTION DE LA MISSION

31430 Une AFU autorisée ou forcée de restauration agissant dans le cadre d'un site patrimonial remarquable ou d'une opération de restauration immobilière est soumise aux dispositions réglementaires correspondantes du Code de l'urbanisme (C. urb. art. R 322-32 et R 322-33).

C. Régime fiscal des AFU

DROITS DUS À LA CONSTITUTION

31500 L'**acte de constitution** de toute association foncière urbaine doit être publié au service de la publicité foncière (C. urb. art. R 322-2-1, s'agissant des Aful). Il a en effet été indiqué de façon plus générale, au sujet des associations syndicales de propriétaires, que celles-ci constituent une limitation au droit de propriété justifiant une mention en qualité de charge au fichier immobilier (Bull. AMC 1994 art. 1654). Cette publication donne lieu au paiement d'une taxe fixe de publicité foncière de 125 € (CGI art. 680) et d'une contribution de sécurité immobilière fixe de 15 € (CGI art. 881 C).

En cas d'**apports immobiliers,** c'est le régime de droit commun des apports qui s'applique.

DROITS D'ENREGISTREMENT ET TVA SUR LES MUTATIONS DE TERRAINS

31505 Les opérations de remembrement portant sur des terrains destinés à la construction d'immeubles à usage d'habitation et réalisées par les associations foncières urbaines (AFU et Afup) sont exonérées des droits d'enregistrement, à la condition que le remembrement soit opéré en vertu de l'article L 322-2, 1° du Code de l'urbanisme et que l'acte se réfère expressément à ce texte (CGI art. 1055, al. 2). Seule la **taxe de publicité foncière** au taux réduit de 0,70 % est due (CGI art. 1020), d'où une imposition au taux global de 0,71498 % compte tenu des taxes additionnelles.

Les procès-verbaux de réorganisation foncière ou de remembrement et les arrêtés en vue du remembrement préalable à la reconstruction ne donnent pas lieu à la perception de la taxe de publicité foncière (CGI art. 1055, al. 3). Jugé toutefois que la publication d'un acte intitulé « dépôt de pièces du lotissement et procès-verbal de remembrement » est, en vertu des dispositions combinées des articles 1020 et 1055 du CGI, assujettie à la taxe de publicité foncière prévue à l'article 677 du même Code dès lors qu'après délaissement de leurs droits de propriété au profit d'une association foncière, les membres de cette dernière les avaient repris ou avaient récupéré des droits équivalents, ce qui impliquait l'existence d'un échange de parcelles (Cass. com. 3-4-2012 n° 11-13.821 FS-PB : RJF 7/12 n° 768).

En application des règles de droit commun (CGI art. 256, I et 257, I), les opérations de remembrement sont taxables à la TVA lorsqu'elles portent sur des **terrains à bâtir** (au sens de la TVA) et que les cessions desdits terrains sont réalisées par des **assujettis agissant en tant que tels.**

TVA SUR LES TRAVAUX

31510 Les opérations des **associations syndicales libres ou autorisées** qui donnent lieu au paiement d'une cotisation de la part de leurs membres doivent être **soumises à la TVA** et ce, indépendamment du caractère public ou privé de leur statut juridique (BOI-IS-CHAMP-10-50-30-40 n° 50). En contrepartie de l'imposition à la TVA de leurs opérations, elles bénéficient d'un **droit à déduction** de la TVA qui leur a été facturée par leurs fournisseurs (entrepreneurs de travaux, par exemple).

Les règles exposées ci-après s'appliquent à l'ensemble des associations syndicales libres ou autorisées, constituées en application de l'ordonnance 2004-632 du 1er juillet 2004 et regroupant les propriétaires d'immeubles bâtis ou non bâtis dans un intérêt communal ou patrimonial (BOI-IS-CHAMP-10-50-30-40 n° 50).

31515 La situation de ces associations de propriétaires au regard de la TVA diffère selon qu'elles agissent ou non au nom et pour le compte de leurs adhérents.

Lorsqu'une association effectue certaines opérations en qualité d'intermédiaire agissant au nom et pour le compte de ses adhérents et d'autres en qualité d'entrepreneur de travaux ou de propriétaire d'équipements, elle doit suivre chacune de ces opérations distinctement en **comptabilité,** dès lors que le régime fiscal qui leur est applicable est différent (BOI-TVA-CHAMP-10-20-10-20 n° 260).

AFU agissant en qualité d'intermédiaire Lorsque l'association de propriétaires agit en qualité d'intermédiaire au nom et pour le compte de ses adhérents (intermédiaire « transparent »), son rôle consiste à s'entremettre entre les divers prestataires de services et les propriétaires de terrains. Elle n'effectue pas les travaux avec ses moyens propres. 31520

Par conséquent (BOI-TVA-CHAMP-10-20-10-20 n°s 190 s.) :

– les **remboursements de débours** se rapportant aux travaux effectués pour le compte des adhérents ne sont pas à comprendre dans la base d'imposition à la TVA de l'association (CGI art. 267, II-2°). Corrélativement, ces associations ne peuvent pas déduire la TVA qui leur est facturée par les entrepreneurs de travaux (ce qui ne s'oppose pas à ce que les adhérents puissent exercer leurs droits à déduction) ;

– les **remboursements de frais de fonctionnement** supportés par l'association sont soumis à la taxe.

Dans ce cas, l'association doit établir à l'intention de ses adhérents des **comptes rendus mentionnant la TVA** afférente aux travaux effectivement payés pour leur compte, et répondant aux mêmes conditions de forme de l'article 289 du CGI que les factures (BOI-TVA-CHAMP-10-20-10-20 n° 280).

AFU agissant en son nom propre L'association, qui ne se présente pas comme agissant au nom et pour le compte de ses membres ou qui ne remplit pas les conditions exigées pour être considérée comme un intermédiaire « transparent », est redevable de plein droit de la TVA sur la totalité (en principe) des sommes qu'elle perçoit. 31525

Pour la détermination de la base d'imposition à la TVA d'une telle association, il faut distinguer selon qu'elle devient ou non propriétaire des équipements et installations réalisés (BOI-TVA-CHAMP-10-20-10-20 n°s 240 s.) :

– lorsque l'association ne devient **pas propriétaire des équipements** et installations, elle est considérée comme un entrepreneur de travaux vis-à-vis de ses membres. Elle doit donc soumettre à la TVA toutes les sommes perçues en contrepartie de l'exécution de ces travaux et notamment les sommes reçues de ses adhérents, quelle que soit leur appellation (taxes, redevances, droits d'entrée, etc.) ainsi que les **subventions** reçues de tiers (État, région, département, Agence financière de bassin, etc.), quelle que soit leur appellation (subventions d'équipement, de fonctionnement, etc.), dès lors qu'elles constituent un « complément de prix » ;

– lorsque l'association devient **propriétaire des équipements** et installations, sa situation est voisine de celle d'un bailleur puisqu'elle met ses équipements et ses installations à la disposition de ses adhérents, à titre onéreux. Les sommes demandées aux adhérents (taxes, redevances, etc.), en contrepartie de cette mise à disposition et de l'entretien des équipements et installations, sont imposables à la TVA. Les **subventions** qu'elle reçoit des collectivités publiques pour financer notamment des travaux ou des remboursements d'emprunts sont taxables si elles sont directement liées au prix d'une opération imposable. Il en va différemment de celles qu'elle est chargée de redistribuer à ses membres qui en sont dès l'origine les véritables bénéficiaires.

Lorsque l'association agit en son nom propre, l'adhérent reçoit de celle-ci, en général par l'intermédiaire du comptable de la Direction générale des finances publiques, un **document valant facture** qui comporte le montant de la TVA (BOI-TVA-CHAMP-10-20-10-20 n° 290).

Lorsqu'elles **perçoivent des taxes syndicales** établies proportionnellement à l'intérêt que trouve chaque propriétaire à l'exécution des travaux (n° 31175), celles-ci constituent des redevances pour services rendus assujetties à la TVA : une association est donc en droit de majorer de la TVA le montant des taxes syndicales (CE sect. 28-7-1993 n° 46886 : RJF 8-9/93 n° 1138 ; BOI-TVA-CHAMP-10-10-10 n° 60). 31530

IMPÔT SUR LES SOCIÉTÉS ET CONTRIBUTION ÉCONOMIQUE TERRITORIALE

Les associations foncières urbaines sont assujetties à l'impôt sur les sociétés dans les conditions de droit commun lorsqu'elles développent des **activités lucratives.** 31535

S'agissant des **associations foncières urbaines libres,** l'administration a indiqué qu'elles sont assujetties à l'impôt sur les sociétés de droit commun (ainsi qu'à la contribution économique territoriale) dès lors que les services rendus à leurs membres leur permettent de réaliser une économie de charges, nonobstant le fait que l'Aful présente concomitamment un caractère d'intérêt collectif et qu'elle n'a pas vocation à réaliser des bénéfices (BOI-IS-CHAMP-10-50-30-40 n° 50).

> **Précisions** L'administration a indiqué que les associations syndicales autorisées et les associations syndicales libres ne relèvent pas directement du régime fiscal des **organismes à but non lucratif.** Elle a précisé en outre que lorsque **l'Aful ne permet pas** à ses membres de réaliser une **économie de charges** et qu'elle n'entretient pas de relations privilégiées avec des entreprises du secteur lucratif, il convient de faire application des critères exposés dans la base Bofip (BOI-IS-CHAMP-10-50-10-20 n°s 570 s.), relatifs au produit proposé, au public visé, aux prix pratiqués et au recours à la publicité par l'association. Les critères précités doivent être étudiés dans l'ordre décroissant, les plus importants étant ceux du produit et du public. Ainsi, le seul recours à la publicité ne permet pas de conclure au caractère lucratif des activités exercées par un organisme (BOI-IS-CHAMP-10-50-30-40 n° 50).

PLUS-VALUES DES PARTICULIERS

31540 Lorsqu'une opération de remembrement est réalisée par une association foncière urbaine, elle revêt, conformément à l'article 150 U, II-5° du CGI, un caractère intercalaire. Dès lors, il n'y a lieu de soumettre à l'impôt ni les plus-values réalisées lors de l'**apport des terrains à l'AFU** ni celles dégagées lors de l'**attribution par l'association des parcelles remembrées** aux différents propriétaires ayant participé à l'opération (BOI-RFPI-PVI-10-40-60 n°s 220 et 250). Les terrains reçus de l'association à l'issue de l'opération sont alors réputés acquis dans les mêmes conditions et pour le même prix (ou la même valeur vénale) que les biens précédemment apportés à celle-ci.

Par suite, en cas de **revente ultérieure des parcelles attribuées,** la plus-value est calculée à partir de la date et du prix d'acquisition du bien originel ou de la partie constitutive la plus ancienne dans le cas des ventes de lots remembrés.

Lorsque les **terrains** apportés par leur propriétaire à l'association chargée du remembrement, ou remis à l'échange, ont été **acquis à des dates différentes,** il convient, en cas de revente de lots d'un terrain attribué à l'issue d'une opération de remembrement, de considérer que la cession porte, à due concurrence, sur les terrains acquis aux dates les plus anciennes (BOI-RFPI-PVI-20-10-20-10 n°s 50 et 60). En pratique, cette imputation peut être effectuée au prorata de la superficie cédée par rapport à l'ensemble de la superficie qui a fait l'objet du remembrement (Rép. Bajeux : Sén. 17-3-1983 n° 7801, solution non reprise dans Bofip mais qui nous paraît toujours pouvoir être appliquée).

> **Précisions** Bénéficient du régime examiné ci-dessus les **opérations de remembrement** urbain ayant pour objet le remembrement de parcelles et la modification corrélative des droits de propriété, des charges et des servitudes qui y sont attachées et qui sont réalisées par des AFU. En bénéficient également les opérations de remembrement ayant fait l'objet d'une autorisation donnée dans les formes prévues par la réglementation applicable en matière de **lotissement** (BOI-RFPI-PVI-10-40-60 n° 240).

TAXE D'AMÉNAGEMENT

31545 La taxe d'aménagement est exigible des **bénéficiaires de permis de construire ou d'aménager** délivrés dans le périmètre de l'AFU. Elle peut toutefois être exigée - par anticipation et globalement - de l'**AFU** par l'arrêté préfectoral approuvant le plan de remembrement ou de l'**Afup** par l'acte autorisant sa création, par application de l'article L 332-12, e du Code de l'urbanisme.

CHAPITRE 6

DROITS DE PRÉEMPTION

SOMMAIRE

SECTION 1 GÉNÉRALITÉS

DÉFINITION

31900 Le droit de préemption en matière d'urbanisme peut être défini comme la faculté, accordée à une collectivité publique ou à un organisme délégataire, d'acquérir par **priorité,** dans certaines zones préalablement définies, les biens mis en vente, en vue de réaliser des opérations d'**intérêt général.** La mise en œuvre du droit de préemption doit répondre à un intérêt général suffisant, eu égard notamment aux caractéristiques du bien ou au coût prévisible de l'opération (CE 6-6-2012 n° 342328, Sté RD Machines outils : BPIM 4/12 inf. 311 ; CE 10-05-2017 n° 398736, Sté ABH Investissements).

Le droit de préemption en matière d'urbanisme prime les **autres droits de préemption** ou de préférence dont peuvent être bénéficiaires les personnes privées, y compris les Safer (Rép. Masson : Sén. 20-12-2007 p. 2329 n° 1358).

L'exercice du droit de préemption par la commune et la subrogation de la personne publique dans les droits de l'une des parties à un **contrat de vente de droit privé** n'entraînent pas de transformation dans la nature juridique de cet acte (T. confl. 10-5-1993 n° 02850, Miette et Sté Oliver c/ Innocentini et Ville de Nice ; T. confl. 9-12-1996 n° 02994, Duhamel c/ Ville de Douai). Le juge judiciaire est donc compétent en cas de litige portant sur le respect, par le titulaire du droit de préemption, des obligations nées du contrat de vente de droit privé résultant de la préemption.

> **Précisions** Le droit de préemption doit être distingué du **droit de priorité** dont bénéficient les communes et EPCI et autres délégataires désignés par la loi sur certains projets de cession de biens immobiliers ou de droits sociaux donnant vocation à l'attribution en propriété ou en jouissance d'un immeuble situé sur leur territoire et appartenant à l'Assistance publique-Hôpitaux de Paris, aux agences régionales de l'hospitalisation, à l'État, à des sociétés dont il détient la majorité du capital ou à certains établissements publics (notamment SNCF Réseau et SNCF Voyageurs, la société nationale SNCF, Voies navigables de France et les établissements publics fonciers de l'État). Ce droit de priorité fait l'objet d'une procédure spécifique (C. urb. art. L 240-1 à L 240-3), mise en œuvre à la place de celle du droit de préemption urbain (C. urb. art. L 211-3). Des exceptions sont prévues par l'article L 240-2. Les communes ou EPCI peuvent déléguer leur **droit de priorité** pour l'acquisition de terrains de l'État aux établissements publics fonciers et d'aménagement de l'État, aux établissements publics locaux, aux organismes agréés exerçant des activités de maîtrise d'ouvrage et concourant aux objectifs de la politique d'aide au logement, aux organismes d'HLM et aux sociétés d'économie mixte de construction et de gestion de logements sociaux (C. urb. art. L 240-1 à L 240-3). Leur organe délibérant peut déléguer l'exercice de ce droit.

FINALITÉS DU DROIT DE PRÉEMPTION

31955 **Action ou opération d'aménagement** Le droit de préemption urbain (**DPU**) et celui qui s'applique dans les zones d'aménagement différé (**ZAD**), ainsi que dans les périmètres provisoires de ZAD (**pré-ZAD**), sont des instruments fonciers institués essentiellement pour permettre la réalisation dans l'intérêt général des actions ou opérations d'aménagement visées par l'article L 300-1 du Code de l'urbanisme. Les biens préemptés doivent être utilisés ou aliénés à cette fin.

Lorsque le droit de préemption est exercé par le préfet dans le cadre d'un **constat de carence** lorsque les communes ne respectent pas leurs obligations en matière de logements sociaux, les biens ou droits énumérés aux 1° à 4° de l'article L 213-1 du Code de l'urbanisme doivent être utilisés en vue de la réalisation d'opérations d'aménagement ou de construction permettant la réalisation des objectifs fixés par le PLH ou par la loi en matière de logements locatifs sociaux (C. urb. art. L 210-1).

Le DPU (et non celui applicable dans les ZAD et pré-ZAD) peut également être utilisé pour remédier aux **conséquences d'une opération d'aménagement.** Le titulaire du DPU peut en effet préempter en vue de la relocalisation d'activités industrielles, commerciales, artisanales ou de services ainsi que pour le relogement d'occupants définitivement évincés d'un bien à usage d'habitation ou mixte à cause de travaux rendus nécessaires à une opération d'aménagement (C. urb. art. L 211-1, al. 5).

Dans un objectif de lutte contre la **dégradation de l'habitat**, le DPU peut être exercé pour réaliser une opération programmée d'amélioration de l'habitat (CCH art. L 303-1), un plan de sauvegarde d'immeubles en difficulté (CCH art. L 615-1) ou une opération de requalification des copropriétés dégradées (CCH art. L 741-1) (C. urb. art. L 211-2-4 créé par la loi 2024-322 du 9-4-2024).

© Éd. Francis Lefebvre

Enfin, le droit de préemption peut être exercé en vue de la constitution de **réserves foncières** (n° 25550) dans l'attente de l'utilisation à terme du bien préempté pour la réalisation d'une opération d'aménagement répondant aux critères de l'article L 300-1 du Code de l'urbanisme. Il s'ensuit qu'il peut être exercé même si la date de la réalisation effective de l'opération n'est pas déterminée, même approximativement (CE 28-10-1994 n° 112833, Communauté urbaine de Strasbourg : Lebon p. 477).

Le Conseil d'État, **juge de cassation,** exerce un **contrôle** de qualification juridique sur l'appréciation portée par les juges du fond à propos de l'existence d'une action ou d'une opération d'aménagement permettant la mise en œuvre du droit de préemption (CE 30-7-1997 n° 160949, Ville d'Angers c/ Dubois : BPIM 5/97 inf. 314).

> Précisions a. La préemption peut être exercée dès lors que l'action ou l'opération qui la fonde est engagée dans l'intérêt général (CE 6-6-2012 n° 342328, Sté RD Machines outils : BPIM 4/12 inf. 311) et répond à l'un des objets définis à l'article L 300-1, alors même que, eu égard à cet objet, elle ne s'accompagne d'aucune mesure d'urbanisation ni de la réalisation d'aucun équipement. Est ainsi légale la décision de préempter un bien en vue de le revendre à une **société** afin de permettre le **maintien** et l'**extension de l'activité** de cette entreprise sur le territoire de la commune conformément aux prévisions de l'article L 300-1 (CE 6-2-2006 n° 266821, Cne de Lamotte-Beuvron : Lebon p. 61 ; CE 21-11-2008 n° 302144, Leclercq : BPIM 1/09 inf. 17 ; CE 16-7-2010 n° 325236, SCI Lacha : RJDA 2/11 n° 132, 4e espèce).

b. Le **principe constitutionnel de laïcité** n'empêche pas qu'une décision de préemption soit prise, dans le respect du principe de neutralité à l'égard des cultes et du principe d'égalité, en vue de permettre la réalisation d'un équipement collectif à vocation cultuelle qui, en l'espèce, eu égard à son objet et à son ampleur, présente le caractère d'une action ou opération d'aménagement (CE 22-12-2022 n° 447100, Cne de Montreuil).

c. Le droit de préemption ne peut pas être exercé en vue de permettre la réalisation de travaux tendant à améliorer la **sécurité d'une voie publique,** dès lors que, compte tenu de leur objet et de leur consistance, ils n'ont pas le caractère d'une opération d'aménagement au sens de l'article L 300-1 du Code de l'urbanisme (CE 30-7-1997 n° 160949, Ville d'Angers c/ Dubois ; CE 3-12-2007 n° 295779, Cne de Mondragon). Il en est de même pour une opération ponctuelle et isolée de résorption de l'**habitat insalubre** (CE 6-5-2009 n° 311167, Cne du Plessis-Trévise : BJDU 2/09 p. 131).

d. Quand le maire préempte des parcelles, objet d'un **bail à construction,** lors de la levée par le preneur de l'option d'achat prévue par le bail, il devient bailleur tenu d'exécuter la promesse de vente, ce qui l'empêche de réaliser le projet d'aménagement qui a justifié sa préemption (CE 19-4-2022 n° 442150, Cne de Mandelieu-la-Napoule : BPIM 3/22 inf. 190, la préemption ayant été en l'espèce suspendue en référé, un doute sérieux existant sur sa légalité).

e. Si les dispositions de l'article L 300-1 du Code de l'urbanisme permettent à une commune d'exercer son droit de préemption sur un immeuble aux fins de reloger des **personnes évincées de leur logement** par des opérations d'aménagement, y compris lorsque le bien préempté est situé hors de la zone où sont effectués les aménagements, c'est à la condition que l'acquisition de l'immeuble soit justifiée par une politique locale de l'habitat qui implique le développement organisé d'une offre de logements adaptée aux besoins propres de chaque catégorie de population (CE 6-4-2001 n° 202791, Cne de Montreuil c/ Ducloud : RJDA 6/01 n° 671).

f. Un projet de construction de 35 **logements sociaux** s'inscrivant dans la mise en œuvre d'une politique locale de l'habitat même si la commune respecte déjà les quotas légaux de logements sociaux justifie l'exercice du droit de préemption (CE 2-11-2015 n° 374957, Cne de Choisy-le-Roi : BJDU 1/2016 p. 525).

g. Un projet de construction d'une quarantaine de **logements mixtes,** sociaux et non sociaux, constitue, à lui seul et en dehors d'un programme local de l'habitat (PLH), une opération d'aménagement ayant pour objet la mise en œuvre de la politique locale de l'habitat, justifiant ainsi l'exercice du droit de préemption (CE 30-6-2023 n° 468543, Sté MJ développement - Immobilier & Investissement : BPIM 4/23 inf. 247).

h. Le DPU peut être mis en œuvre en vue d'aménager des **places de stationnement** exigées par le PLU dans le cadre de la réalisation d'un programme de logements mixtes situé à 230 mètres, un tel programme ayant par nature la mise en œuvre d'une politique locale de l'habitat et présentant par lui-même le caractère d'une action ou opération d'aménagement, eu égard à l'ampleur et la consistance du projet appréciées dans le contexte de la commune (CE 30-6-2023 n° 464324 : BPIM 4/23 inf. 246).

i. L'**hébergement de personnes déplacées,** bénéficiaires d'une protection temporaire conformément au droit européen, peut être vu comme constituant une action ou une opération d'aménagement s'inscrivant dans une politique locale de l'habitat, justifiant ainsi l'exercice du DPU (CE 13-10-2023 n° 468694, Cne de Cannes).

j. Dès lors qu'il constitue une limitation administrative au droit de propriété, le DPU ne peut s'appliquer en cas de vente d'un terrain ayant fait l'objet d'un **certificat d'urbanisme** s'il a été instauré postérieurement à la délivrance dudit certificat (Rép. Cardoux : Sénat 12-9-2013 p. 2644 n° 3631).

Protection des espaces naturels sensibles et des zones à risque Afin de contribuer à la sauvegarde ou à la mise en valeur des espaces naturels sensibles (**ENS**), un droit de préemption est ouvert au bénéfice des départements ou du Conservatoire du littoral (nos 34050 s.). **31960**

Dans certains secteurs spécifiques, le droit de préemption urbain peut aussi avoir pour finalité la mise en œuvre de mesures de protection (C. urb. art. L 211-1, al. 1). À ce titre, dans les périmètres de protection rapprochée des **points de prélèvement d'eau** destinée à la consommation humaine, le DPU a pour objet de s'assurer que les modes d'utilisation du sol préservent la qualité de la ressource en eau (CSP art. L 1321-2, al. 11). Un droit de préemption spécifique des terres agricoles existe également pour préserver la ressource en eau (voir nos 34600 s.). Dans le périmètre d'exposition aux risques d'un **plan de prévention des risques technologiques,** le DPU peut être utilisé pour libérer les terrains à proximité des installations dangereuses. Dans les zones de rétention temporaire des **eaux de crues** ou de ruissellement et dans les zones de mobilité d'un cours d'eau, le DPU permet d'assurer la mise en œuvre des servitudes d'utilité publique destinées à réduire les risques d'inondation (C. envir. art. L 211-12, XI). Le DPU peut être un outil au service des collectivités pour atteindre les objectifs de lutte contre l'**artificialisation des sols** (C. urb. art. L 211-1-1). Un droit de préemption existe également en vue d'adapter les territoires littoraux exposés au **recul du trait de côte** (voir nos 34690 s.).

31963 **Protection des espaces agricoles et naturels périurbains** Afin de protéger les espaces agricoles et naturels périurbains contre l'urbanisation, les départements peuvent délimiter des périmètres d'intervention foncière dans lesquels (en dehors des zones de préemption au titre des ENS) les Safer exercent, au nom du département ou à défaut en leur nom propre, le droit de préemption de l'article L 143-2, 9° du Code rural et de la pêche maritime pour la mise en œuvre du programme d'action destiné à favoriser l'**exploitation agricole,** la **gestion forestière,** la **préservation** et la **valorisation des espaces naturels** et des **paysages.** En l'absence de Safer, c'est le département qui exerce ce droit. Les établissements publics fonciers locaux et ceux de l'État peuvent également être compétents (C. urb. art. L 113-24).

Les modalités de **mise en œuvre du droit de préemption** dans les espaces agricoles et naturels périurbains figurent pour partie dans le Code rural et de la pêche maritime (C. rur. art. R 143-15 à R 143-19) et pour partie dans le Code de l'urbanisme (C. urb. art. R 113-19 s.).

Les **terrains situés à la fois** dans le périmètre de protection et dans les zones de préemption des ENS peuvent être acquis par le département au moyen et selon la procédure du droit de préemption applicable dans les ENS (C. urb. art. L 113-25, 1°). À défaut et avec l'accord du département, le droit de préemption peut être exercé par la commune ou l'EPCI (C. urb. art. R 215-15). En dehors des ENS, c'est en principe la Safer qui préempte (C. urb. art. L 113-25, 2°).

Les biens acquis doivent être utilisés en vue de la réalisation des **objectifs** définis par le programme d'action. Ils peuvent être cédés, loués ou concédés temporairement à des personnes privées ou publiques après appel à candidature. Ils peuvent également être mis à la disposition de la Safer (C. urb. art. R 113-28). Les cahiers des charges annexés aux différents actes comportent des clauses types obligatoires (C. urb. art. R 113-29).

31965 **Protection du commerce de proximité** Les communes qui ont délimité un périmètre de sauvegarde du commerce et de l'artisanat de proximité peuvent exercer ou déléguer un droit de préemption sur les **cessions de fonds artisanaux, de fonds de commerce ou de baux commerciaux** ainsi que sur les ventes de certains terrains portant ou destinés à porter des commerces (voir nos 34450 s.).

31970 **Maintien dans un logement** En cas de **vente d'un immeuble à usage d'habitation,** la commune peut utiliser le droit de préemption urbain ou celui applicable dans les ZAD pour assurer le maintien dans les lieux des locataires (C. urb. art. L 210-2). Ce droit de préemption s'applique à tout immeuble à usage d'habitation quel que soit le nombre de logements dans l'immeuble vendu, même inférieur à 10 (CE 2-12-2011 n° 343104, Bourgeois : BPIM 1/12 inf. 21).

Une commune, ou par délégation un office public de l'habitat, peut également exercer un droit de préemption en cas de **vente sur saisie de la résidence principale d'une personne en difficulté** (CCH art. L 616). Ce droit de préemption est destiné à permettre le maintien dans les lieux de la personne saisie dès lors qu'elle remplit les conditions de ressources pour l'attribution d'un logement à loyer modéré. Il s'exerce selon les modalités prévues pour le DPU en cas de vente par adjudication lorsque cette procédure est autorisée ou ordonnée par un juge (n° 33135). Le non-respect de ces dispositions n'est pas sanctionné par la nullité de la procédure de saisie immobilière (Cass. 3e civ. 28-2-2001 n° 99-14.872 : Bull. civ. III n° 26).

31975 **Autres objets du droit de préemption** Une commune où est située une installation de **stockage de déchets** arrivée en fin d'exploitation peut exercer son droit de préemption lors de l'aliénation du bien (C. envir. art. L 541-29).

Les communes, et à défaut les départements, ont un droit de préemption en cas de vente de **carrières laissées à l'abandon,** lorsque celles-ci ont été exploitées sur leur territoire. Ce droit ne peut pas primer les autres droits de préemption existants (C. minier art. L 336-1).

MOTIVATION DES DÉCISIONS DE PRÉEMPTION

Motivation directe Toute décision de préemption doit **mentionner** l'objet légal et la nature du projet pour lequel elle est exercée (CE 7-3-2008 n° 288371, Cne de Meung-sur-Loire : RJDA 6/08 n° 629, 2e espèce). Il s'agit d'une formalité substantielle dont la méconnaissance entache d'illégalité la décision considérée (CE 2-12-1988 n° 81844 : JCP éd. N 1989 II p. 253). Si la nature du projet doit apparaître dans la décision de préemption (CE 6-6-2012 n° 341534, Cne de Murviel-les-Montpellier : BJDU 4/2012 p. 306), il a néanmoins été admis que cette mention pouvait figurer dans un document annexé à la décision (CE 31-3-1989 n° 88113, Sté d'ingénierie et de développement économique et Ville d'Arcueil : JCP éd. N 1989 II p. 253, 2e espèce). 31980

Motivation par référence Dans certains cas, la loi autorise une motivation de la décision de préemption par référence à une délibération ou à un acte antérieur. 31985

Lorsque le droit de préemption est exercé à des fins de **réserves foncières** dans le cadre d'une **ZAD,** la décision peut soit se référer aux motivations générales mentionnées dans l'acte créant la zone (C. urb. art. L 210-1, al. 3) - et la collectivité n'a pas alors à justifier de la réalité d'un projet d'action ou d'opération d'aménagement à la date de sa décision (CE 17-12-2007 n° 307231, Cne de Pardies-Piétat : RJDA 6/08 n° 629, 1e espèce) - soit mentionner l'objet légal pour lequel le droit de préemption est exercé (CE 30-1-2008 n° 299675, Ville de Paris : Lebon p. 21). En pratique, dans le premier cas, la décision de préemption doit faire état explicitement de la délibération de création de la ZAD soit en l'annexant, soit en reprenant ses termes essentiels. Elle doit situer les parcelles préemptées dans la zone (CAA Nantes 14-2-2006 n° 05-10, Communauté d'agglomération du Grand Angers : BPIM 4/06 inf. 254). Toutefois, la collectivité ne peut pas légalement préempter si sa décision est dépourvue d'utilité pour atteindre les objectifs en vue desquels la zone a été créée (CE 17-6-2014 n° 358438 : BPIM 4/14 inf. 241).

Lorsque la commune a délibéré pour définir le cadre des actions qu'elle entend mettre en œuvre pour mener à bien un **PLH** ou pour mener à bien un programme de construction de **logements locatifs sociaux,** la décision de préemption peut (sauf s'il s'agit d'un bien visé à l'article L 211-4) se référer à la délibération du conseil municipal ayant défini ce cadre. De même, lorsque la commune a délibéré pour délimiter un **périmètre déterminé** dans lequel elle décide d'intervenir pour l'aménager et améliorer sa qualité urbaine, la décision de préemption peut se référer à la délibération ayant délimité le périmètre d'intervention (C. urb. art. L 210-1, al. 4).

Dans ces hypothèses, l'**obligation de motivation** est **remplie** lorsque la décision de préemption fait référence aux dispositions de la délibération ou de l'acte antérieur et qu'un tel renvoi permet de déterminer la nature de l'action ou de l'opération d'aménagement que la collectivité publique entend mener au moyen de cette préemption. À cette fin, la collectivité peut soit indiquer l'action ou l'opération d'aménagement prévue par la décision antérieure à laquelle la décision de préemption participe, soit renvoyer à cette décision antérieure elle-même si celle-ci permet d'identifier la nature de l'opération ou de l'action d'aménagement poursuivie (CE 20-11-2009 n° 316732 ; CE 20-11-2009 n° 316961 ; CAA Marseille 10-7-2015 n° 12MA04008).

Justification de la motivation La préemption ne peut valablement intervenir que si le titulaire ou le délégataire du droit est en mesure de justifier, à la date de la décision, soit de la réalité d'une action ou opération d'aménagement, soit de la constitution d'une réserve foncière servant à réaliser ultérieurement une telle opération. Mais il n'est pas nécessaire que les caractéristiques précises du projet aient déjà été définies (CE 7-3-2008 n° 288371, Cne de Meung-sur-Loire : RJDA 6/08 n° 629, 2e espèce ; CE 21-1-2009 n° 318972, Cne de Saint-Péray), et même, s'agissant de la constitution de réserves foncières, il est admis que la consistance du projet soit définie sommairement (CE 30-4-2024 n° 465919, Communauté d'agglomération du Grand Angoulême : BPIM 3/24 inf. 177, rendu en matière d'expropriation et à notre avis transposable). Le titulaire du droit de préemption n'a pas à justifier que la préemption est son seul recours pour réaliser le projet (CE 13-3-2019 n° 419259 : BPIM 2/19 inf. 101). 31990

La mise en œuvre du droit de préemption doit également répondre à un intérêt général suffisant, eu égard notamment aux caractéristiques du bien ou au coût prévisible de l'opération (CE 6-6-2012 n° 342328, Sté RD Machines outils : BPIM 4/12 inf. 311 ; CE 10-5-2017 n° 398736, Sté ABH Investissements).

Les pièces produites par le titulaire du droit de préemption doivent **prouver la réalité du projet** (voir par exemple CAA Versailles 17-12-2008 n° 08-23041, Cne de Dugny : BPIM 2/09 inf. 112, 2e espèce). À défaut, la décision de préemption sera annulée (voir par exemple CAA Nantes 6-5-2008 n° 07-2733, Cne de Saint-Ouen : BPIM 2/09 inf. 112, 1e espèce ; CAA Versailles 2-4-2009 n° 07-1974, Cne d'Argenteuil : BPIM 3/09 inf. 197).

Le Conseil d'État, **juge de cassation,** peut exercer un **contrôle** de l'appréciation portée par les juges du fond à propos de la réalité d'un projet en annulant une décision pour dénaturation des faits de l'espèce (CE 8-6-2023 n° 469523, Métropole de Lyon).

> **Précisions** **a.** Le **défaut ou l'insuffisance de motivation** ne peuvent nullement être couverts par une décision complémentaire ultérieure, même prise dans le délai dont dispose le bénéficiaire du droit pour se prononcer. Il est seulement possible de reprendre, à l'intérieur du délai, une nouvelle décision qui se substituera à la première (CE 16-12-1994 n° 126637, Cne de Sparsbach : Lebon p. 554).
>
> **b.** La **réalité** de l'**action** ou de l'**opération d'aménagement** n'est pas établie lorsque le projet de construction de logements permettant de répondre aux objectifs du PLH en matière d'offre de logements se heurte à des contraintes urbanistiques et de sécurité, le PLH ne prévoit d'ailleurs pas de logements dans ce secteur (CE 15-7-2020 n° 432325 : BPIM 5/20 inf. 310).

CONTRÔLE DE LA MOTIVATION

31995 Le contrôle de la motivation appartient au **juge administratif** (CE 22-2-1995 n° 116435, Cne de Carquefou : Dr. adm. 1995 n° 237). La décision peut faire l'objet d'un recours pour excès de pouvoir, même si elle ne fait que confirmer une délibération antérieure du conseil municipal (CE 16-12-1994 n° 121599, SCI Le Grand Rondelet : BJDU 6/94 p. 77).

Sont illégales les décisions de préemption qui ne répondent pas à un intérêt général suffisant ou dont la motivation n'est fondée ni en droit ni en fait. Il en est ainsi lorsque l'objectif poursuivi est inadéquat et non prévu par la loi (CE 22-2-1995 n° 116435, Cne de Carquefou : Dr. adm. 1995 n° 237) ou s'il apparaît que l'opération projetée ne correspond pas à un besoin effectif (CE 30-4-1997 n° 140446, Cne du Petit-Quevilly s'agissant de la constitution de réserves foncières par expropriation et à notre avis transposable). Mais, la préemption d'une unité foncière d'une superficie supérieure à celle nécessaire à la réalisation du projet ou de l'opération d'aménagement peut être justifiée par l'intérêt général (CE 6-6-2012 n° 342328, Sté RD Machines outils : BPIM 4/12 inf. 311 ; CE 28-1-2021 n° 429584, Sté Matimo : BPIM 2/21 inf. 111).

Toute décision de préemption est susceptible d'être annulée par la juridiction administrative pour **erreur manifeste d'appréciation** ou pour **détournement de pouvoir.** Il en serait ainsi si le but réel de la préemption avait été d'empêcher la réalisation d'un projet déterminé ou alors si le droit de préemption a été exercé pour faire obstacle à l'acquisition d'un bien par une personne extérieure à la commune (CE 1-2-1993 n° 107714 : Lebon p. 22) ou pour agir sur le prix du marché (CAA Versailles 31-1-2024 n° 22VE00765 : BPIM 2/24 inf. 103). Il en va de même si le véritable motif est de faire pression sur le propriétaire du bien afin qu'il consente la cession amiable d'une autre propriété et qu'il renonce à des actions contentieuses contre la commune (CE 30-7-1997 n° 169574, Cne de Montrouge c/ Parmentier : BPIM 5/97 inf. 315).

> **Précisions** Une décision de préemption motivée par la consonance étrangère du nom de l'acquéreur déclaré ne constitue pas le **délit pénal** de discrimination par dépositaire de l'autorité publique (Cass. crim. 17-6-2008 n° 07-81.666 : RJDA 12/08 n° 1246 ; Cass. crim. 21-6-2011 n° 10-85.641 : BPIM 5/11 inf. 367).

INTÉRÊT POUR AGIR CONTRE LA DÉCISION DE PRÉEMPTION

32000 Le **propriétaire** du bien préempté ainsi que l'**acquéreur évincé** peuvent agir en annulation de la décision de préemption. L'intérêt pour agir est reconnu à la personne qui détient un droit de préférence pour l'acquisition du bien préempté (CE 20-3-1991 n° 103271, Roucaute : Lebon T. p. 1109). Il en est de même du titulaire d'une **promesse de vente,** même si elle est devenue caduque après la décision de préemption (CE 16-12-1994 n° 126637, Cne de Sparsbach : Lebon p. 554) ou s'il s'est substitué une tierce personne dès lors qu'il conserve un intérêt dans la réalisation de l'opération (CE 30-7-1997 n° 157313, Sté Nouvelle Étude Berry et Attali : BPIM 5/97 inf. 316).

En revanche, les **tiers au contrat de vente** ne sont pas, en principe, recevables à contester une décision de préemption, en l'absence d'intérêt pour agir (CE 22-2-1995 n° 136900, Cne de La Ciotat : Dr. adm. 1995 n° 236), sauf s'ils justifient d'un droit suffisamment certain et direct sur le bien préempté (CE 1-7-2009 n° 319238, Association La Fourmi Vouvrillonne : BPIM 4/09 inf. 272). Le **locataire** du bien préempté a toutefois un intérêt pour agir car la décision de préemption est susceptible d'affecter les conditions de son maintien dans les lieux (CE 6-10-1999 n° 185577, Association tendance nationale union islamique en France : BJDU 5/99 p. 388).

> **Précisions** **a.** Le **délai de recours contentieux** contre une décision de préemption ne court à l'égard de l'**acquéreur évincé** qu'à compter de la notification qui lui est faite de cette décision avec indication des voies et délais de recours (CE 30-7-1997 n° 169574, Cne de Montrouge c/ Parmentier ; CE 1-7-2009 n° 312260, Sté Holding JLP : BPIM 4/09 inf. 271). Si le délai de recours contentieux n'a pas pu courir, l'acquéreur évincé doit néanmoins agir dans un délai raisonnable (CE 19-12-2019 n° 419220).
> **b.** Le caractère d'acte administratif individuel de la décision de préempter ne prive pas l'ancien propriétaire de la possibilité d'intenter une action en nullité ou en **rescision pour lésion** devant les tribunaux judiciaires.

SUSPENSION D'UNE PRÉEMPTION

Procédure de référé suspension La procédure du référé-suspension, exposée n°s 16640 s., peut être utilisée notamment par le propriétaire ou l'acquéreur évincé. En cas de **rejet** de la demande de suspension au motif qu'il n'y a pas de doute sérieux quant à la légalité de la décision de préemption - et sauf si un pourvoi en cassation est exercé contre l'ordonnance du juge des référés -, le requérant doit confirmer le maintien de sa demande d'annulation de la décision de préemption qu'il a dû formuler en parallèle (C. just. adm. art. R 612-5-2). 32005

> **Précisions** Le **référé-suspension** n'est **pas privé d'objet** lorsque le propriétaire renonce à vendre après que l'administration a proposé un prix inférieur à celui indiqué dans la DIA (CE 12-11-2007 n° 295798, Sté Globe Invest : BPIM 1/08 inf. 19) ou lorsqu'un accord amiable relatif au prix est intervenu entre le propriétaire et le titulaire du droit de préemption (CE 23-7-2003 n° 254837, Sté Atlantique terrains : BPIM 1/04 inf. 16). De même, la seule circonstance que la vente des parcelles ayant fait l'objet de la préemption litigieuse a été réitérée par acte authentique ne prive pas d'objet la demande de suspension (CE 27-3-2009 n° 322990, Cne de Vigny). En revanche, la demande est privée d'objet si le juge judiciaire a annulé la vente par adjudication (CE 1-4-2010 n° 328294, Cne de Salbris : BJDU 2/2010 p. 130).

Condition d'urgence Pour l'appréciation de la **condition d'urgence,** le juge doit procéder à une appréciation globale de l'ensemble des circonstances de l'espèce, en mettant en balance les conséquences pour le requérant de la réalisation de la vente (sous condition de paiement du prix) et les conséquences pour la collectivité d'une suspension de l'opération (CE 14-11-2003 n° 258248 : BPIM 1/04 inf. 17). La condition d'urgence est en principe remplie lorsque l'**acquéreur évincé** demande la suspension d'une décision de préemption, sous réserve de l'hypothèse où la réalisation immédiate du projet de la collectivité constituerait une nécessité (CE 29-6-2020 n° 435502, Sté Eaux douces : BPIM 4/20 inf. 244 ; CE 13-11-2002 n° 248851 : BPIM 2/03 inf. 87 ; CE 26-1-2005 n° 273955 : BJDU 2/05 p. 142, 2e espèce ; en sens contraire : CE 25-7-2013 n° 366071, Cne d'Annonay : Petites affiches 21-3-2014 p. 5 note D. Dutrieux). La présomption d'urgence ne s'applique plus lorsque l'acquéreur évincé est entré en possession du bien objet de la décision de préemption (CE 27-4-2011 n° 342329, Sté LB Prestations de services et Sté Flash Back : BPIM 3/11 inf. 197) ou lorsque le titulaire du droit de préemption ne respecte pas le délai de 4 mois pour payer ou consigner le prix d'acquisition, la décision de préemption ne pouvant plus être exécutée et le vendeur pouvant alors aliéner librement son bien (CE 29-6-2020 n° 435502, Sté Eaux douces : BPIM 4/20 inf. 244). Lorsque le propriétaire renonce à vendre après que l'administration a proposé un prix inférieur à celui indiqué dans la DIA, la présomption d'urgence n'est remplie au profit de l'acquéreur évincé que s'il démontre la nécessité de réaliser son projet à très brève échéance (CE 29-6-2020 n° 435502, Sté Eaux douces : BPIM 4/20 inf. 244). La nécessité pour le **vendeur** de disposer rapidement des fonds peut justifier l'urgence et la caducité de la promesse de vente n'est pas de nature, par elle-même, à priver de tout caractère d'urgence la suspension de la décision de préemption (CE 22-4-2005 n° 274054, Ville de Choisy-le-Roi : BJDU 6/05 p. 424). 32006

Conséquences de la suspension Si le **transfert de propriété n'a pas encore eu lieu,** la suspension d'une décision de préemption a normalement pour conséquence, d'une part, de faire obstacle à l'acquisition des parcelles concernées par le titulaire du droit de préemption et, d'autre part, de permettre la conclusion de la transaction envisagée par le propriétaire de ces parcelles. Le juge peut cependant ne suspendre que certains des effets de l'acte attaqué et se borner à paralyser l'acquisition des parcelles par la collectivité (CE 23-7-2003 n° 254837, Sté Atlantique terrains : BPIM 1/04 inf. 16) ou au contraire, permettre le transfert de propriété au profit de la collectivité tout en restreignant sa libre disposition du bien, notamment en lui interdisant de faire des travaux qui rendraient l'opération irréversible (CE 27-7-2019 n° 428552, SCI Madeleine : BPIM 5/19 inf. 324). Si le **transfert de propriété a déjà eu lieu,** le juge des référés peut interdire à la collectivité de faire usage de certaines des prérogatives qui s'attachent au droit de propriété (dont celle de revendre le bien à un tiers), afin 32007 d'éviter que la décision à intervenir sur le recours tendant à l'annulation de la décision de préemption puisse être privé d'effet (CE 23-6-2006 n° 289549, Sté Actilor : BPIM 5/06 inf. 348) ; il peut, par exemple, interdire la réalisation d'une construction.

CONSÉQUENCES DE L'ANNULATION D'UNE PRÉEMPTION

32010 En cas d'annulation ou de déclaration d'illégalité d'une décision de préemption par la juridiction administrative, le titulaire du droit doit être regardé comme n'ayant jamais décidé de préempter. Lorsqu'une telle décision intervient **avant le transfert de propriété,** celui-ci ne peut plus intervenir. Le titulaire du droit ne peut alors plus l'exercer pendant un an à compter de la date de la décision juridictionnelle devenue définitive et le propriétaire peut vendre le bien sans être tenu par les prix et conditions qu'il avait mentionnés dans la déclaration d'intention d'aliéner (C. urb. art. L 213-8, al. 5).

Si la décision juridictionnelle intervient **après le transfert de propriété,** le titulaire du droit de préemption doit proposer aux anciens propriétaires ou à leurs ayants cause universels ou à titre universel l'acquisition du bien en priorité (C. urb. art. L 213-11-1, al. 1). Mais la jurisprudence réserve l'**intérêt général** : le juge doit d'abord vérifier que le rétablissement de la situation initiale ne porte pas une atteinte excessive à l'intérêt général (CE 28-9-2020 n° 436978 et 430951 : BPIM 6/20 inf. 377).

Le **prix proposé** pour la revente doit rétablir, sans enrichissement injustifié de l'une des parties, les conditions de la transaction à laquelle l'exercice du droit de préemption a fait obstacle. À défaut d'accord amiable, le prix est fixé par le juge de l'expropriation (C. urb. art. L 213-11-1, al. 2). À compter la fixation judiciaire du prix, le bénéficiaire du droit de priorité dispose de 3 mois pour acquérir ; à défaut, il est réputé y avoir renoncé (C. urb. art. L 213-11-1, al. 2 et 3). Dans ce cas, l'acquisition du bien devra être proposée à l'acquéreur évincé si son nom figurait dans la déclaration d'intention d'aliéner (C. urb. art. L 213-11-1, al. 4) et même si son nom n'y figurait pas, à la condition qu'il soit à l'origine de l'annulation, le juge peut enjoindre à la collectivité de lui vendre le bien dans les mêmes conditions qu'à l'ancien propriétaire (CE 28-9-2020 n° 432063, Cne de Montagny-lès-Beaune : BPIM 6/20 inf. 378). Si la collectivité refuse de s'exécuter, il appartient au juge administratif, à la requête de l'ancien propriétaire ou de l'acquéreur évincé, d'ordonner sous astreinte les mesures à prendre pour opérer la rétrocession (T. confl. 12-6-2017 n° C4085).

Si, au mépris de son obligation, **la collectivité a déjà revendu** à un tiers le bien illégalement préempté, le juge administratif ne peut pas ordonner à l'administration de remettre en cause cette cession (CE sect. 26-2-2003 n° 231558, Bour : BPIM 2/03 inf. 88). L'illégalité de la décision de préempter n'entraîne pas, par voie de conséquence, celle de la décision de revendre ce bien à un tiers (CE 26-11-2001 n° 222211, Cne de La Teste-de-Buch : BPIM 3/02 inf. 170).

Si le titulaire du droit de préemption ne respecte pas son obligation de proposer en priorité le bien à l'ancien propriétaire, puis, le cas échéant, à l'acquéreur évincé, ces derniers peuvent toujours intenter une **action en dommages et intérêts** (voir n° 33685).

> Précisions **a.** L'annulation d'une décision de préemption étant rétroactive, la commune est censée avoir renoncé à préempter et le vendeur ne peut pas l'obliger à passer la vente (Cass. 3e civ. 25-5-2005 n° 01-14.398 : AJDI 2005 p. 939). En revanche, vendeur et acquéreur évincé, titulaires d'une **promesse synallagmatique de vente** conclue sous la condition suspensive de non-préemption, peuvent agir l'un contre l'autre en réitération de la vente (Cass. 3e civ. 22-6-2005 n° 03-20.473 : RJDA 3/06 n° 252). La même règle s'applique en cas de **promesse unilatérale de vente** mais seulement si l'acquéreur évincé a levé l'option en temps utile ; à défaut, la promesse est caduque (Cass. 3e civ. 22-9-2010 n° 09-14.817 : RJDA 2/11 n° 134).

b. En cas d'annulation de la vente consécutive à la préemption illégale, l'ancien propriétaire doit rembourser à la commune l'**indemnité d'éviction** qu'elle a versée au locataire évincé, car du fait de l'annulation il est censé n'avoir pas perdu sa qualité de propriétaire (Cass. 1e civ. 5-5-2004 n° 00-22.902 : BPIM 5/04 inf. 305).

c. En cas d'annulation de la décision de préemption, si le bien préempté était en **indivision,** le titulaire du droit de préemption doit proposer l'acquisition du bien à tous les indivisaires et en l'absence d'acceptation de l'un d'eux, le bien doit être proposé à l'acquéreur évincé (CAA Bordeaux 3-10-2019 n° 19BX01065).

d. Un tiers à la vente, notamment le locataire de l'immeuble préempté, ne peut se prévaloir d'aucun droit à la suite de l'annulation de la décision de préemption ; il ne peut pas demander au juge administratif d'**enjoindre à l'administration** de lui proposer d'acquérir le bien (CE 28-4-2004 n° 249430, Union européenne pour la création des mosquées : BPIM 5/04 inf. 279).

e. Le **prix de revente** à l'acquéreur évincé ou au propriétaire initial doit tenir compte des éventuelles modifications apportées à la consistance et à l'état du bien après la préemption. Le prix mentionné dans la DIA doit, d'une part, être **majoré** du coût des travaux indispensables à la conservation du bien que la collectivité a réalisés et de la plus-value consécutive aux travaux utiles d'amélioration ou de démolition qu'elle a menés à bien et d'autre part, en cas de dégradation du bien, être **diminué** des dépenses que l'acquéreur devra exposer pour le remettre dans l'état dans lequel il se trouvait initialement. En revanche, il n'y a pas lieu de tenir compte de la modification des règles d'urbanisme applicables et des évolutions du marché immobilier postérieures à la décision de préemption (CE sect. 31-12-2008 n° 293853, Pereira Dos Santos Maia : BJDU 6/08 p. 440). Le prix mentionné dans la DIA ne doit pas être affecté d'un coefficient d'érosion monétaire (CAA Marseille 19-5-2011 n° 11MA00612, Barral : BPIM 5/11 inf. 368). Lorsque le prix de revente demandé par la commune n'est pas compatible avec les principes d'évaluation fixés par la jurisprudence, le juge peut, à titre exceptionnel, fixer lui-même la limite supérieure du prix de rétrocession (CAA Marseille 19-5-2011 n° 11MA00612, Barral : BPIM 5/11 inf. 368).

RECOURS EN INDEMNISATION

Conditions La **responsabilité de la commune** peut être engagée en cas de préemption illégale, et ce, même si en définitive, elle renonce à acquérir (CE 15-5-2006 n° 266495, Cne de Fayet). 32015

Le caractère direct, matériel et certain du **préjudice** doit être établi. Le requérant doit démontrer l'existence d'un **lien de causalité** entre l'illégalité de la décision de préemption et le préjudice qui en résulte (CE 6-10-1999 n° 183722 : BJDU 5/99 p. 394 ; CE 27-6-2005 n° 260562 : BPIM 2/06 inf. 104 ; CE 7-5-2016 n° 371915 : BJDU 1/16 p. 46).

La **responsabilité sans faute** de la commune a même été engagée dans un cas où la préemption puis la renonciation à préempter, toutes deux légales, ont causé un grave préjudice au propriétaire du bien (CE 13-6-2022 n° 437160, Sté Immotour : BPIM 4/22 inf. 279).

› Précisions a. Les conditions relatives au préjudice et au lien de causalité s'appliquent tant à l'**ancien propriétaire** qu'à l'acquéreur évincé. Ainsi l'**acquéreur évincé** doit, par exemple, démontrer qu'il a engagé des frais inutiles, subi des troubles dans ses conditions d'existence ou été privé d'une chance unique d'obtenir un bien qui lui est nécessaire. Le fait de n'avoir pas pu procéder à l'acquisition n'est pas indemnisable en soi (CE 8-12-2000 n° 188046 : BPIM 2/01 inf. 107). La responsabilité de la commune peut également être engagée envers le **locataire** du bien illégalement préempté s'il existe un lien de causalité suffisamment direct entre l'illégalité et le préjudice subi (CE 21-6-2006 n° 278118, Gantois : BJDU 4/06 p. 284).

b. Le fait qu'une préemption ait été déclarée illégale plus de 4 ans après la date à laquelle elle a été exercée ne prive pas l'administration du droit d'opposer au plaignant la **prescription quadriennale** pour refuser toute indemnisation (CE sect. 5-12-2014 n° 359769, Cne de Scionzier : BPIM 1/15 inf. 18).

Évaluation du préjudice L'indemnité doit correspondre au **préjudice causé au propriétaire** pour la période ayant commencé à la date de la décision de préemption pour se terminer le jour de la notification de son annulation (CAA Paris 12-2-1998, Cne de Plaisir c/ Le Metayer : Constr.-urb. 1998 n° 274). 32020

Pour la détermination du préjudice, les tribunaux retiennent, par exemple, la perte en capital et la perte des revenus qui auraient pu être tirés du placement du capital correspondant au prix de vente convenu (CE 28-7-1999 n° 183804, Cne de Montreuil-sous-Bois c/ Laporte : BJDU 5/99 p. 367 ; CAA Paris 12-2-1998, Cne de Plaisir c/ Le Metayer : Constr.-urb. 1998 n° 274).

L'indemnité pour **perte en capital** peut être égale à la différence entre le prix stipulé dans une promesse de vente et la somme que le propriétaire a obtenue de la commune (CE 30-7-1997 n° 160968, Cne de Montreuil-sous-Bois c/ Breuille : BPIM 6/97 inf. 375), de l'acquéreur dans le cadre d'une seconde DIA à un prix inférieur à la première (CE 14-6-1999 n° 171231, Cne de Montreuil-sous-Bois c/ Souloumiac : BJDU 4/99 p. 287) ou encore d'un tiers (CE 15-5-2006 n° 266495, Cne de Fayet). Le prix de vente effectif peut être retenu s'il n'est pas manifestement sous-évalué et si la vente se conclut dans un délai raisonnable à compter de la renonciation de la collectivité.

Pour évaluer l'indemnité de **perte de revenus,** il faut tenir compte du délai écoulé et, si celui-ci est anormal, fixer comme terme du préjudice financier la date à laquelle la collectivité a renoncé à préempter (CE 15-5-2006 n° 266495, Cne de Fayet ; CE 10-3-2010 n° 323543, SCI GFM : BPIM 3/10 inf. 206).

L'indemnité peut être refusée si la promesse de vente était subordonnée à des conditions suspensives dont il apparaît qu'elles n'auraient pas été remplies (CE 21-4-2000 n° 180325, Sté foncier immobilier Lyonnais : BPIM 3/00 inf. 159).

L'**acquéreur évincé** peut également prétendre à une indemnité couvrant son **préjudice** : frais engagés inutilement (notamment pour l'établissement du dossier de permis de construire), préjudice moral, etc. L'attribution d'une indemnité au titre de la perte des bénéfices escomptés d'une opération immobilière est le plus souvent refusée au motif que ce préjudice est seulement éventuel (CAA Versailles 1-10-2009 n° 08VE01115 : BPIM 2/10 inf. 98).

UTILISATION DU BIEN PRÉEMPTÉ

32025 Les biens acquis par exercice du droit de préemption doivent être utilisés pour l'un des **objets** mentionnés nos 31955 s., qui peut être différent de celui mentionné dans la déclaration de préemption. Tout **changement d'affectation** doit faire l'objet d'une décision de l'organe délibérant de la collectivité.

Quant aux biens acquis dans le cadre d'une **délégation spéciale** par des organismes en charge du logement social (voir no 32595), ils ne peuvent être utilisés qu'en vue de la réalisation d'opérations d'aménagement ou de construction permettant la réalisation des objectifs du programme local de l'habitat ou déterminés en application du premier alinéa de l'article L 302-8 du CCH, ainsi qu'en vue de la réalisation d'opérations programmées d'amélioration de l'habitat (CCH art. L 303-1), de plans de sauvegarde d'immeubles en difficulté (CCH art. L 615-1) ou d'opérations de requalification de copropriétés dégradées (CCH art. L 741-1) (C. urb. art. L 211-2, avant-dernier al. dans sa rédaction issue de la loi 2024-322 du 9-4-2024).

L'utilisation d'un bien au profit d'une **personne privée** autre qu'un concessionnaire d'aménagement ou qu'une société d'HLM doit faire l'objet d'une délibération motivée de l'organe délibérant de la collectivité ou du délégataire du droit de préemption.

Si le titulaire décide d'utiliser un bien acquis depuis moins de 5 ans pour d'**autres objets** que ceux susvisés, il doit informer de sa décision les anciens propriétaires ou leurs ayants cause universels ou à titre universel et leur proposer l'acquisition de ce bien en priorité. À défaut d'accord amiable, le prix est fixé par le juge de l'expropriation. À compter de la fixation judiciaire du prix, le bénéficiaire du droit de priorité dispose de 3 mois pour acquérir ; à défaut, il est réputé y avoir renoncé. Dans ce cas, l'acquisition du bien devra être proposée à l'acquéreur évincé si son nom figurait dans la déclaration d'intention d'aliéner (C. urb. art. L 213-11).

De même, un bien peut être préempté en vue d'une cession ultérieure à une autre **collectivité publique,** dès lors que l'usage du droit de préemption est destiné à permettre la réalisation de l'une des opérations visées à l'article L 210-1 du Code de l'urbanisme (CE 14-1-1998 no 160378 : BPIM 2/98 inf. 95).

> **Précisions** **a. Avant leur utilisation définitive,** les biens acquis par l'exercice du droit de préemption doivent être gérés de manière identique à ceux acquis pour constituer des réserves foncières (no 25550).
> **b.** Les biens acquis par préemption dans le cadre des mesures de protection des **espaces sensibles** ne peuvent être utilisés que comme espaces naturels. À défaut, un droit de rétrocession est également ouvert à l'ancien propriétaire ou à ses ayants cause (no 34265).
> **c.** Sur la **procédure de rétrocession,** voir nos 33665 s.

REGISTRES

32030 Les **acquisitions** réalisées par exercice ou par délégation du DPU ou du droit de préemption applicable dans les ZAD sont inscrites sur un registre dont la consultation est libre et qui doit faire mention de l'**utilisation effective** des biens préemptés (C. urb. art. L 213-13).

SECTION 2

DROIT DE PRÉEMPTION DANS LES ZAD ET LES PÉRIMÈTRES PROVISOIRES DE ZAD

A. Création de la zone

LOCALISATION

32170 Une ZAD peut être créée sur n'importe quelle partie du territoire national, que la commune soit ou non dotée d'un document local d'urbanisme (C. urb. art. L 212-1).

Un même terrain peut être situé dans une ZAD et dans une zone de préemption au titre des ENS (CE sect. 3-7-1998 no 126606, Dépt des Yvelines : BPIM 5/98 inf. 318). En revanche, en présence d'une ZAD, le DPU n'est plus applicable (no 32255).

COMPATIBILITÉ

La création d'une ZAD n'a pas à être compatible avec les dispositions des schémas direc- 32175
teurs (CE 22-7-1992 n° 86228, Syndicat viticole de Pessac et Léognan : Lebon p. 299) ou des POS (CE 15-3-1996 n° 126498, Cne de Bessoncourt). Ces décisions nous paraissent transposables aux Scot et aux PLU.

INSTITUTION DE LA ZAD OU DU PÉRIMÈTRE PROVISOIRE (PRÉ-ZAD)

La ZAD est créée par le **représentant de l'État** dans le département, sur proposition ou 32180
après avis de la commune et après avis de l'EPCI concerné, par arrêté motivé. Si une ZAD doit être créée sur le territoire de plusieurs départements, sa création résulte d'un arrêté pris conjointement par les préfets intéressés. La création d'une ZAD peut être prévue dans le cadre d'un contrat de développement territorial du « Grand Paris » (Loi 2010-597 du 3-6-2010 art. 21, III), ainsi que dans le cadre des contrats pour la réalisation des **projets d'intérêt majeur** (C urb. art. L 350-4).

Des **ZAD intercommunales** peuvent également être créées par décision motivée de l'organe délibérant d'un EPCI à fiscalité propre compétent en matière de PLU, après avis des communes incluses dans le périmètre de la zone (C. urb. art. L 212-1, al. 3). L'initiative peut aussi émaner d'un établissement public territorial (CGCT art. L 5219-2), après avis des communes incluses dans le périmètre de la zone et en dehors des périmètres fixés par le conseil de la métropole du Grand Paris pour la mise en œuvre d'opérations d'aménagement d'intérêt métropolitain (C. urb. art. L 212-1, al. 5).

Dès qu'il est saisi d'une **proposition de création** de ZAD ou dès qu'il a demandé son avis à la commune ou à l'EPCI concerné sur ce projet, le préfet peut prendre un arrêté délimitant le **périmètre provisoire** de la ZAD (C. urb. art. L 212-2-1, al. 1). Cette pré-ZAD devient caduque si l'acte créant la ZAD n'est pas publié dans les 2 ans de la publication de l'arrêté délimitant le périmètre provisoire.

Quant à une **ZAD d'initiative préfectorale** et en cas d'**avis défavorable** d'une commune (ou de l'EPCI), comme dans le cas où la commune (ou l'EPCI) n'a pas donné son avis dans les 2 mois de la réception du projet de création de la ZAD, celle-ci ne peut être créée que par décret en Conseil d'État. Lorsque l'**initiative relève de l'EPCI** ou d'un **établissement public territorial** et en cas d'avis défavorable d'une commune, la compétence revient au préfet ou, si la zone est située sur le territoire de plusieurs départements, aux préfets des départements concernés (C. urb. art. L 212-1, al. 4 et 6).

La décision créant la zone fait l'objet de mesures de **publicité,** de transmission et d'information (publication au Journal officiel ou au recueil des actes administratifs du département, dépôt en mairie, insertion dans 2 journaux publiés dans le ou les départements concernés, transmission aux organismes regroupant les différentes professions juridiques, etc.). Le point de départ des effets juridiques attachés à l'arrêté créant la ZAD est constitué par l'accomplissement des formalités de publicité (C. urb. art. R 212-2).

› Précisions **a.** L'acte créant la ZAD est un **acte non réglementaire non individuel** (CE 25-3-1996, Association de sauvegarde du village de Guyancourt et de ses hameaux : BJDU 2/96 p. 130). Son exception d'illégalité peut être soulevée à l'occasion d'un recours contre une décision de préemption prise dans la zone, mais seulement si le délai de recours contentieux contre cet acte de création n'est pas expiré à la date où l'exception est soulevée ; décision de préemption et acte de création de la ZAD ne forment pas une opération complexe (CE 26-10-2012 n° 346947, Chauveau : BPIM 6/12 inf. 430).

b. En raison de la longueur de la procédure de création d'une ZAD, la **création des périmètres provisoires** (pré-ZAD) permet d'éviter un renchérissement du coût des terrains supporté par la collectivité (Circ. 91-57 du 31-7-1991).

c. Tout propriétaire peut savoir si son **bien est situé ou non à l'intérieur d'une ZAD** ou d'un périmètre provisoire de ZAD, en s'adressant à l'administration par lettre simple.

d. Le contrat conclu entre l'État et les collectivités territoriales pour la réalisation d'un **projet d'intérêt majeur** dresse la liste et fixe le périmètre des ZAD en question. Il désigne le bénéficiaire du droit de préemption. Lorsque la commune n'est pas désignée, elle bénéficie d'un droit de préemption subsidiaire qu'elle peut mettre en œuvre si le bénéficiaire du droit de préemption à titre principal renonce à exercer son droit. Le délai de réponse à la déclaration d'intention d'aliéner, qui reste de 2 mois pour le titulaire principal, est porté à 3 mois pour permettre au titulaire à titre subsidiaire de faire usage de ce droit si le titulaire à titre principal y renonce (C. urb. art. L 350-4).

e. Le décret qualifiant et délimitant une **opération d'intérêt national** (OIN) ou l'acte qualifiant et délimitant une **grande opération d'urbanisme** (GOU) peut instaurer une ZAD et désigner le bénéficiaire du droit de préemption (C. urb. art. L 102-15 et L 312-6).

CONTRÔLE DE LA CRÉATION DE LA ZAD

32185 Le juge administratif exerce son contrôle sur la création des ZAD. L'acte créant une ZAD doit être motivé et énoncer les considérations de fait et de droit sur lesquelles il se fonde. Le juge vérifie que le **but poursuivi** entre bien dans le champ des objets pour lesquels une telle zone peut être instituée.

Le juge exerce un contrôle restreint sur la délimitation du **périmètre** de la ZAD. Dès lors que la superficie de la ZAD est disproportionnée par rapport à un projet d'aménagement, l'arrêté peut être annulé pour erreur manifeste d'appréciation (CE 16-12-1994 nº 104389, Cne de Veauchette : BJDU 6/94 p. 81).

› Précisions **a.** La création d'une ZAD destinée à permettre la réalisation d'une **zone d'entreprises** dans une zone fortement urbanisée est justifiée (CE 20-11-1996 nº 134804, Association Sauvegarde et renouveau de Six-Fours).
b. Si la ZAD est destinée à préparer la constitution de **réserves foncières** dont la destination n'est pas arrêtée, l'exposé de la motivation doit faire référence au besoin de réserves foncières et à l'aptitude des terrains à faire l'objet d'un aménagement ultérieur (Rép. Baudis : AN 15-3-1993 p. 947 nº 54324). Une ZAD peut être créée en vue de faire échec à la spéculation foncière dans un secteur où doivent être réalisés d'importants équipements collectifs (CE 8-6-1994 nº 126486, Cne de Mitry-Mory : Lebon T. p. 1243). Toutefois, la collectivité ne peut légalement exercer ce droit si la préemption est dépourvue d'utilité pour atteindre les objectifs en vue desquels la zone a été créée (CE 17-6-2014 nº 358438, Fournaise : BPIM 4/14 inf. 241).
c. L'acte de création peut faire l'objet d'une **annulation partielle** en ce qu'il inclut certains terrains dans le périmètre de la zone (CE 8-6-1994 nº 126486, Cne de Mitry-Mory : Lebon T. p. 1243).

B. Institution du droit de préemption

TITULAIRE DU DROIT

32250 L'acte créant la **ZAD** désigne le titulaire du droit de préemption, qui peut être soit une collectivité publique ou un établissement public y ayant vocation, soit une société d'économie mixte locale, soit le concessionnaire d'une opération d'aménagement. Il peut s'agir encore d'une chambre de commerce et d'industrie territoriale ou d'une chambre de métiers pour la réalisation d'équipements artisanaux ou commerciaux répondant à des préoccupations d'ordre économique et social au profit des commerçants et artisans, en vue de leur installation ou de la reconversion de leur activité ou de leur transfert et enfin d'une société publique locale d'aménagement relevant des articles L 327-1 et suivants du Code de l'urbanisme. Ce titulaire peut être changé par la suite (C. urb. art. L 212-2, L 321-4 et R 212-1, dernier al. ; C. com art. L 711-2).

Dans les **périmètres provisoires** de ZAD (pré-ZAD), l'État est titulaire du droit de préemption à compter de la publication de l'arrêté instituant la pré-ZAD jusqu'à la publication de l'acte créant la ZAD. Toutefois, l'arrêté délimitant le périmètre provisoire peut désigner un autre titulaire du droit de préemption (C. urb. art. L 212-2-1).

PRIMAUTÉ DE LA ZAD SUR LE DPU

32255 À compter de la publication de l'acte créant la pré-ZAD ou la ZAD, le droit de préemption urbain n'est plus applicable dans les zones urbaines ou d'urbanisation future du PLU qui sont incluses dans le périmètre de la ZAD (C. urb. art. L 211-1, L 212-1 et L 212-2-1 ; CE 22-2-1995 nº 125025, Cne de Bessoncourt). Il y a donc une véritable primauté de la ZAD sur le DPU.

DURÉE DE LA ZAD

32260 Dans les **ZAD,** le droit de préemption peut être exercé, à compter de la publication de l'acte créant la zone, pendant une durée de 6 ans renouvelable (C. urb. art. L 212-2). Le renouvellement de la ZAD doit être motivé et énoncer les considérations de fait et de droit sur lesquelles il se fonde (Rép. Morel-A-L'Huissier : AN 15-5-2012 p. 3964 nº 129553).

L'acte de renouvellement de la ZAD se fait selon la procédure prévue pour la création du périmètre de la ZAD (nº 32180). Pour autant, il ne s'agit pas de respecter un parallélisme de procédure : l'acte de renouvellement ne doit pas nécessairement être pris selon la même modalité que celle de l'acte de création de la zone (C. urb. art. L 212-2, al. 3). Ainsi, si la création de la ZAD a été décidée par décret en Conseil d'État en raison de l'avis défavorable d'une commune, le renouvellement du droit de préemption pourra être décidé par arrêté du préfet si l'EPCI et les communes rendent cette fois un avis favorable.

Lorsqu'il existe une **pré-ZAD,** la date de publication de l'acte délimitant le périmètre provisoire de la future ZAD se substitue à celle de l'acte créant la ZAD pour le calcul du délai de 6 ans (C. urb. art. L 212-2-1, dernier al.).

> Précisions Lorsqu'une ZAD est créée dans le périmètre d'une **opération d'intérêt national** (OIN) ou d'une **grande opération d'urbanisme** (GOU), le droit de préemption peut être exercé pendant 10 ans, renouvelable une fois (C. urb. art. L 102-15, al. 2 et L 312-6, al. 2).

DÉLÉGATION

Le droit de préemption peut être délégué, le cas échéant, dans des conditions identiques à celles examinées nos 32590 s. **32265**

UTILISATION DES BIENS PRÉEMPTÉS DANS UNE PRÉ-ZAD

Lorsque des biens immobiliers ont été préemptés dans le cadre d'une pré-ZAD et qu'ils n'ont pas été utilisés à l'un des objets mentionnés à l'article L 210-1 du Code de l'urbanisme (no 31955), il est distingué selon que ces biens se trouvent inclus ou non dans le **périmètre définitif d'une ZAD** : **32270**

– dans le premier cas, ils seront purement et simplement cédés au titulaire du droit de préemption dans la ZAD, dans les conditions de l'article R 212-6 du Code de l'urbanisme ;

– dans le second cas, ils seront **rétrocédés** à leurs anciens propriétaires ou à leurs ayants cause universels ou à titre universel, dans le délai d'un an à compter de l'acte créant la ZAD (C. urb. art. L 212-2-2). La rétrocession s'effectue conformément à l'article L 213-11 du Code de l'urbanisme (voir nos 33665 s.).

Les mêmes dispositions sont applicables lorsque l'arrêté délimitant le **périmètre provisoire** devient **caduc**.

C. Droit de délaissement

Dès la publication de l'acte créant la ZAD ou délimitant la pré-ZAD, un droit de délaissement est ouvert au propriétaire d'un bien soumis au droit de préemption. Il lui permet de proposer au titulaire du droit de préemption l'acquisition du bien, en indiquant le prix qu'il en demande. **32350**

L'article L 212-3 du Code de l'urbanisme reprend, presque à l'identique, les dispositions relatives au DPU (nos 32855 s.), à l'exception des **particularités** suivantes :

– le droit de délaissement ne peut être exercé que par le **propriétaire du bien** concerné à la date de publication de l'acte de création de la zone ou délimitant son périmètre provisoire, ou par ses ayants cause universels ou à titre universel ;

– en cas de **refus** d'acquisition **ou** de **défaut de réponse** du titulaire du droit dans le délai de 2 mois, le bien en cause sort de plein droit du champ d'application du droit de préemption.

Dans l'une ou l'autre de ces hypothèses, le bénéficiaire du droit de préemption est tenu, sur simple requête du propriétaire, d'**attester** dans le délai de 15 jours suivant la réception de ladite requête que le bien n'est plus soumis à ce droit (C. urb. art. R 212-5).

> Précisions Comme en matière de DPU, le transfert de propriété ne peut intervenir qu'après signature de l'acte authentique et paiement du prix. En cas de non-respect du délai de paiement, réduit à 4 mois, le propriétaire peut vendre librement son bien (C. urb. art. L 212-3 et L 213-14).

SECTION 3 DROIT DE PRÉEMPTION URBAIN

A. Mise en vigueur du DPU

CHAMP D'APPLICATION TERRITORIAL

Cas général Le DPU ne peut être institué - sauf quelques exceptions marginales - que lorsque la commune est dotée d'un **PLU** opposable. Il ne peut s'appliquer que dans les zones urbaines ou d'urbanisation future de ce plan, ainsi que dans les sites patrimoniaux remarquables dotés d'un **PSMV,** à condition qu'il n'existe pas de ZAD ou de pré-ZAD sur les zones concernées (voir no 32255). Le DPU peut être institué sur tout ou partie de ces zones et **32570**

s'applique à tous les terrains inclus dans son périmètre. Le passage d'un POS à un PLU ne fait pas disparaître la délibération ayant institué le DPU dès lors que les terrains restent classés dans une zone urbaine ou d'urbanisation future soumise à préemption (Cass. 3e civ. 20-3-2013 no 11-19.241 : BPIM 3/13 inf. 176). En revanche, une déclaration d'utilité publique emportant mise en compatibilité du PLU n'étend pas le DPU institué sur une zone aux parcelles reclassées dans cette zone à l'occasion de la mise en compatibilité, l'extension géographique du DPU nécessite une nouvelle délibération (Cass. 3e civ. 8-11-2006 no 05-17.462 : Bull. civ. III no 220). Dans les communes dont le **POS** est **caduc** et sur le territoire de laquelle s'applique le règlement national d'urbanisme (C. urb. art. L 174-1), le DPU ne peut normalement plus s'exercer. Pour remédier à cette situation dans les communes carencées en matière de logements sociaux et dans lesquelles le RNU s'applique, le droit de préemption est expressément maintenu au bénéfice du préfet pendant la durée d'application de l'arrêté de carence (C. urb. art. L 211-1, al. 3).

Le DPU peut être institué par une commune dotée d'une **carte communale** en vue de la réalisation d'un équipement ou d'une opération d'aménagement déterminé. La délibération du conseil municipal instaurant le DPU détermine le ou les secteurs concernés et, pour chaque périmètre, précise l'équipement ou l'opération projeté.

> **Précisions a.** Sur l'application du DPU dans les **ZAC** et les **lotissements,** voir no 32655.
> **b.** Le DPU est susceptible de disparaître en cas d'**annulation ou** de constatation d'**illégalité du document local d'urbanisme.** Ainsi, en cas d'annulation, le DPU ne peut plus être exercé sur la partie de la commune qui n'est plus couverte par un document local d'urbanisme opposable aux tiers ou si cette partie est classée en zone naturelle par le document local d'urbanisme antérieur remis en vigueur (CAA Marseille 15-3-2012 no 10MA01865, Guez et Paret : BPIM 3/12 inf. 211). De même, la constatation de l'illégalité d'une disposition du document local d'urbanisme entraîne celle de l'acte instituant le DPU lorsque cette illégalité affecte une disposition du plan ayant pour objet de rendre possible cet acte (CAA Nantes 12-11-1997 no 94-912, Sté Calcia : BPIM 4/98 inf. 240, 2e espèce).
> **c.** La **décision qui délimite le territoire d'une zone de préemption** est une décision non réglementaire non individuelle dont l'**exception d'illégalité** peut être soulevée à l'occasion de la contestation d'une décision de préemption. La délibération instituant le droit de préemption et la décision de préemption ne constituant pas une opération complexe, cette exception ne peut pas être soulevée si la délibération est devenue définitive, c'est-à-dire si le délai de recours contentieux à son encontre est expiré (CE 10-5-2017 no 398736, Sté ABH Investissements : BPIM 4/17 inf. 263, la commune était en l'espèce couverte par un PLU ; CAA Lyon 18-1-2024 no 22LY02599, Établissement public foncier Auvergne, la commune était en l'espèce couverte par une carte communale). La même solution s'applique aux ZAD (voir no 32180, Précision a).
> **d.** Une commune peut préempter la totalité d'un **terrain situé** pour partie dans une zone soumise au **DPU** et pour partie dans une zone de préemption au titre des **espaces naturels sensibles,** dès lors que les règles de mise en œuvre de ces deux droits sont respectées et à condition que les objectifs poursuivis dans la mise en œuvre de chacun de ces droits soient compatibles (en ce sens, CE 26-2-2003 no 231558, Bour : Lebon p. 59).

32572 **Secteurs nécessitant une protection particulière** Le DPU peut être instauré dans certains secteurs nécessitant une protection particulière : zones et secteurs définis par un **PPRT,** zones de rétention temporaire des **eaux** de crues ou de ruissellement, zones de mobilité d'un cours d'eau, périmètres de protection rapprochée de prélèvement d'eau destinée à l'alimentation des collectivités humaines (C. urb. art. L 211-1).

Le DPU peut également être institué dans des secteurs prioritaires à mobiliser qui présentent un potentiel foncier majeur dans la **lutte contre** l'**artificialisation des sols,** délimités par le PLU, le document en tenant lieu ou la carte communale (C. urb. art. L 211-1-1). Les secteurs prioritaires peuvent couvrir en particulier :
– des terrains contribuant à la préservation ou à la restauration de la nature en ville, notamment lorsqu'il s'agit de surfaces végétalisées ou naturelles situées au sein des espaces urbanisés ;
– des zones présentant un fort potentiel en matière de renaturation, en particulier dans le cadre de la préservation ou de la restauration des continuités écologiques, et qui peuvent notamment être les zones préférentielles pour la renaturation identifiées dans le schéma de cohérence territoriale ;
– des terrains susceptibles de contribuer au renouvellement urbain, à l'optimisation de la densité des espaces urbanisés ou à la réhabilitation des friches.

INSTITUTION, SUPPRESSION, RÉTABLISSEMENT

32575 L'institution du DPU est une simple faculté. La décision relève de la seule **compétence** du conseil municipal ou de l'organe délibérant de l'EPCI (C. urb. art. L 211-2). Il en est de même des décisions de suppression, de rétablissement ou de modification du champ d'application territorial et qui peuvent porter sur tout ou partie des zones considérées. Par exception, dans les communes faisant l'objet d'un constat de carence dans la réalisation de logements locatifs sociaux, c'est le préfet qui est compétent pour instituer ou rétablir le DPU sur les immeubles affectés ou destinés à être affectés au logement (C. urb. art. L 211-1, al. 3). Ce dispositif n'est pas contraire au principe de libre administration des communes (Cons. const. 26-4-2013 n° 2013-309 QPC, SARL SCMC).

Aucune **motivation** n'a à figurer dans ces délibérations du conseil municipal ou de l'organe délibérant de l'EPCI (CE 6-7-2007 n° 300384 : BPIM 5/07 inf. 326). Seule l'institution du DPU « renforcé » nécessite une délibération motivée (voir n° 32750).

Pour être **exécutoire**, la délibération du conseil municipal est transmise au préfet du département et fait l'objet d'une publication par voie électronique, sauf dans les communes de moins de 3500 habitants qui peuvent opter pour un affichage, une publication papier ou une publication électronique (CGCT art. L 2131-1, III et IV). Ces **formalités du CGCT** suffisent à rendre exécutoire une délibération instituant le DPU (CE 18-11-2024 n° 487885, communauté de communes Cœur Haute Lande : BPIM 1/25 inf. 25). 32580

La délibération du conseil municipal (ou de l'organe délibérant de l'EPCI) fait également l'objet des mesures de **publicité** et de transmission visées aux articles R 211-2 à R 211-4 du **Code de l'urbanisme** (affichage en mairie pendant un mois, insertions dans 2 journaux diffusés dans le département, transmission aux organismes représentant les différentes professions juridiques, etc.). La mention de la délibération dans un journal habilité à recevoir les annonces légales, quels que soient son lectorat et sa diffusion, satisfait à l'obligation d'une publication dans un journal "diffusé dans le département" (CR 18-11-2024 n° 487885, Communautés de communes Cœur Haute Lande). Les dispositions réglementaires du Code de l'urbanisme prévoient que les **effets juridiques** attachés à la délibération ont pour point de départ l'accomplissement des formalités de publicité (C. urb. art. R 211-2). Toutefois, leur non-accomplissement est sans incidence sur le caractère exécutoire de la délibération, régi exclusivement par le CGCT (CE 18-11-2024 n° 487885, Communautés de communes Cœur Haute Lande : BPIM 1/25 inf. 26).

> **Précisions** Les conseils d'arrondissements de la Ville de **Paris** et des communes de **Marseille et Lyon** et les conseils ou commissions consultatifs d'une ou plusieurs **communes associées** sont consultés sur les décisions de création, de suppression ou de modification du champ d'application du droit de préemption qui les concernent (C. urb. art. R 213-27 à R 213-30 ; CGCT art. L 2511-15, al. 4).

SUSPENSION

Lorsqu'une pré-ZAD a été instituée (n° 32180), l'application du DPU est suspendue dans les zones urbaines et d'urbanisation future comprises dans ce périmètre (C. urb. art. L 212-2-1, al. 2). Le droit de préemption en faveur de l'État devient alors applicable (n° 32250). Dès que la ZAD est créée, ces territoires sont exclus du champ d'application du DPU (C. urb. art. L 212-1). 32585

TITULAIRES ET DÉLÉGATAIRES DU DPU

Le **titulaire** du DPU est, en principe, la **commune** ou l'**EPCI** (en totalité ou partiellement) sur délégation expresse de la commune ou de plein droit s'il s'agit d'un établissement à fiscalité propre compétent en matière de PLU. En règle générale, c'est le maire ou le président de l'EPCI qui exerce ce droit au nom de l'autorité compétente, sur délibération exécutoire du conseil municipal ou de l'organe délibérant de l'EPCI. 32590

Les **établissements publics territoriaux** (CGCT art. L 5219-2) compétents en matière de PLU sont également compétents de plein droit en matière de DPU. Ces établissements publics territoriaux regroupent l'ensemble des communes de la métropole du Grand Paris à l'exception de la capitale. Une limite à leur compétence (et à celle de la ville de Paris) : dans les périmètres d'« opérations d'aménagement d'intérêt métropolitain » et pour la réalisation de ces opérations, la **métropole du Grand Paris** est compétente pour exercer le droit de préemption (C. urb. art. L 211-2, al. 2).

Dans le périmètre d'une **grande opération d'urbanisme** dite « GOU » (C. urb. L 312-3), le droit de préemption est exercé par la collectivité territoriale ou l'établissement public signataire du contrat de projet partenarial d'aménagement (PPA). L'exercice de ce droit peut être délégué à un établissement public y ayant vocation ou au concessionnaire d'une opération d'aménagement (C. urb. art. L 211-2, al. 4).

Pendant la durée d'application de l'**arrêté de carence** (voir n°s 11180 s.), le droit de préemption est exercé par le **préfet** lorsque l'aliénation porte sur un terrain, bâti ou non bâti, affecté au logement ou destiné à être affecté à une opération ayant fait l'objet de la convention prévue à l'article L 302-9-1 du CCH. Le préfet peut déléguer ce droit à un EPCI à fiscalité propre ayant passé une convention avec l'État, à un établissement public foncier local ou de l'État, à une société d'économie mixte agréée en vue d'exercer une activité de construction et de gestion de logements sociaux ou à un organisme d'habitations à loyer modéré (Circ. écologie du 21-2-2012 : BO écologie 2012-6 du 10-4-2012 p. 179). Les biens préemptés par le préfet doivent être utilisés en vue de la réalisation d'opérations d'aménagement ou de construction permettant la réalisation des objectifs fixés par le PLH ou par la loi en matière de réalisation de logements locatifs sociaux. Le préfet peut aussi, sur demande motivée de la collectivité initialement titulaire du droit de préemption, renoncer ponctuellement pour lui-même à exercer ce droit au profit de la collectivité pour un seul bien. L'arrêté du préfet mentionne le bien concerné et la finalité pour laquelle la préemption est exercée (C. urb. art. L 210-1, al. 2).

> **Précisions** **a.** Le **maire** qui a reçu **délégation** du conseil municipal **pour exercer le droit de préemption** peut aussi se voir confier la faculté de déléguer l'exercice de ce droit à une autre collectivité à l'occasion de l'aliénation d'un bien dans le respect des conditions fixées par le conseil municipal (CGCT art. L 2122-22, 15°). La définition des conditions d'exercice de la délégation ne concerne pas la délégation au maire lui-même de l'exercice du DPU (CE 2-3-2011 n° 315880, Cne de Brétignolles-sur-Mer : BPIM 3/11 inf. 196). Tant qu'il n'a pas légalement mis fin à la délégation consentie au maire, le conseil municipal ne peut pas légalement se substituer au maire pour décider de préempter un immeuble (CE 2-10-2013 n° 357008, Cne de Fréjus : BJDU 1/14 p. 69 obs. B. Phémolant et M. Raunet ; CE 8-4-2015 n° 376821, Cne de Saint-Aignan-Grandlieu : BPIM 3/15 inf. 175) ou pour déléguer ce droit à une autre collectivité à l'occasion d'une aliénation déterminée (CE 30-12-2003 n° 249402, Cne de Saint-Gratien : BJDU 1/04 p. 52). Une délibération expresse du conseil municipal est requise pour mettre fin à la délégation consentie au maire (CE 1-3-2023 n° 462648 : BPIM 2/23 inf. 103). Le président de l'EPCI peut être compétent de plein droit ou par délégation (CGCT art. L 5211-9).
> **b.** Le **maire** qui a reçu délégation du conseil municipal pour exercer le droit de préemption doit procéder à une **information récapitulative** des décisions de préemption ou de non-préemption à chacune des réunions obligatoires du conseil municipal (CGCT art. L 2122-23).
> **c.** Les **communautés de communes** et les **communautés d'agglomération** peuvent exercer le DPU pour la mise en œuvre de la politique communautaire d'équilibre social de l'habitat (CGCT art. L 5214-16, VI et L 5216-5, II bis).
> **d.** La **métropole** de Lyon a la compétence de plein droit en matière de DPU (C. urb. art. L 211-2 al. 2).
> **e.** Dans les **départements et régions d'outre-mer,** le titulaire du droit de préemption peut déléguer son droit à un organisme d'HLM prévu à l'article L 411-2 du CCH (C. urb. art. L 211-2-1). Cette délégation ne peut être accordée qu'à l'occasion de l'aliénation d'un bien nécessaire à la réalisation d'une mission mentionnée au même article L 411-2.
> **f.** Dans les zones carencées en logements sociaux, le **maire doit transmettre la DIA au préfet** dans les 7 jours ouvrés à compter de la date à laquelle il la reçoit. À défaut, après que le préfet l'a informé de son intention de dresser un procès-verbal constatant l'absence de transmission de la déclaration, le maire dispose de 7 jours pour faire part de ses observations. Au vu de ces observations et à l'issue de ce délai, si le préfet de décide de dresser un procès-verbal, le maire sera redevable d'une amende forfaitaire de 1 000 euros (C. urb. art. L 213-2, al. 3).

32595 Le **droit de préemption** peut être **délégué** par son titulaire. Cette délégation peut être faite au profit de l'État, d'une collectivité locale, d'un établissement public y ayant vocation ou du concessionnaire d'une opération d'aménagement (C. urb. art. L 213-3). Cette délégation peut être faite aussi au profit d'un établissement public foncier de l'État (EPFE), d'un EPF local (C. urb. art. L 321-4 et 324-1), d'une chambre de commerce ou d'une chambre de métiers (en ce qui concerne ces deux dernières, la délégation ne peut être accordée que pour la réalisation d'équipements commerciaux et artisanaux) (C. com. art. L 711-2). Elle peut être faite aussi au profit de concessionnaires d'opérations d'aménagement ou d'action (C. urb. art. L 300-4 et L 300-10) en vue de réaliser des opérations programmées d'amélioration de l'habitat, des plans de sauvegarde d'immeubles en difficulté ou des opérations de requalification des copropriétés dégradées (C. urb. art. L 211-2-4 créé par la loi 2024-322 du 9-4-2024).

Cette délégation peut être faite aussi au profit d'organismes HLM, de sociétés d'économie mixte de construction et de gestion de **logements sociaux,** d'organismes de foncier solidaire pour les biens nécessaires à la réalisation de leur objet principal et d'organismes agréés concourant aux objectifs de la politique d'aide au logement (CCH art. L 365-2). Les biens ainsi acquis sont utilisés pour réaliser les objectifs d'un **PLH**, d'un programme de logements locatifs sociaux ou pour réaliser des opérations programmées d'amélioration de l'habitat, des plans de sauvegarde d'immeubles en difficulté ou des opérations de requalification des copropriétés dégradées (C. urb. art. L 211-2, al. 3 dans sa rédaction issue de la loi 2024-322 du 9-4-2024). Ces organismes peuvent déléguer l'exercice de ce droit à leur organe exécutif (C. urb. art. L 211-2, al. 3 et R 211-5).

Cette délégation peut avoir lieu également au profit de la personne titulaire d'une concession d'aménagement à qui a été confiée la réalisation d'actions ou d'opérations dans le cadre d'une **opération de revitalisation du territoire** ou pour favoriser la diversité, le maintien ou le développement d'**activités artisanales et commerciales de proximité** dans les espaces urbains situés à l'intérieur d'un périmètre du droit de préemption commercial étudié nos 34460 s. (C. urb. art. L 211-2-3).

Cette **délégation** peut être seulement **partielle.** Ainsi peut-elle porter sur une ou plusieurs parties des zones concernées, être accordée à l'occasion de l'aliénation d'un bien, ou même porter uniquement sur certains biens de l'ensemble des zones concernées, le titulaire conservant ses prérogatives pour tous les autres biens soumis au droit de préemption. Les biens acquis par le délégataire entrent dans son patrimoine. La qualité de délégataire emporte celle de titulaire du droit de préemption.

> Précisions a. La délégation résulte d'une **délibération** de l'organe délibérant du titulaire du droit de préemption. Cette délibération n'a pas à être motivée (CAA Nantes 24-6-1998 n° 97NT00440, Cne de Bouaye et district de l'agglomération nantaise : BPIM 2/99 inf. 117). Elle est exécutoire dès sa notification aux intéressés (CE 31-3-1989 n° 88113, Sté d'ingénierie et de développement économique et ville d'Arcueil : JCP éd. N 1989 II p. 253, 2e espèce). Elle peut être retirée dans les mêmes formes. Elle peut également résulter de l'insertion d'une clause particulière dans une concession d'aménagement. Dans ce cas, la délégation produit son effet à compter de la date à laquelle la concession devient exécutoire. La légalité d'une préemption par le concessionnaire est subordonnée à sa transmission au préfet (CE 24-5-2017 n° 397197 : BPIM 4/17 inf. 262).

b. Le maire, auquel la commune a délégué l'exercice des droits de préemption du Code de l'urbanisme, peut exercer ce droit **quelle que soit la date de la délégation,** l'important étant qu'au jour de la préemption, la commune en soit titulaire ou délégataire (CE 28-1-2021 n° 429584, Sté Matimo : BPIM 2/21 inf. 112 ; CE 1-3-2023 n° 462648 : BPIM 2/23 inf. 103).

c. L'illégalité pour **vice de forme** ou de **procédure** de l'acte par laquelle la collectivité titulaire du droit de préemption a délégué ce droit à une autre collectivité ne peut pas être invoquée par voie d'exception à l'appui d'un recours contre la décision de préemption (CE 1-3-2023 n° 462648 : BPIM 3/23 inf. 23).

d. Le DPU peut être délégué à un **office public de l'habitat** (CE 16-1-2013 n° 361266 A. c/ OPH de Versailles habitat : BJDU 4/13 p. 312 obs. B. Phémolant et M. Raunet), à une **société publique locale** ou à une société publique locale d'aménagement d'intérêt national (C. urb. art. L 327-1).

B. Exclusions du champ d'application du DPU

Le champ d'application du DPU est théoriquement le même que celui prévu dans les ZAD tant du point de vue des ventes que des biens concernés (voir nos 33070 s.). Toutefois, certains biens sont exclus de ce champ d'application soit par décision de la collectivité soit de plein droit par la loi, la commune pouvant réintroduire ces exclusions dans le champ d'application en décidant d'un exercice renforcé du DPU (voir n° 32750). **32650**

EXCLUSIONS À L'INITIATIVE DE LA COMMUNE

Lorsqu'un **lotissement** a été autorisé ou une **ZAC** créée, la commune peut exclure du champ d'application du DPU la vente des lots de ce lotissement ou des terrains de cette ZAC pendant une durée de 5 ans (C. urb. art. L 211-1, al. 4). Cette exclusion volontaire ne concerne que les ventes réalisées par le lotisseur ou l'aménageur. Le délai de 5 ans court à compter du jour où la délibération du conseil municipal s'y rapportant est devenue exécutoire. Copie de cette délibération doit être notifiée au lotisseur ou à l'aménageur (C. urb. art. R 211-4). **32655**

EXCLUSIONS LÉGALES

Vente d'un lot de copropriété N'est pas soumise au DPU la vente d'un ou plusieurs lots constitués soit par un seul local à usage d'habitation, à usage professionnel ou à usage mixte professionnel et d'habitation, soit par un tel local et ses locaux accessoires, soit par un ou plusieurs locaux accessoires à un tel local, compris dans un bâtiment effectivement soumis, à la date du projet d'aliénation, au régime de la copropriété, soit à la suite du partage total ou partiel d'une société d'attribution, soit depuis 10 années au moins dans les cas où la mise en copropriété ne résulte pas d'un tel partage (C. urb. art. L 211-4, a). **32660**

Cette exclusion, ainsi définie, impose la satisfaction de **plusieurs conditions cumulatives.**

a. L'exclusion concerne la vente d'un ou plusieurs lots constituant un seul **local** principal. C'est la réalité physique qui doit être prise en compte et non celle de l'état descriptif de division : un appartement en duplex constitue un seul local même s'il correspond à deux lots de copropriété. L'aliénation de plusieurs locaux principaux reste soumise au DPU même si elle intervient au profit du même acquéreur. La pluralité de locaux n'est admise au titre de l'exclusion qu'en ce qui concerne les locaux accessoires (garage, cave, chambre de bonne…), vendus séparément ou non du local principal. La vente d'un local « accessoire » alors que le vendeur ne possède pas de local principal dans l'immeuble n'est pas soumise au DPU (Rép. Zimmermann : AN 6-8-2001 p. 4584 n° 60165).

b. Pour être exclu le local doit être à **usage** d'habitation, à usage professionnel ou à usage mixte professionnel et d'habitation. La notion de local professionnel doit être entendue au sens strict. Ainsi, un local commercial ne peut pas être regardé comme un local professionnel (CAA Paris 2-7-1996 n° 94-751, Ville de Paris). Un local commercial est donc soumis au DPU, tout comme un local à usage industriel ou artisanal, même lorsqu'ils sont aliénés en même temps qu'un local d'habitation. C'est l'usage effectif du local par le vendeur au moment de la vente qui est pris en compte.

c. Pour être exclu le local doit se situer dans un **bâtiment.** Reste donc soumise au DPU la vente du bâtiment entier, qu'il s'agisse d'une maison individuelle dans une copropriété horizontale ou d'un lot de copropriété constituant à lui tout seul un bâtiment.

d. Pour être exclu le local vendu doit se situer dans un bâtiment soumis au régime de la **copropriété** depuis au moins 10 ans. C'est la date de publication du règlement de copropriété au service de la publicité foncière qui constitue le point de départ du délai de 10 ans. Si l'état de copropriété résulte du partage d'une société d'attribution, aucun délai n'est exigé entre l'entrée en vigueur du régime de la copropriété et celle de l'aliénation pour que l'exception s'applique. Si l'immeuble en copropriété n'a jamais fait l'objet d'un règlement mais qu'un état descriptif de division a été publié au fichier immobilier depuis plus de 10 ans, l'exclusion légale s'applique néanmoins (Cass. 3e civ. 24-3-2016 n° 15-10.215 FS-PB : BPIM 3/16 inf. 173).

> **Précisions** **a.** Une **modification du règlement** de copropriété est sans incidence sur le délai de 10 ans. Il en va autrement si, à la suite de l'acquisition de tous les lots, et donc de l'entier immeuble, par un même propriétaire, le règlement de copropriété fait l'objet d'une **refonte totale.** Il s'agit alors d'une nouvelle copropriété et le droit de préemption devra être purgé en cas de vente des lots.
> **b.** Dans une copropriété, pendant le délai de 10 ans, toute aliénation volontaire de locaux privatifs d'habitation, professionnels, ou de **locaux accessoires** (tels que parkings, caves) est soumise au DPU, dès lors que ces locaux constituent des **lots distincts** au regard du règlement de copropriété. Ainsi, un local à usage de **garage** situé dans un immeuble en copropriété depuis moins de 10 ans est susceptible d'être préempté dans la mesure où il constitue en lui-même une partie attributive, même si le vendeur ne possède aucun autre local dans l'immeuble (Rép. Valleix : AN 18-4-1988 p. 1664 n° 33109). En revanche, la préemption d'un garage isolé dans un immeuble soumis au régime de la copropriété depuis plus de 10 ans ne peut intervenir que dans le cadre de l'« exercice renforcé » du DPU ou lorsqu'il est situé dans une ZAD (Rép. Zimmermann : AN 6-8-2001 p. 4584 n° 60165).

32665 **Vente d'un immeuble bâti** Le DPU n'est pas applicable à l'aliénation d'un immeuble bâti, quelle que soit sa destination, pendant une période de 4 ans à compter de son **achèvement** (C. urb. art. L 211-4, c). Le délai court à compter du dépôt de la déclaration administrative d'achèvement et de conformité des travaux. En l'absence de cette déclaration la preuve de la date d'achèvement peut être apportée par tous moyens. En cas de conclusion d'un contrat de **location-accession** à la propriété immobilière, le délai de 4 ans s'apprécie à la date de signature du contrat et non à la date de la levée de l'option par l'accédant.

Aucune **destination** pour l'immeuble n'étant fixée par la loi, tout immeuble bâti peut donc bénéficier de cette exclusion. L'exception vise tous les immeubles bâtis qu'il s'agisse d'un immeuble individuel, d'un immeuble collectif ou d'une fraction d'immeuble (lot de copropriété ou de volumes). Les immeubles ayant fait l'objet d'une **rénovation lourde** bénéficient de cette exclusion à la double condition que les travaux aient donné lieu à un permis de construire et qu'ils aient abouti à une véritable opération de construction neuve (Ministère de l'équipement, du logement, des transports et de l'espace, « Guide du droit de préemption urbain », La Documentation Française juillet 1991). La vente d'un immeuble inachevé est soumise au DPU.

> **Précisions** L'exclusion du DPU en cas de vente de tout ou partie d'un immeuble bâti pendant 4 ans à compter de l'achèvement de cet immeuble se combine, le cas échéant, avec celle concernant la vente d'un lot de copropriété. Est ainsi exclue du DPU la vente d'un **lot de copropriété** à usage d'habitation, à usage professionnel ou mixte dans les 4 ans de l'achèvement de l'immeuble.

32670 **Vente de droits sociaux** Le DPU n'est pas applicable à la cession de parts ou d'actions de **sociétés d'attribution ou coopératives de construction** donnant vocation à l'attribution d'un local d'habitation, d'un local professionnel ou d'un local mixte et des locaux qui lui sont accessoires (C. urb. art. L 211-4, b). En principe, les cessions de parts ou d'actions de ces sociétés sont soumises au droit de préemption seulement 10 ans après l'achèvement de l'immeuble (voir n° 33100, point 4). Mais, dès lors que ces droits sociaux donnent vocation à l'attribution d'un local de la nature de ceux visés ici, leur cession continue à ne pas être soumise au DPU même après 10 ans.

Vente d'un terrain Le DPU n'est pas applicable à la vente d'un terrain au profit du preneur à bail à construction conclu à l'occasion d'une opération d'accession sociale à la propriété (C. urb. art. L 211-3), l'idée étant que le droit de préemption ne fasse pas obstacle à la réalisation d'une convention dont l'objet premier est de permettre au preneur d'accéder à la propriété d'un immeuble qu'il a pris à bail dans ce but. Cette exclusion ne peut pas être supprimée par la commune. 32675

C. Renforcement du DPU

Les **exclusions** légales **spécifiques** au DPU qui sont énumérées nos 32660 à 32670 peuvent être supprimées par une délibération spécialement motivée du conseil municipal (C. urb. art. L 211-4, al. 5). Les aliénations en question sont alors soumises au DPU ; on parle de « **DPU renforcé** ». Cette délibération renforçant le DPU reste valable tant qu'elle n'est pas rapportée. Elle est affichée en mairie pendant un mois et publiée dans 2 journaux diffusés dans le département (C. urb. art. R 211-2 sur renvoi de R 211-4, dernier al.). 32750

Le DPU renforcé peut faire l'objet d'une **modulation géographique,** il peut s'appliquer sur tout ou partie du territoire de la commune selon les secteurs délimités par la délibération. En revanche, il ne peut pas faire l'objet d'une **modulation matérielle** : la commune ne peut pas supprimer l'une ou l'autre des exclusions légales ; la suppression est totale ou elle n'est pas.

Dans les communes faisant l'objet d'un constat de **carence** pour non-respect de leurs obligations de réalisation de **logements locatifs sociaux,** le préfet peut, pour la mise en œuvre des objectifs définis n° 31955, décider par arrêté motivé d'appliquer le droit de préemption aux aliénations et cessions exclues du DPU sur la totalité ou sur certaines parties du territoire soumis à ce droit (C. urb. art. L 211-4, dernier al.). Le préfet peut déléguer ce droit à un EPCI à fiscalité propre conventionné, à un établissement public foncier local, à une SEM, à un organisme HLM ou à un organisme spécialement agréé en matière de politique du logement (C. urb. art. L 210-1, al. 2). Le DPU renforcé peut être utilisé pour mettre en œuvre une **opération de requalification de copropriétés dégradées** ou une **opération de revitalisation du territoire.** L'instauration du DPU renforcé dans une opération de requalification des copropriétés dégradées peut être assortie de l'obligation de joindre un rapport relatif à la salubrité et à la sécurité du bien établi par les autorités compétentes et transmis avec la déclaration d'intention d'aliéner (CCH art. L 741-1, al. 10 et L 303-2).

Les **exclusions communes** au DPU et au droit de préemption dans les ZAD et pré-ZAD prévues à l'article L 213-1 du Code de l'urbanisme (nos 33095 s.) ne peuvent pas être supprimées, ainsi que celle visée n° 32675.

> **Précisions a.** La **délibération instaurant le DPU renforcé** doit indiquer, notamment au regard des caractéristiques propres de la commune, les raisons pour lesquelles il est décidé d'appliquer le droit de préemption à des cessions qui en sont normalement exclues (CE 4-2-2002 n° 217258, Sté Constructions Transactions Mauro : BJDU 1/02 p. 21). Toutefois, l'institution du DPU renforcé n'est pas subordonnée à l'existence d'un projet dont les caractéristiques précises seraient d'ores et déjà arrêtées ou même connues à la date à laquelle elle est décidée (CAA Lyon 28-2-2012 n° 11LY01197, Fondation d'Auteuil). L'institution d'un DPU renforcé n'est pas non plus conditionné à l'existence d'un DPU simple (CAA Marseille 29-6-2016 n° 14MA01447).

b. Dans les sites patrimoniaux remarquables, périmètres de rénovation urbaine, de restauration immobilière ou de résorption de l'habitat insalubre compris dans une **zone d'intervention foncière au 1er juin 1987,** l'exercice renforcé du DPU s'applique de plein droit sans qu'il soit besoin d'une délibération spéciale du conseil municipal (Loi 85-729 du 18-7-1985 art. 9, II).

c. Dans une **opération de requalification de copropriétés dégradées** déclarée **d'intérêt national**, le DPU renforcé est délégué par la commune à l'opérateur chargé de la mise en œuvre de l'opération d'intérêt national (CCH art. L 741-2).

d. Dans le cadre d'une **opération programmée d'amélioration de l'habitat**, d'un **plan de sauvegarde** d'immeubles en difficulté ou d'une **opération de requalification des copropriétés dégradées**, le DPU, délégué au concessionnaire d'une opération d'aménagement ou d'action (voir n° 32595), peut, le cas échéant, porter sur les aliénations et cessions incluses dans le droit de préemption renforcé (C. urb. art. L 211-2-4 créé par la loi 2024-322 du 9-4-2024).

e. Dans le cadre d'une **opération de revitalisation du territoire** ou pour favoriser la diversité, le maintien ou le développement d'**activités artisanales** et **commerciales** de proximité dans le périmètre du droit de préemption commercial, le droit de préemption délégué au titulaire d'une concession d'aménagement (voir n° 32595) peut porter sur les aliénations et cessions incluses dans le droit de préemption renforcé (C. urb. art. L 211-2-3). Il faut une délibération spéciale en ce sens.

D. Droits du propriétaire d'un bien grevé du DPU

INFORMATION

32850 Tout propriétaire peut connaître la situation de son bien au regard du champ d'application du DPU, en s'adressant à l'administration par **lettre simple** ou par voie électronique.

DROIT DE DÉLAISSEMENT

32855 Tout propriétaire d'un bien soumis au DPU peut en **demander l'acquisition** au titulaire de ce droit. Cette demande prend la forme d'une déclaration d'intention d'aliéner (voir nos 33225 s.) dans laquelle le propriétaire indique le prix qu'il souhaite retirer de la vente. Le titulaire du droit de préemption dispose de 2 mois pour répondre (C. urb. art. L 211-5).

Lorsque le titulaire du droit lui a notifié son intention d'acquérir, le propriétaire est tenu d'informer les locataires, les preneurs ou les occupants de bonne foi du bien et de les lui faire connaître (C. urb. art. L 213-9).

En cas de **refus** ou d'**absence de réponse** dans ce délai, le propriétaire dispose d'un délai de 3 ans pour vendre son bien au prix indiqué dans sa demande d'acquisition révisé en fonction de la variation de l'indice du coût de la construction sans que le DPU soit applicable (C. urb. art. L 211-5 et L 213-8).

Il en va de même lorsque, après avoir décidé d'acquérir et de faire fixer le prix par le juge de l'expropriation selon les règles particulières exposées n° 33370, le titulaire du droit renonce à la mutation avant la **fixation judiciaire du prix.** Le propriétaire peut réaliser la vente au prix indiqué dans la déclaration d'intention d'aliéner révisée, s'il y a lieu, en fonction des variations de l'indice Insee du coût de la construction depuis la date de cette déclaration. Si la vente n'a pas été réalisée par acte authentique dans les 3 ans à compter de la renonciation au droit de préemption, il devra déposer une nouvelle déclaration d'intention d'aliéner (C. urb. art. L 211-5 et L 213-8).

Si le titulaire du droit de préemption refuse d'acquérir une fois le prix fixé par le juge, le DPU ne pourra plus être exercé à l'égard du même propriétaire pendant 5 ans à condition que le bien soit vendu au prix fixé judiciairement éventuellement révisé en fonction de la variation de l'indice Insee du coût de la construction depuis cette décision (C. urb. art. L 211-5 et L 213-8).

En **cas d'acquisition,** les modalités de paiement du prix et du transfert de propriété sont exposées nos 33440 s.

> **Précisions** Toutes demandes, offres ou décisions émanant du propriétaire comme du titulaire du droit doivent être notifiées soit par lettre recommandée avec demande d'avis de réception, soit par voie électronique, soit par acte de commissaire de justice (anciennement huissier), soit par dépôt contre décharge.

SECTION 4

DISPOSITIONS COMMUNES AU DROIT DE PRÉEMPTION DANS LES ZAD ET AU DPU

A. Opérations soumises au droit de préemption

33070 La loi définit précisément quels sont les **biens** et les **constructions** qui entrent dans le champ d'application du droit de préemption (C. urb. art. L 213-1).

À l'exception de certaines catégories de biens expressément écartées par la loi, il s'agit de toutes les mutations à titre onéreux et de certaines mutations à titre gratuit (voir n° 33131) d'immeubles (ou de certains droits sociaux) situés dans les zones couvertes par le droit de préemption. Ces règles s'appliquent aux immeubles domaniaux. Toutefois, pour les cessions de biens immobiliers appartenant à l'État, à certaines sociétés dont il détient la majorité du capital et à certains de ses établissements publics, les communes et EPCI bénéficient d'un droit de priorité faisant l'objet d'une procédure spécifique remplaçant celle du droit de préemption urbain (voir n° 31900, Précisions).

1. BIENS SOUMIS AU DROIT DE PRÉEMPTION

PRINCIPE

Sont soumis au droit de préemption les **immeubles** ou parties d'immeubles (C. urb. art. L 213-1), tels que : **33090**
– les terrains nus (y compris ceux qui sont inclus dans un lotissement, un groupe d'habitations, ou dans une ZAC sauf exclusion visée n° 32655) ;
– les maisons individuelles avec leurs dépendances comprises dans un lotissement ou dans une copropriété « horizontale » ;
– les immeubles entiers dits « de rapport » ;
– les fractions divises d'un bâtiment collectif soumis au statut de la copropriété des immeubles bâtis.

Les **parts de SCI** sont également soumises au droit de préemption (C. urb. art. L 213-1, 3°). Plusieurs conditions sont requises :
– la cession doit concerner la majorité des parts de la SCI ou permettre à l'acquéreur de devenir majoritaire à la suite de cette cession ;
– le patrimoine de la SCI doit être constitué par une unité foncière, bâtie ou non, dont la cession serait soumise au droit de préemption ;
– la SCI ne doit pas être constituée exclusivement entre parents et alliés jusqu'au 4e degré inclus (SCI « familiale »).

Ce dispositif vise clairement le cas de plusieurs cessions consenties simultanément au même acquéreur (qu'il soit tiers ou déjà associé) afin de lui permettre d'obtenir la majorité. Il concerne aussi l'hypothèse de la cession entre associés qui permet à l'un d'eux de détenir la majorité. La cession d'une seule part de la SCI pourrait donc être préemptée en fonction de la personne de l'acquéreur pressenti, même si l'on voit mal quel intérêt une commune aurait à être propriétaire d'une seule part de SCI.

Sont également soumis au droit de préemption les ensembles de **droits sociaux** qui donnent vocation à l'attribution en propriété ou en jouissance d'un immeuble ou d'une partie d'immeuble bâti ou non bâti, sous réserve de l'exception visée n° 33100, point 4.

> **Précisions** **a.** Le droit de préemption peut s'exercer sur un **lot de copropriété** dans un immeuble collectif même si les autres lots n'ont pas fait l'objet d'une préemption lors des ventes antérieures (CE 30-11-1984 n° 40851, Villanua : Lebon T. p. 773).
> **b.** Le droit de priorité des **locataires HLM** prime le droit de préemption (C. urb. art. L 213-1, 4°).
> **c.** À défaut d'exclusion expresse, le recours par les organismes d'habitat social au mécanisme de l'**usufruit locatif social** est soumis au risque de préemption car la cession de la nue-propriété de l'immeuble par l'organisme d'habitat social (qui en conserve l'usufruit pour mettre le bien en location au profit de personnes remplissant les conditions d'octroi du logement social) n'est pas expressément exclue du champ d'application du droit de préemption (E. Carpentier, La loi « ALUR » et les droits de préemption publics : RDI 2014 p. 240).

BIENS EXCLUS DU DROIT DE PRÉEMPTION

Exclusions a contrario Il s'agit de tous les biens ou **droits mobiliers,** autres que ceux visés ci-dessus, ainsi que des **droits réels immobiliers** tels que l'emphytéose, le bail à construction (sauf, en règle générale, s'il est assorti d'une clause de transfert éventuel de la propriété du terrain au preneur en fin de bail), l'usufruit traditionnel, les sûretés immobilières, les servitudes, etc. **33095**

Exclusions expresses En outre, sont expressément exclus du droit de préemption (C. urb. art. L 213-1) : **33100**

1. Les immeubles construits par les sociétés coopératives d'**HLM** de location-attribution.

2. Les immeubles ayant fait l'objet d'un agrément du préfet en vue de la construction ou de l'acquisition de logements neufs faisant l'objet d'un contrat de **location-accession** qui ont été construits ou acquis par les organismes HLM et qui sont leur propriété.

3. Les immeubles faisant l'objet d'une **vente d'immeubles à construire** (vente en l'état futur d'achèvement et vente à terme), de quelque nature qu'ils soient, sauf lorsque ces dispositions sont appliquées à des bâtiments existants.

4. Les parts ou actions de **sociétés d'attribution** (CCH art. L 212-1 s.) et des **sociétés coopératives de construction** (CCH art. L 213-1 s.) dès lors qu'elles font l'objet d'une cession, soit avant l'achèvement de l'immeuble, soit pendant une période de 10 ans à compter de son achèvement et quelle que soit la destination des locaux correspondants.

La **date de l'achèvement** est normalement celle de la déclaration administrative d'achèvement et de conformité des travaux. En l'absence de DAACT, la preuve peut être apportée par tous moyens et notamment dans les conditions définies en matière de vente d'immeubles à construire par les articles R 261-1 et R 261-2 du CCH.

5. Les immeubles cédés au locataire en exécution de la promesse de vente insérée dans un contrat de **crédit-bail immobilier** conclu avec une entreprise commerciale agréée en qualité d'établissement de crédit pratiquant le crédit-bail de façon habituelle (voir C. mon. fin. art. L 313-7, 2°).

6. Les **immeubles** faisant l'objet d'une **mise en demeure d'acquérir,** en application des articles L 424-1 (sursis à statuer), L 152-2 (emplacements réservés) et L 311-2 (terrains inclus dans une ZAC) du Code de l'urbanisme, et L 241-1 et 2 du Code de l'expropriation (terrains compris dans une opération déclarée d'utilité publique).

Ce dernier cas d'exonération a pour objet de ne pas soumettre aux droits de préemption les ventes consécutives à l'exercice par les propriétaires de leur droit de délaissement lorsqu'un délai d'un an s'est écoulé à compter de la publication de la DUP de cette opération.

7. Les terrains, bâtis ou non, vendus par l'État, ses établissements publics ou certaines sociétés dont il détient la majorité du capital dans le périmètre des **opérations d'intérêt national.**

8. Les immeubles appartenant à l'État et à ses établissements publics transférés en pleine propriété au profit de la **Sovafim** (société détenue par l'État chargée d'assurer la valorisation de ces biens).

9. Les biens acquis par un **établissement public foncier d'État ou local** lorsqu'il agit à la demande de la collectivité titulaire du droit de préemption.

10. Les cessions entre la **société nationale SNCF,** SNCF Réseau et sa filiale, SNCF Voyageurs, et la société en charge des activités relatives à la fourniture des services de transport ferroviaire de marchandises lorsque les biens sont nécessaires à leur mission de service public.

11. Les cessions à la **Société des grands projets** des biens nécessaires à la réalisation et à l'exploitation des projets d'infrastructure déclarés d'utilité publique qui mettent en œuvre le schéma d'ensemble du réseau de transport public du Grand Paris ou dont la maîtrise d'ouvrage est confiée à la Société des grands projets.

PRÉEMPTION PARTIELLE

33105 Pour pouvoir être préempté le bien doit être entièrement situé dans une zone de préemption. Toutefois, si une fraction de l'unité foncière n'est pas en zone de préemption et que la réalisation d'une opération d'aménagement le justifie, le titulaire du droit de préemption peut décider d'exercer son droit pour acquérir la seule **fraction de l'unité foncière** comprise dans la zone de préemption. La fraction de l'unité foncière qui n'est pas dans la zone ne peut pas être préemptée mais son propriétaire peut exiger que le titulaire du droit se porte acquéreur de l'ensemble de l'unité foncière (C. urb. art. L 213-2-1). Une « préemption partielle avec possibilité de réquisition d'emprise totale » n'est ouverte que si le bien est situé « à cheval » sur la zone de préemption. S'il est entièrement situé dans la zone de préemption, une préemption partielle est impossible.

En cas de préemption partielle, le juge devra fixer le **prix d'acquisition** en tenant compte de l'éventuelle dépréciation subie par la fraction de l'unité foncière non préemptée (C. urb. art. L 213-4, al. 2).

› Précisions a. En cas de **vente par adjudication judiciaire** d'une unité foncière dont une partie n'est pas située en zone de préemption, toute préemption est impossible. La commune ne peut préempter ni la partie du bien située hors zone de préemption (CE 21-5-2008 n° 310951, Sté EPM : BJDU 2/08 p. 108) ni la partie du bien située en zone de préemption (CE 7-4-2010 n° 320125, Cne de Lescun : BPIM 3/10 inf. 207). En effet, dans un tel cas, la préemption intervient par substitution à l'adjudicataire au prix de la dernière enchère ou surenchère (C. urb. art. R 213-15). Faute de dispositions législatives particulières prévoyant une « réquisition d'emprise totale » dans une telle hypothèse, toute préemption est impossible.

b. La **décision d'extension de la « préemption »** à l'ensemble de l'unité foncière prise à la demande du propriétaire n'est pas une décision confirmative de la première décision de préemption partielle. En cas de recours contre la décision d'extension, le requérant pourra contester la justification et la motivation de la préemption (CE 10-2-2010 n° 322399, Cne de Hyères-les-Palmiers : BPIM 2/10 inf. 99).

c. Si la déclaration d'intention d'aliéner porte sur **deux unités foncières distinctes** avec indication d'un prix global, une seule des unités foncières étant située dans le périmètre du droit de préemption, la commune ne peut pas procéder à une préemption partielle mais doit inviter le vendeur à souscrire une nouvelle DIA portant sur la seule unité foncière soumise au DPU (CAA Lyon 30-3-2023 n° 22LY00878, Cne de Corpeau : BPIM 3/23 inf. 179).

2. MUTATIONS SOUMISES AU DROIT DE PRÉEMPTION

PRINCIPE

Aliénations volontaires Sont soumises au droit de préemption les **aliénations ou cessions à titre onéreux** (C. urb. art. L 213-1). 33130

Dès lors qu'elles ont pour objet l'un des biens soumis au droit de préemption, toutes les aliénations volontaires, à titre onéreux, sous quelque forme que ce soit, entrent dans le champ d'application dudit droit. Sont compris dans cette définition :
– les ventes amiables, quelles que soient les modalités de paiement du prix ou les conditions de la vente ;
– les échanges purs, simples ou avec soulte (Rép. Jacquat : AN 15-12-1997 p. 4679 n° 2024) ;
– les adjudications volontaires ou les ventes volontaires aux enchères publiques ;
– les apports en société (y compris les apports partiels d'actif, voir toutefois n° 33140) ;
– les cessions de droits indivis portant sur un immeuble ou une partie d'immeuble, bâti ou non bâti, sauf lorsqu'elles sont consenties à l'un des coïndivisaires (n° 33140) ; sont également soumises au droit de préemption les licitations faisant cesser l'indivision (Rép. Türk : Sén. 2-6-1994 p. 1357 n° 4845) et les cessions par adjudication de l'ensemble d'un bien indivis à l'un des coïndivisaires (CAA Lyon 28-5-2019 n° 17LY02377 : BPIM 5/19 inf. 326) ;
– les cessions de tantièmes de terrains à bâtir contre remise de locaux à construire, que la cession soit opérée par la méthode de la « réserve de tantièmes » (nos 81700 s.) ou par celle de la « double vente » (nos 81910 s.) ; à notre avis, il en est ainsi même si le constructeur est coïndivisaire ;
– les contrats de location-accession à la propriété immobilière, à la date de la signature du contrat et non au moment de la levée d'option par l'accédant.

> **› Précisions** À notre avis, si la **vente à pacte de rachat** (vente à réméré) est soumise au droit de préemption, il en va différemment de l'exercice du rachat. En effet, le jeu de la condition résolutoire replace les parties dans le même état où elles se trouvaient avant la vente, sans opérer une nouvelle mutation.

Aliénation à titre gratuit Sont également soumises au droit de préemption les donations d'immeubles ou d'ensembles de droits sociaux donnant vocation à l'attribution en propriété ou en jouissance d'immeubles ou de parties d'immeubles, bâties ou non, lorsqu'ils font l'objet d'une donation entre vifs, sauf si celle-ci est effectuée entre ascendants et descendants, entre collatéraux jusqu'au 6e degré, entre époux ou partenaires d'un Pacs et entre une personne et les descendants de son conjoint ou de son partenaire de Pacs, ou entre ces descendants (C. urb. art. L 213-1-1). 33131

Apport à une SCI Sont également soumis au droit de préemption les immeubles ou ensemble de droits sociaux donnant vocation à l'attribution en propriété ou en jouissance d'un immeuble ou d'une partie d'immeuble, bâti ou non bâti, lorsqu'ils constituent un apport en nature au sein d'une SCI. La déclaration d'intention d'aliéner est alors accompagnée d'un état de la situation sociale, financière et patrimoniale de la SCI (C. urb. art. L 213-1-2). 33133

Aliénations autorisées ou ordonnées par un juge En cas d'**adjudication** autorisée ou ordonnée par un juge, l'acquisition par le titulaire du droit de préemption a lieu au prix de la dernière enchère ou surenchère, par substitution à l'adjudicataire (n° 33310). Cette disposition n'est toutefois pas applicable à la vente mettant fin à une indivision créée volontairement, à moins que celle-ci ne résulte d'une donation-partage (C. urb. art. L 213-1, 4°-al. 2). 33135

Sont ainsi concernées non seulement des ventes qui ne peuvent pas, aux termes de la loi ou du règlement, se dérouler autrement que par adjudication, mais aussi celles pour lesquelles le juge, sans y être tenu, a décidé qu'elles se feraient par adjudication. Il s'agira, par exemple, des ventes de biens appartenant à des mineurs non émancipés, à des incapables majeurs, des ventes sur saisies immobilières ou dans le cadre d'une liquidation judiciaire, ainsi que des licitations à l'exception de la vente de gré à gré au bénéfice d'un coïndivisaire (Rép. Delnatte : AN 6-2-1995 p. 720 nº 19774 ; Rép. Blum : AN 27-3-1995 p. 1684 nº 23882).

MUTATIONS EXCLUES DU DROIT DE PRÉEMPTION

33140 Échappent principalement au droit de préemption :
– les **mutations à titre gratuit** (par décès ou entre vifs) autres que celles visées nº 33131 ;
– les **apports** ne faisant pas l'objet d'une contrepartie financière ou en nature (Rép. Dray : AN 30-8-2005 p. 8266 nº 70397) ;
– les **transferts de jouissance** (conventions d'usage ou d'occupation à titre onéreux ou gratuit, baux à construction, emphytéose, concession immobilière, etc.), mais à la condition que le contrat (ou un avenant) ne prévoie pas la possibilité d'un transfert du bien au preneur à sa date d'expiration (Cass. 3e civ. 27-11-2002 nº 01-11.530) ; le contrat encourt l'annulation s'il a pour objet de frauder les droits du titulaire du droit de préemption (Cass. 3e civ. 28-3-2007 nº 06-11.350 : RJDA 10/07 nº 944) ;
– les opérations de **fusion,** de **scission** ou d'**apports partiels d'actifs** soumis au régime des scissions, car ces opérations relèvent d'un transfert universel de patrimoine, lequel porte sur des éléments d'actif et de passif d'une branche complète d'activité (Rép. Nogal : AN 15-10-2019 nº 21133) ;
– les cessions de **droits indivis à un coïndivisaire,** quelle que soit l'origine de l'indivision, et même si la cession y met fin ;
– les **partages** de communauté ou de succession ;
– les cessions au **bénéficiaire d'une DUP** ;
– les cessions de biens compris dans le cadre d'un **plan de cession de l'entreprise** ordonnées en application des articles L 631-22 ou L 642-1 s. du Code de commerce (redressement ou liquidation judiciaires) ; en dehors d'un plan de cession, le bien peut être préempté (CE 17-12-2008 nº 316411, Zanzi : RJDA 5/09 nº 417, 2e espèce) ;
– la **rétrocession** d'un bien en application des articles L 421-1 s. du Code de l'expropriation, anciennement L 12-6 (CAA Marseille 18-4-2014 nº 13MA01510 : BJDU 5/2014 p. 379).

B. Procédure de préemption

33200 La procédure débute par une formalité incombant à tous les propriétaires qui désirent procéder à une mutation soumise au droit de préemption, à savoir l'envoi au maire de la commune d'une **déclaration d'intention d'aliéner** (DIA) établie habituellement par le notaire du vendeur.

Le titulaire du droit de préemption dispose alors d'un délai de **2 mois** pour **notifier au propriétaire** soit son refus d'acquérir l'immeuble (le défaut de réponse étant assimilé à un refus aux termes de l'article L 213-2, alinéa 4 du Code de l'urbanisme), soit son acquisition au prix indiqué dans la DIA, soit son offre d'acquérir à un autre prix qu'il propose. Dans ce dernier cas, le **propriétaire** dispose à son tour d'un délai de 2 mois pour aviser le titulaire, soit qu'il accepte le prix qu'il lui a offert, soit qu'il maintient le prix indiqué dans la DIA, soit qu'il renonce à l'aliénation projetée.

À défaut d'accord amiable, le titulaire du droit de préemption peut faire fixer le **prix** par le juge de l'expropriation.

1. DÉCLARATION D'INTENTION D'ALIÉNER (DIA)

MOMENT DE LA DIA

33220 La déclaration d'intention d'aliéner est une formalité préalable à l'aliénation. La **vente authentique** ne peut pas intervenir avant la renonciation expresse ou implicite du titulaire du droit de préemption (Cass. 3e civ. 19-7-1982 nº 81-11.080 : Bull. civ. III nº 180 ; Cass. 3e civ. 20-3-1996 nº 94-13.960 : RJDA 8-9/96 nº 1099). Une vente sous condition résolutoire de non-préemption est impossible. En revanche, le propriétaire peut valablement s'engager par **acte sous signature privée** à vendre son bien avant d'avoir déposé la DIA si la vente ou la promesse de vente est conclue sous la condition suspensive de non-préemption (Cass. 3e civ. 8-11-1995 nº 93-18.987 : RJDA 12/95 nº 1432).

DÉPÔT DE LA DIA

Cas général Toute aliénation entrant dans le champ d'application du droit de préemption est subordonnée, à peine de nullité relative invocable pendant 5 ans, à l'envoi par pli recommandé avec demande d'avis de réception (ou au dépôt contre décharge), en 4 exemplaires, à la mairie du lieu de situation de l'immeuble, d'une déclaration d'intention d'aliéner (C. urb. art. R 213-5). Cette déclaration peut aussi être adressée par voie électronique en un seul exemplaire (C. urb. art. R 213-5 renvoyant à CRPA art. L 112-11 et L 112-12). 33225

La personne qui souscrit la DIA doit être le propriétaire du bien au jour de la déclaration (CE 1-3-2023 nº 462877 : BPIM 3/23 inf. 180) ; à défaut, la commune ne peut pas préempter. Si la DIA doit émaner du propriétaire du bien, elle peut être **souscrite** par son mandataire, par exemple par son notaire. Dans ce cas, une copie du pouvoir ou du mandat doit être jointe à la déclaration. Jugé toutefois que la signature par le notaire de la DIA doit le faire regarder comme le mandataire du vendeur (CE 30-6-2006 nº 274062, Cne de Mane : BJDU 4/06 p. 289).

> Précisions **a.** S'agissant du droit de préemption dans les ZAD ou du DPU, le **destinataire de la DIA** est toujours la mairie du lieu de situation du bien, peu important l'identité du titulaire du droit de préemption ou l'existence d'une éventuelle délégation de ce droit ou de l'exercice de ce droit (Cass. 3e civ. 13-2-2013 nº 11-20.655 : BPIM 2/13 inf. 110).

b. À **Paris, Marseille et Lyon,** le maire d'arrondissement est simplement informé des DIA concernant les immeubles situés dans son arrondissement, ainsi que de la suite réservée à ces déclarations (CGCT art. L 2511-30, al. 2) ; son avis n'est pas requis (CE 10-6-2020 nº 428072, Sté France Immo : BPIM 4/20 inf. 245).

c. **L'envoi tardif** de la DIA par le notaire constitue de sa part une faute génératrice de responsabilité (Cass. 1e civ. 17-3-1993 nº 89-20.991 : Bull. civ. I nº 115).

d. Le **décès du propriétaire,** intervenu avant l'expiration du délai de réponse de 2 mois, est sans influence sur cette déclaration et sur le cours de ce délai, de sorte qu'est illégale la décision du maire de la commune déclarant caduque la DIA précédemment souscrite et invitant les héritiers du déclarant à en souscrire une nouvelle (CE 5-10-1988 nº 65449, Sté Isore : Lebon p. 326). En prononçant illégalement la caducité de la DIA, le maire commet une faute de nature à engager la responsabilité de la commune à l'égard du propriétaire du bien (CE 19-2-1997 nº 133249, Cne du Pré-Saint-Gervais : RJDA 8-9/97 nº 1089).

Cas de l'adjudication autorisée ou ordonnée par un juge Lorsque l'aliénation prend la forme d'une adjudication autorisée ou ordonnée par un juge, la vente doit être précédée d'une DIA du greffier de la juridiction ou du notaire chargé de procéder à l'adjudication, faisant connaître la date et les modalités de celle-ci. Elle doit parvenir à la mairie au moins 30 jours avant la date fixée pour l'adjudication, par lettre recommandée avec demande d'avis de réception ou voie électronique (C. urb. art. R 213-15). Le cahier des charges d'adjudication doit être annexé à la DIA (Rép. Moyne-Bressand : AN 15-10-1990 p. 4857 nº 31307). 33230

CAS DES VENTES SIMULTANÉES

En cas de ventes simultanées de plusieurs biens, il doit être souscrit autant de DIA que de biens mis en vente, afin que le titulaire puisse éventuellement exercer son droit sur un ou plusieurs biens offerts à la vente. Par « bien » il convient d'entendre unité foncière, c'est-à-dire un îlot de propriété d'un seul tenant, composé d'une ou plusieurs parcelles appartenant à un même propriétaire ou à la même indivision (CE 27-6-2005 nº 264667, Cne de Chambéry : BJDU 4/05 p. 298). Les contrats préparatoires portant sur un ensemble de biens devront donc envisager le cas d'une préemption fragmentaire. Dès lors que les unités foncières sont distinctes, il n'est pas possible de rendre ces ventes indissociables par une mention dans la DIA. L'administration s'y oppose, avec toutefois une tolérance (et non un droit) dans certains cas limites, comme celle de la vente d'une maison d'habitation et de son garage situés sur deux unités foncières distinctes mais proches. 33235

> Précisions La condition de la réalisation concomitante d'une double préemption, l'une portant sur un **terrain** grevé d'un bail à construction, l'autre sur le **bail à construction** lui-même est inopposable à la commune, le bail à construction étant exclu du champ d'application du DPU (Cass. 3e civ. 11-5-2000 nº 97-18.610 : BPIM 4/00 inf. 232).

CONTENU DE LA DIA

Le **modèle** de DIA est annexé à l'article A 213-1 du Code de l'urbanisme. Il est disponible dans les mairies, les DDT (ou DDTM) et sur internet. L'utilisation du formulaire Cerfa nº 10072*03 n'est pas obligatoire. La déclaration peut être établie sur papier libre, pourvu qu'elle contienne les éléments prescrits par l'article A 213-1 du Code de l'urbanisme. Aucune disposition légale n'interdit de compléter ce modèle par une annexe, un plan de 33240 situation ou un plan de masse du terrain dès lors que l'imprimé de DIA mentionne l'existence de ces pièces annexées (Cass. 3e civ. 17-2-1999 n° 97-14.225 : Bull. civ. III n° 44). Seules sont opposables au titulaire du droit de préemption les conditions contenues dans la DIA ou dans les pièces qui lui sont clairement annexées (Cass. 3e civ. 30-5-1996 n° 94-14.678 : RJDA 8-9/96 n° 1030 ; Cass. 3e civ. 27-5-1998 n° 95-19.179 : RJDA 8-9/98 n° 970).

33241 **Indications obligatoires** La DIA comporte obligatoirement l'indication du **prix et des conditions** de l'aliénation projetée ou, en cas d'adjudication, l'estimation du bien ou sa mise à prix, ainsi que les informations dues au titre de l'article L 514-20 du Code de l'environnement (existence d'une installation classée pour la protection de l'environnement (ICPE) précédemment exploitée et indication des dangers ou inconvénients importants en résultant) et le cas échéant celles dues au titre de l'article L 741-1 du CCH (opérations de requalification des copropriétés dégradées), de l'article L 303-2 du CCH (opérations de revitalisation des territoires) ou de l'ancien article L 304-1 du CCH relatif aux anciennes opérations de requalification des quartiers anciens dégradés demeurées en vigueur pour les conventions conclues avant la loi Élan (C. urb. art. L 213-2, al. 1).

L'auteur de la DIA doit mentionner, le cas échéant, l'indication du droit offert en contrepartie ou, en cas d'adjudication amiable, l'estimation du bien ou sa mise à prix, éventuellement la faculté de baisse, ainsi que diverses informations sur le secteur, la consistance et l'utilisation actuelle et future du bien. Lorsque la contrepartie de l'aliénation est un paiement en nature, la déclaration doit mentionner le prix d'estimation de cette contrepartie (C. urb. art. L 213-2, al. 2). Le prix mentionné ne peut pas comporter de part conditionnelle (Rép. Zimmermann : AN 1-1-2008 p. 61 n° 831). Une erreur matérielle, même grossière, dans l'indication du prix figurant dans la DIA est sans incidence sur la légalité de la décision de préemption (CE 26-7-2011 n° 324767, SCI du Belvédère : BPIM 5/11 inf. 369 ; en sens contraire, pour une erreur substantielle sur la nature du bien, CAA Lyon 21-12-2010 n° 09LY01733, Cne de Beynost).

Sauf cas de fraude, les **vices** affectant une DIA ne sont pas susceptibles d'affecter la légalité de la décision de préemption. Toutefois, il relève de l'office du juge judiciaire statuant sur la vente résultant de l'exercice du droit de préemption de prendre en compte les erreurs de la DIA au regard de l'appréciation des vices du consentement (CE 12-2-2014 n° 361741, Sté Ham Investissement : BPIM 2/14 inf. 98). La rémunération des intermédiaires doit figurer dans la DIA pour être opposable au titulaire du droit de préemption (sur cette question, voir n° 33400).

Le formulaire de DIA prévoit une **description juridique du bien** indiquant l'usage de celui-ci (habitation, professionnel, commercial...), ses modalités d'occupation (propriétaire, locataire...) ainsi que les droits réels et personnels dont il est grevé. La mention de l'existence d'un locataire doit figurer dans la DIA, mais il n'est pas nécessaire de joindre à cette déclaration une copie du bail (Rép. Masson : Sén. 14-4-2005 p. 1077 n° 13536). Étant exclus du droit de préemption, les meubles meublants n'ont pas à figurer dans la DIA (Rép. Zimmermann : AN 12-7-2005 p. 6947 n° 45803).

> **Précisions** **a.** Lorsqu'il s'agit d'une **donation,** aucun prix n'est à porter dans la DIA. S'il décide d'acquérir, le titulaire du droit de préemption indiquera dans sa décision l'estimation faite par la Direction de l'immobilier de l'État (anciennement France Domaine) (C. urb. art. L 213-1-1, dernier al.).
> **b.** Lorsque le bien est compris dans le périmètre d'une **opération de requalification de copropriétés dégradées** et que le DPU renforcé est applicable, la DIA est, le cas échéant, accompagnée d'un rapport relatif à la salubrité et la sécurité du bien établi par les autorités compétentes (C. urb. art. L 213-2, al. 1 renvoyant à CCH art. L 741-1).
> **c.** Lorsqu'un immeuble ou un ensemble de droits sociaux fait l'objet d'un **apport en nature à une SCI,** la DIA doit être accompagnée d'un état de la situation sociale, financière et patrimoniale de la SCI (C. urb. art. L 213-1-2).
> **d.** Lorsqu'une vente porte sur un terrain objet d'un **bail à construction** parce que le preneur a levé l'option d'achat stipulée à son profit dans le bail, la DIA mentionne valablement le prix du foncier dû par le preneur ; elle ne peut pas préciser qu'en cas de préemption, la vente portera sur le prix de l'assiette foncière et le prix des constructions (CE 19-4-2022 n° 442150, Cne de Mandelieu-la-Napoule : BPIM 3/22 inf. 190).

33242 **Autres indications** L'indication de l'**identité de l'acquéreur éventuel** est facultative. Ces renseignements doivent être fournis si l'acquéreur l'exige car celui-ci peut éventuellement bénéficier d'un droit de rétrocession si le bien préempté n'est pas utilisé conformément aux textes (voir nos 32025 et 33650) et, en cas de méconnaissance de ce droit de rétrocession, d'une action en dommages et intérêts (voir n° 33685). Pour dégager la responsabilité de l'auteur de la DIA, il est préférable de faire préciser par l'acquéreur s'il souhaite indiquer son nom et, dans l'affirmative, l'usage qu'il entend réserver au bien. L'identité de l'acquéreur ne constitue pas un engagement du vendeur (CE 6-1-1995 n° 123371). Celui-ci n'est pas tenu de présenter une nouvelle DIA en cas de changement d'acquéreur dès lors que le prix et les conditions de l'aliénation projetée ne sont pas modifiés (CE 29-5-2024 n° 489337, SCI Cel Pires : BPIM 4/24 inf. 243 ; Cass. 3e civ. 8-10-2008 n° 07-15.935 : RJDA 4/09 n° 325) ; s'il le fait néanmoins, la commune dispose de 2 mois pour préempter même si elle y avait renoncé précédemment (CE 5-7-2013 n° 349664, Loire : BPIM 5/13 inf. 322). Les modifications entraînant la nécessité d'une nouvelle DIA sont celles pouvant avoir une incidence sur la décision de la commune de préempter ou non (Cass. 3e civ. 25-1-2012 n° 10-25.143).

Peut engager sa responsabilité à l'égard du vendeur le notaire qui n'indique pas dans la DIA des **renseignements** qui, sans être obligatoires, peuvent être **utiles** à la collectivité pour apprécier l'opportunité de préempter ou non l'immeuble (Cass. 1e civ. 12-7-2007 n° 06-15.633 : RJDA 12/07 n° 1206).

Complément d'information demandé par la commune Le titulaire du droit de préemption peut, dans le délai de 2 mois susvisé, adresser au propriétaire une demande unique de **communication de documents** permettant d'apprécier la consistance et l'état de l'immeuble, ainsi que, le cas échéant, la situation sociale, financière et patrimoniale de la SCI (C. urb. art. L 213-2 et R 213-7). Ainsi, le bénéficiaire du droit pourra obtenir des extraits de l'avant-contrat contenant les éléments significatifs relatifs à la contenance de l'immeuble. **33243**
La demande de renseignements complémentaire suspend le délai de réponse à la DIA (voir n° 33286).

Selon la nature du bien faisant l'objet de la DIA, peuvent être demandés le ou les documents suivants (C. urb. art. R 213-7) :

– le dossier de **diagnostic technique lié à la vente** : plomb, amiante, termites, mérule, gaz, électricité, risques naturels ou technologiques, performance énergétique, installation d'assainissement individuel, zone du plan d'exposition au bruit, conformité du chauffage au bois dans le périmètre d'un plan de protection de l'atmosphère, arrêtés pris au titre de la police de la sécurité et de la salubrité (CCH art. L 271-4 dans sa rédaction issue de la loi 2024-322 du 9-4-2024) ;
– l'information relative à l'existence d'un sinistre consécutif à une **catastrophe naturelle** ou **technologique** ayant donné lieu au versement d'une indemnité à ce titre pendant la période où le vendeur a été propriétaire ou dont il a lui-même été informé en tant qu'acquéreur (C. envir. art. L 125-5, IV) ;
– le **diagnostic technique,** réalisé lors de la **mise en copropriété** d'un immeuble plus de 15 ans après sa construction, relatif à l'état apparent de certains éléments de cet immeuble : clos, couvert, conduites et canalisations collectives, équipements communs et de sécurité (CCH art. L 111-6-2 jusqu'au 31-12-2016). Depuis le 1er janvier 2017, peut être demandé, s'il a été réalisé, le diagnostic technique global de l'immeuble en copropriété (CCH art. L 731-1) ;
– l'information et les documents relatifs au risque de **pollution des sols** : secteurs d'information sur les sols (C. envir. art. L 125-7) ou site d'exploitation d'une installation classée (C. envir. art. L 512-18) ;
– la superficie de la partie privative du lot de copropriété (**loi Carrez**) ou, dans les autres cas et s'il existe, le mesurage de la superficie effectué par un professionnel ;
– les **extraits de l'avant-contrat** de vente contenant les éléments significatifs relatifs à la consistance et l'état de l'immeuble ;
– la **convention** ou le **bail constitutif de droit réels ou personnels** (y compris les pièces annexées) dont l'existence a été mentionnée dans la DIA ;
– l'acte constitutif d'une **servitude** publié au registre de la publicité foncière dont l'existence a été mentionnée dans la DIA ;
– les **statuts** à jour de la SCI dont les parts sont cédées ;
– les **livres,** les **documents sociaux** et le **rapport de reddition des comptes** de la SCI pour le dernier exercice social clos ou, à défaut, un état certifié par le gérant établissant la composition de l'actif ainsi que du passif de la SCI et précisant le bénéfice du dernier exercice clos.

Visite du bien Le titulaire du droit de préemption peut demander à visiter le bien (C. urb. art. L 213-2 et D 213-13-1 s.). Cette demande suspend le délai de réponse à la DIA (voir n° 33286). **33244**
La **demande** doit être formulée par écrit et notifiée par lettre recommandée avec demande d'avis de réception, acte d'huissier, dépôt contre décharge ou voie électronique, au propriétaire (ou à son mandataire) et au notaire mentionnés dans la DIA (C. urb. art. D 213-13-1). Elle reproduit en caractères apparents les dispositions des articles L 213-2, D 213-13-2 et D 213-13-3 du Code de l'urbanisme rappelant les droits du propriétaire lorsque le titulaire du droit de préemption souhaite user de cette faculté. Elle mentionne les nom et coordonnées des personnes que le propriétaire peut contacter pour déterminer les modalités de la visite (C. urb. art. D 213-13-4).

S'il accepte la demande de visite, le propriétaire doit **notifier son acceptation** dans un délai de 8 jours à compter de la réception de la demande de visite. La visite doit alors être réalisée dans un délai de 15 jours à compter de la réception de l'acceptation de la visite. Elle ne peut pas avoir lieu un samedi, un dimanche ou un jour férié. C'est le propriétaire, son mandataire ou le notaire qui doit prévenir les éventuels occupants de l'acceptation de la visite. Celle-ci se déroule en présence du propriétaire et du titulaire du droit de préemption ou de leurs représentants. Un constat de visite est signé précisant la date de la visite et les nom et qualité des personnes présentes (C. urb. art. D 213-13-2).

Le propriétaire peut refuser expressément la visite, dans le délai de 8 jours après la réception de la demande. **L'absence de réponse** du propriétaire dans un délai de 8 jours vaut refus tacite de la visite (C. urb. art. D 213-13-1 à D 213-13-4) et ce délai de 8 jours ne peut pas être affecté par une réponse ultérieure (CAA Versailles 10-11-2022 n° 21VE00107, Sté d'économie mixte de La Garenne-Colombes : BPIM 2/23 inf. 104).

RENONCIATION DU PROPRIÉTAIRE

33245 Le propriétaire d'un bien soumis au droit de préemption et qui a déposé une DIA peut unilatéralement **rétracter son offre de vente** tant qu'elle n'a pas été acceptée par le titulaire du droit (CE 22-2-1995 n° 123421, Cne de Veyrier-du-Lac : Dr. adm. 1995 n° 234 ; Cass. 3e civ. 17-9-2014 n° 13-21.824, Cne d'Alignan-du-Vent : BPIM 6/14 inf. 373). En revanche, dès que le titulaire du droit de préemption a accepté l'offre aux conditions contenues dans la DIA, le propriétaire ne peut plus retirer son offre en raison de l'accord des contractants sur la chose et sur le prix ; et ce bien que le transfert de propriété ne soit pas encore intervenu (voir n° 33440). Sur l'incidence d'une erreur matérielle dans la DIA, voir n° 33241.

ABSENCE DE DIA

33250 La **sanction** de l'absence de déclaration ou d'une déclaration irrégulière est la nullité relative de l'aliénation. L'action en nullité - qui doit être introduite devant le tribunal judiciaire du lieu de situation du bien - se prescrit par 5 ans à compter de la publication de l'acte portant transfert de propriété (C. urb. art. L 213-2, dernier al. et R 213-26). L'annulation de l'acte n'a pas pour effet de substituer le titulaire du droit de préemption dans la propriété du bien aliéné.

Le titulaire du DPU peut aussi intenter une action en responsabilité pour faute contre le vendeur et, le cas échéant, le rédacteur de l'acte.

2. RÉPONSE (OU ABSENCE DE RÉPONSE) DU TITULAIRE DU DROIT DE PRÉEMPTION

AVIS ET ÉVALUATION DOMANIALE

33280 Dès réception de la DIA, le maire en accuse réception. Lorsqu'il envisage d'acquérir le bien, le titulaire du droit de préemption transmet sans délai copie de la DIA au responsable départemental ou régional des services fiscaux (Direction de l'immobilier de l'État, anciennement France Domaine), dès lors que le prix figurant sur la DIA excède 180 000 € (C. urb. art. R 213-21 ; Arrêté ECFE1634125A du 5-12-2016). Toutefois, lorsque le bien est situé dans une ZAD, une pré-ZAD ou une zone où le DPU renforcé s'applique, la direction de l'immobilier de l'État doit être consultée quel que soit le prix figurant dans la DIA (C. urb. art. R 213-21, al. 2). La décision de préemption doit être prise au vu de cet avis (Loi 2001-1168 du 11-12-2001 art. 23).

L'avis doit être rendu dans le mois de la demande. En l'absence de réponse, le titulaire du droit de préemption peut procéder librement à l'acquisition (C. urb. art. R 213-21, al. 3 ; CGCT art. L 1311-12). Si la commune envisage d'acquérir en retenant un prix supérieur à l'évaluation domaniale, le conseil municipal doit au préalable prendre une délibération motivée. Cette délibération est notifiée par le préfet au directeur des finances publiques du département (Décret 86-455 du 14-3-1986 art. 10).

> Précisions La **consultation préalable de la direction de l'immobilier de l'État** constitue une formalité substantielle dont la méconnaissance entache d'irrégularité la décision de préemption (CE 22-2-1995 n° 122395, Cne de Ville-la-Grand : Lebon T. p. 626). L'avis écrit de la direction de l'immobilier de l'État doit être reçu et vu avant la décision de préemption (CE 18-7-2006 n° 291569, Bessac : BJDU 5/06 p. 382 ; CE 24-7-2009 n° 316694, SCI 40 Servan : BPIM 5/09 inf. 351). Cet avis est un document communicable (Avis Cada 28-7-2006 n° 2006-4177). L'avis formulé avant réception de la DIA et qui avait été sollicité à l'occasion d'un projet d'acquisition amiable ne dispense pas la collectivité de consulter à nouveau la direction de l'immobilier de l'État suite à la réception de la DIA (CE 23-12-2014 n° 364785, Cté urbaine Brest Métropole Océane : BPIM 1/15 inf. 21 ; BJDU 1/16 p. 32).

DÉLAI DE RÉPONSE À LA DIA

Le titulaire du droit dispose d'un délai de 2 mois pour prendre une décision et la notifier au propriétaire, au notaire et, le cas échéant, à la personne mentionnée dans la DIA qui avait l'intention d'acquérir le bien (C. urb. art. L 213-2, al. 6). Ce délai court à compter de la date de l'avis de réception postal ou du premier des accusés de réception ou d'enregistrement délivré en application des articles L 112-11 et L 112-12 du Code des relations entre le public et l'administration, ou de la décharge de la déclaration faite en application de l'article R 213-5 du Code de l'urbanisme. 33285

Il s'agit d'un **délai préfix** qui se calcule de quantième en quantième (CE 16-6-1993 n° 135411, Cne d'Étampes c/ Bigot : Lebon T. p. 1096).

Dès lors que le titulaire du droit a demandé à **visiter le bien,** le délai de réponse à la DIA est suspendu et il reprend son cours pour la durée restante à compter de la visite ou du refus exprès ou tacite par le propriétaire (voir n° 33244). Si le délai restant à courir est inférieur à un mois, le titulaire du droit de préemption dispose néanmoins d'un mois pour se prononcer. En l'absence de visite dans le délai susvisé, le délai reprend son cours (C. urb. art. D 213-13-2, dernier al.). 33286

Le **délai** est **également suspendu** à compter de la réception par le propriétaire de la demande unique formée par le titulaire du droit en vue d'obtenir la communication de l'un ou de plusieurs des documents limitativement énumérés au II de l'article R 213-7 du Code de l'urbanisme. Il reprend à compter de la réception des documents demandés. Si le délai restant est inférieur à un mois, le titulaire dispose d'un mois pour prendre sa décision. Passé ces délais, son silence vaut renonciation à l'exercice du droit de préemption (C. urb. art. L 213-2, al. 4).

Quand la commune demande **à la fois** des **documents complémentaires** et la **visite** du bien, le délai pour préempter ne recommence de courir qu'à compter du plus tardif des évènements que sont la visite (ou le refus de visite) et la communication des documents (CE 29-5-2024 n° 489337, SCI Cel Pires : BPIM 4/24 inf. 244).

Le **délai** de 2 mois peut également être **prorogé** par une demande de précisions complémentaires de la part de l'administration, mais seulement si la DIA initiale est incomplète ou entachée d'une erreur substantielle portant sur la consistance du bien objet de la vente, son prix ou les conditions de son aliénation (CE 24-7-2009 n° 316158, Sté Finadev : BPIM 5/09 inf. 352). Dans ce cas, un nouveau délai de 2 mois court à compter de la réception par l'administration de la DIA rectifiée ou complétée.

Si le vendeur dépose de lui-même une DIA rectifiée ou complétée, il s'agit alors d'une nouvelle DIA ouvrant un nouveau délai de 2 mois à l'administration pour se prononcer et il n'est plus possible de passer la vente aux conditions de la DIA initiale (en ce sens, CE 26-7-2011 n° 324767, SCI du Belvédère : BPIM 5/11 inf. 369), même si la décision de préemption est intervenue avant le dépôt de la DIA rectifiant une erreur substantielle dans la DIA initiale (CAA Lyon 21-12-2010 n° 09LY01733, Cne de Beynost).

> **Précisions** **a.** Si un **périmètre de ZAD** ou un **périmètre provisoire** de ZAD est créé avant l'expiration de ce délai, la DIA doit être transmise au préfet par le maire. Dans ce cas, le délai de 2 mois court à compter de la date de publication de l'acte créant la ZAD ou le périmètre provisoire (C. urb. art. L 213-17).
b. Dans les ZAD du « **Grand Paris** » créées dans le cadre d'un contrat de développement territorial, la commune bénéficie d'un droit de préemption à titre subsidiaire lorsqu'elle n'est pas le bénéficiaire du droit de préemption à titre principal. Le délai de réponse à la DIA est de 2 mois pour le bénéficiaire à titre principal. S'il renonce à la préemption, le délai à l'expiration duquel le silence gardé vaut renonciation à l'exercice du droit de préemption est porté à 3 mois pour permettre à la commune de préempter. Le vendeur est informé de cette prorogation (Loi 2010-597 du 3-6-2010 art. 21, III). Les règles sont similaires pour les ZAD créées dans le cadre des contrats pour la réalisation des **projets d'intérêt majeur** (C. urb. art. L 350-4).

RENONCIATION À L'EXERCICE DU DROIT DE PRÉEMPTION

Sans attendre l'expiration du délai de 2 mois, le bénéficiaire du droit de préemption peut y renoncer à tout moment par décision **expresse,** dûment notifiée au propriétaire. Mais la renonciation peut aussi être **tacite** puisque le silence du titulaire du droit de préemption pendant les 2 mois vaut renonciation à l'exercice de ce droit (C. urb. art. L 213-2, al. 4 et R 213-7). La commune ne peut pas soumettre sa décision de ne pas préempter au respect de conditions qu'elle fixe (Rép. Masson : Sén. 1-7-2010 p. 1725 n° 11858). 33290

La renonciation (expresse ou tacite) du bénéficiaire ne peut pas être retirée (CE 12-11-2009 n° 327451, Sté Comilux et Sté Chavest : BPIM 1/10 inf. 19). Le propriétaire peut vendre librement pendant 3 ans à compter de la renonciation au droit de préemption, au prix indiqué dans la DIA révisé, s'il y a lieu, en fonction des variations du coût de la construction constatées par l'institut national de la statistique et des études économiques (C. urb. art. L 213-8). En cas de modification, une nouvelle DIA doit être déposée. Le dépôt d'une nouvelle DIA, même non requise, ouvre un nouveau délai de préemption (CE 5-7-2013 nº 349664, Loire : BPIM 5/13 inf. 322).

› Précisions Si le titulaire du droit de préemption a renoncé à préempter (implicitement ou explicitement), il ne peut pas tirer argument du caractère incomplet de la DIA pour revenir sur sa décision (CE 27-7-2015 nº 374646 : BPIM 5/15 inf. 350, arrêt rendu en matière commerciale mais transposable).

DÉCISION DE PRÉEMPTION

33295 S'il a décidé d'acquérir, le titulaire du droit de préemption, après qu'il a saisi les services fiscaux, doit, dans le délai de deux mois, **notifier au propriétaire,** au notaire et, le cas échéant, à l'acquéreur évincé s'il est mentionné dans la DIA sa décision de préempter le bien (C. urb. art. L 213-2, al. 6). Cette notification peut être faite par lettre recommandée avec demande d'avis de réception, voie électronique, acte de commissaire de justice (huissier) ou dépôt contre décharge (C. urb. art. R 213-25) ; une notification en la forme administrative par un policier municipal est valable (Rép. Masson : Sén. 5-10-2017 nº 1223) ; une télécopie n'interrompt pas le délai (CE 26-2-2010 nº 331749, Cne de Bédoin : RJDA 2/11 nº 133). Si la notification est faite par lettre recommandée, c'est la date de la première présentation de la lettre au domicile du destinataire qui compte et non celle de la remise effective du pli (CE 10-5-2017 nº 398736, Sté ABH Investissements : BPIM 4/17 inf. 264). À défaut, la décision de préemption est illégale car tardive (Cass. 3e civ. 8-11-1995 nº 93-19.168, Cne de Bordes-sur-Arize : RJDA 12/95 nº 1431 ; CE 15-5-2002 nº 230015, Ville de Paris : BPIM 5/02 inf. 308 ; CE 5-12-2014 nº 359769, Cne de Scionzier : BPIM 1/15 inf. 18).

Le **notaire** doit transmettre la décision de préemption aux titulaires de droits d'emphytéose, d'habitation ou d'usage, aux bénéficiaires de servitudes, aux fermiers et aux locataires mentionnés dans la DIA (C. urb. L 213-2, al. 6).

Sur le délai pour notifier la préemption en cas d'adjudication obligatoire, voir nº 33310.

La décision du titulaire fait l'objet d'une publication (C. urb. art. L 213-2, al. 6).

› Précisions **a.** La décision par laquelle une commune manifeste son intention de préempter doit contenir ou être suivie dans le délai légal de l'**indication du prix** (CE 16-5-2001 nº 229739, Cne de Saint-Suliac : BJDU 3/01 p. 196). Si le montant du prix indiqué en toute lettre diffère du montant indiqué en chiffres et que l'incertitude sur le prix n'est pas levée dans le délai légal, la décision de préemption est illégale (CAA Paris 29-2-2024 nº 22PA03860, Établissement public territorial Plaine Commune : BPIM 2/24 inf. 105).

b. La commune a l'obligation de **notifier** sa décision aussi bien au propriétaire de l'immeuble qu'à son **mandataire** dès lors que la demande en est faite dans la DIA (Cass. 3e civ. 14-5-1997 nº 95-16.230). À défaut d'indication quant à la personne habilitée à recevoir la notification, le notaire signataire de la DIA doit être considéré comme le mandataire du vendeur (CE 30-6-2006 nº 274062, Cne de Mane : BPIM 5/06 inf. 347). Pour le ministre, la notification faite au notaire est suffisante, sous réserve que soit jointe à la DIA la copie du mandat donné au notaire et que le propriétaire vendeur y ait fait élection de domicile (Rép. Meunier : AN 9-5-2017 nº 92031). Cette réponse nous paraît discutable car elle fait fi du mandat légal dont est investi, de par sa fonction, un officier public. La décision de préemption doit être également notifiée à l'acquéreur évincé. À défaut, le délai de recours ne court pas à son encontre (CE 30-7-1997 nº 169574, Cne de Montrouge). Si le délai de recours n'est pas opposable à l'acquéreur évincé, il doit néanmoins agir dans un délai raisonnable (CE 19-12-2019 nº 419220 : BPIM 1/20 inf. 20).

c. Une **décision de préemption intervenue tardivement** est inopposable au vendeur (Cass. 3e civ. 4-7-1984 nº 83-11.711 : Gaz. Pal. 9-3-1985 pan. p. 23 ; CE 16-6-1993 nº 135411, Cne d'Étampes ; CE 9-4-2004 nº 262660, SCI Abimar : BJDU 4/04 p. 305), mais elle reste opposable à l'administration tant qu'elle n'a pas été retirée ou annulée (CE 13-5-1996 nº 152472, Cne de Franconville-la-Garenne : RJDA 10/96 nº 1247).

d. Une décision tardive ne fait pas obstacle à la **vente entre les parties à l'avant-contrat** (CE 9-4-2004 nº 262660, SCI Abimar : BJDU 4/04 p. 305). Saisie d'une demande en annulation de l'acte de vente, la juridiction civile peut, en l'absence de difficulté sérieuse, apprécier le caractère opposable d'une décision de préemption, notamment au regard de l'obligation faite à la collectivité publique de se déterminer dans le délai de 2 mois (Cass. 1e civ. 18-10-1994 nº 92-18.142 : Bull. civ. I nº 299).

e. Une **promesse de vente** conclue sous la condition suspensive du non-exercice du droit de préemption urbain est frappée de **caducité** dès la décision de préempter, même si, en définitive, l'administration renonce à la préemption après la fixation judiciaire du prix (Cass. 3e civ. 10-10-2012 nº 11-15.473 : BPIM 6/12 inf. 459).

33300 **Cas général** Pour les **mutations les plus courantes** (ventes amiables de gré à gré et ne faisant pas l'objet d'une contrepartie en nature), le titulaire du droit de préemption peut (C. urb. art. R 213-8) :

– soit **acquérir aux prix et conditions proposés** par le propriétaire dans la DIA, auquel cas il y a accord sur la chose et sur le prix et un acte authentique doit être dressé dans les 3 mois

pour constater le transfert de propriété (C. urb. art. R 213-12) et le prix payé dans les 4 mois (C. urb. art. L 213-14, al. 2) ; le propriétaire est tenu, le cas échéant, d'informer les occupants de l'immeuble préempté (voir nos 33550 s.) ;
– soit **proposer** lui-même **un autre prix** et, à défaut d'acceptation de cette offre par le propriétaire, faire fixer le prix du bien par le juge de l'expropriation. Une contre-proposition à un prix très inférieur à celui figurant dans la DIA et insuffisant au regard du marché est sans incidence sur la légalité de la décision de préemption (CE 7-1-2013 no 357230, Cne de Montreuil : BPIM 2/13 inf. 111).

Dans les autres cas de mutation, c'est-à-dire **adjudication volontaire, cession avec une contrepartie en nature** (échanges, apports en société, cession de terrain moyennant locaux à construire, etc.) ou **donation,** le titulaire du droit de préemption notifie son offre d'acquérir le bien à un prix qu'il propose lui-même (et qui peut être différent de l'estimation fournie dans la DIA) et, à défaut d'acceptation de cette offre, son intention de faire fixer le prix par le juge de l'expropriation (C. urb. art. R 213-9).

Cas des ventes moyennant rente viagère La procédure et les solutions indiquées ci-dessus sont applicables aux ventes moyennant rente viagère. Le titulaire du droit et, le cas échéant, le juge de l'expropriation devront respecter les **conditions de paiement** proposées par le vendeur mais le titulaire du droit de préemption pourra proposer, et le juge fixer, une **révision du montant** de la rente et du capital éventuel (C. urb. art. R 213-8 et R 213-9). **33305**

Cas de l'adjudication autorisée ou ordonnée par un juge En cas d'adjudication autorisée ou ordonnée par un juge, la décision de préemption intervient après l'adjudication. Le titulaire du droit dispose d'un **délai** de 30 jours à compter de la dernière enchère ou surenchère pour notifier au greffier ou au notaire sa décision de se substituer à l'adjudicataire. Le respect de ce délai s'apprécie à la date de la réception de la décision de préemption par le notaire ou le greffier du tribunal (CE 17-12-2008 no 304840, Office d'habitation du Gers : BPIM 1/09 inf. 19). La substitution intervient au **prix** de la dernière enchère ou de la surenchère (C. urb. art. R 213-15). **33310**

> **Précisions** **a.** Une décision de préemption notifiée au greffe **avant la vente aux enchères** est illégale (Cass. 3e civ. 25-6-2014 no 13-19.429, Cne de Dampierre-sur-Salon : JCP N 2014 act. no 852).
> **b.** Lorsque la **DIA** adressée au titulaire du droit de préemption mentionne que la vente présente un **caractère amiable** alors qu'en réalité il s'agit d'une adjudication forcée, le délai de 30 jours à compter de l'adjudication pour préempter ne lui est pas opposable (CE 26-3-2021 no 438876, Cne d'Arles : BPIM 3/21 inf. 176).

RÉGIME FISCAL DE L'ACQUISITION DE BIENS SOUMIS AU DROIT DE PRÉEMPTION

Les acquisitions à titre onéreux de biens soumis au droit de préemption urbain ou au droit de préemption institué dans les ZAD sont exonérées de **droit d'enregistrement** ou de taxe de publicité foncière (CGI art. 1594-0 G, B-f). Il en va de même des acquisitions d'immeubles effectuées par un établissement public foncier dans le cadre des opérations de requalification des copropriétés dégradées (Orcod) d'intérêt national définies aux articles L 741-1 et suivants du CCH (CGI art. 1594-0 G, B-k). Voir no 32750. **33315**

Ces acquisitions sont en revanche soumises à la **TVA** si elles portent sur des terrains à bâtir (au sens de la TVA) ou sur un immeuble achevé depuis moins de cinq ans et si le cédant est un assujetti à la TVA agissant en tant que tel (CGI art. 256, I et 257, I-2). Si l'acquisition porte sur un terrain non à bâtir ou sur un immeuble achevé depuis plus de cinq ans, l'opération est en principe exonérée de TVA mais le cédant pourra opter pour l'assujettissement à la TVA s'il a la qualité d'assujetti (CGI art. 261, 5 et 260, 5° bis). Il y trouvera intérêt lorsqu'il aura exposé des frais grevés de TVA déductible (travaux notamment) ou s'il entend éviter une régularisation de TVA.

> **Précisions** Les transferts en pleine propriété de biens fonciers et immobiliers de l'État à un établissement public foncier dans le cadre des opérations de requalification des **copropriétés dégradées** sont exonérés de **droit de mutation à titre gratuit** (CGI art. 795 B).

3. DÉCISION DU PROPRIÉTAIRE PRÉEMPTÉ

CONTRE-PROPOSITION DE L'ADMINISTRATION

Dès lors que le titulaire du droit de préemption n'accepte pas d'acquérir aux prix et conditions proposés et qu'il a formulé sa propre offre d'acquérir, le propriétaire dispose **33340**

d'un **délai** de 2 mois à compter de la réception de l'offre du titulaire du droit, pour lui **notifier** :
– soit qu'il **accepte** le prix ou les nouvelles modalités qui lui sont proposés ;
– soit qu'il **maintient** le prix ou l'estimation figurant dans la DIA et accepte, en conséquence, que le prix soit fixé par la juridiction compétente en matière d'expropriation ;
– soit qu'il **renonce** à l'aliénation.

Le **silence** gardé par le propriétaire dans le délai de 2 mois équivaut à une renonciation d'aliéner (C. urb. art. R 213-10).

> **Précisions** Dès lors que le propriétaire du bien maintient expressément, dans la réponse qu'il fait à l'offre d'acquérir du titulaire du droit de préemption, le prix fixé dans la DIA, le titulaire du droit de préemption doit saisir le juge de l'expropriation dans les délais légaux ; la **mention de l'acceptation de la saisine du juge** de l'expropriation n'est pas une condition de fond applicable à la réponse du propriétaire (Cass. 3e civ. 12-7-2000 n° 98-22.866 : BPIM 5/00 inf. 313).

ACCORD SUR LE PRIX

33345 En cas d'accord sur le prix demandé par le propriétaire ou sur le prix offert par le titulaire du droit de préemption, toute renonciation du vendeur ou rétractation du préempteur est impossible (Cass. 3e civ. 2-6-1999 n° 97-17.576 : RJDA 8-9/99 n° 910).

Un **acte authentique** doit être dressé dans un délai de 3 mois à compter de cet accord (C. urb. art. R 213-12). Cependant, par dérogation au principe issu de l'article 1583 du Code civil, le transfert de propriété intervient à la plus tardive des dates auxquelles seront intervenus le paiement et l'acte authentique (C. urb. art. L 213-14, al. 1).

ATTENTION

En l'absence de procédure de déclaration d'utilité publique prononcée en vue d'une expropriation, l'exonération de la **plus-value** sous condition de remploi ne peut pas trouver à s'appliquer (BOI-RFPI-PVI-10-40-60 n° 20). La plus-value consécutive à la cession du bien à la commune est donc imposable dans les conditions de droit commun.

4. FIXATION DU PRIX PAR LE JUGE DE L'EXPROPRIATION

SAISINE DU JUGE

33370 À défaut d'accord amiable sur le prix, le **titulaire du droit de préemption** peut :
– soit **renoncer** expressément (ou implicitement en ne saisissant pas la juridiction d'expropriation) à exercer son droit de préemption ;
– soit, dans le délai de 15 jours à compter de la réception de la réponse du propriétaire, **saisir le juge** de l'expropriation et le faire savoir au propriétaire (C. urb. art. L 213-4 et R 213-11).

Dans un délai de 3 mois à compter de cette saisine du juge, le titulaire du droit de préemption doit alors consigner une somme égale à 15 % de l'évaluation de la direction de l'immobilier de l'État (anciennement France Domaine) et notifier le récépissé de cette consignation au juge et au propriétaire. À défaut, il est réputé avoir renoncé à l'acquisition (C. urb. art. L 213-4-1 et R 213-11 ; Cass. 3e civ. 9-5-2012 n° 11-12.551 : Bull. civ. III n° 72).

La saisine du juge n'interdit pas au titulaire du droit de préemption de renoncer par la suite à exercer son droit. Toute **renonciation** du titulaire intervenant avant la fixation judiciaire du prix a pour **conséquence** de permettre au propriétaire de vendre librement son bien aux conditions de la DIA et au prix indiqué, révisé, s'il y a lieu, en fonction des variations du coût de la construction constatées par l'Insee depuis la date de cette déclaration (C. urb. art. L 213-8, al. 1). Si le propriétaire n'a pas vendu le bien dans les 3 ans, il devra déposer une nouvelle DIA (C. urb. art. L 213-8, al. 2).

Les conséquences d'une renonciation du titulaire du droit de préemption après la fixation judiciaire du prix sont différentes (voir n° 33410).

> **Précisions** **a.** La **cession amiable** de gré à gré, au prix fixé par le juge-commissaire, d'un immeuble dépendant de l'actif d'une personne faisant l'objet d'une procédure collective semble faire échec à la fixation du prix par le juge de l'expropriation (Rép. Hage : AN 18-4-1988 p. 1665 n° 34445).
> **b.** La **libération des fonds** consignés ne peut être effectuée que lorsque le titulaire du droit de préemption a renoncé à l'acquisition ou à l'exercice du droit de préemption ou après le transfert de propriété (C. urb. art. L 213-4-2).
> **c.** La **renonciation d'une commune à préempter** ne rend pas sans objet le recours introduit contre la décision initiale de préemption (CE 17-5-1999 n° 191292, Cne de Montreuil-sous-Bois c/ Pecqueur : BJDU 3/99 p. 225).
> **d.** Seul le juge judiciaire est compétent pour statuer sur les **obligations de paiement et de consignation** (CE 7-1-2013 n° 358781 : BPIM 2/13 inf. 112).

MODE DE FIXATION DU PRIX

Le prix est fixé selon les **règles** applicables en matière d'**expropriation** (notamment pour la qualification de terrain à bâtir) sous réserve des **particularités** prévues à l'article L 213-4 du Code de l'urbanisme et brièvement exposées ci-après. 33375

Le prix fixé par le juge est exclusif de toute **indemnité** accessoire (réemploi, éviction, dépréciation, relogement, etc.). En cas de **préemption partielle** le juge devra fixer le prix en tenant compte de l'éventuelle dépréciation subie par la fraction de l'unité foncière non préemptée (C. urb. art. L 213-4, al. 2).

Le juge ne peut pas se prononcer sur la valeur du fonds de commerce exploité dans l'immeuble, car ce bien est exclu du champ d'application du droit de préemption (Cass. 3e civ. 9-6-2004 n° 03-70.066 : JCP N 2004 n° 1527) ; voir toutefois n° 34450.

› Précisions Les propriétaires dont le bien est préempté peuvent **accéder** librement **aux éléments d'information que l'administration fiscale détient** concernant les valeurs foncières déclarées à l'occasion des mutations intervenues dans les cinq dernières années (LPF art. L 112 A). Cette communication se fait par l'intermédiaire du site Demande de Valeur Foncière (**DVF**) (app.dvf.etalab.gouv.fr). La transmission est effectuée dans le cadre d'une procédure électronique, sans mesure d'identification ou de justification préalable. Les éléments d'information mis à disposition s'entendent de la date et de la nature de la mutation, du prix de l'immeuble, de son adresse, de sa description (sous réserve qu'elle ait été déclarée à l'administration : surface Carrez, surface réelle, code type de local, type de local, nombre de pièces principales, surface du terrain) et de ses références cadastrales (qui incluent pour un bien faisant partie d'une copropriété, le nombre de lots et le numéro de lot dans la limite de 5 lots par mutation). Ces éléments sont accessibles gratuitement. Actualisées semestriellement, les informations sont mises à disposition sous forme d'un fichier téléchargeable qui ne doit permettre ni l'identification des personnes concernées ni une indexation sur des moteurs de recherche en ligne (LPF art. R 112 A-1, R 112 A-2 et R 112 A-3). Ces propriétaires peuvent également, dans certaines conditions et limites, obtenir communication d'informations relatives aux cessions de biens immobiliers similaires intervenues dans un périmètre et pendant une période déterminés par l'intermédiaire du téléservice **Patrim** (LPF art. L 107 B).

Dates de référence La date de référence à retenir pour apprécier l'**usage effectif** des biens et notamment la qualité éventuelle de **terrain à bâtir** est la date à laquelle est devenu opposable aux tiers le plus récent des actes approuvant, modifiant ou révisant le PLU et délimitant la zone dans laquelle est situé le bien. 33380

Si le bien est situé dans une ZAD, cette date de référence est la suivante :

a. la date du dernier renouvellement de l'acte créant la ZAD,

b. ou, en l'absence de renouvellement :

– la date de publication de l'acte délimitant le périmètre provisoire de la ZAD lorsque le bien est situé dans un tel périmètre ou lorsque l'acte créant la zone est publié dans le délai de validité d'un périmètre provisoire ;

– la date de publication de l'acte créant la ZAD si un périmètre provisoire de ZAD n'a pas été délimité (C. urb. art. L 213-4, a).

› Précisions **a.** Ces mêmes dispositions s'appliquent lorsqu'un bien soumis au droit de préemption vient à faire l'objet d'une expropriation (C. urb. art. L 213-6).

b. Sur les dates de référence et leur contentieux, voir n° 37810.

c. Il faut tenir compte de la date de modification du document en question, dès lors que les caractéristiques de la zone dans laquelle se situe le bien ont été modifiées (Cass. 3e civ. 17-9-2014 n° 13-20.076, Groupement Domaine Saint-Joseph c/ Établissement public foncier Provence Alpes Côte-d'Azur : BPIM 6/14 inf. 375).

Améliorations, transformations et changements d'affectation Ils ne sont **pas présumés** revêtir un **caractère spéculatif,** même s'ils ont été effectués après la date de référence ci-dessus (C. urb. art. L 213-4, b). Cette disposition laisse toute latitude aux propriétaires pour la gestion et la conservation de leurs biens. 33385

Évaluation par comparaison À défaut de transactions amiables, constituant des références suffisantes pour l'évaluation du bien à estimer dans la zone où il est inclus, il pourra être tenu compte des mutations et accords amiables intervenus pour des biens de même qualification situés dans des **zones comparables** (C. urb. art. L 213-4, c). Ces dispositions peuvent donc s'appliquer notamment dans les zones d'urbanisation future. 33390

 © Éd. Francis Lefebvre

33395 **Rente viagère et contrepartie en nature** Dans le cas d'une vente avec constitution de rente viagère, les conditions de paiement proposées par le vendeur doivent être respectées par le juge, comme par le titulaire du droit de préemption, sauf faculté pour celui-ci de demander au juge la révision du montant des arrérages et du capital éventuel (C. urb. art. L 213-4, dernier al.).

Lorsque l'aliénation fait l'objet d'une rente viagère et d'une contrepartie en nature, il est fait application des mêmes règles.

33400 **Honoraires de négociation** L'exercice du droit de préemption laisse intact le droit à commission de l'agent immobilier ou de l'intermédiaire (Cass. 1e civ. 9-3-1999 nº 96-21.259 : Bull. civ. I nº 79). Lorsque le bien est préempté à un prix inférieur au prix de vente indiqué dans la DIA, la commission reste due en intégralité si son montant n'est pas fixé en pourcentage du prix de vente (en ce sens, Cass. 1e civ. 24-1-2006 nº 02-18.746 : AJDI 2006 p. 484).

Le titulaire du droit de préemption doit s'acquitter de la commission dès lors que la DIA mentionne son montant et précise qu'elle est à la charge de l'acquéreur (Cass. 3e civ. 26-9-2007 nº 06-17.337 : RJDA 1/08 nº 21). En l'absence de ces indications, le titulaire du droit de préemption n'a pas à verser la commission (Cass. 3e civ. 10-3-1993 nº 90-19.578 : Bull. civ. III nº 36).

> **Précisions** **a. À défaut de mention de sa commission** dans la DIA, l'agent immobilier peut obtenir la condamnation du notaire fautif au versement de dommages et intérêts (Cass. 1e civ. 26-3-1996 nº 94-14.381).
> **b.** Les **litiges relatifs au règlement de la commission** par une commune sont de la compétence des tribunaux judiciaires (TA Limoges 9-7-1987, Boyer : Juris-Data nº 051213). Le juge de l'expropriation est incompétent pour statuer sur une demande de suppression ou réduction de la commission en considération des fautes que l'agent immobilier aurait commises dans l'exécution de sa mission (Cass. 3e civ. 14-12-2017 nº 16-20.150 PBI).
> **c.** Dans un cas où la commission était à la charge du vendeur, il a été jugé que cette obligation du vendeur était constitutive d'un préjudice direct, matériel et certain et donc indemnisable (Cass. 3e civ. 15-6-2000 nº 99-70.080, Cne de Rennes c/ Riffiod).
> **d.** Dans le cadre d'une **promesse unilatérale de vente,** la commune ne peut pas faire valoir que la préemption a eu lieu avant la levée d'option du bénéficiaire pour se soustraire au paiement de la commission mise à la charge de l'acquéreur (Cass. 3e civ. 12-5-2021 nº 19-25.226 FS-P, Sté Solgest c/ Cne d'Escalquens : BPIM 4/21 inf. 247).

ACCEPTATION DU PRIX JUDICIAIREMENT FIXÉ

33405 Une fois le prix fixé par décision judiciaire définitive, les parties disposent d'un délai de 2 mois pour accepter ce prix. Ce délai court à compter de la signification de la décision judiciaire définitive (Cass. 3e civ. 4-12-1996 nº 95-70.088 : RJDA 3/97 nº 399).

Le **silence** des parties vaut acceptation du prix fixé par le juge et transfert de propriété, à l'issue du délai de 2 mois, au profit du titulaire du droit de préemption (C. urb. art. L 213-7, al. 2). L'acte authentique constatant le transfert de propriété doit être dressé dans les 3 mois à compter de la date à laquelle la décision judiciaire est devenue définitive (C. urb. art. R 213-12, al. 2).

> **Précisions** Par « **décision définitive** », il y a lieu d'entendre une décision exécutoire, non susceptible de recours suspensif d'exécution, c'est-à-dire soit la date à laquelle le délai d'appel est expiré pour la décision rendue en première instance, soit celle de la décision de la cour d'appel devenue exécutoire par sa notification ou sa signification, le pourvoi en cassation n'ayant pas, sauf exception prévue par la loi, d'effet suspensif (Rép. Hage : AN 7-8-1989 p. 3531 nº 604). En cas de **désistement d'appel,** le jugement de première instance devient définitif à la date de ce désistement (Cass. 3e civ. 29-6-2017 nº 16-14.622 FS-PBI, Établissement public territorial Plaine Commune : BPIM 4/17 inf. 265).

REFUS DU PRIX JUDICIAIREMENT FIXÉ

33410 Dans les 2 mois du jour où la décision juridictionnelle fixant le prix est devenue définitive, chacune des parties peut encore renoncer à la mutation. Le silence valant acceptation (voir nº 33405), la renonciation doit être expresse, mais aucune autre forme n'est prévue par la loi (C. urb. art. L 213-7, al. 2).

Lorsque la renonciation émane du **propriétaire,** la remise en vente du bien nécessite une nouvelle DIA.

Lorsque la renonciation émane du **titulaire du droit de préemption,** celui-ci ne peut pas exercer son droit à l'égard du même propriétaire pendant un délai de 5 ans à compter de la décision juridictionnelle définitive si, dans ce délai, est passé l'acte authentique de transfert de propriété de ce bien au prix fixé par la juridiction et révisé, s'il y a lieu, en fonction des variations de l'indice du coût de la construction publié par l'Insee depuis cette décision (C. urb. art. L 213-8, al. 3). Le propriétaire peut donc avoir intérêt à relever appel pour obtenir un prix maximal, même si le préempteur renonce à acquérir.

> **Précisions** **a.** Les **indices** du coût de la construction à **retenir** sont ceux publiés respectivement à la date à laquelle le jugement est devenu définitif et à la date de l'acte authentique constatant le transfert de propriété (C. urb. art. R 213-13, al. 1).
b. Le propriétaire doit **informer** le titulaire du droit de préemption du prix auquel la vente a été réalisée (C. urb. art. R 213-13, al. 2).
c. Dès lors qu'il a renoncé sans réserve à exercer son droit de préemption en cours de procédure, le titulaire ne peut plus se pourvoir en **cassation** contre l'arrêt fixant le prix du bien (Cass. 3e civ. 13-11-2003 no 02-70.097 : AJDI 2004 p. 305).
d. La **renonciation à préempter** après la fixation judiciaire du prix n'a d'effet que pour l'avenir et n'anéantit pas la décision de préemption ayant eu pour effet de frapper de caducité la promesse de vente consentie au profit de l'acquéreur évincé (Cass. 3e civ. 10-10-2012 no 11-15.473, Skowronski c/ Brunet : BPIM 6/12 inf. 459).
e. Toute vente à un **prix différent** du prix judiciairement fixé doit être précédé d'une nouvelle DIA ; et ce, même si le prix correspond au prix notifié dans la DIA (Guide du DPU - La documentation française 1991, p. 98).

5. PAIEMENT DU PRIX ET TRANSFERT DE PROPRIÉTÉ

PAIEMENT OU CONSIGNATION DU PRIX

Par dérogation à l'article 1583 du Code civil, en cas d'acquisition d'un bien par voie de préemption ou suite à l'exercice du droit de délaissement, le transfert de propriété intervient à la plus tardive des dates auxquelles sont intervenus l'acte authentique et le paiement du prix (C. urb. art. L 213-14, al. 1). **33440**

Le prix est payé ou, en cas d'**obstacle au paiement,** consigné dans les 4 mois qui suivent soit la décision d'acquérir le bien au prix indiqué par le vendeur ou accepté par lui, soit la décision définitive de la juridiction compétente en matière d'expropriation, soit la date de l'acte ou du jugement d'adjudication (C. urb. art. L 213-14, al. 2).

> **Précisions** **a.** Le **risque avéré de non-restitution du prix** de vente en cas d'annulation de la préemption par le juge administratif constitue un obstacle au paiement justifiant la consignation du prix (Cass. 3e civ. 23-9-2020 no 19-14.261 FS-PBI : BPIM 6/20 inf. 379).
b. Lorsque l'exercice du droit de préemption intervient après une **déclaration d'utilité publique,** et si le bénéficiaire de cette déclaration est le titulaire du droit de préemption, les **droits réels** sont reportés sur le prix. Quant aux **droits personnels** et servitudes, leur extinction ouvre droit à une indemnité au profit de leur titulaire ou de leur bénéficiaire. Les inscriptions hypothécaires sont périmées à l'expiration d'un délai de 6 mois suivant le jour où l'exercice de la préemption est devenu définitif.
c. Est fixé à 7 700 € le plafond en deçà duquel le prix des acquisitions immobilières peut être versé aux vendeurs après publication de l'acte au service de la publicité foncière sans l'accomplissement des **formalités de purge** des hypothèques inscrites (CGCT art. R 2241-7 s'agissant des communes et R 5211-13-6 s'agissant des EPCI). Le montant de 7 700 € fixé par l'article R 2241-5 du CGCT dans sa rédaction antérieure au décret 2011-1612 du 22 novembre 2011 reste applicable jusqu'à la fixation d'un nouveau montant par arrêté.

DÉLAI DE PAIEMENT

L'autorité qui préempte doit régler le prix du bien dans les 4 mois suivant (C. urb. art. L 213-14, al. 2) : **33445**
– soit la décision d'acquérir le bien au prix indiqué par le vendeur ou accepté par lui (cas d'acquisition amiable) ;
– soit la décision définitive du juge de l'expropriation fixant le prix ;
– soit la date du procès-verbal ou du jugement d'adjudication (no 33310).

Jusqu'au paiement du prix ou sa consignation l'ancien propriétaire conserve la propriété et la jouissance du bien (C. urb. art. L 213-15), étant sous-entendu qu'il ne pourra pas en modifier l'état ou le grever de charges (bail, hypothèques, etc.).

En cas d'adjudication, les délais de paiement fixés par le cahier des charges ne sont pas opposables au titulaire du DPU (Cass. 3e civ. 14-11-1991 no 90-10.314 : Bull. civ. III no 277).

RETARD OU DÉFAUT DE PAIEMENT

En l'absence de paiement ou de consignation à l'issue du délai de 4 mois, le propriétaire peut vendre librement son bien sans nouvelle DIA (C. urb. art. L 213-14). **33450**

La possibilité pour le vendeur de préférer obtenir la **réalisation forcée de la vente** (Cass. 3e civ. 2-6-1999 no 97-17.576 : RJDA 8-9/99 no 910) ne nous paraît pas exclue. Comme celle de demander des **intérêts moratoires** devant le juge judiciaire (T. confl. 9-12-1996 no 2994 : RJDA 3/97 no 400 ; CE 21-4-2000 no 180325, Sté Foncier immobilier Lyonnais : RJDA 3/01 no 288). En revanche, il ne peut pas saisir le juge de l'expropriation en fixation d'un nouveau prix (Cass. 3e civ. 24-10-1990 no 89-70.317 : Bull. civ. III no 209).

C. Droits des locataires ou occupants des immeubles préemptés

33550 Lorsque le titulaire du droit de préemption lui a notifié sa décision d'exercer ce droit – ou, en cas de délaissement, son intention d'acquérir – le propriétaire est tenu d'**informer** les locataires, preneurs ou occupants de bonne foi de l'immeuble et de les faire connaître à ce titulaire (C. urb. art. L 213-9). Le locataire d'un local commercial ou artisanal ne peut pas exercer son propre droit de préférence légal à l'occasion de l'exercice du droit de préemption urbanistique sur ce bien (C. urb. art. L 213-9, al. 2 excluant l'application de C. com. art. L 145-46-1, al. 1 à 5).

33555 Locataires ou occupants ne peuvent pas s'opposer à l'exécution des **travaux** de restauration ou de transformation intérieure ni à la démolition de ces locaux. Si l'exécution des travaux l'exige, ils sont tenus d'évacuer tout ou partie des locaux (C. urb. art. L 213-10). Le nouveau propriétaire est alors tenu à des obligations de protection envers eux (C. urb. art. L 314-1 s. ; voir nos 25800 s.).

33560 Nonobstant toutes dispositions ou stipulations contraires, les locataires peuvent à tout moment déclarer au titulaire du droit de préemption leur intention de **quitter les lieux** et de **résilier le bail.** Celui-ci, qui ne peut s'y opposer ni leur réclamer une indemnité à ce titre, est tenu de leur verser les indemnités auxquelles ils peuvent prétendre, notamment celles qui peuvent leur être dues à raison des améliorations qu'ils ont apportées au fonds loué. En cas de litige, ces indemnités sont fixées par le juge de l'expropriation (C. urb. art. L 213-10, al. 3). Le juge peut en fixer le montant non seulement suivant la valeur du droit au bail, mais encore en fonction de celle du fonds de commerce (Cass. 3e civ. 15-12-1999 no 98-70.236, Ville de Paris c/ Sté Jeanine Robert).

> **Précisions** Ces dispositions ne peuvent pas être invoquées en l'absence de travaux (CA Paris 20-5-1999, Lardeux c/ SEM Maisons-Alfort aménagement : Juris-Data no 023168) ou lorsque l'éviction du locataire ou de l'occupant n'est pas rendue nécessaire par l'exécution de travaux dans les lieux (Rép. Pinte : AN 22-11-1993 p. 4163 no 3888 ; Cass. 3e civ. 11-6-1997 no 96-70.095 : RJDA 11/97 no 1387). Le fait que des travaux soient réalisés dans des immeubles environnants est indifférent (Cass. 3e civ. 5-11-1997 no 96-70.024 : Bull. civ. III no 198).

D. Aliénation des biens préemptés et rétrocession

33650 Par identité de motifs avec ceux régissant les conditions de leur utilisation (voir no 32025), les biens préemptés doivent être aliénés par la collectivité aux **fins définies à l'article L 210-1 du Code de l'urbanisme** (voir no 31955) ; l'objet poursuivi peut être différent de celui mentionné dans la décision de préemption et dans ce cas, le changement d'affectation du bien acquis par l'exercice du droit de préemption doit faire l'objet d'une décision de l'organe délibérant de la collectivité (C. urb. art. L 213-11).

À **défaut de respect de cette finalité,** un droit de rétrocession peut être ouvert aux anciens propriétaires préemptés ou à leurs ayants cause, et, subsidiairement, à l'acquéreur évincé dont l'identité a été portée à la connaissance du titulaire du droit (C. urb. art. L 213-11). Pour les biens préemptés dans le cadre d'une pré-ZAD, voir no 32270.

> **Précisions** **a.** L'aliénation d'un bien au profit d'une personne privée autre qu'un concessionnaire d'aménagement ou qu'une société d'HLM doit faire l'objet d'une **délibération motivée** de la collectivité ou, le cas échéant, d'une décision motivée du délégataire de ce droit (C. urb. art. L 213-11, al. 1).
> **b.** À l'occasion de l'aliénation par le titulaire du droit de préemption d'un **local commercial ou artisanal** préempté à l'une des fins définies par l'article L 210-1 du Code de l'urbanisme, le droit de préférence légal du locataire ne s'applique pas (C. urb. art. L 213-11, al. 2 excluant l'application de C. com. art. L 145-46-1, al. 1 à 5).

OUVERTURE DU DROIT DE RÉTROCESSION

33655 Si, **dans les 5 ans** qui suivent l'acquisition d'un bien préempté, le titulaire du droit de préemption décide de l'aliéner à d'autres fins que celles définies à l'article L 210-1 du Code de l'urbanisme, il doit préalablement informer de sa décision les anciens propriétaires ou leurs ayants cause universels ou à titre universel et leur proposer l'acquisition de ce bien en priorité (C. urb. art. L 213-11, al. 3).

Ce droit de rétrocession ne peut pas être exercé lorsque le bien acquis se trouve dans une ZAC (C. urb. art. L 311-3).

> **Précisions** **a.** Le droit de rétrocession est la contrepartie de la préemption (Cons. const. 15-2-2013 n° 2012-292 QPC).
> **b.** Lorsqu'une commune a préempté un immeuble depuis moins de 5 ans, elle peut temporairement l'utiliser pour loger des personnes (Rép. Kucheida : AN 14-1-2002 p. 198 n° 63063).

BÉNÉFICIAIRES DU DROIT DE RÉTROCESSION

Il s'agit en **priorité** des **anciens propriétaires** ou de leurs ayants cause universels ou à titre 33660 universel. Dans le cas où ces derniers ont renoncé expressément ou tacitement au rachat du bien, le titulaire du droit de préemption doit alors le proposer à l'**acquéreur évincé** dont l'identité avait été mentionnée dans la DIA.

PROCÉDURE DE RÉTROCESSION

Lorsque l'identité et le domicile des anciens propriétaires ou de leurs ayants cause sont 33665 connus, l'**offre de rétrocession** leur est notifiée individuellement par lettre recommandée avec demande d'avis de réception ; elle doit contenir l'indication d'un **prix** (C. urb. art. R 213-16). C'est le conseil municipal, et non le maire, qui décide du prix et des caractéristiques de la rétrocession (Cass. 3e civ. 16-12-2009 n° 08-19.023 : Bull. civ. III n° 279, BPIM 2/10 inf. 100).

À dater de l'avis de réception de la notification, les **anciens propriétaires** ou leurs ayants cause disposent d'un **délai** de 2 mois pour faire connaître (C. urb. art. R 213-16) :
– soit qu'ils acceptent de racheter le bien au prix proposé ;
– soit qu'ils demandent de racheter le bien à un prix qu'ils proposent et que, à défaut d'accord du titulaire du droit de préemption, le prix soit fixé par le juge de l'expropriation ;
– soit qu'ils renoncent au rachat du bien (le défaut de réponse dans le délai de 2 mois équivaut à une renonciation au rachat). La validité d'une renonciation par anticipation à l'exercice du droit de rétrocession semble admise, mais uniquement en ce qui concerne les anciens propriétaires et leurs ayants cause.

À compter de la notification de la réponse des anciens propriétaires, le **titulaire du droit de** 33670 **préemption** dispose d'un délai de 2 mois soit pour notifier qu'il accepte de rétrocéder le bien au prix proposé par le bénéficiaire du droit de rétrocession, soit pour saisir le juge de l'expropriation pour faire fixer le prix conformément aux règles mentionnées nos 33375 s. (C. urb. art. R 213-17).

Le défaut de saisine du juge équivaut à une acceptation du prix proposé par le bénéficiaire du droit de rétrocession.

En cas de saisine du juge, le bénéficiaire du droit de rétrocession doit être simultanément informé.

À défaut d'acceptation dans le délai de 3 mois à compter de la notification de la **décision** 33675 **juridictionnelle** définitive qui fixe le prix, les anciens propriétaires (ou l'acquéreur évincé) sont réputés avoir renoncé à l'acquisition par voie de rétrocession (C. urb. art. R 213-17, al. 4).

Lorsque l'**identité** ou le domicile des **anciens propriétaires** ou de leurs ayants cause est 33680 **inconnu** du titulaire du droit de préemption, un avis, publié par voie d'affiche dans la commune de situation des biens, indique les parcelles que ce titulaire a l'intention d'utiliser ou d'aliéner, ainsi que l'estimation de ces parcelles. Cet avis indique également que la vente des parcelles sera consentie par priorité à l'ancien propriétaire du bien ou à ses ayants cause qui en feront la demande à l'autorité désignée.

Le même avis est inséré dans un des journaux diffusés dans le département.

Ces différents avis doivent obligatoirement comporter la mention de la déchéance que les intéressés s'exposent à encourir.

Dans le délai de 3 mois à compter de l'accomplissement de la plus récente des 2 formalités prévues ci-dessus, les intéressés qui désirent exercer leur droit de rétrocession sont tenus, à peine de déchéance, de le déclarer à l'autorité désignée en procédant alors comme il est dit ci-dessus (C. urb. art. R 213-18).

SANCTIONS

En cas de non-respect de l'obligation de proposer la rétrocession (nos 33650 s.) ou de celle 33685 de proposer, en cas d'annulation ou de déclaration d'illégalité, l'acquisition par priorité (nos 32010 s.), les anciens propriétaires ou leurs ayants cause et, subsidiairement, l'acquéreur évincé peuvent exercer une action en **dommages-intérêts** contre le titulaire ou le délégataire du droit devant le juge judiciaire (T. confl. 12-6-2017 nº C4085).

Cette action reste ouverte lorsque l'ancien propriétaire ou l'acquéreur évincé a renoncé à la rétrocession.

L'action en dommages-intérêts se prescrit par 5 ans à compter de l'inscription de l'affectation ou de la vente du bien au registre des préemptions ou de la décision définitive de la juridiction administrative (C. urb. art. L 213-12).

RÉGIME FISCAL DE LA RÉTROCESSION

33690 L'acte de rétrocession pour défaut d'utilisation conforme (dont le droit est ouvert par l'article L 213-11 du Code de l'urbanisme) est exonéré de **droits d'enregistrement** ou de taxe de publicité foncière (CGI art. 1594-0 G, B-g).

Le régime de la rétrocession au regard de la **TVA** dépend de la **qualité du cédant** (assujetti à la TVA ou non-assujetti) et de la nature du bien objet de la rétrocession. Schématiquement, si le cédant est un **assujetti** agissant en tant que tel, la rétrocession est taxable à la TVA de plein droit si elle porte sur un terrain à bâtir ou sur un immeuble achevé depuis moins de cinq ans et sur option si elle porte sur un terrain non à bâtir ou sur un immeuble achevé depuis plus de cinq ans. Si le cédant est un **non-assujetti,** la rétrocession n'est pas soumise à la TVA.

E. Tableau synoptique des principaux biens soumis ou non au DPU

33750

Nature		Le bien est-il soumis ?
IMMEUBLES FAISANT L'OBJET D'UNE MISE EN DEMEURE D'ACQUÉRIR (C. urb. art. L 424-1 : sursis à statuer ; L 151-41 et L 152-2 : servitudes urbaines et emplacements réservés ; L 311-2 : terrains inclus dans une ZAC ; L 241-1 et 2 du Code de l'expropriation : terrains compris dans une opération déclarée d'utilité publique)		NON
TERRAIN NU		OUI [1]

33750 (suite)

<table>
<tr><th>Nature</th><th colspan="4"></th><th>Le bien est-il soumis ?</th></tr>
<tr><td rowspan="2">PARTS DE SOCIÉTÉ CIVILE IMMOBILIÈRE</td><td colspan="4">Majorité des parts de la SCI ou permettant à l'acquéreur de devenir majoritaire à la suite de la cession lorsque le patrimoine de la SCI est constitué d'une unité foncière dont la cession serait soumise au DPU</td><td>OUI</td></tr>
<tr><td colspan="4">SCI familiale</td><td>NON</td></tr>
<tr><td rowspan="5">PARTS OU ACTIONS DES SOCIÉTÉS D'ATTRIBUTION visées aux titres II et III de la loi du 16 juillet 1971 et donnant vocation à recevoir des fractions divises d'un immeuble bâti (CCH art. L 212-1 s. et L 213-1 s.)</td><td colspan="4">Avant l'achèvement de l'immeuble ou dans les 10 ans de l'achèvement</td><td>NON</td></tr>
<tr><td rowspan="4">Au-delà des 10 ans de l'achèvement</td><td colspan="3">Locaux à usage autre que d'habitation même si aliénés avec un local à usage d'habitation</td><td>OUI</td></tr>
<tr><td rowspan="3">Locaux à usage d'habitation</td><td rowspan="2">Ensemble de lots constituant :
• UN SEUL LOCAL
- d'habitation
- professionnel
- mixte
• LOCAUX ACCESSOIRES D'UN TEL LOCAL</td><td></td><td>NON</td></tr>
<tr><td>Dans les périmètres de DPU renforcé</td><td>OUI</td></tr>
<tr><td colspan="2">Lots constituant plusieurs unités d'habitation, professionnelles ou mixtes vendues au même acquéreur</td><td>OUI</td></tr>
<tr><td>PARTS DE SOCIÉTÉS CIVILES DE CONSTRUCTION-VENTE du titre I de la loi du 16 juillet 1971 (CCH art. L 211-1 s.)</td><td colspan="4"></td><td>NON</td></tr>
<tr><td>PARTS OU ACTIONS DES SOCIÉTÉS COOPÉRATIVES du titre III de la loi du 16 juillet 1971 (CCH art. L 213-1 s.)</td><td colspan="4"></td><td>NON</td></tr>
<tr><td rowspan="2">DROITS RÉELS IMMOBILIERS</td><td colspan="4">Emphytéose, usufruit, sûretés, servitudes, bail à construction ne prévoyant pas la possibilité de transfert de la propriété du terrain au preneur en fin de bail, etc.</td><td>NON</td></tr>
<tr><td colspan="4">Bail à construction avec possibilité de transfert éventuel du terrain au preneur, sauf en cas d'opération d'accession sociale à la propriété</td><td>OUI</td></tr>
</table>

 © Éd. Francis Lefebvre

33750 (suite)

Nature							Le bien est-il soumis ?
IMMEUBLE BÂTI (ENTIER) INDIVIDUEL OU COLLECTIF	Cédé au locataire en exécution de la promesse de vente insérée dans un contrat de crédit-bail immobilier						NON
IMMEUBLE BÂTI (ENTIER) INDIVIDUEL OU COLLECTIF	Construit ou acquis par un organisme HLM (CCH art. L 411-2) et propriété de ce dernier (sauf si agrément préfectoral en vue de la construction ou de l'acquisition de logements neufs faisant l'objet d'un contrat de location accession)						OUI
IMMEUBLE BÂTI (ENTIER) INDIVIDUEL OU COLLECTIF	Construit par une société coopérative d'HLM de location-attribution						NON
IMMEUBLE BÂTI (ENTIER) INDIVIDUEL OU COLLECTIF	Vendu à terme ou en état futur d'achèvement	Immeuble nouveau					NON
IMMEUBLE BÂTI (ENTIER) INDIVIDUEL OU COLLECTIF	Vendu à terme ou en état futur d'achèvement	Bâtiment existant					OUI
IMMEUBLE BÂTI (ENTIER) INDIVIDUEL OU COLLECTIF	Ne répondant pas à l'un des critères précédents	Dans les 4 ans de son achèvement					NON
IMMEUBLE BÂTI (ENTIER) INDIVIDUEL OU COLLECTIF	Ne répondant pas à l'un des critères précédents	Dans les 4 ans de son achèvement	Dans les périmètres de DPU renforcé				OUI
IMMEUBLE BÂTI (ENTIER) INDIVIDUEL OU COLLECTIF	Ne répondant pas à l'un des critères précédents	Au-delà des 4 ans de l'achèvement					OUI
LOTS DE COPROPRIÉTÉ VERTICALE (Appartements) ou HORIZONTALE (Maisons individuelles)	Dans un bâtiment vendu à terme ou en état futur d'achèvement						NON
LOTS DE COPROPRIÉTÉ VERTICALE (Appartements) ou HORIZONTALE (Maisons individuelles)	Dans les 4 ans de l'achèvement						NON
LOTS DE COPROPRIÉTÉ VERTICALE (Appartements) ou HORIZONTALE (Maisons individuelles)	Dans les 4 ans de l'achèvement	Dans les périmètres de DPU renforcé					OUI
LOTS DE COPROPRIÉTÉ VERTICALE (Appartements) ou HORIZONTALE (Maisons individuelles)	Entre 4 et 10 ans de l'achèvement						OUI
LOTS DE COPROPRIÉTÉ VERTICALE (Appartements) ou HORIZONTALE (Maisons individuelles)	Au-delà des 10 ans de l'achèvement	Maison individuelle comprise dans un ensemble en copropriété horizontale					OUI
LOTS DE COPROPRIÉTÉ VERTICALE (Appartements) ou HORIZONTALE (Maisons individuelles)	Au-delà des 10 ans de l'achèvement	Lots de copropriété verticale	Locaux à usage autre que l'habitation				OUI
LOTS DE COPROPRIÉTÉ VERTICALE (Appartements) ou HORIZONTALE (Maisons individuelles)	Au-delà des 10 ans de l'achèvement	Lots de copropriété verticale	Ensemble de locaux constituant • un seul local - d'habitation - professionnel ou mixte • un tel local et des locaux accessoires • un ou plusieurs locaux accessoires d'un tel local	Dans les périmètres de DPU renforcé			OUI
LOTS DE COPROPRIÉTÉ VERTICALE (Appartements) ou HORIZONTALE (Maisons individuelles)	Au-delà des 10 ans de l'achèvement	Lots de copropriété verticale	Ensemble de locaux constituant • un seul local - d'habitation - professionnel ou mixte • un tel local et des locaux accessoires • un ou plusieurs locaux accessoires d'un tel local	Non compris dans les périmètres de DPU renforcé	Copropriété issue du partage total ou partiel d'une société d'attribution		NON
LOTS DE COPROPRIÉTÉ VERTICALE (Appartements) ou HORIZONTALE (Maisons individuelles)	Au-delà des 10 ans de l'achèvement	Lots de copropriété verticale	Ensemble de locaux constituant • un seul local - d'habitation - professionnel ou mixte • un tel local et des locaux accessoires • un ou plusieurs locaux accessoires d'un tel local	Non compris dans les périmètres de DPU renforcé	Mise en copropriété ne résultant pas d'un partage	Depuis moins de 10ans[2]	OUI
LOTS DE COPROPRIÉTÉ VERTICALE (Appartements) ou HORIZONTALE (Maisons individuelles)	Au-delà des 10 ans de l'achèvement	Lots de copropriété verticale	Ensemble de locaux constituant • un seul local - d'habitation - professionnel ou mixte • un tel local et des locaux accessoires • un ou plusieurs locaux accessoires d'un tel local	Non compris dans les périmètres de DPU renforcé	Mise en copropriété ne résultant pas d'un partage	Depuis plus de 10ans[2]	NON
LOTS DE COPROPRIÉTÉ VERTICALE (Appartements) ou HORIZONTALE (Maisons individuelles)	Au-delà des 10 ans de l'achèvement	Lots de copropriété verticale	Lots constituant plusieurs unités d'habitation, professionnelles ou mixtes vendus à un même acquéreur				OUI

1. Sauf exclusion par délibération du conseil municipal, pendant 5 ans, des lots d'un lotissement et des terrains cédés par l'aménageur d'une ZAC (C. urb. art. L 211-1, dernier al.).
2. La date à partir de laquelle l'ancienneté de la copropriété se décompte est celle de la publication du règlement de copropriété au service de la publicité foncière.

F. Tableau récapitulatif des principales mutations soumises ou non au DPU

33850

MUTATIONS SOUMISES AU DPU	MUTATIONS NON SOUMISES AU DPU
- Aliénations ou cessions à titre onéreux : • vente amiable • échange amiable (pur et simple ou avec soulte) • adjudication volontaire • apport en société • cession de droits indivis (sauf entre coïndivisaires) • cession de tantièmes contre remise de locaux à construire (y compris à notre avis lorsque le constructeur est coïndivisaire) - Adjudication forcée : • vente aux enchères publiques rendue obligatoire par une disposition législative ou réglementaire - Vente différée : • bail ou location prévoyant que la propriété du bien loué ou concédé doit être transférée en fin de contrat (bail à construction, bail emphytéotique, sauf opération d'accession sociale) • contrat de location-accession à la propriété immobilière • donations entre vifs hors du cadre familial	- Mutations à titre gratuit : • donation entre vifs familiales • mutation par décès • constitution de dot - Conventions se rapportant à une indivision : • partage ou liquidation-partage de communauté ou de succession • cession de droits indivis à un coïndivisaire - Conventions emportant seulement transfert de jouissance • convention d'usage ou d'occupation • bail ou location (sauf faculté de transfert du bien au profit de l'occupant) - Vente d'immeuble à construire (sauf lorsqu'elle porte sur un immeuble existant) : • vente en l'état futur d'achèvement • vente à terme - Fusion et scission de sociétés commerciales - Cession au bénéficiaire de la DUP - Cession au locataire en exécution de la promesse de vente insérée dans un contrat de crédit-bail immobilier - Toute mutation d'un immeuble non soumis au droit de préemption - Certaines cessions d'actifs dans le cadre des procédures collectives - Exercice du droit de rachat (C. civ. art. 1659 s.) - Rétrocession d'un bien exproprié

SECTION 5

ESPACES NATURELS SENSIBLES

OBJET DE LA RÉGLEMENTATION

Afin de **préserver** la qualité des **sites,** des **paysages,** des **milieux naturels** et des champs naturels d'expansion des crues et d'assurer la sauvegarde des habitats naturels, chaque département peut élaborer et mettre en œuvre une **politique de protection, de gestion et d'ouverture au public** des espaces naturels sensibles (ENS), boisés ou non, qui doit être compatible avec les orientations définies par les Scot et les chartes intercommunales de développement et d'aménagement lorsqu'ils existent ou avec les DTA approuvées avant le 13 juillet 2010 (C. urb. art. L 113-8 s. et R 113-15 s.). 34050

Pour permettre la mise en œuvre de cette politique, la loi a donné à chaque département la possibilité d'instituer une taxe spéciale pour le **financement** des acquisitions et de créer des zones de protection ou de préemption, sans délimitation préalable d'un « périmètre sensible » (C. urb. art. L 113-10, L 331-3 et L 113-14). C'est ainsi que le département peut instituer, par délibération du conseil départemental ou assimilé, une part départementale de la taxe d'aménagement destinée à financer les espaces naturels sensibles (voir n° 40220). 34055

34060 Cette politique a pour **objectif** de permettre l'acquisition des terrains en question par la collectivité en vue de leur utilisation effective comme espaces naturels aménagés pour être **ouverts au public,** sauf exceptions justifiées par la fragilité du milieu naturel (C. urb. art. L 215-21, al. 1) ou des raisons de sécurité (CE 7-6-2006 n° 277562, Dépt du Var : Lebon p. 287). Sauf s'il relève du régime forestier, tout ou partie du terrain acquis et conservé peut être incorporé dans le **domaine public** de la personne publique propriétaire.

La **réalité d'un projet d'aménagement** n'est pas nécessaire pour préempter dans les ENS. Les terrains acquis dans les ENS doivent être aménagés pour être ouverts au public, mais le titulaire du droit de préemption n'a pas à justifier, à la date à laquelle il l'exerce, de la réalité d'un projet d'aménagement (CE 8-4-2015 n° 376821, Cne de Saint-Aignan-Grandlieu : BPIM 3/15 inf. 176).

Les terrains acquis par les personnes publiques (départements ou délégataires du droit de préemption) doivent être préservés, aménagés et entretenus dans l'**intérêt public.** La gestion peut en être confiée à une personne publique ou privée y ayant vocation (C. urb. art. L 215-21, al. 2).

L'aménagement des terrains doit être compatible avec la sauvegarde des sites, paysages et milieux naturels. Seuls des **équipements légers** d'accueil du public ou nécessaires à la gestion ou à la mise en valeur à des fins culturelles ou scientifiques peuvent être admis (C. urb. art. L 215-21, al. 3).

> **Précisions** **a.** Le **droit de préemption** dans les ENS ne peut être exercé ni pour soumettre des terrains à la gestion d'une société de chasse (CE 29-6-1992 n° 107174 : Lebon p. 275), ni pour conforter l'activité agricole des terrains (CE 16-6-1995 n° 140022, Préfet des Yvelines : Dr. adm. 1995 n° 475), ni pour rétablir l'accès des promeneurs et pêcheurs aux berges d'une rivière (CE sect. 22-2-2002 n° 208769, Association de riverains pour la gestion et la sauvegarde du bassin hydrographique du Trieux, du Leff et de leur milieu vivant : BJDU 2/02 p. 126), ni pour créer une zone coupe-feu dans un lieu exposé aux risques d'incendie de forêts (CAA Marseille 8-11-2021 n° 19MA05051, Cne de Peypin).
> **b.** Lorsqu'un **terrain** est **à la fois inclus** dans un périmètre d'intervention au titre de la protection et de la mise en valeur des espaces agricoles et naturels périurbains - au sein duquel les terrains peuvent être acquis à l'amiable ou par expropriation - et dans une zone de préemption au titre des ENS, le droit de préemption peut être utilisé pour la mise en œuvre du programme d'actions défini pour le périmètre d'intervention (C. urb. art. L 113-25, 1° et L 113-26).
> **c.** Le **juge administratif** contrôle le fait que les **terrains** acquis dans une zone de préemption d'un ENS seront bien **aménagés pour être ouverts au public** (notamment CAA Marseille 25-11-2004 n° 00MA02384, Dépt du Var : BPIM 2/05 inf. 118), mais il fait de cette condition une appréciation souple, décidant par exemple que la préemption n'a pas à être justifiée par un projet précis (CAA Marseille 7-5-2012 n° 10-2610 ; CAA Marseille 20-10-2011 n° 09MA03495). Il est même admis que l'indication dans la délibération que l'aménagement de promenades et d'espaces de repos est envisagée est suffisante (CAA Marseille 24-10-2013 n° 12MA00427, Cne de Faucon).

A. Zones de protection

34090 À compter de l'institution de la part départementale de la taxe d'aménagement et sur proposition du conseil départemental, le président du conseil départemental peut, dans toutes les communes non dotées d'un PLU opposable soumettre à titre conservatoire les espaces boisés dont la préservation est nécessaire au régime de protection des **espaces boisés** classés, étudié nos 7380 s., dans l'attente de leur classement définitif dans le futur PLU (C. urb. art. L 113-11 et L 113-13).

Dans les mêmes conditions, le président du conseil départemental peut édicter les mesures nécessaires à la **protection des sites et paysages** compris dans une zone de préemption au titre des ENS et prévoir notamment l'interdiction de construire ou de démolir, et celle d'exécuter certains travaux, constructions ou installations affectant l'utilisation du sol (notamment ceux se rapportant à l'accueil des tentes, caravanes et habitations légères de loisirs), à l'exception des travaux visant à l'amélioration des exploitations agricoles (C. urb. art. L 113-12, L 113-13).

> **Précisions** Le conseil municipal ou l'organe délibérant de l'EPCI ainsi que la commission départementale de la nature, des paysages et des sites sont préalablement consultés pour **avis** (C. urb. art. R 113-15, al. 1). Les arrêtés font l'objet de mesures de **publicité** et sont tenus à la disposition du public (C. urb. art. R 113-17).

B. Zones de préemption

Pour mettre en œuvre la politique de protection des espaces naturels sensibles visée nos 34050 s., la loi a conféré aux **départements** et au **Conservatoire du littoral** la faculté d'instituer des zones de préemption où le droit de préemption pourra s'exercer selon des modalités fortement inspirées de celles applicables en milieu urbain. 34150

1. CHAMP D'APPLICATION

CRÉATION DES ZONES DE PRÉEMPTION

Initiative du département Les zones de préemption peuvent être créées à l'initiative du conseil départemental, avec l'accord de la commune ou de l'EPCI compétent (C. urb. art. L 215-1). Les représentants des organisations professionnelles agricoles et forestières sont consultés sur la délimitation de ces zones de préemption (C. urb. art. L 215-3). 34170

Dans les **communes dotées d'un PLU** opposable, l'accord résulte d'une délibération du conseil municipal ou de l'organe délibérant de l'EPCI. En cas de désaccord de la commune (ou de l'EPCI), la zone de préemption ne peut pas être créée ; il s'agit d'un droit de veto.

Dans les **communes non dotées d'un tel plan,** la zone de préemption peut être créée par le conseil départemental avec l'accord de la commune ou de l'EPCI compétent. Cet accord est réputé donné si la collectivité n'a pas fait connaître son opposition dans le délai de 2 mois à compter du jour où son représentant a reçu communication du projet. À défaut d'accord de la collectivité locale, la zone de préemption ne peut être créée par le conseil départemental qu'avec l'accord du préfet.

> **Précisions** **a.** La délibération créant la zone n'est pas un acte réglementaire (CE 16-6-1995 n° 155202, Association de défense des habitants de la corniche basque : Dr. adm. 1995 n° 474). Elle fait l'objet de mesures de **publicité** et d'information analogues à celles prises en ce qui concerne le DPU (affichage et insertion dans la presse). Le point de départ des effets juridiques est constitué par l'accomplissement de ces formalités.
>
> **b.** La création d'une zone de préemption au titre des ENS doit avoir pour but la mise en œuvre d'actions de préservation de la qualité des sites, paysages ou milieux naturels (C. urb. art. L 113-8). Cet **objectif** est contrôlé par le juge administratif (voir n° 34060).
>
> **c.** La création d'une zone de préemption au titre des ENS n'est pas illégale alors même qu'elle a été décidée à une date où la procédure de **création d'une ZAD** était déjà engagée (CE sect. 3-7-1998 n° 132250, Préfet des Yvelines : Lebon p. 276).
>
> **d.** En cas de **modification de la zone de préemption,** si l'accord de la commune ou de l'EPCI concerné est toujours nécessaire, la consultation des organisations professionnelles agricoles et forestières n'est pas requise en cas de réduction de l'emprise de la zone de préemption (CAA Nancy 30-6-2011 n° 10NC01376, Association Paysages d'Alsace et association Nar-Tecs : BPIM 5/11 inf. 370).

Initiative du Conservatoire du littoral Lorsqu'il est territorialement compétent, le Conservatoire de l'espace littoral et des rivages lacustres peut prendre l'initiative de l'institution de zones de préemption à l'extérieur des zones déjà délimitées par le département, des zones urbaines ou à urbaniser délimitées par les PLU et des zones constructibles délimitées par les cartes communales (C. urb. art. L 215-2, al. 1). 34175

Le projet de **périmètre** est adressé pour avis au département et à la commune (ou à l'EPCI) concernés. Les représentants des organisations professionnelles agricoles et forestières sont consultés sur la délimitation des zones de préemption (C. urb. art. L 215-3). Voir, toutefois, n° 34170, Précisions d.

Le périmètre est délimité par arrêté préfectoral en l'absence d'avis défavorable de la commune (ou de l'EPCI). Dans le cas contraire, le périmètre est fixé par décret en Conseil d'État.

Par dérogation, dans les espaces, sites et paysages présentant un intérêt écologique et qui sont identifiés par une directive territoriale d'aménagement (DTA), une directive territoriale d'aménagement et de développement durable (DTADD) ou un schéma d'aménagement régional (SAR), ces zones de préemption sont délimitées par « l'autorité administrative compétente de l'État » (C. urb. art. 215-2, al. 4).

À l'intérieur des périmètres ainsi délimités, le Conservatoire exerce les compétences attribuées au département au titre du droit de préemption dans les ENS (C. urb. art. L 215-2, dernier al. et R 215-3).

34177 **Anciens périmètres sensibles** Le droit de préemption s'applique de plein droit dans les zones de préemption délimitées au titre de l'ancienne législation des « périmètres sensibles » (C. urb. art. L 215-4-1). Le droit de préemption dans les anciens périmètres sensibles s'exerce selon les mêmes modalités que celles applicables dans les espaces naturels sensibles (C. urb. art. R 215-20).

BIENS CONCERNÉS PAR LE DROIT DE PRÉEMPTION

34180 **Droit de préemption du département** Le droit de préemption du département au titre des ENS porte sur tout **terrain** ou ensemble de **droits sociaux** donnant vocation à l'attribution en propriété ou en jouissance de terrains (sociétés d'attribution) (C. urb. art. L 215-9). Dans le cas d'un immeuble en indivision, seule la cession de l'ensemble des **droits indivis** représentant l'immeuble est soumise au droit de préemption du département (Rép. Poignant : AN 6-10-2009 p. 9472 nº 47004).

34185 À titre exceptionnel, l'**existence d'une construction** ne fait pas obstacle à l'exercice du droit de préemption dans les ENS dès lors que le terrain est de dimension suffisante pour justifier son ouverture au public et qu'il est, par sa localisation, nécessaire à la mise en œuvre de la politique de protection. Si la construction est conservée, elle doit être affectée à un usage permettant la fréquentation du public et la connaissance des milieux naturels (C. urb. art. L 215-11).

Cette disposition confère à l'administration d'importants **pouvoirs d'appréciation.** Mais le juge de l'excès de pouvoir contrôle l'exercice du droit de préemption. Ainsi, doit être annulée la décision de préempter une parcelle de 2 720 m² comportant une maison, une piscine, un bassin, un garage et des emplacements de stationnement et dont l'acquisition n'est pas indispensable pour la protection d'un espace naturel sensible (CAA Lyon 18-1-1995, Cne des Pennes-Mirabeau : BJDU 1/95 p. 77 ; dans le même sens : CAA Marseille 8-11-2021 nº 20MA00222, Cne d'Allauch).

En pratique, ce texte est source de **difficultés** quant à l'opportunité, dans une telle situation, de déposer ou non une déclaration d'intention d'aliéner. En tout état de cause, il est prudent d'informer par écrit le propriétaire du terrain de l'incertitude sur le bien-fondé du dépôt de la déclaration, eu égard au pouvoir d'appréciation conféré à l'administration par cette disposition légale.

34190 Lorsque l'**unité foncière** est **« à cheval » sur la zone de préemption,** le droit peut être exercé pour acquérir la seule fraction de l'unité foncière comprise à l'intérieur de la zone (C. urb. art. L 215-12). Dans ce cas, le propriétaire peut exiger que le titulaire du droit de préemption se porte acquéreur de la totalité de l'unité foncière. En cas de préemption partielle, le prix d'acquisition fixé par le juge de l'expropriation tient compte de l'éventuelle dépréciation subie par la fraction restante de l'unité foncière (C. urb. art. L 215-19, al. 1).

34195 **Droit de préemption du Conservatoire du littoral** Le droit de préemption exercé par le Conservatoire du littoral (en direct ou par substitution au département) concerne les biens pouvant être préemptés par le département (voir nºs 34180 s.). En outre, il est étendu à la cession de **parts de SCI** (même à caractère familial) et à la cession partielle de **droit indivis** portant sur un immeuble ou une partie d'immeuble bâti ou non bâti. S'agissant des parts de SCI, plusieurs conditions sont posées (C. urb. art. L 215-13) :
- il doit s'agir de la cession de la majorité des parts ;
- le patrimoine de la SCI doit être constitué par une unité foncière (bâtie ou non) comprise totalement ou partiellement dans la zone de préemption ;
- la SCI doit produire un état de sa situation sociale et financière ;
- le conseil d'administration du Conservatoire doit prendre une délibération spécialement motivée.

MUTATIONS CONCERNÉES PAR LE DROIT DE PRÉEMPTION

34200 Il s'agit des **aliénations,** à titre onéreux, sous quelque forme que ce soit (C. urb. art. L 215-9 et R 215-9).

Sont également visées les **donations entre vifs,** sauf celles effectuées (C. urb. art. L 215-13-1) :
- entre ascendants et descendants ;
- entre collatéraux jusqu'au sixième degré ;
- entre époux ou partenaires liés par un pacte civil de solidarité ;
- entre une personne et les descendants de son conjoint ou de son partenaire de pacte civil de solidarité, ou entre ces descendants.

En cas d'**adjudication** autorisée ou ordonnée par un juge, l'acquisition du bien a lieu par voie de substitution dans les conditions visées nº 33310.

Les **échanges d'immeubles ruraux** réalisés dans les conditions prévues au titre Ier du livre Ier du Code rural sont exclus du champ d'application de ce droit (C. urb. art. L 215-10).

› Précisions Sur le **plan fiscal,** les acquisitions de biens soumis au droit de préemption dans les espaces naturels sensibles institué dans les zones de préemption créées en application de l'article L 215-1 du Code de l'urbanisme, effectuées par les collectivités ou établissements publics bénéficiant du droit de préemption, directement, par substitution ou par délégation sont exonérées de taxe de publicité foncière ou de droits d'enregistrement (CGI art. 1594-0 G, B-h).

TITULAIRES ET SUBSTITUÉS DU DROIT DE PRÉEMPTION

Département et **Conservatoire du littoral** sont titulaires du droit de préemption dans les zones créées à leur initiative (C. urb. art. L 215-1 et L 215-2). **34205**

Si le département n'exerce pas son droit, le Conservatoire du littoral, s'il est territorialement compétent, ou, à défaut, la commune, ont un droit de substitution (C. urb. art. L 215-5 et L 215-7, 1º).

Sur le territoire d'un **parc national** ou d'un **parc naturel régional** et dans les **réserves naturelles** dont la gestion leur est confiée, l'établissement public chargé du parc national ou du parc régional ou, à défaut, la commune peuvent se substituer au département et, le cas échéant, au Conservatoire du littoral, si ceux-ci n'exercent pas leur droit de préemption (C. urb. art. L 215-6 et L 215-7, 2º). Pour un parc naturel régional, l'exercice de ce droit de préemption est subordonné à l'accord explicite du département. Au cas où ni le Conservatoire ni l'établissement public chargé du parc n'est compétent ou n'exerce son droit, la commune peut se substituer au département si celui-ci n'exerce pas son droit de préemption (C. urb. art. L 215-7, 2º et 3º). Lorsque la commune fait partie d'un EPCI y ayant vocation, elle peut lui déléguer ce droit (C. urb. art. L 215-7, dernier al.).

› Précisions En informant une commune de sa renonciation à préempter et en l'invitant à se substituer à lui, le département manifeste ainsi son intention de ne pas donner son accord à l'établissement public chargé d'un parc naturel pour exercer le droit de préemption. Dans un tel cas, la commune peut exercer le droit de préemption sans qu'il soit nécessaire que l'établissement public chargé du parc naturel ait été informé de la renonciation du département et ait lui-même renoncé à l'exercice de ce droit (CE 4-11-2015 nº 375005, Cne d'Aureille : BJDU 1/16 p. 56).

DÉLÉGATAIRES DU DROIT DE PRÉEMPTION

Le département, par délibération du conseil départemental ou du bureau, peut déléguer son droit de préemption (dans des conditions qu'il fixe) à l'occasion de l'aliénation d'un bien ou, plus généralement, sur un ou plusieurs secteurs de la zone de préemption (C. urb. art. L 215-8 et R 215-5) : **34210**

- au Conservatoire, s'il est territorialement compétent ;
- à l'établissement public chargé d'un parc national ou à celui chargé d'un parc naturel régional pour tout ou partie de la zone de préemption qui se trouve sur le territoire du parc ou dans les réserves naturelles dont la gestion leur est confiée ;
- à l'État ;
- à une collectivité territoriale ;
- à un établissement public foncier local (au sens de l'article L 324-1 du Code de l'urbanisme) ;
- ou à l'Agence des espaces verts de la région Île-de-France.

Les biens acquis entrent dans le patrimoine du délégataire. Ils devront être utilisés en vue de la mise en œuvre de la politique des espaces naturels sensibles dans les conditions prévues à l'article L 113-8 du Code de l'urbanisme (Rép. Bony : Sén. 19-7-2001 p. 2393 nº 30645).

SITUATION DU PROPRIÉTAIRE D'UN BIEN GREVÉ

À la différence de ce qui se passe dans les zones soumises au DPU ou dans les ZAD, le propriétaire d'un bien situé dans le périmètre d'une zone de préemption créée au titre des ENS n'a **aucun droit de délaissement.** Tout au plus, il peut exiger la délivrance d'un **certificat** précisant si le bien est situé ou non à l'intérieur d'un tel périmètre (C. urb. art. R 215-8). Le certificat d'urbanisme, qui indique l'existence d'une zone de préemption (C. urb. art. R 410-15), tient lieu de ce certificat. **34215**

2. MISE EN ŒUVRE DU DROIT DE PRÉEMPTION

34240 La procédure de préemption pour les espaces naturels sensibles est très proche de celle applicable en matière de DPU ou de ZAD (nos 33200 s.), sous réserve de certaines particularités.

DÉCLARATION D'INTENTION D'ALIÉNER

34245 Toute **aliénation à titre onéreux,** sous quelque forme que ce soit, d'un bien entrant dans le champ d'application de ce droit est subordonnée, à peine de nullité relative, à une **déclaration préalable,** émanant du propriétaire et qui doit **comporter** obligatoirement l'indication du prix et des conditions de l'aliénation projetée ou, en cas d'adjudication du bien, l'estimation du bien ou sa mise à prix. Lorsque la contrepartie de l'aliénation fait l'objet d'un paiement en nature, la déclaration doit mentionner le prix **d'estimation** de cette contrepartie (C. urb. art. L 215-14). En cas de **donation entre vifs,** la déclaration préalable ne mentionne pas le prix. La décision du titulaire du droit de préemption d'acquérir le bien indique l'estimation établie par les services fiscaux (C. urb. art. L 215-13-1, dernier al.).

L'**action en nullité** s'exerce devant le tribunal judiciaire du lieu de situation du bien (C. urb. art. R 215-7). Elle se prescrit par 5 ans à compter de la publication de l'acte portant transfert de propriété (C. urb. art. L 215-16 ; C. civ. art. 2224).

La **forme** et les modalités de la **DIA** sont identiques à celles visées nos 33225 s., à l'exception du destinataire qui est le président du conseil départemental (C. urb. art. R 215-10). Le maire destinataire d'une DIA visant à tort le DPU n'est pas tenu de la transmettre au président du conseil départemental (Cass. 3e civ. 10-5-2007 no 05-21.485 : RJDA 10/07 no 955).

Le titulaire du droit de préemption peut demander à **visiter** le bien (C. urb. art. L 215-14, al. 3).

DÉCISION DU TITULAIRE DU DROIT

34250 **Absence de réponse** En principe, dans les ENS, trois organismes sont susceptibles de préempter le bien : le département dans les 2 mois de la DIA ; à défaut, le Conservatoire du littoral dans les 75 jours de la DIA ; et encore à défaut, la commune ou l'EPCI (voire un parc national ou un parc naturel régional avec l'accord du département) dans les 3 mois de la DIA. Le silence des titulaires des droits de préemption et de substitution pendant le **délai** de 3 mois à compter de la réception de la DIA vaut renonciation à préemption (C. urb. art. L 215-15).

34255 **Renonciation expresse** Trois organismes étant susceptibles de préempter le bien, la renonciation à préempter suppose donc trois réponses négatives expresses ou tacites dans un délai cumulé de 3 mois (CE 30-1-2015 no 371082, D. : BPIM 2/15 inf. 106, BJDU 2/15 p. 106 concl. M. Vialettes, obs. X. de Lesquen). La vente peut alors être réalisée librement aux conditions de la DIA.

34260 **Acquisition, situation du propriétaire préempté, fixation et paiement du prix, information et droits des occupants** Les règles applicables en la matière sont celles visées nos 33295 s., à l'exception des **particularités** suivantes :

a. En cas de vente par **adjudication,** lorsque cette procédure a été autorisée ou ordonnée par un juge, les règles visées nos 33230 et 33310 s'appliquent, sauf en ce qui concerne (C. urb. art. R 215-17 et R 215-18) :

– la personne du destinataire, qui, au cas présent, est le président du conseil départemental ;
– l'existence d'un droit de substitution au profit du Conservatoire du littoral ou de la collectivité locale.

b. En cas de fixation du prix par le juge de l'expropriation, la **date de référence** à retenir pour apprécier l'usage effectif du bien est celle à laquelle est devenu opposable aux tiers le plus récent des actes rendant public, approuvant, révisant ou modifiant le PLU et délimitant la zone dans laquelle est situé le bien, soit, en l'absence d'un tel plan, 5 ans avant la déclaration par laquelle le propriétaire a manifesté son intention d'aliéner le bien (C. urb. art. L 215-17, 1°).

> **Précisions** **a.** La décision de préemption doit faire référence à l'acte portant création de la zone et mentionner les raisons pour lesquelles la préservation et la protection des parcelles en cause justifient la préemption (CE 30-4-2014 no 360794, Cne des Saintes-Maries-de-la-Mer : BPIM 3/14 inf. 167).
> **b.** Lorsque le bien fait l'objet d'une expropriation, la date de référence, s'il existe un PLU, est celle à laquelle est devenu opposable aux tiers le plus récent des actes, approuvant, modifiant ou révisant le plan et délimitant la zone dans laquelle est située le bien (C. urb. art. L 215-18).

RÉTROCESSION EN CAS D'UTILISATION NON CONFORME

Si un terrain acquis par préemption n'a pas été utilisé comme espace naturel dans les conditions visées nº 34060, dans le **délai** de 10 ans à compter de son acquisition, l'**ancien propriétaire** ou ses ayants cause universels ou à titre universel peuvent demander qu'il leur soit rétrocédé. Pour être valable, cette **demande** doit être **formulée** dans les 3 années de l'expiration du délai de 10 ans (C. urb. art. L 215-22, al. 1 et 2). L'action relative à un refus de rétrocession relève de la compétence du juge judiciaire (CE 7-1-2013 nº 358781, Roche : BPIM 2/13 inf. 112). 34265

Cette demande, qui doit contenir l'offre d'un prix, est adressée au siège du conseil départemental par pli recommandé avec demande d'avis de réception ou déposée contre récépissé (C. urb. art. R 215-19, al. 1).

À **défaut d'accord sur le prix** du bien rétrocédé ou de réponse du propriétaire du bien dans le délai de 3 mois à compter de la date de l'avis de réception ou de la décharge, le juge de l'expropriation fixe le prix du bien, sans que ce prix puisse excéder le montant du prix de préemption, révisé, s'il y a lieu, en fonction de la variation de l'indice du coût de la construction publié par l'Insee (C. urb. art. L 215-22, al. 3 et R 215-19, al. 3).

À **défaut de réponse** dans les 3 mois de la décision juridictionnelle devenue définitive, telle que définie nº 33405, l'ancien propriétaire ou ses ayants cause seront réputés avoir renoncé à la rétrocession (C. urb. art. L 215-22, dernier al.).

Au **plan fiscal,** les rétrocessions consenties en application de l'article L 215-22 du Code de l'urbanisme sont exonérées de taxe de publicité foncière ou de droits d'enregistrement (CGI art. 1594-0 G, B-i).

REGISTRE DÉPARTEMENTAL

Les **acquisitions** réalisées par préemption ainsi que l'**utilisation effective** des biens acquis doivent être inscrites sur un registre mis à la disposition du public (C. urb. art. L 215-24). Les **rétrocessions** doivent également y être mentionnées (C. urb. art. R 215-19). 34270

SECTION 6

FONDS DE COMMERCE, BAUX ET TERRAINS COMMERCIAUX

Les communes, qu'elles soient dotées ou non d'un PLU, peuvent délimiter un périmètre de **sauvegarde du commerce et de l'artisanat de proximité** à l'intérieur duquel les cessions de fonds de commerce, de baux commerciaux ou de certains terrains faisant l'objet de projets d'aménagement commercial sont soumises à un droit de préemption (C. urb. art. L, R et A 214-1 s.). L'objet de ce droit de préemption est la sauvegarde des activités commerciales et artisanales de proximité. Des motifs de protection de la sécurité et de l'ordre public (par exemple des troubles de voisinage) ne peuvent pas justifier l'utilisation de ce droit de préemption (CE 26-4-2013 nº 362949, Xu : BPIM 3/13 inf. 177). 34450

Nos lecteurs trouveront ci-après les grandes lignes de ce dispositif et se reporteront, pour plus de précisions, au Mémento Gestion immobilière nºs 55680 s.

TITULAIRE DU DROIT DE PRÉEMPTION

En principe, le titulaire du droit de préemption est la commune (C. urb. art. L 214-1). Mais, lorsqu'elle fait partie d'un EPCI, elle peut, en accord avec lui, lui déléguer toute ou partie de ses compétences en la matière. En outre, chacun peut déléguer ce droit à un établissement public y ayant vocation, à une SEM, au concessionnaire d'une opération d'aménagement ou au titulaire d'une concession de redynamisation commerciale et artisanale mentionnée à l'article L 300-9 lorsque le contrat prévoit le programme des actions ou opérations à réaliser, les conditions d'acquisition, de cession et, le cas échéant, de construction, de réhabilitation, de démolition et de gestion des locaux concernés (C. urb. art. L 214-1-1, R 214-18 et R 214-19). 34455

Cette délégation peut porter sur une ou plusieurs parties du périmètre de sauvegarde ou être accordée à l'occasion de l'aliénation d'un fonds de commerce, d'un fonds artisanal, d'un bail commercial ou de terrains. Les biens ainsi acquis entrent dans le patrimoine du délégataire (C. urb. art. L 214-1-1).

Le conseil municipal peut donner pouvoir au maire pour exercer ou déléguer le droit de préemption dans les conditions qu'il aura fixées (CGCT art. L 2122-22, 21°).

> **Précisions** Dans le périmètre d'une **grande opération d'urbanisme** dite « GOU » (C. urb. L 312-3), le droit de préemption est exercé par la collectivité territoriale ou l'établissement public signataire du contrat de projet partenarial d'aménagement (PPA). L'exercice de ce droit peut être délégué à un établissement public y ayant vocation ou au concessionnaire d'une opération d'aménagement (C. urb. art. L 214-1-1, al. 3).

PÉRIMÈTRE DU DROIT DE PRÉEMPTION

34460 La commune doit délimiter, par **délibération** motivée, un périmètre à l'intérieur duquel les aliénations à titre onéreux sont assujetties au droit de préemption (C. urb. art. L 214-1, al. 1). Au préalable, le maire (ou le président de l'EPCI compétent) doit soumettre le projet de délibération à l'**avis** de la chambre de commerce et de l'industrie territoriale et de la chambre des métiers et de l'artisanat dans le ressort desquelles se trouve la commune. En l'absence d'observations des organismes consulaires dans les 2 mois de la saisine, l'avis est réputé favorable (C. urb. art. R 214-1).

Une fois adoptée, la délibération du conseil municipal (ou de l'organe délibérant de l'EPCI) doit faire l'objet de mesures de **publicité** et d'information : affichage en mairie pendant un mois, avis mentionnant la teneur de la délibération insérée dans deux journaux diffusés dans le département (C. urb. art. R 214-2 et R 211-2).

Un droit de préemption dérogatoire au droit commun peut être instauré, par une délibération motivée, à l'intérieur du périmètre d'une grande opération d'urbanisme (GOU) mise en œuvre dans une **zone d'activité économique** dont la transformation, notamment afin d'en favoriser la mixité fonctionnelle, est prévue par cette opération d'aménagement (C. urb. art. L 214-2-1). L'acte créant la GOU peut délimiter les secteurs dans lesquels ce droit de préemption est instauré, après avis conforme de la commune concernée.

> **Précisions** **a.** La possibilité de délimiter un périmètre de sauvegarde du commerce de proximité est ouverte à toutes les communes qu'elles soient ou non dotées d'un PLU ou d'un schéma de développement commercial.
> **b.** Les communes qui ont délimité un périmètre de sauvegarde du commerce avant le 29 décembre 2007 n'ont pas besoin de procéder à une nouvelle délibération (CE 21-3-2008 n° 310173, Sté Megaron : RJDA 10/08 n° 1008).

BIENS SOUMIS AU DROIT DE PRÉEMPTION

34465 Sont visés les **fonds** de commerce, les fonds artisanaux et les **baux** commerciaux (C. urb. art. L 214-1, al. 1 et art. R 214-3). S'agissant plus spécifiquement des baux commerciaux, le droit de préemption est, à notre avis, limité aux seuls baux qui sont soumis de plein droit au statut des baux commerciaux (dans le même sens, A. Reygrobellet, « Droit de préemption urbain sur les fonds de commerce, fonds artisanaux et baux commerciaux - décret d'application » : BPIM 2/08 inf. 107 n° 14).

En cas d'exercice du droit de préemption, le bail du local demeure soumis au statut des baux commerciaux (voir n° 34495, Précisions c).

Sont également soumis au droit de préemption les **terrains** portant ou destinés à porter des commerces dans un délai de 5 ans à compter de leur aliénation dès lors que ces commerces sont des magasins de vente au détail ou des centres commerciaux d'une surface de vente comprise entre 300 et 1 000 m² (C. urb. art. L 214-1, al. 2 et R 214-3). Sur ce point, il peut donc exister un cumul entre le DPU (ou le droit de préemption dans les ZAD) et le droit de préemption sur les commerces. Il conviendra de purger les deux droits de préemption, mais par une seule DIA (voir n° 34475), et la commune devra préciser quel droit de préemption elle fait jouer (n° 34485, Précisions a).

À l'intérieur d'une GOU engagée dans tout ou partie d'une **zone d'activité économique** (ZAE) en vue de favoriser sa mixité fonctionnelle, peuvent être préemptés les terrains accueillant ou destinés à accueillir des commerces d'une surface de vente comprise entre 1 000 et 4 000 m² (C. urb. art. L 214-2-1).

OPÉRATIONS SOUMISES AU DROIT DE PRÉEMPTION

34470 Sont **concernées** toutes les aliénations à titre onéreux (C. urb. art. L 214-1 et R 214-3).

Sont **exclues** les transmissions à titre gratuit (succession, donation, legs), ainsi que les contrats dépourvus de tout effet translatif, comme les contrats de location-gérance et de crédit-bail. Par ailleurs, certaines aliénations intervenant dans le cadre d'une procédure collective sont expressément écartées du champ d'application du droit de préemption (C. com. art. L 626-1, al. 5 pour la sauvegarde, L 642-5, al. 4 pour la liquidation judiciaire et, sur renvoi de l'article L 631-22 pour le redressement judiciaire).

À notre avis, le droit de préemption n'est pas applicable lorsque le transfert du fonds ou du bail résulte d'une fusion, d'une scission ou d'un apport partiel d'actifs soumis au régime des scissions car ces opérations s'analysent comme des échanges de droits sociaux et ne portent pas directement sur les actifs transmis (en ce sens à propos du DPU mais transposables au droit de préemption « commercial », Rép. Türk : Sén. 1-7-1993 p. 1055 n° 67 ; Rép. Serge : AN 3-1-1994 p. 48 n° 5734 ; TA Cergy-Pontoise 10-4-2008 n° 07-8561 : RJDA 11/08 n° 1126).

MISE EN ŒUVRE DU DROIT DE PRÉEMPTION

Information de la commune Chaque aliénation à titre onéreux est subordonnée à une **déclaration préalable,** faite par le vendeur à la commune, précisant le prix, l'activité de l'acquéreur pressenti, le nombre de salariés du cédant, la nature de leur contrat de travail et les conditions de la cession. Elle comporte également le bail commercial, le cas échéant, et précise le chiffre d'affaires lorsque la cession porte sur un bail commercial ou un fonds artisanal ou commercial (C. urb. art. L 214-1, al. 3). L'indication du nom de l'acquéreur pressenti n'est pas obligatoire, mais elle peut présenter un intérêt si la commune qui a préempté ne revend pas le bien dans le délai légal (voir n° 34495). 34475

La déclaration d'intention d'aliéner (DIA) est établie conformément au **formulaire** Cerfa 13644 (C. urb. art. A 214-1). Les 4 exemplaires de la DIA sont adressés par lettre recommandée avec demande d'avis de réception au maire de la commune de situation du bien, ou déposés en mairie contre récépissé. La DIA peut également être adressée en un seul exemplaire par voie électronique (C. urb. art. R 214-4). Lorsque l'aliénation porte sur un terrain à vocation commerciale soumis au droit de préemption sur les commerces et au DPU (ou au droit de préemption dans les ZAD), c'est une DIA « classique » qu'il faut déposer (voir n° 33240) en précisant la surface de vente du commerce existant sur le terrain ou la possibilité d'implanter sur le terrain, dans les 5 ans suivant l'aliénation, un commerce d'une surface de vente comprise entre 300 et 1 000 m² (C. urb. art. R 214-4, al. 3).

> **Précisions** **a.** Lorsque la cession est réalisée par voie d'**adjudication,** la déclaration est établie par le commissaire-priseur judiciaire, le greffier du tribunal ou le notaire chargé de la vente. Elle précise la date et les modalités de la vente. Elle est adressée à la commune au moins 30 jours avant la date prévue pour la vente par lettre recommandée avec demande d'avis de réception ou par voie électronique (C. urb. art. R 214-7).
> **b.** En cas de **liquidation judiciaire** et de cession de gré à gré autorisée par le juge-commissaire (C. com. art. L 642-19), c'est le liquidateur qui procède à la déclaration au moins 30 jours avant la date prévue pour la cession de gré à gré (C. urb. art. R 214-8).
> **c.** Lorsqu'un **terrain** situé dans un périmètre de sauvegarde du commerce et de l'artisanat de proximité est **vendu sans DIA** préalable, le vendeur doit en informer l'acquéreur par une mention spécifique dans l'acte de vente ou le cahier des charges de l'adjudication (C. urb. art. R 214-4-3).

Délai de réponse du titulaire (ou délégataire) du droit Dans un **délai** de 2 mois à compter de la réception de la DIA, le titulaire (ou délégataire) doit notifier au vendeur sa décision : renonciation à préempter ; acquisition aux prix et conditions indiqués dans la déclaration ; offre d'acquérir aux prix et conditions fixés par l'autorité judiciaire. Cette notification est faite par lettre recommandée avec demande d'avis de réception, par voie électronique en un seul exemplaire dans les conditions fixées par les articles L 112-11 et L 112-12 du CRPA ou par remise contre décharge au domicile ou au siège social du vendeur. Lorsque le cédant est lié par un bail, une copie de cette notification est adressée au bailleur (C. urb. art. R 214-5, al. 2). 34480

Le **silence du titulaire (ou délégataire)** gardé pendant 2 mois vaut renonciation à l'exercice du droit de préemption (C. urb. art. L 214-1, al. 4 et R 214-5, al. 3). Lorsque le titulaire a décidé de renoncer à exercer le droit de préemption, que ce soit par l'effet de l'expiration du délai de deux mois, le cas échéant prorogé, ou par une décision explicite prise avant l'expiration de ce délai, il se trouve dessaisi et ne peut, par la suite, retirer cette décision ni, par voie de conséquence, légalement exercer son droit de préemption (CE 27-7-2015 n° 374646, Cne de Gennevilliers : BPIM 5/15 inf. 346).

En cas d'**adjudication,** le titulaire (ou délégataire) dispose de 30 jours à compter de l'adjudication pour notifier, par lettre recommandée avec demande d'avis de réception ou par voie électronique, au greffier ou au notaire sa décision de se substituer à l'adjudicataire. Cette substitution intervient aux prix et conditions de la dernière enchère ou surenchère (C. urb. art. R 214-7).

En cas de **liquidation judiciaire** et de cession de gré à gré autorisée par le juge-commissaire, la commune dispose de 30 jours pour se substituer à l'acquéreur aux prix et conditions définis de gré à gré (C. urb. art. R 214-8).

34485 **Décision du titulaire (ou délégataire) du droit** **En cas de décision de ne pas préempter** ou de renonciation tacite à préempter, le vendeur peut réaliser la vente aux prix et conditions figurant dans la déclaration (C. urb. art. L 214-1, al. 4).

En cas de désaccord sur le prix ou les conditions indiqués dans la DIA, le titulaire, et lui seul, peut saisir le juge de l'expropriation. La saisine doit intervenir dans les 2 mois de la notification de la DIA (C. urb. art. R 214-6).

En cas d'acquisition, l'acte constatant la cession et le paiement du prix doit être impérativement dressé dans un délai de 3 mois ; le délai est calculé à compter soit de la notification de l'accord sur le prix et les conditions indiqués dans la déclaration préalable, soit de la décision judiciaire devenue définitive fixant le prix. Le paiement du prix intervient au moment de l'établissement de l'acte constatant la cession (C. urb. art. R 214-9).

> **Précisions** **a.** En cas de préemption d'un **terrain à vocation commerciale soumis à la fois au droit de préemption sur les commerces et au DPU** (ou au droit de préemption dans les ZAD), la commune doit indiquer sur le fondement de quel droit de préemption elle agit (C. urb. art. R 214-4-2). La commune qui a délégué son DPU (ou celui applicable dans les ZAD) et qui renonce à préempter au titre de la protection du commerce de proximité doit transmettre copie de la DIA au délégataire du DPU (ou de celui applicable dans les ZAD) pour qu'il puisse exercer son droit au titre de l'urbanisme (Rép. Goujon : AN 15-2-2011 p. 1531 n° 87739). Dans un tel cas, le droit de préemption au titre de la protection du commerce de proximité semble prioritaire.
> **b.** Un **référé-suspension** présenté par l'acquéreur évincé contre la décision de préemption doit en principe être regardé comme justifié par une situation d'urgence (voir n° 32006). Toutefois, cette présomption ne s'applique pas lorsque l'acquéreur évincé est entré en possession du bien objet de la décision de préemption (CE 27-4-2011 n° 342329, Sté LB Prestations de services et Sté Flash Back : BPIM 3/11 inf. 197).

34490 **Sanction** Toute **cession réalisée en violation du droit de préemption** est nulle (C. urb. art. L 214-1, al. 3). L'action en nullité se prescrit par 5 ans à compter de la cession (C. civ. art. 2224). L'action doit être engagée devant le tribunal judiciaire du lieu de situation du bien vendu (C. urb. art. R 214-10).

OBLIGATION DE RÉTROCESSION

34495 Le préempteur doit, dans le **délai** de 2 ans à compter de la prise d'effet de la vente (éventuellement prorogé en cas d'instance judiciaire), rétrocéder le fonds, le bail ou le terrain à une entreprise immatriculée au registre du commerce ou au répertoire des métiers en vue d'une exploitation destinée à préserver la diversité de l'activité commerciale et artisanale dans le périmètre concerné. Ce délai peut être porté à 3 ans en cas de mise en location-gérance du fonds de commerce ou du fonds artisanal (C. urb. art. L 214-2, al. 1). Elle doit à cette fin établir un **cahier des charges** de rétrocession (C. urb. art. R 214-11) puis organiser un **appel à candidatures** (C. urb. art. R 214-12). La rétrocession est ensuite autorisée par délibération du conseil municipal (C. urb. art. R 214-14) et fait l'objet de publicité (C. urb. art. R 214-15).

À l'intérieur d'une GOU délimitée au sein d'une **zone d'activité économique** (ZAE) (voir n° 34460), dans laquelle le droit de préemption a été institué, le délai de rétrocession peut être porté à 6 ans, et à 7 ans en cas de mise en location-gérance du fonds de commerce ou du fonds artisanal (C. urb. art. L 214-2-1).

> **Précisions** **a.** À peine de nullité de l'opération, la commune ne peut rétrocéder un **bail commercial** qu'avec l'accord du bailleur et cet accord doit figurer dans l'acte de rétrocession (C. urb. art. L 214-2, al. 3). Le bailleur est informé au préalable des conditions de la rétrocession et peut s'y opposer en justice (C. urb. art. R 214-13).
> **b.** En l'**absence de rétrocession** dans les délais, l'acquéreur évincé bénéficie d'un droit de priorité d'acquisition si son identité a été mentionnée dans la déclaration préalable (C. urb. art. R 214-16).
> **c.** Pendant la **période intermédiaire** entre préemption et rétrocession, le statut des baux commerciaux issu du chapitre V du titre IV du Code de commerce demeure applicable au bail du local (C. com. art. L 145-2, III-al. 1). Le défaut d'exploitation ne peut être invoqué par le bailleur pour mettre fin au bail dans le délai légal de rétrocession (C. com. art. L 145-2, III-al. 2). La commune doit se limiter aux actes de gestion courante et assumer toutes les obligations inhérentes à la qualité de titulaire du bail. Elle peut mettre le fonds en location-gérance (C. urb. art. L 214-2, al. 4).

SECTION 7

PRÉSERVATION DES RESSOURCES EN EAU

OBJET DU DROIT DE PRÉEMPTION

Introduit dans le Code de l'urbanisme par la loi relative à l'engagement dans la vie locale et à la proximité de l'action publique (Loi 2019-1461 du 27-12-2019 ; C. urb. art. L 218-1 s. et R 218-1 s.) puis retouché par la loi relative à la différenciation, la décentralisation, la déconcentration et portant diverses mesures de simplification de l'action publique locale (Loi 3DS 2022-217 du 21-2-2022), le droit de préemption des **surfaces agricoles** sur un territoire délimité en tout ou partie dans l'**aire d'alimentation de captages** utilisés pour l'alimentation en **eau destinée à la consommation humaine** a un objectif : préserver la qualité de la ressource en eau. **34600**

Urbanistique dans sa procédure mais agricole dans son champ d'application, ce droit de préemption singulier se détache du droit commun applicable aux autres droits de préemption du Code de l'urbanisme. Il impose notamment que les biens soient impérativement affectés à la destination au nom de laquelle ils ont été préemptés et que cette affectation soit maintenue, ce qui n'est pas le cas en matière de DPU ou de droit de préemption dans les ZAD (voir nos 33650 et 34660 s. ; J-F Struillou, Le droit de préemption pour la protection de la ressource en eau après le décret du 10 septembre 2022 : RDI 11-22 p. 578).

PROCÉDURE D'INSTITUTION DU DROIT DE PRÉEMPTION

À la demande de la **commune,** du **groupement de communes** ou du **syndicat mixte** compétent pour contribuer à la préservation de la ressource en eau, le **préfet du département** peut instituer un droit de préemption des surfaces agricoles sur un territoire délimité, en tout ou partie dans l'aire d'alimentation de captages utilisés pour l'alimentation en eau destinée à la consommation humaine (C.urb. art. L 218-1 et R 218-1). **34605**

L'**arrêté préfectoral** instituant le droit de préemption désigne le titulaire du droit de préemption, précise la zone dans laquelle il s'applique et les considérations de droit et de fait qui l'ont motivé. Il est pris après **avis** des communes, des EPCI compétents en matière de PLU, des chambres d'agriculture et des sociétés d'aménagement foncier et d'établissement rural (Safer) concernés par la délimitation des zones de préemption (C. urb. art. L 218-2, R 218-4 et R 218-5). Le préfet doit également solliciter l'avis du conseil départemental de l'environnement et des risques sanitaires et technologiques ainsi que celui des commissions locales de l'eau concernées par le projet de périmètre.

L'arrêté préfectoral fait l'objet d'une **publication** au recueil des actes administratifs du ou des départements concernés. Mention en est insérée dans deux journaux publiés dans le ou les départements concernés. Les effets juridiques attachés à l'institution du droit de préemption ont pour point de départ l'exécution de l'ensemble de ces formalités de publicité (C. urb. art. R 218-6).

> **› Précisions** Lorsque la demande d'instituer le droit de préemption concerne des **surfaces agricoles situées dans plusieurs départements,** le préfet du département où se situe le point de prélèvement est chargé de l'instruction de cette demande. Il informe les autres préfets concernés, dès réception de la demande (C. urb. art. R 218-1).

TITULAIRE ET DÉLÉGATAIRE DU DROIT DE PRÉEMPTION

Le droit de préemption appartient à la **commune,** au **groupement de communes** ou au **syndicat mixte** exerçant la compétence de contribution à la préservation de la ressource en eau (C. urb. art. L 218-3 et R 218-8). **34610**

Lorsque tout ou partie du prélèvement en eau utilisée pour l'alimentation en eau potable est confié à un **établissement public local** (mentionné au CGCT art. L 2221-10), le titulaire du droit de préemption peut lui déléguer ce droit par délibération de son organe délibérant. Cette délégation peut porter sur tout ou partie du territoire concerné par le droit de préemption. Les biens ainsi acquis entrent dans le patrimoine de l'établissement public local délégataire.

Lorsque le droit de préemption a été délégué, le titulaire du droit de préemption doit en informer le préfet.

CONCURRENCE ENTRE DROITS DE PRÉEMPTION

34615 Lorsqu'une parcelle est située à l'intérieur de **plusieurs aires d'alimentation de captages d'eau potable** relevant de personnes publiques différentes, l'arrêté préfectoral instituant le droit de préemption précise l'ordre de priorité d'exercice des différents droits de préemption (C. urb. art. R 218-7). L'ordre de priorité est fixé en fonction des dates d'instauration des droits de préemption.

Le droit de préemption ne prévaut ni sur le **DPU,** ni sur celui applicable dans les **ZAD** et **pré-ZAD,** ni sur celui applicable dans les **ENS** (C. urb. art. L 218-4). En revanche, il prime celui des **Safer** dans la mesure où les titulaires et délégataires du droit de préemption sont des collectivités publiques ou des établissements publics (C. urb. art. L 143-6 sur renvoi de l'art. L 218-6).

OPÉRATIONS SOUMISES AU DROIT DE PRÉEMPTION

34620 Sont visées les **aliénations à titre onéreux** (C. rur. art. L 143-1, al. 1, 2, 5, 6 et 7, sur renvoi de C. urb. art. L 218-5) :
– de **biens** immobiliers **à usage agricole** et de **biens mobiliers** qui leur sont attachés ;
– de **terrains nus à vocation agricole,** y compris les friches, les ruines, les installations temporaires, occupations ou équipements qui ne compromettent pas la vocation agricole du terrain ; sont considérés comme à vocation agricole les terrains situés en zone agricole protégée, dans le périmètre de protection et de mise en valeur des espaces agricoles et naturels périurbains, en zone agricole ou zone naturelle et forestière délimitée par un document d'urbanisme ou, en l'absence de document d'urbanisme, dans les secteurs ou parties non encore urbanisés des communes à l'exclusion des bois et forêts ;
– de **bâtiments à vocation agricole** situés en zone agricole protégée, dans le périmètre de protection et de mise en valeur des espaces agricoles et naturels périurbains, en zone agricole ou zone naturelle et forestière délimitée par un document d'urbanisme ou, en l'absence de document d'urbanisme, dans les secteurs ou parties non encore urbanisés des communes à l'exclusion des bois et forêts. Sont visés aussi les bâtiments dans les communes ou parties de communes de montagne s'ils ont été utilisés pour l'exercice d'une activité agricole au cours des 5 dernières années qui ont précédé l'aliénation ;
– de **bâtiments d'habitation** faisant partie d'une exploitation agricole ;
– de façon conjointe, des **terrains à vocation agricole** et des **droits à paiement découplés** créés au titre de la politique agricole commune.

Les aliénations d'**usufruit** ou de **nue-propriété** de ces biens, sous certaines conditions, sont concernées.

OPÉRATIONS EXCLUES DU DROIT DE PRÉEMPTION

34625 Sont expressément exclues du droit de préemption les opérations suivantes (C. rur. art. R 143-3 sur renvoi de C. urb. art. R 218-9) :
– les aliénations au profit des **salariés agricoles,** des **aides familiaux,** des **associés d'exploitation,** des **agriculteurs expropriés** ainsi que des **fermiers** ou des **métayers** évincés soit par le droit de reprise du propriétaire privé lorsque celui-ci reprend son bien pour l'exploitation, soit par le droit de reprise d'une personne publique lorsque celle-ci envisage d'utiliser les biens loués à une fin d'intérêt général. Il faut néanmoins que ces personnes s'engagent à exploiter et à conserver la destination agricole du bien pendant 10 ans à compter du transfert de propriété et qu'elles justifient de l'expérience et de la capacité professionnelle en matière d'exploitation agricole.
– les aliénations de **terrains destinés à la construction,** aux **aménagements industriels** ou à l'**extraction de substances minérales** sous réserve que l'acquéreur s'engage à donner aux terrains cette destination dans un délai qui ne peut excéder 3 ans à compter de la date de réception de la notification par la Safer. D'autres conditions spécifiques sont applicables lorsque le terrain est destiné à la construction de maisons individuelles (C. rur. art. R 143-3, al. 5).

PROCÉDURE DE PRÉEMPTION

34630 **DIA** L'aliénation doit faire l'objet, à peine de nullité, d'une **déclaration préalable** adressée par le propriétaire au titulaire du droit de préemption ou au délégataire. Cette déclaration comporte obligatoirement l'indication du prix et des conditions de l'aliénation projetée ou, en cas d'adjudication amiable, l'estimation du bien ou sa mise à prix. Lorsque la contrepartie de l'aliénation fait l'objet d'un paiement en nature, la déclaration doit mentionner le prix d'estimation de cette contrepartie. Une copie de la déclaration préalable est adressée à la Safer. Le silence du titulaire du droit de préemption (ou du délégataire) gardé pendant 2 mois à compter de la réception de la déclaration vaut renonciation à l'exercice de ce droit.

La **forme** de la déclaration préalable doit faire l'objet d'un arrêté à paraître. Elle est adressée au titulaire du droit de préemption (ou à son délégataire) selon les mêmes modalités que la DIA relative au DPU et dans les ZAD (voir nº 33225) et le titulaire du droit a 2 mois pour se prononcer (voir nº 33285).

Complément d'information Le titulaire du droit de préemption ou le délégataire peut, dans le délai de 2 mois, adresser au propriétaire une demande unique de **communication des documents.** Une copie de cette demande est adressée à la Safer. La demande suspend le délai pour préempter (voir nº 33286). 34635

La liste des documents susceptibles d'être demandés est fixée limitativement (C. urb. art. R 218-12). Il s'agit des pièces suivantes :

– les **extraits de l'avant-contrat de vente** contenant les éléments significatifs relatifs à la consistance et l'état de l'immeuble ;
– les **servitudes** en cours ;
– les éventuelles **hypothèques** ;
– les **procès-verbaux de bornage** antérieurement réalisés ;
– les **obligations réelles environnementales** (C. envir. art. L 132-3) ;
– les **baux** en cours ;
– les **clauses environnementales** mises en œuvre (C. envir. art. L 411-27) ;
– le **cahier des charges** applicable (C. rur. art. R. 142-1), si le bien a été acquis par attribution par une société d'aménagement foncier et d'établissement rural ;
– lorsqu'il en a connaissance, les engagements pris par l'exploitant sur la parcelle dans le cadre de l'octroi d'une **aide publique** susceptibles d'être opposables au futur propriétaire ou au futur exploitant ;
– la situation, les caractéristiques et la situation administrative des **ouvrages de prélèvement, puits** ou **forage** ;
– l'implantation et les caractéristiques de **drains agricoles** ;
– l'existence et la description du **système d'irrigation** ;
– si le propriétaire est une **SCI** dont les parts sont cédées :

a) Les statuts à jour de la société.

b) Les livres et les documents établis pour le dernier exercice social clos.

c) Le rapport de reddition de compte établi pour le dernier exercice social clos.

d) À défaut des deux derniers documents - et non des documents mentionnés aux 3° et 4° comme l'indique par erreur, semble-t-il, l'article R 218-12 -, un état certifié par le gérant établissant la composition de l'actif ainsi que du passif de la SCI et précisant le bénéfice du dernier exercice social clos.

Cas des ventes par adjudication Dans le cas où l'aliénation a lieu sous la forme d'une **adjudication rendue obligatoire par la loi ou le règlement** ou lorsqu'elle est autorisée ou ordonnée par un juge, la procédure de préemption obéit à des règles particulières (C. urb. art. R 218-13 et R 218-14) qui sont similaires à celles applicables au DPU et dans les ZAD (voir nº 33310). Il existe néanmoins une **particularité** : le titulaire du droit de préemption doit être systématiquement informé dans les 8 jours, par le greffier de la juridiction ou le notaire chargé de la vente, des reports et des décisions d'adjudication (C. urb. art. R 218-14). Cette règle a pour objectif de renforcer l'information de la collectivité et par là même, de favoriser l'exercice du droit de préemption. 34640

Comme en matière de DPU et dans les ZAD, cette procédure ne s'applique pas à la **vente mettant fin à une indivision** créée volontairement et ne résultant pas d'une donation-partage (voir nº 33135). A contrario, la procédure s'applique à la vente mettant fin à une indivision créée volontairement et résultant d'une donation-partage.

Décision du titulaire du droit de préemption En dehors des ventes par adjudication, lorsque le titulaire du droit de préemption décide d'exercer son droit, il notifie son offre d'acquérir le bien à un prix qu'il propose lui-même (et qui peut être différent de l'estimation fournie dans la DIA) et, à défaut d'acceptation de cette offre, son intention de faire fixer le prix par le juge de l'expropriation (C. urb. art. R 213-9 sur renvoi de R 218-10). 34645

Avis et évaluation domaniale Lorsqu'il envisage d'acquérir le bien, le titulaire du droit de préemption ou le délégataire transmet sans délai copie de la DIA au responsable départemental ou régional des services fiscaux (C. urb. art. R 218-5). Dès lors que le prix ou 34650 l'estimation figurant dans la DIA ou que le prix que le titulaire envisage de proposer excède 180 000 € (CGPPP art. R 1211-2), la transmission vaut demande d'avis.

L'avis doit être formulé dans les 30 jours à compter de la réception de la demande d'avis. Passé ce délai, il peut être procédé librement à l'acquisition.

UNITÉ FONCIÈRE PARTIELLEMENT INCLUSE EN ZONE DE PRÉEMPTION

34655 Lorsque le titulaire du droit de préemption décide d'exercer son droit pour acquérir la **fraction d'une unité foncière** comprise à l'intérieur de la zone de préemption, le vendeur peut exiger qu'il se porte acquéreur de l'ensemble de l'unité foncière. Le titulaire du droit de préemption peut soit accepter cette acquisition aux prix et conditions de l'aliénation, soit renoncer à préempter (C. urb. art. R 218-17).

Le titulaire du droit de préemption doit répondre au notaire dans les 30 jours à compter de la date de réception de la décision du vendeur. Son silence à l'expiration de ce délai vaut renonciation et rétractation.

UTILISATION DES BIENS PRÉEMPTÉS

34660 Les biens acquis sont intégrés dans le **domaine privé** de la collectivité territoriale ou de l'établissement public qui les a acquis. Ils ne peuvent être utilisés qu'en vue d'une exploitation agricole compatible avec l'objectif de préservation de la ressource en eau. Toutefois, le titulaire du droit de préemption peut laisser les terres inexploitées lorsque leur exploitation n'est pas compatible avec la protection de qualité de la captation d'eau (CE 27-4-2023 nº 468822).

34665 **Mise à bail des biens acquis** Le titulaire (ou le délégataire) du droit de préemption peut mettre à bail les biens préemptés. Les baux nouveaux comportent des **clauses environnementales,** celles prévues dans le cadre des baux ruraux (C. rur. art. L 411-27), de manière à garantir la préservation de la ressource en eau (C. urb. art. L 218-13 et R 218-19). Lorsque le bien acquis est déjà grevé d'un bail rural, le titulaire du droit de préemption ou le délégataire est tenu de proposer au preneur la modification du bail afin d'y introduire ces clauses environnementales. Elles sont introduites, au plus tard, lors du renouvellement du bail.

34670 **Cession des biens préemptés** Les biens acquis peuvent être cédés de gré à gré à des personnes publiques ou privées, à la condition que l'acquéreur consente à la signature d'un contrat portant obligations réelles environnementales (C. envir. art. L 132-3). Ce contrat prévoit, au minimum, les mesures garantissant la préservation de la ressource en eau (C. urb. art. L 218-13 et R 218-19). Il est conclu, pour une durée ne pouvant excéder 99 ans, entre l'acquéreur et le titulaire ou le délégataire du droit de préemption et est annexé à l'acte de vente.

34675 **Mise à disposition de la Safer** Les biens préemptés peuvent, par convention, être mis à la disposition de la Safer (C. urb. art. R 218-20). La convention doit assurer que l'usage agricole du bien sera maintenu ou rétabli, dans l'objectif de préservation de la ressource en eau.

CONTRÔLE DES SUITES DONNÉES AUX DÉCISIONS DE PRÉEMPTION

34680 Le **titulaire du droit de préemption** ou le délégataire ouvre, dès institution d'une zone de préemption, un **registre** sur lequel sont inscrites les acquisitions réalisées par exercice du droit de préemption ainsi que l'utilisation effective des biens ainsi acquis : cessions, locations et mises à disposition (C. urb. art. L 218-12 et R 218-21). Les personnes intéressées peuvent ainsi contrôler l'affectation donnée aux biens préemptés dans les zones agricoles.

La **personne en charge de la gestion et de la préservation de la ressource en eau** doit faire état, dans son **rapport annuel** sur la mise en œuvre du plan d'action visant à contribuer au maintien ou à l'amélioration de la qualité de la ressource utilisée pour la production d'eau destinée à la consommation humaine, de l'utilisation du droit de préemption (CGCT art. R 2224-5-4).

SECTION 8

ADAPTATION DES TERRITOIRES AU RECUL DU TRAIT DE CÔTE

OBJET DU DROIT DE PRÉEMPTION

Les **territoires littoraux** subissent un recul du trait de côte, phénomène dû à l'**érosion côtière** et à l'élévation du **niveau de la mer,** eux-mêmes causés principalement par l'activité humaine et le réchauffement climatique. Pour adapter ces territoires, la **loi Climat** a créé un droit de préemption spécifique (C. urb. art. L 219-1 s. issus de la loi 2021-1104 du 22-8-2021). Il a pour objet de prévenir les conséquences du recul du trait de côte en permettant au titulaire du droit de préemption d'assurer la gestion des biens qu'il préempte au regard de l'évolution prévisible du trait de côte et de procéder à leur renaturation (C. urb. art. L 219-11). Avant cette renaturation, le bien peut, de manière transitoire, être occupé en vertu d'une convention ou d'un bail et faire l'objet d'aménagements temporaires. **34690**

Nos lecteurs trouveront ci-après les **particularités** de ce droit de préemption (C. urb. art. L 219-1 s.) et pour le surplus, se reporteront aux règles prévues en matière de DPU, de droit de préemption dans les ZAD et les périmètres provisoires, ces régimes présentant de grandes similarités.

A. Institution et titulaire du droit de préemption lié au recul du trait de côte

TERRITOIRES CONCERNÉS

Le droit de préemption lié au recul du trait de côte sur le littoral concerne les **communes** dont l'action en matière d'urbanisme et la politique d'aménagement doivent être adaptées aux **phénomènes hydrosédimentaires entraînant l'érosion du littoral** (C. urb. art. 121-22-1 et C. envir. art. L 321-15). Elles sont listées par décret (Décret 2022-750 du 29-4-2022 actualisé par le décret 2024-531 du 10-6-2024). **34695**

À l'exception des communes déjà couvertes par un plan de prévention des risques littoraux comportant des dispositions relatives au recul du trait de côte, ces communes littorales ont l'obligation d'intégrer dans leurs PLU et cartes communales une **cartographie d'exposition** de leur territoire au recul du trait de côte.

Toutes les communes listées par le décret doivent établir un **zonage** correspondant à la survenance du phénomène d'érosion du littoral, l'un à horizon proche : moins de 30 ans, l'autre à plus long terme : entre 30 et 100 ans (C. urb. art. L 121-22-2 sur renvoi de L 219-1). Dans les zones exposées à un **recul du trait de côte** à horizon **inférieur à 30 ans,** le droit de préemption s'applique de plein droit sur la totalité de la zone. Dans les zones exposées à un recul plus lointain, **entre 30 et 100 ans,** le droit peut être instauré par une délibération de la commune ou de l'EPCI sur tout ou partie du périmètre défini par le PLU (C. urb. art. L 219-1). L'**entrée en vigueur** du droit de préemption est donc conditionnée dans les deux types de zones par l'intégration de la ligne du retrait de trait de côte dans le PLU.

INSTITUTION DU DROIT DE PRÉEMPTION

La délibération par laquelle la commune ou l'EPCI décide d'instaurer le droit de préemption – zones d'exposition au recul du trait de côte entre 30 et 100 ans – est affichée en mairie pendant un mois et mention en est faite dans deux journaux diffusés dans le département (C. urb. art. R 219-1 créé par le décret 2024-638 du 27-6-2024). **34697**

Les effets juridiques attachés à la délibération ont pour point de départ l'ensemble des **formalités de publicité** ; pour cela, la date à prendre en considération pour l'affichage en mairie est celle du premier jour où il est effectué. Toutefois, le non-accomplissement de ces

 © Éd. Francis Lefebvre

formalités réglementaires n'a pas d'incidence sur le **caractère exécutoire** de la délibération. La délibération, pour être exécutoire, doit satisfaire aux règles de publicité du Code général des collectivités territoriales (CGCT art. L 2131-1 ; CE 18-11-2024 n° 487885, Communauté de communes Cœur Haute Landes, rendu à propos du DPU et à notre avis transposable : BPIM 1/25 inf. 25).

Le maire (ou le président de l'EPCI compétent) adresse sans délai au directeur départemental ou, le cas échéant, régional des finances publiques, à la chambre départementale des notaires, aux barreaux constitués près les tribunaux judiciaires dans le ressort desquels est institué le droit de préemption et au greffe des mêmes tribunaux, copie des actes ayant pour effet d'instituer ou de supprimer ce droit de préemption ou d'en modifier le champ d'application. Cette copie est accompagnée, s'il y a lieu, d'un plan précisant le champ d'application du droit de préemption (C. urb. art. R 219-1 créé par le décret 2024-638 du 27-6-2024).

TITULAIRE ET DÉLÉGATAIRE DU DROIT DE PRÉEMPTION

34700 Le droit de préemption pour l'adaptation des territoires au recul du trait de côte est institué au bénéfice de la **commune** ou de l'**EPCI** dont elle est membre, lorsqu'il est compétent en matière de PLU ou de carte communale (C. urb. art. L 219-1).

Le titulaire du droit de préemption peut déléguer son droit à l'**État,** à une **collectivité locale,** à un **établissement public** y ayant vocation ou au **concessionnaire** d'une opération d'aménagement. Cette délégation peut porter sur une ou plusieurs parties des zones concernées ou être accordée à l'occasion de l'aliénation d'un bien (C. urb. art. L 213-3 sur renvoi de L 219-12). Les biens ainsi acquis entrent dans le patrimoine du délégataire.

HIÉRARCHIE ENTRE LES DROITS DE PRÉEMPTION

34705 Le droit de préemption lié au recul du trait de côte **prime** le DPU (voir nos 32570 s.), le droit de préemption dans les ZAD et les périmètres provisoires (voir nos 32170 s.) ainsi que le droit de préemption des communes sur les fonds de commerce, baux et terrains commerciaux pour les aliénations à titre onéreux de terrains (voir nos 34450 s.). En revanche, il **ne prévaut pas** sur celui applicable dans les ENS (voir nos 34050 s.).

Il peut s'exercer en **coopération** avec les Safer sur les immeubles non bâtis à usage ou à vocation agricole et sur les bâtiments d'exploitation agricole (C. urb. art. L 219-1). Autrement dit, il prime le droit de préemption des Safer car il est institué au profit d'une collectivité publique mais la collectivité et la Safer peuvent s'entendre notamment en concluant une convention autorisant la Safer à exercer son droit de préemption « dans certaines situations » (Décret 2024-638 du 27-6-2024, notice).

B. Champ d'application du droit de préemption lié au recul du trait de côte

ALIÉNATIONS SOUMISES AU DROIT DE PRÉEMPTION

34710 Sont soumis au droit de préemption (C. urb. art. 219-2) :

– les **immeubles** ou ensembles de **droits sociaux** donnant vocation à l'attribution en propriété ou en jouissance d'un immeuble ou d'une partie d'immeuble, **bâti ou non bâti,** lorsqu'ils sont aliénés, à titre onéreux, sous quelque forme que ce soit, à l'exception de ceux qui sont compris dans un **plan de cession de l'entreprise** arrêté en application des articles L. 631-22 ou L. 642-1 à L. 642-7 du Code de commerce (redressement ou liquidation judiciaire) ;

– les cessions de **droits indivis** portant sur un immeuble ou une partie d'immeuble, bâti ou non bâti, sauf lorsqu'elles sont consenties à l'un des coïndivisaires, et les cessions de **tantièmes contre remise de locaux à construire** ;

– les cessions de la majorité des parts d'une **SCI** ou les cessions conduisant un acquéreur à détenir la majorité des parts de ladite société, lorsque le patrimoine de cette société est constitué par une unité foncière, bâtie ou non bâtie, dont la cession serait soumise au droit de préemption. Ne sont pas concernées les SCI constituées exclusivement entre parents et alliés jusqu'au 4e degré inclus ;

– les immeubles construits ou acquis par un **organisme HLM** (CCH art. L 411-2) et propriété de ce dernier (sauf si agrément préfectoral en vue de la construction ou de l'acquisition de logements neufs faisant l'objet d'un contrat de location-accession).

> **Précisions** **a.** En cas de **contrat de location-accession** régi par la loi n° 84-595 du 12 juillet 1984, le droit de préemption s'exerce avant la signature de ce contrat et non au moment de la levée de l'option par l'accédant (C. urb. art. L 219-2).
> **b.** En cas d'**adjudication,** lorsque cette procédure est **autorisée** ou **ordonnée par un juge,** l'acquisition par le titulaire du droit de préemption a lieu au prix de la dernière enchère, par substitution à l'adjudicataire (C. urb. art. L 219-2). Cette règle n'est pas applicable à la vente mettant fin à une indivision créée volontairement, à moins que celle-ci ne résulte d'une donation-partage.

ALIÉNATIONS EXCLUES DU DROIT DE PRÉEMPTION

Ne sont pas soumis au droit de préemption : **34715**
– les immeubles qui font l'objet d'une **mise en demeure d'acquérir** en application des articles L. 152-2 (emplacements réservés), L. 311-2 (terrains inclus dans une ZAC) ou L. 424-1 (sursis à statuer) du présent code ou des articles L. 241-1 et 2 du Code de l'expropriation (terrains compris dans une opération déclarée d'utilité publique) ;
– les **transferts en pleine propriété** des immeubles appartenant à l'**État** ou à ses établissements publics à la Sovafim (société détenue par l'État chargée d'assurer la valorisation de ces biens) ;
– les biens acquis par un **établissement public foncier d'État** ou **local** lorsqu'il agit à la demande expresse de la collectivité titulaire du droit de préemption.

DONATIONS ENTRE VIFS

Sont soumises au droit de préemption les donations d'**immeubles** ou d'ensembles de **droits sociaux** donnant vocation à l'attribution en propriété ou en jouissance d'immeubles ou de parties d'immeubles, bâties ou non, sauf si la donation est effectuée entre ascendants et descendants, entre collatéraux jusqu'au 6e degré, entre époux ou partenaires d'un Pacs et entre une personne et les descendants de son conjoint ou de son partenaire de Pacs, ou entre ces descendants (C. urb. art. L 219-3). **34720**

APPORT À UNE SCI

Sont soumis au droit de préemption les **immeubles** ou ensemble de **droits sociaux** donnant vocation à l'attribution en propriété ou en jouissance d'un immeuble ou d'une partie d'immeuble, bâti ou non bâti, lorsqu'ils constituent un apport en nature au sein d'une SCI. La DIA est alors accompagnée d'un état de la situation sociale, financière et patrimoniale de la SCI (C. urb. art. L 219-4). **34725**

TERRAIN PARTIELLEMENT INCLUS DANS LA ZONE DE PRÉEMPTION

Quand le droit de préemption est exercé pour acquérir la fraction de l'unité foncière comprise à l'intérieur de la zone de préemption, le propriétaire peut exiger que le titulaire du droit de préemption se porte acquéreur de l'ensemble de l'unité foncière (C. urb. art. L 219-5). **34730**

C. Procédure de préemption

DIA

À peine de nullité, l'aliénation soumise au droit de préemption lié au recul du trait de côte est subordonnée à l'envoi d'une DIA par le **propriétaire** à la commune où est situé le bien, dans les mêmes formes que celles prescrites en matière de DPU et de droit de préemption dans les ZAD (C. urb. art. L 219-6 et R 219-2 créé par le décret 2024-638 du 27-6-2024 renvoyant à R 213-5). **34735**
Elle est adressée en trois exemplaires à la mairie où se trouve le bien, par lettre recommandée avec demande d'avis de réception ou déposée contre décharge. Elle peut être adressée par voie électronique en un exemplaire (C. urb. art. R 219-2 ; CRPA art. L 112-11 et L 112-12).

L'**action en nullité** en cas de non-respect de l'obligation d'adresser une DIA se prescrit par 5 ans à compter de la publication de l'acte portant transfert de propriété. Elle s'exerce devant le tribunal judiciaire du lieu de situation du bien (C. urb. art. R 219-6 créé par le décret 2024-638 du 27-6-2024).

Le propriétaire transmet une copie de la DIA au directeur départemental ou régional des finances publiques, par lettre recommandée avec demande d'avis de réception, ou déposée contre décharge, ou adressée par voie électronique (C. urb. art. R 219-2).

Si la commune a **délégué** son droit de préemption ou si elle n'en n'est pas titulaire, le maire transmet sans délai la déclaration au délégataire ou au titulaire du droit, à charge pour ce dernier de la transmettre à son tour à l'éventuel délégataire.

34736 La DIA comporte, sauf dans le cas d'une donation entre vifs, l'indication du **prix** et des conditions de l'aliénation projetée ou, en cas d'adjudication, l'estimation du bien ou sa mise à prix. Si la contrepartie de l'aliénation fait l'objet d'un paiement en nature, la DIA mentionne le prix d'estimation de cette contrepartie.

Comme pour le DPU ou le droit de préemption dans les ZAD et dans les périmètres provisoires, le titulaire du droit de préemption dispose d'un **délai** de 2 mois à compter de la réception de la DIA pour se prononcer (voir n° 33285). Il peut, dans ce délai, adresser au propriétaire une demande unique de **communication de documents** et cette demande suspend le délai pour préempter (voir n° 33286).

La **liste des documents** susceptibles d'être demandés sont ceux listés pour le DPU et le droit de préemption dans les ZAD (C. urb. art. L 219-6 et R 219-3 créé par le décret 2024-638 du 27-6-2024 renvoyant à art. R 213-7 II ; voir n° 33243). Et, **spécialement**, sont susceptibles d'être demandés les documents d'expertise, devis ou diagnostics, établis à l'occasion ou en prévention d'un sinistre lié à l'exposition du bien au recul du trait de côte (C. urb. art. R 219-3, 2°).

Lorsque le titulaire du droit de préemption envisage d'acquérir le bien, il transmet sans délai une copie de la DIA au responsable départemental des services fiscaux. Sa décision d'acquérir fait l'objet d'une publication et elle doit indiquer l'**estimation du bien** par les services fiscaux. Sa décision est notifiée au vendeur.

VISITE DU BIEN

34738 Le titulaire du droit de préemption peut demander à visiter le bien (C. urb. art. L 219-6 et D 219-4 créé par le décret 2024-638 du 27-6-2024). La **demande** est faite **par écrit**, indique les références de la DIA et doit reproduire les articles L 219-6, D 219-4 et D 219-5 du Code de l'urbanisme. Elle mentionne le nom et les coordonnées de la personne que le propriétaire, son mandataire ou le notaire peut contacter pour déterminer les modalités de la visite. Elle précise que la visite doit être faite en présence du propriétaire ou de son représentant et du titulaire du droit de préemption ou de son mandataire.

La **demande** de visite est **notifiée** au propriétaire ou à son mandataire ainsi qu'au notaire mentionnés dans la DIA, par lettre recommandée avec demande d'avis de réception, par acte de commissaire de justice (huissier), par dépôt contre décharge ou par voie électronique dans les conditions prévues par la loi. La **réponse** du propriétaire ou de son mandataire, écrite, a lieu dans les mêmes formes ; elle est notifiée dans les 8 jours à compter de la date de réception de la demande de visite. L'absence de réponse dans ce délai vaut refus tacite de la visite.

Si la **visite** est **acceptée**, elle doit se dérouler dans les 15 jours calendaires à compter de la date de réponse du propriétaire, en dehors des samedi, dimanche et jours fériés (C. urb. art. D 219-5 créé par le décret 2024-638 du 27-6-2024). Un délai exprimé en « jours calendaires » comprend tous les jours, y compris ceux fériés et chômés. Les occupants de l'immeubles mentionnés dans la DIA doivent en être informés. L'absence de visite dans ce délai vaut soit refus de visite, soit renonciation à la demande de visite.

Un **constat contradictoire** est signé le jour de la visite.

> **Précisions** À la différence du DPU et du droit de préemption dans les ZAD (voir n° 33286), les textes spécifiques au droit de préemption lié au recul du droit de côte ne prévoient pas de **suspension du délai** de préemption en cas de demande de visite.

FIXATION DU PRIX PAR LE JUGE DE L'EXPROPRIATION

34740 À **défaut d'accord amiable,** le prix d'acquisition est fixé par le juge de l'expropriation, en tenant compte de l'exposition du bien au recul du trait de côte. Ce prix est exclusif de toute indemnité accessoire, notamment de l'indemnité de réemploi.

Le prix est fixé, payé ou, le cas échéant, consigné, selon les règles prévues en matière d'**expropriation.**

La **date de référence** à laquelle est pris en considération l'usage effectif des immeubles et droits réels immobiliers en vue de leur estimation est la date à laquelle est devenu opposable aux tiers le plus récent des actes rendant public, approuvant, révisant ou modifiant le PLU ou la carte communale et délimitant la zone exposée au recul du trait de côte dans laquelle il est situé (C. urb. art. L 219-7, II).

Le **prix d'un immeuble** situé dans une zone exposée au **recul du trait de côte à horizon de 30 ans** est fixé en priorité par référence à des mutations et accords amiables portant sur des biens de même qualification et avec un niveau d'exposition similaire situés dans cette même zone (C. urb. art. L 219-7, III). Si ces références sont insuffisantes, le prix du bien est fixé en priorité par référence à des mutations et accords amiables portant sur des biens de même qualification situés hors de la zone exposée au recul du trait de côte dans laquelle il se situe. Dans ce cas, pour tenir compte de la durée limitée restant à courir avant la disparition du bien, un **abattement** est pratiqué sur la valeur de ces références. Cet abattement peut, notamment, être déterminé par application d'une décote calculée en fonction du temps écoulé depuis la première délimitation de la zone dans laquelle se situe le bien, rapporté à la durée totale prévisionnelle avant la disparition du bien à compter de cette première délimitation.

ACQUISITION DE LA FRACTION DE L'UNITÉ FONCIÈRE

Lorsque le titulaire du droit de préemption acquiert une partie de l'unité foncière (voir nº 34730), le prix d'acquisition fixé par le juge de l'expropriation tient compte de l'éventuelle dépréciations subie, du fait de la préemption partielle, par la fraction non acquise de l'unité foncière. **34745**

PROCÉDURE DE DÉLAISSEMENT

Tout propriétaire d'un bien soumis au droit de préemption lié au recul du trait de côte peut en demander l'acquisition au titulaire de ce droit avec indication du prix qu'il en demande (C. urb. art. L 219-10). Le titulaire du droit de préemption doit se prononcer dans le **délai** de 2 mois à compter de la proposition, dont copie doit être transmise par le maire au directeur départemental ou régional des finances publiques. À défaut d'accord amiable, le prix est fixé par le juge de l'expropriation. **34750**

En cas de **refus** ou de **non-réponse** du titulaire du droit de préemption à cette proposition, le propriétaire bénéficie des règles applicables en matière de DPU et de droit de préemption dans les ZAD et périmètres provisoires (voir nº 32855 ; C. urb. art. L 213-8 sur renvoi de L 219-10).

D. Illégalité de la décision de préemption

Lorsque, **après le transfert de propriété,** la décision est annulée ou déclarée illégale par le juge administratif, le titulaire du droit de préemption lié au recul du trait de côte est tenu, dans les mêmes conditions que celles prévues en matière de DPU et de droit de préemption dans les ZAD et périmètres provisoires, de proposer aux anciens propriétaires ou à leurs ayants cause universels ou à titre universel l'acquisition du bien en priorité (voir nº 32010). **34755**

CHAPITRE 7

EXPROPRIATION POUR CAUSE D'UTILITÉ PUBLIQUE

SOMMAIRE

SECTION 1

CARACTÉRISTIQUES GÉNÉRALES DE L'EXPROPRIATION

CODE DE L'EXPROPRIATION

Le Code de l'expropriation est organisé en six livres : utilité publique (livre I), juridiction de l'expropriation, transfert judiciaire de propriété et prise de possession (livre II), indemnisation (livre III), suites de l'expropriation (livre IV), procédures spéciales (livre V) et dispositions relatives à l'outre-mer (livre VI). Il a fait l'objet d'une recodification et d'un changement de numérotation en 2015. 34800

DROIT DE PROPRIÉTÉ

L'article 17 de la **Déclaration des droits de l'Homme** proclame : « La propriété étant un droit inviolable et sacré, nul ne peut en être privé, si ce n'est lorsque la nécessité **publique,** légalement constatée, l'exige évidemment, et sous la condition d'une juste et préalable indemnité. » 34850

L'article 545 du **Code civil** reprend cette disposition en disposant que « nul ne peut être contraint de céder sa propriété, si ce n'est pour cause d'utilité publique, et moyennant une juste et préalable indemnité ».

DÉFINITION DE L'EXPROPRIATION

L'expropriation est une prérogative de la puissance publique. C'est le droit, pour l'État, de demander à un juge, de l'ordre judiciaire, de transférer, pour cause d'**utilité publique,** la propriété d'un immeuble, au profit d'une personne publique ou privée, moyennant une juste et préalable indemnité. 34855

L'État, au travers d'une déclaration d'utilité publique (DUP), est toujours l'initiateur de la procédure d'expropriation, même s'il n'en est pas le bénéficiaire obligatoire.

BÉNÉFICIAIRES DE L'EXPROPRIATION

L'État, les collectivités territoriales (régions, départements, communes) et leurs établissements publics peuvent être bénéficiaires de l'expropriation. Il en est de même des concessionnaires de services publics ou de travaux publics, même s'il s'agit d'organismes de droit privé, notamment sociétés d'économie mixte. Peuvent également être bénéficiaires de l'expropriation des organismes de droit privé poursuivant un but d'utilité publique (caisses primaires d'assurance maladie, etc.). Le bénéficiaire de l'expropriation est généralement appelé l'**expropriant.** 34860

À noter que la procédure peut être menée par **plusieurs personnes publiques,** qui doivent alors être mentionnées dans la déclaration d'utilité publique (C. expr. art. L 122-7).

> **Précisions** La circonstance que la procédure d'enquête préalable à la déclaration d'utilité publique d'une ZAC a été engagée au profit d'une SNC ne fait pas obstacle à ce que le préfet lui **substitue** ultérieurement une commune comme unique bénéficiaire de l'expropriation (CAA Nantes 22-10-2021 n° 19NT03504, Cne de Vallet).

DÉFINITION DE L'UTILITÉ PUBLIQUE

La notion d'utilité publique a **évolué** dans le temps. À l'origine, elle se confondait pratiquement avec le concept de service public. Elle s'est élargie à des opérations de construction de logements, d'urbanisme (ZAC), d'hygiène et de santé publique. Elle s'étend au développement de la culture, des sports et du tourisme, à la recherche scientifique, à la défense de l'environnement, à la création de centrales nucléaires, etc. 34865

> **Précisions** La notion peut aussi être restreinte par des considérations de nature **environnementale.**
> Ainsi, depuis le 1er janvier 2022, les projets conduisant à créer ou augmenter les capacités d'accueil des aéronefs, des passagers ou du fret d'un aérodrome ne peuvent pas être déclarés d'utilité publique en vue d'une expropriation s'ils ont pour effet d'entraîner une augmentation nette, après compensation, des émissions de gaz à effet de serre générées par l'**activité aéroportuaire** par rapport à l'année 2019 (C. expr. art. L 122-2-1 et R 122-8 s). Plusieurs exceptions sont prévues : l'aérodrome de Nantes-Atlantique jusqu'au 31 décembre 2036, l'aérodrome de Bâle-Mulhouse, les aérodromes situés outre-mer et les hélistations, ainsi que les projets rendus nécessaires pour des raisons de sécurité, de défense nationale ou de mise aux normes réglementaires. En revanche, la jurisprudence estime que les engagements pris par la France au titre de l'Accord de Paris sur le climat n'ont pas pour objet de faire obstacle par principe à tout nouveau projet de construction d'**autoroute** (CE 30-12-2015 n° 438686).

34870 **Méthode du bilan** Pour déterminer s'il y a utilité publique ou non, le juge administratif s'attache à mesurer les **avantages** attendus de l'expropriation au regard des atteintes à la propriété privée. Une opération ne peut être légalement déclarée d'utilité publique que si les atteintes à la propriété privée, le coût financier et éventuellement les **inconvénients** d'ordre social ou l'atteinte à d'autres intérêts publics qu'elle comporte ne sont pas excessifs eu égard à l'intérêt qu'elle présente (CE ass. 28-5-1971 n° 78825, Ville nouvelle Est : AJDA 1971 p. 405). Le Conseil d'État, juge de cassation, exerce un contrôle de qualification juridique sur l'appréciation par les juges du fond de l'utilité publique d'une opération (CE sect. 3-7-1998 n° 172736 : BJDU 5/98 p. 375).

La méthode dite « du **bilan coût-avantages** » est utilisée par la juridiction administrative pour déterminer si une expropriation peut être déclarée d'utilité publique ou non. Le juge administratif prend en compte le coût financier de l'opération, les inconvénients d'ordre social ou atteintes à d'autres intérêts publics, ainsi que les atteintes à la propriété privée et les compare aux avantages attendus de l'opération. Si le bilan est positif, l'opération sera d'utilité publique (pour un exemple récent : CE 1-12-2023 n° 467331 : AJDA 2024 p. 216 s'agissant du stockage des déchets radioactifs à vie longue dans une installation souterraine).

Il est de moins en moins rare que la mise en œuvre de la méthode dite « du bilan » conduise le Conseil d'État à annuler une DUP relative à un grand projet d'aménagement. Ce fut, notamment, le cas pour la construction d'une ligne ferroviaire à grande vitesse entre Poitiers et Limoges (CE 15-4-2016 n° 387475, Fédération nationale des usagers des transports : BPIM 3/16 inf. 174), pour la construction d'une autoroute (CE ass. 28-3-1997 n° 170856, Association contre le projet de l'autoroute transchablaisienne : BPIM 4/97 inf. 247), pour la création d'un barrage (CE 22-10-2003 n° 231953, Association SOS Rivières et environnement : BPIM 2/04 inf. 89), pour l'implantation d'une ligne électrique (CE 10-7-2006 n° 288108, Association interdépartementale et intercommunale pour la protection du lac de Sainte-Croix, des lacs et sites du Verdon : BPIM 5/06 inf. 333 n° 10), pour le projet de restructuration d'une entrée d'agglomération (CE 11-12-2019 n° 419760 : BPIM 1/20 inf. 21) ou la réalisation sur le territoire de la commune de Grasse d'un boulevard urbain (CE 28-6-2021 n° 434150, Dépt des Alpes-Maritimes : BPIM 4/21 inf. 248).

> **Précisions** **a.** Pour la **Cour européenne des droits de l'Homme,** il incombe normalement aux autorités nationales de déterminer ce qui est « d'utilité publique » et de se prononcer sur l'existence d'un problème d'intérêt général justifiant des privations de propriété. Une ingérence peut être justifiée s'il existe un juste équilibre entre les exigences de l'intérêt général de la communauté et les impératifs de la sauvegarde des droits fondamentaux de l'individu, c'est-à-dire qu'il doit exister un rapport raisonnable de proportionnalité entre les moyens employés et le but visé par toute mesure privant une personne de sa propriété. Si l'individu exproprié subit « une charge spéciale et exorbitante », l'équilibre est rompu et ce dernier « doit en principe obtenir une indemnisation raisonnablement en rapport avec la valeur du bien dont il a été privé, même si des objectifs légitimes d'utilité publique peuvent militer pour un remboursement inférieur à la pleine valeur marchande ». Dans son contrôle, la CEDH « se borne à rechercher si les modalités choisies excèdent la large marge d'appréciation dont l'État jouit en la matière » (CEDH 4-11-2010 n° 40975/07, Dervaux c/ France).
>
> **b.** L'expropriation peut servir à la constitution de **réserves foncières,** mais seulement pour permettre la réalisation d'une action ou d'une opération d'aménagement déterminée (C. urb. art. L 221-1, al. 1). Il n'est pas exigé que les caractéristiques précises du projet soient définies lors de l'engagement de la procédure. Mais la collectivité publique doit justifier, à la date à laquelle la procédure de déclaration d'utilité publique est engagée, de la réalité du projet. Il est également exigé que le dossier de l'enquête préalable à la DUP fasse apparaître la nature du projet (CE 21-5-2014 n° 354804, Communauté d'agglomération de Montpellier : BPIM 4/14 inf. 243). Précisant sa jurisprudence, le Conseil d'État a récemment jugé que la constitution de réserves foncières est autorisée non seulement lorsque les caractéristiques du projet n'ont pas encore été définies à la date à laquelle la procédure de déclaration d'utilité publique est engagée mais de manière plus large, lorsque la « consistance » du projet n'est « définie que de manière sommaire » sans que toutes ses composantes n'aient pas encore été arrêtées (CE 30-4-2024 n° 465919, Communauté d'agglomération du Grand Angoulême : BPIM 3/24 inf. 177).
>
> Des réserves foncières peuvent également être constituées par les collectivités publiques en vue de prévenir les conséquences du recul du trait de côte sur les biens situés dans les zones exposées (C. urb. art. L 221-1, al. 2).

34872 **Principe de précaution** Une opération qui méconnaît les exigences du principe de précaution ne peut pas être légalement déclarée d'utilité publique. L'administration doit rechercher s'il existe des éléments circonstanciés accréditant l'hypothèse d'un risque de dommage grave et irréversible pour l'**environnement** ou d'atteinte à l'environnement susceptible de nuire gravement à la santé, justifiant, en dépit des incertitudes subsistant quant à sa réalité et à sa portée en l'état des connaissances scientifiques, l'application du principe de précaution. Dans l'affirmative, elle doit veiller à ce que des procédures d'évaluation du risque identifié soient mises en œuvre par les autorités publiques et vérifier que les mesures de précaution prises ne sont ni insuffisantes ni excessives.

Le juge, dans un **contrôle indépendant et préalable** à celui de l'utilité publique, doit vérifier que l'application du principe de précaution est justifiée et s'assurer de la réalité des procédures d'évaluation du risque mises en œuvre et de l'absence d'erreur manifeste d'appréciation dans le choix des mesures de précaution (CE ass. 12-4-2013 n° 342409, Association coordination interrégionale Stop THT : BPIM 3/13 inf. 179).

ILLUSTRATIONS

À propos du risque d'**exposition aux champs électromagnétiques,** les exigences découlant de l'article 5 de la Charte de l'environnement sont satisfaites dès lors que le maître d'ouvrage a pris en compte l'état actuel des connaissances scientifiques relatives à ce risque, qu'il en a informé le public, qu'il a retenu un tracé éloignant la ligne électrique d'une zone résidentielle et qu'il a mis en place un dispositif de surveillance des ondes électromagnétiques émises par l'ouvrage en cause (CE 14-11-2014 n° 363005, Cne de Neuilly-Plaisance). De la même manière, respecte le principe de précaution un projet de liaison électrique souterraine, dès lors que le tracé a été choisi pour limiter l'exposition des habitats sensibles ; un tel projet contribuant par ailleurs à l'objectif de porter la production d'énergies renouvelables en Bretagne à 3 600 mégawatts à l'horizon 2020, il présente un caractère d'utilité publique (CE 8-4-2019 n° 411862).

De la même manière, le juge doit vérifier que le projet ne porte pas atteinte au principe de prévention des **atteintes à la biodiversité.** En cas de risque d'atteinte aux milieux naturels, à la faune ou à la flore, les DUP doivent, à peine d'illégalité, comporter, au moins dans leurs grandes lignes, les mesures appropriées et suffisantes destinées à éviter, réduire et, lorsque c'est possible, compenser les effets négatifs notables du projet sur l'environnement ou la santé humaine ainsi que les modalités de leur suivi (CE 9-7-2018 n° 410917, Cne de Villiers-le-Bâcle : BPIM 5/18 inf. 336 concernant la réalisation d'un tronçon de métro automatique du réseau de transport public du Grand Paris ; CAA Versailles 25-3-2024 n° 21VE02731, Dépt des Hauts-de-Seine : BPIM 5/24 inf. 303 s'agissant de l'aménagement d'une ligne de tramway). Ces mesures sont, si nécessaire, précisées ou complétées ultérieurement, notamment à l'occasion de la délivrance des autorisations requises au titre des polices d'environnement.

NATURE DES BIENS POUVANT ÊTRE EXPROPRIÉS

Seuls les **immeubles** peuvent être expropriés, ainsi que les droits réels immobiliers (usufruit, **34875**
droit d'usage, droit d'emphytéose, servitude non aedificandi, etc.). Il peut s'agir d'immeubles bâtis ou non bâtis, donnés en location ou libres d'occupation. L'expropriation peut porter sur la totalité d'un immeuble ou seulement sur une partie, voire uniquement sur le **tréfonds.**

L'expropriation peut être un moyen de protéger les **abords d'un monument historique** (voir n° 4730).

Lorsque la procédure concerne un immeuble en **copropriété,** l'expropriation est poursuivie et prononcée pour chaque lot à l'encontre de son copropriétaire et pour les parties communes à l'encontre du syndicat. Lorsque l'expropriation ne concerne que des parties communes, la procédure est engagée contre le syndicat (C. expr. art. L 221-2). Lorsque l'expropriation porte sur un lot, le juge ne peut pas prononcer l'expropriation de la partie privative sans exproprier en même temps la quote-part de parties communes afférentes à ce lot (Cass. 3e civ. 31-1-2007 n° 06-12.404 : Bull. civ. III n° 14). La répartition des indemnités relatives aux parties communes s'effectue entre tous les copropriétaires proportionnellement aux tantièmes qu'ils possédaient sur les parties expropriées même si leurs lots sont grevés de sûretés réelles (Loi 65-557 du 10-7-1965 art. 16-1). Par ailleurs, une possibilité d'expropriation des parties communes des copropriétés en difficulté déclarées en état de carence a été instaurée à titre expérimental et pour une durée de 20 ans à compter du 26 mars 2014 (CCH art. L 615-10 modifié par loi 2024-322 du 9-4-2024) : voir Mémento Gestion immobilière nos 39520 s.

L'expropriation peut avoir pour objectif de lutter contre l'habitat insalubre et dégradé ou d'assurer la sécurité publique des habitants.

Les dépendances du **domaine public,** qui sont inaliénables (CGPPP art. L 3111-1), ne sont pas susceptibles d'être expropriées (CE 19-12-2007 n° 288017, Cne de Mercy-le-Bas : BPIM 1/08 inf. 22). En revanche, les immeubles dépendant du domaine privé des collectivités publiques peuvent être expropriés. Ne peut pas légalement être compris dans une déclaration d'utilité publique, destinée à provoquer une expropriation, un bien dont l'administration bénéficiaire de l'expropriation est déjà propriétaire (Cass. 3e civ. 1-7-2015 n° 14-.20.016, Directeur départemental des finances publiques c/ Cne de Saint-Martin-de-Ré).

Toutefois l'acte prononçant la cessibilité emporte transfert de gestion des dépendances du domaine public de la personne publique propriétaire autre que l'État au profit du bénéficiaire de l'acte déclarant l'utilité publique (C. expr. art. L 132-3).

Les **meubles** ne peuvent pas être expropriés, même si le propriétaire du fonds de commerce peut être évincé, de même que le titulaire d'un droit au bail. En effet ce n'est pas le fonds, en tant que tel, qui est exproprié, mais le droit que son propriétaire détient sur l'immeuble qui est éteint par l'expropriation. Cependant, certaines lois ont prévu, à titre exceptionnel, la possibilité d'exproprier des biens meubles. Il s'agit des inventions, brevetées ou non, concernant la défense nationale, la nationalisation des usines de guerre, ou les biens culturels situés dans le domaine public maritime.

> **Précisions** Le maître d'ouvrage d'une infrastructure souterraine de transport public ferroviaire ou guidé déclarée d'utilité publique peut demander au préfet d'établir une **servitude** d'utilité publique **en tréfonds.** La servitude en tréfonds ne peut être établie qu'à partir de 15 mètres au-dessous du point le plus bas du terrain naturel (C. transports art. L 2113-1 ; Décret 2015-1572 du 2-12-2015).

PROCÉDURE

34880 La procédure d'expropriation se déroule en **deux phases** :
– la phase administrative consiste à constater l'utilité publique de l'opération projetée ainsi que les immeubles qui seront touchés par la procédure ;
– la phase judiciaire prononce le transfert de propriété et fixe le montant des indemnités dues. Ce n'est qu'après versement des indemnités que le bénéficiaire de l'expropriation pourra prendre possession des biens.

SECTION 2 PHASE ADMINISTRATIVE

35000 Le transfert forcé du droit de propriété sur un immeuble ne peut intervenir qu'après que l'utilité publique de l'opération a été reconnue et que les immeubles nécessaires à sa réalisation ont été déterminés. Tel est l'objet de la déclaration d'utilité publique et de l'arrêté de cessibilité. Ces actes administratifs sont, sous le contrôle juridictionnel des tribunaux de l'ordre administratif, de la compétence de l'État.

35005 L'**initiative de l'opération** revient au bénéficiaire de l'expropriation. Pour les collectivités territoriales et leurs établissements publics, la décision est prise par leur organe délibérant. La délibération d'un conseil municipal décidant de réaliser une opération par voie d'expropriation est une mesure préparatoire qui ne peut pas faire l'objet d'un recours pour excès de pouvoir (CE ass. 15-4-1996 n° 120273, Syndicat CGT des hospitaliers de Bédarieux : Lebon p. 130 ; CE 20-12-2013 n° 363121, Communauté de communes de Nive-Adour).

Selon l'importance de l'opération, une **concertation** ou un **débat public** doit être organisé.

A. Déclaration d'utilité publique (DUP)

1. AVIS PRÉALABLES À RECUEILLIR

CONCERTATION ENTRE L'ÉTAT ET LES COLLECTIVITÉS TERRITORIALES

35040 La concertation préalable aux projets de travaux, d'aménagement ou d'ouvrages de l'État ou des collectivités territoriales s'exerce dans un cadre souple dont les modalités sont précisées par une circulaire du Premier ministre (Circ. du 5-10-2004 : BO environnement 2005/4 du 28-2-2005 p. 5). Des textes particuliers peuvent organiser cette concertation.

AVIS DE LA DIRECTION DE L'IMMOBILIER DE L'ÉTAT (SERVICE DES DOMAINES)

35045 **Opérations concernées** Dans le cas des **acquisitions** poursuivies **par voie d'expropriation** par l'État, ses établissements publics ou les collectivités territoriales, les services expropriants sont tenus de demander l'avis de la Direction de l'immobilier de l'État (ancien service des Domaines, direction placée sous l'autorité du directeur départemental des finances publiques) (CGCT art. L 1311-10 et R 1311-5 ; CGPPP art. R 1211-3) :
– pour produire au dossier d'enquête publique l'estimation sommaire et globale des biens dont l'acquisition est nécessaire à la réalisation de l'opération (n° 35155) ;

– avant de formuler une offre amiable d'indemnité (nos 36320 et 36340) ;
– avant l'intervention d'un accord amiable avec l'exproprié.

L'avis domanial est également requis lorsque ces mêmes personnes publiques réalisent un projet d'**acquisition amiable** (CGPPP art. R 1211-1 et CGCT art. L 1311-9 s.).

Cet avis constitue une **garantie,** tant pour l'exproprié que pour la personne expropriante ; son absence a pour conséquence la nullité de la DUP (CAA Marseille 17-12-2019 no 18MA04125 : BPIM 2/20 inf. 107).

> **Précisions a.** L'avis des domaines est requis pour les **projets d'opération immobilière poursuivis par** les collectivités territoriales, leurs groupements et leurs établissements publics, à l'exclusion des établissements publics locaux agréés pour réaliser des opérations de crédit et les associations foncières de remembrement (CGCT art. L 1311-9). Il est aussi nécessaire pour les opérations immobilières menées par l'État, ses établissements publics, les concessionnaires de services publics et de travaux publics de l'État, les sociétés d'économie mixte dans lesquelles l'État ou les organismes susvisés détiennent ensemble ou séparément la majorité du capital lorsque ces sociétés ont pour objet des activités immobilières ou poursuivent un but d'aménagement, les caisses ou organismes de sécurité sociale, d'allocations familiales ou de mutualité sociale agricole et les organismes recevant le concours financier de l'État et soumis au contrôle permanent d'un contrôleur budgétaire désigné par l'État (Décret 86-455 du 14-3-1986 art. 3). Sont également concernées les opérations poursuivies par les sociétés, associations, entreprises ou organismes de toute nature qui se trouvent placés en droit ou en fait sous le contrôle de l'État ou qui réalisent une opération pour le compte de l'État. En revanche, les entreprises publiques ou nationalisées, les établissements de crédit, les sociétés de financement relevant du secteur public et les sociétés d'économie mixte à vocation industrielle et commerciale n'ont pas à demander un tel avis (Décret 86-455 du 14-3-1986 art. 3).
> **b.** Les collectivités et services expropriants, **déjà titulaires** d'un avis du service des Domaines sur la valeur d'une parcelle, ne sont pas tenus de procéder à une seconde saisine de ce service (CE 3-2-2016 no 387140, Bordeaux Métropole).

Délais L'avis du service des Domaines doit être formulé dans le délai d'un mois **à compter** 35055
de la date de réception d'une demande d'avis en état (CGCT art. L 1311-12 ; CGPPP art. R 1211-5).

Si, en raison de l'importance de la superficie du projet, du nombre ou de la diversité des biens à évaluer, de la complexité particulière de l'opération, ce délai ne peut pas être respecté, le service des Domaines doit, avant l'expiration de ce délai, en informer la collectivité ou le service consultant en vue d'arrêter d'un commun accord un **calendrier** de déroulement de l'opération (CGPPP art. R 1211-5).

En l'**absence** d'avis au bout d'un mois ou dans le calendrier fixé, l'opération peut être réalisée, l'avis étant censé avoir été donné (CGPPP art. R 1211-5 al. 2).

AVIS DU MINISTRE DE LA CULTURE OU DES SITES

L'avis du ministre de la culture ou des sites est obligatoire pour toutes les **opérations** nécessitant l'expropriation d'un immeuble classé ou proposé pour le classement : monument historique, monument naturel ou site. 35060

Cet avis est réputé favorable à défaut de **réponse** dans un délai de 2 mois (C. expr. art. R 122-1 et R 122-2). Cette obligation **ne concerne pas** les immeubles seulement inscrits au titre des monuments historiques (CAA Douai 16-10-2008 no 07DA01209, SCI du domaine de Verderonne).

AVIS DE LA COMMISSION DÉPARTEMENTALE DES SITES

La commission départementale compétente en matière de nature, de paysages et de sites 35065
est consultée sur l'impact de la création de **nouvelles routes sur le littoral** : routes sur les plages, cordons lagunaires, dunes ou en corniche ainsi que routes de desserte locale sur le rivage ou le longeant (C. urb. art. L 121-6). La création d'une route de transit à plus de 2 000 m du rivage ne nécessite pas de saisir la commission des sites (CE 3-10-2010 no 306752).

L'absence de consultation de la commission entache d'irrégularité la DUP (CE 15-6-1992 no 132416, Sté du canal de Provence : Lebon p. 235).

AVIS DU MINISTRE DE L'AGRICULTURE

L'avis du ministre de l'agriculture est requis : 35070
– toutes les fois que l'expropriation atteint des parcelles plantées de **vignes** soumises au régime des appellations contrôlées et antérieurement déclarées d'intérêt public (C. expr. art. R 122-3) ;
– lorsque l'expropriation a pour objet de dériver une **eau de source** ou une eau souterraine d'un débit égal ou supérieur à 20 litres par seconde (Circ. agriculture du 15-6-1965 : Le Moniteur 4-9-1965 p. 119).

AVIS DE LA CHAMBRE D'AGRICULTURE

35075 La chambre d'agriculture, l'Institut national de l'origine et de la qualité dans les zones d'appellation d'origine contrôlée et, le cas échéant, le Centre national de la propriété forestière doivent être consultés sur tout projet d'aménagement prévoyant une **réduction des espaces agricoles ou forestiers** (C. rur. art. L 112-3). De même, les projets d'expropriation modifiant l'affectation ou le mode d'occupation du sol d'une **zone agricole protégée** sont soumis à l'avis de la chambre d'agriculture et de la commission départementale d'orientation de l'agriculture (C. rur. art. L 112-2, al. 2).

AVIS CONSULTATIF DE L'INGÉNIEUR EN CHEF DES MINES

35080 L'ingénieur en chef des mines doit donner son avis lorsque l'expropriation est poursuivie à l'intérieur d'un périmètre d'exploitation de mines (Circ. du 1-9-1959).

AVIS DES COLLECTIVITÉS LOCALES

35085 Elles doivent donner leur avis dans le cadre de la défense des massifs forestiers contre les incendies. Cet avis est requis pour la DUP des travaux d'aménagement et d'équipement visant à la reconstitution et à la protection des massifs forestiers sensibles (C. for. art. L 133-3 et R 133-14).

2. ENQUÊTE PRÉALABLE À LA DUP

TYPE D'ENQUÊTE

35110 L'expropriation, en tout ou partie, d'immeubles ou de droits réels immobiliers ne peut être prononcée qu'à la condition qu'elle réponde à une utilité publique préalablement et formellement constatée à la suite d'une enquête et qu'il ait été procédé, contradictoirement, à la détermination des parcelles à exproprier ainsi qu'à la recherche des propriétaires, des titulaires de droits réels et des autres personnes intéressées. Elle donne lieu à une juste et préalable indemnité (C. expr. art. L 1).

L'enquête publique précédant la DUP est, selon le cas, une **enquête publique environnementale** ou une **enquête publique** relevant du Code de l'expropriation qui a pour seule finalité le respect du droit de propriété (C. expr. art. L 110-1). L'enquête préalable à la DUP sera une enquête publique environnementale pour les travaux, aménagements, constructions ou ouvrages constituant une opération soumise à enquête publique au titre du Code de l'environnement (principalement les projets soumis à évaluation environnementale).

> **Précisions** Pour limiter les risques de contentieux en cas d'**erreur dans la catégorie d'enquête,** il est prévu que toute décision prise au terme d'une enquête publique environnementale n'est pas illégale du seul fait qu'elle aurait dû l'être dans le cadre d'une enquête d'utilité publique régie par le Code de l'expropriation (C. envir. art. L 123-2, IV). Bien évidemment, la réciproque n'est pas vraie : l'autorité administrative compétente qui ouvre une enquête d'utilité publique classique au lieu d'une enquête publique environnementale commet une illégalité et la décision prise au terme de la procédure pourra faire l'objet d'un recours pour excès de pouvoir devant le juge administratif.

OPÉRATIONS DISPENSÉES D'ENQUÊTE

35115 **Opérations intéressant la défense nationale** La commission d'examen des opérations immobilières présentant un caractère secret, placée auprès du Premier ministre, est chargée d'examiner les opérations immobilières soumises à des règles de protection du secret de la défense nationale ou qualifiées d'opérations sensibles intéressant la défense nationale en application de l'article L 2391-1 du Code de la défense, poursuivies par voie d'expropriation par les services publics, relevant du ministère de la défense ou placés sous sa tutelle, en vue de leur déclaration d'utilité publique par décret sans enquête préalable (CGPPP art. R 1211-8 ; C. expr. art. L 122-4). La DUP ne peut être prononcée que sur avis conforme de la commission (C. expr. art. R 122-4).

35120 **Opérations de résorption de l'habitat insalubre** L'expropriation des immeubles faisant l'objet d'un arrêté de mise en sécurité ou de traitement de l'insalubrité ayant prescrit la démolition ou l'interdiction définitive d'habiter ou d'utiliser peut être déclarée d'utilité publique sans enquête publique (C. expr. art. L 511-1 s.) : voir n°s 36610 s. Il en va de même pour l'expropriation des immeubles indignes à titre remédiable (C. expr. art. L 512-1 s. nouveaux) : voir n°s 36620 s.

OUVERTURE DE L'ENQUÊTE

35125 L'enquête préalable est ouverte par un **arrêté du préfet** du lieu de situation des biens (C. expr. art. R 112-1). Lorsque l'opération doit également se dérouler sur le territoire d'un ou de plusieurs autres départements ou d'une autre région, l'enquête publique est ouverte par arrêté conjoint des préfets compétents (C. expr. art. R 112-2). L'arrêté conjoint peut désigner le préfet chargé de coordonner l'organisation de l'enquête publique et d'en centraliser les résultats (C. expr. art. R 112-3).

Le préfet, après avoir consulté le commissaire enquêteur ou le président de la commission d'enquête, prévoit les conditions d'ouverture et de déroulement de l'enquête publique. À cette fin, il définit l'objet de l'enquête, la date à laquelle celle-ci sera ouverte et sa durée, qui ne peut être inférieure à 15 jours. Il détermine également les heures et le lieu où le public pourra prendre connaissance du dossier et formuler ses observations sur un registre ouvert à cet effet. Ce registre, à feuillets non mobiles, est coté et paraphé par le commissaire enquêteur, le président de la commission d'enquête ou l'un des membres de celle-ci. Enfin, il désigne le lieu où siégera le commissaire enquêteur ou la commission d'enquête.

S'il en existe un, il peut indiquer l'adresse du site internet où les informations relatives à l'enquête pourront être consultées. Si cela lui paraît approprié, il peut prévoir les moyens offerts aux personnes intéressées afin qu'elles puissent communiquer leurs observations par voie électronique (C. expr. art. R 112-12). L'arrêté du préfet peut ordonner dans chacune des communes qu'il désigne à cet effet le dépôt d'un registre subsidiaire et d'un dossier sommaire donnant les caractéristiques principales des ouvrages les plus importants (C. expr. art. R 112-13). Tous documents, plans et maquettes établis par l'expropriant peuvent préciser les opérations projetées (C. expr. art. R 112-7). Lorsque l'opération doit être exécutée sur le territoire d'une seule commune, un double du dossier est obligatoirement déposé à la mairie de cette commune, si l'enquête est ouverte dans une autre commune (C. expr. art. R 112-10).

Un **avis au public** faisant connaître l'ouverture de l'enquête est publié 8 jours au moins avant l'ouverture de l'enquête et rappelé dans les 8 premiers jours de celle-ci dans 2 journaux régionaux ou locaux diffusés dans le département. Pour les opérations d'importance nationale, l'avis est également publié dans 2 journaux de diffusion nationale. Cet avis doit être affiché, 8 jours au moins avant l'ouverture de l'enquête et pendant toute la durée de celle-ci dans chacune des communes désignées par le préfet (C. expr. art. R 112-14). La méconnaissance de ces dispositions n'entraîne l'annulation de la DUP que si elle a pu avoir pour effet de nuire à l'information de l'ensemble des personnes intéressées par l'opération ou si elle a été de nature à exercer une influence sur la décision de l'autorité administrative (CE 7-10-2015 n° 380156, Cne de Noisy-le-Grand).

> **Précisions** **a.** L'**arrêté** du préfet n'étant pas créateur de droits, il peut être **retiré** par son auteur, par une décision qui n'a pas à être motivée, et sur laquelle le juge administratif n'exerce qu'un contrôle restreint (CE 20-3-2000 n° 190030, Cne de Gap et Dépt de l'Isère).
> **b.** Un classement comme réserve nationale n'implique pas forcément que cette réserve est un projet d'importance nationale pour l'application de l'article R 112-14 du Code de l'expropriation relatif à la **publication de l'avis au public** dans 2 journaux de diffusion nationale (CE 9-11-2015 n° 375209, Association sauvegarde de notre patrimoine rural du Haut-Rhône : BPIM 6/15 inf. 377).

DÉSIGNATION DU COMMISSAIRE ENQUÊTEUR

Le commissaire enquêteur ou les membres de la commission d'enquête (ainsi que leurs suppléants) sont choisis par le président du tribunal administratif parmi les personnes figurant sur une **liste d'aptitude** établie au niveau du département (C. envir. art. R 123-5 sur renvoi de C. expr. art. R 111-1). Les personnes désignées ne doivent pas appartenir à l'administration expropriante, ni participer à son contrôle et ne doivent avoir aucun intérêt à l'opération soit à titre personnel, soit en raison des fonctions qu'elles exercent ou ont exercées depuis moins de 5 ans (CRPA art. R 134-17). **35130**

La procédure d'expropriation est entachée d'illégalité lorsque le commissaire enquêteur ou un membre de la commission d'enquête est intéressé à l'opération. La question de savoir si un **commissaire enquêteur** est **intéressé** à l'opération relève du contrôle de qualification juridique (CE sect. 3-7-1998 n° 172736 : BJDU 5/98 p. 375).

> **Précisions** **a.** Un **membre de l'organe délibérant** de la collectivité expropriante est réputé intéressé à l'opération (CE 15-1-1996 n° 119894 : BJDU 6/96 p. 465).
> **b.** Un **ingénieur divisionnaire honoraire** des travaux publics de l'État ayant pris une part importante à l'élaboration du projet soumis à enquête publique, quand bien même l'intéressé ait été admis à faire valoir ses droits à retraite depuis plus de 5 ans, est une personne intéressée à l'opération (CE 19-1-1996 n° 159392, Association Quartiers et avenir : Lebon p. 7).

TYPES DE DOSSIERS

35135 Pour assurer une information suffisante des intéressés, les articles R 112-4 et R 112-5 du Code de l'expropriation prévoient la constitution de **deux** types de dossiers selon la nature de l'opération projetée.

Quel que soit le type de dossier, la demande de l'autorité expropriante n'est **pas requise** (CE 12-4-1995 nº 137300, Conservatoire de l'espace littoral et des rivages lacustres : AJDA 1995 p. 660).

ATTENTION

Il est interdit d'inclure dans le dossier des éléments relevant du **secret défense** ou nécessaires à la sauvegarde des intérêts de la défense ou de la sécurité nationales (C. expr. art. L 122-4-2).

35140 **Dossier complexe** Il doit être constitué lorsque la DUP est demandée **en vue de** la réalisation de travaux ou d'ouvrages.

Il doit **comprendre** une notice explicative, le plan de situation, le plan général des travaux, les caractéristiques principales des ouvrages les plus importants, l'appréciation sommaire des dépenses (C. expr. art. R 112-4, 1º à 5º), l'étude d'impact pour les opérations susceptibles de porter atteinte à l'environnement et l'évaluation socio-économique des grands travaux d'infrastructure.

ATTENTION

Lorsque la DUP est demandée en vue de la création ou de l'extension d'une piste d'un aérodrome, ou d'un aérogare de passagers ou de fret, le dossier doit également comprendre une **étude de capacité aéroportuaire** et, le cas échéant, une **étude d'impact** relative aux conséquences du projet sur les émissions de gaz à effet de serre ainsi que l'**avis préalable** de l'autorité compétente sur la possibilité de déclarer d'utilité publique le projet au regard des études fournies (C. expr. art. R 112-4, 6º et 7º).

35145 **Dossier simplifié** Il doit être constitué **lorsque** la DUP est demandée seulement en vue de l'acquisition d'immeubles, ou lorsque la déclaration est demandée en vue de la réalisation d'une opération d'aménagement importante et qu'il est nécessaire de procéder à l'acquisition des immeubles avant que le projet ait pu être établi.

Dans ce dernier cas, la constitution d'un dossier simplifié constitue une exception utilisable uniquement en cas d'urgence à réaliser l'opération en vue, dans une première phase, d'acquérir le terrain et ensuite de constituer le dossier complexe pour les ouvrages.

Le dossier simplifié **comprend** la notice explicative, le plan de situation et le périmètre délimitant les immeubles à exproprier ainsi que l'estimation sommaire des acquisitions à réaliser (C. expr. art. R 112-5).

ATTENTION

Est irrégulière la DUP autorisant le recours à l'expropriation, pour la **constitution de réserves foncières** à but écologique, sur la base d'un dossier simplifié, au lieu d'un dossier complexe (CAA Versailles 30-12-2013 nº 12VE01637, Cne de Noisy-le-Grand : JCP G 2014 nº 42, 1062, p. 1866 note M. Huyghe).

PIÈCES DEVANT FIGURER DANS LES DEUX TYPES DE DOSSIERS

35150 **Notice explicative** C'est une pièce essentielle du dossier qui ne peut pas être modifiée en cours d'enquête pour assigner à l'opération une nature différente de celle prévue initialement. Elle indique l'**objet** de l'opération et les **raisons** pour lesquelles, notamment du point de vue de l'insertion dans l'environnement, parmi les partis envisagés, le projet soumis à l'enquête a été retenu.

> **Précisions** Aucune disposition ne fait obligation de faire figurer dans le dossier d'enquête des indications détaillées relatives à un parti qui a seulement été évoqué à un stade préliminaire des études (CE 29-3-1996 nº 161634, Cne de Fourneville). De même, un parti expressément abandonné depuis 4 ans à la date de l'enquête **n'a pas à figurer** dans le dossier (CE 28-7-2000 nº 170564 : BPIM 1/01 inf. 20).

35155 **Estimation sommaire des dépenses** Il s'agit de fournir une évaluation de la dépense pour **permettre** aux intéressés de s'assurer que les travaux ou ouvrages prévus, compte tenu de leur coût total réel tel qu'il peut être raisonnablement apprécié à l'époque de l'enquête, ont un caractère d'utilité publique.

L'« appréciation sommaire des dépenses » **doit indiquer** non seulement le coût des acquisitions foncières futures nécessaires à la réalisation de l'opération, mais également celui des acquisitions foncières réalisées avant l'ouverture de l'enquête publique en vue de l'opération (CE 19-10-2012 nº 343069, Cne de Levallois-Perret : BPIM 1/13 inf. 24). Elle doit en outre mentionner le coût des travaux et des aménagements projetés.

Aucune disposition n'impose que le dossier d'enquête indique le détail des **éléments retenus pour parvenir** à cette évaluation (CE 17-3-2010 nº 314114, Alsace nature) et notamment, le coût de travaux particuliers (CE 17-4-2023 nº 464389 : AJDI 2023 p. 699).

Lorsque l'expropriant est l'État, une collectivité ou une entité placée sur leur contrôle, ces éléments doivent obligatoirement comprendre l'avis du service des Domaines, sans quoi l'acte déclaratif d'utilité publique est nul (CAA Marseille 17-12-2019 n° 18MA04125 : BPIM 2/20 inf. 107).

Une **ancienneté excessive** de l'évaluation des dépenses est susceptible par elle-même d'entacher la procédure d'irrégularité, dès lors du moins que l'administration ne justifie pas que l'évaluation demeure pertinente. L'existence d'une **sous-évaluation manifeste** des dépenses, telles qu'elles peuvent être raisonnablement appréciées à l'époque de l'enquête publique, est souverainement appréciée par les juges du fond (CE 3-11-2004 n° 260398, Min. équipement c/ Comité de défense des coteaux de Moirans : BPIM 1/05 inf. 19 ; CE 8-7-2011 n° 327729, Cne de Saint-Bon-Tarentaise).

> Précisions a. Lorsque la DUP est demandée en vue de la réalisation d'une opération d'aménagement ou d'urbanisme importante et qu'il est nécessaire de procéder à l'acquisition des immeubles avant que le projet n'ait pu être établi (n° 35145), seule l'« **estimation sommaire des acquisitions** à réaliser » est requise (CE 5-3-1997 n° 125410 : BPIM 3/97 inf. 182).

b. Lorsqu'une opération concerne une **ZAC,** l'appréciation sommaire des dépenses doit inclure les dépenses nécessaires à l'aménagement et à l'équipement des terrains et, le cas échéant, le coût de leur acquisition. En revanche, les dépenses relatives aux **ouvrages** qui seront **ultérieurement construits** dans le périmètre de la zone n'ont pas à être incluses (CE 11-7-2016 n° 389936, Observatoire indépendant du cadre de vie : BPIM 5/16 inf. 299 ; CE 23-2-2017 n° 393282, Cne de La Garenne-Colombes). De même, les **recettes attendues** de la vente future des terrains ne doivent pas figurer dans l'appréciation sommaire des dépenses (CE 22-3-2022 n° 448610, Association Église évangélique de Crossroads : BPIM 3/22 inf. 192).

c. Lorsque la DUP porte sur la réalisation d'une zone d'activités mais qu'il ressort des pièces du dossier qu'elle a en réalité pour **objet essentiel la construction d'un bâtiment,** le coût de celui-ci, dès lors qu'il est connu à la date de l'enquête, doit figurer dans l'appréciation sommaire des dépenses du projet d'aménagement de la zone (CE 17-3-2017 n° 392181, Communauté de communes Granville Terre et Mer).

d. L'obligation d'adresser un dossier comprenant l'appréciation sommaire des dépenses ne doit pas conduire à inclure dans ce **coût** celui **d'ouvrages distincts,** ayant une finalité propre et dont le financement n'est pas nécessairement lié à celui du projet qui fait l'objet de la déclaration d'utilité publique (CE 27-2-2015 n° 373962, Syndicat mixte des transports pour le Rhône et l'agglomération lyonnaise).

e. Lorsqu'une source est située dans le **tréfonds d'une parcelle** se trouvant dans le périmètre de protection immédiat déterminé par l'acte portant déclaration d'utilité publique des travaux de prélèvement de son eau et est exploitable par le propriétaire de la parcelle ou à son profit à la date d'ouverture de l'enquête publique, son caractère exploitable est susceptible de conférer à cette parcelle une plus-value, compte tenu le cas échéant des **dépenses nécessaires à la mise en exploitation,** qui doit être prise en compte dans le coût de son acquisition et, par suite, dans l'appréciation sommaire des dépenses figurant dans le dossier d'enquête publique (CE 30-12-2020 n° 426098 : BPIM 1/21 inf. 25).

Plan du projet Il s'agit du **plan de situation** et, pour les dossiers simplifiés, le **périmètre délimitant les immeubles** à exproprier. Ces documents n'ont pas pour but de déterminer ou préciser les parcelles éventuellement soumises à expropriation mais de permettre aux intéressés de connaître la localisation des travaux envisagés. 35160

CONTENU COMPLÉMENTAIRE DU DOSSIER COMPLEXE

Le dossier complexe est complété par les pièces suivantes : 35165

1. Le **plan général des travaux** et les **caractéristiques des ouvrages** les plus importants : il s'agit de fournir des renseignements sur l'importance, la nature et la localisation des travaux envisagés, l'emplacement et les caractéristiques des ouvrages les plus importants sans donner l'assise exacte de ces ouvrages qui est indiquée dans l'enquête parcellaire.

2. L'**étude d'impact** (C. envir. art. L 122-1) : elle constitue un outil essentiel pour la protection de l'environnement visant à concevoir des projets plus respectueux de l'homme, des paysages et des milieux naturels.

3. L'**évaluation socio-économique des grands projets d'infrastructure** : création de voies rapides d'une longueur supérieure à 25 km, aérodromes de catégorie A, infrastructures ferroviaires d'intérêt général, voies navigables de plus de 5 km, canalisations de transport autres que le gaz dont le coût est égal ou supérieur à 41 923 480 €, projets d'infrastructure de transport dont le coût est égal ou supérieur à 83 084 715 € (C. transports art. R 1511-1). Ces projets doivent faire l'objet d'une évaluation et **comportent** une analyse des conditions et des coûts de construction, d'entretien, d'exploitation et de renouvellement, une analyse des conditions de financement et, si possible, une estimation du taux de rentabilité financière, les motifs pour lesquels le parti a été retenu, éventuellement l'avis des autorités ayant adopté ces schémas (C. transports art. R 1511-4). Les diverses variantes d'un projet envisagées par le maître de l'ouvrage doivent faire l'objet d'évaluations particulières (C. transports art. R 1511-6). Lorsque la réalisation du projet est prévue en plusieurs tranches, l'évaluation socio-économique doit porter sur l'ensemble du projet et précéder la réalisation de la première tranche (C. transports art. R 1511-3). L'insuffisance de l'évaluation n'entraîne l'illégalité de la DUP que si elle a exercé une influence sur le sens de la décision ou si elle a privé les intéressés d'une garantie (CE 11-4-2018 n° 401753, Fédération Sepanso Aquitaine : BPIM 3/18 inf. 182). L'insuffisance de l'étude économique et sociale est un vice régularisable par une décision du préfet confirmant l'utilité publique du projet (CE 29-5-2024 n° 467449, Dépt du Val-d'Oise : BPIM 4/24 inf. 228).

4. La réalisation d'une **contre-expertise indépendante** est obligatoire si le financement d'un projet par l'État, ses établissements publics, les établissements publics de santé et les structures de coopération sanitaire atteint au moins 100 M € hors taxe et représente au moins 5 % du montant total hors taxe du projet d'investissement. Lorsque le projet d'investissement est soumis à enquête publique, le rapport de contre-expertise et l'avis du secrétaire général pour l'investissement sont versés au dossier d'enquête publique (Décret 2013-1211 du 23-12-2013 art. 3). L'absence au dossier d'enquête publique de la contre-expertise indépendante exigée au-dessus d'un certain seuil d'investissements publics ne vicie pas la DUP si cette contre-expertise a été réalisée et si ses principaux éléments sont évoqués dans le dossier (CE 22-6-2022 n° 450701, France Nature Environnement Île-de-France : BPIM 4/22 inf. 281).

> **Précisions** **a.** L'**étude d'impact** n'a pas à présenter des solutions alternatives qui, ayant été écartées en amont, n'ont pas été envisagées par le maître d'ouvrage (CE 15-11-2021 n° 432819, Association Force 5 : BPIM 1/22 inf. 8).
> **b.** Le Conseil d'État a annulé la DUP relative au métro VAL de Rennes au motif que le document intitulé « étude d'impact et d'**évaluation** » joint au dossier d'enquête ne contenait l'estimation ni du taux de rentabilité financière pour le maître d'ouvrage, ni du taux de rentabilité pour la collectivité et ne comportait qu'une analyse insuffisante des variantes du projet (CE 4-12-1995 n° 157756, District urbain de l'agglomération rennaise et Ville de Rennes : RJE 1996 p. 152). La réalisation d'évaluations particulières n'est pas requise dans le cas où les variantes envisagées ne se distinguent pas de manière significative (CE 15-10-1999 n° 167873, Comité de propositions pour l'A75). Deux lignes de tramway dont la construction a été envisagée simultanément peuvent faire l'objet d'une évaluation séparée dès lors que ces deux lignes peuvent être construites et exploitées indépendamment (CE 23-2-2000 n° 200116, Association orléanaise pour un nouveau transport urbain et Ballot).

DÉROULEMENT DE L'ENQUÊTE

35170 L'enquête se déroule soit à la préfecture, soit à la sous-préfecture ou à la mairie de l'une des communes sur les territoires desquelles l'opération est projetée (C. expr. art. R 112-8). Lorsque l'opération projetée doit être exécutée sur le territoire et pour le compte d'une seule commune, l'enquête publique s'ouvre à la mairie de cette commune (C. expr. art. R 112-9).

Les **observations** sur l'utilité publique peuvent être consignées directement sur les **registres d'enquête** ou être adressées par écrit, au lieu fixé par le préfet pour l'ouverture de l'enquête, au commissaire enquêteur ou au président de la commission d'enquête, pour être annexées au registre. Ces observations sont également reçues par le commissaire enquêteur ou par un des membres de la commission d'enquête au lieu, jour et heure annoncés à l'avance par l'arrêté du préfet (C. expr. art. R 112-17). S'il en fait la demande, l'expropriant doit être reçu par le commissaire ou la commission d'enquête (C. expr. art. R 112-19).

À l'expiration du délai d'enquête, qui ne peut pas être inférieur à 15 jours (C. expr. art. R 112-12), le registre est clos et signé (C. expr. art. R 112-18). Le commissaire enquêteur ou la commission d'enquête examine les observations et remet des **conclusions** motivées en précisant si elles sont favorables ou non à l'opération (C. expr. art. R 112-19).

Les conclusions et le dossier sont transmis au préfet (si l'enquête est ouverte en préfecture) ou au sous-préfet. Dans ce dernier cas, le sous-préfet transmet le dossier au préfet avec son avis. Cet avis n'est pas une formalité prescrite à peine de nullité de la procédure (CE 2-6-2010 n° 314848, Min. intérieur et Cne de Noisy-le-Grand : BPIM 4/10 inf. 277). Ces opérations, dont il est dressé procès-verbal, doivent être terminées dans le délai d'un mois à compter de la date de clôture de l'enquête (C. expr. art. R 112-20). Ce délai n'est pas prescrit à peine de nullité (CE 14-11-2008 n° 297557, Cne d'Ambares-et-Lagrave).

La règle de **motivation** des conclusions oblige le commissaire enquêteur à apprécier les avantages et inconvénients de l'opération et à indiquer, au moins sommairement, en donnant son avis personnel, les raisons qui déterminent le sens de cet avis.

> **Précisions** **a.** Le commissaire enquêteur ne peut pas se borner à donner un avis favorable en précisant qu'il n'a aucun **commentaire** à présenter en raison de ce qu'aucune **observation** n'a été consignée sur le registre déposé à la mairie (CE 4-2-1994 n° 104916). Inversement, il n'a pas non

plus à répondre à chacune des observations présentées au cours de l'enquête (CE 25-4-2007 nº 283016, Cne de Beauregard-de-Terrasson).

b. L'**appréciation du caractère favorable** ou non des conclusions du commissaire enquêteur ou de la commission d'enquête relève des juges du fond et leur appréciation est souveraine (CE 27-2-2006 nº 266883, Sté Grateloup).

c. Une opération ayant donné lieu à un avis du commissaire enquêteur qui, compte tenu des **réserves** dont il est assorti, doit être regardé comme défavorable, ne peut être déclarée d'utilité publique que par décret en Conseil d'État. Il en est ainsi alors même qu'à l'issue d'une **nouvelle enquête** l'administration a obtenu un avis favorable sur un projet remanié, mais qui ne levait pas toutes les réserves exprimées dans le premier avis et ne pouvait pas être regardé comme un **projet différent** (CE 6-5-1996 nº 140135, Association Parmentier Village : BPIM 5/96 inf. 337).

d. En cas d'expropriation d'immeubles en vue d'une **opération d'aménagement,** l'avis du commissaire enquêteur doit porter sur le périmètre des acquisitions nécessaires à la réalisation du projet et non sur l'emprise des ouvrages projetés (CE 28-11-2014 nº 361105, Sté Giat Industries : BPIM 1/15 inf. 22).

e. Lorsque l'opération projetée doit être réalisée sur le territoire et pour le compte d'une seule commune, si les conclusions du commissaire enquêteur ou de la commission d'enquête sont défavorables à la déclaration d'utilité publique de l'opération envisagée, le **conseil municipal** est appelé à émettre son **avis** par une délibération motivée dont le procès-verbal est joint au dossier transmis au préfet. Faute de délibération dans un délai de 3 mois à compter de la transmission du dossier au maire, le conseil municipal est regardé comme ayant renoncé à l'opération (C. expr. art. R 112-22 et R 122-23).

MODIFICATION DU PROJET APRÈS ENQUÊTE PUBLIQUE

Lorsqu'un projet devant faire l'objet d'une déclaration d'utilité publique est modifié après 35175
avoir été soumis à enquête publique, l'enquête doit être **recommencée** si les modifications présentent un caractère substantiel. Il en est de même si l'utilité publique a déjà été prononcée, tant que le délai fixé par la DUP pour réaliser les expropriations n'est pas dépassé. Le dossier initial d'enquête est actualisé et complété pour la nouvelle enquête (CE 22-10-2018 nº 411086, Cne de Mitry-Mory : BPIM 6/18 inf. 400).

Dans le cas des projets d'infrastructures linéaires, telles que les autoroutes ou les lignes ferroviaires, les modifications portent généralement sur une fraction seulement du parcours. En pareil cas la nouvelle enquête **ne porte que sur cette fraction** et n'est organisée que dans les communes qu'elle traverse (CE 18-2-1998 nº 178423, Association pour la sauvegarde de la région de Langeais). Il n'en va autrement que si les modifications sont d'une importance telle qu'elles bouleversent l'économie d'ensemble du projet.

Une enquête publique environnementale peut faire l'objet d'une enquête complémentaire pour intégrer des modifications substantielles au projet (voir nº 10565).

ATTENTION

Si l'**ampleur des modifications** est telle que le projet doit être regardé comme nouveau, c'est toute la procédure qui doit être reprise intégralement. Tel n'est pas le cas lorsque la modification concerne le montage juridique et financier de l'opération (CE 22-10-2018 nº 411086, Cne de Mitry-Mory : BPIM 6/18 inf. 400).

3. DÉCLARATION DE PROJET

OBJET DE LA DÉCLARATION DE PROJET

Cette procédure, qui n'est pas propre à l'expropriation, concerne les **projets publics** de tra- 35200
vaux, d'aménagements ou d'ouvrages qui donnent lieu à enquête publique en raison de leur **impact sur l'environnement**. Pour ces projets, les collectivités publiques sont soumises à une obligation d'information du public dans le cadre d'une déclaration de projet intervenant à l'issue de l'enquête (C. envir. art. L 126-1 et C. expr. art. L 122-1). Il s'agit, pour les collectivités maîtres d'ouvrage, de prendre leurs responsabilités publiquement et formellement en se prononçant sur l'**intérêt général des travaux** envisagés. Au titre des mesures de publicité, la déclaration fait notamment l'objet d'un affichage dans chacune des communes concernées par le projet (C. envir. art. R 126-1 à R 126-4). En l'absence de déclaration de projet, aucune autorisation de travaux ne peut être délivrée.

La déclaration de projet :

– **mentionne** l'objet de l'opération tel qu'il figure dans le dossier soumis à l'enquête ;

– **comporte** les motifs et considérations qui justifient son caractère d'intérêt général ;

– **prend en considération** l'étude d'impact, les avis de l'autorité environnementale et des collectivités territoriales et de leurs groupements intéressés par le projet et le résultat de la consultation du public ;

– **indique,** le cas échéant, la nature et les motifs des principales modifications qui, sans en altérer l'économie générale, sont apportées au projet au vu des résultats de l'enquête publique.

› Précisions a. Pour contrôler la légalité de la décision par laquelle l'organe délibérant de la collectivité territoriale se prononce, par une déclaration de projet, sur l'intérêt général de l'opération projetée, le juge administratif applique la **théorie du bilan** en vérifiant que, eu égard aux conditions dans lesquelles elle a été prise et aux mesures d'accompagnement qui l'entourent, tout en satisfaisant à l'objectif d'intérêt général, cette décision ne porte pas une atteinte excessive aux autres intérêts en présence (CAA Bordeaux 10-6-2010 n° 09BX00943, Association Trans'cub). Le Conseil d'État contrôle dans le détail l'appréciation portée par le juge sur les pièces du dossier (CE 3-10-2011 n° 350210, SMTC Tisséo et Smat).

b. Le caractère d'opération ou de travaux répondant à une raison impérative d'intérêt public majeur (**RIIPM**), nécessaire à l'obtention d'une dérogation aux obligations de conservation d'espèces protégées prévues par l'article L 411-1 du Code de l'environnement, peut être reconnu, pour certaines catégories de projets, au stade de la DUP (C. expro. art. L 122-1-1 modifié par loi 2024-322 du 9-4-2024). Sont concernées les DUP de projets situés dans le périmètre d'une OIN (opération d'intérêt national) ou d'une GOU (grande opération d'urbanisme), ou encore de projets industriels, de projets d'infrastructures qui leur sont directement liées ou de projets de création ou de modification d'ouvrages du réseau public de transport d'électricité ayant pour objet leur raccordement.

c. Dans le but de simplifier les règles de consultation du public sur les projets situés dans les **OIN** (opération d'intérêt national) ou les **GOU** (grande opération d'urbanisme), ou sur toute évolution de plan ou de programme rendue nécessaire pour en permettre la réalisation, l'enquête publique environnementale ou la procédure de consultation du public applicable aux autorisations environnementales peut être remplacée par une participation du public par voie électronique réalisée dans les conditions de l'article L 123-19 du Code de l'environnement (C. envir. art. L 123-2, I-2° modifié ; C. urb. art. L 102-13, 11° et L 312-5, 7° créés par loi 2024-322 du 9-4-2024).

PROJET NE NÉCESSITANT PAS DE DUP

35205 Pour les projets qui ne sont pas suivis d'une DUP, la collectivité publique responsable se prononce sur l'intérêt général de l'opération envisagée par une déclaration de projet qui doit intervenir dans l'année de la clôture de l'enquête publique. Cette déclaration devient caduque si les travaux ne sont pas commencés dans les 5 ans de son prononcé. Ce délai peut être prorogé une fois pour 5 ans. Le non-respect de ces délais oblige à organiser une nouvelle enquête publique (C. envir. art. L 126-1).

PROJET NÉCESSITANT UNE DUP

35210 Lorsque la réalisation du projet nécessite une expropriation et donc une DUP, deux hypothèses doivent être distinguées (C. expr. art. L 122-1) :

– lorsque l'expropriation est poursuivie au profit d'une **collectivité locale** ou de l'un de ses établissements publics, l'État demande à la collectivité de se prononcer après l'enquête publique, dans un délai de 6 mois, sur l'intérêt général du projet. Après transmission de la déclaration de projet ou à l'expiration du délai de 6 mois, l'État décide de la DUP ;

– lorsque l'expropriation est poursuivie au profit de l'**État** ou de l'un de ses établissements publics, la DUP tient lieu de déclaration de projet.

Les modalités pratiques de la déclaration de projet relèvent de l'article L 126-1 du Code de l'environnement.

ATTENTION

Lorsque l'opération poursuivie par une collectivité locale est déclarée d'utilité publique, la légalité de la déclaration de projet ne peut être **contestée que** par voie d'exception à l'occasion d'un recours dirigé contre la DUP. Les vices qui affectent la légalité externe de la déclaration de projet sont sans incidence sur la légalité de la DUP (C. expr. art. L 122-1, al. 3).

MISE EN COMPATIBILITÉ D'UN DOCUMENT D'URBANISME AVEC LA DÉCLARATION DE PROJET

35215 La procédure visée n° 35250 permettant de modifier un schéma de cohérence territoriale ou un plan local d'urbanisme pour le rendre compatible avec une opération déclarée d'utilité publique est transposée aux situations dans lesquelles c'est une déclaration de projet non suivie d'un acte déclaratif d'utilité publique qui se trouve contraire aux dispositions d'un Scot ou d'un PLU.

Pour les déclarations de projet concernant une opération d'aménagement ou de construction, notamment de logements, voir n° 25560.

4. ACTE DÉCLARATIF D'UTILITÉ PUBLIQUE

COMPÉTENCE POUR DÉCLARER L'UTILITÉ PUBLIQUE

Principe Quel que soit le sens des conclusions du commissaire enquêteur ou de la commission d'enquête, l'utilité publique est prononcée par arrêté du ou des **préfets** du lieu de situation des immeubles faisant l'objet de l'opération (C. expr. art. L 121-1 et R 121-1). 35240

Elle est toutefois prononcée par arrêté du **ministre** responsable du projet, pour les opérations poursuivies en vue de l'installation des administrations centrales, des services centraux de l'État et des services à compétence nationale. Les travaux de création d'une route express sont déclarés d'utilité publique par arrêté du ministre chargé de la voirie nationale lorsque la voie appartient au domaine public de l'État (C. expr. art. R 121-1).

> **Précisions** Une opération unique peut donner lieu à des déclarations d'utilité publique distinctes prises, conformément aux dispositions en vigueur, par des **autorités différentes** (CE ass. 12-4-2013 n° 342409, Association coordination interrégionale Stop THT : BPIM 3/13 inf. 178).

Exceptions Sont déclarés d'utilité publique par **décret en Conseil d'État** (C. expr. art. R 121-2 modifié par décret 2024-1048 du 20-11-2024) : 35245

1° Les travaux de création d'autoroutes, à l'exclusion, sur les autoroutes existantes, des travaux de réalisation d'ouvrages annexes, d'élargissement et de raccordement à d'autres voies publiques ;

2° Les travaux de création d'aérodromes de catégorie A ;

3° Les travaux de création de canaux de navigation d'une longueur supérieure à 5 km, accessibles aux bateaux de plus de 1 500 tonnes de port en lourd ;

4° Les travaux de création ou de prolongement de lignes du réseau ferré national d'une longueur supérieure à 20 km à l'exclusion des travaux d'aménagement et de réalisation d'ouvrages annexes sur le réseau existant ;

5° Les travaux de création de centrales électriques d'une puissance égale ou supérieure à 100 mégawatts, d'usines utilisant l'énergie des mers ainsi que d'aménagements hydroélectriques d'une puissance maximale brute égale ou supérieure à 100 mégawatts et d'installations liées à la production et au développement de l'énergie nucléaire ;

6° Les travaux de transfert d'eau de bassin fluvial à bassin fluvial (hors voies navigables) dont le débit est supérieur ou égal à 1 m^3 par seconde ;

7° Les travaux de création ou de prolongement d'une infrastructure nécessaire à un service express régional métropolitain (Serm) et pour lesquels l'appréciation sommaire des dépenses dépasse 500 millions d'euros.

> **Précisions** **a.** Les opérations secrètes intéressant la **défense nationale** sont déclarées d'utilité publique par décret, sans enquête préalable, après avis conforme de la commission visée n° 35115.
> **b.** La DUP des travaux de **rectification du tracé** d'une section d'autoroute nécessite un décret en Conseil d'État (CAA Lyon 21-1-1997 n° 96LY01575, Min. équipement : BPIM 2/97 inf. 111). Il en va de même pour l'établissement d'une ligne de chemin de fer d'intérêt général destinée aux voyageurs empruntant des **voies existantes** précédemment affectées au transport de marchandises (CE 20-11-1996 n° 128483, Cne de Viroflay : BPIM 2/97 inf. 112). En revanche, le réaménagement de voies existantes et leur prolongation sur 7 km sans changement d'affectation ne nécessite qu'un arrêté préfectoral (CE 2-6-2010 n° 328916, Sté Foncière Europe Logistique et Ville de Paris).
> **c.** Depuis le 1er janvier 2022 et sauf exceptions, ne peuvent plus être déclarés d'utilité publique les projets visant à créer ou à étendre une aérogare ou une piste pour augmenter les capacités d'accueil des aéronefs, des passagers ou du fret d'un **aérodrome** ouvert à la circulation aérienne publique s'ils ont pour effet d'entraîner une augmentation nette, après compensation, des émissions de gaz à effet de serre générées par l'activité aéroportuaire par rapport à l'année 2019 (C. expr. art. L 122-2-1 et R 122-8 s.).

MISE EN RÉVISION OU MODIFICATION CONCOMITANTE D'UN SCOT OU D'UN PLU

Lorsque l'opération n'est pas **compatible** avec les dispositions d'un Scot ou d'un PLU (ou d'un POS), la DUP ne peut intervenir que si (C. urb. art. L 143-44 et L 153-54) : 35250

– l'enquête publique porte à la fois sur l'utilité publique de l'opération et la mise en compatibilité du schéma ou du plan qui en est la conséquence ;

– l'acte déclaratif d'utilité publique est pris après examen conjoint, par l'État et les personnes publiques chargées de l'élaboration du document ou pouvant être associées à cette élaboration, des dispositions de mise en compatibilité du document d'urbanisme.

La DUP emporte alors approbation des nouvelles dispositions du Scot ou du PLU. Elle fait l'objet des mesures de publicité prévues pour ce document.

> **Précisions** **a.** L'opération qui fait l'objet d'une DUP ne peut être regardée comme **compatible** avec un plan d'occupation des sols qu'**à la double condition** qu'elle ne soit pas de nature à compromettre le parti d'aménagement retenu par la commune dans ce plan et qu'elle ne méconnaisse pas les dispositions du règlement de la zone du plan dans laquelle sa réalisation est prévue (CE 27-7-2015 n° 370454, Dépt du Gard : BPIM 5/15 inf. 297).
> **b.** Une DUP concernant la constitution de réserves foncières en vue d'une opération d'aménagement urbain ultérieure n'a pas à porter sur la mise en compatibilité du PLU lorsque l'utilisation du sol qu'implique cette opération n'est pas définie avec **suffisamment de précision** pour rendre nécessaire l'édiction de nouvelles dispositions du PLU (CE 3-4-1991 n° 109411 : D. 1991 IR p. 160 ; CAA Bordeaux 4-7-2017 n° 15BX04033, Sté Ouest concassage immobilier : BPIM 6/17 inf. 385).
> **c.** La **nécessité de modifier ou de réviser le PLU,** elle-même **prévue par le plan,** afin de permettre la réalisation à terme de l'opération faisant l'objet de la DUP ne caractérise pas, à elle seule, une incompatibilité entre l'opération et le PLU (CE 5-12-2018 n° 412632 : BPIM 1/19 inf. 8).
> **d.** Si la surface de l'emprise chantier est limitée et que cette emprise revêt un caractère temporaire, la mise en compatibilité du règlement d'urbanisme n'est pas nécessaire (CE 17-4-2023 n° 464389 : AJDI 2023 p. 699).

DÉLAI

35255 La déclaration d'utilité publique doit intervenir au plus tard un an après la clôture de l'enquête préalable. Ce délai est majoré de 6 mois lorsque la DUP ne peut être prononcée que par décret en Conseil d'État (C. expr. art. L 121-2). Passé ces délais, une nouvelle enquête est nécessaire.

> **Précisions** Lorsque l'autorité compétente refuse de prononcer la DUP et que cette **décision de refus** est **annulée** par le juge administratif, le délai de validité de l'enquête publique recommence à courir à compter de la date à laquelle la décision d'annulation a été notifiée. Cette autorité peut, dans ce nouveau délai, prendre l'arrêté déclarant le projet d'utilité publique au vu des résultats de l'enquête initiale, à la condition que ne soit intervenu depuis sa réalisation aucun changement dans les circonstances de fait ou de droit rendant nécessaire l'ouverture d'une nouvelle enquête publique (CE 12-3-2014 n° 364092, Min. intérieur c/ Cnes de Montcel et Combronde).

BÉNÉFICIAIRES DE LA DUP

35260 En l'absence de précision donnée par l'acte déclaratif d'utilité publique, le bénéficiaire des éventuelles expropriations est l'État. Le défaut de mention du nom du ou des bénéficiaires est donc sans incidence (CE 3-12-2010 n° 306752, Cne de Lattes).

MOTIVATION

35265 L'**acte déclarant** l'utilité publique est accompagné d'un document qui expose les motifs et considérations justifiant le caractère d'utilité publique de l'opération (C. expr. art. L 122-1, al. 5). L'**acte refusant** de déclarer l'utilité publique d'un projet ou d'une opération doit être motivé et comporter l'énoncé des considérations de droit et de fait la justifiant (C. expr. art. L 121-3). Ces dispositions n'imposent pas une motivation en la forme de la DUP qui serait une condition de légalité de cette dernière (CE 26-1-2011 n° 307317, Association de défense contre la déviation au nord de Maisse et Cne de Courdimanche-sur-Essonne).

> **Précisions** La loi Industrie verte du 23 octobre 2023 prévoit la possibilité de reconnaître à un projet le caractère de **raison impérative d'intérêt public majeur** au stade de la DUP (C. expro. art. L 122-1-1 créé par loi 2023-973 du 23-10-2023) : voir n° 35200, Précisions b. Dans ce cas, le document accompagnant l'acte déclarant d'utilité publique l'opération expose les motifs et considérations justifiant son utilité publique ainsi que, ceux qui justifient sa qualification de projet ou d'opération répondant à une raison impérative d'intérêt public majeur (C. expr. art. L 122-1 modifié).

DURÉE DE LA DUP

35270 L'acte déclarant l'utilité publique précise le délai pendant lequel l'expropriation doit être réalisée. Ce délai ne peut pas excéder 5 ans, si la DUP est prononcée par arrêté. Il est de 10 ans pour les opérations prévues par le PLU, POS et documents en tenant lieu (C. expr. art. L 121-4). En cas de contentieux, le délai est susceptible d'être **suspendu** (CE 14-10-2009 n° 311999 : BPIM 6/09 inf. 401). Le délai est suspendu entre la date de la décision juridictionnelle prononçant l'annulation de la DUP et celle de la décision statuant de façon définitive sur la légalité de cet acte. Lorsque cette décision définitive rejette le recours contre la DUP litigieuse, le délai de validité suspendu recommence à courir pour la durée restante à compter de la date de lecture de cette décision juridictionnelle, à condition qu'aucun changement dans les circonstances de droit ou de fait n'ait fait perdre au projet son caractère d'utilité publique.

Lorsque le délai accordé pour réaliser l'expropriation n'est pas supérieur à 5 ans, un acte pris dans la même forme que l'acte déclaratif d'utilité publique peut, sans nouvelle enquête, **proroger** une fois les effets de la DUP pour une durée au plus égale. Toute autre prorogation ne peut être prononcée que par décret en Conseil d'État (C. expr. art. L 121-5).

> **Précisions** **a.** La **prorogation** de la DUP n'est possible qu'en l'absence de modification des circonstances de fait ou de droit et si le projet n'a pas subi de modification substantielle ou que son coût n'excède pas sensiblement le montant initial actualisé de l'opération envisagée (CAA Lyon 16-2-2012 n° 11LY00899, Cne de Clermont-Ferrand ; CE 13-3-2019 n° 418994, Association Alsace nature : BPIM 3/19 inf. 169). Cette prorogation peut être décidée sans procéder à une nouvelle enquête publique, alors même que le contexte dans lequel s'inscrit l'opération aurait connu des évolutions significatives, sauf si les caractéristiques du projet sont substantiellement modifiées. L'administration n'a pas l'obligation de procéder aux **formalités** prévues pour l'édiction de la DUP mais la prorogation doit émaner de l'autorité qui était compétente pour déclarer l'utilité publique (CE 8-11-2019 n° 417834 Sté Carquefou : JCP G 2020 chron. n° 967).
En cas de modification substantielle du projet, une nouvelle DUP doit être prise à l'issue d'une nouvelle enquête publique. Sur les modalités de cette nouvelle enquête, voir n° 35175.
b. Saisi d'un recours contre l'acte prorogeant les effets d'une DUP, le **juge** de l'excès de pouvoir exerce un **contrôle** normal sur la durée retenue par l'autorité compétente (CE 24-11-2004 n° 249464, Cne de Veigné : BPIM 1/05 inf. 20).
c. Seule la personne publique qui a pris l'initiative de l'opération peut demander une **seconde prorogation.** Il n'est pas possible, à l'appui d'un recours contre le décret prononçant la seconde prorogation, de soulever l'illégalité de l'acte ayant prononcé la première prorogation ou, en principe, de discuter l'utilité publique de l'opération (CE 14-4-1999 n° 193497, Association de défense des propriétaires et exploitants agricoles du technopôle de Château-Gombert : BPIM 4/99 inf. 278). En revanche, il est possible de contester la première prolongation sans évoquer la légalité de la seconde à l'occasion d'un recours contre l'arrêté de cessibilité (CE 12-10-2018 n° 417016, Min. intérieur c/ Sté Marseille Aménagement : BPIM 6/18 inf. 401).
d. Lorsque l'**opération est poursuivie par un département,** la demande de prolongation de la DUP doit émaner d'une délibération du conseil départemental (CGCT art. L 3211-1 et L 3221-1). Toutefois, les dispositions du II de l'article L 11-5 (devenu L 121-5) du Code de l'expropriation ne font pas obligation à l'administration, lorsqu'elle entend faire usage de la faculté qu'elle tient de ces dispositions de proroger les effets d'un acte déclarant l'utilité publique d'un projet, de procéder aux formalités prévues pour l'édiction de cet acte. Elles impliquent seulement que l'acte prononçant la prorogation émane de l'autorité qui était compétente pour déclarer l'utilité publique : une prolongation prononcée par le président du conseil départemental est par conséquent valable (CE 11-4-2018 n° 409648 : Lebon p. 114).

PUBLICITÉ

La déclaration d'utilité publique doit faire l'objet d'une publicité par voie d'**affichage** ou par voie de **presse.** L'insertion dans le Recueil des actes administratifs n'est pas, à elle seule, de nature à assurer une publicité suffisante (CE 10-5-1995 n° 119191). Les DUP prises par décret en Conseil d'État sont publiées au Journal officiel. **35275**

La DUP ne fait pas l'objet d'une **notification** individuelle aux propriétaires concernés (CE 18-11-1964 n° 58665 : Lebon p. 557 ; CE 9-2-2000 n° 198413).

> **Précisions** Un arrêté préfectoral déclarant d'utilité publique des travaux effectués sur une route départementale, en vue de la rectification de deux virages situés dans une commune, n'a pas à être affiché à l'hôtel du département ; son affichage dans la **mairie de la commune concernée** est une mesure de publicité suffisante (CE 4-10-1999 n° 180293).

RÉALISATION DU PROJET DÉCLARÉ D'UTILITÉ PUBLIQUE

L'acte déclaratif d'utilité publique autorise l'administration à poursuivre l'expropriation des immeubles et à exécuter les **travaux visés par le projet.** Seuls ces travaux peuvent être réalisés. Toutefois, la DUP de construction d'un ouvrage peut s'étendre à des travaux qu'elle ne désigne pas explicitement si ces travaux sont secondaires et constituent une conséquence nécessaire et directe de l'ouvrage autorisé (CE 12-1-1972 n° 82035 : Lebon p. 50). Le Conseil d'État, juge de cassation, exerce un contrôle de qualification juridique sur la mise en œuvre par les juges du fond de la condition de « conséquence nécessaire et directe de l'ouvrage » (CE 14-11-2011 n° 336748 : BPIM 1/12 inf. 22). **35280**

La **modification des caractéristiques essentielles** d'une opération déclarée d'utilité publique, par une décision ultérieure relative à la réalisation effective des travaux, s'analyse comme une violation de la DUP (CE 2-7-2001 n° 211231, Cne de la Courneuve : BPIM 1/02 inf. 22). L'administration doit au préalable **modifier la DUP,** même si une telle modification n'exige pas toujours la reprise intégrale de la procédure dans l'ensemble des communes concernées (voir n° 35175 pour l'enquête publique).

La DUP autorise l'administration à exproprier et à réaliser des travaux, mais elle n'a ni pour objet ni pour effet d'imposer à son bénéficiaire de réaliser les travaux. L'administration ne commet pas de faute en **renonçant à l'opération** (voir n° 35330).

DROIT DE DÉLAISSEMENT

35285 Lorsqu'un an s'est écoulé depuis la publication de la DUP, les propriétaires des terrains à acquérir compris dans l'opération peuvent mettre en demeure le bénéficiaire de la DUP de procéder à l'acquisition de leur **terrain** dans un délai de 2 ans à compter du jour de la demande (délai prorogeable une fois pour un an sauf si un sursis à statuer a été opposé antérieurement à l'intéressé) (C. expr. art. L 241-1).

À défaut d'accord amiable à l'expiration de ce délai, le juge de l'expropriation, saisi par le propriétaire, prononce le transfert de propriété et fixe le **prix** du terrain comme en matière d'expropriation. L'acte ou la décision portant transfert de propriété éteint par lui-même, et à sa date, tous droits réels ou personnels existant sur l'immeuble cédé. Les droits des créanciers inscrits sont reportés sur le prix (C. expr. art. L 241-2).

Ces dispositions ne sont **pas applicables** lorsque l'opération tend à la conservation des forêts (C. expr. art. L 241-1, al. 2).

ATTENTION

Ni la mise en demeure d'acquérir un bien inclus dans le périmètre d'une opération déclarée d'utilité publique, ni la saisine du juge de l'expropriation ne confèrent au propriétaire un **droit au transfert de propriété.** Le juge ne peut pas prononcer le transfert si l'emplacement réservé est levé par la commune avant sa décision (Cass. 3e civ. 14-6-1989 n° 88-70.030 : Bull. civ. III n° 139 ; Cass. 3e civ. 5-12-1990 n° 89-70.294 : Bull. civ. III n° 259), ou si l'immeuble ne se trouve plus dans le périmètre d'une ZAC par suite d'une modification de sa délimitation (Cass. 3e civ. 21-12-2017 n° 16-26.564 FS-PBI : BPIM 1/18 inf. 18).

5. RECOURS CONTRE LA DUP

RECOURS POUR EXCÈS DE POUVOIR

35310 Une déclaration d'utilité publique n'est pas un acte créateur de droits, ni au profit de ses bénéficiaires, ni au profit des tiers (CE ass. 22-2-1974 n° 91848 : Lebon p. 145).

Le recours pour excès de pouvoir doit être intenté **auprès du** Conseil d'État si l'utilité publique a été déclarée par décret, auprès du tribunal administratif du lieu de situation de l'immeuble dans les autres cas (arrêté ministériel ou préfectoral). L'appel contre un jugement du tribunal administratif est porté devant la cour administrative d'appel.

Le recours doit être déposé dans le **délai** de 2 mois à compter de la publication de la décision attaquée. L'affichage en mairie fait en principe courir le délai. Toutefois, à l'encontre d'une DUP prononcée par décret en Conseil d'État et emportant modification du PLU le délai court à compter de sa publication au Journal officiel, quelle que soit la date de l'affichage du décret en mairie (CE 27-2-2006 n° 257688, Association Alcaly : BPIM 3/06 inf. 176).

En cas d'**annulation** de l'acte portant DUP, le juge de l'expropriation doit refuser de prendre une ordonnance d'expropriation. Tout exproprié peut d'ailleurs faire constater par le juge de l'expropriation que l'ordonnance portant transfert de propriété est dépourvue de base légale (C. expr. art. L 223-2).

Une DUP peut faire l'objet d'une annulation partielle si elle porte sur des travaux distincts (CAA Bordeaux plén. 14-4-2005 n° 03BX01027, Association des opposants à la liaison Les Lèches-Saint-Médard de Mussidan : BPIM 5/05 inf. 315) ou si elle englobe une parcelle qui n'est pas nécessaire à l'opération (CAA Versailles 25-4-2013 n° 11VE02562 : BPIM 5/13 inf. 323).

> **Précisions a.** Le **juge de cassation contrôle** l'appréciation portée par les juges du fond sur le caractère d'utilité publique de l'opération, mais ne contrôle pas leur appréciation sur l'existence d'un détournement de pouvoir (CE sect. 3-7-1998 n° 172736 : BJDU 5/98 p. 375) ou la pertinence du choix retenu (CE 17-4-2023 n° 464389 : AJDI 2023 p. 699).

b. L'article L 600-4-1 du Code de l'urbanisme, qui oblige le juge à se prononcer sur l'ensemble des moyens de la requête susceptibles de fonder l'annulation, ne s'applique pas dans un litige relatif à une DUP, alors même qu'elle emporte mise en compatibilité d'un document local d'urbanisme (CE 17-5-2002 n° 197041, Association Préservons l'avenir à Ours, Mons, Taulhac : BPIM 5/02 inf. 302).

c. L'acte par lequel l'expropriant demande au préfet l'expropriation d'un immeuble pour cause d'utilité publique constitue un **acte préparatoire** aux arrêtés portant déclaration d'utilité publique et cessibilité. Ainsi, il ne peut être attaqué directement devant un tribunal administratif. Son illégalité peut en revanche être utilement invoquée à l'appui d'un recours contre l'arrêté déclarant d'utilité publique l'acquisition de cet immeuble et contre celui qui le déclare cessible (CE 30-12-2013 n° 355556, Sté immobilière d'économie mixte de la ville de Paris : BPIM 1/14 inf. 16).

d. L'illégalité d'un acte administratif ne peut être invoquée **par voie d'exception** à l'appui de conclusions dirigées contre une décision administrative ultérieure que si cette dernière décision a été prise pour l'application du premier acte ou s'il en constitue la base légale. La DUP prise en vue de l'acquisition par voie d'expropriation des terrains nécessaires à la réalisation d'une ZAC ne sont pas des actes pris pour l'application de la décision d'un maire de signer la convention confiant à une société l'aménagement de cette zone, laquelle ne constitue pas davantage leur base légale, même si la DUP a été prise pour permettre la réalisation de cette opération d'aménagement et qu'elle précise, à titre d'information, l'identité de l'aménageur. Par conséquent, le juge administratif ne peut annuler un arrêté déclaratif d'utilité publique au motif que la décision par laquelle le maire a signé la convention d'aménagement relative à la réalisation du projet de restructuration urbaine de la ZAC était illégale (CE 21-6-2018 n° 400079, Cne de St Ouen). De même, l'illégalité frappant la délibération créant une ZAC ne saurait être utilement invoquée, par la voie de l'exception, à l'encontre de la contestation de l'utilité publique des travaux nécessaires à l'aménagement de cette zone. Toutefois, le juge qui se prononce sur le caractère d'utilité publique d'une opération nécessitant l'expropriation d'immeubles ou de droits réels immobiliers peut tenir compte, au titre des inconvénients que comporte l'opération contestée devant lui, des motifs de fond susceptibles d'entacher d'illégalité l'acte de création de la ZAC pour la réalisation de laquelle la DUP a été prise et qui seraient de nature à remettre en cause cette utilité publique (CE 18-10-2018, n° 410111, Sté d'économie mixte pour le développement orléannais : BPIM 6/18 inf. 399).

e. L'ensemble formé par un arrêté déclarant un immeuble insalubre à titre irrémédiable et l'arrêté préfectoral déclarant d'utilité publique le projet d'acquisition de cet immeuble et prononçant sa cessibilité, en vue de permettre la réalisation de nouvelles constructions, constitue une **opération complexe.** Par suite, alors même que l'arrêté déclarant l'immeuble litigieux insalubre à titre irrémédiable n'a pas été contesté dans le délai de recours contentieux, le requérant peut invoquer son illégalité à l'appui de son recours pour excès de pouvoir dirigé contre l'arrêté déclarant d'utilité publique l'acquisition de l'immeuble et prononçant sa cessibilité (CE 20-3-2015 n° 371895, Sté Urbanis Aménagement : BPIM 3/15 inf. 218).

f. Saisi d'un recours pour excès de pouvoir contre une **DUP emportant mise en compatibilité d'un document d'urbanisme,** le juge administratif, s'il retient un moyen tiré d'un vice régularisable, peut, après avoir écarté les autres moyens, surseoir à statuer en fixant un délai de régularisation (CE 9-7-2021 n° 437634, Cne de Grabels : Lebon p. 224 ; CE 21-7-2022 n° 437634, Cne de Grabels : BPIM 5/22 inf. 342). Il n'est pas nécessaire qu'une partie ait demandé au juge de surseoir à statuer, il peut le faire de sa propre initiative (CE 29-5-2024 n° 467449, Dépt du Val-d'Oise : BPIM 4/24 inf. 228). Cette faculté peut être mise en œuvre pour la première fois en appel (CE 11-12-2023 n° 466596, SCI SAFA : BPIM 1/24 inf. 28). Le juge peut également surseoir à statuer pour permettre la régularisation d'un vice entachant l'acte portant déclaration d'utilité publique d'un projet d'aménagement, qu'il emporte ou non mise en compatibilité d'un document d'urbanisme (CAA Toulouse 12-10-2023 n° 21TL04595 : BPIM 6/23 inf. 365).

Contrôle du juge Lorsqu'il doit se prononcer sur le caractère d'utilité publique d'une opération nécessitant l'expropriation d'immeubles ou de droits réels immobiliers, le juge doit contrôler successivement : **35315**

- qu'elle répond à une finalité d'**intérêt général** ;
- que l'expropriant n'est pas en mesure de réaliser l'opération dans des **conditions équivalentes** sans recourir à l'expropriation, notamment en utilisant des biens se trouvant dans son patrimoine ;
- que les atteintes à la propriété privée, le coût financier et, le cas échéant, les inconvénients d'ordre social ou économique que comporte l'opération ne sont **pas excessifs** eu égard à l'intérêt qu'elle présente : contrôle de l'utilité publique par la technique du bilan (sur ce point voir n° 34870).

Ces trois contrôles successifs que doit effectuer le juge sont indépendants et ne peuvent pas être mélangés (CE 19-10-2012 n° 343070, Cne de Levallois-Perret : BPIM 6/12 inf. 433).

Il appartient également au juge, s'il est saisi d'un moyen en ce sens, de s'assurer, au titre du contrôle sur la nécessité de l'expropriation, que l'inclusion d'une parcelle déterminée dans le périmètre d'expropriation n'est pas sans rapport avec l'opération déclarée d'utilité publique (CE 6-7-2016 n° 371034, Cne d'Achères et Sarry 78 : BPIM 5/16 n° 300).

› Précisions **a.** À elle seule la **possession de terrains par l'expropriant** permettant de réaliser l'opération dans des conditions comparables sans recourir à l'expropriation suffit à retirer à l'opération son caractère d'utilité publique (CE 20-11-1974 n° 91558 ; CE 3-4-1987 n° 64995 : Lebon p. 121) ; s'il fait ce constat, le juge doit alors annuler la DUP sans même contrôler l'utilité publique de l'opération par la méthode du bilan coût-avantages (CE 16-1-2008 n° 283020, Communauté de l'agglomération de Maubeuge Val de Sambre : BPIM 2/08 inf. 123).

b. Le fait que l'exproprié a un projet d'aménagement présentant de **fortes convergences** avec les objectifs poursuivis par la DUP ne remet pas en cause la nécessité de recourir à l'expropriation dès lors que ce projet n'aurait pas permis d'atteindre des **objectifs équivalents** (CE 22-3-2022 n° 448610, Association Église évangélique de Crossroads : BPIM 3/22 inf. 193).

c. Le contrôle du juge sur l'atteinte portée par une DUP à un **espace remarquable du littoral** est autonome de celui de l'utilité publique de l'opération projetée et doit être effectué préalablement à celui-ci (CE 20-5-2011 n° 325552, Communauté d'agglomération du lac du Bourget : Lebon p. 248, BPIM 4/11 inf. 270).

d. Le juge vérifie également que la DUP n'est pas contraire à certaines dispositions spécifiques. Il en est ainsi des articles L 212-1, IX et L 212-5-2 du Code de l'environnement, lorsque le projet d'aménagement prévoit la construction d'ouvrages touchant l'**aménagement des eaux** en raison de risques d'inondation et de pollution (CE 19-11-2020 n° 417362 : BPIM 1/21 inf. 21).

e. Sur la vérification du respect du **principe de précaution,** voir n° 34872.

RÉFÉRÉ-SUSPENSION

35320 La DUP peut faire l'objet d'un référé-suspension (C. just. adm. art. L 521-1). Le juge n'accorde la suspension de tout ou partie des effets de l'acte attaqué que si l'urgence le justifie et si le requérant fait état d'un moyen de nature à créer un doute sérieux quant à la légalité de la décision.

S'agissant d'un référé à l'encontre d'une DUP, la **condition d'urgence** n'est en principe pas remplie, sauf circonstances particulières tenant notamment à l'imminence des expropriations ou des travaux (CE 3-5-2004 n° 263363, Dépt de la Dordogne : AJDA 2004 p. 1374).

Dès que le préfet reçoit notification de la suspension de la DUP, il doit en **informer** le juge de l'expropriation qui surseoira au prononcé de l'ordonnance d'expropriation (C. expr. art. R 221-3).

› Précisions Il est plus facile d'obtenir la suspension de la DUP en application des **régimes spéciaux** de référé-suspension prévus par le **Code de l'environnement** notamment en cas d'absence de l'étude d'impact (C. envir. art. L 122-2) ou de l'enquête environnementale (C. envir. art. L 123-1-B) ou encore lorsque les conclusions du commissaire enquêteur sont défavorables à l'issue d'une enquête environnementale et que l'un des moyens de la requête paraît de nature à créer un doute sérieux sur la légalité de la décision (C. envir. art. L 123-16).
Ces textes font, en effet, obligation au juge administratif de prononcer la suspension, sans qu'il soit nécessaire de prouver l'urgence.

EXCEPTION D'ILLÉGALITÉ DE LA DUP

35325 L'expiration du délai de 2 mois à compter de l'affichage interdit aux propriétaires de demander l'annulation de la **DUP elle-même.** Toutefois, ils conservent la possibilité d'invoquer, sans condition de délai, l'illégalité de cette DUP à l'appui de recours contre les arrêtés déclarant cessibles leurs parcelles qui leur seront notifiés personnellement (CE 4-10-1999 n° 180293 ; CE 4-8-2021 n° 429800, Cne de Mitry-Mory : BPIM 5/21 inf. 325).

De même, l'illégalité de la première **prorogation d'une DUP** peut être invoquée par voie d'exception à l'appui d'un recours contre un arrêté de cessibilité, y compris lorsque la légalité d'une seconde prorogation n'est pas contestée (CE 12-10-2018 n° 417016, Min. intérieur c/ Sté Marseille Aménagement : BPIM 6/18 inf. 401), ou encore, s'agissant d'une illégalité formelle, lorsque le requérant a vu son recours en excès de pouvoir contre la DUP ou l'acte la prorogeant être rejeté (CE 4-8-2021 n° 429800 : BPIM 5/21 inf. 325).

RECOURS DE PLEIN CONTENTIEUX

35330 L'expropriant peut engager sa responsabilité s'il **abandonne la procédure** d'expropriation alors que l'opération est commencée. Le recours est porté devant la juridiction administrative, sauf lorsque la DUP est annulée car il s'agit alors d'une emprise irrégulière de la compétence des juridictions judiciaires. En cas d'**annulation d'une DUP,** le juge de l'expropriation indemnise les préjudices qui trouvent leur origine dans le transfert irrégulier de propriété et le juge administratif ceux qui résultent des fautes commises lors de la phase administrative de la procédure d'expropriation (T. confl. 7-12-2020 n° 4199 : BPIM 1/21 inf. 22).

L'administration ne commet pas de faute en **renonçant à l'opération.** Elle peut toutefois causer un préjudice particulier à un « ex-futur » exproprié. S'agissant d'une responsabilité sans faute, ce préjudice ne sera indemnisé que s'il est spécial, particulièrement grave et s'il n'y a ni faute ni imprudence de la victime (CE 23-12-1970 n° 73453, EDF : Lebon p. 790 ; CE 3-3-1976 n° 95700 : Lebon p. 118 ; CE 19-2-1988 n° 73925).

ILLUSTRATIONS

Cette responsabilité peut être recherchée par les propriétaires concernés si la phase administrative a été anormalement longue, y compris si la collectivité publique renonce finalement à exproprier leur bien. Les intéressés peuvent obtenir réparation en cas de faute de la collectivité expropriante ou, en l'absence de faute, sur le terrain de l'égalité devant les charges publiques, lorsque le préjudice, en raison de son caractère grave et spécial, ne peut être regardé comme une charge leur incombant normalement.

Il est toutefois tenu compte de la **complexité de la procédure.** Jugé ainsi que, eu égard à la complexité particulière de la procédure, résultant notamment de la nécessité d'obtenir du ministre de la défense un avis favorable sur le projet, qui a en l'espèce été délivré 4 ans après un premier avis négatif à la suite de plusieurs échanges ayant conduit à modifier le projet, la longueur de la phase administrative de la deuxième procédure d'expropriation ayant débuté en 1999 et s'étant achevée en 2010 n'avait pas été excessive (CE 17-5-2019 n° 403602, Bonhomet : JCP G 2020 chron. n° 967).

B. Arrêté de cessibilité

OBJET

Le préfet détermine par arrêté de cessibilité, à la suite d'une enquête parcellaire, la liste des parcelles ou des droits réels immobiliers à exproprier si cette liste ne résulte pas de la déclaration d'utilité publique (C. expr. art. L 132-1). **35400**

ENQUÊTE PARCELLAIRE

Elle permet de déterminer les propriétaires des biens expropriés et d'obtenir les renseignements relatifs à leur identité et à leurs droits. À cet effet l'**expropriant adresse** au préfet, pour être soumis à enquête dans chacune des communes où sont situés les immeubles à exproprier (C. expr. art. R 131-3) : **35405**
– un plan parcellaire des terrains et bâtiments ;
– la liste des propriétaires établie à l'aide des extraits des documents cadastraux ou hypothécaires ou par tous autres moyens.

Le **préfet désigne,** par arrêté, un commissaire enquêteur (ou une commission d'enquête). Cet arrêté précise (C. expr. art. R 131-4) :
– l'objet de l'enquête, sa date d'ouverture et sa durée qui ne peut être inférieure à 15 jours ;
– les lieux, jours et heures où les dossiers pourront être consultés et les observations recueillies ;
– le délai dans lequel le commissaire enquêteur doit donner son avis.

Des affiches sont apposées dans les communes concernées, un avis est inséré dans un des journaux diffusés dans le département (C. expr. art. R 131-5 ; Cass. 3e civ. 14-12-2022 n° 21-24.404 : AJDI 2023 p. 135).

Le **dépôt du dossier** à la mairie doit faire l'objet d'une **notification** par l'expropriant, à chacun des propriétaires avec demande d'avis de réception. En cas de domicile inconnu, la notification est faite en double copie au maire qui fait afficher l'une d'entre elles (C. expr. art. R 131-6). Ce n'est que lorsque le domicile des propriétaires demeure inconnu malgré les recherches effectuées que l'expropriant peut recourir à la formalité de l'affichage (CAA Bordeaux 27-2-2006 n° 02BX00330).

Les propriétaires sont tenus de fournir les indications relatives à leur identité (C. expr. art. R 131-7).

Pendant la durée de l'enquête les personnes intéressées peuvent consigner leurs observations sur les limites des biens à exproprier, sur le **registre d'enquête parcellaire.** Elles peuvent également les adresser, par écrit, au maire qui les joint au registre (C. expr. art. R 131-8).

À l'expiration de l'enquête les registres sont adressés, dans les 24 heures, par le maire au commissaire enquêteur (ou à la commission d'enquête) qui donne un avis sur l'emprise des ouvrages projetés (C. expr. art. R 131-9).

> Précisions **a.** Lorsque l'expropriant est en mesure, **avant la DUP,** de déterminer les parcelles expropriées et de dresser la **liste des propriétaires,** l'enquête parcellaire peut être faite en même temps que l'enquête préalable à la DUP (C. expr. art. R 131-14).

b. Aucun texte n'exige que la **date de l'arrêté prescrivant l'enquête** parcellaire soit postérieure à celle de l'arrêté portant DUP (Cass. 3e civ. 14-12-1999 n° 89-70.046 : JCP G 2000 I n° 239).

c. Le **délai minimal de 15 jours** imparti aux propriétaires intéressés pour fournir leurs observations commence à courir lorsque les formalités concernant les avertissements individuels ont été accomplies (Cass. 3e civ. 21-1-2016 n° 14-25.327 : AJDI 2016 p. 211).

d. Lorsque le **propriétaire exproprié** est **interdit légal et incapable juridiquement,** il n'a pas qualité pour recevoir notification du dépôt du dossier d'enquête parcellaire en mairie. La notification doit être faite au représentant légal de l'exproprié, en l'espèce au tuteur (Cass. 3e civ. 14-12-1999 n° 89-70.337 : Constr.-urb. 2000 comm. n° 74).

e. Lorsque la notification du dépôt du dossier au domicile déterminé d'après les renseignements recueillis auprès du service du cadastre ou du service de la publicité foncière ou par tout autre moyen revient avec la **mention « non réclamé » ou « n'habite pas à l'adresse indiquée »,** l'expropriant n'est pas tenu de procéder à de nouvelles recherches. En cas de retour avec la mention « non réclamée », la notification est réputée régulière. En cas de retour avec la mention « n'habite pas à l'adresse indiquée », l'affichage en mairie se substitue régulièrement à la formalité de notification individuelle (CE 13-2-2013 n° 343164 : BPIM 2/13 inf. 113). Il en est de même lorsque l'avis de réception de la notification effectuée au domicile connu n'est **pas retourné à l'expropriant dans le délai** normal d'acheminement (CE 18-6-2018 n° 407310, Cne de Nice : BPIM 4/18 inf. 256).

f. Lorsque les parcelles expropriées appartiennent à une SCI et que la notification du dépôt d'enquête parcellaire a été réalisée envers son ancienne gérante, l'ordonnance ordonnant le transfert de propriété demeure valable si cette gérante a signé la notification **sans renvoyer le questionnaire d'identité** joint, ce qui aurait permis de signaler l'erreur dans la notification (Cass. 3e civ. 14-2-2019 n° 17-28.090 F-D : AJDI 2019 p. 299).

ARRÊTÉ DE CESSIBILITÉ

35410 À l'expiration de l'enquête parcellaire, le dossier est transmis au préfet par l'intermédiaire, s'il y a lieu, du sous-préfet qui émet un avis (C. expr. art. R 131-10).

Le préfet prend alors un arrêté de cessibilité qui est l'acte par lequel il détermine la **liste des parcelles** ou des droits immobiliers à exproprier, si cette liste ne résulte pas de la déclaration d'utilité publique.

L'arrêté de cessibilité n'entraîne pas transfert de propriété. Toutefois, si des dépendances du **domaine public** sont concernées (sauf pour celles appartenant à l'État), l'arrêté emporte transfert de gestion au profit du bénéficiaire de la DUP.

Aucune disposition législative ou réglementaire n'impose que l'**ensemble des immeubles à exproprier** pour la réalisation d'un projet déclaré d'utilité publique fasse l'objet d'un unique arrêté de cessibilité. Des arrêtés de cessibilité peuvent dès lors être pris **successivement** si l'expropriation de nouvelles parcelles se révèle nécessaire pour la réalisation de l'opération déclarée d'utilité publique. La circonstance que des parcelles faisant l'objet de ces arrêtés successifs appartiennent à un même propriétaire est à cet égard sans incidence (CE 25-1-2023 n° 458930, EPA Paris-Saclay : BPIM 2/23 inf. 105 ; AJDI 2023 p. 449).

L'arrêté de cessibilité doit contenir la référence cadastrale et la surface des parcelles à exproprier. Lorsque la DUP prévoit que les emprises expropriées d'une **copropriété** seront retirées de la propriété initiale, l'arrêté de cessibilité précise l'emplacement de la ligne divisoire (C. expr. art. L 132-2).

L'arrêté de cessibilité doit être **transmis** dans les 6 mois de sa date au secrétariat de la juridiction de l'expropriation.

Cet arrêté peut être déféré au ministre par la voie hiérarchique ou au tribunal administratif par la voie du **recours** pour excès de pouvoir. Il peut faire l'objet d'un référé-suspension.

> Précisions a. La **caducité d'une DUP** (n° 35270) affecte par voie de conséquence l'arrêté de cessibilité pris sur son fondement (CE sect. 21-10-1998 n° 156374, Association musulmane de Toulouse : AJDI 1999 p. 41). De même, **son illégalité** (et celle de ses prolongations) peut être invoquée à l'appui du recours contre l'arrêté de cessibilité dans la mesure où ces actes constituent des éléments d'une même opération complexe (CE 29-6-1951 n° 95155 : Lebon p. 380 ; CE 12-10-2018 n° 417016, Min. intérieur c/ Sté Marseille aménagement : BPIM 6/18 inf. 401 ; CE 4-8-2021 n° 429800 : BPIM 5/21 inf. 325).

b. L'arrêté de cessibilité peut être annulé s'il porte sur une **superficie de terrains excédant** largement celle qui est nécessaire à la réalisation des équipements et aménagements déclarés d'utilité publique (CE 21-5-2008 n° 295609, Sté d'équipement du département de La Réunion).

c. Dans le cadre d'une instance en **référé-suspension,** la suspension de la décision litigieuse, faisant par ailleurs l'objet d'une demande d'annulation, est subordonnée à une double condition : la demande doit être justifiée par l'urgence et la légalité de la décision doit être sérieusement mise en doute (C. just. adm. art. L 521-1). Eu égard à l'objet d'un arrêté de cessibilité, à ses effets pour les propriétaires concernés et à la brièveté du délai susceptible de s'écouler entre sa transmission au juge de l'expropriation, pouvant intervenir à tout moment, et l'ordonnance de ce dernier envoyant l'expropriant en possession, la **condition d'urgence** doit être regardée, en principe, comme remplie, y compris lorsque l'ordonnance du juge de l'expropriation procédant au transfert de propriété est déjà intervenue (CE 27-1-2021 n° 437237, Établissement public foncier de la Vendée : BPIM 2/21 inf. 113). Il peut toutefois en aller autrement dans le cas où l'expropriant justifie de circonstances particulières, en particulier si un intérêt public s'attache à la réalisation rapide du projet qui donne lieu à l'expropriation (CE 5-12-2014 n° 369522 : BPIM 1/15 inf. 24).

d. Un arrêté préfectoral ne peut légalement déclarer cessibles des parcelles de terrain nécessaires à la réalisation d'une ZAC en l'absence d'**identification du concessionnaire** chargé de cet aménagement. Par suite, l'arrêté de cessibilité doit être annulé. En revanche, ni la résiliation de la convention, ni l'annulation de la délibération autorisant la signature de la convention, ni une injonction de saisir dans un délai déterminé le juge du contrat, ne conduisent à annuler un tel arrêté de cessibilité (CE 11-12-2015 n° 372521, Sté d'équipement de la région montpelliéraine).

e. Un propriétaire ne peut contester un arrêté de cessibilité que pour son bien. Un arrêté de cessibilité considéré comme un acte divisible ne peut pas, faute d'**intérêt à agir**, être attaqué par un propriétaire dès lors qu'il concerne des parcelles qui ne lui appartiennent pas (CE 21-10-2016 n° 391208 : BPIM 6/16 inf. 364). Si le preneur à bail d'un bien immobilier justifie d'un intérêt lui donnant qualité pour contester devant le juge administratif la légalité d'un arrêté déclarant cessible une parcelle dont il est locataire, il n'est pas, à la différence du propriétaire de la parcelle, au nombre des personnes destinataires de cet arrêté auxquelles il doit être notifié (CE 3-10-2024 n° 491297, Sté Salis : AJDI 2025 p. 138).

f. L'arrêté qui prévoit que « sont déclarées cessibles les parcelles figurant dans l'état parcellaire et le plan parcellaire figurant dans le dossier d'enquête parcellaire joint au dossier de DUP » ne permet pas d'**identifier les parcelles** concernées et ne respecte pas les conditions légales (CE 13-6-2018 n° 409635 : JCP G 2018 n° 998).

g. Lorsqu'un arrêté déclare cessibles des parties de parcelles, ce qui implique de **modifier les limites des terrains** concernés, un **document d'arpentage** doit être préalablement réalisé afin que l'arrêté de cessibilité désigne les parcelles concernées conformément à leur numérotation issue de ce document. Le défaut d'accomplissement de cette obligation, qui constitue une garantie pour les propriétaires concernés par la procédure d'expropriation, rend l'arrêté de cessibilité irrégulier (CE 9-7-2018 n° 406696 : BPIM 5/18 inf. 337). Il n'en résulte pas que le procès-verbal d'arpentage doive être joint à l'arrêté de cessibilité dès lors que les annexes de cet arrêté, établies d'après un document d'arpentage, délimitent avec précision la fraction expropriée de la parcelle dans sa superficie et indiquent les désignations cadastrales de cette parcelle, ainsi que sa nature, sa contenance et sa situation (CE 28-10-2021 n° 434676 : RDI 2022 p. 37). En l'absence de document d'arpentage, l'ordonnance d'expropriation doit être annulée (Cass. 3e civ. 13-6-2019 n° 18-14.225 FS-PBRI : BPIM 4/19 inf. 245).

h. Lorsque l'illégalité de la déclaration d'utilité publique est invoquée par **voie d'exception** à l'appui d'un recours contre un arrêté de cessibilité, le juge ne peut pas surseoir à statuer pour permettre la régularisation de la DUP (CE 14-6-2024 n° 475559, EPA Euroméditerranée et Min. transition écologique : AJDI 2024 p. 890).

SECTION 3 TRANSFERT DE PROPRIÉTÉ

A. Ordonnance d'expropriation

COMPÉTENCE

L'ordonnance d'expropriation constitue le premier acte de la **phase judiciaire** de l'expropriation. Elle est rendue par le juge de l'expropriation, magistrat du tribunal judiciaire. Il s'agit d'un juge unique. 35620

SAISINE DU JUGE

Le préfet du département territorialement compétent transmet au secrétariat de la juridiction du département dans lequel sont situés les biens à exproprier un dossier qui comprend obligatoirement les **copies** (C. expr. art. L 221-1 et R 221-1) : 35625

1° de l'acte déclarant l'utilité publique de l'opération et, éventuellement, de l'acte le prorogeant ;

2° du plan parcellaire des terrains et bâtiments ;

3° de l'arrêté d'ouverture de l'enquête parcellaire ;

4° des pièces justifiant de l'accomplissement des formalités tendant aux avertissements collectifs et aux notifications individuelles prévues aux articles R 131-5, R 131-6 et R 131-11 du Code de l'expropriation, sous réserve de l'application de l'article R 131-12 ;

5° du procès-verbal établi à la suite de l'enquête parcellaire ;

6° de l'arrêté de cessibilité pris par le préfet ou de l'acte en tenant lieu, datant de moins de 6 mois au jour de l'envoi du dossier au greffe (Cass. 3e civ. 8-10-2003 n° 99-70.061 : Bull. civ. III n° 171 ; Cass. 3e civ. 15-3-2006 n° 05-70.004 : AJDI 2006 p. 754).

Le dossier peut comprendre, en outre, tous autres documents ou pièces que le préfet estime utiles.

Si le dossier ne comprend pas toutes les pièces mentionnées aux 1° à 6° de l'article R 221-1, le juge demande au préfet de lui faire parvenir les **pièces manquantes** dans un délai d'un mois. Le non-respect de ce délai n'entache pas d'irrégularité l'ordonnance d'expropriation (Cass. 3e civ. 21-3-2024 n° 23-11.813 FS-B : AJDI 2024 p. 628).

› Précisions **a.** Lorsqu'une parcelle est expropriée en vue de la réalisation du **Grand Paris express,** le tribunal judiciaire de Paris est seul compétent pour fixer l'indemnité d'expropriation (Décret 2016-814 du 17-6-2016 art. 1 modifié par le décret 2019-966 du 18-9-2019). En revanche, le prononcé de l'expropriation et le transfert de propriété de la parcelle reviennent au juge de l'expropriation du département dans le ressort duquel elle est située (Cass. 3e civ. 15-4-2021 nº 20-13.911 FS-P : BPIM 3/21 inf. 177).

b. Les formalités de notification et d'affichage du procès-verbal de **constat d'abandon manifeste de l'immeuble** dont l'expropriation est poursuivie ne figurent pas parmi celles énumérées à l'article R 221-1 du Code de l'expropriation. En conséquence, ces formalités ne sont pas soumises au contrôle du juge de l'expropriation saisi d'une demande de transfert de propriété (Cass. 3e civ. 1-4-2021 nº 20-13.602 : AJDI 2021 p. 539).

c. L'ordonnance d'expropriation ne peut se contenter de viser, sans autre précision, l'**avis de réception** de la lettre recommandée notifiant le dépôt du dossier d'enquête en mairie (Cass. 3e civ. 1-4-2021 nº 20-13.616 : AJDI 2021 p. 539).

PRONONCÉ DE L'ORDONNANCE

35630 Dans les 15 jours de la réception du dossier complet au secrétariat de la juridiction, le juge de l'expropriation prononce, par ordonnance, l'expropriation des immeubles et des droits réels déclarés cessibles (C. expr. art. R 221-2). Le **délai** n'est pas prescrit à peine de nullité de l'ordonnance (Cass. 3e civ. 28-3-2007 nº 98-70.179 : Bull. civ. III nº 47). L'expropriation est prononcée au bénéfice de la personne au profit de laquelle l'expropriation est poursuivie.

L'ordonnance est rendue en dehors de la **présence** des parties et **en l'absence** de tout débat contradictoire (Cass. 3e civ. 18-5-1976 nº 75-70.209 : Bull. civ. III nº 210), ce qui n'est pas contraire à la convention européenne des droits de l'Homme (Cass. 3e civ. 10-3-2009 nº 08-11.086 : AJDI 2009 p. 641 obs. R. Hostiou), pas plus qu'à la Constitution (Cons. const. 16-5-2012 nº 2012-247 QPC : JO 17 p. 9153).

Le juge se borne à **vérifier** que le dossier que lui a transmis l'autorité expropriante est constitué conformément aux prescriptions du Code de l'expropriation. L'exigence d'un procès équitable et d'un tribunal indépendant et impartial ne lui interdit pas, après annulation d'une première ordonnance, de prononcer une nouvelle décision de transfert de propriété de la même parcelle au vu de pièces différentes de celles soumises à son premier examen (Cass. 3e civ. 7-6-2011 nº 07-10.777 : BPIM 5/11 inf. 371).

Le juge doit **refuser,** par une ordonnance motivée, de prononcer l'expropriation s'il constate que le dossier n'est pas constitué conformément aux prescriptions de l'article R 221-1 du Code de l'expropriation ou si la DUP ou l'arrêté de cessibilité sont caducs ou ont été annulés par le juge administratif (C. expr. art. R 221-5 ; Cass. 3e civ. 5-12-2007 nº 06-20.053 : Bull. civ. III nº 223).

Il doit **surseoir au prononcé** de l'ordonnance dès lors qu'il est averti par le préfet d'une décision de suspension de la DUP ou de l'arrêté de cessibilité, et ce, jusqu'à ce que le juge administratif se prononce sur le fond (C. expr. art. R 221-3).

› Précisions **a.** Il convient de noter le **caractère mixte de l'ordonnance d'expropriation** : celle-ci est rendue par un juge de l'ordre judiciaire sur le fondement d'une DUP et d'un arrêté de cessibilité qui sont l'œuvre du pouvoir administratif (Cass. 3e civ. 12-10-1994 nº 90-70.173 : Bull. civ. III nº 179).

Le juge de l'expropriation n'a le pouvoir d'apprécier ni l'opportunité de l'opération d'expropriation (Cass. 3e civ. 2-2-1999 nº 98-70.018 : AJDI 1999 p. 1005), ni la régularité de la procédure administrative préalable à sa saisine, ni la validité de l'arrêté de cessibilité (Cass. 3e civ. 14-4-1999 nº 709 : AJDI 2000 p. 56). Mais les deux phases sont étroitement liées puisque l'annulation de l'arrêté de cessibilité par la juridiction administrative entraîne, par voie de conséquence, l'annulation de l'ordonnance d'expropriation (Cass. 3e civ. 30-11-2004 nº 02-70.134 : AJDI 2005 p. 493 ; Cass. 3e civ. 6-10-2009 nº 99-70.144 : AJDI 2010 p. 482). Il en est de même en cas d'annulation de la DUP (Cass. 3e civ. 10-5-1994 nº 88-70.185 : AJPI 1995 p. 316 ; Cass. 3e civ. 4-03-2021 nº 18-10.170 F-D : AJDI 2021 p. 378).

b. Les **juges de l'expropriation** et les magistrats habilités à les suppléer en cas d'empêchement sont désignés par ordonnance du premier président de la cour d'appel pour une durée de 3 ans renouvelable (C. expr. art. L 211-1). Une ordonnance rendue par un magistrat dont la **désignation** était **caduque** à la date de cette dernière doit être annulée (Cass. 3e civ. 10-10-1995 nº 94-70.310 : AJPI 1996 p. 315).

c. Lorsqu'il prononce son ordonnance le juge doit notamment viser l'accusé de réception des **notifications individuelles,** faites par l'expropriant, du dépôt en mairie du dossier d'enquête parcellaire (Cass. 3e civ. 30-11-2004 nº 03-70.116 : AJDI 2006 p. 494). En l'absence de preuve de l'accomplissement de ces notifications, l'ordonnance est entachée d'un vice de forme entraînant sa nullité (Cass. 3e civ. 6-12-2005 nº 05-70.048 : AJDI 2007 p. 26). Il en est de même lorsque la notification a été accomplie hors délai (Cass. 3e civ. 12-4-2018 nº 17-14.229 F-D : AJDI 2018 p. 448). À noter que la notification individuelle doit avoir été faite à chacun des propriétaires indivis - aux deux époux, par exemple (Cass. 3e civ. 7-4-2015 nº 14-16.447 : BPIM 3/15 inf. 177). En cas d'indivision, la nullité produit effet à l'égard de tous les indivisaires si la preuve de la notification à l'égard de tous n'est pas rapportée (Cass. 3e civ. 12-9-2006 nº 05-16.813 : AJDI 2007 p. 26).

CONTENU DE L'ORDONNANCE

L'ordonnance prononçant l'expropriation désigne chaque **immeuble** ou fraction d'immeuble exproprié et précise l'identité des **expropriés** tels qu'ils figurent dans l'arrêté de cessibilité pris par le préfet. Cette désignation intervient conformément aux règles de la publicité foncière. L'ordonnance tient compte des modifications éventuelles intervenues depuis l'arrêté de cessibilité ou de l'acte en tenant lieu, mais le juge de l'expropriation ne peut que reproduire les indications de l'état parcellaire relatives à la désignation des parcelles (C. expr. art. R 132-2 et R 221-4). Il ne peut pas modifier les pièces administratives au vu desquelles il lui est demandé de prononcer l'expropriation (Cass. 3e civ. 12-7-1995 no 93-70.142 : AJPI 1996 p. 126). Une ordonnance rectificative ne peut restreindre, étendre ou modifier des droits résultant de la décision initiale (Cass. 3e civ. 19-12-2019 no 18-11.422 F-D : AJDI 2020 p. 267). 35635

L'ordonnance désigne en outre le **bénéficiaire** de l'expropriation. Cette désignation doit être expressément mentionnée dans l'ordonnance et de façon exacte. À défaut, l'ordonnance encourt la nullité (Cass. 3e civ. 25-3-1997 no 96-70.065). Est irrégulière une désignation alternative de bénéficiaires (Cass. 3e civ. 14-12-1977 no 76-70.433 : Bull. civ. III no 449) ou une désignation cumulative (Cass. 3e civ. 25-2-1976 no 75-70.079 : Bull. civ. III no 94 ; Cass. 3e civ. 4-5-2016 no 15-16.086 : BPIM 4/16 inf. 245). Il a toutefois été admis de désigner cumulativement l'État et la société qui en est concessionnaire (Cass. 3e civ. 27-2-1991 no 90-70.103 : AJPI 1991 p. 679).

L'ordonnance d'expropriation doit aussi viser, à peine de nullité, les pièces prouvant que les **formalités prescrites** par le livre Ier du Code de l'expropriation ont été accomplies (C. expr. art. L 221-1 ; Cass. 3e civ. 1-4-2021 no 20-13.616 F-D : AJDI 2021 p. 539, preuve de la notification individuelle du dépôt du dossier à la mairie non rapportée).

> **Précisions** **a.** L'ordonnance qui prononce l'expropriation de plusieurs parcelles de terrains sans mentionner pour chacune d'elles la **surface exacte** ne permet pas à chacun des propriétaires intéressés de connaître l'étendue du préjudice qui lui est causé (Cass. 3e civ. 16-9-2014 no 13-18.430 : BPIM 6/14 inf. 374).
>
> **b.** L'ordonnance d'expropriation doit **désigner précisément l'ensemble des propriétaires expropriés** sans indiquer, de manière générale, « succession en cours » alors qu'elle vise, par ailleurs, la réception de notifications individuelles du dépôt en mairie du dossier d'enquête parcellaire adressées à chacun des propriétaires parmi lesquels figurent des personnes faisant, semble-t-il, partie de ladite succession en cours (Cass. 3e civ. 29-9-2016 no 15-19.735 : AJDI 2017 p. 94).
>
> **c.** Le juge doit refuser de prononcer le transfert de propriété lorsque l'expropriant n'a pas justifié des formalités accomplies afin de rechercher les **héritiers** des propriétaires décédés antérieurement à l'arrêté de cessibilité (Cass. 3e civ. 27-11-1991 no 89-70.304 : AJDI 1992 p. 279). La seule mention de recherches infructueuses des héritiers sur le certificat d'affichage en mairie est insuffisante pour en caractériser l'existence (Cass. 3e civ. 7-3-2024 no 23-12.754 : AJDI 2024 p. 705). En revanche, lorsque l'expropriant rapporte la preuve des recherches engagées, l'ordonnance peut être valablement prononcée (Cass. 3e civ. 19-12-2006 no 05-70.070 : AJDI 2007 p. 492).
>
> **d.** En cas d'expropriation partielle impliquant de modifier les limites des terrains concernés, un **document d'arpentage** doit être préalablement réalisé afin que les parcelles concernées soient désignées conformément à la numérotation issue de ce document (Cass. 3e civ. 13-6-2019 no 18-14.225 FS-PBRI : BPIM 4/19 inf. 245 ; Cass. 3e civ. 19-9-2019 no 18-18.789 F-D ; Cass. 3e civ. 19-03-2020 no 19-14.253 F-D). À défaut, l'ordonnance d'expropriation encourt la nullité pour vice de forme (solution identique concernant l'arrêté de cessibilité, voir no 35410, précision g).

PUBLICITÉ

L'ordonnance d'expropriation ne peut être exécutée à l'encontre de chacun des intéressés que si elle leur a été préalablement notifiée par l'expropriant (C. expr. art. R 221-8). 35640

La **notification** doit reproduire les termes de l'article L 223-1 du Code de l'expropriation et des articles 612 et 973 du Code de procédure civile concernant les conditions et délais du pourvoi en cassation contre l'ordonnance. Elle doit faire connaître au destinataire qu'indépendamment de la dénonciation du pourvoi à la partie adverse qui lui incombe, il doit, dans les 4 mois suivant le dépôt du pourvoi, si celui-ci n'est pas motivé, faire parvenir au secrétariat-greffe de la Cour de cassation un mémoire ampliatif, à peine d'irrecevabilité de son recours (CPC art. 978).

La notification individuelle de l'ordonnance d'expropriation peut être faite par l'expropriant soit par lettre recommandée avec demande d'avis de réception, soit par acte extrajudiciaire (C. expr. art. R 311-30).

Si le **propriétaire est inconnu,** la notification est remplacée par un affichage de l'ordonnance.

À **défaut** de notification, l'ordonnance ne peut pas être exécutée à l'encontre des intéressés.

> **Précisions** **a.** S'agissant d'un **bien en indivision**, la notification de l'ordonnance doit être faite à tous les coïndivisaires (Cass. 3e civ. 3-6-1987 no 86-70.033 : Bull. civ. III no 116 ; Cass. 3e civ. 6-11-2002 no 01-70.169 : Bull. civ. III no 217 à propos de la notification du dépôt en mairie du

dossier d'enquête parcellaire), y compris l'épouse, propriétaire indivise avec son époux, de la parcelle expropriée (Cass. 3e civ. 26-6-2013 no 12-21.595 : BPIM 4/13 inf. 249 à propos de l'avis d'enquête parcellaire).

b. Pour l'expropriation d'un **bien de communauté,** il semble que l'ordonnance doive être notifiée aux deux époux (en ce sens à propos de l'arrêté de cessibilité : Cass. 3e civ. 12-10-1994 no 90-70.173 : Bull. civ. III no 179 ; en sens contraire, Cass. 3e civ. 24-6-1987 no 86-70.176 : Bull. civ. III no 131 ; Cass. 3e civ. 13-7-1993 no 91-70.333 : AJPI 1994 p. 125).

c. L'ordonnance d'expropriation reste valide même si elle est **notifiée tardivement** au propriétaire de la parcelle expropriée (Cass. 3e civ. 23-9-2020 no 19-15.918 FS-PBI : BPIM 6/20 inf. 380).

B. Effets de l'ordonnance

EFFETS SUR LE DROIT DE PROPRIÉTÉ

35700 L'ordonnance d'expropriation a pour effet de **transférer** juridiquement, à sa date, la propriété des immeubles et des droits réels immobiliers des expropriés à l'expropriant, cela à défaut d'accord amiable entre les parties (C. expr. art. L 221-1). Elle constitue un titre de propriété qui bénéficie de l'autorité de la chose jugée et dont peut se prévaloir l'expropriant.

Le transfert de propriété est effectif dès le prononcé de l'ordonnance (CA Besançon 16-3-1988 : JCP éd. G 1989 IV p. 280). L'ordonnance qui n'a pas été notifiée interdit l'envoi en possession au bénéfice de l'expropriant mais se révèle sans influence sur le transfert de propriété (CE 19-11-1993 no 59586 : Dr. adm. 1993 no 571). La **publication** de l'ordonnance au **fichier immobilier** est obligatoire uniquement à fin d'information (Décret 55-22 du 4-1-1955 art. 35, 3o), et non à fin d'opposabilité aux tiers. La publication tardive n'est susceptible que d'engager la responsabilité civile de la personne expropriante (TA Melun 6-10-2004 : AJDA 2005 p. 497).

Le transfert de propriété a pour conséquence que l'exproprié ne peut ni vendre, ni donner, ni constituer d'hypothèque sur le bien exproprié. Néanmoins, tant que l'indemnité d'expropriation ne lui est **pas payée** ou consignée, il conserve la **jouissance** de son bien et peut en percevoir les fruits.

EFFETS SUR LES DROITS RÉELS ET PERSONNELS

35705 L'ordonnance éteint par elle-même, et à sa date, tous les droits réels ou personnels existant sur les immeubles expropriés (C. expr. art. L 222-2). Il faut noter que l'extinction des droits réels et personnels ne signifie pas la perte de la disposition du bien. Le bénéficiaire de l'expropriation ne pourra prendre possession du bien qu'après paiement ou consignation de l'indemnité (CE 8-5-1968 no 70918 : Lebon p. 285).

Les inscriptions de **privilèges ou d'hypothèques** éteints par application de ces dispositions sont périmées à l'issue d'un délai de 6 mois à compter du jour de la publication de l'ordonnance d'expropriation devenue irrévocable. La **péremption** ne pourra être constatée à la publicité foncière que sur justification, par tout intéressé, du caractère irrévocable ou définitif.

Le droit d'usufruit, d'usage, d'habitation, d'emphytéose, les servitudes conventionnelles sont résolus et convertis en **droit de créance,** à la date de l'ordonnance d'expropriation (T. confl. 27-6-1988 no 2529, Sté des Tuileries de Marseille et de la Méditerranée c/ État : Lebon p. 490).

L'ordonnance d'expropriation emporte, à sa date, la résolution des **baux** et des conventions de location. Le locataire voit son bail résolu à cette date (Cass. 3e civ. 14-2-1969 no 67-70.104 : Bull. civ. III no 147) et le loyer cesse d'être dû (Cass. 3e civ. 21-1-2009 no 07-22.055 : Bull. civ. III no 19).

Il devient un simple occupant, tenu de verser une indemnité d'occupation à l'exproprié jusqu'à son départ effectif (Cass. 3e civ. 19-10-1988 no 87-13.701 : Bull. civ. III no 142 ; Cass. 3e civ. 20-5-2015 no 14-10.813 : BPIM 4/15 inf. 243 ; sur la protection des propriétaires expropriés contre les pertes de revenus locatifs, voir AJDI 2018, p. 335, étude G. Vaysse). S'il a quitté les locaux à la date de l'ordonnance d'expropriation, il n'est redevable ni d'un loyer, le bail étant résilié par l'effet de l'ordonnance, ni d'une indemnité d'occupation, dès lors qu'il n'occupe plus le bien (Cass. 3e civ. 29-6-2022 no 21-15.505 : BPIM 6/22 inf. 414).

Le locataire n'a aucun droit au maintien dans les lieux (CA Versailles 22-10-1999 : AJDI 2000 p. 241). Est irrecevable l'action formée, après l'intervention de l'ordonnance, par le propriétaire exproprié, visant à obtenir la résiliation judiciaire du bail qu'il avait consenti, avec effet à une date antérieure à l'expropriation (Cass. 3e civ. 13-12-1995 no 93-20.710 : Bull. civ. III no 259).

L'ordonnance d'expropriation éteint le droit au bail mais ne fait pas disparaître le **fonds de commerce** ; la cession de ce fonds après l'ordonnance d'expropriation emporte, sauf clause contraire de l'acte de vente, cession de la créance d'indemnité d'éviction due au cédant (Cass. 3e civ. 20-3-2013 no 11-28.788 : Bull. civ. III no 38).

Les **droits des créanciers** régulièrement inscrits sur les immeubles expropriés avant la publication au service de la publicité foncière de l'ordonnance sont reportés sur l'indemnité d'expropriation eu égard au rang de préférence qui leur est reconnu (C. expr. art. L 222-3). 35710

C. Recours contre l'ordonnance

1. POURVOI EN CASSATION

L'ordonnance d'expropriation ne peut être attaquée que par la voie du recours en cassation et pour incompétence, excès de pouvoir ou vice de forme (C. expr. art. L 223-1). Le pourvoi doit être formé par déclaration au greffe de la Cour de cassation dans un **délai** de 2 mois à compter de la notification de l'ordonnance (CPC art. 612 et 974 ; Cass. 3e civ. 28-3-2012 no 11-12.115 : Bull. civ. III no 52). 35810

Les **omissions matérielles** dans l'ordonnance d'expropriation pouvant être réparées ne donnent pas lieu à ouverture à cassation (Cass. 3e civ. 7-4-2015 no 14-16.447 : BPIM 3/15 inf. 177).

Seules les **parties** à l'ordonnance (expropriant ou exproprié) peuvent intenter un pourvoi en cassation, ainsi que celles ayant intérêt à agir (véritable propriétaire du bien exproprié justifiant de son titre de propriété). 35815

Ainsi, une **association** qui n'était pas inscrite sur la liste des propriétaires, établie pour l'arrêté de cessibilité, et qui ne figure pas sur l'ordonnance d'expropriation ne peut pas intenter un pourvoi (Cass. 3e civ. 25-3-1997 no 90-70.059 : AJPI 1997 p. 767). Il en va de même du **titulaire d'un bail emphytéotique** sur des parcelles expropriées (Cass. 3e civ. 30-1-2008 no 06-19.731 : Bull. civ. III no 19 ; Cass. 3e civ. 21-3-2024 no 23-12.354 : BPIM 3/24 inf. 179).

En revanche, les propriétaires d'un lot dans un immeuble en **copropriété** titulaires de droits indivis sur les parties communes, mais non-inscrits sur la liste des propriétaires, sont recevables à se pourvoir contre l'ordonnance d'expropriation qui ne leur a pas été notifiée et portant transfert de propriété d'un terrain inclus dans les parties communes de cet immeuble (Cass. 3e civ. 18-12-1996 no 93-70.143 : Bull. civ. III no 242).

Le **pourvoi** est **formé** par simple déclaration au greffe de la Cour de cassation (CPC art. 974). La déclaration doit être signée des demandeurs ou en vertu d'un pouvoir mentionnant le nom du mandataire (Cass. 3e civ. 30-10-1979 no 78-70.343 : Bull. civ. III no 194). 35820

Le pourvoi doit être **motivé,** au plus tard dans le délai de 4 mois suivant son dépôt, à peine d'irrecevabilité (CPC art. 978). Si la déclaration de pourvoi ne formule aucun moyen régulier de cassation et si cette omission n'est pas réparée par la production d'un mémoire ampliatif dans le délai de 4 mois, ce pourvoi sera irrecevable (Cass. 3e civ. 25-3-1997 no 96-70.052).

En cas d'**annulation de l'ordonnance** d'expropriation, la Cour de cassation peut renvoyer l'affaire devant un autre juge de l'expropriation. Dans ce cas, il ne peut être rendu de nouvelle ordonnance par le juge de l'expropriation que sur une nouvelle saisine du préfet compétent, aucune autre partie ne peut se substituer à l'autorité administrative pour saisir le juge de l'expropriation (Cass. 3e civ. 25-3-1997 no 96-70.063 : AJPI 1997 p. 769 et 942). 35825

La **tierce opposition** n'est pas recevable à l'encontre de l'ordonnance d'expropriation (Cass. 3e civ. 12-7-1995 no 93-70.142 : AJPI 1996 p. 126). 35830

Sur l'impossibilité désormais de former un pourvoi pour demander la cassation d'une ordonnance d'expropriation par voie de conséquence, voir no 35860.

2. PERTE DE BASE LÉGALE DE L'ORDONNANCE

CONDITIONS

En cas d'**annulation** par une décision définitive du juge administratif **de la DUP ou de l'arrêté de cessibilité,** tout exproprié peut faire constater par le juge de l'expropriation que l'ordonnance portant transfert de propriété est dépourvue de base légale (C. expr. art. L 223-2). Si l'ordonnance n'a pas encore été prise, le juge doit refuser de la prononcer. Cette procédure n'est ouverte qu'à l'exproprié et ne peut pas être mise en œuvre par la collectivité expropriante (CE 5-7-2010 no 309355, Cne d'Angerville : BPIM 5/10 inf. 361). 35860

Jusqu'à présent, la Cour de cassation jugeait que la faculté pour l'exproprié de faire constater la perte de base légale de l'ordonnance ne l'empêchait pas de former un **pourvoi**

en cassation avant le prononcé de l'annulation administrative « pour demander la cassation par voie de conséquence de l'annulation à intervenir » (Cass. 3e civ. 17-12-2008 no 07-17.739 : Bull. civ. III no 208). Opérant un revirement de jurisprudence, la Cour de cassation juge désormais que l'éventuelle annulation à intervenir de la DUP ou de l'arrêté de cessibilité ne donne plus lieu à ouverture à cassation de l'ordonnance d'expropriation pour perte de fondement légal (Cass. 3e civ. 16-1-2025 no 23-21.174 FS-B).

L'ordonnance d'expropriation ayant pour objet le transfert de propriété d'un immeuble ou d'un droit réel immobilier, **seuls** le propriétaire et le titulaire de ce droit ont **qualité pour faire constater une éventuelle perte de base légale,** le preneur à bail disposant notamment d'une action pour faire fixer ou contester l'indemnité d'éviction à laquelle il a droit (Cass. 3e civ. 20-5-2015 no 14-10.813 : BPIM 4/15 inf. 243). Il en est de même pour le locataire titulaire d'un bail commercial (Cass. 3e civ. 29-10-2015 no 14-20.893 : AJDI 2016 p. 53). La demande en constatation de perte de base légale de l'ordonnance d'expropriation n'est pas soumise à la publication préalable au service de la **publicité foncière** prévue par l'article 30, 5 du décret 55-22 du 4 janvier 1955 (Cass. avis 23-5-2017 no 17008). Une ordonnance d'expropriation ne peut être prononcée dès lors qu'une précédente ordonnance concernant les mêmes biens a été rendue antérieurement par le juge de l'expropriation (Cass. 3e civ. 13-02-2020 no 19-11.603 F-D).

PROCÉDURE

35865 Dans les 2 mois de la notification de la décision du juge administratif annulant la DUP ou l'arrêté de cessibilité, l'exproprié doit transmettre au greffe de la juridiction qui a prononcé l'expropriation un **dossier** qui comprend les copies (C. expr. art. R 223-1 et R 223-2) :

- de la décision d'annulation de la DUP ou de l'arrêté de cessibilité ;
- de l'ordonnance d'expropriation ;
- le cas échéant, de la convention ou de la décision fixant les indemnités d'expropriation ;
- d'un certificat de non-recours contre la décision fixant les indemnités d'expropriation.

Le dossier peut comprendre, en outre, tous autres documents ou pièces que le demandeur estime utiles.

Le **délai** de 2 mois est un délai pour agir dont le non-respect est sanctionné par la forclusion de l'action (Cass. 3e civ. 17-3-2010 no 09-13.241 : Bull. civ. III no 64).

Le greffier convoque à l'**audience** l'exproprié, l'expropriant et le commissaire du gouvernement par lettre recommandée avec demande d'avis de réception. Il leur adresse, par ce même courrier, une copie des pièces déposées et les invite à fournir toute précision permettant de vérifier si la décision juridictionnelle est devenue définitive.

La demande de l'exproprié est formée, instruite et jugée conformément aux dispositions des articles R 311-10 s. du Code de l'expropriation (C. expr. art. R 223-5). Un **jugement** constate l'absence de base légale du transfert de propriété et se prononce sur les conditions de la restitution (C. expr. art. R 223-6).

Le jugement est susceptible d'appel dans le mois de sa notification. Exproprié, expropriant et commissaire du gouvernement peuvent faire appel (C. expr. art. R 223-8).

ATTENTION

Le **point de départ du délai** de 2 mois pendant lequel tout exproprié peut faire constater par le juge de l'expropriation l'absence de base légale de l'ordonnance d'expropriation s'entend nécessairement de la notification de la décision administrative devenue définitive (Cass. 3e civ. 12-07-2018 no 17-15.417 FS-PBI : BPIM 5/18 inf. 338).

CONDITIONS DE LA RESTITUTION

35870 Si le bien exproprié n'est **pas en état** d'être restitué, l'action de l'exproprié se résout en dommages et intérêts (C. expr. art. R 223-6, I). C'est notamment le cas lorsqu'un ouvrage public a été réalisé (Cass. 3e civ. 4-4-2002 no 00-12.265 : Bull. civ. III no 80). Ce motif n'étant toutefois pas suffisant : le juge de l'expropriation est tenu de faire droit à la demande de restitution et d'ordonner la suppression de l'ouvrage public illégalement implanté si cette suppression n'est pas contraire aux exigences de l'intérêt général (Cass. 3e civ. 4-12-2013 no 12-28.919 : AJDI 2014 p. 125). Les dommages-intérêts correspondent à la valeur actuelle du bien, sous déduction de l'indemnité principale de dépossession perçue au moment de l'expropriation majorée des intérêts depuis son versement (Cass. 3e civ. 17-11-2010 no 09-16.797 : BPIM 1/11 inf. 15 ; Cass. 3e civ. 30-6-2016 no 15-18.508 ; Cass. 3e civ. 30-01-2019 no 17-28.748 F-D : AJDI 2020 p. 263).

35875 Si le bien **peut être** restitué, le juge de l'expropriation désigne chaque immeuble ou fraction d'immeuble dont la propriété est restituée (C. expr. art. R 223-6, II). Il détermine les indemnités à restituer à l'expropriant et statue sur la demande de l'exproprié en réparation du préjudice causé par l'opération irrégulière, à l'exception du préjudice résultant des fautes commises lors de la phase administrative de la procédure d'expropriation, pour lequel l'exproprié doit saisir le juge administratif (T. confl. 7-12-2020 n° 4199 : BPIM 1/21 inf. 22). L'indemnisation du préjudice causé par l'opération irrégulière n'est pas subordonnée à la prise de possession du bien par l'expropriant (Cass. 3e civ. 16-12-2009 n° 08-14.932 : Bull. civ. III n° 284). Lorsque des ouvrages ou des plantations ont été réalisés, l'exproprié peut demander leur suppression aux frais de l'expropriant ou leur maintien contre remboursement. En revanche, si les parcelles ont pris de la valeur grâce à ces ouvrages ou plantations, la plus-value profite à l'exproprié et ne peut être déduite de l'indemnité mise à la charge de l'expropriant (Cass. 3e civ. 6-12-2018 n° 17-25.718 F-D : BPIM 2/19). La restitution du bien ne peut intervenir qu'après paiement effectif par l'exproprié des sommes mises à sa charge.

ATTENTION

L'autorité expropriante peut **faire échec à la restitution** en reprenant un arrêté de cessibilité portant sur les parcelles litigieuses alors même que la décision du juge de l'expropriation, saisi par l'exproprié d'une demande de restitution de ces biens, n'est pas intervenue (CE 11-7-2016 n° 391262 : RDI 2016 p. 596).

D. Accords amiables

ACCORDS AMIABLES ANTÉRIEURS À LA DUP

Le transfert de propriété peut être réalisé, soit par voie d'accord amiable, soit par ordonnance prise par le juge de l'expropriation (C. expr. art. L 220-1). **35950**

La cession amiable peut intervenir avant que la DUP ait été prise. Il s'agit alors d'un **contrat de droit commun** qui laisse subsister les droits réels et les droits de jouissance que les tiers peuvent avoir sur l'immeuble.

Une fois la DUP intervenue, le service expropriant peut demander au juge de l'expropriation de donner, par ordonnance, acte de l'accord intervenu avec le propriétaire.

C'est à l'expropriant qu'il revient de prouver que les terrains expropriés sont soumis aux accords amiables conclus conformément aux dispositions de l'article L 322-8 du Code de l'expropriation (Cass. 3e civ. 16-9-2014 n° 13-16.580 : AJDI 2015 p. 102).

Les inscriptions de privilèges ou d'hypothèques sont périmées à l'expiration d'un délai de 6 mois à compter du jour de **l'ordonnance de donné acte** qui ne peut être attaquée que par la voie du recours en cassation (C. expr. art. L 222-2).

Les **droits d'enregistrement** ou la taxe de publicité foncière perçus sur les acquisitions amiables faites antérieurement à la DUP sont restitués lorsqu'il est justifié que les immeubles acquis sont visés par cette déclaration ou par l'arrêté de cessibilité. La restitution des droits ne peut s'appliquer qu'à la portion des immeubles qui a été reconnue nécessaire à l'exécution des travaux (CGI art. 1962).

ATTENTION

La **restitution des droits d'enregistrement** ou de la taxe de publicité foncière vise exclusivement les droits perçus sur les acquisitions amiables réalisées par la collectivité à laquelle appartient le droit d'exproprier (BOI-ENR-DG-70-50 n° 20). Elle doit être **demandée au plus tard** le 31 décembre de la 2e année suivant celle de la publication du décret ou de l'arrêté portant DUP ou de l'arrêté de cessibilité, ou celle de la publication ou de la notification des arrêtés ou décisions établissant le droit à restitution (CGI art. 1962 ; LPF art. R 196-1). Lorsque les conditions requises pour l'exemption des droits d'enregistrement étaient déjà remplies lors de l'enregistrement de l'acte, le délai de réclamation court de la date de cet enregistrement (BOI-ENR-DG-70-50 n° 80).

ACCORDS AMIABLES POSTÉRIEURS À LA DUP

La cession amiable peut également intervenir après que la déclaration d'utilité publique ou l'arrêté de cessibilité ont été rendus. Il s'agit là encore d'un contrat de droit commun qui produit les mêmes effets que l'ordonnance d'expropriation. **35955**

Les inscriptions de **privilèges** et d'**hypothèques** se périment à l'expiration du délai de 6 mois à compter de l'acte de cession amiable passé après la DUP (C. expr. art. L 222-2).

Ainsi, les cessions amiables postérieures à la DUP produisent les **mêmes effets que l'ordonnance d'expropriation,** à savoir l'extinction des droits réels et personnels existant sur les immeubles expropriés, droits qui sont convertis en droit de créance sur l'indemnité d'expropriation (Cass. 3e civ. 29-10-2003 n° 02-15.321 : AJPI 2004 p. 293 ; Cass. 3e civ. 16-6-2016 n° 15-18.143 : BPIM 4/16 inf. 246).

Toutefois, la cession amiable demeure un contrat de droit privé déterminant les droits et obligations du vendeur et de l'acquéreur (Cass. 3e civ. 21-10-1981 no 80-12.019 : Bull. civ. III no 170). Les litiges relèvent de la juridiction de droit commun et les contrats peuvent faire l'objet d'une action en **rescision pour lésion** (Cass. com. 20-11-1963 no 61-11.751 : Bull. civ. III no 492). Ils ouvrent droit à des actions en garantie des vices cachés ou en violation des obligations du vendeur (Cass. 3e civ. 23-9-2020 no 19-18.031 FS-PBI : BPIM 6/20 inf. 381).

Sur l'**incidence de ces accords amiables** dans la procédure de fixation des **indemnités d'expropriation,** voir nos 38150 s.

› Précisions **a.** Le juge de l'expropriation ne peut **écarter les accords** amiables en se fondant sur un motif purement hypothétique. Jugé ainsi lorsque l'expropriant offre aux exploitants agricoles une indemnité plus importante dans le but d'obtenir rapidement disposition des parcelles expropriées (Cass. 3e civ. 24-3-2015 no 14-10.517 : AJDI 2015 p. 451). Il ne peut pas non plus le faire sans préciser en quoi les parcelles expropriées présentent des caractéristiques matérielles et juridiques différentes de celles des parcelles objet des cessions amiables (Cass. 3e civ. 20-12-2018 no 17-28.362 F-D).

b. La cession amiable qui intervient après l'arrêté de cessibilité et qui remplit les conditions de l'article 1045, I du CGI (expropriation précédée d'un acte régulier reconnaissant l'utilité publique de l'opération et immeubles acquis compris parmi ceux auxquels s'applique l'expropriation) est exonérée de **taxe de publicité foncière** (BOI-ENR-DMTOI-10-80-20 no 70).

c. Les dispositions du Code de l'expropriation relatives à l'annexion d'un **cahier des charges** à un acte de cession de gré à gré (C. expro. art. L 411-1 s.) sont applicables non seulement aux ventes faisant suite à une ordonnance d'expropriation mais également aux cessions amiables postérieures à une DUP (Cass. 3e civ. 11-1-2023 no 22-10.027 : BPIM 1/23 inf. 20).

SECTION 4

PROCÉDURE EN FIXATION DES INDEMNITÉS

36150 La recherche d'un accord amiable est, en principe, un préalable à l'ouverture de l'instance en fixation des indemnités. Ce n'est qu'à défaut d'accord amiable que le juge de l'expropriation est amené à fixer les indemnités dues aux propriétaires et ayants droit expropriés. L'administration expropriante peut engager la procédure en vue de la fixation de l'indemnité à partir de l'ouverture de l'enquête préalable à la DUP et dès qu'elle est en mesure de déterminer les parcelles qu'elle envisage d'acquérir (C. expr. art. L 311-6 et R 311-4). On parle alors de procédure conditionnelle.

A. Juridiction de l'expropriation

COMPOSITION DE LA JURIDICTION

36180 Une juridiction de l'expropriation est constituée dans chaque département. Il s'agit d'un **juge unique** et spécialisé du tribunal judiciaire (C. expr. art. L 211-1). Les décisions du juge de l'expropriation peuvent faire l'objet d'un **appel** devant la cour d'appel (C. expr. art. L 211-3). Les pourvois en cassation sont portés devant la 3e chambre civile de la Cour de cassation.

ATTENTION

Par exception, la juridiction de l'expropriation près le tribunal judiciaire de Paris est compétente pour connaître de toutes les procédures liées à la réalisation du réseau de transport public du **Grand Paris** (Décret 2016-814 du 17-6-2016). Cette compétence est **limitée** à la fixation des indemnités réparant les préjudices causés par la réalisation du réseau de transport public du Grand Paris ; elle ne s'étend pas au prononcé de l'expropriation ni au transfert de propriété (Cass. 3e civ. 15-4-2021 no 20-13.911 FS-P : BPIM 3/21 inf. 177).

COMMISSAIRE DU GOUVERNEMENT

36185 C'est le directeur départemental ou le directeur régional des finances publiques (service des Domaines - Direction de l'immobilier de l'État) du département dans lequel la juridiction de l'expropriation a son siège qui exerce les fonctions de commissaire du gouvernement. Il peut désigner pour le remplacer un agent qui n'a pas, pour le compte de l'autorité expropriante, donné l'avis d'estimation préalable aux offres d'indemnité. Le commissaire du gouvernement exerce ses missions dans le respect des principes du contradictoire guidant le procès civil (C. expr. art. R 212-1). Il notifie ses **conclusions** aux parties avant l'audience (voir n° 36350).

Le commissaire du gouvernement est le **conseiller technique** du juge. Il peut faire appel du jugement (C. expr. art. R 311-24) soit à titre principal, soit à titre incident. Il peut proposer une indemnité inférieure à l'offre faite par l'expropriant (C. expr. art. R 311-22).

> **Précisions** **a.** Le rôle tenu par le commissaire du gouvernement dans la procédure en fixation des indemnités et notamment les avantages dont il bénéficie dans l'accès aux informations pertinentes publiées au fichier immobilier ne sont pas de nature, à eux seuls, à créer un déséquilibre incompatible avec l'article 6 de la convention européenne des droits de l'Homme sur le **droit des justiciables à un procès équitable** (Cass. 3e civ. 9-4-2008 n° 07-14.411 : Bull. civ. III n° 65). Les expropriés peuvent avoir accès aux informations détenues par l'administration (voir n° 36350).
b. La circonstance que l'autorité expropriante soit représentée dans la procédure en fixation des indemnités par un fonctionnaire issu de la même administration que le commissaire du gouvernement n'est pas en elle-même incompatible avec le **principe de l'égalité des armes** garanti par l'article 6 de la Convention européenne de sauvegarde des droits de l'Homme (Cass. 3e civ. 6-7-2011 n° 10-18.093 : BPIM 5/11 inf. 372).

COMPÉTENCE DU JUGE DE L'EXPROPRIATION

Le juge de l'expropriation a pour mission : 36190
– d'émettre l'ordonnance d'expropriation (C. expr. art. L 220-1) ;
– de fixer les indemnités d'expropriation (C. expr. art. L 321-2) ;
– de statuer sur les demandes de réévaluation (C. expr. art. L 323-4), sur les demandes d'emprise totale (C. expr. art. L 242-1 et L 242-2), et sur l'équivalence des locaux d'habitation ou professionnels offerts aux expropriés (C. expr. art. L 322-12). Il statue comme en matière de référé sur les demandes d'expulsion et de mise en œuvre du droit au relogement des occupants d'un immeuble exproprié (Cass. 3e civ. 4-11-2009 n° 08-17.381 : Bull. civ. III n° 243). Il statue également sur les difficultés relatives à l'exécution de sa décision (C. expr. art. R 311-23), ainsi que dans les cas où un texte législatif ou réglementaire prévoit la fixation d'un prix ou d'une indemnité comme en matière d'expropriation (C. expr. art. L 331-2).

L'indemnisation d'un dommage qui naît au moment du transfert de propriété, qui peut être considéré comme un dommage accessoire à l'expropriation et qui, au moment où le juge de l'expropriation statue, est d'ores et déjà entouré d'une certitude suffisante pour être évalué relève également de la compétence du juge de l'expropriation (T. confl. 5-12-1977 n° 02058 : Lebon p. 669 ; T. confl. 19-11-2012 n° 3845 : BPIM 1/13 inf. 25).

> **Précisions** **a.** Lorsqu'un texte législatif ou réglementaire prévoit la **fixation d'un prix ou d'une indemnité comme en matière d'expropriation,** ce prix ou cette indemnité doit, sauf disposition législative contraire, être fixé, payé ou consigné selon les règles applicables en matière d'expropriation (C. expr. art. L 331-2). C'est notamment le cas en matière de droit de préemption urbain (DPU) ou de préemption dans les ZAD.
b. L'expropriation d'une partie seulement d'un terrain peut entraîner la **dépréciation du surplus de l'emprise.** Le juge de l'expropriation est compétent pour statuer sur l'indemnisation de la dépréciation du surplus tenant à la marge d'inconstructibilité résultant directement de l'emprise pour laquelle l'expropriation a été ordonnée (Cass. 3e civ. 29-9-2015 n° 14-10.923 : BPIM 6/15 inf. 378).
c. Si le juge de l'expropriation n'est pas compétent pour trancher une difficulté sérieuse (voir n° 36195), il en va autrement pour **vérifier l'application d'un accord** sur le montant de l'indemnisation, soumis à condition, qui ne pose pas de problème d'interprétation. Dans un tel cas, le juge ne peut pas se contenter de fixer le montant de l'indemnité de manière alternative selon que les travaux envisagés donneront lieu ou non à un surcoût lié à la pollution du terrain, il doit déterminer l'existence et le montant de ce surcoût (Cass. 3e civ. 8-2-2018 n° 17-10.558 FS-D : BPIM 2/18 inf. 109).
d. L'action en réparation des préjudices résultant de l'inobservation de l'obligation d'adresser aux expropriés une proposition de relogement relève, même après le dessaisissement du juge de l'expropriation, de la juridiction judiciaire (T. confl. 11-4-2022 n° 4245, Cts B. c/ Bordeaux Métropole : BPIM 4/22 inf. 283).

INCOMPÉTENCE DU JUGE

Lorsqu'il existe une **contestation sérieuse** sur le fond du droit ou sur la qualité du réclamant, 36195
et toutes les fois qu'il s'élève des **difficultés étrangères à la fixation** du montant des indemnités ou à l'application des procédures prévues au Code de l'expropriation (réquisition d'emprise totale, déséquilibre grave des exploitations agricoles, contestations relatives au relogement), le juge fixe l'indemnité indépendamment de ces contestations et difficultés sur lesquelles les parties sont renvoyées à se pourvoir devant qui de droit (C. expr. art. L 311-8). Ces dispositions sont conformes à la Constitution (Cons. const. 28-9-2012 n° 2012-275 QPC : JO 29 p. 15375).

Le juge doit tenir compte de l'existence des difficultés soulevées et au besoin prévoir plusieurs indemnités couvrant l'intégralité du préjudice causé par l'expropriation et correspondant aux diverses hypothèses envisagées : il fixe l'**indemnité sous forme d'alternative.** Il ne peut pas se contenter d'inviter l'exproprié à mieux se pourvoir sur le fond sans fixer d'indemnité (Cass. 3e civ. 3-2-1999 n° 97-70.188 : Bull. civ. III n° 29), ni fixer une seule indemnité sans prévoir d'alternative (Cass. 3e civ. 19-9-2019 n° 18-21.506 F-D : BPIM 6/19 inf. 387, pour une contestation portant sur la nature, privative ou non, de surfaces nées de la surélévation d'un immeuble soumis au régime de la copropriété).

36200 Le juge de l'expropriation est également incompétent en cas de prise de possession par une personne pouvant bénéficier de l'expropriation, consécutive à une **voie de fait** ou à une **emprise irrégulière** (n° 37320).

APPLICATION DES RÈGLES DE PROCÉDURE CIVILE

36205 La procédure à suivre devant les juridictions de l'expropriation est définie par le Code de l'expropriation. Lorsque le Code de l'expropriation n'a pas prévu de règles spéciales, le Code de procédure civile (CPC) s'applique (C. expr. art. R 211-6 et R 311-29). Toutefois, la péremption d'instance prévue par l'article 386 du CPC ne s'applique pas dans le contentieux de l'indemnité d'expropriation dès lors que les parties ont déposé leurs mémoires dans les délais fixés par le Code de l'expropriation (Cass. 3e civ. 26-1-2011 n° 09-71.734 : BPIM 2/11 inf. 107 ; Cass. 3e civ. 19-1-2017 n° 15-27.382 : BPIM 2/17 inf. 101).

36210 Quelle que soit la gravité des irrégularités alléguées, seuls affectent la **validité d'un acte de procédure,** soit les vices de forme faisant grief, soit les irrégularités de fond limitativement énumérées à l'article 117 du CPC.

Aucun acte de procédure ne peut être déclaré nul pour **vice de forme** si cette nullité n'est pas prévue par la loi (Cass. 3e civ. 27-1-2010 n° 08-12.465 : Bull. civ. III n° 24) sauf inobservation d'une formalité substantielle ou d'ordre public. La nullité ne peut être prononcée que si celui qui l'invoque prouve le grief que lui cause l'irrégularité, même lorsqu'il s'agit d'une formalité substantielle ou d'ordre public (CPC art. 114).

Constituent des **irrégularités de fond** affectant la validité de l'acte (CPC art. 117) :
– le défaut de capacité d'ester en justice ;
– le défaut de pouvoir d'une partie ou d'une personne figurant au procès comme représentant soit d'une personne morale, soit d'une personne atteinte d'une incapacité d'exercice ;
– le défaut de capacité ou de pouvoir d'une personne assurant la représentation d'une partie en justice.

B. Déroulement de la procédure

REPRÉSENTATION DES PARTIES

36300 La procédure en fixation des indemnités d'expropriation est une **procédure contradictoire,** essentiellement écrite.

Depuis le 1er janvier 2020, le recours à un **avocat** est obligatoire (C. expr. art. R 311-9). L'État, les régions, les départements, les communes et leurs établissements publics peuvent se faire assister ou représenter par un fonctionnaire ou un agent de leur administration. À noter que l'obligation de constituer avocat ne s'applique pas aux instances introduites avant le 1er janvier 2020 (Décret 2019-1333 du 11-12-2019 art. 55, II). Les règles de la postulation prévues aux articles 5 et 5-1 de la loi 71-1130 du 31 décembre 1971 ne s'appliquent pas devant le juge de l'expropriation. En revanche, devant les cours d'appel, ces règles s'appliquent aux parties y compris, lorsqu'ils choisissent d'être représentés par un avocat, à l'État, aux régions, aux départements, aux communes et à leurs établissements publics (Cass. 2e civ. avis 6-5-2021 n° 15007 P : JCP G 2021, 734).

PROCÉDURE PRÉALABLE À LA SAISINE DU JUGE

36305 **Notifications individuelles par l'administration expropriante** L'expropriant doit notifier au propriétaire, et le cas échéant à l'usufruitier soit l'ordonnance d'expropriation (procédure normale), soit l'avis d'ouverture de l'enquête, soit l'acte déclarant l'utilité publique, soit l'arrêté de cessibilité (procédure conditionnelle : voir n° 36150) (C. expr. art. L 311-1).

Cette notification est faite par lettre recommandée avec demande d'avis de réception ou par acte extrajudiciaire (C. expr. art. R 311-1 et R 311-30, al. 2).

© Éd. Francis Lefebvre

Elle doit préciser que, dans le délai d'un mois, le propriétaire et l'usufruitier sont tenus d'appeler et de faire connaître à l'expropriant les fermiers, locataires, ceux qui ont des droits d'emphytéose, d'habitation ou d'usage et ceux qui peuvent réclamer des servitudes (C. expr. art. R 311-1).

Publicité collective L'autorité expropriante est tenue d'organiser une publicité collective, par voie d'affiches ou tout autre moyen, et insertion dans un journal publié dans le département, invitant tout intéressé à se dénoncer à l'autorité expropriante dans le délai d'un mois (C. expr. art. L 311-3 et R 311-2). 36310

Dénonciation par le propriétaire des ayants droit Le propriétaire doit dénoncer les ayants droit dans le mois de la notification faite en application de l'article L 311-3 du Code de l'expropriation (C. expr. art. R 311-2). Cette dénonciation entraîne l'obligation pour l'expropriant de notifier ses offres aux ayants droit. 36315

Le propriétaire n'est pas tenu de dénoncer les ayants droit si ceux-ci sont déjà connus de l'expropriant ou s'ils se sont fait connaître à l'occasion de la publicité collective (Cass. 3e civ. 28-2-2001 no 00-70.084 : AJDI 2001 p. 898).

Notification des offres par l'autorité expropriante L'expropriant doit notifier le montant de ses offres, par lettre recommandée avec demande d'avis de réception, à chacun des ayants droit intéressés (C. expr. art. L 311-4 et R 311-5). Lorsque la notification du mémoire du demandeur a été faite par lettre recommandée avec demande d'avis de réception et n'a pas touché son destinataire, il y est procédé à nouveau par acte extrajudiciaire. Il suffit que la **lettre** recommandée avec demande d'avis de réception notifiant le mémoire du demandeur n'ait **pas été remise à son destinataire** pour que ce demandeur ait à procéder à nouveau à cette notification par acte extrajudiciaire (Cass. 3e civ. 23-9-2014 no 13-20.249 : BPIM 1/15 inf. 25). 36320

L'expropriant ne peut notifier ses offres qu'après avoir requis l'avis de la direction de l'immobilier de l'État (ancien **service des Domaines** : voir nos 35045 s.).

L'offre de l'administration doit distinguer l'**indemnité principale** et chacune des **indemnités accessoires** (C. expr. art. R 311-5). Dans sa notification l'autorité expropriante doit inviter chacun des ayants droit intéressés à faire connaître, dans le délai d'un mois, soit son acceptation, soit le montant détaillé de sa demande.

Si l'expropriant ne notifie pas ses offres, tout intéressé peut, à partir de l'arrêté de cessibilité, mettre en demeure l'expropriant d'avoir à y procéder (C. expr. art. R 311-7).

Sur le « **mémoire valant offre** », voir no 36340.

> **Précisions** L'autorité expropriante peut, dans le **même acte,** effectuer les notifications relatives à l'acte déclaratif d'utilité publique, à l'enquête parcellaire, à la dénonciation des locataires et autres ayants droit, et aux offres.

Acceptation ou refus des offres En cas d'acceptation des offres, l'autorité expropriante procédera à un acte d'acquisition – si l'ordonnance d'expropriation n'est pas encore intervenue – ou d'accord amiable si le transfert de propriété a déjà été opéré. S'il existe un ou des **créanciers inscrits** et si le montant des indemnités est inférieur au total des créances inscrites, l'accord amiable doit préalablement au paiement être notifié aux créanciers inscrits qui peuvent demander la saisine du juge (C. expr. art. R 311-8). 36325

Le **défaut de réponse** aux offres ne vaut pas acceptation tacite. À défaut d'accord, la procédure judiciaire se déroulera.

PROCÉDURE DE PREMIÈRE INSTANCE

Compétence pour saisir le juge de l'expropriation Le juge de l'expropriation peut être saisi (C. expr. art. L 311-6) : 36330

- par l'expropriant à tout moment après l'ouverture de l'enquête préalable à la DUP ;
- par l'exproprié à partir de l'ordonnance d'expropriation.

L'exproprié peut également saisir le juge dans le cadre du **droit de délaissement** (no 35285). 36335

Notification des mémoires Le **demandeur** est tenu de notifier son **mémoire** au défendeur au plus tard à la date de la saisine du juge (C. expr. art. R 311-9). En principe, ce mémoire accompagne la saisine du juge ; il est simultanément notifié au défendeur (C. expr. art. R 311-10). 36340

Si l'expropriant est le demandeur, il peut notifier ses offres d'indemnisation directement dans son mémoire en justice (on parle de « **mémoire valant offre** »). Dans un tel cas, il devra respecter, à compter de la notification de son « mémoire valant offre », un délai d'un mois avant de saisir le juge (C. expr. art. R 311-6). L'indication de la date de notification de son mémoire dans la demande de saisine du juge permettra de vérifier que, dans le cas d'un mémoire valant offre, le délai d'un mois a bien été respecté. À défaut, la demande sera irrecevable même en l'absence de grief (Cass. 3e civ. 12-3-2003 n° 01-70.178 : Bull. civ. III n° 61 ; Cass. 3e civ. 26-9-2007 n° 06-12.988 : AJDI 2008 p. 601).

Le **défendeur** dispose d'un délai de 6 semaines à compter de la notification du mémoire du demandeur pour lui adresser son **mémoire en réponse** (C. expr. art. R 311-11). Le dépôt tardif du mémoire est dépourvu de sanctions (Cass. 3e civ. 22-11-1983 n° 82-70.219 : Bull. civ. III n° 234) mais le caractère contradictoire de la procédure doit être respecté, et le juge doit éventuellement prononcer un report d'audience.

Si le défendeur n'a pas notifié son mémoire en réponse, il est réputé s'en tenir à sa réponse aux offres, s'il s'agit de l'exproprié, ou à ses offres s'il s'agit de l'expropriant. Si l'exproprié n'a pas répondu aux offres et n'a pas produit de mémoire en réponse, le juge fixe l'indemnité d'après les éléments qu'il détient (C. expr. art. R 311-22).

Les mémoires doivent **comporter** les moyens et conclusions des parties, **indiquer** le montant demandé ou offert pour l'indemnité principale et, le cas échéant, chacune des indemnités accessoires. Ils doivent être signés par les parties ou leur représentant (C. expr. art. R 311-12).

> **Précisions** **a.** Le délai imparti au défendeur pour notifier son mémoire en réponse court dès la notification du mémoire du demandeur, peu importe que le **juge** saisi soit **incompétent** et que l'**avis** invitant les parties à poursuivre l'instance (CPC art. 82) n'ait **pas été transmis** (Cass. 3e civ. 22-6-2023 n° 22-17.476 : BPIM 4/23 inf. 249).
> **b.** Seul le liquidateur judiciaire, attrait dans la cause, a qualité pour soulever la **fin de non-recevoir** tirée du **défaut de notification**, à son profit, de l'offre d'indemnisation préalable à la saisine du juge de l'expropriation (Cass. 3e civ. 7-12-2023 n° 22-21.409 FS-B).

36345 **Saisine du juge** À défaut d'accord dans le délai d'un mois à compter, soit de la notification des offres de l'expropriant, soit de la notification du mémoire, soit de la mise en demeure, le juge peut être saisi par la partie la plus diligente. Le **demandeur** doit adresser au greffe de la juridiction de l'expropriation, par lettre recommandée avec demande d'avis de réception, une demande et une copie en double exemplaire de son mémoire (C. expr. art. R 311-9). La saisine du juge doit être notifiée à la **partie adverse** dans les mêmes formes. La saisine du juge de l'expropriation doit **indiquer** la date de notification du mémoire au défendeur (Cass. 3e civ. 18-12-2013 n° 12-28.601 : BPIM 2/14 inf. 99).

36350 **Déroulement de l'instance** Le juge fixe par ordonnance la date de la **visite des lieux** et de l'audience. Cette ordonnance doit être notifiée aux parties et au commissaire du gouvernement qui doivent être avisés, 15 jours au moins à l'avance, de la date du transport sur les lieux (C. expr. art. R 311-15).

La visite des lieux doit intervenir dans les 2 mois de l'ordonnance mais postérieurement au délai de 6 semaines. Elle est faite en présence du juge, du greffier, des parties et du commissaire du gouvernement (C. expr. art. R 311-15). Le juge dresse un procès-verbal des opérations.

À peine d'irrecevabilité, le **commissaire du gouvernement** doit notifier ses **conclusions** aux parties à l'instance par lettre recommandée avec demande d'avis de réception, au moins 8 jours avant la visite des lieux. Les conclusions du commissaire du gouvernement contiennent les éléments nécessaires à l'information de la juridiction. Elles comportent notamment les références de tous les termes de comparaison issus des actes de mutation sélectionnés sur lesquels il s'est fondé pour retenir l'évaluation qu'il propose, ainsi que toute indication sur les raisons pour lesquelles les éléments non pertinents ont été écartés. Elles comportent également une **évaluation** motivée des **indemnités** principales et, le cas échéant, des indemnités accessoires revenant à chaque titulaire de droits, ainsi que, s'il y a lieu, les renseignements permettant l'application d'office des dispositions de l'article L 322-11 (C. expr. art. R 311-16).

Les parties peuvent **répondre aux conclusions du commissaire du gouvernement,** par note écrite avec demande d'avis de réception, jusqu'au jour de l'audience (C. expr. art. R 311-16).

Les propriétaires expropriés peuvent **accéder** librement **aux éléments d'information** que l'administration fiscale détient **concernant les valeurs foncières** déclarées à l'occasion des mutations intervenues dans les 5 dernières années (LPF art. L 112 A). Cette communication se fait par l'intermédiaire du site Demande de Valeur Foncière (DVF) (https://app.dvf.etalab.gouv.fr/). La transmission est effectuée dans le cadre d'une procédure électronique, sans mesure d'identification ou de justification préalable. Les éléments d'information mis à disposition s'entendent de la date et de la nature de la mutation, du prix de l'immeuble, de son adresse, de sa description (sous réserve qu'elle ait été déclarée à l'administration : surface Carrez, surface réelle, code type de local, type de local, nombre de pièces principales, surface du terrain) et de ses références cadastrales (qui incluent pour un bien objet de la mutation faisant partie d'une copropriété, le nombre de lots et le numéro de lot dans la limite de cinq lots par mutation). Ces éléments sont accessibles gratuitement. Actualisées semestriellement, les informations sont mises à disposition sous forme d'un fichier téléchargeable qui ne doit permettre ni l'identification des personnes concernées ni une indexation sur des moteurs de recherche en ligne (LPF art. R 112 A-1, R 112 A-2 et R 112 A-3).

Ces propriétaires peuvent également obtenir dans certaines conditions et limites (voir précisions, b) communication des éléments d'information relatifs aux mutations à titre onéreux de biens immobiliers comparables intervenues dans un périmètre et pendant une période déterminés et qui sont utiles à la seule appréciation de la valeur vénale du bien concerné (LPF art. L 107 B). Cette communication se fait par voie électronique par l'intermédiaire du téléservice Patrim « Rechercher des transactions immobilières pour vous aider à estimer votre bien » accessible gratuitement sur le site www.impots.gouv.fr, via Votre espace particulier, dont l'accès est sécurisé.

Parallèlement, le Conseil supérieur du notariat (CSN) met gratuitement à la disposition du public sur internet des **statistiques de prix** concernant le marché immobilier de certaines communes. Ces informations, extraites des bases de données BIEN et PERVAL, ainsi que de la base de données des avant-contrats reçus par les notaires, sont disponibles en ligne sur le site www.immobilier.notaires.fr > Prix immobilier. Le CSN peut également transmettre à tout demandeur, moyennant rémunération, des informations statistiques plus complètes (incluant notamment les références cadastrales des biens vendus et le profil de l'acquéreur) concernant les ventes réalisées sur un secteur et une période donnés (Décret 2013-803 du 3-9-2013 art. 3 et 4). Ce service est accessible sur le site www.immobilier.notaires.fr.

En vue de la détermination de la valeur d'immeubles et d'éléments immobiliers non transférables présentant des difficultés particulières d'évaluation, le juge peut désigner un **expert** par décision motivée ou se faire assister, lors de la visite des lieux, par un notaire ou un notaire honoraire désigné sur une liste établie pour l'ensemble du ressort de la cour d'appel par le premier président, sur proposition du conseil régional des notaires. Il peut également, à titre exceptionnel, désigner une personne qui lui paraîtrait qualifiée pour l'éclairer en cas de difficultés d'ordre technique portant sur la détermination du montant des indemnités (C. expr. art. R 322-1).

L'**audience publique** se déroule après le transport sur les lieux (C. expr. art. R 311-18). Le juge entend les parties et le commissaire du gouvernement s'il en fait la demande (C. expr. art. R 311-20). Si l'une des parties ou le commissaire du gouvernement s'est trouvé dans l'impossibilité de produire, à l'appui de ses mémoires ou de ses conclusions, certaines pièces ou documents, il peut être autorisé sur sa demande à produire à l'audience ces pièces et documents (C. expr. art. R 311-19).

> **Précisions** **a.** Le juge de l'expropriation ne peut pas **surseoir à statuer** sur la fixation du montant des indemnités d'expropriation dans l'attente des recours exercés contre l'arrêté de cessibilité ou l'ordonnance d'expropriation ; ces recours, qui ne sont pas suspensifs, n'ont aucune incidence sur la fixation des indemnités (Cass. 3e civ. 21-5-2008 nº 07-14.517 : Bull. civ. III nº 95).
>
> **b.** Le **téléservice Patrim** permet aux expropriés d'obtenir communication, pour chaque transaction portant sur un immeuble bâti à usage non professionnel, les données suivantes : commune, rue, désignation et superficie « loi Carrez » du bien, références de publication au fichier immobilier du titre de propriété, date et prix de la mutation et numéro de rue, numéro de plan cadastral et le cas échéant, numéro de lot de copropriété ou numéro de volume (LPF art. R 107 B-2, I).
>
> Sauf dérogation, le droit d'accès est limité à 50 consultations par utilisateur par période de 3 mois (LPF art. R 107 B-2, IV).

Jugement Si, à l'expiration d'un délai de 8 jours à compter du transport sur les lieux, l'expropriant et l'exproprié sont toujours en désaccord sur les conditions de l'indemnisation, le juge se prononce par un jugement motivé (C. expr. art. R 311-21). **36355**

Le juge fixe la valeur des biens compris dans l'ordonnance d'expropriation ou bénéficiant de la réquisition d'emprise totale (nos 38500 s.). Il détermine une indemnité distincte au profit de chacun des ayants droit concernés. Il doit statuer dans les limites des conclusions des parties ou de celles du commissaire du gouvernement si celui-ci propose une indemnité inférieure à l'offre de l'expropriant (C. expr. art. R 311-22).

Le jugement doit distinguer l'indemnité principale et, le cas échéant, les indemnités accessoires, en précisant les bases sur lesquelles ces indemnités sont calculées (C. expr. art. L 321-3).

VOIES DE RECOURS ORDINAIRES

36360 **Qualité pour interjeter appel** Les jugements d'expropriation ne sont pas susceptibles d'opposition. La seule voie de recours ordinaire ouverte est donc l'appel (C. expr. art. R 311-24).

Les jugements sont susceptibles d'appel devant la cour d'appel de droit commun (C. expr. art L 211-3). Il peut être formé par l'expropriant, l'exproprié, le commissaire du gouvernement, un locataire de l'exproprié ou tout autre intéressé. L'appel n'a d'effet qu'à l'égard de celui qui le fait. L'appel peut être interjeté par un mandataire muni d'un pouvoir régulier. Les avocats sont dispensés de ce pouvoir.

La créance d'indemnité n'étant pas indivisible, chacun des **coïndivisaires** a la faculté d'interjeter appel seul (Cass. 3e civ. 13-12-1995 no 93-70.208 : Bull. civ. III no 260).

> **Précisions** Le fait pour l'expropriant de payer sans réserve les indemnités d'expropriation, les dépens et l'indemnité de procédure fixés par le jugement ne peut, par lui-même, valoir **acquiescement** et rendre son appel irrecevable (Cass. 2e civ. 23-3-2023 no 21-20.289 : BPIM 3/23 inf. 182).

36365 **Délai et forme de l'appel principal** L'appel principal est interjeté auprès du greffe de la cour d'appel par acte extrajudiciaire, déclaration ou lettre recommandée avec demande d'avis de réception, dans le délai d'un mois à compter de la notification du jugement (C. expr. art. R 311-24). Lorsque ce délai expire un samedi, un dimanche ou un jour férié ou chômé, il est prorogé jusqu'au premier jour ouvrable suivant (Cass. 3e civ. 21-1-2021 no 19-24.799 FSPI).

Le greffe avise par tous moyens la partie adverse de l'appel, lui adresse une copie de la déclaration d'appel et l'informe qu'elle sera ultérieurement convoquée devant la cour (CPC art. 936, sur renvoi de C. expr. art. R 311-24).

ATTENTION

L'exproprié qui s'est abstenu de former appel incident, dans le délai de 3 mois de la notification du mémoire en appel ouvert à l'intimé, ne peut pas relever appel principal du jugement, peu importe que ce jugement n'ait pas été signifié (Cass. 3e civ. 26-11-2020 no 19-20.024 FS-PBI : BPIM 1/21 inf. 23).

36370 **Dépôt des mémoires d'appel** L'**appelant** doit, à peine de caducité, déposer ou adresser son mémoire et les documents qu'il entend produire, au greffe de la cour d'appel, dans un délai de 3 mois à dater de l'appel (C. expr. art. R 311-26). Il s'agit là d'une formalité substantielle dont l'inobservation doit être relevée d'office par le juge d'appel (Cass. 3e civ. 11-5-2006 no 05-70.020 : Bull. civ. III no 121). Lorsque l'appel est interjeté par lettre recommandée avec demande d'avis de réception (AR), le délai de 3 mois court désormais à compter de l'expédition de la déclaration d'appel par lettre recommandée AR (Cass. 3e civ. 4-7-2024 no 23-16.019 : BPIM 5/24 inf. 304).

Le dépôt du mémoire d'appel au greffe de première instance est une cause de déchéance. Une déclaration d'appel contenant l'énonciation suffisante des prétentions peut suppléer l'absence de dépôt d'un mémoire (Cass. 3e civ. 8-6-2010 no 09-12.111 : BPIM 4/10 inf. 279), mais la simple contestation de l'indemnité ne serait pas suffisante, à notre avis, pour valoir mémoire. Les développements d'un mémoire additionnel de l'appelant concernant de nouveaux éléments de preuve déposé au greffe de la cour d'appel après l'expiration du délai sont irrecevables (Cass. 3e civ. 25-11-1998 no 97-70.132 : Bull. civ. III no 224), de même qu'un mémoire complémentaire tenant compte d'une évaluation supérieure proposée par le commissaire du gouvernement (Cass. 3e civ. 23-09-2020 no 19-20.633 F-D).

Opérant un revirement de jurisprudence, la Cour de cassation juge désormais que le défaut de communication des pièces dans le délai de 3 mois n'est sanctionné que par leur irrecevabilité lorsque le juge estime qu'elles n'ont pas été communiquées en temps utile et non plus par la caducité de la déclaration d'appel (Cass. 3e civ. 16-1-2025 no 23-20.925 FS-B).

L'appelant est irrecevable à former une demande nouvelle dans un mémoire complémentaire déposé plus de 3 mois à dater de sa déclaration d'appel (C. expr. art. R 311-26). La cour d'appel ne pouvait pas tenir compte de l'évaluation proposée par le commissaire du gouvernement, laquelle était supérieure à celle résultant du mémoire de l'expropriant et du mémoire des appelants déposé dans un délai de 3 mois à compter de la déclaration d'appel, seul recevable (Cass. 3e civ. 23-9-2020 no 19-20.633 F-D : AJDI 2020 p. 848).

L'**intimé** dispose d'un délai de 3 mois à compter de la notification qui lui est faite du mémoire de l'appelant pour déposer son mémoire en réponse, à peine d'irrecevabilité (C. expr. art. R 311-26). Ce délai est impératif, peu important que par mémoire complémentaire l'appelant ait complété son mémoire initial (Cass. 3e civ. 5-11-2008 no 07-17.014 : Bull. civ. III no 166). Les développements d'un mémoire complémentaire de l'intimé déposé hors délai sont irrecevables (Cass. 3e civ. 24-10-2012 no 11-22.458 : BPIM 6/12 inf. 435). En revanche, la communication tardive des pièces par l'intimé n'est désormais sanctionnée par leur irrecevabilité que lorsque le juge estime qu'elles n'ont pas été communiquées en temps utile (Cass. 3e civ. 16-1-2025 no 23-20.925 FS-B).

Le **commissaire du gouvernement** doit dans les mêmes conditions et délais déposer ses conclusions et l'ensemble des pièces sur lesquelles il fonde son évaluation. Le greffe notifie à chaque intéressé et au commissaire du gouvernement une copie des pièces transmises (C. expr. art. R 311-26).

À noter enfin que les délais de dépôts des mémoires ne sont pas applicables à la procédure suivie devant la cour d'**appel sur renvoi de cassation** (Cass. 3e civ. 10-2-2010 no 08-22.116 : BPIM 2/10 inf. 102 ; Cass. 3e civ. 6-4-2022 no 21-12.893 : BPIM 3/22 inf. 194).

> **Précisions** **a.** Sont recevables les **conclusions du commissaire du gouvernement** déposées ou adressées au greffe de la cour d'appel moins de 3 mois après qu'il a reçu notification des conclusions d'appel incident (Cass. 3e civ. 23-9-2020 no 19-15.907 FS-PBI : D. 2020 act. p. 1890).
> **b.** L'introduction d'une **demande d'aide juridictionnelle** dans le délai d'appel interrompt les délais pour conclure et déposer les mémoires jusqu'à, en cas d'admission, la désignation de l'auxiliaire de justice si elle est plus tardive (Cass. 3e civ. 7-11-2012 no 11-22.947 : Bull. civ. III no 164).
> **c.** La cour d'appel ne peut pas déterminer les indemnités d'expropriation au vu des **conclusions du commissaire du gouvernement** déposées en première instance, alors que ce dernier a proposé une évaluation différente dans ses conclusions fournies au greffe de la cour (Cass. 3e civ. 6-9-2018 no 17-20.479 F-D : BPIM 6/18 inf. 402).

Appel incident Appel incident du jugement fixant l'indemnité d'expropriation peut être formé par les parties dans leur mémoire en réponse ou par déclaration faite au greffe de la chambre des expropriations de la cour d'appel (C. expr. art. R 311-26, al. 2). La requête en appel incident doit être déposée au greffe dans le délai de trois mois à compter de la notification des conclusions de l'appelant. **36375**

> **Précisions** Le **point de départ du délai** de 3 mois est fixé au jour de la notification des conclusions de l'appelant par le greffier, même si l'appelant a lui-même procédé à cette notification antérieurement (Cass. 3e civ. 19-12-2019 no 18-24.794 FS-PBI : BPIM 1/20).

Audience d'appel La cour d'appel statue sur mémoires. Les parties et le commissaire du gouvernement peuvent toutefois développer les éléments des mémoires et des conclusions qu'ils ont présentés. Le recours à un expert est possible (C. expr. art. R 311-28). **36380**

Les juges doivent se fonder sur les conclusions régulièrement déposées en appel, et non sur celles remises en première instance (Cass. 3e civ. 6-9-2018 no 17-20.479 F-D : BPIM 6/18 inf. 402) ou sur celles développées dans la même affaire mais au cours d'une procédure d'appel jugée irrecevable (Cass. 3e civ. 23-5-2019 no 18-10.140 et 18-15.001 FS-PBI : D. 2019 act. p. 1180).

L'appel remet la chose jugée en question pour qu'il soit à nouveau statué en fait et en droit. Lorsque l'appel n'est pas limité, la dévolution s'opère pour le tout et la cour d'appel est tenue de statuer sur l'entier litige (Cass. 3e civ. 15-1-2003 no 01-70.150 : Bull. civ. III no 6). L'arrêt d'appel est motivé.

NOTIFICATIONS DES DÉCISIONS

Les **jugements et arrêts** sont notifiés aux parties et au commissaire du gouvernement conformément aux articles 675 et suivants du CPC (C. expr. art. R 311-30, al. 1). Les notifications sont faites par la partie la plus diligente par lettre recommandée avec demande d'avis de réception ou acte extrajudiciaire. Elles peuvent être valablement faites aux représentants des parties (C. expr. art. R 311-30, al. 2). **36385**

La délivrance par le greffe du tribunal d'une « grosse » du jugement d'expropriation ne fait pas courir le délai d'appel en l'absence de notification régulière (Cass. 3e civ. 30-1-2008 no 07-10.999 : Bull. civ. III no 20).

EXÉCUTION DES DÉCISIONS

Les juridictions de l'expropriation sont seules compétentes pour connaître des **difficultés d'exécution** des décisions qu'elles rendent (jugements ou arrêts) en fixation des indemnités d'expropriation. La demande est portée à une audience tenue à cet effet, il est statué selon la procédure accélérée au fond (C. expr. art. R 311-23). **36390**

VOIES DE RECOURS EXTRAORDINAIRES

Tierce opposition La tierce opposition est ouverte à tout intéressé qui justifie avoir un intérêt et n'avoir pas été partie à l'instance. **36395**

36400 **Pourvoi en cassation** Le **délai** du pourvoi contre l'arrêt d'appel est de 2 mois à compter de sa signification. Le recours à un avocat aux Conseils est nécessaire. Le pourvoi en cassation n'est pas suspensif.

En cas de cassation, les parties sont remises en même et semblable état où elles étaient avant l'arrêt de la cour d'appel. L'affaire est, en principe, renvoyée devant une autre cour d'appel, appelée cour de renvoi.

> **Précisions** Le moyen qui s'analyse en une **fin de non-recevoir** tirée de l'absence de notification des offres de l'expropriant à l'exproprié préalablement à la saisine de la juridiction n'étant pas d'ordre public, il ne peut être présenté pour la première fois devant la Cour de cassation (Cass. 3e civ. 24-6-2021 nº 20-14.807 FS-PB : JCP G 2021 chron. nº 881). Le défaut de qualité n'étant pas d'ordre public, la fin de non-recevoir tirée de celui-ci ne saurait être opposée pour la première fois devant la Cour de cassation (Cass. 3e civ. 29-6-2022 nº 21-17.360 F-D).
> La portée de la cassation est déterminée par le dispositif de l'arrêt qui la prononce. Elle s'étend également à l'ensemble des dispositions du jugement cassé ayant un **lien d'indivisibilité ou de dépendance nécessaire** (CPC art. 624 ; pour un exemple : Cass. 3e civ. 29-6-2022 nº 21-15.205 F-D).

FRAIS ET DÉPENS

36405 L'expropriant supporte seul les dépens de **première instance** (C. expr. art. L 312-1). Il s'agit là d'une exception à l'article 696 du CPC qui dispose que la partie perdante est condamnée aux dépens, à moins que le juge, par décision motivée, n'en mette la totalité ou une fraction à la charge d'une autre partie.

En **appel** les frais et dépens peuvent être mis à la charge de l'exproprié, mais la cour peut décider, même si elle confirme le jugement, de mettre les dépens à la charge de l'expropriant en tout ou partie conformément à l'article 696 du CPC. S'il fait appel, le commissaire du gouvernement peut être condamné aux dépens (Cass. 3e civ. 8-1-1992 nº 89-70.280 : Bull. civ. III nº 2).

36410 L'**article 700 du CPC,** de portée générale, qui dispose que dans toutes les instances le juge condamne la partie tenue aux dépens ou, à défaut, la partie perdante à payer à l'autre partie la somme qu'il détermine, au titre des **frais exposés et non compris dans les dépens** s'applique en matière d'expropriation. Le juge tient compte de l'équité ou de la situation économique de la partie condamnée. Il peut, même d'office, pour des raisons tirées des mêmes considérations, dire qu'il n'y a pas lieu à cette condamnation (sont essentiellement visés par l'article 700 les frais d'avocat).

SECTION 5 PROCÉDURES SPÉCIALES

A. Procédure d'urgence

36600 En cas d'urgence le juge peut fixer, s'il ne s'estime pas suffisamment éclairé, le montant d'**indemnités provisionnelles** et autoriser l'expropriant à prendre possession moyennant le paiement ou, en cas d'obstacle au paiement, la consignation des indemnités fixées (C. expr. art. L 232-1).

Lorsqu'il y a urgence à prendre **possession des biens** expropriés, celle-ci est constatée par l'acte déclaratif d'utilité publique ou un acte postérieur de même nature (C. expr. art. R 232-1).

L'expropriant notifie ses offres 15 jours au moins avant de saisir le juge (C. expr. art. R 232-2). En revanche, il n'a pas à notifier à l'exproprié le mémoire visé nº 36340 avant la saisine du juge (Cass. 3e civ. 10-11-1998 nº 97-70.152 : AJDI 1999 p. 329).

À l'issue du transport sur les lieux, le juge tient une audience au cours de laquelle les parties développent leurs moyens et conclusions. Si le juge s'estime suffisamment éclairé, il peut fixer le montant des indemnités définitives dans la limite des moyens et conclusions (C. expr. art. R 232-6).

ATTENTION

L'indemnité provisionnelle accordée à l'exproprié en cas d'urgence se rattache **fiscalement** à l'exercice au cours duquel elle a été fixée par le juge (CE 3-6-2022 nº 452708, Sté D 3P : BPIM 4/22 inf. 284).

B. Procédure d'extrême urgence

OPÉRATIONS CONCERNÉES

La procédure d'extrême urgence ne peut être mise en œuvre que dans les cas prévus limitativement par la loi. Il s'agit, notamment, des opérations intéressant : 36602

– la défense nationale (C. expr. art. L 521-1) ;

– les autoroutes, routes express, routes nationales, voies de chemin de fer, infrastructures nécessaires à la mise en œuvre des services express régionaux métropolitains, voies de tramways ou de transport en commun en site propre, oléoducs (C. expr. art. L 522-1, al. 1) ;

– les projets compris dans le périmètre d'une opération d'intérêt national (OIN) ou d'une grande opération d'urbanisme (GOU) si l'exécution des travaux risque d'être retardée (C. expr. art. L 522-1, al. 2 créé par loi 2024-322 du 9-4-2024) ;

– un ou plusieurs immeubles dégradés ou dangereux dans le périmètre d'une opération de requalification des copropriétés dégradées (ORCOD) (C. expr. art. L 523-1 s. créés par loi 2024-322 du 9-4-2024) ;

– l'extension ou la construction d'établissements pénitentiaires (Loi 2019-222 du 23-3-2019 art. 90, à condition que l'opération soit entrée en phase d'étude avant le 31-12-2022) ;

– la création de nouveaux réacteurs électronucléaires à proximité immédiate ou à l'intérieur du périmètre d'une installation nucléaire de base (Loi 2023-491 du 22-6-2023 art. 15).

> **Précisions** Pour assurer dans les délais la livraison des **sites olympiques de 2024,** la procédure d'extrême urgence a pu être utilisée pour prendre possession immédiatement d'immeubles bâtis ou non bâtis nécessaires au déroulement des jeux (Loi 2018-202 du 26-3-2018 art. 13).

PRISE DE POSSESSION

L'autorisation de prendre possession des propriétés privées peut être donnée à l'administration maître de l'ouvrage, par un décret après avis conforme du Conseil d'État (C. expr. art. L 521-1). Pour les travaux intéressant la défense nationale, le préfet peut prendre les arrêtés nécessaires à cette prise de possession 24 heures après la réception du décret (C. expr. art. R 521-2). Les agents de l'administration peuvent alors pénétrer dans les propriétés privées (C. expr. art. L 521-2). 36604

Si la demande en est présentée par les propriétaires ou par les autres intéressés, l'administration paie ou, en cas d'obstacle au paiement, consigne, dans les 15 jours, une indemnité égale à l'évaluation des services fiscaux. À défaut pour elle de payer ou de consigner cette provision, l'autorisation d'occuper les terrains cesse d'être valable (C. expr. art. L 521-3).

> **Précisions** La prise de possession dans les **ORCOD** a lieu dans les conditions de droit commun sous réserve des articles L 522-3, L 522-4 et L 523-3 à L 523-7 du Code de l'expropriation (C. expr. art. L 523-2 nouveau).

POURSUITE DE LA PROCÉDURE

L'administration est tenue, dans le mois qui suit la prise de possession, de poursuivre la procédure d'expropriation (C. expr. art. L 521-4). Le juge attribue, le cas échéant, une indemnité spéciale aux intéressés qui justifient d'un préjudice causé par la rapidité de la procédure (C. expr. art. L 521-5). 36606

> **Précisions** Si l'**expropriation** de certaines des propriétés dont l'administration a pris possession est **abandonnée,** notification en est faite aux intéressés. À défaut d'accord amiable, l'indemnité due pour les dommages causés par les études ou par l'occupation temporaire des propriétés est réglée dans les conditions du droit commun (dommages de travaux publics de la compétence du juge administratif) (C. expr. art. L 521-6 et L 521-7).

C. Lutte contre l'habitat insalubre

La loi Vivien du 10 juillet 1970 a institué une procédure spéciale d'expropriation applicable à des immeubles pour lesquels il est impossible de remédier à l'insalubrité ou à l'insécurité (C. expr. art. L 511-1 s.) (n°s 36610 s.). Cette procédure, qui déroge sur certains points au droit commun de l'expropriation, est conforme à la Constitution (Cons. const. 17-9-2010 n° 2010-26 QPC). Les garanties prévues assurent en effet le respect du droit de propriété. 36608

Ce dispositif était souvent critiqué par les acteurs locaux contraints d'attendre que le bien soit dans un état de dégradation avancé pour agir. Afin d'anticiper le traitement de l'insalubrité, la loi Habitat dégradé du 9 avril 2024 a donc institué une autre procédure spéciale, très proche de la précédente, qui s'applique à des immeubles qui ne sont pas atteints d'une indignité irrémédiable mais dont les propriétaires ont omis d'exécuter les mesures prescrites par des arrêtés de police (C. expr. art. L 512-1 à L 512-6 créés par loi 2024-322 du 9-4-2022) (nos 36620 s.).

1. IMMEUBLES INDIGNES À TITRE IRRÉMÉDIABLE

36610 **Champ d'application** Sont visés les immeubles ayant fait l'objet d'un **arrêté de mise en sécurité ou de traitement de l'insalubrité** pris en application de l'article L 511-11 du CCH et prescrivant la démolition ou l'interdiction définitive d'habiter ou d'utiliser (C. expr. art. L 511-1, 1° modifié par loi 2024-322 du 9-4-2024).

À titre **exceptionnel**, peuvent également être expropriés (C. expr. art. L 511-1, 2° modifié par loi 2024-322 du 9-4-2024) :
– des **immeubles** ni insalubres ni impropres à l'habitation ou à l'utilisation dès lors que leur expropriation est **indispensable à la démolition** d'immeubles insalubres ou menaçant ruine. Cette procédure spéciale est également applicable aux immeubles qui ne sont pas à usage d'habitation (CE 18-1-2017 n° 383374 : BPIM 2/17 inf. 148) ;
– des **terrains** sur lesquels sont implantés des immeubles insalubres ou menaçant ruine, lorsque leur acquisition est nécessaire à la résorption de l'habitat insalubre. La circonstance que ces terrains supportent également des immeubles en bon état n'empêche pas cette expropriation qui doit rester exceptionnelle.

L'expropriation peut être poursuivie au profit de l'État, d'une société de construction dont il détient la majorité du capital, d'une collectivité territoriale, d'un organisme y ayant vocation ou du concessionnaire d'une opération d'aménagement mentionnée à l'article L 300-4 du Code de l'urbanisme.

Sur l'expropriation des terrains à l'abandon, voir n° 36670.

> **Précisions** **a.** Avant la loi 2024-322 du 9 avril 2024, l'article L 511-1 du Code de l'expropriation visait les immeubles ayant fait l'objet d'un arrêté prescrivant la démolition ou « l'interdiction définitive d'habiter ». La loi du 9 avril 2024 a ajouté la mention de l'interdiction définitive d'**utiliser** un local. Cet ajout a pour objet, selon l'étude d'impact du projet de loi, de marquer clairement que la procédure spéciale s'applique y compris au propriétaire d'un **local commercial** faisant partie d'un immeuble insalubre ou menaçant ruine.
b. Les terrains expropriés peuvent être affectés, à titre précaire, à la construction de **logements provisoires** sans que la durée d'utilisation de ceux-ci puisse excéder 8 ans à compter de l'ordonnance d'expropriation (C. expr. art. L 511-3).
c. La procédure d'expropriation de la loi Vivien a pour objet de pallier les carences des propriétaires à effectuer des travaux nécessaires pour remédier à l'insalubrité des immeubles leur appartenant. Par suite, un préfet commet un **détournement de procédure** en faisant application de ces dispositions alors que la dégradation de l'immeuble résulte principalement du refus de l'État d'accorder le concours de la force publique pour expulser des occupants sans droit ni titre, dont la présence a empêché le propriétaire d'effectuer des travaux de réhabilitation (CE 25-5-2005 n° 275864 : BPIM 4/05 inf. 283).

36612 **Procédure d'expropriation** Quand les conditions de l'expropriation sont réunies, le préfet prend un **arrêté** qui (C. expr. art. L 511-2 et R 511-1) :
– déclare d'utilité publique l'expropriation des immeubles, parties d'immeubles, installations ou terrains ;
– indique la collectivité publique ou l'organisme bénéficiaire de l'expropriation ;
– mentionne les offres de relogement faites obligatoirement aux occupants (y compris les propriétaires), qu'il s'agisse d'un relogement durable ou d'un relogement d'attente avant l'offre d'un relogement définitif (C. expr. art. R 511-2, al. 1) ;
– prononce la cessibilité ;
– fixe le montant de l'indemnité provisionnelle allouée aux propriétaires ainsi qu'aux titulaires de baux commerciaux, cette indemnité ne pouvant être inférieure à l'évaluation des domaines ;
– fixe la date de prise de possession qui interviendra après paiement ou consignation de l'indemnité provisionnelle, cette date devant être postérieure d'au moins un mois à la publication de l'arrêté (deux mois dans les cas où l'article L 511-1 n'autorise l'expropriation qu'à titre exceptionnel) ;
– fixe le montant de l'indemnité provisionnelle de déménagement (à moins que le déménagement ne soit assuré par l'administration) et, le cas échéant, le montant de l'indemnité de privation de jouissance.

L'arrêté est publié au recueil des actes administratifs du département et affiché à la mairie du lieu de situation des biens. Il est notifié aux propriétaires, aux titulaires de droits réels immobiliers ou de parts donnant droit à l'attribution ou à la jouissance en propriété des locaux et, s'agissant d'un immeuble d'hébergement, à l'exploitant (C. expr. art. R 511-2, al. 2).

Dans le mois qui suit la prise de possession des lieux par le bénéficiaire de l'expropriation, le préfet doit poursuivre la procédure devant le **juge judiciaire** dans les **conditions de droit commun** (C. expr. art. L 511-4). À défaut de cession amiable, il doit obtenir une ordonnance d'expropriation. Les droits de l'exproprié sur l'immeuble s'éteindront à la date de la cession amiable ou de l'ordonnance d'expropriation dans les conditions prévues à l'article L 222-2 du Code de l'expropriation. **36614**

› Précisions a. L'occupant exproprié en vertu de la procédure spéciale d'expropriation des immeubles insalubres ou menaçant ruine bénéficie des **droits de priorité et de préférence** prévus aux articles L 423-1 à L 423-5 du Code de l'expropriation (Cass. 3e civ. 13-6-2019 no 18-13.287 FS-PBI : BPIM 4/19 inf. 247 ; voir nos 38420 s.).

b. Dès lors que les biens ont fait l'objet d'un arrêté de péril, assorti d'une ordonnance de démolition et d'une interdiction définitive d'habiter, le juge de l'expropriation ne peut pas refuser de prononcer l'expropriation au motif que cet arrêté n'a pas été **notifié** à tous les propriétaires concernés (Cass. 3e civ. 20-12-2018 no 18-18.427 F-D : AJDI 2019 p. 225).

c. En cas d'**expropriation simultanée** de logements insalubres et de bâtiments salubres situés sur un même site, la procédure d'expropriation peut être menée conformément au droit commun (CE 7-5-1993 no 110947 : Lebon T. p. 822 ; Cass. 3e civ. 7-9-2011 no 10-10.597).

Règles particulières d'indemnisation Pour la fixation de l'indemnité d'expropriation, il est renvoyé à la procédure et aux modalités de calcul de droit commun sous réserve de certaines règles dérogatoires (C. expr. art. L 511-5). **36616**

La **valeur des biens** est appréciée, compte tenu du caractère impropre à l'habitation ou à l'utilisation des locaux et installations expropriés, à la valeur du terrain nu, déduction faite des frais entraînés par leur démolition. Cette règle particulière ne s'applique pas pour le calcul de l'indemnité due aux propriétaires qui occupaient les lieux au moins 2 ans avant la notification de l'arrêté de péril ou d'insalubrité. Elle ne s'applique pas non plus aux propriétaires des immeubles qui ne sont ni insalubres, ni impropres à l'habitation, ni frappés d'un arrêté de péril (C. expr. art. L 511-6).

Lorsque le propriétaire n'a pas procédé au **relogement des occupants,** l'indemnité est réduite du montant des frais de relogement exposés par la collectivité (C. expr. art. L 511-7). Le refus par les occupants du relogement offert par l'expropriant dans les conditions visées no 38430 permet leur expulsion sans indemnité (C. expr. art. L 511-9).

› Précisions a. Le propriétaire ne peut pas obtenir une indemnité accessoire fondée sur des éléments afférents à la construction déclarée insalubre (Cass. 3e civ. 20-10-2004 no 03-70.134 : Bull. civ. III no 174). En cas d'**expropriation simultanée** de logements insalubres et de bâtiments salubres situés sur un même site, l'indemnité relative à l'expropriation des logements insalubres doit être fixée selon les règles particulières les concernant (Cass. 3e civ. 7-9-2011 no 10-10.597).

b. Dès lors qu'un immeuble exproprié a fait l'objet d'un arrêté d'insalubrité à titre irrémédiable, seule la méthode de la **récupération foncière** peut être utilisée pour calculer les indemnités, et cela, même s'il y a un doute sur l'intention de l'expropriant de démolir le bien (Cass. 3e civ. 13-4-2023 no 21-25.771 FS-B, Sté publique locale du Velay : BPIM 3/23 inf. 183).

2. IMMEUBLES INDIGNES À TITRE REMÉDIABLE

Champ d'application Cette nouvelle procédure ne peut être mise en place que si certaines conditions sont réunies (C. expr. art. L 512-1 créé par loi 2024-322 du 9-4-2024) : **36620**

– l'immeuble a fait l'objet, au cours des dix dernières années civiles, d'au moins **deux arrêtés** de mise en sécurité ou de traitement de l'insalubrité ayant prescrit des mesures propres à remédier à la situation qui n'ont **pas été intégralement exécutées** ou à l'exécution desquelles il a dû être **procédé d'office** ;

– des mesures de remise en état sont **nécessaires pour éviter la poursuite de la dégradation** de l'immeuble (nécessité constatée par un rapport des services de la commune, de l'EPCI ou de l'État, ou d'un expert désigné par l'autorité compétente) ;

– si l'immeuble est à usage d'habitation et occupé et qu'une interdiction temporaire d'habiter s'impose pour permettre les travaux ou protéger les occupants, un **projet de plan de relogement** et le cas échéant **d'hébergement** est élaboré (C. urb. art. L 314-2 à L 314-9).

Lorsque les arrêtés inexécutés ou exécutés d'office concernaient une partie privative d'un immeuble en copropriété, l'expropriation ne porte que sur le lot concerné.

L'expropriation peut être poursuivie au profit de l'État, d'une société de construction dont il détient la majorité du capital, d'une collectivité territoriale, du concessionnaire d'une opération d'aménagement mentionnée à l'article L 300-4 du Code de l'urbanisme ou du titulaire d'un contrat mentionné à l'article L 300-10 du même Code.

36622 **Procédure d'expropriation** Lorsque ces conditions sont réunies, le préfet prend un **arrêté** dont le contenu correspond pour l'essentiel à celui décrit nº 36612 : il déclare l'utilité publique, désigne la collectivité expropriante, prononce la cessibilité des immeubles ou parties d'immeubles bâtis, installations et terrains concernés, fixe le montant de l'indemnité provisionnelle due aux propriétaires et aux titulaires de conventions d'occupation à usage autre que d'habitation et fixe la date de la prise de possession, qui doit être postérieure d'au moins deux mois à la publication de l'arrêté (C. expr. art. L 512-2).

36624 S'il y a lieu, le préfet, en même temps qu'il déclare l'utilité publique, prescrit par arrêté l'**interdiction temporaire** d'habiter ou d'utiliser les lieux. La collectivité expropriante est alors tenue de **reloger** les occupants, y compris les occupants propriétaires (C. expr. art. L 512-2, al. 1 et 2).

Ce relogement s'effectue conformément aux articles L 423-1 et suivant du Code de l'expropriation et aux articles L 314-1 et suivant du Code de l'urbanisme. Le **refus** des occupants du relogement qui leur est offert dans les conditions prévues par le Code de l'urbanisme (C. urb. art. L 314-2 et L 314-3) autorise leur expulsion sans indemnité (C. expr. art. L 512-3, al. 3 et 4).

36626 Dans le mois qui suit la prise de possession, le préfet poursuit la procédure d'expropriation dans les conditions de droit commun (C. expr. art. L 512-3, al. 1).

Par exception à la règle selon laquelle l'ordonnance d'expropriation ou la cession amiable éteint tout droit réel ou personnel sur l'immeuble (C. expr. art. L 222-2), la collectivité expropriante est **subrogée** dans les droits du propriétaire pour la poursuite des **baux en cours** (C. expr. art. L 512-3, al. 2). Toutefois cette subrogation ne joue pas si, préalablement à la déclaration d'utilité publique, le conseil municipal de la commune où est situé l'immeuble a été saisi d'un dossier présentant un projet simplifié d'acquisition publique en vue d'une opération rendant impossible la réintégration ultérieure des occupants dans le local évacué.

36630 **Règles particulières d'indemnisation** L'indemnité d'expropriation est en principe fixée conformément au droit commun (C. expr. art. L 512-4). Certaines **règles spéciales** sont toutefois prévues.

Pour le calcul de l'indemnité due au propriétaire, la valeur du bien est fixée par référence à des mutations ou à des accords amiables portant sur des biens situés dans le même secteur et se trouvant dans un **état de dégradation ou d'insalubrité comparable**. Lorsque ces références sont en nombre insuffisant et que des opérations sur des biens de meilleure qualité sont retenues pour déterminer la valeur du bien, un **abattement** est pratiqué sur les montants des opérations retenues. Cet abattement est défini en fonction de la dépréciation résultant de la dégradation et de l'insalubrité du bien. Il comprend le montant des travaux et mesures non réalisés qui avaient été prescrits par les arrêtés non exécutés (C. expr. art. L 512-5).

Lorsque les lieux expropriés ont fait l'objet d'une interdiction temporaire d'habiter ou d'utiliser résultant d'un ou plusieurs arrêtés de mise en sécurité ou de traitement de l'insalubrité, l'indemnité d'expropriation est réduite du montant des **frais de relogement ou d'hébergement des occupants** si l'administration les a pris en charge en raison de la carence du propriétaire (C. expr. art. L 512-6).

> **Précisions a.** L'occupant qui a versé des **sommes** à l'exproprié en **contrepartie de l'occupation** d'un logement faisant l'objet d'un arrêté de mise en sécurité ou de traitement de l'insalubrité, alors que ces sommes n'étaient pas dues, peut en demander la **restitution** devant le juge de l'expropriation dans le cadre de l'instance en fixation de l'indemnité d'expropriation (C. expr. art. L 311-8-1 créé par loi 2024-322 du 9-4-2024).
>
> **b.** L'**indemnité provisionnelle** ne peut être inférieure à l'évaluation établie par le service des domaines (C. expr. art. L 512-2, al. 3). Le préfet fixe, le cas échéant, le montant de l'indemnité provisionnelle de privation de jouissance et l'indemnité provisionnelle de déménagement si celui-ci n'est pas assuré par l'administration (C. expr. art. L 512-2, al. 5).

D. Expropriation en cas de risques naturels majeurs

CONDITIONS DE MISE EN ŒUVRE

Une **possibilité** d'expropriation pour cause d'utilité publique est ouverte lorsqu'un risque prévisible de mouvements de terrain, ou d'affaissements de terrain dus à une cavité souterraine ou à une marnière, d'avalanches, de crues torrentielles ou à montée rapide ou de submersion marine menace gravement des vies humaines. Le recours à cette procédure n'est possible que si les moyens de sauvegarde et de protection des populations sont plus coûteux que les indemnités d'expropriation (C. envir. art. L 561-1, al. 1). 36635

> **Précisions** **a.** L'expropriation par les agences pour la mise en valeur des espaces urbains de la **zone** dite des **cinquante pas géométriques** dans les départements d'outre-mer peut également être déclarée d'utilité publique par l'État dans les mêmes conditions (C. envir. art. L 561-1, al. 1 modifié par loi 2023-1322 du 29-12-2023). Sur cette zone, voir nº 8080, Précisions.

b. Ces dispositions ne s'appliquent pas aux cavités souterraines d'origine naturelle ou humaine résultant de l'exploitation passée ou en cours d'une **mine** (C. envir. art. L 561-1, al. 2). Sur ce point, voir nºs 36650 s.

c. Si le risque exige des mesures de sauvegarde immédiates, la **procédure d'extrême urgence** prévue par le Code de l'expropriation peut être utilisée (voir nºs 36602 s.).

d. L'expropriation est également possible en cas de **risques technologiques** majeurs (voir nº 1135).

e. Le recours à la procédure d'expropriation est possible en cas de menace grave pour les vies humaines « **exclusivement imputable aux éléments naturels** » (CAA Bordeaux 13-12-2016 nº 15BX01289, à propos de l'effondrement de cavités existantes occasionné par des travaux de forage).

f. Le **risque d'érosion côtière** ne relève ni des risques de submersion marine, ni de celui des risques prévisibles de mouvements de terrain ; il ne peut servir de justification à des expropriations fondées sur l'article L 561-1 du Code de l'environnement (Cons. const. 6-4-2018 nº 2018-698 QPC : BPIM 3/18 inf. 237-1 ; CE 16-8-2018 nº 398671).

PROCÉDURE D'EXPROPRIATION

Les règles spécifiques de procédure sont fixées par le Code de l'environnement. En l'absence de règles dérogatoires, les autres dispositions réglementaires du Code de l'expropriation sont applicables (C. envir. art. R 561-1). La circulaire 96-53 du 10 juillet 1996 (BO équipement 96/21 du 10-8-1996 p. 50) précise les conditions de mise en œuvre de cette procédure exceptionnelle, et détermine, notamment, le contenu du **dossier** de demande d'expropriation et la **procédure d'instruction.** 36640

Le préfet engage la **procédure** (C. envir. art. R 561-2). L'utilité publique est déclarée par arrêté préfectoral, dont une copie est transmise à la commune ou au groupement de communes expropriants (C. envir. art. R 561-3 et R 561-4).

Le dossier soumis à enquête préalable relève de l'article R 112-5 du Code de l'expropriation. Il s'agit du **dossier simplifié.** Toutefois, il est complété par une analyse des risques décrivant les phénomènes naturels en cause, permettant d'apprécier l'importance et la gravité de la menace et de vérifier que les autres moyens de sauvegarde et de protection des populations sont plus coûteux que les indemnités d'expropriation (C. envir. art. R 561-2).

RÈGLES PARTICULIÈRES D'INDEMNISATION

Pour la détermination du **montant** des indemnités, il n'est pas tenu compte de l'existence du risque. 36645

Lorsque le bien est situé dans une zone exposée au **recul du trait de côte** (C. urb. art. L 121-22-2), les modalités d'évaluation de sa valeur sont celles prévues à l'article L 219-7 du Code de l'urbanisme.

Les indemnités perçues au titre de l'**assurance catastrophe naturelle** viennent en déduction des indemnités d'expropriation, lorsque les travaux de réparation liés au sinistre n'ont pas été réalisés et que la valeur du bien a été estimée sans tenir compte des dommages subis (C. envir. art. L 561-1, al. 4).

Pour éviter tout risque de **spéculation,** l'indemnisation est supprimée ou réduite si l'immeuble exproprié a été acquis dans le but d'obtenir une indemnité supérieure au prix d'achat. Sont présumées faites dans ce but les acquisitions postérieures à l'ouverture de l'enquête publique préalable à l'approbation d'un plan de prévention des risques naturels prévisibles pour la zone concernée, ou, en l'absence d'un tel plan, postérieures à l'ouverture de l'enquête publique préalable à l'expropriation (C. envir. art. L 561-2).

> **Précisions** Les indemnités d'expropriation, les dépenses liées à la limitation de l'accès et à la démolition des biens exposés au risque sont financées par le **fonds de prévention des risques naturels majeurs** (C. envir. art. L 561-3). Intégré au budget général de l'État, ce dernier est alimenté, notamment, par un prélèvement de 12 % sur le produit des primes ou cotisations additionnelles relatives à la garantie contre le risque de catastrophe naturelle (CGI art. 235 ter ZE). Le financement par ce fonds des indemnités et dépenses précitées s'effectue à raison de la totalité des dépenses éligibles. Les expropriations effectuées par un établissement public foncier et financées par le fonds de prévention sont subordonnées à la signature préalable par l'établissement public foncier d'une convention cadre avec l'État et de conventions opérationnelles avec les communes concernées ou leurs groupements. Les contributions du fonds sont précisées dans le procès-verbal établi lors de la cession du bien à la commune ou au groupement, en application de la convention opérationnelle (C. envir. art. D 561-12-1).

E. Immeubles exposés à un risque minier

CONDITIONS DE MISE EN ŒUVRE

36650 Une procédure particulière d'expropriation est prévue lorsque des biens sont exposés à un risque minier ou ont subi un affaissement (C. minier art. L 174-6 s. ; Décret 2000-547 du 16-6-2000 art. 6 à 8 modifiés par décret 2022-1485 du 28-11-2022).

En cas de risque minier menaçant gravement la **sécurité des personnes,** les biens soumis à ce risque peuvent être expropriés par l'État, dans les conditions prévues par le Code de l'expropriation, lorsque les moyens de sauvegarde et de protection des populations s'avèrent plus coûteux que l'expropriation (C. minier art. L 174-6). S'agissant des biens immobiliers ayant subi un **affaissement,** l'expropriation peut être mise en œuvre lorsque le coût de leur sauvegarde, maintien en l'état ou réparation excède la valeur du bien telle qu'évaluée sans tenir compte du risque (C. minier art. L 174-10).

> ATTENTION
> Lorsque le risque rend nécessaire l'exécution immédiate de mesures de sauvegarde, la **procédure d'extrême urgence** prévue par le Code de l'expropriation peut être utilisée (voir n°s 36602 s.).

EFFET DE L'EXPROPRIATION

36655 L'expropriation prononcée entraîne subrogation de l'État dans les droits des propriétaires liés aux biens expropriés (C. minier art. L 174-11).

RÈGLES PARTICULIÈRES D'INDEMNISATION

36660 Pour la détermination du montant des indemnités, il n'est pas tenu compte du risque.

Sans préjudice des dispositions de l'article L 322-1 du Code de l'expropriation (n° 37700), les acquisitions d'immeubles peuvent ne donner lieu à aucune indemnité ou seulement à une indemnité réduite si, en raison de l'époque à laquelle elles ont eu lieu, il apparaît qu'elles ont été faites pour obtenir une indemnisation supérieure au prix d'achat. Sont présumées faites à cette fin, sauf preuve contraire, les acquisitions postérieures à l'ouverture de l'enquête publique préalable à l'approbation d'un plan de prévention des risques miniers rendant inconstructible la zone concernée ou, en l'absence d'un tel plan, postérieures à l'ouverture de l'enquête publique préalable à l'expropriation (C. minier art. L 174-8).

36665 À compter de la publication de l'arrêté d'ouverture de l'enquête publique préalable à l'expropriation, aucun **permis de construire** ni aucune autorisation administrative susceptible d'augmenter la valeur des biens à exproprier ne peut être délivré jusqu'à la conclusion de la procédure (C. minier art. L 174-8, al. 4).

La personne morale de droit public au nom de laquelle un permis de construire, ou une autorisation administrative, a été délivré en méconnaissance de ces dispositions ou en contradiction avec un plan de prévention des risques miniers opposable est tenue de rembourser à l'État le coût de l'expropriation des biens ayant fait l'objet de ce permis (C. minier art. L 174-9).

F. Expropriation des terrains à l'abandon

Le maire peut exproprier les parcelles (bâties ou non) sans occupant à titre habituel, en état d'abandon manifeste, situées dans la commune pour réaliser une opération de construction ou de réhabilitation aux fins d'habitat, une opération d'intérêt collectif de restauration, de rénovation ou d'aménagement, y compris, le cas échéant, en vue de l'implantation d'installations industrielles, ou encore pour créer des réserves foncières permettant la réalisation de telles opérations (CGCT art. L 2243-1 et L 2243-3 modifiés par loi 2023-973 du 23-10-2023). **36670**

Après recherche des propriétaires concernés dans le fichier immobilier ou au livre foncier, le maire dresse un **procès-verbal provisoire** d'abandon manifeste qui détermine la nature des travaux indispensables pour faire cesser l'état d'abandon. Ce procès-verbal indique la nature des désordres affectant le bien auxquels il convient de remédier pour faire cesser l'état d'abandon manifeste. Ce procès-verbal est affiché en mairie pendant 3 mois, publié dans 2 journaux régionaux ou locaux diffusés dans le département et notifié aux propriétaires à leur domicile ou en mairie s'ils n'ont pu être identifiés (CGCT art. L 2243-2).

La procédure ne peut être poursuivie qu'à l'expiration d'un délai de 3 mois à compter des mesures de publicité et de notification du procès-verbal provisoire. Si pendant ce délai les propriétaires mettent fin à l'état d'abandon ou s'engagent par convention à effectuer les travaux propres à y mettre fin, la procédure est suspendue. Elle peut être reprise si les travaux ne sont pas réalisés dans le délai prévu par la convention. Lorsque l'abandon de la parcelle persiste au-delà du délai de 3 mois ou du délai fixé pour l'exécution des travaux, le maire dresse un **procès-verbal définitif** d'abandon manifeste qui est tenu à la disposition du public. À la demande du maire, le conseil municipal décide ensuite de l'expropriation de la parcelle (CGCT art. L 2243-3 modifié par loi 2023-973 du 23-10-2023).

Afin de permettre une prise de possession rapide de la parcelle, des dispositions particulières s'appliquent. Le maire constitue un **dossier** présentant le projet simplifié **d'acquisition publique,** ainsi que l'évaluation sommaire de son coût.

Sur demande du maire ou si celui-ci n'a pas constitué le dossier en vue de l'expropriation de la parcelle concernée dans un délai de 6 mois à compter de la déclaration d'état d'abandon manifeste, le président de l'EPCI compétent en matière d'habitat dont la commune est membre ou le président du conseil départemental peut intervenir et constituer ce dossier.

Après mise à disposition du dossier auprès du public pendant un mois, un arrêté préfectoral :

– déclare le projet d'utilité publique ;
– détermine la liste des immeubles ou des droits réels immobiliers à exproprier ainsi que l'identité des propriétaires ou titulaires de ces droits réels ;
– déclare cessibles les biens et droits réels concernés ;
– indique le bénéficiaire de l'expropriation (qui peut être la commune, un organisme y ayant vocation ou le concessionnaire d'une opération d'aménagement) ;
– fixe le montant de l'indemnité provisionnelle au moins égale à l'évaluation domaniale ;
– fixe la date à laquelle il pourra être pris possession après paiement ou consignation de l'indemnité provisionnelle. Cette date doit être postérieure d'au moins 2 mois à la publication de l'arrêté.

Dans le mois de la **prise de possession,** l'autorité expropriante doit poursuivre la procédure d'expropriation dans les conditions prévues par le Code de l'expropriation. Les modalités de **transfert de propriété** et d'**indemnisation** des propriétaires relèvent du droit commun de l'expropriation (CGCT art. L 2243-4 modifié par loi 2022-217 du 21-2-2022).

› Précisions **a.** Pour accélérer la réalisation d'une opération de revitalisation du territoire (ORT) ou d'une grande opération d'urbanisme (GOU), il est possible de recourir à un constat automatique d'abandon manifeste des parties d'immeuble. Ce constat est possible lorsque des travaux ont condamné l'accès à **une partie d'un immeuble** (CGCT art. L 2243-1-1 modifié par loi 2023-973 du 23-10-2023).

b. La décision par laquelle l'expropriant procède, en application de l'article L 2243-4 du CGCT, à la **consignation de l'indemnité provisionnelle** allouée par le préfet ne se rattache à aucune phase judiciaire de l'expropriation et revêt un caractère administratif. Elle est par conséquent susceptible de faire l'objet d'un recours devant le juge administratif (CAA Nantes 28-9-2021 n° 20NT01084, Cne de Melle : BPIM 6/21 inf. 359).

SECTION 6

PAIEMENT DES INDEMNITÉS ET PRISE DE POSSESSION

PRINCIPE

36800 L'administration expropriante ne peut prendre possession des immeubles expropriés qu'un mois après le paiement ou la consignation régulière des indemnités dues aux divers ayants droit. Les indemnités sont fixées en euros (C. expr. art. L 322-12).

Toutefois, l'expropriant peut se soustraire au paiement de l'indemnité en offrant au commerçant, à l'artisan ou à l'industriel évincé un local équivalent situé dans la même agglomération (voir n° 38435).

A. Paiement des indemnités d'expropriation

36830 L'exproprié est tenu de justifier à l'expropriant de son droit à indemnité. L'expropriant est seul qualifié pour recevoir et examiner les justifications établissant les droits à indemnité de l'exproprié. Il désigne le bénéficiaire de l'indemnité en se plaçant à la date de l'ordonnance d'expropriation ou de l'accord amiable (C. expr. art. R 323-3). Dès lors que l'ordonnance d'expropriation a été régulièrement notifiée à l'exproprié, l'expropriant est en droit d'invoquer la **prescription quadriennale** prévue par la loi 68-1250 du 31 décembre 1968 et applicable aux dettes de l'État et des collectivités locales (Cass. 3e civ. 13-5-1987 n° 85-70.336 : Bull. civ. III n° 101 ; Cass. 3e civ. 10-4-1991 n° 89-70.364 : Bull. civ. III n° 117).

Les dispositions relatives au **mandatement d'office de l'indemnité,** prévues par l'article 1, II de la loi 80-539 du 16 juillet 1980 relative aux astreintes prononcées en matière administrative et à l'exécution des jugements par les personnes morales de droit public, sont applicables pour l'exécution d'une décision du juge de l'expropriation fixant les indemnités dues à l'exproprié (CE 5-7-2010 n° 309355, Cne d'Angerville : BPIM 5/10 inf. 361).

1. JUSTIFICATIFS À PRODUIRE

PROPRIÉTAIRE D'UN IMMEUBLE EXPROPRIÉ

36850 Le propriétaire, ou tout autre titulaire du droit réel exproprié à titre principal, identifié dans l'ordonnance d'expropriation ou l'accord amiable, peut obtenir le paiement de l'indemnité sans avoir à **justifier** de son droit lorsque l'état hypothécaire requis de son chef par l'expropriant ne révèle, depuis la transcription ou la publication du titre établissant le droit de l'exproprié, aucun acte translatif ou extinctif portant sur ce droit.

À défaut de transcription ou de publication du titre précité, l'exproprié bénéficie de la même **dispense** s'il est inscrit à la matrice des rôles de la commune au titre du bien exproprié. Lorsqu'il n'est pas inscrit à la matrice des rôles, l'exproprié est seulement tenu de justifier des transmissions intervenues depuis la dernière inscription à cette matrice.

À défaut de la production de titres, la justification du droit peut **résulter** de copies ou d'extraits délivrés par le service de la publicité foncière, d'attestations notariées ou d'actes de notoriété (C. expr. art. R 323-1).

LOCATAIRE D'UN IMMEUBLE EXPROPRIÉ

36855 Tous fermiers, locataires, usagers ou autres ayants droit déclarés à l'expropriant par le propriétaire ou l'usufruitier sont tenus, pour obtenir le paiement de l'indemnité, de justifier à l'expropriant de leur droit à indemnité.

Cette **justification** peut résulter, en ce qui concerne les fermiers et locataires, et lorsque le bail ou une convention de location ne peuvent être produits, soit de l'inscription à la matrice des rôles de la commune, soit d'un certificat du receveur des impôts ayant procédé à la formalité de l'enregistrement du bail ou ayant reçu la déclaration de location verbale. Dans le cas de dispense de la formalité de l'enregistrement, la justification peut résulter d'une attestation du propriétaire de l'immeuble indiquant le nom du locataire, la date d'entrée en jouissance, la durée de la location et le montant annuel du loyer (C. expr. art. R 323-2).

CAS PARTICULIER

Après la saisine du juge et sous réserve que l'ordonnance d'expropriation soit intervenue, les **propriétaires** expropriés qui occupent des locaux d'habitation ou à usage professionnel peuvent, s'il n'y a pas obstacle au paiement et sauf dans l'hypothèse où leur relogement ou leur réinstallation est assuré par l'expropriant, obtenir le paiement d'un **acompte** représentant 50 % du montant des offres de l'expropriant. Toutefois, lorsque les offres de l'expropriant sont supérieures aux estimations faites par l'autorité administrative compétente, cet acompte est limité à 50 % du montant de ces estimations. 36860

Les **locataires** ou **preneurs** commerçants, artisans, industriels ou agricoles d'un bien dont la propriété a été transférée en application d'une ordonnance d'expropriation ou d'une cession amiable postérieure à une déclaration d'utilité publique ou, lorsqu'il en a été donné acte par le juge, antérieure à cette déclaration peuvent obtenir le paiement d'un **acompte** dans les mêmes conditions (C. expr. art. L 323-3 dans sa rédaction issue de la loi 3DS 2022-217 du 21-2-2022).

> **Précisions** L'article L 323-3 du Code de l'expropriation dans sa rédaction **issue de l'ordonnance 2014-1345 du 6 novembre 2014,** excluant de cette possibilité de percevoir un acompte sur l'indemnité d'éviction les locataires d'un bien dont le transfert de propriété a été opéré par cession amiable, a été déclaré **contraire à la Constitution** (Cons. const. 16-4-2021 n° 2021-897 QPC : BPIM 3/21 inf. 178). Son abrogation a été reportée au 1er mars 2022 et reste sans effet sur les mesures prises avant cette date en application de ces dispositions.
> **Depuis la loi 3DS** 2022-217 du 21 février 2022, l'article L 323-3 du Code de l'expropriation accorde les mêmes droits aux locataires quelles que soient les modalités du transfert de propriété.

2. OBSTACLE À PAIEMENT : LA CONSIGNATION

PROCÉDURE DE CONSIGNATION

Dans tous les cas d'obstacles au paiement, l'expropriant peut consigner le montant de l'indemnité sur un compte ouvert au nom de l'exproprié à la Caisse des dépôts et consignations. 36890

L'expropriant est tenu d'**informer** immédiatement l'exproprié des consignations opérées, par lettre recommandée avec demande d'avis de réception (C. expr. art. R 323-9) ou par un autre moyen assurant à l'exproprié une information équivalente (Cass. 3e civ. 19-7-2000 n° 98-20.938 : AJDI 2001 p. 154). À défaut d'une information suffisante de l'exproprié, la consignation n'est pas régulière (Cass. 3e civ. 18-6-1997 n° 95-17.762 : Bull. civ. III n° 145).

Les **litiges** relatifs à la contestation de la consignation sont de la compétence du juge de l'expropriation.

> **Précisions** Les actes par lesquels l'expropriant procède ou s'abstient de procéder à la consignation de l'indemnité, ainsi que les préjudices qui peuvent en résulter, ne sont pas détachables de la phase judiciaire de la procédure d'expropriation. Relève dès lors de la compétence des juridictions judiciaires l'**action en responsabilité** pour faute dirigée par le créancier hypothécaire de l'exproprié contre l'expropriant à raison de la carence de ce dernier à faire usage de la possibilité de consignation (T. confl. 30-6-2008 n° 3635, Cne de Villepinte c/ Banque populaire Rives de Paris : Bull. T. confl. n° 18).

CAS DE CONSIGNATION

Le montant de l'indemnité peut être consigné dans tous les cas d'obstacles au paiement et notamment (C. expr. art. R 323-8) : 36895

1. Lorsque les justificatifs mentionnés aux articles R 323-2 et R 323-3 du Code de l'expropriation (nos 36850 s.) ne sont pas produits ou sont jugés insuffisants par l'expropriant.

2. Lorsque le droit du réclamant est contesté par des tiers ou par l'expropriant.

3. Lorsque l'indemnité a été fixée de manière alternative ou hypothétique.

4. Lorsque sont révélées des inscriptions de privilèges, d'hypothèques ou de nantissement grevant le bien exproprié du chef du propriétaire et, le cas échéant, des précédents propriétaires désignés par l'expropriant dans sa réquisition.

5. Lorsqu'il existe des oppositions à paiement.

6. Lorsque, dans le cas où l'expropriant est tenu de surveiller le remploi de l'indemnité, il n'est pas justifié du remploi.

7. Lorsqu'il n'est pas justifié soit de la réalisation de la caution acceptée par le nu-propriétaire, soit de la renonciation expresse du nu-propriétaire au bénéfice de la caution prévue dans son intérêt.

8. Lorsque, l'exproprié n'ayant pas capacité de recevoir le paiement, ce dernier n'est pas réclamé par son représentant légal justifiant de sa qualité.

9. Lorsque, l'exproprié étant décédé après l'ordonnance d'expropriation ou l'accord amiable, les ayants droit ne peuvent justifier de leur qualité.

10. Lorsque l'exproprié refuse de recevoir l'indemnité fixée à son profit.

11. Lorsque l'exproprié demande la consignation.

RÔLE DE LA CAISSE DES DÉPÔTS ET CONSIGNATIONS

36900 Lorsque l'indemnité a été consignée, la Caisse des dépôts et consignations assure le paiement de l'indemnité à l'exproprié désigné, sous sa responsabilité, par l'expropriant. Lorsque le paiement lui est demandé par les ayants droit de l'exproprié, elle ne l'effectue que sur justification de leur qualité (C. expr. art. R 323-10).

TEMPÉRAMENT À LA CONSIGNATION

36905 Lorsque l'**indemnité** a été fixée d'une manière **alternative,** l'expropriant peut, sur la demande de l'exproprié, verser à ce dernier avant toute consignation un acompte dans la limite maximale du montant de l'indemnité alternative la moins élevée (C. expr. art. R 323-11).

36910 Lorsque la consignation est motivée par des **inscriptions** de privilèges, d'hypothèques ou d'un nantissement, qu'il y ait ou non des oppositions, l'expropriant peut, sur la demande de l'exproprié, verser à ce dernier, avant toute consignation, un acompte dans la limite maximale des 3/4 de la différence entre le montant de l'indemnité et celui des charges et accessoires (C. expr. art. R 323-12, al. 1).

L'expropriant peut, nonobstant l'existence d'obstacles à paiement représentés exclusivement par les inscriptions de privilèges, d'hypothèques ou de nantissement, payer l'indemnité à l'exproprié, sous réserve du droit des tiers, lorsque son montant est inférieur à 7 600 € (C. expr. art. R 323-12, al. 3).

36915 Lorsque la consignation est uniquement motivée par une ou plusieurs **oppositions à paiement** qui ne peuvent être exécutées, le montant de la ou des oppositions évalué dans l'exploit est consigné ; le surplus, s'il en existe un, est versé à l'exproprié (C. expr. art. R 323-12, al. 2).

36920 Les indemnités allouées aux expropriés, ainsi qu'aux locataires et occupants évincés de locaux de toute nature, en vue d'assurer leurs **frais de déménagement,** sont payables aux intéressés et ne peuvent pas être consignées (C. expr. art. R 323-4).

B. Intérêts moratoires

POINT DE DÉPART ET MONTANT

37000 Si, dans un **délai** de 3 mois à partir de la signification de la décision définitive fixant le montant de l'indemnité, celle-ci n'a pas été intégralement payée ou consignée, l'exproprié a droit, sur sa demande adressée par pli recommandé à l'expropriant, au paiement d'intérêts. Ces intérêts sont calculés au **taux** légal en matière civile sur le montant définitif de l'indemnité, déduction faite le cas échéant des sommes déjà payées ou consignées, à compter du jour de la demande jusqu'au jour du paiement ou de la consignation.

Lorsque l'ordonnance d'expropriation intervient après la décision définitive fixant le montant de l'indemnité, le délai de 3 mois court de la date de l'ordonnance d'expropriation ou, si celle-ci fait l'objet d'un pourvoi en cassation, de la date à laquelle l'ordonnance passe en force de chose jugée (C. expr. art. R 323-14).

> **Précisions** **a.** La **majoration** de 5 points du taux légal prévue en cas de condamnation par l'article L 313-3 du Code monétaire et financier n'est pas applicable. En effet, les juridictions de l'expropriation ne prononcent pas de condamnation mais fixent des indemnités. Au surplus l'exproprié reste en possession de son bien jusqu'au paiement total de l'indemnité.
> **b.** La **décision définitive** est celle qui n'est pas susceptible de voies de recours ordinaires, c'est-à-dire soit le jugement non frappé d'appel dans le mois de sa notification, soit l'arrêt de cour d'appel.

CALCUL

37005 Même si elle intervient avant l'expiration du délai de 3 mois, la demande d'intérêts moratoires est recevable mais ne produit ses effets qu'après l'expiration du délai (Cass. 3e civ. 9-5-1983 no 82-70.115 : Bull. civ. III no 108). Les intérêts courent du jour de la demande, sauf si celle-ci est faite avant l'expiration du délai de 3 mois. Ils cessent de courir au jour du paiement ou de la consignation.

© Éd. Francis Lefebvre

Le bénéfice de la réévaluation de l'indemnité (n° 37100) se cumule avec l'allocation des intérêts entre le jour de la demande et la date de la décision définitive de réévaluation (Cass. 3e civ. 18-11-1980 n° 80-70.054 : JCP éd. G 1982 II n° 19710, 3e espèce).

Les intérêts sont, sur demande, capitalisables par période de 12 mois.

> **Précisions** Les intérêts sont également exigibles **en cas de** cession amiable après DUP, de délaissement dans les ZAD, de délaissement d'immeuble réservé. Ils ne sont pas dus pour la partie d'immeuble acquise sur réquisition d'emprise totale.

C. Réévaluation de l'indemnité

CONDITION DE DÉLAI

Si, dans le délai d'un an à compter de la décision définitive qui a fixé l'indemnité d'expropriation, celle-ci n'a été **ni payée ni consignée,** l'exproprié peut demander qu'il soit à nouveau statué sur le montant de cette indemnité (C. expr. art. L 323-4 et R 323-13). **37100**

Le délai d'un an se calcule soit à l'expiration du délai d'appel, soit à compter du jour de l'arrêt si l'indemnité a été fixée en appel. Le pourvoi en cassation, voie de recours extraordinaire, n'a aucune influence sur le calcul du délai d'un an.

ATTENTION

Si l'indemnité a été **pour partie payée et pour partie consignée** dans l'année de la décision définitive, c'est à l'exproprié qu'il appartient d'en requérir le paiement effectif auprès de la Caisse des dépôts et consignations. S'il ne l'a pas fait, sa demande en réévaluation de l'indemnité est irrecevable (Cass. 3e civ. 28-1-1998 n° 96-70.001 : Bull. civ. III n° 21).

CONDITIONS DE FORME

La réévaluation doit être demandée par l'exproprié. L'expropriant ne bénéficie pas de cette possibilité. Elle s'applique à toutes les indemnités. **37105**

La **demande** doit être portée devant le juge de l'expropriation, dans les formes prévues pour la fixation de l'indemnité, même si l'indemnité a été fixée par la cour d'appel.

MODALITÉS DE LA RÉÉVALUATION

La réévaluation est effectuée en fonction de la valeur réelle du bien au jour de la nouvelle décision. Le juge de l'expropriation apprécie souverainement le mode de calcul et le montant de la nouvelle indemnité. Même en cas de paiement partiel la réévaluation doit porter sur l'ensemble de l'indemnité. **37110**

D. Plus-value immobilière

L'expropriation pour cause d'utilité publique étant assimilée à une cession à titre onéreux, la plus-value réalisée à cette occasion est en principe taxable suivant les règles habituelles (CGI art. 150 U à 150 VH). **37200**

Toutefois, en raison du caractère forcé de la cession, des règles particulières d'imposition sont prévues. La plus-value peut même être totalement exonérée en cas de remploi de l'indemnité d'expropriation dans l'achat d'un bien immobilier.

Ces règles, exposées ci-après, s'appliquent en principe uniquement aux plus-values réalisées à la suite d'une **déclaration d'utilité publique** prononcée en vertu des articles L 121-1 et suivants du Code de l'expropriation (ou en vertu des articles L 511-1 s. du même Code relatifs à la suppression de l'habitat insalubre : nos 36610 s.), sans distinguer suivant que le transfert de propriété s'opère en cours de procédure par voie d'accord amiable ou en vertu d'une ordonnance du juge de l'expropriation (BOI-RFPI-PVI-10-40-60 nos 20 à 50). L'administration accorde toutefois également le bénéfice de l'exonération sous condition de remploi (n° 37215) aux plus-values de cessions de biens immobiliers exposés à un **risque naturel majeur** effectuées dans le cadre de la procédure d'acquisition amiable mentionnée à l'article L 561-3, I du Code de l'environnement (BOI-RFPI-PVI-10-40-60 n° 200).

PRIX DE CESSION

Le prix de cession à retenir pour la détermination de la plus-value est constitué par l'**indemnité principale d'expropriation,** à l'exclusion des indemnités accessoires non **37205** représentatives de la valeur des biens cédés (par exemple : indemnités de remploi, pour frais de déménagement, pour perte de loyer, pour trouble de jouissance, pour récoltes non levées, etc.) (CGI ann. II art. 74 SC ; BOI-RFPI-PVI-10-40-60 n° 70).

DÉCLARATION ET PAIEMENT DE L'IMPÔT

37210 En cas d'expropriation constatée par une **ordonnance judiciaire,** la déclaration n° 2048-IMM est déposée et l'impôt acquitté par le contribuable au service des finances publiques de son domicile dans le mois qui suit le versement du prix (CGI art. 150 VG, II-2° et art. 150 VH, I).

En cas d'expropriation constatée par un **acte passé en la forme administrative,** la déclaration est remise à la collectivité publique cessionnaire préalablement à la formalité de publicité foncière (CGI art. 150 VG, II-1°). L'impôt est alors payé au service des finances publiques du domicile du cédant, par le comptable public assignataire, sur le prix dû au vendeur au vu de la déclaration transmise à la collectivité publique (CGI art. 150 VH, III-1°).

EXONÉRATION SOUS CONDITION DE REMPLOI

37215 La plus-value peut être totalement exonérée à condition que le cédant procède au remploi intégral de l'**indemnité principale** dans l'acquisition, la construction, la reconstruction ou l'agrandissement d'un ou plusieurs immeubles (CGI art. 150 U, II-4°). Cette condition est réputée satisfaite si 90 % de l'indemnité est effectivement utilisée à cet effet (BOI-RFPI-PVI-10-40-60 n° 80).

Le remploi doit être effectué dans un **délai** de 12 mois à compter de la date de perception de l'indemnité (ou de son solde en cas de paiement fractionné).

L'affectation du **bien acheté en remploi** peut être différente de celle du bien exproprié ; l'exonération est ainsi accordée en cas d'achat d'un immeuble bâti en remplacement d'un terrain nu (et inversement), ou en cas d'achat d'un immeuble à usage professionnel en remplacement d'un immeuble d'habitation. L'indemnité peut aussi être remployée dans l'achat de droits relatifs à des immeubles (nue-propriété, usufruit, droits indivis), mais pas dans l'achat de parts ou actions de sociétés ou groupements même si l'actif est exclusivement composé d'immeubles (GFA, SCPI, SII, etc.) (BOI précité n°s 120, 140 et 150).

> **Précisions** **a.** L'indemnité peut être utilisée pour le paiement des **frais** afférents à l'acquisition (TVA, droits de mutation, frais d'actes) (BOI-RFPI-PVI-10-40-60 n° 110).
>
> **b.** En cas de remploi dans la **construction,** la **reconstruction** ou l'**agrandissement** d'un immeuble, le contribuable doit être en mesure de justifier, dans les 12 mois du paiement de l'indemnité, de la propriété du terrain destiné à servir d'assise à l'opération, de la conclusion d'un contrat d'architecte et d'engagements pris à l'égard des entrepreneurs. L'exonération est refusée si l'indemnité est affectée à des travaux d'**amélioration,** sauf s'ils ont été effectués à l'occasion de travaux de construction ou de reconstruction et sont indissociables de ceux-ci (BOI précité n°s 150 et 180).
>
> **c.** En cas d'expropriation d'un bien appartenant à une **SCI** non soumise à l'impôt sur les sociétés, le remploi de l'indemnité peut être effectué soit par la société elle-même, soit par chacun des associés, au titre de la quote-part de l'indemnité lui revenant (BOI précité n° 90).
>
> **d.** Le remploi peut être effectué avant la réalisation de l'expropriation ou le paiement de l'indemnité, à la condition que l'achat soit motivé par la **perspective de cette expropriation ou du paiement de l'indemnité.** Cette tolérance n'est soumise à aucune formalité spécifique (BOI précité n° 170).
>
> **e.** Le bien acquis en remploi peut être **situé en France ou** dans un autre État de l'**Espace économique européen** ayant conclu, avec la France, une convention fiscale contenant une clause d'assistance administrative en vue de lutter contre la fraude ou l'évasion fiscale (BOI précité n° 110).

E. Prise de possession

37300 Sauf en cas de procédure d'extrême urgence, ou de résorption de l'habitat insalubre, le service expropriant ne peut prendre possession du bien exproprié que lorsque l'ordonnance d'expropriation a été notifiée aux intéressés et que l'indemnité d'expropriation a été payée ou consignée depuis un mois.

C'est le juge de l'expropriation qui est compétent pour trancher les litiges nés de la prise de possession.

CONDITIONS DE LA PRISE DE POSSESSION

37305 Une fois l'**ordonnance d'expropriation** notifiée et publiée au fichier immobilier, l'expropriant ne peut prendre possession du bien exproprié qu'un mois après le **paiement** intégral de l'indemnité d'expropriation ou, en cas d'obstacle au paiement ou refus de recevoir, de sa **consignation** ou encore un mois après l'acceptation ou la validation de l'**offre d'un local de remplacement** par l'administration expropriante (C. expr. art. L 231-1).

En cas d'**appel du jugement fixant l'indemnité** d'expropriation, l'expropriant peut prendre possession du bien un mois après le paiement intégral de l'indemnité ou le versement d'une indemnité au moins égale à son offre préalable d'indemnité et consignation de tout ou partie du surplus de l'indemnité fixée par le jugement. Cette consignation, qui vaut paiement, doit être autorisée par le juge. Elle n'est possible que s'il existe des indices sérieux laissant présumer que l'expropriant aurait des difficultés à récupérer les sommes dues en cas d'infirmation du jugement (C. expr. art. L 331-3).

La prise de possession ne peut intervenir qu'après paiement et/ou consignation ; à défaut, l'exproprié a droit à des dommages et intérêts (Cass. 3e civ. 30-6-1998 no 96-17.501 : AJDI 1998 p. 940). La prise de possession sans paiement constitue une emprise irrégulière (voir no 37320).

> **Précisions** **a.** Tant que l'indemnité d'expropriation ne lui a pas été payée ou consignée, le propriétaire conserve la **jouissance de son bien** et continue à en percevoir les fruits naturels, civils et industriels. Il jouit de son bien sans restriction sauf abus de droit (Cass. 3e civ. 8-11-2000 no 99-10.953 : Bull. civ. III no 167). En cas de consignation, l'expropriant ne peut pas, à la fois, avoir la jouissance des biens et percevoir les fruits de la part d'indemnité consignée et irrévocablement accordée à l'exproprié (Cass. 3e civ. 14-1-1998 no 96-70.246 : Bull. civ. III no 9). Jugé toutefois que même s'ils portent une atteinte grave et illégale aux droits des propriétaires, des travaux entrepris par SNCF Réseau avant le paiement de cette indemnité dans le tréfonds de la parcelle, à très grande profondeur et qui n'affectent pas l'exercice du droit de propriété sur l'immeuble bâti qui y est implanté ni sur ses dépendances n'ont pas à être interrompus en urgence dès lors que cette interruption retarderait des aménagements prévus pour l'organisation des Jeux Olympiques 2024 (CE réf. 20-12-2019 no 436606).
> **b.** Les dispositions de l'**article L 331-3 du Code de l'expropriation** sont **conformes à la Constitution.** Elles permettent à l'expropriant de prendre possession du bien en cas d'appel du jugement fixant l'indemnité d'expropriation moyennant paiement partiel et consignation autorisée par le juge de tout ou partie du montant de l'indemnité supérieur à ce que l'expropriant avait proposé. Toutefois, lorsque l'indemnité définitivement fixée excède la fraction de l'indemnité fixée par le juge de première instance qui a été versée à l'exproprié lors de la prise de possession du bien, l'exproprié doit pouvoir obtenir la réparation du préjudice résultant de l'absence de perception de l'intégralité de l'indemnité d'expropriation lors de la prise de possession (Cons. const. 13-2-2015 no 2014-451 QPC, Sté Ferme Larrea : JO 15 p. 2934).

EXPULSION DES OCCUPANTS

Dans le **délai** d'un mois, soit du paiement ou, en cas d'obstacle au paiement ou de refus de recevoir, de sa consignation, soit de l'acceptation ou de la validation de l'offre d'un local de relogement, les détenteurs sont tenus d'abandonner les lieux. Passé ce délai qui ne peut, en aucun cas, être modifié, même par autorité de justice, il peut être procédé à l'expulsion des occupants (C. expr. art. L 231-1). **37310**

Le juge de l'expropriation a en principe **compétence** pour ordonner l'expulsion des propriétaires ou occupants qui se maintiennent indûment dans les lieux. Il est, en ce cas, statué selon la procédure accélérée au fond (C. expr. art. R 231-1).

L'expulsion est autorisée par une ordonnance qui constate la réalisation des conditions prévues par la loi. Le juge qui prononce l'expulsion peut assortir sa décision d'une astreinte.

L'exproprié peut faire **appel** de l'ordonnance d'expulsion dans un délai de 15 jours (Cass. 3e civ. 29-5-2013 no 12-12.000 : BPIM 4/13 inf. 251).

> **Précisions** **a.** S'il y a eu consignation de l'indemnité par l'expropriant, le juge de l'expropriation doit, avant d'autoriser l'expulsion, s'assurer que la **consignation** a été **régulière** et qu'elle a été effectuée en raison d'un obstacle au paiement (Cass. 3e civ. 12-10-1982 no 81-70.551 : Bull. civ. III no 199).
> **b.** Les expropriés qui bénéficient d'un **droit au relogement** doivent, avant la fixation définitive des indemnités d'occupation, recevoir deux propositions de relogement de la part de l'expropriant portant sur des locaux satisfaisant à certaines normes (voir no 38430). En l'absence de telles propositions, une cour d'appel, qui ne caractérise pas une **renonciation** claire et non équivoque des expropriés à leur droit au relogement, ne peut faire droit à la demande d'expulsion des expropriés au seul motif que le débat sur l'**indemnité d'expropriation** s'est clos sans qu'aucune des parties n'ait évoqué le problème du relogement (Cass. 3e civ. 27-2-2013 no 12-11.995 : Bull. civ. III no 31).
> **c.** L'**annulation de l'arrêté déclarant l'utilité publique** du projet n'entraîne pas de plein droit la perte de fondement juridique de la décision ordonnant la libération des lieux expropriés sous astreinte (Cass. 3e civ. 19-9-2019 no 18-18.755 F-D : BPIM 6/19 inf. 388). La récupération du bien exproprié suppose en effet que le juge de l'expropriation soit saisi dans un délai de deux mois (voir no 35870).

PRISE DE POSSESSION ANTICIPÉE

37315 Lorsque l'expropriant prend possession anticipée d'un immeuble avec l'accord de l'exproprié, celui-ci a droit, **en sus** de l'indemnité d'expropriation proprement dite, à une indemnité complémentaire correspondant aux loyers qu'il aurait perçus ou au versement d'intérêts à dater du jour de l'occupation effective par l'expropriant.

PRISES DE POSSESSION IRRÉGULIÈRES

37320 **Traditionnellement,** la jurisprudence distinguait la simple emprise irrégulière de la voie de fait :
– l'**emprise irrégulière** consistait pour l'administration à occuper tout ou partie d'un terrain privé. Le juge judiciaire était alors compétent pour connaître d'une action indemnitaire du propriétaire (sous réserve d'une éventuelle question préjudicielle au juge administratif sur la légalité d'une décision administrative) mais non pour adresser une injonction à l'administration ;
– la **voie de fait** consistait dans une atteinte grave au droit de propriété ou à une liberté fondamentale, insusceptible de se rattacher à un pouvoir de l'administration ou présentant le caractère d'une exécution forcée irrégulière. Le juge judiciaire était alors compétent à la fois pour indemniser et pour enjoindre.

Une **évolution** de ces deux notions a été initiée par le Tribunal des conflits (T. confl. 17-6-2013 nº 3911 : D. 2014 p. 1850 obs. N. Reboul-Maupin ; T. confl. 9-12-2013 nº 3931 : RJDA 12/14 nº 953) et confirmée par la Cour de cassation (Cass. 3e civ. 15-12-2016 nº 15-20.953 : BPIM 1/17 inf. 13 ; Cass. 3e civ. 18-1-2018 nº 16-21.993 FS-PB) qui prennent en compte à titre principal le **critère de l'extinction du droit de propriété.**

Si l'administration porte atteinte au droit de propriété sans aller jusqu'à éteindre ce droit, le juge administratif est seul compétent pour lui adresser une injonction et pour la condamner à indemniser le propriétaire.

Si l'administration porte au droit de propriété une atteinte qui entraîne l'extinction de ce droit, il faut distinguer deux situations :
– la mesure, quoique illégale, a été prise par l'administration dans le cadre de ses pouvoirs (et ne présente pas le caractère d'une exécution forcée irrégulière) : il s'agit d'une simple **emprise irrégulière,** le juge judiciaire est compétent pour connaître d'une action indemnitaire du propriétaire (mais il doit éventuellement soumettre au juge administratif une question préjudicielle sur la légalité de la décision administrative dont procède l'emprise irrégulière), en revanche seul le juge administratif est compétent pour adresser une injonction à l'administration ;
– la mesure est insusceptible de se rattacher aux pouvoirs de l'administration (ou présente le caractère d'une exécution forcée irrégulière) : il s'agit d'une **voie de fait,** le juge judiciaire est compétent à la fois pour condamner l'administration à indemniser le propriétaire et pour lui adresser des injonctions.

> **Précisions** **a.** En cas d'occupation irrégulière d'un bien privé par une personne publique, la créance indemnitaire née du préjudice subi au cours de chaque année d'occupation est **prescrite** au terme d'un délai de **4 ans** (CE 6-10-2023 nº 466523 : BPIM 6/23 inf. 366).
> **b.** Il peut arriver que l'administration **dépasse par erreur les limites** de l'emprise ou implante en tout ou partie un ouvrage public sur une propriété privée. Le principe de l'intangibilité de l'ouvrage public a longtemps fait obstacle à toute action du juge aux fins d'ordonner le déplacement ou la destruction de l'ouvrage, dont l'intérêt général exige le maintien. Le juge allouait en conséquence une indemnité au propriétaire ainsi victime d'une expropriation « indirecte » ou « de fait ». La Cour de cassation a cependant mis fin à la théorie de l'**expropriation indirecte,** selon laquelle la construction illicite ou par erreur d'un ouvrage public sur une propriété privée équivaut à son expropriation (Cass. ass. plén. 6-1-1994 nº 89-17.049 : RJDA 5/94 nº 569). L'administration doit désormais se procurer un titre de propriété en respectant la procédure d'expropriation quand bien même elle aurait entamé une procédure de régularisation (Cass. ass. plén. 19-6-2015 nº 13-19.582 : BPIM 5/15 inf. 312).
> Le juge doit déterminer, en fonction de la situation de droit et de fait existant à la date à laquelle il se prononce, si l'ouvrage est irrégulier. Si oui, il doit **rechercher si une régularisation est possible.** Si aucune régularisation n'est possible, il doit prendre en considération les inconvénients que la présence de l'ouvrage entraîne pour les intérêts publics ou privés en présence, notamment pour le propriétaire du terrain ainsi que les conséquences de la démolition (ou du déplacement de l'ouvrage en l'espèce) pour l'intérêt général. Il ne peut pas déduire l'existence d'une telle possibilité si une procédure d'expropriation a été effectivement envisagée et est susceptible d'aboutir (CE 28-2-2020 nº 425743 : BPIM 2/20 inf. 102).
> **c.** Même **si le permis de construire prévoit la cession gratuite** d'une partie du terrain à la commune, la réalisation d'un ouvrage public sans conclusion d'un acte de cession est une emprise irrégulière indemnisable mais régularisable par l'expropriation (CAA Marseille 28-6-2019 nº 17MA02017, Cne de l'Ile-Rousse : BPIM 5/19 inf. 320).

d. Même si l'arrêté instituant une servitude d'utilité publique sur un terrain privé n'a pas été **notifié** aux propriétaires, les travaux réalisés par la collectivité sur le terrain après cette institution ne sont pas constitutifs d'une emprise irrégulière (CAA Marseille 3-5-2022 n° 20MA01786 : BPIM 4/22 inf. 264).

e. S'agissant des conséquences de **l'arrachage d'une haie privée** sur le droit de propriété, la solution semble varier en fonction de la chambre de la Cour de cassation saisie. La troisième chambre civile a retenu que l'abattage d'une haie privée n'entraîne pas extinction d'un droit de propriété et ne constitue pas une voie de fait (Cass. 3e civ. 24-10-2019 n° 17-13.550 F-PBI : BPIM 6/19 inf. 443). La première chambre civile a en revanche cassé un arrêt d'appel qui a jugé que l'intervention de la commune n'a pas eu pour effet d'éteindre le droit de propriété, alors que, selon ses propres constatations, cette dernière avait procédé à l'arrachage de la haie, constituée d'arbres, sur toute sa longueur, et causé ainsi l'extinction du droit des propriétaires de ces végétaux qui n'avaient autorisé l'arrachage que sur la moitié de sa longueur et non en totalité (Cass. 1e civ. 5-2-2020 n° 19-11.864 F-PBI : BPIM 2/20 inf. 168).

SECTION 7

PRINCIPES D'INDEMNISATION

PRINCIPES GÉNÉRAUX D'INDEMNISATION

37500 Les indemnités allouées doivent couvrir l'**intégralité du préjudice** direct, matériel et certain causé par l'expropriation (C. expr. art. L 321-1). Les indemnités sont fixées en **espèces** (C. expr. art. L 322-12), sauf accord exprès de l'exproprié (Cass. 3e civ. 31-5-2000 n° 99-70.054 : AJDI 2001 p. 154 ; Cass. 3e civ. 26-9-2006 n° 05-17.221 : AJDI 2007 p. 402 ; Cass. 3e civ. 24-6-2021 n° 20-17.596 FS-D) et de l'expropriant (Cass. 3e civ. 31-3-2019 n° 18-10.745 F-D, A. c/ Cne de Ploubezre).

C'est en fonction de la **législation en vigueur** au jour de l'ordonnance d'expropriation que l'indemnité est calculée (Cass. civ., 27-5-1975 : Bull. civ. III p. 177 ; CA Paris, 20-10-1977 : AJPI 1977 p. 983 ; Cass. 3e civ. 29-4-1986 : Bull. civ. III n° 57 p. 43 ; CA Paris, expr. 5-3-1987 : JCP 1987, IV, 277 ; Cass. 3e civ. 14-9-2023 n° 22-18.239 : AJDI 2023 p. 778). Il importe, en conséquence, que la décision fixant l'indemnité mentionne la date de cette ordonnance. Les changements de législation ne peuvent donc, sauf dispositions particulières prévues dans le texte légal, avoir d'effet rétroactif en ce qui concerne le mode de calcul des indemnités (Cass. 3e civ. 17-1-1990 : AJPI 1990 p. 517).

L'extinction des droits réels et personnels existant sur un bien nécessaire à la réalisation d'un projet déclaré d'utilité publique et ayant fait l'objet d'une **cession amiable** ouvre également droit à indemnisation des titulaires de ces droits (Cass. 3e civ. 16-6-2016 n° 15-18.143 : BPIM 4/16 inf. 246).

Le juge ne peut refuser d'indemniser la perte des constructions édifiées sur une parcelle, sous prétexte de l'absence d'éléments plus précis sur leur valeur et leur état. En refusant ainsi d'**évaluer le dommage** dont elle constatait l'existence en son principe, la cour d'appel a violé l'article 4 du Code civil (Cass. 3e civ. 30-9-2021 n° 19-23.740 F-D).

A. Réparation du préjudice

1. CONDITIONS RELATIVES AU PRÉJUDICE INDEMNISABLE

37540 L'indemnité d'expropriation doit permettre à l'exproprié de se replacer en même et semblable état. Les expropriés doivent donc être **indemnisés de l'entier préjudice** subi (mais pas au-delà) à condition qu'il soit direct, matériel et certain (C. expr. art. L 321-1).

Le juge du fond apprécie de façon souveraine les **éléments de preuve** qui lui sont fournis (Cass. 3e civ. 20-5-2015 n° 14-10.813 FS-PB : Bull. civ. III n° 49 ; Cass. 3e civ. 9-3-2017 n° 16-10.928 F-D ; Cass. 3e civ. 17-9-2020 n° 19-15.201 F-D).

Mais, dès lors qu'il constate un préjudice, le juge doit statuer sur l'indemnisation, il ne peut pas refuser de statuer en se fondant sur l'insuffisance des preuves fournies par les parties (Cass. 3e civ. 29-6-2017 n° 16-19.587 F-D : BPIM 5/17 inf. 331 ; Cass. 3e civ. 29-6-2022 n° 21-15.741 FS-B) ; un tel refus constituerait un déni de justice (Cass. 2e civ. 5-4-2007 n° 05-14.964 : Bull. civ. II n° 76).

PRÉJUDICE DIRECT

37545 Le préjudice direct est indemnisable. Il trouve son origine même dans la dépossession forcée imposée par l'expropriation. Il est apprécié au jour du transfert de propriété et implique un lien de causalité étroit avec la dépossession.

Il doit s'agir d'un **droit juridiquement protégé** (Cass. 3e civ. 15-6-1977 no 76-70.305 : Bull. civ. III no 266 ; Cass. 3e civ. 31-10-2001 no 00-70.176 ; Cass. 3e civ. 18-3-2021 no 20-13.562 : BPIM 3/21 inf. 179). Faute pour son propriétaire de pouvoir invoquer un droit juridiquement protégé au jour de l'expropriation, la dépossession d'une construction édifiée irrégulièrement et située sur une parcelle inconstructible n'ouvre pas droit à indemnisation (Cass. 3e civ. 15-2-2024 no 22-16.460 : AJDI 2024 p. 626). De même, le juge de l'expropriation peut appliquer un abattement sur la valeur du terrain pour illicéité d'une partie des constructions qui y sont édifiées (Cass. 3e civ. 9-11-2023 no 22-18.545 FS-B : AJDI 2024 p. 133). L'abattement pour occupation ne peut pas être le même selon que le bien exproprié est occupé en vertu d'un titre ouvrant droit à un relogement, ou fait l'objet d'une occupation sans droit ni titre ne conférant pas un tel droit (Cass. 3e civ. 11-1-2023 no 21-23.786 : AJDI 2023 p. 207).

Un préjudice **accessoire** découlant directement de l'expropriation peut être indemnisé ; il s'agira, par exemple, de travaux rendus nécessaires par l'expropriation sur la partie de la propriété non expropriée (T. confl. 5-12-1977 no 02058, Selo c/ Dépt du Morbihan : Lebon p. 669 ; T. confl. 19-11-2012 no 3845, Sté Cofiroute c/ Demarti : BPIM 1/13 inf. 25).

La plus-value, générée par les ventes en raison de l'opération d'utilité publique conduite par l'expropriant, n'a pas à être prise en compte pour déterminer l'indemnité réparant la dépossession, l'indemnité de « privation de plus-value » revendiquée par les expropriés n'est pas en lien direct avec le préjudice résultant de la dépossession, qui seul pouvait être indemnisé par le juge de l'expropriation (Cass. 3e civ. 2-3-2022 no 20-17.133 FS-B, B. c/ SPL Territoire d'innovation : BPIM 2/22 inf. 115).

Le **préjudice indirect** n'est pas indemnisable.

ILLUSTRATIONS

Sont **indemnisables** car résultant directement de l'expropriation :
– le préjudice tenant à la bande d'inconstructibilité en bordure d'une autoroute consécutive à l'emprise des voies (Cass. 3e civ. 17-3-1999 no 97-70.190 : JCP G 1999 II no 10167) ;
– le préjudice résultant de la nécessité de clôturer les nouvelles parcelles afin de les préserver des intrusions par la voie publique créée sur l'emprise expropriée (Cass. 3e civ. 5-1-2017 no 15-25.890 F-D) ;
– le préjudice résultant de la destruction d'une cible et de l'impossibilité de pratiquer désormais le tir à l'arc sur un terrain devenu trop étroit (Cass. 3e civ. 9-2-2000 no 96-70.155) ;
– le préjudice résultant pour le bailleur à construction de la perte, en cours de bail, de la propriété des constructions du preneur qui devaient lui revenir en fin de bail (Cass. 3e civ. 31-3-2004 no 02-15.754 : Bull. civ. III no 66) ;
– la perte de loyers subie pendant le délai nécessaire pour acquérir un autre bien et le donner à bail (Cass. 3e civ. 7-4-2015 no 13-27.547 : BPIM 3/15 inf. 179) ;
– la perte de loyers en raison de la résiliation du bail pour l'ensemble des lots y compris pour ceux ne faisant pas l'objet de l'expropriation (Cass. 3e civ. 29-6-2022 no 21-15.205 F-D) ;
– la perte d'une autorisation temporaire d'occuper une parcelle sur laquelle était installée une véranda, dont l'utilisation était nécessaire à l'exploitation d'un fonds de commerce (Cass. 3e civ. 20-12-2018 no 17-18.194 FS-PBI : BPIM 1/19 inf. 25) ;
– le préjudice résultant de l'enclavement d'une parcelle à la suite de l'expropriation et se traduisant par la perte de jouissance d'un garage (Cass. 3e civ. 29-3-2018 no 17-11.507 FS-PBI : BPIM 3/18 inf. 183) ;
– la perte par l'exproprié d'une créance indemnitaire due par l'assureur du bien détruit par un incendie avant l'ordonnance d'expropriation (Cass. 3e civ. 13-4-2023 no 22-13.848 F-D).

En revanche, ne sont **pas indemnisables** car constituant un préjudice indirect :
– la gêne occasionnée par la création ou la transformation d'une voie à grande circulation ;
– l'obligation de franchir une nouvelle voie ;
– les frais exposés lors de la réinstallation pour satisfaire à une obligation légale étrangère à l'expropriation ;
– les démarches pour la recherche d'un nouveau logement et l'avance sur loyers au titre du cautionnement ou le versement du dépôt de garantie ;
– le coût de l'obligation légale de dépollution qui pèse sur l'exploitant d'une installation classée à la cessation d'activité (Cass. 3e civ. 22-9-2010 no 09-69.050 : BPIM 6/10 inf. 449) ;
– les dommages de travaux publics (les préjudices de travaux publics sont réparés par le juge administratif) ;
– la dépréciation des appartements en copropriété du fait de la réalisation d'un ouvrage public au pied de l'immeuble ;

– le surcoût de construction d'un immeuble dû à l'obligation de prévoir des fondations spéciales en raison de l'implantation d'un tunnel RATP à un niveau inférieur (Cass. 3e civ. 6-12-2018 n° 17-24.312 FS-PBI : BPIM 1/19 inf. 26) ;
– l'impôt dû au titre de la plus-value immobilière réalisée (Cass. 3e civ. 11-2-1998 n° 97-70.018 : Bull. civ. III n° 32) ;
– le supplément de droits d'enregistrement pour défaut de construction dans le délai de 4 ans ;
– les intérêts d'emprunt contracté pour l'achat du bien exproprié ;
– les frais résultant d'un remboursement anticipé de prêt contracté pour acquérir le bien exproprié (Cass. 3e civ. 25-2-1998 n° 96-70.044 : AJPI 1998 p. 627) ;
– les frais de mainlevée d'hypothèque ;
– la perte de valeur de revente (Cass. 3e civ. 12-12-2001 n° 00-70.177) ;
– la perte d'une simple tolérance de stationnement, prohibé par le règlement de copropriété et ne constituant par conséquent pas un droit juridiquement protégé (Cass. 3e civ. 18-3-2021 n° 20-13.562 F-D : BPIM 3/21 inf. 179).

PRÉJUDICE MATÉRIEL

Seul le préjudice matériel, à l'exclusion du **préjudice moral,** est indemnisable. Ne sont pas indemnisables car considérés comme préjudices moraux : le désagrément résultant de l'abandon d'un logement occupé depuis de nombreuses années, la perte de vue, etc. L'absence d'indemnisation de la douleur morale éprouvée par le propriétaire à raison de la perte des biens expropriés est conforme à la Constitution (Cons. const. 21-1-2011 n° 2010-87 QPC : JO 22 p. 1384). **37550**

PRÉJUDICE CERTAIN

Le préjudice certain est celui dont la réalisation n'est pas aléatoire ou éventuelle. Un préjudice s'analysant en une **perte de chance** n'est pas un préjudice éventuel, il est donc indemnisable (Cass. 3e civ. 25-1-2012 n° 10-17.045 : BPIM 3/12 inf. 217). Il n'est pas nécessaire que le préjudice soit actuel, dès lors que sa réalisation est certaine. Un **préjudice futur** est donc indemnisable si sa certitude ne fait aucun doute et s'il est susceptible d'évaluation immédiate (Cass. 3e civ. 9-3-2017 n° 16-12.509 F-D). **37555**

Sont considérées comme des préjudices éventuels non indemnisables : la perte de possibilité de réaliser un projet immobilier, la valeur d'avenir des plantations forestières, etc.

> Précisions **a.** Dans un **bail à construction,** le preneur est propriétaire des constructions alors que le bailleur reste propriétaire du sol. Pour cette raison, lorsque le preneur est exproprié, celui-ci ne peut être indemnisé que pour les bâtiments édifiés par lui et qui existent à la date de référence de l'expropriation. Le **droit de construire** n'est indemnisé que s'il a été utilisé et ne se révèle pas, par conséquent, comme étant purement hypothétique (Cass. 3e civ. 16-5-2001 n° 98-70.142 : AJDI 2001 p. 719). L'indemnisation du preneur, pour perte des constructions édifiées par lui pendant le bail, n'exclut pas celle du bailleur pour perte de la propriété de ces biens lui revenant en fin de bail (Cass. 3e civ. 31-3-2004 n° 02-15.754 : Bull. civ. III n° 66).

b. L'**éventuelle disparition future d'un préjudice actuel et certain** n'empêche pas son indemnisation. Ainsi, les préjudices de l'exploitant agricole exproprié sont certains tant qu'ils n'ont pas été réparés par l'échange et le regroupement de parcelles, même si plusieurs opérations d'aménagement foncier allant dans ce sens sont en cours (Cass. 3e civ. 16-6-2016 n° 15-15.136).

2. CONDITIONS RELATIVES À L'INDEMNITÉ

La réparation de l'intégralité du préjudice direct, matériel et certain impose le versement d'une indemnité principale et d'indemnités accessoires destinées à couvrir les préjudices accessoires nés de la dépossession. **37580**

En cas d'**indivision,** le juge fixe une seule indemnité que les indivisaires se répartiront.

POUVOIR SOUVERAIN DU JUGE DU FOND

Sous réserve de l'application des dispositions prévues aux articles L 322-1 à L 322-9 du Code de l'expropriation (voir nos 37700 s.), le juge de l'expropriation dispose d'un pouvoir d'appréciation souverain pour fixer le montant des indemnités d'expropriation. **37585**

Il adopte la méthode d'évaluation de son choix lui paraissant la plus appropriée. Le juge doit préciser les données du marché immobilier local sur lesquelles il se fonde (Cass. 3e civ. 2-7-2002 n° 01-70.174). S'il se livre à une comparaison avec des cessions intervenues dans le secteur, il doit examiner les termes de comparaison retenus par le commissaire du gouvernement, mais également ceux présentés par les expropriés, même succinctement (Cass. 3e civ. 3-5-2018 n° 17-16.308 F-D). Il peut se référer aux termes de comparaison invoqués par les parties, même en l'absence des actes de ventes dont ils sont issus, dès lors que ces éléments sont extraits de bases de données publiques et accompagnés de certaines informations et des références de publication (Cass. 3e civ. 19-9-2024 no 23-19.783 FS-B : AJDI 2025 p. 134).

INDEMNITÉ PRINCIPALE

37590 L'indemnité d'expropriation doit correspondre à la valeur du bien exproprié et permettre à l'ancien propriétaire d'acquérir un bien équivalant à celui dont il est dépossédé.

L'indemnité principale doit correspondre à la valeur vénale du bien exproprié, et non à la valeur du bien de remplacement, ou au prix de revient de l'immeuble. La valeur vénale d'un bien correspond au prix le plus probable auquel ce bien serait vendu dans des conditions normales. Si la valeur marchande des biens expropriés doit en principe servir de base à la détermination de l'indemnisation, des objectifs légitimes « d'utilité publique » tels que la protection du patrimoine historique et culturel peuvent militer pour un remboursement inférieur à la pleine valeur des biens concernés (CEDH 11-11-2011 no 28216/09 : BPIM 4/12 inf. 313 s'agissant de la « Grotte Chauvet »). À l'inverse, une indemnité fixée sur la base de la valeur marchande du bien exproprié pourra ne pas constituer une indemnité d'expropriation adéquate si le bien est la source de revenus principale ou unique de l'exproprié et si le montant proposé en échange n'en reflète pas la perte réelle pour les expropriés, privés de leur principal moyen de subsistance (CEDH 11-10-2018 no 71306/11).

> **Précisions** **a.** Le montant de l'indemnité principale d'expropriation versé au propriétaire d'une **parcelle agricole** doit être réduit du montant versé à l'occupant de cette parcelle au titre de l'indemnité d'éviction (Cass. 3e civ. 20-4-2017 no 15-27.932 F-D : BPIM 3/17 inf. 196).
> **b.** En cas de **bail à construction,** le juge doit rechercher si le droit réel immobilier conféré au preneur n'a pas une valeur propre distincte de la seule valeur des constructions édifiées sur le terrain en vertu de ce bail (Cass. 3e civ. 17-7-1997 no 95-70.038 : Bull. civ. III no 169). Même en l'absence de voie de fait, les emphytéotes, dont le droit était éteint par l'ordonnance d'expropriation, ont droit à indemnisation (Cass. 3e civ. 28-1-2021 no 19-21.089 F-P : D. 2021 act. p. 236).
> **c.** Le préjudice résultant de la perte d'un droit de jouissance exclusif sur des **emplacements de stationnement,** qui est un droit réel, doit être indemnisé (Cass. 3e civ. 13-6-2019 no 18-15.999 F-D : AJDI 2019 p. 719).

INDEMNITÉ DE REMPLOI

37595 **Objet** L'indemnité de remploi est destinée à couvrir les dépenses que l'exproprié sera amené à exposer normalement lors du **rachat d'un bien** similaire à celui qui est exproprié (C. expr. art. R 322-5, al. 1).

Elle est souverainement fixée, par le juge, sur la base de l'indemnité principale, qu'il s'agisse de l'indemnité de dépossession ou de l'indemnité d'éviction. Lorsque l'expropriation porte sur plusieurs parcelles, elle s'applique globalement à l'ensemble de l'indemnité principale et non à chaque indemnité, parcelle par parcelle (Cass. 3e civ. 23-09-2020 no 19-15.907 FS-PBI : D. 2020 act. p. 1890).

Elle **couvre** les frais de recherche d'un nouveau bien et de rédaction d'actes, les honoraires, les impôts et taxes. Elle doit être calculée en tenant compte du régime fiscal applicable. L'indemnité de remploi est due sans que l'exproprié ait à justifier de la nécessité du remploi (Cass. 3e civ. 9-11-2023 no 22-18.113 F-D : AJDI 2024 p. 305). De même, la cession d'activité n'exclut pas l'attribution d'une indemnité de remploi (Cass. 3e civ. 4-6-1998 no 97-70.009 : AJDI 1998 p. 1088).

Toutefois, il ne peut pas être prévu d'indemnité de remploi si les biens étaient notoirement destinés à la **vente**, ou mis en vente par le propriétaire exproprié au cours de la période de 6 mois ayant précédé la déclaration d'utilité publique (C. expr. art. R 322-5, al. 2).

> **Précisions** **a.** Doit être cassé l'arrêt qui, pour débouter une société de sa demande d'indemnité de remploi, retient que l'indemnité de remploi destinée à couvrir les frais que l'exproprié doit supporter pour sa réinstallation n'est justifiée qu'en présence d'acte d'acquisition d'un **droit au bail** équivalent et que la société a fait l'acquisition d'un terrain où elle doit transférer son activité (Cass. 3e civ. 17-7-1996 no 95-70.197 : AJPI 1996 p. 1028).
> **b.** L'indemnité de remploi ne couvre pas le préjudice résultant de la **perte des revenus locatifs** subie par l'exproprié (Cass. 3e civ. 29-6-2017 no 16-19.588 F-D). Elle ne couvre pas non plus le préjudice résultant de la perte de jouissance d'un garage à la suite de l'enclavement d'une parcelle voisine de celles expropriées (Cass. 3e civ. 29-3-2018 no 17-11.507 FS-PBI : BPIM 3/18 inf. 183).
> **c.** Un immeuble dont la **vente aux enchères publiques** a été ordonnée ou qui a fait l'objet d'une saisie publiée au service de la publicité foncière ne peut pas donner lieu à l'allocation d'une indemnité de remploi.
> **d.** Les immeubles acquis sous le régime fiscal « **marchand de biens** » (achat-revente) n'ouvrent pas droit à une indemnité de remploi.

Évaluation Le juge de l'expropriation doit préciser dans sa décision les bases de calcul de l'indemnité de remploi. Le taux retenu est du pouvoir souverain du juge du fond. 37600

Les **taux généralement retenus** sont les suivants :

Nature de l'immeuble	Taux de l'indemnité de remploi
Immeubles bâtis et non bâtis	- 20 % pour la fraction de l'indemnité principale inférieure ou égale à 5 000 € - 15 % pour la fraction comprise entre 5 001 € et 15 000 € - 10 % pour le surplus
Immeubles appartenant à l'État ou à une collectivité territoriale	5 % de l'indemnité principale
Fonds de commerce	- 5 % pour la fraction de l'indemnité d'éviction inférieure ou égale à 23 000 € - 10 % pour le surplus

AUTRES INDEMNITÉS ACCESSOIRES

La réparation intégrale du préjudice nécessite l'octroi d'**autant** d'indemnités accessoires qu'il y a de chefs de préjudices, par exemple : 37605

– frais de déménagement et de réinstallation ;

– trouble commercial (Cass. 3e civ. 26-6-1970 nos 69-70.249 et 69-70.256 : Bull. civ. III nos 453 et 454) même en cas d'expropriation partielle (Cass. 3e civ. 4-7-2024 no 23-15.027 FS-B : BPIM 5/24 Inf. 305) ;

– pertes éventuelles de productivité ou même allongement du temps de parcours des camions d'une société expropriée (Cass. 3e civ. 12-2-2003 no 01-70.185 : Bull. civ. III no 34) ;

– pertes de revenus locatifs (Cass. 3e civ. 18-11-2008 no 07-18.615 ; Cass. 3e civ. 25-1-2012 no 10-17.045 : AJDI 2012 p. 442 ; Cass. 3e civ. 7-4-2015 no 13-27.547 : AJDI 2015 p. 526) ; l'existence de la location s'appréciant à la date de l'ordonnance d'expropriation (Cass. 3e civ. 8-6-2023 no 22-14.706). En revanche, lorsque l'expropriation porte sur une habitation principale ne répondant pas aux critères du logement décent, le propriétaire exproprié ne peut pas être indemnisé au titre de la perte de revenus locatifs (Cass. 3e civ. 11-1-2023 no 21-23.792 FS-B : BPIM 1/23 inf. 22).

Le juge peut fixer le montant d'une indemnité d'accessoire au montant non déterminé d'une **facture** qui sera produite ultérieurement (Cass. 3e civ. 16-3-2011 no 09-69.544 : BPIM 3/11 inf. 199). Il peut également se baser sur un devis (Cass. 3e civ. 14-12-2017 no 16-26.425 F-D, cassant l'arrêt qui avait décidé d'une indemnisation du déménagement basée sur la présentation de trois devis à l'expropriant).

Lorsque l'expropriation concerne une **copropriété** dont les emprises expropriées font l'objet d'un retrait de la propriété initiale, le juge fixe, en outre, une indemnité particulière compensant les conséquences préjudiciables de ce retrait (C. expr. art. L 321-4).

INDEMNITÉS DE LICENCIEMENT

L'expropriant doit indemniser le locataire évincé des indemnités qu'il était légalement tenu de verser aux salariés qu'il a dû licencier, **y compris** les indemnités conventionnelles et autres frais annexes de licenciement (CA Paris 21-11-2013 no 11/03989 : BPIM 1/14 inf. 18). 37607

Deux **conditions** doivent être réalisées pour que les indemnités de licenciement puissent être remboursées à l'occasion d'une procédure d'expropriation :

– être fixées dans le cadre de la législation du travail et des conventions collectives ;

– constituer une conséquence directe de l'expropriation : si le licenciement ne résulte pas de l'expropriation mais d'une décision de gestion, les indemnités de licenciement ne doivent pas être remboursées par l'expropriant (CA Paris 12-4-2018 no 17/03746, Sté Chaudet Frères c/ Grand Paris Aménagement : BPIM 3/18 inf. 184).

INDEMNISATION DES LOCATAIRES ET FERMIERS

Conditions requises Propriétaire et usufruitier sont tenus de faire connaître à l'expropriant les fermiers et locataires (C. expr. art. L 311-2). Cette dénonciation des locataires a pour but de permettre à l'expropriant de **notifier** ses offres aux personnes qui détiennent des droits locatifs sur l'immeuble. S'il dispose d'un titre régulier, le locataire a droit à une **indemnisation**. Il faut que le bail ait été conclu avant l'ordonnance d'expropriation. 37610

Si la validité du bail est contestée, l'expropriant n'est pas dispensé de faire des offres mais il doit les faire sous forme alternative (C. expr. art. L 311-8). Le locataire doit avoir été dénoncé pour prétendre à une indemnité.

Lorsque le locataire d'un terrain exproprié l'a mis à disposition d'un groupement agricole d'exploitation en commun, il a seul qualité, comme unique titulaire du droit locatif, pour solliciter l'attribution des indemnités réparant la perte de ses droits (Cass. 3e civ. 7-7-1981 nº 80-70.140 : Bull. civ. III nº 139 ; Cass. 3e civ. 10-11-2021 nº 20-18.880 F-D).

37615 **Locataire d'habitation** Tous les occupants de locaux à usage d'habitation ont **droit au relogement** (voir nº 38430). En sus, le locataire a droit à une **indemnité** d'éviction personnelle et de déménagement qui couvre les frais de déménagement ainsi que les frais accessoires (réabonnement, installation, etc.). Toutefois, le surcoût de loyer du nouveau logement s'analysant en un dommage indirect n'est pas indemnisable.

37620 **Commerçant** Pour bénéficier du statut des baux commerciaux, et disposer d'un titre régulier permettant son indemnisation en cas d'expropriation, le locataire commercial **doit notamment** être immatriculé au registre du commerce et des sociétés (C. com. art. L 145-1). Cette règle est destinée à empêcher que des personnes qui ne seraient pas commerçantes ou exploiteraient en fraude des établissements commerciaux puissent prétendre à une indemnité d'éviction.

Cette règle exclut les locataires gérants puisque la **location-gérance** ne peut être assimilée à un bail commercial (Cass. 3e civ. 18-3-2021 nº 20-14.295 F-D).

Certaines situations particulières peuvent toutefois faire **exception.** Il en est ainsi lorsque le défaut d'immatriculation résulte d'une erreur du greffier rectifiée par la suite (Cass. 3e civ. 16-2-2000 nº 92-70.341) ou lorsque l'exproprié, qui acquittait régulièrement son loyer commercial, n'a cessé son activité et s'est fait radier du registre du commerce et des sociétés qu'en raison de la procédure d'expropriation (CA Paris 28-6-2012 nº 09/13095 : BPIM 5/12 inf. 387).

Le montant de l'indemnité d'éviction est fixé en **tenant compte du chiffre d'affaires** réalisé dans le local objet de la cession, et non en fonction du chiffre global de la société locataire de ce local (Cass. 3e civ. 14-2-2019 nº 17-27.273 F-D). Pour le calcul du chiffre d'affaires de référence, le juge d'appel ne peut refuser de prendre en compte le chiffre d'affaires antérieur à la décision de première instance (Cass. 3e civ. 12-5-2021 nº 20-15.489 F-D).

> **Précisions** **a.** Le **droit d'utilisation d'une terrasse,** sur le domaine public, doit être pris en compte, au titre de la valorisation du fonds, même si l'autorisation est précaire (Cass. 3e civ. 12-5-2021 nº 20-15.489 F-D).
> **b.** Amené à fixer l'indemnité d'éviction d'un locataire commercial dont le local est exproprié, le juge du fond doit aussi statuer sur le montant de **l'indemnité de déménagement** en appréciant la valeur probante des devis produits devant lui par le locataire (Cass. 3e civ. 2-6-2015 nº 14-14.392, Sté AA 06 c/ Cne de Nice : BPIM 4/15 inf. 244).
> **c.** Il n'y a pas lieu d'appliquer un abattement pour **vétusté** à l'indemnité pour **frais de réinstallation** allouée à une société évincée de locaux expropriés, afin de lui permettre de poursuivre son activité dans de nouveaux locaux (Cass. 3e civ. 29-6-2022 nº 21-15.741 FS-B : BPIM 5/22 inf. 355).
> **d.** L'indemnité basée sur la valeur du fonds de commerce n'exclut pas l'allocation d'une indemnité pour **trouble commercial** (Cass. 3e civ. 8-6-2023 nº 22-18.309 : AJDI 2023 p. 849). En cas d'éviction partielle d'un fonds de commerce consécutive à une expropriation, l'exploitant peut demander une indemnité pour trouble commercial dès lors qu'il prouve un préjudice affectant l'activité qu'il poursuit dans les locaux non expropriés (Cass. 3e civ. 4-7-2024 nº 23-15.027 : BPIM 5/24 inf. 305).

37625 **Fermier** Le statut du fermage interdit, en principe, la cession de **bail rural.** Mais l'expropriation qui a pour effet d'éteindre le bail avant son terme génère pour le fermier un préjudice qui doit être indemnisé (Cass. 3e civ. 30-6-1992 nº 91-70.220 : Bull. civ. III nº 233). Cette **indemnité d'éviction** couvre la résiliation anticipée du bail et la perte du droit au renouvellement. Le juge détermine souverainement, selon la méthode qui lui paraît la plus appropriée, le montant de l'indemnité d'éviction. Cette indemnité prend en compte la durée pendant laquelle le fermier sera privé du revenu que lui procurait son exploitation. Pour indemniser le préjudice subi par l'exploitant agricole du fait de l'expropriation de son outil de travail, la **méthode de « la perte de revenu par hectare d'emprise »** est la plus souvent retenue. Cette perte est égale à la différence entre le produit brut (par hectare) et les charges proportionnelles qui disparaissent avec l'expropriation, c'est-à-dire les charges directement applicables à l'emprise (par exemple : engrais, semences, traitements divers, etc.). Cette différence constitue la « marge brute ». La marge brute retenue pour déterminer le préjudice subi par l'exploitant agricole doit tenir compte de tous les produits et de toutes les charges (Cass. 3e civ. 13-10-2016 nº 15-24.040 : BPIM 6/16 inf. 365). Le produit brut est relativement facile à déterminer dès l'instant où l'on connaît la nature et l'activité de l'exploitation, les rendements obtenus et les prix de vente des produits. Il est en revanche plus délicat de faire la part entre les charges proportionnelles et les charges fixes et d'évaluer le montant des déductions à opérer.

Outre l'indemnité d'éviction, l'exploitant agricole peut obtenir d'**autres indemnités** : une indemnité pour perte de fumure et arrière-fumure, une indemnité pour surcharge de frais fixes, une indemnité pour allongement de parcours, etc.

Lors des grandes opérations foncières, l'administration des Domaines (Direction de l'immobilier de l'État) négocie avec les organisations professionnelles agricoles des **protocoles d'indemnisation forfaitaire** pour les indemnités d'éviction dues aux exploitants agricoles. En cas de fixation judiciaire des indemnités, ces protocoles ne s'imposent pas au juge de l'expropriation qui choisit souverainement la méthode d'évaluation de l'indemnité de dépossession qui lui apparaît la plus appropriée au regard de la situation du terrain (Cass. 3e civ. 5-10-2011 n° 10-20.987 FS-D : BPIM 1/12 inf. 23).

INDEMNITÉ POUR DÉPRÉCIATION DU SURPLUS

L'expropriation d'**une partie seulement** d'un immeuble peut entraîner la dépréciation du surplus de l'emprise. Ce préjudice doit être indemnisé. L'indemnité est due même si l'expropriation concerne un terrain à bâtir (Cass. 3e civ. 4-4-2019 n° 18-10.989 FS-PBI : BPIM 3/19 inf. 170). **37630**

L'indemnité pour dépréciation du surplus n'est due que si la dépréciation **résulte** de l'expropriation et non de la réglementation d'urbanisme ou de la réalisation des travaux (Cass. 3e civ. 28-3-1984 n° 83-70.056 : Bull. civ. III n° 83). Doit ainsi, par exemple, être indemnisé le préjudice tenant à la dépréciation de parcelles non expropriées devenues en partie inconstructibles à cause de la marge de recul imposée par la rocade dont la construction, déclarée d'utilité publique, a justifié l'expropriation (Cass. 3e civ. 29-9-2015 n° 14-10.923 : BPIM 6/15 inf. 378).

La **fixation** d'une indemnité accessoire, pour dépréciation du surplus, relève du pouvoir souverain d'appréciation des juges du fond. La réquisition d'emprise totale est exclusive de l'indemnisation de la dépréciation du surplus.

> **Précisions** **a.** Une cour d'appel ne peut pas limiter le montant de l'indemnité pour dépréciation du surplus en se fondant sur le **seul engagement de l'expropriant** d'exécuter des travaux futurs destinés à réparer en nature le préjudice de dépréciation subi par l'exproprié (Cass. 3e civ. 12-10-2022 n° 21-21.506 : BPIM 1/23 inf. 21).
> **b.** Le juge doit préciser en quoi l'amputation du terrain **diminue** la valeur de la partie hors emprise dont les expropriés demeurent propriétaires (Cass. 3e civ. 26-10-2022 n° 21-21.136 F-D).
> **c.** Le **syndicat des copropriétaires** ne peut pas **représenter** chaque copropriétaire pour la défense de ses droits sur son lot et ne peut donc pas se voir allouer une indemnité de dépréciation du surplus de l'ensemble de la copropriété (Cass. 3e civ. 16-3-2023 n° 22-11.429, Sté Escota c/ Synd. Copro. : BPIM 3/23 inf. 181).

COMPENSATION POUR PLUS-VALUE APPORTÉE AU SURPLUS

Si l'exécution des **travaux consécutifs à l'expropriation** doit procurer une augmentation de valeur au reste de la propriété non expropriée, le juge statue sur cette augmentation par une disposition distincte. Le montant de la **plus-value** se compense en tout ou en partie sur l'indemnité d'expropriation (C. expr. art. L 321-5). **37635**

La plus-value doit résulter de l'exécution des travaux eux-mêmes. Il n'est pas nécessaire qu'ils soient réalisés au jour de la fixation de l'indemnité, à condition que la plus-value qu'ils apporteront puisse être appréciée à ce jour. Il suffit que les travaux aient été prévus par la DUP ou en découlent (Cass. 3e civ. 12-3-1980 n° 78-70.175 : Bull. civ. III n° 59). La compensation de la plus-value doit se faire avec l'indemnité globale d'expropriation, c'est-à-dire indemnité de remploi comprise.

B. Détermination de la consistance des biens expropriés

PRINCIPE

La juridiction fixe le montant des indemnités d'après la consistance des biens à la date de l'ordonnance portant transfert de propriété, mais les améliorations de toute nature faites dans le but d'obtenir une indemnité ne sont pas prises en compte (C. expr. art. L 322-1). **37700**

Les moyens tirés de cette disposition doivent être soulevés d'office par le juge dès lors que les faits portés à sa connaissance font apparaître que les conditions requises pour son application sont réunies (C. expr. art. L 322-11).

DATE À RETENIR POUR APPRÉCIER LA CONSISTANCE DES BIENS

37705 La valeur des biens est appréciée en tenant compte de la consistance à la **date de l'ordonnance d'expropriation**. Toutefois, ne sont pas indemnisés, même si l'ordonnance est antérieure au jugement, les coupes de bois effectuées après la date de l'ordonnance dans une forêt en cours d'exploitation (CA Versailles 12-3-1979 : AJPI octobre 1979 p. 63) ou le sable extrait d'un gisement après le transfert de propriété (CA Paris 24-2-1978 : JCP éd. G 1978 IV p. 224).

ATTENTION

La consistance au jour du **jugement** en fixation des indemnités est retenue lorsque celui-ci intervient **avant l'ordonnance** d'expropriation (Cass. 3e civ. 25-2-1998 nº 97-70.004 : AJDI 1998 p. 939). Dans ce cas, même si l'ordonnance intervient entre le jugement et l'arrêt d'appel, c'est la consistance au jour du jugement qui doit être retenue par la cour d'appel.

DÉFINITION DE LA CONSISTANCE

37715 Par consistance on entend tous les éléments **physiques et matériels** qui composent le bien, mais aussi sa **situation juridique.**

Le juge bénéficie d'un pouvoir souverain pour utiliser la **méthode d'évaluation** qui lui paraît la plus appropriée. Il peut notamment utiliser la méthode de récupération foncière alors même qu'il s'agit de l'expropriation d'immeuble bâti. Cette méthode consiste, lorsque la valeur d'un terrain exproprié est beaucoup plus importante que celle des constructions, à fixer l'indemnité d'expropriation en fonction de la valeur du terrain nu diminuée des frais de démolition des constructions. Cette méthode est employée pour des constructions vétustes ou menaçant ruine (Cass. 3e civ. 27-4-1988 nº 87-70.003 : D. 1990 som. p. 41 ; Cass. 3e civ. 15-3-2018 nº 17-14.066 F-D) ou faisant l'objet d'un arrêté d'insalubrité à titre irrémédiable (Cass. 3e civ. 13-4-2023 nº 21-25.771 : BPIM 3/23 nº 183). Elle est exclue si les constructions vouées à la démolition sont en bon état et non dépourvues de valeur (Cass. 3e civ. 5-11-2020 nº 19-21.872 : BPIM 1/21 inf. 24).

37720 **Situation matérielle et physique du bien** Le juge doit prendre en compte toutes les caractéristiques physiques et matérielles des biens à évaluer. S'il s'agit d'un immeuble bâti, il doit indemniser la construction principale mais également tous les accessoires et par exemple : appentis, garages, portails ou clôtures (Cass. 3e civ. 29-3-2000 nº 99-70.048 : AJDI 2000 p. 803).

37725 **Situation juridique** Le juge de l'expropriation doit aussi prendre en compte la consistance juridique du bien, qu'il s'agisse des **servitudes** légales ou contractuelles qui peuvent l'affecter ou de la **situation locative** de l'immeuble.

Il convient de retenir la situation locative **au jour de** l'ordonnance d'expropriation. Toutefois, une libération antérieure au transfert de propriété consécutive au relogement de l'occupant par l'expropriant ou au versement d'une indemnité aux locataires ne permet pas de considérer les locaux libres d'occupation (Cass. 3e civ. 6-5-1998 nº 97-70.024 : AJDI 1998 p. 1087).

> **Précisions** **a.** L'abattement pour occupation ne peut être le même selon que le bien exproprié est occupé en vertu d'un titre ouvrant droit à un relogement, ou fait l'objet d'une **occupation sans droit ni titre** ne conférant pas un tel droit (Cass. 3e civ. 11-1-2023 nº 21-23.786 : AJDI 2023 p. 207).
> **b.** Lorsque le bien exproprié a été **édifié illégalement**, le juge pénal peut en demander la démolition avant le transfert de propriété à l'expropriant (Cass. crim. 2-4-2019 nº 18-82.436 F-D : BPIM 3/19 inf. 164). Ainsi, la réalisation de travaux non autorisés n'est pas prise en compte pour apprécier la consistance du bien exproprié.
> **c.** Un accord sur l'indemnité de **résiliation du bail** commercial liant l'exproprié et son locataire est sans effet à l'égard de l'expropriant (Cass. 3e civ. 26-9-2007 nº 06-14.468 : Bull. civ. III nº 153).

37730 **Cas particuliers** L'expropriation d'un **tréfonds** doit être indemnisée surtout lorsqu'il a une valeur d'usage pour la propriété du terrain ou de l'immeuble bâti.

L'existence d'un **gisement** de matériaux exploitable doit être indemnisée même si l'exploitation n'était pas commencée à la date de référence (Cass. 3e civ. 3-10-1990 nº 89-70.073 : Bull. civ. III nº 178). En revanche, n'est pas indemnisable le gisement situé dans une zone où l'exploitation de carrières est interdite.

La méthode d'évaluation souverainement choisie peut tenir compte, parmi les éléments d'appréciation retenus, des conditions d'exploitation des carrières déjà effectivement exploitées sur la parcelle (Cass. 3e civ. 30-9-2021 nº 19-23.740 F-D).

La perte de **redevance de décharge** est indemnisable, si à la date de l'ordonnance d'expropriation, ou, à défaut, du jugement, les excavations n'ont pas été réalisées (Cass. 3e civ. 17-4-1985 nº 83-70.184 : Bull. civ. III nº 64).

Dès lors qu'il est établi que le propriétaire exploitant a l'**obligation de dépolluer** et en assure la charge financière, il n'y a pas à opérer de réduction sur l'indemnité en considération du caractère pollué ou non des terrains expropriés puisque le coût de la dépollution ne trouve pas son origine dans la dépossession forcée (Cass. 3e civ. 11-7-2001 no 00-70.116 : AJDI 2001 p. 900 ; Cass. 3e civ. 22-9-2010 no 09-69.050 FS-PB : BPIM 6/10 inf. 449). En revanche, en l'absence d'une telle obligation et en présence d'un terrain pollué, le juge doit tenir compte de la dépollution pour fixer les indemnités (Cass. 3e civ. 4-4-2019 no 18-10.989 F-PBI), mais uniquement au regard de l'usage qui était fait, de ce terrain, par l'exproprié (Cass. 3e civ. 30-1-2020 no 19-10.301 F-D : Defrénois 2020 no 11 p. 23). En cas de doute, le juge doit déterminer l'existence et le montant de cet éventuel surcoût lié à la dépollution du terrain, mais ne fixe pas d'indemnité alternative (Cass. 3e civ. 8-2-2018 no 17-10.558 FS-D : BPIM 2/18 inf. 109).

La perte d'une **source** est indemnisable si elle était exploitée ou exploitable par son propriétaire (Cass. 3e civ. 12-2-2003 no 01-70.089 : Bull. civ. III no 33).

> **Précisions** Le calcul de l'indemnité versée au propriétaire d'une parcelle dont le **tréfonds comprend un gisement** dépend de son exploitation, en cours ou seulement possible. Lorsque le gisement est en cours d'exploitation, le propriétaire du terrain reçoit une double indemnité, la première liée à la perte du sol, la seconde correspondant à la perte d'exploitation. Si le gisement est seulement exploitable, sa présence augmente la valeur du terrain d'une plus-value, dont le montant est déterminé souverainement par le juge (Cass. 3e civ. 30-9-2021 no 19-23.470 F-D : BPIM 6/21 inf. 360). À noter qu'il n'est pas nécessaire qu'une autorisation d'exploiter le gisement ait été accordée (Cass. 3e civ. 23-10-2002 no 01-70.132 F-D). Pour conférer une plus-value à la parcelle, il suffit que le gisement soit juridiquement, techniquement et économiquement exploitable.

EXCLUSION DES AMÉLIORATIONS APPORTÉES DANS LE BUT D'OBTENIR UNE INDEMNITÉ SUPÉRIEURE

Les améliorations de toute nature, telles que constructions, plantations, installations diverses, acquisitions de marchandises, qui auraient été faites à l'immeuble, à l'industrie ou au fonds de commerce, même avant l'ordonnance d'expropriation, ne donnent lieu à aucune indemnité si, en raison de l'époque à laquelle ces améliorations ont eu lieu, ou de toutes autres circonstances, il apparaît qu'elles ont été faites dans le but d'obtenir une indemnité plus élevée. Sont présumées faites dans ce but, sauf preuve contraire, les améliorations faites après l'ouverture de l'enquête préalable à la DUP (C. expr. art. L 322-1, al. 2). **37735**

ILLUSTRATIONS

N'ouvrent pas droit à indemnité :
- l'équipement d'un terrain après la DUP (CA Besançon 22-5-1985) ;
- la création d'un parking sur une parcelle acquise après l'ouverture de l'enquête préalable à la DUP (CA Paris 22-1-1981) ;
- le transfert d'une activité artisanale dans un immeuble exproprié après l'enquête préalable à la DUP (CA Versailles 10-11-1989 : JCP éd. G 1991 II no 21613) ;
- la création d'un fonds de commerce après l'ouverture de l'enquête préalable à la DUP (Cass. 3e civ. 2-2-1983 : Gaz. Pal. 1983 pan. p. 174) ;
- le bail conclu après l'ouverture de l'enquête préalable à la DUP (CA Besançon 21-10-1987 : Gaz. Pal. 1988 som. p. 411) ;
- les plantations effectuées après l'ouverture de l'enquête préalable à la DUP (CA Paris 27-1-1984 : AJPI 1984 p. 199).

Ouvrent droit à indemnité :
- les travaux nécessaires à l'activité spécifique de la société (CA Paris 8-6-1984 : JCP éd. G 1985 IV p. 87) ;
- les améliorations destinées à permettre une meilleure utilisation d'un fonds de commerce (CA Paris 1-12-1989 : RDI 1990 p. 73) ;
- l'établissement d'un règlement de copropriété après l'ouverture de l'enquête préalable à la DUP (Cass. 3e civ. 13-10-1971 no 70-70.256 : Bull. civ. III no 491) ;
- l'acquisition d'un droit au bail, hormis le cas de fraude qui ne peut résulter de la seule connaissance d'un projet d'expropriation (Cass. 3e civ. 22-7-1998 no 97-70.133 : Bull. civ. III no 173).

C. Principes d'évaluation

DATE D'ÉVALUATION

La valeur des biens est évaluée à la date de la décision de **première instance** (C. expr. art. L 322-2), en fonction des données du marché immobilier au jour de cette décision. La jurisprudence déduit de cette règle que la **cour d'appel** qui doit évaluer les biens à la date du jugement ne peut pas retenir des termes de comparaison postérieurs à celui-ci (Cass. 3e civ. 22-5-1986 no 84-70.298 : Bull. civ. III no 76) ou trop anciens (Cass. 3e civ. 14-1-2014 no 12-27.704 : JCP G 2014 no 1062 note M. Huyghe). Mais elle peut tenir compte d'éléments de comparaison connus **37800** après le jugement de première instance s'ils existaient à la date de ce jugement (Cass. 3e civ. 19-12-2012 n° 11-26.584 FS-PB : BPIM 2/13 inf. 114 ; CA Paris ch. expr. 27-9-1979 : JCP G 1980 IV p. 51 ; CA Paris ch. expr. 28-5-1982 : JCP G 1982 IV p. 340).

En cas d'annulation du jugement de première instance, la cour d'appel doit se placer à la date à laquelle elle statue pour estimer les biens expropriés (Cass. 3e civ. 19-11-2008 n° 07-18.619 : Bull. civ. III n° 179). Si elle se place, même implicitement, à la date du jugement de première instance, sa décision doit être annulée (Cass. 3e civ. 22-5-2012 n° 11-13.387 F-D). Elle doit préciser la date à laquelle il est procédé à l'évaluation (Cass. 3e civ. 28-6-1995 n° 93-70.239).

En cas de **cassation** d'un arrêt d'appel, la cour de renvoi doit fixer la valeur du bien à la date du jugement de première instance, même si le renvoi intervient plusieurs années après ce jugement (Cass. 3e civ. 6-1-1981 n° 80-70.142 : Bull. civ. III n° 2).

ATTENTION

Ne peuvent être prises en considération comme références pertinentes que des ventes dont le numéro de **publication au service de la publicité foncière** est communiqué permettant d'accéder aux actes de vente. La Cour de cassation a par ailleurs récemment précisé que le juge de l'expropriation peut se référer à des termes de comparaison, même en l'absence des actes de ventes dont ils sont issus, dès lors que ces éléments :
– sont extraits de bases de données accessibles au public ;
– comportent les informations énoncées à l'article R 112 A-1 du Livre des procédures fiscales ;
– et sont accompagnés des références de publication permettant, le cas échéant, l'obtention des actes de mutation correspondants auprès du service de la publicité foncière (Cass. 3e civ. 19-9-2024 n° 23-19.783 FS-B : AJDI 2025 p. 134).

PRISE EN COMPTE DE L'USAGE EFFECTIF À LA DATE DE RÉFÉRENCE

37805 Sous réserve des dispositions spécifiques aux terrains à bâtir, sera seul pris en considération l'usage effectif des immeubles et droits réels immobiliers un an avant l'ouverture de l'enquête préalable à la DUP ou un an avant la DUP en cas d'opérations secrètes intéressant la défense nationale. Pour les projets ou programmes soumis au débat public (C. envir. art. L 121-8 ; Loi 2010-597 du 3-6-2010 relative au Grand Paris art. 3), l'usage effectif est arrêté au jour de la mise à disposition du public du dossier de ce débat (C. expr. art. L 322-2) ou, lorsque le bien est situé à l'intérieur du périmètre d'une zone d'aménagement concerté mentionnée à l'article L 311-1 du Code de l'urbanisme, à la date de publication de l'acte créant la zone, si elle est antérieure d'au moins un an à la date d'ouverture de l'enquête publique préalable à la déclaration d'utilité publique.

Ce texte vise à écarter les **changements d'utilisation spéculatifs** et à éviter que l'expropriant supporte la plus-value apportée par les travaux réalisés après la date de référence.

L'usage effectif du bien n'est pas pris en compte pour l'évaluation des parcelles qui reçoivent la qualification de **terrain à bâtir** (voir nos 37900 s.). Dans tous les autres cas, le juge doit retenir l'usage effectif à la date de référence (Cass. 3e civ. 11-5-2022 n° 21-10.141 F-D) ; il ne peut pas tenir compte de la destination future du bien (Cass. 3e civ. 7-2-1990 n° 88-70.257 : AJPI 1990 p. 519 ; Cass. 3e civ. 5-11-2020 n° 19-22.111 F-D : BPIM 1/21 inf. 26, pour une indemnité de terres végétales octroyée à un exproprié alors que les travaux d'excavation n'avaient pas commencé à la date de référence).

> **Précisions** L'usage effectif est celui qui résulte de la volonté du propriétaire exproprié et non celui imposé par l'expropriant en cas de prise de possession illégale (Cass. 3e civ. 3-12-2008 n° 08-11.213 : JCP G 2009 IV n° 1063).
L'**indemnité pour restriction d'usage** due en cas d'institution du périmètre de protection des eaux n'est pas totalement fixée comme en matière d'expropriation. L'indemnisation ne nécessite pas la recherche de la date de référence et n'implique pas le versement d'une indemnité de remploi (Cass 3e civ. 9-10-2013 n° 12-13.694 : BPIM 6/13 inf. 384).

DÉTERMINATION DE LA DATE DE RÉFÉRENCE EN FONCTION DE L'OPÉRATION

37810 La date de référence, en principe un an avant l'ouverture de l'enquête préalable à la DUP, est **modifiée** dans de nombreuses hypothèses prévues par le Code de l'urbanisme, qu'il s'agisse d'une expropriation, d'une préemption ou du délaissement d'un terrain. La fixation de dates de référence distinctes ne contrevient pas au principe d'égalité, le législateur pouvant régler de façon différente des situations distinctes (Cass. 3e civ. QPC 10-7-2012 n° 12-40.044). La date de référence doit s'apprécier à la date de la décision de première instance statuant sur l'indemnité (Cass. 3e civ. 31-5-2000 n° 99-70.082 : Bull. civ. III n° 119 ; Cass. 3e civ. 9-4-2008 n° 06-21.770 : Bull. civ. III n° 69 ; Cass. 3e civ. 12-10-2017 n° 16-20.966 F-D : AJDI 2018 p. 51).

La fixation de la date de référence plusieurs années avant le jugement ne porte pas une atteinte disproportionnée au droit au respect des biens de l'exproprié garanti par l'article 1er du premier protocole additionnel à la convention européenne des droits de l'Homme (Cass. 3e civ. 12-11-2020 n° 19-22.190 F-D, date fixée 9 ans avant le jugement).

37810
(suite)

Situation du bien ou nature de l'opération	Date de référence à retenir
1. Expropriation (y compris délaissement après DUP - C. expr. art. L 241-1)	
a. Cas général	Un an avant l'ouverture de l'enquête préalable à la DUP (C. expr. art. L 322-2)
b. Opérations soumises à débat public (C. envir. art. L 121-8 ; Loi 2010-597 du 3-6-2010 art. 3)	Date de la mise à disposition du public du dossier de débat (C. expr. art. L 322-2)
c. Opérations secrètes intéressant la défense nationale (C. expr. art. L 122-4)	Un an avant la DUP (C. expr. art. L 322-3)
2. Délaissement après un sursis à statuer sur une demande d'autorisation de construire	
a. Commune dotée d'un POS ou d'un PLU (C. urb. art. L 424-1)	Date à laquelle est devenu opposable aux tiers le plus récent des actes rendant public, approuvant, révisant ou modifiant le POS ou le PLU et délimitant la zone dans laquelle est situé le bien (C. urb. art. L 230-3)
b. Commune non dotée d'un POS ou d'un PLU (C. urb. art. L 424-1)	
- travaux, constructions ou installations soumis à autorisation et devant être réalisés sur un terrain compris dans une opération faisant l'objet d'une DUP	Un an avant l'ouverture de l'enquête préalable à la DUP (C. urb. art. L 424-1)
- travaux, constructions ou installations soumis à autorisation et susceptibles de compromettre ou de rendre plus coûteuse l'exécution de travaux publics ou la réalisation d'une opération d'aménagement	Date de publication de l'acte ayant intégré le projet (C. urb. art. L 424-1 et L 230-3)
3. Emplacement réservé par un POS ou un PLU	
a. Délaissement (C. urb. art. L 152-2)	Date à laquelle est devenu opposable aux tiers le plus récent des actes rendant public, approuvant, révisant ou modifiant le POS ou le PLU et délimitant la zone dans laquelle est situé le bien (C. urb. art. L 230-3 ; C. expr. art. L 322-6)
b. Expropriation (C. expr. art. L 322-6)	
4. Espace naturel sensible	
a. Préemption	
- commune dotée d'un POS ou d'un PLU (C. urb. art. L 215-17)	Date à laquelle est devenu opposable aux tiers le plus récent des actes rendant public, approuvant, révisant ou modifiant le POS ou le PLU et délimitant la zone dans laquelle est situé le bien (C. urb. art. L 215-17)
- commune non dotée d'un POS ou d'un PLU (C. urb. art. L 215-17)	5 ans avant la DIA (C. urb. art. L 215-17)
b. Expropriation	
- commune dotée d'un POS ou d'un PLU (C. urb. art. L 215-18)	Date à laquelle est devenu opposable aux tiers le plus récent des actes rendant public, approuvant, révisant ou modifiant le POS ou le PLU et délimitant la zone dans laquelle est situé le bien (C. urb. art. L 215-18)
- commune non dotée d'un POS ou d'un PLU (C. urb. art. L 215-18)	Un an avant l'ouverture de l'enquête préalable à la DUP (C. expr. art. L 322-2)

37810 (suite)

Situation du bien ou nature de l'opération	Date de référence à retenir
5. Zone de droit de préemption urbain	
a. Délaissement (C. urb. art. L 211-5)	Date à laquelle est devenu opposable aux tiers le plus récent des actes rendant public, approuvant, révisant ou modifiant le POS ou le PLU et délimitant la zone dans laquelle est situé le bien (C. urb. art. L 213-4 ; C. expr. art. L 322-6)
b. Préemption (C. urb. art. L 213-4)	
c. Expropriation (C. urb. art. L 213-6)	
6. Réalisation d'un aérodrome de catégorie A	
Délaissement relatif aux immeubles liés à l'habitation ou aux activités en lien immédiat avec les habitations (C. transports art. L 6353-2)	
- commune dotée d'un POS ou d'un PLU	Date à laquelle est devenu opposable aux tiers le plus récent des actes rendant public, approuvant, révisant ou modifiant le POS ou le PLU et délimitant la zone dans laquelle est situé le bien (C. transports art. L 6353-2 ; C. urb. art. L 230-3)
- commune non dotée d'un POS ou d'un PLU	Date de publication du décret désignant les catégories d'immeubles susceptibles de délaissement (C. transports art. L 6353-2 ; C. urb. art. L 230-3)
7. Territoires littoraux soumis au recul du trait de côte	
a. Préemption (C. urb. art. L 219-7, II)	Date à laquelle est devenu opposable aux tiers le plus récent des actes rendant public, approuvant, révisant ou modifiant le PLU ou la carte communale et délimitant la zone exposée au recul du trait de côte dans laquelle est situé le bien (C. urb. art. L 219-7, II).
b. Expropriation (C. expr. art. L 322-6-1)	
8. Zone d'aménagement différé	
a. Délaissement (C. urb. art. L 212-3)	a. Date du dernier renouvellement de l'acte créant la ZAD b. ou, en l'absence de renouvellement : - date de publication de l'acte délimitant le périmètre provisoire de la ZAD lorsque le bien est situé dans un tel périmètre ou lorsque l'acte créant la zone est publié dans le délai de validité d'un périmètre provisoire - date de publication de l'acte créant la ZAD si un périmètre provisoire de ZAD n'a pas été délimité (C. urb. art. L 213-4)
b. Préemption (C. urb. art. L 213-4)	
c. Expropriation (DUP initiale prise pendant la durée de validité de la ZAD) (C. urb. art. L 213-6)	
9. Zone d'aménagement concerté	
a. Délaissement (C. urb. art. L 311-2)	
- commune dotée d'un POS ou d'un PLU	Date à laquelle est devenu opposable aux tiers le plus récent des actes rendant public, approuvant, révisant ou modifiant le POS ou le PLU et délimitant la zone dans laquelle est situé le bien (C. urb. art. L 230-3)
- commune non dotée d'un POS ou d'un PLU	Un an avant la création de la ZAC (C. urb. art. L 230-3)

37810 (suite)

Situation du bien ou nature de l'opération	Date de référence à retenir
b. Préemption (hors préemption propre à la ZAC)	Date à laquelle est devenu opposable aux tiers le plus récent des actes rendant public, approuvant, révisant ou modifiant le POS ou le PLU et délimitant la zone dans laquelle est situé le bien (C. urb. art. L 213-4)
c. Expropriation	
- ZAC soumise à un droit de préemption (C. urb. art. L 213-6)	Date à laquelle est devenu opposable aux tiers le plus récent des actes rendant public, approuvant, révisant ou modifiant le POS ou le PLU et délimitant la zone dans laquelle est situé le bien (C. urb. art. L 213-4)
- ZAC non soumise à un droit de préemption	Date de publication de l'acte de création de ZAC (par exception : un an avant l'ouverture de l'enquête préalable à la DUP si cette date est plus ancienne) (C. expr. art. L 322-2)

› Précisions **a.** Depuis que la réforme SRU a soumis tous les **PAZ** des ZAC au régime juridique des PLU (C. urb. art. L 311-7), la date de publication du PAZ peut être retenue comme date de référence au même titre que celle d'un PLU ou d'un POS. La solution est valable même si le projet de PAZ a été arrêté avant le 1er avril 2001 pour être approuvé après cette date (Cass. 3e civ. 8-6-2006 no 05-70.071 : AJDI 2007 p. 47 ; Cass. 3e civ. 17-3-2010 no 09-12.917 : BPIM 3/10 inf. 208).

b. Pour déterminer la date de référence au regard du **POS** ou du **PLU,** la délimitation approuvée, révisée ou modifiée à prendre en compte est celle du « secteur de zone » et non de la « zone » (Cass. 3e civ. 11-10-2006 no 05-13.053 : Bull. civ. III no 197 ; Cass. 3e civ. 28-1-2009 no 08-10.333 : BPIM 2/09 inf. 113). La modification de la délimitation de la zone dans laquelle se situe le bien exproprié n'est pas une condition nécessaire à la prise en considération comme date de référence de la date de modification du POS ou du PLU concernant cette zone, du moment que les caractéristiques de la zone sont modifiées (Cass. 3e civ. 17-9-2014 no 13-20.076 : BPIM 6/14 inf. 375, modification du règlement de la zone ; Cass. 3e civ. 19-9-2019 no 18-18.834 F-D : BPIM 6/19 inf. 389, modification de la hauteur des bâtiments dans la zone ; Cass. 3e civ. 12-10-2022 no 21-19.070 F-D, modification de la nature des constructions autorisées, de leur implantation, hauteur et emprise au sol dans la zone). La question de savoir si les caractéristiques de la zone ont été modifiées relève de l'appréciation souveraine des juges du fond, qui peuvent écarter des ajustements mineurs (Cass. 3e civ. 19-12-2019 no 18-24.794 FS-PBI : BPIM 1/20). En revanche, la simple modification du périmètre de la zone dans laquelle est située la parcelle expropriée sans affecter les caractéristiques de cette zone ne peut être retenue pour fixer la date de référence au sens de l'article L 213-4 du Code de l'urbanisme (Cass 3e civ. 13-6-2019 no 18-18.445 FS-PBI : BPIM 4/19 inf. 246).

c. Aucune disposition du Code de l'urbanisme ne prévoyant la caducité de la délibération instituant le DPU lors du passage du POS au PLU, la date de référence à retenir pour les terrains qui sont **restés en zone de préemption** est celle de la dernière modification du PLU (Cass. 3e civ. 20-3-2013 no 11-19.241 : BPIM 3/13 inf. 176).

d. Si le **droit de préemption a été institué après l'ordonnance d'expropriation,** la date de référence applicable doit être appréciée au regard des seules dispositions de l'article L 322-2 du Code de l'expropriation, soit un an avant l'ouverture de l'enquête préalable à la DUP (Cass. 3e civ. 12-2-2003 no 01-70.224).

e. La date de **publication de la DUP emportant mise en compatibilité du PLU** ne doit pas être prise en considération pour déterminer la date de référence, sauf s'il s'agit de l'expropriation d'un immeuble compris dans un emplacement réservé (Cass. 3e civ. 25-1-2018 no 16-25.138 FS-PBI : BPIM 2/18 inf. 110 ; Cass. 3e civ. 24-5-2018 no 17-16.373 FS-PBRI : BPIM 4/18 inf. 257 ; Cass. 3e civ. 19-12-2019 no 18-25.493 F-D).

f. La date de référence prévue par les articles L 213-4 et L 213-6 du Code de l'urbanisme en cas d'expropriation d'un bien soumis au **droit de préemption urbain** s'applique également pour la qualification de **terrain à bâtir** régie par l'article L 322-3 du Code de l'expropriation (Cass. 3e civ. 1-3-2023 no 22-11.467 FS-B, E. c/ SEM Loire-Atlantique développement : BPIM 2/23 inf. 106). De même, si le bien exproprié, situé dans le périmètre d'une **ZAC,** est soumis au droit de préemption urbain, la date de référence est celle définie par les articles du Code de l'urbanisme (Cass. 3e civ. 30-3-2023 no 22-14.163 FS-B, Sté d'équipement du Rhône et de Lyon : BPIM 3/23 inf. 184).

g. L'indemnité de dépossession devant être évaluée selon la **législation en vigueur** au jour de l'ordonnance portant transfert de propriété, les dispositions de l'article L 322-2, alinéa 2 du Code de l'expropriation relatives à la date de référence dans les **ZAC,** issues de la loi du 23 novembre 2018, ne sont pas applicables à l'évaluation des parcelles litigieuses, expropriées par ordonnance du 27 novembre 2017 (Cass. 3e civ. 14-9-2023 no 22-18.239 F-D : AJDI 2023 p. 778).

PRISE EN COMPTE DES SERVITUDES

37815 Pour l'évaluation du bien, il est tenu compte des servitudes et des restrictions administratives affectant de façon permanente l'utilisation ou l'exploitation dudit bien à la date de référence, sauf si leur institution révèle de la part de l'expropriant une intention dolosive (voir nos 38040 s.).

Seules les servitudes et restrictions administratives à caractère **permanent** doivent être prises en compte pour l'évaluation des terrains à bâtir. Tel n'est pas le cas d'une servitude d'urbanisation du PLU qui, par nature, a un caractère provisoire (Cass. 3e civ. 28-9-2023 no 22-21.012 : AJDI 2024 p. 54).

EXCLUSION DES CHANGEMENTS DE VALEUR

37820 Quelle que soit la nature des biens, il ne pourra pas être tenu compte, même lorsqu'ils sont constatés par des actes de vente, des changements de valeur subis depuis la date de référence, s'ils ont été **provoqués par** (C. expr. art. L 322-2, al. 4) :
– l'annonce des travaux ou opérations dont la DUP est demandée ;
– la perspective de modifications aux règles d'utilisation des sols ;
– la réalisation dans les 3 années précédant l'enquête publique de travaux publics dans l'agglomération où est situé l'immeuble.

Ces **dispositions visent** à protéger l'expropriant contre la hausse de la valeur vénale du bien résultant des perspectives ouvertes par ses travaux ou opérations, ce qui pourrait compromettre la réalisation d'un projet d'utilité publique. Mais le juge peut prendre en considération des changements de valeur subis par le bien exproprié depuis la date de référence à la suite de **circonstances autres** que celles prévues au dernier alinéa de l'article L 322-2, notamment l'évolution du marché de l'immobilier à la date de sa décision (Cons. const. 11-6-2021 no 2021-915/916 QPC : BPIM 4/21 inf. 249).

> **Précisions** Doivent être **écartées** les plus-values résultant de réseaux installés dans les 3 ans ayant précédé l'enquête publique (CA Besançon 28-4-1982 : JCP éd. G 1983 IV p. 133) ou de la construction d'une route (Cass. 3e civ. 3-5-1990 no 89-70.008 : AJPI 1990 p. 619).

CAS DES FONDS DE COMMERCE DES HÔTELS MEUBLÉS

37825 L'évaluation de la valeur du fonds de commerce d'un hôtel meublé doit tenir compte de la **réalité de la gestion hôtelière** de l'établissement. Le cas échéant, cette valeur est **réduite** du montant estimé des travaux nécessaires pour assurer la sécurité et la salubrité des locaux et des éventuels frais de relogement des occupants (C. expr. art. L 322-7, al. 3).

CAS DES TRAVAUX IMPOSÉS SUR L'IMMEUBLE

37830 En cas d'expropriation d'un **immeuble dangereux ou insalubre,** le coût estimatif des travaux et mesures prescrits par une mesure de police et non réalisés par les propriétaires est déduit de l'estimation de la valeur de l'immeuble bâti. Lorsque ces travaux concernent les parties communes d'un immeuble en copropriété, la déduction est effectuée au prorata de la quote-part de parties communes affectés à chaque lot. La déduction est toutefois limitée : le montant de l'indemnité ne peut être réduit à la valeur du terrain nu (C. expr. art. L 322-7, al. 1 et 2).

D. Indemnisation des terrains à bâtir

1. QUALIFICATION DE TERRAIN À BÂTIR

37900 Afin d'éviter que la collectivité publique soit amenée à payer les plus-values apportées par les travaux qu'elle réalise (voiries, adduction d'eau, équipements, etc.), le Code de l'expropriation prévoit que la qualification de terrain à bâtir ne pourra être réservée qu'à des terrains remplissant un certain nombre de **conditions.**

Pour être qualifié de terrain à bâtir au sens de l'article L 322-3 du Code de l'expropriation, le terrain doit être équipé et situé en zone constructible. Cette qualification s'effectue en fonction des caractéristiques de la parcelle à la date de référence et ne doit pas tenir compte du projet de l'expropriant (Cass. 3e civ. 5-1-2022 no 20-19.971 F-D : BPIM 1/22 inf. 24). Si la qualification de terrain à bâtir ne peut pas être retenue, le terrain sera évalué en fonction de son **seul usage effectif** à la date de référence.

À noter que le juge de l'expropriation doit préciser sur quelle qualification il se base pour fixer l'indemnité : terrain à bâtir ou usage effectif du terrain (Cass. 3e civ. 12-7-2018 n° 17-20.467 F-D : BPIM 5/18 inf. 339).

En cas d'**expropriation partielle** d'un terrain, la qualification de terrain à bâtir doit être examinée en tenant compte de la situation de l'unité foncière d'origine et non de la situation de l'emprise partielle expropriée (Cass. 3e civ. 7-1-2016 n° 14-24.969 : BPIM 2/16 inf. 94). Cette solution est protectrice des intérêts de l'exproprié lorsque la fraction expropriée se trouve éloignée de la route et des réseaux électrique, d'eau potable ou d'assainissement desservant le terrain d'origine.

Une même parcelle ne peut être qualifiée de terrain à bâtir **pour partie seulement.** Doit être cassé l'arrêt d'une cour d'appel ayant qualifié une même parcelle de terrain à bâtir pour la moitié située à l'ouest et de terrain en situation privilégiée pour la moitié est (Cass. 3e civ. 30-11-2022 n° 21-22.976 : BPIM 1/23 inf. 23). Le fait que les parcelles expropriées constituent une unité foncière ne permet pas de considérer qu'elles doivent toutes recevoir la qualification de terrain à bâtir et bénéficier d'une indemnisation sur la même base (Cass. 3e civ. 4-7-2024 n° 23-15.852 F-D).

› Précisions a. Quelle que soit l'**utilisation du terrain à la date de référence,** le juge doit vérifier si ses caractéristiques (zone géographique, équipements, desserte, réseaux) permettent sa qualification de terrain à bâtir (C. expr. art. L 322-3). Ce n'est que dans un second temps, si cette vérification s'est avérée infructueuse, que l'usage effectif du terrain est pris en compte pour fixer sa valeur (Cass. 3e civ. 11-7-2019 n° 18-20.856 F-D : BPIM 5/19 inf. 328).

b. La date de référence prévue par les articles L 213-4 et L 213-6 du Code de l'urbanisme en cas d'expropriation d'un bien soumis au **droit de préemption urbain** s'applique également pour la qualification de terrain à bâtir régie par l'article L 322-3 du Code de l'expropriation (Cass. 3e civ. 1-3-2023 n° 22-11.467 : BPIM 2/23 inf. 106).

ÉQUIPEMENT DU TERRAIN

Quelle que soit son utilisation, le terrain doit à la date de référence être effectivement desservi par une voie d'**accès,** un réseau **électrique,** un réseau d'**eau potable** et, dans la mesure où les règles relatives à l'urbanisme et à la santé publique l'exigent pour construire, un réseau d'**assainissement.** Ces divers réseaux doivent être situés à **proximité** immédiate du terrain en cause, et être de dimensions adaptées à la **capacité** de construction du terrain (C. expr. art. L 322-3 ; Cass. 3e civ. 24-5-2018 n° 17-16.376 F-D : BPIM 6/18 inf. 403). **37925**

Lorsqu'il s'agit d'un terrain situé dans une zone désignée par un document local d'urbanisme comme devant faire l'objet d'une **opération d'aménagement d'ensemble,** la capacité et la dimension de ces réseaux sont appréciées au regard de l'ensemble de la zone et non du seul terrain (C. expr. art. L 322-3 ; Cass. 3e civ. 1-12-2010 n° 09-13.940 : BPIM 1/11 inf. 16 ; Cass. 3e civ. 4-4-2019 n° 18-10.989 FS-PBI : BPIM 3/19 inf. 170 ; Cass. 3e civ. 30-1-2020 n° 19-10.300 F-D ; Cass. 3e civ. 8-2-2023 n° 22-10.143 : RDI 2023 p. 225 obs. R. Hostiou s'agissant d'une ZAC multi-sites).

Le juge dispose d'un **pouvoir souverain** pour apprécier si les réseaux sont suffisants au regard de la zone (Cass. 3e civ. 27-5-2021 n° 19-25.939 F-D).

Caractéristiques des réseaux Les réseaux visés doivent assurer l'équipement complet du terrain. L'absence d'un des réseaux (électrique, eau, assainissement ou voirie) interdit la qualification de terrain à bâtir. Il est du pouvoir souverain du juge du fond de déterminer si les réseaux sont à **proximité immédiate** et de **dimension adaptée.** Le juge de l'expropriation doit rechercher si ces réseaux existent, sont à proximité et de capacité suffisante à la date de référence. Il doit rechercher si l'existence d'un réseau d'assainissement est obligatoire (Cass. 3e civ. 18-2-1987 n° 85-70.288 : D. 1987 som. p. 250). Si le caractère inondable d'un terrain fait en réalité obstacle à toute construction, il n'y a pas lieu de rechercher si les réseaux sont adaptés à la capacité de construction (Cass. 3e civ. 11-2-2009 n° 07-13.853 FS-PB : BJDU 1/09 p. 27, BPIM 2/09 inf. 114). **37930**

Les réseaux doivent être des **réseaux publics** sur lesquels l'exproprié peut se brancher directement. Une canalisation d'eau sur laquelle on ne peut se brancher qu'en plaçant un **réducteur d'eau** ne permet pas la qualification de terrain à bâtir (Cass. 3e civ. 9-7-1984 : AJPI 1985 p. 77). De même l'exproprié doit pouvoir se brancher directement sur le réseau électrique sans avoir recours à un **transformateur** (Cass. 3e civ. 4-11-1976 : Gaz. Pal. 1977 p. 22). L'existence d'une ligne à haute tension ne permet pas la qualification de terrain à bâtir (Cass. 3e civ. 29-5-1979 n° 78-70.166 : Bull. civ. III n° 119). **37935**

37940 **Caractéristiques de la desserte** Un terrain ne peut être qualifié de terrain à bâtir que s'il est effectivement desservi par une voie d'accès. Le **droit de passage** que le propriétaire d'un fonds enclavé peut exiger sur le terrain voisin ne suffit pas pour conférer à ce terrain la qualification de terrain à bâtir (Cass. 3e civ. 17-4-1970 no 69-70.149 : Bull. civ. III no 261).

La voie sur laquelle le terrain a un accès doit être suffisamment large au regard de la réglementation d'urbanisme. Un accès sur une **voie privée** peut suffire mais à condition que la voie appartienne au propriétaire du terrain exproprié (Cass. 3e civ. 14-11-1991 no 90-70.057) ou qu'il soit titulaire d'un droit permettant l'accès à la voie publique.

Si la parcelle expropriée est comprise dans un terrain ayant accès à la voie publique, elle pourra bénéficier de la qualification de terrain à bâtir.

TERRAIN CONSTRUCTIBLE

37945 Pour recevoir la qualification de terrain à bâtir, le terrain équipé doit également être situé dans un secteur désigné comme constructible par un document local d'urbanisme opposable (PLU, carte communale…), ou bien, en l'absence d'un tel document, être situé dans une partie actuellement urbanisée de la commune au sens indiqué no 355 (C. expr. art. L 322-3). La création d'une zone d'aménagement concerté n'a pas pour effet, à elle seule, de désigner comme constructible le secteur qu'elle concerne (Cass. 3e civ. 28-4-2011 no 10-16.034 : BPIM 4/11 inf. 280). Les juges du fonds interprètent souverainement les dispositions du plan local d'urbanisme (Cass. 3e civ. 14-9-2023 no 22-18.239 F-D).

Le projet de l'expropriant ne peut pas être pris en compte pour déterminer la qualification de terrain à bâtir. Cette qualification doit être appréciée à la date de référence (Cass. 3e civ. 5-1-2022 no 20-19.971 : BPIM 1/22 inf. 24).

> **Précisions** **a.** Un **plan de prévention des risques naturels prévisibles** n'étant pas un document d'urbanisme pour l'application du Code de l'expropriation, un terrain classé en zone inondable (et donc inconstructible) peut être qualifié de terrain à bâtir (Cass. 3e civ. 11-2-2009 no 07-13.853 : BJDU 1/09 p. 27, BPIM 2/09 inf. 114). Pour apprécier si une parcelle expropriée peut être qualifiée de terrain à bâtir, le juge ne peut pas se fonder sur le projet de révision du plan de prévention des risques porté à la connaissance de la commune par le préfet, mais non encore approuvé ni annexé au PLU (Cass. 3e civ. 8-6-2023 no 22-13.855 FS-B, SPL La Fabrique de Bordeaux Métropole : BPIM 4/23 inf. 251 ; AJDI 2023 p. 776).
> **b.** Les terrains situés dans les **zones naturelles ou d'urbanisation future** d'un document local d'urbanisme ne peuvent pas être qualifiés de terrains à bâtir, même s'ils sont desservis par les voies et réseaux divers (Cass. 3e civ. 26-4-1989 no 87-70.292 : AJPI 1989 p. 731). Il en va de même des terrains équipés situés en **zone agricole** où ne sont autorisées que des constructions très limitées et respectant la vocation agricole des terres (Cass. 3e civ. 19-12-2007 no 06-21.998 : Bull. civ. III no 229, BPIM 2/08 inf. 124 ; Cass. 3e civ. 9-3-2017 no 16-12.509 F-D : BPIM 3/17 inf. 197).
> **c.** Les parcelles situées dans un secteur se caractérisant par l'**inconstructibilité** de la zone en l'état, excepté pour les équipements publics et les extensions mesurées de bâtiments existants, ne peuvent être qualifiées de terrain à bâtir (Cass. 3e civ. 2-3-2022 no 20-23.489 F-D : BPIM 3/22 inf. 196). Il en va de même pour des parcelles situées en zone agricole où ne sont autorisées que des constructions très limitées et respectant la vocation agricole des terres (Cass. 3e civ. 9-3-2017 no 16-12.509 F-D : BPIM 3/17 inf. 197).
> **d.** Une cour d'appel ne peut **évaluer distinctement le terrain et les constructions** d'une parcelle, sans rechercher si, à la date de référence, la partie non bâtie du terrain était constructible au regard des règles d'urbanisme applicables (Cass. 3e civ. 19-6-1996 no 95-70.162).
> **e.** Une cour d'appel ne peut juger que la parcelle expropriée se situe dans une partie actuellement urbanisée de la commune sans avoir préalablement **constaté l'absence** de document tenant lieu de plan d'urbanisme rendu public ou approuvé (Cass. 3e civ. 5-1-2022 no 20-19.971 : BPIM 1/22 inf. 24).

2. ÉVALUATION DES TERRAINS À BÂTIR

37970 Il n'existe aucune relation directe entre la qualification de terrain à bâtir et son évaluation : un terrain qualifié de terrain à bâtir pourra être évalué comme terrain non constructible si les droits à construire l'affectant sont déjà épuisés.

L'évaluation des terrains à bâtir tient compte des possibilités légales et effectives de construction qui existaient à la date de référence, de la capacité des équipements, des servitudes affectant l'utilisation des sols et notamment des servitudes d'utilité publique, y compris les restrictions administratives au droit de construire (C. expr. art. L 322-4). Seules les servitudes et restrictions administratives à caractère permanent doivent être prises en compte. Tel n'est pas le cas d'une servitude d'urbanisation du PLU qui, par nature, a un caractère provisoire (Cass. 3e civ. 28-9-2023 no 22-21.012 : BPIM 6/23 inf. 367).

L'**appréciation** de la valeur du bien exproprié doit se faire **par comparaison** avec celle d'autres biens présentant des caractéristiques aussi semblables que possible dans l'aire géographique la moins éloignée et ayant fait l'objet de transactions à des époques les plus proches. À ce titre, le juge doit tenir compte du zonage du PLU et des règles d'urbanisme applicables (Cass. 3e civ. 14-12-2017 n° 16-20.150 F-PBI : BPIM 1/18 inf. 20).

La **constructibilité légale** et effective étant appréciée à la date de référence, il convient de tenir compte de la moins-value qui résulte de l'existence de servitudes administratives à cette date même si, à la date de la décision, elles sont supprimées.

Si les termes de comparaison portent sur des terrains bénéficiant d'un permis de construire, il faut justifier en quoi la valeur de ces terrains est différente de celle de ceux n'en bénéficiant pas (Cass. 3e civ. 2-2-2017 n° 15-27.121 F-D : BPIM 2/17 inf. 102).

Pour l'évaluation des terrains à bâtir, les juridictions de l'expropriation refusent généralement d'utiliser la **méthode** dite « du promoteur », « de l'aménageur » ou encore « **du compte à rebours** ». Une méthode simplifiée du compte à rebours a toutefois été utilisée dans une espèce où il n'existait pas de termes de comparaison probants permettant d'appliquer la méthode par comparaison (CA Montpellier 13-7-2010 n° 05/00045 ; A. Lévy et X. Gosselin, « La méthode dite « promoteur » a-t-elle de l'avenir pour la fixation des indemnités d'expropriation ? » : AJDI 2011 p. 278). 37975

Cette méthode du compte à rebours, qui ne peut pas valablement être appliquée en matière d'expropriation, consiste, à partir du prix prévisionnel de vente des locaux, à reconstituer les différents coûts grevant l'opération de construction, pour parvenir, par soustraction, à la valeur du terrain. Il s'agit d'une méthode reposant sur un projet précis dont les paramètres ne sont réellement connus que de l'aménageur ou du promoteur. Elle permet de déterminer le prix maximum auquel un promoteur ou un aménageur peut acquérir un bien, compte tenu de la destination qu'il entend lui donner, et non pas la valeur vénale de ce bien (CA Paris 22-5-2014 n° 11/12310 : BPIM 4/14 inf. 244 ; CA Paris 20-10-2016 n° 15/01398 : BPIM 6/16 inf. 366).

Lorsqu'un terrain est qualifié de terrain à bâtir et évalué comme tel, il ne peut pas être alloué, en sus de l'indemnité principale, une **indemnité pour perte de plantation** (Cass. 3e civ. 6-2-2002 n° 01-70.049 : AJDI 2002 p. 539) ou une **indemnité d'éviction agricole** (Cass. 3e civ. 11-7-2001 n° 00-70.160 : Bull. civ. III n° 96). 37980

Le juge du fond utilise la méthode qui lui paraît la plus appropriée pour évaluer les terrains.

Si un terrain ne peut pas être qualifié de terrain à bâtir, le juge peut toutefois relever qu'il bénéficie d'une **situation privilégiée.** Pour que l'indemnité d'expropriation d'un terrain qui ne peut être qualifié de terrain à bâtir soit fixée en tenant compte de sa situation particulièrement privilégiée, il faut démontrer qu'il présente des caractéristiques particulières (Cass. 3e civ. 20-1-2015 n° 13-15.543 : BPIM 2/15 inf. 107). Ce peut être le cas lorsque les parcelles expropriées sont situées à proximité d'une zone fortement urbanisée (Cass. 3e civ. 10-10-1995 n° 94-70.252 ; Cass. 3e civ. 23-9-2020 n° 19-20.431 F-D : BPIM 6/20 inf. 382, parcelle en bordure d'une voie de circulation asphaltée). De même des parcelles situées dans un site balnéaire exceptionnel sont susceptibles de bénéficier d'une situation privilégiée et, partant, d'une plus-value de situation (Cass. 3e civ. 6-11-2012 n° 11-23.952). Lorsque l'exproprié invoque cette situation, le juge doit rechercher si les parcelles, auxquelles la qualification de terrain à bâtir était refusée, ne devaient pas bénéficier d'une plus-value compte tenu de leur situation privilégiée (Cass. 3e civ. 23-9-2020 n° 19-20.431 F-D : BPIM 6/20 inf. 382). Une même parcelle ne peut être qualifiée de terrain à bâtir pour une partie et de terrain en situation privilégiée pour une autre partie (Cass. 3e civ. 30-11-2022 n° 21-22.976 : BPIM 1/23 inf. 23). 37985

C'est l'**usage effectif du bien à la date de référence** qui est pris en compte pour l'évaluation des parcelles. Ainsi, des parcelles agricoles auxquelles une situation privilégiée a été reconnue demeurent des parcelles agricoles qui doivent être évaluées en fonction de leur usage effectif à la date de référence (Cass. 3e civ. 29-10-2015 n° 14-25.585 : BPIM 6/15 inf. 379). De même, si à la date de référence une parcelle est située dans un espace boisé classé, ce qui interdit tout changement d'affectation, le juge ne peut pas tenir compte de sa mitoyenneté avec une zone urbaine mieux valorisée (Cass. 3e civ. 30-1-2019 n° 17-31.797 F-D : BPIM 2/19 inf. 103).

3. CAS PARTICULIERS

TERRAINS SUPPORTANT DES INSTALLATIONS SPORTIVES

Lorsqu'il s'agit de l'expropriation des terrains utilisés comme **terrains de sports** ou de **piscines,** l'indemnité doit être fixée en tenant compte exclusivement de la destination sportive de l'immeuble et des installations qu'il comporte (C. expr. art. L 322-5). 38010

TERRAIN RÉSERVÉ PAR UN PLU

38015 Lorsqu'il s'agit de l'expropriation d'un terrain réservé par un PLU, un POS ou un document en tenant lieu, le terrain est considéré, pour son évaluation, comme ayant cessé d'être compris dans cet emplacement réservé ; la date de référence est celle à laquelle est devenu opposable aux tiers le plus récent des actes rendant opposable le document d'urbanisme et délimitant la zone dans laquelle est situé l'emplacement réservé (C. expr. art. L 322-6). Ces dispositions ne concernent pas les terrains faisant l'objet des servitudes d'urbanisation des PLU.

ZONE EXPOSÉE AU RECUL DU TRAIT DE CÔTE

38020 La loi Climat du 22 août 2021 a mis en place des mesures relatives à l'aménagement des territoires littoraux exposés au recul du trait de côte. Une ordonnance du 6 avril 2022 complète le dispositif sur divers points et définit, notamment, une **méthode d'évaluation** des biens exposés au recul du trait de côte (Ord. 2022-489 du 6-4-2022 : BPIM 3/22 inf. 181).

Le document graphique du règlement du PLU ou du document en tenant lieu délimite sur le territoire des communes concernées (C. urb. art. L 121-22-2) :

1° La zone exposée au recul du trait de côte à l'horizon de trente ans ;

2° La zone exposée au recul du trait de côte à un horizon compris entre trente et cent ans.

38025 Lorsqu'il s'agit de l'expropriation d'un bien situé dans une zone exposée au recul du trait de côte à l'horizon de trente ans, délimitée en application du 1° de l'article L 121-22-2 du Code de l'urbanisme, l'indemnité d'expropriation est fixée selon les modalités prévues aux II et III de l'article L 219-7 du même Code (C. expr. art. L 322-6-1).

La **date de référence** à laquelle est pris en considération l'usage effectif des immeubles et droits réels immobiliers en vue de leur estimation, est la date à laquelle est devenu opposable aux tiers le plus récent des actes rendant public, approuvant, révisant ou modifiant le plan local d'urbanisme ou la carte communale et délimitant la zone exposée au recul du trait de côte dans laquelle il est situé (C. urb. art. L 219-7, II).

Le **prix** d'un bien immobilier situé dans une zone exposée au recul du trait de côte est fixé en priorité par référence à des mutations et accords amiables portant sur des biens de même qualification et avec un niveau d'exposition similaire situés dans cette même zone.

Lorsque ces références ne sont pas suffisantes, le prix du bien est fixé en priorité par référence à des mutations et accords amiables portant sur des biens de même qualification situés hors de la zone exposée au recul du trait de côte dans laquelle il se situe. Dans ce cas, pour tenir compte de la durée limitée restant à courir avant la disparition du bien, un abattement est pratiqué sur la valeur de ces références. Cet abattement peut, notamment, être déterminé par application d'une décote calculée en fonction du temps écoulé depuis la première délimitation, de la zone dans laquelle se situe le bien, rapporté à la durée totale prévisionnelle avant la disparition du bien à compter de cette première délimitation (C. urb. art. L 219-7, III).

4. INTENTION DOLOSIVE

PRINCIPE

38040 L'évaluation des terrains à bâtir tient compte des servitudes d'utilité publique, y compris les restrictions administratives au droit de construire, sauf si leur institution révèle, de la part de l'expropriant, une intention dolosive (C. expr. art. L 322-4). La preuve de l'intention dolosive de l'administration expropriante est nécessaire. L'exproprié doit prouver une intention délibérée de l'expropriant de dévaluer le terrain afin d'obtenir une expropriation à moindre prix.

JUGE COMPÉTENT POUR RETENIR L'INTENTION DOLOSIVE

38045 Le juge de l'expropriation a le pouvoir d'apprécier si l'intention dolosive est démontrée ou non (Cons. const. 17-7-1985 n° 85-189). Le moyen tiré de l'intention dolosive peut être **invoqué** pour la première fois devant la cour d'appel (Cass. 3e civ. 5-1-1994 n° 92-70.379). Il peut être soulevé d'office par le juge du fond (C. expr. art. L 322-11 ; Cass. 3e civ. 17-3-1993 n° 91-70.223 : AJPI 1993 p. 354).

AUTEUR DE L'INTENTION DOLOSIVE

38050 L'intention dolosive doit émaner de l'expropriant (C. expr. art. L 322-4). Dès lors, si le déclassement résulte d'une modification du document local d'urbanisme réalisée à la demande de l'État, alors que c'est la commune qui réalise l'expropriation, l'intention dolosive ne peut pas être retenue (Cass. 3e civ. 27-11-1991 n° 89-70.429 : AJPI 1992 p. 600). Il en est de même lorsque la commune est à l'initiative de la révision du document d'urbanisme, alors que l'autorité expropriante est l'État (Cass. 3e civ. 17-7-1991 no 89-70.384). Toutefois, les juges doivent rechercher s'il n'y a pas eu manœuvre entre l'expropriant et la commune lors de la révision du document d'urbanisme. Dans ce cas l'intention dolosive doit être retenue (Cass. 3e civ. 11-6-1992 no 90-70.076 : Bull. civ. III no 198).

APPRÉCIATION DE L'INTENTION DOLOSIVE

La détermination ou non de l'intention dolosive relève du pouvoir souverain d'appréciation des juges du fond (pour un exemple : Cass. 3e civ. 11-7-2024 no 23-12.962 F-D). L'intention dolosive doit être **démontrée,** elle ne se présume pas. Elle est caractérisée lorsque la fin recherchée est d'obtenir une cession des biens au moindre prix. Il s'agit de nuire volontairement aux intérêts des propriétaires expropriés. Mais la **modification par la commune de son projet initial d'urbanisation** lors de l'expropriation des terrains nécessaires à sa réalisation ne révèle pas forcément une intention dolosive de sa part (CA Rennes 24-6-2016 no 15/02456). 38055

ILLUSTRATIONS

Ont été **retenus** pour caractériser l'intention dolosive :

– le classement du terrain constructible en zone agricole quelques mois avant l'engagement d'une procédure d'expropriation (Cass. 3e civ. 11-6-1992 no 90-70.076 : Bull. civ. III no 198) ou en zone d'urbanisation future (CA Versailles 7-11-1989 : JCP éd. G 1991 II no 21621), ou en zone naturelle à protéger (Cass. 3e civ. 22-5-1990 no 89-70.134 : Bull. civ. III no 125) ;

– le changement de classement d'une parcelle expropriée, qui a pour effet une diminution de sa valeur, indépendamment de la qualification de terrain à bâtir (Cass. 3e civ. 20-1-2015 no 13-15.544 : BPIM 2/15 inf. 108) ;

– l'absence de modification du POS, classant les parcelles expropriées en zone non constructible, afin de le rendre compatible avec le schéma d'aménagement régional classant ces parcelles en zone d'extension urbaine, avec pour conséquence une sous-évaluation des terrains expropriés (Cass. 3e civ. 11-1-2012 no 09-15.143 : BPIM 2/12 inf. 118) ;

– le classement par la commune de la parcelle en zone de constructibilité affectée à l'éducation qui est intervenu alors qu'elle s'était précédemment rapprochée des propriétaires en vue d'une acquisition amiable et avait mis en suspens ces négociations dans l'attente de la modification du plan local d'urbanisme (PLU), l'intérêt de la commune pour l'acquisition de cette parcelle étant par ailleurs constant et bien antérieur à cette modification et aux négociations avec la partie expropriée (Cass. 3e civ. 15-6-2022 no 21-16.988).

En revanche, **ne caractérise pas** l'intention dolosive le classement :

– en espaces boisés de bois (CA Paris 21-10-1983) ;

– en zone d'urbanisation future de vastes zones ne présentant pas un caractère discriminatoire (CA Paris 5-1-1990 : JCP éd. G 1991 II no 21620) ;

– ou en zones inconstructibles de nombreuses parcelles, ce qui démontre une politique cohérente d'urbanisme côtier (Cass. 3e civ. 22-7-1992 no 90-70.175 : Bull. civ. III no 260).

À noter qu'il **n'appartient pas** à la juridiction de l'expropriation d'**apprécier la légalité et l'opportunité** des actes administratifs au vu desquels il lui est demandé de statuer (Cass. 3e civ. 3-7-1996 no 95-70.049 : Bull. civ. III no 173). C'est ainsi que le classement d'un terrain dans une zone du document d'urbanisme, même s'il est mal fondé au regard de la définition de ladite zone donnée par le Code de l'urbanisme, ne suffit pas à caractériser l'intention dolosive.

EFFETS DE L'INTENTION DOLOSIVE

Lorsque la juridiction retient l'intention dolosive, sa décision n'a aucun effet sur la réglementation d'urbanisme (les restrictions administratives au droit de construire demeurent), ni même sur la qualification des terrains ; elle n'a d'effet que sur l'évaluation. Le juge doit, en effet, dans ce cas, écarter les restrictions administratives au droit de construire pour évaluer les biens en cause. 38060

E. Incidence des accords amiables, des déclarations fiscales et des mutations récentes

INCIDENCE DES ACCORDS AMIABLES

Le juge de l'expropriation doit tenir compte des accords réalisés à l'amiable entre l'expropriant et les divers titulaires de droits à l'intérieur du périmètre faisant l'objet de la DUP, et les prendre pour 38150 base dans certaines hypothèses (C. expr. art. L 322-8). Les accords invoqués doivent être intervenus après la DUP (Cass. 3e civ. 13-4-2010 n° 09-11.889 : BPIM 3/10 inf. 209 ; Cass. 3e civ. 20-6-2024 n° 23-12.325 : AJDI 2024 p. 891).

Par accords amiables il faut entendre aussi bien les cessions amiables réalisées entre l'expropriant et les propriétaires concernés avant l'intervention de l'ordonnance d'expropriation que les accords amiables réalisés après l'intervention de l'ordonnance. Ils doivent avoir le caractère de véritables accords régulièrement intervenus. Est donc exclue, car d'une nullité absolue, la promesse unilatérale de vente non enregistrée dans le délai de 10 jours conformément à l'article 1589-2 du Code civil. Ils doivent porter sur des biens homogènes et comparables.

> **Précisions** **a.** Le juge doit tenir compte des accords réalisés à l'amiable à l'intérieur des **zones d'aménagement différé** et des périmètres provisoires (ZAD et pré-ZAD).
> **b.** Il appartient à l'expropriant de **justifier** de la réalité des mutations et du caractère comparable des biens qu'il cite.
> **c.** Les dispositions de l'article L 322-8 ne sont pas applicables lorsque les accords amiables n'ont **pas été réalisés avec l'expropriant,** mais avec la personne chargée par convention de l'aménagement de la zone (Cass. 3e civ. 11-2-1998 n° 97-70.005 : Bull. civ. III n° 31).
> **d.** Les dispositions de l'article L 322-8 ne sont **pas applicables** à la fixation de l'indemnité revenant au locataire exploitant (Cass. 3e civ. 9-1-2002 n° 00-70.146 : Bull. civ. III n° 4) ou au propriétaire exploitant évincé du fait de l'expropriation (Cass. 3e civ. 9-1-2002 n° 00-70.147 : Bull. civ. III n° 5).

38155 Dans tous les cas, le juge de l'expropriation doit **tenir compte** des accords amiables car ils constituent des termes de comparaison privilégiés. Tenir compte ne signifie pas pour autant les retenir pour base, le juge peut les adapter en fonction de la réalité du marché. Toutefois, sous réserve de l'application de l'article L 322-9 du Code de l'expropriation, le juge devra les **prendre pour base** lorsqu'ils auront été conclus (C. expr. art. L 322-8) :
– avec au moins 50 % des propriétaires intéressés et porteront sur les 2/3 au moins des superficies concernées ;
– ou encore avec les 2/3 au moins des propriétaires et porteront sur au moins 50 % des superficies.

38160 Lorsque le **périmètre de l'opération** déclarée d'utilité publique s'étend sur plusieurs communes ou départements, les accords amiables à prendre en considération sont ceux de l'ensemble de l'opération. La double majorité doit donc être appréciée au regard de la totalité des immeubles et des superficies expropriés (Cass. 3e civ. 28-2-1996 n° 94-70.061 : Bull. civ. III n° 58 ; Cass. 3e civ. 26-9-2001 n° 00-70.039 : AJDI 2002 p. 233). Le juge du fond doit rechercher si la double majorité est bien réunie (Cass. 3e civ. 7-5-1996 n° 95-70.089 : AJPI 1996 p. 1026).

INCIDENCES DES DÉCLARATIONS FISCALES DES EXPROPRIÉS

38165 **Communication des déclarations et évaluations fiscales** Le juge de l'expropriation doit également tenir compte, dans l'évaluation des indemnités allouées aux propriétaires, commerçants, industriels et artisans, de la valeur résultant des évaluations administratives rendues définitives en vertu des lois fiscales ou des déclarations faites par les contribuables avant l'ouverture de l'enquête (C. expr. art. L 322-8). Les moyens tirés de cette disposition doivent être soulevés d'office par le juge dès lors que les faits portés à sa connaissance font apparaître que les conditions requises pour son application sont réunies (C. expr. art. L 322-11).

Dans ce but, le juge de l'expropriation peut obtenir de l'administration fiscale communication de tous les renseignements sur les déclarations et évaluations fiscales nécessaires à la fixation des indemnités d'expropriation prévue par les articles L 321-1 et L 322-1 à L 322-9 du Code de l'expropriation pour cause d'utilité publique (LPF art. L 144).

> **Précisions** Compte tenu de la rédaction très générale des dispositions de l'article L 144 du LPF, ce texte paraît devoir être interprété comme autorisant la communication au juge de l'expropriation, non seulement des **éléments d'information** concernant les déclarations et évaluations fiscales des **expropriés** eux-mêmes mais également, le cas échéant, des renseignements de même nature se rapportant à des **tiers cités comme termes de comparaison** (BOI-DJC-SECR-10-20-50 n° 280).

38170 **Déclarations et évaluations à retenir** Il s'agit des déclarations souscrites pour la détermination des impôts. Il peut s'agir des prix exprimés dans des actes de ventes, des évaluations faites à l'occasion de déclarations de successions, de partages ou d'échanges, de la déclaration faite pour la détermination de l'impôt sur la fortune immobilière (IFI), des déclarations de revenus ou de chiffre d'affaires, etc.

Pour les évaluations administratives, il s'agit de celles qui ont abouti à un redressement définitif des bases d'imposition.

Dates des déclarations Le juge doit tenir compte des déclarations faites avant l'ouverture de l'enquête préalable à la DUP (C. expr. art. L 322-8). Mais il peut également tenir compte de celles intervenues après cette date dans la mesure où leur examen ne révèle aucune anomalie sérieuse eu égard à l'évolution normale des chiffres déclarés. 38175

INCIDENCE DES MUTATIONS DE PROPRIÉTÉ RÉCENTES

Le montant de l'indemnité principale ne peut pas excéder l'estimation faite par le service des Domaines (Direction de l'immobilier de l'État) si une mutation à titre gratuit ou onéreux, antérieure de moins de 5 ans à la décision portant transfert de propriété, a donné lieu à une évaluation administrative rendue définitive en vertu des lois fiscales ou à une déclaration d'un montant inférieur à ladite estimation. Tous les biens sont concernés, y compris les fonds de commerce. Lorsque l'expropriation porte sur un bien qui n'a fait l'objet que pour partie d'une mutation récente, l'article L 322-9 du Code de l'expropriation ne s'applique qu'à la partie expropriée et l'indemnité principale fait l'objet d'une liquidation distincte (C. expr. art. L 322-9 et R 322-4). 38180

Les moyens tirés des dispositions doivent être soulevés d'office par le juge dès lors que les faits portés à sa connaissance font apparaître que les conditions requises pour son application sont réunies (C. expr. art. L 322-11).

Mutations concernées Par mutation à titre gratuit ou onéreux ayant donné lieu à une évaluation administrative ou à une déclaration fiscale, il faut entendre les ventes, les donations, les mutations par décès, les échanges, les apports en société ou en groupement foncier agricole. L'attestation immobilière ne constitue pas une déclaration au sens de l'article L 322-9 du Code de l'expropriation pour cause d'utilité publique (Cass. 3e civ. 9-7-2020 n° 19-19.310 F-D). 38185

Sont exclus les partages mettant fin à une indivision successorale, les attestations immobilières après décès (Cass. 3e civ. 11-5-2011 n° 09-17.138 : BPIM 4/11 inf. 281), les licitations qui n'emportent pas transfert de propriété et les adjudications qui ne donnent lieu ni à déclaration ni à évaluation administrative.

Computation du délai Le délai de 5 ans court à rebours à compter de la date de l'ordonnance d'expropriation et non de la date de sa notification. La date de la mutation est celle du décès en cas de succession ou de l'acte qui constate la mutation. 38190

> **Précisions** **a.** La vente étant parfaite dès l'accord des parties sur la chose et sur le prix (C. civ. art. 1589), le délai de 5 ans court à compter de cette date. Ainsi le délai **ne court pas à compter** de la date de l'acte authentique qui ne constitue pas une volonté nouvelle mais de l'exécution de la promesse de vente (CA Versailles 7-3-1995 : Gaz. Pal. 1996 som. p. 66 ; CA Rennes ch. expr. 9-1-2015).
>
> **b.** Lorsque le propriétaire du **fonds de commerce** a demandé à être indemnisé avant le transfert de propriété, en application de l'article L 314-6 du Code de l'urbanisme, l'article L 322-9 du Code de l'expropriation est applicable, dès lors que le fonds a été acquis moins de 5 ans avant le transfert de propriété de l'immeuble (Cass. 3e civ. 7-10-1998 n° 97-70.115 : Bull. civ. III n° 196).

Prise en compte de l'estimation du service des Domaines L'avis du service des Domaines (Direction de l'immobilier de l'État) porte sur les **conditions financières des acquisitions** faites par l'expropriant (voir nos 35045 s.). 38195

Dès lors que l'estimation domaniale est supérieure au prix ou à l'évaluation déclarés par les parties, elle s'impose au juge de l'expropriation qui ne peut que la retenir. L'exproprié peut toutefois apporter la preuve que l'estimation administrative ne prend pas correctement en compte l'évolution du marché immobilier (Cons. const. 20-4-2012 n° 2012-236 QPC : JO 21 p. 7197, BPIM 3/12 inf. 218).

En revanche, si l'estimation domaniale est inférieure au prix ou à l'évaluation déclarés, elle ne s'impose pas au juge qui recouvre tous ses pouvoirs d'appréciation.

Modifications apportées au bien depuis la mutation Lorsque les biens ont, depuis la mutation, subi des modifications justifiées dans leur **consistance** matérielle ou juridique, leur état ou leur situation d'**occupation,** l'estimation domaniale doit en tenir compte. La preuve de ces modifications peut être rapportée par tous moyens. 38200

Pour tenir compte de ces modifications, l'évaluation retenue lors de la mutation de référence est majorée, s'il y a lieu, aux fins d'être comparée à l'estimation domaniale.

Lorsque les modifications ont affecté la consistance ou l'état matériel des biens et leur ont conféré une plus-value, la majoration applicable à l'évaluation retenue lors de la mutation de référence est égale soit au coût des travaux, soit au montant de la plus-value si celle-ci est supérieure au coût des travaux (C. expr. art. R 322-2).

SECTION 8 DROITS DES EXPROPRIÉS

A. Relogement des expropriés

38420 Les **propriétaires occupants des locaux d'habitation** expropriés et dont les ressources n'excèdent pas les plafonds fixés pour l'attribution de logements HLM bénéficient d'un **droit de priorité** (C. expr. art. L 423-1) :

– soit pour le relogement en qualité de locataires dans un local HLM ou dans un local dont le loyer n'excède pas celui d'un local HLM de même consistance ;

– soit pour leur accession à la propriété au titre de la législation applicable en matière d'HLM ainsi que pour l'octroi, le cas échéant, des prêts correspondants.

Lorsque l'expropriation a porté sur **une maison individuelle,** ce droit de priorité s'exerce, à la demande des intéressés et si cela est possible, sur un local de type analogue situé dans la même commune ou une commune limitrophe.

Même si l'expropriation d'un **immeuble insalubre ou menaçant ruine** est menée selon une procédure spéciale, les occupants bénéficient de l'ensemble des garanties de relogement prévues pour l'expropriation pour cause d'utilité publique (Cass. 3e civ. 13-6-2019 nº 18-13.287 FS-PBI : BPIM 4/19 inf. 247).

Les **commerçants, artisans et industriels** qui ont été évincés définitivement à la suite d'une opération d'aménagement foncier ou d'une expropriation bénéficient d'un **droit de priorité** pour l'attribution de locaux de même nature compris dans l'opération lorsque l'activité considérée est compatible avec les dispositions du plan local d'urbanisme ou du document d'urbanisme en tenant lieu. À défaut de cette offre prioritaire de réinstallation, les intéressés ont un droit de priorité pour acquérir un local dans un immeuble compris dans l'opération (C. urb. art. L 314-5). Ce droit de priorité constitue une obligation pour l'autorité expropriante dès lors que les constructions envisagées prévoient la construction de locaux commerciaux (Cass. 3e civ. 4-5-1995 nº 93-70.041).

› **Précisions** Le **propriétaire-occupant,** qui accepte d'être relogé, bénéficie d'une **réparation en nature** d'une partie du préjudice résultant de l'expropriation, devant être prise en compte lors de la fixation des indemnités (C. expr. art. R 423-9). Le relogement du propriétaire-occupant ne constitue pas une moins-value affectant la valeur vénale du bien exproprié et sa situation n'est pas assimilable à celle du propriétaire dont le bien est occupé par un locataire. Les modalités de prise en compte de ce relogement lors de la fixation des indemnités relèvent du pouvoir souverain d'appréciation des juges du fond (Cass. 3e civ. avis 16-11-2023 nº 23-70.011 : AJDI 2024 p. 217).

38425 Les **propriétaires occupants de locaux d'habitation** expropriés jouissent d'un **droit de préférence** pour l'octroi de prêts spéciaux au titre de l'aide à la construction lorsque leurs ressources ne dépassent pas les plafonds fixés pour cette aide (C. expr. art. L 423-4).

38430 Par ailleurs, tous les **occupants** de locaux à usage d'habitation, professionnel ou mixte, ont droit au relogement (C. urb. art. L 314-1 s., sur renvoi de C. expr. art. L 423-5).

S'il est tenu au relogement, l'expropriant est valablement libéré par l'offre aux intéressés d'un local correspondant à leurs besoins et n'excédant pas les normes HLM. Lorsque l'expropriation porte sur une maison individuelle, le relogement doit, si cela est possible, être offert dans un local de type analogue, n'excédant pas les normes HLM et situé dans la même commune ou une commune limitrophe (C. expr. art. L 423-2). Le juge fixe également le montant de l'indemnité de déménagement et, s'il y a lieu, d'une indemnité de privation de jouissance (C. expr. art. L 423-3). En revanche, l'expropriation d'un terrain nu sur lequel sont installés des caravanes, des voitures et un petit cabanon ne peut pas donner lieu à une indemnité au titre du relogement (CA Paris 3-7-2014 nº 11/13563 : BPIM 5/14 inf. 312).

Les occupants locataires et occupants de bonne foi de locaux à usage d'habitation, professionnel ou mixte bénéficient du droit au relogement, y compris s'ils sont en situation irrégulière sur le territoire français ; le fait que l'accès au parc social soit exclu pour ces personnes et que le relogement, qui ne peut être envisagé que dans le parc privé, se heurte à des difficultés pratiques, ne saurait affecter la possibilité pour toute personne de disposer d'un logement décent (Cass. 3e civ. 12-9-2012 n° 11-18.073 : BPIM 6/12 inf. 431 ; Cons. const. 5-10-2016 n° 2016-581 QPC : JO 7 texte n° 127). L'occupant d'un hôtel meublé a droit au relogement si le logement occupé constitue sa résidence principale (Cass. 3e civ. 4-11-2009 n° 08-17.381 : Bull. civ. III n° 243, BPIM 1/10 inf. 22).

En revanche, celui qui exerce une activité professionnelle dans les locaux expropriés dont il était propriétaire n'est ni occupant ni preneur de ces locaux et ne bénéficie pas du droit au relogement (Cass. 3e civ. 11-9-2013 n° 12-23.034 : BPIM 6/13 inf. 385).

Le service expropriant doit faire **au moins 2 propositions** de locaux correspondant aux **besoins des occupants** (C. urb. art. L 314-2). L'offre de relogement doit être notifiée au moins 6 mois avant l'éviction. L'occupant a un délai de 2 mois pour faire connaître son acceptation ou son refus (C. urb. art. L 314-7). Jugé que l'expropriant n'a pas méconnu ses obligations légales en offrant successivement 9 appartements pour son relogement à l'intéressé qui les a refusés sans motif valable (Cass. 3e civ. 17-6-1998 n° 97-70.046 : AJDI 1998 p. 1088). **38432**

Le **juge** de l'expropriation est compétent pour statuer au fond sur le litige relatif au droit au relogement (apprécier les besoins des occupants, vérifier si le local offert est adapté aux besoins et conforme aux normes HLM) et à l'indemnisation pouvant être due à ce titre (C. expr. art. L 423-3 ; Cass. 3e civ. 12-9-2012 n° 11-18.073 FS-PB : BPIM 6/12 inf. 431). L'action en réparation des préjudices résultant de l'inobservation de l'obligation d'adresser aux expropriés une proposition de relogement relève, même après le dessaisissement du juge de l'expropriation, de la juridiction judiciaire (T. confl. 11-4-2022 n° 4245, Cts B. c/ Bordeaux Métropole : BPIM 4/22 inf. 283).

L'expropriant peut se soustraire au paiement de l'indemnité en espèces en offrant au **commerçant,** à l'**artisan** ou à l'**industriel** évincé un **local équivalent** situé dans la même agglomération. Dans un tel cas, il peut être alloué au professionnel évincé, outre une indemnité de déménagement, une indemnité compensatrice de sa privation de jouissance. Le juge de l'expropriation statue sur les litiges relatifs à l'équivalence des locaux, il peut surseoir à statuer jusqu'à ce que l'expropriant offre des locaux de même nature (C. expr. art. L 322-12). L'offre de relogement dans un local équivalent, dont la proposition de maintien dans les lieux fait partie, ne constitue pas une simple proposition faite par l'expropriant au regard de laquelle l'exproprié conserverait une entière liberté de choix. Le commerçant ne peut pas refuser l'offre d'un local équivalent faite par l'expropriant (Cass. 3e civ. 28-2-1996 n° 95-70.005 : Bull. civ. III n° 59 ; CA Versailles 4e ch. expr. 15-5-2012 n° 11/06809 : BPIM 5/12 inf. 388). **38435**

ATTENTION

La **notion d'équivalence** doit s'entendre non seulement de la situation des locaux, de leur consistance et de leurs agencements, mais également des accès, des commodités offertes, du degré de commercialité et d'achalandage, de la possibilité de reconstitution de clientèle (CA Paris ch. expr. 19-6-1997 n° 96/42060). Elle doit également s'entendre du montant du loyer (Cass. 3e civ. 7-1-2016 n° 14-23.783 : BPIM 2/16 inf. 93).

B. Réquisition d'emprise totale

La réquisition d'emprise totale est prévue par les articles L 242-1 à L 242-7 du Code de l'expropriation et concerne d'une part les propriétés bâties et la parcelle de terrain isolée et d'autre part le déséquilibre de la structure des exploitations agricoles. **38500**

1. RÉQUISITION D'EMPRISE TOTALE DE L'ARTICLE L 242-1 DU CODE DE L'EXPROPRIATION

IMMEUBLE BÂTI

Lorsqu'un immeuble bâti est partiellement exproprié et que la partie restante n'est plus utilisable dans des conditions normales, l'exproprié peut demander au juge de l'expropriation l'emprise totale de son bien (C. expr. art. L 242-1, al. 1). Seul le **propriétaire** de la parcelle peut requérir l'emprise totale. Il en résulte qu'en cas de **démembrement** de propriété, l'accord du nu-propriétaire et celui de l'usufruitier sont nécessaires (Cass. 3e civ. 19-7-1984 n° 83-70.164 : Bull. civ. III n° 148). **38520**

La **demande** d'emprise totale doit être faite dans le mois de la notification des offres indemnitaires de l'expropriant à l'exproprié (C. expr. art. R 242-1). Passé ce **délai,** la demande d'emprise totale est irrecevable (Cass. 3e civ. 14-1-1998 nº 96-70.152 : AJDI 1998 p. 185). Il s'ensuit qu'est irrecevable la demande formulée pour la première fois par l'exproprié dans son mémoire d'appel (Cass. 3e civ. 17-11-1993 nº 92-70.322 : Bull. civ. III nº 149).

Les conditions d'utilisation normale de la partie restante sont difficiles à apprécier. Il s'agit d'une **question de fait** laissée à l'appréciation souveraine du juge de l'expropriation (Cass. 3e civ. 4-2-1987 nº 85-70.330 : AJPI 1987 p. 818).

PARCELLE MORCELÉE

38525 L'emprise totale est possible dans la mesure où toute parcelle de terrain, à la suite du morcellement né de l'emprise partielle, se trouve réduite au quart de sa **contenance** totale, à la condition que la **partie restante** ait une superficie inférieure à 10 ares et qu'au surplus le propriétaire exproprié ne possède aucun terrain immédiatement contigu à ladite parcelle (C. expr. art. L 242-1, al. 2).

L'emprise totale ne peut être demandée que pour une parcelle dont une partie se trouve expropriée. Dès lors, est irrecevable la demande d'acquisition portant sur une **parcelle contiguë** qui ne figure pas dans l'ordonnance d'expropriation (CA Paris 9-2-1978 : D. 1978 IR p. 475).

Toutefois, le bénéfice de la réquisition d'emprise totale peut être exercé à l'occasion de la mise en œuvre de la procédure de délaissement prévue à l'article L 230-3 du Code de l'urbanisme.

La **demande** d'emprise totale doit être formulée dans le mois de la notification des offres indemnitaires de l'expropriant à l'exproprié (C. expr. art. R 242-1).

PARCELLE AGRICOLE

38530 Si l'emprise partielle empêche l'**exploitation agricole dans des conditions normales** de la ou des parties restantes de ladite parcelle en raison de leur dimension, de leur configuration ou de leurs conditions d'accès, l'exproprié peut demander l'emprise totale, soit de la parcelle, soit de la ou des parties restantes devenues inexploitables (C. expr. art. L 242-3).

La **demande** doit être formulée dans le mois de la notification des offres indemnitaires de l'expropriant à l'exproprié (C. expr. art. R 242-1).

INDEMNISATION

38535 La portion d'immeuble acquise en sus de la partie expropriée à la suite de la réquisition d'emprise totale n'est pas soumise à la procédure d'expropriation. C'est la raison pour laquelle il ne peut pas être accordé d'**indemnité de remploi** relative à l'indemnité correspondant au surplus acquis (Cass. 3e civ. 29-5-2002 nº 01-70.133 : Bull. civ. III nº 116 ; Cass. 3e civ. 22-9-2010 nº 09-69.049 FS-PB : Bull. civ. III nº 168).

Il s'ensuit que, dans la mesure où la demande est admise, le juge fixe, d'une part, le montant de l'indemnité d'expropriation et, d'autre part, le prix d'acquisition de la portion acquise en sus de la partie expropriée.

La décision du juge emporte transfert de propriété du surplus.

2. RÉQUISITION D'EMPRISE TOTALE DE L'ARTICLE L 242-4 DU CODE DE L'EXPROPRIATION

CHAMP D'APPLICATION

38560 Lorsqu'une emprise partielle résultant de l'expropriation compromet la structure d'une **exploitation agricole** de nature à provoquer sa disparition ou à lui occasionner un grave déséquilibre, deux possibilités de réquisition d'emprise totale sont ouvertes (C. expr. art. L 242-4).

Sont ici visées les opérations liées à la réalisation de **grands ouvrages publics** donnant lieu à étude d'impact dans le cadre de la constitution du dossier d'enquête préalable à la déclaration d'utilité publique. Pour ces opérations, obligation est faite au maître de l'ouvrage, dans la DUP, de remédier aux dommages causés en participant financièrement à l'exécution des opérations de remembrement et de travaux connexes et à l'installation, sur des exploitations nouvelles comparables, des agriculteurs dont l'exploitation disparaîtrait ou serait gravement déséquilibrée ou, s'ils l'acceptent, à la reconversion de leur activité (C. expr. art. L 122-3 ; C. rur. art. L 352-1). Les obligations imposées au maître de l'ouvrage doivent être fixées dans la déclaration d'utilité publique et non dans un arrêté préfectoral ultérieur (CE 30-12-2009 nº 306423 : BPIM 1/10 inf. 20).

AUTEURS DE LA DEMANDE

Le **propriétaire** exproprié peut, dans le mois de la notification des offres de l'expropriant, demander au juge de l'expropriation l'emprise totale (C. expr. art. L 242-4, 1° et R 242-1). Il doit alors en informer le ou les exploitants s'il n'est pas lui-même exploitant direct. La parcelle objet de la réquisition doit faire partie de la même exploitation agricole que celles qui sont expropriées (Cass. 3e civ. 30-11-2017 n° 16-24.676 F-D : AJDI 2018, p. 107). 38565

Si la demande est admise, le juge fixe, d'une part, l'indemnité d'expropriation, d'autre part, le prix d'acquisition du surplus, mais cette fois majoré de l'indemnité de remploi, contrairement aux modalités définies à l'article L 242-1 du Code de l'expropriation.

La décision du juge emporte transfert de propriété dans les conditions de droit commun pour le surplus acquis.

Le versement du prix d'acquisition du surplus par l'expropriant entraîne de plein droit la résiliation du bail, sans indemnité (C. expr. art. L 242-4, 1°).

L'**exploitant non propriétaire** du bien exproprié peut, dans le délai d'un mois suivant la notification des offres de l'expropriant, s'il ne désire pas poursuivre l'exploitation ou s'il y a résiliation du bail ainsi qu'il a été dit ci-dessus, demander à l'expropriant et, en cas de refus ou de désaccord sur l'indemnité à intervenir, au juge, de fixer, dans l'hypothèse où sa demande a été retenue, les indemnités susceptibles de lui être allouées dans le cas où il y aurait expropriation totale de l'exploitation. L'exploitant doit informer de sa demande le ou les propriétaires de l'exploitation (C. expr. art. L 242-4, 2° et R 242-1). 38570

Le versement des indemnités à l'exploitant entraîne résiliation du bail (C. expr. art. L 242-5, al. 2). Toutefois, les parcelles non expropriées abandonnées par l'exploitant et pour lesquelles il a été indemnisé ne sont pas prises en compte pour le calcul de la **participation financière** du maître de l'ouvrage prévue à l'article L 122-3 et allouée en cas d'installation de l'exploitant sur une exploitation nouvelle comparable (C. expr. art. L 242-6).

NOUVELLES EXPROPRIATIONS

Si, au cours d'une période de **10 ans,** plusieurs expropriations sont réalisées sur la même exploitation, le déséquilibre visé au 1er alinéa de l'article L 242-4 doit être apprécié pour toute exploitation agricole partiellement expropriée, à la condition qu'elle ait été exploitée depuis le début de la période considérée par le même exploitant, son conjoint ou ses descendants, par rapport à la consistance de l'exploitation à la date de publication de la DUP préalable à la première expropriation. 38575

Il sera tenu compte, pour l'appréciation du déséquilibre, des **améliorations** apportées entre-temps aux structures de l'exploitation avec le concours de la puissance publique ou d'organismes soumis à la tutelle de celle-ci (C. expr. art. L 242-7).

CONDITIONS DE LA RÉQUISITION

Les conditions auxquelles doit satisfaire la réquisition d'emprise totale s'apprécient à la **date** de l'ordonnance d'expropriation ou, s'il est antérieur, du jugement fixant les indemnités (CA Paris 22-4-1983 : AJPI 1983 p. 469). 38580

La notion de **déséquilibre grave** est définie limitativement (C. rur. art. R 352-2) :

– un bâtiment essentiel à la vie de l'exploitation est exproprié et ne peut être reconstruit ;
– le pourcentage des terres expropriées représente une valeur de productivité supérieure à 35 % au sens de l'article L 123-4 du Code rural et de la pêche maritime ;
– le pourcentage des terres expropriées représente une valeur de productivité supérieure à 10 % et la surface restante est inférieure à la surface minimale de l'unité de référence visée au II de l'article L 312-1 du Code rural et de la pêche maritime ;
– il est impossible, en poursuivant l'exploitation, de couvrir normalement les charges non déductibles subsistant après l'expropriation.

Le juge de l'expropriation est seul compétent pour trancher les contestations relatives à l'application de l'article L 242-4 du Code de l'expropriation (C. expr. art. L 311-8 ; CA Paris 28-3-1980 : Gaz. Pal. 1980 p. 499).

> **Précisions** **a.** La demande d'emprise totale doit être **acceptée** au cas où l'exploitation avait, avant l'expropriation, une superficie inférieure à la surface minimale d'exploitation (Cass. 3e civ. 17-4-1991 n° 89-70.268 : Bull. civ. III n° 123).
>
> **b.** La **superficie de référence** prise en compte pour apprécier la demande d'éviction totale n'est pas seulement la superficie des parcelles exploitées sur le territoire de la commune, mais celle de l'ensemble de l'exploitation (Cass. 3e civ. 5-7-2000 n° 99-70.130 : AJDI 2001 p. 45).

c. Pour statuer sur la demande d'emprise totale ou d'éviction totale, **seul doit être pris en considération** le déséquilibre causé par l'expropriation sur l'exploitation des parcelles dont l'exproprié est propriétaire ou locataire (Cass. 3e civ. 19-7-2000 nº 99-70.088 : Bull. civ. III nº 149).

C. Droit de rétrocession

OUVERTURE DU DROIT DE RÉTROCESSION

38650 Si les immeubles expropriés n'ont pas reçu dans le **délai de 5 ans** la destination prévue ou ont cessé de recevoir cette destination, les anciens propriétaires ou leurs ayants droit à titre universel peuvent en demander la rétrocession pendant un délai de **30 ans** à compter de l'ordonnance d'expropriation, à moins que ne soit requise une nouvelle DUP (C. expr. art. L 421-1).

La demande préalable de rétrocession adressée par l'exproprié à l'administration n'interrompt pas la prescription trentenaire (Cass. 3e civ. 19-9-2024 nº 23-20.053 FS-B : AJDI 2025 p. 136).

Le délai de 5 ans court à compter de l'ordonnance d'expropriation (Cass. 3e civ. 5-7-1978 nº 77-10.519 : Bull. civ. III nº 280). C'est à la date à laquelle est formée la demande en rétrocession qu'il convient de se placer pour apprécier l'écoulement du délai de 5 ans (Cass. 3e civ. 15-1-1997 nº 95-14.689 : JCP éd. G 1997 II nº 22813). Il peut être prolongé en cas de fouilles archéologiques retardant le début des travaux (Cass. 3e civ. 12-7-2018 nº 17-18.826 F-D). L'exproprié peut demander la rétrocession avant l'expiration du délai de 5 ans si la destination donnée au bien rend impossible dans ce délai la réalisation du projet prévu par la DUP (Cass. 3e civ. 15-9-2016 nº 15-18.509).

L'exproprié **ne peut pas renoncer** au droit de rétrocession d'ordre public **avant que** les conditions de sa mise en œuvre ne soient réunies (Cass. 3e civ. 19-1-2022 nº 20-19.351 FS-PB : BPIM 2/22 inf. 116) :

– soit 5 ans après l'ordonnance d'expropriation si les biens n'ont pas reçu la destination prévue par la DUP ou ont cessé de recevoir cette destination ;

– soit, avant l'expiration de ce délai, si le projet réalisé est incompatible avec celui déclaré d'utilité publique.

ILLUSTRATIONS

Le droit de rétrocession **n'est pas applicable** aux immeubles acquis sur réquisition d'emprise totale et qui resteraient disponibles une fois les travaux exécutés. De même, il n'est pas applicable si le bien a été acquis dans le cadre de la procédure de délaissement ouverte au propriétaire d'un terrain qui s'est vu opposer un refus d'autorisation de construire ou d'utiliser le sol (Cass. 3e civ. 26-3-2014 nº 13-13.670 : BPIM 3/14 inf. 154).

En revanche, le droit de rétrocession **s'applique** en cas de cession amiable consentie après la DUP (Cass. 3e civ. 12-12-1984 nº 83-11.830 : Bull. civ. III nº 214 ; Cass. 3e civ. 17-6-2009 nº 07-21.589 : Bull. civ. III nº 146). Pour les cessions amiables consenties avant la DUP, le droit de rétrocession n'est ouvert que si le juge de l'expropriation a donné acte de l'accord intervenu (Cass. 3e civ. 24-9-2008 nº 07-13.972 : Bull. civ. III nº 138).

DROIT DE PRIORITÉ

38655 L'expropriant qui décide de revendre un **immeuble** susceptible de donner lieu à rétrocession doit en informer les anciens propriétaires ou leurs ayants droit à titre universel. Ceux-ci disposent d'un droit de priorité pour l'acquisition (C. expr. art. R 421-1).

Lorsque les immeubles expropriés sont des **terrains agricoles** au moment de leur expropriation et que :

– l'expropriant décide de les louer, il doit les offrir, en priorité, aux anciens exploitants ou à leurs ayants droit à titre universel s'ils ont exploité les biens en cause pendant les 2 années précédant l'expropriation, à la condition qu'ils soient en situation régulière au regard du Code rural et de la pêche maritime (C. expr. art. L 424-1 ; Cass. 3e civ. 12-6-1979 nº 77-15.950 : Bull. civ. III nº 129) ;

– ces terrains sont cédés, les anciens propriétaires ou leurs ayants droit à titre universel disposent d'une priorité pour leur acquisition (C. expr. art. L 424-2). Le droit de priorité des anciens propriétaires de terres agricoles ne s'applique toutefois pas aux portions de parcelles non utilisées pour l'usage prévu par la DUP lorsque l'essentiel des terres expropriées a reçu cette destination. Dès lors, l'expropriant peut les céder à un tiers (Cass. 3e civ. 1-3-2023 nº 22-12.455 FS-B : BPIM 2/23 inf. 107).

COMPÉTENCE

Les tribunaux judiciaires sont seuls compétents pour connaître des litiges relatifs aux demandes de rétrocession formées par les anciens propriétaires de biens expropriés (CE 11-6-1997 nº 138665 : AJDI 1998 p. 817), même si la cession a été conclue à l'amiable et à titre gratuit après la DUP (CE 16-1-1998 nº 129689 : AJDI 1998 p. 941). 38660

C'est au **juge judiciaire** qu'il appartient de se prononcer sur le point de savoir si les immeubles ont ou non, dans le délai légal, reçu la destination qui était prévue dans la DUP. En cas de difficulté sérieuse portant sur la légalité ou l'interprétation des dispositions de la DUP, le juge judiciaire doit renvoyer cette question au **juge administratif,** qui est seul compétent pour apprécier la validité de cette décision administrative et l'interpréter afin de préciser les destinations que peuvent recevoir les terrains expropriés (T. confl. 22-2-2004 nº 3381, Cne d'Auribeau-sur-Siagne : Lebon p. 512 ; CE 18-10-2006 nº 275643, SCI Les Tamaris : BPIM 1/07 inf. 24 ; Cass. 3e civ. 16-1-2013 nº 11-24.213 FS-PB : Bull. civ. III nº 2). Le juge administratif interprète la question posée par l'autorité judiciaire dans un sens qui lui permet, dans la limite de sa compétence, d'y répondre en apportant au juge judiciaire un éclairage utile (CE 2-12-2017 nº 409076 : AJDI 2018 p. 111).

Le Tribunal des conflits a décidé de créer une sorte de **« bloc de compétence judiciaire »** au profit du juge de droit commun et non du juge de l'expropriation en matière :
– d'admission d'une demande de rétrocession ;
– de condamnation de la collectivité au profit de laquelle a été prononcée la DUP au paiement d'une indemnité comprenant la perte de plus-value subie par le propriétaire initial (T. confl. 8-12-2014 nº 3972, Sté immobilière du Ceinturon c/ Cne d'Hyères-les-Palmiers : AJDI 2015 jur. p. 369 note C. Braud).

OBSTACLES À LA RÉTROCESSION

Conformité des réalisations La conformité des réalisations effectuées avec les objectifs poursuivis par la DUP doit être **appréciée au regard de** l'ensemble des parcelles acquises par expropriation ou à l'amiable après la DUP pour la réalisation de l'opération, même si certaines d'entre elles n'ont pas été utilisées (Cass. 3e civ. 8-3-1995 nº 92-18.791 : Bull. civ. III nº 76 ; Cass. 3e civ. 16-1-2013 nº 11-24.213 FS-PB : BPIM 2/13 inf. 116). Le principe de la conformité peut être retenu si la surface inutilisée est résiduelle (Cass. 3e civ. 11-5-2005 nº 03-20.818 : Bull. civ. III nº 105 ; Cass. 3e civ. 25-4-2007 nº 05-22.017 : AJDI 2008 p. 226) et non si la surface affectée n'est que très partielle (Cass. 3e civ. 24-11-2016 nº 15-20.971 : BPIM 1/17 inf. 14). Les parcelles comprises dans la DUP mais non expropriées et vendues à l'amiable à un promoteur ne peuvent pas être prises en compte pour apprécier si la destination prévue à la DUP a été réalisée (Cass. 3e civ. 2-2-2017 nº 15-27.443). La commune expropriante peut valablement autoriser, pour un motif d'intérêt général local, la cession gratuite d'une partie du terrain aux anciens propriétaires en contrepartie de leur désistement de l'action en rétrocession engagée qui risquerait de compromettre la réalisation de l'opération envisagée (CAA Marseille 22-11-2010 nº 08MA03509, Ville de Marseille). 38665

L'**existence de travaux** engagés pendant cette période, même s'ils n'ont pas été menés à leur terme, permet de faire obstacle à la demande de rétrocession et de priorité (Cass. 3e civ. 27-5-1999 nº 97-17.997 : Bull. civ. III nº 122).

Aucune disposition légale ou réglementaire n'impose à l'expropriant d'affecter, dans le délai de 5 ans de l'article L 421-1 du Code de l'expropriation, une **réserve foncière** constituée par voie d'expropriation (Cass. 3e civ. 30-9-1998 nº 96-20.601 : JCP G 1999 II nº 10056). Lorsque le bien n'a pas reçu l'affectation prévue pendant une longue période, la rétrocession n'est pas de droit mais l'exproprié peut obtenir une indemnisation complémentaire (CEDH 2-10-2002 nº 48161/99, Mortais de Narbonne c/ France ; Cass. 3e civ. 20-6-2007 nº 06-12.569 : Bull. civ. III nº 110).

Nouvelle déclaration d'utilité publique L'intervention d'une nouvelle déclaration d'utilité publique permet à l'administration d'échapper à la rétrocession (C. expr. art. L 421-1 ; Cons. const. 15-2-2013 nº 2012-292 QPC : JO 16 p. 2685, BPIM 2/13 inf. 115). L'objet de la DUP initiale peut être modifié (Cass. 3e civ. 26-3-1980 nº 78-15.092 : Bull. civ. III nº 70). Cette **seconde DUP** est indépendante de la première ; le bénéficiaire peut être différent. 38670

La simple **réquisition** d'une nouvelle DUP fait obstacle à la procédure de rétrocession en cours (Cass. 3e civ. 26-10-1983 nº 81-14.930 : Bull. civ. III nº 203), mais l'**intervention** de la nouvelle DUP ne fait pas obstacle à l'action en rétrocession dès lors que la parcelle expropriée n'est pas visée par la nouvelle DUP (Cass. 3e civ. 17-3-1999 nº 98-14.751 : AJDI 1999 p. 1007). Si la nouvelle DUP a pour unique objet d'empêcher l'exercice par les anciens propriétaires de leur droit de rétrocession, elle est entachée de détournement de pouvoir et ne peut pas faire obstacle à la

© Éd. Francis Lefebvre

rétrocession (CE 12-5-2004 n° 253586, Dépt des Alpes-Maritimes : AJDI 2004 p. 894). C'est à l'administration de justifier les raisons qui l'ont empêchée de donner à l'immeuble concerné sa destination dans les 5 ans qui lui étaient impartis (CAA Marseille 5-10-2015 n° 14MA00545 : AJDI 2016 p. 109).

La **prorogation** d'une DUP, dont aucun texte n'impose la notification au propriétaire d'un bien exproprié, produit les mêmes effets qu'une nouvelle DUP ; elle s'oppose donc à l'exercice du droit de rétrocession (CA Paris 2e ch. B 14-1-1999 : AJDI 1999 p. 710).

La réquisition d'une nouvelle DUP prive l'ancien propriétaire exproprié du droit de rétrocession, mais ce dernier peut se voir accorder une **indemnisation** complémentaire s'il a subi une **charge excessive du fait de l'expropriation** (Cass. 3e civ. 19-11-2008 n° 07-15.705 : Bull. civ. III n° 176 ; Cass. 3e civ. 28-1-2009 n° 07-20.353 : JCP G 2009 II n° 10064).

ATTENTION

En vertu du principe de séparation des autorités administratives et judiciaires, le **juge judiciaire,** statuant en matière d'expropriation, n'a pas à se prononcer sur la légalité et l'opportunité de la nouvelle DUP (Cass. 3e civ. 10-4-1996 n° 94-15.761 : Bull. civ. III n° 101).

38675 **Rétrocession impossible** La **cession** par l'expropriant du bien exproprié à un tiers ou la réalisation d'un ouvrage public sur le terrain rend impossible l'action en rétrocession (sur ce dernier point, voir, toutefois, n° 35870 la jurisprudence citée en cas de perte de base légale de l'ordonnance d'expropriation). L'ancien propriétaire exproprié peut alors demander des dommages-intérêts devant le juge civil de droit commun (Cass. 3e civ. 17-11-1993 n° 90-18.954 : Bull. civ. III n° 150 ; Cass. 3e civ. 22-11-2006 n° 06-11.311 : Bull. civ. III n° 234). L'ancien propriétaire n'est pas tenu d'établir qu'il aurait été en mesure de payer le prix du bien dont la rétrocession est impossible. L'indemnisation doit réparer la privation de la plus-value générée par les biens depuis leur acquisition par l'expropriant ; elle est appréciée souverainement par les juges du fond (Cass. 3e civ. 30-1-2019 n° 17-28.748 F-D).

C'est l'assignation régulière ayant abouti à la constatation de l'impossibilité de la rétrocession qui marque le point de départ de la période à prendre en compte pour évaluer le préjudice subi par l'exproprié (Cass. 3e civ. 17-7-1997 n° 95-17.530 : Bull. civ. III n° 170). Si l'exproprié reste longtemps inactif et ne demande pas la rétrocession dans les délais et conditions légaux, il ne peut pas agir en indemnisation de la privation de la plus-value acquise par le bien non affecté à la destination prévue par la DUP (Cass. 3e civ. 19-3-2020 n° 19-13.648 FS-PBI : RDI 2020 p. 437).

En revanche, la **démolition** par l'expropriant des bâtiments construits sur la parcelle expropriée ne rend pas la rétrocession impossible (Cass. 3e civ. 17-12-2014 n° 13-18.990 : BPIM 1/15 inf. 26).

> **Précisions** Le droit de rétrocession ne s'analyse pas en une résolution de la vente, mais en une **cession** faite aux anciens propriétaires qui conservent l'indemnité de dépossession et qui ne peuvent prétendre en cas d'impossibilité de rétrocession qu'à des dommages-intérêts (CA Paris 20-5-1994 : AJPI 1994 p. 838).

PRIX DE LA RÉTROCESSION

38680 L'**estimation du prix** de rétrocession se fait selon les mêmes règles qu'en matière d'expropriation (C. expr. art. L 421-2).

Les parties ont l'obligation, dans le mois de la fixation du prix, soit à l'amiable, soit par le juge de l'expropriation, de passer le contrat de rachat et de payer le prix, à peine de déchéance (C. expr. art. L 421-3). Ces dispositions sont conformes à la Constitution sous une réserve : la déchéance du droit de rétrocession ne peut pas être opposée à l'ancien propriétaire lorsque le non-respect du délai ne lui est pas imputable (Cons. const. 22-11-2024 n° 2024-1112 QPC : BPIM 1/25 inf. 27).

Seul le juge de l'expropriation est compétent pour statuer, à défaut d'accord amiable, et selon la procédure qui lui est propre, sur la détermination du prix de rachat (CA Aix-en-Provence 4-9-1995 : AJPI 1996 p. 213).

En l'absence de **date de référence** prévue par la loi en matière de rétrocession, la qualification de la parcelle rétrocédée doit être fixée à la date à laquelle le droit de rétrocession a été reconnu. Le bien doit être estimé, compte tenu de ses caractéristiques propres, à la date de la décision de première instance statuant sur le prix de l'immeuble rétrocédé (Cass. 3e civ. 26-2-1997 n° 96-70.022 : Bull. civ. III n° 43).

TITRE

IV

Fiscalité de l'urbanisme et participations des constructeurs

FINANCEMENT DES DÉPENSES D'URBANISATION

Les obligations de financement sont constituées de contributions de nature fiscale (les taxes d'urbanisme) et de contributions non fiscales (les participations des constructeurs). 39400

Les articles L 332-6 et L 332-6-1 du Code de l'urbanisme en dressent une liste quasi exhaustive.

Les **seules contributions** susceptibles d'être **exigées** sont la taxe d'aménagement, le projet urbain partenarial (PUP), le financement des équipements publics en ZAC et la participation pour la réalisation d'équipements publics exceptionnels. Ces modalités de contributions, destinées au financement de tout ou partie des dépenses d'urbanisation, sont exclusives de tout autre mode de financement : les dispositions de l'article L 332-6 du Code de l'urbanisme et l'abondante jurisprudence qu'il a générée (notamment, CE 4-2-2000 nº 202981, Établissement public pour l'aménagement de la Défense) ont pour effet de prohiber les **dons** ou les éventuelles **offres conventionnelles des constructeurs** pour le financement d'équipements publics rendus nécessaires par leurs opérations, à l'exception du projet urbain partenarial qui autorise le recours à un financement exclusivement conventionnel. Ce strict encadrement des contributions d'urbanisme exigibles a été récemment rappelé par le ministère en charge de l'urbanisme (Rép. Gouffier-Valente : AN 31-10-2023 nº 10029). À cette liste de contributions s'ajoutent la participation pour le financement des réseaux d'assainissement collectif, la taxe pour création de locaux de bureaux, de locaux commerciaux ou de stockage en Île-de-France et la taxe d'archéologie préventive.

Les modalités d'application de ces différents régimes ont été précisées par voie de circulaire (Circ. écologie ETLL1309352C du 18-6-2013 : BO écologie 2013/12 du 10-7-2013 p. 181).

Des obligations de réalisation et de **financement des équipements propres** aux opérations peuvent également être exigées, en application des textes précités, par les autorités compétentes pour délivrer les autorisations d'occuper le sol.

Depuis le 1er septembre 2022, date du **transfert de la gestion des taxes d'urbanisme à la DGFiP,** les dispositions relatives à ces taxes sont essentiellement codifiées dans le Code général des impôts, sous les articles 1635 quater A à 1635 quater T.

FAIT GÉNÉRATEUR DES CONTRIBUTIONS D'URBANISME

39410 Les diverses autorisations d'occuper le sol - permis de construire ou permis d'aménager (autorisation de lotir en particulier) - constituent le fait générateur de diverses contributions prélevées au profit des collectivités locales pour leur permettre de financer tout ou partie des dépenses engendrées par l'urbanisation de leur territoire.

La loi prévoit expressément la **divisibilité des prescriptions financières** des autres prescriptions des autorisations de construire. Il en résulte que l'annulation d'une contribution exigée hors du cadre légal, prescrite ou non dans un permis d'aménager ou de construire n'a pas pour effet d'entraîner l'annulation des autorisations délivrées.

DROIT À RESTITUTION

39415 Aucune autre modalité de financement des dépenses d'équipements publics ne peut être exigée. L'article L 332-30 du Code de l'urbanisme organise un droit à restitution des sommes exigées en excédent.

Les prestations ou avantages obtenus en violation des règles des articles L 311-4 (régime du financement des équipements publics en ZAC) et L 332-6 du Code de l'urbanisme peuvent donner lieu à répétition et à indemnisation. L'**action en répétition** se prescrit par cinq ans à compter du dernier versement des taxes ou contributions ou de l'obtention de prestations indûment exigées (réalisation de travaux publics, par exemple). Les sommes à rembourser portent intérêt au taux légal.

Cette action peut également être exercée par les **acquéreurs successifs** des biens construits, y compris de ceux situés en ZAC, lotissements ou zone de projet urbain partenarial pour les sommes excédentaires éventuellement acquittées par l'aménageur, le lotisseur, le constructeur ou les propriétaires fonciers. L'action en répétition des acquéreurs successifs se prescrit par cinq ans à compter de la mention sur le registre prévu par l'article L 332-29 du Code de l'urbanisme du dernier versement des taxes et participations (ou de la prestation obtenue) (C. urb. art. L 332-30, al. 2).

L'action peut aussi être exercée par le **bénéficiaire de l'autorisation** d'occuper le sol à l'encontre de la commune peu importe que celle-ci n'ait pas commandé ni payé les travaux litigieux (CAA Lyon 4-9-2024 n° 22LY101, solution rendue à propos de travaux liés à la gestion des eaux pluviales mentionnés dans une déclaration préalable).

Elle **s'exerce contre** les personnes publiques bénéficiaires des contributions indues y compris, le cas échéant, à l'encontre des autorités concédantes de services publics (CE 30-12-2015 n° 377258 : BPIM 1/16 inf. 22). L'action en répétition peut être exercée même lorsque les sommes ou prestations irrégulières sont obtenues avec l'accord des constructeurs (CE 17-5-2013 n° 337120, Sté Isère Développement Environnement : BPIM 4/13 inf. 252) ou avec accord et hors prescription dans le permis (CAA Marseille 18-4-2017 n° 16MA00524, Syndicat départemental de la Corse-du-Sud).

ATTENTION

L'exigibilité de financement indu peut être constitutive du délit pénal de **concussion** (C. pén. art. 432-10), notamment pour le cas d'une participation excessive exigée d'une opération de lotissement (Cass. crim. 10-9-2008 n° 07-88.407).

CHAPITRE 1 TAXES D'URBANISME

SOMMAIRE

SECTION 1 DÉFINITIONS DES SURFACES DES CONSTRUCTIONS

TYPOLOGIE DES SURFACES DES CONSTRUCTIONS

Trois définitions de surface sont applicables tant pour l'instruction des autorisations d'occuper le sol que pour la liquidation des taxes ou participations exigibles : **39660**

– la **surface de plancher** des constructions, à retenir pour l'application de l'ensemble des dispositions du Code de l'urbanisme. Cette définition permet notamment d'apprécier la densité des constructions et, sur option des autorités compétentes, de calculer le montant de certains régimes de participation ;

– l'**emprise au sol** des constructions, définition spécifique pour l'instruction des demandes de permis de construire (C. urb. art. R 420-1) ;

– la **surface des constructions imposables à la taxe d'aménagement** (CGI art. 1635 quater H, 1°), à la taxe d'archéologie préventive due sur les opérations de construction de bâtiments (CGI art. 235 ter ZG) et à la taxe sur les constructions de bureaux, locaux commerciaux ou de stockage en Île-de-France (C. urb. art. L 520-1).

> **Précisions** Jusqu'au 29 février 2012, la surface des constructions prise en compte pour l'application du Code de l'urbanisme était définie par la notion de **surface hors œuvre** qui se déclinait en surface hors œuvre brute et surface hors œuvre nette (Shob et Shon).

A. Surface de plancher des constructions

MODALITÉS D'APPLICATION DE LA NOTION DE SURFACE DE PLANCHER

Les modalités d'application de la notion de surface de plancher des constructions sont **codifiées** aux articles L 111-14 et R 111-22 du Code de l'urbanisme et ont été explicitées par le ministère en charge de l'urbanisme (Circ. écologie DEVL1202266C du 3-2-2012 : BO écologie 2012/6 du 10-4-2012 p. 152). **39690**

© Éd. Francis Lefebvre

DÉFINITION DE LA SURFACE DE PLANCHER DES CONSTRUCTIONS

39695 **Surfaces de plancher retenues** La surface de plancher des constructions à prendre en compte pour l'application du Code de l'urbanisme est constituée (C. urb. art. L 111-14 et R 111-22) :

– de la somme des surfaces de plancher closes et couvertes, sous une **hauteur de plafond supérieure à 1,80 m,** calculée à partir du nu intérieur des façades du bâtiment ;

– **déduction** faite des vides et des trémies, des aires de stationnement, des caves et celliers, des combles et des locaux techniques et, dans les immeubles collectifs, d'une part forfaitaire correspondant à 10 % des surfaces de plancher affectées à l'habitation.

> **Précisions** Cette définition a pour effet essentiel - à la différence de l'ancienne notion de Shon précitée - de ne plus retenir l'épaisseur des murs de façade dans le calcul de la surface de plancher. Les autres éléments à retenir pour déterminer la somme des surfaces de plancher sont identiques à ceux qui étaient retenus pour le calcul de l'ancienne Shob. En conséquence, la **doctrine** et la **jurisprudence** en la matière sont transposables à la surface de plancher des constructions.

39700 **Niveaux de plancher** La surface de plancher englobe **tous les niveaux** de la construction techniquement aptes à supporter des charges liées à l'usage de la construction (habitation ou activités de toute nature) : les rez-de-chaussée, les niveaux en étage, les étages partiels (paliers ou mezzanines par exemple), les combles et les sous-sols aménageables ou non aménageables. La nature des matériaux utilisés n'est pas déterminante : les niveaux en terre battue ou gravillonnés constituent de la surface de plancher.

Ne constituent pas de la surface de plancher les **constructions ne disposant pas de plancher,** notamment les pylônes, bassins, citernes, piscines ou silos.

De même, les éléments d'une **construction destinés à desservir les différents niveaux** ne sont pas à retenir dans la surface de plancher : escaliers et leurs paliers intermédiaires, cabines d'ascenseurs et rampes intérieures (toutefois leurs points d'appui sur un niveau constituent de la surface de plancher).

> **Précisions** Ne constituent pas de la surface de plancher, dans les entrepôts, les **passerelles** destinées aux personnels et **reliant des étagères** de stockage dans lesquelles les personnes ne pénètrent pas, telles des « picking-towers » présentes notamment dans les centres de préparation des commandes du commerce en ligne (Note technique LHAL1702707N : BO environnement 2017/3 du 25-2-2017 p. 51).

39705 **Niveaux clos et couverts** Pour constituer de la surface de plancher, les niveaux doivent être simultanément clos et couverts.

Sont réputées closes toutes les parties des niveaux de plancher dotées de murs de pourtour y compris lorsque ces murs comportent des ouvertures dotées de moyens de fermeture (portes, fenêtres, baies vitrées, volets, jalousies, grilles, rideaux métalliques, etc.).

Ne sont pas à retenir les surfaces de plancher non closes en l'absence totale ou partielle de mur de façade, par exemple :

– les terrasses, les balcons, les loggias, les toitures-terrasses, les coursives en extérieur, les galeries ou passages situés en rez-de-chaussée ou en étage non dotés de dispositif de fermeture ;

– les niveaux de construction dotés seulement de murets, garde-fous, garde-corps ou parapets d'une hauteur inférieure à la hauteur sous plafond.

Les travaux de fermeture de surfaces non closes emportent création de surface de plancher au sens du Code de l'urbanisme (opérations soumises à permis de construire ou déclaration préalable).

Les superficies closes doivent également être **couvertes.** Les matériaux utilisés doivent abriter le niveau de plancher. En l'absence de couverture, les niveaux ou parties de niveaux non couverts ne sont pas à retenir dans la surface de plancher. Les surfaces de plancher réalisées sous une toiture amovible sont réputées couvertes. Sont donc exclus de la surface de plancher d'une construction, par exemple, les toitures-terrasses disposant de murs de pourtour supérieurs à 1,80 m. En revanche, leur couverture éventuelle (permanente ou non) emporte création de surface de plancher au sens du Code de l'urbanisme (opération soumise à permis de construire ou déclaration préalable).

39710 **Niveaux au nu intérieur des façades** La surface de plancher est calculée à l'intérieur des niveaux de construction, en faisant abstraction de l'épaisseur des murs de pourtour de l'ensemble de la construction.

Les **dimensions intérieures** à retenir pour le calcul des surfaces de plancher sont les distances mesurées au-dessus des plinthes (Circ. DEVL1202266C du 3-2-2012 précitée § 1.1) entre les murs formant les différentes façades des constructions. Le calcul de la surface de plancher, déterminé à partir du nu intérieur des murs de façade, est donc neutre au regard des techniques d'isolation mises en œuvre.

Les **façades** d'une construction comprennent l'ensemble des murs constituant le pourtour de la construction : selon les cas, les façades avant et arrière et les murs en pignons. De même, les murs communs à plusieurs constructions et les murs extérieurs des constructions enfouies ou semi-enterrées constituent également des murs de façade.

Les emprises de piliers, de murs ou de cloisons (y compris des éventuels aménagements de placards) situées à l'intérieur de la construction, entre les murs de façade, sont sans effet sur le calcul de la surface de plancher.

En cas de **travaux d'extension,** l'épaisseur du mur de façade auquel l'extension est accolée doit être intégrée dans la somme de la surface de plancher de la construction après agrandissement.

SURFACES DE PLANCHER DÉDUCTIBLES

Selon leur consistance ou leur affectation, huit natures de surfaces de plancher sont déductibles pour déterminer la surface nette de plancher d'une construction (C. urb. art. R 111-22). 39715

Surfaces entourant les embrasures des portes et fenêtres Cette déduction constitue une facilité technique pour le calcul de la surface de plancher des constructions puisque le linéaire intérieur d'un mur de façade est retenu en **ligne droite,** c'est-à-dire sans ajouter la surface de plancher correspondant à l'épaisseur des murs entourant les embrasures des portes et fenêtres donnant sur l'extérieur. 39720

Vides et trémies afférentes aux escaliers et ascenseurs Toutes les surfaces correspondant aux vides et ouvertures réalisés dans les planchers sont déductibles de la surface de plancher d'une construction. Il s'agit notamment des vides de plancher situés devant les mezzanines, des trémies d'escalier, de monte-charge ou ascenseur et des conduits de désenfumage constituant un encombrement important. 39725

Les passages de **canalisation et gaines techniques** (circulation des fluides et lignes électriques, par exemple) ne sont pas déductibles.

Surfaces d'une hauteur sous plafond inférieure ou égale à 1,80 m Les surfaces de plancher situées sous plafond à une hauteur ne dépassant pas 1,80 m sont déductibles de la surface de plancher. Dans les **combles,** la hauteur doit être appréciée sous la toiture, à partir de la face interne du toit sans prendre en compte l'épaisseur des matériaux d'isolation thermique et acoustique et des panneaux de finition. 39730

Pour les **piscines couvertes** à toiture amovible ou non, la superficie du bassin ne constitue pas de la surface de plancher. En revanche, les terrasses, margelles ou dallages entourant le bassin sont constitutifs de surface de plancher dès lors que ces surfaces sont situées, dans un espace clos et couvert sous une hauteur de plafond supérieure à 1,80 m.

La couverture d'un **patio,** défini comme un espace intérieur à ciel ouvert, a pour effet de créer de la surface de plancher (CAA Marseille 9-7-2019 nº 17MA04414, Cne de Mauguio).

Surfaces aménagées pour le stationnement des véhicules Les surfaces de plancher déductibles sont celles effectivement affectées au stationnement de véhicules motorisés ou non de toute nature : automobiles, caravanes, remorques, avions, bateaux, deux-roues, voitures d'enfants ou des personnes à mobilité réduite. 39735

Les **rampes d'accès** aux étages d'aires de stationnement, les **aires de manœuvre,** les voies de circulation permettant l'accès aux emplacements de stationnement et les **sas de sécurité** des immeubles ou parties d'immeuble affectées au stationnement des véhicules précités sont également déductibles.

La déduction est ouverte à toutes les aires de stationnement et à leurs annexes précitées indépendamment de leurs modalités d'utilisation : parcs de stationnement publics ou privés exploités commercialement ou non, dépendances de locaux d'habitation ou de locaux d'activité.

Ne sont pas déductibles de la surface de plancher les surfaces affectées au **stockage ou** à la **remise de véhicules** destinés à être commercialisés, loués ou réparés. Jugé par exemple qu'une surface de plancher close et couverte destinée à recevoir des véhicules mais qui sert également de stockage et de réserve à bois n'est pas déductible de la surface de plancher (CAA Nantes 5-11-2019 nº 17NT1676, Cne de Changé).

39740 **Surfaces des combles non aménageables** Sont déductibles les surfaces de plancher des combles non aménageables pour l'habitation ou pour des activités à caractère professionnel, artisanal, industriel ou commercial.

Les combles sont considérés comme non aménageables et sont déductibles de la surface de plancher même lorsque leur hauteur est supérieure à 1,80 m dans les cas suivants :
– l'**encombrement de la charpente** ne permet pas de les utiliser ;
– le plancher est dans l'**impossibilité de supporter des charges** liées soit à l'habitation soit à des activités professionnelles, artisanales, industrielles ou commerciales.

Les autres surfaces de combles ou parties de combles sont réputées aménageables et ne sont donc pas déductibles dès lors qu'elles sont situées sous une hauteur de plafond supérieure à 1,80 m.

39745 **Surfaces des locaux techniques** Il s'agit des locaux techniques nécessaires au fonctionnement d'un groupe de bâtiments ou d'un immeuble autre qu'une maison individuelle au sens de l'article L 231-1 du Code de la construction et de l'habitation, y compris les locaux de stockage des déchets. La notion de locaux techniques nécessaires pour le fonctionnement des immeubles concerne notamment :
– les surfaces de plancher où sont regroupés les machineries et dispositifs de commande et de contrôle des **installations de chaufferie, d'électricité** et de groupes électrogènes, d'air conditionné, de filtrage de l'eau potable, les locaux de sécurité incendie imposés dans les établissements recevant du public ou de grande hauteur ;
– les locaux de **stockage des déchets** résultant de l'usage des immeubles.

La localisation des surfaces de plancher concernées est sans effet sur leur déductibilité, elles peuvent donc être situées dans tous les niveaux de la construction : sous-sol, rez-de-chaussée, étages ou combles aménageables.

ATTENTION

Le champ d'application de cette déduction est limité aux locaux techniques utiles au fonctionnement des immeubles. Il ne s'applique pas aux **maisons individuelles** telles que visées à l'article L 231-1 du Code de la construction et de l'habitation, c'est-à-dire une construction ne comportant pas plus de deux logements destinés à un même maître d'ouvrage.

39750 **Surfaces des caves ou des celliers** Les surfaces de plancher des caves et celliers constituant des annexes de logements compris dans des immeubles d'habitat collectif sont déductibles, quel que soit le niveau où ces locaux se situent. Sont uniquement concernés les caves ou celliers desservis par des **parties communes de l'immeuble** (halls d'entrée, couloirs, paliers ou cours extérieures, etc.).

Cette déduction n'est donc pas applicable aux caves et celliers éventuellement accessibles depuis les logements compris dans des immeubles collectifs ou réalisés dans des maisons individuelles.

39755 **Déduction de 10 % des surfaces de plancher affectées à l'habitation**
Cette déduction forfaitaire concerne les immeubles d'**habitat collectif** comprenant des parties communes intérieures à usage collectif : halls d'entrée, couloirs, paliers, etc. Dans ces immeubles, la surface de plancher restante après l'application éventuelle des sept déductions précédentes (nos 39720 à 39750) est réduite de 10 % lorsque les logements sont effectivement desservis par des parties communes situées à l'intérieur des immeubles.

Dans le cas de construction d'**immeubles à usage mixte** (logements et locaux de commerce ou de bureaux, par exemple), le calcul de cette déduction est effectué sur la base du rapport entre la surface de plancher affectée à l'habitation et la surface de plancher de l'ensemble de l'immeuble.

ATTENTION

Ce régime de déduction n'est **pas applicable** aux constructions :
– de logements, compris dans des immeubles d'habitat collectif, desservis par des parties communes extérieures ;
– de maisons individuelles.

CALCUL DE LA SURFACE DE PLANCHER

39760 La surface totale de plancher d'une construction est obtenue après imputation des superficies déductibles dans les conditions proposées dans le tableau ci-après.

CALCUL DE LA SURFACE DE PLANCHER D'UNE CONSTRUCTION
Articles L 111-14 et R 111-22 du Code de l'urbanisme

Niveaux de la construction	Sous-sol 1	Sous-sol 2	RDC	Étage 1	Étage 2	Combles
A - Surfaces des niveaux clos et couverts (au nu intérieur des murs de façade et sous plafonds supérieurs à 1,80 m)						
Surfaces par niveau						
B - Surfaces de plancher déductibles (S1 à S8)						
S1 - Surfaces en embrasure						
S2 - Surfaces des vides de plancher						
S3 - Surfaces sous hauteur de plafond < ou = 1,80 m						
S4 - Surfaces de toutes natures affectées au stationnement						
S5 - Surfaces des combles non aménageables						
S6 - Surfaces des locaux techniques (immeubles autres que maisons individuelles)						
S7 - Surfaces des caves et celliers (immeubles d'habitat collectif)						
S8 - Déduction de 10 % (*surfaces des immeubles d'habitat collectif moins S1 à S7*)						
C - Surface de plancher totale de la construction (A - B)						

DÉCLARATION DE LA SURFACE DE PLANCHER

Dans les **demandes d'autorisation d'occuper le sol,** la surface de plancher doit être présen- **39765**
tée en fonction, d'une part, des différentes destinations en projet et, d'autre part, en fonction des surfaces existantes conservées, transformées ou démolies et des surfaces nouvellement créées. Cette répartition doit être effectuée dans le tableau suivant (établi d'après les formulaires de demande d'autorisation : Cerfa 13409*14 Constructions de toutes natures ; Cerfa 13406*14 Construction d'une maison individuelle et/ou de ses annexes ; Cerfa 13404*13 Déclaration préalable de travaux et Cerfa 51434*12 Notice générale).

 © Éd. Francis Lefebvre

Répartition de la surface de plancher (demandes de permis de construire, d'aménager ou déclaration préalable de travaux)						
Destinations	**Surfaces existantes avant travaux**	**Surfaces créées**	**Surfaces créées par changement de destination**	**Surfaces supprimées**	**Surfaces supprimées par changement de destination**	**Surfaces totales (A + B + C) – (D + E)**
	A	B	C	D	E	
Habitation						
Hébergement hôtelier						
Bureaux						
Commerce						
Artisanat						
Industrie						
Exploitation agricole ou forestière						
Service public ou d'intérêt collectif						
Surfaces totales (m²)						

B. Emprise au sol des constructions

39850 Insérée dans le Code de l'urbanisme pour traiter les demandes d'autorisation de construire des bâtiments ou les cas d'installations qui ne constituent pas de la surface de plancher, l'emprise au sol est la **projection verticale** du volume de la construction, tous débords et surplombs inclus (C. urb. art. R 420-1).

Cette définition n'est pas substituée à celle éventuellement retenue par les collectivités locales dans leurs documents d'urbanisme.

Contrairement à la surface de plancher, l'emprise au sol comprend l'**épaisseur des murs extérieurs** (y compris les matériaux isolants et les revêtements extérieurs).

Une rampe d'accès extérieure, un bassin de rétention, une piscine (intérieure ou non, couverte ou non) constituent de l'emprise au sol. En revanche, les aménagements effectués au niveau du sol (aires de stationnement extérieures et terrasses) ne constituent pas de l'emprise au sol puisqu'il n'est pas possible de réaliser une projection verticale.

> **Précisions** **a.** Les éléments de modénature des **façades,** les **débords** de toiture et **encorbellements** sans poteau de soutien ne sont pas à prendre en compte (C. urb. art. R 420-1, al. 2).
> **b.** Les **terrasses** qui ne présentent pas une surélévation significative par rapport au terrain ne sont pas constitutives d'emprise au sol. L'appréciation du caractère significatif de la surélévation se fait au cas par cas (Rép. Jarlier : Sén. 9-10-2014 p. 2302 n° 11764 : BPIM 6/14 inf. 376).

C. Surface des constructions imposables à la taxe d'aménagement

La définition de la surface des constructions imposables constitue l'élément d'assiette essentiel de la taxe d'aménagement, de la taxe d'archéologie préventive et de la taxe pour création de bureaux, de locaux commerciaux ou de stockage en Île-de-France dues au titre des opérations autorisées en application du Code de l'urbanisme (CGI art. 1635 quater H, 235 ter ZG et C. urb. art. L 520-7). 39950

Cette surface est déterminée par application de l'article 1635 quater H du CGI qui dispose qu'elle est constituée de la somme des surfaces de plancher de chaque niveau clos et couvert, calculées à partir du nu intérieur des façades du bâtiment.

La surface imposable est déterminée sous **déduction** (CGI ann. II art. 318 J) :

– des surfaces correspondant à l'épaisseur des murs entourant les embrasures des portes et fenêtres donnant sur l'extérieur ;

– des vides et trémies afférentes aux escaliers et ascenseurs ;

– des surfaces de plancher sous une hauteur de plafond inférieure ou égale à 1,80 m.

La surface imposable peut également être réduite, par application des **mesures d'exonération** applicables de plein droit ou prises par délibérations des organes compétents (nº 40300).

La surface de construction imposable doit être déclarée à l'appui des déclarations prévues pour l'établissement de la taxe foncière (CGI ann. III art. 344 N, II dans sa version issue du décret 2024-1162 du 4-12-2024).

SECTION 2 TAXE D'AMÉNAGEMENT

PRÉSENTATION DE LA TAXE D'AMÉNAGEMENT

Pour les **demandes d'autorisation d'urbanisme** initiale déposées **depuis le 1er septembre 2022,** les taxes d'aménagement et d'archéologie préventive sont établies, liquidées et recouvrées par la DGFiP selon les règles définies respectivement par les articles 1635 quater A à 1635 quater T du CGI et l'article 235 ter ZG du CGI. 40100

Pour les **demandes antérieures,** ces taxes sont établies, liquidées et recouvrées par les services de l'urbanisme en vertu, en principe, des dispositions des anciens articles L 331-1 et suivants du Code de l'urbanisme pour la taxe d'aménagement, et en vertu des articles L 524-1 et suivants du Code du patrimoine pour la redevance d'archéologie préventive « part logement ».

CHAMP D'APPLICATION DE LA TAXE D'AMÉNAGEMENT

La taxe d'aménagement (TA) est en vigueur depuis le 1er mars 2012 sous réserve de l'institution de ses différentes parts. Elle est applicable aux **demandes d'autorisation** et aux **déclarations préalables** déposées depuis cette date. Son exigibilité a été substituée à celles des taxes d'urbanisme mentionnées dans les certificats d'urbanisme en cours de validité au 1er mars 2012. Le régime de la TA est également applicable aux demandes d'**autorisations modificatives** déposées depuis le 1er mars 2012 et générant un complément de taxation. 40150

La TA est **perçue pour** le financement des politiques urbaines et de protection des espaces qui incombent aux communes, aux établissements publics de coopération intercommunale (EPCI), aux départements et à la région Île-de-France. Son produit est destiné à la réalisation des objectifs définis à l'article L 101-2 du Code de l'urbanisme relatifs notamment au développement et au renouvellement urbains, à la mise en valeur et à la restructuration des centres urbains et ruraux, à la gestion économe et à la protection des espaces naturels, à la sauvegarde des ensembles urbains remarquables, à la diversité des fonctions des territoires, au respect de l'environnement et à la prévention des risques. 40185

Selon la localisation des opérations imposables, la TA peut comporter **trois parts** dont les produits sont affectés en recette d'investissement des budgets des communes ou intercommunalités et de la région Île-de-France. La part départementale est affectée en recette de fonctionnement des budgets des départements pour le financement de leur politique de protection des espaces naturels sensibles et celui des conseils d'architecture d'urbanisme et de l'environnement.

> **Précisions** Compte tenu de la faculté de **majoration** de son **taux** par secteurs (n° 40530) en fonction des coûts d'aménagements ou d'équipements publics à réaliser, la part communale de la TA a constitué un substitut partiel à l'abrogation de la participation en programme d'aménagement d'ensemble (PAE) et de la participation pour voiries et réseaux (PVR) institués avant le 1er mars 2012.

FISCALITÉ

40190 La taxe d'aménagement est réputée constituer un **élément du prix de revient** des ensembles immobiliers construits (CGI art. 302 septies B, II). Ainsi, lorsqu'un immeuble figure dans les **stocks** d'une entreprise, la taxe d'aménagement mise à sa charge à raison de cet immeuble vient en augmentation de son prix de revient, qui constitue en principe la valeur pour laquelle il est inscrit à l'actif. Les dispositions de l'article 302 septies B, II du CGI ne s'opposent pas, en revanche, lorsque la taxe d'aménagement est établie après que l'**immeuble** est **sorti des stocks**, à ce que celle-ci soit déduite en **charge** de son bénéfice imposable, pourvu que cette déduction intervienne, ainsi que l'exigent les dispositions de l'article 39, 1-4° du CGI, au titre de l'exercice au cours duquel la **taxe** a été **mise en recouvrement**. Il en résulte qu'une société ne peut pas prendre en compte le montant de la taxe d'aménagement au titre de son exercice clos en N au cours duquel l'ensemble immobilier à raison duquel elle a été assujettie à la taxe est sorti de ses stocks dès lors que la taxe a été mise en recouvrement le 30 mars N+1 (CE 14-4-2023 n° 459464 : RJF 7/23 n° 528).

A. Institution de la taxe d'aménagement

CHAMP D'APPLICATION TERRITORIAL DE LA TAXE D'AMÉNAGEMENT

40210 La taxe d'aménagement est applicable, pour chacune des parts qui la composent, sur l'ensemble des territoires des collectivités locales où elle est mise en œuvre. La taxe est **instituée** soit **de plein droit** par la loi, soit, pour la part qui les concerne, **par délibérations** des conseils municipaux ou des conseils communautaires, des conseils départementaux ou du conseil de la région Île-de-France.

Lorsque la part communale ou intercommunale est instaurée de plein droit par la loi, chaque collectivité bénéficiaire dispose de la faculté de l'abroger.

PART COMMUNALE OU INTERCOMMUNALE DE LA TAXE D'AMÉNAGEMENT

40215 La part communale ou intercommunale de la TA est instituée :
– de plein droit dans les **communes dotées d'un plan local d'urbanisme** (PLU) **ou d'un plan d'occupation des sols** (POS), dans les communautés urbaines et dans les métropoles (CGI art. 1635 quater A, I-1°) ; lorsqu'un PLU est approuvé après le 1er juillet et que la commune procède aux formalités de publication prévues à l'article R 153-21 du Code de l'urbanisme avant le 1er janvier de l'année suivante, la taxe est instituée à compter du 1er janvier de la deuxième année qui suit, sauf délibération contraire prise dans les conditions prévues à l'article 1635 quater A, I-1° (CGI ann. III art. 328 R).
– par délibérations dans les **autres communes** (CGI art. 1635 quater A, I-2°), à savoir les communes relevant du RNU, y compris celles dotées de cartes communales, et les communes couvertes par un POS partiel considérées comme n'ayant pas de document d'urbanisme (CGI ann. III art. 328 S) ;
– par délibérations des **EPCI compétents en matière de PLU,** par accord des communes membres représentant soit les deux tiers au moins des conseils municipaux des communes concernées représentant plus de la moitié de la population totale de celles-ci, soit la moitié au moins des conseils municipaux des communes représentant plus des deux tiers de la population totale (CGI art. 1635 quater A, II et CGCT art. L 5211-9-2, IV).

En cas de **fusion ou** de **création de communes** ou de fusion d'EPCI, des délibérations doivent intervenir avant le 1er juillet pour harmoniser le régime de la part intercommunale de TA applicable à compter de l'année suivante (CGI art. 1639 A quater, III et 1640, VI).

Lorsque la **part intercommunale** est instituée au profit de communautés urbaines, métropoles ou d'EPCI compétents en matière de PLU, une délibération de ces intercommunalités peut prévoir les conditions du **reversement** de tout ou partie de la taxe aux communes membres en tenant compte des charges d'équipements publics incombant respectivement aux communes et aux EPCI. La commune qui n'a pas délégué sa compétence en matière de taxe d'aménagement et perçoit celle-ci peut reverser tout ou partie de la taxe à l'EPCI, compte tenu de la charge des équipements publics qui lui incombe (CGI art. 1379, I-16° et 1379, II-5°).

La part communale ou intercommunale s'applique sur l'**ensemble du territoire** de la commune ou dans l'ensemble des communes membres de l'EPCI ou situées dans le périmètre des métropoles bénéficiaires.

ATTENTION

La **renonciation à percevoir** le produit de la taxe par un EPCI compétent de plein droit n'a pas pour effet de permettre aux communes membres d'instituer la part communale à leur profit direct, un tel principe de transfert de compétence n'étant pas prévu par le Code de l'urbanisme (Rép. Grosperrin : Sén. 19-9-2019 n° 0919S).

PART DÉPARTEMENTALE DE LA TAXE D'AMÉNAGEMENT

La part départementale de la TA est mise en œuvre par **délibération** du conseil départemental. Elle s'applique dans toutes les communes du département. 40220

La part départementale est destinée à financer :

– les politiques de protection des espaces naturels sensibles. Les emplois autorisés de la taxe concernent principalement les charges d'acquisition et d'entretien des espaces à protéger (C. urb. art. L 113-8 et L 331-3). La collectivité bénéficiaire doit annexer à son budget un tableau présentant le bilan des recettes et des emplois de la taxe affectée au financement de sa politique de protection des espaces naturels sensibles (C. urb. art. R 113-18) ;

– les dépenses de fonctionnement des conseils d'architecture, d'urbanisme et de l'environnement (CAUE).

PART DE LA TAXE D'AMÉNAGEMENT VERSÉE À LA RÉGION ÎLE-DE-FRANCE

La part de la TA versée à la région Île-de-France est instituée par **délibération** du conseil régional. Elle est affectée au financement des équipements collectifs nécessités par l'urbanisation, principalement les infrastructures de transport (C. urb. art. L 331-4). 40225

DISPOSITIONS SPÉCIFIQUES RELATIVES AUX DÉLIBÉRATIONS DES COLLECTIVITÉS LOCALES

Date des délibérations et entrée en vigueur Les délibérations portant **institution, renonciation** (y compris celles concernant la part communale ou intercommunale lorsqu'elle est instaurée de plein droit) ou **suppression** des différentes parts de la taxe d'aménagement doivent être prises avant le **1er juillet** pour entrer en vigueur au 1er janvier de l'année suivante (CGI art. 1635 quater A et 1639 A bis, VI). 40230

Modalités d'entrée en vigueur Dans le cadre du transfert de la gestion de la taxe d'aménagement à la DGFiP, les délibérations sont notifiées par les collectivités locales aux **services fiscaux** dans les deux mois de leur adoption (CGI art. 1639 A, II). 40235

Les **éléments** suivants doivent être **notifiés** aux services fiscaux : le taux de la taxe d'aménagement, les exonérations adoptées et la valeur forfaitaire imposable par aire de stationnement non comprise dans des constructions. La transmission de ces éléments s'effectue via l'**application Delta,** accessible par le portail internet de la gestion publique (Arrêté ECOE2225752A du 12-10-2022 : JO 13 texte n° 5).

Effets dans le temps des délibérations Les délibérations relatives à l'institution ou à la suppression de part de TA sont intangibles pendant une **durée minimale** de trois ans à compter de leur entrée en vigueur (CGI art. 1635 quater A, III). Passé ce terme, elles demeurent applicables jusqu'à l'approbation de délibérations contraires, y compris lorsque la collectivité compétente a pris une délibération à durée déterminée (CE 9-3-2016 n° 391190 Département de la Savoie : BPIM 2/16 inf. 95). 40240

À défaut de délibérations préalables dans le cas de **création de communes nouvelles,** les délibérations antérieurement adoptées par les communes et le cas échéant par les EPCI sont maintenues pour l'année au cours de laquelle la création de la commune prend effet fiscalement (CGI art. 1640, IV).

ATTENTION

Les **délibérations** instituant la taxe ou s'opposant à son institution **prises avant le 1er septembre 2022** demeurent applicables tant qu'elles n'ont pas été rapportées ou modifiées par une nouvelle délibération.

B. Opérations imposables à la taxe d'aménagement et fait générateur

OPÉRATIONS IMPOSABLES À LA TAXE D'AMÉNAGEMENT

40270 La TA est exclusivement due des opérations soumises à permis d'aménager ou de construire, ou à déclaration de travaux. Sont imposables les réalisations d'opérations d'**aménagement,** de **construction,** de **reconstruction** ou d'**agrandissement** de bâtiments, installations ou aménagements de toute nature (CGI art. 1635 quater B).

Sont également imposables les **changements de destination** des locaux des exploitations ou coopératives agricoles initialement affectés aux usages de serres de production, d'abri des récoltes, d'hébergement des animaux, de rangement ou d'entretien du matériel agricole, de locaux de production, de stockage des produits à usage agricole, de transformation et de conditionnement des produits provenant de l'exploitation (CGI art. 1635 quater B et quater D, I-3°).

Les opérations de **reconstruction** précédées de la **démolition** totale de bâtiments sont assimilables à des nouvelles constructions. Les surfaces démolies ne donnent pas lieu à déduction pour le calcul de leurs surfaces imposables (CE 25-3-2021 n°s 431603, 431605, 431606, 431607 et 431609).

Pour les **agrandissements comprenant une démolition partielle de surface de plancher**, le Conseil d'État a jugé déductible la surface démolie de la surface nouvellement créée (CE 10-5-2017 n° 393485, Sté Gej Immo Thouars : BPIM 4/17 inf. 266). Jugé également que la délivrance d'une autorisation en régularisation ne peut pas être substituée à l'établissement d'un procès-verbal (CE 20-12-2024 n° 470275 : BPIM 1/25 inf. 57, solution rendue en matière de taxe pour création de bureaux, mais transposable, à notre avis, à la taxe d'aménagement).

Saisi d'un recours pour excès de pouvoir et d'une QPC, la Haute juridiction a précisé que la reconstruction d'une **partie divisible** d'une construction n'ouvre pas droit à la déduction de la partie démolie. A contrario, la démolition puis la reconstruction d'une **partie non-divisible** constitue effectivement un agrandissement pour lequel la déduction de la surface de plancher démolie est déductible (CE 31-3-2022 n° 460168, Sté Aix Lesseps et Tubingen : BPIM 3/22 inf. 178).

Les « installations ou aménagements de toute nature » imposables sont limitativement énumérés à l'article 1635 quater J du CGI, voir n° 40485.

ILLUSTRATIONS

Constitue un **bâtiment imposable** à la TA, et non un équipement d'infrastructure, un hangar construit pour le stationnement d'ULM (CE 24-4-2013 n° 359277 : RJF 7/13 n° 730 ; solution rendue en matière de TLE mais transposable à la TA). Sont également imposables des conteneurs de marchandises ayant perdu leur caractère mobile en raison de leur installation sur un terrain afin d'être utilisés pour l'habitation (CE 20-3-2013 n° 345317 : RJF 6/13 n° 619 ; solution rendue en matière de TLE également transposable à la TA). Dans le même ordre d'idée, le changement de la destination des fenils d'une grange en atelier de loisirs doit faire l'objet d'une déclaration préalable de travaux et est imposable à la TA (CE 4-2-2021 n° 436578).

FAIT GÉNÉRATEUR DE LA TAXE D'AMÉNAGEMENT

40275 Les actes administratifs constituant les **faits générateurs** de la taxe interviennent, selon le cas, aux dates de (CGI art. 1635 quater F, I) :
– délivrance de l'autorisation initiale de construire ou d'aménager ;
– naissance d'une autorisation initiale tacite de construire ou d'aménager ;
– décision de non-opposition à une déclaration préalable initiale de travaux ;
– établissement du procès-verbal constatant l'achèvement de constructions ou d'aménagements réalisés sans autorisation ou en infraction aux obligations résultant des autorisations obtenues, ou à défaut de procès-verbal, la date d'achèvement des constructions ou aménagement. À noter qu'une construction sans autorisation mais non achevée n'est pas imposable (CE 10-12-2020 n° 417793 ; solution rendue en matière de TLE transposable à la TA).

Donnent également lieu au paiement de la taxe d'aménagement les opérations de construction soumises à déclaration préalable ou à permis de construire qui ont pour effet d'autoriser le **changement de destination** des locaux d'exploitation agricoles mentionnés au 3° du I de l'article 1635 quater D (CGI art. 1635 quater B).

En revanche, les **opérations** de construction ou d'aménagement ayant pour effet de créer des surfaces de plancher mais **dispensées de permis de construire,** de permis d'aménager ou de déclaration préalable de travaux en application de l'article L 421-8 du Code de l'urbanisme sont, en l'absence d'acte constitutif d'un fait générateur, exclues du champ d'application de la TA.

ATTENTION

La délivrance d'un **permis modificatif** n'est pas un fait générateur sauf pour une demande de permis de construire déposée avant le 1er septembre 2022 et suivie d'une demande de permis modificatif déposée après cette date (cette demande peut, selon son contenu, entraîner l'exigibilité d'un complément de taxe ou sa réduction).

C. Opérations exonérées de taxe d'aménagement

CATÉGORIES D'EXONÉRATION DE LA TAXE D'AMÉNAGEMENT

Bien que placées dans le champ d'application de la taxe d'aménagement, certaines opérations sont expressément exonérées. Trois catégories d'exonérations sont définies : **40300**
– celles visées à l'article 1635 quater D, I-1° du CGI, applicables **de plein droit, pour chaque part** de TA instituée (part communale ou intercommunale ou métropolitaine, part départementale et part perçue par la région Île-de-France) ;
– celles visées à l'article 1635 quater D, I-5° à 7° du CGI, applicables **de plein droit** de la **seule part communale,** intercommunale ou métropolitaine ;
– enfin, les exonérations décidées **par délibération** des autorités locales chacune pour la part lui revenant : conseils municipaux, conseil de la métropole compétente, organes délibérants des groupements de communes, des conseils départementaux ou du conseil régional de la région Île-de-France, visées à l'article 1635 quater E du CGI.

EXONÉRATIONS DE PLEIN DROIT DE TOUTES LES PARTS DE LA TAXE D'AMÉNAGEMENT

Constructions destinées à un service public ou d'utilité publique Les constructions et aménagements destinés à un service public ou d'utilité publique, dont la liste est fixée par un décret en Conseil d'État, sont exonérés de plein droit de toutes les parts de TA. Ces constructions sont exonérées, à condition que l'organisme constructeur s'engage, pour lui et ses ayants cause, à conserver la même affectation pendant une durée minimale de 5 ans à compter de l'achèvement de la construction (CGI art. 1635 quater D, I-1°). **40305**

Les dispositions réglementaires de l'ancien article R 331-4 du Code de l'urbanisme demeurent applicables aux opérations dont les **permis** ont été **déposés avant le 1er septembre 2022.** Elles sont globalement codifiées à l'article 318 E de l'annexe II au CGI pour être applicables aux opérations pour lesquelles les **permis** sont **demandés après cette date.**
Les constructions placées dans le champ d'application de ce régime d'exonération sont les suivantes (nos 40310 à 40330).

Sont exonérées de toutes les parts de la TA les **constructions édifiées par l'État,** les collectivités territoriales ou par leurs groupements lorsque ces constructions sont exonérées de la taxe foncière sur les propriétés bâties en application de l'article 1382, 1° du CGI (CGI ann. II art. 318 E, 1°). **40310**

Sont notamment exonérées les opérations portant sur les immeubles de l'État et des collectivités territoriales lorsque les constructions sont affectées à un service public ou d'utilité générale non productif de revenu (palais, châteaux, bâtiments affectés au logement des ministres, des administrations, hôtels des préfectures et sous-préfectures, écoles appartenant aux communes, etc.).

Les **constructions édifiées pour le compte de l'État,** des collectivités territoriales ou de leurs groupements sont exonérées de toutes les parts de la TA lorsqu'elles sont **réalisées en vertu** (CGI ann. II art. 318 E, 2°) : **40315**
– d'un marché de partenariat prévu à l'article L 1112-1 du Code de la commande publique ;
– d'un bail emphytéotique administratif en application de l'article L 1311-2 du Code général des collectivités territoriales, ou de l'article L 2341-1 du Code général de la propriété des personnes publiques ;
– d'un marché public mentionné à l'article L 111-3 du Code pénitentiaire (construction d'établissements pénitentiaires) ou aux 1° et 2° de l'article L 2171-4 du Code de la commande publique (construction d'immeubles affectés notamment à la police, à la gendarmerie, aux

 © Éd. Francis Lefebvre

armées ou aux services du ministère de la défense, ou d'immeubles nécessaires à la mise en place de systèmes de communication et d'information répondant aux besoins des services du ministère de l'intérieur) ;
– ou d'une autorisation d'occupation du domaine public assortie de droit réels.

Ces constructions édifiées pour le compte des services publics doivent avoir vocation à être incorporées dans le domaine de la personne publique affectataire à l'expiration des contrats précités et être **exemptées de taxe foncière** sur les propriétés bâties dans les conditions de l'article 1382, 1° du CGI.

Pour ces opérations, l'absence de production de revenu doit être appréciée au regard de la personne publique au domaine de laquelle la construction est incorporée (CGI ann. II art. 318 E, 2°).

L'exonération de TA doit être écartée pour un **contrat de location en l'état futur d'achèvement** non assimilable à un contrat de partenariat public privé si le transfert dans le domaine public d'un établissement public est prévu par le seul exercice d'un droit de préférence reconnu au preneur en cas de cession de l'immeuble construit (CE 21-11-2019 n° 426696, Sté Alliance La Foncière : RJF 4/20 n° 342 ; décision rendue pour l'application de l'ancien article R 331-4, 3° du Code de l'urbanisme, mais qui nous semble transposable pour l'application de l'article 318 E, 3° de l'annexe II au CGI).

40320 Les **constructions affectées à des objectifs d'assistance, de bienfaisance, de santé, d'enseignement ou culturels, scientifiques ou sportifs** sont exonérées de toutes les parts de la TA lorsqu'elles sont édifiées par, ou dans le cadre de l'un des contrats, marchés, baux ou autorisations mentionnés n° 40315 ci-dessus, pour le compte (CGI ann. II art. 318 E, 3°) :
– d'établissements publics n'ayant pas un caractère industriel ou commercial (hôpitaux publics, établissements publics d'enseignement, etc.) ;
– de groupements d'intérêt public exerçant une activité à caractère administratif, des fondations de coopération scientifique et des fondations partenariales ;
– des associations, des unions d'associations ou des fondations reconnues d'utilité publique ;
– des établissements congréganistes légalement reconnus ou autorisés ;
– des associations déclarées qui ont pour but exclusif l'assistance ou la bienfaisance ou dont l'objet et la gestion présentent un caractère désintéressé au sens du premier alinéa du 1 bis de l'article 206 du CGI relatif aux exclusions du champ d'application de l'impôt sur les sociétés ;
– des organismes mentionnés à l'article R 111-1 du Code de la sécurité sociale, à savoir notamment les caisses primaires, régionales et nationales d'assurance maladie, d'assurance vieillesse, d'allocations familiales, des caisses générales de sécurité sociale des départements d'outre-mer, des unions ou fédérations de caisses, des caisses départementales de mutualité sociale agricole, la Caisse nationale d'assurance des professions libérales et la Caisse nationale des barreaux français ;
– des mutuelles, des unions de mutuelles ou des fédérations d'unions de mutuelles, dont les statuts sont établis conformément aux articles L 114-4 et suivants du Code de la mutualité.

Le **caractère désintéressé** des associations déclarées qui ont pour but exclusif l'assistance ou la bienfaisance s'apprécie au regard des éléments suivants (Circ. écologie ETLL1309352C du 18-6-2013 § 1.3.1.1.3°-e) :
– la gestion doit être désintéressée (gestion et administration bénévoles, sauf rémunération d'un travail effectif, absence de distribution directe ou indirecte de bénéfices, interdiction pour les membres d'être attributaires de l'actif social sauf reprise d'apports) ;
– l'activité exercée ne doit pas être lucrative (activité non concurrentielle avec le secteur commercial local ou destinée à couvrir des besoins insuffisamment pris en compte par les marchés, ou déployée sous une publicité limitée).

Ces précisions apportées pour l'application de la taxe d'aménagement établie et liquidée par les services de l'urbanisme nous paraissent transposables à la taxe établie, liquidée et recouvrée par la DGFiP.

Lorsque ces associations développent des **activités lucratives prépondérantes**, l'exonération n'est pas applicable. Lorsque les activités lucratives ne sont qu'accessoires, l'exonération est ouverte aux seuls organismes dont le chiffre d'affaires des activités lucratives est inférieur ou égal à 78 596 € par an (montant applicable au titre du chiffre d'affaires réalisé en 2024, visé à l'article 206, 1 bis du CGI, indexé chaque année sur la prévision de l'indice des prix à la consommation).

40325 Les **constructions édifiées par ou pour le compte de certaines associations** ou groupements sont exonérées lorsqu'elles sont réalisées par (ou, dans le cadre des contrats mentionnés n° 40315, pour le compte) (CGI ann. II art. 318 E, 4° à 6°) :
– des associations cultuelles ou unions d'associations cultuelles et, en Guyane et à Mayotte, par les missions religieuses ;

– des groupements autres que des associations cultuelles et des missions religieuses précitées, destinées à être exclusivement affectées à l'exercice public d'un culte ;
– des établissements publics du culte et par les associations ayant pour objet exclusif l'exercice d'un culte non reconnu, dans les départements du Bas-Rhin, du Haut-Rhin ou de la Moselle.

Sont également exonérées de taxe d'aménagement les **constructions édifiées par** (CGI ann. II art. 318 E, 7°) : 40327
– les **États étrangers** (ou, dans le cadre des contrats mentionnés au n° 40315, pour leur compte) à usage de locaux diplomatiques ou consulaires ou de résidence d'un chef de poste consulaire de carrière ;
– les **organisations internationales intergouvernementales** (ou, dans le cadre des contrats mentionnés au n° 40315, pour leur compte) pour la réalisation de leur objet sous réserve des accords passés entre la France et ces organisations.

Les parties d'une **construction édifiée par une société fiscalement transparente** au sens de l'article 1655 ter du CGI (société qui a notamment pour objet la construction d'immeubles ou de groupes d'immeubles en vue de leur division par fractions) et qui sont destinées à recevoir l'une des affectations visées à l'article 318 E de l'annexe II au CGI bénéficiant des exonérations précitées sont exonérées de taxe d'aménagement (CGI ann. II art. 318 F). Le bénéfice de l'exonération est accordé sous réserve que les organismes constructeurs aient une activité strictement conforme à leur objet légal ou statutaire. 40330

Constructions de locaux d'habitation et d'hébergement sociaux Sont exonérées de toutes les parts de la TA les constructions de locaux d'habitation et d'hébergement sociaux et leurs annexes ouvrant droit au taux réduit de TVA (logements mentionnés aux articles 278 sexies et 296 ter du Code général des impôts). Les constructions réalisées en Guyane et à Mayotte sont exonérées dans les mêmes conditions (CGI art. 1635 quater D, I-2°). Cette exonération concerne les logements adaptés aux besoins des ménages qui rencontrent des difficultés d'insertion particulières et financés avec des **prêts locatifs aidés d'intégration** (PLAI), ou des prêts aidés pour les logements locatifs très sociaux (LLTS) dans les départements et régions d'outre-mer, attribués en application des articles 328 Q de l'annexe III au CGI, D 331-1, II et D 372-9, 2-b du CCH. 40335

Les **autres constructions** de logements sociaux, également bénéficiaires de prêts aidés de l'État, autres que des PLAI ou des prêts LLTS peuvent seulement bénéficier d'une exonération facultative et d'un abattement sur la base imposable (voir n° 40390).
Sont également exonérées de taxe les **constructions réalisées au titre du service d'intérêt général** défini à l'article L 411-2, alinéas 9 à 13 du CCH lorsqu'elles sont édifiées par les organismes HLM, les SEM de construction de logements sociaux (CCH art. L 481-1) et les SA de coordination d'HLM (CCH art. L 423-1-1), en application des dispositions de l'article 1635 quater D, II-1° du CGI. Les constructions autres que celles réalisées au titre du service d'intérêt général par ces organismes sont exonérées, mais sous réserve du respect des règles des **aides de minimis** (Règlement UE/2023/2831 du 13-12-2023 qui remplace le règlement UE/1407/2013). Pour ces logements, l'exonération porte sur 50 % de la valeur des constructions puisque ces constructions bénéficient par ailleurs d'un abattement d'assiette de 50 % en application de l'article 1635 quater I, II du CGI (n° 40390).

Exploitations agricoles et centres équestres de loisirs Dans les **exploitations et coopératives agricoles,** sont expressément exonérées de toutes les parts de la taxe d'aménagement les surfaces de plancher (CGI art. 1635 quater D, I-3°) : 40340
– des serres de production ;
– des locaux destinés à abriter les récoltes, à héberger les animaux, à ranger et à entretenir le matériel ;
– des locaux de production et stockage des produits à usage agricole ;
– des locaux de transformation et conditionnement des produits de l'exploitation.

L'écurie d'un maraîcher qui prend des chevaux en pension en complément de son activité agricole est exonérée de toutes les parts de la taxe d'aménagement (CE 19-2-2024 n°s 471114 et 472477 : RJF 5/24 n° 390).

La localisation des bâtiments n'est pas une condition de leur exonération, ainsi la construction d'un hangar édifié sur une parcelle non comprise dans une exploitation agricole n'est pas imposable (CE (na) 29-12-2021 n° 456819, GIE des Trois Moulins : RJF 3/22 n° 267).

Dans les **centres équestres** de loisirs, les surfaces des bâtiments affectés aux activités équestres sont également exonérées (CGI art. 1635 quater D, I-4°). Il en va de même des annexes sanitaires des locaux précités tels que, par exemple, des sas de biosécurité (Rép. Le Feur : AN 15-10-2019 n° 22298 : BPIM 6/19 inf. 390). Sont en revanche imposables les surfaces du club-house d'un centre équestre, qui a pour vocation d'accueillir et de réunir les clients et cavaliers, alors même qu'il permet au public de voir des spectacles équestres par des baies vitrées et les surfaces du bureau administratif de ce centre (TA Melun 30-9-2021 n° 1706359, SCI GM : RJF 4/22 n° 361).

Les constructions précitées sont exonérées sous réserve du respect des règles des **aides de minimis** du règlement UE/2023/2831 du 13 décembre 2023 qui remplace le règlement 1408/2013 (CGI art 1635 quater D, II-al. 4).

ATTENTION

Le **caractère limitatif** de la liste des constructions exonérées dans les exploitations et coopératives agricoles a pour effet de maintenir dans le champ d'exigibilité de la TA toutes les autres natures de locaux telles que les locaux de bureaux, les surfaces de vente, les logements des exploitants ou du personnel. Il en va de même dans les centres équestres : par exemple, les club-houses et les salles de restaurant sont imposables. En outre, lorsqu'ils sont soumis à permis ou à déclaration préalable, les **changements de destination de surface** de plancher initialement affectée à des usages agricoles sont imposables à la TA (CGI art. 1635 quater B, al. 2). Jugé par exemple qu'une carrière couverte, destinée à la rééducation de chevaux, louée à une société civile d'exploitation agricole, demeure imposable puisqu'elle n'est pas destinée à l'hébergement des animaux d'une exploitation agricole ni à l'exercice des activités équestre d'un centre équestre de loisirs (CE 20-11-2020 n° 427807, SCI De Guise)

40345 **Aménagements prescrits par un plan de prévention des risques** Les aménagements prescrits par un plan de prévention des **risques naturels prévisibles, technologiques ou miniers** sont expressément exonérés de toutes les parts de la taxe d'aménagement. L'exonération s'applique aux opérations normalement imposables réalisées sur des biens construits ou aménagés conformément aux dispositions du Code de l'urbanisme avant l'approbation du plan, et lorsque les aménagements sont mis à la charge des propriétaires ou exploitants de ces biens (CGI art. 1635 quater D, I-8°).

Les travaux ne relevant pas des prescriptions des plans de prévention (une surélévation non exigée, par exemple) demeurent imposables.

40350 **Reconstruction à l'identique d'un bâtiment détruit ou démoli et reconstruction de locaux sinistrés** Est exonérée de toutes les parts de la TA la reconstruction sur un **même terrain** (CGI art. 1635 quater D, I-9°) :

– soit **à l'identique** d'un bâtiment détruit ou démoli depuis moins de 10 ans (sauf si le PLU ou le POS ne le permet pas dans les conditions prévues à l'article L 111-15 du Code de l'urbanisme) et sous réserve que le contribuable n'ait pas obtenu la restitution de la taxe acquittée sur la construction du bâtiment détruit ou démoli en application du 2° de l'article 1635 quater S du CGI ;

– soit de **locaux sinistrés** comprenant, à surface de plancher égale, des aménagements rendus nécessaires en application des dispositions d'urbanisme ;

Est également exonérée la **reconstruction** après sinistre **sur d'autres terrains** situés sur le territoire de la même commune ou celui de communes limitrophes, de bâtiments de même nature que les locaux sinistrés et dont le terrain d'implantation initial a été reconnu comme extrêmement dangereux et classé inconstructible.

Lorsque la reconstruction porte sur des locaux sinistrés, le contribuable doit justifier que les indemnités d'assurance obtenues en réparation du sinistre ne comprennent pas le montant de la taxe d'aménagement normalement exigible sur les reconstructions.

Sont reconnues comme constituant un **sinistre** les destructions résultant des événements suivants : incendie, inondation, tempête, catastrophe naturelle ou technologique, attentat et, après expertise judiciaire, démolition consécutive à des malfaçons (Circ. écologie ETLL1309352C du 18-6-2013 § 1.3.1.8).

ILLUSTRATIONS

Sont réputées **reconstruites à l'identique** les constructions présentant les mêmes aspects extérieurs, superficies et destinations que les bâtiments initiaux régulièrement autorisés. Les mêmes implantations ne sont pas exigées si les terrains sont reconnus comme dangereux et classés inconstructibles (Circulaire précitée ; Rép. Deprez-Audebert : AN 17-4-2018 n° 3980 et Rép. Maquet : AN 9-7-2019 n° 14562). La nouvelle construction doit être regardée comme la reconstruction à l'identique d'un bâtiment détruit en l'absence de modifications autres que mineures portant sur les volumes et la surface (CE (na) 24-5-2023 n° 471347, SCI Coquelicot : RJF 8-9/23 n° 640).

A contrario, n'est **pas reconstruite à l'identique** une construction comprenant, en plus de la construction de plain-pied démolie, en façade deux avancées latérales et un étage constitué de deux chambres (CE 27-12-2019 n° 420404 min. de la cohésion des territoires c/ A. : RJF 3/20 n° 229). De même, la reconstruction après sinistre d'un immeuble d'une surface supérieure à l'emplacement de l'ancienne construction détruite est imposable à la taxe sur la totalité de la surface sans pouvoir bénéficier de l'exonération partielle (CE (na) 20-5-2021 n° 447245 : RJF 8-9/21 n° 817).

Constructions dont la surface est inférieure ou égale à 5 m² Par mesure de simplification, ces constructions de faible importance sont exonérées de toutes les parts de la TA (CGI art. 1635 quater D, I-10°). 40355

Surfaces annexes de stationnement Les surfaces annexes de stationnement aménagées **au-dessus ou en dessous des immeubles** ou **intégrées au bâti dans le plan vertical** sont exonérées de toutes les parts de la TA (CGI art. 1635 quater D, I-11°). 40356

Cette exonération vise à limiter l'artificialisation des sols et à inciter à la densification et à la « sobriété » foncière. L'**exonération concerne** la totalité des surfaces affectées au stationnement et comprises dans un immeuble. Sont donc non imposables les réalisations d'aires de stationnement comprises dans les locaux d'activité et les constructions de logement, y compris les constructions de maisons individuelles.

Demeurent imposables les **aires de stationnement** placées **à côté d'une construction** ainsi que les garages « boxes » et les parcs de stationnement couverts faisant l'objet d'une exploitation commerciale (n° 40480). Sont également imposables les aires de stationnement non comprises dans la surface de plancher d'une construction (n° 40485).

EXONÉRATIONS DE LA SEULE PART COMMUNALE OU INTERCOMMUNALE DE LA TAXE D'AMÉNAGEMENT

Contexte Cette catégorie d'exonérations regroupe les cas d'application de régimes de financement d'équipements publics en fonction de leurs coûts réels, généralement au profit du budget des communes ou des intercommunalités. Sont ainsi exclues de plein droit de la part communale ou intercommunale les constructions suivantes (nos 40365 à 40380). 40360

Constructions et aménagements réalisés dans les périmètres des opérations d'intérêt national (OIN) Les constructions et aménagements réalisés dans les périmètres des OIN sont exonérés de la part communale (ou intercommunale) de la TA lorsque le coût des **équipements publics** dont la liste est fixée par décret en Conseil d'État est à la charge des constructeurs ou des aménageurs (CGI art. 1635 quater D, I-5°). L'exonération est applicable lorsque les équipements publics suivants sont réalisés ou pris en charge par les constructeurs ou les aménageurs (autres qu'une collectivité territoriale ou qu'un EPCI à fiscalité propre) (CGI ann. II art. 318 G ; Circ. transition écologie TREL2407023C du 8-3-2024) : 40365

– les voies publiques intérieures à la ou les zones concernées et les réseaux publics rendus nécessaires par la ou les opérations d'aménagement et de construction et desservant la ou les zones concernées ;

– les espaces verts et les aires de stationnement public correspondant aux seuls besoins des futurs habitants ou usagers des constructions à édifier dans la ou les zones concernées.

Les **périmètres des OIN** où ces dispositions s'appliquent sont recensés à l'article R 102-3 du Code de l'urbanisme. La part communale de TA n'est pas exigible si les permis sont délivrés pour des terrains d'assiette situés dans des ZAC à maîtrise foncière partielle (C. urb. art. L 311-4) ou dans des périmètres de conventions de PUP (C. urb. art. L 332-11-3, I) créés dans le périmètre de l'OIN.

ATTENTION

L'exonération est subordonnée à la production d'une **attestation de l'aménageur** remise à l'acquéreur lors de la cession du terrain à bâtir ou des droits à construire ou lors du dépôt de la demande d'autorisation de construire certifiant qu'il a réalisé ou prendra en charge l'intégralité des coûts des équipements publics précités ou qu'ils seront, totalement ou partiellement, pris en charge par le constructeur. À défaut d'attestation, l'édification de constructions dans le périmètre d'une OIN est imposable à la TA, même si la collectivité réalise les équipements ou si le propriétaire qui cède le terrain n'est pas l'aménageur et la part communale de la TA est due (Circ. écologie ETLL1309352C du 18-6-2013 § 1.3.1.4).

Constructions et aménagements réalisés dans les ZAC Les constructions et aménagements réalisés dans les ZAC sont exonérés de plein droit de la part communale ou intercommunale de la TA dès lors que l'aménageur ou les constructeurs financent 40370

(et réalisent, lorsque c'est légalement permis par l'article 1er de la loi sur la maîtrise d'ouvrage publique du 12 juillet 1985) au minimum les équipements publics suivants (CGI art. 1635 quater D, I-6° et CGI ann. II art. 318 H) :
– dans les **ZAC de rénovation urbaine** : les voies d'accès aux immeubles inclus dans le périmètre de rénovation et les réseaux qui leur sont rattachés, les espaces verts et les aires de stationnement correspondant aux seuls besoins des habitants des immeubles concernés ;
– dans les **ZAC autres que de rénovation urbaine** : les voies et les réseaux publics intérieurs à la zone, les espaces verts et les aires de stationnement correspondant aux seuls besoins des futurs habitants ou usagers de la zone.

En tant que de besoin, les conseils municipaux ou des organes délibérants des EPCI compétents en matière de TA peuvent compléter les listes ci-dessus.

Lorsque ces **minimums d'équipements publics** (éventuellement complétés par les délibérations précitées) sont effectivement pris en charge par l'aménageur de la ZAC et par les constructeurs ou lotisseurs en application des conventions prévues à l'alinéa 4 de l'article L 311-4 du Code de l'urbanisme, l'exonération de la part communale ou intercommunale de la taxe d'aménagement est applicable (en ce sens, Rép. Laffineur : AN 28-1-2014 n° 38264).

La décision maintenant l'exigibilité de la part communale de la TA dans un acte de création de ZAC, alors que l'aménageur ou les constructeurs financent le minimum des équipements prévu est illégale et ne doit pas être appliquée (CE 14-11-1958 n° 35399 sect., Ponard). En revanche, lorsque l'aménageur et les constructeurs supportent un **niveau d'équipements publics inférieur au minimum** requis, il peut être prévu, lors de l'approbation du dossier de création de la ZAC, que la part communale ou intercommunale de la taxe d'aménagement sera exigible des bénéficiaires de permis de construire (C. urb. art. R 311-2 et R 311-5).

L'exonération de la part communale n'est applicable que s'il est justifié que la **contribution** au financement des équipements de la ZAC a été **préalable** à la délivrance du permis de construire (C. urb. art. L 311-4 alinéa 4). La présentation de convention ultérieure est inopérante (CE 26-11-2014 nos 360600 et 360703 : RJF 2/15 n° 115 ; décision rendue en matière de TLE, transposable à la TA).

Lorsqu'une **ZAC** est **supprimée,** notamment après achèvement de l'opération d'aménagement, la part communale de la TA est rétablie de plein droit.

40375 **Constructions réalisées dans les périmètres des conventions de projets urbains partenariaux (PUP)** Les constructions et aménagements réalisés dans les périmètres délimités par une **convention de PUP** sont exonérés de la part communale (ou intercommunale) de la TA pendant la **durée** fixée par la convention, durée qui ne peut pas excéder 10 ans en application de l'article L 332-11-4 du Code de l'urbanisme (CGI art. 1635 quater D, I-7° et CGI ann. II art. 318, I). La période d'exonération fixée par les conventions de PUP débute au premier jour de la publication de la signature des conventions faite en application de l'article R 332-25-2 du Code de l'urbanisme. Une durée d'exonération inférieure à 10 ans ne doit pas avoir pour effet de pénaliser les bénéficiaires de permis de construire, principaux redevables de la part communale de la TA (Circ. écologie ETLL1309352C du 18-6-2013 § 1.3.1.6).

ATTENTION

Indépendamment de la rédaction de l'article L 332-11-4 du Code de l'urbanisme, l'exonération est applicable pour la **seule part communale** de la TA, les parts départementale et régionale demeurent exigibles (CE 30-12-2015 n° 370418 Min. de l'égalité des territoires et du logement c/ Sté Kertimmo : RJF 3/16 n° 250).

40380 **Constructions édifiées dans les anciens périmètres de programme d'aménagement d'ensemble (PAE)** La part communale ou intercommunale de la taxe d'aménagement n'est pas due lorsqu'est exigible la participation instituée dans les **secteurs d'aménagement créés avant le 1er mars 2012** (C. urb. art. L 332-6, 1°). Dans ces situations, les permis délivrés doivent comporter la prescription du montant de la participation due en application de la délibération ayant institué le régime et le périmètre du PAE (sur l'abrogation du régime de PAE, voir n° 43050).

La part communale ou intercommunale de la taxe d'aménagement est toutefois exigible des opérations de **reconstruction** intervenant **après démolition** d'un bâtiment dont la construction avait été assujettie au paiement de la participation en PAE. Mais l'exigibilité de cette part de taxe ne peut pas concerner les **reconstructions à l'identique** effectuées dans les dix années qui suivent une opération de démolition (CE 27-10-2016 n° 377316, Sté Magnum Immobilière : BPIM 6/16 inf. 367).

> **Précisions** **a.** En dépit de la rédaction de l'article L 332-6, 1° du Code de l'urbanisme, les parts départementale et régionale de la taxe d'aménagement sont exigibles dans les périmètres de **PAE instaurés avant le 1er mars 2012.** En effet, ce mode de participation communale ne génère

pas de recette pour le financement du fonctionnement des CAUE, ni pour la politique de protection des espaces naturels sensibles des départements, ni pour le budget de la région Île-de-France.

b. Dans les secteurs des anciens périmètres de PAE, lorsque le programme des équipements publics n'est pas totalement achevé à la date prévue, le **montant de participation à restituer** est déterminé après déduction du montant de taxe locale d'équipement (TLE) qui aurait été exigible à la date de la délivrance du permis de construire ; à cet égard, l'article L 332-11 du Code de l'urbanisme prévoit qu'en l'absence de réalisation du programme dans le délai fixé, la TLE est rétablie de plein droit, il n'y a donc pas lieu de proratiser les sommes à restituer en tenant compte des seuls équipements non réalisés (CAA Versailles 5-11-2024 n° 22VE00538 ; la solution est transposable au régime de la part communale de la TA normalement exigible en l'absence de PAE, son montant devant être déduit des montants de participations à restituer lorsque les programmes d'équipements publics ne sont pas intégralement réalisés dans les conditions fixées par les délibérations ayant institué les secteurs d'aménagement). Toutefois, compte tenu de l'antériorité des créations de PAE, l'application de cette jurisprudence devrait être de plus en plus rare.

EXONÉRATIONS FACULTATIVES DE LA TAXE D'AMÉNAGEMENT

Champ d'application Les communes, les EPCI, le conseil de la métropole de Lyon, les conseils départementaux et le conseil régional de la région Île-de-France peuvent renoncer, totalement ou partiellement, à la perception de leur part respective de TA (CGI art. 1635 quater E). Les décisions d'exonération ne peuvent pas être sectorisées de sorte qu'elles sont applicables sur l'**ensemble du territoire** des collectivités compétentes (Circ. écologie ETLL1309352C du 18-6-2013 § 1.3.3). Elles sont reconduites tacitement chaque année. 40385

Selon l'administration, les exonérations s'appliquent sur l'**ensemble de la catégorie de construction** concernée sans aucune possibilité de scinder la catégorie. En outre, lorsque l'autorité compétente décide d'exonérer partiellement une catégorie de construction, cette exonération doit porter sur un **pourcentage de surface** (Rép. Zimmermann : AN 9-6-2015 p. 4362 n° 57503). Cette exigence n'étant toutefois pas prévue par la loi, la position de l'administration sur ce point nous semble discutable.

Les décisions d'exonération peuvent être prises pour les constructions mentionnées aux nos 40390 à 40417.

> **Précisions** Depuis le 1er janvier 2017, les modalités des exonérations facultatives adoptées par la métropole de **Lyon** sont communes aux parts intercommunale et départementale lui revenant (CGI art. 1635 quater E, III).
> Depuis le 1er janvier 2020, les exonérations décidées par la collectivité Ville de **Paris** pour sa part communale s'appliquent pour l'assiette de sa part départementale (CGI art. 1635 quater E, IV).

Logements sociaux bénéficiant du taux réduit de TVA Il s'agit de l'ensemble des constructions de logements sociaux financés à l'aide de prêts aidés de l'État et ouvrant droit au taux réduit de TVA (à l'exception de ceux financés avec des prêts PLAI ou des prêts LLTS qui sont exonérés de plein droit : n° 40335). Selon le ministère en charge de l'urbanisme et de la construction, il s'agit des opérations suivantes (Circ. écologie ETLL1309352C du 18-6-2013 § 1.3.3.1) : 40390

– pour les **logements sociaux** : les logements financés par des prêts locatifs à usage social (PLUS), des prêts locatifs sociaux (PLS) et des prêts sociaux location-accession (PSLA). Dans les DOM, peuvent être exonérés les logements bénéficiant des financements LES (logements évolutifs sociaux) et LLS (logements locatifs sociaux). Sont assimilés à ces logements sociaux pour le bénéfice de l'exonération : les constructions des logements de « l'association foncière logements » en quartier ANRU, des logements financés avec une aide de l'ANRU, des logements en accession à la propriété des personnes physiques situés dans les quartiers ANRU ou à moins de 500 mètres ;

– pour les **hébergements locatifs sociaux** : les logements-foyers pour personnes handicapées financés en PLUS ou PLS, les logements-foyers pour personnes âgées financés en PLUS ou PLS, les résidences sociales financées en PLUS ou PLS, les hébergements d'urgence financés en prêt pour le logement d'urgence (PLU) ou en prêt expérimental, les centres d'hébergement d'urgence (CHRS), les résidences hôtelières à vocation sociale (sur agrément du préfet), les parties consacrées au logement des établissements d'enseignement aux jeunes handicapés ou présentant des difficultés d'adaptation, et conventionnés avec le préfet.

Ces opérations de logement et d'hébergement à caractère social sont imposables après application d'une **réduction de 50 % de la base imposable** (CGI art 1635 quater I, 1°). Par conséquent, les décisions d'exonération, totales ou partielles, que peuvent prendre les assemblées délibérantes compétentes portent sur les 50 % restant imposables. Depuis le 1er septembre 2022, les opérations précitées bénéficient de l'abattement de 50 % sous réserve du respect des règles des **aides de minimis** du règlement UE/2023/2831 du 13 décembre 2023 qui remplace le règlement UE/1407/2013 du 18 décembre 2013 (CGI art. 1635 quater I, II-al. 4).

Les constructions réalisées au titre du **service d'intérêt général** (CCH art. L 411-2, 9° à 13°) par les organismes HLM, les SEM de construction de logements sociaux (CCH art. L 481-1), les SA de coordination d'HLM (CCH art. L 423-1-1) sont exonérées depuis le 1er septembre 2022 (CGI art. 1635 quater D, II-1°).

ATTENTION

Les opérations de construction de logements financées à l'aide de prêts à l'accession sociale (PAS), de prêts locatifs intermédiaires ou de prêts conventionnés en accession ou locatifs **ne peuvent pas être exonérées** des différentes parts de la taxe d'aménagement.

40395 **Locaux à usage d'habitation principale bénéficiant d'un PTZ** Au-delà de **100 mètres carrés,** les surfaces des locaux à usage d'habitation principale financés à l'aide du prêt à taux zéro (PTZ) peuvent être exonérées dans la **limite de 50 %.** Toutes les constructions de logements à usage de résidence principale (autres que sociales) bénéficient d'un abattement de 50 % de leur base imposable pour leurs 100 premiers mètres carrés (CGI art. 1635 quater I-I 2°). Lorsque ces logements sont financés avec un PTZ, leur surface supérieure à 100 mètres carrés peut être exonérée dans la limite de 50 %.

EXEMPLE

Construction d'une maison individuelle de 150 m², hors Île-de-France, à l'aide d'un PTZ.

TA part communale au taux de 5 %. Délibération d'exonération partielle de la commune des logements financés avec un PTZ sur 40 % de leur surface supérieure à 100 m² (pourcentage fixé dans la limite légale de 50 %).

Calcul de la part communale :

Imposition des 100 premiers mètres carrés : 100 m² × 820 € (sur valeur au 1-9-2022 de l'art. 1635 quater H, 1°, applicable hors Île-de-France) × 5 % = 4 100 € ;

Imposition au-delà des 100 premiers mètres carrés : 40 % de 50 m² = 20 m² exonérés ;

Imposition des mètres carrés restants, soit 30 m² × 820 € (sur valeur au 1-9-2022 de l'art. 1635 quater H, 1°, applicable hors Île-de-France) × 5 % = 1 230 € ;

Part communale (total) : 4 100 + 1 230 = 5 330 €.

Pour l'actualisation annuelle des valeurs génériques, il convient de se reporter aux nos 40470 à 40480.

40400 **Locaux à usage industriel ou artisanal et leurs annexes** Il s'agit des locaux à usage industriel (définis à l'article 1500, I-A du CGI) ou artisanal (au sens de l'article 1499-00 A, al. 1 du CGI) mentionnés à l'article 1635 quater I, I-3° du CGI. Si la décision d'exonération ne vise qu'une partie des surfaces des locaux industriels ou artisanaux à construire, la superficie qui demeure imposable conserve le bénéfice de la **réduction de 50 % de la base imposable** prévue pour les mêmes locaux. L'exonération est limitée aux seuls locaux à usage industriel ou artisanal et à leurs annexes, et aux entrepôts et hangars non ouverts au public exploités commercialement et les parcs de stationnement couverts également exploités commercialement.

Les **aires de stationnement extérieures** aux locaux à usage industriel ou artisanal ne peuvent pas bénéficier de l'exonération puisqu'il ne s'agit pas de locaux (Circ. écologie ETLL1309352C du 18-6-2013 § 1.3.3.3).

ATTENTION

Depuis le 1er septembre 2022, les locaux à usage industriel ou artisanal sont exonérés sous réserve du respect des règles des **aides de minimis** du règlement UE/2023/2831 du 13-12-2023 qui remplace le règlement UE/1407/2013 du 18-12-2013 (CGI art. 1635 quater E, II-2°).

40405 **Commerces de détail d'une surface de vente inférieure à 400 m²** Cette faculté d'exonération est destinée à faciliter la création ou le renouvellement de commerces de proximité dans les quartiers et les centres-villes (CGI art. 1635 quater E, I-4°). Les collectivités compétentes pour organiser l'exonération ne peuvent pas réduire le seuil de 400 m². Les **annexes** de ces implantations commerciales (bureaux, réserves, stationnement intérieur, etc.) bénéficient de l'exonération. Ainsi, par exemple, la construction d'une galerie commerciale dont la surface de vente de chaque magasin est inférieure à 400 m² sera exemptée, totalement ou partiellement, de TA en fonction des décisions des collectivités compétentes (Circ. écologie ETLL1309352C du 18-6-2013 § 1.3.3.4).

Ces décisions ne constituent toutefois pas un droit à exonération systématique des 400 premiers mètres carrés des unités commerciales dont la surface de vente est supérieure à ce seuil.

ATTENTION

Depuis le 1er septembre 2022, les commerces de détail inférieurs à 400 m^2 sont exonérés sous réserve du respect des règles des **aides de minimis** du règlement UE/2023/2831 du 13-12-2023 qui remplace le règlement UE/1407/2013 du 18-12-2023 (CGI art. 1635 quater E, II-2°).

Monuments historiques Les immeubles classés monuments historiques ou inscrits à l'inventaire des monuments historiques peuvent être exonérés (CGI art. 1635 quater E, I-5°). L'exonération ne peut, compte tenu des modalités d'assiette de la taxe, porter que sur des travaux portant **création ou reconstruction** de surface de plancher. 40410

Abris et serres de jardin, pigeonniers et colombiers Lorsqu'elles relèvent du champ d'application de la **déclaration préalable,** ces constructions peuvent être exonérées, en partie ou en totalité, des différentes parts de la TA (CGI art. 1635 quater E, I-6°). Le principe d'exonération éventuellement adopté est applicable aux constructions dont la surface taxable est comprise entre 5 et 20 m^2. S'agissant des serres de jardin, seules peuvent être exonérées celles qui sont destinées à un **usage non professionnel** et dont la surface est inférieure ou égale à 20 m^2. 40416

Cette catégorie est limitative et ne peut pas s'étendre à d'autres types de locaux, en particulier aux abris de chasse (Rép. Masson : Sén. 17-9-2015 n° 17053).

Maisons de santé pluriprofessionnelles Les maisons de santé peuvent être exonérées, totalement ou partiellement, de toutes les parts de la TA (CGI art. 1635 quater E, I-7°). 40417

L'exonération vise des locaux de maisons de santé constituées entre des **professionnels médicaux, auxiliaires médicaux** ou **pharmaciens** qui assurent des activités de soins dans les conditions définies à l'article L 6323-3 du Code de la santé publique.

L'**exonération s'applique** à l'ensemble des locaux de maisons de santé relevant ou non d'une maîtrise d'ouvrage communale et portées notamment par des acteurs privés ou des collectivités autres que des communes.

ATTENTION

Les maisons de santé sont exonérées sous réserve du respect des règles des **aides de minimis** du règlement UE/2023/2831 du 13 décembre 2023 qui remplace le règlement UE/1407/2013 du 18 décembre 2013 (CGI art. 1635 quater E, II-2°).

Les constructions et aménagements sur terrains réhabilités ou pollués 40418

Ces opérations peuvent être exonérées si elles sont réalisées sur (CGI art. 1635 quater E, 8°) :

– des terrains réhabilités en application des articles L 512-6-1, L 512-7-6, L 512-12-1 ou L 556-1 du Code de l'environnement à la suite de l'arrêt définitif d'installations classées ;

– ou des terrains pollués situés dans un secteur d'information sur les sols prévu à l'article L 125-6 du Code de l'environnement.

Sous réserve que les **délibérations** des collectivités bénéficiaires aient été prises **avant le 1er juillet 2023,** ces exonérations sont applicables aux permis délivrés et aux procès-verbaux constatant l'achèvement de constructions ou d'aménagements en infraction aux obligations résultant d'une autorisation d'urbanisme établis depuis le 1er janvier 2024, à l'issue d'une demande de permis déposée avant le 1er septembre 2022 ou aux opérations consécutives à une demande de permis modificatif déposée depuis le 1er septembre 2022 et rattachée à une autorisation d'urbanisme initiale résultant d'une demande déposée avant cette date.

Date d'effet des délibérations relatives aux exonérations facultatives 40420

Les délibérations des conseils et organes délibérants compétents doivent être **adoptées avant le** 1er juillet pour être applicables à compter du 1er janvier de l'année suivant celle des délibérations. Elles sont reconduites de plein droit pour les années suivantes en l'absence de délibérations contraires (CGI art. 1635 quater A et 1639 A bis).

D. Base d'imposition de la taxe d'aménagement

MODALITÉS DE CALCUL DE LA TAXE D'AMÉNAGEMENT

Les bases imposables à la taxe d'aménagement sont égales : 40450

– pour les **constructions,** au produit de la surface de plancher taxable multipliée par une valeur forfaitaire au mètre carré fixée à l'article 1635 quater H du CGI ;

– pour les **aménagements et installations** imposables, au produit du nombre d'aménagements et installations réalisés multiplié par des valeurs unitaires fixées par nature d'aménagement ou installation imposable à l'article 1635 quater J du CGI.

BASE IMPOSABLE DES CONSTRUCTIONS

40455 **Surface imposable des constructions** La surface de construction à retenir pour déterminer la base imposable est la somme des surfaces de plancher closes et couvertes calculée à partie du nu intérieur des façades du bâtiment dans des conditions fixées par décret (CGI art. 1635 quater, I-1°).

Sont **déductibles** de la somme des surfaces précitées (CGI ann. II art. 318 J) :
– les surfaces correspondant à l'épaisseur des murs entourant les embrasures des portes et fenêtres donnant sur l'extérieur ;
– les vides et trémies afférentes aux escaliers et ascenseurs ;
– les surfaces de plancher sous une hauteur de plafond inférieur ou égale à 1,80 m.

40470 **Valeurs forfaitaires** Les valeurs forfaitaires applicables au **1er juin 2023** par mètre carré de surface de construction imposable ont été fixées à 885 € hors Île-de-France et à 1 003 € en Île-de-France (CGI art. 1635 quater H modifié par décret 2024-496 du 30-5-2024). La rédaction de l'article 1635 quater H du CGI, contrairement à celle de l'ancien article L 331-11 du Code de l'urbanisme applicable aux demandes d'autorisation d'urbanisme déposées jusqu'au 31 août 2022 ne mentionne plus que ces valeurs sont révisées par arrêté.

Ces valeurs forfaitaires et génériques sont **actualisées** chaque année en fonction du dernier indice, publié par l'Insee au 1er janvier, du coût de la construction. Les valeurs actualisées sont arrondies à l'euro inférieur. Au 1er janvier 2025, ces valeurs sont actualisées à 930 € hors Île-de-France et à 1 054 € en région Île-de-France.

Ces valeurs sont applicables en fonction de la date du fait générateur de la taxe (n° 40580) :
Antérieurement depuis l'entrée en vigueur de la TA, les valeurs applicables, par année, ont été les suivantes :

Valeurs imposables par m² de surface taxable		Hors Île-de-France	Île-de-France
Valeurs actualisées	Au 1-1-2025(1)	930 €	1 054 €
	Au 1-1-2024	914 €	1 036 €
	Au 1-1-2023 (demandes depuis le 1-9-2022)	885 €	1 003 €
	Au 1-1-2023 (demandes antérieures au 1-9-2022)	886 €	1 004 €
	Au 1-1-2022	820 €	929 €
	Au 1-1-2021	767 €	870 €
	Au 1-1-2020	759 €	860 €
	Au 1-1-2019	753 €	854 €
	Au 1-1-2018	726 €	823 €
	Au 1-1-2017	705 €	799 €
	Au 1-1-2016	701 €	795 €
	Au 1-1-2015	705 €	799 €
	Au 1-1-2014	712 €	807 €
	Au 1-1-2013	724 €	821 €
	Au 1-3-2012(1)	693 €	785 €

(1) Valeurs établies par nos soins sur la base de l'ICC du 3e trimestre 2024 (fixé à 2 143) comparé à l'ICC du 3e trimestre 2023 (fixé à 2 106), en application des dispositions de l'article 1635 quater H du CGI 2025.

40475 **Abattement sur la valeur forfaitaire** Un abattement de 50 % est appliqué sur la valeur par mètre carré de certaines constructions imposables (CGI art. 1635 quater I, I-1° et 3°). Cet abattement est applicable aux constructions pour lesquelles les organes délibérants

compétents n'ont pris **aucune délibération d'exonération** totale ou partielle en application de l'article 1635 quater E du CGI :
– les logements sociaux (et leurs annexes) ouvrant droit au taux réduit de TVA ;
– les 100 premiers m^2 des autres logements et leurs annexes à usage de résidence principale ;
– les locaux à usage industriel et artisanal (et leurs annexes), les entrepôts et hangars non ouverts au public faisant l'objet d'une exploitation commerciale et les parcs de stationnement couverts faisant l'objet d'une exploitation commerciale.

L'abattement dont bénéficient les locaux à usage industriel ou artisanal et les logements sociaux ouvrant droit au taux réduit de TVA est subordonné au respect des règles des aides de minimis du règlement UE/2023/2831 du 13-12-2023 qui remplace le règlement UE/1407/2013 du 18-12-2013 (CGI art. 1635 quater I, II-al. 4).

> **Précisions** **a.** Les **abattements** pour les logements sociaux et pour les 100 premiers m^2 des locaux d'habitation ne sont **pas cumulables** pour les mêmes locaux mais peuvent s'appliquer à des locaux différents, objet d'un même permis de construire (CE 19-12-2019 n° 419800, SCI de construction Vente Capitale Promotion : RJF 3/20 n° 228).
b. Le bénéfice des exonérations applicables et l'abattement de 50 % s'apprécient à la date de la délivrance des permis de construire au regard de la destination de la construction précisée dans la demande de permis. Son retrait au motif que tout ou partie des locaux sont vacants implique la mise en œuvre de la procédure de redressement contradictoire (CE 27-3-2023 n° 463961, min. c/ Sté Color : BPIM 3/23 inf. 187), et la vacance ultérieure des locaux construits ne fait pas perdre le bénéfice de l'abattement (CAA Bordeaux 9-1-2024 n° 22BX01347).

TABLEAU RÉCAPITULATIF

Le tableau ci-dessous récapitule les valeurs par mètre carré applicables pour les constructions imposables au titre des permis délivrés au cours de l'**année 2025** : 40480

Constructions imposables	Abattement	Valeurs forfaitaires	
		Hors Île-de-France	Région Île-de-France
• **Régime général**	*Sans abattement*	930 €	1 054 €
• **Constructions de logements sociaux** financés avec prêts ouvrant droit au taux réduit de TVA(1) Valeurs également applicables en Guyane et à Mayotte	50 %	465 €	527 €
• **Constructions de locaux à usage de résidence principale** et leurs annexes :			
- pour les 100 premiers m^2 (abattement non cumulable avec l'abattement prévu pour la construction de logements sociaux)	50 %	465 €	527 €
- au-delà de 100 m^2	*Sans abattement*	930 €	1 054 €
• Constructions de : - **locaux à usage industriel** ou artisanal et leurs annexes ; - **entrepôts et hangars** commerciaux non ouverts au public ; - **parcs de stationnement** couverts à usage commercial	50 %	465 €	527 €

(1) Financement : PLUS, PLS, PSLA, LLS, LES et assimilés : n° 40390.

BASE IMPOSABLE DES AMÉNAGEMENTS ET INSTALLATIONS

Les aménagements et installations imposables sont **limitativement désignés** par la loi. Leur base imposable est déterminée par application d'un barème spécifique récapitulé dans le tableau ci-dessous (CGI art. 1635 quater J et 1635 quater K et Circ. écologie ETLL1309352C du 18-6-2013 § 1.4.1.3). 40485

INSTALLATIONS et AMÉNAGEMENTS IMPOSABLES	Bases forfaitaires	Unités imposables
• **Tentes, caravanes, résidences mobiles** Cette disposition est applicable aux terrains de camping et aux aires naturelles.	3 000 €	Par emplacement
• **Habitations légères de loisirs**	10 000 €	
• **Piscines** Les piscines ne constituent pas de la surface de plancher. Tous les bassins, couverts ou non, sont imposés sur cette base. Cette base est indexée chaque année au 1er janvier en fonction du dernier indice du coût de la construction publié par l'Insee et arrondi s'il y a lieu à l'euro inférieur.	262 €	Par mètre carré
• **Éoliennes de plus de 12 mètres** Les éoliennes sont réputées ne pas constituer de la surface de plancher taxable. Le cas échéant, les locaux situés à proximité sont imposables en tant que construction s'ils sont clos et couverts et que leur superficie intérieure est placée sous plafond supérieur à 1,80 m.	3 000 €	Par éolienne
• **Panneaux photovoltaïques au sol** La surface à retenir est celle des panneaux et non pas la surface de leur projection au sol. Les panneaux qui accompagnent des constructions ne sont pas imposables.	10 €	Par mètre carré
• **Aires de stationnement non comprises dans la surface de plancher d'une construction,** valeur minimale ou sur délibération de l'autorité compétente en matière de POS ou PLU. La valeur forfaitaire fixée par l'autorité compétente en matière de POS ou PLU s'applique pour le calcul de la part départementale ou régionale de la TA. Depuis le 1er janvier **2025,** cette valeur est actualisée au 1er janvier de chaque année en fonction du dernier indice du coût de la construction publié par l'Insee et arrondi s'il y a lieu à l'euro inférieur.	3 052 € à 6 105 € (au 1-1-2025)	Par emplacement

Les **autres installations et aménagements,** non constitutifs de bâtiments, ne sont pas imposables alors même que leur réalisation serait soumise à autorisation du Code de l'urbanisme.

ATTENTION

S'agissant des **piscines,** la valeur forfaitaire s'applique aux **demandes d'autorisation initiales déposées depuis le 1er septembre 2022** (ainsi que pour les procès-verbaux établis depuis cette date constatant des constructions sans autorisation ou en infraction à une demande initiale déposées depuis le 1er septembre 2022) mais également :

– aux opérations afférentes aux **autorisations délivrées à compter du 1er janvier 2023,** à l'issue d'une **demande de permis déposées avant le 1er septembre 2022,** ou consécutives à une demande de permis modificatif à compter du 1er septembre 2022 et rattachée à une autorisation d'urbanisme initiale résultant d'une demande déposée avant cette date ;

– aux **procès-verbaux établis à compter du 1er janvier 2023** constatant l'achèvement de constructions en infraction aux obligations résultant d'une autorisation d'urbanisme.

E. Taux d'imposition de la taxe d'aménagement

MODALITÉS DE FIXATION DES TAUX DE LA TAXE D'AMÉNAGEMENT

40510 Les communes ou les EPCI, les départements ou collectivités assimilées et la région Île-de-France fixent par délibération, chacun pour sa part, le ou les taux d'imposition applicables sur leurs territoires de compétence (CGI art. 1635 quater L et 1635 quater N).

ENTRÉE EN VIGUEUR DES DÉLIBÉRATIONS RELATIVES AUX TAUX DE LA TAXE D'AMÉNAGEMENT

Les délibérations des conseils et organes délibérants compétents doivent être prises avant le **1er juillet** pour être applicables à compter du 1er janvier de l'année suivante. Les taux fixés demeurent applicables au 1er janvier des années ultérieures dès lors que les délibérations ne sont ni abrogées ni modifiées. Les délibérations sont notifiées aux services fiscaux, par l'intermédiaire des services préfectoraux, dans les deux mois suivants leur adoption (CGI art. 1635 quater L, 1635 quater M et 1639 A, II et III). 40515

TAUX D'IMPOSITION DE LA PART COMMUNALE OU INTERCOMMUNALE DE LA TAXE D'AMÉNAGEMENT

Le taux de la taxe d'aménagement de niveau communal ou intercommunal peut comporter trois niveaux distincts : un taux minimum de 1 % sur l'ensemble du territoire de la collectivité, ce taux peut être porté jusqu'à 5 % également sur tout le territoire ou modulé par secteur entre 1 et 5 %. Le taux peut aussi être majoré au-delà de 5 %, par secteurs dans la limite de 20 %. 40517

Les secteurs pour lesquels des taux spécifiques sont définis doivent correspondre à des unités cadastrales entières ou à des unités foncières (ensemble de parcelles appartenant à un même propriétaire). La limite entre deux secteurs ne peut pas traverser une parcelle qui ne peut qu'être entièrement incluse dans un secteur. Les secteurs créés par les EPCI ou la métropole de Lyon peuvent couvrir une ou plusieurs communes ou fractions de communes (CGI ann. III art. 328 W créé par décret 2023-165 du 7-3-2023).

Les **taux** supérieurs à 1 % sont **reconduits** chaque année, ils cessent de s'appliquer lorsqu'ils sont modifiés ou rapportés par délibérations prises avant le 1er juillet d'une année prenant effet au 1er janvier de l'année suivante (CGI art. 1639 A, II).

Taux minimum de 1 % Sauf délibérations expresses pour fixer des taux plus élevés dans les conditions précisées ci-après, ce taux est applicable : 40520
– lorsque la taxe d'aménagement est instituée de plein droit ;
– dans les communes ou intercommunalités où la taxe a été instituée à l'initiative des conseils municipaux ou des organes délibérants des EPCI compétents.
Ce taux minimum ne peut pas être réduit.

Modulation du taux de 1 % à 5 % Le **taux** peut être **unique** jusqu'à 5 % sur l'ensemble du territoire où la part communale ou intercommunale est instituée. Il peut également être modulé selon différentes parties du territoire jusqu'à 5 % par délibération du conseil municipal ou de l'EPCI compétent. 40525
La mise en place d'un taux unique sur l'ensemble du territoire n'appelle pas de justification. En revanche, la mise en œuvre de la **modulation** du taux **par secteurs** territoriaux différents devrait être justifiée par la prise en compte de coûts d'aménagements ou équipements à réaliser au bénéfice de chaque secteur.
La délimitation de chaque secteur doit être reportée, pour information, dans les annexes du PLU ou du POS.
Lorsque le terrain d'assiette d'une opération de construction est réparti sur **plusieurs secteurs** pour lesquels des **taux différents** sont fixés, le taux applicable à cette opération est le taux le moins élevé (CGI art. 1635 quater O). Cette disposition s'appliquant strictement, il a été recommandé aux collectivités concernées de s'assurer lors de la mise en place de secteurs à taux différenciés que les taux élevés seront bien applicables aux opérations bénéficiaires des équipements (Rép. Saddier : AN 20-5-2014 p. 4106 n° 48293 et Rép. Tardy : AN 20-5-2014 p. 4107 n° 48755).
En l'absence de nouvelle délibération, les **taux** supérieurs à 1 % sont **reconduits** chaque année de plein droit. Ils cessent de s'appliquer lorsqu'ils sont modifiés ou rapportés par délibérations prises avant le 1er juillet d'une année prenant effet au 1er janvier de l'année suivante (CGI art. 1639 A, II).

Majoration du taux au-delà de 5 % dans la limite de 20 % Cette faculté de majoration est applicable dans les secteurs où des équipements publics doivent être réalisés compte tenu de l'**importance des nouvelles constructions** attendues (CGI art. 1635 quater N). 40530
Cette augmentation de la taxe est encadrée. Sa mise en œuvre est subordonnée à l'adoption d'une **délibération motivée** délimitant le secteur du territoire communal ou intercommunal concerné et justifiant l'obligation de devoir réaliser, en raison de l'importance des constructions nouvelles à édifier dans le secteur :
– des travaux substantiels de voirie ou de réseaux ;

– des travaux de restructuration ou renouvellement urbain pour renforcer l'attractivité des zones concernées et réduire les incidences liées à l'accroissement local de la population, notamment des travaux de recomposition et d'aménagement des espaces publics permettant d'améliorer la qualité du cadre de vie, de lutter contre les ilots de chaleur urbains, de renforcer la biodiversité ou de développer l'usage des transports collectifs et des mobilités actives ;
– des travaux portant création d'équipements généraux.

Des **études préalables à l'adoption des délibérations** doivent être effectuées pour fixer le périmètre d'aménagement, évaluer la surface de plancher imposable réalisable dans le secteur, diagnostiquer les besoins en équipements publics et aménagements et en évaluer les coûts, déterminer les parts de coûts imputables au secteur et arrêter le taux dans la limite de 20 %.

Les financements à obtenir ne peuvent viser que de nouvelles dépenses. Les coûts des équipements ou **travaux déjà réalisés** à la date de la délibération fixant une majoration du taux ne peuvent pas être pris en compte (CE 6-12-2021 nº 439700, Sté Barca investissements : BPIM 1/22 inf. 25).

Ainsi, les délibérations de majoration entre 5 et 20 % peuvent fixer les taux applicables indépendamment des parts de coûts d'équipements bénéficiant réellement aux constructions nouvelles attendues dans un secteur. La rédaction de l'article 1635 quater N du CGI écarte l'application du **principe de proportionnalité** pour la mise en œuvre du dispositif de majoration du taux depuis le 1er janvier 2022.

Le taux fixé par secteur peut être modifié chaque année (Rép. Portarrieu : AN 11-6-2024 nº 14672).

Les dispositions relatives à la modulation ou à la majoration du taux sont applicables aux parts intercommunales attribuées à la métropole de **Lyon.**

Sous réserve que les équipements publics financés ne soient pas déjà compris dans le programme des équipements publics des secteurs concernés par la majoration du taux, l'exigibilité de la **part communale** de la TA est **cumulable avec** celles de la participation pour équipements publics exceptionnels (nº 42530) et de la participation pour le financement de l'assainissement collectif (nº 42280).

> **› Précisions** Pour les **délibérations intervenues jusqu'au 31 décembre 2021,** seule la fraction des coûts d'équipements publics rendus nécessaires pour répondre aux besoins des futurs usagers et habitants était prise en compte pour l'application d'un taux supérieur à 5 %. Pour une illustration de la nécessité du respect par la commune ou l'EPCI du principe de proportionnalité entre le taux majoré et le coût des travaux rendus nécessaires (CE 9-11-2020 nº 438285 : BPIM 6/20 inf. 383).

TAUX D'IMPOSITION DE LA PART DÉPARTEMENTALE DE LA TAXE D'AMÉNAGEMENT

40535 Le taux de la part départementale est fixé par les conseils départementaux, qui instaurent la part départementale de la TA. Le taux, uniforme sur l'ensemble du département, **ne peut pas excéder** 2,5 %.

Les délibérations instaurant la part départementale ou son taux peuvent fixer la répartition du produit de la part départementale entre le financement des dépenses des CAUE et les dépenses de protection des espaces naturels sensibles (CGI art. 1635 quater M, II ; Rép. Bonnefoy : Sén. 18-4-2024 nº 10554). En l'absence de délibération contraire, les délibérations sont reconduites tacitement chaque année.

La part départementale de la taxe d'aménagement est perçue par la métropole de **Lyon** pour les autorisations d'urbanisme délivrées depuis le 1er janvier 2017.

TAUX D'IMPOSITION DE LA PART DE LA RÉGION ÎLE-DE-FRANCE DE LA TAXE D'AMÉNAGEMENT

40540 Le taux de la part de la région Île-de-France ne peut pas excéder 1 %. Le conseil régional peut **moduler** le taux par département. Le conseil régional d'Île-de-France a institué sa part de TA au taux de 1 % sur l'ensemble du territoire régional (Délibération du conseil régional 117-11 du 17-11-2011).

F. Établissement, liquidation et recouvrement de la taxe d'aménagement

AVERTISSEMENT RELATIF À L'OPTIMISATION DES SERVICES DE L'ÉTAT

40560 La réforme de l'organisation territoriale de l'État a conduit au **transfert** de l'ensemble de la gestion des taxes d'urbanisme **à la Direction Générale des Finances Publiques (DGFiP)** depuis le **1er septembre 2022.**

Avant cette date, la DGFiP n'assumait que les missions de recouvrement et de reversement aux collectivités bénéficiaires. Les **missions d'assiette et de liquidation** étaient dévolues aux Directions des territoires (DDT).

Au titre des compétences transférées, la DGFiP assume également les missions d'assiette et de liquidation de la taxe d'aménagement. Le dispositif juridique de ce transfert résulte principalement de la publication de l'ordonnance du 14 juin 2022 (Ord. 2022-883 du 14-6-2022 : JO 15 texte n° 3), ratifiée par la loi de finances pour 2024 (Loi 2023-1322 du 29-12-2023 art. 106, III).

Les modalités de mise en œuvre de ce transfert ont nécessité de modifier les règles relatives aux faits générateurs de la TA, à son exigibilité, à son recouvrement et aux déclarations incombant aux redevables.

ÉMISSION DE TITRES DE PERCEPTION RELATIFS À LA TAXE D'AMÉNAGEMENT

Les différentes parts de la TA et les pénalités afférentes sont assises, liquidées et recouvrées en vertu de titres de perception individuels ou collectifs **établis par** le responsable des services fiscaux dans le département, qui peut déléguer sa signature aux agents placés sous son autorité (LPF art. L 255 A). Les modalités de recouvrement sont celles fixées par les articles 112 à 119, 122 et 124 du décret 2012-1246 du 7 novembre 2012 relatif à la gestion budgétaire et comptable publique (LPF art. R 255 A-1). **40565**

AUTORITÉ COMPÉTENTE POUR ASSEOIR ET LIQUIDER LA TAXE D'AMÉNAGEMENT

L'ensemble des procédures relatives à l'assiette de la TA relèvent de la **compétence exclusive** des services du directeur des services fiscaux dans le département (LPF art. L 255 A). **40570**

Cette compétence s'exerce à compter des demandes de permis de construire ou d'aménager déposées auprès des services urbanisme depuis le 1er septembre 2022 (Décret 2022-1102 du 1-8-2022 art. 1).

> **Précisions** Les **services de l'État chargés de l'urbanisme** dans le département demeurent compétents pour asseoir et liquider la taxe d'aménagement exigible des permis de construire ou d'aménager, initiaux ou modificatifs, et des procès-verbaux établis **avant le 1er septembre 2022** (Ord. 2022-883 du 14-6-2022 art. 14). Pour ces opérations, l'action des services chargés de l'urbanisme s'exerce dans les conditions définies par les articles L 331-1 et suivants du Code de l'urbanisme dans leur version antérieure au 1er septembre 2022. Il est prévu que cette compétence subsiste, au plus tard, jusqu'au 1er janvier 2025.

REDEVABLES DE LA TAXE D'AMÉNAGEMENT (DEMANDES D'AUTORISATIONS D'URBANISME DÉPOSÉES DEPUIS LE 1ER SEPTEMBRE 2022)

Identité des redevables Les redevables de la TA sont les bénéficiaires des actes administratifs en constituant le fait générateur (CGI art. 1635 quater C ; voir n° 40275). Pour les **constructions illicites** pour lesquelles un procès-verbal d'infraction au Code de l'urbanisme doit être dressé, la taxe est due par les personnes responsables de la construction ou les bénéficiaires de la construction à la date d'établissement du procès-verbal. Ces derniers doivent être correctement identifiés, puisqu'il a été jugé que la taxe n'est pas due par le propriétaire du terrain lorsqu'il est établi que la construction illicite a été édifiée à son insu (CE 19-10-2020 n° 428534). **40575**

> **Précisions** **a.** Lorsqu'un **permis** de construire est **délivré à plusieurs personnes** pour la construction de bâtiments dont le terrain d'assiette doit faire l'objet d'une division en propriété ou en jouissance avant l'achèvement des travaux, les titulaires du permis sont redevables de l'intégralité de la taxe due à raison de l'opération de construction autorisée. L'administration peut légalement réclamer à l'un quelconque d'entre eux l'intégralité de la taxe. Il lui appartient de réclamer aux autres bénéficiaires du permis la part de taxe correspondant aux constructions dont la propriété leur est dévolue à la suite de la division du terrain (CE 19-6-2019 n° 413967, Min. cohésion des territoires : BPIM 4/19 inf. 248). L'administration peut faire usage de cette faculté même si la division a été faite avant la demande de permis et que la répartition des surfaces est connue (CE 17-3-2022 n° 453610 : RJF 5/22 n° 552).
>
> **b.** Le **syndic de copropriété** bénéficiaire d'une autorisation de travaux à réaliser pour le compte de la copropriété est redevable de la taxe conformément aux dispositions de l'article 18 de la loi 65-557 du 10 juillet 1965 (CE (na) 11-7-2023 n° 471764 : RJF 11/23 n° 829 ; solution rendue pour l'application de l'ancien article L 331-6 du Code de l'urbanisme) (dispositions applicables aux demandes d'autorisation d'urbanisme déposées jusqu'au 31 août 2022, mais qui nous paraît transposables pour l'application de l'article 1635 quater C du CGI, applicable aux demandes déposées depuis le 1er septembre 2022).

40576 **Obligations déclaratives des redevables** Les redevables doivent déclarer auprès de l'administration fiscale les éléments nécessaires à l'établissement de la taxe dans les 90 jours suivants la **date d'achèvement** des travaux autorisés (CGI art. 1635 quater P).

La déclaration précisant la date d'achèvement des constructions doit comporter tous les **éléments d'identification** du ou des redevables et de la nature et des caractéristiques des constructions : destination, surfaces, et toutes informations permettant l'application des différentes mesures d'exonération et, le cas échéant, les références du certificat d'urbanisme en cours de validité à la date de la délivrance du permis de construire ou d'aménager (CGI ann. III art. 344 N, I).

Les redevables d'**acomptes** (voir nº 40612) doivent transmettre une déclaration spécifique aux services fiscaux avant le 7e mois suivant la délivrance des autorisations imposables. Cette obligation incombe uniquement aux bénéficiaires d'autorisations développant une surface taxable égale ou supérieure à 5 000 m² déduction faites des surfaces exemptées. Ces acomptes s'imputent sur le montant définitif de la taxe due, l'excédent étant, le cas échéant, restitué.

L'**absence de déclaration** donne lieu au paiement de l'intérêt de retard. À celui-ci s'ajoute une **majoration** de 10 % portée à 40 % si le document n'a pas été déposé dans les trente jours de la réception d'une mise en demeure et à 80 % en cas de construction ou d'aménagement sans autorisation (CGI art. 1728, 1-c).

> **Précisions** **a.** Lorsque le redevable de la taxe d'aménagement au titre de l'opération imposable est également soumis aux obligations déclaratives prévues en matière de taxe foncière (en cas de **construction nouvelle**, de **changement de consistance** ou **d'affectation** des locaux professionnels), les éléments listés ci-dessus sont déclarés à l'appui de la déclaration prévue au premier alinéa du I de l'article 321 E de l'annexe III au CGI (CGI ann. III art. 344 N, II dans sa version issue du décret 2024-1162 du 4-12-2024).
> **b.** La réalisation définitive des travaux s'entend au sens de l'article 1406 du CGI relatif à la taxe foncière, selon lequel une **construction** est considérée comme **achevée** lorsque l'état d'avancement des travaux est tel qu'il permet une utilisation du local conforme à l'usage prévu, sans attendre les travaux de finition (CGI art. 1635 quater G, 1° ; Rép. Noël : Sén. 7-2-2024 nº 1057).

40578 **Modalités de déclaration** La déclaration doit obligatoirement être souscrite auprès du service des impôts fonciers du lieu de situation des biens par **voie électronique** (CGI ann. III art. 344 N, III-1°) sur le site impots.gouv.fr, rubrique « Gérer mes biens immobiliers », accessible depuis l'espace personnel sécurisé du propriétaire sur impots.gouv.fr. Par exception, un **imprimé** sera mis à la disposition (CGI ann. III art. 344 N, III-2°) :
– des personnes physiques qui sont dans l'impossibilité d'accéder aux plateformes dédiées de la DGFiP ;
– et des constructeurs dont les ouvrages sont évalués dans les conditions prévues aux articles 1497, 1499 et 1501 du CGI (opérations visant notamment des habitations exceptionnelles et les locaux industriels ou les emprises commerciales, routières ou portuaires).

40579 **Communication entre les services urbanisme et les services fiscaux** Les services compétents pour délivrer les autorisations d'urbanisme placées dans le champ d'application de la taxe communiquent aux services fiscaux dans le département (CGI ann. II art. 328 T) :
– les procès-verbaux constatant des infractions ;
– et, **sur demande**, un exemplaire de la déclaration ou de la demande d'autorisation et ses pièces jointes ; selon les cas, une copie du certificat d'urbanisme applicable et une copie de la décision ou la date à laquelle l'autorisation ou la décision de non-opposition à déclaration préalable est devenue tacite.

BARÈMES APPLICABLES POUR LA LIQUIDATION DE LA TAXE D'AMÉNAGEMENT

40580 La taxe d'aménagement est liquidée par application des valeurs forfaitaires et des taux en vigueur à la date des actes ou décisions administratives qui en constituent le **fait générateur,** à savoir les **dates** (CGI art. 1635 quater F, II) :
– de délivrance de l'autorisation initiale de construire ou d'aménager ;
– de naissance d'une autorisation initiale tacite de construire ou d'aménager ;
– de décision de non-opposition à une déclaration préalable initiale ;
– d'établissement d'un procès-verbal constatant l'achèvement d'une construction sans autorisation ou en infraction aux obligations résultant d'autorisation de construire ou d'aménager. À défaut de procès-verbal la date d'achèvement des constructions ou aménagement en cause.

EXIGIBILITÉ DE LA TAXE

Les **caractéristiques des constructions** s'apprécient à la date d'exigibilité de la taxe, soit la date d'achèvement des constructions (CGI art. 1635 quater G). 40581

Toutefois, lorsque l'autorisation est demandée au cours de la période de validité d'un certificat d'urbanisme, soit 18 mois, c'est le taux le plus favorable qui est appliqué à l'opération, soit parce que le taux de la taxe a été réduit depuis la date de la délivrance d'un certificat d'urbanisme, soit parce qu'à la date de la délivrance des autorisations précitées, le taux de la taxe est augmenté. Cette mesure, applicable en présence d'un certificat d'urbanisme en cours de validité, ne concerne pas les variations annuelles des valeurs forfaitaires applicables. La mention d'un taux erroné dans le certificat d'urbanisme ne fait pas échec à l'application du taux en vigueur à la date de délivrance des autorisations (nº 12550).

RESCRIT FISCAL POUR LES OPÉRATIONS SUPÉRIEURES À 50 000 M²

Les redevables de ces opérations peuvent demander à l'administration de prendre formellement position sur l'application du régime de la TA à leurs projets (LPF art. L 80 B, 13° et R 80 B, 17 à R 80 B, 19). Cette possibilité ne concerne que les projets supérieurs à 50 000 m² de surface taxable. 40588

La demande de prise de position formelle de l'administration contient une **présentation écrite,** précise et complète des travaux envisagés. Elle doit mentionner le nom et l'adresse postale du demandeur, les références cadastrales (préfixe, section et numéro du ou des terrains concernés) et la surface en mètres carrés du projet de construction imposable. Les dispositions législatives et réglementaires au regard desquelles le demandeur souhaite bénéficier d'une prise de position doivent être indiquées.

La **demande** doit être **adressée,** par tout moyen permettant de prouver sa réception, à la direction départementale ou régionale des finances publiques auprès du service des impôts dont dépend le lieu de situation des biens (CGI ann. III art. 344 N, III) et où le contribuable est tenu de satisfaire à ses obligations déclaratives en matière de taxe d'aménagement. La demande peut également y être déposée contre remise d'un récépissé. Si la demande ne permet pas à l'administration de prendre position, le contribuable est invité (par tout moyen permettant d'établir la date de réception) à fournir la liste des informations complémentaires nécessaires. À défaut de réponse dans le délai d'un mois, la demande de prise de position formelle est réputée caduque.

À l'égard des **redevables de bonne foi,** l'administration est réputée avoir donné son accord en l'absence de réponse dans les trois mois suivants la date de dépôt de la demande de prise position ou la date de dépôt des informations complémentaires demandées.

Les demandes transmises à un **service incompétent** sont transmises au service compétent et le contribuable est informé de cette transmission. Dans ces situations, le délai de trois mois court à compter de la date de réception par le service compétent.

DÉLAIS DE PRESCRIPTION DE L'ASSIETTE DE LA TAXE D'AMÉNAGEMENT

Exercice du droit de reprise pour les impositions résultant de permis demandés depuis le 1er septembre 2022 Les omissions ou erreurs concernant la taxe d'aménagement peuvent être réparées par l'administration (LPF art. L 175 A) : 40590

– jusqu'à l'expiration de la 3e année suivant celle de la date d'exigibilité, c'est-à-dire la date d'achèvement des constructions autorisées ;

– ou en cas de construction ou d'aménagement sans autorisation ou en infraction aux obligations résultant d'une autorisation de construire, jusqu'au 31 décembre de la 6e année qui suit l'achèvement des constructions ou aménagements en cause.

Exercice du droit de reprise pour les impositions résultant de permis demandés jusqu'au 31 août 2022 Les services des directions des territoires doivent procéder à la rectification de l'assiette de la taxe dans les délais du droit de reprise de l'administration qui peut s'exercer (C. urb. art. L 331-21 abrogé par ord. 2022-883 du 14-6-2022) : 40592

– pour les **opérations autorisées,** jusqu'au 31 décembre de la 4e année suivant l'année des dates de délivrance des autorisations d'aménager ou de construire, de la décision de non-opposition à une déclaration préalable de travaux ou de la date à laquelle l'autorisation tacite est réputée avoir été accordée ;

– pour les **opérations réalisées sans autorisation ou en infraction** aux autorisations accordées, jusqu'au 31 décembre de la 6e année qui suit celle de l'achèvement des travaux en cause.

Eu égard à l'objet des dispositions de l'ancien article L 331-21 du Code de l'urbanisme, et en l'absence de toute autre disposition applicable, le délai dont dispose l'administration pour exercer son **droit de reprise** est **interrompu** par la présentation à l'adresse du contribuable d'un titre de perception en vue du recouvrement de la taxe d'aménagement (CE 6-12-2021 n° 438975, Sté Résidence Seniors : BPIM 1/22 inf. 75).

Si le **permis** a été **transféré,** le délai de prescription de l'assiette demeure calculé à partir de la date de délivrance du permis de construire à son titulaire initial. La date du transfert du permis n'ouvre pas un nouveau délai de prescription de l'assiette de la taxe (arrêt précité).

La lettre de la préfecture informant l'ancien titulaire du permis de construire, avant que celui-ci ne soit transféré, des sommes mises à sa charge au titre de la taxe d'aménagement afférente à ce permis et détaillant les modalités de calcul de ces sommes avait eu pour effet d'**interrompre le délai de reprise** prévu à l'ancien article L 331-21 du Code de l'urbanisme à l'encontre du nouveau titulaire de ce permis (CE (na) 31-7-2023 n° 469575, Sté Le Prairial : RJF 11/23 n° 830).

ATTENTION

Le délai de reprise de l'administration, pour les opérations autorisées, était auparavant limité au 31 décembre de la **3e année** suivant la survenance du fait générateur. L'administration a ainsi bénéficié d'un délai supplémentaire d'un an pour recouvrer la taxe relative aux **autorisations délivrées en 2012** pour laquelle le droit de reprise aurait dû être prescrit au 31 décembre 2015. Cet allongement du délai de prescription ne comportant pas de disposition spécifique relative à son entrée en vigueur s'est appliqué immédiatement aux délais en cours en tenant compte du délai déjà écoulé (CE 13-10-2021 n° 434551, Sté Campagne 1e : RJF 1/22 inf. 64).

40595 **Contrôle de l'imposition des travaux autorisés** Lorsqu'elle entend rectifier les éléments déclarés l'administration est tenue de suivre la **procédure** de rectification **contradictoire** prévue à l'article L 55 du LPF.

40600 **Contrôle de l'imposition des constructions non autorisées ou en infraction** Si aucune déclaration de travaux ou demande de permis de construire ou d'aménager n'a été déposée dans les délais et si le contribuable n'a pas régularisé sa situation dans les 30 jours suivant la notification d'une mise en demeure, l'administration peut mettre en œuvre la procédure de **taxation d'office** (LPF art. L 66, 6° et L 68).

40605 **Sanctions fiscales** La **non-production des déclarations** nécessaires au calcul de la taxe ou la réalisation de constructions ou d'aménagements sans autorisation ou en infraction aux autorisations obtenues entraîne l'application des majorations suivantes (CGI art. 1728, 1) :
– 10 % en l'absence de dépôt de la déclaration dans les 30 jours suivants la réception d'une mise en demeure ;
– 40 % lorsque les déclarations n'ont pas été déposées dans les 30 jours d'une mise en demeure ;
– 80 % en cas de construction ou d'aménagement sans autorisation.

RECOUVREMENT DE LA TAXE D'AMÉNAGEMENT EXIGIBLE DES PERMIS DEMANDÉS DEPUIS LE 1ER SEPTEMBRE 2022

40610 Les redevables sont informés par l'émission de **titres de perception** de la taxe dont ils sont redevables, en deux fractions égales, ou en un seul versement lorsque le montant de la taxe n'excède pas 1 500 €. Le titre unique ou le premier titre doit être acquitté, au plus tard, 90 jours après la date déclarée d'achèvement des travaux de construction. Le second titre doit être acquitté 6 mois après l'émission du premier titre (CGI art. 1679 octies).

Un titre unique et distinct de celui de la taxe est émis pour le recouvrement des éventuelles pénalités.

40612 **Obligation de versement d'acompte pour les opérations de plus de 5 000 m² de surface imposable** Les bénéficiaires de permis de construire ou d'aménager d'opérations égales ou supérieures à 5 000 m² de surface imposable sont tenus au versement de deux acomptes dus respectivement (CGI art. 1679 nonies) :
– au **9e mois** après la délivrance de l'autorisation d'urbanisme, pour un montant égal à 50 % de la taxe due sur la base des caractéristiques de la construction autorisée ;
– au **18e mois** après la même date, pour un montant égal à 35 % de la taxe due sur la même base que le premier acompte.

Ces acomptes sont ultérieurement **imputés** sur le montant effectivement due à la date d'achèvement constituant la date d'exigibilité de la taxe. L'imputation des acomptes pouvant conduire, selon les cas, à l'exigibilité d'un complément ou à une restitution de taxe. Les acomptes font également l'objet de l'émission de titre de perception.

Sont tenus **solidairement au paiement** de la taxe d'aménagement : 40613
– les établissements garants de l'achèvement de la construction (CGI art. 1691 bis) ;
– les époux et les partenaires liés par un Pacs (CGI art. 1691 bis, I-3°).

RECOUVREMENT DE LA TAXE D'AMÉNAGEMENT EXIGIBLE DES PERMIS DEMANDÉS AVANT LE 1ER SEPTEMBRE 2022

Autorité compétente La taxe d'aménagement, et, le cas échéant, la pénalité fiscale dont elle peut être assortie, est **exclusivement recouvrée par** les comptables publics compétents pour le recouvrement des créances étrangères à l'impôt et au domaine (C. urb. art. L 331-24 abrogé mais dont les dispositions demeurent applicables aux constructions dont les permis ont été déposés avant le 1-9-2022). 40615

Procédure de recouvrement Les sommes exigibles au titre de l'ensemble des parts de la taxe d'aménagement sont recouvrées en vertu des **titres de recette** individuels ou collectifs délivrés par le responsable chargé de l'urbanisme dans le département (LPF art. L 255 A dans sa version applicable jusqu'au 31-8-2022). 40620

La taxe est exigible à la date d'émission des titres de perception (C. urb. art. L 331-27 abrogé mais dont les dispositions demeurent applicables aux constructions dont les permis ont été déposés avant le 1-9-2022). Elle doit être acquittée en deux fractions égales (C. urb. art. L 331-24 abrogé mais dont les dispositions demeurent applicables aux constructions dont les permis ont été déposés avant le 1-9-2022) :
– le **premier versement** est exigible 12 mois après la date de délivrance de l'autorisation de construire ou d'aménager, de la date de décision de non-opposition ou de la date à laquelle l'autorisation est réputée avoir été accordée ;
– le **deuxième versement** est exigible 24 mois après la même date.

Par **exception,** lorsque le montant de la taxe n'excède pas 1 500 €, elle est recouvrée en un seul versement exigible 12 mois après la date de délivrance des permis de construire ou d'aménager ou la date de décision de non-opposition ou la date à laquelle l'autorisation est réputée avoir été accordée (C. urb. art. L 331-24 abrogé mais dont les dispositions demeurent applicables aux constructions dont les permis ont été déposés avant le 1-9-2022). 40625

Lorsque le montant de la taxe est rectifié pour un montant supérieur à 1 500 €, l'administration est tenue d'émettre deux titres de perception d'égal montant après annulation du titre initialement émis pour une somme inférieure à 1 500 €. Ces émissions de titres peuvent également intervenir le même jour lorsque l'autorisation, fait générateur de la taxe, a été délivrée depuis plus de 24 mois (CE 5-3-2018 n° 410670, min. cohésion des territoires : BPIM 2/18 inf. 111).

Lorsqu'un complément de taxe est exigible à raison d'une **modification** apportée **au permis de construire** ou à l'autorisation tacite de construire, le complément doit être acquitté dans le délai de 12 mois suivant la date de délivrance de l'autorisation modificative expresse ou tacite obtenue (C. urb. art. L 331-24 abrogé mais dont les dispositions demeurent applicables aux constructions dont les permis ont été déposés avant le 1-9-2022). 40630

Lorsqu'une **autorisation de construire** ou d'aménager a été **transférée,** la taxe est due par le nouveau titulaire du droit de construire ou d'aménager (C. urb. art. L 331-26 abrogé mais dont les dispositions demeurent applicables aux constructions dont les permis ont été déposés avant le 1-9-2022). 40635

Il en va de même, à concurrence de la superficie transférée, en cas de transfert partiel d'une autorisation. Les transferts totaux ou partiels donnent lieu à l'émission :
– d'un titre d'annulation au bénéfice du titulaire initial des autorisations transférées totalement ou partiellement. Lorsque la taxe qui fait l'objet du titre d'annulation a déjà été acquittée par le redevable, le versement indu fait l'objet d'un remboursement par le comptable public ;
– de titres de perception (dans les 36 mois suivant l'émission du titre d'annulation) à l'encontre du ou des nouveaux bénéficiaires des autorisations transférées en totalité ou en partie.

La taxe et la pénalité fiscale dues en cas de **construction sans autorisation** ou **en infraction** aux autorisations obtenues sont rendues exigibles par l'émission d'un titre de recette dont le recouvrement est exigé sans délai du constructeur ou de la personne responsable de l'aménagement (C. urb. art. L 331-23 et L 331-24 abrogés mais dont les dispositions demeurent applicables aux constructions ou parties de construction non autorisées pour lesquelles des procès-verbaux d'infraction au Code de l'urbanisme ont été établis avant le 1-9-2022). 40640

En cas de construction ou d'aménagements réalisés sans autorisation ou en infraction aux autorisations obtenues, outre l'exigibilité de la taxe ou du complément de taxe normalement dû, le constructeur était passible d'une pénalité de 80 % du montant de la taxe éludée (C. urb. art. L 331-23 abrogé mais dont les dispositions demeurent applicables aux constructions ou parties de construction non autorisées pour lesquelles des procès-verbaux d'infraction au Code de l'urbanisme ont été établis avant le 1-9-2022).

Une notification, préalable à l'application de la pénalité fiscale, devait être adressée par l'administration au contribuable, pour l'informer de l'application de la sanction et de sa motivation. Le contribuable disposait d'un délai de 30 jours, à compter de la date de la notification, pour présenter ses observations. En l'absence de cette notification préalable à leur recouvrement, les impositions et l'amende fiscale n'étaient légalement pas dues (en ce sens, CE 10-12-2020 n° 417793, solution rendue en matière de TLE transposable pour l'application de la TA).

40645 Aux termes de l'ancien article L 331-25 du Code de l'urbanisme, étaient tenus **solidairement au paiement** de la taxe d'aménagement :
– les établissements garants de l'achèvement de la construction ;
– les époux et les partenaires liés par un Pacs.

40650 Aux termes de l'ancien article L 331-29 du Code de l'urbanisme, l'action en recouvrement se **prescrivait** conformément aux dispositions de l'article L 274 du LPF. L'action en recouvrement se prescrivait donc par **quatre ans** à compter de la date d'émission du titre de perception.

Cette disposition s'applique aux actions en recouvrement dont le délai a commencé à courir depuis le **1er janvier 2022** ou dont une cause de prescription est intervenue depuis cette date.

CONTENTIEUX DE LA TAXE D'AMÉNAGEMENT

40655 **Cas de décharge, réduction ou restitution** Le redevable de la TA peut en obtenir la décharge, la réduction ou la restitution totale ou partielle dans les situations suivantes (CGI art. 1635 quater S) :
– si les **constructions** sont **démolies** en application d'une décision d'une juridiction civile ;
– dans les cas de **catastrophe naturelle,** lorsque les locaux ont été détruits ou qu'ils sont destinés à être démolis après expertise ou par décision administrative. La remise est totale ou partielle puisqu'elle est limitée au montant de la taxe dont les versements ne sont pas arrivés à échéance à la date du sinistre. Cette remise n'est pas cumulable avec l'exonération prévue en faveur des reconstructions à l'identique de bâtiments sinistrés (n° 40350).

> **Précisions** Pour les **permis demandés avant le 1er septembre 2022**, le redevable peut obtenir la décharge (C. urb. art. L 331-30 abrogé) :
> – s'il justifiait qu'il n'avait pas donné suite à l'autorisation de construire ou d'aménager ;
> – si, en cas de modification de l'autorisation de construire ou d'aménager, le montant de taxe devenait inférieur à celui dû au titre des constructions initialement autorisées ; y compris dans le cas de déclaration préalable modificative (Rép. Plassard : AN 31-10-2023 n° 9492) ;
> – si les constructions étaient démolies en application d'une décision d'une juridiction civile ;
> – dans les cas de catastrophe naturelle, lorsque les locaux étaient détruits ou avaient subi, à dire d'experts ou par décision administrative, des dégâts tels qu'ils étaient voués à la démolition. La remise s'appliquait sur le montant total de la taxe dont le dernier versement n'était pas arrivé à échéance à la date du sinistre. Le contribuable devait justifier que les indemnités versées en réparation des dommages occasionnés à l'immeuble ne comprenaient pas le montant des taxes d'urbanisme dues lors de la construction ;
> – lorsque le redevable justifiait qu'il pouvait bénéficier, pour l'assiette de la taxe, d'une exclusion, d'une exonération ou d'un abattement auquel il ne pouvait prétendre à la date du dépôt de sa demande de permis de construire ou d'aménager ;
> – lorsqu'il était établi qu'une erreur avait été commise dans l'assiette ou le calcul de la taxe.
> Aux termes de l'ancien article L 331-31, alinéa 1 du Code de l'urbanisme, en matière d'assiette, les réclamations sont recevables jusqu'au 31 décembre de la deuxième année suivant celle de l'émission du premier titre de perception dans le cas du paiement en deux fractions égales ou celle de l'émission du titre unique dans les autres cas. Lorsque le redevable a fait l'objet d'une procédure de rectification, il dispose d'un délai expirant le 31 décembre de la troisième année suivant celle de la notification de rectification pour présenter ses réclamations.

40660 **Litiges relatifs à l'assiette** En matière d'assiette, les réclamations relatives à la taxe d'aménagement sont présentées, instruites et jugées selon les règles applicables en matière d'impôts directs locaux (CGI art. 1635 quater R). S'agissant du **délai** imparti pour présenter la réclamation, les réclamations sont recevables jusqu'au 31 décembre de l'année suivant, selon le cas, celle (LPF art. R 196-2) :
– de l'émission d'un titre de perception ;
– de la réalisation de l'événement qui motive la réclamation ;
– de la réception par le redevable d'un nouveau titre de perception réparant les erreurs d'expédition que contenait celui précédemment adressé ;
– au cours de laquelle le contribuable a eu connaissance certaine de cotisations d'impôts directs établies à tort ou faisant double emploi ;
– du versement de la taxe lorsqu'elle n'a pas donné lieu à l'émission d'un titre de perception.

REMISES ET TRANSACTIONS À TITRE GRACIEUX

Des remises et des transactions à titre gracieux peuvent être décidées dans les conditions prévues aux articles 120 et 121 du décret 2012-1246 du 7 novembre 2012 relatif à la gestion budgétaire et comptable publique (LPF art. 247-6). Des remises (sur la somme en principal, sur les majorations, sur les frais de poursuites et sur les intérêts) peuvent être consenties, dans la limite de certains montants soit par le comptable chargé du recouvrement des titres de perception, soit par le ministre chargé du budget. **40665**

VERSEMENT DE LA TAXE D'AMÉNAGEMENT AUX COLLECTIVITÉS

La taxe d'aménagement et ses acomptes reçus en paiement par la DGFiP sont reversés mensuellement aux collectivités territoriales ou EPCI bénéficiaires (CGI art. 1635 quater T). **40670**

Les pénalités afférentes à la taxe sont également versées aux bénéficiaires précités.

Les montants versés aux bénéficiaires de la taxe et du produit des pénalités font l'objet d'un prélèvement de 3 % au titre des frais d'assiette et de recouvrement au profit du budget de l'État (CGI art. 1647, XX).

Avant le 1er mars de chaque année, les services fiscaux communiquent aux collectivités et EPCI bénéficiaires de la taxe les éléments concernant l'année civile précédente nécessaires à l'établissement des prévisions de recettes pour la préparation de leur budget (CGI art. 1639 A, II-al. 2). Les informations à communiquer visent les surfaces totales imposables, celles ayant fait l'objet de l'abattement de 50 %, les montants imposables des installations et aménagements taxables et le montant des taxes liquidées (CGI ann. III art. 328 V).

REVERSEMENTS DE LA TAXE D'AMÉNAGEMENT ENTRE COLLECTIVITÉS

Compte tenu de la charge en équipements publics relevant de leurs compétences respectives, les collectivités bénéficiaires de la taxe peuvent décider de reverser tout ou partie de la part communale qu'elles perçoivent aux établissements publics de coopération intercommunale ou groupements de collectivités dont elles sont membres (CGI art. 1379, I-16° et II-5°). **40675**

Cette possibilité de reversement, rendue obligatoire par l'article 109 de la loi 2021-1900 du 30 décembre 2021, est redevenue facultative en application de l'article 15 de la loi 2022-1499 du 1er décembre 2022. Les délibérations prises au cours de la période de reversement obligatoire produisent leurs effets sauf si elles sont retirées ou modifiées avant le 31 janvier 2023 (Rép. Bordat : AN 14-2-2023 n° 3563).

CHAPITRE 2

PARTICIPATIONS DES CONSTRUCTEURS ET OPÉRATEURS ASSIMILÉS AU FINANCEMENT DES ÉQUIPEMENTS PUBLICS

SOMMAIRE

SECTION 1

PRESCRIPTION DES PARTICIPATIONS ET GARANTIES DES REDEVABLES

ÉVOLUTION DES PARTICIPATIONS D'URBANISME

Depuis le 1er janvier 2015, le nombre des participations d'urbanisme, de nature non fiscale, affectées à la **réalisation des équipements publics** engendrés par les opérations de construction est réduit à deux : la participation pour le financement des équipements publics exceptionnels et la participation, sous forme contractuelle, des projets urbains partenariaux. Sous réserve du respect des règles de nécessité et de proportionnalité, dans certaines parties de territoire, des modalités particulières de financement sont applicables dans les zones d'aménagement concerté et dans les périmètres des opérations d'intérêt national. **41800**

La loi portant réforme des taxes d'urbanisme a abrogé (Loi 2010-1658 du 29-12-2010 : JO 30 texte n° 2) :

– depuis le 1er mars 2012, le régime de la **participation en programme d'aménagement d'ensemble** (PAE), mais en maintenant tous les effets des PAE créés antérieurement ;

– depuis le 1er janvier 2015, le régime de la **participation pour non-réalisation d'aires de stationnement** et celui de la participation des propriétaires riverains pour le financement des frais de premier établissement d'une voie nouvelle qui demeurait applicable au titre du droit local dans les départements du Bas-Rhin, du Haut-Rhin et de la Moselle. Depuis le 1er mars 2012, ces mêmes participations ne sont plus exigibles dans les secteurs où le taux de la part communale de la taxe d'aménagement (TA) a été majoré au-delà de 5 % en application de l'article 1635 quater N du CGI nouveau, applicable à compter du 1er septembre 2022 (C. urb. art. L 331-15 ancien).

Le régime de la **participation pour voirie et réseaux (PVR)** a également été abrogé au 1er janvier 2015 mais son exigibilité est maintenue dans les périmètres où elle a été instituée au plus tard le 31 décembre 2014.

Sous ces réserves, l'étude des contributions abrogées est maintenue dans la mesure où :

– les participations en PAE et la PVR demeurent exigibles et doivent être prescrites dans les permis d'aménager ou de construire délivrés dans les périmètres antérieurement définis ;

– les autres participations abrogées mais mises en œuvre jusqu'au 31 décembre 2014 peuvent nécessiter des examens ultérieurs tant en matière d'assiette que de recouvrement.

Ces contributions sont distinctes des obligations de réalisation et de financement des équipements propres aux opérations soumises à permis d'aménager ou de construire qui peuvent être exigées (voir n° 43700).

À ces obligations s'ajoutent celles relatives aux **contributions d'assainissement** et de **gestion des eaux pluviales** (obligation de raccordement des immeubles aux réseaux publics d'assainissement, paiement de la taxe pour la gestion des eaux pluviales urbaines et des redevances d'assainissement) et celles relatives au **financement des réseaux publics d'assainissement** (participation pour rejets assimilés aux effluents domestiques et participation pour le financement des réseaux d'assainissement collectif substituée à la participation pour raccordement à l'égout depuis le 1er juillet 2012).

FAIT GÉNÉRATEUR DES PARTICIPATIONS D'URBANISME

Les participations d'urbanisme autorisées par le Code de l'urbanisme ont pour fait générateur les **autorisations d'occuper le sol** (C. urb. art. L 332-28 et L 332-28-1) : permis de construire (exprès ou tacite), décision de non-opposition à une déclaration préalable de travaux, permis d'aménager ou arrêté approuvant le plan de remembrement des AFU (C. urb. art. L 332-12). **41805**

Les services chargés de l'instruction des demandes d'autorisations doivent consulter les différentes autorités ou services publics habilités à demander légalement une participation prévue par le Code de l'urbanisme ; à défaut de réponse dans le délai d'un mois, ces autorités et services publics sont réputés n'avoir aucune proposition de contribution à formuler dans les autorisations à délivrer (C. urb. art. R 423-59).

› Précisions Depuis la réforme de la fiscalité de l'urbanisme, les autorisations d'occuper le sol ne constituent plus le fait générateur exclusif des participations, ainsi et par **exception** :
– les financements d'équipements publics obtenus de l'aménageur, des lotisseurs ou des constructeurs en ZAC ou en PUP sont générés par voie de conventions préalables à la délivrance des autorisations d'occuper le sol. Les permis ultérieurement délivrés ont pour effet de rendre les contributions exigibles selon l'échéancier arrêté contractuellement ;
– en matière de PUP, le fait générateur de la participation est constitué par la signature d'une convention avec un propriétaire foncier, un aménageur ou un constructeur. Il est expressément prévu que des extraits des conventions signées constituent des pièces obligatoires des dossiers de demande de permis (C. urb. art. R 431-23-2 et R 441-4-1). Les permis délivrés après la signature des conventions rendent les participations exigibles selon l'échéancier arrêté contractuellement ;
– en matière de PAC, le fait générateur est la demande de raccordement sur le réseau public.

OBLIGATION DE PRESCRIPTION DES PARTICIPATIONS D'URBANISME DANS LES PERMIS DE CONSTRUIRE

41810 Avant la réforme de la fiscalité de l'urbanisme, toutes les participations d'urbanisme devaient faire l'objet de prescriptions spécifiques dans les permis de construire. Depuis le 1er janvier 2015, compte tenu de la réduction du nombre des participations, l'obligation de prescription ne **concerne** plus que la participation pour le financement d'équipement public exceptionnel (nº 42530), les participations en PAE (nº 43050) ou de PVR (nº 42880) et la participation des riverains pour créations de voies nouvelles (nº 42630) dont les périmètres d'exigibilité ont été maintenus par les collectivités locales compétentes.

Pour ces participations, leur prescription dans les autorisations doit en préciser la **nature** et en fixer le **montant.** Leur prescription sans indication de leur montant est dépourvue de base légale (CAA Bordeaux 5-1-2012 nº 11BX00407, Cne de Cussac-Fort Médoc ; CAA Marseille 8-10-2019 nº 17MA03598, Cne de Bompas). Outre le montant à payer, la prescription doit préciser son mode d'évaluation ; en l'absence des précisions utiles, la participation n'est pas exigée illégalement mais la régularité de son exigibilité doit être corrigée par un arrêté complémentaire (CE 4-7-2018 nº 396985, Sté JM6 : BPIM 4/18 inf. 258). En programme d'aménagement d'ensemble (PAE), les prescriptions doivent également fixer la **superficie,** s'il s'agit d'un apport de terrain, ou les **caractéristiques générales,** s'il s'agit de travaux à réaliser au titre de la participation dans les programmes institués avant le 1er mars 2012.

Les participations doivent être prescrites par un **arrêté spécifique,** pris dans les deux mois qui suivent l'intervention d'un permis tacite ou d'une décision de non-opposition à une déclaration préalable (C. urb. art. L 424-6, R 424-7 et R 424-8). Au-delà de ce délai, aucune participation ne peut être exigée des bénéficiaires de permis tacites et les coûts des équipements demeurent à la charge des budgets des maîtres d'ouvrage publics (en ce sens, à propos des frais d'extension d'un réseau d'eau potable, Rép. Herzog : Sén. 4-10-2018 nº 5888).

À l'exception des participations issues des conventions en ZAC ou de PUP ou de la PAC, à **défaut de prescription dans les permis** d'aménager ou de construire, les participations sont obtenues illégalement. Une notification postérieure à la délivrance du permis de construire ou après l'expiration du délai de deux mois précité ne permet pas d'exiger légalement les participations. Toutefois, pour permettre la prescription de participations prescriptibles omises alors qu'elles sont dues en application d'une délibération générale et préalable à la délivrance des autorisations, le permis peut être retiré pour illégalité dans les trois mois de sa délivrance (C. urb. art. L 424-5 ; CAA Marseille 19-7-2018 nº 16MA01905, Cne de Saint-Tropez).

ATTENTION

La prescription des participations d'urbanisme constitue une décision de l'autorité compétente pour délivrer l'autorisation. Ainsi n'emporte pas prescription la mention manuscrite sur un permis de construire faite par un **agent de la trésorerie** (CAA Marseille 27-1-2011 nº 09MA00454, Cne de St Nazaire d'Aude).

PRESCRIPTION DES PARTICIPATIONS D'URBANISME DANS LES PERMIS D'AMÉNAGER ET DANS LES PLANS DE REMEMBREMENT DES AFU ET DES AFUP

41815 L'autorité compétente pour délivrer les autorisations d'urbanisme peut mettre à la charge des bénéficiaires de permis d'aménager, des associations foncières urbaines de remembrement et des associations foncières urbaines de projet les participations d'urbanisme normalement exigibles des bénéficiaires de permis de construire (C. urb. art. L 332-12, al. 9). Lorsque ces participations sont ainsi exigées, en amont des opérations de construction, les bénéficiaires de **permis de construire délivrés ultérieurement** sur les terrains aménagés sont exemptés des mêmes obligations contributives.

Travaux concernés Les modalités d'exigibilité et de prescription des participations visées au n° 41810 sont applicables aux permis d'aménager dont le champ d'application est fixé à l'article R 421-19 du Code de l'urbanisme. Les prescriptions de participation sont donc applicables aux opérations suivantes : 41820
– lotissements, remembrements des AFU et des Afup ;
– création ou agrandissement de terrains de camping, de parcs résidentiels de loisirs ou de villages de vacances classés en hébergement léger, ou réaménagement de camping ou de parc résidentiel de loisir existant ayant pour effet d'accroître de plus de 10 % le nombre d'emplacements ;
– aménagement d'un terrain pour la pratique des sports ou loisirs motorisés ;
– aménagement d'un parc d'attractions ou d'une aire de jeux et de sports d'une superficie supérieure à 2 hectares ;
– aménagement d'un golf de plus de 25 hectares ;
– aménagement d'aires de stationnement ouvertes au public, création de dépôts de véhicules, aménagement de garages collectifs de caravanes ou de résidences mobiles de loisirs ;
– exhaussements ou affouillement du sol réalisés en dehors de toute opération de construction ;
– aménagement de terrains destinés aux aires d'accueil des gens du voyage ;
– aménagement de terrains permettant l'installation d'au moins deux résidences démontables créant une surface de plancher totale supérieure à 40 mètres carrés et constituant l'habitat permanent de leurs utilisateurs.

Participations prescriptibles dans les permis d'aménager et dans les AFU et les Afup Les permis d'aménager ou les arrêtés préfectoraux approuvant les plans de remembrement des AFU et Afup peuvent comporter la prescription des contributions suivantes (C. urb., art. L. 332-12) : 41825
– la **participation pour la réalisation d'équipements publics exceptionnels** (n° 42530) ;
– une **participation « forfaitaire »** représentative soit de la participation en PAE institué avant le 1er mars 2012 soit de la PVR instituée avant le 1er janvier 2015 soit encore de la participation des riverains de voies nouvelles dans les départements du Bas-Rhin, du Haut-Rhin ou de la Moselle (C. urb. art. L 332-6-1, 2°, d et 3° ancien).

À défaut de prescription dans les permis d'aménager ou les arrêtés préfectoraux précités, les participations demeurent exigibles des bénéficiaires de permis de construire ultérieurement délivrés.

En outre, les bénéficiaires de permis d'aménager, les AFU et les Afup peuvent être tenus :
– au paiement de la **taxe d'aménagement** lorsque sont autorisées des opérations imposables ;
– au versement de la participation instituée dans les périmètres fixés par les conventions de **PUP.**

Modalités de mise en œuvre de la participation forfaitaire La mise en œuvre de la participation forfaitaire représentative de participation de PAE ou de PVR doit respecter les principes de **non-cumul** définis entre les différents régimes de taxes ou participations. 41830

Le permis d'aménager ou l'arrêté approuvant le plan de remembrement d'une AFU ou d'une Afup doit préciser la **nature de la participation** exigible (PAE ou PVR) et en fixer le **montant** (C. urb. art. R 424-7).

Calcul des participations Les montants de participations doivent être **déterminés par application** des modes de calcul (notamment superficies, volumes, nature ou nombre de constructions pouvant résulter de l'opération d'aménagement) définis par les délibérations des conseils municipaux ou organes délibérants des EPCI ou syndicats mixtes prises en application de l'article L 332-13 du Code de l'urbanisme. 41832

Limitation du droit à restitution des participations Les sommes versées sont définitivement acquises aux budgets des maîtres d'ouvrage des équipements publics financés. En cas de **renonciation** à la réalisation des opérations d'aménagement autorisées, seuls les montants de participations non utilisés conformément à leur affectation sont restituables (CE 10-8-2005 n° 255037, Sté Sinka : RJF 11/05 n° 1196 ; CE 6-3-2006 n° 266346, SNC Le Triangle : RJF 5/06 n° 540 ; Rép. Masson : Sén. 20-2-2014 p. 475 n° 8728 : BPIM 2/14 inf. 101). 41834

GARANTIES DES REDEVABLES DES PARTICIPATIONS D'URBANISME

41835 Le Code de l'urbanisme apporte des limitations quant à la **nature** et à la détermination du **montant des participations** qui peuvent être demandées.

a. Il ne peut pas être exigé de participations autres que celles limitativement énumérées aux articles L 332-6 Code de l'urbanisme et L 332-6-1 du Code de l'urbanisme. Cette limitation ne peut pas être dépassée par des pratiques d'offres de concours ou de dons spontanés (Rép. Zimmermann : AN 25-7-2006 p. 7892 n° 89487 ; Rép. Masson : Sén. 27-7-2006 p. 2020 n° 22334). Ces dispositions sont d'ordre public, toute stipulation contractuelle qui y dérogerait serait nulle (CE 10-10-2007 n° 268205, Cne de Biot : BPIM 1/08 inf. 24). Doit ainsi être remboursé le financement d'un poste de transformation électrique qualifié à tort d'équipement propre alors qu'il permettait l'alimentation de plusieurs opérations de construction (CAA Bordeaux 22-6-2017 n° 15BX00870, SARL Oxygène : BPIM 4/17 inf. 267). Doit également être remboursé, avec intérêt au taux légal majoré de cinq points, le financement de logements sociaux obtenus en contrepartie de la délivrance d'un permis de construire (CAA Marseille 26-2-2018 n° 17MA00635, Cne de Menton).

Cette prohibition du **financement par voie de convention directe** n'est cependant plus absolue en raison de l'existence de régimes de financement d'équipements, définis par la loi, qui permettent de solliciter certains opérateurs ou propriétaires fonciers. Il en est ainsi des financements à obtenir des aménageurs et constructeurs en ZAC ou dans les périmètres de projets urbains partenariaux (PUP). Selon leurs modalités de mise en œuvre respectives, ces financements contractuels peuvent être exigés et doivent être obligatoirement acceptés préalablement aux dépôts des demandes de permis d'aménager ou de construire.

b. Le régime de chaque participation en limite le montant à acquitter à proportion d'un volume d'équipement public rendu nécessaire par l'opération autorisée.

Il y a lieu de distinguer :

– la participation pour **équipements publics exceptionnels.** Elle est cumulable avec la taxe d'aménagement ;

– la participation pour voirie et réseaux (**PVR**), abrogée depuis le 1er janvier 2015, qui permettait à la commune de mettre à la charge des propriétaires fonciers le coût des voiries et réseaux nécessaires à l'implantation de nouvelles constructions. Dans les périmètres où elle demeure exigible postérieurement au 1er janvier 2015, elle est cumulable avec la part communale de la taxe d'aménagement (TA) au taux compris entre 1 et 5 % ou non majorée ;

– la participation en programme d'aménagement d'ensemble (**PAE**) qui permettait à la commune d'obtenir une contribution étendue à l'ensemble des équipements publics d'infrastructure ou de superstructure nécessaires à l'urbanisation d'une partie de son territoire. Dans les périmètres où elle demeure exigible postérieurement au 1er mars 2012, elle n'est pas cumulable avec la part communale de la TA ;

– le financement en projet urbain partenarial (**PUP**) qui permet aux communes d'obtenir par voie conventionnelle le financement d'équipements publics d'infrastructure ou de superstructure au prorata des besoins d'opérations développées, sur les terrains maîtrisés par un (ou plusieurs) propriétaire foncier, aménageur ou constructeur. Ce financement n'est pas cumulable avec la part communale de la TA pendant une durée maximale de 10 ans.

c. Enfin, une jurisprudence administrative constante (voir par exemple, en matière de PAC, n° 42300) ainsi que la loi (C. urb. art. L 332-6, 2°) organisent une règle de **non-cumul** des contributions pour le financement d'une même nature d'équipement public.

INFORMATION DU PUBLIC

41840 L'article L 332-29 du Code de l'urbanisme impose la tenue en mairie d'un **registre spécial** mis à la disposition du public et sur lequel doivent être inscrites les dates d'encaissement des différentes taxes et contributions d'urbanisme. Ce registre mentionne notamment la nature et le montant ou la valeur des taxes et contributions exigées, y compris dans le cadre de la réalisation de ZAC ou des contrats de PUP (C. urb. art. R 332-41 et R 332-42).

À l'avantage des budgets publics, il a été jugé que l'absence de mention d'une participation sur le registre n'entache pas d'illégalité son versement (CE 23-7-2012 n° 325453, Syndicat des copropriétaires du château de Chazay).

ACTION EN RÉPÉTITION DE L'INDU

41845 Cette action est spécifiquement organisée par l'article L 332-30 du Code de l'urbanisme. Elle peut être **exercée par** :

– les bénéficiaires d'autorisations d'occuper le sol qui estiment illégales ou excessives les contributions acquittées à l'occasion de leurs opérations. Ils disposent d'un délai de cinq ans

à compter du dernier versement des taxes ou contributions ou de l'obtention des prestations indûment exigées pour engager leur demande de remboursement (C. urb. art. L. 332-30, al. 1er) ;
– ou les acquéreurs successifs des biens construits (y compris de ceux réalisés en ZAC ou dans les zones couvertes par une convention de PUP ou en lotissements) s'ils peuvent établir que l'aménageur, le lotisseur ou le promoteur-constructeur a accepté de payer des participations non permises ou calculées au-delà des modes de calcul légaux des participations permises. L'action en répétition des acquéreurs successifs se prescrit par cinq ans à compter de la mention sur le registre spécial tenu en mairie (n° 41840) du dernier versement des taxes et participations ou de la prestation obtenue (C. urb. art. L 332-30, al. 2).

Les sommes obtenues en restitution ouvrent droit au versement d'un intérêt calculé au taux légal majoré de cinq points (C. urb. art. L 332-30, dernier al.).

Les actions en répétition de l'indu doivent être **exercées contre** les personnes publiques bénéficiaires des contributions aux dépenses d'équipements publics et notamment à l'encontre des autorités concédantes de services publics (CE 30-12-2015 n° 377258 Sté La pierre d'angle : BPIM 1/16 inf. 22).

> **Précisions** **a.** L'action en répétition des contributions illégalement imposées aux constructeurs est possible à l'encontre de **participations obtenues en dehors de toute prescription** dans le permis de construire (CE 27-4-1998 n° 150589, SA GRC-EMIN : BPIM 5/98 inf. 320, Lebon p. 184).
> **b.** La **prescription** quinquennale ne vaut qu'à l'égard de contributions indues non mentionnées aux articles L 332-6 et L 332-6-1 du Code de l'urbanisme ; la prescription quadriennale de droit commun est applicable pour l'action en répétition, totale ou partielle, de taxes ou participations permises par les articles précités (CE 13-7-2006 n° 266494, Établissements Laget : RJF 11/06 n° 1367).
> **c.** La majoration du **taux d'intérêt** légal de cinq points n'est applicable qu'aux taxes ou contributions non permises par l'article L 332-6 du Code de l'urbanisme (CE 27-7-2009 n° 292947, Cne de Villeneuve-lès-Béziers : RJF 12/09 n° 1099).

SECTION 2

PARTICIPATIONS GÉNÉRALES DES CONSTRUCTEURS

PRÉSENTATION DES PARTICIPATIONS DES CONSTRUCTEURS

Ces participations sont destinées au financement d'équipements publics utiles ou rendus nécessaires pour une seule opération (équipement public exceptionnel) ou des voies et réseaux (PVR, aujourd'hui abrogée mais qui demeure exigible dans les périmètres définis avant le 1er janvier 2015) auxquels les nouvelles constructions doivent accéder. Désormais, seule l'exigibilité de la **participation pour équipement public exceptionnel** relève de la compétence de l'autorité qui délivre les autorisations d'occuper le sol en liaison avec les maîtres d'ouvrage des équipements publics concernés (régies municipales, syndicats de communes ou établissements de coopération intercommunale ou autres collectivités). 41900

Tous les autres régimes de participation étaient dus en application d'une règle générale préétablie par délibération du conseil municipal (ou par l'organe délibérant des groupements compétents en cas de transfert de compétence) sur le territoire communal choisi pour l'implantation de nouvelles constructions.

En matière de **réseaux d'assainissement,** le Code de la santé publique et le Code général des collectivités locales organisent diverses obligations incombant aux propriétaires des immeubles bâtis. Elles diffèrent selon que les immeubles sont édifiés avant ou après la mise en service du réseau public de collecte des eaux usées. Certaines sont exigibles annuellement.

En matière **d'extension et de raccordement au réseau d'électricité**, la réforme du code de l'énergie résultant de l'article 3 de l'ordonnance n° 2023-816 du 23 août 2023 met à la charge des bénéficiaires des autorisations d'aménager ou de construire la totalité de la part des coûts non pris en charge par les tarifs d'utilisation des réseaux publics d'électricité (TURPE). Ce point de réforme, qui décharge les budgets des maîtres d'ouvrages publics, est appliqué aux autorisations délivrées depuis le 10 novembre 2023 (C. énergie art. L 342-12 et

L 342-21). En l'état de la réforme, les contributions de l'espèce n'impliquent pas de prescription dans les autorisations d'occuper le sol et sont exigées à la date de raccordement des opérations.

Cette réforme n'est toutefois pas achevée et peut souffrir de plusieurs niveaux d'insécurité juridique, puisqu'elle appelle une considérable harmonisation avec les dispositions de l'article L. 332-15 du code de l'urbanisme relatives aux équipements propres (voir nº 43717).

A. Contributions d'assainissement et de gestion des eaux pluviales

DISPOSITIF LÉGISLATIF

41930 Le Code de la santé publique comporte un important dispositif régissant les modalités de **raccordement** des constructions **au réseau public d'assainissement.** Ce régime est assorti de contributions financières à la charge des propriétaires des immeubles concernés (CSP art. L 1331-1 à L 1331-17).

Par ailleurs, des **redevances d'assainissement** (CGCT art. L 2224-12-2 et art. R 2224-19-1) peuvent être instituées pour assurer aux collectivités locales la couverture des charges d'entretien et d'exploitation de leur réseau d'assainissement collectif ou de leur mission de contrôle des dispositifs d'assainissement non collectif.

Enfin une participation pour **rejet d'eaux usées** assimilées à des effluents domestiques peut être exigée des immeubles affectés à des activités économiques (CSP art. L 1331-7-1).

1. OBLIGATION DE RACCORDEMENT AU RÉSEAU PUBLIC D'ASSAINISSEMENT

CHAMP D'APPLICATION DE L'OBLIGATION DE RACCORDEMENT

41950 L'article L 1331-1 du Code de la santé publique rend obligatoire le raccordement des immeubles existants aux réseaux publics de collecte des eaux usées domestiques et établis sous la voie publique à laquelle ces immeubles ont accès soit directement, soit par l'intermédiaire de voies privées ou de servitudes de passage.

Ce raccordement doit être réalisé dans un **délai** de deux ans à compter de la mise en service de l'égout.

La commune peut fixer des **prescriptions techniques** pour la réalisation des raccordements des immeubles au réseau public de collecte des eaux usées et des eaux pluviales. L'obligation de raccordement concerne les immeubles dont, compte tenu de leur implantation par rapport au réseau public des égouts, le raccordement ne comporte pas de difficultés excessives (CE 23-3-2011 nº 335517). Lors du raccordement de leurs immeubles au réseau public, les propriétaires sont également tenus de procéder, à leurs frais, à la mise hors d'état de servir ou de créer des nuisances de leurs installations individuelles (CSP art. L 1331-5).

> **Précisions** **a.** Le déversement d'**eaux usées non domestiques** doit être préalablement autorisé. L'autorisation délivrée peut donner lieu à une obligation de participation financière aux dépenses d'investissement éventuellement entraînées par la réception de ces eaux (CSP art. L 1331-10).
> **b.** Jugé qu'en application du règlement sanitaire d'un département, la **division d'une propriété** entraîne l'obligation de créer un nouveau raccordement particulier d'égout (CE 23-4-1997 nº 155586, SCI Jade à propos de la division en deux lots d'un immeuble pour lequel existait un branchement particulier unique ; le Conseil d'État a jugé que le maire avait à bon droit mis en demeure le propriétaire d'un des deux lots de se doter d'un branchement particulier et de mettre un terme à son raccordement à celui de l'autre propriétaire).
> **c.** Les éventuels conflits nés du refus de raccordement relèvent de la compétence de la **juridiction administrative** (T. confl. 8-10-2018 nº 4135, Cne de Malroy : RJDA 1/19 nº 59).

DÉROGATIONS À L'OBLIGATION DE RACCORDEMENT

41955 Des dérogations à l'obligation de raccordement peuvent être **accordées aux propriétaires** d'immeubles (Arrêté 19-7-1960 : JO 4-8-1960 p. 7231) :

– dont le permis de construire a été accordé depuis moins de dix ans lorsqu'ils sont pourvus d'un dispositif autonome d'assainissement autorisé et en bon état de fonctionnement ;

– inhabitables ou dont la démolition est prévue ;

– difficilement raccordables, lorsqu'ils disposent d'une installation autonome réglementaire (Arrêté 28-2-1986 : JO 14-3-1986 p. 3939). Jugé que le raccordement comporte des difficultés excessives lorsque l'immeuble ne peut pas être raccordé en mode gravitaire, que le raccordement impliquerait la pose d'une canalisation de 202 mètres et l'installation d'un poste de relevage, pour un coût total estimé à 12 709 € (CE 12-6-2013 nº 346278, Cne de Beaumont-Monteux). La **durée** de ces dérogations ne peut être supérieure à dix ans (CSP art. L 1331-1 ; Rép. Dulait : Sén. 19-6-2008 p. 1230 nº 5254).

CONTREPARTIE POUR LA COMMUNE DE L'OBLIGATION DE RACCORDEMENT

L'obligation de raccordement a pour contrepartie l'impossibilité pour la commune de le **41960**
refuser, sauf délai d'attente en cas de nécessité de travaux de renforcement (Rép. Vivien : AN 20-12-1979 p. 12392 nº 22023).

Mais la commune n'est pas tenue de s'équiper d'un réseau public d'assainissement (CE 9-3-1977, Ville du Havre). Quelques **exceptions** sont toutefois prévues, notamment lorsqu'il s'agit de communes à mortalité excessive (CSP art. L 1331-17).

Entre la mise en service de l'égout et le raccordement de l'immeuble (ou l'expiration du délai de raccordement), la commune peut décider de percevoir auprès des propriétaires d'immeubles raccordables une somme équivalente à la redevance d'assainissement (CSP art. L 1331-1).

2. PARTICIPATIONS AUX FRAIS DE RACCORDEMENT À L'ÉGOUT PUBLIC

FRAIS DE BRANCHEMENT

Le branchement privé des immeubles – appelé aussi « antenne de raccordement » – est à la **41990**
charge du propriétaire de l'immeuble (CSP art. L 1331-4).

Lors de la **construction d'un nouvel égout,** les parties des branchements situées sous la voie publique sont fréquemment exécutées d'office. Les coûts de branchement, diminués des subventions éventuellement obtenues, peuvent être mis à la charge des propriétaires ; ils peuvent être majorés, dans la limite de 10 %, pour frais de gestion (CSP art. L 1331-2). Ces sommes (souvent improprement qualifiées de taxes de raccordement) sont recouvrées comme en matière de contributions directes (CSP art. L 1331-9).

S'agissant d'**immeubles à construire,** seules les parties des raccordements privés situées sous la voie publique sont récupérables par la commune au titre des équipements propres, jusqu'au point de branchement sur le réseau public qui existe (ou serait nécessaire) au droit du terrain (C. urb. art. L 332-15). Au-delà de la localisation de ce point, le renforcement, l'extension ou la création du réseau public sont financés par les recettes du service public sur les usagers, par la PAC ou par la part communale de la taxe d'aménagement ou par l'exigibilité de la participation pour équipement public exceptionnel ou par la prise en charge de ces coûts dans les programmes d'équipements publics de ZAC ou de PUP.

> **Précisions** **L'extension des équipements propres** jusqu'à 100 mètres prévue pour le raccordement aux réseaux d'eau potable ou d'électricité n'est pas applicable au raccordement au réseau d'assainissement collectif (C. urb. art. L 332-15 ; voir nº 43719).

3. SANCTIONS EN CAS DE NON-RACCORDEMENT À L'ÉGOUT PUBLIC

Après mise en demeure restée infructueuse, la commune peut **procéder d'office aux travaux** **42020**
de branchement obligatoires et indispensables aux frais de l'intéressé (CSP art. L 1331-6). Les travaux ainsi exécutés par la commune ont le caractère de travaux publics (CE 30-5-1962, Poplin).

Les propriétaires d'immeubles non raccordés sont, en outre, assimilés à des usagers et peuvent, à ce titre, être astreints au **paiement** d'une somme au moins équivalente à la redevance qu'ils auraient payée au service public d'assainissement (nºs 42150 s.) si leur immeuble avait été raccordé au réseau ou équipé d'une installation d'assainissement autonome réglementaire. Cette somme peut être augmentée d'une **pénalité** allant jusqu'à 400 % par le conseil municipal (CSP art. L 1331-8 modifié par loi 2021-1104 du 22-8-2021 art. 62 ; antérieurement, la majoration pouvait être décidée jusqu'au taux de 100 %).

La majoration n'est pas recouvrée si les obligations de raccordement sont satisfaites dans les 12 mois suivant la notification de la pénalité. Les **litiges** relatifs à ce versement, qui ne peut pas être assimilé à la redevance d'assainissement, relèvent de la compétence du juge administratif (T. confl. 13-12-2004 n° 3424, Cts Tiberghien c/ Sté des Eaux du Nord et de la communauté urbaine de Lille).

Les branchements sur les réseaux publics doivent être maintenus en **bon état de fonctionnement.** Ainsi, l'entretien d'une canalisation non incorporée au réseau public d'assainissement, en dépit de sa longueur et de raccordements de fait de propriétés privées n'appartenant pas à la copropriété d'un immeuble est à la charge de celle-ci (CAA Marseille 13-6-2019 n° 18MA00223, Syndicat des copropriétaires de l'immeuble Les Hauts de Cannes). La commune peut en contrôler les qualités techniques et s'assurer de l'absence de dysfonctionnement (CSP art. L 1331-4).

4. DÉTERMINATION DU REDEVABLE DE L'OBLIGATION DE RACCORDEMENT

42050 Les coûts de réalisation des branchements sur les réseaux publics sont à la **charge exclusive** des propriétaires des immeubles (CSP art. L 1331-4) ; des difficultés peuvent toutefois être rencontrées, d'une part, pour déterminer le propriétaire dans certaines hypothèses particulières, d'autre part, en ce qui concerne les rapports entre le propriétaire et les occupants de l'immeuble.

VENTE DE L'IMMEUBLE

42055 La commune réclame les frais de raccordement au vendeur tant que la **vente** n'a pas été **publiée** au fichier immobilier. Les parties ont donc intérêt à préciser dans le contrat leurs obligations respectives à cet égard. En général, les frais afférents à un immeuble non encore raccordé sont mis à la charge de l'acquéreur.

Il incombe cependant au vendeur de faire connaître à son acheteur l'obligation de raccordement qui pèse sur l'immeuble ; à défaut l'acquéreur pourrait estimer avoir été l'objet de manœuvres dolosives malgré le caractère légal de l'obligation de raccordement.

USUFRUIT OU DROIT D'USAGE ET D'HABITATION

42060 Les frais de raccordement et de branchement étant une **charge de la propriété** ils doivent donc être payés par le nu-propriétaire, conformément à l'article 609 du Code civil, mais l'usufruitier lui doit les intérêts. Si l'usufruitier avance ces frais, il a droit à la répétition du capital à la fin de l'usufruit.

La dépense incombe en totalité au nu-propriétaire, qu'il s'agisse du branchement, du raccordement ou des taxes.

Le **locataire** de l'usufruitier n'a pas de lien de droit avec le nu-propriétaire. Il ne peut demander l'exécution des travaux qu'à l'usufruitier bailleur.

42065 Dans le cas de **droit d'usage** et d'**habitation,** le titulaire de ce droit ne peut, en principe, être tenu que des intérêts des frais supportés à titre obligatoire par le propriétaire (C. civ. art. 635, qui se réfère à l'article 609).

Selon d'autres opinions, il n'aurait à supporter aucune des charges de raccordement et paierait seulement la redevance d'assainissement à la commune.

IMMEUBLE DONNÉ EN LOCATION

42070 Les frais du raccordement à l'égout incombant au propriétaire bailleur, le locataire ne pourrait se les voir réclamer qu'en vertu d'une **clause expresse** du bail (Cass. 3e civ. 17-10-1990 n° 89-14.823 : Bull. civ. III n° 187).

5. REDEVANCE D'ASSAINISSEMENT COLLECTIF

42150 Lorsqu'un réseau d'assainissement est créé, la commune (ou le groupement de communes compétent en matière d'assainissement) doit le gérer et l'entretenir. Ce service, obligatoirement à caractère industriel et commercial (CGCT art. L 2224-11), est soumis, quel que soit son mode d'exploitation (régie directe, affermage ou concession) au principe de l'équilibre des recettes et des dépenses. La redevance d'assainissement est affectée à l'équilibre des budgets des services en charge des réseaux d'assainissement.

Cette **redevance** est **assise sur** le volume d'eau prélevé par l'usager du service d'assainissement sur les ressources d'eau locales. Elle est **due par** les usagers du réseau ou, à défaut, par les propriétaires des immeubles (CGCT art. R 2224-19-1 à R 2224-20). Elle n'est pas exigible des riverains d'une rue non desservie par le réseau d'assainissement (Rép. Prévoteau : Sén. 20-8-1980 p. 3563 n° 33376).

La redevance d'assainissement collectif comprend une partie variable et, le cas échéant, une partie fixe (CGCT art. R 2224-19-2). Le mode de **calcul** de la partie fixe de la redevance d'assainissement collectif doit permettre de garantir que son montant est proportionné avec le coût du service rendu (jugé à propos d'une maison de retraite que le nombre de chambres constitue un critère pertinent pour déterminer la partie fixe de la redevance : CE 27-10-2016 n° 383501 : BPIM 1/17 inf. 15). De même, la redevance peut être calculée différemment lorsque les coûts de créations d'un nouveau réseau d'assainissement ne bénéficient que pour partie à des constructions antérieurement desservies par un autre réseau public ; la modulation de la redevance qui en résulte ne méconnaît pas le principe d'égalité devant les charges publiques (CE 22-10-2021 n° 436256 : BPIM 6/21 inf. 362).

> **Précisions** Lorsque l'abonné au service d'eau et d'assainissement est un **locataire,** il est seul redevable du paiement de la facture et le propriétaire ne peut pas être tenu responsable du non-acquittement de la redevance (Rép. Masson : Sén. 30-5-2013 p. 1646 n°s 1537 et 2738). Sur cette question, voir n° 42180, Conseil pour la redevance d'assainissement non collectif.

6. REDEVANCE D'ASSAINISSEMENT NON COLLECTIF

Les communes et groupements de communes compétents en assainissement peuvent instituer une redevance d'assainissement non collectif lorsqu'elles décident d'assurer le **contrôle des installations** des immeubles non raccordés ou non raccordables à un réseau public d'assainissement (CGCT art. L 2224-12-2 et L 2224-8, III). Ces missions de contrôle concernent tous projets d'installation et toutes installations de dispositifs autonomes d'assainissement. 42180

Les propriétaires peuvent accepter que les services publics d'assainissement non collectif assurent l'**entretien** de leurs installations. Les montants de redevance dus par les propriétaires sont modulés en fonction des missions assumées pour le compte des propriétaires.

CONSEIL

La redevance perçue pour la vérification de la conception et l'exécution des installations est facturée au propriétaire de l'immeuble. En revanche, la redevance pour le diagnostic de bon fonctionnement et d'entretien, lequel est obligatoire seulement pour les installations de plus de huit ans, est **facturée à l'occupant,** titulaire de l'abonnement d'eau, qui peut être le propriétaire ou le locataire de l'immeuble (Rép. Masson : Sén. 30-5-2013 p. 1646 n°s 1537 et 2738). La redevance pour le diagnostic de bon fonctionnement et d'entretien étant facturée au titulaire de l'abonnement au réseau d'eau (CGCT art. R. 2224-19-5, 8 et 9), il est recommandé au service public d'assainissement non collectif d'identifier le propriétaire comme **redevable** puisque, avec un seul interlocuteur, le service évite d'avoir à actualiser des dossiers à chaque changement d'occupant dont il n'a pas forcément connaissance sauf s'il est aussi le gestionnaire du réseau d'eau potable. À charge pour le propriétaire de récupérer son règlement au titre des charges locatives (Rép. Mouiller : Sén. 10-3-2022 n° 24443).

B. Participations pour le financement des réseaux publics d'assainissement

DEUX RÉGIMES DE CONTRIBUTIONS

Sont exigibles lors des **demandes de raccordement** de nouveaux immeubles au réseau public d'assainissement collectif : la participation pour le financement des réseaux d'assainissement collectif (PAC) et la participation pour rejets d'eaux usées assimilables aux effluents domestiques. 42250

1. PARTICIPATION POUR LE FINANCEMENT DES RÉSEAUX D'ASSAINISSEMENT COLLECTIF (PAC)

La participation pour le financement des réseaux d'assainissement collectif (PAC) remplace la participation pour raccordement à l'égout (PRE) depuis le **1er juillet 2012.** 42270

Le dispositif de la PAC conserve celui de l'ancienne PRE. On notera toutefois une extension du champ d'application : la PRE n'était exigible que lors de l'édification d'un nouvel immeuble (voir n° 42285).

INSTITUTION DE LA PARTICIPATION POUR LE FINANCEMENT DES RÉSEAUX D'ASSAINISSEMENT COLLECTIF (PAC)

42275 La PAC est instituée par délibération du conseil municipal ou des groupements de communes ou du conseil de la métropole de Lyon compétents pour la réalisation et l'exploitation des réseaux d'assainissement.

À défaut d'avoir été instituée en remplacement de la PRE dès le 1er juillet 2012, la PAC n'est pas exigible des raccordements effectués en l'absence de délibération l'instituant en vigueur à la date du raccordement au réseau public (CAA Nantes 16-2-2018 n° 16NT01156, Syndicat assainissement Breteville-l'Orgueilleuse).

La loi ne prévoit pas de possibilité d'**exonération** de la PAC. Les délibérations portant institution de la participation ne peuvent donc pas prévoir d'exonération au profit de certains immeubles, chaque immeuble bénéficiaire du réseau public d'assainissement devant contribuer en proportion du service qui lui est rendu (Rép. Dulait : Sén. 30-10-2008 p. 2174 n° 02116 rendue en matière de PRE transposable à la PAC). Les délibérations ne peuvent pas non plus organiser d'exonération en fonction de la nature du maître de l'ouvrage (public ou privé par exemple) ou de la destination des logements ou des constructions (Rép. Zimmermann : AN 20-5-2014 p. 4103 nos 20065 et 22651).

Ainsi, une commune ne peut pas décider d'exonérer, même partiellement, la construction de logements locatifs sociaux (CE 6-6-2018 n° 399932, SCI Lasserre Promotions et SCI Dolphaf : BPIM 4/18 inf. 259 ; solution rendue en matière de PRE mais transposable à la PAC).

CHAMP D'APPLICATION DE LA PARTICIPATION POUR LE FINANCEMENT DES RÉSEAUX D'ASSAINISSEMENT COLLECTIF (PAC)

42280 La PAC est **exigible des propriétaires** des immeubles soumis à l'obligation de raccordement au réseau public de collecte des eaux usées (CSP art. L 1331-1).

Elle est donc applicable :

– aux constructions nouvelles qui doivent être obligatoirement raccordées au réseau public existant ;

– aux extensions ou réaménagements d'immeubles existants déjà raccordés qui génèrent des rejets d'eaux usées supplémentaires ;

– aux constructions préexistantes lors de la mise en service du réseau public. Les constructions préexistantes dotées d'un dispositif autonome de traitement de leurs eaux usées doivent le fermer et se raccorder dans un délai de deux ans après la mise en service du réseau public. Ce délai peut être porté à 10 ans par arrêté approuvé par le préfet. La collectivité compétente pour le réseau public d'assainissement n'est pas obligée de procéder au recouvrement de la PAC lors du raccordement des constructions antérieurement autorisées et pour lesquelles les propriétaires ont été astreints à la mise en place d'un dispositif autonome (Rép. de Rugy : AN 10-3-2015 p. 1717 n° 8984) ;

– aux constructions raccordées, non directement mais par convention, à un réseau collectif privé lequel se déverse dans le réseau collectif public (CAA Marseille 5-3-2018 n° 16MA01600, Cne de Buzignargues).

La PAC n'est **pas exigible** lorsque les extensions ou réaménagements d'immeubles ne génèrent pas d'augmentation du volume des eaux usées, ni lorsqu'il n'y a pas lieu de raccorder au réseau de collecte des eaux usées notamment lorsque les rejets industriels sont collectés par une entreprise spécialisée (CAA Marseille 14-9-2020 n° 19MA00046, Régie des eaux du canal Belletrud). Elle n'est pas non plus exigible au titre d'un hypothétique changement ultérieur de destination des locaux réaménagés (CAA Lyon 16-5-2019 n° 17LY03692, Syndicat intercommunal de la zone verte du Grésivaudan).

FAIT GÉNÉRATEUR DE LA PARTICIPATION POUR LE FINANCEMENT DES RÉSEAUX D'ASSAINISSEMENT COLLECTIF (PAC)

42285 Le fait générateur de la PAC est constitué par la date du **raccordement** au réseau public de collecte des eaux usées d'un immeuble, d'une extension d'immeuble ou de la partie réaménagée dès lors que le raccordement génère des eaux usées supplémentaires. Le redevable de la participation est le propriétaire de la construction à la date du raccordement (CSP art. L 1331-7 et CAA Bordeaux 4-7-2024 nos 22BX01786 et 22BX02369). À la différence de l'ancienne PRE, cette exigibilité des immeubles nouvellement édifiés ne résulte pas de la prescription dans les permis d'aménager ou de construire (n° 41810). En ce sens, la PAC n'aurait plus le caractère de contribution d'urbanisme ; cela étant, compte tenu des règles de non-cumul qui demeurent applicables (n° 42300) et de son montant parfois supérieur à celui de la part communale de la taxe d'aménagement, les bilans des constructeurs ne peuvent pas en faire abstraction.

La PAC n'est **pas exigible** dans les cas suivants : lorsque le raccordement a été effectué avant le 1er juillet 2012 ; lorsque le pétitionnaire a déposé sa demande avant le 1er juillet 2012 puisqu'il est redevable de la PRE par prescription dans le permis obtenu ; lorsque le permis est assujetti à la part communale de TA majorée notamment pour le financement du réseau d'assainissement (Rép. Zimmermann : AN 4-3-2014 p. 2060 n° 40431).

Également jugé que la PAC ne peut pas être obtenue des propriétaires ayant acquitté la PRE prescrite dans un permis de construire délivré avant le 1er juillet 2012 (CAA Lyon 6-12-2016 n° 16LY00514, Cne de Laps) quand bien même les avis de mise en recouvrement seraient émis après le 1er juillet 2012 (CE 11-10-2017 n° 402981 Cne de Moussac : BPIM 6/17 inf. 404). La PAC étant substituée à la PRE, elle est exigible des bénéficiaires de permis de construire délivrés dans les lotissements autorisés avant le 1er juillet 2012 lorsque le lotisseur n'a pas acquitté la PRE (CAA Bordeaux 16-6-2020 n° 18BX01399, Syndicat intercommunal d'assainissement de la Haute-Vallée d'Aure).

MONTANT DE LA PARTICIPATION POUR LE FINANCEMENT DES RÉSEAUX D'ASSAINISSEMENT COLLECTIF (PAC)

La PAC est dotée du même mode de calcul légal que l'ancienne PRE. Elle doit être fixée **dans la limite de** 80 % du coût de fourniture et de pose de l'installation d'évacuation ou d'épuration individuelle réglementaire ou la mise aux normes d'une telle installation nécessaire au fonctionnement de l'immeuble en l'absence du bénéfice de l'accès au réseau public d'assainissement. **42290**

Dans un souci évident de simplification, les techniques de **barèmes forfaitaires** pratiqués en matière de PRE depuis 1959 peuvent être réemployées pour déterminer le montant exigible des propriétaires de chaque immeuble. Ces barèmes peuvent prendre diverses formes : forfait par unité de construction, par mètre carré de surface de plancher, par tranche de surface. Comme en matière de PRE, les tarifs mis en œuvre ne doivent pas avoir pour effet d'appeler un montant supérieur au plafond légal de 80 % du coût du dispositif autonome qui aurait été nécessaire pour assurer le traitement des eaux usées de l'immeuble. Ainsi, est légale la délibération retenant un barème forfaitaire de 2 709 € par logement dès lors qu'il ne dépasse pas 80 % du coût total (16 716 €) de fourniture et de pose d'une microstation pour cinq équivalents-habitants et d'une fosse toutes eaux de 4 000 litres (CAA Bordeaux 17-6-2021 n° 19BX02806, Cne de Grayan et l'Hôpital).

Le **montant** de la PAC peut être **différencié** selon qu'il s'agit de constructions nouvelles ou de constructions existantes nécessitant une simple mise aux normes (Circ. ETLL1309352C du 18-6-2013 § 1.5.1.3 : BO Écologie 2013/12 du 10-7-2013 p. 181).

> **Précisions** En cas de création d'une **commune nouvelle,** les délibérations concernant les modalités de calcul de la participation en vigueur sur le territoire de chaque ancienne commune sont maintenues au titre de l'année de création de la commune nouvelle (CSP art. L 1331-7 dernier alinéa).

RECOUVREMENT ET CONTENTIEUX DE LA PARTICIPATION POUR LE FINANCEMENT DES RÉSEAUX D'ASSAINISSEMENT COLLECTIF (PAC)

La PAC est recouvrée auprès des propriétaires comme en matière de **contributions directes** ; les réclamations et le contentieux également (CSP art. L 1331-9). **42295**

PRINCIPE DE NON-CUMUL

La participation n'est **pas cumulable avec** l'application des autres contributions d'urbanisme lorsqu'elles sont mises en œuvre pour le financement effectif de tout ou partie des réseaux publics d'assainissement ou de traitement des eaux usées : PUP (en ce sens CE 12-5-2023 n° 464062), PAE institués avant le 1er mars 2012, PVR instituées avant le 1er janvier 2015, secteurs de majoration du taux de la part communale de la taxe d'aménagement (TA) et participation pour équipements publics exceptionnels. **42300**

La PAC n'est pas non plus applicable aux immeubles dont les propriétaires ont été astreints, par une prescription figurant dans un permis de construire ou d'aménager à la suite d'une demande déposée avant le 1er juillet 2012, à verser la participation pour raccordement à l'égout (CAA Lyon 29-4-2021 n° 19LY03413 : BPIM 3/21 inf. 181 et CE 1-6-2023 nos 454068, 454067, 454066).

En **ZAC,** la PAC est due lors du raccordement des nouvelles constructions (CSP art. L 1331-7, al. 2), mais son montant est réduit des sommes supportées par l'aménageur de la ZAC ou les bénéficiaires de permis d'aménager ou de construire, pour le financement des équipements des services publics d'assainissement en application de l'article L 311-4 du Code de l'urbanisme.

En revanche, la PAC est due en **cumul** avec la part communale de la TA, y compris en secteurs différenciés définis en application des articles 1635 quater L, I-2 et 1635 quater N du CGI (anciens articles L 331-14 et L 331-15 du Code de l'urbanisme, abrogés au 1er septembre 2022) et dans les périmètres de PUP, **si les aménagements et équipements à réaliser** ne concernent aucun des éléments constitutifs du réseau public d'assainissement (Circ. ETLL1309352C précitée du 18-6-2013 § 1.5.1.3 ; Rép. Herzog : Sén. 11-4-2019 n° 7807).

ATTENTION

Dans les situations où les propriétaires des terrains d'assiette des immeubles réalisent à leurs frais les branchements de leurs opérations sur les réseaux publics d'assainissement, les **frais de branchements** sous voie publique qu'ils supportent ne sont **pas déductibles** des montants de PAC dont ils sont redevables (Rép. Cardoux : Sén. 6-12-2018 n° 6466).

2. PARTICIPATION POUR REJETS ASSIMILABLES AUX EFFLUENTS DOMESTIQUES

CHAMP D'APPLICATION

42330 Les **propriétaires** d'immeubles ou d'établissements rejetant des eaux usées assimilables à des eaux usées domestiques peuvent être assujettis à une participation dont le montant tient compte de l'économie qu'ils réalisent en évitant le coût d'une installation individuelle (CSP art. L 1331-7-1 créé par la loi 2011-525 du 17-5-2011 art. 37).

Ces dispositions ont vocation à s'appliquer aux implantations de **locaux et activités économiques** (centres commerciaux, hôtels ou ensembles d'activités tertiaires, par exemple) dont les rejets sont assimilables à des rejets d'eaux usées domestiques. Compte tenu de son champ d'application, ce régime de participation est distinct de celui de la PAC.

EXIGIBILITÉ

42335 La contribution est exigible, dans des conditions fixées par l'organe délibérant du service public de collecte des eaux usées domestiques, lorsque le raccordement des immeubles impose des **travaux importants** de renforcement et d'extension des réseaux et des ouvrages d'épuration des eaux usées.

La situation des **immeubles** ou installations **raccordés** au réseau public de collecte **sans autorisation** à la date d'entrée en vigueur de la loi précitée (n° 42330), soit le 19 mai 2011, doit être régularisée en présentant au service d'assainissement chargé de la collecte des eaux usées du lieu d'implantation de l'immeuble ou de l'installation une déclaration justifiant d'une utilisation de l'eau dans des conditions assimilables à un usage domestique. En l'absence de déclaration dans l'année suivant la publication de la loi précitée, le paiement d'une somme équivalente à la redevance d'assainissement normalement due est exigible. Cette somme peut être majorée jusqu'à 400 % (CSP art. L 1331-8).

La majoration précitée n'est pas recouvrée si les obligations de raccordement sont satisfaites dans les douze mois suivant la notification de la pénalité.

MONTANT

42340 Le montant de la participation prend notamment en compte l'**économie réalisée** en évitant le coût d'une installation d'évacuation ou d'épuration individuelle réglementaire.

RECOUVREMENT ET CONTENTIEUX

42345 La participation est recouvrée auprès des propriétaires comme en matière de **contributions directes** ; les réclamations et le contentieux également (CSP art. L 1331-9).

C. Participations générales d'urbanisme

HISTORIQUE DES PARTICIPATIONS D'URBANISME

42450 Jusqu'au 31 décembre 2014, le Code de l'urbanisme a organisé divers régimes de participations ponctuelles exclusivement dues des bénéficiaires de permis d'aménager ou de construire. Ces participations générales d'urbanisme – exigibles par **nature d'équipements publics,** par exemple pour le financement des équipements des services publics industriels et commerciaux – étaient ainsi distinctes des régimes de participations pour le financement de programmes d'équipements publics rendus nécessaires pour l'aménagement de nouveaux secteurs d'urbanisation donnant lieu à la mise en place des procédures de financement spécifiques : ZAC, PUP, PVR et ancien PAE.

À l'exception de la participation pour équipements publics exceptionnels, ces régimes de participations ponctuelles sont définitivement abrogés et prohibés par le premier alinéa de l'article L 332-6 du Code de l'urbanisme.

En outre, la participation des riverains pour création de voies nouvelles en Alsace et Moselle demeure applicable aux autorisations délivrées au-delà du 1er janvier 2015 (C. urb. art. L 332-6, 2°).

L'ensemble de ces régimes de participations est étudié ci-après, y compris ceux qui sont totalement abrogés, afin de préciser les conséquences de leur éventuelle prescription dans les autorisations délivrées antérieurement.

1. PARTICIPATION POUR NON-RÉALISATION D'AIRES DE STATIONNEMENT (PERMIS DÉLIVRÉS JUSQU'AU 31 DÉCEMBRE 2014)

MODALITÉS ET CONSÉQUENCES DE L'ABROGATION

L'abrogation de la participation pour non-réalisation d'aires de stationnement est intervenue au 1er janvier 2015. Avant cette date, elle n'était plus applicable dans les secteurs d'aménagement où le taux de la taxe d'aménagement (TA) avait été fixé à un niveau supérieur à 5 % (C. urb. art. L 331-15). Le régime de cette participation était défini aux articles L 332-7-1 et R 332-17 à R 332-23 du Code de l'urbanisme auxquels il convient de se reporter pour les dossiers de permis de construire assujettis et délivrés jusqu'au 31 décembre 2014. **42470**

Depuis le 1er janvier 2015, les **autorisations ne peuvent plus être délivrées** si les projets de construction présentent une insuffisance de places de stationnement (constitutifs d'équipements propres, voir n° 43710) au regard des dispositions du document d'urbanisme applicable ou ne sont pas en mesure d'être réputés y satisfaire aux moyens des possibilités de substitution permis, à savoir : la réalisation des places manquantes à proximité des projets de construction ou la justification de l'acquisition de places dans un parc de stationnement privé situé également à proximité, ou la justification, dans les mêmes conditions, de la disposition de places dans un parc public de stationnement existant ou en cours de construction. Une même place ne peut être prise en compte pour la délivrance d'une nouvelle autorisation (C. urb. art. L 151-33).

PRINCIPE ET CHAMP D'APPLICATION

La participation pour non-réalisation d'aires de stationnement pouvait être instituée par délibération du conseil municipal des communes dotées d'un **plan local d'urbanisme.** **42475**

Elle constituait un substitut complémentaire à l'obligation de réaliser un nombre d'aires de stationnement en conformité avec les règles fixées par l'article 12 du document d'urbanisme.

MONTANT DE LA PARTICIPATION POUR NON-RÉALISATION D'AIRES DE STATIONNEMENT

Dans sa délibération institutive, la commune fixait le montant de la participation dans la limite d'un **plafond** légal de 12 195,92 € au 1er janvier 2001. **42480**

Ce plafond légal et le montant fixé par la commune étaient actualisés chaque année au 1er novembre en fonction de l'évolution de l'indice du coût de la construction publié par l'Insee.

Pour chaque période annuelle considérée depuis l'introduction de l'euro, les montants plafonds applicables étaient les suivants :

Périodes	Valeurs nettes
Du 1er janvier 2001 au 31 octobre 2001	12 195,92 €
Du 1er novembre 2001 au 31 octobre 2002	12 325,78 €
Du 1er novembre 2002 au 31 octobre 2003	12 585,50 €
Du 1er novembre 2003 au 31 octobre 2004	13 007,54 €
Du 1er novembre 2004 au 31 octobre 2005	13 710,94 €
Du 1er novembre 2005 au 31 octobre 2006	13 808,34 €

Périodes	Valeurs nettes
Du 1er novembre 2006 au 31 octobre 2007	14 782,28 €
Du 1er novembre 2007 au 31 octobre 2008	15 527,80 €
Du 1er novembre 2008 au 31 octobre 2009	16 902,03 €
Du 1er novembre 2009 au 31 octobre 2010	16 209,50 €
Du 1er novembre 2010 au 31 octobre 2011	16 415,10 €
Du 1er novembre 2011 au 31 octobre 2012	17 237,48 €
Du 1er novembre 2012 au 31 octobre 2013	18 027,39 €
Du 1er novembre 2013 au 31 octobre 2014	17 713,59 €
Du 1er novembre 2014 au 31 décembre 2014	17 540,45 €

Pour chaque opération, le montant de la participation prescrite résultait de la multiplication du nombre d'aires de stationnement manquantes par le montant (actualisé au 1er novembre précédent) prévu par la délibération du conseil municipal.

FAIT GÉNÉRATEUR ET LIQUIDATION DE LA PARTICIPATION POUR NON-RÉALISATION D'AIRES DE STATIONNEMENT

42485 Le fait générateur de la participation était la délivrance du **permis de construire** ou l'arrêté de prescription des participations intervenant dans les deux mois suivant la délivrance d'un permis tacite ou la décision de non-opposition à une déclaration préalable. Un procès-verbal d'infraction ne pouvait pas entraîner le versement de la participation ; celle-ci pouvait toutefois être prescrite dans une autorisation de régularisation.

RECOUVREMENT DE LA PARTICIPATION POUR NON-RÉALISATION D'AIRES DE STATIONNEMENT

42490 Le recouvrement était assuré par le receveur municipal. Le versement devait avoir lieu dans le **délai** d'un an suivant la notification du titre de recette émis par l'ordonnateur de la commune.

Demeurent solidairement tenus à ce versement les garants de l'achèvement de l'immeuble, même après cessation de leur obligation de garantie.

Les **poursuites** ont lieu comme en matière d'impôts directs et la prescription est acquise à la fin de la 4e année suivant celle de la délivrance du permis de construire.

Des **dégrèvements** et des restitutions peuvent intervenir en cas de réduction de l'importance d'un projet ayant pour effet de réduire le nombre de places de stationnement manquantes, et en cas de péremption, de retrait ou d'annulation du permis de construire, ou de démolition pour violation de droits privés. Il en est de même si la commune n'a pas, dans les cinq ans du paiement, affecté la participation à la réalisation d'un parc public de stationnement (C. urb. art. R 332-20 à R 332-22 anciens). La commune peut justifier de l'affection de la participation en principe par ses documents budgétaires et tous autres moyens (CE 11-3-2020 nº 421445, Cne d'Arpajon : BPIM 3/20 inf. 189).

CONTENTIEUX DE LA PARTICIPATION POUR NON-RÉALISATION D'AIRES DE STATIONNEMENT

42495 Les litiges d'assiette relèvent des tribunaux administratifs et ceux du recouvrement, des règles applicables en matière d'impôts directs. Les réclamations sur l'**assiette** et la **liquidation** du versement sont adressées au maire ; celles relatives au **recouvrement** sont adressées au receveur municipal (C. urb. art. R 332-23 ancien).

2. PARTICIPATION POUR LA RÉALISATION D'ÉQUIPEMENTS PUBLICS EXCEPTIONNELS

PRINCIPES GÉNÉRAUX

42530 Le régime de la participation pour la réalisation d'équipements publics exceptionnels est prévu et défini à l'article L 332-8 du Code de l'urbanisme.

La participation tend à attribuer à la collectivité compétente, pour la réalisation d'un équipement public rendu exceptionnellement nécessaire par une opération, la totalité du financement de cet équipement. La **participation incombe** au bénéficiaire de l'autorisation d'occuper le sol.
Elle est applicable opération par opération et est **cumulable** avec les autres taxes et participations d'urbanisme.

CHAMP D'APPLICATION DE LA PARTICIPATION POUR LA RÉALISATION D'ÉQUIPEMENTS PUBLICS EXCEPTIONNELS

La participation pour la réalisation d'équipements publics exceptionnels peut être exigée pour toutes les opérations de constructions ou installations à usage d'**activités industrielle, commerciale, agricole ou artisanale** qui, par leur nature, situation ou importance, nécessitent la réalisation d'équipements publics exceptionnels. Les activités industrielles visées sont notamment celles relatives aux communications électroniques (C. urb. art. L 332-8). **42535**
A contrario, ce régime de contribution n'est pas applicable aux opérations ou parties d'opérations tendant à la construction de **locaux d'habitation** ou de locaux affectés à des services publics ou à des organismes à but non lucratif. Son application à une opération de construction de logement est illégale, ouvre droit à l'action en répétition de l'article L 332-30 du Code de l'urbanisme et peut être constitutive du délit de concussion (Rép. Zimmermann : AN 20-10-2009 p. 9944 n° 43146). La construction de locaux d'hébergement exploités commercialement peut toutefois appeler l'application de la participation. Ainsi, une résidence de tourisme comprenant 100 logements meublés et 31 villas, destinés à une occupation temporaire sous forme de location à la semaine ou de courte durée et comprenant par ailleurs des services et des équipements sportifs communs constitue un établissement commercial permettant l'application de la participation pour équipements publics exceptionnels, notamment d'aménagement de voirie publique et de création d'un giratoire (CAA Nantes 13-2-2015 n° 13NT03270).

NOTION D'ÉQUIPEMENTS PUBLICS EXCEPTIONNELS

Les équipements dont le coût peut ainsi être intégralement mis à la charge de l'opérateur s'entendent des équipements publics rendus **totalement nécessaires** par l'implantation nouvelle de constructions ou installations à usage d'activités commerciales, industrielles, agricoles ou artisanales. **42540**
De tels équipements peuvent être intégrés dans la liste des équipements financés dans le cadre d'une convention de **PUP.** Le maître d'ouvrage public peut dès lors être assuré de l'obtention du financement préalablement à la réalisation des constructions à usage d'activité économique.
En cas d'application erronée de la participation pour équipement public exceptionnel, le juge peut procéder à une substitution de base légale pour faire application des dispositions de l'article L 332-15 du Code de l'urbanisme dès lors que les conditions d'application se trouvaient réunies et que la procédure suivie n'a privé le pétitionnaire d'aucune garantie ; l'administration dispose du même pouvoir d'appréciation pour appliquer l'une ou l'autre de ces deux dispositions (CE 7-7-2010 n° 311477, EARL des Noels).

Les **exemples** les plus fréquents concernent les aménagements de carrefours, les créations de voies d'accès, passages sur ou sous voies publiques pour la desserte de zones d'activités. Il peut s'agir également de la réalisation de stations d'épuration ou de réseaux divers nécessités par l'implantation des locaux d'activités. **42545**
Un **lien de causalité direct** doit exister entre le projet de construction et la nécessité de l'équipement public. Ainsi l'aménagement d'un carrefour, dont la réalisation était déjà envisagée au moment où le permis de construire a été demandé, ne constitue pas un équipement public exceptionnel (CAA Nancy 2-4-1998 n° 95NC00819, SNC Lidl). Il en va de même de l'aménagement d'un créneau de dépassement destiné à faciliter la circulation des véhicules pour faire face à l'augmentation du trafic poids lourds générée par la construction d'un poulailler : il s'agit d'un aménagement courant de la voirie bénéficiant à l'ensemble des usagers qui ne peut donc pas donner lieu à participation (CAA Nantes 17-6-2016 n° 15NT01228, Cne d'Oizon).

Les travaux d'extension ou de renforcement du réseau de distribution d'électricité en vue de l'implantation d'une infrastructure de téléphonie mobile sont susceptibles d'être regardés comme des équipements publics exceptionnels eu égard, d'une part, à la nature de l'opération, qui répond à l'intérêt public attaché à la couverture du territoire national par le réseau de téléphonie mobile, et, d'autre part, à sa situation d'éloignement des zones desservies en électricité (CE 18-12-2024 nº 490274, Stés Bouygues Télécom et Cellnex France).

Jugé, pour un lotissement, que les travaux d'amélioration de l'accès ne pouvaient être regardés, eu égard à leur localisation, à leur importance et à leur coût, comme se rapportant à la réalisation d'équipements publics exceptionnels. Les travaux mis à la charge du lotisseur ne constituaient que des « travaux d'aménagement courant de la voie exécutée » (CAA Nancy 5-2-1998 nº 94NC01306, Cne de Lezennes).

En revanche, constituent des équipements publics exceptionnels des réseaux de 800 mètres, nécessaires à la desserte en eau potable et en électricité de nouveaux bâtiments d'exploitation agricole (TA Dijon 20-6-2002 nº 01244/MR, Bien vivre à la campagne). L'élargissement et le renforcement de la voie qui, construite sur un terrain de nature instable, n'était pas initialement prévue pour le trafic induit par l'installation d'une importante porcherie constituent également un équipement public exceptionnel (CAA Bordeaux 13-10-2010 nº 10BX00504, Cne de Saint-Alpinien). Il en va de même des travaux de renforcement du réseau électrique pour satisfaire les exigences de sécurité pour desservir un magasin (CAA Lyon 27-3-2012 nº 11LY01792, Stés Laucel).

> **Précisions** En l'absence de **droit de suite,** le raccordement de nouvelles constructions aux réseaux publics d'eau et d'électricité en contrepartie de la prescription dans le permis de construire délivré à un exploitant agricole d'une participation pour équipement public exceptionnel ne lui permet pas de demander une participation financière auprès de propriétaires de terrains qu'il aurait contribué à desservir (Rép. Masson : Sén. 20-10-2011 p. 2695 nº 17053).

MONTANT DE LA PARTICIPATION POUR LA RÉALISATION D'ÉQUIPEMENTS PUBLICS EXCEPTIONNELS

42550 Le montant de la participation pour la réalisation d'équipements publics exceptionnels est étroitement lié au type de projet et à l'équipement public à réaliser (Rép. Masson : Sén. 21-12-2017 nº 373).

La participation ne peut être supérieure au **coût d'investissement** de l'équipement public à réaliser. En ce sens, le montant de la participation doit être ramené à la hauteur du coût des travaux d'équipements effectivement réalisés (CAA Bordeaux 13-10-2010 nº 10BX00504, Cne de Saint-Alpinien).

Lorsque la maîtrise d'ouvrage relève d'une autorité autre que celle qui est compétente pour la délivrance de l'autorisation, le montant est fixé après accord avec la collectivité publique compétente ou son concessionnaire. Ainsi, le maire et le conseil municipal ne sont compétents pour fixer le montant de la participation qui est légalement due, entre autres conditions, que si son montant prescrit par le maire a été préalablement fixé après accord du maître d'ouvrage de l'équipement public à financer (CAA Lyon 1-4-2021 nº 19LY03505, Sté CNG Immo : BPIM 3/21 inf. 180).

FAIT GÉNÉRATEUR DE LA PARTICIPATION POUR LA RÉALISATION D'ÉQUIPEMENTS PUBLICS EXCEPTIONNELS

42555 Le fait générateur de droit commun est le permis de construire. Toutefois, l'article L 332-12 du Code de l'urbanisme permet d'exiger la participation des bénéficiaires de permis **d'aménager** ou des **AFU** et des **Afup** dès lors que les constructions rendues possibles par les opérations autorisées seront de nature commerciale, industrielle, artisanale ou agricole.

En cas d'**abandon du projet** autorisé, le pétitionnaire peut obtenir la décharge de la participation versée sous déduction des sommes effectivement utilisées pour la réalisation de l'équipement public concerné (CE 6-3-2006 nº 266346, SNC Le Triangle : RJF 5/06 nº 540).

Lorsqu'elle est prescrite par les actes précités, elle est exigée indépendamment des autres formes de contributions pour le financement des équipements publics. En particulier, elle n'est pas comprise dans la **participation forfaitaire** prévue à l'article L 332-12, c du Code de l'urbanisme.

Pour être légalement exigible, la participation doit être prescrite dans l'autorisation délivrée ou dans l'arrêté spécifique prévu à l'article L 424-6 du Code de l'urbanisme en cas de non-opposition à une déclaration préalable de travaux. La prescription de cette participation doit en préciser le montant et le mode d'évaluation (voir nºs 41810 s.). Sa mise en œuvre ne nécessite pas de délibération préalable ni par la collectivité bénéficiaire ni par l'autorité chargée de la délivrance des autorisations (Rép. Masson : Sén. 21-12-2017 nº 373).

RECOUVREMENT DE LA PARTICIPATION POUR LA RÉALISATION D'ÉQUIPEMENTS PUBLICS EXCEPTIONNELS

Les règles prévues pour le recouvrement des produits locaux sont applicables. **42560**

La participation est affectée au budget communal (CGCT art. L 2331-6, 7°).

Lorsque la participation pour équipements publics exceptionnels est due pour le financement de la création ou de l'extension du réseau d'électricité, elle doit être directement acquittée, par le bénéficiaire de l'autorisation d'occuper le sol, au maître d'ouvrage des travaux d'équipements publics à réaliser.

CONTENTIEUX DE LA PARTICIPATION POUR LA RÉALISATION D'ÉQUIPEMENTS PUBLICS EXCEPTIONNELS

Le contentieux de la participation pour la réalisation d'équipements publics exceptionnels **42565**
est de la compétence du juge administratif.

Le bien-fondé de la participation peut être contesté soit dans le délai de recours contentieux, contre la décision divisible du permis de construire (C. urb. art. L 332-7), soit ultérieurement en exerçant un recours contentieux, dans un délai de deux mois à compter de la réception du titre exécutoire ou, à défaut, du premier acte procédant de ce titre ou de la notification d'un acte de poursuite (CGCT art. L 1617-5, 1°).

> **Précisions** **Ne pas avoir contesté** la participation financière au coût d'équipements publics exceptionnels **lors de la notification du permis de construire** n'interdit pas de le faire à l'appui d'un recours contre le titre exécutoire par lequel l'administration en réclame le paiement (CAA Lyon 1-4-2021 n° 19LY03505, Sté CNG Immo : BPIM 3/21 inf. 180).

RÉGIME FISCAL DE LA PARTICIPATION POUR LA RÉALISATION D'ÉQUIPEMENTS PUBLICS EXCEPTIONNELS

Dès lors que le financement des équipements publics concernés constitue une condition de **42570**
l'autorisation de construire ou d'aménager, exigée dans les conditions de l'article L 332-8 du Code de l'urbanisme, la juridiction administrative retient que la participation est un élément du **prix de revient** de l'opération autorisée : par exemple, construction d'un centre commercial (CE 17-2-1992 n° 74272 : RJF 4/92 n° 433, concl. Martin p. 267) ou opération de lotissement (CE 17-2-1992 n°s 81690 et 82782 : RJF 4/92 n° 433).

Les sommes versées sont donc éventuellement amortissables lorsqu'elles constituent des éléments du prix de revient de nouvelles constructions.

3. CESSIONS GRATUITES DE TERRAINS POUR L'AMÉNAGEMENT D'UNE VOIE PUBLIQUE

Le régime de cette participation, dont le règlement présentait la particularité d'être effectué **42600**
sous la forme d'apport de terrains, était codifié aux articles L 332-6-1, 2° -e et R 332-15 du Code de l'urbanisme.

Le Conseil constitutionnel a déclaré **contraire à la Constitution** le e du 2° de l'article L 332-6-1 du Code de l'urbanisme (Cons. const. 2010-33 QPC du 22-9-2010 : JO 23 p. 17292). Cette déclaration d'inconstitutionnalité a pris effet le 23 septembre 2010 et peut être invoquée dans les instances en cours à cette date et dont l'issue dépend de l'application des dispositions déclarées inconstitutionnelles.

Désormais, le terrain d'assiette nécessaire à l'implantation de voie publique ne peut plus être obtenu gratuitement des bénéficiaires d'autorisation d'occuper le sol, il doit faire l'objet d'acquisition amiable ou par application des dispositions du Code de l'expropriation pour cause d'utilité publique (Rép. Masson : Sén. 6-1-2011 p. 19 n° 15974 ; Rép. Teston : Sén. 24-3-2011 p. 717 n° 16889).

Les cessions gratuites prescrites pour des opérations achevées (parfois depuis plusieurs décennies) et qui n'ont pas fait l'objet d'un acte authentique portant transfert de propriété avant l'entrée en vigueur de la décision du Conseil constitutionnel ne peuvent plus être mises en œuvre (Rép. Carle : Sén. 6-1-2011 p. 19 n° 15397 ; Rép. Reiner : Sén. 3-2-2011 p. 247 n° 16345).

> **Précisions** La déclaration d'inconstitutionnalité ne vise pas les **autres formes de cessions gratuites** de terrain organisées par le Code de l'urbanisme (Circ. DEVU1027215C du 12-11-2010 : BO Écologie 2010/23 du 25-12-2010 p. 64) notamment les cessions :
> – par lesquelles les constructeurs ou lotisseurs peuvent remettre, sans indemnité, le terrain nécessaire à l'implantation de postes de détente de gaz ou de transformation électrique nécessaires pour leurs opérations (C. urb. art. R 332-16) ;
> – par lesquelles un propriétaire foncier accepte

de céder gratuitement une partie de son terrain situé en emplacement réservé du PLU (C. urb. art. R 123-10 dans sa rédaction antérieure au décret 2015-1783 du 28 décembre 2015) ;

– par lesquelles un propriétaire foncier reçoit un terrain en contrepartie de la remise gratuite de son terrain classé en espace boisé dans le PLU (C. urb. art. L 113-1 et L 113-3).

4. PARTICIPATION DES RIVERAINS POUR CRÉATION DE VOIES NOUVELLES EN ALSACE-MOSELLE

HISTORIQUE ET CHAMP D'APPLICATION DE LA PARTICIPATION DES RIVERAINS EN ALSACE-MOSELLE

42630 En application d'une loi locale du 21 mai 1879, les communes des départements du **Haut-Rhin,** du **Bas-Rhin** et de la **Moselle** pouvaient mettre à la charge des propriétaires riverains d'une voie nouvellement créée une contribution destinée à rembourser la commune des sommes qu'elle a engagées.

Le régime de la participation était mis en œuvre par décision du conseil municipal. Ce dispositif est abrogé depuis le **1er janvier 2015** (Loi 2010-1658 du 29-12-2010 art. 28, I-B-5). Avant cette date, il n'était déjà plus applicable dans les secteurs d'aménagement où le taux de la taxe d'aménagement avait été fixé à un niveau supérieur à 5 % (C. urb. art. L 331-15).

Cela étant, si les communes ne peuvent plus créer de nouveaux périmètres d'application de ce régime, les **délibérations adoptées jusqu'au 31 décembre 2014** continuent de produire tous leurs effets dans les périmètres d'exigibilité qu'elles ont définis (C. urb. art. L 332-6, 2°).

La participation ne peut concerner que la construction d'immeubles situés en bordure de la voie nouvelle.

ASSIETTE DE LA PARTICIPATION DES RIVERAINS EN ALSACE-MOSELLE

42640 Le montant de la participation est calculé en tenant compte du coût des **frais de premier établissement de la voie** : emprise foncière de la voie, trottoirs, écoulement des eaux pluviales et, depuis la loi du 18 juillet 1985, frais d'établissement de l'éclairage public. La notion de « frais de premier établissement » écarte de l'assiette les dépenses de modification ou de renforcement des parties de voies existantes.

Les frais relatifs à la **création des réseaux** d'eau potable, assainissement, gaz et électricité sont exclus de l'assiette.

CALCUL DE LA PARTICIPATION DES RIVERAINS EN ALSACE-MOSELLE

42645 Les frais de premier établissement sont répartis entre les différents propriétaires en fonction de la **longueur de la façade de leur terrain** sur la voie créée.

La loi du 18 juillet 1985 a complété le dispositif en autorisant l'indexation des sommes à payer.

Conformément aux dispositions des articles L 332-28, L 332-28-1 et L 332-12 du Code de l'urbanisme, le montant de la participation doit être prescrit dans les autorisations de construire ou d'aménager délivrées expressément ou tacitement et dans les arrêtés préfectoraux portant approbation des plans de remembrement des AFU et Afup.

EXIGIBILITÉ ET RECOUVREMENT DE LA PARTICIPATION DES RIVERAINS EN ALSACE-MOSELLE

42650 La participation ne devient exigible des propriétaires que lors de l'**édification de bâtiments** sur les terrains riverains.

Le recouvrement est assuré comme en matière de produits locaux.

CUMUL DE LA PARTICIPATION AVEC LES AUTRES RÉGIMES DE CONTRIBUTIONS D'URBANISME

42655 La **taxe d'aménagement** est exigible avec la participation de riveraineté. Toutefois la part communale ou intercommunale n'est pas due dans les secteurs où, par délibération motivée, son taux a été fixé au-delà de 5 % dans la limite de 20 %, en application de l'article 1635 quater N du CGI (C. urb. art. L 331-15 ancien, al. 3).

En principe, la participation des riverains peut se cumuler avec l'exigibilité des **autres participations d'urbanisme.**

Par exception, et conformément à l'article L 332-6, 2° du Code de l'urbanisme, la participation des riverains n'est pas exigible lorsqu'un PAE ou une convention de PUP sont applicables. De même, elle ne peut être mise en œuvre sur le territoire des communes qui instaurent la PVR (Rép. Zimmermann : AN 20-3-2007 p. 3029 n° 117898 ; Rép Masson : Sén. 22-3-2007 p. 660 n° 26110).

SECTION 3

PARTICIPATIONS EN SECTEUR D'AMÉNAGEMENT

ANCIENS RÉGIMES DE PARTICIPATION

Les anciens régimes de participation permettaient le partage des coûts d'équipements publics entre tous les bénéficiaires de permis d'aménager ou de construire au sein de secteurs d'aménagement définis par les conseils municipaux ou EPCI rendus compétents. 42850

Ces régimes sont, d'une part, la participation en programme d'aménagement d'ensemble abrogée depuis 1er mars 2012 et, d'autre part, la participation pour voirie et réseaux abrogée depuis le 1er janvier 2015.

Ils sont **remplacés par** la mise en œuvre soit de secteurs de part communale de la taxe d'aménagement (TA) à taux modulé au-delà de 5 % dans la limite de 20 % (nº 40530), soit de la participation contractuelle en PUP (nº 43450).

L'analyse des dispositifs de PVR et de PAE demeure utile puisque les délibérations adoptées continuent de produire tous leurs effets (C. urb. art. L 332-6 1º et 2º) au-delà des dates d'abrogation précitées.

A. Participation pour voirie et réseaux (délibérations adoptées jusqu'au 31 décembre 2014)

CONTEXTE

Dans le cadre de la réforme de la fiscalité de l'urbanisme, l'**abrogation** de ce régime de participation est intervenue au 1er janvier 2015 (Loi 2010-1658 du 29-12-2010 art. 28, I-B-5). Avant cette date, il avait déjà cessé de s'appliquer dans les secteurs d'aménagement où le taux de la taxe d'aménagement avait été fixé à un niveau supérieur à 5 % (CGI art. 1635 quater N, anciennement C. urb. art. L 331-15). 42880

Ce régime de contribution a offert aux communes une modalité de financement global de l'ensemble des équipements d'infrastructure (voirie et réseaux) immédiatement nécessaires à l'accueil de nouvelles constructions sur des terrains non encore desservis mais constructibles au sens du Code de l'urbanisme.

Ce dispositif a pu être mis en place par délibérations des collectivités locales compétentes adoptées **entre le 16 décembre 2000 et le 31 décembre 2014.** Ces délibérations cessent de s'appliquer soit lorsque la totalité des financements a été obtenue, soit parce que les collectivités délibèrent pour mettre fin à l'application de ce régime. Le retrait des délibérations peut nécessiter une indemnisation préalable des bénéficiaires des permis imposés ou de leurs ayants droit.

Le dispositif de contribution était défini aux articles L 332-11-1 et L 332-11-2 du Code de l'urbanisme dans leur rédaction antérieure à l'article 44 de la loi du 29 décembre 2014.

Les demandes de PVR abusives peuvent faire l'objet d'une **action en répétition** dans les conditions prévues à l'article L 332-30 du Code de l'urbanisme.

MODALITÉS D'INSTAURATION DE LA PARTICIPATION POUR VOIRIE ET RÉSEAUX

Le régime de la participation était instauré par **délibération** du conseil municipal. L'instauration de la PVR nécessitait deux types de délibérations : d'une part, une délibération instaurant le principe de son exigibilité sur l'ensemble du territoire communal, d'autre part, des délibérations spécifiques pour organiser le régime de répartition du coût de chaque projet de travaux de voirie ou de réseaux destiné à desservir des terrains pouvant devenir constructibles en application de la législation de l'urbanisme. 42885

Lorsqu'un **EPCI** ou un syndicat mixte était **compétent** pour réaliser tous les équipements publics pouvant être financés par la PVR, l'établissement ou le syndicat était seul compétent pour instaurer le régime de la PVR. Dans ces situations, la participation constituait une recette du syndicat ou de l'établissement (C. urb. art. L 332-13).

Lorsque l'EPCI ou le syndicat mixte n'était **pas compétent** pour l'ensemble des équipements pouvant être financés par la PVR, seule la commune pouvait l'instituer en liaison et accord avec les différents maîtres d'ouvrage concernés par l'aménagement de la voie (en ce sens, Rép. Vasseur : AN 9-2-2010 p. 1384 n° 56553 ; Rép. Lefèvre : Sén. 4-2-2010 p. 250 n° 09659).

TRAVAUX DE VOIRIE ET RÉSEAUX

42890 La commune pouvait décider de mettre à la charge des propriétaires fonciers tout ou partie du coût d'une voie nouvelle ou de l'aménagement d'une voie existante ou de l'établissement et de l'adaptation des réseaux associés permettant l'implantation de nouvelles constructions (C. urb., art. L. 332-11-1 ancien).

Les équipements publics pouvaient être ceux de la commune ou relever de la compétence d'autres maîtres d'ouvrage (groupement ou syndicat de communes, départements). La participation devait être limitée au financement des aménagements destinés à permettre l'implantation de nouvelles constructions sur les terrains rendus techniquement constructibles. Le **coût du surdimensionnement** d'une voie pour permettre, par exemple, des liaisons entre différents secteurs communaux, voire supracommunaux, ne pouvait pas être mis à la charge des propriétés foncières riveraines.

La PVR a pu être mise en œuvre pour le financement des travaux d'équipements publics suivants :

– création d'une **voie nouvelle** : la participation pouvait englober les coûts de création de la voie et des réseaux associés ;

– aménagement de **voie existante** : la participation pouvait englober les travaux d'amélioration, de renforcement de la voie et l'établissement ou l'adaptation de réseaux ;

– établissement ou adaptation de **réseaux** : lorsqu'une voie préexistait et était estimée suffisante par le conseil municipal.

La mise en œuvre de la PVR n'était pas subordonnée à l'existence d'un document d'urbanisme. Elle a pu être utilisée dans les zones urbaines ou à urbaniser des POS ou des PLU (Rép. Dulait : Sén. 18-3-2004 p. 650 n° 10253), dans les secteurs constructibles des cartes communales et dans les parties urbanisées des communes relevant du RNU.

NATURE DES ÉQUIPEMENTS PUBLICS DONNANT LIEU À PARTICIPATION

42895 Le Code de l'urbanisme fixait une **liste exhaustive** des équipements publics pouvant donner lieu à PVR.

Au titre de la **voie publique,** la PVR pouvait concerner les coûts des acquisitions foncières et travaux de réalisation de la voie, le coût de l'éclairage public et celui du dispositif d'écoulement des eaux pluviales. La PVR pouvait également concerner le coût des réseaux souterrains de communication (selon les débats parlementaires, il s'agissait des coûts des travaux de génie civil : tranchées, gaines et chambres de tirage ; par contre, les coûts des câbles des différents opérateurs ne pouvaient pas être mis à la charge des propriétaires fonciers).

Au titre des **réseaux,** la PVR permettait le financement des équipements des services publics industriels et commerciaux en réseaux dont la disposition était une condition de la délivrance des autorisations d'occuper le sol. La PVR ne pouvait donc concerner que les réseaux d'eau potable, d'électricité et d'assainissement public. Dans les zones où les dispositifs d'assainissement individuels étaient admis en l'absence de réseau public, la PVR ne pouvait pas financer ce service public.

La PVR ne pouvait pas couvrir les dépenses relatives à l'établissement ou à l'adaptation des réseaux de distribution publique du gaz.

Cette liste limitative excluait donc les coûts de tous les autres équipements publics d'infrastructure tels que, par exemple, des moyens de lutte contre l'incendie – à l'exception des prises d'incendie qui étaient indissociables des réseaux d'eau qui les alimentent et pouvaient donc être financées par la PVR (CAA Marseille 6-10-2011 n° 09MA03215, Cne de Saint-Laurent-du-Var) ou de chauffage urbain, etc. Elle prohibait également le financement d'équipements publics de superstructure : crèches, écoles ou salles de sports, par exemple.

ATTENTION

Ces équipements ne peuvent désormais être financés par les aménageurs et les constructeurs que par le recours aux procédures de **PUP** (n° 43485) ou de **ZAC** (C. urb. art. L 311-4) ou au taux majoré dans la limite de 20 % de la part communale ou intercommunale de la TA (CGI art. 1635 quater N, anciennement C. urb. art. L 331-15).

RÉPARTITION DES COÛTS DES TRAVAUX DE VOIRIE ET RÉSEAUX

Le coût des travaux de voirie et réseaux était mis à la charge des propriétés foncières bénéficiaires des équipements publics d'infrastructure mis en place par la commune. Dans des conditions déterminées par la loi, le **conseil municipal** fixait les modalités de répartition du coût des travaux de voirie et réseaux et la part du coût mis à la charge de l'ensemble des propriétés foncières desservies (C. urb., art. L. 332-11-1 ancien, al. 4). **42900**

CHAMP D'APPLICATION TERRITORIAL DE LA PARTICIPATION POUR VOIRIE ET RÉSEAUX

Périmètre des terrains desservis La loi réputait desservis tous les terrains situés à moins de **80 mètres** de la voie publique. Ce périmètre permettait de calculer le montant de PVR due par mètre carré. **42905**

La distance de 80 mètres s'entendait de part et d'autre de la voie. Elle était décomptée à partir des limites de propriété entre la voie publique et les propriétés qui la bordent. Le conseil municipal pouvait moduler le périmètre en fonction de circonstances locales.

Ainsi, le périmètre pouvait être **réduit à** 60 mètres ou au contraire **porté jusqu'à** 100 mètres. La limite de 80 mètres s'appliquait de plein droit. Les modulations précitées devaient être justifiées par le conseil municipal (au cours des débats parlementaires ont été évoqués comme pouvant constituer des « circonstances locales » : les zonages des documents d'urbanisme, la taille des terrains pour construire, la présence d'une rupture de pente). Jugé toutefois, à l'inverse, que la réduction ou l'élargissement de la distance de 80 mètres pouvait ne pas être motivé par le conseil municipal (CAA Bordeaux 28-5-2013 n° 12BX00121, Rubens : BPIM 5/13 inf. 326). Par ailleurs, des terrains déjà desservis par une autre voie pouvaient être compris dans le périmètre des terrains desservis par une voie nouvelle (CE 26-5-2014 n° 350472, Cne de Morsang-sur-Seine : BPIM 4/14 inf. 246).

Le périmètre de prise en charge de la voie comprenait tous les terrains constructibles ou non. Ainsi, il englobait les **terrains inconstructibles** au regard des documents d'urbanisme. Le coût de la voie afférent à ces terrains constituait une charge de la collectivité locale. C'est pour respecter le principe d'égalité devant les charges publiques entre les propriétaires fonciers que la commune ne pouvait pas déduire du périmètre des terrains desservis les terrains qu'elle désignait comme étant inconstructibles. À terme, si ces terrains étaient reconnus urbanisables, la participation devenait exigible lors de l'implantation de constructions (Rép. Meslot : AN 9-8-2005 p. 7748 n° 63926).

Le conseil municipal pouvait cependant déduire certains terrains réputés inconstructibles, la loi précisant les déductions possibles. Le conseil municipal pouvait décider de déduire les terrains ou parties de terrains totalement inconstructibles en raison :
– de contraintes physiques : ces contraintes pouvaient résulter de la situation naturelle des lieux rendant impropres à la construction les terrains concernés (ravin, rivière, etc.) ;
– de prescriptions ou de servitudes administratives non édictées par la commune (zone de risque définie par un plan de prévention des risques, survol de ligne électrique à très haute tension, etc.). L'impossibilité de construire ne devait pas résulter d'une décision de la commune.

Lorsque le conseil municipal prévoyait non pas de faire des travaux de voirie mais uniquement de créer ou de renforcer des **réseaux d'eau ou d'électricité** sous une voie existante, il pouvait, pour la mise en œuvre de la PVR, décider d'exclure les terrains déjà desservis par ces réseaux.

Lorsqu'un **terrain situé à l'intersection d'une voie existante** supportait déjà une construction raccordée à la voie existante, le conseil municipal pouvait estimer qu'il ne bénéficiait pas des équipements de la voie nouvellement aménagée. La partie de ce terrain retenue comme dépendance directe en nature de sol de la construction, pour l'assiette de la taxe foncière sur les propriétés bâties (CGI art. 1381, 4°), pouvait être exclue du périmètre des terrains desservis.

> **Précisions** Dans la perspective d'un usage rationnel du sol ou pour respecter la morphologie urbaine préexistante, la distance de **60 mètres** pouvait toutefois être réduite, par exemple à 40 mètres, si le document d'urbanisme prévoyait la création d'une autre voie publique ou si elle existait déjà (en ce sens, Rép. Féron : AN 29-9-2009 p. 9243 n° 46429 et Circ. 2004-8 UHC/DU3/5 du 5-2-2004 : BO équipement 2004/3 du 25-2-2004).

Terrains assujettis Le coût de la voie était réparti sur l'ensemble des terrains desservis et constituant le périmètre défini par le conseil municipal mais seuls les terrains non encore construits donnaient lieu au paiement de la participation. **42910**

Les terrains sur lesquels l'implantation de construction appelait l'exigibilité de la participation étaient les suivants :

– les terrains nus : il s'agissait des parcelles ou fractions de parcelles non construites comprises dans le périmètre défini par le conseil municipal. Les parcelles enclavées susceptibles d'accéder à la voie nouvelle par l'exercice du droit de passage défini aux articles 682 et suivants du Code civil étaient également comprises dans les terrains assujettis à la PVR ;

– les terrains assimilés aux terrains nus : il s'agissait de terrains supportant des constructions destinées à être démolies ou de terrains insuffisamment bâtis.

Pour que des terrains supportant des **constructions à démolir** soient assujettis, il devait être établi que la destination antérieure des constructions existantes appelées à être démolies ne nécessitait pas le bénéfice de la voirie et des réseaux en projet. Exemples : terrains sur lesquels sont implantés d'anciens bâtiments d'exploitation commerciale, industrielle ou agricole, ou des carcasses de constructions inachevées ou des bâtiments en état de ruines.

Les **terrains insuffisamment bâtis** étaient placés dans le champ de la participation lorsqu'il était établi soit que les constructions existantes ne nécessitaient pas, pour l'usage auquel elles étaient destinées, le bénéfice d'équipement de voirie publique, soit que les équipements publics préexistants de voirie et réseaux avaient été dimensionnés pour satisfaire leurs seuls besoins.

> **Précisions** Lorsque la participation était due pour l'édification de constructions sur des terrains insuffisamment bâtis, une **réfaction de surface** devait être effectuée au titre du terrain d'assiette des constructions existantes et destinées à être conservées. Cette réfaction était égale à la superficie des terrains formant une dépendance indispensable et immédiate des constructions et à ce titre placés dans le champ d'application de la taxe foncière sur les propriétés bâties, conformément aux dispositions de l'article 1381, 4° du CGI (Circ. 2004-8 UHC/DU3/5 du 5-2-2004).

42915 **Terrains non assujettis** Le coût de la voie ou des réseaux devait être réparti au prorata de la superficie des terrains nouvellement desservis, cette répartition étant effectuée en englobant, le cas échéant, des terrains déjà construits. La participation n'était due, comme précisé ci-dessus, que sur des terrains non encore construits et réputés être bénéficiaires des équipements publics à financer. A contrario, des travaux de **reconstruction** ou d'**extension** sur des terrains déjà construits ou de construction sur des terrains desservis par d'autres voies et réseaux ne donnaient pas lieu à PVR. Par conséquent, la PVR n'était pas exigible des terrains suivants :

– les terrains déjà construits, lorsque les constructions existantes n'avaient pas vocation à être reconstruites ou dont la reconstruction ne nécessitait pas le bénéfice des nouveaux équipements de la voie aménagée. Lorsque la PVR était établie pour le financement des seuls réseaux d'eau et d'électricité, elle pouvait être exigée des extensions de constructions existantes faisant l'objet d'un permis de construire (CAA Bordeaux 28-5-2013 n° 12BX00121, Rubens : BPIM 5/13 inf. 326). Dans cette situation, les terrains déjà construits ne devaient pas être décomptés du périmètre des terrains assujettis ;

– les terrains compris dans les périmètres de deux voies publiques. Lorsqu'un terrain était placé dans le champ d'exigibilité de deux voies, la PVR était due au titre de la voie et des réseaux auxquels la construction nouvelle accédait et était techniquement raccordée ; elle n'était pas exigible si la construction était desservie par une voie et des réseaux pour lesquels la PVR n'était pas instaurée.

PART DU COÛT D'AMÉNAGEMENT DE LA VOIE ET DES RÉSEAUX ATTENDUE DES PROPRIÉTAIRES FONCIERS

42920 Le conseil municipal pouvait mettre à la charge des propriétaires fonciers tout ou partie du coût de la voie et des réseaux réalisés pour permettre l'implantation de nouvelles constructions. Une délibération particulière pour chaque voie déterminait la part du coût de la voie et des réseaux mise à la charge des propriétaires fonciers.

La **prise en charge partielle** du coût de la voie par les propriétaires fonciers pouvait notamment résulter :

– du surdimensionnement des équipements programmés pour satisfaire des besoins supérieurs à ceux strictement engendrés par les futures constructions pouvant être réalisées dans le périmètre défini par le conseil municipal ;

– de la faculté de calculer le montant de la participation sur la base de coûts hors TVA pour la réalisation d'équipements publics donnant droit à subvention du fonds de compensation de la TVA (CE 31-12-2008 n° 290898, Cne de Sassenage) ;

– de la volonté de la commune de faciliter la réalisation des opérations de construction en conservant à sa charge une fraction du coût de la voie et des réseaux.

RÉPARTITION DU COÛT D'AMÉNAGEMENT DE LA VOIE ET DES RÉSEAUX ENTRE LES PROPRIÉTAIRES FONCIERS

La part du coût d'aménagement de la voie et des réseaux était mise à la charge des propriétaires au **prorata** de la superficie des terrains nouvellement desservis. La participation était assise sur la totalité de la superficie des terrains, à savoir l'unité foncière : ensemble des parcelles cadastrales contiguës appartenant à une même personne (en ce sens Rép. Marty : AN 28-1-2014 p. 857 n° 23932 : BPIM 2/14 inf. 102) faisant l'objet de la demande de permis de construire ou du permis d'aménager ou de l'arrêté approuvant le plan de remembrement d'une AFU (n°s 41815 s.). Elle était calculée sur l'ensemble de la surface précitée, alors même que la totalité des possibilités de construire ne serait pas mise en œuvre. Lorsque la demande portait sur une superficie erronée d'unité foncière, le permis était réputé acquis frauduleusement et pouvait être rapporté à tout moment (Rép. Zimmermann : AN 22-6-2010 p. 6962 n° 73335). **42925**

DÉTERMINATION DU MONTANT DE LA PARTICIPATION POUR VOIRIE ET RÉSEAUX

La participation était calculée sur la totalité de la superficie du **terrain d'assiette** d'un premier projet de construction. Son montant était égal au produit de la surface du terrain d'implantation, situé dans le périmètre défini par le conseil municipal, par le montant de la participation exigible par mètre carré de terrain. Le montant dû par mètre carré était fixé par le conseil municipal dans la délibération propre à chaque projet d'aménagement de voirie et réseaux. **42930**

Seule la partie d'une parcelle comprise dans le périmètre des terrains desservis était prise en compte pour le calcul de la PVR due par le propriétaire foncier (Rép. Calvet : AN 19-10-2004 p. 8125 n° 29657 ; Rép. Warsmann : AN 1-3-2005 p. 2216 n° 55672).

DÉBITEURS ET EXIGIBILITÉ DE LA PARTICIPATION POUR VOIRIE ET RÉSEAUX

Exigibilité La participation était légalement exigible des propriétaires fonciers selon **deux procédures** distinctes (C. urb. art. L 332-11-2) : par prescription unilatérale dans les autorisations d'occuper le sol ou, sur la base d'une convention, par un règlement des propriétaires fonciers préalablement à la délivrance des autorisations d'occuper le sol. **42935**

> **Précisions** Les conventions conclues dans le cadre des **unités touristiques nouvelles** n'avaient pas pour effet d'écarter l'obligation de prescription de l'exigibilité de la PVR dans les permis de construire délivrés pour ces opérations d'aménagement (CE 21-12-2018 n° 416201, SA L'Immobilière patrimoine et SCI Les Chalets du Soleil).

Règlement lors de la construction Ce mode d'exigibilité constituait la règle de droit commun. La PVR était fondée sur le principe de réalisation de travaux de voirie et réseaux pour permettre aux propriétaires fonciers d'implanter de nouvelles constructions. En conséquence, la participation était due, par les propriétaires fonciers, lorsqu'ils réalisaient une **première construction** sur leur propriété. **42940**

À l'instar des autres participations d'urbanisme, la PVR devait être prescrite dans les **autorisations d'occuper le sol** qui pouvaient en constituer le fait générateur : permis de construire, permis d'aménager et arrêtés d'approbation du plan de remembrement des AFU (n°s 41805 et 41815 s.).

Ces autorisations d'occupation du sol devaient également fixer le montant dû par les propriétaires fonciers (C. urb. art. L 332-28) et en fixer les dates de paiement (C. urb. art. L 332-11-2). Le **débiteur** de la participation est la personne propriétaire foncier à la date de la délivrance du permis de construire, alors même qu'elle n'est pas le pétitionnaire (CE 31-12-2008 n° 290898, Cne de Sassenage). De même, le bénéficiaire d'une promesse de vente à la date de la signature de l'autorisation de construire ou d'aménager est le redevable de la PVR (Rép. Tourtelier : AN 20-3-2007 p. 3027 n° 113145).

Lorsque les pétitionnaires ne sont pas propriétaires du terrain d'assiette de leurs opérations, ils devaient indiquer dans leurs demandes d'autorisation non seulement les références cadastrales de leurs terrains, mais également l'identité et l'adresse des propriétaires fonciers concernés.

> **Précisions** Dès lors qu'une commune avait institué la PVR, le **certificat d'urbanisme** devait indiquer aux propriétaires de terrains situés dans un secteur où était susceptible d'être créée une telle voie (ou un tel réseau) que cette participation pourrait leur être réclamée, même si la délibération arrêtant pour chaque voie nouvelle ou pour chaque réseau la part du coût des travaux mise à la charge des propriétaires riverains n'avait pas encore été prise (CE 22-1-2010 n° 312425, Cne de la Foye-Monjault : RJF 4/10 n° 364).

42945 **Règlement anticipé par voie de convention** En échange de certaines garanties, les propriétaires fonciers pouvaient, dans le cadre d'une convention, accepter de s'acquitter de leur quote-part de contribution préalablement à la délivrance des autorisations d'occuper le sol (C. urb. art. L 332-11-2). Les conventions conclues avec les propriétaires fonciers devaient être **approuvées par** le conseil municipal ou l'organe délibérant du syndicat ou de l'EPCI compétent. De telles conventions peuvent encore être conclues après **le 31 décembre 2014** dans les périmètres de PVR antérieurement adoptés, lorsque les propriétaires fonciers n'ont pas encore utilisé leur possibilité de construire.

Cette innovation de la loi SRU 2000-1208 dans le domaine des contributions d'urbanisme a permis aux collectivités locales d'obtenir le préfinancement de tout ou partie des équipements publics d'infrastructure induits par l'aménagement urbain.

Le conseil municipal peut déléguer au maire la possibilité de signer les conventions précitées (CGCT art. L 2122-22).

La **convention doit** notamment **prévoir** :
– la date à laquelle la voie et les réseaux financés par la participation seront achevés ;
– les délais de paiement par le propriétaire cocontractant de la commune. Le règlement doit intervenir avant la délivrance d'une autorisation d'occuper le sol ;
– les dispositions d'urbanisme et les limitations administratives au droit de propriété ;
– l'état des équipements publics existants ou prévus ;
– la nature des autres taxes et participations susceptibles d'être prescrites dans les autorisations d'occuper le sol.

42950 Les propriétaires fonciers qui acceptent de s'acquitter de leur quote-part de PVR avant la délivrance d'une autorisation d'occuper le sol bénéficient, de plein droit, des **garanties** suivantes :
– les dispositions d'urbanisme mentionnées par la convention ne peuvent pas être remises en cause pendant les cinq années qui suivent la signature de la convention ;
– la convention liant chaque propriétaire est créatrice de droit au sens de l'article L 105-1 du Code de l'urbanisme qui prévoit l'indemnisation des atteintes à des droits acquis et déterminant des dommages directs et certains aux propriétaires fonciers ;
– la non-réalisation de la voie et des réseaux dans le délai fixé par la convention ouvre un droit à restitution au bénéfice du propriétaire. Cette restitution s'accompagne de l'indemnisation de tous les préjudices éventuellement subis par le propriétaire.

CUMUL DE LA PARTICIPATION POUR VOIRIE ET RÉSEAUX AVEC LES AUTRES CONTRIBUTIONS D'URBANISME

42955 La **TA** est exigible avec la PVR. Toutefois la part communale ou intercommunale n'est pas due dans les secteurs où, par délibération motivée, son taux a été fixé au-delà de 5 % dans la limite de 20 %, en application de l'article 1635 quater N, alinéa 3 du CGI (C. urb. art. L 331-15 ancien, al. 3).

42960 Les participations d'urbanisme mentionnées à l'article L 332-6-1, 2° du Code de l'urbanisme sont cumulables avec la PVR. Toutefois, conformément aux règles de **non-cumul** définies par la jurisprudence administrative, les participations destinées à financer des équipements publics dont le coût est, en totalité ou en partie, couvert par la PVR ne peuvent pas être exigées des bénéficiaires d'autorisations d'occuper le sol.

Ainsi la PVR rend inapplicables :
– la PAC, applicable depuis le 1er juillet 2012 (nos 42270 s.), si la PVR a pour objet de faire financer tout ou partie du réseau d'assainissement ;
– la participation des riverains en Alsace-Moselle (nos 42630 s.). Les communes des départements du Bas-Rhin, du Haut-Rhin et de la Moselle pouvaient recourir soit au dispositif de participation des propriétaires aux frais de premier établissement d'une voie nouvelle issu du droit local et maintenu en vigueur, soit au dispositif de PVR ; pour un même secteur foncier, un seul mode de financement pouvait être institué ;
– les financements en PAE, PUP et ZAC (C. urb. art. L 332-11-1, al. 5).

EXEMPTIONS DE PARTICIPATION POUR VOIRIE ET RÉSEAUX

42965 La loi détermine les exemptions de PVR. Les collectivités compétentes pour instaurer la participation ne pouvaient pas organiser d'autres régimes d'exclusion du champ d'application ou d'exonération.

Sont exemptées de **plein droit** de la PVR :
- les constructions édifiées sur des terrains déjà construits et réputés desservis en équipement de voirie et réseaux avant la réalisation des travaux d'aménagement de la voie pour permettre l'implantation de nouvelles constructions ;
- les constructions édifiées sur les terrains pour lesquels les propriétaires fonciers ont procédé au règlement de la totalité de la participation en exécution d'une convention préalablement à la délivrance de l'autorisation de construire.

En outre, le conseil municipal avait la **faculté,** comme en matière de TA, d'exempter les propriétaires fonciers qui destinent leurs terrains à l'implantation de logements sociaux dans les conditions fixées aux articles 1635 quater E et 1635 D du CGI (C. urb. art. L 331-7 et L 331-9 anciens) (voir n° 40390).

RECOUVREMENT DE LA PARTICIPATION POUR VOIRIE ET RÉSEAUX

La PVR constitue un produit local recouvré comme en matière d'impôt direct. **42970**

La PVR est affectée en recette du budget communal (CGCT art. L 2331-6, 7°).

Son paiement doit intervenir dans le **délai** fixé :
- soit par l'autorisation d'occuper le sol ;
- soit par la convention passée entre la commune et le propriétaire foncier.

Son encaissement doit être mentionné sur le **registre** tenu en mairie à la disposition du public. Cette formalité est prévue à l'article L 332-29 du Code de l'urbanisme pour l'ensemble des contributions d'urbanisme. Son non-respect a pour conséquence de ne pas faire courir le délai de prescription des actions en **répétition de l'indu** à l'encontre des collectivités locales maîtres d'ouvrage des équipements financés par la PVR.

Lorsque la PVR est mise en œuvre uniquement pour financer les réseaux publics d'eau potable, d'électricité ou d'assainissement, elle peut être **acquittée** directement auprès du comptable de l'établissement public de coopération intercommunale ou du syndicat mixte maître d'ouvrage des réseaux concernés. **42975**

Le principe de ce versement direct doit avoir été décidé par le conseil municipal (C. urb. art. L 332-11-1, al. 3).

B. Participation en programme d'aménagement d'ensemble (délibérations adoptées jusqu'au 29 février 2012)

PRÉSENTATION DE LA PARTICIPATION EN PROGRAMME D'AMÉNAGEMENT D'ENSEMBLE

Ce dispositif a pu être mis en place par les collectivités locales compétentes, par délibérations adoptées entre le 1er juillet 1987 et le 29 février 2012. Le dispositif est **abrogé** depuis le 1er mars 2012 (Loi 2010-1658 du 29-12-2010 art. 28, III-C-1° et III-H-2°). L'institution d'un régime de PAE n'est donc plus possible. Cela étant, ceux institués jusqu'au 29 février 2012 continuent de produire tous leurs effets à l'égard des **autorisations** d'occuper le sol **délivrées après le 1er mars 2012** (Loi 2010-1658 du 29-12-2010 art. 28, III-C-6°-a). Les développements relatifs à ce régime sont donc maintenus. **43050**

Les délibérations cessent de s'appliquer soit lorsque la totalité des financements a été obtenue, soit parce qu'il est décidé de mettre fin à ce régime. Le **retrait des délibérations** peut nécessiter une indemnisation préalable des bénéficiaires des permis déjà imposés ou de leurs ayants droit.

Les différents régimes de participations à caractère général (nos 41900 s.) permettaient aux collectivités locales – ou à leurs groupements – d'obtenir une contribution des opérateurs dans la limite du besoin en équipement induit par leurs opérations considérées isolément. Le dispositif du PAE permettait le partage de coûts d'équipements bénéficiant à plusieurs opérations.

Ce dispositif était codifié aux articles L 332-9 à L 332-11 et R 332-25 du Code de l'urbanisme.

1. PRINCIPES GÉNÉRAUX DE LA PARTICIPATION EN PROGRAMME D'AMÉNAGEMENT D'ENSEMBLE

43070 La loi autorisait la commune à définir sur son territoire des **périmètres** à l'intérieur desquels le financement des équipements publics était mis à la charge des constructeurs non pas en fonction des seuls besoins en équipements engendrés par leurs opérations mais en fonction des équipements rendus nécessaires par l'urbanisation nouvelle ou complémentaire attendue.

Ainsi, dans ces secteurs, le conseil municipal a pu décider de mettre à la charge des bénéficiaires d'autorisations de construire tout ou partie du coût des équipements publics réalisés pour répondre aux **besoins des futurs habitants** ou des usagers des constructions à édifier dans le secteur concerné (C. urb., art. L. 332-9 ancien).

L'absence de réel objectif d'opération d'aménagement d'ensemble d'un secteur par la commune ne permettait pas de recourir à cette modalité. Ainsi, il a été jugé que **ne constituait pas un PAE** des travaux d'équipement :

– limités à l'extension du réseau d'assainissement dans l'emprise d'une autorisation de lotissement et à l'aménagement d'un carrefour préexistant (CE 25-6-2003 n° 219661, Cne de Saint-Jean-de-Boiseau) ;

– qui ne pouvaient être considérés comme directement ou uniquement induits par la réalisation du lotissement constituant le périmètre du PAE : création d'un stade, d'un parc de stationnement de 120 places près de la gare, d'un jardin public ; l'extension du cimetière, de la station d'épuration et l'aménagement du local des pompiers (CE 21-12-2007 n° 282580, Cne de Verneuil-l'Etang : RJF 3/08 n° 307).

En revanche, un programme de viabilisation et de réalisation d'équipements publics comportant des travaux de voirie et d'éclairage public sur plusieurs voies communales, ainsi que des travaux d'assainissement et d'adduction d'eau potable dans un secteur déterminé de la commune constituait bien un PAE de ce secteur. En outre, il n'y avait pas à rechercher si ce programme est justifié ou non par un « parti d'aménagement » de nature à justifier les choix retenus (CE 27-1-2010 n° 308614, Cne de Carqueiranne : RJF 4/10 n° 365).

2. INSTITUTION DE LA PARTICIPATION EN PROGRAMME D'AMÉNAGEMENT D'ENSEMBLE

43100 Les PAE ont été institués par délibération du **conseil municipal** prise avant le 1er mars 2012.

Lorsqu'un syndicat mixte ou un EPCI était compétent pour réaliser l'ensemble des équipements nécessaires à l'aménagement d'un nouveau secteur, le PAE était instauré par délibération du syndicat ou de l'EPCI.

En revanche, les communautés urbaines étaient seules compétentes pour procéder à l'instauration, sur le territoire d'une commune membre, de ce dispositif de contribution des constructeurs (CGCT art. L 5215-20, 2° c dans sa rédaction antérieure à la loi 2014-58 du 27-1-2014).

a. Contenu des délibérations ayant institué des PAE

43120 Par son contenu, la délibération constituait l'**engagement de la commune** de réaliser, dans un délai précis, un programme d'équipements publics au bénéfice des constructions attendues dans la partie de son territoire concernée par le PAE.

Les constructeurs bénéficient d'une garantie puisque le **non-respect** de cet engagement est sanctionné par l'obligation de restituer la participation reçue (sous réserve, le cas échéant, du montant de la TLE – ou désormais de la part communale de la TA – normalement exigible aux dates de délivrance des permis de construire ou d'aménager), voir n° 43350.

La délibération devait **définir** : le secteur d'aménagement, le programme des équipements à réaliser en précisant son coût, son délai de réalisation, la part de ce programme mise à la charge des constructeurs et les critères de répartition de cette part entre les différentes catégories de constructions. Elle devait également procéder à une estimation quantitative des surfaces des immeubles dont la construction est envisagée (CE 28-7-2011 n° 324123, Cne de La Garde : RJF 12/11 n° 1306). Lorsque la délibération approuvant le PAE ne répond pas aux prescriptions légales, la commune peut demander au juge une substitution de base légale (CE 12-7-2013 n° 348967, Cne de Chasse-sur-Rhône : BPIM 5/13 inf. 325).

Une délibération qui se bornait à prévoir l'élargissement d'une voie et l'implantation de réseaux ne valait pas instauration d'un PAE dès lors qu'elle ne précisait aucun des éléments de détermination de la participation au sens de l'ancien article L 332-9 du Code de l'urbanisme (CAA Lyon 12-11-2002 n° 01-779, Cne de Montbrison).

DÉTERMINATION DU SECTEUR D'AMÉNAGEMENT

Le périmètre concerné devait être nettement défini ; il devait englober tous les terrains nouvellement desservis par les équipements publics à financer. 43125

DÉTERMINATION DU PROGRAMME D'ÉQUIPEMENTS PUBLICS

Nature des équipements publics prévus La commune devait préciser les équipements publics qu'elle s'engageait à réaliser. 43130

Il devait s'agir d'**équipements publics nouveaux** dont la réalisation est immédiatement rendue nécessaire pour satisfaire les besoins des constructions nouvelles.

Par nature, les équipements pouvaient être :

– d'**infrastructure** : voirie publique, réseaux divers (eau, assainissement, électricité, gaz, chauffage urbain, etc.) ;

– de **superstructure** : locaux scolaires, sportifs, sociaux, culturels, administratifs, etc.

Il devait s'agir d'équipements « à réaliser pour répondre aux besoins des futurs habitants ou usagers des constructions à édifier dans la zone ». La part du coût à la charge des constructeurs devait être proportionnelle aux besoins de leurs opérations. L'ancien article L 332-9 du Code de l'urbanisme permettait également aux communes de partager des équipements publics « structurants » utiles à l'aménagement de plusieurs nouveaux quartiers aménagés par différents PAE successifs. Reprise par l'actuel article L. 311-4 du même Code, cette disposition est toujours applicable aux aménagements réalisés dans le cadre de ZAC.

Le programme des équipements publics devait satisfaire les besoins engendrés par l'aménagement d'ensemble d'une partie du territoire communal. À défaut, la délibération instaurant un PAE était illégale (CE 15-4-1996 n° 145489, Préfet de Lozère).

Les équipements financés pouvaient ne pas être localisés dans le périmètre du PAE (CAA Marseille 21-3-2019 n° 17MA01649, Cne de La Roquette-sur-Siagne).

Les équipements pouvaient avoir des maîtres d'ouvrage autres que la commune. Leur incorporation au programme d'équipements nécessitait l'accord préalable de ces maîtres d'ouvrage.

Coût du programme d'équipements publics La délibération devait préciser le coût de l'ensemble des équipements public. Son montant pouvait être actualisé pour tenir compte de l'érosion monétaire. 43135

Le coût pouvait englober les **charges d'emprunts,** les frais d'études d'urbanisme ou autres, nécessaires à la mise en place du dispositif ; il devait toutefois être diminué des éventuelles **subventions** affectées au financement d'un équipement public retenu dans le programme communal.

Les subventions non affectées au financement des équipements pouvaient ne pas être déduites du coût des équipements. Ainsi, la **TVA** constituant un élément du prix de revient des équipements, la commune a pu décider d'alléger l'opération d'aménagement en retenant des coûts d'équipement hors TVA, compte tenu de ses droits à subvention au titre du fonds de compensation pour la TVA (CGCT art. L 1615-1 s.).

Délai de réalisation Cet élément de la délibération constitue l'une des garanties essentielles de la loi au bénéfice des constructeurs. En effet, la **responsabilité de la commune** peut être engagée si le programme n'est pas réalisé à la date fixée dans la délibération du conseil municipal ; les constructeurs et les acquéreurs successifs des constructions peuvent exercer une action en restitution (C. urb. art. L 332-11 et L 332-30). 43140

Le délai d'**achèvement complet** du programme des équipements publics doit être prévu de manière précise : il doit être exprimé en mois et années. Il ne peut pas être lié à une circonstance difficile à apprécier par tous les constructeurs. Lorsqu'une commune a instauré un PAE réalisable en plusieurs tranches, c'est le délai d'achèvement global qui doit être respecté (CE 30-12-2014 n° 361641, Cne de Verniolle : BPIM 1/15 inf. 28).

Est illégale une délibération qui a pour unique objet de reporter ce délai. Sa **prorogation** engage la responsabilité financière de la commune à l'égard des bénéficiaires de permis de construire (CAA Marseille 2-7-1998 n° 97-1349, Cne de Garéoult).

Sur l'incidence d'une **modification substantielle d'un PAE** sur le droit à restitution, voir n° 43350.

PART DU COÛT DU PROGRAMME D'ÉQUIPEMENTS MIS À LA CHARGE DES CONSTRUCTEURS

43145 Le conseil municipal pouvait mettre à la charge des constructeurs tout ou partie du programme d'équipements publics rendu nécessaire par l'urbanisation.

La définition de cette part **oblige la commune** :

– à inscrire, dans le programme des équipements publics, chaque équipement en proportion du bénéfice apporté au secteur ;

– à déterminer si le total du programme d'équipement public est imputable aux constructions attendues sur le secteur.

La commune ne pouvait mettre à la charge des constructeurs que la **part** rendue **nécessaire** par l'aménagement du quartier. Elle pouvait également décider d'en prendre une partie à sa charge pour des raisons d'opportunité économique ou sociale. En pratique, le choix de la commune devait être fait entre, au minimum, le montant global de la TLE, augmentée des participations générales (n°s 42270, 42470 et 42530) éventuellement exigibles, et, au maximum, la fraction du coût des équipements publics correspondant à la satisfaction des besoins des usagers et habitants des constructions nouvelles.

RÉPARTITION ENTRE LES DIFFÉRENTES CATÉGORIES DE CONSTRUCTIONS

43150 Dans sa délibération de mise en place de la participation, la commune devait préciser les différents **critères** de répartition de la part du coût du programme d'équipements publics mis à la charge des constructeurs entre les différentes catégories de constructions.

Le Code de l'urbanisme semblait laisser une large latitude aux communes puisqu'il ne prédéterminait aucun critère, ni ne définissait spécialement les catégories de constructions. Les communes pouvaient fixer des règles de répartition uniforme ou bien arrêter un dispositif incitatif ou favorable pour certaines catégories de constructions : **logements sociaux** ou **locaux d'activités,** par exemple.

Ainsi, dans le cadre d'une politique tendant à favoriser le développement de logements sociaux, le conseil municipal pouvait définir ces catégories en fonction du mode de financement (CAA Paris 8-7-2004 n° 03-3996, Cne de Suresnes, jugeant régulières des délibérations opérant des distinctions entre les constructions destinées à l'habitation selon qu'elles ouvrent droit ou non à des prêts aidés et attribuant à chaque catégorie un tarif au mètre carré différent).

Les critères et catégories retenus devaient être applicables aux constructions, ainsi :

– en matière de critères de **répartition,** les communes pouvaient recourir aux anciennes notions de surface hors œuvre brute ou de surface hors œuvre nette autorisées ou au nombre de logements créés. Le conseil municipal était obligé de fixer au moins un critère de répartition ; à défaut, la délibération ne permettait pas de calculer les participations exigibles de chaque autorisation (CAA Marseille 29-10-1998 n° 96-2753, Cne de Pertuis) ; la délibération devait également procéder à une estimation de la surface des constructions attendues, à défaut, la délibération est inapplicable (CE 28-3-2014 n° 351884, Sté Camping de la Yole : BPIM 3/14 inf. 170) ;

– en matière de **catégories de constructions,** les communes pouvaient recourir à l'ensemble ou à quelques-unes seulement des catégories prévues pour le calcul de la TLE. Cela étant, le conseil municipal n'était pas obligé de définir des catégories de constructions : dans ce cas, à situation égale, les montants de participations devaient être identiques.

Les critères de répartition qui ne faisaient pas référence aux caractéristiques des constructions ne pouvaient pas être retenus. Ainsi, une répartition selon la superficie des terrains retenus pour l'implantation devait être écartée. Le mode de répartition ne pouvait grever que les constructions (en ce sens, Rép. Bonnot : AN 14-2-1994 p. 790 n° 8950). Les catégories devaient être déterminées en tenant compte de la consistance des constructions, de leur nature ou destination, de leur localisation et, dans tous les cas, de leurs dimensions (CE 13-7-2006 n° 266093, Cne de Montady : RJF 11/06 n° 1366 ; CE 27-7-2009 n° 292947, Cne de Villeneuve-lès-Béziers : RJF 12/09 n° 1099).

La participation de chaque bénéficiaire d'une autorisation de construire ne devait pas être sans lien avec l'**importance de la construction** autorisée. En ce sens, était illégale une délibération prévoyant que l'assiette de la participation de chaque constructeur était la Shon potentielle résultant de l'application du COS au terrain d'assiette du projet, dès lors que ce mode de calcul ne tenait pas compte de l'importance des constructions effectivement autorisées (CAA Marseille 6-7-2000 n° 97-1109, Cne de Saint-Cannat).

La participation pouvait être mise à la charge des bénéficiaires d'autorisations délivrées en vue de la réalisation de nouveaux logements dans des immeubles d'habitation existants (CE 4-11-1994 n° 129531, SNC La Boissière : RJF 1/95 n° 28).

b. Entrée en vigueur de la délibération

La participation en programme d'aménagement d'ensemble est exigible sur la base des autorisations délivrées à compter de la date du **dépôt de la délibération** en préfecture ou sous-préfecture. 43170

c. Mesures particulières de publicité de la délibération

En plus des mesures de publicité communes à toutes les décisions des conseils municipaux (affichage en mairie pendant un mois, inscription au registre des délibérations du conseil municipal et transmission au représentant de l'État), la loi ajoutait des mesures spécifiques de publicité (C. urb. art. R 332-25) : 43190

– le **plan graphique** du ou des secteurs concernés par le régime de participation doit être annexé à la délibération du conseil municipal ;

– pour les communes dotées d'un document d'urbanisme, le **périmètre du secteur** ou des secteurs concernés par la participation doit être reporté sur les documents graphiques du plan ;

– une mention de la délibération prise doit être diffusée, par voie de presse, dans deux **journaux** régionaux ou locaux diffusés dans le département ;

– une copie intégrale de la délibération, y compris de ses annexes, doit être jointe à la délivrance des **certificats d'urbanisme** dès lors que lesdits certificats sont délivrés après l'entrée en vigueur de la délibération (C. urb. art. L 332-9, al. 3).

Le **non-respect** des formalités de publicité – par exemple, l'absence d'insertion d'une mention dans la presse locale – entraîne l'inopposabilité de la délibération institutive et, en conséquence, ouvre à un lotisseur le droit à réclamer la restitution de la totalité de la participation aux dépenses d'équipements publics dans le secteur où avait été approuvé le PAE (CAA Nantes 29-3-2000 n° 98-813, Sté Newland).

3. FAIT GÉNÉRATEUR DE LA PARTICIPATION EN PROGRAMME D'AMÉNAGEMENT D'ENSEMBLE

Le fait générateur est le permis de construire, la décision de non-opposition à la déclaration préalable de travaux, le permis d'aménager ou l'arrêté approuvant le plan de remembrement d'une AFU (nos 41805 et 41815 s.). 43230

Jugé que les **acomptes** sur participations obtenus des propriétaires fonciers avant la délivrance des autorisations constituent des offres de concours illégaux (CAA Nancy 22-1-2004 n° 98NC02317, Cne de Romanswiller).

La délivrance d'un **certificat d'urbanisme** ne peut pas entraîner l'exigibilité immédiate de la participation (CAA Nancy 10-12-1998 n° 97-277, Cne de Saint-Vit).

4. DÉTERMINATION DE LA PARTICIPATION EN PROGRAMME D'AMÉNAGEMENT D'ENSEMBLE

Le montant de la participation en programme d'aménagement d'ensemble est **calculé par** application des modalités fixées dans la délibération du conseil municipal. 43260

Il résulte de l'application aux projets autorisés des critères de répartition de la part du coût du programme d'équipements publics mis à la charge de l'ensemble des constructions attendues dans le nouveau secteur urbain.

5. FORME DE LA PARTICIPATION EN PROGRAMME D'AMÉNAGEMENT D'ENSEMBLE

La participation en programme d'aménagement d'ensemble constitue une contribution financière. 43290

Par exception à ce principe, pour faciliter la réalisation de certaines opérations, la loi permet à la commune, sous réserve de l'accord du redevable, d'obtenir le règlement total ou partiel de la participation soit sous la forme d'**exécution de travaux** tendant à la réalisation du programme d'équipements publics, soit sous la forme d'**apports de terrains** nécessaires à l'implantation des équipements publics (C. urb., art. L. 332-10 ancien).

Toutefois, il convient d'observer que le règlement de la participation sous la forme d'exécution de travaux ne peut recevoir qu'une application limitée. En effet, compte tenu des dispositions de la loi 85-704 du 12 juillet 1985 relative à la maîtrise d'ouvrage publique et à ses rapports avec la maîtrise d'œuvre privée, seules les personnes publiques ou privées visées à l'article 4 de la loi 85-704 précitée peuvent se voir confier la réalisation d'ouvrages publics. Seuls les **lotisseurs** et les **aménageurs** des **ZAC** réalisées à l'intérieur d'un PAE peuvent s'acquitter de leur participation sous la forme d'exécution de travaux pour autant que les équipements à réaliser soient uniquement des équipements d'infrastructure (en ce sens, Rép. Daugreilh : AN 18-12-1989 p. 5575 n° 16790).

6. RECOUVREMENT DE LA PARTICIPATION EN PROGRAMME D'AMÉNAGEMENT D'ENSEMBLE

DÉLAIS DE RECOUVREMENT

43320 Ils sont fixés par l'autorité qui délivre l'autorisation. Il peut s'agir d'un recouvrement échelonné. La loi prévoit seulement que le **premier versement** ne peut intervenir qu'après le début des travaux de l'opération autorisée.

Même avec l'accord du redevable, la participation ne peut être exigée avant le démarrage des travaux autorisés. Le **non-respect** de cette règle engage la responsabilité de la commune qui peut être rendue débitrice d'intérêts, frais bancaires et pénalités occasionnés par la demande de règlement anticipé (CAA Paris 27-3-1998 n° 95-3332, Cne de Prunay-le-Temple).

Lorsque les travaux ont été entrepris avant l'obtention du permis de construire, le paiement de la participation peut être exigé à la date de délivrance de l'autorisation de construire (CE 4-11-1994 n° 129531, SNC La Boissière : RJF 1/95 n° 28).

La conclusion d'un accord transactionnel entre la commune et les titulaires successifs du permis de construire interrompt le délai de **prescription de l'action en recouvrement** de la participation exigible du bénéficiaire initial du permis. La reprise de l'action en recouvrement doit intervenir dans les cinq ans qui suivent la signature de l'accord en application des dispositions de l'article 2224 du Code civil (CAA Toulouse 20-10-2022 n° 20TL02055, SCI Mas Clairette : BPIM 6/22 inf. 416). Il en va de même en cas de paiement partiel de la participation sans contestation, qui vaut reconnaissance de dette pour la totalité du montant dû. Le délai de cinq ans prévu pour le recouvrement du solde est interrompu dans sa totalité, alors même que la participation serait une dette payable par termes successifs (CAA Toulouse 10-11-2022 n° 20TL01250, SCI les Marquis : BPIM 2/23 inf. 108).

OBLIGATION DE PRESCRIPTION PRÉALABLE

43322 Le montant de la participation due par chaque bénéficiaire de permis d'aménager ou de construire doit être prescrit (n° 41810) dans les **autorisations délivrées,** y compris dans celles délivrées **depuis le 1er mars 2012.** En l'absence de prescription, la participation ne peut pas être exigée. Toutefois, en l'absence de réalisation des équipements à la date prévue dans la délibération instaurant le PAE, la commune n'est pas fondée à prescrire la participation (CAA Versailles 19-6-2014 n° 12VE01813, Cne de Saint-Leu-La-Forêt).

OBLIGATION DE REMBOURSEMENT

43323 En l'absence de prescription préalable, la restitution de la participation en programme d'aménagement d'ensemble est due y compris en cas de réalisation partielle du programme des équipements publics annoncés (CAA Marseille 29-9-2020 n° 18MA05188, Cne de Salses-le-Château).

MODALITÉS DE RECOUVREMENT

43325 S'agissant d'un produit local, la participation en programme d'aménagement d'ensemble est recouvrée par le **receveur municipal** comme en matière d'impôts directs.

L'annulation des titres de recettes relatifs à des participations en PAE par le tribunal administratif ne peut pas être suivie de l'émission de nouveaux titres fondés sur l'**enrichissement sans cause** des bénéficiaires de permis de construire (Rép. Masson : Sén. 26-6-2008 p. 1284 n° 3699).

7. GARANTIES DES REDEVABLES

DROIT À RESTITUTION À DÉFAUT DE RÉALISATION TOTALE OU PARTIELLE DU PROGRAMME DES ÉQUIPEMENTS PUBLICS

Il existe une procédure de **restitution** de la participation en programme d'aménagement d'ensemble acquittée – quelle que soit la forme de règlement adoptée – lorsque le programme des équipements publics annoncés n'est pas réalisé dans le délai prévu par la délibération institutive. Dans cette situation, la TLE est rétablie de plein droit (C. urb. art. L 332-11) et les montants de participation à restituer sont calculés sous déduction de la TLE qui aurait été exigible en l'absence de périmètre de PAE. Les montants de participation à restituer ne peuvent pas être déterminés au prorata des coûts d'équipements non réalisés (CAA Versailles 5-11-2024 n° 22VE00538). 43350

Les sommes à restituer, comprenant le cas échéant celles correspondant au coût de prestations fournies, sont donc réduites du montant de la TLE ou de la part communale de la TA dans la limite du taux de 5 % depuis le 1er mars 2012 qui aurait été exigible, si elle était instituée, lors de la délivrance de l'autorisation. Toutefois, le maintien d'un montant de participation égal au montant de la taxe qui aurait été normalement exigible en l'absence de PAE ne s'applique pas lorsque la délibération instaurant le PAE est illégale (CAA Nantes 29-3-2000 n° 98-813, Sté Newland). De même, lorsque le programme des équipements n'est pas réalisé à la date prévue dans la délibération, la participation ne peut plus être prescrite dans les permis et sa décharge totale doit être prononcée s'il est établi que la TLE n'était pas instaurée à la date de délivrance du permis de construire (CE 20 janvier 2016 n° 371685, Cne d'Amanvilliers : BPIM 2/16 inf. 96).

Les sommes à rembourser portent **intérêt** au taux légal.

Les constructeurs **ayants droit des lotisseurs** ou des associations foncières urbaines peuvent obtenir le bénéfice de la restitution de la participation indûment perçue.

8. CONTENTIEUX DE LA PARTICIPATION EN PROGRAMME D'AMÉNAGEMENT D'ENSEMBLE

Le contentieux de la participation en programme d'aménagement d'ensemble est de la compétence des tribunaux administratifs. 43380

C. Convention de projet urbain partenarial (PUP)

PRÉSENTATION DU PROJET URBAIN PARTENARIAL

À l'exception du régime de la ZAC, les taxes et participations d'urbanisme n'ont jamais constitué de réels moyens **de préfinancement de l'ensemble des équipements publics** nécessités par le développement urbain. À l'instar de législations étrangères, le projet urbain partenarial peut permettre aux communes et aux EPCI maîtres d'ouvrage d'obtenir le **financement direct** de ces équipements par voie de convention établie **avant** la **délivrance des autorisations d'occuper le sol** (C. urb. art. L 332-11-3). 43450

Ce dispositif, issu de l'article 43 de la loi 2009-323 du 25 mars 2009, est venu compléter la panoplie des contributions d'urbanisme créées depuis 1967. Sous réserve de quelques exceptions, sa mise en œuvre exclut, pour une même opération, l'application des autres modes de financement. Présenté dans le projet de loi comme devant faciliter l'urbanisme opérationnel d'initiative privée pour lequel les régimes de ZAC ou PAE se révélaient inadaptés, le PUP est destiné, selon les travaux parlementaires, à favoriser l'urbanisme opérationnel tant privé que public par le recours à une simple procédure contractuelle entre les acteurs de l'aménagement urbain (propriétaires fonciers, aménageurs ou constructeurs) et l'autorité publique compétente en matière d'urbanisme.

Son appellation n'est pas représentative de sa réalité juridique : le PUP n'est, par exemple, pas un document d'urbanisme ni une nouvelle zone d'urbanisation. Il s'agit d'un instrument strictement financier applicable dans les zones constructibles de certains documents d'urbanisme.

À la différence des régimes préexistants de prescriptions unilatérales par décisions des collectivités locales, le PUP a pour objectif d'associer les acteurs de l'aménagement urbain dans une **procédure de financement contractuelle** légalement organisée. En effet, des principes généraux essentiels, notamment d'égalité devant les charges publiques et de garantie des acquéreurs successifs des constructions, sont expressément applicables.

L'**initiative** d'une convention de PUP peut émaner de l'offre d'un propriétaire foncier, d'un aménageur ou d'un constructeur de prendre à sa charge le coût des équipements publics dont la mise en place est nécessaire au fonctionnement des aménagements et constructions qu'il souhaite réaliser sur les terrains dont il a ou obtiendra la maîtrise foncière. La commune, l'EPCI ou l'État dans les périmètres d'opérations d'intérêt national peuvent également proposer la signature d'une convention de PUP aux propriétaires fonciers et aux aménageurs ou constructeurs.

Un bref descriptif technique du régime du PUP ainsi qu'un **modèle de convention** figurent en annexe 2 de la circulaire du 18 juin 2013 (Circ. ETLL1309352C du 18-6-2013 : BO Écologie 2013/12 du 10-7-2013 p. 181).

La loi 2014-366 du 24 mars 2014 est venue compléter le cadre juridique du PUP notamment pour élargir son **champ d'application** lorsque les équipements publics à réaliser pour répondre aux besoins d'une première opération vont desservir des terrains autres que ceux constituant le terrain d'assiette d'un premier projet de convention (C. urb. art. L 332-11-3, II).

CHAMP D'APPLICATION DU PROJET URBAIN PARTENARIAL

43455 **Champ d'application réglementaire du PUP** Les contrats de PUP ne peuvent être mis en œuvre que dans les **zones urbaines** (U et AU) des PLU ou des documents d'urbanisme en tenant lieu. Ce mode de financement d'équipements publics peut donc être également utilisé dans les zones urbaines (U et NA) définies dans les POS et dans les zones urbaines des plans de sauvegarde et de mise en valeur (PSMV).

La procédure de PUP peut être utilisée pour le **renforcement des réseaux existants** en zones U lorsqu'elles ne sont pas déjà densément équipées (Rép. Zimmermann : AN 10-9-2013 p. 9478 n° 25254).

ATTENTION

Cette procédure de financement ne peut pas être utilisée dans les **communes non dotées d'un document d'urbanisme.** Les débats parlementaires de la loi 2009-323 du 25 mars 2009 et la doctrine ministérielle écartent d'ailleurs expressément la possibilité de recourir au PUP dans les zones constructibles des cartes communales (Rép. Pompili : AN 13-8-2019 n° 14266).

43460 **Champ d'application opérationnel du PUP** À l'intérieur des zones des documents d'urbanisme où elle est mise en œuvre, la convention de PUP s'applique au périmètre correspondant au seul **terrain d'assiette du futur projet** d'opération de construction ou d'aménagement présenté aux services urbanisme compétents.

C'est en fonction de l'importance de ce périmètre et des caractéristiques des constructions en projet que vont être appréciés les besoins en équipements publics à financer par les opérateurs cocontractants, futurs pétitionnaires d'autorisations d'occuper le sol. Sur ce point, le champ d'application de la convention de PUP est totalement différent des périmètres des autres modes de financement sectoriel de l'aménagement urbain (part communale de TA majorée, ZAC ou anciens périmètres de PAE ou de PVR) pour lesquels le champ d'application territorial est une fraction du territoire communal constituée de plusieurs unités foncières appelées à se partager un même programme d'équipements publics.

L'**application** des conventions de PUP peut cependant être **élargie** puisque :

– sous réserve de leurs accords préalables, les propriétaires, aménageurs et constructeurs peuvent se regrouper, selon le mode juridique de leur choix, pour proposer aux autorités compétentes de se répartir les coûts d'équipements publics nécessaires au fonctionnement de leurs opérations ;

– par délibération des collectivités compétentes ou par arrêté du préfet dans les opérations d'intérêt national, doivent être obligatoirement définis des périmètres (désignés ci-après zones de PUP, voir n° 43501) dans lesquels les propriétaires des terrains bénéficiaires des mêmes équipements publics seront tenus de signer une convention de PUP préalablement au dépôt de toute demande d'autorisation d'occuper le sol.

PARTIES AUX CONVENTIONS DE PROJET URBAIN PARTENARIAL

43465 Pour obtenir la réalisation des équipements publics utiles au fonctionnement des aménagements ou des constructions qu'ils projettent de réaliser, les propriétaires fonciers, les aménageurs ou les constructeurs peuvent s'engager à financer tout ou partie de ces équipements.

Les **conventions** sont **conclues entre,** d'une part, le représentant des maîtres d'ouvrage des équipements publics à financer et, d'autre part, les futurs opérateurs qui souhaitent réaliser une ou plusieurs opérations d'aménagement ou de construction.

Le cocontractant public du PUP Selon la situation du territoire communal concerné au regard des règles de compétence en matière d'urbanisme, le cocontractant public en charge de représenter, dans la convention, tous les **maîtres d'ouvrage** des équipements publics à financer est (C. urb. art. L 332-11-3, II) : 43470

– la commune ou l'établissement public compétent en matière de **PLU** ;

– le représentant de l'État dans les **opérations d'intérêt national,** en application des articles L 132-1 et L 102-12 à L 102-15 du Code de l'urbanisme ;

– dans le périmètre des **grandes opérations d'urbanisme** (GOU), la collectivité territoriale ou l'établissement public cocontractant d'un projet partenarial d'aménagement au sens de l'article L 312-1 du Code de l'urbanisme, notamment les EPCI à fiscalité propre, les établissements publics territoriaux dans la métropole du Grand Paris, la commune de Paris ou, depuis le 1er janvier 2019, la collectivité Ville de Paris ou la métropole de Lyon ; depuis le 25 octobre 2023, date d'entrée en vigueur de la loi 2023-973 du 23-10-2023 relative à l'industrie verte, les communes ou établissements publics compétents en matière de PLU peuvent conserver cette compétence dans le périmètre d'une GOU (nº 25585).

Lorsque les équipements publics à réaliser ne relèvent pas de leur compétence (réseau d'électricité relevant de la compétence d'un syndicat spécifique, par exemple), la commune, l'EPCI ou l'État représente les intérêts des maîtres d'ouvrage concernés.

Par sa nature, la convention de PUP n'est pas soumise aux règles de mise en concurrence et de publicité (CAA Marseille 17-10-2013 nº 12MA02696, Cne d'Aix-en-Provence).

Pour la **signature** de chaque convention par le maire ou le président de l'EPCI, une délégation spécifique du conseil municipal ou de l'organe délibérant de l'EPCI doit être obtenue (C. urb. art. R 332-25-1).

Le cocontractant privé du PUP Selon la nature des opérations en projet, la partie signataire et débitrice du financement des équipements pourra être le ou les propriétaires des terrains, le ou les aménageurs ou encore le ou les constructeurs. Cette multiplicité légale de signataires prend en compte : 43475

– la possibilité d'obtenir des autorisations d'occuper le sol en **indivision** ;

– la capacité de propriétaires fonciers, d'aménageurs ou de constructeurs à se regrouper en cas de **pluralité d'opérations** bénéficiaires des mêmes équipements publics. Dans ces situations, la commune doit obtenir l'adhésion de chacun des opérateurs potentiels soit par la signature d'une convention globale, soit par la signature de conventions bipartites avec chaque opérateur. Cette pratique s'est toutefois révélée souvent difficile et complexe à mettre en œuvre avant la création de zones de PUP par la loi 2014-366 du 24 mars 2014 (nº 43501) ;

– l'**obligation de partager** en zone de PUP les coûts d'équipements publics, par voie de convention spécifique, avec chaque bénéficiaire de permis d'aménager ou de construire.

ÉQUIPEMENTS PUBLICS FINANCÉS

L'application des conventions de PUP est expressément réservée au financement d'équipements publics (C. urb. art. L 332-11-3, I). Tous les équipements publics dont la disponibilité est nécessaire au fonctionnement des constructions et installations rendues possibles dans le cadre des opérations d'**aménagement** ou de **construction** peuvent être financièrement pris en charge par les cocontractants de la commune ou de l'EPCI compétent ou de l'État (dans le périmètre d'une opération d'intérêt national). 43480

Peuvent être financés les équipements publics qui sont en relation directe avec les **besoins des futurs usagers** ou habitants des constructions nouvelles attendues dans le périmètre de la convention de PUP : par exemple, les réseaux humides ou secs mais également la construction d'une salle de classe, une partie de crèche. En revanche, ne peuvent pas être financés dans le cadre d'un PUP, même pour partie, des équipements généraux de la commune tels que marchés ou salle des fêtes (Rép. Flory : AN 6-4-2010 p. 4087 nº 66232).

Par ailleurs, si les zones classées U sont déjà densément pourvues en équipements publics, il n'y a pas lieu de recourir au régime du PUP (Rép. Tabarot : AN 11-1-2011 p. 281 nº 85990).

ATTENTION

Le dispositif du PUP est expressément réservé au financement d'équipements publics ; il **ne doit pas être utilisé** pour le financement d'équipements propres aux opérations (nos 43700 s.). La réalisation et le financement des équipements propres sont toujours à la charge exclusive des bénéficiaires de permis d'aménager ou de construire (en ce sens Rép. Zimmermann : AN 23-4-2013 p. 4507 nº 17748).

43485 **Nature des équipements publics** Les équipements peuvent être d'**infrastructure** (voirie ; réseaux d'assainissement, d'eau potable, d'électricité, de télécommunication, d'éclairage public etc.) ou de **superstructure** (crèche, école, équipements sociaux etc.).

À la différence de la ZAC (et des anciens PAE) dont la mise en œuvre doit correspondre à une opération d'aménagement d'ensemble nécessitant, en premier lieu, des équipements d'infrastructure et, éventuellement, des équipements de superstructure, le PUP peut être utilisé pour financer uniquement des équipements de superstructure effectivement nécessités par l'importance d'une seule opération d'aménagement : par exemple, prise en charge de la création de locaux scolaires pour faire face aux besoins nouveaux liés à la réalisation d'un lotissement important.

Le PUP peut s'appliquer aux opérations de toute nature ; les **équipements** peuvent donc être **adaptés** aux besoins de chaque type de projet : logements, commerces, bureaux, activités, etc.

43490 **Localisation des équipements publics** Les équipements publics à financer sont normalement à implanter à l'extérieur du **périmètre** visé par la convention de PUP. Si des équipements publics doivent être implantés à l'intérieur du périmètre, les superficies de terrains concernés doivent être acquises par les maîtres d'ouvrage publics.

Les équipements peuvent toutefois être implantés en zones de PUP dans lesquelles les coûts d'acquisition des terrains d'implantation des équipements publics font partie du coût du programme global des équipements publics. Ils peuvent également être implantés hors de ces zones puisque les conditions de prise en charge ne sont pas liées à la localisation des équipements mais exclusivement à leur capacité à satisfaire les besoins des futurs habitants ou usagers des nouvelles constructions.

43495 **Lien de nécessité et proportionnalité des prises en charge** Le respect de ces deux principes conditionne la **légalité de la prise en charge financière** par le cocontractant privé. Le contrat de PUP doit respecter ces principes également applicables dans les autres régimes de contribution d'urbanisme, notamment en ZAC.

43497 En application du principe de **nécessité,** les propriétaires fonciers, les aménageurs ou les constructeurs ne peuvent proposer ou être astreints par la convention à des charges autres que celles relatives au coût d'équipements publics correspondant aux besoins des futurs habitants ou usagers des constructions attendues dans le périmètre de leurs opérations.

43499 La règle de **proportionnalité** implique que seule la part de coût correspondant aux besoins des futurs usagers ou habitants des constructions peut être prise en charge par les bénéficiaires de permis d'aménager ou de construire. Ainsi par exemple, les travaux de consolidation d'un pont vétuste ne peuvent pas être laissés à la charge exclusive d'un constructeur par convention de PUP, dès lors que cet ouvrage est utilisé par des constructions préexistantes et est ouvert à la circulation générale (CAA Bordeaux 13-7-2017 nº 15BX01864, Cne d'Urugne).

Les excédents de coûts qui profitent à d'autres opérations d'aménagement ou de construction obligent à la création de zones de PUP (nº 43501). Ils peuvent aussi être intégrés dans les programmes d'équipements publics de ZAC ou demeurer à la charge des budgets des maîtres d'ouvrage publics s'ils profitent à l'urbanisation existante.

43500 **Coûts des équipements pris en charge** La prise en charge financière des équipements peut couvrir tout ou partie des dépenses à engager pour leur réalisation. Tous les éléments constitutifs du **prix de revient** d'un équipement peuvent donc être pris en compte, notamment : frais liés à leur étude préalable, coûts du foncier d'implantation, des matériaux et de leur mise en œuvre, de vérification et contrôle de réalisation et TVA.

La prise en charge d'**intérêts d'emprunts** devrait être exceptionnelle puisque la convention a pour objet d'apporter un financement quasi immédiat aux budgets des maîtres d'ouvrage public. En revanche, les éventuelles **subventions** affectées au financement de certains équipements doivent être décomptées de leurs coûts respectifs.

CONSEIL

En matière de **TVA,** lorsque le maître d'ouvrage d'un équipement bénéficie du fonds de compensation pour la TVA (CGCT art. L 1615-1 et s.), il peut faciliter les opérations d'aménagement et de construction en allégeant sa demande de prise en charge, auprès des opérateurs, de tout ou partie du montant de la subvention d'investissement à recevoir ; il peut également décider de déterminer la participation sur le coût des équipements en incluant la TVA (CAA Bordeaux 13-7-2017 nº 15BX01864, Cne d'Urugne).

CRÉATION DE ZONE DE PUP

Périmètre L'article L 332-11-3 du Code de l'urbanisme définit le régime du PUP en distinguant le périmètre d'une **convention signée** (le terrain d'assiette d'une future opération) **hors zone de PUP** (C. urb. art. L 332-11-3, I) et le périmètre de la délibération prévue délimitant la fraction de territoire dans laquelle est créée l'obligation de signer une convention (C. urb. art. L 332-11-3, II) ; dans un souci de clarification, la pratique tend à qualifier ce second périmètre de « **zone de PUP** ». Dans ces zones de PUP, l'autorité compétente doit définir un périmètre dans lequel les propriétaires fonciers ou tous les demandeurs de permis d'aménager ou de construire doivent avoir accepté, également par voie de convention de PUP, de prendre en charge la part du coût des équipements qui profitent à leurs terrains. 43501

La signature d'une première convention visant des équipements publics pouvant desservir plusieurs opérations peut précéder la délibération instituant une zone de PUP (CE 12-5-2023 n° 464062, SCI Massonex).

La zone de PUP est **instituée par** délibération du conseil municipal ou de l'EPCI compétent en matière de PLU, ou de la collectivité ou de l'EPCI cocontractant d'un projet partenarial d'aménagement au sens de l'article L 312-1 Code de l'urbanisme dans une grande opération d'urbanisme (GOU) ou par arrêté préfectoral dans les opérations d'intérêt national. L'acte qui instaure la zone doit également fixer les modalités de partage des coûts d'équipements entre les différentes opérations soumises à convention.

Le périmètre **doit englober** tous les terrains bénéficiaires des équipements à réaliser. Seuls peuvent être écartés les terrains déjà construits de bâtiments destinés à être conservés sans changement de destination soumis à autorisation. En tant que de besoin, la zone peut comporter plusieurs sites bénéficiaires des mêmes équipements. Il peut s'étendre en tout ou partie sur plusieurs zones U ou AU (ou NA) du document d'urbanisme. Les **modalités de partage** retenues pour l'élaboration du premier projet de convention seront appliquées à toutes les autres conventions. La loi ne fixe pas de telles modalités. Il importe de souligner que la réforme du PUP a principalement pour objet de parvenir à une répartition équitable des coûts d'équipement. Par conséquent, les modalités à retenir doivent conduire, à situations égales, à l'établissement de charges financières équivalentes. Les débats parlementaires orientent le choix vers la superficie du terrain d'assiette d'une opération ou le potentiel de constructibilité reconnue aux terrains.

Lorsqu'un aménageur fait état auprès d'une commune d'un projet d'aménagement sur un terrain situé en zone de PUP, celle-ci est tenue de lui proposer un projet de convention PUP appliquant à l'opération en cause les modalités de répartition des coûts des équipements publics qu'elle a elle-même fixées (CE 8-4-2024 n° 472443, Sté HLM Promologis : BPIM 3/24 inf. 182).

Équipements En zone de PUP, il est possible de prévoir une **répartition** variable des équipements publics et de leurs coûts. Au sein de la zone, le nombre et la nature des équipements peuvent être adaptés aux besoins de desserte de chaque terrain en fonction des possibilités de construire admises par le document d'urbanisme. Les conventions à élaborer peuvent donc écarter les équipements qui ne sont pas rendus nécessaires par certaines opérations, par exemple : 43502

– le financement de locaux scolaires peut être uniquement retenu pour la partie habitation de la zone de PUP ;

– les coûts d'accès au réseau public d'assainissement peuvent varier selon la localisation des terrains dans la zone de PUP et les nécessités techniques de leur raccordement.

Pour le financement d'équipements qui lui sont nécessaires, une même unité foncière peut relever de **plusieurs zones de PUP** dès lors qu'elle profite d'équipements publics retenus dans chaque zone.

Les conventions de PUP sont destinées au financement de **nouveaux équipements** (créations ou renforcements). Cependant, en zone de PUP, pour tenir compte des réalisations des opérations échelonnées dans le temps, la loi précise que les conventions successives visent également le financement des **équipements déjà réalisés** pour satisfaire les besoins des premières opérations autorisées.

Demandes d'autorisation Les dossiers de demande de permis d'aménager ou de construire en zone de PUP **doivent comporter** un extrait des conventions signées précisant notamment le lieu du projet partenarial (C. urb. art. R 431-23-2, R 431-36, R 441-10 modifiés par le décret 2015-482 du 27-4-2015 et R 441-4-1 créé par le décret précité). À défaut les dossiers, réputés incomplets, ne peuvent pas être instruits. Ces dispositions sont applicables aux demandes déposées depuis le 1er juillet 2015. 43503

Pour les conventions de PUP signées hors zone de PUP avant la réforme de la loi 2014-366 du 24 mars 2014, l'obligation de joindre à la demande de permis un extrait de la convention précisant le lieu du projet urbain partenarial et la durée d'exonération de la taxe d'aménagement a été précisée par l'article R 431-23-2 du Code de l'urbanisme dans sa rédaction issue du décret 2014-253 du 27 février 2014. Cette obligation est maintenue dans la nouvelle rédaction de cet article issue du décret 2015-482 du 27 avril 2015 puisqu'il vise désormais à la fois les conventions signées hors zone de PUP (avant ou après la réforme de la loi 2014-366 précitée) et celles signées dans les zones de PUP définies par délibération des collectivités compétentes.

Le dépôt d'une **déclaration préalable** de travaux doit être assortie d'un extrait de la convention de PUP lorsque le projet est situé dans une zone de PUP ; toutefois, cette exigence ne vaut que sous réserve que la délibération instituant l'obligation de signer une convention comporte les **modalités de partage du programme d'équipements publics** défini pour ladite zone, la convention ne pouvant pas être exigée si un périmètre de PUP a été institué dans des conditions illégales (CAA Paris 6-10-2022 n° 21PA06150, Cne de St-Ouen-sur-Seine : BPIM 6/22 inf. 417).

43504 **Durée** Les zones de PUP cessent de produire leurs effets à l'issue d'une **période maximale** de 15 années après leur entrée en vigueur (C. urb. art. L 332-11-3, II dernier al.). Au-delà de cette durée, a priori non reconductible, les constructions restant à réaliser retourneront dans le champ d'application, plus favorable, de la part communale ou intercommunale de la TA.

> **Précisions** **À notre avis,** cette disposition, surprenante et totalement inexpliquée, est certes de nature à satisfaire certains contribuables mais va à l'encontre des objectifs d'aménagement en suscitant **rétention foncière** et pertes de recette pour les budgets publics concernés. Elle va également à l'encontre de l'équité recherchée par la loi 2014-366 du 24 mars 2014. Dans les grandes opérations d'urbanisme (GOU), cette difficulté a été prise en compte puisque les délibérations instituant des zones de PUP y produisent tous leurs effets au-delà de 15 ans dans la limite de la durée prévue pour la réalisation de la grande opération (C. urb. art. L 332-11-3, II et L 312-5, 5°).

RÈGLEMENT DU COÛT DES ÉQUIPEMENTS FINANCÉS

43505 L'obligation de paiement de la participation PUP est de nature contractuelle. À la différence des autres régimes de participation du Code de l'urbanisme, son **fait générateur** est lié à la signature de la convention. Elle ne résulte pas d'une prescription unilatérale des permis d'aménager ou de construire. La convention emporte exigibilité de la participation. Dans les conditions définies par la convention, un **titre de recettes** est émis, comme en matière de recouvrement des produits locaux, pour appeler le paiement de la participation.

En cas de **transfert du permis,** une nouvelle convention ou un avenant à la convention initiale doit être établi avec le bénéficiaire du transfert (Rép. Masson : Sén. 19-4-2018 n° 3875).

La participation doit être acquittée auprès du comptable de l'autorité publique compétente pour signer la convention de PUP. La convention peut toutefois prévoir que la participation est versée directement à la personne publique assurant la maîtrise d'ouvrage des équipements (C. urb. art. L 332-11-3).

Les coûts d'équipements que les propriétaires fonciers, les aménageurs ou les constructeurs acceptent de prendre en charge peuvent être payés :
– soit en la **forme financière,** selon les modalités et délais impérativement fixés dans la convention, en un ou plusieurs paiements selon un échéancier négocié avec la commune et indépendamment de la délivrance ou non d'autorisations d'urbanisme. En pratique, les aménageurs et constructeurs acceptent d'acquitter leur participation lorsque les autorisations qu'ils ont obtenues sont purgées de l'exercice des recours des tiers ;
– soit par **apports de terrains** bâtis ou non. Cette modalité de règlement est permise lorsque les terrains proposés intéressent la commune pour la réalisation de ses propres projets d'aménagement ou d'implantation d'équipements publics.

> ATTENTION
>
> Compte tenu des débats parlementaires, les **terrains bâtis apportés en paiement** doivent avoir été construits avant la signature de la convention ; l'apport en paiement de constructions directement réalisées pour le compte de l'un des maîtres d'ouvrage des équipements publics demeure prohibé par le Code des marchés publics et la loi sur la maîtrise d'ouvrages publics. De même, la prise en charge du coût des équipements par la réalisation (**paiement en nature de travaux**) des équipements publics par les propriétaires fonciers, les aménageurs ou les constructeurs n'est pas autorisée (Rép. Zimmermann : AN 23-4-2013 n° 17748 p. 4507 ; Rép. Masson : Sén. 25-4-2013 p. 1350 n° 4275).

CONTENU DE LA CONVENTION DE PROJET URBAIN PARTENARIAL

Outre les éléments d'appréciation sur la nature et sur la fraction des coûts d'équipements pris en charge par les opérateurs et sur les délais et modalités de paiement, le Code de l'urbanisme impose de préciser dans la convention : **43510**

– le **périmètre** du projet d'opération concerné par la convention de PUP ; il s'agit, notamment dans les zones de PUP, du terrain d'assiette des futures demandes de permis d'aménager ou de construire. Un plan du foncier concerné annexé à la convention de PUP est joint à la convention (C. urb. art. R 332-25-1) ;

– la **durée** de l'exonération de la part communale de la TA, voir ci-après n° 43520.

Par ailleurs, la loi offrant une totale liberté rédactionnelle, les signataires de la convention ont également intérêt à préciser les modalités de règlement des situations conflictuelles susceptibles d'intervenir, notamment :

– la ou les dates de **mise en service** des équipements publics financés par les opérateurs. La convention peut prévoir, en cas de non-respect des délais prévus, les conditions de signature d'avenants obligatoires en cas de variations importantes des coûts des équipements (Rép. Zimmermann : AN 21-5-2013 p. 5297 n° 19893), de reports de réalisation, ou le principe d'indemnisation au bénéfice des opérateurs ou de leurs ayants droit ;

– les conséquences de la **non-réalisation de l'opération** du fait de la commune ou des opérateurs. La convention peut prévoir les modalités de restitution des sommes versées. Après s'être engagée, la commune se doit d'éviter de réduire ou priver les terrains de leur capacité de construire reconnue par les documents d'urbanisme à la date de la signature de la convention.

CONSEIL

Le régime du PUP ne crée ni ne garantit la stabilité de la constructibilité des terrains. La convention peut donc utilement prévoir les modalités d'indemnisation du cocontractant privé en cas d'**évolution des documents d'urbanisme** contraire à ses projets d'opération. Pour les cas de non-réalisation des opérations du fait des opérateurs, les clauses d'indemnisation seront articulées avec le principe de non-restitution des montants de participation d'urbanisme utilisés conformément à leur objet (voir n°s 41834 et 42555 ; CE 6-3-2006 n° 266346, SNC Le Triangle : RJF 5/06 n° 540).

MODÈLE DE CONVENTION DE PROJET URBAIN PARTENARIAL

Le modèle de convention reproduit ci-dessous figure en annexe 2 de la circulaire du 18 juin 2013 (Circ. ETLL1309352C du 18-6-2013 : BO Écologie 2013/12 du 10-7-2013 p. 181). Il ne constitue qu'un exemple. Il peut être **adapté** en fonction des éléments propres à chaque opération, et, en zone de PUP, au financement des équipements publics qui profitent effectivement à l'opération en projet. **43515**

CONVENTION DE PROJET URBAIN PARTENARIAL

Préambule

En application des dispositions des articles L 332-11-3 et L 332-11-4 du Code de l'urbanisme, la présente convention est conclue entre :

La société...

Représentée par M...

En qualité de...

ET

La commune *(ou l'établissement public de coopération intercommunale)* de...

Représentée par M. le Maire *(ou Président de l'établissement public de coopération intercommunale)*...

La présente convention de projet urbain partenarial a pour objet la prise en charge financière des équipements publics dont la réalisation par la commune *(ou l'établissement public de coopération intercommunale...)* est rendue nécessaire par l'opération d'aménagement *(ou de construction)* dénommée... et sis... *(adresse, numéro de parcelle cadastrale...)*.

En conséquence, il a été convenu entre les parties ce qui suit.

Article 1

La commune *(ou l'établissement public de coopération intercommunale)*... s'engage à réaliser l'ensemble des équipements suivants dont la liste et le coût prévisionnel sont fixés ci-après :

– liste des équipements induits par l'opération d'aménagement ou de construction ;

– coût prévisionnel de chaque équipement à réaliser (nous rappelons que le coût de l'équipement public doit prendre en compte les frais d'études, d'éventuelle maîtrise foncière, et les frais d'engagements financiers);

– coût total des équipements à réaliser.

43515 (suite)

Pour rappel, les équipements existants déjà entièrement financés et les équipements propres à l'opération d'aménagement définis à l'article L 332-15 du Code de l'urbanisme ne peuvent être inclus dans les équipements à financer au titre de la présente convention.

Article 2

La commune *(ou l'établissement public de coopération intercommunale)*... s'engage à achever les travaux de réalisation des équipements prévus à l'article 1 au plus tard le...

(En cas d'accord entre les parties sur une réalisation échelonnée des équipements, il convient de prévoir une date d'achèvement pour chaque équipement à réaliser).

Article 3

La société... s'engage à verser à la commune *(ou à l'établissement public de coopération intercommunale)*... la fraction du coût des équipements publics prévus à l'article 1, nécessaires aux besoins des futurs habitants ou usagers des constructions à édifier dans le périmètre défini à l'article 5 de la présente convention.

Cette fraction est fixée à... % du coût total des équipements.

(En cas de pluralité d'équipements, il convient de préciser la fraction du coût applicable à chaque équipement).

En conséquence,

le montant de la participation totale à la charge de la société... s'élève à... €

(En cas de pluralité d'équipements, il convient de préciser le coût de chaque équipement mis à la charge de l'aménageur ou du constructeur).

Article 4 *(optionnel)*

La société s'engage à apporter en paiement le terrain *(bâti ou non bâti)* ci-après désigné :

– parcelle cadastrée n° ..., sise *(adresse)* d'une superficie de... La valeur de ce terrain est fixée à... €.

Ce montant vient en déduction du montant total de la participation financière mise à la charge de la société... aux termes de l'article 3 de la présente convention.

Article 5

Le périmètre d'application de la présente convention est délimité par le plan *(base du plan cadastral)* joint en annexe à la présente convention.

Article 6

En exécution d'un titre de recettes émis comme en matière de recouvrement des produits locaux, la société... s'engage à procéder au paiement de la participation de projet urbain partenarial mise à sa charge dans les conditions suivantes *(conditions alternatives)* :

– en un versement, au plus tard le... ;

– en un versement... jours suivant la signature de la présente convention ;

– en plusieurs versements correspondant à... fractions égales : le premier versement, le..., les versements suivants *(prévoir le calendrier)*.

Article 7

La durée d'exonération de la part communale de la taxe d'aménagement est de... ans à compter de l'affichage de la mention de la signature de la convention en mairie *ou* au siège de l'établissement public de coopération intercommunale compétent et, dans ce cas, dans les mairies des communes membres concernées.

(Pour mémoire, la durée d'exonération de la part communale de la taxe d'aménagement ne peut excéder dix ans).

Article 8

La présente convention est exécutoire à compter de l'affichage de la mention de sa signature en mairie ou au siège de l'établissement public de coopération intercommunale compétent et, dans ce cas, dans les mairies des communes membres concernées.

Article 9

Si les équipements publics définis à l'article 1 n'ont pas été achevés dans les délais prescrits par la présente convention, les sommes représentatives du coût des travaux non réalisés sont restituées à la société... sans préjudice d'éventuelles indemnités fixées par les juridictions compétentes.

Article 10

Toutes modifications éventuelles des modalités d'exécution de la convention de projet urbain partenarial doivent faire l'objet d'avenants à la présente convention.

Fait à... le...

En... exemplaires originaux

Signatures

Pour la société...	Pour la commune (ou l'EPCI)...
Monsieur...	Le Maire (ou le Président)...

EXONÉRATION DE LA PART COMMUNALE OU INTERCOMMUNALE DE LA TAXE D'AMÉNAGEMENT

Les constructions édifiées dans les périmètres de PUP sont expressément exonérées de la part communale de la taxe d'aménagement (TA) pour une durée prévue par la convention, qui ne peut excéder 10 ans (C. urb. art. L 332-11-4). La convention de PUP ne peut avoir pour effet d'exonérer les constructions de TA que si la durée de l'exonération est expressément prévue par les parties. Le délai de 10 ans prévu par le Code de l'urbanisme n'est pas applicable par défaut, les parties ne pouvant être regardées comme ayant entendu se référer à cette durée (CE 10-3-2023, n° 459895, Sté RG Patrimoine : BPIM 3/23 inf. 186). **43520**

L'exonération **ne vise que** la part communale de la TA. Les parts départementales ou régionales demeurent exigibles.

En contrepartie de cette exonération, le montant de la participation à obtenir de l'accord contractuel ne peut être inférieur au montant de la part communale normalement due. Bien que la loi n'impose pas de compensation obligatoire (Circ. ETLL1309352C du 18-6-2013 : BI Écologie 2013/12 du 10-7-2013 p. 181), le Conseil d'État estime que la participation exigible au titre des conventions de PUP doit représenter une contrepartie suffisante au regard de l'exonération de la part communale de TA qu'elle entraîne (CE 19-6-2017 n° 405546, Cne d'Andilly).

Par ailleurs, la TA étant exigible essentiellement des bénéficiaires de permis de construire, la **réduction contractuelle de la période d'exemption** à moins de 10 ans doit demeurer compatible avec la durée de la période de délivrance des permis de construire dans les opérations de lotissement ou de remembrement des AFU et Afup. La réduction de la durée d'exonération ne doit pas avoir pour effet de pénaliser les bénéficiaires de permis de construire (Rép. Flory : AN 20-4-2010 p. 4555 n° 65982).

La **période d'exonération** de TA est **décomptée** à partir du premier jour de l'affichage en mairie ou au siège de l'EPCI de l'avis mentionnant la signature de la convention CGI, art. 318 I (C. urb. art. R 332-25-3).

Lorsque le dépôt d'une demande d'autorisation a lieu pendant la durée de validité d'un **certificat d'urbanisme** mentionnant la participation PUP et l'exonération de part communale de la TA, cette part de taxe n'est pas exigible pendant la durée de validité du certificat d'urbanisme alors même que l'exonération au titre du PUP serait arrivée à son terme (Rép. Flory : AN 11-1-2011 p. 283 n° 89891).

RAPPORTS DE LA PARTICIPATION PUP AVEC LES AUTRES CONTRIBUTIONS D'URBANISME

Le financement des équipements par une convention de PUP n'est pas cumulable avec la part communale ou intercommunale de la taxe d'aménagement. Les autres régimes de contribution d'urbanisme demeurent exigibles : **43525**

a. Taxes d'urbanisme : toutes les autres taxes d'urbanisme exigibles à la suite de la délivrance des autorisations d'occuper le sol imposables sont dues par les bénéficiaires de ces autorisations, alors même qu'une participation PUP a été prise en charge par le propriétaire foncier, le bénéficiaire d'un permis d'aménager ou de construire. Sont ainsi exigibles en cumul d'un financement par convention de PUP : la taxe sur la construction de bureaux, commerces et locaux de stockage en Île-de-France et les parts départementale et régionale de la TA. La taxe d'archéologie préventive est également exigible lorsque les autorisations précitées en constituent le fait générateur (CGI art. 235 ter ZG).

b. Participations d'urbanisme : pour un même équipement public, aucune participation y compris la PAC (nos 42270 s.) ne peut être cumulée avec son financement total ou partiel en application d'une convention de PUP. En zone de PUP, la participation pour le financement d'un équipement public exceptionnellement (n° 42530) rendu nécessaire par une opération à caractère commercial, industriel, artisanal ou agricole est cumulable sauf si le coût de l'équipement est ajouté, pour l'opération concernée, aux autres parts de coûts d'équipement financés par la convention de PUP.

c. Équipements propres : les aménageurs et les constructeurs supportent les obligations de réaliser et de financer les équipements propres à leurs opérations. En tant que de besoin, l'autorité compétente pour délivrer les autorisations d'aménager ou de construire peut leur en prescrire la réalisation (C. urb. art. L 332-15) ; voir nos 43700 s.

GARANTIES DE LA CONVENTION DE PROJET URBAIN PARTENARIAL

La mise en œuvre d'une convention de PUP génère des garanties pour chacune des parties et pour les ayants droit du cocontractant privé. **43530**

a. Garanties contractuelles entre les parties : en complément des mesures propres au recouvrement des produits locaux, la convention peut être assortie de garanties de paiement au bénéfice des maîtres d'ouvrage des équipements publics (constitution de caution ou prise d'hypothèque légale sur les terrains par exemple). La non-réalisation totale ou partielle des équipements, à la date prévue dans la convention, peut donner lieu à indemnité et réparation de tous les préjudices pouvant en résulter au bénéfice du propriétaire foncier, de l'aménageur ou du constructeur signataire de la convention. La rédaction des clauses de ces garanties réciproques est destinée à compléter la prévention des risques de situations conflictuelles traités au nº 43510.

b. Garanties législatives des propriétaires fonciers, des aménageurs, des constructeurs et de leurs ayants droit : la participation de PUP est totalement intégrée au régime général des participations d'urbanisme (C. urb. art. L 332-29 et L 332-30). La nature, les montants et les dates d'encaissement des participations obtenues doivent être inscrits sur le registre des contributions d'urbanisme tenu en mairie à la disposition du public. Une copie des conventions de PUP doit être annexée audit registre (C. urb. art. R 332-41).

À la différence du régime des anciens PAE, le maintien d'un produit égal à celui de la part communale de la TA en cas d'annulation pour illégalité de la participation PUP n'est pas prévu par le Code de l'urbanisme.

CONSEIL

Les propriétaires fonciers, les aménageurs ou les constructeurs débiteurs de la participation PUP peuvent en demander la **restitution** lorsqu'elle est consentie indûment, en totalité ou pour partie, dans les cinq années qui suivent leur dernier paiement ou le dernier apport de terrains.

Les **acquéreurs successifs** des constructions réalisées dans les zones de PUP peuvent également demander le remboursement de la participation indûment payée, en totalité ou pour partie, par les propriétaires fonciers, les aménageurs ou les constructeurs. Leur action en remboursement peut être engagée dans les cinq années qui suivent la mention de l'encaissement de la participation sur le registre des contributions d'urbanisme. En l'absence de registre, les actions en répétition ne sont couvertes par aucune prescription. Les actions peuvent être exercées à l'encontre de tous les maîtres d'ouvrage publics ayant obtenu des montants de participation indus.

La restitution ouvre droit à **intérêt** au taux légal majoré de cinq points.

SIGNATURES DE LA CONVENTION DE PUP

43535 **Signature du cocontractant public** Le maire de la commune doit soumettre le projet au **conseil municipal** qui doit l'autoriser à signer la convention. Le président d'un EPCI compétent en matière de PLU doit également être autorisé par l'organe délibérant de l'établissement à signer les conventions de PUP (C. urb. art. R 332-25-1).

Dans les **OIN,** le préfet est compétent pour signer les conventions.

ATTENTION

Les autorités précitées ne peuvent valablement procéder à la signature d'une convention de PUP qu'après avoir recueilli les accords des différents **maîtres d'ouvrage** publics concernés lorsque les équipements publics à financer ne relèvent pas de leurs compétences. Ces accords sont à recueillir dans la phase de négociation avec les cocontractants privés.

43537 **Signatures des cocontractants privés** Selon leur qualité, propriétaires fonciers, aménageurs ou constructeurs, les cocontractants doivent avoir signé les conventions de PUP **avant le dépôt des demandes d'autorisation d'occuper le sol** (CAA Marseille 27-5-2016 nº 15MA01414, Cne d'Aspères). Les demandes d'autorisation doivent d'ailleurs comporter un extrait des conventions signées (C. urb. art. R 431-23-2, R 431-36, d, R 441-4-1 et R 441-10) précisant notamment le lieu du PUP et la durée d'exonération de la part communale de la taxe d'aménagement. En l'absence de ce document, les permis ne peuvent pas être instruits et par conséquent ne peuvent pas être délivrés.

MODALITÉS DE RÉPARTITION DES COÛTS D'ÉQUIPEMENTS PUBLICS

43540 Le tableau ci-dessous, libre d'emploi dans les projets de convention, éventuellement **adapté** à chaque situation notamment en ajoutant des colonnes en cas de pluralité de cocontractants privés, permet de clarifier les engagements pris par chacune des parties.

PUP – PROGRAMME D'ÉQUIPEMENTS PUBLICS – COÛTS RETENUS (HT ou TTC)					
Équipements publics (sous maîtrise d'ouvrage publique)	Coût global estimé	Part de la commune		Part du cocontractant	
		%	€	%	€
Voiries 1 2 3 …					
Assainissement					
Écoulement des eaux pluviales Bassin rétention Eau potable Électricité Réseaux télécommunication Éclairage public …					
Crèche École Équipements sociaux …					
Études préalables					
TOTAUX (HT ou TTC)					

PUBLICITÉ ET CONSULTATIONS DES CONVENTIONS DE PROJET URBAIN PARTENARIAL

Après signature avec les propriétaires, aménageurs ou constructeurs, la convention doit faire l'objet des mesures de publicité suivantes (C. urb. art. R 332-25-2) : **43545**

– **affichage** pendant un mois en mairie ou au siège de l'EPCI et dans les mairies des communes membres concernées de la mention de la signature de la convention ainsi que du lieu où le document peut être consulté ;

– **publication** de cette même mention sous forme électronique dans les conditions prévues à l'article L 2131-1 du Code général des collectivités territoriales, lorsqu'il s'agit d'une délibération du conseil municipal d'une commune de 3 500 habitants et plus ou d'une délibération de l'organe délibérant d'un établissement public de coopération intercommunale à fiscalité propre au recueil des actes administratifs de l'État dans le département, lorsqu'il s'agit d'une convention signée par le représentant de l'État.

Les conventions de PUP qui doivent comporter les **documents graphiques** indiquant les périmètres concernés sont consultables en mairie ou au siège de l'EPCI et dans les mairies des communes membres concernées (C. urb. art. R 332-25-1).

SECTION 4

DÉFINITION ET PRESCRIPTIONS RELATIVES AUX ÉQUIPEMENTS PROPRES

NOTION D'ÉQUIPEMENTS PROPRES

43700 L'article L 332-15 du Code de l'urbanisme définit les conditions dans lesquelles les bénéficiaires d'autorisation d'occuper le sol peuvent être astreints à réaliser et à financer des **équipements autres qu'équipements publics,** généralement internes à leurs opérations et nécessaires à leur bon fonctionnement.

43705 L'autorité compétente pour délivrer l'autorisation d'occuper le sol peut prescrire, lorsqu'elle les estime nécessaires au bon fonctionnement ultérieur d'une opération, la réalisation d'équipements propres à ladite opération.

Les bénéficiaires des permis d'aménager ou de construire sont les **maîtres d'ouvrage exclusifs** de ces équipements.

Il s'agit d'une obligation de faire qui implique également l'obligation d'assurer la charge de financement.

Les **équipements** propres doivent être **exclusivement dimensionnés** pour satisfaire les besoins des opérations dont ils font partie. Leur surdimensionnement pour satisfaire d'autres opérations leur confère le caractère d'équipements publics et permet aux bénéficiaires d'autorisation ou à leurs ayants droit de demander le remboursement de la totalité des coûts indûment supportés, en application des dispositions de l'article L 332-30 du Code de l'urbanisme ; le droit à restitution ne peut pas être limité au seul coût du surdimensionnement (CE 17-5-2013 n° 337120, Sté Isère développement environnement : BPIM 4/13 inf. 252 ; la portée de cet arrêt a été rappelée par Rép. Mercier : Sén. 17-3-2022 n° 23755).

Dès lors que des équipements excèdent, par leurs caractéristiques et leurs dimensions, les seuls besoins constatés et simultanés d'un ou, le cas échéant, de plusieurs projets de construction et ne peuvent, par suite, être regardés comme des équipements propres au sens de l'article L 332-15 du Code de l'urbanisme, leur coût ne peut être, même pour partie, supporté par le titulaire de l'autorisation. Il en va de même pour les équipements que la collectivité publique prévoit, notamment dans le document d'urbanisme, d'affecter à des besoins excédant ceux du projet de construction (CE 30-12-2021 n° 438832 Cne de Martignas-sur-Jalle : RJF 3/22 n° 170, publié au recueil Lebon).

La prescription d'équipements propres peut être substituée à une **participation en PAE** lorsque la délibération approuvant le PAE ne répond pas aux prescriptions légales (CE 12-7-2013 n° 348967, Cne de Chasse-sur-Rhône : BPIM 5/13 inf. 325) ; voir n° 43120.

NATURE DES ÉQUIPEMENTS PROPRES

43710 L'autorité compétente peut exiger des opérateurs tous les travaux nécessaires à la viabilité et à l'équipement de la construction (C. urb. art. L 332-15).

Le Code de l'urbanisme fournit une **liste non exhaustive** des équipements exigibles. Cette liste vise les équipements propres suivants :

- la voirie ;
- l'alimentation en eau, gaz, électricité ;
- les réseaux de télécommunication ;
- l'évacuation et le traitement des eaux et matières usées ;
- l'éclairage ;
- les aires de stationnement ;
- les espaces collectifs ;
- les aires de jeux et les espaces plantés.

En outre, dans les zones d'assainissement non collectif, les bénéficiaires d'autorisation d'aménager ou de construire sont tenus de réaliser et financer, sous la nature d'équipements propres, tous les travaux nécessaires au traitement des eaux et matières usées (CAA Lyon 11-7-2019 n° 18LY03202).

ILLUSTRATIONS

Constituent des équipements propres :

– une voirie, des réseaux d'eau, d'électricité et de téléphone implantés sur un terrain dont la propriété divise et l'usage sont exclusivement attribués aux acquéreurs des lots (CAA Nancy 26-11-1998 n° 95-951, Becht) ;

– un poteau incendie piqué sur une canalisation publique située à moins de 100 mètres d'un lotissement est un équipement propre à la charge de l'opération (CAA Douai 2-4-2020 n° 18DA01553).

Ne constituent pas des équipements propres, mais des équipements publics :

– la création, sur le terrain de l'opération, d'un poste de distribution électrique de 100 kVA alors que la déclaration préalable mentionnait un besoin de 36 kVA (CAA Toulouse 9-7-2024 n° 22TL21722) ;

– une voie qui dessert une route départementale et préfigure par son tracé comme par ses caractéristiques en termes de largeur et d'aménagements une « voie primaire structurante » d'ailleurs prévue dans le PADD du PLU (CE 30-12-2021 n° 438832 Cne de Martignas-sur-Jalle : RJF 3/22 n° 170 publié au recueil Lebon) ;

– une voie prolongée au-delà de la propriété du constructeur et excédant ses seuls besoins (CAA Lyon 18-2-1998 n°s 94-1386 et 94-1143, SCI du 248 avenue de la Lanterne) ;

– un chemin affecté à la circulation générale, desservant non seulement le lotissement mais également la zone industrielle de la commune et l'accès à un échangeur d'autoroute (CAA Nancy 19-3-1998 n° 93-1097, Dépt du Nord) ;

– l'élargissement de voies affectées à la circulation générale et non pas exclusivement à la desserte du lotissement (CE 28-7-2000 n° 199325, Cne de Décines-Charpieu) ;

– la réalisation de travaux de voirie en emplacement réservé pour création de voie publique (CAA Nancy 18-5-2017 n° 16NC01247, Cne de Wiwersheim) ;

– des réseaux d'eaux usées et d'eaux pluviales dont il n'est pas contesté qu'ils peuvent servir à d'autres opérations (CAA Bordeaux 20-4-2000 n° 98-1123, Cne de l'Isle) ; un réseau d'eau potable, sous chemin rural, surdimensionné pour desservir d'autres opérations que le lotissement autorisé (CAA Paris 28-3-2006 n° 02-1615, Sté Sidel) ;

– le déplacement et la reconfiguration, même opérés à moins de 100 mètres, d'un réseau désormais placé sous la voie publique qui profite aux propriétés voisines (CAA 30-1-2024 n° 21NC00502) ;

– des canalisations d'assainissement et d'adduction d'eau de 300 mètres, réalisées sous voie publique, excédant les besoins d'un lotissement (CAA Marseille 11-4-2002, n° 98-876, Cne de Draguignan) ;

– un rond-point destiné à la circulation générale, même s'il répond partiellement aux besoins d'un lotissement (CAA Nantes 31-12-2001 n° 98-1267, Cne de Verson ; CAA Bordeaux 26-11-2019 n° 17BX02711, Cne de Vérines) ;

– un giratoire ne bénéficiant pas exclusivement à une AFU ne peut pas être un équipement propre à cette dernière (TA Orléans 13-3-2003 n° 360, Dépt d'Indre-et-Loire).

Obligation de remboursement Le coût d'un **équipement public qualifié à tort d'équipement propre** doit être remboursé au constructeur ; aussi, alors même que celui-ci a réglé les travaux directement au distributeur d'électricité, le remboursement est à la charge de la commune dès lors que l'équipement doit être incorporé au domaine public communal en application des statuts du syndicat départemental dont elle est membre (CAA Bordeaux 22-6-2017 n° 15BX00870, Cne de Tarbes). 43712

LIMITE PHYSIQUE DE LA NOTION D'ÉQUIPEMENTS PROPRES

Champ d'application Le Code de l'urbanisme fixe une limite matérielle à la notion d'équipements propres susceptibles d'être exigés. Cette limite concerne les **équipements** qui doivent être **raccordés aux réseaux publics.** 43715

Elle permet de déterminer si un équipement rendu nécessaire par une opération relève du régime définissant l'obligation de réaliser et de financer des équipements propres ou du régime définissant les obligations de financement des équipements publics.

Règle générale L'obligation de réaliser des équipements propres s'étend, en les comprenant, jusqu'aux **branchements** des équipements propres sur les équipements publics passant au droit du terrain d'implantation des opérations autorisées. 43717

Sont également réputées équipements propres la totalité ou la partie d'équipements constitués de voies privées ou placés sous des voies privées en usant de servitudes (C. urb., art. L. 332-15, al. 2).

Mais, pour l'application de ces dispositions, les autres équipements de raccordement aux réseaux publics d'électricité, notamment les ouvrages d'extension ou de branchement en basse tension, et, le cas échéant, le renforcement des réseaux existants, ont le caractère d'équipements publics (CE 30-12-2015 n° 377258, Sté La pierre d'angle : BPIM 1/16 inf. 22).

> **Précisions** Évolution en cours. L'article L. 332-15 devrait être prochainement adapté aux articles 26 et 29 de la loi 2023-175 relative à l'accélération de la production d'énergies renouvelables et de l'ordonnance 2023-816 relative au raccordement et à l'accès aux réseaux publics d'électricité : la contribution prévue par l'article L 342-11 du code de l'énergie et les coûts des extensions de réseaux publics d'électricité inférieurs à 100 mètres seraient intégralement à la charge des bénéficiaires des permis d'aménager et de construire. Au sens de l'ordonnance précitée, ces mesures seraient d'application rétroactive au 10 novembre 2023 (Rép. Harribey : Sénat 4-1-2024 p. 31 n° 06817). Les § 43718 et 43719 ci-après exposent les dispositions de l'article L. 332-15 actuellement en vigueur.
> Au 31 décembre 2024, les articles L. 332-6 et L. 332-15 du Code de l'urbanisme n'ont fait l'objet d'aucune modification et demeurent manifestement en vigueur. Dès lors, les titulaires de permis d'aménager ou de construire peuvent toujours prétendre au bénéfice de ces dispositions. En effet, les dispositions nouvelles du Code de l'énergie sont issues d'une simple ordonnance qui n'a fait l'objet d'aucun examen par le Parlement. En outre, ni son exposé des motifs, ni son étude d'impact ne présentent ni ne justifient une prochaine abrogation de garanties reconnues d'ordre public depuis la loi d'orientation foncière de 1967. Une telle abrogation viderait de sens tout le contenu de l'article L 332-6, inséré dans le Code de l'urbanisme pour encadrer strictement les conditions de prises en charge des raccordements et extensions des réseaux d'électricité appelés par le développement urbain. En ce sens, les nouvelles dispositions du Code de l'énergie auraient pour effet de permettre à nouveau les pratiques existantes entre 1945 et 1967 et sanctionnées par la loi d'orientation foncière, puisqu'une première opération d'aménagement pourrait être amenée, inéquitablement, à financer l'intégralité d'une extension de réseau électrique utile au fonctionnement de plusieurs opérations.

43718 **Réseaux d'électricité** Les conditions de prise en charge du **coût d'extension des réseaux** publics d'électricité sont harmonisées avec les dispositions de la loi 2000-108 du 10 février 2000 relative à la modernisation et au développement du service public de l'électricité (C. urb. art. L 332-15).

La contribution au coût des extensions de réseaux d'électricité, codifiée aux articles L. 342-12 et L. 342-21 du Code de l'énergie modifiés par l'ordonnance 2023-816 du 23 août 2023, est **à la charge** :

– des bénéficiaires de permis de construire (ou de décisions de non-opposition à des déclarations préalables) ou de permis d'aménager, pour la partie de l'extension située sur le terrain d'assiette des opérations de construction ou d'aménagement autorisées. Cette fraction correspond, au sens de l'article L 332-15 du Code de l'urbanisme, à l'équipement propre de raccordement de l'opération au réseau public ;

– des communes ou des EPCI compétents pour la perception des participations d'urbanisme, pour la partie des extensions ou du renforcement des réseaux publics située hors du terrain d'assiette des opérations de construction. Cependant, les communes (ou EPCI) peuvent récupérer cette partie de la contribution mise à leur charge en incluant le financement des réseaux d'électricité lors de la mise en œuvre des régimes de participation pour le financement des équipements publics : participation pour le financement des équipements publics exceptionnels, programme des équipements publics en ZAC et dans le cadre des projets urbains partenariaux. Cette obligation de financement de la fraction « équipement public » peut également être incluse dans le coût des aménagements et équipements publics à réaliser justifiant l'application d'un taux majoré de part communale ou intercommunale de TA, dans un secteur déterminé (C. urb. art. L 331-14 et L 331-15, anciens).

43719 **Exceptions spécifiques aux réseaux d'eau potable ou d'électricité** Pour satisfaire les besoins d'une seule opération de construction ou de lotissement, le coût des **antennes de raccordement** sur ces réseaux peut être mis à la charge exclusive du constructeur ou du lotisseur, sous la procédure de financement d'un équipement propre dont le point de branchement sur l'équipement public n'est pas situé au droit du terrain (C. urb. art. L 332-15, al. 4). Toutefois, la mise en œuvre de cette mesure, subordonnée à l'accord préalable du demandeur d'une autorisation d'occuper le sol, est strictement encadrée. Le raccordement individuel sous voie publique :

– ne peut dépasser 100 mètres. Jugé que la nécessité d'une extension de 185 mètres du réseau d'électricité ne peut constituer un équipement propre pour permettre la délivrance ultérieure d'un permis de construire (CE 26-12-2012 n° 351680, Sté Ets Laval et Lecamus) ;

– doit être exclusivement dimensionné pour desservir l'opération raccordée au réseau public d'eau ou d'électricité ;

– ne peut desservir des nouvelles constructions ou des constructions existantes (Rép. Zimmermann : AN 6-8-2013 p. 8489 n° 20936).

L'article L 332-15 du Code de l'urbanisme a été adopté au bénéfice des communes dans lesquelles les permis ne sont demandés que de façon isolée à proximité de réseaux publics qu'il n'est pas prévu d'étendre inconsidérément. Cette disposition donne à la commune la faculté de demander au constructeur le financement de raccordements à usage individuel aux réseaux d'eau potable ou d'électricité, situés sur des emprises publiques, dans une limite de 100 mètres. La partie située sur le terrain privé, qu'il s'agisse du terrain du demandeur ou d'un passage par une servitude de droit privé, reste intégralement à la charge du demandeur (Rép. Pompili : AN 13-8-2019 nº 14266).

> Précisions a. Lorsqu'il est prévisible que **plusieurs opérations** de constructions ou de lotissements seront permises le **long d'une voie publique,** ce sont les régimes de participation pour le financement des équipements publics et, en particulier, le régime de la part communale de TA jusqu'au taux de 20 % ou celui du PUP qui doivent être mis en œuvre.
L'extension du réseau d'eau se révélant être dimensionnée pour satisfaire plusieurs constructions ne peut pas être qualifiée d'équipement propre ; le maître d'ouvrage du réseau public est astreint au remboursement de la totalité du coût de l'équipement mis à la charge du bénéficiaire du permis de construire (CAA Lyon 15-4-2021 nº 20LY00814, Syndicat mixte du lac d'Annecy).
b. Au-delà de la limite de 100 mètres, les collectivités doivent recourir aux dispositifs de financement des équipements publics autorisés par l'article L 332-6 du Code de l'urbanisme (en ce sens, CAA Marseille 20-5-2019 nº 17MA00924 Cne de Saint-Laurent de la Cabrerisse ; CAA Douai 28-3-2019 nº 17DA01025 Cne de Courcelles-sous-Moyencourt ; Rép. Canayer : Sén. 23-5-2019 nº 7118).

CHAMP D'APPLICATION DES PRESCRIPTIONS DE RÉALISATION DES ÉQUIPEMENTS PROPRES

Les dispositions relatives aux équipements propres sont applicables à toutes les opérations placées dans le champ d'application du permis d'aménager ou du permis de construire. **43720**

L'obligation de réaliser et financer les équipements propres résulte de la délivrance d'une autorisation visant le programme de travaux défini par le pétitionnaire dans sa demande. La réalisation d'équipements propres non prévue dans la demande peut faire l'objet d'une prescription dans les autorisations d'occuper le sol.

L'**absence de réalisation des équipements** propres prévus dans la demande ou prescrits dans l'autorisation peut conduire au refus du certificat de conformité et à la mise en œuvre des sanctions prévues en matière d'infraction à la législation de l'urbanisme (voir nos 16703 s.).

> Précisions En pratique, et au sens des dispositions du Code de l'urbanisme, les équipements propres sont prévus par le pétitionnaire dans sa demande de permis d'aménager (pour lotir, par exemple) ou de construire. En l'absence de prévision de réalisation de tels équipements ou face à des projets d'équipements propres insuffisants, le maire peut contraindre le pétitionnaire à leur réalisation en prescrivant une obligation de faire dans le permis d'aménager ou de construire : par exemple, compte tenu de l'importance du projet, en prescrivant la réalisation d'un éclairage collectif utile à la sécurité dans un lotissement. La prescription du maire dans l'arrêté de lotir portera sur l'obligation de faire, elle n'a pas à viser le coût de l'équipement.
Le contenu des prescriptions d'équipements propres est donc différent de celui des prescriptions pour le financement des équipements publics pour lesquels les articles L 332-28 et L 332-28-1 du Code de l'urbanisme organisent la prescription de la nature, du mode de calcul et des montants de participations à payer.

FAIT GÉNÉRATEUR DES PRESCRIPTIONS DE RÉALISATION D'ÉQUIPEMENTS PROPRES

Le fait générateur est constitué par la délivrance des **autorisations d'urbanisme,** à savoir : **43725**
- le permis de construire ;
- la décision de non-opposition à la déclaration préalable de travaux ;
- les permis d'aménager autorisant notamment les opérations de lotissement, d'implantation de campings, de caravanes ou d'habitations légères de loisirs ;
- les arrêtés préfectoraux approuvant les plans de remembrement des associations foncières urbaines.

EXIGIBILITÉ DES ÉQUIPEMENTS PROPRES

Les équipements propres étant destinés à assurer la parfaite **viabilité** et un **bon niveau d'équipement** des opérations, il en résulte que l'exigibilité de la réalisation des équipements prescrits est constituée par la mise en œuvre de l'autorisation délivrée. **43730**

CLASSEMENT DES ÉQUIPEMENTS PROPRES DANS LE DOMAINE PUBLIC

43735 Il est fréquent, notamment après achèvement de l'opération autorisée et à la demande des usagers de l'opération, que les équipements propres soient classés dans le domaine public de la collectivité.

À cet égard, l'article L 332-15 du Code de l'urbanisme prévoit expressément qu'un tel classement ne peut donner lieu à aucune **indemnisation** ou **restitution,** tant au profit des opérateurs que de leurs ayants droit, sur la base du droit à répétition prévu à l'article L 332-30 du même Code.

CUMUL DES PRESCRIPTIONS D'ÉQUIPEMENTS PROPRES ET DES CONTRIBUTIONS POUR LE FINANCEMENT DES ÉQUIPEMENTS PUBLICS

43740 Les prescriptions d'équipements propres faites en application de l'article L 332-15 du Code de l'urbanisme sont cumulables avec l'ensemble des régimes de taxes et participations d'urbanisme.

En ce sens, il a été jugé que la TLE (remplacée par la part communale de la TA) est exigible du bénéficiaire du permis de construire, indépendamment de l'obligation faite à une **association foncière urbaine** libre de prendre en charge les coûts de branchement de son opération (création d'un parc résidentiel de loisirs) aux différents réseaux (CE 6-8-2008 n° 286529, Toustou : RJF 11/08 n° 1198).

CHAPITRE 3

RÉGIME FISCAL DE L'ACQUISITION D'UN TERRAIN À BÂTIR

SOMMAIRE

PLAN DE L'ÉTUDE

Nous examinons dans ce chapitre le régime fiscal applicable à l'acquisition d'un terrain destiné à la construction. Nous étudierons ainsi successivement : 44100
– le régime de l'acquisition au regard de la TVA (notions d'assujetti et de terrain à bâtir, vente par un assujetti ou par un non-assujetti) (n°s 44200 s.) ;
– le régime de l'acquisition au regard des droits d'enregistrement, en distinguant le régime de droit commun et les régimes de faveur (acquisitions assorties d'un engagement de construire ou de revendre pris par l'acquéreur assujetti) (n°s 44870 s.).

Sur l'**articulation** entre **TVA** et **droits d'enregistrement,** voir le tableau récapitulatif reproduit n° 45100.

> **Précisions** **a.** Les **apports en société** de terrains à bâtir, qui entrent dans le champ d'application de la TVA, sont enregistrés gratuitement lorsqu'ils sont effectués lors de la constitution ou en cours de vie de la société (CGI art. 810, I et 810, IV).
> **b.** Le régime d'**imposition de la plus-value** consécutive à la cession d'un terrain à bâtir par un particulier dans le cadre de la **gestion de son patrimoine privé** obéit aux règles générales prévues pour l'imposition des plus-values immobilières privées : voir Mémento Gestion immobilière n°s 85400 s.

TAXES SUR LES CESSIONS DE TERRAINS DEVENUS CONSTRUCTIBLES

Les cessions de terrains après leur classement en zone constructible peuvent faire l'objet d'une taxation forfaitaire spécifique, indépendamment de l'imposition éventuelle de la plus-value générée à l'occasion de la cession à titre onéreux du terrain. Elles peuvent être soumises : 44105
– à une taxe communale, si la collectivité locale concernée l'a instituée sur son territoire ;
– à une taxe nationale, qui s'applique de plein droit aux terrains classés en zone constructible postérieurement au 13 janvier 2010.

Ces deux taxes ne sont exigibles que sur la **première cession à titre onéreux** du terrain concerné. Elles peuvent le cas échéant se cumuler au titre d'une même cession (BOI-RFPI-TDC-10 n° 30).

44110 **Taxe communale** Les communes peuvent, sur délibération du conseil municipal, instituer une taxe forfaitaire sur la première cession à titre onéreux de **terrains nus rendus constructibles** du fait de leur classement **par un plan local d'urbanisme** (ou par un document d'urbanisme en tenant lieu) dans une zone urbaine ou dans une zone à urbaniser ouverte à l'urbanisation **ou par une carte communale** dans une zone constructible (CGI art. 1529). Les établissements publics de coopération intercommunale (EPCI) compétents en matière de documents locaux d'urbanisme peuvent également, avec l'accord des communes qu'ils regroupent, l'instituer et la percevoir en lieu et place de ces dernières (CGI art. 1529, I-al. 2).

La **délibération instituant la taxe** s'applique aux cessions réalisées à compter du premier jour du troisième mois qui suit la date à laquelle cette délibération est intervenue. Elle est notifiée aux services fiscaux au plus tard le premier jour du deuxième mois qui suit la date à laquelle elle est intervenue. La taxe n'est due que si la délibération de la commune qui l'institue est notifiée aux services fiscaux (CGI art. 1529, VI). Une simple transmission administrative de la délibération par le préfet aux services fiscaux ne pallie pas l'absence de notification (CA Orléans 14-11-2011 nº 10/02690 : BPIM 1/12 nº 86).

La taxe est **cumulable,** le cas échéant, avec l'imposition des plus-values immobilières des particuliers (BOI-RFPI-TDC-10 nº 30).

La **liste des communes** ayant institué la taxe est disponible sur impots.gouv.fr (Espace Partenaire/Notaires, géomètres-experts/Taxe communale forfaitaire).

44115 Lorsqu'elle est instituée dans les conditions ci-dessus, la taxe s'applique aux cessions réalisées par les **personnes physiques** ou les **sociétés** et groupements relevant du régime d'imposition des plus-values des particuliers et par les **contribuables domiciliés hors de France** qui, assujettis à l'impôt sur le revenu, sont soumis au prélèvement prévu à l'article 244 bis A du CGI (CGI art. 1529, II).

Sont soumises à la taxe les cessions des **terrains nus,** des terrains **à bâtir** y compris lorsqu'ils comportent des bâtiments destinés à être démolis et des terrains **ayant fait l'objet d'un lotissement.** Toutefois, les cessions par les marchands de biens et lotisseurs y échappent car les profits correspondants sont imposés au titre des BIC (BOI-RFPI-TDC-10-10 nºs 90 et 100).

Seules sont soumises à la taxe les **cessions** de terrains réalisées **à titre onéreux.**

Sont **exonérées** :

– les cessions bénéficiant au regard des plus-values immobilières d'une des exonérations mentionnées à l'article 150 U, II-3º à 8º du CGI : dépendances immédiates et nécessaires de la résidence principale ; dépendances de l'habitation en France des non-résidents ressortissants d'un État membre de l'Union européenne, de l'Islande, du Liechtenstein ou de la Norvège ; remembrement urbain ou rural ; ventes n'excédant pas 15 000 € ; expropriations ou exercice par le cédant de son droit de délaissement sous condition de remploi du prix de cession ou de l'indemnité ; cessions réalisées jusqu'au 31 décembre 2025 directement ou indirectement en faveur de la construction de logements sociaux ou intermédiaires (CGI art. 1529, II-a). Signalons toutefois qu'en pratique et sauf cas particuliers (notamment les terrains qui servent de voies d'accès à l'habitation et à ses annexes), un terrain à bâtir ne peut être considéré comme une dépendance immédiate et nécessaire de la résidence principale (BOI-RFPI-TDC-10-10 nº 320) ;

– les cessions de terrains classés constructibles depuis plus de 18 ans (CGI art. 1529, II-b). Le point de départ de ce délai est la date à laquelle le terrain est devenu constructible en raison de son classement par un document d'urbanisme. Pour la détermination de l'ancienneté du classement, il convient de retenir la date de classement la plus ancienne lorsque le terrain a été continuellement constructible dans les différents documents d'urbanisme successifs et sous l'empire du règlement national d'urbanisme (RNU), ou la date de classement par le plan local d'urbanisme (PLU), lorsque le terrain n'était pas constructible sous l'empire du RNU. Toutefois, l'administration admet, à titre de mesure de tempérament, de tenir compte de la période de constructibilité continue sous l'empire du plan d'occupation des sols (POS) et de l'existence éventuelle d'une cession durant cette période, lorsque le PLU a été adopté dans un délai d'un an à compter de la caducité du POS et qu'aucune cession n'est intervenue dans cet intervalle. Ces éléments sont justifiés par le cédant, à la demande de l'administration, au moyen d'une attestation ou d'un certificat d'urbanisme établi par la commune ou, le cas échéant, par l'EPCI et précisant la date à laquelle le terrain est devenu constructible ou, à défaut, que cet événement est intervenu depuis plus de 18 ans (Rép. Blondin : Sén. 18-4-2019 nº 4433) ;

– les cessions dont le prix est inférieur au prix d'acquisition majoré de 200 % (CGI art. 1529, II-c).

La **taxe** est **égale à** 10 % de la plus-value réalisée lors de la vente du terrain. Elle est assise sur le prix de cession du terrain défini à l'article 150 VA du CGI, diminué du prix d'acquisition actualisé en fonction du dernier indice des prix à la consommation publié par l'Insee. En pratique, le prix d'acquisition peut être actualisé au moyen des coefficients d'érosion monétaire publiés tous les ans par l'administration fiscale (BOI-RFPI-TDC-10-20 n° 70). En l'absence d'éléments de référence, la taxe est assise sur les 2/3 du prix de cession du terrain (soit une taxe alors égale à 6,66 % de ce prix) (CGI art. 1529, III).

La taxe est **due par** le cédant et **versée** lors du dépôt de la **déclaration n° 2048 TAB** dans les conditions prévues pour l'imposition des plus-values sur terrains à bâtir (CGI art. 1529, IV et V).

> Précisions **a.** Lorsque la **cession** est **exonérée** (exception faite de l'exonération des cessions dont le prix est inférieur au prix d'acquisition majoré de 200 %), aucune déclaration ne doit être déposée. L'acte doit alors comporter certaines mentions obligatoires permettant de justifier de l'exonération ou de l'absence de taxation de l'opération (CGI ann. II art. 317 B). À défaut, le dépôt de l'acte à la formalité (enregistrement ou formalité fusionnée) est refusé.

b. Le **prix de cession** s'entend du prix stipulé à l'acte augmenté des charges et indemnités prévues dans le contrat de vente au profit du vendeur et diminué des frais de cession. Sur la liste des **frais admis en déduction de l'assiette de la taxe,** voir n° 44120, Précisions, c.

c. Lorsqu'un **terrain** constituant une seule parcelle cadastrale est **situé pour partie dans une zone constructible** et pour l'autre partie dans une zone non constructible, la taxe est due au titre de la cession de la partie du terrain située en zone constructible. Pour la détermination du prix de cession à retenir pour le calcul de la taxe, il convient de distinguer la part du prix de cession afférente à chacune des fractions concernées. Cette répartition - qui ne peut être établie en fonction de la seule superficie de chaque fraction concernée - est effectuée par le contribuable, sous sa responsabilité, et peut être justifiée par tout moyen (prix du marché, attestation d'expert, etc.) (BOI-RFPI-TDC-10-10 n° 180).

d. Lors d'une opération de **lotissement,** il n'y a pas lieu d'attendre que tous les lots soient vendus et les travaux de viabilité achevés et réglés pour verser la taxe sur les terrains devenus constructibles. En effet, le prix de cession et le prix d'acquisition servant à calculer le montant de la taxe sont connus au moment de la vente de chaque lot. Le prix d'acquisition correspond à celui stipulé dans l'acte ; celui-ci ne doit être minoré ou majoré d'aucuns frais. Les dépenses de travaux d'aménagement et de lotissement ne sont pas prises en compte. La taxe doit donc être acquittée cession par cession en fonction des prix figurant dans les actes authentiques (Rép. Biancheri : AN 23-2-2010 n° 54180 ; solution non reprise au Bofip).

e. Un **terrain classé dans une zone d'urbanisation future** du POS (zone « NA »), avant l'instauration d'un PLU, est considéré comme un terrain constructible si le règlement applicable à cette zone prévoyait une urbanisation sans modification de ce document. La durée de ce classement doit donc être prise en compte pour apprécier si la cession d'un tel terrain bénéficie de l'exonération des terrains classés constructibles depuis plus de 18 ans (CE 27-5-2015 n° 371675 : RJF 8-9/15 n° 698).

f. Les cessions de terrains devenus constructibles échappent à la taxe communale en cas de **caducité du POS** (en pratique s'il n'a pas été transformé en PLU au 31 décembre 2015 ou si une procédure de révision n'a pas été engagée avant cette date) (BOI-RFPI-TDC-10-10 n° 130).

g. Seules les cessions de terrains sont soumises à la taxe communale. Les cessions de droits relatifs à un terrain (**nue-propriété, usufruit**), de **droits sociaux** ou de parts sociales n'entrent pas dans son champ d'application (BOI-RFPI-TDC-10-10 n° 200). Elles peuvent cependant être soumises à la taxe en cas d'abus de droit (Rép. Poniatowski : Sén. 15-10-2015 n° 15558 ; Rép. Guillaume : Sén. 10-3-2016 n° 11759 ; Rép. Lagleize : AN 3-4-2018 n° 3693).

h. Le **contentieux** relatif à la taxe communale relève des juridictions administratives (T. confl. 18-11-2013 n° 3917 : RJF 3/14 n° 286).

Taxe nationale Sont frappées par cette taxe les cessions à titre onéreux des **terrains nus ou** des **droits relatifs à des terrains nus rendus constructibles** du fait de leur classement, postérieurement au 13 janvier 2010, par un plan local d'urbanisme ou par un autre document d'urbanisme en tenant lieu, en zone urbaine ou à urbaniser ouverte à l'urbanisation ou par une carte communale dans une zone où les constructions sont autorisées ou par application de l'article L 111-3 du Code de l'urbanisme (CGI art. 1605 nonies). La taxe n'est due que lors de la **première cession** du terrain à titre onéreux après ce classement. **44120**

En sont **redevables** tous les **cédants** : particuliers, sociétés ou groupements, y compris les personnes morales de droit public telles que les collectivités territoriales et leurs groupements (Rép. Morel-À-L'Huissier : AN 10-2-2015 n° 24169 ; Rép. Artigalas : Sén. 23-9-2021 n° 20191), quel que soit leur régime fiscal et qu'ils soient ou non domiciliés en France.

L'**assiette** est égale à la différence entre le prix de cession défini à l'article 150 VA du CGI et le prix d'acquisition actualisé en fonction du dernier indice Insee des prix à la consommation hors tabac. Cette assiette est réduite d'un dixième par année écoulée à compter de la date à laquelle le terrain a été rendu constructible au-delà de la huitième année (CGI art. 1605 nonies, II).

La taxe ne frappe que les cessions qui dégagent une **plus-value importante** : le prix de cession doit être supérieur à 10 fois le prix d'acquisition.

Le **taux** de la taxe est de 5 % si le prix de cession est compris entre 10 et 30 fois le prix d'acquisition et de 10 % pour la fraction de la plus-value supérieure à cette limite (CGI art. 1605 nonies, IV).

Sont **exonérées** les ventes dont le prix de cession ne dépasse pas 15 000 € et les cessions consécutives à une expropriation (CGI art. 1605 nonies, III).

> **Précisions** **a.** Compte tenu de l'application de l'abattement pour détention de 1/10e par année, les cessions de **terrains classés en zone constructible depuis plus de 18 ans** sont exonérées de la taxe. Toutefois, la taxe s'appliquant seulement aux cessions de terrains nus rendus constructibles postérieurement au 13 janvier 2010, l'exonération totale de la taxe ne sera en pratique acquise que pour des cessions réalisées au plus tôt à compter de l'année 2028 (BOI-RFPI-TDC-20-10 n° 360).

b. Pour apprécier la constructibilité du terrain lorsqu'il est issu de la **division d'une parcelle** plus étendue, il convient de ne prendre en compte que la constructibilité du terrain objet de la cession et non celle de la parcelle dont il est issu (CE 11-10-2017 n° 400766 : RJF 1/18 n° 40).

c. Le **prix de cession** retenu pour la détermination de la taxe, défini à l'article 150 VA du CGI, est réduit, sur justificatifs, du montant de la taxe sur la valeur ajoutée acquittée et des frais supportés par le vendeur à l'occasion de la cession. Ces **frais** sont **limitativement énumérés** à l'article 41 duovicies H de l'annexe III au CGI. Il s'agit des frais versés à un intermédiaire ou à un mandataire, des frais liés aux certifications et diagnostics obligatoires, des indemnités d'éviction versées au locataire, des honoraires versés à un architecte à raison des études de travaux permettant d'obtenir un accord préalable à un permis de construire et des frais exposés en vue d'obtenir d'un créancier la mainlevée de l'hypothèque grevant l'immeuble vendu. Quant au **prix d'acquisition,** qui correspond au prix stipulé dans l'acte ou, à défaut, à la valeur vénale réelle à la date d'entrée dans le patrimoine du cédant, il ne peut être minoré ou majoré de quelconques frais. Il résulte de ces dispositions que les **frais de viabilisation** ne peuvent être pris en compte pour la détermination de l'assiette de la taxe (Rép. Genevard : AN 28-7-2015 n° 79510 ; Rép. Artigalas : Sén. 23-9-2021 n° 20191). Cette absence de prise en compte des frais d'achat, d'aménagement et de viabilisation du terrain par le vendeur ne justifie pas le renvoi au Conseil constitutionnel d'une question prioritaire de constitutionnalité sur la conformité de l'article 1605 nonies du CGI au principe d'égalité devant la loi (CE QPC 10-2-2023 n° 469715 : BPIM 3/23 inf. 220).

d. La taxe est **due par** le cédant. Elle est **versée** lors du dépôt de la **déclaration** n° 2048 TAB dans les conditions prévues pour l'imposition des plus-values sur terrains à bâtir. La déclaration doit être signée par le cédant ou par son mandataire (CGI ann. III art. 331 K bis). Lorsque la cession est exonérée, aucune déclaration n'est déposée. L'acte doit alors comporter certaines mentions obligatoires permettant de justifier de l'exonération ou de l'absence de taxation de l'opération. À défaut, le dépôt de l'acte à la formalité (enregistrement ou formalité fusionnée) est refusé (CGI ann. III art. 331 K ter).

e. Le juge administratif est compétent pour connaître des **litiges** relatifs à la taxe nationale (CE 11-10-2017 n° 400766 : RJF 1/18 n° 40).

SECTION 1

ACQUISITION DU TERRAIN À BÂTIR ET TVA

A. Notion d'assujetti à la TVA

INCIDENCES

44200 La qualité d'assujetti (ou non) à la TVA des parties à l'acte d'acquisition est essentielle pour déterminer :
– le régime de la mutation au regard de la TVA, qui dépend de la qualité du cédant ;
– et le régime de la mutation au regard des droits de mutation à titre onéreux, qui dépend de la qualité de l'acquéreur.

DÉFINITION LÉGALE

44205 Sont assujetties à la TVA les personnes qui effectuent **de manière indépendante,** quels que soient leur statut juridique, leur situation au regard des autres impôts et la forme ou la nature de leur intervention, une des **activités économiques** suivantes : toutes activités de producteur, de commerçant, de prestataire de services, y compris les activités extractives, agricoles et celles des professions libérales ou assimilées (CGI art. 256 A).

Cette catégorie recouvre donc à la fois :
– les opérateurs qui sont assujettis du fait de leur activité économique autre qu'immobilière, appelés à effectuer des opérations immobilières ponctuelles ;
– et les entreprises ayant une activité économique principalement immobilière, autrement dit les professionnels de l'immobilier, parmi lesquels les promoteurs et les personnes autrefois dénommées « marchands de biens ».

Pour une étude du régime fiscal des **marchands de biens,** voir Mémento Gestion immobilière nos 86900 s.

OPÉRATIONS RÉALISÉES PAR DES PERSONNES NON ASSUJETTIES PAR AILLEURS À LA TVA

L'activité d'un **investisseur agissant à titre privé** (particulier, société civile) et qui tient au simple exercice du droit de propriété n'est pas soumise à la TVA. **44210**

À l'inverse, une personne qui se comporte comme un **investisseur professionnel** en effectuant des opérations dans le cadre d'un objectif d'entreprise ou dans un but commercial mène une activité économique (BOI-TVA-IMM-10-10-10-10 n° 40). Par suite, une telle personne doit notamment se faire enregistrer comme assujetti à la TVA.

Un **particulier qui cède des terrains** qu'il a recueillis par **succession** ou **donation, ou** encore qu'il a **acquis pour son usage privé** est présumé ne pas réaliser une activité économique. Le fait que, préalablement à la cession, l'intéressé procède au lotissement parcellaire du terrain pour en tirer un meilleur prix global n'est pas, à lui seul, de nature à remettre en cause cette **présomption,** non plus que le nombre de parcelles vendues, la durée sur laquelle s'étaleront les opérations ou l'importance des recettes qu'il en tire au regard de ses autres ressources (BOI-TVA-IMM-10-10-10-10 n° 60). **44215**

En revanche, cette présomption pourra être renversée lorsque le cédant entre dans une **démarche active de commercialisation foncière,** acquérant les biens en dehors d'une pure démarche patrimoniale ou mobilisant des moyens qui le placent en concurrence avec les professionnels : mise en œuvre de moyens propres tels que l'ouverture d'un bureau de vente ou des commissions garanties versées à un agent mandaté (BOI précité n° 60).

L'administration indique à cet égard que ses services pourront suivre la **méthode du faisceau d'indices** déjà utilisée pour la requalification de cessions réputées privées en opérations de marchands de biens : là où les critères d'importance et d'habitude ne suffisent pas à caractériser une activité économique, celle-ci pourra être considérée comme établie lorsqu'en outre le cédant se trouve engager des dépenses d'aménagement significatives, a fortiori lorsque ces dernières sont prépondérantes dans la valeur des cessions réalisées (BOI précité n° 70).

ILLUSTRATIONS

Dans un arrêt rendu à titre préjudiciel pour l'application de la TVA en Pologne, la **Cour de justice de l'Union européenne** a adopté des critères similaires à ceux retenus par l'administration française pour définir les cessions de terrains imposables à la TVA, réalisées par un particulier. Elle a ainsi jugé qu'une personne physique ayant exercé une activité agricole sur un fonds de terre requalifié, à la suite d'une modification des plans d'aménagement du territoire intervenue pour des raisons indépendantes de sa volonté, en terrain destiné à la construction ne doit pas être considérée comme assujettie à la TVA lorsqu'elle entreprend de vendre ledit fonds de terre, si ces ventes s'inscrivent dans le cadre de la gestion du patrimoine privé de cette personne. Si en revanche cette personne entreprend, en vue de la réalisation desdites ventes, des démarches actives de commercialisation foncière en mobilisant des moyens similaires à ceux déployés par un producteur, un commerçant ou un prestataire de services, cette personne doit être considérée comme exerçant une activité économique et doit, par conséquent, être considérée comme assujettie à la TVA (CJUE 15-9-2011 aff. 180/10 et 181/10 : RJF 12/11 n° 1406). De même, la Cour de justice de l'Union européenne considère que l'opération par laquelle une personne physique se voit adjuger un immeuble saisi dans le cadre d'une procédure d'exécution forcée (engagée en vue du recouvrement d'un prêt précédemment octroyé) et procède ensuite à la vente de cet immeuble ne constitue pas, en soi, une activité économique lorsque cette opération relève du simple exercice du droit de propriété ainsi que de la bonne gestion du patrimoine privé. Le particulier ne saurait donc, au titre de cette opération, être considéré comme un assujetti (CJUE 20-1-2021 aff. 655/19 : RJF 4/21 n° 441).

La **jurisprudence administrative** met en œuvre les mêmes critères en jugeant qu'un particulier qui vend des terrains à bâtir après d'**importants travaux de viabilisation** entreprend des démarches actives de commercialisation foncière et doit être assujetti à la TVA, même en l'absence d'utilisation de moyens de vente similaires à ceux d'un professionnel (CE 9-6-2020 n° 432596 : BPIM 4/20 inf. 283 dans une espèce où les travaux de viabilisation représentaient plus de 40 % du prix de vente et un montant unitaire de plus de 30 000 € par parcelle ; CAA Bordeaux 17-12-2021 n° 19BX03783 : BPIM 1/22 inf. 76 dans une espèce où le délai séparant l'acquisition et les reventes est bref - deux ans -, le terrain a été revendu en 41 lots, et le montant des travaux de viabilisation représente 30 à 39 % du prix de vente pour chacun des acquéreurs).

Relèvent également de démarches actives de commercialisation foncière celles entreprises dans le cadre d'une **opération d'aménagement d'un terrain à bâtir** d'une **ampleur** telle qu'elles ne sauraient relever de la simple gestion d'un patrimoine privé (CE 9-12-2022 n° 459206 : RJF 3/23 n° 188 ; en l'espèce un couple avait acquis un terrain initialement classé en zone non constructible. Ce terrain a ensuite été classé en zone à urbaniser à long terme. Afin d'obtenir un permis d'aménager, subordonné à la création de pistes cyclables, de chemins piétonniers et à l'édification d'un bassin de rétention, les époux avaient procédé à l'acquisition d'un terrain mitoyen. Ce permis leur avait été ensuite accordé, suivi de l'autorisation de diviser le terrain en lots. Les intéressés avaient alors vendu les terrains à une société de promotion immobilière).

OPÉRATIONS RÉALISÉES PAR DES PERSONNES DÉJÀ ASSUJETTIES AU TITRE DE LEUR ACTIVITÉ COURANTE

44220 Pour être taxable à la TVA, l'opération immobilière doit être réalisée par un **assujetti agissant en tant que tel** (CGI art. 256). Or, n'agissent pas en tant que telles les personnes assujetties qui cèdent un élément de leur patrimoine en dehors d'un objectif d'entreprise ou d'un but commercial (CE 29-12-1995 n° 118754 : RJF 2/96 n° 186 ; BOI-TVA-IMM-10-10-10-10 n° 80). Là encore, selon l'administration, il y a lieu de distinguer les opérations de l'assujetti réalisées dans le cadre de son activité économique de celles réalisées dans un cadre patrimonial, non soumises à la TVA (BOI précité n° 80).

Si la cession d'un **actif inscrit au bilan** est présumée être une opération économique réalisée en tant que telle, il en ira différemment de la cession d'un immeuble (ou d'une fraction d'immeuble) réalisée par une entreprise qui vise seulement à mieux tirer parti d'un bien devenu étranger à son activité économique (BOI précité n° 80).

De même, un agriculteur qui vend des **terrains non inscrits au bilan** n'agit pas, en principe, en tant qu'assujetti. Il en ira différemment, notamment, s'il réalise sur ces terrains des travaux significatifs, par exemple de viabilisation, et met en œuvre des moyens de commercialisation avérés (publicité, démarchage) (BOI précité n° 90 ; dans le même sens : CJUE 15-9-2011 aff. 180/10 et 181/10 analysées ci-dessus n° 44215, Illustrations).

Jugé également qu'une société civile de location immobilière (SCI) qui revend un **terrain à bâtir initialement acheté pour édifier un immeuble industriel destiné à la mise en location, projet** que la SCI n'a **pu finaliser,** n'agit pas dans un cadre purement patrimonial ni dans le simple exercice de son droit de propriété mais dans le cadre de son activité économique de loueur professionnel de bâtiments industriels, laquelle peut impliquer la revente d'un élément de son actif (CAA Nancy 15-10-2020 n° 19NC03382 : BPIM 6/20 inf. 447-6).

De la même manière, jugé qu'une SCI assujettie à la TVA au titre de son activité économique (incluant la **location de terrains et d'immeubles**), qui achète 7 parcelles constructibles, fait construire sur 2 d'entre elles un immeuble qu'elle donne en location, et revend les 5 autres au motif que selon les informations dont elle disposait de la part des services de l'urbanisme, il lui était impossible de construire une maison d'habitation telle que celle qu'elle avait envisagé de donner en location, doit être regardée comme s'étant livrée non à la gestion de son patrimoine mais à l'activité économique pour laquelle elle était assujettie à la TVA. En effet, alors même que l'objet social de la société ne comprenait pas la cession de biens, l'activité d'achat de terrains à bâtir en vue d'y construire des biens destinés à la location, quand bien même ces terrains constitueraient un **actif immobilisé** et non un stock, comporte nécessairement le risque que certains d'entre eux se révèlent **impropres à l'usage** qu'elle entendait en faire et soient cédés afin d'assurer la **pérennité de l'activité** (CE 21-12-2022 n° 459476 : RJF 3/23 n° 187).

Jugé par ailleurs que lorsqu'un assujetti a acquis des **terrains affectés en partie** à son **patrimoine privé** et **en partie** à son **entreprise,** qu'il a fait construire un centre commercial sur l'ensemble et qu'il l'a ensuite revendu, la vente des parcelles qui étaient affectées au patrimoine privé de l'assujetti doit être soumise à la TVA dès lors que l'assujetti a, lors de cette opération, agi en tant que tel (CJUE 9-7-2015 aff. 331/14 : RJF 11/15 n° 977).

OPÉRATIONS DES PERSONNES PUBLIQUES

Les livraisons d'immeubles réalisées à titre onéreux par les personnes morales de droit public (État, collectivités territoriales, organismes publics, etc.) entrent en concurrence avec celles des opérateurs privés et sont soumises à la TVA lorsqu'elles s'inscrivent dans une **démarche économique d'aménagement de l'espace ou de maîtrise d'ouvrage.** Sont ainsi imposables les cessions de terrains à bâtir résultant de l'aménagement d'emprises acquises à cette fin, dès lors que le cadre administratif (notamment la motivation des actes en cause) fait apparaître la volonté de l'opérateur public de valoriser son activité et de répondre aux besoins des acquéreurs comme pourrait le faire un intervenant privé (BOI-TVA-IMM-10-10-10-10 n° 120). Pour une application de ces principes aux opérations de lotissement réalisées par les collectivités territoriales, voir n° 28600 la réponse ministérielle Nicolin. Cette position doit toutefois être nuancée dans certains cas : ainsi jugé que lorsque la cession d'une parcelle par une commune est assortie d'une convention de partenariat imposant des engagements particuliers au cessionnaire, la collectivité locale, qui agit alors en tant qu'autorité publique dans le cadre de ses politiques démographique et urbanistique, n'exerce pas son activité dans les mêmes conditions juridiques qu'un opérateur économique privé (TA Amiens 2-2-2017 n° 1403846 : RJF 7/17 n° 673). 44225

En revanche, les cessions des personnes publiques ne sont pas imposables à la TVA lorsqu'elles relèvent d'une pure **gestion patrimoniale** (par exemple, cessions de terrains à bâtir non acquis ou aménagés en vue de les revendre). Ainsi, la collectivité sera fondée à ne pas soumettre à la TVA les livraisons de terrains à bâtir lorsque la délibération par laquelle il est décidé de procéder à l'aliénation fait apparaître que celle-ci relève du seul exercice de la propriété, sans autre motivation que celle de réemployer autrement au service de ses missions la valeur de son actif (BOI précité n° 140). À noter toutefois qu'aucune disposition fiscale n'impose à la collectivité de spécifier expressément dans sa délibération que l'opération s'inscrit dans un cadre purement patrimonial (Rép. Morel-À-L'Huissier : AN 17-12-2013 n° 25884).

OPÉRATIONS RÉALISÉES PAR LES MEMBRES D'UN ASSUJETTI UNIQUE

Depuis le 1er janvier 2023, les assujettis qui sont étroitement liés sur les plans financier, économique et de l'organisation peuvent demander à constituer un assujetti unique, ou « groupe TVA », pour une période minimale de trois années civiles. Sous ce régime, totalement optionnel, chaque membre de l'assujetti unique perd sa qualité d'assujetti pour constituer un secteur d'activité distinct de l'assujetti unique (CGI art. 256 C). 44230

Ainsi, les livraisons de biens et les prestations de services intervenant **entre les membres** de l'assujetti unique constituent des opérations internes à un même assujetti, étrangères au système de la TVA (BOI-TVA-AU-30 n° 1).

Il s'ensuit que les cessions d'immeubles réalisées entre deux membres d'un même assujetti unique constituent, quel qu'en soit l'objet (immeuble bâti achevé depuis plus ou moins de cinq ans, terrain à bâtir, terrain non à bâtir), des opérations non taxables à la TVA. L'option pour soumettre ces opérations à la TVA n'est pas possible.

En revanche, les opérations réalisées **entre un membre de l'assujetti unique et un tiers** obéissent aux règles de droit commun, étant précisé que le redevable de la TVA est l'assujetti unique pour l'ensemble des opérations réalisées par ses membres.

La constitution et l'existence d'un assujetti unique en matière de TVA sont sans incidence sur les **autres impôts, taxes, droits et prélèvements de toute nature** dont sont redevables ses membres (CGI art. 256 C, III-7).

B. Notion de terrain à bâtir au regard de la TVA

1. TERRAINS NUS

DÉFINITION LÉGALE DU TERRAIN À BÂTIR

Sont considérés comme terrains à bâtir au regard de la TVA les **terrains sur lesquels des constructions peuvent être autorisées** en application d'un plan local d'urbanisme, d'un autre document d'urbanisme en tenant lieu, d'une carte communale ou des dispositions de l'article L 111-3 du Code de l'urbanisme (CGI art. 257, I-2-1°). 44310

> Précisions **a.** La cession isolée de **droits à construire** s'analyse non pas en une cession de terrain à bâtir mais en une cession de droits réels immobiliers devant suivre le régime de l'immeuble sous-jacent (en ce sens, BOI-TVA-IMM-10-10-10-40 n° 30) ; voir n° 44380.

b. Sur la qualification des **lots de volume**, voir n° 30320, Précisions.

ZONAGE DES DOCUMENTS D'URBANISME

44315 La définition du terrain à bâtir donnée par l'article 257, I-2-1° du CGI s'entend de la façon suivante : il s'agit d'un terrain pour lequel - **au moment de la livraison** - la documentation publique opposable ne fait pas obstacle à construire (BOI-TVA-IMM-10-10-10-20 n° 20). Par suite, constituent des terrains à bâtir les terrains situés dans les zones suivantes :

– les zones urbaines (ou **zones « U »**) ;

– les zones à urbaniser (ou **zones « AU »**), à condition que les constructions puissent y être autorisées sans modification préalable du PLU, dès lors que les voies et réseaux installés à proximité de la zone sont suffisants pour desservir les constructions ;

– les **zones constructibles des cartes communales** ;

– les **parties constructibles des communes** en application de l'article L 111-3 du Code de l'urbanisme (voir nos 350 s.) ;

– les **périmètres constructibles en zones naturelles et forestières** (dans les PLU : zones « N ») ; en revanche, n'est pas un terrain à bâtir le terrain situé en **zone agricole** (zone « A »), à moins que l'acte de cession n'indique qu'il bénéficie d'une autorisation de construire.

À notre avis, les terrains situés dans les **périmètres constructibles des zones agricoles** constituent des terrains à bâtir (C. urb. art. L 151-13).

DÉFINITION OBJECTIVE DU TERRAIN À BÂTIR

44320 La notion fiscale de terrain à bâtir est fondée exclusivement sur l'emplacement du terrain dans une zone constructible, apprécié au jour du fait générateur, quelle que soit sa **constructibilité réelle.** Il n'est tenu compte ni des **intentions de l'acquéreur** ni de la **superficie du terrain,** en particulier par rapport au minimum requis pour construire par les documents d'urbanisme (BOI-TVA-IMM-10-10-10-20 nos 10 et 20). Il en va ainsi dès lors que le terrain est constructible, même s'il est destiné à l'implantation d'habitations légères de loisirs, et a fortiori si celles-ci, reposant sur des murets faits de parpaings scellés au béton et fixés au sol, sont requalifiées en constructions par le juge (CE (na) 21-10-2019 n° 429940 : RJF 1/20 n° 14). Il en va de même si ces terrains, supportant les habitations légères de loisirs, ont été préalablement viabilisés (CAA Nantes 28-1-2021 n° 19NT01800 : BPIM 2/21 inf. 150 rendu définitif par CE (na) 27-12-2021 n° 451195 : RJF 4/22 n° 343). De la même manière un terrain constructible supportant des panneaux publicitaires ancrés au sol est un terrain à bâtir et non un terrain bâti eu égard au caractère démontable de ces panneaux (CE (na) 6-12-2022 n° 465043 : RJF 3/23 n° 189).

Il en découle que le régime fiscal du terrain au regard de la TVA est fixé définitivement **au jour de la livraison,** sans risque d'assujettissement rétroactif à la TVA du fait de l'obtention postérieure d'une autorisation de construire ou d'aménager ou encore du commencement de travaux.

> Précisions **a.** Si l'article 257 du CGI ne pose pas de **condition de superficie** pour l'application de la TVA aux cessions de terrains, cette donnée demeure importante pour l'application des droits de mutation à titre onéreux (voir n° 44975).

b. La nature de l'immeuble doit être appréciée au jour de la livraison. Par suite, si une **vente de terrain à bâtir** est **résolue après réalisation d'une construction par l'acquéreur,** la résolution doit être imposée à la TVA en qualité de livraison d'un immeuble neuf, et non être soumise au régime fiscal de la cession de terrain à bâtir (Cass. com. 20-1-2015 n° 13-27.454 F-PB : RJF 5/15 n° 413, rendu sous l'empire du régime en vigueur avant le 11-3-2010 mais transposable au régime actuel).

c. La législation française se réfère à des critères de constructibilité purement objectifs pour définir la notion de terrain à bâtir. La jurisprudence européenne apporte plus de nuances à cet égard, en tenant compte partiellement de **l'intention des parties,** dès lors que celle-ci est étayée par des éléments objectifs, pour savoir si les opérations de vente et de démolition constituent une opération unique. Ainsi le juge européen estime que la livraison d'un terrain supportant un bâtiment peut être considérée comme portant sur un terrain à bâtir si le vendeur était chargé de la démolition du bâtiment, que le coût de cette démolition a été supporté au moins en partie par l'acheteur et qu'à la date de la livraison la démolition a déjà débuté (CJUE 17-1-2013 aff. 543/11 : RJF 4/13 n° 450). En revanche, lorsqu'à la date de la livraison l'entrepôt existant est pleinement opérationnel, et qu'aucune partie au contrat de vente n'était chargée de sa démolition, qui a été réalisée après l'acquisition par une entreprise tierce à la demande de l'acquéreur, l'opération ne saurait être qualifiée de vente d'un terrain à bâtir même si l'intention des parties était que le bâtiment soit totalement ou partiellement démoli pour faire place à un nouveau bâtiment (CJUE 4-9-2019 aff. 71/18 : RJF 11/19 n° 1106).

TERRAINS NON QUALIFIÉS DE TERRAINS À BÂTIR

Les **livraisons** de terrains qui ne répondent pas à la définition donnée par l'article 257, I-2-1° du CGI (n° 44310) sont **exonérées** de plein droit **de** la **TVA** (CGI art. 261, 5-1°). 44325

Toutefois, le cédant assujetti à la TVA livrant un tel terrain peut soumettre cette livraison à la taxe sur **option** (CGI art. 260, 5° bis). Une telle option présentera pour lui un intérêt s'il a exposé des frais grevés de TVA (par exemple : travaux d'aménagement du terrain) et entend faire valoir des droits à déduction. Le cédant ne pourra faire valoir ces droits à déduction qu'une fois cette option exercée, ce qui interdit en pratique une déduction avant la revente (CE 27-11-2020 n° 426091 : RJF 2/21 n° 133 ; CE 9-6-2021 n° 429498).

> **Précisions** **a.** L'assujetti devra s'interroger sur l'intérêt de l'**option** compte tenu de son **coût fiscal** (TVA et droits d'enregistrement au taux de droit commun : n° 44875, Précisions, b). Sur cette question, voir Muriel Suquet-Cozic, Les pièges du nouveau régime de TVA applicable aux opérations immobilières identifiés : Sol. Not. 2/11 inf. 45 n°s 17 s.
> **b.** L'**option** pour l'imposition à la TVA des livraisons exonérées doit être **expresse.** Elle doit être exprimée **dans l'acte** constatant la mutation, et **de manière distincte** lorsque des immeubles, fractions d'immeuble ou droits immobiliers relèvent de règles différentes pour la détermination de la base d'imposition (prix total ou marge du cédant : voir n° 44410) (CGI ann. II art. 201 quater).
> En cas d'option, la cession du terrain non à bâtir par un assujetti à la TVA est taxable **sur le prix total** (n° 44510).

2. BIENS ASSIMILÉS AUX TERRAINS À BÂTIR

EXCLUSION DES IMMEUBLES BÂTIS

En principe, les notions de terrain à bâtir et d'immeuble bâti sont exclusives l'une de l'autre. 44350
Ainsi, peut seul constituer un **terrain à bâtir** un terrain qui ne comporte pas d'ores et déjà des bâtiments, c'est-à-dire des **constructions incorporées au sol** (BOI-TVA-IMM-10-10-10-20 n° 110).

En particulier, un immeuble ne saurait être qualifié de terrain à bâtir au sens de la TVA du seul fait que l'acquéreur se destine à y réaliser une construction, avec ou sans démolition du bâti existant, puisque les intentions de l'acquéreur sont tenues pour indifférentes (voir n° 44320).

> **Précisions** **a.** L'immeuble bâti ne saurait être assimilé à un terrain à bâtir quand bien même des **droits à construire résiduels** (notamment par surélévation) y seraient attachés. Un tel bien doit être considéré comme un immeuble neuf ou un immeuble ancien, en fonction de la date d'achèvement du bâti existant (BOI-TVA-IMM-10-10-10-40 n° 30).
> **b.** Lorsqu'un terrain à bâtir constitue le **prolongement direct et accessoire d'un bâtiment** et est cédé conjointement avec celui-ci, l'ensemble peut être considéré comme un immeuble bâti si terrain et bâtiment ne forment qu'une seule parcelle cadastrale ou un seul lot dans un règlement de copropriété ou un état descriptif de division (BOI-TVA-IMM-10-10-10-40 n° 20).
> **c.** Sur la **résolution d'une vente de terrain à bâtir après réalisation d'une construction** par l'acquéreur, voir n° 44505.

IMMEUBLE BÂTI INUTILISABLE

L'administration considère qu'on ne doit entendre par immeuble bâti qu'une construction qui se trouve en état d'être utilisée en tant que telle pour un usage quelconque sans qu'il soit nécessaire d'y réaliser un immeuble neuf. Par suite, un immeuble situé dans une zone constructible dont l'état le rend **impropre à un quelconque usage** devra être assimilé à un terrain à bâtir. Sont visés par l'administration : la **ruine** résultant d'une démolition plus ou moins avancée, le bâtiment rendu inutilisable par suite de son état durable d'**abandon,** l'immeuble frappé d'un **arrêté de péril,** l'immeuble **inachevé,** etc. (BOI-TVA-IMM-10-10-10-20 n° 120). 44355

Sur la vente d'**immeuble à rénover,** voir n°s 76660 s.

> **Précisions** Dans un arrêt rendu à titre préjudiciel pour l'application de la TVA aux Pays-Bas, la qualification d'immeuble bâti a été retenue s'agissant d'un bien immeuble composé d'un terrain et d'un **bâtiment ancien en cours de transformation** en un bâtiment nouveau dès lors que, au moment de la livraison, le bâtiment ancien n'avait subi que des travaux de démolition partielle et était, à tout le moins en partie, encore utilisé en tant que tel (CJUE 12-7-2012 aff. 326/11 : RJF 11/12 n° 1091). Cette caractérisation de l'immeuble bâti peut être rapprochée de celle retenue par la doctrine administrative française exposée ci-dessus. Sur cette question, voir aussi n° 44320.

3. DROITS ASSIMILÉS À L'IMMEUBLE SOUS-JACENT

DROITS RÉELS IMMOBILIERS

44380 La loi soumet les droits réels immobiliers au même régime de TVA que l'immeuble auquel ils se rapportent (CGI art. 257, I-1-1°). Ainsi, la **constitution et** la **cession** de **nue-propriété,** d'**usufruit,** de **droits indivis,** de droit **de superficie** ou encore de **servitudes** relatifs à un terrain à bâtir seront soumises au même régime de TVA que la cession du terrain à bâtir (BOI-TVA-IMM-10-10-20 n° 80).

DROITS RELATIFS AUX PROMESSES DE VENTE

44385 Suivent le régime fiscal de l'immeuble auquel ils se rapportent les droits relatifs aux promesses de vente (CGI art. 257, I-1-2°). Sont visés les **droits dont est titulaire le bénéficiaire** de la promesse (en ce sens : BOI-TVA-IMM-10-10-20 n° 120).

Notons que la loi ne distingue pas selon le type de promesse de vente (synallagmatique ou unilatérale), ce qui amène en principe à considérer que les deux sont concernés (la doctrine administrative est muette sur ce point).

Ainsi, la cession par le bénéficiaire de la promesse de vente d'un terrain à bâtir sera imposée à la TVA comme le serait la cession du terrain lui-même.

4. CESSION SIMULTANÉE DE BIENS DE NATURES DIFFÉRENTES

CESSION DE TERRAINS DE NATURES DIFFÉRENTES

44410 Lorsqu'une cession porte simultanément sur des terrains de natures différentes (un terrain à bâtir et un terrain non à bâtir), l'acte doit faire apparaître une ventilation du prix de vente. Cela est nécessaire dès lors que des régimes fiscaux différents s'appliquent, soit que seul un terrain est soumis à la TVA, soit que les deux y sont soumis (le terrain non à bâtir pouvant l'être sur option) mais sur des assiettes différentes, l'un sur le prix et l'autre sur la marge. L'administration exige dans ce cas que l'**acte** comporte une claire **distinction entre l'une et l'autre partie des biens vendus** (BOI-TVA-IMM-10-10-10-30 n° 30). Le cas échéant, une **division parcellaire** préalable à la mutation sera nécessaire (BOI-TVA-IMM-10-10-10-40 n° 10).

CESSION DE TERRAINS ET DE BÂTIMENTS

44415 L'administration exige que l'**acte** reflète clairement la **qualification de chaque élément** quand bien même les deux biens seraient soumis à la TVA, car les assiettes de calcul n'obéissent pas nécessairement aux mêmes règles.

En pareille situation, l'administration exige une **division parcellaire préalable** à la mutation pour pouvoir distinguer le terrain à bâtir de la partie bâtie (BOI-TVA-IMM-10-10-10-40 n° 10).

C. Vente du terrain à bâtir par un assujetti à la TVA

1. OPÉRATIONS TAXABLES

44500 Sont soumises de plein droit à la TVA les **livraisons de terrain à bâtir effectuées à titre onéreux par un assujetti agissant en tant que tel** (CGI art. 256, I et art. 257, I-2-1° ; sur cette notion, voir n°s 44205 s.).

> **Précisions** **a.** Seules les livraisons de terrains à bâtir par un assujetti à la TVA - qui font l'objet de notre étude - sont taxables de plein droit à la TVA. On rappelle toutefois que les livraisons de **terrains qui ne répondent pas à la définition des terrains à bâtir** sont exonérées de TVA mais peuvent y être soumises sur option lorsque le cédant est un assujetti (n° 44325).
b. Sur les **cessions de terrains contre remise de locaux à construire,** voir n°s 82250 s.

2. MUTATIONS CONCERNÉES

44505 La livraison de l'immeuble s'entend du transfert du pouvoir de disposer de l'immeuble comme un propriétaire (CGI art. 256, II-1°). Ce terme générique recouvre donc l'**ensemble des mutations à titre onéreux** : vente, expropriation, adjudication, échange, apport en société, fusions, scissions, apports partiels d'actifs.

L'opération est considérée comme réalisée à titre onéreux lorsqu'il existe un **lien direct** entre le bien livré et la contre-valeur reçue et que cette contre-valeur est de même niveau que l'avantage procuré au bénéficiaire de la livraison. Par suite, la cession d'un bien immobilier pour un **prix symbolique** est en principe hors du champ de la TVA, sauf s'il est établi que la contre-valeur reçue par le cédant est constituée en outre par une ou plusieurs sommes versées par un tiers et présentant les caractéristiques d'une subvention complément de prix (BOI-TVA-IMM-10-10-10 n° 1).

En principe, la **résolution** d'une vente ne constitue pas une nouvelle livraison taxable et n'entre pas dans le champ de la TVA. À l'inverse, elle donne droit à la restitution de la taxe versée sur la vente résolue (CGI art. 272). Lorsque la résolution procède de l'exercice d'une **faculté de rachat** (ou réméré), le retour du bien vendu ne doit pas être regardé comme une livraison de biens au sens de l'article 256 du CGI, mais comme une prestation de services taxable sur la somme correspondant à la différence entre le prix de rachat et le prix de vente (CE 7-10-2021 n° 430136 : BPIM 6/21 inf. 408). Par suite, cette somme est taxable pour l'acquéreur assujetti même si le rachat porte sur un immeuble exonéré comme étant achevé depuis plus de 5 ans. Toutefois, il a été jugé que, lorsque la vente d'un terrain à bâtir est résolue et que l'acquéreur y a édifié un immeuble entre-temps, la restitution du terrain emporte cession de la construction neuve et entre le cas échéant dans le champ de la taxe (Cass. com. 21-1-2015 n° 13-27.454 F-PB : RJF 5/15 n° 413). Si le rachat porte sur un bien entrant dans le champ de la taxe, il peut en résulter une taxation de l'opération ou des régularisations de taxe selon la qualité des parties. Cette solution s'explique par le fait que la résolution porte sur un bien différent du bien initialement vendu et que le transfert du surplus (le bâti) ne saurait être gratuit. Dès lors, il a vocation à être taxé à la TVA (Defrénois 30-9-2015 n° 120x1 p. 934, note J. P. Garçon).

> **Précisions** **a.** Selon l'administration, une **expropriation** est présumée ne pas constituer une opération de caractère économique pour l'exproprié au sens indiqué n° 44220, dès lors que la contrepartie reçue a le caractère d'une indemnité. Il en va autrement lorsque l'exproprié établit que cette livraison répond par ailleurs aux besoins de son entreprise (BOI-TVA-IMM-10-10-10-10 n° 100).
> **b.** Sur la cession des **parties communes de lotissement** à prix symbolique, voir n° 28710.

3. ASSIETTE

TAXATION SUR LE PRIX TOTAL

L'assiette de la TVA est en principe constituée par le **prix de vente hors taxe** de l'immeuble, augmenté des charges (CGI art. 266, 2-b). **44510**

Ces charges incluent toutes les prestations supplémentaires imposées contractuellement à l'acquéreur ainsi que tous les avantages indirects que l'acquéreur procure au vendeur en prenant à son compte des obligations qui incombent personnellement à ce dernier.

Ainsi, doivent notamment être inclus dans l'assiette de la TVA à titre de **charge augmentative de prix** la commission de l'intermédiaire payée par l'acquéreur pour le compte du vendeur ainsi que la taxe foncière refacturée par le vendeur à l'acquéreur et correspondant à la période postérieure à l'acquisition (BOI-TVA-IMM-10-20-10 n°s 140 s.).

En cas d'insuffisance du prix, l'administration ne peut asseoir la TVA sur la **valeur vénale** de l'immeuble que si elle prouve la fraude ou l'évasion fiscale, par hypothèse non avérée quand la TVA est intégralement déductible par l'acquéreur (BOI précité n° 190).

Si le **prix** est **payable à terme ou par annuités,** les intérêts pour délais de paiement consentis à l'acheteur pour une période postérieure à la vente ne sont pas taxables à la TVA, sous réserve que l'acte de vente ventile clairement le prix en principal et le montant des intérêts (BOI-TVA-BASE-10-10-10 n°s 130 s.).

> **Précisions** **a.** Jugé que **l'évasion fiscale** permettant à l'administration de substituer la **valeur vénale** de l'immeuble au prix déclaré est établie lorsqu'une importante minoration de prix est associée à des relations d'intérêt entre les parties (CE (na) 25-6-2007 n° 292864 : RJF 12/07 n° 1405).
> **b.** Lorsque le prix des biens est mentionné sans précision particulière dans l'acte, l'administration considère que les parties ont entendu énoncer un **prix « taxe comprise »** (BOI-TVA-IMM-10-20-10 n° 130). Il en va ainsi en particulier lorsque le vendeur est une société civile immobilière, sans qu'il y ait lieu d'appliquer l'usage constant entre commerçants selon lequel les prix s'entendent hors taxe sauf convention contraire (Cass. com. 21-3-2018 n° 17-12.744 F-D : RJF 8-9/18 n° 846).
> **c.** En cas de **vente « contrat en mains »,** et contrairement à la règle appliquée en matière de droits d'enregistrement, la TVA est assise sur l'intégralité du prix convenu, sans déduction des frais du contrat que les parties conviennent de mettre à la charge du vendeur (en ce sens, notamment : CAA Lyon 6-7-1993 n° 92-463 : RJF 10/93 n° 1295).

TAXATION SUR LA MARGE

44515 **Condition initiale d'application de la TVA sur marge : absence d'ouverture du droit à déduction lors de l'achat du bien revendu** La livraison d'un terrain à bâtir est taxable sur la marge si son acquisition par le cédant n'a pas ouvert droit à déduction de la TVA (CGI art. 268).

Selon la **jurisprudence européenne et française,** le régime de la marge s'applique à des livraisons de terrains à bâtir :
– lorsque leur acquisition a été soumise à la TVA, sans que l'assujetti qui les revend ait eu le droit de déduire cette taxe ;
– ou lorsque leur acquisition n'a pas été soumise à la TVA alors que le prix auquel l'assujetti-revendeur a acquis ces biens incorpore un montant de TVA qui a été acquitté en amont par le vendeur initial. En dehors de cette hypothèse, le régime de la TVA sur marge ne s'applique pas à des livraisons de terrains à bâtir dont l'acquisition initiale n'a pas été soumise à la TVA, soit qu'elle se trouve en dehors de son champ d'application, soit qu'elle s'en trouve exonérée (CJUE 30-9-2021 aff. 299/20 : BPIM 6/21 inf. 409 ; CE 12-5-2022 nº 416727 : BPIM 4/22 inf. 333, rendus dans le cadre du régime de TVA immobilière applicable avant le 11-3-2010 mais transposables au régime actuel).

L'administration, quant à elle, considère que **n'ont pas ouvert droit à déduction** (BOI-TVA-IMM-10-20-10 nos 30 s.) :
– l'acquisition réalisée auprès de personnes non assujetties ;
– l'acquisition réalisée auprès de personnes assujetties qui n'ont pas agi en tant que telles ;
– l'acquisition réalisée auprès de personnes assujetties lorsque la livraison du terrain était exonérée (terrain non à bâtir) et que l'option pour l'assujettissement n'a pas été formulée ;
– l'acquisition réalisée sans que le montant de la taxe déductible n'ait été mentionné dans l'acte ni dans tout autre document valant facture ;
– l'acquisition réalisée par une personne qui aurait acquis l'immeuble pour la réalisation exclusive d'opérations non imposables, de telle sorte que le coefficient d'assujettissement de l'article 206 de l'annexe II au CGI était nul au moment de l'acquisition. À cet égard, seule compte l'affectation initiale du bien. En revanche, la circonstance que le coefficient de taxation ait été nul lors de l'acquisition est sans incidence (BOI-TVA-IMM-10-20-10 nº 40). Cette position ne semble pas conforme à l'interprétation donnée par la Cour de justice de l'Union européenne : selon cette dernière, seule l'acquisition de l'immeuble par un assujetti agissant en tant que tel détermine l'application du mécanisme des déductions, l'utilisation des biens détermine quant à elle uniquement l'étendue de la déduction initiale, mais n'affecte pas la naissance de ce droit. Si l'acquéreur a agi en qualité d'assujetti lors de l'acquisition du bien, le droit à déduction prend donc naissance même si l'immeuble a d'abord été affecté à une activité hors du champ de la taxe. Le point de savoir si l'assujetti l'a acquis en tant qu'assujetti est une question de fait qui impose de se référer à son intention, mise en évidence par un faisceau d'indices : nature des biens susceptibles ou non d'utilisation à des activités taxées, période écoulée entre l'acquisition et l'utilisation du bien pour une activité économique, etc. (CJUE 25-7-2018 aff. 140/17 : RJF 12/18 nº 1304).

Est également réputée ne pas avoir ouvert droit à déduction l'acquisition réalisée avant le 11 mars 2010 qui aurait fait l'objet d'un engagement de construire et d'une autoliquidation de la TVA (hypothèse de l'acquisition d'un terrain à bâtir ou assimilé lorsque le redevable de la taxe était l'acquéreur) (BOI-TVA-IMM-10-20-10 nº 30, Remarque ; CAA Lyon 4-6-2020 nº 18LY03464 : BPIM 6/20 inf. 447-7).

44520 En revanche, l'administration considère comme **ayant ouvert droit à déduction** (BOI-TVA-IMM-10-20-10 nos 30, 40, 50 et 70) :
– l'acquisition qui a ouvert un droit à déduction, ne serait-ce que partiel, à raison d'un coefficient d'assujettissement non nul ;
– l'acquisition à l'occasion de laquelle le cédant a bénéficié d'un transfert de droits à déduction en application de l'article 207, III-3 de l'annexe II au CGI ;
– l'acquisition soumise à la TVA sur la marge, à condition que la TVA liquidée sur la marge ait été mentionnée dans l'acte d'acquisition ou dans tout document valant facture ;
– l'acquisition avant le 31 décembre 2012 auprès d'une personne non assujettie d'un immeuble précédemment acquis comme immeuble à construire et cédé dans les cinq ans de son achèvement.

44525 Certaines **origines de propriété particulières** ne permettent pas de déterminer si l'acquisition a ouvert droit à déduction.

Il en va ainsi par exemple si le cédant n'est pas en mesure d'établir dans quelles conditions de qualification fiscale il est entré en possession de tout ou partie du bien (ex. : parcelle issue de **remembrement, origine** de propriété très ancienne et **inconnue** etc.). Dans ce cas, selon l'administration, il y a lieu de soumettre l'ensemble de la cession à la TVA sur le prix total (BOI-TVA-IMM-10-20-10 n° 80).

Lorsque l'acquisition de l'immeuble s'est faite dans le cadre d'une **transmission d'universalité** (CGI art. 257 bis ; voir n° 44570), il y a lieu, selon l'administration, de se référer au régime de l'acquisition antérieure à celle réalisée par le bénéficiaire de la transmission non taxée pour déterminer si l'acquisition avait ouvert droit à déduction (BOI-TVA-IMM-10-20-10 n° 90). En effet, la cession d'immeuble qui remplit les conditions d'une transmission d'universalité est considérée comme transparente au regard de la TVA.

Par ailleurs, la circonstance qu'un bien immobilier figure comptablement en stock ou à l'actif immobilisé de l'assujetti est dépourvue d'incidence sur l'application du régime de taxation sur la marge (Rép. Grau : AN 27-4-2021 n° 35554).

Condition supplémentaire d'application du régime de la TVA sur marge : identité de qualification juridique entre le bien acquis et le bien revendu 44530

Selon l'administration, il n'y a lieu de rechercher le régime de l'acquisition aux fins de déterminer la base d'imposition que pour les seules livraisons d'immeubles acquis et revendus en gardant la même qualification (BOI-TVA-IMM-10-20-10 n° 20). L'administration a précisé que la mise en œuvre de la TVA sur la marge suppose nécessairement que le **bien revendu** soit **identique au bien acquis** quant à sa **qualification juridique,** car appliquer le régime de la marge dans d'autres cas aboutirait à le permettre dans le cadre d'opérations autres que des opérations d'achat-revente. Ainsi, dans le cas d'un lot revendu comme terrain à bâtir ayant été acquis comme terrain d'assiette d'un immeuble bâti et comme tel assimilé à ce dernier, l'identité entre le bien acquis et le bien revendu n'est pas vérifiée. Il en résulte que la revente doit être soumise à la TVA sur le prix de vente total (Rép. Vogel : Sén. 17-5-2018 n° 04171 ; Rép. Falorni : AN 24-9-2019 n° 1835 ; Rép. Bazin : AN 29-9-2020 n° 30676 ; Rép. Vialay : AN 2-3-2021 n° 35380).

Cette analyse est également celle retenue par le Conseil d'État : ce dernier considère que l'article 392 de la directive européenne du 28 novembre 2006, dont l'article 268 du CGI assure la transposition, impose que ces règles de calcul dérogatoires de la TVA s'appliquent aux opérations de cessions de terrains à bâtir qui ont été acquis en vue de leur revente et ne s'appliquent donc pas à une cession de terrains à bâtir qui, lors de leur acquisition, avaient le caractère de terrains bâtis (CE 27-3-2020 n° 428234 : RJF 6/20 n° 524 repris sous BOI-TVA-IMM-10-20-10 n° 20 ; CE 1-7-2020 n° 431641 : RJF 10/20 n° 776 ; CE 30-11-2020 n° 440137 : BPIM 1/21 inf. 80). Par suite, ne relève pas de la TVA sur la marge la cession d'un bien acquis en état d'immeuble bâti - la parcelle supportant un chalet - et revendu, après démolition, comme terrain à bâtir grevé d'un immeuble hors d'eau et hors d'air mais non habitable (CE 16-7-2020 n° 435464 : RJF 11/20 n° 877).

Autrement dit, ne sont, le cas échéant, taxables à la TVA sur marge que les reventes d'**immeubles n'ayant pas changé de consistance** depuis leur acquisition, tels que les terrains à bâtir ayant été préalablement acquis comme terrains nus ou les immeubles achevés depuis plus de cinq ans ayant été préalablement acquis comme immeubles déjà bâtis.

La Cour de justice de l'Union européenne confirme qu'il y a lieu d'exclure l'application du régime de TVA sur la marge à la livraison de terrains à bâtir lorsque ces terrains acquis bâtis sont devenus, entre le moment de leur acquisition et celui de leur revente par l'assujetti, des terrains à bâtir (CJUE ord. 10-2-2022 aff. 191/21 : RJF 5/22 n° 516).

En revanche, elle se montre plus exigeante que la doctrine administrative en la matière puisqu'elle exclut l'application du régime de taxation sur la marge à des livraisons de terrains à bâtir lorsque ces terrains acquis non bâtis sont devenus, entre le moment de leur acquisition et celui de leur revente par l'assujetti, des terrains à bâtir. En particulier sont exclus du régime de la TVA sur marge les terrains acquis non bâtis qui ne répondent pas à la définition d'un terrain à bâtir telle que donnée par les États membres (à savoir un terrain destiné à supporter un édifice) (CJUE 30-9-2021 aff. 299/20 précité).

S'agissant des **opérations en cours,** l'administration précise que le contribuable de bonne foi conserve le droit de se prévaloir de la doctrine administrative française (publiée au Bofip sous la référence BOI-TVA-IMM-10-20-10), même contraire à l'arrêt de la CJUE, tant que cette doctrine administrative n'a pas été remise à jour. Une fois que l'administration aura mis à jour ses commentaires, l'assujetti qui vendrait un bien immobilier postérieurement pourra continuer à se prévaloir de la doctrine antérieure si son acquisition est intervenue ou a fait l'objet d'un compromis de vente antérieurement à cette publication (Rép. Grau : AN 1-2-2022 n° 42486).

44532 Les opérations qui font intervenir une **division** entre l'achat et la revente reçoivent le traitement suivant.

D'après l'administration, la TVA ne pourra pas s'appliquer sur la marge lors de la revente d'un terrain à bâtir issu de la division d'un immeuble bâti sauf si la division parcellaire était antérieure à l'acte d'acquisition initial au moyen d'un document d'arpentage établi pour les besoins de la cession permettant d'identifier les différentes parcelles dans l'acte ou d'un permis d'aménager faisant apparaître de manière précise les divisions envisagées obtenu préalablement à l'acquisition (Rép. Bussereau : AN 20-9-2016 n° 96679).

Ainsi, relèvent de la TVA sur marge les cessions de terrains à bâtir ayant fait l'objet, entre l'achat et la revente, d'une division en lots et de travaux d'aménagement et de viabilisation (installation de réseaux desservant lesdits terrains tels que réseaux de gaz ou d'électricité) (CJUE 30-9-2021 aff. 299/20 précité ; CJUE ord. 10-2-2022 aff. 191/21 précité ; CE 12-5-2022 n° 416727 précité ; CE (na) 13-5-2022 n° 440619 : BPIM 5/22 inf. 388). Pour que le régime de la TVA sur marge s'applique, il y a lieu de rechercher dans les actes d'acquisition si les terrains à bâtir ont été acquis en cette qualité, distinctement des terrains contigus supportant des constructions (CE 11-10-2022 n° 464561 : BPIM 6/22 inf. 460 ; CE (na) 18-1-2024 n° 475616 : BPIM 3/24 inf. 213 ; CE 8-7-2024 n° 489982 : RJF 10/24 n° 662). Est sans incidence la circonstance que les terrains vendus étaient déjà constructibles au moment de leur acquisition et que les lotissements avaient été acceptés par un arrêté antérieur à cette acquisition (CE (na) 14-4-2022 n° 446855 : RJF 7/22 n° 632). Ces derniers éléments paraissent nécessaires mais non suffisants pour caractériser des terrains à bâtir car tant que ceux-ci ne sont pas identifiés comme tels dans l'acte notarié d'acquisition, il ne s'agit que d'un projet de division. En revanche ne relève pas de la TVA sur marge l'opération portant sur l'acquisition de sept parcelles contiguës, qualifiées d'immeuble bâti en raison de la présence d'un bâtiment sur l'une d'elles, revendues séparément en qualité de terrains à bâtir, et dont les délimitations cadastrales n'ont pas changé depuis l'acquisition (CE 2-4-2024 n° 466644 : BPIM 4/24 inf. 223). Dans cette affaire, l'acte de vente initial visait une propriété bâtie sans faire explicitement état de la vente de terrains à bâtir portant sur des parcelles nues existantes. La rédaction de cette clause semble avoir prévalu sur la désignation et la consistance réelle des biens, ce qui réduit la portée de l'arrêt.

44535 **Calcul de la marge** La marge est constituée par la différence entre (CGI art. 268) :

1° D'une part, le prix exprimé et les charges qui s'y ajoutent ;

2° D'autre part, les sommes que le cédant a versées, à quelque titre que ce soit, pour l'acquisition du terrain.

Ainsi, la marge est déterminée par la différence entre, d'une part, toutes les sommes et charges dues auprès du cédant par le cessionnaire, **diminuées de la TVA afférente à la marge** elle-même et, d'autre part, le prix d'achat supporté par l'assujetti revendeur. Par suite, le « prix exprimé » s'entend de la différence entre le montant payé au cédant par le cessionnaire ou, pour tout ou partie, par un tiers, et le montant de la TVA afférente à la marge résultant de ce prix. Pour déterminer la base d'imposition qui est réputée toute taxe comprise (TTC), il y a donc lieu de procéder à un **calcul « en dedans »** selon la formule suivante (BOI-TVA-IMM-10-20-10 n°s 240 s.) :

$$\text{Marge taxable} = \frac{\text{montant payé par le cessionnaire + charges augmentatives – prix d'achat}}{(100 + \text{taux applicable à l'opération}) / 100}$$

> **Précisions** **a.** Le **second terme de la différence** (qui correspond au prix d'achat et aux charges qui s'y ajoutent, notamment les droits de mutation) ne comprend que les dépenses sur lesquelles **aucun droit à déduction n'a pu être exercé.** Les autres frais et honoraires exposés à l'occasion de l'acquisition ne sont pas à inclure dans le prix d'achat dès lors qu'ils sont grevés de TVA et que cette taxe est déductible dans les conditions de droit commun (BOI-TVA-IMM-10-20-10 n° 270). Ainsi, si des droits à déduction ouverts au moment de l'acquisition n'ont pas été exercés à l'époque, ils ne pourront pas être inclus dans le second terme de calcul de la marge. Ils ne pourront être pris en compte que par la voie d'une rectification par le contribuable des déclarations de TVA qu'il a déposées si le délai de reprise est encore ouvert.
> **b.** La marge ainsi calculée peut se révéler **nulle ou négative.** La base d'imposition sera alors prise pour zéro. Cette situation peut notamment se présenter à l'occasion de la commercialisation des opérations de **lotissement** (voir n° 28675).

4. TAUX

TAUX DE DROIT COMMUN

Le taux en principe applicable aux ventes de terrains à bâtir est le taux normal de 20 % (CGI art. 278). 44540

Si le **prix** est fixé **taxe comprise,** il convient d'appliquer à ce prix le coefficient de conversion de 0,833 pour obtenir le prix hors taxe. Si la TVA est exigible sur la marge, ce coefficient s'applique uniquement à la marge.

> **Précisions a.** Dans les **DOM** (excepté Mayotte et la Guyane où la TVA n'est pas applicable), le taux de droit commun, applicable notamment aux opérations immobilières, s'établit à 8,5 %, soit un coefficient de conversion de 0,921 (CGI art. 296, 1°-b).
> **b.** En **Corse,** le taux de droit commun est fixé à 10 %, soit un coefficient de conversion de 0,909 (CGI art. 297, I-1-5°-a).

TAUX RÉDUIT

Relèvent du taux réduit de 5,5 % les livraisons à un **organisme de foncier solidaire** (OFS) d'immeubles (dont les terrains à bâtir) destinés, le cas échéant après travaux, à faire l'objet d'un bail réel solidaire visé aux articles L 255-1 et suivants du CCH (CGI art. 278 sexies, III-4°-a). 44545

En cas de fixation d'un **prix taxe comprise,** pour obtenir le prix hors taxe on applique à ce prix le coefficient de 0,947.

> **Précisions a.** Le **taux réduit** est de 2,10 % **dans les DOM** (excepté Mayotte et la Guyane où la TVA n'est pas applicable) : coefficient de conversion de 0,979 (CGI art. 296, 1°). En **Corse,** le taux réduit métropolitain s'applique aux opérations de l'article 278 sexies du CGI.
> **b.** Sur les **conséquences** en cas de **remise en cause** du taux réduit de TVA dans le cadre d'un bail réel solidaire, voir n° 84610.

TAUX INTERMÉDIAIRE

Relèvent du taux intermédiaire de 10 % (CGI art. 278 sexies-0 A, al. 2 et art. 278 sexies, V) : 44547

– les livraisons de terrains à bâtir destinés à la construction de **logements neufs locatifs sociaux** financés par un prêt locatif aidé d'intégration (**PLA-I**) pour lesquels le bénéficiaire a conclu une convention APL (CGI art. 278 sexies, II-A-1°) ;

– les livraisons de terrains à bâtir destinés à la construction de logements neufs locatifs sociaux financés par un prêt locatif à usage social (**PLUS**) lorsqu'ils sont situés dans un quartier prioritaire de la politique de la ville (**QPPV**), y compris partiellement, lorsque ces logements font l'objet d'une convention de renouvellement urbain, ou lorsqu'ils sont situés en dehors de ces quartiers et soit font l'objet d'une convention de renouvellement urbain, soit sont intégrés dans un ensemble immobilier pour lequel la proportion de logements relevant d'une telle convention, parmi l'ensemble des logements locatifs sociaux financés par un PLA-I ou un PLUS, est au moins égale à 50 %. En outre, le destinataire de l'opération doit être bénéficiaire des aides ou prêts ouvrant droit à l'aide personnalisée au logement (CGI art. 278 sexies, II-A-2°) ;

– les livraisons de terrains à bâtir destinés à la construction de logements locatifs sociaux faisant l'objet d'un **démembrement** et dont les **droits** sont ensuite **cédés.** L'usufruitier doit bénéficier d'un prêt réglementé (PLA-I, PLUS, PLS) et avoir conclu une convention APL (CGI art. 278 sexies, II-B-1°) ;

– les livraisons de terrains à bâtir destinés à la construction de locaux dans le cadre de **l'acquisition-amélioration** financées par un prêt PLA-I ou PLUS. Il en est de même des livraisons de terrains à bâtir destinés à la construction de locaux dans ce cadre financées par un PLS, dès lors que les travaux consistent en une transformation en logements locatifs sociaux de locaux à usage autre que d'habitation. Il en est ainsi également des livraisons de terrains à bâtir destinés à la livraison de logements dès lors qu'elles sont réalisées dans le cadre d'une **vente d'immeuble à rénover** prévue par l'article L 262-1 du CCH et dans le cadre de l'acquisition-amélioration et qu'elles sont financées par un prêt PLA-I, PLUS ou PLS (sous réserve, pour ce dernier prêt, de remplir la condition de transformation susvisée) (CGI art. 278 sexies, II-B-2°) ;

– les livraisons de terrains à bâtir destinés à la construction de logements à usage locatif autres que sociaux destinés à être occupés par des ménages dont le total des ressources n'excède pas celui prévu à l'article 279-0 bis A, I-1° du CGI. Pour les logements situés dans un **quartier faisant l'objet d'une convention de rénovation urbaine** ou d'une **convention de renouvellement urbain,** ou entièrement situés à moins de 300 m de la limite de ces quartiers, le destinataire du terrain est l'Association foncière logement (AFL) ou des sociétés

44547 (suite) civiles immobilières dont cette association détient la majorité des parts. Pour les logements situés sur des terrains octroyés au titre des **droits de réservation portant sur des logements locatifs** de l'article L 313-3 du CCH, le destinataire du terrain est un organisme réalisant, en substitution de l'AFL, des opérations immobilières qui relèvent d'une convention de rénovation urbaine (CGI art. 278 sexies, II-C) ;

– les livraisons de terrains à bâtir destinés à la construction de logements affectés à une **occupation** par des **titulaires de contrats de location-accession** conclus dans les conditions prévues par la loi n° 84-595 du 12 juillet 1984 définissant la location-accession à la propriété immobilière. Les logements doivent faire l'objet d'une convention et d'une décision d'agrément prise par le préfet (CGI art. 278 sexies, III-1°) ;

– les livraisons de terrains à bâtir destinés à la construction de logements faisant l'objet d'un **contrat d'accession à la propriété** pour lequel le prix de vente ou de construction n'excède pas le plafond prévu à l'article 278 sexies, III-1° du CGI pour les logements destinés à la location-accession. Ces logements doivent être situés à la date du dépôt de la demande de permis de construire, dans un quartier faisant l'objet d'une **convention de rénovation urbaine** ou dans un **quartier prioritaire de la politique de la ville (QPPV)** faisant l'objet d'un contrat de ville, ou sont entièrement situés à moins de 300 m de la limite de ces quartiers. Dans les situations autres que celles mentionnées ci-dessus, les logements doivent être intégrés à un ensemble immobilier partiellement situé à moins de 300 m et entièrement situé à moins de 500 m de la limite d'un QPPV faisant l'objet d'un contrat de ville et d'une convention de renouvellement urbain (CGI art. 278 sexies, III-2°) ;

– les livraisons de terrains à bâtir destinés à la construction d'immeubles sociaux faisant l'objet d'**apports aux sociétés civiles immobilières d'accession progressive à la propriété** effectués dans les conditions prévues aux articles L 443-6-2 à L 443-6-13 du CCH (CGI art. 278 sexies, III-3°) ;

– les livraisons de terrains à bâtir destinés à la construction de locaux directement affectés ou mis à la disposition des **structures d'hébergement temporaire ou d'urgence,** ainsi que d'établissements sans but lucratif dont la gestion est désintéressée et qui assurent sous certaines conditions un accueil temporaire ou permanent des mineurs et majeurs de moins de 21 ans relevant de l'aide sociale à l'enfance, des jeunes adultes handicapés, des personnes âgées ou des jeunes travailleurs. Ces opérations doivent faire l'objet d'une convention entre le propriétaire ou le gestionnaire des locaux et l'État qui formalise l'engagement d'héberger les publics concernés dans les conditions prévues ci-dessus (CGI art. 278 sexies, IV).

Le bénéfice du taux de TVA à 10 % est subordonné à ce que l'**acquéreur du terrain à bâtir atteste de cette affectation** à l'une des opérations immobilières visées ci-dessus dans l'acte de vente (CGI art. 278 sexies, V).

› Précisions **a.** Le **taux intermédiaire** est de 2,10 % **dans les DOM** (excepté Mayotte et la Guyane où la TVA n'est pas applicable) : coefficient de conversion de 0,979 (CGI art. 296, 1°). En **Corse,** le taux intermédiaire métropolitain s'applique aux opérations de l'article 278 sexies du CGI.

b. En cas de fixation d'un **prix taxe comprise,** pour obtenir le prix hors taxe on applique à ce prix le coefficient de 0,909.

c. Pour les livraisons d'immeubles situés dans les **quartiers prioritaires de la politique de la ville (QPPV),** le bénéfice du taux réduit est conditionné à la conclusion du contrat de ville dans les formes prévues par la loi 2014-173 du 21 février 2014 (BOI-TVA-IMM-20-20-20 n° 85).

La **liste** des QPPV est définie par les décrets modifiés 2014-1575 du 22 décembre 2014, 2023-1314 du 28 décembre 2023 (lequel a actualisé la liste des QPPV métropolitains depuis le 1er janvier 2024 et a abrogé le décret 2014-1750 du 30 décembre 2014) et 2014-1751 du 30 décembre 2014 (dont l'actualisation est repoussée au 1er janvier 2025 : loi 2023-1322 du 29-12-2023 art. 219).

S'agissant des livraisons de certains logements sociaux, situés dans des QPPV qui ne répondent plus à cette définition depuis le 31 décembre 2023 et qui ont fait l'objet d'une convention de renouvellement urbain conclue au plus tard le 31 décembre 2023, et de certaines opérations d'accession sociale à la propriété de logements, situés dans ces mêmes quartiers, l'application du taux réduit aux opérations, passées ou engagées, est temporairement maintenue dans le cadre du zonage tel que défini jusqu'au 31 décembre 2023. Ce dispositif s'applique aux logements locatifs sociaux (CGI art. 278 sexies, II-A-2°-a) faisant l'objet d'une demande d'aide de l'État ou de prêt réglementé au plus tard le 31 décembre 2026 à laquelle l'administration a donné une suite favorable, et aux logements faisant l'objet d'un contrat d'accession à la propriété (CGI art. 278 sexies, III-2°) pour lesquels la demande de permis de construire est déposée au plus tard à cette même date, la condition tenant à la conclusion d'un contrat de ville étant dans ce dernier cas appréciée au 31 décembre 2024 (CGI art. 278 sexies B). Le taux de 10 % applicable aux livraisons de terrains à bâtir destinés à ces logements bénéficiant temporairement du taux réduit devrait être maintenu en application de l'article 278 sexies, V du CGI.

d. L'article 278 sexies-0 A, alinéa 4 du CGI prévoit que le taux applicable aux **reventes**

des terrains mentionnés aux II à IV de l'article 278 sexies du même Code est celui applicable à la livraison initiale. La **revente des terrains à bâtir,** hormis le cas particulier des terrains livrés à un OFS (CGI art. 278 sexies, III-4°), nous paraît échapper à ces dispositions, l'alinéa 4 de l'article 278 sexies-0 A ne visant pas l'article 278 sexies, V du CGI. Les commentaires éventuels de l'administration sur ce point seront les bienvenus.

e. Sont éligibles au taux réduit les livraisons de locaux d'hébergement des personnels accompagnants **au sein des établissements accueillant des personnes handicapées** visés à l'article L 312-1, I-7° du CASF. Pour ces établissements, le taux réduit s'applique à la totalité des locaux, à l'exception toutefois de ceux dédiés à des installations et équipements médicaux ou des parties communes avec d'autres structures non éligibles telles qu'un hôpital ou une clinique (Rép. Saint-Paul : AN 11-4-2023 n° 5202, solution transposable aux livraisons de terrains à bâtir destinés à la construction des hébergements susvisés). Cette solution pourrait toutefois trouver à s'appliquer, selon nous, à d'**autres établissements à caractère social et médico-social** visés à l'article 278 sexies, IV du CGI.

f. Lorsque les **conditions d'application du taux intermédiaire cessent d'être remplies** dans un délai de 15 ans suivant le fait générateur (ramené à 10 ans dans certains cas), un complément de TVA (égal à la différence entre le taux normal et le taux intermédiaire) doit en principe être versé, assorti de l'intérêt de retard (CGI art. 284, II). Le **droit de reprise** de l'administration s'exerce jusqu'à la fin de la troisième année suivant celle au cours de laquelle les conditions cessent d'être remplies (LPF art. L 176, al. 4 ; BOI-CF-PGR-10-30 n° 50).

5. MODALITÉS D'IMPOSITION

FAIT GÉNÉRATEUR ET EXIGIBILITÉ

Conformément au droit commun de la TVA, le fait générateur se produit au moment où la **livraison** est effectuée (CGI art. 269, 1-a) et la taxe est exigible à la même date. Toutefois, depuis le 1er janvier 2023, en cas de versement préalable d'un **acompte,** la TVA est exigible au moment de son encaissement à concurrence du montant encaissé (CGI art. 269, 2-a). Cette dernière règle s'applique donc aux acomptes encaissés dans le cadre de contrats en cours au 1er janvier 2023 (BOI-TVA-BASE-20-10 n° 65). **44550**

On rappelle que la livraison s'entend du transfert du pouvoir de disposer du terrain comme un propriétaire (n° 44505), indépendamment du fait qu'un acte ait été ou non établi et présenté à la formalité (BOI-TVA-IMM-10-20-20 n° 1).

ATTENTION

Quelle que soit la date d'exigibilité de la taxe, l'acte constatant une mutation immobilière doit faire l'objet de la double **formalité** ou de la formalité fusionnée d'enregistrement et de publicité foncière dans les conditions et délais de droit commun.

REDEVABLE

Le redevable de la taxe est **en principe** la personne qui réalise l'opération imposable, c'est-à-dire celle qui effectue la livraison, autrement dit le cédant. **44555**

Si le cédant est membre d'un assujetti unique (n° 44230), le redevable est l'assujetti unique (CGI art. 256 C). L'assujetti unique est lié par les engagements pris à l'acte par le cédant. Sur cette question, voir Gaëtan Berger-Picq, Alexandra L'Herminé et Muriel Suquet-Cozic, Dossier Groupe TVA et transactions immobilières : SNH 21/23 inf. 11 à 14.

Par **exception,** la taxe est due par l'acquéreur qui agit en tant qu'assujetti et dispose d'un numéro d'identification à la TVA en France **lorsque le cédant,** lui-même assujetti, **n'est pas établi en France** (CGI art. 283, 1).

DÉCLARATION ET PAIEMENT

Les assujettis doivent utiliser des **déclarations CA3,** c'est-à-dire les déclarations habituellement utilisées pour toutes les opérations relevant de la TVA selon le régime réel normal. L'opération est portée sur la déclaration CA3 souscrite au titre du mois au cours duquel elle est intervenue (ou au titre du trimestre si la **taxe exigible** annuellement est inférieure à 4 000 €). Les formulaires mentionnent l'ensemble des opérations effectuées au cours de la période considérée et font état, globalement, des droits à déduction ouverts pendant la même période (CGI art. 287). **44560**

Si le cédant est membre d'un assujetti unique (n° 44230), l'opération (en dehors de la situation où l'acquéreur est membre du même assujetti unique que le cédant) est portée sur la déclaration déposée par l'assujetti unique (CGI art. 256 C, III-2).

Tous les redevables doivent souscrire la déclaration de TVA par voie électronique (**télédéclaration**) et acquitter la taxe par la même voie (**télérèglement**).

> **Précisions** Les opérations immobilières sont exclues des modalités simplifiées de liquidation de la TVA (CGI ann. II art. 204 quater). Mais les redevables relevant du **régime simplifié** au titre d'autres opérations mentionnent les livraisons d'immeubles sur la déclaration CA12 (en ce sens, BOI-TVA-IMM-10-20-30 n° 40).

RÉGIME DES DÉDUCTIONS

44565 Dans le cas général, le terrain à bâtir a été acquis en vue d'une opération de construction. Dès lors que l'**acquisition** de ce terrain s'intègre dans une opération de production d'un immeuble neuf par un promoteur-constructeur assujetti, la **taxe qui en grève le coût** est déductible dans les conditions de droit commun (que l'acquisition ait été imposée sur le prix total ou sur la marge).

Quant à la TVA ayant grevé les **frais directement liés à la livraison du terrain à bâtir,** elle est immédiatement déductible par l'assujetti cédant puisque celle-ci est imposable de plein droit (BOI-TVA-IMM-10-30 n° 80).

> **Précisions** **a.** Sur les **conditions formelles rigoureuses** posées par la cour administrative d'appel de Lyon dans un arrêt du 5 avril 2012 pour la **déduction de la TVA acquittée sur la marge,** voir n° 28680, Précisions, b.
b. Lorsque le **terrain à bâtir** est acquis par un promoteur-constructeur, il constitue en principe un **élément du stock** de ce professionnel de l'immobilier. Mais le terrain à bâtir peut également être acquis par une entreprise assujettie qui le destine à la construction de son siège social ou d'un bâtiment d'exploitation, auquel cas il constitue en principe une **immobilisation** affectée à une opération ouvrant droit à déduction. Dès lors, la TVA ayant grevé son acquisition est déductible dans les conditions de droit commun, mais elle peut donner lieu à **régularisation** (CGI ann. II art. 207, III-1), dans le cas notamment où le terrain cesserait d'être affecté à des opérations ouvrant droit à déduction. Il en irait ainsi dans le cas où l'entreprise ayant renoncé à son projet de construction vendrait le terrain hors TVA, celui-ci ne répondant plus à la qualification de terrain à bâtir à la date de cette nouvelle livraison.
c. La TVA ayant grevé l'**acquisition d'un terrain à bâtir acquis en vue de sa revente** (stock immobilier) est immédiatement déductible par l'assujetti (BOI-TVA-IMM-10-30 n° 310).
d. Un **particulier** (qui ne se comporte pas comme un professionnel de l'immobilier : voir n° 44215) ne peut pas déduire la **TVA ayant grevé l'acquisition de son terrain** à bâtir.

ABSENCE DE TAXATION À LA TVA EN CAS DE TRANSMISSION D'UNIVERSALITÉ

44570 Lorsqu'un redevable cède à un autre redevable à titre gratuit ou onéreux une universalité totale ou partielle de biens, aucune livraison de biens ou de prestations de services n'est réputée intervenir ; le cessionnaire est réputé continuer la personne du cédant (CGI art. 257 bis).

L'absence de taxation à la TVA qui en résulte a un caractère **obligatoire.**

Ce régime d'absence de taxation à la TVA s'applique notamment à la cession d'immeubles réalisée par un **marchand de biens** à condition, si les immeubles sont inscrits en stock, qu'il s'agisse de la transmission de l'ensemble de son activité de négociant en biens immobiliers au profit d'une personne qui poursuivra cette activité, et non de la cession isolée d'un immeuble de son stock (BOI-TVA-DED-60-20-10 n° 285). Cette position de l'administration est toutefois combattue par la jurisprudence (CAA Lyon 1-4-2021 n° 19LY00379 : BPIM 3/21 inf. 223). La solution méritera d'être confirmée.

Il a également vocation à s'appliquer à la cession de terrains à bâtir compris dans une **branche complète d'activité** (par exemple, en cas de restructuration d'un groupe de construction immobilière) ou dans un **apport de fonds d'exploitation** de promoteur-constructeur.

44572 L'article 257 bis du CGI ne pose pas de condition de forme particulière pour l'**acte de cession.** Il n'y a donc pas en principe d'engagement formel à prendre pour bénéficier de ce dispositif.

Toutefois, l'acte notarié doit contenir toutes les informations nécessaires pour déterminer son régime fiscal. Il sera donc opportun de rappeler au paragraphe « Déclarations pour l'administration » que les conditions d'application de l'article 257 bis sont réunies. Engage ainsi sa responsabilité le notaire qui se trompe dans la rédaction de l'acte en ne visant pas correctement la qualité de redevable des parties ni le régime fiscal auquel la vente est soumise (CA Colmar 25-6-2021 n° 19/03309 : BPIM 4/21 inf. 290). Précisons que, à l'inverse, si l'acte ne mentionne pas l'application du régime de l'article 257 bis alors que ses conditions sont réunies, l'administration est en droit de refuser la déduction par l'acquéreur de la TVA qui lui a été facturée à tort dans l'acte, celui-ci stipulant un prix TTC pour le bien vendu (CE (na) 16-11-2022 n°s 462999 et 463000).

Par ailleurs, pour s'affranchir de son **devoir d'information et de conseil,** le **notaire** devra avertir les parties des effets de ce dispositif sur la mutation concernée comme sur leurs opérations ultérieures. L'acte portera ainsi ces informations à la connaissance des parties.

En cas d'**action en responsabilité contre le notaire**, le juge judiciaire saisi doit transmettre à la juridiction administrative la question du champ d'application de l'article 257 bis du CGI dont dépend la solution du litige et surseoir à statuer jusqu'à la décision sur cette question (Cass. 1e civ. 20-3-2024 no 22-23.305 F-D).

En ce qui concerne la **déclaration de la TVA** à l'administration, cette dernière prescrit de mentionner le montant hors taxe de la transmission réalisée selon ce régime sur la ligne « Autres opérations non imposables » de l'imprimé CA3 souscrit au titre de la période au cours de laquelle celle-ci est réalisée. Cette obligation incombe non seulement au cédant mais également au bénéficiaire de la transmission (BOI-TVA-DECLA-20-30-20 no 20).

L'application de ce dispositif à la transmission d'universalité comprenant un terrain à bâtir emporte les **conséquences** suivantes : **44575**

– le cédant n'a pas à collecter la TVA auprès du cessionnaire ; la **cession** se présente **hors taxe** ; son régime au regard des **droits d'enregistrement** est celui d'une vente taxable à la TVA (voir no 44880) ;

– si le **bénéficiaire** de la transmission **revend le terrain à bâtir,** la **condition d'acquisition** n'ayant pas ouvert droit à déduction qui détermine la base d'imposition de cette nouvelle cession s'apprécie chez le cédant de l'universalité (no 44525), et c'est le prix d'achat par ce dernier qui constitue le **second terme de calcul de la marge,** lorsqu'elle s'applique (BOI-TVA-IMM-10-20-10 no 280) ;

– le bénéficiaire procède, le cas échéant, aux **régularisations** du droit à déduction de TVA.

La transmission d'universalité n'étant pas taxée lorsque l'article 257 bis du CGI s'applique, elle n'ouvre pas droit à déduction pour le cédant. Toutefois, la TVA grevant les **frais d'intermédiation** exposés par le cédant (commission d'agence, frais de notaire et d'assistance d'une vente d'immeuble) peut être déduite par celui-ci au titre de ses frais généraux, même dans l'hypothèse où ce régime s'applique (en ce sens, à propos d'immeubles bâtis, CAA Versailles 10-10-2017 no 16VE00567 : RJF 6/18 no 606 ; CAA Paris 21-3-2019 no 18PA02009 : RJF 8-9/19 no 773 ; CAA Lyon 1-4-2021 no 19LY00379 : BPIM 3/21 inf. 223).

D. Vente du terrain à bâtir par un non-assujetti à la TVA

La vente d'un terrain à bâtir par un non-assujetti est une **opération hors du champ d'application de la TVA,** ce qui implique qu'aucune option pour cette taxe n'est possible. **44650**

Elle subit uniquement les droits d'enregistrement, dont le tarif dépend de la qualité de l'acquéreur.

SECTION 2 ACQUISITION DU TERRAIN À BÂTIR ET DROITS D'ENREGISTREMENT

A. Règles communes aux acquéreurs assujettis et non assujettis à la TVA

TVA ET DROITS D'ENREGISTREMENT

Les mutations de terrains qui entrent dans le champ de la TVA, de plein droit (terrains à bâtir) ou sur option (terrains non à bâtir), entrent également par nature dans le champ des droits d'enregistrement (droit de vente d'immeubles). **44870**

On notera que les **règles propres à la TVA** peuvent avoir des **incidences en matière de droit de vente d'immeubles** :
– les mutations de terrains à bâtir bénéficient du droit de vente au taux réduit lorsqu'elles sont soumises de plein droit à la TVA sur le prix total ;
– les engagements de construire ou de revendre qui conditionnent l'application de régimes de faveur sont réservés aux acquéreurs assujettis à la TVA.

DROIT DE VENTE AU TAUX DE DROIT COMMUN

44875 Lorsqu'elles ne bénéficient pas d'un régime de faveur, les acquisitions d'immeubles sont soumises au droit de vente au **taux** de droit commun de 5,09006 %, se décomposant comme suit : droit départemental : 3,80 % (CGI art. 1594 D) ; taxe communale : 1,20 % (CGI art. 1584 et 1595 bis) ; prélèvement pour frais d'assiette et de recouvrement : 2,37 % du droit départemental, soit 0,09006 % (CGI art. 1647, V-a). Toutefois, les départements ayant la possibilité d'augmenter chaque année le taux du droit départemental, le taux global d'imposition s'établit dans la plupart des départements à **5,80665 %** (sur cette faculté, voir Précisions, a).

Sont notamment soumises à ce taux (BOI-ENR-DMTOI-10-40 n° 40) :
– les acquisitions de **terrains non à bâtir,** quand bien même le cédant aurait opté pour la taxation de la mutation à la TVA ;
– les acquisitions de **terrain à bâtir** réalisées **auprès d'un non-assujetti** ;
– les acquisitions de **terrain à bâtir** réalisées **auprès d'un assujetti lorsque** la cession est imposée à la TVA sur la **marge.**

> **Précisions** **a.** Les conseils départementaux ont la faculté de **modifier** chaque année le **taux du droit départemental** (avec effet au 1er juin) en le fixant **dans une fourchette** située entre 1,20 % et 4,50 % (CGI art. 1594 D et 1594 E).
La très grande majorité des départements a voté le relèvement du taux du droit départemental à 4,50 %. La **liste** de ces **départements** et la date d'effet de leurs délibérations sont publiées et actualisées sur le site impots.gouv.fr > Partenaire > Notaires, géomètres-experts > Droits d'enregistrement.
En présence d'un **avant-contrat** (ou **promesse unilatérale de vente**) signé avant la date d'entrée en vigueur de la délibération, il convient de retenir la date de signature de l'acte authentique et non celle de l'avant-contrat pour appliquer le taux des droits de mutation à titre onéreux (BOI-ENR-DMTOI-10-20 n° 105).
b. Notons que les ventes de terrains non à bâtir soumises à la TVA sur option par un vendeur assujetti subissent une **double taxation** : TVA sur le prix de vente et droit de vente d'immeubles au taux plein (sauf engagement de construire ou de revendre pris par l'acquéreur assujetti : nos 44960 s.).
c. Par dérogation, certaines ventes peuvent bénéficier d'un **régime de faveur** se traduisant par l'application d'un droit de vente au taux réduit ou d'un abattement sur l'assiette du droit de vente (acquisitions d'immeubles ruraux par des fermiers, le dispositif s'appliquant tant aux immeubles bâtis qu'aux terres, ventes de terrains à usage de garages, etc. : voir Mémento Fiscal nos 66260 s.). Compte tenu des critères de leur qualification légale (nos 44310 s.), les terrains à bâtir pourront toutefois être exclus de certains de ces dispositifs.
d. Les acquisitions de terrains nus (à bâtir ou non à bâtir) sont **hors champ d'application de la taxe additionnelle** aux droits d'enregistrement sur les **ventes de bureaux, locaux commerciaux et de stockage** situés dans la région **Île-de-France** prévue à l'article 1599 sexies du CGI.

DROIT DE VENTE AU TAUX RÉDUIT

44880 Les acquisitions de terrains à bâtir bénéficient du droit de vente au taux réduit de 0,71498 % lorsqu'elles sont soumises de plein droit à la **TVA sur le prix total** (CGI art. 1594 F quinquies, A).
Sont concernées les acquisitions de terrains à bâtir réalisées auprès d'un assujetti à la TVA, lorsque leur acquisition initiale avait ouvert droit à déduction de la TVA.

> **Précisions** **a.** Le **taux réduit de 0,71498 % se décompose comme suit** : droit départemental (non modulable) de 0,70 % et prélèvement pour frais d'assiette et de recouvrement égal à 2,14 % du droit départemental, soit 0,01498 %.
b. Les ventes qui ne bénéficient pas de plein droit du taux réduit (ventes de terrains non à bâtir ; ventes de terrains à bâtir supportant la TVA sur la marge) peuvent néanmoins être soumises à un régime de faveur lorsque l'acquéreur, assujetti à la TVA, prend un **engagement de construire** (nos 44960 s.) **ou de revendre** (nos 45040 s.).
c. La vente d'un terrain attaché à l'**universalité** transmise, qui n'est pas soumise à la TVA en vertu de l'article 257 bis du CGI (voir nos 44570 s.) bénéficie néanmoins du droit de vente au taux réduit (BOI-ENR-DMTOI-10-40 n° 120).
d. Sont exonérées du droit de vente au taux réduit mentionné ci-dessus les acquisitions de terrains à bâtir réalisées par les **organismes HLM** (CGI art. 1049 ; BOI-ENR-DMTOI-10-90-20 n° 10).
e. Un doute existe dans le cas où la cession du terrain à bâtir intervient entre deux membres d'un même **assujetti unique** car une telle cession ne supporte pas de TVA (voir n° 44230). Dans l'attente d'une modification législative, ou d'une tolérance par l'administration fiscale, il y a lieu de penser qu'une telle cession doit être soumise aux droits de mutation au tarif de droit commun.

ASSIETTE DES DROITS

En principe, les droits d'enregistrement - ou la taxe de publicité foncière en tenant lieu - sont liquidés sur le **prix exprimé,** en y ajoutant toutes les charges en capital ainsi que toutes les indemnités stipulées au profit du cédant à quelque titre et pour quelque cause que ce soit (CGI art. 683). **44885**

Si le prix exprimé dans l'acte est **inférieur à la valeur vénale** de l'immeuble, l'administration peut asseoir les droits sur cette valeur vénale (LPF art. L 17). En conséquence, c'est la valeur de l'immeuble à la date de l'acte qui doit servir d'assiette, et non le prix anciennement convenu lorsque l'acte constate une vente régularisée tardivement (CA Paris 4-12-2017 nº 15/21631).

Pour l'application de ces dispositions, la notion de prix exprimé s'entend du **prix hors TVA** lorsque le montant de la TVA due par le cédant est mentionné distinctement dans l'acte translatif de propriété, que la mutation soit soumise à la TVA sur le prix total ou sur la marge. Si la TVA n'a pas été mentionnée distinctement, la liquidation des droits doit être effectuée sur le prix payé par l'acquéreur incluant la TVA (BOI-ENR-DMTOI-10-10-20-20 nº 210), autrement dit sur le **prix TTC.**

> **Précisions** La **contribution de sécurité immobilière** est calculée sur les sommes énoncées (CGI art. 881 K), c'est-à-dire sur le prix TTC (Rép. Granet : AN 11-10-1972 nº 21112, solution prise pour le salaire du conservateur des hypothèques et non reprise au Bofip, mais qui nous semble rester pertinente pour la contribution qui le remplace), quand bien même l'acte mentionnerait distinctement le montant de la TVA.

B. Régimes de faveur pour les acquéreurs assujettis à la TVA

1. ACHATS ASSORTIS D'UN ENGAGEMENT DE CONSTRUIRE

Sont exonérées de droit de vente d'immeubles, mais subissent un droit fixe ou une taxe fixe de 125 € (CGI art. 691 bis), les acquisitions d'immeubles réalisées par les assujettis à la TVA (au sens défini nºs 44205 s.) lorsque l'acte d'acquisition contient l'engagement, pris par l'acquéreur, d'effectuer dans un **délai de quatre ans** (éventuellement prorogeable) les travaux conduisant à la production d'un immeuble neuf ou nécessaires pour terminer un immeuble inachevé (CGI art. 1594-0 G, A-I). **44960**

L'**immeuble neuf** s'entend de l'immeuble qui n'est pas achevé depuis plus de cinq années, qu'il résulte d'une construction nouvelle ou de travaux portant sur un immeuble existant qui ont consisté en une surélévation ou qui ont rendu à l'état neuf (CGI art. 257, I-2-2º) :

a) soit la majorité des fondations ;

b) soit la majorité des éléments hors fondations déterminant la résistance et la rigidité de l'ouvrage ;

c) soit la majorité de la consistance des façades hors ravalement ;

d) soit l'ensemble des éléments de second œuvre suivants, à hauteur d'au moins 2/3 chacun (CGI ann. II art. 245 A) :

- planchers ne déterminant pas la résistance ou la rigidité de l'ouvrage ;
- huisseries extérieures ;
- cloisons intérieures ;
- installations sanitaires et de plomberie ;
- installations électriques ;
- et, pour les opérations réalisées en métropole, système de chauffage.

> **Précisions** **a.** Le régime d'exonération moyennant engagement de construire ne profitant qu'aux assujettis à la TVA, l'acquéreur qui entend en bénéficier doit avoir souscrit la **déclaration d'existence** prévue par l'article 286 du CGI (BOI-ENR-DMTOI-10-40 nº 150).
>
> **b.** Sont exonérées du droit fixe de 125 € les acquisitions de terrains à bâtir assorties d'un engagement de construire réalisées par les **organismes HLM** (BOI-ENR-DMTOI-10-90-20 nº 10).
>
> **c.** Sur la **substitution** d'un engagement de construire **à un engagement de revendre,** voir nº 45075.
>
> **d.** Le régime de faveur s'applique également, sous certaines conditions, aux acquisitions d'**immeubles que l'acquéreur s'engage à rénover** lorsque les travaux envisagés ne peuvent pas être qualifiés de remise à neuf au regard de la TVA (BOI-ENR-DMTOI-10-40 nº 230) : voir nº 76660, Précisions, a.

OPÉRATIONS CONCERNÉES

44965 Le dispositif d'exonération du droit de vente d'immeubles sous condition d'engagement de construire n'est pas réservé aux mutations taxables à la TVA. Les conditions tiennent ici uniquement au projet de l'acquéreur. Le **régime de l'opération au regard de la TVA** - cession soumise ou non à la TVA, sur le prix ou sur la marge, etc. - est donc ici indifférent.

En pratique, pourront bénéficier de ce régime les ventes de terrains, à bâtir ou non, par un assujetti à la TVA (soumises de plein droit ou sur option à la TVA) ou par un non-assujetti (soumises aux seuls droits d'enregistrement). Dans tous les cas, l'acquéreur doit être un assujetti à la TVA, seul habilité à souscrire un tel engagement.

BIENS CONCERNÉS

44970 La loi ne subordonne pas ce régime de faveur à un engagement de construire à proprement parler, mais à un engagement d'effectuer des travaux répondant aux prescriptions légales (nº 44960). Par suite, le dispositif n'est pas réservé à l'acquisition de terrains à bâtir mais concerne tous les **immeubles, bâtis comme non bâtis, terrains nus** qualifiés de terrains à bâtir ou pas, ou encore **immeubles inachevés.**

L'administration admet expressément l'engagement de construire pour l'acquisition d'un terrain non à bâtir (BOI-ENR-DMTOI-10-40 nº 280). Elle l'avait également admis pour l'acquisition d'un immeuble neuf (Inst. 3A-3-10 nº 7, deuxième exemple note 2, solution non reprise au Bofip mais qui nous semble toujours applicable) ; on peut penser que l'hypothèse visée était celle de sinistres ou de malfaçons nécessitant une reconstruction. Les travaux peuvent aussi consister en une surélévation d'un immeuble neuf.

CONDITION DE SUPERFICIE

44975 S'agissant des terrains destinés à la construction, une condition de superficie supplémentaire est posée (CGI art. 1594-0 G, A-III) :

– pour les terrains destinés à la construction de **maisons individuelles,** l'exonération n'est applicable qu'à concurrence de 2 500 m² par maison ou de la superficie minimale exigée par la réglementation sur le permis de construire si elle est supérieure ;

– pour les terrains destinés à la construction d'**immeubles collectifs,** l'exonération profite à la totalité du terrain acquis si les constructions couvrent, avec leurs cours et jardins, la totalité de ce terrain ;

– pour les terrains destinés à la construction d'**immeubles non affectés à l'habitation** pour les trois quarts au moins de leur superficie totale, l'exonération est applicable dans la limite des surfaces occupées par les constructions à édifier et par les dépendances nécessaires à l'exploitation de ces constructions : notamment, voies d'accès, cours, aires de stationnement, terrains nécessaires à l'entrepôt des biens qui font l'objet de l'exploitation. Constituent également des dépendances les pelouses et les jardins, sous réserve que la superficie du terrain affecté à cet usage soit en rapport avec l'importance des constructions (BOI-ENR-DMTOI-10-40 nº 200).

Le **prix correspondant au surplus du terrain** est soumis au droit de vente dans les conditions de droit commun (sauf application du régime des achats en vue de la revente : voir nºs 45040 s.).

> **Précisions a.** Lorsque l'engagement de construire porte sur la construction de **maisons individuelles** et que la **superficie** du terrain acquis **excède** celle pour laquelle l'exonération est applicable, l'exonération est réduite à proportion de la surface du terrain qui excède par maison construite 2 500 m², ou la superficie minimale exigée par la réglementation de l'urbanisme si elle est supérieure (BOI-ENR-DMTOI-10-40 nº 210).
> **b.** En cas d'acquisition d'un immeuble sur lequel l'acquéreur s'engage à réaliser des travaux de **surélévation,** la fraction exonérée du prix d'acquisition est égale au rapport entre la surface de plancher des locaux résultant de la surélévation et la surface de plancher totale (de l'immeuble existant et de la surélévation réalisée) (CGI ann. III art. 266 bis, II).
> En revanche, lorsque l'acquisition ne porte que sur le **droit de surélévation,** l'exonération est acquise à proportion de la surface de plancher construite rapportée à la superficie de l'emprise du bâtiment qui la supporte (BOI-ENR-DMTOI-10-40 nº 220).

FORME DE L'ENGAGEMENT DE CONSTRUIRE

44980 **Principes** L'engagement d'exécuter les travaux dans le délai de quatre ans doit être pris dans l'**acte d'acquisition** (CGI art. 1594-0 G, A-I). Cet engagement doit **préciser l'objet et la consistance des travaux** sur lesquels il porte (CGI ann. III art. 266 bis, III).

L'administration a apporté les précisions suivantes (BOI-ENR-DMTOI-10-40 n° 260) :
– au titre de l'objet, il conviendra d'indiquer si les travaux prévus consistent en une construction nouvelle, en une surélévation à partir d'un immeuble existant ou à rendre celui-ci à l'état neuf, ou encore à terminer un immeuble inachevé ;
– au titre de la consistance, l'engagement comportera les indications nécessaires pour apprécier dans quelle proportion l'exonération est susceptible de s'appliquer lorsqu'il n'est pas prévu que le terrain ou l'immeuble bâti qui fait l'objet de l'acquisition soit entièrement destiné à la construction prévue (voir n° 44975).

CONSEIL

Il ressort des précisions administratives ci-dessus que les **indications** à porter dans l'acte peuvent être assez **succinctes.** En pratique, il est préférable de fournir des informations réduites au minimum sur le projet prévu, afin de conserver un maximum de latitude dans la réalisation des travaux.

Engagement pris dans un acte complémentaire L'administration admet que l'engagement puisse être pris dans un acte complémentaire présenté au service des impôts du lieu de situation de l'immeuble en charge de l'enregistrement. En pareil cas, la **restitution des droits** d'enregistrement perçus initialement peut être effectuée sur demande formulée dans les limites du délai de réclamation (BOI-ENR-DMTOI-10-40 n° 270). Ce délai expire le 31 décembre de la deuxième année suivant celle de la date de versement initial des droits de mutation à titre onéreux, et non suivant celle du dépôt de l'acte complémentaire contenant l'engagement de construire (Cass. com. 9-2-2022 n° 20-11.964 F-D : BPIM 2/22 inf. 173). 44985

JUSTIFICATION DE L'EXÉCUTION DES TRAVAUX

L'exonération est subordonnée au fait que l'acquéreur justifie de l'exécution des travaux à l'expiration du délai de quatre ans - sauf prolongation de ce délai, reprise ou substitution d'engagement (CGI art. 1594-0 G, A-II). 44990

Cette justification résulte (CGI ann. III art. 266 bis, I ; BOI-ENR-DMTOI-10-40 n° 420) :
– dans les cas où les **travaux donnent lieu à une livraison à soi-même (Lasm),** du dépôt de la déclaration spéciale 940-SD prévue par l'article 244 de l'annexe II au CGI qui doit être souscrite dans le mois de l'achèvement de l'immeuble ;
– dans les **autres cas,** du dépôt en mairie de la déclaration attestant de l'achèvement des travaux et de la conformité des travaux de construction ou d'aménagement au permis délivré ou de la déclaration préalable, mentionnée à l'article L 462-1 du Code de l'urbanisme.

L'exonération est acquise dès lors que l'acquéreur assujetti prend l'engagement d'effectuer les travaux de remise à neuf de l'immeuble dans un délai de quatre ans à compter de l'acte d'acquisition, cette exonération ne pouvant être remise en cause qu'à défaut de justification de leur réalisation à l'expiration de ce délai. Est tenu pour indifférent à cet égard le fait que les travaux aient été réalisés, non par l'acquéreur de l'usufruit de l'immeuble ayant souscrit l'engagement, mais par le locataire auquel cet usufruitier avait donné l'immeuble à bail (Cass. com. 29-1-2020 n° 17-26.018 F-D : BPIM 2/20 inf. 160) ou par un sous-acquéreur de l'immeuble (qui n'a pas repris l'engagement) n'ayant pas la qualité d'assujetti (CA Bordeaux 29-11-2023 n°s 21/06718 et 21/06721 : RJF 3/24 n° 264).

INEXÉCUTION DE L'ENGAGEMENT DE CONSTRUIRE

Lorsque l'engagement de construire n'est pas respecté, l'acquéreur est redevable des **droits** dont il a été dispensé, liquidés d'après les tarifs en vigueur au jour de l'acquisition de l'immeuble sur lequel portait l'engagement, ainsi que du complément de frais d'assiette, de recouvrement, de dégrèvement et de non-valeur qui en résultent (CGI art. 1840 G ter, I ; BOI-ENR-DMTOI-10-40 n° 440). L'acquéreur est ainsi redevable du complément de droits liquidés en application du taux de droit commun (n° 44875) ou du taux réduit applicable aux opérations soumises de plein droit à la TVA (n° 44880), selon que l'acquisition remplit ou non les conditions de ce tarif de faveur. 44995

L'**intérêt de retard** de 0,20 % par mois prévu à l'article 1727 du CGI est **décompté** du premier jour du mois suivant la date d'expiration du délai légal de présentation de l'acte d'acquisition à la formalité (ou suivant, s'il y a lieu, la date à laquelle l'engagement dont il s'agit a été substitué à un engagement de revendre : n° 45075) et doit être versé comme le principal dans le mois suivant l'expiration du délai imparti (CGI art. 1840 G ter, I). Dans le cas où l'acquisition est affectée d'une condition suspensive, le point de départ du décompte des intérêts de retard est la date de la réalisation de la condition suspensive (BOI-ENR-DMTOI-10-40 n° 450).

> **Précisions** **a.** Dans le cas où l'engagement de construire doit être abandonné du fait que des **constructions ne sont plus autorisées** par suite d'une modification des documents d'urbanisme, l'administration admet que les droits soient liquidés sur la base de la valeur vénale du bien telle qu'elle résulte de cette modification et que l'intérêt de retard soit décompté du premier jour du mois suivant la date d'effet de celle-ci (BOI-ENR-DMTOI-10-40 n° 460).
> **b.** La **prescription du droit de reprise** de l'administration court à compter de l'expiration du délai imparti à l'acquéreur pour justifier de l'exécution des travaux (Cass. com. 3-12-2002 n° 01-02.822 F-D : RJF 3/03 n° 380). Le délai de reprise est, en principe, le délai de six ans fixé à l'article L 186 du LPF. Il s'applique dès lors que l'acquéreur n'a, à l'expiration du délai de quatre ans pour justifier de l'achèvement, ni adressé de déclaration de travaux à l'administration ni justifié d'aucune démarche auprès de cette dernière pour l'aviser de leur non-achèvement, et qu'il est resté silencieux jusqu'au dépôt d'une déclaration d'achèvement des travaux postérieurement au délai imparti (Cass. com. 7-7-2020 n° 18-10.525 F-D : RJF 11/20 n° 959). C'est cependant la prescription abrégée de l'article L 180 du LPF qui s'applique lorsque l'administration a refusé une demande de prorogation de délai pour construire (Cass. com. 15-7-1992 n° 90-15.980 D : RJF 11/92 n° 1583).
> **c.** Lorsque l'**engagement** de construire n'est **respecté** que **pour une fraction de l'immeuble** sur lequel il portait, l'acquéreur est redevable à due concurrence des droits dont il a été dispensé, ainsi que des frais et intérêts de retard qui en résultent (BOI-ENR-DMTOI-10-40 n° 470).

PROLONGATION DU DÉLAI

45000 Une prolongation annuelle renouvelable du délai de quatre ans peut être accordée par le directeur départemental ou régional des finances publiques du lieu de situation de l'immeuble (CGI art. 1594-0 G, A-IV).

La demande doit être formulée au plus tard dans le mois qui suit l'expiration du délai précédemment imparti. Elle doit être adressée **par pli recommandé** avec demande d'avis de réception postale, être **motivée** et préciser la consistance des travaux prévus dans l'engagement primitif sur lesquels porte la prorogation demandée ainsi que le montant des droits dont l'exonération est subordonnée à leur exécution (CGI ann. III art. 266 bis, III).

La demande de **renouvellement** de la prorogation doit être formulée dans les mêmes conditions (BOI-ENR-DMTOI-10-40 n° 330).

45005 L'administration peut refuser cette prolongation en notifiant un **refus motivé dans les deux mois** de la réception de la demande. **À défaut,** la demande de prolongation est réputée acceptée (CGI art. 1594-0 G, A-IV).

La **motivation** d'un refus, qui est susceptible d'être soumise au contrôle du juge, peut être **fondée** notamment sur la circonstance que le demandeur n'est pas en situation à court et moyen terme de mener à bien son engagement, voire qu'il y a expressément renoncé, ou encore qu'il apparaît définitivement acquis que ni la construction envisagée ni aucune autre de nature à satisfaire les prescriptions du I de l'article 1594-0 G, A du CGI (voir n° 44960 la définition de l'immeuble neuf) n'est en mesure d'aboutir au regard de l'évolution des contraintes d'urbanisme, d'environnement ou de sécurité (BOI-ENR-DMTOI-10-40 n° 340).

REPRISE DE L'ENGAGEMENT DE CONSTRUIRE

45010 En cas d'**acquisitions successives entre assujettis** à la TVA, l'engagement de construire pris par le cédant peut être repris par l'acquéreur auquel s'impose alors le délai (de quatre ans éventuellement prorogé) imparti au cédant (CGI art. 1594-0 G, A-II).

Cette faculté ne vaut que pour autant que le délai de quatre ans (éventuellement prorogé) n'a pas été touché par la **forclusion.** Elle est ouverte sans préjudice de l'engagement de construire que le nouvel acquéreur doit souscrire pour son propre compte s'il entend bénéficier également du régime de faveur (BOI-ENR-DMTOI-10-40 n° 350).

Cette **reprise** doit être **formalisée** dans l'acte d'acquisition qui doit mentionner la date et le numéro d'enregistrement et de publication de l'acte antérieur dans lequel le cédant s'était lui-même engagé à construire (BOI-ENR-DMTOI-10-40 n° 370).

> **Précisions** **a.** L'administration admet, en cas d'**inexécution** par l'acquéreur de l'engagement de travaux repris du vendeur et pour éviter qu'il ait à supporter de multiples impositions, qu'il soit libéré conjointement des autres engagements si ceux-ci portent sur le même immeuble et dans une même proportion d'exonération (BOI-ENR-DMTOI-10-40 n° 390). Le redevable n'aurait ainsi qu'à acquitter les droits dont il a lui-même été dispensé (en raison de son propre engagement de construire) ainsi que les intérêts depuis l'acquisition initiale, à l'exclusion des compléments de droits afférents aux acquisitions antérieures.
> **b.** L'**engagement** de construire du cédant peut être utilement **repris par une collectivité publique** visée à l'article 1042 du CGI (collectivité territoriale notamment) **ou par une société**

d'économie mixte à participation publique majoritaire bénéficiant du même régime qui n'auront pas à souscrire d'engagement pour leur propre compte du fait de l'exonération de droits d'enregistrement dont elles bénéficient pour leurs acquisitions immobilières (BOI-ENR-DMTOI-10-40 n° 360).

SUBSTITUTION D'ENGAGEMENT

La personne qui a pris l'engagement de construire (acquéreur initial ou sous-acquéreur ayant repris un tel engagement) peut, dans la limite de cinq années à compter de la date de l'engagement initial, y substituer l'**engagement de revendre** visé n° 45040 qui est alors réputé avoir pris effet à compter de cette même date (CGI art. 1594-0 G, A-II-al. 3). Selon l'administration, cette faculté est cantonnée aux cinq années qui suivent une première acquisition ayant bénéficié d'un régime de faveur au regard de l'article 1115 du CGI (engagement de revendre : n°s 45040 s.) ou de l'article 1594-0 G, A-I du CGI (engagement de construire, sous réserve, au-delà de quatre années, que cet engagement ait fait l'objet d'une première prolongation) (BOI-ENR-DMTOI-10-40 n° 490). 45015

Cette substitution prend la forme d'un **acte complémentaire** à l'acte de mutation comportant l'engagement de construire auquel se substitue le nouvel engagement. Cet acte précise l'objet et la consistance des travaux auxquels il est renoncé ainsi que la valeur de l'acquisition pour laquelle est sollicité le bénéfice des dispositions de l'article 1115 (engagement de revendre) (CGI ann. III art. 266 bis, VI). Il donne lieu au paiement du droit proportionnel de 0,71498 % assorti de l'intérêt de retard décompté du premier jour du mois suivant la date d'expiration du délai légal de présentation à la formalité de l'acte qui fait l'objet de la substitution (BOI-ENR-DMTOI-10-40 n° 510).

2. ACHATS ASSORTIS D'UN ENGAGEMENT DE REVENDRE

Les acquisitions d'immeubles réalisées par des assujettis à la TVA (au sens indiqué n° 44205) bénéficient du **droit de vente au taux réduit** de 0,71498 % (CGI art. 1020), à la condition que l'acquéreur prenne l'engagement de revendre l'immeuble dans un **délai de cinq ans** à compter de la date de l'acte d'acquisition (CGI art. 1115). Cet acte doit comporter la **déclaration** que les biens acquis sont destinés à la revente (BOI-ENR-DMTOI-10-50 n° 30). 45040

La ventilation de ce taux global est la même que celle décrite n° 44880, Précisions, a. Sur l'assiette taxable, voir n° 44885.

En cas d'**acquisitions successives entre assujettis,** le délai imparti au premier s'impose à chacun des autres (CGI art. 1115, al. 2) : le bien doit donc être revendu avant le terme de ce délai à un non-assujetti ou à un assujetti prenant un engagement de construire ou encore à un assujetti ne prenant aucun engagement.

> **Précisions a.** L'acquéreur qui entend bénéficier du régime de l'article 1115 du CGI doit avoir souscrit la **déclaration d'existence** prévue par l'article 286 du CGI comme tout assujetti de droit commun (BOI-ENR-DMTOI-10-50 n° 1).
>
> **b.** Sur la **substitution** d'un engagement de revendre à un **engagement de construire,** voir n° 45015.
>
> **c.** Le **délai de revente** est ramené à deux ans pour les reventes consistant en des ventes par lots ou **ventes « à la découpe »** déclenchant le droit de préemption des locataires prévu à l'article 10 de la loi 75-1351 du 31 décembre 1975 ou à l'article 15 de la loi 89-462 du 6 juillet 1989 (CGI art. 1115, al. 4). Comme pour le délai de cinq ans, ce délai court à compter de l'acquisition de l'immeuble, quelle que soit la date des notifications adressées aux locataires (Cass. com. 14-2-2024 n° 22-17.541 F-B : RJF 5/24 n° 415). Le délai de deux ans est applicable dès lors que les lots concernés sont occupés par un locataire ou un occupant de bonne foi à la date d'expiration de ce délai (Cass. com. 9-10-2024 n° 22-20.175 F-B : BPIM 6/24 inf. 376). Par suite, ce délai réduit ne s'applique pas si le bail a pris fin depuis l'acquisition par le marchand de biens et que les lots sont revendus par lui libres de toute occupation ; le délai de revente est alors le délai de droit commun de cinq ans (Cass. com. 7-7-2015 n° 13-23.366 FS-PB : RJF 11/15 n° 965).

OPÉRATIONS ET BIENS CONCERNÉS

L'application du droit de vente au taux réduit moyennant l'engagement de revendre n'est pas réservée aux mutations taxables à la TVA. Le **régime de TVA applicable à l'opération** est indifférent et les conditions portent uniquement sur l'acquéreur. Il pourra donc s'agir aussi bien de mutations exclues du champ de la TVA que de mutations qui y seraient soumises, qu'elles soient taxées sur le prix de vente ou sur la marge. 45045

L'article 1115 du CGI ne comporte pas non plus de condition relative au **type d'immeuble.** L'exonération s'applique ainsi théoriquement aux acquisitions de terrains nus, à bâtir ou non, comme d'immeubles bâtis, neufs ou anciens.

45050 Toutefois, **en pratique,** l'acquéreur assujetti n'a aucun **intérêt** à souscrire l'engagement de revendre lorsque son acquisition bénéficie déjà - de plein droit - du taux réduit au même tarif (voir n° 44880). Il en va ainsi notamment pour l'acquisition auprès d'un assujetti d'un terrain à bâtir, lorsque cette opération est soumise à la TVA sur le prix total (BOI-ENR-DMTOI-10-50 n° 10). En pratique, l'engagement de revendre n'est à prendre que pour l'acquisition réalisée **auprès d'un assujetti** :

– de terrains non qualifiés de terrains à bâtir ;
– de terrains à bâtir lorsque la TVA est assise sur la marge ;
– d'immeubles bâtis de plus de cinq ans que l'option pour la TVA ait été exercée ou non et, en cas d'option, quelle que soit l'assiette de la taxe.

L'engagement de revendre présente également un intérêt pour l'acquisition de tous types d'immeubles **auprès d'un non-assujetti.**

Le régime de l'article 1115 du CGI profite sous les mêmes conditions aux opérations portant sur des **actions ou parts** de sociétés immobilières, mais dans ce cas, l'exonération est intégrale (le droit de vente au taux réduit n'est pas dû).

INEXÉCUTION DE L'ENGAGEMENT DE REVENDRE

45055 Lorsqu'à l'échéance du délai de cinq ans (éventuellement prorogé : n° 45065), l'engagement de revendre n'est pas respecté, l'acquéreur est redevable des **droits** dont il a été dispensé, liquidés d'après les tarifs en vigueur au jour de l'acquisition du bien en cause, ainsi que du complément de frais d'assiette, de recouvrement, de dégrèvement et de non-valeur qui en résultent (CGI art. 1840 G ter, I).

L'**intérêt de retard** de 0,20 % par mois prévu à l'article 1727 du CGI est décompté du premier jour du mois suivant la date d'expiration du délai légal de présentation de l'acte d'acquisition à la formalité et doit être versé comme le principal dans le mois suivant l'expiration du délai imparti (BOI-ENR-DMTOI-10-50 n° 110).

La **prescription du droit de reprise** de l'administration court à compter de l'expiration du délai imparti pour revendre (Cass. com. 31-10-2006 n° 05-10.396 F-D : RJF 4/07 n° 509 ; BOI-CF-PGR-10-40 n°s 280 et 360).

L'article L 247 du LPF autorise l'administration à accorder à l'acquéreur des **remises gracieuses** d'amendes fiscales ou de majorations d'impôts, mais pas des droits de mutation en principal mis à sa charge à la suite de la perte de ce régime de faveur (CE 24-6-2015 n° 368593 : RJF 10/15 n° 833).

> **Précisions** **a.** Dans le cas où l'acquisition est affectée d'une **condition suspensive,** le point de départ du délai de cinq ans est la date de la réalisation de la condition suspensive (BOI-ENR-DMTOI-10-50 n° 110).
> **b. L'apport pur et simple en société** n'est pas considéré comme une vente pour apprécier si la condition de revente dans le délai légal est remplie. Il en est de même en cas de **transfert dans un patrimoine fiduciaire** (CGI art. 1115, al. 3).
> **c.** Lorsqu'à l'échéance du délai de cinq ans, l'engagement de revendre n'est respecté que pour une **fraction du bien** sur lequel il portait, l'acquéreur est redevable des droits dont il a été dispensé, ainsi que des frais et intérêts de retard qui en résultent, à hauteur de la différence entre le prix auquel il avait acquis le bien et le prix auquel a été vendu la (ou les) fraction(s) du bien pour laquelle (lesquelles) l'engagement a été respecté. Cette solution s'applique par parcelle ou lot lorsque leur prix d'acquisition a été distingué dans l'acte (BOI-ENR-DMTOI-10-50 n° 110).
> **d.** L'acquéreur assujetti empêché de revendre dans le délai légal peut invoquer la **force majeure** afin d'obtenir une dispense de régularisation, celle-ci supposant qu'en raison d'une circonstance présentant les caractères d'extériorité et d'imprévisibilité, l'acquéreur a été dans l'impossibilité insurmontable de vendre pendant toute la durée de son obligation (BOI-ENR-DMTOI-10-50 n° 70).
> **e.** La **donation** du bien avant l'expiration du délai légal entraîne la **déchéance** du régime de faveur (BOI-ENR-DMTOI-10-50 n° 80).
> **f.** Le bénéfice du régime de faveur suppose la **conservation du caractère immobilier du bien** concerné **entre son acquisition et sa revente.** L'administration fiscale n'est pas tenue d'attendre l'expiration du délai de cinq ans pour constater la déchéance du régime fondée sur un autre motif que le non-respect du délai imparti pour revendre (Cass. com. 24-11-2021 n° 19-17.281 FS-D : BPIM 1/22 inf. 77 ; en l'espèce une société avait acheté la totalité des parts d'une société à prépondérance immobilière, laquelle avait cédé trois mois après le seul immeuble faisant partie de son patrimoine). La doctrine administrative est dans le même sens (BOI-ENR-DMTOI-10-50 n° 80).
> **g.** En cas d'acquisition d'un terrain assortie de l'engagement de revendre, suivie de l'établissement d'un état descriptif de **division en volumes,** la déchéance du régime de faveur est encourue dès lors que seuls deux des trois volumes créés ont été revendus dans le délai légal imparti. En effet, les cessions des volumes à construire, ne comportant pas de parties communes indivises, ne comprenaient pas le terrain d'assiette qui est demeuré la propriété de la société marchand de

biens (Cass. com. 9-6-2021 n° 18-17.773 FS-P concernant un litige en Nouvelle-Calédonie mais qui nous paraît transposable au régime de droit commun).

h. En cas de **mutations successives entre assujettis,** c'est celui qui se trouve propriétaire de l'immeuble à l'expiration du délai de cinq ans décompté à compter de la première acquisition qui a donné lieu à l'application des dispositions de l'article 1115 du CGI qui est tenu d'acquitter le complément de taxe, frais et intérêt de retard sur la valeur de sa propre acquisition dès lors que lui-même s'est placé sous le bénéfice de ces dispositions (BOI-ENR-DMTOI-10-50 n° 50).

PROLONGATION DU DÉLAI

Pour les immeubles situés dans une **ZAC,** une prolongation annuelle renouvelable du délai de cinq ans peut être accordée par le directeur départemental ou régional des finances publiques du lieu de situation des immeubles lorsque l'acquéreur est la personne chargée de l'aménagement ou de l'équipement de la ZAC (CGI art. 1594-0 G, A-IV bis). **45065**

En pratique, cette disposition dérogatoire peut trouver à s'appliquer aux terrains, voire aux constructions destinées à être démolies, que l'aménageur de zone a acquises dans les emprises qu'il prévoit de rétrocéder sans y réaliser lui-même de travaux qui l'auraient conduit à prendre un engagement de construire tel que prévu n° 44960. De telles prorogations annuelles peuvent être notamment accordées en raison des retards pris dans la commercialisation de la ZAC du fait de difficultés administratives ou techniques, ainsi que des délais nécessaires à l'appropriation de l'ensemble du foncier de la zone qui peut conditionner la rétrocession des emprises en cause (BOI-ENR-DMTOI-10-50 n° 60).

La demande de prorogation doit être **formulée** au plus tard dans le mois qui suit l'expiration du délai précédemment imparti. Elle doit être adressée par **pli recommandé** avec demande d'avis de réception postale, être **motivée** et préciser la consistance des immeubles sur lesquels porte la prorogation demandée ainsi que le montant des droits dont l'exonération est subordonnée à leur revente (CGI ann. III art. 266 bis, IV). **45070**

SUBSTITUTION D'ENGAGEMENT

L'acquéreur qui a pris l'engagement de revendre peut y substituer, avant son échéance, un **engagement de construire** (n° 44960). Celui-ci prend effet à compter de la date à laquelle il est souscrit auprès de l'administration et vaut accomplissement de l'engagement de revendre (CGI art. 1594-0 G, A-II-al. 3). La substitution d'engagement fait donc démarrer ici un **nouveau délai.** **45075**

La déclaration de substitution d'engagement n'est soumise au paiement d'**aucun droit** (BOI-ENR-DMTOI-10-50 n° 100).

Formellement, cette substitution résulte de l'envoi au service des finances publiques par pli recommandé avec demande d'avis de réception postale d'une **déclaration** faisant référence à la date et au numéro d'enregistrement et de publication de l'acte de mutation comportant l'engagement de revendre auquel se substitue le nouvel engagement. La déclaration précise l'**objet et la consistance des travaux** prévus par cet engagement ainsi que le montant des droits dont l'exonération est subordonnée à leur exécution (CGI ann. III art. 266 bis, V). **45080**

Synthèse des règles applicables aux acquisitions de terrains à bâtir en TVA et droits d'enregistrement

45100

	IMMEUBLE CÉDÉ	ACQUÉREUR			
		NON ASSUJETTI à la TVA		ASSUJETTI à la TVA	
		TVA	DMTO	TVA	DMTO
CÉDANT NON ASSUJETTI à la TVA	TERRAIN NON CONSTRUCTIBLE	Hors du champ de la TVA	Taux normal	Hors du champ de la TVA	Taux normal sauf engagement de revendre : taux réduit de 0,71498 %
	TERRAIN À BÂTIR	Hors du champ de la TVA	Taux normal	Hors du champ de la TVA	Taux normal sauf : - engagement de revendre : taux réduit de 0,71498 % - engagement de construire : droit fixe de 125 €
CÉDANT ASSUJETTI à la TVA	TERRAIN NON CONSTRUCTIBLE	- Exonération avec faculté d'option - Taxable sur le prix total si option	Taux normal	- Exonération avec faculté d'option - Taxable sur le prix total si option	Taux normal sauf engagement de revendre : taux réduit de 0,71498 %
	TERRAIN À BÂTIR	- Taxation sur le prix total si l'acquisition a ouvert droit à déduction - Taxation sur la marge, si l'acquisition n'a pas ouvert droit à déduction et si la condition d'identité juridique entre le terrain acquis et revendu est remplie	- Taux réduit de 0,71498 % si TVA sur prix total - Taux normal si TVA sur la marge	- Taxation sur le prix total si l'acquisition a ouvert droit à déduction - Taxation sur la marge si l'acquisition n'a pas ouvert droit à déduction et si la condition d'identité juridique entre le terrain acquis et revendu est remplie	- Taux réduit de 0,71498 % si TVA sur prix total, sauf engagement de construire : droit fixe de 125 € - Taux normal si TVA sur la marge, sauf : • engagement de revendre : taux réduit de 0,71498 % • engagement de construire : droit fixe de 125 €

PARTIE 2

Construction et commercialisation de l'immeuble

© Éd. Francis Lefebvre

TITRE I

Édification de l'immeuble

CHAPITRE 1 MONTAGE DE L'OPÉRATION

SOMMAIRE

SECTION 1 MAÎTRISE D'OUVRAGE

MAÎTRE D'OUVRAGE, PERSONNAGE CLÉ DE L'OPÉRATION

Le maître de l'ouvrage est le personnage clé de l'opération immobilière : c'est lui qui monte ou fait monter celle-ci. Il est « celui pour le compte de qui les travaux sont exécutés » (Norme Afnor P 03-001). À ce titre, il est habilité à contracter avec les constructeurs ou à se faire représenter auprès d'eux pour édifier l'immeuble. Plus généralement, on peut dire qu'il est investi du **droit de construire.** À ce titre, et sous certaines réserves, il a qualité pour exercer les actions en responsabilité des constructeurs. Mais si le droit de construire est un attribut de la propriété, le titulaire de ce droit n'est pas toujours le **propriétaire du sol.** Les locaux peuvent faire l'objet d'un bail conférant au preneur un droit de construire (voir nos 47195 s. et 47220 s.), mais le propriétaire du sol conserve la propriété des existants. La qualité de maître de l'ouvrage peut alors se dissocier entre les deux parties selon la nature des intérêts en cause (sur cette dualité et sa portée, voir Cass. 3e civ. 13-7-2022 no 21-15.086 F-D : RDI 2023 p. 113 note C. Charbonneau ; plus généralement sur les obligations de maître de l'ouvrage, voir La responsabilité du maître de l'ouvrage : RDI 2002 p. 441). La dissociation entre la qualité de propriétaire du sol et le droit de construire est parfois problématique, notamment en présence d'un preneur à bail ou en cas de démembrement de propriété. On tend à privilégier le droit de construire et la conclusion du marché principal pour identifier le maître de l'ouvrage. Le maître de l'ouvrage peut aussi anticiper les atteintes dommageables en ayant recours, s'il y a lieu, au référé préventif. 47000

A. Règles générales de la maîtrise d'ouvrage

1. MAÎTRISE D'OUVRAGE ET DÉLÉGATION

a. Activité du maître de l'ouvrage

47120 Le maître de l'ouvrage **ne se confond pas** avec le promoteur immobilier, notion juridique réservée à celui qui se lie avec le titulaire du droit de construire par un contrat de promotion immobilière au sens des articles 1831-1 s. du Code civil. Cela dit, au plan économique, le maître de l'ouvrage exerce souvent une activité de promoteur-constructeur.

47125 Le **promoteur-constructeur** est un personnage aux contours imprécis. Tantôt intermédiaire entre les accédants à la propriété et les constructeurs, tantôt investisseur qui achète des terrains et finance l'opération en vue de la vente, il peut passer du statut de « promoteur capitaliste » à celui de « promoteur social » lorsqu'il fait édifier un immeuble en vue de la location. Mais le vocable « promoteur-constructeur » désigne une ou plusieurs activités et ne caractérise pas véritablement une notion juridique.

47130 De ce point de vue, le maître de l'ouvrage exerce certaines des activités d'un promoteur-constructeur.

En tant qu'**investisseur,** il peut placer des fonds propres dans l'achat du terrain et la réalisation de l'ouvrage, ou faire appel à des concours financiers extérieurs, privés ou publics.

En tant qu'**agent de commercialisation,** il peut faire construire en vue de la vente, et commercialiser directement l'immeuble, ou créer une société qui s'interposera entre les constructeurs et les accédants.

En tant que **partenaire des constructeurs** avec lesquels il conclut des contrats de louage d'ouvrage (nommé contrat d'entreprise dans l'avant-projet de réforme des contrats spéciaux), il est le destinataire immédiat de l'ouvrage construit à son profit. C'est cette dernière activité qui caractérise véritablement la maîtrise de l'ouvrage. Mais, à l'évidence, cette qualité ne peut s'apprécier hors de son contexte socio-économique. Le maître de l'ouvrage, parce qu'il cumule souvent plusieurs des activités du promoteur-constructeur, détient le pouvoir économique dans l'opération de construction.

Le maître de l'ouvrage assume les obligations qui sont à sa charge en tant que concepteur du projet, s'il y a lieu, et partie aux marchés de travaux, qu'il conclut généralement avec le concours du maître d'œuvre. Il est tenu d'une obligation de sécurité sur le chantier (voir n°s 52630 s.).

47135 Le maître de l'ouvrage peut être une **personne physique ou** une personne **morale,** relevant du **droit privé** ou du **droit public.** Il se présente généralement sous la forme de sociétés de construction, civiles ou commerciales, de sociétés d'économie mixte, qui sont des personnes morales de droit privé soumises au droit commun des sociétés commerciales, ou de groupements d'intérêt économique.

b. Maître d'ouvrage délégué

RÉGIME JURIDIQUE DE LA MAÎTRISE D'OUVRAGE DÉLÉGUÉE

47138 **Contrat de maîtrise d'ouvrage déléguée** Le maître d'ouvrage délégué est une personne physique ou morale qui doit avoir la qualité pour représenter le maître de l'ouvrage et accomplir les actes qui incombent à ce dernier. Le maître d'ouvrage délégué, désigné par le maître de l'ouvrage, est lié à lui par un contrat de **mandat.** Celui-ci résulte, en général, d'une convention **expresse.** Mais une partie à l'opération de construction peut prendre la qualité de maître d'ouvrage délégué dans le cadre d'un mandat **apparent** (Cass. 3e civ. 12-1-2005 n° 03-17.668 : BPIM 2/05 inf. 121 ; Cass. 3e civ. 12-5-2010 n° 08-20.544 : Bull. civ. III n° 92).

47140 **Maîtrise d'ouvrage déléguée en marchés publics** La maîtrise d'ouvrage publique déléguée est réglementée (voir n°s 47420 s.).

47142 **Maîtrise d'ouvrage déléguée en marchés privés** La maîtrise d'ouvrage déléguée relève exclusivement de la **convention** des parties. Le maître d'ouvrage délégué dépend en général du droit privé et parfois du droit public. L'architecte peut être investi de cette fonction (Cass. 3e civ. 12-5-2010 n° 08-20.544 : Bull. civ. III n° 92) et la cumuler avec celle de représentant d'un groupement momentané de prestataires chargés de la maîtrise d'œuvre. Mais la situation peut révéler l'existence d'un mandat d'intérêt commun.

QUALITÉ DU MAÎTRE D'OUVRAGE DÉLÉGUÉ

En droit privé, le recours à la maîtrise d'ouvrage déléguée intervient dans différentes configurations. Il est relativement fréquent lorsque la construction est financée par **crédit-bail** : le crédit-preneur, destiné à être le propriétaire en fin de bail, prend alors en charge la maîtrise d'ouvrage par délégation pendant le cours du bail. Lorsque la délégation n'est pas intervenue contrairement aux dispositions contractuelles, le crédit-bailleur ne peut pas transférer les risques de la construction au crédit-preneur (Cass. 3e civ. 13-9-2006 no 04-20.729 : RJDA 12/06 no 1260). **47145**

La délégation ne dispense pas le maître de l'ouvrage de certaines obligations attachées à sa qualité. En cas de crédit-bail, alors même qu'en fin de bail le preneur devient en général propriétaire du bien financé par le crédit-bailleur, ce dernier, qui conserve la qualité de maître de l'ouvrage, assume les obligations qui lui sont propres et qui ne relèvent pas de la délégation générale donnée au preneur. Ainsi, il a été jugé que le crédit-bailleur maître de l'ouvrage est tenu de fournir la garantie de paiement de l'article 1799-1 du Code civil (Cass. 3e civ. 3-5-2018 no 17-16.332 FS-PBRI : BPIM 3/18 inf. 189).

En matière de **copropriété,** le syndic peut, lorsqu'il fait effectuer des travaux pour le compte de copropriétaires, avoir la qualité de maître d'ouvrage délégué. Encore faut-il qu'il agisse clairement en qualité de mandataire. À défaut, il est considéré comme maître d'ouvrage à l'égard de l'entrepreneur (Cass. 3e civ. 12-5-2004 no 02-17.793 : Bull. civ. III no 94).

En matière de **franchise,** lorsque des travaux sont exécutés pour le franchisé et que le franchiseur se borne à donner son assistance pour vérifier le respect des standards de la marque, ce dernier n'a pas la qualité de maître d'ouvrage délégué (Cass. 3e civ. 12-11-2014 no 13-21.466 : RDI 2015 p. 77).

EXÉCUTION DE LA MISSION DU MAÎTRE DE L'OUVRAGE DÉLÉGUÉ

Limites du mandat du maître de l'ouvrage délégué Le maître d'ouvrage délégué **oblige,** par ses actes, **son mandant** dans ses rapports avec les tiers (Cass. 3e civ. 12-9-2006 no 05-18.927 ; Cass. 3e civ. 12-5-2010 no 08-20.544 : Bull. civ. III no 92). Mais c'est à la condition qu'il agisse dans le cadre de l'exécution de sa mission, c'est-à-dire pendant le cours du mandat et dans la limite des pouvoirs que celui-ci lui confère (Cass. 3e civ. 2-10-2002 no 01-01.783 : RJDA 1/03 no 58). En revanche, à défaut d'en avoir reçu mission, le maître d'ouvrage délégué **n'engage pas son mandant.** **47150**

ILLUSTRATIONS

Si son mandat le lui permet, le maître d'ouvrage délégué a **qualité pour** :
– exercer l'action en responsabilité contre les constructeurs (Cass. 3e civ. 16-5-2001 no 99-19.085 : BPIM 4/01 inf. 253) ;
– procéder au paiement des entreprises. Si celles-ci ont cédé leurs créances, les cessionnaires peuvent en réclamer le paiement au maître d'ouvrage délégué (Cass. 3e civ. 8-2-2011 no 09-70.133 : BPIM 2/11 inf. 113) ; la prise en charge définitive du coût par le maître de l'ouvrage intervient, en principe, au moment de la reddition des comptes.

En revanche, le maître d'ouvrage délégué n'engage pas le maître de l'ouvrage :
– s'il effectue un paiement sans avoir obtenu son accord sur la rémunération d'un tiers (Cass. 3e civ. 22-5-1997 no 95-11.089 : BPIM 4/97 inf. 251) ;
– si le crédit-preneur, pris comme maître d'ouvrage délégué, donne une autorisation écrite à l'entrepreneur lié à forfait d'exécuter des travaux supplémentaires, dès lors que l'entrepreneur savait que le maître de l'ouvrage était le crédit-bailleur et que le mandat apparent ne pouvait être retenu ; l'entrepreneur ne peut pas réclamer le paiement de ces travaux (Cass. 3e civ. 19-7-2000 no 98-22.075 : BPIM 6/00 inf. 367).

Obligations du maître d'ouvrage délégué Le maître d'ouvrage délégué assume, en principe, les obligations qui pèsent sur le maître de l'ouvrage et qui sont compatibles avec le mandat (Cass. 3e civ. 12-1-2005 no 03-17.668 : BPIM 2/05 inf. 121). **47153**

Il veille notamment au respect des dispositions relatives à la sous-traitance. Par exemple, il doit s'assurer que les garanties principales ont été constituées avant de procéder au paiement des créances, en particulier lorsqu'elles ont été cédées par l'entrepreneur principal (Loi 75-1334 du 31-12-1975 art. 13-1 et 14).

RESPONSABILITÉ DES PARTIES EN CAS DE DÉLÉGATION DE MAÎTRISE D'OUVRAGE

Responsabilité à l'égard des tiers Le **maître d'ouvrage délégué** engage sa responsabilité extracontractuelle envers les tiers s'il commet une faute (Cass. 1e civ. 13-10-1992 no 91-10.619 : Bull. civ. I no 250 ; Cass. 3e civ. 6-7-2010 no 09-12.323 : BPIM 5/10 inf. 365). Il en va de même de celui qui prend la qualité de maître de l'ouvrage délégué apparent (Cass. 3e civ. 12-1-2005 no 03-17.668 : BPIM 2/05 inf. 121). **47155**

Le **maître de l'ouvrage** engage sa responsabilité à l'égard des tiers lorsque son maître d'ouvrage délégué commet une faute révélant un manquement à une obligation à laquelle il est personnellement tenu. Il est tenu d'exécuter les engagements souscrits par son maître d'ouvrage délégué (Cass. 3e civ. 23-11-2005 no 04-17.437 et Cass. 3e civ. 21-2-2006 no 05-11.959 : RDI 2006 p. 212). Mais il peut, s'il y a lieu, demander à être garanti par son mandataire. Lorsque le maître d'ouvrage délégué n'a pas veillé au respect de l'article 14-1 de la loi du 31 décembre 1975 sur la **sous-traitance,** le maître de l'ouvrage engage sa responsabilité, mais seulement s'il a eu connaissance de la présence du sous-traitant sur le chantier (Cass. 3e civ. 15-4-2021 no 19-20.424 FS-P : BPIM 3/21 inf. 185). Il est probable qu'en ce dernier cas, le sous-traitant peut demander réparation tant au maître de l'ouvrage qu'au maître de l'ouvrage délégué, notamment si le contrat a investi ce dernier de l'obligation de veiller au respect des règles relatives à la sous-traitance. La charge définitive de la réparation devrait en principe incomber au **maître d'ouvrage délégué,** qui a commis une faute dans l'exécution de ses obligations contractuelles. Cette responsabilité ne fait pas de doute lorsque la convention de délégation lui transfère expressément l'obligation de contrôler la sous-traitance (Cass. 3e civ. 16-6-2009 no 07-21.198 : BPIM 4/09 inf. 275, 2e esp. ; Cass. 3e civ. 6-7-2010 no 09-12.323 : BPIM 5/10 inf. 365) ; elle peut se discuter en l'absence d'une telle stipulation (en particulier si le maître de l'ouvrage a connaissance de la présence du sous-traitant et reste passif).

ILLUSTRATIONS

Le maître d'ouvrage délégué est tenu de sa faute à l'égard des sous-traitants notamment si :
– il n'a pas mis l'entrepreneur principal en demeure de les faire agréer par le maître de l'ouvrage (Cass. 3e civ. 6-1-1999 no 96-18.690 : Bull. civ. III no 3) ;
– il procède au paiement des créances des constructeurs sans s'assurer que les garanties principales ont été constituées (Cass. 3e civ. 6-7-2010 no 09-12.323 : BPIM 5/10 inf. 365).

47158 **Responsabilité à l'égard du maître de l'ouvrage** À l'égard de celui qui l'a mandaté, la responsabilité du maître d'ouvrage délégué est **contractuelle.** Elle est généralement constatée lors de la reddition des comptes. Le maître d'ouvrage délégué répond de sa faute car il est tenu d'une obligation de moyens (Cass. 3e civ. 29-3-2000 no 98-19.804 ; sur la responsabilité du maître d'ouvrage délégué, voir C. Charbonneau : RDI 2011 p. 208).

La résiliation du mandat à l'initiative du maître d'ouvrage délégué, pour des motifs fallacieux présente un caractère abusif (Cass. 3e civ. 27-9-2000 no 98-11.763 : BPIM 1/01 inf. 25).

En matière de garantie de construction, se pose la question de savoir si le maître d'ouvrage délégué **peut être considéré comme un constructeur** dans ses rapports avec le maître de l'ouvrage. Est réputé constructeur « toute personne qui, bien qu'agissant en qualité de mandataire du maître de l'ouvrage, accomplit une mission assimilable à celle d'un locateur d'ouvrage » (C. civ. art. 1792-1, 3o). Ce texte qui permet d'appliquer les garanties biennale et décennale vise essentiellement le promoteur immobilier. Mais on estime qu'il peut s'appliquer au maître d'ouvrage délégué si des prestations de services (préparation des marchés, choix des entreprises…) s'ajoutent au mandat (Droit de la Promotion immobilière, Précis Dalloz, 9e édition no 162 ; voir Cass. 3e civ. 5-12-2024 no 22-22.998 F-D : BPIM 1/25 inf. 42).

2. DROIT DE CONSTRUIRE

a. Propriété

47180 Le droit de construire est l'attribut de la propriété. Celui qui a la propriété du terrain dispose d'un droit de **jouissance de la chose,** qualifié d'absolu par l'article 544 du Code civil. La propriété résulte d'un titre mais elle peut aussi être acquise par usucapion, en opposant la prescription trentenaire au titulaire du titre de propriété (Cass. 3e civ. 17-12-2020 no 18-24.434 FP-PBI : BPIM 1/21 inf. 50, RDI 2021 p. 149).

Le droit de construire confère des **obligations** au propriétaire. Ainsi, lorsque la commune prend un arrêté de péril et fait réaliser d'office des travaux que le propriétaire n'a pas exécutés, elle peut agir contre lui sur le fondement de l'enrichissement injustifié (Cass. 3e civ. 26-10-2022 no 21-12.674 FS-B : BPIM 1/23 inf. 51).

47182 Le titulaire est investi du droit de construire, sauf à l'exercer dans les limites prévues par la loi, les règlements ou les servitudes.

Celui qui effectue des travaux ne peut pas **empiéter sur le terrain d'autrui,** sinon il s'expose au risque de démolition dans les conditions de l'article 545 du Code civil (Cass. 3e civ. 26-6-1979 : Bull. civ. III no 142). Celui qui **construit entièrement chez autrui** s'expose également au risque de démolition de la construction litigieuse, dans les conditions de l'article 555 du

© Éd. Francis Lefebvre

Code civil. Ces dispositions ne s'appliquent qu'aux nouvelles constructions (Cass. 3e civ. 9-9-2021 no 20-15.713 FS-B : BPIM 5/21 inf. 326). Le propriétaire peut soit demander la démolition aux frais du tiers constructeur, soit conserver la propriété des constructions et dans ce cas le tiers a droit à une indemnité même s'il n'est pas évincé par le propriétaire (Cass. 3e civ. 21-9-2023 no 22-15.359 FS-B : BPIM 6/23 inf. 368). Le tiers constructeur ne peut pas être condamné à la démolition s'il est de bonne foi (C. civ. art. 555 al. 4). Le tiers qui a construit avec l'accord du propriétaire du terrain n'est pas considéré être de bonne foi et peut être condamné à la démolition de l'ouvrage (Cass. 3e civ. 15-4-2021 no 20-13.649 FS-P : BPIM 3/21 inf. 183). Mais si le propriétaire préfère conserver les constructions, la mauvaise foi du tiers constructeur ne le prive pas de son droit à indemnisation (Cass. 3e civ. 29-4-2009 no 08-11.431 P : Bull. civ. III no 97).

La propriété du sol emporte la propriété du dessus et du dessous (C. civ. art. 552). Celui qui construit peut en principe élever un ouvrage au-dessus du sol de son terrain ou le réaliser en dessous. En revanche, il ne peut pas **surplomber le terrain d'autrui** ni se rendre sur celui-ci pour effectuer des travaux sur son fonds (sauf prérogatives particulières, notamment le droit de surplomb sur le fonds voisin et un accès temporaire à ce fonds sous certaines conditions, voir nos 22840 s.).

En présence d'une **servitude,** celui qui en bénéficie est en droit de faire, sur le fonds servant, tous les ouvrages nécessaires pour en user et la conserver (C. civ. art. 697 et 698). Le propriétaire du fonds donne son accord mais n'en supporte pas la charge (Cass. 3e civ. 12-3-2014 no 12-28.152 : BPIM 2/14 inf. 144). Il en va autrement lorsque l'exécution des ouvrages est rendue nécessaire du fait du comportement du propriétaire du fonds servant (Cass. 3e civ. 4-2-2009 no 07-21.451 : Bull. civ. III no 32) ou lorsque le titre de servitude confie cette charge au propriétaire (Cass. 3e civ. 13-10-1982 no 81-11.236 : Bull. civ. III no 204).

b. Démembrement de propriété

Le droit de construire peut être l'attribut d'un droit démembré de la propriété. Ainsi, l'**usufruitier** possède le droit d'user de la chose et, à ce titre, il exerce normalement tous les droits dont le propriétaire bénéficie. Il peut donc élever des constructions sur le terrain objet de l'usufruit, sauf à conserver la substance de la chose et à ne pas en changer la destination. Sa qualité de maître d'ouvrage découle au surplus du droit qui lui est reconnu de faire procéder à des améliorations et aux réparations d'entretien ainsi qu'aux grosses réparations si elles résultent d'un défaut d'entretien (C. civ. art. 599 et 605). Toutefois, s'il fait construire sur le terrain dont il a l'usufruit, il ne bénéficie pas de la garantie décennale (Cass. 3e civ. 16-11-2022 no 21-23.505 FS-B : BPIM 1/23 inf. 36). Le nu-propriétaire n'ayant pas la qualité de maître de l'ouvrage pour les constructions édifiées par l'usufruitier, il ne peut pas non plus exercer l'action en garantie pour ces ouvrages (Cass. 3e civ. 13-4-2023 no 22-10.487 FS-B : BPIM 3/23 inf. 199). **47185**

Sur le jeu de la **garantie décennale** en cas de démembrement de propriété, voir nos 86705 s.

Réciproquement, le **nu-propriétaire,** dans les limites permises par la loi, peut aussi faire réaliser des travaux immobiliers nécessaires à la conservation de la chose : grosses réparations, reconstruction d'un bâtiment détruit de manière accidentelle. Il conserve la charge des grosses réparations même s'il n'a pas la qualité d'occupant des lieux. Dans ces cas, l'usufruitier ne pourrait prétendre à aucune indemnité pour privation de jouissance.

La **distinction** entre **grosses réparations** et **réparations d'entretien** permet de déterminer le maître de l'ouvrage habilité à conclure le marché de travaux. Les premières sont entendues comme celles qui « intéressent l'immeuble dans sa structure et sa solidité générale », les secondes étant « celles qui sont utiles au maintien permanent en bon état de l'immeuble » (Cass. 3e civ. 13-7-2005 no 04-13.764 : Bull. civ. III no 155). Un ravalement est considéré comme une réparation d'entretien (Cass. 3e civ. 28-5-1997 no 95-13.377 ; Cass. 1e civ. 21-3-1962 no 61-10.244 : JCP éd. G 1963 II no 13272 obs. H.G.) « quelles que soient son importance et la nature de la remise en état » (CA Paris 16e ch. 10-7-1992 : RDI 1993 p. 52).

c. Droit de superficie

Le droit de superficie n'est pas mentionné au Code civil, mais il constitue une dérogation licite au principe de l'accession visé par l'article 552 de ce Code, qui peut faire l'objet d'une **preuve** contraire par titre ou par prescription acquisitive (Cass. 3e civ. 12-7-2000 no 97-13.107 P : JCP 2001 I no 305 note H. Périnet-Marquet). Notamment, le droit de superficie peut résulter de la cession sans limitation dans le temps du droit de construire sur une parcelle consentie à un voisin aux termes d'un acte de division et de vente, rappelée ensuite dans les ventes successives de la parcelle concernée (Cass. 3e civ. 25-4-2024 no 22-16.846 F-D : BPIM 3/24 inf. 183). **47190**

Toutefois, le droit du superficiaire est **limité** aux constructions. Ce n'est que lorsque la surface a été construite (ou plantée) « que l'on peut envisager une éventuelle dissociation de la propriété du sol et de celle des constructions » (Larroumet, Les Biens n° 750, Economica 4e éd. 2004). Le titulaire d'un droit de superficie a la qualité de maître de l'ouvrage car il peut construire. Le superficiaire peut donc être conduit à faire effectuer des travaux relatifs aux ouvrages bâtis. Ses prérogatives sur les constructions étant celles d'un propriétaire, il jouit, dans la limite de son droit, de la faculté de reconstruire ou de surélever l'immeuble (sur la nature du droit de superficie et son étendue, voir Cass. 3e civ. 6-3-1991 n° 495 : RDI 1991 p. 189 obs. Bergel).

d. Emphytéose

QUALIFICATION DU BAIL EMPHYTÉOTIQUE

47195 L'emphytéose est un bail de longue durée (18 à 99 ans), qui confère au preneur un **droit réel immobilier.** Sur la qualité de maître d'ouvrage public dans le cadre d'un bail emphytéotique : voir n° 47372. Ce droit est susceptible d'hypothèque ; il peut être cédé librement et saisi dans les formes prescrites pour la saisie immobilière (C. rur. art. L 451-1). Ce droit doit être publié. À défaut, la cession du bail est inopposable au tiers qui a constitué une hypothèque sur ce droit, même s'il a connaissance de la cession (Cass. 2e civ. 11-7-2002 n° 00-20.697 : Bull. civ. II n° 170).

La jurisprudence apprécie avec rigueur les **conditions d'existence** du contrat d'emphythéose et par suite du droit réel du preneur. N'y suffisent ni la seule qualification contractuelle donnée par les parties ni la durée du bail. Une longue durée est une condition nécessaire, mais insuffisante ; en effet, la durée d'un bail ordinaire peut être librement fixée jusqu'à 99 ans, sans que sa nature soit modifiée.

Tous les éléments et clauses du contrat doivent établir la volonté de conférer un droit réel au preneur. Il n'est pas nécessaire que l'emphytéote soit obligé de construire ; en revanche, il doit en posséder la libre faculté (Cass. 3e civ. 11-6-1986 n° 84-17.222 : Bull. civ. III n° 93).

ILLUSTRATIONS

Entraînent la **disqualification du contrat** et excluent l'existence d'un droit réel :
– une restriction apportée par le contrat à la libre cession du droit au bail, fût-elle très partielle (Cass. 3e civ. 10-4-1991 n° 89-20.276 : RJDA 6/91 n° 471 ; Cass. 3e civ. 3-10-1991 n° 90-15.889 : RJDA 11/91 n° 904) ;
– le fait que le propriétaire se réserve le droit de résilier le bail pour vendre ou démolir l'immeuble, donnant ainsi au droit de jouissance du preneur un caractère précaire (Cass. 3e civ. 15-5-1991 n° 89-20.008 : RJDA 7/91 n° 577 ; Cass. 3e civ. 14-11-2002 n° 01-13.904 : RJDA 2/03 n° 124) ;
– l'interdiction faite au preneur de réaliser des travaux de construction et de démolition sans le consentement du bailleur et la possibilité pour ce dernier d'effectuer des réparations sur les biens, et ce en dépit d'une longue durée et d'un loyer modique (Cass. 3e civ. 7-10-1992 n° 89-19.227 : RJDA 12/92 n° 1113) ;
– les clauses restrictives inspirées du droit commun du louage (Cass. 3e civ. 13-5-1998 n° 96-13.586 : Bull. civ. III n° 101).

RÉGIME JURIDIQUE DU BAIL EMPHYTÉOTIQUE

47197 **Jouissance et usage en bail emphytéotique** Le preneur a l'usage et la jouissance de la chose, son droit de jouissance étant beaucoup plus étendu que celui d'un locataire ou d'un usufruitier. Il peut faire édifier des constructions. Il doit effectuer les **réparations** de toute nature (y compris les grosses) sur les constructions qui existaient à la conclusion du bail ou sur celles élevées en exécution de la convention. S'il a fait des **améliorations** ou des constructions qui augmentent la valeur du fonds, il ne peut ni les détruire ni réclamer aucune indemnité. Si le bail emphytéotique porte sur un immeuble et les accessoires construits par le propriétaire, sauf stipulation contraire, les actions en garantie décennale sont transférées au preneur (Cass. 3e civ. 11-7-2024 n° 23-12.491 FS-B : BPIM 5/24 inf. 312).

47200 **Contrat de bail emphytéotique** Réglementé par le Code rural et de la pêche maritime, le bail emphytéotique peut cependant s'appliquer à tous les **types d'immeubles** quelle qu'en soit la destination (habitation, commerce, industrie…). Il échappe au statut des baux commerciaux, sauf en ce qui concerne la révision du loyer commercial (C. com. art. L 145-3).

La résiliation du bail emphytéotique entraîne extinction automatique et immédiate des droits réels nés du chef de l'emphytéote et plus particulièrement des hypothèques et privilèges.

BAIL EMPHYTÉOTIQUE ADMINISTRATIF

47205 **Domaine du bail emphytéotique administratif** Les **collectivités territoriales** et leurs établissements publics peuvent consentir à des personnes privées des baux emphytéotiques sur les dépendances de leur **domaine public** à l'exception des voies publiques et de leurs dépendances (CGCT art. L 1311-2 s. ; CGPPP art. L 2122-20 ; CE 18-10-1995 n° 116316 : Lebon p. 356). Ces baux sont consentis en vue de la réalisation d'une opération d'intérêt général relevant de leur compétence ou en vue de l'affectation à une association cultuelle d'un édifice du culte ouvert au public (CGCT art. L 1311-2).

L'**État** et ses établissements publics peuvent aussi conclure des baux emphytéotiques et ce, pour la restauration, la réparation ou la mise en valeur des biens immobiliers (CGPPP art. L 2341-1). Dans tous les cas, il s'agit d'un contrat administratif ; et ce même si le bail porte sur un bien relevant du domaine privé de la commune (Cass. 3e civ. 15-6-2023 n° 21-22.816 FS-B : RDI 2023 p. 535).

Les collectivités territoriales peuvent consentir des baux emphytéotiques sur les immeubles relevant de leur **domaine privé.** Le juge administratif est compétent pour connaître d'un recours contre la délibération d'une communauté urbaine autorisant la conclusion d'un bail emphytéotique avec une société d'économie mixte (CE 6-4-1998 n° 151752 : BPIM 4/98 inf. 260). **47210**

> **Précisions** La juridiction judiciaire est compétente pour connaître d'un **acte de gestion** du domaine privé d'une commune (T. confl. 24-10-1994 n° 2922, Duperray et SCI Les Rochettes : Lebon p. 606 ; CE 6-5-1996 n° 151818 : Lebon p. 150). Il revient en revanche à la juridiction administrative de connaître d'un **acte de disposition** (pour une cession, voir CE sect. 3-11-1997 n° 169473 : Lebon p. 391).

Objet des ouvrages à réaliser Un bail emphytéotique administratif **peut être utilisé en vue de** la réalisation d'un ouvrage mis à la disposition de la collectivité elle-même (CE 25-2-1994 n° 144641 : D. 1994 p. 537 note Lombard). Dans un tel bail, c'est le preneur qui assure la direction technique des actions de construction pendant la réalisation des ouvrages. Par conséquent, la collectivité ne joue aucun rôle de maître d'ouvrage, ni au cours de la construction ni pendant le bail (CE 16-2-2005 n° 211039 : BPIM 3/05 inf. 188). **47215**

Le fait qu'une partie des ouvrages édifiés par l'emphytéote réponde aux besoins de la collectivité ne suffit pas à conférer le caractère d'une opération de travaux publics à un tel bail (CE 25-2-1994 n° 144641 : D. 1994 p. 537 note Lombard).

Les baux emphytéotiques sur les biens immobiliers appartenant aux collectivités territoriales **ne peuvent pas être consentis** en vue de l'accomplissement, pour le compte du bailleur, d'une mission de service public (CGCT art. L 1311-2). En outre, l'État comme les collectivités territoriales ne peuvent pas consentir de tels baux ayant pour objet l'exécution de travaux avec comme contrepartie un prix ou un droit d'exploitation (CGPPP art. L 2341-1 ; CGCT art. L 1311-2).

ILLUSTRATIONS

Est **illégal** un bail emphytéotique consenti :
– pour la réalisation d'un bowling dans un parc de stationnement (CE 18-10-1995 n° 116316 : Lebon p. 356)
– pour la construction d'un édifice cultuel lorsque l'affectataire de cet édifice n'est pas une association cultuelle au sens de la loi de 1905 (CE 10-2-2017 n° 395433 : BPIM 2/17 inf. 103).

En revanche, est **légal** un bail emphytéotique conclu :
– par les établissements hospitaliers locaux pour la construction de structures d'hébergement parahospitalier – destinées aux familles, ou aux malades ne faisant l'objet que d'une hospitalisation de jour –, mais non en vue de la construction de structures d'hébergement de malades en hospitalisation complète, ni en vue de l'installation d'un médecin libéral (Avis CE 16-6-1994 n° 356101 : EDCE n° 46 p. 367) ;
– pour l'implantation d'un équipement médico-technique lourd dont l'usage sera partagé entre un établissement public hospitalier et un établissement privé de santé à la condition que cela corresponde à un besoin de ses patients que l'établissement public ne peut pas satisfaire, et que les patients de l'établissement public soient prioritaires dans l'utilisation de l'équipement (Avis CE 24-1-1995 n° 356973 : EDCE n° 47 p. 467) ;
– par l'État ou un de ses établissements publics pour la réalisation de logements sociaux (Loi 2009-179 du 17-2-2009 art. 7).

e. Divers autres droits réels donnant le droit de construire

BAIL À CONSTRUCTION

Le bail à construction est le bail par lequel le preneur s'oblige à titre principal à édifier des constructions sur le terrain du bailleur et à les conserver en bon état d'entretien pendant toute la durée du bail (CCH art. L 251-1 s.). **47220**

Le preneur, investi d'un droit réel immobilier, est tenu à une **obligation de construire,** contrairement à l'emphytéose qui ouvre une simple faculté de construire. Il reste propriétaire des immeubles édifiés jusqu'à la fin du bail, le bailleur récupérant alors le terrain et les ouvrages construits sauf stipulation particulière du contrat.

Le bail à construction peut être utilisé par les **personnes publiques** pour des biens qui, en principe, ne relèvent pas du domaine public. Mais des exceptions sont admises pour l'État et ses établissements publics.

BAIL À RÉHABILITATION

47235 Le bail à réhabilitation est un bail conçu sur le modèle du bail à construction. Son **but** est de faciliter la réhabilitation du patrimoine immobilier tout en favorisant sa destination locative (CCH art. L 252-1 s.). Conclu par acte authentique pour une durée minimale de 12 ans, il **oblige le preneur** d'abord à réhabiliter les locaux, puis à les donner en location à des personnes défavorisées. Pour les besoins de la réhabilitation, le preneur est donc investi du droit de construire.

BAIL RÉEL IMMOBILIER

47240 Par un bail réel immobilier, un propriétaire privé ou public consent, pour une durée de 18 à 99 ans, à un preneur des droits réels en vue de la **location ou de l'accession temporaire** à la propriété de logements intermédiaires, le preneur ayant obligation de construire ou de réhabiliter des constructions existantes (CCH art. L 254-1 s.).

BAIL RÉEL SOLIDAIRE

47244 Par un bail réel solidaire, un organisme de foncier solidaire consent à un preneur, s'il y a lieu avec **obligation de construire ou de réhabiliter des constructions existantes,** des droits réels en vue de la location ou de l'accession à la propriété des logements, sous des conditions de plafonds de ressources, de loyers et, le cas échéant, de prix de cession (CCH art. L 255-1 s.). Un bail réel solidaire d'activité peut également être conclu en vue de la location ou de l'accession à la propriété de locaux à usage professionnel ou commercial au profit des microentreprises (CCH art. L 256-1 s.).

f. Concession immobilière

DÉFINITION DE LA CONCESSION IMMOBILIÈRE

47250 Le contrat de concession immobilière est un contrat par lequel le propriétaire d'un immeuble, bâti ou non bâti, en confère la jouissance à une personne dénommée concessionnaire pour une durée minimale de 20 ans moyennant le paiement d'une redevance annuelle (Loi 67-1253 du 30-12-1967 art. 48 s.). Le concessionnaire est investi d'un **droit controversé,** tantôt qualifié de réel, tantôt de personnel ; mais la loi dégage les contours du régime juridique de la concession, ce qui limite la portée de la controverse.

RÉGIME JURIDIQUE DE LA CONCESSION IMMOBILIÈRE

47255 **Jouissance et usage conférés par la concession immobilière** Le contrat de concession vise essentiellement à conférer la jouissance des biens au concessionnaire. Bien qu'il soit conçu pour toutes formes de jouissance, c'est la **destination** commerciale qui est privilégiée par l'institution. Le concessionnaire dispose à cet égard d'une liberté qui n'est tempérée que par les dispositions contractuelles tendant à assurer que cette destination est compatible avec la nature de l'immeuble, l'organisation générale de l'ensemble sur lequel il se situe, et les limites qui résultent d'activités analogues exercées dans les lieux. Le concessionnaire peut aménager ou modifier les lieux, à condition d'en informer le propriétaire ; il peut faire toute construction qu'il estime nécessaire sous réserve des dispositions du contrat.

47260 **Conclusion de la concession immobilière** La concession immobilière peut être donnée par une **personne publique.** L'opération s'analyse en un louage d'immeuble, dont le statut autonome exclut l'application des règles du droit commun ou de celles relatives aux baux particuliers. La personne publique ne peut consentir que des concessions temporaires et non renouvelables.

En pratique, il s'agit de permettre aux collectivités, qui ont constitué des réserves foncières en vue de l'extension d'une agglomération ou de la création d'une ville nouvelle, de tirer profit des biens en réserve, avant la réalisation du projet (C. urb. art. L 221-2).

47265 Dans les rapports entre **personnes privées,** la concession a généralement pour but d'éviter les inconvénients de la « propriété culturale » en matière agricole, et de la « propriété commerciale » dans le fonds de commerce. Le concessionnaire ne doit pas verser de « pas-de-porte » en entrant dans les lieux, et le concédant n'est pas tenu au rachat du renouvellement à la fin de la période concédée ; il n'y a donc pas, dans la concession immobilière, l'équivalent de l'indemnité d'éviction du bail commercial. Toutefois, le concessionnaire n'est pas dans une situation précaire en raison de la durée du bail (au moins 20 ans) et il a droit à une indemnité pour les ouvrages et constructions qu'il aura réalisés. Cette indemnité est évaluée au coût des constructions à la date de sortie, dans la limite de l'augmentation de valeur de l'immeuble (Loi 67-1253 du 30-12-1967 art. 54).

g. Baux divers donnant le droit de construire

FACULTÉ DE CONSTRUIRE PRÉVUE AU BAIL

Bien que le bail confère au preneur un droit personnel et n'emporte pas, à titre principal, transfert du droit ou de l'obligation de construire, il ne fait pas de doute que le preneur **peut faire construire** dans les lieux loués si le bail ne l'interdit pas. Il a le droit de faire des aménagements et améliorations en conformité avec la destination des lieux, et dans le respect des conditions du bail. **47270**

La seule question importante à poser est celle de savoir si le preneur **agit pour son compte** ou pour celui du bailleur. Dans ses rapports avec les constructeurs, il faut admettre qu'il est censé agir pour son propre compte. C'est lui qui s'oblige envers eux (A. Caston et J. Montmerle, Passation et exécution des marchés de travaux privés n° 96 ; Cass. 3e civ. 4-3-1980 : JCP éd. G 1980 IV p. 195).

SORT DES CONSTRUCTIONS ÉDIFIÉES PENDANT LE BAIL

La jurisprudence admet que l'article 555 du Code civil (régissant le sort des **constructions réalisées par des tiers**) est applicable aux rapports entre propriétaire et locataire. Ainsi, le bailleur peut soit conserver la propriété des ouvrages édifiés par le locataire, soit en exiger la suppression. L'accession prévue par l'article 555 ne produit ses effets qu'en fin de bail ; jusqu'alors, le locataire reste propriétaire des constructions (Cass. 3e civ. 4-10-1972 n° 71-20.059 : Bull. civ. III n° 493). La résiliation anticipée du bail pour expropriation ne fait pas perdre au preneur son droit à indemnité pour les constructions édifiées (Cass. 3e civ. 5-1-2012 n° 10-26.965 : Bull. civ. III n° 3), et ce, nonobstant une clause d'accession en fin de bail (Cass. 3e civ. 4-4-2002 n° 01-70.061 : RJDA 5/03 n° 472). **47275**

Ces dispositions ne s'appliquent qu'aux **nouvelles constructions.** Le sort des travaux de rénovation d'un ouvrage existant, même s'il s'agit d'une ruine, ne relève pas de cet article (Cass. 3e civ. 9-9-2021 n° 20-15.713 FS-B : BPIM 5/21 inf. 326).

Pour **écarter l'application de l'article 555 du Code civil,** il ne suffit pas que le locataire ait construit avec l'accord du bailleur : il faut que l'accord règle la propriété de la construction ou l'indemnisation du locataire.

> **Précisions** L'alinéa 4 de l'article 555, qui interdit au propriétaire d'exiger la **suppression des ouvrages** si le **constructeur** est de **bonne foi,** n'est pas applicable au locataire-constructeur. En effet, le terme de bonne foi employé dans l'article 555 du Code civil s'entend par référence à l'article 550 du Code civil (Cass. 3e civ. 29-3-2000 n° 98-15.734 : RJDA 11/00 n° 959). Or, le locataire ne peut jamais posséder le terrain en vertu d'un titre translatif puisqu'il tient ses droits d'un bail. Toutefois, un arrêt a retenu que le preneur qui a construit avec l'autorisation du bailleur peut être considéré de bonne foi (Cass. 3e civ. 3-10-1990 n° 88-18.415 : Bull. civ. III n° 180).

B. Maîtrise d'ouvrage publique

MAÎTRE DE L'OUVRAGE PERSONNE PUBLIQUE

Le maître d'ouvrage public est une personne publique. À ce titre, il est partie aux **marchés publics** de travaux. **47350**

Les personnes privées, même délégataires d'un maître d'ouvrage public, ne sont pas assimilées à celui-ci, encore que certaines dispositions du Code de la commande publique leur soient, en général, applicables (publicité et mise en concurrence) et que les règles de passation des contrats conclus par le mandataire soient celles applicables au maître de l'ouvrage (CCP art. L 2422-9).

ILLUSTRATIONS

Doit être regardée comme maître de l'ouvrage pour l'ensemble du projet la personne publique qui réalise elle-même des travaux dans le cadre d'un projet de désenclavement puis acquiert un ensemble de parcelles d'une société civile qui a réalisé des ouvrages qui constituent la seconde étape du projet de désenclavement destinés à devenir la propriété de la personne publique ;

la société civile n'entrant dans aucune des catégories de personnes morales auxquelles la maîtrise d'ouvrage peut être déléguée, le contrat d'acquisition immobilière est conclu en violation des dispositions de la loi de 1985 (CE 11-8-2009 n° 317516, Cne de Les Vans et SCI Serart.com : BPIM 1/10 inf. 23).

1. PRINCIPES DE LA MAÎTRISE D'OUVRAGE PUBLIQUE

FONDEMENT JURIDIQUE DE LA MAÎTRISE D'OUVRAGE PUBLIQUE

47370 **Textes applicables à la maîtrise d'ouvrage publique** La maîtrise d'ouvrage publique relève, à titre principal, du Code de la commande publique qui reprend à la fois les dispositions de la loi « relative à la maîtrise d'ouvrage publique et à ses rapports avec la maîtrise d'œuvre privée », dite loi MOP, et de son décret d'application (Loi 85-704 du 12-7-1985 ; Décret 86-520 du 14-3-1986 abrogé par décret 2018-1075 du 3-12-2018 art. 14) et celles de l'ordonnance Marchés publics et de son décret d'application (Ord. 2015-899 du 23-7-2015 ; Décret 2016-360 du 25-3-2016 abrogé par décret 2018-1075 du 3-12-2018 art. 14).

47372 **Personnes concernées par la maîtrise d'ouvrage publique** Le Code de la commande publique donne une définition du marché public, dont le domaine est déterminé au regard des **personnes publiques** auxquelles il s'applique (CCP art. L 1111-1). Celles-ci sont qualifiées « acheteurs » et sont désignées comme étant les personnes titulaires du « pouvoir adjudicateur » ou les « entités adjudicatrices ». Le maître de l'ouvrage public est le responsable principal de l'ouvrage qui relève d'un marché public de travaux. Les acheteurs concernés sont listés à l'article L 2411-1 du Code de la commande publique.

> **Précisions** Le maître d'ouvrage public n'est pas nécessairement le **propriétaire** actuel du terrain, mais celui pour le compte duquel est menée une opération de construction d'un immeuble destiné à devenir sa propriété et conçu en fonction de ses besoins propres (CE 8-2-1991 n° 57679, Région Midi-Pyrénées : Lebon p. 41). Le donneur à **bail emphytéotique,** qui ne devient propriétaire qu'au terme du bail, n'est pas en principe maître de l'ouvrage (CE 25-2-1994 n° 144641, Sofap Marignan : Lebon p. 94).

47373 **Travaux concernés par la maîtrise d'ouvrage publique** Ils portent sur la réalisation de tous ouvrages de bâtiment ou d'infrastructure et des équipements industriels destinés à leur exploitation. Sont **exclus** du champ d'application de la loi (CCP art. L 2412-2) :
– les opérations de restauration effectuées sur des immeubles classés ;
– les ouvrages d'infrastructure situés dans le périmètre d'une opération d'intérêt national ;
– les ouvrages de bâtiment ou d'infrastructure destinés à une activité industrielle dont la conception est déterminée par le processus d'exploitation (ces ouvrages sont énumérés à l'article R 2412-1 du CCP) ;
– les ouvrages d'infrastructure dans les ZAC ou les lotissements ;
– certains ouvrages des organismes privés d'HLM et des sociétés d'économie mixte.

MISSIONS DU MAÎTRE DE L'OUVRAGE PUBLIC

47375 **Obligations du maître d'ouvrage public** Le maître d'ouvrage public **définit le projet** : il s'assure de la faisabilité de l'opération, détermine sa localisation ainsi que le programme (CCP art. L 2421-1). Il précise les besoins et les prestations par référence à des spécifications techniques ; il se livre au calcul de la valeur estimée du besoin et à l'évaluation du mode de réalisation du projet d'investissement (CCP art. L 2111-1, R 2111-1 s. et R 2121-1 s.).

Ce préalable est nécessaire. On estime toutefois que la conclusion d'un accord-cadre distinct du marché assouplit cette condition par le mécanisme de flexibilité des commandes qu'il favorise (Le Moniteur 19-1-2007, fiches pratiques n°s 3 et 6).

Le maître de l'ouvrage **arrête** également l'**enveloppe financière** prévisionnelle et assure le financement du programme (CCP art. L 2421-1).

Pour la réalisation d'ouvrages neufs complexes, le maître de l'ouvrage peut poursuivre l'élaboration du programme et la détermination de l'enveloppe financière prévisionnelle pendant les études d'avant-projets à condition de l'avoir annoncé dès le lancement des consultations.

47380 Enfin, le maître d'ouvrage public choisit le processus selon lequel l'ouvrage sera réalisé et **passe les marchés** avec les maîtres d'œuvre et entrepreneurs pour réaliser les études nécessaires et l'exécution des travaux (CCP art. L 2421-1).

Les principes d'accès à la commande publique, d'égalité de traitement et de transparence doivent être respectés (CCP art. L 3). En particulier, lorsqu'il décide de limiter le nombre des candidats admis à présenter une offre, le pouvoir adjudicateur doit respecter les règles de sélection (CCP art. L 3 ; CE 11-4-2014 n° 375245, Min. Défense c/ Sté Legrand Bâtisseurs : BPIM 3/14 inf. 176) qui sont renforcées par le principe de transparence (CCP art. R 2196-1).

> **Précisions** En dehors du cas de délégation de maîtrise d'ouvrage, le **maître de l'ouvrage** peut être **désigné par convention** dans deux cas :
> – si les travaux relèvent de la compétence de plusieurs maîtres de l'ouvrage, ceux-ci peuvent désigner celui d'entre eux qui assurera la maîtrise d'ouvrage de l'opération (CCP art. L 2422-12) ;
> – si l'État confie à l'un de ses établissements publics la réalisation d'ouvrages, il peut décider que cet établissement exercera les attributions de la maîtrise d'ouvrage (CCP art. L 2422-13).

Personne responsable du marché (PRM) L'ancienne notion de personne responsable du marché (régime antérieur au Code des marchés publics de 2006 et dans la loi MOP) ne figure pas au CCP. On se réfère plutôt aux « pouvoir adjudicateur, entité adjudicatrice et plus généralement acheteur ». Malgré le silence des textes, le maître d'ouvrage peut encore **désigner une personne physique** habilitée au nom de la personne publique, d'autant que le CCAG-travaux 2021 fait état du « représentant du pouvoir adjudicateur » (CCAG-travaux : Arrêté ECOM2106871A du 30-3-2021). 47385

PRÉROGATIVES DU MAÎTRE DE L'OUVRAGE PUBLIC

Immunités de puissance publique En sa **qualité de personne publique,** le maître d'ouvrage public jouit des immunités de puissance publique notamment : 47390
– présomption de légalité des actes administratifs, qui cède devant la constatation d'illégalité de l'acte par le juge compétent ;
– primauté des règlements administratifs sur les contrats ;
– illicéité de la clause compromissoire et restriction au droit de compromettre ;
– injonctions interdites (par exemple, démolir : CE 19-4-1991 n° 78275, Denard : JCP éd. G 1992 II n° 21804).

Privilèges comptables Le maître d'ouvrage public dispose également de certains privilèges comptables, comme l'insaisissabilité des deniers publics, et, dans une moindre mesure, la déchéance quadriennale qui est une sorte de prescription extinctive de sa dette par l'écoulement d'un délai de 4 ans. Il peut recouvrer ses créances en prenant des arrêtés de débet ou en décernant des états exécutoires (sur ces points : G. Liet-Veaux et A. Thuillier, Le droit de la construction, 11e éd. p. 257 s.). 47395

2. MAÎTRISE D'OUVRAGE PUBLIQUE DÉLÉGUÉE

La maîtrise d'ouvrage déléguée est **réglementée par** le Code de la commande publique qui requalifie le contrat de délégation en « mandat de maîtrise d'ouvrage » et précise les possibilités de dessaisissement du maître de l'ouvrage (CCP art. L 2422-5 s.). Les contrats passés par le mandataire de la personne publique relèvent des articles L 2422-6 et suivants de ce Code. 47420

DOMAINE DE LA DÉLÉGATION DE LA MAÎTRISE D'OUVRAGE PUBLIQUE

La délégation, ou mandat au sens du Code de la commande publique, **porte sur** les attributions du maître de l'ouvrage définies à l'article L 2422-6 du Code. 47425

Elle est complète pour les tâches préparatoires à la conclusion des marchés (préparation du choix du maître d'œuvre, du choix des entrepreneurs) et pour certaines tâches d'exécution ; approbation des avant-projets ; versement de la rémunération de la mission de maîtrise d'œuvre ; réception de l'ouvrage ; etc. Le maître de l'ouvrage peut ainsi confier au délégué « la signature du contrat de travaux » après approbation du choix de l'entrepreneur par ses soins et « la gestion du contrat de travaux ».

Elle est conditionnelle, c'est-à-dire subordonnée à l'approbation du maître de l'ouvrage, pour la conclusion des marchés de travaux ou du contrat de maîtrise d'œuvre.

Elle **ne peut pas porter sur** l'élaboration du programme et la détermination de l'enveloppe financière, tâches pour lesquelles le maître de l'ouvrage conserve toutefois la possibilité de se faire assister (voir nos 47375 s. et 47480). Le pouvoir de résiliation, qui excède le pouvoir de gestion, ne peut pas être délégué (CE 15-11-2012 n° 349840 : BPIM 1/13 inf. 29).

DÉSIGNATION DU MAÎTRE D'OUVRAGE PUBLIC DÉLÉGUÉ

47430 Toute **personne privée ou publique** est en droit d'exercer un mandat de maîtrise d'ouvrage déléguée.

Toutefois, un tel mandat est **incompatible** avec toute mission de maîtrise d'œuvre, de réalisation de travaux ou de contrôle technique portant sur le ou les ouvrages auxquels se rapporte le mandat exercé par cette personne directement ou par une entreprise liée (CCP art. L 2422-4). Il en résulte que l'architecte qui représente les membres d'un groupement momentané de prestataires chargés de la maîtrise d'œuvre (voir n° 49590) ne peut pas être désigné en qualité de maître d'ouvrage délégué (Loi 77-2 du 3-1-1977 art. 3, al. 3 ; CCP art. L 2422-11).

Par entreprise liée, il faut entendre toute entreprise sur laquelle le mandataire peut exercer, directement ou indirectement, une influence dominante ou par laquelle le mandataire peut subir une influence.

Ces dispositions ne sont pas applicables lorsque le maître de l'ouvrage ne peut confier le mandat qu'à une personne désignée par la loi.

ILLUSTRATIONS

Qualifier la délégation de maîtrise d'ouvrage n'est pas toujours aisé.

À propos de la centrale nucléaire de Creys-Malville, il a été jugé que la société chargée de la construction avait agi pour le compte d'EDF (T. confl. 10-5-1993 n° 2840, Sté Wanner Isofi Isolation et Sté Nersa : Lebon p. 399).

Mais, se prononçant à propos du synchrotron construit sous la maîtrise d'ouvrage d'une société civile dans laquelle le Commissariat à l'énergie atomique (CEA) et le Centre national de la recherche scientifique (CNRS) détenaient une participation minoritaire, le Conseil d'État a jugé que le maître d'ouvrage n'avait pas agi pour le compte d'une personne publique et que le marché n'avait pas le caractère d'un marché public, l'ouvrage étant destiné à être démantelé en fin d'exploitation et non à être remis au CEA ou au CNRS (CE 17-12-1999 n° 179098 : RJDA 7-8/00 n° 757).

La maîtrise d'ouvrage déléguée n'a pas été admise dans les cas suivants :

– une société civile qui réalise des ouvrages pour le compte d'une commune puis lui cède les parcelles concernées dans le cadre d'un projet de désenclavement car elle n'entre dans aucune des catégories de personnes morales auxquelles une commune peut confier une mission de maîtrise d'ouvrage déléguée (CE 11-8-2009 n° 317516 : BPIM 1/10 inf. 23) ;

– l'État confie à une société anonyme d'économie mixte nationale la réalisation et l'exploitation d'ouvrages dans le cadre de la création du centre archéologique européen car la SEM s'est vu confier la réalisation et l'exploitation d'ouvrages qui ne seront remis à l'État qu'à l'expiration de la convention signée pour 15 ans, et non la réalisation pour le compte de l'État d'ouvrages devant lui être remis dès l'achèvement des travaux. La convention est donc une délégation de service public (CE 17-6-2009 n° 297509 : BPIM 6/09 inf. 425).

CONCLUSION DE LA DÉLÉGATION DE MAÎTRISE D'OUVRAGE PUBLIQUE

47435 La délégation de maîtrise d'ouvrage est un **mandat** (CCP art. L 2422-5 s.). La convention de mandat doit être conclue avant l'accomplissement, par le maître d'ouvrage délégué, des actes qu'il effectuera pour le compte de la personne publique. Elle comporte à peine de nullité un certain nombre de clauses (CCP art. L 2422-7), dont l'absence entache d'irrégularité la délibération autorisant la signature du contrat (CE 20-5-1994 n° 129030 : RDI 1994 p. 445).

La décision de déléguer doit être régulière : le maire d'une commune ne peut déléguer la maîtrise d'ouvrage sans avoir au préalable une délibération régulière du conseil municipal. À défaut, la convention de délégation est nulle et le marché conclu par le délégataire l'est également (CE 24-11-2008 n° 291607 : BPIM 1/09 inf. 25).

Aucune régularisation a posteriori ne paraît possible, en sorte que le marché conclu en l'**absence** de mandat est irrégulier (Avis n° 91-542 de la commission spécialisée des Marchés Bâtiment et Génie civil).

Selon l'opinion généralement émise, la technique du mandat n'interdit pas le recours à d'autres formules juridiques et notamment à la **concession** (Llorens : RDI 1986 p. 301). Le maître d'ouvrage délégué pourrait d'ailleurs cumuler les qualités de mandataire et de concessionnaire.

RÉGIME JURIDIQUE DE LA DÉLÉGATION DE MAÎTRISE D'OUVRAGE PUBLIQUE

47440 Le mandat a pour **effet** de faire du maître d'ouvrage public le contractant des **constructeurs** : c'est d'ailleurs lui qui doit approuver les contrats avant signature. Les règles de passation des marchés par le mandataire sont celles applicables au maître de l'ouvrage. Le marché est un contrat administratif même si le mandataire est une personne privée (CE 24-2-1954 :

AJDA 1954 p. 189 note Sillard). C'est le maître de l'ouvrage qui répond de l'exécution des contrats conclus par le délégué (CE 17-2-1993 n° 80515).

Dans ses **rapports avec le maître de l'ouvrage,** le maître d'ouvrage délégué ne peut exercer que les actions prévues par le contrat. Condamné à indemniser les entrepreneurs, il ne peut pas rechercher la garantie du maître de l'ouvrage sur le fondement de sa responsabilité extracontractuelle (CAA Nantes 28-6-2004 n° 02-913 : BPIM 6/04 inf. 361).

Le mandataire d'un maître d'ouvrage public doit communiquer à toute personne qui en fait la demande les **documents qu'il a produits ou reçus** dans le cadre de l'exercice de sa mission (CE 25-5-2022 n° 450003, Sté Spie Batignolles Île-de-France : BPIM 4/22 inf. 285).

Il est cependant jugé que le maître d'ouvrage public, qui, en principe, est seul habilité à exercer l'**action en garantie décennale** (CE 5-3-1982 n° 6255 : Lebon p. 103), ne recouvre la plénitude de ses prérogatives que lorsque l'ouvrage lui a été remis. Le prononcé de la réception ne suffit pas. Jusqu'à la remise, et réserve faite des clauses de la convention de délégation, le pouvoir d'exercer l'action en garantie décennale est entre les mains du maître d'ouvrage délégué (CE 10-4-1991 n° 24358 : RDI 1991 p. 336 ; CE 31-5-1995 n° 121767 : RDI 1995 p. 746). **47442**

RESPONSABILITÉ DU MAÎTRE D'OUVRAGE PUBLIC DÉLÉGUÉ

Le mandataire n'est responsable à titre personnel que s'il excède les **limites** de son mandat (CE 16-2-1966 n° 51026 : Lebon p. 113) ou s'il commet une faute personnellement (CE 10-5-1995 n° 128576 : RDI 1995 p. 544, acceptation d'un matériau inadapté). **47445**

À l'égard de son mandant, il répond par exemple des erreurs qui entachent le décompte général si elles ne peuvent échapper à un professionnel et de sa carence lorsque, chargé des actions en justice, il n'accomplit pas les actes nécessaires à la préservation des intérêts du mandant en cas de liquidation judiciaire de l'entrepreneur (CE 7-6-2010 n° 313638 : BPIM 5/10 inf. 366). Après la réception, qui vaut quitus, la responsabilité du maître d'ouvrage délégué envers le maître de l'ouvrage ne peut être encourue qu'en cas de fraude ou de dol (CE 10-7-1996 n° 132921 : Lebon p. 287 ; CE 30-6-1999 n° 163435 : Lebon p. 225). Toutefois, le quitus ne vaut que pour les attributions du maître d'ouvrage délégué se rattachant à la réalisation de l'ouvrage, à l'exclusion de ses attributions relatives aux droits et obligations financiers nés de l'exécution du marché (CE 8-2-2010 n° 304812).

À l'égard des constructeurs, il n'engage sa responsabilité extracontractuelle que pour les fautes commises en dehors du champ de son contrat de mandat. Celles commises dans l'exercice de ses attributions engagent la responsabilité du maître d'ouvrage, charge à ce dernier d'appeler son mandataire en garantie (CE 26-9-2016 n° 390515 : BPIM 6/16 inf. 375).

3. ASSISTANCE À MAÎTRISE D'OUVRAGE PUBLIQUE

Le maître d'ouvrage public peut confier les études nécessaires à l'élaboration du programme et à la détermination de l'enveloppe financière prévisionnelle à une personne publique ou privée (CCP art. L 2422-2). C'est une **mission de conseil et d'assistance** qui peut être dévolue à une personne susceptible d'intervenir par la suite en qualité de maître d'ouvrage délégué ou de conducteur d'opération. **47480**

Le maître d'ouvrage public peut faire appel à un **conducteur d'opération.** La fonction consiste en l'exercice d'une mission d'assistance générale à caractère administratif, financier et technique. Cette mission est exclusive de toute mission de maîtrise d'œuvre portant sur le même ouvrage (CCP art. L 2422-4). **47485**

Le conducteur d'opération n'est pas un mandataire du maître de l'ouvrage : il ne peut donc se substituer ni à lui ni au maître de l'ouvrage délégué dans l'exercice de leurs prérogatives. Toutefois, le Conseil d'État estime que la faute du conducteur d'opération est de nature à atténuer la **responsabilité** des constructeurs (CE 19-3-1993 n° 62724). En contrepartie, la responsabilité du conducteur d'opération est engagée à l'égard du maître de l'ouvrage à raison de l'inexécution ou de l'exécution défectueuse de ses obligations contractuelles (CE 14-3-1997 n° 132560 : Lebon p. 85). **47490**

C. Référé préventif

PRINCIPE DU RÉFÉRÉ PRÉVENTIF

47500 L'opération de construction comporte des risques, spécialement aux avoisinants en milieu urbain. Il importe de les limiter et, autant que possible, de les prévenir. La **prévention des risques** peut résulter d'une concertation entre les opérateurs et les voisins de l'opération. Ce n'est pas toujours facile à mettre en œuvre, notamment lorsque l'opération est importante, et spécialement en matière de travaux publics. Le référé préventif se révèle un outil précieux pour les opérateurs dans l'anticipation et la gestion des risques (pour une présentation analytique, voir « Référé préventif : l'outil de gestion des litiges de construction dans l'intérêt collectif » : BPIM 2/20 inf. 87). Cette expertise joue un rôle essentiel dans le mécanisme de prévention à l'ouverture du chantier. L'expert détermine les risques à prévenir et suggère les mesures pour les éviter. Cette procédure est recommandée, et peut s'imposer comme une nécessité pour les opérations d'envergure (le Forum des Halles à Paris par exemple). Elle prend parfois des formes particulières, comme ce fut le cas lors de la construction du tunnel sous la Manche. Le regretté P. Malinvaud avait donné en cette circonstance un concours inestimable à l'action en faveur du règlement des différends.

FONDEMENT DE LA PROCÉDURE DE RÉFÉRÉ PRÉVENTIF

47505 En **droit privé,** le référé préventif relève de l'article 835 du Code de procédure civile, qui permet le recours au juge pour faire cesser un trouble manifestement illicite ou prévenir un dommage imminent. Si le recours au référé préventif est recommandé avant le démarrage des travaux, il reste possible de l'initier en cours de chantier. Le juge peut ordonner une expertise si nécessaire (CPC art. 145), selon son appréciation.

La réglementation relative à la déclaration de projet de travaux (DT) et à la déclaration d'intention de commencement des travaux (DICT), destinées à prévenir les risques d'endommagement des réseaux enterrés, aériens ou subaquatiques à proximité du chantier (C. envir. art. L 554-1 s. et R. 554-1 s.), n'exclut pas la possibilité d'engager un référé préventif (Cass. 3e civ. 16-2-2022 n° 21-11.926 FS-B : BPIM 2/22 inf. 117).

47510 En **droit administratif** où la prévention des risques concerne généralement les travaux publics, c'est le référé-instruction de l'article R 532-1 du Code de justice administrative qui vise implicitement le référé préventif. Il permet au juge de désigner un expert pour procéder aux constatations relatives à l'état des immeubles susceptibles d'être affectés par les travaux à réaliser. La mission de l'expert peut s'étendre aux risques inhérents à l'exécution des travaux et il peut suggérer des mesures en cas d'apparition de désordres (C. just. adm. art. R 532-1-1 issu de l'Ord. 2023-468 du 16-6-2023).

COMPÉTENCE JURIDICTIONNELLE EN MATIÈRE DE RÉFÉRÉ PRÉVENTIF

47515 Si en **droit privé** la compétence du juge des référés du tribunal judiciaire est évidente, elle peut se discuter en **droit public.** Par exemple lorsque l'assureur est mis en cause, le Tribunal des conflits s'est prononcé en faveur de la compétence de la juridiction judiciaire, même en présence d'une personne publique (T. confl. 5-7-1999 n° 03119). En principe, l'expertise afférente à des travaux publics relève du tribunal administratif.

PARTIES À LA PROCÉDURE DE RÉFÉRÉ PRÉVENTIF

47520 Le maître de l'ouvrage est généralement l'**initiateur de la procédure.** Il n'est pas le seul intéressé : le promoteur-constructeur, les voisins, les concessionnaires et collectivités en charge de réseaux, les constructeurs sont concernés et peuvent être eux-mêmes initiateurs de la procédure. Ils doivent au minimum être appelés à la procédure. Toute personne intéressée peut **intervenir volontairement** à l'instance en référé, sous contrôle du juge.

D'autres parties peuvent être **mises en cause au cours de la procédure,** notamment l'assureur d'une partie dont la responsabilité est engagée. Ce dernier ne pourra pas invoquer l'inopposabilité des constats à son égard (Cass. 3e civ. 9-6-2004 n° 03-11.480 FS-PB : Bull. civ. III n° 114), sous réserve que son assuré et lui-même soient effectivement parties à la procédure (Cass. 3e civ. 5-12-2019 n° 18-23.852 F-D : BPIM 1/20 inf. 47).

DÉROULEMENT DU RÉFÉRÉ PRÉVENTIF

47525 Le juge saisi rend une ordonnance portant **désignation de l'expert** avec mention de la mission et de sa durée. Il fixe le montant d'une consignation, dont le versement conditionne la prise de fonction de l'expert (CPC art. 267). Cette consignation peut être complétée lorsque les interventions de l'expert le justifient (CPC art. 280).

L'expert organise des réunions auxquelles les parties doivent être régulièrement convoquées. L'absence de l'une d'elles ne fait pas échec au **principe du contradictoire** (CPC art. 16), mais l'expert doit la convoquer à la réunion suivante (Cass. 3e civ. 7-2-2007 n° 05-20.410 : Bull. civ. III. n° 20). Les parties doivent remettre à l'expert toutes les pièces nécessaires à l'accomplissement de sa mission (CPC art. 275), et ce dans le respect du contradictoire. Le juge ne peut pas se fonder uniquement sur une expertise non judiciaire (Cass. 3e civ. 14-5-2020 n° 19-16.278 FS-PBI : BPIM 4/20 inf. 258). Mais il ne peut pas refuser d'examiner des documents régulièrement versés au débat, soumis à la discussion contradictoire des parties et corroborés par d'autres éléments de preuve (Cass. 3e civ. 5-3-2020 n° 19-13.509 F-PBI : RJDA 8-9/20 n° 416).

L'expert fait le **constat** de l'état des lieux, identifie les problèmes, essaye de déterminer la nature des risques encourus et formule diverses propositions pour les prévenir, à charge par les parties de les mettre en œuvre s'il y a lieu. Il peut s'adjoindre des sapiteurs pour l'examen des questions en dehors de ses compétences. Ces observations influencent le maître de l'ouvrage dans la décision d'engager ou de poursuivre les travaux en connaissance de cause. L'appréciation de sa responsabilité, en cas de dommage, tiendra compte de ces données. L'observation vaut pour tout constructeur partie au référé préventif. L'expert peut établir des rapports d'étapes selon l'avancement des travaux.

Au terme de sa mission, il dresse un **rapport définitif** qui fait le bilan de la situation. Sa rémunération est prélevée sur les sommes consignées.

DÉSORDRES CONSTATÉS AUX OPÉRATIONS D'EXPERTISES PRÉVENTIVES

Les dommages en cours de chantier sont constatés par l'expert qui établit s'il y a un **lien** **47530**
entre les travaux réalisés et les désordres en cause. L'expert peut faire des observations techniques, émettre un avis sur les travaux de reprise nécessaires, mais il n'a pas en principe le pouvoir de les prescrire. Les prestataires concernés peuvent accepter leur responsabilité dans le dommage et en corriger les défauts, le travail effectué n'excluant pas le contrôle du maître d'œuvre de l'opération. Le rapport définitif de l'expert fait le point des réparations effectuées. Les sinistres peuvent être importants et un accord transactionnel entre les parties intéressées est recommandé. L'accord peut être général, ou limité aux rapports entre le maître de l'ouvrage et un voisin, ce qui laisserait subsister le recours du maître de l'ouvrage contre les auteurs du dommage. L'expert peut être entendu, notamment sur l'estimation du préjudice, mais il n'a pas pour mission de **concilier les parties** (CPC art. 240). En l'absence d'accord, le recours au juge est inévitable : les désordres relèvent ensuite du droit de la responsabilité.

SECTION 2

OBLIGATIONS DU MAÎTRE DE L'OUVRAGE

A. Définition du processus de réalisation

Celui qui veut faire construire l'immeuble peut l'édifier lui-même, selon la **formule dite du** **47650**
« **castor** ». Il cumule alors sur sa tête les qualités de propriétaire et de constructeur. Juridiquement, l'opération ne présente pas de caractéristique particulière. Ce constructeur sera conduit à conclure des **contrats de fournitures** avec ceux qui lui fourniront le matériau nécessaire à l'édification de l'ouvrage. Si la construction dépasse une certaine surface de plancher, le **concours d'un architecte** sera nécessaire à l'établissement des plans et devis requis pour l'obtention du permis de construire. Dans ce cas, l'opération devient plus complexe et s'apparente à celle, courante, où le propriétaire s'adresse à des constructeurs professionnels pour faire bâtir l'immeuble.

Le plus souvent, le maître de l'ouvrage fait réaliser l'immeuble au moyen d'un ou de plusieurs **contrats de louage d'ouvrage** (nommé contrat d'entreprise dans l'avant-projet de réforme des contrats spéciaux). C'est lui le donneur d'ordre, au moins en ce qui concerne l'engagement initial.

47660 Il faut parfois tenir compte de la qualité en laquelle le maître de l'ouvrage intervient dans ses rapports avec les professionnels de la construction, et en particulier si le recours à leur service n'entre pas dans le cadre de son activité professionnelle (commerciale, industrielle, artisanale...). Des dispositifs de **protection des consommateurs** ont vocation à s'appliquer à l'occasion de certains contrats ayant un objet immobilier, telle la faculté de rétractation du non-professionnel à l'occasion d'un contrat ayant pour objet la construction ou l'acquisition d'un immeuble à usage d'habitation (CCH art. L 271-1 s.). Si la qualité de professionnel est invoquée, certaines dispositions légales ne s'appliquent pas (voir Cass. 3e civ. 16-3-2022 n° 21-10.110 F-D : BPIM 3/22 inf. 205, pour la non-application de l'article L 218-2 du Code de la consommation fixant à 2 ans la prescription des biens et services fournis aux consommateurs).

47670 Le maître de l'ouvrage peut **céder le programme.** Dans ce cas, la substitution de débiteur acceptée par les constructeurs ne suffit pas à décharger le maître d'ouvrage initial de ses obligations en l'absence de délégation parfaite (Cass. 3e civ. 12-12-2001 n° 00-15.627 : Bull. civ. III n° 153). La cession de programme n'est pas en soi une cession de contrat ; mais elle peut l'être si les conditions sont réunies (C. civ. art. 1216 s.).

1. ÉLABORATION DU PROJET DU MAÎTRE DE L'OUVRAGE

47680 Le programme est élaboré **par les soins du maître de l'ouvrage** s'il a la compétence requise pour le faire. C'est le cas du maître d'ouvrage privé, dans un rôle de promoteur-constructeur, ou encore du maître d'ouvrage public qui, lui, peut se faire assister par un conducteur d'opération (CCP art. L 2422-3).

47683 Le programme peut être élaboré **par le biais d'un concours extérieur** si le maître de l'ouvrage n'a pas la compétence requise, ou s'il préfère s'assurer la collaboration et le conseil d'un spécialiste compétent, notamment pour contracter dans les conditions légales et limiter ou dégager sa responsabilité.

47685 Le recours à un conseil extérieur est encouragé compte tenu des multiples obligations pesant sur le maître de l'ouvrage. Il doit choisir la formule la plus pertinente pour veiller au **respect des objectifs et règles généraux applicables à la construction** et à la rénovation de bâtiments qui s'imposent à tout projet (CCH art. L 112-1). Ces règles, qui visent essentiellement les contraintes techniques en matière de bâtiment, ont été actualisées mais demeurent assez complexes pour celui qui n'a pas de compétence technique. Le maître de l'ouvrage doit justifier que les objectifs fixés en la matière sont atteints par la mise en œuvre de la solution technique prévue en la matière, ou par la conformité des résultats lorsque des seuils minimaux sont fixés pour respecter l'objectif concerné. Si aucun résultat minimal n'est fixé, le respect d'un objectif général est justifié par le recours du maître de l'ouvrage soit à la solution de référence, soit à une solution d'effet équivalent (CCH art. L 112-4).

La solution de référence est une solution précisée par voie réglementaire (CCH art. L 112-5). Lorsqu'aucun seuil minimal n'est fixé, le maître de l'ouvrage doit se conformer à une solution de référence. Il s'agit d'une obligation de moyens. La solution d'effet équivalent est une solution technique qui peut servir de référence (CCH art. L 112-6 s.). Le maître de l'ouvrage doit faire valider par un organisme tiers l'équivalence avec la solution de référence. Le caractère équivalent de la solution proposée doit être attesté avant la mise en œuvre de la solution. Elle est validée par l'autorité administrative compétente. Le non-respect de ces règles est passible de sanctions. Le décret 2021-872 du 30 juin 2021 précise ces modalités (CCH art. R 112-1 s.). La mise en œuvre de la solution d'effet équivalent fait l'objet d'une attestation établie par un contrôleur technique qui n'a aucun lien avec l'organisme tiers ayant établi l'attestation de respect des objectifs, afin de confirmer que le maître de l'ouvrage a tenu compte de ses avis (CCH art. L 112-10). Le concours d'un homme de l'art est rendu nécessaire pour établir les attestations exigées à l'achèvement des travaux (voir n° 48702). Prise en application de la loi Climat, une ordonnance prévoit de rendre plus efficace le dispositif d'attestations et de renforcer les polices administrative et judiciaire (Ord. 2022-1076 du 29-7-2022 : BPIM 5/22 inf. 339), et crée une nouvelle attestation relative au retrait-gonflement des argiles (CCH art. L 122-11).

47687 Depuis le 1er janvier 2023, le propriétaire d'un logement doit faire établir et mettre à jour le **carnet d'information du logement,** lors de la construction d'un logement ou en cas de travaux de rénovation d'un logement existant, ayant une incidence sur sa performance énergétique (CCH art. L 126-35-2 s. et R 126-32 s. ; voir BPIM 1/23 inf. 50). Ce carnet permet de suivre et d'accompagner les travaux d'amélioration de la performance énergétique du logement ainsi que l'installation d'équipements de contrôle et de gestion active de l'énergie.

Le maître de l'ouvrage supporte également des obligations en matière de **gestion des déchets liés au chantier** préalablement aux opérations de démolition ou de rénovation significatives de bâtiments dont la surface de plancher est supérieure à 1 000 m^2 ou concernant au moins un bâtiment ayant accueilli une activité agricole, industrielle ou commerciale ayant été le siège d'une utilisation, d'un stockage, d'une fabrication ou d'une distribution d'une ou de plusieurs substances classées comme dangereuses. Il doit réaliser un diagnostic portant sur les produits de construction, les éléments constitutifs du bâtiment et les déchets issus de ces travaux (CCH art. L 126-34 et R 126-8 s.). La réalisation du diagnostic est confiée à un spécialiste au sens de l'article D 126-12 du CCH. Une distinction est faite entre les produits, les équipements ou les matériaux susceptibles d'être réemployés et les déchets qui devront être traités. Il s'agit de prévenir et de réduire la production et la nocivité des déchets, et d'en favoriser le réemploi au sens des articles L 541-10 et L 541-21-2 du Code de l'environnement. Depuis le 1er janvier 2022, le maître de l'ouvrage doit réaliser un diagnostic produits-matériaux et déchets préalablement à la demande de permis de démolir et à l'acceptation des devis ou à la passation des marchés. L'entrepreneur doit faire figurer dans les devis de construction, de rénovation ou de démolition de bâtiments des informations sur les déchets générés par les travaux (C. envir. art. D 541-45-1), sauf si un diagnostic est réalisé. Les déchets réemployés perdent le statut de déchet (voir L'économie circulaire au secours de la planète : le cas des déchets de chantier : RDI 2021 p. 456 s.). La sanction de l'obligation du maître de l'ouvrage en matière de diagnostic reste à déterminer. 47688

2. SCHÉMA CONTRACTUEL DE L'OPÉRATION DU MAÎTRE DE L'OUVRAGE

Le maître de l'ouvrage dispose de deux formules classiques qui permettent un montage sur mesure de l'opération : la formule « ensemblier » et la formule « maître d'œuvre ». 47690

a. Formule « ensemblier »

Elle consiste à mettre en face du maître de l'ouvrage **un seul prestataire** qui le représentera auprès des constructeurs ou sous-traitera tout ou partie des éléments du programme. 47695

Le maître d'ouvrage public, à moins qu'il n'opte pour la concession, doit désigner un maître d'ouvrage délégué.

Lorsque le prestataire agit comme **locateur d'ouvrage** (nommé l'entrepreneur ou le constructeur dans l'avant-projet de réforme des contrats spéciaux), il peut également prendre en charge la réalisation du projet. Bien que cela ne soit pas inconcevable, le locateur d'ouvrage est rarement le seul opérateur : il sous-traite tout ou partie des missions de conception et de réalisation. 47700

Cette modalité se heurte cependant à différentes contraintes en droit interne qui procèdent du monopole architectural de l'architecte et du fait que ce dernier n'a en principe pas qualité pour exécuter les travaux.

CONTRAT DE PROMOTION IMMOBILIÈRE

Le prestataire qui agit comme mandataire d'un maître d'ouvrage privé, s'il n'est maître de l'ouvrage délégué, est en général titulaire d'un contrat de promotion immobilière. L'acte, passé devant notaire, assigne au promoteur une **double mission** : 47705

– faire procéder à la réalisation du programme au moyen de louages d'ouvrage ;

– procéder lui-même, ou faire procéder, à tout ou partie des opérations administratives, juridiques et financières qui concourent à cet objet.

Le promoteur immobilier est donc à la fois mandataire (il représente son client) et locateur d'ouvrage (il fournit des prestations propres) (CCH art. L 221-1). L'avantage pour le maître de l'ouvrage est de n'avoir à traiter qu'avec le promoteur, qui s'oblige envers lui pour un prix plafond qu'il ne doit pas dépasser. Au prix s'ajoute la rémunération du promoteur. En cas de promotion immobilière pour la construction d'immeubles à usage d'habitation ou mixte, les paiements sont échelonnés (CCH art. R 222-7 et R 222-8). Ce dispositif est complété par une garantie d'exécution du programme, qui revêt soit la forme d'une ouverture de crédit avec stipulation au profit du propriétaire, soit celle de la caution d'un organisme financier. Ainsi, le client a la quasi-certitude que l'opération sera menée à bonne fin.

Le contrat de promotion immobilière est obligatoire dans le secteur du logement sauf si celui qui se charge de la construction agit en qualité de vendeur ou en qualité unique de locateur d'ouvrage.

CONTRAT DE CONSTRUCTION DE MAISON INDIVIDUELLE

47710 **Accession à la propriété d'une maison individuelle** Il existe plusieurs modalités pour accéder à la propriété d'un logement individuel. La première est la **vente.** L'accédant achète le terrain et l'ouvrage qui y est construit ou qui doit être construit. Il n'agit pas en tant que maître de l'ouvrage, mais se porte acquéreur d'une maison achevée ou d'un immeuble à construire. Il peut également acheter le terrain à bâtir et faire édifier l'immeuble par un constructeur.

La deuxième hypothèse est celle du contrat de **construction de maison individuelle** avec ou sans fourniture de plan (CCH art. L 230-1, L 231-1 s. et L 232-1 s.). C'est un contrat de louage d'ouvrage, à protection renforcée (Ph. Malinvaud et Ph. Jestaz, Droit de la promotion immobilière, 5e éd. nº 650-2 ; Cass. crim. 20-12-1978 : Bull. crim. nº 361). Il prend la forme d'un marché à forfait spécialement réglementé. Il devient un passage **obligé** pour le maître de l'ouvrage qui entend faire édifier un immeuble à usage d'habitation ou à usage mixte comportant au maximum deux logements.

47720 **Rôle de l'architecte en CCMI** Cette formule fait du constructeur un ensemblier qui peut pratiquer la sous-traitance parfois en chaîne, selon un modèle pyramidal.

Dans le contrat **avec fourniture de plan,** on peut penser que le constructeur tient implicitement de la loi le pouvoir de traiter par anticipation ou de sous-traiter tout ou partie de la maîtrise d'œuvre. Cette dernière possibilité peut cependant prêter à discussion ; la mission relevant du monopole architectural ne peut pas être sous-traitée (Loi 77-2 du 3-1-1977 art. 3 ; C. déont. des architectes art. 37 ; Cass. 3e civ. 27-4-2017 nº 16-15.958 : BPIM 3/17 inf. 204). On peut donc se demander si le constructeur peut sous-traiter une mission qui ne relève pas expressément de son pouvoir. Dès lors, si le maître de l'ouvrage se lie directement à un architecte pour construire une maison individuelle et s'oblige également envers plusieurs entreprises, le contrat risque d'être interprété comme un marché de travaux (Cass. 3e civ. 11-7-2019 nº 18-10.368 : BPIM 5/19 inf. 335).

Dans le contrat **sans fourniture de plan,** la situation est plus complexe. Le contrat réglementé étant obligatoire lorsque le louage a au moins pour objet l'exécution des travaux de gros œuvre et de mise hors d'eau et hors d'air (CCH art. L 232-1), le maître de l'ouvrage qui possède un plan peut confier l'ensemble des tâches de construction au constructeur de maison individuelle si la construction ne nécessite pas le recours à un architecte du fait de sa superficie. Dans le cas contraire, le plan doit être établi par un architecte dans la mesure où son intervention est nécessaire à l'obtention du permis de construire.

47725 La réglementation du contrat de construction de maison individuelle laisse désormais peu de place au **louage d'ouvrage pur et simple** dans la formule ensemblier. La construction portant sur un immeuble de plus de deux logements, sa surface de plancher rend le concours direct de l'architecte impératif. Bien qu'un contrat de mandat puisse être conclu en même temps que le contrat de louage d'ouvrage du maître d'œuvre, la formule « ensemblier » reçoit ses principales applications dans la construction des maisons individuelles et dans les contrats internationaux.

Par ailleurs, même dans le contrat de construction de maison individuelle avec fourniture de plan, le maître de l'ouvrage peut se faire **assister** d'un professionnel habilité en application de la loi sur l'architecture ou des articles L 125-1 s. du CCH (un architecte) lors de la réception, ce qui réduit encore davantage le nombre des opérations à prestataire unique (CCH art. L 231-2, f et L 232-1, f ; voir Dubois, chron. : RDI 1992 p. 296).

> **Précisions** Le seuil de surface de plancher imposant le recours à un architecte est un obstacle à la formule ensemblier dans les marchés internationaux. Cela peut être néfaste lorsqu'il s'agit de la construction de **bâtiments industriels,** si, du moins, l'on refuse aux sociétés d'architecture pluridisciplinaires le droit de s'obliger à livrer l'ouvrage clés en main. Toutefois, la contrainte étant liée à l'exigence du permis de construire, la réalisation d'une usine clés en main dans un pays étranger ne tombe pas sous le coup de la loi nationale, et peut être offerte au client, si la législation du pays d'accueil ne s'y oppose pas.

b. Formule « maître d'œuvre »

47735 Il s'agit de la formule la plus banale. Le maître de l'ouvrage contracte alors avec différents prestataires, architecte, entrepreneurs et, si l'importance de l'ouvrage le justifie, bureaux d'études techniques et bureau de contrôle technique. C'est un schéma en **« éventail »** qui caractérise cette formule, chacun des constructeurs étant lié au maître de l'ouvrage par un contrat distinct de celui des autres.

La formule « maître d'œuvre » associe, en pratique, un schéma en éventail et un modèle pyramidal ; les entrepreneurs, et même le maître d'œuvre parfois, sous-traitent le plus souvent une partie du marché ou de la mission. Le louage d'ouvrage est l'élément clé de la formule maître d'œuvre.

B. Conclusion du marché

INFORMATION PRÉCONTRACTUELLE DU MAÎTRE DE L'OUVRAGE

Le maître de l'ouvrage est tenu d'une obligation d'information précontractuelle. L'article 1112 du Code civil qui consacre la pratique des **pourparlers** dans les contrats civils, rappelle le principe de bonne foi et les conséquences d'une faute dans la négociation. 47800

Celle-ci est particulièrement importante dans la phase préparatoire des **marchés publics** compte tenu du mode particulier de dévolution. Les règles spécifiques de passation et spécialement les règles de transparence et de publicité sont impératives.

Cette obligation existe aussi dans les **marchés privés,** le maître de l'ouvrage devant fournir toute information déterminante pour le consentement du cocontractant (C. civ. art. 1112-1). Plus généralement, il doit partager toutes les informations qu'il détient, spécialement si elles sont demandées par les constructeurs ou si elles ont un impact sur l'exécution des travaux (Malinvaud et Boubli : RDI 1980 p. 66 et 174 ; Huet : RDI 2002 p. 442).

ILLUSTRATIONS

Le maître de l'ouvrage doit notamment fournir à son maître d'œuvre les renseignements qu'il détient et qui concernent :

– le terrain (Cass. 1e civ. 17-3-1969 : Bull. civ. I n° 114 ; Cass. 3e civ. 20-2-1970 n° 68-13.925 : Bull. civ. III n° 140 ; Cass. 3e civ. 16-7-1987 : Le Moniteur 12-2-1988). Cette obligation est particulièrement stricte pour l'identification des ouvrages enterrés (C. envir. art. R 554-20), le maître d'ouvrage devant s'informer de l'existence de tels ouvrages même s'il confie la maîtrise d'œuvre à un tiers (Cass. 3e civ. 20-11-2013 n° 13-10.279 : BPIM 1/14 inf. 20) ;

– l'implantation des ouvrages (Cass. 3e civ. 13-4-1972 n° 71-11.070 : Bull. civ. III n° 231) ;

– les servitudes privées grevant le fonds ou les malfaçons préexistantes (Cass. 3e civ. 7-12-1988 n° 87-11.581 : Le Moniteur 24-3-1989 ; Cass. 3e civ. 16-10-1990 n° 89-17.065 : Le Moniteur 14-12-1990).

PRIX DU MARCHÉ DE TRAVAUX

Le maître de l'ouvrage établit le programme des travaux avec l'indication des contraintes financières imposées aux constructeurs. Est-il tenu de conclure un contrat « juste », c'est-à-dire équilibré ? Le contrat d'entreprise est un contrat synallagmatique. La nullité pour « défaut d'équivalence des prestations » ne lui est pas applicable (C. civ. art. 1168). Néanmoins le contrat est nul lorsque, au moment de sa formation, la contrepartie convenue est illusoire ou dérisoire (C. civ. art. 1169). Cette disposition laisse au juge le pouvoir d'apprécier si le contrat n'est pas en fait lésionnaire. 47805

Dans les **marchés publics,** le maître de l'ouvrage doit rejeter une offre trop basse (CCP art. L 2352-1).

Dans les **marchés privés,** il est soutenu que le maître d'ouvrage ne pourrait pas, sans engager sa responsabilité, exiger des prix anormalement bas.

En outre, pour le cas des contrats d'adhésion, toute clause qui crée un déséquilibre significatif entre les droits et obligations des parties est réputée non écrite (C. civ. art. 1171).

À ces obligations issues de la « justice commutative » s'ajoutent celles qui résultent de l'accord des parties ou de la loi. On citera en particulier la fourniture d'une garantie de paiement dans les marchés privés, la diligence à charge du maître de l'ouvrage dans la prévention des sous-traitances occultes, la mise en place d'un contrôle technique ou d'une coordination sécurité-protection de la santé. L'avant-projet de réforme des contrats spéciaux prévoit d'entériner la pratique de l'établissement par l'entrepreneur du devis estimatif (art. 1759).

DÉFINITION DU PROGRAMME DE TRAVAUX

La responsabilité du maître d'ouvrage est liée à sa compétence et, dans une certaine mesure, à l'intervention ou non d'un maître d'œuvre. 47807

S'il **établit lui-même** le programme, il engage sa responsabilité lorsqu'il :

- commet des erreurs d'estimation ;
- néglige des détails techniques ;
- décide d'un programme trop ambitieux ;
- choisit de façon délibérée une solution trop économique (Cass. 3e civ. 20-12-1971 : Bull. civ. III n° 647) ;

Les obligations du maître de l'ouvrage sont renforcées, notamment en matière de prévention des risques liés au phénomène de mouvement de terrain différentiel (CCH art. L 132-4). Ces obligations peuvent être atténuées, mais pas toujours écartées, par l'**intervention du maître d'œuvre.** Celui-ci établit le cahier des clauses particulières s'il y a lieu, vérifie les offres et conseille son client sur les différents aspects du programme. Il a l'obligation de se renseigner sur le budget de l'opération. Mais il n'a pas à se renseigner sur les capacités financières du client.

Le maître de l'ouvrage assume certains risques dans l'opération lorsqu'il a été utilement informé et conseillé, et qu'il a pris, en toute conscience, la décision de faire réaliser les travaux (sur ces points, voir H. Périnet-Marquet : RDI 2002 p. 451).

C. Exécution du marché de travaux

RESPONSABILITÉ DU MAÎTRE DE L'OUVRAGE

47810 Le maître de l'ouvrage peut engager sa responsabilité lorsqu'il méconnaît ses **obligations** contractuelles ou légales, spécialement en cas de sous-traitance, de contrôle technique ou de coordination.

Le maître de l'ouvrage est un sujet passif : telle est la caractéristique majeure du contrat d'entreprise. Certes, dans la pratique, il n'échappe pas à la tentation d'intervenir en cours de travaux pour exprimer des souhaits, voire des exigences. Mais l'entrepreneur, les constructeurs en général, doivent résister. L'**immixtion** fautive du maître d'ouvrage notoirement compétent est un manquement inacceptable à son obligation passive.

Mais il n'est pas responsable, en principe, des dommages causés au personnel des entreprises (Cass. 3e civ. 22-11-2006 no 05-16.126 : BPIM 2/07 inf. 117). Il peut toutefois en aller autrement si une faute en relation avec l'accident peut lui être imputée, notamment lorsqu'il n'a pas désigné un coordonnateur sécurité-protection de la santé en cas de coactivité sur le chantier.

MODIFICATION DU MARCHÉ DE TRAVAUX

47815 Dans les **marchés publics,** réserve faite des sujétions imprévues qui génèrent des travaux supplémentaires opposables au maître de l'ouvrage même lorsque le marché est à forfait, le maître de l'ouvrage peut modifier le contrat (CCP art. L 2194-1 ; CCP art. R 2194-1 s.). Mais il faut qu'il n'y ait aucun bouleversement de l'économie du contrat ni modification de son objet. Il peut aussi modifier unilatéralement le marché dans les mêmes limites (CE 2-2-1983, Union des transports publics : Lebon p. 33 ; CCAG travaux art. 14 à 17).

Dans les **marchés privés,** le contrat a force obligatoire ; il ne peut être modifié ou révoqué que du consentement mutuel des parties ou pour les causes que la loi autorise (C. civ. art. 1193). Toutefois, s'inspirant du principe des sujétions imprévues du droit public, il est prévu depuis 2016, que si un changement imprévisible lors de la conclusion du contrat rend l'exécution excessivement onéreuse pour une partie qui n'en a pas accepté le risque, celle-ci peut demander une renégociation ou convenir d'une résolution avec son contractant à défaut de quoi le juge peut réviser le contrat ou y mettre fin (C. civ. art. 1195). L'aléa économique est largement dépendant de l'état de la commande publique ou privée, ce qui peut expliquer l'évolution du régime juridique du marché à forfait (voir B. Boubli, Les modifications apportées au marché par le maître de l'ouvrage : RDI 2002 p. 482). L'entrepreneur qui accepte un prix bas le fait souvent en raison des pressions économiques (H. Périnet-Marquet, La responsabilité du maître de l'ouvrage dans la préparation et la conclusion du marché : RDI 2002 p. 451 et notamment p. 457 sur les arrêts de la Cour de cassation du 9-1-2002 qui élargissent la notion de faute dolosive). En conséquence, sauf s'il accepte l'aléa dans des conditions qu'il faudra préciser, le risque d'une application de l'article 1195 du Code civil n'est pas à exclure.

Au cas particulier du **marché à forfait,** l'entrepreneur supporte le risque de prévisions insuffisantes pour les travaux qui sont compris dans l'objet du contrat et qui sont nécessaires. Les travaux non prévus sont soumis à l'autorisation du maître de l'ouvrage. Cette autorisation doit être écrite lorsque l'article 1793 du Code civil s'applique (voir nos 56730 s.). Le maître de l'ouvrage peut-il user de cette autorisation écrite pour modifier unilatéralement le contrat au péril d'en bouleverser l'économie ? La question est posée. La jurisprudence qui permet à l'entrepreneur d'obtenir le paiement des travaux supplémentaires en cas de bouleversement de l'économie du contrat donne à penser que le maître de l'ouvrage ne peut, sans abus, se soustraire au paiement de travaux qu'il a laissés se réaliser (voir B. Boubli : RDI 2002 p. 482 s.).

CHAPITRE 2 MAÎTRISE D'ŒUVRE

SOMMAIRE

INTERVENANTS À LA MAÎTRISE D'ŒUVRE

48200 Les différents intervenants à la maîtrise d'œuvre se répartissent en **trois groupes** : l'architecte ; les ingénieurs, techniciens et bureaux d'études ; les entrepreneurs le cas échéant notamment lorsqu'ils assument la coordination du chantier. Ils sont réputés constructeurs.

À ces trois groupes **s'ajoutent d'autres prestataires** qui peuvent jouer un rôle dans la maîtrise d'œuvre tels le fournisseur et le fabricant de composants, que l'on n'étudiera pas ici, l'intérêt de l'étude qui les concerne étant concentré sur les problèmes de responsabilité.

Par ailleurs, l'entrepreneur étant plus souvent réalisateur que concepteur, il fait l'objet d'une étude particulière.

SECTION 1 ARCHITECTES

ORGANISATION DE LA PROFESSION D'ARCHITECTE

48260 La profession de l'architecte est distincte de celle de l'entrepreneur. Elle est notamment régie par la loi 77-2 du 3-1-1977 et le Code de déontologie des architectes.

L'**accès à la profession** est ouvert à trois catégories de personnes (Loi 77-2 du 3-1-1977 art. 9 s. ; Décret 80-218 du 20-3-1980) :
– celles qui ont le titre d'architecte (diplôme français ou étranger reconnu par l'État) ;
– celles qui sont agréées en architecture, c'est-à-dire qui n'ont pas le diplôme requis, mais qui répondent aux conditions fixées par l'article 37 de la loi du 3-1-1977 (elles doivent justifier d'une pratique réelle et constante de l'activité de maître d'œuvre) ;
– celles qui sont admises à exercer la profession en qualité de détenteur de récépissé (Loi 77-2 du 3-1-1977 art. 37).

48275 La profession d'architecte est organisée en **Ordre.** Il existe un Conseil national et des conseils régionaux (Loi 77-2 du 3-1-1977 art. 21 s.).
Chaque conseil régional tient le **tableau** de l'Ordre : y sont inscrites les personnes physiques, architectes ou agréés en architecture, qui exercent leur activité dans la région, et les sociétés d'architectes qui y ont leur siège social. Un registre comprend les succursales qui sont établies dans la région (Décret 77-1481 du 28-12-1977 art. 14-4 et 17). L'inscription est la condition d'exercice de la profession d'architecte ou d'agréé en architecture (Loi 77-2 du 3-1-1977 art. 9). Si le conseil ne répond pas dans les 2 mois de la demande, son silence vaut décision de rejet (Décret 77-1481 du 28-12-1977 art. 19).

> **Précisions a.** Il existe une **chambre de discipline** par région et une chambre nationale. Ces instances sanctionnent les négligences graves et les comportements contraires à la probité, à l'honneur, aux lois ou aux règlements de nature à jeter le discrédit sur l'homme dans l'exercice de sa profession ou sur l'ensemble du corps.
> **b.** Les sanctions s'appliquent même lorsque l'architecte exerce son activité dans le cadre d'une **société civile professionnelle** (SCP) ou d'une **société d'exercice libéral** (SEL) d'architecture ; la société peut alors faire l'objet de poursuites, indépendamment de celles dirigées contre les associés et être soumise à des sanctions particulières (Décret 77-1480 du 28-12-1977 art. 47 à 51 ; Décret 92-619 du 6-7-1992 art. 5 ; CE 25-10-1987 n° 73300 : Lebon p. 379, arrêt rendu à propos de vétérinaires, mais transposable aux architectes).

MODES D'EXERCICE DE LA PROFESSION D'ARCHITECTE

48280 Il est possible d'exercer la profession d'architecte **sous différentes qualités** (Loi 77-2 du 3-1-1977 art. 14) :
– à titre individuel en qualité de profession libérale. C'est le mode d'exercice traditionnel. Cette activité est, en principe, incompatible avec celle d'un commerçant (CE 12-2-1954 : Rev. Prat. Dr. adm. 1954 n° 125) et celle de l'entrepreneur (C. déont. des architectes art. 8 et 18), encore que la portée de cette incompatibilité soit incertaine ;
– en qualité de salarié de droit privé. L'architecte salarié peut exercer toute activité dans le domaine ressortissant au monopole ;
– en qualité de collaborateur libéral ;
– en qualité de contractuel de l'administration ou de fonctionnaire. L'architecte peut, en effet, exercer sa profession au service de l'État ou des collectivités publiques ;
– dans le cadre d'une société d'architecture. Cette société doit alors être inscrite au tableau régional de l'Ordre.

48285 La profession d'architecte peut être exercée au sein de **différentes formes de sociétés** :
– la société coopérative (Loi 47-1775 du 10-9-1947) présente la particularité de pouvoir offrir ses services à des tiers. En outre, sa dissolution n'emporte pas cession de l'actif à un groupement coopératif ou d'intérêt général ;
– les sociétés civiles professionnelles et interprofessionnelles d'architectes sont composées exclusivement d'architectes ou d'architectes et de représentants d'autres professions dont le concours est utile à l'architecte pour l'accomplissement des actes de sa profession (Loi 66-879 du 29-11-1966 ; Décret 77-1480 du 28-12-1977 art. 2) ;
– les sociétés commerciales d'architecture peuvent revêtir la forme de sociétés anonymes ou de sociétés à responsabilité limitée (Loi 77-2 du 3-1-1977 art. 12). La création et le fonctionnement de ces sociétés sont soumis à certaines règles particulières qui ont vocation à garantir le maintien du pouvoir de direction de la société aux mains des architectes (Loi 77-2 du 3-1-1977 art. 13) ;
– les sociétés d'exercice libéral (SEL) ont été instituées pour permettre aux membres des professions libérales réglementées d'exercer en commun leur activité sous la forme de société de capitaux. Elles peuvent prendre l'une des formes suivantes : société à responsabilité limitée, y compris unipersonnelle (EURL), société anonyme ou société en commandite par actions.

> Précisions Les opérations limitées dans le temps et l'espace peuvent donner lieu à constitution d'un **groupement d'intérêt économique** pour la maîtrise d'œuvre. Ses membres doivent être des architectes, des agréés en architecture ou des sociétés d'architecture, car le GIE ne peut, en tant que tel, être considéré comme architecte.

A. Droits et devoirs de l'architecte

1. MONOPOLE ARCHITECTURAL

MONOPOLE DU TITRE D'ARCHITECTE

Conditions d'utilisation du titre d'architecte Les titres d'architecte, d'agréé en architecture ou de société professionnelle (ou interprofessionnelle) d'architecture sont réservés aux personnes physiques ou morales qui, en remplissant les conditions, sont inscrites au **tableau** de l'Ordre. 48320

Le titre est **protégé.**

L'architecte peut préciser sa **spécialité,** s'il en a une, et accoler à son titre celui que lui confère son autre qualification : « architecte d'intérieur » ou « architecte-décorateur » par exemple. Il est permis de penser que le titre d'« architecte-maître d'œuvre » est protégé.

En revanche, l'architecte ne pourrait se prévaloir d'un titre correspondant à une fonction qu'il n'est pas capable d'assumer, et encore moins utiliser une dénomination protégée. Ainsi, celui qui n'est pas expert ne peut se désigner « architecte-expert ».

Sanctions Le port illégal du titre d'architecte (ou d'agréé en architecture) constitue un **délit** puni d'une peine d'amende et/ou d'emprisonnement (Loi 77-2 du 3-1-1977 art. 40). 48325

Seul le titre est protégé, ce qui implique une interprétation restrictive des éléments de l'infraction : rien n'interdit à une personne non inscrite à l'Ordre de faire seulement état de son diplôme (ancien élève de l'École des beaux-arts de Paris-Belleville, par exemple). Il n'y a pas d'infraction à se dénommer « maître d'œuvre » ou « conseiller technique en construction », car la maîtrise d'œuvre est une fonction et non un titre.

Par ailleurs, il semble que l'infraction, pour être sanctionnée, doive entraîner un risque de confusion (T. corr. Chambéry 7-11-1947 : JCP éd. G 1948 II 4181 ; CA Paris 6-12-1951 : D. 1952 p. 74).

À la sanction pénale, peuvent s'ajouter des **poursuites civiles** en réparation du préjudice subi par la profession ou par un architecte pris individuellement. Les poursuites sont engagées à l'initiative de l'Ordre ou de l'architecte qui s'estime lésé. 48330

Toutefois, il n'y a pas d'infraction susceptible d'affecter le contrat de maîtrise d'œuvre lorsqu'un promoteur contracte avec un « cabinet d'architecture » dont une seule des deux personnes qui le composent est architecte (Cass. 3e civ. 10-10-1995 n° 93-18.105 : BPIM 1/96 inf. 38).

De la même façon, un maître d'ouvrage ne peut pas reprocher un dol au prestataire qui exerce sous l'enseigne « idées d'architecture » et qui signe un contrat de maîtrise d'œuvre, sans jamais faire mention, sur ses documents, de la qualité d'architecte (Cass. 3e civ. 24-3-2015 n° 14-13.931 : BPIM 3/15 inf. 180).

MONOPOLE DE L'ARCHITECTE DANS L'ÉTABLISSEMENT DES PROJETS

Le maître de l'ouvrage qui désire construire doit faire appel à un architecte. Cette obligation crée au profit de ce dernier un « droit exclusif » dont le fondement réside dans la présomption de qualité architecturale qui s'attache à ses œuvres. 48335

Le monopole n'est **pas absolu** et il se limite à certains ouvrages seulement.

> Précisions Lorsque la maîtrise d'œuvre porte sur un édifice classé au titre des **monuments historiques,** le contrat doit être conclu avec un architecte titulaire du diplôme de spécialisation « architecture et patrimoine » ; lorsque aucun architecte n'est retenu, la maîtrise d'œuvre est assurée par l'architecte en chef des monuments historiques (C. patr. art. R 621-26). Ces dispositions qui ne portent pas atteinte au principe d'égalité ne sont pas entachées d'excès de pouvoir et sont légales (CE 26-11-2010 n° 331010 : BPIM 1/11 inf. 19).

Travaux relevant du monopole de l'architecte Sous réserve de certaines exceptions (voir n° 48355), le recours à un architecte est nécessaire pour établir : 48340

– le projet architectural d'une demande de **permis de construire** (Loi 77-2 du 3-1-1977 art. 3 ; CCH art. L 124-1). Le projet architectural définit, par des plans et documents, l'implantation des

bâtiments, leur composition, leur organisation et leur volume ainsi que le choix des matériaux et des couleurs ;
– le projet architectural, paysager et environnemental d'une demande de **permis d'aménager** concernant des lotissements d'une surface supérieure à 2 500 m² (C. urb. art. L 441-4 et R 441-4-2).

Le projet architectural est **signé par** tous les architectes ayant contribué à son élaboration (C. déont. des architectes art. 5 ; CE 4-8-1982 : Lebon p. 288 qui limite le monopole au « bâtiment » ; même sens, CE 8-6-1990 n° 80411 : Lebon p. 153).

La mission relevant du monopole architectural ne peut pas être **sous-traitée,** même à un architecte (Cass. 3e civ. 27-4-2017 n° 16-15.958 FS-PBI : BPIM 3/17 inf. 204, qui décide que le maître d'ouvrage n'est pas tenu des honoraires dus au sous-traitant du maître d'œuvre dans ce cas).

Le monopole de l'architecte peut avoir une influence sur la **qualification de l'opération immobilière** à laquelle il participe et soulever des difficultés pour distinguer le contrat de construction de maison individuelle (CCMI) du marché de travaux. Le CCMI relève en principe de la formule « ensemblier » et la place de l'architecte n'y est pas clairement définie alors que le marché de travaux relève de la formule classique « maître d'œuvre », le maître de l'ouvrage s'obligeant distinctement avec l'architecte d'une part, l'entrepreneur d'autre part. Un arrêt retient que le contrat conclu avec un architecte, la demande de permis de construire et deux devis établis par deux entreprises transmis à la banque finançant le maître de l'ouvrage, lui permettent légitimement de penser qu'il ne s'agit pas d'un CCMI (Cass. 3e civ. 11-7-2019 n° 18-10.368 FS-PBI : BPIM 5/19 inf. 335).

48342 Le monopole architectural pour le dossier de permis de construire est protégé par l'Ordre, qui peut exercer une action en justice pour contester les permis de construire délivrés en violation de cette règle (CE 26-7-2018 n° 418298, qui écarte une QPC relative à l'article L 600-1-2 du Code de l'urbanisme).

Pour lutter contre les **signatures illicites,** le conseil régional qui, à réception d'une demande de permis de construire ou d'aménager signée par un architecte (n° 48475), soupçonne une fraude, en informe le service chargé de délivrer l'autorisation et le Conseil national de l'ordre des architectes (Décret 77-1481 du 28-12-1977 art. 14-4).

La demande de permis de construire qui porte faussement la signature de l'architecte constitue un faux (Cass. crim. 13-10-1999 : RDI 2000 p. 175).

Cela dit, le maître d'ouvrage qui a contracté en connaissance de cause ne peut pas en tirer avantage. Il ne peut pas rechercher la responsabilité de l'architecte qui, à sa demande, a donné une signature de complaisance sur un projet (Cass. 3e civ. 9-1-2002 : Bull. civ. III n° 1). Il ne peut demander la résiliation du contrat d'architecte au motif que le projet destiné au permis de construire a été élaboré et signé par un architecte dont la procédure d'inscription à l'Ordre était en cours, s'il connaissait cette circonstance (Cass. 3e civ. 26-2-2003 n° 01-15.859 : BPIM 3/03 inf. 164).

48345 La mission obligatoire de l'architecte ne s'étend pas **au-delà de ce qui relève du monopole.** Il en résulte que la phase finale de la conception et la direction des travaux peuvent être confiées à un autre prestataire. Dans ce cas, l'auteur du projet conserve un **droit de contrôle** sur l'exécution de celui-ci. Ce droit de regard de l'architecte lui permet d'attirer l'attention du maître de l'ouvrage sur la dénaturation du projet. L'architecte aurait également la faculté d'agir en justice pour demander, le cas échéant, la suspension des travaux.

48350 Les constructions selon un **modèle type,** qu'elles soient industrialisées ou non, donnent lieu à intervention obligatoire de l'architecte, quel que soit le maître de l'ouvrage. Le modèle type étant un projet de construction défini avant toute commercialisation (type : construction de maison individuelle), le recours à l'architecte s'impose pour son établissement dans la mesure des documents nécessaires à l'obtention du permis de construire.

48355 **Travaux ne relevant pas du monopole de l'architecte** Les constructions à **usage d'habitation** ou de caractéristiques similaires ne relèvent pas du monopole lorsque les travaux d'édification ou de modification (C. urb. art. R 431-2) :
– sont réalisés à la demande d'une personne physique et pour elle-même ;
– et portent sur une construction de faible importance, c'est-à-dire si la surface de plancher n'excède pas 150 m² (Loi 77-2 du 3-1-1977 art. 4 ; C. urb. art. L 431-3 et R 431-2).

Des dérogations au monopole architectural sont aussi prévues, sous certaines conditions, pour les constructions à **usage agricole** et pour les exploitations agricoles.

Ne relèvent pas davantage du monopole les travaux qui concernent exclusivement l'aménagement et l'équipement des **espaces intérieurs** des constructions et qui sont limités à des reprises n'entraînant pas de modification visible de l'extérieur (Loi 77-2 du 3-1-1977 art. 4, al. 2).

Enfin, le permis d'aménager un **lotissement** de 2 500 m² et moins peut être sollicité sans le recours d'un architecte. Mais ce seuil, très faible, limite en pratique la portée de cette exception.

Pour **encourager le recours à un architecte,** l'autorité qui délivre les permis de construire est autorisée à réduire les délais d'instruction des demandes présentées, bien que ce ne soit pas obligatoire, avec un architecte (C. urb. art. L 423-1). **48360**

Les travaux n'exigeant pas l'intervention obligatoire de l'architecte devaient être soumis à l'avis du conseil d'architecture, d'urbanisme et de l'environnement : CAUE (Loi 77-2 du 3-1-1977 art. 1). Celui-ci n'ayant pas été mis en place dans le délai prévu par la loi, sa consultation, lorsqu'il existe, est purement facultative (sur sa mission, CE 30-10-1992 n° 127374, CAUE de la Haute-Savoie).

2. PROTECTION DE L'ŒUVRE DE L'ARCHITECTE

NOM DE L'ARCHITECTE

La création architecturale est mise en valeur par l'indication du nom de l'architecte : **48390**

– sur le terrain, avec l'autorisation d'urbanisme délivrée (C. patr. art. L 650-3 ; C. urb. A 424-16) ;

– sur une des façades extérieures du bâtiment, accompagné de la date d'achèvement de l'ouvrage (C. patr. art. L 650-2).

FORME DE L'ŒUVRE DE L'ARCHITECTE

L'œuvre est protégée dans la mesure où elle fait partie du patrimoine immatériel et moral de l'architecte, qui peut en revendiquer la **propriété artistique** et se prévaloir d'un droit d'auteur (CPI art. L 111-1 s.). La protection est assurée lorsque l'œuvre, qui doit être une création de forme, est personnelle et originale. **48395**

Seule la forme dans laquelle les **idées** sont exprimées peut être protégée (Pollaud-Dulian, Architecture et droit d'auteur : RDI 1990 p. 431). Ainsi, l'idée d'emballer un monument n'est pas protégée (TGI Paris 26-5-1987 : D. 1988 som. p. 201 obs. Colombet), tandis que l'emballage lui-même peut constituer une œuvre originale (CA Paris 13-3-1986 : D. 1987 som. p. 150 obs. Colombet, s'agissant de l'emballage du Pont-Neuf).

Toutefois, si la forme est commandée par les **nécessités techniques** imposées par la fonction utilitaire de l'ouvrage, la protection n'est plus assurée, car l'originalité fait, le plus souvent, défaut (CA Paris 4-3-1987 : D. 1988 som. p. 204 obs. Colombet). Un arrêt a même jugé que la vocation utilitaire d'un bâtiment interdit à l'architecte de prétendre imposer une intangibilité absolue de son œuvre à laquelle le propriétaire est en mesure d'apporter des modifications lorsque se révèle la nécessité de l'adapter à des besoins nouveaux (Cass. 1e civ. 7-1-1992 n° 90-17.534 : RJDA 2/92 n° 210).

ŒUVRE PERSONNELLE DE L'ARCHITECTE

C'est en principe l'architecte, personne physique qui a créé l'œuvre originale, qui en est l'auteur. Peu importe qu'il s'agisse d'un bâtiment public ou privé, son droit moral étant inaliénable. Certains auteurs considèrent que celui qui travaille pour autrui sans révéler sa création peut revenir à tout moment sur sa renonciation (Pollaud-Dulian, Architecture et droit d'auteur : RDI 1990 p. 431). A fortiori, l'**architecte salarié** peut revendiquer la protection de son droit d'auteur. **48400**

En revanche, la question de la protection spéciale de chacun des participants à une **œuvre collective** pose plus de problèmes.

L'œuvre **composite** suppose l'intégration dans une nouvelle œuvre d'une œuvre préexistante sans la collaboration du premier créateur, ce qui est souvent le cas lorsque la première œuvre n'est pas achevée. L'accord du premier créateur ou de ses ayants droit et le respect de l'œuvre préexistante s'imposent au second architecte (M. Huet, Le Droit de l'Architecture p. 117). L'œuvre composite est la propriété de l'auteur qui l'a réalisée, sous réserve des droits de l'auteur de l'œuvre préexistante (CPI art. L 113-4).

L'œuvre de **collaboration** semble également mériter la protection, car chaque coauteur a un droit indivis sur l'ensemble, et chacun peut agir seul pour la défense du droit moral sur l'œuvre (Pollaud-Dulian, Architecture et droit d'auteur : RDI 1990 p. 431 ; CA Versailles 4-11-1993 n° 8099/91 : RDI 1994 p. 248 ; en sens contraire, CA Paris 11-7-1990 : RIDA octobre 1990 p. 299).

L'œuvre de collaboration est souvent difficile à distinguer de l'**œuvre purement collective,** notion qui s'accommode mal des principes qui gouvernent le droit d'auteur et qui peut priver l'architecte de son droit individuel au bénéfice de la collectivité, en particulier lorsqu'il exerce dans le cadre d'une société d'architecture pluridisciplinaire. L'œuvre devient alors la propriété de la société (Cass. 1e civ. 17-3-1982 n° 80-14.838 : Bull. civ. I n° 116 ; Cass. com. 5-11-1985 n° 83-15.017 : Bull. civ. IV n° 261). Théoriquement, l'architecte qui apporte sa contribution conserve son droit moral, mais la jurisprudence est plutôt restrictive (Cass. 1e civ. 13-4-1992 n° 585 : Bull. civ. I n° 125 ; CA Paris 25-9-1987 : D. 1988 som. p. 205 obs. Colombet ; CA Paris 25-2-1988 : D. 1989 som. p. 43 obs. Colombet).

> **Précisions** Les personnes ayant concouru à un projet architectural doivent être explicitement identifiées et le projet doit comporter leur signature (C. déont. des architectes art. 5 ; Loi 77-2 du 3-1-1997 art. 15) ; de plus, l'article L 111-1, alinéa 3, du CPI dispose qu'un contrat de louage de services « n'emporte aucune dérogation à la jouissance du droit ».

ŒUVRE ORIGINALE DE L'ARCHITECTE

48405 L'originalité de l'œuvre d'architecture s'entend de l'originalité de chacun de ses constituants traduisant la personnalité de son auteur (M. Huet, Le Droit de l'Architecture n° 130). C'est une question de **fait** que le juge doit constater sans émettre d'appréciation d'ordre esthétique (TGI Paris 12-7-1990 : Cahier du droit d'auteur octobre 1990 p. 25 « La Grande Arche » ; Cass. 1e civ. 6-3-1979 n° 76-15.367 : Bull. civ. I n° 82). Selon un arrêt, l'appréciation du caractère original de l'œuvre échappe au pouvoir du juge des référés (CA Versailles 20-12-1994 n° 94-2946 : RDI 1995 p. 749).

> **Précisions** L'originalité a notamment été **retenue** pour une cité lacustre (TGI Draguignan 16-5-1972 : Gaz. Pal. 1972 p. 568), un système scénique (Cass. 1e civ. 30-1-1974 n° 72-10.253 : Bull. civ. I n° 34), un immeuble en V (Cass. 1e civ. 19-11-1975 n° 74-12.152 : Bull. civ. I n° 337), une maquette (Cass. 1e civ. 8-1-1980 n° 78-12.998 : Bull. civ. I n° 17), l'aménagement d'une galerie d'exposition sur trois niveaux (CA Paris 20-11-1996 : JCP éd. G 1997 n° 22937).

PRÉROGATIVES DE L'ARCHITECTE SUR SON ŒUVRE

48410 **Droit patrimonial de l'architecte** L'architecte **ne bénéficie pas** d'un droit de suite lui permettant de recevoir un pourcentage du prix de vente ou de revente de l'immeuble.

Mais il **possède** :

– le droit de représentation qui lui permettra d'invoquer son droit d'auteur chaque fois que son œuvre fera l'objet d'une communication au public, notamment par voie cinématographique ;

– le droit de reproduction qui n'est pas cédé au maître de l'ouvrage par le seul effet du louage d'ouvrage (Cass. 1e civ. 18-10-1972 : JCP éd. G 1973 II n° 17364 obs. Liet-Veaux ; Cass. 1e civ. 5-6-1984 : Bull. civ. I n° 184 ; comparer, Cass. 1e civ. 27-5-1986 : Bull. civ. I n° 143) ;

– l'entière propriété de ses plans avec l'exclusivité du droit de reproduction. En conséquence, toute exposition des plans dans un lieu public avec omission du nom de l'auteur est fautive (CA Paris 20-10-1995 : BPIM 2/96 inf. 119) et chaque construction réalisée à partir de ses plans doit être soumise à son autorisation (CPI art. L 122-3, al. 3 ; Cass. 1e civ. 12-11-1980 : Bull. civ. I n° 287 ; CA Paris 20-1-1988 : Cahier du droit d'auteur mai 1988 p. 20). La solution est identique pour un architecte d'intérieur (CA Paris 25-2-1988 : Cahier du droit d'auteur juin 1988 p. 18).

48415 **Droit moral de l'architecte** La protection patrimoniale du droit d'auteur qui vient d'être précisée se double d'une protection du droit moral. Ce droit inaliénable, perpétuel et imprescriptible est transmissible aux héritiers de l'auteur (CPI art. L 121-1).

L'architecte a seul le droit de **divulguer l'œuvre** en décidant de la date à laquelle il considère qu'elle est achevée, et il peut même contraindre le maître de l'ouvrage à cet achèvement en l'absence de force majeure invoquée par lui, surtout si le maître de l'ouvrage a fait siens les intérêts de l'artiste (Cass. 1e civ. 8-1-1980 : Bull. civ. I n° 17 ; Cass. 1e civ. 16-3-1983 : Bull. civ. I n° 101).

L'architecte, qui a la **paternité de l'œuvre,** peut veiller au respect de sa signature, en exigeant que son nom ne soit pas omis (TGI Nanterre 11-3-1988 : Cahier du droit d'auteur septembre 1990 p. 21 ; CA Paris 20-10-1995 : BPIM 2/96 inf. 119, qui retient la contrefaçon résultant de l'absence de mention du nom des architectes dans une revue diffusant une photographie de l'œuvre) ou en veillant à ce que la paternité ne soit pas usurpée (Cass. 1e civ. 5-6-1984 : D. 1985. som. p. 312 obs. Colombet).

L'architecte a **droit au respect de l'œuvre.** À ce titre, il bénéficie d'une protection contre les modifications et dénaturations substantielles, en particulier lorsqu'elles affectent « la conception des lieux » et mettent en cause « l'harmonie générale de l'ensemble » (CA Paris

13-10-1990 analysé par Pollaud-Dulian, Architecture et droit d'auteur : RDI 1990 p. 443 ; TGI Paris 26-6-1985 : D. 1986 IR p. 184). Mais compte tenu de la fonction le plus souvent utilitaire des ouvrages, l'architecte ne peut pas prétendre à une intangibilité absolue de l'œuvre (Cass. 1e civ. 7-1-1992 : Bull. civ. I n° 7 confirmant CA Paris 15-5-1990 : RDI 1990 p. 443). Des modifications par le propriétaire sont possibles dès lors qu'elles sont justifiées par « des impératifs esthétiques, techniques ou de sécurité publique, légitimés par les nécessités du service public et notamment la destination de l'ouvrage ou son adaptation à des besoins nouveaux » (CE 14-6-1999 181023, Conseil de fabrique de la Cathédrale de Strasbourg : Lebon p. 199 ; CE 11-9-2006 n° 265174 : BPIM 6/06 inf. 425). Dans le même sens pour une adaptation à des besoins nouveaux (Cass. 1e civ. 7-1-1992 n° 90-17.534 : RJDA 2/92 n° 210). La protection du droit moral peut aussi céder lorsque l'environnement de l'immeuble est modifié.

Ainsi, le droit moral ne fait pas obstacle à :
– l'édification d'un nouvel immeuble à proximité de ceux conçus par un architecte si l'originalité de l'œuvre de celui-ci n'est pas établie et s'il n'est pas démontré que le nouveau programme en affecte la substance (CE 15-9-2004 n° 237546 : RJDA 4/05 n° 474) ;
– l'édification, sur le second lot d'un terrain, d'un immeuble différent de celui initialement prévu dès lors que le projet d'origine a été abandonné en cours de réalisation, seul le premier lot ayant été bâti (Cass. 1e civ. 17-10-2012 n° 11-18.638 : Bull. civ. I n° 205).

La protection est altérée lorsque l'architecte renonce à sa mission (CE 6-5-1988 : D. 1989 som. p. 222).

La protection s'étend à la restitution des plans en cas de rupture du contrat (Cass. 3e civ. 23-4-1986 : RDI 1986 p. 362), mais elle ne joue plus lorsque l'architecte met en œuvre les modifications qui lui sont demandées (CAA Bordeaux 6-5-1993 : Gaz. Pal. 1994 pan. p. 115).

Le droit moral de l'architecte est **personnel.** Il ne peut pas être exercé par le Conseil de l'Ordre (Cass. 1e civ. 13-4-1992 : Bull. civ. I n° 118).

> **› Précisions** L'action en justice destinée à assurer la protection du droit d'auteur relève de la compétence des juridictions de l'ordre judiciaire, même lorsque le litige concerne un ouvrage public (CPI art. L 331-1 ; T. confl. 2-5-2011 n° 3770, Sté d'équipements industriels urbains : AJDA 2011 p. 924 ; T. confl. 7-7-2014 n° 3955 X. c/ Dépt de Meurthe-et-Moselle : RDI 2015 p. 180).

3. DÉONTOLOGIE DES ARCHITECTES

L'architecte est soumis aux règles édictées par le **Code de déontologie des architectes,** issu du décret 80-217 du 20-3-1980 dont la légalité a été admise par le Conseil d'État (CE 13-12-1985, conseil régional de l'Ordre des architectes de l'Île-de-France : RDI 1986 p. 202). 48440

RÈGLES PERSONNELLES PESANT SUR L'ARCHITECTE

L'architecte exerce, de manière générale, la fonction de maître d'œuvre. Il peut, en outre, être investi des **missions** suivantes : aménagement et urbanisme, lotissement, élaboration du programme, préparation des éléments nécessaires aux projets ou avant-projets, consultation des entreprises et préparation des marchés, coordination et direction des travaux, assistance du client à la réception, conseil et expertise, enseignement. 48445

Il peut aussi être désigné comme expert, en particulier s'il est inscrit sur une liste des experts près la cour d'appel ou la Cour de cassation. Lorsque, après avoir été commis en cette qualité, il accepte d'assurer la maîtrise d'œuvre des travaux de reprise, il est tenu des obligations du maître d'œuvre (Cass. 3e civ. 4-6-2008 n° 06-17.521 : BPIM 4/08 inf. 289).

Lorsqu'il exerce des **activités différentes,** elles doivent être compatibles avec le port du titre et le mode d'exercice de la profession : par exemple, administration des immeubles dont l'entretien lui est confié, expertise (CE 20-10-1997 n° 150265 : RDI 1998 p. 91, qui juge que la délivrance de la carte professionnelle pour la gestion et l'administration des biens n'est pas incompatible avec le titre d'architecte). Les différentes activités doivent être distinctes, **indépendantes** et de notoriété publique. Le compérage avec d'autres personnes est interdit (C. déont. des architectes art. 8).

L'architecte doit porter à la connaissance du client et de l'Ordre les **liens d'intérêt personnel ou professionnel** qui l'unissent aux personnes qui exercent une activité dont l'objet est de tirer profit de la construction (C. déont. des architectes art. 15 et 29). Il en résulte, selon l'opinion généralement émise, que l'architecte ne peut pas s'associer avec un entrepreneur. Mais cette appréciation est à nuancer, car il n'existe pas d'interdiction impérative et expresse d'associer un constructeur à plusieurs architectes dans le cadre d'une société pluridisciplinaire. Seul le compérage, c'est-à-dire la fraude ou l'abus, sont expressément visés. 48450

La question s'est néanmoins posée de savoir si l'architecte pouvait être **associé** à un titre ou un autre **à des entreprises** pour la réalisation des ouvrages. Le Conseil d'État s'est prononcé pour la négative (CE 7-11-1986 n° 55131 : Lebon T. p. 608 et 613). Mais cette jurisprudence est difficilement compatible avec, d'une part, la possibilité pour l'architecte de constituer une société commerciale et, d'autre part, la possibilité pour le maître d'ouvrage de confier à une seule personne une mission portant à la fois sur l'établissement des études et l'exécution des travaux dans le cadre d'un marché de « conception-réalisation » (voir n°s 49750 s.). Une cour d'appel a même jugé que le Code des devoirs professionnels n'interdisait pas à l'architecte d'exécuter des missions pour une entreprise (CA Colmar 30-9-1999 n° 9202552 : RDI 2000 p. 570).

48455 Les architectes peuvent recourir à la **publicité** dans les conditions de droit commun (C. déont. des architectes art. 10 bis).

DEVOIRS DE L'ARCHITECTE ENVERS LES CLIENTS

48460 Les relations avec les clients obéissent aux règles définies par le Code de déontologie des architectes (art. 11 à 14).

L'architecte assume sa mission en toute intégrité et clarté, et il évite les situations de nature à jeter un doute sur son intégrité et à discréditer la profession (pour un exemple de manquement à la déontologie : CA Montpellier 4-4-2000 n° 590 : RDI 2000 p. 341 ; pour des manquements justifiant la résiliation des contrats aux torts de l'architecte qui poursuivait un intérêt personnel contraire à ceux du maître de l'ouvrage : Cass. 1e civ. 30-11-2017 n° 16-25.308 F-D : BPIM 1/18 inf. 23). Mais le seul fait de recevoir une rémunération de la part de l'entreprise, à l'insu du maître de l'ouvrage, ne suffit pas à caractériser un dol justifiant la nullité du marché de travaux ou une faute justifiant la résolution du contrat de maîtrise d'œuvre, celle-ci ne pouvant être prononcée qu'en cas d'inexécution ou d'exécution imparfaite des prestations (Cass. 3e civ. 24-5-2018 n° 16-24.000 : BPIM 4/18 inf. 260).

48465 L'architecte est tenu au **secret.**

Il **informe** le client des liens qui sont définis à l'article 29 du Code de déontologie des architectes (voir n° 48450). Le projet architectural qu'il élabore doit répondre aux conditions posées par l'article 16 du Code (documents graphiques et écrits définissant notamment l'insertion au site, au relief et l'adaptation au climat, l'implantation et la composition des bâtiments, le choix des matériaux, etc.).

Sur les sanctions pénales en cas de violation du secret professionnel, voir les articles 226-13 et 226-14 du Code pénal.

RAPPORTS DE L'ARCHITECTE AVEC L'ORDRE ET SES CONFRÈRES

48470 **Rapports avec les confrères** Les architectes entretiennent entre eux des **liens confraternels** qui les contraignent à ne pas se comporter avec les clients d'une manière qui n'est pas conforme à la déontologie (C. déont. des architectes art. 17 à 25) : interdiction des actes de **concurrence déloyale,** des propos de nature à discréditer **un confrère,** réglementation des conditions dans lesquelles un confrère peut être remplacé.

Dans le cas particulier où deux ou plusieurs architectes collaborent occasionnellement, dans le cadre d'une mission commune, une convention doit préciser leurs **tâches respectives** et le **mode de partage** des frais ou de la rémunération. En cas de litige, l'inobservation de la formalité peut donner lieu à des sanctions disciplinaires (CE 19-6-1992 n° 109095 : RDI 1992 p. 517 obs. Malinvaud et Boubli).

Cette obligation complète celle qui impose à l'architecte d'**informer le client des liens** qu'il entretient avec d'autres constructeurs. On estime généralement que la constitution ponctuelle d'une association en participation pour une opération donnée implique l'agrément, au moins tacite, du maître de l'ouvrage.

Il n'est pas interdit à l'architecte de constituer un groupe avec d'autres concepteurs pour une opération déterminée (voir n°s 48615 et 49275).

Tout **litige entre architectes** concernant l'exercice de la profession doit être soumis au conseil régional de l'Ordre aux fins de conciliation, avant la saisine de la juridiction compétente (C. déont. des architectes art. 25). Peu importe que le contrat qui les lie ne prévoie pas une telle procédure ou qu'ils dépendent de conseils régionaux différents (Cass. 1e civ. 29-3-2017 n° 16-16.585 F-PB : BPIM 3/17 inf. 199).

48475 **Rapports avec l'Ordre des architectes** L'architecte (l'agréé ou la société) est tenu de **déclarer au conseil régional de l'Ordre** les permis de construire et d'aménager dont il signe le projet. Cette déclaration intervient de façon concomitante avec le dépôt de la demande d'autorisation d'urbanisme (Décret 77-1481 du 28-12-1977 art. 14-3).

L'architecte doit payer ses **cotisations.** Le non-paiement constitue une faute déontologique susceptible de sanction disciplinaire.

L'architecte doit déclarer à l'Ordre les **liens** qui l'unissent aux personnes dont le métier est de tirer profit des opérations de construction. Cette déclaration est faite dans le mois de l'inscription au tableau ou de l'apparition des liens.

L'architecte est soumis à une obligation d'**assurance** de responsabilité professionnelle. Il justifie de l'exécution de cette obligation en envoyant chaque année au conseil régional de l'Ordre une attestation.

L'inobservation de ces obligations peut donner lieu à des **sanctions** disciplinaires ou à des poursuites pénales. L'architecte encourt l'interdiction temporaire ou définitive d'exercer.

B. Contrat d'architecte

1. PRINCIPES DU CONTRAT D'ARCHITECTE

NATURE DU CONTRAT D'ARCHITECTE

Le contrat d'architecte est, le plus souvent, conclu entre deux personnes, physiques ou morales, privées. Le contrat relève alors du droit privé. 48560

En revanche, en présence d'un maître d'ouvrage public, le contrat d'architecte est régi par le Code de la commande publique (voir nos 49580 s.).

Le contrat d'architecte est un **louage d'ouvrage** (C. civ. art. 1792-1) et non un mandat. Il ne confère donc pas le pouvoir de représenter le maître de l'ouvrage. Un mandat spécial est nécessaire (Cass. 3e civ. 17-2-1999 no 95-21.412 : Bull. civ. III no 40).

L'architecte peut recevoir le **mandat spécial** d'accomplir certaines tâches, accessoirement au louage d'ouvrage ou indépendamment de celui-ci. Le contrat peut l'autoriser à contracter, souscrire et s'acquitter du coût des travaux correspondant aux différents marchés ; si un entrepreneur lui réclame un solde de prix, il est alors fondé à appeler le maître de l'ouvrage en garantie (Cass. 3e civ. 29-2-2012 no 11-11.581 : BPIM 3/12 inf. 222). L'architecte peut également être chargé de représenter le maître de l'ouvrage pour souscrire l'assurance dommages-ouvrages et il répond de sa défaillance (voir no 48640). Le mandat, s'il est trop général, peut dénaturer le contrat de maîtrise d'œuvre.

> **Précisions** **a.** Le **mandat de représentation** reste, en principe, exceptionnel. Toutefois, l'existence d'un mandat apparent peut être retenue (Cass. 3e civ. 12-9-2006 no 05-18.927). L'architecte prend alors la qualité de maître d'ouvrage délégué et le maître de l'ouvrage, s'il ratifie le mandat, ne peut se plaindre d'un dépassement de l'enveloppe financière (Cass. 3e civ. 12-5-2010 no 08-20.544 : Bull. civ. III no 92).
> Le mandat se conçoit lorsque l'architecte :
> – passe lui-même les marchés au nom de son client (Cass. 3e civ. 12-5-2010 no 08-20.544 : Bull. civ. III no 92) ;
> – commande des travaux supplémentaires en exécution d'un ordre écrit qui lui a été donné ;
> – accomplit pour le compte du client des démarches administratives qui n'entrent pas dans sa mission de maître d'œuvre ;
> – paie les entrepreneurs, tâche qui ne relève pas, normalement, de ses fonctions ;
> – souscrit un contrat de fourniture (CA Paris 14-6-2000 no 1999-6294 : RDI 2000 p. 570 dans un cas où le mandat n'a pas été retenu).
> **b.** Le Conseil de l'Ordre des architectes a établi un **contrat type** qui a donné lieu à une condamnation par le Conseil de la concurrence (Cons. conc. 10-6-1997 no 97-D-45 : BOCCRF 30-8-1997 p. 610).

CONCLUSION ET PORTÉE DU CONTRAT D'ARCHITECTE

Le contrat est en principe consensuel (C. civ. art. 1172). Mais le contrat d'architecte est passé par **écrit** et doit définir l'étendue de la mission (C. déont. des architectes art. 11 ; Rép. Pierret : AN 22-5-1989 p. 2350 no 8451). L'écrit n'est toutefois pas une condition de validité de l'acte. C'est une « formalité qui n'est exigée que sur le plan déontologique » (Cass. 3e civ. 15-3-1989 no 87-19.540 : Bull. civ. III no 59 ; Cass. 3e civ. 6-11-1996 no 94-20.268). L'accord des parties sur le montant de la rémunération n'est pas une condition de formation du contrat (Cass. 3e civ. 19-1-2022 no 20-22.059 F-D : BPIM 2/22 inf. 118). 48565

Certains arrêts en ont déduit que la **preuve de l'existence du contrat** pouvait être faite par tout moyen (CA Versailles 27-2-1985 : RDI 1986 p. 71 ; Cass. 3e civ. 13-4-2005 no 03-18.841 : BPIM 5/05 inf. 318). Elle peut, par exemple, résulter d'un aveu judiciaire (Cass. 3e civ. 12-10-2017 no 13-24.952 F-D : BPIM 6/17 inf. 405). Cette position s'appuie sur le principe selon lequel « hors les cas où la loi en dispose autrement, la preuve peut être apportée par tout moyen » (C. civ. art. 1358). Toutefois le droit commun de la preuve des contrats civils est applicable (Cass. 3e civ. 14-3-2001 no 98-20.247 FS-D ; Cass. 3e civ. 14-3-2001 no 98-20.248 FS-D). Il faut donc distinguer selon la valeur du contrat, celui-ci devant, au-delà d'un certain montant (1 500 €), être prouvé par écrit (C. civ. art. 1359). Théoriquement un commencement de preuve par écrit est donc nécessaire pour rendre admissibles les témoignages et présomptions (C. civ. art. 1361). Ce commencement de preuve peut résulter :

– de l'établissement d'une demande de permis de construire (Cass. 3e civ. 17-4-2013 no 12-15.460 : BPIM 3/13 inf. 183) ;

– d'un contrat non signé corroboré par l'existence de négociations préalables et le paiement de notes d'honoraires (Cass. 3e civ. 25-6-2014 no 13-15.112 : BPIM 5/14 inf. 313).

Le contrat d'architecte ne se réduit pas au « projet » architectural : le seul refus d'un projet par le maître de l'ouvrage ne suffit pas à établir l'absence de contrat avec le maître d'œuvre (Cass. 3e civ. 9-2-2011 no 10-10.264 : RJDA 5/11 no 416).

Les règles ordinaires de preuve s'appliquent également en cas de **modification du contrat** d'architecte. Ainsi, un avenant stipulant une réduction de la mission du maître d'œuvre, mais non signé par les parties, n'est pas opposable au maître de l'ouvrage (Cass. 3e civ. 6-10-1999 no 98-11.737 : BPIM 6/99 inf. 421).

Le droit commun de la preuve est écarté uniquement lorsque l'architecte est le contractant d'une société commerciale, que les deux parties sont commerçantes ou encore lorsque l'existence d'une commande verbale n'est pas contestée (Cass. 3e civ. 18-6-1997 no 95-11.803 : BPIM 5/97 inf. 319).

L'écrit n'étant pas une formalité requise pour la validité de l'acte, le contrat d'architecte conclu par **voie électronique** (C. civ. art. 1125 s.) n'a pas, semble-t-il, à respecter les règles posées par l'article 1174 du Code civil : identification de l'auteur et garantie sur l'intégrité du document (C. civ. art. 1366) ; procédé fiable d'identification du signataire de l'acte (C. civ. art. 1367). L'avenir dira si cette lecture est partagée par la jurisprudence.

> **Précisions** Le contrat d'architecte implique une qualification particulière du maître d'œuvre. Il est en général dissous par le **décès de l'architecte.** Toutefois, s'il a été exécuté avant le décès et que l'architecte a été attrait à l'instance pour répondre des conséquences dommageables de son exécution, les héritiers en sont tenus en raison de la transmission des obligations du défunt (Cass. 3e civ. 30-1-2019 no 18-10.941 FS-PBI : BPIM 2/19 inf. 115).

48570 Le mode de conclusion du contrat varie : soit de **gré à gré** avec le maître de l'ouvrage, soit à la suite d'un **concours** entre architectes qui peut être ouvert à tous les architectes, ou fermé, c'est-à-dire limité à certains d'entre eux. Le concours peut se limiter à une information du client qui se réserve le choix du contractant au vu des éléments recueillis, ou donner lieu à adhésion, le maître de l'ouvrage s'engageant irrévocablement envers l'architecte dont le projet répond aux conditions, et dont le prix est le plus bas. Les tribunaux apprécient si l'offre faite constitue ou non une convention parfaite (sur la régularité du concours, CAA Lyon 16-4-1992 : RDI 1992 p. 516).

Les maîtres d'ouvrage publics et privés sont invités à favoriser ce mode de sélection (Loi 77-2 du 3-1-1977 art. 5-1). Mais la formule du concours est relativement rare dans les marchés privés. Des règles particulières s'appliquent aux contrats conclus entre un maître d'ouvrage public et un maître d'œuvre privé (nos 49630 s.).

CONTENU DU CONTRAT D'ARCHITECTE

48572 Le contenu du contrat d'architecte peut faire l'objet d'un différend. La **charge de la preuve** du contenu de l'acte incombe en principe à celui qui formule une allégation contestée par la partie adverse. Ainsi, dans une affaire où l'architecte soutenait que sa mission s'étendait à une autre phase de l'opération (revendication probable d'une mission complète), la Cour de cassation a décidé que la charge de la preuve de la mission qui lui avait été confiée lui revenait (Cass. 3e civ. 6-9-2018 no 17-21.329 FS-PBI : BPIM 5/18 inf. 341). L'arrêt retient que, en l'occurrence, cette preuve n'était pas rapportée, la proposition de contrat adressée au maître de l'ouvrage n'ayant pas été signée par celui-ci et n'ayant aucune valeur probante ; l'arrêt ajoute que, si l'architecte versait plusieurs plans aux débats pour corroborer ses allégations, il n'était pas établi que ces pièces avaient été établies en exécution du contrat.

Les **juges apprécient** souverainement l'existence de la preuve (Cass. 3e civ. 6-9-2018 n° 17-21.329 FS-PBI : BPIM 5/18 inf. 341) et le contenu du contrat (Cass. 3e civ. 22-3-1968 n° 66-11.655 : Bull. civ. III n° 124). Ils peuvent notamment évaluer :
– l'étendue de la mission, en tenant compte des faits de l'espèce (Cass. 3e civ. 23-9-2014 n° 13-19.331 : BPIM 6/14 inf. 378) ;
– le montant de la rémunération, si les parties ne s'accordent pas sur ce point (voir n° 48795).
Les juges doivent cependant veiller à ne pas dénaturer le contrat (Cass. 3e civ. 6-5-1996 n° 346 D).

CLAUSES DU CONTRAT D'ARCHITECTE

Condition suspensive d'obtention de prêts Le contrat d'architecte peut être soumis à la condition suspensive de l'obtention des prêts (C. consom. art. L 313-41 ; Cass. 1e civ. 3-1-1996 n° 93-19.128 : RJDA 4/96 n° 525 ; voir en sens contraire CA Paris 16-11-1998, Mahuzier, pour un contrat de prêt souscrit par une SCI). Il a même été jugé que la simple référence dans le contrat de maîtrise d'œuvre au recours par le maître de l'ouvrage à un prêt suffit à ériger l'obtention de celui-ci en condition suspensive du contrat (Cass. 3e civ. 28-3-2007 n° 06-11.280 : RJDA 7/07 n° 769). Quand le maître de l'ouvrage n'obtient pas le prêt objet de la condition suspensive, l'architecte doit lui rembourser toutes les sommes qu'il a versées à titre d'avances (Cass. 3e civ. 14-9-2023 n° 22-18.642 FS-B : BPIM 6/23 inf. 369). 48575

Faculté de rétractation La faculté de rétractation prévue à l'article L 271-1 du Code de la construction et de l'habitation en cas d'acquisition ou de construction d'un immeuble ne s'applique pas au contrat d'architecte. Cette solution est retenue même si le contrat comporte une mission complète (Rép. Rimbert : AN 24-9-2001 p. 5468 n° 64672 ; Cass. 3e civ. 27-6-2001 n° 00-12.043 : Bull. civ. III n° 84). 48577

Clause d'exclusion de solidarité Le contrat d'architecte comporte fréquemment une clause stipulant l'exclusion de solidarité en cas de **pluralité de responsables.** En application de cette clause, la Cour de cassation, revenant sur le principe de l'obligation au tout en cas de pluralité de débiteurs, a jugé que la condamnation de l'architecte, par solidarité ou « in solidum », avec ses coresponsables ne pouvait pas être ordonnée (Cass. 3e civ. 19-3-2013 n° 11-25.266 F-D : BPIM 3/13 inf. 204, RDI 2013 p. 316 ; Cass. 3e civ. 14-2-2019 n° 17-26.403 FS-PBI : BPIM 2/19 inf. 118, RDI 2019 p. 214). Cette solution était admise en matière de **responsabilité de droit commun** (voir nos 91060 s.). Un arrêt en fait application, le maître de l'ouvrage n'ayant pas invoqué son caractère abusif éventuel (Cass. 3e civ. 19-3-2020 n° 18-25.585 FS-PBI : BPIM 3/20 inf. 192). Une clause d'exclusion de solidarité, même « in solidum », figurant au contrat et invoquée par l'architecte pouvait donc être opposable au maître de l'ouvrage dans le procès. Mais un arrêt plus récent (Cass. 3e civ. 19-1-2022 n° 20-15.376 FS-BR : BPIM 2/22 inf. 132) semble revenir sur cette jurisprudence controversée. Il censure une cour d'appel qui avait limité la responsabilité de l'architecte à sa part contributive en application d'une telle clause. La Cour de cassation retient que la clause ne peut pas avoir pour effet de réduire le droit à réparation du maître de l'ouvrage contre l'architecte quand sa faute a concouru à la réalisation de l'entier dommage. Un arrêt postérieur décide cependant que la clause qui vise la solidarité d'une manière générale inclut les obligations solidaires et « in solidum » et qu'elle doit recevoir application. Cette décision atténue la portée de l'arrêt du 19 janvier 2022 car elle laisse entendre que l'application de la clause n'est pas liée à sa validité intrinsèque mais à l'absence de caractère abusif dans les rapports entre l'architecte et un maître d'ouvrage professionnel lorsque le contrat est en rapport direct avec l'activité (hôtellerie en l'espèce) de ce dernier (Cass. 3e civ. 25-5-2023 n° 21-20.643 FS-B : BPIM 4/23 inf. 257, RDI 2023 p. 429). En matière de **responsabilité décennale,** l'admission d'une clause d'exonération évinçant la condamnation « in solidum » paraît peu probable : la lettre n° 6 de février 2022 de la 3e chambre civile de la Cour de cassation indique que la clause d'exclusion de garantie n'est pas applicable aux garanties légales compte tenu de l'article 1792-5 du Code civil interdisant les clauses d'exclusion de garantie. Il a été jugé que l'architecte peut être condamné « in solidum » avec les autres constructeurs, mais en l'espèce la clause d'exclusion n'a, semble-t-il, pas été invoquée (Cass. 3e civ. 21-11-2019 n° 16-23.509 FS-PBI : BPIM 1/20 inf. 26). 48579

CLAUSE DE RECOURS AU CONSEIL DE L'ORDRE DES ARCHITECTES

Le contrat peut contenir une clause exigeant un **recours au Conseil de l'Ordre** avant toute action judiciaire. La nature de cette clause se discute, mais elle n'est pas abusive. 48580

Elle **s'applique** :
– aux signataires du contrat (Cass. 3e civ. 13-7-2017 n° 16-18.338 F-D : BPIM 5/17 inf. 333). Il en va autrement si le contrat n'a pas été signé, car alors le consentement à cette clause n'est pas

certain (Cass. 3e civ. 17-2-2015 no 13-16.373 : BPIM 2/15 inf. 109). La clause s'impose à l'architecte qui réclame des honoraires même si le contrat qui le lie au maître de l'ouvrage fait simplement référence au contrat-type de l'Ordre des architectes. Elle ne porte pas une atteinte disproportionnée au droit d'accès au juge et n'est pas en infraction à la convention européenne des droits de l'Homme (Cass. 3e civ. 7-3-2024 no 21-22.372 F-D : BPIM 3/24 inf. 184). Toutefois, si le contrat d'architecte prévoit une saisine facultative du conseil régional de l'ordre, l'architecte peut se dispenser d'y recourir et agir directement en paiement du solde de ses honoraires (Cass. 3e civ. 9-11-2023 no 22-21.290 F-D : BPIM 1/24 inf. 31) ;

– à la personne qui est subrogée dans les droits et actions du vendeur qui a reconstruit un immeuble (Cass. 3e civ. 28-4-2011 no 10-30.721 : BPIM 4/11 inf. 284, à propos d'un retard et de surcoûts).

En revanche, elle **ne s'applique pas** lorsque :

– l'action est exercée directement contre l'assureur de l'architecte (Cass. 3e civ. 18-12-2013 no 12-18.439 : BPIM 1/14 inf. 21 ; Cass. 3e civ. 13-7-2017 no 16-18.338 F-D : BPIM 5/17 inf. 333 solution implicite) ;

– la responsabilité de l'architecte est recherchée sur le fondement de l'article 1792 du Code civil (Cass. 3e civ. 23-5-2007 no 06-15.668 : Bull. civ. III no 80 ; Cass. 3e civ. 13-7-2017 no 16-18.338 F-D : BPIM 5/17 inf. 333 solution implicite ; Cass. 3e civ. 26-11-2020 no 18-26.402 F-D : BPIM 1/21 inf. 27 ; Cass. 3e civ. 11-5-2022 no 21-16.023 FS-B : BPIM 3/22 inf. 200). Même si l'action porte sur un autre fondement, le juge doit rechercher, au besoin d'office, si l'action invoquée devant lui n'est pas fondée sur l'article 1792 (Cass. 3e civ. 23-5-2019 no 18-15.286 FS-PBI : BPIM 4/19 inf. 250, RDI 2019 p. 397).

La clause de conciliation préalable ne peut donc pas interdire au maître d'ouvrage de demander directement en référé la désignation d'un expert (Cass. 3e civ. 28-3-2007 no 06-13-209 : Bull. civ. III no 43) ou une provision (Cass. 3e civ. 23-5-2007 no 06-15.668 : Bull. civ. III no 80).

La formulation de la clause importe peu : dès lors que la saisine de l'instance ordinale est prévue avant celle des tribunaux, même si cette instance ne doit être consultée que pour « avis », elle s'impose à peine d'irrecevabilité de l'action judiciaire (Cass. 3e civ. 16-11-2017 no 16-24.642 PB : BPIM 1/18 inf. 24).

La **sanction,** en cas de non-respect de la clause, est l'irrecevabilité de l'action judiciaire engagée (Cass. 3e civ. 4-11-2004 no 03-13.002 : BPIM 1/05 inf. 23 ; Cass. 3e civ. 16-11-2017 no 16-24.642 FS-PB : BPIM 1/18 inf. 24 ; Cass. 3e civ. 7-3-2019 no 18-11.995 F-D). Il en va même ainsi lorsque le maître d'ouvrage saisit un Conseil de l'Ordre, mais différent de celui désigné dans le contrat (Cass. 3e civ. 18-12-2013 no 12-18.439 : BPIM 1/14 inf. 21). La fin de non-recevoir ne peut pas être régularisée en cours de procédure, la saisine du Conseil de l'Ordre devant être préalable à l'introduction de l'instance (Cass. ch. mixte 12-12-2014 no 13-19.684 : BPIM 1/15 brève).

Si une **conciliation** intervient devant le Conseil de l'Ordre, elle peut valoir transaction. Encore faut-il qu'elle soit exécutée. À défaut, sa résolution peut être demandée devant le tribunal (Cass. 3e civ. 17-12-2008 no 07-20.037 : BPIM 1/09 inf. 21).

48585 À la clause de recours préalable au Conseil de l'Ordre est assimilée la **clause d'arbitrage** qui prévoit le recours à un arbitre avant tout contentieux. Ainsi l'action en justice du maître de l'ouvrage aux fins de résiliation du marché et versement d'une indemnité est irrecevable en l'absence de mise en œuvre préalable de la clause (Cass. 3e civ. 19-5-2016 no 15-14.464 FS-PB : BPIM 4/16 inf. 247). Il en est de même lorsqu'une clause prévoit l'avis d'un expert choisi par les parties avant toute procédure judiciaire (Cass. 3e civ. 6-6-2024 no 22-24.784 F-D : BPIM 5/24 inf. 306).

Le recours préalable à une instance aux fins de conciliation avant la saisine du juge n'est toutefois pas nécessairement opposable au maître de l'ouvrage. La Cour de cassation estime, en application des articles L 212-1, R 212-2 et R 632-1 du Code de la consommation, que la clause qui contraint le consommateur, en cas de **litige avec un professionnel,** à recourir obligatoirement à un mode alternatif de règlement des litiges avant la saisine du juge, est présumée abusive, sauf si le professionnel rapporte la preuve contraire. La Cour de cassation censure sur ce fondement une cour d'appel qui avait déclaré irrecevable l'action judiciaire d'un maître de l'ouvrage contre une société chargée de la maîtrise d'œuvre au motif que le contrat prévoyait la saisine de la commission de conciliation de l'association Franche-Comté consommateurs avant toute procédure judiciaire (Cass. 3e civ. 19-1-2022 no 21-11.095 FS-B : BPIM 2/22 inf. 119). Un autre arrêt statue dans le même sens et invite le juge à relever d'office le caractère éventuellement abusif de la clause contenue dans le contrat d'architecte (Cass. 3e civ. 11-5-2022 no 21-15.420 FS-B : BPIM 3/22 inf. 200, RDI 2022 p. 522). En application de l'article L 612-4 du Code de la consommation, la clause est, semble-t-il, interdite. On notera toutefois que, statuant sur la résiliation d'un marché demandée par un entrepreneur, son action en justice est jugée irrecevable car il n'a pas respecté la clause de conciliation et de médiation préalable prévue par la convention des parties (Cass. 3e civ. 14-12-2022 no 21-24.474 F-D : BPIM 1/23 inf. 27).

2. DÉFINITION DU PROGRAMME DE L'OPÉRATION

Le contrat confie à l'architecte une mission de maîtrise d'œuvre. Préalablement, le maître de l'ouvrage peut demander à l'architecte d'élaborer le programme de l'opération envisagée, mais cette tâche ne relève pas de ses **attributions** nécessaires : elle peut aussi être confiée à une autre personne, notamment le promoteur immobilier (sous réserve de l'interdiction faite au maître d'ouvrage public de déléguer certains éléments du programme). Le concours d'un architecte peut être renforcé du fait de l'exigence d'attestations établissant le respect des règles de construction, tant en ce qui concerne les objectifs (CCH art. R 112-3 s.) que leur bonne mise en œuvre (CCH art. R 112-5 s.), notamment à l'achèvement (CCH art. R 122-22 à R 122-38 modifiés par décrets 2023-1173 et 2023-1175 du 12-12-2023). **48600**

L'architecte peut se voir confier une **mission d'assistance** qui va plus loin que l'aide à la conception du programme et dont les contours sont assez mal définis car ils dépendent de ce qui a été convenu entre les parties. Statuant sur une mission d'assistance confiée à un architecte d'intérieur chargé du suivi des travaux dans le cadre de la construction d'une maison, la Cour de cassation a estimé qu'il convenait de rechercher si, en ne formulant ni réserve ni observation lors de la substitution de matériaux de couverture, l'architecte d'intérieur n'avait pas commis une faute dans sa mission d'assistance (Cass. 3e civ. 21-1-2021 no 19-22.694 F-D : BPIM 2/21 inf. 114).

S'il consent à établir le programme, l'**architecte** doit : **48605**
– énoncer les données de l'opération, c'est-à-dire la nature de l'opération envisagée ;
– faire l'inventaire des besoins et des contraintes techniques, administratives et juridiques ;
– enfin, préciser les exigences du programme (délai d'exécution, performances à réaliser).

Le **maître de l'ouvrage,** en particulier s'il est spécialement compétent, doit lui fournir les renseignements qu'il détient (no 47800).

D'une façon générale, cependant, c'est à l'architecte qu'incombe l'obligation de recueillir les **informations nécessaires à l'établissement du projet** et, partant, à la réalisation d'un programme opérant (Cass. 3e civ. 23-11-1978 no 77-12.393 : Bull. civ. III no 358 ; Cass. 3e civ. 19-1-1994 no 92-14.303 : Bull. civ. III no 6). Il doit notamment : **48610**
– renseigner le client sur le risque de travaux projetés (Cass. 3e civ. 22-11-1968 no 67-10.448 : Bull. civ. III no 492) ;
– préciser les postes sur lesquels des économies sont possibles et ceux sur lesquels il faut prévoir des dépenses importantes (Cass. 3e civ. 13-6-1979 : RDI 1979 p. 471 ; Cass. 3e civ. 20-11-1991 no 90-10.286 : Bull. civ. III no 284), car il doit éclairer le client sur les possibilités de réalisation du projet.

C'est seulement s'il a rempli ces obligations que l'architecte peut transférer la responsabilité d'un programme défectueux au maître de l'ouvrage qui a décidé de passer outre (Cass. 3e civ. 8-7-1971 no 70-12.091 : Bull. civ. III no 451).

3. MISSION DE MAÎTRISE D'ŒUVRE

MODALITÉS D'EXERCICE DE LA MAÎTRISE D'ŒUVRE

La maîtrise d'œuvre est, par essence, la mission de l'architecte. Le contrat peut confier à l'homme de l'art une **mission complète,** allant de la conception de l'œuvre à la réception des travaux par le client : la maîtrise d'œuvre est alors le fait d'un prestataire unique. **48615**

Le contrat peut ne confier à l'architecte qu'une **mission partielle,** et confier les autres éléments de la maîtrise d'œuvre soit à d'autres architectes, soit à des bureaux d'études ou à des techniciens. La convention définit l'étendue de la mission. Par exemple, l'architecte chargé de la conception de l'ouvrage peut être dispensé de l'étude des sols (voir no 48641). La responsabilité de l'architecte chargé d'une mission partielle est limitée aux conséquences de celle-ci (voir no 88025).

Une distinction très nette existe aujourd'hui entre la maîtrise d'œuvre de conception et celle d'exécution. Lorsque celles-ci sont disjointes, le monopole architectural doit être respecté, et, s'il a lieu de s'appliquer, un architecte doit obligatoirement établir les documents nécessaires à l'obtention du permis de construire.

Lorsqu'il **recourt à différents prestataires,** le maître de l'ouvrage conclut, en principe, autant de contrats de louage qu'il y a d'ouvrages distincts.

S'il est fait appel à plusieurs maîtres d'œuvre, ceux-ci peuvent être liés par une convention commune. Ils peuvent alors voir leur responsabilité engagée solidairement. Ainsi jugé lorsque :
– la convention est commune et ne définit pas de spécificité particulière à chaque opérateur (Cass. 3e civ. 26-1-2005 no 03-11.646 : Bull. civ. III no 14) ;
– les prestataires qui concourent à la maîtrise d'œuvre sont rassemblés dans un groupement qui les désigne de façon indifférenciée comme « le concepteur » (Cass. 3e civ. 11-7-2012 no 10-28.535 : Bull. civ. III no 106).

L'architecte peut aussi constituer un **groupement momentané avec d'autres professionnels de la conception** (Loi 77-2 du 3-1-1977 art. 3). Sur le cas particulier des marchés publics de maîtrise d'œuvre, voir no 49590. Ce groupement, calqué sur le groupement momentané d'entreprises, peut rassembler différents professionnels de la conception : architectes, urbanistes, ingénieurs, paysagistes, etc. L'architecte est chargé de la coordination entre ces prestataires et il peut les représenter. Le groupement peut aussi réunir, dans le cadre d'un projet plus banal, tous les prestataires qui concourent à la maîtrise d'œuvre, ce qui évite le recours à la sous-traitance. Le modèle, au moins pour ce qui concerne la maîtrise d'œuvre, relève de la formule « ensemblier » (voir nos 47695 s.).

Il est peu probable, en effet, que le mandat de l'architecte qui représente les membres du groupement puisse, à lui seul, s'analyser en un « mandat d'intérêt commun » impliquant la représentation du maître de l'ouvrage par l'architecte dans ses rapports avec les prestataires. Un tel mandat pourrait faire de l'architecte à la fois un maître d'œuvre et un maître d'ouvrage délégué, ce qui est interdit dans les marchés publics de maîtrise d'œuvre (CCP art. L 2422-11). Toutefois, ce cumul ne semble pas interdit dans les marchés privés ; mais le contrat doit être clair.

48620 Une mission complète comprend **trois étapes** : la conception de l'œuvre, la direction des travaux et l'assistance du client à la réception.

De plus, l'architecte doit, en permanence, une **obligation de renseignement et de conseil,** tant au maître de l'ouvrage qu'aux constructeurs chargés de la réalisation de l'ouvrage, l'engagement trouvant ici sa source, tant dans les usages que dans l'exécution du groupe de contrats concourant à la réalisation de l'objet et créant un lien organique entre les différents prestataires.

48623 L'architecte peut être investi d'une **mission de diagnostic** distincte de la maîtrise d'œuvre, pour permettre au vendeur, par exemple de connaître l'état apparent de l'ouvrage. S'il commet une erreur, il en répond, mais sa responsabilité ne lui fait pas supporter le coût des travaux de remise en état nécessaires qui ne lui sont pas imputables (Cass. 3e civ. 7-1-2016 no 14-18.561 FS-PB : BPIM 2/16 inf. 97).

OBLIGATION DE RENSEIGNEMENT ET DE CONSEIL DE L'ARCHITECTE

48625 **Fondements** L'obligation de renseignement et de conseil qui pèse sur l'architecte résulte, selon un arrêt, « de la loi, des usages et de l'équité » (Cass. 1e civ. 29-6-1964 no 62-13.629 : Bull. civ. I no 345) et elle est affirmée par plusieurs dispositions du Code de déontologie (C. déont. des architectes art. 12, 33 et 36). Elle devient souvent une véritable obligation d'assistance, notion imprécise (voir no 48600) mais qui implique nécessairement le conseil. L'obligation de conseil de l'architecte, et plus généralement du maître d'œuvre, promet de s'étendre et de se renforcer depuis l'ordonnance 2020-71 du 29 janvier 2021 et son décret d'application du 30 juin 2021 qui fixent des objectifs généraux pour chaque solution technique avec des solutions de référence ou d'effet équivalent. Ils structurent notamment les contraintes et les exigences en matière de performance énergétique (CCH art. L 122-9, anciennement art. L 122-8) ou d'énergie renouvelable (CCH art. L 122-1) ; voir nos 47680 s.

48627 **Caractéristiques générales** Depuis longtemps l'obligation de conseil **s'impose,** même lorsque :
– l'architecte fournit une assistance bénévole (Cass. 3e civ. 3-7-1996 no 94-16.827 : RJDA 11/96 no 1386) ;
– les travaux sont réalisés par des non-professionnels et par le maître de l'ouvrage lui-même (Cass. 3e civ. 17-7-1997 no 96-10.528 : BPIM 6/97 inf. 378). L'architecte doit alerter ce dernier s'il relève des erreurs de conception qui ne lui sont pas imputables (Cass. 3e civ. 13-7-1993 : Le Moniteur 8-10-1993 p. 36) ;

– l'architecte n'est pas chargé de la conception mais uniquement d'une mission d'ordonnancement, de pilotage et de coordination de chantier (OPC) (Cass. 3e civ. 21-11-2012 n° 11-22.710 : BPIM 1/13 inf. 32).

Le devoir de conseil existe aussi dans les rapports que l'architecte entretient avec les autres constructeurs (Cass. 3e civ. 12-7-1995 n° 93-17.003 : BPIM 1/96 inf. 39 ; Cass. 3e civ. 14-4-1999 n° 97-16.421 : BPIM 5/99 inf. 352, 3e espèce ; Cass. 3e civ. 6-10-2010 n° 09-14.497 : BPIM 6/10 inf. 453).

En revanche, l'obligation de renseignement et de conseil **ne s'applique pas** aux faits relevant de la connaissance du maître de l'ouvrage, surtout s'il est un professionnel (Cass. 3e civ. 12-5-1999 n° 97-17.761 : BPIM 5/99 inf. 352, 2e espèce).

Il semble qu'elle soit **fortement atténuée** lorsque des ouvrages, des canalisations par exemple, sont enterrés dans le sol destiné à recevoir les travaux. Dans ce cas, il incombe au maître de l'ouvrage de s'informer des ouvrages enterrés auprès de la commune (C. envir. art. R 554-20). Cette obligation s'impose à lui, même s'il a fait appel à un maître d'œuvre, en sorte qu'il doit réparer les dommages subis par l'exploitant des ouvrages enterrés et détériorés par les travaux (Cass. 3e civ. 20-11-2013 n° 13-10.279 : BPIM 1/14 inf. 20).

C'est à l'architecte d'**établir qu'il a satisfait à son obligation** de conseil envers le maître de l'ouvrage. À défaut, il n'est pas libéré de son obligation (Cass. 3e civ. 21-1-2021 n° 19-16.434 F-D : BPIM 2/21 inf. 115). La Cour de cassation applique rigoureusement ce principe (C. civ. art. 1353, anciennement art. 1315) pour décider réciproquement que le débiteur des honoraires qui conteste sa dette doit établir le paiement ou le fait qui produit l'extinction de l'obligation (Cass. 3e civ. 12-11-2020 n° 19-21.764 FS-PBI : BPIM 1/21 inf. 29). Mais si, dans ce dernier cas, le paiement d'honoraires constitue une obligation déterminée qui justifie la solution, en matière de conseil la question est plus délicate. En effet, l'engagement est plutôt de moyens en ce domaine et le maître de l'ouvrage doit invoquer un dommage qui aurait pu être évité ou prévenu par un conseil approprié. L'appréciation de la solution de principe doit donc être nuancée, même s'il est possible que la Haute Juridiction veuille donner crédit aux droits de la victime et semble objectiver l'obligation de conseil.

Il faut que le manquement à l'obligation de conseil soit en **rapport avec les missions du maître d'œuvre.** Si ce dernier n'est pas associé à l'analyse des offres des entreprises, on ne peut pas lui reprocher de ne pas y avoir participé, en particulier si le contenu de sa mission n'est pas définitivement circonscrit et que le maître de l'ouvrage se réserve de la moduler (Cass. 3e civ. 18-1-2023 n° 21-20.365 F-D : BPIM 2/23 inf. 110).

L'**obligation** est **double.** Elle implique : **48630**

– le renseignement, dans la mesure où elle contraint l'homme de l'art investi de fonctions techniques et doté d'une haute qualification à informer le maître de l'ouvrage sur l'ensemble des questions intéressant la construction ;

– le conseil, car l'architecte protège les intérêts du client dans l'opération projetée.

L'obligation est **permanente et continue.**

Elle naît avec la conclusion du contrat et, par conséquent, avant même l'exécution des travaux.

Elle se poursuit pendant l'exécution des travaux et se prolonge jusqu'à l'achèvement de l'ouvrage où le client bénéficie alors d'une assistance renforcée à la réception.

En revanche, on ne peut pas exiger de l'architecte qu'il soit débiteur d'une obligation de conseil **après la fin de la mission.** S'il peut alors commettre un acte fautif, celui-ci doit avoir un lien de causalité avec le préjudice allégué par le maître de l'ouvrage pour engager sa responsabilité (Cass. 3e civ. 9-1-2002 n° 00-14.002 : Bull. civ. III n° 1).

L'obligation est **générale.** Elle porte, non seulement sur les éléments qui relèvent de la technicité de l'architecte, mais elle s'étend encore à tous les éléments de l'opération que l'architecte peut ou doit connaître. **48635**

Outre qu'elle implique une résistance aux initiatives du maître de l'ouvrage en cas de non-conformité aux règles de l'art ou à la réglementation (Cass. 3e civ. 3-10-1984 : RDI 1985 p. 6 ; Cass. 3e civ. 11-12-1991 n° 87-14.020 : RDI 1992 p. 219 ; Cass. 3e civ. 14-12-2004 n° 03-15.948), l'obligation de conseil de l'architecte peut s'étendre à des prestations particulières (Cass. 3e civ. 1-12-1992 n° 91-11.031).

Pour conseiller utilement, le maître d'œuvre doit, comme tout constructeur, s'informer lui-même ; il doit notamment se renseigner sur la **destination de l'immeuble** voulue par le maître de l'ouvrage.

ILLUSTRATIONS

La responsabilité de l'architecte a ainsi été retenue quand :
– le plancher était conforme aux stipulations contractuelles mais ne permettait pas les aménagements souhaités par le maître de l'ouvrage (Cass. 3e civ. 30-11-2011 no 10-21.273 : BPIM 1/12 inf. 29) ;
– le hall d'exposition impliquait le passage d'engins de levage incompatible avec le mode d'exploitation de l'ouvrage (Cass. 3e civ. 2-6-2016 no 15-16.981 FS-PB : BPIM 4/16 inf. 248) ;
– l'immeuble était à destination locative impliquant la réalisation des accès aux handicapés (Cass. 3e civ. 12-10-2017 no 16-23.982 FS-PBI : BPIM 6/17 inf. 406) ;
– l'architecte, chargé d'une mission de coordination entre divers maîtres d'œuvre, avait participé à l'élaboration des documents contractuels fixant des contraintes d'isolation phonique spécifiques sans s'enquérir de la version définitive du contrat (Cass. 3e civ. 19-5-2015 no 14-13.178 : BPIM 4/15 inf. 245).

48637 Toutefois, l'**obligation** de conseil n'est **pas absolue.** Il appartient au juge de préciser en quoi l'architecte y a failli. Ainsi, il ne peut pas être reproché à un architecte de n'avoir pas attiré l'attention d'une SCI familiale sur l'impossibilité d'obtenir une garantie extrinsèque d'achèvement sans que soient précisés les éléments permettant de vérifier cette impossibilité (Cass. 3e civ. 7-7-2010 no 09-15.718 FS-D : BPIM 5/10 inf. 367). De même, sauf convention spéciale, il n'incombe pas à l'architecte de renseigner le maître de l'ouvrage sur des questions qui ne relèvent manifestement pas de sa compétence. Ainsi jugé à propos de la fiabilité d'un coffre-fort installé dans un hôtel particulier (Cass. 3e civ. 11-7-2012 no 11-17.434 FS-D : BPIM 5/12 inf. 389).

48640 **Obligation relative aux questions juridiques** L'obligation d'information et de conseil de l'architecte porte sur certaines questions juridiques et notamment sur :
– le **droit de construire** du maître d'ouvrage (Cass. 3e civ. 14-4-1999 no 97-16.421 : BPIM 5/99 inf. 352, 3e espèce). La Cour de cassation ne va toutefois pas jusqu'à contraindre l'architecte à connaître les stipulations contractuelles des actes privés (Cass. 3e civ. 17-11-1993 no 91-18.147 : Bull. civ. III no 145) ;
– la législation d'**urbanisme** (Cass. 3e civ. 9-12-1992 no 1761 : Bull. civ. III no 318). L'architecte doit établir un projet conforme au POS et avertir des incompatibilités éventuelles du projet demandé avec ce document (Cass. 3e civ. 17-1-1996 no 94-12.582 : BPIM 3/96 inf. 194 ; Cass. 3e civ. 24-3-2009 no 07-19.834 : BPIM 3/09 inf. 199). Il doit aussi avertir des risques en cas de projet fondé sur un POS contraire à la loi (Cass. 3e civ. 7-4-2015 no 14-11.198 : BPIM 3/15 inf. 181, le POS n'ayant pas encore été annulé). L'architecte chargé d'une mission complète engage sa responsabilité s'il ne prévient pas le maître d'ouvrage des risques encourus à ne pas respecter le permis de construire (Cass. 3e civ. 29-6-2017 no 16-14.264 F-D : BPIM 5/17 inf. 334). L'obligation de conseil porte sur la sécurité des ouvrages, en particulier s'ils sont destinés à recevoir du public (Cass. 3e civ. 8-12-2021 no 20-16.961 FS-D : BPIM 1/22 inf. 27, s'agissant de la rénovation d'un établissement d'hébergement pour personnes âgées présentes pendant le chantier). En revanche, missionné seulement pour l'établissement des plans et la demande de permis de construire, il ne peut pas être tenu responsable pour n'avoir pas rappelé au maître de l'ouvrage l'obligation de construire selon les prescriptions du permis de construire qui s'imposent en vertu de la loi (Cass. 3e civ. 14-1-2009 no 07-20.245 : Bull. civ. III no 8). Mais il est responsable s'il laisse les travaux commencer avant l'obtention du permis de construire. Cette infraction aux règles d'urbanisme justifie la mise en œuvre de l'exclusion de garantie prévue dans son contrat d'assurance (Cass. 3e civ. 20-4-2022 no 21-16.297 FS-B : BPIM 3/22 inf. 201) ;
– le cahier des charges d'un **lotissement** (Cass. 3e civ. 28-2-2007 no 06-10.832) ;
– le respect des **servitudes privées** (Cass. 3e civ. 8-11-1976 no 75-11.343 : Bull. civ. III no 390), du moins lorsque la contrainte, si elle ne résulte pas de la loi (mitoyenneté), n'implique pas la lecture de textes complexes ou des investigations incompatibles avec les compétences de l'architecte. L'architecte est reconnu responsable dans les cas suivants : appui sur un mur privatif et vues prohibées (Cass. 3e civ. 17-1-1996 no 94-10.670 : BPIM 3/96 inf. 194, qui retient un partage de responsabilité avec le maître de l'ouvrage) ; méconnaissance d'une servitude de vue aisément décelable, compte tenu de la configuration des lieux (Cass. 3e civ. 15-12-2004 no 03-17.070 : Bull. civ. III no 236 ; Cass. 3e civ. 8-7-2009 no 08-17.639 : BPIM 5/09 inf. 353) ; méconnaissance d'une servitude non aedificandi (Cass. 3e civ. 7-1-2016 no 14-24.777 FS-PB : BPIM 2/16 inf. 113) ;
– le respect des règles de **copropriété.** L'architecte manque à son obligation de conseil s'il n'informe pas le client de la nécessité d'obtenir l'accord de la copropriété avant le début des travaux (Cass. 3e civ. 25-1-2011 no 10-11.720 : BPIM 2/11 inf. 111) ;
– les obligations du maître d'ouvrage en cas de **sous-traitance.** Le maître d'œuvre « chargé d'une obligation de surveillance » a pour obligation d'informer le maître de l'ouvrage de la présence d'un sous-traitant et de lui conseiller de se le faire présenter et, le cas échéant, de l'agréer et de définir les modalités de règlement de ses situations. À défaut, il garantit le

maître de l'ouvrage des condamnations prononcées contre lui au profit du sous-traitant (Cass. 3e civ. 10-12-2014 n° 13-24.892 : BPIM 1/15 inf. 29). Cette obligation incombe à celui qui assume une mission de surveillance, c'est-à-dire au maître d'œuvre chargé d'une mission complète ou d'une mission de réalisation. Toutefois, lorsque le maître de l'ouvrage a agréé certains sous-traitants, le maître d'œuvre qui ne l'a pas informé des conséquences du défaut d'agrément des autres sous-traitants n'est responsable qu'en partie du préjudice subi par le maître de l'ouvrage sur l'action dirigée contre lui par un sous-traitant non agréé (Cass. 3e civ. 25-6-2020 n° 19-11.859 F-D : BPIM 4/20 inf. 246, RDI 2021 p. 91).

De façon plus exceptionnelle, il a été jugé qu'il incombait à l'architecte de souscrire, dans le cadre de son mandat de représentation et pour le compte du maître de l'ouvrage, une **assurance dommages-ouvrage** incluant le risque d'attentat pour la construction d'une villa en Corse (Cass. 3e civ. 17-11-1999 n° 98-15.412 : BPIM 1/00 inf. 36).

Obligation relative à la constructibilité de l'ouvrage Le devoir d'information et de conseil de l'architecte s'étend à la constructibilité de l'ouvrage envisagé en fonction du terrain et des **contraintes du sol** (Cass. 3e civ. 29-1-1992 n° 199 : Bull. civ. III n° 33 ; Cass. 3e civ. 25-2-1998 n° 96-10.598 : Bull. civ. III n° 44 ; Cass. 3e civ. 15-1-2008 n° 06-21.344 : BPIM 2/08 inf. 126). L'architecte satisfait à son obligation lorsque dans le cadre de son diagnostic avant travaux, il identifie le risque de tassements différentiels compte tenu de ce que l'immeuble est construit sur sous-sol partiel avec des fondations sous-dimensionnées (Cass. 3e civ. 20-12-2018 n° 17-17.187 F-D, BPIM 1/19, inf. 28). Le contrat peut dispenser expressément l'architecte de l'étude des sols (Cass. 3e civ. 14-3-2007 n° 06-10.181 FS-D inédit, à propos d'une mission partielle). Mais si tel n'est pas le cas, les défaillances de l'ouvrage consécutives à l'absence de prise en compte des contraintes du sol engagent sa responsabilité, même s'il avait pourtant conseillé au maître de l'ouvrage de faire procéder à une étude de sol (Cass. 3e civ. 15-2-2024 n° 22-23.682 F-D : BPIM 2/24 inf. 115). Ce n'est alors pas tant au titre de son obligation de conseil qu'il s'oblige qu'au titre d'un défaut de conception. En l'espèce, la responsabilité du bureau d'études béton armé et de l'entreprise de gros œuvre a été retenue, malgré l'allégation selon laquelle le maître de l'ouvrage, informé de l'absence de prise en compte d'une étude du sol, n'y avait pas donné suite. L'existence d'une cause étrangère n'étant pas démontrée, cela souligne la nécessité d'un conseil pertinent permettant de retenir une acceptation délibérée des risques par le maître de l'ouvrage. 48641

Le devoir de conseil relatif à l'état du sol donne lieu à une jurisprudence contrastée.

D'un côté la Haute Juridiction exige un tel devoir de conseil de la part de l'architecte. Elle estime qu'il manque à son obligation de « prudence et de conseil » en ne s'assurant pas, avant de commencer les travaux, de l'absence de tout bassin d'orage sur l'emplacement de la construction ou en n'invitant pas le maître de l'ouvrage à procéder à cette vérification (Cass. 3e civ. 4-12-2013 n° 12-29.533 FS-D : BPIM 1/14 inf. 22).

D'un autre côté, elle semble en décharger l'architecte en décidant que :

– la recherche d'informations relative à certains ouvrages en sous-sol comme les canalisations incombe au maître de l'ouvrage alors même qu'il a conclu un contrat de maîtrise d'œuvre (voir n° 48627) ;

– l'architecte chargé du dossier administratif n'est tenu ni de procéder aux études de sol, ni d'informer le maître de l'ouvrage sur la nécessité de telles investigations (Cass. 3e civ. 21-11-2012 n° 11-19.778 FS-D : BPIM 1/13 inf. 47, RDI 2013 p. 149 obs. B. Boubli) ;

– l'architecte chargé d'établir le dossier de permis de construire n'a pas à procéder à la reconnaissance des sols en vue d'un diagnostic de pollution ni même à attirer l'attention de « l'acquéreur » (en l'espèce devenu maître de l'ouvrage) sur la nécessité d'y procéder (Cass. 3e civ. 30-1-2013 n° 11-27.792 FS-PB : BPIM 2/13 inf. 117, RDI 2013 p. 208 obs. B. Boubli). Cette jurisprudence prête à discussion (voir n° 48645).

La question est posée de savoir si, à défaut de stipulation expresse, l'architecte est dispensé de toute obligation relative à l'état du sol lorsqu'il se borne à établir le dossier de permis de construire ou si cette dispense, nonobstant l'arrêt du 21 novembre 2012 rendu à propos d'un système de drainage, ne concerne que la pollution du sol. Même si la restriction jurisprudentielle se limite au diagnostic de pollution, elle pose problème lorsque l'installation classée pour la protection de l'environnement est soumise à déclaration car la demande de permis de construire doit comporter en annexe la justification du dépôt de la déclaration (C. urb. art. R 431-20) et l'on a du mal à admettre que l'architecte puisse établir le dossier de permis de construire sans s'assurer de l'état du sol. La conception de l'ouvrage tient compte des contraintes du sol et l'architecte doit soit exiger une étude préalable si la nature du terrain le justifie et donner un conseil en ce sens, soit y procéder lui-même. Se prononçant sur la responsabilité d'un entrepreneur qui a assumé les obligations relevant de la maîtrise d'œuvre, un arrêt retient sa faute de conception consécutive à un tassement généralisé entraînant la stagnation des eaux pluviales, ce qui induit un contrôle nécessaire de l'état du sol (Cass. 3e civ. 10-11-2015 no 15-11.142 FS-PB : BPIM 1/16 inf. 23).

48642 Le devoir d'information et de conseil de l'architecte concerne aussi :
- les contraintes liées au **voisinage** (Cass. 3e civ. 14-2-2007 no 05-22.107) ;
- les **risques présentés par les travaux** envisagés (Cass. 3e civ. 22-11-1968 no 67-10.448 : Bull. civ. III p. 376) ou par la précipitation et l'inorganisation dans lesquelles les travaux sont engagés (Cass. 3e civ. 23-9-2009 no 07-21.634 FS- PB : BPIM 6/09 inf. 432) ;
- le **choix des matériaux** (Cass. civ. 22-10-1978 : RDI 1979 p. 210 ; Cass. 3e civ. 27-3-1996 : RDI 1996 p. 376) ;
- les **calendriers de chantier,** dont le remplacement est nécessaire lorsqu'ils sont périmés pour que soient notifiés aux entreprises de nouveaux ordres de services (Cass. 3e civ. 13-7-2017 no 16-15.540 FS-D : BPIM 5/17 inf. 336).

48643 **Obligation relative aux questions financières** L'architecte doit informer et conseiller à propos des questions financières, en particulier s'il a déterminé l'enveloppe financière des travaux. Il doit notamment :
- s'assurer que l'**entrepreneur** est **solvable** et informer le maître de l'ouvrage en cas de difficultés (Cass. 1e civ. 13-11-1961 no 59-10.984 : Bull. civ. I no 518 ; Cass. 3e civ. 13-7-1993 : Le Moniteur 8-10-1993 p. 36). Il commet une faute s'il conseille le choix d'une entreprise qui n'est pas assurée et qui connaît des difficultés financières (Cass. 3e civ. 11-4-2012 no 10-28.325 F-D : BPIM 3/12 inf. 223). En revanche, il n'est pas tenu de renseigner le maître d'ouvrage sur ses propres capacités financières, surtout lorsque sa mission ne comporte pas d'étude du financement de l'opération (Cass. 3e civ. 1-12-1999 no 98-12.840 : Bull. civ. III no 229 ; Cass. 3e civ. 9-11-2005 no 04-15.505 FS-PB : Bull. civ. III no 213). De même, si le maître de l'ouvrage a connaissance des difficultés financières de l'entreprise et qu'il lui appartient en vertu du contrat de vérifier sa situation financière, il ne peut reprocher à l'architecte, en l'espèce chargé d'une mission complète, d'avoir manqué à son obligation de conseil sur la solvabilité de l'entrepreneur (Cass. 3e civ. 19-3-2020 no 18-25.585 FS-PBI : BPIM 3/20 inf. 192).
- vérifier que l'**entrepreneur** est **assuré** (Cass. 3e civ. 11-4-2012 no 10-28.325 F-D : BPIM 3/12 inf. 223 ; Cass. 3e civ. 7-6-2018 no 16-27.680 FS-PBI : BPIM 4/18 inf. 271 sur la responsabilité personnelle d'un architecte, également gérant d'une société de construction non assurée). Il peut, lors de la soumission, demander aux entreprises de fournir une attestation. Mais il n'a pas le pouvoir de les contraindre ; il doit informer le maître de l'ouvrage de ses diligences et de la carence éventuelle des entreprises. Le maître de l'ouvrage, lui, ne peut pas demander en référé la fourniture par le maître d'œuvre de l'attestation d'assurance décennale d'un entrepreneur car cette question qui concerne un tiers soulève une contestation sérieuse en référé (Cass. 3e civ. 24-6-2014 no 13-20.149 F-D : BPIM 5/14 inf. 314) ;
- informer des **coûts engagés** (Cass. 3e civ. 10-2-1982 : JCP éd. G 1982 IV p. 152 ; Cass. 3e civ. 20-11-1991 : Bull. civ. III no 284) et des dépassements de budget (Cass. 3e civ. 25-6-2014 no 11-26.851 : BPIM 5/14 inf. 315) ;
- attirer l'attention du maître de l'ouvrage sur les conséquences d'**économies excessives** (Cass. 3e civ. 16-3-1977 no 75-14.596 : Bull. civ. III no 125) et sur l'inadéquation entre le budget alloué et le projet retenu (Cass. 3e civ. 20-4-2022 no 21-16.297 FS-B : BPIM 3/22 inf. 201) ;
- aider et conseiller le maître de l'ouvrage pour la validation des **factures des entreprises** (Cass. 3e civ. 23-9-2008 no 07-15.376 F-D : BPIM 6/08 inf. 429).

CONCEPTION DE L'ŒUVRE DE L'ARCHITECTE

48645 **Étapes de la conception** La conception de l'œuvre comprend :
- l'élaboration des **esquisses** et de l'avant-projet sommaire (**APS**), puis détaillé, le premier devant faire apparaître une première estimation globale du coût des travaux. L'architecte est responsable du dépassement du prix. Il est notamment responsable des dépenses nécessaires pour remédier à des travaux non prévus, mais indispensables à l'habitation de la maison projetée (Cass. 3e civ. 21-6-2000 no 98-21.528 FS-D : BPIM 5/00 inf. 316). En sens contraire, il a cependant été jugé que des travaux « indispensables à l'achèvement » ne pouvaient pas être mis à la charge de l'architecte car ils auraient dû être payés par le maître de l'ouvrage (Cass. 3e civ. 11-2-2009 no 07-19.410 FS-D : BPIM 2/09 inf. 116). Il est généralement admis que l'architecte dont la mission est limitée aux études préliminaires n'est pas tenu de procéder à l'étude des sols et du sous-sol (Cass. 3e civ. 25-6-1986 no 84-17.695 : J.-B. Auby, H. Périnet-Marquet et R. Noguellou, Droit de l'urbanisme et de la construction Montchrestien 9e éd. no 115) ;

© Éd. Francis Lefebvre

– l'établissement de l'**avant-projet définitif (APD)** qui détaille « tous les aspects du programme et [...] l'estimation définitive des travaux » (J.-B. Auby, H. Périnet-Marquet et R. Noguellou, Droit de l'urbanisme et de la construction Montchrestien 9e éd.). Complété par les éléments graphiques nécessaires, cet APD va servir à l'élaboration du dossier de permis de construire. L'APD, même s'il ne comporte pas tous les éléments qui figurent dans le projet détaillé et qui peuvent être précisés dans le **projet de conception générale (PCG),** doit donc être suffisamment pertinent pour permettre la réalisation d'un ouvrage conforme aux règles de l'art, et suffisamment précis, notamment sur les travaux à réaliser (Cass. 3e civ. 20-4-2022 n° 21-16.297 FS-B : BPIM 3/22 inf. 201), pour permettre au maître de l'ouvrage de conclure les projets de marché de travaux dans le respect du coût d'objectif défini par l'architecte. Le projet doit être « réalisable » : « L'architecte chargé de la conception d'un projet et de l'établissement des plans du permis de construire [...] doit concevoir un projet réalisable qui tient compte de l'état du sol » (Cass. 3e civ. 25-2-1998 n° 96-10.598 : Bull. civ. III n° 44) et il ne peut invoquer aucune cause d'exonération de sa responsabilité décennale, même si l'étude de sol est réalisée par un autre prestataire (Cass. 3e civ. 21-11-2019 n° 16-23.509 FS-PBI : BPIM 1/20 inf. 26). Les plans délivrés doivent être « utilisables » (Cass. 1e civ. 17-10-1978 n° 77-10.123 : RDI 1979 p. 211). C'est au stade de la conception que l'architecte s'assure que le **sol** est « bon » pour recevoir les fondations de l'ouvrage à réaliser (voir CE 31-7-1992 n° 74282 : Lebon T. p. 1113). Mais il semblerait que l'architecte n'est pas tenu de procéder à une étude des sols lorsqu'il est investi de la mission d'établir le projet administratif, de sorte que la prise en compte de l'état du sol relève de la mission de conception du maître d'œuvre. D'ailleurs, l'architecte n'a pas l'obligation de se livrer à une étude, notamment pour établir un diagnostic de pollution, lorsqu'il présente une demande de permis de construire et de démolir. Cette distinction entre les **études de sol** et la nécessité de tenir compte des **contraintes du sol** suscite une incertitude sur ce qui relève du conseil et ce qui relève de la conception. Il a même été admis que l'architecte peut être dispensé d'information, voire de conseil en la matière (voir n° 48641). En tout état de cause, le projet à joindre à la demande de permis de construire doit être établi selon les modalités précisées par l'article 16 du Code de déontologie des architectes. Mais, sauf mandat exprès, l'architecte n'est pas tenu de présenter lui-même la demande de permis de construire (Cass. 3e civ. 17-2-1982 : RDI 1982 p. 386). Il n'est pas responsable du défaut d'obtention du permis de construire s'il ne commet pas de faute dans l'exécution de sa mission (Cass. 3e civ. 7-6-2005 n° 03-13.164 : RDI 2005 p. 438) ;

– le **projet détaillé** qui comporte des pièces techniques, le calendrier et les documents d'exécution ;

– les **projets de marchés** à passer par le client avec le ou les entrepreneurs. Il rédige le cahier des clauses particulières et constitue le dossier de consultation dans lequel figure le projet. Il assiste le maître de l'ouvrage dans le dépouillement des offres ou soumissions, en attirant son attention sur la solvabilité de l'entreprise (n° 48643) et sur sa qualification ; à défaut, il engage sa responsabilité (Cass. 3e civ. 8-10-1980 : RDI 1981 p. 76) ;

– le cas échéant, les **études techniques** d'installation exigées par le projet. Pour la conception et la réalisation d'une usine, ces études entrent nécessairement dans le cadre de la mission de l'architecte même s'il n'a pas spécialement souscrit à une mission optionnelle d'ingénierie des procédés (Cass. 3e civ. 26-9-2012 n° 11-17.602 FS-D : RDI 2012 p. 619).

Contraintes techniques Pour l'établissement des différents documents relevant de sa mission, l'architecte est soumis à diverses contraintes, de degré variable suivant l'étendue de cette mission (Cass. 3e civ. 3-6-1992 n° 977 : Bull. civ. III n° 179). **48650**

L'architecte est d'abord soumis à des contraintes techniques : il ne doit accepter que les tâches qu'il est en mesure de maîtriser. Il doit s'adjoindre, le cas échéant, le concours de **collaborateurs qualifiés,** notamment par la sous-traitance (C. déont. des architectes art. 33 et 34), car il est tenu de respecter les règles de l'art.

Lorsqu'il est chargé d'une opération de construction ou de réhabilitation, l'architecte doit se renseigner sur la **destination de l'immeuble au regard des normes,** en particulier celles relatives à l'accessibilité des personnes handicapées (Cass. 3e civ. 12-10-2017 n° 16-23.982 FS-PBI : BPIM 6/17 inf. 406). Il doit veiller à ce que les documents graphiques annexés à la demande de permis de construire soient de nature à permettre à l'ouvrage de remplir sa fonction. Un architecte s'est vu reprocher une faute dans la conception d'une structure en bois supportant des panneaux photovoltaïques pour la couverture d'une aire de stationnement car les documents graphiques annexés à la demande de permis de construire comportaient des carports trop étroits et les dimensions prévues au permis de construire ne répondaient pas aux exigences de la norme Afnor P 91-100, en sorte que la seule solution pour garer deux voitures côte à côte était le démontage des structures et leur remplacement. En l'espèce, la responsabilité de l'architecte a été retenue et son appel en garantie contre le maître d'œuvre d'exécution a été rejeté, en raison de l'absence de lien de causalité entre les manquements reprochés à ce dernier et le préjudice imputable à l'architecte, qui impliquait la reprise intégrale de l'ouvrage (Cass. 3e civ. 16-3-2023 no 21-25.783 F-D : BPIM 3/23 inf. 189).

Il doit faire procéder aux études nécessaires à la réalisation du projet :

– **étude des sols** (Cass. 3e civ. 1-7-1975 no 74-10.723 : Bull. civ. III no 227 ; Cass. 3e civ. 4-7-1979 : RDI 1980 p. 65 ; Cass. 3e civ. 25-2-1998 no 96-10.598 : Bull. civ. III no 44 ; voir également RDI 1993 p. 512). Cette exigence est en principe absolue lorsque la mission est complète (Cass. 3e civ. 24-5-1989 no 867 : Le Moniteur 20-10-1989 ; Cass. 3e civ. 17-7-1997 no 96-10.528 : BPIM 6/97 inf. 378). Elle est limitée en cas de mission partielle (Cass. 3e civ. 25-6-1986 no 781 : Le Moniteur 26-9-1986 p. 63 ; Cass. 3e civ. 14-3-2007 no 06-10.181, CEAI c/ Sté Édifice), ce qui n'empêche pas qu'elle concerne l'architecte qui succède à un confrère (Cass. 3e civ. 5-4-1995 : RDI 1995 p. 550). Mais tout dépend de ce que l'on entend par « mission partielle ». Sur la nécessité des études de sols et une distinction entre « études » et « contraintes », voir nos 48641 et 48645 ;

– **contrôle des existants.** L'architecte ne peut se dispenser de les vérifier (CA Montpellier 22-2-2001 no 99-01.710 ; voir en ce sens J.-B. Auby, H. Périnet-Marquet et R. Noguello Droit de l'urbanisme et de la construction Montchrestien 9e éd. no 1159). Il devrait, en particulier s'il est chargé de la réhabilitation d'un ouvrage, s'inquiéter de la présence d'amiante dans l'existant. À cet égard, si l'immeuble a été vendu avant réhabilitation, le vendeur doit avoir établi un diagnostic technique (CSP art. L 1334-13 et R 1334-14 s.). Dans le cas contraire, c'est-à-dire si la réhabilitation n'est pas consécutive à une vente, l'architecte devrait vérifier l'existence d'amiante et, probablement, s'assurer de la réalité du désamiantage. Mais la Cour de cassation, comme en matière de pollution, paraît limiter l'engagement de l'architecte : à propos d'un locataire qui a constaté la présence d'amiante après la rénovation alors qu'un diagnostic positif avait été établi lors de la vente de l'immeuble, elle décide que la circonstance que l'architecte n'ignorait pas la présence de l'amiante et qu'il ne s'en est pas soucié n'est pas constitutive d'une faute en lien avec le retard et le surcoût qui en est résulté pour le promoteur immobilier qui l'avait missionné (Cass. 3e civ. 5-12-2012 nos 11-22.154 et 11-22.480 FS-D : BPIM 1/13 inf. 30, qui absout également le coordonnateur SPS pour un motif de forme) ;

– **étude des matériaux** (Cass. 3e civ. 7-3-1990 no 88-14.866 : Bull. civ. III no 69 ; Cass. 3e civ. 20-10-1993 : Le Moniteur 3-12-1993 ; Cass. 3e civ. 27-3-1996 : RDI 1996 p. 376).

Il doit, plus généralement, veiller à l'adaptation du terrain (Cass. 1e civ. 10-2-1982 no 81-10.851 : Bull. civ. I no 65) et fournir des **plans utilisables** (Cass. 1e civ. 17-10-1978 : RDI 1979 p. 211).

ATTENTION

L'architecte qui commet des fautes de conception engage sa responsabilité (Cass. 3e civ. 19-12-2019 no 14-29.882 F-D, concernant la conception du système de récupération et d'évacuation des eaux pluviales) mais, selon le cas, il peut avoir un recours contre le contrôleur technique. De même, l'erreur de conception du maître d'œuvre peut exonérer l'entrepreneur de son obligation de conseil à l'égard du maître de l'ouvrage (Cass. 3e civ. 28-2-2018 no 17-10.356 F-D : BPIM 2/18 inf. 114).

48655 **Contraintes d'ordre économique et financier** L'architecte supporte également des contraintes d'ordre économique et financier. Outre les informations qu'il doit donner au maître de l'ouvrage, il **définit** en général l'enveloppe financière du projet. Sauf stipulation contraire, le montant proposé ne constitue pas le prix forfaitaire et global de l'opération, qui lui, est arrêté lors de la conclusion du marché. Mais il astreint l'architecte à ne pas le dépasser (Cass. 3e civ. 29-3-2011 no 10-14.510 F-D : BPIM 4/11 inf. 285) et à informer le maître de l'ouvrage de toute évolution significative du budget prévisionnel (Cass. 3e civ. 7-4-2015 no 14-11.284 F-D : BPIM 3/15 inf. 183).

L'architecte est responsable du **dépassement des prix** s'il s'est engagé sur la base d'un prix plafond (Cass. 3e civ. 19-11-1980 : Gaz. Pal. 1981 pan. p. 99). Mais sa responsabilité est le plus souvent retenue au titre du manquement à l'obligation de conseil (no 48643) car l'enveloppe proposée n'a pas toujours le caractère d'une obligation de résultat.

L'architecte répond d'une **sous-évaluation manifeste** du montant des travaux. Un arrêt retient qu'il engage sa responsabilité **envers le maître de l'ouvrage** pour un budget final représentant un quasi-doublement du montant des travaux alors que le ratio indicatif du prix moyen au mètre carré a été minoré dès le départ par l'architecte par rapport au ratio pour une prestation standard (Cass. 3e civ. 13-6-2019 no 18-16.643 F-D : BPIM 4/19 inf. 251). S'il sous-estime le coût des travaux, il commet une erreur de conception et peut engager sa responsabilité extracontractuelle **à l'égard de l'entrepreneur,** qui a conclu un marché à forfait avec le maître de l'ouvrage et n'a pas pu déterminer ni vérifier les quantités nécessaires à la réalisation du projet. L'entrepreneur est fondé à se prévaloir d'un préjudice compte tenu de l'importance de l'écart entre les prévisions et les nécessités réelles pour assurer la sécurité de la réalisation de l'ouvrage (Cass. 3e civ. 5-3-2020 no 19-11.574 F-D : BPIM 3/20 inf. 191).

L'architecte est obligé d'autant plus sévèrement que son projet est plus économique pour le client (Cass. 3e civ. 13-6-1979 : RDI 1979 p. 471) ou que les économies préconisées sont jugées excessives (Cass. 1e civ. 21-11-1967 : Bull. civ. I no 337 ; Cass. 3e civ. 10-3-1981 : JCP éd. G 1981 IV p. 191). Une **faute** de sa part semble nécessaire. Un léger surcoût ne suffit pas à la caractériser (Cass. 3e civ. 19-11-1997 no 96-11.279 : BPIM 1/98 inf. 19 pour un surcoût de 3,16 %). Il en est autrement lorsque le coût réel de la construction s'avère nettement plus élevé que prévu (Cass. 3e civ. 22-4-1971 no 69-14.499 : Bull. civ. III no 243 ; Cass. 3e civ. 25-2-1975 no 74-10.272 : Bull. civ. III no 73). Il n'est tenu responsable que si sa faute est en lien avec le préjudice invoqué. La sous-estimation des travaux qui entraîne une réduction du projet initial ne peut justifier la condamnation de l'architecte si le maître de l'ouvrage n'aurait pu, en tout état de cause, financer le projet initial (Cass. 3e civ. 14-1-2014 no 12-27.924 F-D : BPIM 2/14 inf. 103).

Si le maître de l'ouvrage accepte les **travaux supplémentaires** (Cass. 3e civ. 3-7-1991 : Le Moniteur 27-12-1991 p. 39) ou s'il ratifie le mandat apparent de l'architecte qui a pris la qualité de maître d'ouvrage délégué dans ses rapports avec les tiers (Cass. 3e civ. 12-5-2010 no 08-20.544 FS-PB : Bull. civ. III no 92), il ne peut contester l'augmentation du coût.

L'**étendue de la responsabilité** de l'architecte est large : même s'il n'a pas établi l'enveloppe financière et que l'évaluation des travaux a été confiée à un économiste de la construction, il doit vérifier les travaux et leur exécution correcte par rapport au prix calculé dans le descriptif établi par l'économiste. Au titre du manquement à cette obligation, il peut engager sa responsabilité quasi délictuelle envers l'entrepreneur (Cass. 3e civ. 6-10-2010 no 09-14.497 FS-D : BPIM 6/10 inf. 453). L'architecte n'est tenu que dans la limite de la mission qui lui est confiée. En particulier, il ne répond pas des intérêts de retard dus par le maître de l'ouvrage à l'entrepreneur lorsque la situation est imputable aux difficultés financières du client (Cass. 3e civ. 20-11-2013 no 12-21.333 FS-D : BPIM 1/14 inf. 23).

Contraintes juridiques L'architecte doit également établir son projet en tenant compte des contraintes juridiques qui gouvernent l'art de bâtir et la constructibilité du terrain. **48660**

Par « contraintes juridiques », on entend d'abord le respect des **normes** applicables à l'ouvrage (Cass. civ. 11-2-1947 : JCP éd. G 1947 II no 3599 note Sur ; sur les normes Afnor en rapport avec l'objet du projet, voir no 48650) et spécialement les documents techniques unifiés (DTU). Relèvent du même ordre les règlements relatifs à l'hygiène et la sécurité (Cass. 3e civ. 8-6-1977 : Bull. civ. III no 251 ; Cass. 3e civ. 15-10-1985 no 84-13.173). Ce sont les normes applicables à l'ouvrage à la date de sa construction qui s'imposent au maître d'œuvre. Celui-ci n'est pas responsable de la non-conformité aux normes parasismiques non obligatoires à la date de délivrance du permis de construire, sauf stipulation contractuelle contraire (Cass. 3e civ. 1-12-2010 no 09-15.282 FS-PB : BPIM 1/11 inf. 20). Pour autant, le Conseil d'État retient la responsabilité de l'architecte pour ne pas avoir alerté, lors de la réception, le maître de l'ouvrage sur l'évolution d'une réglementation applicable en cours de chantier (CE 10-12-2020 no 432783 : BPIM 1/21 inf. 28) ou sur toute non-conformité de l'ouvrage aux normes qui lui sont applicables, afin que celui-ci puisse éventuellement ne pas prononcer la réception et décider des travaux nécessaires à leur mise en conformité (CE 22-12-2023 no 472699 : RDI 2024 p. 166).

Les contraintes juridiques sont également celles du **droit privé** (voir no 48640).

Les contraintes juridiques s'entendent aussi des **prescriptions administratives** qui conditionnent l'obtention du permis de construire et, plus généralement, des règles d'urbanisme (Cass. 3e civ. 10-11-1998 no 97-11.128 : Bull. civ. III no 213) ; voir aussi les arrêts cités no 48640. Le prestataire chargé de déposer une demande de permis d'aménager un lotissement doit tenir compte des règles applicables à la date d'exécution de sa mission, peu importe que ces règles soient ensuite annulées avec effet rétroactif : c'est la non-conformité à son obligation contractuelle qui constitue une faute engageant sa responsabilité (Cass. 3e civ. 4-4-2024 no 22-18.509 FS-B : BPIM 3/24 inf. 185, en l'espèce un géomètre-expert). En revanche, il n'est pas responsable du refus de permis de construire lié à la révision du PLU, car ce préjudice n'est pas consécutif à une faute de sa part (Cass. 3e civ. 1-2-2024 no 22-15.235 F-D : BPIM 2/24 inf. 109).

ILLUSTRATIONS

Ainsi, la responsabilité du maître d'œuvre est engagée en cas de :
– non-respect des règles d'urbanisme à l'origine du retard dans l'exécution des travaux en raison d'une suspension du permis de construire alors même que, plus tard, le recours en annulation du permis de construire est déclaré irrecevable (Cass. 3e civ. 20-2-2002 no 00-14.846 FS-PB : Bull. civ. III no 46) ;

– construction non conforme au cahier des charges du lotissement (Cass. 3e civ. 15-12-2010 nº 09-68.894 FS-PB : BPIM 1/11 inf. 21) ;
– non-respect du régime de la copropriété qui exige un accord préalable des copropriétaires sur les travaux envisagés (Cass. 3e civ. 25-1-2011 nº 10-11.720 : BPIM 2/11 inf. 111).

DIRECTION ET SURVEILLANCE DES TRAVAUX PAR L'ARCHITECTE

48665 **Contenu de la mission de direction des travaux** L'architecte peut être chargé de diriger et surveiller les travaux (C. déont. des architectes art. 39) ; il en coordonne la réalisation. Il assure alors la **maîtrise d'œuvre d'exécution.** Celle-ci est incluse dans la mission complète confiée à l'architecte ou elle est attribuée à un maître d'œuvre d'exécution.

À ce titre, il doit veiller à ce que les travaux ne commencent pas avant l'obtention du permis de construire. Sa défaillance engage sa responsabilité et peut donner lieu à une exclusion de garantie de la part de son assureur (Cass. 3e civ. 20-4-2022 nº 21-16.297 FS-B : BPIM 3/22 inf. 201). Il est tenu des conséquences d'un **retard** qui serait imputable à sa faute (voir nº 61785). Il s'occupe des demandes nécessaires à l'**ouverture du chantier,** apporte son concours aux entreprises pour la mise au point des **détails d'exécution,** signe, le cas échéant, sur ordre du maître de l'ouvrage, les commandes de travaux supplémentaires, donne les **ordres de service** et vise les propositions de paiement. Il coordonne les actions des différents corps de métier et il peut même définir, pour certains d'entre eux, les méthodes de travail (Cass. 2e civ. 18-3-1992 : Gaz. Pal. 1992 pan. p. 226), mais cette mission relève souvent du bureau de coordination (voir nos 49350 s.). La mission inclut la direction des aménagements extérieurs, dont le manquement peut engager la responsabilité de l'architecte (Cass. 3e civ. 19-12-2019 nº 14-29.882 F-D).

Parfois, l'architecte prend des initiatives et, souvent, il doit le faire si les circonstances le justifient. Il agit alors moins dans le cadre du louage d'ouvrage qu'en qualité de **gérant d'affaire** (choix d'une solution moins onéreuse, prescription de travaux confortatifs destinés à éviter un péril imminent). La limite entre ses obligations contractuelles et celles nées de la gestion d'affaire est délicate en pratique.

La direction des travaux s'étend au **contrôle des personnes qui interviennent sur le chantier** et spécialement des sous-traitants (nº 54390). La direction des travaux est nécessairement incluse dans la mission complète et oblige l'architecte à veiller à une exécution conforme aux prévisions contractuelles et aux plans établis, et en particulier sur la surface des locaux réalisés, même en l'absence de mission particulière sur le mesurage des travaux exécutés ; à défaut, l'architecte engage sa responsabilité qui peut se traduire par une indemnité allouée au maître de l'ouvrage au titre du manque à gagner consécutif au déficit de surface (Cass. 3e civ. 3-11-2024 nº 23-12.315 FS-B : BPIM 1/25 inf. 30). En fait, cette obligation découle de la surveillance des travaux comprise, en général, dans la mission de direction.

48670 **Contenu de la mission de surveillance des travaux** La surveillance des travaux s'ajoute, selon la jurisprudence, à la direction de ceux-ci. Cette obligation **existe,** sans aucun doute, lorsque l'architecte est investi d'une mission complète (Cass. 3e civ. 14-4-2010 nº 09-65.475 FS-PB : Bull. civ. III nº 85). Mais le contrat de maîtrise d'œuvre peut prévoir que cette mission n'incombe pas à l'homme de l'art (Cass. 3e civ. 3-6-1987 : Le Moniteur 14-8-1987 p. 25).

Il est difficile de dissocier l'obligation de surveillance de la direction des travaux. Lorsque les dispositions du permis de construire ne sont pas respectées, la responsabilité de l'architecte est retenue ; ainsi jugé à propos d'une démolition suivie d'une reconstruction alors que le permis de construire prévoyait le maintien des murs anciens dans une zone protégée (Cass. 3e civ. 29-6-2017 nº 16-14.264 F-D : BPIM 5/17 inf. 334). Incontestablement ici, la direction des travaux implique le contrôle de leur exécution.

Dans le cadre de cette obligation, l'architecte doit **intervenir** avec fermeté **auprès des entreprises** afin d'assurer la correcte exécution des travaux.

ILLUSTRATIONS

Dans le cadre de sa mission de surveillance des travaux, l'architecte doit notamment :
– faire reprendre les malfaçons, dès leur constatation (Cass. 3e civ. 21-6-2000 nº 98-14.956 : BPIM 5/00 inf. 317) ;
– faire rectifier l'erreur de conception commise par le charpentier (Cass. 3e civ. 6-5-2009 nº 08-16.536 FS-D : BPIM 3/09 inf. 200) ;
– faire cesser les travaux qui empiètent sur le fonds voisin (Cass. 3e civ. 28-6-2006 nº 02-15.640 FS-PB : Bull. civ. III nº 163) ;
– éviter que l'entreprise de peinture intervienne dans un bâtiment n'assurant ni le clos ni le couvert et mettre en garde le maître de l'ouvrage contre la poursuite des travaux sur des supports comportant des défauts de planéité importants (Cass. 3e civ. 20-11-2013 nº 12-21.333 FS-D : BPIM 1/14 inf. 23).

Responsabilité relative à l'obligation de surveillance On discute depuis longtemps sur l'**étendue de l'obligation** de surveillance de l'architecte qui n'est souvent qu'accessoire à la direction des travaux. Le manquement à la mission de direction des travaux est retenu comme source de responsabilité, lorsque l'architecte assure une mission complète et que la conception de l'ouvrage est en cause dans le désordre (Cass. 3e civ. 19-12-2019 n° 14-29.882 F-D : BPIM 1/20 inf. 27) ou lorsque la **défaillance de l'architecte** est manifeste. Ainsi, l'architecte qui laisse le chantier se poursuivre malgré la non-conformité des travaux réalisés peut être en partie responsable du préjudice du maître de l'ouvrage pour inexécution de son obligation de surveillance du chantier (Cass. 3e civ. 19-3-2020 n° 18-25.255 FS-PBI : BPIM 3/20 inf. 192, sanctionnant l'architecte d'une indemnité de rupture conventionnelle en faveur du maître de l'ouvrage). Le juge saisi d'un litige doit rechercher si l'architecte qui ne formule ni réserve ni observation lors de la substitution de matériaux de couverture d'une maison ne manque pas à sa mission d'assistance au maître de l'ouvrage (Cass. 3e civ. 21-1-2021 n° 19-22.694 F-D : BPIM 2/21 inf. 114). Sous ces réserves, le domaine de l'obligation de surveillance fait débat. Les uns la préconisent souple, en raison du fait que l'architecte n'assumerait qu'une mission de « haute direction ». Les autres, se fondant sur une jurisprudence longtemps sévère, exigent, tant au nom des accédants que de l'intérêt public, une « surveillance attentive » (Cass. 1e civ. 15-5-1962 : Bull. civ. I n° 246 ; Cass. civ. 23-1-1979 : RDI 1979 p. 343). 48673

La Cour de cassation assigne aux conséquences d'un manquement de l'architecte à l'obligation de surveillance un domaine inattendu : la liquidation de l'entreprise qui avait réalisé des travaux défectueux et n'avait pas terminé l'ouvrage et qui peut engager la responsabilité du maître d'œuvre. Ainsi, elle casse l'arrêt qui avait exonéré l'architecte de sa responsabilité en lui reprochant de n'avoir pas recherché si le manquement de celui-ci dans la « surveillance du chantier » n'avait pas entraîné le **versement de fonds** par le propriétaire, avant la liquidation de l'entreprise pour des travaux non exécutés ou exécutés incorrectement (Cass. 3e civ. 21-6-2018 n° 17-17.251 F-D : BPIM 5/18 inf. 342).

Il faut toutefois préciser que la Haute Juridiction exige une **surveillance « normale »** (Cass. 3e civ. 30-10-1978 : RDI 1979 p. 211). Elle s'est montrée sévère pour l'architecte qui, sans précaution, succède à un confrère (Cass. 3e civ. 26-2-1980 : RDI 1980 ; Cass. 3e civ. 5-4-1995 : RDI 1995 p. 550). L'architecte n'est cependant pas tenu à une **présence** constante **sur le chantier** (Cass. 3e civ. 14-12-1983 : Bull. civ. III n° 261 ; Cass. 3e civ. 14-12-2004 n° 03-17.947 F-D). Il ne répond pas des fautes ponctuelles des exécutants (Cass. 3e civ. 22-6-1982 : RDI 1983 p. 67). Ainsi, il a été jugé que des désordres de pure exécution affectant les peintures intérieures peuvent échapper à la surveillance normale du chantier par l'architecte sans que cela constitue une faute (Cass. 3e civ. 4-4-2001 n° 99-16.998 FS-D : BPIM 4/01 inf. 254). En ce sens, l'architecte ne répond pas d'une malfaçon incombant à l'entreprise, relative au défaut de planéité au niveau d'une porte d'entrée (Cass. 3e civ. 19-12-2019 n° 14-29.882 F-D : BPIM 1/20 inf. 27).

Le débat demeure actuel mais il risque de perdre en acuité, dans la mesure où la **présomption de responsabilité** est généralisée, ce qui oblige l'architecte, une fois la réception prononcée, à établir à tout le moins qu'il n'a pas commis de faute pour se décharger de la garantie (Cass. 3e civ. 14-2-1990 n° 300 : RDI 1990 p. 214 ; Cass. 3e civ. 7-10-1992 n° 90-14.437). Ainsi, il a été jugé que la responsabilité de l'architecte est engagée pour le tout envers le maître de l'ouvrage, dès lors que celle de l'entrepreneur est retenue sur le fondement de l'article 1792 du Code civil, sans qu'il y ait lieu de tenir compte du fait que l'architecte n'est pas tenu d'une surveillance de tous les instants (Cass. 3e civ. 27-6-2001 n° 00-12.130 FS-D : BPIM 5/01 inf. 315). Seule une cause étrangère peut exonérer l'architecte (Cass. 3e civ. 20-6-2001 n° 99-20.242 FS-PB : Bull. civ. III n° 80). Lorsque les constructeurs sont condamnés « in solidum », la contribution à la dette s'opère généralement en tenant compte de leurs fautes respectives (voir n° 91090). À ce titre, le maître d'œuvre d'un marché public s'oblige, en cas de défaut de surveillance, en exécution d'une faute simple (CE 19-11-2018 n° 413017 : BPIM 1/19 inf. 39), et non plus d'une faute « caractérisée d'une particulière gravité » comme cela était naguère exigé (CE 26-5-1982 n° 16488, Ville de Chamonix Mont Blanc : Lebon T. p. 673). 48674

La controverse subsiste pour la responsabilité encourue par l'architecte au titre de la **responsabilité de droit commun** :

– après la réception, l'architecte étant tenu d'une obligation de moyens dans sa mission de surveillance du chantier (Cass. 3e civ. 14-12-2004 n° 03-17.947 F-D) ;

– avant la réception, car le maître de l'ouvrage doit alors préciser l'obligation violée par le constructeur (Cass. 3e civ. 3-6-1987 : Le Moniteur 14-8-1987 p. 25 ; Cass. 3e civ. 4-4-2001 n° 99-16.998 FS-D : BPIM 4/01 inf. 254). Même alors, il est des cas où elle ne se discute guère. Ainsi, l'architecte qui laisse persister ou s'aggraver une situation apparue dès la phase initiale des travaux par un manque de rigueur dans le suivi du chantier, qui a finalement été abandonné, méconnaît les exigences de son devoir de direction et de contrôle des travaux (Cass. 3e civ. 27-4-2000 nº 98-15.050 D : BPIM 4/00 inf. 238) ; dans le même sens pour des travaux qui empiètent sur le fonds voisin (Cass. 3e civ. 28-6-2006 nº 02-15.640 FS-PB : Bull. civ. III nº 163).

Il est peu probable que cette discussion sur l'obligation de surveillance de l'architecte ait une incidence sur la garantie décennale qui est une responsabilité de plein droit à laquelle l'architecte ne peut se soustraire qu'en démontrant que le fait du tiers constitue pour lui une cause étrangère, notion sur laquelle la jurisprudence paraît hésitante (pour une application sévère, Cass. 3e civ. 22-11-1982 : Gaz. Pal. 1983 pan. p. 38 ; Cass. 3e civ. 3-7-1991 : Le Moniteur 13-12-1991 ; pour une application souple, Cass. 3e civ. 14-2-1990 : RDI 1990 p. 214).

GARDE DU CHANTIER

48675 L'obligation de direction et son corollaire, l'obligation de surveillance, n'ont pas pour effet de transférer à l'architecte la garde du chantier et des travaux pendant l'exécution du marché (Cass. 1e civ. 24-3-1965 : Bull. civ. I nº 209).

Il a été jugé qu'aucune obligation ne pèse sur l'architecte pour ce qui concerne la **sécurité du chantier** « en dehors de la vérification de l'existence d'un plan d'hygiène et de sécurité qui doit être établi, en principe par l'entreprise de gros œuvre, ou de la réalisation de travaux particulièrement risqués » (TGI Paris 20-1-1989 : RDI 1989 p. 467). Mais l'architecte peut assumer les obligations du coordonnateur SPS en cas de coactivité sur le chantier et sa responsabilité peut alors être encourue.

ASSISTANCE DU MAÎTRE DE L'OUVRAGE POUR LES PAIEMENTS

48680 Outre la surveillance des travaux, l'architecte doit vérifier les **situations et** les **comptes** établis mensuellement par les entreprises. Il vise les situations qu'il présente au maître de l'ouvrage pour le paiement des acomptes, en tenant compte de la retenue de garantie (Cass. 3e civ. 20-10-2021 nº 20-21.267 F-D : BPIM 6/21 inf. 364). Le maître d'œuvre qui reçoit la demande d'acompte d'une entreprise doit faire figurer dans l'état qu'il transmet au maître d'ouvrage la date de réception de cette demande afin que ce dernier respecte le délai de paiement éventuellement applicable (nº 57415). Il est vraisemblable que cette obligation mette à charge du maître d'œuvre une obligation d'information et de conseil qui va au-delà de la simple indication de la date de réception de la demande. Si le maître d'œuvre fait des attestations erronées ou inexactes de l'état d'avancement des travaux alors que ces attestations permettent de procéder à des appels de fonds, il engage sa responsabilité envers les acquéreurs et leurs banques (Cass. 3e civ. 29-3-2000 nº 98-19.744 : Bull. civ. III nº 73 s'agissant d'une vente d'immeuble à construire). Toutefois, alors même que ces attestations erronées peuvent engager la responsabilité du notaire lorsque l'ouvrage est destiné à être vendu, il a été jugé que l'assureur de responsabilité du notaire subrogé dans ses droits ne peut exercer de recours contre l'architecte (Cass. 3e civ. 15-5-2013 nº 12-18.191 FS-D : BPIM 4/13 inf. 253).

48685 L'architecte vérifie les **mémoires** et les pièces justificatives des dépenses qu'il remet au maître de l'ouvrage pour paiement du solde du prix (voir nºs 57315 s.). Sauf mandat spécial, il n'est pas chargé de procéder lui-même au paiement.

ASSISTANCE DU MAÎTRE DE L'OUVRAGE À LA RÉCEPTION DES TRAVAUX ET CONCOURS À L'ACHÈVEMENT

48690 **Étendue de la mission à la réception** L'architecte assiste le maître de l'ouvrage à la réception en lui signalant les désordres ou non conformités qui affectent l'ouvrage, le juge devant, le cas échéant, vérifier qu'il s'est bien exécuté de sa mission (Cass. 3e civ. 26-10-2017 nº 16-15.442 F-D : BPIM 6/17 inf. 407). Toutefois, l'architecte n'a pas qualité pour prononcer la réception des travaux et signer le procès-verbal de réception avec le maître de l'ouvrage. La réception doit être prononcée contradictoirement avec l'entreprise. En cas de contestation, une réception tacite ne peut pas être prononcée à l'égard de l'entreprise non convoquée à la réception expresse (Cass. 3e civ. 20-10-2021 nº 20-20.428 FS-B : BPIM 6/21 inf. 371). L'architecte est tenu d'une obligation de conseil renforcée à la réception des travaux, intégrée à sa mission d'assistance. Le Conseil d'État souligne l'étendue de cette obligation, qui oblige l'architecte à signaler au maître de l'ouvrage toute non-conformité de l'ouvrage aux stipulations contractuelles, aux règles de l'art et aux normes qui lui sont applicables (CE 22-12-2023 nº 472699 : RDI 2024 p. 166 et 217).

L'architecte (plus généralement un technicien d'étude ou de contrôle) peut recevoir une mission spéciale d'assistance du maître de l'ouvrage, dans le contrat de **construction de maison individuelle** (CCH art. L 231-2, f et L 232-11).

Selon une jurisprudence, l'architecte, qui ne supporte aucune obligation pour l'exécution des travaux de reprise (Cass. 3e civ. 3-5-1989 : D. 1990 p. 171 obs. Rémery), doit informer le client des particularités de fonctionnement ou d'entretien de l'ouvrage (CE 4-11-1964, Ville de Bayeux).

Formulation des réserves L'architecte doit inviter le maître de l'ouvrage à formuler les réserves nécessaires lorsqu'il constate un désordre (Cass. 3e civ. 3-2-1999 n° 97-13.427 : Bull. civ. III n° 27), que le désordre provienne d'un vice de la construction ou d'un défaut de conformité. D'une façon plus générale, l'architecte doit signaler tous les désordres dont il a eu connaissance en cours de chantier qu'ils soient apparents ou non lors de la réception (CE 28-1-2011 n° 330693 : BPIM 2/11 inf. 112). Toutefois, le caractère apparent du désordre justifiant la formulation de réserves s'apprécie en la personne du maître de l'ouvrage qui doit être suffisamment averti pour déceler les défauts de conformité et les malfaçons (Cass. 3e civ. 1-3-2023 n° 21-23.375 F-D : BPIM 2/23 inf. 115 ; voir n° 87470), même s'il est assisté d'un technicien. La présence de l'architecte n'a donc pas d'influence sur l'appréciation du caractère apparent ou caché du désordre, notamment pour la garantie décennale. Mais sa carence peut l'obliger au titre de son devoir de conseil, si un défaut aurait dû être réservé et ne l'a pas été. **48692**

L'architecte doit attirer l'attention du maître de l'ouvrage sur les conséquences :
– d'une absence de réserves (Cass. 3e civ. 30-10-1991 : Bull. civ. III n° 250) ;
– **d'une prise de possession équivalant, selon les termes du marché, à une réception sans réserve (Cass. 3e civ. 27-6-2001 n° 00-10.153 FS-PB : Bull. civ. III n° 82).**

La **responsabilité de l'architecte** est **engagée** s'il manque à son obligation (Cass. 3e civ. 23-6-1976 : Bull. civ. III n° 281) selon le droit commun (voir n° 48700). **48693**

ILLUSTRATIONS

Ainsi, la faute du maître d'œuvre a été retenue pour :
– des vices apparents non signalés (Cass. 3e civ. 29-1-2003 n° 00-21.091 FS-PB : BPIM 2/03 inf. 91 ; Cass. 3e civ. 6-12-2005 n° 04-18.643 F-D : BPIM 2/06 inf. 107), même s'ils ne rendent pas l'immeuble impropre à sa destination (CE 8-6-2005 n° 261478, Ville de Caen) ;
– des défauts de conformité (Cass. 3e civ. 8-1-1980 : Bull. civ. III n° 3 ; Cass. 3e civ. 9-1-1991 : Bull. civ. III n° 10 ; CE 26-10-1990 : RDI 1991 p. 54) telle que l'insuffisance du nombre de places de stationnement au regard du permis de construire (Cass. 3e civ. 14-3-2007 n° 05-20.393 FS-D) ;
– des désordres connus du maître de l'ouvrage et non réservés par l'architecte (Cass. 3e civ. 19-4-1989 : RGAT 1989 p. 616 ; en sens contraire Cass. 3e civ. 12-3-1986 : JCP éd. G 1986 IV p. 145) ;
– des désordres liés à la non-conformité de l'ouvrage aux normes d'isolation acoustique, dès lors qu'il a eu connaissance en cours de chantier de l'évolution de la réglementation applicable (CE 10-12-2020 n° 432783 : BPIM 1/21 inf. 28, RDI 2021 p. 359) ;
– des réserves exprimées lors d'une préréception et non mentionnées au procès-verbal de réception (Cass. 3e civ. 3-2-1999 n° 97-13.427 : Bull. civ. III n° 27).

En revanche, **aucune faute** ne peut être reprochée à l'architecte lorsque le maître de l'ouvrage lui a donné quitus pour les vices apparents signalés (Cass. 3e civ. 28-6-1995 : RDI 1995 p. 550).

Compétence du maître de l'ouvrage La Cour de cassation semble écarter la responsabilité de l'architecte dans des cas où le **maître de l'ouvrage** est un **professionnel.** Ainsi a-t-elle jugé en ce sens dans plusieurs arrêts en relevant que : **48695**
– le maître de l'ouvrage était un promoteur professionnel qui ne pouvait ignorer le caractère apparent des désordres et qui n'ignorait pas les conséquences juridiques d'une absence de réserve. Dès lors, si l'architecte a commis une faute en ne l'invitant pas à émettre des réserves, cette faute n'est pas à l'origine du préjudice résultant de l'absence de réserve (Cass. 3e civ. 27-9-2000 n° 98-22.403 FS-D : BPIM 1/01 inf. 39) ;
– l'architecte n'a pas commis de faute lorsque le promoteur vendeur n'a pas reporté au procès-verbal de réception les réserves émises par l'accédant et que l'architecte n'a pas attiré son attention sur les conséquences d'une réception sans réserve (Cass. 3e civ. 22-6-2005 n° 04-15.017 FS-D : BPIM 4/05 inf. 257).

Mais un autre arrêt paraît revenir à l'appréciation du caractère apparent du vice au regard du **maître d'ouvrage profane** (Cass. 3e civ. 29-1-2003 n° 00-21.091 FS-PB : Bull. civ. III n° 18, BPIM 2/03 inf. 91, RDI 2003 p. 185).

C'est au regard de la compétence du maître de l'ouvrage et non du maître d'œuvre, même s'il est spécialement mandaté pour réceptionner les ouvrages, que le caractère apparent ou caché du vice ou du défaut de conformité doit s'apprécier (voir n° 87485). L'architecte commet un dol si des désordres sont apparents pour lui lors de la réception et qu'il n'en tient pas compte (Cass. 3e civ. 6-12-2005 n° 04-18.643 F-D : BPIM 2/06 inf. 107).

48700 La responsabilité encourue est une **responsabilité de droit commun** fondée sur le manquement à l'obligation de conseil. Cette responsabilité peut se justifier lorsque l'architecte intervient comme mandataire (Cass. 3e civ. du 17-11-1993 : RDI 1994 p. 252) ou comme maître d'œuvre non constructeur, uniquement pour assister le maître de l'ouvrage à la réception (Cass. 3e civ. 3-12-1997 no 95-18.371 : BPIM 1/98 inf. 3). Dans ce cadre, il a été jugé que, dès lors que le maître de l'ouvrage s'en remet à ses compétences quant aux réserves à émettre, l'architecte ne peut pas s'exonérer de sa responsabilité en opposant le caractère apparent ou connu du vice. Mais cette solution est parfois difficile à approuver (voir no 48695 ; voir aussi les observations à la RDI 1998 p. 96).

Le cas échéant, la faute de l'architecte peut être considérée comme dolosive : ainsi jugé dans un cas où l'architecte avait permis la réception sans réserve, alors que la toiture était affectée de désordres graves qui, pour lui, étaient apparents dès avant la réception (Cass. 3e civ. 6-12-2005 no 04-18.643 F-D : BPIM 2/06 inf. 107).

Il faut soigneusement distinguer la responsabilité fondée sur le manquement à l'obligation de conseil de celle encourue au titre du manquement à l'obligation de surveillance (Cass. 3e civ. 20-7-1988 : JCP éd. G 1988 IV p. 351) qui peut relever de la garantie décennale (CE 17-2-1992 : RDI 1992 p. 209).

48702 **Concours apporté au maître de l'ouvrage à l'achèvement** Outre l'assistance qu'il doit au maître de l'ouvrage à la réception, l'architecte lui apporte à l'achèvement des travaux un concours qui est renforcé par les mesures consistant à vérifier que la réglementation relative à la construction des bâtiments a bien été respectée, notamment la **réglementation thermique** (CCH art. R 122-22). À l'achèvement des travaux de construction ou d'extension de bâtiment, le maître d'œuvre chargé de la conception et de l'exécution des travaux délivre un document attestant la prise en compte de la réglementation thermique. Si la mission du maître d'œuvre se limite à la conception ou s'il n'y a pas de maître d'œuvre, le maître de l'ouvrage doit attester qu'il a respecté la réglementation (CCH art. R 122-24). L'attestation est en principe donnée par l'architecte, mais elle peut l'être aussi par une personne qualifiée au sens de l'article L 126-26 du CCH dans le cas d'une maison individuelle ou accolée, par un organisme certifié au sens des articles L 433-3 à L 433-10 du Code de la consommation, par un bureau d'études agréé ou par le contrôleur technique (CCH art. R 122-25 modifié par décret 2023-1175 du 12-12-2023).

À l'achèvement de **travaux de rénovation énergétique,** une attestation relative au respect de la réglementation thermique doit être fournie par le maître de l'ouvrage (CCH art. R 122-26), selon les mêmes modalités compte tenu du rôle joué par le maître d'œuvre ; elle est établie par une personne qualifiée comme il est dit ci-dessus (CCH art. R 122-28 modifié par décret 2023-1175 du 12-12-2023). Il y a lieu de fournir deux attestations, s'il y a des travaux d'extension et de rénovation d'un même bâtiment, portant sur la partie neuve et la partie existante (CCH art. R 122-29).

S'agissant des règles concernant **l'accessibilité,** visées à l'article L 122-10 du CCH (anciennement art. L 122-9), une attestation est établie par un contrôleur technique, un bureau d'études agréé ou un architecte (CCH art. R 122-30 modifié et renvoyant à l'art. L 122-12). Des mesures du même ordre s'appliquent pour le contrôle de **l'isolation acoustique** (CCH art. R 122-32 s.) et de la prévention des risques **sismiques, cycloniques** ou liés aux **terrains argileux** (CCH art. L 122-11 et R 122-36 s.).

Le **contenu des attestations** du contrôle des règles de construction à la conception et à l'achèvement de l'ouvrage a été précisé par les décrets 1173 et 1175 du 12 décembre 2023 et divers arrêtés (voir BPIM 1/24 inf. 37).

4. COORDINATION DE CHANTIER

48705 Sous certaines conditions, en particulier s'il n'est pas délégué par le maître de l'ouvrage pour l'organiser, le maître d'œuvre peut être investi d'une mission de coordination de chantier (C. trav. art. L 4531-1, L 4531-2 et L 4532-7).

5. NATURE DES OBLIGATIONS DE L'ARCHITECTE

48730 Conformément à la distinction bien connue, les obligations de l'architecte devraient être tantôt de moyens, tantôt de résultats, selon que la part de l'aléa est importante ou non. En **jurisprudence,** cette règle n'est pas toujours vérifiée. C'est plus souvent en fonction de la responsabilité encourue que s'apprécie la nature de l'obligation, alors que ce devrait être l'inverse : de la nature de l'obligation devrait dépendre le régime de la responsabilité qui, en matière contractuelle, est soit décennale ou biennale (voir nº 86300) soit de droit commun (voir nºs 88550 s.).

OBLIGATION DE RÉSULTAT DE L'ARCHITECTE

C'est une obligation de résultat qui est à la charge de l'architecte lorsque la garantie décennale (et sans doute la garantie biennale) est encourue (C. civ. art. 1792 et 1792-2) et que la mission est complète (Cass. 3e civ. 19-11-1997 nº 95-15.811 : BPIM 1/98 inf. 33). Toutefois, c'est parfois en tenant compte de l'objet de l'obligation que la jurisprudence retient qu'elle est de résultat (Cass. 3e civ. 19-11-1986 : Gaz. Pal. 1987 pan. p. 24) ; ainsi l'architecte répond-il de l'inobservation des délais qu'il s'est engagé à faire respecter (Cass. 3e civ. 11-7-1977 : D. 1977 IR p. 477 ; Cass. 3e civ. 19-6-1996 nº 1144 D, Guillemonat ; Cass. 3e civ. 20-2-2002 nº 00-14.846 FS-PB : Bull. civ. III nº 46) ; voir nºs 61815 s. 48735

OBLIGATION DE MOYENS DE L'ARCHITECTE

Le plus souvent, la Cour de cassation retient, sur le fondement de la responsabilité de droit commun, que l'architecte est tenu d'une obligation de moyens (Cass. 3e civ. 16-12-1992 nº 90-21.625 ; Cass. 3e civ. 12-5-1999 nº 97-19.775 : BPIM 5/99 inf. 352, 1e esp.). 48740

Dans ce cas, ce n'est pas tant la nature de l'obligation que sa conséquence qui la détermine. Ce n'est guère que lorsque l'architecte intervient en qualité de mandataire, ou lorsqu'il lui est reproché un manquement à l'obligation de conseil (Cass. 3e civ. 31-5-1989 : RDI 1989 p. 471), que la jurisprudence tient compte de l'objet de l'obligation pour caractériser sa nature, obligation de moyens en ces cas (Cass. 3e civ. 18-6-1997 nº 95-20.704 P : RJDA 10/97 nº 1252 ; comparer : Cass. 3e civ. 24-6-1987 : RDI 1987 p. 457, qui tient compte de l'importance des travaux).

Lorsque la responsabilité de l'architecte est recherchée par un tiers, même si ce dernier tient du propriétaire une promesse de bail, la faute de l'architecte est nécessaire (CA Paris 1-10-1997, Sté CEP SA : RDI 1998 p. 92).

ILLUSTRATIONS

Une obligation de moyens pesant sur l'architecte peut être retenue :
– en cas de responsabilité avant la réception des travaux (Cass. 3e civ. 8-3-1995 : RDI 1995 p. 333 ; Cass. 3e civ. 3-10-2001 nº 00-13.718 FS-D : BPIM 6/01 inf. 375 ; Cass. 3e civ. 11-2-2009 nº 07-19.410 FS-D : BPIM 2/09 inf. 116) ;
– pour des dommages réservés lors de la réception (Cass. 3e civ. 4-4-2001 nº 99-16.998 : BPIM 4/01 inf. 254) ;
– pour des modalités de paiement contestées (Cass. 3e civ. 12-7-1989 : Le Moniteur 9-3-1990) ;
– pour des réserves non levées (Cass. 3e civ. 4-11-1992 nº 89-21.094) ;
– pour des dommages intermédiaires après réception (Cass. 3e civ. 13-3-1991 : Bull. civ. III nº 91 ; Cass. 3e civ. 22-3-1995 : JCP éd. G 1995 II nº 22416 note Fossereau ; Cass. 3e civ. 22-6-2004 nº 800 F-D) ;
– en cas de résolution d'une vente en l'état futur d'achèvement, l'immeuble ne pouvant pas être livré en raison d'une faute de conception (Cass. 3e civ. 11-5-2005 nº 03-20.680 FS-PB : Bull. civ. III nº 100).

OBLIGATION TRANSMISSIBLE DE L'ARCHITECTE

L'obligation de réparation lorsque la responsabilité de l'architecte est recherchée, notamment en matière décennale, n'est pas exclusivement attachée à la personne ; elle **se transmet** à ses héritiers (Cass. 3e civ. 30-1-2019 nº 18-10.941 FS-PBI : BPIM 2/19 inf. 115). 48745

6. RÉMUNÉRATION DE L'ARCHITECTE

DROIT AUX HONORAIRES DE L'ARCHITECTE

Les honoraires de l'architecte sont fixés par voie **d'accord.** Le Conseil de l'Ordre des architectes publiait un barème des honoraires jusqu'en 1981. Par la suite, le **contrat type** proposé par l'Union nationale des syndicats français d'architecture (UNSFA) comportait divers barèmes de rémunération, qui ont été jugés contraires aux dispositions de l'ordonnance 45-1489 du 30-6-1945 et de l'ordonnance 86-1243 du 1-12-1986 (Cons. conc. 12-12-1986 nº 87-D.53 : JCP éd. E 1988 I nº 16984 ; Cons. conc. 21-1-1992 nº 92-D.06 : rapport Cons. conc. 1992 p. 164). Toutefois, certaines décisions ont admis que le contrat type n'est pas nul, quoique annexé à la convention des parties, lorsque celle-ci reprend expressément certaines des modalités de fixation des honoraires qui y figurent (CA Toulouse 17-2-1992 : RDI 1993 p. 78 ; en sens contraire, 48770

CA Paris 25-3-1993 : RDI 1993 p. 376). D'autres en ont fait application sans faire état de l'irrégularité (Cass. 3e civ. 19-7-2000 no 98-18.241 FS-D : BPIM 5/00 inf. 318).

En outre, un **tarif indicatif** est communiqué par le Conseil de l'Ordre, qui peut aider les tribunaux dans la détermination du montant des honoraires en cas de différend.

48775 Le **contrat** d'architecte est présumé **à titre onéreux** (Cass. 3e civ. 22-5-1996 no 94-16.930 : BPIM 5/96 inf. 344 ; Cass. 3e civ. 28-1-1998 : RDI 1998 p. 253) ; il ne nécessite pas un accord préalable des parties sur le montant de la rémunération (Cass. 3e civ. 19-1-2022 no 20-22.059 F-D : BPIM 2/22 inf. 118). Dès lors que la mission est établie, c'est au maître de l'ouvrage de démontrer qu'elle était prévue à titre gracieux (Cass. 3e civ. 17-7-1997 no 95-18.856 : BPIM 6/97 inf. 379 ; Cass. 3e civ. 24-3-2015 no 14-10.158 F-D : BPIM 3/15 inf. 182). La gratuité d'un contrat ne saurait résulter de l'absence de convention entre les parties et de l'allégation selon laquelle l'architecte aurait agi à titre purement commercial (Cass. 3e civ. 3-2-1999 no 97-12.744 : BPIM 2/99 inf. 127).

Les honoraires sont dus dès que l'architecte fournit une **prestation** ou un service. C'est le cas dès lors que les plans établis par le maître d'œuvre sont utilisés, par exemple pour la demande de permis de construire (Cass. 3e civ. 24-9-2013 no 12-25.183 F-D : BPIM 6/13 inf. 387, à propos de plans établis par un géomètre). Si le maître de l'ouvrage refuse de régler les honoraires dus car il estime que le travail réalisé est inexploitable, c'est à lui d'en apporter la preuve. Celui qui se prétend libéré d'une obligation doit justifier le paiement ou le fait qui produit l'extinction de l'obligation (C. civ. art. 1353 ; Cass. 3e civ. 12-11-2020 no 19-21.764 FS-PBI : BPIM 1/21 inf. 29). Même s'il est intégralement indemnisé du préjudice consécutif à des manquements de l'architecte, le maître de l'ouvrage n'est pas dispensé de lui payer le solde des honoraires (Cass. 3e civ. 28-9-2023 no 22-19.475 F-D : BPIM 6/23 inf. 370).

Le contrat peut prévoir que les honoraires sont suspendus à la **condition** du succès du projet (Cass. 3e civ. 26-6-2002 no 00-20.789 FS-D : BPIM 5/02 inf. 314 ; Cass. 3e civ. 9-7-2013 no 12-17.489 F-D : BPIM 5/13 inf. 327). La rémunération de l'architecte qui conçoit un modèle type d'ouvrage dont la construction est ensuite confiée à d'autres maîtres d'œuvre est variable selon les termes du contrat (Cass. 3e civ. 28-3-2006 no 05-13.288 F-D : BPIM 3/06 inf. 180).

Des honoraires sont dus pour des **missions complémentaires** lorsque la preuve de ces missions est rapportée (Cass. 3e civ. 12-5-1982 : Gaz. Pal. 1982 pan. p. 301 ; Cass. 3e civ. 19-7-1995 no 93-20.781 : BPIM 1/96 inf. 40). Sans preuve de l'existence d'un contrat, même tacite, la demande de rétribution d'un architecte ayant assisté un confrère qui présentait un projet dans le cadre d'un concours est rejetée (Cass. 3e civ. 25-2-1998 no 96-14.107 : RDI 1998 p. 254).

48778 **Projets non suivis d'exécution** Donnent lieu à rémunération les projets non suivis d'exécution résultant de **circonstances non imputables à l'architecte** et notamment par suite :

– d'une décision du maître de l'ouvrage (Cass. 3e civ. 3-3-1992 no 90-17.888 ; CA Versailles 28-6-1991 : RDI 1991 p. 479 ; Cass. 3e civ. 9-2-2011 no 10-10.264 FS-PB : RJDA 5/11 no 416 ; Cass. 3e civ. 7-7-2015 no 14-21.701 : BPIM 5/15 inf. 313) ;

– de la carence du maître d'ouvrage (Cass. 3e civ. 7-11-2006 no 05-19.666 F-D : BPIM 2/07 inf. 115) ;

– des contraintes d'urbanisme, dès lors que l'architecte n'a pas failli à son obligation de conseil en alertant le maître de l'ouvrage et en participant, avec lui, à des réunions en mairie (Cass. 3e civ. 3-3-2004 no 02-18.177 FS-PB : Bull. civ. III no 43).

Pour autant, le contrat de maîtrise d'œuvre ne peut prévoir qu'en cas d'abandon du projet par le maître de l'ouvrage, l'intégralité des honoraires serait due à l'architecte. Une telle clause est jugée abusive, car l'abandon du projet entraînerait le règlement des honoraires identiques à ceux qui auraient été payés si le contrat avait été intégralement exécuté (Cass. 3e civ. 7-11-2019 no 18-23.259 FS-PBI : BPIM 6/19 inf. 391).

> **Précisions** Un arrêt se prononçant dans le cadre du contrat type établi par l'Ordre décide que l'abandon d'une partie du projet par le maître de l'ouvrage ne justifie ni une indemnité de résiliation ni une actualisation des honoraires à raison de leur non-paiement, mais seulement l'application des modifications annuelles apportées par l'Ordre des architectes, en cas d'interruption des travaux pendant plus d'un an (Cass. 3e civ. 19-7-2000 no 98-18.241 FS-D : BPIM 5/00 inf. 318).

48779 L'impossibilité de donner suite à un projet en raison d'une **carence de l'architecte** ne permet pas à ce dernier de réclamer un paiement (Cass. 3e civ. 9-12-1992 : Bull. civ. III no 318 ; Cass. 3e civ. 5-12-2006 no 06-10.760 F-D : BPIM 2/07 inf. 116). Tel est le cas si la carence de l'architecte a conduit :

– au refus du permis de construire (Cass. 3e civ. 4-7-1979 no 78-12.206 ; Cass. 3e civ. 24-3-2009 no 07-19.834 F-D : BPIM 3/09 inf. 199) ou à l'annulation du permis qui n'a pu permettre le lancement de l'opération de construction conditionnant le paiement des honoraires (Cass. 3e civ. 9-7-2013 no 12-17.489 F-D : BPIM 5/13 inf. 327). Lorsque le permis de construire a été refusé deux

fois, on ne peut pas reprocher au maître de l'ouvrage de ne pas faire une troisième demande. Par l'effet de la condition suspensive d'obtention du permis de construire stipulée au contrat du maître d'œuvre, il est fondé à demander le remboursement des sommes déjà versées au maître d'œuvre (Cass. 3e civ. 9-7-2020 n° 18-25.181 F-D) ;
– à présenter un projet irréalisable (Cass. 3e civ. 25-2-1998 n° 96-10.598 : Bull. civ. III n° 44 ; Cass. 3e civ. 14-12-2004 n° 03-15.948) et plus généralement un travail qui s'avère inutile et inexploitable (Cass. 3e civ. 11-6-2014 n° 13-17.238 F-D : BPIM 4/14 inf. 247).

De même, les honoraires ne sont pas dus pour une deuxième étude rendue nécessaire par une erreur commise dans la première (Cass. 3e civ. 5-12-2012 n° 11-26.706 F-D : BPIM 1/13 inf. 31).

Les honoraires peuvent être réduits en cas de dépassement du plafond des dépenses autorisées (Cass. 3e civ. 18-6-1970 : Bull. civ. III n° 416).

MODES DE RÉMUNÉRATION DE L'ARCHITECTE

En principe, l'architecte perçoit des honoraires. 48780

Toutefois, l'architecte **salarié** reçoit un salaire, parfois sous forme d'intéressement ; la rétrocession d'une partie des honoraires afférents au projet sur lequel il travaille n'est en réalité qu'une modalité de détermination du salaire et non une participation pure et simple aux résultats ; en effet, celle-ci, si elle était exclusive, risquerait de transformer le contrat de travail en contrat de société.

Les architectes **fonctionnaires** sont rémunérés selon des modalités particulières.

L'architecte qui exerce à titre individuel ou la société d'architecture peuvent prétendre à un **droit d'auteur** (constructions selon un modèle type) ou à des **honoraires.** Parfois, la rémunération se présente sous forme d'attribution **en nature** d'une partie de l'immeuble construit sous la direction de l'architecte, ce qui implique un accord précis des parties (Cass. 3e civ. 12-1-1972 : Bull. civ. III n° 28).

MODALITÉS DE FIXATION DES HONORAIRES DE L'ARCHITECTE

La **fixation** des honoraires résulte de la libre discussion des parties (Cass. 3e civ. 24-3-2009 48790
n° 08-12.259 F-D : BPIM 3/09 inf. 201). Les honoraires sont fixés par le contrat en pratique selon **trois modalités** :

– le **pourcentage** sur coût des travaux. Si en général c'est le coût global qui sert d'assiette, il n'est pas interdit de prévoir une modulation du taux par tranches de travaux, chacune des tranches étant déterminée par son coût. Mais le coût au moins prévisionnel des travaux doit être indiqué dans le contrat ; à défaut, le prix ne peut être déterminé en pourcentage, et c'est au juge d'apprécier les honoraires dus (Cass. 3e civ. 24-5-1972 : Bull. civ. III n° 320). L'assiette de calcul est susceptible d'être réévaluée au cas où les travaux réels sont d'un montant supérieur au montant prévisionnel. L'architecte qui délivre une facture valant solde de ses honoraires est considéré comme ayant renoncé à ajuster le montant de ses honoraires sur la base du montant effectif des travaux (Cass. 3e civ. 9-7-2020 n° 19-18.126 F-D : BPIM 5/20 inf. 312) ;

– le **forfait,** calculé en principe en fonction de la mission et en tenant compte des frais réels. Il ne faut pas confondre les honoraires fixés selon un barème forfaitaire et le marché à forfait visé à l'article 1793 du Code civil qui ne concerne, en principe, que le contrat de l'entrepreneur. La stipulation du prix forfaitaire ne suffit pas à caractériser le marché à forfait au sens de l'article précité, qui implique également un plan arrêté et convenu (CA Versailles 26-10-1989 : RDI 1990 p. 81). Il est pourtant fait parfois application de l'article 1793 du Code civil au contrat d'architecte sur la base d'honoraires forfaitaires (Cass. 3e civ. 3-10-2001 n° 99-15.168 FS-D : BPIM 6/01 n° 362, RDI 2001 p. 499 note critique B. Boubli ; Cass. 3e civ. 5-12-2006 n° 06-10.760 F-D : BPIM 2/07 inf. 116). La Cour de cassation en déduit que des honoraires complémentaires ne peuvent pas être réclamés au maître d'œuvre pour des travaux supplémentaires si le maître de l'ouvrage n'a pas donné son accord préalable et écrit (Cass. 3e civ. 2-11-2011 n° 10-20.499 F-D : BPIM 6/11 inf. 454). La solution n'est pas, en soi, critiquable : en effet les honoraires forfaitaires correspondent à des prestations définies et si le prestataire accomplit unilatéralement des tâches nouvelles, il ne peut, par ce seul fait, obliger le maître de l'ouvrage qui n'est pas d'accord. Mais comme l'a relevé justement un arrêt, il ne s'agit alors que de l'application pure et simple du droit commun des contrats et de leur force obligatoire (Cass. 3e civ. 29-3-2011 n° 10-30.253 F-D : BPIM 3/11 inf. 202 qui vise l'article 1134 du Code civil, devenu l'article 1193), et non de l'article 1793 du même Code. À propos d'un réajustement d'honoraires réclamé par un architecte dont la rémunération était forfaitaire, un arrêt laisse subsister une équivoque dans la mesure où le moyen soutenait l'existence d'un « bouleversement de l'économie du marché » que la décision ne condamne pas (Cass. 3e civ. 28-3-2001 n° 99-18.444 FS-D : RDI 2001 p. 239 obs. Boubli) ;

– **le déboursé,** qui consiste à fixer la rémunération sur la base des frais réels et du temps consacré ; on y a recours pour des missions insusceptibles de donner lieu au pourcentage ou au forfait. L'existence d'une convention de rémunération au temps passé doit être prouvée (Cass. 3e civ. 17-2-2004 no 02-17.930 F-D), ce qui donne à penser que ce mode de fixation des honoraires ne doit pas être considéré comme la règle.

FIXATION DES HONORAIRES DE L'ARCHITECTE

48795 La disparition des barèmes de référence pose un problème lorsque le contrat n'est pas conclu par écrit ou que l'écrit ne fait pas mention de la rémunération convenue ni de son mode de calcul. Un accord préalable sur le montant exact de la rémunération n'est pas une condition de formation du contrat de louage.

En cas de **contestation,** il appartient au juge de fixer le montant des honoraires (Cass. 3e civ. 11-5-2004 no 03-11.714 F-D : BPIM 5/04 inf. 282 ; Cass. 3e civ. 24-9-2014 no 13-18.908 FS-D : BPIM 6/14 inf. 379), notamment en l'absence d'accord préalable entre les parties (Cass. 3e civ. 19-1-2022 no 20-22.059 F-D : BPIM 2/22 inf. 118). Le juge ne peut pas débouter l'architecte de sa demande en paiement au prétexte que la même somme lui avait été initialement proposée par le maître de l'ouvrage et qu'il l'avait refusée (Cass. 3e civ. 30-3-2005 no 03-19.278 F-D : BPIM 4/05 inf. 259).

Le juge est autorisé à se fonder sur tout élément de fait, par exemple un procès-verbal établi par des copropriétaires (Cass. 3e civ. 4-6-2008 no 07-14.665 FS-D : BPIM 4/08 inf. 288). Il pouvait naguère se référer au barème, pris alors comme un usage de la profession, la référence à l'usage étant toujours possible (Cass. 1e civ. 6-11-1961 : Bull. civ. I no 501 ; CA Paris 27-4-1984 : RDI 1984 p. 411 ; CA Versailles 28-2-1988 : RDI 1988 p. 460).

À défaut, ou à titre de complément le cas échéant, les juges peuvent se déterminer en fonction du temps passé (Cass. 3e civ. 14-11-1991 no 1628 : Bull. civ. III no 270 ; CA Riom 19-1-1990 : RDI 1992 p. 214) ou en tenant compte de la valeur du travail fourni (CA Versailles 28-6-1991 : RDI 1991 p. 479). Ils sont souverains dans leur appréciation (Cass. 3e civ. 7-11-1985 : RDI 1986 p. 362).

Mais ils doivent, bien sûr, respecter la charge de la preuve : l'architecte qui réclame des honoraires doit supporter la preuve ; à défaut, le juge ne peut statuer en équité (Cass. 3e civ. 20-4-2017 no 16-16.695 F-D : BPIM 3/17 inf. 201).

PAIEMENT DES HONORAIRES DE L'ARCHITECTE

48800 **Modalités de règlement** Le paiement des honoraires incombe au maître de l'ouvrage. Lorsque celui-ci est une personne morale, c'est elle qui est **débitrice** et non son gérant, sauf circonstances particulières (Cass. 3e civ. 12-9-2006 no 03-19.277 F-D : BPIM 6/06 inf. 427). Il appartient au maître de l'ouvrage de justifier du paiement ou du fait qui a produit l'extinction de son obligation, même s'il a fait application d'une clause de résiliation (Cass. 3e civ. 12-11-2020 no 19-21.764 FS-PBI : BPIM 1/21 inf. 29).

En cas de cession du programme, la substitution de débiteur ne décharge le maître d'ouvrage d'origine que si la cession est accompagnée d'une délégation parfaite, c'est-à-dire si le créancier a accepté la substitution de débiteur (Cass. 3e civ. 12-12-2001 no 00-15.627 FS-PB : Bull. civ. III no 153). Si le maître de l'ouvrage d'origine se porte fort de la reprise du contrat d'architecte par ses successeurs, cela n'implique pas qu'il soit garant de l'exécution du contrat (Cass. 3e civ. 1-2-2006 no 03-17.950 FS-D : RDI 2006 p. 211).

Les modalités de paiement résultent de la **convention des parties.**

En général, le contrat prévoit le versement d'**acomptes échelonnés** et un arrêté de comptes détaillé liquide la créance de l'architecte. Dans les marchés de travaux privés mentionnés à l'article 1779, 3e du Code civil (architectes, entrepreneurs d'ouvrages et techniciens par suite d'études, devis ou marchés) conclus entre professionnels soumis au Code de commerce, le délai convenu entre les contractants pour régler les acomptes mensuels et le solde du marché ne peut dépasser 60 jours à compter de la date d'émission de la facture ou, par dérogation expressément stipulée au contrat, 45 jours fin de mois à compter de la date d'émission de la facture (C. com. art. L 441-9 et L 441-10).

Pour la construction des bâtiments, la règle est reprise, étant précisé que le délai de paiement convenu n'est pas applicable à l'acompte de commande (CCH art. L 124-2, qui renvoie à C. com. art. L 441-10). Si le **délai de paiement** n'est **pas respecté,** l'architecte peut suspendre l'exécution de sa prestation après une mise en demeure restée infructueuse durant 15 jours (CCH art. L 124-2 ; voir nos 57410 s.).

Retard dans le paiement des honoraires L'inobservation du délai peut donner lieu à des **intérêts moratoires** au taux légal (C. civ. art. 1344-1). Le contrat type de l'Union nationale des syndicats français d'architecture (UNFSA) (art. 3.5.2) prévoit la stipulation possible d'intérêts conventionnels. Les intérêts moratoires peuvent être capitalisés (Cass. 3e civ. 6-11-1984 : RDI 1985 p. 155). Ils courent à compter de la mise en demeure lorsque la créance est née et déterminée dans son montant avant la décision du juge qui se borne à la constater (Cass. 3e civ. 6-4-2022 n° 21-13.360 F-D : BPIM 3/22 inf. 202, qui fait courir les intérêts à compter de la demande reconventionnelle en paiement formée par l'architecte valant sommation de payer et non du jugement). 48802

Aux intérêts moratoires peuvent s'ajouter des **dommages-intérêts** si le débiteur a fait preuve de mauvaise foi en ne remplissant pas ses obligations sans motif légitime et s'il en est résulté un préjudice ; par exemple si le maître d'ouvrage retarde le paiement durant plus de 5 ans sans motif légitime (Cass. 3e civ. 9-5-2012 n° 11-13.022 FS-D : BPIM 4/12 inf. 314, RDI 2012 p. 447).

En revanche, l'architecte ne peut pas prétendre à **l'actualisation des honoraires** en tenant compte de l'indice du coût de la construction (Cass. 1e civ. 16-1-1988 : RDI 1988 p. 208).

Action en justice L'action en paiement de l'architecte peut être subordonnée à la saisine préalable du conseil de l'ordre, dont il est dispensé si elle est facultative (voir n° 48580). Le non-paiement peut justifier l'allocation d'une **provision sur honoraires** par le juge de la mise en état (Cass. 3e civ. 27-3-1996 n° 94-18.165 : Bull. civ. III n° 153). En revanche, le juge des référés ne peut pas allouer une indemnité correspondant à l'intégralité du solde des honoraires si la créance est sérieusement contestable (Cass. 3e civ. 14-9-2023 n° 22-18.805 F-D : BPIM 6/23 inf. 371). 48803

L'action des professionnels pour les biens et services qu'ils fournissent aux consommateurs se **prescrit** par 2 ans (C. consom. art. L 218-2). Ce texte est applicable à l'action de l'architecte contre le maître d'ouvrage non professionnel, le délai commençant à courir à la date de la facture, même si elle est antérieure à la signature du contrat lui-même (Cass. 3e civ. 15-6-2017 n° 16-16.906 F-D : BPIM 4/17 inf. 268).

L'architecte qui exerce une action en paiement des honoraires dus après un abandon du projet par le maître de l'ouvrage a **intérêt pour agir.** S'il cède sa créance à un tiers au cours de l'instance, il n'a plus qualité pour réclamer le paiement et le cessionnaire, qui est intervenu à l'instance, est seul fondé à l'obtenir (Cass. 3e civ. 10-6-2021 n° 20-10.880 F-D : BPIM 5/21 inf. 328).

Garanties de paiement des honoraires de l'architecte Le paiement était garanti par le privilège spécial de l'article 2374 du Code civil, supprimé depuis le 1er janvier 2022 par l'ordonnance 2021-1192 du 15 septembre 2021 réformant le droit des sûretés. L'architecte conserve la possibilité de prendre une hypothèque conventionnelle ou une hypothèque judiciaire conservatoire (voir n° 57645). Il peut faire jouer son **droit de rétention** sur les documents qu'il détient régulièrement. Il peut s'opérer par **compensation** lorsque les conditions de celle-ci sont remplies (Cass. 3e civ. 18-2-1976 : Bull. civ. III n° 67). La prescription des honoraires est quinquennale. 48805

RÉGIME PARTICULIER DES HONORAIRES DE L'ARCHITECTE

Les honoraires de l'architecte sont forfaitisés lorsque le projet architectural pour une personne physique est d'une superficie qui rend le **recours à un architecte facultatif** (C. déont. des architectes art. 47 ; contrat type de l'Union nationale des syndicats français d'architecture (UNSFA) art. 3-2-6-2). Toutefois, la valeur de cette contrainte est contestée depuis la disparition des barèmes (Liet-Veaux et Thuillier, Droit de la Construction, 1994, p. 295). 48815

Par ailleurs, et avec la même réserve, il y a lieu de noter qu'au stade de la demande de permis de construire, une **mission partielle** est honorée à concurrence de 40 % de la rémunération totale.

7. RUPTURE ANTICIPÉE DU CONTRAT DE L'ARCHITECTE

ABSENCE DE CLAUSE DE RUPTURE DU CONTRAT

En principe, les parties n'ont **pas le droit** de résilier unilatéralement le contrat, sauf à agir à ses risques et périls comme le précise l'article 1226 du Code civil. La résiliation spécifique, réservée par l'article 1794 du Code civil au marché à forfait, ne semble pas concerner le contrat conclu par l'architecte (sur l'applicabilité du régime du marché à forfait au contrat d'architecte, voir n° 48790). 48850

Toutefois, la condition résolutoire est sous-entendue dans le contrat d'architecte qui est une convention synallagmatique. Le contrat peut être résolu pour **inexécution suffisamment grave** dans des conditions qui sont désormais précisées (C. civ. art. 1224) : il faut une notification du créancier au débiteur ou une décision de justice (C. civ. art. 1226 et 1227).

La résolution devient une résiliation (c'est-à-dire sans **effet rétroactif**) lorsque le contrat fait l'objet de prestations exécutées (contrat à exécution successive). Dans ce cas, il n'y a pas lieu à restitution, mais des dommages-intérêts peuvent être alloués à la victime. Cette dernière règle, courante sous l'empire des anciens textes (C. civ. art. 1184, al. 2 ancien), est à l'épreuve de l'article 1228. Ce texte semble ouvrir au juge une option entre la résolution et les dommages-intérêts. Se prononçant sur le fondement de l'article 1184 ancien (devenu art. 1224), un arrêt confirme que, dans le **contrat à exécution successive** et spécialement à exécution échelonnée, le remboursement des honoraires pour la partie du contrat exécutée implique que les prestations sont indissociables et qu'un manquement sérieux des prestations exécutées dès l'origine est relevé, pour éventuellement admettre la rétroactivité de la résolution du contrat (Cass. 3e civ. 8-7-2021 nº 20-12.917 F-D : BPIM 5/21 inf. 329).

Si le **maître de l'ouvrage résilie** le contrat et impute un manquement aux obligations du maître d'œuvre d'exécution pour un retard dans la réalisation du gros œuvre, mais que ce manquement est inexistant, il ne peut pas prétendre à des dommages-intérêts. Il conserve son droit d'action contre l'entrepreneur, qui n'est pas pour autant déchargé du fait qu'il n'a plus la garde des travaux depuis la réception. En effet, il avait un intérêt actuel et certain à invoquer un préjudice personnel consistant en des dépenses exposées pour achever l'immeuble conformément aux prévisions contractuelles (Cass. 3e civ. 10-6-2021 nº 20-17.289 F-D : BPIM 5/21 inf. 327). Si le bien-fondé de la résiliation pour des retards et l'inexécution des missions confiées à l'architecte n'est pas discuté, le maître de l'ouvrage peut réclamer les pénalités de retard prévues au contrat jusqu'à la date d'effet de la résiliation (Cass. 3e civ. 1-3-2023 nº 21-22.323 F-D : BPIM 2/23 inf. 111). Cela implique sans doute que le délai d'exécution ait été convenu ou à tout le moins qu'un délai raisonnable d'exécution n'ait pas été respecté. En principe, le prestataire doit avoir été mis en demeure (C. civ. art. 1226).

La résolution peut être **à l'initiative de l'architecte.** Les conditions précitées sont applicables, les « motifs justes et raisonnables » visés par le Code de déontologie n'impliquant pas une solution différente (C. déont. des architectes art. 38). La sanction peut être fondée sur le non-paiement des honoraires, l'architecte ayant droit alors à une indemnisation qui peut tenir compte de la perte de la marge brute (CA Paris 19-10-1984 : RDI 1985 p. 155 ; Cass. 3e civ. 17-9-2014 nº 13-20.930 FS-D : BPIM 6/14 inf. 380).

48851 Le maître d'ouvrage peut également soit solliciter la résolution judiciaire, soit dénoncer le contrat pour inexécution suffisamment grave. Selon la doctrine, la disposition précitée du Code de déontologie des architectes (art. 38) ne réserve pas à l'architecte seul une faculté de résiliation unilatérale : on ne comprendrait pas qu'elle ne soit pas réciproque. La résiliation, demandée en justice, peut être prononcée aux torts de l'architecte lorsque celui-ci poursuit des intérêts personnels contraires à ceux du maître de l'ouvrage (Cass. 3e civ. 30-11-2017 nº 16-25.308 F-D : BPIM 1/18 inf. 23). Toutefois, un arrêt, tout en admettant que l'architecte a pu recevoir une rémunération de l'entrepreneur, ne valide pas une résolution de son contrat par le juge du fond, retenant que la résolution ne peut être prononcée qu'en cas d'inexécution ou d'exécution imparfaite des prestations fournies dès l'origine (Cass. 3e civ. 24-5-2018 nº 16-24.000 FS-D : BPIM 4/18 inf. 260 : en l'espèce, les travaux avaient été réceptionnés).

Si l'architecte, chargé d'une mission complète, est défaillant dans l'une de ses tâches, la résolution judiciaire totale du contrat est concevable si la convention est indivisible (Cass. 3e civ. 15-3-2006 nº 04-18.556 FS-D : BPIM 3/06 inf. 179).

Mais à défaut de motifs, le maître d'ouvrage s'expose à des dommages-intérêts (CA Paris 19-10-1984 : RDI 1985 p. 155).

Lorsque le maître de l'ouvrage a résilié unilatéralement le contrat pour des faits qui ne sont pas reconnus pertinents par le juge, il ne peut pas reprocher à ce dernier de n'avoir pas tenu compte d'autres circonstances susceptibles de justifier une résolution judiciaire (Cass. 3e civ. 15-4-2021 nº 20-10.006 FS-D : BPIM 4/21 inf. 252).

48852 L'une des parties peut opposer à l'autre l'**exception d'inexécution,** sous le contrôle, a posteriori, du juge. La pratique est fréquente en matière de retenue d'honoraires (Cass. 1e civ. 28-5-1962 : Bull. civ. I nº 266 ; Cass. 3e civ. 21-1-1971 : Bull. civ. III nº 42 ; CA Versailles 19-1-1996 : RDI 1996 p. 213 ; CA Paris 20-3-1996 : RDI 1996 p. 376).

APPLICATION D'UNE CLAUSE DE RUPTURE DU CONTRAT

La résolution résulte, le cas échéant, de l'application d'une clause résolutoire (C. civ. art. 1224). **48855**

Les **modalités** prévues par le contrat doivent alors être respectées. Ainsi, la faculté de résiliation unilatérale peut être réservée à l'une ou l'autre des parties (Cass. 3e civ. 27-5-2010 no 09-65.523 FS-D : BPIM 4/10 inf. 284). Une mise en demeure préalable à la résiliation peut être exigée (Cass. 3e civ. 20-1-2004 no 02-18.820 F-D : BPIM 2/04 inf. 94). Une telle mise en demeure est d'ailleurs la norme, sauf disposition contraire du contrat (C. civ. art. 1225).

Les **conséquences** prévues au contrat doivent aussi être respectées : le maître d'ouvrage ne peut s'exonérer du paiement des honoraires si seul un règlement partiel de ceux-ci est prévu (Cass. 3e civ. 9-10-2013 no 12-23-379 FS-PB ; Cass. 3e civ. 9-4-2014 no 13-10.186 FS-D : BPIM 3/14 inf. 172).

Lorsque le contrat comporte une clause de résiliation permettant au maître de l'ouvrage de ne pas donner suite au projet malgré l'obtention du permis de construire, l'indemnité contractuelle de résiliation n'est pas due si le maître de l'ouvrage renonce au projet avant l'obtention du permis (Cass. 3e civ. 27-5-2010 no 09-65.523 FS-D : BPIM 4/10 inf. 284). Pour autant, le maître d'œuvre a droit à une rémunération pour projet non suivi d'exécution du fait du maître de l'ouvrage (no 48778).

Le **juge** exerce un contrôle du motif légitime de résiliation (Cass. 3e civ. 1-7-1975 : D. 1975 IR p. 214 ; Cass. 3e civ. 12-11-2020 no 19-21.764 FS-PBI : BPIM 1/21 inf. 29). Si la clause est suffisamment précise, le juge des référés peut en valider l'application et allouer une provision au maître d'œuvre lorsque la créance, au regard des stipulations contractuelles, n'est pas sérieusement contestable (Cass. 3e civ. 9-4-2014 no 13-10.186 FS-D : BPIM 3/14 inf. 172).

ATTENTION

Le prestataire qui manque à ses engagements peut voir son contrat valablement **résilié,** même **en dehors des cas expressément prévus** par lui car la condition résolutoire est toujours sous-entendue dans les contrats synallagmatiques (Cass. 3e civ. 10-12-2014 no 13-27.332 FS-PB : BPIM 1/15 inf. 32, à propos d'un BET ; voir no 48850). La résiliation unilatérale par le maître de l'ouvrage peut résulter de la faute du maître d'œuvre si elle est établie et si les manquements qui lui sont reprochés sont graves, même si la procédure de rupture contractuellement prévue n'est pas respectée (Cass. 3e civ. 8-2-2018 no 16-24.641 FS-PB : BPIM 2/18 inf. 112).

C. Assurance professionnelle de l'architecte

ASSURANCE OBLIGATOIRE DE L'ARCHITECTE

L'architecte est soumis à une obligation d'assurance des risques liés à son activité professionnelle ; il doit joindre au contrat passé avec un maître d'ouvrage, une attestation d'assurance (Loi 77-2 du 3-1-1977 art. 16, al. 1 et 3 ; C. ass. art. L 241-1 pour la garantie décennale). **48950**

Les **risques** couverts sont ceux liés :

– à l'acte de construction lui-même. En matière de travaux de bâtiment, l'architecte, en sa qualité de constructeur, doit assurer sa responsabilité décennale ;

– aux rapports juridiques entre les cocontractants que sont l'architecte et le maître de l'ouvrage. Par exemple lorsqu'un maître d'ouvrage condamné à payer un sous-traitant se retourne contre l'architecte (Cass. 3e civ. 25-10-2006 no 05-14.318 FS-PB : Bull. civ. III no 209).

> **Précisions** L'assurance, quoique obligatoire, ne garantit l'architecte que pour les **chantiers déclarés.** L'absence de déclaration équivaut à une absence d'assurance (Cass. 3e civ. 4-11-2004 no 03-13.821 F-PB : Bull. civ. III no 188). Elle ne s'applique qu'aux **activités prises en compte** par la garantie souscrite et ne couvre pas la responsabilité encourue pour une activité étrangère (Cass. 3e civ. 12-5-2010 no 08-20.544 FS-PB : Bull. civ. III no 92).

ARCHITECTES TENUS DE S'ASSURER

L'obligation d'assurance pèse sur les architectes qui exercent **à titre individuel** ou en la forme sociale. Dans ce dernier cas, elle concerne la **personne morale** elle-même. **48955**

Lorsqu'un architecte intervient en tant que **salarié,** la personne physique ou morale qui l'emploie doit souscrire une police garantissant l'intéressé. Il semble qu'alors les architectes associés ou salariés d'une société d'architecture n'ont pas à souscrire d'assurance à titre personnel.

L'État n'est pas tenu d'assurer les **architectes en chef des monuments historiques** qui interviennent dans le cadre d'un contrat de maîtrise d'œuvre et dont la responsabilité peut être engagée de ce chef. Un arrêt retient qu'ils n'agissent pas, malgré leur qualité de fonctionnaires, en tant qu'agents publics au sens de l'article 16 de la loi 77-2 du 3-1-1977. Il n'incombe donc pas à l'État de souscrire une assurance les garantissant de leur responsabilité (CE 19-12-2018 nº 408504 : BPIM 1/19 inf. 29).

CONTRÔLE DE L'OBLIGATION D'ASSURANCE DE L'ARCHITECTE

48960 Le contrôle de l'exécution de l'obligation est double :
– il relève du **conseil régional de l'Ordre** au tableau duquel l'architecte est inscrit, une attestation d'assurance devant être adressée à cet organisme chaque année (Loi 77-2 du 3-1-1977 art. 16). La carence du conseil dans son contrôle engage sa responsabilité envers le client de l'architecte non assuré (CE 6-12-1995, Boisson : JCP éd. G 1996 IV nº 782) ;
– il est complété par un **contrôle spécial par chantier,** chaque constructeur devant, à tout moment, justifier qu'il est couvert par une assurance responsabilité décennale travaux de bâtiments.

SANCTIONS DU DÉFAUT D'ASSURANCE DE L'ARCHITECTE

48965 L'obligation d'assurance est sanctionnée par deux **infractions pénales** :
– l'une prévue à défaut d'assurance décennale (C. ass. art. L 243-3) ;
– l'autre retenue toutes les fois que l'absence d'assurance professionnelle ne concerne pas la responsabilité décennale encourue pour les travaux de bâtiment (Loi 77-2 du 3-1-1977 art. 20).
L'amende peut atteindre 75 000 € dans le premier cas, 30 000 € dans le second.

SECTION 2

BUREAUX D'ÉTUDES, INGÉNIEURS, TECHNICIENS

CONTRAT DES INTERVENANTS À LA MAÎTRISE D'ŒUVRE

49150 Ces prestataires, personnes juridiques **distinctes de l'architecte** ou de la société d'architecture pluridisciplinaire, se lient, généralement, soit au maître de l'ouvrage, soit à un constructeur – ou prestataire réputé tel par les textes – en vertu d'un **contrat de louage d'ouvrage.** Tantôt, ils concourent à la maîtrise d'œuvre, tantôt, ils acceptent des missions qui sont à la marge de celle-ci.

A. Prestataires concourant à la maîtrise d'œuvre

TECHNICIENS D'ÉTUDES

49180 La complexité de la maîtrise d'œuvre rend nécessaire le concours de différents techniciens qui partagent avec l'architecte la mission de concevoir, sinon celle de diriger et surveiller les travaux ou d'assistance du maître de l'ouvrage. On les désigne par « techniciens d'études », par opposition aux « techniciens de contrôle ».

1. PRESTATAIRES

INGÉNIEURS-CONSEILS

49200 L'ingénieur-conseil est une personne physique ou morale qui intervient à titre libéral ou commercial pour livrer une étude ou une consultation sur un **point précis.** Il met ses connaissances au service d'autrui en vue de la solution de problèmes intéressant les diverses branches de la technique. C'est un géologue, un ingénieur en béton armé, un spécialiste des pieux de fondation ou des matériaux envisagés au projet, bref, un technicien, capable d'assister l'architecte et de lui permettre de mener à bien la réalisation du projet.

Certains **services administratifs** peuvent intervenir en qualité d'ingénieurs-conseils à la demande d'organismes publics ou semi-publics sous réserve d'une autorisation préalable de l'autorité hiérarchique : Ponts et Chaussées, Génie rural, etc. 49205

D'autres services ont une mission d'assistance technique aux entreprises et aux usagers. Tel est le cas, par exemple, du Centre technique de la construction métallique (CTICM) qui est financé à cette fin par les cotisations des entreprises. Cet organisme doit se cantonner à une mission d'assistance. S'il va trop loin dans sa mission, il devient un opérateur assimilable à un bureau d'études et responsable à ce titre (Cass. 3e civ. 21-6-2000 no 98-22.227 FS-D : BPIM 5/00 inf. 319).

BUREAUX D'ÉTUDES TECHNIQUES (BET)

Ces bureaux rassemblent plusieurs ingénieurs, techniciens et architectes – qui alors perdent le titre – au sein de sociétés, le plus souvent commerciales. Ces bureaux, constitués le plus souvent en société, sont présentés sous des titres divers et sont parfois qualifiés de sociétés d'ingénierie. Ils **concourent** généralement à la maîtrise d'œuvre avec l'architecte, ou directement lorsque le concours d'un architecte n'est pas obligatoire. 49210

La société d'ingénierie s'oblige en sa qualité de maître d'œuvre.

Ils peuvent prendre en charge **l'ensemble de la mission** soit en droit, lorsque le monopole architectural ne joue pas, soit en fait, lorsqu'un architecte, personne juridique distincte d'eux-mêmes, accepte d'établir, selon leurs directives, le projet nécessaire à l'obtention du permis de construire. Cette formule est courante lorsqu'il s'agit, suivant le modèle « ensemblier », de livrer au client un ouvrage « clés en main », la sous-traitance à des entreprises d'opérations étant permise aux bureaux d'études. Pour le renforcement du contrôle des règles de construction, ils peuvent être agréés depuis le 1er janvier 2024 pour délivrer les attestations relatives au respect des réglementations en matière d'acoustique, d'accessibilité, de performance énergétique et environnementale, et de prévention des risques sismiques, cycloniques et liés aux terrains argileux (CCH art. L 122-12).

Lorsque le maître de l'ouvrage fait appel à un BET pour une mission complémentaire de celle d'un architecte, le BET qui se voit reprocher sa défaillance ne peut pas se prévaloir des clauses du contrat d'architecte auquel il est étranger (Cass. 3e civ. 9-7-2014 no 13-19.975 FS-D : BPIM 5/14 inf. 316).

Ces professions ne sont pas réunies en Ordres professionnels, mais se sont donné néanmoins une organisation rigoureuse. La profession d'ingénieur-conseil en construction s'est donné une **organisation syndicale** commune tant au plan national (Confédération des ingénieurs-conseils de France : CICF) qu'international (Fédération internationale des ingénieurs-conseils : FIDIC), tandis que la Confédération syndicale des BET (ou Syntec) dénote l'autonomie professionnelle des bureaux d'études techniques. 49215

MÉTREURS VÉRIFICATEURS

Les métreurs vérificateurs ont pour mission de mesurer les ouvrages de bâtiment, afin de permettre, notamment, l'**appréciation** et le **contrôle des quantités.** Ils collaborent avec l'architecte, l'ingénieur-conseil ou directement avec le maître de l'ouvrage. Ils exercent à titre libéral. Ils peuvent avoir la qualité de constructeur si la mission leur confère cette fonction (Cass. 3e civ. 10-7-1996 no 94-17.702 : BPIM 1/97 inf. 38). 49220

GÉOMÈTRES EXPERTS

Les géomètres experts ont pour **mission** de lever puis de dresser les documents topographiques ou des plans de biens fonciers, puis de fixer les limites des propriétés immobilières. L'établissement d'un document d'arpentage relève de leur monopole (Cass. 1e civ. 29-6-2022 no 20-18.136 F-B : SNH 25/22 inf. 6, AJDI 2022 p. 617 note P.-E. Lagraulet), dont la violation est sanctionnée pénalement (Cass. crim. 8-11-2022 no 21-86.499 F-B : BPIM 6/22 inf. 463). 49225

Exerçant à titre libéral et rassemblés en **Ordre,** ils sont astreints à la discipline et à une déontologie rigoureuse. La profession est réglementée par la loi 46-942 du 7-5-1946.

Dans le cadre de sa mission traditionnelle, le géomètre doit convenir « par écrit avec le client de la consistance de la mission et du montant des **honoraires** y afférents » (Décret 96-478 du 31-5-1996 art. 49). Cette formalité s'impose même si le géomètre accepte en sus, une mission de maîtrise d'œuvre (ce qui est possible lorsque le concours d'un architecte n'est pas obligatoire). L'énoncé d'une rémunération globale n'est pas conforme ; la convention doit préciser le montant des honoraires afférents à la mission de géomètre expert (Cass. 3e civ. 10-2-2010 no 09-12.328 FS-PB : Bull. civ. III no 34). À défaut, la régularité des modalités de paiement prévues par la convention s'en trouve affectée (en l'espèce, une dation en paiement). Mais la Haute Juridiction ne précise pas si elle entraîne la nullité totale ou partielle de la convention (même arrêt).

La **responsabilité** du géomètre est engagée lorsqu'il commet des erreurs d'implantation des bâtiments (Cass. 3e civ. 28-2-2007 n° 05-20.754 FS-D). Lorsqu'il est chargé de déposer une demande de permis d'aménager un lotissement, il doit respecter les règles d'urbanisme en vigueur à la date d'exécution de sa mission, peu important que ces règles soient ensuite annulées avec effet rétroactif et qu'il soutienne alors qu'on ne peut lui reprocher à faute un manquement relatif à des règles inapplicables (Cass. 3e civ. 4-4-2024 n° 22-18.509 FS-B : BPIM 3/24 inf. 185).

En outre, justifient une sanction disciplinaire :
– la tenue d'une comptabilité inexacte (CE 11-4-1986 : RDI 1986 p. 362) ;
– un détournement de clientèle (CE 13-6-1984 : RDI 1984 p. 412) ;
– un manquement déontologique dans le cadre d'une expertise judiciaire (CE 25-9-2019 n° 414748).

2. INTERVENTION DANS LA MAÎTRISE D'ŒUVRE

49250 Les techniciens qui concourent à la maîtrise d'œuvre traitent soit directement avec le maître de l'ouvrage, soit avec l'architecte ou un autre locateur d'ouvrage.

Les conditions, de titre notamment, dans lesquelles un prestataire non architecte peut prendre la qualité de « **maître d'œuvre** » ne sont pas clairement précisées. Il semble bien, si l'on réserve le cas du monopole architectural, que toute personne compétente peut l'avoir. Un contrat de maîtrise d'œuvre a ainsi été validé au motif qu'il avait été conclu par un prestataire non architecte qui « avait qualité pour établir et déposer la demande de permis de construire » (Cass. 3e civ. 24-3-2015 n° 14-13.931 F-D : BPIM 3/15 inf. 180).

CONTRAT CONCLU ENTRE LE MAÎTRE DE L'OUVRAGE ET LES TECHNICIENS

49255 Le contrat conclu avec le maître de l'ouvrage met le technicien ou le bureau d'études en **concours avec l'architecte** pour les opérations relevant du monopole architectural. Les missions qui relèvent de la maîtrise d'œuvre sont réparties entre les contractants par le maître de l'ouvrage.

Dans les opérations complexes, les prestataires peuvent être nombreux et se grouper pour **cotraiter** la maîtrise d'œuvre : c'est le cas dans les marchés publics de maîtrise d'œuvre.

Exceptionnellement, lorsque l'opération est modeste et ne relève pas du monopole architectural, le bureau d'études ou l'ingénieur peuvent assurer l'ensemble de la maîtrise d'œuvre.

49260 Le technicien a droit à des **honoraires** qui résultent de l'accord des parties. Lorsque sa mission est **subsidiaire** de celle de l'architecte, celui-ci exerce un contrôle sur son intervention. Il a été jugé que le maître de l'ouvrage qui a payé un ingénieur pour une intervention non indispensable pouvait se retourner contre l'architecte qui avait manqué à son obligation de conseil (Cass. 3e civ. 23-4-1986 : RDI 1986 p. 362).

49265 Le bureau d'études, dans la limite de la mission qui lui est confiée, s'oblige dans les mêmes conditions qu'un architecte.

Le contrat est un **louage d'ouvrage** qui lui confère les droits et obligations du maître d'œuvre dans la limite de la mission qui lui est confiée (Cass. 3e civ. 24-5-1989 n° 901 : Bull. civ. III n° 11).

À ce titre, les bureaux d'études et ingénieurs assument une **obligation de conseil,** qui tient compte de leur technicité :
– corrosion des matériaux (CE 15-7-1953, Vincent) ;
– stabilité de l'immeuble voisin (Cass. 3e civ. 2-12-1980 : JCP éd. G 1981 IV p. 68 ; CE 7-2-1979 : Rev. dr. public 1980.1482) ;
– réaction aux propositions du maître de l'ouvrage (Cass. 3e civ. 26-10-1984 : RDI 1984 p. 415 : absence de système de drainage ; voir aussi : Cass. 3e civ. 31-5-1989 : RDI 1989 p. 471 ; CE 28-11-1990 : RDI 1991 p. 60).
– information insuffisante sur l'étude de sol (Cass. 3e civ. 15-2-2024 n° 22-23.682 F-D : BPIM 2/24 inf. 115).

S'ils prennent en charge une **mission d'architecte,** les BET répondent des conséquences d'une conception défectueuse, en particulier lorsqu'ils établissent les plans sans exiger la production d'une étude géologique, qui avait été faite et qu'ils jugeaient, eux-mêmes, indispensable (Cass. 1e civ. 31-5-1989 : JCP éd. G 1989 IV p. 284). La responsabilité est calquée sur celle de l'architecte (CE 4-2-1991 : RDI 1991 p. 211 ; CE 25-2-1991 : RDI 1991 p. 216).

Le BET qui manque à ses engagements peut voir son contrat valablement **résilié,** même en dehors des cas expressément prévus par le contrat car la condition résolutoire est toujours sous-entendue dans les contrats synallagmatiques (Cass. 3e civ. 10-12-2014 no 13-27.332 FS-PB : BPIM 1/15 inf. 32).

CONTRAT CONCLU ENTRE L'ARCHITECTE ET LES TECHNICIENS

Le contrat conclu directement avec l'architecte ou avec un bureau d'études déjà investi de la maîtrise d'œuvre emporte **sous-traitance** des éléments de celle-ci. L'architecte a la faculté de sous-traiter certaines missions. C'est toutefois à l'exception de celles qui relèvent de son monopole (voir no 48340). **49270**

La sous-traitance ne crée aucun lien juridique direct (réserve faite du droit au paiement) entre le sous-traitant et le maître de l'ouvrage. L'ingénieur, sapiteur de l'architecte, qui apporte son concours à l'architecte dans le cadre de la maîtrise d'œuvre engage sa responsabilité quasi délictuelle à l'égard du maître de l'ouvrage s'il commet une faute (Cass. 3e civ. 4-6-2008 no 06-17.521 : BPIM 4/08 inf. 289).

Lorsque les techniciens s'associent entre eux ou avec l'architecte pour obtenir l'attribution de l'ensemble de la maîtrise d'œuvre, il y a une **cotraitance** et chacun s'oblige personnellement, et le plus souvent solidairement, envers le maître de l'ouvrage. **49275**

CONTRAT CONCLU ENTRE L'ENTREPRENEUR ET LES TECHNICIENS

Dans les opérations pour lesquelles le concours d'un architecte n'est pas nécessaire, l'entrepreneur peut prendre en charge la conception et la réalisation de l'ouvrage. **49280**

Il sous-traite en général tout ou partie de la **mission de conception** à un technicien d'études.

Même s'il se contente de prendre en charge la **réalisation** de l'ouvrage, il peut s'assurer le concours d'un tel technicien lorsque la nature de l'ouvrage le justifie.

Le technicien d'études engage sa **responsabilité envers l'entreprise** qui le missionne. Ainsi, il a été jugé que l'entreprise chargée de la couverture d'un bâtiment pour EDF était fondée dans son action en responsabilité contre le bureau d'études spécialisées qui avait effectué les calculs de la tôle supérieure en aluminium. L'arrêt relève que ce bureau d'études savait qu'il était consulté sur la réalisation de la couverture selon un procédé inhabituel et que son étude était insuffisante (Cass. 3e civ. 21-6-2000 no 98-22.227 FS-D : BPIM 5/00 inf. 319). Le même arrêt a retenu la responsabilité du Centre technique industriel de la construction métallique (CTICM) qui avait été consulté et qui avait établi des notes complémentaires aux plans et normes du bureau d'études techniques, puis avait assisté aux essais, se comportant ainsi comme un technicien d'études (voir no 49205).

Le technicien d'études missionné par l'entreprise est tenu à son égard d'une obligation de résultat (Cass. 3e civ. 12-9-2007 no 06-11.282 FS-PB : Bull. civ. III no 138). Il ne peut s'exonérer de sa responsabilité qu'en rapportant la preuve d'une cause étrangère.

À l'égard du maître de l'ouvrage, le bureau d'études missionné par l'entrepreneur est un tiers qui engage sa responsabilité extracontractuelle (Cass. 3e civ. 28-11-2001 no 00-14.320 : Bull. civ. III no 136).

B. Bureaux de coordination

COORDINATION DES TRAVAUX (OPC)

La coordination des travaux relève à la fois de la maîtrise d'œuvre et du pilotage de chantier. **49350**

Elle se conçoit dans les **opérations complexes** nécessitant l'intervention de plusieurs entreprises et implique l'ordonnancement, le pilotage et la coordination de chantier (OPC).

L'opération a suscité la création de bureaux de coordination qui sont à la fois des entrepreneurs en organisation de chantier et des fournisseurs de prestations.

Ils comblent le vide qui peut exister entre la fin de la mission de l'architecte et le début de celle de l'entrepreneur, ce qui provoque d'inévitables chevauchements.

Les modalités de la coordination et le régime de la responsabilité des bureaux de coordination sont précisés nos 52370 s.

COORDINATION EN MATIÈRE DE SÉCURITÉ (SPS)

49355 Une coordination en matière de sécurité et de santé des travailleurs est organisée pour tout chantier de bâtiment ou de génie civil où sont appelés à intervenir plusieurs travailleurs indépendants ou entreprises afin de (C. trav. art. L 4532-2) :
– prévenir les risques résultant de leurs interventions simultanées ou successives ;
– prévoir, le cas échéant, l'utilisation des moyens communs et les protections collectives.
L'étude de son statut figure nos 52500 s.

SECTION 3

MARCHÉS PUBLICS DE MAÎTRISE D'ŒUVRE

DISPOSITIONS APPLICABLES AUX MARCHÉS PUBLICS DE MAÎTRISE D'ŒUVRE

49580 **Code de la commande publique** Les marchés publics de maîtrise d'œuvre relèvent du Code de la commande publique (CCP). La partie législative du Code a été adoptée par une ordonnance du 26 novembre 2018 et sa partie réglementaire, par le décret du 3 décembre 2018 (Ord. 2018-1074 du 26-11-2018 ; Décret 2018-1075 du 3-12-2018). Il reprend, notamment, l'ensemble des textes relatifs aux marchés publics :
– l'ordonnance 2015-899 du 23-7-2015 et le décret 2016-360 du 25-3-2016 ;
– la loi 85-704 du 12-7-1985 relative à la maîtrise d'ouvrage publique et à ses rapports avec la maîtrise d'œuvre privée, dite « loi MOP », ainsi que son décret d'application 93-1268 du 29-11-1993 ; ces textes figurent au livre IV de la 2e partie des dispositions législatives du Code (CCP art. L 2410-1 s.) et au livre IV de la 2e partie de ses dispositions réglementaires (CCP art. R 2412-1 s.).
Le CCP est entré en vigueur le 1er avril 2019, sauf exception (Ord. 2018-1074 du 26-11-2018 art. 20). Il s'applique aux marchés pour lesquels une consultation est engagée ou un avis d'appel à la concurrence a été envoyé à la publication depuis cette date.

> **Précisions** **a. Avant l'entrée en vigueur du Code de la commande publique,** les marchés publics de maîtrise d'œuvre étaient régis par le Code des marchés publics, la loi dite « Murcef » (Loi 2001-1168 du 11-12-2001), la loi d'orientation et de programmation pour la sécurité intérieure (Loi 2002-1094 du 29-8-2002) et celle pour la justice (Loi 2002-1138 du 9-9-2002).
> L'ensemble des règles relatives aux marchés de maîtrise d'œuvre et aux marchés de conception-réalisation figuraient soit dans le Code des marchés publics, soit dans des décrets pris pour l'application de l'ordonnance 2005-649 du 6-6-2005 relative aux marchés passés par certaines personnes publiques ou privées non soumises au Code des marchés publics (Décrets 2005-1308 du 20-10-2005 et 2005-1742 du 30-12-2005 art. 41-1 et 41-2).
> **b.** Les dispositions propres aux marchés publics liés à la maîtrise d'ouvrage publique et à la maîtrise d'œuvre privée ne s'appliquent pas aux opérations de restauration effectuées sur des immeubles classés **monuments historiques** (CCP art. L 2412-2).

49585 **CCAG des marchés de maîtrise d'œuvre** Les dispositions d'un nouveau cahier des clauses administratives générales propres aux marchés de maîtrise d'œuvre (**CCAG-MOE**) sont entrées en vigueur le 1er avril 2021, après avoir été approuvées par l'arrêté ECOM2106877A du 30-3-2021 (voir « Marchés publics : quelques aménagements pour le CCP et du nouveau pour les CCAG » : BPIM 3/21 inf. 160). Deux arrêtés entrés en vigueur respectivement les 8 octobre 2021 (Arrêté ECOM2127614A du 30-9-2021 : JO 7-10 texte no 7) et 1er janvier 2023 (Arrêté ECOM2234957A du 29-12-2022 : JO 31 texte no 26) lui ont apporté quelques modifications ponctuelles. Jusqu'à présent, les marchés de maîtrise d'œuvre pouvaient se référer au CCAG des marchés de prestations intellectuelles. Mais, celui-ci étant susceptible de s'appliquer à des prestations de natures très diverses, il était souhaitable de créer un CCAG propre aux seules prestations de maîtrise d'œuvre.
Le CCAG est un **document type** fixant un ensemble de prescriptions administratives et auquel les stipulations du marché peuvent se référer, sans que cela soit obligatoire (CCP art. R 2112-2). Il traite essentiellement des conditions d'exécution des prestations. Lorsque le marché fait expressément référence au CCAG, les clauses de celui-ci acquièrent un **caractère contractuel** et deviennent des éléments constitutifs du marché. Dans cette hypothèse, le marché comporte, le cas échéant, l'indication des articles du CCAG auxquels il déroge (CCP art. R 2112-3).

OBJET DES MARCHÉS PUBLICS DE MAÎTRISE D'ŒUVRE

Un marché public de maîtrise d'œuvre constitue, à lui seul, une catégorie particulière de marchés publics. Il se caractérise par son objet. Celui-ci consiste dans l'exécution d'un ou de plusieurs éléments de la **mission définie** à l'article L 2431-1, en vue de la réalisation d'un ouvrage ou d'un projet urbain ou paysager (CCP art. R 2172-1). Selon l'article L 2431-1, la mission de maîtrise d'œuvre est une mission globale devant permettre d'apporter une réponse architecturale, technique et économique au programme défini par le maître de l'ouvrage. 49587

Il résulte du rapprochement des dispositions des articles R 2172-1, R 2431-1 et R 2431-2 que l'objet d'un marché public de maîtrise d'œuvre englobe toutes les missions qui peuvent être confiées à un maître d'œuvre. Cette catégorie de marchés porte sur les **ouvrages et les prestations** relevant des dispositions propres aux marchés publics liés à la maîtrise d'ouvrage publique et à la maîtrise d'œuvre privée, ainsi que sur les **opérations d'urbanisme.**

Sont **exclues,** en principe, du régime de la **maîtrise d'œuvre** les prestations réalisées par les géomètres experts, les conducteurs d'opération ou les maîtres d'ouvrage délégués (P. Terneyre, La maîtrise d'œuvre en droit public : RDI 2002 p. 119). 49590

> **Précisions** L'architecte peut constituer avec d'autres prestataires qui concourent à la maîtrise d'œuvre un **groupement momentané** (n° 48615). Toutefois, le mandat doit tenir compte des dispositions de l'article L 2422-11 du Code de la commande publique, selon lesquelles la maîtrise d'ouvrage déléguée est incompatible avec toute mission de maîtrise d'œuvre de réalisation ou de contrôle technique portant sur les mêmes ouvrages.

A. Passation des marchés publics de maîtrise d'œuvre

Un marché public de maîtrise d'œuvre peut être conclu par l'un des maîtres d'ouvrage mentionnés à l'article L 2411-1 du CCP, avec un maître d'œuvre ayant la qualité soit de personne publique, soit celle de personne privée. 49600

Sont, en vertu de l'article L 2411-1 du CCP, des **maîtres d'ouvrage** relevant du droit de la commande publique :
- l'État et ses établissements publics ;
- les collectivités territoriales et leurs établissements publics ;
- les organismes de sécurité sociale gérant un régime légal obligatoire d'assurance ;
- les offices publics de l'habitat, les organismes privés de HLM et les sociétés d'économie mixte, lorsqu'il s'agit de logements à usage social aidés par l'État et réalisés par ces offices, organismes et sociétés.

1. PASSATION DES MARCHÉS CONCLUS AVEC UN MAÎTRE D'ŒUVRE PUBLIC

SERVICE DE L'ADMINISTRATION

Pour la construction d'ouvrages publics, les personnes publiques peuvent faire appel à des concepteurs qui appartiennent à l'administration et qui sont alors des **maîtres d'œuvre publics.** Il s'agit en pratique : 49610
- des services techniques de l'État, des collectivités territoriales ou des collectivités locales ;
- des services du génie rural.

Le maître d'ouvrage peut valablement faire appel à un architecte salarié d'une collectivité publique, en exécution d'une convention de maîtrise d'œuvre conclue avec cette collectivité, dès lors que l'élaboration du projet architectural est effectivement confiée à cet architecte et qu'il n'en résulte pas d'atteinte au monopole de la profession d'architecte (CE 28-9-1984 n° 36467, Cons. rég. de l'Ordre du Limousin : Lebon p. 311).

MISE EN CONCURRENCE

Les marchés des maîtres d'œuvre publics ne sont pas soumis aux dispositions régissant les marchés publics liés à la maîtrise d'ouvrage publique et à la maîtrise d'œuvre privée (livre IV de la 2e partie du CCP), puisque ces dispositions ne s'appliquent qu'à la maîtrise d'œuvre privée. 49615

 © Éd. Francis Lefebvre

Mais ils n'échappent pas pour autant aux **principes essentiels** du droit de la commande publique. En effet, relèvent, notamment, de ces principes les marchés conclus par des acheteurs avec des opérateurs économiques. Or, est qualifiée d'opérateur économique toute personne physique ou morale, qu'elle soit publique ou privée, qui offre sur le marché certaines prestations (CCP art. L 1220-1).

Les acheteurs sont donc tenus de respecter le principe d'**égalité de traitement** des candidats à l'attribution des marchés et de mettre en œuvre les principes de **liberté d'accès** et de **transparence des procédures** (CCP art. L 3).

2. PASSATION DES MARCHÉS CONCLUS AVEC UN MAÎTRE D'ŒUVRE PRIVÉ

DISPOSITIONS APPLICABLES

49630 Les rapports entre la maîtrise d'ouvrage publique et la maîtrise d'œuvre privée relèvent :
– du livre IV de la partie II du Code de la commande publique (CCP art. L 2410-1 s. et R 2412-1 s.) ;
– de la loi sur l'architecture, lorsque le maître d'œuvre est un architecte (Loi 77-2 du 3-1-1977).

CONTENU DE LA MISSION DU MAÎTRE D'ŒUVRE

49635 La **mission globale** de maîtrise d'œuvre peut comprendre les éléments spécifiques ci-après (CCP art. R 2431-1) :
– les études préliminaires ;
– les études de diagnostic ;
– les études d'esquisse ;
– les études d'avant-projet ;
– les études de projet ;
– l'assistance apportée au maître de l'ouvrage pour la passation du contrat de travaux ;
– les études d'exécution ou l'examen de la conformité au projet et le visa de celles qui ont été faites par l'entrepreneur ;
– la direction de l'exécution du contrat de travaux ;
– l'ordonnancement, le pilotage et la coordination de chantier ;
– l'assistance apportée au maître de l'ouvrage lors des opérations de réception et pendant la période de garantie de parfait achèvement.

Pour les opérations de construction neuve de bâtiments, ainsi que les opérations de réhabilitation, une **mission de base** permet au maître d'œuvre de réaliser la synthèse architecturale des objectifs et des contraintes du programme, tout en s'assurant du respect, lors de l'exécution de l'ouvrage, des études effectuées (CCP art. L 2431-3 ; art. R 2431-4 et R 2431-5). Cette mission de base s'apparente à la mission complète de maîtrise d'œuvre étudiée nº 48615, à propos de l'architecte.

Par ailleurs, la mission de maîtrise d'œuvre fait l'objet de dispositions particulières qui se répartissent en trois catégories selon qu'elles concernent :
– les opérations de construction neuve ou les opérations de réhabilitation des bâtiments (CCP art. R 2431-4 à R 2431-23) ;
– les opérations de construction neuve ou les opérations de réhabilitation d'ouvrages d'infrastructure (CCP art. R 2431-24 à R 2431-31) ;
– les éléments spécifiques de maîtrise d'œuvre (CCP art. R 2431-32 à R 2431-35) qui portent sur des méthodes ou techniques de réalisation ou des produits industriels nécessitant dès le stade de la maîtrise d'œuvre la consultation des opérateurs concernés (entrepreneurs-fournisseurs) : l'hypothèse est proche de celle du contrat de conception-réalisation, même si elle ne s'identifie pas à elle.

PARTICULARITÉS DE LA PASSATION DES MARCHÉS DE MAÎTRISE D'ŒUVRE

49640 La passation des marchés de maîtrise d'œuvre se caractérise par la nécessité de **combiner** deux séries de règles distinctes. L'une impose, éventuellement, à l'acheteur d'organiser un concours avant d'engager la procédure de passation. L'autre porte sur le choix d'une procédure garantissant la mise en concurrence des candidats à l'attribution du marché.

a. Organisation préalable d'un concours

49650 Les acheteurs, agissant en qualité de maîtres d'ouvrage, sont, en principe, tenus d'organiser un concours **préalablement à la passation** d'un marché de maîtrise d'œuvre portant sur la réalisation d'un ouvrage de bâtiment (CCP art. L 2172-1 et R 2172-2).

Dans le droit de la commande publique, le concours constitue aussi, parmi d'autres, une « technique d'achat » (CCP art. L 2125-1).

De son côté, la loi sur l'architecture invite les maîtres d'ouvrage publics et privés à organiser des concours d'architecture pour la passation des marchés de maîtrise d'œuvre ayant pour objet la réalisation d'un ouvrage de bâtiment (Loi 77-2 du 3-1-1977 art. 5-1).

L'organisation d'un concours est **obligatoire** lorsque le marché de maîtrise d'œuvre répond à un besoin égal ou supérieur aux seuils des procédures formalisées applicables aux marchés passés par les acheteurs ayant la qualité de pouvoir adjudicateur (CCP art R 2172-2). Voir nº 49680 pour les seuils applicables depuis le 1er janvier 2024. **49660**

Toutefois, **par exception,** les acheteurs soumis aux dispositions propres aux marchés publics liés à la maîtrise d'ouvrage publique et à la maîtrise d'œuvre privée ne sont pas tenus de recourir à un concours de maîtrise d'œuvre pour l'attribution d'un marché de maîtrise d'œuvre (CCP art. R 2172-2) :
- relatif à la réutilisation ou à la réhabilitation d'ouvrages existants ;
- relatif à des ouvrages réalisés à titre de recherche, d'essai ou d'expérimentation ;
- relatif à des ouvrages d'infrastructures ;
- n'impliquant aucune mission de conception ;
- ou relatif à des ouvrages de bâtiment réalisés par des organismes de HLM, par des sociétés d'économie mixte de construction et de gestion de logements sociaux pour leur activité agréée, ainsi que par des centres régionaux des œuvres universitaires et scolaires (Crous).

MISE EN ŒUVRE D'UN CONCOURS

Les **principes généraux** applicables aux concours, dégagés par la jurisprudence administrative ou repris par le Code de la commande publique, sont les suivants : **49662**
- informations précises sur l'objet du marché dans les appels à candidatures sous peine d'irrégularité du contrat (CE 29-12-1997 nº 159693, Dépt de Paris : RJDA 6/98 nº 713) ;
- informations relatives aux modifications apportées au programme du concours (CE 22-4-1983 nº 21509 : Lebon p. 160) ;
- conformité du projet ou des prestations fournies par le candidat au règlement du concours (CE 19-3-1969 nº 69749 : Lebon p. 170).

Le **jury,** composé dans le respect des règles fixées par les articles R 2162-22 à R 2162-26, dresse un procès-verbal de l'examen des prestations et donne un avis motivé (CCP art. R 2162-18).

L'**acheteur** n'est pas tenu de suivre l'avis du jury et peut, notamment, porter son choix sur un candidat qui, tout en ayant participé au concours, est différent de celui classé premier par le jury (CE 30-7-2024 nº 470756, Communauté d'agglomération Valence Romans Agglomération : BPIM 5/24 inf. 307). Par l'intermédiaire de la personne qui le représente, l'acheteur décide de l'attribution du marché au candidat retenu après négociation avec tous les lauréats. Il ne peut pas faire procéder par un tiers à un examen comparé des offres qui ait le même objet et la même nature que celui réservé au jury (CE 27-11-2002 nº 204619 : RJDA 10/03 nº 954 ; CE 25-6-2004 nº 263404, Min. affaires étrangères c/ Francis Soler : RJDA 12/04 nº 1320 ; CAA Nantes 28-10-2005 nº 04NT00441, Région Centre : BPIM 2/06 inf. 109).

Les candidats non retenus qui ont remis des prestations conformes aux demandes reçoivent une **prime.** Le montant de cette prime est égal au prix estimé des études effectuées avec un abattement de 20 % maximum. L'acheteur précise, dans les documents de la consultation, les modalités selon lesquelles la prime peut être réduite ou supprimée. Il verse cette prime aux participants au concours sur proposition du jury (CCP art. R 2172-4).

Le montant de la prime est indiqué dans les documents de la consultation. La rémunération du titulaire du marché tient compte de la prime reçue pour sa participation au concours (CCP art. R 2172-6).

b. Choix de la procédure de passation du marché

Les procédures applicables sont principalement déterminées selon la « valeur estimée du besoin ». Le Code de la commande publique fixe différents **seuils financiers** en dessous desquels il est possible d'utiliser une procédure assouplie, telle que la procédure adaptée, et au-delà desquels cette utilisation devient interdite. **49670**

D'**autres caractéristiques** du marché (objet, finalités) peuvent également entrer en ligne de compte. Elles contribuent à déterminer le recours à la procédure de passation dans des cas particuliers (dialogue compétitif).

Pour le calcul des seuils, il convient de prendre en compte la rémunération totale du maître d'œuvre en additionnant les montants des rémunérations qui correspondent à l'ensemble de ses missions (mission de base et missions complémentaires).

> **Précisions** Depuis le 1er octobre 2018, la passation des marchés publics s'effectue par **voie dématérialisée** (CCP art. R 2132-2 à R 2132-14). Tout échange d'informations entre l'acheteur et l'opérateur économique doit être effectué par voie électronique lorsqu'une consultation ou un avis d'appel public à la concurrence est lancé à compter de cette date (CCP art. R 2132-7). Des dérogations à cette généralisation de la dématérialisation sont prévues à l'article R 2132-12 du Code de la commande publique, notamment :
> – pour les marchés publics passés sans publicité ni mise en concurrence mentionnés aux articles R 2122-1 à R 2122-9 du CCP et répondant à un besoin dont la valeur estimée est inférieure aux seuils de procédure formalisée ;
> – lorsque, en raison de la nature particulière du marché public, l'utilisation de moyens de communication électroniques nécessiterait des outils, des dispositifs ou des formats de fichiers particuliers qui ne sont pas communément disponibles ou pris en charge par des applications communément disponibles.

MARCHÉS DE MAÎTRISE D'ŒUVRE DONT LE MONTANT EST INFÉRIEUR AU SEUIL DES PROCÉDURES FORMALISÉES

49680 Lorsque le montant global du marché est inférieur aux seuils des procédures formalisées, l'acheteur peut le passer selon une **procédure adaptée.** Celle-ci lui permet de déterminer librement les modalités de passation du marché (CCP art. L 2123-1 et R 2123-1 à R 2123-7). Sur les marché en procédure adaptée, voir n°s 58730 s.

Les **seuils applicables** aux marchés de maîtrise d'œuvre sont ceux prévus pour les **marchés de services.** Il en va différemment pour les marchés de conception-réalisation, qui constituent, en revanche, une catégorie de marchés de travaux (CCP art. L 1111-2 ; voir n°s 49750 s.)

Depuis le 1er janvier 2024, les seuils concernant les marchés de services passés par les acheteurs ayant la qualité de pouvoir adjudicateur sont les suivants (Avis ECOM2332367V relatif aux seuils de procédure : JO 7-12-2023 texte n° 130) :
– 143 000 € HT pour les marchés de l'État ;
– 212 000 € HT pour les marchés des collectivités territoriales.

Toute prestation donne lieu au versement d'une prime dont le montant doit être intégré au calcul de la valeur estimée du besoin pour déterminer la procédure applicable (CCP art. R 2172-4).

MARCHÉS DE MAÎTRISE D'ŒUVRE DONT LE MONTANT EST ÉGAL OU SUPÉRIEUR AU SEUIL DES PROCÉDURES FORMALISÉES

49685 Lorsque le montant global du marché est égal ou supérieur aux seuils des procédures formalisées, de sorte que l'acheteur est tenu, sauf exceptions, d'organiser un concours (voir n°s 49650 et 49660), le marché peut être **négocié** avec le ou les lauréats du concours (CCP art. R 2122-6 et R 2172-2). Le concours doit se dérouler conformément aux dispositions des articles R 2162-15 à R 2162-21 du Code de la commande publique.

L'acheteur peut aussi recourir à d'autres procédures telles que le dialogue compétitif ou l'appel d'offres. Mais celles-ci ne permettent généralement pas de répondre aux exigences particulières des marchés de maîtrise d'œuvre.

B. Contenu des marchés de maîtrise d'œuvre

DISPOSITIONS GÉNÉRALES

49690 Comme tous les marchés publics, les marchés de maîtrise d'œuvre doivent être conformes aux dispositions du Code de la commande publique (sur le contenu et les pièces constitutives du marché, voir n°s 60010 et 60040).

Ils doivent aussi respecter les règles relatives à la maîtrise d'ouvrage public, notamment l'interdiction faite au maître d'ouvrage public de déléguer certains éléments du programme (voir n°s 47375 et 47425), ainsi que les règles propres au **contrat d'architecte** lorsque c'est un architecte qui est attributaire de la maîtrise d'œuvre (voir n° 48565).

MENTIONS PARTICULIÈRES

49695 Le marché précise le **contenu de la mission** dévolue au maître d'œuvre (CCP art. R 2431-1 et R 2431-2).

Il fixe la **rémunération** du maître d'œuvre. Il précise, d'une part, les modalités selon lesquelles est arrêté le **coût prévisionnel des travaux** assorti d'un seuil de tolérance, sur lesquels s'engage le maître d'œuvre, et, d'autre part, les conséquences, pour celui-ci, des engagements souscrits (CCP art. R 2432-2).

De son côté, le CCAG-MOE consacre des dispositions détaillées au prix et au règlement du marché (art. 10 à 12), à l'exécution et au périmètre des prestations (art. 13 à 19), à la constatation de l'exécution des prestations (art. 20 et 21), à l'utilisation des résultats (art. 22 à 24), à l'interruption et à la suspension des prestations (art. 25 et 26) ainsi qu'à la résiliation du marché (art. 27 à 34).

MODIFICATION DU PROGRAMME ET DE PRESTATIONS

En cas de modification du programme ou des prestations décidées par le maître de l'ouvrage, le marché fait l'objet d'un **avenant** qui arrête le programme modifié et le **coût** prévisionnel des travaux concernés par la modification. Cet avenant adapte en conséquence la rémunération du maître d'œuvre et les modalités de son engagement sur le coût prévisionnel (CCP art. L 2432-2). **49700**

C. Rémunération du maître d'œuvre privé

1. FIXATION DE LA RÉMUNÉRATION DU MAÎTRE D'ŒUVRE PRIVÉ

RÉMUNÉRATION FORFAITAIRE

La mission de maîtrise d'œuvre donne lieu à une rémunération forfaitaire qui tient compte de l'étendue de la mission, de son degré de complexité et du coût prévisionnel des travaux (CCP art. L 2432-1). **49750**

Cette rémunération, qui est décomposée par éléments de mission, tient compte des **éléments** suivants (CCP art. R 2432-6) :

– l'étendue de la mission, appréciée notamment au regard du nombre et du volume des prestations demandées, de l'ampleur des moyens à mettre en œuvre, de l'éventuel allotissement des marchés publics de travaux, des délais impartis et, lorsqu'ils sont souscrits, des engagements pris par le maître d'œuvre de respecter le coût prévisionnel des travaux ;
– le degré de complexité de la mission, apprécié notamment au regard du type et de la technicité de l'ouvrage, de son insertion dans l'environnement, des exigences et contraintes du programme ;
– le coût prévisionnel des travaux basés soit sur l'estimation prévisionnelle provisoire des travaux établis par le maître d'œuvre lors des études d'avant-projet sommaire (APS), soit sur l'estimation prévisionnelle définitive des travaux établie lors des études d'avant-projet définitif (APD).

Si le coût prévisionnel des travaux n'est pas encore connu au moment de la passation du marché public de maîtrise d'œuvre, le montant provisoire de la rémunération de ce dernier repose sur la partie affectée aux travaux de l'enveloppe financière prévisionnelle fixée par le maître d'ouvrage. Le montant définitif est fixé conformément aux dispositions régissant les clauses de réexamen (CCP art. R 2432-7 et, sur renvoi, art. R 2194-1).

Par ailleurs, il y a lieu, dans le calcul de la rémunération du maître d'œuvre, de tenir compte de la prime reçue pour la participation au concours relatif au marché dont il est l'attributaire (CCP art. R 2172-6).

L'acheteur, qui engage la procédure de passation d'un marché de maîtrise d'œuvre, n'est pas tenu de mentionner dans l'avis de marché le montant de la rémunération qui serait contractuellement accordée au candidat retenu (CE 10-2-1997 n° 167569 : RJDA 5/97 n° 644).

La rémunération du maître d'œuvre est proposée par celui-ci et acceptée par le maître d'ouvrage dans le cadre, le plus souvent, d'une **libre négociation.** Sauf cas exceptionnels pour lesquels le prix du marché peut être provisoire, la maîtrise d'œuvre donne lieu, en principe, à l'établissement d'un prix définitif (CCP art. R 2112-18). **49755**

Le forfait convenu s'impose aux parties. Mais il **peut y être dérogé** dans trois cas :

– le marché est modifié par décision unilatérale du maître de l'ouvrage. Si des prestations supplémentaires sont réalisées et qu'elles sont utiles à l'exécution des modifications décidées

par le maître de l'ouvrage, le maître d'œuvre a droit à une augmentation de sa rémunération. Ce droit n'est subordonné ni à la conclusion d'un avenant ni même à un accord du maître de l'ouvrage sur un nouveau montant d'honoraires (CE 10-2-2014 n° 365828, Sté Arc Ame : BPIM 2/14 inf. 104) ;
– des prestations sont « indispensables à la réalisation de l'ouvrage selon les règles de l'art » (CE 29-9-2010 n° 319481, Sté Babel : BPIM 6/10 inf. 454) ;
– le maître d'œuvre a été confronté à des « sujétions imprévues » (CE 29-9-2010 n° 319481, Sté Babel précité).

En dehors de ces cas, le maître d'œuvre ne peut pas prétendre à des honoraires supplémentaires pour des prestations supplémentaires résultant de ce que le marché a connu un retard de près de 14 mois (CE 29-9-2010 n° 319481, Sté Babel précité).

GUIDE DE NÉGOCIATION DE LA RÉMUNÉRATION DU MAÎTRE D'ŒUVRE

49765 La Mission interministérielle pour la qualité des constructions publiques (MIQCP) a actualisé en 2019 un « guide à l'intention des maîtres d'ouvrage publics pour la négociation des rémunérations de maîtrise d'œuvre ». C'est un document dépourvu de caractère réglementaire comportant une grille de rémunérations sur la base d'une méthode qui tient compte des éléments de complexité de l'opération, qui détermine un coefficient de complexité, ainsi qu'un taux indicatif de référence permettant le calcul du forfait de rémunération et procédant à la répartition de la rémunération pour chaque élément de mission.

2. DÉTERMINATION DU COÛT DES TRAVAUX

RESPECT DU COÛT PRÉVISIONNEL DES TRAVAUX

49780 Lorsque la mission comporte l'**assistance au maître d'ouvrage** pour la passation des marchés de travaux, le contrat prévoit le respect du coût prévisionnel arrêté au plus tard avant le lancement de la procédure de passation des marchés. En cas de dépassement du seuil de tolérance apprécié à l'issue de la consultation des entreprises ne résultant pas de circonstances que le maître d'œuvre ne pouvait prévoir, le maître d'ouvrage peut demander au maître d'œuvre d'adapter ses études sans rémunération supplémentaire (CCP art. R 2432-3).

49785 Lorsque la mission comporte, en outre, la **direction des travaux** et l'**assistance du maître d'ouvrage à la réception,** le respect du coût prévisionnel assorti d'un nouveau seuil de tolérance, qui résulte des marchés alors conclus, s'impose encore. Le contrôle s'effectue après l'exécution complète des travaux en tenant compte de la variation des conditions économiques selon des modalités prévues par le contrat. Le dépassement du seuil de tolérance, résultant d'un manquement du maître d'œuvre dans ses missions de direction de l'exécution des marchés publics de travaux et d'assistance au maître d'ouvrage lors des opérations de réception, entraîne une réduction de la rémunération selon des modalités prévues, là encore, par le contrat. La réduction ne peut toutefois excéder 15 % de la rémunération correspondant aux éléments de mission postérieurs à l'attribution des contrats de travaux (CCP art. R 2432-4).

ÉTABLISSEMENT DU DÉCOMPTE GÉNÉRAL ET DÉFINITIF

49787 Le maître d'œuvre intervient dans l'établissement du décompte général et définitif (DGD) du marché de travaux. Sa **responsabilité contractuelle** peut être recherchée pour les fautes commises dans l'établissement de ce décompte. Toutefois, l'action en responsabilité contre le maître d'œuvre n'est plus ouverte si le marché de maîtrise d'œuvre a donné lieu, lui aussi, à l'établissement d'un décompte général qui a été notifié à son titulaire sans intégrer de réclamation ou d'imputation financière en vue de la prise en compte de ces fautes (CE 6-11-2013 n° 361837, Région Auvergne : RDI 2014 p. 164).

3. PAIEMENT DES HONORAIRES DU MAÎTRE D'ŒUVRE

DÉFAUT DE PAIEMENT DES HONORAIRES DU MAÎTRE D'ŒUVRE

49790 La créance du maître d'œuvre n'est pas garantie par l'ancien privilège spécial de l'architecte (supprimé depuis le 1er janvier 2022 par l'ordonnance 2021-1192 du 15-9-2021 réformant le droit des sûretés). Elle ne peut pas donner lieu à exécution forcée par voie de saisie.

Le **retard** dans le paiement n'entraîne pas une réévaluation des honoraires, mais justifie le versement d'intérêts de retard à compter de la sommation de payer.

L'architecte ne peut pas, en principe, refuser d'exécuter le contrat lorsqu'il reproche à la personne publique cocontractante de ne pas respecter ses obligations. L'**exception d'inexécution** ne lui est pas ouverte sauf si une clause du contrat en dispose autrement et si le contrat n'a pas pour objet l'exécution même d'un service public. Dans ce cas, la personne publique doit être au préalable mise à même de s'opposer à la rupture des relations contractuelles pour un motif d'intérêt général, tiré notamment des exigences du service public (CE 8-10-2014 n° 370644, Sté Grenke Location : RJDA 6/15 n° 416).

PRESCRIPTION DES HONORAIRES DU MAÎTRE D'ŒUVRE

La personne publique, qui n'est pas liée par la clôture des comptes, peut opposer la **prescription quadriennale** au maître d'œuvre. Les droits au paiement de l'architecte sont acquis lors de l'établissement, par lui, du projet de décompte et non lors de l'établissement du décompte général du marché établi par le maître de l'ouvrage. La **prescription** commence donc à courir à compter du 1er janvier de l'année suivant celle au cours de laquelle le projet de décompte a été établi (CE 11-2-2005 n° 249211 : BPIM 3/05 inf. 190). 49795

Cette prescription peut être provisoirement écartée en cas de **suspension du délai,** laquelle résulte en pratique d'une assignation au fond contre le débiteur, même devant une juridiction incompétente (CE sect. 24-6-1977 n° 96584, Cne de Férel : AJDA 1978 p. 227). Toutefois, la faute du maître d'œuvre ne justifie pas, à elle seule, l'absence de paiement.

ABSENCE DE CONTRAT

Lorsque le contrat n'est pas conclu (par exemple, études non suivies d'effet), le maître d'œuvre peut prétendre à la rémunération de ses prestations, à moins qu'il ait fait preuve d'imprudence (CE 29-9-1982 n° 26814 : Lebon T. p. 66). 49800

D. Marchés spécifiques

1. MARCHÉ DE CONCEPTION-RÉALISATION

Cas général Le maître de l'ouvrage peut, sous certaines conditions, conclure un marché de « conception-réalisation » : il confie alors à un opérateur économique une mission portant à la fois sur l'établissement des études et l'exécution des travaux (CCP art. L 2171-2, al. 1). 49850

Dans le cas des acheteurs soumis aux dispositions régissant les marchés liés à la maîtrise d'ouvrage publique et à la maîtrise d'œuvre privée, le marché de conception-réalisation ne **peut être conclu que si** l'association de l'entrepreneur aux études est rendue nécessaire par des motifs techniques ou encore un engagement contractuel relatif à l'amélioration de l'efficacité énergétique ou à la construction d'un bâtiment neuf dépassant la réglementation thermique en vigueur (CCP art. L 2171-2, al. 2).

Il s'agit un marché à **prestataire** unique ou un marché conclu avec un groupement de prestataires qui, en pratique, s'obligent solidairement (CCP art. L 2171-2, al. 2).

Les motifs techniques sont liés à la destination ou à la mise en œuvre technique de l'ouvrage. Sont concernées (CCP art. R 2171-1) :

– des ouvrages dont l'utilisation conditionne la conception, la réalisation et la mise en œuvre ;

– des ouvrages dont les caractéristiques telles que des dimensions exceptionnelles ou des difficultés techniques particulières exigent de faire appel aux moyens et à la technicité propre des opérateurs économiques.

Toutefois, les deux séries de conditions énoncées ci-dessus (CCP art. L 2171-2, al. 2) ne sont pas applicables aux marchés de conception-réalisation portant sur la réalisation de logements sociaux aidés par l'État lorsqu'ils sont conclus par des organismes d'HLM et des SEM de construction et de gestion de logements sociaux (CCP art. L 2171-2, al. 3).

> **Précisions** **a.** L'article 69 de la loi 2018-1021 du 23-11-2018 portant évolution du logement, de l'aménagement et du numérique (dite « loi Élan ») a accordé aux organismes HLM et aux sociétés d'économie mixte de construction et de gestion de logements sociaux, l'autorisation de recourir aux marchés de conception-réalisation sans autre justification (CCP art. L 2171-2). La loi Élan a également étendu cette dérogation aux centres régionaux des œuvres universitaires et scolaires (Crous) jusqu'au 31 décembre 2021 (Loi 2018-1021 du 23-11-2018 art. 69), ainsi qu'aux marchés publics de conception-réalisation conclus par les collectivités territoriales et leurs groupements en vue de l'établissement d'infrastructures et de réseaux de communications électroniques

jusqu'au 31 décembre 2022 (Loi 2018-1021 du 23-11-2018 art. 230).

b. À titre dérogatoire et temporaire, l'ordonnance 2023-660 du 26 juillet 2023 (art. 3) prévoit que les acheteurs peuvent confier à un opérateur économique une mission globale portant sur la conception, la construction ou l'aménagement des équipements publics et des bâtiments ayant été dégradés ou détruits au cours des **violences urbaines** survenues **entre le 27 juin et le 5 juillet 2023.** La condition posée par l'article L 2171-2, al. 2 du Code de la commande publique n'est pas exigée. Cette mesure s'applique aux marchés pour lesquels une consultation est engagée, ou un avis de publicité est envoyé à la publication, à compter du 28 juillet 2023 et pendant un délai de 9 mois.

49855 **Cas de l'architecte** La définition du marché de maîtrise d'œuvre, figurant à l'article R 2172-1 du Code de la commande publique, renvoie à l'article L 2431-1, qui se borne à indiquer que la mission de maîtrise d'œuvre est distincte de celle confiée aux opérateurs économiques chargés des travaux. Ce qui pose la question de savoir si la possibilité de conclure un marché de conception-réalisation résultant de l'article L 2171-2 du Code est ouverte à l'architecte. En effet, celui-ci ne s'oblige en principe qu'à la maîtrise d'œuvre : il ne pourrait donc ni s'associer avec un entrepreneur (voir nº 48450) ni prendre en charge l'exécution des travaux.

On peut se demander toutefois si ces restrictions sont fondées : d'une part, aucun texte n'interdit expressément à l'architecte de conclure un contrat de conception-réalisation ; d'autre part, la société d'architecture peut être commerciale par sa forme et n'a que de lointains rapports avec l'architecte exerçant à titre libéral ; enfin, si le contrat de conception-réalisation n'est pas conclu avec un architecte, il risque d'être privé de toute portée pour les ouvrages relevant du monopole architectural.

Les réserves émises à la suite d'un arrêt du Conseil d'État (CE 7-11-1986 nº 55131, Ville de Toulouse : Lebon T. p. 608 et 613) peuvent donc ne pas être partagées (voir la position nuancée de Liet-Veaux et Thuillier, Droit de la Construction 1994 p. 269).

La position du Conseil de l'Ordre des architectes qui conteste la régularité des marchés de conception-réalisation non conformes à l'ancien article 18 de la loi 85-704 du 12-7-1985, désormais codifié à l'article L 2171-2 du Code de la commande publique, montre, d'une certaine façon, que l'architecte peut conclure un tel contrat (voir CE 28-12-2001 nº 221649 : RJDA 10/02 nº 1024).

MISSION MINIMALE RELEVANT DE LA MAÎTRISE D'ŒUVRE

49860 Parmi les conditions d'exécution d'un marché de conception-réalisation, comme pour tout marché public global, figure l'obligation d'identifier une équipe de maîtrise d'œuvre chargée de la conception de l'ouvrage et du suivi de sa réalisation (CCP art. L 2171-7).

Pour les **ouvrages de bâtiment,** la mission confiée à l'équipe de maîtrise d'œuvre comprend les éléments de mission définie à l'article L 2431-2 du Code de la commande publique. S'agissant des opérations lancées depuis le 1er juillet 2017, le contenu de la mission minimale est fixé par voie réglementaire (CCP art. D 2171-4 s.) : études d'avant-projet définitif ; études de projet ; études d'exécution permettant la réalisation de l'ouvrage, suivi de la réalisation des travaux et, le cas échéant, leur direction ; opérations de réception et mise en œuvre de la garantie de parfait achèvement, suivi des réserves formulées à la réception jusqu'à leur levée, examen des désordres signalés par le maître de l'ouvrage, constitution du dossier des ouvrages exécutés nécessaires à leur exploitation. La mission peut aussi comprendre les études d'esquisse et d'avant-projet sommaire.

> **Précisions** Sont concernés par cette disposition tous les marchés globaux : marché de conception-réalisation, marché global de performance, marché public global sectoriel lorsqu'il porte sur des ouvrages de bâtiment.

MODALITÉS DE PASSATION DES MARCHÉS DE CONCEPTION-RÉALISATION

49865 Le marché de conception-réalisation est passé selon des règles qui dépendent de la valeur estimée du besoin (CCP art. R 2171-15).

Si celle-ci est **égale ou supérieure aux seuils des procédures formalisées** applicables aux marchés de travaux (voir nº 58800), le maître d'ouvrage public passe le marché dans les conditions prévues par les articles R 2124-2 à R 2124-5 du Code de la commande publique (appel d'offres, procédure avec négociation, dialogue compétitif) sous réserve des aménagements suivants. Un jury doit être désigné par l'acheteur, qui dresse un procès-verbal d'examen des candidatures, puis un procès-verbal d'examen des prestations et d'audition des candidats. Le marché est attribué au vu de l'avis du jury. La désignation du jury est facultative pour les marchés visés à l'article R 2171-16 du Code de la commande publique et pour les marchés conclus par les entités adjudicatrices selon la procédure de dialogue compétitif ou la procédure négociée.

Si le marché est **inférieur aux seuils de procédure formalisée,** il peut faire l'objet d'une procédure adaptée.

Dans tous les cas, lorsque les documents de consultation ont prévu la remise de prestations, le soumissionnaire se voit attribuer une prime dont le montant est égal au prix estimé des études de conception à effectuer affecté d'un abattement de 20 % (CCP art. R 2171-19 et R 2171-20).

S'agissant du jury, il a été jugé que, s'il doit normalement conserver la même composition tout au long de la procédure afin de garantir l'égalité de traitement entre les candidats, la personne publique peut, quand la procédure comporte des phases distinctes de sélection des candidatures, d'une part, et de choix des offres, d'autre part, procéder entre les phases au remplacement de membres du jury qui ont démissionné ou ont fait savoir qu'ils ne pourraient plus siéger (CE 25-1-2006 n° 257978 : BPIM 2/06 inf. 110).

2. MARCHÉ GLOBAL DE PERFORMANCE

Les marchés publics globaux de performance associent l'exploitation ou la maintenance à la réalisation ou à la conception-réalisation de prestations afin de remplir des objectifs chiffrés de performance. Ces objectifs sont définis notamment en termes de niveau d'activité, de qualité de service, d'efficacité énergétique ou d'incidence écologique. Ces contrats doivent comporter des engagements de performance mesurables (CCP art. L 2171-3). 49890

Les **prix** respectifs de la réalisation, de l'exploitation ou de la maintenance doivent apparaître de manière séparée dans le marché (CCP art. R 2171-2, al. 1). La rémunération des prestations d'exploitation ou de maintenance est liée à l'atteinte des engagements de performances mesurables, fixées par le marché pendant toute sa durée (CCP art. R 2171-2, al. 2).

La **procédure** de passation, qui est déterminée en fonction de la valeur estimée du besoin, est similaire à celle qui s'applique aux marchés de conception-réalisation (n° 49865). Pour attribuer le marché, l'acheteur se fonde sur une pluralité de critères parmi lesquels figurent le coût global, ainsi qu'un ou plusieurs critères relatifs aux objectifs de performance définis en fonction de l'objet du marché (CCP art. R 2171-3).

Parmi les conditions d'**exécution d'un marché** public global figure l'obligation d'identifier une équipe de maîtrise d'œuvre chargée de la conception de l'ouvrage et du suivi de sa réalisation (voir n° 49860).

> **Précisions** **a.** L'article 73 de l'ancien Code des marchés publics avait créé les marchés de conception, de réalisation et d'exploitation ou de maintenance (CREM), associant l'exploitation ou la maintenance à la conception et à la réalisation de prestations. Ce type de marché relève désormais de la catégorie des marchés globaux de performance.
> **b.** On peut rapprocher du marché de performance les marchés publics globaux sectoriels qui associent conception, réalisation et maintenance dans des secteurs précis visés à l'article L 2171-4 du Code de la commande publique.

CHAPITRE 3 CONTRÔLE TECHNIQUE DE LA CONSTRUCTION

SOMMAIRE

CONTRÔLE TECHNIQUE DANS LES MARCHÉS PRIVÉS ET PUBLICS

50300 Le contrôleur technique a pour **mission** de contribuer à la prévention des différents aléas techniques susceptibles d'être rencontrés dans la réalisation des ouvrages (CCH art. L 125-1). Il contracte avec le maître de l'ouvrage dans la plupart des cas.

Une **charte** des contrôleurs techniques et maîtres d'ouvrages a été signée le 25 février 1992 par les professionnels du contrôle technique et les représentants des principaux maîtres d'ouvrages avec le ministre de l'équipement. Elle a été suivie par l'adoption d'un **Cahier des conditions générales d'intervention** établi par le comité des organismes de prévention et de contrôle technique (Coprec) en novembre 1992. Cet organisme a également établi un code de bonne conduite, dit code Coprec, qui complète la norme Afnor P 03-100 et permet de dégager un cadre juridique type applicable aux marchés privés (voir Nizara, Le contrôle technique de la construction p. 72, thèse Nice 1999).

Le cahier des clauses techniques générales applicable aux **marchés publics** de contrôle technique est déterminé dans le décret 99-443 du 28 mai 1999, qui se réfère également à la norme Afnor P 03-100.

> **Précisions** **a.** Le contrôle technique de la construction, qui remonte à 1929, **s'est développé avec** l'assurance construction : il s'agissait de confier à des organismes spécialisés le soin d'apprécier les risques d'une opération de construction afin de permettre aux compagnies d'assurances de fixer le montant de la prime au plus juste coût.
> Les organismes de contrôle, à l'époque où l'assurance construction était facultative pour les prestataires autres que l'architecte, avaient pour mission essentielle « la normalisation des risques », leur tâche consistant à vérifier si la construction était conçue et exécutée conformément aux normes. Mandatés en fait par les **assureurs,** ils pouvaient cependant contracter avec les constructeurs ou le maître de l'ouvrage. La compagnie d'assurances faisait alors de leur intervention la condition de la garantie qu'elle consentait aux uns et aux autres. Pour certains travaux,

l'assureur de responsabilité civile décennale peut encore subordonner sa garantie à la réalisation préalable d'une étude technique (Cass. 3e civ. 22-11-2018 no 17-22-112 FS-PBI : BPIM 1/19 inf. 41).

b. Les organismes de contrôle technique ont des compétences qui leur permettent d'intervenir pour d'autres missions que celles relevant du contrôle technique stricto sensu. Ils peuvent notamment établir un diagnostic relatif à la **présence d'amiante** dans un ouvrage, en particulier lorsqu'il est destiné à la vente (CSP art. L 1334-13 s. ; CCH art. L 271-4 s.). Le diagnostiqueur répond de sa faute. Il peut être tenu de supporter le coût du désamiantage supplémentaire s'il a failli à son obligation (Cass. 3e civ. 19-5-2016 no 15-12.408 : D. 2016 act. p. 1135).

SECTION 1

CONTRAT DE CONTRÔLE TECHNIQUE

A. Parties au contrat de contrôle technique

Le contrôle technique est confié à des **organismes agréés** par le ministre chargé de la construction après avis d'une commission. L'agrément, délivré pour 5 ans, est renouvelable (CCH art. L 125-3 et R 125-1). **50380**

Les organismes agréés sont des **bureaux d'études techniques** spécialisés, d'où leur dénomination courante de bureaux de contrôle technique (type Veritas, Socotec, CEP, etc.). On les désigne aussi sous la dénomination « techniciens de contrôle ». Encore que la protection du titre ne soit pas assurée comme elle l'est pour l'architecte, il semble que seuls les organismes agréés, qui sont investis d'un monopole, peuvent revendiquer le titre de « contrôleur technique ».

Le contrat de contrôle technique est une variété de **louage d'ouvrage.** Le contrôleur technique est un prestataire de service intellectuel d'un type particulier quelle que soit la personne avec laquelle il se lie. **50382**

Il donne un avis sur des problèmes d'ordre technique. Il agit et intervient en toute **indépendance** (Décret 99-443 du 28-5-1999 art. 2 ; Norme Afnor NF P 03-100 art. 3.2 et 3.3).

Le contrôleur peut **sous-traiter** certains éléments de sa mission (Décret 99-443 du 28-5-1999 art. 5). Le sous-traitant, dont la désignation obéit aux dispositions de la loi 75-1334 du 31 décembre 1975, doit être lui-même spécialement agréé pour effectuer des opérations de contrôle. **50384**

Plusieurs contrôleurs techniques peuvent aussi **cotraiter** leur mission. Le maître de l'ouvrage désigne alors l'un d'eux pour **coordonner** l'ensemble des missions (CCH art. R 125-20 ; Norme Afnor NF P 03-100 art. 4.1.2).

C'est en principe le **maître de l'ouvrage** qui contracte avec le bureau de contrôle, car la loi 78-12 du 4 janvier 1978 institue le contrôle à son profit (CCH art. L 125-1 ; Décret 99-443 du 28-5-1999 art. 6 ; Norme Afnor NF P 03-100 art. 1.1). **50385**

Le bureau de contrôle peut également intervenir à la **demande des constructeurs,** et notamment de l'entrepreneur. Mais il ne faut pas que le contrat conclu avec celui-ci fasse obstacle à la conclusion d'un contrat avec le maître de l'ouvrage. **50390**

La conclusion d'un contrat avec les constructeurs suppose donc que :

– le contrat liant le constructeur au maître de l'ouvrage ne contienne pas de clause stipulant que le contrôle technique sera décidé par le premier et négocié par lui, ce qui serait contraire aux articles L 125-1 s. du CCH ;

– le contrôle technique envisagé spontanément par le constructeur soit un contrôle complémentaire de celui imposé par la loi et, sans doute, que le contrat le concernant soit postérieur à celui imposé par la loi ;

– le contrat soit conclu à la seule demande du constructeur, dans les cas où le contrôle technique ne concerne ni les ouvrages ni les missions obligatoires réservées par l'article L 125-5 du CCH.

ATTENTION

Il existe une **différence importante** entre le contrat conclu avec le maître de l'ouvrage et celui conclu avec un des constructeurs. Dans le premier cas, le bureau de contrôle est soumis par la loi aux dispositions relatives à la garantie décennale des constructeurs (CCH art. L 125-2). Dans le second cas, c'est le droit commun de la responsabilité contractuelle qui s'applique.

B. Domaine du contrôle technique

50500 La mission du bureau de contrôle se confine dans un rôle quasi exclusif de **conseiller technique,** sinon d'**enquêteur technique.** Le bureau de contrôle méconnaîtrait son rôle s'il s'immisçait dans la maîtrise d'œuvre.

Il n'est pas un maître d'œuvre ; il ne le devient que s'il accepte l'une des missions qui relèvent de la maîtrise d'œuvre. Son rôle de contrôleur technique devient alors secondaire. La profession recommande aux organismes concernés de ne pas se départir de leur tâche limitée de conseiller ou d'enquêteur technique.

CONTRÔLE TECHNIQUE OBLIGATOIRE

50505 Pour la sécurité des personnes et la solidité des ouvrages, un contrôle technique est rendu obligatoire mais dans des **cas limités.** Le domaine du contrôle obligatoire représente environ 20 % du volume du contrôle pratiqué avant le 1er janvier 1979 (entrée en vigueur de la loi 78-12 du 4 janvier 1978).

50510 Relèvent du secteur obligatoire certaines constructions qui, en raison de leur nature, de leur importance ou de leur localisation dans des zones d'exposition à des risques naturels ou technologiques, présentent des risques particuliers pour la sécurité des personnes (CCH art. L 125-5 et R 125-17 modifié par décret 2023-1087 du 23-11-2023). **Il s'agit** :

– des établissements destinés à recevoir du public (catégories 1, 2, 3 et 4 de l'article R 143-19). Seuls les établissements dans lesquels l'effectif du public n'atteint pas le chiffre fixé par le règlement de sécurité pour chaque type d'ouvrage y échappent ;

– des immeubles de grande hauteur, dont le plancher bas du dernier niveau est situé à plus de 28 mètres au-dessus du niveau du sol le plus haut utilisable par les engins des services publics de secours et de lutte contre l'incendie ;

– des bâtiments autres qu'à usage industriel, comportant des éléments en porte-à-faux de longue portée (supérieure à 20 mètres) ou des poutres ou arcs supérieurs à 40 mètres ; ou comportant, par rapport au sol naturel, des parties profondément enterrées (plus de 15 mètres) ou des fondations de profondeur supérieure à 30 mètres ; ou nécessitant des reprises en sous-œuvre ou des travaux de soutènement d'ouvrages voisins sur une hauteur supérieure à 5 mètres ;

– des immeubles situés dans les zones de sismicité 4 et 5 délimitées conformément à l'article R 563-4 du Code de l'environnement, et dont le plancher bas du dernier niveau est situé à plus de 8 mètres par rapport au niveau du sol ;

– lorsqu'ils sont situés dans les zones de sismicité 2, 3, 4 ou 5, délimitées conformément à l'article R 563-4 du Code de l'environnement, des bâtiments appartenant aux catégories d'importance III et IV au sens de l'article R 563-3 du Code de l'environnement et des établissements de santé, lorsqu'ils n'y sont pas déjà soumis au titre d'une autre disposition de l'article R 125-17 du CCH ;

– des éoliennes dont la hauteur du mât et de la nacelle au-dessus du sol est supérieure ou égale à 12 mètres ;

– des bâtiments nouveaux ou reconstruits, existants modifiés par juxtaposition, surélévation ou création de surfaces nouvelles ou faisant l'objet de modifications de structure importantes, qui sont situés dans des zones exposées à risque cyclonique prévisible appartenant aux catégories d'importance III et IV, au sens de l'article R 132-2-3 du CCH.

CONTRÔLE TECHNIQUE INCITÉ

50515 Le recours au contrôle technique peut être spontané ou incité dans le secteur non obligatoire. Les **compagnies d'assurances** sont en effet tenues de garantir en décennale certains constructeurs ou maîtres de l'ouvrage, même lorsque le contrôle ne s'impose pas. Le recours à celui-ci peut donc favoriser les assurés qui acceptent de s'y soumettre, les compagnies appréciant alors le risque au plus juste coût, ce qui peut influencer le montant de la prime. Cette question peut d'ailleurs se négocier avec l'assureur.

Pour le cas des opérations complexes dans un secteur autre que celui du logement, si l'assuré se heurte à un refus d'assurance obligatoire, il peut saisir le bureau central de tarification et lui demander de prendre en compte des solutions concourant à l'assurabilité de l'ouvrage (C. ass. art. R 250-4-1 s.). En fait, c'est un recours incité au contrôle technique.

C. Objet du contrôle technique

Le bureau de contrôle reçoit généralement une mission de base qui, le cas échéant, peut être étendue à des contrôles de caractère particulier. **Sauf** dans le secteur obligatoire, le principe est celui de la **liberté contractuelle.** Les parties peuvent donc définir les missions confiées au contrôleur et même en limiter le contenu, sous réserve que cette limitation ne rende pas le contrôle sans objet. **50600**

La définition du contrôle technique est associée à la mission confiée à l'organisme de contrôle, mais pas uniquement. Une mission de « diagnostic technique » des travaux peut constituer une mission de contrôle technique si elle implique pour le prestataire de formuler des avis sur les documents d'exécution, la circonstance que sa mission soit limitée à la structure métallique de l'ouvrage étant indifférente (Cass. 3e civ. 4-4-2019 no 18-11.021 FS-PBI : BPIM 3/19 inf. 172).

MISSION DE BASE DU CONTRÔLEUR TECHNIQUE

La mission de base est relative à la prévention des différents aléas techniques (CCH art. L 125-1), c'est-à-dire à la **normalisation des risques.** Cette mission vise à vérifier si oui ou non l'ouvrage est construit conformément aux règles de l'art, et si l'on est ou non en présence d'un risque normal et assurable. **50605**

Elle contribue à **prévenir les sinistres.** Si le constructeur, informé par le maître de l'ouvrage ou la compagnie d'assurance, ne porte pas remède à des erreurs ou vices dénoncés par le bureau de contrôle, le sinistre aura en effet toutes les chances de se produire.

Dans le cadre de cette mission obligatoire, l'**objet du contrôle** est double ; il porte sur deux fonctions essentielles de la construction (CCH art. R 125-18 ; Décret 99-443 du 28-5-1999 art. 7 ; Norme Afnor NF P 03-100 annexe A) : **50610**

1. La **solidité des ouvrages** (mission L). **Elle porte** sur les gros ouvrages au sens de l'article 1792-2 du Code civil (VRD, fondations, ossature, clos et couvert fixes ou mobiles) et sur les éléments d'équipement indissociablement liés aux ouvrages ci-dessus, mais **non** sur les travaux préparatoires tels que coffrages, reprises en sous-œuvre, étaiement, etc.

Le contrôle est **limité** à la solidité des ouvrages intéressés, ce qui implique une vérification de l'adaptation du mode de fondation à l'ouvrage et au terrain, de la stabilité ou de la résistance mécanique des ouvrages, du risque de déformation excessive par rapport à la réglementation en vigueur, de l'étanchéité du clos et du couvert. En revanche, il ne semble pas que le bureau de contrôle ait à apprécier la propriété ou l'impropriété à la destination de l'ouvrage.

2. La **sécurité des personnes** (mission S). **Elle porte** sur les dispositifs des constructions, ouvrages et équipements visés du point de vue de la sécurité des personnes par la législation ou la réglementation applicables à l'ouvrage du fait de sa destination telle qu'elle résulte du permis de construire. Le contrôleur doit signaler l'erreur de conception qu'il constate même si aucune disposition législative et réglementaire relative à la sécurité des personnes n'a été violée (Cass. 3e civ. 18-1-2006 no 04-18.950 : Bull. civ. III no 15).

Comme la mission vise la prévention des accidents corporels, **elle ne s'étend pas** aux aléas relatifs à l'hygiène, aux nuisances et aux pollutions, et n'implique pas un contrôle du fonctionnement si celui-ci ne met pas en cause la sécurité des personnes.

Dans le secteur obligatoire, la mission imposée par la loi concerne spécifiquement la sécurité des personnes (CCH art. L 125-5). Mais l'article R 125-18 du vise la solidité des ouvrages et la sécurité des personnes, ce qui montre que les deux sont liées. La loi impose également que le contrôle technique porte sur le respect des règles relatives à l'**accessibilité aux personnes handicapées** (CCH art. L 125-5).

MISSIONS COMPLÉMENTAIRES DU CONTRÔLEUR TECHNIQUE

Des missions complémentaires, à caractère particulier, peuvent être confiées par le contrat à l'organisme de contrôle sur tous les autres éléments de la construction (CCH art. R 125-18). **50615**

50620 **Missions relevant du contrôle technique** Certaines missions complémentaires restent dans le cadre du contrôle technique, par exemple :
– adjonction à la mission relative à la solidité de l'ouvrage (mission de type L) d'une mission portant sur les éléments d'équipement dissociables ;
– attribution d'une mission relative à la compatibilité du projet avec l'état des ouvrages existants.

Parmi les missions complémentaires qui relèvent du contrôle technique, celles relatives aux **ouvrages existants ou avoisinants** doivent faire l'objet d'un accord particulier. Le dommage causé au voisin n'entraîne la responsabilité du bureau de contrôle que s'il a été missionné avant l'exécution des travaux dommageables (Cass. 3e civ. 21-5-2008 no 06-20.587 : Bull. civ. III no 93). Sa responsabilité pour trouble anormal de voisinage ne peut être engagée de plein droit que s'il a commis une faute dans l'accomplissement de sa mission en relation directe avec ce trouble (Cass. 3e civ. 19-3-2020 no 18-26.360 F-D : BPIM 3/20 inf. 190). Lorsque la mission s'étend aux avoisinants, on peut se demander si une faute est nécessaire.

Elles peuvent toutefois être un complément **nécessaire** de la mission de base, par exemple :
– si la démolition d'un mur de soutènement, certes partie existante, est de nature à entraîner un éboulement à l'origine de l'interruption des travaux (Cass. 3e civ. 8-3-2000 no 98-13.261 : BPIM 3/00 inf. 165) ;
– si la solidité de l'immeuble est compromise et que son effondrement ou sa menace d'effondrement est susceptible d'entraîner un dommage chez le voisin. Il en est ainsi en particulier lorsque les voisins sont en danger par suite de la non-conformité aux normes de sécurité de l'ouvrage ayant donné lieu à la mission de base.

50625 La **défaillance du bureau de contrôle** dans l'accomplissement de sa mission de base peut être une cause de dommage aux existants et peut alors engager sa responsabilité.

Lorsque aucune défaillance de ce type n'est relevée, les dommages aux existants ou le risque aux avoisinants ne peuvent être mis à la charge du bureau de contrôle que s'il a été spécialement missionné.

50630 Puisque les parties sont libres de choisir la mission du bureau de contrôle lorsque le contrôle technique est facultatif, elles peuvent aussi limiter le contenu d'une mission déterminée à la **seule normalisation** des risques, c'est-à-dire la vérification de la conformité du projet aux normes, sans intervention positive dans la prévention (Cass. 3e civ. 30-3-1989 : Bull. civ. III no 75 ; Cass. 3e civ. 15-6-1988 no 1047 D, Socotec c/ CFAE).

50635 **Missions dénaturant le rôle du bureau de contrôle** D'autres missions dénaturent le rôle de l'organisme qui accepte de les prendre en charge. Le **principe** à cet égard est celui de la liberté contractuelle. Mais les parties peuvent se référer au cahier des conditions techniques générales institué par le décret 99-443 du 28 mai 1999 ou aux conditions d'intervention définies par le comité des organismes de prévention et de contrôle technique (Coprec).

Les missions complémentaires qui dénaturent le rôle des bureaux de contrôle viennent de ce qu'ils acceptent dans les marchés complexes, notamment, de **surveiller l'exécution** de certains travaux délicats, comme le creusement et le coulage des puits et pieux de fondation : ils sont d'autant plus enclins à le faire s'ils ont un représentant permanent sur le chantier auquel les constructeurs ont tendance à s'adresser. Ce faisant, le bureau de contrôle participe à la maîtrise d'œuvre en empruntant une partie de sa mission à l'architecte, et peut-être aussi au bureau de coordination.

Si l'organisme de contrôle assume ces tâches, son obligation est aggravée et sa **responsabilité** calquée sur celle d'un maître d'œuvre.

D. Méthodologie du contrôle technique

50700 L'organisme de contrôle procède à des **vérifications** en se fondant sur l'état des connaissances scientifiques dans la discipline concernée. Il utilise des méthodes qui lui sont propres (Décret 99-443 du 28-5-1999 art. 12), mais il doit accomplir des actes techniques et informer le maître de l'ouvrage.

Les **actes techniques** portent sur les documents, plans et dessins, sur les dispositions prises par les constructeurs pour que les vérifications techniques qui leur incombent soient bien conduites, et sur les ouvrages et équipements réalisés. Ils consistent également à vérifier que les constructeurs prennent en compte les certificats ou procès-verbaux d'essais relatifs aux matériaux, composants et équipements (Décret 99-443 du 28-5-1999 art. 10 ; Norme Afnor NF P 03-100 art. 4.2.4. et 4.2.5).

Le contrôle technique donne lieu à une **chronologie** qui conduit à distinguer le contrôle avant exécution, le contrôle de l'exécution et le contrôle à l'achèvement (CCH art. R 125-19 ; Décret 99-443 du 28-5-1999 art. 11 et ann. B).

CONTRÔLE TECHNIQUE AVANT EXÉCUTION

Le bureau de contrôle technique doit être **missionné en « temps utile »** pour pouvoir effectuer sa tâche avec efficacité, c'est-à-dire dans un temps voisin de celui où le maître de l'ouvrage consulte l'architecte. L'organisme de contrôle doit exprimer des réserves s'il est missionné trop tard. **50710**

Il doit, en effet, établir un **rapport initial** qu'il adresse au maître de l'ouvrage avant la signature des marchés de travaux (Décret 99-443 du 28-5-1999 art. 11).

Il n'entre pas dans la mission du bureau de contrôle de concevoir l'ouvrage. Mais il lui appartient de vérifier la **qualité** des documents de **conception.** L'organisme de contrôle se livre alors à une deuxième lecture du projet dans ses aspects techniques et il effectue un examen complet et critique des pièces du marché : plans, devis, calculs… (CCH art. R 125-19). Cet examen s'effectue dans ses bureaux. Il a lieu avant le début des travaux ou avant ceux qui entrent dans le domaine de la mission.

L'examen critique des documents se fait au regard des seules **normes techniques** (Cass. 3e civ. 30-3-1989 : Bull. civ. III n° 75). Le contrôleur n'a pas à apprécier la conformité du projet aux normes juridiques qui gouvernent la construction (règles d'urbanisme) ni à se pencher sur la consistance du projet, dès lors que les normes techniques ne sont pas méconnues (Cass. 3e civ. 4-1-1996 : BPIM 2/96 inf. 120). Mais il doit tenir compte des interprétations données par les commissions compétentes des normes techniques susceptibles d'interprétation (Cass. 3e civ. 22-6-2005 n° 04-14.587 : RJDA 12/05 n° 1318). **50715**

La responsabilité du bureau de contrôle peut néanmoins être engagée s'il résulte du contrat que sa mission ne se limitait pas à la vérification du respect des normes DTU mais comportait aussi l'obligation de vérifier des éléments constitutifs du projet (Cass. 3e civ. 15-6-1988 n° 87-13.074).

Le bureau de contrôle n'est pas habilité à prescrire directement un **remaniement des plans** qu'il estimerait défectueux ou non conformes aux règles de l'art : il n'a aucun lien direct avec le concepteur et il n'est pas le mandataire du maître de l'ouvrage. Même dans le cas, rarissime, où il serait missionné directement par l'**architecte** (dans le cas où cela est permis) et agirait dans son intérêt, sa mission porterait moins sur des directives que sur des conseils donnés à l'architecte. **50720**

ILLUSTRATIONS

Un bureau de contrôle a été condamné pour avoir prescrit des fondations plus onéreuses que celles prévues initialement, alors qu'une expertise en a établi l'inutilité (Cass. civ. 11-6-1981 : RDI 1982 p. 240).

CONTRÔLE TECHNIQUE DE L'EXÉCUTION DES TRAVAUX

Le bureau de contrôle technique ne se substitue ni au maître d'œuvre, dans la haute direction, ni au bureau de coordination dans la surveillance matérielle des exécutants (CA Douai 29-9-1986, L., CFAE, Veritas et autres). Sa mission est de **vérifier.** **50725**

Le bureau s'assure d'abord que l'**autocontrôle** des exécutants est satisfaisant : c'est-à-dire que les structures mises en place par le maître de l'ouvrage sont cohérentes et efficaces. Il est particulièrement aidé dans cette tâche si le maître d'œuvre a accepté une mission complète et assure la direction et la surveillance des travaux car c'est à lui qu'incombe le contrôle le plus strict, et si, au surplus, un bureau de coordination fournit sa contribution : ce dernier a souvent un représentant permanent sur le chantier, et il n'est pas rare que sa mission recouvre pour partie celle de l'architecte. **50730**

Le bureau doit aussi s'assurer que :

– les entreprises se livrent effectivement aux contrôles nécessaires après exécution (Cass. 3e civ. 26-5-2004 n° 02-18.065 : BPIM 5/04 inf. 284) ;

– la surveillance de l'architecte est bien réelle.

Il doit donc **vérifier lui-même matériellement,** sur le chantier (Décret 99-443 du 28-5-1999 art. 11), que les travaux sont exécutés selon les plans prévus et conformément aux règles de l'art (Cass. 3e civ. 18-1-2006 n° 04-18.950 : Bull. civ. III n° 15).

50735 Il ne peut être question de lui demander une **présence** constante **sur le chantier,** et par conséquent une surveillance permanente qui, non seulement ferait double emploi avec la mission du maître d'œuvre d'exécution, mais encore n'est même pas exigée de ce dernier par les tribunaux. Le contrôleur technique exerce sa mission de façon discontinue ; il n'assure aucune permanence de ses représentants sur les chantiers, et il exerce son contrôle par voie de **sondages** et de **prélèvements** (Cass. 3e civ. 23-6-2004 no 02-15.331 : BPIM 5/04 inf. 283).

Il ne peut donc pas être condamné à réparation in solidum avec les constructeurs au motif que « le désordre met en jeu la surveillance du chantier qui, pour certains points particuliers » demanderait une vigilance et un soin particuliers : ces faits ne relèvent pas de sa mission (Cass. 3e civ. 20-11-2013 no 12-24.248 : BPIM 1/14 inf. 32).

La mission de normalisation des risques ne s'étend pas à la vérification du **travail des autres** locateurs d'ouvrage (Cass. 3e civ. 4-1-1996 no 93-21.048 : BPIM 2/96 inf. 120).

CONTRÔLE TECHNIQUE À L'ACHÈVEMENT DES TRAVAUX

50740 Le **contrôle sur les travaux exécutés** emporte vérifications finales en vue de la réception et s'étend, à la demande du maître de l'ouvrage, à la période de parfait achèvement (Décret 99-443 du 28-5-1999 art. 11). Le contrôleur procède alors par **examen visuel** des parties visibles ou accessibles. Le contrôle final est antérieur au procès-verbal de réception car il doit aider le maître de l'ouvrage à faire des réserves. À défaut, le contrôleur technique peut engager sa responsabilité (Cass. civ. 8-7-1981 : RDI 1982 p. 210).

Le contrôle technique peut aussi intervenir lorsque la réception est prononcée avec réserves, pour contrôler la conformité aux normes (Cass. 3e civ. 22-6-2005 no 04-14.587 : Bull. civ. III no 135).

Une mission particulière d'assistance à la réception est prévue dans le cadre d'un contrat de **construction de maison individuelle** (CCH art. L 231-8).

50745 Un certain nombre d'**attestations**, en général délivrées par l'architecte (voir no 48702), doit être produit par le maître de l'ouvrage (CCH art. R 122-22 à R 122-35). L'attestation relative au respect de la **réglementation thermique** dans la réalisation de l'ouvrage (CCH art. R 122-24) est établie par le contrôleur technique ou toute autre personne visée à l'article R 122-25 du CCH. Le contrôleur technique a également qualité pour établir l'attestation exigée à l'achèvement de travaux de rénovation énergétique visés aux articles R 173-2 et R 173-3 du CCH (CCH art. R 122-26 et R 122-28). Il peut aussi établir l'attestation en matière d'**accessibilité des bâtiments** (CCH art. L 122-10, anciennement art. L 122-9, et R 122-30), en matière d'**acoustique** (CCH art. L 122-10, anciennement art. L 122-9, et R 122-32), ou en matière de prévention des risques **sismiques** ou liés aux terrains **argileux** (CCH art. L 122-11 et R 122-36 à R 122-38). La compétence pour délivrer ces attestations est étendue depuis le 1er janvier 2024 aux bureaux d'études agréés (CCH art. L 122-12 modifié et R 125-22 à R 125-33 issus du décret 2023-1143 du 6-12-2023).

Le contrôleur technique est spécialement désigné pour établir, à l'achèvement des travaux, un document attestant que le maître de l'ouvrage a tenu compte de ses avis sur la mise en œuvre d'une **solution d'effet équivalent** lorsque celle-ci est adoptée (CCH art. L 112-10). L'article L 112-9, qui prévoit qu'une attestation est délivrée avant la mise en œuvre d'une solution d'effet équivalent par un organisme tiers, précise que cet organisme n'est pas considéré comme constructeur au sens de l'article 1792-1 du Code civil. Des indications sont données sur cet organisme par l'article R 112-4 du CCH, mais on ne sait pas si, dans l'exercice de sa mission à l'achèvement, le contrôleur technique visé par l'article L 112-10 du CCH fait partie des personnes qui ne sont pas constructeurs.

E. Obligations du bureau de contrôle technique

50800 Outre les obligations de faire consistant à accomplir les **actes techniques** relevant de la mission (voir nos 50700 s.), l'organisme de contrôle est tenu d'**informer** celui qui le missionne et, peut-être aussi, de le **conseiller.**

OBLIGATION D'INFORMER DU CONTRÔLEUR TECHNIQUE

50805 **Transmission de l'information** Le **destinataire** de l'information est celui qui a contracté avec l'organisme de contrôle : maître de l'ouvrage, éventuellement constructeur. En règle générale, les avis sont « adressés au maître de l'ouvrage » (CCH art. L 125-1 ; Décret 99-443 du 28-5-1999 art. 10).

Sur autorisation du maître de l'ouvrage, le contrôleur technique adresse copie de ses avis aux assureurs du maître de l'ouvrage et aux constructeurs concernés (Norme Afnor NF P 03-100 art. 4.1.6).

L'information proprement dite est donnée sous **forme** d'avis contenus dans des rapports d'étape et dans deux rapports principaux établis, le premier au stade initial de la conception (voir n° 50710), le second au stade final, qui dépend de l'étendue de la mission.

ATTENTION

À défaut d'accord du maître de l'ouvrage, il semble que le contrôleur technique ne puisse pas **transmettre ses avis aux constructeurs.** En effet, le contrôleur ne peut pas prendre part à la conception, l'exécution et l'expertise de l'ouvrage et il n'est pas un mandataire.

Cependant, en fait, l'avis est souvent communiqué verbalement aux constructeurs au cours des réunions de mise au point technique, et l'on peut penser que, lorsqu'il contracte, le maître de l'ouvrage stipule tant pour lui-même que pour les constructeurs intéressés.

L'avis doit être donné en **temps utile,** à défaut le bureau de contrôle engage sa responsabilité. Il en va autrement si le contrôleur technique établit qu'il n'a pu effectuer ces tâches en temps utile par suite d'une carence du maître de l'ouvrage. **50806**

ILLUSTRATIONS

La **responsabilité** du bureau de contrôle est **encourue** si :
– les prélèvements, analyses, essais ou sondages n'ont pas eu lieu dans les délais permettant de prévenir le sinistre (Cass. 3e civ. 15-2-1972 : Bull. civ. III n° 95) ;
– l'organisme n'a pas émis d'avis sur ce qu'il avait l'obligation de vérifier (Cass. 3e civ. 15-6-1988 n° 87-13.074 ; Cass. 3e civ. 27-4-2000 n° 98-15.050 : BPIM 4/00 inf. 239) ;
– l'organisme n'a pas alerté le maître de l'ouvrage sur le choix d'un matériau compromettant la solidité de l'isolation (Cass. 3e civ. 7-1-2016 nos 14-17.033 et 14-17.669 : BPIM 2/16 inf. 111) ;
– une erreur figurait dans la fiche de contrôle établie avant le début des travaux, ce qui a conduit à valider et mettre en œuvre des prestations inadaptées (Cass. 3e civ. 15-9-2016 n° 15-19.724 : BPIM 6/16 inf. 371).

Sa **responsabilité** peut être **écartée** s'il émet un avis sur des plans remis après le début des travaux (CA Douai 29-9-1986, L., CFAE, Veritas).

Pertinence de l'information L'avis doit être pertinent (Cass. 3e civ. 30-3-1989 n° 88-10.145 : Bull. civ. III n° 75). Mais peu importe les suites que le maître de l'ouvrage réserve à cet avis (Cass. 3e civ. 30-3-1989 n° 88-10.145 : Bull. civ. III n° 75 ; Cass. 3e civ. 4-12-2002 n° 00-15.830 : BPIM 1/03 inf. 19) : on dit que l'avis a un caractère facultatif, car le maître de l'ouvrage conserve sa liberté d'**appréciation.** Le bureau de contrôle est déchargé de sa responsabilité s'il prouve la pertinence des informations transmises et l'absence de prise en compte par le maître de l'ouvrage : tout se passe alors comme si le dommage était imputable à la carence du maître de l'ouvrage (ou des constructeurs si on admet l'existence d'une stipulation en leur faveur). **50807**

Si les informations transmises n'étaient pas pertinentes, le bureau de contrôle doit, pour dégager sa responsabilité, prouver qu'eu égard au mode d'investigation, le vice n'était pas normalement décelable par lui. Il doit établir, par exemple, que les méthodes de sondage ne permettaient pas de déceler la cause du sinistre. Ainsi, s'exonère de sa responsabilité le bureau de contrôle qui a pratiqué des sondages et n'avait pas l'obligation de pratiquer des vérifications systématiques. Absence de responsabilité également pour l'organisme qui a justifié d'un vice des matériaux indécelable par lui.

OBLIGATION DE CONSEIL DU CONTRÔLEUR TECHNIQUE

L'organisme de contrôle qui donne son avis au maître de l'ouvrage après un « **examen critique** » du projet (CCH art. R 125-19) est un professionnel qualifié. L'information qu'il donne n'est donc pas neutre. Elle doit être éclairée et s'accompagner d'un conseil car, à défaut, le maître de l'ouvrage profane ne saurait qu'en faire. **50810**

L'obligation de conseil de l'organisme de contrôle technique semble discutée.

Le contrôleur technique n'a pas de conseil à donner au sujet des **vérifications** qu'il effectue : il se borne à décrire la non-conformité aux règles techniques qu'il décèle dans un avis clair et compréhensible. Toutefois, l'avis doit provoquer de la part du maître de l'ouvrage la réaction que les circonstances commandent, d'où l'implication du contrôleur au-delà d'un simple avis. **50815**

En revanche, il semble bien qu'il y ait matière à conseil, et par suite obligation de l'organisme de contrôle, lorsque l'avis mentionne qu'il n'y a **rien à signaler,** ce qui implique que les travaux peuvent se poursuivre. **50820**

Il y a surtout **matière à conseil lorsque** :
– le contrôleur accepte une mission difficilement dissociable d'une mission de base ;
– la complémentarité de certaines missions est évidente ;

– l'absence de maître d'œuvre est préjudiciable ;
– l'organisme de contrôle assiste l'accédant à la propriété d'une maison individuelle à la réception (CCH art. L 231-8).

Si le conseil ne peut en aucun cas prendre la forme de préconisation, faute d'un pouvoir direct sur la chose à construire reconnu à l'organisme de contrôle, il est tout à fait concevable dans la conclusion du contrat et la détermination de son objet.

ILLUSTRATIONS

Il semble que la Cour de cassation fasse application de cette idée dans un arrêt qui retient contre le contrôleur technique le fait de n'avoir pas appelé l'attention du maître de l'ouvrage ou de l'architecte sur la nécessité de faire procéder à une étude géotechnique (Cass. 3e civ. 5-4-1995 n° 93-12.511 : BPIM 1/96 inf. 41).

F. Incompatibilités entre le contrôle technique et d'autres activités

CONTRÔLE TECHNIQUE ET ACTIVITÉ DE CONSTRUCTEUR

50900 L'activité de contrôle technique est réglementée. Les organismes habilités à exercer cette activité sont agréés par le ministre de tutelle (CCH art. R 125-1 et s.). Il existe des incompatibilités à exercer l'activité de contrôle technique en même temps que d'autres activités.

Ainsi, l'activité de contrôle technique est incompatible avec l'exercice de toute activité de conception, d'exécution et d'expertise des ouvrages (CCH art. L 125-3).

Exception faite de l'expertise, l'incompatibilité se limite à l'activité de constructeur. Or, les organismes de contrôle technique s'immiscent souvent dans la conception de l'ouvrage et prennent la qualité de constructeur (Cass. 3e civ. 11-6-1981 : Gaz. Pal. 1982 1 pan. p. 29).

Le Conseil d'État se livre à une **interprétation exigeante** de l'incompatibilité qui, selon lui, s'applique même si le marché ne s'analyse pas comme un marché de construction faisant appel à l'intervention d'un contrôleur technique. Un contrôleur technique ne peut pas se voir attribuer un marché public de coordination des systèmes de sécurité santé incendie d'un établissement pénitentiaire (CE 18-6-2010 n° 336418 : BPIM 5/10 inf. 368, RDI 2011 p. 102 note R. Vandermeeren). Il ne peut pas non plus être membre d'un groupement d'entreprises attributaire d'un lot comportant des prestations d'expertise et de conception d'un ouvrage, peu importe que l'organisation du groupement permette au contrôleur technique de ne pas participer aux prestations qui lui sont interdites (CE 27-4-2021 n° 447221 Ville de Paris : BPIM 3/21 inf. 182). L'incompatibilité ne semble pas limitée à une opération déterminée ; elle est générale.

Toutefois, l'incompatibilité qui est conçue dans l'intérêt du maître de l'ouvrage ne concerne que les sociétés de contrôle technique agréées en tant que telles et non celles exerçant d'autres activités dans le domaine de la construction. Par suite, elle ne peut pas être opposée à une société qui se porte candidate à un marché d'expertise dans le domaine de la construction et non à un marché de prestation de contrôle technique, même si elle est la filiale d'un groupe au sein duquel une autre filiale exerce une activité de contrôle technique (CE 19-10-2012 n° 361459 : BPIM 6/12 inf. 437).

La **sanction** n'est pas, en principe, la nullité du contrat mais l'application, à l'organisme de contrôle, des sanctions qui frappent les constructeurs. Mais dans un arrêt (CE 18-6-2010 n° 336418), la question portait sur la validité du rejet de la candidature de Veritas, ce qui peut avoir pour effet de rendre irrégulières les attributions de marché en violation du principe d'incompatibilité.

CONTRÔLE TECHNIQUE ET ACTIVITÉ DE COORDINATION

50905 **Mission OPC** Il n'existe pas d'incompatibilité de principe entre contrôle technique et ordonnancement-pilotage-coordination de chantier **(mission OPC),** car cette dernière relève de l'organisation de chantier et n'intéresse guère les organismes de contrôle.

50910 **Coordination SPS** En revanche, il peut y avoir matière à discussion au sujet de la coordination sécurité-protection de la santé (SPS), qui a une fonction préventive en matière de sécurité comme le contrôle technique lui-même.

Si on considère que l'activité de coordination SPS ne relève pas de la mission du constructeur, l'organisme de contrôle technique qui accepte une mission de coordination ne commet aucune infraction à l'article L 125-3 du CCH. Le risque d'un retrait d'agrément est donc exclu.

La personne physique qui exerce la fonction de coordonnateur, en son propre nom ou au nom de l'organisme qui l'emploie, ne peut pas être chargée dans le cadre d'une même opération de bâtiment ou de génie civil de la fonction de contrôleur technique visée par l'article L 125-1 du CCH (C. trav. art. R 4532-19). Ce texte appelle deux remarques, sachant que le coordonnateur est une personne physique ou morale :

– lorsqu'il s'agit d'une **personne physique,** qu'elle agisse en son nom ou au nom de la personne qui l'emploie, elle ne peut pas, dans la même opération, être également contrôleur technique. C'est le risque de confusion que la loi veut éviter ;

– la lettre du texte donne à penser qu'une **personne morale** pourrait désigner une personne physique en qualité de coordonnateur et une autre en qualité de contrôleur technique. Dès lors que cette interprétation n'est pas exclue, a fortiori doit-on décider que lorsqu'une personne morale intervient en une seule qualité (coordonnateur ou contrôleur technique), elle peut prendre en charge une mission de coordination sur un autre chantier alors même qu'elle est agréée en tant que contrôleur technique. Elle renonce alors à cette qualité dans l'opération : c'est la preuve qu'il n'y a pas d'incompatibilité de principe entre les deux fonctions, mais interdiction de les exercer en même temps.

Lorsque l'**opération excède 760 000 €,** le coordonnateur ne peut pas être chargé d'une autre fonction dans cette opération, sauf si l'opération est initiée par une commune ou un groupement de communes de moins de 5 000 habitants où le maître d'œuvre assure les missions de coordonnateur SPS (C. trav. art. R 4532-19 ; Arrêté SOCT0310277A du 25-2-2003 : JO 6-3). **50920**
Il en résulte clairement que les missions de contrôleur technique et de coordonnateur sont incompatibles sur un même chantier. Cette incompatibilité concerne toute personne physique exerçant la fonction de coordonnateur : elle ne peut pas être chargée d'une autre fonction lors de la même opération, ni en son nom personnel ni au nom de la personne morale qu'elle est chargée de gérer, d'administrer ou de représenter (Cass. 3e civ. 12-4-2018 n° 16-17.769 FS-PB : BPIM 3/18 inf. 186).

SECTION 2

RESPONSABILITÉ DES BUREAUX DE CONTRÔLE TECHNIQUE

A. Responsabilité contractuelle du contrôleur technique

La responsabilité du bureau de contrôle est une responsabilité contractuelle. Il faut distinguer, lorsque cette responsabilité est mise en cause, selon que le dommage s'est produit avant ou après la réception des travaux. **51120**

Si le contrat de contrôle technique comporte une **clause limitative de responsabilité,** il faut s'interroger sur la nature de cette dernière. La clause ne pourrait pas concerner l'obligation du contrôleur technique en responsabilité décennale : l'article 1792-5 du Code civil répute la clause non écrite dans les rapports avec le maître de l'ouvrage. Elle pourrait en revanche concerner l'obligation du contrôleur technique en droit commun de la responsabilité, bien que l'option soit discutée (P. Malinvaud, Droit immobilier, Dalloz-Action n° 477-227). Dans ce cas toutefois, la **clause** peut être reconnue **abusive** entre professionnels et non professionnels ou consommateurs en application des articles L 212-1 et L 212-2 du Code de la consommation.

ILLUSTRATIONS

Une société qui fait construire pour vendre des villas et recourt aux services d'un bureau de contrôle technique est peut-être un professionnel de l'immobilier mais pas un professionnel de la construction, condition nécessaire pour que la clause limitative de responsabilité lui soit opposable (Cass. 3e civ. 4-2-2016 n° 14-29.347 : BPIM 2/16 inf. 114, RJDA 4/16 n° 327).

1. RESPONSABILITÉ DU CONTRÔLEUR TECHNIQUE APRÈS RÉCEPTION DES TRAVAUX

a. Garantie décennale du contrôleur technique

51160 Dans ses rapports avec le maître de l'ouvrage, le contrôleur technique est, dans la limite de sa mission, soumis à la **présomption de responsabilité** édictée par les articles 1792, 1792-1 et 1792-2 du Code civil (CCH art. L 125-2). Il est admis que le bureau de contrôle technique n'est obligé qu'à ce seul titre, à l'exclusion de la garantie biennale (Larroumet : RDI 1981 p. 318 ; Boubli, La responsabilité et l'assurance des architectes, entrepreneurs et autres constructeurs, n°s 187 s.).

Les dispositions de l'article 1792-5 du Code civil, qui interdisent les **clauses restrictives ou exclusives de responsabilité,** sont applicables aux bureaux de contrôle bien que l'article L 125-2 du Code de la construction et de l'habitation n'y renvoie pas expressément.

ÉTENDUE DE LA GARANTIE DÉCENNALE DU CONTRÔLEUR TECHNIQUE

51165 La responsabilité décennale est une **responsabilité de plein droit** (CCH art. L 125-2).

En cas de dommage, la réparation n'est pas automatique, car il faut tenir compte de l'objet de l'obligation du contrôleur et de la portée limitée de sa mission : c'est dans le cadre d'une **mission de base** que la garantie décennale est encourue.

Les juges doivent rechercher en quelle qualité et en vertu de quelle mission le bureau de contrôle intervient (Cass. 3e civ. 17-6-2008 n° 07-14.245 : BPIM 4/08 inf. 290).

51170 **Périmètre de la mission de base** La garantie décennale n'est encourue que si la mission confiée au contrôleur technique s'y prête, c'est-à-dire si on peut lui reprocher un manquement (même présumé) à une obligation impliquant le **contrôle de la solidité ou de l'impropriété** à la destination de l'ouvrage, ou, ce qui est plus rare en pratique, de la solidité des équipements indissociables d'un ouvrage. C'est lorsque, physiquement, le dommage présente un de ces caractères que la garantie décennale peut être mise en œuvre.

Le contrôleur technique ne peut pas se voir reprocher une défaillance quelconque lorsque la solidité de l'ouvrage est compromise et que la mission qui lui est confiée n'est pas la mission relative à la solidité de l'ouvrage (mission L) ; même observation pour les éléments d'équipements indissociables s'ils ne relèvent pas du contrôle de solidité.

51175 La responsabilité décennale d'un contrôleur technique missionné uniquement pour le **risque aux avoisinants** (mission AV) peut être retenue (Cass. 3e civ. 28-4-1993 n° 90-20.578 : RDI 1993 p. 376). L'arrêt est doublement contestable :

– il applique la garantie décennale hors du cas de la mission relative à la solidité de l'ouvrage (mission L) ;

– il fait application de la décennale pour un dommage causé au tiers, alors que cette garantie concerne le dommage à l'ouvrage et non celui causé par l'ouvrage.

Même si on peut expliquer cet arrêt par l'idée que la faute du contrôleur technique sanctionnée est le manquement à l'obligation de renseignement et de conseil, la référence à la garantie décennale reste très discutable.

D'ailleurs, d'autres décisions considèrent que la responsabilité du contrôleur technique est, dans ce cas, de droit commun. En l'absence de **faute,** sa responsabilité n'est pas engagée.

ILLUSTRATIONS

À l'égard des avoisinants, la responsabilité du contrôleur technique n'a pas été retenue en **absence de faute** :

– à propos d'un talus voisin endommagé ayant causé des dégâts aux maisons qui y étaient implantées (Cass. 3e civ. 12-1-2000 n° 98-11.883 : BPIM 2/00 inf. 96 ; Cass. 3e civ. 21-5-2008 n° 06-20.587 : Bull. civ. III n° 93) ;

– pour des tirants d'ancrage situés dans le tréfonds de la propriété voisine : les désordres ne relevant pas de la décennale, le contrôleur technique qui n'a commis aucune faute n'est pas responsable du dommage et le maître d'œuvre ne peut contester sa mise hors de cause (Cass. 3e civ. 10-11-2009 n° 08-17.526 : Bull. civ. III n° 248).

51180 **Missions complémentaires** Alors même que le maître de l'ouvrage confie au bureau de contrôle une mission de base de type L relative à la solidité de l'ouvrage, ou de type S relative à la sécurité des personnes, la question se pose de savoir si le **risque d'impropriété à la destination** est pris en charge par l'organisme concerné au titre de la décennale.

Le risque d'impropriété à la destination est certainement pris en charge lorsque le contrôleur technique assume une mission complémentaire l'impliquant (isolation phonique, mission PH ; isolation thermique, mission TH, etc.). Il l'est également lorsque la mission de base relative à la solidité (L) est associée à une mission complémentaire relative aux équipements (P1) qui ont une fonction à remplir, ou encore lorsque l'organisme assume une mission de contrôle des matériaux (Cass. 3e civ. 28-4-1993 no 724 : RDI 1993 p. 376). Bien que la mission S concerne la sécurité des personnes, on peut penser que le contrôleur technique peut être mis en cause sur le fondement de l'article 1792-1 du Code civil pour impropriété à la destination, lorsque, pour des raisons de sécurité, un ouvrage ne peut être ouvert au public. Toutefois, pour un dommage prédécennal et dans un cas où la mission concernait la sécurité des personnes, les investigations complémentaires relatives à la solidité des ouvrages ont été limitées aux « seules malfaçons entrant dans sa mission » (Cass. 3e civ. 26-2-2003 no 01-15.717 : Bull. civ. III no 48). La jurisprudence administrative est favorable à retenir la responsabilité décennale des bureaux de contrôle (CE 19-3-1993 : RDI 1993 p. 372 ; CE 10-2-1995 : RDI 1995 p. 323).

NATURE DE L'OBLIGATION DU CONTRÔLEUR TECHNIQUE

Le bureau de contrôle technique est un prestataire de service intellectuel qui se lie par un louage d'ouvrage : la nature de son obligation lui assigne le caractère d'une **obligation de moyens.** Le contrôleur technique s'oblige, certes, à un certain résultat : donner les renseignements utiles et les avis nécessaires, le cas échéant, mais aucun résultat n'est promis quant à la chose à construire. Le contrôleur technique se borne à promettre la mise en œuvre de tous les moyens dont il dispose pour que les renseignements soient aussi édifiants que possible. **51185**

Il n'est donc pas dans la nature de l'obligation du bureau de contrôle d'être une obligation de résultat, d'autant que la mission et les méthodes relèvent de techniques aléatoires.

PRÉSOMPTION DE RESPONSABILITÉ DU CONTRÔLEUR TECHNIQUE

Si la nature de l'obligation demeure la même, la loi soumet désormais les organismes de contrôle à la présomption de responsabilité qui gouverne la garantie décennale, avec une **limite,** celle de la mission du contrôleur technique. C'est seulement s'il ne fournit pas le renseignement en temps utile, et si le renseignement est erroné, révélant ainsi l'imperfection du contrôle, que la responsabilité du bureau est engagée pour les désordres affectant la construction. Le dommage fait présumer que le bureau de contrôle a failli à sa mission et a commis une des fautes ci-dessus énoncées (Cass. 3e civ. 23-4-1997 : RDI 1997 p. 444). Un arrêt a même jugé que le contrôleur technique était, « de par sa fonction, garant de la conformité de l'ouvrage aux normes » (CA Versailles 15-10-1999 : RDI 2000 p. 51). Cette présomption est à la fois de fait et de droit. **51190**

Présomption de fait Le maître de l'ouvrage ayant établi que les conditions matérielles de la garantie décennale sont remplies (malfaçon affectant la solidité de l'ouvrage ou des éléments d'équipement indissociables, ou le rendant impropre à sa destination), le bureau de contrôle peut **dégager sa responsabilité** en montrant que le dommage n'est pas garanti ou que ce dommage a pour origine un élément non soumis à son contrôle. Les juges apprécient, en cas d'ambiguïté du contrat, l'étendue de la mission. Par exemple, ils ont jugé dans une affaire que la mission ne se limitait pas à la vérification du respect des normes DTU mais comportait aussi l'obligation de vérifier les éléments constitutifs du projet eu égard aux conditions climatiques (Cass. 3e civ. 15-6-1988 no 87-13.074). **51195**

› Précisions a. Le bureau de contrôle peut soutenir que le dommage n'est **pas garanti** : vice apparent à la réception, absence de malfaçon. Ce dernier point est important car, le contrôle étant limité à la solidité de l'ouvrage, l'obligation du bureau de contrôle ne s'étend pas aux défauts de conformité, sauf s'ils compromettent la sécurité des personnes. La décennale serait alors retenue pour impropriété à la destination (voir no 51180).

Il faut noter qu'une jurisprudence tend à mettre à la charge du maître de l'ouvrage la preuve du lien de causalité entre le vice et le dommage, ce qui limite encore la responsabilité du débiteur (Cass. 3e civ. 27-2-1979 : RDI 1979 p. 345).

Transposée aux rapports entre le maître de l'ouvrage et le bureau de contrôle, cette jurisprudence signifierait que la faute du bureau de contrôle étant présumée, le maître de l'ouvrage ne pourrait se prévaloir des dispositions combinées des articles L 125-2 du CCH, 1792 et 1792-2 du Code civil qu'à la condition d'établir le lien de causalité entre cette faute et le dommage dont il se plaint, en l'occurrence le désordre de nature à compromettre la solidité de l'ouvrage. Une telle analyse serait d'ailleurs en accord avec la véritable nature de l'obligation du contrôleur technique et conforme à l'idée que la responsabilité de plein droit des bureaux de contrôle participe d'une garantie incomplète ou imparfaite. Car la présomption de droit, en ce qui les concerne, cède en pratique devant la preuve que le bureau a normalement accompli sa mission et exécuté les obligations qui lui incombaient.

b. Le bureau de contrôle peut établir que le dommage a son origine dans un **élément non**

soumis au contrôle (reprises en sous-œuvre par exemple), car c'est dans la limite de sa mission qu'il est responsable, ou encore que le dommage est sans rapport avec la mission (Cass. 3e civ. 26-2-2003 no 01-15.717 : Bull. civ. III no 48 ; Cass. 3e civ. 9-7-2013 no 12-17.369 : BPIM 5/13 inf. 328 ; voir toutefois : Cass. 3e civ. 28-4-1993 : RDI 1993 p. 376).

51200 **Présomption de droit** Cette présomption est consacrée par l'article L 125-2 du CCH, qui renvoie aux articles 1792 et suivants du Code civil. Si la malfaçon relève de la décennale et qu'elle a sa source dans un élément relevant du contrôle technique, le contrôleur est présumé n'avoir pas fourni les renseignements suffisants pour prévenir le sinistre et par suite ne s'être pas livré à des investigations satisfaisantes.

Ainsi, le contrôleur technique ne peut pas s'exonérer en faisant valoir que sa mission n'implique pas le contrôle systématique des travaux, mais uniquement un contrôle par sondages. Il doit rapporter la preuve d'une **cause étrangère** (Cass. 3e civ. 14-3-2001 no 97-19.657 : BPIM 3/01 inf. 183 ; CAA Paris 23-5-2001 : RDI 2002 p. 154 note Moderne). Toutefois, la cause étrangère présente un régime particulier en matière de contrôle technique.

L'exonération de responsabilité est pratiquement exclue si le bureau de contrôle n'a pas fourni le moindre renseignement : il a purement et simplement failli à sa mission.

Mais lorsque les renseignements donnés n'ont pas suffi à prévenir le sinistre, trois cas sont à envisager :

– les informations, bien que pertinentes, n'ont pas été suivies d'effet ;
– elles n'ont pas été données en temps utile ;
– elles n'étaient pas pertinentes.

51202 Le contrôleur technique peut aussi invoquer la **force majeure ou le fait du tiers.** À ce sujet, les juges du fond paraissent favorables à l'exonération de responsabilité du bureau de contrôle technique lorsque sa mission est explicitement limitée à la vérification de la conformité aux normes techniques et ne s'étend pas à la valeur de la norme elle-même, et par suite à celle du projet (TGI Paris 6e ch. 8-7-1987, La France Agricole c/ Socotec ; CA Paris 23e ch. B 10-6-1988, Sté Suable c/ Socotec). On peut se demander si la jurisprudence, qui ne considère pas le risque de développement d'une norme technique comme un cas de force majeure pour les constructeurs, s'applique au contrôle technique.

> **Précisions** Autoriser le bureau de contrôle à dégager sa responsabilité en prouvant l'impossibilité matérielle de déceler le vice (no 50807) est dérogatoire au droit commun en la matière puisque la tendance de la jurisprudence, lorsque la responsabilité est objective, est de considérer que le vice de la chose n'est pas un cas de force majeure (Cass. req. 22-1-1945 : S. 1945 I p. 57). Ainsi, la jurisprudence qui se dessine semble dégager des solutions qui font de la présomption légale davantage une **présomption de faute** qu'une présomption de responsabilité (en ce sens, semble-t-il : Cass. 3e civ. 30-3-1989 : Bull. civ. III no 75 ; Cass. 3e civ. 4-1-1996 no 93-21.048 : BPIM 2/96 inf. 120, qui relève qu'une faute n'est pas établie ; Cass. 3e civ. 25-9-2002 no 1307 : RDI 2002 p. 547, qui hésite entre présomption de faute et présomption de responsabilité). Mais tout en constatant un certain nombre de fautes du bureau de contrôle, un arrêt retient la responsabilité de « plein droit » du contrôleur technique qui n'établit pas « la cause étrangère » (Cass. 3e civ. 23-4-1997 no 95-13.482 : RDI 1997 p. 444).

51205 **Partage de responsabilité avec les autres constructeurs** Lorsqu'il est présumé responsable et que d'autres constructeurs sont tenus avec lui au titre de la responsabilité décennale, cette **responsabilité** est engagée **in solidum** envers le maître de l'ouvrage. Chaque responsable peut donc être tenu de payer le tout, sauf son recours contre son coobligé.

Dans les rapports entre constructeurs, la répartition se fait à proportion des fautes respectives (voir no 90150) sauf s'ils exercent l'action subrogatoire, ce qui est rare (voir nos 90170 s.). Le contrôleur technique n'est tenu vis-à-vis des autres constructeurs qu'à concurrence de la part de responsabilité susceptible d'être mise à sa charge dans les **limites des missions définies par le contrat** (CCH art. L 125-2). C'est l'incidence de la faute sur le dommage qui détermine la contribution à la dette. Peu importe que la mission soit limitée si la faute est en relation avec elle. Contrairement à la responsabilité décennale, il semblerait que la responsabilité contractuelle de droit commun du contrôleur technique ne soit pas limitée à ses missions (voir no 51280).

Selon le Conseil d'État, le contrôleur technique dont la responsabilité décennale est engagée envers le maître de l'ouvrage doit, s'il entend **appeler en garantie** les autres constructeurs, établir qu'ils ont commis une faute ayant contribué à la réalisation des dommages dont le maître d'ouvrage demande réparation. Il ne peut pas être entièrement garanti par les constructeurs en se bornant à établir qu'il n'a pas commis de faute alors qu'il n'invoquait aucune faute de la part des autres constructeurs (CE 2-10-2024 no 474364 : BPIM 6/24 inf. 353).

b. Responsabilité contractuelle de droit commun du contrôleur technique après réception des travaux

RESPONSABILITÉ DU CONTRÔLEUR TECHNIQUE ENVERS LES AUTRES CONSTRUCTEURS

On peut envisager la responsabilité du bureau de contrôle qui intervient à la requête et pour le compte des constructeurs, dans le cadre d'une **mission de base.** Il s'agit alors de la responsabilité contractuelle de droit commun qui sanctionne une obligation de moyens (voir n° 51185). L'article L 125-2 du CCH n'étant pas applicable, il suffit de se référer à la jurisprudence antérieure à la loi 78-12 du 4 janvier 1978 : la faute du bureau de contrôle doit être prouvée (Cass. 3e civ. 8-3-2000 n° 98-13.261 : BPIM 3/00 inf. 165). **51230**

RESPONSABILITÉ DU CONTRÔLEUR TECHNIQUE ENVERS LE MAÎTRE DE L'OUVRAGE

Responsabilité pour faute Le bureau de contrôle peut assumer envers le maître de l'ouvrage une **mission complémentaire.** Il n'y a aucune raison alors d'aligner sa responsabilité sur celle des constructeurs, en l'absence de texte l'imposant. La responsabilité est de **droit commun** : la preuve de la faute est nécessaire. Par exemple, à propos de modifications apportées à un talus voisin ayant endommagé les maisons qui y étaient implantées, la faute est écartée au motif que l'attention des constructeurs sur les difficultés constatées avait été appelée en temps utile et que, si le rapport définitif ne comportait pas de réserves, cette absence était sans rapport avec le dommage (Cass. 3e civ. 12-1-2000 n° 98-11.883 : BPIM 2/00 inf. 96). **51235**

D'une façon plus générale, le droit commun de la responsabilité pour faute s'impose lorsque l'article L 125-2 du Code de la construction et de l'habitation ne s'applique pas.

ILLUSTRATIONS

La responsabilité pour faute du contrôleur technique a été retenue pour :
– un manquement à l'obligation de conseil (Cass. 3e civ. 28-4-1993 n° 90-20.578 : RDI 1993 p. 376 ; Cass. 3e civ. 12-1-2000 n° 98-11.883 : BPIM 2/00 inf. 96) ;
– des désordres prédécennaux (Cass. 3e civ. 4-12-2002 n° 00-15.830 : BPIM 1/03 inf. 19).

Responsabilité pour dol Cette responsabilité procède d'un dol du contrôleur technique lorsque, chargé de contrôler une installation (de désenfumage en l'espèce), il n'informe pas le maître d'ouvrage des précisions apportées par les services compétents sur les modalités d'application d'une instruction (Cass. 3e civ. 22-6-2005 n° 04-14.587 : RJDA 12/05 n° 1318). **51240**

Dispositions contractuelles La responsabilité de droit commun peut être écartée lorsque, par contrat, le bureau de contrôle se soumet aux **garanties légales** (voir toutefois n° 51175 et Cass. 3e civ. 5-4-1995 : RDI 1995 p. 553, qui étend la responsabilité pour une mission de base aux dommages aux avoisinants pour manquement à l'obligation de conseil). **51245**

Il est évident que le bureau de contrôle qui dénature sa mission et se comporte comme un constructeur est, de plein droit, soumis à la responsabilité qui incombe à ce dernier.

De ce qui vient d'être dit il découle qu'en la matière sont licites les **clauses limitatives ou exclusives de responsabilité** dans les rapports entre professionnels.

Bien que la responsabilité du contrôleur technique, en droit commun, repose sur la faute, il est admis que l'action du maître de l'ouvrage se transmet aux ayants cause à titre particulier (Cass. 3e civ. 28-2-1996 : RDI 1996 p. 213).

2. RESPONSABILITÉ DU CONTRÔLEUR TECHNIQUE AVANT RÉCEPTION DES TRAVAUX

RESPONSABILITÉ CONTRACTUELLE DU CONTRÔLEUR TECHNIQUE AVANT RÉCEPTION

La responsabilité avant réception des travaux obéit au **droit commun.** Il s'agit d'une responsabilité contractuelle qui sanctionne une prestation n'impliquant pas la réalisation d'une chose corporelle, et dont on peut penser qu'elle constitue une obligation de moyens conformément à la règle générale (Cass. 3e civ. 4-12-2002 n° 00-15.830 : BPIM 1/03 inf. 19 ; Cass. 3e civ. 26-2-2003 n° 01-15.717 : Bull. civ. III n° 48). La règle peut s'expliquer par le fait que le maître de l'ouvrage n'exerce son contrôle sur la qualité du travail accompli qu'à la réception : jusque-là, le locateur d'ouvrage jouit d'une certaine indépendance dans l'exercice de sa mission. **51280**

Pour l'architecte dont la situation, sur ce point, ressemble à celle du contrôleur technique, il est admis que sa responsabilité en droit commun avant la réception exige qu'une **faute** soit établie contre lui (Cass. 3e civ. 9-10-1979 : RDI 1980 p. 1987 obs. Malinvaud et Boubli). La faute du bureau de contrôle technique est caractérisée quand une erreur figurant dans la fiche de contrôle établie avant le début des travaux a conduit à valider et mettre en œuvre des prestations inadaptées (Cass. 3e civ. 15-9-2016 n° 15-19.724 : BPIM 6/16 inf. 371). Les juges estiment même qu'après la réception la responsabilité résiduelle de l'architecte est soumise au même régime (Cass. 3e civ. 10-7-1978 : Bull. civ. III n° 285).

Cette solution vaut a fortiori pour les bureaux de contrôle technique, dont l'obligation par sa nature a les caractères d'une obligation de moyens. Il a d'ailleurs été jugé que le bureau de contrôle qui n'est intervenu qu'au stade de la conception par l'architecte d'un projet de piscine et qui n'a pas eu connaissance des plans d'exécution n'est pas responsable du dommage résultant de la démolition de la piscine à la suite du refus d'agrément de la direction départementale des affaires sanitaires et sociales (compétences transférées depuis aux Agences régionales de santé), pour absence de sanitaire, le dommage étant sans **rapport avec sa mission** (Cass. 3e civ. 16-2-2005 n° 03-16.266 : Bull. civ. III n° 37). Le Conseil d'État semble plus strict à l'égard du contrôleur technique. Il juge que, si la garantie décennale se limite au périmètre de sa mission, cette limite ne s'applique pas en cas de condamnation sur le fondement de la responsabilité contractuelle, avant réception. Le contrôleur technique peut donc être condamné in solidum avec les autres responsables du dommage à réparer les conséquences dommageables que leurs fautes contractuelles ont causées au maître d'ouvrage (CE 2-10-2024 n° 488166 : BPIM 6/24 inf. 353).

RESPONSABILITÉ DU CONTRÔLEUR TECHNIQUE ET ASSURANCE DOMMAGES-OUVRAGE

51285 La mise en œuvre de la police est prévue lorsque **le contrat d'entreprise** est **résilié pour inexécution,** et qu'il faut effectuer les « réparations nécessaires » à la conservation de l'ouvrage (C. ass. art. L 242-1). La question se pose de savoir si la responsabilité du bureau de contrôle est engagée, comme en matière décennale, lorsque les ouvrages menacent de s'effondrer. On pourrait hésiter du fait que l'assureur donne ici sa garantie, et qu'il ne le fait pas dans le cas général, c'est-à-dire lorsque le marché n'est pas résilié. Il ne semble pas toutefois qu'il faille étendre la présomption de l'article 1792 du Code civil au-delà de son champ d'application tel qu'il est délimité pour le bureau de contrôle technique par l'article L 125-2 du CCH : en l'absence de réception prononcée, il n'y a pas de garantie décennale et donc pas de présomption.

Aucun texte ne les interdisant, les clauses limitatives et exclusives de responsabilité devraient donc être licites au moins entre professionnels.

B. Responsabilité du contrôleur technique à l'égard des tiers

1. RESPONSABILITÉ EXTRACONTRACTUELLE DU CONTRÔLEUR TECHNIQUE

RESPONSABILITÉ DU CONTRÔLEUR TECHNIQUE DU FAIT DES CHOSES

51360 La responsabilité du fait des choses de l'article 1242 du Code civil doit être écartée. Le contrôleur ne peut pas être considéré comme le gardien d'une chose inanimée, lorsqu'il se borne à remplir sa mission normale. S'il s'immisce dans les travaux, il pourrait être tenu comme gardien. Mais, d'une part, sa responsabilité de gardien ne pourrait être admise qu'avant la réception des travaux, d'autre part, elle n'est envisageable que si le bureau de contrôle se comporte comme un entrepreneur. C'est à l'entrepreneur que les tribunaux confèrent la garde du chantier.

RESPONSABILITÉ DU CONTRÔLEUR TECHNIQUE POUR INEXÉCUTION DU CONTRAT

51365 L'inexécution d'une obligation contractuelle peut être considérée comme une faute à l'égard des tiers. Il n'y a pas pour autant transposition systématique du plan contractuel au plan extracontractuel. Lorsque la faute contractuelle envers le créancier constitue aussi une **faute « en elle-même »** en dehors du contrat, les tiers peuvent agir en responsabilité extracontractuelle ; lorsque l'obligation provient du seul contrat, sa transgression n'est source de responsabilité vis-à-vis des tiers que si elle a été prévue au contrat. Ainsi, lorsque le contrat confie une mission relative à la **sécurité des personnes** à un bureau de contrôle, la faute éventuellement commise par lui engage sa responsabilité extracontractuelle envers les tiers.

Cependant, les tiers ne peuvent pas se prévaloir de la présomption édictée par l'article L 125-2 du CCH. À leur égard, « la responsabilité du débiteur contractuel ne peut être retenue qu'en cas de **faute prouvée** » (Larroumet : RDI 1981 p. 318) : ce sont les articles 1240 et 1241 du Code civil qui s'appliquent (CA Paris 1-10-1997 : RDI 1998 p. 93).

Corrélativement, le maître de l'ouvrage dont la responsabilité est recherchée en raison de dommages causés à des tiers peut se plaindre d'un manquement du contrôleur technique à ses obligations contractuelles en cas de mission aux avoisinants (voir n° 51175).

2. DÉFINITION DES TIERS AU CONTRAT DE CONTRÔLE TECHNIQUE

RAPPORT ENTRE LE CONTRÔLEUR TECHNIQUE ET LES CONSTRUCTEURS

Par tiers, on entend les constructeurs lorsqu'ils n'ont pas spécialement missionné l'organisme de contrôle et n'ont avec lui aucun lien de droit. On voit mal en quoi l'obligation souscrite par le bureau de contrôle peut les concerner puisqu'il ne s'oblige guère envers eux. Les juges du fond ont tendance à écarter la responsabilité des organismes de contrôle dans ce cas. **51390**

Il en résulte que la contribution au dommage subi par le maître de l'ouvrage peut donner lieu à un partage de responsabilité entre constructeurs et contrôleur technique.

La **nature du préjudice** n'est pas précisée.

Mais il semble que les constructeurs, privés d'une information que leur aurait transmise le maître de l'ouvrage si la mission avait été exécutée, pourraient invoquer, à tout le moins, la perte d'une chance.

ILLUSTRATIONS

La **responsabilité** du contrôleur technique **envers l'architecte** a été retenue pour :
- avoir commis des manquements dans le cadre de sa mission de contrôle des existants (Cass. 3e civ. 8-3-2000 n° 98-13.261 : BPIM 3/00 inf. 165) ;
- n'avoir pas formulé de réserves à propos d'une cuve qui comportait une erreur de conception de l'architecte à l'origine d'un accident mortel. Pour la Cour de cassation, le contrôleur, investi d'une mission relative à la sécurité des personnes, a commis une faute (Cass. 3e civ. 18-1-2006 n° 04-18.950 : Bull. civ. III n° 15).

RAPPORT ENTRE LE CONTRÔLEUR TECHNIQUE ET LES AYANTS CAUSE DU MAÎTRE DE L'OUVRAGE

Les ayants cause héritent de l'action en garantie de leur auteur (voir n° 86720). L'action en responsabilité contractuelle de droit commun contre le bureau de contrôle leur est également transmise (Cass. 3e civ. 28-2-1996 et 27-3-1996 : BPIM 3/96 inf. 205). Ils n'ont donc plus la qualité de tiers. **51395**

RAPPORT ENTRE LE CONTRÔLEUR TECHNIQUE ET LES PERSONNES EXTÉRIEURES AU CONTRAT

Ceux qui n'ont absolument aucun lien avec les organismes de contrôle et même les autres opérateurs, sont des **tiers.** Par exemple, le locataire du maître de l'ouvrage est un tiers (CA Paris 1-10-1997, Sté CEP : RDI 1998 p. 93). **51400**

ATTENTION

Le bureau de contrôle n'est pas responsable des **accidents de chantier,** car ceux-ci sont expressément exclus de sa mission. Sa responsabilité pourrait cependant être encourue si les dommages étaient consécutifs à une imperfection non décelée par lui.

RAPPORT ENTRE LE CONTRÔLEUR TECHNIQUE ET LES VOISINS

En ce qui concerne les voisins, il faut distinguer selon que le dommage est ou non en rapport avec la mission du bureau de contrôle. **51405**

Si le **dommage** à la propriété voisine est consécutif à un désordre dans l'immeuble qui aurait pu être prévenu par le bureau de contrôle **dans l'exercice de sa mission de base** (effondrement de l'immeuble), la responsabilité du bureau de contrôle pourra être retenue, mais selon des modalités différentes suivant que le demandeur est le tiers ou le maître de l'ouvrage.

Si le demandeur est le **tiers,** il doit établir la faute positive du contrôleur.

Si le tiers préfère actionner le **maître de l'ouvrage** qui se retourne contre le bureau de contrôle, ce dernier est soumis à la même contrainte s'il agit par subrogation aux droits du tiers. Mais s'il invoque le contrat, la question qui se pose est de savoir si le dommage causé par la chose est soumis au même régime que le dommage causé à la chose, c'est-à-dire à la garantie décennale. Avant la loi du 4 janvier 1978, la jurisprudence a eu tendance à l'admettre (Cass. 3e civ. 22-2-1978 : Bull. civ. III no 93), pour les constructeurs (B. Boubli, Rép. civ. vo Contrat d'Entreprise, no 511). Mais on se demande si cet alignement peut se maintenir depuis la loi de 1978 (RDI 1979 p. 215) : dans la négative, il faudrait appliquer la responsabilité contractuelle de droit commun et exiger la preuve de la faute du bureau de contrôle (voir no 51235).

51410 Si le **dommage** est **sans rapport avec la mission** du bureau de contrôle (par exemple c'est son implantation qui est discutée : trouble lié à la hauteur du bâtiment, empiètement chez autrui), le bureau n'est pas responsable. Sa responsabilité pour trouble anormal de voisinage ne peut être engagée de plein droit qu'en raison d'une faute commise dans l'exécution de sa mission en relation directe avec le préjudice subi, à défaut le contrôleur technique n'est pas responsable (Cass. 3e civ. 19-3-2010 no 18-26.360 F-D : BPIM 3/20 inf. 190).

S'il assume une mission spéciale **« risque aux avoisinants »,** celle-ci est limitée aux atteintes à la solidité de l'ouvrage voisin, réserve faite des clauses particulières du contrat. La faute du contrôleur technique doit, en principe, être établie (no 51175).

Il semble que le tiers puisse invoquer le contrat conclu entre le maître de l'ouvrage et l'organisme de contrôle. Alors même que le dommage au tiers n'est pas la conséquence d'un effondrement de l'immeuble construit, la Cour de cassation paraît admettre que le maître de l'ouvrage peut, s'il est mis en cause par le voisin, appeler le contrôleur technique en garantie sur le fondement de la responsabilité décennale de l'article 1792 du Code civil.

CHAPITRE 4 ENTREPRENEUR

SOMMAIRE

SECTION 1

L'ENTREPRENEUR EN TANT QUE CONSTRUCTEUR

I. MODALITÉS ET DOMAINES D'INTERVENTION

PROFESSION DE L'ENTREPRENEUR

51850 L'entrepreneur exerce une profession commerciale ou artisanale.

Il peut agir en qualité de **promoteur** et souscrire, à ce titre, un contrat de promotion immobilière qui s'ajoutera à sa fonction d'entrepreneur.

Il peut aussi agir comme **maître d'œuvre,** soit que le concours d'un architecte ne soit pas nécessaire compte tenu de la surface de la maison, soit qu'il prenne le relais d'un architecte qui n'a reçu qu'une mission partielle (par exemple, limitée à ce qui relève de son monopole).

Le plus souvent, toutefois, l'entrepreneur est un **opérateur,** c'est-à-dire un constructeur qui participe à l'édification de l'ouvrage. L'avant-projet de réforme des contrats spéciaux abandonne la référence actuelle dans le Code civil au contrat de louage d'ouvrage pour lui préférer celle du contrat d'entreprise, ce qui pourrait avoir une influence sur la dénomination du contrat sans pour autant en affecter la nature.

51855 Les entreprises relèvent du **secteur du bâtiment** ou du **secteur des travaux publics** ou des deux à la fois.

Elles sont soumises à un contrôle administratif et professionnel.

Le **contrôle administratif** résulte de la classification de l'entreprise et de l'obligation qui lui est faite d'être inscrite au registre du commerce et des sociétés ou au registre des métiers.

Le **contrôle professionnel** est assuré par les organisations syndicales. Les entreprises sont rassemblées en deux grandes fédérations : la Fédération française du bâtiment et la Fédération nationale des travaux publics.

DOMAINE D'ACTIVITÉ DE L'ENTREPRENEUR

51860 Les activités elles-mêmes sont des activités de **bâtiment** ou des activités de **génie civil.** L'avant-projet de réforme des contrats spéciaux institue le « contrat de construction », dont ces activités relèvent. Les marchés privés, comme les marchés publics, peuvent porter sur des travaux de bâtiment ou de génie civil ; ils constituent des travaux publics, lorsque, entre autres conditions, ils sont exécutés pour le compte d'une personne publique.

51865 La **distinction** entre l'activité « bâtiment » et l'activité « génie civil » résulte, notamment, d'une nomenclature établie par un organisme professionnel de qualification et de classification des entreprises du bâtiment (OPQCB) qui précise les tâches relevant du secteur bâtiment.

> **Précisions** L'OPQCB a en outre pour vocation de classer les entreprises en fonction de leur **qualification.** La qualification des entreprises résulte de la décision d'une commission. Elle peut être modifiée ou retirée en cas de fautes ou de malfaçons répétées. Elle est donc un élément d'appréciation de la valeur de l'entreprise. Les compagnies d'assurances en tiennent compte pour évaluer le montant des primes et situer le niveau des garanties.

II. SCHÉMA CONTRACTUEL

A. Dispositions contractuelles applicables à l'entrepreneur

52000 L'entrepreneur conclut un contrat avec son partenaire, qui est en général maître de l'ouvrage. Ce contrat est un contrat d'entreprise (ou contrat de construction dans l'avant-projet de réforme des contrats spéciaux), qui prend généralement la forme d'un marché. Plusieurs formules sont offertes aux constructeurs pour l'établir. La plupart sont contenues dans des documents ayant valeur de **contrat type,** auxquels les marchés se réfèrent.

Dans les **marchés publics,** un cahier des clauses administratives générales (CCAG) contient différentes dispositions qui deviennent la loi des parties qui y adhèrent.

Dans les **marchés privés,** l'Association française de normalisation (Afnor) rédige différents documents homologués par arrêté ministériel, dont un « cahier des clauses administratives générales applicables aux travaux de bâtiment faisant l'objet de marchés privés ». Ce document, plus connu sous le nom de norme Afnor P 03-001 (homologué par arrêté du 5-3-1989 et modifié en dernier lieu le 20-10-2017), est complété par d'autres textes, et diverses pièces propres à certains marchés (cahier ou prescriptions communes des sociétés de HLM ; cahier des clauses et conditions générales de la SNCF). Une autre norme concerne les travaux de génie civil faisant l'objet de travaux privés (norme Afnor p. 03-002 actualisée en octobre 2014) ; elle n'est pas utilisée, les professionnels lui préfèrent la norme Afnor P. 03-001.

Les **normes Afnor** se bornent à recenser et à codifier les usages de la profession. Malgré leur caractère semi-officiel, elles n'ont pas la force d'une loi ou d'un règlement impératif. Toutefois, une distinction est à faire selon les normes homologuées, qui deviennent des actes administratifs, et les normes enregistrées, qui restent de pur droit privé (CE 17-2-1992 n° 73230 : RJDA 5/92 n° 523). Au demeurant, dans la mesure où elles recensent des usages, il semble possible de se référer à certaines de leurs dispositions, même dans le silence du marché, car certaines dispositions ont valeur de **règle coutumière.** En outre, la norme ayant un rôle unificateur, la plupart des marchés y font référence en tout ou partie : lorsque c'est le cas, la norme acquiert, au moins pour les dispositions concernées, **valeur contractuelle,** sauf si les règles qu'elle institue sont contraires à une disposition légale impérative ; il a par exemple été jugé que la norme Afnor ne pouvait pas prévaloir sur l'article 1793 du Code civil relatif aux travaux supplémentaires (Cass. 3e civ. 24-3-2009 n° 08-12.768 : BPIM 3/09 inf. 202). 52005

Des critiques sont émises sur les normes Afnor P. 03-001 et P. 03-002 et les maîtres de l'ouvrage sont invités à recourir aux contrats types proposés par la Fédération internationale des ingénieurs-conseils (FIDIC), qui constitueraient une alternative avantageuse (G. Feld, Marchés privés de travaux : le Livre rouge et le Livre jaune de la FIDIC, alternatives avantageuses aux normes NF P03-001 et NF P03-002 de l'Afnor, RDI 2022 p. 264).

L'entreprise a l'obligation de communiquer au juge la norme et le contrat en cas de litige, à peine d'irrecevabilité de ses arguments (Cass. 3e civ. 4-12-1996 n° 93-21.057 D).

Dans les documents figurent différentes propositions et options ouvertes aux entreprises qui contractent avec le maître de l'ouvrage et qui concluent avec lui un contrat de **louage d'ouvrage** afin d'adapter la rédaction aux intentions des parties. 52010

B. Entreprises réalisant les travaux

1. ENTREPRISE GÉNÉRALE OU PRINCIPALE

Le maître de l'ouvrage peut confier à un seul entrepreneur l'exécution de l'ensemble des travaux. Cet entrepreneur principal ou général, le plus souvent chargé du gros œuvre, pratique la sous-traitance de parties du marché et confie à des entreprises particulières les lots qu'il ne peut pas exécuter lui-même. 52015

La sous-traitance a pour effet de mettre l'entrepreneur principal en première ligne : il répond du fait des sous-traitants comme de son propre fait, sans pouvoir invoquer la circonstance qu'il serait imprévisible pour lui (Cass. 3e civ. 12-12-1968 : Bull. civ. III n° 545 ; Cass. 3e civ. 5-1-1978 : Bull. civ. III n° 9). C'est un véritable garant (Cass. 3e civ. 3-10-1979 : RDI 1980 p. 66).

Il est rare qu'une entreprise puisse assurer seule l'ensemble des travaux des différents corps d'état dont l'intervention est nécessaire. Le progrès technique suscite la création de nouveaux métiers (ascensoristes, chauffagistes) et le renforcement des spécialités (fondations).

2. PLURALITÉ D'ENTREPRISES RÉALISANT LES TRAVAUX

a. Entreprises non groupées

Le maître de l'ouvrage peut contracter séparément avec des entreprises différentes. Les marchés portent alors sur des **travaux distincts** même s'ils concourent à la réalisation du même ouvrage. Chaque contrat a son **autonomie** : les entreprises ont seulement un lien organique. On dit que ces entreprises sont **séparées** ou non groupées (Norme Afnor P 03-011). 52020

b. Entreprises groupées

PRINCIPE DU GROUPEMENT D'ENTREPRISES

52025 Les entreprises peuvent se grouper pour participer à la réalisation des travaux. Elles désignent l'une d'entre elles, généralement l'entreprise de gros œuvre, chargée du lot le plus important, comme leur mandataire commun (Norme Afnor P 03-001 art. 3-1-7 et 6-1-3). Cette entreprise dépose une soumission unique indiquant, pour chacun des intervenants, le lot pour lequel elle soumissionne. Chaque entreprise est personnellement responsable de l'exécution et de la qualité des travaux de son lot ; elle est créancière des sommes correspondantes.

Les **marchés privés de bâtiment, de 100 000 € HT au plus,** réalisés en cotraitance, doivent comporter, à peine de nullité, les mentions suivantes (CCH art. L 124-3) :

– l'identité du maître d'ouvrage ainsi que celle des cotraitants devant exécuter les travaux ou prestations de service ;

– la nature et le prix des travaux ou prestations de service devant être réalisés par chaque cotraitant de façon détaillée ;

– la mention expresse de l'existence ou non de la solidarité juridique des cotraitants envers le maître d'ouvrage ;

– le nom et la mission du mandataire commun des cotraitants. Cette mission, qui consiste notamment à transmettre des informations et documents ainsi qu'à coordonner les cotraitants sur le chantier, ne peut être étendue à des missions de conception et de direction de chantier assimilables à une activité de maîtrise d'œuvre.

Ces exigences impliquent la conclusion d'un écrit à titre de preuve du respect des mentions prescrites à peine de nullité du marché.

> **› Précisions** Le mandataire commun assure souvent, outre sa mission d'opération, le pilotage et la coordination du chantier. La formule des « entreprises groupées » est, pour cette raison, présentée aussi comme celle de **« l'entreprise pilote »,** mais cette expression est équivoque, car le pilotage peut être confié à un autre opérateur que le mandataire, et même à un autre entrepreneur qu'un opérateur.

FORME DU GROUPEMENT D'ENTREPRISES

52030 Il n'est pas nécessaire que le groupement d'entreprises ait une structure juridique. Bien qu'il advienne que les entrepreneurs se rassemblent au sein d'un contrat précis, qualifié parfois de « convention de groupement » (un groupement d'intérêt économique [GIE], par exemple), il suffit qu'ils désignent un mandataire commun avec la mission de soumissionner au nom du groupe. Les entreprises se rassemblent alors dans un groupement momentané d'entreprises (GME). Parfois, il y a d'ailleurs « entreprises groupées » du seul fait qu'a été souscrit un **« acte d'engagement unique »** (CCAG ; cahier des clauses et conditions générales de la SNCF de 1979).

Sauf aménagements conventionnels particuliers, le groupement ne constitue pas, en l'absence d'affectio societatis, une **société de fait** : il n'y a ni partage de bénéfices ni partage des pertes (Montmerle et Caston : Passation et exécution des marchés de travaux privés : éd. Moniteur p. 57).

ÉTENDUE DES ENGAGEMENTS DES ENTREPRISES GROUPÉES

52035 **Engagements conjoints des membres du groupement** Les engagements des constructeurs envers le maître de l'ouvrage sont, **en principe,** conjoints et non solidaires. Les différents documents administratifs et notamment le CCAG font d'ailleurs clairement la différence entre les entreprises « groupées conjointes » et les entreprises « groupées solidaires ». S'agissant des mentions dans les marchés de 100 000 € au plus, voir n° 52025.

52040 Lorsque les entrepreneurs ont souscrit des engagements conjoints, ils ne répondent que de leur propre **dette** à l'égard du maître de l'ouvrage. Ils ne prennent pas en charge celle de l'entreprise pilote (Cass. com. 21-10-1968 : Bull. civ. IV n° 281 ; Cass. com. 8-5-1968 : D. 1968 som. p. 109 ; Norme Afnor P 03-001 art. 3-1-7).

52045 **Engagements solidaires des membres du groupement** Lorsque l'engagement est solidaire, chaque entreprise est engagée pour la totalité du marché et doit pallier une éventuelle défaillance de ses partenaires (Norme Afnor P 03-001 art. 3-1-7). En pratique, les entreprises groupées échappent difficilement aux conséquences nées de la solidarité. Cela implique la représentation mutuelle des membres du groupement, qui peut être atténuée ou organisée par la désignation d'un mandataire commun (n°s 52055 s.).

La solidarité peut d'abord être **expressément stipulée** :
– soit que le mandataire commun s'oblige tant pour lui-même que pour les entreprises groupées (CA Rouen 2e civ. 20-5-1999 no 2621/97 : BPIM 5/99 inf. 354) ;
– soit que ces dernières assument un engagement solidaire (Cass. 3e civ. 27-3-1991 : JCP G 1991 IV p. 202).

La **convention** peut déterminer l'étendue de la solidarité. En général, celle-ci ne porte que sur l'exécution matérielle des obligations incombant aux membres solidaires ou sur les conséquences du retard dans l'exécution du marché. Mais elle peut s'étendre aux conséquences des responsabilités encourues. Ainsi, le cahier des clauses techniques particulières (CCTP) peut stipuler que le mandataire commun est « seul responsable des travaux, qu'ils soient exécutés par lui-même ou par ses cotraitants ». Dans ce cas, il répond des malfaçons imputables aux entreprises concernées (Cass. 3e civ. 13-2-2013 no 11-22.427 : BPIM 2/13 inf. 118, RDI 2013 p. 223). Cette situation n'est pas sans risque pour le mandataire commun : il court le risque d'un recours aléatoire en cas de défaillance d'un membre ; il aggrave sa dette et doit en informer son assureur responsabilité civile.

La convention doit régler les rapports entre les membres. Ils peuvent recourir à une sorte de société en participation en mettant en commun les pertes et les bénéfices. Ils peuvent aussi décider d'une répartition au prorata des lots, chacun conservant la part de frais correspondant aux travaux effectués par lui.

La Cour de cassation limite la solidarité conventionnelle aux rapports entre les entrepreneurs et le maître de l'ouvrage (Cass. civ. 22-4-1971 : AJPI 1972 p. 438 note Caston ; voir aussi, pour des entrepreneurs rassemblés dans un groupement d'intérêt économique, Cass. com. 13-3-1978 : Bull. civ. IV no 87). Un arrêt a admis que le mandataire commun qui a garanti une entreprise défaillante est subrogé dans les droits du maître de l'ouvrage contre l'organisme garantissant l'entreprise défaillante (CA Rouen 2e civ. 20-5-1999 no 2621/97 : BPIM 5/99 inf. 354).

La solidarité peut aussi résulter des **circonstances.** Les entrepreneurs étant des commerçants **52050**
et l'acte d'engagement étant unique, la solidarité est normalement **présumée** pour les actes faits dans un intérêt commun. Toutefois, la Cour de cassation fait une application nuancée des principes qui gouvernent la solidarité lorsque celle-ci n'est pas stipulée (voir aussi no 52045).

La remarque vaut surtout pour l'**entrepreneur pilote,** mandataire du groupe d'entreprises. Responsable de son lot en tant que locateur d'ouvrage, il n'est pas tenu, en principe, des obligations mises à la charge de ses mandants (Cass. 3e civ. 15-5-1973 : Bull. civ. III no 343). Cependant, dans les **marchés publics,** la plupart des documents de référence obligent l'entrepreneur pilote solidairement avec les opérateurs, même lorsque les entreprises sont « groupées conjointes » (CCAG, CCCG de la SNCF).

Dans le cadre des **marchés privés,** le mandataire commun s'oblige dans des conditions voisines de la solidarité et doit prendre les mesures nécessaires pour que « les travaux soient exécutés aux conditions du marché de l'entrepreneur défaillant » (Norme Afnor P 03-011 art. 19.22 et 20.4.2.2).

En contrepartie, lorsqu'une entreprise n'effectue pas les travaux correspondant à son lot et que l'entreprise pilote mandataire doit la remplacer, la Cour de cassation a jugé que l'entreprise défaillante était **responsable envers le mandataire** sur le fondement de la responsabilité extracontractuelle (Cass. 3e civ. 28-1-1998 no 96-13.718 : BPIM 2/98 inf. 100). L'entreprise pilote peut ainsi obtenir réparation du préjudice subi tenant par exemple au retard pris dans l'exécution du marché consécutif au remplacement de l'entreprise défaillante.

> **Précisions** Sans viser spécialement le groupement d'entreprises, l'**avant-projet de réforme des contrats spéciaux** prévoit que lorsque plusieurs entreprises concourent à la réalisation de l'ouvrage, la cotraitance oblige conjointement les entrepreneurs à l'égard du client, sauf clause de solidarité (art. 1764).

ÉTENDUE DES ENGAGEMENTS DU MANDATAIRE COMMUN DU GROUPEMENT D'ENTREPRISES

En groupement solidaire En matière de **marchés publics,** l'engagement du manda- **52055**
taire du groupement solidaire est, par nature, solidaire (CE 28-11-1986 no 60522 ; Clément et Richer, Les marchés publics de travaux des collectivités territoriales p. 23). Le mandataire désigné représente l'ensemble de ses cotraitants **vis-à-vis du maître de l'ouvrage et du maître d'œuvre** pour l'exécution du marché (CCAG art. 3.5). Il en résulte qu'une demande formulée par le mandataire doit bénéficier à l'ensemble des membres du groupement (CE 24-11-2008 no 289778 : BPIM 1/09 inf. 34).

Dans le groupement solidaire, les membres sont censés se représenter mutuellement dans toutes les **instances relatives à l'exécution du marché.** Le Conseil d'État estime toutefois que le principe selon lequel celui qui engage un recours le fait au nom et pour le compte des autres membres du groupement cède lorsque, présents dans l'instance, ses membres formulent des conclusions divergentes (CE 31-5-2010 n° 323948 : BPIM 5/10 inf. 369). L'un des membres peut demander pour son propre compte le paiement au maître de l'ouvrage des prestations qu'il a effectuées, même si le marché ne prévoit pas de répartition des tâches (CE 19-5-2022 n° 454637 : BPIM 4/22 inf. 286). En revanche, il fait une application automatique du principe de solidarité lorsque les entreprises groupées s'engagent conjointement et solidairement envers le maître de l'ouvrage à réaliser une opération de construction et qu'elles s'obligent aux réparations du fait du manquement à leurs obligations contractuelles : leur responsabilité solidaire est engagée en cas de dommage (CE 29-9-2010 n° 332068 : BPIM 6/10 inf. 455).

Le mandataire d'un groupement momentané d'entreprises (GME) est en principe seul habilité à présenter les projets de décompte et à accepter le **décompte général** ; mais lorsque le mandataire d'un GME solidaire composé de deux entreprises informe le maître de l'ouvrage qu'il n'entend pas poursuivre l'exécution du marché et que les travaux sont menés à bien par l'autre entreprise, le projet de décompte établi par cette dernière et le décompte général accepté sans réserve par celle-ci ne peuvent plus être contestés par l'autre membre du groupement qui a perdu la qualité de mandataire (CE 19-3-2012 n° 346263 : BPIM 3/12 inf. 228).

Sur la forme du groupement et la mention du mandataire en cas de groupement de candidatures dans les marchés publics, voir n° 59160.

52056 En matière de **marchés privés,** la Cour de cassation paraît favorable à l'engagement solidaire de tous les membres du groupement. S'agissant de l'obligation à la dette, un arrêt retient la responsabilité solidaire des membres d'un groupement momentané d'entreprises (GME), dont celle de son pilote. Il admet que la responsabilité encourue implique « la réparation du préjudice indemnisable qui regroupe tous les travaux nécessaires à la réparation du dommage », ce qui, en l'espèce, impliquait l'exécution des travaux non prévus au marché (Cass. 3e civ. 20-11-2013 n° 12-29.259 : BPIM 1/14 inf. 33, RDI 2014 p. 106 et 110). Le juge ne peut pas écarter la responsabilité solidaire du mandataire d'un GME sans rechercher si la combinaison des conditions générales et particulières du groupement n'entraîne pas sa responsabilité contractuelle en raison du manquement d'un membre à son obligation d'information et de conseil (Cass. 3e civ. 16-1-2020 n° 18-24.948 F-D : BPIM 2/20 inf. 109) ; cet arrêt suit la jurisprudence administrative.

52057 **En groupement conjoint** En matière de **marchés publics,** l'engagement du mandataire d'un groupement conjoint devient solidaire par application du contrat type (CE 7-11-1986, Ville de Toulouse : RDI 1987 p. 51). S'agissant des **marchés privés,** la Cour de cassation paraît s'être engagée dans la même voie (Cass. 3e civ. 4-7-1979 : D. 1979 IR p. 547 ; Cass. 3e civ. 26-2-1992 n° 339 : Bull. civ. III n° 63 ; Cass. 3e civ. 23-10-1991 : RDI 1992 p. 522 ; voir en ce sens Norme Afnor P 03-001 art. 22-4-2-2e).

OBLIGATIONS DU MANDATAIRE COMMUN DU GROUPEMENT D'ENTREPRISES

52060 Les obligations du mandataire commun sont de deux ordres.

Il assume d'abord les obligations qui lui sont propres en tant qu'entreprise d'opération chargée d'un lot déterminé.

Il assume ensuite les obligations qui relèvent du **mandat de gestion** qui lui est donné par les entreprises d'opération attributaires d'autres lots que le sien. Sauf clause le stipulant, le mandat n'est pas général. Un arrêt a ainsi précisé que, sauf mandat spécial, il n'a pas pour mission de procéder aux formalités nécessaires à l'agrément des sous-traitants d'autres entrepreneurs du groupement et à l'agrément des conditions de leur paiement (Cass. 3e civ. 28-9-2005 n° 04-16.008 : RDI 2006 p. 442). Mais, lorsque le mandat lui confie une prestation particulière qu'il n'exécute pas, le sous-traitant peut invoquer cette carence si elle lui cause un préjudice. La responsabilité d'un mandataire commun a été retenue, car il n'avait pas souscrit une assurance « tous risques chantiers », alors que le sous-traitant aurait pu l'invoquer pour être garanti (Cass. 3e civ. 13-9-2006 n° 05-10.125 : BPIM 6/06 inf. 438).

52065 Le mandataire commun est l'**attributaire des versements** lorsque le maître de l'ouvrage recourt à un prêt et fournit la garantie de l'article 1799-1, alinéa 2 du Code civil.

Sur le versement du montant du prêt dans les marchés privés, voir n° 57575.

III. COMPTE PRORATA

PRINCIPES DE FONCTIONNEMENT DU COMPTE PRORATA

Lorsque plusieurs entreprises concourent à la réalisation de l'ouvrage, les **frais de chantier** sont répartis entre elles selon un compte prorata établi par voie de convention entre les entreprises intéressées, généralement par référence aux normes Afnor P 03-001 (bâtiment) et P 03-002 (génie civil) dans les marchés privés. Dans les marchés publics, le cahier des clauses administratives générales (CCAG) travaux ne contient pas de disposition spécifique au compte prorata. Le compte prorata ne concerne que les entreprises présentes sur le site qui y adhèrent. Il peut concerner les sous-traitants, dès lors que le principe et les modalités du compte prorata sont acceptés par ceux-ci. En pratique, il suffit de se référer au compte et au sous-traité dans les conditions générales des marchés et de faire de ces conditions un document contractuel annexé au sous-traité. Pour une application faisant supporter au sous-traitant du lot isolation thermique et phonique des frais afférents au lot échafaudage (Cass. 3e civ. 3-10-2001 nº 99-20.612 : BPIM 6/01 inf. 363). 52200

Une distinction est généralement faite entre :

– les dépenses qui, quoique d'**intérêt commun,** incombent à un entrepreneur déterminé (prestations préliminaires extérieures au bâtiment proprement dit : bureau de chantier, branchements provisoires, etc.) ;

– et celles qui doivent être **réparties** (consommation d'eau, d'électricité, frais de réparation, etc.).

Le compte prorata est **géré** par l'entrepreneur titulaire du lot le plus important, entrepreneur général ou entrepreneur pilote, qui agit comme le mandataire des autres ou comme gérant d'affaires. En fin de compte, l'architecte procède aux imputations nécessaires. Il peut arriver qu'un gestionnaire ne soit pas désigné, que le maître d'œuvre établisse le compte prorata et que le maître d'ouvrage conserve un rôle direct dans l'opération. Dans un tel cas il a été jugé que le maître de l'ouvrage qui a pratiqué une retenue sur le montant des travaux pour couvrir les frais exposés doit des honoraires au maître d'œuvre qui a établi le compte prorata (Cass. 3e civ. 12-4-2018 nº 16-17.769 FS-PB : BPIM 3/18 nº 185). Un **comité de contrôle** composé de certaines entreprises du chantier peut être institué. L'annexe C de la norme Afnor P 03-001 comporte des précisions sur les modalités de gestion du compte. Le plus souvent, les parties s'y réfèrent.

> **Précisions** Les normes offrent d'ailleurs une variété de suggestions sur la **répartition des dépenses.** La norme P 03-011 distingue même :
> – les dépenses normalement portées au compte prorata (consommation, par exemple) ;
> – les dépenses « éventuellement » portées au compte prorata (branchement, gardiennage, par exemple). Elles le sont si le contrat qui se réfère à cette norme ne stipule pas le contraire ;
> – les autres dépenses « susceptibles » d'être portées au compte prorata (rémunération de l'agent de liaison, par exemple). Elles ne sont inscrites que si le contrat le stipule.
> Sur l'ensemble des règles applicables au compte prorata, voir : F. Stéphan, Le compte prorata dans les marchés de travaux : RDI 2010 p. 524.

INSCRIPTION DES DÉPENSES AU COMPTE PRORATA

Dépenses concernées L'entreprise gestionnaire procède à l'inscription des dépenses. 52205
Seules les prestations définies comme communes par le contrat et destinées à être portées au compte prorata peuvent être retenues.

Des primes d'assurance destinées à couvrir la responsabilité de l'ensemble des constructeurs représentent une dette commune (CE 23-6-1986 : D. 1987 som. p. 281 obs. Terneyre).

Le maître de l'ouvrage et le maître d'œuvre ne peuvent prétendre à l'inscription des dépenses dont le contrat n'a pas précisé qu'elles devaient figurer au compte prorata (CE 13-2-1942 : Lebon p. 51). Cependant, le jeu de la **solidarité** entre constructeurs peut infléchir ce principe, car si le contrat prévoit la responsabilité de tous les entrepreneurs pour les travaux en cours de chantier, il semble que la dette puisse être portée au compte prorata si le dommage est consécutif à une activité de chantier commune aux différents opérateurs (Cass. 3e civ. 2-5-1978 : Bull. civ. III nº 171). 52210

Justificatifs des dépenses En principe, les inscriptions ne doivent comporter que des **déboursés** et doivent être justifiées par des **factures** ou des **attachements** qui sont remis au gestionnaire du compte dans les délais fixés par les documents contractuels. 52215

RÉPARTITION DES DÉPENSES INSCRITES AU COMPTE PRORATA

Contributions aux dépenses communes La répartition est faite selon les modalités convenues. Il est d'abord procédé à la **ventilation** des frais propres à chaque entreprise. 52220

Puis la répartition est opérée, en principe, au **prorata du montant des travaux** effectués par chaque entrepreneur.

Une répartition différente peut être convenue, soit par les documents particuliers du marché, soit par accord entre les entrepreneurs participant au chantier (Norme Afnor P 03-001 annexe C art. C7). En effet, certaines entreprises, bien qu'attributaires de lots importants, peuvent avoir une consommation d'eau et d'électricité bien moindre que celle d'entreprises dont les lots sont plus modestes.

52225 **Contrôle des dépenses communes** La **vérification du compte** est le fait du gestionnaire qui établit le compte. Il procède à la répartition et communique le résultat aux entreprises dans un **délai** qui court généralement à compter de la réception des travaux et qui varie selon les documents contractuels.

L'entrepreneur concerné dispose également d'un délai pour présenter ses **observations.**

C'est le gestionnaire du compte prorata qui, en fin de procédure, porte au compte de chaque entreprise l'imputation correspondante, le cas échéant après délibération d'un **« comité de contrôle »** institué par les entrepreneurs dans certains cas (Norme P 03-001).

Le gestionnaire du compte n'a pas, à ce seul titre, la qualité de **mandataire commun des entreprises** intéressées : une convention spéciale interentreprises lui conférant ce mandat est nécessaire (Cass. 3e civ. 13-1-2010 n° 08-70.097 : BPIM 2/10 inf. 106, RDI 2010 p. 209). Les parties peuvent désigner un autre mandataire si elles le souhaitent.

> **Précisions** **a.** Le mandataire commun qui répartit de manière erronée les pénalités entre les contractants engage sa **responsabilité** (Cass. 3e civ. 30-10-1990 : Le Moniteur 8-3-1991 p. 56).
> **b.** Une entreprise membre d'un groupement représenté par son mandataire au comité de contrôle ne peut rien réclamer au gestionnaire pour des dommages subis par son matériel lorsque le comité de contrôle a unanimement donné **quitus** au gestionnaire (Cass. 3e civ. 25-11-1998 n° 1723 D).

PAIEMENT DES DÉPENSES INSCRITES AU COMPTE PRORATA

52230 **Règlement par les entreprises** Le paiement se fait entre les mains du mandataire ou directement entre celles du créancier. Il est réclamé à chaque entreprise qui est directement et personnellement débitrice de la somme mise à sa charge.

Lorsque le compte prorata et sa répartition ont été arrêtés par le **maître d'œuvre** agissant comme mandataire des entreprises, ces dernières sont obligées de payer sous réserve d'un recours contre le mandataire s'il a commis une faute.

Lorsque le compte prorata n'est pas arrêté par le maître d'œuvre, mais la créance de chacun seulement liquidée par l'**entreprise gestionnaire,** on considère que celle-ci se borne à faire une **proposition** et que la créance peut être contestée judiciairement. Le gestionnaire du compte prorata devient créancier de l'obligation de paiement des parties à la convention. Il n'est pas tenu, en cours de chantier, de rechercher le paiement auprès du maître de l'ouvrage par effet de la procédure facultative de **délégation de paiement** issue de la norme Afnor P 03-001, et peut agir en paiement contre l'entreprise défaillante (Cass. 3e civ. 23-9-2020 n° 19-18.266 FS-PBI : BPIM 6/20 inf. 384).

52235 L'**entrepreneur pilote** n'est créancier que des sommes qui lui reviennent en exécution des documents contractuels relatifs au compte prorata. S'il s'engage à régler personnellement les dépenses communes moyennant une **participation forfaitaire** des autres constructeurs, il ne peut réclamer aucune somme supplémentaire à ces derniers si les dépenses sont supérieures aux prévisions (Cass. 3e civ. 3-10-1979 : RDI 1980 p. 169).

52240 **Frais résultant d'une défaillance** Dans le cas particulier du marché passé par une **société de HLM,** qui est soumis à un régime réglementaire, il a été jugé que, compte tenu de la hiérarchie des pièces contractuelles, le cahier des charges spéciales doit être préféré au cahier des prescriptions communes, et qu'en cas d'interruption de chantier, l'entrepreneur défaillant - sauf si la défaillance est due au décès - doit, dans tous les cas, supporter l'excédent de dépenses résultant du nouveau marché (Cass. 3e civ. 19-3-1985 : RDI 1985 p. 375).

52245 **Intervention du maître de l'ouvrage** Le maître de l'ouvrage n'intervient à aucun titre dans les règlements interentreprises, sauf si le **contrat** en décide autrement. Certains documents lui permettent d'intervenir auprès de l'entrepreneur débiteur, en retenant la somme qu'il doit au titre du compte prorata sur la part du prix qui lui revient (cahier des prescriptions communes des marchés de sociétés d'HLM). Mais, sous réserve de ces clauses dérogatoires, le maître de l'ouvrage doit demeurer passif.

S'il s'immisce dans le règlement des comptes entre entrepreneurs, il fait office de **coordinateur** et peut être amené à régler le solde d'un entrepreneur au titre du compte prorata (Cass. 3e civ. 6-3-1979 : RDI 1979 p. 340 ; Cass. 3e civ. 6-1-1983 : RDI 1983 p. 344 ; CA Lyon 19-3-1987 : Le Moniteur 8-9-1989). Inversement, s'il a été conduit à exposer des frais à titre de provision au bénéfice d'une entreprise et qui relèvent du compte prorata, la somme correspondant peut s'imputer sur le solde du prix dû à l'entrepreneur (Cass. 3e civ. 8-6-2010 no 09-12.968 : BPIM 4/10 inf. 285).

Sur les honoraires dus par le maître de l'ouvrage au maître d'œuvre avec l'aide duquel il a géré le compte prorata, voir no 52200.

IV. COORDINATION

A. Ordonnancement et pilotage de chantier (OPC)

PRINCIPES DE LA COORDINATION DE CHANTIER

Une coordination des travaux est nécessaire lorsque plusieurs entreprises concourent à la réalisation de l'ouvrage. La coordination relève à la fois du **pilotage** et de la **maîtrise d'œuvre,** bien que sur ce dernier point les organismes de coordination s'efforcent de minimiser leur rôle (voir sur la question : Larger, La coordination de chantier : RDI 1981 p. 165). 52370

L'apparition d'une mission de coordination dans l'opération de construction est l'illustration d'un mouvement de spécialisation et de fragmentation, lié à l'évolution des techniques de construction et à la multiplication des intervenants à l'acte de construire. Elle a suscité la création des **bureaux de coordination.** Ces derniers sont généralement investis d'une mission d'ordonnancement, de pilotage et de coordination (OPC), et sont plus généralement désignés comme étant des professionnels de l'ordonnancement et de la coordination. Ils sont rassemblés au sein d'un syndicat, le Cinov coordination.

Élément de la maîtrise d'œuvre Dans une **première approche,** la coordination relève pour l'essentiel de la maîtrise d'œuvre. L'article 12-1 de la norme Afnor P 03-001 dispose en effet que la coordination entre les entreprises groupées est assurée par le mandataire commun sous la direction du maître d'œuvre. L'article 12-2, alinéa 2 ajoute que la coordination entre les entrepreneurs séparés concourant à un même ouvrage est assurée, en cas de contestation, par le maître d'œuvre. La pratique qui consiste à confier la coordination OPC au maître d'œuvre subsiste toujours. Le manquement de l'architecte à son obligation de conseil est sanctionné (Cass. 3e civ. 21-11-2012 no 11-22.710 : BPIM 1/13 inf. 32). 52375

Ainsi s'est dégagée la fonction de **chef de chantier.** Cette fonction peut être confiée, selon un schéma considéré comme « classique » par les spécialistes (Moullot, Coordination et pilotage des travaux de bâtiment, éd. Eyrolles, 1976 ; voir Le Moniteur 17-7-1976) :

– soit à l'entrepreneur lorsqu'il agit comme entrepreneur général ou entrepreneur pilote ;
– soit au maître d'œuvre ;
– soit encore au promoteur immobilier dans le cadre d'un contrat de promotion immobilière.

Dans ce schéma classique, la mission de chef de chantier, lorsqu'elle n'est pas attribuée directement à l'architecte, devient un élément détachable de la maîtrise d'œuvre, confiée à une personne présente sur le chantier, ce qui explique la vocation de l'entrepreneur pilote à y veiller. Le **lien de parenté entre la maîtrise d'œuvre et la coordination de chantier** est donc sensible. Les juges peuvent retenir la responsabilité in solidum du maître d'œuvre et du coordonnateur de chantier (Cass. 3e civ. 13-7-2017 no 16-15.540 FS-D : BPIM 5/17 inf. 336). Le coordonnateur se comporte parfois en maître d'œuvre sur le chantier. Un arrêt censure une cour d'appel qui a écarté la responsabilité d'un coordonnateur OPC désigné dans la réalisation d'une maison, en lui reprochant de ne pas avoir recherché si le prestataire n'avait pas accompli une mission de maîtrise d'œuvre d'exécution de fait (Cass. 3e civ. 21-1-2021 no 19-22.694 F-D : BPIM 2/21 inf. 116).

Prestation autonome Les opérateurs modernes préfèrent une **autre approche.** La coordination est regardée comme une prestation autonome, distincte à la fois du pilotage et de la maîtrise d'œuvre. C'est le souci d'efficacité et de sécurité dans la gestion des tâches qui anime les nouveaux coordinateurs. Ils se présentent comme des entreprises en organisation de chantier, rassemblant dans des bureaux spécialisés des techniciens hautement qualifiés, dotés de prérogatives insusceptibles de répondre aux critères de la maîtrise d'œuvre. 52380

52385 Toutefois, si la complexité de l'opération justifie le recours à des méthodes d'organisation faisant appel à des technologies nouvelles et à l'informatique, la mission des organismes concernés demeure toujours la coordination des travaux. Attribut des pouvoirs de l'architecte investi d'une mission complète, la modification des méthodes n'affecte pas la **permanence de la fonction.** Sur les rapports entre la maîtrise d'ouvrage publique et la maîtrise d'œuvre privée, le Code de la commande publique renforce d'ailleurs cette conviction en confiant à ceux qui assurent la maîtrise d'œuvre une mission d'**assistance** incluant l'ordonnancement, le pilotage et la coordination du chantier (CCP art. R 2431-1).

CONTENU DE LA MISSION DE COORDINATION DE CHANTIER

52390 La mission comprend deux éléments principaux :
– **l'élaboration des documents spécifiques** : ordonnancement des travaux ou planning ; documents financiers (budget de l'opération par simulation avant le début des travaux, élaboration d'états mensuels confrontés à ce budget en cours de travaux, appréciation, en coût, des retards et, le cas échéant, correction) ;
– **le contrôle et l'activation du chantier** : il s'agit d'établir un constat systématique de l'état d'avancement du chantier, du contrôle des stocks et des quantités par la présence sur place quasi permanente d'un représentant de l'organisme de coordination. Souvent, le contrat prescrit que la **vérification matérielle** des travaux s'opère sous le contrôle de l'architecte. Cette obligation est incluse dans la mission d'assistance propre aux rapports entre la maîtrise d'ouvrage publique et la maîtrise d'œuvre privée.

52395 Ces missions sont assimilées au **pilotage de chantier,** qui s'effectue traditionnellement sous le contrôle du maître d'œuvre : organisation du chantier, tour d'intervention des entreprises, potentialités de retard et quotas attribués aux différents corps d'état, compte prorata.
Elles s'apparentent aussi à la **maîtrise d'œuvre** proprement dite : respect du planning, maintien des cadences, contrôle des quantités - qui implique une vérification qualitative car il faut connaître l'usage fait des quantités utilisées. Ces tâches procèdent de la mission de direction et surtout de l'obligation de surveillance du maître d'œuvre dont elles sont l'appendice.
Le contrat de coordination peut d'ailleurs être requalifié en contrat de maîtrise d'œuvre lorsque les missions confiées au prestataire dépassent l'organisation du chantier et porte sur des études, l'établissement du budget des travaux et l'assistance du maître de l'ouvrage à la réception (Cass. 3e civ. 15-9-2015 n° 13-24.726 F-D : BPIM 6/15 inf. 381).

CONTRAT DE COORDINATION DE CHANTIER

52400 **Nature du contrat de coordination** Le contrat des organismes de coordination est parfois qualifié de « sui generis » par les documents soumis par les professionnels à la signature des clients. Cette dénomination est impropre. Elle alimente à tort la confusion sur l'objet du contrat, sur la nature des obligations souscrites et sur la responsabilité qui en résulte.
Qu'il s'oblige envers le maître de l'ouvrage, comme c'est généralement le cas, ou envers les constructeurs, comme il en a la faculté, l'organisme chargé de la coordination des travaux conclut un **contrat** de **louage d'ouvrage** (Cass. 3e civ. 10-7-1996 n° 94-17.702 : BPIM 1/97 inf. 38, qui concerne un métreur-vérificateur chargé d'une mission de coordination). Il peut d'ailleurs être requalifié en contrat de maîtrise d'œuvre (qui est un louage d'ouvrage), dans certains cas (voir n° 52395).
Ce contrat peut, le cas échéant, être assorti d'un **mandat** lorsque le bureau de coordination est spécialement missionné pour représenter les entreprises, par exemple pour procéder au règlement du compte prorata, ou pour représenter le maître d'ouvrage.

52405 **Obligations du bureau de coordination** En exécution du contrat de louage d'ouvrage, le bureau de coordination fournit, en toute indépendance, une **prestation de services.** Comme pour toute entreprise en organisation, le service consiste en une prestation intellectuelle et en des actes matériels, le cas échéant.

52410 Assimilé au pilotage et à la maîtrise d'œuvre, le bureau de coordination assume les obligations définies par son contrat, dans la limite de la mission qui lui est confiée.
Le **renseignement** est l'obligation essentielle qui lui incombe, qu'elle soit écrite ou non : ainsi, lorsqu'il contrôle les quantités, il doit non seulement veiller au respect des règles du marché, mais encore informer le maître de l'ouvrage des excès qu'il constate. Agissant sous le contrôle de l'architecte, il semble qu'il doive fournir également le renseignement à ce dernier, en vertu du principe suivant lequel le devoir de conseil existe entre constructeurs (Llorens, Le devoir de conseil des constructeurs : RDI 1986 p. 1).

Souvent le renseignement se double d'une **obligation de conseil.** Cette obligation relève de l'objet même du contrat, qui est l'organisation et la rationalisation des tâches. Cette obligation incombe d'ailleurs traditionnellement aux bureaux d'études (catégorie dont l'organisme de coordination peut relever) et aux entrepreneurs, dont l'organisme de contrôle se rapproche également (Llorens, Le devoir de conseil des constructeurs : RDI 1986 p. 1). La responsabilité du bureau de coordination a été retenue pour ne pas avoir attiré l'attention du maître de l'ouvrage sur l'opportunité de conclure un marché global plutôt qu'un marché par corps d'état séparés (Cass. 3e civ. 13-7-2017 no 16-15.940 : BPIM 5/17 inf. 336). Cet arrêt est d'autant plus intéressant qu'il paraît privilégier l'option pour un marché global, car on sait que les marchés par lots séparés posent problème en matière de réception (voir no 62180). 52415

Responsabilité du bureau de coordination Le rôle exact du bureau de coordination variant selon les dispositions de chaque contrat, il existe une **controverse** sur la question de savoir s'il mérite la qualification de constructeur au sens de la loi du 4 janvier 1978. La Cour de cassation a d'abord hésité à reconnaître cette qualité à celui qui est chargé d'une mission en marge de celle de l'architecte (Cass. 3e civ. 31-5-1988 : RDI 1988 p. 467). 52420

Le bureau de coordination s'oblige cependant envers le maître de l'ouvrage en exécution d'un **contrat de louage d'ouvrage,** puisqu'il fournit une prestation en toute indépendance (Cass. 3e civ. 10-7-1996 no 94-17.702 : BPIM 1/97 inf. 38). Dans le dernier état de sa jurisprudence, la Haute Juridiction décide que le prestataire qui intervient en « qualité de coordinateur de travaux est responsable de plein droit des désordres par application des dispositions de l'article 1792 du Code civil » (Cass. 3e civ. 26-5-2010 no 08-19.925 : RDI 2010 p. 494). Cet arrêt, qui considère que le coordinateur OPC est un constructeur, doit cependant être accueilli avec prudence.

La **qualité de « constructeur » dépend** de la nature exacte de la mission qui lui est confiée :
– s'il effectue des tâches incombant au maître d'œuvre, il est constructeur et il s'oblige sur le fondement des articles 1792 s. du Code civil (Cass. 3e civ. 26-5-2010 no 08-19.925 ; Cass. 3e civ. 8-4-1992 no 90-14.297 : RDI 1993 p. 81). Un arrêt relève ainsi l'intervention du prestataire dans la définition de la nature des travaux, le choix des entreprises, le contrôle de chantier (Cass. 3e civ. 10-7-1996 no 94-17.702 : BPIM 1/97 inf. 38). Il est permis de considérer que la « mission complète de coordination OPC » investit le coordinateur de la qualité de constructeur ;
– s'il n'assume aucune des missions qui relèvent directement ou indirectement de la maîtrise d'œuvre (simple pilotage du chantier sans contrôle des quantités par exemple), il peut ne pas être considéré comme un constructeur : il est alors un prestataire de service intellectuel ayant seulement en charge l'organisation du chantier. Le contrat qui le lie au maître de l'ouvrage est un louage d'ouvrage portant sur un service (voir Rép. civ. Dalloz Vo Contrat d'entreprise nos 51 s.). Le prestataire ne répond que de sa faute, à l'instar du bureau de contrôle lorsqu'il ne répond pas de la garantie décennale ou de l'architecte avant la réception des travaux.

Rémunération du coordonnateur de chantier Dans les **marchés publics,** la rémunération de la mission OPC (ordonnancement, pilotage et coordination) est détachable de la rémunération globale de la maîtrise d'œuvre. 52425

Dans les **marchés privés,** où le principe est celui de la libre négociation, la rémunération tient compte de l'étendue de la mission, du type d'ouvrage, du coût prévisionnel de l'opération, de la durée de l'opération. La rémunération peut être convenue éventuellement au forfait.

B. Coordination sécurité-protection-santé (SPS)

Deux directives européennes tendant à promouvoir l'**amélioration de la sécurité et de la santé des travailleurs** ont été adoptées : l'une générale (Dir. 89/391 du 12-6-1989 modifiée), l'autre particulière (Dir. 92/57 du 24-6-1992). Cette dernière, dite « directive chantiers temporaires ou mobiles », comporte, outre son texte proprement dit, quatre annexes. Elle vise à renforcer la coordination sur tous les chantiers de l'Union européenne et à intégrer, le plus en amont possible : 52500
– les mesures de sécurité par la prise en considération des principes généraux de prévention ;
– la désignation de coordonnateurs ;
– la participation de tous intervenants à la prévention.

Le dispositif normatif figure, pour l'essentiel, aux articles L 4531-1 s. et R 4532-1 s. du Code du travail.

1. CHAMP D'APPLICATION DE LA RÉGLEMENTATION

52520 La réglementation relative à la coordination de chantier est **impérative** : elle oblige, sous peine de sanction pénale, le maître de l'ouvrage à désigner un coordonnateur en matière de sécurité et de santé dans les conditions prévues par la loi (C. trav. art. L 4744-4).

52525 Le champ d'application de la réglementation est controversé en raison de la rédaction des articles L 4532-1 et L 4532-2 du Code du travail.

Le premier institue une obligation de **déclaration préalable** relative à la sécurité, lorsque « la durée ou le volume prévus des travaux d'une opération de bâtiment ou de génie civil excèdent certains seuils… » qui sont fixés par décret (voir n° 53635).

Le second institue une **coordination de chantier** pour « tout chantier de bâtiment ou de génie civil où sont appelés à intervenir plusieurs travailleurs indépendants ou entreprises… ».

Du rapprochement de ces deux textes il résulte que l'obligation de mettre en place une coordination de chantier est plus large que celle qui concerne la déclaration préalable. Selon l'opinion généralement émise, la **coordination s'impose** pour tout chantier temporaire ou mobile de bâtiment ou de génie civil, dès que deux entreprises interviennent en coactivité, l'une pouvant être sous-traitante de l'autre.

CHANTIERS VISÉS PAR LA COORDINATION SPS

52530 Le chantier ne semble **pas pouvoir être limité** à celui relatif aux opérations de structure ou de gros œuvre comme paraît le laisser entendre une circulaire du ministre du travail et des affaires sociales du 10 avril 1996 (BO travail 96/10 du 4-6-1996 p. 21). La généralité des termes de l'article L 4532-2 du Code du travail ainsi que les dispositions de la directive du 24 juin 1992 (Dir. art. 2, a et annexe I) donnent à penser que tous les travaux immobiliers d'équipement, de transformation, d'entretien, de rénovation, etc., sont visés par la loi et pas seulement les travaux « structurants » comme le prévoit la circulaire.

ENTREPRISES CONCERNÉES PAR LA COORDINATION SPS

52535 Sont visées les entreprises qui interviennent en « **coactivité** » sur le chantier. Cela donne à penser qu'il suffit que deux entreprises soient concernées pour que la réglementation soit applicable, sans qu'il y ait lieu de distinguer selon qu'elles sont de premier rang, sous-traitantes ou avec un autre statut. Un arrêt, statuant à propos d'une entreprise de couverture ayant obtenu le concours d'une société d'échafaudage, qualifie cette dernière de « sous-traitante » (comparer avec ce qui est dit n° 54060), et retient la responsabilité de l'entreprise de couverture qui n'a pas informé le maître de l'ouvrage de la nécessité de recourir à une coordination SPS et au surcoût qui en résulte (Cass. 3e civ. 11-7-2001 n° 00-11.984 : Bull. civ. III n° 95).

Les entreprises intervenantes ne doivent pas être prises en considération de leur objet économique, mais plutôt en considération de leur vocation à être **employeur,** sens qu'a paru privilégier la Commission dans le document explicatif de la proposition de directive (COMM 90-275 fiscal. Synd. 279). Il en résulte qu'une DDE (devenue la DDT, direction départementale des territoires) ou un service non personnalisé de l'État peuvent être considérés comme des entreprises au sens de l'article L 4532-2 du Code du travail.

Il n'est pas nécessaire, semble-t-il, que chacune des entreprises emploie des **salariés** sur le site car la protection concerne « toutes les personnes » intervenantes ; mais une coactivité est indispensable car elle seule peut justifier une coordination.

La difficulté sera sans doute de **distinguer** la « coactivité » de la « coexistence ». Mais la prévention étant un principe d'ordre public en matière de sécurité des travailleurs, il y a lieu de penser que la notion de coactivité sera appréciée largement par les tribunaux.

FONCTIONS INCOMPATIBLES AVEC LA COORDINATION SPS

52540 **En principe,** la fonction de coordonnateur n'est pas incompatible avec d'autres fonctions qui s'exercent dans la construction. Le coordonnateur n'est rien d'autre qu'un technicien d'étude ou de contrôle. Il peut donc être appelé à effectuer des tâches relevant de la maîtrise d'œuvre ou du contrôle technique.

Toutefois, **dans le cadre d'une même opération,** il existe des incompatibilités, et plus particulièrement avec la fonction de contrôleur technique (voir nos 50910 s.). Outre ce cas, et sauf si l'opération est destinée à l'usage personnel d'un particulier, la personne physique qui exerce la fonction de coordonnateur ne peut pas être chargée d'une autre fonction sur la même opération lorsque le montant de celle-ci excède 760 000 €. Cette interdiction vaut tant pour les fonctions que la personne exerce en son nom personnel qu'au nom de la personne morale qu'elle est chargée de gérer, d'administrer ou de représenter (C. trav. art. R 4532-19 ;

Cass. 3e civ. 12-4-2018 no 16-17.769 FS-PB : BPIM 3/18 no 186). Cette disposition n'est pas applicable aux opérations de bâtiment ou de génie civil pratiquées par les communes ou groupement de communes de moins de 5 000 habitants (C. trav. art. R 4532-19).

2. DÉSIGNATION DU COORDONNATEUR SPS

DÉSIGNATION PAR LE MAÎTRE DE L'OUVRAGE

La coordination de chantier est une **fonction** et non un métier. Elle peut être exercée par une personne physique ou morale, à condition dans le second cas que la personne morale soit en mesure d'affecter pour l'exercer une personne physique compétente (C. trav. art. R 4532-18). 52570

La désignation du coordonnateur incombe au maître de l'ouvrage (C. trav. art. L 4532-4). Cette personne doit répondre aux **critères de compétence et de formation** posés par les articles R 4532-23 s. du Code du travail, sauf dans les cas d'opérations entreprises par un particulier pour son usage personnel (voir no 52575).

Le **moment de cette désignation** varie. Elle doit avoir lieu :
– dès le début de la phase d'élaboration de l'avant-projet sommaire ou de son équivalent (C. trav. art. R 4532-4) ;
– avant le lancement de la consultation des entreprises lorsque le maître de l'ouvrage désigne, pour la phase d'exécution, un coordonnateur distinct de celui désigné pour la conception (voir no 52635).

Le maître de l'ouvrage définit, dans le contrat, l'**autorité** et les **moyens conférés au coordonnateur** (C. trav. art. L 4532-5 et R 4532-22). Il devra être tenu compte des deux phases d'intervention du coordonnateur : élaboration du projet et réalisation de l'ouvrage (C. trav. art. L 4532-3 et L 4532-4). Compte tenu des critères de compétence posés par la loi, le maître de l'ouvrage peut confier l'ensemble de la coordination à un seul coordonnateur s'il a la qualification requise ou à deux coordonnateurs. Le choix du coordonnateur est orienté par la loi, qui distingue trois cas.

Particulier faisant construire pour son usage ou pour celui de sa famille 52575

Le Code du travail envisage le cas du maître de l'ouvrage qui est un particulier faisant construire pour son propre usage ou celui de sa famille.

Il faut alors distinguer selon que l'opération est soumise à permis de construire ou non (C. trav. art. L 4532-7 et R 4532-10).

La coordination, pour les **opérations soumises à permis de construire,** est assurée par :
– le maître d'œuvre pendant la phase de conception, d'étude et d'élaboration du projet ;
– le maître de chantier (en pratique l'entrepreneur) pendant la phase de réalisation de l'ouvrage.

Il semble résulter de l'article L 4532-7 du Code du travail que ces personnes acquièrent la qualité de coordonnateur de plein droit dans la limite prévue par ce texte. Elles sont investies de cette fonction par la loi. Le maître de l'ouvrage peut toutefois faire le choix d'un autre coordonnateur.

La coordination, pour les **opérations non soumises à permis de construire,** est assurée par l'un des entrepreneurs présents sur le chantier qui s'entend, pour chaque opération, de celui dont la part de main-d'œuvre est la plus élevée (C. trav. art. R 4532-10). Là encore, le prestataire est investi de plein droit de la fonction. Mais rien n'interdit au maître de l'ouvrage de faire un autre choix.

Commune ou groupement de communes de moins de 5 000 habitants 52580

Si le maître de l'ouvrage est une commune ou un groupement de communes de moins de 5 000 habitants, les opérations de bâtiment ou de génie civil donnent lieu à **délégation** des missions de prévention et coordination au maître d'œuvre (C. trav. art. L 4531-2). Il s'agit d'une faculté pour le maître de l'ouvrage. La délégation doit donc être expresse et, à la différence du cas précédent, ne résulte pas du seul contrat de maîtrise d'œuvre.

Autres cas Dans tous les autres cas, la coordination est confiée à une **personne qualifiée** (C. trav. art. R 4532-23). 52585

Il faut alors tenir compte des **catégories d'opérations** définies par l'article R 4532-1 du Code du travail :
– catégorie 1 : opérations dont le volume excède 10 000 hommes-jour, et dont le nombre d'entreprises est supérieur à 10 s'il s'agit d'une opération de bâtiment, à 5 s'il s'agit d'une opération de génie civil ;

– catégorie 2 : opérations dont le volume est supérieur à 500 hommes-jour ou pour lesquelles l'effectif prévisible doit dépasser 20 travailleurs et la durée doit excéder 30 jours ouvrés. Ces opérations sont soumises à une obligation de déclaration préalable (C. trav. art. R 4532-2 et R 4532-3) ;
– catégorie 3 : opérations demandant 500 hommes-jour ou moins.

Le **choix de la personne qualifiée** appartient au maître de l'ouvrage, qui doit tenir compte de son niveau de compétence :
– niveau 1 : toutes opérations ;
– niveau 2 : contrôle limité aux opérations de catégories 2 et 3 ;
– niveau 3 : opérations de la 3e catégorie.

La personne est qualifiée lorsqu'elle justifie de conditions objectives de compétence résultant d'une formation spécialisée (C. trav. art. R 4532-23 s.). En outre, s'il intervient au niveau de la conception, le coordonnateur doit fournir la preuve d'une expérience professionnelle en architecture, ingénierie ou maîtrise d'œuvre d'une durée minimale variable selon le niveau de compétence qu'il prétend avoir (C. trav. art. R 4532-25). Toutefois, il ne semble pas qu'il soit permis à la DDT (direction départementale des territoires), pour les travaux publics de l'État, de recourir au service d'un de ses agents fonctionnaires : le coordonnateur doit avoir une liberté totale de contracter avec le maître de l'ouvrage qui, ici, fait défaut (n° 52600).

ATTENTION
Un **syndicat de copropriété** agissant pour le compte de l'ensemble des copropriétaires n'est pas considéré comme un particulier faisant réaliser des travaux pour son usage personnel. Il doit donc faire appel à un coordonnateur spécialisé (Cass. 3e civ. 11-7-2001 n° 00-11.984 : Bull. civ. III n° 95).

CONTRAT DE COORDINATION SPS

52590 **Nature du contrat** Le contrat conclu entre le maître de l'ouvrage et le coordonnateur est probablement un contrat de **louage d'ouvrage.** Les éléments de ce contrat sont réunis :
– fourniture d'un service (coordination des interventions des différents acteurs) ;
– indépendance dans l'accomplissement de la mission (le coordonnateur est surqualifié par rapport au maître de l'ouvrage) ;
– rémunération spécifique respectant les principes posés par l'article R 4532-20 du Code du travail.

En outre, on peut relever en faveur du louage d'ouvrage que la mission de coordination, dans certains cas, est confiée aux constructeurs (voir n° 52575), qui sont liés au maître de l'ouvrage par des contrats de cette nature.

Cependant, le coordonnateur agit sous « la **responsabilité** du maître de l'ouvrage » (C. trav. art. R 4532-11). Argument est parfois tiré de ce texte pour soutenir que le coordonnateur n'est pas un « constructeur » au sens des articles 1792 s. du Code civil. À supposer qu'il en soit ainsi, la question de la qualification du contrat de coordination reste entière : le coordonnateur, on l'a vu, peut être le maître d'œuvre ou le maître de chantier, qui sont des locateurs d'ouvrage et auxquels s'applique l'article R 4532-20, qui impose la rédaction d'un contrat ou d'un avenant spécifique à leur mission de coordination. L'article R 4532-11 n'est en définitive qu'une illustration du principe selon lequel la sécurité est d'abord l'affaire du maître de l'ouvrage, qui doit prévenir les risques par la mise en place d'une coordination dont il demeure pénalement responsable.

Au demeurant, s'il n'est pas un contrat de louage d'ouvrage, le contrat de coordination ne paraît pas pouvoir être rangé dans la catégorie du **mandat,** car il n'emporte pas délégation de pouvoirs au coordonnateur. Certes, l'article L 4531-2 du Code du travail concernant les communes ou groupements de communes de moins de 5 000 habitants vise la « délégation ». Mais la situation est particulière : exceptionnellement ce sont les principes de prévention et la coordination qui sont ici délégués. Un autre argument apparemment favorable au mandat paraît tout aussi fragile. La circulaire du 10 avril 1996, tout en préconisant le respect du CCAG et de la loi du 12 juillet 1985 pour les marchés publics, considère que la sous-traitance de la mission de coordination n'est pas concevable faute de lien direct entre le sous-traitant et le maître de l'ouvrage (Circ. travail 10-4-1996 : BO travail 96/10 du 5-6-1996). On peut songer à en tirer argument pour faire valoir que l'interdiction s'explique parce que le mandat a un caractère personnel incompatible avec la sous-traitance. Mais la réserve est permise. En effet, le contrôleur technique qui, pour les utilisateurs futurs de l'ouvrage (le public), remplit la même fonction que le coordonnateur pour les intervenants de chantier (les salariés), c'est-à-dire la prévention des risques, peut sous-traiter sa mission (voir n° 50384). La sous-traitance est même admise en matière de maîtrise d'œuvre aujourd'hui. Enfin, le prestataire qui sous-traite répond de son sous-traitant comme de lui-même.

© Éd. Francis Lefebvre

Contrat écrit Le contrat de coordination doit être écrit. Cette obligation s'impose notamment lorsque le maître d'ouvrage est une commune ou un groupement de communes de moins de 5 000 habitants qui ne sont pas exclus du champ d'application de l'article R 4532-20. 52595

En revanche, dans les opérations réalisées par un **particulier,** un écrit n'est pas exigé pour les missions de coordination qui sont les accessoires nécessaires de la maîtrise d'œuvre ou de la maîtrise de chantier (voir nº 52575).

La **sanction** de la formalité n'est pas précisée par les textes. Il est pourtant important de savoir si l'écrit est exigé pour la validité du contrat ou non. En effet, cela conditionne l'application de l'article 1174 du Code civil au cas où le contrat est conclu par voie électronique.

Le contrat de coordination doit comporter **diverses mentions** (C. trav. art. R 4532-22 ; Circ. 10-4-1996). Il doit notamment préciser les modalités de la participation du coordonnateur aux réunions de chantier pendant la phase de réalisation. Il doit aussi préciser les modalités de la participation du coordonnateur aux réunions de la phase de conception, d'étude et d'élaboration du projet.

Coordonnateur salarié Le maître de l'ouvrage peut faire appel à un coordonnateur lié à lui « par un **contrat de travail** » (C. trav. art. R 4532-21). La loi ne limite pas la coordination salariée à certaines opérations. On peut penser, bien que cela se discute, que les agents publics, qui ne sont pas à proprement parler titulaires d'un contrat de travail, ne sont pas concernés. 52600

La coordination salariée confirme que la sécurité de chantier est d'abord l'affaire du maître de l'ouvrage.

Le contrat doit être **écrit** et il doit individualiser chaque opération (C. trav. art. R 4532-21).

Compte tenu de l'obligation faite au maître de l'ouvrage de donner au coordonnateur l'autorité et les moyens nécessaires à l'exercice de sa mission, il est permis de se demander si le contrat de coordination salariée n'emporte pas **délégation de pouvoirs.** Bien que l'article L 4532-6 précise que l'existence d'une coordination ne modifie guère la responsabilité des autres participants dont, semble-t-il, celle du maître de l'ouvrage, il est permis de penser qu'une distinction est à faire entre le coordonnateur locateur d'ouvrage et le coordonnateur salarié. Une délégation expresse semble en tout cas possible (voir nº 52685).

3. OBLIGATIONS ET RESPONSABILITÉS

PRINCIPES GÉNÉRAUX DE PRÉVENTION

Le **but** de la coordination est de mettre en œuvre les principes généraux de prévention afin d'assurer la sécurité des travailleurs et de prévenir les risques en matière de santé. Ces principes généraux sont visés à l'article L 4121-2 du Code du travail (voir nºs 53630 s.). 52630

Par analogie avec l'employeur visé par ce texte, l'**obligation de sécurité incombe** au maître d'ouvrage, au maître d'œuvre et au coordonnateur. Tous ont l'obligation de mettre en œuvre les principes généraux de prévention sur les chantiers de bâtiment ou de génie civil (C. trav. art. L 4531-1).

Le maître de l'ouvrage doit donc intégrer la sécurité dans les ouvrages. Or il est souvent un profane : la **sécurité intégrée** relève de la compétence des prestataires auxquels il s'adresse, en pratique le maître d'œuvre ou le coordonnateur. Mais la désignation d'un tel coordonnateur ne modifie ni la nature ni l'étendue des responsabilités qui incombent à chacun des participants (C. trav. art. L 4532-6). Ainsi, lorsqu'un artisan est victime d'un accident sur le chantier, le maître de l'ouvrage engage sa responsabilité à son égard s'il n'a pas signalé sa présence au coordonnateur ; en effet, ce dernier n'a pas pu faire bénéficier l'entrepreneur de la visite d'inspection préalable à son intervention (Cass. 3e civ. 17-6-2015 nº 14-13.350 : BPIM 4/15 inf. 248).

De ce point de vue, le chantier est pris comme une « entreprise » au sens de la protection des travailleurs : le **personnel à protéger** est donc, d'abord, le personnel de chantier. Mais le chantier n'est que la phase de réalisation d'un ouvrage destiné ultérieurement à un usage qui peut être commercial ou industriel impliquant la présence de salariés ou d'usagers.

Le coordonnateur en charge de la sécurité du chantier n'est-il pas aussi impliqué dans la **sécurité intégrée aux ouvrages ?** 52635

Il est permis de le penser : le coordonnateur est visé par l'article L 4531-1 du Code du travail au titre de la sécurité sur le chantier comme le maître d'œuvre. Celui-ci répond de la sécurité intégrée car, si l'ouvrage est dangereux pour les utilisateurs futurs, il y a impropriété à la destination (impropriété-dangerosité selon l'expression de C. Saint-Alary-Houin), et application possible des articles 1792 s. du Code civil. L'article L 4532-4 permet de recourir à deux coordonnateurs distincts : l'un pour la phase de conception, l'autre pour la phase de réalisation. Le coordonnateur a l'obligation de mettre en œuvre les principes de prévention, tant dans la réalisation des ouvrages (les travaux de chantier proprement dits) qu'au cours de la « phase de conception, d'étude et d'élaboration du projet » (C. trav. art. L 4531-1 et L 4532-3). Si le coordonnateur est un observateur passif au stade de la conception, qui se contente de prendre acte du projet pour établir son programme de coordination, la précision est sans grand intérêt car elle va de soi. Si le coordonnateur est un **prestataire actif** au stade de l'élaboration du projet, tout indique qu'il intervient dans la maîtrise d'œuvre et pas seulement dans la maîtrise de chantier, comme paraît le confirmer d'ailleurs l'article L 4532-5 lorsqu'il vise les moyens de la coordination (n° 52570). Il peut donc influencer les choix architecturaux en matière de prévention des risques et l'architecte peut être tenté de céder compte tenu de la compétence particulière exigée du coordonnateur. L'article L 4532-16, qui oblige le coordonnateur à établir un dossier rassemblant les données de nature à faciliter la prévention des risques professionnels lors d'interventions ultérieures, concerne manifestement la sécurité intégrée et pas seulement la sécurité de chantier. La sécurité du chantier est, probablement, indissociable de la sécurité des ouvrages. En intervenant dès la phase de conception, le coordonnateur y contribue. Un arrêt laisse la discussion ouverte : à propos du coordonnateur SPS, la Cour de cassation censure la cour d'appel qui avait retenu une faute, en lui reprochant de n'avoir pas tenu compte du fait que le coordonnateur soutenait avoir informé les intervenants sur la nécessité de procéder à un diagnostic amiante (Cass. 3e civ. 5-12-2012 n° 11-22.154 : BPIM 1/13 inf. 30).

MISSIONS DU COORDINATEUR SPS

52640 Le maître de l'ouvrage prévoit les modalités de la coordination (C. trav. art. R 4532-22). En pratique, il s'adresse au maître d'œuvre ou à l'entreprise d'opération compétente pour que la coopération entre les différents acteurs ne connaisse pas de faille, tant au moment de l'établissement du projet que de sa réalisation. Sur l'obligation du constructeur d'informer le maître de l'ouvrage de la nécessité de recourir à une coordination SPS et sur le coût qui en résulte : Cass. 3e civ. 11-7-2001 n° 00-11.984 : Bull. civ. III n° 95.

Le coordonnateur prend les mesures nécessaires pour que l'**accès au chantier** soit réservé aux personnes autorisées (C. trav. art. R 4532-16).

Il coordonne les travaux pour assurer la meilleure sécurité possible **sur le chantier** (C. trav. art. R 4532-11 s.). À cette fin, il établit un plan général simplifié dans les opérations de **niveau 3.** Il établit un plan général de coordination dans les opérations de **niveau 2** (C. trav. art. R 4532-42 s.) et il communique un plan particulier de chaque entreprise à celles qui le demandent (C. trav. art. R 4532-58) ; l'établissement du plan particulier de sécurité et de protection incombe à chaque entreprise et non au coordonnateur (Cass. 3e civ. 11-5-2006 n° 05-14.425 : BPIM 4/06 inf. 262). Il tient un registre-journal de coordination (C. trav. art. R 4532-38 s.). Il préside le collège interentreprises qui doit être institué dans les opérations de **niveau 1** les plus importantes (C. trav. art. R 4532-15). Plus généralement, il tient compte, dans tous les cas, des interférences entre les activités diverses sur le site (C. trav. art. R 4532-14).

Il constitue le dossier d'**intervention ultérieure** sur l'ouvrage (C. trav. art. R 4532-12).

> **› Précisions** L'obligation d'établir le **plan général de coordination** concerne l'ensemble des entreprises dont les travaux concourent à la réalisation de l'opération de construction, et n'est pas limitée à celles participant directement à la construction. En outre, les entreprises soumises à cette obligation doivent inclure dans ce plan les **risques particuliers** que leurs travaux et processus de travail comportent pour la **sécurité des autres intervenants** sur le chantier (Cass. crim. 14-1-2025 n° 23-84.130 FS-B : RJS 3/25 n° 146).

RESPONSABILITÉ CIVILE DU COORDINATEUR SPS

52645 **Coordonnateur non salarié du maître de l'ouvrage** Si l'on estime que le coordonnateur se borne à assurer la **sécurité du chantier,** la responsabilité qu'il encourt est celle d'un prestataire non constructeur, un peu comme celle encourue par le coordonnateur OPC (n° 52420). Il n'engage sa responsabilité que s'il commet une faute. La responsabilité est contractuelle envers le maître de l'ouvrage. Elle est extracontractuelle (anciennement délictuelle ou quasi délictuelle) à l'égard des tiers, en particulier les constructeurs et leurs préposés.

En cas d'**accident du travail,** les salariés des entreprises qui travaillent en commun sur le chantier doivent pouvoir se prévaloir de sa responsabilité pour obtenir la réparation de leur préjudice complémentaire. La caisse de sécurité sociale peut être subrogée dans le droit des victimes.

Si l'on estime que le coordonnateur n'est pas un simple prestataire de services chargé de la sécurité du chantier, qu'il a un rôle actif à jouer en matière d'**intégration de la sécurité** (n° 52635), il emprunte une partie de sa mission au maître d'œuvre et il doit répondre, comme lui, de l'impropriété-dangerosité des ouvrages. Il devient alors un constructeur susceptible d'engager sa responsabilité envers le maître de l'ouvrage sur le fondement des articles 1792 s. du Code civil, tout en restant un tiers à l'égard des autres constructeurs et des salariés présents sur le chantier (voir Cass. 3e civ. 14-3-2006 n° 04-20-730 : RDI 2006 p. 184, qui évoque la question). C'est ici que se mesure l'intérêt de la qualification du contrat de coordination. Irréductible au mandat rémunéré, faute de délégation de pouvoirs (voir n° 52680), le contrat de coordination n'implique **aucune dépendance** du coordonnateur envers le maître de l'ouvrage : sa surqualification l'exclut. La loi fait seulement obligation au maître de l'ouvrage de mettre en place les structures de la coordination sous sa responsabilité pénale. Il n'affecte en rien la nature du contrat (voir à titre de comparaison avec le coordonnateur OPC n° 52400). 52650

Le **ministère du travail** considère que le coordonnateur a pour rôle « d'évaluer les risques inhérents à la conception », ce qui vise « le choix des matériaux » et les « risques relatifs à l'utilisation future des ouvrages... », notamment son « exploitation ». Ces précisions mettent en relief le risque d'impropriété-dangerosité qui, s'il est caractérisé, engage la responsabilité décennale de celui qui y a concouru. Or, le ministère conclut que le coordonnateur SPS n'est pas soumis aux articles 1792 s. du Code civil (Circ. travail 10-4-1996 : BO travail 96/10 du 5-6-1996). Cette opinion est, en général, partagée par :

– le ministère de l'équipement (Rép. Hyest : Sén. 30-5-1996 p. 1329 n° 14374) ;
– le Bureau central de tarification, qui est défavorable à l'obligation d'assurance (Décision du BCT du 10-12-1997 : RDI 1998 p. 116) ;
– le Conseil d'État (Avis CE sect. TP 16-6-1998 n° 362051).

Elle reçoit l'appui d'une partie de la doctrine (Malinvaud : RDI 1997 p. 47 ; Périnet-Marquet : Dalloz-Action Construction 2000/2001 n° 2007).

Un **autre courant** qui s'appuie sur les éléments rappelés n° 52635 considère que les articles 1792 s. du Code civil sont susceptibles de s'appliquer au coordonnateur SPS (Leguay : RDI 1996 p. 236 ; De Bechillon-Boraud : RDI 1996 p. 505 ; Danemans : AJDI 1997 p. 194). Une lettre du ministère de la justice au président de la FNPC s'était d'ailleurs prononcée en ce sens (Lettre du 23-4-1996 : BPIM 4/96 inf. 277).

Coordonnateur salarié du maître de l'ouvrage Le coordonnateur titulaire d'un contrat de travail n'engage sa responsabilité personnelle **envers le maître de l'ouvrage** que s'il commet une faute lourde. Il n'est pas un tiers à l'égard de ceux qui ont contracté avec le maître de l'ouvrage, car il n'est qu'une personne physique dont le maître de l'ouvrage répond comme de lui-même. 52655

En revanche, il est un tiers à l'égard des **salariés intervenant sur le chantier** et, en cas d'accident du travail, rien ne semble s'opposer à ce que le coordinateur et le maître d'ouvrage, civilement responsable, répondent du préjudice complémentaire subi par la victime et du dommage indemnisé par la caisse si la faute du coordonnateur est retenue.

Si l'on admet que le coordonnateur a un rôle actif lorsqu'il intervient au niveau de la réalisation du projet et qu'il est concerné par la sécurité intégrée, cas d'autant plus probable que la sécurité intégrée relève des obligations du maître de l'ouvrage (C. trav. art. L 4532-16), il y a un risque d'immixtion manifeste de ce dernier lorsque le coordonnateur est son salarié. 52660

RESPONSABILITÉ PÉNALE EN MATIÈRE DE COORDINATION SPS

Infractions La mise en œuvre des **principes généraux de prévention** concerne la sécurité des ouvrages et la sécurité du chantier. La plupart des principes généraux de prévention s'imposent au maître de l'ouvrage, au maître d'œuvre et au coordonnateur en matière de sécurité de chantier (C. trav. art. L 4531-1). Le maître de l'ouvrage doit en tenir compte lorsqu'il construit ou aménage des ouvrages. 52665

Il ne semble pas que le Code du travail fasse de l'absence de mise en œuvre des principes généraux de prévention une infraction réglementaire, sauf à propos de la coordination, qui est le meilleur moyen de mettre en œuvre ces principes.

Deux types d'infractions semblent devoir être retenues : 52670

– les **infractions qui sont nommées par le Code du travail** : manquement aux règles relatives à la mise en œuvre et au fonctionnement de la coordination SPS (C. trav. art. L 4744-4, R 4741-4) ; manquement aux dispositions relatives à la sécurité intégrée (C. trav. art. L 4744-1 et

L 4744-3). On remarquera que des règles relatives à la sécurité intégrée concernent à la fois le chantier (C. trav. art. R 4533-1) et les ouvrages (autres textes) ;

– les **infractions qui ne sont pas nommées par le Code du travail** : les principes généraux de prévention sont alors pris comme des principes de prudence et de précaution que la loi met à la charge des acteurs qu'elle désigne : maître d'ouvrage, maître d'œuvre, coordonnateur. Le manquement à ces règles est constitutif de diverses infractions au Code pénal (blessures ou homicides par imprudence).

52675 **Responsable pénal** Les infractions nommées au Code du travail n'obligent que les personnes expressément désignées : le **maître de l'ouvrage** est visé par les textes rappelés ci-dessus.

L'**entrepreneur,** sous réserve des infractions réglementaires spécialement liées à son activité, n'est visé que par l'article R 4741-5 à propos de la coordination.

Le **coordonnateur** n'est visé par aucun texte. Il n'est donc tenu qu'à la mise en œuvre des principes généraux de prévention et il répond des infractions au Code pénal pour les fautes d'imprudence qu'il peut commettre, comme le maître de l'ouvrage ou le maître d'œuvre.

52680 L'intérêt de la qualification du contrat de coordination est, ici, d'une grande importance. La question posée est en effet de savoir si le maître de l'ouvrage, qui est souvent un profane, doit supporter toute la responsabilité pénale du chantier ou des ouvrages qu'il fait construire alors même qu'il s'adresse à des personnes qui ont pour fonction de prévenir les risques. Le louage d'ouvrage n'emporte pas, en principe, **délégation de pouvoirs** exonérant le maître de l'ouvrage de sa responsabilité pénale. La chambre criminelle de la Cour de cassation l'a admis à propos de l'article R 4533-1 du Code du travail (C. trav. art. L 235-16 ancien) sur la protection sanitaire du chantier (Cass. crim. 12-12-1989 n° 89-81.074 : RJS 1/90 n° 36 : Cass. crim. 15-11-1994 n° 93-81.316 : RJS 1/95 n° 29).

Si le contrat de coordination est un louage d'ouvrage, il n'échappe pas à cette règle, d'autant que l'article L 4532-6 prévoit que l'intervention du coordonnateur ne modifie ni la nature ni la responsabilité des autres participants, ce qui semble viser aussi le maître de l'ouvrage. Alors même que le contrat de coordination serait rangé dans la catégorie du mandat, il n'emporte pas délégation de pouvoirs car, selon l'article L 4531-1, la mise en œuvre des principes généraux de prévention incombe tant au maître de l'ouvrage qu'au coordonnateur.

Mais s'il n'y a pas délégation, n'y a-t-il pas **transfert sinon exclusion** des obligations du maître de l'ouvrage relatives à la sécurité lorsqu'un prestataire est spécialement chargé d'y veiller ? Un arrêt invite à se poser la question. Le maître de l'ouvrage était poursuivi pénalement à la suite d'un accident du travail dont avait été victime le salarié d'un sous-traitant qui, avec un autre, n'avait pas reçu le plan de sécurité SPS et n'avait donc pas appliqué les mesures de sécurité qu'il prévoyait. Le juge du fond avait retenu la responsabilité du maître de l'ouvrage au motif qu'il aurait dû vérifier que le coordonnateur exécutait normalement son contrat et avait transmis le plan de sécurité aux sous-traitants. La décision est censurée : l'article R 4532-11 du Code du travail dispose seulement que le coordonnateur exerce sa mission sous la responsabilité du maître de l'ouvrage, sans édicter d'obligation particulière de sécurité ou de prudence à sa charge (Cass. crim. 16-3-2021 n° 20-91.316 FS-PI : BPIM 3/21 inf. 184).

52685 Une distinction s'impose, toutefois, selon que le coordonnateur est ou non salarié du maître de l'ouvrage.

Lorsque le **coordonnateur** est **salarié,** il semble que rien n'interdit au maître de l'ouvrage de lui déléguer ses pouvoirs et la responsabilité correspondante : cette délégation, sous réserve qu'elle corresponde aux exigences émises par la chambre criminelle, peut entraîner un transfert de la responsabilité pénale au préposé coordonnateur tant pour les infractions nommées que pour les infractions d'imprudence résultant d'une méconnaissance des principes généraux de prévention. La question demeure toutefois de savoir si cette délégation résulte de plein droit du contrat de coordination (qui est un contrat de travail), ou si elle doit être expresse.

Lorsque le **coordonnateur** est un **tiers,** il ne semble pas que le contrat de coordination emporte délégation de pouvoirs : le maître de l'ouvrage reste tenu des infractions aux articles L 4211-1 et suivants et R 4533-1 du Code du travail ; a fortiori reste-t-il tenu des infractions liées à une absence de coordination ou à l'insuffisance de ses moyens ou de son contrôle (C. trav. art. R 4741-4). En outre, il est tenu personnellement de respecter les principes de prévention. Toutefois, dans ce dernier cas, la faute causale d'imprudence sera retenue à l'encontre du coordonnateur, qui est l'agent chargé matériellement de la mise en œuvre de ces principes (C. trav. art. R 4532-11), et moins au maître de l'ouvrage, qui est surtout chargé de désigner un coordonnateur. Cette distinction conduit à se demander si, en fait, le contrat de coordination ne crée pas une situation équivalente à celle d'une délégation de pouvoirs pour les infractions d'imprudence ; pour un exemple de condamnation du coordonnateur et de la société qui l'employait, et non du maître d'ouvrage, Cass crim. 1-9-2020 n° 19-85.332 F-D : RJS 11/20 inf. 570.

C. Coordination système sécurité incendie (SSI)

Un autre type de coordination dite « coordination système sécurité incendie » (SSI) est issu de diverses normes, notamment les normes NF S61-930 et NF S61-931. Ces documents exigent, dans les opérations de bâtiment notamment, la mise en place d'un système de sécurité contre l'incendie. **52750**

Ils confient cette **mission** à un coordonnateur. Celui-ci a pour vocation de rechercher l'ensemble des normes applicables en matière de sécurité incendie et de coordonner l'ensemble des équipements. Il définit, au regard des règles applicables, les différentes connexions entre les équipements pour qu'ils remplissent leur fonction de détection des incendies et de mise en sécurité de l'ouvrage.

Le coordonnateur SSI n'est pas un constructeur mais un **prestataire de services.** Il intervient à la demande du maître d'œuvre ou du maître de l'ouvrage pour préciser les conditions posées par les normes afin que le projet conçu par le maître d'œuvre soit conforme à ces exigences. Il est dans la situation de celui qui assiste le maître de l'ouvrage dans la définition du programme pour que les règles de sécurité soient respectées, au même titre que le juriste le renseigne sur la constructibilité du sol ou sur les contraintes juridiques dont le projet doit tenir compte.

V. CESSION DE MARCHÉ

CONSENTEMENT DU MAÎTRE DE L'OUVRAGE À LA CESSION DU MARCHÉ

La cession de marché est **assez rare en pratique** car le marché d'entreprise a un caractère « intuitu personae » assez marqué : la qualification de l'entreprise, les garanties qu'elle offre renforcent la relation personnelle née du contrat. **52950**

Pour cette raison, la cession de marché n'est possible qu'avec l'**accord du maître de l'ouvrage** (Normes Afnor P 03-001 et P 03-011). Le silence du maître de l'ouvrage ne vaut pas accord, mais il n'est pas nécessaire pour autant que l'accord soit exprès. Selon l'opinion généralement émise, l'accord peut être tacite (Montmerle et Caston : Passation et exécution des marchés de travaux privés, n° 132), voire être donné par avance (Cass. 3e civ. 7-6-1961 : Bull. civ. III n° 260).

Les articles 1216 et suivants du Code civil confirment la possibilité de céder le marché de travaux en autorisant la cession de contrat aux conditions qu'ils précisent. L'autorisation du cédé (le maître de l'ouvrage) est requise et, s'il donne son accord, le cédant (l'entreprise) est libéré pour l'avenir et le sort des sûretés est prévu par l'article 1216-3.

EXÉCUTION DU MARCHÉ CÉDÉ

En cas de cession **sans autorisation,** le maître de l'ouvrage peut obtenir l'exécution forcée du contrat par son titulaire ou sa résolution. Selon l'article 1216-1 du Code civil, le cédant est tenu solidairement de l'exécution du contrat. Il semble que la résolution soit toujours possible en application de l'article 1224. **52955**

Il a été jugé que l'entrepreneur cédant demeure alors **responsable** de la bonne et complète exécution des travaux (Cass. 3e civ. 11-3-1981 : RDI 1982 p. 87). En application de l'article 1216-1, cette responsabilité est limitée à la cession sans autorisation. Il a également été jugé que l'entrepreneur cédant ne peut se borner à se prévaloir du défaut d'autorisation pour obtenir la nullité de la cession (CA Dijon 20-1-1921 : Gaz. Pal. 1921 p. 291). L'entrepreneur peut céder l'intégralité des créances nées d'un marché, quand bien même il pratique la sous-traitance, lorsque les dispositions de l'article 13-1 de la loi 75-1334 du 31 décembre 1975 sont respectées.

VI. OBLIGATIONS DE L'ENTREPRENEUR

53100 Sauf s'il est spécialement investi d'un **mandat** pour représenter le client, ce qui est exceptionnel, l'entrepreneur est tenu des obligations issues du contrat de **louage d'ouvrage** qui le lie au maître de l'ouvrage ou au donneur d'ordre s'il est un sous-traitant.

A. Nature de l'obligation de l'entrepreneur

OBLIGATION DE RÉSULTAT DE L'ENTREPRENEUR

53130 Le louage d'ouvrage portant sur une chose corporelle met à la charge de l'entrepreneur une prestation matérielle, ce que confirme l'**avant-projet de réforme des contrats spéciaux** (art. 1755).

L'obligation majeure de l'entrepreneur est d'**exécuter et de livrer dans le délai un ouvrage exempt de vice,** sauf force majeure (Cass. 3e civ. 28-1-1998 no 96-10.696 : RJDA 6/98 no 684). Cette obligation est une obligation de résultat (Cass. 3e civ. 8-11-2005 no 04-18.305 : RDI 2006 p. 55 ; Cass. 3e civ. 10-7-2013 no 12-21.910 : RJDA 12/13 no 997). Elle s'applique :

– dans les rapports entre le sous-traitant et l'entrepreneur principal, et dans les rapports entre le sous-traitant de premier rang et le sous-traitant de second rang (Cass. 3e civ. 30-3-2023 no 21-20.971 F-D : BPIM 3/23 inf. 190), et sans doute, plus généralement, dans les rapports entre sous-traitants (voir no 55375) ;

– à l'entrepreneur principal, dans ses rapports avec le maître de l'ouvrage (voir Cass. 3e civ. 5-4-1985 : Bull. civ. III no 21 ; Cass. 3e civ. 30-3-1989 : RGAT 1989 p. 613 note d'Hauteville ; Malinvaud et Jestaz, Droit de la promotion immobilière, Dalloz 6e éd. no 125). Tout en déniant au locataire la qualité de maître de l'ouvrage, un arrêt rappelle que l'entrepreneur est tenu d'une obligation de résultat (Cass. 3e civ. 1-7-2009 no 08-14.714 : BPIM 5/09 inf. 361).

Au titre de cette obligation, l'entrepreneur répond de son propre fait comme de celui de ses préposés lorsque le travail est effectué par l'un de ses salariés (Cass. 3e civ. 11-3-2009 no 08-10.733 : BPIM 3/09 inf. 210). Il répond également du fait d'autrui qu'il s'est substitué dans l'exécution du marché, et en particulier de ses sous-traitants (Cass. 3e civ. 27-3-2008 : Bull. civ. III no 58) mais il n'est pas responsable des faits des autres prestataires avec lesquels il n'a pas de lien de sous-traitance (Cass. 3e civ. 13-4-2023 no 21-24.985 FS-B : BPIM 3/23 Inf. 191). L'obligation de résultat pèse sur l'entreprise qui façonne, mais aussi sur celle qui est chargée de l'entretien de l'ouvrage (Cass. 3e civ. 1-4-2009 no 08-10.070 : Bull. civ. III no 71). Avant la réception, l'entreprise répond de tous les désordres liés aux travaux (Cass. 3e civ. 13-7-2022 no 21-19.062 F-D : BPIM 5/22 inf. 364) et, une fois la réception prononcée, elle doit sa garantie. Celle-ci s'étend aux dommages causés à un tiers (Cass. 3e civ. 25-5-2023 no 22-14.036 F-D : BPIM 4/23 inf. 259, pour des dommages résultant de travaux dans un appartement et causés à un autre copropriétaire).

LIMITES DE L'OBLIGATION DE RÉSULTAT DE L'ENTREPRENEUR

53140 Cette obligation se poursuit jusqu'à la **levée des réserves** exprimées lors de la réception (Cass. 3e civ. 2-2-2017 no 15-29.420 : BPIM 2/17 inf. 113 ; Cass. 3e civ. 8-11-2018 no 17-26.425 F-D : BPIM 1/19 inf. 30). La Cour de cassation a jugé que le contrat d'entreprise prend fin à la réception (Cass. 3e civ. 6-9-2018 no 17-21.155 FS-PBI : BPIM 5/18 inf. 351), point de départ de la garantie de parfait achèvement et de la responsabilité contractuelle de droit commun (voir no 63175). Or, l'obligation de résultat s'applique à la garantie de parfait achèvement dont les désordres réservés relèvent, et de la responsabilité contractuelle de droit commun postérieure à la réception (sur la responsabilité de l'entrepreneur pour manquement à l'obligation de résultat, voir no 88865).

Toutefois, il n'y a pas manquement à une obligation de résultat lorsque l'entrepreneur ne fournit qu'un conseil ou un renseignement et qu'un dommage lui est imputé (Malinvaud et Jestaz, Droit de la promotion immobilière, Dalloz 6e éd. no 173).

> **› Précisions** Si la prestation n'est pas ou est mal exécutée, la **responsabilité de l'entrepreneur** peut être encourue. Pour autant, cela ne le prive pas en principe du droit d'être payé de ses prestations (Cass. 3e civ. 20-4-2017 no 16-13.885 : BPIM 3/17 inf. 208).
>
> La responsabilité encourue par l'entrepreneur pour manquement à ses obligations contractuelles est décennale ou biennale ou encore de droit commun. En cas de faute dolosive, l'action engagée sur ce fondement est en principe contractuelle (sur la responsabilité pour faute dolosive, voir nos 88980 s.).

B. Contenu des obligations de l'entrepreneur

CONSERVATION DE LA CHOSE ET GARDE DU CHANTIER PAR L'ENTREPRENEUR

L'entrepreneur a l'obligation de conserver la chose qui lui est remise par le maître de l'ouvrage et de la restituer en bon état. En pratique, cette obligation ne se conçoit qu'**avant la réception des travaux,** et l'on considère alors qu'il ne s'agit que d'une obligation de moyens. 53200

Toutefois, avant la réception, la charge des **risques** est pour l'entrepreneur qui a la garde du chantier, des engins de chantier et de l'ouvrage qu'il construit. Il est admis, lorsque la chose subit un dommage, que sa détérioration est présumée provenir, non de la conservation proprement dite, mais du travail de l'entrepreneur, qui doit soit établir le contraire, soit invoquer une cause étrangère à l'exécution du travail. La cause étrangère ne l'empêche cependant pas d'en supporter les conséquences (C. civ. art. 1788 ; Cass. 3e civ. 28-10-1992 : RDI 1993 p. 225 ; Cass. 3e civ. 25-5-2022 no 21-15 883 FS-B et no 21-18.098 FS-B : BPIM 4/22 inf. 301, RDI 2022 p. 469).

On peut aussi considérer, en particulier lorsque des dommages affectent les **existants,** que le constructeur ne fournit pas la matière. Alors, les risques sont à la charge du maître de l'ouvrage (C. civ. art. 1789) et l'entrepreneur ne répond que de sa faute, qui est assez facilement admise (Cass. 3e civ. 6-6-1972 : Bull. civ. III no 366 ; Cass. 3e civ. 9-10-1991 : Bull. civ. III no 234 ; Cass. 3e civ. 15-11-1995 : RDI 1996 p. 215).

EXÉCUTION DU TRAVAIL DE L'ENTREPRENEUR ET LIVRAISON DANS LE DÉLAI CONVENU

Double obligation L'entrepreneur a l'obligation d'exécuter le travail et de livrer l'ouvrage dans le délai convenu, ou, à défaut, dans un délai raisonnable, ce que confirme l'avant-projet de réforme des contrats spéciaux (art. 1763). Son obligation ne porte que sur le **travail commandé** (Cass. 3e civ. 16-1-2007 no 03-16.830 F-D). Il ne répond pas des dommages affectant des travaux qu'il n'a pas exécutés (Cass. 3e civ. 8-11-2018 no 17-19.823 FS-PBI : BPIM 6/18 inf. 412, à propos d'un CCMI). C'est une double obligation, pratiquement indivisible, qui pèse sur l'entrepreneur. Seule la livraison dans le délai de l'ouvrage exécuté conformément aux prévisions du marché vaut exécution du contrat (Cass. 3e civ. 6-11-1984 : RDI 1985 p. 155). L'employeur qui ne respecte pas cette double obligation s'expose à devoir indemniser l'ensemble des préjudices consécutifs à sa défaillance, par exemple les frais de relogement du maître de l'ouvrage (Cass. 3e civ. 16-12-2008 no 07-19.510). 53205

Sur la durée et la computation du **délai de livraison,** voir nos 61710 s.

La livraison ne vaut paiement que si l'ouvrage est normalement exécuté, ou si le maître de l'ouvrage qui reçoit une construction non conforme aux prévisions fait remise de dette au débiteur, et lui en donne décharge. L'obligation de livrer et d'exécuter dans le délai est le type même de l'obligation de résultat (voir no 61765).

L'article 1342-5 du Code civil qui prévoit que l'exécution de l'obligation de livraison est remplie dès que le locateur livre la chose, quel que soit l'état dans lequel elle se trouve, n'est pas applicable ici.

Stipulations contractuelles Dans l'exécution de sa tâche, l'entrepreneur doit respecter les **contraintes du contrat** : montant du prix, surtout dans le marché à forfait ; respect des plans et devis, les travaux devant être conformes au projet (Cass. 3e civ. 19-3-1969 : Bull. civ. III no 243) ; observation du délai de livraison (Cass. 3e civ. 8-2-1978 : Bull. civ. III no 76 ; CE 21-3-1986 : Le Moniteur 2-5-1986). Dès lors que les stipulations contractuelles n'ont pas été respectées, que l'entrepreneur n'a formulé aucune réserve et qu'aucune cause exonératoire imputable au maître de l'ouvrage n'est caractérisée, l'entrepreneur méconnaît ses engagements et il ne peut se retrancher derrière des difficultés incontournables pour se dérober (Cass. 3e civ. 14-3-2006 no 05-12.385 F-D : BPIM 3/06 inf. 181). 53210

Compétences techniques Aux contraintes du contrat s'ajoutent des obligations liées à la compétence technique de l'entrepreneur qui supporte les conséquences de l'**aléa technique** car il doit apporter à la réalisation tout le soin et le discernement convenables et prendre les initiatives appropriées (Cass. 1e civ. 6-1-1964 : D 1964 IR p. 25 ; Boubli, Les modifications apportées au marché par le maître de l'ouvrage : RDI 2002 p. 482). À cet égard, ses obligations sont larges. 53215

Ainsi, il doit vérifier la qualité des **matériaux** (Cass. 1e civ. 9-11-1964 : Bull. civ. I no 487 ; Cass. 3e civ. 2-11-1983 : JCP éd. G 1984 IV p. 11).

Il doit aussi s'assurer de l'état des **existants** (Cass. 3e civ. 22-7-1998 no 97-11.727 : Bull. civ. III no 172 ; Cass. 3e civ. 7-11-2012 no 11-20.532 : Bull. civ. III no 162, BPIM 1/13 inf. 51).

L'entrepreneur agit en qualité de prestataire de services. Lorsqu'il est chargé des travaux de mise en route et de fermeture d'une piscine, il répond des conséquences dommageables d'une vidange sans pouvoir invoquer un manquement du fournisseur à son obligation de conseil, et il doit réparer le préjudice évalué au coût de remplacement du bassin (Cass. 3e civ. 8-7-2021 no 19-18.437 F-D : BPIM 5/21 inf. 335).

L'entrepreneur a l'obligation de respecter la **réglementation** applicable à la construction et les contraintes résultant des **règles de propriété.**

ILLUSTRATIONS

L'entrepreneur est notamment tenu au respect :
– des plans d'urbanisme (Cass. 3e civ. 2-10-1979 no 78-10.316 : Bull. civ. III no 164). Il ne peut lui être reproché une non-conformité à un plan local d'urbanisme que s'il est établi que la règle prétendue méconnue s'applique bien à l'ouvrage qu'il a réalisé, compte tenu de sa nature et de sa fonction (Cass. 3e civ. 1-2-2024 no 22-16.598 F-D : BPIM 2/24 inf. 108) ;
– des appareils proscrits par les DTU (Cass. 3e civ. 15-2-1989 : Bull. civ. III no 37) ;
– des prescriptions de la permission de voirie (Cass. 3e civ. 24-10-2007 no 06-17.549 : BPIM 6/07 inf. 419) ;
– des contraintes du permis de construire (Cass. 3e civ. 25-9-2012 no 11-21.825 : BPIM 6/12 inf. 438) ;
– des limites de propriété (Cass. 3e civ. 11-7-2012 no 11-15.459 : BPIM 5/12 inf. 392) ;
– des titres de propriété dont il ne s'est pas inquiété et qui l'a conduit à obturer les ouvertures sur un mur privatif voisin (Cass. 3e civ. 15-10-2015 no 14-24.553 FS-PB : BPIM 6/15 inf. 382).

53216 **Autres exigences** L'entrepreneur ne peut ignorer **l'état du sol et du sous-sol.** Outre les contraintes liées à ses compétences techniques (par exemple en CCMI, la prise en compte du sol argileux pour l'ancrage de la maison, Cass. 3e civ. 13-7-2017 no 16-11.968 : BPIM 5/17 inf. 343), il doit adresser une déclaration d'intention de commencer les travaux à chaque exploitant d'ouvrage souterrain concerné par les travaux (Cass. 3e civ. 23-3-2017 no 16-12.870 : BPIM 3/17 inf. 200).

L'entrepreneur est tenu de faire les démarches pour obtenir le « **Consuel** », c'est-à-dire l'attestation de conformité d'une installation électrique s'il a procédé à cette installation (Cass. 3e civ. 25-3-2015 no 14-11.872 : BPIM 3/15 inf. 184).

Toutefois, **certaines exigences ne s'imposent pas** à l'entrepreneur lorsqu'elles ne résultent ni d'une prescription technique ni d'un document contractuel. Ainsi, il ne peut être reproché à l'entrepreneur une absence de chaînage dans l'édification d'un mur en briques, le maître de l'ouvrage ne pouvant pas, dans un tel cas, être dispensé de payer le solde du prix dû (Cass. 3e civ. 14-1-2014 no 12-29.349 : BPIM 2/14 inf. 106).

Enfin, il doit construire conformément aux **règles de l'art.**

ILLUSTRATIONS

L'entrepreneur est notamment tenu de respecter les règles de l'art, s'agissant de :
– l'omission d'un système de drainage (Cass. 3e civ. 3-12-1974 : Bull. civ. III no 447) ;
– un défaut d'isolation phonique (CA Besançon 8-3-1974) ;
– l'exécution d'un carrelage sur des planchers dont l'affaissement a été constaté (voir Penneau : RDI 1988 p. 407 ; CA Versailles 2-6-1995 : Bull. inf. C. cass. 1-2-1996 p. 18) ;
– respect des règles DTU qui sont des règles de l'art que l'entrepreneur doit prendre en compte même si elles ne sont pas mentionnées dans les pièces contractuelles (CA Dijon 5-1-1999 : RDI 2000 p. 176). Le respect des règles de l'art s'impose même si le maître de l'ouvrage a choisi une solution économique (Cass. 3e civ. 2-7-1985 : Bull. civ. III no 106) ;
– du contrôle du taux d'humidification du mortier destiné à lier le carrelage (Cass. 3e civ. 27-4-2004 no 02-19.476) ;
– la pose de portes inadéquates car non conformes à la réglementation relative aux personnes handicapées (Cass. 3e civ. 26-5-2004 no 02-19.017 FS-D) ;
– l'incompatibilité du béton recouvrant les façades d'un immeuble avec le revêtement d'imperméabilisation choisi comme produit de ravalement, même si l'entreprise n'est pas à l'origine du choix de ce produit (Cass. 3e civ. 17-6-2008 no 06-12.489 : BPIM 5/08 inf. 356) ;
– un défaut de conception commis en l'absence de maître d'œuvre (no 53230).

53220 **Opposition de l'entrepreneur** L'entrepreneur doit s'opposer aux **ordres aberrants.** Il n'est pas un exécutant aveugle. Cette opposition est nécessaire lorsque l'ordre émane du **maître de l'ouvrage,** en particulier si :
– la solidité de l'ouvrage est en jeu (Cass. 3e civ. 14-3-1973 : Bull. civ. III no 204) ;
– l'ordre du maître de l'ouvrage doit le conduire à promettre un résultat déterminé impossible à atteindre (Cass. 3e civ. 28-5-1979 : D 1979 IR p. 501 ; Cass. civ. 30-3-1989 : Le Moniteur 11-4-1989)

© Éd. Francis Lefebvre

ou à effectuer des travaux qu'il sait inefficaces (Cass. 3e civ. 21-5-2014 no 13-16.855 : BPIM 4/14 inf. 248, RDI 2014 p. 464).

Cette faculté d'opposition peut, cependant, être altérée lorsque le maître de l'ouvrage est notoirement compétent : tout dépend alors de la comparaison des compétences (Cass. 3e civ. 18-6-1970 : Bull. civ. III no 422).

L'opposition de l'entrepreneur est indispensable même lorsque les travaux sont dirigés par un **architecte,** dès lors que la hiérarchie des compétences ne lui interdit pas de déceler les insuffisances du projet (Cass. 3e civ. 19-3-1969 : Bull. civ. III no 243 ; Cass. 3e civ. 6-11-1996 no 1635 D, Conus c/ Dreux). L'entrepreneur doit : **53225**

– faire des réserves et proposer des solutions (Cass. 3e civ. 13-3-1973 : Bull. civ. II no 194 ; Cass. 3e civ. 23-4-1986 no 386 : Bull. civ. III no 47) ;

– toujours réclamer des ordres précis (Cass. 3e civ. 7-3-1968 : Bull. civ. III no 97).

Il peut, toute précaution étant prise :

– refuser le marché (Cass. 3e civ. 13-6-1973 : Bull. civ. III no 412) ;

– interrompre le marché (Cass. 3e civ. 19-11-1970 : D. 1971 som. p. 82 ; Cass. 3e civ. 6-11-1996 no 1627 D, Capri c/ Garros, qui retient alors la responsabilité du maître d'œuvre).

Lorsque les travaux sont exécutés **sans** qu'un **architecte** ait été consulté, l'entrepreneur doit **informer** le maître de l'ouvrage de son incompétence (Cass. 3e civ. 11-3-1981 : JCP éd. G 1981 IV p. 190 ; Cass. 3e civ. 26-11-2003 no 01-16.546 : BPIM 1/04 inf. 22). Il doit, le cas échéant, lui conseiller de prendre un maître d'œuvre (Cass. 3e civ. 30-3-2005 no 04-10.403 : BPIM 3/05 inf. 204). **53230**

À défaut, il assume les obligations du maître d'œuvre, spécialement s'il est compétent (Cass. 1e civ. 6-1-1994 : RDI 1994 p. 251).

Son obligation de veiller à la conformité de la construction par rapport au permis de construire et à la réglementation d'urbanisme est d'autant plus forte qu'il n'y a pas de maître d'œuvre (Cass. 3e civ. 6-11-2013 no 12-18.844 : BPIM 6/13 inf. 390).

RENSEIGNEMENT ET CONSEIL DONNÉS PAR L'ENTREPRENEUR

Information sur le projet Comme tout professionnel qualifié, l'entrepreneur est tenu d'une obligation d'information et de conseil **envers le maître de l'ouvrage.** **53235**

Selon un arrêt, « tout professionnel de la construction » est tenu, avant réception, « d'une obligation de conseil et de résultat » à son égard (Cass. 3e civ. 27-1-2010 no 08-18.026 : BPIM 2/10 inf. 107). L'entreprise ne peut pas procéder à des travaux dont l'efficacité est vouée à l'échec sans avoir préalablement donné le conseil qui s'imposait au maître de l'ouvrage (Cass. 3e civ. 21-6-2018 no 17-19.792 F-D : BPIM 5/18 no 343 ; en l'espèce l'entreprise avait réalisé des enduits décoratifs sur un mur présentant des tâches d'humidité).

Le principe de l'obligation d'informer est énoncé par l'article 1112-1 du Code civil. Il a été étendu à la **gestion des déchets générés par les travaux** par la loi 2020-105 du 10 février 2020. L'article D 541-45-1 du Code de l'environnement oblige l'entrepreneur à indiquer dans le devis relatif aux travaux de construction, de rénovation ou de démolition d'un bâtiment, une estimation de la quantité totale de déchets, les modalités de leur enlèvement, les points de collecte et une estimation des coûts associés. Cette obligation est sanctionnée pénalement par des amendes. Elle ne s'impose pas lorsqu'un diagnostic de gestion des produits, des matériaux et des déchets est réalisé (voir no 47688).

L'obligation d'information est double. L'entrepreneur doit **livrer les informations** qu'il recueille sur le projet : insuffisance des plans, études des sols défectueux, vice des matériaux, etc. Pour informer utilement, le constructeur **doit lui-même s'informer** (Cass. 3e civ. 15-2-2006 no 04-19.757 FS-PB : BPIM 2/06 inf. 113, RDI 2006 p. 215). Il ne peut pas se décharger de la responsabilité pour les malfaçons commises par lui en se bornant à soutenir qu'il n'a pas eu connaissance du cahier de conditions techniques particulières. Il doit interroger l'architecte et les autres constructeurs intéressés (Cass. 3e civ. 10-7-2002 no 00-20.696 FS-D : BPIM 5/02 inf. 318). L'entrepreneur doit se renseigner, même en présence d'un maître d'œuvre, sur la finalité des travaux qu'il réalise et sur la destination du local.

ILLUSTRATIONS

L'entrepreneur est tenu de se renseigner sur la destination de la construction projetée, notamment pour anticiper sur :

– un plancher qui s'avère inadapté à sa destination (Cass. 3e civ. 6-10-2010 no 09-68.989 : BPIM 6/10 inf. 456 ; Cass. 3e civ. 3-11-2011 no 09-13.575 : BPIM 6/11 inf. 455) ;

– un parking inadapté accueillant des poids lourds (Cass. 3e civ. 25-9-2012 no 11-21.269 : RDI 2012 p. 632), et spécialement en l'absence de maître d'œuvre (Cass. 3e civ. 10-12-2015 no 15-11.142 FS-PB : BPIM 1/16 inf. 23) ;
– un carrelage posé sur une chape sans s'être interrogé sur la nature du dallage simple ou chauffant (Cass. 3e civ. 21-12-2017 no 16-22.222 FS- PBI : BPIM 1/18 inf. 26).

53237 **Conseil au maître de l'ouvrage** L'entrepreneur doit aussi fournir les **conseils** que sa compétence l'autorise à donner. Il doit par exemple :
– renseigner le maître de l'ouvrage sur la faisabilité de l'ouvrage qu'il doit réaliser et sur leur inutilité si des mesures extérieures, le cas échéant, à son domaine de compétence, ne sont pas prises (Cass. 3e civ. 24-9-2013 no 12-24.642 : BPIM 6/13 inf. 391) ;
– formuler des réserves sur les ordres reçus ;
– proposer des solutions susceptibles de remédier aux défaillances du projet.

Cette obligation, il la doit au maître de l'ouvrage en exécution du contrat, même si ce dernier s'est réservé de réaliser lui-même certaines tâches (Cass. 3e civ. 8-10-1997 no 96-11.027 : RJDA 12/97 no 1534) ; voir aussi pour un entrepreneur intervenant sur un bâtiment neuf (Cass. 3e civ. 22-7-1998 no 97-11.727 : Bull. civ. III no 172).

Cette obligation est entendue largement. Ainsi, le constructeur qui aide le maître de l'ouvrage dans la recherche d'un terrain se révélant vulnérable aux nuisances sonores reste tenu d'une obligation de conseil malgré le respect des normes d'isolation phonique (Cass. 3e civ. 26-10-2005 no 04-16.405 FS-PB : BPIM 1/06 inf. 25). Il est tenu d'une telle obligation dès l'établissement du devis (Cass. 3e civ. 18-11-2008 no 07-18.691 : BPIM 1/09 inf. 23). Il doit notamment s'assurer que le devis qu'il établit est conforme au permis de construire (Cass. 3e civ. 2-10-2002 no 99-12.925 : RJDA 4/03 no 377).

L'obligation de conseil s'apprécie au regard de la mission dont il est chargé (Cass. 3e civ. 21-10-2008 no 07-15.417 : BPIM 6/08 inf. 430 ; Cass. 3e civ. 30-6-2009 no 08-17.745 : BPIM 5/09 inf. 354). Elle peut être partagée avec l'architecte (Cass. 3e civ. 30-11-2011 no 10-21.273 : BPIM 1/12 inf. 29). Il convient aussi de tenir compte de la connaissance des risques par le maître de l'ouvrage (Cass. 3e civ. 14-3-2007 no 05-21.875 FS-D : BPIM 3/07 inf. 189). Si le maître de l'ouvrage connaît l'état de grande vétusté de la couverture de l'immeuble dont les fuites sont des conséquences manifestes et qu'il ne fait appel à l'entreprise que pour des réparations, il ne peut lui reprocher un manquement à son obligation de conseil pour des infiltrations et prétendre que son attention devait être attirée sur la nécessité de faire davantage de travaux ; d'autant plus si le maître de l'ouvrage disposait d'un service de maintenance (Cass. 3e civ. 28-2-2018 no 17-13.478 FS-PBRI : BPIM 2/18 no 113).

Le manquement à l'obligation de conseil peut résulter d'une erreur de diagnostic sur l'état des lieux dans une opération de réhabilitation (Cass. 3e civ. 8-2-2011 no 09-72.617 : BPIM 2/11 inf. 114) ou de la circonstance que les travaux réalisés peuvent ne pas remplir pleinement leur fonction si le support n'est pas adapté ; cas par exemple de la pose de menuiseries extérieures non isolées en l'absence de doublage des embrasures (Cass. 3e civ. 10-3-2015 no 13-27.562 : BPIM 3/15 inf. 185).

Toutefois, l'entreprise est exonérée de son obligation de conseil en cas de défaut de conception qui ne lui est pas imputable (Cass. 3e civ. 28-2-2018 no 17-10.356 : BPIM 2/18 no 114).

53238 **Conseils à l'égard des autres constructeurs** L'entrepreneur doit également donner les renseignements utiles et les conseils qui relèvent de sa compétence aux autres constructeurs, notamment à :
– l'**architecte,** en vertu du lien organique issu du groupe de contrats qui concourent à l'opération (Cass. 3e civ. 28-5-1979 : RDI 1979 p. 471 ; Cass. 3e civ. 12-1-2000 no 98-13.284 : BPIM 2/00 inf. 97 ; Cass. 3e civ. 29-3-2000 no 98-17.173 : BPIM 3/00 inf. 171 ; comparer Cass. 3e civ. 8-3-2000 no 98-13.261 : BPIM 3/00 inf. 171) ;
– ou à un autre **entrepreneur** (Cass. 3e civ. 30-1-2008 no 06-19.100, pour le sous-traitant envers l'entrepreneur principal ; Cass. 3e civ. 31-1-2007 no 05-18.311 FS-PB : BPIM 3/07 inf. 188, qui précise que l'obligation de conseil existe entre entrepreneurs dès lors que le travail de l'un dépend de celui de l'autre ; Cass. 3e civ. 27-3-2007 no 06-12.535 F-D : RDI 2007 p. 277).

L'obligation de conseil subsiste lorsqu'il existe un maître d'œuvre (Cass. 3e civ. 18-11-1992 : RDI 1993 p. 226 ; Cass. 3e civ. 11-2-1998 no 96-12.228 : RJDA 6/98 no 770). Mais elle est plus sévèrement sanctionnée en l'absence d'architecte (Cass. 3e civ. 14-3-1973 : Bull. civ. III no 204 ; CA Paris 31-5-2000 : RDI 2000 p. 571). Selon l'opinion communément admise, il s'agirait d'une obligation de moyens. Toutefois, un arrêt (Cass. 3e civ. 27-1-2010 no 08-18.026), qui énonce que tout professionnel de la construction est tenu, avant réception, d'une obligation « de conseil et de résultat », incline à penser que le dommage (en l'espèce implantation non conforme au POS) suffit à engager la responsabilité de l'entrepreneur, même au titre de son obligation de conseil.

OBLIGATION DE SÉCURITÉ

Une obligation de sécurité existe à la charge de l'entrepreneur envers le maître de l'ouvrage. 53240
Controversée avant la **réception des travaux** (Cass. 3e civ. 27-11-1970 : Bull. civ. III n° 653), elle est admise sans équivoque après la réception (Cass. 1e civ. 28-5-1962 : Bull. civ. I n° 267). Cette obligation a pour effet d'engager la responsabilité du constructeur d'après les règles applicables au contrat d'entreprise pour les dommages aux existants (Cass. 3e civ. 9-10-1991 : Bull. civ. III n° 234 ; Cass. 2e civ. 26-5-1992 : Bull. civ. II n° 154). Cette obligation n'est en principe que **de moyen** mais les juges peuvent retenir qu'elle est de résultat pour certains prestataires (voir pour une entreprise de maintenance d'une porte automatique d'accès à un parking, Cass. 3e civ. 5-11-2020 n° 19-10.857 FS-PBRI : BPIM 6/20 inf. 385).

SECTION 2

L'ENTREPRENEUR DE TRAVAUX EN TANT QU'EMPLOYEUR

APPLICATION DU DROIT DU TRAVAIL

Comme tous employeurs de droit privé, les entrepreneurs sont soumis au droit du travail. 53400
Toutefois, les particularités du BTP donnent lieu à des **normes spécifiques** à ce secteur, qui est également soumis à des conventions et accords collectifs propres. En outre, certaines **problématiques,** si elles ne sont pas exclusives au BTP, sont particulièrement **importantes** dans cette branche.

Les développements qui suivent détaillent donc certains points particuliers, soit parce qu'ils sont propres au BTP, soit parce qu'ils sont d'une grande importance pratique.

I. RÈGLES PARTICULIÈRES VISANT À LUTTER CONTRE LE TRAVAIL ILLÉGAL

A. Cadre juridique

1. PERSONNES SUSCEPTIBLES D'ÊTRE SANCTIONNÉES

La responsabilité pour travail illégal incombe en premier lieu à l'employeur, à savoir le diri- 53405
geant de l'**entreprise** ou le titulaire d'une délégation de pouvoir. Est visée également l'entreprise en tant que personne morale. Si un **complice** est intervenu, il encourt aussi des sanctions pénales à ce titre.

Enfin, le **client ou donneur d'ordre** de l'entreprise, qu'il soit un professionnel ou un particulier, peut aussi être sanctionné (pour un exemple, s'agissant d'un professionnel qui participait aux réunions de chantier et proposait des missions à exécuter sous 48 heures alors qu'il admettait qu'il était difficile d'embaucher du personnel : Cass. crim. 23-1-2018 n° 16-86.726 F-D : RJS 4/18 n° 276). Des obligations particulières de vigilance sont d'ailleurs mises à sa charge (nos 53410 s.).

2. DÉCOUVERTE DES SITUATIONS DE TRAVAIL ILLÉGAL

Les infractions de travail illégal peuvent être relevées principalement lors des **contrôles** 53407
menés par l'inspection du travail, la police judiciaire, les agents des impôts, des douanes ou de l'Urssaf. Les agents de contrôle peuvent obtenir de l'employeur ou même de tiers tout

document établissant le respect, par l'employeur, de ses obligations déclaratives, quels que soient leur support : immatriculation, bulletins de paie, déclarations sociales, bons de commande de travaux, attestations d'assurance professionnelle, etc.

Les infractions sont constatées par un **procès-verbal** qui fait foi jusqu'à preuve contraire. Il est transmis au procureur de la République qui décide de l'opportunité d'engager des poursuites pénales, au préfet pour la mise en œuvre des sanctions administratives, aux organismes de recouvrement et, en cas d'emploi irrégulier d'étrangers, à l'organisme français de l'immigration et intégration (Ofii).

> **Précisions** La police judiciaire peut **entrer dans tout lieu à usage professionnel** et procéder à des contrôles d'identité sur réquisition du procureur de la République, sauf s'il s'agit d'un domicile (CPP art. 78-2-1). Les perquisitions nécessitent l'accord de l'occupant des lieux, sauf en cas de flagrant délit, et doivent avoir lieu entre 6 et 21 heures.

3. OBLIGATIONS DU MAÎTRE D'OUVRAGE OU DU DONNEUR D'ORDRE

DEVOIR DE VIGILANCE

53410 Dans le cadre de la lutte contre le caractère dissimulé de l'activité de certains entrepreneurs, le donneur d'ouvrage a des obligations particulières (C. trav. art. L 8221-1 s.). Ainsi, il est fait obligation à **toute personne** concluant un contrat portant sur une obligation d'un montant au moins égal à 5 000 € de s'assurer, lors de la conclusion du contrat et en cours d'exécution, que son cocontractant s'est acquitté de ses obligations au regard des articles L 8221-3 et L 8221-5 du Code du travail (immatriculations légales, déclaration des salariés, etc.) (C. trav. art. L 8222-1 et R 8222-1) et a respecté les obligations relatives au titre de travail des étrangers (C. trav. art. L 8254-1 et D 8254-1).

Toutefois, **pour les particuliers** contractant pour leur usage personnel ou celui de leur famille directe (ascendants, descendants, conjoint, partenaire de Pacs ou concubin), la vérification est allégée.

53412 **Entrepreneur établi ou domicilié en France** Lorsque le donneur d'ouvrage est un **entrepreneur autre qu'un particulier,** il est considéré comme ayant rempli son obligation de contrôle s'il s'est fait remettre par son cocontractant lors de la conclusion du contrat et tous les six mois divers documents expressément listés (C. trav. art. D 8222-5 et D 8254-1 s.). Ces documents ont vocation à justifier du paiement des cotisations sociales, du nombre de salariés employés et des salaires payés, de l'existence d'un titre valant autorisation de travail pour tous les salariés étrangers ainsi que, le cas échéant, de l'exercice de la profession dans des conditions conformes à la réglementation (inscription au registre national des entreprises notamment).

53414 La réglementation est moins exigeante pour le **particulier** qui contracte pour son usage personnel, celui de son conjoint, partenaire de Pacs, concubin ou de ses ascendants ou descendants. Il est considéré comme ayant procédé aux vérifications imposées par la loi s'il se fait remettre lors de la conclusion du contrat et tous les 6 mois jusqu'à la fin de son exécution l'un des documents exigés des professionnels (C. trav. art. D 8222-4). S'agissant de la liste des étrangers employés, elle n'est exigée que lors de la conclusion du contrat (C. trav. art. D 8254-4).

53416 **Entrepreneur établi ou domicilié à l'étranger** Lorsque le donneur d'ouvrage est un **entrepreneur autre qu'un particulier,** il est considéré comme ayant procédé aux vérifications imposées par la loi lorsqu'il s'est fait remettre divers documents lors de la conclusion du contrat et tous les six mois jusqu'à la fin de son exécution (C. trav. art. L 8222-4, D 8222-7 et D 8254-1 s.). Les documents requis justifient de la situation du cocontractant sur les plans fiscal, social et professionnel.

53418 Le **particulier** qui contracte pour son usage personnel, celui de son conjoint, son partenaire de Pacs, son concubin ou de ses ascendants ou descendants, est considéré comme ayant procédé aux vérifications imposées par la loi s'il se fait remettre lors de la conclusion du contrat et tous les 6 mois jusqu'à la fin de son exécution l'un des documents énumérés à l'article D 8222-7 (C. trav. art. D 8222-6). Par ailleurs, les obligations relatives au titre de travail des étrangers ne sont applicables que lors de la conclusion du contrat (C. trav. art. D 8254-4).

© Éd. Francis Lefebvre

DEVOIR D'INJONCTION

53420 Le **maître d'ouvrage** alerté qu'un contractant, un sous-traitant ou un subdélégataire ne respecte pas les obligations d'interdiction de travail dissimulé doit lui enjoindre aussitôt, par lettre recommandée avec avis de réception, de faire cesser sans délai cette situation. Cette obligation ne s'applique pas au **particulier** qui contracte pour son usage personnel, celui de son conjoint, son partenaire de Pacs, son concubin ou de ses ascendants ou descendants (C. trav. art. L 8222-5 et R 8222-2).

SOLIDARITÉ FINANCIÈRE

53422 Le donneur d'ordre est tenu solidairement avec son cocontractant du paiement des sommes résultant de la **condamnation** pour travail illégal (salaires et accessoires, contributions, taxes et impôts, remboursement des aides), dans les conditions fixées par les articles D 8254-7 s. du Code du travail (C. trav. art. L 8222-2, L 8222-5 et L 8222-6) :

– s'il n'a pas accompli les obligations prescrites au titre de son **devoir de vigilance ou d'injonction** ;
– s'il est condamné au pénal pour avoir **recouru sciemment** aux services de l'employeur d'un étranger sans titre ou d'un salarié dissimulé.

En outre, le donneur d'ordre ayant manqué à ses devoirs de vigilance ou d'injonction vis-à-vis d'un cocontractant ayant exercé un travail dissimulé peut voir annuler les **réductions et exonérations de cotisations** dont il a bénéficié (CSS art. L 133-4-5).

> **Précisions** Les sommes dont le paiement est exigible sont déterminées à due proportion de la **valeur des travaux réalisés,** des services fournis, du bien vendu et de la rémunération en vigueur dans la profession (C. trav. art. L 8222-3). La solidarité du donneur d'ordre se limite toutefois aux travaux réalisés pour son compte par le sous-traitant (Cass. 2e civ. 16-3-2023 n° 21-14.822 F-D : RJS 6/23 n° 332).

B. Recours à la main-d'œuvre étrangère

1. EMBAUCHE DE TRAVAILLEURS ÉTRANGERS

a. Embauche d'un étranger résidant en France

VÉRIFICATIONS PRÉALABLES SELON LA NATIONALITÉ

53430 L'embauche de travailleurs étrangers non munis d'un titre les autorisant à exercer une activité salariée sur le territoire français est interdite (C. trav. art. L 8251-1 et L 8256-2 s.). Ne sont pas visés par ces dispositions les étrangers ressortissants d'un État membre de l'Union européenne (UE), de l'Espace économique européen (EEE), de la Suisse (C. trav. art. R 5221-1), ainsi que d'Andorre, de Monaco ou de Saint-Marin. Il leur suffit de produire un **document d'identité** en cours de validité justifiant de leur qualité de citoyen d'un de ces États.

En conséquence, l'employeur est tenu de s'informer de la **nationalité** des salariés qu'il recrute et, s'il s'agit d'un étranger, vérifier qu'il est bien titulaire d'un **titre** l'autorisant à travailler (Cass. crim. 29-3-1994 n° 93-82.178 : RJS 7/94 n° 923 ; Cass. crim. 14-5-1996 n° 94-85.616).

> **Précisions** La **liste des pays membres de l'UE et de l'EEE** est la suivante : Allemagne, Autriche, Belgique, Bulgarie, Chypre, Croatie, Danemark, Espagne, Estonie, Finlande, Grèce, Hongrie, Irlande, Islande, Italie, Lettonie, Liechtenstein, Lituanie, Luxembourg, Malte, Norvège, Pays-Bas, Pologne, Portugal, République tchèque, Roumanie, Slovaquie, Slovénie et Suède.

EXIGENCE D'UN TITRE DE TRAVAIL

53432 L'employeur doit vérifier que l'étranger est en possession d'un titre en cours de validité l'autorisant à exercer une activité professionnelle et correspondant à la **qualification** et au lieu d'emploi autorisé. Signalons que certains titres de séjour dispensent l'étranger de requérir une autorisation de travail (n° 53434).

Si l'étranger a une **autorisation de travail,** l'employeur doit **vérifier la validité** du titre produit (C. trav. art. L 5221-8 et R 5221-41). À cet effet, il doit saisir le préfet, au moins deux jours ouvrables avant la date d'embauche. Le préfet notifie sa réponse dans un délai de deux jours ouvrables. À défaut de réponse dans le délai, l'obligation est réputée accomplie.

Cette vérification **ne s'impose pas** lorsque l'étranger est inscrit sur la liste des demandeurs d'emploi tenue par France Travail (C. trav. art. L 5221-8).

Si l'étranger est titulaire d'un **titre de séjour mais sans autorisation de travail,** il doit adresser à la préfecture de son domicile une demande de **changement de statut** administratif, accompagné d'une demande d'autorisation de travail formulée par l'employeur ou son mandataire (voir n° 53441).

Enfin, si l'étranger n'a **pas de titre de séjour,** il doit passer par la procédure d'admission exceptionnelle au séjour. Jusqu'au 31-12-2026, le préfet peut, sous certaines conditions, délivrer une carte de séjour temporaire portant la mention « travailleur temporaire » ou « salarié » d'une durée d'un an à l'étranger en situation irrégulière qui a exercé une activité salariée figurant dans la liste des métiers et zones en tension durant au moins 12 mois, consécutifs ou non, au cours des 24 derniers mois ou qui occupe un emploi relevant de ces métiers et zones et justifie d'une période de résidence ininterrompue d'au moins 3 ans en France (C. étrangers art. L 435-4 ; Circ. IOMV2402701J du 5-2-2024).

> **Précisions** **L'irrégularité de la situation** d'un travailleur étranger, que ce soit depuis l'embauche ou parce qu'il n'a pas obtenu le renouvellement de son titre de séjour, est une cause objective de rupture du contrat de travail (Cass. soc. 1-10-2014 n° 13-17.745 F-D : RJS 3/15 n° 222 ; Cass. soc. 11-5-2023 n° 20-22.472 FS-B : RJS 7/23 n° 398). Le salarié a droit à une indemnité spécifique (C. trav. art. L 8252-2 et L 8252-4).

53434 **Dispense d'autorisation de travail** Parmi les **titres de séjour** dispensant d'autorisation de travail, citons (C. trav. art. R 5221-2) :
– la carte de résident ;
– la carte de séjour temporaire ou pluriannuelle portant notamment la mention « talent » (salarié qualifié, carte bleue européenne, etc.), « vie privée et familiale », « bénéficiaire de la protection subsidiaire » ou encore « salarié détaché ICT (intra corporate transfer) » ;
– l'autorisation provisoire de séjour ou le document provisoire de séjour portant la mention « autorise son titulaire à travailler ».

53436 **Nécessité d'une autorisation de travail** En revanche, une autorisation de travail est requise lorsque l'étranger a le **titre** suivant (C. trav. art. R 5221-3) :
– carte de séjour temporaire ou pluriannuelle ou visa de long séjour valant titre de séjour portant la mention « salarié » requise pour l'exercice d'une activité en CDI ;
– carte de séjour temporaire ou visa de long séjour valant titre de séjour portant la mention « travailleur temporaire » ;
– carte de séjour temporaire « salarié » ou « travailleur temporaire » délivrée à l'étranger titulaire de la carte de résident de longue durée-UE accordée dans un autre État membre ;
– récépissé de demande de titre de séjour portant la mention « autorise son titulaire à travailler » ;
– carte de séjour pluriannuelle « travailleur saisonnier ».

En outre, les **étudiants** sous certaines conditions et les titulaires d'une attestation de **demandeur d'asile** peuvent solliciter la délivrance d'une autorisation de travail pour exercer une activité professionnelle lorsque les conditions d'accès au marché du travail sont remplies.

b. Embauche d'un étranger ne résidant pas en France

53440 Pour recruter un étranger (hors UE, EEE et Suisse ; voir n° 53430) non présent sur le territoire national, l'employeur doit respecter la **procédure d'introduction.** Si le projet ne concerne pas un métier en tension, l'employeur doit d'abord déposer une **offre d'emploi** auprès de France Travail ou d'un autre organisme de placement pendant un délai de 3 semaines et rechercher au niveau local des candidats (C. trav. art. R 5221-20). Si aucun demandeur d'emploi ne satisfait à l'offre, il dépose une demande d'introduction de travailleur étranger auprès du préfet compétent.

L'employeur doit dans ce cadre adresser une **demande d'autorisation de travail** (voir n° 53441).

c. Obligations et formalités

DEMANDE D'AUTORISATION DE TRAVAIL

53441 Tout **nouveau contrat de travail** fait l'objet d'une demande d'autorisation de travail (C. trav. art. R 5221-1).

La **demande** est faite par l'employeur par un téléservice accessible depuis le site https://administration-etrangers-en-France.interieur.gouv.fr.

Pour être accordée, la demande d'autorisation de travail doit remplir les **conditions** suivantes (C. trav. art. R 5221-20) :
– l'emploi proposé relève d'un métier en tension figurant sur une liste établie par arrêté (Arrêté MTRD2109963A du 1-4-2021 modifié) ou a fait l'objet d'une publication d'offre d'emploi visée n° 53440 ;

– l'employeur doit respecter les obligations déclaratives sociales liées à son statut ou son activité, ne pas avoir fait l'objet de condamnation pénale pour travail illégal ou pour avoir méconnu les règles générales de santé et de sécurité (l'administration ne doit pas non plus avoir constaté de manquement grave de sa part en ces matières) et ne pas avoir été sanctionné par l'administration au titre du détachement de salariés en France et du travail illégal ;
– l'employeur, l'utilisateur ou d'entreprise d'accueil et le salarié doivent satisfaire aux conditions réglementaires d'exercice de l'activité considérée, le cas échéant ;
– la rémunération proposée doit être conforme au Smic ou aux minima conventionnels.

Le recrutement d'un ressortissant étranger ne se justifie pas si le poste de travail demandé peut être occupé par un demandeur d'emploi déjà présent sur le marché du travail. Toutefois, la **situation de l'emploi** n'est pas opposable dans certains cas, notamment en cas de changement d'emploi pendant la durée de validité d'un titre de séjour professionnel (Circ. INTV2121684J du 12-7-2021).

> **Précisions** **a.** Le type et le numéro d'ordre du titre valant autorisation de travail doivent être indiqués sur le **registre unique du personnel** (C. trav. art. D 1221-23). Une copie des titres est annexée à ce registre et tenue à disposition des représentants du personnel et des agents de contrôle soit dans l'établissement, soit sur chaque chantier ou lieu de travail distinct de l'établissement pour ceux des travailleurs qui y sont occupés (C. trav. art. D 1221-24).
> **b.** L'autorisation de travail est accordée de droit à tout étranger autorisé à séjourner en France pour la conclusion d'un **contrat d'apprentissage ou de professionnalisation** (C. trav. art. L 5221-5).
> **c.** La décision de l'administration peut faire l'objet d'un **recours** hiérarchique auprès du ministre chargé de l'immigration et d'un recours contentieux auprès du tribunal administratif (C. trav. art. R 5221-19).

VISITE MÉDICALE

Les étrangers venant travailler en France pour le compte d'un employeur qui y est établi ou qui, résidant régulièrement en France, obtiennent un changement de statut en qualité de salarié, doivent passer une visite médicale auprès de l'**Ofii** dans les 3 mois suivant la délivrance de l'autorisation de travail (C. trav. art. L 5221-5). À défaut, l'autorisation peut être retirée. **53442**
L'employeur doit s'assurer que le contrôle a bien eu lieu. Certains étrangers, notamment ceux titulaires de la carte de séjour « talent », « vie privée et familiale » ou « salarié détaché ICT », en sont exemptés (C. étrangers art. R 431-18).

FRAIS DE RECRUTEMENT

Tout employeur qui embauche un travailleur étranger ou qui accueille un salarié détaché est soumis à une taxe au titre de la **première admission** au séjour en France de l'étranger exerçant une activité professionnelle salariée. Le **fait générateur** est constitué par le visa du contrat de travail délivré par l'autorité administrative ou l'obtention de l'autorisation de travail. Son **montant** varie en fonction de la durée du contrat de travail et du niveau de rémunération du travailleur. La taxe est **exigible** à la fin du mois au cours duquel intervient le premier jour d'activité professionnelle en France du travailleur étranger ou du salarié détaché (C. étrangers art. L 436-10). **53444**

> **Précisions** **a.** La taxe est recouvrée par la **DGFiP**, annuellement à terme échu, selon le régime applicable à la TVA. Ainsi, les taxes exigibles au titre d'une année doivent être payées l'année suivante en utilisant la **télédéclaration** de la TVA (C. étrangers art. L 436-11 à L 436-13 ; BOI-TPS-EMOE n°s 1 s.).
> **b.** L'employeur tentant de se faire rembourser cette taxe encourt une **sanction** (C. trav. art. L 5222-2).

FORMALITÉS

L'ensemble des formalités prévues pour **toutes les embauches** sont applicables. **53446**
Le cas échéant, l'employeur doit transmettre la déclaration relative à l'**hébergement** collectif à la préfecture et à l'inspecteur du travail du lieu où est situé le local (Loi 73-548 du 27-6-1973). Sont comprises dans l'hébergement collectif les installations de chantier et les installations temporaires.
Si le salarié le demande, une **traduction** du contrat de travail doit être rédigée dans sa langue (C. trav. art. L 1221-3).
Sur les obligations du **donneur d'ordre,** voir n°s 53410 s.

d. Statut du salarié étranger

Les travailleurs salariés de nationalité étrangère, régulièrement embauchés dans l'entreprise, **53450**
bénéficient des mêmes **droits et conditions de travail** que les salariés français en vertu de

l'interdiction de discrimination selon la nationalité du salarié (C. trav. art. L 1132-1). L'intégralité du Code du travail s'applique donc aux étrangers.

S'agissant de la **protection sociale,** les travailleurs étrangers sont, sauf dérogation prévue par les accords internationaux, affiliés au régime français de sécurité sociale selon les mêmes modalités que les travailleurs de nationalité française (CSS art. L 311-2).

e. Sanctions

53453 **Sanctions pénales** Le fait d'occuper, directement ou indirectement, un étranger en situation irrégulière est constitutif de l'infraction pénale d'emploi d'étranger non autorisé à travailler et il en va de même lorsque celui-ci est occupé dans une catégorie professionnelle, une profession ou une zone géographique autres que celles mentionnées sur son titre de travail (C. trav. art. L 8251-1). L'infraction peut se cumuler avec celle de dissimulation d'emploi salarié (voir n° 53565).

L'infraction couvre toutes les **situations** d'emploi d'un étranger sans titre, que le titre ne soit pas encore valide, qu'il soit inexistant ou qu'il ait cessé d'être valide pendant l'exécution de la relation de travail. L'**élément moral** se déduit de la violation, en connaissance de cause, d'une prescription légale. À cet égard, l'employeur ne peut pas se retrancher derrière la falsification d'un titre par l'étranger employé s'il n'a pas accompli les vérifications nécessaires (voir n° 53416).

Les **peines** prévues sont un emprisonnement de 5 ans au plus ainsi qu'une amende de 30 000 €, pouvant être prononcées (en se référant aux peines) autant de fois que de salariés employés sans titre (C. trav. art. L 8256-2). L'amende est portée à 150 000 € pour les personnes morales condamnées et à 200 000 €, lorsque l'infraction est commise en bande organisée.

53455 **Sanctions administratives** En outre, sans préjudice des poursuites judiciaires pouvant être menées à son encontre, l'employeur est tenu d'acquitter une **amende** administrative prononcée par le ministre de l'immigration, qui est appliquée autant de fois qu'il y a d'étrangers concernés. Son montant est, au plus, égal à 5 000 fois le taux horaire du minimum garanti, et 15 000 fois ce taux en cas de réitération. Il tient compte des capacités financières de l'employeur, de la gravité du manquement et des frais d'éloignement du territoire (C. étrangers art. L 8253-1).

> **Précisions** L'amende administrative peut **se cumuler avec la sanction pénale** pour l'emploi d'un étranger non autorisé à travailler mentionnée n° 53453 tant que le montant global des sanctions ne dépasse pas le montant le plus élevé d'une des sanctions encourues.

53457 La sanction de refus des **aides publiques** pendant 5 ans au plus est également encourue (C. trav. art. L 8272-1). Le préfet peut aussi décider de la **fermeture** de l'établissement pour 3 mois (C. trav. art. L 8272-2) ou de l'exclusion de l'entreprise de certains **marchés publics.**

> **Précisions a.** Lorsque l'activité de l'entreprise concernée est exercée sur un **chantier du BTP,** la fermeture temporaire prend la forme d'un **arrêt de l'activité** de l'entreprise sur le site dans lequel a été commis l'infraction (C. trav. art. R 8272-9). Si cette fermeture est devenue sans objet car le chantier est achevé ou interrompu, le préfet peut prononcer l'arrêt de l'activité de l'entreprise sur un autre site. La décision doit alors être prononcée après **information du maître d'ouvrage** ou, à défaut, du responsable du chantier. Celui-ci doit prendre les mesures permettant de prévenir tout risque pour la santé ou la sécurité des travailleurs présents sur le chantier, des usagers ou des tiers, qui résulterait de l'interruption du chantier.
>
> **b.** L'entrepreneur qui candidate à un marché public doit fournir une **déclaration sur l'honneur** attestant ne pas être atteint d'une interdiction de soumissionner ainsi que des documents justifiant notamment des capacités professionnelles (CCP art. R 2143-3). En cas de travail illégal, le marché peut aussi être **résilié.** Informée par un agent de contrôle, la personne morale de droit public doit mettre l'entreprise en demeure de régulariser la situation. Cette dernière a deux mois pour en justifier. À défaut, le contrat peut être rompu sans indemnité aux frais de l'entrepreneur. Si la personne morale de droit public ne respecte pas ses obligations ou si elle poursuit le contrat sans que la situation ait été régularisée, elle est solidairement tenue avec son contractant au paiement notamment des impôts, cotisations obligatoires et salaires dus (C. trav. art. L 8222-6).

2. EMPLOI DE SALARIÉS ÉTRANGERS DÉTACHÉS

CADRE LÉGISLATIF

53460 Pour éviter le **dumping social,** qui consiste essentiellement pour les entreprises à employer en France une main-d'œuvre étrangère à moindre coût, le contrôle du détachement temporaire par une entreprise en France est renforcé.

Est un **salarié détaché** tout salarié d'un employeur régulièrement établi et exerçant son activité hors de France et qui, travaillant habituellement pour le compte de celui-ci hors du territoire national, exécute un travail à sa demande pendant une durée limitée sur le sol français (C. trav. art. L 1261-3).

TITRES DE TRAVAIL

Sauf s'ils sont **ressortissants** de l'UE, de l'EEE ou de la Suisse ou employé par une entreprise établie sur ces territoires, les étrangers détachés doivent être titulaires d'un document de travail les autorisant à travailler en France, à savoir la carte de séjour pluriannuelle « salarié détaché ICT », la carte de séjour temporaire « stagiaire ICT » ou la carte de séjour « travailleur temporaire ». 53465

a. Législation applicable

DROIT DU TRAVAIL

Régime applicable pendant les 12 premiers mois Quelle que soit la loi applicable au contrat de travail, l'employeur détachant temporairement un salarié en France est soumis aux **dispositions légales et conventionnelles** étendues applicables aux salariés employés par les entreprises de la même branche d'activité établies en France en matière de législation du travail, dans les domaines suivants (« **noyau dur** ») (C. trav. art. L 1262-4, I ; Inst. DGT/RT1/2024/46 du 27-3-2024 p. 13 s.) : 53470
- libertés individuelles et collectives dans la relation de travail, discriminations et égalité professionnelle entre les femmes et les hommes et exercice du droit de grève ;
- protection de la maternité, congés de maternité, de paternité et d'accueil de l'enfant ou pour événements familiaux ;
- conditions de mise à disposition et garanties dues aux travailleurs par les entreprises exerçant une activité de travail temporaire ;
- durée du travail, repos compensateurs, jours fériés, congés payés et durée du travail et travail de nuit des jeunes travailleurs ;
- conditions d'assujettissement aux caisses de congés payés et intempéries ;
- rémunération (salaire minimum et accessoires de salaire prévus par la législation et la convention collective étendue), paiement du salaire, y compris les heures supplémentaires ;
- remboursements effectués au titre des frais professionnels supportés par le salarié détaché, lors de l'accomplissement de sa mission, en matière de transport, de repas et d'hébergement ;
- règles relatives à la santé et à la sécurité au travail (voir nos 53610 s.), âge d'admission au travail et emploi des enfants ;
- travail illégal.

Régime applicable à compter du 13e mois À compter du 13e mois de détachement, l'employeur est tenu d'appliquer l'**intégralité de la législation** sociale française, à l'**exception** de règles relatives (C. trav. art. L 1262-4, II ; Inst. DGT/RT1/2024/46 du 27-3-2024 p. 24 s.) : 53475
- à la formation du contrat de travail, à son exécution, à sa modification pour motif économique, à son transfert et à sa rupture ;
- à la mobilité volontaire sécurisée ;
- aux contrats à durée déterminée, de mission à l'exportation, de chantier ou d'opération ;
- aux chèques et titres simplifiés de travail.

Toutefois, lorsque l'exécution de la prestation le justifie, l'employeur peut, sur déclaration motivée à la Dreets, solliciter une **prorogation** de 6 mois maximum de la durée d'application du seul « noyau dur » de la réglementation française (no 53470).

> **Précisions** **a.** En cas de **remplacement** d'un salarié détaché par un **autre salarié détaché** sur le même poste de travail, la durée de détachement de 12 mois est atteinte lorsque la durée cumulée du détachement des salariés se succédant sur le même poste est égale à 12 mois.
> **b.** Sur l'obligation pour le maître d'ouvrage de porter les **informations sur la réglementation applicable** à la connaissance des salariés détachés, voir no 53505.

PROTECTION SOCIALE

Affiliation au régime Les salariés détachés qui entrent dans le champ d'application des **règlements européens** ou de l'une des nombreuses **conventions bilatérales** de sécurité sociale conclues par la France relèvent, dans les matières et pendant la durée prévues par l'accord international applicable, du régime de sécurité sociale de leur pays d'origine (CSS art. L 111-2-2). 53480

À défaut, ils relèvent en principe du régime français de sécurité sociale. L'employeur doit donc s'immatriculer, les affilier temporairement et verser les cotisations sociales. Toutefois, une dispense d'affiliation peut être demandée pour la retraite de base et complémentaire (CSS art. L 767-2).

53485 **Accident du travail** Lorsqu'un salarié est victime d'un accident du travail, une **déclaration** est envoyée à l'inspection du travail du lieu où s'est produit l'accident par (C. trav. art. L 1262-4-4 et R 1262-2) :
- l'employeur étranger lorsque le détachement est réalisé pour son propre compte ;
- le donneur d'ordre ou maitre d'ouvrage, dans les autres situations de détachement.

La déclaration est envoyée dans les 2 jours ouvrables suivant l'accident, par tout moyen permettant de lui conférer date certaine.

En outre, l'entreprise utilisatrice d'un salarié détaché non affilié à un régime français de sécurité sociale informe l'**entreprise de travail temporaire étrangère** de tout accident mettant en cause ce salarié détaché.

b. Formalités

OBLIGATION DE L'EMPLOYEUR ÉTABLI À L'ÉTRANGER

53490 Le prestataire établi à l'étranger doit, avant le détachement, adresser à l'inspection du travail du lieu où débute la prestation une **déclaration** en français en utilisant le téléservice « Sipsi » (www.sipsi.travail.gouv.fr). Il doit également, dans cette déclaration, désigner un **représentant** de l'entreprise sur le territoire national, chargé d'accomplir ses obligations et d'assurer la liaison avec les agents de contrôle (C. trav. art. L 1262-2-1, I et II).

Des **aménagements** de ces obligations administratives peuvent être demandés à la Dreets, pour une durée maximale d'un an, par les employeurs détachant leurs salariés de manière récurrente (sauf en cas de détachement pour leur propre compte). Il peut être mis fin à ces aménagements en cas de manquement aux droits fondamentaux des salariés détachés (C. trav. art. L 1263-8).

Par ailleurs, l'employeur doit demander une **carte d'identification professionnelle** du BTP (voir n° 53530).

OBLIGATIONS DU MAITRE D'OUVRAGE PROPRES AU DÉTACHEMENT

53495 **Obligation de vigilance** Le donneur d'ordre ou maître d'ouvrage est soumis à l'obligation de vigilance visée n°s 53410 s. et adaptée au détachement (C. trav. art. L 1261-2). Avant le début de chaque détachement, il doit ainsi vérifier auprès du prestataire de services établi à l'étranger que ce dernier s'est bien acquitté de ses obligations (C. trav. art. L 1262-4-1). À cet effet, il doit **se faire remettre** l'accusé de réception de la déclaration de détachement et une attestation sur l'honneur certifiant que le cocontractant s'est acquitté, le cas échéant, du paiement des amendes visées n° 53515 (C. trav. art. R 1263-12 s.). À défaut, il doit transmettre à l'administration dans les 48 heures suivant le début du détachement, via le téléservice « Sipsi », une **déclaration subsidiaire** rédigée en français. Il doit également **vérifier** que les sous-traitants directs ou indirects de ses cocontractants, ainsi que chacune des entreprises de travail temporaire avec laquelle un de ses sous-traitants ou de ses cocontractants ou de ses cocontractants a passé un contrat, se sont bien acquittés de leur obligation déclarative.

Cette obligation de vigilance ne s'applique pas au **particulier** qui contracte pour son usage personnel, celui de son conjoint, de son partenaire de Pacs, de son concubin ou de ses ascendants ou descendants (C. trav. art. L 1262-4-2).

> **Précisions** L'obligation de vigilance mise à la charge du donneur d'ordre n'excède pas la **vérification** de ce que le prestataire étranger s'est formellement acquitté de la **communication à l'administration** de la déclaration de détachement et de la désignation du représentant en France (CAA Lyon 2-4-2020 n° 18LY03401 : RJS 11/20 n° 565). Elle ne s'étend pas à la **vérification détaillée du contenu** des documents fournis par le prestataire de services (CAA Lyon 30-1-2020 n° 19LY00557 : RJS 11/20 n° 565). Toutefois, un donneur d'ordre qui recevrait sans réagir une déclaration de détachement manifestement incomplète ou erronée sur des aspects qu'il ne peut pas ignorer (par exemple un nombre de salariés déclarés visiblement inférieurs au nombre de salariés réellement détachés) pourrait être sanctionné pour non-respect de son obligation de vigilance (Inst. DGT/RT1/2024/46 du 27-3-2024 p. 35).

53500 **Devoir d'injonction** Dès qu'il est alerté par un agent de contrôle du **non-paiement partiel ou total du salaire minimum légal ou conventionnel** dû au salarié détaché par son cocontractant, par un sous-traitant direct ou indirect ou par un cocontractant d'un sous-traitant, le maître d'ouvrage ou donneur d'ordre doit enjoindre, par écrit, à ce sous-traitant ou à ce cocontractant, ainsi qu'au donneur d'ordre immédiat de ce dernier, de faire cesser sans délai cette situation (C. trav. art. L 1262-4-3, al. 1er et R 1263-16).

À défaut de régularisation de la situation signalée, le maître d'ouvrage ou donneur d'ordre doit dénoncer le contrat de prestation de services. S'il ne le fait pas, il est **tenu solidairement avec l'employeur** étranger au paiement des rémunérations, indemnités et charges dues à chaque salarié détaché ainsi que, lorsque ce dernier relève d'un régime français de sécurité sociale, des cotisations et contributions sociales afférentes (C. trav. art. L 1262-4-3, al. 2 et R 1263-17).

Ce devoir d'injonction s'ajoute à celui visé n° 53420.

Il ne s'applique pas au **particulier** qui contracte pour son usage personnel, celui de son conjoint, de son partenaire de Pacs, de son concubin ou de ses ascendants ou descendants (C. trav. art. L 1262-4-3, al. 3).

Autres obligations Sur les chantiers de bâtiment ou de génie civil, le maître d'ouvrage doit porter à la connaissance des salariés détachés, par voir d'**affichage,** sur les lieux de travail, les **informations sur la réglementation** qui leur est applicable. L'affiche est facilement accessible et traduite dans l'une des langues officielles parlées dans chacun des États d'appartenance des salariés détachés (C. trav. art. L 1262-4-5 et D 1263-21). Un document d'information doit également être remis aux salariés détachés du BTP, en même temps que leur carte d'identification professionnelle visée n° 53530 (C. trav. art. R 8294-8 ; Arrêté TSST2402978A du 21-2-2024). 53505

Les accusés de réception des déclarations de détachement doivent être annexés au **registre du personnel** de l'entreprise d'accueil. Ils sont tenus à disposition des représentants du personnel, de l'inspection du travail et de l'Urssaf soit dans l'établissement, soit sur chaque chantier ou lieu de travail distinct de l'établissement pour ceux des travailleurs qui y sont occupés (C. trav. art. D 1221-24-1).

Le donneur d'ordre ou le maître d'ouvrage doit détenir et mettre à la disposition de l'inspection du travail le **formulaire d'affiliation au régime de sécurité sociale** du travail détaché (formulaire A1), sous peine d'une pénalité financière (CSS art. L 114-15-1).

> **Précisions** En cas de détachement de **travailleurs temporaires,** l'entreprise utilisatrice établie en France doit informer l'employeur étranger des règles applicables à ses salariés en matière de rémunération pendant leur mise à disposition sur le territoire national, sous peine d'une amende administrative (C. trav. art. L 1262-2-1, V).

c. Contrôle et sanctions

MODALITÉS DE CONTRÔLE PROPRES AU DÉTACHEMENT

L'ensemble des agents en charge de la lutte contre le travail illégal peuvent **accéder aux données** issues des déclarations de détachement. Les inspecteurs du travail peuvent communiquer à leurs **homologues étrangers,** directement ou par l'intermédiaire du bureau de liaison de la direction générale du travail, toute information nécessaire à ce contrôle (C. trav. art. L 1263-1). 53510

En vue du contrôle de l'administration, l'employeur établi à l'étranger est tenu de conserver (en principe sur le lieu de travail du salarié détaché) et de présenter sans délai à la demande de l'inspection du travail les **documents traduits en langue française** permettant de vérifier le respect de ses obligations en matière de détachement (C. trav. art. L 1263-7 et R 1263-1).

SANCTIONS

Amendes administratives La **méconnaissance** par l'employeur, le donneur d'ordre ou le maître d'ouvrage des **dispositions relatives au détachement** est sanctionnée par une amende administrative de 4 000 € par salarié détaché, porté à 8 000 € en cas de récidive, avec un plafond total de 500 000 € (C. trav. art. L 1264-1 s.). Il en est notamment ainsi, concernant le donneur d'ordre ou le maître d'ouvrage, en cas de manquement à son obligation de vigilance. 53515

En outre, l'employeur **ne respectant pas la décision** administrative **d'interdiction ou de suspension** de la prestation de service (n° 53520 s.) est passible d'une amende dont le montant ne peut pas excéder 10 000 € par salarié concerné (C. trav. art. L 1263-6).

L'obligation de vigilance du maître de l'ouvrage qui doit s'assurer tant du dépôt par son prestataire établi à l'étranger de la déclaration préalable de détachement que de la désignation d'un représentant en France constitue une seule et même obligation dont le manquement est passible d'une unique amende dont le montant peut être multiplié par le nombre de salariés concernés (CE 11-2-2022 n° 440808 : RJS 5/22 n° 274).

Le **non-paiement** des amendes peut entraîner la suspension ou l'interdiction du détachement.

53520 **Suspension du détachement** Lorsque l'inspecteur du travail constate certains **manquements aux règles relatives au détachement** (respect du salaire minimum, des règles relatives aux repos et durée du travail ainsi qu'à l'hébergement), l'activité peut être suspendue pendant un mois maximum (C. trav. art. L 1263-3 et L 1263-4, al. 1er). Cette sanction est encourue pour d'autres manquements, notamment en cas de communication délibérée d'informations erronées aux agents de contrôle, de non-respect de l'obligation de transmission de la déclaration de détachement (C. trav. art. L 1263-4-1) et de non-paiement des amendes administratives.

L'administration prononce cette mesure après avoir **enjoint** l'employeur ou son représentant de faire cesser la situation. La décision est notifiée au maître d'ouvrage et au responsable du chantier. Elle est affichée sur les lieux du chantier (C. trav. art. R 1263-11-1 s.).

L'administration **met fin** à la mesure dès que l'employeur, son représentant ou le maître d'ouvrage, justifie avoir mis fin aux manquements ou avoir payé les sommes dues (C. trav. art. L 1263-4, al. 2).

> **Précisions** La décision de suspension de la prestation n'entraîne ni rupture ou suspension du contrat de travail ni aucun préjudice pécuniaire pour les **salariés.** Autrement dit, les salaires restent dus (C. trav. art. L 1263-5).

53525 **Interdiction du détachement** L'agent de contrôle qui constate, dès la réception de la déclaration préalable de détachement, l'absence de paiement par l'employeur étranger de ses **amendes administratives** l'en informe et lui enjoint de régulariser la situation avant le début de la prestation. À défaut, le Dreets peut ordonner l'interdiction de la prestation de services pendant une durée de 2 mois renouvelable. La décision est notifiée au maître d'ouvrage. La mesure prend fin dès paiement des sommes dues (C. trav. art. L 1263-4-2).

53527 **Sanctions pénales** Les **obligations** et **interdictions** applicables aux entreprises françaises faisant appel à des prestataires de services, notamment celles relatives à la dissimulation d'emploi salarié (n° 53565), s'appliquent dans les mêmes conditions si les prestations sont réalisées par des entreprises étrangères détachant du personnel en France (C. trav. art. L 1261-2).

C. Carte d'identification professionnelle

53530 Pour lutter contre le travail illégal, une carte d'identification professionnelle est obligatoire pour les salariés du secteur du BTP, sous peine d'une amende administrative (C. trav. art. L 8291-1 s. ; Inst. DGT/RT1/2024/46 du 27-3-2024 p. 30). Cette carte doit être présentée à toute demande des agents de contrôle ainsi que du maître d'ouvrage ou du donneur d'ordre.

Sont visées toutes les **entreprises** du secteur, y compris les entreprises étrangères qui détachent des salariés en France.

Côté **salariés,** la carte est obligatoire pour ceux travaillant sur les chantiers, à l'exception des architectes, diagnostiqueurs immobiliers, métreurs, coordonnateurs sécurité-protection-santé, chauffeurs-livreurs, géomètres-topographes et géomètres experts (C. trav. art. R 8291-1).

L'employeur ou toute personne dûment habilitée en fait la **demande** auprès de l'association « CIBTP France » sur Internet (www.cartebtp.fr) lors de l'embauche du salarié. Pour les salariés détachés en France, la demande doit être faite après avoir effectué les formalités de déclaration de détachement et avant le début de ce détachement (C. trav. art. R 8293-2).

Dans l'attente de la carte, l'employeur télécharge une attestation provisoire à remettre au salarié (C. trav. art. R 8294-2). La **durée de validité** de la carte est égale à :

– celle du contrat ou, en cas de succession de contrats, à la durée totale de ces contrats, pour les salariés des entreprises établies en France ;

– de 5 ans pour les salariés intérimaires et pour les travailleurs détachés en France par une entreprise établie à l'étranger, la carte étant toutefois désactivée entre deux missions ou deux périodes de détachement (C. trav. art. R 8292-3).

Le **coût** de la carte est à la charge de l'employeur qui doit verser une redevance à l'association « CIBTP France » qui délivre les cartes (C. trav. art. R 8291-3).

> **Précisions** L'employeur peut demander à l'inspecteur du travail si le dispositif lui est applicable, via une procédure de **rescrit.** Le Dreets se prononce dans un délai de trois mois à compter de la réception de la demande complète. Sa décision est opposable pour l'avenir aux agents de contrôle de l'administration du travail, des impôts et des douanes tant que la situation de droit et de fait reste inchangée (C. trav. art. L 8291-3 et R 8291-1-1).

D. Autres situations de travail illégal

Diversité des infractions Outre l'emploi irrégulier de travailleurs étrangers, le travail illégal recouvre plusieurs types d'infractions (C. trav. art. L 8211-1). On présentera ici celles qui se rencontrent le plus fréquemment dans le **secteur de la construction** : dissimulation d'emploi salarié et marchandage. 53550

Délit de dissimulation d'emploi salarié Se rend coupable de dissimulation d'emploi salarié l'employeur qui, de manière intentionnelle (C. trav. art. L 8221-5) : 53565

– ne remet pas de **bulletin de paie** à son salarié ;
– mentionne sur le bulletin de paie un **nombre d'heures de travail inférieur** à celui réellement effectué, sauf si un accord d'annualisation du temps de travail a été signé ;
– n'effectue pas les **déclarations** relatives aux salaires ou aux cotisations auprès des organismes de recouvrement des cotisations sociales ou de l'administration fiscale, ou minore ses obligations sur ces déclarations (Cass. crim. 27-3-2018 n° 16-87.585 F-D : RJS 6/18 n° 436) ;
– omet ou réalise tardivement la déclaration préalable à l'**embauche**.

Le **caractère intentionnel** du délit se déduit de la violation en connaissance de cause d'une prescription légale ou réglementaire, sans que l'employeur ne puisse invoquer son ignorance des règles applicables (Cass. crim. 26-11-2019 n° 19-80.516 F-D : RJS 2/20 n° 106).

En pratique, dans le secteur de la construction, le délit résulte fréquemment du recours, par une entreprise, à de la main-d'œuvre sous un **faux statut** : soit de travailleur indépendant, soit de salarié d'une entreprise sous-traitante. 53566

Dès qu'il existe un **lien de subordination** entre une entreprise et un travailleur, ce dernier doit bénéficier du statut de salarié, quelle que soit la qualification donnée par l'entreprise à la relation de travail. À défaut, le délit de dissimulation d'emploi salarié peut être retenu.

ILLUSTRATIONS

Le délit a été retenu pour de **prétendus sous-traitants** indépendants qui avaient en réalité le statut de salariés car (Cass. crim. 14-2-2006 n° 05-82.287 F-PF : Bull. crim. n° 43) :
– leur rémunération était subordonnée non à l'exécution d'une tâche déterminée à l'avance, mais à un contrôle de la quantité de travail effectué ;
– les artisans, même s'ils étaient immatriculés au répertoire des métiers (registre national des entreprises depuis le 1-1-2023), fournissaient des prestations les mettant en état de subordination juridique par rapport au maître de l'ouvrage durant tout le temps d'exécution de leur tâche, même en l'absence d'un lien contractuel permanent.

Pour les personnes physiques, la **peine principale** maximale est un emprisonnement de 3 ans et une amende de 45 000 €. L'amende encourue par la personne morale s'élève à 225 000 € au maximum (C. trav. art. L 8224-1 s. ; C. pén. art. 131-38). 53568

Des **peines complémentaires** peuvent aussi être prononcées, notamment : l'interdiction d'exercer l'activité professionnelle ou sociale dans l'exercice ou au cours de laquelle l'infraction a été commise, l'exclusion pour 5 ans au plus des marchés publics, l'interdiction, définitive ou temporaire de 15 ans au plus, de diriger, d'administrer, de gérer ou de contrôler à un titre quelconque, directement ou indirectement, pour son propre compte ou pour le compte d'autrui, une entreprise commerciale ou industrielle ou une société commerciale (C. trav. art. L 8224-3 ; C. pén. art. 131-27).

Le salarié a droit à diverses **indemnités,** notamment en cas de rupture de son contrat de travail (C. trav. art. L 8223-1).

Enfin, des **sanctions administratives** sont encourues, identiques à celles prévues pour l'emploi de travailleurs étrangers sans titre (voir n° 53457).

Sur les obligations du **donneur d'ordre,** voir n°s 53410 s.

Délit de marchandage Toute opération à but lucratif de fourniture de main-d'œuvre qui a pour effet de causer un préjudice au salarié ou d'éluder l'application des règles du droit du travail constitue le délit de marchandage (C. trav. art. L 8231-1). Il s'agit de sanctionner des situations de **fausse sous-traitance,** lorsque l'employeur réel de travailleurs n'est pas celui qui a signé leur contrat de travail. 53570

Les agents de contrôle et les juges apprécient le **degré d'indépendance** de l'entreprise sous-traitante en fonction des critères suivants : accomplissement d'une tache spécifique et bien définie, encadrement réel des salariés, savoir-faire suffisant du sous-traitant, rémunération forfaitaire librement négociée avec le donneur d'ordre, fourniture des outils aux salariés, etc. Dès qu'il apparaît qu'un **lien de subordination** existe entre les ouvriers et le donneur d'ordre ou le maître d'ouvrage, la sous-traitance se révélant fictive, le délit peut être retenu (par exemple, pour des soudeurs employés à la demande sur différents chantiers : Cass. crim. 16-1-1996 nº 95-80.772 F-D).

53572 Les **peines principales** encourues sont une amende de 30 000 € et 2 ans d'emprisonnement ; lorsque plusieurs personnes sont victimes de l'infraction, les peines passent à 75 000 € et 5 ans de prison (C. trav. L 8234-1). L'amende maximale est multipliée par 5 pour les personnes morales.

Le tribunal peut également prononcer une **interdiction de sous-traiter** de la main-d'œuvre pour une durée de 2 à 10 ans ; le fait de méconnaître cette interdiction, directement ou par personne interposée, est puni d'un emprisonnement de 12 mois et d'une amende de 12 000 € (C. trav. L 8234-1).

Des **sanctions administratives** sont encourues, identiques à celles prévues pour l'emploi de travailleurs étrangers sans titre (voir nº 53457).

Sur les obligations du **donneur d'ordre,** voir nºs 53410 s.

> **› Précisions** Les faits qualifiés de délit de marchandage peuvent fréquemment recevoir une **autre qualification pénale,** notamment de prêt illicite de main-d'œuvre ou/et de dissimulation d'emploi salarié. Le juge peut **cumuler** plusieurs qualifications, mais la peine prononcée ne peut pas dépasser le montant maximal le plus élevé des peines encourues.

II. CONTRATS ET CONDITIONS DE TRAVAIL DES SALARIÉS DE LA CONSTRUCTION

A. Contrats de travail dans le BTP

CONTRATS NON SPÉCIFIQUES

53600 Selon la nature des emplois à pourvoir et les besoins de l'entreprise, celle-ci peut recourir à l'ensemble des contrats prévus par le Code du travail : **contrat à durée indéterminée classique** pour les emplois permanents, **contrats à durée déterminée** (pour remplacement ou accroissement d'activité, etc.) ou **contrats de travail temporaire.** Il peut être recouru au contrat à durée déterminée (ou de travail temporaire) d'usage pour les chantiers à l'étranger (C. trav. art. D 1242-1 et D 1251-1).

CONTRAT SPÉCIFIQUE AU BTP : LE CONTRAT DE CHANTIER

53605 Le contrat de chantier est adapté, par sa souplesse, au secteur du BTP. Il a été souvent invoqué comme une référence et a été étendu à d'autres secteurs (notamment : réparation navale, cinéma, aéronautique, construction mécanique). L'ordonnance 2017-1387 du 22 septembre 2017 a consacré le contrat de chantier ou d'opération qui ne peut être conclu que dans les secteurs où son usage est habituel et conforme à l'intérêt de la profession, ce qui est le cas du BTP, ou si une convention ou un accord collectif de branche étendu permet d'y recourir. C'est un **contrat de travail à durée indéterminée** par lequel un salarié est embauché exclusivement pour la réalisation d'un ouvrage ou de travaux précis pour une durée ne pouvant pas être préalablement définie avec certitude (C. trav. art. L 1223-8). Autrement dit, c'est un contrat conclu pour le temps, indéterminé, du chantier, que l'employeur peut rompre une fois celui-ci terminé.

Hormis la cause de rupture, le statut du salarié embauché en contrat de chantier ne comporte pas de particularité. Il peut notamment y être prévu une période d'essai.

Le **licenciement pour fin de chantier** repose sur une cause réelle et sérieuse (C. trav. art. L 1236-8), à condition qu'il ait bien été spécifié dans le contrat ou la lettre d'embauche que le contrat a été conclu pour un ou plusieurs chantiers (Cass. soc. 22-6-2016 nº 15-14.740 F-D). Peu importe que la durée estimée du chantier mentionnée dans le contrat ait été dépassée (Cass. soc. 15-11-2006 nº 04-48.672 FS-P : RJS 1/07 nº 31). En revanche, est abusif le licenciement motivé par la fin de chantier alors que la mission n'est pas achevée (Cass. soc. 6-1-2010 nº 08-44.059 F-D), notamment lorsque le client de l'employeur résilie le contrat conclu avec ce dernier (Cass. soc. 9-5-2019 nº 17-27.493 FS-PB : RJS 7/19 nº 424).

Le licenciement pour fin de chantier est soumis à la **procédure** de licenciement pour motif personnel (C. trav. art. L 1236-8). Il ouvre droit aux **indemnités** de licenciement et aux **allocations chômage.**

ATTENTION

Le licenciement pour fin de chantier échappe aux règles du **licenciement économique** car il a un caractère « normal » dans le secteur du BTP (notion figurant dans la convention collective nationale des ouvriers du bâtiment et précisée par Circ. DE-DRT 46 du 1-10-1989). Par conséquent, ce licenciement ne donne pas lieu à la consultation du CSE ou du conseil d'entreprise et n'est pas subordonné à la recherche préalable d'un reclassement. Si la convention ou l'accord collectif permettant le recours au contrat de chantier le prévoit, le salarié bénéficie d'une **priorité de réembauche en CDI** (C. trav. art. L 1236-9).

B. Règles de sécurité

1. PRINCIPES GÉNÉRAUX

OBLIGATION DE SÉCURITÉ ET DE PROTECTION DE LA SANTÉ

Les règles relatives à la santé et à la sécurité au travail sont nombreuses et complexes, particulièrement dans le secteur du BTP dans lequel les salariés sont soumis à de **nombreux risques professionnels.** Nous exposons ci-après les principales règles générales et spécifiques aux chantiers et les conséquences de leur non-respect. **53610**

L'employeur est tenu vis-à-vis des salariés d'une obligation de sécurité et de protection de la santé (Cass. soc. 28-2-2006 n° 05-41.555 FS-PBRI : RJS 5/06 n° 555). Pour cela, il doit prendre **toutes les mesures** visant à assurer la sécurité et protéger la santé physique et mentale des travailleurs : actions de prévention des risques professionnels, respect de la réglementation, actions de formation et d'information, mise en place d'une organisation et de moyens appropriés (C. trav. art. L 4121-1).

En cas de risque avéré ou d'accident, l'employeur engage sa **responsabilité,** sauf s'il démontre avoir pris les mesures générales de prévention nécessaires et suffisantes pour l'éviter (Cass. soc. 25-11-2015 n° 14-24.444 FP-PBRI : RJS 2/16 n° 123).

ATTENTION

Les constructeurs doivent être attentifs au risque de l'**exposition au soleil,** parfois mal apprécié, en particulier lorsqu'il s'accompagne de projections de bitume.

ACTIONS DE PRÉVENTION

Parmi les actions de prévention, l'employeur doit répertorier les risques professionnels de chaque unité de travail dans un **document unique d'évaluation des risques professionnels** (DUER ou DUERP). Ce document doit être mis à jour au moins une fois par an dans les entreprises d'au moins 11 salariés et chaque fois que nécessaire (C. trav. art. L 4121-3 et R 4121-1 s.). **53615**

En outre, l'employeur doit organiser une **formation à la sécurité** au bénéfice des travailleurs nouvellement embauchés, changeant de poste ou de technique, temporaires (sauf exceptions) et, sur demande du médecin du travail, de ceux qui reprennent leur activité après un arrêt de travail d'au moins 21 jours (C. trav. art. L 4141-2). Il est également tenu d'une obligation d'**information** sur les risques qu'encourent les travailleurs et les mesures prises pour y remédier (C. trav. art. L 4141-1).

Par ailleurs, les entreprises d'au moins 50 salariés ou appartenant à un groupe de cette taille doivent conclure un **accord collectif** ou, à défaut, établir un **plan d'action** sur la prévention de l'exposition aux risques professionnels (C. trav. art. L 4162-1 s. et D 4162-1 s.) :

– soient lorsqu'elles emploient au moins 25 % de salariés déclarés au titre du compte professionnel de prévention ;

– soit lorsque leur sinistralité au titre des accidents du travail et des maladies professionnelles est supérieure à 0,25.

Les entreprises de moins de 300 salariés (ou appartenant à un groupe de cette taille) couvertes par un accord de **branche étendu** ne sont pas soumises à cette obligation.

Tout salarié exposé à certains facteurs de risques (notamment bruit et travail répétitif) au-delà des seuils réglementaires bénéficie jusqu'à sa retraite d'un **compte professionnel de prévention** (C. trav. art. L 4163-1 s. et D 4163-2 s.). Sont concernés un grand nombre de salariés de la construction. **53620**

À ce titre, l'employeur doit **déclarer** chaque année tout salarié exposé à ces facteurs de risque, titulaire d'un contrat d'au moins un mois, après avoir procédé à l'évaluation de cette exposition. La déclaration s'effectue via la DSN de janvier de l'année suivant celle de l'exposition aux risques.

PRESCRIPTIONS TECHNIQUES

53625 Un certain nombre de prescriptions techniques s'imposent aux entreprises de construction, comme à **tout employeur** (sur les prescriptions spécifiques au BTP, voir n° 53640). Ainsi, notamment, l'employeur doit fournir gratuitement aux salariés les **équipements de protection individuelle** (C. trav. art. L 4321-1 s. et R 4321-4 s.). D'autres normes concernent le risque **incendie** (C. trav. art. R 4227-1), la **manutention de charges** (C. trav. art. R 4541-1 s.), le risque **électrique** (C. trav. art. R 4226-1 s.), l'exposition à l'**amiante** (C. trav. art. R 4412-94 s.), etc.

2. RÈGLES SPÉCIFIQUES AUX CHANTIERS DE BÂTIMENT ET DE GÉNIE CIVIL

a. Prévention et coordination

PRINCIPES GÉNÉRAUX

53630 Outre l'employeur, le maître d'ouvrage, le maître d'œuvre, le coordonnateur en matière de sécurité et de protection de la santé et les entreprises intervenantes (employeurs et travailleurs indépendants) **sont tenus** à la plupart des principes de prévention (C. trav. art. L 4531-1 et L 4535-1).

Ces principes sont pris en compte notamment lors des choix architecturaux et techniques ainsi que dans l'organisation des opérations de chantier, en vue de (C. trav. art. L 4531-1) :
- permettre la **planification** de l'exécution des différents travaux ou phases de travail se déroulant simultanément ou successivement ;
- prévoir la **durée** de ces phases ;
- faciliter les **interventions ultérieures** sur l'ouvrage.

Lorsque, sur un même site, **plusieurs opérations** de bâtiment ou de génie civil doivent être conduites dans le même temps par plusieurs maîtres d'ouvrage, ceux-ci se concertent afin de prévenir les risques résultant de l'interférence de ces interventions (C. trav. art. L 4531-3).

DÉCLARATION PRÉALABLE ET COORDINATION

53635 En cas de travaux dont la **durée** doit excéder 30 jours ouvrés et pour lesquels l'**effectif prévisible** doit dépasser 20 travailleurs à un moment quelconque ou dont le volume prévu doit être supérieur à 500 hommes-jours, le maître d'ouvrage doit adresser à l'inspection du travail, à l'OPPBTP et à la Carsat du lieu de l'opération une **déclaration préalable** (C. trav. art. L 4532-1). Le texte de la déclaration, dont le contenu est fixé par l'arrêté TEFT9500298A du 7 mars 1995, doit être affiché sur le chantier.

Sur les chantiers où interviennent plusieurs travailleurs indépendants ou plusieurs entreprises, le maître d'ouvrage doit désigner un **coordonnateur de sécurité** (voir n°s 52500 s.).

Par ailleurs, toujours à l'initiative du maître d'ouvrage et au plus tard 21 jours avant le début des travaux, un **collège interentreprises de sécurité, de santé et des conditions de travail** (CISSCT) doit être constitué pour les opérations de catégorie 1 (voir n° 52585). Ce collège peut définir, notamment sur proposition du coordonnateur, certaines règles communes destinées à assurer le respect des mesures de sécurité et de protection de la santé applicables au chantier. Il vérifie que l'ensemble des règles prescrites, soit par lui-même, soit par le coordonnateur, sont effectivement mises en œuvre (C. trav. art. L 4532-13). Il est **composé** du coordonnateur de sécurité (qui le préside), des maîtres d'œuvre, des entrepreneurs et, avec voix consultative, d'un salarié de chacune de ces entreprises employé sur le chantier (C. trav. art. R 4532-78). Peuvent **assister aux réunions** l'inspecteur du travail, le médecin du travail ainsi que les représentants de la Carsat et de l'OPPBTP (C. trav. art. R 4532-79).

L'absence de mise en place et l'entrave au fonctionnement de la CISSCT sont sanctionnées par l'**amende** prévue pour les contraventions de 5e classe (C. trav. art. R 4741-4 s.).

b. Prescriptions techniques

53640 Les prescriptions techniques particulières de protection applicables avant et pendant l'exécution des travaux sont fixées par les articles R 4533-1 à R 4534-156 du Code du travail. Elles **s'appliquent** aux employeurs dont les travailleurs accomplissent, même à titre exceptionnel,

des opérations entrant dans le cadre général de travaux de bâtiment (y compris les opérations d'entretien et de nettoyage). Elles s'appliquent également aux travailleurs indépendants, sous réserve de certaines adaptations.
Ces prescriptions, qui doivent être affichées sur les lieux de travail, concernent notamment le **type de travaux** réalisés (démolition, terrassement, travaux souterrains…), les **conditions de leur réalisation** (travaux au voisinage de lignes ou installations électriques…) et les **matériels utilisés** (échafaudage, passerelles, appareils de levage…).

3. CONSÉQUENCES DU NON-RESPECT DES RÈGLES DE SÉCURITÉ

a. Accident du travail

RECONNAISSANCE POSSIBLE D'UNE FAUTE INEXCUSABLE

Le **non-respect des obligations en matière de sécurité** par l'employeur est un élément pou- 53645
vant conduire à la reconnaissance d'une faute inexcusable en cas d'accident du travail ou de maladie professionnelle. En effet, cette faute inexcusable est caractérisée lorsque l'employeur avait ou aurait dû avoir **conscience du danger** et qu'il n'a pas pris les mesures nécessaires pour préserver le travailleur (Cass. 2e civ. 8-10-2020 no 18-25.021 FS-PBI : RJS 12/20 no 624). Or le non-respect de la réglementation en matière de santé et sécurité peut révéler cette conscience du danger.
La **preuve** de la conscience du danger par l'employeur ou du défaut de mesures appropriées pour l'éviter incombe à la victime (Cass. 2e civ. 22-3-2005 no 03-20.044 : RJS 6/05 no 671).
La faute inexcusable est retenue s'il est relevé un manquement de l'employeur **en relation avec le dommage** (Cass. soc. 31-10-2002 no 01-20.445 : RJS 1/03 no 86). Il suffit que cette faute soit une cause nécessaire de l'accident. Peu importe qu'elle en ait été la cause déterminante ou que d'autres fautes, notamment de la victime, aient concouru au dommage (Cass. ass. plén. 24-6-2005 no 03-30.038 : RJS 10/05 no 1037) et, en particulier, que la victime ait elle-même commis une imprudence (Cass. 2e civ. 12-5-2003 no 01-21.071 FS-PB : RJS 8-9/03 no 1071) ou une faute (Cass. 2e civ. 11-6-2009 no 08-15.944 F-D). La responsabilité de l'employeur ne peut **pas être engagée** si la cause de l'accident est indéterminée (Cass. 2e civ. 16-11-2004 no 02-31.003 : RJS 2/05 no 213).

ILLUSTRATIONS

La faute inexcusable a été **retenue** dans les cas suivants :
– la victime travaillait sur des machines dépourvues de **dispositif de sécurité** (Cass. soc. 30-4-1997 no 95-18.513 PB : RJS 6/97 no 744) ou de moyens de protection (Cass. soc. 3-12-1998 no 96-21.524 D : RJS 1/99 no 115) ;
– le salarié a été blessé au pied par un **chariot élévateur,** alors que la société n'avait pas vérifié que les consignes de sécurité prévues par le Code du travail étaient respectées (Cass. 2e civ. 4-12-2008 no 07-13.563 F-D) ;
– l'employeur, en méconnaissance des dispositions réglementaires, a négligé d'assurer la **stabilité d'une nacelle,** peu important l'absence d'incident antérieur (Cass. soc. 3-2-1998 no 85-18.078 P) ;
– l'employeur n'a pas vérifié la conformité de l'**échafaudage** aux règles en vigueur avant son utilisation par la victime et le port effectif de protection individuelle par les ouvriers (Cass. 2e civ. 16-6-2011 no 10-18.366 F-D).
En revanche, la faute inexcusable n'a **pas été caractérisée** dans les affaires suivantes :
– l'accident est survenu à un salarié alors qu'il travaillait sur une **machine conforme à la réglementation** et que les causes de l'accident sont restées indéterminées (Cass. 2e civ. 1-7-2003 no 02-30.542 FS-PB : RJS 10/03 no 1224) ;
– l'accident est survenu dans une zone de chantier **interdite à la circulation** du personnel (Cass. 2e civ. 22-2-2007 no 05-16.806 F-D).

CONSÉQUENCES DE LA FAUTE INEXCUSABLE

La faute inexcusable de l'employeur ouvre droit à une **majoration** de la rente ou du capital 53650
alloué à la victime ou à ses ayants droit en cas de décès (CSS art. L 452-2). La victime peut également demander à l'employeur **réparation des préjudices** esthétiques et d'agrément, préjudices causés par les souffrances physiques et morales ou par la perte ou la diminution de ses possibilités de promotion professionnelle (CSS art. L 452-3) mais également réparation de tous les autres dommages subis en conséquence de l'accident ou de la maladie (par exemple, indemnisation des frais d'aménagement de son domicile et d'adaptation de son véhicule nécessités par son état). Les **ayants droit** peuvent demander réparation de leur préjudice moral en cas de décès (Cass. soc 23-5-2002 no 00-14.125 : RJS 8-9/02 no 1028).

Les réparations dues au titre de la faute inexcusable sont **versées** par la caisse, qui récupère les sommes auprès de l'employeur (CSS art. L 452-2 s.). Il est possible de **s'assurer** contre les conséquences financières de sa faute inexcusable ou celle de ses préposés mais la caisse peut dans ce cas imposer une **cotisation supplémentaire** (CSS art. L 452-4).

b. Infractions pénales

PERSONNES RESPONSABLES

53660 La méconnaissance des règles de santé et de sécurité engage la responsabilité pénale de l'**entreprise,** personne morale et/ou de son **dirigeant.** Ce dernier peut échapper à sa responsabilité personnelle s'il a valablement délégué ses pouvoirs en la matière à un **salarié délégataire,** à condition qu'il n'ait pas personnellement pris part à la réalisation de l'infraction.

Un **salarié non titulaire d'une délégation de pouvoirs** ne peut pas être poursuivi pour les infractions prévues par le Code du travail ; en revanche, sa responsabilité peut être recherchée pour les infractions pénales de droit commun, notamment en cas d'homicide et blessures involontaires.

En cas de **travail en commun,** chaque employeur est responsable des infractions aux règles de sécurité commises par ses propres salariés ou dont ces derniers sont victimes, sauf si une autre entreprise a été contractuellement désignée comme responsable de la sécurité (Cass. crim. 13-3-1990 n° 89-81.798 F-D : RJS 5/90 n° 382) ou si l'exécution des travaux a été placée sous une direction unique autre que celle de l'employeur concerné (Cass. crim. 17-11-1987 n° 86-92.514 F-P ; Cass. crim. 1-9-2020 n° 19-85.332 F-D : RJS 11/20 inf. 570). La responsabilité pénale de chaque employeur peut toutefois être engagée pour ses fautes personnelles ayant concouru à la réalisation d'une infraction d'homicide ou de blessures involontaires (Cass. crim. 13-6-1991 n° 90-81.544 F-D : RJS 8-9/91 n° 971). Sur les plans de coordination de la sécurité et leurs effets en cas d'infraction, voir n° 52500 s.

ATTENTION

Pour exonérer un dirigeant de sa responsabilité pénale, une **délégation de pouvoirs** doit répondre à plusieurs **conditions.** Elle doit être certaine, sans ambigüité et avoir été consentie par le dirigeant lui-même, puis acceptée par le délégataire. Une mission générale de surveillance et d'organisation des mesures de sécurité des chantiers, précisée dans le contrat d'engagement d'un directeur de travaux, ne peut à défaut d'instruction plus précise constituer une délégation efficace (Cass. crim. 28-1-1975 : Bull. crim. n° 32). La délégation doit être donnée à un salarié de l'entreprise ou du groupe à laquelle elle appartient. Ce salarié doit avoir **la compétence, l'autorité et les moyens nécessaires** pour exercer effectivement les pouvoirs délégués, disposer de l'indépendance requise pour prendre seul les décisions dans le domaine de la délégation et posséder les connaissances techniques suffisantes. Ainsi, une délégation accordée à un chef de chantier nouvellement embauché, sans vérification de ses compétences en matière d'hygiène et sécurité, est sans effet sur la responsabilité pénale du dirigeant (Cass. crim. 2-9-2008 n° 08-80.408 F-D : RJDA 10/13 n° 801). La **preuve** de la délégation peut résulter d'un écrit spécifique, du contrat de travail du délégataire ou encore des fonctions qu'il exerce. Pour un modèle de délégation, voir Mémento sociétés commerciales n° 13750.

INFRACTIONS DU CODE DU TRAVAIL

53670 Les infractions aux règles de santé et de sécurité du Code du travail sont **passibles** d'une amende de 10 000 €, appliquée autant de fois qu'il y a de salariés concernés (C. trav. art. L 4741-1 s.), c'est-à-dire exposés au risque et pas seulement victimes (Cass. crim. 9-4-2019 n° 17-86.267 FS-PBI : RJS 6/19 n° 361), et indépendamment du nombre d'infractions relevé dans le procès-verbal de l'inspection du travail (Cass. crim. 6-3-2018 n° 17-81.105 F-D : RJS 5/18 n° 333 ; 4-4-2023 n° 22-84.092 F-D : RJS 8-9/23 n° 455). En cas de récidive, la sanction passe à 30 000 €, un emprisonnement d'un an étant alors encouru.

Pour que l'infraction soit **retenue,** le juge doit non seulement constater la violation d'une règle de santé ou de sécurité, mais également l'existence d'une faute personnelle du dirigeant ou de son délégataire. Cette faute se déduit en général du constat matériel de la violation, le dirigeant ou le délégataire devant veiller personnellement à la bonne exécution des règles prescrites par le Code du travail (Cass. crim. 8-12-1987 n° 87-83.595 F-D, décidant que l'absence du dirigeant sur le chantier pour raison de santé ne l'exonère pas de ses obligations de surveillance).

Les infractions du Code du travail peuvent être **cumulées** avec celles du Code pénal, mais la peine ne peut aller au-delà du maximum encouru le plus élevé (C. pén. art. 132-3).

INFRACTIONS DU CODE PÉNAL

53680 **En l'absence d'accident** L'employeur ou son délégataire peut être poursuivi pour **mise en danger** délibérée de la vie d'autrui. Ce délit sanctionne le fait d'exposer directement autrui à un risque immédiat de mort ou de blessures de nature à entraîner une mutilation ou une infirmité permanente par la violation manifestement délibérée d'une obligation particulière de prudence ou de sécurité imposée par la loi ou le règlement. Il est **puni** d'un an d'emprisonnement et de 15 000 € d'amende (C. pén. art. 223-1), 75 000 € pour une personne morale.

ILLUSTRATIONS

A été condamné pour mise en danger délibérée de la vie d'autrui un employeur qui avait exposé ses ouvriers à des poussières d'**amiante sur un chantier** sans avoir mis en œuvre les moyens de protection nécessaires, dans la mesure où le risque de dommage était certain (Cass. crim. 19-4-2017 n° 16-80.695 F-PBI : RJS 7/17 n° 492).

En cas d'accident Si l'accident résulte d'une **faute** d'imprudence, de négligence ou d'un manquement à une obligation de prudence ou de sécurité prévue par la loi ou le règlement, l'auteur de cette faute peut être poursuivi au pénal (C. pén. art. 221-6 s. et 222-19 s.). 53685

Si la faute d'imprudence est la **cause directe** de l'accident, l'employeur sera condamné s'il n'a pas accompli les diligences normales compte tenu de la nature de ses fonctions, de ses compétences ainsi que du pouvoir et des moyens dont il disposait. Si la faute a **créé indirectement** l'accident, la responsabilité pénale de l'employeur ne peut être retenue qu'en présence soit d'une violation manifestement délibérée d'une obligation particulière de prudence ou de sécurité (par exemple, si une infraction à la sécurité prévue par le Code du travail a été commise), soit d'une faute caractérisée exposant autrui à un risque d'une particulière gravité qu'elle ne pouvait ignorer (C. pén. art. 121-3). Toutefois, les **personnes morales** étant responsables pénalement de toute faute non intentionnelle, la société employant la victime peut être condamnée même en l'absence de faute délibérée ou caractérisée de son dirigeant ou délégataire (C. pén. art. 121-3 al. 4).

Les **peines** encourues dépendent de la gravité de l'accident. En cas de blessures involontaires, une amende contraventionnelle de 150 ou 1 500 € pourra être prononcée si l'incapacité de travail de la victime est inexistante ou inférieure à 3 mois. En cas d'incapacité d'au moins 3 mois, la sanction maximale est de 2 ans d'emprisonnement et 30 000 € d'amende. Enfin, en cas d'accident mortel, la sanction peut aller jusqu'à 3 ans de prison et 45 000 € d'amende. Rappelons que les amendes encourues par les personnes morales sont 5 fois plus lourdes.

ILLUSTRATIONS

A été reconnu coupable d'**homicide involontaire** le dirigeant d'une entreprise de menuiserie qui avait laissé un ouvrier remplacer une fenêtre au 2e étage d'un bâtiment sans mettre en place d'échafaudage alors que cette obligation est prévue par le Code du travail et lui avait été rappelée par l'architecte supervisant le chantier (Cass. crim. 31-1-2006 n° 05-81.858 F-D).

c. Responsabilité civile

Les mesures relatives à la santé et à la sécurité ont un caractère essentiellement préventif. 53690
En cas de **risque avéré** ou d'**accident**, l'employeur engage sa responsabilité civile, sauf s'il démontre avoir pris les mesures générales de prévention nécessaires et suffisantes pour l'éviter, ce qu'il appartient aux juges du fond d'apprécier souverainement (Cass. soc. 25-11-2015 n° 14-24.444 FP-PBRI : RJS 2/16 n° 123 ; Cass. soc. 3-2-2021 n° 19-23.548 F-D : RJS 4/21 n° 219).

La responsabilité civile de l'employeur peut également être engagée du fait de ses **préposés** conformément aux dispositions de l'article 1242 al. 5 du Code civil, du fait des **choses** qu'il a sous sa garde en application de l'article 1242 al. 1° du Code civil, ou pour les objets qui lui sont confiés et dont il est dépositaire.

C. Chômage-intempéries

CHAMP D'APPLICATION

Les **salariés** du BTP, y compris les apprentis et les **travailleurs temporaires** (C. trav. art. L 1251-20), bénéficient d'un dispositif particulier d'indemnisation en cas d'arrêt de travail pour intempéries s'ils **justifient** avoir accompli au moins 200 heures de travail au cours des 2 mois précédents (C. trav. art. D 5424-11). 53700

Sont considérées comme **intempéries** les conditions atmosphériques (canicule, neige, gel, verglas, pluie et vent fort, selon des conditions qui seront définies par arrêté à paraître) et les inondations lorsqu'elles rendent dangereux ou impossible l'accomplissement du travail eu égard soit à la santé ou à la sécurité des salariés, soit à la nature ou à la technique du travail à accomplir (C. trav. art. L 5424-8 et D 5424-7-1).

> Précisions Le régime d'indemnisation du chômage-intempéries ne s'applique pas pendant les périodes d'**arrêt saisonnier** de l'activité dans les régions où les conditions climatiques entraînent un arrêt habituel du travail, en particulier les régions montagneuses (C. trav. art. L 5424-7).

PROCÉDURE DE MISE EN CHÔMAGE-INTEMPÉRIES

53705 L'arrêt de travail est décidé par l'**entrepreneur** ou son représentant sur le chantier, après consultation du **CSE.** Lorsque les travaux sont exécutés pour le compte d'une administration, d'une collectivité publique, d'un service concédé ou subventionné, le représentant du **maître d'ouvrage** sur le chantier peut s'opposer à l'arrêt du travail (C. trav. art. L 5424-9).

L'entreprise **déclare** l'arrêt du travail via un bordereau de l'union des caisses du réseau congés payés intempéries. Ce bordereau doit en principe parvenir à la caisse de congés payés dans le mois qui suit la reprise du chantier (C. trav. art. D 5424-28 ; Arrêté SOCF0211686A du 18-2-2003 modifié).

INDEMNISATION DES SALARIÉS

53710 Les salariés concernés ont droit à une indemnité horaire égale à 75 % du salaire horaire brut perçu à la veille de l'interruption du travail. Sont indemnisées toutes les **heures perdues** à compter de la deuxième (la première heure n'est donc pas indemnisée) dans la limite de 9 heures par jour et 45 heures par semaine (C. trav. art. L 5424-12 et D 5424-12 s.).

Le **nombre maximum** de jours indemnisables par année civile est de 55 (C. trav. art. D 5424-14).

L'employeur est tenu de **vérifier** que les salariés remplissent bien les conditions d'indemnisation, via ses propres registres pour les salariés qu'il occupait au 1er janvier et via les certificats de travail pour les autres. Il leur fait signer une déclaration du nombre de journées déjà indemnisées depuis le 1er janvier au titre du chômage-intempéries (Arrêté SOCF0211686A du 18-2-2003 modifié).

L'indemnité est exonérée de **cotisations sociales** mais pas de CSG-CRDS (au taux applicable sur les revenus de remplacement) ni de cotisation due à la caisse de congés payés (C. trav. art. L 5424-14, al. 1). Elle est également assujettie à la cotisation spéciale de sécurité sociale applicable aux salariés non domiciliés en France fiscalement et ceux affiliés au régime local d'Alsace-Moselle (C. trav. art. L 5424-14).

L'employeur **verse** l'indemnité à échéance normale de paie (C. trav. art. L 5424-13). Il se fait ensuite partiellement **rembourser** par la caisse de congés payés via le bordereau visé nº 53705 (C. trav. art. D 5424-25 s.). Les déclarations des salariés qu'il n'occupait pas au 1er janvier sont annexées à cette demande de remboursement.

ATTENTION

Le montant des indemnités versées aux salariés en cas de **canicule** peut être révisé à la baisse, selon un pourcentage fixé annuellement par arrêté (C. trav. art. D 5424-39, II).

STATUT DES SALARIÉS EN CHÔMAGE-INTEMPÉRIES

53715 Pendant leur période de chômage, les salariés doivent rester **à disposition de l'employeur.** Ils peuvent être occupés à des travaux de remplacement dans l'entreprise. Ils perçoivent alors leur salaire habituel et les heures sont défalquées du contingent d'heures chômées (C. trav. art. D 5424-18 s.).

Les salariés peuvent également être **mis à disposition de collectivités publiques** pour l'exécution de travaux d'intérêt général. Dans ce cas, les intéressés perçoivent le salaire correspondant aux travaux accomplis auxquels s'ajoute, le cas échéant, une indemnité égale à la différence entre le salaire servant de base au calcul de l'indemnité d'intempéries et le salaire perçu pour ces travaux occasionnels (C. trav. art. L 5424-18).

Les salariés sont protégés contre le **licenciement** : l'entreprise ne peut pas, sauf en cas de faute grave de l'intéressé (ou en cas d'arrêt des travaux par le maître d'œuvre dans les chantiers de travaux publics), licencier un salarié au cours de la période d'inactivité du chantier sur lequel celui-ci est employé. Cette protection ne fait toutefois pas obstacle à l'expiration du préavis au cours de la période d'inactivité, si le contrat de travail a été rompu avant (C. trav. art. D 5424-22).

Lorsque les salariés quittent l'entreprise, l'employeur doit leur remettre un **certificat** indiquant le nombre d'heures et les périodes pendant lesquelles ils ont bénéficié de l'indemnité pour l'année civile en cours (C. trav. art. D 5424-31).

FIN DU CHÔMAGE INTEMPÉRIES

53720 Les salariés sont avertis de la **reprise du travail** par voie d'affichage au siège ou au bureau de l'entreprise ou à l'entrée du chantier. S'ils ne reprennent pas le travail à la date de réouverture, ils perdent le droit à indemnisation (C. trav. art. D 5424-21).

L'employeur peut décider de la **récupération des heures** perdues du fait des intempéries. Les heures ainsi effectuées doivent être rémunérées en plus de l'indemnisation du chômage-intempéries (C. trav. art. D 5424-17).

FINANCEMENT DU DISPOSITIF

Le dispositif est financé par une **cotisation** des employeurs à la caisse de congés payés. Son taux est fixé chaque année par arrêté ministériel. Son assiette est constituée de l'ensemble des salaires pris en compte pour le calcul des cotisations de sécurité sociale, déduction faite d'un abattement déterminé par l'arrêté. 53725

D. Congés payés

AFFILIATION À UNE CAISSE DE CONGÉS PAYÉS

Dans les professions à travail discontinu, au premier rang desquelles le bâtiment et les travaux publics, des **caisses de congés payés** se substituent à l'employeur pour le paiement des indemnités (C. trav. art. L 3141-32). 53730

Sont soumises à cette obligation les entreprises exerçant une ou plusieurs activités entrant dans le champ d'application des **conventions collectives** nationales étendues du BTP. Une **exception** est prévue lorsque l'entreprise applique, au titre de son activité principale (celle dans laquelle elle emploie le plus de salariés), une autre convention collective, à condition qu'un accord de branche ait été conclu en ce sens (C. trav. art. D 3141-12).

Ce régime d'affiliation aux caisses de congés payés s'applique également aux **entreprises établies à l'étranger** et qui détachent temporairement des salariés sur le territoire national (C. trav. art. D 3141-14). Les entreprises situées dans l'UE ou l'EEE peuvent en être dispensées si elles assurent des garanties équivalentes à leurs salariés (C. trav. art. D 3141-26).

L'employeur doit justifier, à tout moment, aux agents de contrôle, qu'il est à jour de ses obligations en la matière (C. trav. art. D 3141-37).

> **Précisions** Même s'il est affilié à une caisse de congés payés, l'employeur doit prendre les **mesures nécessaires** pour que les salariés puissent prendre leurs congés payés. Faute de quoi, il devra leur verser une indemnité compensatrice (Cass. soc. 22-9-2021 nº 19-17.046 FP-BR : RJS 12/21 nº 661).

SALARIÉS BÉNÉFICIAIRES

Les salariés appartenant aux établissements assujettis doivent être **déclarés** par leur employeur à la caisse compétente, quelle que soit leur profession. Une exception est prévue pour ceux engagés en CDD d'au moins un an. Toutefois, si ce contrat est rompu au cours de la première année, l'employeur doit verser rétroactivement les cotisations correspondant aux salaires perçus depuis le début de la période de référence (C. trav. art. D 3141-23). 53735

L'employeur peut **choisir** de faire assurer par la caisse le service des congés payés pour les salariés qu'il ne déclare pas, à condition de verser les cotisations correspondantes et d'avoir l'accord de la caisse (C. trav. art. D 3141-24).

OBLIGATIONS DE L'EMPLOYEUR

Information des salariés L'employeur communique aux salariés, par tout moyen, la **raison sociale** et l'**adresse** de la caisse à laquelle il est affilié (C. trav. art. D 3141-28). 53740

Il remet au salarié, avant son départ en congé ou à la date de rupture de son contrat, un **certificat** qui permet à ce dernier de justifier de ses droits auprès de la caisse du dernier employeur (C. trav. art. D 3141-34).

Paiement d'une cotisation L'employeur doit verser une cotisation à la caisse de congés payés, déterminée par un pourcentage du montant des salariés payés aux travailleurs déclarés, selon les **modalités** prévues par chaque caisse (C. trav. art. D 3141-29). Les employeurs ne peuvent pas se substituer à une caisse pour verser les indemnités de congés payés, en se dispensant de verser les cotisations (Cass. 1e civ. 6-5-1997 nº 95-12.001 P : RJS 7/97 nº 875). 53745

DROIT AUX CONGÉS PAYÉS DES SALARIÉS

Le droit aux congés des salariés du BTP est déterminé par les **dispositions générales** du Code du travail applicables à tous les salariés. Ainsi, les salariés acquièrent 2,5 jours ouvrables de congés payés par mois de travail, dans la limite de 30 jours par an. Néanmoins, il existe des **règles spécifiques** en matière de durée du congé et de calcul d'indemnité. 53750

53755 **Durée du congé** La durée du congé est déterminée par le **nombre d'heures** effectuées entre le 1er avril et le 31 mars. Pour la détermination de cette durée, 150 heures de travail effectif équivalent à un mois. En outre, il est **ajouté** à l'ensemble des heures accomplies pendant l'année de référence 160 heures représentant forfaitairement le congé payé de l'année précédente lorsqu'il a été payé par une caisse de congés payés (C. trav. art. D 3141-30).

> **Précisions** Des **congés supplémentaires pour ancienneté** sont prévus par les conventions collectives pour les ingénieurs et cadres ainsi que pour les employés, techniciens et agents de maîtrise du bâtiment et des travaux publics. Ces jours sont en principe pris en dehors du congé principal.

53760 **Indemnité de congés payés** Pour fixer le montant de l'indemnité, la caisse applique la plus favorable des règles entre celles de **droit commun** (règles du dixième et du maintien de salaire) et celle **spécifique au BTP.** Cette dernière est le produit du 1/25e du salaire horaire par le double du nombre d'heures de travail accomplies au cours de l'année de référence (C. trav. art. D 3141-33).

Les conventions collectives du bâtiment et des travaux publics prévoient en outre une **prime de vacances** égale à 30 % de l'indemnité de congés payés. En bénéficient les ouvriers totalisant, dans une ou plusieurs entreprises du BTP, au moins 1 503 heures s'ils travaillent dans une entreprise du bâtiment ou 1 200 heures lorsqu'ils sont employés dans une entreprise de travaux publics. Cette prime est également due aux employés, techniciens, agents de maîtrise et cadres totalisant au moins 6 mois de présence dans l'année de référence dans une entreprise du BTP.

SANCTIONS

53765 Le fait de méconnaître la législation sur les congés payés, et notamment l'obligation d'affiliation à une caisse de congés payés, est puni de l'**amende** prévu pour les contraventions de 5e classe, appliquée autant de fois qu'il y a de salariés concernés (C. trav. art. R 3143-1 ; C. pén. art. 131-13).

En outre, la **caisse** peut réclamer à l'employeur le paiement des cotisations dues, ou prononcer sa suspension ou sa radiation.

Quant au **salarié,** outre l'éventuelle indemnité compensatrice de congés payés, il peut réclamer des dommages-intérêts à l'employeur s'il a subi un préjudice.

CHAPITRE 5 SOUS-TRAITANCE

SOMMAIRE

SECTION 1 CARACTÉRISTIQUES GÉNÉRALES DE LA SOUS-TRAITANCE

DÉFINITION DE LA SOUS-TRAITANCE

La sous-traitance est l'opération par laquelle un entrepreneur confie par un sous-traité et sous sa responsabilité à une autre personne, appelée sous-traitant, tout ou partie du contrat d'entreprise ou une partie du marché public de travaux conclu avec le maître de l'ouvrage (Loi 75-1334 du 31-12-1975 art. 1; CCP art. L 2193-2 pour les marchés publics). Le sous-traitant effectue une **partie de la mission confiée à l'entrepreneur principal** (Cass. 3e civ. 23-9-2014 no 12-27.088 F-D : RDI 2015 p. 76). Il se situe donc dans le « cadre juridique du contrat d'entreprise » en faisant appel à une « chaîne de contrats » (Bénabent, rapport au colloque Justice-Construction 24-11-1988). L'entrepreneur peut recourir à la sous-traitance et le sous-traitant peut sous-traiter à son tour. 54050

Il n'y a pas sous-traitance pour les **prestations directement confiées à un entrepreneur de second rang** par le maître de l'ouvrage, lorsque ce dernier conclut avec lui un marché distinct ayant pour objet des travaux de reprise consécutifs à une erreur d'implantation commise par l'entreprise principale (Cass. 3e civ. 14-4-2010 no 09-12.339 FS-PB : RJDA 7/10 no 744, RDI 2010 p. 543).

La sous-traitance doit être distinguée :

– de la **cotraitance** qui existe lorsque deux ou plusieurs prestataires s'obligent en commun par un même contrat ou par plusieurs contrats associés, directement envers le maître de l'ouvrage pour réaliser une ou plusieurs prestations (nos 52025 s.). Par exemple, il n'y a pas sous-traitance lorsque deux entreprises distinctes l'une de l'autre ont, chacune, proposé des devis séparés et que, bien qu'ayant travaillé de concert pour le même client, il n'est pas établi que tout ou partie de la prestation de l'une devait être assurée par l'autre (Cass. 3e civ. 24-6-2014 no 13-19.829 F-D : BPIM 5/14 inf. 317). Mais la distinction est parfois délicate (Cass. 3e civ. 27-10-2016 no 15-24.469 F-D : RDI 2017 p. 80) ;

– du **contrat de travail** en ce que, lorsque le prestataire est une personne physique, il doit avoir une indépendance effective à l'égard du donneur d'ordres (Cass. 3e civ. 22-11-2000 no 98-17.923 FS-D1507 : RJDA 5/01 no 583) ;

– du **mandat** sous l'empire duquel la loi sur la sous-traitance ne peut pas s'appliquer (Cass. 3e civ. 27-10-2016 no 15-25.256 F-D : RDI 2017 p. 79) ;

– de la **vente** et, par conséquent, du contrat de fourniture, en ce que le **poids de la main-d'œuvre** y est, en principe, prépondérant (Cass. 3e civ. 23-4-1974 : Bull. civ. III no 163 ; Cass. 1e civ. 27-4-1976 : Bull. civ. I no 143) ;

– du **marché de fourniture** car la Cour de cassation a paru privilégier pendant un temps le critère du travail sur le site pour caractériser le sous-traité (Cass. 3e civ. 18-1-1983 : Bull. civ. III no 15). Mais ce critère n'est plus déterminant : la sous-traitance soumise à la loi de 1975 peut porter sur un ouvrage réalisé en atelier, par exemple une charpente (Cass. 3e civ. 7-11-2012 no 11-18.138 FS-PB : BPIM 1/13 inf. 34). Toutefois, un arrêt écarte la sous-traitance à partir de divers éléments dont le fait qu'il n'y a pas eu « pose ou installation sur place » (Cass. 3e civ. 14-12-2017 no 14-20.298 F-D : RDI 2018 p. 219) ;

– de la **mise à disposition de matériel** à l'entrepreneur, qui peut relever d'une convention distincte de la sous-traitance et échappe ainsi aux dispositions de la loi 75-1334 du 31 décembre 1975 (Cass. 3e civ. 1-2-2024 no 22-23.039 F-D : BPIM 2/24 inf. 110).

PRESTATIONS SUSCEPTIBLES DE SOUS-TRAITANCE

54055 La sous-traitance peut porter sur une **prestation matérielle** (contrat de l'entrepreneur).

Elle peut aussi porter sur une **prestation intellectuelle** relevant de la **maîtrise d'œuvre** (Cass. 3e civ. 28-2-1984 : Bull. civ. III no 51 ; Cass. 3e civ. 22-3-1995 : RDI 1995 p. 547 ; Cass. 3e civ. 26-5-2004 no 02-19.629 FS-PB : RJDA 10/04 no 1117 ; C. déontologie des architectes art. 37), à l'exception de la mission relevant du monopole architectural (Loi 77-2 du 3-1-1977 art. 3, al. 2). Dans ce dernier cas, si la mission est néanmoins sous-traitée, l'opération est illégale et le maître de l'ouvrage n'est pas redevable des sommes exposées par le maître d'œuvre pour rémunérer le sous-traitant ; l'illégalité de la sous-traitance implique ainsi le contrat principal (Cass. 3e civ. 27-4-2017 no 16-15.958 FS-PBI : BPIM 3/17 inf. 204, RDI 2018 p. 225). Si une société est chargée globalement de la maîtrise d'œuvre et qu'elle n'a pas la qualité d'architecte, elle peut cependant présenter un architecte au maître de l'ouvrage et favoriser une cotraitance. L'architecte peut, en revanche, sous-traiter le « suivi du chantier » pour une rémunération forfaitaire, le sous-traitant ne pouvant alors prétendre à une rémunération complémentaire s'il fournit des prestations supplémentaires après le terme du contrat sans avoir obtenu l'accord du donneur d'ordres (Cass. 3e civ. 29-3-2011 no 10-30.253 F-D : BPIM 3/11 inf. 202).

La sous-traitance peut également porter sur l'**assistance à la maîtrise d'ouvrage.** Si le syndic de copropriété ayant reçu une mission d'assistance à la maîtrise d'ouvrage dans une opération de restauration immobilière la sous-traite à une société d'avocats, celle-ci, investie d'une mission de conseil, doit alerter les copropriétaires sur la collusion d'intérêts existant entre le maître d'œuvre et l'entreprise et sur les dangers que représente le versement de 80 % du prix directement à l'entreprise avant le démarrage des travaux. Sa faute contribue au préjudice des copropriétaires privés de la possibilité de mener à bien l'opération, en leur laissant la charge d'un bâtiment en ruines (Cass. 3e civ. 3-12-2020 no 19-17.868 FS-PBI : BPIM 1/21 inf. 30).

Enfin, la sous-traitance peut porter sur une prestation intellectuelle relevant du **contrôle technique** (Décret 99-443 du 28-5-1999 art. 5).

> **Précisions 1.** Une **prestation de services** peut être sous-traitée. La sous-traitance peut alors être soumise aux dispositions de la loi de 1975. Mais ce n'est pas toujours le cas (voir Cass. com. 12-3-1991 : RDI 1991 p. 346 et les obs. Boubli : RDI 2000 p. 178).

2. L'absence de lien de sous-traitance peut décharger l'entrepreneur principal de son obligation de répondre d'un sinistre causé par l'un de ses prestataires. Ainsi jugé concernant le **loueur d'une grue de chantier** avec prestation de transport, de montage et de démontage, l'entrepreneur ne répond pas envers le maître de l'ouvrage du dommage causé par la grue à un bâtiment lors de la manœuvre d'évacuation, en l'absence d'une faute de sa part et de relation de sous-traitance avec le prestataire (Cass. 3e civ. 13-4-2023 no 21-24.985 FS-B : BPIM 3/23 inf. 191 ; voir no 55650).

CRITÈRES DE LA SOUS-TRAITANCE

Indépendance du prestataire Le contrat de sous-traitance est un **contrat de louage d'ouvrage** qui ne crée de lien qu'entre le donneur d'ordres et celui qui a en charge l'exécution du travail. Le contrat de louage d'ouvrage doit être réel et le prestataire désigné être indépendant de son donneur d'ordres. Si le prestataire intervient sur le chantier dans le cadre d'un contrat qualifié de « marché de travaux », mais que ce contrat est « suspect », aucun élément ne permettant de vérifier l'indépendance du prestataire et rien ne prouvant qu'il dirige lui-même ses salariés sur le chantier, il n'y a pas sous-traitance (Cass. 3e civ. 9-7-2020 no 19-18.183 F-D : BPIM 5/20 inf. 313 ; RDI 2021 p. 152). La licéité d'un tel contrat au regard de la réglementation sur la mise à disposition ou le prêt de main-d'œuvre peut, du reste, se poser. 54060

Travail spécifique La jurisprudence s'en tient désormais au critère du « travail spécifique pour les besoins particuliers du client » pour relever l'existence de la sous-traitance (Cass. 3e civ. 3-6-1992 : Bull. civ. III no 187 ; Cass. 3e civ. 9-6-1999 no 98-10.291 : RJDA 11/99 no 1207 ; Cass. 3e civ. 2-7-2008 no 06-20.946 FS-D : BPIM 5/08 inf. 359). Ce critère est retenu pour qualifier le contrat de louage d'ouvrage (Cass. 3e civ. 12-10-2022 no 20-17.335 FS-B : BPIM 6/22 Inf. 419), qui est une **condition nécessaire de la sous-traitance.** Ainsi, le prestataire qui fournit à son client le conditionnement de projecteurs dotés d'une protection et de fixations spéciales est un louage d'ouvrage (Cass. 3e civ. 20-4-2022 no 21-14.182 FS-B : BPIM 3/22 inf. 203). La jurisprudence administrative est dans le même sens. Le juge doit **préciser en quoi le travail est spécifique.** Les juges ne peuvent pas se borner à relever que la prestation est une commande spécifique sans préciser en quoi elle l'est (Cass. 3e civ. 11-5-2005 no 03-13.891 FS-PB : BPIM 4/05 inf. 260). 54062

Le « travail spécifique » a été retenu pour des produits fabriqués, compte tenu de la multiplicité des données pour établir les notes de calcul et les plans de fabrication nécessitant une adaptation constante aux exigences de ces plans conçus pour les seuls éléments destinés au chantier (Cass. 3e civ. 18-11-2009 no 08-19.355 FS-PB : BPIM 1/10 inf. 24). Mais la tendance est à présent de regarder la préfabrication comme une activité autonome, spécialement dans la construction de maison individuelle. La Cour de cassation a jugé qu'un fabricant de produits préfabriqués qui réalise des prémurs sur mesure et qui n'est pas « contraint de prévoir ou d'utiliser une **technique de fabrication spécifique** pour la commande du chantier en cause » n'est pas un sous-traitant (Cass. 3e civ. 9-3-2017 no 16-12.891 F-D : RDI 2018 p. 219 obs. Périnet-Marquet). Il n'y a pas, non plus, « travail spécifique » pour la fourniture de matériels (voir illustrations ci-dessous).

La jurisprudence paraît exiger, pour qu'il y ait sous-traitance, que l'entreprise participe directement par **apport de conception, d'industrie ou de matière** à l'acte de construire (CA Versailles 13-12-1999 : RDI 2000 p. 178 ; Cass. 3e civ. 23-1-2002 no 00-17.759 FS-PB : RJDA 8-9/02 no 883 ; CA Douai 8-2-2007 no 04-3181, Sté Kaefer Wanner c/ Sté Sollac). Dans ces arrêts, une entreprise d'échafaudage n'a pas été considérée comme un sous-traitant (en sens contraire, voir cependant Cass. 3e civ. 11-7-2001 no 00-11.984 FS-PBI : BPIM 5/01 inf. 306). Cette position est d'autant plus discutable que dans les opérations de rénovation d'ouvrages particuliers (grande hauteur, haut-fourneau), le maître de l'ouvrage peut contracter directement avec l'entreprise d'échafaudage, en particulier si elle fait partie d'un GME. Le prestataire fournit alors son savoir-faire pour choisir les éléments et contribuer à leur montage afin de tenir compte des contraintes climatiques et d'assurer la sécurité des personnes. L'apport de conception de matière et d'industrie est difficile à contester.

Il reste à savoir si le critère du travail spécifique est encore un critère exclusif ou s'il s'ajoute à celui du poids comparé de la main-d'œuvre et de la matière et à celui de l'apport de conception, de matière ou d'industrie. Un arrêt laisse entendre qu'une application distributive des différents critères n'est pas exclue (Cass. 3e civ. 19-6-1991 : Bull. civ. III no 185 ; voir aussi Cass. 3e civ. 31-1-1996 no 93-19.662 : RJDA 1/97 no 47, qui insiste sur la part représentée par la pose des fournitures).

Le critère du travail spécifique est parfois **difficile à apprécier**. Sans y faire référence, un arrêt retient la qualité de sous-traitant pour l'exécution de tâches consistant à l'évacuation, le transport et le traitement de terres, cette prestation ayant nécessité la mise en œuvre de compétences techniques et de logistiques complexes, ne pouvant être réduite à la fourniture de bennes ou à l'évacuation en déchetterie (Cass. 3e civ. 18-1-2024 no 22-20.995 FS-B : BPIM 2/24 inf. 111). 54063

ILLUSTRATIONS

Ne constitue pas une sous-traitance la fourniture :
– d'équipements de production courante (CAA Nantes 30-12-1999 n° 96-2356, Sté Biwater : RJDA 6/00 n° 653) ;
– de menuiseries n'impliquant pas de spécifications particulières et ne s'accompagnant pas d'une prestation de pose (Cass. 3e civ. 17-3-2010 n° 09-12.208 FS-D : BPIM 3/10 inf. 216, RDI 2010 p. 543) ;
– d'une charpente métallique sans pose (Cass. 3e civ. 14-12-2010 n° 10-10.312 F-D : BPIM 1/11 inf. 22) ;
– d'éléments de menuiserie et de serrurerie n'étant pas individualisés, façonnés à la demande et non substituables (Cass. 3e civ. 19-12-2019 n° 18-23.264 F-D : BPIM 1/20 inf. 28) ;
– d'un kit de ferraillage avec plan, fabriqué par une autre société que le fournisseur (Cass. 3e civ. 11-7-2012 n° 11-16.414 FS-PB : BPIM 5/12 inf. 393, qui décide qu'il s'agit, en fait, d'une vente) ;
– de moyens de manutention pour le déchargement et de mise en place d'éléments de chaudière (Cass. 3e civ. 9-6-2004 n° 03-11.172 FS-D : BPIM 5/04 inf. 286) ;
– la mise à disposition d'un matériel de levage et du personnel nécessaire (Cass. com. 1-12-1992 n° 90-18.315 : D. 1994 som. p. 147 obs. Bénabent) ;
– l'approvisionnement d'un chantier en béton « prêt à l'emploi », même si le fournisseur avait été accepté par le maître de l'ouvrage en qualité de sous-traitant (CE 26-9-2007 n° 255993, Dépt du Gard : BPIM 1/08 inf. 25) ;
– la fourniture de « pré-murs » qui, s'ils ont été réalisés en fonction de mesures précises, n'impliquent pas une technique spécifique de fabrication, rendant impossible la substitution d'un produit équivalent (Cass. 3e civ. 21-10-2014 n° 13-21.031 F-D : RDI 2015 p. 75).

COMPÉTENCE JURIDICTIONNELLE EN CAS DE CONTENTIEUX

54065 Le contrat de sous-traitance est un **contrat de droit privé** qui échappe à la **compétence du juge** administratif même lorsque le marché principal est un marché public, car il est conclu entre personnes de droit privé (T. confl. 7-6-1999 n° 3107, Cne de Ceyzeriat c/ Cie Mutuelles du Mans : Bull. civ. n° 9 ; RDI 1999 p. 652 à propos d'un contrat de fourniture ; T. confl. 22-1-2001 n° 3196, Centre hospitalier de Montpellier c/ Sté Babcock : RJDA 4/01 n° 534). Le litige né de l'exécution d'un marché de travaux publics relève de la compétence de la juridiction administrative sauf si les parties en cause sont liées par un contrat de droit privé (T. confl. 24-11-1997 n° 3060 : RJDA 5/98 n° 664), ce qui est le cas d'un contrat de sous-traitance. Aucune clause dérogatoire n'est licite (CE sect. 24-5-1974 : Lebon p. 310).

Un arrêt atténue cette jurisprudence si le marché est public en admettant la compétence du juge administratif au double motif que le maître de l'ouvrage n'était pas lié au sous-traitant par un contrat de droit privé et que le premier recherchait la responsabilité du second sur le terrain de la garantie décennale (T. confl. 2-6-2008 n° 3621, Souscripteurs des Lloyds de Londres c/ Cne de Dainville : BPIM 6/08 inf. 432).

L'entrepreneur principal, condamné par le juge administratif pour un lot attribué à un sous-traitant, devra engager contre celui-ci une procédure devant les tribunaux judiciaires (comparer pour les recours des constructeurs entre eux, CE 5-5-1997 plusieurs arrêts Éts Charvier ; Cass. 1e civ. 22-4-1997 n° 95-14.406 : RJDA 7/97 n° 972, qui retiennent la compétence administrative lorsque le litige concerne l'exécution des travaux publics). Il en est de même du prestataire condamné par le juge administratif, qui se retourne contre d'autres constructeurs et leurs sous-traitants (Cass. 3e civ. 14-12-2022 n° 21-21.305 FS-BR : BPIM 1/23 inf. 37).

> **Précisions** **a.** Dans le cas où le marché principal est un **marché public,** un arrêt juge utile de préciser que le contrat de sous-traitance serait de droit privé lorsqu'il est conclu par l'entrepreneur principal « pour les besoins de sa mission à titre personnel » et qu'il n'y a pas de « convention écrite en sorte que les conditions de l'existence d'un contrat de sous-traitance [...] sont exclues » (Cass. 1e civ. 2-3-1999 n° 97-17.102 : Bull. civ. I n° 78).
> **b.** Un arrêt estime que la **qualification donnée aux désordres** par le juge administratif est irrévocable et qu'elle est un élément du préjudice de l'entrepreneur principal normalement prévisible pour le sous-traitant qui en doit réparation (CA Paris 5-12-1989 : RDI 1990 p. 82).
> **c.** Le litige relatif au **paiement direct du sous-traitant** par le maître d'ouvrage délégué, né de l'exécution d'un marché de travaux publics et ne concernant pas l'exécution d'un contrat de droit privé unissant les parties, relève de la compétence du juge administratif, même si les parties en cause sont des personnes de droit privé (Cass. 3e civ. 25-4-2024 n° 22-22.912 FS-B).

© Éd. Francis Lefebvre

SECTION 2

CONTRAT DE SOUS-TRAITANCE

TEXTES APPLICABLES AU CONTRAT DE SOUS-TRAITANCE

La sous-traitance est réglementée par la **loi 75-1334 du 31 décembre 1975** pour renforcer la protection des sous-traitants, dont certains articles sont codifiés au **Code de la commande publique,** qui limite la sous-traitance à une partie des prestations (CCP art. L 2193-3, al. 1). Non réglementée par le **Code civil,** qui lui consacre des dispositions ponctuelles (C. civ. art. 1792-4-2 et 1792-4-3), elle fait l'objet de plusieurs articles dans **l'avant-projet de réforme des contrats spéciaux** (art. 1767 à 1772) qui reprennent pour l'essentiel les solutions admises en droit positif actuel et complètent les dispositions actuelles. 54200

Le **droit de la sous-traitance** a été **modifié** à plusieurs reprises et, notamment, récemment pour les marchés publics. En outre, le Code du travail contraint le donneur d'ordres qui procède à une restructuration à informer les sous-traitants des incidences qui en résulteront sur le volume d'emplois (C. trav. art. L 2312-58).

Le **but** de la loi étant de favoriser le paiement du sous-traitant, celui-ci est investi d'un droit qu'il peut exercer contre le maître de l'ouvrage, et qui se présente sous la forme :
– d'une action directe dans les marchés privés (nos 54800 s.) ;
– d'un droit au paiement direct dans les marchés publics (nos 55005 s.).

À cette fin, la loi impose des **conditions particulières** :
– le sous-traitant doit être accepté par le maître de l'ouvrage ;
– ses conditions de paiement doivent être agréées par ce dernier.

Le sous-traité est donc soumis aux conditions de validité des actes juridiques et aux prescriptions de la loi de 1975, dont certaines sont édictées à peine de nullité du sous-contrat (Loi 75-1334 du 31-12-1975 art. 14 relatif aux garanties principales, voir nos 54700 s.).

› Précisions **a.** La loi du 31 décembre 1975, en ses dispositions protectrices du sous-traitant, est une **loi de police** au sens du droit international privé. Quelle que soit la loi désignée pour régir le sous-traité, les dispositions protectrices de cette loi s'appliquent dès lors qu'un sous-traitant intervient dans la construction d'un immeuble en France (Cass. ch. mixte 30-11-2007 n° 06-14.006 FS-PBRI : BPIM 1/08 inf. 26 ; Cass. 3e civ. 30-1-2008 n° 06-14.641 FS-PB : BPIM 2/08 inf. 127 ; Cass. 3e civ. 8-4-2008 n° 07-10.763 F-D : RJDA 8-9/08 n° 907). La première chambre civile avait précédemment retenu la solution contraire (Cass. 1e civ. 23-1-2007 n° 04-10.897 FS-PB : RJDA 6/17 n° 611). Pour la chambre commerciale, la protection du sous-traitant par la loi française suppose l'existence d'un lien de rattachement de l'opération avec la France, caractérisé par divers éléments : bénéficiaire économique de l'opération, lieu d'établissement du sous-traitant, lieu d'exécution de la prestation ou destination finale des produits sous-traités (Cass. com. 20-4-2017 n° 15-16.922 F-PB : BRDA 12/17 inf. 13, RDI 2018 p. 221).

b. Les dispositions de l'article 14-1 de la loi du 31 décembre 1975 ne sont pas applicables au maître de l'ouvrage qui est une **personne physique qui construit un logement pour l'occuper elle-même** ou le faire occuper par son conjoint, ses ascendants, ses descendants ou ceux de son conjoint (Loi 75-1334 du 31-12-1975 art. 14-1, al. 4). Elles ne s'appliquent donc pas à des époux ayant fait rénover leur maison d'habitation (Cass. 3e civ. 5-12-2019 n° 18-24.574 F-D : BPIM 1/20 inf. 29).

A. Conclusion du contrat de sous-traitance

ÉCRIT

La sous-traitance relève d'un régime de protection renforcée dans le **contrat de construction de maison individuelle** (CCH art. L 231-13). Notamment, la loi exige que le sous-contrat soit conclu par écrit pour éviter les sous-traitances occultes (nos 80700 s.). 54230

Pour l'heure, l'obligation d'un écrit est limitée à ce domaine. En effet, aucune disposition législative ou réglementaire n'exige un écrit pour la conclusion du contrat de sous-traitance (Cass. 3e civ. 17-10-2019 n° 17-31.611 F-D : BPIM 6/19 inf. 392). Le nouvel article 1172 du Code civil rappelle que les contrats sont « par principe » consensuels. Le contrat de sous-traitance étant un contrat de prestation de services, il peut être conclu par voie électronique dans les

© Éd. Francis Lefebvre

conditions précisées par les articles 1125 et suivants du Code civil ; lorsque l'écrit n'est pas exigé pour la validité de l'acte les dispositions de l'article 1174 ne sont pas applicables.

En pratique cependant, l'acte écrit s'impose notamment dans les marchés publics, compte tenu des procédures particulières d'acceptation et d'agrément des conditions de paiement. Il peut comporter des clauses particulières et notamment des clauses de garantie (voir n° 55650).

MODE DE PASSATION

54235 Le sous-traité obéit aux règles générales du louage d'ouvrage. Consensuel, il peut être conclu par voie d'**entente directe** entre l'entrepreneur principal et le sous-traitant ou dans le cadre d'un **appel d'offres.** Dans ce dernier cas, l'entrepreneur principal doit adresser des imprimés à divers sous-traitants qui soumissionnent en renvoyant les imprimés remplis. Les soumissions obligent les intéressés, mais l'appelant (l'entreprise principale) peut conserver un pouvoir de sélection. Le choix définitif se concrétise par la notification de l'acceptation au soumissionnaire retenu.

La preuve de l'existence d'un contrat de sous-traitance peut résulter des termes employés notamment lors de l'établissement des factures désignant le prestataire comme un sous-traitant (Cass. 3e civ. 31-3-2004 n° 02-17.013 F-D).

Dans les **marchés publics,** des règles inspirées de la loi du 31 décembre 1975 et souvent plus précises sont imposées au titulaire du marché pour favoriser l'acceptation du sous-traitant. Le Code de la commande publique précise les modalités d'application de la loi de 1975 en cas de sous-traitance dans les marchés publics (CCP art. L 2193-1 s. et R 2193-1 s.).

La loi continue donc à s'appliquer en particulier dans ses dispositions modifiées par la loi Murcef (essentiellement art. 1, 5, 6 et 14-1).

ÉTENDUE DE LA SOUS-TRAITANCE

54240 La sous-traitance tempère le caractère « intuitu personae » longtemps attribué au contrat d'entreprise. Elle est de règle puisque la loi du 31 décembre 1975 en précise les conditions, et porte indifféremment sur des prestations matérielles ou intellectuelles (n° 54055).

Dans les **marchés privés,** la sous-traitance de la totalité des prestations n'est pas de règle si l'on s'en tient à la norme Afnor qui définit le sous-traitant comme étant celui qui exécute « une partie du contrat d'entreprise conclu avec le donneur d'ordre » (Norme Afnor P 03-001, art. 3.1.12). Elle est, pourtant, souvent systématique dans la construction de maison individuelle. Elle est d'ailleurs admise par l'article 1er de la loi de 1975. La Cour de cassation confirme que l'interdiction de sous-traiter l'intégralité du marché ne concerne que les marchés publics et non les marchés privés (Cass. 3e civ. 12-12-2018 n° 17-11.367 F-D : RDI 2019 p. 268). L'**avant-projet de réforme des contrats spéciaux** ne limite pas l'étendue de la sous-traitance, mais réserve la clause contraire qui y ferait échec (art. 1767).

Dans les **marchés publics,** où elle est considérée comme « normale », la sous-traitance ne peut être que partielle (CCP art. L 2193-2 et L 2193-3 ; CAA Bordeaux 15-12-1997 n° 94-1637, SA Thermotique c/ ville de Nîmes : RJDA 10/98 n° 1109). Il semble que la règle s'applique aux sous-traités en chaîne (Loi 75-1134 du 31-12-1975 art. 6, al. 5). L'article L 2193-2 du Code de la commande publique, qui reprend les dispositions de l'article 2 de la loi de 1975, n'interdit pas la sous-traitance en chaîne, mais l'article L 2193-3 qui pose le principe de la sous-traitance partielle devrait s'appliquer aux sous-traitances en chaîne. Le pouvoir adjudicateur peut limiter l'étendue de la sous-traitance en exigeant que certaines tâches essentielles soient directement effectuées par le titulaire du marché (CCP art. L 2193-3).

Le contrat principal peut interdire le recours à la sous-traitance.

B. Prévention des sous-traitances occultes

54300 Le caractère « intuitu personae » du contrat d'entreprise n'est pas tout à fait condamné par la loi de 1975 puisque l'entrepreneur principal doit, au moment de la conclusion et pendant toute la durée du contrat ou du marché, faire accepter chaque sous-traitant et en faire agréer les conditions de paiement par le maître de l'ouvrage (Loi 75-1334 du 31-12-1975 art. 3 ; CCP art. L 2193-4). Le maître de l'ouvrage est donc associé au choix du sous-traitant :

– l'**acceptation du sous-traitant** postule un contrôle de son honorabilité, de sa capacité financière ou de sa compétence ;

– l'**agrément des conditions de paiement** implique une appréciation du marché, du prix et du paiement convenus.

> **Précisions** **a.** La sous-traitance n'est pas occulte si l'acceptation est donnée ; mais celle-ci ne suffit pas à ouvrir le droit au paiement ou à l'action directe (voir Rép. civ. Dalloz, V° Contrat d'entreprise n°s 243 et 245 ; CA Paris 29-5-1992 : RDI 1994 p. 249 ; CA Paris 19e ch. B 12-6-1999, SCI Centre commercial Chelles Aulnoy n° 96/17503).
> **b.** L'agrément du sous-traitant par le maître de l'ouvrage n'est pas une condition de validité du sous-traité, aucune disposition législative ou réglementaire n'exigeant cet agrément pour la conclusion du contrat de sous-traitance (Cass. 3e civ. 17-10-2019 n° 17-31.611 F-D : BPIM 6/19 inf. 392).
> Un arrêt alloue au sous-traitant, non présenté au maître de l'ouvrage, la somme restant due à l'entrepreneur principal, en excluant toute autre indemnité au motif que le contrat n'a pas été annulé et que le juge du fond n'a ni constaté ni prononcé cette nullité (Cass. 3e civ. 18-1-2024 n° 22-20.995 FS-B).

1. RÉGIME APPLICABLE AUX MARCHÉS PRIVÉS

a. Présentation du sous-traitant par l'entrepreneur principal

PRINCIPE

Dans les marchés privés, définis par opposition aux marchés publics au sens de la loi de 1975 (n° 54820), la prévention des sous-traitances occultes se traduit par l'**obligation pesant sur l'entrepreneur principal** de présenter les sous-traitants au maître de l'ouvrage. Cette obligation résulte de deux textes : **54330**

– l'article 3 de la loi de 1975 qui figure au titre des « dispositions générales » et qui prévoit que l'entrepreneur principal doit faire accepter les sous-traitants et faire agréer leurs conditions de paiement au moment et pendant la durée du contrat ou du marché ;

– l'article 5 de la loi de 1975 qui figure au titre du « Paiement direct » concernant les marchés publics et qui prévoit, d'une part, que lors de la soumission, l'entrepreneur principal doit indiquer les sous-traitants auxquels il envisage de faire appel et, d'autre part, que, en cours d'exécution du marché, l'entrepreneur principal peut faire appel à de nouveaux sous-traitants à condition de les avoir déclarés préalablement au maître de l'ouvrage.

L'article 5 n'est que l'application de l'article 3 qui institue une obligation de présentation dès « la conclusion » du contrat et « pendant la durée du contrat ou du marché ». D'ailleurs, l'article 5 est sanctionné par l'article 14-1, alinéa 2, placé au titre de l'« Action directe », qui précise que ses dispositions « s'appliquent aux marchés publics et privés », précision qui paraît viser les articles 3 et 5 précités.

> **Précisions** On notera que l'avant-projet de réforme des contrats spéciaux consacre l'action directe du sous-traitant contre le maître de l'ouvrage (art. 1771), mais ne traite pas des conditions et des fins de la présentation qui restent celles prévues par les textes en vigueur.

GROUPE MOMENTANÉ D'ENTREPRISES

L'entrepreneur principal, mandataire d'un groupe momentané d'entreprises (GME), n'est tenu d'aucune obligation vis-à-vis des sous-traitants d'un cotraitant, en application de la loi du 31 décembre 1975, sauf s'il a reçu un **mandat spécial** des autres entrepreneurs groupés à l'effet de procéder lui-même aux formalités nécessaires à l'acceptation de ces sous-traitants et à l'agrément des conditions de leur paiement (Cass. 3e civ. 28-9-2005 n° 04-16.008 FS-PB : BPIM 6/05 inf. 399). **54335**

SOUS-TRAITANCE EN CHAÎNE

En cas de sous-traitances en chaîne, le sous-traitant est considéré comme entrepreneur principal à l'égard de ses propres sous-traitants (Loi 75-1334 du 31-12-1975 art. 2). C'est donc au **sous-traitant de premier rang** qu'il incombe de présenter son propre sous-traitant au maître d'ouvrage (Cass. 3e civ. 21-1-2004 n° 02-12.432 FS-D : BPIM 2/04 inf. 95). **54340**

Cette obligation n'incombe pas à l'**entrepreneur principal,** titulaire du lot (Cass. 3e civ. 21-1-2015 n° 13-18.316 FS-PB : BPIM 2/15 inf. 110) ; en sens contraire quelques décisions (Cass. 3e civ. 12-5-1999 n° 97-13.106 ; Cass. 3e civ. 29-5-1980 : Bull. civ. III n° 107).

Par ailleurs, l'obligation d'exiger la présentation d'un sous-traitant n'incombe qu'au **maître de l'ouvrage** qui reste toujours le même quelle que soit la succession des sous-traitants. Autrement dit, l'entrepreneur principal ne prend pas la qualité de maître de l'ouvrage à l'égard du sous-traitant de second rang (voir n° 54390).

La sous-traitance en chaîne met à la charge de chaque sous-traitant une obligation de résultat dans ses rapports avec son donneur d'ordres (voir n° 55375).

 © Éd. Francis Lefebvre

> **Précisions** Une clause du sous-traité peut imposer au sous-traitant d'informer l'entrepreneur principal en cas de sous-traitance de second rang, obligation dont l'inobservation peut justifier la résiliation du sous-traité (Cass. 3e civ. 7-10-2014 no 13-22.821 F-D : RDI 2015 p. 79).

MOMENT DE LA PRÉSENTATION

54345 Le moment de la présentation du sous-traitant est indifférent car l'acceptation par le maître de l'ouvrage peut intervenir à tout moment, y compris lors de l'exercice de l'action directe (no 54830).

DILIGENCES INCOMBANT AU SOUS-TRAITANT NON PRÉSENTÉ

54350 Le sous-traitant non présenté n'est, en **principe,** tenu d'aucune diligence puisque la loi et la jurisprudence ont transféré la responsabilité des sous-traitances occultes au maître de l'ouvrage (Loi 75-1334 du 31-12-1975 art. 14-1, al. 2). Le sous-traitant qui demeure passif ne commet donc aucune faute (Cass. ch. mixte 13-3-1981 no 79-16.281 : Bull. civ. ch. mixte no 2 ; Cass. 3e civ. 29-3-2000 no 98-14.755 F-D : BPIM 3/00 inf. 167 ; Cass. 3e civ. 22-11-2000 no 98-17.923 FS-D : RJDA 5/01 no 583 ; Cass. 3e civ. 19-1-2017 no 15-28.543 F-D : RDI 2018 p. 223).

Toutefois, la combinaison des articles 3, 5, 6 et 14-1, alinéa 2 de la loi de 1975 peut susciter des **interrogations.** En effet, l'article 6, alinéa 1 (repris en partie par l'article L 2193-11 du CCP) réserve le droit au paiement direct, dans les marchés publics, au seul sous-traitant de 1er rang. Le dernier alinéa prévoit, en cas de sous-traitance en chaîne, que celui qui sous-traite une partie du marché est tenu de délivrer au sous-traitant une caution ou une délégation dans les conditions prévues par l'article 14 (disposition non reprise par le CCP). L'article 6 concerne les marchés publics mais le renvoi fait à l'article 14 et la rédaction de l'article 14-1, alinéa 2 invitent à envisager son application aux marchés privés. Les articles 3 et 5 d'une part, l'article 6 d'autre part, ont des objets distincts : les deux premiers concernent la prévention des sous-traitances occultes, le troisième les garanties principales de paiement en cas de sous-traitances en chaîne. Or, l'article 14-1, alinéa 2 exige du maître de l'ouvrage qu'il veille à l'exécution des obligations décrites aux articles 3, 5 et 6 en mettant en demeure « l'entrepreneur ou le sous-traitant » de les exécuter. Le texte institue une alternative apparente puisque ces articles n'ont pas le même objet. Mais il implique une responsabilité du maître de l'ouvrage sur le fondement de l'article 14-1, alinéa 2, texte destiné à prévenir la sous-traitance occulte dans un cas (celui de l'article 6) où il s'agit d'un contrôle des garanties de paiement dont la sanction résulte de l'application de l'article 14-1, alinéa 3 (voir nos 54735 s.). On doute qu'il faille aller jusqu'à dire qu'à l'instar de ce qui se passe dans les marchés publics, le sous-traitant doit se faire connaître et n'est plus un acteur passif dans les marchés privés. D'ailleurs, s'agissant des garanties principales de paiement, la jurisprudence considère que la loi n'impose aucune diligence particulière au sous-traitant à l'égard du maître de l'ouvrage ou de l'entrepreneur principal (no 54765).

b. Acceptation et agrément par le maître de l'ouvrage

54370 Le maître de l'ouvrage **accepte le sous-traitant** et agrée les conditions de paiement, soit expressément soit tacitement. Cette acceptation et cet agrément permettent l'exercice de l'action directe en paiement du sous-traitant (sur les modalités de l'acceptation, voir nos 54825 s.).

Le maître de l'ouvrage peut aussi **refuser le sous-traitant** ou décliner l'agrément des conditions de paiement convenues entre lui et l'entrepreneur principal (Cass. 3e civ. 3-2-1999 no 97-10.698 : BPIM 2/99 inf. 128 ; Cass. 3e civ. 25-9-2002 no 00-18.163 FS-PB : RJDA 2/03 no 134 ; Cass. 3e civ. 8-7-2015 no 12-22.641 FS-D : BPIM 5/15 inf. 314). Dans ce cas, il ne commet pas de faute en n'exigeant pas que les salariés du sous-traitant soient exclus du chantier (Cass. 3e civ. 16-6-2015 no 14-12.564 F-D : BPIM 4/15 inf. 246).

Toutefois, dans l'un et l'autre cas, le refus doit être justifié, sous peine de constituer un **abus de droit.** Cette conclusion s'impose d'autant mieux que la loi exige du maître de l'ouvrage qu'il réagisse aux sous-traitances occultes, ce qui, a fortiori, limite son droit de refus. L'obligation qu'a l'entrepreneur principal d'indiquer ou de déclarer les sous-traitants auxquels il entend faire appel implique, nous semble-t-il, l'acceptation de ces sous-traitants et leur agrément. La Cour de cassation confirme que le refus du maître de l'ouvrage ne doit pas être abusif. Elle qualifie, toutefois, la faculté de refus comme étant discrétionnaire (de manière erronée à notre avis puisque c'est incompatible avec un exercice abusif), ce qui donne à penser que le refus n'a pas besoin d'être motivé. Mais s'il l'est, il faut qu'il soit justifié (Cass. 3e civ. 2-2-2005 no 03-15.409 FS-PB : RJDA 5/05 no 550). Pour un exemple où il a été jugé légitime (Cass. 3e civ. 8-7-2015 no 12-22.641 FS-D : BPIM 5/15 inf. 314).

Sur les conséquences d'un refus, par le maître d'ouvrage, du sous-traitant au regard des garanties principales de paiement, voir no 54760 ; sur l'action en responsabilité, voir no 55210.

c. Obligation du maître de l'ouvrage en l'absence de présentation

PRINCIPE

Pour les contrats de travaux de bâtiment et de travaux publics, le maître d'ouvrage, s'il a connaissance de la présence sur le chantier d'un sous-traitant n'ayant pas fait l'objet des obligations définies aux articles 3, 5 et 6, doit **mettre en demeure** l'entrepreneur principal ou le sous-traitant de s'acquitter de ces obligations (Loi 75-1334 du 31-12-1975 art. 14-1, al. 1 et 2). Ces dispositions sont d'ordre public. Le sous-traitant ne peut pas y renoncer (Cass. 3e civ. 9-7-2003 n° 02-10.644 FS-PB : RJDA 5/04 n° 553). 54390

L'article 14-1 ne crée d'obligation qu'à l'égard du **maître de l'ouvrage.** Le maître de l'ouvrage obligé peut être :

– le maître d'ouvrage délégué (Cass. 3e civ. 16-6-2009 n° 07-21.198 F-D : BPIM 4/09 inf. 275, 2e espèce et Cass. 3e civ. 6-7-10 n° 09-12.323 F-D : BPIM 5/10 inf. 365, en l'espèce, le contrat prévoyait expressément que le maître d'ouvrage délégué devrait veiller à la mise en œuvre de la loi de 1975). Le franchiseur n'a pas qualité de maître d'ouvrage délégué à l'égard du franchisé qui fait réaliser des travaux lorsqu'il donne son assistance pour vérifier le respect des standards de la marque (Cass. 3e civ. 12-11-2014 n° 13-21.466 F-D : RDI 2015 p. 77). En cas de délégation de la maîtrise d'ouvrage, notamment à un promoteur immobilier, la carence du maître d'ouvrage délégué à l'égard du sous-traitant non présenté engage sa propre responsabilité mais pas nécessairement celle du maître de l'ouvrage. En effet, ce dernier n'engage sa responsabilité sur le fondement de l'article 14-1 de la loi de 1975 que s'il a eu personnellement connaissance de la présence du sous-traitant sur le chantier (Cass. 3e civ. 15-4-2021 n° 19-20.424 FS-P : BPIM 3/21 inf. 185) ;

– le maître d'ouvrage apparent, en particulier le crédit-preneur qui se comporte comme le maître d'ouvrage délégué et induit en erreur le sous-traitant (Cass. 3e civ. 12-1-2005 n° 03-17.668 FS-D : BPIM 2/05 inf. 121).

Lorsqu'il est chargé de la direction et de la surveillance des travaux, le **maître d'œuvre** doit informer le maître de l'ouvrage de la présence d'un sous-traitant sur le chantier (Cass. 3e civ. 10-2-2010 n° 09-11.562 FS-PB : BPIM 2/10 inf. 109). Il doit aussi lui conseiller de se le faire présenter et, le cas échéant, de l'agréer et de définir les modalités de règlement de ses situations (Cass. 3e civ. 10-12-2014 n° 13-24.892 FS-PBI : BPIM 1/15 inf. 29). Cette décision rend obsolètes celles qui considéraient que le maître d'œuvre n'était pas tenu d'une telle obligation de conseil (Cass. 3e civ. 12-3-2008 n° 07-13.651 FS-PB : BPIM 3/08 inf. 214 ; Cass. 3e civ. 16-6-2009 n° 08-17.400 F-D : BPIM 4/09 inf. 275, 1e espèce), mais sans remettre en cause le principe selon lequel le maître de l'ouvrage n'a pas à répondre des conséquences du défaut d'agrément du sous-traitant dont il ignore l'existence (n° 54400). En revanche on peut penser que le maître d'œuvre qui manque à son obligation d'information engage sa responsabilité envers le sous-traitant, privé d'une chance d'être agréé.

En cas de **sous-traitance en chaîne,** le maître de l'ouvrage reste toujours le même (Cass. 3e civ. 21-1-2004 n° 02-12.432 FS-D : BPIM 2/04 inf. 95) : c'est celui qui a conclu le marché avec l'entrepreneur principal (Cass. 3e civ. 23-11-2023 n° 22-17.027 FS-B : BPIM 1/24 inf. 32). Il ne peut donc pas être reproché à un entrepreneur principal qui a connaissance de la présence d'un sous-traitant de second rang sur le marché de ne pas avoir mis le sous-traitant de premier rang en demeure de respecter ses obligations (Cass. 3e civ. 15-1-2003 n° 01-02.967 FS-PB : RJDA 7/03 n° 718 ; Cass. 3e civ. 15-9-2015 n° 13-26.781 F-D : BPIM 6/15 inf. 380) : il ne répond pas de la faute du sous-traitant de premier rang qui a omis de déclarer son propre sous-traitant (Cass. 3e civ. 18-1-2024 n° 22-20.995 FS-B : BPIM 2/24 inf. 111).

MARCHÉS CONCERNÉS PAR L'OBLIGATION DE PRÉSENTATION DES SOUS-TRAITANTS

Par « contrat de bâtiment et de travaux publics », on entend le **contrat principal,** c'est-à-dire celui qui lie le maître de l'ouvrage à l'entrepreneur principal. Les travaux de réfection commandés au sous-traitant par l'entreprise principale pour réparer une erreur qu'elle a commise ne sont source d'aucune obligation à l'égard du maître de l'ouvrage (Cass. 3e civ. 15-12-2004 n° 03-15.396 FS-PB : RJDA 3/05 n° 257 ; dans le même sens, Cass. 3e civ. 22-6-2005 n° 04-16.011 FS-D : BPIM 5/05 inf. 321). 54395

Le contrat principal doit avoir pour objet des **travaux de bâtiment et de génie civil** (Cass. 3e civ. 2-10-2002 n° 00-11.439 FS-PB : RJDA 12/02 n° 1269). Ce n'est donc pas la nature de la prestation fournie par le sous-traitant qui est ici à considérer, dès lors du moins que les conditions du contrat de sous-traitance réglementée sont remplies. Ainsi, peu importe l'objet du sous-traité dès lors qu'il concourt à la réalisation des travaux visés au marché principal. Un arrêt pose toutefois problème : il décide que les travaux de démolition sous-traités ont la nature juridique de travaux de bâtiment au sens de l'article 14-1 de la loi de 1975 (Cass. 3e civ. 24-9-2014 no 13-14.404 FS-PBI : BPIM 6/14 inf. 381). L'arrêt pourrait être compris comme impliquant que le sous-traité doit porter sur des travaux de bâtiment. Mais il peut aussi se livrer purement et simplement à une interprétation extensive de la notion de « travaux de bâtiment » en y intégrant les travaux de démolition.

Par « **travaux publics** », la jurisprudence entend travaux de génie civil (Cass. 3e civ. 9-12-1998 no 97-10.995 : RJDA 4/99 no 407, faisant la distinction entre bâtiment et unité industrielle).

ILLUSTRATIONS

Il a été jugé que ne sont **pas des travaux de bâtiment** :
– des travaux de modification et d'installation de machines (Cass. com. 12-03-1996 no 93-15.518 : RJDA 7/96 no 917) ;
– des équipements industriels, en l'espèce montage et mise en route d'une installation automatique de moulage de traverses en béton (Cass. 3e civ. 4-12-2002 no 01-03.929 FS-PB : RJDA 4/03 no 380).

En revanche, il a été jugé que **relèvent des travaux de bâtiment** :
– la réalisation d'une installation industrielle comportant, outre les équipements, les travaux nécessaires à les recevoir tels que socle en béton armé et structure métallique (Cass. 3e civ. 2-10-2002 no 00-15.459 FS-PB : RJDA 12/02 no 1269 ; voir aussi Cass. 3e civ. 20-12-2000 no 98-13.927 FS-D : RJDA 5/01 no 584) ;
– l'installation d'un réseau électrique d'alimentation de matériel et de sécurité sur des travaux de climatisation, carrelages et faïences comprenant la fourniture d'une chape de 20 cm, des faïences murales et la pose des carrelages (Cass. 3e civ. 17-6-2008 no 07-15.060 F-D : BPIM 4/08 inf. 291) ;
– les travaux électriques ne consistant pas seulement en des prestations indépendantes de tout autre ouvrage, mais impliquant aussi la mise en œuvre des installations et une installation de matériel sur site (Cass. 3e civ. 23-5-2019 no 18-10.847 F-D : BPIM 4/19 inf. 252) ;
– la fourniture d'une charpente métallique réalisée en atelier (Cass. 3e civ. 7-11-2012 no 11-18.138 FS-PB : BPIM 1/13 inf. 34 à propos de l'application de la loi de 1975 dans ses dispositions relatives au contrôle des garanties principales par le maître de l'ouvrage) ;
– le contrat de maîtrise d'œuvre en partie sous-traité et conclu pour l'exécution d'un programme de construction immobilière (Cass. 3e civ. 26-5-2004 no 02-19.629 FS-PB : RJDA 10/04 no 1117).

CONNAISSANCE DE L'EXISTENCE DU SOUS-TRAITANT

54400 Le maître de l'ouvrage doit avoir connaissance de l'existence du sous-traitant, qu'il soit présent ou non sur le chantier (CA Versailles 13-12-2010 no 09-8481 : RJDA 6/11 no 533 ; Cass. 3e civ. 11-9-2013 no 12-21.077 FS-PB : BPIM 6/13 inf. 388). Dans le même sens à propos d'un bureau d'études auquel ont été sous-traités des plans d'exécution de travaux (Cass. 3e civ. 11-9-2013 no 12-21.077 : BPIM 6/13 inf. 388).

Il suffit qu'il ait cette **connaissance, même après l'achèvement de ses travaux** ou la fin du chantier (Cass. 3e civ. 11-9-2013 no 12-21.077 FS-PB : BPIM 6/13 inf. 388). Une simple demande d'agrément peut constituer la preuve que le maître de l'ouvrage a su que le sous-traitant était sur le chantier (Cass. 3e civ. 2-10-2002 no 01-10.328 FS-PB : RJDA 1/03 no 22).

Mais il faut qu'il soit **clairement établi** que le maître de l'ouvrage a eu connaissance de la présence effective du sous-traitant (Cass. 3e civ. 4-2-2004 no 02-15.377 FS-D : BPIM 2/04 inf. 96 ; Cass. 3e civ. 26-1-2005 no 02-12.333 F-D : BPIM 2/05 inf. 125 ; Cass. 3e civ. 30-11-2017 no 16-25.312 F-D : BPIM 1/18 inf. 25). Cela suppose qu'il ait pu identifier celui-ci (Cass. 3e civ. 7-11-2007 no 06-18.870 FS-PB : BPIM 1/08 inf. 27 ; Cass. 3e civ. 7-7-2015 no 14-20.353 F-D : BPIM 5/15 inf. 315). C'est au sous-traitant qu'il incombe de rapporter la preuve que le maître de l'ouvrage a eu connaissance de sa présence (Cass. 3e civ. 21-5-2003 no 01-10.988 FS-D : BPIM 4/03 inf. 224 ; Cass. 3e civ. 30-11-2017 no 16-25.312 F-D : BPIM 1/18 inf. 25, RDI 2018 p. 223 ; Cass. 3e civ. 12-7-2018 no 17-17.765 : RDI 2019 p. 272). À défaut, le maître de l'ouvrage n'a pas à répondre de son défaut d'agrément (Cass. 3e civ. 22-6-2011 no 10-18.573 FS-PB : BPIM 5/11 inf. 377).

Sur la responsabilité à l'égard du sous-traitant du maître de l'ouvrage ayant délégué la maîtrise d'ouvrage, voir no 54390.

ILLUSTRATIONS

Il a été jugé que la **connaissance du maître de l'ouvrage de la présence d'un sous-traitant ressort du fait que** :
– le gérant du maître de l'ouvrage est le dirigeant de l'entreprise principale (Cass. 3e civ. 2-2-2005 no 03-18.554 FS-PB : RJDA 6/05 no 693 ; Cass. 3e civ. 2-11-2011 no 10-20.233 F-D : RDI 2012 p. 504) ;
– le nom du sous-traitant est porté sur plusieurs comptes rendus de chantier (CA Paris 19e ch. B 1-4-1999 : AJDI 199 p. 640) ;
– le sous-traitant est la seule entreprise exécutante du revêtement de la voirie au moyen de lourds engins portant le nom et le logo de cette entreprise (CA Paris 19e ch. A 27-6-2001 : RDI 2002 p. 53).

Au contraire, il a été jugé que la **connaissance du maître de l'ouvrage n'est pas établie** par le seul fait que :
– le maître de l'ouvrage a habilité l'entrepreneur principal à recourir à la sous-traitance (Cass. 3e civ. 12-6-2002 no 00-10.439 FS-D : RJDA 12/02 no 1270) ;
– les employés du maître de l'ouvrage ont vu des salariés du sous-traitant avec le logo de cette entreprise (Cass. 3e civ. 12-2-2003 no 175 : Le Moniteur 23-5-2003 p. 87) ;
– plusieurs comptes rendus de chantier mentionnent le nom du sous-traitant alors que ces documents ne sont pas signés et que le sous-traitant apparaît comme fournisseur (CA Rennes 4e ch. 20-9-2001 : JCP G 2002 IV no 2263) ;
– deux réunions de chantier se sont tenues en présence du sous-traitant et de l'« assistant conseil », mandataire du maître de l'ouvrage (Cass. 3e civ. 4-2-2004 no 02-15.377 FS-D : BPIM 2/04 inf. 96).

MISE EN DEMEURE

Le maître de l'ouvrage doit, conformément aux dispositions combinées des articles 3 et 14-1, mettre l'**entrepreneur principal** en demeure de lui présenter le sous-traitant aux fins d'acceptation et d'agrément de ses conditions de paiement (Cass. 3e civ. 18-1-2024 no 22-20.995 FS-B : BPIM 2/24 inf. 111). La mise en demeure est nécessaire. Elle doit, à tout le moins, prendre la forme d'une lettre recommandée et indiquer les conséquences de l'absence de réponse (CA Paris 26-1-2001 : RDI 2001 p. 242 qui écarte la lettre simple ; Cass. 3e civ. 16-6-2009 no 08-17.400 F-D : BPIM 4/09 inf. 275, 1e espèce, qui ne tient pas compte du moyen soutenant que la mise en demeure peut ne pas prendre la forme d'une LRAR). L'acceptation du sous-traitant et l'agrément des conditions de paiement pouvant intervenir en cours de marché et même lors de l'exercice de l'action directe (voir no 54830), on peut penser que la régularisation est possible dans les mêmes conditions de temps. **54405**

À titre de **sanction,** s'il ne satisfait pas à cette exigence, le maître de l'ouvrage commet une faute engageant sa responsabilité extracontractuelle envers le sous-traitant (voir no 55205). La faute du maître de l'ouvrage est également retenue s'il a accepté le sous-traitant mais qu'il n'a pas mis en demeure l'entrepreneur principal de faire agréer ses conditions de paiement (CA Paris 19e ch. B 12-6-1998 no 97/27165, SCI centre commercial Chelles Aulnoy). Sa responsabilité peut être engagée lorsque la mise en demeure est tardive (Cass. 3e civ. 16-3-2023 no 21-25.726 F-D : BPIM 3/23 inf. 192).

Dans les cas qui viennent d'être cités, la faute résulte de la carence du maître de l'ouvrage dans ses obligations de police destinées à la prévention des sous-traitances occultes.
Au cas où la **mise en demeure reste vaine,** la jurisprudence est divisée : certaines juridictions considèrent que le maître de l'ouvrage est dégagé de sa responsabilité dès lors qu'il a fait délivrer une mise en demeure (CA Metz 12-2-1997 : JCP G 1998 IV no 1407) ; d'autres considèrent qu'il doit aller au-delà (CA Paris 15-9-2000 : Le Moniteur 22-6-2001 p. 91).

Ne commet pas de faute le maître de l'ouvrage qui ne met pas en demeure l'entrepreneur de lui présenter un sous-traitant, dès lors qu'il ignore l'existence du sous-traitant au moment de la mise en **redressement judiciaire de l'entrepreneur** (Cass. 3e civ. 22-6-2011 no 10-18.573 FS-PB : BPIM 5/11 inf. 377).

Le maître de l'ouvrage doit également mettre le **sous-traitant** qui sous-traite à son tour en demeure d'exécuter les obligations qui lui incombent et qui concernent la fourniture des garanties principales de paiement en application de l'article 6, dernier alinéa de la loi de 1975 (Loi 75-1334 du 31-12-1975 art. 14-1). **54410**

> **Précisions** Ainsi que cela a déjà été évoqué (no 54350), la **sanction** qui frappe le maître de l'ouvrage en l'absence de fourniture des garanties principales résulte de l'article 14-1, alinéa 3 et non de l'article 14-1, alinéa 2. Or, c'est ce dernier alinéa qui vise l'obligation pour le maître de l'ouvrage de mettre en demeure le sous-traitant : la loi Murcef du 11 décembre 2001 qui a modifié la loi de 1975 a confondu les garanties de transparence (prévention des sous-traitances occultes) et les garanties de paiement. Tout porte à croire que les principes qui seront exposés à propos de l'article 14-1, alinéa 3 ont vocation à s'appliquer au maître de l'ouvrage qui s'abstient de veiller au respect des obligations de l'article 6 de la loi, si du moins l'on décide que ce texte s'applique aux marchés privés (voir no 54760).

2. RÉGIME APPLICABLE AUX MARCHÉS PUBLICS

OBLIGATIONS DE L'ENTREPRENEUR PRINCIPAL ET DU SOUS-TRAITANT

Dans les marchés publics, le **titulaire du marché** peut sous-traiter l'exécution de certaines parties de son marché (CCP art. L 2193-3 ; Inst. 12-012-M0 du 30-5-2012). Il sous-traite « sous sa **54500** responsabilité » et il demeure personnellement responsable de toutes les obligations résultant du marché. Il doit faire accepter le sous-traitant et agréer les conditions de paiement.

L'entrepreneur principal doit indiquer, lors de la soumission ou de l'offre :
- la nature et le montant des prestations qu'il envisage de sous-traiter ;
- les sous-traitants auxquels il envisage de faire appel.

La **demande d'acceptation et d'agrément,** imposée pour tous les marchés par l'article 5 de la loi du 31 décembre 1975, prend la forme écrite, car elle doit comporter certaines mentions spécifiques. La demande est présentée soit au moment de l'offre ou de la proposition (CCP art. R 2193-1), soit après le dépôt de l'offre (CCP art. R 2193-3). Le titulaire établit, en outre, qu'aucune cession ni nantissement des créances résultant du marché ne fait obstacle au paiement direct du sous-traitant en produisant soit l'exemplaire unique ou le certificat de cessibilité du marché, soit une attestation ou une mainlevée du bénéficiaire de la cession ou du nantissement de créances.

Le **sous-traitant** remet, pour sa part, au service contractant une **déclaration** indiquant qu'il ne tombe pas sous le coup d'une interdiction d'accéder aux marchés publics. Les personnes à l'encontre desquelles il existe un motif d'exclusion ne peuvent être acceptées en tant que sous-traitant (CCP art. L 2141-13).

Le sous-traitant est tenu d'une **obligation de diligence** qui le conduit à se faire connaître du maître de l'ouvrage et à demander à l'entrepreneur principal de le présenter, sous peine d'engager sa propre responsabilité (CE 6-5-1988 : D. 1989, somm. p. 18 ; CE 7-11-1980 : Lebon p. 416 ; F. Moderne, La sous-traitance des marchés publics, Dalloz, 1995 n° 278). Cette obligation de diligence a conduit la Cour de cassation à décider que lorsque le refus d'agrément et d'acceptation a été porté à la connaissance de l'entreprise principale en temps utile par le mandataire d'un groupement momentané d'entreprises (n° 52030), le sous-traitant qui continue à opérer sans s'assurer qu'il a été accepté commet une négligence (Cass. 3e civ. 22-11-2000 n° 98-20.875 F-D : BPIM 1/01 inf. 27).

54505 L'entrepreneur principal peut faire appel à de **nouveaux sous-traitants au cours de l'exécution du marché** à condition de les déclarer préalablement au maître de l'ouvrage (Loi 75-1334 du 31-12-1975 art. 5, al. 2). Les modalités et les contraintes qui résultent de cette règle sont encore incertaines (voir S. Abbatucci et B. Sablier : RDI 2002 p. 114). Il semble que la déclaration des sous-traitants concernés implique leur acceptation et l'agrément de leurs conditions de paiement car telles sont les conditions du paiement direct.

L'article R 2193-5 du CCP apporte sur ce point une indication qui n'est pas nécessairement une clarification. Il prévoit que, lorsque les dispositions relatives aux acomptes et avances s'appliquent au marché public, si le titulaire envisage de confier à des sous-traitants bénéficiant du paiement direct, postérieurement à la notification du marché public, l'exécution de prestations pour un montant supérieur à celui qui a été indiqué dans le marché public ou l'acte spécial, il demande la modification de l'exemplaire unique ou du certificat de cessibilité prévus à l'article R 2191-46. Si ces pièces ne peuvent être remises, il faut justifier par une attestation que le nantissement ou la cession de créance ne fait pas obstacle au paiement direct. Le maître d'ouvrage ne peut pas accepter le sous-traitant ni agréer les conditions de paiement si l'exemplaire unique ou le certificat de cessibilité n'a pas été modifié ou si la justification n'est pas fournie.

Les **offres anormalement basses** peuvent justifier un refus (CCP art. L 2193-9). Les dispositions des articles R 2152-3 à R 2152-5 du CCP doivent alors être mises en œuvre (CCP art. R 2193-9).

En l'absence de modification des stipulations du contrat de sous-traitance relatives au volume des prestations du marché dont le sous-traitant assure l'exécution ou à leur montant, le maître de l'ouvrage et l'entrepreneur principal ne peuvent pas, par un acte spécial modificatif, réduire le **droit au paiement direct** du sous-traitant dans le but de tenir compte des conditions dans lesquelles les prestations sous-traitées ont été exécutées (CE 10-2-2017 n° 397311 : BPIM 2/17 inf. 102).

> **Précisions** La loi de 1975 est applicable aux marchés des sociétés d'économie mixte **concessionnaires de travaux autoroutiers** dont le capital est majoritairement détenu par des personnes morales de droit public (CE 19-11-2004 n° 231103, Sté National Westminster Bank : RJDA 2/05 n° 125).

ACCEPTATION ET AGRÉMENT PAR LE MAÎTRE D'OUVRAGE PUBLIC

54510 L'**acceptation et l'agrément** sont, en principe, **explicites.** Ils résultent de (CCP art. R 2193-2 s.) :
- la notification du marché lorsque la demande accompagne l'offre du titulaire du marché ;
- ou d'une constatation expresse dans le marché ou dans un acte spécial signé des deux parties. Cette procédure concerne le cas où la demande est présentée après la conclusion du marché ou après sa notification si le titulaire envisage de faire appel à d'autres sous-traitants.

L'**acceptation et l'agrément** peuvent être **implicites.** Vaut acceptation du sous-traitant et agrément des conditions de paiement le silence gardé par la personne publique contractante pendant 21 jours à compter de la réception des documents accompagnant la demande d'acceptation et d'agrément présentée par le titulaire du marché soit après la conclusion de celui-ci, soit en cas de modification à la hausse de la prestation sous-traitée (CCP art. R 2193-4). Il a été jugé que lorsque l'entrepreneur n'a pas fourni l'exemplaire unique du marché, qui est exigé dans les cas précédents, l'agrément des conditions de paiement n'est pas légal et le maître de l'ouvrage qui a payé directement le sous-traitant reste tenu envers l'organisme de crédit (CE 6-12-1999 nº 189407, Ville de Marseille : RJDA 12/00 nº 1157). 54515

Par ailleurs, il a été jugé, sous l'empire de l'ancien Code des marchés publics (mais la règle n'a guère changé), que seul l'acte spécial d'acceptation du sous-traitant prévu par le Code pouvait définir et agréer les conditions du paiement direct du sous-traitant par le maître de l'ouvrage. Le contrat de sous-traitance auquel le maître de l'ouvrage n'est pas partie ne peut pas avoir cet effet (CE 17-12-1999 nº 177806, Sté d'aménagement du Lot-et-Garonne et ville d'Agen : RJDA 6/00 nº 655).

Le maître de l'ouvrage ne peut pas prononcer une **acceptation d'office,** lorsque les formalités d'agrément et d'acceptation n'ont pas été entreprises. L'acceptation ne résulte d'ailleurs ni de l'invitation faite à l'entrepreneur principal d'y procéder (CE 2-6-1989 : D. 1990 p. 228 note Bénabent), ni de la seule connaissance du sous-traitant (Cass. 3e civ. 11-3-1992 : Bull. civ. III nº 80).

En l'**absence d'acceptation et d'agrément,** la sous-traitance est irrégulière au sens de l'article 3 de la loi du 31 décembre 1975. Mais à la différence de ce qui est jugé pour les marchés privés, cette irrégularité, pour les besoins du paiement direct, peut être soulevée tant par le maître de l'ouvrage que par le titulaire du marché (CE 2-6-1989 : D. 1990 p. 228 note Bénabent). 54520

CONNAISSANCE DU MAÎTRE D'OUVRAGE PUBLIC

Le maître d'ouvrage ne peut pas tolérer l'intervention d'un sous-traitant irrégulier sans commettre de faute (CA Versailles 31-1-1991 : D 1992 p. 118 obs. Bénabent). Les dispositions des deux premiers alinéas de **l'article 14-1** de la loi du 31 décembre 1975 **s'imposent** à l'ensemble des marchés de sous-traitance, que leurs modalités de paiement relèvent du Titre II (paiement direct) ou du Titre III (action directe) (CE 15-11-2012 nº 354255 : BPIM 1/13 inf. 33, RDI 2013 p. 83). Il en résulte que le maître de l'ouvrage doit mettre en demeure l'entrepreneur principal lorsque le sous-traitant ne lui a pas été présenté (voir nº 54405) et également lorsqu'il n'a pas fourni les garanties principales dans les rares cas où il peut être tenu de le faire (voir nº 55000). Rien n'indique pourtant que le principe d'une responsabilité totale du maître d'ouvrage public est à envisager. Au contraire, on peut craindre l'effet inverse : l'uniformisation pourrait inciter le juge judiciaire à dégager une responsabilité partagée au moins entre le maître de l'ouvrage et l'entrepreneur principal (voir nºs 55200 s.). 54525

Mais il ne commet aucune **faute s'il n'a pas connaissance** de l'intervention **du sous-traitant** (CE 15-11-2012 nº 354255 : BPIM 1/13 inf. 33, RDI 2013 p. 83).

Le maître de l'ouvrage qui a connaissance d'un dépassement du plafond des prestations sous-traitées pouvant faire l'objet d'un paiement direct du sous-traitant doit inviter le titulaire du marché à régulariser la situation. À défaut, il engage sa responsabilité. Cette responsabilité peut être atténuée par les fautes commises, tant par le sous-traitant qui a poursuivi les travaux sans s'assurer que la situation a été régularisée que par le titulaire du marché qui n'a pas procédé à cette régularisation (CE 2-12-2019 nº 422307 : BPIM 1/20 inf. 30).

SECTION 3

RÈGLES DE PAIEMENT DU SOUS-TRAITANT

GARANTIES DE PAIEMENT DU SOUS-TRAITANT

Créancier de l'entrepreneur principal, le sous-traitant bénéficie de garanties de paiement destinées à pallier l'insolvabilité de son débiteur. Différentes selon que le marché est public ou privé, ces garanties relèvent pour l'essentiel de la loi 75-1334 du 31 décembre 1975 54700 qui, dans son article 3, prévoit que l'entrepreneur principal doit « faire **accepter chaque sous-traitant** et **agréer les conditions de paiement** de chaque contrat de sous-traitance par le maître de l'ouvrage ». Ces conditions sont communes aux marchés privés et publics, mais leurs mises en œuvre et leurs conséquences sont différentes selon les marchés.

Les **délais de paiement** dans les marchés privés conclus entre professionnels sont encadrés (C. com. art. L 441-6 et CCH art. L 124-2 ; nos 57415 s.)

A. Règles de paiement en marchés privés

1. GARANTIES FOURNIES PAR L'ENTREPRENEUR PRINCIPAL

DEUX GARANTIES POSSIBLES

54735 **Caution personnelle et solidaire** L'entrepreneur principal peut fournir une caution personnelle et solidaire obtenue auprès d'un établissement bancaire agréé (Loi 75-1334 du 31-12-1975 art. 14). L'acte de cautionnement indique le montant du marché garanti (Cass. 3e civ. 18-12-2002 no 00-12.511 FS-PBI : RJDA 4/03 no 381). Toutefois, la garantie ne s'étend pas aux travaux supplémentaires sauf clause particulière du contrat (Cass. 3e civ. 22-10-2013 no 12-26.250 F-D : BPIM 6/13 inf. 389, qui tout en admettant la possibilité d'une « extension » de la garantie n'en précise pas les modalités).

> **Précisions** **a.** Le mécanisme de garantie des cautions est étendu aux **cautions bancaires** apportées aux sous-traitants (voir no 80545).
> **b.** Le cautionnement personnel et solidaire obtenu par l'entrepreneur principal doit comporter le nom du sous-traitant et le montant du marché garanti. N'est pas valable le **cautionnement général** « destiné à garantir le paiement des sommes qui seraient dues à tout sous-traitant ayant conclu, au cours de l'année civile, un contrat de sous-traitance ». Le cautionnement doit donc être spécial à chaque sous-traitant (Cass. 3e civ. 18-12-2002 no 00-12.511 : RJDA 4/03 no 381).
> **c.** Lorsqu'une société se porte caution et que son **patrimoine** est **transféré à une autre personne morale,** la transmission universelle de son patrimoine vers la société absorbante fait bénéficier celle-ci de l'expiration des délais de procédure (en l'espèce de pourvoi), en particulier lorsque le recours a été exercé à tort contre la société absorbée (Cass. 3e civ. 12-3-2008 no 07-15.278 FS-PB : RJDA 6/08 no 666).
> **d.** Dans les contrats de construction de maison individuelle (**CCMI**), la fourniture de toute autre garantie, délivrée par un établissement de crédit, une société de financement ou une entreprise d'assurance, est autorisée (CCH art. L 231-13). Celui qui garantit la livraison au sens de l'article L 231-2 du CCH « doit désigner sous sa responsabilité la personne qui terminera les travaux » (CCH art. L 231-6). Le garant peut « proposer au maître de l'ouvrage de conclure lui-même les marchés de travaux ». Le sort des sous-traités est à envisager : si un nouveau titulaire est désigné, les sous-traités risquent d'être modifiés et même résiliés. Il est alors permis de se demander si le garant ne devrait pas être celui qui fournit la caution au sens de l'article 14 de la loi 75-1334 du 31 décembre 1975.
> **e.** La « **caution flottante** » est un contrat ouvert, souscrit par l'entrepreneur auprès d'un organisme financier ou d'un établissement bancaire qui s'engage à délivrer sa caution au bénéfice du sous-traitant désigné sur ordre de l'entrepreneur. Ce type de contrat s'est heurté, pendant un temps, à la réticence de la Cour de cassation, qui est revenue sur sa jurisprudence et l'admet (Cass. 3e civ. 20-6-2012 no 11-18.463 FS-PB : RJDA 11/12 no 957). La difficulté est de savoir si l'organisme acceptera de garantir le sous-traitant désigné et de déterminer la date de la fourniture de garantie. L'arrêt de juin 2012 précité constate que « l'accord-cadre » (qui fait office de contrat ouvert) prévoit les modalités de la notification du sous-traité à la banque et l'obligation pour celle-ci de faire parvenir l'attestation de garantie dans les 3 jours. La cour d'appel avait estimé que ce dispositif caractérisait un « engagement ferme de caution » et la Cour de cassation, qui ne censure pas ces motifs, décide que le sous-traité n'est pas nul. L'accord-cadre stipulait que l'annexion de cette convention au sous-traité « entraîne automatiquement et de plein droit le cautionnement en faveur du sous-traitant » : la garantie était réputée constituée lors de la conclusion du sous-traité. Le montage choisi est donc déterminant.

54740 **Délégation de paiement** L'entrepreneur principal, qui ne fournit pas de caution, peut donner au maître de l'ouvrage une délégation de paiement au profit du sous-traitant, conformément aux articles 1336 et suivants du Code civil, à concurrence du montant des prestations exécutées par le sous-traitant (Loi 75-1334 du 31-12-1975 art. 14). Il s'agit d'une délégation imparfaite qui laisse subsister la dette de l'entrepreneur principal (CA Versailles 29-9-1988 : RDI 1989 p. 54 ; CA Paris 27-1-1991 : RDI 1991 p. 223), sauf si le contraire est stipulé. Le sous-traitant dispose alors d'un **droit au paiement direct**, qui rend « l'action directe » de moindre intérêt. La délégation donnée au maître de l'ouvrage doit être acceptée par lui

(Cass. 3e civ. 10-7-2012 no 11-20.976 F-D : RDI 2012 p. 503 ; Cass. 3e civ. 27-4-2017 no 16-16.661 FS-D : RDI 2018 p. 222). À défaut, il n'y a pas de garantie et l'action en responsabilité contre le maître de l'ouvrage pour défaut de garantie peut être admise (Cass. 3e civ. 4-2-2004 no 02-19.147 FS-PB : RJDA 6/04 no 703). Mais si la délégation est acceptée, le maître de l'ouvrage ne peut subordonner le paiement à un ordre de l'entrepreneur principal (Cass. 3e civ. 23-5-2007 no 06-13-723 FS-PB : BPIM 4/07 inf. 272). En effet, l'ordre de paiement n'est qu'une modalité d'exécution de la délégation et non une condition de sa validité (Cass. 3e civ. 19-12-2012 no 11-25.622 FS-PB : RJDA 4/13 no 320). Le maître de l'ouvrage délégué au sous-traitant ne peut en effet lui opposer aucune exception tirée de ses rapports avec le délégant (Cass. com. 22-4-1997 no 95-17.664 F-D : RJDA 8-9/97 no 1076 ; Cass. 3e civ. 23-5-2007 no 06-13.723 FS-PB : BPIM 4/07 inf. 272 ; Cass. 3e civ. 17-12-2020 no 19-21.733 F-D : RDI 2021 p. 152, rendus en application de l'ancien article 1275 du Code civil). Le nouvel article 1336 du Code civil relatif au droit commun de la délégation tient compte de la jurisprudence mais il réserve les stipulations contraires. En application de l'ancien texte, la Cour de cassation applique le principe au maître de l'ouvrage délégué qui avait contesté des factures du sous-traitant pour des prestations qui n'auraient pas été exécutées. Cassant un arrêt d'appel qui avait estimé que cette contestation était fondée, elle estime que le délégué (le maître d'ouvrage) ne peut opposer au délégataire (le sous-traitant) aucune exception tirée de ses rapports avec le délégant (l'entreprise principale) ou des rapports entre le délégant et le délégataire (Cass. 3e civ. 7-6-2018 no 17-15.981 FS-PBI : BPIM 4/18 inf. 261, RDI 2019 p. 270).

Les dispositions de la loi du 31 décembre 1975 sont d'**ordre public.** Le sous-traitant ne peut pas y renoncer par avance et accepter, par une clause du contrat, l'absence de constitution des garanties (Cass. 3e civ. 9-7-2003 no 02-10.644 FS-PB : RJDA 5/04 no 553 ; Cass. 3e civ. 4-2-2004 no 02-19.147 FS-PB : RJDA 6/04 no 703 ; Cass. 3e civ. 23-6-2004 no 02-20.806 FS-D : BPIM 5/04 inf. 287). De même, la mainlevée de la caution donnée par le sous-traitant en cours de chantier est nulle (Cass. 3e civ. 14-9-2017 no 16-18.146 FS-PBRI : BPIM 5/17 inf. 335, RDI 2018 p. 223).

L'entrepreneur peut **élargir le champ de la délégation** et déléguer le maître de l'ouvrage au fournisseur de matériaux, conformément aux dispositions de l'article 1336 du Code civil. Dans ce cas la délégation, qui est un engagement autonome indépendant des relations entre l'entreprise et le fournisseur, oblige le maître de l'ouvrage envers ce dernier, pour le lot initialement confié à l'entreprise, nonobstant les modifications qui ont pu intervenir, dès lors que la créance portait sur des éléments entrant dans le périmètre de la délégation (Cass. 3e civ. 16-1-2020 no 18-24.500 F-D : BPIM 2/20 inf. 110). Sans qualifier le contrat liant l'entreprise principale à un prestataire qui a mis à sa disposition des machines-outils, un arrêt écarte l'existence d'une sous-traitance et retient que le maître de l'ouvrage, qui a été délégué dans le paiement, peut opposer au prestataire les exceptions tirées des rapports de ce dernier avec l'entrepreneur prévues par une clause du contrat (Cass. 3e civ. 1-2-2024 no 22-23.039 F-D : BPIM 2/24 inf. 110). La délégation relève en effet, dans ce cas, des dispositions du Code civil. Une solution analogue est admise, sur le fondement de l'article 1338 lorsque l'entrepreneur principal est délégué au sous-traitant de second rang, par le premier sous-traitant (Cass. 3e civ. 23-11-2023 no 22-17.027 FS-B : BPIM 1/24 inf. 32 ; voir no 54750). 54742

> **Précisions a.** La délégation portant sur le montant des prestations exécutées par le sous-traitant, il n'y a pas lieu à répartition au marc le franc entre **plusieurs sous-traitants** (Cass. 3e civ. 7-10-1998 no 96-20.566 : BPIM 1/99 inf. 28).
> **b.** L'organisme qui paye le sous-traitant en sa qualité de caution de l'entrepreneur principal est subrogé aux droits du sous-traitant et peut exercer l'**action directe** (voir no 54800) contre le maître de l'ouvrage pour la part correspondant au marché sous-traité lorsque l'acceptation est régulière ; les sommes éventuellement dues par le maître de l'ouvrage, au titre d'un contrat conclu avec un autre prestataire (maître d'œuvre en l'espèce), n'entrent pas dans l'assiette de la créance de la caution qui exerce l'action directe (Cass. 3e civ. 18-5-2017 no 16-10.719 FS-PBI : BPIM 3/17 inf. 205).

DATE DE DÉLIVRANCE DE LA GARANTIE

L'obligation de fournir la caution ou de donner une délégation de paiement n'est pas subordonnée à l'**acceptation du sous-traitant** par le maître de l'ouvrage (Cass. 3e civ. 14-10-1992 : Bull. civ. III no 273). 54745

La garantie doit être fournie dès la **conclusion du contrat** de sous-traitance (Cass. 3e civ. 17-7-1996 no 94-15.035 : RJDA 11/96 no 1329 ; Cass. 3e civ. 7-2-2001 no 98-19.937 FS-PB : RJDA 5/01 no 586 ; Cass. 3e civ. 14-11-2001 no 00-12.885 FS-PB : RJDA 3/02 no 255, l'arrêt paraît tenir compte du fait que les travaux n'avaient pas commencé lorsque le cautionnement a été donné, ce qui paraît suffire à le valider). Il importe peu que le sous-traitant ait refusé de signer le contrat écrit s'il l'a exécuté (Cass. com. 12-7-2005 no 02-16.048 F-PB : BPIM 6/05 inf. 400). L'entrepreneur qui fournit une caution personnelle et solidaire doit donc le faire avant la conclusion du sous-traité et, si le commencement des travaux lui est antérieur, avant celui-ci (Cass. 3e civ. 21-1-2021 nº 19-22.219 F-P : BPIM 2/21 inf. 117).

Le sous-traitant peut se prévaloir de l'absence de fourniture des garanties de paiement avant les travaux (Cass. 3e civ. 30-3-1994 nº 92-16.535 : RJDA 6/94 nº 650). L'exécution du contrat par le sous-traitant ne vaut pas confirmation de l'acte et renonciation à la nullité (CA Versailles 22-2-1996 : Juris-Data nº 044134 ; CA Versailles 13-3-1997 : RDI 1997 p. 446).

Le sous-traité est entaché de **nullité** si cette condition n'est pas respectée. Il importe peu que le cautionnement soit fourni par la suite (Cass. 3e civ. 17-7-1996 nº 94-15.035 : RJDA 11/96 nº 1329 ; Cass. 3e civ. 7-2-2001 nº 98-19.937 FS-PB : BPIM 3/01 inf. 184, RDI 2001 p. 163 et l'analyse de Périnet-Marquet ; Cass. 3e civ. 21-1-2021 nº 19-22.219 F-P : BPIM 2/21 inf. 117). Un arrêt écarte toutefois la nullité invoquée pour un cautionnement délivré après la conclusion du sous-traité et décharge de toute responsabilité le maître de l'ouvrage qui a satisfait à ses obligations en s'assurant de cette délivrance (Cass. 3e civ. 6-7-2023 nº 21-15.239 FS-B : BPIM 5/23 inf. 309, voir nº 54762).

La nullité étant relative, le contrat vicié peut être confirmé par le sous-traitant de manière expresse, ou de manière tacite par l'exécution des travaux en connaissance du vice affectant le contrat (Cass. 3e civ. 23-11-2023 nº 22-21.463 FS-B : BPIM 1/24 inf. 33).

ILLUSTRATIONS

Sous réserve que la responsabilité du maître de l'ouvrage soit écartée ou que le sous-traitant confirme le contrat vicié, il a déjà été jugé qu'en l'absence de garantie fournie dès la conclusion du contrat, la nullité du sous-traité est encourue même lorsque :
– le cautionnement est obtenu au moment où le sous-traitant assigne l'entrepreneur principal en nullité (Cass. 3e civ. 7-2-2001 nº 98-19.937 FS-PB : RJDA 5/01 nº 586) ;
– le sous-traité a été exécuté (Cass. 3e civ. 18-7-2001 nº 00-16.380 FS-D : RJDA 12/01 nº 1211) et que le sous-traitant est intégralement payé (Cass. 3e civ. 12-3-1997 nº 95-15.522 : RJDA 5/97 nº 645 ; Cass. com. 12-7-2005 nº 02-16.048 F-PB : BPIM 6/05 inf. 400).

PAIEMENT EN CAS DE LA SOUS-TRAITANCE EN CHAÎNE

54750 En cas de sous-traitance en chaîne, le sous-traitant qui confie à un autre sous-traitant l'exécution d'une partie du marché dont il est chargé est tenu de lui délivrer une caution personnelle et solidaire ou une délégation de paiement dans les conditions prévues à l'article 14 de la loi de 1975 (Loi 75-1334 du 31-12-1975 art. 6, al. 4 ; CCP art. L 2193-14). Ce principe s'applique aux marchés publics et aux marchés privés (Loi 75-1334 du 31-12-1975 art. 14-1, al. 2).

La **caution** semble devoir être fournie par le sous-traitant qui sous-traite à son tour. La **délégation de paiement** pose un problème : l'article 14 prévoit que c'est le maître de l'ouvrage qui est délégué au sous-traitant. L'article 6 renvoyant à l'article 14 semble donc ouvrir cette voie qui, en fait, est celle du paiement direct. La jurisprudence qui décide qu'en cas de sous-traitance en chaîne l'entrepreneur principal n'assume pas les obligations du maître de l'ouvrage (nº 54390) et l'article 14-1, alinéa 2 qui oblige le maître de l'ouvrage à mettre le sous-traitant en demeure de s'acquitter de ses obligations vont en ce sens. C'est toujours le maître de l'ouvrage qui doit être délégué au sous-traitant quel que soit son rang (Cass. 3e civ. 23-11-2023 nº 22-17.027 FS-B : BPIM 1/24 inf. 32). La convention par laquelle le sous-traitant de premier rang délègue l'entrepreneur principal au sous-traitant de second rang n'est donc pas une délégation de paiement au sens de l'article 14 de la loi de 1975, mais elle peut constituer une délégation au sens des articles 1336 et suivants du Code civil, si elle en remplit les conditions (même arrêt).

CESSION OU NANTISSEMENT DES CRÉANCES RÉSULTANT DU MARCHÉ PRINCIPAL

54755 Bien que prescrite à peine de nullité du sous-traité, l'obligation de fourniture d'un cautionnement ou d'une délégation de paiement par l'entrepreneur principal n'a guère été respectée dans la pratique en raison du caractère onéreux de la caution et du fait que le maître de l'ouvrage, qui contracte avec une entreprise, répugne à payer individuellement les sous-traitants.

Pour inciter les constructeurs à constituer ces garanties, la loi a permis à l'entrepreneur principal de céder ou de nantir l'intégralité de ses créances à l'égard du maître de l'ouvrage à **condition** d'avoir obtenu préalablement et par écrit le cautionnement visé à l'article 14 (Loi 75-1334 du 31-12-1975 art. 13-1, al. 2). La Cour de cassation a écarté l'analyse qui soutenait que la fourniture des garanties principales n'était pas impérative et qu'elle n'était qu'une condition de la cession ou du nantissement de l'intégralité des créances (Cass. 3e civ. 18-7-2001 nº 00-16.380 : RJDA 12/01 nº 1211). Il en résulte que la fourniture de la caution est obligatoire pour le nantissement de l'intégralité du marché, tandis que l'article 14 de la loi du 31 décembre 1975 se contente de l'existence de l'une ou l'autre des garanties principales.

En principe, l'entrepreneur principal ne peut céder les créances résultant du marché passé avec le maître de l'ouvrage qu'**à concurrence des sommes qui lui sont dues au titre des travaux** qu'il effectue personnellement (Loi 75-1334 du 31-12-1975 art. 13-1, al. 1). Si l'entrepreneur principal qui cède sa créance ne la limite pas aux sommes qui lui sont dues au titre des travaux qu'il a exécutés personnellement et qu'il ne fournit pas le cautionnement personnel et solidaire visé à l'article 14, la cession de créance n'est pas pour autant annulable : il est fait obstacle au paiement par le maître de l'ouvrage au cessionnaire des sommes dues au titre des travaux non exécutés personnellement par l'entrepreneur principal (Cass. 3e civ. 17-1-2019 no 17-11.853 F-D : BRDA 4/19 inf. 12, RDI 2019 p. 269).

En l'absence de constitution de la garantie, les cessions ou nantissements de créances relatives à des lots sous-traités sont inopposables au sous-traitant (Cass. 3e civ. 18-3-1992 : Bull. civ. III no 97 ; Cass. com. 26-4-1994 : RDI 1994 p. 454 ; Cass. 3e civ. 30-4-2002 no 00-13.089 FS-D : RJDA 8-9/02 no 884). Cette protection bénéficie même au sous-traitant qui n'a pas été accepté par le maître de l'ouvrage et dont les conditions de paiement n'ont pas été agréées (Cass. 3e civ. 9-6-1999 no 98-10.291 : RJDA 11/99 no 1207, RDI 1999 p. 405 ; Cass. 3e civ. 30-1-2007 no 06-10.076 F-D : RDI 2007 p. 416). Le sous-traitant, même s'il ne peut pas exercer l'action directe contre le maître de l'ouvrage, peut faire obstacle au paiement par celui-ci au cessionnaire de la partie de la créance le concernant. La cession de créance est alors inopposable au maître de l'ouvrage, qui reste débiteur du sous-traitant et de la méconnaissance des obligations mises à sa charge par l'article 14-1 de la loi de 1975 lorsqu'il a connaissance de la présence du sous-traitant et n'a pas respecté ses obligations. Le cessionnaire qui a payé le sous-traitant peut alors agir en paiement contre le maître de l'ouvrage qui a été condamné envers le sous-traitant au titre de sa responsabilité. En revanche, l'entrepreneur principal qui a cédé sa créance ne peut pas en poursuivre le recouvrement auprès du maître de l'ouvrage (Cass. 3e civ. 16-3-2022 no 20-22.037 FS-B : BPIM 3/22 inf. 204). Ce dernier ne peut se prévaloir de l'inopposabilité de la créance cédée par l'entrepreneur principal qu'à concurrence du montant des travaux confiés au sous-traitant pour lesquels une garantie n'a pas été constituée (Cass. 3e civ. 17-10-2024 no 23-11.682 FS-B : BPIM 6/24 inf. 354).

CONTRÔLE DU MAÎTRE DE L'OUVRAGE SUR LA GARANTIE DE L'ENTREPRENEUR

Personne tenue du contrôle Le maître de l'ouvrage doit s'assurer de la constitution des garanties de paiement des sous-traitants (Loi 75-1334 du 31-12-1975 art. 14-1, al. 3). **Est concerné** celui qui signe un contrat relatif à des travaux de bâtiment ou des travaux publics (au sens de génie civil, voir no 54395), à l'exclusion de la personne physique qui construit un logement pour l'occuper elle-même ou le faire occuper par son conjoint, ses ascendants, ses descendants ou ceux de son conjoint (Loi 75-1334 du 31-12-1975 art. 14-1, al. 4). **54760**

Lorsque la maîtrise d'ouvrage est déléguée, le délégataire assume les obligations du maître de l'ouvrage : il doit veiller à la constitution des garanties principales et au respect des conditions pour les cessions de créances, spécialement lorsque le contrat met à sa charge l'obligation de veiller à la mise en œuvre de la loi (Cass. 3e civ. 6-7-2010 no 09-12.323 F-D : BPIM 5/10 inf. 365).

Le maître de l'ouvrage n'a d'obligation qu'envers le sous-traitant qu'il a accepté. À défaut, ce dernier ne peut lui reprocher de n'avoir pas veillé à la constitution des garanties (Cass. 3e civ. 9-5-2012 no 10-27.079 FS-PB : BPIM 4/12 inf. 316). Dans le même sens à propos d'un maître de l'ouvrage qui avait une délégation de paiement pour le marché principal mais pas pour des travaux complémentaires, les juges ayant considéré que sa responsabilité ne pouvait être retenue que s'il avait connaissance de la présence du sous-traitant pour la réalisation des travaux concernés (Cass. 3e civ. 12-6-2002 no 00-21.553 FS-PB : RJDA 11/02 no 1140).

Dans le même sens, le maître de l'ouvrage ne doit rien au sous-traitant, ni au titre de l'action directe ni au titre de la responsabilité délictuelle, dès lors qu'il a mis l'entrepreneur principal en demeure de fournir une garantie de paiement, qu'il a conditionné son agrément des conditions de paiement à la production de cette garantie et que l'entreprise principale n'a fourni que des documents imprécis (Cass. 3e civ. 8-7-2015 no 12-22.641 FS-D : BPIM 5/15 inf. 314).

Obligation de contrôle Le maître de l'ouvrage **doit contrôler** l'existence des garanties principales (Cass. 3e civ. 12-6-2013 no 12-21.317 FS-PB : BPIM 4/13 inf. 255). S'il n'a pas reçu de délégation de paiement de l'entrepreneur principal au profit du sous-traitant, le maître de l'ouvrage doit exiger de l'entrepreneur qu'il justifie avoir fourni la caution. Son obligation n'est pas purement formelle : il doit veiller à l'obtention effective de cette garantie et à la communication, au sous-traitant, de l'identité de l'organisme bancaire et des termes de l'engagement (Cass. 3e civ. 18-6-2003 no 01-17.366 FS-PBI : RJDA 11/03 no 1061) ; une fois la garantie **54762**

constituée, il doit aussi contrôler les termes de l'engagement souscrit par la caution (Cass. 3e civ. 18-6-2003 no 01-17.366 FS-PBI : RJDA 11/03 no 1061).

L'**étendue des obligations** du maître de l'ouvrage pose question. Il doit commencer par une **mise en demeure** adressée à l'entrepreneur principal en application de l'article 14-1 de la loi du 31 décembre 1975, mais il ne peut s'en contenter quand celle-ci reste infructueuse (Cass. 3e civ. 8-9-2010 no 09-68.724 FS-PB : BPIM 6/10 inf. 457, RDI 2010 p. 546). Il semble qu'il doive, à tout le moins, informer le sous-traitant. Cela n'est pas toujours suffisant. Ainsi, un maître de l'ouvrage n'a pas été tenu quitte alors même qu'il a payé au sous-traitant sa première situation dans l'attente de la constitution d'une caution par l'entreprise principale, qu'il a mis celle-ci en demeure et qu'il en a informé le sous-traitant (Cass. 3e civ. 21-11-2012 no 11-25.101 FS-PB : BPIM 1/13 inf. 36).

On ne voit pas quoi exiger de plus du maître de l'ouvrage. Il semble difficile de le contraindre à résilier ou, même, à suspendre le marché (voir CA Paris 27-11-1996 : RDI 1997 p. 236) : l'obliger à subordonner la poursuite des travaux sous-traités à la fourniture des garanties entraînerait une suspension des travaux préjudiciable pour lui.

Lorsque, en dépit des efforts du maître de l'ouvrage, les garanties ne sont pas constituées, on pourrait craindre que la jurisprudence n'institue en fait un « paiement direct-sanction ». Sa responsabilité devrait pourtant être écartée s'il a satisfait à ses obligations légales : ainsi jugé lorsque le sous-traitant a été accepté après les diligences accomplies par le maître de l'ouvrage, mais que l'entrepreneur principal ne l'a pas délégué dans le paiement et n'a justifié de la constitution d'une caution qu'après la conclusion du sous-traité (Cass. 3e civ. 6-7-2023 no 21-15.239 FS-B : BPIM 5/23 inf. 309). Dans cet arrêt, la Cour de cassation écarte la nullité du sous-traité revendiquée par le sous-traitant pour constitution tardive du cautionnement (voir nos 54745 et 54770), et laisse entendre que le sous-traitant a fait le choix erroné de poursuivre la nullité du sous-traité plutôt que de mettre en œuvre la caution. À suivre la solution de cet arrêt, on peut penser que le sous-traitant ne devrait pas pouvoir bénéficier d'un « paiement-direct sanction » par le maître de l'ouvrage, même si le cautionnement, quoique tardif, n'a pas été mis en œuvre.

En tout état de cause, le maître de l'ouvrage **n'a pas à veiller** à la constitution d'une garantie pour les travaux supplémentaires non autorisés par lui. Dans ce cas, on ne peut pas lui reprocher une absence d'initiative (Cass. 3e civ. 27-4-2004 no 02-19.298 ; Cass. 3e civ. 22-6-2005 no 04-16.011 FS-D : BPIM 5/05 inf. 321 ; Cass. 3e civ. 13-7-2016 no 15-20.779 F-D : BPIM 5/16 inf. 304).

Par ailleurs, les juges du fond n'ont pas à rechercher d'office si le maître de l'ouvrage a rempli ses obligations résultant de l'article 14-1, alinéa 3 (Cass. 3e civ. 25-9-2002 no 00-18.163 FS-PB : RJDA 2/03 no 134).

> **› Précisions** L'obligation du maître d'ouvrage de contrôler l'existence des garanties principales résulte de l'article 14-1, alinéa 3 et de l'article 14-1, alinéa 2, en cas de sous-traitance en chaîne (voir no 54750). Pourtant, **deux questions distinctes ont été rassemblées** sous l'article 14-1, alinéa 2 (voir no 54350). En application de l'article 14-1, alinéa 2, en effet, le maître d'ouvrage doit mettre en demeure le sous-traitant de s'acquitter des obligations mises à sa charge par l'article 6 de la loi lorsqu'il sous-traite à son tour (voir no 54750).

54765 **Carence du maître de l'ouvrage** Le maître de l'ouvrage ou son délégataire s'expose à **deux sanctions** s'il s'abstient de veiller à la constitution des garanties :

– la nullité du sous-traité peut être demandée (no 54745 et no 54770) en application de l'article 14 ;
– sa responsabilité personnelle est encourue. Elle est fondée sur l'article 1240 du Code civil (Cass. 3e civ. 22-5-1997 no 95-13.676 : Bull. civ. III no 108 ; Cass. 3e civ. 18-2-2015 no 14-10.604 FS-PB : BPIM 2/15 inf. 111).

Le **sous-traitant** n'est tenu à **aucune diligence particulière** pour faire valoir son préjudice. D'une part, son action contre le maître de l'ouvrage ne peut pas être subordonnée à une tentative de recouvrement infructueuse de sa créance à l'encontre de l'entrepreneur principal (Cass. 3e civ. 26-11-2003 no 02-13.094 FS-PB : RJDA 4/04 no 419). D'autre part, il ne peut pas lui être reproché d'avoir commencé les travaux avant que les garanties principales aient été constituées (Cass. 3e civ. 3-4-2013 no 12-16.795 F-D : BPIM 3/13 inf. 184 ; Cass. 3e civ. 12-6-2013 no 12-21.317 FS-PB : BPIM 4/13 inf. 255).

Le sous-traitant qui, en cas de non-présentation au maître de l'ouvrage et de non-fourniture des garanties de paiement, n'use pas de la faculté de résiliation unilatérale ouverte par l'article 3 de la loi de 1975 et n'invoque pas la nullité de son contrat sur le fondement de l'article 14 de cette même loi, est dans une situation d'abandon de chantier s'il ne poursuit pas les travaux (Cass. 3e civ. 10-11-2021 no 20-19.372 FS-B : BPIM 1/22 inf. 29).

> **Précisions** Le **maître de l'ouvrage qui sollicite la garantie du maître d'œuvre** pour manquement à son obligation d'information et de conseil sur les conséquences de la législation en matière de sous-traitance et soutient que son attention aurait dû être attirée sur les conséquences d'une absence de garanties principales de paiement, alors qu'il a personnellement connaissance de la présence du sous-traitant sur le chantier, partage sa responsabilité avec le maître d'œuvre (Cass. 3e civ. 25-6-2020 no 19-11.859 F-D : BPIM 4/20 inf. 246, RDI 2021 p. 91).

SANCTION DE L'ABSENCE DE GARANTIE FOURNIE PAR L'ENTREPRENEUR PRINCIPAL

La sanction de la carence de l'entrepreneur principal qui ne fournit pas l'une ou l'autre des garanties de paiement est la nullité du contrat de sous-traitance (Loi 75-1334 du 31-12-1975 art. 14). **54770**

La nullité encourue est une **nullité relative** (Cass. 3e civ. 10-11-1998 no 97-13.989 : BPIM 1/99 inf. 28 ; Cass. 3e civ. 7-2-2001 no 98-19.937 FS-PB : BPIM 3/01 inf. 184 ; Cass. 3e civ. 18-11-2009 no 08-19.355 FS-PB : BPIM 1/10 inf. 24). Seul le sous-traitant peut la soulever (Cass. com. 19-5-1980 : D. 1980 p. 443), et ce même s'il ne subit aucun préjudice (Cass. 3e civ. 12-3-1997 no 95-15.522 : RJDA 5/97 no 645 ; CA Versailles 13-3-1997 : RDI 1997 p. 446 dans un cas où toutes les prestations sous-traitées avaient été exécutées). L'entrepreneur principal ou ses créanciers ne peuvent pas s'en prévaloir (Cass. 3e civ. 19-7-1982 : Bull. civ. III no 178 ; Cass. com. 12-2-1991 no 89-16.669 : RJDA 4/91 no 298) et le maître de l'ouvrage pas davantage (Cass. 3e civ. 3-7-1996 no 1215 D, Fortin).

La nullité ainsi encourue peut être couverte par la **confirmation du contrat** par le sous-traitant, expressément ou tacitement (C. civ. art. 1181 et 1182). L'exécution volontaire, qui est une confirmation tacite, fait échec à l'action en nullité (Cass. 3e civ. 23-11-2023 no 22-21.463 FS-B : BPIM 1/24 inf. 33). Un autre arrêt a également admis que la délégation de paiement acceptée par le sous-traitant purge le sous-traité de l'irrégularité résultant de l'absence de fourniture de la caution en temps utile (CA Paris 23-5-2001 : RDI 2002 p. 52).

La nullité, qui est certes parfois prononcée (Cass. 3e civ. 11-10-1989 : Bull. civ. III no 189 ; CA Versailles 22-2-1990 : RDI 1990 p. 495 ; Cass. 3e civ. 7-2-2001 no 98-19.937 FS-PB : BPIM 3/01 inf. 184), est d'un **intérêt limité** lorsque les travaux ont été exécutés, car elle expose l'entrepreneur principal au paiement du coût réel de la valeur des travaux réalisés et non de la valeur de l'ouvrage (Cass. 3e civ. 12-3-1997 no 96-15.522 : Bull. civ. III no 55 ; Cass. 3e civ. 13-9-2006 no 05-11.533 FS-PB : BPIM 6/06 inf. 428, RDI 2007 p. 420 ; Cass. 3e civ. 5-3-2020 no 19-16.407 F-D : RDI 2021 p. 92 note Périnet-Marquet). En effet, si la nullité place les parties dans la situation antérieure au contrat, le sous-traitant n'en a pas moins droit à la contre-valeur des prestations fournies (Cass. com. 26-10-2010 no 09-16.337 F-D : BPIM 1/11 inf. 23). Sa créance correspond au coût réel des travaux réalisés, à l'exclusion de ceux qu'il a effectués pour reprendre les malfaçons qui lui sont imputables (Cass. 3e civ. 8-6-2023 no 22-13.330 FS-B : BPIM 5/23 inf. 308). La nullité peut être prononcée alors même que l'entrepreneur principal avait fourni la caution après la mise en demeure (Cass. 3e civ. 17-7-1996 no 94-15.035 : RJDA 11/96 no 1329 ; Cass. 3e civ. 7-2-2001 no 98-19.937 FS-PB : RJDA 5/01 no 586) et que le sous-traitant qui avait rempli sa mission avait été intégralement payé (Cass. 3e civ. 18-7-2001 no 00-16.380 : RJDA 12/01 no 1211). La Cour de cassation semble ainsi condamner une jurisprudence qui, au lieu de prononcer la nullité, condamnait l'entrepreneur à fournir la caution (CA Paris 19e ch. B 27-1-1991, Sté Thote : RDI 1991 p. 223). L'exercice de l'action en nullité par le sous-traitant ne constitue pas un abus de droit (Cass. 3e civ. 21-6-2018 no 17-23.909 F-D : RDI 2019 p. 271). Toutefois, un arrêt adopte une position plus nuancée et écarte la nullité revendiquée par le sous-traitant pour constitution tardive de cette garantie, ainsi que la responsabilité du maître de l'ouvrage en estimant que le maître de l'ouvrage a satisfait à ses obligations légales et que le sous-traitant a fait le choix erroné de poursuivre la nullité du sous-traité plutôt que la mise en œuvre de la caution (Cass. 3e civ. 6-7-2023 no 21-15.239 FS-B : BPIM 5/23 inf. 309, voir no 54762).

La nullité prononcée ayant un **effet rétroactif**, le sous-traitant ne peut pas réclamer l'indemnité de résiliation contractuelle (Cass. 3e civ. 28-1-1998 no 95-19.095 : BPIM 2/98 inf. 101).

> **Précisions** La nullité du sous-traité ne prive pas l'entrepreneur principal de la possibilité de rechercher la **responsabilité du sous-traitant** pour les malfaçons affectant son lot. Mais cette responsabilité est alors extracontractuelle (Cass. 3e civ. 23-1-2002 no 47 FS-D : BPIM 2/02 inf. 111).

2. ACTION DIRECTE CONTRE LE MAÎTRE DE L'OUVRAGE

PERSONNES POUVANT EXERCER L'ACTION DIRECTE

Le sous-traitant dispose d'une action directe contre le maître de l'ouvrage si l'entrepreneur principal ne le paie pas (Loi 75-1334 du 31-12-1975 art. 12). Cette disposition est **d'ordre public** et le sous-traitant ne peut pas y renoncer. La demande peut être portée devant le juge des **54800** référés (Cass. com. 20-6-1989 : JCP G 1990 IV p. 318). L'**avant-projet de réforme des contrats spéciaux** prévoit de retenir l'action directe, sauf si la sous-traitance est interdite (art. 1771).

L'action doit être dirigée contre le maître d'ouvrage à qui les travaux vont profiter effectivement, en particulier en cas de maîtrise d'ouvrage conjointe. Elle est ouverte au sous-traitant et aux personnes qui sont subrogées dans ses droits, comme **la caution fournie par l'entrepreneur** principal au titre de la garantie de paiement (Cass. 3e civ. 18-5-2017 nº 16-10.719 FS-PBI : BPIM 3/17 inf. 205 ; voir nº 54735).

a. Conditions et régime de l'action directe

MARCHÉS CONCERNÉS PAR L'ACTION DIRECTE

54820 L'action directe est ouverte au sous-traitant si le **marché** est **privé,** notion que la jurisprudence interprète strictement (Cass. 3e civ. 12-1-1982 : Bull. civ. III nº 10).

Sur la qualification des marchés conclus par des sociétés de HLM ou par la SNCF (voir nos 56260 s.).

Les contrats passés par des sociétés dans lesquelles plus de la moitié du capital est détenu par une personne publique ne sont pas des marchés privés ; l'action directe n'est donc pas recevable dans ce cas (CA Paris 16-12-1984 : RDI 1985 p. 256 ; CA Paris 11-5-1988 : RDI 1989 p. 54 ; Cass. civ. 12-1-1982 ; Cass. com. 12-1-1988 : RDI 1988 p. 210 ; CE 17-3-1982 : Lebon p. 123). Il résulte de la jurisprudence de la Cour de cassation que la part des capitaux publics doit suffire à donner le contrôle à la personne publique pour que le marché soit public (Cass. com. 5-2-1991 nº 89-12.141 : RJDA 6/91 nº 489 ; Cass. 3e civ. 2-10-2002 nº 00-12.271 FS-PB : RJDA 2/03 nº 135).

La jurisprudence administrative est dans le même sens (CE 17-3-1982, Sté Périgourdine d'étanchéité et de construction : Lebon p. 123).

L'action directe est également ouverte si le **marché** est **public** à condition que le contrat de sous-traitance soit inférieur à 600 €. Au-delà, c'est la règle du paiement direct qui s'applique (Loi 75-1334 du 31-12-1975 art. 11 ; CCP art. R 2193-10).

ACCEPTATION DU SOUS-TRAITANT

54825 Le maître de l'ouvrage doit avoir accepté le sous-traitant et agréé ses conditions de paiement. Il s'agit de **conditions nécessaires** à l'exercice de l'action directe (Cass. ch. mixte 13-3-1981 nos 79-11.185, 79-16.281 et 80-12.125 : D. 1981 p. 309 note Bénabent, JCP G 1981 II nº 18568 concl. Toubas note Flécheux). Une cour d'appel a cependant estimé que l'action directe ayant un fondement légal, elle pouvait être exercée malgré l'absence d'acceptation (CA Paris 10-6-1999 : RDI 1999 p. 653).

Ces conditions sont **cumulatives** : le sous-traitant accepté mais dont les conditions de paiement ne sont pas agréées ne bénéficie pas de l'action directe (Cass. 3e civ. 26-11-2003 nº 02-13.094 FS-PB : RJDA 4/04 nº 419).

Le maître de l'ouvrage qui a connaissance de l'intention d'un sous-traitant d'exercer l'action directe et tarde à mettre l'entrepreneur en demeure de le lui présenter engage sa responsabilité (voir nos 54390 s. sur l'obligation du maître de l'ouvrage).

54830 L'acceptation du sous-traitant et l'agrément des conditions de paiement ne sont **pas nécessairement préalables** à la conclusion du contrat de sous-traitance (Cass. ch. mixte 13-3-1981 nos 80-12.125, 79-16.281 et 79-11.185 : D. 1981 p. 309). Ils peuvent être donnés pendant l'exécution du marché (Cass. 3e civ. 12-3-2008 nº 07-13.651 FS-PB : BPIM 3/08 inf. 214), et même lors de l'exercice de l'action directe (Cass. 3e civ. 16-12-1987 : Bull. civ. III nº 208 ; CA Paris 25-5-1990 : D. 1990 IR p. 163), ce qui paraît condamner une jurisprudence qui exigeait que l'acceptation intervienne avant l'exécution des travaux (Cass. 3e civ. 18-5-1982 : Bull. civ. III nº 121). Un arrêt a même jugé que l'agrément du maître de l'ouvrage peut intervenir à la fin du contrat (CA Bordeaux 31-10-1985 : RDI 1987 p. 57) ou encore lors de la liquidation judiciaire de l'entreprise principale, puisque l'action directe peut être exercée à ce stade (Cass. 3e civ. 31-3-1993 : Bull. civ. III nº 48).

54835 **Acceptation tacite** L'acceptation du sous-traitant, le plus souvent expresse, peut être tacite si le comportement du maître de l'ouvrage révèle son **intention sans équivoque** (Cass. com. 12-5-1987 : Bull. civ. IV nº 114 ; Cass. com. 29-4-1997 nº 94-19.736 : RJDA 8-9/97 nº 1041 ; Cass. 3e civ. 25-9-2002 nº 00-18.163 FS-PB : RJDA 2/03 nº 134 ; Cass. 3e civ. 18-5-2017 nº 16-10.719 FS-PBI : BPIM 3/17 inf. 205).

Mais l'intention claire et non équivoque du maître de l'ouvrage est rarement retenue (Cass. 3e civ. 30-10-1991 nº 90-11.753 : RJDA 12/91 nº 1021 ; Cass. 3e civ. 3-3-1999 nº 97-14.715 : RJDA 5/99 nº 553 ; CA Versailles 31-1-2000 : RDI 2000 p. 179). Une attitude passive du maître de l'ouvrage qui a connaissance de la présence de sous-traitants sur le chantier ne vaut pas acceptation tacite (Cass. 3e civ. 23-6-1999 nº 97-18.539 : BPIM 5/99 inf. 355 ; Cass. 3e civ. 13-9-2005 nº 01-17.221 F-PB : BPIM 6/05 inf. 401).

> **Précisions** L'obligation du maître de l'ouvrage ayant **connaissance d'une sous-traitance occulte** de mettre en demeure l'entrepreneur principal de faire accepter le sous-traitant et agréer les conditions de paiement peut cependant avoir une influence sur la notion d'acceptation tacite puisque la carence du maître de l'ouvrage l'oblige à réparation (en ce sens : CA Versailles 4-1-1996, Sté ATIM). À moins qu'ils ne prononcent, à titre de sanction, « l'acceptation forcée » – du sous-traitant par le maître de l'ouvrage (sanction qui est discutée par certains auteurs) –, les juges allouent une indemnité au sous-traitant qui répare son préjudice, ce qui produit des effets analogues à l'acceptation tacite ou forcée (n° 54370).

CAS DU SOUS-TRAITANT DE SECOND RANG

Le sous-traitant de second rang ne peut pas exercer une action directe à l'encontre de l'**entrepreneur principal** (Cass. 3e civ. 12-7-1989 : Bull. civ. III n° 167 ; sur le fait que le maître de l'ouvrage reste toujours le même, voir n° 54390) sauf à rechercher sa responsabilité (Cass. 3e civ. 12-5-1999 n° 97-13.106) (voir n° 54330). Il peut, en revanche, le faire à l'égard du **maître de l'ouvrage** (Cass. 3e civ. 29-5-1980 : Bull. civ. III n° 107). 54840

Le sous-traitant de second rang ne doit pas être confondu avec celui qui est **substitué au titulaire** initial du marché, pour lequel les règles générales s'appliquent et ne devraient pas poser de problème particulier car l'accord du maître de l'ouvrage est alors requis. Si un désaccord subsiste entre l'entrepreneur principal et le sous-traitant remplacé, le montant de la créance de ce dernier est apprécié par les juges du fond (Cass. 3e civ. 19-3-2020 n° 19-12.817 F-D : BPIM 3/20 inf. 193).

La question est discutée de savoir si le sous-traitant de second rang dans les marchés publics bénéficie de l'action directe contre le maître de l'ouvrage public (voir n° 54820). Mais la responsabilité du maître de l'ouvrage qui n'accomplit pas les diligences mises à sa charge par la loi paraît être engagée sur le fondement de l'article 14-1 (voir nos 54410 et 54760 s.).

MISE EN DEMEURE DE L'ENTREPRENEUR PRINCIPAL

Le sous-traitant ne peut demander directement au maître de l'ouvrage le paiement des sommes qui lui sont dues que si l'**entrepreneur principal** ne les a pas réglées un mois après avoir été mis en demeure (Loi 75-1334 du 31-12-1975 art. 12). Cette mise en demeure est nécessaire (Cass. 3e civ. 29-2-1984 : RDI 1984 p. 315 ; Cass. com. 3-7-1990 : Bull. civ. IV n° 199 ; Cass. 3e civ. 15-9-2016 n° 15-22.592 FS-PB : BPIM 6/16 inf. 370, RDI 2017 p. 83). Elle le reste même si le maître de l'ouvrage a versé un acompte au sous-traitant (Cass. 3e civ. 14-1-1998 n° 95-20.109 : BPIM 2/98 inf. 102). L'avant-projet de réforme des contrats spéciaux reprend cette exigence (art. 1771). 54845

La **forme** de la mise en demeure est variable. Elle ne résulte pas de la présentation au paiement d'une lettre de change émise par l'entrepreneur principal en règlement de travaux exécutés par le sous-traitant (Cass. com. 3-7-1990 : Bull. civ. IV n° 199). Elle pourrait résulter cependant d'une déclaration de créance suivie d'une assignation (CA Versailles 16-12-1993 : RDI 1994 p. 249).

La mise en demeure a pour **effet** de protéger le sous-traitant à compter de sa notification. La cession et le nantissement de créance pour une valeur excédant celle des travaux exécutés par l'entrepreneur principal sont inopposables au sous-traitant qui met en demeure l'entrepreneur principal n'ayant pas fourni les garanties exigées par l'article 13-1 de la loi (n° 54755) (Cass. com. 20-6-1989 : Bull. civ. IV n° 195 ; Cass. com. 5-2-1991 : Bull. civ. IV n° 53 ; Cass. com. 12-2-1991 : RDI 1991 p. 223 ; Cass. com. 18-3-1992 : RDI 1992 p. 329). Mais si la mise en demeure est postérieure à la mise à l'escompte des lettres de change tirées sur le maître de l'ouvrage et acceptées par lui, l'action directe est vouée à l'échec car la provision a été transférée au banquier et le maître de l'ouvrage, en général, ne doit alors plus rien à l'entrepreneur principal (Cass. com. 4-7-1989 : D. 1990 p. 121 ; voir, pour un billet à ordre, Cass. com. 5-3-1991 : Gaz. Pal. 1991 pan. p. 182).

Une copie de la mise en demeure doit être adressée au **maître de l'ouvrage** (Loi 75-1334 du 31-12-1975 art. 12, al. 1). Cette formalité est une condition de l'action directe (CA Versailles 9-3-1990 : Gaz. Pal. 1990 som. p. 704). Elle peut permettre de porter à la connaissance du maître de l'ouvrage l'intervention du sous-traitant et ainsi caractériser l'acceptation tacite du sous-traitant par le maître de l'ouvrage qui, à réception, a bloqué les sommes dues à l'entreprise principale (Cass. 3e civ. 18-5-2017 n° 16-10.719 FS-PBI : BPIM 3/17 inf. 205). La formalité est réputée exécutée si le maître de l'ouvrage reconnaît avoir reçu une copie de la mise en demeure et que le litige ne porte que sur la forme de la notification (Cass. 3e civ. 9-6-1999 n° 97-19.274 : Bull. civ. III n° 134). En revanche, la circonstance que le maître de l'ouvrage a eu connaissance de l'existence de la mise en demeure par d'autres moyens ne suffit pas (Cass. 3e civ. 4-1-1996 n° 94-11.637 : RJDA 6/96 n° 782). 54850

En cas de mise sous séquestre des fonds dus par le maître de l'ouvrage à l'entrepreneur principal mis en liquidation, le sous-traitant conserve le bénéfice de son action directe s'il a adressé copie de sa mise en demeure au maître de l'ouvrage avant la mise sous séquestre

(Cass. 3e civ. 17-10-1990 : RDI 1991 p. 65) ou après la mise sous séquestre (Cass. 3e civ. 6-1-1999 no 96-19.460 : RJDA 3/99 no 280).

La notification de la copie de la mise en demeure ne constitue pas sommation de payer à l'égard du maître de l'ouvrage (Cass. 3e civ. 29-5-1991 : JCP G 1991 IV p. 289) et ne fait pas courir contre lui les **intérêts moratoires** des sommes qu'il peut être tenu de payer. Une sommation distincte doit donc lui être adressée (Cass. 3e civ. 30-10-1991 : RDI 1992 p. 70), qui, elle, fait courir les intérêts (Cass. 3e civ. 3-6-1992 : RDI 1992 p. 329).

Il en résulte que le maître de l'ouvrage ne peut plus payer l'entrepreneur principal, sous peine de s'exposer à un double paiement. Mais le paiement fait entre les mains du sous-traitant alors que les formalités n'ont pas été respectées est inopposable à l'entrepreneur principal (Cass. 3e civ. 13-12-1995 no 93-18.625 : RJDA 3/96 no 346).

REDRESSEMENT OU LIQUIDATION JUDICIAIRE DE L'ENTREPRENEUR PRINCIPAL

54855 L'action directe subsiste même si l'entrepreneur principal est mis en redressement ou en liquidation judiciaire (Loi 75-1334 du 31-12-1975 art. 12, al. 3 ; Cass. 3e civ. 31-3-1993 : Bull. civ. III no 48 ; Cass. 3e civ. 3-12-2008 no 07-19.997 : BPIM 1/08 inf. 22). Elle subsiste également dans le cas de la procédure de sauvegarde, cette procédure prévoyant la suspension des poursuites. En conséquence, les sous-traitants ne sont pas tenus, pour exercer l'action directe, de procéder à la déclaration de leurs créances si l'entrepreneur a été mis en demeure avant l'ouverture de la procédure collective (Cass. 3e civ. 29-2-1984 : Bull. civ. III no 56). Si la procédure collective est ouverte lorsque le sous-traitant se manifeste, la déclaration de créance, équivaut à une mise en demeure (Cass. com. 11-4-1995 : RDI 1995 p. 549 ; Cass. 3e civ. 20-6-2007 no 06-13.509 FS-D : BPIM 5/07 inf. 331). La déclaration de créance, dont copie est adressée au maître de l'ouvrage, est une condition de recevabilité de l'action directe (Cass. com. 12-5-1992 no 89-17.908 P : RJDA 6/92 no 583 ; Cass. com. 9-5-1995 no 93-10.568 P : RJDA 11/95 no 1237 ; Cass. 3e civ. 13-7-2023 no 21-23.747 FS-B : BPIM 5/23 inf. 310).

Lorsque la créance n'est pas produite au passif, la mise en demeure doit être adressée au représentant légal de l'entrepreneur principal : administrateur judiciaire ou liquidateur (Cass. 3e civ. 3-7-1996 no 94-18.325 : RJDA 11/96 no 1328), mais pas au débiteur lui-même qui est dessaisi. Copie doit en être adressée au maître de l'ouvrage. Si ces formalités ne sont pas respectées, le paiement fait au sous-traitant par le maître de l'ouvrage est inopposable à l'entreprise principale (voir no 54850). La règle est également applicable lorsque cette entreprise est en liquidation judiciaire (Cass. 3e civ. 6-12-2006 no 05-17.286 FS-PB : BPIM 2/07 inf. 118).

b. Effets de l'action directe

ASSIETTE DU RECOURS

54880 Le maître de l'ouvrage est tenu à l'égard du sous-traitant uniquement dans la mesure de ce qu'il doit encore à l'entrepreneur principal, au moment de la réception de la copie de la mise en demeure (Loi 75-1334 du 31-12-1975 art. 13 ; Cass. 3e civ. 3-6-1992 et Cass. com. 18-3-1992 : RDI 1992 p. 329). L'**avant-projet de réforme des contrats spéciaux** le précise également (art. 1771 al. 2). Il n'y a pas lieu de distinguer si ces sommes sont afférentes ou non au lot sous-traité (Cass. ch. mixte 18-6-1982 no 81-11.617 et no 79-16.892 : D. 1983 p. 221 note Bénabent, JCP G 1982 II no 19858 concl. Sadon ; Cass. 3e civ. 29-5-1991 no 89-13.504 : Bull. civ. III no 159 ; Cass. 3e civ. 19-6-1996 no 94-16.955). C'est au maître de l'ouvrage d'établir que les **paiements faits à l'entrepreneur principal** sont réguliers, c'est-à-dire antérieurs à la réception de la copie de la mise en demeure (Cass. 3e civ. 8-11-2006 no 05-16.948 FS-PB : BPIM 1/07 inf. 36). Un arrêt précise, à propos d'une action directe exercée par la caution délivrée par l'entrepreneur principal et subrogée aux droits du sous-traitant, que l'assiette de l'action directe est limitée aux sommes que le maître de l'ouvrage reste devoir pour le marché sur lequel le sous-traitant est intervenu (Cass. 3e civ. 18-5-2017 no 16-10.719 FS-PBI : BPIM 3/17 inf. 205). Si des sommes restent dues par le maître de l'ouvrage à un autre prestataire (en l'espèce un maître d'œuvre), elles n'entrent pas dans l'assiette de l'action directe (même arrêt). Il semble donc que l'article 13 de la loi 75-1334, qui dispose que l'assiette est constituée des sommes que le maître de l'ouvrage « doit encore à l'entrepreneur principal », ne vise que les sommes dues au prestataire qui a sous-traité.

L'**avant-projet de réforme des contrats spéciaux** prévoit que la constitution, sur la créance de l'entrepreneur de droits concurrents à ceux du sous-traitant, est inopposable à celui-ci. Le maître de l'ouvrage peut toujours opposer au sous-traitant les exceptions qu'il pourrait opposer à l'entrepreneur principal ou que celui-ci pourrait opposer au sous-traitant (art. 1771, al. 3 et 4).

54882 Les sommes correspondant au prix d'une **situation de travaux** qui a été retenue en raison de malfaçons entrent dans l'assiette du recours du sous-traitant (Cass. 3e civ. 7-5-1996 no 94-14.259 : BPIM 4/96 inf. 270).

Théoriquement, le maître de l'ouvrage pourrait opposer au sous-traitant la compensation avec une créance contre l'entrepreneur principal, si celle-ci est certaine, liquide et exigible (Cass. 3e civ. 18-3-1992 n° 89-21.405 : Bull. civ. III n° 297 ; Cass. 3e civ. 10-7-1996 n° 94-22.085 : RJDA 3/97 n° 351). Mais la condition d'exigibilité n'est pas remplie pour des **sommes retenues au titre des malfaçons** (Cass. 3e civ. 7-5-1996 n° 94-14.259 : BPIM 4/96 inf. 270).

Seul le prix des **travaux déjà exécutés,** et par conséquent dont le maître de l'ouvrage a effectivement bénéficié, entre dans l'assiette du recours du sous-traitant (Cass. 3e civ. 3-7-1996 n° 94-18.325 : RJDA 11/96 n° 1326). Il semble qu'une somme correspondant à des dommages et intérêts réclamés par le sous-traitant à l'entrepreneur principal ne relève pas, en principe, de l'action directe (Cass. 3e civ. 8-7-1998 n° 96-16.562). Les travaux exécutés donnant lieu à une action directe sont ceux qui relèvent du lot sous-traité car c'est dans cette mesure que le maître de l'ouvrage donne son acceptation et son agrément. Les travaux supplémentaires non approuvés ne justifient pas une action directe (Cass. 3e civ. 31-3-1993 : D. 1993 IR p. 119 ; CA Paris 9-2-2000 : RDI 2000 p. 179).

Lorsque le maître de l'ouvrage fournit la garantie de l'article 1799-1 du Code civil (disposition reprise dans l'**avant-projet de réforme des contrats spéciaux** à l'article 1794), le sous-traitant peut exercer l'action directe contre la **banque** qui fournit un crédit spécifique.

Si **plusieurs sous-traitants** exercent concurremment l'action directe, les sommes à payer sont **54885** réparties entre eux proportionnellement au montant de leurs créances (Cass. 3e civ. 11-2-1987 : JCP G 1987 IV p. 102). Celui qui exerce son recours après qu'il a été statué sur le sort des autres sous-traitants ne peut pas participer à la répartition (CA Versailles 18-1-1990 : RDI 1990 p. 495).

La situation est différente lorsque le maître de l'ouvrage a reçu une délégation de paiement au profit des sous-traitants.

L'entrepreneur principal reste tenu des **intérêts de retard** dus au sous-traitant qui n'ont pas **54890** à être pris en charge par le maître de l'ouvrage lorsque ceux-ci ont pour cause la carence de cet entrepreneur (Cass. 3e civ. 2-10-1984 : Bull. civ. III n° 158). Toutefois, à compter de la sommation de payer faite au maître de l'ouvrage, celui-ci est tenu des intérêts de retard (n° 54850).

RAPPORTS ENTRE LE SOUS-TRAITANT ET L'ENTREPRENEUR

L'acceptation du sous-traitant et l'agrément des conditions de paiement ne confèrent **54895** au sous-traitant qu'une action directe et **non un droit au paiement direct,** ce qui serait toutefois possible lorsque l'entrepreneur procède à la délégation prévue par l'article 14 ou s'il confère expressément par le contrat un droit au paiement direct (Cass. 3e civ. 3-2-1988 : Bull. civ. III n° 30).

Il en résulte que le sous-traitant conserve son **droit d'action contre l'entrepreneur principal** (Cass. 3e civ. 25-11-1998 n° 97-11.285 : Bull. civ. III n° 222). Voir aussi n° 54855. Mais l'entrepreneur n'est tenu qu'aux sommes dues en exécution du marché, ce qui exclut les travaux supplémentaires non autorisés (Cass. 3e civ. 31-3-1993 : D. 1993 IR p. 119). Il faut, bien entendu, que son action ne soit pas prescrite. L'intervention du sous-traitant à l'instance en référé en désignation d'un expert diligentée par l'entrepreneur principal peut interrompre le délai de son action contractuelle en paiement du solde des travaux contre ce dernier, même si son action est associée à une autre qui, bien qu'ayant une cause différente, tend vers le même but (Cass. 3e civ. 11-5-2023 n° 22-15.705 F-D : BPIM 4/23 inf. 258).

La Cour de cassation estime même que le droit au paiement direct n'emporte pas délégation parfaite (Cass. 3e civ. 10-5-1991 : D. 1991 IR p. 173) et qu'une clause de paiement direct n'interdit pas au sous-traitant de préférer la procédure de l'action directe (Cass. com. 15-10-1996 n° 94-11.887 : RJDA 1/97 n° 48).

c. Cas où l'action directe ne peut pas être exercée

Le sous-traitant qui ne peut pas exercer l'action directe parce qu'il n'a pas été présenté au **54920** maître de l'ouvrage peut néanmoins former une demande en paiement contre lui sur un autre fondement :

– l'**enrichissement sans cause** ou injustifié (Cass. 3e civ. 11-6-1985 : D. 1986 p. 456 note Dubois ; contra, CA Amiens 8-1-1987 : D. 1987 p. 336 note Dubois ; comparer Cass. 3e civ. 9-12-1992 : RDI 1993 p. 223) ; la gestion d'affaires (Cass. 3e civ. 13-12-1978 : Bull. civ. III n° 372). Toutefois, un arrêt a refusé au sous-traitant le droit d'invoquer l'enrichissement sans cause du maître d'ouvrage au motif qu'il avait disposé de l'action directe et qu'il n'avait pas pu l'exercer en raison de son absence d'agrément (Cass. 3e civ. 4-12-2002 n° 01-03.907 FS-PB : RJDA 4/03 n° 379). Il semble que l'action en enrichissement sans cause ne puisse se concevoir qu'en cas de refus d'acceptation ou d'agrément du sous-traitant, ou lorsque le maître de l'ouvrage n'a pas eu connaissance de sa présence, car alors, l'action directe est impossible et l'action en responsabilité pas davantage. En effet, l'action en enrichissement sans cause a un caractère subsidiaire et ne peut pas être exercée lorsque le créancier dispose d'une autre action. Dans ces deux cas, cela suppose, semble-t-il, que le prix du marché principal n'a pas été payé intégralement ;

– l'**action en responsabilité** contre le maître de l'ouvrage qui a méconnu les dispositions de l'article 14-1 de la loi de 1975 (nos 54370, 54760 et 54835). Un arrêt précise clairement que, si l'action directe ne permet pas d'obtenir l'intégralité du prix, le maître de l'ouvrage supporte le solde des sommes dues en vertu de l'action directe lorsqu'il n'a pas respecté ses obligations (Cass. 3e civ. 29-1-1997 : RDI 1997 p. 235).

L'action directe et l'action en responsabilité sont, en effet, indépendantes l'une de l'autre (Cass. 3e civ. 25-9-2002 no 00-18.163 FS-PB : RJDA 2/03 no 134).

Le sous-traitant ne peut pas se faire payer sur la retenue de garantie pratiquée par le maître de l'ouvrage qui est opposable à tous les constructeurs (Cass. 3e civ. 25-11-1987 : Bull. civ. III no 197).

3. SOUS-TRAITANCE IRRÉGULIÈRE DANS LES MARCHÉS PRIVÉS

54930 La **sous-traitance** est dite « **irrégulière** » lorsque le sous-traitant n'a pas été accepté et que ses conditions de paiement n'ont pas été agréées (Loi 75-1334 du 31-12-1975 art. 3, al. 2).

Cette irrégularité a des conséquences sur les rapports triangulaires qui se créent entre le sous-traitant, l'entrepreneur principal et le maître de l'ouvrage et elle est sanctionnée par une **faculté de retrait** réservée au sous-traitant (voir no 55435).

Lorsqu'elle est encourue, la nullité sanctionne la responsabilité de l'entrepreneur principal. Elle n'est pas exclusive de l'action en responsabilité dirigée contre le maître de l'ouvrage. La question n'a pas été tranchée de savoir si la réparation pouvait être partagée (voir pour les marchés publics no 54525).

En outre, et réserve faite des obligations résultant de l'article 14-1 de la loi du 31 décembre 1975, une sous-traitance irrégulière fait obstacle à l'**exercice de l'action directe** (no 54825). Il en résulte que le maître de l'ouvrage peut s'en prévaloir, si le sous-traitant non accepté exerce cette action. En revanche, l'irrégularité ne peut être soulevée ni par l'entrepreneur principal ni par ses créanciers (Cass. 3e civ. 1-6-1988 : Bull. civ. III no 101 ; Cass. 3e civ. 12-6-1991 : RDI 1991 p. 347 ; Cass. 3e civ. 25-2-1998 no 96-10.316 : RJDA 5/98 no 589).

B. Règles de paiement en marchés publics

1. GARANTIES PRINCIPALES

55000 Les garanties principales instituées par le titre III de la loi du 31 décembre 1975 ne s'appliquent pas aux marchés de l'État, des collectivités locales et des établissements publics qui relèvent du titre II de la loi consacré au paiement direct (CA Paris 17-1-2001 : RJDA 5/01 no 584). Un sous-traité ne peut dès lors pas être déclaré nul pour défaut de constitution de ces garanties (Cass. 3e civ. 13-1-2009 no 07-21.543 F-D : BPIM 2/09 inf. 124, cassation de l'arrêt qui annule le sous-traité faute de mise en place des garanties principales sans rechercher si le marché principal était un marché public).

Le Code de la commande publique, pas plus que l'ordonnance 2015-899 du 23 juillet 2015, le décret 2016-360 du 25 mars 2016 ou la loi de 1975, n'institue de garantie principale de paiement en faveur du sous-traitant. Cela est logique car le sous-traitant d'une personne ayant contracté avec une personne publique désignée à l'article 4 de la loi de 1975 bénéficie d'un paiement direct contre celle-ci, donc d'une délégation de paiement qui procède de la loi. La constitution d'une caution par l'entrepreneur principal est superflue.

Toutefois, dans deux cas, la question des garanties principales se pose :

– lorsque le marché public est inférieur au seuil de 600 €, le droit au paiement direct est fermé au sous-traitant (CCP art. L 2193-10 et R 2193-10 ; Loi 75-1334 du 31-12-1975 art. 6). L'action directe lui est donc ouverte (Loi 75-1334 du 31-12-1975 art. 11). Le titre III de la loi du 31 décembre 1975

qui commence avec l'article 11 s'applique et l'article 14 imposant la constitution des garanties principales devrait également s'appliquer ;
– lorsque le sous-traitant sous-traite à son tour, seul le sous-traitant de premier rang bénéficie du paiement direct (Loi du 31-12-1975 art. 6, al. 1 ; CCP art. 2193-11). S'il sous-traite à son tour, il doit fournir les garanties principales selon les modalités définies à l'article 6, dernier alinéa et déjà exposées (nº 54750).

Dans ces deux cas, les règles de responsabilité incombant au maître de l'ouvrage, en application de l'article 14-1, alinéa 2 (pour la sous-traitance en chaîne) et 14-1, alinéa 3 (pour la sous-traitance des marchés inférieurs à 600 €), s'appliquent (voir nºs 54760 s. et 54525) avec les particularités propres au contentieux administratif.

2. PAIEMENT DIRECT DU SOUS-TRAITANT

Le sous-traitant d'un **marché public** peut obtenir le paiement direct du prix par le maître d'ouvrage public pour la partie dont il assure l'exécution (Loi 75-1334 du 31-12-1975 art. 6 ; CCP art. L 2193-11). Le marché doit être passé avec une personne publique au sens restrictif précisé plus haut (nº 54820). L'acheteur visé à l'article L 1210-1 du CCP est soumis aux dispositions de ce Code. 55005

Le **montant du sous-traité** doit être supérieur à 600 € (CCP art. R 2193-10). Au-dessous de ce chiffre, l'action directe est seule possible.

L'acceptation et l'agrément du sous-traitant obtenus dans les conditions déjà exposées (nºs 54500 s.) sont nécessaires pour que le paiement direct soit possible : l'acceptation sans l'agrément est sans portée ; les **conditions sont cumulatives** (CE 13-6-1986 : D. 1986 IR p. 424 obs. Terneyre). 55010

Le **sous-traitant** accepté, et dont les conditions de paiement ont été agréées, adresse au titulaire du marché sa **demande de paiement** par tout moyen permettant d'en assurer la réception et d'en déterminer la date ; il peut aussi la déposer contre récépissé (CCP art. L 2193-13 et R 2193-11 ; Loi 75-1334 du 31-12-1975 art. 8, al. 3). Le paiement doit être demandé avant la notification du décompte général au titulaire du marché (CE 2-12-2019 nº 425205, Sté Fides : BPIM 1/20 inf. 31). Cette formalité est obligatoire et son inobservation fait obstacle au paiement direct par le maître de l'ouvrage (CE 19-4-2017 nº 396174, Dépt de l'Hérault : BPIM 3/17 inf. 206). Il n'a en revanche pas l'obligation de l'adresser au maître d'œuvre (CE 3-6-2005 nº 275061, Sté Jacqmin : BPIM 5/05 inf. 322) ; le sous-traitant adresse également sa demande à l'acheteur ou à la personne désignée, dans les conditions décrites par l'article R 2193-14 du CCP. Le maître d'ouvrage informe le titulaire des paiements qu'il fait au sous-traitant. Lorsque le sous-traitant utilise le « portail de facturation » mentionné à l'article L 2192-5 du CCP, il y dépose sa demande sans autre formalité. Le titulaire dispose de 15 jours à compter de ce dépôt pour accepter ou refuser la demande en paiement (CCP art. R 2193-16). 55015

Le sous-traitant doit adresser à l'entrepreneur les **pièces justificatives** servant de base au paiement direct, à défaut de quoi sa demande ne peut pas être accueillie (Cass. 3e civ. 4-1-2006 nº 04-13.943 FS-PB : BPIM 2/06 inf. 111). L'entrepreneur peut les refuser dans les 15 jours de leur réception (Loi 75-1334 du 31-12-1975 art. 8, al. 1 ; CCP art. R 2193-12). Dès lors que le refus de l'entrepreneur est motivé et notifié dans les délais, le maître de l'ouvrage, en situation de compétence liée, ne peut pas procéder au paiement du sous-traitant (CE 17-10-2023 nº 469071 : BPIM 6/23 inf. 372).

S'il ne réagit pas, et que le délai est expiré, l'entrepreneur principal est réputé avoir accepté les pièces justificatives qu'il n'a pas expressément acceptées ou refusées (Loi 75-1334 du 31-12-1975 art. 8, al. 2). Il doit être regardé comme ayant accepté définitivement la demande de paiement et le maître d'ouvrage ne peut pas refuser de payer le sous-traitant en invoquant un refus de l'entrepreneur principal postérieur à l'expiration du délai (CE 21-2-2011 nº 318364 : BPIM 2/11 inf. 117). Les sommes dues sont payées dans un délai qui n'est pas précisé par les textes. Selon la Cour de cassation, l'entrepreneur peut être contraint de transmettre les pièces justificatives au maître de l'ouvrage (Cass. 3e civ. 8-3-1989 : Le Moniteur 30-6-1989).

Le maître d'ouvrage public peut **vérifier la consistance des travaux** réalisés par le sous-traitant et refuser de procéder au paiement direct lorsque les travaux ne sont pas conformes (CE 9-6-2017 nº 396458, Sté Keller : BPIM 4/17 inf. 269) ; il peut aussi contrôler le montant de la créance compte tenu des travaux exécutés et des prix convenus (CE 10-2-2017 nº 397311, Sté Baudin Châteauneuf Dervaux).

Le droit au paiement direct n'est pas affecté par la circonstance que la **demande d'acceptation du sous-traitant** et d'agrément des conditions de paiement soit **présentée après le dépôt de l'offre** par le titulaire du marché. Si l'acceptation du maître de l'ouvrage doit alors faire l'objet d'un acte spécial (CCP art. R 2193-4), le paiement du sous-traitant porte sur les sommes prévues à son contrat et non sur les sommes réduites figurant dans l'acte spécial signé par le maître de l'ouvrage et le titulaire du marché (CE 10-2-2017 n° 397311 : BPIM 2/17 inf. 104).

Dans l'hypothèse d'une rémunération directe du sous-traitant par le maître d'ouvrage, ce dernier peut **contrôler l'exécution effective des travaux** sous-traités et le montant de la créance du sous-traitant. Au titre de ce contrôle, le maître d'ouvrage peut s'assurer que la consistance des travaux réalisés par le sous-traitant correspond à ce qui est prévu par le marché principal. Cependant, il n'exerce pas de contrôle sur la qualité des travaux exécutés par le sous-traitant (CE 2-2-2024 n° 475639).

55017 Les dispositions relatives aux **avances, acomptes et règlements** sont applicables aux sous-traitants acceptés et dont les conditions de paiement ont été agréées, en tenant compte des précisions suivantes (CCP art. R 2193-10 et R 2193-17 s.) :
– le sous-traitant est payé directement pour la part du marché dont il assure l'exécution, lorsque le montant du contrat de sous-traitance est égal ou supérieur à 600 € TTC, ce qui affecte le calcul de l'avance faite au titulaire ;
– si le titulaire remplit les conditions pour bénéficier d'une avance, une avance est versée sur demande au sous-traitant bénéficiaire du paiement direct ;
– pour le calcul de cette avance il est fait application de l'article R 2193-19 du CCP ;
– le droit à l'avance est ouvert dès la notification du marché ou de l'acte spécial par l'acheteur.

Le remboursement de cette avance s'impute sur les sommes dues au sous-traitant.

Le titulaire du marché doit rembourser le montant de l'avance correspondant aux prestations sous-traitées s'il a perçu cette avance postérieurement à la notification du marché, même si le sous-traitant ne souhaite pas bénéficier de l'avance. Le remboursement s'impute sur les sommes dues au titulaire dès la notification de l'acte spécial.

L'engagement direct du maître de l'ouvrage envers le sous-traitant ne peut pas le conduire à payer davantage que ce qu'il doit au titre du marché principal, ni à verser au sous-traitant plus que le **montant** du sous-traité (voir sur les travaux supplémentaires Cass. 3e civ. 31-3-1993 : Bull. civ. III n° 49). Toutefois, le Conseil d'État estime que le paiement direct porte sur les travaux supplémentaires nécessaires à la réalisation de l'ouvrage ainsi que sur les dépenses résultant de sujétions imprévues (CE 24-6-2002 n° 240271, Dépt de Seine-Maritime : BPIM 6/02 inf. 385). Raisonnant comme pour l'action directe, la Cour de cassation a jugé que le maître de l'ouvrage qui ne doit plus rien à l'entrepreneur principal à la réception de la copie de la mise en demeure ne doit plus rien au sous-traitant. Il n'a pas à faire connaître au sous-traitant que celui-ci a été accepté et ses conditions de paiement agréées (Cass. 3e civ. 7-5-1997 n° 95-16.239 : RJDA 8-9/97 n° 1042).

55020 L'entrepreneur principal ne peut **nantir** que la part du marché qu'il effectue personnellement (Loi 75-1334 du 31-12-1975 art. 9). À la différence de ce qui est prévu pour les marchés privés, cette règle ne cède pas, même si l'entrepreneur fournit caution. Pour la Cour de cassation, le nantissement excessif est inopposable au sous-traitant (Cass. com. 20-6-1989 : Bull. civ. IV n° 195). Pour le Conseil d'État, il rend impossible toute acceptation, ce qui interdit le paiement direct (CE 2-6-1989 : D. 1990 p. 229 obs. Bénabent).

Par ailleurs, la demande de paiement direct présentée par le sous-traitant conduit le maître de l'ouvrage à vérifier que le titulaire du marché n'a pas cédé ou nanti ses créances, spécialement lorsque la demande d'acceptation et d'agrément est postérieure à la conclusion du marché, ou lorsque l'évolution du marché conduit son titulaire à sous-traiter une prestation supérieure à celle prévue dans le marché. Dans ces cas, l'entrepreneur principal doit produire soit l'exemplaire unique du marché qui lui a été délivré, soit une attestation ou une mainlevée du bénéficiaire de la cession ou du nantissement (CCP art. R 2193-3). Mais le sous-traitant qui a été accepté et dont les conditions de paiement ont été agréées peut céder ou nantir tout ou partie de sa créance à concurrence des sommes qui lui sont réglées directement (CCP art. R 2193-22).

Enfin, la Cour de cassation laisse clairement entendre que le droit au paiement direct n'emporte **pas délégation parfaite** et laisse subsister la dette de l'entrepreneur principal à qui le sous-traitant peut toujours s'adresser (Cass. 3e civ. 15-1-1992 : Bull. civ. III no 20 ; Cass. 3e civ. 3-12-2008 no 07-19.997 FS-PBI : BPIM 1/09 inf. 22). Le paiement direct effectué par le maître de l'ouvrage ne libère pas l'entrepreneur principal si le sous-traitant avait déjà cédé sa créance à une autre personne qui agit contre l'entrepreneur principal. La règle d'antériorité s'applique ; le débiteur reste l'entrepreneur principal et la notification de la cession n'a pas à être faite entre les mains du comptable assignataire, le maître de l'ouvrage n'étant ni débiteur cédé ni défendeur à l'action en paiement (Cass. 3e civ. 8-12-2021 no 20-16.152 FS-B : BPIM 1/22 inf. 28). Un arrêt a toutefois retenu la délégation parfaite, mais dans un cas où, semble-t-il, le contrat le prévoyait (Cass. 3e civ. 15-12-1993 : RDI 1994 p. 53).

Le Conseil d'État ajoute, pour sa part, que le droit au paiement direct est exclu lorsque l'entrepreneur principal a versé au sous-traitant une somme équivalente au sous-traité, même si cette somme concerne une créance extérieure à ce sous-traité (CE 3-11-1989 : D. 1990 som. p. 244 obs. Terneyre). Un autre arrêt paraît ne maintenir l'obligation de l'entrepreneur principal que si les conditions du paiement direct ne sont pas réunies (CE 23-3-1990, Ville de Garches : RDI 1990 p. 207 obs. Terneyre).

› Précisions L'obligation de payer les prestations réalisées par un sous-traitant accepté et dont les conditions de paiement ont été agréées incombe au maître d'ouvrage. En cas de désaccord sur les sommes dues, le sous-traitant peut engager, devant le juge administratif si le contrat principal est administratif, une **action en paiement direct,** dont l'objet n'est pas de poursuivre sa responsabilité quasi délictuelle mais d'obtenir le paiement des sommes qu'il estime lui être dues. Lorsque le maître d'ouvrage a confié à un **mandataire** l'exercice de certaines attributions en son nom et pour son compte, le juge, saisi d'une action en paiement direct par le sous-traitant, peut mettre à la charge du mandataire le versement des sommes éventuellement dues si et dans la mesure où il résulte de l'instruction que ce versement est au nombre des missions qui incombent au mandataire en vertu du contrat qu'il a conclu avec le maître d'ouvrage (CE 18-9-2019 no 425716 : BPIM 6/19 inf. 393).

3. SOUS-TRAITANCE IRRÉGULIÈRE DANS LES MARCHÉS PUBLICS

La sous-traitance est irrégulière dans deux cas : **55025**

– lorsque la sous-traitance est occulte. Les conséquences sont celles exposées nos 54500 s. et spécialement no 54525 ;

– lorsque les garanties principales ne sont pas fournies dans les rares cas où elles semblent s'imposer dans les marchés publics (no 55000). Les responsabilités sont calquées sur celles exposées no 54765.

Lorsque la sous-traitance est irrégulière et que le sous-traitant se manifeste alors que l'entre- **55030**
preneur principal est en **liquidation judiciaire,** il ne peut pas prétendre au paiement direct, puisque les conditions ne sont pas remplies. Il ne peut pas davantage invoquer l'action directe, qui n'a pas un caractère subsidiaire. Le paiement direct et l'action directe sont exclusifs l'un de l'autre (CE 9-3-1984 no 30624, H. c/ Office de HLM de St-Denis ; en ce sens : Clément et Richer, Les Marchés publics de travaux des collectivités territoriales, p. 30 ; CE 17-3-1982 : Lebon p. 123).

4. PRIVILÈGE DE « PLUVIÔSE »

Un privilège a été institué par le décret du 26 pluviôse an II, dans les marchés publics. Il **55035**
bénéficie aux **ouvriers** de l'entrepreneur et aux **fournisseurs,** qui jouissent d'un paiement préférentiel par le maître de l'ouvrage (C. trav. art. L 3253-22). Ce privilège est subordonné à l'**agrément préalable** des bénéficiaires (ouvriers exceptés). Ces dispositions sont reprises à l'article R 2191-63 s. du Code de la commande publique.

› Précisions Une demande de paiement émanant d'un sous-traitant fondée sur le « privilège de pluviôse » ne peut pas être assimilée à une demande de paiement direct (CE 3-6-2005 no 275061, Sté Jacqmin : BPIM 5/05 inf. 322).

© Éd. Francis Lefebvre

SECTION 4

RAPPORTS ET RESPONSABILITÉS RÉSULTANT DE LA SOUS-TRAITANCE

A. Rapports entre le sous-traitant et le maître de l'ouvrage

RESPONSABILITÉ DU MAÎTRE DE L'OUVRAGE ENVERS LE SOUS-TRAITANT

55200 Le sous-traitant est en principe un tiers au marché principal ; il n'a donc aucun lien de droit avec le maître de l'ouvrage. Outre qu'il peut exercer l'**action directe** (nº 54800), il peut aussi rechercher la responsabilité du maître de l'ouvrage qui s'est désintéressé de lui et n'a pas mis en œuvre la procédure de l'article 14-1 de la loi du 31 décembre 1975 (nºs 54390 s.) ou n'a pas été diligent pour veiller à ce que l'article 14 soit respecté (nºs 54765, 55025). Cette responsabilité est en principe fondée sur les articles 1240 et 1241 du Code civil. Il peut aussi invoquer, lorsque les circonstances s'y prêtent, la **gestion d'affaires ou l'enrichissement sans cause** ou injustifié (nº 54920).

Lorsque le maître de l'ouvrage résilie le marché principal, le sous-traité tombe aussi. Mais une difficulté peut résulter de la poursuite de certains travaux par le sous-traitant. Le paiement de certains travaux commandés par le maître de l'ouvrage ne suffit pas, en cas de résiliation du marché principal, à emporter changement de débiteur et à faire du sous-traitant un entrepreneur principal (Cass. 3e civ. 23-6-2004 nº 02-20.806 FS-D : BPIM 5/04 inf. 287).

55205 **Faute extracontractuelle** Sous les réserves qui précèdent, le maître de l'ouvrage qui méconnaît les dispositions de l'article 14-1, alinéa 2 de la loi du 31 décembre 1975 commet une faute extracontractuelle à l'égard du sous-traitant (Cass. 3e civ. 29-1-1997 nº 95-11.802 : RJDA 4/97 nº 508 ; Cass. 3e civ. 4-6-1997 nº 95-17.629 : RJDA 12/97 nº 1488 ; Cass. 3e civ. 21-5-2018 nº 16-22.460 F-D : RDI 2019 p. 273).

Le maître de l'ouvrage engage sa responsabilité envers le sous-traitant quel que soit son rang (Cass. 3e civ. 9-12-1998 nº 97-10.995 : RJDA 4/99 nº 407). Il faut, dans tous les cas, qu'il ait eu connaissance de la présence du sous-traitant avant le paiement de l'entreprise principale (voir nº 54400). La **preuve** de cette faute est nécessaire pour que sa responsabilité soit engagée (Cass. 3e civ. 30-11-2017 nº 16-25.312 F-D : BPIM 1/18 inf. 25).

Il ne peut pas s'en exonérer en arguant que le sous-traitant aurait renoncé aux dispositions protectrices de la loi du 31 décembre 1975, ces dispositions étant d'ordre public (Cass. 3e civ. 9-7-2003 nº 02-10.644 FS-PB : BPIM 5/03 inf. 284).

55210 **Responsabilité civile** L'action en responsabilité civile est indépendante de l'action directe (Cass. 3e civ. 25-9-2002 nº 00-18.163 FS-PB : RJDA 2/03 nº 134). Les deux actions peuvent coexister (Cass. 3e civ. 29-1-1997 nº 95-11.802 : RJDA 4/97 nº 508 ; Cass. 3e civ. 15-11-2011 nº 10-26.940 F-D : RDI 2012 p. 505). Le maître de l'ouvrage qui paye l'entrepreneur principal, alors qu'il a connaissance de la présence du sous-traitant sur le chantier, engage sa responsabilité envers ce dernier pour avoir tardivement mis en demeure l'entreprise de le déclarer. Le versement du solde du prix du marché principal au sous-traitant au titre de l'action directe ne prive pas ce dernier du bénéfice de l'action en responsabilité pour le surplus de sa créance (Cass. 3e civ. 16-3-2023 nº 21-25.726 F-D : BPIM 3/23 inf. 192). Le préjudice indemnisable du sous-traitant s'entend généralement du solde lui restant dû (Cass. 3e civ. 14-4-1999 nº 97-17.055 PB : RJDA 8-9/99 nº 929).

Un autre arrêt indemnise le sous-traitant au regard de ce que le maître de l'ouvrage reste devoir à l'entrepreneur principal à la date à laquelle il a eu connaissance de la présence du sous-traitant sur le chantier et retient que le sous-traitant, dont le contrat n'a pas été annulé, ne peut pas prétendre à d'autres sommes que celles prévues par le sous-traité (Cass. 3e civ. 18-1-2024 nº 22-20.995 FS-B).

L'action en responsabilité peut être **mise en œuvre** sans qu'une mise en demeure de l'entrepreneur principal soit nécessaire. Il suffit qu'il y ait un préjudice. Il importe peu également que l'exercice de l'action directe soit impossible en particulier parce que le maître de l'ouvrage a payé intégralement l'entrepreneur principal (Cass. 3e civ. 14-11-2001 no 00-12.722 FS-PB : RJDA 3/02 no 254).

En revanche, la responsabilité du maître de l'ouvrage est engagée envers le sous-traitant à **condition** que le maître de l'ouvrage ait eu connaissance de la présence de ce dernier avant d'avoir intégralement payé l'entrepreneur principal (Cass. 3e civ. 20-10-2004 no 03-11.507 FS-D : BPIM 1/05 inf. 24 ; Cass. 3e civ. 13-7-2016 no 15-20.779 F-D : BPIM 5/16 inf. 304). Le préjudice subi par le sous-traitant impayé ne lui est pas imputable si cette condition n'est pas remplie (Cass. 3e civ. 26-1-2000 no 98-15.999 F-PB : RJDA 4/00 no 413). Jugé que le maître d'ouvrage a intégralement payé l'entrepreneur principal par lettre de change acceptée avant d'avoir eu connaissance de la présence du sous-traitant, peu important que l'échéance de la lettre de change soit postérieure au jour où le maître d'ouvrage a eu connaissance du sous-traitant (Cass. 3e civ. 21-5-2003 no 01-10.988 FS-D : BPIM 4/03 inf. 224).

De même, le maître d'ouvrage n'engage pas sa responsabilité s'il refuse expressément que le sous-traitant intervienne sur le chantier et si ce dernier réalise néanmoins des travaux, dont il reste impayé (Cass. 3e civ. 16-6-2015 no 14-12.564 F-D : BPIM 4/15 inf. 246).

Préjudice du sous-traitant Le préjudice subi par le sous-traitant non présenté est caractérisé par : 55215

– la **perte des garanties principales** (Cass. 3e civ. 22-11-2000 no 98-17.923 FS-D : RJDA 5/01 no 583 ; Cass. 3e civ. 7-3-2024 no 22-23.309 FS-B : BPIM 3/24 inf. 186) ;
– et/ou **de l'action directe** (Cass. 3e civ. 5-6-1996 no 94-15.825 : RJDA 10/96 no 1191 ; Cass. 3e civ. 10-1-2001 no 99-12.836 : RDI 2001 p. 165 ; Cass. 3e civ. 18-1-2024 no 22-20.995 FS-B : BPIM 2/24 inf. 111).

Certains arrêts ont retenu aussi la **perte d'une chance d'être payé** (CA Versailles 10-12-1993 : RDI 1994 p. 250 ; Cass. 3e civ. 16-6-2009 no 08-17.400 F-D : BPIM 4/09 inf. 275, sol. implicite) ou même l'**absence de certitude de paiement** des travaux exécutés (Cass. 3e civ. 28-5-2013 no 12-22.257 F-D : BPIM 4/13 inf. 254, dans un cas où le sous-traitant avait accepté que l'entrepreneur principal, en redressement judiciaire, étale sur 8 ans le paiement de sa créance).

La **réparation,** lorsqu'elle est due, peut être **supportée solidairement** par le maître de l'ouvrage et le maître de l'ouvrage délégué lorsque c'est lui qui n'a pas exécuté correctement son mandat (Cass. 3e civ. 6-1-1999 no 96-18.6903 : RJDA 5/99 no 555). Mais le maître de l'ouvrage, pour être aussi tenu, doit avoir eu personnellement connaissance de la présence du sous-traitant (Cass. 3e civ. 15-4-2021 no 19-20.424 FS-P : BPIM 3/21 inf. 185, voir no 54390).

Pour l'évaluation des dommages-intérêts, la Cour de cassation décide que le préjudice est souverainement apprécié par les juges du fond (Cass. 3e civ. 17-7-1997 no 95-21.385 : BPIM 6/97 inf. 381 ; Cass. 3e civ. 14-4-1999 no 97-17.055 : RJDA 8-9/99 no 929). 55220

L'**étendue du dommage indemnisable** correspond à ce qui reste dû au sous-traitant non payé ou insuffisamment payé par l'entrepreneur principal (Cass. 3e civ. 14-4-1999 no 97-17.055 : RJDA 8-9/99 no 929 ; Cass. 3e civ. 22-11-2000 no 98-17.923 : RJDA 5/01 no 583 ; Cass. 3e civ. 24-1-2001 no 98-17.767 FS-D84 : BPIM 2/01 inf. 111). Elle correspond plus précisément au juste coût des travaux exécutés et au préjudice causé par le défaut de paiement (Cass. 3e civ. 21-5-2018 no 16-22.460 F-D : RDI 2019 p. 273). Le préjudice indemnisable peut cependant dépendre de la nature des carences du maître de l'ouvrage qui a méconnu ses obligations. Le préjudice du sous-traitant, résultant de la carence du maître de l'ouvrage, qui s'est abstenu de mettre en demeure l'entrepreneur principal de le lui présenter, s'apprécie au regard de ce qu'il restait devoir à l'entrepreneur principal à la date à laquelle il a eu connaissance de la présence du sous-traitant sur le chantier (Cass. 3e civ. 18-1-2024 no 22-20.995 FS-B : BPIM 2/24 inf. 111). Il ne sanctionne pas directement l'absence de fourniture des garanties et il constate que le sous-traitant, qui n'a pas demandé la nullité du contrat, a perdu le bénéfice de l'action directe. Si le préjudice procède de l'absence des garanties, sans perte de l'action directe, il a été jugé que ne sont à payer que les sommes encore dues au titre de cette action, c'est-à-dire le solde du prix des travaux (Cass. 3e civ. 13-2-2020 no 19-10.013 F-D : RDI 2021 p. 92). Lorsque le sous-traitant présenté et agréé ne bénéficie d'aucune garantie, le préjudice réparable est égal à la différence entre les sommes que le sous-traitant aurait dû recevoir si les garanties avaient été constituées et celles effectivement reçues ; le préjudice est déterminé par rapport aux sommes dues par l'entreprise principale au sous-traitant, peu important que les travaux supplémentaires n'aient pas été acceptés par le maître de l'ouvrage, dès lors qu'ils ont été confiés au sous-traitant pour l'exécution du marché principal (Cass. 3e civ. 7-3-2024 no 22-23.309 FS-B : BPIM 3/24 inf. 186). Il a été jugé toutefois que la nullité encourue ne suffit pas à caractériser le préjudice (Cass. 3e civ. 22-5-1997 nº 95-13.676 : Bull. civ. III nº 108).

Comme la responsabilité du maître de l'ouvrage n'est engagée qu'à compter du moment où, ayant eu connaissance de la présence d'un sous-traitant, il a continué à payer l'entrepreneur principal, la question posée est de savoir si cette responsabilité est enfermée dans la double limite des sommes restant dues à l'entrepreneur principal au moment où le maître de l'ouvrage a eu connaissance de la présence du sous-traitant et du montant de la créance non payée du sous-traitant (ce qui paraît probable et expliquerait l'arrêt Cass. 3e civ. 26-1-2000 nº 98-15.999 : RJDA 4/00 nº 413 précité), ou bien si, au contraire, c'est toute la créance du sous-traitant qui est à considérer lorsque le maître de l'ouvrage est en faute, même si le solde restant dû à l'entrepreneur principal est insuffisant.

Il a été jugé, à propos de la caution subrogée aux droits du sous-traitant, que le montant de la créance est limité aux sommes dues au titre du marché souscrit par le sous-traitant ; on ne peut réclamer au maître de l'ouvrage des sommes qu'il a payées en exécution d'un marché distinct du marché sous-traité (Cass. 3e civ. 18-5-2017 nº 16-10.719 FS-PBI : BPIM 3/17 inf. 205).

Il n'y a aucune faute, et par suite, aucune responsabilité si le marché est achevé et que le maître de l'ouvrage a déjà payé intégralement l'entrepreneur principal lorsqu'il apprend que celui-ci a sous-traité certains lots (Cass. 3e civ. 13-7-2016 nº 15-20.779 F-D : BPIM 5/16 inf. 304 ; RDI 2017 p. 82), à moins qu'il ne laisse croire au sous-traitant que celui-ci pourrait être payé (Cass. 3e civ. 7-4-2016 nº 15-12.926 F-D : RDI 2017 p. 83).

La jurisprudence qui décide que la responsabilité du maître de l'ouvrage reste engagée même s'il a payé intégralement l'entrepreneur principal (Cass. 3e civ. 14-11-2001 nº 00-12.722 FS-PB : RJDA 3/02 nº 254) ne semble concerner que le cas du maître de l'ouvrage qui avait connaissance de la présence du sous-traitant et a néanmoins payé son créancier sans le mettre en demeure d'accomplir ses obligations.

> **Précisions** Lorsqu'il est privé de l'action directe (sur les effets de cette action, voir nº 54880) par la carence du maître de l'ouvrage, le sous-traitant n'exerce pas une action en paiement des sommes lui restant dues, mais une action en responsabilité. Le maître de l'ouvrage est dès lors débiteur de la réparation d'un préjudice et les sommes mises à sa charge ne peuvent pas donner lieu à l'application des **pénalités de retard** prévues par l'article L 441-6 (devenu art. L 441-10) du Code de commerce (Cass. 3e civ. 25-6-2020 nº 19-11.859 F-D : BPIM 4/20 inf. 247).

RESPONSABILITÉ DU SOUS-TRAITANT ENVERS LE MAÎTRE DE L'OUVRAGE

55225 Le **maître de l'ouvrage** dispose d'une action en responsabilité pour les désordres relevés dans la partie des travaux sous-traités. La responsabilité du sous-traitant est alors, le plus souvent, recherchée concurremment avec celle des autres constructeurs ; si elle est admise, elle donne lieu à leur condamnation « in solidum », laquelle n'est possible que si les travaux réalisés par le sous-traitant ont indissociablement concouru à la réalisation de l'entier dommage (Cass. 3e civ. 23-9-2009 nº 07-21.634 FS-PB : BPIM 6/09 inf. 432 ; Cass. 3e civ. 3-4-2013 nº 12-16.475 F-D : BPIM 3/13 inf. 185), ce qui est classique. La responsabilité du sous-traitant peut être engagée même s'il fournit une prestation intellectuelle, comme c'est le cas d'une société d'avocats à qui l'assistance à la maîtrise d'ouvrage a été sous-traitée par un syndic de copropriété (Cass. 3e civ. 3-12-2020 nº 19-17.868 FS-PBI : BPIM 1/21 inf. 30, voir nº 54055).

La responsabilité du sous-traitant a toujours été considérée comme étant de nature **extra-contractuelle** en l'absence de contrat entre le maître de l'ouvrage et le sous-traitant, tant par les juridictions de l'ordre judiciaire (Cass. ass. plén. 12-7-1991 nº 90-13.602 : RJDA 8-9/91 nº 711 concl. Mourier et rapport Leclercq p. 583 s. ; Cass. 3e civ. 19-11-1997 nº 95-13.656 : RDI 1998 p. 93 ; Cass. 3e civ. 10-1-2001 nº 99-11.374 FS-PB : RDI 2001 p. 166) que par les juridictions de l'ordre administratif (CE 6-3-1987 : RDI 1987 p. 231). La faute quasi délictuelle résulte de l'inexécution ou de la mauvaise exécution du contrat dont le maître de l'ouvrage peut se prévaloir comme d'un fait qui lui cause un préjudice (Cass. 3e civ. 10-1-2001 nº 99-13.897 FS-P : BPIM 2/01 inf. 124, RDI 2001 p. 178 ; Cass. 3e civ. 4-1-2006 nº 04-18.455 FS-D : BPIM 2/06 inf. 112) ; la chambre commerciale ne la prend toutefois en considération que si l'inexécution constitue un « manquement au devoir général de ne pas nuire à autrui » (Cass. com. 8-10-2002 nº 98-22.858 F-D : Defrénois 2003 art. 37767 nº 62 ; Cass. com. 5-4-2005 nº 03-19.370 FS-PB : BRDA 12/05 nº 10). La faute quasi délictuelle peut résulter d'un manquement du sous-traitant à son obligation d'information (Cass. 3e civ. 4-1-2006 nº 04-18.455 FS-D : BPIM 2/06 inf. 112).

Le Conseil d'État, se rapprochant de la doctrine de la Cour de cassation sans toutefois s'aligner sur elle, estime que la collectivité publique maître de l'ouvrage peut rechercher la responsabilité délictuelle d'un sous-traitant en raison d'un vice dans la conception ou l'exécution de l'ouvrage (CE 7-12-2015 nº 380419, Cne de Bihorel : BPIM 1/16 inf. 26). Il s'agit d'un revirement de jurisprudence. Jusqu'alors, seules les personnes liées au maître de l'ouvrage par un contrat de louage d'ouvrage pouvaient être condamnées (CE 30-6-1999 n° 163435, Cne de Voreppe : BPIM 1/00 inf. 23). Toutefois, si le maître de l'ouvrage peut se prévaloir de la violation des règles de l'art et de la méconnaissance des dispositions législatives ou réglementaires, il ne peut se prévaloir des fautes résultant de la seule inexécution de ses obligations contractuelles par le prestataire. En outre, alors même qu'il entend se placer sur le terrain quasi délictuel, il ne peut rechercher la responsabilité du constructeur pour des désordres après réception qui ne compromettent pas la solidité de l'ouvrage ou ne sont pas de nature à le rendre impropre à sa destination (CE 7-12-2015 n° 380419 déjà cité).

L'**indemnité** due par le sous-traitant est à hauteur du préjudice qu'il a causé. Mais le maître d'ouvrage qui a obtenu la réparation d'une partie de son préjudice par l'entrepreneur principal ne peut pas faire condamner le sous-traitant pour le tout (Cass. 3e civ. 17-12-2014 n° 12-20.219 FS-D : BPIM 1/15 inf. 30). **55227**

L'indemnité à laquelle le sous-traitant peut être condamné ne se compense pas avec les sommes lui revenant au titre du sous-traité car la première vaut dans ses rapports avec le maître d'ouvrage tandis que les secondes sont dues par l'entrepreneur principal : le sous-traitant étant un tiers à l'égard du maître de l'ouvrage il n'y a pas lieu à compensation entre les deux créances (Cass. 3e civ. 14-1-2014 n° 12-20.673 F-D : BPIM 2/14 inf. 105).

Nonobstant ce qui vient d'être dit, en droit positif actuel, il peut se créer un lien contractuel entre le maître de l'ouvrage et le sous-traitant, en particulier lorsqu'il y a **novation** du marché initial et que le sous-traitant devient entrepreneur principal (Cass. 3e civ. 6-5-1981 : RDI 1982 p. 86). Les règles de responsabilité sont alors celles du marché principal. **55230**

Le maître de l'ouvrage peut également agir contre le sous-traitant par **subrogation** aux droits du tiers victime qu'il a désintéressé (Cass. 3e civ. 6-1-1983 : RDI 1983 p. 453), ce qui tend à se développer lorsque le voisin se plaint d'un dommage qui peut être imputé au sous-traitant (voir n° 55245).

Avant l'intervention de la réforme de la prescription en matière civile (voir n° 55235), il était admis que le maître de l'ouvrage pouvait agir contre le sous-traitant sur le fondement des articles 1245 et suivants du Code civil en cas de **dommage dû au fait des produits utilisés** par le sous-traitant. L'action est en effet ouverte à la victime, qui peut être le maître de l'ouvrage, qu'elle soit ou non liée par un contrat au « producteur » au sens de la loi. Depuis la réforme de la prescription, les règles sur la prescription des actions dirigées contre le sous-traitant figurent aux articles 1792-4-2 et 1792-4-3. Or, l'article 1245-5, dernier alinéa exclut de la catégorie des « producteurs » responsables sur le fondement des articles 1245 et suivants les personnes dont la responsabilité peut être engagée sur le fondement des articles 1792 à 1792-6, parmi lesquels figurent désormais les articles 1792-4-2 et 1792-4-3. On peut donc se demander si le sous-traitant est encore susceptible d'engager sa responsabilité sur le fondement des articles 1245 et suivants du Code civil (voir Ph. Malinvaud, RDI 2009 p. 257).

> **Précisions** Un **projet de réforme** de la responsabilité impacte la responsabilité des constructeurs (voir Ph. Malinvaud, RDI 2016 p. 609). Ce projet a été amendé par un autre plus récent, présenté le 13 mars 2017 par le garde des Sceaux, qui vise plus spécialement la sous-traitance (voir Ph. Malinvaud, RDI 2017 p. 241).

PRESCRIPTION DES ACTIONS

Action personnelle du maître de l'ouvrage L'action de l'article 1792-4-2 est réservée aux actions du maître de l'ouvrage contre les constructeurs et leurs sous-traitants. Elle ne bénéficie pas aux constructeurs et aux tiers qui agissent contre le sous-traitant (Cass. 3e civ. 16-1-2020 n° 18-21.895 FS-PBRI : BPIM 1/20 inf. 42, RDI 2020 p. 120), ni aux constructeurs dans leurs rapports entre eux (Cass. 3e civ. 16-1-2020 n° 18-25.915 FS-PBRI : BPIM 1/20 inf. 44, RDI 2020 p. 120). Le Conseil d'État juge également que l'article 1792-4-3 a vocation à s'appliquer aux actions en responsabilité dirigées par le maître de l'ouvrage contre les constructeurs ou leurs sous-traitants (CE 12-4-2022 n° 448946 : BPIM 3/22 inf. 214). **55235**

Les **actions** relatives à des dommages susceptibles, dans les rapports entre le maître de l'ouvrage et l'entrepreneur principal, de relever de la **garantie décennale** se prescrivent par 10 ans contre le sous-traitant et celles susceptibles de relever de la **garantie biennale** dans le rapport principal se prescrivent par 2 ans contre lui (C. civ. art. 1792-4-2). L'action contre le sous-traitant, pourtant tenu que d'une responsabilité de droit commun, suit ainsi le même régime de prescription que celle contre l'entrepreneur principal. La différence de nature des responsabilités, dans les rapports entre le maître de l'ouvrage et le sous-traitant (contractuelle ou extracontractuelle) subsiste en droit positif. Un arrêt laisse entendre que le fondement de sa responsabilité demeure la responsabilité extracontractuelle (Cass. 3e civ. 5-11-2020 n° 19-18.284 FS-PBI : BPIM 6/20 inf. 400). **L'avant-projet de réforme des contrats spéciaux** rompt avec cette jurisprudence et ajoute aux articles 1792-4-2 et 1792-4-3 un alinéa qui réserve l'action au seul maître de l'ouvrage ou à l'acquéreur de l'ouvrage. L'avant-projet de réforme des contrats spéciaux (art. 1768) prévoit que le maître de l'ouvrage peut exercer contre le sous-traitant toute action née du contrat de sous-traitance, ce qui consacre une action directe de nature contractuelle. Le sous-traitant pourrait opposer au maître d'ouvrage les exceptions qu'il pourrait opposer à son cocontractant, mais ne pourrait se prévaloir de celles que l'entrepreneur principal aurait pu lui opposer. Est-ce à dire que l'article 1792-4-2 devra être lu comme une extension des garanties décennale et biennale au sous-traitant ? Si ce n'est pas le cas, la responsabilité du sous-traitant relèvera-t-elle d'un régime qui s'en inspire au point de lui ressembler, si l'on se souvient que le constructeur est tenu par son contrat d'une obligation de résultat et que le point de départ du délai de prescription est la réception des travaux qui allongerait le délai de cette quasi-garantie lorsque les lots sous-traités sont exécutés bien avant la réception du marché principal ? On souhaiterait que la réforme des contrats spéciaux donne des précisions à ce sujet.

Les **actions** en responsabilité contre le sous-traitant **autres** que celles relevant des garanties légales se prescrivent par 10 ans (C. civ. art. 1792-4-3). Il s'agit des actions concernant les dommages qui, dans les rapports entre le maître de l'ouvrage et l'entrepreneur principal, relèvent de la responsabilité de droit commun. Le délai de 10 ans est un délai de forclusion qui ne peut pas être interrompu par la reconnaissance par le débiteur du droit de celui contre lequel il prescrit (Cass. 3e civ. 10-6-2021 n° 20-16.837 FS-PR : BPIM 4/21 inf. 262). Cet arrêt, qui statue sur les rapports entre le maître de l'ouvrage et l'entrepreneur principal, précise que le législateur a « entendu harmoniser les deux régimes de responsabilité » en alignant le régime de la responsabilité de droit commun sur celui de la garantie décennale, et laisse clairement entendre que la solution qu'il édicte devrait s'appliquer aussi à la garantie décennale. La solution s'applique évidemment à l'action en responsabilité dirigée contre le sous-traitant, puisque ce dernier est visé par l'article 1792-4-3 du Code civil, peu important la nature de la responsabilité engagée.

Le **point de départ de la prescription** est fixé à la réception des travaux. Il s'agit de la réception du marché principal car on voit mal comment la « réception » du marché sous-traité par l'entrepreneur principal pourrait faire courir un délai contre le maître de l'ouvrage qui n'y est pas partie. Inversement, on peut se demander si le sous-traitant ne devrait pas être invité aux opérations de réception du marché principal puisque la réception fait courir le délai de prescription. Si la réception est un « fait », sa présence n'est pas nécessaire ; si c'est un « acte juridique », comme le précise expressément l'avant-projet de réforme des contrats spéciaux (art. 1774), elle peut en revanche l'être car l'acte peut lui faire grief. **Lorsque la réception n'a pas eu lieu,** par exemple parce que le maître de l'ouvrage refuse d'accepter les travaux, le délai de prescription est celui de 5 ans fixé par l'article 2224 du Code civil et il court à compter de la manifestation du dommage (Cass. 3e civ. 16-9-2021 n° 20-12.372 F-D : BPIM 6/21 inf. 363, sur l'action contre le sous-traitant qui ne peut alors pas être fondée sur l'article 1792-4-3).

> **Précisions** **a.** L'action du maître de l'ouvrage contre le sous-traitant est toujours une action en responsabilité de droit commun. Qu'elle soit contractuelle ou extracontractuelle est indifférent au regard de la prescription (en ce sens Ph. Malinvaud, RDI 2006 p. 171). La généralisation de la prescription décennale à tous les dommages pourrait dispenser d'identifier, sauf pour les équipements dissociables visés à l'article 1792-3, la **nature de la responsabilité.**
> **b.** La réforme de la prescription laisse dans l'ombre les **dommages constatés avant la réception** et qui sont imputables au sous-traitant et l'avant-projet de réforme des contrats spéciaux est également muet. Il semble que la prescription soit alors quinquennale (C. civ. art. 2224) et qu'elle ne coure qu'à compter de leur manifestation. Plus généralement, l'**abandon de chantier** et parfois le **retard** pourraient eux aussi relever de l'article 2224. Il a été jugé, à propos de l'action dirigée contre l'entrepreneur principal, que la prescription de 5 ans courait à compter du jour où le maître de l'ouvrage a eu connaissance des faits lui permettant de l'exercer (Cass. 3e civ. 19-3-2020 n° 19-13.459 FS-PBRI : BPIM 3/20 inf. 200). Cette solution pourrait s'appliquer à l'action contre le sous-traitant.

55240 **Aménagement conventionnel du délai de prescription** L'article 2254 du Code civil autorise l'aménagement conventionnel du délai de prescription qui, toutefois, ne peut être réduit à moins d'un an ni étendu à plus de 10 ans. L'**application de ce texte** aux délais institués par les articles 1792-4-2 et 1792-4-3 du Code civil pose problème. En principe, le sous-traitant n'est pas débiteur de la garantie décennale au sens de l'article 1792 du Code civil. Le délai de cette garantie peut être augmenté mais il ne peut être réduit.

Or, l'article 1792-4-2 institue des délais qui s'inspirent des garanties biennale et décennale (voir nº 55235). Le délai de 10 ans peut-il être réduit, ou faut-il s'en tenir au régime de la garantie décennale ? S'il peut être réduit, il ne peut l'être que par le contrat de sous-traitance. Cette réduction est-elle opposable au maître de l'ouvrage qui n'est pas partie à cette convention ? La réponse est difficile à donner même si l'entrepreneur principal informe le maître de l'ouvrage de la clause ou si ce dernier en a connaissance lors de l'agrément du sous-traitant. Pourrait-il alors refuser l'agrément ? On le voit, il eût été plus simple de soumettre purement et simplement le sous-traitant aux **garanties légales.** L'article 1792-4-3, qui fixe la durée de la prescription pour la responsabilité de droit commun, suscite les mêmes interrogations, à une réserve près : la responsabilité de droit commun peut selon nous donner lieu à un aménagement conventionnel de la durée de la prescription ; mais s'agissant d'un délai de forclusion et l'action étant contractuelle dans l'avant-projet de réforme des contrats spéciaux, la question peut se discuter.

Actions récursoires Le sous-traitant peut être un « voisin occasionnel » et, en tant qu'exécutant des **travaux dommageables,** il peut engager sa responsabilité **à l'égard du voisin** (Cass. 3e civ. 21-5-2008 nº 07-13.769 FS-PBRI : BPIM 4/08 inf. 300 ; Cass. 3e civ. 30-6-1998 nº 96-13.039 : RDI 1998 p. 647). L'action se prescrit désormais par 5 ans (C. civ. art. 2224). Il est en effet douteux que les articles 1792-4-2 et 1792-4-3 du Code civil s'appliquent. Le voisin peut également agir dans le même délai contre le maître de l'ouvrage pris en tant que propriétaire. Une action subrogatoire du maître de l'ouvrage est alors ouverte contre le sous-traitant (Cass. 1e civ. 18-9-2002 nº 99-20.297 : RDI 2003 p. 96 ; Cass. 3e civ. 24-9-2003 nº 02-12.873 FS-PB : BPIM 6/03 inf. 352, RDI 2003 p. 582). Elle semble devoir être enfermée dans le même délai que l'action du tiers auquel il est subrogé, sans que l'éventuelle prescription biennale (si le dommage est consécutif à l'installation d'équipements dissociables) lui soit opposable. Toutefois, lorsque le dommage causé au voisin se traduit par un empiètement, la prescription acquisitive du sol d'autrui est susceptible d'être portée à 30 ans (C. civ. art. 2272). L'action du voisin contre le sous-traitant, s'il est l'auteur de l'empiètement, paraît hasardeuse. En revanche, l'action récursoire du maître de l'ouvrage est concevable. Il est douteux qu'elle soit enfermée dans les délais des articles 1792-4-2 et 1792-4-3. 55245

DROIT DE GARANTIE DE L'ARTICLE 1799-1 DU CODE CIVIL

Le sous-traitant, qui peut exercer l'action directe contre le maître de l'ouvrage, peut se prévaloir de la garantie de paiement instituée par l'article 1799-1, alinéa 2 du Code civil (Loi 75-1334 du 31-12-1975 art. 12, al. 4), devenant article 1794 dans l'avant-projet de réforme des contrats spéciaux ; voir nos 57540 s. 55250

B. Rapports entre le sous-traitant et l'entrepreneur principal

Le sous-traité est un louage d'ouvrage soumis, dans les rapports entre l'entrepreneur principal et le sous-traitant, au régime juridique des **marchés d'entreprise.** Le sous-traitant a donc droit au paiement des travaux qu'il a réalisés, même si les travaux doivent être repris, en particulier s'il a été condamné à garantir l'entrepreneur principal tenu d'indemniser le maître de l'ouvrage (Cass. 3e civ. 14-1-2014 nº 12-20.673 F-D : BPIM 2/14 inf. 105). Dans un tel cas en effet, le sous-traitant supporte le coût des travaux de remise en état, mais il ne peut pas être privé du prix de son marché. S'il effectue des travaux supplémentaires, et sous réserve d'une application volontaire de l'article 1793 du Code civil (voir nº 56760), son droit au paiement est subordonné à l'existence d'une commande expresse avant exécution ou d'une acceptation sans réserve après exécution (Cass. 3e civ. 11-7-2019 nº 18-17.663 F-D : BPIM 5/19 inf. 331). C'est le droit commun de la preuve qui s'applique (voir nº 57002). Si le contrat prévoit que les travaux supplémentaires font l'objet d'un accord écrit, l'acceptation des situations visant ces travaux par un représentant du constructeur constitue un écrit au sens du contrat de sous-traitance, et oblige le donneur d'ordres à les payer (Cass. 3e civ. 16-2-2022 nº 20-23.671 F-D : BPIM 2/22 inf. 121). Lorsque le sous-traitant se substitue un tiers dans l'exécution du marché avec l'accord du donneur d'ordres, la créance de l'entreprise remplacée peut donner lieu à une appréciation des juges du fond (Cass. 3e civ. 19-3-2020 nº 19-12.817 F-D : BPIM 3/20 inf. 193). 55350

Le contrat de sous-traitance est soumis aux conditions générales de validité des actes juridiques et aux conditions propres à la sous-traitance. Il est frappé de **nullité** si l'entrepreneur principal ne fournit pas l'une ou l'autre des garanties principales (Loi 75-1334 du 31-12-1975 art. 14, voir nos 54745 et 54770).

Le sous-traité peut donner lieu à **réception** des travaux, mais l'intérêt de la notion est ici relatif (Ph. Malinvaud ne s'y attarde du reste guère dans son étude sur les problématiques actuelles de la sous-traitance dans les marchés privés : RDI 2006 p. 165 s. ; voir aussi n° 55235). Déjà, la réception des travaux sous-traités ne fait pas courir le délai de la garantie décennale ou biennale. De plus, il ne semble pas que la réception, qui fixe le point de départ du délai de prescription de 2 ou de 10 ans prévu désormais par les articles 1792-4-2 et 1792-4-3 du Code civil, s'entende de celle du marché sous-traité (en ce sens : Ph. Malinvaud, étude précitée, p. 170). En outre, il est peu probable que l'on puisse attacher un quelconque effet extinctif à la réception, l'entrepreneur principal, sauf s'il y a expressément renoncé, conservant l'action récursoire contre le sous-traitant. Il n'est toutefois pas rare en pratique que la réception des travaux sous-traités coïncide avec celle du marché principal. Il advient cependant que la réception des travaux sous-traités soit prise en considération. Un arrêt a ainsi admis qu'une fois la réception des travaux sous-traités prononcée, le sous-traitant pouvait réclamer une provision sur les sommes consignées par l'entrepreneur principal à titre de **retenue de garantie** (Cass. 3e civ. 8-7-1992 n° 1190 : RJDA 11/92 n° 1013). Avant d'accorder au sous-traitant une provision sur retenue de garantie, il appartient au juge de rechercher si la réception est intervenue (Cass. 3e civ. 8-11-2018 n° 17-20.677 FS-PBI : BPIM 6/18 inf. 404, RDI 2019 p. 272). Ce dernier arrêt vise, semble-t-il, la réception du marché principal, car sans être délégué au sous-traitant, le maître de l'ouvrage auquel la provision sur retenue de garantie était réclamée avait procédé à diverses reprises à des paiements directs.

Dans le même ordre d'idées, il est admis que la retenue légale de garantie de 5 %, qui est applicable au sous-traité, peut être complétée par une garantie contractuelle ayant un objet distinct ; cette pratique a été validée pour une garantie de bonne fin de 5 % des travaux et une retenue légale de 5 % également, car ces retenues ont des objets distincts et concernent des prestations qui se situent, pour la première, avant la réception et, pour la seconde, après la réception (Cass. 3e civ. 17-6-2015 n° 14-19.863 FS-PB : BPIM 4/15 inf. 247). Sur ce cumul de garanties appliqué au marché principal voir n° 55650.

55360 Les garanties instituées pour favoriser le paiement du sous-traitant n'empêchent pas que sa créance soit déterminée par le **décompte définitif** établi dans ses rapports avec son donneur d'ordres. L'établissement du décompte définitif obéit aux règles générales (nos 57315 s.), la norme Afnor peut être visée dans un sous-traité, mais le sous-traitant n'a pas à la respecter lorsqu'il demande le paiement au maître de l'ouvrage avec lequel il n'a pas de lien contractuel (Cass. 3e civ. 10-12-2014 n° 13-24-798 FS-D : BPIM 1/15 inf. 34). En revanche, lorsque le contrat de sous-traitance se réfère à la norme Afnor P 03-001, l'article 19-6-2 de la norme prévoit que le décompte des sommes dues, préalablement examiné par le maître d'œuvre, doit être notifié par le débiteur de ces sommes, c'est-à-dire que c'est l'entrepreneur qui doit notifier le décompte au sous-traitant (Cass. 3e civ. 7-12-2023 n° 22-21.720 F-D : BPIM 1/24 inf. 34).

1. RESPONSABILITÉ DU SOUS-TRAITANT ENVERS L'ENTREPRENEUR PRINCIPAL

ÉTENDUE DES OBLIGATIONS

55370 Le sous-traitant est tenu comme tout entrepreneur d'exécuter le travail qui lui a été confié. Il répond de son **inexécution,** de sa mauvaise exécution ou du **retard** dans la livraison. Il est aussi tenu d'une **obligation de renseignement** et, le cas échéant, d'une **obligation de conseil.** Le principe de l'obligation d'informer est aujourd'hui posé d'une manière générale par l'article 1112-1 du Code civil. Il appartient au sous-traitant :

– de se renseigner sur les contraintes que l'ouvrage qu'il réalise aura à supporter, en particulier s'il est un spécialiste (Cass. 3e civ. 14-12-2004 n° 03-18.222 F-D : RJDA 6/05 n° 694) ;

– de refuser de donner suite à des préconisations techniquement discutables ou, à tout le moins, de faire des réserves, de préférence écrites (Cass. 3e civ. 20-2-2002 n° 00-15.591 : BPIM 3/02 inf. 179) ;

– d'informer son donneur d'ordres des particularités du produit utilisé (Cass. 3e civ. 4-1-2006 n° 04-18.455 FS-D : BPIM 2/06 inf. 112).

La responsabilité qu'il encourt au titre des dommages résultant de l'exécution de ses obligations est une **responsabilité contractuelle de droit commun** (Cass. 3e civ. 20-2-2002 n° 00-15.591 : BPIM 3/02 inf. 179 ; voir P. Malinvaud : RDI 2006 p. 165 s.). Si un retard lui est reproché, il est tenu des pénalités de retard convenues dès l'envoi d'une lettre recommandée avec avis de réception si le contrat l'a prévu (Cass. 3e civ. 11-7-2001 n° 98-23.467 FS-D : BPIM 5/01 inf. 307). Le sous-traitant répond de ses préposés comme de lui-même : il est responsable des conséquences d'un incendie causé par l'un de ses salariés sur le chantier (Cass. 3e civ. 11-3-2009 n° 08-10.733 FS-PB : BPIM 3/09 inf. 210).

ÉTENDUE DE LA RESPONSABILITÉ

Le sous-traitant est tenu au titre de son obligation de faire d'une **obligation de résultat, qui emporte présomption de faute et de causalité** (Cass. 3e civ. 22-6-2010 n° 09-16.199 F-D : RDI 2010 p. 550 ; Cass. 3e civ. 26-4-2006 n° 05-13.254 FS-PB : BPIM 4/06 inf. 264 ; Cass. 3e civ. 12-9-2007 n° 06-11.282 FS-PB : BPIM 6/07 inf. 410). Admise dans les rapports entre le sous-traitant de premier rang et l'entrepreneur principal, qui est son contractant, cette règle s'applique aussi dans les rapports entre sous-traitants, et notamment entre celui de premier rang et celui de second rang (Cass. 3e civ. 30-3-2023 n° 21-20.971 F-D : BPIM 3/23 inf. 190) qui sont liés par un contrat d'entreprise soumis à ce régime (voir n° 53130). La portée de cette obligation est toutefois **limitée** lorsque le dommage n'est pas directement causé à l'entrepreneur et que celui-ci est subrogé dans les droits de la victime. Ainsi : 55375

– il est admis que lorsqu'un dommage est causé au voisin et que l'entrepreneur qui a indemnisé ce dernier se déclare subrogé dans les droits de celui-ci pour mettre en cause le sous-traitant auquel il impute le sinistre, l'obligation de résultat du sous-traitant ne concerne que sa propre prestation, sauf stipulation contraire, et la charge finale de la condamnation doit se répartir en fonction des fautes respectives des prestataires (Cass. 3e civ. 26-4-2006 n° 05-13.254 FS-PB : BPIM 4/06 inf. 264) ;

– il est aussi jugé que lorsque le maître de l'ouvrage a obtenu la condamnation in solidum de l'entrepreneur principal au titre de la garantie décennale et du sous-traitant pour la faute qu'il a commise, le recours de l'entrepreneur est fondé sur la faute du sous-traitant (Cass. 3e civ. 3-12-1997 n° 95-21.744 : RDI 1998 p. 94 ; Cass. 3e civ. 9-12-1998 n° 97-12.913 : BPIM 1/99 inf. 30).

La responsabilité du sous-traitant reste encourue en cas d'**annulation du sous-traité.** Ce principe, qui s'applique lorsque le contrat est annulé ou anéanti en raison de l'inexécution par l'entrepreneur principal de ses obligations destinées à prévenir les sous-traitances occultes (voir n° 55435), a une valeur générale. Une cour d'appel a ainsi admis que l'inexécution des obligations essentielles du sous-traitant justifiait l'annulation du sous-traité et la mise en jeu de sa responsabilité. La Cour de cassation approuve implicitement la cour d'appel, même si elle censure sa décision, pour une autre raison : la juridiction du fond avait dénié tout droit à paiement au sous-traitant, alors que le contrat nul avait été exécuté et que les parties devaient être remises dans l'état où elles se trouvaient avant son exécution. Le sous-traitant avait donc le droit d'obtenir le prix des travaux exécutés (Cass. 3e civ. 13-9-2006 n° 05-11.533 FS-PB : BPIM 6/06 inf. 428). 55380

Le sous-traitant n'est pas tenu aux **garanties décennale et biennale** des articles 1792 à 1792-2 du Code civil (Cass. 3e civ. 4-11-1999 n° 98-11.342 : BPIM 1/00 inf. 20) dont la prescription est fixée par l'article 1792-4-1. Ces garanties ne sont dues qu'au maître de l'ouvrage ou à ses ayants droit, à l'égard desquels il est un tiers. Il n'y a donc pas lieu de faire application d'une police d'assurance décennale (Cass. 3e civ. 10-4-1996 n° 94-14.511 : BPIM 4/96 inf. 271). Les parties peuvent toutefois convenir d'une application volontaire des garanties légales. Dans ce cas, le sous-traitant peut s'assurer contre le risque de nature décennale qu'il assume et être couvert par la police ainsi conclue (Cass. 3e civ. 15-12-1999 n° 98-15.357 : BPIM 2/00 inf. 107). 55385

L'application de la **garantie de parfait achèvement** semble elle aussi exclue, l'entrepreneur principal n'étant pas le maître de l'ouvrage (voir n° 62680).

Le sous-traitant répond en revanche du retard dans l'exécution de sa prestation. À ce titre, il peut être tenu de supporter les **pénalités de retard** prévues dans le marché principal (Cass. com. 20-11-1979 n° 77-15.993 : RDI 1980 p. 170 ; contra : CA Paris 20-1-1988 : RDI 1988 p. 209). Mais à moins d'admettre que ce risque est normalement prévisible pour le sous-traitant, il faut, nous semble-t-il, que le marché prévoie le transfert de cette charge (Cass. com. 25-6-1991 n° 90-11.230 : Bull. civ. IV n° 234 ; CA Paris 29-5-1992 : RDI 1994 p. 249).

EXONÉRATION DE RESPONSABILITÉ DU SOUS-TRAITANT

Compte tenu de l'obligation de résultat qui pèse sur lui, le sous-traitant ne peut s'exonérer de sa responsabilité que s'il justifie d'une cause étrangère (Cass. 3e civ. 2-6-2016 n° 15-17.586 F-D : RDI 2016 p. 85), c'est-à-dire d'un **cas fortuit ou de force majeure** (Cass. 3e civ. 23-10-1984 n° 83-15.013 : Bull. civ. III n° 171 ; Cass. 3e civ. 14-1-1987 n° 85-16.180 : JCP G 1987 IV p. 94 ; pour un fait de 55390 l'entrepreneur principal : Cass. 3e civ. 4-12-1985 : RDI 1986 p. 206 ; pour le fait d'un autre sous-traitant : Cass. 3e civ. 2-10-1979 : RDI 1980 p. 170). Le vice des matériaux ne peut constituer un fait exonératoire (Cass. 3e civ. 29-10-1986 : RDI 1987 p. 232), sauf si le matériau a été imposé par l'architecte ou l'entrepreneur principal (Cass. 3e civ. 11-2-1987 no 85-17.265 : Le Moniteur 10-4-1987 ; CA Lyon 4-4-1995 : Juris-Data no 041424).

PRESCRIPTION DE L'ACTION EN RESPONSABILITÉ CONTRE LE SOUS-TRAITANT

55395 Les actions en responsabilité contre le sous-traitant sont soumises à un **régime uniforme** (C. civ. art. 1792-4-2 et 1792-4-3). Voir no 55235.

Des interrogations relatives à l'application de ces textes à l'entrepreneur principal subsistent. On peut donc exprimer les observations suivantes :

– si l'article 1792-4-2 du Code civil ne s'applique pas aux rapports entre l'entrepreneur principal et le sous-traitant, on revient à la responsabilité de droit commun et à la prescription quinquennale, le point de départ du délai de l'action récursoire étant probablement l'assignation de l'entrepreneur principal compte tenu notamment de la jurisprudence relative à l'action récursoire contre le fournisseur (voir ci-après). Le contractant du sous-traitant n'est donc pas créancier d'une action calquée sur la garantie décennale dans ses rapports avec lui, tandis que le maître de l'ouvrage l'est ;

– si l'article 1792-4-3 du Code civil ne s'applique pas, la prescription de l'action récursoire serait encore de **5 ans à compter du** jour où le titulaire du droit a connu ou aurait dû connaître les faits lui permettant de l'exercer (C. civ. art. 2224). Avant la réforme de la prescription civile de 2008, il a été jugé que c'est la manifestation du dommage qui importe et non l'assignation en référé (Cass. 3e civ. 13-9-2006 no 885 FS-PB : BPIM 6/06 inf. 436, RDI 2006 p. 468, à propos de l'action récursoire d'un architecte contre un sous-traitant). La Cour de cassation, dans un arrêt récent (Cass. 3e civ. 16-1-2020 no 18-25.915 FS-PBRI : BPIM 1/20 inf. 44), cite comme point de départ du délai de l'action récursoire deux arrêts qui retiennent la mise en cause du demandeur. On estime d'ailleurs que, pour préserver l'action récursoire (préoccupation affirmée par la Cour de cassation dans son arrêt no 18-25.915 du 16-1-2021 précité), la date de l'action en justice est préférable à celle du dommage (RDI 2020 p. 120 note C. Charbonneau ; CE 10-2-2017 no 391722 : BPIM 2/17 inf. 119, AJDA 2017 p. 325). Dans deux arrêts, la Cour de cassation se livre à une analyse précise de la question et retient la date de l'assignation du demandeur pour éviter qu'il ne soit enfermé dans un délai trop court (Cass. 3e civ. 16-2-2022 no 20-19.047 FS-B : BPIM 2/22 inf. 126 ; Cass. 3e civ. 25-5-2022 no 21-18.218 FS-B : BPIM 4/22 inf. 299, à propos de l'action récursoire contre le fournisseur). On peut penser que cette solution vaut pour l'action récursoire dirigée contre le sous-traitant. L'avant-projet de réforme des contrats spéciaux introduit dans l'article 1792-4-3 un alinéa indiquant que les actions d'un constructeur contre un autre constructeur ou son sous-traitant relèvent de l'article 2224.

L'**aménagement conventionnel** de la prescription, qui semble possible lorsque la responsabilité de droit commun est encourue, soulève en revanche des interrogations lorsque le recours concerne des désordres de nature décennale (voir no 55240).

55400 Lorsque le sinistre dont se plaint l'entrepreneur principal n'a pas sa cause dans le contrat de sous-traitance, le sous-traitant peut, exceptionnellement, engager sa **responsabilité extra-contractuelle** envers lui (Cass. 1e civ. 24-2-1981 no 79-11.066 : Bull. civ. I no 66). Les décisions rendues en matière d'action récursoire de l'entrepreneur principal pour un dommage causé à un tiers, appliquent sans doute cette responsabilité (voir no 55375). En l'état des arrêts du 16-1-2020 précités, la prescription de l'article 1792-4-3 du Code civil ne pourrait s'appliquer à son recours contre le sous-traitant que si l'on admet que l'entrepreneur peut invoquer ce texte et qu'il se prévaut alors de son préjudice personnel ; elle paraît encore plus aléatoire si l'entrepreneur agit par subrogation aux droits du tiers.

2. RESPONSABILITÉ DE L'ENTREPRENEUR PRINCIPAL ENVERS LE SOUS-TRAITANT

55430 L'entrepreneur principal peut engager sa **responsabilité contractuelle** envers le sous-traitant (non-paiement ou paiement tardif du prix, résiliation intempestive du marché, etc.). Commet par exemple une faute le donneur d'ordre qui résilie unilatéralement le contrat de sous-traitance alors que le marché principal avait encore vocation à être exécuté (Cass. 3e civ. 17-10-2019 no 17-31.611 F-D : BPIM 6/19 inf. 394).

Cette responsabilité est susceptible d'être élargie par contrat. Par exemple, si l'entreprise principale est mandataire d'un GME et reçoit mandat de souscrire une police « tous risques chantiers » pour l'ensemble des intervenants, sa responsabilité peut être encourue à l'égard des sous-traitants membres du groupement si elle ne le fait pas (Cass. 3e civ. 13-9-2006 n° 05-10.125 FS-D : BPIM 6/06 inf. 438). Mais, sauf stipulation contraire, le mandataire commun n'est tenu d'aucune obligation envers les sous-traitants de l'un des membres du groupement (Cass. 3e civ. 28-9-2005 n° 04-16.008 FS-PB : BPIM 6/05 inf. 399, qui rappelle la solution à propos des dispositions de la loi du 31 décembre 1975 relatives à la prévention des sous-traitances occultes ; voir n° 54335).

L'entrepreneur principal n'engage pas sa **responsabilité extra-contractuelle** envers les tiers du fait de son sous-traitant, lorsque ce dernier leur cause un dommage en exécutant les travaux ; il n'est pas le commettant du sous-traitant (Cass. 3e civ. 8-9-2009 n° 08-12.273 F-PB : BPIM 6/09 inf. 420 ; Cass. 3e civ. 22-9-2010 n° 09-11.007 FS-PB : BPIM 6/10 inf. 458, RDI 2010 p. 604). Il ne semble pas qu'il puisse être tenu « contractuellement » du fait du sous-traitant pour de tels dommages sauf clause particulière du sous-traité.

L'entrepreneur principal engage sa responsabilité en cas de méconnaissance des obligations mises à sa charge par la loi de 1975 vis-à-vis de son sous-traitant. **55435**

À **défaut de présentation du sous-traitant** au maître de l'ouvrage aux fins d'acceptation et d'agrément de ses conditions de paiement, la sous-traitance est irrégulière. L'entrepreneur principal ne peut alors pas se prévaloir du défaut d'acceptation du sous-traitant pour refuser le paiement de sa dette ou pour résilier le sous-contrat (Cass. 3e civ. 19-11-1986 : RDI 1987 p. 231). Le sous-traitant dispose pour sa part d'une faculté de retrait qui relève de la résiliation ou de la nullité relative (Cass. 3e civ. 11-10-1989 : Bull. civ. III n° 169). Il peut y renoncer ou la confirmer. La Cour de cassation se prononce en faveur de la résiliation unilatérale qui peut être exercée par le sous-traitant pendant tout le contrat (Cass. 3e civ. 10-11-2021 n° 20-19.372 FS-PB : BPIM 1/22 inf. 29, qui cite un autre arrêt dans le sens de la résiliation : Cass. 3e civ. 24-4-2003 n° 01-11.889 FS-D). Si le sous-traitant n'exerce pas cette faculté et ne poursuit pas les travaux, le juge du fond ne peut pas considérer qu'il n'y a pas abandon de chantier (même arrêt). On peut se demander, toutefois, si le retrait ne peut pas être regardé comme l'exercice unilatéral de la faculté de résiliation, surtout s'il est notifié au donneur d'ordres, et si, à tout le moins, il ne constitue pas une exception d'inexécution. Le sous-traitant ne peut à la fois se prévaloir du sous-contrat pour obtenir le paiement des travaux et le rejeter pour se soustraire à sa responsabilité contractuelle. Même non accepté, il reste tenu envers l'entrepreneur principal de livrer exempts de vices les ouvrages dont il a reçu ou dont il réclame le paiement (Cass. 3e civ. 13-4-1988 nos 86-18.961 et 87-11.036 : Bull. civ. III nos 72 et 73 ; Cass. com. 10-1-1990 : Bull. civ. IV n° 16 ; Cass. 3e civ. 3-6-1992 : RDI 1992 p. 330). Le sous-traitant qui exerce sa faculté de retrait peut en revanche réclamer la réparation de son préjudice sur un fondement quasi délictuel (Cass. 3e civ. 15-1-1992 : RDI 1992 p. 216, pour un sous-traitant de second rang). Si le sous-traitant n'est pas accepté et que les conditions de paiement ne sont pas agréées, l'entrepreneur reste néanmoins tenu envers le sous-traitant, mais il ne peut pas invoquer le contrat de sous-traitance à son encontre (Loi 75-1334 du 31-12-1975 art. 3, dernier alinéa).

À **défaut de fourniture des garanties principales** par l'entrepreneur principal, le sous-traité est frappé d'une nullité relative (voir n° 54770). Celle-ci ne dispense pas le donneur d'ordres de réparer le préjudice subi par le sous-traitant et n'exonère pas le maître de l'ouvrage de sa responsabilité (voir n° 54765). Comme lorsqu'il se plaint d'un défaut de présentation, le sous-traitant qui invoque l'absence de constitution des garanties principales ne peut se prévaloir du contrat de sous-traitance pour obtenir le paiement de ses travaux et le rejeter pour échapper à ses obligations contractuelles : il reste devoir livrer un ouvrage sans malfaçon (Cass. 3e civ. 14-12-2011 n° 10-28.149 FS-PB : BPIM 1/12 inf. 28). La responsabilité qu'encourt le sous-traitant si le contrat est annulé est quasi délictuelle (Cass. 3e civ. 23-1-2002 n° 00-16.626 : BPIM 2/02 inf. 111). Un arrêt a toutefois jugé qu'une délégation de paiement acceptée par le sous-traitant purge l'acte de son vice et la nullité prévue par l'article 14 n'est pas encourue (CA Paris 23-5-2001 : RDI 2002 p. 52). La non-fourniture du cautionnement à la signature du sous-traité peut être la cause majeure du retard dans l'exécution du marché principal (Cass. 3e civ. 17-12-2020 n° 18-16.011 F-D : RDI 2021 p. 153). Le sous-traitant doit invoquer la nullité pour pouvoir se dispenser de son obligation de poursuivre le chantier (Cass. 3e civ. 10-11-2021 n° 20-19.372 FS-PB) ; mais il peut, à notre sens, invoquer l'exception d'inexécution comme en cas de retrait pour absence de présentation aux fins d'acceptation et d'agrément des conditions de paiement par le maître de l'ouvrage.

C. Rapports entre le sous-traitant et les autres constructeurs

55550 Le sous-traitant est un **tiers** dans ses rapports avec les autres constructeurs. Il engage sa **responsabilité** à leur égard sur le fondement des articles 1240 et suivants du Code civil (Cass. 3e civ. 22-9-1982 : RDI 1983 p. 65). D'une façon générale, le sous-traitant n'est pas responsable sur le fondement de ces textes du fait de son propre sous-traitant dont il n'est pas le commettant (Cass. 3e civ. 17-12-1997 no 95-19.504 : RJDA 3/98 no 283).

L'action en responsabilité se prescrit en principe par 5 ans à compter du jour où le titulaire du droit (la victime) a connu ou aurait dû connaître les faits lui permettant de l'exercer (C. civ. art. 2224), ce qui vise sans doute le dommage. La discussion sur l'éventuelle application de l'article 1792-4-3 à l'action d'un autre constructeur contre le sous-traitant n'a probablement plus d'objet compte tenu de la jurisprudence qui paraît la réserver au maître de l'ouvrage ; (voir no 55395) et l'avant-projet de réforme des contrats spéciaux prévoit dans l'article 1792-4-3 qu'il complète que « les actions d'un constructeur contre un autre constructeur ou son sous-traitant relèvent des dispositions de l'article 2224 » du Code civil.

En cas de condamnation « in solidum » des constructeurs, la répartition définitive de la charge du sinistre entre les coobligés peut être fortement influencée par l'**obligation de conseil** qui pèse sur le sous-traitant (voir : C. Charbonneau « De l'obligation de conseil du sous-traitant » : RDI 2010 p. 593).

L'avant-projet de réforme des contrats spéciaux préserve le droit du sous-traitant, comme de l'entrepreneur principal d'ailleurs, d'agir contre le défendeur à l'action exercée par le maître de l'ouvrage (fournisseur ou sous-traitant) pour autant que leur action soit compatible avec celle du maître de l'ouvrage, et leur reconnaît la possibilité d'être garantis des condamnations prononcées contre eux au profit du maître de l'ouvrage (art. 1770). Ces précautions conformes au droit positif sont cependant présentées en des termes qui semblent restrictifs car le sous-traitant, comme l'entrepreneur principal, peut répondre envers des tiers de faits que le maître de l'ouvrage doit garantir.

D. Rapports entre l'entrepreneur principal et le maître de l'ouvrage

55650 L'entrepreneur principal répond du fait ou de la faute de ses sous-traitants comme de son propre fait. Il est « responsable à l'égard du maître d'ouvrage ou des propriétaires successifs de l'ouvrage des fautes de ses sous-traitants à l'origine des désordres » (Cass. 3e civ. 12-6-2013 no 11-12.283 FS-D : BPIM 5/13 inf. 329). Le recours à un sous-traitant ne supprime ni n'atténue les conséquences d'une **inexécution** ou d'une **mauvaise exécution** du contrat principal (CE 21-7-1970 : Lebon p. 509 ; Cass. 3e civ. 25-4-1984 : RDI 1984 p. 414 ; CE 20-7-1990 : RDI 1990 p. 490 ; comparer Cass. 3e civ. 13-3-1991 : Bull. civ. III no 91). En revanche, il ne répond pas des désordres causés par l'un de ses prestataires avec lequel il n'a pas de lien de sous-traitance (Cass. 3e civ. 13-4-2023 no 21-24.985 FS-B : BPIM 3/23 inf. 191).

L'entrepreneur principal est responsable des **désordres imputables au sous-traitant** selon le droit commun de la responsabilité contractuelle ou en application des garanties légales. L'action dirigée contre l'entrepreneur principal, même si elle procède du fait du sous-traitant, est soumise au délai de prescription applicable à l'action contre l'entrepreneur principal (Cass. 3e civ. 21-10-2009 no 08-19.087 FS-PB : BPIM 6/09 inf. 429, RDI 2010 p. 110). D'ailleurs, cette prescription est désormais de 2 ou 10 ans, même si l'action est dirigée contre le sous-traitant (voir no 55235).

En revanche, l'entrepreneur principal ne répond pas des **carences du sous-traitant de premier rang** qui a omis de déclarer son propre sous-traitant. En l'absence de faute dans l'exécution de ses obligations contractuelles ou de manquement de son propre sous-traitant dans l'exécution des prestations sous-traitées, il n'engage pas sa responsabilité (Cass. 3e civ. 18-1-2024 no 22-20.995 FS-B : BPIM 2/24 inf. 111).

Le contrat conclu avec l'entrepreneur principal peut instituer une **garantie contractuelle.** Il a été jugé qu'une garantie contractuelle de 5 % du montant des travaux peut être stipulée, sa libération étant subordonnée à la justification, par l'entrepreneur principal, du règlement des sous-traitants. Cette garantie, qui n'a pas le même objet que la **retenue légale de garantie** de 5 % prévue par la loi 71-584 du 16 juillet 1971, s'ajoute à elle (Cass. 3e civ. 10-12-2015 no 14-25.192 F-D : BPIM 1/16 inf. 25).

CHAPITRE 6

MARCHÉS DE TRAVAUX

SOMMAIRE

SECTION I

DÉFINITION DU MARCHÉ DE TRAVAUX

CONTRAT D'ENTREPRISE

Le marché de travaux, ou contrat d'entreprise au sens strict, est un **contrat de louage d'ouvrage** relevant des articles 1787 s. du Code civil. À ce titre, il est un modèle appliqué à certains contrats de construction, dont le régime juridique varie selon que l'on est en présence d'un marché pur et simple, même complexe, ou d'un autre type de louage d'ouvrage qui reçoit une qualification particulière en droit immobilier, comme c'est le cas du CCMI, duquel il convient de le distinguer (Cass. 3e civ. 11-7-2019 no 18-10.368 FS-PBI : BPIM 5/19 inf. 335 ; voir nos 47720 et 48340). Le contrat est conclu entre l'entrepreneur et le client qui est le maître de l'ouvrage. 55950

On peut définir le marché de travaux en tant que contrat d'entreprise, comme :

– « la convention par laquelle une personne s'oblige contre rémunération à exécuter un travail de façon indépendante et sans représenter son contractant » (Cass. 1e civ. 19-2-1968 : Bull. civ. I no 69) ;

– ou comme un marché conclu avec un entrepreneur qui a pour objet soit l'exécution, soit conjointement la conception et l'exécution d'un ouvrage ou de travaux de bâtiment ou de génie civil répondant à des besoins précisés par le pouvoir adjudicateur ou l'entité adjudicatrice (Ord. 2005-649 du 6-6-2005 art. 2).

Le marché de travaux présente la particularité de mettre à la charge de l'entrepreneur une **prestation matérielle** et d'avoir pour objet la réalisation d'un **ouvrage immobilier.** D'autres louages d'ouvrage peuvent avoir un caractère mobilier, ou mettre à la charge de l'entrepreneur une **prestation intellectuelle,** ce qui est le cas du contrat d'architecte, et plus généralement des marchés de maîtrise d'œuvre.

Dans le marché de travaux, la prestation intellectuelle peut être l'accessoire de la prestation matérielle (entrepreneur qui concourt à la conception de l'ouvrage). La prestation matérielle, étant en général dominante, elle met à la charge de l'entrepreneur une **obligation de résultat.** Le contrat de construction de **maison individuelle** est un louage d'ouvrage réglementé à protection renforcée.

La prestation intellectuelle peut aussi être dominante. Le Conseil d'État semble avoir retenu cette hypothèse à propos d'un contrat d'assistance à maîtrise d'ouvrage conclu par une commune avec un professionnel excluant tout mandat de représentation et obligeant le prestataire à la coordination des travaux, à faire respecter les délais et les enveloppes financières prévues. L'arrêt retient que le contrat est un louage d'ouvrage et que le prestataire a la **qualité de constructeur** pour l'application des dispositions relatives à la garantie décennale (CE 9-3-2018 nº 406205, Cne de Rennes-les-Bains : BPIM 2/18 inf. 119).

Le contrat de coordination OPC (ordonnancement-pilotage-coordination) est d'ailleurs un contrat d'entreprise.

Le contrat d'entreprise permet de désigner le constructeur. Lorsqu'il comprend des prestations distinctes, d'ordre matériel, intellectuel ou organisationnel, il reste un contrat d'entreprise nonobstant la qualification donnée par les parties (Cass. 3e civ. 10-11-2021 nº 20-19.372 FS-B : BPIM 1/22 inf. 29). Mais il ne se confond pas nécessairement avec le marché de travaux : le marché de travaux est un contrat d'entreprise, mais le contrat d'entreprise n'est pas toujours un marché de travaux.

> **Précisions** **L'avant-projet de réforme des contrats spéciaux de 2023 prévoit** un ensemble de règles propres au contrat d'entreprise, qui reste un louage d'ouvrage. Le constructeur est désigné comme un locateur d'ouvrage (art. 1791-1). Certaines règles concernent le contrat d'entreprise mobilière, et d'autres le contrat relatif à la construction d'un ouvrage immobilier, qui est présenté comme un contrat de construction. Les dispositions de ce dernier contrat, qui est en pratique le marché de travaux, ne visent pas tant l'objet et la diversité de ces marchés, que les obligations de garantie qui pèsent sur les constructeurs. Des règles intéressant les marchés de travaux figurent néanmoins dans les dispositions communes (la réception par exemple). L'avant-projet propose une définition du contrat d'entreprise proche de celle donnée par la jurisprudence (Cass. 1e civ. 19-2-1968 : Bull. civ. I nº 69) : « le contrat d'entreprise est celui par lequel l'entrepreneur réalise de façon indépendante un ouvrage au profit de son client, maître de l'ouvrage » et il confirmerait que l'ouvrage objet du contrat d'entreprise peut être matériel ou intellectuel et qu'il consiste en un bien ou un service (art. 1755). Le futur projet de réforme devrait s'appuyer sur deux rapports remis au garde des Sceaux, le premier en 2017, le second en 2023 (RDI 2024 p. 253).

LOUAGE D'OUVRAGE ET CONTRAT DE TRAVAIL

55955 Le louage d'ouvrage se distingue du contrat de travail par le fait que l'entrepreneur accomplit sa tâche en toute **indépendance** : le maître de l'ouvrage n'exerce en principe son contrôle sur le travail qu'une fois celui-ci accompli, c'est-à-dire à la faveur de la livraison et de la réception de l'ouvrage.

Le louage d'ouvrage ne doit pas avoir pour objet un prêt de main-d'œuvre illicite (CA Paris 21-5-1999 : RDI 1999 p. 651). Il n'est pas caractérisé lorsque le prestataire se borne à mettre à la disposition du donneur d'ordres des moyens de manutention pour le déchargement et la mise en place d'éléments de chaudière (Cass. 3e civ. 9-6-2004 nº 03-11.172 : BPIM 5/04 inf. 286).

LOUAGE D'OUVRAGE ET VENTE

55960 Le louage d'ouvrage se distingue de la vente. Il y a **vente** lorsque le prestataire a fourni des éléments faisant partie des références de son catalogue, que les parties ont entendu conclure une vente et que ni la nature du produit livré ni aucune disposition d'ordre public ne font obstacle à une telle qualification (Cass. 3e civ. 24-5-2006 nº 05-11.938 : BPIM 5/06 inf. 358). Il y a également vente en cas de fourniture et de maintenance de différents équipements installés par une entreprise qui a contracté directement avec le maître de l'ouvrage (Cass. 3e civ. 12-9-2006 no 05-16.597 : BPIM 6/06 inf. 424).

Il y a **louage d'ouvrage** lorsque le poids de la main-d'œuvre est prédominant dans la prestation de l'entrepreneur (Cass. 3e civ. 23-4-1974 : Bull. civ. III no 163). C'est le cas si ce dernier ne fournit que son travail (réparateur), mais, également, s'il fournit des matériaux, ceux-ci devenant propriété du maître de l'ouvrage par accession.

Ce critère est complété par celui de la spécificité du travail. Dégagé à propos du contrat de sous-traitance (voir no 54060), il paraît être affirmé de manière plus générale et notamment pour le marché principal (Cass. 3e civ. 4-6-2003 no 02-10.851 : BPIM 4/03 inf. 226). Dans un cas de sous-traitance, un arrêt énonce un motif général et qualifie de louage d'ouvrage la fourniture de projecteurs revêtus de protections complémentaires et équipés de fixations adaptées, ce qui constitue un travail spécifique destiné à répondre à un besoin particulier du client (Cass. 3e civ. 20-4-2022 no 21-14.182 FS-B : BPIM 3/22 inf. 203).

Il a été jugé que constitue un contrat d'entreprise le montage d'un chalet en bois livré en kit dès lors que l'installateur assure le montage avec zinguerie et conduit de cheminée (Cass. 3e civ. 17-12-2014 no 13-17.485 FS-D : BPIM 1/15 inf. 31).

Sous-traitance Lorsque, sans édifier l'immeuble, un entrepreneur fabrique un élément de la construction, il peut y avoir, selon les circonstances, contrat de fourniture ou louage d'ouvrage. Il y a sous-traitance lorsque le louage d'ouvrage est un sous-contrat. 55965

Entrepreneur et propriété du terrain L'entrepreneur qui est propriétaire du terrain et vend l'immeuble qu'il construit n'est pas un locateur d'ouvrage mais un **vendeur,** soit qu'il vende l'immeuble **achevé** (Cass. 1e civ. 13-11-1967 : D. 1968 p. 257 obs. Saint-Alary), soit qu'il le vende sous le régime de la vente d'immeubles à **construire.** On notera que l'avant-projet de réforme des contrats spéciaux prévoit le transfert de propriété de la chose mobilière façonnée à la réception de l'ouvrage (art. 1788), ce qui méritera des précisions pour éviter la confusion. En matière de construction, il confirmerait que la propriété des ouvrages réalisés s'opère par incorporation des matériaux dans le sol, ce qui est de règle actuellement lorsque les travaux sont réalisés sur le terrain du maître de l'ouvrage. Les parties pourraient toutefois convenir d'un transfert à la date de la réception ou au paiement du prix (art. 1791). Cette particularité soulèvera sans doute des interrogations sur son champ et ses modalités d'application, d'autant que la propriété ne sera opposable aux tiers qu'à compter de son inscription au fichier immobilier. 55970

LOUAGE D'OUVRAGE ET MANDAT

Le contrat de louage d'ouvrage n'emporte **pas représentation** du maître de l'ouvrage par l'entrepreneur (Cass. 1e civ. 19-2-1968 : Gaz. Pal. 1968 p. 144), même s'il y a sous-traitance du marché (Cass. 1e civ. 22-1-1962 : Bull. civ. I no 44). 55975

Un **mandat spécial** peut cependant être donné à l'entrepreneur. Il est plus souvent donné à l'architecte pour procéder au paiement des travaux. Les **liens transversaux entre constructeurs** dans l'opération de construction ne relèvent pas, sauf stipulation contraire, du mandat. Si l'architecte est appelé à donner des ordres à l'entrepreneur, c'est dans le cadre des rapports organiques que crée le groupe de contrats qui unit les constructeurs. Il faut y voir la consécration d'une règle coutumière.

Lorsque l'entrepreneur se charge de faire réaliser un programme immobilier à l'aide de louages d'ouvrages, le contrat d'entreprise se double d'un mandat et devient un contrat de **promotion immobilière.**

SECTION 2

PASSATION DES MARCHÉS PRIVÉS

A. Régime général de passation des marchés privés

POURPARLERS, PROJETS

56120 Des pourparlers précèdent généralement la conclusion du contrat (Cass. 3e civ. 22-5-1996 no 949 D, Sté ETPM). Ils peuvent donner lieu à l'établissement de devis ou projets par l'**entrepreneur,** ce que confirmerait l'avant-projet de réforme des contrats spéciaux (art. 1759). Sauf stipulation contraire, ces prestations ne sont pas rémunérées. Mais le maître de l'ouvrage peut engager sa responsabilité extracontractuelle s'il demande abusivement un devis sans intention sérieuse d'exécuter les travaux (Cass. com. 20-3-1972 : JCP éd. G 1973 II no 17543 note Schmidt).
La rupture brutale des négociations sans grief ni respect d'un préavis alors que le marché était sur le point d'être signé justifie aussi le versement de dommages-intérêts, afin de compenser les frais exposés et la mobilisation du personnel (Cass. 3e civ. 30-11-2017 no 14-20.449 F-D : BPIM 1/18 inf. 27). Le nouvel article 1112 du Code civil sur la négociation précontractuelle rappelle l'exigence de bonne foi et précise qu'en cas de faute dans les négociations, la réparation du préjudice qui en résulte ne peut avoir pour objet de compenser la perte des avantages attendus du contrat non conclu.

Lorsque c'est l'**architecte** qui établit un avant-projet non suivi d'exécution, il a droit à des honoraires, car un premier contrat s'est formé entre les parties (Cass. 1e civ. 7-2-1966 : Bull. civ. I no 89 ; Cass. 3e civ. 9-7-1986 : RDI 1987 p. 56). Une solution identique est retenue pour les **bureaux d'études** (Cass. 3e civ. 6-3-1973 : Bull. civ. III no 163). L'avant-projet de réforme des contrats spéciaux, prévoit la possibilité pour le juge de réduire les honoraires convenus avant l'achèvement de l'ouvrage s'il les estime excessifs (art. 1762), ce qui pourrait peut-être s'appliquer à ce cas. Selon la commission, le texte s'inspire des pratiques admises pour les mandataires ; elle relève que la faculté donnée au juge s'enracine dans l'histoire des professions libérales.

MARCHÉS CONCLUS AVEC DES NON-PROFESSIONNELS

56125 Le maître de l'ouvrage non professionnel qui conclut un contrat d'entreprise en vue de la construction d'un immeuble à usage d'habitation bénéficie d'un **délai de rétractation** de 10 jours chaque fois que la loi ne lui accorde pas un délai plus long (CCH art. L 271-1 ; voir no 75300). Cette disposition pourrait viser les maîtres d'ouvrage qui font effectuer des travaux de rénovation.

56130 En cas de recours à des **prêts,** le maître de l'ouvrage non professionnel bénéficie des règles d'information et de protection de l'emprunteur (voir nos 74950 s.).

56135 Lorsque le contrat de louage d'ouvrage constitue un mode d'accession à la propriété d'un immeuble à usage de **logement,** il peut faire l'objet d'une réglementation particulière, qui est celle du contrat de construction de maison individuelle.

MARCHÉ DE GRÉ À GRÉ

56140 Le **maître de l'ouvrage** privé peut traiter avec l'entrepreneur de son **choix** sans appel à la concurrence (Cass. 3e civ. 26-2-1970 : Bull. civ. III no 152). Il décide librement du nombre des entrepreneurs qu'il entend consulter. Il est seul décideur, encore que l'**architecte,** s'il a préalablement contracté avec lui, doive l'assister et le conseiller dans son choix. Un accord préalable sur la rémunération n'est pas une condition de formation du contrat d'entreprise (Cass. 1e civ. 24-11-1993 : RDI 1994 p. 248).

Le contrat d'entreprise n'étant pas **formaliste,** il peut résulter d'une commande orale. La commande doit être formelle dans le marché à forfait pour les travaux supplémentaires (nos 56730 s.). Quant au prix, s'il n'est pas expressément stipulé, il peut être arrêté par le juge en tenant compte des circonstances et, notamment, de l'indemnité d'assurance allouée devant financer les travaux de réparation (Cass. 3e civ. 12-6-2014 no 13-19.410 FS-PB : BPIM 4/14 inf. 250). Selon l'avant-projet de réforme des contrats spéciaux, le contrat serait formé dès que les parties sont convenues de l'ouvrage à édifier (art. 1758), et il serait valablement formé sans accord préalable sur le prix, qui à défaut d'accord est fixé par le juge (art. 1760).

CONCOURS ET SOUMISSIONS

Le **maître de l'ouvrage privé** peut aussi recourir à une procédure d'adjudication, d'appel d'offres ou de concours. **56145**

Pour mettre en concurrence plusieurs constructeurs, le maître de l'ouvrage fait un **appel d'offres,** généralement restreint à certaines entreprises seulement à qui sont remis les documents essentiels du programme. Les entreprises remettent leurs soumissions aux jour et lieu fixés par le document faisant appel aux offres. Ces soumissions sont ouvertes en présence des intéressés. Après **inventaire** des soumissions, un **procès-verbal** est signé, attribuant le marché à celui qui a proposé le prix le plus bas.

L'attribution peut également résulter d'**enchères publiques** s'il est décidé d'opter pour la forme de l'adjudication. Le maître de l'ouvrage est lié à l'égard de l'entrepreneur qui a proposé le prix le plus bas. Le contrat est considéré comme s'étant formé dès la soumission préférentielle. L'inobservation de son obligation par le maître de l'ouvrage entraîne rupture du contrat par son fait et attribution à l'entrepreneur d'une indemnité le dédommageant de son préjudice, calculée comme l'indique l'article 1794 du Code civil. **56150**

L'attribution du marché au moins-disant n'est pas automatique si le maître de l'ouvrage s'en réserve le droit en avisant les concurrents avant le dépôt des soumissions ou l'adjudication. Cette réserve peut résulter de la stipulation expresse d'une clause par laquelle il déclare ne pas s'obliger nécessairement envers le soumissionnaire le moins-disant. Parfois, le maître de l'ouvrage stipule un **prix maximal** ou un minimum de rabais, ce qui lui permet de ne pas s'obliger si la soumission ne répond pas à son vœu. Toutefois, pour que la mesure soit efficace, il faut que le prix limite soit ignoré des concurrents. Les tribunaux exigent que ce prix soit connu avant l'ouverture des soumissions, mais pas nécessairement lors de l'appel d'offres. **56155**

Il y a **concours** proprement dit lorsque l'entrepreneur établit les pièces du dossier d'après les dessins fournis par le maître de l'ouvrage ou son architecte. Le maître de l'ouvrage se réserve une **faculté de choix** dans la limite des règles du concours qu'il fixe et doit respecter. L'offre de l'entrepreneur doit être maintenue pendant le délai fixé, ou un délai raisonnable. L'acceptation émise pendant ce délai lie l'entrepreneur choisi. **56160**

DOCUMENTS CONTRACTUELS

Le marché de travaux de **gré à gré** n'est soumis à **aucune formalité** (voir n° 56140), contrairement au contrat d'architecte (le formalisme d'un contrat d'architecte n'est cependant exigé que sur le plan déontologique). Le contrat est consensuel (Cass. 3e civ. 17-12-1997 n° 94-20.709 : RJDA 3/98 n° 281 ; CA Paris 25e ch. A 10-12-1998, C. c/ Sté Marbre décors), conformément à un principe réaffirmé par le nouvel article 1172 du Code civil. Son existence doit être établie si elle est contestée, en particulier si l'on entend rechercher la responsabilité de l'entreprise (Cass. 3e civ. 29-3-2018 n° 17-14.194 F-D : BPIM 3/18 inf. 187). Le contrat d'entreprise obéit au **droit commun de la preuve** des actes juridiques figurant aux articles 1359 et suivants du Code civil : **56165**

– au-delà de 1 500 €, la preuve du marché doit résulter d'un écrit ou d'un commencement de preuve par écrit (C. civ. art. 1359 ; Décret 80-533 du 15-7-1980 ; Cass. 3e civ. 10-11-1998 n° 96-18.900 : BPIM 1/99 inf. 31). À défaut, l'entrepreneur ne peut pas obtenir le paiement des travaux exécutés (Cass. 3e civ. 21-7-1999 n° 96-22.630 : BPIM 6/99 inf. 422). En l'absence d'écrit ou de commencement de preuve par écrit, le juge des référés ne peut pas intervenir (CA Versailles 20-5-1999 : RDI 2000 p. 571) ;

– mais la preuve peut être librement rapportée contre celui qui a la qualité de commerçant (Cass. 3e civ. 19-12-2006 n° 05-20.326 : RDI 2007 p. 274). Toutefois, il a été jugé que la preuve d'un marché et d'une commande ne résulte pas de la seule exécution des travaux (Cass. 3e civ. 3-2-2004 n° 02-18.813 : BPIM 2/04 inf. 98). Un arrêt plus récent tient cependant compte des conditions dans lesquelles l'exécution du marché s'est réalisée ; il retient l'existence du contrat d'entreprise malgré la contestation du maître de l'ouvrage, qui n'était pas d'accord avec le projet de travaux qui lui avait été proposé en relevant qu'il avait cependant payé une première facture, assisté aux réunions de chantier et procédé à une réception avec réserve (Cass. 3e civ. 29-6-2017 n° 16-17.186 F-D : BPIM 5/17 inf. 337).

Les difficultés de preuve conduisent de fait, à **imposer l'écrit** (Cass. 3e civ. 5-7-2005 n° 04-15.373 : BPIM 5/05 inf. 324), qui dans le pratique se traduit par des documents contractuels (n° 56170). La forme écrite doit résulter de l'original et non d'une copie (Cass. 3e civ. 6-5-1996 n° 91-19.484,

Sté Tastet). En l'absence de mention des travaux de démolition sur le devis, c'est à l'entrepreneur de prouver que ces travaux lui ont été commandés par le maître de l'ouvrage (Cass. 3e civ. 8-11-2000 n° 99-11.327 : BPIM 1/01 inf. 28). En pratique, la conclusion d'un contrat écrit s'impose moins pour établir l'existence du marché que pour déterminer sa nature (marché sur devis ou à forfait).

Les parties peuvent convenir de soumettre le marché à des règles particulières ; si elles le soumettent aux articles L 231-1 et suivants du CCH, relatifs au contrat de construction de maison individuelle, les dispositions d'ordre public de ces textes sont applicables (Cass. 3e civ. 6-10-2010 n° 09-66.252 FS-PB : BPIM 6/10 inf. 467, RDI 2010 p. 607).

L'écrit s'impose pour les marchés de travaux réalisés en **cotraitance,** dont le montant est inférieur à 100 000 € (CCH art. L 124-3) ; voir n° 52025.

56167 Le marché de travaux est en principe **conclu à titre onéreux.** Mais l'avant-projet de réforme des contrats spéciaux prévoit qu'un tel contrat pourrait être gratuit ou onéreux, le caractère onéreux étant présumé lorsque l'ouvrage à réaliser s'inscrit dans l'activité professionnelle de l'entrepreneur (art. 1756). Le caractère gratuit de la prestation doit donc être établi. Le caractère gratuit de la prestation est retenu par l'avant-projet pour tenir compte de l'économie bénévole. Si jamais il trouvait à s'appliquer en matière de construction, il aurait pour effet de permettre une appréciation moins rigoureuse de la responsabilité de l'entrepreneur que s'il était conclu à titre onéreux (art. 1765). On voit mal comment ce dernier pourrait échapper aux garanties légales et selon quelles modalités l'assurance obligatoire des constructeurs serait applicable. La commission admet elle-même, dans son commentaire de l'article, que la règle qu'elle institue paraît être en décalage avec la jurisprudence, le contrat de construction étant par principe onéreux.

Le marché de travaux conclu à titre onéreux donne lieu en fait à l'établissement de pièces destinées à décrire l'ouvrage à réaliser et à préciser les modalités de fixation et de paiement du prix, en particulier lorsque l'opération est importante.

56170 Dans la pratique, le contrat, quoique consensuel, est matérialisé par des **documents contractuels** qui, dans la plupart des cas, sont composés du cahier des charges, des plans et des dessins, du devis descriptif et du devis estimatif des travaux.

Un **modèle de marché** a été élaboré par l'Office général du bâtiment et des travaux publics (disponible auprès de la société d'éditions du bâtiment et des travaux publics, 6-14, rue Lapérouse, 75784 Paris Cedex 16). Il complète le **cahier des clauses administratives générales** (CCAG) prévu par la norme Afnor P 03-001 à laquelle le marché peut se référer.

Si le marché se réfère à des **clauses types,** comme la norme Afnor, les dispositions de celle-ci ne s'appliquent que si elles ne sont pas contraires aux dispositions légales impératives (Cass. 3e civ. 11-5-2006 n° 04-18.092 FS-PB : BPIM 4/06 inf. 266).

Le contrat d'entreprise étant un contrat de prestation de services, il peut être **conclu par voie électronique** conformément aux dispositions de l'article 1127-1 du Code civil. L'écrit n'étant pas une condition de validité de l'acte, les dispositions de l'article 1174 ne sont pas applicables.

56175 Le **devis estimatif,** parfois appelé encore « bordereau de décomposition du prix forfaitaire » lorsque le marché est à forfait, donne la décomposition de l'ouvrage, les quantités de chaque nature d'ouvrage, les prix appréciés par l'entrepreneur et les totaux partiels qui, ajoutés, font apparaître le prix global. Ce document est simplement **indicatif** et sa valeur contractuelle relative. En effet, dans le marché à forfait, c'est le prix fait global qui lie les parties. Les erreurs éventuelles que le document peut comporter ne peuvent, en principe, être invoquées par l'une ou l'autre des parties.

56180 Le marché peut être modifié par voie d'**avenant** au contrat. Cette modification peut ne pas être matérialisée par écrit. Le droit commun de la preuve, avec référence aux règles du commerce le cas échéant, s'applique alors. Toutefois, si le marché est à **forfait,** il est prévu un régime dérogatoire (voir nos 56730 s.).

56182 Lorsque le marché est attribué selon une procédure **d'appel d'offres ou d'adjudication,** ce sont les règles d'attribution du marché qui s'appliquent. Très fréquemment, la conclusion du contrat résultera de la seule circonstance que l'offre faite correspond aux conditions posées par le maître de l'ouvrage.

Le marché est un **acte juridique soumis aux règles générales des contrats.** Un vice du consentement peut entraîner sa nullité (Cass. 3e civ. 15-12.2004 no 03-16.792 FS-D). Il tient lieu de loi à ceux qui l'ont conclu (C. civ. art. 1103) et il ne peut être modifié ou révoqué que du consentement mutuel ou pour les causes que la loi autorise (C. civ. art. 1193). Les difficultés d'exécution du marché ne peuvent donc donner lieu à la révision du contrat que d'un commun accord. L'article 1195 du Code civil prévoit toutefois la possibilité d'une renégociation lorsque des circonstances imprévisibles rendent l'exécution excessivement onéreuse pour une partie, et en cas de refus ou d'échec, l'intervention du juge qui peut réviser le contrat ou y mettre fin aux conditions qu'il fixe. Le marché étant un contrat à exécution successive exposé à des aléas, le risque de circonstances imprévisibles mais non constitutives de la force majeure peut bouleverser l'économie du contrat au sens de ce texte, qui a vocation à s'appliquer. Toutefois, l'**avant-projet de réforme des contrats spéciaux** prévoit de déclarer l'article 1195 sans application lorsque le marché stipule un prix forfaitaire (art. 1761) et le commentaire donné de ce texte par la commission exclut l'imprévision. Cette restriction peut se discuter car, même à forfait, le marché résiste difficilement aux circonstances imprévisibles sans mettre en péril les entreprises. Il est peut-être possible d'en tenir compte dans certaines hypothèses (voir nos 56670 et 56817). En faisant cette restriction, le texte admet implicitement son application aux autres marchés. 56185

RÉSILIATION

La résiliation du contrat d'entreprise relève du **régime de droit commun.** Ce régime est étudié à propos du marché à forfait pour le distinguer du régime spécifique applicable à la résiliation de ce marché (no 56880). 56190

B. Régimes particuliers

1. MARCHÉS DE CONSTRUCTION DES ORGANISMES D'HLM ET ASSIMILÉS

Les marchés des organismes privés d'HLM (sociétés anonymes, sociétés coopératives, sociétés de crédit immobilier) et des sociétés d'économie mixte exerçant une activité de construction ou de gestion des logements sociaux, de même que ceux des OPH – offices publics de l'habitat – sont soumis aux dispositions du Code de la commande publique (CCP art. L 1211-1, L 1212-1 et L 1212-2). 56260

Les dispositions du **CCAG Travaux** approuvées par le décret 76-87 du 21 janvier 1976 et applicables aux marchés des offices publics ne concernent pas les marchés des offices privés. Ces derniers se réfèrent au CCAG institué par la norme Afnor P 03-001 et à un CCAP Constructeur particulier de novembre 1993. Le nouveau CCAG Travaux applicable depuis le 1er janvier 2010 (Arrêté du 8-9-2009 : JO 1 texte 16), modifié depuis (Arrêté du 30-3-2021 : JO 1 texte 19), ne concerne pas les organismes privés d'HLM. 56265

2. MARCHÉS DES ORGANISMES DE SÉCURITÉ SOCIALE

Le mode et les conditions de passation des marchés des organismes de sécurité sociale de droit privé relèvent du Code de la commande publique (CCP art. L 1211-1, L 1212-1 et L 1212-2 ; Arrêté SSAS1816604A du 19-7-2018). 56290

3. MARCHÉS DE LA SNCF

Ces marchés sont conclus en principe après **appel à la concurrence,** en conformité avec le cahier des clauses et conditions générales applicables aux travaux de la SNCF. Les marchés peuvent également être conclus de **gré à gré.** Dans tous les cas, les entreprises doivent présenter des garanties de solvabilité et de sérieux. 56320

Là encore, il semble que le Code de la commande publique leur soit applicable.

SECTION 3

DIFFÉRENTS MARCHÉS PRIVÉS

A. Marché à forfait

DÉFINITION

56520 Le marché à forfait ou à prix fait est visé par l'article 1793 du Code civil, qui n'est pas modifié par l'avant-projet de réforme des contrats spéciaux. C'est un contrat dans lequel la **fixation du prix** est convenue d'avance et globalement pour des travaux dont la nature et la consistance sont nettement définies. Le marché à forfait s'efforce d'éviter que des travaux modificatifs soient exécutés sans contrôle préalable. Le juge, qui constate que le marché prévoit un prix global forfaitaire et non révisable et que le devis quantitatif et estimatif décrit avec précision les travaux à exécuter, caractérise le marché à forfait (Cass. 3e civ. 25-9-2012 nos 10-25.887 et 11-21.082 F-D : BPIM 6/12 inf. 439).

La nature des travaux n'est pas une condition du marché à forfait : le choix relève de la liberté contractuelle. Mais les dispositions de l'article 1793 du Code civil sur les travaux supplémentaires ne s'appliquent qu'à certains marchés (voir no 56750 ; voir aussi : CA Versailles 26-9-2005 no 03-06216 : RDI 2006 p. 213 qui applique ce texte à un marché de traitement de l'amiante sur les structures d'un immeuble).

56525 Le marché à forfait concerne, en pratique, le contrat de l'**entrepreneur.** Le CCMI en est une variété (P. Malinvaud, P. Jestaz, P. Jourdain et O. Tournafond : Droit de la promotion immobilière, Précis Dalloz 9e éd. 2015, no 690 ; Cass. 3e civ. 19-3-2020 no 19-14.029 F-D : BPIM 3/20 inf. 198). D'ailleurs, un contrat de construction d'une maison d'habitation ne peut être qualifié de CCMI que s'il présente les caractéristiques du marché à forfait (Cass. 3e civ. 24-6-2021 no 20-12.170 F-D : BPIM 4/21 inf. 258). Mais **l'architecte** peut aussi être concerné par le marché à forfait. Il est visé par l'article 1793 du Code civil, comme l'entrepreneur. La Cour de cassation a appliqué cet article au contrat de l'architecte comportant des honoraires forfaitaires (voir no 48790). L'avant-projet de réforme des contrats spéciaux ne modifie pas ce texte et ne remet pas en cause cette jurisprudence. Il devrait en résulter que si l'architecte est investi d'une mission précise, il ne peut voir sa mission étendue que dans le respect des formes prescrites par le texte.

> **Précisions** Les règles du bouleversement dans l'économie du marché, souvent associées à l'application de l'article 1793 du Code civil (no 56815), ont été appliquées à un **contrat de pilotage** à forfait conclu entre un architecte et une entreprise spécialisée (Cass. 3e civ. 6-12-2000 no 99-13.429 : RJDA 3/01 no 299). Cette jurisprudence peut s'expliquer car le bouleversement de l'économie du contrat n'est pas une notion spécifique au forfait soumis à l'article 1793 du Code civil (voir B. Boubli : RDI 2002 p. 482).

1. CONDITIONS DU FORFAIT

a. Formalités

56550 Le marché n'est soumis, théoriquement, à aucune formalité. L'**écrit** et, a fortiori, la rédaction du contrat en deux exemplaires ne sont pas des conditions de formation du contrat (Cass. 3e civ. 8-10-1974 : Bull. civ. III no 343).

Bien que non exigé, l'écrit est cependant en pratique nécessaire, sinon indispensable. Il faut, en effet, non seulement établir l'existence d'un marché, mais son contenu, c'est-à-dire des plans précis et un prix forfaitaire.

Certains auteurs ont soutenu que les **règles de preuve** posées par l'article 1793 pour les travaux supplémentaires étaient applicables à la preuve du marché à forfait (Aubry et Rau, Traité de droit civil Tome V no 374).

La Cour de cassation semble se contenter de l'application des règles de droit commun en matière de preuve (Cass. 3e civ. 19-12-2006 no 05-20.326 F-D : RDI 2007 p. 274, qui rappelle que la preuve du marché est libre entre commerçants). Un arrêt a estimé ainsi que l'absence d'écrit n'était pas une présomption d'absence de forfait (Cass. 3e civ. 10-11-1983 : RDI 1984 p. 185). Cette jurisprudence n'empêche pas qu'en l'absence d'écrit, la preuve du forfait est difficile, sinon impossible, d'autant que la production d'une photocopie a été jugée insuffisante (Cass. 3e civ. 3-10-1985 :

RDI 1986 p. 206 ; pour d'autres applications révélant la difficulté de preuve du forfait : Cass. 3e civ. 15-12-2010 no 09-17.063 FS-D : BPIM 1/11 inf. 24, 1e espèce ; Cass. 3e civ. 1-12-2010 no 09-16.819 FS-D : BPIM 1/11 inf. 24, 2e espèce ; voir no 56165). Mais il appartient au juge de tenir compte des documents particuliers lorsqu'ils diffèrent des conditions générales du marché et qui peuvent caractériser le forfait (Cass. 3e civ. 22-6-2005 no 03-16.557 FS-D : BPIM 5/05 inf. 325, RDI 2005 p. 439).

b. Plan arrêté et convenu

Le « plan » s'entend dans un sens large : il s'agit non seulement des **documents graphiques** **56570**
représentant les ouvrages à entreprendre ou les constructions à édifier, mais encore de tous les **documents contractuels** qui définissent les travaux : cahier des charges, devis descriptif ou estimatif le cas échéant (Cass. 3e civ. 1-3-1972 : Bull. civ. III no 149). Le devis descriptif n'est toutefois pas indispensable lorsque les plans proprement dits fournissent les éléments nécessaires à la détermination de la nature et de l'étendue des travaux à exécuter (Cass. 1e civ. 8-10-1962 : Bull. civ. I no 400).

Le **contenu des documents contractuels** doit être précis pour lier l'entrepreneur (Cass. 3e civ. **56575**
20-11-1991 no 1732, 2 espèces : RJDA 1/92 no 33 ; Cass. 3e civ. 6-12-2000 no 98-21.475 : RDI 2001 p. 162). Il faut, en effet, que le marché soit exécuté sur la base de documents clairement arrêtés et stables.

La stipulation de certaines clauses conduit à écarter le forfait car l'une des parties ou les deux se réservent de revenir sur le plan initial qui, pour cette raison, n'est pas « arrêté » et n'est donc pas « stable » (nos 56590 s.).

En cas de **modifications en cours de marché** du plan d'origine et du descriptif contractuel, **56580**
le contrat perd son caractère forfaitaire (Cass. 3e civ. 14-3-2001 no 99-17.959 FS-D : BPIM 3/01 inf. 185, RDI 2001 p. 240). Il peut également le perdre en cas d'avenants et de devis successifs (Cass. 3e civ. 8-2-2018 no 17-10.913 F-D : BPIM 2/18 inf. 115).

Il n'est pourtant pas interdit de modifier le contrat initial par voie d'**avenant** à condition de préciser la nature des nouveaux travaux et leur prix. C'est lorsque les avenants sont multiples (Cass. 3e civ. 8-2-2018 no 17-10.913 F-D : BPIM 2/18 inf. 115) ou si l'avenant transforme la nature des travaux d'origine, sans fixer un nouveau prix global, que le marché privé de sa stabilité d'origine perd son caractère forfaitaire.

Il faut cependant réserver le cas des aménagements mineurs qui :

– ne bouleversent pas les données de la construction d'origine (Cass. 3e civ. 23-1-1979 : RDI 1979 p. 339) ;

– se bornent à actualiser le contrat en précisant certains travaux (Cass. 3e civ. 13-11-1979 : RDI 1980 p. 169).

Il en est de même lorsque les parties conviennent que les travaux modificatifs sont soumis à un régime dérogatoire du forfait initial, en particulier s'ils concernent un lot différent (Cass. 3e civ. 28-11-2001 no 00-15.758 FS-D : BPIM 1/02 inf. 30, RDI 2002 p. 49).

Dans ces cas, le forfait est préservé.

Sur la nécessité de recueillir l'**accord** tant du maître d'ouvrage que du constructeur pour l'exécution des travaux modificatifs, voir no 56730.

Les **conditions du forfait** sont toujours les mêmes. La qualité des signataires du contrat à **56585**
forfait est indifférente. Il peut s'agir du maître de l'ouvrage ou de l'entrepreneur qui sous-traite. Il importe peu que le contrat concerne ou non un bâtiment. La nature des travaux n'est concernée que par l'article 1793 du Code civil (voir no 56760).

En revanche, le **régime des travaux supplémentaires** obéit aux dispositions particulières de l'article 1793 lorsque le maître de l'ouvrage fait réaliser des travaux de bâtiment.

Rien n'interdit la conclusion d'un contrat à forfait entre :

– l'entrepreneur principal et un sous-traitant (Cass. 3e civ. 21-11-2000 no 98-19.975 : BPIM 1/01 inf. 29). L'article 1763 de l'avant-projet de réforme des contrats spéciaux prévoit en termes généraux que les parties au contrat d'entreprise peuvent convenir d'un prix forfaitaire, ce qui peut viser le sous-traité. Mais il n'est rien dit sur l'application de l'article 1793, qui aujourd'hui ne s'applique pas au sous-traité (voir no 56750) ;

– un architecte et une entreprise de pilotage (Cass. 3e civ. 6-12-2000 no 99-13.429 : RJDA 3/01 no 299).

Dans ces cas, toutefois, la preuve des commandes de travaux supplémentaires n'est pas soumise aux dispositions de l'article 1793 du Code civil, sauf si les parties en conviennent autrement.

CLAUSES EN FAVEUR DU MAÎTRE DE L'OUVRAGE

56590 **Certaines clauses** conçues en faveur du maître de l'ouvrage **éliminent le forfait** :
– la clause par laquelle le maître de l'ouvrage se réserve la possibilité de travaux supplémentaires sans autre précision ;
– la faculté de modifier les travaux envisagés, de les augmenter ou de les diminuer, de prévoir comment seront réglés les suppléments (Cass. 3e civ. 12-12-1978 : RDI 1979 p. 207 ; Cass. 3e civ. 12-5-1981 : RDI 1982 p. 84 ; Cass. 3e civ. 21-7-1999 n° 97-22.322 : BPIM 6/99 inf. 423).

Il est admis que les travaux exécutés par l'entrepreneur, lorsque le marché contient de telles clauses, sont opposables au maître de l'ouvrage. Il faut toutefois que la preuve de la commande des travaux soit établie : dans tout marché, qu'il soit forfaitaire ou non, le maître de l'ouvrage n'est tenu de payer les travaux non prévus au contrat que s'il les a commandés (Cass. 3e civ. 23-1-2002 n° 00-17.670 : BPIM 2/02 inf. 112).

Le contrat « conclu sous réserve de modifications qui feront l'objet d'additifs » n'est pas un marché forfaitaire (Cass. 3e civ. 12-5-1981 : Bull. civ. III n° 94). Il y a selon la jurisprudence « forfait imparfait » (Cass. 3e civ. 12-12-1978 : RDI 1979 p. 207). Cette formule qui n'est pas heureuse signifie qu'en principe, les règles applicables au marché à forfait ne jouent plus dans de tels cas. Toutefois, des **distinctions** s'imposent.

56595 Le contrat peut comporter une clause prévoyant des **travaux modificatifs ou supplémentaires** avec ou non fixation du prix, et préciser que lesdits travaux feront l'objet d'un **avenant** ou d'un **ordre écrit** pour obliger les parties.

Cette clause ne fait que préciser ou reprendre les conditions de l'article 1793 du Code civil (Cass. 3e civ. 22-1-2002 n° 00-17.670 : BPIM 2/02 inf. 112). Le marché conserve son caractère forfaitaire (Cass. 3e civ. 11-10-2000 n° 98-21.509 : BPIM 1/01 inf. 30 ; Cass. 3e civ. 15-3-2005 n° 04-11.087 F-D : BPIM 4/05 inf. 262).

56600 Le contrat peut prévoir des **travaux modificatifs** et en préciser le **prix sans autre indication.** On peut tirer d'un arrêt qui a écarté le forfait lorsque le maître de l'ouvrage n'a pas convenu du prix des nouveaux travaux avec l'entrepreneur un argument a contrario (Cass. civ. 13-6-1944 : D. 1945 p. 80).

56605 Le contrat par lequel le maître de l'ouvrage se réserve la **possibilité de modifier** les plans, d'augmenter ou de réduire le volume des **travaux,** de commander des ouvrages supplémentaires perd son caractère forfaitaire : si des travaux non prévus sont exécutés et qu'il survient une contestation sur le coût, l'article 1793 du Code civil n'est pas applicable (Cass. 3e civ. 13-6-1944 : D. 1945 p. 80 ; Cass. 3e civ. 29-2-1972 : Bull. civ. III n° 141 ; Cass. civ. 12-5-1981 : RDI 1982 p. 84).

Il semble résulter de ces arrêts que la clause dénature à elle seule le marché, que les travaux supplémentaires soient ou non exécutés. La clause modificative est une renonciation du maître de l'ouvrage, qui rétablit le droit commun de la preuve (Boubli : Rép. civ. v° Contrat d'entreprise n° 204 ; en ce sens, pour un marché sous condition, réservant une modification des travaux, Cass. 3e civ. 12-7-1995 n° 95-15.165 : BPIM 2/96 inf. 124).

Un arrêt, sans trancher la question, précise que lorsque le maître de l'ouvrage s'est réservé la possibilité de réduire la quantité de travaux dans une certaine proportion et qu'il a fait exécuter des travaux supplémentaires, il faut ajouter ces derniers au marché initial pour apprécier si le taux de réduction de la masse de travaux est respecté (Cass. 3e civ. 21-7-1999 n° 97-22.322 : BPIM 6/99 inf. 423).

56610 Le contrat peut, en exigeant un ordre écrit pour tous travaux supplémentaires, **étendre le domaine de l'article 1793 du Code civil** à des marchés qui ne relèvent pas de son champ d'application.

Le contrat précise, en tant que de besoin, que les travaux nécessaires à l'objet du marché sont à la charge de l'entrepreneur malgré des imprévus éventuels (Cass. 3e civ. 17-10-1990 : RDI 1991 p. 65).

CLAUSES EN FAVEUR DE L'ENTREPRENEUR

56615 L'entrepreneur peut stipuler que les circonstances aggravant ses contraintes pendant l'exécution du marché donneront lieu à majoration du prix. Ce type de clause s'apparente à la pratique des **sujétions imprévues** des marchés publics. En effet, seule la force majeure dans les marchés privés libère l'entrepreneur de son obligation de s'en tenir au forfait. La clause permet donc de transférer l'aléa du forfait au maître de l'ouvrage, lorsqu'un événement se produit (encore plus meuble que prévu) sans être constitutif de force majeure.

En l'absence d'une telle clause, en revanche, l'entrepreneur ne pourrait, malgré l'aggravation de sa charge, se soustraire à l'obligation d'exécuter un ouvrage exempt de vice, et il engagerait sa responsabilité (Cass. 3e civ. 5-6-1984 : RDI 1985 p. 58). La **clause « toutes sujétions comprises »** contenue dans certains marchés est donc une précaution que prend le maître de l'ouvrage, car l'entrepreneur est tenu d'une telle obligation par le forfait lui-même (Cass. 3e civ. 5-6-1984 : RDI 1985 p. 58 ; Cass. 3e civ. 17-10-1990 : RDI 1991 p. 65). La clause qui prévoit le prix de travaux modificatifs alors même qu'aucun ordre écrit n'aurait été donné écarte le forfait (Cass. 3e civ. 7-5-1996 nº 93-21.567, Spribat).

Sur la portée de la référence à la norme Afnor P 03-001 et d'un défaut de contestation, par le maître de l'ouvrage, du décompte définitif au regard des travaux supplémentaires réalisés, voir nº 56810.

c. Prix forfaitaire

PRIX GLOBAL

Le prix forfaitaire est la seconde condition de fond du marché à forfait. Il s'agit d'un prix global. L'accord des parties ne porte pas sur chaque article mais sur l'**ensemble de l'ouvrage.** 56640

Il n'est pas nécessaire cependant que le prix soit expressément fixé. Il suffit qu'il soit **déterminable,** par exemple, par référence à un mode de calcul indiscutable (Cass. 3e civ. 23-5-1978 : Bull. civ. III nº 211).

Le prix global peut être décomposé en **forfaits partiels** affectés d'indices de révision particuliers (Cass. 1e civ. 12-5-1966 : Bull. civ. I nº 286). Mais il ne peut pas résulter de l'application de **prix unitaires** aux quantités d'ouvrage réellement exécutées (CE 13-5-1987 : D. 1987 som. p. 433 obs. Terneyre ; Cass. 3e civ. 14-3-2001 nº 99-17.959 : BPIM 3/01 inf. 185). Il en va autrement si les prix unitaires se bornent à servir de bordereau de prix et de base pour évaluer les travaux modificatifs sur ordre écrit du maître de l'ouvrage, et que le prix global et forfaitaire est arrêté (Cass. 3e civ. 23-6-1999 nº 97-19.063 : BPIM 5/99 inf. 356 ; Cass. 3e civ. 15-3-2018 nº 16-19.765 FS-D : BPIM 3/18 inf. 188). 56645

Le prix global du marché à forfait étant fixé par accord des parties, l'entrepreneur peut utiliser diverses formules pour le déterminer, dont **l'estimation au métré.** Il advient que, pour faciliter l'appréciation de l'entrepreneur et pour sécuriser le maître de l'ouvrage, le maître d'œuvre évalue le coût d'un lot sur la base d'un métré à la demande du maître de l'ouvrage et pour le compte de l'entreprise chargée du lot qui, alors, assume le coût de la prestation. À propos d'un marché à forfait ayant connu des vicissitudes, la Cour de cassation retient que celles-ci n'obligent pas le maître de l'ouvrage non fautif, que l'estimation au métré résultant des éléments fournis n'avait pas bouleversé l'économie du contrat et que l'entreprise devait s'assurer de l'exactitude des métrés fournis (Cass. 3e civ. 19-1-2017 nº 15-20.846 FS-PB : BPIM 2/17 inf. 105). S'il s'avère que les quantités utilisées (ferraillage en l'espèce) sont inférieures à celles envisagées lors de la fixation du prix, le maître de l'ouvrage n'est pas fondé à réclamer une somme en invoquant une surfacturation, s'il n'est pas établi qu'il était tenu de vérifier l'estimation initiale faite par le maître d'œuvre (Cass. 3e civ. 28-2-2018 nº 17-11.226 F-D : BPIM 2/18 inf. 116, RDI 2018 p. 277) ; à propos d'une surfacturation de l'habillage en pierre, au paiement de laquelle l'entreprise avait été condamnée, le même arrêt reproche à la cour d'appel d'avoir ainsi statué sans répondre aux conclusions qui soutenaient que le maître de l'ouvrage n'avait pas eu recours à un économiste pour l'évaluation du gros œuvre, ce qui pourrait laisser entendre que le maître de l'ouvrage doit prendre cette précaution. Réciproquement, si les quantités utilisées s'avèrent supérieures à celles prévues, l'entrepreneur ne peut pas réclamer un supplément de prix dès lors qu'il s'est engagé sur un appel d'offres l'obligeant à calculer les quantités et sur la base d'un prix global et forfaitaire (Cass. 3e civ. 15-3-2018 nº 16-19.765 FS-D : BPIM 3/18 inf. 188).

Peut-il y avoir un marché à forfait en présence d'un **marché mixte,** c'est-à-dire un prix fait pour certains articles et un prix à déterminer pour d'autres articles du même ouvrage ? La réponse est affirmative : le prix global et définitif, condition de l'existence du forfait, peut ne concerner qu'une partie de la construction (Cass. 3e civ. 20-5-2008 nº 07-15.867 F-D : BPIM 5/08 inf. 357). Encore faut-il que le prix global et définitif soit clairement identifié. 56650

> **Précisions** **a.** Une **décision ancienne** avait jugé que le marché mixte échappait, pour le tout, aux dispositions qui régissent le forfait, notamment à celles de l'article 1793 du Code civil (Cass. 3e civ. 9-1-1969 : Bull. civ. III nº 30).
b. Si les **ouvrages** sont **séparés,** il y a deux marchés distincts et non un marché mixte (Cass. 1e civ. 14-1-1964 : Bull. civ. I nº 30).

56655 **Erreur de calcul du prix** Sauf mauvaise foi de la partie qui en aurait eu connaissance au moment de contracter, l'erreur de calcul du prix n'est ni une cause de nullité ni une cause de redressement du prix (Cass. 3e civ. 25-10-1972 : Bull. civ. III n° 555 ; CA Versailles 17-6-1985 : RDI 1986 p. 72).

Toutefois, l'**entrepreneur** peut se prévaloir de l'omission d'un poste, simple erreur matérielle, lorsque le prix global est fixé à partir de l'addition du prix des différents postes (Cass. 3e civ. 15-1-2003 n° 01-01.563, SEM de Nouvelle-Calédonie c/ Sté Soproner).

Mais attention, si le maître de l'ouvrage se réserve la faculté de rectifier les erreurs susceptibles de modifier le prix global et d'apprécier les rectifications demandées par l'entrepreneur, il n'y a plus prix global, et le marché perd son caractère forfaitaire (Cass. 3e civ. 6-3-1985 : Bull. civ. III n° 47).

Un **tiers au marché** ne peut arguer du caractère forfaitaire de celui-ci pour échapper à sa responsabilité. Dans le cas où un marché s'est conclu à partir d'éléments délivrés par un bureau d'études à la demande du maître de l'ouvrage et qu'une erreur de calcul de ce bureau est à l'origine d'un surcoût pris en charge par le maître de l'ouvrage, ce dernier peut se retourner contre lui : le caractère forfaitaire du marché n'exonère pas le bureau d'études de son obligation de réparer le préjudice qu'il a causé (Cass. 3e civ. 13-2-2013 n° 11-25.978 FS-PB : BPIM 2/13 inf. 120).

> **Précisions** Un arrêt a cependant précisé que les erreurs de métré qu'a pu commettre le maître d'œuvre pour arrêter le prix global n'engagent pas sa responsabilité extracontractuelle à l'égard de l'entrepreneur, car elles doivent être appréciées dans le **contexte d'un marché global et forfaitaire** et elles ne représentent pas, en l'espèce, une augmentation considérable du volume et du coût des travaux par rapport au montant du marché (Cass. 3e civ. 19-1-2017 n° 15-20.846 FS-PB : BPIM 2/17 inf. 105).

PRIX IMMUABLE

56660 L'immutabilité du prix est essentielle au forfait. Elle est requise par l'article 1793 du Code civil, qui rejette ainsi la théorie de l'imprévision et son application aux marchés publics avec la notion de « sujétions imprévues ». L'article 1195 du Code civil ne devrait pas s'appliquer si l'on s'en tient à l'avant-projet de réforme des contrats spéciaux (art. 1761). La preuve de l'immutabilité du prix incombe à la partie intéressée (Cass. 3e civ. 13-3-1991 n° 89-15.968).

56665 L'entrepreneur ne peut pas demander un supplément de prix, qu'il invoque :
– des difficultés économiques (Cass. 3e civ. 20-11-2002 n° 00-14.423 FS-PB : BPIM 1/03 inf. 23) ;
– des événements qui aggravent son obligation (Cass. civ. 28-1-1846 : DP 1846 p. 245, s'agissant d'une inondation) ;
– le retard de mise à disposition du chantier quand la faute du maître de l'ouvrage n'est pas démontrée (Cass. 3e civ. 10-12-2015 n° 14-25.165 F-D : BPIM 1/16 inf. 24) ;
– le coût des travaux. Dans tout marché à forfait, l'entrepreneur doit exécuter les travaux indispensables à l'ouvrage prévu, même s'il ne les a pas envisagés lorsqu'il a fixé le prix (voir n° 56765).

56670 L'entrepreneur ne peut invoquer que la **force majeure** pour se soustraire à son obligation de tenir le prix convenu.

Un arrêt a cependant admis que des difficultés imprévues qui changent le caractère de l'entreprise permettent d'écarter le forfait pour erreur sur la substance (Cass. civ. 23-6-1873 : DP 1874 p. 332). Mais cet arrêt est généralement contesté au nom du rejet, sauf clause contraire, des sujétions imprévues dans les marchés privés (voir nos 56615 et 56660). Il a été jugé en ce sens que l'entrepreneur ne peut pas réclamer un surcoût lié à une aggravation des charges consécutives à la création d'une caisse d'assurance chômage et à une grève (Cass. 3e civ. 20-11-2002 n° 00-14.423 FS-PB : BPIM 1/03 inf. 23). Le nouvel article 1195 du Code civil réserve désormais le « **changement de circonstances imprévisibles** », qui pourrait, aux conditions prévues par le texte, justifier une révision du contrat (voir n° 56815). La renégociation ou la révision des contrats selon les modalités prévues par l'article 1195 du Code civil peut s'avérer nécessaire. Mais l'avant-projet de réforme des contrats spéciaux écarte l'application de ce texte lorsque le prix est forfaitaire et cela peut susciter des réserves sur sa portée actuelle.

56675 L'immutabilité n'est pas incompatible avec l'**indexation** du prix qui est possible et généralement pratiquée (Cass. 1e civ. 30-5-1963 : Bull. civ. I n° 289). Il suffit que dans son principe, le prix global demeure stable et immuable (Cass. civ. 23-1-1979 : RDI 1979 p. 339).

L'indice choisi doit être en relation avec l'objet du contrat ou l'activité d'une des parties. En pratique, on choisit l'indice du coût de la construction établi par l'Insee ou l'index Bâtiment BT 01.

Si la convention d'indexation est nulle, les paiements effectués sont valables (Cass. 3e civ. 5-12-1972 : Bull. civ. III n° 657).

Malgré le caractère immuable du prix, l'**avant-projet de réforme des contrats spéciaux** permettrait au juge de réduire le montant des honoraires convenus avant l'achèvement de l'ouvrage ; mais il en va autrement lorsque les honoraires ont été versés après l'achèvement de l'ouvrage en considération du travail accompli (art. 1762).

Le prix, sauf disposition contraire, s'entend en principe **TVA comprise,** réserve faite du cas où les deux parties sont commerçantes. **56680**

Le prix d'un marché à forfait ne peut pas être unilatéralement modifié, même au motif d'un changement ou d'une **erreur dans le taux de la TVA** applicable (Cass. 3e civ. 11-5-2011 n° 10-17.439 FS-D : BPIM 4/11 inf. 290).

CAS PARTICULIER DE LA MAUVAISE FOI

L'immutabilité du prix suppose que les obligations soient exécutées de bonne foi. **56685**

Le **maître d'ouvrage** qui fournit des renseignements inexacts ou qui tarde à payer les acomptes s'expose à un paiement plus élevé, car le forfait peut alors être écarté (CA Dijon 17-2-1971 : D. 1971 p. 371).

L'**entrepreneur** peut être tenu de rembourser le trop-perçu. Ainsi, dans un cas où le maître de l'ouvrage a fait effectuer un métré qui a révélé que la surface à couvrir était inférieure de près de deux fois à la surface prévue au contrat, il a été jugé que l'entrepreneur devait exécuter le marché de bonne foi. Il devait donc vérifier les quantités avant de remettre son prix forfaitaire et aviser le maître de l'ouvrage des différences de surface (Cass. 3e civ. 2-3-2005 n° 03-18.080 FS-PB : RJDA 6/05 n° 687).

2. TRAVAUX SUPPLÉMENTAIRES

Le forfait n'interdit pas la commande de travaux supplémentaires. Mais ces travaux doivent être **autorisés par le maître de l'ouvrage.** L'article 1793 du Code civil exige que l'autorisation soit écrite pour les marchés entrant dans son champ d'application (B. Boubli, Les travaux supplémentaires dans le marché à forfait : RDI 1986 p. 415). Cette règle s'impose même si le marché se réfère à la norme Afnor P 03-001 (voir n° 56810). **56730**

L'ordre écrit donné par le maître de l'ouvrage suffit-il à obliger l'entrepreneur ? Dans les marchés publics, le maître de l'ouvrage dispose, à certaines conditions, d'un pouvoir unilatéral de modification du contrat (voir B. Boubli, Les modifications apportées au marché par le maître de l'ouvrage, RDI 2002 p. 482). Mais une telle règle n'existe pas dans les marchés privés : la modification doit être **acceptée par l'entrepreneur.** Le marché peut d'ailleurs prévoir la nécessité d'un avenant modificatif (Cass. 3e civ. 30-1-2013 n° 11-20.441 FS-D : BPIM 2/13 inf. 119). À défaut, il conviendrait peut-être de distinguer selon que la modification bouleverse ou non l'économie du contrat pour apprécier la portée du refus de l'entrepreneur.

Lorsque le marché est conclu à forfait, mais qu'il n'entre **pas dans le champ d'application** de l'article 1793 du Code civil, les travaux supplémentaires doivent néanmoins être autorisés par le donneur d'ordres. Il s'agit d'une règle générale applicable même au marché non forfaitaire. Mais la preuve de cette autorisation obéit aux règles de droit commun. **56735**

En pratique, les règles posées par l'article 1793 du Code civil ne sont pas sans influence sur le régime de droit commun. Ainsi, la jurisprudence exige une **acceptation expresse et non équivoque,** par exemple pour :

– un sous-traité (Cass. 3e civ. 8-4-2008 n° 07-11.759 F-D : BPIM 3/08 inf. 215, 1e espèce) ;
– des travaux d'électricité d'une usine (Cass. 3e civ. 27-9-2000 n° 98-18.753 FS-D : BPIM 6/00 inf. 367).

Mais la preuve résulte en général d'**indices suffisants.** Elle peut procéder de simples présomptions lorsque le défendeur est un commerçant ou de présomptions et d'un commencement de preuve par écrit dans les autres cas. Un arrêt retient aussi différents éléments établissant une commande de travaux supplémentaires par l'entrepreneur principal dans ses rapports avec le sous-traitant (Cass. 3e civ. 28-11-2001 n° 00-15.758 : BPIM 1/02 inf. 30).

> **› Précisions** Un arrêt a même décidé que le **bouleversement de l'économie du marché** est de nature à justifier un supplément de prix dans un contrat à forfait entre un architecte et une entreprise de pilotage. L'arrêt a été cassé non pour ce motif mais parce que les dépenses supplémentaires étaient imputables au maître de l'ouvrage (Cass. 3e civ. 6-12-2000 n° 99-13.429 : RJDA 3/01 n° 299).

a. Domaine de l'autorisation

MARCHÉS CONCERNÉS

56750 L'article 1793 du Code civil ne concerne que le **marché principal.** Le sous-traité, lui, est exclu de son champ d'application (Cass. 3e civ. 18-6-2003 no 01-18.528 FS-D : BPIM 5/03 inf. 285). Il peut toutefois en aller autrement si les parties s'y soumettent volontairement (no 56760). Un arrêt a par ailleurs appliqué l'article 1793 à des travaux sous-traités qui, semble-t-il, avaient été commandés directement au sous-traitant (Cass. 3e civ. 8-4-2008 no 07-11.759 F-D : BPIM 3/08 inf. 215). La validation des situations par le constructeur constitue un écrit au sens du contrat de sous-traitance pour établir la réalité des travaux supplémentaires effectués par le sous-traitant, et oblige le constructeur à payer les factures concernant ces travaux (Cass. 3e civ. 16-2-2022 no 20-23.671 F-D : BPIM 2/22 inf. 121).

Le CCMI est un marché à forfait qui obéit aux dispositions de l'article 1793 du Code civil (Cass. 3e civ. 19-3-2020 no 19-14.029 F-D : BPIM 3/20 inf. 198) et aux règles qui lui sont propres (nos 80360 s.).

L'article 1793 du Code civil ne s'applique qu'à la construction d'un **bâtiment.** La notion de bâtiment est restrictive, mais elle ne se limite pas aux seuls édifices.

Ont été exclus du champ d'application de la loi :
- des bâtiments flottants (Cass. com. 6-3-1963 : S. 1963 p. 288) ;
- un court de tennis (Cass. 3e civ. 9-10-1973 : D. 1973 IR p. 158) ;
- des cuves de réservoir (Cass. 3e civ. 10-2-1976 : D. 1976 IR p. 145) ;
- une piscine (Cass. 3e civ. 29-10-2003 no 02-16.542 FS-PB : BPIM 6/03 inf. 344) ;
- un bassin pour orques avec tribunes (Cass. 3e civ. 29-10-2003 no 02-13.460 FS-PB : BPIM 6/03 inf. 343).

Toutefois, ces exclusions n'impliquent pas que seul l'ouvrage élevé au-dessus du sol relève de l'article 1793 du Code civil. Il faut admettre que tout ouvrage servant d'abri stable, comme les parkings souterrains ou les galeries marchandes en sous-sol, est soumis à la loi.

TRAVAUX CONCERNÉS

56755 Les travaux relatifs au bâtiment doivent être des travaux de **construction,** ce qui implique des travaux importants affectant le gros œuvre (Cass. 3e civ. 15-12-1982 : Bull. civ. III no 254). Cette notion, complexe, est développée à propos des responsabilités et de l'assurance construction (nos 92880 s.). Elle recouvre non seulement les travaux impliquant la réalisation d'un immeuble nouveau, mais aussi ceux emportant rénovation d'un existant.

La jurisprudence paraît cependant apprécier strictement la notion de **rénovation.** Ainsi jugé qu'une rénovation ponctuelle sur parties privatives sans intervention sur les murs de refend ni sur les planchers et consistant en des travaux intérieurs sur les cloisons et en installation d'équipement ne portent pas sur la construction d'un bâtiment (Cass. 3e civ. 23-6-1999 no 98-10.276 : Bull. civ. III no 147). Il en résulte que l'article 1793 du Code civil s'applique aux travaux de rénovation, à la double condition qu'ils soient tenus pour des travaux de construction (Cass. 3e civ. 23-6-1999, solution implicite) et qu'ils soient importants (Cass. 3e civ. 15-12-1982 no 81-11.459 : Bull. civ. III no 254 ; Cass. 3e civ. 27-4-2017 no 16-14.317 FS-D : BPIM 4/17 inf. 270), cette dernière condition confortant en fait la première.

Les simples **aménagements intérieurs** ne relèvent pas de l'article 1793 du Code civil (Cass. 1e civ. 16-12-1964 : D. 1965 p. 347). Par exemple :
- installation d'un chauffage central (Cass. 3e civ. 15-10-1970 : Gaz. Pal. 1971 som. p. 31) ;
- travaux intérieurs sur les cloisons et installation d'équipement (Cass. 3e civ. 23-6-1999 no 98-10.276 : Bull. civ. III no 147).

La jurisprudence paraît cependant réserver le cas des **gros travaux.** Il a par exemple été jugé que :
- la réalisation du lot électricité d'un bâtiment en cours d'édification constitue des travaux de construction (Cass. 3e civ. 11-3-1998 no 96-11.386 : BPIM 3/98 inf. 187 ; voir pour un hôtel : Cass. 3e civ. 3-7-1991 : RDI 1992 p. 214) ;
- des travaux d'installation de chauffage et de climatisation sont des travaux de construction pouvant donner lieu à application de l'article 1793 du Code civil dès lors que ces travaux sont importants, réalisés lors d'une opération de construction et qu'ils nécessitent l'adaptation et la modification du gros œuvre (Cass. 3e civ. 15-12-1982 : Bull. civ. III no 254) ;
- doit être qualifiée de marché à forfait une opération de traitement de l'amiante dans un immeuble (CA Versailles 26-9-2005 no 03-06216 : RDI 2006 p. 213).

APPLICATION VOLONTAIRE DE L'ARTICLE 1793 DU CODE CIVIL

56760 Les parties peuvent soumettre volontairement les travaux supplémentaires aux dispositions de l'article 1793 du Code civil par exemple lorsque l'ouvrage n'est pas un bâtiment, les travaux ne sont pas des travaux de construction ou le contrat est un sous-traité. Ce peut aussi être pour permettre l'application du texte même en cas de résiliation fautive du marché par le maître de l'ouvrage (Cass. 3e civ. 26-2-1997 no 95-11.020 : BPIM 2/97 inf. 119).

ILLUSTRATIONS

L'article **1793** du Code civil a été **volontairement appliqué à** :
– des travaux de terrassement, génie civil et VRD (Cass. 3e civ. 28-2-2001 no 99-13.651 : BPIM 2/01 inf. 112) ;
– la fourniture, la livraison et la réalisation de travaux de tuyauterie (Cass. 3e civ. 2-3-2004 no 02-20.147 F-D : BPIM 4/04 inf. 217) ;
– des travaux de rénovation (Cass. 3e civ. 31-5-2000 no 98-19.492 : BPIM 4/00 inf. 240) ;
– un contrat de sous-traitance (Cass. 3e civ. 5-6-1996 no 94-16.902 : RJDA 11/96 no 1316 ; Cass. 3e civ. 16-1-2007 no 05-20.160 F-D : RDI 2007 p. 275).

TRAVAUX SUPPLÉMENTAIRES SOUMIS À AUTORISATION

Travaux ne modifiant pas l'objet du contrat Les travaux supplémentaires ne modifiant pas l'objet du contrat sont les **travaux nécessaires** qui s'imposent au constructeur pour que l'ouvrage soit exempt de défaut et qu'il remplisse sa fonction. L'entrepreneur a l'obligation de prévoir, dans le montant de son forfait, tous les travaux nécessaires à l'exécution de l'ouvrage selon les règles de l'art (Cass. 3e civ. 17-11-1999 no 98-11.998 : BPIM 1/00 inf. 22 ; Cass. 3e civ. 31-10-2001 no 1422 : RDI 2001 p. 500). Ces travaux n'ont donc pas à être spécialement autorisés par le maître de l'ouvrage et plus généralement par le donneur d'ordres. Ils sont inhérents à tout forfait. **56765**

Sont **notamment** à la charge de l'entrepreneur, qui ne peut pas refuser de les exécuter même s'il ne les a pas envisagés lorsqu'il a fixé le prix :
– les travaux qu'il réalise et qui aggravent ses contraintes matérielles sans modifier l'objet du contrat (Cass. 3e civ. 17-11-1999 no 98-11.998 : BPIM 1/00 inf. 22) ;
– les éléments indispensables à la sécurité de l'immeuble (Cass. 3e civ. 8-6-2005 no 04-15.046 FS-PB : BPIM 6/05 inf. 404, RDI 2005 p. 440) ;
– tous les travaux « intrinsèquement nécessaires à la bonne fin de l'ouvrage » (Cass. 3e civ. 26-3-1997 no 95-16.290 : BPIM 3/97 inf. 186 ; Cass. 3e civ. 17-10-1990 : RDI 1991 p. 65 ; Cass. 3e civ. 28-2-2001 no 99-13.651 FS-D : BPIM 2/01 inf. 112). La Cour de cassation retient que les travaux supplémentaires nécessaires à la réalisation de l'ouvrage relèvent du forfait alors même que le devis quantitatif visait la démolition du plancher béton en sous-sol et qu'il s'est avéré, après démolition, que la dalle reposait sur une assise graniteuse compacte qui a rendu indispensables d'importants travaux de déroctage (Cass. 3e civ. 18-4-2019 no 18-18.801 FS-PBI : BPIM 3/19 inf. 173, RDI 2019 p. 339).

En effet, par le forfait, l'entrepreneur accepte les **aléas** de l'opération et il ne peut pas, sauf clause contraire (voir no 56615), faire état de sujétions imprévues (Cass. 3e civ. 20-11-2002 no 00-14.423 FS-PB : BPIM 1/03 inf. 23 s'agissant d'aléa économique consécutif à la création d'une caisse de chômage et à une grève ; voir aussi Cass. 3e civ. 4-5-1995 : Le Moniteur 18-8-1995 p. 28 qui se réfère à la notion).

Le **manque de prévision** de l'entrepreneur n'est pas de nature à entraîner la modification du caractère forfaitaire du contrat, notamment à propos de la mauvaise qualité du sol (Cass. 3e civ. 28-2-2001 no 99-13.651 FS-D : BPIM 2/01 inf. 112 ; Cass. 3e civ. 22-6-2005 no 03-16.557 FS-D : BPIM 5/05 inf. 325). En sa qualité de professionnel, l'entrepreneur qui s'est obligé à forfait ne peut ainsi se prévaloir du fait qu'il a mal apprécié les quantités nécessaires pour se soustraire à ses obligations : s'il abandonne le chantier en soutenant que l'économie du marché est bouleversée, il encourt la résiliation du contrat à ses torts avec dommages-intérêts (Cass. 3e civ. 22-10-2008 no 07-18.204 FS-D : BPIM 6/08 inf. 431).

À l'inverse, s'il réduit les quantités de travaux mais améliore la qualité de l'ouvrage et que le maître de l'ouvrage y trouve un avantage, il n'y a pas lieu à réduction du prix (Cass. 3e civ. 26-3-1997 no 95-16.086 : BPIM 3/97 inf. 186, 4e espèce).

Travaux modifiant l'objet du contrat Ces travaux supplémentaires s'ajoutent à ceux initialement prévus ou remplacent et transforment ceux initialement prévus : ce ne sont pas des ouvrages « nécessaires » au projet convenu (no 56765). Ce sont des **aménagements nouveaux** de la structure ou de l'espace. Toutefois, la ligne de partage entre les travaux qui « sont » dans l'objet du contrat et ceux qui le « modifient » n'est pas toujours facile à tracer. Un arrêt a ainsi jugé que le remplacement à l'incitation du bureau de contrôle d'un escalier préfabriqué par un escalier traditionnel doit être autorisé par le maître de l'ouvrage et le prix en être convenu entre les parties (Cass. 3e civ. 11-3-2008 no 07-10.300 F-D : BPIM 3/08 inf. 215, 2e espèce) ; or, l'escalier est un ouvrage « nécessaire » et l'erreur d'appréciation du maître d'œuvre ou de l'entrepreneur n'aurait pas dû selon nous dispenser ce dernier de l'exécuter. **56770**

L'article 1793 du Code civil exige que les travaux modificatifs soient autorisés par écrit. À défaut, ils sont inopposables au maître de l'ouvrage qui n'est pas tenu de les payer (voir n°s 56790 s.).

Toutefois, la Cour de cassation décide que les travaux non autorisés par écrit sont opposables au maître de l'ouvrage s'il les ratifie ou s'il y a bouleversement de l'économie du marché (voir n°s 56810 s.). Elle engage les juges du fond à vérifier lorsque cela leur est demandé s'il n'y a pas eu **novation** du contrat (Cass. 3e civ. 13-9-2006 n° 05-12.068 FS-D : BPIM 6/06 inf. 429, RDI 2006 p. 470).

b. Modalités de l'autorisation

AUTORISATION ÉCRITE

56790 L'autorisation écrite du maître de l'ouvrage est nécessaire pour l'obliger au paiement des travaux supplémentaires (Cass. 3e civ. 8-4-2008 n° 07-11.759 F-D : BPIM 3/08 inf. 215).

L'autorisation doit être **exempte d'équivoque** (Cass. 3e civ. 27-9-2000 n° 98-18.753 FS-D : BPIM 6/00 inf. 367, 1e espèce). Le contrat peut imposer qu'elle figure dans un avenant qui devient alors une condition de l'efficacité de l'autorisation (Cass. 3e civ. 30-1-2007 n° 05-20.927 F-D). De même, si le contrat exige que l'autorisation soit cosignée par l'architecte et le maître de l'ouvrage, les travaux supplémentaires sont inopposables à ce dernier s'il n'a pas signé l'autorisation (Cass. 3e civ. 24-5-2006 n° 02-10.840 FS-D : BPIM 5/06 inf. 360).

À défaut, l'entrepreneur ne peut pas réclamer le **paiement** (Cass. 1e civ. 17-7-1961 : Bull. civ. I n° 407), même en invoquant l'enrichissement sans cause ou injustifié, car l'enrichissement a sa cause dans la loi (Cass. civ. 5-11-1934 : DH 1934 p. 587).

Il semble même que le maître de l'ouvrage puisse **refuser les travaux supplémentaires** exécutés par l'entrepreneur et en exiger la suppression, encore que l'opinion ait été émise que l'autorisation écrite ne devrait conditionner que le droit au paiement (comparer, pour une diminution de la quantité de travaux, Cass. 3e civ. 15-3-1984 et Cass. 3e civ. 17-4-1984 : RDI 1984 p. 313 et 413).

En l'absence d'autorisation écrite et pour obliger le maître d'ouvrage au paiement des travaux non prévus au forfait, certains tribunaux considèrent que les travaux supplémentaires sont un marché distinct. La Cour de cassation, pour l'instant, censure cette analyse (Cass. 3e civ. 26-6-2002 n° 01-02.704 FS-D : BPIM 5/02 inf. 319) ; mais elle n'écarte pas une possible novation (voir n° 56770).

Sur l'articulation entre les règles relatives aux travaux supplémentaires et les règles établies par la norme Afnor, voir n° 57318.

56795 La formalité de l'autorisation écrite n'est pas d'ordre public ; les parties peuvent y **renoncer** (Cass. 3e civ. 24-5-1972 : Bull. civ. III n° 323).

Lorsqu'il n'y a pas renonciation, la formalité institue un **régime de preuve renforcé** des obligations du maître de l'ouvrage. L'autorisation écrite ne peut pas être remplacée par un commencement de preuve par écrit rendant admissibles les témoignages et présomptions (Cass. 3e civ. 25-4-1972 : JCP éd. G 1972 II n° 17145). Il semble que seul l'**aveu** du maître de l'ouvrage puisse suppléer le défaut d'autorisation écrite.

56800 Pour l'obliger, l'autorisation doit être donnée par le **maître de l'ouvrage** lui-même (Cass. 3e civ. 24-5-2006 n° 02-10.840 FS-D : BPIM 5/06 inf. 360), ou son représentant dûment mandaté par écrit (Cass. 3e civ. 4-11-1993 : RDI 1994 p. 248).

L'autorisation donnée par l'**architecte** sans mandat spécial exprès ne lie pas le maître de l'ouvrage (Cass. 3e civ. 17-2-1999 n° 95-21.412 : Bull. civ. III n° 40 ; Cass. 3e civ. 27-4-2017 n° 16-14.317 FS-D : BPIM 4/17 inf. 270). Pourtant, certains arrêts tiennent compte d'un mandat apparent (Cass. 1e civ. 10-12-1996 : RDI 1997 p. 233) ou du rôle actif du maître d'œuvre (Cass. 3e civ. 2-6-2016 n° 15-17.328 F-D : BPIM 4/16 inf. 250). L'entrepreneur aurait alors un recours contre l'architecte et non contre le maître de l'ouvrage (Cass. 3e civ. 21-3-1984 : RDI 1984 p. 412 ; Cass. 3e civ. 23-11-1994 : RDI 1995 p. 104). Dans le cadre d'un marché à forfait, le maître de l'ouvrage n'est pas tenu de payer les travaux supplémentaires commandés par son maître d'œuvre et qu'il n'a pas acceptés sans équivoque après leur exécution (Cass. 3e civ. 2-6-2016 n° 15-16.673 F-D : BPIM 4/16 inf. 249). Il peut être convenu entre les parties que les travaux modificatifs doivent être concrétisés par un avenant rédigé par le maître d'œuvre (Cass. 3e civ. 15-3-2018 n° 16-19.765 FS-D : BPIM 3/18 inf. 188). Cela n'implique pas nécessairement que ce dernier a qualité pour prescrire les modifications, sauf si l'accord vaut mandat.

Il a été jugé que les travaux supplémentaires commandés par le **maître de l'ouvrage délégué,** qui pourtant est un mandataire, ne sont pas opposables au maître de l'ouvrage (Cass. 3e civ.

19-7-2000 n° 98-22.075 : BPIM 6/00 inf. 367). Toutefois, en cas de crédit-bail, les travaux supplémentaires commandés par le crédit-preneur ont été déclarés opposables au crédit-bailleur dès lors que ce dernier n'avait pas notifié les limites du mandat à l'entrepreneur (Cass. 3e civ. 4-4-2002 n° 00-14.556 FS-D).

Lorsque l'immeuble est destiné à la **vente en l'état futur,** les accédants, au même titre que le maître de l'ouvrage, peuvent se prévaloir du défaut d'autorisation écrite (Cass. civ. 28-2-1984 : RDI 1984 p. 312). **56805**

En revanche, la règle ne profite pas à l'**entrepreneur principal** dans ses rapports avec le **sous-traitant.** En effet, il a été jugé que l'article 1793 du Code civil ne reçoit application que dans les rapports entre le constructeur et le propriétaire du sol ou, du moins, le titulaire du droit de construire (Cass. 3e civ. 19-12-1984 : RDI 1985 p. 255). Mais une application conventionnelle du texte est possible (n° 56760). Une autorisation ou une acceptation expresse et non équivoque du donneur d'ordres n'en est pas moins nécessaire si le contrat est à forfait (Cass. 3e civ. 21-11-2000 n° 98-19.975 : BPIM 1/01 inf. 29).

RATIFICATION DES TRAVAUX

S'inspirant de l'idée que l'aveu peut se substituer à l'autorisation écrite, la jurisprudence admet que le maître de l'ouvrage puisse ratifier les travaux exécutés (Cass. 3e civ. 24-1-1990 : Bull. civ. III n° 28 ; Cass. 3e civ. 19-2-2002 nos 99-19.499 et 99-16.250) : **56810**

– soit en donnant, a posteriori, son **accord exprès et non équivoque** (Cass. 3e civ. 14-2-2007 n° 06-10.140 FS-D : RDI 2007 p. 275 ; Cass. 3e civ. 8-4-2008 n° 07-11.759 F-D : BPIM 3/08 inf. 215, 1e espèce). Le silence du maître de l'ouvrage ne vaut pas acceptation (Cass. 3e civ. 26-9-2006 n° 05-18.070 F-D : BPIM 1/07 inf. 29) ;

– soit en ayant, à l'achèvement de l'ouvrage, un **comportement** révélant **sans équivoque** son intention de les accepter (Cass. 3e civ. 18-6-1997 n° 95-11.803 : BPIM 5/97 inf. 319 ; Cass. 3e civ. 2-6-2016 n° 15-16.673 F-D : BPIM 4/16 inf. 249 ; Cass. 3e civ. 13-2-2007 n° 05-22.019 F-D : RDI 2007 p. 275).

Lorsque le marché se réfère à la **norme Afnor,** la circonstance que le mémoire de l'entrepreneur n'ait pas été contesté dans le délai prévu par celle-ci ne vaut pas acceptation des travaux en l'absence d'autorisation écrite, les règles établies par la norme ne pouvant prévaloir sur les dispositions légales (Cass. 3e civ. 11-5-2006 n° 04-18.092 FS-PB : BPIM 4/06 inf. 266 ; Cass. 3e civ. 24-3-2009 n° 08-12.768 F-D : BPIM 3/09 inf. 202 ; Cass. 3e civ. 8-6-2023 n° 22-10.393 FS-B : BPIM 5/23 inf. 311 ; voir nos 57318 et 57319).

L'acceptation doit émaner du maître de l'ouvrage lui-même ou d'un intervenant substitué qui a reçu mandat à cet effet (Cass. 3e civ. 14-2-2007 n° 06-10.140 FS-D : RDI 2007 p. 275).

L'acceptation expresse et non-équivoque du maître de l'ouvrage est nécessaire, même si les travaux supplémentaires n'ont pu, par leur nature et leur importance, échapper à sa vigilance (Cass. 3e civ. 19-2-2002 n° 99-19.449).

ILLUSTRATIONS

Constituent par exemple un **accord sans équivoque** :

– la signature sans réserve du procès-verbal de réception (Cass. 3e civ. 24-6-1981 : Gaz. Pal. 1982 pan. p. 17) ; un arrêt plus récent ne tient toutefois pas compte de la réception sans réserve : il reproche à la cour d'appel de n'avoir pas vérifié si les travaux litigieux ne devaient pas être autorisés par écrit et le prix convenu entre les parties (Cass. 3e civ. 11-3-2008 n° 07-10.300 F-D : BPIM 3/08 inf. 215) ;

– le paiement sans contestation ni réserve du montant des situations incluant les travaux supplémentaires diminué de la seule retenue de garantie (Cass. 3e civ. 29-5-2013 n° 12-17.715 B FS-PB : BPIM 4/13 inf. 256) ;

– la notification par le maître de l'ouvrage du décompte définitif incluant le coût des travaux supplémentaires réalisés hors forfait (Cass. 3e civ. 11-5-2023 n° 21-24.884 FS-B : BPIM 5/23 inf. 311 ; voir n° 57315).

Il ne fait aucun doute que la signature a posteriori d'un acte écrit par le maître de l'ouvrage vaut accord exprès et non équivoque des travaux exécutés.

On peut, en revanche, s'interroger sur le **comportement qui pourrait valoir acceptation expresse et non équivoque.** En effet, l'acceptation expresse et non équivoque du maître de l'ouvrage n'a pas été retenue alors que :

– le maître de l'ouvrage ne contestait pas avoir commandé les travaux, qu'il en avait payé certains, qu'il ne s'était pas opposé à la réalisation d'un ouvrage différent et plus coûteux et que le remplacement d'un plancher en bois par un plancher en béton avait été rendu nécessaire par le choix du maître de l'ouvrage (Cass. 3e civ. 31-5-2000 n° 98-18.736 : BPIM 4/00 inf. 241) ;

– certains travaux supplémentaires avaient été autorisés expressément et que d'autres avaient été approuvés puisqu'ils n'avaient pu échapper au maître de l'ouvrage, ni être effectués sans son

autorisation et que la réception avait eu lieu sans réserve alors que les locaux étaient occupés depuis plus de 2 ans (Cass. 3e civ. 20-6-2001 no 99-11.590 FS-D : BPIM 4/01 inf. 256) ;
– le maître de l'ouvrage avait payé certains des travaux supplémentaires et accepté de régler l'intégralité de ce qui serait réclamé au titre des travaux non chiffrés préalablement (Cass. 3e civ. 12-6-2002 no 01-00.710 FS-PB : BPIM 4/02 inf. 261) ;
– le maître de l'ouvrage n'avait pas respecté le délai de notification du décompte définitif prévu par la norme Afnor (Cass. 3e civ. 18-3-2021 no 20-12.596 FS-P : BPIM 3/21 inf. 187 ; voir no 57318).

BOULEVERSEMENT DANS L'ÉCONOMIE DU CONTRAT

56815 En principe, s'agissant de **travaux supplémentaires** non autorisés par écrit, le maître de l'ouvrage n'est pas tenu de les payer.
Toutefois, lorsque l'entrepreneur, sans justifier d'une autorisation écrite, a effectué des travaux qui modifient l'objet du marché, il y a bouleversement dans l'économie du contrat. Lorsque le bouleversement est caractérisé et que le maître de l'ouvrage n'a pu ignorer l'exécution des travaux litigieux, la jurisprudence la plus récente limite la portée de l'article 1793 du Code civil (Cass. 3e civ. 4-12-2002 no 01-11.105 FS-D : BPIM 1/03 inf. 24 ; Cass. 3e civ. 26-11-2003 no 02-13.875 FS-D : BPIM 1/04 inf. 23 ; Cass. 3e civ. 8-4-2008 no 07-11.759 F-D : BPIM 3/08 inf. 215). Un arrêt isolé a cependant censuré une cour d'appel qui avait retenu le bouleversement de l'économie du marché en relevant que, quelle que soit la qualification du marché, les motifs de la cour d'appel ne suffisaient pas à établir que le maître de l'ouvrage avait expressément commandé les travaux supplémentaires avant leur réalisation ou les avait acceptés sans équivoque après leur exécution (Cass. 3e civ. 27-9-2006 no 05-13.808 FS-PB : BPIM 1/07 inf. 30). Cette solution, qui apporte un tempérament important aux effets du bouleversement constaté, semble cependant avoir été depuis abandonnée par la Cour de cassation. Dans un arrêt postérieur, celle-ci semble en effet être revenue à sa jurisprudence antérieure faisant du bouleversement de l'économie du contrat une condition autonome et suffisante du paiement des travaux supplémentaires (Cass. 3e civ. 8-4-2008).

56817 **Caractérisation du bouleversement** Le bouleversement est caractérisé par :
– une différence excessive entre le prix convenu et le coût réel des travaux incluant les modifications (Cass. 3e civ. 14-2-1996 no 93-20.699 : BPIM 3/96 inf. 196) ;
– la modification substantielle dans la nature des travaux (Cass. 3e civ. 17-3-1982 : RDI 1982 p. 382 ; Cass. 3e civ. 26-6-2002 no 1119 : BPIM 5/02 inf. 320, 3e espèce) ;
– les deux éléments cumulés (Cass. 3e civ. 12-6-2002 no 1018 : BPIM 5/02 inf. 320, 2e espèce).
Du bouleversement de l'économie du marché dû aux travaux modificatifs, on peut rapprocher le **déséquilibre résultant d'un changement de circonstances imprévisibles** prévu par l'article 1195 du Code civil qui adapte la notion d'imprévision aux contrats privés à exécution successive (sur son contenu, voir no 56185). Il est possible que l'article 1195 du Code civil ne s'applique pas au marché à forfait, en particulier si l'on s'en tient à ce que prévoit l'**avant-projet de réforme des contrats spéciaux** (art. 1761). Les circonstances imprévisibles visées à l'article 1195 pourraient néanmoins caractériser un bouleversement dans l'économie du marché susceptible de justifier le paiement des travaux rendus nécessaires pour y faire face. Un arrêt concernant une situation antérieure à la réforme du Code civil a certes admis que le retard dans le déroulement du chantier, non imputable au maître de l'ouvrage, n'affectait pas le caractère forfaitaire du marché et que l'entrepreneur ne pouvait pas demander un supplément de prix en raison du report de son intervention. Il relève que le calendrier avait été réactualisé sans faire allusion à un bouleversement de l'économie du marché par suite de circonstances fortuites (Cass. 3e civ. 10-12-2015 no 14-25.164 F-D : RDI 2016 p. 147). On notera que la norme Afnor P 03-001 tient compte de la nouvelle rédaction de l'article 1195 du Code civil, mais qu'elle n'oblige pas celui qui demande la renégociation du marché à continuer à exécuter ses obligations durant la phase de négociation.

ILLUSTRATIONS

Le **bouleversement dans l'économie du contrat** a été reconnu dans les cas suivants :
– atelier devenu un bureau, et sous-sol devenu un garage (Cass. civ. 17-3-1982 : RDI 1982 p. 382) ;
– adjonction d'une patinoire (Cass. civ. 26-2-1985 : RDI 1985 p. 574) ;
– modifications mineures mais multiples (Cass. 3e civ. 11-10-2000 no 97-22.253 : BPIM 1/01 inf. 31, les travaux supplémentaires se chiffrant à 574 017 F alors que le marché initial était de 807 448 F) ;
– augmentation de 23 % du prix du marché initial (Cass. 3e civ. 16-11-2022 no 21-19.147 F-D : BPIM 1/23 inf. 28) ;
– protocole conclu avec un groupement d'entreprises tenant compte des difficultés rencontrées au versement d'une indemnisation globale et conclusion de 11 avenants (Cass. 3e civ. 20-3-2002 no 00-16.713 FS-PB : BPIM 3/02 inf. 180).

Pour d'**autres illustrations** : Cass. 3e civ. 14-2-1996, 2 arrêts : BPIM 3/96 inf. 196, dont l'un souligne « l'ampleur » des travaux, « leur nature et leur coût élevé » ; Cass. 3e civ. 28-2-1996 : RDI 1996 p. 213 ; comparer Cass. 3e civ. 12-3-1997 n° 95-10.904 : RJDA 5/97 n° 640.

Les **vicissitudes d'un marché à forfait** n'obligent pas le maître de l'ouvrage non fautif s'il n'est pas démontré qu'il en est résulté un préjudice spécifique (Cass. 3e civ. 19-1-2017 n° 15-20.846 FS-PB : BPIM 2/17 inf. 105).

Conséquence du bouleversement Lorsque le bouleversement dans l'économie du marché est caractérisé, le marché est dénaturé. Il perd son caractère forfaitaire (Cass. 3e civ. 12-6-2002 n° 1018 : BPIM 5/02 inf. 320, 2e espèce). 56820

La conséquence logique devrait en être que l'ensemble du prix est à revoir puisque le **contrat d'origine** est **transformé.** Il ne semble pas, pour l'instant, que la jurisprudence aille aussi loin. Elle se borne à faire du bouleversement dans l'économie du contrat une cause de paiement des travaux supplémentaires par le maître de l'ouvrage (voir, par exemple, CA Paris 16-12-1983 : RDI 1984 p. 412 qui relève que, faute d'établir que les constructions ont été faites sans son consentement, le maître de l'ouvrage doit les payer). Un arrêt approuve les juges du fond d'avoir constaté qu'un marché, qui avait fait l'objet d'avenants successifs, avait perdu son caractère forfaitaire. L'arrêt, tout en constatant ce fait, relève que le juge du fond ne s'est pas fondé uniquement sur ces avenants (la cour d'appel avait relevé l'existence de deux avenants et de onze devis successifs) ; il approuve la cour d'appel d'avoir prononcé une condamnation du maître de l'ouvrage au paiement de travaux supplémentaires (Cass. 3e civ. 8-2-2018 n° 17-10.913 F-D : BPIM 2/18 inf. 115, RDI 2018 p. 277 ; Cass. 3e civ. 16-11-2022 n° 21-19.147 F-D : BPIM 1/23 inf. 28).

Le **juge des référés** n'est pas compétent pour apprécier l'existence d'un bouleversement dans l'économie générale du marché dénaturant son caractère forfaitaire et allouer en conséquence une provision (Cass. 3e civ. 3-2-1999 n° 97-11.484 : BPIM 2/99 inf. 130).

> **Précisions** Le bouleversement dans l'économie du contrat n'est qu'un fait dont il reste à savoir s'il est la conséquence d'une faute du maître de l'ouvrage, d'un dol de sa part, ou s'il ne tend qu'à rétablir l'équilibre contractuel affecté par une circonstance imprévisible.
Il est permis de se demander également si le seuil à partir duquel le bouleversement est caractérisé ne peut pas résulter de dispositions contractuelles, par exemple le CCAG Travaux dans les marchés publics ou assimilés (Cass. 3e civ. 2-7-2002 n° 99-21.656 : BPIM 5/02 inf. 320, 1e espèce).

PRIX DES TRAVAUX SUPPLÉMENTAIRES

La règle de l'autorisation écrite ne concerne que les travaux. Si ces derniers sont autorisés, la détermination de leur prix, à défaut d'accord exprès du maître de l'ouvrage, peut résulter d'un **accord verbal** dont la preuve est administrée conformément au droit commun (Cass. req. 13-8-1860 : DP 1861 p. 105 ; Cass. 1e civ. 18-6-1963 : Bull. civ. I n° 323). Le juge s'en tient à la convention des parties lorsque cela est possible. Par exemple, lorsque la convention prévoit que les travaux feront l'objet d'avenants chiffrant leur montant, l'entrepreneur qui effectue des travaux sans que l'avenant réponde à cette condition ne peut réclamer le paiement du prix (Cass. 3e civ. 11-10-2000 n° 98-21.509 : BPIM 1/01 inf. 30). 56825

En l'absence de preuve d'un accord sur le prix, celui-ci est apprécié par le juge qui peut s'inspirer des bordereaux estimatifs et quantitatifs utilisés pour déterminer le prix (voir toutefois Cass. 3e civ. 3-10-2001 n° 99-21.414 FS-D : BPIM 6/01 inf. 366 qui paraît faire de l'accord sur le prix un élément prépondérant).

Statuant en matière de CCMI, une décision a rejeté un pourvoi contre un arrêt qui avait débouté l'entrepreneur au titre de travaux supplémentaires et ordonné un remboursement au maître de l'ouvrage n'ayant pas autorisé les travaux. L'arrêt relève en particulier que les travaux supplémentaires avaient été discutés sans que le maître de l'ouvrage ne puisse en connaître le prix (Cass. 3e civ. 19-3-2020 n° 19-14.029 F-D : BPIM 3/20 inf. 198). Or cette considération est surabondante si les travaux n'ont pas été autorisés par écrit, à moins que l'arrêt ait voulu retenir, implicitement, l'absence de ratification, car il écarte le bouleversement du contrat invoqué dans la cause.

3. RÉSILIATION DU MARCHÉ

RÉGIME SPÉCIFIQUE

Aux termes de l'article 1794 du Code civil, le maître de l'ouvrage dispose d'un droit de **résiliation unilatérale** quasi discrétionnaire du marché à forfait dès lors qu'il indemnise l'entrepreneur (Cass. 3e civ. 6-3-2002 n° 00-19.674 : RDI 2002 p. 212). Le Code civil prévoit un mode de 56870 résiliation du marché à forfait, qui n'est pas repris comme tel par l'**avant-projet de réforme des contrats spéciaux** dans les dispositions relatives au contrat de construction. Le client pourrait résilier par sa seule volonté le contrat d'entreprise, quoique l'ouvrage soit déjà commencé en dédommageant l'entrepreneur de toutes ses dépenses et de tous ses travaux et de tout ce qu'il aurait pu gagner dans cette entreprise (art. 1778). La faculté de résiliation unilatérale résultant du texte actuel ne serait donc plus réservée au marché à forfait, mais s'appliquerait à tout contrat d'entreprise.

Dans le **régime actuel,** le maître de l'ouvrage peut résilier le marché à forfait, même si l'entrepreneur n'a pas commis de faute. La résiliation prévue par l'article 1794 peut s'appliquer au CCMI et prévoir une indemnité en pourcentage du solde du contrat ; en l'absence de connexité avec des créances réciproques susceptibles de justifier une compensation, cette somme est due au constructeur (Cass. 3e civ. 30-1-2019 no 17-25.952 FS-PBRI : BPIM 2/19 inf. 112).

Le maître d'ouvrage semble aussi pouvoir invoquer l'article 1794 en cas de faute de l'entrepreneur (Cass. 3e civ. 6-2-1973 no 71-14.806 : Bull. civ. III no 100 ; Cass. 3e civ. 9-3-1988 : Bull. civ. III no 55). Mais il le fait à ses risques et périls : s'il résilie unilatéralement le marché en imputant à tort une faute à l'entrepreneur, l'article 1794 du Code civil peut lui être opposé c'est-à-dire qu'il doit une indemnisation à l'entrepreneur (Cass. 3e civ. 15-6-2000 no 98-21.011 : BPIM 5/00 inf. 321).

Observons que le droit de résilier le chantier ne confère pas au maître d'ouvrage le pouvoir de suspendre le chantier (Cass. civ. 27-7-1914 : S. 1914 som. p. 110).

Le **constructeur indemnisé** ne peut, sans abus, se maintenir sur le chantier. Mais il peut, aux frais du maître de l'ouvrage, prendre les précautions nécessaires à la protection du chantier et de l'ouvrage (Cass. req. 3-2-1851 : DP 1851 p. 52).

S'il se maintient sur le chantier, l'entrepreneur peut être condamné à verser une indemnité d'occupation.

L'indemnisation de l'entrepreneur n'est pas due lorsque la résiliation n'est pas unilatérale mais judiciaire, car alors l'article 1794 ne s'applique pas (Cass. 3e civ. 17-10-1978 : RDI 1979 p. 207). Il en est de même lorsque l'entrepreneur en règlement judiciaire est remplacé et qu'il a laissé sur place du matériel dont il demande l'indemnisation (Cass. 3e civ. 27-3-1979 : JCP G 1979 IV p. 193).

56875 Les **dommages et intérêts** dus en application de l'article 1794 du Code civil ne se limitent pas au prix de la part des travaux exécutés (Cass. 3e civ. 28-3-2007 no 06-12.137 FS-D : BPIM 3/07 inf. 191). Ils couvrent le manque à gagner et les dépenses : installation du matériel en conformité avec le marché, préjudices de tous ordres et même préjudice moral (T. civ. Dax 29-12-1887 : Gaz. Pal. 1888 p. 558 ; CA Paris 29-10-1992 : D 1993 IR p. 37). Ils s'étendent au gain qu'aurait procuré le marché s'il avait été exécuté jusqu'à son terme (Cass. 3e civ. 14-3-2012 no 11-13.266 FS-D : BPIM 3/12 inf. 225).

L'entrepreneur ne peut toutefois pas obtenir une indemnisation compensant les frais de maintenance qui ont été exposés en raison de la prolongation du chantier d'un commun accord, celle-ci n'ayant pas bouleversé les conditions du forfait. L'entrepreneur ne peut prétendre qu'au prix des travaux exécutés impliquant ces sujétions et à la réparation du préjudice (Cass. 3e civ. 3-10-2001 no 99-21.414 FS-D : BPIM 6/01 inf. 366).

DROIT COMMUN

56880 Le régime de droit commun de la résolution ou résiliation du marché de travaux est applicable tant au marché à forfait qu'aux autres marchés. En conséquence, dans les contrats synallagmatiques, en application des nouveaux articles 1224 et 1226 du Code civil qui confirment et précisent le droit antérieur tiré de l'ancien article 1184, le contrat peut être résolu ou résilié (Cass. 3e civ. 10-12-2014 no 13-27.332 FS-PB : BPIM 1/15 inf. 32 qui applique la règle à propos d'un contrat avec un bureau d'études). L'intérêt d'appliquer le droit commun de la résiliation par le maître de l'ouvrage à tous les contrats d'entreprise réside dans le fait que la rupture du contrat peut, dans certains cas, le dispenser de toute indemnité et même lui ouvrir droit, le cas échéant, à réparation de son préjudice. L'entrepreneur peut aussi y avoir recours.

La **résolution** ou **résiliation unilatérale** a lieu aux risques et périls de son auteur (C. civ. art. 1226). Les nouveaux textes subordonnent la résiliation à la mise en demeure préalable du débiteur et à la persistance de l'inexécution, la résolution (ou résiliation) pouvant toujours être contestée en justice (C. civ. art. 1225 et 1226).

56882 **La résiliation par le maître de l'ouvrage** peut être la conséquence d'une **faute de l'entrepreneur** (Cass. 3e civ. 11-2-1998 : RDI 1998 p. 256). Ce dernier en est responsable notamment lorsque :
– il abandonne le chantier en raison d'une mauvaise appréciation des quantités de travaux nécessaires (Cass. 3e civ. 22-10-2008 no 07-18.204 FS-D : BPIM 6/08 inf. 431) ;
– il abandonne le chantier en invoquant des circonstances qui sont imputables à un manquement à son obligation de conseil (Cass. 3e civ. 18-11-2008 no 07-18.691 F-D : BPIM 1/09 inf. 23) ;

© Éd. Francis Lefebvre

– il n'a pas respecté l'implantation du bâtiment prévue au permis de construire, même si c'est à la demande des maîtres d'ouvrage (Cass. 3e civ. 25-9-2012 no 11-21.825 F-D : BPIM 6/12 inf. 438) ;
– il n'a pas respecté le délai « raisonnable » au cours duquel il était en mesure de réaliser les travaux (Cass. 3e civ. 29-9-2016 no 15-18.238 FS-PBI : RDI 2016 p. 644) ;
– les désordres qui lui sont imputables sont tels que leur coût de réfection et leur diversité justifient la résiliation du contrat à ses torts (Cass. 3e civ. 24-5-2018 no 17-16.270 F-D : BPIM 4/18 inf. 262).

La **norme Afnor** P 03-001 prévoit diverses causes de résiliation, comme l'abandon de chantier, la tromperie sur la qualité des matériaux, la non-production des documents prévus pour la carte d'identification professionnelle et pour le détachement des salariés, ou la force majeure (voir Cass. 3e civ. 11-10-2000 no 98-20.652 pour une résiliation en cas d'abandon de chantier).

La résiliation peut prendre plusieurs **formes.** Elle est en principe judiciaire. Mais elle peut être unilatérale. Elle doit alors donner lieu à une mise en demeure préalable, sauf exceptions. En particulier, elle peut intervenir sans préavis en cas de tromperie grave sur la qualité des matériaux ou des travaux (Norme Afnor P 03-001 art. 22-1-2-1). Il a été admis que relève de cette disposition la résiliation consécutive à la défaillance totale et persistante de l'entreprise principale à faire respecter par ses sous-traitants les prescriptions en matière de sécurité et de prévention des accidents du travail (Cass. 3e civ. 23-5-2012 no 11-13.011 FS-PB : BPIM 4/12 inf. 317).

Même si elle est fondée sur une faute de l'entrepreneur, la résiliation du marché n'a pas pour **conséquences** de priver celui-ci du droit d'obtenir le paiement des prestations exécutées. Néanmoins, son indemnisation est compromise en partie sinon en totalité, car le client supporte un préjudice (en ce sens, Cass. 3e civ. 15-1-2008 no 06-21.457 F-D : BPIM 2/08 inf. 128 ; comparer : Cass. 3e civ. 4-11-1993 no 91-22.289 : Bull. civ. III no 137).

La résiliation peut être la conséquence d'une **faute du maître de l'ouvrage.** Elle peut sanctionner : **56885**
– une renonciation à poursuivre le projet (Cass. 3e civ. 15-12-2004 no 03-18.350 F-D ; Cass. 3e civ. 29-9-2016 no 15-18.238 FS-PBI : RDI 2016 p. 644) ;
– une interruption injustifiée du chantier (Cass. 3e civ. 8-7-1998 : RDI 1998 p. 640) ;
– le non-paiement de l'avance contractuelle de démarrage (Cass. 3e civ. 7-4-2009 no 08-11.987 F-D) ;
– le remplacement d'une entreprise par une autre alors que rien n'est reproché à celle que l'on évince (Cass. 3e civ. 15-9-2016 no 15-22.242 F-D) ;
– l'éviction, par le maître d'ouvrage, de l'entrepreneur qui a participé à la phase d'étude d'un projet immobilier, dès lors qu'une relation contractuelle entre les parties est retenue par le juge (Cass. 3e civ. 8-2-2011 no 10-10.431 F-D : BPIM 2/11 inf. 115).

Le comportement du maître de l'ouvrage n'est **pas nécessairement** fautif. Si l'entreprise arrête le chantier en reprochant au maître de l'ouvrage de n'avoir pas payé des acomptes et d'avoir fait appel à un autre prestataire, alors qu'il a payé un acompte et a invoqué des désordres importants justifiant des reprises, le juge ne peut pas prononcer la résiliation du contrat aux torts du maître de l'ouvrage sans rechercher s'il n'était pas créancier de l'entreprise et si les reprises n'étaient pas justifiées par un risque d'effondrement (Cass. 3e civ. 28-2-2018 no 16-20.039 F-D : BPIM 2/18 inf. 118).

La **norme Afnor** P 03-001 prévoit le cas d'interruption ou d'ajournement du chantier pendant plus de 6 mois. La résiliation du marché aux torts du maître de l'ouvrage est alors concevable à condition que l'interruption soit imputable au maître de l'ouvrage et non à une autre entreprise (Cass. 3e civ. 11-10-2000 no 98-22.723 FS-D : BPIM 1/01 inf. 32 ; Cass. 3e civ. 9-4-2008 no 07-13.572 FS-D).

Le plus souvent, la résiliation aux torts du maître de l'ouvrage prend la **forme** d'une résolution judiciaire (Cass. 3e civ. 17-3-2004 no 02-17.681 F-PB : BPIM 4/04 inf. 218 ; Bull. civ. III. no 57).

La **résolution ou résiliation** peut être **judiciaire.** Toutefois, si le contrat prévoit un préalable de conciliation et que l'entrepreneur saisit la juridiction sans l'avoir respecté, sa demande est irrecevable (Cass. 3e civ. 14-12-2022 no 21-24.474 F-D : BPIM 1/23 inf. 27). Cette solution est à rapprocher de la jurisprudence qui écarte désormais les effets de la clause de saisine préalable du Conseil de l'Ordre des architectes par le maître de l'ouvrage (voir no 48585). Sous cette réserve, la résiliation du contrat peut, en toute hypothèse, être demandée en justice (C. civ. art. 1227). En cas de manquement de l'une ou l'autre des parties à ses obligations, les règles sont celles applicables à la résiliation fautive de tout marché. La résolution peut être prononcée aux torts du maître de l'ouvrage s'il n'a pas respecté ses engagements, même si c'est lui qui l'a demandée (Cass. 3e civ. 22-6-2023 no 22-15.601 F-D : BPIM 5/23 inf. 312). De même, le maître de l'ouvrage outrepasse ses prérogatives lorsqu'il fait appel à d'autres entreprises. Si la résiliation judiciaire du marché est prononcée aux torts réciproques, il n'en reste pas moins tenu de payer le solde des honoraires de l'architecte (Cass. 3e civ. 17-3-2004 no 02-17.681 F-PB : BPIM 4/04 inf. 218). Si les manquements sont **56890**

© Éd. Francis Lefebvre

réciproques, le juge du fond détermine, dans le cadre de son pouvoir souverain d'appréciation, la proportion dans laquelle chacune des parties doit réparation à l'autre (Cass. com. 6-3-1984 : Bull. civ. IV n° 92). S'il apparaît que ni l'une ni l'autre des parties n'ont voulu poursuivre leurs accords, la résiliation peut être prononcée aux torts réciproques (Cass. 3e civ. 8-2-1977 : Bull. civ. III. n° 64). Statuant à propos de la construction d'une maison individuelle dont il ne précise pas si elle a donné lieu à la conclusion d'un CCMI ou d'un simple marché de travaux, un arrêt largement diffusé confirme cette dernière jurisprudence (Cass. 3e civ. 6-9-2018 n° 17-22.026 FS-PBI : BPIM 5/18 inf. 345). En revanche, la possibilité pour le juge de mettre fin au contrat en application de l'article 1195 du Code civil paraît exclue lorsque le marché est à forfait (voir n° 56817). Il faut noter que le nouvel article 1228 du Code civil peut soulever une difficulté d'interprétation sur l'étendue du pouvoir du juge : il prévoit que le juge peut prononcer la résolution (résiliation pour le contrat à exécution successive) ou ordonner l'exécution du contrat ou « allouer seulement des dommages-intérêts ». Ces dommages-intérêts s'ajoutent-ils à la résiliation, comme c'est le cas en jurisprudence aujourd'hui, ou sont-ils une alternative à celle-ci ? Un arrêt retient que l'indemnité contractuelle prévue en cas de résiliation de plein droit n'est pas due en cas de résiliation judiciaire (Cass. 3e civ. 3-10-2024 n° 23-12.536 F-D : BPIM 6/24 inf. 355).

56900 L'**exception d'inexécution** peut être opposée par une partie à l'autre qui n'a pas exécuté, ou a mal exécuté, ses obligations. Elle est parfois un préalable à la résolution du contrat. L'exception d'inexécution est prévue par l'article 1219 du Code civil qui exige que le manquement qui la fonde soit suffisamment grave. Cette exception admise dans le contrat synallagmatique était retenue, avec la même exigence, par la jurisprudence antérieure au texte, sur le fondement des anciens articles 1134 et 1184 du Code civil. Un arrêt applique cette jurisprudence et en écarte l'application invoquée par le maître de l'ouvrage pour des malfaçons et non-conformités, jugées insuffisamment graves (Cass. 3e civ. 24-6-2021 n° 20-17.373 F-D : BPIM 4/21 inf. 253). Cet arrêt suscite néanmoins l'interrogation, car il se réfère à l'exception d'inexécution, qui consiste à refuser d'exécuter son obligation lorsque l'on impute à l'autre partie une inexécution ou une mauvaise exécution de la sienne, alors qu'en l'espèce le maître de l'ouvrage réclamait un remboursement partiel du prix déjà payé.

B. Autres marchés privés

MARCHÉS SUR DEVIS OU AU MÉTRÉ

57000 Dans ce type de marché, le maître de l'ouvrage et l'entrepreneur conviennent d'un **prix unitaire au mètre carré** qu'ils fixent pour chaque catégorie de travaux (devis) ou par **référence aux séries de prix publiées** notamment par l'Académie d'architecture (série de prix).

Ces marchés sont caractérisés par l'imprécision du prix qui n'est déterminé qu'à l'achèvement des travaux par un **métré,** en multipliant le prix unitaire, ou le prix de la série, par les quantités d'ouvrages réalisées (Cass. com. 20-10-1965 : Bull. civ. III n° 511 ; Cass. 3e civ. 14-3-2001 n° 99-17.959 : BPIM 3/01 inf. 185 qui écarte le forfait, le marché prévoyant le paiement des quantités réalisées). Lorsque le contrat prévoit que la facture sera établie selon un prix à la tonne, le juge qui retient un certain tonnage pour déterminer le prix, doit préciser comment il l'établit (Cass. 3e civ. 15-9-2015 n° 14-20.148 F-D : BPIM 6/15 inf. 383, à propos de palplanches conservées dans des conditions ayant donné lieu à contentieux particulier).

Le marché sur devis peut mentionner un **prix global,** qui n'est qu'une simple **prévision,** une évaluation approximative qui ne lie pas les parties. Mais la responsabilité de l'entrepreneur peut cependant être engagée si le dépassement des prévisions est excessif (Cass. 3e civ. 22-4-1971 : Bull. civ. III n° 243). Il est aussi permis aux parties de convenir d'un prix global et de conclure alors un marché à forfait, tout en procédant à une estimation du coût de certains lots par une évaluation au métré (Cass. 3e civ. 19-1-2017 n° 15-20.846 FS-PB : BPIM 2/17 inf. 105).

Les prix de série sont établis pour des travaux de moyenne importance. Aussi les entrepreneurs consentent parfois des **rabais** pour les travaux importants. Il faut que le rabais ait été prévu au contrat, encore que certains arrêts l'appliquent en se référant aux **usages** (Cass. com. 19-6-1958 : Bull. civ. III n° 260).

57002 Les dispositions de l'article 1793 du Code civil exigeant une autorisation des **travaux supplémentaires** ne s'appliquent pas aux marchés sur devis ou sur série de prix (Cass. com. 6-3-1963 : D. 1963 p. 501) : le droit commun des contrats s'applique. L'entrepreneur doit donc exécuter les travaux prévus au devis sans pouvoir réclamer un prix supplémentaire par rapport au prix convenu (Cass. 3e civ. 24-10-2006 n° 05-20.588 F-D). Si des travaux non prévus au devis sont exécutés, leur paiement est dû, à condition d'établir l'accord du maître de l'ouvrage. Il faut que celui-ci ait expressément commandé les travaux supplémentaires avant leur réalisation ou les ait acceptés sans équivoque après leur exécution (Cass. 3e civ. 11-1-2011 no 10-12.265 F-D : BPIM 2/11 inf. 116 ; voir aussi : Cass. 3e civ. 2-10-2001 no 00-14.202 F-D : BPIM 6/01 inf. 367 à propos de prestations complémentaires d'un géomètre expert ; Cass. 3e civ. 7-7-2015 no 13-23.620 F-D : BPIM 5/15 inf. 316 dans un cas où les travaux avaient été exécutés au vu et au su du maître d'ouvrage ; Cass. 3e civ. 2-9-2016 no 15-17.328 F-D : BPIM 4/16 inf. 250, à propos d'un rôle actif du maître d'œuvre qui avait validé des prestations modificatives, dans un marché dont le caractère forfaitaire n'était pas invoqué). Cette exigence n'est pas une extension du champ d'application de l'article 1793 : le marché, même non forfaitaire, ne peut pas faire l'objet d'une modification unilatérale ; quelle que soit la qualification du marché, l'accord des deux parties est exigé si des travaux sont exécutés par l'entrepreneur. Les travaux doivent avoir été commandés par le maître de l'ouvrage ou acceptés par lui sans équivoque (Cass. 3e civ. 7-6-2018 no 17-17.338 F-D : BPIM 4/18 inf. 263 ; Cass. 3e civ. 11-7-2019 no 18-17.663 F-D : BPIM 5/19 inf. 331, pour des travaux supplémentaires exécutés par le sous-traitant, dont l'entreprise principale contestait la commande). Mais la preuve de la commande n'est pas soumise au formalisme exigé par l'article 1793 ; ce sont les dispositions de l'article 1359 du Code civil qui s'appliquent.

> **Précisions** Il semble que l'on puisse considérer que constitue une variété de marché sur devis le **marché sur dépenses contrôlées** qui laisse au maître de l'ouvrage la charge des risques du sol imprévus (cas d'Eurotunnel). La résiliation du marché obéit aux règles de droit commun (voir no 56880).

MARCHÉS À MAXIMUM

Le marché à maximum est payé après métrage, conformément aux règles précédentes, mais un maximum est fixé que l'entrepreneur ne peut **pas dépasser.** Ce marché n'a pas, même dans ces limites, un caractère forfaitaire. **57005**

MARCHÉS DE TRAVAUX DÉFINIS « NE VARIETUR »

Ce type de marché est proposé par l'ancienne norme Afnor P 03-011. Les travaux sont exactement définis. **Aucune modification,** suppression ou adjonction de travaux n'est possible. Comme dans le marché à forfait, l'entrepreneur ne peut pas exiger un supplément de prix pour les travaux non prévus. Le régime juridique s'apparente à celui du marché à forfait. Défini « ne varietur », le marché pourrait justifier le refus par l'entrepreneur d'exécuter des travaux supplémentaires même spécialement rémunérés. **57010**

Ce contrat est relativement rare. Son intérêt est de stabiliser les travaux lorsque les ouvrages sont importants.

SECTION 4 EXÉCUTION DU MARCHÉ DE TRAVAUX

A. Réalisation de l'ouvrage

1. CONTRÔLE DE L'EXÉCUTION

Le marché est exécuté par l'entrepreneur qui doit satisfaire aux obligations qui sont les siennes (voir nos 53100 s.), sous le contrôle permanent du maître d'œuvre et le contrôle final du maître de l'ouvrage. Le commencement effectif des travaux caractérise la notion d'ouverture du chantier (Cass. 3e civ. 18-2-2004 no 02-18.414 FS-PBI : BPIM 5/04 inf. 295). **57230**

CONTRÔLE PAR LE MAÎTRE D'ŒUVRE

Le maître d'œuvre qui assiste le maître de l'ouvrage lui donne des conseils dans le **choix des entreprises.** Il s'assure de leur qualification et de leur garantie de solvabilité. **57235**

Ce contrôle initial du maître d'œuvre se poursuit pendant **l'exécution du marché.** L'architecte, investi d'une mission complète, vérifie que l'ouvrage est conforme au projet et aux documents contractuels ; il informe le maître de l'ouvrage et il donne aux constructeurs des

directives : bien qu'il n'y ait pas de contrat entre les constructeurs, il existe une hiérarchie technique et fonctionnelle qui résulte de l'organisation de l'opération par le maître de l'ouvrage. L'architecte en retire un droit de donner des ordres aux entreprises.

CONTRÔLE PAR LE MAÎTRE D'OUVRAGE

57240 Le maître de l'ouvrage se borne, pour sa part, à recueillir les observations de l'entrepreneur et à les transmettre à l'architecte. Il n'a pas à s'immiscer dans l'exécution des travaux. S'il le fait néanmoins, le contrat de louage d'ouvrage peut être dénaturé et sa responsabilité encourue. Le maître de l'ouvrage limite en principe son contrôle à l'**ouvrage achevé** à la réception des travaux.

SANCTION DE L'INEXÉCUTION DU MARCHÉ

57245 L'inexécution du marché peut entraîner la **résiliation** ou la résolution judiciaire du marché, aux torts de l'entrepreneur, avec mise en œuvre possible dans ce cas de l'assurance dommages-ouvrage, ou aux torts du maître de l'ouvrage (voir n°s 56880 s.).

Plutôt que de demander la résiliation du marché, le maître d'ouvrage peut, en cas d'inexécution par l'entrepreneur, exiger son **exécution forcée,** notamment en obtenant une injonction d'effectuer les travaux sous astreinte. Encore faut-il alors que le permis de construire ne soit pas périmé (Cass. 3e civ. 18-6-2003 n° 01-02.474 FS-PB : BPIM 5/03 inf. 286).

2. ATTACHEMENTS ET SITUATIONS PROVISOIRES

ATTACHEMENTS

57270 Les attachements sont des pièces qui constatent la **nature et** les **quantités d'ouvrages exécutées** par l'entrepreneur. Établis par lui, ils sont contrôlés par l'architecte et portés à la connaissance du client.

Dans les **marchés à forfait,** l'entrepreneur étant payé selon un prix global, la prise d'attachements n'est pas nécessaire. Elle peut se pratiquer néanmoins, en particulier pour les travaux supplémentaires ou imprévus dont il convient de préciser l'importance et les difficultés.

Dans les **travaux au métré,** la prise d'attachements est de pratique normale. Il faut, en effet, vérifier au fur et à mesure les quantités exécutées pour déterminer sans ambiguïté le prix.

SITUATIONS PROVISOIRES

57275 Les situations provisoires sont des **états comptables** qui font le point, en général **chaque mois,** des travaux exécutés au cours de la période considérée. Ces situations mensuelles sont prévues par la plupart des documents contractuels de référence (Normes Afnor P 03-001 et P 03-011). Elles sont destinées à permettre le paiement d'acomptes.

Les situations provisoires sont vérifiées par l'architecte qui délivre un **bon d'acompte.** Elles n'emportent aucune acceptation des travaux et ne valent pas règlement des comptes. Elles peuvent être remises en cause et rectifiées en cas d'erreur (Cass. 3e civ. 8-11-1977 : Bull. civ. III n° 603), et le paiement des acomptes n'a qu'un effet limité (Cass. 1re civ. 7-11-1962 : Bull. civ. I n° 468).

Le maître de l'ouvrage peut contester une situation provisoire pourtant visée par le maître d'œuvre et le juge des référés qui constate l'existence de désordres excède ses pouvoirs en accordant néanmoins une provision à l'entreprise sur la base de la situation contestée (Cass. 3e civ. 9-4-2014 n° 12-29.271 FS-D : BPIM 3/14 inf. 173).

Le règlement définitif des comptes est le seul qui arrête le montant définitif du compte du marché.

3. RÈGLEMENT DÉFINITIF DES COMPTES

DÉFINITION

57300 Le règlement définitif des comptes est l'**opération par laquelle** les parties arrêtent le montant définitif des prestations et ouvrages réalisés par l'entrepreneur. Il permet de fixer la créance de l'entreprise en vérifiant ce qui a été exécuté et en déterminant le montant des prestations. Il ne doit pas être confondu avec la réception des travaux qui, elle, a vocation à contrôler la bonne exécution des ouvrages.

MÉMOIRES DÉFINITIFS

57305 L'entrepreneur remet en général (conformément aux documents contractuels) des mémoires ou situations définitives qui définissent et chiffrent les travaux exécutés. Ces mémoires définitifs sont normalement remis en fin de contrat. C'est sur la base des mémoires que vont s'effectuer les paiements. Leur remise dans le délai prévu par le contrat permet de liquider leur créance sans retard.

Les mémoires sont établis en conformité avec les dispositions du contrat. Dans le marché à forfait, ils indiquent les travaux en plus ou en moins, et la révision de prix. Dans le marché au métré, ils recensent les quantités exécutées de chaque nature d'ouvrage avec application des prix unitaires correspondants.

Le **maître de l'ouvrage,** à qui les mémoires sont remis, procède à leur vérification. Il les accepte ou les refuse. **57310**

Il confie souvent cette tâche au maître d'œuvre, et notamment à l'**architecte,** en particulier si ce dernier a reçu mission de diriger et surveiller les travaux jusqu'à leur achèvement. L'architecte contrôle la matérialité des comptes et il en vérifie le **bien-fondé.** Il arrête alors le compte en y apposant sa signature et soumet le mémoire vérifié par lui au maître de l'ouvrage. Sauf s'il a reçu mandat spécial en ce sens, la vérification et l'arrêté de compte ne lient pas le maître de l'ouvrage (Cass. civ. 3-11-1926 : DP 1927 p. 77). L'architecte se borne, en effet, à faire des propositions de paiement au maître de l'ouvrage qui reste juge de la suite à leur donner.

FIXATION DE LA CRÉANCE DE L'ENTREPRENEUR

C'est au **maître de l'ouvrage** qu'il revient de signer le document valant fixation de la créance de l'entrepreneur, c'est-à-dire le mémoire vérifié et accepté par l'architecte. Mais le décompte définitif qu'il a établi unilatéralement ne lie pas l'entrepreneur (Cass. 3e civ. 4-1-1996 : RDI 1996 p. 213). Le maître de l'ouvrage doit donc notifier à l'**entrepreneur** le règlement de compte qu'il propose. Le décompte définitif notifié à l'entrepreneur lie le maître de l'ouvrage : s'il inclut le coût de certains travaux supplémentaires, la notification est une acceptation expresse et non équivoque de ces travaux réalisés hors forfait puisque le mémoire présenté qui les vise est alors accepté (Cass. 3e civ. 11-5-2023 n° 21-24.884 FS-B : BPIM 5/23 inf. 311, le surcoût correspondant à un retard de chantier). Le mémoire approuvé est une condition du paiement (Cass. 3e civ. 2-7-1980 : RDI 1981 p. 74). Si l'entrepreneur accepte, le compte est définitivement arrêté. S'il refuse, une contestation s'ouvre. Lorsque la contestation est limitée, les points non litigieux sont considérés comme définitifs. **57315**

La production d'une **facture** ne suffit pas à établir l'exécution de travaux, d'autant qu'il n'y a pas eu réception et que l'entreprise reconnaît ne pas avoir terminé le chantier, sans prouver que le maître d'ouvrage est responsable de cet état des choses (Cass. 3e civ. 13-7-2016 n° 15-20.324 F-D : BPIM 5/16 inf. 306).

Les parties peuvent convenir d'une **procédure d'établissement** du règlement définitif des comptes, en concevant un processus particulier ou en se référant à la norme Afnor P 03-001. La procédure choisie ayant **valeur contractuelle,** elle s'impose (Cass. 3e civ. 26-11-2014 n° 13-24.888 FS-PB : BPIM 1/15 inf. 33). Les parties peuvent cependant stipuler une dérogation à certaines dispositions de la clause dont le juge du fond apprécie la portée (Cass. 3e civ. 20-6-2024 n° 23-10.111 F-D : BPIM 4/24 inf. 308). En revanche, la norme Afnor visée dans un sous-traité n'a pas à être respectée par le sous-traitant lorsqu'il demande paiement au maître d'ouvrage car ceux-ci n'ont pas de lien contractuel (Cass. 3e civ. 10-12-2014 n° 13-24.798 FS-D : BPIM 1/15 inf. 34). C'est alors le débiteur des sommes dues (en pratique l'entreprise principale) qui doit notifier au sous-traitant le décompte définitif (Cass. 3e civ. 7-12-2023 n° 22-21.720 F-D : BPIM 1/24 inf. 34). **57317**

En principe, la procédure contractuellement définie s'applique même en cas de résiliation du marché (Cass. 3e civ. 13-1-2009 n° 07-21.073 F-D ; voir, toutefois, en sens contraire dans un marché qui, semble-t-il, avait été résilié en constatant que la procédure de vérification des comptes n'avait pas été suivie par les parties, ce qui laisse entendre qu'une renonciation peut s'induire de leur comportement : Cass. 3e civ. 7-5-2014 n° 13-16.301 FS-D : BPIM 4/14 inf. 251).

Aux termes de la **norme Afnor,** le maître de l'ouvrage, qui a reçu le mémoire de l'entrepreneur, doit lui **notifier le décompte** définitif dans le délai prévu (60 jours suivant la réception pour les contrats visant l'ancienne norme, 45 jours pour les contrats signés depuis le 20-10-2017), s'il entend contester le mémoire produit par l'entreprise. S'il ne répond pas le délai contractuel, après avoir fait vérifier le mémoire par le maître d'œuvre qui a opéré certaines déductions, il est censé avoir accepté la créance présentée (Cass. 3e civ. 6-7-2023 n° 21-25.214 FS-B : BPIM 5/23 inf. 313). Il faut, en principe, que le mémoire lui ait été effectivement transmis, par le maître d'œuvre ou son sous-traitant chargé de contrôler les comptes (Cass. 3e civ. 10-2-2010 n° 09-12.125 FS-PB : BPIM 2/10 inf. 108), à défaut de quoi le mémoire peut toujours être contesté (même arrêt). Mais la jurisprudence n'est pas très claire sur cette question. Ainsi, il a été jugé **57318** que la créance de l'entrepreneur peut être justifiée lorsqu'il a remis le mémoire définitif au maître d'œuvre et qu'en l'absence de notification par le maître de l'ouvrage il a mis en demeure ce dernier à l'adresse de son représentant tel qu'indiqué au cahier des clauses administratives particulières (Cass. 3e civ. 17-10-2019 no 18-18.422 F-D : BPIM 6/19 inf. 395). En outre, dans une affaire où un maître d'œuvre n'avait pas transmis le mémoire au maître de l'ouvrage, la Cour de cassation a censuré la décision de la cour d'appel qui avait estimé que le silence du maître de l'ouvrage ne pouvait valoir acceptation du mémoire définitif, et que la procédure était alors irrégulière (Cass. 3e civ. 20-4-2017 no 16-12.092 FS-PB : BPIM 3/17 inf. 207). Lorsque les parties conviennent de déroger à certaines dispositions de la norme Afnor et que la clause dérogatoire est ambigüe, le juge du fond l'interprète et il peut déduire que la dérogation ne porte pas sur la procédure valant acceptation du mémoire définitif (Cass. 3e civ. 20-6-2024 no 23-10-111 F-D, BPIM 5/24 inf. 308). Sur la portée du mémoire définitif dans les marchés privés, voir Cass. 3e civ. 4-12-1991 : RDI 1992 p. 69 ; dans les marchés publics, voir Auby et Périnet-Marquet, Droit de l'urbanisme et de la construction, Éd. Montchrestien, 3e éd. no 1061. À noter que dans la nouvelle norme Afnor P 03-001 publiée le 20 octobre 2017, les termes « mémoire définitif de l'entreprise » ont été remplacés par « projet de décompte final ».

En tout état de cause, le **non-respect du délai** de notification du décompte définitif ne suffit pas à rendre opposables au maître de l'ouvrage des travaux non autorisés par écrit dans le marché à forfait (Cass. 3e civ. 11-5-2006 no 04-18.092 FS-PB : BPIM 4/06 inf. 266 ; Cass. 3e civ. 3-12-2020 no 19-25.392 FS-PBI : BPIM 1/21 inf. 31 ; Cass. 3e civ. 18-3-2021 no 20-12.596 FS-P : BPIM 3/21 inf. 187 ; Cass. 3e civ. 8-6-2023 no 22-10.393 FS-B : BPIM 5/23 inf. 311, qui précisent que les règles établies par la norme Afnor ne peuvent pas prévaloir sur les dispositions légales), ni des surcoûts consécutifs à un retard dans l'exécution des travaux, dont le paiement ne figurait pas dans les stipulations du marché (Cass. 3e civ. 23-9-2020 no 18-25.687 FS-D : BPIM 6/20 inf. 386) et laisse ouverte la discussion sur le montant de la créance de l'entrepreneur. Sur ce dernier point, il convient d'être prudent : l'arrêt précité du 3 décembre 2020 estime que les incidences financières résultant de diverses défaillances du maître de l'ouvrage (délai, coordination, gestion du chantier…) peuvent figurer dans le mémoire et que la procédure conventionnelle de la norme Afnor est applicable. L'arrêt du 18 mars 2021 précité renforce cette incitation à la prudence car, tout en admettant que le mémoire ne peut pas être « présumé définitif », sans doute pour les travaux supplémentaires, il admet que les dépenses exposées par l'entreprise (gardiennage, protection collective et dépenses communes non régularisées par les sous-traitants) sont, en l'absence de contestation du mémoire définitif, réputées acceptées par le maître de l'ouvrage. Le décompte irrégulièrement notifié ne devient pas irrévocable (Cass. 3e civ. 7-6-2001 no 99-14.067 FS-D : RDI 2001 p. 369 ; Cass. 3e civ. 31-10-2001 : RDI 2002 p. 501). Le maître de l'ouvrage ne peut pas être condamné à payer l'entreprise sur le fondement du décompte définitif s'il n'est pas établi qu'il a notifié lui-même ce décompte à l'entrepreneur conformément au CCAG (Cass. 3e civ. 26-11-2014 no 13-24.888 FS-PB : BPIM 1/15 inf. 33).

57319 À compter de sa notification à l'entreprise, celle-ci peut **contester le décompte** (30 jours). Lorsque le délai est expiré, le compte est définitivement arrêté : l'entreprise ne peut plus rien réclamer au maître de l'ouvrage et notamment pas le paiement de travaux supplémentaires (Cass. 3e civ. 29-5-2013 no 12-16.904 FS-D : BPIM 4/13 inf. 257). Même jugé imprécis par la cour d'appel, le décompte définitif fait courir le délai de 30 jours à l'issue duquel il ne peut plus être contesté par l'entreprise (Cass. 3e civ. 8-2-2018 no 17-10.039 FS-PB : BPIM 2/18 inf. 117). Le maître de l'ouvrage doit normalement répondre aux observations de l'entreprise ; à défaut de réponse, il peut être réputé les avoir acceptées. Toutefois, son éventuel silence ne peut pas avoir pour effet de lui faire supporter le prix de travaux supplémentaires dans le marché à forfait, la procédure contractuelle de clôture des comptes ne pouvant pas prévaloir sur la qualification donnée au contrat (Cass. 3e civ. 8-6-2023 no 22-10.393 FS-B : BPIM 5/23 inf. 311).

Il semble cependant que la **forclusion** qui s'applique lorsque le décompte définitif n'a pas été contesté par l'entreprise dans le délai de 30 jours ne prive pas cette dernière de la possibilité de réclamer le montant de la retenue de garantie qui ne lui a pas été versée (Cass. 3e civ. 21-6-2018 nos 17-18.151 et 17-18.152 FS-D : BPIM 5/18 inf. 346). Logiquement, le prix global et définitif tient compte de la retenue de garantie qui doit être versée à l'entrepreneur dès qu'il a satisfait aux réserves (Cass. 3e civ. 22-10-2013 no 12-29.199 F-D : BPIM 6/13 inf. 392). Était-ce le cas dans l'espèce jugée par l'arrêt du 21 juin 2018 ? On l'ignore, car la Cour de cassation reproche à la cour d'appel de n'avoir pas répondu aux conclusions sur cette question « nonobstant la forclusion ».

57320 Si l'**architecte** prend l'initiative de porter à la connaissance de l'entrepreneur les mémoires vérifiés et arrêtés par lui, les documents communiqués n'engagent pas le maître de l'ouvrage. En effet, le décompte définitif des sommes dues doit être notifié par le débiteur de ces sommes, et non par l'architecte (Cass. 3e civ. 7-12-2023 no 22-21.720 F-D : BPIM 1/24 inf. 34, en l'espèce dans les rapports entre l'entrepreneur et son sous-traitant).

Il n'en est autrement que si ce dernier a donné mandat exprès à l'entrepreneur ou si celui-ci peut se prévaloir d'un mandat apparent, bien que l'apparence soit ici difficile à admettre, étant donné que, par principe, le locateur d'ouvrage n'est pas un mandataire.

Le maître de l'ouvrage peut encore être tenu des engagements pris par l'architecte, s'il donne un **accord tacite** au règlement de compte effectué par lui : paiement du solde du prix, silence prolongé après réception des comptes, attitude manifestant l'intention de ratifier l'initiative de l'architecte.

L'envoi du décompte définitif à l'entrepreneur, par l'architecte, n'oblige pas nécessairement le maître de l'ouvrage et le juge des référés n'a pas le pouvoir de condamner celui-ci, dont l'obligation est sérieusement contestable (Cass. 3e civ. 20-11-1996 no 95-11.573).

Le compte définitivement réglé lie les parties dans la mesure où il fixe la créance de l'entrepreneur. **57325**

Lorsque le marché, quoique relevant de la compétence judiciaire, se réfère au **CCAG Travaux,** l'ensemble des opérations auxquelles donne lieu l'exécution du marché est compris dans le décompte général dont aucun élément ne peut être isolé et dont seul le solde détermine les droits et obligations des parties ; en particulier, les pénalités de retard dues au maître de l'ouvrage ne peuvent pas être exclues du décompte général (Cass. 3e civ. 18-11-2009 no 08-13.676 FS-PB : BPIM 1/10 inf. 25 ; voir sur le décompte général nos 60320 s.).

Toutefois, l'arrêté de compte peut être remis en cause en cas de **dol** de l'entrepreneur, en particulier s'il y a collusion frauduleuse entre lui et l'architecte.

NATURE DU COMPTE

Le compte entre l'entrepreneur et le maître de l'ouvrage est un **compte unique,** les créances étant portées au crédit de l'entreprise et ses dettes au passif. Il n'y a donc pas de compensation lorsque le maître de l'ouvrage a effectué des avances : il a exécuté une partie de la dette. La conséquence pratique en est qu'en cas de liquidation judiciaire de l'entrepreneur, le maître de l'ouvrage peut déduire du prix qui lui est réclamé le montant des pénalités dues par l'entrepreneur au titre du marché (Cass. com. 6-3-1962 : Bull. civ. III no 143). **57330**

Il y a, en effet, connexité des dettes, qui a également été admise pour des avances non remboursées par l'entrepreneur, des abattements pour malfaçons, les sommes dues au titre de la résiliation du marché, les pénalités ou indemnités de retard, les dommages-intérêts.

En l'absence de compte unique, par exemple lorsque les parties sont liées par des contrats distincts (marché et contrat de prêt du maître de l'ouvrage à l'entrepreneur pour une autre cause que le marché), le régime juridique de la compensation, tel qu'il résulte des articles 1347 et suivants du Code civil, gouverne les rapports des parties puisque dans ce cas les dettes ne sont pas connexes. **57335**

B. Paiement du prix

1. ACOMPTES ET AVANCES

La plupart des marchés prévoient le paiement d'**acomptes sur travaux exécutés** au fur et à mesure de leur avancement. Le pourcentage de paiement sur travaux exécutés est de l'ordre de 95 %, les 5 % restants représentant le montant de la **retenue légale de garantie,** instituée par la loi 71-584 du 16 juillet 1971. **57410**

Le plus souvent le paiement d'acomptes résulte de la référence, dans le marché, à la norme Afnor P 03-001 qui devient alors contractuelle.

Dans les marchés privés **entre professionnels soumis au Code de commerce,** le principe des acomptes est généralisé (CCH art. L 124-2). Ainsi, de tels acomptes sont dus à l'occasion des marchés mentionnés au 3o de l'article 1779 du Code civil, qui ont donné lieu à un commencement d'exécution. À ce titre, peut être facturé l'ouvrage fabriqué mais non encore posé. Le financement de la commande d'ouvrage ou de matériaux n'entre pas dans les prévisions du texte. Mais les parties conviennent généralement du versement d'un acompte (voir S. Abbatucci, Le respect des délais de paiement dans les marchés de travaux : RDI 2012 p. 501 ; Nouvelles règles de paiement dans le marché privé de travaux : RDI 2014 p. 343). **57415**

Le **montant des acomptes** doit représenter la valeur des prestations exécutées. Les demandes d'acompte sont émises à la fin du mois de réalisation de la prestation, ce qui condamne certaines pratiques selon lesquelles la demande d'acompte était présentée au début du mois suivant la réalisation de la prestation.

Le délai de règlement des acomptes mensuels ne peut pas dépasser celui convenu au marché et, en tout cas, celui de 60 jours à compter de la date d'émission de la facture ou, à titre dérogatoire 45 jours fin de mois à compter de la date d'émission de la facture (C. com. art. L 441-10). Le délai de vérification des demandes d'acompte ne peut pas allonger le délai de paiement ; il est obligatoirement intégré dans le délai prévu au marché ou résultant de l'article L 441-6 du Code de commerce (CCH art. L 124-2).

Ce délai de paiement n'est pas applicable à l'acompte de commande qui reste soumis aux conditions prévues par le marché (voir Ph. Malinvaud, Délais de paiement et exception d'inexécution : RDI 2012 p. 501).

En cas de r**etard dans les paiements,** le titulaire du marché peut suspendre l'exécution des travaux après mise en demeure restée infructueuse durant 15 jours (CCH art. L 124-2). Le débiteur doit, en outre, des pénalités de retard, une indemnité forfaitaire, et encourt des sanctions administratives (C. com. art. L 441-9 et L 441-10). Toutefois, si des désordres sont constatés et qu'avant leur apparition seul un acompte avait été réglé avec un retard inférieur à un mois, l'entreprise n'est pas fondée à arrêter le chantier et la résiliation du marché ne peut pas être imputée au maître de l'ouvrage qui a dû recourir à une entreprise tierce pour effectuer les reprises et qui est, à ce titre, créancier de l'entreprise (Cass. 3e civ. 28-2-2018 n° 16-20.039 F-D : BPIM 2/18 inf. 118).

57420 L'**avance sur travaux** ne correspond ni à des travaux exécutés ni à des approvisionnements réalisés et conservés sur le chantier. Ces derniers sont constitués des matériels et matériaux qui, en général, sont pris en compte pour 80 % de leur valeur. L'entreprise qui réclame des avances sur travaux doit justifier de la conclusion d'achats, de commandes d'approvisionnement, du fait que les travaux nécessitent l'emploi sur le chantier de matériels d'une valeur considérable, ou encore de la nécessité qu'elle a de faire des avances importantes.

Les modalités des avances sont négociées. Elles sont prévues par le marché selon les règles prescrites par les documents de référence. C'est le cas notamment pour les marchés de sociétés d'HLM.

Le non-paiement d'une avance de démarrage prévue par le contrat peut justifier une suspension du contrat par l'entrepreneur et sa résiliation aux torts du maître de l'ouvrage (Cass. 3e civ. 7-4-2009 n° 08-11.987 F-D).

57425 Le paiement des acomptes ou des avances n'a pas pour effet, sauf clause contraire du marché, de transférer la **propriété des matériaux** au maître de l'ouvrage. L'observation vaut surtout pour les approvisionnements qui demeurent la propriété de l'entrepreneur, lequel en assume les **risques.** Il ne pourrait toutefois les enlever sans engager sa responsabilité civile.

En revanche, les matériaux qui ne sont pas seulement constitutifs des provisions, mais sont incorporés à l'ouvrage, deviennent la propriété du client par **accession.**

57430 Si au moment du règlement définitif du compte, il apparaît que l'entrepreneur a **trop perçu,** il doit reverser l'excédent au maître de l'ouvrage.

2. CONDITIONS DE PAIEMENT

OBLIGATION DU MAÎTRE DE L'OUVRAGE

57460 Le maître de l'ouvrage a l'obligation de **payer le prix** dans le délai convenu, en particulier lorsqu'un délai d'achèvement a été prévu et qu'il a été respecté (Cass. 3e civ. 2-6-2016 n° 15-17.328 F-D : BPIM 4/16 inf. 250). Il faut toutefois que le paiement soit dû : la production d'une facture par l'entrepreneur ne suffit pas à établir l'exécution des travaux (Cass. 3e civ. 13-7-2016 n° 15-20.324 F-D : BPIM 5/16 inf. 306).

Lorsqu'il est une personne morale, la dette n'est pas supportée directement par les membres qui la constituent. Il en est ainsi même lorsque le maître de l'ouvrage est une association syndicale libre (Cass. 3e civ. 12-6-2002 n° 00-19.207 FS-PBR : RJDA 10/02 n° 1045).

Lorsque le maître de l'ouvrage s'est substitué un tiers pour faire réaliser le programme après avoir lui-même contracté avec le constructeur (en l'espèce, un architecte), ce dernier peut toujours réclamer le paiement directement au maître d'ouvrage primitif en l'absence de délégation parfaite (Cass. 3e civ. 12-12-2001 n° 00-15.627 FS-PB : BPIM 1/02 inf. 27).

Il appartient au maître de l'ouvrage de prouver que le paiement a eu lieu.

En cas de **retard,** il s'expose au paiement des intérêts légaux, et, le cas échéant, de dommages-intérêts si l'entrepreneur subit un préjudice distinct du simple retard (Cass. 3e civ. 17-10-1978 : RDI 1979 p. 208). Le non-paiement de factures par le maître de l'ouvrage qui conteste à tort l'existence du contrat d'entreprise ne justifie pas sa condamnation à des dommages-intérêts si un préjudice distinct du retard n'est pas constaté (Cass. 3e civ. 29-6-2017 n° 16-17.786 F-D : BPIM 5/17 inf. 337).

> **Précisions a.** Les **intérêts** sont dus à compter de la sommation de payer (Cass. 3e civ. 17-12-1996 n° 94-17.855), ou de plein droit, sans mise en demeure, si le contrat le prévoit (Cass. 3e civ. 17-12-1996 n° 94-15.540 F-D). Un arrêt décide que les intérêts de retard courent à compter de la sommation de payer si le solde restant dû est déterminé antérieurement à l'assignation, alors même que le juge du fond en aurait arbitré le montant final à dire d'expert (Cass. 3e civ. 27-2-2007 n° 06-11.230 F-D : RDI 2007 p. 275).
> **b.** Dès lors qu'elle ne saisit pas la **cour de renvoi** après que l'arrêt d'appel condamnant le maître de l'ouvrage au paiement d'intérêts moratoires a été cassé sur la question de leur point de départ, l'entreprise qui a réalisé les travaux est réputée avoir renoncé à faire trancher cette question et doit restituer au maître de l'ouvrage les intérêts qu'il a payés (Cass. 3e civ. 20-12-2018 n° 17-28.216 FS-D : BPIM 1/19 inf. 31).
> **c.** Lorsque le contrat se réfère à la **norme Afnor,** la date d'exigibilité du prix est fixée à la date prévue par celle-ci, et la **prescription de l'action en paiement** court à compter de cette date (Cass. 3e civ. 29-3-2011 n° 10-30.303 F-D : BPIM 4/11 inf. 288, RDI 2011 p. 444).

Débiteur du paiement Le paiement doit être fait par le **maître de l'ouvrage** et non par l'**architecte,** à moins que ce dernier ait reçu mandat spécial à cet effet, ou qu'il se soit porté fort de la ratification du marché par le client (Cass. 3e civ. 8-11-1978 : RDI 1979 p. 208). 57465

Le **maître d'ouvrage délégué** doit procéder au paiement lorsque la convention de délégation le prévoit (Cass. 3e civ. 8-2-2011 n° 09-70.133 F-D : BPIM 2/11 inf. 113) ; mais il n'y est pas tenu s'il n'a pas reçu ce pouvoir (Cass. 3e civ. 22-5-1997 n° 95-11.089 : BPIM 4/97 inf. 251).

Celui qui procède au **paiement** doit en conserver une **trace de nature à en établir la réalité** ; en cas de paiement en espèces, la preuve du règlement relève du pouvoir souverain d'appréciation des juges du fond qui, en l'absence de justification précise, ont tendance à ne pas tenir compte du versement allégué (Cass. 3e civ. 30-11-2010 n° 09-17.206 F-D : BPIM 1/11 inf. 25).

Lorsque l'immeuble a été exécuté pour le compte de **copropriétaires** indivis, chacun n'est tenu que pour sa part si la solidarité n'a pas été stipulée (CA Paris 16-11-1971 : Gaz. Pal. 1972 p. 22 ; rapprocher Cass. 1e civ. 4-5-1966 : Bull. civ. I n° 266). 57470

Pour le cas de l'association syndicale maître d'ouvrage, voir n° 57460.

Prescription de l'action en paiement L'action en paiement se prescrit selon les règles applicables aux créances et relève en cette matière du régime qui gouverne les actions personnelles et mobilières, soit 5 ans en matière civile (C. civ. art. 2224). Elle doit donc être introduite assez rapidement pour que le **délai de prescription** soit interrompu (Cass. com. 17-11-1992 n° 90-21.257 : Bull. civ. IV n° 362 ; Cass. 3e civ. 2-2-1994 n° 91-16.310 : Bull. civ. III n° 17, qui applique la prescription commerciale alors de 10 ans dans les rapports entre un syndicat de copropriétaires et un entrepreneur). La loi du 4 août 2008 précise que le délai de paiement convenu entre les parties ne peut pas excéder 45 jours fin de mois ou 60 jours à compter de l'émission de la facture (loi 2008-776 du 4-8-2008, art. 21). Lorsque le maître de l'ouvrage est un professionnel qui a contracté dans le cadre de son activité, la prescription de 2 ans instituée par l'article L 218-2 du Code de la consommation ne s'applique pas (Cass. 3e civ. 16-3-2022 n° 21-10.110 F-D : BPIM 3/22 inf. 205). 57472

Avant, le **point de départ du délai** de prescription de la créance de l'entrepreneur était la date d'établissement de la facture (Cass. 1e civ. 3-6-2015 n° 14-10.908 : Bull. civ. I n° 136 ; Cass. 3e civ. 14-2-2019 n° 17-31.466 F-D). Puis il a été jugé, dans les rapports entre le prestataire et un professionnel (prescription quinquennale de l'article L 110-4 du Code de commerce) ou entre le prestataire et un consommateur (prescription biennale de l'article L 218-2 du Code de la consommation) que l'action se prescrit à compter de la connaissance des faits permettant au créancier d'agir. Cette connaissance peut résulter de l'achèvement des travaux ou de l'exécution des prestations (Cass. com. 26-2-2020 n° 18-25.036 FS-B ; Cass. 1e civ. 19-5-2021 n° 20-12.520 FS-B). La 3e chambre civile s'est alignée sur cette jurisprudence. Dans un arrêt qui applique l'article L 218-2 du Code de la consommation, elle fixe comme point de départ la date de l'achèvement des travaux (Cass. 3e civ. 1-3-2023 n° 21-23.176 FS-B : BPIM 3/23 inf. 193). En matière de construction, il conviendra de s'entendre clairement sur cette date, ce qui n'est pas évident car la notion d'achèvement est complexe (voir nos 15950 s. et 61350 s.).

Dans le marché de travaux, le paiement donne lieu à des acomptes (nos 57410 s.). La **prescription** peut être **interrompue** par les paiements ainsi effectués par le maître de l'ouvrage, qui valent reconnaissance de la créance en vertu de l'article 2240 du Code civil ; l'interruption concerne la totalité de la créance et un nouveau délai court à compter du dernier versement d'acompte (Cass. 3e civ. 14-5-2020 no 19-16.210 F-D : BPIM 4/20 inf. 248). La reconnaissance même partielle a un effet interruptif qui ne peut pas se fractionner (Cass. 1e civ. 22-5-1991 no 88-17.948 : Bull. civ. I no 164). L'action en justice, même en référé, a également un effet interruptif (C. civ. art. 2241), mais l'interruption ne profite qu'à celui qui a exercé l'action (Cass. 3e civ. 19-3-2020 no 19-13.459 PBRI : BPIM 3/20 inf. 200). Lorsque l'entrepreneur, assigné en référé par le maître de l'ouvrage aux fins d'expertise, produit devant l'expert une créance correspondant à un solde de travaux lui restant dû, cette production n'a pas d'effet interruptif de prescription : la production d'une créance devant l'expert judiciaire n'est pas une action en justice (Cass. 3e civ. 8-2-2023 no 21-25.244 F-D : BPIM 2/23 inf. 112). En revanche, l'interruption est possible en cas d'intervention dans une procédure de référé associée à une autre lorsque les deux actions, bien qu'ayant une cause distincte, tendent à un seul et même but (Cass. 3e civ. 11-5-2023 no 22-15.705 F-D : BPIM 4/23 inf. 258, à propos de l'intervention du sous-traitant dans une procédure de référé entre le maître de l'ouvrage et l'entrepreneur principal). Si la prescription acquise est imputable à l'avocat de l'entreprise, ce dernier peut être condamné au paiement de la clause pénale prévue au marché (Cass. 3e civ. 5-9-2024 no 23-19.492 F-D : BPIM 6/24 inf. 356).

CONSÉQUENCE D'UN DÉFAUT DE PAIEMENT

57475 Le non-paiement des sommes dues à l'échéance n'empêche pas la **poursuite des travaux** qui pourraient être nécessaires à l'achèvement de l'ouvrage, même si la charge de l'entreprise risque d'en être alourdie.

Il semble toutefois que l'entrepreneur puisse opposer l'**exception d'inexécution** (sur la notion, voir no 56900) au maître de l'ouvrage, qui, mis en demeure, refuse de payer un solde important. Mais la décision est aux risques et périls de l'entrepreneur. Néanmoins, si les délais prescrits par l'article L 124-2 ne sont pas respectés (voir nos 57415 et 57460), l'entrepreneur peut suspendre l'exécution du contrat après mise en demeure restée infructueuse pendant 15 jours (même article). Ce mécanisme, proche de celui consacré par l'article 1799-1 du Code civil, donne à penser que le préjudice pouvant résulter de cette suspension peut être imputé au maître de l'ouvrage.

Sur la conséquence d'un défaut de paiement des acomptes, voir no 57415.

La **résiliation judiciaire** du marché pourrait également être demandée ; mais cette éventualité est théorique car ce qui intéresse l'entrepreneur, c'est le paiement de sa créance.

En cas de non-paiement injustifié, le maître de l'ouvrage s'expose aux **intérêts moratoires** (Cass. 3e civ. 2-7-1980 : RDI 1981 p. 74 ; CE 11-7-1990 : RDI 1990 p. 488 ; voir no 57460) outre un dédommagement supplémentaire si son attitude est dilatoire (Cass. 3e civ. 3-3-1981 : RDI 1981 p. 511 ; Cass. 3e civ. 29-6-2017 no 16-17.786 F-D : BPIM 5/17 inf. 337). En outre, l'entrepreneur peut à titre conservatoire et sans abus demander l'**hypothèque judiciaire** (Cass. 3e civ. 27-2-2007 no 06-11.230 F-D : RDI 2007 p. 275).

> **Précisions** **a.** Si le maître de l'ouvrage conteste à tort une augmentation imprévue des travaux, le juge des référés peut accorder une provision (Cass. 3e civ. 19-7-1995 no 93-19.451 : BPIM 1/96 inf. 42). Mais il semble que cela ne soit possible que si le marché n'est pas à forfait.
> **b.** Des pénalités de retard peuvent être convenues entre les parties, mais l'entreprise ne peut y prétendre si, par son fait, elle a rendu impossible la détermination du solde du prix (Cass. 3e civ. 15-3-2018 no 16-19.765 FS-D : BPIM 3/18 inf. 188).

JUSTIFICATION D'UN DÉFAUT DE PAIEMENT

57480 Le maître de l'ouvrage peut **refuser** de procéder au paiement si l'entrepreneur ne produit pas de **mémoire dûment approuvé** (Cass. 3e civ. 2-7-1980 : RDI 1981 p. 74). L'approbation par l'architecte s'opère à la demande du maître de l'ouvrage et non de l'entrepreneur. Aussi, ce dernier peut-il se prévaloir d'un paiement tardif si le mémoire est présenté dans le délai, et que la procédure d'approbation n'a pas été diligentée par le client.

57485 Le non-paiement des travaux peut être justifié par l'application de la **théorie des risques** : lorsque l'immeuble périt par la force majeure avant la réception, les risques sont pour l'entrepreneur qui ne peut réclamer le paiement (C. civ. art. 1788 ; Cass. 3e civ. 17-12-2014 no 13-17.485 FS-D : BPIM 1/15 inf. 31, RDI 2015 p. 125). Il peut même être tenu d'indemniser le maître de l'ouvrage (Cass. 3e civ. 27-3-1991 : D. 1991 IR p. 113). Il faut alors que l'entrepreneur ait fourni les matériaux.

À défaut, et s'il n'a pas la garde du chantier (Cass. 3e civ. 15-6-1988 : Bull. civ. III no 112), l'entrepreneur ne répond que de sa faute (Bertrand : RDI 1981 p. 174). Mais c'est à lui de prouver que le sinistre n'est pas dû à sa faute (Cass. 3e civ. 17-2-1999 no 95-21.018 : Bull. civ. III no 41).

Le maître de l'ouvrage peut différer le paiement si l'entrepreneur n'a pas exécuté toutes ses obligations. Il en est ainsi lorsque l'ouvrage présente des **malfaçons** (Cass. 3e civ. 3-7-1996 : RJDA 11/96 no 1418, 2e espèce). L'entrepreneur n'est pas privé de son droit au paiement lorsque sa responsabilité est engagée, et l'on ne peut à la fois indemniser intégralement le maître de l'ouvrage pour son préjudice et le dispenser de payer le montant des travaux exécutés (Cass. 3e civ. 20-4-2017 no 16-13.885 F-D : BPIM 3/17 inf. 208). Il a été jugé toutefois que l'importance des malfaçons peut justifier le refus de paiement, ce que le juge du fond doit constater (Cass. 3e civ. 8-6-2006 no 05-14.770 FS-D). Cette fois, c'est le maître d'ouvrage qui oppose l'**exception d'inexécution** à ses risques et périls (Cass. 3e civ. 16-9-2003 no 02-14.473 F-D : BPIM 6/03 inf. 342 ; voir no 56900). 57490

Cette exception d'inexécution peut être invoquée :

– avant la réception pour retenir une somme supérieure à 5 % du montant du prix. En effet, il a été jugé que la retenue légale de garantie n'évinçait pas la possibilité, pour le maître de l'ouvrage, d'opposer l'exception d'inexécution (Cass. 3e civ. 16-9-2003 no 02-12.968 F-D : BPIM 6/03 inf. 345 qui relève l'ampleur des désordres et l'absence de réception) ;

– après la réception. Bien que la question soit discutable, il semble que le maître de l'ouvrage qui a différé le paiement puisse se prévaloir des dommages postérieurs à la réception pour retenir le solde du prix, même s'il excède les 5 % de la retenue légale de garantie (rapprocher : Cass. 3e civ. 20-3-1978 : Bull. civ. III no 125 ; Cass. com. 24-10-1978 : Bull. civ. IV no 235).

Sur l'articulation de l'exception d'inexécution et la retenue de garantie, voir no 57780.

Le maître de l'ouvrage **ne peut pas refuser de payer le prix** de travaux lorsque :

– l'ouvrage peut être utilisé alors même que des dommages ont donné lieu à une condamnation des constructeurs (Cass. 3e civ. 19-7-2000 no 1233 : RDI 2000 p. 571) ;

– l'absence d'ouvrage reprochée (défaut de chaînage d'un mur en brique) n'entraîne aucun désordre et l'obligation de réaliser des chaînages ne résulte d'aucun document contractuel ni d'aucune prescription technique (Cass. 3e civ. 14-1-2014 no 12-29.349 F-D : BPIM 2/14 inf. 106).

> **Précisions** **a.** Le fait que le maître de l'ouvrage refuse de payer le prix en cas de malfaçon (exception d'inexécution) ne fait pas échec à l'**action en responsabilité** qu'il peut engager à l'encontre de l'entrepreneur (Cass. 3e civ. 25-2-1998 no 95-14.016 : BPIM 3/98 inf. 188, 2e espèce). Mais le maître d'ouvrage ne peut pas être indemnisé intégralement des conséquences des manquements de l'entreprise tout en étant dispensé de payer les travaux exécutés (Cass. 3e civ. 20-4-2017 no 16-13.885 F-D : BPIM 3/17 inf. 208).
> **b.** En cas de **redressement judiciaire de l'entrepreneur,** la créance du maître de l'ouvrage pour malfaçon doit être déclarée au passif. À défaut, elle est éteinte et aucune exception d'inexécution n'est possible (Cass. 3e civ. 2-3-2004 no 02-19.713 F-D : BPIM 4/04 inf. 219).

En tout cas, le maître de l'ouvrage ne peut pas procéder à une **compensation** entre sa dette et sa créance de dommages-intérêts si les conditions de celle-ci ne sont pas remplies (Cass. 3e civ. 3-7-1996 no 94-18.325 : RJDA 11/96 no 1328). 57495

3. GARANTIE DE PAIEMENT

Le maître de l'ouvrage doit garantir le paiement des sommes dues à l'entrepreneur (C. civ. art. 1799-1). 57520
L'**avant-projet de réforme des contrats spéciaux** prévoit de simplifier la rédaction de l'actuel article 1799-1 du Code civil, qu'il appliquerait purement et simplement au contrat de construction, en reprenant l'économie du texte actuel sans modifier le régime de la garantie (art. 1794).

Cette garantie est **obligatoire** lorsque le montant du marché excède le **seuil** de 12 000 € HT (Décret 99-658 du 30-7-1999). Ces sommes s'entendent du prix convenu au titre du marché, déduction faite des arrhes et acomptes versés lors de la conclusion de celui-ci. Le contrat d'entreprise ne peut pas contenir une clause dispensant le maître de l'ouvrage de fournir la garantie car celle-ci est d'ordre public (Cass. 3e civ. 1-12-2004 no 03-13.949 F-PB : BPIM 1/05 inf. 25, RJDA 3/05 no 252 ; Cass. 3e civ. 16-2-2005 no 03-19.585 FS-D).

La garantie prend des **formes différentes** selon que le maître de l'ouvrage recourt ou non au crédit spécifique. Dans le premier cas, l'entrepreneur dispose d'un paiement direct contre le banquier. Dans le second cas, c'est-à-dire lorsque le maître de l'ouvrage ne recourt pas à un crédit spécifique ou y recourt partiellement, celui-ci doit constituer une caution solidaire pour les marchés conclus pour la satisfaction de besoins ressortissant à une activité professionnelle en rapport avec ce marché, s'il n'est pas fourni d'autres garanties ayant la même fonction.

a. Domaine de la garantie de paiement

OPÉRATIONS SOUMISES À LA GARANTIE

57540 La garantie de paiement s'impose dans les **marchés** visés à l'article 1779, 3° du Code civil, c'est-à-dire les marchés des architectes, entrepreneurs et techniciens qui s'obligent à forfait ou sur devis.

Bien que la loi n'en dise rien, il semble que l'obligation de fournir la garantie soit limitée aux marchés de travaux immobiliers. Il est regrettable que le texte n'ait rien dit à ce sujet, car certains articles figurant à la section des devis et marchés ne sont pas réservés aux seuls ouvrages immobiliers (C. civ. art. 1787 et 1788). Cette carence serait corrigée par l'**avant-projet de réforme des contrats spéciaux,** dont l'article 1794, placé dans la section consacrée au contrat de construction, vise expressément le marché « conclu avec un constructeur ».

OPÉRATIONS EXCLUES DE LA GARANTIE

57545 La loi exclut de son champ d'application certains marchés et contrats :
– les **marchés publics** (C. civ. art. 1799-1, al. 1 a contrario, l'avant-projet de réforme des contrats spéciaux visant les marchés privés) ;
– ceux conclus par un **organisme d'habitation à loyer modéré** visé à l'article L 411-2 du Code de la construction et de l'habitation ;
– les contrats de **vente.**

Il ne semble pas qu'elle impose la garantie de paiement dans les contrats de **maîtrise d'œuvre** : c'est du moins l'appréciation qui peut résulter d'une interprétation banale de l'article 1799-1, alinéa 1, qui institue la garantie au profit de « l'entrepreneur ». Mais comme juridiquement l'entrepreneur est celui qui conclut un louage d'ouvrage, un doute peut subsister.

Dans le cas où le maître de l'ouvrage ne recourt pas à un crédit spécifique ou y recourt partiellement, il n'y a pas lieu de constituer la garantie (caution) lorsque le maître de l'ouvrage conclut un marché de travaux destiné à satisfaire des **besoins non professionnels** (C. civ. art. 1799-1, al. 4, avant-projet de réforme des contrats spéciaux, art. 1794, al. 4). Tel n'est pas le cas d'une SCI qui conclut un marché de rénovation alors qu'elle est inscrite au registre du commerce pour procéder à la location des biens, ce qui donne à l'opération un caractère spéculatif (Cass. 3e civ. 24-4-2003 n° 01-13.439 FS-PB : BPIM 3/03 inf. 167).

> **› Précisions** Le **contrat de construction de maison individuelle (CCMI)** entre dans le **champ d'application de la loi,** ce qui pose un problème car le constructeur est rarement l'entrepreneur, et souligne une curiosité : le constructeur doit fournir à l'accédant-maître d'ouvrage une garantie extrinsèque, et ce dernier doit constituer une garantie à son profit qui prend la forme du paiement direct lorsque la construction est financée par un crédit spécifique. La limitation de l'objet de la garantie peut, toutefois, la rendre inapplicable à la plupart des CCMI.

b. Forme et objet de la garantie de paiement

57570 La garantie **concerne** le paiement des sommes dues lorsque celles-ci dépassent le seuil de 12 000 € HT (voir n° 57520). Elle **porte** sur le prix fixé au marché et, le cas échéant, sur le coût des travaux supplémentaires. Si le coût du marché est modifié en cours d'exécution, le montant de la garantie doit être révisé, mais la preuve que les parties ont entendu porter le prix du marché à un nouveau montant doit être rapportée (Cass. 3e civ. 4-1-2006 n° 04-17.226 FS-PB : BPIM 2/06 inf. 114).

Étant d'ordre public, la garantie ne doit être assortie d'aucune **condition** limitant sa mise en œuvre. L'engagement de la caution ne peut donc pas être subordonné à la notification du décompte définitif, ce qui exclurait du domaine de la garantie les sommes dues au cours de l'exécution du contrat ou avant la notification du décompte (Cass. 3e civ. 4-3-2021 n° 19-25.964 FS-P : BPIM 3/21 inf. 186).

La garantie se présente sous **deux formes.**

VERSEMENT DIRECT DU MONTANT DU PRÊT

57575 L'établissement de crédit est tenu de payer directement le signataire du contrat de louage à **condition** qu'il s'agisse d'un prêt spécifique, consacré exclusivement aux travaux, et que le financement par le crédit soit total. À défaut, c'est l'autre forme de garantie qui s'applique (C. civ. art. 1799-1, al. 3).

Le **bénéficiaire** de cette disposition est l'entrepreneur si l'on estime que le maître d'œuvre n'est pas visé par le texte (voir n° 57545). Il le reste tant qu'il n'a pas reçu le paiement de l'intégralité de la créance née du marché correspondant au prêt. En cas de pluralité d'entreprises, c'est le mandataire commun qui est le destinataire des sommes, à charge pour lui de les répartir.

Les versements interviennent selon les **modalités** suivantes : ils se font sur l'ordre écrit et sous la responsabilité exclusive du maître de l'ouvrage entre les mains de la personne ou d'un mandataire désigné à cet effet (C. civ. art. 1799-1, al. 2).

Le déblocage des fonds à l'initiative du maître de l'ouvrage est une **délégation de paiement** limitée à l'ordre de versement correspondant par laquelle l'organisme de crédit est délégué à l'entrepreneur pour le paiement des situations approuvées. C'est une modalité de paiement direct que la loi institue, en sorte que la loi est sans incidence sur la protection du consommateur, et spécialement sur l'article L 312-15 du Code de la consommation qui concerne le recours à un prêt lors de la conclusion du contrat.

GARANTIE FOURNIE PAR UNE CAUTION SOLIDAIRE

Le maître de l'ouvrage doit fournir une caution solidaire à la double **condition** suivante : 57580

- il ne recourt pas au financement par le crédit, ou il y recourt partiellement ;
- il conclut un marché de travaux à titre professionnel. N'est pas concerné par cette obligation le maître d'ouvrage qui conclut un marché de travaux pour son propre compte et pour la satisfaction de besoins ne ressortissant pas à une activité professionnelle en rapport avec ce marché.

La garantie de paiement étant spécifique, le crédit-bailleur qui finance la construction pour un crédit-preneur qui, en général, devient propriétaire au terme du crédit-bail doit la constituer (Cass. 3e civ. 3-5-2018 n° 17-16.332 FS-PBRI : BPIM 3/18 inf. 189, RDI 2018 p. 390). Le crédit-bailleur a, en effet, la qualité de maître de l'ouvrage, même si le crédit-preneur est souvent maître d'ouvrage délégué (voir n° 47145). L'exigence peut poser problème car le crédit-bailleur finance l'opération et il n'a pas nécessairement recours à un prêt. Le cautionnement par un autre organisme financier semble alors inévitable.

La caution solidaire est **donnée par** un établissement de crédit, une société de financement, une entreprise d'assurance ou un organisme de garantie collective, selon des modalités fixées par décret en Conseil d'État.

Le **montant garanti** correspond, en principe, aux sommes dues en exécution du marché, et non encore payées par le maître de l'ouvrage. La caution n'est pas tenue au-delà du plafond convenu avec le maître de l'ouvrage : sa garantie ne s'étend donc pas aux sommes dues au titre du marché, supérieures à ce plafond (Cass. 3e civ. 20-11-2013 n° 13-10.081 FS-PBI : BPIM 1/14 inf. 25).

La caution peut être remplacée par la fourniture d'une **autre garantie** à laquelle le maître de l'ouvrage s'engage par une stipulation particulière du contrat :

- consignation des sommes dues ;
- hypothèque qui peut être de 1er rang et sans doute porter sur d'autres immeubles. L'entrepreneur, comme l'architecte et d'autres constructeurs, bénéficiait d'un privilège spécial immobilier en application de l'article 2374, 4° du Code civil. Mais ce texte a été abrogé (Ord. 2021-1192 du 15-9-2021 ; voir n° 57645).

> **Précisions** **a.** En cas de **défaillance de l'établissement de crédit** qui a donné sa caution, un mécanisme de garantie a été mis en place (voir n° 80545).
> **b.** L'assiette de la **caution peut être réduite,** si le maître de l'ouvrage a payé à l'entreprise les sommes correspondant à la retenue légale de garantie de 5 % (voir nos 57680 s.). Il reconnaît alors l'exécution des travaux, la caution ne se substituant pas à la retenue de garantie (Cass. 3e civ. 30-3-2010 n° 09-14.512 F-D : BPIM 3/10 inf. 213). Le solde des sommes dues par le maître de l'ouvrage n'est arrêté qu'au moment de la reddition des comptes, et il peut être supérieur au montant de la retenue légale fixée sur les acomptes ; la réduction de l'assiette de la caution peut alors s'expliquer ; mais si le paiement de la retenue vaut règlement du solde du marché, c'est la mainlevée de la caution qu'il faut demander.
> **c.** La **garantie doit être constituée** même si le solde du marché se compense avec une contre-créance du maître de l'ouvrage contre l'entrepreneur à titre de dommages-intérêts, peu important qu'il ne soit pas certain qu'il reste redevable d'une somme (Cass. 3e civ. 11-5-2010 n° 09-14.558 F-PB : BPIM 4/10 inf. 287).

DROITS DU SOUS-TRAITANT

Le sous-traitant qui dispose de l'action directe bénéficie des mêmes garanties que l'entrepreneur principal lorsque le maître de l'ouvrage recourt à un crédit spécifique (C. civ. art. 1799-1 ; Loi 75-1334 du 31-12-1975 art. 12, al. 4). 57585

SANCTIONS DU DÉFAUT DE GARANTIE

Lorsqu'aucune garantie de paiement n'est fournie, l'entrepreneur, alors même que le contrat est conclu, peut **refuser d'exécuter le marché** : c'est la sanction nécessaire du caractère obligatoire de la constitution de garantie posée par l'article 1799-1, alinéa 1 du Code civil. Encore faut-il qu'il ait préalablement mis en demeure le maître de l'ouvrage dans les conditions 57590 prévues par ce texte (mise en demeure restée sans effet à l'issue d'un délai de 15 jours) : à défaut, il est tenu d'exécuter les travaux (Cass. 3e civ. 12-9-2007 no 06-14.540 FS-PB : BPIM 6/07 inf. 407). L'exception d'inexécution implique que l'entrepreneur ait entendu suspendre l'exécution des travaux en l'absence de fourniture de la garantie ; l'entrepreneur n'est pas dispensé d'exécuter ses obligations lorsque les conditions de mise en place de la garantie ne sont pas réunies (Cass. 3e civ. 1-6-2017 no 16-16.721 F-D : BPIM 4/17 inf. 271). Si le maître de l'ouvrage prend l'initiative de résilier le marché à la suite d'une demande de l'entrepreneur qui l'invite à constituer la garantie de paiement, il ne peut reprocher un abandon de chantier à ce dernier alors qu'il a payé les acomptes avec retard et s'est même dispensé de tout paiement à compter d'une certaine date (Cass. 3e civ. 29-3-2018 no 17-14.612 F-D : BPIM 3/18 inf. 190). Il est probable qu'en l'espèce l'abandon de chantier n'était pas causé par le seul refus de constitution de garantie, car en principe l'interruption des travaux dans ce cas doit être précédée d'une mise en demeure du débiteur de la garantie, ce que l'arrêt ne précise pas.

L'entrepreneur peut **demander la constitution de la garantie en référé.** Si l'ordonnance assortit la condamnation d'une astreinte, il faut tenir compte lors de sa liquidation du comportement de l'entrepreneur (Cass. 3e civ. 7-11-2006 no 06-11.288 F-D ; Cass. 3e civ. 9-11-2005 no 04-20.047 FS-PB : BPIM 1/06 inf. 27). Si le maître de l'ouvrage condamné sous contrainte est une SCI, la créance ne peut être poursuivie contre les associés que si la société est insolvable (Cass. 3e civ. 4-6-2009 no 08-12.805 FS-PB : BPIM 4/09 inf. 274). En cas de doute sur la qualification du crédit valant garantie de paiement, le juge des référés n'a pas qualité pour décider si le crédit qui couvre l'acquisition du bâtiment et des travaux constitue un crédit « spécifique » au sens de l'article 1799-1. Cette question soulève une contestation sérieuse en référé (Cass. 3e civ. 30-11-2017 no 16-25.337 F-D : BPIM 1/18 inf. 28).

En cas de **recours au crédit,** il y a tout lieu de penser que l'entrepreneur peut demander la délégation de paiement dès la conclusion du contrat. Il est douteux qu'il puisse l'exiger, car la délégation n'intervient que sur ordre et n'est pas générale. La garantie résulte de l'indisponibilité des fonds, entre les mains de l'organisme de crédit, et de la possibilité pour l'entrepreneur de suspendre les travaux, si l'ordre de paiement n'est pas donné.

En cas de **cautionnement,** le texte semble ne sanctionner l'absence de garantie que si les travaux exécutés sont impayés (C. civ. art. 1799-1, al. 3).

Est-ce à dire qu'il ne peut pas exiger la constitution de garantie lors de la conclusion du marché ? La rédaction de la loi n'est pas heureuse sur ce point, car si la garantie n'est pas fournie, l'entrepreneur peut toujours opposer l'exception d'inexécution et suspendre l'exécution de ses propres obligations (voir sur ces points Saint-Alary-Houin : RDI 1994 p. 339 ; Fabre et Schmitt : RDI 1994 p. 347).

La **constitution de garantie peut être imposée.** La Cour de cassation se prononce en faveur de cette possibilité pendant l'exécution des travaux (Cass. 3e civ. 26-3-2003 no 01-01.281 FS-PB : RJDA 11/03 no 1058 ; Cass. 3e civ. 15-9-2016 no 15-19.648 FS-PB : BPIM 6/16 inf. 373) et même une fois la réception prononcée si des sommes restent dues (Cass. 3e civ. 24-4-2003 no 01-13.439 FS-PB : BPIM 3/03 inf. 167 ; Cass. 3e civ. 9-11-2005 no 04-20.047 FS-PB : BPIM 1/06 inf. 27). La garantie peut aussi être demandée après la date de la livraison convenue (Cass. 3e civ. 9-6-2010 no 09-68.038 FS-D : BPIM 4/10 inf. 286, sol. implicite ; Cass. 3e civ. 13-10-2016 no 15-14.445 FS-PB : BPIM 6/16 inf. 373), celle de la réalisation des travaux (Cass. 3e civ. 15-9-2016 no 15-19.648 FS-PB précité) ou encore après la résiliation du marché dès lors que le montant des travaux n'a pas été payé (Cass. 3e civ. 18-5-2017 no 16-16.795 FS-PBI : BPIM 3/17 inf. 209). En posant que la garantie est d'ordre public (Cass. 3e civ. 1-12-2004 no 03-13.949 F-PB : RJDA 3/05 no 252), elle donne à penser que la suspension du contrat est possible du seul fait que l'obligation n'est pas exécutée ; selon l'arrêt précité du 9 juin 2010, l'entrepreneur peut même procéder à un repli définitif de ses installations sur le chantier sans se voir imputer la rupture dès lors que des sommes lui restent dues et qu'il a mis sans succès le maître de l'ouvrage en demeure de constituer la garantie.

RÉSERVE DE PROPRIÉTÉ

57595 À défaut de pouvoir bénéficier de la garantie financière de l'article 1799-1 du Code civil, l'entrepreneur stipule parfois en accord avec le maître de l'ouvrage que les travaux réalisés par lui restent sa propriété tant qu'il n'est pas payé.

Cette clause est nécessaire car la loi 80-335 du 12 mai 1980 « relative aux effets des clauses de réserve de propriété dans les contrats de vente » ne s'applique qu'à la vente et non à l'entreprise.

Une telle clause est cependant **discutable** car contraire au principe de l'accession et elle dénature le contrat d'entreprise. La Cour de cassation rappelle que l'entrepreneur n'a pas un droit réel sur l'immeuble. Même s'il n'est pas payé, il ne bénéficie pas d'un droit de rétention sur le bien construit ou sur le produit de la vente de ce bien (Cass. 3e civ. 23-6-1999 no 97-19.288 : RJDA 11/99 no 1252).

La Cour de cassation décide, en cas de redressement judiciaire, que la clause n'est pas opposable aux autres créanciers du maître de l'ouvrage (Cass. com. 2-3-1999 no 95-18.643 : RJDA 5/99 no 579). Mais un arrêt n'écarte pas la possibilité de stipuler une clause de réserve de propriété dans un contrat d'entreprise (Cass. com. 29-5-2001 : JCP éd. E 2001 pan. 2006 note Leveneur).

4. PRESCRIPTION ET PRIVILÈGES

La créance des travaux, comme celle des fournitures, se **prescrit** par 5 ans (C. civ. art. 2224). **57640**
Cette prescription vaut aussi entre commerçants (C. com. art. L 110-4).

Le marché peut fixer la date d'exigibilité du prix, ce qui a une incidence sur le point de départ de la prescription (voir no 57460).

La créance était garantie par le **privilège immobilier des architectes** et **des entrepreneurs.** **57645**
Ouvert aux architectes, entrepreneurs et autres locateurs d'ouvrage ayant traité directement avec le maître de l'ouvrage pour la réalisation de travaux, et à ceux qui ont été subrogés dans leurs droits, il portait sur les ouvrages immobiliers neufs ou anciens (réparation, rénovation) impliquant un travail de construction, des dispositions spéciales s'appliquant aux travaux de drainage (Loi du 17-7-1856). Le privilège était subordonné à l'établissement de procès-verbaux prévus par l'ancien article 2382 du Code civil et, en cas d'aliénation de l'immeuble, il pouvait être inscrit sous certaines conditions nonobstant la publication de la vente.

L'ordonnance du 15 septembre 2021 a supprimé les dispositions des anciens articles 2374, 4° et 2382 du Code civil relatives à ce privilège. Les professionnels concernés conservent la possibilité de prendre une hypothèque conventionnelle ou une hypothèque judiciaire conservatoire (Ord. 2021-1192 du 15-9-2021).

Le privilège mobilier prévu par l'ancien article 2332, 3° du Code civil permettait de **57655**
garantir les frais exposés pour assurer la conservation de la chose et surtout de garantir la créance de celui qui a fourni des matériaux (Cass. civ. 1-2-1922 : DP 1925 p. 173). L'ordonnance du 15 septembre 2021 a modifié la rédaction de ce texte et a élagué la matière des privilèges mobiliers en évinçant certains d'entre eux devenus obsolètes. Il paraît difficile désormais de faire entrer dans le cadre des privilèges mobiliers des créances nées du contrat d'entreprise (sauf, peut-être, les frais de conservation d'un meuble en cas de rénovation d'un ouvrage), les garanties portant essentiellement sur les salaires, rémunérations, frais de justice ou créances nées d'un bail ou d'une vente (C. civ. art. 2331 et 2332 modifiés par ord. 2021-1192 du 15-9-2021 art. 7).

5. RETENUE DE GARANTIE

Le paiement des acomptes sur la valeur totale des **marchés** de travaux **privés** peut donner **57680**
lieu à une retenue de garantie égale, au plus, à 5 % du montant des travaux (Loi 71-584 du 16-7-1971 art. 1, al. 1).

La retenue de garantie peut être remplacée par la fourniture, par l'entrepreneur, d'une **caution bancaire** (no 57730). Ces deux garanties sont soumises à un régime identique (nos 57760 s.).

L'existence d'une retenue légale ou d'une garantie bancaire ne prive pas les parties de convenir d'une **garantie supplémentaire** et distincte, se traduisant par une retenue de 5 % du prix du marché, permettant au maître de l'ouvrage de s'assurer du paiement des sous-traitants (Cass. 3e civ. 10-12-2015 no 14-25.192 F-D : BPIM 1/16 inf. 25). Cette solution autorise en fait une retenue supérieure au plafond de la retenue légale.

a. Constitution de la retenue de garantie

La retenue de garantie doit être prévue par le **contrat** (Cass. 3e civ. 7-10-2009 no 08-70.030 FS-PB : **57700**
BPIM 6/09 inf. 419). Celui-ci doit respecter les conditions fixées par la loi dont les dispositions sont d'ordre public. Toutefois, il semble que ces dispositions relèvent de l'ordre public de protection et préservent l'entrepreneur contre les excès d'une garantie conventionnelle plus lourde, autrefois égale à 10 % de la valeur des travaux exécutés. La possibilité de prévoir des clauses favorables à l'entrepreneur (**taux plus réduit,** libérations anticipées) est d'ailleurs admise par la doctrine.

La retenue porte **sur les acomptes** versés par le maître de l'ouvrage, à valoir sur le montant **57705**
définitif du marché : chaque acompte est ainsi amputé d'une somme correspondant à 5 % de la valeur des travaux exécutés. En fin de marché, c'est donc une somme correspondant à 5 % de l'ensemble du prix qui est retenue.

Les acomptes sont déterminés au vu des **situations provisoires** ; pour déterminer la valeur des droits on tient compte exclusivement des travaux exécutés et non des approvisionnements, dont la valeur est affectée d'une retenue propre de 20 % qui ne relève pas de la loi de 1971.

Lorsque l'architecte est chargé du **suivi financier** du chantier et que la retenue de garantie est prévue au contrat, il doit en tenir compte lors du contrôle des situations provisoires pour la détermination des acomptes payés par le maître de l'ouvrage (Cass. 3e civ. 20-10-2021 n° 20-21.267 F-D : BPIM 6/21 inf. 364).

57710 Le maître de l'ouvrage doit **consigner** une somme égale à la retenue effectuée entre les mains d'un consignataire accepté par les deux parties ou, à défaut, désigné soit par le président du tribunal de grande instance, soit par le président du tribunal de commerce.

Si le maître de l'ouvrage ne procède pas à la consignation des sommes retenues, l'entreprise est fondée, même si elle n'a pas levé les réserves, à obtenir le paiement de la somme retenue (Cass. 3e civ. 18-12-2013 n° 12-29.472 FS-PB : BPIM 1/14 inf. 26 ; Cass. 3e civ. 13-7-2023 n° 22-13.803 F-D : BPIM 5/23 inf. 314). On peut se demander si le maître de l'ouvrage est alors privé de la possibilité d'opposer l'exception d'inexécution à l'entrepreneur qui a mal fait son travail (voir n° 57780).

b. Remplacement de la retenue de garantie

57730 La retenue n'est pas pratiquée si l'entrepreneur fournit une **caution bancaire** pour un montant égal (Loi 71-584 du 16-7-1971 art. 1, al. 4).

La caution personnelle et solidaire est fournie par un établissement financier figurant sur une liste dressée par le décret 71-1058 du 24 décembre 1971. Un mécanisme de garantie des cautions est prévu en cas de défaillance de l'établissement garant (voir n° 80545).

La caution se substitue à la retenue (Cass. 3e civ. 6-5-1998 n° 96-19.010 : Bull. civ. III n° 93). Le maître de l'ouvrage ne peut pas s'y opposer (TGI Metz 4-6-1997 : RDI 1998 p. 372 ; voir aussi les études de Peisse : Le Moniteur 16-9-1988 et Gaz. Pal. 1988 p. 728 ; Caro, Molineux et Silvestri : Le Moniteur 8-2-1991).

Le cautionnement garantit la bonne exécution des travaux dans la **limite** du montant de la retenue de garantie. Il garantit notamment le risque de mauvaise exécution ou d'inexécution de levée des réserves (Cass. 3e civ. 7-11-2024 n° 23-13.283 F-D : BPIM 1/25 inf. 33). Il ne peut s'appliquer que sur les sommes pour lesquelles le maître de l'ouvrage ne peut plus opérer la retenue (Cass. 3e civ. 6-5-1998 n° 96-19.010 : Bull. civ. III n° 93). Cela signifie que le cautionnement ne peut pas jouer si le maître de l'ouvrage retient une somme égale ou supérieure à 5 %. En fait, dans ce cas, le maître de l'ouvrage qui ne peut procéder à la retenue légale à laquelle la caution s'est substituée oppose l'exception d'inexécution. Dès lors, en estimant que la caution ne joue plus dans ce cas, la Cour de cassation laisse entendre que la retenue de garantie n'est qu'une modalité renforcée de l'exception d'inexécution. En outre, on peut penser que si le maître de l'ouvrage retient une somme inférieure à 5 % (2 %, par exemple), la caution est limitée à 3 %. Appliquant semble-t-il le même principe, un arrêt a décidé que le maître de l'ouvrage qui fait construire une maison individuelle et retient la somme nécessaire à la bonne exécution de la construction ne peut pas exiger le bénéfice de la garantie de livraison à prix convenu prévue dans son contrat de construction de maison individuelle (Cass. 3e civ. 15-12-1999 n° 98-15.652 : BPIM 2/00 inf. 100).

Un arrêt a décidé que la garantie substituée a un caractère spécifique, qu'elle n'est pas un cautionnement au sens de l'article 2288 du Code civil et qu'en conséquence, dans le cadre d'une **procédure collective,** elle n'est pas soumise à la formalité de la déclaration préalable de créance (Cass. 3e civ. 3-10-2001 n° 99-18.080 FS-PB : RJDA 1/02 n° 68).

Un autre arrêt a jugé que la mise en œuvre de la caution est une question de fond qui échappe aux pouvoirs du **juge des référés** (CA Colmar 3-12-1998 : RDI 2000 p. 53).

57735 Il semble que le maître de l'ouvrage puisse renoncer à la caution au profit d'une **garantie à première demande** si l'entrepreneur consent à la lui donner. Le maître de l'ouvrage ne pratique pas alors la retenue de 5 %. La garantie à première demande porte sur le montant des sommes qui auraient pu être retenues ; elle n'est pas limitée aux sommes effectivement versées mais à 5 % du montant du marché (Cass. 3e civ. 4-2-2016 n° 14-29.837 FS-PB : BPIM 2/16 inf. 98). Elle a la même fin que la retenue de garantie et vise à garantir l'exécution des travaux de levée des réserves et non la bonne fin du chantier (Cass. 3e civ. 4-2-2016 n° 14-29.836 FS-PB : BPIM 2/16 inf. 99, RJDA 4/16 n° 279).

S'il procède ainsi, le maître de l'ouvrage peut agir contre le garant malgré la liquidation judiciaire de l'entrepreneur et le garant ne peut pas faire valoir qu'il n'est obligé qu'à la condition que le maître de l'ouvrage soit dans une situation permettant l'application de la retenue légale de garantie. Une garantie à première demande oblige le garant à payer sans discuter la créance (Cass. 3e civ. 27-9-2000 n° 98-23.281 FS-D : BPIM 1/01 inf. 33).

c. Régime des garanties

Réception des travaux et réserves La retenue de garantie comme la caution bancaire ont pour objet de garantir l'exécution des travaux pour satisfaire aux **réserves faites à la réception** (Loi 71-584 du 16-7-1971 art. 1, al. 1 ; Cass. 3e civ. 26-2-1992 : Bull. civ. III no 63 ; Cass. 3e civ. 22-9-2004 no 03-12.639 FS-PB : BPIM 6/04 inf. 364). Il est donc nécessaire que la réception soit constatée et qu'elle soit assortie de réserves : dans le CCMI, le juge peut prononcer une réception judiciaire qu'il doit assortir de réserves lorsque cela le justifie (Cass. 3e civ. 17-10-2019 no 18-21.996 F-D : BPIM 6/19 inf. 399). 57760

La réception des travaux est une condition nécessaire de la mise en œuvre de la caution : en cas d'**abandon de chantier** par l'entreprise, la caution ne peut donc pas être condamnée au paiement de la somme correspondant à la retenue de 5 % (limite de sa garantie) pour achever les travaux lorsque le constat contradictoire de la qualité des travaux ne vaut pas réception (Cass. 3e civ. 13-4-2010 no 09-11.173 F-D : BPIM 3/10 inf. 214 ; Cass. 3e civ. 13-4-2010 no 09-11.172 F-PB : RDI 2010 p. 277). Cette solution peut poser problème : d'abord, l'abandon de chantier se prête à une réception tacite (voir no 62232) ; ensuite, l'inexécution de ses obligations par l'entrepreneur le déchoit du terme : la créance du maître de l'ouvrage devient immédiatement exigible ; il peut pour se garantir retenir le solde du prix dû ; mais s'il l'a déjà payé on voit mal à quoi peut alors servir la caution si une réception en bonne et due forme est nécessaire.

Ces garanties prennent fin si l'**entrepreneur satisfait aux réserves** formulées. Les sommes retenues doivent alors être versées à l'entrepreneur (Cass. 3e civ. 22-10-2013 no 12-29.199 F-D : BPIM 6/13 inf. 392).

Sur le droit de l'entrepreneur à obtenir le paiement de la retenue de garantie lorsque le maître d'ouvrage n'a pas consigné les sommes, voir no 57710.

En tout état de cause, les garanties cessent dans le **délai d'un an** à compter de la réception, qu'elle soit ou non assortie de réserves, si le maître de l'ouvrage n'a pas notifié son opposition (Loi 71-584 du 16-7-1971 art. 2). La Cour de cassation précise que le délai à l'expiration duquel la caution est libérée ne peut pas commencer à courir avant la date de la réception, peu importe que la réception soit amiable, tacite ou judiciaire (Cass. 3e civ. 11-1-2023 no 21-11.053 FS-B : BPIM 2/23 inf. 113). L'architecte peut libérer les garanties **avant l'expiration du délai** d'un an en cas de réception sans réserve dès lors que le maître de l'ouvrage ne démontre pas avoir formé des réclamations précises relatives à des désordres déterminés (Cass. 3e civ. 9-2-2000 no 98-15.139 : BPIM 6/00 inf. 368). 57763

Le maître de l'ouvrage forme **opposition** par lettre recommandée entre les mains du consignataire dans le délai d'un an à compter de la réception des travaux (Cass. 3e civ. 31-3-1999 no 97-18.235 : BPIM 4/99 inf. 287). 57765

Cette opposition doit être motivée par l'inexécution des obligations de l'entrepreneur. Il semble qu'elle soit recevable et efficiente lorsque l'entrepreneur ne satisfait pas aux réserves malgré la mise en demeure et que les désordres sont importants : alors, en effet, le marché n'est pas achevé et le maître de l'ouvrage qui ne perd pas le droit de se prévaloir de l'exception d'inexécution peut, à ce titre, retenir le solde du prix.

Dès l'expiration des garanties, les sommes consignées sont remises à l'entrepreneur ou la caution est libérée. Si les **sommes** sont **retenues injustement,** elles peuvent donner lieu à intérêts légaux (Cass. 3e civ. 13-4-1988 no 86-18.899 : Bull. civ. III no 71). Alors même que l'entrepreneur est forclos à contester le décompte définitif, il appartient au juge du fond de s'expliquer sur les sommes retenues au titre de la garantie, dont l'entrepreneur réclame le versement (Cass. 3e civ. 21-6-2018 nos 17-18.151 et 17-18.152 FS-D : BPIM 5/18 inf. 346). 57767

Le texte, qui maintient la retenue pendant un an alors même qu'aucune réserve n'est faite, semble autoriser le maître de l'ouvrage à justifier la rétention du solde du prix pour les désordres qui apparaissent dans l'année de la réception, laquelle constitue le délai de **garantie de parfait achèvement.** Cette interprétation est d'autant plus justifiée aujourd'hui que la réception n'implique plus l'achèvement et qu'on voit mal pourquoi la retenue de garantie n'aurait pas aussi pour objet de garantir la réparation des désordres apparus dans le délai d'un an, d'autant qu'elle peut alors permettre le paiement de l'entrepreneur substitué au débiteur du parfait achèvement (C. civ. art. 1792-6, al. 4). L'idée que la retenue comme la caution relèvent de la **garantie de bonne fin des travaux** a été émise (CA Aix 15-9-1983 : RDI 1985 p. 156 ; CA Paris 22-9-1990 : RDI 1991 p. 65). 57769

Mais cette solution est écartée. La **Cour de cassation distingue** : la garantie de bonne fin tend à l'exécution des travaux jusqu'à la réception tandis que la retenue légale sécurise, après la réception, la levée des réserves formulées (Cass. 3e civ. 17-6-2015 no 14-19.863 FS-PB : BPIM 4/15 inf. 247 rendu à propos d'un sous-traité). Déjà dans le même sens, un arrêt avait précisé que la retenue légale vise à garantir l'exécution des travaux de levée des réserves, et non la bonne fin du chantier (Cass. 3e civ. 7-12-2005 no 05-10.153 FS-PB : BPIM 1/06 inf. 28).

57770 On hésite d'autant plus après l'arrêt du 7 décembre 2005 à étendre le domaine de la retenue au-delà de la **garantie de parfait achèvement.** La discussion paraît stérile, et vaine en partie, car si aucun désordre n'apparaît dans l'année de la réception, les sommes retenues sont versées à l'entrepreneur, et si un désordre important s'est manifesté dans ce délai, on voit mal comment il serait fait échec à l'opposition à paiement du maître de l'ouvrage.

Il est bien certain, cependant, que la retenue de garantie n'a théoriquement pas pour objet de garantir des malfaçons apparues plusieurs années après la réception (CA Aix 15-9-1983 : RDI 1985 p. 156), encore que l'éventualité d'une telle situation soit, malgré l'arrêt cité, limitée.

L'obligation de la caution bancaire donnée par une entreprise (en l'espèce un sous-traitant) est limitée en cas de désordres imputables à ce dernier ; elle ne s'étend pas aux frais accessoires d'expertise (Cass. com. 23-1-1990 : RDI 1990 p. 213).

> **Précisions** La caution a vocation à être subrogée dans les droits du maître de l'ouvrage en application de l'article 2314 du Code civil. La question s'est posée de savoir si la caution peut refuser d'indemniser le maître de l'ouvrage à qui elle reproche de l'avoir privée du **recours subrogatoire** contre l'assureur de dommages vis-à-vis duquel le maître de l'ouvrage n'a pas engagé une action en temps utile. Le maître de l'ouvrage soutenait que, compte tenu de la nature des désordres pour lesquels il demandait le bénéfice de la caution, une telle action aurait été vouée à l'échec. La Cour de cassation décide que, pour échapper à la déchéance de ses droits contre la caution, le maître de l'ouvrage doit établir effectivement que la subrogation aurait été inefficace (Cass. 3e civ. 4-12-2002 no 01-03.567 FS-PB : RJDA 4/03 no 443). L'arrêt se fonde sur le principe selon lequel la caution qui ne peut pas être subrogée dans les droits du créancier du fait de la négligence de ce dernier est déchargée (C. civ. art. 2314). Il pose, alors, indirectement la question de l'étendue des désordres garantis par la caution substituée à la retenue de garantie : l'assurance de dommages couvre non seulement les dommages après réception mais certains désordres avant réception et notamment ceux qui ont donné lieu à des réserves. On ne peut donc pas tirer de l'arrêt un enseignement quelconque sur l'étendue de la garantie due par la caution puisque l'assurance dommages-ouvrage couvre deux catégories de désordres.

57775 **Dettes exclues de la retenue de garantie** On estime généralement que seuls les travaux exécutés donnent lieu à retenue, celle-ci ne pouvant s'appliquer aux **autres dettes** de l'entrepreneur, par exemple :

– les pénalités de retard (CA Rouen 2-2-1984 : D. 1985 IR p. 243 ; Cass. 3e civ. 28-9-1983 : RDI 1984 p. 186 ; Cass. 3e civ. 23-7-1986 : Gaz. Pal. 1986 pan. p. 229) ;
– un défaut d'assurance (CE 2-6-1989 : D. 1990 som. p. 62) ;
– des frais d'expertise (Cass. com. 23-1-1990 : RDI 1990 p. 213 ; voir toutefois Cass. 3e civ. 7-5-1996 no 891 D, BPC qui retient l'engagement de la caution au titre des pénalités pour non-levée des réserves, mais il semble que la garantie excédait celle prévue par la loi) ;
– des frais correspondant à l'intervention d'un bureau de contrôle (Cass. 3e civ. 22-9-2004 no 03-12.639 FS-PB : BPIM 6/04 inf. 364).

La lettre du texte de la loi paraît exclure effectivement ces autres dettes, mais il est douteux que la loi ait entendu priver le maître de l'ouvrage de la prérogative que lui donne l'exception d'inexécution.

57780 L'opinion est parfois émise que le maître de l'ouvrage, informé d'**importants désordres,** peut se dispenser de payer certains acomptes (voir no 57490) : le non-paiement de l'acompte constate une mauvaise exécution avérée, tandis que la retenue de 5 % sur acompte est opérée même si l'exécution est en apparence parfaite ; elle a pour but de garantir le maître de l'ouvrage qu'au cas où des désordres apparaîtraient dans l'année de la réception, le constructeur procéderait au parfait achèvement.

Il va alors de soi que si le maître de l'ouvrage retient une partie du prix pour une autre cause que des malfaçons, par exemple un retard dans l'exécution, c'est l'exception d'inexécution qu'il invoque : d'une manière générale, en l'état d'une **inexécution avérée** de ses obligations par l'entrepreneur, il semble bien que l'exception d'inexécution absorbe la retenue de garantie. Cette interprétation n'est pas condamnée par la Cour de cassation (Cass. 3e civ. 23-7-1986 : Gaz. Pal. 1986 pan. p. 229). Elle est même consacrée par certains arrêts. Ainsi, à propos d'une retenue de 10 % du prix en raison de réserves émises sur le fonctionnement d'une installation de climatisation, la Cour de cassation décide que le préjudice causé par cette défaillance peut trouver sa juste contrepartie dans la somme retenue (Cass. 3e civ. 21-7-1999 nº 98-10.296 : BPIM 6/99 inf. 424 ; voir dans le même sens Cass. 3e civ. 17-2-2004 nº 02-19.773 F-D, compte tenu de l'état d'inhabitabilité des lieux). Quelques cours d'appel sont encore réticentes (CA Paris 29-3-1991 : RDI 1991 p. 345), notons que l'arrêt précité du 17 février 2004 est un arrêt de cassation. En tout cas, même si sur les sommes dues au titre de la retenue de garantie le maître de l'ouvrage oppose l'exception d'inexécution, il le fait à ses risques et périls. Il va de soi que le maître de l'ouvrage ne pourrait refuser de libérer la caution en invoquant l'exception d'inexécution si ce dont il se plaint ne relève pas de ce que cette caution doit garantir (Cass. 3e civ. 26-2-1992 : RDI 1992 p. 328 ; pour une limitation de l'exception d'inexécution déclarée inapplicable aux situations vérifiées, voir Cass. 3e civ. 23-4-1997 nº 95-17.531).

Les parties peuvent convenir de stipuler une clause de garantie instituant une retenue distincte de celle prévue par la loi de 1971 destinée à d'autres fins et s'ajoutant à elle. La Cour de cassation valide ce genre de clause (Cass. 3e civ. 17-6-2015 nº 14-19.863 FS-PB : BPIM 4/15 inf. 247 ; Cass. 3e civ. 10-12-2015 nº 14-25.192 F-D : BPIM 1/16 inf. 25, RDI 2016 p. 146, qui valide une clause de retenue de 5 % garantissant le paiement des sous-traitants, ajoutée à la retenue légale de 5 %).

Sur le droit pour le **sous-traitant** de se faire payer sur la retenue pratiquée par l'entrepreneur principal, voir nº 55350. **57785**

SECTION 5

NULLITÉ DU MARCHÉ DE TRAVAUX

CONSÉQUENCES PRATIQUES DE LA NULLITÉ

Le contrat d'entreprise est exposé aux **causes** de nullité propres à tous les contrats (C. civ. art. 1178 à 1181). Certaines sont particulières, notamment en cas de sous-traitance. Si la nullité est prononcée, deux questions se posent. **57950**

Premièrement, quel est le **sort des ouvrages** réalisés ? Théoriquement, la situation doit être réglée comme une situation de fait. Un arrêt, rendu à propos d'un CCMI, rappelle que les dispositions de l'article 555 du Code civil relatives au sort des ouvrages édifiés sur le terrain d'autrui ne sont pas applicables dans ce cas (Cass. 3e civ. 24-4-2013 nº 12-11.640 FS-PB : BPIM 3/13 inf. 194) : le texte suppose en effet que le constructeur ait agi pour son propre compte, ce qui n'est pas le cas lorsqu'il est partie à un contrat de construction de maison individuelle. Ce contrat s'apparentant au marché à forfait, il y a lieu de penser que la règle posée par l'arrêt vaut pour le contrat d'entreprise de droit commun.

Secondement, quelle est la **compensation de l'entrepreneur** ? La situation de fait implique en pratique, que, sauf accord des parties, la créance soit évaluée par le juge.

Les nouvelles dispositions du Code civil consacrent la **caducité.** Le contrat devient caduc si l'un de ses éléments essentiels disparaît (C. civ. art. 1186). La mise en œuvre de cette sanction dans le droit des marchés est subordonnée à la détermination de la notion « d'élément essentiel ».

EXTINCTION DU MARCHÉ

Le contrat de louage d'ouvrage est dissous par le décès de l'ouvrier, de l'architecte ou de l'entrepreneur (C. civ. art. 1795). Cette situation concerne le **prestataire personne physique.** Les obligations non personnelles du défunt sont transmises aux héritiers (Cass. 3e civ. 30-1-2019 nº 18-10.941 FS-PBI : BPIM 2/19 inf. 115). La liquidation judiciaire de l'entreprise emporte en principe résiliation du louage d'ouvrage (Cass. 1e civ. 3-3-1998 nº 95-10.293 : Bull. civ. I nº 83, BPIM 3/98 inf. 197, Defrénois 1998 p. 1461, obs. Bénabent). L'**avant-projet de réforme des contrats spéciaux propose** un dispositif sensiblement analogue. Il ajouterait aux causes d'extinction du contrat de l'entrepreneur personne physique son incapacité, et précise que s'il s'agit d'une personne morale, le contrat s'éteint par sa dissolution (art. 1779). Le texte ajouterait que le client est tenu de payer à l'entrepreneur ou à ses ayants cause la valeur de l'ouvrage accompli en proportion du prix convenu, dès lors qu'il lui est utile. **57955**

CHAPITRE 7 MARCHÉS PUBLICS DE TRAVAUX

SOMMAIRE

DÉFINITION DES MARCHÉS PUBLICS

58300 Les marchés publics de travaux appartiennent à la catégorie générale des marchés publics. Ceux-ci sont définis comme étant des contrats conclus, par un ou plusieurs acheteurs soumis au **Code de la commande publique** (CCP), avec un ou plusieurs opérateurs économiques, pour répondre à leurs besoins en matière de travaux, de fournitures ou de services, en contrepartie d'un prix ou de tout équivalent (CCP art. L 1111-1).

Ces dispositions adaptent aux spécificités des marchés la définition plus générique donnée aux **contrats de la commande publique,** lesquels se répartissent en deux ensembles : les marchés publics et les concessions (CCP art. L 2). Les uns permettent de réaliser l'achat de prestations moyennant le paiement d'un prix. Les autres confient l'exécution de travaux ou la gestion d'un service à un opérateur économique qui se voit transférer un risque lié à l'exercice de son activité, en contrepartie du droit d'exploiter l'ouvrage et le service.

58305 La réglementation distingue trois principales **sous-catégories** de marchés publics : les marchés de travaux, les marchés de fournitures et les marchés de services (CCP art. L 1111-1 et L 1111-2 à L 1111-4).

Dès lors qu'ils constituent une sous-catégorie de marchés publics, les marchés de travaux relèvent de la plupart des dispositions applicables à tous les marchés. Ils présentent les mêmes caractéristiques principales. Ils sont soumis à de nombreuses règles communes relatives à leur formation, à leur exécution et à leur contentieux.

Tout en rappelant l'essentiel de ces éléments, les développements ci-après insisteront sur les **particularités propres** aux marchés publics de travaux.

A. Dispositions applicables aux marchés publics

CODE DE LA COMMANDE PUBLIQUE

Les marchés publics sont, comme les concessions, des **contrats de la commande publique.** **58310**
Chacun de ces deux ensembles est régi par le Code de la commande publique.

Le Code débute par une série de dispositions qui figurent exclusivement dans la partie législative et qui concernent tout autant les marchés que les concessions (CCP art. L 1 s.). Une deuxième partie est consacrée aux marchés publics et une troisième partie aux concessions. Les dispositions correspondantes se répartissent entre la partie législative et la partie réglementaire : dans le cas des marchés, il s'agit des articles L 2000-1 s. et R 2100-1 s.

Le CCP **regroupe** les **différents textes** qui régissaient les marchés publics avant son entrée en vigueur. Il s'agit principalement de l'ordonnance 2015-899 du 23 juillet 2015 et du décret 2016-360 du 25 mars 2016 relatifs à ces marchés. S'y ajoutent d'autres textes qui concernent : la sous-traitance (Loi 75-1334 du 31-12-1975), la maîtrise d'ouvrage public (Loi 85-704 du 12-7-1985, dite « loi MOP »), ainsi que les marchés publics de défense et de sécurité (Décret 2016-361 du 25-3-2016).

La codification s'est, pour l'essentiel, faite à droit constant, sauf exceptions justifiées par le respect de la hiérarchie des normes, la rectification d'éventuelles erreurs ou insuffisances, l'abrogation de dispositions devenues sans objet et l'intégration de certaines règles issues de la jurisprudence.

Le Code **s'applique** aux marchés pour lesquels une consultation est engagée ou un avis d'appel à la concurrence a été envoyé à la publication depuis le 1er avril 2019 (Ord. 2018-1074 du 26-11-2018 art. 20, I).

ATTENTION

Dans toutes les dispositions législatives et réglementaires en vigueur, pour les contrats passés en application du CCP, les **références à l'ordonnance 2015-899 du 23 juillet 2015** s'entendent comme faisant référence au CCP, dès lors que ces contrats relevaient de son champ d'application avant l'entrée en vigueur du Code (Ord. 2018-1074 du 26-11-2018 art. 17 ; Décret 2018-1075 du 3-12-2018 art. 13).

DROIT EUROPÉEN

Le CCP a assuré la transposition de **deux directives européennes relatives aux marchés** : **58330**
– la directive 2014/24/UE du 26 février 2014 du Parlement européen et du Conseil sur la passation des marchés publics ;
– la directive 2014/25/UE du 26 février 2014 du Parlement européen et du Conseil relative à la passation des marchés par des entités opérant dans les secteurs de l'eau, de l'énergie, des transports et des services postaux.

En effet, certains des principes généraux énoncés par le traité sur l'Union européenne (TUE) (libre circulation des marchandises, liberté d'établissement, libre prestation de services, égalité de traitement, interdiction des discriminations) imposent aux autorités des États membres d'ouvrir à la concurrence la passation des marchés publics.

C'est la directive 2014/24/UE qui traite des **marchés de travaux.**

On rappellera qu'en **principe,** les directives européennes ne sont pas immédiatement et directement applicables au sein de l'ordre juridique des États membres. Quoique étant le plus souvent très précises et détaillées, elles sont censées assigner des objectifs aux autorités nationales, de sorte que ces dernières sont tenues de procéder, dans des délais qui leur sont impartis, à la transposition des directives, c'est-à-dire de prendre les mesures législatives et nécessaires à leur intégration en droit interne. **58335**

Des difficultés peuvent surgir lorsqu'une directive n'a pas été transposée en temps utile par un État membre ou ne l'a pas été régulièrement.

Le Conseil d'État, qui fait prévaloir la norme internationale sur les lois postérieures (CE ass. 20-10-1989 n° 108243, Nicolo : Lebon p. 190), reconnaît aux directives la même **primauté** (CE ass. 28-2-1992 n° 56776, SA Rothmans et SA Philip Morris France : RJDA 4/92 n° 415). Il admet que tout justiciable peut se prévaloir, à l'appui d'un recours contre un acte administratif, même non réglementaire, des dispositions d'une directive lorsque l'État n'a pas pris, dans les délais impartis, les mesures de transposition nécessaires (CE ass. 30-10-2009 n° 298348 : BPIM 6/09 inf. 422).

Jusqu'à présent, la transposition par les autorités françaises des directives 2014/24/UE et 2014/25/UE n'a pas donné lieu à une telle contestation.

CAHIER DES CLAUSES ADMINISTRATIVES GÉNÉRALES

58350 Les marchés de travaux sont régis par un cahier des clauses administratives générales (CCAG). L'actuel CCAG-Travaux, approuvé par l'arrêté ECOM2106871A du 30 mars 2021 (JO 1-4 texte n° 19), **entré en vigueur** le 1er avril 2021 (Décret 2021-353 du 31-3-2021 art. 1), constitue une version actualisée et modernisée du précédent CCAG de 2009. Deux arrêtés entrés en vigueur respectivement les 8 octobre 2021 (Arrêté ECOM2127614A du 30-9-2021 : JO 7-10 texte n° 7) et 1er janvier 2023 (Arrêté ECOM2234957A du 29-12-2022 : JO 31 texte n° 26) lui ont apporté quelques modifications ponctuelles.

Le CCAG est un **document type** fixant un ensemble de prescriptions administratives et auquel les stipulations du marché peuvent se référer, sans que cela soit obligatoire (CCP art. R 2112-2). Il traite essentiellement des conditions d'exécution des prestations.

Lorsque le marché fait expressément référence au CCAG, ses clauses acquièrent un **caractère contractuel** et deviennent des éléments constitutifs du marché. Dans cette hypothèse, le marché comporte, le cas échéant, l'indication des articles du CCAG auxquels il déroge (CCP art. R 2112-3).

B. Principales caractéristiques des marchés publics de travaux

58370 Les marchés publics de travaux répondent, dans une large mesure, aux mêmes **critères d'identification** que l'ensemble des marchés.

Ainsi que le met en évidence la définition générale des marchés publics (CCP art. L 1111-1), ces critères sont relatifs au statut des parties contractantes, à l'objet du marché et au mode de rémunération de son titulaire.

1. STATUT DES PARTIES CONTRACTANTES

58390 Pour pouvoir être qualifié de marché public, un contrat doit, selon la **terminologie** du Code de la commande publique, être conclu par un « acheteur », public ou privé, avec un « opérateur économique ». L'acheteur est celui qui entend passer un marché en vue de se procurer certaines prestations. L'opérateur économique est celui qui offre ces prestations et se voit, éventuellement, attribuer le marché correspondant.

ACHETEUR

58395 Conformément aux dispositions des directives 2014/24/UE et 2014/25/UE du 26 février 2014, le CCP distingue **deux sortes** d'acheteurs : les pouvoirs adjudicateurs et les entités adjudicatrices. Seuls les premiers sont amenés à conclure des marchés de travaux, au sens propre.

58400 Les **pouvoirs adjudicateurs** susceptibles de passer des marchés publics, notamment de travaux, relèvent soit du droit public, soit du droit privé (CCP art. L 1211-1). Ce sont donc tantôt des acheteurs publics, tantôt des acheteurs privés.

Sont des **acheteurs publics** les personnes morales de droit public :

– l'État et ses établissements publics administratifs ;

– les collectivités territoriales (communes, départements, régions) et leurs établissements publics, qu'ils revêtent un caractère administratif (ÉPA) ou industriel (ÉPIC) (CGCT art. L 1414-1).

S'y ajoutent des catégories particulières, telles que les offices publics de l'habitat (OPH) ou les établissements publics de santé.

Sont principalement des **acheteurs privés** les personnes morales de droit privé qui ont été créées pour satisfaire spécifiquement des besoins d'intérêt général ayant un caractère autre qu'industriel ou commercial dont :
– soit l'activité est financée majoritairement par le pouvoir adjudicateur ;
– soit la gestion est soumise à un contrôle par le pouvoir adjudicateur ;
– soit l'organe d'administration, de direction ou de surveillance est composé de membres dont plus de la moitié sont désignés par un pouvoir adjudicateur.

Il s'agit, notamment, des marchés passés par les sociétés d'économie mixte locale ou les organismes privés d'HLM.

ATTENTION

Des contrats conclus par des personnes privées qui n'ont pas le statut d'acheteur peuvent cependant être **soumis au CPP** lorsqu'ils sont subventionnés directement à plus de 50 % par un pouvoir adjudicateur et que sont réunies certaines conditions relatives à la valeur du besoin qu'ils permettent de satisfaire, ainsi qu'à leur objet (CCP art. L 2100-2).

Le CCP comporte des dispositions « propres aux marchés publics liés à la maîtrise d'ouvrage publique et à la maîtrise d'œuvre privée » (CCP art. L 2410-1 s.). Ces dispositions reprennent l'essentiel de la loi 85-704 du 12 juillet 1985, dite « loi MOP ». Elles ont pour objet de définir les attributions du **maître d'ouvrage** et l'organisation de la maîtrise d'ouvrage, ainsi que de régler les rapports entre maître d'ouvrage et maître d'œuvre (n°s 47350 s.). **58405**

Il existe évidemment un lien étroit entre le régime des marchés publics de travaux et celui de la maîtrise d'ouvrage public. L'« ouvrage » en question est précisément celui que ces marchés sont destinés à construire et dont les maîtres d'ouvrage sont les « responsables principaux » (CCP art. L 2411-1 et L 2412-1 et, sur renvoi, L 1111-2). La qualité de maître d'ouvrage est reconnue aux acheteurs, publics ou privés qui, projetant la construction d'un tel ouvrage, envisagent la passation d'un marché public dans ce but (CCP art. L 2410-1).

Mais les dispositions relatives à la maîtrise d'ouvrage public ne s'appliquent pas, en tant que telles, aux marchés de travaux. Elles régissent des catégories particulières de marchés publics portant notamment sur l'assistance à la maîtrise d'ouvrage et la conduite d'opération (CCP art. L 2422-1 s.). Sur les marchés de maîtrise d'œuvre que passent les maîtres d'ouvrage, voir n°s 49580 s.

À noter que le CCAG-Travaux de 2021 continue à utiliser la notion de « maître d'ouvrage » pour désigner l'acheteur qui passe le marché.

OPÉRATEUR ÉCONOMIQUE

Le statut du prestataire contribue aussi à identifier l'existence d'un marché public. Celui-ci doit être conclu avec un ou plusieurs opérateurs économiques, c'est-à-dire toute **personne physique ou morale, publique ou privée,** ou tout **groupement** de personnes doté ou non de la personnalité morale, qui offre sur le marché la réalisation de travaux ou d'ouvrages, la fourniture de produits ou la prestation de services (CCP art. L 1220-1). **58420**

L'opérateur économique peut être candidat à l'attribution d'un marché (CCP art. L 1220-2) ou « soumissionnaire », c'est-à-dire admis à présenter une offre dans le cadre d'une procédure de passation (CCP art. L 1220-3), ou encore titulaire d'un marché, après que celui-ci lui a été attribué.

En pratique, dans le cas des marchés publics de travaux, l'opérateur est le plus souvent une entreprise de travaux publics.

› Précisions **a.** La jurisprudence soumet à de strictes conditions la possibilité, pour une **collectivité territoriale ou** un établissement public de coopération locale (**EPCL**), de se porter candidat à l'attribution d'un marché public. Il est nécessaire (CE ass. 30-12-2014 n° 355563, Sté Armor SNC : RJDA 10/15 n° 650 ; CE 14-6-2019 n° 411444, Sté Vinci construction maritime et fluvial : RJDA 12/19 n° 749) :
– que cette candidature soit justifiée par un intérêt public et constitue le « prolongement » d'une mission de service public exploitée par la collectivité ou l'EPCL ;
– que la personne publique poursuive un but tel que l'amortissement de ses équipements, la valorisation de ses moyens ou l'équilibre financier du service ;
– que les prix proposés à l'appui de la candidature soient en rapport avec les coûts directs et indirects des prestations concernées, cette troisième condition permettant d'éviter que le jeu de la concurrence ne soit pas faussé par les avantages structurels dont dispose la collectivité territoriale ou l'EPCL.

b. Si deux **personnes morales différentes** constituent, en principe, des opérateurs économiques distincts, elles doivent néanmoins être regardées comme un seul et même soumissionnaire lorsque l'acheteur public constate leur absence d'autonomie commerciale. Celle-ci résulte, notamment, des liens étroits entre leurs actionnaires ou leurs dirigeants et peut se manifester par l'absence totale ou partielle de moyens distincts ou encore par la similarité de leurs offres pour un même lot (CE 8-12-2020 n° 436532, Métropole Aix-Marseille-Provence : RJDA 7/21 n° 468).

2. OBJET DES MARCHÉS PUBLICS DE TRAVAUX

58450 Les marchés publics de travaux sont susceptibles de poursuivre plusieurs types d'objet.

Ils peuvent être conclus en vue de la seule exécution de **travaux,** ou encore en vue, tout à la fois, de la conception et de l'exécution de travaux. Pour pouvoir être qualifiés de travaux, au sens du droit de la commande publique, les opérations envisagées doivent être au nombre de celles qui figurent à l'annexe n° 1 au CCP (« Avis relatif à des activités qui sont des travaux en droit de la commande publique ») (CCP art. L 1111-2, 1°).

Les marchés de travaux peuvent également avoir pour objet soit la réalisation, soit la conception et la réalisation, par quelque moyen que ce soit, d'un **ouvrage** répondant aux exigences fixées par le pouvoir adjudicateur qui exerce une influence déterminante sur sa nature ou sa conception (CCP art. L 1111-2, 2°). L'ouvrage est défini comme le résultat d'un ensemble de « travaux de bâtiment ou de génie civil destiné à remplir par lui-même une fonction économique ou technique ».

58455 Le CCP désigne sous l'expression de « marchés globaux » certaines catégories spécifiques de marchés publics qui ont pour objet plusieurs sortes de prestations distinctes. Les **marchés de conception-réalisation** constituent l'une de ces catégories. Ce sont des marchés de travaux qui permettent à l'acheteur de confier à un opérateur économique une mission portant, à la fois, sur l'établissement des études et l'exécution de travaux (CCP art. L 2171-2). L'acheteur n'est pas tenu de respecter la règle de l'allotissement (CCP art. L 2171-1).

On notera également que dans le cas où un **marché** porte sur des **travaux, ainsi que sur des fournitures ou des services,** il est réputé être un marché de travaux si son objet principal est de réaliser des travaux (CCP art. L 1111-5). Cette disposition s'applique, par exemple, à un marché passé pour la mise en place et l'entretien d'une installation de chauffage central.

58460 Il ne faut pas confondre la notion de marché public de travaux et celle de **marché de travaux publics.** La seconde est essentiellement d'origine jurisprudentielle et permet de déterminer si un contrat ayant pour objet la réalisation de certains travaux présente un caractère administratif ou privé. Sont qualifiés de travaux publics par le Tribunal des conflits, le Conseil d'État et la Cour de cassation les travaux immobiliers réalisés soit pour le compte d'une personne publique et dans un but d'intérêt général, soit pour le compte d'une personne privée, mais par une personne publique et en vue de l'accomplissement d'une mission de service public.

La notion de marché de travaux publics comporte encore aujourd'hui un intérêt pratique quand il s'agit de fixer la répartition des compétences entre le juge administratif et le juge judiciaire en cas de litiges opposant un maître d'ouvrage à des constructeurs dans le cadre de l'exécution d'un marché de travaux (voir sur ce point, T. confl. 24-11-1997 n° 3060, Sté de Castro : RJDA 5/98 n° 664 ; T. confl. 8-2-2021 n° 4203, Sté Fayat Bâtiment : BPIM 6/21 inf. 368 ; T. confl. 10-1-2022 n° 4241, Sté XL Insurance Company SE : BPIM 2/22 inf. 122).

3. RÉMUNÉRATION DES TITULAIRES DE MARCHÉS PUBLICS DE TRAVAUX

58480 Un troisième élément caractérise tous les marchés publics, y compris les marchés de travaux. Les prestations attribuées à l'opérateur cocontractant afin de répondre aux besoins de l'acheteur doivent avoir une contrepartie financière à la charge de celui-ci. Cette contrepartie prend la forme d'un **prix** (CCP art. L 1111-1).

En énonçant que le titulaire d'un marché est rémunéré par le paiement du prix des prestations qu'il a réalisées, le CCP retient un critère qui différencie marchés publics et concessions. Celles-ci comportent le transfert au concessionnaire d'un risque lié à l'exploitation de l'ouvrage ou du service qui lui est confiée (CCP art. L 1121-1). Ainsi en va-t-il lorsque le concessionnaire tire sa rémunération des redevances que lui versent les usagers de l'ouvrage ou du service, ce qui est l'hypothèse la plus fréquente.

> **Précisions** La partie réglementaire du CCP précise les différentes **formes** que peuvent revêtir les prix des prestations faisant l'objet d'un marché, ainsi que les conditions de leur évolution (voir nos 60250 s.). Mais c'est le CCAG-Travaux (art. 9.1.1) qui détermine le **mode de calcul** des prix : ceux-ci « sont réputés comprendre toutes les dépenses résultant de l'exécution des travaux et prestations, y compris les frais généraux, impôts et taxes, et assurer au titulaire une marge pour risques et bénéfice ».

C. Formation des marchés publics de travaux

L'attribution d'un marché public constitue l'aboutissement d'un processus plus ou moins complexe qui repose généralement sur la **mise en concurrence** d'opérateurs économiques et qui est destiné à choisir, parmi les offres de prestations présentées par ces opérateurs, l'offre la plus avantageuse pour l'acheteur. 58600

L'obligation de mise en concurrence est un principe fondamental qui commande le choix et le déroulement des procédures de passation. Si cette obligation n'est pas expressément rappelée par le CCP, elle n'en est pas moins sous-jacente aux principes énoncés par les dispositions liminaires du Code (CCP art. L 3, al. 1) :

– l'**égalité de traitement** des candidats à l'attribution d'un contrat de la commande publique ;
– la **liberté d'accès** à la commande publique ;
– la **transparence** des procédures.

En effet, l'obligation de mise en concurrence ne peut être respectée que si ces différents principes sont eux-mêmes observés. L'obligation répond également à une autre exigence : celle d'assurer l'efficacité de la commande publique et la bonne utilisation des deniers publics (CCP art. L 3, al. 2).

1. PROCÉDURES DE PASSATION DES MARCHÉS PUBLICS DE TRAVAUX

Le CCP prévoit **différents modes de passation** des marchés publics qui se répartissent en plusieurs ensembles, selon deux lignes de partage. 58650

D'une part, des procédures ayant une portée générale (appel d'offres, procédure avec négociation) coexistent avec des procédures de caractère plus spécifique (dialogue compétitif, concours). D'autre part, des procédures relativement contraignantes, que le Code qualifie de « procédures formalisées » (CCP art. L 2120-1), s'opposent à des procédures plus souples (passation sans publicité ni mise en concurrence préalables, procédure adaptée).

L'acheteur ne dispose pas, le plus souvent, d'une entière liberté d'appréciation pour **recourir à telle ou telle procédure** de passation. Son choix sera le plus souvent dicté par l'un ou l'autre facteur suivant. 58660

Le premier, le plus important, correspond à la « valeur estimée du besoin ». Conformément aux exigences du droit européen, le CCP fixe différents **seuils financiers** en dessous desquels il est possible d'utiliser une procédure assouplie, telle que la procédure adaptée, et au-delà desquels cette utilisation devient interdite. La latitude de l'acheteur varie ainsi selon le seuil applicable. Mais sa liberté n'est jamais totale. Quel que soit le montant du marché, c'est-à-dire dès le premier euro, certains principes généraux devront être respectés.

D'**autres caractéristiques** du marché (objet, finalités) peuvent également entrer en ligne de compte. Elles contribuent à déterminer le recours à la procédure de passation dans des cas particuliers (procédures négociées, dialogue compétitif).

Les seuils financiers qui conditionnent le choix d'un mode de passation sont fixés en fonction de la **valeur estimée du besoin** auquel doit répondre le marché. 58670

L'acheteur doit calculer cette valeur sur la base du **montant total HT** du marché (CCP art. R 2121-1). La valeur du besoin à prendre en compte est celle estimée au moment de l'envoi de l'avis d'appel à la concurrence ou, en l'absence d'un tel avis, au moment où l'acheteur engage la procédure de passation du marché (CCP art. R 2121-3).

Dans le cas des marchés de travaux, la valeur estimée du besoin est déterminée en tenant compte de la valeur totale des travaux se rapportant à une **opération** déterminée. L'existence d'une « opération de travaux » implique que l'acheteur prenne la décision de mettre en œuvre, dans une période de temps et un périmètre limité, un ensemble de travaux caractérisé par son unité fonctionnelle, technique ou économique (CCP art. R 2121-5). Depuis le 1er janvier 2024, le seuil applicable aux marchés publics de travaux est fixé à 5 538 000 € HT (Avis ECOM2332367V relatif aux seuils de procédure : JO 7-12-2023 texte n° 130).

a. Marchés de travaux passés sans publicité ni mise en concurrence préalables

CHAMP D'APPLICATION

58700 **D'une manière générale,** un marché peut être passé sans formalités préalables lorsque, en raison notamment de l'existence d'une première procédure infructueuse, d'une urgence particulière, de l'objet du marché ou de sa valeur estimée, le respect des obligations de publicité et de mise en concurrence est « inutile, impossible ou manifestement contraire aux intérêts de l'acheteur ou à un motif d'intérêt général » (CCP art. L 2122-1).

58710 S'agissant plus spécialement des **marchés de travaux,** leur passation sans publicité ni mise en concurrence est notamment admise dans l'un des **cas suivants** :
– lorsqu'une urgence impérieuse, résultat de circonstances imprévisibles pour l'acheteur, ne permet pas de respecter les délais minimaux exigés par les procédures formalisées (CCP art. R 2122-1) ;
– lorsque, dans le cadre d'une procédure d'appel d'offres infructueuse ou de la passation d'un marché dont la valeur estimée du besoin est inférieure au seuil de 5 538 000 € HT, aucune candidature ou offre n'a été déposée, ou que, seules des candidatures irrecevables ou inappropriées l'ont été (CCP art. R 2122-2) ;
– lorsque les travaux ne peuvent être réalisés que par un opérateur déterminé pour des raisons techniques, de protection de droits d'exclusivité ou parce que le marché a pour objet la création d'une œuvre d'art ou d'une performance artistique unique (CCP art. R 2122-3) ;
– lorsque le marché a pour objet la réalisation de travaux similaires à ceux qui ont été confiés au titulaire du marché public précédent, passé après mise en concurrence (CCP art. R 2122-7) ;
– lorsque le marché répond à un besoin dont la valeur estimée est inférieure à 40 000 € HT (CCP art. R 2122-8) ;
– lorsque les marchés portant sur des travaux, fournitures ou services innovants, au sens de l'article L 2172-3 du Code de la commande publique, répondent à un besoin dont la valeur estimée est inférieure à 100 000 € HT (CCP art. R 2122-9-1) ou, s'agissant des marchés de défense ou de sécurité portant sur des travaux, fournitures ou services innovants, lorsque la valeur estimée du besoin est inférieure à 300 000 € HT (CPP art. R 2322-16).

Jusqu'au 31 décembre 2025, les acheteurs peuvent également conclure un marché de travaux sans publicité ni mise en concurrence préalables en vue de répondre à un besoin dont la valeur estimée est inférieure à 100 000 € HT. Il en va de même pour les lots portant sur des travaux dont le montant est inférieur à 100 000 € HT. Mais il faut alors que le montant cumulé de ces lots n'excède pas 20 % de la valeur totale estimée de tous les lots du marché. Ce dispositif dérogatoire, avait été créé par l'article 142, I de la loi 2020-1525 du 7 décembre 2020, applicable alors jusqu'au 31 décembre 2022. Il a ensuite été prorogé par l'article 6 du décret 2022-1683 du 28 décembre 2022 jusqu'au 31 décembre 2024 puis jusque fin 2025 par le décret 2024-1217 du 28 décembre 2024.

Les acheteurs qui en bénéficient doivent veiller à choisir une offre pertinente, à faire une bonne utilisation des deniers publics et à ne pas contracter systématiquement avec un même opérateur économique lorsqu'il existe une pluralité d'offres susceptibles de répondre au besoin.

PROCÉDURE DE PASSATION

58720 Par hypothèse, les modalités de passation des marchés de travaux passés sans publicité ni mise en concurrence préalables se caractérisent par l'absence de **formalisme.** Aucune mesure de publicité n'est requise. Il n'est pas nécessaire de mettre en concurrence les opérateurs intéressés. La commande peut être purement verbale lorsque son montant est inférieur à 25 000 € HT (CCP art. R 2112-1).

Cependant, la jurisprudence considère que les marchés sans formalités constituent des marchés à part entière, qui sont soumis aux **principes généraux de la commande publique,** par exemple l'égalité de traitement des candidats (Avis CE 29-7-2002 nº 246921, Sté MAJ Blanchisserie de Pantin : RJDA 12/02 nº 1262).

b. Marchés de travaux passés selon une procédure adaptée (Mapa)

PRÉSENTATION DU MAPA

Une procédure adaptée se caractérise par la possibilité offerte à l'acheteur de **définir librement** les modalités de passation du marché (CCP art. L 2123-1). 58730

Elle est **applicable** à un marché public de travaux lorsque la valeur estimée du besoin auquel celui-ci doit répondre est inférieure au seuil de 5 538 000 € HT (CCP art. L 2123-1, 1° et R 2123-1, 1°). Toutefois, lorsqu'un marché, dont le montant total est égal ou supérieur à ce seuil, peut être conclu par lots séparés, la procédure adaptée est ouverte pour les lots inférieurs à 1 000 000 € HT (dits « petits lots »), à la condition que le montant cumulé de ces lots n'excède pas 20 % de la valeur totale des lots (CCP art. R 2123-1, 2°).

Les marchés passés selon une procédure adaptée sont couramment dénommés « **Mapa** ».

PROCÉDURE DE PASSATION

La mise en œuvre d'une procédure adaptée ne dispense nullement l'acheteur de ses **obligations de publicité et de mise en concurrence.** Ainsi, depuis qu'existent les marchés passés selon cette procédure, la jurisprudence souligne constamment qu'ils sont soumis aux principes fondamentaux du droit de la commande publique (CE 7-10-2005 n° 278732, Région Nord-Pas-de-Calais : RJDA 3/06 n° 261). 58750

L'originalité du dispositif tient à ce que les modalités de la passation ne sont pas déterminées par le Code de la commande publique (comme dans le cas des procédures formalisées), mais qu'elles sont **fixées par l'acheteur** lui-même en fonction de la nature et des caractéristiques du besoin à satisfaire, du nombre ou de la localisation des opérateurs économiques susceptibles d'y répondre, ainsi que des circonstances de l'achat (CCP art. R 2123-4).

Lorsque l'acheteur a prévu de **négocier,** il peut attribuer le marché public sur la base des offres initiales sans négociation, à condition d'avoir indiqué dans les documents de la consultation qu'il se réserve la possibilité de le faire (CCP art. R 2123-5).

L'acheteur a la possibilité d'adapter sur certains points les **règles relatives aux procédures formalisées,** mais il n'est pas tenu de les respecter intégralement. Néanmoins, toute référence « expresse » à l'une de ces procédures entraîne l'obligation d'en faire une application intégrale (CCP art. R 2123-6).

> **Précisions** L'application des dispositions de l'**ancien Code des marchés publics** a suscité des **solutions jurisprudentielles** qui conservent toute leur valeur pour l'application du CCP. Ainsi, il a été jugé que :
> – même dans le silence des textes, les candidats doivent recevoir « dès l'engagement de la procédure d'attribution du marché » une « information appropriée » sur les critères servant à sélectionner l'offre économiquement la plus avantageuse (CE 30-1-2009 n° 290236, Agence nationale pour l'emploi : RJDA 11/09 n° 955) ou encore sur les critères de sélection des candidatures (CE 24-2-2010 n° 333569, Communauté de cnes de l'Enclave des Papes : RJDA 1/11 n° 34) ;
> – l'acheteur doit, dès le lancement de la procédure, informer les candidats soit qu'il a décidé de faire usage de sa faculté de négocier, soit qu'il se réserve la possibilité de le faire. Dans la première hypothèse, il ne peut pas ensuite renoncer à la négociation (CE 18-9-2015 n° 380821 : BPIM 6/15 inf. 385) ;
> – l'acheteur ne peut pas renoncer, au cours de la consultation, à l'un des principaux critères de choix des offres qu'il avait initialement retenus (CE 27-4-2011 n° 342244, Président du Sénat : RJDA 5/12 n° 496) ;
> – si l'acheteur peut admettre à la négociation les candidats ayant remis des offres inappropriées, irrégulières ou inacceptables, il doit cependant, à l'issue de la négociation, rejeter, sans les classer, les offres qui sont demeurées inappropriées, irrégulières ou inacceptables (CE 30-11-2011 n° 353121, Min. défense : BPIM 1/12 inf. 32) ;
> – si l'acheteur choisit de ne négocier qu'avec certains candidats, il doit néanmoins respecter, à cette occasion, le principe de l'égalité de traitement entre les intéressés (CE 30-11-2011 n° 353121, Min. défense : BPIM 1/12 inf. 32 ; CE 18-9-2015 n° 380821, Sté Axcess : BPIM 6/15 inf. 385).

MESURES DE PUBLICITÉ

Des règles particulières de publicité s'appliquent aux marchés passés selon une procédure adaptée par l'**État et** ses établissements publics autres qu'industriels et commerciaux, ainsi que par les **collectivités territoriales,** leurs établissements publics et leurs groupements (CCP art. R 2131-12). Ainsi : 58760

– lorsque la valeur du besoin est inférieure à 90 000 € HT, les modalités de publicité sont librement adaptées par l'acheteur en fonction des caractéristiques du marché ;

– lorsque la valeur du besoin est égale ou supérieure à 90 000 € HT, l'avis de marché est publié au Bulletin officiel des annonces des marchés publics ou dans un journal habilité à recevoir des annonces légales.

Les **autres acheteurs** choisissent librement les modalités de la publicité (CCP art. R 2131-13).

Sont admises certaines **modalités complémentaires** de publicité sur un autre support (CCP art. R 2131-12 et R 2131-18).

c. Marchés de travaux passés selon une procédure formalisée

58800 Les marchés publics de travaux sont passés selon une procédure formalisée lorsque la **valeur estimée du besoin** auquel ils doivent répondre est égale ou supérieure au seuil de 5 538 000 € HT (CCP art. L 2124-1 et R 2124-1).

Il existe **trois types** de procédures formalisées :
– l'appel d'offres ;
– la procédure avec négociation ;
– le dialogue compétitif.

APPEL D'OFFRES

58820 L'appel d'offres est une procédure formalisée par laquelle l'acheteur choisit l'offre « économiquement la plus avantageuse », **sans négociation,** sur la base de **critères objectifs** préalablement portés à la connaissance des candidats (CCP art. L 2124-2).

L'appel d'offres peut être **ouvert** ou **restreint,** au choix de l'acheteur.

L'appel d'offres est qualifié d'ouvert lorsque tout opérateur économique peut soumissionner (CCP art. R 2124-2, 1°). Il est qualifié de restreint lorsque seuls les candidats sélectionnés par l'acheteur sont autorisés à soumissionner (CCP art. R 2124-2, 2°).

Dans le premier cas, la procédure comprend une phase unique au cours de laquelle l'examen des candidatures et celui des offres s'effectuent presque en même temps. Dans le second, l'examen des candidatures et celui des offres se succèdent dans le temps.

58830 Quelle soit ouverte ou restreinte, la procédure d'appel d'offres débute par des **formalités de publicité** destinées à susciter les candidatures des opérateurs économiques. Ces formalités reposent principalement sur la diffusion d'un « avis de marché », autrefois dénommé « avis d'appel public à la concurrence » (voir n° 59100).

Des **délais** d'une durée minimale doivent être accordés aux opérateurs afin qu'ils soient en mesure de se préparer à la consultation.

58835 Si l'appel d'offres est **ouvert,** les **candidatures** et les **offres** doivent être reçues dans un **délai** minimal de 35 jours à compter de la date d'envoi de l'avis de marché (CCP art. R 2161-2). Ce délai peut être réduit dans certaines hypothèses et notamment être ramené de 35 à 30 jours lorsque les candidatures et les offres sont transmises par voie électronique (CCP art. R 2161-3, 2°) ou de 35 à 15 jours lorsqu'une situation d'urgence, dûment justifiée, rend le délai minimal impossible à respecter (CCP art. R 2161-3, 3°).

Les offres reçues après l'expiration des délais susmentionnés sont tardives. Aucune régularisation n'est possible postérieurement. Mais il a été jugé que, si des **modifications substantielles** sont apportées à l'objet ou aux conditions du marché, la personne publique doit les porter à la connaissance des entreprises par un avis d'appel public à la concurrence rectificatif et respecter un nouveau délai de réception des offres (CE 16-11-2005 n° 278646, Ville de Paris : BPIM 1/06 inf. 32).

58840 Si l'appel d'offres est **restreint,** les **candidatures** doivent, en règle générale, être reçues dans un délai minimal de 30 jours à compter de la date d'envoi de l'avis de marché. Ce délai peut, en cas d'urgence, être ramené à un délai qui ne doit pas être inférieur à 15 jours (CCP art. R 2161-6, 1°).

Le délai de réception des **offres** ne peut pas être inférieur à 30 jours à compter de l'envoi de l'invitation à soumissionner (CCP art. R 2161-7). Ce délai est ramené à 25 jours en cas de transmission électronique des offres et à 10 jours en cas d'urgence (CCP art. R 2161-8, 2° et 3°). Les pouvoirs adjudicateurs autres que les autorités publiques centrales, dont la liste figure dans l'avis ECOM2332367V relatif aux seuils de procédure, peuvent fixer la date limite de réception des offres d'un commun accord avec les candidats sélectionnés, à condition que cette date soit la même pour tous (CCP art. R 2161-9).

En cas de **circonstances exceptionnelles,** l'acheteur peut, pour les procédures en cours, prolonger les délais de réception des candidatures et des offres d'une durée suffisante afin de permettre aux opérateurs économiques de présenter leur candidature ou de soumissionner. Cette possibilité n'est cependant pas ouverte lorsque les prestations faisant l'objet du marché ne peuvent souffrir aucun retard (CCP art. L 2711-4). 58845

Dans le cadre de l'appel d'offres ouvert comme de l'appel restreint, l'acheteur ne peut pas **négocier** avec les soumissionnaires. Il lui est seulement possible de leur demander de préciser la teneur de leur offre (CCP art. R 2161-5 et R 2161-11). Si ce principe s'oppose à toute modification de l'offre par l'une ou l'autre des parties, il ne fait pas obstacle à la rectification d'une erreur purement matérielle, en particulier lorsqu'elle est tellement manifeste que nul ne pourrait s'en prévaloir de bonne foi (CE 21-9-2011 n° 349149, Dépt des Hauts-de-Seine : BPIM 6/11 inf. 456). 58850

L'acheteur peut à tout moment déclarer la procédure **« sans suite »** (CCP art. R 2185-1). Il communique alors dans les plus brefs délais aux opérateurs ayant participé à la procédure les motifs de sa décision de ne pas attribuer le marché ou de recommencer la procédure (CCP art. R 2185-2).

Le marché est **attribué** sur la base de l'offre économiquement la plus avantageuse dans les conditions prévues par le Code de la commande publique (CCP art. R 2152-6 à R 2152-13) ; voir n°s 59250 s.

PROCÉDURE AVEC NÉGOCIATION

La procédure avec négociation est une procédure dans laquelle l'acheteur **négocie les conditions du marché** avec un ou plusieurs opérateurs économiques (CCP art. L 2124-3). 58860

Cette procédure est **ouverte** lorsque (CCP art. R 2124-3) :

– le besoin à satisfaire ne peut pas être satisfait sans adapter des solutions immédiatement disponibles ;

– le besoin consiste en des solutions innovantes, au sens de l'article R 2124-3, 2° ;

– le marché comporte des prestations de conception ;

– le marché ne peut pas être attribué sans négociation préalable en raison de circonstances particulières liées à sa nature, à sa complexité ou au montage juridique, financier ou en raison des risques qui s'y attachent ;

– l'acheteur n'est pas en mesure de définir des spécifications techniques avec une précision suffisante ;

– dans le cadre d'un appel d'offres, seules des offres irrégulières ou inacceptables ont été présentées, sous réserve cependant que les conditions initiales du marché ne soient pas substantiellement modifiées.

L'acheteur ne peut recourir à la procédure négociée que dans les cas limitativement énumérés ci-dessus (CE 7-10-2020 n° 440575, Lyon Métropole Habitat : BPIM 6/20 inf. 387).

La procédure avec négociation débute par des **formalités de publicité** communes à toutes les procédures formalisées (voir n°s 59080 s.). 58870

Le **délai** minimal de **réception des candidatures** est identique à celui qui est fixé dans le cadre de l'appel d'offres : 30 jours à compter de la date d'envoi de l'avis de marché, ou 15 jours en cas d'urgence (CCP art. R 2161-12).

Le délai minimal de réception des **offres** est de 30 jours à compter de la date d'envoi de l'invitation à soumissionner (CCP art. R 2161-14). Mais il peut être ramené à 25 jours lorsque les offres sont transmises par voie électronique ou en cas d'urgence (CCP art. R 2161-15).

En cas de circonstances exceptionnelles, ces délais peuvent être prolongés dans les conditions mentionnées n° 58845.

L'acheteur indique dans les documents de la consultation les **exigences minimales** que doivent respecter les offres (CCP art. R 2161-13).

Il **négocie** avec les soumissionnaires les offres initiales et les offres ultérieures. Il peut toutefois attribuer le marché sans négociation sur la base des offres initiales, s'il s'est réservé la possibilité de le faire dans l'avis de marché ou dans l'invitation à confirmer l'intérêt (CCP art. R 2161-17, al. 1 et 2).

La procédure avec négociation peut se dérouler par phases successives pour réduire le nombre d'offres à négocier en appliquant les critères d'attribution définis dans les documents de consultation (CCP art. R 2161-18). Cette possibilité doit être indiquée dans les documents de consultation. Dans la phase finale de négociation, le nombre d'offres doit être suffisant pour garantir une concurrence réelle. La négociation obéit au principe d'égalité de traitement qui implique une information des candidats précisée par l'article R 2161-19 du Code de la commande publique.

La négociation peut porter sur l'ensemble du contenu des offres à l'exception des exigences minimales indiquées par les documents de la consultation et les critères d'attribution (CCP art. R 2161-17, dernier al.). Peuvent ainsi être négociés, par exemple, le prix, la qualité, le délai, les garanties de bonne exécution, etc.

Quand l'acheteur entend conclure les négociations, il en informe les soumissionnaires et fixe une date limite pour la présentation des offres nouvelles ou modifiées (CCP art. R 2161-20).

Le marché est **attribué** sur la base de l'offre économiquement la plus avantageuse dans les conditions prévues par le Code de la commande publique (CCP art. R 2152-6 à R 2152-13) ; voir nos 59250 s.

> **Précisions** À titre dérogatoire et temporaire, l'ordonnance 2023-660 du 26 juillet 2023 (art. 1) prévoit que peuvent être négociés **sans publicité,** mais avec **mise en concurrence préalable,** les marchés de travaux nécessaires à la reconstruction ou à la réfection d'équipements publics et de bâtiments ayant été dégradés ou détruits au cours des **violences urbaines** survenues **entre le 27 juin et le 5 juillet 2023.** Le bénéfice de cette mesure est subordonné à la condition que les marchés concernés répondent à un besoin dont la valeur estimée est inférieure à 1 500 000 € HT. Les mêmes dispositions sont également applicables aux lots dont le montant est inférieur à 1 000 000 € HT à condition que le montant cumulé de ces lots n'excède pas 20 % de la valeur totale estimée de tous les lots entre lesquels sont décomposées les prestations du marché.
> L'ensemble de ces mesures s'applique aux marchés pour lesquels une consultation est engagée, ou un avis de publicité est envoyé à la publication, à compter du 28 juillet 2023 et pendant un délai de 9 mois.

DIALOGUE COMPÉTITIF

58880 Le dialogue compétitif est la procédure par laquelle l'acheteur dialogue avec les candidats admis à y participer en vue de définir ou de développer les solutions de nature à **répondre à ses besoins** et sur la base desquelles ces candidats sont invités à remettre une offre. Un dialogue s'engage avec les candidats, qui se poursuit jusqu'à ce que l'acheteur soit en mesure d'identifier la solution qui répond à ses besoins (CCP art. L 2124-4). Lorsqu'il estime que le dialogue est arrivé à son terme, il en informe les opérateurs encore en lice et les invite à présenter leur **offre** tenant compte des précisions issues du dialogue. Des clarifications et précisions complémentaires peuvent être demandées (CCP art. R 2161-29).

La procédure du dialogue compétitif est **ouverte** dans les mêmes cas que la procédure avec négociation (CCP art. R 2124-5 et, sur renvoi, art. R 2124-3). L'acheteur dispose donc d'une option entre les deux procédures.

58890 Le dialogue compétitif débute par des **formalités de publicité** communes à toutes les procédures formalisées (voir nos 59080 s.).

L'acheteur définit ses besoins et ses exigences dans l'avis de marché et, le cas échéant, dans un programme fonctionnel ou un projet partiellement défini. Les modalités du dialogue, les critères d'attribution et un calendrier indicatif sont indiqués dans l'avis de marché ou dans les documents de la consultation (CCP art. R 2161-24).

Les **candidatures** sont reçues dans un délai minimal de 30 jours à compter de l'envoi de l'avis de marché (CCP art. R 2161-25). En cas de circonstances exceptionnelles, ce délai peut être prolongé dans les conditions mentionnées no 58845.

L'acheteur ouvre avec les participants sélectionnés un **dialogue** dont l'objet est l'identification et la définition des moyens propres à satisfaire au mieux ses besoins. Tous les aspects du marché peuvent être discutés (CCP art. R 2161-26). Le dialogue peut se dérouler en phases successives de manière à réduire le nombre de solutions à discuter, en appliquant les critères d'attribution définis dans l'avis de marché ou dans les documents de la consultation. Dans la phase finale du dialogue, le nombre de solutions restant à discuter doit être suffisant pour assurer une concurrence réelle. L'acheteur poursuit le dialogue jusqu'à ce qu'il soit en mesure d'identifier la solution qui répond à ses besoins (CCP art. R 2161-27).

Lorsqu'il estime que le dialogue est arrivé à son terme, l'acheteur en informe les opérateurs restant en lice et les invite à présenter leur **offre** finale (CCP art. R 2161-28). Des précisions, clarifications, perfectionnements ou compléments peuvent être demandés aux participants sur leur offre finale (CCP art. R 2161-29).

Le marché est **attribué** sur la base de l'offre économiquement la plus avantageuse dans les conditions prévues par le Code de la commande publique (CCP art. R 2152-6 à R 2152-13) ; voir nos 59250 s.

2. ORGANISATION DE LA PASSATION DES MARCHÉS PUBLICS DE TRAVAUX

Quelle que soit la procédure retenue, et sauf exceptions, la passation d'un marché public comporte un certain nombre d'opérations dont l'accomplissement est nécessaire et qui se succèdent dans un ordre logique. Il s'agit de la préparation de la consultation, de son déroulement et de ses suites. **59000**

a. Préparation de la consultation

La passation d'un marché de travaux, comme celle de tous les marchés, débute par une série d'**opérations préliminaires** qui portent sur la nature et l'étendue des prestations à réaliser, sur le mode de dévolution du marché, sur l'éventuelle institution d'un groupement d'acheteurs, sur l'élaboration des documents de la consultation et sur la mise en œuvre de mesures de publicité. **59010**

DÉTERMINATION DES BESOINS À SATISFAIRE

La réglementation des marchés publics insiste sur l'importance que présente l'évaluation préalable des besoins de l'acheteur auquel le marché a pour objet de répondre. **59020**

Le principe est que, avant le lancement de la consultation, l'acheteur doit déterminer avec précision la **nature et** l'**étendue des besoins** à satisfaire en prenant en compte des objectifs de développement durable dans leurs dimensions économique, sociale et environnementale (CCP art. L 2111-1).

L'évaluation des besoins peut être effectuée après consultation des opérateurs économiques et réalisation d'études de marché. Toutefois, le résultat de ces études et échanges préalables ne doit pas affecter le jeu de la concurrence (CCP art. R 2111-1).

DÉFINITION DES TRAVAUX PAR RÉFÉRENCE À DES SPÉCIFICATIONS TECHNIQUES

Les travaux faisant l'objet du marché public sont définis par référence à des spécifications techniques (CCP art. L 2111-2). À compter des dates fixées par décret en fonction de l'objet du marché, et au plus tard le **22 août 2026,** ces spécifications techniques prendront en compte des objectifs de développement durable dans leurs dimensions économique, sociale et environnementale (CCP art. L 2111-2 dans sa rédaction applicable au plus tard le 22-8-2026 ; loi Climat 2021-1104 du 22-8-2021 art. 35). **59030**

Les spécifications techniques définissent les caractéristiques techniques des prestations attendues (CCP art. R 2111-4). L'annexe n° 5 au CCP précise leur nature et leur contenu dans les marchés publics.

Les spécifications peuvent être **formulées** de trois manières (CCP art. R 2111-8) :

– soit par référence à des normes ou à d'autres documents équivalents accessibles aux candidats ;
– soit en termes de performances ou d'exigences fonctionnelles ;
– soit par une combinaison des deux.

Toutefois, dans le premier cas, l'acheteur ne peut pas rejeter une offre au motif que celle-ci n'est pas conforme à la norme ou au document concerné si le soumissionnaire prouve que les solutions qu'il propose satisfont de manière équivalente aux exigences de la norme ou du document. Dans le deuxième cas, l'acheteur ne peut pas non plus rejeter une offre lorsque celle-ci est conforme à une norme ou à un document équivalent dont le soumissionnaire prouve qu'il correspond aux performances ou exigences fonctionnelles définies par l'acheteur (CCP art. R 2111-11).

Le juge administratif veille à ce que les spécifications techniques ne soient pas susceptibles de favoriser ou d'éliminer certains opérateurs économiques (CE 10-2-2016 n° 382148, Sté SMC2 : RJDA 10/16 n° 68).

ALLOTISSEMENT DU MARCHÉ

À moins que l'objet du marché ne permette pas l'identification de prestations distinctes, l'acheteur public est tenu de recourir à l'allotissement, c'est-à-dire de décomposer en **lots séparés** un ensemble de prestations distinctes qu'il envisage de se procurer, ce qui le conduit à passer autant de marchés que de lots avec autant d'entreprises (CCP art. L 2113-10). Ce principe se justifie par la nécessité de favoriser l'accès des PME à la commande publique. Les marchés passés par les **groupements de commandes** n'échappent pas à l'obligation d'allotissement (CE 18-9-2015 n° 389740, Syndicat intercommunal des eaux du Bas Roubion : BPIM 6/15 inf. 384). **59040**

L'obligation d'allotissement **ne s'applique pas** aux marchés qualifiés de « globaux », c'est-à-dire aux marchés de conception-réalisation, aux marchés globaux de performance et aux marchés globaux sectoriels (CCP art. L 2171-1). Commet donc une erreur de droit le juge qui annule la procédure de passation d'un marché global de performance au motif que celui-ci n'a pas été alloti (CE 8-4-2019 nº 426096, Sté Orange c/ Sté Réunicable : BPIM 3/19 inf. 176).

L'acheteur peut **décider de ne pas allotir** le marché, notamment s'il n'est pas en mesure d'assurer par lui-même les missions d'organisation, de pilotage et de coordination (OPC) ou si la dévolution en lots séparés est de nature à restreindre la concurrence ou risque de rendre techniquement difficile ou financièrement plus coûteuse l'exécution des prestations. L'acheteur doit motiver sa décision de ne pas allotir en énonçant les considérations de fait et de droit qui constituent son fondement (CCP art. L 2113-11, R 2113-2 et R 2113-3).

Le juge administratif exerce, sur la décision de ne pas allotir, un **contrôle** approfondi au regard des conditions posées par le législateur (CE 11-4-2014 nº 375051, Cne de Montreuil : BPIM 3/14 inf. 177 ; CE 26-6-2015 nº 389682, Ville de Paris : RJDA 4/16 nº 278). En revanche, si l'acheteur public se conforme au principe de l'allotissement, une liberté de choix lui est reconnue pour définir le nombre et la consistance des lots. Le juge se borne donc à vérifier que l'appréciation de l'acheteur n'est pas entachée d'une erreur manifeste d'appréciation (CE 21-5-2010 nº 389682, Cne d'Ajaccio : RJDA 1/11 nº 33, 4e espèce ; CE 25-5-2018 nº 417428, OPH Hauts-de-Seine Habitat : BPIM 4/18 inf. 269).

> **Précisions** L'ordonnance 2023-660 du 26 juillet 2023 (art. 2) prévoit que, par dérogation au régime général de l'allotissement, les travaux nécessaires à la reconstruction ou à la réfection des équipements publics et des bâtiments dégradés ou détruits au cours des **violences urbaines** survenues **entre le 27 juin et le 5 juillet 2023** peuvent faire l'objet d'un « marché unique » c'est-à-dire non alloti.
> Cette mesure s'applique aux marchés pour lesquels une consultation est engagée, ou un avis de publicité est envoyé à la publication, à compter du 28 juillet 2023 et pendant un délai de 9 mois.

59050 Lorsque le marché est passé par lots séparés, l'acheteur indique dans les documents de consultation si les opérateurs peuvent **soumissionner pour un seul lot, plusieurs lots ou tous les lots** (CCP art. R 2113-1). Réserve faite d'une dérogation qui ne concerne pas les marchés de travaux, les candidats ne peuvent pas présenter des offres variables selon le nombre de lots susceptibles d'être obtenus (CCP art. L 2151-1).

L'acheteur peut limiter le nombre de lots pour lesquels un même opérateur économique est admis à présenter une offre ou encore le nombre maximal de lots susceptibles d'être attribués à un même opérateur (CCP art. L 2113-10). Il doit alors le préciser dans le document de consultation (CCP art. R 2113-1). Lorsque la mise en œuvre des critères de choix des offres conduirait à attribuer à un même soumissionnaire un nombre de lots supérieur au nombre maximal, les documents de consultation doivent préciser les règles applicables (CCP art. R 2113-1). Celles-ci doivent revêtir un caractère objectif et non discriminatoire (CE 20-2-2013 nº 363656, Sté Laboratoire Biomnis : BPIM 2/13 inf. 124).

Dans l'hypothèse d'un marché alloti, les **offres** sont appréciées lot par lot (CCP art. L 2152-7, al. 2).

GROUPEMENTS DE COMMANDES

59060 Des groupements de commandes peuvent être constitués entre plusieurs acheteurs afin que ceux-ci puissent **passer conjointement** un ou plusieurs marchés publics (CCP art. L 2113-6). Ces groupements peuvent être constitués avec des acheteurs d'autres États membres de l'Union européenne (CCP art. L 2113-8).

La **convention constitutive** du groupement définit les règles de son fonctionnement. Elle peut confier à un ou plusieurs membres la charge de mener tout ou partie de la procédure de passation ou de l'exécution du marché au nom et pour le compte des autres membres (CCP art. L 2113-7, al. 1).

Les acheteurs membres du groupement de commandes sont solidairement **responsables** des seules opérations de passation ou d'exécution du marché qui sont menées conjointement en leur nom et pour leur compte (CCP art. L 2113-7, al. 2).

DOCUMENTS DE LA CONSULTATION

59070 Les documents de la consultation sont l'ensemble des documents fournis par l'acheteur ou auxquels il se réfère afin de définir le besoin auquel doit répondre le marché et de décrire les modalités de la procédure de passation (CCP art. R 2132-1). On les désigne classiquement par l'expression de « dossier de consultation des entreprises » (DCE).

Au nombre de ces documents figurent notamment les futures **pièces constitutives du marché** : il s'agit, par exemple, de l'acte d'engagement par lequel l'opérateur économique présente son offre, ainsi que du cahier des clauses administratives particulières (CCAP) et du cahier des clauses techniques particulières (CCTP).

S'y ajoute le **règlement de la consultation** chaque fois que le marché est passé après mise en concurrence des candidats. L'acheteur ne peut pas, au cours de la procédure de passation, lui apporter des changements substantiels sans que l'ensemble des candidats aient été mis en mesure d'adapter leurs offres en fonction de ces changements (CE 9-2-2004 n° 259369, Communauté urbaine de Nantes : RJDA 5/04 n° 550). En outre, le règlement étant obligatoire dans toutes ses mentions, l'acheteur ne saurait attribuer un marché à un candidat qui ne respecterait pas l'une de ses prescriptions (CE 23-11-2005 n° 267494, Sté Axialogic : RJDA 11/06 n° 1134). Toutefois, il en va différemment lorsque la prescription non respectée s'avère manifestement inutile (CE 22-5-2019 n° 426753, Sté Corsica Ferries : RJDA 11/19 n° 686, solution concernant un contrat de concession, mais transposable en matière de marché public).

Les documents de la consultation sont mis gratuitement à la disposition des opérateurs économiques. Ils doivent être mis à leur disposition par voie électronique sur un **« profil d'acheteur »** lorsque le marché répond à un besoin dont la valeur estimée est égale ou supérieure à 40 000 € HT (CCP art. R 2132-2 s.).

MESURES DE PUBLICITÉ

Publicité préalable En règle générale, la passation d'un marché doit donner lieu à des mesures préalables de publicité par lesquelles l'acheteur public **fait connaître aux opérateurs** susceptibles d'être intéressés par l'attribution du marché son intention d'engager une procédure de passation, tout en fournissant certaines informations sur l'organisation de la procédure et les caractéristiques du contrat envisagé. 59080

L'obligation de publicité contribue à garantir le respect des **principes fondamentaux de la commande publique** (égalité de traitement des candidats, liberté d'accès à la commande publique et transparence des procédures).

Les modalités de la publicité n'ont pas un caractère uniforme. Elles **varient** en fonction de l'objet du marché, de la valeur estimée du besoin ou de l'acheteur concerné (CCP art. L 2131-1). De plus, aucune formalité de publicité ne s'applique aux marchés susceptibles d'être passés sans formalités préalables.

Diffusion des avis de publicité Les mesures de publicité reposent principalement sur la diffusion auprès des opérateurs d'un « avis », c'est-à-dire d'un document dont le contenu est réglementé et dont la fonction est de donner aux intéressés les informations leur permettant de se porter utilement candidats. Le type d'avis le plus répandu est l'**« avis de marché »** (autrefois « avis d'appel public à la concurrence »). Mais le droit européen a aussi introduit une autre catégorie particulière : celle des **« avis de préinformation ».** 59090

Divers **supports** assurent la diffusion des avis de publicité. Il s'agit, en particulier, des organes de publication dans lesquels est inséré l'avis de publicité : Bulletin officiel des annonces des marchés publics (BOAMP), journal d'annonces légales (JAL), « journal spécialisé correspondant au secteur économique concerné » (journal spécialisé), Journal officiel de l'Union européenne (JOUE), autre publication. Contribue également à l'information des opérateurs le « profil d'acheteur » qui constitue un support électronique.

Avis de marché Dans le cas des marchés passés selon une procédure formalisée, l'avis de marché est soit **publié** au BOAMP et au JOUE s'il s'agit d'un marché de l'État et de ses établissements publics autres qu'à caractère industriel et commercial ou d'un marché des collectivités territoriales et de leurs établissements publics ou groupements, soit au JOUE seulement s'il s'agit d'un autre acheteur. L'acheteur peut décider de faire paraître une publicité complémentaire sur un autre support (CCP art. R 2131-16 et R 2131-18). 59100

Les **modalités de publication** des avis d'appel à la concurrence sont précisées par le Code de la commande publique qui prévoit, notamment, la transmission électronique à l'Office des publications de l'UE et indique que les publications au niveau national ne peuvent pas être effectuées avant la publication au JOUE (CCP art. R 2131-19 et R 2131-20).

Le Code ne donne pas d'indication générale sur les mentions que l'avis de marché doit comporter. Il faut toutefois que la publication au niveau national ne contienne pas plus de renseignements que ceux envoyés à l'Office de publications de l'UE (CCP art. R 2131-20, dernier al.).

Avis de préinformation Les acheteurs peuvent faire connaître leur intention de passer un marché public en publiant un avis de préinformation (CCP art. R 2131-1). À la différence de l'avis de marché, l'avis de préinformation présente un caractère **facultatif.** 59110

Il peut soit être adressé pour publication à l'Office des publications officielles de l'Union européenne, soit être publié sur le profil d'acheteur. Dans ce second cas, un avis annonçant cette publication doit être adressé au préalable à l'Office des publications officielles de l'Union européenne (CCP art. R 2131-2).

Les acheteurs, à l'exception des autorités publiques centrales, dont la liste figure dans l'avis ECOM2332367V relatif aux seuils de procédure, peuvent **utiliser l'avis** de préinformation **pour** lancer un appel à la concurrence dans le cadre d'une procédure d'appel d'offres restreint ou d'une procédure avec négociation (CCP art. R 2131-4). La publication d'un avis peut aussi avoir pour effet de réduire le délai de réception des candidatures et des offres dans le cadre des procédures formalisées (CCP art. R 2161-2, R 2161-8 et R 2161-15).

59120 **Invitation à confirmer l'intérêt** Lorsque l'appel à la concurrence est effectué au moyen d'un avis de préinformation, l'acheteur invite simultanément et par écrit tous les opérateurs qui ont manifesté leur intérêt à confirmer celui-ci sur la base des informations détaillées du marché public (CCP art. R 2131-10).

Cette invitation **contient** un certain nombre de renseignements et comprend au minimum ceux prévus par l'article R 2131-11 : nature et quantité des prestations demandées ; procédure utilisée ; date de commencement ou d'achèvement de l'exécution du marché ; adresse du profil d'acheteur ; identification et adresse du service qui passe le marché ; informations relatives aux capacités exigées des candidats ; forme du marché (achat, crédit-bail, etc.) ; critères d'attribution avec leur pondération et leur hiérarchisation.

59130 **Profil d'acheteur** Lorsque le marché répond à un besoin dont la valeur estimée est égale ou supérieure à 40 000 € HT, les **documents de la consultation** doivent être mis gratuitement à la disposition des opérateurs économiques par voie électronique, sur un « profil d'acheteur » à compter de la publication de l'avis de marché. Celui-ci, ou le cas échéant l'invitation à confirmer l'intérêt, mentionne l'adresse du profil d'acheteur sur lequel les documents de la consultation sont accessibles (CCP art. R 2132-2).

Lorsque l'appel à la concurrence résulte d'un avis de préinformation, l'accès au profil d'acheteur est ouvert à compter de l'envoi à confirmer l'intérêt (CCP art. R 2132-4, al. 1).

L'annexe n° 7 au CCP définit les fonctionnalités et les exigences minimales s'imposant aux profils d'acheteur.

Si certains documents de la consultation sont trop volumineux pour être téléchargés, l'acheteur doit indiquer, dans l'avis de publicité ou dans l'invitation à confirmer l'intérêt, les moyens électroniques par lesquels ces documents peuvent être obtenus gratuitement (CCP art. R 2132-5, dernier al.).

L'obligation de mise à disposition des documents de la consultation par voie électronique subit certaines **dérogations** : par exemple, dans le cas des marchés passés sans publicité ni mise en concurrence, ou en cas de difficultés techniques, ou encore pour assurer la protection de certaines informations (CCP art. R 2132-12). Lorsque l'une de ces dérogations fait obstacle à la mise à disposition électronique, l'acheteur est tenu de l'indiquer dans l'avis de publicité ou, en l'absence d'un tel avis, dans les documents de la consultation (CCP art. R 2132-13).

b. Déroulement de la consultation

SUPPORTS DE COMMUNICATION

59150 Tous les **échanges d'informations** dans le cadre de la passation d'un marché doivent être effectués par voie électronique (CCP art. R 2132-7).

L'annexe n° 8 au CCP fixe les **exigences minimales** qui s'imposent aux moyens de communication électronique utilisés dans la commande publique. Ces moyens doivent, notamment, garantir l'identité de l'acheteur et celle de l'opérateur économique, l'intégrité des données, ainsi que la date et l'heure de réception des informations.

Le dispositif comporte les mêmes dérogations que celles relatives au profil d'acheteur (CCP art. R 2132-13).

Les candidats qui transmettent leurs documents par voie électronique peuvent adresser à l'acheteur une **copie de sauvegarde** de ces documents. Cette copie ne peut être prise en considération que si elle parvient à l'acheteur dans le délai prescrit pour le dépôt des candidatures ou des offres (CCP art. R 2132-11). Selon l'annexe n° 6 au CCP, telle que modifiée par l'arrêté ECOM2308848A du 14 avril 2023, la copie de sauvegarde peut être adressée soit sur support papier ou sur support physique électronique (CD-ROM, DVD, clé USB), soit par voie électronique lorsque l'acheteur l'autorise dans les documents de la consultation. Elle est destinée à se substituer aux candidatures ou aux offres électroniques lorsque celles-ci sont affectées par un « programme informatique malveillant » ou ont été reçues de façon incomplète, hors délais ou n'ont pas pu être ouvertes. Mais, dans cette seconde série d'hypothèses, il est nécessaire que les candidatures ou les offres aient été transmises avant la fin des délais fixés par l'acheteur.

En cas de **circonstances exceptionnelles,** si les **modalités de la mise en concurrence** prévues dans les documents de la consultation ne peuvent pas être respectées par l'acheteur, celui-ci peut apporter au cours de la procédure les adaptations nécessaires à la poursuite de la procédure, dans le respect du principe d'égalité de traitement des candidats (CCP art. L 2711-3). **59155**

CANDIDATURES À L'ATTRIBUTION D'UN MARCHÉ PUBLIC DE TRAVAUX

Groupement des candidatures Les **groupements d'opérateurs économiques** peuvent participer aux procédures de passation des marchés (CCP art. R 2142-19). **59160**

Il existe deux formes de groupements. Le groupement est **conjoint** lorsque chacun des opérateurs économiques membres du groupement s'engage à exécuter la ou les prestations susceptibles de lui être attribuées dans le marché. Le groupement est **solidaire** lorsque chacun des membres du groupement est engagé financièrement pour la totalité du marché (CCP art. R 2142-20).

L'acheteur ne peut pas exiger que le groupement ait une **forme juridique** déterminée pour la présentation d'une candidature ou d'une offre. L'exigence d'une forme juridique déterminée ne s'impose qu'après l'attribution du marché si cela est nécessaire à sa bonne exécution. Dans ce cas, une telle exigence doit être justifiée dans les documents de la consultation (CCP art. R 2142-22). En pratique, les groupements prennent la forme d'un groupement momentané d'entreprises (GME) ou d'une société en participation.

Les candidatures et les offres sont présentées soit par l'ensemble des membres du groupement, soit par un mandataire (CCP art. R 2142-23). Mais, quelle que soit la forme du groupement, la candidature doit désigner le **mandataire** qui représentera l'ensemble des membres vis-à-vis de l'acheteur et coordonnera les prestations à réaliser. Si le marché le prévoit, le mandataire est, pour l'exécution du marché, solidaire de chacun des membres du groupement (CCP art. R 2142-24).

L'appréciation des **capacités** du groupement est globale. Il n'est pas requis que chacun de ses membres ait la totalité des capacités requises pour exécuter le marché (CCP art. R 2142-25). Toutefois, s'agissant des marchés publics de travaux, les documents de la consultation peuvent exiger que certaines tâches essentielles soient effectuées par l'un des membres du groupement (CCP art. R 2142-27).

Interdictions de soumissionner Selon une règle classique du droit des marchés publics, certains candidats peuvent éventuellement être exclus de la procédure de passation d'un marché. **59170**

De nombreux cas d'**exclusions** sont **« de plein droit »** (CCP art. L 2141-1 à L 2141-5). Ils concernent essentiellement les personnes ayant fait l'objet de certaines condamnations depuis moins de 5 ans (notamment, escroquerie, abus de confiance, blanchiment, corruption), celles qui n'ont pas souscrit les déclarations fiscales ou sociales ou n'ont pas acquitté les impôts, taxes, contributions ou cotisations sociales leur incombant, celles concernées par certaines procédures (procédure de liquidation judiciaire, faillite personnelle, etc.). Sont également concernées les personnes qui ont fait l'objet d'une mesure d'exclusion des contrats administratifs en vertu d'une décision administrative prise en application de l'article L 8272-4 du Code du travail.

L'acheteur peut, à titre exceptionnel, autoriser un candidat relevant d'une interdiction de soumissionner prévue aux articles L 2141-1 à L 2141-5 du CCP à participer à la procédure de passation du marché sous certaines conditions. Il faut que cette participation soit justifiée par des raisons impérieuses d'intérêt général, que le marché public en cause ne puisse être confié qu'à ce seul opérateur économique et qu'un jugement définitif d'une juridiction d'un État membre de l'Union européenne n'exclue pas expressément ledit opérateur des marchés publics (CCP art. L 2141-6).

En outre, un candidat qui se trouve dans les mêmes cas d'exclusion peut fournir des preuves qu'il a pris des mesures de nature à démontrer sa fiabilité. Ces preuves sont évaluées en tenant compte de la gravité et des circonstances particulières de l'infraction pénale ou de la faute. Si l'acheteur estime que ces preuves sont suffisantes, le candidat ne doit pas être exclu de la procédure de passation. Une personne qui fait l'objet d'une peine d'exclusion des marchés publics au titre des articles 131-34 ou 131-39 du Code pénal ne peut se prévaloir de ce dispositif d'auto-apurement pendant la période d'exclusion fixée par la décision de justice définitive (CCP art. L 2141-6-1).

D'autres **exclusions** sont **à « l'appréciation de l'acheteur »** (CCP art. L 2141-7 à L 2141-10). Elles sont facultatives et visent, par exemple :
– les personnes sanctionnées, au cours des 3 années précédentes, dans le cadre de l'exécution d'un contrat de la commande publique antérieur (CCP art. L 2141-7) ;
– les sociétés qui, en raison du nombre de salariés qu'elles emploient, sont tenues d'établir le plan de vigilance prévu par l'article L 225-102-4 du Code de commerce, mais qui ne satisfont pas à cette obligation pour l'année qui précède l'année de publication de l'avis d'appel à la concurrence ou celle de l'engagement de la consultation (CCP art. L 2141-7-1 ; Décret 2022-767 du 2-5-2022 art. 13) ;
– les personnes qui, en application de l'article L 229-25 du Code de l'environnement, sont tenues d'établir un bilan de leurs émissions de gaz à effet de serre, mais qui ne satisfont pas à cette obligation pour l'année qui précède l'année de publication de l'avis d'appel à la concurrence ou celle de l'engagement de la consultation (CCP art. L 2141-7-2) ;
– les personnes qui ont entrepris d'influer indûment sur le processus décisionnel de l'acheteur ou d'obtenir des informations confidentielles susceptibles de leur donner un avantage indu lors de la procédure de passation du marché public, ou ont fourni des informations trompeuses susceptibles d'avoir une influence déterminante sur les décisions d'exclusion, de sélection ou d'attribution (CCP art. L 2141-8, 1°). Ces personnes qui peuvent être regardées comme ayant entrepris d'influencer la prise de décision de l'acheteur, tant dans le cadre de la procédure de passation en cause que dans le cadre de précédentes procédures, peuvent être exclues, dès lors qu'elles n'ont pas justifié de leur professionnalisme et de leur fiabilité (CE 24-6-2019 n° 428866, Dpt des Bouches-du-Rhône : BPIM 4/19 inf. 255). Conformément à l'article 57 de la directive 2014/24/UE du 26 février 2014, l'acheteur ne peut prendre en compte, pour décider une telle exclusion, des faits commis depuis plus de trois ans (CE 16-2-2024 n° 488524, Dpt des Bouches-du-Rhône : RJDA 6/24 n° 337) ;
– les personnes à l'égard desquelles l'acheteur dispose d'éléments suffisamment probants ou constituant un faisceau d'indices graves, sérieux et concordants pour en déduire qu'elles ont conclu une entente avec d'autres opérateurs économiques en vue de fausser la concurrence (CCP art. L 2141-9) ;
– les personnes qui, par leur candidature, créent une situation de conflit d'intérêts, lorsqu'il ne peut y être remédié par d'autres moyens (CCP art. L 2141-10).

L'acheteur qui envisage d'exclure un candidat en application des dispositions ci-dessus doit le mettre à même de fournir des preuves qu'il a pris des mesures de nature à démontrer sa fiabilité et, le cas échéant, que sa participation à la procédure de passation du marché n'est pas susceptible de porter atteinte à l'égalité de traitement des candidats. Ces preuves sont évaluées en tenant compte de la gravité et des circonstances particulières attachées à ces situations. Si l'acheteur estime que ces preuves sont suffisantes, le candidat ne doit pas être exclu de la procédure de passation (CCP art. L 2141-11).

Les conditions dans lesquelles la preuve de l'absence d'un motif d'exclusion peut être rapportée sont précisées par les articles R 2143-6 à R 2143-10 du CCP. Ainsi, par exemple, pour établir qu'il ne se trouve pas dans un des cas d'exclusion de l'article L 2141-3 concernant les entreprises en difficultés, le candidat a la possibilité de produire son numéro unique d'identification (numéro Siren) permettant à l'acheteur d'accéder aux informations pertinentes (CCP art. R 2143-9).

Lorsque le titulaire d'un marché est, **au cours de l'exécution** de celui-ci, placé dans l'un des cas d'exclusion, de plein droit ou à l'appréciation de l'acheteur, le marché peut être résilié dans les conditions de l'article L 2195-4 du CCP.

› Précisions **a.** Sauf s'il décide de limiter le nombre des candidats admis à négocier, l'acheteur ne peut exiger que du seul **candidat** auquel il envisage d'attribuer le marché qu'il **justifie ne pas être dans un cas d'interdiction** de soumissionner (CE 25-1-2019 n° 421844, Sté Dauphin Télécom : BPIM 2/19 inf. 104).
b. En vertu des dispositions combinées des articles L 2141-4 du CCP et 506 du CPP, une entreprise qui a été condamnée à une peine d'exclusion des marchés ne peut être exclue d'une procédure de passation dès lors qu'elle a interjeté **appel du jugement** de condamnation et qu'ainsi, celui-ci n'est pas exécutoire (CE 2-11-2022 n° 464479, Min. armées c/ Sté Icare : RJDA 3/23 n° 142).

59180 **Conditions de participation à la procédure de passation** L'acheteur peut imposer aux candidats des conditions de participation propres à garantir qu'ils disposent de l'**aptitude à exercer l'activité professionnelle,** ainsi que des **capacités économiques, financières et techniques** nécessaires à l'exécution du marché (CCP art. L 2142-1). Ces conditions sont précisées par les articles R 2142-5 à R 2142-14 du CCP.

Elles sont indiquées, ainsi que les moyens de preuve acceptables, dans l'avis de publicité ou dans l'invitation à confirmer l'intérêt ou encore, à défaut d'un tel avis ou d'une telle invitation, dans les documents de la consultation (CCP art. R 2142-1).

Pour vérifier que les candidats satisfont à ces conditions, l'acheteur peut exiger la production de renseignements et documents dont la liste a été fixée par l'annexe n° 9 au CCP (CCP art. R 2143-11).

Il peut **limiter le nombre de candidats** admis à soumissionner, à condition que ce nombre soit suffisant pour assurer une concurrence effective (CCP art. R 2142-15). Dans cette hypothèse, l'avis de publicité ou l'invitation à confirmer l'intérêt doit indiquer les critères objectifs et non discriminatoires prévus à cet effet, le nombre minimum de candidats qu'il est envisagé d'inviter et, le cas échéant, leur nombre maximum (CCP art. R 2142-16).

Présentation des candidatures L'acheteur fixe les **délais de réception** des candidatures en tenant compte de la complexité du marché et du temps nécessaire aux opérateurs économiques pour préparer leur candidature (CCP art. R 2143-1). 59190

En cas de **circonstances exceptionnelles,** l'acheteur peut, pour les procédures en cours, prolonger les délais de réception des candidatures d'une durée suffisante afin de permettre aux opérateurs économiques de présenter leur candidature. Cette possibilité n'est cependant pas ouverte lorsque les prestations faisant l'objet du marché ne peuvent souffrir aucun retard (CCP art. L 2711-4).

Le contenu du dossier de candidature n'est soumis à aucun **formalisme.** En particulier, à moins que les documents de la consultation ne l'exigent, les candidatures n'ont pas à être signées.

Cependant, les candidats doivent **produire** (CCP art. R 2143-3) :
- une déclaration sur l'honneur pour justifier qu'ils ne se trouvent dans aucun cas d'interdiction de soumissionner (voir n° 59170) ;
- les renseignements permettant de vérifier les capacités professionnelles, économiques, financières et techniques nécessaires à l'exécution du marché.

À ce stade préliminaire, aucun document justificatif n'est exigé des candidats. En pratique, les acheteurs peuvent donc ne réclamer de tels documents qu'aux opérateurs dont la candidature est recevable.

Deux mesures allègent la charge des entreprises candidates et favorisent l'accès des PME-TPE aux marchés publics :
- les candidats ont la possibilité de ne pas fournir les documents justificatifs que les acheteurs peuvent obtenir directement par le biais d'une base de données ou d'un espace de stockage numérique (CCP art. R 2143-13) ;
- les candidats n'ont pas à fournir les documents qu'ils ont déjà fournis dans le cadre d'une précédente procédure avec le même acheteur (CCP art. R 2143-14).

La candidature peut prendre la **forme** d'un document unique de marché européen (**Dume**) établi conformément à un modèle fixé par le règlement de la Commission européenne (CCP art. R 2143-4). Il s'agit d'un service dématérialisé d'uniformisation des candidatures à l'échelle de l'Union européenne qui permet aux candidats de produire les éléments prévus à l'article R 2143-3 du CCP.

Toutes les candidatures et les offres doivent être **transmises par voie électronique** dans le cas des marchés publics d'une valeur égale ou supérieure à 40 000 € HT et pour lesquels un avis de publicité a été publié (CCP art. R 2132-7). Sur son site internet, la direction des affaires juridiques (DAJ) met à disposition des candidats des formulaires destinés à simplifier leurs démarches (http://www.economie.gouv.fr/daj/formulaires-marchés-publics). Cette obligation de transmission par voie électronique des candidatures comporte quelques exceptions, notamment justifiées par des raisons techniques (CCP art. R 2132-12).

> **Précisions** **a.** L'acheteur peut exiger la **traduction en français** des documents rédigés en langue étrangère (CCP art. R 2143-16).
> **b.** Tout candidat à l'obtention d'un marché public doit être en mesure de justifier qu'il a souscrit un contrat d'**assurance responsabilité décennale** le couvrant au titre de cette responsabilité (C. ass. art. L 241-1, al. 2).

Examen des candidatures L'**acheteur vérifie** que les candidatures ont été reçues dans le délai prescrit, que les candidats ne font pas l'objet d'une interdiction de soumissionner et qu'ils satisfont aux autres conditions de participation à la procédure de passation. 59200

Les candidatures tardives sont éliminées (CCP art. R 2143-2). Si un candidat se trouve dans un cas d'exclusion, ne remplit pas les conditions de participation fixées par l'acheteur, s'il produit de faux renseignements ou documents ou s'il ne fournit pas les justifications et explications requises, il est également éliminé (CCP art. R 2144-7, al. 1).

L'acheteur qui constate que les pièces ou informations dont la présentation était réclamée au titre des règles de candidature sont absentes ou incomplètes peut demander à tous les candidats concernés de **compléter leur dossier** de candidature dans un délai approprié et identique pour tous. Il en va de même si une candidature n'a pas été présentée sous la forme électronique prévue par l'article R 2132-7 du CCP (CCP art. R 2144-2).

> **Précisions a.** L'énumération par le CCP des renseignements et **documents susceptibles d'être exigés** des candidats présente un caractère **limitatif.** L'acheteur ne peut donc pas valablement réclamer aux entreprises des éléments que ces dispositions n'ont pas prévus (CE 21-11-2007 n° 291411, Dépt de l'Orne : RJDA 10/08 n° 1018, 1e espèce ; CE 11-4-2014 n° 375245, Min. défense c/ Sté Legrand Bâtisseurs : BPIM 3/14 inf. 176).
>
> **b.** Si l'acheteur peut **exiger** la détention, par les candidats, de **documents comptables et de références** attestant de leurs capacités, cette exigence, lorsqu'elle a pour effet de restreindre l'accès d'entreprises au marché, doit être rendue nécessaire par l'objet de celui-ci et la nature des prestations à réaliser (CE 10-5-2006 n° 281976, Sté Bronzo : BPIM 5/06 inf. 361).

OFFRES DES OPÉRATEURS ÉCONOMIQUES

59220 **Invitation à soumissionner** Une fois les candidatures examinées, l'**acheteur** invite simultanément et par écrit les candidats admis à soumissionner ou à participer au dialogue (CCP art. R 2144-8). En cas d'appel d'offres restreint, de procédure avec négociation ou de dialogue compétitif, l'invitation comprend au minimum les mentions énumérées à l'article R 2144-9 du CCP dont l'objet est de permettre une identification précise des éléments des offres et des critères d'attribution.

Un même soumissionnaire ne peut présenter qu'**une seule offre** pour chacun des lots entre lesquels sont éventuellement réparties les prestations que l'acheteur public souhaite se procurer (CE 8-12-2020 n° 436532, Métropole Aix-Marseille Provence : RJDA 7/21 n° 468, solution de portée générale bien que retenue à propos d'un accord-cadre).

59230 **Présentation des offres** L'acheteur fixe les **délais de réception** des offres en tenant compte de la complexité du marché et du temps nécessaire aux opérateurs économiques pour préparer leur offre (CCP art. R 2151-1). Dans le cadre d'une procédure formalisée, les délais de réception des offres ne peuvent être inférieurs aux délais minimaux propres à chaque procédure (CCP art. R 2151-2). En cas de circonstances exceptionnelles, ces délais peuvent être prolongés dans les conditions mentionnées n° 59190.

Les délais de réception des offres courent en principe à compter de la date d'envoi de l'avis de marché.

L'acheteur doit s'assurer que le délai accordé aux candidats est adapté à la présentation d'une offre, compte tenu de la complexité du marché et du temps nécessaire aux opérateurs économiques pour préparer leurs candidatures et leurs offres (CE 11-7-2018 n° 418021, Communauté d'agglomération du Nord Grande-Terre : BPIM 5/18 inf. 349).

Les offres doivent être transmises par **voie électronique** dans les conditions fixées par les articles R 2132-7 s. du CCP. L'offre remise par voie électronique ne peut pas être rejetée comme tardive quand le candidat, qui n'a pas pu la déposer dans le délai imparti sur la plateforme informatique de l'acheteur, établit, d'une part, qu'il a accompli en temps utile les diligences normales attendues d'un candidat pour le téléchargement de son offre et, d'autre part, que son équipement informatique fonctionnait normalement (CE 23-9-2021 n° 449250, RATP : BPIM 6/21 inf. 366).

L'acheteur n'est pas tenu d'informer un candidat qu'une erreur a affecté les conditions dans lesquelles celui-ci a déposé son offre sur un profil d'acheteur. Il ne peut pas rectifier de lui-même une telle erreur, sauf dans le cas où il serait établi que celle-ci résulte d'un dysfonctionnement de la plateforme concernée (CE 1-6-2023 n° 459127, Communauté d'agglomération de la région de Château-Thierry : RJDA 11/23 n° 576).

Lorsque l'utilisation de moyens électroniques est requise, l'acheteur peut exiger que les offres soient présentées sous la forme d'un **catalogue électronique** ou qu'elles comportent un tel catalogue (CCP art. R 2162-52). Celui-ci doit être établi par chaque candidat conformément aux spécifications techniques et au format prévus par l'acheteur (CCP art. R 2162-54).

Les candidats peuvent adresser à l'acheteur une copie de sauvegarde de leur offre par voie électronique (CCP art. R 2132-11). Jusque-là, la copie de sauvegarde ne pouvait être transmise que sur support papier ou sur support physique électronique (CD-ROM, DVD, clé USB). Cette copie ne peut être prise en considération que si elle parvient à l'acheteur dans le délai fixé pour le dépôt des offres. Elle est destinée à se substituer à l'offre transmise par voie électronique dans les cas limitativement énumérés par l'annexe n° 6 au CCP.

L'acheteur peut exiger que les offres soient accompagnées d'**échantillons,** de **maquettes** ou de **prototypes,** ainsi que de tout document permettant d'apprécier l'offre. Lorsque ces demandes impliquent un investissement significatif pour les soumissionnaires, elles donnent lieu au versement d'une prime (CCP art. R 2151-15). 59235

Pour susciter l'innovation, le CCP permet à l'acheteur d'autoriser les candidats à présenter des **variantes,** mais sous certaines conditions : dans le cas des marchés passés selon une procédure formalisée, les variantes sont interdites, sauf mention contraire dans l'avis de marché ou l'invitation à confirmer l'intérêt ; à l'inverse, elles sont autorisées pour les marchés passés selon la procédure adaptée, sauf mention contraire (CCP art. R 2151-8). La présentation de variantes peut aussi être rendue obligatoire (CCP art. R 2151-9).

Les variantes portent sur des propositions complémentaires qui diffèrent plus ou moins de l'« offre de base ». Les plus répandues sont d'ordre technique (par exemple, dans le cas de prestations complexes ou mettant en œuvre des procédés nouveaux).

Offres irrégulières, inacceptables et inappropriées Avant d'examiner la valeur des offres, de procéder à leur classement et de choisir l'offre de l'opérateur auquel sera attribué le marché, l'acheteur doit vérifier que les offres ne sont pas **« irrégulières »** (c'est-à-dire non conformes aux exigences des documents de la consultation, en particulier parce que incomplètes), **« inacceptables »** (parce que le prix de l'offre excède les crédits budgétaires alloués au marché, tels que déterminés et établis avant le lancement de la procédure), ni **« inappropriées »** (c'est-à-dire sans rapport avec le marché, l'offre n'étant manifestement pas en mesure, sans modification substantielle, de répondre au besoin et aux exigences de l'acheteur). De telles offres doivent être écartées (CCP art. L 2152-1 à L 2152-4 et R 2152-1 et R 2152-2). 59240

> **Précisions** L'acheteur est tenu d'éliminer les **offres incomplètes,** c'est-à-dire celles qui ne comportent pas toutes les pièces ou tous les renseignements requis par les documents de la consultation. Cette obligation ne fait pas obstacle à ce que les documents de la consultation prévoient la communication par les candidats d'éléments dont l'absence n'entachera pas leur offre d'irrégularité, mais aura une incidence sur son évaluation (CE 20-9-2019 n° 421075, Collectivité territoriale de Corse : BPIM 6/19 inf. 397).

CRITÈRES D'ATTRIBUTION DU MARCHÉ

Principes Le marché est attribué au soumissionnaire qui a présenté « l'**offre économiquement la plus avantageuse** sur la base du critère du prix ou du coût ». Une telle offre peut également être « déterminée sur le fondement d'une pluralité de critères non discriminatoires et liés à l'objet du marché ou à ses conditions d'exécution » (CCP art. L 2152-7 dans sa rédaction issue de la loi 2023-973 du 23-10-2023). 59250

Les **conditions d'exécution** du marché doivent être liées à son objet. Elles peuvent prendre en compte des considérations relatives à l'économie, à l'innovation, au domaine social ou à l'emploi ou encore à la lutte contre les discriminations. Depuis le 4 mai 2022, elles doivent prendre en compte des considérations relatives à l'environnement (CCP art. L 2112-2 ; Décret 2022-767 du 2-5-2022 art. 13). Sont réputées liées à l'objet du marché les conditions d'exécution qui se rapportent aux travaux envisagés (CCP art. L 2112-3).

Depuis le 4 mai 2022, dans le cas des marchés dont la valeur estimée est égale ou supérieure aux seuils européens, les conditions d'exécution doivent également prendre en compte des considérations relatives au domaine social et à l'emploi, notamment en faveur des personnes défavorisées. L'acheteur est toutefois dispensé de cette obligation dans quatre cas : si le besoin peut être satisfait par une solution immédiatement disponible ; si la prise en compte des considérations relatives au domaine social et à l'emploi n'est pas susceptible de présenter un lien suffisant avec l'objet du marché ; si elle est de nature à restreindre la concurrence ou à rendre techniquement ou économiquement difficile l'exécution de la prestation ; et en présence d'un marché public de travaux d'une durée inférieure à 6 mois (CCP art. L 2112-2-1 ; Décret 2022-767 du 2-5-2022 art. 13).

Les **critères d'attribution** du marché ne doivent pas avoir pour effet de conférer une liberté de choix illimitée à l'acheteur. Ils garantissent la « possibilité d'une véritable concurrence » (CCP art. L 2152-8). 59255

Les critères retenus, ainsi que les modalités de leur mise en œuvre (pondération, hiérarchisation) doivent être indiqués dans les documents de la consultation (CCP art. R 2152-11).

Dans le cas des marchés passés selon une procédure formalisée, les critères d'attribution font l'objet d'une **pondération** ou, lorsque celle-ci n'est pas possible, sont indiqués par ordre décroissant d'importance. La pondération peut être exprimée sous forme d'une fourchette avec un écart maximum approprié (CCP art. R 2152-12). Elle est déterminée librement par l'acheteur. Toutefois, en particulier pour le critère du prix ou du coût, l'acheteur ne saurait retenir une pondération ne permettant manifestement pas, eu égard aux caractéristiques du marché, de choisir l'offre économiquement la plus avantageuse (CE 10-6-2020 n° 431194, Min. armées : BPIM 4/20 inf. 249).

La **méthode de notation** définie par l'acheteur ne doit pas avoir pour effet de priver de leur portée les critères de sélection des offres ou à neutraliser leur pondération et conduire à ce que la meilleure notation ne soit pas attribuée à la meilleure offre (CE 3-11-2014 n° 373362, Cne de Belleville-sur-Loire : BPIM 6/14 inf. 383 ; CE 24-5-2017 n° 405787, Min. défense : BPIM 4/17 inf. 272 ; CE 22-11-2019 n° 418460, Sté Autocars Faure : BPIM 1/20 inf. 33). Le fait que la méthode de notation ait été rendue publique dans l'avis d'appel à concurrence et les documents de la consultation n'est pas de nature à pallier l'irrégularité d'une méthode contraire aux principes d'égalité de traitement et de transparence (CE 20-11-2020 n° 427761, Sté Evancia : BPIM 1/21 inf. 32).

59260 **Nature des critères** L'acheteur est toujours tenu de choisir l'**offre « économiquement la plus avantageuse »** (CCP art. L 2152-7 dans sa rédaction issue de la loi 2023-973 du 23-10-2023). Cette notion, qui a été empruntée aux directives européennes, consacre la primauté du « mieux-disant » sur le « moins-disant » et permet, ainsi, de canaliser la tendance des acheteurs à privilégier les considérations relatives au prix des prestations par rapport à des critères plus qualitatifs.

L'acheteur dispose cependant d'une **option** pour effectuer ce choix. Il peut se fonder sur un **critère unique,** qui, dans le cas des marchés de travaux, est celui du prix ou du coût de la prestation. Il peut aussi adopter une **pluralité de critères** dépourvus de caractère discriminatoire et liés à l'objet du marché ou à ses conditions d'exécution. Au nombre de ces critères figurent le critère du prix ou du coût, ainsi que un ou plusieurs critères comportant des aspects qualitatifs, environnementaux ou sociaux. L'article R 2152-7, 2° du Code de la commande publique, dans sa rédaction issue du décret 2018-1075 du 3 décembre 2018 et dont une partie des dispositions a d'ailleurs été reprise dans la version actuelle de l'article L 2152-7, donne des exemples de cette dernière catégorie de critères. Il mentionne notamment des éléments tels que la valeur technique, les caractéristiques techniques ou fonctionnelles, le caractère innovant, les performances en matière de protection de l'environnement ou d'insertion professionnelle des publics en difficulté, ou encore les délais d'exécution.

À compter du 21 août **2026** au plus tard, si l'acheteur souhaite choisir l'offre économiquement la plus avantageuse sur la base d'un critère unique, ce sera exclusivement celui du coût global, lequel devra prendre en compte les caractéristiques environnementales des offres (CCP art. R 2152-7, 1° ; Décret 2022-767 du 2-5-2022 art. 11). Le seul prix des offres ne permettra donc plus de les départager. Comme aujourd'hui, le critère du prix restera applicable lorsque l'acheteur optera pour une pluralité de critères.

Lorsque l'acheteur prévoit que la valeur des offres est déterminée au regard d'une caractéristique technique déterminée, il doit exiger la production de justificatifs permettant de vérifier l'exactitude des informations données par les candidats (CE 9-11-2015 n° 392785 : RJDA 7/16 n° 534 ; CE 22-7-2016 n° 396597 : BPIM 5/16 inf. 307).

> **Précisions** **a.** Un **sous-critère relatif** au montant des **pénalités** susceptibles d'être infligées en cas de retard dans l'exécution d'un marché public de travaux est dépourvu de lien avec la valeur technique de l'offre (CE 9-11-2018 n° 413533, Sté Savoie : BPIM 5/18 inf. 407).
> **b.** Si l'acheteur peut se fonder sur un critère de caractère social, la réglementation exclut l'utilisation d'un **critère** relatif à la **politique générale de l'entreprise en matière sociale,** apprécié au regard de l'ensemble de son activité et indépendamment de l'objet ou des conditions d'exécution propres au marché en cause (CE 25-5-2018 n° 417580, Nantes Métropole : BPIM 4/18 inf. 265).

59270 **Offres anormalement basses** L'acheteur doit mettre en œuvre tous les moyens permettant de **détecter** les offres anormalement basses (CCP art. L 2152-6, al. 1).

L'offre anormalement basse est une offre dont le prix est manifestement sous-évalué et de nature à compromettre la bonne exécution du marché (CCP art. L 2152-5). En présence d'une offre qui lui semble présenter cette caractéristique, l'acheteur doit exiger que l'opérateur économique fournisse des précisions et **justifications** sur le montant de l'offre (CCP art. L 2152-6, al. 2). Peuvent, par exemple, être prises en considération des justifications tenant au procédé de construction, aux solutions techniques adoptées, à l'originalité de l'offre ou à l'obtention d'une aide de l'État par le soumissionnaire (CCP art. R 2152-3).

Si après vérification des justifications fournies par l'opérateur, l'acheteur établit que l'offre est anormalement basse, il la rejette (CCP art. L 2152-6, al. 3). Tel est le cas lorsqu'il n'est pas justifié de manière satisfaisante du bas niveau du prix ou des coûts proposés. De même, si en matière de droit de l'environnement, de droit social et de droit du travail, l'offre contrevient aux obligations imposées par le droit français, le droit de l'UE, ainsi que les stipulations des accords ou traités internationaux mentionnés à l'annexe n° 10 au CCP (CCP art. R 2152-4).

Le fait, pour l'acheteur, de **retenir une offre anormalement basse** porte atteinte à l'égalité entre les candidats (CE 29-5-2013 n° 366606, Min. intérieur c/ Sté Artéis : BPIM 4/13 inf. 259).

› Précisions **a.** La circonstance qu'il existe un **écart de prix** entre une offre et les propositions des autres candidats ne suffit pas à établir que cette offre est anormalement basse si le prix en cause n'est pas, en lui-même, manifestement sous-évalué et, dès lors, susceptible de compromettre l'exécution du marché (CE 29-5-2013 n° 366606, Min. intérieur c/ Sté Artéis : BPIM 4/13 inf. 259 ; CE 18-7-2018 n° 417421, Sté Services Thermi Sani).

b. Le prix anormalement bas d'une offre s'apprécie au regard de son prix global, de sorte que l'existence, au sein de l'offre d'un candidat, d'un prix qui paraît **anormalement bas pour l'une seulement des prestations,** n'implique pas, à elle seule, le rejet de l'offre (CE 13-3-2019 n° 425191, Sté Sepur : BPIM 3/19 inf. 177).

Classement des offres Les offres considérées comme régulières, acceptables et appropriées, et qui, par ailleurs, n'ont pas été rejetées comme anormalement basses sont évaluées **au regard des critères** d'attribution du marché. Elles sont ensuite classées par ordre décroissant (CCP art. R 2152-6). **59280**

L'opérateur classé en tête de liste est celui qui a présenté l'offre économiquement la plus avantageuse (CCP art. R 2152-6). Il est en principe l'attributaire du marché. Cependant, si, une fois effectué le classement des offres, il s'avère que sa candidature aurait dû être déclarée irrecevable, l'acheteur doit solliciter l'opérateur dont l'offre a été classée immédiatement après la sienne (CCP art. R 2144-7, al. 2).

c. Suites de la consultation

INFORMATION DES OPÉRATEURS ÉVINCÉS

Dès qu'il a fait son choix, l'acheteur le communique aux candidats et aux soumissionnaires dont la candidature ou l'offre n'a pas été retenue (CCP art. L 2181-1). **60000**

Il **notifie** sans délai sa décision à chacun des opérateurs concernés (CCP art. R 2181-1). Lorsque le marché est passé selon une procédure formalisée, la décision mentionne les motifs du rejet de la candidature ou de l'offre. Dans la même hypothèse, si la notification intervient après l'attribution du marché, l'acheteur doit également communiquer le nom de l'attributaire et les raisons ayant conduit au choix de l'offre. La décision doit aussi mentionner la date à compter de laquelle l'acheteur est susceptible de signer le marché (CCP art. R 2181-3).

Par ailleurs, à la demande de tout opérateur évincé dont l'offre n'a pas été rejetée comme irrégulière, inacceptable ou inappropriée, l'acheteur communique dans les meilleurs délais et, au plus tard, dans un délai de 15 jours à compter de la réception de cette demande, les caractéristiques et les avantages de l'offre retenue (CCP art. R 2181-4).

Ces **mécanismes d'information permettent** aux opérateurs évincés de recevoir, en temps utile, les informations nécessaires à l'introduction d'un recours en référé précontractuel devant le tribunal administratif (nos 60740 s.).

La **méconnaissance** par l'acheteur **de l'obligation d'information** qui lui incombe constitue un manquement à ses obligations de publicité et de mise en concurrence (CE 21-1-2004 n° 253509, Sté Aquitaine Démolition : BPIM 4/04 inf. 224).

SIGNATURE DU MARCHÉ

Le CCP n'exige pas des opérateurs la signature de la candidature ou de l'offre. Il se différencie de l'ancien Code des marchés publics qui imposait à tout candidat la signature d'un acte d'engagement. En revanche, il est évidemment nécessaire que le marché soit signé par son attributaire comme par l'acheteur. **60010**

La direction des affaires juridiques du ministère de l'économie et des finances a édité un **modèle** d'acte d'engagement sous le nom de « **formulaire ATTRI1** » qui peut être utilisé par les acheteurs au terme de la procédure pour formaliser la conclusion d'un marché. Le formulaire ATTRI1 est envoyé au seul opérateur économique auquel il est envisagé d'attribuer le marché. L'intéressé le retourne signé à l'acheteur. En le signant, le candidat consent aux clauses du marché.

Pour les marchés passés selon une procédure formalisée, un **délai,** dit de **« standstill »,** doit être respecté entre la date d'envoi de la notification prévue à l'article R 2181-1 du CPP (nº 60000) et la date de signature du marché par l'acheteur. De 16 jours au minimum, le délai est ramené à 11 jours en cas de notification par voie électronique (CCP art. R 2182-1). L'existence de ce délai conditionne l'efficacité de la procédure du référé précontractuel (nos 60740 s.).

60015 Le recours à la **signature électronique** du marché est possible, mais pas obligatoire (CCP art. R 2182-3).

Le signataire (acheteur ou attributaire du marché) doit utiliser un certificat de signature électronique et une signature conforme aux référentiels généraux d'interopérabilité (Décret 2007-284 du 2-3-2007 art. 3 ; Arrêté PRMJ15267 16A du 20-4-2015) et de sécurité (Décret 2010-112 du 2-2-2010 ; Arrêté PRMD1413745A du 24-6-2014), ainsi qu'aux modalités de la signature électronique fixées par l'annexe nº 12 au CCP.

AUTRES FORMALITÉS

60020 Le marché doit être **notifié au titulaire** avant tout commencement d'exécution. Il prend effet à cette date (CCP art. R 2182-4).

Dans le cas des marchés répondant à un besoin égal ou supérieur aux seuils des marchés passés selon une procédure formalisée (5 538 000 €), un **avis d'attribution** doit être publié dans un délai maximal de 30 jours à compter de la signature du marché (CCP art. R 2183-1).

L'acheteur est tenu de rendre accessibles, sous un format ouvert et librement réutilisable, les données essentielles du marché, exception faite des informations confidentielles ou dont la divulgation serait contraire à l'ordre public (CCP art. L 2196-2). Il doit publier sur son **profil d'acheteur** les données essentielles des marchés dont la valeur est égale ou supérieure à 40 000 € HT : procédure de passation, contenu du marché, exécution (CCP art. R 2196-1, al. 1 à 5). À compter d'une date qui sera fixée par arrêté et, au plus tard le 1er janvier 2024, ces données essentielles devront être publiées dans les 2 mois suivant la notification du marché ou sa modification sur le « portail national des données ouvertes » et non plus sur le profil d'acheteur (CCP art. R 2196-1, al. 1).

Pour les marchés d'une valeur comprise entre 25 000 et 40 000 €, l'acheteur peut choisir soit de publier ces données sur son profil d'acheteur, soit de publier, au cours du premier trimestre de chaque année et sur le support de son choix, la liste des marchés conclus l'année précédente (CCP art. R 2196-1, dernier al.).

La liste des **données essentielles** ainsi que leurs modalités de publication sont fixées par l'annexe nº 15 au CCP. Celle-ci a été modifiée en dernier lieu par un arrêté ECOM2332906A du 22 décembre 2023 dont l'entrée en vigueur a été fixée au 1er janvier 2024.

60025 L'acheteur doit remettre au **titulaire** du marché **qui souhaite céder ou nantir sa créance** (CCP art. R 2191-46) :
– soit une copie de l'original du marché revêtue d'une mention, signée par lui, indiquant que cette pièce est délivrée en un seul exemplaire en vue de permettre au titulaire de céder ou de nantir des créances résultant du marché public ;
– soit un certificat de cessibilité.

L'exemplaire unique ou le certificat de cessibilité est remis par le bénéficiaire de la cession ou du nantissement au comptable assignataire en tant que pièce justificative pour le paiement (CCP art. R 2191-58).

RAPPORT DE PRÉSENTATION

60030 Lorsque le marché répond à un besoin égal ou supérieur à 5 538 000 €, l'acheteur établit un rapport de présentation de la procédure de passation. Celui-ci doit **comporter** diverses mentions telles que l'identification de l'acheteur, l'objet et la valeur du marché, le nom des candidats exclus et les motifs du rejet de leur candidature, les noms des candidats sélectionnés et les motifs de cette sélection, le nom des soumissionnaires dont l'offre a été rejetée et les motifs de ce rejet, le nom du titulaire du marché et les motifs du choix de son offre (CCP art. R 2184-1 et R 2184-2).

Le rapport comporte également, s'il y a lieu, d'autres éléments : motifs du recours à une procédure avec négociation ou au dialogue compétitif, motifs pour lesquels le marché n'a pas été alloti, etc. (CCP art. R 2184-3). Si ces informations figurent dans l'avis d'attribution du marché, le rapport de présentation peut renvoyer à cet avis (CCP art. R 2184-4).

Le rapport de présentation ou ses principaux éléments sont **communiqués** à la Commission européenne à sa demande et, le cas échéant, aux autorités de contrôle des marchés publics (CCP art. R 2184-5 et R 2184-6).

CONTENU DU MARCHÉ

Les clauses du marché doivent **mentionner** : 60040

– la durée du marché, laquelle est fixée en tenant compte de la nature des prestations et de la nécessité d'une remise en concurrence périodique (CCP art. L 2112-5 et R 2112-4) ;

– le prix ou ses modalités de fixation (CCP art. L 2112-6 et R 2112-5 à R 2112-18) ;

– les conditions d'exécution des prestations (CCP art. L 2112-2).

Le Code de la commande publique **ne prévoit plus,** comme le faisait l'ancien Code des marchés publics, que les documents constitutifs du marché doivent comporter des mentions relatives à l'identification des parties contractantes, à l'objet du marché, à l'énumération des pièces du marché, ou aux conditions de résiliation. Mais l'utilité pratique de telles mentions s'impose à l'évidence.

SOUS-TRAITANCE

Le titulaire du marché peut, sous sa responsabilité, sous-traiter l'exécution de **certaines parties des prestations** dans les conditions prévues par le CCP. Mais l'acheteur peut exiger que certaines **tâches essentielles** soient effectuées par le titulaire du marché (CCP art. L 2193-3). 60050

Le recours à la sous-traitance nécessite que le titulaire du marché ait obtenu de l'acheteur l'acceptation de chaque sous-traitant et l'agrément de ses conditions de paiement (CCP art. L 2193-4).

Lorsque le montant des **prestations sous-traitées** semble **anormalement bas,** l'acheteur peut, après avoir sollicité des justifications, refuser l'offre ou le sous-traitant proposé (CCP art. L 2193-8 et L 2193-9).

Le régime de la sous-traitance est organisé par les articles R 2193-1 s. du Code de la commande publique (voir n°s 54500 s.).

D. Exécution des marchés publics de travaux

1. DURÉE DES MARCHÉS PUBLICS DE TRAVAUX

DÉTERMINATION DE LA DURÉE DES MARCHÉS PUBLICS

La durée du marché est **fixée par** les pièces contractuelles. Elle tient compte de la nature des prestations et de la nécessité d'une mise en concurrence périodique (CCP art. L 2112-5). 60200

Le marché peut prévoir une ou plusieurs **reconductions** à condition que ses caractéristiques restent inchangées et que la mise en concurrence ait pris en compte sa durée totale. Le nombre des reconductions doit être fixé par le marché. Sauf stipulation contraire du marché, la reconduction est tacite et le titulaire ne peut pas s'y opposer (CCP art. R 2112-4). Ce mécanisme, concevable pour les marchés de fournitures ou de services, est difficilement applicable aux marchés de travaux, sauf s'ils consistent en des travaux d'entretien.

En cas de **circonstances exceptionnelles,** les marchés publics dont le terme intervient pendant la période correspondante peuvent être prolongés par avenant au-delà de la durée prévue par les clauses contractuelles lorsque l'organisation d'une procédure de mise en concurrence ne peut pas être mise en œuvre. La durée de cette prolongation ne peut excéder celle de la période de circonstances exceptionnelles, augmentée de la durée nécessaire à la remise en concurrence (CCP art. L 2711-5).

DÉLAI D'EXÉCUTION DES MARCHÉS PUBLICS

S'agissant des **marchés publics de travaux,** le contrat prévoit les délais d'exécution, les délais de livraison et parfois des délais pour la fourniture de certains documents. Le délai d'exécution s'applique à l'achèvement de tous les travaux prévus, y compris, sauf stipulation contraire, le repliement des installations de chantier et la remise en état des terrains et des lieux (CCAG-Travaux art. 18.1.1.). 60205

Le **point de départ** du délai d'exécution est la date de la notification du marché, qui vaut ordre de commencer les travaux. C'est, en pratique, l'ordre de service qui fait courir le délai (CCAG-Travaux art. 18.1.1.). Si le calendrier prévisionnel d'un marché fixe un début d'exécution antérieur à la date de notification, cette circonstance n'affecte pas la validité du contrat, dès lors qu'en vertu du cahier des charges, l'acte d'engagement prévoyant une date d'effet du marché à compter de sa notification prime sur le calendrier (CE 12-1-2011 nº 334320, Sté Léon Grosse : BPIM 2/11 inf. 121).

60207 Le **délai** d'exécution peut être **prorogé** par voie d'avenant (CCAG-Travaux art. 18.2.1.).

Toutefois, un avenant n'est pas nécessaire dans plusieurs hypothèses telles que (CCAG-Travaux art. 18.2.2.) :
– un changement du montant des travaux ou une modification de l'importance de certaines natures d'ouvrages ;
– une substitution d'ouvrages différents aux ouvrages initialement prévus ;
– la survenance de difficultés ou de circonstances imprévues au cours du chantier ;
– un ajournement de travaux décidé par le maître d'ouvrage ;
– un retard dans l'exécution d'opérations préliminaires.

Un avenant n'est pas non plus requis en cas d'intempéries entraînant un arrêt de travail sur les chantiers (CCAG-Travaux art. 18.2.3.). L'entreprise qui souhaite une prolongation de délai en cas d'intempéries doit faire constater par le maître d'ouvrage que ces intempéries entravent effectivement l'avancement des travaux et obtenir un ordre de service prolongeant les délais (CE 13-10-2004 nº 248319, Sté générale des entreprises Quillery bâtiment : BPIM 1/05 inf. 29).

La prolongation du délai d'exécution peut aussi résulter d'un événement de force majeure (CE 28-3-1945 : Lebon p. 68). Le juge peut accorder une prolongation du délai en raison de faits imputables au maître d'ouvrage (CE 25-11-1988 nº 38198, Sté Bergeon-Geoffroy) ou à d'autres constructeurs (CE 28-1-1976 nº 88841, Sté des ateliers Delestrade et Ramser : Lebon p. 68).

SANCTIONS DE L'INOBSERVATION DES DÉLAIS

60210 **Retard imputable à l'entrepreneur** L'inobservation des délais peut donner lieu à des **pénalités** de retard. La pénalité journalière correspond à 1/3000e du montant de l'ensemble du marché ou de la tranche de travaux considérée (CCAG-Travaux art. 19.2.3.). Le titulaire du marché est exonéré des pénalités dont le montant total ne dépasse pas 1 000 € pour l'ensemble du marché (CCAG-Travaux art. 19.2.1.). Le montant total des pénalités ne peut excéder 10 % du montant total HT du marché ou de la tranche considérée (CCAG-Travaux art. 19.2.2.).

En cas de retard imputable à un groupement d'entreprises, le maître d'ouvrage doit répartir les pénalités entre les entreprises selon les indications données par leur mandataire commun (CE 2-12-2019 nº 422615, Sté Giraud-Serin : BPIM 1/20 inf. 35).

Le juge administratif se reconnaît la possibilité de moduler le montant des pénalités si elles sont manifestement excessives ou dérisoires eu égard au montant du marché (CE 29-12-2008 nº 296930, OPHLM de Puteaux : BPIM 1/09 inf. 28 ; CE 20-6-2016 nº 376235, Sté Eurovia Haute-Normandie : BPIM 4/16 inf. 253). Il lui appartient de tenir compte de l'ampleur du retard constaté dans l'exécution des prestations. Pour justifier du caractère manifestement excessif des pénalités, l'opérateur concerné doit fournir tous les éléments relatifs, notamment, aux pratiques observées dans les marchés comparables ou aux caractéristiques particulières du marché (CE 19-7-2017 nº 392707, Centre hospitalier interdépartemental de psychiatrie de l'enfant et de l'adolescent : BPIM 5/17 inf. 338).

Dans le cas où une convention signée par le maître d'ouvrage fixe la part qui revient à chaque membre d'un groupement solidaire dans l'exécution de certaines prestations et où l'un de ces membres demande que les pénalités mises à sa charge soient modérées, il appartient au juge, pour apprécier leur caractère manifestement excessif eu égard au montant du marché, de prendre en compte la seule part de marché qui est attribuée à l'intéressé en application de la convention (CE 12-4-2023 nº 461576, Sté Art et Build Architectes : BPIM 3/23 inf. 194).

Le non-respect des délais peut aussi donner lieu à des **dommages-intérêts,** même si des pénalités de retard sont prévues (CE 10-12-1965 : Lebon p. 681).

60215 **Retard imputable à la personne publique** Lorsque le retard est imputable à la personne publique, l'entrepreneur a droit à une **indemnisation,** s'il justifie de son préjudice et établit qu'il a pour seule cause le fait du maître d'ouvrage (CE 27-10-2010 nº 323485, Cne de La Seyne-sur-Mer : BPIM 1/11 inf. 28).

L'indemnisation peut aussi être une conséquence de la prolongation du délai consécutive à des sujétions imprévues, sous réserve que celles-ci soient caractérisées.

2. MODIFICATION DES MARCHÉS PUBLICS DE TRAVAUX

MODIFICATIONS PRÉVUES PAR LE CCP

Des modifications peuvent être apportées au marché, à **condition** qu'elles ne changent pas sa nature globale (CCP art. L 2194-1, dernier al.). Il est admis depuis longtemps que des avenants peuvent modifier le contrat initial (conditions d'exécution, durée, etc.) sans qu'il s'agisse pour autant de conclure un nouveau marché ni d'engager une nouvelle procédure de passation. Les modifications ne doivent pas servir à contourner les règles de procédure en permettant la passation d'un marché qui serait, en pratique, distinct du marché d'origine. 60230

L'acheteur peut **modifier le contrat sans** avoir à **recourir à une nouvelle procédure** d'attribution dans six cas :

– lorsqu'une clause dite « de réexamen » le prévoit (CCP art. L 2194-1, 1° et R 2194-1) ;

– pour des travaux non prévus initialement, mais devenus nécessaires, à condition qu'un changement de titulaire soit impossible ou présente un inconvénient majeur (CCP art. L 2194-1, 2° et R 2194-2) ;

– lorsque la modification est rendue nécessaire par des circonstances imprévues (CCP art. L 2194-1, 3° et R 2194-5). Une circulaire relative à l'exécution des contrats de la commande publique dans le contexte de hausse des prix de certaines matières premières comporte des recommandations sur l'application de l'article R 2194-5 en vue de modifier les seules clauses financières des contrats (Circ. Première min. 6374/SG du 29-9-2022) ;

– en cas de remplacement du titulaire initial, sous certaines conditions (CCP art. L 2194-1, 4° et R 2194-6) ;

– lorsque les modifications ne sont pas substantielles (CCP art. L 2194-1, 5° et R 2194-7) ;

– le montant de la modification est inférieur à 15 % du montant initial des travaux (CCP art. L 2194-1, 6° et R 2194-8).

Les modifications visées aux articles R 2194-2 (travaux supplémentaires devenus nécessaires) et R 2194-5 (circonstances imprévues) auxquelles procède un pouvoir adjudicateur ne peuvent pas être d'un montant supérieur à 50 % du montant du marché initial (CCP art. R 2194-3 et R 2194-5). Pour le calcul du montant de ces modifications, il est tenu compte de la mise en œuvre de la clause de variation des prix (CCP art. R 2194-4 et R 2194-5). Dans les deux cas, l'acheteur qui a passé le marché en procédure formalisée doit publier un avis au JOUE (CCP art. R 2194-10).

ILLUSTRATIONS

Sur le fondement de l'ancien **Code des marchés publics, ont été prohibés** des avenants :
– modifiant l'objet du marché ou étant étrangers à cet objet (CE 28-7-1995 n° 143438, Préfet de la région Île-de-France : Lebon p. 321) ;
– bouleversant l'économie du contrat (CE 30-1-1995 n° 151099, Sté Viafrance : RDI 1995 p. 318).

En revanche, sur le même fondement, **ont été autorisés,** sans limitation de montant, les avenants passés en cas de sujétions imprévues, même s'ils bouleversent l'économie du contrat ou en modifient l'objet, ainsi que ceux qui permettent la poursuite de l'exécution des prestations alors que le plafond fixé par le marché est atteint (voir aussi CE 29-7-1994 n° 118953, Communauté urbaine de Lyon : RDI 1994 p. 637).

MODIFICATIONS PRÉVUES PAR LE CCAG-TRAVAUX

Le CCAG-Travaux autorise le maître d'ouvrage à **diminuer la quantité de travaux** prévue dans la limite d'un taux fixé à 5 % pour les marchés à forfait et à 20 % pour les marchés à prix unitaire, ainsi que selon des modalités particulières pour les marchés mixtes (CCAG-Travaux art. 15.1.). 60235

Au-delà de ce seuil, l'entrepreneur est en droit d'obtenir la réparation du préjudice subi.

C'est aussi le cas lorsque, s'agissant de travaux réglés sur prix unitaires, l'importance de diverses « **natures d'ouvrages** » est **modifiée** dans certaines proportions par rapport aux prévisions du détail estimatif, alors que cette modification résulte d'ordres de service ou de circonstances qui ne lui sont pas imputables (CCAG-Travaux art. 16.2.). Il a été jugé que constitue une « nature d'ouvrage » un ensemble de prestations identifié par les documents contractuels, auquel est affecté un prix unitaire et dont les quantités sont portées au détail estimatif du marché (CE 10-1-2007 n° 280314, Sté routière Perez et Sté Mastellotto : BPIM 3/07 inf. 192).

Le CCAG-Travaux prévoit également que, dans certaines limites, une **augmentation du montant des travaux** ouvre droit à une indemnisation du titulaire (CCAG-Travaux art. 14.1. s.).

3. ORDRES DE SERVICE

60240 Les ordres de service sont des instructions écrites, datées et numérotées. Ils **émanent** du maître d'ouvrage ou du maître d'œuvre. Leurs modalités et leurs effets sont précisés par le CCAG-Travaux.

Ils **obligent l'entrepreneur titulaire du marché,** qui doit s'y conformer (CCAG-Travaux art. 3.8.3.), **sauf** notamment :

– lorsque l'ordre de service n'a fait l'objet d'aucune valorisation financière (CCAG-Travaux art. 13.6.) ;

– lorsque le titulaire est conduit à exécuter des travaux supplémentaires qui, d'une part, correspondent à des changements dans les besoins ou les conditions d'utilisation des ouvrages et qui, d'autre part, excèdent en valeur le dixième du montant contractuel des travaux (CCAG-Travaux art. 14.2.2.) ;

– lorsque l'ordre de service concernant le commencement des travaux n'a pas été notifié dans le délai prévu par le marché ou dans les 6 mois de la notification de celui-ci (CCAG-Travaux art. 50.2.1.).

Lorsqu'il estime que les prescriptions d'un ordre de service appellent des observations de sa part, le titulaire du marché doit les notifier au maître d'œuvre et au maître d'ouvrage dans un délai de 15 jours, à compter de la réception de l'ordre de service, sous peine de forclusion (CCAG-Travaux art. 3.8.2.). Mais, dans cette hypothèse, il n'en est pas moins tenu de se conformer à l'ordre de service (CCAG-Travaux art. 3.8.3.).

> **Précisions** L'ordre de service peut valoir acceptation d'une **cession de marché.** Ainsi en est-il quand les travaux sont exécutés par une autre société que celle avec laquelle le maître de l'ouvrage a contracté, dès lors que ce dernier a donné son accord à cette substitution dans l'exécution du marché et qu'il a adressé les ordres de service à la nouvelle entreprise. Celle-ci acquiert, en conséquence, qualité pour présenter une réclamation contentieuse relative au marché (CE 28-5-2001 n° 203674, Territoire des îles Wallis-et-Futuna : RJDA 11/01 n° 1103).

4. PRIX DES PRESTATIONS

PRIX DÉFINITIF

60250 Le prix ou ses modalités de détermination doivent être fixés par le marché (CCP art. L 2112-6). Il est, en **principe,** définitif (CCP art. R 2112-8). Le prix définitif peut être ferme ou révisable (CCP art. R 2112-8).

Le choix d'un prix **ferme** (invariable pendant la durée du contrat) n'est ouvert que s'il n'est pas de nature à exposer les parties à un aléa majeur résultant de l'évolution prévisible des conditions économiques pendant la durée d'exécution du contrat. Un prix ferme peut être actualisé dans les conditions prévues par l'article R 2112-11 du Code de la commande publique.

Un marché est conclu à prix **révisable** dans le cas où les parties sont exposées à des aléas majeurs du fait de l'évolution raisonnablement prévisible des conditions économiques pendant la période d'exécution des prestations (CCP art. R 2112-13). Les modalités de la révision doivent être mentionnées dans le marché.

Lorsque le marché de travaux est d'une durée d'exécution supérieure à 3 mois et qu'il nécessite des fournitures dont le prix est affecté par la fluctuation des cours mondiaux, il comporte une **clause de révision de prix** incluant une référence aux indices officiels de fixation de ces cours (CCP art. R 2112-14).

60255 Le marché peut être conclu pour un **prix unitaire** ou pour un **prix forfaitaire** (CCP art. R 2112-6). Dans les deux cas, le prix est censé tenir compte de l'ensemble des sujétions d'exécution des travaux normalement prévisibles au moment de la conclusion du contrat.

60260 **Marché à forfait** Le titulaire d'un marché à forfait est tenu, même sans ordre de service, d'effectuer les **travaux indispensables** à l'exécution correcte de l'ouvrage (CE 19-2-1975 n° 80470, Min. défense : Lebon p. 143 ; CAA Nantes 28-5-2004 n° 02NT00013 : BPIM 4/04 inf. 221).

Les **difficultés** rencontrées dans l'exécution d'un marché à forfait ne peuvent ouvrir **droit à indemnité** au profit du titulaire du marché qu'à condition que celui-ci justifie soit que ces difficultés résultent de sujétions imprévues ayant eu pour effet de bouleverser l'économie du contrat, soit qu'elles sont imputables à une faute de la personne publique commise, notamment, dans l'exercice de ses pouvoirs de contrôle et de direction du marché, dans l'estimation de ses besoins, dans la conception même du marché ou encore dans sa mise en œuvre (CE 12-11-2015 n° 384716, Sté Tonin : RJDA 6/16 n° 436 ; CE 9-11-2023 n° 469673, Sté Transport tertiaire industrie).

La circonstance que les difficultés invoquées auraient pour origine les fautes commises par d'autres entreprises intervenues sur le même chantier ne peut pas engager la responsabilité de la personne publique (CE 5-6-2013 n° 352917, Région Haute-Normandie : BPIM 4/13 inf. 258).

PRIX PROVISOIRE

Il est possible de conclure un marché public à prix provisoire (CCP art. R 2112-15). 60275

Pour l'État, les collectivités territoriales et leurs établissements publics, les marchés ne peuvent être conclus à prix provisoire que dans des **cas exceptionnels** limitativement énumérés (CCP art. R 2112-17) :

– les prestations sont complexes ou font appel à une technique nouvelle et présentent soit un caractère d'urgence impérieuse, soit des aléas techniques importants ;
– les résultats d'une enquête de coût de revient, portant sur des prestations comparables commandées au titulaire d'un marché antérieur, ne sont pas encore connus ;
– les prix des dernières tranches d'un marché à tranches sont fixés au vu des résultats, non encore connus, d'une enquête de coût de revient portant sur les premières tranches, conclues à prix définitifs ;
– les prix définitifs de prestations comparables, ayant fait l'objet de marchés antérieurs, sont remis en cause par le candidat pressenti ou par l'acheteur ;
– les prestations font l'objet d'un partenariat d'innovation ou font appel à des technologies innovantes ou évolutives ne permettant pas de conclure le marché public à prix définitif.

Les marchés à prix provisoire **doivent comporter** certaines précisions, dont les conditions selon lesquelles le prix définitif sera déterminé et l'échéance à laquelle le prix définitif sera fixé (CCP art. R 2112-16).

5. RÉMUNÉRATION DES TITULAIRES DE MARCHÉS PUBLICS DE TRAVAUX

Le CCP précise les conditions d'exécution financière des marchés, notamment en ce qui concerne les acomptes, les avances et le règlement du prix du marché (CCP art. L 2191-1 s. et R 2191-2 s.). Ces dispositions **s'imposent** aux marchés publics passés par l'État, ses établissements publics autres que ceux ayant un caractère industriel et commercial, les collectivités territoriales et leurs établissements publics et leurs groupements. Elles peuvent éventuellement être appliquées par les autres acheteurs (CCP art. R 2191-2). 60300

Ces dispositions doivent **se combiner avec** celles du **CCAG-Travaux** qui fournissent des précisions sur le mécanisme de paiement des prestations (CCAG-Travaux art. 10. s.).

Il existe une procédure de paiement par un établissement de crédit des **lettres de change impayées** à l'échéance et émises pour le paiement des marchés publics de l'État et de ses établissements publics (Décret 95-439 du 20-4-1995). Il ne semble pas que ce texte soit remis en cause par le Code de la commande publique qui comporte une section intitulée « Cession ou nantissement des créances » (CCP art. R 2191-45).

Un **contrôle des coûts** de revient des marchés de l'État et de ses établissements publics est organisé dans les conditions précisées par le Code de la commande publique (CCP art. L 2196-4 à L 2196-6).

AVANCES

Les avances consistent dans le versement d'une partie du montant du marché au titulaire avant tout commencement d'exécution du contrat. Elles permettent de faire face à des dépenses initiales (études, achats de matériels, salaires, etc.) que l'opérateur ne serait pas en mesure de régler faute de trésorerie suffisante. 60305

Une avance est accordée **de droit** aux titulaires des marchés passés par l'État et ses établissements publics autres que ceux ayant un caractère industriel et commercial, les collectivités territoriales et leurs établissements publics locaux (CCP art. L 2191-1 et L 2191-2). Les autres acheteurs ne sont pas tenus par l'obligation de verser une avance, mais peuvent décider de le faire (CCP art. R 2191-2).

L'avance obligatoire (marchés de l'État et autres) est soumise à deux conditions (CCP art. R 2191-3) : le montant du marché doit être supérieur à 50 000 € HT et le délai d'exécution supérieur à 2 mois. L'acheteur peut cependant prévoir le versement d'une avance lorsque ces conditions ne sont pas réunies (CCP art. R 2191-4).

Le **taux et** les **conditions de versement** de l'avance sont fixés par le marché et ne peuvent pas être modifiés en cours d'exécution du contrat (CCP art. L 2191-3). Le montant de l'avance et ses modalités de calcul varient selon la durée et l'objet du marché (CCP art. R 2191-7, al. 1 et 2). Pour les marchés d'une durée inférieure ou égale à 12 mois, le montant de l'avance varie entre 5 % et 30 % du montant initial TTC du marché. Pour les marchés d'une durée supérieure à 12 mois, le montant de l'avance varie entre 5 % et 30 % d'une somme égale à 12 fois le montant initial TTC du marché divisé par sa durée exprimée en mois.

Lorsque le titulaire du marché public ou son sous-traitant est une PME, le taux de l'avance est porté à 30 % dans le cas des marchés de l'État (CCP art. R 2191-7, al. 3 et 4). Ce taux est fixé à 10 % pour les marchés des établissements publics administratifs de l'État (autres que les établissements publics de santé) et les marchés des collectivités territoriales, de leurs établissements publics et leurs groupements, lorsque leurs dépenses de fonctionnement sont supérieures à 60 millions d'euros par an (CCP art. R 2191-7, al. 5 et 6).

En principe, le montant de l'avance ne peut pas excéder 30 % du montant du marché (R 2191-7, al. 1). Toutefois, il peut être porté à 60 % en cas de constitution par le titulaire du marché d'une garantie à première demande. Dans le cas des marchés pour lesquels une consultation a été engagée ou un avis d'appel à la concurrence a été envoyé à la publication depuis le 18 octobre 2020, le montant de l'avance n'est plus soumis à un plafond. En outre, les parties contractantes peuvent désormais s'accorder pour substituer à cette garantie une caution personnelle et solidaire (CCP art. R 2191-8).

Le montant de l'avance ne peut pas être affecté par une clause de variation des prix (CCP art. R 2191-9).

L'avance donne lieu à **remboursement** par imputation sur les sommes dues au titulaire selon un rythme et des modalités fixées par les clauses du marché. Sont ainsi précomptées les sommes dues à titre d'acomptes, de règlement partiel définitif ou de solde (CCP art. R 2191-11). Dans le silence du marché, le remboursement de l'avance est échelonné en tenant compte du montant de celle-ci et des sommes restant dues au titulaire. Le remboursement s'impute par précompte sur ces sommes (CCP art. R 2191-11).

> **Précisions** Lorsque le versement d'une avance est obligatoire, les **documents particuliers** du marché peuvent **préciser** que son mode de calcul donne lieu à l'une des deux options suivantes (CCAG-Travaux art. 10.1.) :
> – soit une **option A** qui comporte, elle-même, deux hypothèses selon que l'avance est versée à une PME ou à une autre entreprise : dans un cas, son taux est fixé à 20 % ou à un taux supérieur par les documents particuliers ; dans l'autre cas, son taux est fixé par les documents particuliers ou, à défaut, correspond au taux minimal de 5 % prévu par le Code de la commande publique ;
> – soit une **option B** au titre de laquelle l'avance correspond au même taux minimal ou à un taux supérieur fixé par les documents particuliers.

ACOMPTES

60315 Les travaux qui ont reçu un commencement d'exécution ouvrent droit à des acomptes (CCP art. L 2191-4). Ces travaux font l'objet de demandes de paiement mensuelles remises au maître d'œuvre sous la forme de projets de décompte (CCAG-Travaux art. 12.1.1.).

Le **montant** des acomptes correspond à la valeur des prestations auxquelles ils se rapportent sans excéder celles-ci (CCP art. L 2191-4, dernier al. et R 2191-21). Leurs modalités de calcul sont déterminées par le CCAG-Travaux (CCAG-Travaux art. 12.2.1.).

La **périodicité** du versement des acomptes est fixée au maximum à 3 mois. Ce maximum est ramené à un mois, notamment lorsque le titulaire du marché est une petite ou moyenne entreprise, au sens de la recommandation 2003/361/CE de la Commission du 6 mai 2003, une société coopérative de production ou un artisan (CCP art. R 2191-22). Les PME, au sens de la recommandation de la Commission, sont « les entreprises qui occupent moins de 250 personnes et dont le chiffre d'affaires annuel ne dépasse pas 50 000 000 € HT ou dont le total du bilan annuel n'excède pas 43 000 000 € HT ».

Par dérogation aux règles ci-dessus, le CCAG-Travaux prévoit qu'un acompte mensuel peut être versé à tout titulaire, après que le maître d'œuvre en ait déterminé le montant sur la base du décompte établi par l'intéressé (CCAG-Travaux art. 12.2).

TRAVAUX SUPPLÉMENTAIRES

60317 Les travaux supplémentaires réalisés par le titulaire du marché ne lui ouvrent droit à rémunération que s'ils ont été prévus par les **clauses contractuelles** ou s'ils ont donné lieu à un **ordre de service.** Lorsque ni l'une ni l'autre condition ne sont réunies, les travaux supplémentaires ne sont pas indemnisables sur le fondement de l'enrichissement sans cause ou de la responsabilité de la personne publique (CE 3-10-2012 nº 348476, Sté Eiffage travaux publics Méditerranée : RDI 2012 p. 623).

Toutefois, même s'ils n'ont pas été prévus par le marché et s'ils n'ont pas davantage été commandés par le maître d'ouvrage, les travaux exécutés, de sa propre initiative, par le titulaire peuvent lui ouvrir droit à rémunération s'ils sont **« indispensables »** à la réalisation d'un ouvrage selon les règles de l'art (CE 17-10-1975 n° 93704, Cne de Canari : Lebon p. 516 ; CE 27-9-2006 n° 269925, Sté GTM Construction : RJDA 7/07 n° 723 ; CE 20-12-2017 n° 401747, Communauté d'agglomération du Grand Troyes [et non pas Sté Poulingue] : RJDA 6/18 n° 496 ; [*marché de maîtrise d'œuvre*]). Mais la jurisprudence est venue apporter une exception particulière à cette dérogation en spécifiant que des prestations supplémentaires, susceptibles d'être qualifiées d'indispensables, ne sauraient justifier un paiement, si l'acheteur s'est, au préalable, opposé « de manière précise » à leur exécution (CE 27-3-2020 n° 426955, Sté Géomat : BPIM 3/20 inf. 195).

Le CCP règle explicitement la question des prestations supplémentaires non prévues par un marché de travaux. Il prévoit que de telles prestations « font l'objet d'une **contrepartie** permettant une juste rémunération du titulaire du contrat », à condition cependant qu'elles aient été « demandées » par l'acheteur et qu'elles soient « nécessaires au bon achèvement de l'ouvrage », tout en ayant « une incidence financière sur le marché public » (CCP art. L 2194-3).

SUJÉTIONS IMPRÉVUES

La **notion** de « sujétions imprévues » est une création de la jurisprudence administrative. Elle évoque la notion de force majeure dans la mesure où elle concerne des circonstances étrangères aux parties et insusceptibles d'avoir été envisagées par celle-ci. Mais elle s'en distingue car il s'agit ici de difficultés d'ordre matériel et de caractère exceptionnel que rencontre le titulaire du marché dans l'exécution des travaux. Ce sont généralement des **aléas techniques** anormaux et inattendus, provoqués par l'état du sous-sol (roches dures, nappes d'eau, terrains instables, etc.). 60318

Les **sujétions** techniques imprévues ne doivent pas résulter du **fait des parties** et, en particulier, d'avenants au marché (CE 30-7-2003 n° 223445, Cne de Lens : BPIM 1/04 inf. 24).

La survenance de sujétions imprévues n'empêche pas l'exécution du marché. Mais elle ouvre au titulaire du marché le droit d'obtenir la **réparation du préjudice** subi, c'est-à-dire des dépenses supplémentaires induites par les difficultés d'exécution. De l'indemnité ainsi calculée doit cependant être déduite une quote-part représentant les « aléas normaux du chantier » (CE 7-11-2008 n° 260699, Sté Guintoli : RJDA 6/09 n° 539).

6. RÈGLEMENT DÉFINITIF DES MARCHÉS PUBLICS DE TRAVAUX

MODALITÉS DU RÈGLEMENT DÉFINITIF

Établissement du décompte général et définitif Pour les marchés de travaux, le règlement définitif intervient sur la base d'un décompte général et définitif (DGD) selon la procédure suivante. 60320

Le titulaire du marché doit transmettre un **projet de décompte final** simultanément au maître d'ouvrage et au maître d'œuvre, dans un délai de 30 jours à compter de la date de notification de la décision de réception des travaux (CCAG-Travaux art. 12.3.1. et 12.3.2.). S'il ne se conforme pas à cette obligation, et après mise en demeure restée sans effet, le décompte final peut être établi d'office par le maître d'œuvre ; le titulaire peut toutefois contester les éléments de ce décompte final au stade du décompte général (CE 19-5-2022 n° 455134, Sté Eiffage Route Nord Est : BPIM 4/22 inf. 287).

Lorsque certaines prestations n'ont pas été exécutées et que le maître d'ouvrage prononce la réception « sous réserve » de leur exécution en application de l'article 41.5. du CCAG-Travaux, le délai de 30 jours court à compter de la date de la constatation de l'achèvement des travaux. La transmission, par le titulaire du marché, d'un projet de décompte final avant l'établissement du procès-verbal constatant l'exécution des travaux objet des réserves est prématurée (CE 1-6-2023 n° 469268, Centre hospitalier universitaire Grenoble Alpes). En revanche, si le maître d'ouvrage a entendu prononcer la réception « avec des réserves » en application de l'article 41.6. du CCAG-Travaux, le délai court dès que la décision de réception des travaux est notifiée au titulaire du marché, quelle que soit l'importance des réserves émises (CE 8-12-2020 n° 437983, Sté Sogetra : BPIM 1/21 inf. 33).

Le maître d'œuvre établit alors le **projet de décompte général,** puis le transmet au maître d'ouvrage qui le notifie au titulaire dans un délai de 30 jours à compter de la réception de la demande de paiement finale transmise par le titulaire (CCAG-Travaux art. 12.4.1. et 12.4.2.).

Le délai de 30 jours imparti au maître d'ouvrage pour notifier le décompte général au titulaire du marché ne court qu'à compter de la date à laquelle le titulaire a notifié au maître d'ouvrage et au maître d'œuvre son projet de décompte final, même si la réception du décompte final par le maître d'ouvrage et le maître d'œuvre intervient après l'expiration du délai de 30 jours courant à compter de la réception des travaux (CE 25-6-2018 n° 417738, Sté Merceron Travaux Publics : BPIM 4/18 inf. 266).

La **signature sans réserve** du décompte par le titulaire **et** sa **notification au maître d'ouvrage** dans les 30 jours de sa notification, de même que l'expiration du délai de contestation, ont pour effet de transformer le décompte général en décompte général et définitif du marché (CCAG-Travaux art. 12.4.3.). Le titulaire peut refuser de signer le décompte général et exprimer ses observations (voir n° 60325). Dans le cas d'un groupement momentané d'entreprises (GME) solidaire (n° 59160), le mandataire commun présente et accepte le décompte général. La notification du décompte général est donc une condition nécessaire à la reconnaissance de son caractère définitif (CE 22-2-2002 n° 212808, Sté Générale Travaux Publics Bâtiment : RJDA 10/02, 2e espèce, n° 1021).

> **Précisions a.** Si le **maître d'ouvrage ne respecte pas les délais** qui lui sont impartis, c'est-à-dire ne notifie pas au titulaire du marché le décompte général dans le délai de 30 jours, ce dernier doit lui notifier un projet de décompte général. Dans les 10 jours à compter de la réception de ce document, le maître d'ouvrage doit notifier au titulaire le décompte définitif ; s'il ne le fait pas, le projet de décompte général transmis par le titulaire devient le décompte général et définitif (CCAG-Travaux art. 12.4.4.).
>
> **b.** Cependant, la notification au titulaire du marché d'un décompte général irrégulier, par exemple transmis par le maître d'œuvre et non pas par le maître d'ouvrage, n'équivaut pas à une absence de décompte et fait obstacle à l'établissement d'un décompte général et définitif tacite. Dans ces circonstances, et en l'absence de décompte général devenu définitif, le juge du contrat doit statuer sur les réclamations pécuniaires présentées par chacune des parties pour déterminer le solde de leurs obligations contractuelles respectives (CE 9-11-2023 n° 469673, Sté Transport tertiaire industrie : BPIM 1/24 inf. 36).

60324 **Effets du décompte général et définitif** Le **caractère définitif** du décompte interdit toute **réclamation** relative aux sommes non mentionnées dans ce décompte. Ainsi, la notification par la personne publique du décompte général sans mention des sommes correspondant à la réalisation des travaux nécessaires à la levée de réserves lui interdit toute réclamation portant sur ces sommes (CE 20-3-2013 n° 357636, Centre hospitalier de Versailles : BPIM 3/13 inf. 190 ; CE 28-3-2022 n° 450477, Cne de Sainte-Flaive-des-Loups : BPIM 3/22 inf. 209). Lorsque les réserves mentionnées dans le décompte ne sont pas chiffrées, celui-ci ne devient définitif que pour les éléments n'ayant pas fait l'objet de réserves. Dans le cas contraire et si les réserves chiffrées n'ont donné lieu à aucune réclamation, le décompte devient définitif dans sa totalité (CE 28-3-2022 n° 450477, Cne de Sainte-Flaive-des-Loups : BPIM 3/22 inf. 209).

La personne publique ne peut pas davantage faire état de sommes qui lui seraient dues au titre des relations contractuelles dans le cadre d'une procédure juridictionnelle antérieure, sauf s'il existe un lien entre les sommes réclamées et celles ayant donné lieu à des réserves de la part du titulaire (CE 6-11-2013 n° 361837, Région Auvergne : BPIM 1/14 inf. 27). De la même façon, la signature sans réserve du décompte général qui comporte des acomptes interdit à l'entreprise de réclamer des intérêts au titre du retard avec lequel ces acomptes lui ont été versés (CE 26-1-2007 n° 256819, Sté Baudin-Chateauneuf : BPIM 3/07 inf. 193).

Le caractère définitif du décompte interdit au maître d'ouvrage d'obtenir l'**indemnisation de son préjudice** sur le fondement de la responsabilité contractuelle du maître d'œuvre pour les fautes commises dans l'exécution du contrat, y compris si ce préjudice résulte de désordres postérieurs à l'établissement du décompte (CE 19-11-2018 n° 408203, Institut national de recherche en sciences et technologies pour l'environnement et l'agriculture : BPIM 1/19 inf. 34).

Cependant, la circonstance que le décompte général est devenu définitif ne fait pas obstacle à la recevabilité de l'**appel en garantie** du maître d'ouvrage contre le titulaire du marché, sauf si le maître d'ouvrage a eu connaissance de l'existence du litige avant qu'il n'établisse le décompte général du marché et s'il n'a pas assorti le décompte d'une réserve, même non chiffrée, concernant ce litige (CE 6-5-2019 n° 420765, Sté Icade promotion : BPIM 4/19 inf. 257 ; CE 27-1-2020 n° 425168, Sté Atelier d'architecture Bégué Peyrichou Gérard et associés : BPIM 2/20 inf. 111).

Alors même que le décompte définitif n'aurait pas été établi, le principe de l'unité de compte du marché ne s'oppose pas à ce que le juge des référés accorde une **provision** au titulaire du marché au titre d'une obligation non sérieusement contestable (CE 3-12-2003 n° 253748, Sté Bernard Travaux Polynésie : BPIM 4/04 inf. 222 ; CE 2-4-2004 n° 257392, Sté Imhoff : RJDA 10/04 n° 1113, 2e espèce ; CE 2-6-2004 n° 230729, Cne de Cluny : BPIM 5/04 inf. 289). Cette provision ne peut pas être remise en cause si le juge du fond décide que l'action dont il est saisi est prescrite ou irrecevable. En revanche, lorsque le juge du fond décide que la créance invoquée n'est pas fondée ou qu'elle est d'un montant inférieur à celui de la provision, il appartient au demandeur de rembourser en tout ou partie la somme qui lui a été versée par le juge des référés (CE 20-7-2022 n° 455106, Collectivité territoriale de Guyane : BPIM 5/22 : inf. 357).

> **Précisions** **a.** La circonstance que le solde du marché ne puisse pas être établi par les parties elles-mêmes est sans incidence sur le **point de départ des intérêts moratoires** dus en cas de retard de paiement (n° 60345), ce point de départ devant être fixé à la date à laquelle ce solde aurait dû être établi. Il n'en va autrement, sous réserve des stipulations du marché, que lorsque le retard dans l'établissement du solde est imputable au titulaire du marché, le point de départ de ces intérêts étant alors fixé à la date à laquelle le juge est saisi en vue du règlement du litige (CE 11-3-2009 n° 296067, Sté Dominique Housieaux : BPIM 3/09 inf. 208).
> **b.** En l'absence de décompte général devenu définitif, il appartient au juge du contrat de statuer sur les réclamations pécuniaires présentées par chacune des deux parties et de déterminer ainsi le solde de leurs obligations contractuelles respectives (CE 9-11-2023 n° 469973, Sté Transport tertiaire industrie).

CONTESTATION DU DÉCOMPTE GÉNÉRAL

Le titulaire du marché qui entend contester le décompte général doit, dans les 30 jours à compter de la notification qui lui a été faite de ce décompte, remettre au maître d'ouvrage (avec copie au maître d'œuvre) un **mémoire** exposant les motifs et les montants de ses réclamations, ainsi que les raisons pour lesquelles il refuse de signer le décompte qui lui a été adressé (CCAG-Travaux art. 12.4.3. et 55.1.1.). Ce mémoire doit reprendre les réclamations formulées avant la notification du décompte général et qui n'ont pas fait l'objet d'un règlement définitif. Il n'est recevable que s'il est transmis dans le même délai de 30 jours au maître d'ouvrage et au maître d'œuvre (CE 2-2-2024 n° 471122, Sté Valenti : BPIM 2/24 inf. 112). **60325**

Si les éléments ainsi exigés peuvent, éventuellement, figurer dans un document joint au mémoire de réclamation, il n'en est pas moins nécessaire que ce document soit effectivement produit (CE 27-9-2021 n° 442455, Sté Amica : BPIM 6/21 inf. 367).

Lorsque le titulaire du marché ne renvoie pas le décompte général signé ou qu'il ne motive pas les réserves dans le délai de 30 jours, le décompte qui lui a été notifié est réputé accepté par lui ; il devient général et définitif (CCAG-Travaux art. 12.4.5.). Ce décompte tacite ne pouvant plus être utilement contesté, le titulaire ne saurait être tenu de suivre la procédure de réclamation (CE 7-6-2024 n° 490468, Sté Entreprise Construction Bâtiment : BPIM 4/24 inf. 247).

En cas de contestation des sommes dues, le maître d'ouvrage règle, **dans les 30 jours** à compter de la réception du décompte assorti des réserves, le montant des sommes retenues dans le décompte final. Après résolution du désaccord, il règle le complément, majoré, le cas échéant, des intérêts moratoires courant à compter de la date de la demande présentée par l'entrepreneur (CCAG-Travaux art. 12.4.4).

Le titulaire, qui n'accepte pas la proposition du maître d'ouvrage ou dont la demande a été rejetée implicitement, peut **saisir le tribunal administratif** compétent dans les 6 mois à compter de la notification de la décision prise par le maître d'ouvrage sur son mémoire en réclamation ou de l'intervention d'une décision implicite de rejet (CCAG-Travaux art. 55.3.). La saisine du juge des référés sur le fondement de l'article R 541-1 du Code de justice administrative (référé provision) doit être regardée comme la saisine du tribunal administratif au sens du CCAG-Travaux (CE 27-1-2017 n° 396404 : BPIM 2/17 inf. 108 ; CE 10-6-2020 n° 425993, Sté Bonaud : BPIM 5/20 inf. 315). Si la personne publique notifie le décompte général après la saisine du tribunal, le litige conserve son objet et il appartient alors au juge de le trancher au vu de l'ensemble des éléments à sa disposition, sans que le titulaire du marché soit tenu de présenter de mémoire de réclamation contre ce décompte (CE 10-6-2020 n° 425993, Sté Bonaud précité). Le délai de 6 mois ne peut pas être interrompu par la production d'un mémoire complémentaire. Passé ce délai, le titulaire est considéré comme ayant accepté cette décision et toute réclamation est irrecevable.

Le maître d'ouvrage public condamné à verser des indemnités à une entreprise peut appeler le maître d'œuvre en garantie, même s'il est lié à ce dernier par un contrat distinct et si le décompte le concernant est devenu définitif (CE 15-11-2012 n° 349107, Cne de Dijon : BPIM 1/13 inf. 39).

La saisine directe du tribunal administratif par l'entreprise est irrecevable en cas de différend sur le décompte général, mais cette irrecevabilité n'a pas pour effet de rendre définitif le décompte si une réclamation a été présentée dans les délais prévus par le CCAG (CE 27-10-2010 req. n° 332056, Centre hospitalier des quatre villes : BPIM 6/10 inf. 461).

> **Précisions** **a.** Lorsque les documents applicables à un marché de travaux imposent au titulaire de désigner une personne physique pour le représenter au cours de l'exécution du marché, son **avocat** doit toujours être regardé comme son **représentant** sans que ce dernier ait à justifier d'un mandat chaque fois qu'il s'adresse au maître d'ouvrage au nom du titulaire (CE 18-12-2020 nº 427850, Sté Rudo Chantier : BPIM 1/21 inf. 34).

b. Le **caractère définitif du décompte** général et les conséquences qui en découlent n'ont pas un caractère d'ordre public. Dans le cadre d'un litige opposant les parties sur le prix du marché, le juge ne peut donc pas **soulever d'office** ce caractère définitif pour régler le différend (CE 6-7-1992 nº 79467, Sté Entreprise J. Rabadan et Cie : Lebon T. p. 1113 ; CE 3-11-2014 nº 372040, Sté Bancillon BTP : BPIM 6/14 inf. 384 ; CE 12-11-2015 nº 384052, Sté Linagora : RJDA 6/16 nº 435).

7. PAIEMENT DES MARCHÉS PUBLICS DE TRAVAUX

MODALITÉS DU PAIEMENT

60330 Tout **paiement différé** est interdit dans les marchés publics passés par l'État, les collectivités territoriales et leurs établissements publics (CCP art. L 2191-5).

En cas de **marché global** ayant pour objet la réalisation et l'exploitation ou la maintenance d'un ouvrage, la rémunération des prestations d'exploitation ou de maintenance ne peut pas contribuer au paiement de la construction (CCP art. L 2191-6).

Lorsque le marché est passé par **lots séparés,** le titulaire de plusieurs lots présente des factures pour chacun des lots ou une facture globale identifiant distinctement les différents lots (CCP art. R 2191-24).

Le CCP précise les modalités de paiement en cas de **clause de variation de prix** (CCP art. R 2191-27 à R 2191-29), de **résiliation** du marché (CCP art. R 2191-30 et R 2191-31) et de prestations donnant lieu à versement d'**avances** ou d'**acomptes,** à **règlement partiel définitif** ou à **paiement pour solde** (CCP art. R 2191-23).

DÉLAI DE PAIEMENT

60335 Les acheteurs ayant le statut de pouvoirs adjudicateurs paient les sommes dues au titre du marché dans le délai prévu par celui-ci ou, à défaut, dans un délai fixé par voie réglementaire ; lorsque le marché prévoit un délai de paiement, celui-ci ne peut pas excéder le délai prévu par voie réglementaire (CCP art. L 2192-10).

Le délai de paiement prévu à l'article L 2192-10 **ne peut excéder** (CCP art. R 2192-10 et R 2192-11) :

– 30 jours pour les pouvoirs adjudicateurs ;
– 50 jours pour les établissements publics de santé et les établissements du service de santé des armées ;
– 60 jours pour les entreprises publiques, à l'exception de celles ayant la nature d'établissements publics locaux.

60340 **Calcul du délai de paiement** En principe, le délai de paiement **court à compter de** la date de réception de la facture par le pouvoir adjudicateur ou, si le marché le prévoit, par le maître d'œuvre ou toute autre personne habilitée à cet effet (CCP art. R 2192-12). Toutefois, c'est la date d'exécution des prestations qui est retenue si la date de réception de la demande de paiement est incertaine ou si les prestations ne sont pas encore exécutées (CCP art. R 2192-13).

Pour le paiement du solde des marchés de travaux conclus par l'État, ses établissements publics ayant un caractère autre qu'industriel et commercial, les collectivités territoriales et leurs établissements publics, le délai de paiement court à compter de la date de réception par le maître d'ouvrage du décompte général et définitif (CCP art. R 2192-16).

Lorsque le **décompte général** fait l'objet d'une **réclamation** par le cocontractant, le délai de paiement du solde ne commence à courir qu'à compter de la réception de cette réclamation par le maître d'ouvrage (CE 13-4-2018 nº 402691, Sté Eiffage Construction Alsace : BPIM 3/18 inf. 192). Si le marché prévoit une procédure de **constatation de la conformité** des prestations aux stipulations contractuelles, le point de départ du délai de paiement peut être retardé (CCP art. R 2192-17).

Le **recours à un maître d'œuvre** ou à tout autre prestataire dont l'intervention conditionne le paiement des sommes dues ne modifie pas le délai de paiement qui s'impose au pouvoir adjudicateur (CCP art. R 2192-18).

Le **délai** peut être **suspendu** une fois lorsque la demande de paiement est incomplète et que la personne publique demande au titulaire des pièces complémentaires (CCP art. R 2192-27).

À la réception de ces documents, un nouveau délai de paiement de 30 jours minimum est ouvert (CCP art. R 2192-29).

Le délai de paiement **expire** avec la mise en paiement par le comptable, c'est-à-dire la date à laquelle le comptable ordonne le paiement et non pas la date à laquelle le compte bancaire du titulaire du marché est crédité, les délais bancaires n'étant pas imputables au comptable.

Intérêts moratoires et indemnité forfaitaire Le **dépassement du délai** de paiement fait courir de **plein droit,** et sans autre formalité, des intérêts moratoires au bénéfice du titulaire du marché ou du sous-traitant payé directement (CCP art. L 2192-13 et R 2192-32). S'ajoute aux intérêts moratoires une indemnité forfaitaire pour frais de recouvrement de 40 € (CCP art. L 2192-13, al. 3 et R 2192-35). 60345

Les intérêts moratoires sont dus **à compter** du jour suivant l'expiration du délai de paiement jusqu'à la date de mise en paiement du principal (CCP art. R 2192-32). Ces intérêts sont versés par l'acheteur public. Les intérêts moratoires réparent un préjudice distinct de la prestation fournie. Ils n'entrent pas dans le champ de la TVA et n'ont pas à être majorés du montant de cette taxe (CE sect. 25-6-2004 n° 234687, Sté Filippini et Cie : RJF 10/04 n° 978). Ils doivent être **payés** dans un délai de 45 jours suivant la mise en paiement du principal, de même que l'indemnité forfaitaire pour frais de recouvrement (CCP art. R 2192-36).

Le **montant** des intérêts moratoires est calculé à partir du taux d'intérêt appliqué par la Banque centrale européenne à ses opérations principales de refinancement les plus récentes ; ce taux est celui qui est en vigueur au premier jour du semestre de l'année civile durant lequel les intérêts moratoires ont commencé à courir, majoré de 8 points de pourcentage (CCP art. R 2192-31).

Toute **renonciation** au paiement des intérêts moratoires « est réputée non écrite » (CCP art. L 2192-14). Ce principe interdit de façon absolue une telle renonciation, que celle-ci intervienne au moment de la passation du marché ou ultérieurement après son exécution à l'occasion d'une transaction entre les parties (CE 17-10-2003 n° 249822, Min. intérieur c/ Syndicat intercommunal d'assainissement Le Beausset, La Cadière, Le Castellet : RJDA 10/04 n° 1115 ; CE 18-5-2021 n° 443153, Communauté d'agglomération de Lens-Liévin : RJDA 11/21 n° 716).

> **Précisions** Alors que le **retard de paiement** peut être **imputable au comptable,** la personne morale qui conclut le marché ne se confond pas nécessairement avec la personne morale dont le comptable est l'agent. C'est notamment le cas des marchés conclus par les collectivités territoriales dont le comptable est un agent de l'État. Dans ce cas, les collectivités territoriales sont remboursées par l'État de façon récursoire de la part des intérêts imputables au comptable (Loi 2013-100 du 28-1-2013 art. 39).

8. RÉSILIATION DES MARCHÉS PUBLICS DE TRAVAUX

CAS DE RÉSILIATION

La résiliation d'un marché public peut être **conventionnelle.** 60450

Elle peut être aussi la conséquence d'un **évènement** affectant le titulaire du marché : décès, si c'est une personne physique ; procédure collective, etc. (CCAG-Travaux art. 50.1.).

Elle peut enfin être **unilatérale.**

Résiliation par le titulaire du marché L'entreprise titulaire du marché de travaux peut obtenir la résiliation unilatérale du marché de travaux dans les **cas suivants** : 60455

- notification tardive d'un ordre de service portant sur le commencement de l'exécution du marché (CCAG-Travaux art. 50.2.1.) ;
- ajournement ou interruption des travaux (CCAG-Travaux art. 50.2.2. et 53.1.2.).

Lorsqu'elle a sollicité la résiliation, l'entreprise est, sur demande écrite, indemnisée des frais qu'elle a éventuellement engagés. En cas de litige, elle doit présenter un mémoire en réclamation avant de pouvoir saisir le juge du contrat (CE 29-12-2022 n° 458678, Grand port maritime de Marseille : BPIM 1/23 inf. 30, rendu en application des articles 46.2.1 et 50.1.1 du CCAG-Travaux, dans sa version issue de l'arrêté du 30-8-2009, ces dispositions ayant été reprises sous les articles 52.2.1 et 55.1.1 du CCAG-Travaux, dans sa version issue de l'arrêté du 30-3-2021).

Résiliation par l'acheteur La résiliation unilatérale peut être prononcée par l'acheteur, que son cocontractant ait ou non commis une faute. Le CCP mentionne plusieurs **motifs** susceptibles de justifier une telle mesure : 60460

- un cas de force majeure (CCP art. L 2195-2) ;
- une faute du titulaire du marché présentant un caractère de gravité suffisante, alors que le marché doit être qualifié de contrat administratif (CCP art. L 2195-3, 1°) ;

– un motif d'intérêt général, alors que le marché doit recevoir la même qualification (CCP art. L 2195-3, 2°) ;
– l'impossibilité de poursuivre l'exécution du marché sans lui apporter une modification qui serait contraire aux règles encadrant le pouvoir de modification unilatérale dont dispose l'acheteur (CCP art. L 2195-6).

Deux **autres hypothèses** de résiliation sont également prévues.

La première concerne la situation du titulaire d'un marché qui est, au cours de l'exécution du marché, placé dans un cas d'exclusion justifiant une interdiction de soumissionner (voir n° 59170). Informé de cette situation par son cocontractant, l'acheteur peut alors résilier le marché (CCP art. L 2195-4, al. 1 et 2). Toutefois, la résiliation ne peut pas être prononcée si le titulaire du marché fait l'objet d'une procédure de redressement judiciaire (CCP art. L 2195-4, al. 3).

La seconde hypothèse est relative au marché qui n'aurait pas dû être attribué à un opérateur ayant commis un manquement grave aux obligations définies par le droit de l'Union européenne en matière de marchés publics, manquement reconnu par la CJUE dans le cadre de la procédure prévue à l'article 258 du Traité sur le fonctionnement de l'Union européenne (CCP art. L 2195-5).

60461 Le CCAG-Travaux ouvre également au maître d'ouvrage la possibilité de prononcer la résiliation du marché lorsque le titulaire a commis une **faute** en ne respectant pas certaines obligations légales ou réglementaires ou en ne se conformant pas aux stipulations du marché. Sauf dans certains cas particuliers, il est nécessaire qu'une mise en demeure, assortie d'un délai d'exécution, ait été préalablement notifiée au titulaire et qu'elle soit restée sans effet. Dans le cadre de cette mise en demeure, le maître d'ouvrage informe le titulaire de la sanction envisagée et l'invite à présenter ses observations (CCAG-Travaux art. 50.3.).

Par ailleurs, le maître d'ouvrage peut prononcer une **résiliation aux frais et risques du titulaire** lorsque celui-ci n'a pas déféré à une mise en demeure de se conformer aux stipulations du marché ou aux ordres de service. Un marché de substitution peut être passé avec une autre entreprise afin d'assurer l'achèvement des prestations. Les surcoûts résultant, pour le maître d'ouvrage, de ce nouveau marché sont à la charge du titulaire (CCAG-Travaux art. 52.1. s.).

Le titulaire doit être mis à même de suivre les opérations exécutées par la nouvelle entreprise dans le cadre du marché de substitution (CCAG-Travaux art. 52.5.). Ce droit de suivi lui permet de veiller à la sauvegarde de ses intérêts (CE 18-12-2020 n° 433386, Sté Treuils et Grues Labor et CE 27-4-2021 n° 437148, Sté Constructions Bâtiments Immobiliers : BPIM 3/21 inf. 189). Mais l'intéressé doit avoir pris les mesures de conservation de l'ouvrage et de sécurité prescrites par le maître d'ouvrage, à défaut de quoi il perd son droit de suivre l'exécution de ces mesures (CE 9-6-2017 n° 399382, Sté Entreprise Morillon Corvol Courbot : BPIM 4/17 inf. 273).

Les contrats passés par le maître d'ouvrage pour la seule reprise de malfaçons auxquelles le titulaire du marché n'a pas remédié ne constituent pas, en principe, des marchés de substitution soumis au droit de suivi du titulaire. Mais ce droit est ouvert lorsque les travaux de reprise sont inclus dans un marché de substitution destiné à poursuivre l'exécution du marché initial (CE 27-4-2021 n° 437148, Sté Constructions Bâtiments Immobiliers : BPIM 3/21 inf. 189).

60462 L'acheteur a le pouvoir de prononcer la résiliation d'un marché public de travaux pour un **motif d'intérêt général,** même en l'absence de faute de son cocontractant (CCP art. L 2195-3, 2°). Cette prérogative est fréquemment organisée par les stipulations contractuelles (voir, par exemple, CCAG-Travaux art. 49.1. et 50.4.). La résiliation du marché par l'acheteur public doit être prononcée par l'autorité compétente, faute de quoi, le surcoût qui en résulte ne peut être mis à la charge du prestataire (CE 15-11-2012 n° 349840, Sté Travaux Guil Durance).

La résiliation pour motif d'intérêt général ouvre au titulaire du marché un **droit à indemnité,** sous réserve des stipulations contractuelles (CCP art. L 6, 5°). Mais il est nécessaire que l'intéressé justifie du montant de son préjudice et que son indemnisation n'aboutisse pas à un enrichissement indu. L'indemnisation prend en compte les pertes subies (CE 18-11-1988 n° 61871, Ville d'Amiens : Lebon p. 417) ainsi que le gain manqué par le titulaire (CE 19-2-1996 n° 82880, Syndicat intercommunal de l'arrondissement de Pithiviers : RJDA 8-9/96 n° 1046). Pour évaluer le manque à gagner résultant de la résiliation, le juge administratif doit tenir compte du bénéfice que le requérant a, le cas échéant, pu tirer de l'exécution d'un nouveau marché lui confiant tout ou partie des prestations prévues par le marché résilié (CE 26-3-2018 n° 401060, Sté Balinéau : BPIM 3/18 inf. 193).

Les parties restent cependant libres de prévoir une indemnisation supérieure au montant du préjudice dès lors que celle-ci n'est pas disproportionnée.

› Précisions La résiliation unilatérale du marché peut aussi être prononcée en raison de l'**irrégularité grave** dont il est entaché. Ce motif est distinct de celui qui est tiré de l'intérêt général. L'irrégularité en cause doit être telle que, s'il était saisi, le juge pourrait prononcer l'annulation ou la résiliation du marché. Dans cette hypothèse, l'acheteur peut, sous réserve de l'exigence de loyauté des relations contractuelles, résilier unilatéralement le contrat sans être tenu de saisir préalablement le juge. Le cocontractant peut, quant à lui, prétendre, sur un terrain quasi contractuel, pour la période postérieure à la date d'effet de la résiliation, au remboursement de celles de ses dépenses qui ont été utiles à l'acheteur. En outre, sous réserve du partage de responsabilités découlant, le cas échéant, de ses propres fautes, il peut prétendre à la réparation du dommage imputable à une éventuelle faute de l'acheteur (CE 10-7-2020 nº 430864, Sté Comptoir négoce équipements : RJDA 3/21 nº 162).

RECOURS TENDANT À LA REPRISE DES RELATIONS CONTRACTUELLES

Le prestataire dont le contrat est résilié peut exercer devant le tribunal administratif et dans un délai de 2 mois à compter de la notification de la résiliation, un **recours de plein contentieux** ayant pour objet l'annulation de la résiliation et la reprise des relations contractuelles devant le tribunal administratif. 60465

Le juge du contrat peut, selon la gravité des vices constatés, **annuler la résiliation** et ordonner la reprise des relations contractuelles ou accorder seulement une indemnité (CE 21-3-2011 nº 304806, Cne de Béziers : RJDA 6/11 nº 522). Ce recours est habituellement dénommé « recours Béziers II » par rapprochement avec un autre type de recours relativement voisin (voir nº 60775).

La reprise des relations contractuelles est toutefois impossible une fois passée la date d'expiration normale du contrat (CE 23-5-2011 nº 323468, Sté d'aménagement d'Isola 2000 : BPIM 5/11 inf. 383) ou si le contenu du contrat est illicite (CE 1-10-2013 nº 349099, Sté Espace habitat construction : BPIM 6/13 inf. 395).

Contrairement à ce qui est admis en vertu des règles générales du contentieux administratif, un recours préalable formé auprès de la personne publique contre la mesure de résiliation ne peut pas avoir pour effet d'**interrompre le délai de recours** devant le juge (CE 30-5-2012 nº 357151, SARL Promotion de la restauration touristique : RJDA 2/13 nº 111, 1e espèce). Cette solution a été confirmée dans le cas où le titulaire d'un marché avait saisi le comité consultatif de règlement amiable (CCRA) des différends relatifs aux marchés publics (CE 12-4-2022 nº 452601, Sté Agence d'architecture Frédéric Nicolas : BPIM 3/22 inf. 211). Toutefois, cet arrêt fait application de dispositions antérieures à l'entrée en vigueur de l'article R 2197-16 du CCP selon lequel la saisine du CCRA « interrompt les délais de recours contentieux pour les marchés qui sont des contrats administratifs jusqu'à la notification de la décision prise par l'acheteur sur l'avis du comité ».

Lorsque l'urgence le justifie, la requête aux fins d'annulation de la mesure de résiliation peut être assortie d'une **demande de suspension** de cette mesure devant le **juge des référés** afin que les relations contractuelles soient provisoirement reprises (C. just. adm. art. L 521-1).

ATTENTION

Le « **recours Béziers II** » ne peut pas être exercé en vue de contester les décisions de la personne publique **refusant de reconduire un contrat.** Une telle mesure n'a ni pour objet ni pour effet de mettre unilatéralement un terme à un contrat en cours (CE 6-6-2018 nº 411053, Sté Orange : BPIM 4/18 inf. 267 ; CE 13-7-2022 nº 458488, Cne de Sanary-sur-Mer : BPIM 5/22 inf. 358).

CONSÉQUENCES DE LA RÉSILIATION

S'agissant du **paiement du marché** totalement ou partiellement résilié, les parties peuvent s'accorder, sans attendre la liquidation définitive du solde, sur un montant de dettes et de créances à titre provisionnel (CCP art. R 2191-30). 60470

En cas de résiliation du marché, un **décompte de résiliation,** qui se substitue au décompte général, est arrêté par le maître d'ouvrage et notifié au titulaire du marché (CCAG-Travaux art. 51.2.).

Si le marché est **résilié aux frais et risques du titulaire,** le décompte général du marché résilié n'est notifié à son titulaire qu'après règlement définitif du marché de substitution conclu pour l'achèvement des travaux (CCAG-Travaux art. 52.4. ; CE 24-11-2010 nº 330648, Syndicat intercommunal d'alimentation en eau potable des communes de Sioule et Morge : BPIM 1/11 inf. 29). Dans la même hypothèse, la notification du décompte de résiliation est effectuée selon des modalités identiques (CCAG-Travaux art. 51.2.3.).

Cependant, le titulaire du marché peut, sans attendre, demander le règlement des sommes qui lui sont dues, dès lors qu'il conteste la régularité de la résiliation à ses frais et risques : le juge peut accueillir cette demande après avoir reçu les éléments permettant d'établir le décompte général du marché résilié (CE 15-11-2012 nº 356832, Sté Axima Concept : BPIM 1/13 inf. 40).

Le titulaire peut aussi faire constater le caractère irrégulier de la résiliation et obtenir le paiement immédiat des sommes qui lui sont dues (CE 4-7-2014 n° 374032, Communauté d'agglomération Saint-Étienne métropole : BPIM 5/14 inf. 322).

Le maître d'ouvrage dispose du droit de **racheter,** en totalité ou partie, les **ouvrages** provisoires utiles à l'exécution du marché et les matériaux approvisionnés, dans la limite où il en a besoin pour le chantier (CCAG-Travaux art. 51.1.3.). Il peut donc disposer de plein droit des matériaux laissés sur le chantier par l'entrepreneur, alors même que ce dernier ne peut en obtenir le paiement qu'ultérieurement (CE 3-12-2012 n° 361287, Syndicat mixte pour l'étude et le traitement des ordures ménagères de l'Eure : BPIM 2/13 inf. 126).

Lorsque le marché est résilié avant que l'**avance versée au titulaire** puisse être remboursée par précompte sur les prestations dues par celui-ci (n° 60305), la personne publique peut obtenir le remboursement de cette avance, en tenant cependant compte des dépenses exposées par l'intéressé, lesquelles doivent correspondre à des prestations prévues au marché et effectivement réalisées (CE 4-3-2020 n° 423443, Sté Savima : RJDA 12/20 n° 647 ; CE 1-6-2023 n° 462211, Centre hospitalier de Capesterre Belle-Eau : BPIM 4/23 inf. 253).

60475 Lorsque la résiliation du marché ouvre **droit à indemnisation** et que les parties ne parviennent pas à un accord sur le montant de l'indemnité dans un délai de 6 mois à compter de la date de la résiliation, l'acheteur verse au titulaire, qui en fait la demande, le montant qu'il a proposé (CCP art. R 2191-31).

Ce texte, repris de l'ancien Code des marchés publics, laisse subsister une interrogation : même s'il est prévu que, en cas de désaccord, l'entreprise a droit à l'indemnité proposée par l'acheteur, l'intéressé ne semble pas pouvoir être privé du droit à réparation de son préjudice. La voie contentieuse lui semble donc ouverte.

Si les **fautes** commises par le titulaire d'un marché public de travaux ne justifient pas la résiliation décidée par la personne publique, elles peuvent néanmoins être prises en compte pour limiter son droit à réparation (CE 18-5-2021 n° 442530, Régie des transports métropolitains : BPIM 4/21 inf. 254).

9. RÉCEPTION DES TRAVAUX

MODALITÉS DE LA RÉCEPTION

60480 La réception est unique. Elle est prononcée à l'achèvement des travaux, selon une **procédure contradictoire** et dans les conditions précisées par le CCAG-Travaux. Le titulaire du marché avise le maître d'ouvrage et le maître d'œuvre de la date à laquelle il estime que les travaux sont achevés ou le seront. Après avoir convoqué le titulaire, le maître d'œuvre procède aux opérations préalables à la réception. Le maître d'ouvrage peut assister à ces opérations ou s'y faire représenter (CCAG-Travaux art. 41.1.).

Le maître d'œuvre assiste le maître de l'ouvrage. Il engage sa responsabilité à l'égard de celui-ci en cas de manquement à son obligation de conseil (CE 7-3-1980 n° 11568 : Lebon T. p. 794).

60485 La réception est normalement **expresse.** Mais elle est **réputée acquise** si, le maître d'œuvre n'ayant pas fixé la date des opérations préalables, le maître d'ouvrage, qui doit alors se substituer à lui dans un délai de 30 jours, s'abstient de le faire (CCAG-Travaux art. 41.1.3.).

En dehors de cette hypothèse particulière, la jurisprudence admet qu'une réception puisse être **tacitement** intervenue lorsqu'un « faisceau d'indices » tend à le démontrer : par exemple, si l'ouvrage concerné a été utilisé à plusieurs reprises par le personnel de l'entreprise et si aucune retenue correspondant à d'éventuelles réserves n'a été effectuée (CE 26-3-2018 n° 406208, Sté française du tunnel routier de Fréjus).

EFFETS DE LA RÉCEPTION

60490 **Garantie des constructeurs** La réception marque le **point de départ** des garanties (parfait achèvement, décennale ou biennale) ; sur l'étude générale, voir n° 62070.

60492 **Rapports contractuels** Selon la jurisprudence administrative, la réception met fin aux rapports contractuels entre le **maître d'ouvrage et les constructeurs** en ce qui concerne la réalisation de l'ouvrage. En conséquence, elle interdit au maître d'ouvrage d'invoquer postérieurement, sous réserve de la garantie de parfait achèvement, des désordres apparents causés à l'ouvrage ou des désordres causés aux tiers dont il est alors réputé avoir renoncé à demander la réparation (CE sect. 6-4-2007 n° 264490, Centre hospitalier de Boulogne-sur-Mer : BPIM 4/07 inf. 274). Si la réception a été prononcée sans réserve et que la responsabilité du constructeur a été mise en cause par la victime du dommage, le constructeur peut, sauf clause contraire, demander à être garanti par le maître d'ouvrage, dès lors qu'il ne peut pas être poursuivi au titre de la garantie de parfait achèvement ou de la garantie décennale (CE 27-4-2021 n° 436820, Eurométropole de Strasbourg et Sté SMACL Assurances : BPIM 3/21 inf. 190). La circonstance que le constructeur n'ait pas fait de réserve dans le décompte général du marché concernant ce litige est sans incidence (même arrêt).

La réception met également fin aux rapports contractuels entre le **maître d'ouvrage et le maître d'œuvre** en ce qui concerne les prestations indissociables de la réalisation de l'ouvrage, au nombre desquelles figurent les missions de conception de l'ouvrage ; la réception sans réserve interdit donc au maître de l'ouvrage de rechercher la responsabilité du maître d'œuvre à raison des fautes de conception qu'il a pu commettre (CE 2-12-2019 n° 423544, Sté Guervilly : BPIM 1/20 inf. 34).

Mais la réception ne met fin aux obligations contractuelles des constructeurs que dans cette seule mesure : la réception demeure, par elle-même, sans effet sur les **droits et obligations financiers** nés de l'exécution du marché, à raison notamment de retards ou de travaux supplémentaires rendus nécessaires dont la détermination intervient définitivement lors de l'établissement du solde du décompte définitif. Seule l'intervention du décompte général et définitif du marché a pour conséquence d'interdire au maître de l'ouvrage toute réclamation à cet égard (CE sect. 6-4-2007 n° 264490, Centre hospitalier de Boulogne-sur-Mer : BPIM 4/07 inf. 274 ; CE 20-3-2013 n° 357636, Centre hospitalier de Versailles : BPIM 3/13 inf. 190 ; CE 10-10-2022 n° 455188, Communauté d'agglomération du Grand Angoulême : BPIM 6/22 inf. 420).

Retenue de garantie Le marché peut prévoir, à la charge du titulaire, une retenue de 60495
garantie (CCP art. L 2191-7 et R 2191-32 à R 2191-35). D'un **montant** maximum de 5 %, sauf pour les marchés publics conclus par certains acheteurs listés à l'article R 2191-33 du CPP, avec une PME pour lesquels le taux est fixé à 3 % (CCP art. R 2191-33), la retenue de garantie est prélevée sur les versements autres que les avances et consignée par le comptable public sur un compte neutre. Cette retenue est conservée pendant le délai de garantie qui peut être prévu par le marché. Elle a pour **objet** de couvrir les réserves formulées à la réception des travaux et, le cas échéant, les malfaçons pendant le délai de garantie dont les conséquences ne sont pas identifiables lors de la réception. Il ne s'agit pas d'une retenue légale mais d'une retenue conventionnelle : le marché doit la prévoir. Mais en pratique, elle s'impose.

Si le montant des sommes dues au titulaire ne permet pas de procéder au prélèvement de la retenue de garantie, celui-ci est tenu de constituer une garantie à première demande selon les modalités prévues par les articles R 2191-36 s. du CCP (CCP art. R 2191-34, al. 2).

Le **remboursement** de la retenue de garantie a lieu dans un délai de 30 jours après l'expiration du délai de garantie (CCP art. R 2191-35). Les sommes dues portent intérêts moratoires.

La retenue de garantie peut être **remplacée** au gré du titulaire par une **garantie à première demande ou,** si l'acheteur ne s'y oppose pas, par une **caution personnelle et solidaire** (CCP art. R 2191-36). Les établissements ayant donné leur caution ou garantie à première demande sont libérés un mois, au plus tard, après l'expiration du délai de garantie ; toutefois, en cas de réserves, la libération intervient un mois au plus tard après la date de leur levée (CCP art. R 2191-42).

En cas de **résiliation** d'un marché qui n'a **pas prévu de retenue de garantie** et lorsqu'un délai est accordé au titulaire dans les conditions prévues à l'article R 2191-30 du CCP pour reverser à l'acheteur 80 % du montant du solde créditeur, le titulaire du marché doit fournir une garantie à première demande ou une caution personnelle si l'acheteur ne s'y oppose pas (CCP art. 2191-44).

D'**autres garanties** que celles évoquées ci-dessus peuvent être prévues pour l'exécution d'un engagement particulier (CCP art. R 2191-43).

E. Contentieux des marchés publics de travaux

RÈGLEMENT AMIABLE DU CONTENTIEUX

Les litiges relatifs à l'exécution des marchés publics peuvent être portés devant les **comités** 60700
consultatifs de règlement amiable des litiges ou le **médiateur des entreprises** (CCP art. R 2197-1 et R 2197-24). À défaut, le différend doit être porté devant le juge.

Le **cahier des clauses administratives générales** prévoit des mécanismes de règlement des contestations (CCAG-Travaux art. 55). La mise en œuvre de ces mécanismes est un **préalable obligatoire** à la saisine éventuelle du juge. Mais la proposition de règlement émise par la personne responsable du marché peut être subordonnée à la passation d'un avenant au contrat. L'acceptation de la proposition par l'entrepreneur ne suffit donc pas à faire naître un accord entre les parties, dès lors que le maître de l'ouvrage peut refuser de signer l'avenant envisagé (CE 8-1-1982 n° 27028, Sté Entreprise Quillery Saint-Maur : Lebon T. p. 665 ; CE 25-3-2002 n° 187885, Sté GTM-international : RJDA 10/02 n° 1023, 2e esp.).

La circonstance qu'un contrat administratif soit entaché d'une irrégularité susceptible d'entraîner son annulation ne rend pas inapplicables les clauses du contrat qui organisent une procédure de règlement amiable préalable à toute action juridictionnelle (CE 10-7-2020 n° 433643, Sté Excelsia : BPIM 5/20 inf. 319).

Une procédure de **médiation** a été instituée devant le **juge administratif** (C. just. adm. art. L 213-1 s.). Lorsque ce juge est saisi de la demande d'homologation d'un accord de médiation, il doit appliquer les dispositions du Code de justice administrative propres à ce type d'accord en s'assurant de l'accord de volonté des parties, de ce que celles-ci n'ont pas porté atteinte à des droits dont elles n'auraient pas eu la libre disposition et de ce que l'accord ne contrevient pas à l'ordre public ni n'accorde de libéralité. Les dispositions de ce Code n'imposent pas aux parties de conclure une médiation par une transaction au sens de l'article 2044 du Code civil. Mais si le juge constate que l'accord issu de la médiation présente le caractère d'une **transaction au regard** de la définition **du Code civil,** il doit, en outre, vérifier que les conditions de licéité d'une transaction, telles que les fixe l'article L 423-1 du Code des relations entre le public et l'administration, sont respectées (CAA Bordeaux 30-12-2019 n° 19BX03235, Bordeaux Métropole : BPIM 2/20 inf. 112).

> **Précisions** Si, en vertu de l'article L 213-2 du Code de justice administrative, la médiation est soumise au principe de confidentialité, ne doivent demeurer confidentielles, sans pouvoir être divulguées à des tiers ni invoquées ou produites dans le cadre d'une instance juridictionnelle, que les seules constatations du médiateur et déclarations des parties qui comportent des propositions, demandes ou prises de position formulées en vue de la résolution amiable du litige. Toutefois, le même principe ne s'oppose pas à ce que soient invoqués ou produits devant le juge administratif d'autres documents tels que ceux procédant à des constatations factuelles ou à des analyses techniques établis par un tiers expert à la demande du médiateur ou à l'initiative des parties (CE avis 14-11-2023 n° 475648, Sté Grands Travaux de l'Océan indien).

1. COMPÉTENCE JURIDICTIONNELLE

PASSATION DES MARCHÉS PUBLICS DE TRAVAUX

60705 Les **marchés passés par des personnes morales de droit public** en application du Code de la commande publique ont le caractère de contrats administratifs, sauf exception (CCP art. L 6, al. 1). Cette règle s'étend évidemment aux marchés de travaux.

En conséquence, les **litiges** nés à l'occasion de la procédure de passation d'un marché public relèvent, comme ceux relatifs à l'exécution d'un tel marché, de la compétence des juridictions administratives. Tel est le cas que, ces litiges **présentent ou non un caractère contractuel** (CE 19-12-2007 n° 268918, Sté Campenon-Bernard : BPIM 2/08 inf. 132, pour un litige portant sur des agissements dolosifs des sociétés contractantes) et même si finalement aucun contrat n'a été signé (T. confl. 23-5-2005 n° 3450, Dépt de la Savoie et Service public des Trois Vallées : BPIM 5/05 inf. 327, pour une action indemnitaire dirigée contre une société ayant refusé de signer le marché après négociation).

EXÉCUTION DES MARCHÉS PUBLICS DE TRAVAUX

60710 S'il ne faut pas confondre la notion de marché public de travaux et celle de marché de travaux publics (voir n° 58460), il est cependant utile de rappeler ici les règles de compétence juridictionnelle dégagée par la jurisprudence en ce qui concerne les marchés portant sur l'exécution de travaux publics. En effet, il n'est pas rare que ces règles soient applicables à des marchés publics de travaux.

Les marchés de travaux publics étant des contrats administratifs, les litiges nés de l'exécution de tels marchés et opposant des participants à l'exécution de ces travaux relèvent de la compétence de la juridiction administrative, sauf si les parties en cause sont unies par un contrat de droit privé (T. confl. 24-11-1997 n° 3060, Sté de Castro : RJDA 5/98 n° 664). Toutefois, pour que le litige relève du juge judiciaire, il ne suffit pas que les parties soient liées par un contrat de droit privé, il faut également que le litige porte sur l'exécution de ce contrat (T. confl. 8-2-2021 n° 4203, Sté Fayat Bâtiment c/ Sté Pro-fond : BPIM 6/21 inf. 368 ; T. confl. 10-1-2022 n° 4231, Sté XL Insurance Company SE : BPIM 2/22 inf. 122).

Le juge administratif est également compétent pour connaître de l'action du maître de l'ouvrage public contre un sous-traitant au motif que les intéressés ne sont pas liés par un contrat de droit privé et que le litige porte sur l'exécution d'une opération de travaux (T. confl. 2-6-2008 n° 3621, Souscripteurs des Lloyds de Londres c/ Cne de Dainville : RJDA 8-9/08 n° 971).

L'action du maître de l'ouvrage public **contre le maître d'œuvre** relève du juge administratif qui doit apprécier le montant du préjudice sans être tenu par l'évaluation faite par le juge judiciaire (CE 29-12-2006 n° 264720, Communauté de communes du canton de Saint-Jean-d'Angély : BPIM 3/07 inf. 195). Plus généralement, l'action en **responsabilité décennale** dirigée contre les constructeurs « pendant le délai d'épreuve de dix ans » ainsi que celle exercée contre le fabricant d'EPERS, pour voir consacrer sa « responsabilité solidaire… sur le fondement de l'article 1792-4 du Code civil », peuvent « être recherchées devant le juge administratif » (CE 21-10-2015 n° 385779, Cne de Tracy-sur-Loire : RDI 2015 p. 593 note H. de Gaudemar ; CE 4-4-2016 n° 394196, Sté Unibéton : BPIM 3/16 inf. 182).

En application de cette règle, les litiges entre **constructeurs de premier rang** qui s'appellent mutuellement en garantie sont de la compétence des juridictions administratives (Cass. 1e civ. 22-4-1997 n° 700 : Bull. civ. I n° 128 ; CE 5-3-1997 n° 126172, Ets Charvier ; CAA Nantes 4-3-2005 n° 04-410, Sté Cardinal et Sté Garel : BPIM 3/06 inf. 187, action d'un architecte contre l'entrepreneur principal et son sous-traitant). La solution est également applicable aux rapports entre le maître de l'ouvrage et l'entreprise, y compris lorsque celle-ci a été missionnée par l'État avant qu'il n'intervienne en tant que maître d'ouvrage délégué de la commune qui a recherché la responsabilité de cette entreprise (CE 30-6-1999 n° 163435, Cne de Voreppe : Lebon p. 225). Mais les litiges nés d'un **contrat passé par le délégataire d'un service public** avec une entreprise pour la réalisation de travaux sur l'ouvrage public qu'il est chargé d'exploiter sont de droit privé et relèvent de la compétence judiciaire (T. confl. 16-6-2014 n° 3944, Sté d'exploitation de la Tour Eiffel : BPIM 4/14 inf. 254). Il en va de même des litiges **entre l'entrepreneur et le sous-traitant** (T. confl. 6-11-2015 n° 4029 : BPIM 2/16 inf. 102 ; voir n° 54065). En revanche, le maître de l'ouvrage peut exercer une action en responsabilité extracontractuelle (quasi délictuelle, anciennement) contre le sous-traitant devant la juridiction administrative qui est compétente lorsque le sous-traitant a participé à la réalisation de travaux publics (CE 7-12-2015 n° 380419 : BPIM 1/16 inf. 26). Le juge administratif est également compétent pour statuer sur l'action du maître de l'ouvrage tendant à faire admettre la responsabilité solidaire du **fabricant de composants** sur le fondement de l'article 1792-4 du Code civil (CE 4-4-2016 nos 394196 et 394198 : BPIM 3/16 inf. 182).

JUGE PÉNAL

Le juge pénal peut être amené à sanctionner des **pratiques frauduleuses** relevant du droit pénal et de trois **infractions spécifiques** au droit des marchés publics de travaux : le délit de favoritisme (C. pén. art. 432-14) ; la corruption et le trafic d'influence (C. pén. art. 432-11) ; et la prise illégale d'intérêts (C. pén. art. 432-12). **60720**

2. CONTENTIEUX DE LA PASSATION DES MARCHÉS PUBLICS DE TRAVAUX

À l'occasion de la passation d'un marché, le juge administratif peut être saisi d'un recours de **plein contentieux** contre le marché, d'une action en **responsabilité délictuelle,** d'un recours pour **excès de pouvoir** ou d'une instance de **référé.** **60730**

a. Recours de plein contentieux contre le marché

CONTESTATION DE LA VALIDITÉ DU CONTRAT

Les **tiers lésés** par un contrat administratif peuvent former un recours de plein contentieux afin de contester la validité du contrat ou de certaines de ses clauses non réglementaires (CE ass. 4-4-2014 n° 358994, Dépt du Tarn-et-Garonne : BPIM 3/14 inf. 151). Ce recours est ouvert aux tiers sans considération de leur qualité. Il peut ainsi être exercé par tout concurrent évincé ou par tout autre tiers susceptible d'être lésé par le contrat. Il ne peut être formé qu'à l'encontre des contrats signés depuis le 4 avril 2014. Le Conseil d'État a précisé que le recours pouvait être exercé contre un avenant signé après le 4 avril 2014, même s'il concerne un contrat signé avant cette date (CE 20-11-2020 n° 428156, Association Trans'Cub : BPIM 1/21 inf. 36). **60732**

Le juge du contrat saisi d'un « recours Tarn-et-Garonne » peut retenir une mesure qui ne lui est pas demandée, sans pour autant statuer « au-delà de ce qui lui est demandé ».

En conséquence, même si le requérant s'est borné demander la résiliation du marché, le juge a éventuellement la faculté d'en prononcer l'annulation dès lors que les conditions requises sont réunies (CE 9-6-2021 n° 438047, Conseil national des barreaux : BPIM 4/21 inf. 255).

L'ouverture du recours est **strictement encadrée** par le Conseil d'État. Les tiers doivent justifier de leur **intérêt à agir** (CE 14-10-2015 n° 391183 : BPIM 6/15 inf. 387, qui admet l'intérêt à agir du sous-traitant d'un candidat à un marché public dont l'offre a été rejetée et lui reconnaît la possibilité de contester le marché conclu). Jugé par exemple que, si un marché public d'assistance à maîtrise d'ouvrage confie à son titulaire la rédaction d'actes juridiques, cette circonstance ne permet pas de reconnaître au Conseil national des barreaux un intérêt suffisant pour demander l'annulation du contrat (CE 20-7-2021 n° 443346, Sté Espélia : BPIM 5/21 inf. 331).

Par ailleurs, les tiers ne peuvent invoquer que les **vices en rapport direct avec l'intérêt lésé** dont ils se prévalent ou ceux d'une gravité telle que le juge devrait les relever d'office (CE ass. 4-4-2014 n° 358994, Dépt du Tarn-et-Garonne précité).

Ainsi, les **concurrents évincés** ne peuvent-ils **se prévaloir** que des seuls manquements aux règles de passation du marché qui sont en rapport direct avec leur éviction (CE 5-2-2016 n° 383149, Syndicat mixte des transports en commun Hérault Transport : BPIM 2/16 inf. 103). Ils ne sont donc pas recevables à critiquer l'appréciation portée sur les autres offres et, notamment, à soutenir que ces offres auraient dû être écartées comme irrégulières ou inacceptables. En effet, un tel manquement n'est pas en rapport direct avec l'éviction du candidat et ne constitue pas non plus un vice d'ordre public que le juge devait relever d'office (CE 9-11-2018 n° 420654, Sté Cerba : BPIM 6/18 inf. 408).

60733 Le « recours Tarn-et-Garonne » doit être exercé, y compris si le contrat contesté est relatif à des travaux publics, dans un délai de 2 mois à compter de l'accomplissement de la publication de l'avis d'attribution du marché mentionnant la conclusion du contrat et les modalités de sa consultation. La circonstance que l'avis ne précise pas la date de la conclusion du contrat est sans incidence sur le point de départ du délai qui court à compter de la publication (CE 3-6-2020 n° 428845, Centre hospitalier d'Avignon : BPIM 4/20 inf. 250). En revanche, le délai ne peut commencer à courir que si l'avis d'attribution indique au moins l'objet du contrat et l'identité des parties contractantes, ainsi que les coordonnées postales ou électroniques du service auprès duquel le contrat peut être consulté (CE 19-7-2023 n° 465308, Sté Seateam Aviation : RJDA 12/23 n° 652).

Lorsque le délai de 2 mois n'a pas pu courir, faute pour l'administration d'avoir mis en œuvre une publicité adéquate, le recours des tiers contre le marché public de travaux peut être exercé dans le délai d'un an à compter de la date à laquelle il est établi que les requérants ont eu connaissance de sa conclusion (CE 19-7-2023 n° 465308, Sté Seateam Aviation précité).

Le recours gracieux formé par le candidat évincé auprès de la collectivité dans le même délai **interrompt** le délai du recours contentieux (CE 20-12-2019 n° 419993, Communauté de communes de Sélestat).

ATTENTION

Lorsque le juge administratif a annulé un marché à la demande d'un candidat évincé sans avoir appelé à l'instance le **titulaire du marché,** ce dernier peut former **tierce opposition,** la collectivité publique ne pouvant pas être regardée comme représentant de son cocontractant à l'instance (CE 19-4-2017 n° 401539, Sté ACS : BPIM 3/17 inf. 211).

60734 Les membres de l'organe délibérant d'une **collectivité territoriale** peuvent **former un recours** de pleine juridiction pour contester la validité d'un contrat administratif. Ils ont en raison même de leur statut, un intérêt à agir, sans avoir à prouver la lésion d'un intérêt particulier. Lorsqu'ils ont été régulièrement convoqués à la séance où a été discutée et adoptée la délibération autorisant la conclusion d'un contrat, ils sont réputés avoir eu connaissance de celui-ci s'ils ont été mis à même, à l'occasion de cette séance, de s'informer de ses principales caractéristiques (c'est-à-dire l'objet du contrat et l'identité des parties contractantes au moins). Cette connaissance déclenche le délai de recours contentieux de deux mois (CAA Nantes 13-11-2023 n° 22NT01435). Ce recours peut être assorti d'une demande tendant à la suspension de l'exécution du contrat en application de l'article L 521-1 du Code de justice administrative. Le prononcé de la suspension est subordonné à deux conditions : la légalité de l'acte attaqué doit soulever des doutes sérieux et il doit être établi que l'urgence de la situation nécessite la suspension de l'exécution du contrat. La condition d'urgence est remplie lorsque le coût des travaux qui font l'objet d'un marché public risque d'affecter de façon substantielle les finances de la collectivité ou du groupement concerné et que l'engagement des travaux est imminent et difficilement réversible (CE 18-9-2017 n° 408894 : BPIM 6/17 inf. 410).

› Précisions Quand un marché public signé par une collectivité territoriale lui est transmis dans le cadre de la procédure du **déféré,** le préfet peut obtenir du tribunal administratif l'annulation d'un contrat passé illégalement. Ce recours relève du contentieux de pleine juridiction (CE 23-12-2011 n° 348647, Min. intérieur : BPIM 2/12 inf. 125). Lorsque, préalablement au recours, le préfet adresse à la collectivité un recours gracieux, celui-ci interrompt le délai qui lui est imparti pour saisir le tribunal administratif (CE 28-6-2019 n° 420776, Sté Plastic omnium Systèmes urbains : BPIM 4/19 inf. 258). Le préfet peut aussi agir, avant la signature du marché, sur le fondement du référé précontractuel (CE 14-1-1998 n° 155409, conseil régional de la région Centre : Lebon p. 7).

CONTESTATION DU REFUS DE RÉSILIATION DU CONTRAT

Dans la ligne de la jurisprudence « Tarn-et-Garonne », le Conseil d'État a **étendu le recours** de pleine juridiction des tiers à l'hypothèse d'un refus de la résiliation du contrat (CE sect. 30-6-2017 n° 398445, Syndicat mixte de promotion de l'activité transmanche : BPIM 4/17 inf. 276). Jusque-là, les tiers ayant intérêt à ce qu'il soit mis fin à l'exécution d'un contrat pouvaient uniquement former un recours pour excès de pouvoir aux fins d'annulation de la décision de la collectivité publique refusant la résiliation du contrat (CE sect. 24-4-1964 n° 53518, Sté de livraisons individuelles et commerciales : Lebon p. 239). **60735**

Comme dans le cas du recours en contestation de la validité du contrat, les tiers doivent être **lésés** dans leurs intérêts de façon suffisamment directe et certaine par le refus de résiliation (CE 24-10-2023 n° 470101, Sté Culturespaces : RJDA 1/24). En outre, ils ne peuvent **invoquer que** trois séries de moyens : la personne publique était tenue de mettre fin à l'exécution du contrat en raison des dispositions législatives applicables ; le contrat est entaché d'irrégularités qui sont de nature à faire obstacle à la poursuite de son exécution et que le juge est tenu de relever d'office ; la poursuite de l'exécution du contrat est manifestement contraire à l'intérêt général (CE sect. 30-6-2017 n° 398445, Syndicat mixte de promotion de l'activité transmanche : BPIM 4/17 inf. 276). Le juge de cassation contrôle la qualification juridique à laquelle se livrent les juges du fond pour déterminer si les irrégularités invoquées sont constitutives d'inexécution d'obligations contractuelles justifiant la résiliation du contrat (CE 30-11-2018 n° 416628, Groupement périphérique des huissiers de justice : BPIM 1/19 inf. 36).

› Précisions La **méconnaissance des règles de publicité** et de mise en concurrence ne peut pas être invoquée par un tiers à l'appui d'un recours de pleine juridiction tendant à ce qu'il soit mis fin à l'exécution d'un contrat administratif (CE 12-4-2021 n° 436663, Sté Île de Sein Énergies : BPIM 3/21 inf. 188, rendu à propos d'un contrat de concession mais transposable à un marché public de travaux).

b. Action en responsabilité délictuelle

Le candidat à l'attribution d'un marché public peut, s'il a été **illégalement évincé,** obtenir **réparation** du préjudice que lui cause son éviction. **60736**

Il est évidemment nécessaire que l'irrégularité soit la cause directe de l'éviction du candidat (CE 10-2-2017 n° 393720 : BPIM 2/17 inf. 109).

Il faut, de plus, que le préjudice invoqué présente un caractère suffisamment certain. Cette condition s'apprécie par rapport aux chances que l'entreprise avait d'obtenir le contrat (CE 18-6-2003 n° 249630, Groupement d'entreprises solidaires Etpo Guadeloupe : RJDA 10/03 n° 953 ; CE 8-2-2010 n° 314075, Cne de La Rochelle : BPIM 4/10 inf. 291 ; CE 28-2-2020 n° 426162, Sté Régal des Iles : BPIM 2/20 inf. 113). Ainsi, la jurisprudence distingue-t-elle **trois** sortes de **situations** :

– une indemnité doit être refusée au candidat qui n'avait aucune chance d'être déclaré attributaire : tel est le cas d'un candidat dont l'offre est irrégulière (CE 8-10-2014 n° 370990, Sivom de Saint-François-Longchamp Montgellafrey : RJDA 6/15 n° 418 ; CE 18-12-2020 n° 429768, Sté Architecture Studio : BPIM 1/21 inf. 35) ;

– celui qui n'était pas « dépourvu de toute chance » a droit au remboursement des dépenses qu'il a engagées pour soumissionner ;

– mais, seule, une chance « sérieuse » de remporter le contrat permet de prétendre à l'indemnisation du manque à gagner.

Ce manque à gagner doit être déterminé en prenant en compte le bénéfice net qu'aurait procuré ce marché à l'entreprise (CE 19-1-2015 n° 384653, Sté Spie Est : BPIM 2/15 inf. 112). Il inclut nécessairement les frais de présentation de l'offre puisqu'ils ont été intégrés dans les charges du candidat (CE 25-11-2021 n° 454466, Collectivité de Corse). Si le marché est susceptible de faire l'objet d'une ou plusieurs reconductions, le manque à gagner est calculé sur la base des bénéfices que l'entreprise en aurait retirés au cours de la période initiale du contrat, mais non de ceux à la faveur d'éventuelles reconductions (CE 2-12-2019 n° 423936, Groupement de coopération sanitaire du Nord-Ouest Touraine : BPIM 1/20 inf. 37). Le juge ne doit pas tenir compte de la circonstance que l'entreprise ait pu obtenir d'autres marchés dont l'attribution s'est traduite par une progression de son chiffre d'affaires au cours de la période postérieure à son éviction illégale (CE 27-1-2006 nº 259374, Cne d'Amiens : BPIM 2/06 inf. 115).

c. Recours pour excès de pouvoir

60737 Tout en ouvrant aux tiers un recours de plein contentieux leur permettant de contester la validité d'un contrat administratif, la jurisprudence « Tarn-et-Garonne » (CE ass. 4-4-2014 nº 358994, Dépt du Tarn-et-Garonne : BPIM 3/14 inf. 151), les a privés de la possibilité, dont ils disposaient auparavant, de former un recours pour excès de pouvoir contre les **actes détachables** du contrat. Mais cette solution a été remise en cause par la suite. Ainsi, les tiers sont-ils de nouveau admis à demander l'annulation pour excès de pouvoir :

– de la décision par laquelle l'autorité compétente approuve le contrat (CE 23-12-2016 nº 392815, Association études et consommation CFDT du Languedoc-Roussillon : RJDA 4/17 nº 243). Mais, à l'appui d'un tel recours, seules peuvent être soulevées des illégalités entachant l'acte d'approbation, à l'exclusion de celles qui affectent le contrat lui-même (CE 27-1-2023 nº 462752 : RJDA 4/23 nº 194, 1e esp.). Le Conseil d'État a précisé que l'acte d'approbation est nécessairement un acte émanant d'une autorité distincte de la personne publique contractante et nécessaire à l'entrée en vigueur d'un contrat déjà signé (CE 2-12-2022 nº 454318 : BPIM 1/23 inf. 32).

– des clauses réglementaires contenues dans le contrat (CE 9-2-2018 nº 404982, Communauté d'agglomération Val d'Europe agglomération : RJDA 8-9/18 nº 639).

> **Précisions** Le recours pour excès de pouvoir contre la décision d'attribution d'un marché public de travaux doit être introduit dans le **délai** de 2 mois à compter de la publication de cette décision (CAA Nantes 5-2-1998 nº 96NT00149, Conseil régional de l'ordre des architectes de Basse-Normandie : Lebon T. p.). Cette solution ancienne conserve toute sa valeur pour l'application des règles actuelles de procédure (C. just. adm. art. R 421-1).

d. Référé précontractuel

60740 Le juge des référés du tribunal administratif peut être saisi **avant la conclusion du marché** en cas de **manquement aux obligations de publicité et de mise en concurrence** auxquelles est soumise la passation des marchés publics et des conventions de délégation de service public. Il statue dans le cadre d'une procédure principalement régie par le Code de justice administrative. Les marchés de travaux relèvent notamment des dispositions applicables aux marchés passés par les pouvoirs adjudicateurs (C. just. adm. art. L 551-1 s. et R 551-1 s.).

La procédure de référé précontractuel peut éventuellement **se combiner avec** celle du **référé-suspension** (C. just. adm. art. L 521-1). Ainsi, une demande de référé précontractuel et une demande de référé-suspension relative à un acte détachable du contrat peuvent être présentées simultanément, pourvu que ce soit au moyen de deux requêtes distinctes (CE 29-7-2002 nº 243686, Ville de Nice : RJDA 12/02 nº 1268).

RECEVABILITÉ DU RECOURS EN RÉFÉRÉ PRÉCONTRACTUEL

60745 Le recours peut être **introduit par** :

– toute personne ayant un intérêt à conclure le contrat et susceptible d'être lésée par le manquement invoqué, même si elle n'est pas candidate au marché (CE 29-4-2015 nº 386748, Syndicat de valorisation des déchets de la Guadeloupe : BPIM 3/15 inf. 189) ;

– le préfet, lorsque le contrat doit être conclu par une collectivité territoriale ou un établissement public local ;

– l'État, lorsque la Commission européenne lui a notifié les raisons pour lesquelles elle estime qu'une violation grave des obligations de publicité et de mise en concurrence a été commise.

Le juge des référés doit **rechercher si l'entreprise** qui le saisit est **susceptible d'avoir été lésée** ou risque de l'être du fait des manquements qu'elle invoque, eu égard à leur portée et au stade de la procédure auquel ils se rapportent, fût-ce de façon indirecte en avantageant une entreprise concurrente (CE sect. 3-10-2008 nº 305420, Smirgeomes : BPIM 6/08 inf. 435).

Le Conseil d'État considère que l'irrégularité de l'offre présentée par un candidat évincé ne l'empêche pas d'invoquer l'irrégularité de l'offre d'une entreprise concurrente à laquelle le marché a été attribué. Dégagée au sujet d'une instance de référé contractuel, cette solution vaut de façon analogue pour la procédure de référé précontractuel (CE 27-5-2020 nº 435982, Sté Clean Building : BPIM 4/20 inf. 252). Par cet arrêt, le Conseil d'État revient sur sa jurisprudence antérieure. Il considérait auparavant que le choix de l'offre présentée par un candidat irrégulièrement admis n'était pas de nature à léser l'entreprise évincée dont la candidature devait elle-même être écartée ou l'offre éliminée (CE 27-10-2011 nº 350935 : BPIM 6/11 inf. 457).

> **Précisions** **a.** Dans le cadre de la procédure de référé précontractuel, la circonstance qu'une société ne justifie pas, lorsqu'elle saisit le juge des référés, de la qualité de son **représentant légal pour engager cette action** n'est pas de nature à rendre sa requête irrecevable (CE 29-10-2007 n° 301065, Communauté d'agglomération du Pays Voironnais : BPIM 2/08 inf. 134).
> **b.** La circonstance qu'un opérateur économique évincé de l'attribution du contrat a **déjà introduit deux recours** en référé précontractuel ne fait pas obstacle à ce qu'il forme, tant que le délai de signature du contrat n'est pas expiré, un troisième recours en invoquant pour la première fois un manquement qu'il aurait pu soulever à l'appui de ses précédents recours (CE 8-12-2020 n° 440704, Sté Pompes funèbres funerarium Lemarchand : RJDA 5/21 n° 304).

EFFETS DU RECOURS EN RÉFÉRÉ PRÉCONTRACTUEL

L'auteur de la demande en référé précontractuel doit **notifier son recours** au pouvoir adjudicateur. La notification est réputée accomplie à la date de sa réception par le pouvoir adjudicateur ou par l'entité adjudicatrice (C. just. adm. art. R 551-1). L'introduction du recours **suspend** automatiquement la signature du marché et ce, jusqu'à la notification de la décision au pouvoir adjudicateur (C. just. adm. art. L 551-4). Cette mesure est prévue dans l'intérêt du demandeur afin d'éviter que le marché contesté ne soit prématurément signé à son détriment (CE 10-11-2010 n° 341132, Min. de la défense : BPIM 6/10 inf. 460). Lorsque l'auteur du recours notifie lui-même son recours en référé précontractuel au pouvoir adjudicateur, ce dernier doit suspendre la signature du marché public, même si le requérant n'a pas joint un justificatif du dépôt effectif de son recours (CE 25-6-2018 n° 417734, Sté hospitalière d'assurances mutuelles : BPIM 4/18 inf. 268). **60747**

La **méconnaissance,** par le pouvoir adjudicateur, **de l'obligation** de suspendre la conclusion du contrat ouvre la voie du recours en référé contractuel au demandeur qui a fait usage du référé précontractuel (C. just. adm. art. L 551-14).

> **Précisions** Le pouvoir adjudicateur peut **signer le contrat** dès qu'il a été informé par son avocat de l'intervention d'une ordonnance rejetant le recours en référé précontractuel (CE 8-12-2020 n° 440704, Sté Pompes funèbres funerarium Lemarchand : RJDA 5/21 n° 304).

INSTANCE DU RÉFÉRÉ PRÉCONTRACTUEL

Le juge des référés est saisi par une requête introductive d'instance. La jurisprudence lui impose de statuer à l'issue d'une **procédure contradictoire** (CE 27-7-2001 n° 232820, Sté Degrémont : RJDA 10/02 n° 1020) et après avoir mis les parties à même de présenter des observations orales au cours d'une séance publique (CE ass. 10-6-1994 n° 141633, Cne de Cabourg : Lebon p. 300). Lorsque les parties entendent soulever des moyens nouveaux, elles doivent les consigner par écrit (CE 19-4-2013 n° 365617, Cne de Mandelieu-la-Napoule : BPIM 3/13 inf. 191). **60750**

Lorsqu'une partie invoque le **secret commercial et industriel** pour refuser de communiquer au juge du référé précontractuel les documents lui permettant de forger sa conviction, le magistrat doit vérifier le bien-fondé de ce refus (CE 17-10-2016 n° 400172, Cne d'Hyères-les-Palmiers : BPIM 6/16 inf. 379). La circonstance que le juge s'est fondé sur des pièces qui ont été communiquées en violation du secret des affaires n'est pas de nature à entacher d'irrégularité son ordonnance, dès lors que ces pièces ont pu être discutées contradictoirement par les parties (CE 9-6-2021 n° 449643, Sté Lorany Conseils : BPIM 4/21 inf. 256).

Le juge doit, **avant de statuer,** respecter un **délai** de 16 jours à compter de la date d'envoi de la décision d'attribution du contrat aux candidats et soumissionnaires non retenus. Ce délai, dit de « standstill », est ramené à 11 jours si le pouvoir adjudicateur justifie que la décision d'attribution a été communiquée par voie électronique à l'ensemble des opérateurs économiques intéressés (C. just. adm. art. R 551-5).

CONTRÔLE DU JUGE DU RÉFÉRÉ PRÉCONTRACTUEL

Contrôle des informations fournies aux candidats Le contrôle du juge du référé précontractuel porte en premier lieu sur le **caractère complet** ou non des informations portées à la connaissance des candidats. Une information incomplète est susceptible de constituer un manquement alors même qu'elle ne défavorise pas l'un des candidats en particulier (CE 29-7-1998 n° 194412, Syndicat mixte des transports en commun de l'agglomération clermontoise). Même solution lorsque les informations sont contradictoires (CE 23-11-2011 n° 350519, Dépt des Bouches-du-Rhône : BPIM 1/12 inf. 33). En revanche, l'obligation d'information sur les critères d'attribution d'un marché ne s'étend pas aux éléments de la méthode retenue pour la notation au regard d'un critère donné (CE 25-3-2013 n°s 364951 et 364963, Sté Cophignon et OPH des Ardennes-Habitat 08 : BPIM 3/13 inf. 188). **60755**

Le juge du référé précontractuel doit contrôler aussi le caractère suffisant du **délai de consultation** accordé aux candidats au regard de la complexité du marché et ne pas se borner à vérifier le respect du délai minimal prévu par la réglementation (CE 11-7-2018 nº 418021, Communauté d'agglomération du Nord Grande-Terre : BPIM 5/18 inf. 349).

Constitue également une atteinte aux obligations de publicité qui relève du référé précontractuel, le **défaut de notification des motifs de rejet** d'une candidature (CE 21-1-2004 nº 253509, Sté Aquitaine Démolition : BPIM 4/04 inf. 224). Lorsque la contestation porte sur les sous-critères retenus pour l'évaluation de certains critères, le candidat évincé qui saisit le juge des référés précontractuel peut obtenir de celui-ci qu'il enjoigne au pouvoir adjudicateur de lui communiquer les éléments retenus au bénéfice de la société attributaire du marché (CE 7-11-2014 nº 384014, Syndicat départemental de traitement des déchets ménagers de l'Aisne : BPIM 1/15 inf. 40).

Aucun manquement aux obligations de publicité ne peut être retenu si l'ensemble des informations exigées a été communiqué au candidat évincé à la date à laquelle statue le juge du référé précontractuel et si le délai écoulé entre cette communication et la date de l'ordonnance du juge a été suffisant pour permettre au candidat de contester utilement son éviction (CE 27-9-2024 nº 490697, Région Guadeloupe).

60756 **Contrôle des exigences imposées aux candidats** Lorsqu'elles ont pour effet de limiter la concurrence en restreignant le nombre des candidats possibles, les exigences imposées aux candidats doivent être objectivement rendues **nécessaires** par l'objet du marché et la nature des prestations à réaliser (CE 6-3-2009 nº 315138, Cne de Savigny-sur-Orge : BPIM 2/09 inf. 122 ; CE 7-5-2013 nº 365706, Sté Segex Aximum : BPIM 4/13 inf. 260). Les exigences du pouvoir adjudicateur qui sont conformes au droit de la commande publique s'imposent aux candidats et au juge saisi (CE 11-4-2012 nº 355564, Min. défense : BPIM 3/12 inf. 230).

Pour faire échec au référé précontractuel, le pouvoir adjudicateur ne peut pas se prévaloir de ce que la candidature du demandeur était irrecevable faute de comporter toutes les pièces requises ; ce moyen est sans valeur, dès lors qu'au cours de la procédure de passation la candidature n'a ni été rejetée ni donné lieu à une invitation à la régulariser (CE 3-12-2014 nºs 384180 et 384222, Dépt de Loire-Atlantique et Eiffage construction Pays de la Loire : BPIM 1/15 inf. 39).

60757 **Contrôle des motifs de recevabilité ou d'exclusion d'un candidat** Le juge du référé précontractuel contrôle les motifs de l'exclusion d'un candidat (CE 29-7-1998 nº 177952, Min. justice c/ Sté Genicorp : RJDA 2/99 inf. 171 ; CE 3-3-2004 nº 258602, Cne de Châteaudun : RJDA 7/04 nº 807) et aussi ceux qui ont justifié la recevabilité d'une candidature (CE 6-10-2004 nº 263083, Sté « La communication hospitalière » : BPIM 1/05 inf. 30 ; CE 29-5-2013 nº 366606, min. intérieur c/ Sté Artéis : BPIM 4/13 inf. 259). Le référé précontractuel permet également d'apprécier la recevabilité de la candidature d'une entreprise en redressement judiciaire (CE 26-3-2014 nº 374387, Cne de Chaumont : BPIM 3/14 inf. 178).

Il n'appartient pas au juge des référés d'examiner l'**appréciation portée par l'administration,** à l'issue de la consultation des offres, sur les mérites respectifs des candidats (CE 29-7-1998 nº 194412, Syndicat mixte des transports en commun de l'agglomération clermontoise : BPIM 6/98 inf. 396, 2e esp.) ni l'appréciation portée par le pouvoir adjudicateur sur la valeur des offres (CE 20-1-2016 nº 394133 : BPIM 2/16 inf. 107).

Mais le juge peut sanctionner :

– l'appréciation portée par le pouvoir adjudicateur sur les garanties et compétences techniques d'un candidat si cette appréciation est entachée d'une erreur manifeste (CE 17-9-2014 nº 378722, Sté Delta Process : BPIM 6/14 inf. 386, erreur manifeste non retenue en l'espèce) ;

– une décision qui retient un candidat en se fondant sur l'appréciation d'une commission technique, qui contrairement au jury institué par la réglementation, a un caractère purement officieux (CE 25-6-2004 nº 263404, Min. affaires étrangères c/ Soler : RJDA 12/04 nº 1320) ;

– la décision d'un maître d'ouvrage qui retient une candidature alors que celle-ci ne présente pas des garanties suffisantes (CE 28-4-2006 nº 286443, Sté Abraham Bâtiment Travaux Publics : BPIM 3/06 inf. 188) ;

– la méconnaissance du principe d'impartialité résultant de la participation à la procédure d'appel d'offres de l'ancien responsable de la société attributaire du marché (CE 14-10-2015 nº 390968 : BPIM 6/15 inf. 389).

Le juge des référés peut également **substituer un motif valable** au motif illégal opposé par le pouvoir adjudicateur pour justifier le rejet d'une candidature (CE 17-6-2015 nº 388596, Cne de Montpellier : BPIM 4/15 inf. 251).

Contrôle de la compétence des personnes publiques Lorsque le **candidat** est une personne morale de droit public, le juge du référé précontractuel doit vérifier que l'exécution du marché entre dans le champ de sa compétence, et s'il s'agit d'un établissement public, ne méconnaît pas le principe de spécialité auquel il est tenu (CE 18-9-2015 nº 390041, Ass. de gestion du Conservatoire national des arts et métiers des Pays de la Loire : BPIM 6/15 inf. 388). Cet arrêt revient sur une jurisprudence antérieure qui refusait au juge du référé précontractuel la possibilité d'exercer un tel contrôle (CE 21-6-2000 nº 209319 : RJDA 3/01 nº 294, à propos de la candidature d'un établissement public). 60758

En revanche, Il n'appartient pas au juge du référé précontractuel de contrôler la compétence de l'**acheteur public** qui lance la procédure et de vérifier si, au regard de l'objet du contrat dont la passation est engagée, il est, à la date où il signe le contrat, effectivement compétent pour le faire (CE 30-6-1999 nº 198993, Demathieu et Bard : RJDA 10/99 nº 1075, 2e esp.). Le Conseil d'État a confirmé cette solution en précisant que, si la procédure de passation est engagée et conduite par une personne publique qui n'est pas encore compétente pour signer le contrat, cette circonstance n'est pas de nature à entacher d'irrégularité la procédure (CE 9-6-2020 nº 436922, Métropole Nice-Côte d'Azur : BPIM 4/20 inf. 253, arrêt concernant une délégation de service public).

Le juge du référé précontractuel n'a pas à vérifier non plus qu'un marché public entre dans l'objet social d'une **personne morale de droit privé** candidate, sauf si un texte législatif ou réglementaire définit précisément son objet social et ses missions (CE 4-5-2016 nº 396590 : BPIM 4/16 inf. 254).

Autres contrôles opérés par le juge du référé précontractuel Le contrôle du juge du référé précontractuel peut porter sur la validité d'une **clause d'interprétariat** d'un marché public qui impose aux entreprises candidates le recours à un interprète pour exposer aux salariés non francophones embauchés sur le chantier leurs droits sociaux et les règles de sécurité à respecter. Le Conseil d'État a admis la licéité d'une telle clause à deux conditions : elle doit présenter un lien suffisant avec l'objet du contrat ; lorsqu'elle est susceptible de restreindre l'exercice effectif d'une liberté fondamentale garantie par le droit de l'Union européenne, elle doit poursuivre un objectif d'intérêt général dont elle garantit la réalisation sans excéder ce qui est nécessaire pour atteindre cet objectif (CE 4-12-2017 nº 413366, Préfet de la région Pays de la Loire : BPIM 1/18 inf. 32). 60759

Saisi d'un moyen tiré de l'irrégularité de la décision de ne pas **allotir le marché,** le juge du référé précontractuel doit vérifier si l'analyse à laquelle le pouvoir adjudicateur a procédé pour décider de ne pas allotir et les justifications qu'il fournit ne sont pas entachées d'appréciations erronées (CE 25-5-2018 nº 417428, OPH Hauts-de-Seine Habitat : BPIM 4/18 inf. 269). En cas d'allotissement, son contrôle est limité à l'erreur manifeste d'appréciation sur le nombre et la consistance des lots (même décision).

Le juge du référé précontractuel peut contrôler la validité du **recours à la procédure de dialogue compétitif** (CE 11-3-2013 nº 364551, Assemblée des chambres françaises de commerce et d'industrie : BPIM 3/13 inf. 192).

DÉCISION DU JUGE DU RÉFÉRÉ PRÉCONTRACTUEL

Le juge du référé précontractuel **statue** « en la forme des référés ». Sa décision n'a donc pas à être précédée des conclusions d'un rapporteur public. Le juge doit statuer dans les 20 jours (C. just. adm. art. R 551-5). 60760

Il a le pouvoir de prendre des **mesures provisoires** (C. just. adm. art. L 551-2, I-al. 1) :
– ordonner à l'auteur du manquement de se conformer à ses obligations ;
– suspendre la passation et l'exécution du contrat.

Toutefois, ces mesures doivent être écartées si leurs conséquences négatives pourraient l'emporter sur leurs avantages.

Le juge du référé peut également prononcer des **mesures définitives** (C. just. adm. art. L 551-2, I-al. 2) :
– l'annulation des décisions qui se rapportent à la passation du contrat ;
– la suppression des clauses ou prescriptions destinées à figurer dans le contrat quand elles méconnaissent les obligations de publicité et de mise en concurrence.

Toutes les mesures qui viennent d'être énumérées peuvent être **prononcées d'office** par le juge après que les parties en aient été préalablement informées et invitées à présenter leurs observations (C. just. adm. art. L 551-2 et R 551-4).

Le juge dispose de **prérogatives** importantes. Il peut, quand les circonstances le justifient, décider d'annuler une procédure même s'il n'est saisi que d'une demande de suspension (CE 20-10-2006 n° 289234, Cne d'Andeville : BPIM 1/07 inf. 34). S'il doit informer préalablement les parties lorsqu'il prononce une mesure d'office, il n'est pas tenu de le faire lorsqu'il exerce les pouvoirs qu'implique, explicitement ou implicitement, la demande qui le saisit (CE 23-11-2011 n° 350519, Dépt des Bouches-du-Rhône : BPIM 1/12 inf. 34).

De la même manière, le juge peut prononcer l'annulation de la totalité de la procédure, dès lors qu'il constate que sa poursuite partielle ne permettrait pas d'assurer le respect des obligations de mise en concurrence (CE 15-12-2006 n° 298618, Sté Corsica Ferries : BPIM 2/07 inf. 119, pour une délégation de service public de lignes de transport maritime). L'annulation de la procédure doit être adaptée à la nature du manquement ; elle n'est que partielle si elle peut être limitée à une partie de la procédure (CE 5-6-2007 n° 305280, Sté Corsica Ferries : RJDA 10/07 n° 962, 2e esp.). Ainsi, lorsque le manquement relevé se rapporte à la seule phase de sélection des offres, la procédure n'est annulable qu'à compter de l'examen de ces offres (CE 30-9-2011 n° 350153, Dépt de la Haute-Savoie : BPIM 6/11 inf. 459).

La décision définitive rendue par le juge est susceptible de **recours en cassation** devant le Conseil d'État dans les 15 jours de sa notification (C. just. adm. art. R 551-6). Même au-delà du délai de validité des offres, le pourvoi en cassation est ouvert contre l'ordonnance de référé précontractuel annulant la procédure de passation du marché (CE 10-4-2015 n° 386912, Centre hospitalier territorial de Nouvelle-Calédonie : BPIM 3/15 inf. 188).

> Précisions **a.** La **procédure** du référé précontractuel ne peut plus être exercée et devient **sans objet** dans deux cas :
– si l'administration déclare sans suite sa procédure d'appel d'offres (CE 26-5-1999 n° 175803, Sté Steelcase Strafor : BPIM 4/99 inf. 288, 1e esp.) ;
– après la conclusion du contrat (CE 3-11-1995, Sté Stentofon communications : Lebon p. 393 ; CE 3-11-1995, Chambre de commerce et d'industrie de Tarbes et des Hautes-Pyrénées : Lebon p. 394 ; CE 21-6-1996, Collinet : RJDA 8-9/96 n° 1047). Dans ce cas, le juge doit prononcer un non-lieu à statuer (CE 29-3-2004 n° 258114, Communauté de communes du centre littoral : BPIM 5/04 inf. 288, 1e esp.). Si le contrat est signé après que le président a statué, le recours en cassation devant le Conseil d'État est sans objet (CE 14-11-1997 n° 179083, Dépt des Alpes-de-Haute-Provence : BPIM 1/98 inf. 22 ; CE 28-12-2001 n° 223047, Lacombe : BPIM 3/02 inf. 182).

b. Une entreprise qui conteste la partie commune de la procédure d'attribution d'un **marché divisé en lots** est recevable à demander l'annulation de tous les lots alors même qu'elle n'a vocation à se voir attribuer que certains d'entre eux (CE 11-5-2007 n° 298863, Région Guadeloupe).

c. Le juge qui a annulé la procédure de passation d'un marché public de travaux dans le cadre d'un référé précontractuel peut, sans méconnaître le **principe d'impartialité**, prononcer, en application de l'article L 521-1 du Code de justice administrative, la suspension du marché attribué après la reprise de la procédure de passation du marché (CE 19-1-2015 n° 385634, Sté Ribière : BPIM 2/15 inf. 113).

e. Référé contractuel

CHAMP D'APPLICATION DU RÉFÉRÉ CONTRACTUEL

60765 Le référé contractuel est un recours en **contestation de la validité du contrat.** Il constitue une procédure d'urgence qui s'inscrit dans le prolongement du référé précontractuel. Il est principalement régi par le Code de justice administrative (art. L 551-13 s. et R 551-7 s.).

Son champ d'application est limité par les **exclusions** visées à l'article L 551-15 du Code de justice administrative (contrat dont la passation n'est pas soumise à une obligation de publicité préalable et ses variantes ; contrat fondé sur un accord-cadre ou un système d'acquisition dynamique et ses variantes).

Le référé contractuel est **ouvert,** après la signature du contrat, aux mêmes **catégories de personnes** que le référé précontractuel (C. just. adm. art. L 551-14, al. 1). En pratique, il s'agit du préfet et des candidats évincés qui n'ont pas été mis à même de saisir en temps utile le juge du référé précontractuel (CE 19-1-2011 n° 343435, Grand port maritime du Havre : RJDA 3/11 n° 236, 1e esp.).

Le **délai** de recours est de 31 jours à compter de la publication de l'avis d'attribution du contrat ou de la notification de la conclusion du contrat ; le délai ne court que si cette notification mentionne le nom du titulaire et les motifs ayant conduit au choix de l'offre ; à défaut de publication ou de notification, le délai est de 6 mois à compter de la conclusion du contrat (C. just. adm. art. R 551-7).

Le juge **statue** dans le mois de la demande (C. just. adm. art. R 551-9) ; sa décision est susceptible de recours en cassation devant le Conseil d'État dans un délai de 15 jours (C. just. adm. art. R 551-10).

Le recours en référé contractuel est déclaré **recevable** si le demandeur n'a pas reçu certaines informations le mettant en mesure de présenter utilement une demande de référé précontractuel. Tel est le cas lorsque le pouvoir adjudicateur : 60767
– n'a pas fait connaître au concurrent évincé les motifs du rejet de son offre (CE 10-11-2010 n° 340944, France Agrimer : RJDA 3/11 n° 236, 2e esp.) ;
– ou ne lui a pas indiqué la durée du délai de « standstill » au cours duquel le contrat a été conclu (CE 24-6-2011 n° 346665, OPH interdépartemental de l'Essonne, du Val-d'Oise et des Yvelines : BPIM 4/11 n° 294 ; CE 17-6-2015 n° 388457, Sté Proxiserve : BPIM 4/15 inf. 252).

Le référé contractuel est en revanche **fermé aux parties** qui ont auparavant formé un référé précontractuel, dès lors que le pouvoir adjudicateur a respecté le délai de différé de signature ayant pour point de départ la saisine du juge des référés et qu'il s'est conformé à la décision juridictionnelle rendue sur le recours (C. just. adm. art. L 551-14, al. 2).

Il est également irrecevable si la demande de référé précontractuel n'a pas été notifiée au pouvoir adjudicateur et si ce dernier a conclu le contrat dans l'ignorance de cette demande (CE 30-9-2011 n° 350148, Cne de Maizières-Metz : BPIM 6/11 inf. 458). La jurisprudence a admis que le pouvoir adjudicateur ne devait pas être considéré comme ignorant l'existence du recours lorsqu'il en a été informé par le greffe du tribunal (CE 5-3-2014 n° 374048 : BPIM 2/14 inf. 109). Il a été jugé qu'était valable une notification envoyée par mail au service compétent du pouvoir adjudicateur, peu important que cette notification ait été faite en dehors des horaires d'ouverture du service (CE 14-2-2017 n° 403614 : BPIM 2/17 inf. 110).

Le référé contractuel est également fermé au candidat dont la demande de référé précontractuel était irrecevable (CE 24-5-2017 n° 407047, Ville de Paris : BPIM 4/17 inf. 274).

DÉCISION DU JUGE DU RÉFÉRÉ CONTRACTUEL

Encore que les dispositions du Code de justice administrative ne soient pas très explicites, il faut considérer que les mesures prononcées par le juge du référé contractuel ont pour objet de sanctionner les **manquements** du pouvoir adjudicateur aux **obligations de publicité et de mise en concurrence.** Il a été jugé que juge du référé contractuel n'est compétent pour statuer sur un avenant à un contrat que si sa conclusion était soumise aux règles de publicité et de concurrence (CE 16-5-2022 n° 459408, Sté Hospitalière d'assurances mutuelles : BPIM 4/22 inf. 289). 60770

Les **pouvoirs du juge** se trouvent renforcés en présence d'irrégularités particulièrement graves. Les mesures susceptibles d'être ordonnées se répartissent en trois ensembles.

Le juge du référé peut, pendant la durée de l'instance, **suspendre** l'exécution du contrat. C'est une mesure purement conservatoire que le magistrat a la faculté de prescrire, sauf si, au terme d'un bilan de ses avantages et de ses inconvénients, il apparaît que les seconds l'emportent sur les premiers (C. just. adm. art. L 551-17).

Constitue, en revanche, une mesure définitive le prononcé de la **nullité du contrat.** Elle est envisagée dans deux séries d'hypothèses (C. just. adm. art. L 551-18) :
– lorsqu'aucune des formalités requises pour la passation du contrat n'a été accomplie ou qu'a été omise une publication obligatoire au JOUE ;
– lorsque le contrat a été signé avant le délai de différé de signature. Il est alors nécessaire que la signature prématurée du contrat ait eu pour effet d'empêcher le concurrent évincé de présenter une demande de référé précontractuel et que les obligations de publicité et de mise en concurrence aient été méconnues d'une manière affectant les chances du demandeur d'obtenir le contrat.

Enfin, d'autres mesures définitives consistent à prescrire la **résiliation** du contrat, à **réduire sa durée** ou encore à infliger une **pénalité financière** au pouvoir adjudicateur. Elles peuvent être ordonnées :
– si le prononcé de la nullité du contrat se heurte à une raison impérieuse d'intérêt général (C. just. adm. art. L 551-19) ;
– si le contrat a été signé avant l'expiration du délai de différé de signature, sans que, pour autant, le demandeur ait été empêché de saisir le juge du référé précontractuel et sans qu'il ait été lésé par un manquement aux règles de publicité et de mise en concurrence (C. just. adm. art. L 551-20).

Le montant des pénalités financières doit prendre en compte de manière proportionnée leur objet dissuasif, sans pouvoir excéder 20 % du montant HT du contrat (C. just. adm. art. L 551-21). Il est nécessaire que l'appréciation du juge se fonde notamment sur la gravité du manquement commis, son caractère plus ou moins délibéré, la plus ou moins grande capacité du pouvoir adjudicateur à connaître et à mettre en œuvre ses obligations, ainsi que les caractéristiques du contrat (CE 25-1-2019 n° 423159, Sté Bureau européen d'assurance hospitalière : BPIM 2/19 inf. 108).

Toutes les mesures qui viennent d'être énumérées peuvent être **prononcées d'office** par le juge après que les parties en aient été préalablement informées et invitées à présenter leurs observations (C. just. adm. art. L 551-21 et R 551-8).

Le juge statue dans le mois de la demande (C. just. adm. art. R 551-9) ; sa décision est susceptible de **recours en cassation** devant le Conseil d'État dans un délai de 15 jours (C. just. adm. art. R 551-10).

> **Précisions a.** Il a été admis, sur le fondement de l'ancien Code des marchés publics, que l'**absence de publication de l'avis d'attribution** du marché n'est pas un motif d'annulation de ce marché (CE 29-5-2013 n° 365954, Sté Delta Process : RJDA 6/14 n° 518, 2e esp.).
> **b.** L'entreprise dont le contrat est écarté par le juge du référé contractuel peut prétendre, y compris en cas d'annulation du contrat, à une **indemnisation** sur le terrain quasi contractuel s'il justifie d'un lien direct entre la faute de l'administration et son préjudice (CE 6-10-2017 n° 395268, Sté Cegelec Sud-ouest : BPIM 6/17 inf. 411).

3. CONTENTIEUX DE L'EXÉCUTION DES MARCHÉS PUBLICS DE TRAVAUX

ACTION CONTRACTUELLE

60775 **En référé,** le juge peut ordonner une expertise (C. just. adm. art. R 532-1 s.) ou une mesure conservatoire (C. just. adm. art. L 521-3). Il peut aussi accorder une provision au créancier (C. just. adm. art. R 541-1 s.).

Au fond, le juge connaît de tout le contentieux lié au contenu ou à l'exécution du marché : spécifications techniques justifiées (CE 10-2-2016 n° 382148 : BPIM 2/16 inf. 104), litiges relatifs aux délais d'exécution (nos 60200 s.), résiliation du marché (nos 60450 s.), recours en reprise des relations contractuelles (n° 60465), litiges relatifs aux conditions de règlement des travaux (nos 60300 s.), action en annulation du marché pour pratiques anticoncurrentielles constitutives d'un dol (CE 10-7-2020 n° 420045, Sté Lacroix Signalisation : BPIM 5/20 inf. 318 ; CE 17-6-2022 n° 454189, Sté Lacroix City Saint-Herblain : BPIM 4/22 inf. 290), etc.

60780 **Contestation de la validité du contrat** Les parties à un contrat administratif peuvent saisir le juge d'un recours de plein contentieux, dit « **Béziers I** », aux fins de contester la validité du contrat qui les lie (CE ass. 28-12-2009 n° 304802, Cne de Béziers : BPIM 3/10 inf. 217). Le juge doit, notamment, apprécier l'importance des irrégularités invoquées devant lui au regard du principe de loyauté des relations contractuelles et décider du sort du contrat en tenant compte de l'objectif de stabilité des relations contractuelles.

Cette action est ouverte aux parties pendant toute la **durée d'exécution du contrat** (CE 1-7-2019 n° 412243, Association pour le musée des îles Saint-Pierre et Miquelon : RJDA 4/20 n° 245).

Dans le cadre du recours « Béziers I », lorsque les parties soumettent au juge un litige relatif à l'exécution du contrat, celui-ci doit, en principe, faire application de ce contrat. Toutefois, dans le cas où il constate une irrégularité invoquée par une partie ou relevée d'office par lui, tenant au **caractère illicite du contrat ou** à un **vice d'une particulière gravité** relatif notamment aux conditions dans lesquelles les parties ont donné leur consentement, le juge ne peut pas régler le litige sur le terrain contractuel.

Ainsi, les parties ne peuvent-elles pas invoquer un manquement aux règles de passation, ni le juge le relever d'office, aux fins d'écarter le contrat pour le règlement d'un litige relatif à l'exécution d'un contrat. Par exception, il en va autrement lorsque, eu égard, d'une part, à la gravité de l'illégalité et, d'autre part, aux circonstances dans lesquelles cette illégalité a été commise, le litige ne peut pas être résolu sur le fondement du contrat (CE 12-1-2011 n° 338551, Manoukian : RJDA 10/11 n° 793, 1e esp. ; CE 12-1-2011 n° 332136, Sté des autoroutes du nord et de l'est de la France : BPIM 2/11 inf. 122). Dans cette hypothèse et lorsque l'irrégularité constatée n'affecte que des clauses divisibles du contrat, le juge peut prononcer la résiliation ou l'annulation de ces seules clauses (CE 17-5-2024 n° 466568, Sté SMA Energie : RJDA 11/24 n° 589).

> **Précisions** La **nullité** d'un marché public de travaux ne rend pas inapplicables celles de ses **clauses relatives au règlement des différends** entre les parties, notamment celles qui organisent une procédure de règlement amiable préalable à toute action contentieuse (CE 10-7-2020 n° 433643, Sté Exelcia : BPIM 5/20 inf. 319).

Contrôle des décisions des juges du fond Le Conseil d'État exerce un contrôle sur les décisions des juges du fond. Si ces derniers apprécient souverainement l'existence d'une **intention dolosive,** la qualification juridique des faits opérée par les juges du fond en vue de déterminer l'existence d'un **vice du consentement** relève du contrôle de cassation (CE 20-12-2017 n° 408562, Sté Aréa Impianti : BPIM 1/18 inf. 33 ; CE 9-11-2021 n° 438388, Communauté d'agglomération du Pays basque : BPIM 1/22 inf. 33). 60785

ACTION EXTRACONTRACTUELLE

Le contentieux du marché peut donner lieu à des actions extracontractuelles. Ainsi, le maître de l'ouvrage peut agir **contre un sous-traitant** qui a participé à l'exécution d'un marché de travaux publics (voir n° 60710). Par ailleurs, le juge administratif qui, ayant été saisi d'une action en responsabilité contractuelle, a écarté l'application du contrat, permet au titulaire de celui-ci d'exercer une action quasi contractuelle ou quasi délictuelle ayant le même objet sans avoir à saisir la personne publique d'une demande d'indemnisation préalable (CE 18-9-2015 n° 376973, Cne de Bora-Bora : BPIM 6/15 inf. 386). 60790

Dans le cadre d'un litige né de l'exécution de travaux publics, le titulaire du marché peut également rechercher la responsabilité extracontractuelle des **autres participants à l'opération de construction** avec lesquels il n'est lié par aucun contrat. C'est notamment le cas lorsque ces participants ont commis des fautes ayant contribué à l'inexécution des obligations contractuelles du titulaire à l'égard du maître d'ouvrage. Le titulaire du marché n'est pas tenu d'invoquer la violation des règles de l'art ou la méconnaissance de dispositions législatives ou réglementaires. Il peut, en particulier, rechercher la responsabilité des participants du fait d'un manquement aux stipulations des contrats qu'ils ont conclus avec le maître d'ouvrage (CE 11-10-2021 n° 438872, Sté coopérative métropolitaine d'entreprise générale : BPIM 6/21 inf. 370).

Lorsqu'une personne publique a été victime de **pratiques anticoncurrentielles** l'ayant amenée à conclure un marché public à des conditions désavantageuses, elle peut également mettre en cause la responsabilité quasi délictuelle non seulement de l'entreprise avec laquelle elle a contracté, mais aussi de celles des sociétés dont l'implication a affecté la procédure de passation, même si elles n'ont pas candidaté au marché public litigieux (CE 27-3-2020 n° 420491, Sté Signalisation France : BPIM 3/20 inf. 194 ; CE 12-10-2020 n° 432981, Sté Hoffmann : BPIM 6/20 inf. 389).

> **Précisions** En cas d'annulation d'un marché public de travaux obtenu à la faveur de pratiques anticoncurrentielles, la collectivité a droit au **remboursement des dépenses** qui ne lui ont pas été utiles. Elle ne peut donc pas prétendre à une indemnisation au titre du surcoût (CE 17-6-2022 n° 454189, Sté Lacroix City Saint-Herblain : BPIM 4/22 inf. 290).

CHAPITRE 8

ACHÈVEMENT DE L'OUVRAGE

SOMMAIRE

DÉFINITION DE L'ACHÈVEMENT DE L'OUVRAGE

61100 L'achèvement est normalement une notion absolue et, par définition, parfaite. L'achèvement est l'exécution complète du travail.

Or, dans le marché de travaux, l'achèvement est une notion rendue floue par la pratique et la législation. En effet, pour libérer plus facilement les entrepreneurs, décharger rapidement les prêteurs de deniers et alléger les coûts financiers, favoriser la prise de possession des lieux au plus vite tant par le maître de l'ouvrage que par les accédants, la **notion d'achèvement** a été **éclatée.** La loi du 4 janvier 1978 a institué la garantie de parfait achèvement et a créé ainsi une catégorie nouvelle, qui pourrait susciter l'idée qu'en l'absence d'une telle garantie le consommateur doit se satisfaire d'un achèvement imparfait !

Ce texte, qui fait courir la garantie à compter de la réception, admet que celle-ci n'exige pas un achèvement parfait… La Cour de cassation dira même que la réception n'implique pas nécessairement l'achèvement de l'ouvrage. L'achèvement en droit positif n'emporte donc pas **délivrance** du constructeur. Or, l'exécution du contrat, consiste « essentiellement (dans) l'obligation de délivrance » (J. Ghestin, Conformité et Garanties dans la vente, n° 143, LGDJ 1983) qui porte sur l'ouvrage convenu. Celui-ci est alors livré puis reçu et il passe aux risques du maître de l'ouvrage (voir n° 62450). L'**avant-projet de réforme des contrats spéciaux** obligerait l'entrepreneur à délivrer l'ouvrage convenu dans les délais fixés ou dans un délai raisonnable (art. 1763). Il prévoit qu'une fois l'ouvrage achevé, l'entrepreneur est tenu de le présenter à la réception du client, ce qui obligerait ce dernier à le réceptionner (art. 1772).

L'achèvement est une notion à la fois factuelle car il implique un certain état physique de l'ouvrage, et juridique car il entraîne des conséquences qui varient selon l'état pris en compte pour l'établissement **des attestations** correspondantes. L'évolution législative probable pourrait peut-être influencer la jurisprudence avant même l'adoption de la réforme.

SECTION 1 LIVRAISON DE L'OUVRAGE

A. Caractéristiques générales de la livraison de l'ouvrage

1. DÉFINITIONS DES OPÉRATIONS DE LIVRAISON

La livraison est l'acte par lequel l'entrepreneur met l'ouvrage qu'il a construit **à la disposition** du donneur d'ordre : le maître de l'ouvrage dans le marché principal, l'entrepreneur principal dans le cas de sous-traitance. **61190**

En **droit commun** des obligations de faire, la livraison vaut paiement de sa dette par le débiteur. Elle consiste pour lui à exécuter ses obligations. Elle synthétise en un acte unique l'exécution de toutes les obligations du débiteur. **61195**

Dans le contrat de **louage d'ouvrage immobilier,** les effets de la livraison sont controversés en raison de l'existence d'une autre notion, la réception des travaux.

Selon la théorie classique, le paiement est un acte juridique. Comme dans les obligations de faire, c'est la livraison qui vaut paiement, celle-ci doit relever de la catégorie des actes juridiques unilatéraux. Le maître de l'ouvrage doit cependant y **consentir** : son acceptation emporte prise de possession de la chose. La délivrance est alors parfaite. **61200**

2. LIVRAISON ET ACHÈVEMENT

LIVRAISON D'UN OUVRAGE ACHEVÉ

La livraison concerne un ouvrage achevé, c'est-à-dire **conforme,** puisqu'il s'agit d'exécuter ce à quoi on s'est obligé. **61230**

L'**achèvement** de l'ouvrage, au sens où l'ouvrage apparaît conforme à la promesse, a un double effet à l'égard de l'entrepreneur. Ce dernier est libéré de son obligation : **61235**

- de conserver la chose ;
- d'exécuter le marché.

« Le débiteur d'une obligation de remettre un corps certain est libéré par sa remise au créancier en l'état… » (C. civ. art. 1342-5). L'exécution de la promesse, matérialisée par la **livraison** (« la remise »), est libératoire. Le contrat prend fin à cette date.

La **réception** ne devrait avoir aucune influence. Même si le maître de l'ouvrage refuse de prendre possession de l'immeuble, il ne peut pas empêcher l'entrepreneur de se décharger : ce dernier n'a qu'à faire constater, le cas échéant en référé, la livraison conforme dans le délai.

61240 La **livraison** ne décharge l'entrepreneur que dans la mesure de ce qui est **matériellement vérifiable.** Sauf critique du client (les « réserves »), la livraison est présumée conforme et relative à un ouvrage exempt de vice. C'est alors qu'elle vaut paiement. L'exécution est satisfaisante pour le maître de l'ouvrage car elle correspond à ce qui était promis et attendu.

La distinction qui a été faite entre **livraison et réception** aurait dû préserver cette règle. Mais la jurisprudence, notamment en cas de réception tacite (voir n° 62300) et de réception judiciaire (n° 62315), n'exige pas l'achèvement de l'ouvrage pour valider la réception. Or, celle-ci fait courir la garantie de parfait achèvement. Que reste-t-il alors de l'obligation de livrer un ouvrage conforme et achevé ? La Cour de cassation, confortant un courant doctrinal (Dalloz Action n° 403, Droit de la construction, 2014/2015), considère que le contrat d'entreprise prend fin à la réception de l'ouvrage avec ou sans réserves (n° 62080). L'obligation de livrer l'ouvrage achevé est-elle éteinte à la réception ? Survit-elle à la fin du contrat ? Relève-t-elle de la garantie de parfait achèvement ? La Haute Juridiction n'a pas épuisé ce sujet (B. Boubli : RDI 2017 p. 144).

61245 Ce qui n'est **pas matériellement vérifiable** n'est pas couvert par la livraison et, par conséquent, par le paiement. Ici, la théorie de la délivrance (du paiement dans les obligations de faire) se conjugue avec celle de la garantie. La livraison ne libère que sous la réserve des défauts cachés de la chose pour lesquels il existe dans le droit commun de la vente une garantie qui, limitée aux vices dans le Code civil, a été étendue depuis aux défauts de conformité. La garantie est en général associée à la livraison d'un corps certain ; dans le louage d'ouvrage immobilier, elle résulte des articles 1792 et s. du Code civil, qui prennent en compte la réception.

La livraison ne libère totalement le débiteur et ne constitue une délivrance que si la chose livrée est sans défaut apparent (Atias, L'équilibre renaissant de la vente : D. 1993 chron. p. 1).

Si la chose livrée n'est pas conforme, le maître de l'ouvrage n'est pas condamné à payer la retenue de garantie (Cass. 3e civ. 5-11-1997 n° 96-11.898 : BPIM 1/98 inf. 23) et la garantie de la chose est susceptible de s'appliquer.

LIVRAISON D'UN OUVRAGE INACHEVÉ

61250 Il n'y a pas livraison libératoire lorsque l'ouvrage est inachevé : l'**entrepreneur** n'a pas exécuté son engagement et il n'y a **pas de paiement,** même si la chose est mise à la disposition du maître de l'ouvrage dans le délai convenu.

Outre que l'acceptation du maître de l'ouvrage paraît nécessaire, la mise à sa disposition d'une chose inachevée n'est qu'une simple « remise » qui emporte au mieux transfert de la détention. D'ailleurs, l'entrepreneur continue souvent à exécuter des travaux.

L'entrepreneur principal ne se décharge même pas, semble-t-il, de l'obligation de conserver la chose, puisque la jurisprudence paraît lier la charge des risques à la livraison (Précis Dalloz 2015, Droit de la promotion immobilière n° 62). C'est en effet le dessaisissement de l'entrepreneur qui importe. Les textes visent indifféremment la chose « livrée » et l'ouvrage « reçu » (C. civ. art. 1788 et 1790) ; ils appréhendent la réception comme l'envers de la livraison (voir nos 62450 s.).

Mais la **loi** peut attacher à l'achèvement relatif des effets particuliers :
- dans la vente, libération des garanties financières extrinsèques ;
- dans le contrat d'entreprise, garantie de parfait achèvement.

La **jurisprudence** n'exige pas l'achèvement pour valider la réception des travaux, qui est une notion clé dans le marché de travaux (voir n° 62220). Et elle retient que la réception marque la fin du contrat d'entreprise (voir n° 62080). Il en résulte, soit que l'obligation de livrer se confond avec la réception et peut concerner un ouvrage inachevé, soit qu'elle survit à la réception jusqu'à l'exécution complète des travaux par l'effet de la garantie de parfait achèvement. Si l'on admet la réception alors que l'ouvrage n'est pas achevé, on peut se demander ce qu'il reste de l'obligation de livrer un ouvrage conforme à la commande (voir n° 62815).

61255 Il est cependant possible que le **maître de l'ouvrage,** à qui l'entrepreneur « remet » l'ouvrage inachevé, accepte de libérer le débiteur soit de l'exécution du solde des travaux, soit de l'obligation de conserver la chose. C'est alors le fait du client qui est libératoire, et tout se passe comme s'il y avait remise de dette.

61260 Cette **volonté** du maître de l'ouvrage doit être **clairement exprimée,** et il faut être strict en cette matière car c'est souvent à la faveur d'une entrée dans les lieux, parfois prématurée, que surgit le problème de la réception : on essaie alors de faire produire à la détention les effets d'une réception, notion dont l'artifice apparaît alors au grand jour puisque l'on induit d'un acte matériel relativement neutre, l'entrée dans les lieux, l'intention du maître de l'ouvrage d'accepter définitivement les travaux.

© Éd. Francis Lefebvre

Il faut toutefois retenir que le marché peut être **résilié** alors que l'ouvrage n'est pas achevé. L'accord de résiliation peut valoir réception (voir n° 62230) et, en cas d'abandon de chantier, il peut y avoir lieu à réception expresse (n° 62232). Dans ces cas, l'accord de résiliation règle à la fois la question de la livraison et de la réception. La réception expresse, en cas d'abandon de chantier, ne libère pas pour autant l'entreprise qui n'a pas exécuté le contrat jusqu'à son terme de son obligation de livrer : cette obligation est en général sanctionnée par une résiliation aux torts de l'entreprise.

LIVRAISON, PRISE DE POSSESSION, RÉCEPTION

Valant remise de la chose ou mise de la chose à la disposition du maître de l'ouvrage, la livraison d'un ouvrage conforme emporte prise de possession. Livraison et prise de possession peuvent être deux qualifications du même fait. **61265**

La livraison n'est cependant parfaite et n'emporte libération de l'entrepreneur que si l'ouvrage est achevé, c'est-à-dire **conforme.** Il y a donc mise en possession sans livraison lorsque l'ouvrage est mis à disposition et que des **travaux** sont en cours. Le maître de l'ouvrage entre dans les lieux mais il ne reprend pas encore tous les attributs de la possession, en particulier la garde du chantier. **61270**

Dans le marché de travaux la **réception,** qui est théoriquement l'envers de la livraison (l'un livre, l'autre reçoit), se distingue de celle-ci et a un effet prépondérant. **61275**

Elle devrait intervenir à l'achèvement qui permet la livraison de l'immeuble. C'est ce qui ressort des articles L 231-2 et L 231-6 du CCH à propos du contrat de construction de maison individuelle.

Mais doctrine et jurisprudence ne retiennent pas la réception comme l'envers de la livraison. La Cour de cassation décide que la réception n'exige pas l'**achèvement** de l'immeuble contrairement à la livraison. La réception peut donc précéder la livraison (Cass. 3e civ. 4-6-2003 n° 01-15.831 FS-D : BPIM 4/03 inf. 227). En outre, la réception ne s'identifie pas nécessairement à la prise de possession.

B. Notion d'achèvement de l'ouvrage

L'achèvement est une **notion physique.** L'immeuble est achevé lorsqu'il est terminé, qu'il ne reste plus rien à faire, qu'il est « impeccable » (M. Jestaz : RDI 1982 p. 336), c'est-à-dire qu'il est en tous points **conforme** à ce qui a été promis et convenu dans le contrat. **61350**

Cet état physique constaté, l'immeuble peut être **livré,** ce qui délivre le constructeur.

La délivrance est la livraison d'une chose conforme : le constructeur a exécuté son obligation.

Dans l'opération de construction, en particulier lorsque l'immeuble est construit en vue de la **vente,** la loi ou la jurisprudence assignent à un certain **état d'avancement des travaux** des conséquences juridiques. Cet état d'avancement n'est pas le même pour toutes les conséquences en question. Le législateur utilise le terme « **achèvement** » pour désigner ces différentes étapes dans l'avancement des travaux. L'achèvement est donc une notion juridique relative prise en compte pour les attestations que le maître de l'ouvrage doit produire dans le cadre des règles applicables à la construction de bâtiments en vertu du Code de la construction et de l'habitation. Mais les conséquences juridiques qui s'y attachent ne prennent pas en compte le même état physique. Il y a donc un intérêt à cerner la notion d'achèvement, tant dans ses conséquences civiles que fiscales (voir Boubli et Stemmer, « L'achèvement de l'immeuble » : BF 3/94 et BF 4/94). **61355**

1. ASPECTS CIVILS DE LA NOTION D'ACHÈVEMENT DE L'OUVRAGE

L'achèvement répond à des conditions physiques différentes selon qu'il s'agit d'apprécier le sort des garanties d'exécution ou l'exécution de l'obligation d'édifier. **61370**

a. Achèvement et garanties d'exécution des travaux

Dans le secteur du **logement,** diverses **protections** sont instituées en faveur de l'accédant. Elles tiennent soit au processus de paiement (échelonnement des règlements), soit à la fourniture d'une garantie financière donnée par un organisme financier. Ces protections existent **61390** lorsqu'il y a vente d'immeuble à construire, ou que l'on utilise un processus de commercialisation inspiré des mêmes principes.

Le **terme des garanties** est constitué par un état physique d'achèvement n'impliquant pas la conformité : c'est un achèvement relatif.

ACHÈVEMENT PRIS COMME TERME DE LA GARANTIE TENANT À LA GRILLE DES PAIEMENTS

61395 **Vente en l'état futur d'achèvement** Dans cette vente, les **paiements** sont **échelonnés** (CCH art. R 261-14).

Ils ont lieu à certaines dates qui correspondent à un état d'avancement des travaux, que la loi précise (CCH art. R 261-11 et R 261-14). À « l'achèvement de l'immeuble » le prix est payé à concurrence de 95 % (CCH art. R 261-14).

L'**achèvement** est ici **relatif** : il suffit que soient exécutés les ouvrages et que soient installés les éléments d'équipement qui sont indispensables à l'utilisation, conformément à la destination de l'immeuble faisant l'objet du contrat. Si les travaux réalisés par le vendeur ne sont pas achevés lors de la signature de la vente, le régime de la Vefa s'impose et le notaire doit s'assurer de la fourniture de la garantie d'achèvement (Cass. 3e civ. 1-2-2023 no 21-13.133 F-D : BPIM 2/23 inf. 114).

Les défauts de conformité qui n'ont pas un caractère substantiel, et les malfaçons qui ne rendent pas les ouvrages ou les éléments d'équipement impropres à sa destination, ne font pas obstacle à la constatation d'achèvement ni à ses effets (CCH art. R 261-1).

Sur l'achèvement permettant la libération de 95 % du prix, voir nos 78450 s.

Il semble résulter d'un arrêt que c'est l'état d'achèvement relatif qui permet d'apprécier le retard dans la livraison lorsque le contrat prévoit une **indemnité de retard** (Cass. 3e civ. 15-5-2002 no 840 : BPIM 4/02 inf. 263 qui tient compte de la déclaration d'achèvement des travaux).

61400 **Vente à terme** Dans cette vente, il n'y a pas versements de fonds échelonnés avant l'achèvement. Le **transfert de propriété** s'opère par la « constatation par acte authentique de l'achèvement de l'immeuble » (C. civ. art. 1601-2).

L'achèvement est, là encore, **relatif** (CCH art. R 261-1) et il est constaté conformément à l'article R 261-2 du CCH. Les règles exposées à propos de la vente en l'état futur sont applicables.

L'achèvement relatif permet également la **libération** de 95 % du **prix** ; mais surtout, il est dit dans l'article R 261-2 du CCH que la notification de la constatation d'achèvement vaut « **livraison** de l'immeuble » à la date de la réception (de la notification). La « livraison » concerne ici un immeuble achevé mais non conforme. Il ne s'agit donc pas de la livraison véritable au sens défini no 61230, mais d'une simple mise à disposition.

ACHÈVEMENT PRIS COMME TERME DES GARANTIES FINANCIÈRES

61405 **Vente en l'état futur d'achèvement** La loi institue une garantie d'achèvement et une garantie de remboursement (CCH art. L 261-10-1). Ces garanties sont extrinsèques, car fournies par un établissement financier (voir nos 78030 s.).

La **garantie financière d'achèvement** prend fin à « l'achèvement de l'immeuble tel que défini par l'article R 261-1 » (CCH art. R 261-24) : l'immeuble est réputé achevé lorsque sont exécutés les ouvrages et sont installés les éléments d'équipement qui sont indispensables à l'utilisation, conformément à sa destination, de l'immeuble (CCH art. R 261-1). L'achèvement est constaté soit par une personne qualifiée qui, en pratique, est désignée par ordonnance sur requête du président du tribunal de grande instance (CCH art. R 261-2), soit par un organisme de contrôle indépendant ou un homme de l'art. Lorsque le vendeur assure lui-même la maîtrise d'œuvre, la constatation est faite par un organisme de contrôle indépendant.

La personne qui constate l'achèvement remet au vendeur une attestation d'achèvement, en trois exemplaires. Le vendeur remet l'un d'eux à l'organisme ayant accordé la garantie financière et un autre au notaire chargé de la vente (CCH art. R 261-24).

61410 **Location accession** La loi prévoit là aussi des garanties d'achèvement et de remboursement (Loi 84-595 du 12-7-1984 art. 6). **La garantie d'achèvement** prend fin à « l'achèvement de l'immeuble », dont, cette fois, les modalités ne sont pas précisées. On pense généralement que les règles applicables à la vente en l'état futur sont applicables (Boubli, « L'achèvement de l'immeuble, aspects civils » : BF 3/94 p. 121).

61415 **Contrat de construction de maison individuelle** Dans un CCMI avec ou sans fourniture du plan, la **garantie financière de livraison** ne cesse qu'à la réception si l'ouvrage est alors achevé, ou à la levée des réserves (CCH art. L 231-6 et L 232-2).

Elle s'étend semble-t-il aux défauts apparents dénoncés dans les 8 jours de la réception sans réserves (CCH art. L 231-8).

C'est donc une garantie d'**achèvement complet.** C'est la conformité qui est ici garantie. La livraison est exactement qualifiée : elle suppose l'achèvement au sens « d'immeuble impeccable ». La garantie cesse lorsque la délivrance est acquise. Un arrêt a fixé la livraison à la date de la réception nonobstant les réserves émises à cette occasion dès lors que les réserves n'empêchaient pas l'utilisation de l'immeuble affecté à l'habitation (Cass. 3e civ. 31-1-2007 n° 05-20.683 FS-PB : Bull. civ. III n° 11). Mais la jurisprudence distingue généralement la livraison de la réception (Cass. 3e civ. 11-2-2009 n° 08-10.476). Les pénalités de retard ont pour terme la livraison (n° 80520).

b. Achèvement et obligation d'édifier

Le constructeur s'oblige à édifier l'ouvrage conformément au contrat. Il satisfait à son obligation d'édifier lorsque l'immeuble est impeccable, **conforme,** en apparence du moins, à l'engagement qui a été pris. Alors il est livré ; le constructeur est délivré et les garanties relatives à la qualité du travail accompli commencent à courir. Telle est la règle de principe : la **délivrance** concerne tout ce qui est apparent (la conformité) ; la **garantie** prend le relais pour ce qui est caché (Bénabent, note sous Cass. 1e civ. 5-5-1993 n° 674 : Bull. civ. I n° 158). Cette chronologie n'est cependant pas respectée dans la construction immobilière. L'achèvement, qui sert de terme à l'obligation d'édifier, n'est **pas le même** que celui qui sert de point de départ aux garanties : souvent celles-ci courent à compter d'une date antérieure à l'achèvement complet. Paradoxalement, la garantie court alors que la délivrance n'a pas encore eu lieu. **61440**

ACHÈVEMENT, TERME DE L'OBLIGATION D'ÉDIFIER

L'achèvement doit être **complet** ; il ne s'agit pas d'une obligation de garantie, mais de l'obligation même née du contrat (qui doit être exécutée complètement), c'est-à-dire celle d'édifier, d'exécuter un ouvrage en tous points conforme, en apparence, à la promesse. Alors l'ouvrage peut être **livré** et emporte **délivrance** du constructeur, ou de celui qui en tient lieu (le vendeur à construire). Elle donne lieu au **paiement** du solde du prix : 5 % ou 15 % (C. civ. art. 1604 ; CCH art. R 261-14). **61445**

Si l'**ouvrage n'est pas conforme,** le maître de l'ouvrage ne peut conserver la retenue pratiquée sur le prix (Cass. 3e civ. 5-11-1997 n° 96-11.898 : BPIM 1/98 inf. 23).

L'**entrée en possession** qui ne devrait intervenir qu'à la livraison ainsi comprise peut, parfois, précéder l'achèvement. Certains parlent alors de **prélivraison,** d'autres de simple entrée dans les lieux. Cette entrée en possession n'est qu'un fait sans influence sur l'obligation d'achever (au sens d'achèvement complet) (Cass. 3e civ. 10-3-1981 : Bull. civ. III n° 50, RTD civ. 1982 p. 514 obs. Remy). **61450**

Dans le **contrat de construction de maisons individuelles** qui n'est qu'un louage d'ouvrage réglementé, ces règles sont applicables sans restriction, puisque le solde du prix est payable à l'achèvement complet, même si les sommes restant dues sont seulement susceptibles de consignation jusqu'à la levée d'éventuelles réserves (CCH art. R 231-7). **61455**

Dans le **louage d'ouvrage non réglementé,** une partie du prix correspondant à la retenue de garantie est conservée pendant un an. Mais ce délai est celui de la garantie de parfait achèvement, qui est un délai de dénonciation des désordres, non un délai d'exécution des travaux ou de levée des réserves. Théoriquement, le solde de 5 % peut être payé alors même que l'achèvement n'est pas complet. **61460**

ACHÈVEMENT ET POINT DE DÉPART DES GARANTIES

Normalement, les garanties prennent le relais de la délivrance (n° 61440). Elles devraient avoir pour point de départ l'achèvement complet, car il ne peut y avoir de garantie pour ce qui n'a pas encore été fait. Ces principes ne sont cependant pas ceux retenus en droit positif. **61465**

Le point de départ des garanties décennale, biennale et de parfait achèvement, est la **réception** (C. civ. art. 1792-4-1 et 1792-6). **61470**

L'**achèvement complet** n'est pas nécessaire (Cass. civ. 12-7-1989 : RDI 1990 p. 83 ; voir Guervel, « La réception des travaux inachevés » : Gaz. Pal. 1989 doctr. p. 737 ; Cass. civ. 10-7-1991 et 9-10-1991 : RDI 1992 p. 71). L'achèvement requis doit toutefois permettre à l'immeuble d'être « habitable » (Cass. 3e civ. 30-10-1991 : RDI 1992 p. 518). Dans le même sens, un arrêt décide que les défauts réservés qui ne rendent pas l'ouvrage impropre à sa destination ne sont pas de nature à retarder la constatation de l'achèvement de l'immeuble (Cass. 3e civ. 17-3-1999 n° 95-19.527 : Bull. civ. III n° 70). Cette exigence appelle des précisions dans le secteur du logement (voir n° 62300).

Dans ces limites, semble-t-il, la jurisprudence paraît prendre en compte l'achèvement tel qu'il est défini par l'article R 261-1 du CCH pour la vente à construire (nº 61395).

Il résulte de cette jurisprudence que, dans le **louage d'ouvrage,** la réception précède la livraison et fait courir les garanties avant la délivrance : l'obligation de conformité qui subsiste se fond dans la garantie de parfait achèvement, ce qui alimente la confusion entre obligation de conformité (exécuter le contrat jusqu'à son terme) et garantie des défauts de conformité (responsabilité pour les défauts de conformité cachés).

Toutefois, dans le **contrat de construction de maison individuelle,** la garantie financière de livraison subsistant jusqu'à la réception, on peut penser que la conformité doit être acquise à la réception et que les réserves ne peuvent concerner que la qualité des ouvrages et non leur identité. Ici, livraison et réception devraient en principe se confondre, car le prêteur de deniers ne peut pas débloquer les fonds s'il n'a pas communication de l'attestation de garantie de livraison (CCH. art. L 231-10, al. 1), sous peine d'engager sa responsabilité (Cass. 3e civ. 11-5-2023 nº 21-23.859 FS-B : BPIM 4/23 inf. 255).

Dans la **vente d'immeubles à construire,** la réception du contrat d'entreprise marque le point de départ des garanties qui courent donc avant la livraison et, par suite, avant la délivrance.

Dans la **vente après achèvement** le vendeur supporte la responsabilité décennale qui court à compter de la réception de l'ouvrage ou, faute de réception lorsque l'ouvrage a été réalisé par le maître de l'ouvrage, à compter de son achèvement. La charge de la preuve de cet achèvement semble peser sur celui qui l'invoque (Cass. 3e civ. 19-1-2017 nº 15-27.768 F-D : RDI 2017 p. 153, obs. Malinvaud, sur l'action de l'acheteur). Quant à l'achèvement, il est souhaitable qu'un acte commun aux parties en fasse la constatation pour limiter les différends. À défaut, l'appréciation des juges du fond est essentielle, la Cour de cassation se bornant à un contrôle « léger » : ainsi l'achèvement est-il retenu à propos d'une terrasse, dès lors « qu'elle était utilisable et propre à sa fonction », ce qui laisse entendre qu'il n'est pas nécessaire que l'achèvement soit « parfait » (Cass. 3e civ. 19-1-2017 nº 15-27.768 F-D).

La distinction entre réception et livraison est indifférente lorsque la responsabilité est celle du **fabricant de matériaux** : la garantie qu'il doit est celle du vendeur de chose mobilière, qui n'est plus fondée sur la non-conformité de la chose livrée, mais qui porte sur les vices cachés (Cass. 1e civ. 5-5-1993 : D. 1993 p. 506 note Bénabent).

> **Précisions** Dans les **marchés publics,** on considère que la réception implique l'achèvement de l'immeuble, qui s'entend d'un achèvement complet - sauf refus du maître de l'ouvrage ou acceptation des travaux en l'état (CCAG art. 41-3). Voir : Chabanol et Jouguelet, op. cit., p. 233 et 246, « La réception signifie simplement que l'ouvrage livré est réputé conforme aux stipulations du contrat » ; la norme Afnor p. 03-001 de 1991 (art. 15-2-1-1-2) ; CE 9-1-1991 : RDI 1991 p. 217 ; surtout CAA Nancy 31-12-1992, CCI de Lille-Roubaix-Tourcoing : Lebon p. 608, qui énonce : « La réception a pour objet de constater que l'ouvrage... a été réalisé conformément aux obligations contractuelles » (voir nos 60480 s.).

ACHÈVEMENT ET POINT DE DÉPART DE LA PRESCRIPTION DES CRÉANCES

61480 Les actions en garantie ou en responsabilité ont généralement pour point de départ la réception des travaux (voir nos 61465 s.). La prescription s'applique à d'autres créances que celles relatives aux actions en responsabilité, notamment le prix des travaux réalisés par le constructeur. Avant, le délai de prescription courait à compter de la présentation de la facture. Récemment, il a été jugé, tant dans les rapports entre le prestataire et un professionnel, que dans ceux entre un professionnel et un consommateur, que l'action se prescrit à compter de la connaissance des faits permettant au créancier d'agir, soit l'achèvement des travaux ou de l'exécution des prestations (voir nº 57472). La date d'exécution des prestations intellectuelles peut se rapprocher de celle d'établissement de la facture, mais la date de l'achèvement des travaux à retenir peut donner lieu à interrogations. Faut-il s'en tenir à la déclaration attestant l'achèvement et la conformité des travaux ou aux attestations délivrées par l'architecte (nº 48702), ou préférer l'achèvement requis pour la réception des travaux (déjà concernée par la retenue de garantie, voir nº 57760) ou privilégier la livraison convenue ou effective ? Les parties ont intérêt à déterminer la notion d'achèvement et/ou la date à prendre en compte.

c. Achèvement de l'ouvrage et droits des tiers

61490 Un problème se rencontre lorsqu'un tiers intéressé se prévaut de la situation créée par un immeuble édifié en exécution d'un permis de construire et d'un certificat d'urbanisme annulé. L'article L 480-13 du Code de l'urbanisme institue une prescription uniquement pour l'action en démolition. Selon la Cour de cassation, le point de départ de ce délai de prescription est l'achèvement en tant que « fait juridique ». Il s'apprécie concrètement et s'entend de la date à laquelle la construction est en état d'être affectée à l'usage auquel elle est destinée (Cass. 3e civ. 11-5-2000 n° 98-18.385 FS-PB : Bull. civ. III n° 107).

2. ASPECTS FISCAUX DE LA NOTION D'ACHÈVEMENT

En matière fiscale, la définition de l'achèvement varie selon l'impôt concerné. **61530**

a. Droits d'enregistrement et TVA

ACQUISITIONS DE TERRAINS OU D'IMMEUBLES ASSORTIES D'UN ENGAGEMENT DE CONSTRUIRE

Pour conserver le bénéfice de l'exonération des droits proportionnels d'enregistrement accordée aux assujettis à la TVA en contrepartie du respect d'un engagement de construire, l'acquéreur doit justifier de l'**exécution des travaux** conduisant à la production d'un immeuble neuf ou nécessaires pour terminer un immeuble inachevé à l'expiration d'un délai de quatre ans, éventuellement prolongé (CGI art. 1594-0 G, A-I, A-II et A-IV). **61550**

Pour les **assujettis non astreints à la constatation d'une livraison à soi-même** (LASM), cette justification résulte du dépôt en mairie de la déclaration d'achèvement et de conformité des travaux (DACT) prescrite par l'article L 462-1 du Code de l'urbanisme.

Pour les **assujettis devant constater une LASM,** cette justification résulte du dépôt de la déclaration fiscale spéciale n° 940-SD mentionnée n° 61555 (CGI ann. III art. 266 bis, I).

LIVRAISONS À SOI-MÊME D'IMMEUBLES NEUFS

L'achèvement d'un immeuble ne constitue un fait générateur de livraison à soi-même (LASM) taxable à la TVA que dans le cas où l'immeuble achevé se trouve affecté aux besoins d'une entreprise et que l'assujetti n'est pas un déducteur intégral de TVA (CGI art. 257, II-1-2°). **61555**

La taxe sur la LASM précitée est exigible à la date de réalisation du fait générateur. Or, le fait générateur de l'imposition se produit à la date de « livraison » des immeubles, laquelle intervient au moment où le dépôt à la mairie de la déclaration d'achèvement et de conformité des travaux (**DACT**) est exigé (CGI art. 269, 1-b). Celui-ci doit être fait lorsque l'état d'avancement des travaux est tel qu'il permet une utilisation effective du bâtiment selon sa destination (CGI ann. II art. 244 ; CGI ann. III art. 266 bis, I ; BOI-TVA-IMM-10-20-20 n° 40). La date d'achèvement est une question de fait.

L'administration fiscale précise à ce sujet que le **fait générateur** de la LASM est réputé intervenu lorsque sont réunies les circonstances de fait qui rendent exigible la DACT, même si le redevable manque à ses obligations déclaratives en la matière. Ainsi, les travaux doivent être réputés achevés si la construction est complètement exécutée sur tous les points relevant du permis de construire, si elle est conforme à ses prescriptions et respecte la destination qui y est énoncée (BOI-TVA-IMM-10-20-20 nos 50 et 60). Lorsque le permis de construire et la DACT subséquente portent sur une construction qui ne serait utilisable pour aucun usage sauf à faire l'objet d'une **DACT complémentaire**, il y a lieu de considérer qu'aucune livraison d'immeuble neuf n'est intervenue et que les conditions du fait générateur de la livraison à soi-même ne sont pas réunies (BOI-TVA-IMM-10-20-20 n° 70). Autrement dit, il résulte de l'ensemble de cette doctrine que la date d'achèvement de l'immeuble est fixée **à la date où** il a été intégralement exécuté sur tous les points relevant du permis de construire (ce qui rend exigible la DACT) et où il est devenu utilisable. En règle générale, se confondent dans le temps l'achèvement de la construction, le dépôt de la déclaration requise en cette circonstance et le fait générateur de la livraison (BOI-TVA-IMM-10-20-20 n° 60).

Dans le mois qui suit l'achèvement (et donc, en principe, le dépôt de la DACT), le redevable de la livraison à soi-même doit informer l'administration, par un **imprimé spécial** n° 940-SD, de la date à laquelle est intervenu l'achèvement de l'immeuble (CGI ann. II art. 244, I).

Suivant la même logique que la doctrine administrative ci-dessus, la jurisprudence considère qu'en l'**absence de souscription par le contribuable de la DACT,** la date d'achèvement qu'il a lui-même portée sur la déclaration spéciale de livraison à soi-même (imprimé n° 940-SD) peut constituer le fait générateur de la TVA dès lors qu'elle paraît correspondre à l'achèvement matériel effectif (CE 8-2-2019 n° 410807 : BPIM 3/19 inf. 221, solution rendue pour l'application du régime antérieur à la loi 2010-237 du 9-3-2010 mais qui nous semble conserver un intérêt sous le régime actuel). De la même manière, la date d'achèvement des travaux mentionnée dans la DACT, et antérieure à la date de dépôt de cette déclaration en mairie, prévaut en principe et sauf preuve contraire sur celle-ci (CE (na) 14-4-2022 n° 457246 : BPIM 4/22 inf. 291).

> **Précisions a.** N'est pas considéré comme achevé un **immeuble collectif** dont l'installation électrique et celle du chauffage central ne sont pas encore exécutées (CE 19-12-1979 n° 13224 : RJF 2/80 n° 96 ; BOI-TVA-IMM-10-20-20 n° 60).
> **b.** Lorsque la construction porte sur un **groupe d'immeubles,** la livraison à soi-même doit être réalisée au fur et à mesure de l'achèvement de chacun des immeubles (BOI-TVA-IMM-10-20-20 n° 80).

VENTES D'IMMEUBLES

61560 L'achèvement détermine le **point de départ du délai de cinq ans** au-delà duquel l'immeuble ne constitue plus un **immeuble neuf** au sens de la TVA (CGI art. 257, I-2-2°). Notons que la cession par un assujetti d'un immeuble neuf est taxable de plein droit à la TVA (CGI art. 257, I-2-2°), tandis que celle d'un immeuble achevé depuis plus de cinq ans est exonérée de TVA (CGI art. 261, 5-2°), mais peut y être soumise sur option du cédant (CGI art. 260, 5° bis). Quant à la cession par un non-assujetti, elle n'entre pas dans le champ d'application de la TVA.

La **date d'achèvement** est, comme en matière de livraison à soi-même (n° 61555), la date à laquelle le dépôt en mairie de la déclaration d'achèvement et de conformité des travaux (DACT) est exigé.

Si les textes n'exigent pas que la **date** d'achèvement soit **mentionnée dans les actes** constatant les mutations d'immeubles, il est fortement conseillé de la faire apparaître compte tenu de ses implications fiscales.

LOCAUX LIVRÉS « BRUTS DE BÉTON »

61565 À notre connaissance, l'administration n'a donné aucune précision sur la date d'achèvement des locaux livrés « bruts de béton ». Dès lors que ces locaux font l'objet, comme les autres locaux, d'une autorisation de construire et de prescriptions dans cette autorisation, et d'une déclaration attestant de l'achèvement des travaux et de leur conformité à ladite autorisation (DACT), il y a lieu, nous semble-t-il, de retenir comme **date d'achèvement** celle retenue pour l'ensemble des locaux, c'est-à-dire la date à laquelle le dépôt en mairie de la DACT est exigé (voir n° 61555).

b. Profits de construction

61590 Conformément aux règles applicables en matière de BIC, les produits (créances, versements) doivent être **rattachés à l'exercice au cours duquel** intervient la livraison, qui s'entend de la remise des clés (C. civ. art. 1605), et non de la réunion des conditions d'habitabilité.

c. Taxe foncière

61610 L'achèvement constitue le point de départ des **exonérations temporaires** de taxe foncière sur les propriétés bâties des constructions nouvelles, reconstructions et additions de construction : exonération générale de deux ans (CGI art. 1383), exonérations spécifiques de longue durée (CGI art. 1384 à 1384 A) en faveur des logements financés au moyen de prêts aidés par l'État ou de subventions, etc.

Un immeuble est **considéré comme achevé** lorsque l'état d'avancement des travaux en permet l'utilisation effective, c'est-à-dire, d'une manière générale, quand le gros œuvre, la maçonnerie et la couverture étant entièrement terminés, les escaliers, parquets, portes extérieures et fenêtres posés, l'alimentation en eau et en électricité assurée et le branchement sur les réseaux extérieurs des eaux usées effectué, il ne reste plus à réaliser que des travaux d'aménagement (installation de chauffage et d'électricité, serrurerie, seconde couche de peinture, pose de papiers peints, etc.) (BOI-IF-TFB-10-60-20 n° 20). Pour les **immeubles collectifs**, la date d'achèvement doit être appréciée distinctement pour chaque logement (BOI-IF-TFB-10-60-20 n° 40). Par ailleurs, un immeuble **non destiné à l'habitation** est achevé lorsqu'il est utilisable pour une activité industrielle ou commerciale quelconque (CE 16-2-2015 n° 371476 : RJF 5/15 n° 411).

La **preuve de l'achèvement** peut résulter de la production du certificat de conformité ou du récépissé de la déclaration d'achèvement ou, à défaut, de toute autre justification (BOI-IF-TFB-10-60-20 n° 10). Le bénéfice des exonérations temporaires de taxe foncière est subordonné à la souscription d'une **déclaration,** dans les 90 jours de l'achèvement de la construction (CGI art. 1406, II).

d. Contribution sur les revenus locatifs

61630 La contribution annuelle sur les revenus locatifs (CRL) s'applique aux revenus retirés par certaines personnes morales de la location de locaux situés dans des immeubles achevés depuis quinze ans au moins au 1er janvier de l'année d'imposition (CGI art. 234 nonies). Ainsi, la CRL n'est **exigible** au titre de 2025 que si les locaux sont situés dans des immeubles achevés au plus tard le 31 décembre 2009.

Pour l'application de ce texte, un immeuble est **considéré comme achevé** lorsque l'état d'avancement des travaux en permet l'utilisation ou l'occupation effective, c'est-à-dire lorsqu'il ne reste à effectuer que des travaux d'aménagement (BOI-RFPI-CTRL-20-10 n° 220). Pour plus de détails, on se reportera aux indications données ci-avant n° 61610.

C. Livraison de l'ouvrage dans le délai

1. DURÉE ET COMPUTATION DU DÉLAI DE LIVRAISON DE L'OUVRAGE

DURÉE DU DÉLAI DE LIVRAISON DE L'OUVRAGE

La durée du délai est, en général, **fixée par le contrat** (Cass. 3e civ. 8-4-2008 n° 07-12.057). Celui-ci peut prévoir un délai général, assorti d'un calendrier d'exécution, ou un délai de préparation des pièces du marché et un délai d'exécution. 61710

Le délai est ferme ou indicatif. Les parties peuvent prévoir certaines causes conventionnelles de prorogation, par exemple en cas d'intempéries (Cass. 3e civ. 7-4-2009 n° 08-14.096 : BPIM 3/09 inf. 203). Elles peuvent aussi convenir d'une garantie de bonne fin fournie par un organisme financier (Cass. 3e civ. 18-6-2008 n° 07-13.979).

La distinction entre délai de préparation et délai d'exécution est classique. Elle est prévue par la norme Afnor P 03-001 (art. 10).

Lorsque le délai n'est **pas fixé par le contrat,** il faut tenir compte d'un délai raisonnable apprécié en considération de la nature et de l'importance des travaux (Cass. 3e civ. 10-2-2009 n° 07-21.656 ; Cass. 3e civ. 16-3-2011 n° 10-14.051 : RJDA 6/11 n° 525 ; Cass. 3e civ. 29-9-2016 n° 15-18.238 : BPIM 6/16 inf. 374). Le contrat peut aussi prévoir que le délai d'exécution des travaux sera fixé par l'architecte (Cass. 3e civ. 19-7-1995 n° 93-21.781 : BPIM 1/96 inf. 43). 61715

La solution est identique en droit public : même en l'absence de délai contractuel, la mise à disposition du bâtiment doit intervenir dans un délai raisonnable (CE 4-7-2014 n° 371633, Sté Orme : BPIM 5/14 inf. 318).

POINT DE DÉPART DU DÉLAI DE LIVRAISON DE L'OUVRAGE

Dans la pratique, comme souvent stipulé au contrat, le délai d'exécution **court à compter** de la date fixée par l'ordre de service, contresigné par le maître de l'ouvrage, de commencer les travaux (Norme Afnor P 03-001 art. 10.1.2.1 ; Cass. 3e civ. 27-3-1979 : Gaz. Pal. 1979. pan. p. 313). L'ordre ne peut être valablement pris en compte s'il est antérieur à l'obtention des autorisations de construire (Norme Afnor P 03-001 art. 10.1.2.2). 61720

Dans le cadre d'un contrat de construction de maison individuelle avec fourniture de plan, qui doit obligatoirement mentionner la date d'ouverture du chantier, le point de départ du délai d'exécution est cette date indiquée au contrat et non celle du démarrage effectif des travaux, voir n° 80520.

Dans les **marchés publics,** l'ordre de service de commencer les travaux est impératif (Chabanol et Jouguelet, op. cit., p. 144). Toutefois, si l'entrepreneur prend l'initiative de commencer les travaux sans en avoir reçu l'ordre écrit, le délai court à compter de la date du début effectif de ceux-ci, sans préjudice du devoir pour le maître de l'ouvrage d'en tirer d'autres conséquences. 61725

À l'inverse, si celui-ci tarde trop à ordonner l'exécution des travaux, il s'expose, non seulement à un **report** du terme, mais aussi à une prolongation de la durée du délai et même à des dommages-intérêts envers l'entrepreneur qui a immobilisé son matériel et son personnel sans contrepartie (n° 60215).

TERME DU DÉLAI DE LIVRAISON DE L'OUVRAGE

Le délai d'exécution expire au **terme convenu.** 61730

S'il n'en est autrement stipulé, le terme « du délai de réalisation », selon la norme Afnor P 03-001, est la date à laquelle les travaux « sont effectivement terminés » (art. 10.2). Le délai d'exécution est donc un délai de livraison puisque la livraison implique l'**achèvement effectif,** c'est-à-dire complet. Un arrêt qui sanctionne le retard du constructeur tient compte de la date « de l'obligation d'achèvement contractuellement fixée » (Cass. 3e civ. 6-11-1996 n° 95-10.497). Cette analyse est confirmée par la censure d'un arrêt qui avait fixé le terme des pénalités de retard à la réception alors qu'à cette date des non-façons subsistaient et que le juge devait

 © Éd. Francis Lefebvre

rechercher à quelle date les travaux avaient été entièrement exécutés (Cass. 3e civ. 21-7-1999 no 97-19.901 : BPIM 6/99 inf. 426 ; dans le même sens, Cass. 3e civ. 4-6-2003 no 01-15.831 FS-D : BPIM 4/03 inf. 227, solution implicite). La livraison implique que les attestations nécessaires à l'habitabilité des lieux aient été délivrées (voir no 61765) ; pour l'application de ces principes à un CCMI, voir aussi no 80520.

Il faut toutefois signaler deux arrêts :
– l'un rappelle que l'entrepreneur doit respecter le délai « d'achèvement » ; or, il est d'usage, en matière de retard, de viser le délai de « livraison » (Cass. 3e civ. 3-10-2001 no 00-13.046 FS-D : BPIM 6/01 inf. 373) ;
– l'autre, dans une vente en l'état futur d'achèvement, fixe le point de départ de l'indemnité de retard contractuelle à l'achèvement tel qu'il résulte de la déclaration d'achèvement des travaux (Cass. 3e civ. 15-5-2002 no 840 : BPIM 4/02 inf. 263).

61735 Les **imprécisions** qui **demeurent** sur le terme extinctif de l'obligation du constructeur d'exécuter le marché et non de garantir l'ouvrage (achèvement complet ou état d'avancement requis pour la réception) invitent à se demander ce qu'il reste de la notion de livraison et comment cette notion peut s'accommoder de la garantie de parfait achèvement. Si la réception marque la fin du contrat d'entreprise (voir no 62080), l'obligation de livrer relève de la garantie de parfait achèvement ou la chevauche. On se demande dès lors comment le délai de livraison qui tient compte de la « date d'achèvement contractuellement fixée » (voir no 61730) doit désormais se combiner ou se concilier avec celui de la garantie de parfait achèvement.

La garantie de parfait achèvement, qui court à compter de la réception d'un immeuble qui n'est pas complètement achevé, n'a pas seulement pour objet les défaillances dans la conformité (l'immeuble est achevé, mais les sols sont recouverts d'un matériau non conforme aux prévisions, par exemple), mais la conformité elle-même (l'immeuble reste à achever, conformément au contrat).

Dès lors, le délai d'exécution, s'il doit expirer à « la date à laquelle les travaux sont effectivement terminés » comme le prescrit la norme Afnor, ne se termine au mieux qu'au terme du délai d'un an de parfait achèvement.

Or, le délai de la garantie de parfait achèvement n'est pas un délai d'exécution des travaux garantis, lequel doit être fixé d'un commun accord entre les parties (voir no 63110). La livraison en est-elle différée pour autant ? À quelle date se placer pour vérifier si le délai a été respecté ? Ces questions n'ont toujours pas été clarifiées.

2. OBLIGATION DE RESPECTER LE DÉLAI DE LIVRAISON DE L'OUVRAGE

61760 L'obligation pèse au premier chef sur l'**entrepreneur** qui fait office de façonnier et a la charge de construire, donc d'édifier l'ouvrage, et de livrer à son achèvement une chose exempte de vices (Cass. 3e civ. 13-7-1993 : RDI 1993 p. 511).

61765 À moins que le délai contractuel ne soit donné qu'à titre indicatif, l'obligation de l'entrepreneur de livrer la chose dans le délai est une **obligation** déterminée ou **de résultat.** Le seul fait de ne pas tenir le délai engage la responsabilité de plein droit du constructeur.

Il ne peut **s'en décharger** qu'en établissant :
– la force majeure ;
– la faute du maître de l'ouvrage qui se serait abusivement immiscé dans l'opération ;
– le fait des tiers, par exemple de l'architecte.

Lorsque la livraison implique la délivrance d'une attestation qui n'a pas été remise, le retard procède d'une **faute** de l'entrepreneur. Ainsi jugé à propos de la non-remise d'un *Consuel*, c'est-à-dire une attestation délivrée par le comité national pour la sécurité des usagers de l'électricité (Cass. 3e civ. 5-12-2012 no 11-24.499 FS-PB : BPIM 1/13 inf. 48), ou encore à propos de la non-remise d'un cautionnement du sous-traité causant la rupture du contrat de sous-traitance (Cass. 3e civ. 17-12-2020 no 18-16.011 F-D : RDI 2021 p. 153). Pour s'exonérer de sa responsabilité, c'est à l'entrepreneur qu'incombe la charge de prouver qu'il a remis les attestations requises (Cass. 3e civ. 25-3-2015 no 14-11.872 : BPIM 3/15 inf. 184).

61770 Il y a **force majeure** en matière contractuelle lorsqu'un événement échappant au contrôle du débiteur, qui ne pouvait être raisonnablement prévu lors de la conclusion du contrat et dont les effets ne peuvent être évités par des mesures appropriées, empêche l'exécution de son obligation par le débiteur (C. civ. art. 1218). Cette définition, issue de l'ordonnance 2016-131 du 10 février 2016 portant réforme du droit des contrats, assouplit la notion, mais ne devrait pas affecter les règles applicables en la matière. Par « force majeure », les documents contractuels de référence (normes Afnor) entendent généralement, outre les événements présentant habituellement ce caractère (cataclysme) :

– les faits de grève qui s'étendent à la profession (Cass. civ. 16-5-1922 : Gaz. Pal. 1922 p. 167 ; comparer cependant, Cass. 1e civ. 16-5-1977 : Bull. civ. I nº 229 qui paraît réservé sur la solution) ;
– les intempéries au sens de la loi 46-2299 du 21 octobre 1946 ; le contrat peut spécialement réserver ce risque ;
– un acte terroriste (Cass. 3e civ. 28-1-1998 nº 96-10.696 : BPIM 2/98 inf. 109).

Il a été jugé que l'entrepreneur devait informer le client de leur survenance (Cass. 3e civ. 19-3-1969 : Bull. civ. III nº 242). Mais en sens contraire dans un cas où le contrat n'imposait pas que les causes du retard soit notifiées au maître de l'ouvrage (Cass. 3e civ. 7-4-2009 nº 08-14.096 : BPIM 3/09 inf. 203).

Les **effets** de la force majeure diffèrent selon que l'empêchement est définitif ou non. S'il l'est, le contrat est résolu de plein droit et les parties sont libérées de leurs obligations ; s'il est temporaire, l'exécution de l'obligation est suspendue, à moins que le retard qui en résulterait ne justifie la résolution du contrat (C. civ. art. 1218). Il en résulte que l'empêchement temporaire pourrait justifier une prolongation du délai, ce qui est généralement le cas des chantiers affectés d'intempéries ou de mouvements sociaux.

De la force majeure, il faut rapprocher le « **changement de circonstances imprévisibles** » au sens de l'article 1195 du Code civil, qui, lorsqu'il est établi, peut justifier une renégociation du contrat ou sa résolution et, à défaut, sa révision par le juge.

La **faute ou le fait du maître de l'ouvrage** peut résulter : 61775

– d'ordres intempestifs (Cass. 1e civ. 12-12-1960 : Bull. civ. I nº 556) ;
– d'une interruption prématurée du marché (Cass. 3e civ. 3-7-1996 nº 1222 D) ;
– d'un retard dans le paiement (Cass. 3e civ. 15-1-2003 nº 16 : BPIM 2/03 inf. 95) ;
– d'ordres relatifs à des travaux supplémentaires qui allongent le délai initialement prévu (Cass. 3e civ. 15-1-2003 nº 16 : BPIM 2/03 inf. 95) ou de modifications du projet (Cass. 3e civ. 9-7-2013 nº 12-21.705 : BPIM 5/13 inf. 330) ;
– de l'obtention tardive des plans et autorisations administratives (Cass. 3e civ. 15-1-2003 nº 16 : BPIM 2/03 inf. 95) ;
– du temps pris pour rechercher la meilleure solution possible (Cass. 3e civ. 22-6-2010 nº 09-10.088 : BPIM 5/10 inf. 371) ;
– d'un délai supplémentaire validé par le coordinateur du chantier et que le maître de l'ouvrage a entériné en incluant le surcoût qui en résulte dans le décompte définitif notifié à l'entreprise (Cass. 3e civ. 11-5-2023 nº 21-24.884 FS-B : BPIM 5/23 inf. 311).

Le maître de l'ouvrage doit d'ailleurs établir la date des ordres de service marquant le point de départ du délai d'exécution des travaux (Cass. civ. 27-3-1979 : Gaz. Pal. 1979 pan. p. 313).

La **faute des tiers,** et notamment de l'**architecte** (Cass. civ. 7-3-1968, inédit ; comparer Cass. 3e civ. 19-6-1996 nº 94-19.947 : BPIM 5/96 inf. 348, qui paraît exiger la preuve de la faute de l'entrepreneur), peut être libératoire. Pour cela, il faut que la faute de l'architecte présente les caractères de la force majeure (Cass. 3e civ. 3-10-2001 nº 00-13.046 FS-D : BPIM 6/01 inf. 373). Un arrêt a toutefois excusé l'entrepreneur en tenant compte de « causes extérieures » imputables tant au retard d'un autre constructeur qu'aux intempéries, sans pour autant caractériser les conditions de la force majeure (Cass. 3e civ. 20-11-2007 nº 06-18.559 : BPIM 1/08 inf. 34). 61780

À défaut d'être exonérés de leur responsabilité, les constructeurs sont tenus in solidum des conséquences du retard (Cass. 3e civ. 29-5-1984 : RDI 1985 p. 58).

La faute du **sous-traitant** oblige ce dernier à réparation envers l'entrepreneur principal, mais n'exonère pas ce dernier (Cass. 3e civ. 2-10-1996 nº 1568 D).

L'obligation de respecter le délai pèse également, dans une certaine mesure, sur le **maître d'œuvre,** en particulier l'architecte. Celui-ci peut avoir : 61785

– donné un ordre aberrant auquel l'entrepreneur a dû s'opposer, avoir décelé tardivement une erreur à laquelle il a fallu remédier ;
– pris l'engagement personnel de respecter les délais (Cass. civ. 29-5-1984 : RDI 1985 p. 58) ;
– omis d'informer le client de la durée des travaux supplémentaires ;
– tardé à préparer le règlement des entreprises (Cass. civ. 19-12-1984 : RDI 1985 p. 256).

L'obligation de l'architecte est une **obligation de moyens,** car ce n'est pas lui qui exécute les travaux et on lui reproche de ne pas avoir accompli certaines diligences. Sa responsabilité est en principe subordonnée à la preuve d'une faute de sa part (Cass. 3e civ. 12-5-1999 no 97-17.761 : BPIM 4/99 inf. 289, 1e esp.), à moins que le contrat n'en dispose autrement (Cass. 3e civ. 7-5-1996 : RDI 1996 p. 571).

> **Précisions** Le retard imputable à l'architecte s'entend de celui qui entraîne une livraison après le terme prévu. Il ne doit pas être confondu avec les prestations qu'il peut être amené à fournir en cas d'allongement du chantier, dans les **marchés publics** : dans ce dernier cas, sa rémunération qui est forfaitaire exclut le versement d'honoraires complémentaires sauf s'il a dû fournir des prestations indispensables à l'exécution de l'ouvrage selon les règles de l'art ou s'il a été confronté à des sujétions imprévues présentant un caractère exceptionnel et imprévisible (CE 29-9-2010 no 319481 : BPIM 6/10 inf. 454).

3. SANCTION DU RETARD DE LIVRAISON DE L'OUVRAGE

RETARD DE LIVRAISON IMPUTABLE AU CONSTRUCTEUR

61810 Lorsque le délai d'exécution est contractuellement fixé, le retard imputable au constructeur n'a pas besoin d'être constaté par une mise en demeure, au moins lorsque c'est la responsabilité de l'**entrepreneur** qui est recherchée. En effet, selon l'opinion généralement émise, le marché d'entreprise comporte une obligation continue qui échappe à la nécessité d'une mise en demeure, et le marché qui fixe un délai d'exécution contient une dispense implicite de mise en demeure (Cass. 3e civ. 7-3-1969 : Bull. civ. III no 208). Au demeurant, la mise en demeure peut résulter de « la seule exigibilité de l'obligation lorsque le contrat le prévoit (C. civ. art. 1344). On peut penser que la stipulation d'une obligation continue et d'un délai précis d'exécution, répond à cette condition.

En revanche, lorsque le délai d'exécution n'est pas précisé au contrat, il paraît difficile d'éviter la mise en demeure du débiteur (Cass. 3e civ. 16-3-2011 no 10-14.051 : RJDA 6/11 no 525).

Dans les rapports entre l'entrepreneur principal et le **sous-traitant,** la formalité de la mise en demeure semble nécessaire si le contrat n'en a pas dispensé l'entrepreneur principal (Cass. 3e civ. 13-4-1988 : Bull. civ. III no 72). Mais, en sens contraire, il a été admis que la clause qui subordonne l'application effective des pénalités de retard à la seule méconnaissance du délai contractuel suffit à justifier la mise en œuvre de ces sanctions (Cass. 3e civ. 11-7-2001 no 98-23.467 FS-D : BPIM 5/01 inf. 307).

61815 On peut hésiter à appliquer la même solution à l'**architecte** qui n'est pas partie au marché. Mais l'observation risque d'être théorique car le client agit en général contre l'entrepreneur qui à son tour met en cause l'architecte. À l'évidence toutefois, l'assignation en justice vaut mise en demeure.

Il est à noter qu'un arrêt semble avoir implicitement écarté l'exigence d'une mise en demeure de l'architecte, puisqu'il lui a fait supporter une partie des pénalités de retard prévues au marché (Cass. 3e civ. 2-10-1996 : RDI 1997 p. 80).

61820 Le **préjudice** né du retard et de la gêne éprouvée de ce fait est autonome. Il est distinct de celui résultant des malfaçons et appelle une réparation particulière (Cass. 3e civ. 12-3-1974 : Bull. civ. III no 113). Tant que l'ouvrage n'est pas conforme, il y a retard dans la livraison et, le cas échéant, application des pénalités de retard (Cass. 3e civ. 21-7-1999 no 97-19.901 : BPIM 6/99 inf. 426). Si l'entrepreneur conteste qu'on lui impute le retard, il appartient au juge du fond de préciser en quoi le fait d'autres intervenants a pu différer la mise à disposition de l'ouvrage dans le délai prévu (Cass. 3e civ. 11-5-2023 no 21-24.884 FS-B : BPIM 5/23 inf. 311) pour qu'il n'ait pas à supporter les pénalités de retard. La livraison non conforme ne permet pas une condamnation du maître de l'ouvrage au paiement de la retenue de garantie (Cass. 3e civ. 5-11-1997 no 96-11.898 : BPIM 1/98 inf. 23).

61825 Les **dommages-intérêts** qui réparent le préjudice né du retard dans l'exécution des travaux font généralement l'objet d'une évaluation forfaitaire par le contrat. Ces pénalités de retard ont la nature d'une **clause pénale** (Cass. 3e civ. 6-5-1996 : RDI 1996 p. 572). Celle-ci sanctionne le manquement d'une partie à ses obligations (C. civ. art. 1231-5). Elle s'applique du seul fait de cette inexécution, sans que le maître d'ouvrage ait à prouver son préjudice (Cass. 3e civ. 20-12-2006 no 05-20.065 FS-PB : RJDA 5/07 no 448 pour un retard de 47 jours ; voir aussi Cass. 3e civ. 18-1-2006 no 05-13.549 FS-D : RDI 2006 p. 216).

La clause s'interprète restrictivement. Les pénalités qui sanctionnent le non-respect du « délai d'exécution des travaux » ne sont pas dues si l'ouvrage est terminé dans ce délai, même s'il est affecté de désordres et si les réserves sont levées postérieurement (Cass. 3e civ. 9-7-2014 no 13-19.765 : BPIM 5/14 inf. 319).

> **Précisions** Le régime juridique de la clause pénale étant ici applicable, il suffit de rappeler que la clause ne joue en principe qu'après **mise en demeure** (C. civ. art. 1231-1). Mais que les juges apprécient souverainement si les parties ont entendu écarter la nécessité de la formalité (Cass. 3e civ. 9-6-1999 no 97-20.977 : Bull. civ. III no 131 ; voir toutefois C. civ. art. 1231-5 al. 5).
> Le juge peut **réviser** la clause, en plus, si elle est dérisoire, en moins, si elle est manifestement excessive (C. civ. art. 1231-5). Il ne peut en revanche pas réduire son montant au motif qu'un tiers, fût-il le maître d'œuvre, aurait concouru au retard (Cass. 3e civ. 9-7-2014 no 13-19.765 : BPIM 5/14 inf. 319) : soit le fait du tiers est la seule cause du retard et il est exonératoire pour l'entreprise ; soit il n'est pas la seule cause et il ne dispense pas l'entreprise de son obligation de respecter le délai.
> Le juge peut réduire d'office les pénalités, mais ce n'est qu'une simple faculté pour lui ; il n'a pas l'obligation de rechercher, lorsque cela ne lui est pas demandé, si l'indemnité est manifestement excessive (Cass. 3e civ. 27-2-2007 no 06-11.230 F-D : RDI 2007 p. 275). S'il y procède, il doit caractériser le caractère manifestement excessif de la clause au regard de la disproportion entre l'importance du préjudice effectivement subi et le montant conventionnellement fixé (Cass. 3e civ. 5-9-2024 no 23-19.492 F-D : BPIM 6/24 inf. 356, condamnant l'avocat de l'entreprise au paiement de la clause pénale pour prescription de l'action en paiement contre le maître de l'ouvrage).
> Le juge peut donner le maximum prévu par la clause s'il l'estime nécessaire, sans avoir à donner un motif spécial à son refus de réduire le montant de la pénalité (Cass. 3e civ. 29-11-1978 : RDI 1979 p. 207).
> Le juge ne peut allouer à la victime une **indemnité complémentaire** que s'il est démontré un préjudice distinct de celui réparé par la clause pénale (Cass. 3e civ. 22-7-1998 no 96-22.138 : RDI 1998 p. 639). Ainsi, le préjudice des maîtres d'ouvrage lié aux frais d'hébergement et de garde-meuble, eux-mêmes liés au retard, ne donne pas lieu à une indemnisation supplémentaire si ce préjudice distinct de celui réparé par la clause pénale n'est pas caractérisé (Cass. 3e civ. 5-7-2018 no 16-19.994 F-D : BPIM 5/18 inf. 350).

La clause doit être écartée en cas de **dol** du débiteur si son application entraîne une limitation de la responsabilité de l'intéressé (Cass. civ. 24-10-1978 : D. 1979 IR p. 116). **61830**

L'**architecte** qui n'est pas partie au contrat d'entreprise n'est pas tenu, normalement, de supporter les pénalités de retard qui y sont prévues (Cass. 3e civ. 31-5-1989 : RDI 1990 p. 82 ; CA Paris 31-10-1989 : RDI 1990 p. 82). Toutefois, les pénalités peuvent être mises à sa charge si :
– le contrat d'architecte le prévoit (Cass. 3e civ. 7-5-1996 : RDI 1996 p. 571). Un acte juridique commun à l'architecte et à l'entrepreneur peut créer un engagement solidaire, mais il faut alors que l'architecte intervienne à l'acte pour assumer les conséquences du retard. S'il s'est borné à assister l'entrepreneur dans la passation des marchés, sa signature au CCAP ne suffit pas à l'obliger solidairement avec l'entrepreneur au paiement des pénalités de retard (Cass. 3e civ. 30-11-2011 no 09-12.600 : BPIM 1/12 inf. 27) ;
– par sa nature, sa faute le conduit à réparer l'entier dommage subi par le maître de l'ouvrage (Cass. 3e civ. 2-10-1996 : RDI 1997 p. 80, qui paraît retenir le dol du maître d'œuvre).

Le **cumul** des pénalités de retard avec des dommages-intérêts moratoires n'est pas admis même lorsque ces derniers sont réclamés au titre de la perte de la marge brute subie par le maître de l'ouvrage pour un retard de 6 mois (Cass. 3e civ. 8-6-2010 no 09-65.502 : BPIM 4/10 inf. 288). En revanche, a été admis le cumul des pénalités de retard avec la réparation du préjudice commercial subi par le client du fait du retard (hôtel ouvert après le début de la saison touristique), bien qu'en l'espèce aucune faute « volontaire » de l'entrepreneur n'ait été relevée (Cass. 3e civ. 19-12-1984 : RDI 1985 p. 256 ; dans le même sens, CAA Nancy 31-12-1992, CCI de Lille-Roubaix-Tourcoing : Lebon p. 608).

Lorsque les travaux portent sur un **groupe d'immeubles,** la circonstance que certains ouvrages aient été livrés en avance ne libère pas l'entrepreneur du retard apporté à d'autres (Cass. civ. 6-11-1973 : Gaz. Pal. 1973 som. p. 266). Lorsque le marché est conclu par corps d'état, chaque entreprise répond du retard concernant son lot (CE 4-10-1989 : D. 1990 som. p. 245). Les décalages ne peuvent, en principe, préjudicier aux autres entreprises (Cass. 3e civ. 24-2-1982 : RDI 1982 p. 322). **61835**

Parfois, au lieu de pénaliser l'entrepreneur, le contrat prévoit des **primes** ou **bonifications** destinées à récompenser l'entrepreneur qui livre l'ouvrage en avance sur les délais prévus. **61840**

RETARD DE LIVRAISON IMPUTABLE AU MAÎTRE DE L'OUVRAGE

Lorsque le maître de l'ouvrage est responsable du retard (no 61775), il se prive du droit d'obtenir la réparation du **préjudice** qu'il subit (Cass. 3e civ. 26-11-2003 no 02-13.875 : BPIM 1/04 inf. 23). Il n'en va autrement que si ce préjudice ne lui est que partiellement imputable. **61845**

En outre, le maître de l'ouvrage s'expose à des **sanctions particulières** : révision éventuelle du prix du marché ; remboursement des hausses de prix supportées par l'entrepreneur (Cass. civ. 6-1-1959 : AJPI 1959 p. 40) ; dommages-intérêts (pour un exemple à propos d'un marché public : CE 27-10-2010 no 323485, Cne de La Seyne-sur-Mer : BPIM 1/11 inf. 28).

SECTION 2

RÉCEPTION DES TRAVAUX

A. Caractéristiques générales de la réception des travaux

DÉFINITIONS DES OPÉRATIONS DE RÉCEPTION

62070 La réception des travaux est une création de la pratique qui, écartant les principes qui gouvernent le paiement dans les obligations de faire, a imaginé un moyen de marquer la fin du contrat d'entreprise. Consacrée par la loi du 4 janvier 1978, elle est définie comme étant « l'acte par lequel le maître de l'ouvrage déclare accepter l'ouvrage, avec ou sans réserves. Elle intervient à la demande de la partie la plus diligente, soit à l'amiable, soit à défaut judiciairement. » (C. civ. art. 1792-6).

62075 La réception aurait pu s'entendre de la livraison, vue du côté du créancier : l'un livre, l'autre reçoit. Dans les obligations de faire, en effet, la livraison porte en principe sur un ouvrage « complètement achevé » et elle a un effet libératoire. Le procès-verbal de réception aurait donc dû se borner à dresser le constat de la livraison et, par suite, de l'exécution du marché. Cette analyse est celle qui est encore proposée dans les marchés publics. « La réception signifie seulement que l'entrepreneur est regardé comme ayant livré un ouvrage conforme aux stipulations du marché » (Chabanol et Jouguelet, Marchés publics de travaux, Éd. du Moniteur, 2e éd., p. 246).

62080 Délaissant la livraison, dont les contours sont aujourd'hui imprécis (voir no 61735), au bénéfice de la réception, la doctrine, surtout en **droit privé,** en a fait une **notion autonome,** irréductible à la livraison et ne constituant pas le constat de l'achèvement de l'immeuble.

La jurisprudence judiciaire pose en effet que la réception n'exige pas que l'immeuble soit achevé (no 62220).

L'achèvement complet de l'ouvrage s'apprécie donc à un moment qui est postérieur à la réception. On ne sait pas s'il s'agit de la livraison. Une opinion souvent exprimée, même en jurisprudence, affirme que la réception, avec ou sans réserves, marque la fin du contrat d'entreprise (Cass. 3e civ. 6-9-2018 no 17-21.155 FS-PBI : BPIM 5/18 inf. 351, RDI 2018 p. 552). Mais ce n'est pas le cas puisque l'ouvrage reste à achever, selon, il est vrai, des conditions qui restent obscures et peuvent faire chevaucher la livraison et la garantie de parfait achèvement (voir no 62815).

Dans les **marchés publics,** la réception met fin au contrat d'entreprise (CE 6-4-2007 no 264490 : BPIM 4/07 inf. 274 ; CE 2-12-2019 no 423544 : BPIM 1/20 inf. 34). On a pu penser que sa date d'effet est celle de l'achèvement, et que cette réception a un « effet rétroactif » (Chabanol et Jouguelet, Marchés publics de travaux, Éd. du Moniteur, 2e éd., p. 246). Cela impliquerait qu'elle ne précèderait pas la livraison. Mais, si l'on considère qu'elle n'exige pas l'achèvement de celui-ci, la livraison soulèverait les mêmes questions que dans les marchés privés.

NATURE JURIDIQUE DE LA RÉCEPTION DES TRAVAUX

62085 Selon une première conception, la réception se réduit à un simple fait auquel la loi attache des conséquences juridiques et à la constatation de laquelle le maître de l'ouvrage ne peut se dérober. Ce n'est donc pas sa volonté qui fait produire à la réception des effets de droit mais la loi qui tire les conséquences d'un état de fait : l'achèvement (relatif dans la conception aujourd'hui admise). La réception est alors prise comme un **fait juridique.**

> **Précisions** Cette analyse part de l'idée que la **livraison** implique l'achèvement ce qui est théoriquement la règle. À la date de l'achèvement, le maître de l'ouvrage et les constructeurs se rencontrent et en dressent le constat contradictoire : l'achèvement est l'état physique de l'immeuble qui permet la livraison et par suite la réception qui en est l'envers, puisque lorsque l'un livre, l'autre reçoit. La réception n'est donc que le constat de l'achèvement, elle s'identifie à lui. Ce n'est qu'un simple fait qui sert, par l'effet de la loi, de point de départ aux garanties.

62090 Selon une autre analyse, qui a les faveurs de la doctrine dominante et, formellement au moins, de la jurisprudence, la réception n'est pas un fait mais un **acte juridique.** La réception est un acte de volonté. Certains interprètes ont même soutenu que l'acte donnait un quitus à l'entrepreneur et mettait fin au contrat, mais ces deux conséquences, qui ont eu des manifestations pratiques, ne sont pas exactes aujourd'hui car la responsabilité de droit commun survit à la réception, et la réception n'implique pas l'achèvement de l'immeuble qu'il faut bien terminer. La Cour de cassation donne crédit à la thèse de l'acte juridique (no 62080). Cette option présente l'inconvénient de faire un sort à la livraison (voir no 61240) et au délai d'exécution (no 61735).

> **Précisions** Cette analyse est **techniquement discutable** : il est d'abord bien clair qu'à moins qu'il ne renonce expressément à l'achèvement ou à la conformité, le maître de l'ouvrage qui réceptionne les travaux se borne à dresser un constat de l'état des lieux : il n'entend se priver d'aucun recours contre les constructeurs. Il est également bien connu que le maître de l'ouvrage ne peut refuser de prononcer la réception lorsque l'ouvrage est en état d'être reçu. Or, dire que la réception est un acte volontaire qui vaut quitus, c'est autoriser aussi le maître de l'ouvrage à ne pas donner ce quitus : on sait cependant que si l'ouvrage est en état d'être reçu, la dérobade du maître de l'ouvrage entraînera une réception judiciaire qui n'est rien d'autre que le constat par le juge d'un état de fait, l'état physique qui permet à l'immeuble d'être reçu (Cass. 3e civ. 30-6-1993 : Bull. civ. III no 103).
> Dire que la réception est un acte juridique présente aussi un **inconvénient pratique.** L'intérêt de cette théorie était autrefois de limiter les responsabilités des constructeurs aux seules garanties légales : la réception valait quitus dans les limites des garanties légales qui seules subsistaient ; aucune responsabilité de droit commun autre que ces garanties ne pouvait être encourue par les constructeurs. Autrement dit, dans le louage d'ouvrage principal, la responsabilité de droit commun n'avait pas de place une fois la réception prononcée et, dans le sous-traité, aucune responsabilité ne pouvait être encourue car le sous-traitant n'est pas assujetti aux garanties légales... La jurisprudence n'est pas allée jusque-là : la responsabilité de droit commun survit à la réception qui, dès lors, n'est pas un quitus (en dernier lieu, Cass. 3e civ. 22-3-1995 : RJDA 6/95 no 757 ; Cass. 3e civ. 13-12-1995 : RJDA 3/96 no 391).
> On pensait que le fait de considérer que la réception mettait fin aux relations contractuelles n'avait plus beaucoup de sens aujourd'hui (B. Boubli, RDI 2017 p. 144) : comment la réception peut-elle mettre fin au contrat, alors que l'achèvement de l'immeuble n'est pas exigé pour qu'il y ait réception et que l'obligation d'achever subsiste ? Mais l'arrêt du 6 septembre 2018 précité montre que cette appréciation était prématurée.

Sans nécessairement prendre parti pour l'une ou l'autre théorie, il reste que la réception est d'abord et surtout **un constat de l'état d'avancement des travaux.** La réception « ne vise qu'à constater un fait, l'achèvement d'un immeuble conforme et la date de cet achèvement » (Ph. Malinvaud : Droit de la Promotion immobilière, Précis Dalloz, 9e éd. no 77). La jurisprudence judiciaire n'exigeant plus l'achèvement complet de l'immeuble pour que la réception soit prononcée, celle-ci se résume à un constat de l'état d'achèvement relatif que les tribunaux retiennent comme point de départ des garanties. La réception est alors, comme le dit l'article 1792-6 du Code civil, un **acte** (le constat ou procès-verbal en tenant lieu) par lequel le maître de l'ouvrage constate que l'immeuble a atteint l'état d'achèvement requis pour servir de point de départ aux garanties : il doit accepter de le constater, sinon la constatation sera faite par le juge (réception judiciaire). Selon l'**avant-projet de réforme des contrats spéciaux** (art. 1774), la réception est l'**acte juridique** par lequel le maître de l'ouvrage déclare accepter l'ouvrage avec ou sans réserve. Un arrêt récent confirme cette orientation et décide qu'il ne constitue pas, en raison des conséquences qui s'y attachent, un simple acte conservatoire (Cass. 3e civ. 2-3-2022 no 20-16.787 FS-B : BPIM 2/22 inf. 123). **62095**

Tant que la réception n'est pas prononcée, l'entrepreneur exécute ses obligations sans que le maître de l'ouvrage ne puisse exiger de lui que l'ouvrage soit opérationnel et il ne peut pas lui reprocher des dysfonctionnements (Cass. 3e civ. 5-3-2020 no 19-12.182 F-D : BPIM 3/20 inf. 196).

B. Régime juridique de la réception des travaux

1. DOMAINE DE LA RÉCEPTION DES TRAVAUX

Normalement, il y a réception toutes les fois qu'il y a livraison. L'un livre, l'autre reçoit. La réception et la livraison sont les deux aspects de la même opération juridique, le paiement. En dissociant la réception de la livraison, la pratique et la jurisprudence renforcent l'intérêt spécifique de la réception lorsque le contrat est un de louage d'ouvrage. **62160**

RÉCEPTION EN LOUAGE D'OUVRAGE

Réception du marché principal La loi de 1978 concerne le **louage d'ouvrage immobilier.** **62165**

Il y a matière à réception des travaux dans le marché principal qui lie l'entrepreneur au maître de l'ouvrage. C'est incontestablement lui qui est visé par les articles 1792 et suivants du Code civil, et la question n'a jamais été discutée. Le CCMI, qui est une variété de louage d'ouvrage, est soumis à la formalité de la réception.

62170 **Réception du marché du sous-traitant** On peut penser qu'il y a également matière à une réception distincte de la livraison dans la sous-traitance. C'est, en tout cas, l'opinion généralement émise.

Il faut observer toutefois qu'aucun des principaux intérêts de la réception des travaux ne se retrouve dans le marché sous-traité : la **garantie** de parfait achèvement ainsi que les garanties décennale et biennale se situent dans les rapports entre l'entrepreneur principal et le maître de l'ouvrage.

Tout paraît indiquer qu'au plan des conséquences juridiques, la réception dans la sous-traitance est d'un intérêt relatif :

– en l'absence de réception par le maître de l'ouvrage au titre du marché principal, la réception intervenue entre un sous-traitant et son propre sous-traitant ne permet pas la mise en œuvre de l'assurance obligatoire puisque les parties se trouvent dans une période où les travaux demeurent en cours et que la garantie décennale ne joue pas encore (Cass. 1e civ. 31-5-1989 : RDI 1989 p. 468) ;

– l'opinion générale considère que la réception à compter de laquelle court la prescription des actions en responsabilité engagées contre le sous-traitant (C. civ. art. 1792-4-2) est la réception du marché principal, non celle des travaux sous-traités (n° 55235 ; voir aussi n° 55350 sur l'incidence de la réception en matière de retenue de garantie).

RÉCEPTION EN CAS DE VENTE DE L'OUVRAGE

62175 Lorsque l'ouvrage construit est destiné à la **vente en l'état futur d'achèvement,** il n'y a pas de réception dans les rapports entre le vendeur et les accédants (Cass. 3e civ. 18-6-2003 n° 01-12.886 : RJDA 10/03 n° 938). Ceux-ci peuvent cependant être appelés à la réception du marché d'entreprise par le maître de l'ouvrage.

Dans la vente, c'est la **livraison** qui libère le vendeur ; celle-ci doit être en conformité totale avec le projet. Le défaut de conformité substantiel peut justifier la résolution de la vente (Cass. 3e civ. 26-6-1996 n° 1170 : RDI 1996 p. 585). Le défaut non substantiel, s'il n'est pas réparé en nature, entraîne une réduction du prix. Des réserves peuvent être faites par l'acquéreur lors de la livraison, qui peut alors être le point de départ du délai de forclusion d'un an applicable à la garantie des défauts apparents dans la Vefa (Cass. 3e civ. 11-7-2019 n° 18-17.856 FS-PBI : BPIM 5/19 inf. n° 334).

L'accédant peut être amené à prendre possession d'un ouvrage qui n'est pas en conformité totale avec le projet. Il y a donc une espèce de livraison **provisoire** qui fait courir une obligation de conformité dont la mise en œuvre peut être accélérée par la retenue sur le solde du prix opérée par l'accédant. Mais c'est dans la personne du maître de l'ouvrage donc du vendeur que s'apprécie la réception (Cass. 3e civ. 6-7-2011 n° 09-69.920 : BPIM 5/11 inf. 376). La situation n'est pas sans analogie avec la double réception des marchés publics, mais, pour autant, il n'y a pas réception ici, ni provisoire ni définitive. C'est la livraison et elle seule qui libère le vendeur, et, dans l'absolu, rien n'interdit à l'accédant de refuser une livraison non conforme ou de l'accepter en retenant le solde du prix.

En pratique, l'évolution jurisprudentielle qui conduit à retenir comme date de la réception un état d'achèvement relatif contribue à aligner les conditions de la réception dans le marché d'entreprise sur celles qui, dans la vente d'immeuble à construire, emportent libération de 95 % du prix et levée des garanties financières (nos 61395 et 61405).

RÉCEPTION DE GROUPES DIFFÉRENTS D'OUVRAGES

62180 **Réception par lots** La réception s'entend, en général, d'une réception unique préconisée tant par la norme Afnor P 03-001 (art. 17-2-1.2.2) que par le CCAG travaux applicable aux marchés publics.

Toutefois, le CCAG autorise les **réceptions partielles,** par tranches de travaux, par ouvrage ou par partie d'ouvrage lorsque le marché a fixé un délai d'exécution distinct (CCAG art. 42-1).

La réception partielle peut s'entendre en premier lieu d'une **réception par lots.** Il en est ainsi lorsque chaque lot fait l'objet d'un marché particulier (Cass. 3e civ. 23-9-2014 n° 13-18.183 : BPIM 6/14 inf. 387). D'une façon générale, une telle réception par lots n'est pas souhaitable (voir sur la question : C. Charbonneaux : RDI 2017 p. 224). Mais, selon la Cour de cassation, elle n'est pas prohibée par la loi (Cass. 3e civ. 16-11-2010 n° 10-10.828 : RDI 2011 p. 285). Il est permis de **déroger au principe d'unicité de la réception** et la réception par lots n'est pas exclue lorsque plusieurs lots font l'objet d'un seul marché (Cass. 3e civ. 5-11-2020 n° 19-10.724 F-D : BPIM 1/21 inf. 39). Un arrêt retient d'ailleurs que l'achèvement de la totalité de l'ouvrage n'est pas une condition de la prise de possession d'un lot et de sa réception (Cass. 3e civ. 30-1-2019 n°s 18-10.197 FS-PBI : BPIM 2/19 inf. 110, RDI 2019 p. 216). En effet, la loi vise tant la réception des travaux que la réception de l'ouvrage (C. civ. art. 1792-4-1 et 1792-6).

La réception par lots peut être expresse ou tacite (Cass. 3e civ. 5-11-2020 n° 19-10.724 F-D : BPIM 1/21 inf. 39). Elle **peut s'évincer** du comportement du maître de l'ouvrage (Cass. 3e civ. 12-10-2017 n° 16-18.134 FS-D : BPIM 6/17 inf. 412) et notamment des réserves émises sur le procès-verbal de réception : si un lot n'a pas pu être contrôlé (climatisation en l'espèce), le juge peut estimer qu'il n'a pas été réceptionné (Cass. 3e civ. 7-2-2012 n° 11-11.449 : BPIM 2/12 inf. 121). Il en résulte que la réception tacite d'un lot est possible et que la volonté de recevoir pourrait même être présumée (n° 62290).

On se demande toutefois comment la prise de possession, qui est un élément caractéristique de la réception tacite (n° 62296), est possible lorsque les lots font l'objet d'un seul marché. La réception par lots est concevable lorsque le titulaire d'un lot est en liquidation judiciaire et peut justifier une indemnisation des désordres y afférents (Cass. 3e civ. 2-3-2011 n° 10-15.211 : RDI 2011 p. 287 ; voir en cas d'abandon de chantier n° 62232). Quoique problématique dans ses conséquences (voir en Précisions), la pratique de la réception partielle est donc une réalité. La Cour de cassation ne prohibe pas la réception par lot mais elle décide que la réception partielle à l'intérieur d'un même lot n'est pas possible, ce qui est rassurant (Cass. 3e civ. 2-2-2017 n° 14-19.279 : BPIM 2/17 inf. 112).

> **Précisions** La **réception par lots** séparés n'est **pas souhaitable** en raison de l'unicité de l'obligation de l'entrepreneur dont la réception constate l'exécution, surtout lorsque les entreprises sont groupées, à moins que le marché n'ait lui-même été conclu par lots séparés. Même alors, un arrêt décide que la réception par lots séparés a seulement pour effet d'exiger que, pour le titulaire de chaque lot, le respect du principe du contradictoire concernant la réception soit préservé... le principe d'une volonté du maître de l'ouvrage de recevoir l'ouvrage s'applique à celui-ci globalement (CA Paris 15-4-1999 : RDI 1999 p. 654 ; voir également Cass. 3e civ. 6-10-1999 n° 98-12.401 : BPIM 6/99 inf. 427, 1e esp. qui fait courir la garantie de l'assureur à compter de la réception de l'ensemble des lots). Un autre arrêt d'appel a écarté la réception par lots séparés en retenant que les ouvrages confiés à des prestataires différents étaient les éléments constitutifs d'un ensemble. Mais cet arrêt a été cassé car des parties d'ouvrage avaient été reçues (Cass. 3e civ. 23-9-2014 n° 13-18.183 : BPIM 6/14 inf. 387, RDI 2014 p. 636). Toutefois, on peut se demander si les lots ne constituaient pas en l'espèce des parties d'ouvrage distinctes, question que l'arrêt ne résout pas.
>
> La réception par lot est-elle concevable dans le **CCMI** ? Le constructeur prend en charge l'ensemble des travaux qu'il sous-traite le cas échéant, et il fournit une garantie qui cesse à la réception des travaux constatée par écrit (voir n° 80500). Ce dispositif ne paraît pas être concerné par la réception par lot. Toutefois, sans viser expressément le CCMI, mais en se prononçant à propos de la construction d'une maison individuelle, un arrêt écarte la réception d'un lot car, la prise de possession de celui-ci n'a pas été constatée (Cass. 3e civ. 11-7-2019 n° 18-18.325 F-D : BPIM 5/19 inf. 332). Il n'écarte pas pour autant le principe de la réception partielle. On se demande, dès lors, s'il est possible de procéder à des réceptions par lots distincts, au fur et à mesure de l'avancement des travaux lorsque le même prestataire est chargé de la construction.
>
> Il semble que l'**intérêt d'une réception par lots** soit de faire courir la garantie décennale et de permettre la couverture par l'assurance obligatoire ; mais cette option n'est pas sans risque lorsque les lots constituent un ensemble dont il faudra contrôler plus tard qu'il n'est pas affecté de vices susceptibles de le rendre impropre à sa destination. La réception tacite est d'ailleurs difficile à retenir dans les marchés par lots séparés car la volonté du maître de l'ouvrage est difficile à apprécier (Cass. 3e civ. 20-5-2014 n° 13-18.002 : BPIM 4/14 inf. 253).

Réception par tranches de travaux La réception peut avoir lieu par tranches de travaux lorsque les **travaux** sont **décomposés,** mais on ne sait pas si elle est valable. Les modalités de sa réception sont d'autant plus délicates que si l'achèvement n'est pas une condition de la réception, on peut penser que les travaux réalisés doivent au moins être conformes à leur objet et permettre l'usage auxquels ils sont destinés. La tendance jurisprudentielle est d'exiger dans certains cas que l'ouvrage soit conforme à sa destination (Cass. 3e civ. 8-12-2021 n° 20-21.349 F-D : BPIM 1/22 inf. 34). L'**avant-projet de réforme des contrats spéciaux** va dans le même sens (art. 1777). Un arrêt retient que lorsque les travaux sont inachevés, la réception par tranches n'est pas admise car il n'a pas été soutenu que les travaux constituaient des tranches indépendantes ou formaient un ensemble cohérent (Cass. 3e civ. 16-3-2022 n° 20-16.829 FS-B : BPIM 3/22 inf. 212, RDI 2022 p. 289). Si la réception par tranches de travaux est possible, il faudrait savoir ce que l'on doit exiger des travaux exécutés pour qu'ils soient susceptibles d'être reçus. **62181**

Réception par bâtiments La réception partielle peut s'entendre aussi de réceptions par bâtiments. Elle est aisément concevable lorsque l'on est en présence d'un groupe d'ouvrages différents (bâtiments distincts ; bâtiment et travaux de génie civil). Il suffit **62182**

que les tranches de travaux constituent des **éléments divisibles d'un même ouvrage** (CE 23-11-1985 ; CCAG art. 42-1 s. : Le Moniteur avril 1986). Les réceptions partielles par bâtiments sont donc possibles, et le maître de l'ouvrage ne peut s'y dérober lorsque le cahier des clauses particulières du marché les prévoit (CE 18-3-1994 : RDI 1994 p. 455), et ce, même si le CCAG du marché fixe la réception à l'achèvement complet des ouvrages (Cass. 3e civ. 10-1-1990 : Bull. civ. III no 6). Mais dans le doute, c'est la réception globale qui est à retenir (pour un exemple, Cass. 3e civ. 21-6-2000 no 98-21.630 FS-D : BPIM 4/00 inf. 243).

Il faut distinguer la réception partielle des **réceptions successives** rendues nécessaires par les travaux de réparation mis à la charge du constructeur : de telles réceptions sont nécessaires en particulier lorsque l'entreprise qui procède aux réparations n'est pas celle qui a réalisé l'ouvrage ; le principe des « réceptions successives » est d'ailleurs implicitement contenu dans le dispositif applicable à la garantie de parfait achèvement (voir nos 63130 et 63135). Dans ce cas, les garanties courent en principe à compter de chacune des réceptions et non de la dernière, appréhendée comme une réception de synthèse (Cass. 3e civ. 2-3-2011 no 10-15.211 : RDI 2011 p. 287).

ACCEPTATION DES TRAVAUX EXÉCUTÉS

62185 Rien n'empêche le maître de l'ouvrage d'accepter les travaux déjà exécutés bien que la construction ne soit pas achevée. Il fait alors remise de dette, pour le surplus, ou reconnaît la conformité de ce qui a été exécuté. Dans les deux cas, son acceptation, si elle est une réception comme l'admet un arrêt (CA Paris 26-3-1986 : RDI 1986 p. 467), est un acte positif qui est constitutif d'une **renonciation.**

Dans les **marchés publics,** l'article 41-7 du CCAG prévoit les modalités d'une telle renonciation.

2. DATE DE LA RÉCEPTION DES TRAVAUX

RÉCEPTION UNIQUE DES TRAVAUX

62210 La réception unique a été consacrée par la loi du 4 janvier 1978 (C. civ. art. 1792-6). Elle devrait intervenir à l'achèvement de l'immeuble même si des malfaçons ou des défauts de conformité mineurs subsistent (voir no 61470).

L'**achèvement** signifie que tout ce qui était prévu au contrat a été fait nonobstant l'existence des défauts d'exécution visibles (mais pas des non-exécutions).

« La **réception** signifie que l'entrepreneur est regardé comme ayant livré un ouvrage conforme aux stipulations du marché » (Chabanol et Jouguelet : Marchés publics de travaux, Éd. du Moniteur, 2e éd., p. 246). « En principe la réception n'intervient qu'après l'achèvement des travaux » et elle vise à constater « l'achèvement d'un immeuble conforme » (Ph. Malinvaud : Droit de la promotion immobilière, Précis Dalloz, 9e éd. no 77).

62215 La **condition d'achèvement** est posée par la norme Afnor depuis 1948 (Norme Afnor P 03-001 de 2000, art. 17.2.1.1.2 et 17.2.1.2.2). Elle était considérée comme nécessaire par une grande partie de la doctrine (Caston, « La responsabilité des constructeurs » 3e éd. T. I, nos 215 s.). En l'état du droit avant la loi de 1978, elle était admise dans la jurisprudence pour la réception définitive (CE 11-2-1991 : RDI 1991 p. 210 ; Cass. 3e civ. 17-7-1961 : AJPI 1961 p. 167 ; Cass. 3e civ. 8-10-1974 : Bull. civ. III no 337), et elle semble être exigée dans le CCMI par la loi du 19 décembre 1990 qui assigne comme terme à la garantie de livraison au prix convenu (qui implique l'achèvement) la réception des travaux (CCH art. L 231-6, IV).

62220 Aujourd'hui, **l'achèvement complet** de l'ouvrage n'est **pas** une **condition de la réception** (Cass. 3e civ. 12-1-2005 no 03-17.431 FS-D). Cette position est justifiée probablement pour permettre la mise en œuvre de l'assurance de dommages au plus tôt (voir déjà Cass. 1e civ. 7-6-1989 : D. 1989 IR p. 202).

Il faut cependant que l'**état d'avancement des travaux** ait atteint un certain stade : l'ouvrage destiné à l'occupation doit être habitable (no 62315).

En cas de **vente après achèvement** par celui qui a construit l'immeuble, l'article 1792-1-2o du Code civil oblige le vendeur à garantie décennale et biennale (voir no 61470). Pour autant il n'y a pas de réception, car les parties sont liées par une vente et le vendeur est lui-même constructeur. Selon la Cour de cassation, le caractère apparent ou caché des désordres s'apprécie au jour de la réception qui correspond « à l'achèvement des travaux » (Cass. 3e civ.

10-11-2016 nº 15-24.379 : RDI 2017. p. 144). L'arrêt ne précise toutefois pas quel est l'état d'achèvement requis. L'achèvement s'entend, semble-t-il du fait que l'ouvrage est utilisable et propre à sa fonction (Cass. 3e civ. 19-1-2017 nº 15-27.768 F-D : RDI 2017 p. 153).

Selon un auteur autorisé (Karila : AJPI 1997 p. 9), lorsque le contrat prévoit que la réception a lieu à l'achèvement, ou lorsqu'il se réfère à un document stipulant cette condition (norme Afnor, par exemple), c'est l'**achèvement contractuel** qui est à prendre en considération. 62225
La jurisprudence administrative paraît s'en tenir pour l'instant à l'achèvement complet, le constat de l'achèvement des travaux restant d'ailleurs prescrit par le CCAG travaux pour prononcer la réception.
La Cour de cassation laisse entendre que la mention de travaux à terminer au procès-verbal n'empêche pas la réception d'être acquise (Cass. 3e civ. 15-1-1997 nº 95-10.549 : RJDA 4/97 nº 587). Il semble cependant possible de prévoir une clause stipulant l'achèvement complet comme condition de la réception (Cass. 3e civ. 11-3-1998 nº 96-10.074 : BPIM 3/98 inf. 191, qui ne condamne pas une telle clause).

Résiliation du marché Lorsque le marché est résilié pour inachèvement, l'accord de résiliation peut valoir **réception amiable** pour les ouvrages exécutés. La date de la réception peut être fixée à la date de l'accord (Cass. 3e civ. 3-7-1991 : Le Moniteur 20-3-1992). Les ouvrages exécutés doivent alors être recensés. Si les travaux se poursuivent avec un autre entrepreneur, la réception relative aux travaux du marché résilié n'est admise que si un relevé des travaux est dressé (Cass. 3e civ. 24-6-1992 : Bull. civ. III nº 217). L'acte dressant l'état des travaux exécutés, signé par l'entreprise sortante et l'entreprise entrante, n'est pas une réception opposable au maître de l'ouvrage (Cass. 3e civ. 20-11-1996 nº 1744 D). Le protocole de rupture amiable du chantier entre le maître de l'ouvrage et l'entreprise ne vaut pas réception, en particulier lorsqu'il se limite à régler les conditions de la rupture, et ce même si une entreprise de remplacement est désignée (Cass. 3e civ. 13-2-2020 nº 18-22.868 F-D : BPIM 2/20 inf. 114). La **succession d'entreprises** ne suffit pas à caractériser l'existence d'une réception tacite du maître de l'ouvrage à l'égard de l'entreprise sortante (Cass. 3e civ. 19-5-2016 nº 15-17.129 : BPIM 4/16 inf. 255 ; Cass. 3e civ. 8-12-2021 nº 20-21.349 F-D : BPIM 1/22 inf. 34). La réception doit donc être prononcée ou être reconnue judiciairement. Lorsque le maître de l'ouvrage remplace une entreprise à laquelle il impute des surcoûts ou des retards, il n'y a pas de réception tacite de ce seul fait et la réception des travaux exécutés ne peut pas être prononcée même judiciairement si les locaux ne sont pas conformes à leur destination. L'**avant-projet de réforme des contrats spéciaux** en fait une condition de l'acceptation tacite ou judiciaire (art. 1777). Le remplacement de l'entreprise pourrait aussi être la conséquence d'un abandon de chantier (voir nº 62232). 62230

> **Précisions** En cas de succession d'entreprises, l'entreprise qui reprend les travaux et signe le procès-verbal de réception doit **lever les réserves** mentionnées. L'absence de levée de ces réserves engage sa responsabilité (Cass. 3e civ. 15-9-2016 nº 15-19.692 : BPIM 6/16 inf. 380).

Abandon de chantier En cas d'abandon de chantier par l'entrepreneur, les ouvrages exécutés peuvent donner lieu à une **réception expresse.** La réception peut aussi être **tacite** (Cass. 3e civ. 17-7-1997 nº 95-21.347 : BPIM 6/97 inf. 386 ; Cass. 3e civ. 11-2-1998 nº 96-13.142 : Bull. civ. III nº 28). Pour ce faire, la volonté caractérisée du maître de l'ouvrage de recevoir les travaux doit être établie. À défaut, la réception tacite ne peut pas être retenue (Cass. 3e civ. 5-3-2020 nº 19-13.024 F-D : BPIM 3/20 inf. 197). Elle est d'ailleurs difficile à apprécier dans ce cas. En effet, les ouvrages ne sont pas nécessairement en état d'être reçus, ce qui peut compromettre la mise en œuvre de la garantie décennale (voir nº 62315), et l'on peut se demander si le constat d'abandon de chantier est bien une réception au sens de l'article 1792-6 du Code civil. La Cour de cassation estime néanmoins que la constatation de la réception tacite n'est pas soumise à la condition que l'immeuble soit en état d'être habitable ou d'être reçu (Cass. 3e civ. 25-1-2011 nº 10-30.617 : BPIM 2/11 inf. 119, RDI 2011 p. 221 ; Cass. 3e civ. 6-6-2024 nº 22-24.047 F-D : BPIM 4/24 inf. 248). La motivation retenue à propos d'un abandon de chantier peut s'expliquer, dans une telle situation, surtout lorsque les travaux ne sont pas très avancés. Toutefois, la garantie décennale pour impropriété à la destination, qui court à compter de la réception, est difficile à appliquer lorsque l'immeuble est en cours de construction : par hypothèse, il est inhabitable. Il n'en reste pas moins que la Cour de cassation exige que soit caractérisée une volonté non équivoque du maître de l'ouvrage de recevoir les travaux dans leur état d'avancement à la date de l'abandon de chantier pour que soit caractérisée le réception tacite des travaux inachevés (Cass. 3e civ. 7-11-2024 nº 23-13.283 F-D : BPIM 1/25 inf. 33). L'ambiguïté de la réception tacite en cas d'abandon de chantier se présente également en cas de réhabilitation : la prise de possession « forcée » des lieux par le maître de l'ouvrage rend son 62232 acceptation équivoque, la réception tacite peut être écartée en cas de doute sur l'intention émise lors de la « prise de possession » de travaux exécutés dans une maison occupée. Mais les parties peuvent s'accorder sur une réception tacite à une certaine date (Cass. 3e civ. 5-12-2012 no 11-25.905 : BPIM 1/13 inf. 42).

LA DOUBLE RÉCEPTION DES TRAVAUX AVANT LA LOI DE 1978

62235 La double réception était en vigueur avant la loi du 4 janvier 1978. Elle était prévue par les documents contractuels alors applicables. Une distinction était faite entre la réception provisoire et la réception définitive.

Cette distinction a disparu depuis la loi du 4 janvier 1978 (voir no 62210). Il subsiste néanmoins une situation qui fait songer à la double réception : la réception (unique désormais) fait courir le délai de la garantie de parfait achèvement. Si des réserves ont été émises, les reprises intervenues pendant la garantie donnent lieu à un constat amiable ou judiciaire (C. civ. art. 1792-6) qui ressuscite, en partie, la double réception (voir no 63130). Pour autant, il n'est pas nécessaire, lors de la levée des réserves, qu'une réception « définitive », expresse ou tacite soit prononcée (Cass. 3e civ. 5-12-2012 no 11-23.756 : RDI 2013 p. 153).

La **réception provisoire** de l'ancien régime est l'acte qui marque l'acceptation provisoire des travaux par le client. Concevable dans les marchés publics où elle coïncide souvent avec la livraison partielle de l'ouvrage, elle n'a aucune raison d'être dans les marchés privés, où elle s'est cependant développée. La réception provisoire fait courir un « délai de garantie contractuelle » fixé, par les pièces de référence des marchés, à un an. À l'issue de cette période de parachèvement a lieu la réception définitive.

La **réception définitive,** dans l'ancien régime, marque l'acceptation définitive des travaux qui sont considérés comme conformes à l'objet du contrat. Bien qu'elle résulte généralement d'un procès-verbal, la réception définitive peut ne pas être expresse : l'intention du maître de l'ouvrage peut se dégager de son comportement, et, par suite, la réception peut être tacite.

En l'absence de volonté clairement exprimée par le maître de l'ouvrage, la jurisprudence retient la date à laquelle l'ouvrage est en état d'être reçu (Cass. 3e civ. 20-6-1972 : Bull. civ. III no 406 ; CE 10-5-1971 : Lebon p. 204), ce qui veut dire au regard des arrêts précités que l'on prend en compte la date à laquelle l'ouvrage répond, semble-t-il, à la condition d'achèvement relatif désormais de règle.

La double réception fait problème en ce qui concerne la **charge des risques** et le point de départ des délais de garantie qui, avant la loi du 4 janvier 1978, se limitent aux délais de garantie décennale et de garantie biennale.

La jurisprudence prenant en considération la date à laquelle l'ouvrage est en état d'être reçu, c'est-à-dire la date de l'achèvement complet, retient généralement la date de la réception définitive qui permet d'apprécier la charge des risques et surtout le point de départ des délais de garantie (Cass. 3e civ. 15-10-1985 : RDI 1986 p. 466).

Néanmoins, c'est la réception provisoire qui est parfois retenue (Cass. 3e civ. 15-2-1989 : RDI 1989 p. 212) ou celle de la prise de possession (livraison) lorsque l'ouvrage est en état d'être reçu (Cass. 3e civ. 23-1-1991 no 234 : Bull. civ. III no 29). On considérait généralement qu'il fallait que l'immeuble fût achevé (Cass. 3e civ. 28-5-1979 : RDI 1980 p. 64), mais cette condition est remise en cause depuis 1989.

3. FORMES DE LA RÉCEPTION DES TRAVAUX

CARACTÈRE CONTRADICTOIRE DE LA RÉCEPTION DES TRAVAUX

62280 La réception est le plus souvent amiable. Il s'agit d'une réception volontaire, « prononcée contradictoirement » par le maître de l'ouvrage, l'entrepreneur étant présent aux opérations (C. civ. art. 1792-6). Ce que confirmerait également l'avant-projet de réforme des contrats spéciaux. Le maître de l'ouvrage bénéficie de l'assistance de l'architecte si celui-ci a reçu une mission complète, ou une mission spécifique (voir no 48690).

L'**architecte** n'a pas qualité pour recevoir l'ouvrage, mais s'il le fait et que le maître de l'ouvrage ratifie sa décision, la ratification rétroagit au jour de la réception irrégulière (Cass. 3e civ. 23-4-1970 : Bull. civ. III no 266).

La présence de l'**entrepreneur** est, en principe, une condition nécessaire (Cass. 3e civ. 20-2-2002 no 357 : BPIM 3/02 inf. 184 1e esp.). L'architecte et le maître de l'ouvrage ne peuvent pas revendiquer la réception tacite en l'absence de l'entrepreneur, ni demander la réception judiciaire si l'entrepreneur n'est pas partie à la procédure (Cass. 3e civ. 20-10-2021 no 20-20.428 FS-B : BPIM 6/21 inf. 371). En effet, la réception doit être exempte de fraude (Cass. 1e civ. 21-2-1989 : RGAT 1989 p. 372). Il semble toutefois, par application des principes qui gouvernent le procès contradictoire, que la présence effective de l'entrepreneur ne s'impose pas toujours : il suffit qu'il ait été valablement convoqué (Cass. 3e civ. 3-6-2015 no 14-17.744 : BPIM 4/15 inf. 253). Un arrêt retient le caractère contradictoire de la réception à l'égard de l'entrepreneur qui ne s'est pas présenté mais qui a été convoqué par lettre recommandée avec demande d'avis de réception et télécopie reçues (Cass. 3e civ. 7-3-2019 no 18-12.221 FS-PBI : BPIM 2/19 inf. 109, RDI 2019 p. 334).

La réception a lieu à l'initiative de la partie la plus diligente et donne lieu à la rédaction d'un **procès-verbal** dans lequel sont éventuellement consignées les réserves émises par le maître de l'ouvrage. La non-signature du procès-verbal de réception n'affecte pas le caractère contradictoire de la réception dès lors que « la participation aux opérations de réception de celui qui ne l'a pas signé ne fait pas de doute » (Cass. 3e civ. 12-1-2011 no 09-70.262 : BPIM 2/11 inf. 119).

L'achèvement de l'ouvrage n'est pas une condition de validité d'un procès-verbal de réception (Cass. 3e civ. 7-7-2015 no 14-17.115 : BPIM 5/15 inf. 323). Dans le même sens pour la réception tacite, voir no 62300.

Les **réserves** doivent être clairement exprimées au procès-verbal et suffisamment précises (Cass. 3e civ. 30-9-1998 no 96-20.435). Elles peuvent cependant résulter de mentions en termes généraux au procès-verbal précisées par une lettre recommandée lorsque celle-ci est annoncée au procès-verbal (Cass. 3e civ. 7-10-1998 no 96-21.977 : BPIM 1/99 inf. 33). La réception n'impliquant pas l'achèvement, le procès-verbal peut faire état des « travaux à terminer » (Cass. 3e civ. 15-1-1997 : Bull. civ. III no 10). Mais on ne sait pas si ce sont des réserves. L'importance des réserves n'empêche pas la réception d'être acquise (Cass. 3e civ. 7-3-1990 : Bull. civ. III no 68). Il est possible de renoncer aux réserves émises. Mais cette renonciation doit être sans équivoque (Cass. 3e civ. 13-4-2005 no 03-15.892 : BPIM 3/05 inf. 198).

En revanche, **ne vaut pas réception** :

– l'existence d'un procès-verbal intitulé « de réception » si le maître de l'ouvrage a clairement exprimé son intention de reporter la réception (Cass. 3e civ. 11-7-2001 no 99-21.483 : RJDA 12/01 no 1213) ;

– la signature par le maître de l'ouvrage d'un procès-verbal dès lors que ce document ne comporte pas la signature des entreprises qui n'ont pas été appelées et que le maître de l'ouvrage, bien qu'ayant pris possession des lieux, n'a pas procédé au paiement intégral des travaux et ne les a pas agréés (Cass. 3e civ. 20-2-2002 no 357 : BPIM 3/02 inf. 184, 1e esp.).

La réception peut résulter d'un **accord de résiliation amiable** (voir no 62230).

En tout état de cause, lorsque le contrat précise les modalités de la réception, celles-ci doivent être respectées. Ainsi, une réception tacite ne peut pas être retenue dès lors que le contrat prévoit que la réception donnera lieu à un procès-verbal (Cass. 3e civ. 31-1-2007 no 05-18.959 FS-PB : Bull. civ. III no 10).

RÉCEPTION AMIABLE DES TRAVAUX

La réception amiable est en principe expresse et se traduit en général par l'établissement d'un procès-verbal qui mentionne éventuellement les réserves émises. L'**avant-projet de réforme des contrats spéciaux** le confirmerait (art. 1775). **62285**

Mais un tel **formalisme** n'est pas obligatoire.

En droit commun, un écrit n'est pas exigé par la loi. Mais il peut s'imposer en pratique pour des raisons de preuve. Si la réception est un acte juridique, l'entrepreneur qui veut en prouver la réalité ou le maître de l'ouvrage qui veut établir l'existence de réserves doivent rapporter la preuve par écrit au-dessus de 1 500 €. Certaines décisions ont ainsi paru admettre que le procès-verbal est indispensable à la réception amiable (CA Aix 8-1-1985 : D. 1986 p. 289 note Bergel). Mais il n'a qu'une valeur probante et peut être suppléé par d'autres modes de preuve dont l'aveu. D'ailleurs la Cour de cassation paraît écarter le principe de la preuve par écrit (Cass. 3e civ. 12-6-1991 : Bull. civ. III no 166).

Dans le cadre d'un CCMI, elle a jugé que les dispositions applicables n'imposent pas une réception constatée par écrit (Cass. 3e civ. 21-11-2019 no 14-12.299 FS-PBI : BPIM 1/20 inf. 40). Il est pourtant prévu que la garantie de livraison « cesse lorsque la réception a été constatée par écrit » (CCH art. L 231-6, IV). Selon une doctrine autorisée, l'exigence de l'écrit serait limitée aux conditions de la garantie (Droit de la promotion immobilière, Dalloz 9e éd. no 744). L'arrêt de 2019 qui ajoute que les textes n'excluent pas la réception judiciaire, applique donc le droit commun de la réception au CCMI, puisqu'il a déjà été jugé que la réception pouvait aussi être tacite (no 62290).

Le procès-verbal de réception, même avec des réserves, porte en principe sur l'ouvrage réalisé. Si le maître de l'ouvrage prend possession des lieux et fait des réserves tout en procédant à des aménagements, le procès-verbal et la prise de possession caractérisent sa volonté de réceptionner l'ouvrage dans son entier, peu important qu'une partie des travaux ne soit pas achevée (Cass. 3e civ. 15-6-2022 no 21-15.023 F-D : BPIM 4/22 inf. 292, malgré des finitions en cours et le paiement de l'essentiel des travaux).

RÉCEPTION TACITE DES TRAVAUX

62290 **Admission de la réception tacite** Dans les **marchés privés,** la possibilité d'une réception tacite est clairement admise (Cass. 3e civ. 22-6-1994 no 90-11.774 : RJDA 10/94 no 1064 ; Cass. 3e civ. 6-3-2002 no 00-19.387 FS-D : BPIM 3/02 inf. 184). Il n'en va autrement que si les parties ont expressément convenu que la réception donnera lieu à un procès-verbal (Cass. 3e civ. 31-1-2007 no 05-18.959 FS-PB : Bull. civ. III no 10).

La réception tacite suppose qu'un différend existe entre les parties ; elle est donc appréciée par le juge : c'est une réception judiciairement constatée. Le juge doit procéder à une double constatation :

– la volonté non équivoque du maître de l'ouvrage de recevoir les travaux (no 62295). Il en résulte que le contrat ne peut pas prédéterminer les conditions d'une réception tacite en tenant compte de la prise de possession (no 62325) ;

– le caractère contradictoire de la réception (Cass. 3e civ. 21-7-1999 no 98-11.498 : BPIM 6/99 inf. 427, 2e esp. ; voir aussi arrêts précités no 62280).

La réception par lots séparés étant admise, elle peut être tacite (Cass. 3e civ. 20-11-2007 no 06-18.404 F-D : BPIM 1/08 inf. 35, à propos d'une réception tacite limitée à un lot bien que l'immeuble ne soit pas habitable). Mais la volonté non équivoque du maître de l'ouvrage d'accepter les travaux est souvent difficile à démontrer (Cass. 3e civ. 20-5-2014 no 13-18.002 F-D : BPIM 4/14 inf. 253). Un arrêt précise que le paiement de l'intégralité des travaux d'un lot et sa prise de possession par le maître de l'ouvrage valent présomption de réception tacite (Cass. 3e civ. 30-1-2019 nos 18-10.197 FS-PBI : BPIM 2/19 inf. 110).

La réception tacite est également admise dans le cadre d'un contrat de construction de maison individuelle (Cass. 3e civ. 20-4-2017 no 16-10.486 FS-PBI : BPIM 3/17 inf. 212 ; Cass. 3e civ. 9-7-2020 no 19-13.899 F-D : BPIM 5/20 inf. 321). Jusqu'à l'arrêt de 2017, la doctrine était divisée puisque la garantie de livraison renvoie à une « réception constatée par écrit » (CCH art. L 231-6 IV ; pour : Droit de la promotion immobilière, Précis Dalloz 9e éd. no 744 ; contre : JL. Aubert, note sous Cass. 3e civ. 4-11-1992 : Defrénois 1993 no 6 p. 358). Mais la Cour de cassation ayant jugé que la loi n'impose pas une réception constatée par écrit, c'est le droit commun de la réception qui s'applique (voir no 62285).

Dans les **marchés publics,** on hésite parfois à admettre la réception tacite (Chabanol et Jouguelet, Marchés publics de travaux, Éd. du Moniteur, 2e éd. p. 241). Mais la jurisprudence du Conseil d'État évolue (no 60485).

62295 **Volonté du maître de l'ouvrage de réceptionner** La réception tacite peut être invoquée par le maître de l'ouvrage, en particulier s'il veut bénéficier des garanties légales et de l'assurance construction, ou par le constructeur, s'il entend être garanti par l'assureur RC décennale. Elle peut être aussi déniée, notamment par l'assureur qui estime ne pas être tenu de couvrir le risque. Il appartient à celui qui invoque la réception tacite de l'établir (Cass. 3e civ. 13-7-2017 no 16-19.438 PBI : BPIM 5/17 inf. 139). La réception tacite résulte d'une **volonté non équivoque** du maître de l'ouvrage d'accepter les travaux (Cass. 3e civ. 18-6-1997 no 95-20.704 : RJDA 10/97 no 1252 ; Cass. 3e civ. 16-2-2005 no 03-16.880 : BPIM 3/05 inf. 197). Le juge doit constater des circonstances de fait caractérisant cette volonté (Cass. 3e civ. 16-1-2007 no 05-19.274 F-D : RDI 2007 p. 279 ; Cass. 3e civ. 6-6-2024 no 22-23.557 F-D : BPIM 4/24 inf. 249). S'il estime qu'elle ne l'est pas, il écarte la réception tacite, nonobstant l'habitabilité de l'immeuble, ce qui n'empêche pas, en cas de litige, que les constatations du juge puissent justifier la réception judiciaire (Cass. 3e civ. 24-11-2016 no 15-26.090 FS-PB : BPIM 1/17 inf. 20).

Deux éléments sont déterminants : « la prise de possession de l'ouvrage et le paiement des travaux **font présumer** la volonté non équivoque du maître de l'ouvrage de le recevoir avec ou sans réserves » (Cass. 3e civ. 30-1-2019 no 18-10.197 FS-PBI : BPIM 2/19 inf. 110 ; Cass. 3e civ. 18-4-2019 no 18-13.734 FS-PBI : BPIM 3/19 inf. 181, RDI 2019 p. 336). Toutefois s'ils permettent, en général, de présumer une réception tacite, ces deux éléments, même réunis, ne permettent pas de la retenir s'ils ne traduisent pas, sans équivoque, l'intention de réceptionner (voir no 62297). La présomption de réception tacite est une présomption simple.

© Éd. Francis Lefebvre

> **Précisions** La Cour de cassation a évolué en plusieurs temps. À plusieurs reprises en 2016, elle a estimé que les éléments relevés ne suffisaient pas « à caractériser une volonté non équivoque de ne pas recevoir l'ouvrage » (Cass. 3e civ. 13-7-2016 no 15-17.208 FS-PBR : BPIM 5/16 inf. 308, RDI 216 p. 647 note B. Boubli ; Cass. 3e civ. 15-9-2016 no 15-20.143 F-D : BPIM 6/16 inf. 381). La présentation du motif sous une forme négative était singulière. Elle donnait à penser que la réception tacite était présumée (voir note Boubli, précitée) et que la volonté non équivoque de ne pas recevoir l'ouvrage y faisait échec.
> La Haute Juridiction est revenue à une motivation plus classique en décidant que celui qui invoque une réception tacite doit démontrer la volonté de réceptionner (Cass. 3e civ. 13-7-2017 no 16-19.438 FS-PBI : BPIM 5/17 inf. 339). Elle a réitéré cette position dans une affaire où le moyen reprenait la formule négative précitée en reprochant aux juges du fond de n'avoir pas caractérisé une volonté non équivoque « de ne pas réceptionner » (Cass. 3e civ. 14-12-2017 no 16-24.752 FS-PBI : BPIM 1/18 inf. 35).
> Mais elle a confirmé depuis ce que l'on pensait après les arrêts de 2016.
> L'**avant-projet de réforme des contrats spéciaux** dispose que la réception peut être tacite si est caractérisée une volonté non équivoque du client d'accepter l'ouvrage. La prise de possession de l'ouvrage et le paiement du prix font présumer la volonté non équivoque du client de le recevoir sans réserves (art. 1776). Le texte confirme la jurisprudence à deux nuances près : il ne vise pas la possibilité d'exprimer des réserves tout en visant la réception tacite sans réserves et il ne formule pas l'exigence d'une réception contradictoire alors que le projet d'article 1775 prévoit que la réception expresse est contradictoire.

La **prise de possession des lieux** est un élément important pour caractériser la volonté de réceptionner (Cass. 3e civ. 24-11-2016 no 15-25.415 F-PB : BPIM 1/17 inf. 21). Si le juge du fond retient la réception tacite, il ne peut pas se borner à l'affirmer ; il doit préciser les éléments de preuve dont il déduit cette prise de possession, en particulier si elle est contestée (Cass. 3e civ. 5-9-2024 no 23-18.751 F-D : BPIM 5/24 inf. 309). **62296**

Dans un marché par lots séparés, elle peut résulter de la décision du maître d'ouvrage de poursuivre le chantier en faisant intervenir les autres corps de métier ; ainsi jugé pour la réception du lot gros œuvre (Cass. 3e civ. 12-10-2017 no 16-18.134 FS-D : BPIM 6/17 inf. 412 qui relève aussi que le prix a été payé). Mais en sens contraire, il a été jugé que ne vaut pas prise de possession des fondations le fait de poser une ossature bois dessus (Cass. 3e civ. 13-6-2019 no 18-14.817 F-D : BPIM 4/19 inf. 259, en l'espèce le prix n'avait été payé qu'à concurrence de 65 %).

La prise de possession est probante même lorsqu'elle intervient à la résiliation des contrats de louages d'ouvrage, avant l'achèvement des travaux (Cass. 3e civ. 18-5-2017 no 16-11.260 FS-PB : BPIM 4/17 inf. 277, 1e esp.). Réciproquement, l'absence de prise de possession conduit à écarter la réception même si l'ouvrage est terminé (Cass. 3e civ. 15-6-2017 no 15-28.328 F-D : BPIM 4/17 inf. 277, 2e esp., qui relève aussi que le maître d'ouvrage a refusé les travaux et n'a pas réglé les factures).

La prise de possession n'est pas probante si elle est équivoque, c'est-à-dire si :
– elle est imposée par les circonstances. Par exemple si le maître de l'ouvrage y procède, contraint par des raisons économiques tenant notamment à la nécessité d'exploiter, sans plus tarder, son commerce (Cass. 3e civ. 8-4-2014 no 13-16.250 : BPIM 3/14 inf. 174) ;
– elle ne porte pas sur les locaux affectés par les désordres, les maîtres d'ouvrage n'habitant pas dans le bâtiment objet des désordres (Cass. 3e civ. 13-7-2017 no 16-19.438 FS-PBI : BPIM 5/17 inf. 339) ;
– les travaux de reprise litigieux portent sur un ouvrage existant déjà occupé (Cass. 3e civ. 23-5-2024 no 22-22.938 FS-B : BPIM 4/24 inf. 250).

En tout état de cause, la prise de possession ne paraît pas, à elle seule, suffisante (Cass. 3e civ. 12-9-2012 no 09-71.189 FS-PB : BPIM 6/12 inf. 440 ; Cass. 3e civ. 24-11-2016 no 15-26.090 : BPIM 1/17 inf. 20).

La prise de possession doit s'accompagner, en pratique, d'autres éléments : **62297**
– **paiement du prix** (Cass. 3e civ. 19-6-2012 no 10-27.605 : BPIM 4/12 inf. 318). Cette circonstance (également prise en compte pour l'appréciation de la présomption, no 62295) semble être un élément prépondérant de l'intention de réceptionner, en particulier lorsque la prise de possession s'est accompagnée d'un paiement du solde du marché (Cass. 3e civ. 30-9-2015 no 14-24.552 : BPIM 6/15 inf. 390 ; dans le même sens, Cass. 3e civ. 18-5-2017 no 16-11.260 FS-PB et Cass. 3e civ. 15-6-2017 no 15-28.328 F-D : BPIM 4/17 inf. 277).
Le paiement n'est pas suffisant à lui seul, qu'il soit partiel (Cass. 3e civ. 10-3-2015 no 13-19.997 : BPIM 3/15 inf. 191, 1e espèce) ou intégral (Cass. 3e civ. no 24-3-2015 no 14-10.723 : BPIM 3/15 inf. 191, 2e espèce ; Cass. 3e civ. 24-11-2016 no 15-25.415 F-PB) ;
– **déclaration d'achèvement** (Cass. 3e civ. 14-3-2001 no 99-17.635 FS-D : BPIM 3/01 inf. 186) ;
– **abandon de chantier** par l'entrepreneur, voir no 62232.

L'absence de désordre et de **contestation sur la qualité des travaux** sont également des éléments pris en compte. Encore faut-il que la prise de possession permette au maître de l'ouvrage de se rendre compte de l'état des lieux. La réception tacite a été exclue dans un cas où le maître de l'ouvrage avait pris possession d'une maison et mis immédiatement cette dernière à la disposition du constructeur pour servir de maison-témoin (Cass. 3e civ. 16-2-2005 no 03-16.880 : Bull. civ. III no 36).

Réciproquement, l'existence de contestation sur la qualité des travaux empêche la réception tacite, même en cas de paiement des travaux et prise de possession de l'ouvrage (Cass. 3e civ. 1-4-2021 no 20-14.975 FS-P : BPIM 3/21 inf. 193). Quoique classique, cette solution n'est guère satisfaisante dans la mesure où elle prive le maître de l'ouvrage des garanties de l'assurance obligatoire.

Au cas spécifique d'un maître d'ouvrage vendeur d'un immeuble à construire, sa volonté de réceptionner tacitement les travaux a été déduite non de son comportement à l'égard de l'entreprise, mais à l'égard des acquéreurs (qui sont pourtant étrangers au louage d'ouvrage), ayant procédé à une déclaration d'achèvement, à la livraison du bien, à l'établissement d'un procès-verbal de l'état des lieux et à la remise des clés (Cass. 3e civ. 10-3-2015 no 13-26.896 : BPIM 3/15 inf. 191).

ILLUSTRATIONS

La **réception tacite** a été **refusée** :
– dans un cas où le maître d'ouvrage contestait les travaux initiaux et les reprises et où il n'avait pas réglé le solde des travaux (Cass. 3e civ. 14-12-2017 no 16-24.752 FS-PBI : BPIM 1/18 inf. 35) ;
– en cas de contestation de la qualité des travaux malgré la prise de possession des lieux (Cass. 3e civ. 10-12-2015 no 13-16.086 : BPIM 1/16 inf. 28) ou a fortiori sans prise de possession (Cass. 3e civ. 15-6-2017 no 15-28.328 F-D : BPIM 4/17 inf. 277) ;
– à propos de travaux d'assainissement dont la prise de possession ne peut pas être un critère pertinent, il n'y a pas réception lorsque, tout en payant les factures, le maître de l'ouvrage a contesté la qualité des travaux (Cass. 3e civ. 24-3-2016 no 15-14.830 : BPIM 3/16 inf. 177) ;
– compte tenu du désaccord immédiat des parties sur la qualité des travaux et le paiement de leur prix (Cass. 3e civ. 4-12-1996 no 93-12.592 : BPIM 1/97 inf. 32, 2e esp.) alors même que le maître de l'ouvrage prend possession des lieux (Cass. 3e civ. 24-3-2009 no 08-12.663 : BPIM 3/09 inf. 204) ;
– pour des travaux ayant donné lieu à des reprises (Cass. 3e civ. 22-11-2000 no 98-17.807 : RDI 2001 p. 55) ;
– la prise de possession des lieux et la demande d'expertise formulée 4 jours plus tard par le maître d'ouvrage ne suffisant pas à caractériser la volonté non équivoque de ce dernier de recevoir les travaux (Cass. 3e civ. 22-9-2004 no 03-12.639 : Bull. civ. III no 154) ;
– à propos d'une installation de tri de vêtements dont le maître de l'ouvrage avait pris possession et qu'il avait occupée sans réserves pendant 2 ans en procédant au paiement intégral des travaux dès lors que l'entreprise a continué à intervenir pendant ces 2 ans (Cass. 3e civ. 13-1-2009 no 08-11.015 : BPIM 2/09 inf. 125) ;
– en cas de succession d'entreprises : le fait qu'une entreprise succède à une autre ne suffit pas à établir une réception tacite des travaux de la première (Cass. 3e civ. 19-5-2016 no 15-17.129 : BPIM 4/16 inf. 255).

62300 **État de l'ouvrage en cas de réception tacite** Il semble difficile, sauf renonciation du maître de l'ouvrage peu compatible avec la manifestation tacite d'intention, de ne pas exiger que l'ouvrage soit « en état d'être reçu » (Cass. 3e civ. 30-6-1993 : Bull. civ. III no 103), c'est-à-dire ait atteint le **niveau d'achèvement** relatif retenu en jurisprudence (voir no 62315). Les équipements indispensables à l'utilisation de l'immeuble conformément à sa destination doivent être exécutés (Cass. 3e civ. 20-6-2007 no 06-13.565 FS-D : BPIM 5/07 inf. 332). La condition, posée en matière de réception judiciaire, est générale, ou encore comme le notent MM. Auby, Périnet-Marquet et Noguellou (Droit de l'urbanisme et de la construction, Montchrestien no 1270, 7e éd.) « commune » aux deux formes de réception. Il en est d'autant mieux ainsi que la réception tacite n'est qu'une réception judiciairement constatée qui implique la prise en compte par le juge d'un certain nombre d'éléments objectifs. Or l'état d'habitabilité des lieux dans le secteur du logement est l'indice le plus convaincant. En l'absence de renonciation expresse, peut-on sérieusement décider qu'un immeuble non encore habitable a été « tacitement accepté » par le maître de l'ouvrage ?

La Haute Juridiction considère, dans certains cas, que la réception tacite « n'est pas soumise à la condition que l'immeuble soit habitable ou en état d'être reçu » (Cass. 3e civ. 25-1-2011 no 10-30.617 : BPIM 2/11 inf. 119 ; Cass. 3e civ. 6-6-2024 no 22-24.047 F-D : BPIM 4/24 inf. 248). La solution se comprend en cas d'**abandon de chantier** (voir no 62232), de travaux de génie civil ou encore de marchés par **lots séparés** (Cass. 3e civ. 12-10-2017 no 16-18.134 FS-D : BPIM 6/17 inf. 412 à propos de la réception du lot gros œuvre). La jurisprudence est plus exigente dans le **secteur du logement** lorsque le marché est conduit à son terme : le maître de l'ouvrage, sauf renonciation expresse, ne peut être supposé avoir accepté un ouvrage non habitable.

La prise de possession avec réserves ne peut pas valoir réception d'ouvrages qui ne sont pas en état d'être reçus (Cass. 3e civ. 22-5-1997 n° 95-18.413 : BPIM 4/97 inf. 257). Mais il a été jugé que la mise en eau d'une piscine n'est pas une condition de sa réception et que la réception tacite est acquise lorsque les travaux sont achevés, que le prix est payé à hauteur de 90 %, que le talon du chéquier marque « réception du gros œuvre » et que le caractère contradictoire de la réception n'est pas contesté (Cass. 3e civ. 23-2-2000 n° 98-16.859 : BPIM 3/00 inf. 173).

La Cour de cassation exerce son contrôle sur les conditions retenues par les juges du fond pour caractériser la réception tacite (Cass. 3e civ. 4-12-1996 n° 93-12.592 : BPIM 1/97 inf. 32).

Il appartient au juge qui constate la réception tacite d'en préciser la **date** (Cass. 3e civ. 11-4-2012 **62302**
n° 11-12.505 : BPIM 3/12 inf. 226). L'exigence est logique car la date sert de point de départ aux garanties, ce qui renforce le sentiment que l'ouvrage doit alors être en état d'être reçu. Parmi les dates retenues : celle de l'entrée dans les lieux lorsque les conditions de la réception sont réunies (Cass. 3e civ. 16-2-2005 n° 03-16.880 : Bull. civ. III n° 36) ; celle de la demande de réception amiable non suivie d'effet (CA Paris 7-2-1990 n° 89-4760, 19e ch. B) ; celle du « refus abusif » du maître de l'ouvrage de recevoir les travaux (Cass. 3e civ. 30-10-1991 n° 90-12.659 : RDI 1992 p. 518, qui ne fait pas grand crédit de « la volonté » du maître de l'ouvrage et, sous couvert d'une réception tacite, retient une réception judiciaire) ; celle de l'encaissement du chèque valant solde des travaux (Cass. 3e civ. 1-4-2021 n° 19-25.563 FSP : BPIM 3/21 inf. 192). Toutefois, il n'est pas toujours exigé que la date de la réception tacite soit précise ; il suffit, par exemple, qu'elle se situe à un moment qui permet, sans aucun doute, de considérer que la réception est intervenue moins de 10 ans avant la première demande en garantie présentée en justice (Cass. 3e civ. 23-5-2012 n° 11-10.502 : Bull. civ. III n° 76).

La réception tacite peut être assortie de **réserves,** même importantes (Cass. 3e civ. 30-1-2008 **62305**
n° 07-10.822 : BPIM 2/08 inf. 129 2e esp.).

Cette jurisprudence renforce la conviction selon laquelle la réception tacite n'est qu'une **réception judiciairement constatée** par le juge à titre incident. La réception tacite qui, en cas de différend, n'existe pas tant que le juge ne l'a pas reconnue ne se distingue de la réception judiciaire que par l'objet de la demande et le cas échéant par sa date :
– la réception judiciaire est prononcée, à titre principal ;
– la réception tacite est constatée à l'occasion d'un litige ne portant pas directement sur elle (point de départ d'une garantie, par exemple).

Le juge, qui doit cependant éviter de transformer l'objet du litige (Cass. 3e civ. 22-2-1995 : Bull. civ. III n° 55), apprécie si la réception tacite est intervenue en prenant souvent en considération les mêmes éléments de fait que lorsqu'il est saisi d'une réception judiciaire (voir cependant Cass. 3e civ. 18-12-1996 n° 94-20.066, qui distingue la réception judiciaire de la réception invoquée). Mais alors même que les conditions d'une réception judiciaire seraient réunies, il ne pourrait pas la prononcer si elle n'était pas demandée. En revanche, si la demande lui en est faite, il doit la prononcer même après avoir écarté la réception tacite (Cass. 3e civ. 12-5-1999 n° 96-18.268 : BPIM 5/99 inf. 365). Par ailleurs, le juge ne pourrait pas constater la réception tacite si le comportement du maître de l'ouvrage ne permettait pas d'induire sa volonté d'accepter l'ouvrage (Cass. 3e civ. 5-6-1996 n° 94-19.278 : BPIM 5/96 inf. 349). Le litige sur la réception tacite soulève une contestation sérieuse en référé (Cass. 3e civ. 12-3-1997 n° 95-10.781).

RÉCEPTION JUDICIAIRE DES TRAVAUX

La réception judiciaire est une **réception forcée.** Elle s'applique au CCMI, les dispositions **62310**
applicables en cette matière ne l'excluant pas (Cass. 3e civ. 21-11-2019 n° 14-12.299 FS-PBI : BPIM 1/20 inf. 40).

Il est demandé au juge du tribunal judiciaire de prononcer la réception des travaux lorsque l'une des parties s'y soustrait, c'est-à-dire de constater que l'ouvrage est en état d'être reçu malgré la réticence de l'une ou l'autre des parties (Cass. 3e civ. 30-6-1993 : RDI 1993 p. 511). La réception est judiciaire en cas de désaccord, mais elle n'est pas conditionnée par un refus abusif d'une des parties au contrat de prononcer la réception amiable ; il suffit que l'ouvrage soit en état d'être reçu (Cass. 3e civ. 12-10.2017 n° 15-27.802 FS-PBRI : BPIM 6/17 inf. 413).

La réception judiciaire implique un jugement la prononçant : elle « ne peut intervenir tacitement » (Cass. 3e civ. 20-11-2012 n° 11-22.682 : BPIM 1/13 inf. 43 qui censure une cour d'appel qui s'est fondée sur un jugement qui avait probablement judiciairement constaté une réception tacite).

Il semble qu'il soit possible de demander au **juge des référés** de statuer. C'est même certain si la réception n'est qu'un fait juridique et qu'il ne s'agit que de constater un état d'avancement suffisant des travaux. C'est plus discutable, mais admis par quelques arrêts si l'on s'en tient à l'idée que la réception est un acte juridique (CA Versailles, cité dans RDI 1986 p. 363).

Le **demandeur** d'une action en fixation de la date de réception peut être le maître de l'ouvrage ou l'entrepreneur mais pas l'assureur dommages-ouvrage puisque ce dernier n'est pas partie à la réception (Cass. 3e civ. 23-4-1997 no 95-18.317 : Bull. civ. III no 84).

L'un des intérêts de la réception judiciaire est de faire courir les délais de garantie et, pour le constructeur, de bénéficier de l'assurance de garantie décennale. Un arrêt précise d'ailleurs que la demande tendant à ce que soit prononcée la réception judiciaire tend aux mêmes fins que celle qui tend au versement d'une indemnité sur le fondement de l'article 1792 du Code civil (Cass. 3e civ. 17-9-2014 no 13-22.536 : BPIM 6/14 inf. 388). Toutefois, cet intérêt est parfois plus théorique que réel (voir B. Boubli, obs. sous Cass. 3e civ. 25-3-2015 no 14-12.875 : RDI 2015 p. 298).

62315 **Date de la réception judiciaire** La jurisprudence majoritaire fixe la réception à la date à laquelle les **ouvrages** sont en état d'être reçus (Cass. 3e civ. 12-10-2017 no 15-27.802 FS-PBRI : BPIM 6/17 inf. 413 ; Cass. 3e civ. 18-10-2018 no 17-24.278 F-D : BPIM 6/18 inf. 409), c'est-à-dire, dans le secteur du logement, **habitables** (Cass. 3e civ. 29-3-2011 no 10-15.824 : BPIM 3/11 inf. 208 ; Cass. 3e civ. 24-11-2016 no 15-26.090 F-PB : BPIM 1/17 inf. 20, RDI 2017 p. 144 ; Cass. 3e civ. 8-12-2021 no 20-21.349 F-D : BPIM 1/22 inf. 34). Lorsque les ouvrages sont habitables, la réception judiciaire ne peut pas être refusée, même si le maître d'ouvrage a manifesté sa volonté de ne pas réceptionner (Cass. 3e civ. 24-11-2016 no 15-26.090). En revanche elle peut être refusée si les non-conformités sont importantes et rendent le bien inhabitable (Cass. 3e civ. 27-6-2019 no 18-14.249 F-D : BPIM 5/19 inf. 333). Il peut être reproché au juge du fond qui fixe la réception judiciaire à une certaine date de n'avoir pas recherché si la maison n'était pas habitable à une date antérieure (Cass. 3e civ. 19-9-2024 no 22-24.871 F-D : BPIM 6/24 inf. 357).

Ce critère ne peut pas concerner les ouvrages de génie civil ou les travaux de bâtiment sans rapport avec l'habitabilité des lieux, comme le ravalement de façade. Il y a lieu de penser que la notion d'ouvrage en « état d'être reçu » est une question de fait relevant très largement de l'appréciation des juges du fond (Cass. 3e civ. 10-12-2015 no 13-16.086 : BPIM 1/16 inf. 28, sur la réception judiciaire de 35 garages). En outre, la notion d'habitabilité est relative : il peut être tenu compte de l'importance des malfaçons (Cass. 3e civ. 10-7-1991 : RDI 1992 p. 71) ou du fait que l'achèvement était « pour l'essentiel » réalisé (Cass. 3e civ. 4-4-2001 no 99-17.142 FS-D).

L'incertitude sur l'état d'achèvement ou d'avancement des travaux requis pour que l'ouvrage soit en état d'être reçu est totale (Cass. 3e civ. 16-2-1994 et 16-3-1994 : RDI 1994 p. 455) car il s'agit d'une question de fait qui doit tenir compte de l'objet du marché, ouvrage de génie civil ou marchés par lots séparés (sur la discussion à propos de la réception tacite, voir no 62300). Un arrêt décide que la signature du procès-verbal de réception marque l'exécution des travaux commandés, sans s'expliquer sur l'état physique de l'immeuble (Cass. 3e civ. 9-12-1998 no 96-20.588 : BPIM 1/99 inf. 34). Plus préoccupant est un autre arrêt qui, se prononçant sur des travaux de ravalement frappés de désordres impliquant des reprises d'un montant correspondant à 67 % du prix du marché, estime que la cour d'appel qui a fait ces constatations pour refuser de prononcer la réception judiciaire n'a pas recherché si « compte tenu de sa nature, l'ouvrage n'était pas en état d'être reçu » (Cass. 3e civ. 25-3-2015 no 14-12.875 : BPIM 3/15 inf. 192, RDI 2015 p. 298).

Toutefois, même si l'immeuble est en état d'être habité et donc d'être reçu, la réception ne peut pas être fixée à cette date si l'entrepreneur a fait obstacle à sa **prise de possession** (Cass. 3e civ. 8-6-2006 no 05-15.509 FS-PB : Bull. civ. III no 139). C'est alors la date de la prise de possession caractérisée par la remise des clés qui est à retenir, en particulier si l'entreprise l'a subordonnée au paiement du solde du prix (Cass. 3e civ. 27-2-2013 no 12-14.090 : BPIM 2/13 inf. 122).

> **Précisions** La **condition d'habitabilité** pose problème lorsque les travaux sont presque terminés mais que la maison est **impropre à sa destination** : à défaut de constater le caractère habitable de la construction, la réception judiciaire n'est pas possible et l'assureur de l'entrepreneur ne peut pas être condamné à garantir les conséquences de l'impropriété (Cass. 3e civ. 27-1-2009 no 07-17.563 : BPIM 2/09 inf. 126). Or l'impropriété semble exclure la possibilité de reconnaître l'habitabilité.

62320 Une réception judiciaire peut être assortie de **réserves** (Cass. 3e civ. 19-6-1996 no 94-15.865 : BPIM 5/96 inf. 350 ; Cass. 3e civ. 17-10-2019 no 18-21.996 F-D : BPIM 6/19 inf. 399). Elle peut être prononcée en retenant la date du dépôt du rapport d'expertise ; si ces réserves concernent un lot déterminé, l'assurance décennale obligatoire ne peut pas être mise en œuvre (Cass. 3e civ. 5-7-2018 no 14-21.520 F-D : BPIM 6/18 inf. 410)

En revanche, il n'y a pas lieu à réception judiciaire lorsque des malfaçons et non-façons importantes sont constatées. La résolution du contrat doit être prononcée (CA Dijon 15-9-1995 : BPIM 2/96 inf. 126 ; comparer Cass. 3e civ. 25-3-2015 no 14-12.875 cité no 62315). S'il constate l'existence de malfaçons, le juge du fond ne peut pas condamner le maître de l'ouvrage au paiement du solde des travaux au motif qu'il n'aurait pas émis de réserves, sans constater l'existence d'une réception ou prononcer judiciairement celle-ci (Cass. 3e civ. 7-4-2016 no 15-15.071 : BPIM 3/16 inf. 178).

FORMES DE LA RÉCEPTION CONTRACTUELLEMENT DÉFINIES

La norme Afnor p. 03-001 prévoit un processus d'établissement de la réception expresse, tacite ou forcée (art. 17.2 s.). Il peut en aller de même pour les documents contractuels. Par exemple, le CCAG peut prévoir que l'absence de contestation dans le délai prescrit vaut réception sans réserves (Cass. 3e civ. 23-10-2007 no 07-10.509 : BPIM 1/08 inf. 36). **62325**

En revanche, les parties ne peuvent convenir des modalités de la **réception tacite.** Est sans portée la clause qui stipule que « toute prise de possession ou emménagement avant la rédaction du procès-verbal de réception signé par le maître de l'ouvrage et le maître d'œuvre entraîne de fait la réception sans réserves et l'exigibilité des sommes dues sans contestation possible » (Cass. 3e civ. 6-5-2015 no 13-24.947 : BPIM 3/15 inf. 190). En effet on ne peut tirer par avance les conséquences d'une prise de possession qui peut s'avérer être équivoque. Toutefois, une clause qui fixe les modalités de la réception tacite sans déroger aux principes gouvernant celle-ci est valable et opposable à la victime (Cass. 3e civ. 4-4-2019 no 18-12.410 FS-PBI : BPIM 3/19 inf. 182, RDI 2019 p. 337) ; en l'espèce la clause figurait au contrat d'assurance de l'entrepreneur et prévoyait que la volonté de réceptionner impliquait une absence de réclamation du maître de l'ouvrage pendant une période significative et qu'elle ne pouvait résulter de la simple prise de possession des lieux.

4. EFFETS DE LA RÉCEPTION DES TRAVAUX

a. Effet spécifique de la réception des travaux à l'égard de l'architecte

La réception est prononcée par le maître de l'ouvrage qui bénéficie de l'assistance de l'architecte si celui-ci a reçu une mission complète. **62360**

Cette mission d'assistance peut être spécialement dévolue à l'architecte, dans le cadre du **contrat de construction de maison individuelle** (CCH art. L 231-2, f et L 232-1, f). La loi permet implicitement de retenir alors la responsabilité de l'architecte conformément aux solutions dégagées par la jurisprudence. Il ne semble pas, en effet que, pour cette mission, l'architecte soit assimilable à un constructeur responsable conformément aux articles 1792 s. du Code civil (voir no 47725 et l'étude de Dubois citée à ce numéro).

b. Effets généraux de la réception des travaux

LIMITES DE L'OBJET DE L'ACCEPTATION DES OUVRAGES

Le maître de l'ouvrage qui reçoit les travaux se borne à accepter les ouvrages qui lui sont livrés (Cass. 3e civ. 17-2-1988 : RDI 1988 p. 300). La signature du procès-verbal de réception marque l'exécution des travaux commandés (Cass. 3e civ. 9-12-1998 no 96-20.588 : BPIM 1/99 inf. 34). Le maître de l'ouvrage ne renonce à rien et se contente de vérifier que l'exécution est conforme. La Cour de cassation décide que le contrat d'entreprise prend fin à la réception avec ou sans réserves (Cass. 3e civ. 6-9-2018 no 17-12.155 : BPIM 5/18 inf. 351). S'il en est ainsi, on s'interroge sur ce qui reste de la livraison et de l'obligation d'achever (voir nos 61240 et 61735) et sur ce que recouvre la garantie de parfait achèvement (voir no 62815). **62380**

La conformité de l'exécution étant **présumée** lorsque l'ouvrage est remis, l'acceptation fait de cette présomption une réalité. En apparence, l'ouvrage est réputé conforme et exempt de vice.

S'il entend faire échec aux effets de la présomption de conformité, le maître de l'ouvrage formule des **réserves** qui donnent lieu à des travaux de reprise (nos 63120 s.). Celles-ci sont consignées au procès-verbal et désignent les défauts de conformité et les désordres apparents. Il pourra, pour ces dommages, engager une action en réparation du préjudice sur le fondement de la responsabilité contractuelle de droit commun ou de la garantie de parfait achèvement. Il faut toutefois que les réserves correspondent à des désordres effectifs ; à défaut, elles sont sans portée (Cass. 3e civ. 3-4-2013 no 12-15.955 : BPIM 3/13 inf. 186).

C'est à l'entrepreneur de **lever les réserves,** c'est-à-dire de mettre l'ouvrage en état ; l'obligation de l'entrepreneur se poursuit jusqu'à la levée des réserves et relève de son obligation de résultat, peu important que le délai de la garantie de parfait achèvement soit expiré (no 63175). Si ce délai est expiré, la levée des réserves relève de l'article 1231-1 du Code civil (voir nos 62775 et 63175). La retenue de garantie opérée par le maître de l'ouvrage peut lui permettre de garantir l'exécution des travaux nécessaires à la levée des réserves (voir no 57760). Il a été jugé que le sous-traitant, qui peut réclamer une provision sur la retenue de garantie effectuée par l'entrepreneur principal (voir n° 55350), ne peut réclamer une provision sur la retenue de garantie opérée par le maître de l'ouvrage si la réception n'est pas intervenue (Cass. 3e civ. 8-11-2018 n° 17-20.677 FS-PBI : BPIM 6/18 inf. 404).

Le maître de l'ouvrage peut **renoncer aux réserves,** mais sa renonciation doit être claire et non équivoque. Elle ne résulte pas de son refus de payer le solde des travaux fondé, non sur l'inexécution des travaux de reprises, mais sur un grief nouveau (Cass. 3e civ. 23-6-2010 n° 09-15.148 : BPIM 5/10 inf. 372, 1e esp.).

Pour les **marchés publics,** le CCAG travaux fait une distinction entre la réception « avec réserves » prévue à l'article 41-6 et la **réception « sous réserve »** de l'exécution des travaux restant à exécuter au sens de l'article 41-5. Un constat de l'achèvement de ces prestations est réalisé sous 3 mois et constitue le point de départ du délai à l'issue duquel le décompte final produit par le titulaire du marché peut valoir décompte général et définitif (CE 8-12-2020 n° 437983 : BPIM 1/21 inf. 33). Le point de départ du délai ouvert au titulaire du marché pour transmettre le projet de décompte final au maître de l'ouvrage peut être reporté à la date du procès-verbal constatant l'exécution des travaux objet des réserves (CE 1-6-2023 n° 469268 : BPIM 4/23 inf. 254). Cette hypothèse suscite la réflexion sur le point de départ de la garantie de parfait achèvement pour les non-conformités résultant de l'inachèvement (n° 62815).

62385 Les **désordres** ou défauts qui n'ont pas fait l'objet de réserves ne donnent pas lieu à responsabilité s'ils sont **apparents.** La réception sans réserves purge l'ouvrage de ses vices apparents (voir nos 87460 s.).

Si les **désordres** ou défauts sont **cachés,** ils relèvent soit des garanties légales (parfait achèvement, décennale ou biennale), soit de la responsabilité contractuelle de droit commun des constructeurs, qui, malgré une doctrine défavorable, survit à la réception des travaux lorsque les garanties légales ne sont pas applicables (Boubli, « La responsabilité contractuelle des constructeurs après la réception des travaux » : RDI 1982 p. 1).

Celui qui reçoit les travaux ne **renonce donc à rien.** En particulier, il n'entend pas libérer le constructeur de la responsabilité qui pèse sur lui, sauf s'il le dit expressément.

L'achèvement n'est pas une condition de la réception et le maître de l'ouvrage doit faire des réserves pour ce qui est **mal fait**. Mais doit-il aussi en faire pour ce qui n'est **pas encore fait** et qui, une fois réalisé, constituera l'achèvement complet ? En principe non, car la réception ne marque pas alors le terme de l'obligation d'édifier et se borne à dresser le constat de ce qui a été fait. Mais, dans le doute, il vaut mieux faire des réserves (Cass. 3e civ. 4-11-1992 : RDI 1993 p. 224 ; Cass. 3e civ. 30-3-1994 : Bull. civ. III n° 69), étant relevé que la mention de travaux à terminer au procès-verbal n'empêche pas la réception d'être acquise (Cass. 3e civ. 15-1-1997 n° 95-10.549 : RJDA 4/97 n° 587).

> **Précisions** Dans les **marchés publics,** la **réception** met fin aux rapports contractuels entre le maître de l'ouvrage et les constructeurs en ce qui concerne la réalisation de l'ouvrage. En conséquence, elle interdit au maître de l'ouvrage d'invoquer postérieurement, sous réserve de la garantie de parfait achèvement, des désordres apparents causés à l'ouvrage, dont il est alors réputé avoir renoncé à demander la réparation. La solution vaut aussi pour les désordres causés aux tiers. Il n'en va autrement qu'en cas de clause contractuelle, de réception frauduleuse ou de dommage subi par le tiers trouvant directement son origine dans des désordres affectant l'ouvrage objet du marché et qui seraient de nature à entraîner la garantie décennale ou biennale des constructeurs (CE 13-11-2009 nos 306061 : BPIM 1/10 inf. 33).

Toujours parce que la réception met fin aux rapports contractuels entre le maître d'ouvrage et les constructeurs, la réception sans réserves interdit au maître d'ouvrage de rechercher la responsabilité contractuelle du maître d'œuvre pour des fautes de conception (CE 2-12-2019 n° 423544 : BPIM 1/20 inf. 34).

La réception ne vaut que pour les ouvrages concernés ; si des désordres sont dénués de tout lien avec les ouvrages ayant fait l'objet d'une réception avec réserves, la garantie décennale peut être engagée et justifier le versement d'une provision (CE 16-1-2012 n° 352122 : BPIM 2/12 inf. 130).

La réception demeure, par elle-même, sans effet sur les droits et obligations financiers nés de l'exécution du marché, à raison notamment de retards ou de travaux supplémentaires rendus nécessaires suite à un sinistre, dont la détermination intervient définitivement lors de l'établissement du solde du décompte définitif.

Seule l'intervention du **décompte général** et définitif du marché a pour conséquence d'interdire au maître de l'ouvrage toute réclamation à cet égard (CE 6-4-2007 n° 264490 : BPIM 4/07 inf. 274). Notamment le décompte général qui ne prévoit pas les sommes correspondant aux travaux nécessaires à la levée des réserves interdit au maître d'ouvrage toute réclamation à cet égard, même si une instance sur la responsabilité des constructeurs est pendante (CE 20-3-2013 n° 357636 : BPIM 3/13 inf. 190).

La réception oblige le maître de l'ouvrage à assumer l'ensemble des obligations du propriétaire et de l'utilisateur, notamment celle d'acquitter les frais inhérents au fonctionnement même partiel de l'ouvrage (CE 14-5-2008 nos 276664 et 276665, Sté Cofathec : BPIM 4/08 inf. 294).

Le constructeur dont la responsabilité est engagée par un tiers victime d'un dommage dû à des désordres de l'ouvrage public qu'il a construit peut demander à être garanti par le maître de l'ouvrage si celui-ci a réceptionné les travaux sans émettre de réserves (CE 6-2-2019 n° 414064 : BPIM 3/19 inf. 178).

POINT DE DÉPART DES DÉLAIS DE GARANTIE

La **réception unique** sert de point de départ aux délais de garantie décennale et biennale tandis que la solution est différente pour les réceptions partielles d'ouvrages divisibles (nos 87740 s.). L'**avant-projet de réforme des contrats spéciaux** prévoit de faire de la réception le point de départ des garanties dues par l'entrepreneur et des délais des actions en responsabilité dirigées contre lui (art. 1778, al. 2). Il prévoit également qu'elle rend le prix ou le solde du prix exigible (art. 1778, al. 4). 62390

S'agissant des travaux remédiant soit aux désordres qui ont fait l'objet de réserves, soit à des désordres relevant de la garantie décennale, il semble qu'ils bénéficient d'un **nouveau délai de garantie** à compter de leur approbation (voir n° 87750).

C. Charge des risques

CHARGES DES RISQUES AVANT LA RÉCEPTION

Lorsque le contrat produit un effet translatif, le transfert de propriété entraîne un transfert des risques (C. civ. art. 1196). La charge des risques est associée à l'obligation de délivrer et le débiteur mis en demeure de délivrer conserve cette charge (C. civ. art. 1344-2). Cette règle, classique, pose des problèmes en matière d'entreprise, où le transfert des matériaux s'accompagne d'un travail fourni par le prestataire. 62450

Lorsque l'entrepreneur ne fournit que son **travail** et que la chose vient à périr, il n'est tenu que de sa faute (C. civ. art. 1789). Toutefois, c'est à lui d'établir qu'il n'a commis aucune faute car il est débiteur de la chose qu'il détient. Admise dans l'entreprise de chose mobilière (Cass. 1e civ. 24-3-1987 : Bull. civ. I n° 106), cette solution a été appliquée à un marché de prestation de services impliquant des travaux d'aménagement (Cass. 3e civ. 17-2-1999 n° 95-21.018 : Bull. civ. III n° 41).

Lorsque l'entrepreneur fournit le **travail et la matière,** la perte de la chose est à sa charge si elle périt avant d'être livrée, à moins que le maître de l'ouvrage n'ait été mis en demeure de la recevoir (C. civ. art. 1788). Ce texte ne concerne que la charge des risques (Cass. 3e civ. 23-4-1974 : D. 1974 IR p. 188 obs. Mazeaud). Il n'est pas applicable lorsque le problème posé est celui de la responsabilité de l'un des contractants dans la perte ou la détérioration de la chose (Cass. 1e civ. 2-12-1997 : Bull. civ. I n° 339) ; mais comme la charge du risque est à l'entrepreneur si la chose périt « de quelque manière que ce soit », l'obligation qu'elle engendre peut absorber la responsabilité encourue et déboucher sur une indemnisation compensatrice de l'inexécution de l'obligation de livrer (n° 62455). Le texte vise la chose « livrée » car, conformément aux principes résultant des articles 1196 et 1344-2 du Code civil, c'est la livraison qui emporte « délivrance » (voir n° 61200). Toutefois, tandis que l'article 1788 vise la chose « livrée », l'article 1790 vise la perte de la chose avant que l'ouvrage ait été « reçu ». Il est d'usage, pour l'appréciation de la charge des risques, de tenir compte de la perte de la chose avant réception. À l'évidence, la réception n'est ici que l'envers de la livraison.

On a parfois soutenu que l'article 1788 du Code civil ne s'appliquait pas au louage d'ouvrage immobilier car les matériaux, approvisionnés par l'entrepreneur, deviennent la propriété du maître de l'ouvrage dès leur incorporation par voie d'accession. Un arrêt a effectivement fait référence à l'article 1789 à propos d'un entrepreneur de chauffage central dont l'installation avait péri dans un incendie (CA Aix 12-12-1983 : RDI 1985 p. 157). Cet arrêt met les risques à la charge de l'entrepreneur en relevant qu'il n'établissait pas ne **pas avoir commis de faute** : il renverse le fardeau de la preuve, car en matière d'incendie il s'agit d'un principe (Cass. 1e civ. 28-11-1973 : D. 1974 som. p. 14). 62455

Toutefois, la doctrine et la jurisprudence, tant administrative (CE 25-1-1971 : Lebon p. 482) que judiciaire (Cass. 3° civ. 11-5-2000, n° 94-14.753 ; Cass. 3° civ. 16-9-2015 n° 14-20.392 D.2015.1895), retiennent **l'application de l'article 1788 du Code civil.**

Les causes de la perte de la chose sont pratiquement indifférentes, dans la mesure où la chose peut venir à périr de quelque manière que ce soit. L'entrepreneur supporte le risque avant réception lorsque la perte de la chose est la conséquence d'un **cas fortuit** (Cass. 3e civ.

17-12-2014 n° 13-17.485 : BPIM 1/15 inf. 31) ou de **force majeure** (Cass. 1e civ. 9-11-1999 n° 97-16.306, 97-16.800 : Bull. civ. I n° 293).

Selon la Cour de cassation, **les fautes éventuellement commises par les constructeurs qui ont pu être à l'origine de la destruction** n'empêchent pas le maître de l'ouvrage de leur demander la restitution du prix de l'ouvrage qu'ils n'ont pas été en mesure de livrer, en dehors de toute recherche de responsabilité (Cass. 3e civ. 25-5-2022 n° 21-18.098 FS-B : BPIM 4/22 inf. 301, RDI 2022 p. 469). L'article 1788 crée ainsi une obligation compensatrice objective à la charge du constructeur lorsque la chose périt avant livraison pour quelque cause que ce soit, sauf à réserver toutefois, le fait du maître de l'ouvrage.

Le risque visé par l'article 1788 n'implique pas nécessairement **une reconstruction complète de l'ouvrage.** La destruction peut être partielle. Le constructeur doit alors supporter le coût des travaux de réparation de l'ouvrage qu'il doit livrer (Cass. 3e civ. 25-5-2022 n° 21-15.883 FS-B : BPIM 4/22 inf. 301, RDI 2022 p. 469).

L'entrepreneur ne peut pas prétendre au prix des matériaux perdus ou de son travail (Cass. 3e civ. 19-2-1986 : Bull. civ. III n° 10) et qu'il doit restituer les acomptes perçus (Cass. 3e civ. 25-1-1976). La perte supportée par l'entrepreneur se limite à la chose qu'il fournit (Cass. 3e civ. 27-3-1991 : Bull. civ. III n° 103) et le texte ne s'applique pas lorsque la chose détruite n'est pas la chose fournie (Cass. 3e civ. 14-6-1983 : Bull. civ. III n° 138). L'entrepreneur ne supporte les risques que si la perte de l'ouvrage avant livraison est établie. Selon un arrêt difficile à concilier avec celui du 25-5-2022 (n° 21-15.883 précité), l'article 1788 ne s'applique pas au cas d'une piscine en construction endommagée à la suite d'une tempête, dès lors que rien ne permet de dire que la reprise des travaux ne peut pas être envisagée (Cass. 3e civ. 16-9-2015 n° 14-20.392 : BPIM 6/15 inf. 393). Mais cette solution ne règle pas la question de savoir si la charge des risques implique, dans un tel cas, la prise en charge des travaux par l'entreprise.

Pour les **dommages aux existants,** il semble que l'on puisse appliquer l'article 1789 qui n'oblige l'entrepreneur qu'en raison de sa faute, si l'on considère que, pour ceux-ci, il ne fournit pas la matière (voir n° 53200).

La même solution est admise par le Conseil d'État qui la fonde sur la garde de l'ouvrage (CE 9-11-1984 et CE 18-1-1985 : Le Moniteur 18-10-1985). La responsabilité de l'entrepreneur a d'ailleurs été retenue pour les dommages aux existants sur le fondement de sa faute (Cass. 3e civ. 15-11-1995 : Bull. civ. III n° 234).

Selon la Cour de cassation, qui a tendance à viser l'article 1789, l'entrepreneur doit établir que le dommage n'est pas dû à sa faute (Cass. 3e civ. 17-2-1999 n° 95-21.018 : Bull. civ. III n° 41) ; on peut considérer qu'il assume les risques sauf preuve qu'il n'a commis aucune faute. Un arrêt confirme cette tendance ; à propos d'un incendie de chantier ayant causé des dégâts aux bâtiments existants et aux marchandises, il met à la charge de l'entrepreneur l'obligation de supporter l'entière réparation en relevant qu'il lui appartenait de s'enquérir auprès du maître de l'ouvrage des conditions propres à assurer la sécurité des bâtiments (Cass. 3e civ. 7-7-2004 n° 02-21.290). Dans le même sens, un entrepreneur qui avait correctement étayé un pignon a été tenu responsable de l'intégralité des dommages aux existants qui ont résulté du vol de ces étais (Cass. 3e civ. 10-7-2013 n° 12-13.851 : BPIM 5/13 inf. 333 qui se fonde sur l'ancien article 1147 du Code civil, devenu article 1231-1). Voir aussi nos 89930 s.

ATTENTION

La **qualification du contrat** est essentielle pour déterminer la charge des risques. Tandis que dans la vente la charge des risques incombe en général au propriétaire (« res perit domino »), dans le contrat d'entreprise elle est gouvernée par les articles 1788 à 1791 du Code civil.

CHARGES DES RISQUES APRÈS LA RÉCEPTION

62460 Après la réception, les risques passent au maître de l'ouvrage. Si le principe ne pose pas de problème en cas de dualité de réception, car alors seule la réception définitive est à considérer, on hésite sur la solution à adopter lorsque la réception est assortie de **réserves.**

L'entrepreneur qui livre la chose peut **mettre en demeure** le maître de l'ouvrage de la recevoir. C'est alors la mise en demeure qui emporte transfert des risques. Mais il n'en est ainsi, semble-t-il, que si la chose est en **état d'être reçue.**

> **Précisions** L'**avant-projet de réforme des contrats spéciaux** prévoit que, sauf stipulation contraire, la réception emporte transfert des risques au maître de l'ouvrage (art. 1778, al. 3), et que la charge des risques avant réception est supportée par celui qui a fourni les biens nécessaires à la réalisation de l'ouvrage si ces biens périssent par cas de force majeure avant que le client fût en mesure de réceptionner l'ouvrage (art. 1786). La place des textes et leur rédaction suscitent déjà des discussions (voir note RDI 2022 p. 470).

SECTION 3

GARANTIE DE PARFAIT ACHÈVEMENT

A. Garantie de parfait achèvement en droit privé

1. NATURE JURIDIQUE DE LA GARANTIE DE PARFAIT ACHÈVEMENT

La garantie de parfait achèvement est **en principe** destinée à améliorer le sort du maître de l'ouvrage (C. civ. art. 1792-6 ; Norme Afnor p. 03-001 art. 18). 62650

Mais elle est, **en pratique,** une source de confusion et d'incertitude. En effet le rapprochement des termes « achèvement » et « parfait » n'est pas heureux. L'achèvement est précisément « l'état de ce qui est parfait ».

La levée des réserves relève de l'obligation de résultat de l'entrepreneur qui se poursuit jusque-là (voir n° 53140). Mais elle relève aussi de la garantie de parfait achèvement qui court à compter de la réception (C. civ. art. 1792-6).

En outre, aux garanties légales offertes au maître de l'ouvrage s'ajoute l'obligation, imposée aux constructeurs, d'exécuter leur contrat de bonne foi (C. civ. art. 1104). Ceci les contraint non seulement à ce qui y est exprimé, mais encore à toutes les suites que l'équité d'usage ou la loi donnent à l'obligation suivant sa nature (C. civ. art. 1194 ; CA Paris 1-10-1982 : RDI 1983 p. 65).

La garantie de parfait achèvement est d'**ordre public.** « Toute clause d'un contrat qui a pour objet soit d'exclure ou de limiter la responsabilité prévue aux articles 1792, 1792-1 et 1792-2, soit d'exclure les garanties prévues aux articles 1792-3 et 1792-6 ou d'en limiter la portée, soit d'écarter ou de limiter la solidarité prévue à l'article 1792-4, est réputée non écrite » (C. civ. art. 1792-5). 62655

2. DÉBITEUR DE LA GARANTIE DE PARFAIT ACHÈVEMENT

GARANTIE DE PARFAIT ACHÈVEMENT DE L'ENTREPRENEUR PRINCIPAL

La garantie de parfait achèvement est due par l'entrepreneur (C. civ. art. 1792-6, al. 2 ; Cass. 3e civ. 7-7-2004 n° 03-11.248 : BPIM 6/04 inf. 367). Il ne faut pas entendre celui qui est l'auteur matériel des travaux défectueux mais celui qui est **lié au maître de l'ouvrage** par contrat (CA Paris 1-10-1982 : RDI 1983 p. 65). En cas de pluralité d'entreprise, seul « l'entrepreneur concerné » est tenu de la garantie (C. civ. art. 1792-6, al. 3). Il s'agit de celui qui est titulaire du marché à l'origine des désordres. 62680

Qu'en est-il **si l'entrepreneur a cédé ses activités** ? Dans le cas où le contrat d'entreprise a pris fin avec la réception avant la cession, le cessionnaire n'a pas à répondre, au titre du contrat, de la levée des réserves (Cass. 3e civ. 6-9-2018 n° 17-21.155 PBI : BPIM 5/18 inf. 351). L'arrêt ne tranche toutefois pas la question de savoir si le cessionnaire est tenu de la garantie de parfait achèvement. Cette cession passive des obligations est toutefois douteuse surtout si le transfert d'activité ne porte pas sur une universalité.

L'entrepreneur qui a la qualité de **sous-traitant** n'est tenu de la garantie ni envers le maître de l'ouvrage avec lequel il n'a aucun lien de droit, ni envers l'entrepreneur principal qui n'est pas le maître de l'ouvrage, seul créancier de la garantie. La garantie procède donc du contrat de l'entreprise principale.

La garantie n'est pas due par les autres constructeurs, en particulier l'**architecte** ou le **vendeur à construire** (Cass. 3e civ. 30-3-1994 : Bull. civ. III n° 69). Toutefois, le dommage peut être imputable à un autre constructeur que l'entrepreneur concerné. Celui-ci est alors mis en première ligne ; il est garant des fautes des autres prestataires.

PORTÉE DE LA GARANTIE DE PARFAIT ACHÈVEMENT DE L'ENTREPRENEUR

62685 Le fait que la garantie de parfait achèvement procède uniquement du contrat d'entreprise principal **limite son intérêt pratique** :
– c'est l'entrepreneur principal qui doit le parachèvement ; or, il a l'obligation d'exécuter le contrat jusqu'à son terme à l'issue duquel il est tenu des garanties biennale et décennale et de la responsabilité contractuelle de droit commun, qui, bien souvent, rendent sans utilité le parfait achèvement (cette obligation ne fait aucun doute dans le contrat de construction de maison individuelle ; la garantie de livraison s'étend jusqu'à la levée des réserves) ;
– la garantie n'assure pas la matérialité de l'exécution car si le travail défectueux a été fait par un sous-traitant, rien n'indique qu'il soit encore sur le chantier lorsque les travaux seront à parfaire, ni que l'entrepreneur principal pourra les reprendre lui-même ;
– l'évolution jurisprudentielle sur la date de la réception entraîne une coexistence difficile entre le contrat qui doit se poursuivre jusqu'à son terme et la garantie de parfait achèvement qui le chevauche.

3. CONTRATS CONCERNÉS PAR LA GARANTIE DE PARFAIT ACHÈVEMENT

62700 La garantie de parfait achèvement s'applique au **louage d'ouvrage** principal.
Elle ne paraît pas exclue dans le **contrat de construction de maison individuelle** où son intérêt est cependant limité par la garantie de livraison.

4. DÉSORDRES CONCERNÉS PAR LA GARANTIE DE PARFAIT ACHÈVEMENT

62770 La loi vise les désordres et non les « vices », pour marquer que la garantie est objective et que le dommage est pris sous son acception la plus large. De ce point de vue, le désordre s'entend aussi bien d'une malfaçon que d'un défaut de conformité.

DÉSORDRES RELEVANT DE LA GARANTIE DE PARFAIT ACHÈVEMENT

62775 Relèvent de la garantie de parfait achèvement :
– les **désordres apparents** qui ont donné lieu à des réserves au procès-verbal de réception (C. civ. art. 1792-6, al. 2 ; Cass. 3e civ. 29-4-1987 : Bull. civ. III no 89 ; Cass. 3e civ. 17-7-1992 : Bull. civ. III no 250). Leur degré de gravité est indifférent (Cass. 3e civ. 10-4-1996 : BPIM 4/96 inf. 273, s'agissant de désordres esthétiques) ;
– les **désordres révélés et signalés** par voie de notification dans l'année de la réception. Ce délai fixe les limites de l'obligation de l'entrepreneur qui n'est pas tenu de garantir, dans le cadre du parfait achèvement, les dommages apparaissant après l'expiration du délai d'un an. La notification préalable est une condition de la mise en œuvre de la garantie et elle est nécessaire à la recevabilité de l'action (Cass. 3e civ. 13-07-2023 no 22-17.010 FS-B : BPIM 5/23 inf. 316). L'assignation de l'entreprise, même délivrée avant l'expiration du délai de la garantie de parfait achèvement, ne suffit pas et elle ne peut pas la remplacer (Cass. 3e civ. 15-4-2021 no 19-25.748 FS-P : BPIM 4/21 inf. 257). L'assignation délivrée dans le délai de garantie interrompt celui-ci (voir no 63060). Qu'en est-il lorsque le maître de l'ouvrage n'a pas notifié les désordres à l'entrepreneur ? Est-il possible de procéder à la notification, pour pouvoir se prévaloir de la garantie de parfait achèvement ? À défaut, l'absence de notification dans le délai d'un an effacerait tout droit à la garantie de parfait achèvement.
Attention, le délai d'un an est aussi un délai de mise en œuvre de la garantie (voir no 63055).

> **Précisions** **a.** Pour la Cour de cassation, la garantie de parfait achèvement s'applique si un désordre est révélé et dénoncé dans l'année. Cette **double exigence** est approuvée par une partie de la doctrine (en ce sens, Boubli, « Responsabilité et assurance des architectes et autres constructeurs », 3e éd., no 270). Mais d'autres auteurs estiment qu'il suffit que le désordre apparaisse dans l'année pour relever de la garantie, sa dénonciation pouvant intervenir après l'expiration du délai d'un an (en ce sens, Auby et Périnet-Marquet, Droit de l'urbanisme et de la construction, 4e éd., no 1244).
> **b.** Au cas particulier d'un **désordre dénoncé dans l'année mais évolutif,** on peut se demander s'il relève du parfait achèvement. La Cour de cassation semble préférer ouvrir à la victime l'action en responsabilité contractuelle de droit commun, qui subsiste concurremment même si la garantie de parfait achèvement n'a pas été demandée dans le délai (no 88625). Elle a sans doute raison car la garantie de parfait achèvement, d'une utilité relative aujourd'hui, perdrait le sens qu'elle peut avoir encore si sa durée devenait indéterminée.

Échappent à la garantie de parfait achèvement : 62780
– les **désordres apparents non réservés** à la réception (Cass. 3e civ. 16-12-1987 : Gaz. Pal. 1988 pan. p. 39 ; Cass. civ. 12-7-1988 : RDI 1988 p. 462 et les arrêts cités ; CA Versailles 2-7-1999 : RDI 1999 p. 654). Toutefois, un doute existe lorsque le désordre apparent non réservé n'est appréciable que plus tard dans son étendue, sa cause et ses conséquences. On ne sait pas s'il relèverait de la garantie de parfait achèvement au cas où cette appréciation pourrait être faite avant l'expiration du délai d'un an. Il est en revanche certain qu'il relève de la garantie décennale (voir nos 87475 s.) ;
– les **désordres résultant de l'usure normale** ou de l'usage. Ceci, compte tenu de la durée de la garantie, ne vise que les dommages minimes et peut-être les éléments d'équipement.

DÉFAUTS DE CONFORMITÉ RELEVANT DE LA GARANTIE DE PARFAIT ACHÈVEMENT

Les défauts de conformité entrent dans le domaine de la garantie de parfait achèvement. Ils 62810
sont à ranger dans deux catégories : les non-conformités résultant de l'inachèvement et celles résultant d'une exécution différente de celle prévue.

Non-conformités résultant de l'inachèvement L'achèvement impliquant la 62815
conformité qui seule emporte délivrance, l'inachèvement constitue une non-conformité. Or, la réception n'implique pas l'achèvement de l'ouvrage. L'obligation d'achever subsiste donc. Par hypothèse, ce qui n'est pas achevé est apparent à la réception - selon Bénabent, la délivrance concerne ce qui est apparent (D. 1993 p. 506). Il est donc, en principe, inutile de faire des **réserves.** Décider le contraire reviendrait à dire qu'en réceptionnant sans réserves un immeuble inachevé, le maître de l'ouvrage renoncerait à l'achèvement, ce qui est peu vraisemblable.

Néanmoins, dans le doute, il est **prudent** d'émettre des réserves. La tendance jurisprudentielle est d'inviter à prendre cette précaution puisque, à propos des non-conformités résultant d'une exécution différente, une distinction est faite selon que des réserves ont été ou non émises (Cass. 3e civ. 9-10-1991 : Bull. civ. III no 205 ; Cass. 3e civ. 30-3-1994 : Bull. civ. III no 69 ; rapprocher Cass. 3e civ. 15-1-1997 no 95-10.549 : RJDA 4/97 no 587).

Cette obligation de conformité ou obligation d'achever, qui normalement relève de l'exécu- 62820
tion même du contrat, devient désormais un **élément de la garantie de parfait achèvement** ou coexiste avec elle selon des modalités qui devront être précisées. Si la réception marque la fin du contrat d'entreprise, comme le décide la jurisprudence (no 62080), l'obligation de livrer se fond dans la garantie de parfait achèvement ou concourt avec elle et cette situation a une influence néfaste sur le terme du délai d'exécution qui n'est pas nécessairement celui d'un an du parfait achèvement (voir nos 61240 et 61735).

Non-conformité résultant d'une exécution différente Sont concernées les 62825
non-conformités aux règles de l'art, aux prescriptions légales et aux documents contractuels (voir no 62830). Elles relèvent de la garantie de parfait achèvement aux **mêmes conditions** que les désordres. Elles doivent donc :
– faire l'objet de réserves lors de la réception. Ainsi par exemple pour des défauts de conformité contractuels, apparents à la réception (Cass. 3e civ. 10-7-1990 : Bull. civ. III no 205 ; Cass. 3e civ. 9-10-1991 : Bull. civ. III no 231 ; Cass. 3e civ. 30-3-1994 : Bull. civ. III no 69 ; Cass. 3e civ. 22-5-1997 no 95-16.629) ;
– ou être dénoncées dans l'année.

Les non-conformités sont aussi susceptibles, selon leur nature, d'entrer dans le champ 62830
d'application des garanties décennale ou biennale, ou encore de la responsabilité de droit commun (nos 63160 s.).

Les non-conformités aux **règles de l'art** de bâtir ou aux normes techniques (type DTU ou règles de construction issues du CCH) sont des manquements généralement constitutifs de faute et susceptibles d'entraîner des dommages consécutifs qui peuvent relever des garanties biennale et décennale. Le défaut de conformité pourrait être pris en lui-même dans certains cas comme constitutif d'un préjudice virtuel, voire actuel, susceptible de relever de la garantie de parfait achèvement alors que la garantie décennale, par exemple, n'est pas encoure encourue (sur la responsabilité en cas de non-conformité aux normes voir nos 87127 s.).

Les non-conformités aux **prescriptions légales** publiques ou privées sont des dommages qui relèvent en général du droit commun de la responsabilité.

Les non-conformités aux **documents contractuels** doivent être distinguées :
– certaines constituent de véritables désordres (non-respect d'une technique d'assemblage prescrite par le contrat) pouvant relever des garanties décennale ou biennale (Cass. 3e civ. 25-1-1989 : Bull. civ. III no 20 ; Cass. 1e civ. 3-2-1993 : RDI 1993 p. 239) ;

 © Éd. Francis Lefebvre

– d'autres causent un préjudice qui ne procède pas d'un désordre (réalisation d'un mur de 3 m de hauteur, au lieu des 2,80 m prévus au contrat). Les non-façons (absence d'ouvrage) sont des non-conformités lorsque le contrat n'a pas été respecté (Cass. 3e civ. 24-3-2009 n° 08-16.460 : BPIM 3/09 inf. 211) ; mais l'absence d'ouvrage consécutive à une prévision insuffisante du constructeur est un manquement aux règles de l'art qui engage à ce titre la responsabilité du constructeur.

› Précisions Si la non-conformité entraîne une **impropriété à la destination,** il y a un désordre relevant de la garantie décennale (voir, pour l'isolation phonique, nos 62880 s. et 87148). Plus généralement, les **non-façons** qui compromettent l'utilisation normale de l'ouvrage peuvent être des désordres graves (voir nos 87120 s.), susceptibles d'entrer dans le champ de la garantie décennale (Cass. 3e civ. 2-10-1996 n° 1567 D, Djoubert) ou de l'assurance dommages-ouvrage (Cass. 3e civ. 17-7-1996 n° 94-18.542 : BPIM 6/96 inf. 411).

5. DÉFAUTS D'ISOLATION PHONIQUE

62870 Les défauts d'isolation phonique sont des désordres d'un type particulier soumis à un **régime dérogatoire.**

Les travaux nécessaires pour satisfaire aux exigences minimales requises par les règlements en matière d'isolation phonique relèvent de la **garantie de parfait achèvement.** Les contrats relatifs à la construction de bâtiments destinés à l'habitation sont réputés contenir les prescriptions légales ou réglementaires en la matière (CCH art. L 124-4).

62875 Il n'y a pas lieu de distinguer suivant que le défaut est **caché ou apparent** à la réception des travaux.

La garantie est limitée à **un an.** S'il y a vente de l'immeuble construit, le vendeur ou le promoteur sont garants à l'égard du premier occupant de la conformité aux exigences minimales, pendant un an à compter de la prise de possession (CCH art. L 124-4).

62880 Cela dit, concurremment avec la garantie de parfait achèvement, les défauts d'isolation phonique engagent la **responsabilité décennale** de leur auteur si (n° 87148) :

– ils rendent l'immeuble impropre à sa destination, peu important alors que les normes aient été respectées (Cass. 3e civ. 20-5-2015 n° 14-15.107 : BPIM 4/15 inf. 255) cette impropriété s'appréciant parfois « in concreto », c'est-à-dire en fonction de la destination voulue par le maître d'ouvrage (voir n° 87138) ;

– quoique réservé à la réception, la gravité du vice et ses conséquences n'ont été révélées qu'ultérieurement.

Il en résulte que le sinistre est couvert par l'assurance dommages-ouvrage (Cass. 3e civ. 1-4-1992 : Bull. civ. III n° 107).

62885 Les **insuffisances acoustiques** qui, tout en ne rendant pas l'immeuble impropre à sa destination, s'avèrent **contraires aux prévisions contractuelles** engagent la responsabilité du constructeur qui a promis un niveau d'isolation qu'il n'a pas atteint. Cette responsabilité ne relève pas de la décennale, mais du régime de droit commun du contrat, sauf circonstance particulière (voir n° 87148).

Le défaut d'isolation phonique est assimilé à un défaut de conformité (Cass. 3e civ. 24-3-2009 n° 08-16.460 : BPIM 3/09 inf. 211), qui relève à la fois de la garantie de parfait achèvement et de la responsabilité contractuelle de droit commun (Cass. 3e civ. 21-2-1990 : RDI 1990 p. 372).

6. MISE EN ŒUVRE DE LA GARANTIE DE PARFAIT ACHÈVEMENT

a. Délai de la garantie de parfait achèvement

DURÉE ET POINT DE DÉPART DE LA GARANTIE DE PARFAIT ACHÈVEMENT

63050 La garantie de parfait achèvement est une garantie d'**un an.**

Son point de départ est fixé à la **réception** des travaux, qu'elle soit ou non assortie de réserves. Encore faut-il que la réception ait eu lieu ou qu'elle ait été constatée (Cass. 3e civ. 12-9-2006 n° 05-17.083 F-D : BPIM 6/06 inf. 432). Ce délai coïncide avec celui à l'issue duquel, conformément à la loi du 16 juillet 1971, la caution ou la retenue de garantie sont libérées.

DÉLAI DE MISE EN ŒUVRE DE LA GARANTIE DE PARFAIT ACHÈVEMENT

63055 Le délai d'un an est un délai de mise en œuvre : le maître de l'ouvrage doit, dans ce temps, non seulement dénoncer les désordres (PV de réception pour les désordres réservés ou notification pour les dommages postérieurs) mais aussi demander à l'entrepreneur d'y remédier. Le maître de l'ouvrage **doit demander** immédiatement à l'entrepreneur de réparer les désordres et de fixer le délai dans lequel les travaux de remise en état seront exécutés.

> **Précisions** Les **non-conformités résultant de l'inachèvement** posent un problème particulier. Normalement, elles relèvent de l'obligation de livrer qui survit à la réception. Si cette obligation n'est pas absorbée par la garantie de parfait achèvement, la mise en œuvre de cette dernière est indifférente. Si elle est absorbée par la garantie de parfait achèvement, le régime de la mise en œuvre s'applique et, avec lui, celui de la garantie dans son ensemble.

Le délai ne semble pas susceptible de suspension, mais il peut être **interrompu** par : **63060**
– une assignation en justice, même en référé (Cass. 3e civ. 17-5-1995 no 1006 : RJDA 8-9/95 no 1027), quel que soit le fondement invoqué (Cass. 3e civ. 26-6-2002 no 00-21.638 FS-PB : Bull. civ. III no 149). Un arrêt précise que le délai d'un an prévu par l'article 1792-6 du Code civil est un **délai de forclusion** qui peut seulement être interrompu et en cas d'interruption par une instance en référé prescrivant une expertise, il recommence à courir à compter de la désignation de l'expert (Cass. 3e civ. 16-3-2023 no 21-24.574 F-D : BPIM 3/23 inf. 197). Dans cette affaire, l'instance au fond a été déclarée prescrite. Le délai de forclusion n'étant pas susceptible de suspension (Cass. 3e civ. 3-6-2015 no 14-15.796 FS-PBI : BPIM 4/15 inf. 257 ; RDI 2015 p. 422, à propos de la garantie des vices apparents dans une vente d'immeuble à construire), l'arrêt semble admettre implicitement cette solution pour le délai de garantie de parfait achèvement (voir sur la question, Ph. Malinvaud, RDI 2010 p. 105) ;
– l'accord passé par l'entrepreneur avec le maître de l'ouvrage sur les travaux de reprise, car il vaut reconnaissance de responsabilité par ce dernier (CA Versailles 6-9-1996 : RDI 1997 p. 83 qui concerne un devis de réparation accepté par l'entrepreneur) ;
– la reconnaissance, par l'entrepreneur, de sa responsabilité (Cass. 3e civ. 21-11-2000 : RDI 2001 p. 80, solution retenue avant la réforme de la prescription civile par la loi du 17-6-2008). Mais le délai de la garantie de parfait achèvement étant considéré comme un délai de forclusion, il est probable que cette solution est condamnée, comme elle l'est pour les garanties décennale et biennale (no 87870) et pour la responsabilité résultant de l'article 1792-4-3 du Code civil (no 88830).

L'interruption fait courir un **nouveau délai** à compter de l'acte interruptif. **63070**
Lorsque l'interruption procède d'une instance en référé, le nouveau délai court à compter de la désignation de l'expert (Cass. 3e civ. 16-3-2023 no 21-24.574 F-D : BPIM 3/23 inf. 197). Même si elle met fin à l'instance par la désignation de l'expert, l'ordonnance de référé fait courir le nouveau délai (Cass. 2e civ. 6-3-1991 no 89-16.995 : Bull. civ. II no 77).

En cas d'accord sur les travaux de reprise et leur délai d'exécution, on peut penser que le délai de parfait achèvement ne recommence à courir qu'à compter de son terme.

En cas de **non-respect de l'accord,** le maître de l'ouvrage doit adresser à l'entrepreneur une mise en demeure d'exécuter les travaux ; à défaut, il les fait exécuter aux frais de l'entrepreneur défaillant (no 63115). Cette mise en demeure interrompt-elle le nouveau délai d'un an ? La réponse négative est généralement admise. Cependant, un doute existe puisqu'un arrêt, pour refuser l'effet interruptif à un acte, l'analyse comme « une notification des réserves et non comme la mise en demeure prévue en cas d'inexécution des travaux » (Cass. 3e civ. 29-3-2018 no 17-25.549 F-D : BPIM 3/18 inf. 194).

Pour éviter toute difficulté d'interprétation, le maître de l'ouvrage qui constate que les travaux de réparation ne sont pas exécutés doit donc mettre en œuvre l'action en justice par une assignation au fond, ou en référé.

> **Précisions** Il a été admis que le **recours à un nouvel entrepreneur** produisait un effet interruptif (Cass. 3e civ. 17-5-1995 : RJDA 8-9/95 no 1027). Mais le doute est permis car l'exécution des réparations par le nouvel entrepreneur rend ce dernier créancier du prix par l'effet d'une délégation légale, et la prescription d'un an n'est alors pas applicable.

SANCTION DU NON-RESPECT DU DÉLAI DE MISE EN ŒUVRE DE LA GARANTIE DE PARFAIT ACHÈVEMENT

Le non-respect de ce délai de mise en œuvre est sanctionné par la **forclusion.** Les demandes en justice formées plus d'un an après la réception sur le fondement de la garantie de parfait achèvement sont irrecevables (Cass. 3e civ. 29-3-2018 no 17-15.549 : BPIM 3/18 inf. 194). Il en est ainsi que les désordres aient donné lieu à réserves à la réception (Cass. 3e civ. 19-4-1989 et 3-5-1989 : RDI 1989 p. 359, Bull. civ. III nos 80 et 95 ; Cass. 3e civ. 6-5-1998 : Bull. civ. III no 90) ou qu'ils soient apparus dans l'année de la réception (Cass. 3e civ. 15-1-1997 no 95-10.097 : RJDA 4/97 no 588). **63075**

Le maître d'ouvrage ne peut plus se prévaloir de la garantie de parfait achèvement. Mais la responsabilité de droit commun subsiste (voir no 88625).

> **Précisions** En cas d'expiration de la garantie de parfait achèvement, l'obligation de résultat de l'entrepreneur persistant jusqu'à la levée des réserves, le maître de l'ouvrage peut rechercher sa **responsabilité de droit commun** sans faute (n° 63175). Cette solution pose question. En effet, dans l'espèce, de deux choses l'une :
> – il n'y a pas eu d'accord sur la levée des réserves dans l'année de la réception. Alors, seule la responsabilité contractuelle de droit commun s'applique ;
> – il y a eu accord dans ce délai. Alors, il faut considérer qu'il n'a pas d'effet interruptif du délai de garantie de parfait achèvement. Or, en principe, il est admis qu'un tel accord interrompt le délai de la garantie de parfait achèvement (n° 63060).
> On peut donc se demander si le délai de levée des réserves chevauche celui de la garantie de parfait achèvement, sans se confondre avec lui, au moins lorsque les parties ne se sont pas mises d'accord sur la levée des réserves.

b. Exécution des travaux nécessaires à l'achèvement de l'ouvrage

RÉPARATION EN NATURE DES DÉSORDRES RELEVANT DE LA GARANTIE DE PARFAIT ACHÈVEMENT

63100 La garantie a pour objet d'assurer la maintenance, c'est-à-dire la réparation en nature des malfaçons et désordres qui relèvent de son domaine. L'entrepreneur doit donc, théoriquement, **exécuter ou faire exécuter** les travaux nécessaires à l'achèvement complet et parfait de l'immeuble.

> **Précisions** La réparation en nature est **illusoire** lorsque les désordres sont graves. L'entrepreneur a intérêt à attendre que le maître de l'ouvrage le poursuive, selon le cas, en décennale ou en responsabilité contractuelle de droit commun ; il pourra alors se prévaloir du fait d'un autre constructeur et, le cas échéant, se dégager de cette garantie.
> Même lorsque le désordre n'est pas grave, le risque de voir la réparation en nature ne pas être effectuée est grand. D'abord, l'entrepreneur peut ne pas avoir la qualification pour effectuer les travaux. Ensuite, et surtout, il peut se soustraire à son obligation. À cet égard, la loi institue une mesure dont l'efficacité est douteuse.

DÉLAI D'EXÉCUTION DES TRAVAUX DE REPRISE RELEVANT DE LA GARANTIE DE PARFAIT ACHÈVEMENT

63110 **Accord des parties** S'il est impératif que l'action soit mise en œuvre dans le délai d'un an, les travaux de reprise peuvent être exécutés postérieurement.

Les délais nécessaires à l'exécution de ces travaux sont fixés d'un commun accord par le maître de l'ouvrage et l'entrepreneur concerné (C. civ. art. 1792-6, al. 3). Ce délai peut être stipulé dans le **marché de travaux** ; il peut notamment résulter d'une référence à la norme Afnor P 03-001 qui prévoit 60 jours à compter de la réception pour lever les réserves ou à compter de la notification des désordres signalés dans l'année.

63115 **Défaut d'accord ou non-respect de l'accord** À défaut d'accord ou si l'entrepreneur n'exécute pas les travaux convenus, le maître de l'ouvrage le met en demeure ; si la mise en demeure est toujours infructueuse, il fait « effectuer les travaux aux frais et risques de l'entrepreneur défaillant » (C. civ. art. 1792-6).

La **mise en demeure** de l'entrepreneur doit nécessairement être postérieure à la réception des travaux. Ainsi jugé dans un cas où le maître de l'ouvrage avait résilié le marché en raison du refus de l'entrepreneur de remédier aux désordres apparus en cours de chantier (Cass. 3e civ. 4-4-2001 n° 99-14.970 FS-PB : Bull. civ. III n° 41). Selon l'opinion parfois émise, il ne serait pas nécessaire d'avoir l'autorisation du juge pour procéder au **remplacement,** car l'article 1792-6 du Code civil irait plus loin que l'article 1222 du même Code. Mais, d'une part, il est déconseillé au maître de l'ouvrage de prendre un tel risque. D'autre part, il est douteux qu'un nouvel entrepreneur accepte de succéder à l'ancien et de se faire payer par lui. Quant à faire supporter provisoirement le paiement au maître de l'ouvrage, c'est rendre la mesure inutile et l'exposer même à payer deux fois… Enfin, déléguer la retenue de garantie au remplaçant n'est possible que si la retenue est effective et suffisante. Au demeurant, l'imputation du coût du remplacement sur la retenue de garantie aurait été possible même en cas de remplacement sur le fondement de l'article 1222 du Code civil.

Si, à défaut d'accord ou d'exécution des travaux de reprise dans le délai fixé, le maître de l'ouvrage décide d'engager l'action en justice, la mise en demeure devrait être préalable à l'assignation (C. civ. art. 1792-6, al. 4 et 5). Un arrêt estimant à tort que l'assignation valait mise en demeure a été cassé, la Cour de cassation lui reproche de n'avoir pas constaté que les désordres avaient été préalablement notifiés à l'entrepreneur (Cass. 3e civ. 13-7-2023 no 22-17.010 FS-B : BPIM 5/23 inf. 316). Il semble que l'arrêt sanctionne l'absence de dénonciation des désordres qui doivent être notifiés, plutôt que le défaut de mise en demeure.

MODALITÉS D'EXÉCUTION DES TRAVAUX DE REPRISE RELEVANT DE LA GARANTIE DE PARFAIT ACHÈVEMENT

Le maître de l'ouvrage doit permettre l'**accès aux lieux** (Cass. 3e civ. 23-6-2010 no 09-15.808 : BPIM 5/10 inf. 372, 2e esp.). S'il s'y oppose, les sommes restant dues à l'entrepreneur au titre du marché ne peuvent être imputées sur le montant éventuellement dû au titre des reprises (même arrêt). **63120**

Quant au **coût des travaux,** deux situations sont à distinguer : **63125**
– soit il concerne des travaux qui relèvent peu ou prou de l'inachèvement et le maître de l'ouvrage doit s'en tenir au prix convenu ;
– soit il concerne la réparation de désordres et, sauf cas particulier (amélioration consentie), il est à la charge du constructeur.

Enfin, la réception impliquant l'habitabilité de l'immeuble ou la possibilité de l'utiliser conformément à sa destination, la nécessité de reprises importantes constitue un **trouble de jouissance,** qui peut être grave si les locaux sont à usage commercial. Le maître de l'ouvrage, sauf s'il y renonce expressément, est fondé à demander la réparation de ce trouble de jouissance. Il semble qu'il puisse prétendre à des dommages-intérêts, dont on ignore s'ils relèvent de la garantie de parfait achèvement ou de la responsabilité de droit commun.

Une fois exécutés, les parties procèdent à la **constatation des travaux** : le constat est amiable ou judiciaire (C. civ. art. 1792-6, al. 5). S'il est amiable, et qu'il ne résulte pas d'un document écrit, la volonté du maître de l'ouvrage de lever les réserves doit être caractérisée (Cass. 3e civ. 13-4-2005 no 03-15.892 : Bull. civ. III no 88). Ce constat est en fait une réception, et l'on peut même se demander si la loi ne restitue pas ici la double réception et ne fait pas du constat de l'exécution des travaux de reprise une forme de « réception définitive » au sens de l'ancien dispositif (no 62210). **63130**

En cas de **contestation sur le travail accompli,** la jurisprudence fait application d'une règle qui ressemble à la présomption de défaut caché : c'est à l'entrepreneur d'établir qu'il a bien effectué les réparations (Cass. 3e civ. 1-4-1992 : Bull. civ. III no 109) ; toutefois en sens contraire, un maître d'ouvrage a été débouté pour n'avoir pas rapporté la preuve de la défaillance de l'entrepreneur (Cass. 3e civ. 20-6-2001 no 99-19.419 FS-D : BPIM 5/01 inf. 311). **63135**

Il semble que le **point de départ de la garantie décennale** relative aux **travaux de reprise** est la date à laquelle ceux-ci ont été constatés, date correspondant, en fait, à la réception définitive. Cette solution, qui est généralement admise lorsque le maître de l'ouvrage procède au remplacement de l'entrepreneur comme le prévoit l'article 1792-6, alinéa 4 du Code civil (Bigot : « La réforme de l'assurance construction » p. 165), semble devoir s'appliquer dans tous les cas. Elle peut s'appuyer sur une jurisprudence qui décide que lorsque des réparations successives ont eu lieu et qu'elles ont donné lieu à réceptions successives, ce n'est pas la dernière réception, même si elle concerne des « travaux de stabilisation pris dans leur ensemble », qui sert de point de départ à la garantie décennale, mais bien chacune des réceptions successives (Cass. 3e civ. 2-3-2011 no 10-15.211 : RDI 2011 p. 287) : il n'y a donc pas désordre unique en cas de reprises successives. **63140**

> **Précisions** **L'interruption du délai** de garantie de parfait achèvement par la mise en œuvre de cette garantie devrait aussi affecter les garanties décennale et biennale. À défaut, il faudrait décider que le délai de garantie de parfait achèvement, régulièrement interrompu, reprend une fois les travaux exécutés. On peut se demander si c'est bien ce qu'a voulu le législateur.

7. CONCOURS ENTRE LA GARANTIE DE PARFAIT ACHÈVEMENT ET LES AUTRES RESPONSABILITÉS

Pendant le cours de la garantie de parfait achèvement, le maître de l'ouvrage bénéficie d'un concours de garanties. **63160**

Il n'est pas privé du droit d'exercer les autres actions en responsabilité contractuelle : garanties décennale ou biennale, responsabilité de droit commun.

L'éviction de la responsabilité décennale ne dispense pas le juge de vérifier si la garantie de parfait achèvement peut s'appliquer, lorsque cela lui est demandé (Cass. 3e civ. 4-12-2012 n° 11-26.188 : BPIM 1/13 inf. 44).

> **Précisions** La loi du 4 janvier 1978 voulait faire de la garantie de parfait achèvement une garantie résiduelle : tout ce qui n'était pas susceptible d'entrer dans le champ des garanties décennale et biennale devait ressortir à la garantie de parfait achèvement. Cette analyse était une séquelle de la théorie de la réception « exonératoire ». Critiquée dès l'origine (Boubli, « La responsabilité et l'assurance des architectes entrepreneurs et autres constructeurs », 2e éd. nos 288 s.), elle a été condamnée par la jurisprudence.

CONCOURS DES GARANTIES DÉCENNALE ET BIENNALE AVEC LA GARANTIE DE PARFAIT ACHÈVEMENT

63165 **Garanties de l'entrepreneur** Débiteur de premier rang désigné par la loi, au titre de la garantie de parfait achèvement, l'entrepreneur reste tenu des garanties décennale et biennale si le dommage répond aux conditions exigées pour leur mise en œuvre (Cass. 3e civ. 31-10-1989 : RGAT 1990 p. 162 ; Cass. 3e civ. 20-2-1991 : Bull. civ. III n° 61 ; Cass. 3e civ. 2-2-1994 : Le Moniteur 20 mars 1994). La jurisprudence se montre très favorable au **cumul** : ainsi alors même qu'il aurait pu être considéré comme apparent et ne relever d'aucune garantie, un désordre dont l'ampleur et l'importance ne se révèlent qu'à l'usage peut être pris en charge au titre de la garantie décennale (Cass. 3e civ. 24-2-1993 : RGAT 1993 p. 618 ; Cass. 3e civ. 12-10-1994 : Bull. civ. III n° 172). Mais la solution est exceptionnelle : les désordres apparents, même réservés, ne permettent pas, normalement, d'appliquer les garanties décennale ou biennale (Cass. 3e civ. 17-7-1992 : D. 1992 IR p. 238, voir n° 62775).

63170 **Garanties des autres constructeurs** Les **architectes** et autres constructeurs non obligés au titre de la garantie de parfait achèvement restent tenus des obligations résultant de la garantie décennale (C. civ. art. 1792 s.). Dès lors que des désordres résultant d'un défaut de conception imputable à l'architecte et d'un défaut de mise en œuvre imputable à l'entrepreneur se révèlent dans l'année de la réception, les responsabilités de l'architecte et de l'entrepreneur sont engagées in solidum à l'égard du maître de l'ouvrage (Cass. 3e civ. 8-10-1997 n° 95-21.073 : BPIM 6/97 inf. 388). L'entrepreneur qui prend en charge le sinistre en application de la garantie de parfait achèvement dispose, semble-t-il, d'un recours contre eux (CA Versailles 6-9-1996 : RDI 1997 p. 83 sur un cas de recours contre le sous-traitant).

63173 **En résumé** Les désordres réservés à la réception ou apparus dans l'année qui suit celle-ci sont pris en charge au titre de la garantie de parfait achèvement si celle-ci est mise en œuvre dans le délai d'un an.

La circonstance qu'ils relèvent de la garantie de parfait achèvement n'empêche pas que les garanties décennale ou biennale puissent également s'appliquer. Toutefois, le juge saisi d'une demande de réparation sur le fondement de la garantie de parfait achèvement ne peut pas se fonder sur une autre source de responsabilité sans modifier l'objet du litige (Cass. 3e civ. 3-12-1997 n° 95-19.164 : BPIM 1/98 inf. 25).

CONCOURS DE LA RESPONSABILITÉ CONTRACTUELLE DE DROIT COMMUN AVEC LA GARANTIE DE PARFAIT ACHÈVEMENT

63175 **Garanties de l'entrepreneur** L'entrepreneur tenu de la garantie de parfait achèvement n'en est pas moins tenu à réparation conformément au droit commun de la responsabilité contractuelle « qui subsiste **concurremment** » avec la garantie. Autrement dit, un même dommage, qu'il ait été réservé à la réception ou qu'il soit apparu dans l'année de celle-ci, relève à la fois de la garantie de parfait achèvement et de la responsabilité contractuelle de droit commun : pour des désordres réservés à la réception (Cass. 3e civ. 7-7-2004 n° 03-11.248 : BPIM 6/04 inf. 367 ; Cass. 3e civ. 2-2-2017 n° 15-29.420 : BPIM 2/17 inf. 113) ; pour des désordres apparus dans l'année (Cass. 3e civ. 22-3-1995 n° 93-15.233 : RJDA 6/95 n° 757). La responsabilité de droit commun peut être mise en œuvre alors même que le maître de l'ouvrage a refusé des travaux de reprise proposés par l'entrepreneur (Cass. 3e civ. 30-6-2009 n° 08-18.410 : BPIM 5/09 inf. 358). Elle peut concerner des désordres non notifiés à l'entrepreneur, pour lesquels la garantie de parfait achèvement n'est pas retenue (Cass. 3e civ. 15-4-2021 n° 19-25.748 FS-P : BPIM 4/21 inf. 257, RDI 2021 p. 352).

Il faut alors que le désordre ne soit pas susceptible de donner lieu à application des garanties décennale et biennale, ce qui, lorsqu'il s'agit de désordres apparus dans l'année de la réception, limite la possibilité de cumul aux désordres intermédiaires (Cass. 3e civ. 22-3-1995 n° 93-15.233 : RJDA 6/95 n° 757).

Si, après la réception, la garantie de parfait achèvement n'a pas été mise en œuvre dans le délai d'un an pour réparer les désordres réservés, le maître de l'ouvrage peut toujours invoquer la responsabilité contractuelle de droit commun (Cass. 3e civ. 23-9-2008 no 07-16.462 : RDI 2008 p. 555 obs. Malinvaud).

Selon une interprétation (Auby et Périnet-Marquet, Droit de l'urbanisme et de la construction, 4e éd.), la garantie de parfait achèvement ne s'étendrait pas aux **troubles annexes,** qui relèveraient de la responsabilité contractuelle de droit commun. Mais la jurisprudence est pauvre sur ce point (pour un marché public, CAA Nancy 12-3-1991 : RDI 1992 p. 63) et la limitation ainsi apportée à la réparation au titre de la garantie de parfait achèvement n'est pas encore certaine.

La responsabilité de droit commun est une responsabilité pour faute en ce qui concerne les désordres intermédiaires (Cass. 3e civ. 22-3-1995 no 93-15.233 : RJDA 6/95 no 757). Mais pour des désordres réservés, elle sanctionne le manquement de l'entrepreneur à son obligation de résultat (Cass. 3e civ. 19-6-1996 no 94-19.947 : RDI 1996 p. 581 ; Cass. 3e civ. 2-2-2017 no 15-29.420 : BPIM 2/17 inf. 113). La responsabilité encourue pour la levée des réserves s'applique même si le délai de la garantie de parfait achèvement est expiré (Cass. 3e civ. 2-2-2017 no 15-29.420 : BPIM 2/17 inf. 113).

Garanties des autres constructeurs Les constructeurs autres que l'entrepreneur 63180 (architecte, par exemple) restent tenus de la responsabilité contractuelle de droit commun pour les désordres dont ils ne peuvent répondre au titre des garanties décennale ou biennale : désordres réservés, dommages intermédiaires (Cass. 3e civ. 7-7-2004 no 03-11.248 : BPIM 6/04 inf. 367). Il en est ainsi même lorsque des désordres ont été réservés et n'ont pas donné lieu à réparation après l'expiration du délai de parfait achèvement (Cass. 3e civ. 5-11-1997 no 95-17.422 : BPIM 1/98 inf. 26).

Leur responsabilité semble devoir être, dans tous les cas, fondée sur la preuve de leur faute (Cass. 3e civ. 4-4-2001 no 99-16.998 FS-D : RDI 2001 p. 458, pour l'architecte ; Cass. 3e civ. 7-7-2004 no 03-11.248 : BPIM 6/04 inf. 367, pour l'architecte et le contrôleur technique).

Délai pour agir en responsabilité contractuelle des constructeurs Faut-il 63185 agir dans le **délai de la garantie de parfait achèvement ?** Il est indifférent, pour l'exercice de l'action en responsabilité contractuelle de droit commun, que la garantie de parfait achèvement n'ait pas été mise en œuvre dans le délai d'un an (Cass. 3e civ. 11-2-1998 no 95-18.401 : Bull. civ. III no 29). La forclusion, qui affecte l'exercice du droit de garantie, n'a aucune conséquence sur l'action en responsabilité : « Même si le procès-verbal avec réserves a fait courir le délai de garantie de parfait achèvement, l'expiration de ce délai n'emporte pas en soi décharge de la responsabilité de droit commun avant la levée des réserves » (Cass. com. 12-11-1996 : Bull. civ. IV no 263 ; Cass. 3e civ. 11-2-1998 no 95-18.401 : Bull. civ. III no 29). L'action en responsabilité de droit commun est donc autonome (Cass. 3e civ. 27-1-2010 no 08-21.085 : Bull. civ. III no 20).

Il en résulte que le **maître de l'ouvrage dispose** d'abord d'une action en garantie de parfait achèvement soumise aux conditions déjà décrites, et obligeant de plein droit l'entrepreneur, et qu'il dispose en même temps d'une action en responsabilité de droit commun pour « faute prouvée » (Cass. 3e civ. 22-3-1995 no 93-15.233 : RJDA 6/95 no 757), de peu d'intérêt lorsqu'elle est en concours avec l'autre (pendant la première année), mais fort utile après, car cette responsabilité est soumise à la prescription de 10 ans, qui est généralisée en droit commun.

CONCOURS DE L'ASSURANCE CONSTRUCTION AVEC LA GARANTIE DE PARFAIT ACHÈVEMENT

Si le dommage qui apparaît pendant la première année répond aux conditions exigées pour 63190 que la garantie décennale soit encourue, l'assurance de responsabilité obligatoire joue.

L'assurance dommages-ouvrage joue également après mise en demeure de l'entrepreneur demeurée infructueuse (voir no 94160).

L'assurance dommages-ouvrage peut aussi être mise en œuvre lorsque les conditions de la garantie décennale ne sont pas toutes remplies, spécialement lorsque le désordre est réservé (Cass. 3e civ. 23-4-1986 : Bull. civ. III no 46) ; mais cette solution n'est pas étendue à l'assurance de responsabilité (Cass. 3e civ. 1-2-1989 : Bull. civ. III no 24 ; Cass. 3e civ. 6-12-1989 : Bull. civ. III no 224 ; Cass. 3e civ. 17-7-1992 : JCP éd. G 1992 IV no 2692).

B. Cas de la garantie de parfait achèvement en droit public

FONDEMENT DE LA GARANTIE DE PARFAIT ACHÈVEMENT EN MARCHÉ PUBLIC

63300 En droit public, la garantie de parfait achèvement est une obligation contractuelle spécifique prolongeant les obligations des constructeurs, une fois la réception prononcée (voir RDI 2021 p. 110 obs. H. Hoepffner). Elle s'inspire de l'**article 1792-6 du Code civil,** la juridiction administrative y faisant généralement référence (voir sur la question, B. Delaunay et F. Moderne : Dalloz Action Droit de la construction 2014/2015 nº 481.520), mais ce texte ne s'applique pas. On estime qu'elle ne trouve sa source dans aucun texte, seulement dans un principe dont les dispositions du Code civil s'inspirent (CE 9-7-2010 nº 310032 : BPIM 5/10 inf. 375, AJDA 2010 p. 1399, RDI 2011 p. 172, RDI 2021 p. 36 obs. H. Hoepffner).

La garantie de parfait achèvement résulte d'une **clause du contrat.** Elle est d'ailleurs largement inspirée de la clause de parachèvement qui figurait dans différents marchés, et en particulier dans les marchés publics avant la loi de 1978. Une telle clause continue d'être prévue. L'article 44-1 du CCAG-travaux prévoit qu'elle permet de s'assurer que l'ouvrage répond aux spécifications du contrat et que l'opération a été effectuée selon les règles de l'art (voir RDI 2015 p. 81 obs. H. de Gaudemar). En pratique, la garantie de parfait achèvement instituée est donc de type contractuel.

> **› Précisions** La garantie de parfait achèvement relevant de la même cause que la responsabilité contractuelle, elle peut être **invoquée** pour la première fois **en appel** lorsque, devant le premier juge, c'est la responsabilité contractuelle qui a été invoquée (CE 9-7-2010 nº 310032 précité).

DÉSORDRES COUVERTS PAR LA GARANTIE DE PARFAIT ACHÈVEMENT

63310 Au titre de la garantie de parfait achèvement, l'entrepreneur doit remédier aux **désordres réservés** lors de la réception et ceux apparus et signalés pendant le délai de garantie. Cette garantie implique qu'il soit remédié aux causes du désordre et pas seulement à ses manifestations afin de rendre « l'ouvrage conforme aux prévisions du marché » (CE 29-9-2014 nº 370151 : BPIM 6/14 inf. 389). L'entrepreneur doit également reprendre les désordres imputables à la mauvaise qualité d'un matériau (CE 17-6-2015 nº 383203 : BPIM 4/15 inf. 254).

63320 Selon le Conseil d'État, la **levée des réserves** a un effet rétroactif : la réception doit alors être considérée comme ayant été donnée sans réserves. En l'absence de désordre de nature différente signalé pendant le délai de la garantie de parfait achèvement, la responsabilité de l'entrepreneur ne peut pas être recherchée sur ce terrain (CE 17-3-2004 nº 247367, Cne de Beaulieu-sur-Loire : BPIM 5/04 inf. 290).

La garantie concerne les désordres après réception. Attention, le CCAG-travaux fait une distinction entre la **réception « avec réserves »** (art. 41-6), qui semble devoir soulever les mêmes interrogations qu'en droit privé, et la **réception « sous réserve »** (art. 41-5) qui suppose que toutes les prestations ne sont pas exécutées lorsque la réception est prononcée et que celles qui restent à exécuter sont réservées et doivent être réalisées dans un délai de trois mois. Cette distinction influence la détermination des délais permettant d'apprécier l'existence d'un décompte général et définitif tacite (voir nº 62380) et pose aussi la question de la place respective de la garantie légale de parfait achèvement et de l'engagement contractuel de réaliser les prestations dues jusqu'à leur terme.

DÉLAI DE GARANTIE DE PARFAIT ACHÈVEMENT EN MARCHE PUBLIC

63330 La garantie court à compter de la réception pour une **durée** d'un an et concerne tant les désordres réservés que ceux révélés dans l'année. Sauf stipulations contraires, la réception des travaux, même lorsqu'elle est prononcée « avec réserves » ou « sous réserve » fait courir le délai de garantie de parfait achèvement à compter de la date d'effet de cette décision de réception (CE 13-12-2024 nº 489720 : BPIM 1/25 inf. 32). Le délai de garantie de parfait achèvement peut être prolongé jusqu'à exécution complète des travaux (CCAG-travaux art. 44-1 et 44-2).

63340 En cas de réception avec réserves, la **prolongation** n'a pas à être explicite : les relations contractuelles entre le responsable du marché et l'entrepreneur se poursuivent. Le délai est automatiquement prolongé jusqu'à ce que les réserves soient expressément levées (CE 26-1-2007 nº 264306, Sté Mas Entreprise générale : BPIM 3/07 inf. 194 ; CE 20-5-2009 nº 296628 : RDI 2009 p. 429).

Pour les désordres apparus et signalés dans le délai de garantie, le délai doit être prolongé par une décision expresse du maître de l'ouvrage. En l'absence d'une telle décision, le maître de l'ouvrage n'est plus recevable à rechercher la responsabilité de l'entrepreneur pour les désordres dénoncés (CAA Versailles 25-5-2017 n° 14VE00724 : AJDA 2017 p. 1517). Mais la prolongation du délai peut résulter d'un courrier qui vise des précédents (CAA Nantes 2-10-2020 n° 19NT00274 : RDI 2021 p. 34).

C'est seulement pour les désordres apparus après la réception, et qui n'ont pas été réparés dans le délai de garantie, que la prolongation explicite de ce délai est nécessaire (CAA Nantes 24-7-1997 nos 92-133, 92-720, 96-824 et 96-928, Sté Nord-France Entreprise c/ Opac de la Seine-Maritime : BPIM 6/97 inf. 387). À défaut, la responsabilité de l'entrepreneur ne pourrait être recherchée que sur le terrain, plus restrictif, de la garantie décennale.

Le **délai** d'un an peut être **interrompu** par une reconnaissance de sa responsabilité par le constructeur ou par une mise en demeure émanant du maître de l'ouvrage l'invitant à remédier aux désordres (CE 13-10-1989 n° 51656 : RDI 1990 p. 78). On se demande si, comme ce qui est décidé en droit privé en application de l'article 2241 du Code civil, l'action en référé-expertise est interruptive du délai de garantie. La jurisprudence des juridictions administratives est contrastée. Une cour administrative a estimé que l'action a un effet interruptif et que le nouveau délai court à compter de l'ordonnance statuant sur la demande d'expertise (CAA Bordeaux 12-10-2020 n° 18BX02136 : BPIM 6/20 inf. 390, RDI 2021 p. 108). **63350**

TITRE II

Sociétés de construction

TYPES DE SOCIÉTÉS DE CONSTRUCTION

La technique de la construction et de la commercialisation des immeubles fait largement appel à la formule de la société de construction. 63900

Le terme de « société de construction » recouvre en fait plusieurs types juridiques de sociétés immobilières dont le **choix** est laissé à l'appréciation du promoteur immobilier qui se détermine essentiellement d'après la nature, le financement et la destination des immeubles à construire : locaux d'habitation, bureaux, immeubles commerciaux, immobilier de loisir, constructions à usage locatif ou en accession à la propriété, etc. Des considérations d'ordre fiscal et des contraintes d'urbanisme peuvent également entrer en ligne de compte.

La **forme juridique de la société** n'est pas indifférente et, s'il s'agit le plus souvent de sociétés civiles, ce n'est pas toujours le cas.

Ce titre II est consacré à l'étude de chacun des types de société de construction que l'on rencontre le plus fréquemment. 63905

a. Il s'agit, en tout premier lieu, de la **société civile de construction-vente,** qui a connu un réel essor grâce notamment aux avantages fiscaux qui lui sont attachés (nos 63970 s.).

Son objet essentiel est la construction d'immeubles (quelle que soit leur affectation) en vue de la vente.

b. Un autre type de société - qui a connu son heure de gloire, mais qui est fortement concurrencé par la société civile de construction-vente - est celui de la **société d'attribution,** parfois dénommée société immobilière de copropriété, car elle a pour objet essentiel d'attribuer en propriété ou en jouissance à ses membres les immeubles (généralement des appartements) qu'elle a fait construire (nos 67300 s.).

À noter que ces sociétés peuvent aussi avoir pour objet l'acquisition d'un immeuble déjà construit, mais toujours en vue de sa division par fractions destinées à être attribuées aux associés. Leur forme, généralement civile, peut aussi être de type commercial (SA ou SARL). Sur le plan fiscal, ces sociétés jouissent du régime de la transparence fiscale.

c. Les **sociétés coopératives de construction** se distinguent des précédentes par le fait qu'elles ont un caractère hybride : elles relèvent à la fois du statut des sociétés de construction (Loi 71-579 du 16-7-1971 titre III) et de celui de la coopération (Loi 47-1775 du 10-9-1947 modifiée) (nos 71100 s.).

Leur but essentiel est la construction d'immeubles en vue de leur division par lots destinés à être **attribués** à leurs associés (coopératives d'attribution) ou à leur être **vendus** (coopératives de vente). Nous nous bornerons à traiter ici des coopératives du « secteur libre », à l'exclusion de celles qui construisent dans le cadre de la réglementation sur les HLM.

d. Un chapitre est consacré aux sociétés de pluripropriété, et tout spécialement aux **sociétés d'attribution d'immeubles en jouissance à temps partagé** (anciennes sociétés dites de « propriété spatio-temporelle ») dotées d'un statut spécifique par la loi du 6 janvier 1986 et dont le domaine de prédilection est l'immobilier de loisirs (nos 72020 s.).

e. Sont enfin exposées les **sociétés d'habitat participatif,** instituées dans le but de permettre à des personnes physiques de s'associer, le cas échéant avec une personne morale, pour participer à la définition et à la conception de leur logement, de construire ou d'acquérir un ou plusieurs immeubles destinés à leur habitation et, le cas échéant, d'assurer la gestion ultérieure des immeubles construits ou acquis (nos 73500 s.).

63910 Dans cet ouvrage, nous n'étudions pas de manière approfondie les **autres** types de **sociétés immobilières** telles que les sociétés civiles de droit commun, qui ont pour vocation d'acquérir des immeubles déjà construits en vue de les louer ou de les mettre à la disposition gratuite de leurs associés. En effet, ces sociétés n'ont que rarement pour objet la construction de l'immeuble destiné à être loué.

Pour la même raison, nous ne traitons pas du régime des sociétés civiles de placement immobilier (**SCPI**), qui sont des sociétés d'investissement collectif ayant pour objet l'acquisition et la gestion d'un patrimoine immobilier locatif grâce à l'émission de parts dans le public.

CHAPITRE 1

SOCIÉTÉS CIVILES DE CONSTRUCTION-VENTE

SOMMAIRE

SECTION 1

CARACTÉRISTIQUES ESSENTIELLES DES SOCIÉTÉS CIVILES DE CONSTRUCTION-VENTE

ESSOR ET RÉGLEMENTATION DES SOCIÉTÉS CIVILES DE CONSTRUCTION-VENTE

Les sociétés civiles de construction en vue de la vente ont connu un essor considérable, dû à la fois : 63970

– à la publication de la loi sur les ventes d'immeubles à construire, qui a donné à la vente directe de ces immeubles un « **statut commercial** » satisfaisant ;

– au bénéfice d'un **régime fiscal** de faveur.

En dehors des règles applicables à tout contrat de société (consentements et capacité, apports, etc.), les sociétés de construction-vente sont dotées d'un statut juridique particulier figurant aujourd'hui dans les articles L 211-1 à L 211-4 et R 211-1 à R 211-6 du **Code de la construction et de l'habitation.**

SPÉCIFICITÉ DE L'OBJET DES SOCIÉTÉS CIVILES DE CONSTRUCTION-VENTE

63975 **Construction en vue de la vente** Cet objet est de « construire un ou plusieurs immeubles en vue de leur vente en totalité ou par fractions » (CCH art. L 211-1).

La construction en vue de la vente doit être l'**objet principal** de la société (Cass. 3e civ. 3-12-1997 n° 96-11.274 : RJDA 4/98 n° 447). La société peut exercer d'autres activités, dès lors qu'elles présentent un **caractère accessoire** (n° 63980).

Cette finalité englobe l'**achat des terrains** nécessaires à l'opération de construction, leur aménagement, la démolition des bâtiments existants, etc. Les sociétés de construction-vente peuvent **lotir** leurs terrains avant de construire. Elles peuvent aussi les prendre ou les donner à **bail à construction** (n° 65180).

Par « immeubles », on entend tous **bâtiments,** quelle qu'en soit la destination, mais aussi les ouvrages divers, tels que parkings, quais, pontons, surélévations, etc. La société peut réaliser **un ou plusieurs programmes.**

Par « construire », on vise la **construction neuve,** mais aussi, éventuellement, la transformation ou la **rénovation** d'immeubles anciens, si les conditions fiscales de l'assimilation de ces opérations à des opérations de construction sont remplies (n° 65110).

La **destination** des immeubles construits est indifférente sur le plan juridique.

> **Précisions** **a.** L'achat des terrains à bâtir par la société civile de construction-vente est soumis à la TVA selon les règles de droit commun applicables aux opérations immobilières exposées nos 44310 s.

b. Les **travaux d'aménagement du terrain** et les travaux **de construction** sont soumis à la TVA, au taux de 20 % (taux de 10 % en Corse). La taxe facturée par les entrepreneurs est portée en déduction sur les déclarations CA3 souscrites par la société au titre du mois du paiement de la TVA par l'entrepreneur. Ainsi, la société déduira la TVA afférente aux travaux le mois du paiement des acomptes ou du prix (si elle dispose d'une facture mentionnant la TVA) si l'entrepreneur paie la TVA sur ses encaissements, le mois où elle a reçu la facture mentionnant l'autorisation de payer la TVA sur les débits si l'entrepreneur use de cette possibilité, ou le mois au cours duquel intervient la livraison des travaux en cas d'option en ce sens par l'entrepreneur.

c. La **livraison à soi-même** au titre de la TVA peut être obligatoire, dans certains cas, du fait de l'achèvement de l'immeuble : nos 66800 s.

d. Lorsque la société **vend l'immeuble** en l'état futur d'achèvement ou dans les cinq ans suivant l'achèvement, la TVA est obligatoirement exigible lors de la cession. Si la société vend l'immeuble plus de cinq ans après l'achèvement, la cession peut être soumise à la TVA sur option (voir Mémento Gestion immobilière nos 84900 s.). Sur l'imposition des profits résultant de cette opération, voir nos 64850 s.

e. La société de construction-vente peut **acheter un terrain à bâtir moyennant remise au vendeur de locaux à construire.** Cette opération complexe est assez souvent utilisée en raison de certains avantages qui en résultent pour le promoteur (en particulier, absence de paiement immédiat du prix du terrain). L'étude juridique et fiscale de cette opération (y compris les conséquences en résultant lorsque le constructeur est une société civile de construction-vente) figure sous les nos 81600 s.

f. En cas d'option pour le régime de l'**assujetti unique** au regard de la **TVA**, voir n° 44230.

63980 **Exercice d'autres activités** Au regard du Code de commerce, la construction en vue de la vente est une activité civile.

La Cour de cassation a rappelé qu'une société civile immobilière de construction-vente n'est ni une société industrielle ni une société commerciale par sa nature ou son objet (Cass. 1e civ. 22-4-1997 n° 95-17.541 : Bull. civ. I n° 125).

Les sociétés civiles de construction-vente peuvent à titre accessoire exercer d'autres **activités civiles,** notamment la location d'immeubles ou la mise en valeur d'une exploitation agricole ou forestière (régime fiscal de ces locations, voir nos 65525 s.).

En revanche, toute **activité commerciale** est **exclue,** en particulier celle consistant à vendre non bâtis des terrains acquis par la société. Sauf s'il s'agit d'une opération isolée, cette activité est en effet de nature commerciale (C. com. art. L 110-1) et une société civile poursuivant une activité commerciale est en réalité une société commerciale irrégulièrement constituée : elle est considérée comme une société de fait et voit ses associés solidairement tenus du passif social.

> **Précisions** **a.** Du point de vue fiscal, l'exercice d'une activité commerciale a pour effet d'assujettir la société civile à l'**impôt sur les sociétés** (voir nº 65105).
> **b.** La nature d'une société et par conséquent le statut juridique qui lui est applicable est déterminée par l'**activité sociale effective** de la société, et non pas par son objet social (Cass. 3e civ. 5-7-2000 nº 98-20.821 : RJDA 11/00 nº 1001).

INTERDICTION D'ATTRIBUER LES IMMEUBLES SOCIAUX AUX ASSOCIÉS

Cette règle a pour objet d'empêcher les sociétés de construction-vente de fonctionner comme des sociétés d'attribution, sans y apporter les mêmes garanties. Il est interdit aux associés de se faire **attribuer,** en tout ou partie et **en contrepartie de leurs apports,** les immeubles construits par la société, quelle que soit la forme de cette attribution, en propriété ou en jouissance. 63985

La **sanction** de l'interdiction est la nullité absolue de l'attribution (CCH art. L 211-1, al. 2).

> **Précisions** **a.** La loi vise les attributions et non les **autres formes d'appropriation** : un associé peut, par exemple, **acheter** un immeuble à la société dès lors que cette opération ne dissimule pas une attribution prohibée. De même, un associé peut appréhender un immeuble social en paiement d'une **créance autre que d'apport.** En revanche, une vente moyennant un prix payé par compensation avec le solde créditeur du compte courant de l'associé acquéreur, pouvant être qualifié d'« apport non capitalisé », semble être contraire au texte.
> **b.** Il résulte, à notre avis, du caractère général et absolu de l'interdiction qu'en cas de **dissolution** de la société, il n'est pas possible de **partager en nature** les immeubles invendus entre les associés pour mettre fin à une opération de construction-vente et liquider les « queues de programme ». La solution consiste dans ce cas-là à louer ces « invendus » en attendant de trouver un acquéreur.

STATUTS DES SOCIÉTÉS CIVILES DE CONSTRUCTION-VENTE

Les statuts, en dehors des indications imposées à toute société (C. civ. art. 1835), doivent mentionner (CCH art. R 211-6) : 63990
- les obligations des associés quant aux **appels de fonds** (nº 64350) ;
- les conditions de la **vente forcée** des parts sociales des associés défaillants (nº 64370).

FORMALITÉS DE CONSTITUTION DES SOCIÉTÉS CIVILES DE CONSTRUCTION-VENTE

Les formalités de publicité sont celles applicables à toutes les sociétés civiles, c'est-à-dire : 63992
- insertion dans un **support d'annonces légales** (journal ou support de presse en ligne) ;
- dépôt du dossier d'immatriculation de la société au **guichet électronique** des formalités des entreprises ;
- insertion au **Bodacc,** cette insertion incombant au greffier du tribunal de commerce et non à la société.

Il y a lieu en outre de déclarer au registre du commerce et des sociétés, par l'intermédiaire du guichet unique, les informations relatives aux **bénéficiaires effectifs** de la société (C. mon. fin. art. L 561-46 ; C. com. art. L 123-33).

Enfin, rappelons que, s'il est fait des **apports immobiliers** (terrains à bâtir notamment) ou mixtes, l'acte notarié les constatant doit être enregistré au service chargé de la publicité foncière.

FISCALITÉ DE LA CONSTITUTION DE LA SOCIÉTÉ

La société constituée par **acte sous signature privée** est dispensée de la formalité d'enregistrement (CGI art. 635, 1-5º *a contrario*), à moins que l'acte ne contienne une autre opération soumise à enregistrement à titre obligatoire par l'article 635 du CGI (transmission de propriété ou d'usufruit d'immeuble, etc.). La TVA le cas échéant exigible sur les apports reste due. 63995

La constitution de la société par **acte notarié** est soumise à la formalité d'enregistrement. Elle supporte les droits de mutation suivants.

Les **apports purs et simples** à des sociétés civiles de construction-vente sont enregistrés gratuitement en vertu de l'article 810 du CGI sans distinguer selon qu'ils portent sur des biens meubles, du numéraire ou des immeubles, conformément au régime de droit commun applicable à la généralité des sociétés non passibles de l'IS.

Lorsque les apports réalisés à l'occasion de la constitution d'une société sont enregistrés gratuitement conformément à l'article 810 du CGI, les dispositions figurant dans les actes et déclarations, ainsi que leurs annexes, établis à l'occasion de la constitution de sociétés sont également enregistrés gratuitement (CGI art. 810 bis).

Les **apports à titre onéreux** sont taxables dans les conditions ordinaires rappelées ci-après :
– les apports d'**immeubles** ou de droits immobiliers sont soumis à une taxation spécifique au taux de 5 % ;
– les apports ayant pour objet des **biens autres** que des immeubles sont soumis aux droits de mutation ordinaires selon la nature des biens ainsi apportés (fonds de commerce, droits sociaux, etc.).

Les apports de **terrains à bâtir** et d'**immeubles neufs** relevant de la TVA sont soumis, sauf exceptions, à la TVA au taux de 20 % et sont enregistrés gratuitement.

64000 **Impôt sur la plus-value** En cas d'**apport par une entreprise ou une société d'un terrain à bâtir** à une société de construction-vente, l'apporteur bénéficie de plein droit d'un **report d'imposition de la plus-value professionnelle,** à condition que le terrain ait été acquis depuis au moins deux ans (CGI art. 238 decies, I et 238 terdecies).

La plus-value est imposable :
– soit au titre de l'année de la dernière cession, par la société, des immeubles ou fractions d'immeubles construits par elle sur le terrain faisant l'objet de l'apport ;
– soit l'année de la cession ou de la cessation d'activité ;
– soit au titre de l'année de la dernière cession par l'apporteur des titres reçus en rémunération de son apport ou des immeubles ou fractions d'immeubles reçus en représentation de ses droits ;
– soit au plus tard à l'expiration d'un délai de cinq ans à compter de l'apport.

Selon l'administration, le report d'imposition s'applique même lorsque l'apporteur est une société passible de l'impôt sur les sociétés (BOI-BIC-PVMV-40-10-50 n°s 310 s.). Le Conseil d'État est d'un avis contraire (CE 2-6-1982 n° 18829 : RJF 7/82 n° 671 ; CE 29-7-1983 n° 29506 : RJF 11/83 n° 1338).

L'entreprise apporteuse peut **renoncer au report d'imposition.** Dans ce cas, elle doit joindre à la déclaration des résultats de l'exercice en cours à la date de l'apport une note exprimant sans équivoque son désir qu'il soit tenu compte de la plus-value résultant dudit apport pour la détermination des résultats fiscaux de l'exercice considéré.

64001 En cas de **cession en vue de la construction de logements** à une société de construction-vente de locaux professionnels ou de terrains à bâtir, situés dans des communes où existe un déséquilibre marqué entre l'offre et la demande de logements, la plus-value peut être soumise à l'**IS au taux réduit de 19 %.** La société de construction-vente doit s'engager à construire des locaux d'habitation dans les quatre ans qui suivent la date de clôture de l'exercice d'acquisition. Ce délai est porté à six ans pour les opérations d'aménagement créant une emprise au sol supérieure ou égale à 20 000 mètres carrés.

Ce dispositif s'applique aux cessions réalisées jusqu'au 31 décembre 2026 (sauf entre sociétés liées au sens de l'article 39, 12 du CGI) ainsi qu'aux promesses de vente conclues avant cette date sous réserve que la cession intervienne au plus tard deux ans après la date de la promesse (CGI art. 210 F). Le dispositif s'applique tant aux apports qu'aux ventes (BOI-IS-BASE-20-30-10-10 n° 280).

> **Précisions a.** La **condition de construction de logements** est réputée satisfaite lorsque le cessionnaire s'engage à réaliser des locaux dont la surface habitable représente au moins 75 % de la surface totale mentionnée sur le permis de construire du programme immobilier ou sur la déclaration préalable de travaux. Dans cette hypothèse, le taux réduit de 19 % s'applique à hauteur d'un montant égal au produit de la plus-value par le rapport entre la surface habitable et la surface totale des locaux ainsi construits (Loi 2023-1322 du 29-12-2023 art. 51). Le reliquat de la plus-value est soumis au taux de droit commun d'IS de 25 %.
> **b.** Sur demande de l'acquéreur, une **prolongation** des délais de quatre et six ans peut être accordée pour une durée n'excédant pas un an ; la demande doit être formulée au plus tard trois mois avant l'expiration du délai initial (CGI ann. III art. 46 quater-0 ZZ bis F). Cette prolongation peut, dans les mêmes conditions, être renouvelée une fois. L'absence de notification d'un refus motivé de l'administration dans les deux mois de la réception de la demande vaut acceptation (Loi 2020-1721 du 29-12-2020 art. 17).

RÉGIME SOCIAL DES ASSOCIÉS ET DU GÉRANT

64005 Les **associés** des sociétés civiles de construction-vente ne relèvent pas en tant que tels des régimes sociaux des travailleurs indépendants.

En effet, la Cour de cassation considère que les associés d'une SCI de construction-vente relèvent du régime général comme travailleurs indépendants seulement s'ils participent effectivement à la gestion et au contrôle de celle-ci (Cass. soc. 8-6-1995 n° 93-17.042 : RJS 10/95 n° 1074).

En conséquence, l'associé simple porteur de parts, n'ayant ni la qualité de gérant de droit ni celle de gérant de fait et n'exerçant aucune activité quelconque dans la société, ne relève en principe d'aucun régime obligatoire de sécurité sociale.

Le réseau des Urssaf considère également que relèvent du régime général comme travailleurs indépendants l'associé gérant de fait ou de droit ainsi que l'associé non gérant participant à la gestion et au contrôle de la société (www.urssaf.fr).

Concernant le **gérant** associé, il est affilié au régime général comme travailleur indépendant à condition de ne pas être le subordonné de la société civile (Cass. soc. 18-5-2000 n° 99-10.151 FS-D : RJS 7-8/00 n° 880). Il importe peu que l'activité de gérance n'occupe qu'une partie minime de son temps et ne soit pas rémunérée (Cass. 2e civ. 15-3-2018 n° 17-12.042 F-D). Il a ainsi été jugé que le gérant associé minoritaire non rémunéré d'une SCI de construction-vente n'ayant connu que des pertes depuis sa création doit être affilié comme travailleur indépendant (CA Rennes 9-3-2016 n° 14/06304).

Quant au gérant non associé rémunéré, il doit, à notre sens, être considéré comme salarié si l'existence d'un lien de subordination peut être établie et comme non-salarié dans le cas contraire.

SECTION 2

DROITS ET OBLIGATIONS DES ASSOCIÉS DES SOCIÉTÉS CIVILES DE CONSTRUCTION-VENTE

En dehors des droits et obligations incombant normalement à tout associé d'une société civile, les sociétés de construction-vente présentent des particularités relatives au paiement du passif social, à la garantie des vices de construction et aux appels de fonds supplémentaires. 64150

A. Obligation aux dettes sociales

ÉTENDUE ET MISE EN JEU DE LA RESPONSABILITÉ DES ASSOCIÉS

Obligation aux dettes sociales Les associés sont tenus du passif social sur tous leurs biens, à **proportion** de leurs **droits sociaux** (CCH art. L 211-2). Parmi les créanciers sociaux se trouvent les acquéreurs des constructions au titre des obligations et engagements résultant des actes de vente. 64180

Un associé reste tenu, **après la cession de ses parts,** du passif né de l'inexécution d'engagements pris par la société à l'époque où il était encore associé, même si l'exigibilité de la créance sur la société est postérieure à son retrait (Cass. 3e civ. 12-12-1990 n° 89-19.532 : RJDA 2/91 n° 126 ; Cass. com. 24-1-2006 n° 04-12.012 : RJDA 8-9/06 n° 921 ; Cass. 3e civ. 16-12-2009 n° 08-19.067 : RJDA 5/10 n° 537). Dans ce cas, le cédant et le cessionnaire sont tenus conjointement des dettes sociales.

> **Précisions** En matière de **responsabilité extracontractuelle,** la créance de réparation prend naissance à la date de réalisation du dommage et non à celle du jugement qui rend cette créance certaine et liquide (Cass. crim. 3-11-2004 n° 04-80.665 : Bull. crim. n° 267). Ainsi, une société civile de construction-vente ayant abusivement rompu des pourparlers, les associés sont tenus de la dette qui en est née en proportion des droits sociaux qu'ils détenaient lors de la réalisation du dommage et non à la date du jugement qui a fixé la créance d'indemnisation (Cass. 3e civ. 16-12-2009 n° 08-19.067 : RJDA 5/10 n° 537).

Mise en jeu de la responsabilité des associés Les créanciers sociaux ne peuvent poursuivre le paiement des dettes sociales contre un associé qu'après **mise en demeure de la société** restée infructueuse (CCH art. L 211-2, al. 2). La forme de la mise en demeure n'est pas précisée. Il pourra s'agir d'un acte extrajudiciaire (exploit d'huissier) ou encore d'un commandement de payer (Cass. 3e civ. 8-3-1995 n° 529 : RJDA 5/95 n° 592). 64185

Les créanciers doivent en outre disposer d'un **titre contre la société** avant de poursuivre les associés (Cass. 3e civ. 12-12-1990 : Bull. civ. III n° 264 ; Cass. com. 28-9-2004 n° 1282 : RJDA 12/04 n° 1343 ; Cass. 3e civ. 3-11-2011 n° 10-23.951 : Bull. civ. III n° 182), voire d'un titre exécutoire (notamment, Cass. com. 28-9-2004 précité, refusant de prendre en compte une transaction intervenue entre le créancier et la société). Le titre exécutoire est destiné à garantir l'existence de la dette sociale.

La chambre commerciale de la Cour de cassation a admis qu'en faisant condamner la société en référé durant le cours de la procédure engagée contre les associés, condamnation restée sans effet, un créancier avait valablement régularisé l'action engagée auparavant contre les associés (Cass. com. 18-9-2007 n° 06-17.384 : RJDA 2/08 n° 165). Toutefois, la troisième chambre civile de la même Cour a jugé prématurée, faute de titre, une action exercée contre les associés en même temps que l'action exercée contre la société, bien que cette dernière ait abouti à une condamnation en paiement (Cass. 3e civ. 3-11-2011 précité).

Constituent par **exemple** un titre démontrant l'existence d'une dette sociale :
– une ordonnance de référé condamnant la société au paiement de diverses sommes (Cass. 3e civ. 17-2-1988 : JCP éd. G 1988 IV p. 155) ;
– un jugement qui prononce l'admission provisionnelle d'un entrepreneur au passif de la procédure collective de la société (Cass. 3e civ. 24-10-1990 : Bull. civ. III n° 198) ;
– un jugement de condamnation assorti de l'exécution provisoire (Cass. 3e civ. 8-3-1995 n° 93-11.268 : RJDA 5/95 n° 592).

Les créanciers n'ont pas à prouver que la société est incapable de payer la dette ni à appeler en la cause les **autres créanciers sociaux** (CA Lyon 2e ch. 7-11-1974 : Gaz. Pal. 1975 p. 288, et, sur pourvoi, Cass. 3e civ. 25-5-1976 : Bull. civ. III n° 225).

L'action contre les associés peut être exercée même lorsque la **société fait l'objet d'une procédure collective** (Cass. civ. 28-6-1977 : Rev. soc. 1978 p. 281 note Bouloc). Dans un tel cas, la déclaration de sa créance au passif de la société par le créancier vaut mise en demeure de celle-ci, mais elle ne suffit pas à établir le caractère infructueux de celle-ci (Cass. 3e civ. 23-2-2000 n° 98-14.540 : RJDA 7-8/00 n° 775). En cas de liquidation judiciaire de la société, la poursuite des associés n'est pas subordonnée à la preuve de l'admission de la créance au passif de la liquidation (Cass. 3e civ. 14-2-2007 n° 05-21.488 : RJDA 6/07 n° 632).

Le créancier d'une **société** civile de construction-vente **dissoute** ne peut poursuivre le paiement des dettes sociales contre un associé qu'après avoir mis en demeure la société en la personne de son liquidateur. Mais si la société a déjà été liquidée et n'a plus d'actif, le créancier peut poursuivre directement les associés en paiement sans avoir préalablement mis en demeure la société (Cass. 3e civ. 12-9-2007 n° 06-15.329 : RJDA 12/07 n° 1253).

Les associés d'une société civile de construction-vente sont **débiteurs subsidiaires** et non conjoints du passif social envers les tiers (Cass. 3e civ. 31-5-1995 n° 1116 : RJDA 8-9/95 n° 999). Il en résulte notamment que les associés sont libérés si le créancier consent une remise de dette à la société et qu'ils conservent la possibilité de contester l'existence de la dette même si la société ne l'a pas contestée.

> **Précisions a.** Ces dispositions générales s'appliquent pour le recouvrement des **dettes fiscales** de la société. Ainsi, dès lors qu'un avis de mise en recouvrement, titre exécutoire en matière de TVA notamment, a été émis à l'encontre de la société de construction-vente, les associés sont valablement poursuivis en paiement des dettes fiscales à proportion de leurs droits sociaux au moyen d'avis de mise en recouvrement individuels. L'émission d'un avis de mise en recouvrement individuel n'est pas nécessaire s'ils sont considérés comme des représentants de la société au sens de l'article 1682 du CGI (LPF art. R*256-2).
> **b.** Comme dans les sociétés civiles de droit commun, l'associé est personnellement débiteur des intérêts moratoires nés de son **retard à désintéresser le créancier social** ; celui-ci peut donc lui réclamer ces intérêts sans les avoir préalablement demandés à la société (Cass. com. 21-1-2014 n° 12-26.461 : RJDA 4/14 n° 355).

REGISTRE DES ASSOCIÉS

64190 Pour que l'action des créanciers contre les associés soit effectivement possible, le **gérant** de la société (ou le liquidateur) doit **communiquer** à tout créancier qui en fait la demande le nom et le domicile, réel ou élu, de chaque associé (CCH art. L 211-2).

À cet effet, il est tenu un registre, coté et paraphé par le gérant en exercice à l'ouverture de ce registre, et qui indique, pour les associés d'origine, leurs nom, prénoms, domicile, dénomination, siège social et la quote-part des droits sociaux possédés et, pour les associés ultérieurs, leurs nom, prénoms, domicile, dénomination, siège social et la date de l'acquisition des parts.

La demande de communication des créanciers se fait par lettre recommandée avec demande d'avis de réception (CCH art. R 211-1, al. 2).

B. Garantie des vices de construction

Les sociétés de construction-vente sont tenues, en cas de **ventes en l'état futur d'achèvement ou à terme,** de garantir les **vices et défauts de conformité apparents** ainsi que les **vices cachés** de leurs ouvrages dans les termes des articles 1642-1 et 1646-1 du Code civil, sans qu'il y ait lieu à résolution du contrat ou à diminution du prix si la société s'oblige à réparer le vice. 64250

Si la garantie est mise en jeu, les **associés** ne peuvent être poursuivis qu'après mise en demeure restée infructueuse adressée à la société si le vice n'a pas été réparé, ou adressée soit à la société, soit à son assureur, si le créancier n'a pas été indemnisé (CCH art. L 211-2, al. 3).

> Précisions a. La **signification d'un jugement** à une SCI par un huissier qui, faute d'avoir trouvé la société à l'adresse indiquée, dresse un procès-verbal d'investigations infructueuses, fait courir le délai d'appel contre cette société. L'huissier n'est pas tenu de rechercher le domicile du représentant de la SCI, ce domicile n'ayant aucun rapport avec un établissement de la société (Cass. 3e civ. 13-3-1996 n° 94-16.173 : RJDA 10/96 n° 1195). Cette décision est d'une grande importance pratique car, le plus souvent, une SCI qui a fait construire en vue de la vente n'est plus domiciliée au lieu de son siège social. Ainsi, ses adversaires n'auront pas à rechercher le représentant de la société, fréquemment difficile à identifier plusieurs années après.

b. S'agissant de la garantie des vices de construction, le **créancier** est l'acquéreur de l'un des ouvrages (ou fractions d'ouvrage) construits par la société. Il devra, dans tous les cas, obtenir en justice la **reconnaissance de son droit à réparation,** et ne pourra poursuivre la société (en réparation) ou les associés ou l'assureur (en indemnisation) que lorsque sa créance aura ainsi été reconnue certaine et liquide.

c. Les associés de la **société liquidée** ne peuvent pas être personnellement poursuivis en résolution de la vente et dommages-intérêts en raison de désordres apparus pendant le délai de la garantie décennale (CA Rennes 20-12-2001, Bahier c/ Martin : Juris-data n° 2001-171170).

C. Appels de fonds supplémentaires

CONDITIONS DES APPELS DE FONDS

Les associés sont tenus de répondre aux appels de fonds supplémentaires de la société, en proportion de leurs droits sociaux, lorsque ces appels de fonds sont indispensables (CCH art. L 211-3, al. 1) : 64350

– soit à l'exécution des contrats de **vente d'immeubles à construire** déjà conclus ;
– soit à l'**achèvement de programmes** dont la réalisation, déjà commencée, n'est pas susceptible de division.

Ces dispositions sont d'**ordre public** (CCH art. L 211-4).

> Précisions a. Une **renonciation par avance** aux dispositions de l'article L 211-3 du CCH ne peut pas être imposée aux associés. Ainsi, les dispositions statutaires imposant le versement d'appels de fonds supplémentaires pour des objets autres que ceux limitativement prévus par la loi sont sans effet (Cass. 3e civ. 11-10-1989 : Bull. civ. III n° 188).

b. Il est toujours loisible aux associés, sauf fraude, de voter à l'**unanimité** des appels de fonds supplémentaires ne répondant pas aux conditions exigées par l'article L 211-3 du CCH (CA Paris 1e ch. B 14-6-1996 n° 95-21291 : RJDA 10/96 n° 1214). L'intéressé qui, volontairement, accepte de participer à des appels de fonds supplémentaires ne remplissant pas les conditions légales ne peut ensuite soutenir qu'une telle décision lui a été imposée et demander l'annulation de la résolution, sauf à prouver qu'il n'avait pas voté en connaissance de cause et que les autres associés avaient obtenu son accord par fraude. En revanche, si la décision prise ne résulte pas de l'unanimité et que les critères légaux ne sont pas remplis, la résolution est annulable. Cette solution peut être rapprochée de celle de la Cour de cassation confirmant la possibilité pour les actionnaires d'augmenter leurs engagements à l'unanimité (Cass. com. 26-3-1996 n° 93-21.250 : RJDA 8-9/96 n° 1066).

c. Les conditions posées par l'article L 211-3 du CCH s'entendent **strictement** : un bâtiment dont aucun local n'est vendu ou dont la construction n'est pas commencée ne peut pas donner lieu à appels de fonds. Il en est de même d'un bâtiment achevé même s'il subsiste des dettes en ce qui le concerne et qu'il n'est pas démontré en quoi les fonds appelés auraient été nécessaires pour mener à bien des contrats de vente en cours (CA Paris 1e ch. B 14-6-1996 n° 95-21291 : RJDA 10/96 n° 1214).

d. Un arrêt estime illégal l'appel de fonds supplémentaire validé par une cour d'appel qui n'a pas vérifié qu'il s'agissait bien de l'exécution de **contrats de vente** d'immeubles à construire **conclus avant** la décision de lancer cet appel de fonds (Cass. 3e civ. 26-6-1985 : JCP éd. N 1986 prat. n° 9838 p. 396).

64355 **Programme non susceptible de division** Un **programme** est **« non susceptible de division »** lorsque la réalisation ou l'utilisation normale des constructions commencées n'est possible que si l'ensemble du programme est achevé (CCH art. R 211-2). Le terme « réalisation » s'entend au sens technique d'achèvement des constructions.

> **Précisions** Le **juge du fond apprécie souverainement** si un programme est divisible au sens du texte précité. Est donc justifié le refus par un associé de satisfaire à un appel de fonds destiné à permettre la construction de l'ensemble d'une station de sports d'hiver, dès lors que cet ensemble était susceptible de division et que cet appel de fonds n'était pas nécessaire pour achever un immeuble en cours d'édification (Cass. 1e civ. 17-3-1981 : Bull. civ. I no 92).
> Si un programme comprend **plusieurs tranches de bâtiments matériellement distinctes,** seules les tranches déjà commencées pourront être financées à l'aide d'appels de fonds supplémentaires.

64360 **Cas des locaux à usage d'habitation** Il convient de rappeler ici que les **ventes en l'état futur d'achèvement de locaux d'habitation** (ou mixtes d'habitation et professionnels) sont obligatoirement assorties, au profit de l'acheteur, d'une **garantie d'achèvement** ; celle-ci peut être soit « extrinsèque » (bancaire), soit « intrinsèque », cette dernière ne pouvant toutefois se rencontrer que dans des programmes dont la demande de permis de construire a été déposée avant le 1er janvier 2015.

En cas de garantie bancaire, il est évident que l'acquéreur a tout intérêt, en cas de difficulté de la société, à s'adresser au garant pour le complément de financement de l'immeuble qui le concerne.

C'était, semble-t-il, en cas de garantie intrinsèque que l'associé pouvait se voir demander un financement complémentaire, le cas échéant. En pratique, cette procédure était très rarement utilisée dans les sociétés de construction-vente.

PROCÉDURE DES APPELS DE FONDS

64365 Les appels de fonds sont appelés par la **gérance** ou sur décision de la **collectivité des associés.**

Ils sont **comptabilisés** soit sous forme d'augmentation de capital, soit sous forme d'apports non capitalisés et inscrits à un compte de passif ouvert à cet effet (comptes courants d'associés).

Dans les deux hypothèses, ce sont les statuts qui comportent toutes précisions utiles (compétence, méthode comptable, etc.).

ILLUSTRATIONS

> Jugé que les sommes versées au titre des appels de fonds par un associé constituent, non des **avances de trésorerie** consenties à la société qui serait tenue d'en rembourser le montant à la demande du souscripteur, mais des **apports non capitalisés** qui doivent être maintenus à la disposition de la société aussi longtemps qu'ils sont nécessaires à l'aboutissement de l'opération de construction (CA Paris 1e ch. A 2-7-1997 no 96-12796 : RJDA 11/97 no 1361 ; Cass. 3e civ. 12-5-1993 no 90-18.578 : Bull. civ. III no 63).

SANCTIONS APPLICABLES AUX ASSOCIÉS DÉFAILLANTS

64370 **Vente forcée** La société peut faire procéder à la vente forcée des droits sociaux des associés qui ne répondent pas aux appels de fonds. Cette procédure est très encadrée (CCH art. L 211-3 et R 211-3 s.).

Un mois **après mise en demeure** adressée, par exploit d'huissier, à l'associé défaillant et restée sans effet, le gérant (à défaut, tout associé) convoque l'**assemblée générale** qui se prononce à la majorité des 2/3 du capital social sur première convocation et à la majorité des 2/3 des droits sociaux dont les titulaires sont présents ou représentés sur 2e convocation. Les parts détenues par l'associé défaillant ne sont pas prises en compte pour le calcul de ces majorités.

La **mise en vente** est **notifiée** à tous les associés y compris l'associé défaillant, **et publiée** dans un support d'annonces légales du lieu du siège social (CCH art. R 211-4 ; Loi 55-4 du 4-1-1955 art. 1).

Jusqu'à la vente, les autres associés doivent **répondre** des appels de fonds à la place du **défaillant** au prorata de leurs droits sociaux (CCH art. R 211-5).

La **vente** a lieu aux **enchères publiques,** par les soins d'un officier public (en pratique, un notaire), et sans autorisation de justice préalable. La vente a lieu pour le compte de l'associé défaillant et à ses risques (CCH art. L 211-3, al. 4). Les parts peuvent être vendues en **plusieurs lots** et l'associé défaillant peut porter lui-même des enchères (Cass. 3e civ. 25-1-1977 : Bull. civ. III no 40).

La société peut faire poursuivre la vente de la **totalité des parts** de l'associé défaillant et celui-ci, en cas de vente par lots, ne saurait s'y opposer même si la vente d'une partie seulement des parts a produit une somme suffisante pour assurer le règlement des appels de fonds auxquels il n'a pas satisfait.

Effets de la vente Le **produit net de la vente** est acquis à la société à concurrence de sa créance, et aux autres associés à concurrence des sommes versées par eux à la place du défaillant (CCH art. L 211-3, al. 5). Celui-ci reste débiteur de la société si la vente ne couvre pas sa dette ou bénéficie de l'excédent dans le cas contraire. 64375

La société bénéficie, sur le produit de la vente, d'un **privilège** qui l'emporte sur toutes les sûretés réelles conventionnelles (mais non sur les sûretés légales, celle du Trésor public notamment) et sur les nantissements grevant les droits vendus qui ne sont opposables ni à la société ni à l'adjudicataire (CCH art. L 211-3, al. 7).

L'adjudicataire devient associé ; en principe, il doit être agréé dans les conditions statutaires, comme tout cessionnaire de parts.

> **Précisions** Après la cession forcée de ses parts pour inexécution de ses obligations, l'**associé défaillant** ne peut réclamer à la société le remboursement du **solde créditeur de son compte courant** sur lequel figurent les sommes versées à la suite d'appels de fonds, dès lors que ces sommes correspondent non pas à des versements facultatifs de l'intéressé mais à l'exécution de ses obligations d'associé. Il en est ainsi lorsque dès le début de l'activité de la société, l'insuffisance du capital a imposé d'appeler auprès des associés des fonds supplémentaires pour la réalisation de l'objet social, et qu'aucune assemblée n'a autorisé le gérant à contracter un emprunt auprès de l'intéressé (autorisation imposée par les statuts) (Cass. 3e civ. 12-5-1993 no 90-18.578 : Bull. civ. III no 63). L'associé défaillant ne peut donc se prévaloir d'un quelconque droit de créance à l'encontre de la société, peu important d'ailleurs que le résultat net de l'opération immobilière puisse se révéler bénéficiaire ultérieurement à la cession (CA Paris 1e ch. A 2-7-1997 no 96-12796 : RJDA 11/97 no 1361).

Procédure de droit commun La vente forcée des parts n'est pas la seule procédure de recouvrement possible à l'encontre de l'associé défaillant. La société a la faculté, conformément au droit commun, de poursuivre l'associé en justice pour obtenir le paiement des sommes qui lui sont dues. 64380

SECTION 3

RÉGIME DES CESSIONS DE PARTS SOCIALES DES SOCIÉTÉS CIVILES DE CONSTRUCTION-VENTE

A. Régime juridique

Les parts des sociétés civiles de construction-vente sont soumises au régime de **droit commun** applicable à toutes les sociétés civiles. C'est ainsi que les cessions doivent satisfaire notamment aux conditions de **validité** (consentement, capacité, fixation du prix, forme des cessions) et, sous réserve de certaines dérogations, avoir été **autorisées** par tous les associés (procédure de l'agrément). 64570

Les **transferts** de parts sont en outre soumis à une formalité particulière : ils doivent faire l'objet d'une **mention au registre des associés** (no 64190).

B. Régime fiscal

DROITS D'ENREGISTREMENT

Les principes de **droit commun** s'appliquent ici sans particularité. S'agissant de sociétés considérées, en principe, comme étant à prépondérance immobilière, le droit d'enregistrement s'applique au **taux** de 5 % (contre 3 % pour les cessions de parts sociales des sociétés qui ne sont pas à prépondérance immobilière) (CGI art. 726, I-2°-al. 2). La notion de société à prépondérance immobilière est définie comme visant les sociétés dont l'actif brut total est, 64650 au jour de la cession ou au cours de l'année précédant la cession, constitué pour plus de la moitié d'immeubles ou de droits immobiliers situés en France, qu'ils soient ou non affectés par la société à sa propre exploitation, ou de participations dans des personnes morales non cotées en bourse elles-mêmes à prépondérance immobilière. Toutefois, n'est pas considérée comme étant à prépondérance immobilière la société qui a perdu sa prépondérance immobilière du fait de la cession, au cours de l'année précédant la cession de ses propres titres, des immeubles ou participations dans des personnes morales à prépondérance immobilière qu'elle détenait à son actif (BOI-ENR-DMTOM-40-10-10 n° 120).

Le droit est **assis sur** le prix exprimé et les charges qui s'y ajoutent éventuellement ou sur une estimation des parties si la valeur réelle est supérieure au prix augmenté des charges (CGI art. 726, II-al. 1).

Le droit d'enregistrement est **payable** dans le mois de l'acte au service des impôts de l'une des parties (en cas d'acte sous signature privée) ou au service des impôts de la résidence du notaire (acte notarié). À défaut d'acte, une **déclaration** spéciale doit être déposée dans le mois de la cession au service des impôts du domicile de l'une des parties. Depuis le 1er janvier 2024, les actes et déclarations ayant pour objet une cession de participations dans une personne morale à prépondérance immobilière doivent indiquer expressément si cette personne morale est une société mentionnée à l'article 1655 ter (nos 67450 s.), si les participations cédées confèrent au cessionnaire, direct ou indirect, le droit à la jouissance d'immeubles ou de fractions d'immeubles au sens de l'article 728 (n° 69425), et si le cessionnaire a acquitté ou s'engage à acquitter, directement ou indirectement, des dettes contractées auprès du cédant par cette personne morale en précisant, le cas échéant, leur montant (CGI art. 726, III-B). Le cessionnaire est indirect lorsque les participations cédées sont acquises par l'intermédiaire d'une personne morale, qu'elle soit ou non à prépondérance immobilière (BOI-ENR-DMTOM-40-10-20 n° 320). Les dettes visées sont celles dont la personne morale est débitrice envers le cédant, telles que comptes courants d'associés, ou dettes dont le cédant s'est porté garant par cautionnement (BOI-ENR-DMTOM-40-10-20 n° 330).

ATTENTION

Seule la **déclaration papier** de cession de droits sociaux (formulaire n° 2759-SD) intègre ces nouvelles mentions ; l'administration alerte, dans la FAQ dédiée à cette déclaration, sur le fait que les déclarations de **cessions de participations dans une personne morale à prépondérance immobilière non constatées par un acte** ne doivent pas être effectuées en ligne.

Les **actes** de cession de parts de sociétés à prépondérance immobilière **passés à l'étranger,** que la société soit française ou étrangère et quelle que soit la nationalité des parties, sont soumis au droit de 5 % sauf imputation, le cas échéant, d'un crédit d'impôt étranger (CGI art. 718 bis). La cession doit, dans ce cas, être constatée dans le délai d'un mois par acte reçu en la forme authentique par un notaire exerçant en France (CGI art. 726, III-A).

ATTENTION

Limité à l'impôt effectivement supporté à titre définitif, le **crédit d'impôt étranger** est imputable sur l'impôt français afférent à chacune des cessions, dans la limite de cet impôt. Lorsqu'il ne peut être imputé en totalité, l'**excédent** ne peut être ni restitué ni imputé sur l'impôt français afférent à une autre cession (BOI-ENR-DMTOM-40-10-20 n° 240).

64655 Dans certains cas, le prix de cession des parts dans les sociétés de construction-vente comprend, outre le prix principal correspondant à la cession du droit social proprement dit, le remboursement au cédant des sommes versées par celui-ci à la société pour répondre à ses appels de fonds supplémentaires, ces remboursements pouvant être faits directement par le cessionnaire au cédant ou par l'intermédiaire de la société civile. De plus, le cessionnaire peut s'engager soit à satisfaire aux appels de fonds supplémentaires, soit à exécuter personnellement les conditions des prêts accordés à la société par les organismes de crédit.

Ces divers cas appellent les précisions suivantes.

a. En cas de cession de parts de sociétés de construction immobilière, le **remboursement par le cessionnaire** au cédant des sommes que ce dernier a versées à la société pour répondre à **des appels de fonds** (effectués conformément aux dispositions de la loi du 16 juillet 1971) s'analyse en un rachat de créance non soumis au droit de 5 % : en effet, dès lors que les sommes versées ne sont pas incorporées au capital et que les associés ne bénéficient, en contrepartie, ni de l'attribution de parts nouvelles ni d'une augmentation de la valeur des parts dont ils sont détenteurs, ces versements ne constituent pas des suppléments d'apports (Cass. com. 22-3-1988 n° 86-15.624 : RJF 5/88 n° 679 ; BOI-ENR-DMTOM-40-10-20 n° 200).

b. L'engagement pris par le cessionnaire de **satisfaire** en lieu et place du cédant défaillant **aux appels d'apports déjà intervenus** lors de la cession constitue une charge augmentative du prix, soumise comme ce dernier au droit de cession de droits sociaux, dès lors que les versements correspondant à ces appels ouvrent droit à l'attribution de parts sociales.

Dans le cas contraire, cet engagement échappe à toute imposition. Il en est de même de l'engagement pris par le cessionnaire de répondre aux **appels ultérieurs** (BOI précité n° 210).

c. L'engagement pris par le cessionnaire d'**exécuter personnellement les conditions des prêts accordés à la société par les organismes de crédit** « lors de la dissolution de la société et de l'attribution en propriété de l'appartement » ne constitue pas une charge à ajouter au prix de cession dès lors que, jusqu'à cette attribution, les prêts dont il s'agit ne présentent pas le caractère d'une dette personnelle du cédant, mais forment un passif propre à la société.

Lorsque le cédant était tenu de supporter ou de rembourser à la société les charges financières des emprunts contractés par la société, l'engagement pris par le cessionnaire d'effectuer les versements prévus en lieu et place du cédant ne constitue pas une charge augmentative du prix assujettie au droit de cession de droits sociaux. Cet engagement ne fait, en effet, que confirmer une obligation inhérente à la qualité d'associé.

En revanche, si le cessionnaire s'oblige à régler en l'acquit du cédant défaillant un arriéré d'intérêts ou d'annuités d'amortissement déjà échus, cet engagement constitue une charge augmentative du prix assujettie au droit proportionnel de cession de droits sociaux (BOI précité n° 220).

> **Précisions** Lorsque le prix de cession de parts d'une société de construction-vente est fixé à un montant symbolique, la **reprise des comptes courants débiteurs** des sociétés cédantes par les sociétés cessionnaires ne constitue pas une charge augmentative de prix dès lors que :
> – cette reprise ne confère aucune attribution de parts aux cessionnaires et ne crée aucune obligation immédiate de l'associé à l'égard de la société ;
> – le remboursement du compte courant déficitaire en raison de l'affectation de déficits antérieurs et de la provision pour dépréciation de l'actif immobilier n'est pas exigible immédiatement (TGI Paris 30-4-2002 n° 01-8790 : RJF 4/03 n° 511).

Cession de titres représentatifs d'apports en nature En cas de cession de titres représentatifs d'apports en nature **intervenant dans les trois ans** de l'apport, le droit est dû en fonction de la nature des biens apportés ; dans ce cas, les cessions sont considérées, du point de vue fiscal, comme ayant pour objet les biens en nature représentés par les titres cédés (CGI art. 727). **64660**

Compte tenu de cette présomption légale (qui est irréfragable), la cession doit, au lieu du droit de cession de droits sociaux, être soumise aux **droits de vente** correspondant à la nature des biens en cause. L'assimilation est toutefois limitée au régime fiscal et ne s'étend pas aux **formalités** elles-mêmes. La cession de tels titres, s'ils sont représentatifs d'un immeuble par exemple, échappe ainsi aux formalités de publicité foncière.

> **Précisions** Le **délai de trois ans** commence à courir à compter de la date de l'acte portant constitution de la société (même si cette dernière n'avait pas, à cette époque, de personnalité morale ou si la société était constituée sous une condition suspensive) ou encore à compter de la date de l'augmentation de capital constatant les apports en nature (BOI-ENR-DMTOM-40-20 n°s 90 et 110).

IMPOSITION DES PLUS-VALUES

Lorsque **le cédant est un particulier** ayant réalisé une opération de placement (simple apporteur de capitaux) et ne pouvant être considéré comme exerçant dans le cadre de la société civile l'activité de promoteur, le profit réalisé relève en principe du régime des plus-values immobilières privées. En effet, on est en présence d'une cession de titres de **société à prépondérance immobilière** étant donné que le stock immobilier d'une société de construction-vente ne peut être considéré comme « affecté à l'exploitation » de cette dernière au sens de l'article 150 UB du CGI (CAA Bordeaux 31-7-1992 n° 90-680 : RJF 11/92 n° 1514, confirmé par CE (na) 18-2-1994 n° 142048 : RJF 4/94 n° 424). Les constructions en cours et le stock immobilier même utilisés temporairement comme bureaux de vente, locaux techniques ou entrepôts ne sont pas non plus considérés comme « affectés à l'exploitation » de la société de construction-vente au sens de l'article 150 UB du CGI (CE 20-11-2002 n° 231088 : RJF 2/03 n° 181). **64665**

Pour l'étude du régime des cessions de titres de sociétés à prépondérance immobilière, nous renvoyons au Mémento Gestion immobilière n°s 86455 s. Précisons toutefois ici que sont considérées comme sociétés à prépondérance immobilière les sociétés dont l'actif est, à la clôture des trois exercices précédant la cession, constitué pour plus de 50 % de sa valeur réelle par des immeubles ou des droits portant sur des immeubles, non affectés par ces sociétés à leur propre exploitation (CGI art. 150 UB, I). Si les parts sont cédées moins de trois ans après la création de la société, la composition de l'actif est appréciée à la clôture du ou des seuls exercices clos ou, à défaut, à la date de la cession.

64670 Si le **cédant** est une **entreprise** industrielle, commerciale, artisanale ou agricole relevant de l'impôt sur le revenu et placée de plein droit sous un régime réel d'imposition ou une **société passible de l'IS,** il convient de faire application des dispositions prévues à l'article 238 bis K, I du CGI pour les cessions de parts de sociétés civiles non passibles de l'IS. Dès lors, le profit réalisé sur la cession des titres de la société de construction-vente relève du régime des plus-values professionnelles. Sur la détermination de la plus-value, voir Mémento Sociétés civiles n°s 21615 s.

SECTION 4

IMPOSITION DES PROFITS RÉALISÉS PAR LES SOCIÉTÉS CIVILES DE CONSTRUCTION-VENTE

PRINCIPES GÉNÉRAUX

64850 Les personnes qui achètent des immeubles en vue d'y édifier des bâtiments et de les vendre en bloc ou par locaux exercent, du point de vue fiscal, une activité réputée commerciale dont les profits relèvent de l'impôt sur le revenu dans la **catégorie des bénéfices industriels et commerciaux** (CGI art. 35, I-1° bis). Lorsque ces opérations sont réalisées par des sociétés civiles, ces dernières sont donc normalement passibles de l'impôt sur les sociétés en vertu de l'article 206, 2 du CGI.

64855 Par dérogation, l'article 239 ter du CGI dispose que les sociétés civiles de construction-vente répondant à certaines conditions sont exclues du domaine de l'impôt sur les sociétés et soumises au **même régime fiscal que les sociétés en nom collectif** effectuant les mêmes opérations, c'est-à-dire que ce sont les associés (et non la société elle-même) qui sont imposés en proportion de leurs droits suivant le régime fiscal qui leur est propre (impôt sur le revenu ou impôt sur les sociétés).

ATTENTION

En l'état actuel de la jurisprudence et de la doctrine administrative, l'activité de construction-vente d'immeubles (promotion immobilière) est une activité civile dont les bénéfices sont imposables dans la catégorie des BIC en application de l'article 35, I-1° bis du CGI. Il en résulte que les sociétés civiles de construction-vente ne peuvent bénéficier des **régimes** d'allègement d'impôt prévus en faveur **des entreprises nouvelles** qui exercent une activité commerciale par nature au sens de l'article 34 dudit Code (BOI-BIC-CHAMP-80-10-10-10 n° 400).

I. CONDITIONS D'APPLICATION DU RÉGIME DE FAVEUR DES SOCIÉTÉS CIVILES DE CONSTRUCTION-VENTE

64880 Pour bénéficier des dispositions de l'article 239 ter du CGI, les sociétés de construction-vente doivent satisfaire à des conditions bien précises qui tiennent à leur forme, à leurs statuts et surtout à leur objet et leur activité.

A. Forme de la société

FORME CIVILE

Le bénéfice du régime spécial ne peut être invoqué que par les sociétés constituées sous la forme civile. 64910

Quel que soit leur objet, les sociétés assujetties de plein droit à l'impôt sur les sociétés en raison de leur forme (sociétés de capitaux, sociétés à responsabilité limitée) sont exclues du champ d'application de l'article 239 ter du CGI.

SOCIÉTÉ CIVILE ISSUE DE LA TRANSFORMATION D'UNE SNC OU D'UNE SOCIÉTÉ TRANSPARENTE

Lorsque la société de construction-vente est issue de la transformation d'une société en nom collectif ou d'une société dotée de la transparence fiscale (CGI art. 1655 ter), le régime spécial ne peut s'appliquer qu'à la double condition que, **avant la transformation,** aucun immeuble n'ait été cédé et qu'aucune des parts ou actions n'ait été vendue à une personne autre qu'un associé initial (CGI art. 239 ter, II-2° ; CE 18-11-1985 n° 44343 : RJF 1/86 n° 28 et CAA Lyon 12-10-1989 n° 89-170). Cette double condition doit être remplie jusqu'à la date de transformation inclusivement (BOI-BIC-CHAMP-70-20-100-10 n° 380). 64915

Il est toutefois fait abstraction des **cessions non spéculatives** consenties au prix de revient à de nouveaux associés désireux de prendre des participations financières dans le programme de construction projeté (BOI précité n° 410). Par ailleurs, sous réserve de l'examen des circonstances de fait, sont considérés comme des **associés** initiaux ceux qui sont **entrés dans la société à l'occasion d'une augmentation de son capital** ; le régime spécial s'applique aussi à une société dont la transformation a été précédée d'une cession de parts par un associé fondateur à un associé entré dans la société lors d'une augmentation de capital (BOI précité n° 430).

L'article 239 ter, II-2° vise exclusivement les sociétés de construction issues de la transformation d'une société en nom collectif ou d'une société dotée de la transparence fiscale : aucune disposition législative ne permet, pour l'application de ce régime, d'assimiler les sociétés créées de fait ou les sociétés en participation aux sociétés en nom collectif (BOI précité n° 380).

> **Précisions** Les **plus-values dégagées lors de la transformation** font l'objet d'un sursis d'imposition dès lors qu'il n'est apporté aucune augmentation à la valeur d'origine des biens tant dans les écritures de la société que dans celles de ses associés (CGI art. 239 ter, II-2°). Voir également n° 70155.

B. Statuts de la société

RESPONSABILITÉ DES ASSOCIÉS

Pour bénéficier du régime fiscal de faveur, la société doit prévoir dans ses statuts que les associés sont indéfiniment responsables du passif social (CGI art. 239 ter). Cette responsabilité s'exerce sur tous leurs biens **en proportion de leurs droits sociaux.** 65000

Ainsi, l'associé est responsable, à proportion de ses droits sociaux, des **dettes fiscales** de la société exigibles avant qu'il ne cède ses parts, quelle que soit la date à laquelle ces dettes sont révélées ou leur paiement réclamé (CAA Lyon 27-12-1991 n° 349 : RJF 5/92 n° 749).

Cependant, l'administration fiscale ne s'oppose pas à ce que les associés prévoient une limitation de leur obligation au passif dans chacune des **conventions particulières** passées avec les créanciers. Ainsi, l'existence, dans les statuts, d'une clause stipulant que les gérants devront, sous leur responsabilité, obtenir des créanciers une renonciation formelle au droit d'exercer une action personnelle contre les associés n'est pas de nature à priver la société du bénéfice du régime de l'article 239 ter (BOI-BIC-CHAMP-70-20-100-10 n° 350).

Pour la **mise en jeu** de cette responsabilité, voir n° 64185.

C. Objet et activité de la société

PRINCIPES

Le régime spécial de l'article 239 ter du CGI est destiné à s'appliquer aux seules sociétés qui ont pour objet la **construction d'immeubles en vue de la vente** et qui réalisent de telles 65100 opérations. La circonstance que les constructions soient édifiées sur des terrains différents de ceux mentionnés dans les statuts est sans incidence sur l'appréciation de la nature de l'activité (CE 29-5-2019 n° 412500 : RJF 8-9/19 n° 759). La société peut réaliser de telles opérations, soit directement, soit sous le couvert de sociétés dotées de la « transparence fiscale » (BOI-BIC-CHAMP-70-20-100-10 n° 10 ; voir nos 67300 s.).

Une société civile dont l'objet social ne comporte pas la construction d'immeubles en vue de la vente ne peut pas bénéficier du régime spécial, même si elle se livre exclusivement à de telles opérations (CE 24-2-1988 n° 59762 : RJF 4/88 n° 380 ; BOI-BIC-CHAMP-70-20-100-10 n° 20).

Est sans incidence, à cet égard, la modification des statuts de la société lui donnant pour objet la construction en vue de la vente dès lors qu'elle intervient postérieurement à l'acquisition de l'immeuble (TA Dijon 17-8-1999 n° 98-5351 : RJF 11/99 n° 1340). Inversement, la suppression dans l'objet social de la mention de l'activité de construction-vente sans changement effectif de l'activité réelle ne rend pas la société passible de l'IS (CE 13-10-2023 n° 446017 : RJF 1/24 n° 9).

Mais cet objet principal n'est pas forcément exclusif puisque la société peut - sans perdre le bénéfice du régime de faveur - exercer conjointement une **activité purement civile** du point de vue fiscal (BOI-BIC-CHAMP-70-20-100-10 n° 20), sous réserve qu'elle soit compatible avec la réglementation juridique. Il peut s'agir par exemple :

– de la location permanente d'immeubles nus (voir nos 65525 s.), ou de la location provisoire des nouveaux immeubles en attendant leur vente (stock immobilier : voir nos 66900 s.) (voir notamment à propos de la location de lots restés invendus : CE 28-11-2012 n° 332110 : RJF 2/13 n° 136 ; CE 4-5-2016 n° 383135 : RJF 7/16 n° 638) ;
– de la perception de redevances de droits d'affichage de panneaux publicitaires (n° 65535) ;
– de la conclusion d'un bail à construction (n° 65180) ;
– de la mise en valeur d'une exploitation agricole ou forestière ;
– du placement à court terme des excédents de trésorerie de la société (n° 65540) ;
– de la vente de locaux avec garantie minimale de loyer, quelle qu'en soit la durée (n° 65175).

65105 En revanche, les sociétés civiles qui, en sus de la construction d'immeubles en vue de la vente, exercent une **autre activité** entrant dans les prévisions des articles 34 et 35 du CGI (c'est-à-dire présentant, sur le plan fiscal, un **caractère industriel ou commercial**) sont passibles de l'impôt sur les sociétés dans les conditions de droit commun (CE 28-11-2012 n° 332110 : RJF 2/13 n° 136 ; BOI-BIC-CHAMP-70-20-100-10 n° 20). Le régime spécial s'applique aux sociétés civiles qui ne réalisent pas effectivement, en plus des opérations de construction-vente et accessoires à cette activité, d'autres opérations de nature commerciale. Néanmoins, leur objet social peut ne pas être exclusivement limité aux opérations de construction-vente et mentionner d'autres opérations de nature commerciale, sans faire échec à l'application de ce régime (CE 18-3-2019 n° 411640 : RJF 6/19 n° 516).

Constituent notamment des opérations de nature commerciale :

– les cessions de terrains non bâtis, lorsqu'elles répondent aux critères d'opérations spéculatives et habituelles (voir nos 65115 s.) ;
– la mise à la disposition des acheteurs des constructions d'équipements sportifs ou de loisirs moyennant rémunération (n° 65185) ;
– les ventes de locaux équipés de certains éléments mobiliers (nos 65130 s.) ;
– le fait de participer aux profits d'une location meublée (n° 65525, in fine).

La réalisation de telles opérations fait perdre à la société le bénéfice du régime de faveur de l'article 239 ter du CGI. Sauf dans le cas où il serait prouvé que la société avait pour objet, dès l'origine, d'effectuer des opérations commerciales (BOI-BIC-CHAMP-70-20-100-10 n° 330), la perte du régime de faveur n'a pas d'effet rétroactif : assujettissement à l'IS des bénéfices de l'exercice en cours et des exercices suivants et taxation comme revenus distribués lors de leur appropriation par les associés.

La perte du régime des sociétés de personnes entraîne les conséquences du changement de régime fiscal prévu par l'article 202 ter du CGI.

ATTENTION

Les sociétés civiles de construction-vente ne peuvent pas bénéficier de la tolérance administrative selon laquelle les sociétés civiles réalisant moins de 10 % de **recettes commerciales accessoires** ne sont pas soumises à l'impôt sur les sociétés (BOI-BIC-CHAMP-70-20-100-10 n° 30).

OPÉRATIONS DE TRANSFORMATION, D'AMÉNAGEMENT, DE REMISE EN ÉTAT D'HABITATION OU DE RESTAURATION

65110 L'administration admet d'assimiler certains travaux de transformation et d'aménagement à des opérations de construction pour l'application des dispositions de l'article 239 ter du CGI et, par suite, d'autoriser les sociétés civiles à se placer sous ce régime lorsqu'elles ont pour activité - à l'exclusion de toute autre entrant dans les prévisions des articles 34 et 35 du CGI - la réalisation desdits travaux en vue de la vente (BOI-BIC-CHAMP-70-20-100-10 n° 240).

Équivalent à des opérations de construction (BOI-BIC-CHAMP-20-40-20 n°s 20 s.) :
– les travaux comportant la **démolition complète** d'un immeuble **suivie de sa reconstruction** ou des **modifications importantes** apportées au gros œuvre ou encore des travaux ayant pour objet l'aménagement à usage d'habitation de locaux précédemment affectés à un autre usage (agricole, commercial, etc.) ou qui constituaient des dépendances d'habitation (combles, garages, remises, etc.) sans être eux-mêmes habitables ;
– les travaux correspondant à une **restructuration complète** après démolition intérieure d'une unité d'habitation, suivie de la création d'aménagements neufs. Il en est ainsi, notamment, lorsque des opérations de cette nature aboutissent à une augmentation du nombre d'unités de logement.

En revanche, les travaux aboutissant à une **restructuration partielle** de l'immeuble (déplacement de cloisons, création de salles d'eau ou d'équipements sanitaires, etc.) sans modification de la structure interne ne peuvent être considérés comme des travaux de construction.

De son côté, le Conseil d'État a jugé qu'une société civile de construction-vente ne s'écarte pas de son objet et remplit les conditions pour bénéficier du régime prévu par l'article 239 ter du CGI lorsque, ayant acquis deux terrains attenants dont l'un est le terrain d'assiette de deux bâtiments existants, ainsi que ces bâtiments, elle a, après avoir démoli le plus petit de ces deux bâtiments, réalisé un ensemble immobilier composé, à hauteur de 80 % des surfaces, d'une **construction neuve édifiée sur la surface libérée par la démolition** et le terrain nu acquis et, pour le solde, du **bâtiment** principal **existant** qui a fait l'objet **de travaux d'intégration au nouvel ensemble et de restructurations** ayant abouti à une nouvelle distribution des logements ainsi qu'à l'accroissement de leur nombre et de leur superficie (CE 12-3-2007 n° 263850 : RJF 6/07 n° 665).

CESSION DE TERRAINS NON BÂTIS

La cession par une société civile de construction-vente de terrains initialement acquis en vue 65115
de construire n'entraîne pas dans tous les cas la perte du bénéfice du régime spécial de l'article 239 ter du CGI et l'assujettissement de la société à l'impôt sur les sociétés.

Pour déterminer si, lors de la revente en l'état du terrain qu'elle a précédemment acquis en vue de construire, une SCI de construction-vente perd le bénéfice du régime spécial, l'administration doit rechercher si cette opération s'écarte ou non de l'objet social et, dans l'affirmative, si elle relève d'une activité immobilière à caractère industriel ou commercial au sens de l'article 35 du CGI (en ce sens notamment : CE 3-6-1988 n° 57626 : RJF 8-9/88 n° 961 ; BOI-BIC-CHAMP-70-20-100-10 n° 70).

Au regard de la condition relative au **caractère habituel des opérations,** l'exercice d'une telle activité doit être apprécié selon l'administration en tenant compte notamment des **opérations immobilières auxquelles se livrent les associés** soit par des achats et des ventes faits en leur propre nom, soit par leur participation à des sociétés civiles dont chacune réalise une opération déterminée.

Mais le Conseil d'État considère que la condition d'habitude n'est pas remplie du seul fait que les associés de la société civile détiennent des participations dans d'autres sociétés civiles de construction-vente. Ainsi en a-t-il jugé dans un cas où les associés, bien que participant à d'autres sociétés civiles immobilières consacrant leur activité à la construction en vue de la vente, ne se sont pas livrés personnellement, à titre habituel, à des opérations d'achat et de revente en l'état d'immeubles, au sens des dispositions de l'article 35, I-1° du CGI, caractérisant ainsi l'activité de marchand de biens (CE 23-6-1993 n° 69587 : RJF 8-9/93 n° 1133).

Est en revanche passible de l'impôt sur les sociétés une SCI de construction-vente qui revend sans construire un terrain, même s'il s'agit d'une opération unique, dès lors que le capital de la SCI est détenu à 50 % par une société se livrant à une activité de marchand de biens (CE 29-1-1992 n° 81111 : RJF 3/92 n° 310).

La présomption d'activité industrielle et commerciale liée à l'activité des associés doit être 65120
écartée si la société de construction-vente procède à la vente d'un terrain dans des conditions telles qu'elle respecte son objet social.

Ainsi, la **vente forcée,** sans bénéfice, d'un terrain ou la cession d'une petite parcelle à un voisin en échange de l'abandon d'une servitude de passage n'ont pas pour conséquence de déchoir la société du régime de l'article 239 ter du CGI (CE 28-1-1983 n° 28193 : RJF 3/83 n° 383). N'est pas non plus déchue du régime une SCI constituée pour édifier trois immeubles d'habitation destinés à être revendus par appartements et qui n'a pu mener à bien la construction et la vente que d'un seul immeuble du fait de la mise en **règlement judiciaire** de l'entreprise chargée de l'exécution des travaux et a dû revendre la partie non encore bâtie du terrain qu'elle avait acquis ainsi que les aménagements et débuts de construction qu'elle y avait effectués (CE 2-3-1987 n° 53058 : RJF 5/87 n° 487).

De même, une société civile de construction-vente qui cède un **terrain devenu inconstructible** du fait d'un événement indépendant de sa volonté ne s'écarte pas de son objet social ; le fait que ses associés ont une activité de marchand de biens ne remet pas en cause ce régime (CE 3-6-1988 n° 57626 : RJF 8-9/88 n° 961 ; BOI-BIC-CHAMP-70-20-100-10 n° 70).

La **revente de terrains à des collectivités territoriales** pour un prix au plus égal au prix de revient ne remet pas en cause l'application du régime de faveur (BOI précité n° 90). L'administration admet de même que les sociétés de construction-vente contraintes par les communes, en contrepartie de la délivrance d'un permis de construire, à rétrocéder une partie des terrains qu'elles ont acquis aux **organismes d'habitation à loyers modérés** en vue de la construction de logements sociaux conservent le bénéfice du régime de l'article 239 ter du CGI à condition que la rétrocession s'effectue à un prix qui ne soit pas supérieur au prix de revient (BOI précité n° 100). Elle admet de même que la cession d'un terrain à bâtir par une SCI de construction-vente à une structure de portage dans le cadre du dispositif du « **pass-foncier** » ne remet pas en cause le régime de faveur sous réserve que la SCI n'effectue pas à titre habituel des opérations d'achat-revente de terrains à bâtir au sens de l'article 35, I-1° du CGI, cède le terrain en cause à la structure de portage à un prix qui ne soit pas supérieur à son prix de revient et procède elle-même à la construction de l'immeuble sur le terrain vendu à la structure de portage (BOI précité n° 310).

Il a été jugé qu'une SCI de construction-vente ne s'écarte pas de son objet social, et ne perd donc pas le bénéfice de l'article 239 ter du CGI, en cédant à une **société d'économie mixte** de construction de logements une partie encore non utilisée du terrain qu'elle avait acquis dès lors qu'était établie son intention de construire sur la parcelle vendue, que la cession amiable a été consentie sous la menace de l'engagement d'une procédure d'expropriation par le maire de la commune où le terrain était situé et que le prix de vente a été fixé par le service des domaines (CAA Paris 16-7-1992 n° 91-215 : RJF 1/93 n° 27 ; BOI précité n° 90).

À l'inverse, n'entre pas dans le champ d'application de l'article 239 ter du CGI une SCI qui revend le terrain sans y avoir édifié de construction : la circonstance qu'elle aurait renoncé à son projet à la suite d'un **refus de permis de construire** ne constitue pas un événement indépendant de sa volonté dès lors qu'elle a obtenu, ultérieurement, un permis de construire dont elle a fait bénéficier l'acquéreur du terrain (CAA Lyon 6-3-1991 n° 626 : RJF 6/91 n° 758).

> **Précisions** Les terrains à bâtir acquis par les SCI de construction-vente présentent le caractère de **stock** et non d'immobilisation.
> Lorsque leur revente est effectuée dans des conditions telles que la SCI respecte son objet social, la plus-value est imposée selon les dispositions combinées des articles 239 ter et 8 du CGI au nom des associés, dans la catégorie des **BIC** taxables au **taux de droit commun.** Ainsi jugé alors même que la parcelle de terrain cédée avait été utilisée comme carrière de sable et dépôt de chantier et que la revente était motivée par des difficultés de trésorerie (CAA Nancy 3-6-1993 n° 92-282 : RJF 8-9/93 n° 1112).

RÉALISATION D'OPÉRATIONS DE LOTISSEMENT

65125 Les sociétés civiles procédant à des opérations de lotissement ne sont soumises de plein droit à l'impôt sur les sociétés que si elles ont acquis les terrains en vue de réaliser de telles opérations (CGI art. 206, 2 et 35, I-3°) : l'intention du lotisseur lors de l'acquisition du terrain détermine le régime d'imposition des profits (voir n°s 28395 s.).

Toutefois, la **revente après lotissement** par une société civile de construction-vente **d'un terrain initialement acquis pour construire** présente, selon l'administration, un caractère commercial au sens des articles 35, I-1° et 1° bis du CGI ; la société perd donc, en principe, le bénéfice du régime spécial prévu par l'article 239 ter du même Code.

Il en va différemment lorsque la société s'est trouvée dans l'impossibilité de réaliser son projet par suite d'un **événement indépendant de sa volonté la contraignant à la revente** d'un terrain ou en cas de cession d'un terrain à une collectivité territoriale pour un prix n'excédant pas le prix de revient de ce terrain (BOI-BIC-CHAMP-20-30-20 n°s 120 s.).

Sur les modalités d'imposition des **profits de lotissement,** voir n°s 28460 s.

VENTE DE LOCAUX ÉQUIPÉS D'ÉLÉMENTS MOBILIERS

Selon l'administration, la fourniture d'équipements mobiliers devrait écarter les sociétés de construction qui y procèdent du régime spécial défini à l'article 239 ter du CGI, dont le bénéfice est exclusif de toute prestation étrangère à l'activité de construction immobilière. **65130**

Toutefois, compte tenu des techniques et pratiques de l'industrie du bâtiment, l'administration a décidé de maintenir, sous certaines conditions précisées ci-après, le bénéfice du régime spécial lorsque les prestations mobilières peuvent être considérées comme accessoires aux opérations de construction ou le complément nécessaire à ces opérations (BOI-BIC-CHAMP-70-20-100-10 n°s 110 s.).

L'administration distingue trois types d'équipements mobiliers :
– les **équipements mobiliers constituant le complément nécessaire** de locaux d'habitation ou à usage de bureaux, considérés sans restriction comme compris dans l'objet exclusif des sociétés et ne faisant donc jamais perdre à la société le régime de faveur ;
– les **équipements mobiliers** n'ayant **aucun lien** avec la construction et dont la fourniture entraîne dans tous les cas déchéance du régime de faveur ;
– les **équipements fonctionnels** qui, sans constituer le complément nécessaire des locaux d'habitation, ont un **lien avec la construction** et dont la fourniture doit répondre aux conditions exposées ci-après (n° 65155) pour ne pas entraîner la déchéance du régime spécial (conditions non exigées par le Conseil d'État, voir n° 65150).

À notre avis, les équipements mobiliers dont il s'agit ici n'englobent pas les **éléments incorporés à la construction** et qui ne peuvent en être détachés sans de graves détériorations. S'agissant d'« immeubles par destination », leur cession ne s'oppose pas à l'application du régime spécial de l'article 239 ter du CGI.

Équipements mobiliers constituant le complément nécessaire des locaux **65135**

a. Locaux à usage d'habitation Les fournitures et travaux correspondant aux éléments fonctionnels qui constituent le complément nécessaire des locaux sont regardés comme compris dans l'objet exclusif des sociétés de construction-vente à condition de ne présenter aucun caractère somptuaire et de se limiter à satisfaire aux exigences d'habitabilité. La fourniture de ces éléments n'entraîne donc en aucun cas la déchéance du régime spécial.

Tel est le cas, par **exemple,** des équipements de chauffage central et de climatisation, des équipements d'isolation thermique et phonique, des installations d'appareils d'éclairage des parties communes, des cours, jardins et voies privées des immeubles, des installations d'appareils élévateurs, de l'installation complète des appareils sanitaires y compris la robinetterie et les accessoires de pose, ainsi que les appareils de production d'eau chaude collectifs ou individuels, des éviers, blocs-éviers y compris la robinetterie et les accessoires de pose, des placards de rangement incorporés à titre définitif dans les volumes spécialement prévus à cette fin, des antennes collectives et des câblages de radio et de télévision, des installations complètes de vide-ordures, des boîtes à lettres scellées dans la maçonnerie, des revêtements directs de sols bruts, à l'exclusion des tapis. Il en est de même des frais de pose qui constituent l'accessoire de ces fournitures et travaux, ainsi que des revêtements muraux (BOI-BIC-CHAMP-70-20-100-10 n° 120).

b. Locaux à usage de bureaux Sans perdre le bénéfice du régime de faveur, les sociétés civiles de construction-vente peuvent aussi fournir les équipements constituant le complément nécessaire des locaux à usage de bureaux (par **exemple** : cloisonnement par éléments amovibles, distribution de réseaux informatiques et aménagements spéciaux pour l'utilisation de matériels informatiques, équipements d'alarme contre le vol et l'incendie, alimentation et câblages des réseaux télex et télécopie) ainsi que les installations et équipements nécessaires aux restaurants et cantines des établissements d'enseignement, de santé ou à vocation sociale, lorsque ceux-ci peuvent bénéficier du régime particulier prévu en matière de TVA (BOI précité n°s 220 s.). **65140**

De même, la fourniture des équipements mobiliers d'une **résidence du troisième âge** nécessaires à l'utilisation des parties communes (restaurant, cuisine, infirmerie, bureaux administratifs et salles de réception) n'est pas de nature à faire perdre le bénéfice du régime de faveur (CE 27-2-1989 n° 57066 : RJF 4/89 n° 423).

Équipements mobiliers accessoires aux opérations de construction **65145**

Il s'agit d'équipements fonctionnels qui, tout en ne constituant pas l'accessoire obligé des opérations de construction, ont un lien avec la construction, même si celui-ci est matérialisé par le simple raccordement d'un appareil à des canalisations existantes ou par un scellement réduit à quelques points fixes.

Il en est ainsi des **appareils électroménagers** (cuisinières, réchauds, plaques chauffantes, hottes électriques, séchoirs à linge, réfrigérateurs, machines à laver le linge ou la vaisselle, etc.), ainsi que des **éléments de rangement non incorporés** dans des volumes qui leur auraient été spécialement réservés.

65150 Dans un arrêt du 20 mai 1981, le Conseil d'État a jugé que la fourniture par la société à des acquéreurs de studios d'**éléments fixes** de réfrigération et de cuisson **équipant les cuisines** de ce type d'appartements n'a pas pour effet de priver la société du régime de faveur prévu par l'article 239 ter du CGI (CE 20-5-1981 n° 13460 : RJF 7-8/81 n° 656).

Selon l'administration, la jurisprudence résultant de cet arrêt ne concerne que les **équipements mobiliers attachés au fonds à perpétuelle demeure** au sens de l'article 525 du Code civil. La livraison de locaux comportant de tels éléments incorporés à titre définitif doit être regardée comme comprise dans l'objet exclusif des sociétés civiles de construction-vente régies par l'article 239 ter du CGI et n'entraîne donc pas déchéance du régime spécial (BOI-BIC-CHAMP-70-20-100-10 n° 140).

Elle considère, en revanche, que cette jurisprudence ne concerne pas les autres **éléments ou appareils simplement stabilisés ou raccordés** qui, une fois posés, conservent un caractère mobilier ; il en est ainsi des meubles autonomes de cuisine dont le scellement a pour seul but d'en assurer la stabilité et des appareils ménagers proprement dits qui, incorporés ou non, sont susceptibles d'être déplacés ou changés sans inconvénient (BOI précité n° 150).

65155 Selon l'administration, la fourniture par la société d'équipements conservant un caractère mobilier ne peut lui éviter d'être déchue du régime spécial que si deux conditions sont remplies (BOI-BIC-CHAMP-70-20-100-10 n°s 160 s.) (position qui nous semble contraire à la jurisprudence précitée).

1e condition : la fraction représentative du **coût de ces équipements** dans le prix global de la construction toutes taxes comprises doit rester inférieure à 4 %, sans que leur valeur puisse excéder 2 440 € par logement. Pour le calcul de cette double limite, l'administration admet de ne pas retenir les équipements installés pour l'aménagement fonctionnel de la **loge du gardien.**

2e condition : la **rétrocession des équipements** à l'acquéreur des locaux doit être opérée au **prix de revient** calculé sous déduction des ristournes et autres avantages consentis aux constructeurs. Mais cette condition n'interdit pas de faire application de l'indice de révision éventuellement prévu au contrat (indice BT 01 : voir n° 77785).

Pour permettre au service des impôts d'apprécier si les deux conditions sont remplies, les documents comptables des entreprises de construction doivent retracer distinctement les opérations relatives aux fournitures d'équipement concernées dont le montant doit, en principe, faire l'objet d'une **facturation séparée.**

Toutefois, cette dernière obligation est considérée comme remplie lorsqu'un engagement formel de livrer les équipements mobiliers au prix de revient, net de toute réfaction, a été pris par la société de construction envers son client dans l'un des documents annexés à l'acte de vente ou déposés au rang des minutes (notice descriptive, notice indiquant les éléments d'équipement propres au local vendu, etc.) et que la comptabilité de l'entreprise est de nature à justifier par la tenue de comptes distincts que cet engagement a été rempli.

65160 **Équipements mobiliers dont la cession est incompatible avec l'application du régime spécial** Il s'agit des équipements qui n'ont **aucun lien physique avec la construction,** qui ne sont **ni fixés ni même raccordés,** et qui sont considérés comme n'étant pas indispensables pour assurer la promotion ou la vente des immeubles. Leur livraison par les sociétés civiles de construction est incompatible avec le maintien du régime spécial (BOI-BIC-CHAMP-70-20-100-10 n° 210).

Ces fournitures comprennent **notamment** les moquettes sur parquet, tableaux, glaces autres que celles posées dans les salles d'eau, tapisseries, statues, rideaux, voilages et autres ornements, équipements audiovisuels, etc. (voir notamment CAA Paris 11-7-1989 n° 352 : RJF 10/89 n° 1086, confirmé par CE 27-9-1991 n° 110130 : RJF 11/91 n° 1454).

SOLUTIONS DIVERSES

65165 On trouvera ci-après un certain nombre de solutions visant des cas particuliers sur lesquels l'administration ou le juge de l'impôt ont été amenés à se prononcer.

Revente de parkings dont l'achat avait été imposé par une clause du cahier des charges Une société de construction-vente réalisant un programme immobilier qui a acheté et revendu des parkings ne s'est pas livrée à une activité autre que la construction en vue de la vente, dès lors que l'acquisition de ces parkings, exigée par le cahier des charges de l'opération établi par une société d'économie mixte de rénovation, était nécessaire à la réalisation de l'objet social de construction-vente (CE 29-1-1992 n° 73433 : RJF 3/92 n° 309). 65170

Vente de locaux avec clause de garantie minimale de loyers La garantie peut être offerte, soit par le promoteur lui-même, soit par un intermédiaire qu'il rémunère à cette fin. Elle est apportée par le transfert des baux ou des promesses de baux à l'acquéreur lorsqu'il a été traité avec des utilisateurs avant la vente. Elle est constituée, dans le cas contraire, par l'engagement d'assurer au propriétaire l'équivalent d'un loyer minimal si le local ne trouve pas de preneur. 65175

L'administration admet que la cession d'immeubles accompagnée d'une offre de garantie minimale de rentabilité, **quelle qu'en soit la durée,** ne fait pas obstacle à l'application du régime spécial (BOI-BIC-CHAMP-70-20-100-10 n°s 280 s.).

L'administration s'est ainsi alignée sur la jurisprudence du Conseil d'État selon laquelle la circonstance que la société civile s'engage à procurer des locataires à l'acquéreur des constructions et que le montant des loyers correspondants détermine le prix de vente des immeubles ne constitue qu'une des **modalités de la vente** et ne prive pas la société civile du régime de faveur prévu par l'article 239 ter du CGI (CE 17-4-1985 n° 42418 : RJF 6/85 n° 847). Il en est de même si une garantie décennale de rentabilité est offerte par une société civile de gestion, et qu'en raison du décalage d'un an entre la date de cession des appartements et celle de leur livraison, la société de construction-vente verse aux bailleurs l'équivalent d'un loyer annuel (CE 2-3-1988 n° 49546 : RJF 4/88 n° 408).

› **Précisions** Les **indemnités perçues en l'absence de loyer** doivent être considérées comme des recettes accessoires à l'activité de location. Par suite, elles sont à soumettre à la **TVA** lorsque les opérations de location par l'acquéreur sont taxables de plein droit ou sur option. La TVA correspondante doit être facturée au promoteur, qui a la possibilité de la déduire dans les conditions de droit commun (Inst. 3 A-12-91, non reprise dans Bofip). Il convient d'observer, toutefois, que dans une hypothèse où l'indemnité forfaitaire était calculée en fonction de la surface non louée dans un délai d'un an courant trois mois après la prise de possession effective, il a été jugé que cette indemnité n'était la contrepartie ni d'une livraison de bien ni d'un service mais qu'elle constituait seulement une modalité de réalisation de la vente de l'immeuble de nature à entraîner une réduction du prix d'acquisition stipulé ainsi que de la TVA y afférente (CE 5-1-1994 n° 73875 : RJF 3/94 n° 249 ; en même sens, CE 28-9-2016 n° 393229 : RJF 12/16 n° 1074).

Opérations portant sur un bail à construction ou sur un bail emphytéotique Une société de construction-vente peut, sans perdre le bénéfice du régime spécial, consentir sur un terrain lui appartenant un **bail à construction** moyennant la remise par le preneur, en fin de bail, des constructions édifiées par celui-ci. Il s'agit là, en effet, d'une opération de caractère purement civil sur le plan fiscal (Rép. Chauvet : AN 1-7-1971 n° 17690, non reprise dans Bofip). 65180

En revanche, l'acquisition d'un **bail emphytéotique** en vue de cessions par lots après construction n'entre pas dans l'objet des sociétés relevant de l'article 239 ter du CGI et constitue la source d'une activité commerciale au sens de l'article 35 du CGI. Par suite, la société civile qui procède à une opération de cette nature est soumise de plein droit à l'impôt sur les sociétés, étant observé que l'opération de construction effectivement réalisée constitue un élément du prix du bail, payable en nature (Rép. Dufeu : Sén. 27-2-1968 n° 7297, non reprise dans Bofip).

Mise à disposition des acquéreurs d'équipements sportifs ou de loisirs Une telle mise à disposition moyennant cotisation est une activité de nature commerciale dont l'exercice est, à lui seul, selon l'administration, de nature à faire perdre à la société civile son statut fiscal privilégié et à entraîner corrélativement la taxation à l'impôt sur les sociétés de l'ensemble de ses bénéfices (Rép. Piot : Sén. 10-12-1971 n° 10517, non reprise dans Bofip). 65185

Acquisition de terrain à bâtir moyennant remise de locaux à construire Cette opération complexe fait l'objet d'une étude d'ensemble (voir n°s 81600 s.). 65190

65195 **Construction en copropriété divise d'un immeuble** Une société civile de construction-vente (dont l'objet était conforme à l'article 239 ter du CGI) avait édifié, sous le régime de la copropriété divise et sur un terrain dont elle n'était que copropriétaire indivis, des constructions devant être attribuées à l'autre propriétaire pour la fraction correspondant à ses droits sur le terrain, soit les 2/10e environ.

La société civile avait assumé l'**entière responsabilité de la construction** (ayant conclu en son nom propre l'ensemble des contrats passés avec les établissements financiers, l'architecte, les entreprises de bâtiment, les bureaux techniques et la compagnie d'assurance), puis avait **livré à prix coûtant** au coconstructeur les parties du bâtiment lui revenant.

Jugé que la société civile avait pu valablement, sans outrepasser son objet, non seulement comprendre sa propre construction dans la réalisation d'un programme plus important réalisé avec d'autres constructeurs, mais aussi conclure avec ceux-ci, eu égard à sa part prépondérante dans l'ensemble de l'opération, tous arrangements relatifs à la conduite de la construction de l'immeuble. Il n'y avait donc pas lieu de lui reprocher d'avoir assumé sous sa seule responsabilité la réalisation de cette construction dès lors qu'elle s'était bornée à livrer au prix de revient au coconstructeur les parties lui revenant (CE 20-5-1981 n° 13460 : RJF 7-8/81 n° 656).

65200 **SCI procédant à l'échange d'un appartement avec un acquéreur et effectuant des travaux sur un immeuble ne lui appartenant pas** L'échange d'un appartement avec un acquéreur et la réalisation de **travaux, d'un faible montant,** de branchement électrique et de chauffage dans un « club-house » de tennis appartenant au vendeur du terrain n'ayant constitué au cas d'espèce que des **arrangements** permettant à la SCI de réaliser son programme de construction-vente, celle-ci n'est pas déchue du régime de l'article 239 ter du CGI (CE 3-7-1985 n° 48730 : RJF 10/85 n° 1279).

65205 **Avances de fonds aux associés** Le fait pour une société civile de construction-vente d'accorder des avances de fonds, **sans intérêt,** à ses associés ainsi qu'à une autre société ayant les mêmes porteurs de parts ne permet pas de considérer que la société ait eu une autre activité que la construction d'immeubles en vue de la vente (CE 2-3-1988 n° 49546 : RJF 4/88 n° 408).

65210 **Placement de fonds en instance d'emploi** Le placement des fonds en instance d'emploi n'est pas de nature à entraîner l'exclusion de la société du régime spécial. Les revenus correspondants perdent le caractère de revenus de créance et sont regardés comme des revenus accessoires : voir n° 65540.

65215 **SCI rachetant un immeuble à la suite de la défaillance de l'acquéreur** Une société de construction-vente qui obtient la saisie et la vente par adjudication des **lots impayés,** qui les rachète et les revend, ne s'écarte pas de son objet social dès lors qu'elle a été contrainte de récupérer les lots impayés (CAA Lyon 1-2-1995 n°s 92-43 et 93-406 : RJF 8-9/95 n° 955).

65220 **SCI mettant un immeuble à la disposition de l'un de ses associés** Selon le tribunal administratif de Rouen, le fait de mettre un immeuble construit par la société de construction-vente à la disposition de l'un de ses associés - en violation des dispositions de l'article L 211-1 du CCH - est sans incidence sur l'application du régime spécial, dès lors qu'aucune disposition de la loi fiscale ne prévoit expressément son exclusion dans une telle hypothèse (TA Rouen 17-10-2002 n°s 98-309 et 98-310 : RJF 5/03 n° 548).

II. SITUATION DE LA SOCIÉTÉ CIVILE DE CONSTRUCTION-VENTE

EXCLUSION DU CHAMP DE L'IMPÔT SUR LES SOCIÉTÉS

65350 Les sociétés civiles de construction-vente qui remplissent les conditions prévues à l'article 239 ter du CGI sont exclues du champ d'application de l'impôt sur les sociétés et, par voie de conséquence, se voient appliquer le même régime fiscal que les sociétés en nom collectif (**régime des sociétés de personnes**).

Elles ne peuvent **pas opter pour** leur assujettissement à **l'IS** (CGI art. 239, 1-c).

A. Principes d'imposition des profits de construction

Lorsqu'elles satisfont aux conditions posées par l'article 239 ter du CGI, les sociétés civiles constituées en vue de la construction et de la vente d'immeubles sont placées dans la même situation que les sociétés en nom collectif effectuant les mêmes opérations, c'est-à-dire les sociétés de personnes exerçant une activité industrielle et commerciale. **65380**

Leurs résultats sociaux doivent donc être déterminés selon les règles de droit commun des **bénéfices industriels et commerciaux** par application des dispositions combinées des articles 35 et 60 du CGI.

Conformément à l'article 35, I-1° du CGI, seuls les profits de construction revêtant un **caractère habituel et spéculatif** constituent des bénéfices industriels et commerciaux. Dans le cas des SCI de construction-vente, ce caractère résulte de l'objet même de ces sociétés et de leurs statuts.

À noter que les profits de construction qui ne présentent pas un caractère habituel relèvent du régime des plus-values immobilières des particuliers défini aux articles 150 U et suivants du CGI.

Le **bénéfice imposable** doit être déterminé, conformément aux dispositions de l'article 38 du CGI, par différence entre les valeurs de l'actif net à la clôture et à l'ouverture de la période dont les résultats doivent servir de base à l'impôt, diminuée des suppléments d'apport et augmentée des prélèvements effectués au cours de cette période par les associés. **65385**

L'**actif net** s'entend de l'excédent des valeurs d'actif - qui comprennent, notamment, les créances acquises sur les acquéreurs - sur le total formé au passif par les dettes à l'égard des tiers, les provisions et les amortissements justifiés.

Compte tenu de ces principes, les **résultats à déclarer au titre d'un exercice** doivent, d'une manière générale, englober l'ensemble des profits immobiliers acquis au cours dudit exercice. **65390**

En vertu de l'article 38, 2 bis du CGI, les produits correspondant aux **créances sur les acquéreurs** d'immeubles ou aux **versements d'acomptes sur le prix** de vente de ces derniers ne doivent être rattachés qu'à l'exercice au cours duquel intervient la livraison des immeubles ainsi vendus. Par livraison, il y a lieu d'entendre la délivrance au sens du Code civil, c'est-à-dire, s'agissant d'immeubles bâtis, la remise des clefs à l'acquéreur (C. civ. art. 1605). Ainsi, dès lors que leur livraison n'est pas intervenue à la clôture de l'exercice, les immeubles font encore partie du stock et doivent être évalués dans les conditions prévues par l'article 38 nonies de l'annexe III au CGI.

Ces règles générales des BIC sont directement applicables aux profits de construction et valent aussi bien pour les **ventes d'immeubles à construire** (vente en l'état futur d'achèvement, vente à terme) que pour les ventes d'immeubles achevés.

S'agissant du **régime d'imposition,** les sociétés civiles de construction-vente sont exclues du régime micro-BIC en application de l'article 50-0, 2-c du CGI. Elles relèvent donc du régime réel simplifié ou du régime réel normal d'imposition, compte tenu notamment du chiffre d'affaires qu'elles réalisent. **65395**

Enfin, s'agissant de l'**imposition des bénéfices** réalisés, les sociétés civiles de construction-vente relèvent des dispositions de l'article 8 du CGI : les bénéfices ne sont pas imposés directement au nom de la société mais au nom personnel des associés (voir n°s 65650 s.). **65400**

B. Modalités d'application

Nous examinons ci-après un certain nombre de **points particuliers** qui ont fait l'objet de précisions administratives ou jurisprudentielles et qui concernent, notamment, l'évaluation du stock immobilier, l'imposition des produits accessoires et les conséquences de la transformation de sociétés de construction-vente en sociétés transparentes. **65500**

DÉTERMINATION DES PROFITS

Le profit net est déterminé en déduisant du prix de vente des immeubles (terrain compris) le prix de revient de ceux-ci, augmenté de tous les frais et charges se rapportant à leur acquisition ou à leur cession. **65505**

ÉVALUATION DU STOCK IMMOBILIER

65510 Les immeubles construits en vue de la vente constituent des stocks. Les immeubles inachevés constituent des travaux en cours et doivent être évalués, pour leur inscription à l'actif du bilan, à leur prix de revient (BOI-BIC-CHAMP-20-40-40 n°s 130 s.). L'ensemble des charges exposées en vue de la réalisation de la construction font partie, en principe, du prix de revient de l'immeuble et doivent, par suite, être comprises dans le montant du stock immobilier.

Le **prix de revient** comprend le coût de production proprement dit (y compris le coût du terrain) et toutes les charges directes ou indirectes de production.

65515 Le coût de revient s'entend du coût de production, lequel comprend les coûts directement engagés pour la production ainsi que les frais indirects de production variables ou fixes et les coûts d'emprunt dans les conditions prévues à l'article 38 undecies de l'annexe III au CGI. Les **coûts administratifs** sont exclus du coût de production à l'exception du coût des structures dédiées (CGI ann. III art. 38 nonies).

Les **coûts d'emprunt** (charges financières et amortissements de primes d'émission ou de remboursement notamment) engagés jusqu'à la date d'acquisition ou de réception définitive pour l'acquisition ou la production d'un stock peuvent être soit déduits en charges, soit incorporés au coût de revient des stocks. L'option s'applique à tous les actifs qui exigent une longue période de préparation ou de construction (en principe supérieure à 12 mois) avant de pouvoir être utilisés ou cédés. Elle est irrévocable (CGI ann. III art. 38 undecies). En revanche, les frais financiers courus après l'achèvement des travaux doivent être portés en frais généraux quelle que soit la durée des prêts qu'ils rémunèrent (BOI-BIC-CHAMP-20-10-40 n° 170).

La même distinction paraît devoir être opérée en ce qui concerne les autres charges directes et indirectes de production : ainsi, n'ont pas à être inclus dans le prix de revient des immeubles les **frais commerciaux et administratifs exposés après l'achèvement** (CE 12-1-1977 n° 396 : RJF 3/77 n° 127 ; CE 10-12-1990 n° 61347 : RJF 1/91 n° 27) ainsi que les **frais de maintenance et d'entretien** des immeubles achevés : ceux-ci sont portés en frais généraux immédiatement déductibles.

Les **frais d'administration générale** d'une entreprise ne constituent pas, en principe, un élément du prix de revient de ses productions, sauf si les conditions spécifiques de son exploitation justifient leur inclusion dans ce prix de revient : tel n'est pas le cas de la **rémunération versée à l'associé-gérant** d'une SCI (CE 17-5-1989 n° 45220 : RJF 7/89 n° 804).

S'ajoutent également au prix de revient les **taxes et redevances diverses** acquittées par le constructeur, qui comprennent notamment la taxe pour création de bureaux en région Île-de-France et la taxe d'aménagement.

> **Précisions** **a.** En cas de **rattachement,** par l'administration, **d'un profit de construction à un exercice antérieur** à celui au cours duquel le profit a été déclaré, une SCI est fondée à demander la déduction du stock déclaré à la clôture de cet exercice de la valeur des immeubles cédés, et, par voie de conséquence, la réduction de même montant des profits de construction (CAA Nancy 7-11-1989 n° 165 : RJF 4/90 n° 424).
> **b.** Les **indemnités d'éviction** versées par une société en vue d'obtenir la libération des terrains d'assiette des constructions à édifier constituent des charges déductibles si leur versement correspond à une obligation pour l'acquéreur (CE 26-2-1990 n° 41140 : RJF 4/90 n° 392).
> **c.** La **taxe d'aménagement,** établie après que l'**immeuble** est **sorti des stocks,** est déductible des résultats de l'exercice au cours duquel elle est mise en recouvrement (CE 14-4-2023 n° 459464 : RJF 7/23 n° 528).

65520 **Dépréciation du stock** Comptablement, la dépréciation des stocks est normalement constatée par voie de provision pour dépréciation, lorsque le prix de revient des stocks inscrits à l'actif est considéré comme supérieur à leur valeur de marché en tenant compte du prix et des perspectives de vente (PCG art. 214-22).

Fiscalement, il en va en principe de même en application des dispositions de l'article 38 decies de l'annexe III au CGI qui impose aux entreprises de comptabiliser une **provision pour dépréciation** à concurrence de la différence entre le coût de revient des stocks et le cours du jour. Toutefois, les entreprises peuvent également appliquer une **décote directe** à la valeur de leurs stocks, en application des dispositions de l'article 38, 3 du CGI (BOI-BIC-PDSTK-20-20-10-20 n°s 50 s.).

> **Précisions** **a.** Sur le plan fiscal et contrairement à la règle comptable, les **dépenses non engagées** à la clôture d'un exercice **en vue de la commercialisation ultérieure** des stocks ne peuvent pas être retenues pour l'évaluation de ces produits, ni faire l'objet d'une provision pour perte (CGI art. 39, 1-5° ; BOI-BIC-PROV-30-10-20 n° 190).
> **b.** Un immeuble acquis pour la réalisation d'un projet de promotion immobilière, pour lequel ont

été déposées des demandes d'autorisation de démolition et de permis de construire, constitue une **production en cours** et non un élément de stock. Il peut éventuellement faire l'objet d'une provision pour perte, mais pas pour dépréciation du stock (CE 1-10-2018 n° 408594 : RJF 12/18 n° 1210).

PRODUITS TIRÉS DE LA LOCATION D'IMMEUBLES

Il arrive assez fréquemment que les sociétés de construction-vente, éprouvant des difficultés à vendre tous les immeubles qu'elles ont construits, donnent en location les locaux en cause dans l'attente de leur commercialisation. Par ailleurs, certaines d'entre elles peuvent adjoindre à leur activité principale de construction en vue de la vente un secteur parallèle de construction en vue de la location. 65525

Le régime fiscal applicable aux produits de ces locations peut être résumé comme suit :
– la **location d'immeubles « nus »** présente le caractère d'une activité purement civile qui ne fait pas perdre aux SCI de construction-vente le bénéfice du régime de l'article 239 ter du CGI ;
– les produits afférents à la **location des immeubles composant le stock immobilier** de l'entreprise en attente de commercialisation présentent le caractère de bénéfices industriels ou commerciaux taxables dans les conditions de droit commun (pour une étude d'ensemble du régime applicable aux locations de « queues de programme », voir n°s 66900 s.) ;
– lorsque la **location « nue »** porte sur des **immeubles non destinés à la vente** et constitue une activité civile distincte de la société de construction, l'imposition des produits en cause dépend de la situation de l'associé (ci-après n° 65530).

En revanche participe à une activité commerciale la rendant passible de l'IS une SCI de construction-vente qui perçoit 75 % des loyers encaissés et reversés par une SARL pour la **location en meublé** de logements invendus (CAA Bordeaux 28-6-1994 n° 93-176, confirmé par CE (na) 26-1-1996 n° 162189 : RJF 5/96 n° 555 ; BOI-BIC-CHAMP-70-20-100-10 n° 20).

Société de construction-vente ayant une activité distincte de location 65530

Dans l'hypothèse où une société qui relève de l'article 239 ter du CGI a pour objet la construction d'immeubles en vue de la vente conjointement avec l'exercice d'une ou plusieurs activités purement civiles du point de vue fiscal, les résultats afférents à chacune de ces activités conjointes doivent être déterminés selon les modalités qui leur sont propres. Les règles de détermination des BIC ne s'appliquent alors qu'aux résultats des seules opérations de construction et de vente d'immeubles (BOI-BIC-CHAMP-70-20-100-20 nos 40 s.).

Lorsque la société de construction-vente loue « nus » des locaux qu'elle a construits, les **loyers** correspondants doivent, en principe, être imposés dans les conditions de droit commun applicables aux revenus fonciers (Mémento Gestion immobilière nos 76500 s.), sauf dans les cas où l'article 238 bis K, I du CGI prévoit des règles de détermination différentes.

Ainsi, la fraction des loyers revenant à des associés qui sont des sociétés passibles de l'IS ou des entreprises industrielles, commerciales, artisanales ou agricoles placées de plein droit sous un régime de bénéfice réel (normal ou simplifié) est déterminée d'après les règles propres à ces dernières (BIC/IS ou BA réel).

Lorsque les parts sont détenues par une société exerçant une activité agricole créée avant le 1er janvier 1997 ou un groupement agricole (Gaec), et relevant de l'impôt sur le revenu selon le régime du micro-BA, ou sur option, selon le régime du bénéfice réel simplifié d'imposition, les modalités d'imposition des parts de résultat correspondantes suivent les règles applicables en matière d'IS. Il en va de même lorsque l'associé est lui-même une société de personnes ayant pour activité la gestion de son propre patrimoine mobilier ou immobilier (BOI précité n° 70).

Pour cette activité distincte de location, la société doit souscrire une **déclaration annuelle n° 2072** dans les mêmes conditions que les sociétés civiles de location (voir Mémento Gestion immobilière n° 77440).

Redevances de droits d'affichage de panneaux publicitaires Les redevances perçues par une société civile de construction-vente, au titre de la location du droit d'affichage sur un terrain qu'elle a acquis pour construire, constituent des revenus commerciaux. Ces redevances, liées à la gestion du stock immobilier de la SCI, sont imposables au nom de chaque associé pour la part correspondant à ses droits, soit à l'impôt sur le revenu dans la catégorie des BIC, soit à l'impôt sur les sociétés lorsque l'associé est une personne morale passible de cet impôt (BOI-BIC-CHAMP-70-20-100-10 n° 120). 65535

PRODUITS FINANCIERS

Les intérêts reçus en rémunération du **placement des fonds en instance d'emploi** doivent être regardés comme des revenus accessoires acquis par la société dans l'exercice de son 65540 activité de construction-vente immobilière, activité dont les profits sont rangés dans la catégorie des bénéfices industriels et commerciaux. Ils perdent, de ce fait, le caractère de revenus de créances au sens de l'article 124 du CGI.

Étant observé qu'un tel placement n'est pas de nature à entraîner l'exclusion de la société du régime spécial défini à l'article 239 ter du CGI, les revenus correspondants doivent être pris en compte pour la détermination du bénéfice d'exploitation de cette dernière (BOI-BIC-CHAMP-70-20-100-10 n° 110).

TRANSFORMATION D'UNE SOCIÉTÉ DE CONSTRUCTION-VENTE EN SOCIÉTÉ TRANSPARENTE

65545 Du point de vue fiscal, cette transformation équivaut à une **cession d'entreprise** ou une dissolution de société qui a pour effet de transférer les biens sociaux dans le patrimoine des associés. Il s'opère ainsi une cession à titre onéreux affectant les immeubles construits par la société et les profits qui en résultent constituent des profits de construction.

Transformation d'une **société transparente en société de construction-vente** : voir n° 70155.

III. SITUATION DES ASSOCIÉS DE LA SOCIÉTÉ CIVILE DE CONSTRUCTION-VENTE

PRINCIPES

65650 Les profits de construction réalisés par la société sont imposables au nom des associés, conformément à la règle générale édictée par l'article 8 du CGI. Chacun d'eux est donc personnellement passible de l'impôt pour la part des bénéfices sociaux correspondant à ses droits, même s'il n'a pas effectivement disposé de ces bénéfices, et y compris, par conséquent, ceux qui sont mis en réserve.

RÉPARTITION DES BÉNÉFICES IMPOSABLES ENTRE LES ASSOCIÉS

65655 Conformément à l'article 8 du CGI, les associés des sociétés civiles de construction-vente remplissant les conditions prévues par l'article 239 ter du CGI sont personnellement imposés pour la part de bénéfices sociaux correspondant aux droits qu'ils détiennent dans la société.

Les résultats des sociétés de personnes visées à l'article 8 du CGI doivent être répartis conformément aux droits des associés résultant soit du **pacte social,** soit d'un acte ou d'une **convention** antérieurs à la clôture de l'exercice social et conférant à l'un ou l'autre associé des droits différents de ceux que lui attribue le pacte social (CE 26-4-1976 n° 93212 : RJF 6/76 n° 272). L'accord des associés à une modification du pacte social doit se traduire par une décision ou un acte exprès avant la clôture de l'exercice social (CE 6-10-2010 n° 307969 : RJF 1/11 n° 58).

Les statuts (ou pacte social) prévoient généralement une répartition des résultats proportionnelle à la part de chaque associé dans le capital social, mais d'autres bases de répartition sont concevables dans les limites prévues par l'article 1844-1 du Code civil.

> **Précisions** **a.** En cas de **vente à l'un des associés** d'un appartement à un **prix anormalement bas** (voir n° 65700), les associés d'une SCI sont réputés consentir un avantage particulier en dérogation aux clauses du pacte social. Le bénéficiaire est imposable à l'impôt sur le revenu à concurrence de la totalité de cet avantage, sans qu'il y ait lieu de se référer au pourcentage de répartition des bénéfices sociaux (CE 28-7-1989 n° 73197 : RJF 11/89 n° 1264).
> **b.** Lorsque les associés ont déclaré chacun une part de profits correspondant à leurs droits dans la société, l'un d'eux ne peut faire échec à cette répartition en invoquant la circonstance qu'il aurait servi de **prête-nom** à un tiers pour une partie de la somme lui revenant en apparence (CE 9-7-1975 n° 92862 ; RJF 10/75 n° 485 ; BOI-BIC-CHAMP-70-20-10-20 n° 70).

CONSTITUTION DE PROVISIONS PAR UNE ENTREPRISE MEMBRE

65660 **Provisions pour risques et charges** Si l'entreprise membre d'une SCI de construction-vente doit inclure dans ses résultats, comme profit imposable ou comme perte déductible, la part lui revenant dans les bénéfices ou les pertes de la SCI, la SCI conserve une personnalité et un patrimoine distincts de ceux de ses associés ; l'entreprise membre n'est donc pas en droit de constituer elle-même une provision correspondant à une perte probable liée, non pas à son activité, mais à celle de la SCI de construction-vente, laquelle n'a constitué aucune provision à cet égard (CE 6-11-1985 n° 47537 : RJF 1/86 n° 22). Une entreprise membre d'une

SCI de construction-vente ne peut donc pas, en cas de carence de ladite société, se substituer à elle et constituer directement dans ses écritures une provision censée représenter la fraction (correspondant à ses droits) des **risques de perte liés à l'activité de la SCI.**

Par ailleurs, la jurisprudence estime que les entreprises membres de sociétés de personnes ne peuvent pas constituer de provision pour dépréciation des créances qu'elles détiennent sur ces sociétés lorsque le **risque de perte des créances** est indissociable des résultats déficitaires de ces dernières.

Les sommes versées par les associés d'une société de construction-vente au titre des **appels de fonds** exigibles en application de l'article L 211-3 du Code de la construction et de l'habitation confèrent aux associés un droit de créance sur la société dont la perte est indissociable des résultats de celle-ci ; en conséquence, les associés ne peuvent pas constituer à raison de ces sommes une provision pour « créance douteuse » (CE 3-6-1994 n° 123220 : RJF 8-9/94 n° 892). Jugé dans le même sens que, dès lors que les sommes versées par l'entreprise, en réponse aux appels de fonds de la société civile de construction-vente dont elle est associée, sont destinées au financement de l'activité de cette société en vue de l'accomplissement de son objet social, le risque pour cette entreprise de perdre sa créance est indissociable de la perte qui sera, dans cette hypothèse, constatée dans les écritures de la société lors de l'achèvement des opérations et dont, en tant qu'associée, elle pourra alors imputer la part correspondant à sa participation sur ses propres résultats. Cette entreprise ne peut donc pas, à raison de ces sommes, constituer une provision pour créance douteuse en vue de faire face par anticipation à la perte jugée probable de sa créance (CE 1-4-2005 n° 254319 : RJF 7/05 n° 669).

Mais la société associée qui détient une créance autonome sur une SCI de construction-vente peut constituer une provision pour faire face au **risque** – qui lui est propre – de **non-recouvrement de sa créance** : le sursis à exécution du permis de construire accordé à la SCI faisait peser un risque sur l'activité de cette dernière et affectait donc la créance de l'associé en rendant probable la perte au moins partielle des avances consenties (CAA Paris 18-4-1991 n° 974 : RJF 7/91 n° 905).

Jugé cependant qu'en raison du fait que les membres d'une SCI de construction-vente sont tenus des dettes de celle-ci à l'égard des créanciers, une **créance** sur une société de cette forme ne peut être considérée comme **douteuse** que si elle est reconnue comme telle à l'égard non seulement de la société elle-même mais aussi de ses membres (CE 27-11-1974 n° 91410 : RJF 2/75 n° 51 ; CE 29-1-1992 n° 75083 : RJF 3/92 n° 303).

Dépréciation des titres de participation Les entreprises industrielles ou commerciales associées d'une société civile de construction-vente peuvent constituer une provision en vue de faire face à une dépréciation de leur participation dans le cas où des circonstances postérieures à l'acquisition de cette participation et sans lien avec l'activité de la société rendent probable une **dévalorisation** de certains éléments **du patrimoine** de cette dernière. **65665**

En revanche, elles ne peuvent pas constituer une provision pour tenir compte des **résultats déficitaires** de l'activité de la société qui, même probables, ne seront qu'ultérieurement constatés dans les écritures de celle-ci et dont alors seulement elles pourront déduire la part qui leur revient de leurs propres résultats (CE 3-6-1994 n° 123220 : RJF 8-9/94 n° 892 ; CE 1-4-2005 n° 254319 : RJF 7/05 n° 669).

> **Précisions** Les entreprises qui détiennent des participations dans des sociétés civiles de construction-vente ne sont autorisées à **déduire** les provisions constituées pour faire face à la dépréciation de ces participations qu'à hauteur de l'**excédent des moins-values latentes sur l'ensemble des plus-values latentes** afférentes aux titres de participation détenus dans des sociétés à prépondérance immobilière (CGI art. 39, 1-5°).

ASSOCIÉS PASSIBLES DE L'IMPÔT SUR LE REVENU

La part des profits de construction réalisés par la société correspondant aux droits des associés passibles de l'IR est soumise à cet impôt entre leurs mains dans la catégorie des BIC. **65670**

Cette fraction de profit doit donc :

– être incorporée dans une **déclaration 2031** (voir n° 65905) si l'associé est tenu, à raison de ses activités personnelles, de produire des déclarations de ce type (les particuliers qui réalisent de manière intermittente des profits de construction sont dispensés de produire cette déclaration) ;

– être, en tout état de cause, incluse dans la **déclaration d'ensemble des revenus** (modèle 2042).

Imposition des revenus exceptionnels Les revenus qui, par nature, ne sont pas susceptibles d'être recueillis annuellement peuvent bénéficier d'un système d'imposition particulier : le **système du quotient** (CGI art. 163-0 A). **65675**

De façon générale, les revenus réalisés dans le cadre normal de l'activité professionnelle ne sont pas susceptibles d'être qualifiés d'exceptionnels. Ainsi en est-il des profits réalisés par l'intermédiaire d'une SCI de construction-vente par un promoteur (CE 4-3-1987 n° 59067 : RJF 5/87 n° 471).

De même, le Conseil d'État a jugé qu'un contribuable ne pouvait pas bénéficier du régime des revenus exceptionnels dès lors que, compte tenu des opérations immobilières qu'il a effectuées au cours des années immédiatement antérieures ou postérieures à l'année d'imposition sous le couvert d'une SNC et d'une autre SCI de construction, il doit être réputé s'être livré de manière habituelle à des opérations de cette nature (CE 9-5-1990 n° 72411 : RJF 7/90 n° 781).

Dans le même sens, jugé que les profits réalisés à l'occasion d'une opération de promotion immobilière conduite après trois autres dans une période de huit années ne trouvaient pas, comme le contribuable l'alléguait sans l'établir, leur origine dans une opération de placement, mais étaient le fruit normal d'une activité de caractère industriel et commercial de promotion immobilière et ne pouvaient donc pas être regardés comme des revenus exceptionnels (CE 12-4-1991 n° 72552).

En revanche, les profits de construction réalisés **en dehors d'une activité professionnelle** peuvent être considérés comme présentant le caractère de revenus exceptionnels (BOI-BIC-CHAMP-20-10-40 n° 380).

65680 **Adhésion à un organisme de gestion agréé** Les sociétés civiles de construction-vente peuvent adhérer à un organisme de gestion agréé (CE 17-11-1997 n° 140797 : RJF 1/98 n° 17 ; en ce sens, BOI-DJC-OA-20-30-10-10 n° 50). Les associés bénéficient des avantages fiscaux liés à cette adhésion (voir Mémento fiscal nos 87990 s.), même s'ils n'exercent pas au sein de la société une activité de nature professionnelle.

65685 **Réalisation d'un déficit** La quote-part du déficit réalisé le cas échéant par la SCI **s'impute,** en principe, sur le revenu global de l'associé ; en cas d'insuffisance de ce dernier, l'excédent peut être reporté successivement sur le revenu global des années suivantes, jusqu'à la sixième inclusivement (CGI art. 156, I).

Toutefois, les associés des sociétés de construction-vente étant imposables dans la catégorie des bénéfices industriels et commerciaux, les dispositions de l'article 156, I-1° bis du CGI relatives aux déficits d'activités commerciales à caractère **non professionnel** trouvent, le cas échéant, à s'appliquer. Il en résulte que les associés « passifs » au sens des dispositions précitées, c'est-à-dire dont l'activité au sein de la société ne comporte pas une participation personnelle, continue et directe, ne sont pas autorisés à imputer sur leur revenu global la quote-part du déficit social leur revenant : celle-ci s'impute exclusivement sur les bénéfices tirés d'activités de même nature exercées dans les mêmes conditions, durant la même année ou les six années suivantes.

ASSOCIÉS PASSIBLES DE L'IMPÔT SUR LES SOCIÉTÉS

65690 Les sociétés membres passibles de l'IS sont personnellement redevables de l'impôt sur les sociétés, dans les conditions de droit commun, sur la quote-part des profits de construction correspondant à leurs droits dans la société civile, en vertu des dispositions générales de l'article 218 bis du CGI.

65695 **Réalisation d'un déficit** La quote-part du déficit subi par la SCI constitue, pour le calcul de l'IS de la société membre, une charge de l'exercice en cours à la date de clôture de l'exercice déficitaire de la SCI, d'où une déduction immédiate si les deux sociétés clôturent à la même date (en ce sens, CE 5-4-1993 n° 84766 : RJF 5/93 n° 663). L'excédent éventuel est reporté dans les conditions de droit commun du report déficitaire.

SOLUTIONS DIVERSES

65700 **Vente d'appartements pour un prix inférieur à la valeur vénale** Lorsqu'un **associé** d'une société civile de construction-vente acquiert un des appartements construits par la société à un prix inférieur à sa valeur vénale, la différence entre cette valeur et le prix de cession constitue une **libéralité** dont le montant doit être rapporté aux résultats imposables de la société. La minoration du prix de vente consentie à l'associé doit être calculée par rapport au montant de la valeur vénale réelle du bien (c'est-à-dire par référence aux prix de vente d'appartements identiques cédés à des tiers), mais en tenant compte de ce que la cession n'a pas occasionné de frais de commercialisation et de ce que les associés ont financé les opérations de construction dès l'origine, contrairement aux tiers, ce qui a allégé le prix de revient supporté par la SCI (CE 16-4-1984 nos 44907 et 45219 : RJF 6/84 n° 742 ; CE 3-3-1989 n° 47251 : RJF 5/89 n° 597).

> **Précisions** **a.** La cour administrative d'appel de Lyon a jugé que la cession d'un immeuble par une société civile de construction-vente à un prix inférieur à sa valeur vénale constitue un acte anormal de gestion entraînant une réintégration de l'insuffisance dans les résultats de la société, même si l'avantage a été consenti à un **tiers non associé** (CAA Lyon 25-6-1997 n° 95-898 : RJF 10/97 n° 927). Cette solution est toutefois critiquable au vu de la jurisprudence du Conseil d'État selon laquelle la **preuve du caractère anormal** de la cession d'un immeuble faisant partie du **stock** d'une société immobilière (en l'espèce, marchand de biens) n'est pas établie par la seule circonstance d'un prix significativement inférieur à sa valeur vénale, sans démontrer que l'entreprise s'est délibérément appauvrie contre son intérêt ; dans l'espèce jugée, la société soutenait, sans être contredite, que le prix de vente lui avait permis de réaliser à bref délai une marge commerciale de 20 % (CE 4-6-2019 n° 418357 : RJF 8-9/19 n° 753). Le Conseil d'État refuse ainsi d'étendre aux cessions d'éléments de stock sa jurisprudence relative aux cessions d'éléments d'**actif immobilisé** qui, lorsqu'elles sont réalisées à un prix significativement minoré, sont présumées être constitutives d'un acte anormal de gestion, sauf pour l'entreprise à démontrer qu'elle en a tiré une contrepartie ou qu'elle était contrainte de céder à un tel prix (CE plén. 21-12-2018 n° 402006 : RJF 3/19 n° 246).
> **b.** En ce qui concerne l'**imposition du bénéficiaire de l'avantage,** voir n° 65655, Précision a.

Intérêts versés aux associés au titre des appels de fonds Selon l'administration, la question de savoir si les intérêts servis aux associés au titre des appels de fonds (n°s 64350 s.) peuvent être **déduits des résultats** de la société dépend tant des stipulations du pacte social que de la méthode suivie en pratique par la société pour recueillir les versements et les comptabiliser. 65705

À cet égard, il convient de procéder, selon elle, à la distinction suivante (Inst. 8-3-1983 8 E-2-83, non reprise dans Bofip).

a. Les appels de fonds donnent lieu à une augmentation de capital ou sont inscrits, sous forme d'apports non capitalisés, à un compte ouvert à cet effet au passif du bilan (**compte de capitaux permanents**) : la stipulation d'intérêts n'est, en principe, pas licite au regard des règles de droit privé et les versements effectués à ce titre doivent, en tout état de cause, être réintégrés dans les bénéfices de la SCI car ils constituent, suivant une jurisprudence constante, un emploi et non une charge du bénéfice.

b. Les fonds sont versés en **compte courant** : la stipulation d'intérêts doit être considérée comme licite et les versements effectués à ce titre sont admis en déduction dans les conditions et limites fixées par l'article 39, 1-3° du CGI (CE 23-10-1991 n° 75084 : RJF 12/91 n° 1495).

Au niveau des **associés,** les intérêts perçus sont **imposables** selon les modalités suivantes :
– pour les **personnes physiques** agissant dans le cadre de leur patrimoine privé, les intérêts sont imposables à l'impôt sur le revenu en tant que revenus de créances, dépôts et cautionnement s'ils sont admis en déduction du résultat fiscal de l'entreprise. Dans le cas contraire, ils sont imposables dans la catégorie des BIC, d'après les règles propres à l'activité de la société ;
– pour les **entreprises industrielles et commerciales** ou les **sociétés soumises à l'impôt sur les sociétés,** les intérêts sont imposables à l'impôt sur le revenu ou à l'impôt sur les sociétés dans les conditions de droit commun (voir Mémento Sociétés civiles n° 20049).

Rémunération de l'associé-gérant Conformément à la règle générale applicable aux associés des sociétés en nom collectif, les sommes versées à l'associé d'une société civile de construction-vente en rémunération des fonctions d'administration exercées au sein de la société ne sont pas déductibles pour la détermination du résultat fiscal. Autrement dit, elles s'ajoutent à la part de bénéfices revenant à l'associé-gérant, le tout étant imposé à son nom selon le **régime de droit commun des BIC** (ou de l'IS). 65710

EXEMPLE

Soit une société de construction-vente composée de 4 associés (A, B, C et D) possédant chacun 1/4 des droits. À la clôture d'un exercice, les bénéfices s'élèvent à 100 000 € et l'associé-gérant (A) a reçu une rémunération de 20 000 €.

Après réintégration de cette rémunération, le bénéfice fiscal de 120 000 € doit être réparti comme suit :
A : 20 000 + (120 000 – 20 000 / 4) = 45 000 €
B : (120 000 – 20 000) 1 / 4 = 25 000 €
C et D : même somme, soit 25 000 € chacun.

 © Éd. Francis Lefebvre

IV. PROFITS DE CONSTRUCTION RÉALISÉS PAR DES SCI ÉTRANGÈRES OU DES ASSOCIÉS ÉTRANGERS DE SCI FRANÇAISES

PRINCIPES

65800 L'article 244 bis du CGI soumet à un **prélèvement** de 25 % correspondant au **taux normal** de l'IS les profits immobiliers habituels lorsqu'ils sont réalisés par des contribuables ou par des sociétés, quelle qu'en soit la forme, n'ayant pas de domicile ou d'établissement en France.

Les profits réalisés par des personnes ou organismes domiciliés, établis ou constitués dans un **État ou un territoire non coopératif** (ETNC) au sens de l'article 238-0 A du CGI, autre que ceux mentionnés au 2° du 2 bis de ce même article, sont toutefois soumis à un taux de 75 %, sauf à démontrer que les opérations auxquelles ils correspondent ont principalement un objet et un effet autres que de permettre la localisation de ces profits dans un ETNC.

> **Précisions** Les personnes domiciliées dans un État de l'Union européenne, en Islande, en Norvège ou au Liechtenstein et qui tirent l'essentiel de leurs revenus de la France peuvent, sous certaines conditions, demander à être imposées selon les règles applicables aux personnes fiscalement domiciliées en France (**non-résidents dits « Schumacker »**). Lorsque c'est le cas, le prélèvement de l'article 244 bis du CGI n'est pas applicable.

CHAMP D'APPLICATION DU PRÉLÈVEMENT

65805 Sous réserve de l'application des conventions internationales, le prélèvement s'applique aux profits de construction réalisés à titre habituel par des **sociétés civiles** n'ayant **pas d'établissement en France,** quel que soit le lieu du domicile de leurs membres ; sont ainsi concernées les sociétés civiles qui n'ont pas leur siège en France et qui n'y exercent pas une activité industrielle ou commerciale dans un établissement stable.

> **Précisions** Le prélèvement n'est pas applicable aux **associés non résidents de sociétés civiles françaises,** à raison de la quote-part de résultat correspondant à leurs droits. Ces associés sont imposables sur cette quote-part, dans les conditions de droit commun, à l'impôt sur le revenu ou à l'impôt sur les sociétés (BOI-BIC-CHAMP-20-10-40 n° 270).
> En revanche, le prélèvement est applicable à ces associés non résidents lorsqu'ils cèdent leurs parts de la SCI française.

CALCUL ET RECOUVREMENT DU PRÉLÈVEMENT

65810 Les **profits imposables** en vertu des dispositions de l'article 244 bis du CGI s'entendent de ceux qui proviennent des opérations définies n°s 65100 s. pour l'application du régime de droit commun des bénéfices industriels et commerciaux. Ils sont déterminés dans les mêmes conditions que ces derniers. Toutefois, compte tenu des modalités particulières d'application du prélèvement, ces profits sont **déterminés vente par vente,** chacune d'entre elles entraînant liquidation du prélèvement.

65815 Le prélèvement est établi et recouvré selon les mêmes règles, sous les mêmes garanties et sous les mêmes sanctions que les droits d'enregistrement.

Il est à la charge exclusive du cédant, qui doit l'acquitter dans les **délais** prévus pour l'accomplissement de la formalité unique ou de la formalité de l'enregistrement au vu d'une **déclaration** spéciale n° 3005 souscrite en double exemplaire auprès du service des impôts du lieu de situation de l'immeuble cédé ou du domicile du rédacteur de l'acte.

Le **défaut de** souscription de cette **déclaration et du paiement** du prélèvement correspondant conduit au refus d'exécution de ces formalités.

IMPUTATION DU PRÉLÈVEMENT

65820 Le prélèvement est libératoire de l'**impôt sur le revenu** dû à raison des sommes qui ont supporté ce prélèvement.

En revanche, il s'impute sur le montant de l'**impôt sur les sociétés** dû au titre de l'année de réalisation des profits. L'excédent du prélèvement sur l'impôt sur les sociétés peut être restitué aux personnes morales ou organismes résidents d'un État de l'Union européenne ou d'un État ou territoire ayant conclu avec la France une convention fiscale qui contient une clause d'assistance administrative en matière d'échange de renseignements et de lutte contre la fraude et l'évasion fiscales et n'étant pas non coopératif. Les sociétés résidentes d'un État ou d'un territoire autres n'ont pas droit à cette restitution.

V. OBLIGATIONS FISCALES DES SOCIÉTÉS CIVILES DE CONSTRUCTION-VENTE

RÈGLES GÉNÉRALES

De façon générale, les sociétés civiles de construction-vente sont tenues de se faire prendre en charge par le service des impôts en souscrivant une **déclaration d'existence** et de souscrire normalement les relevés CA3 pour la **déclaration et le paiement de la TVA** (en cas d'option pour le régime de l'assujetti unique en matière de TVA, voir nº 44230). 65900

En tant que sociétés exerçant une activité commerciale, il leur incombe par ailleurs de souscrire tous les ans une **déclaration de résultats.**

> **› Précisions** Les sociétés civiles de construction-vente doivent, lorsqu'elles y sont assujetties, souscrire les déclarations des **taxes et participations assises sur les salaires,** la déclaration des **taxes sur l'affectation des véhicules à des fins économiques** et la déclaration relative à la **contribution économique territoriale.**

DÉCLARATION ANNUELLE DES RÉSULTATS

Les sociétés civiles de construction-vente sont tenues de souscrire une déclaration annuelle de leurs résultats en se conformant aux règles prévues par les articles 53 A et suivants du CGI pour l'imposition d'après un **régime de bénéfice réel.** 65905

Cette déclaration annuelle doit être faite par voie électronique sur le **formulaire 2031** (déclaration de résultats proprement dite nº 2031 et annexes 2031 bis et 2031 ter). Cette déclaration est accompagnée : des tableaux comptables et fiscaux annexes, si la SCI relève du régime du bénéfice réel normal ; des tableaux nºs 2033 A à 2033 G, si elle relève du réel simplifié.

Quelle que soit la date de clôture de l'exercice, la déclaration de résultats doit être **souscrite** en principe au plus tard le deuxième jour ouvré suivant le 1er mai de l'année suivante (CGI art. 175 et CGI ann. III art. 344 I-0 bis). Un délai supplémentaire de 15 jours calendaires est toutefois accordé par l'administration (BOI-BIC-DECLA-30-10 nº 20).

> ATTENTION
>
> Lorsque la société civile exploite de façon distincte un **secteur locatif** à raison duquel elle réalise des **revenus fonciers,** elle est tenue de produire annuellement la déclaration spéciale 2072 au service des impôts du lieu de la direction effective de la société.

Sanction du défaut de déclaration Lorsqu'une **société** civile de construction-vente n'a pas produit une déclaration de résultats pour chaque exercice, l'administration est en droit - en vertu de l'article L 73, 1° du LPF - d'évaluer d'office le montant de ses bénéfices ; elle peut, en outre, taxer d'office à l'impôt sur le revenu l'**associé** qui n'a pas souscrit la déclaration d'ensemble de ses revenus dans les trente jours de la notification d'une première mise en demeure (LPF art. L 67). 65915

Pour contester l'évaluation d'office des bénéfices, la société ne peut pas, à défaut de comptabilité probante, se prévaloir des éléments d'une **comptabilité reconstituée** (CE 16-4-1980 nº 8427 : RJF 6/80 nº 478 ; CE 23-7-1976 nº 95197 : RJF 11/76 nº 488 ; CE 12-7-1978 nº 3631 : BF 10/78 nº 689).

SECTION 5

DISPOSITIONS DIVERSES RELATIVES AUX SOCIÉTÉS CIVILES DE CONSTRUCTION-VENTE

A. Dissolution, liquidation et partage de la société

RÉGIME JURIDIQUE

66720 Les sociétés civiles de construction-vente se trouvent **dissoutes** dans les mêmes conditions que toutes les autres sociétés civiles (arrivée du terme, extinction de l'objet, annulation de la société, etc.).

En pratique, elles seront le plus souvent dissoutes à la suite de l'**extinction de leur objet,** c'est-à-dire après la vente des immeubles qu'elles ont construits.

La société dissoute est alors **liquidée et l'actif** (ou le passif social) restant est ensuite **partagé** selon les règles du droit commun. Toutefois, il est interdit de partager en nature entre les associés les **immeubles invendus** (n° 63985).

RÉGIME FISCAL

66725 Il n'existe pas de dispositions fiscales spécifiques concernant les dissolutions et partages de sociétés civiles de construction-vente. Ces opérations relèvent donc des règles de droit commun.

En matière de **droits d'enregistrement** : lorsqu'elle ne porte aucune transmission de biens meubles ou immeubles entre les associés ou autres personnes, la dissolution est enregistrée gratuitement (CGI art. 811, 2°). La clôture de la liquidation rend les associés copropriétaires indivis des éléments de l'actif social.

Le partage va mettre fin à l'état d'indivision. Le régime fiscal applicable est celui qui est prévu pour le partage des sociétés non passibles de l'IS avec application notamment de la théorie de la mutation conditionnelle des apports (voir Mémento Sociétés civiles nos 25545 s.).

En matière d'**impôts directs,** la dissolution d'une société de construction-vente s'analyse en une cessation d'entreprise et emporte donc, en principe, l'imposition immédiate des bénéfices et plus-values non encore taxés (voir Mémento Sociétés civiles nos 25700 s., le régime des sociétés civiles non soumises à l'impôt sur les sociétés).

B. Livraison à soi-même de la construction

CAS D'IMPOSITION DE LA LIVRAISON À SOI-MÊME

66800 Sont obligatoirement soumises à la TVA les livraisons à soi-même (LASM) d'**immeubles neufs** par des assujettis dans les hypothèses suivantes :

– lorsque l'immeuble est affecté aux besoins de l'entreprise et que l'assujetti n'est pas un déducteur intégral de TVA (CGI art. 257, II-1-2°). Si cet immeuble constituait initialement un stock et que l'affectation dure plus d'un an au-delà du 31 décembre de la deuxième année suivant celle de son achèvement, il est assimilé à une immobilisation, entraînant le cas échéant l'obligation d'effectuer des régularisations en cas de cession ultérieure (CGI ann. II art. 207, IV-3) ;

– lorsque l'immeuble constitue un stock, qu'il n'est pas vendu dans les deux ans de son achèvement et qu'il se trouve affecté en partie pendant ce délai à une activité située hors du champ d'application de la TVA (CGI art. 257, II-1-1°) ;

– lorsque l'immeuble est affecté à un secteur d'activité exonéré de TVA et que sa construction a ouvert un droit à déduction totale ou partielle (cas des logements locatifs sociaux par exemple) (CGI art. 257, II-1-3°).

L'**assiette** de la TVA est constituée par le prix de revient total hors taxe des immeubles, y compris le coût des terrains ou leur valeur d'apport (CGI art. 266, 2-a).

Sous réserve des exceptions prévues en matière de logement social, le **taux** applicable à la livraison à soi-même est le taux normal de 20 % (10 % en Corse).

Par exception, le taux est de (CGI art. 278-0 B, III) :
– 5,5 % pour les LASM portant sur des travaux de rénovation énergétique de locaux d'habitation répondant aux conditions de l'article 278-0 bis A du CGI ;
– 10 % pour les LASM de travaux portant sur des locaux d'habitation achevés depuis plus de 2 ans répondant aux conditions de l'article 279-0 bis du CGI.

Le fait générateur et la date d'**exigibilité** se produisent au moment où le dépôt en mairie de la déclaration d'achèvement et de conformité des travaux est exigé (CGI art. 269, 1-b). À défaut de dépôt par le constructeur, le fait générateur de la livraison à soi-même est réputé intervenu dès lors que sont réunies les circonstances de fait qui rendent exigible cette déclaration.

Dans le mois qui suit l'achèvement (et donc, en principe, le dépôt de la DACT), le redevable de la livraison à soi-même doit informer l'administration, par un imprimé spécial n° 940, de la date à laquelle est intervenu l'achèvement de l'immeuble (CGI ann. II art. 244).

En cas d'option pour le **régime de l'assujetti unique,** voir n° 44230.

› Précisions Le **prix de revient** comprend tous les éléments constitutifs du coût de l'immeuble et notamment :
– le coût du terrain, c'est-à-dire les sommes versées à un titre quelconque par le redevable pour entrer en possession dudit terrain (prix, honoraires des notaires, droits d'enregistrement, taxe de publicité foncière, etc.), étant précisé que la valeur vénale de celui-ci ne doit pas être prise en considération ;
– le coût des études, plans, etc. ;
– le prix d'achat des matériaux ;
– les mémoires des divers entrepreneurs ayant exécuté les travaux de construction, les honoraires des architectes, géomètres, métreurs, etc. ;
– les frais financiers engagés pour la construction.

RÉGIME DES DÉDUCTIONS

Du montant de la taxe afférente à la livraison à soi-même, le redevable peut déduire, dans les conditions de droit commun, la **TVA ayant grevé la construction** de l'immeuble (acquisition et aménagement du terrain, travaux de construction, services utilisés pour la construction). 66805

La **TVA liquidée sur la livraison à soi-même** peut être déduite lorsque l'immeuble est affecté à la réalisation d'opérations ouvrant droit à déduction. L'administration précise qu'un immeuble conservé en stock parce qu'il a vocation à être cédé à plus ou moins court terme doit être considéré comme utilisé en vue de cette livraison. Cette qualification ouvre un droit à déduction immédiat de la taxe ayant grevé les dépenses engagées initialement. Cette situation n'a pas à être remise en cause tant que l'immeuble n'est affecté à aucune utilisation (pour une opération relevant d'une activité économique) (BOI-TVA-IMM-10-30 n° 310).

› Précisions Pour les **immeubles dont l'achèvement a eu lieu avant le 22 décembre 2014,** date d'entrée en vigueur de la réforme supprimant un certain nombre de cas d'imposition de la livraison à soi-même (Loi 2014-1545 du 20-12-2014 art. 32), dès lors qu'une société civile de construction-vente a conservé l'immeuble construit en stock en vue d'une cession sans l'utiliser pour une autre activité, la TVA ayant grevé la LASM est intégralement déductible. Si l'immeuble (ou fraction d'immeuble) est utilisé pour une activité économique en attendant sa vente, la TVA déduite est susceptible de faire l'objet de régularisation ou de reversement.

Pour les **immeubles achevés depuis le 22 décembre 2014,** la déduction de la TVA acquittée sur la LASM obéit aux mêmes règles. Cependant, en pratique, la question de la déduction de cette TVA ne devrait se poser que rarement car l'achèvement de l'immeuble ne donne lieu à une LASM que dans les cas cités n° 66800.

DÉCLARATION ET PAIEMENT DE LA TVA

Lorsqu'une livraison à soi-même est exigée, le fait générateur et l'exigibilité de la TVA interviennent à l'achèvement de l'immeuble (CGI art. 269, 1-b et 2-b), mais le constructeur dispose d'un **délai** qui court jusqu'au 31 décembre de la deuxième année qui suit celle au cours de laquelle est intervenu l'achèvement pour déclarer et liquider la TVA due sur la livraison à soi-même (CGI art. 270, II). Ce délai peut être **prorogé** une ou plusieurs fois lorsque la base d'imposition ne peut pas être définitivement arrêtée à cette date. Si l'immeuble est cédé pendant ce délai prorogé, la TVA sur la livraison à soi-même doit être liquidée avant cette mutation (CGI ann. II art. 245). 66810

Toutefois, pour les LASM portant sur des **logements locatifs sociaux** (logements visés au A et au C du II de l'article 278 sexies du CGI), le délai de liquidation de la taxe court jusqu'au dernier jour du sixième mois qui suit celui au cours duquel est intervenu l'achèvement de l'immeuble. Aucune prorogation ne peut être accordée par l'administration dans ce cas (CGI art. 270, II).

La livraison à soi-même doit être déclarée distinctement sur l'imprimé CA3 utilisé pour l'ensemble des opérations imposables. Il doit y être fait référence à la déclaration spéciale d'achèvement visée n° 66800.

En cas d'option pour le **régime de l'assujetti unique,** voir n° 44230.

SANCTION EN CAS DE DÉFAUT DE LIVRAISON À SOI-MÊME

66815 À défaut de procéder à la livraison à soi-même, la société encourt une **pénalité** de 5 %. Celle-ci ne s'applique qu'à hauteur du rapport entre les dépenses non grevées de TVA comprises dans le prix de revient de l'immeuble et ce prix de revient (CGI art. 1788 A, 4). Cette amende n'est pas due en cas de régularisation spontanée (BOI-CF-INF-20-20 n° 100).

C. Locations de « queues de programme »

IMPÔTS DIRECTS

66900 **Maintien du régime de l'article 239 ter du CGI** Le régime d'imposition prévu par l'article 239 ter du CGI s'applique aux sociétés civiles qui se livrent à la **location accessoire et préalable à leur cession** des immeubles construits, cette activité constituant l'une des modalités par lesquelles la société mène à bien la vente de ces immeubles. Il a ainsi été jugé que l'activité temporaire de location de locaux invendus à laquelle s'est livrée une société de construction-vente doit être regardée comme une modalité de réalisation de l'objet social, dès lors que les recettes tirées par la SCI de cette activité n'ont représenté au cours de la période considérée que moins de 5 % du total des ventes effectuées (CE 6-11-1998 n° 171927 : RJF 12/98 n° 1425). Le Conseil d'État a, plus récemment, confirmé qu'une société de construction-vente qui donne à bail des appartements n'ayant pas trouvé preneur n'est pas exclue du régime de faveur de l'article 239 ter du CGI si cette activité peut être qualifiée de nécessaire et accessoire (CE 4-5-2016 n° 383135 : RJF 7/16 n° 638).

En tout état de cause, la société de construction-vente peut bénéficier du régime d'imposition prévu par l'article 239 ter du CGI si l'activité de **location** qu'elle exerce a un **caractère civil.** L'administration précise que le régime de l'article 239 ter du CGI s'applique aux sociétés qui ont pour objet la construction d'immeubles en vue de la vente, sans qu'il y ait « lieu de distinguer selon que cet objet est réalisé à titre exclusif ou conjointement avec l'exercice d'une activité purement civile du point de vue fiscal (location d'immeubles, etc.) » (BOI-BIC-CHAMP-70-20-100-10 n° 20). Ce principe a également été rappelé par le Conseil d'État, qui a censuré une cour administrative d'appel qui avait déchu une société de construction-vente du bénéfice du régime de l'article 239 ter du CGI au motif que celle-ci louait des lots invendus (pour un montant représentant la totalité de son chiffre d'affaires sur les années en cause), sans avoir recherché si les locations avaient un caractère civil ou commercial (CE 28-11-2012 n° 332110 : RJF 2/13 n° 136).

66905 **Modalités d'imposition** Sur le fondement de l'article 155, I-1 du CGI, les bénéfices résultant des opérations accessoires de location des **immeubles compris dans le stock immobilier** de la société (locations en attendant la vente) sont taxés, comme les résultats de l'activité principale, à l'impôt sur le revenu dans la catégorie des bénéfices industriels et commerciaux, ou, le cas échéant, à l'impôt sur les sociétés, au nom des associés, chacun pour la part correspondant à ses droits sociaux (BOI-BIC-CHAMP-70-20-100-20 n° 100). Quant à la **dépréciation** que peut subir le stock immobilier, elle ne peut être prise en compte que sous la forme d'une provision calculée et ajustée sur la base du cours du jour à la clôture de chaque exercice.

Lorsque les **immeubles** ont été **transférés dans un secteur locatif,** ils sont imposés dans la catégorie des revenus fonciers si les associés entrent dans la catégorie visée à l'article 238 bis K, II du CGI (BOI-BIC-CHAMP-70-20-100-20 n° 90).

Le **transfert** du poste « Stock immobilier » **à un poste** d'**immobilisation** peut entraîner des retraitements. La **provision** pour dépréciation du stock antérieurement constatée (n° 66900) sera réintégrée dans les résultats de la société. La reconstitution d'une provision sur des immeubles qui ne font plus partie du stock est possible dans les conditions générales applicables en matière de provision pour dépréciation des immobilisations.

Lorsque la société de construction-vente renonce totalement à la vente de ses constructions pour se consacrer **exclusivement** à une activité de **location des « invendus »,** le changement d'affectation de ses immeubles entraîne alors changement d'activité. La cessation d'activité qui en résulte entraîne l'imposition immédiate du résultat de la société déterminé en tenant compte, notamment, des éventuelles moins-values de l'actif social constatées par des écritures comptables. Ainsi, est déductible du résultat imposable à l'impôt sur le revenu au nom de ses associés la perte enregistrée à l'occasion du transfert des appartements que la société possède d'un compte de stock à un compte d'immobilisation (CAA Bordeaux 5-7-2007 n° 06-376 : RJF 1/08 n° 18).

TVA

Loyers Conformément à la jurisprudence du Conseil d'État (CE 9-11-1977 n° 99721 : RJF 12/77 n° 647) à laquelle l'administration s'est ralliée (BOI-TVA-CHAMP-30-10-50 n° 30), les promoteurs (et donc les sociétés de construction-vente) qui donnent en **location « nue »** des immeubles en instance de vente (stock immobilier) ne sont pas soumis de plein droit à la TVA (en raison de leur seule qualité) sur les loyers perçus. Les opérations de location de locaux nus entrent dans le champ d'application de l'article 256 du CGI, mais sont exonérées en vertu des dispositions de l'article 261 D du même Code. Les locations de **garages** liées à celles d'un appartement dont la location n'est pas soumise à la TVA échappent elles-mêmes à l'imposition. **66910**

Lorsque la location porte sur des **locaux à usage industriel, commercial ou professionnel,** la société a la faculté d'opter pour le paiement de la TVA, en application de l'article 260, 2° du CGI (voir Mémento Gestion immobilière n°s 79080 s.).

Régime des déductions L'**utilisation de l'immeuble constituant un stock dans l'attente de sa revente** peut entraîner une régularisation de la déduction de la TVA y afférente. **66915**

Tout d'abord, même si ce n'est pas a priori l'hypothèse des locations de queues de programme examinée ici, il faut rappeler que si l'immeuble est utilisé à une activité ou une opération située hors du champ d'application de la TVA, la TVA déjà déduite doit être reversée. Si cette affectation ne concerne qu'une fraction de l'immeuble, cette dernière doit faire l'objet au préalable d'une livraison à soi-même (n° 66800).

Si l'immeuble (ou une fraction de l'immeuble) est utilisé **pour une opération relevant d'une activité économique** pendant plus d'un an au-delà du 31 décembre de la deuxième année suivant celle de son achèvement, il est assimilé à une immobilisation pour l'application des régularisations annuelles et des régularisations globales dues en cas de cession (CGI ann. II art. 207, IV-3). Il en va ainsi même lorsque l'immeuble affecté à l'activité locative est en partie loué et en partie vacant dès lors que l'assujetti procède à une recherche active de locataires (Rép. Grau : AN 31-12-2019 n° 24298). Il en va de même lorsque le propriétaire est amené à mettre l'immeuble à la disposition gratuite d'occupants (associations, artistes, personnes morales de droit public, etc.) prenant à leur charge tout ou partie des charges dites « locatives » car une telle utilisation de l'immeuble opérée à des fins non étrangères à l'entreprise constitue bien une opération relevant d'une activité économique (Rép. Louwagie : AN 15-11-2022 n° 380). Cette assimilation est définitive et constitue le point de départ de la période de régularisation.

Par conséquent, la taxe déduite, au titre des dépenses de construction ou, le cas échéant, de la livraison à soi-même lorsqu'elle est taxable (n° 66800) sera susceptible de faire l'objet de régularisations si l'immeuble (ou la fraction d'immeuble) est loué au-delà du 31 décembre de la troisième année qui suit celle de l'achèvement et si la location n'est pas soumise à la TVA. L'administration précise que le point de départ du délai de régularisation dans ce cas se situe à la date à laquelle l'immeuble est considéré comme une immobilisation, soit lorsqu'il est comptabilisé comme tel dans la comptabilité de l'entreprise, soit lorsqu'il est assimilé à une immobilisation en application de l'article 207, IV-3 de l'annexe II au CGI (BOI-TVA-DED-60-20-10 n° 155).

À l'inverse, si cette location est soumise à la TVA, le mécanisme de l'assimilation fonde en pareil cas l'assujetti à opérer, dans les conditions de droit commun, la déduction de la taxe ayant grevé l'acquisition de l'immeuble, y compris dans le cas de l'acquisition d'un immeuble ancien soumise à la taxe sur option. Par suite, cette taxe peut être déduite à l'expiration de la période d'assimilation. En revanche, si l'immeuble a subi des travaux ne concourant pas à la production d'un immeuble neuf, la taxe ayant grevé ces travaux ne peut être déduite qu'une fois l'option exercée lors de la revente (Rép. Louwagie : AN 27-6-2023 n° 5633).

66915 (suite) Si l'**immeuble cesse d'être affecté à une utilisation concrète,** l'administration considère qu'il est affecté en vue d'une cession potentielle. Aucune régularisation annuelle par vingtième n'est alors requise pour la période correspondante, quand bien même n'interviendrait finalement aucune cession soumise à la taxe (BOI-TVA-IMM-10-30 nº 350).

La société de construction-vente qui cède un immeuble pour lequel elle a dû régulariser une partie de la TVA déduite en application de l'article 207, IV-3 de l'annexe II au CGI sans opter pour la TVA sur la cession peut opérer un **transfert des droits à déduction** de la TVA reversée à l'acquéreur de l'immeuble, selon la procédure prévue par l'article 207, III-3 de l'annexe II au CGI, à la condition que l'immeuble soit immobilisé (ou assimilé à une immobilisation car utilisé plus d'un an pour une activité économique) chez l'acquéreur (BOI-TVA-IMM-10-30 nº 390).

CHAPITRE 2

SOCIÉTÉS D'ATTRIBUTION

SOMMAIRE

RÉGLEMENTATION APPLICABLE

67300 Les sociétés d'attribution, souvent dénommées dans le langage courant **sociétés immobilières de copropriété,** ont pour objet l'acquisition ou la construction d'immeubles en vue de leur division par fractions destinées à être attribuées aux associés en propriété ou en jouissance. Cet objet comprend également la gestion et l'entretien de ces immeubles jusqu'à la mise en place d'une organisation différente.

Les dispositions applicables aux sociétés d'attribution sont issues du titre II de la loi 71-579 du 16 juillet 1971 et du décret 72-1236 du 29 décembre 1972. Elles sont codifiées sous les articles L 212-1 à L 212-13 et R 212-1 à R 212-16 du **Code de la construction et de l'habitation** (CCH). Ces diverses dispositions sont **d'ordre public** (CCH art. L 212-13). En outre, les règles générales qui régissent les sociétés selon leur forme s'appliquent.

> **Précisions** **a.** Les conditions d'application de ces mesures aux **sociétés d'attribution constituées avant le 31 décembre 1972** sont précisées dans les articles R 212-17 et R 212-18 du CCH.
b. La loi 86-18 du 6 janvier 1986 a institué un type de société d'attribution ayant pour objet exclusif l'**attribution en jouissance à temps partagé** d'une fraction d'immeuble à usage principal d'habitation.
c. Il existe des dispositions particulières aux sociétés d'attribution ayant pour objet la **construction d'immeubles à usage d'habitation,** ou à usage professionnel et d'habitation (CCH art. L 212-10 à L 212-13). Il est traité de ces dispositions particulières n°s 68900 s. Elles s'ajoutent aux dispositions de droit commun applicables à toutes les sociétés d'attribution.

FORME

67305 Les sociétés d'attribution peuvent revêtir n'importe laquelle des formes de sociétés prévues par la loi. Elles doivent être regardées comme des organismes **à but lucratif,** quelle que soit leur forme (CE 24-11-1989 nº 68439, Cne d'Iffendic).

L'objet prévu par la loi n'étant pas exclusif, ces sociétés peuvent, en principe, exercer d'**autres activités.** Toutefois, celles d'entre elles qui entendent bénéficier du régime de la transparence fiscale ne pourront user de cette faculté, compte tenu des dispositions de l'article 1655 ter du CGI (sur ce point, voir nos 67450 s.).

SECTION 1

CARACTÉRISTIQUES DES SOCIÉTÉS D'ATTRIBUTION

I. RÉGIME JURIDIQUE DES SOCIÉTÉS D'ATTRIBUTION

67380 Les sociétés d'attribution sont, par nature, des **groupements éphémères.** Elles sont destinées en principe à disparaître dès la réalisation de leur objet (acquisition ou construction d'un immeuble) et la mise en place d'un système de gestion de l'immeuble acquis ou construit (copropriété, association syndicale, etc.).

En second lieu, et contrairement au droit commun des sociétés, les **droits sociaux** de chaque associé (parts ou actions) correspondent à une partie déterminée de l'actif social, à laquelle ils donnent vocation et qui est destinée à lui être attribuée en partage en fin d'opération. L'actif est ainsi prédivisé entre les associés.

En troisième lieu, la loi donne à tout associé le droit de se **retirer** de la société en emportant avec lui la part de l'actif à laquelle ses droits sociaux donnaient vocation, sans attendre le partage total de l'actif.

Une telle société n'a pas la qualité de **vendeur** envers ses associés. Elle n'est tenue que d'une obligation d'attribution, exempte de vices.

67385 Lorsque la souscription de parts donnant vocation à l'attribution en jouissance ou en propriété d'immeubles d'habitation (anciens ou neufs) est le fait d'un acquéreur non professionnel, celui-ci bénéficie d'un **délai de rétractation** (ou, plus exceptionnellement, de réflexion) de 10 jours (CCH art. L 271-1).

› Précisions L'article 1589-1 du Code civil, frappant de nullité « tout engagement unilatéral souscrit en vue de l'acquisition d'un bien ou d'un droit immobilier pour lequel il est exigé ou reçu de celui qui s'engage un versement quelles qu'en soient la cause et la forme », ne nous paraît pas applicable à l'engagement de souscrire au capital d'une société d'attribution assorti d'un versement compte tenu du caractère mobilier des parts sociales (Cass. 3e civ. 9-4-1970 no 68-13.956 : Bull. civ. III no 234). Le fait que les parts de sociétés d'attribution donnent vocation à l'attribution en jouissance ou en propriété d'un immeuble ne confère pas pour autant une nature immobilière aux droits portant sur ces parts.

II. RÉGIME DE LA TRANSPARENCE FISCALE

PRINCIPES GÉNÉRAUX

Il convient de distinguer nettement, d'une part, les sociétés de copropriété « transparentes », qui bénéficient d'un régime fiscal spécifique dit régime de la transparence fiscale (CGI art. 1655 ter) et, d'autre part, les sociétés immobilières ordinaires ayant pour objet d'exploiter des immeubles et de répartir entre leurs membres le produit de cette exploitation, qui ne peuvent bénéficier du régime de la transparence. **67450**

La **caractéristique essentielle des sociétés « transparentes »** tient à ce qu'elles renoncent formellement à utiliser ou exploiter par elles-mêmes leurs immeubles et s'obligent au contraire à en réserver la jouissance à leurs membres et à leur en attribuer la propriété soit à l'expiration du pacte social, soit par voie de partage partiel en cours de société. Cette vocation reconnue aux associés implique l'insertion dans les statuts ou dans un règlement intérieur de dispositions tendant à répartir les actions ou parts sociales en groupes indivisibles, et à fractionner les immeubles sociaux en lots également indivisibles, la possession d'un groupe d'actions ou de parts ouvrant droit à la jouissance et ultérieurement à la propriété du lot immobilier correspondant (BOI-RFPI-CHAMP-30-20 no 40).

Ainsi, une société qui a pour objet social la détention et la gestion d'immeubles, mais sans que ceux-ci soient destinés à être divisés en fractions qui seraient attribuées aux associés en propriété et en jouissance, n'est pas une société transparente au sens de l'article 1655 ter du CGI (CAA Nantes 4-5-1994 no 92-315 : RJF 8-9/94 no 873).

Quelle que soit leur forme, les sociétés de copropriété transparentes sont réputées, sur le plan fiscal, ne pas avoir d'existence distincte de celle de leurs membres, lesquels sont traités comme s'ils étaient directement propriétaires des locaux auxquels donnent vocation leurs droits sociaux. **67455**

Même lorsqu'elles sont constituées sous la forme de sociétés de capitaux, les sociétés immobilières de copropriété dotées de la transparence fiscale ne sont pas assujetties à l'impôt sur les sociétés, et elles ne peuvent pas opter pour leur assujettissement à cet impôt (CGI art. 239, 1-a).

L'**imposition des revenus des immeubles** est établie au nom des associés eux-mêmes, selon le régime fiscal qui leur est propre (BOI-BIC-CHAMP-20-50 no 90) ; voir nos 68600 s.

Pour bénéficier du régime de la transparence, il n'est pas nécessaire que les **sociétés** soient **propriétaires** de l'actif immobilier. Peuvent ainsi bénéficier de ce régime les sociétés **concessionnaires** du domaine public, à condition toutefois qu'elles ne rendent pas de services liés à l'utilisation personnelle des emplacements par les intéressés, et les sociétés exploitant un actif immobilier financé par crédit-bail (Cass. com. 6-1-1975 no 73-13.170 : Bull. civ. IV no 2). **67465**

IMPÔTS CONCERNÉS PAR LE RÉGIME DE LA TRANSPARENCE

Le régime de la transparence fiscale est applicable en matière d'**impôts directs,** de **droits d'enregistrement** et de taxes assimilées. Il ne s'applique pas en matière de **TVA** (voir no 68220). Les cessions de droits sociaux des sociétés d'attribution sont cependant soumises à la TVA dans les mêmes conditions que s'il s'agissait de ventes d'immeubles (nos 69330 s.). **67470**

Sur le régime applicable aux **autres taxes** et contributions susceptibles d'être dues par les sociétés d'attribution ou leurs membres, voir nos 68190 s.

SOCIÉTÉS CONCERNÉES PAR LE RÉGIME DE LA TRANSPARENCE

Quelle que soit leur **forme** juridique, le régime de la transparence fiscale s'applique aux sociétés dont l'**objet** est strictement limité et conforme aux prévisions de l'article 1655 ter du CGI, à la condition que cet objet soit exclusif de tout autre (nos 67720 s.). **67475**

Le régime de la transparence est susceptible de s'appliquer (BOI-ENR-AVS-40-20 n° 10) :

a. Aux **sociétés constituées en vue de l'attribution d'immeubles aux associés par fractions divises,** visées aux articles L 212-1 à L 212-13 du Code de la construction et de l'habitation (CCH) lorsqu'elles limitent leur activité à la construction ou à l'acquisition des immeubles destinés à être attribués aux associés en propriété ou en jouissance. En revanche, en sont exclues celles qui, dans le cadre de ce statut, gèrent directement les immeubles sociaux ou donnent caution hypothécaire pour garantir les emprunts contractés par les cessionnaires de parts sociales ;

b. Aux **sociétés coopératives de construction** visées aux articles L 213-1 à L 213-5 du CCH, lorsqu'elles ont pour objet la construction d'un ou plusieurs immeubles à usage principal d'habitation en vue de leur division par lots destinés à être attribués aux associés (nos 71100 s.) ;

c. Aux **sociétés** qui, **constituées antérieurement** à l'entrée en vigueur des articles précités, étaient visées soit à l'article 1er de la loi du 28 juin 1938 réglant le statut de la copropriété des immeubles divisés par appartements, soit à l'article 80 de la loi 53-80 du 7 février 1953 modifié par l'article 97-III de la loi 59-1454 du 26 décembre 1959 ;

d. Aux **sociétés qui ont,** en fait, **un objet identique** à celui des sociétés énumérées ci-dessus, même si leurs statuts ne se réfèrent pas expressément aux textes précités.

OBLIGATIONS DES SOCIÉTÉS TRANSPARENTES

67476 Les sociétés placées sous le régime de la transparence fiscale sont tenues de souscrire, quelle que soit leur forme, une **déclaration d'existence** en triple exemplaire, établie sur papier libre d'après le modèle fourni par l'administration (CGI ann. II art. 373).

Dans la déclaration d'existence, les sociétés doivent indiquer :
- leur dénomination, leur forme juridique, le lieu de leur siège et de leur principal établissement ;
- le montant de leur capital ainsi que le nombre, la forme et la valeur nominale des actions ou parts sociales représentant ce capital ;
- la situation, la nature et la consistance des immeubles dont elles sont propriétaires avec, pour chaque immeuble ou fraction d'immeuble, le nombre et les numéros des actions ou parts conférant à leur titulaire le droit à la jouissance ou à l'attribution des biens en cause ainsi que l'identité (nom et prénom ou raison sociale) et l'adresse (du domicile ou du siège social) de chacun de ces titulaires.

Cette déclaration, accompagnée de deux exemplaires des statuts, doit être obligatoirement déposée dans les trois mois suivant la constitution définitive, via le guichet unique électronique des formalités d'entreprises. Les éventuels changements dans les renseignements fournis doivent faire l'objet d'une déclaration modificative dans les trois mois du changement (BOI-RFPI-CHAMP-30-20 n° 70).

> **Précisions** Les **sociétés constituées avant le 17 mars 1963** n'ont pu en principe se prévaloir de la transparence fiscale qu'en apportant la justification (CGI ann. II art. 372, I-1°) :
> – d'une part, qu'à cette date, elles n'exerçaient pas en fait d'autres activités que celles concourant à la réalisation de l'objet défini par l'article 1655 ter du CGI ;
> – d'autre part, que, depuis cette date, elles ont continué sans interruption à se conformer aux dispositions de ce texte.
> Toutefois, l'administration n'a exigé ces justifications que des sociétés dont les statuts prévoyaient un objet autre ou plus étendu que celui énoncé à l'article 1655 ter du CGI (en ce sens : D. adm. 8 H-123 n° 1 et annexe, non reprise dans Bofip).

PERTE DE LA TRANSPARENCE

67480 Si en cours de vie sociale, la **société** d'attribution **change ou modifie** son **objet ou** son **activité** réelle et, par suite, ne remplit plus les conditions exigées par l'article 1655 ter du CGI pour l'application du régime de la transparence, elle est replacée sous l'empire du droit commun à compter de la date à laquelle elle ne remplit plus ces conditions (CGI ann. II art. 372, I). Toutefois, en ce qui concerne la taxe foncière et les taxes annexes y afférentes, le changement de régime n'intervient qu'à compter du 1er janvier de l'année suivant celle au cours de laquelle les modifications motivant le changement de régime sont intervenues (CGI ann. II art. 372, III).

67485 Ce retour au droit commun emporte les **conséquences** suivantes.

a. Le retour n'a en principe pas d'**effet rétroactif** : en cas de **vente d'un terrain** faisant perdre le régime de la transparence, la **plus-value** éventuelle est réputée réalisée un instant de raison avant la fin du régime de la transparence et est taxable entre les mains de chaque associé dans les conditions prévues à l'article 8 bis du CGI (BOI-RFPI-PVI-10-30 n° 230), à moins qu'il n'apparaisse que le passage temporaire sous le régime de la transparence ne correspondait à aucune intention sincère de ses membres (D. adm. 8 H-3211 n° 1 non reprise dans Bofip mais dont la solution conserve, selon nous, sa valeur sur le fond). 67485 (suite)

En ce qui concerne le **bien vendu** par la société, la plus-value, calculée à partir de la date d'acquisition et du prix de revient des parts ou actions, est soumise, en fonction de leur qualité, au régime des plus-values immobilières privées ou des plus-values professionnelles entre les mains des associés à proportion de leurs droits.

Les **biens conservés** sont considérés comme apportés par les associés à une nouvelle société non dotée de la transparence fiscale, ce qui rend en principe exigible l'impôt sur les plus-values d'apport. Toutefois, des règles spécifiques précisées ci-après s'appliquent lorsque la société devient passible de l'impôt sur les sociétés.

b. Lorsque la société qui cesse d'être soumise au régime de la transparence fiscale est une société de capitaux, le retour au régime de droit commun entraîne son assujettissement à l'impôt sur les sociétés. Le **changement de régime fiscal** est alors soumis aux dispositions de l'article 202 ter, II du CGI : les **revenus** et **plus-values non encore imposés** à la date du changement de régime, y compris ceux provenant des produits acquis non encore perçus, font l'objet d'une imposition immédiate.

En ce qui concerne les **plus-values latentes** afférentes aux biens compris dans le patrimoine social à la date du changement de régime fiscal, la société a le choix entre :

– leur **imposition immédiate** selon les règles qui régissent les plus-values privées immobilières lorsque l'associé est une personne physique agissant dans le cadre de la gestion de son patrimoine privé et selon les règles des plus-values professionnelles pour la part des associés soumis à l'IS ou relevant des BIC ou des BA réels ;

– ou leur **report d'imposition** conditionné par l'inscription au bilan d'ouverture de la première période d'assujettissement à l'impôt sur les sociétés de la valeur d'origine des biens, d'une part, et des amortissements et provisions qui auraient pu être déduits si la société avait été soumise à cet impôt depuis leur acquisition, d'autre part.

c. S'agissant des **droits d'enregistrement,** le retour au droit commun entraîne (BOI-ENR-AVS-40-20 n°s 180 s.) :

– si la société devient passible de l'impôt sur les sociétés : la perception du droit spécial de mutation à titre onéreux au taux de 5 % pour les immeubles (auquel s'ajoute, le cas échéant, la taxe additionnelle sur les cessions de bureaux et locaux assimilés situés en Île-de-France au taux de 0,6 %). Ce droit est calculé sur la valeur vénale, à la date du changement de régime fiscal, des immeubles qui avaient été apportés à titre pur et simple à la société depuis le 1er août 1965 par des personnes non soumises à l'impôt sur les sociétés (CGI art. 809, I-3° et II). Les apports d'immeubles compris dans l'apport de l'ensemble des éléments d'actif immobilisé affectés à l'activité professionnelle sont toutefois enregistrés gratuitement si les associés s'engagent à conserver leurs titres pendant trois ans (CGI art. 810, III). Cette exonération n'est pas applicable à l'apport d'immeubles inscrits en stock dans la comptabilité de la société bénéficiaire de l'apport qui mène une activité de marchand de biens (Cass. com. 15-3-2023 n° 20-12.201 F-D : RJF 6/23 n° 503) ;

– si la société ne devient pas passible de l'impôt sur les sociétés : l'assujettissement au droit fixe de 125 € de l'enregistrement de l'acte qui constate le retour au droit commun.

Dans les deux cas, les actes de la vie sociale postérieurs au retour au droit commun ne peuvent plus bénéficier du régime de faveur.

> **Précisions** En cas de **changement de régime fiscal** (voir ci-avant b.), afin d'éviter l'absence de prise en compte ou la double prise en compte des **produits** et des **charges,** il est prévu corrélativement à la prise en compte des produits acquis et non encore perçus (CGI ann. III art. 46 E) :
> – la possibilité de déduire les dépenses engagées non encore payées au titre de la période précédant le changement ;
> – l'absence de prise en compte au titre de la dernière période d'imposition à l'impôt sur le revenu des produits encaissés et des dépenses payées au cours de cette période qui correspondent à des créances acquises et des dettes devenues certaines postérieurement.
> Enfin, est autorisée la constitution de **provisions** répondant aux conditions générales de déduction prévues à l'article 39, 1-5° du CGI, si celles-ci sont reprises au bilan d'ouverture du premier exercice d'imposition à l'impôt sur les sociétés.
> S'agissant de l'imposition des **plus-values latentes,** le choix entre leur imposition immédiate et leur report d'imposition est opéré, de manière globale, lors de l'établissement du bilan d'ouverture qui doit être communiqué à l'administration dans un délai de 60 jours suivant l'événement ayant entraîné le changement de régime.
> Si les plus-values latentes n'ont pas été imposées lors du changement, les **plus-values réalisées lors de la cession** des biens concernés

sont déterminées d'après la différence existant entre leur prix de cession et leur prix d'acquisition, diminué à la fois des amortissements effectivement déduits depuis le changement de régime fiscal et des amortissements reconstitués depuis l'achat.

SOCIÉTÉ NON TRANSPARENTE ACCÉDANT AU RÉGIME DE TRANSPARENCE

67495 Lorsqu'une **société passible de l'impôt sur les sociétés** et n'ayant pas un objet conforme à celui des sociétés transparentes modifie son activité et ses statuts pour se placer sous le régime de la transparence fiscale, cette modification est assimilée, du point de vue fiscal, à une cessation d'entreprise, ce qui entraîne l'imposition immédiate à l'impôt sur les sociétés des bénéfices non encore taxés ainsi que des plus-values incluses dans l'actif social. Les déficits non encore déduits lors de son accession à la transparence tombent en non-valeur et ne peuvent être admis en déduction des revenus ultérieurs des associés (BOI-IS-DEF-10-10 n° 190). Les bénéfices et les réserves, capitalisés ou non, sont considérés comme appropriés par les associés et taxés à leur niveau comme des revenus distribués (CGI art. 111 bis).

La transformation d'une **société civile immobilière de location fiscalement « translucide »** en société transparente entraîne, en principe, les mêmes conséquences que la dissolution d'une société de personnes. Les plus-values dégagées doivent donc être taxées au nom de chaque associé (BOI-RFPI-PVI-10-30 n° 190). Du fait de la cessation d'entreprise, chaque associé devient personnellement imposable, pour sa quote-part, à raison des bénéfices de l'exercice en cours, des bénéfices en sursis d'imposition et des plus-values latentes.

> **Précisions** D'une manière générale, l'**enregistrement** de l'acte constatant une **simple modification de l'objet statutaire** d'une société pour le rendre conforme aux prévisions de l'article 1655 ter du CGI ne donne ouverture qu'au droit fixe de 125 € prévu à l'article 680 du CGI. Il n'en est autrement que si cette **modification** est **accompagnée de changements profonds,** intéressant des clauses essentielles du pacte social, et qui sont de nature à faire considérer qu'il y a création d'une personne morale nouvelle (BOI-ENR-AVS-40-20 n° 160). Dans ce cas, il y a lieu de faire application des règles concernant les actes de constitution de sociétés transparentes (n° 67855).

SECTION 2

CONSTITUTION ET FONCTIONNEMENT DES SOCIÉTÉS D'ATTRIBUTION

I. CONSTITUTION DES SOCIÉTÉS D'ATTRIBUTION

67680 Les sociétés d'attribution pouvant revêtir toutes les **formes sociales** prévues par la loi, les règles de constitution sont celles applicables au type de société choisi.

En pratique, les sociétés d'attribution revêtent essentiellement la forme **civile** et quelquefois la forme **anonyme,** les autres types de société s'adaptant mal à la spécificité de ces groupements. Ainsi notamment, la **société en nom collectif** est a priori exclue, en raison de la solidarité des associés qui n'est guère compatible avec la spécialisation des droits sur l'actif (n° 67380) et avec les obligations pécuniaires des associés (nos 68505 s.).

CAPITAL SOCIAL ET RÉPARTITION DES DROITS SOCIAUX

67685 Comme pour toutes les sociétés, le capital social des sociétés d'attribution est constitué par les apports des associés.

Ces derniers sont rémunérés par des **parts** sociales qui doivent être **proportionnelles à la valeur des fractions** de l'immeuble auxquelles elles donnent vocation par rapport à la valeur de l'ensemble de la construction, en fonction de la consistance, de la superficie, de la situation et des possibilités d'utilisation de ces fractions (CCH art. L 212-5, al. 1).

Le capital est réparti en groupes de droits sociaux affectés à des **lots individualisés.** La répartition des droits sociaux au sein des groupes est fixée d'une manière définitive et chaque groupe est indivisible aussi longtemps que le lot qui lui est affecté n'est pas lui-même divisé.

Une **répartition erronée des droits** ouvre aux associés une action les uns envers les autres afin de compenser les inégalités dues à cette mauvaise répartition. Toutefois, dès lors que le projet de partage a été établi selon les parts détenues, un associé ne peut plus remettre en cause le partage et l'attribution des lots sur l'unique motif d'un manquement aux règles de proportionnalité établies par l'article L 212-5 du CCH (Cass. 3e civ. 17-1-1996 no 93-16.371 : RJDA 6/96 no 797).

C'est en considération du nombre de parts possédées par chaque associé que seront répartis les appels de fonds ultérieurs (nos 68505 s.).

STATUTS

Contenu Indépendamment des clauses qu'il est d'usage de trouver dans les statuts de toute société (objet, dénomination, siège social, durée, administration, etc.), les statuts des sociétés civiles d'attribution doivent mentionner (CCH art. R 212-6) : **67690**
– les obligations des associés en cas d'**appels de fonds** (voir no 68505),
– et les conditions dans lesquelles les **associés défaillants** peuvent voir leurs parts mises en vente (voir no 68515).

Par ailleurs, les statuts doivent indiquer le montant du **capital social,** sa **répartition** en groupes de parts et l'**affectation** à chacun de ces groupes d'un des lots définis par l'état descriptif de division (CCH art. L 212-2, al. 1) ; voir no 68035.

Le cas échéant, les statuts doivent mentionner la possibilité pour la société de consentir une **hypothèque** sur un immeuble social pour garantir les emprunts contractés par les associés (voir no 68510).

Forme des statuts Les statuts des sociétés civiles d'attribution peuvent être sous **signature privée ou notariés.** Toutefois, l'intervention d'un notaire est obligatoire chaque fois qu'il y a matière à publicité foncière (C. civ. art. 710-1), ce qui est le cas lorsque les statuts constatent l'apport d'un immeuble. Dans les cas où elle n'est pas obligatoire, la forme notariée est préférable lorsque deux époux ou des successibles participent à la constitution de la société. **67695**

A. Objet social des sociétés d'attribution

L'objet social a une importance déterminante au point de vue juridique (ainsi des règles particulières sont applicables à certaines sociétés d'attribution : voir nos 68900 s.). Il en est de même au regard du droit fiscal puisque l'objet social conditionne l'application du régime de la transparence fiscale. **67720**

Ainsi, les sociétés visées à l'article 1655 ter du CGI auxquelles le régime de la transparence fiscale est applicable (nos 67450 s.) doivent avoir pour objet :
– soit la **construction d'immeubles** ou de groupes d'immeubles **en vue de leur division** par fractions destinées à être attribuées aux associés en propriété ou en jouissance ;
– soit l'**acquisition** des mêmes biens ;
– soit leur **gestion** après division ;
– soit la **location,** pour le compte d'un ou plusieurs membres de la société, de tout ou partie des immeubles ou fractions d'immeubles appartenant à chacun des membres.

Les sociétés peuvent exercer **plusieurs** des **activités** visées ci-dessus dès lors que chaque activité est exercée dans le respect des conditions posées par l'article 1655 ter du CGI. Ainsi, une société exerçant une double activité de construction et de location d'un immeuble bénéficie du régime de la transparence fiscale si l'activité de location est réalisée en vertu d'un mandat des associés conformément à la condition posée à l'article 1655 ter du CGI, alors qu'elle est privée de ce régime si l'activité de location est pratiquée pour le compte propre de la société (CE 26-9-2012 no 342245 : RJF 12/12 no 1103).

Il n'est fait **aucune distinction** selon le nombre des associés, l'origine des immeubles, leur ancienneté, leur nature, l'usage auquel ils sont affectés et le procédé utilisé pour les faire entrer dans le patrimoine de la société (BOI-RFPI-CHAMP-30-20 no 30).

› Précisions Une société peut être valablement constituée pour l'acquisition ou la construction d'ouvrages tels que des parkings à ciel ouvert ou des ports de plaisance en vue de leur division par fractions destinées à être attribuées aux associés en jouissance ou en propriété dès lors que le **terme « immeuble »** désigne aussi bien des immeubles non bâtis que des bâtiments assurant le clos et le couvert (Rép. min. équip. à M. Collette : AN 7-10-1971 p. 4356 n° 19186, solution non reprise au Bofip mais qui reste à notre avis pertinente).

EXCLUSIVITÉ DE L'OBJET SOCIAL

67725 L'article 1655 ter du CGI exige que l'objet social, tel que défini n° 67720, soit exclusif de tout autre. Par suite, sont exclues du champ d'application du régime de la transparence fiscale les sociétés qui, concurremment avec l'objet prévu par ce texte :

– exercent une **activité commerciale, industrielle, agricole ou non commerciale,** lucrative ou non ;

– ont une **activité** quelconque à **l'étranger** ;

– accomplissent, même occasionnellement, des actes ou opérations visés aux articles 34 et 35 du CGI, c'est-à-dire des **opérations commerciales** ou réputées commerciales pour l'application de l'impôt sur le revenu (achats d'immeubles en vue de la vente, opérations de lotissements, opérations d'intermédiaire pour l'achat ou la vente d'immeubles, locations en meublé, etc.) ;

– **rendent** à leurs membres ou à des tiers **des services** qui ne se rattachent pas directement à la jouissance des immeubles (restaurant, débit de boissons, club privé, salle de spectacles, etc.) ;

– **vendent** ou **donnent en location** une **partie** quelconque de leur **patrimoine immobilier,** même dans le cadre d'une gestion purement civile de ce patrimoine : il en est ainsi, notamment, en cas de cession à des associés de parcelles de terrain ou de locaux, dès lors que le régime de la transparence fiscale implique l'attribution des biens aux associés.

SOLUTIONS DIVERSES

67730 Compte tenu de la variété des situations susceptibles de se présenter, il a paru souhaitable de regrouper les solutions sous deux rubriques : celles permettant le maintien du régime de la transparence fiscale, celles susceptibles de remettre en cause ce régime. Il faut noter que certaines solutions listées ci-après ont été prises par l'administration fiscale dans son ancienne documentation administrative (D. adm.) ou par voie de réponses ministérielles mais n'ont pas été reprises dans la base Bofip. Bien qu'elles ne soient plus opposables à l'administration, ces solutions nous paraissent toujours conserver leur valeur sur le fond.

67735 **Maintien du régime de la transparence fiscale** Le bénéfice de la transparence fiscale a été maintenu dans les cas suivants.

• **Acquisitions** et **cessions** de **mitoyenneté** visées aux articles 660 et 661 du Code civil (Rép. Chauvet : AN 19-11-1965 n° 16122 ; D. adm. 8 H-122 n° 6 non reprise au Bofip).

• **Livraison** aux associés **d'immeubles** dotés **d'équipements mobiliers** accessoires à la construction (cuisines, salles d'eau et éléments de rangement) sous les mêmes conditions que celles exposées pour les ventes d'immeubles équipés par les sociétés de construction-vente (nos 65130 s.) (BOI-IS-CHAMP-20-10-20 nos 190 s.).

• **Placement** des sommes destinées au paiement **des retenues** de **garantie** sous réserve qu'il soit fait à titre accessoire et à très court terme. Les intérêts correspondant à ces placements constituent des revenus de créances devant être compris dans l'assiette de l'impôt de chaque associé (Rép. Colin : Sén. 21-12-1973 n° 13450 ; D. adm. 8 H-121 n° 3 non reprise au Bofip).

• **Placement** des **liquidités** provenant des **avances** faites par les associés en vue du règlement des charges de copropriété à la double condition que les placements :

– soient effectués à vue ou à court terme (le blocage des sommes mises ou laissées en comptes de dépôt ne doit pas excéder une période de 3 mois éventuellement renouvelable) ;

– puissent être regardés comme une opération accessoire à la gestion ; à cet égard, le volume des fonds mis ou laissés à la disposition de la société ne doit pas dépasser 15 % du montant des charges normales de copropriété supportées au cours des quatre derniers trimestres. En tout état de cause, les fonds doivent être bloqués à un compte distinct ouvert auprès d'un établissement bancaire au nom de chaque attributaire (ou à un compte social unique par immeuble comportant des sous-rubriques permettant une individualisation) (D. adm. 8 H-122 nos 24 et 25 non reprise au Bofip).

• **Cautionnements hypothécaires** consentis **aux associés** pour leur permettre de faire face aux **appels de fonds** de la société nécessaires à la **réalisation de l'objet social** (D. adm. 8 H-121 n° 4 non reprise au Bofip).

• **Construction par l'intermédiaire d'une société en participation** jouant le rôle de simple mandataire non rémunéré (D. adm. 8 H-121 n° 5 non reprise au Bofip).

• **Revente d'un terrain** effectuée, **pour les besoins de sa liquidation,** par une société civile immobilière « transparente » empêchée de réaliser son objet social. Il importe peu, à cet égard, que les associés soient eux-mêmes marchands de biens dès lors que la société n'avait pas l'intention de revendre le terrain lors de son acquisition, mais d'y construire un immeuble destiné à être attribué aux associés par fractions (CE 28-9-1983 n° 40169 : RJF 11/83 n° 1288 ; CE 17-10-1990 n°s 72672 et 72906 : RJF 12/90 n° 1451).

• **Attribution en jouissance** aux associés **d'emplacements de parking, de ports de plaisance ou de terrains de camping** (en ce sens, notamment, Cass. com. 6-1-1975 n° 73-13.170). Toutefois, lorsque les sociétés concernées rendent également à leurs membres des services liés à l'utilisation personnelle, par les intéressés, des emplacements qui leur sont affectés, elles perdent le bénéfice de la transparence fiscale (Rép. Fosset : Sén. 16-9-1981 n° 264 non reprise au Bofip).

On rappelle enfin que les opérations de **location** réalisées **par la société** en tant que **mandataire pour le compte des associés** ne font pas, en principe, perdre à la société le régime de la transparence fiscale (voir n° 67720).

Perte de la transparence fiscale 67740

Les opérations suivantes ont été considérées comme étant de nature à faire perdre à la société le bénéfice du régime fiscal de faveur applicable aux sociétés transparentes (les conséquences de la déchéance du régime de la transparence fiscale sont examinées n°s 67480 s.).

• **Location** avant le début des travaux **des immeubles destinés à être démolis** et non libérés de leurs occupants. La transparence ne s'applique qu'après la cessation de cette activité locative (le changement de régime emportant notamment taxation des plus-values latentes en application de l'article 221, 5 du CGI). Des dérogations spéciales peuvent toutefois être accordées lorsque des circonstances de force majeure empêchent momentanément d'entreprendre les travaux (D. adm. 8 H-122 n° 3 non reprise au Bofip).

• **Location en meublé** d'appartements **mis à la disposition** de la société par ses associés. La société doit être regardée comme ayant agi pour son propre compte ; elle est, par suite, réputée exercer une activité commerciale et devient ainsi passible de l'impôt sur les sociétés (CE 5-11-1980 n° 18274 : RJF 11/81 n° 19).

• **Bail commercial** consenti à l'un des **associés** : l'accomplissement d'actes de gestion immobilière fait perdre à la société le bénéfice de la transparence fiscale (Rép. Cousté : AN 30-6-1976 n° 28214 non reprise au Bofip).

• **Aliénation d'un terrain** au profit d'un associé ou d'un tiers (Rép. Courroy : Sén. 1-12-1971 n° 9758 ; D. adm. 8 H-111 n° 2 non reprise au Bofip ; voir toutefois CE 28-9-1983 n° 40169 analysé n° 67735). De même, la cession de locaux à un associé ou le partage avec soulte qui présente, du point de vue fiscal, un caractère translatif font perdre à la société le bénéfice de la transparence.

• **Attribution en jouissance de parts** représentatives du capital des sociétés dites de propriété « spatio-temporelle » dès lors que cette attribution porte également sur un **actif mobilier** (Rép. Lafay : AN 14-4-1975 non reprise au Bofip). Solution confirmée par un jugement du TA de Marseille du 15 février 1979 (TA Marseille 15-2-1979 : RJF 9/79 n° 517) qui exclut du bénéfice de la transparence fiscale une société anonyme qui a procédé à la **livraison** à ses actionnaires de **locaux entièrement équipés et meublés,** qui a assuré le remplacement des objets usagés ou détériorés et qui s'est chargée de la remise en état des studios à l'issue de chaque séjour. Est sans incidence, à cet égard, la circonstance que ces divers services rendus aux actionnaires seraient exécutés par une société commerciale distincte, dès lors que la société anonyme demeure responsable vis-à-vis des « multipropriétaires » de la bonne exécution des travaux (cette doctrine concerne des sociétés constituées avant l'entrée en vigueur de la loi 86-18 du 6 janvier 1986 ; sur les sociétés d'attribution d'immeubles en jouissance à temps partagé créées par cette loi, voir n°s 72300 s.). De façon générale, les sociétés relevant de la transparence fiscale doivent se borner à réaliser des opérations de construction, d'acquisition, de division, de gestion portant exclusivement sur des immeubles ainsi que sur les équipements qui en sont le complément nécessaire, de sorte qu'une société civile immobilière qui a, en outre, pour objet et activité l'**acquisition et** la **gestion de meubles** n'entre pas dans le champ de l'article 1655 ter du CGI et est passible de l'impôt sur les sociétés (CAA Lyon 30-6-2005 n° 98-2113 : RJF 12/05 n° 1367, confirmé par CE (na) 26-3-2007 n° 284553 : RJF 12/07 n° 1384).

• **Lotissement du terrain social.** Une société civile immobilière avait procédé à la division des parts sociales en deux groupes correspondant à deux fractions distinctes du terrain acquis. Elle avait, ensuite, autorisé l'acquéreur des parts du premier lot – sur lequel deux pavillons avaient été construits – à se retirer de la société en conservant la pleine propriété de ces deux pavillons et du terrain restant sur lequel l'intéressé avait, ultérieurement, construit une clinique. Le Conseil d'État a jugé que les opérations auxquelles s'était ainsi livrée la société civile avaient eu, en fait, pour objet le lotissement du terrain initialement acheté et ne pouvaient donc ouvrir droit au bénéfice de la transparence fiscale (CE 29-9-1982 n° 22058 : RJF 11/82 n° 1054).

• **Octroi de libéralités aux associés ou à des tiers,** à moins que cet avantage n'ait une contrepartie appréciable pour la société (CE 1-12-1976 n° 88003 : RJF 2/77 n° 90).

• **Affectation aux parties communes,** en vue de les **louer,** de **locaux** normalement **destinés à être attribués en jouissance** et en propriété divise aux associés (Rép. Labbé : AN 31-5-1974 n° 10288 non reprise au Bofip).

• **Mise à la disposition d'un tiers,** même gratuite, de **parties communes** (par exemple, ensemble sports et loisirs). Toutefois, dans ce cas, la remise en cause de la situation fiscale de la société serait écartée si le tiers (au cas particulier l'association sportive destinée à gérer l'ensemble sports et loisirs) était mis en mesure d'entrer dans la société immobilière à l'occasion d'une augmentation de capital en se faisant attribuer privativement les actions donnant vocation à la propriété ou à la jouissance de ces parties communes (Rép. Destremeau : AN 25-4-1970 n° 8970 non reprise au Bofip).

• **Apport à une tierce société de terrains à bâtir** appartenant à la société immobilière et répartition des titres reçus en contrepartie de cet apport entre les associés en proportion de leurs droits (CE 6-7-1977 n° 2921 : RJF 9/77 n° 478).

• **Cautionnements hypothécaires consentis aux cessionnaires d'actions ou de parts.** La société ne saurait, sans encourir la déchéance du régime fiscal de l'article 1655 ter du CGI, se porter caution hypothécaire sur le lot intéressé pour garantir l'emprunt contracté par le cessionnaire en cas de cession de droits sociaux (BOI-ENR-AVS-40-20 n° 10). En revanche, elle peut consentir ce cautionnement pour garantir les emprunts contractés par les associés pour répondre aux appels de fonds nécessaires au financement de la construction ou de l'acquisition de l'immeuble social (D. adm. 8 H-121 n° 4 non reprise au Bofip, voir n° 67735).

L'administration fiscale se démarque ainsi du droit de la construction. En effet, l'article L 212-7 du CCH autorise les deux hypothèses de cautionnement hypothécaire, à condition seulement que les statuts l'autorisent avec stipulation que l'engagement de la société se limite aux parties divises et indivises de l'immeuble auxquelles le bénéficiaire du crédit aura vocation en propriété.

Il est précisé à cet égard que la **saisie du gage** vaut retrait de l'associé saisi et ne peut avoir lieu que lorsque sont réunies les conditions de ce retrait (voir n°s 69790 s.).

• **Prise de participation** de sociétés transparentes dans d'autres sociétés (Rép. Boutin : AN 7-3-1988 n° 27204 non reprise au Bofip).

B. Apports aux sociétés d'attribution

67855 Bien que le principe de la transparence s'applique en matière de droits d'enregistrement, les actes concernant la vie des sociétés transparentes ne sont pas dispensés par principe de la **formalité de l'enregistrement.**

Les actes de constitution de sociétés dotées de la transparence fiscale sont soumis au régime de droit commun des constitutions de sociétés non passibles de l'IS. En application de ce régime, l'acte constitutif est en principe dispensé de la formalité de l'enregistrement lorsqu'il est passé sous signature privée, mais soumis à cette formalité s'il est notarié ou s'il contient des apports d'immeubles (CGI art. 635, 1, 5° a contrario).

67857 Lorsqu'ils sont soumis aux **droits d'enregistrement,** les apports purs et simples sont enregistrés gratuitement (CGI art. 810, I). En revanche, en cas d'apport à titre onéreux (apport rémunéré non par la remise de droits sociaux mais par une somme d'argent ou par la prise en charge par la société d'un passif incombant à l'apporteur), ce dernier donne ouverture soit à une taxation spécifique de 5 % s'il s'agit d'un immeuble ou de droits immobiliers (CGI art. 683 bis), à laquelle s'ajoute, le cas échéant, la taxe additionnelle sur les cessions de bureaux et locaux assimilés situés en Île-de-France au taux de 0,6 %, soit aux droits de vente du bien considéré.

Sont en principe imposables de plein droit à la **TVA**, en application de l'article 257 du CGI, les apports réalisés par un **assujetti agissant en tant que tel dans le cadre de son activité économique** portant sur un **terrain à bâtir** ou un **immeuble achevé depuis moins de cinq ans.** Les assujettis peuvent également soumettre à la TVA sur option les apports portant sur des **terrains nus non qualifiés de terrains à bâtir,** ou des **immeubles achevés depuis plus de cinq ans.** **67860**

Les apports d'immeubles entrant dans le champ d'application de la TVA sont corrélativement enregistrés gratuitement (CGI art. 810, IV).

Interrogée sur le régime applicable en matière de TVA aux sociétés civiles d'attribution mentionnées à l'article L 212-1 du Code de la construction et de l'habitation, dont le régime a été modifié depuis le 1er janvier 2016 à la suite de la suppression du mécanisme de transfert du droit à déduction (CGI ann. II ancien art. 210), s'agissant des immeubles édifiés ou acquis par les sociétés civiles d'attribution pour lesquels un état descriptif de division a été établi à compter de cette date, l'administration fiscale a apporté les précisions suivantes. Les sociétés civiles d'attribution sont considérées comme des **assujetties** lorsqu'elles effectuent une **activité de promotion immobilière financée par** les **apports** de leurs **associés.** Ces apports, comme les appels de fonds ultérieurs, qui constituent la contrepartie des droits acquis sur l'immeuble, doivent être **soumis à la TVA** en application de l'article 257, I-1-3° du CGI. Les associés sont fondés à **déduire la TVA** ayant grevé les apports et appels de fonds versés à la société civile d'attribution dans les conditions de droit commun (Rép. Kamowski : AN 25-12-2018 n° 13638).

Sur les conséquences de l'option pour le régime de l'**assujetti unique,** voir n° 44230.

PLUS-VALUES

Apport d'un immeuble autre que l'apport par une entreprise d'un terrain à bâtir Du fait de la transparence fiscale, l'apport d'un immeuble, bâti ou non bâti, ne constitue une cession à titre onéreux que pour la seule **fraction du bien correspondant aux droits acquis** sur celui-ci **par les coassociés de l'apporteur** (BOI-RFPI-PVI-10-30 n° 200). **67865**

Par exemple, si un associé apporte un immeuble représentant 30 % des apports effectués à la société, les autres associés effectuant des apports en numéraire, il convient de considérer que l'apporteur reste propriétaire de la part du bien correspondant à ses droits, soit 30 %. La plus-value est calculée par différence entre 70 % de la valeur d'apport et la valeur d'acquisition retenue dans la même proportion.

Selon que l'apporteur est un particulier agissant dans le cadre de la gestion de son patrimoine privé ou une entreprise (ou un professionnel), la plus-value ainsi déterminée sera imposée selon le **régime** des plus-values immobilières des particuliers (CGI art. 150 U s.) ou selon le régime des plus-values professionnelles.

> **Précisions** Si les **droits de l'apporteur** sont **modifiés à la suite d'apports nouveaux** (notamment en numéraire) effectués par les autres associés ou si d'autres associés entrent dans la société, il convient en principe de considérer qu'il y corrélativement cession d'une autre fraction de l'immeuble, susceptible de dégager une plus-value imposable (BOI-RFPI-PVI-10-30 n° 200).

Apport d'un terrain à bâtir par une entreprise Lorsque le terrain est apporté par une **entreprise** relevant des **BIC** ou **passible de l'IS,** l'apport est réputé porter sur la totalité du terrain à bâtir ou du bien assimilé pour la détermination de la plus-value correspondante (CGI art. 238 decies, II). Il s'ensuit que la plus-value d'apport imposable doit être déterminée par différence entre, d'une part, la valeur totale pour laquelle le terrain ou le bien assimilé est apporté à la société transparente et, d'autre part, la valeur comptable totale que ce terrain ou bien comportait dans les écritures de l'entreprise apporteuse. L'imposition de cette plus-value peut être différée dans les conditions exposées ci-après n° 67875. **67870**

Toutefois, l'administration admet que l'opération ne dégage pas de plus-value imposable (**sursis d'imposition**) lorsque l'entreprise inscrit à son bilan les titres rémunérant son apport pour la valeur comptable que comportait l'élément apporté. L'application de cette solution est subordonnée aux conditions supplémentaires suivantes (BOI-BIC-PVMV-10-10-20 n° 270) :

– les locaux construits par la société transparente et à la propriété ou à la jouissance desquels l'entreprise apporteuse a vocation doivent être destinés et ultérieurement affectés par cette dernière à l'usage d'éléments de l'actif immobilisé ;

– l'entreprise doit joindre à la déclaration des résultats de l'exercice en cours à la date de l'apport une note exprimant sans équivoque son intention de se placer sous le bénéfice de ladite solution et de renoncer, corrélativement, au report d'imposition prévu à l'article 238 decies, II du CGI et examiné ci-après n° 67875.

67875 À condition que le terrain à bâtir ait été acquis depuis au moins deux ans par l'entreprise, la plus-value d'apport bénéficie de plein droit d'un **report d'imposition** (CGI art. 238 decies, II et 238 terdecies). La plus-value est imposable seulement :
– au titre de l'exercice en cours à la date de la dernière cession par l'entreprise apporteuse des titres reçus en rémunération de son apport ou des immeubles ou fractions d'immeubles reçus en représentation de ses droits ;
– ou, si elle intervient avant, en cas de cession de l'entreprise apporteuse ou de cessation son exploitation (notamment en cas de décès de l'exploitant lorsqu'il s'agit d'une entreprise individuelle) ;
En tout état de cause, le report d'imposition est limité à cinq ans.
Selon l'administration, le report d'imposition s'applique même lorsque l'entreprise apporteuse est passible de l'impôt sur les sociétés (BOI-BIC-PVMV-40-10-50 n°s 30 et 400 s.). Le Conseil d'État est d'un avis contraire (CE 2-6-1982 n° 18829 : RJF 7/82 n° 671 ; CE 29-7-1983 n° 29506 : RJF 11/83 n° 1338).
L'entreprise peut renoncer à ce report d'imposition en joignant à la déclaration des résultats de l'exercice en cours à la date de l'apport une note exprimant sans équivoque sa volonté qu'il soit tenu compte de la plus-value résultant dudit apport pour la détermination des résultats de l'exercice considéré.

II. FONCTIONNEMENT DES SOCIÉTÉS D'ATTRIBUTION

REMARQUE GÉNÉRALE

68000 Les sociétés d'attribution sont soumises aux règles propres au type de société adopté (société civile, SARL, SA, etc.), pour ce qui concerne leur **fonctionnement général.**
Mais la loi comporte en outre un certain nombre de **particularités,** exposées ci-après.

A. Régime juridique des sociétés d'attribution

DÉCISIONS COLLECTIVES

68030 Certaines des décisions excédant les pouvoirs des gérants doivent être prises impérativement en **assemblée générale.**
Ainsi, les résolutions décidant la **vente forcée des droits des associés défaillants** doivent être adoptées à la majorité des 2/3 du capital et, sur 2e convocation, à la majorité des 2/3 des parts sociales dont les titulaires sont présents ou représentés, sans que puissent être pris en considération, pour le calcul de ces majorités, les droits sociaux détenus par les associés défaillants (CCH art. L 212-4, al. 2).
La décision de **dissoudre la société** doit être prise à la double majorité des 2/3 des associés et des 2/3 des voix (CCH art. L 212-9, al. 1).
Pour les décisions concernant la **gestion et l'entretien de l'immeuble,** les associés disposent d'un nombre de voix proportionnel à leur participation dans les dépenses qu'entraînera l'exécution de la décision. Seuls les associés à qui incombent ces dépenses, en vertu du règlement de jouissance, peuvent prendre part au vote (CCH art. L 212-6, al. 5).
La **constatation de l'achèvement de l'immeuble** et de sa conformité avec l'état descriptif doit également faire l'objet d'une décision collective (CCH art. L 212-9, al. 9).

ÉTAT DESCRIPTIF DE DIVISION

68035 **Avant** tout commencement de **travaux, ou** avant toute **entrée en jouissance** des associés si la société a pour objet d'acquérir l'immeuble social, un état descriptif de division doit être établi, pour délimiter les diverses parties de cet immeuble en distinguant celles qui sont privatives de celles qui sont communes (CCH art. L 212-2, al. 5).

> **Précisions a.** Il doit être établi conformément aux dispositions des articles 71-1 à 71-13 du décret 55-1350 du 14 octobre 1955 relatif à la publicité foncière (CCH art. R 212-2). Il en résulte qu'il doit être dressé dès l'origine en la **forme** authentique (C. civ. art. 710-1) et qu'il doit contenir

obligatoirement certaines **mentions** telles que l'identification des fractions de l'immeuble, le numéro du lot attribué à ces fractions, etc. S'il n'a pas été rédigé en même temps que les statuts, l'état descriptif de division doit être approuvé par l'**assemblée générale** des associés dans les conditions prévues pour la modification des statuts (CCH art. R 212-2, al. 2).

b. L'état descriptif de division dressé seulement pour les besoins de la publicité foncière n'a pas de **caractère contractuel** (Cass. 3e civ. 8-7-1992 n° 90-11.578 : Bull. civ. III n° 241).

RÈGLEMENT DE JOUISSANCE

68040 Un règlement de jouissance – conforme à la loi du 10 juillet 1965 et **appelé à devenir règlement de copropriété** – doit être également établi. Si le régime futur de l'immeuble social ne doit pas être celui de la copropriété des immeubles bâtis, le règlement organise du moins la gestion des choses communes aux divers attributaires (CCH art. L 212-2, al. 3).

Une organisation différente du statut de la copropriété des immeubles bâtis peut être prévue lorsque le partage donnera naissance à un **ensemble immobilier** non soumis à ce statut.

68045 **Contenu** Le règlement détermine la **destination** (usage professionnel, commercial, habitation, etc.) **des parties réservées** à l'usage exclusif de chaque associé et, s'il y a lieu, celle des parties communes affectées à l'usage de tous les associés ou de plusieurs d'entre eux. Toutefois, il ne peut imposer des restrictions aux droits des associés sur les parties réservées à leur jouissance exclusive, en dehors de celles qui sont justifiées par la destination de l'immeuble, par ses caractères ou par sa situation (CCH art. L 212-2, al. 2 et 5).

Par ailleurs, le règlement doit fixer la quote-part qui incombe à chaque lot dans chacune des catégories de **charges** ou bien les bases selon lesquelles la répartition sera faite pour une ou plusieurs catégories de charges (CCH art. L 212-6, al. 2).

En cas de **distorsion entre le règlement de jouissance et les statuts,** il faut, à notre avis, se référer aux statuts pour tout ce qui concerne le fonctionnement de la société et les rapports entre associés et au règlement de jouissance pour tout ce qui concerne l'immeuble et les conditions de jouissance de cet immeuble.

> **Précisions** Le statut de la copropriété des immeubles bâtis ne s'applique pas au fonctionnement des sociétés d'attribution. Ainsi, est irrégulière la décision de **modifier la répartition des charges des associés,** adoptée non pas en application des règles de majorité prévues au règlement de jouissance, mais conformément à celles de la loi du 10 juillet 1965 sur la copropriété (Cass. 3e civ. 12-2-1997 n° 94-20.239, SCI Pietragione n° 2 c/ Poletti).

68050 **Modalités d'établissement** En vue des **formalités** de publicité, le règlement de jouissance doit être constaté par acte authentique. Cependant, sa publication n'est pas obligatoire tant que le partage de la société n'a pas été réalisé.

Comme l'état descriptif de division, il doit être adopté par l'assemblée générale dans les conditions prévues pour la modification des statuts, **avant** tout commencement des **travaux** de construction ou, s'il s'agit d'une société d'acquisition, avant toute entrée en jouissance des associés (CCH art. R 212-2, al. 2 et L 212-2, dernier al.).

La prescription de 3 ans édictée par l'article 1844-14 du Code civil s'applique à l'**action en nullité** du règlement de jouissance d'une société civile d'attribution (Cass. 3e civ. 5-7-1989 n° 87-14.632 : Bull. civ. III n° 160, en l'espèce le règlement avait été établi par le gérant au lieu d'être adopté par l'assemblée).

B. Régime fiscal des sociétés d'attribution

1. IMPOSITION DES REVENUS

PRINCIPE

68160 Les dispositions de l'article 1655 ter du CGI, qui conduisent à faire abstraction de la personnalité morale de la société, concernent notamment l'imposition des revenus. Les sociétés dotées de la transparence fiscale sont réputées ne pas avoir de personnalité distincte de celle de leurs membres (voir nos 67455 s.).

Les associés de ces sociétés sont considérés, sur le plan fiscal, comme propriétaires privatifs des locaux à la jouissance ou à la propriété desquels leurs parts ou actions donnent vocation.

L'imposition des revenus est donc établie **au nom des associés eux-mêmes** en tenant compte exclusivement du régime fiscal auquel ceux-ci sont personnellement soumis (voir nos 68600 s.).

DÉCLARATION PAR LA SOCIÉTÉ DE LA PART DE CHAQUE ASSOCIÉ DANS SES REVENUS ET DÉPENSES

68165 La société d'attribution est tenue de déclarer chaque année, sur un **formulaire n° 2071-SD,** la part de chacun de ses associés dans ses revenus et dans ses charges de l'année précédente (réparations, entretien, frais de gérance, impositions, frais d'assurances, etc.). Cette déclaration doit être adressée au service des impôts du lieu du principal établissement de la société, en double exemplaire, au plus tard le deuxième jour ouvré suivant le 1er mai de chaque année (CGI ann. II art. 374).

2. TAXES DIVERSES

CONTRIBUTION ÉCONOMIQUE TERRITORIALE

68190 Les sociétés transparentes ne sont pas passibles de la contribution économique territoriale. C'est, le cas échéant, **au niveau de chaque associé** que devra être appréciée l'imposition éventuelle.

TAXE FONCIÈRE

68200 La taxe foncière est établie **au nom de chaque associé** pour la part lui revenant dans les immeubles sociaux (CGI art. 1400, III ; BOI-IF-TFB-10-20-10 n° 110). S'agissant des immeubles non bâtis, les terrains constituant des dépendances d'ensemble immobilier soumises à la taxe foncière sur les propriétés non bâties font l'objet d'une imposition globale au nom des associés, l'article collectif pouvant être libellé par exemple sous la forme : « Les associés de la Société immobilière Y… à Z… » (BOI-IF-TFNB-10-20 n° 380)

CONTRIBUTION SUR LES REVENUS LOCATIFS

68205 Les **associés** des sociétés transparentes au sens de l'article 1655 ter du CGI sont **personnellement soumis** à la contribution sur les revenus locatifs s'il s'agit de personnes morales assujetties.

TAXE SUR LES CESSIONS DE TERRAINS NUS DEVENUS CONSTRUCTIBLES

68210 **Taxe « communale »** La taxe communale s'applique en principe aux cessions à titre onéreux réalisées par les **personnes physiques** ou les **sociétés** et groupements **relevant du régime d'imposition des plus-values des particuliers** et par les **contribuables domiciliés hors de France** qui, assujettis à l'impôt sur le revenu, sont soumis au prélèvement prévu à l'article 244 bis A du CGI (voir nos 44110 s.).

Les **sociétés transparentes** étant réputées, sur le plan fiscal, ne pas avoir de personnalité distincte de celle de leurs membres, elles ne sont **pas personnellement soumises** à la taxe forfaitaire sur les cessions de terrains devenus constructibles qu'elles réalisent. Dès lors, leurs **associés** sont traités fiscalement comme s'ils étaient directement propriétaires des immeubles possédés par la société et auxquels donnent vocation les droits sociaux qu'ils détiennent. Lorsqu'il s'agit de **personnes physiques** agissant dans le cadre de leur patrimoine privé ou de sociétés relevant du régime des **sociétés de personnes,** ces associés doivent être **imposés** pour les profits occasionnels retirés, le cas échéant, de la vente par la société de terrains composant le patrimoine de celle-ci (BOI-RFPI-TDC-10-10 n° 60).

68211 **Taxe « nationale »** La taxe nationale s'applique, en principe, aux cessions réalisées par les **personnes physiques** et les **sociétés ou groupements quel que soit leur régime fiscal,** qu'ils soient ou non domiciliés en France (voir n° 44120).

Les cessions réalisées par les **sociétés transparentes** au sens de l'article 1655 ter du CGI entrent dans le champ d'application de cette taxe (BOI-RFPI-TDC-20-10 n° 40). À notre avis, du fait de la transparence fiscale, ce sont leurs associés qui, en pratique, doivent s'acquitter du paiement de la taxe nationale, en sus du paiement de la taxe communale (n° 68210).

TAXE SUR LES SALAIRES

68215 Le principe de la transparence fiscale devrait conduire à rendre chacun des associés responsable, pour la part correspondant à ses droits, de la taxe sur les salaires afférente aux rémunérations payées par la société. Mais l'administration admet que la **société** acquitte globalement cette taxe lorsqu'elle est due (BOI-TPS-TS-10-10-10 n° 60). Si celle-ci ne paie pas, les associés peuvent, à notre avis, être personnellement mis en cause. Par ailleurs, même si c'est la société qui effectue le paiement de la taxe, la quote-part de taxe sur les salaires correspondant aux droits d'un **associé assujetti à la TVA** reste exonérée (D. adm. 8 H-22 n° 1, non reprise au Bofip mais qui conserve selon nous sa valeur sur le fond).

3. TVA

Le régime de la transparence ne s'applique pas en matière de TVA. 68220

Le sort de l'immeuble construit par la société d'attribution relève du droit commun de la TVA qui prévoit que les **livraisons à soi-même** d'immeubles neufs réalisées par des assujettis agissant dans le cadre d'une activité économique doivent être soumises à la TVA si l'activité n'ouvre pas droit à récupération intégrale de la TVA ou si l'opération porte sur des logements locatifs sociaux. La société peut ainsi être tenue, lorsqu'elle est assujettie à la TVA, de réaliser une livraison à soi-même de l'immeuble construit si elle se trouve dans l'une des hypothèses susvisées. La livraison à soi-même à réaliser obéit alors aux règles du régime général des livraisons à soi-même d'immeubles exposées n°s 66800 s.

Interrogée sur le régime applicable en matière de TVA aux sociétés civiles d'attribution mentionnées à l'article L 212-1 du Code de la construction et de l'habitation, dont le régime a été modifié depuis le 1er janvier 2016 à la suite de la suppression du mécanisme de transfert du droit à déduction (CGI ann. II ancien art. 210), s'agissant des immeubles édifiés ou acquis par les sociétés pour lesquels un état descriptif de division a été établi à compter de cette date, l'administration a précisé que les sociétés civiles d'attribution sont considérées comme assujetties lorsqu'elles effectuent une **activité de promotion immobilière** financée par les apports de leurs associés. Ces apports, comme les appels de fonds ultérieurs, qui constituent la contrepartie des droits acquis sur l'immeuble, doivent être soumis à la TVA en application de l'article 257, I-1-3° du CGI. Corrélativement, les sociétés en cause bénéficient d'un droit à déduction de la taxe ayant grevé leurs dépenses. Enfin, de leur côté, les associés sont fondés à déduire la TVA ayant grevé les apports et appels de fonds versés dans les conditions de droit commun (Rép. Kamowski : AN 25-12-2018 n° 13638).

4. DROITS D'ENREGISTREMENT SUR LES ACTES DE LA VIE DES SOCIÉTÉS D'ATTRIBUTION

En application des dispositions de l'article 635, 1-5° du CGI applicables aux actes de la vie de la généralité des sociétés, doivent être soumis à la **formalité de l'enregistrement** dans le délai d'un mois à compter de leur date les actes constatant la transformation d'une société ainsi que ceux constatant l'augmentation de son capital, à l'exception des augmentations de capital en numéraire et par incorporation de bénéfices, de réserves ou de provisions et des augmentations nettes de capital de société à capital variable constatées à la clôture d'un exercice (CGI art. 635, 1-5°). Les autres actes de la vie des sociétés (acte portant prorogation de la société, augmentation de capital en numéraire ou par incorporation de bénéfices, de réserves ou de provisions, et amortissement ou réduction du capital, notamment) ne sont pas, en principe, soumis à la formalité sauf s'ils sont notariés ou s'ils contiennent certaines mutations portant notamment sur des immeubles (CGI art. 635, 1). 68250

En l'absence d'acte constatant une opération normalement soumise à la formalité obligatoire, l'opération doit être déclarée au service des impôts compétent dans le mois qui suit sa réalisation (CGI art. 638 A).

Qu'ils soient soumis obligatoirement ou présentés volontairement à l'enregistrement, sont **enregistrés gratuitement** (CGI art. 828, I-2°) les actes (ou, à défaut d'actes, les déclarations) par lesquels les sociétés transparentes ayant fonctionné conformément à l'objet défini à l'article 1655 ter du CGI décident :

- une augmentation de capital (par voie d'apports en nature ou en numéraire ou par incorporation de bénéfices ou de réserves) ;
- la prorogation de la durée de la société ;
- ou le partage en nature à titre pur et simple, au profit exclusif des associés, des immeubles construits, acquis ou gérés par la société (n° 70000).

Pour les sociétés assujetties à la TVA, cet enregistrement gratuit est subordonné à la condition qu'elles justifient du règlement de la TVA due sur les opérations de construction.

Sur les droits d'enregistrement dus sur les apports réalisés à la constitution de la société d'attribution, voir n°s 67855 s. Sur le régime fiscal des cessions de droits sociaux, voir n°s 69300 s.

III. SITUATION DES ASSOCIÉS DES SOCIÉTÉS D'ATTRIBUTION

REMARQUE GÉNÉRALE

68400 En dehors de leurs **droits et obligations ordinaires** d'associés selon le type de société adopté (société civile, société anonyme...), les associés des sociétés d'attribution ont des **droits et des obligations spécifiques,** liés à la nature particulière de ces sociétés.

A. Droits des associés des sociétés d'attribution

DROIT DE JOUISSANCE

68430 L'associé a droit, dès l'achèvement de l'immeuble et **avant le partage** de la société, à la jouissance exclusive de la fraction d'immeuble correspondant à ses droits sociaux, conformément à sa destination. La société doit lui garantir une « jouissance paisible ».

L'objet des sociétés d'attribution d'immeubles comprend la gestion et l'entretien des immeubles jusqu'à la mise en place d'une organisation différente (CCH art. L 212-1, al. 2). En conséquence, une entreprise de location de bateaux à qui la société de gestion du port dont elle est associée a attribué la jouissance d'un lot pour l'entreposage de ses bateaux peut agir en réparation contre cette société dès lors qu'elle ne peut pas utiliser normalement la totalité de la surface de son lot en raison du franchissement répété par la mer de la digue protégeant l'aire d'entreposage et du mauvais état d'une dalle de béton (Cass. 3e civ. 1-7-2009 n° 08-14.905 : RJDA 12/09 n° 1099).

En **contrepartie** de son droit de jouissance, qui est un simple droit de créance présentant un caractère mobilier, l'associé est tenu d'assurer les **charges** et réparations locatives. Il peut louer les locaux, mais s'il vient à être déchu de son droit de jouissance, le droit du locataire n'est pas opposable à la société.

Après l'entrée en jouissance de l'associé, l'immeuble appartient toujours à la société (voir cependant n° 67465) ; les **créanciers sociaux** peuvent donc le saisir et le faire vendre.

DROIT DE PROPRIÉTÉ

68435 L'associé accède à la propriété de la fraction d'immeuble correspondant à ses droits sociaux à la **dissolution** (suivie du **partage**) de la société, ou lorsque lui-même opère un **retrait anticipé** (nos 69790 s.), à condition d'avoir satisfait à toutes ses obligations envers la société, notamment celles relatives au règlement des appels de fonds et au règlement des charges (CCH art. L 212-4, al. 1 et L 212-6, al. 3).

> **Précisions** Une société civile immobilière d'attribution n'a pas la qualité de vendeur de l'immeuble attribué en copropriété (Cass. 3e civ. 18-3-1987 n° 85-17.950 : Bull. civ. III n° 55). Elle n'est donc pas tenue à la **garantie des vices cachés** (C. civ. art. 1641) à l'égard des associés qui ont reçu en propriété, à la suite d'un partage en nature de l'actif social, les locaux correspondant à leurs droits sociaux et une quote-part des parties communes attachées à leur lot respectif (Cass. 3e civ. 25-3-1987 n° 85-17.165 : Bull. civ. III n° 62). Les associés attributaires doivent exercer l'action en réparation des vices cachés directement contre l'entrepreneur ou le constructeur de l'immeuble défectueux. Sur la garantie due par les cédants des parts, voir n° 69240.
>
> Après cette attribution en propriété, les **créanciers sociaux** ne peuvent plus s'en prendre à l'associé sans avoir préalablement discuté les biens restant appartenir à la société – sauf s'ils bénéficient d'une sûreté réelle (CCH art. L 212-9, dernier al.), les droits des créanciers sociaux l'emportant sur ceux des créanciers personnels des associés.

B. Obligations des associés des sociétés d'attribution

68500 Outre les **obligations générales** qui leur incombent, en vertu du type de société concerné, les membres des sociétés d'attribution sont tenus de certaines **obligations spécifiques.** Ils doivent notamment répondre aux **appels de fonds** de la société (CCH art. L 212-3) et participer aux **charges** de gestion et d'entretien de l'immeuble (CCH art. L 212-6). En outre, **lorsqu'ils déménagent,** les associés sont tenus de **notifier** leur changement de domicile (CCH art. R 212-9, al. 1) ; ces renseignements doivent être portés sur un registre ouvert à cet effet et tenu à la disposition des associés.

VERSEMENTS CONSÉCUTIFS AUX APPELS DE FONDS

Contenu de l'obligation Les associés doivent répondre aux appels de fonds nécessaires à la réalisation de l'objet social, en **proportion** de leurs droits dans le capital (CCH art. L 212-3). Il s'agit des **sommes permettant de construire, d'acheter** ou d'aménager l'immeuble, qu'elles aient été arrêtées préalablement ou qu'elles soient destinées à faire face à des dépenses imprévues. La spécialisation des appels de fonds par tranches ne peut être adoptée que selon la procédure prévue par le décret 55-563 du 20 mai 1955, si elle n'a pas été prévue par les statuts (Cass. 3e civ. 3-5-1989 n° 87-10.238 : Bull. civ. III n° 97) ; voir n° 69000. 68505

En cas de **carence d'un associé,** les autres associés sont tenus de répondre aux appels de fonds en ses lieu et place, et au prorata de leurs droits sociaux jusqu'à la vente des parts de l'associé défaillant (CCH art. R 212-5).

Les **statuts** doivent rappeler les obligations des associés et notamment les délais dans lesquels ils sont tenus d'y répondre.

Il résulte de l'article L 212-5 du CCH que toute contribution d'un associé qui se révèle supérieure ou inférieure de plus d'un quart à celle qu'il devrait supporter compte tenu de la valeur de son lot peut faire l'objet d'un **remboursement ou** d'un **versement complémentaire.**

> **Précisions a.** Les **actions en justice** correspondantes peuvent être exercées jusqu'à l'expiration d'un délai de 2 ans après la dissolution de la société ou le retrait de l'associé intéressé (CCH art. L 212-5, dernier al.). La société doit être appelée en cause, à peine d'irrecevabilité de la demande (CCH art. R 212-7).
> **b.** La **disproportion de plus d'un quart** entre les obligations d'un associé et la valeur des biens auxquels il a vocation se calcule en tenant compte de la totalité de ceux des biens auxquels ses droits dans le capital lui permettent de prétendre, et non pas de façon distincte pour chaque groupe de parts, par rapport aux locaux correspondants (Cass. 1e civ. 22-10-2002 n° 99-21.080 : RJDA 7/03 n° 737).

Cautionnement hypothécaire La société peut, sans perdre le bénéfice de son régime fiscal, se porter caution hypothécaire des associés pour la garantie des emprunts contractés pour répondre aux appels de fonds. La société hypothèque, pour ce faire, le lot auquel a vocation l'associé emprunteur. Cette faculté doit être autorisée par les statuts (voir n° 67735). Sur les **droits du créancier** ainsi garanti, voir nos 68435, 69810 et 69915. 68510

On rappelle qu'en revanche un tel cautionnement fait déchoir la société de son régime fiscal s'il est donné pour garantir la créance du cédant en cas de cession de droits sociaux (voir n° 67740).

Associé défaillant **L'associé qui ne répond pas** aux appels de fonds ne peut pas entrer en jouissance de la fraction d'immeuble à laquelle il a vocation, ni se la faire attribuer en propriété (CCH art. L 212-4, al. 1). 68515

Par ailleurs, en pareil cas, il peut être procédé à la **vente forcée des droits sociaux** du défaillant, ainsi que les statuts doivent le rappeler (CCH art. L 212-4, al. 2 et R 212-6).

> **Précisions a.** Cette **procédure** débute par une **mise en demeure,** par **exploit d'huissier** adressé à l'associé par la société (ou par tout associé en cas d'inaction du gérant), de payer dans le délai d'un mois. Si la mise en demeure reste infructueuse, le gérant (ou, à défaut, tout associé) convoque l'assemblée générale pour autoriser la vente forcée des droits sociaux de l'associé défaillant et fixer la mise à prix. L'autorisation doit être donnée à la majorité des 2/3 du capital social et, sur 2e convocation, à la majorité des 2/3 des parts sociales dont les titulaires sont présents ou représentés (CCH art. L 212-4), les parts de l'associé défaillant n'étant pas prises en compte pour le calcul de ces majorités.
> La décision est notifiée au défaillant et à tous les associés par lettre recommandée avec demande d'avis de réception, indiquant la date, le lieu et l'heure de la mise en vente et la mise à prix. Une **publication** est faite dans un support d'annonces légales du lieu du siège social (CCH art. L 212-4 et R 212-4). La vente a lieu par voie d'**adjudication** opérée par un officier ministériel. Si l'associé défaillant est titulaire de plusieurs groupes de parts donnant vocation à des parties différentes de l'immeuble, chacun de ces groupes peut être mis en vente séparément (CCH art. L 212-4, al. 3). Toute personne peut se porter adjudicataire, sauf à respecter la clause d'agrément statutaire s'il en existe une.
> **b.** Le **droit de préemption** urbain ainsi que le droit de préemption dans les zones d'aménagement différé (ZAD) peuvent être exercés en cas de vente forcée des droits sociaux. Il en est de même, à notre avis, du droit de préemption institué au profit de certaines communes situées

dans des zones exposées au recul du trait de côte (C. urb. art. L 219-1 s. et Ord. 2022-489 du 6-4-2022). Les communes concernées par le recul du trait de côte sont identifiées dans une liste fixée par le décret 2022-750 du 29 avril 2022 (C. envir. art. L 321-15).

c. Les sommes produites par la vente sont affectées par **privilège** au paiement des sommes dues à la société par l'associé défaillant. Ce privilège l'emporte sur toute autre sûreté pouvant grever les droits sociaux du défaillant (CCH art. L 212-4, dernier al.).

d. Si le **prix d'adjudication** est **inférieur** aux sommes dues par l'associé, celui-ci reste tenu de la différence.

e. Une **société qui ne remplit pas son obligation de garantie des vices de la construction** lui incombant en tant que promoteur et constructeur n'est pas fondée à reprocher à un associé de n'avoir pas répondu aux appels de fonds dès lors que l'intéressé a dû faire procéder lui-même et à ses frais à des travaux urgents nécessités par des malfaçons affectant l'immeuble (Cass. 3e civ. 13-10-1976 n° 75-11.992 : Bull. civ. III n° 350).

PARTICIPATION AUX FRAIS DE GESTION ET D'ENTRETIEN

68520 Les charges entraînées par **les services collectifs et les éléments d'équipement commun** (ascenseur, escalier, chauffage, eau chaude, etc.) doivent être réparties en fonction de l'utilité objective que ces services et éléments présentent à l'égard de chaque lot, dès lors que ces charges ne sont pas individualisées. Les charges relatives à la **conservation, à l'entretien et à l'administration des parties communes,** générales et spéciales, doivent être réparties proportionnellement aux valeurs relatives des parties privatives comprises dans les lots (Loi 65-557 du 10-7-1965 art. 10 ; CCH art. L 212-6, al. 1).

Il s'agit là d'une situation différente de celle retenue par l'article L 212-5 du CCH en matière de répartition des droits des associés dans le capital (voir n° 67685).

Les associés doivent en outre verser une cotisation à un fonds de travaux destiné à financer les **dépenses obligatoires ou** votées par l'assemblée générale des copropriétaires **hors budget prévisionnel** (Loi 65-557 du 10-7-1965 art. 14-2-1). Ce fonds de travaux n'est toutefois requis depuis le 1er janvier 2023 qu'à l'issue d'une période de 10 ans après réception des travaux de construction de l'immeuble (Loi 65-557 du 10-7-1965 art. 14-2-1).

> **Précisions** **a.** Ces dispositions sont applicables pendant la période où la société est encore propriétaire de l'immeuble (voir cependant, n° 67465, le cas où la société n'a jamais été propriétaire de l'immeuble) et le restent si, à sa dissolution ou en cas de retrait d'associé, l'immeuble se trouve soumis au statut de la **copropriété** des immeubles bâtis.

Si, au contraire, l'attribution de lots en propriété ne débouche pas sur le statut de la copropriété, les charges sont alors réparties par le **règlement de jouissance** dont il est question n° 68040 et qui prélude à l'organisation choisie de l'ensemble immobilier considéré.

b. Le fonds de travaux ne peut pas financer l'ensemble des dépenses.

Avant le 1er janvier 2023, le fonds de travaux peut être utilisé pour financer les dépenses résultant des travaux prescrits par les lois et règlements, ainsi que des travaux décidés par l'assemblée générale des copropriétaires

Depuis le 1er janvier 2023, le fonds de travaux peut être utilisé pour faire face aux **dépenses** résultant :

– de l'élaboration du projet de plan pluriannuel de travaux et, le cas échéant, du diagnostic technique global ;

– de la réalisation des travaux prévus dans le plan pluriannuel de travaux adopté par l'assemblée générale des copropriétaires ;

– des travaux décidés par le syndic en cas d'urgence ;

– des travaux nécessaires à la sauvegarde de l'immeuble, à la préservation de la santé et de la sécurité des occupants et à la réalisation d'économies d'énergie, non prévus dans le plan pluriannuel de travaux (Loi 65-557 du 10-7-1965 art. 14-2-1).

68525 **Modification de la répartition des charges** Chaque associé dispose d'une **action en révision** de la répartition de charges devant le tribunal judiciaire du lieu de situation de l'immeuble si la part correspondant à son lot est supérieure de plus d'un quart ou si la part correspondant à un autre lot est inférieure de plus d'un quart, dans l'une ou l'autre des catégories de charges, à celle qui résulterait d'une répartition conforme à l'article 10 de la loi 65-557 du 10-7-1965 (sur cette dernière, voir n° 68520). Si l'action est reconnue fondée, le tribunal procède à une nouvelle répartition qui ne s'appliquera que pour l'avenir (CCH art. L 212-6, al. 4). Indépendamment de cette action en révision judiciaire, la **société** peut, par **décision de son assemblée générale,** modifier la répartition des charges prévue dans le règlement de jouissance (Cass. 3e civ. 12-2-1997 n° 94-20.239, SCI Pietragione n° 2 c/ Poletti).

68530 **Sanction** Le **non-paiement des charges** par un associé peut donner lieu à la vente forcée de ses droits sociaux et, bien entendu, à toutes les poursuites et mesures d'exécution du droit commun (CCH art. L 212-6, al. 3).

C. Situation fiscale des associés des sociétés d'attribution

PRINCIPE

Du fait de la transparence fiscale, les associés de la société d'attribution sont considérés, au regard de l'**imposition des revenus,** comme propriétaires privatifs des locaux à la jouissance ou à la propriété desquels leurs parts ou actions donnent vocation. Leur situation est développée ci-après, selon la qualité de ces associés. 68600

En ce qui concerne l'**imposition des plus-values de cession de parts ou actions,** voir nos 69300 s.

En ce qui concerne la situation des associés au regard des **autres impositions et taxes,** voir nos 68190 s.

1. ASSOCIÉ PERSONNE PHYSIQUE (PARTICULIER)

LOCAUX DONNÉS EN LOCATION

Lorsque l'associé d'une société d'attribution est un particulier, le bien auquel ses parts ou actions lui donnent vocation est le plus souvent un local à usage d'habitation. L'associé qui, dans le cadre de la gestion de son patrimoine privé, donne celui-ci en location nue, directement ou par l'intermédiaire de la société agissant en qualité de mandataire, perçoit un revenu imposable dans la catégorie des **revenus fonciers.** 68610

Les modalités de déduction des charges et les obligations déclaratives dépendent du régime d'imposition de l'associé, selon qu'il relève du **régime réel** ou du **régime simplifié** (régime du micro-foncier applicable, sous certaines conditions, lorsque le revenu brut foncier annuel du contribuable est inférieur ou égal à 15 000 €) ; voir Mémento Gestion immobilière nos 76500 s.

Lorsqu'il relève du **régime réel,** l'associé peut déduire la **quote-part** qui lui incombe dans les **dépenses supportées par la société** ainsi que les **dépenses qu'il a supportées personnellement et directement,** telles que les impositions de taxe foncière établies à son nom ou les intérêts d'emprunts contractés à titre personnel, notamment pour faire apport à la société ou acquérir les titres représentatifs de l'immeuble. Ces dépenses ne sont admises en déduction que pour autant qu'elles aient la nature de charges foncières. 68615

Il peut également, selon le type d'investissement réalisé, bénéficier de **déductions** ou d'**amortissements spécifiques** réservés par le législateur aux bailleurs qui ont réalisé certains investissements immobiliers dans le neuf ou dans l'ancien. Ces régimes ne concernent plus les investissements réalisés actuellement mais l'associé qui en remplit toujours les conditions peut, le cas échéant, continuer à bénéficier des avantages liés aux investissements locatifs qu'il a pu réaliser dans le passé.

Précisons que, dans le cadre de ces régimes particuliers, les **engagements et obligations déclaratives** incombent, du fait de la transparence fiscale, aux associés de la société et non à la société elle-même. En revanche, ils ne devraient pas être concernés par l'engagement de conservation des parts sociales exigé des associés de droit commun de sociétés translucides : lorsque la société est transparente, cet engagement se confond avec celui de conservation de l'immeuble.

L'associé qui loue le bien auquel ses parts ou actions donnent vocation peut également bénéficier de certains dispositifs de **réduction d'impôt** en faveur de l'investissement locatif – notamment de la réduction d'impôt Duflot-Pinel-Denormandie (voir Mémento Gestion immobilière nos 75535 s.) ou de la réduction d'impôt Loc'Avantages (voir Mémento Gestion immobilière nos 75600 s.) – ou, pour certaines dépenses de travaux de protection contre les risques technologiques, du **crédit d'impôt** en faveur de l'équipement de logements loués à titre d'habitation principale, dans les mêmes conditions qu'un bailleur personne physique (voir Mémento Gestion immobilière nos 75190 s.). 68617

Du fait de la transparence fiscale, les **engagements et obligations déclaratives** inhérentes à ces dispositifs incitatifs incombent aux associés de la société et non à la société elle-même. Il en résulte :

– d'une part, que l'associé de la société d'attribution étant considéré comme réalisant directement l'investissement, c'est à lui qu'il appartient de satisfaire aux obligations déclaratives

et de prendre l'engagement de louer l'immeuble (sur l'engagement de conservation des parts sociales, voir ci-avant n° 68615) ;
– d'autre part, que la transparence de la société permet à ses associés de pouvoir prétendre aux dispositifs réservés par la loi aux personnes physiques (dispositifs dont sont exclus les associés des sociétés immobilières translucides régies par l'article 8 du CGI).

Les contribuables doivent respecter les engagements de location souscrits sous peine de voir les réductions et crédits d'impôt remis en cause.

LOCAUX DONT L'ASSOCIÉ SE RÉSERVE LA JOUISSANCE

68625 Lorsque l'associé d'une société d'attribution est un particulier, le bien auquel ses parts ou actions lui donnent vocation est le plus souvent un local à usage d'habitation. Si l'associé s'en réserve la jouissance, le **revenu** en nature correspondant est exonéré mais, corrélativement, les **charges** afférentes au logement ne sont pas déductibles (BOI-RFPI-CHAMP-30-20 n° 60 ; CGI art. 15, II). Toutefois, l'associé peut bénéficier, s'il effectue certaines dépenses dans le logement, et selon la nature de celles-ci, de certains dispositifs de **crédit d'impôt** (voir Mémento Gestion immobilière n°s 75005 s.).

L'associé qui se réserve la jouissance des locaux d'habitation représentés par ses actions ou parts sociales n'est tenu à aucune **obligation déclarative** particulière (BOI-RFPI-CHAMP-30-20 n° 100).

CESSION PAR L'ASSOCIÉ DE SES ACTIONS OU PARTS

68630 En cas de cession par l'associé de ses actions ou parts, la plus-value réalisée est susceptible d'être imposée d'après le régime des plus-values immobilières des particuliers (voir n°s 69500 s.).

2. ASSOCIÉ ENTREPRISE SOUMISE À L'IMPÔT SUR LE REVENU DANS LA CATÉGORIE DES BIC

68650 **Sur le plan juridique,** l'article L 526-22 du Code de commerce qui définit le statut unique de l'entrepreneur individuel prévoit la séparation des patrimoines professionnel et personnel de l'exploitant. Le **patrimoine professionnel** est constitué de l'ensemble des biens, droits, obligations et sûretés dont l'entrepreneur individuel est titulaire et qui sont **utiles à son activité professionnelle** : sont considérés comme tels les biens qui par nature, par destination ou en fonction de leur objet, servent à cette activité (C. com. art. R 526-26, I). Le patrimoine personnel est constitué des éléments non compris dans le patrimoine professionnel.

Appartiennent au patrimoine professionnel notamment les **biens immeubles** servant à l'activité ainsi que, lorsque ces immeubles sont détenus par une **société** dont l'entrepreneur individuel est actionnaire ou associé et qui a pour activité principale leur mise à disposition au profit de l'entrepreneur individuel, les actions ou parts desdites sociétés (C. com. art. R 526-26, I-3° ; BOI-BIC-CHAMP-70-10 n° 200). Lorsque l'entrepreneur est tenu à des obligations comptables, son patrimoine professionnel est présumé comprendre au moins l'ensemble des **éléments enregistrés au titre des documents comptables,** sous réserve qu'ils soient réguliers, sincères et donnent une image fidèle du patrimoine, de la situation financière et du résultat de l'entreprise (BOI précité).

Les dispositions du Code de commerce qui définissent les éléments appartenant au patrimoine professionnel sur le plan juridique n'affectent pas les règles fixées sur le plan fiscal pour la définition de l'actif professionnel des exploitants individuels : il n'y a pas toujours coïncidence exacte entre les biens appartenant au patrimoine professionnel au plan juridique et ceux appartenant à l'actif professionnel de l'entreprise **au plan fiscal,** compte tenu de la liberté dont disposent les titulaires de BIC soumis à un régime réel d'imposition d'inscrire ou non leurs biens à l'actif du bilan de leur entreprise. Les règles exposées ci-après ne s'appliquent que pour autant que les actions ou parts sociales de la société transparente sont **effectivement inscrites à l'actif** du bilan de l'entreprise soumise à un régime réel d'imposition (ou au tableau des immobilisations et amortissements pour les petites entreprises fiscalement dispensées de la production d'un bilan).

Ainsi, lorsque les actions ou parts sociales de la société d'attribution sont effectivement inscrites à l'actif d'une entreprise individuelle soumise à l'impôt sur le revenu dans la catégorie des BIC selon un régime de bénéfice réel, il convient de **distinguer** selon que l'**immeuble** représenté par ces actions ou parts est **utilisé** pour les besoins de l'activité de l'entreprise ou est donné en location.

> **Précisions** **a.** L'**affectation de fait** à l'exploitation des locaux à la jouissance ou à l'attribution desquels donnent droit les actions ou parts sociales de la société transparente, sans inscription de ces dernières à l'actif, entraîne, d'un point de vue fiscal, l'application des règles de détermination des revenus applicables aux particuliers (n°s 68610 s.).
> **b.** Une entreprise individuelle peut en principe déduire de ses résultats le **loyer** correspondant à la **mise à sa disposition** d'un immeuble qu'elle utilise pour les besoins de son activité mais que l'entrepreneur individuel a conservé dans son patrimoine personnel au plan fiscal (CE 8-7-1998 n° 164657 : RJF 8-9/98 n° 903 ; BOI-BIC-CHG-40-20-10 n° 180) ; cette solution est transposable dans le cas où l'immeuble est détenu par l'intermédiaire d'une société transparente. En contrepartie, les loyers sont imposables au nom de l'associé, en principe dans la catégorie des revenus fonciers.
> **c.** En ce qui concerne les **plus-values de cession de parts ou actions,** voir n°s 69520 s.

IMMEUBLE UTILISÉ POUR LES BESOINS DE L'ACTIVITÉ DE L'ENTREPRISE

Lorsque l'immeuble représenté par les droits sociaux de la société d'attribution inscrits à l'actif du bilan de l'entreprise est utilisé pour les besoins de l'activité de celle-ci, aucune somme ne doit être ajoutée aux recettes de l'entreprise puisque le **revenu de l'immeuble** se trouve compris dans le bénéfice professionnel. L'entreprise peut déduire, pour la détermination des bénéfices imposables de chaque exercice, la part qui lui incombe dans les **charges** que la société a supportées au cours dudit exercice, ainsi que l'amortissement des locaux correspondant à ses droits sociaux dans les conditions détaillées n° 68660. **68655**

Les **frais inhérents à la société** (par exemple, frais de constitution et d'augmentation de capital) paraissent pouvoir être considérés comme directement exposés par les associés pour la gestion des immeubles sociaux dès lors que la société n'a pas de personnalité fiscale distincte de celle de ses membres. Ces frais constituant des charges normalement déductibles au titre des articles 39 et suivants du CGI, l'associé peut donc, à notre avis, les déduire de son bénéfice d'exploitation (à noter cependant que l'administration n'a donné aucune précision sur la prise en compte des frais de fonctionnement des sociétés transparentes).

Les entreprises membres des sociétés immobilières de copropriété dotées de la transparence fiscale doivent comptabiliser dans leurs propres écritures l'**amortissement des locaux** représentés par leurs droits sociaux (CGI ann. II art. 375). Corrélativement, elles ne sauraient évidemment être admises à déduire de leurs bénéfices imposables l'amortissement que la société immobilière aurait éventuellement pratiqué de son côté (BOI-BIC-AMT-10-20 n° 120). **68660**

L'amortissement des locaux correspondant aux droits sociaux doit être calculé sur la **base** du prix de revient effectif, pour l'entreprise, des actions ou parts sociales (CGI ann. II art. 375). Ce prix correspond, en principe, au prix de souscription ou d'acquisition des droits augmenté des sommes payées à titre de versement de libération ou à la suite d'appels de fonds (BOI précité). Doit être exclue de la base de l'amortissement la quote-part représentant la valeur du terrain, élément non amortissable par nature (BOI précité ; CAA Paris 5-3-1991 n°s 2257 et 2258 : RJF 6/91 n° 736).

IMMEUBLE DONNÉ EN LOCATION

Lorsque l'immeuble représenté par les droits sociaux de la société d'attribution inscrits à l'actif du bilan de l'entreprise est donné en location, les dispositions de l'article 155, II-1 du CGI sont susceptibles de s'appliquer. En vertu de ces dispositions, les **produits** et les **charges** qui se rapportent à des biens inscrits au bilan mais non utilisés pour l'exercice de l'activité professionnelle sont écartés **pour la détermination du bénéfice imposable** de l'exploitant individuel soumis à un régime réel d'imposition. Ce dispositif concerne notamment les biens purement patrimoniaux tels que les immeubles de rapport. Les opérations afférentes à ces biens donnent lieu à la détermination d'un résultat distinct dans la catégorie d'imposition correspondant à leur nature (revenus fonciers), comme s'ils ne figuraient pas au bilan de l'entreprise. **68665**

Ce principe d'imposition séparée reçoit toutefois **exception** (sur option expresse de l'exploitant pour leur prise en compte dans son résultat professionnel) lorsque les **produits** ne provenant pas de l'exercice de l'activité professionnelle **n'excèdent pas 5 %** de l'ensemble des produits de l'exercice (y compris ceux relatifs aux activités accessoires mais à l'exception des plus-values de cession). Ce montant est porté à 10 % si la condition de 5 % était satisfaite au titre de l'exercice précédent. Toutefois, même lorsque ces seuils sont respectés, les charges afférentes à un élément d'actif non professionnel ne sont déductibles du résultat professionnel qu'à concurrence du montant des produits générés par cet élément (CGI art. 155, II-3). Lorsque les **profits** retirés de cette location sont inclus dans le bénéfice imposable au titre des BIC, ils sont déterminés en tenant compte :

– de la part incombant à l'associé dans les **charges** supportées par la société ;

– de **l'amortissement** des locaux auxquels donnent droit les actions ou parts détenues par l'intéressé, étant précisé que la limitation de l'amortissement des biens donnés en location au montant du loyer diminué des charges de l'immeuble s'applique (CGI art. 39 C).

3. ASSOCIÉ ENTREPRISE SOUMISE À L'IMPÔT SUR LE REVENU DANS LA CATÉGORIE DES BNC

68690 **Sur le plan juridique,** l'article L 526-22 du Code de commerce qui définit le statut unique de l'entrepreneur individuel prévoit la séparation des patrimoines professionnel et personnel de l'exploitant, voir n° 68650. Selon l'administration, ce statut s'applique notamment aux membres des professions libérales réglementées exerçant en nom propre (BOI-BIC-CHAMP-70-10 n° 190).

Les dispositions du Code de commerce qui définissent les éléments appartenant au patrimoine professionnel sur le plan juridique n'affectent pas les règles fixées sur le plan fiscal pour la définition de l'actif professionnel des exploitants individuels. Du **point de vue fiscal,** les contribuables relevant de la **déclaration contrôlée** ont en principe le choix d'inscrire ou non à l'actif de leur bilan (par inscription au registre des immobilisations) les biens qui sont utilisés pour l'exercice de la profession sans y être affectés par nature (notamment les **immeubles utilisés pour la profession**). Lorsque les parts ou actions sont inscrites sur le registre des immobilisations et que l'immeuble correspondant aux droits de l'entreprise associée est utilisé pour l'exercice de l'activité professionnelle, le redevable peut déduire, dans les conditions exposées n°s 68655 et 68660, la part lui incombant dans les charges supportées par la société ainsi que l'amortissement des locaux correspondant à ses droits sociaux. À l'inverse, l'affectation de fait à son exploitation (sans inscription au registre des immobilisations), par un associé, des locaux correspondant à ses droits entraîne l'application des règles concernant les personnes physiques (n°s 68610 s.).

Pour les contribuables relevant du régime **micro-BNC,** l'administration a précisé que leur actif professionnel est défini dans les mêmes conditions que celles prévues pour les contribuables relevant de la déclaration contrôlée (BOI-BNC-DECLA-20-20 n° 40) : dès lors que ces contribuables ne tiennent pas de registre des immobilisations, les biens non affectés par nature à l'exercice de la profession mais utilisés dans le cadre de celle-ci (cas des immeubles) ne peuvent pas, à notre avis, être considérés comme relevant de l'actif professionnel et le régime des plus ou moins-values professionnelles ne leur est, selon nous, pas applicable.

> **Précisions** **a.** Si le titulaire de BNC choisit de **maintenir dans son patrimoine privé, du point de vue fiscal, l'immeuble** représenté par les droits sociaux et **utilisé à titre professionnel,** il peut déduire de son résultat imposable le loyer afférent à cet immeuble à condition que (CE 11-4-2008 n°s 287808 et 300302 : RJF 7/08 n° 813 ; BOI-BNC-BASE-10-20 n° 280) :
– l'immeuble ne soit pas inscrit au registre des immobilisations ;
– le loyer fasse l'objet d'un versement effectif d'un compte professionnel vers un compte personnel ;
– les loyers perçus soient déclarés par le contribuable au titre de ses revenus fonciers.
b. Lorsque l'**immeuble** représenté par les droits sociaux n'est pas utilisé directement pour la profession, mais, par exemple, **donné en location,** il ne peut pas faire partie de l'actif professionnel : ce sont les règles concernant les personnes physiques qui s'appliquent (n°s 68610 s.).
c. En ce qui concerne les **plus-values de cession de parts ou actions,** voir n° 69525.

4. ASSOCIÉ PASSIBLE DE L'IMPÔT SUR LES SOCIÉTÉS

68720 Lorsque l'associé est assujetti à l'IS dans les **conditions de droit commun** (CGI art. 206, 1 à 4), les revenus imposables des immeubles représentés par les droits sociaux sont déterminés selon les règles d'assiette de l'impôt sur les sociétés : ni les dispositions de l'article 155, II-1 du CGI (exclusion des produits et des charges qui se rapportent à des biens inscrits au bilan mais non utilisés pour l'exercice de l'activité professionnelle), ni celles de l'article 39 C (limitation de l'amortissement des biens donnés en location au montant du loyer diminué des charges de l'immeuble) ne s'appliquent.

Lorsque l'associé est un **organisme sans caractère lucratif** admis au régime prévu à l'article 206, 5 du CGI, le revenu net provenant de la location des immeubles représentés par les actions ou parts sociales est imposable au taux réduit d'impôt sur les sociétés de 24 % prévu à l'article 219 bis du CGI dans les mêmes conditions que les revenus fonciers encaissés par cette collectivité.

Le régime des **plus-values** de cession de titres est exposé n° 69530.

5. DIRIGEANTS

Lorsque les dirigeants des sociétés transparentes relèvent de l'impôt sur le revenu, les rémunérations qui leur sont allouées sont imposables dans la catégorie des bénéfices industriels et commerciaux (en ce sens : BOI-RSA-GER-10-30 n°s 410 s. ; BOI-ANNX-000067). 68750

La rémunération nette est imposée en conséquence, déduction faite de la quote-part de cette rémunération dont la charge leur incombe s'ils sont aussi associés (D. adm. 8-H-213 n° 2 non reprise au Bofip mais dont la solution conserve selon nous sa valeur sur le fond).

IV. SOCIÉTÉS AYANT POUR OBJET LA CONSTRUCTION D'IMMEUBLES D'HABITATION ET À USAGE MIXTE

RÉGLEMENTATION APPLICABLE

Lorsqu'une société d'attribution a pour objet la construction d'immeubles d'habitation, ou à usage professionnel et d'habitation, elle est soumise à des **règles particulières** (CCH art. L 212-10 s. et R 212-12 s.), qui s'ajoutent aux règles régissant toutes les sociétés d'attribution. 68900

Le secteur de construction dont il s'agit ici est parfois dénommé **« secteur protégé »** en raison précisément des garanties particulières offertes aux accédants à la propriété de locaux d'habitation. Sur la faculté de rétractation, voir n° 67385.

Est considéré comme **immeuble à usage d'habitation ou à usage professionnel** et d'habitation tout **immeuble collectif** dont 10 % au moins de la superficie sont affectés à de tels usages (CCH art. L 242-1). Les superficies à retenir pour le calcul de ce pourcentage sont celles de tous les locaux de l'immeuble, qu'il s'agisse des locaux principaux, des locaux annexes (tels que caves, garages, sous-sols, greniers, réserves, celliers) ou des parties communes (CCH art. R 212-12, al. 1). 68905

Les **annexes affectées** à un local principal sont considérées comme étant de même nature que ce local (CCH art. R 212-12, al. 3).

Les **annexes non affectées** à un local principal sont réputées réparties entre, d'une part, les locaux à usage d'habitation ou à usage professionnel et d'habitation et, d'autre part, les locaux d'une autre nature, selon le rapport existant entre les superficies développées de ces deux catégories de locaux, y compris leurs annexes (CCH art. R 212-12, al. 4).

Les règles particulières au secteur ainsi défini ne concernent que les sociétés d'attribution qui ont pour objet de **construire** l'immeuble social, et non celles qui ont pour objet d'**acquérir** cet immeuble ou de le gérer. C'est pourquoi, dans de nombreuses opérations, il est constitué deux sociétés, l'une de construction en vue de la vente, l'autre d'attribution, la première vendant à la seconde, en l'état futur d'achèvement, l'immeuble qui constitue son objet. On évite ainsi le régime – peu utilisé – du contrat de promotion immobilière au bénéfice d'un régime connu et qui fonctionne bien. 68910

CONTRAT DE PROMOTION IMMOBILIÈRE

Les sociétés d'attribution ayant pour objet la construction d'immeubles d'habitation, ou professionnel et d'habitation, au sens indiqué n° 68905, sont tenues de conclure un contrat de promotion immobilière ou de confier les opérations de promotion à leur représentant légal ou statutaire. Sur cette question, voir n° 81250. 68915

VERSEMENTS DE FONDS

Le représentant légal ou statutaire de la société ne peut exiger ou accepter des associés aucun versement de fonds, sous quelque forme que ce soit, avant la conclusion du **contrat de promotion immobilière,** ou l'approbation de l'écrit qui en tient lieu (CCH art. L 212-10, al. 4). 68920

Par ailleurs, les versements ne sont pas autorisés « avant la date à laquelle la créance correspondante est exigible » (CCH art. L 212-10, al. 4), ce qui signifie que les versements de fonds par les associés doivent correspondre à des **travaux faits** ou à des prestations exécutées et sont donc effectués au fur et à mesure de la justification de leur nécessité.

Les infractions à ces dispositions sont **sanctionnées pénalement** (CCH art. L 241-1 s.).

Par dérogation, les associés souscripteurs du capital initial peuvent verser les fonds nécessaires à l'**achat du terrain** et au paiement des **études techniques et financières du programme** (CCH art. L 212-10, al. 5).

ATTENTION

Cette dérogation est strictement limitée aux **souscripteurs originaires** du capital, à l'exclusion de tout acquéreur de parts sociales. La loi a ainsi entendu protéger le véritable accédant à la propriété. Cependant, ce but n'est plus atteint lorsque l'opérateur, ayant d'abord réuni tous les associés, constitue ensuite directement la société entre eux.

Cette dérogation implique également que les parts ne puissent être cédées volontairement **qu'entre associés** avant la conclusion du contrat de promotion immobilière ou de l'écrit en tenant lieu.

CONTRAT DE RÉSERVATION

68925 Les **cessions de droits sociaux** donnant vocation à l'attribution d'un local d'habitation ou à usage mixte professionnel et d'habitation peuvent être précédées d'un « contrat préliminaire » dont le régime est assez étroitement calqué sur le contrat préliminaire à une vente d'immeubles à construire.

Toute promesse d'achat ou de cession de parts ne revêtant pas les caractéristiques de ce contrat préliminaire est nulle (CCH art. L 212-11, al. 5).

Par ce contrat, dit contrat de réservation, un **associé s'engage à céder ses parts.** En contrepartie de cette promesse, le **cessionnaire doit effectuer un dépôt de garantie** de 5 % du prix de cession et du montant prévisionnel des appels de fonds correspondant aux droits sociaux à céder, si la durée de réservation n'excède pas un an, et de 2 % si cette durée est comprise entre un an et 2 ans. Les fonds ainsi versés sont indisponibles, incessibles et insaisissables et ils sont versés à un compte ouvert, au nom du réservataire, dans une banque ou chez un notaire. Si le délai de réservation est supérieur à 2 ans, aucun dépôt de garantie ne peut être exigé.

68930 Le contrat de réservation, établi par **écrit,** comporte toutes **indications** sur la constitution de la société, la consistance et les conditions techniques d'exécution des travaux et les conditions financières de l'opération. Il précise le nombre de parts cédées, la description détaillée des lots correspondants, la date prévue de la cession, le prix de cession, le montant prévisionnel des appels de fonds correspondant aux droits cédés, et le prix convenu dans le contrat de promotion immobilière et la fraction de ce prix correspondant aux droits cédés, ou, si ces actes n'ont pas encore été établis, le prix prévisionnel. Le contrat doit comporter en annexe une **note technique** indiquant la nature et la qualité des matériaux et des éléments d'équipement et, si le contrat porte sur une partie d'immeuble, des éléments d'équipement collectif qui présentent une utilité pour cette partie d'immeuble (CCH art. L 212-11, al. 2 et R 212-14, I).

68935 Le **projet d'acte de cession** est notifié au cessionnaire un mois au moins avant sa signature, par lettre recommandée avec demande d'avis de réception (CCH art. R 212-14, IV et R 212-16). À notre avis, le cessionnaire peut renoncer, après réception de la notification, à se prévaloir de ce délai et signer l'acte sans attendre l'expiration du délai d'un mois.

68940 Les **fonds déposés en garantie doivent être restitués** dans les cas suivants :
– si le contrat de cession n'est pas conclu du fait du cédant dans le délai prévu au contrat préliminaire ;
– si le prix de cession et le montant des appels de fonds correspondant aux droits sociaux excèdent de plus de 10 % le prix fixé au contrat préliminaire (quelles que soient les causes de cette augmentation) ;
– si l'un des éléments d'équipement prévus au contrat préliminaire ne doit pas être réalisé ;
– si l'immeuble ou la partie de l'immeuble correspondant aux droits cédés présente, dans sa consistance ou sa qualité, une réduction de valeur supérieure à 10 % (CCH art. R 212-15, al. 1).

Cette restitution des fonds déposés en garantie a lieu sans retenue ni pénalité, dans les 3 mois de la demande qui en est faite par le cessionnaire.

Le **cessionnaire** qui **renonce à l'acquisition** sans motif perd son dépôt de garantie, et peut éventuellement être condamné à verser des dommages-intérêts.

Si **la vente se réalise,** le dépôt de garantie s'impute sur le prix de cession.

CONSEIL DE SURVEILLANCE

L'article L 212-12 du CCH impose, dans les sociétés d'attribution qui ont pour objet la construction d'immeubles d'habitation ou à usage mixte, l'existence d'un conseil de surveillance, qui doit comprendre deux **associés** au moins désignés annuellement à la majorité d'au moins la moitié du capital social (CCH art. L 214-6). 68945

Les **gérants** doivent rendre compte à ce conseil des appels d'offres et projets de marchés concernant les travaux ; ils doivent également rendre compte de leur gestion au moins tous les 3 mois. Le conseil peut se faire assister d'un **expert-comptable.** Il peut convoquer l'assemblée ; il est tenu de le faire à la demande d'associés représentant 1/4 au moins du capital social (CCH art. L 214-7, al. 3).

V. SOCIÉTÉS D'ATTRIBUTION POURSUIVANT PLUSIEURS PROGRAMMES

APPELS DE FONDS SUPPLÉMENTAIRES

Les sociétés d'attribution ainsi que les sociétés coopératives constituées avant le 69000
31 décembre 1972 (voir n° 69005) qui ne poursuivent pas simultanément la construction de l'ensemble des logements répondant à leur objet peuvent prévoir, dans leurs statuts, que les appels de fonds nécessaires à la réalisation **de chacun des programmes** et à toutes dépenses d'intérêt commun seront **répartis** entre les seuls associés ayant vocation aux lots de ce programme (CCH art. L 214-1).

Si les statuts ne le prévoient pas, une assemblée spéciale composée des associés dont les parts donnent vocation à un programme peut en prendre la décision, à la majorité des voix, et à condition que les 2/3 au moins des associés ayant vocation aux logements compris dans le programme considéré soient présents ou représentés à cette assemblée. En outre, une assemblée générale de tous les associés doit ratifier la décision de l'assemblée spéciale, à la majorité requise pour les modifications statutaires et dans le mois qui suit. Les statuts sont alors modifiés en conséquence (CCH art. L 214-2) ; voir aussi n° 68505.

L'organe de gestion de la société répartit entre les divers **associés** les **créances et les dettes** de chacun envers la société et une assemblée générale ordinaire approuve cette **répartition** dans l'année de l'assemblée générale ayant modifié les statuts (CCH art. L 214-2).

CRÉATION DE SOCIÉTÉS NOUVELLES

En vue de favoriser la construction d'**ensembles immobiliers importants,** une assemblée 69005
spéciale des associés ayant vocation au même programme peut, aux mêmes conditions qu'au n° 69000, demander :

- soit la dissolution de la société d'attribution (ou coopérative), son **actif** étant alors **dévolu** à plusieurs sociétés d'attribution (ou coopératives) ;
- soit l'apport des éléments de l'actif à plusieurs sociétés nouvelles de même nature.

Dans le mois de la réunion de l'assemblée spéciale, l'assemblée générale de tous les associés statue sur cette demande dans les conditions de majorité requises pour les modifications statutaires (CCH art. L 214-3).

> **Précisions** **a.** Depuis l'entrée en vigueur de la loi du 16 juillet 1971 (soit le 31 décembre 1972), l'objet des coopératives de construction doit être limité à un seul programme (n° 71155). Les dispositions des articles L 214-1 à L 214-3 du CCH ne peuvent donc intéresser que les sociétés d'attribution et les **coopératives constituées avant le 31 décembre 1972.**
> **b.** Au point de vue **fiscal,** les opérations d'apports-scissions effectuées au profit de plusieurs sociétés transparentes ne peuvent être admises au régime spécial des scissions en matière de **droits d'enregistrement.** En conséquence, lors de la formalité de l'enregistrement, il doit être procédé à la perception, le cas échéant, d'une part, des droits prévus en cas de dissolution et, d'autre part, de ceux exigibles au titre de la constitution de sociétés (BOI-ENR-AVS-20-70 n° 200).

SECTION 3

CESSIONS DE DROITS SOCIAUX

69200 Les cessions de droits sociaux sont soumises aux règles du droit commun, en fonction du statut juridique de la société dont ils dépendent. Les **clauses d'agrément** doivent être respectées.

En ce qui concerne :
– les **droits de préemption en matière d'urbanisme,** voir nos 31900 s. et spécialement nos 32670, 33090, 33100, 34180 et 34195 ;
– les **droits de préemption du locataire,** voir Mémento Gestion immobilière nos 64000 s. ;
– la faculté de **rétractation,** voir no 67385.

Le cédant doit fournir à l'acquéreur un **dossier de diagnostic technique** qui doit être annexé à la promesse de vente ou, à défaut de promesse, à l'acte de vente (CCH art. L 271-4). En revanche, les dispositions de la loi 96-1107 du 18 décembre 1996 (loi Carrez) ne sont pas applicables aux cessions de parts des sociétés d'attribution (Rép. Idrac : AN 9-3-1998 no 8577 ; Commission consultative de la copropriété, recommandation no 17).

CESSION INTERVENANT AVANT L'ACHÈVEMENT DE L'IMMEUBLE

69205 Lorsque la cession de droits sociaux d'une société d'attribution intervient avant l'achèvement de l'immeuble, l'**acte de cession** doit préciser (CCH art. R 212-11) :
– le nombre de parts cédées ;
– la désignation des lots auxquels ces parts donnent vocation, avec plans, coupes, cotes, indication de la surface de chaque pièce et dégagement, et désignation sommaire de l'ensemble dont dépendent ces lots ;
– le prix, en distinguant le prix de la cession et le remboursement des sommes déjà versées à la société ;
– les versements restant à faire pour achever l'immeuble, avec l'attestation de la société quant aux appels de fonds déjà faits et à ceux restant à faire, et indication de la situation du cédant à cet égard.

En **annexe,** il doit comporter (ou y faire simplement référence si ces documents sont déposés au rang des minutes d'un notaire) les statuts de la société, l'état descriptif de division, le règlement de jouissance, le cas échéant le contrat de promotion immobilière ou l'écrit qui en tient lieu et une note énonçant les caractéristiques techniques du ou des lots cédés, et des immeubles dans lesquels ils se trouvent, avec les caractéristiques des voies et réseaux divers qui les desservent.

Ces conditions et mentions particulières ne sont pas applicables lorsque la société a pour objet l'acquisition de l'immeuble et non sa construction.

I. EFFETS JURIDIQUES DE LA CESSION DE DROITS SOCIAUX

TRANSFERT DE DROITS

69230 La cession des droits sociaux transmet au cessionnaire tous les droits et obligations du cédant envers la société.

Les **dettes du cédant** ne sont prises en charge par le cessionnaire que si l'acte de cession le prévoit. Le cédant n'est dégagé de ses obligations personnelles envers la société que dans la mesure où celle-ci y a expressément consenti (CCH art. L 212-8).

Sur le **cautionnement hypothécaire** donné au cessionnaire par la société (CCH art. L 212-7), voir no 68510.

PUBLICITÉ DES CESSIONS DE PARTS

69235 Tout transfert de propriété de parts d'une société d'attribution doit être porté à la connaissance de la société.

Si la société d'attribution revêt la forme d'une **société civile,** cette publicité doit être effectuée dans les conditions fixées par l'article 1690 du Code civil ou, si les statuts prévoient le remplacement de ces formalités par un transfert sur les registres de la société comme l'article 1865 du Code civil en donne la possibilité, au moyen d'une notification par lettre recommandée avec demande d'avis de réception (CCH art. R 212-8).

Si la société d'attribution est une **SA,** la cession se traduit par un ordre de mouvement signé du cédant, transcrit sur le registre des mouvements de titres et notifié à la société par les parties ou par un notaire au moyen d'une lettre recommandée avec demande d'avis de réception (CCH art. R 212-8).

Si la cession a eu lieu par acte sous signature privée, la notification incombe au cessionnaire, à notre avis.

Les notifications sont portées sur un registre ouvert au siège social ou chez le liquidateur ; cette obligation subsiste pendant 2 ans après le retrait de l'associé ou la dissolution de la société (CCH art. R 212-9, al. 2).

GARANTIE DUE PAR LE CÉDANT

Le cédant doit garantir l'**existence des droits sociaux** cédés et le libre exercice des droits qui y sont attachés (C. civ. art. 1693). En revanche, il n'est pas tenu de garantir les **vices cachés** de l'immeuble dont seule la société doit répondre (Cass. 3e civ. 6-3-1973 no 71-14.404 : Bull. civ. III no 169). Toutefois, lorsque la société n'a été qu'une technique de commercialisation et que, sous la forme de cessions de parts, il a été procédé à des ventes d'immeuble achevé, les cédants sont alors tenus à la garantie des vices cachés édictée par l'article 1641 du Code civil (Cass. 3e civ. 5-5-1981 no 79-17.115 : Bull. civ. III no 90). 69240

VICES DE CONSTRUCTION

La société étant seule propriétaire de l'immeuble, le cessionnaire des parts n'a aucune action **contractuelle** pour les vices de construction contre l'architecte et les hommes de l'art (Cass. 3e civ. 19-7-1995 no 93-13.395 : RJDA 10/95 no 1117 ; Cass. 3e civ. 14-3-2001 no 99-14.567 : BPIM 3/01 inf. 191). 69245

La société est tenue de construire des ouvrages exempts de malfaçons (CA Versailles 4e ch. 6-4-1990 : D. 1990 IR p. 142), mais elle est seule habilitée à agir contre les constructeurs **pour les vices de construction** en tant que tels. Les associés peuvent poursuivre les constructeurs sur le fondement de la responsabilité extracontractuelle (C. civ. art. 1240 s.) **pour les troubles de jouissance** que leur procurent les malfaçons.

II. RÉGIME FISCAL DES CESSIONS DE DROITS SOCIAUX

REMARQUE GÉNÉRALE

Outre l'imposition des plus-values, les cessions à titre onéreux d'actions ou parts de sociétés transparentes donnent ouverture : 69300

– soit à la TVA, si ces cessions entrent dans le champ d'application de la TVA sur les opérations immobilières (CGI art. 257, I) ;

– soit aux droits d'enregistrement.

Les cessions de droits sociaux qui donnent lieu au paiement de la TVA sont soumises à la perception d'un droit d'enregistrement de 125 € (CGI art. 730).

A. TVA sur les opérations immobilières

Les parts ou actions dont la possession assure en droit ou en fait l'**attribution en propriété ou en jouissance** d'un immeuble ou d'une fraction d'immeuble sont assimilées à des biens corporels et suivent le régime de l'immeuble auquel elles se rapportent (CGI art. 257, I-1-3o). 69330

La cession de telles parts ou actions entre donc dans le champ d'application de la TVA et est imposable de plein droit lorsqu'elle est réalisée à titre onéreux par un **assujetti à la TVA agissant en tant que tel dans le cadre de son activité économique** et qu'elle intervient soit **en cours de construction,** soit **moins de cinq ans après l'achèvement** de l'immeuble (ou fraction d'immeuble) sous-jacent. Si la cession intervient **plus de cinq ans après l'achèvement** de l'immeuble (ou fraction d'immeuble) sous-jacent, elle est en principe exonérée de TVA mais le cédant assujetti peut la soumettre à la TVA sur option (en ce sens, BOI-TVA-IMM-10-10-20 n°s 130 s.). Sur les conséquences de l'**option** pour le régime de l'**assujetti unique** en matière de TVA, voir n° 44230.

Dans les **autres situations,** la cession des parts ou actions est soumise aux droits d'enregistrement (n°s 69400 s.).

69335 S'agissant de la **base d'imposition,** lorsque les droits cédés se rapportent à un terrain à bâtir, la base d'imposition est constituée du prix de cession hors taxe augmenté des charges à l'exclusion, en principe, des intérêts du prix lorsque celui-ci est payable à terme (CGI art. 266, 2-b) lorsque l'acquisition avait ouvert droit à déduction, ou de la marge réalisée à l'occasion de la vente dans le cas contraire (CGI art. 268) ; voir n°s 44510 s. Il en est de même de la cession de ces droits représentant un immeuble achevé depuis plus de cinq ans par un assujetti qui formule une option pour la soumettre à la TVA.

En cas de cession de droits représentant un immeuble achevé depuis moins de cinq ans soumise à la TVA, la base d'imposition est constituée du prix de cession hors taxe.

Concernant les **modalités déclaratives** des assujettis à la TVA : voir Mémento Gestion immobilière n° 85010.

Concernant le **droit à déduction** : voir Mémento Gestion immobilière n°s 85015 s.

B. Droits d'enregistrement sur les cessions de droits sociaux

69400 Si l'on n'est pas dans l'une des situations visées n° 69330, les cessions de parts ou actions sont soumises aux droits d'enregistrement. En vertu du principe de la **transparence fiscale,** ces cessions sont censées avoir pour objet les biens immobiliers auxquels donnent vocation les droits cédés.

Bien qu'elles soient fiscalement considérées comme ayant pour objet des immeubles, ces cessions de droits sociaux échappent à la **formalité** de la publicité foncière et doivent seulement être enregistrées au service des impôts, dans le délai d'un mois à compter de l'acte ou, à défaut d'acte, dans le mois de la vente (en ce sens : BOI-ENR-DMTOM-40-20 n° 120).

> **Précisions a.** Aux termes de l'article 1589-2 du Code civil, est nulle et de nul effet toute **promesse unilatérale de vente** afférente aux titres des sociétés visées aux articles 728 et 1655 ter du CGI, si elle n'est pas constatée par un acte authentique ou par un acte sous signature privée enregistré dans le délai de dix jours à compter de la date de son acceptation par le bénéficiaire. Il en est de même de toute cession portant sur ces promesses qui n'a pas fait l'objet d'un acte authentique ou d'un acte sous signature privée dans les dix jours de sa date (n° 74320).
> **b.** En cas de **cession** des actions ou parts **non constatée par un acte,** la mutation verbale de l'immeuble qui en résulte doit faire l'objet d'une déclaration détaillée et estimative (CGI art. 638).
> **c.** Les actes et **déclarations** ayant pour objet une cession de participations dans une personne morale à prépondérance immobilière doivent **indiquer expressément** si cette personne morale est une société mentionnée à l'article 1655 ter du CGI, si les participations cédées confèrent au cessionnaire, direct ou indirect, le droit à la jouissance d'immeubles ou de fractions d'immeubles au sens de l'article 728 du CGI, et si le cessionnaire a acquitté ou s'engage à acquitter, directement ou indirectement, des dettes contractées auprès du cédant par cette personne morale en précisant, le cas échéant, leur montant (CGI art. 726, III-B). Le cessionnaire est indirect lorsque les participations cédées sont acquises par l'intermédiaire d'une personne morale, qu'elle soit ou non à prépondérance immobilière (BOI-ENR-DMTOM-40-10-20 n° 320). Les dettes visées sont celles dont la personne morale est débitrice envers le cédant, telles que comptes courants d'associés ou dettes dont le cédant s'est porté garant par cautionnement (BOI-ENR-DMTOM-40-10-20 n° 330). Seule la **déclaration papier** de cession de droits sociaux non constatée par un acte (formulaire n° 2759) intègre ces mentions et l'administration alerte, dans la FAQ relative à cette déclaration, sur le fait que les déclarations de cessions de participations dans une personne morale à prépondérance immobilière ne doivent pas, de ce fait, être effectuées en ligne.

CESSION DE PARTS OU ACTIONS DE SOCIÉTÉS TRANSPARENTES INTERVENANT APRÈS L'ÉTABLISSEMENT D'UN ÉTAT DE DIVISION

69405 Les cessions de parts ou d'actions de sociétés transparentes, qui interviennent après l'établissement d'un état de division, constituent une vente du local à la jouissance ou à la propriété duquel les droits sociaux donnent vocation. Cette vente est soumise, en tous points, au régime fiscal des ventes d'immeubles (délai d'enregistrement, tarif et liquidation des droits, répression des insuffisances et des dissimulations de prix) : voir Mémento Gestion immobilière nos 84660 s.

Présomption de transmission La présomption de transmission résultant de l'article 1881 du CGI, aux termes duquel la mutation d'un immeuble est suffisamment établie, pour la demande du droit d'enregistrement et la poursuite du paiement contre le nouveau possesseur, soit par l'inscription de son nom au **rôle de la taxe foncière** et des paiements par lui faits d'après ce rôle, soit par des **baux** par lui passés ou enfin par des **transactions ou autres actes** constatant sa propriété ou son usufruit, est éventuellement applicable dès lors que les parts sont considérées comme des immeubles au point de vue fiscal : l'administration peut donc réclamer les droits de mutation au nouveau possesseur des parts ou actions. **69410**

Assiette des droits Les droits de mutation sont assis sur le **prix exprimé** en y ajoutant toutes les **charges** ainsi que toutes les **indemnités** stipulées au profit du cédant à quelque titre que ce soit, ou sur la **valeur vénale,** si elle est supérieure. **69415**

Constitue notamment une charge augmentative du prix pour l'assiette des droits de mutation l'engagement pris par le cessionnaire d'effectuer, au lieu et place du cédant, les versements prévus pour le **remboursement de la quote-part d'un prêt** accordé à la société par un organisme de crédit. En vertu du principe de transparence, en effet, les prêts consentis aux sociétés elles-mêmes doivent être considérés, au regard des droits d'enregistrement, comme accordés à chaque associé pour la quote-part des locaux auxquels il a vocation (D. adm. 8 H-2323 n° 4 non reprise dans Bofip mais dont la solution conserve selon nous sa valeur sur le fond).

> **Précisions** L'administration fiscale considère que les sommes versées par l'acquéreur à la société antérieurement à l'acte de cession, notamment en répondant aux **appels de fonds antérieurs** auxquels le cédant était tenu, constituent une charge augmentative du prix. La preuve contraire peut être apportée seulement s'il n'y a pas eu d'appel de fonds et qu'il est prouvé que ces versements présentent toutes les caractéristiques de prêts, librement consentis, effectivement remboursables et non liés à la qualité d'associé (D. adm. 8 H-2323 n° 5 non reprise dans Bofip mais dont la solution conserve selon nous sa valeur sur le fond).
> L'engagement pris par le cessionnaire de répondre aux **appels de fonds ultérieurs** ne peut être considéré comme une charge, puisque cette obligation lui incombe personnellement.

CESSION INTERVENANT AVANT L'ÉTABLISSEMENT D'UN ÉTAT DE DIVISION ET L'AFFECTATION DES DROITS SOCIAUX À CHAQUE FRACTION D'IMMEUBLE

Lorsque la cession des droits sociaux intervient avant l'établissement d'un état de division et l'affectation des droits sociaux à chaque fraction d'immeuble, elle est réputée avoir pour objet une **quote-part indivise de l'actif social** et est soumise au régime fiscal applicable aux biens réputés transmis. **69420**

Si l'actif social comprend des **biens meubles et immeubles,** il est admis de ne pas appliquer les dispositions de l'article 735 du CGI prévoyant l'application du droit de vente d'immeubles sur la totalité du prix, sauf stipulation d'un prix particulier pour les objets mobiliers et désignation article par article dans le contrat (BOI-ENR-DMTOI-10-120 n° 70).

CAS PARTICULIER : CESSION DES ACTIONS OU PARTS DES SOCIÉTÉS NON TRANSPARENTES VISÉES À L'ARTICLE 728 DU CGI

L'article 728 du CGI vise le cas des sociétés non transparentes (c'est-à-dire qui n'ont pas, en fait, pour unique objet celui défini à l'article 1655 ter du même Code), mais dont les actions ou parts, ou certaines d'entre elles, confèrent à leurs possesseurs le **droit à la jouissance d'immeubles** ou de fractions d'immeubles. Il n'y a pas lieu, à cet égard, de s'attacher à l'objet de la société, ni à son activité réelle, mais uniquement aux prérogatives que les parts ou actions confèrent à leur détenteur ainsi qu'à la finalité de l'opération : il est nécessaire que le droit de jouissance soit indissolublement lié à la qualité d'associé (BOI-ENR-DMTOM-40-30 n° 20). **69425**

Le régime de l'article 728 du CGI n'est en principe applicable qu'après établissement d'un **état de division** et **affectation** d'actions ou de parts, ou de groupes d'actions ou de parts, à chacune des fractions de l'immeuble. Si la cession intervient avant l'établissement de cet état de division, c'est le régime fiscal de droit commun des cessions de droits sociaux prévu par l'article 726 du CGI qui s'applique (BOI-ENR-DMTOM-40-30 n° 30). L'administration réserve toutefois le cas où l'établissement de l'état de division et d'affectation des droits sociaux a été différé à des fins purement fiscales : en pareille hypothèse, le régime de l'article 728 du CGI pourrait être appliqué (BOI précité).

Lorsque les conditions de l'article 728 du CGI sont réunies, les cessions d'actions ou de parts sont réputées **avoir pour objet les immeubles** ou fractions d'immeubles à la jouissance desquels elles donnent droit ou sont destinées à donner droit. Mais la présomption légale doit être interprétée strictement et seule la **fraction du prix de cession** afférente à l'immeuble ou à la fraction d'immeuble réputé transmis, à déterminer par une ventilation du prix global, est assujettie au droit de mutation au tarif des ventes d'immeubles.

Le **surplus du prix** est considéré comme s'appliquant à la cession des droits sociaux proprement dits et reste soumis au régime fiscal de droit commun (BOI-ENR-DMTOM-40-30 n° 40).

> **Précisions** **a.** Ces dispositions sont applicables notamment aux cessions d'actions ou parts (BOI-ENR-DMTOM-40-30 n°s 50 s.) :
> – de sociétés concessionnaires de **ports de plaisance** donnant vocation à la jouissance d'un anneau d'amarrage ;
> – de sociétés d'attribution d'**immeubles en jouissance à temps partagé** ;
> – de sociétés titulaires d'un **droit d'emphytéose** (Cass. com. 4-6-1996 n° 94-19.737 : RJF 10/96 n° 1240).
>
> **b.** La **cession aux membres d'une même famille de la totalité des parts d'une SCI** est réputée avoir pour objet l'immeuble possédé par la SCI dès lors que le but recherché par les acquéreurs est d'être les seuls propriétaires de l'immeuble, utilisé comme résidence secondaire, et leur a donc conféré le droit à la jouissance de l'immeuble au sens de l'article 728 du CGI (Cass. com. 10-12-2003 n° 01-16.589 : RJF 4/04 n° 428).

TRANSMISSIONS À TITRE GRATUIT

69430 Les transmissions à titre gratuit de parts ou actions de **sociétés** d'attribution **transparentes** sont, de même que les mutations à titre onéreux, réputées porter en principe sur les biens en nature représentés par les droits transmis.

En revanche, les dispositions de l'article 728 du CGI (n° 69425) concernent uniquement les transmissions à titre onéreux et ne s'appliquent pas aux mutations à titre gratuit de parts ou actions de **sociétés non transparentes.**

C. Plus-values de cession des droits sociaux

DROITS DÉTENUS PAR UN PARTICULIER

69500 Les membres des sociétés transparentes étant, conformément au principe posé par l'article 1655 ter du CGI, considérés comme propriétaires privatifs des locaux représentés par leurs droits sociaux, les cessions de leurs actions ou parts sont assimilées à la vente des locaux représentés par ces titres et suivent donc le régime d'imposition des plus-values d'immeubles, lorsque ces cessions sont réalisées par des particuliers agissant dans le cadre de la **gestion** de leur **patrimoine privé** (CGI art. 150 U s.).

69505 Ainsi, en cas de cession de **titres représentatifs de locaux bénéficiant d'une exonération particulière** (résidences principales notamment), la plus-value correspondante échappe à l'imposition dans les mêmes conditions que si les locaux étaient eux-mêmes vendus (pour une illustration : CE 10-4-2015 n° 367015 : RJF 7/15 n° 598).

La plus-value de cession éventuellement imposable doit être **déterminée** en fonction de **la date et du prix d'achat** (ou, le cas échéant, de la valeur d'acquisition) des parts ou actions (BOI-RFPI-SPI-10-20 n° 130).

Le délai de détention court à compter de la date d'acquisition ou de souscription des titres, quelle que soit la date de début d'exécution des travaux de construction.

Pour le calcul de la plus-value, les **appels de fonds** auxquels les associés sont tenus de souscrire font partie du prix de revient des parts sociales (CAA Lyon 12-5-1992 n° 718 : RJF 10/92 n° 1355).

69510 En cas de **cession de droits sociaux ayant rémunéré un apport en nature** (n° 67865), le prix de revient des titres cédés est constitué, lorsque la plus-value d'apport n'a été taxée qu'à concurrence des droits acquis par les coassociés sur le bien apporté, par les deux éléments suivants :
– d'une part, la valeur d'acquisition originelle du bien apporté retenue à concurrence de la fraction de ce bien qui est censée être demeurée la propriété de l'apporteur ;
– d'autre part, la fraction de la valeur d'apport correspondant aux droits acquis par les coassociés et qui a été retenue pour le calcul de la plus-value réalisée au moment de l'apport.

69515 En cas de cession d'actions ou de parts d'une société de construction dotée de la transparence fiscale dégageant un **profit de construction,** ce dernier est imposé selon le régime des plus-values des particuliers ou selon les règles de droit commun des BIC en fonction du caractère occasionnel ou habituel qu'il présente.

> **Précisions** Les plus-values réalisées à titre occasionnel par les **associés** de sociétés d'attribution **fiscalement domiciliés hors de France** à l'occasion de la cession de leurs parts ou actions dans le cadre de la gestion de leur patrimoine privé sont en principe soumises à un prélèvement au taux de 19 % ou de 25 % (CGI art. 244 bis A).
> Les profits réalisés par ces associés à l'occasion de cessions habituelles de leurs parts ou actions sont soumis à un prélèvement au taux de 25 %, ou de 75 % pour les contribuables domiciliés dans certains États ou territoires non coopératifs, sauf, dans ce dernier cas, s'il est justifié que les opérations correspondantes ont principalement un objet et un effet autres que de permettre leur localisation dans cet État (CGI art. 244 bis).

DROITS SOCIAUX INSCRITS À L'ACTIF D'UNE ENTREPRISE

Entreprise individuelle soumise à l'impôt sur le revenu dans la catégorie des BIC 69520 Lorsque les titres de la société d'attribution sont, du point de vue fiscal, inscrits à l'actif immobilisé d'une entreprise individuelle, et que les **locaux** à la jouissance ou à l'attribution desquels ils donnent droits sont **utilisés pour les besoins de l'activité professionnelle** de l'entreprise, les plus-values de cession sont en principe soumises au régime des plus-values professionnelles.

Les règles suivantes sont donc en principe applicables :

– exonération totale ou partielle dégressive lorsque les recettes n'excèdent pas certaines limites et que l'entreprise exerce son activité depuis au moins cinq ans (CGI art. 151 septies). Sont toutefois exclues du bénéfice de cette exonération les plus-values afférentes aux biens qui entrent dans le champ d'application de l'article 1594-0 G, A du CGI (cessions d'immeubles assorties d'un engagement de construire pris par l'acquéreur, assujetti à la TVA, exonérées de droits d'enregistrement) ;

– application du régime des plus-values ou moins-values à court terme et long terme dans le cas contraire.

La plus-value dégagée est déterminée par rapport à la valeur comptable résiduelle des actions ou parts après imputation des amortissements.

Lorsque les droits cédés consistent en des actions ou parts reçues en rémunération de l'apport d'un terrain à bâtir, il est tenu compte, pour déterminer leur prix de revient, de l'option éventuelle de l'entreprise pour l'inscription à son bilan des droits sociaux à la valeur comptable que comportait l'élément apporté, conformément à la tolérance administrative mentionnée n° 67870.

Lorsque les parts ou actions de la société inscrites à l'actif immobilisé de l'entreprise correspondent à des **locaux n'ayant pas toujours été utilisés pour l'exercice de l'activité professionnelle,** la plus-value doit, en principe, être ventilée entre :

– une fraction afférente à la période pendant laquelle le bien a concouru à l'exercice de l'activité, soumise au régime des plus-values professionnelles ;

– et une fraction relative à la période pendant laquelle le bien n'a pas été utilisé pour l'exercice de l'activité, qui relève des règles d'imposition des plus-values privées.

La fraction de la plus-value professionnelle est déterminée par différence entre un prix de cession ajusté et la valeur comptable de l'élément d'actif cédé (majoré le cas échéant des amortissements réintégrés).

La fraction de la plus-value privée est égale au prix de cession réel de l'actif diminué du prix de cession retenu pour la détermination de la plus-value professionnelle.

Lorsque les parts ou actions correspondent à des locaux qui n'ont **jamais été utilisés pour l'exercice de l'activité professionnelle,** leur cession, qui relève en principe du régime des plus-values privées, génère néanmoins une plus-value professionnelle à hauteur des amortissements éventuellement déduits du résultat des exercices ouverts avant le 1er janvier 2012 ou de ceux admis en déduction après cette date en cas d'application de la tolérance de 5 % ou 10 % permettant de ne pas retraiter du résultat fiscal professionnel les charges et les produits afférents à des éléments d'actif étrangers à l'activité professionnelle (voir n° 68665).

Lorsque les parts ou actions de la société constituent un **stock immobilier,** la plus-value est imposée dans les mêmes conditions que les bénéfices d'exploitation.

> **Précisions** **a.** Si l'**entreprise associée a acquis les actions ou parts avant l'achèvement des travaux** de construction et remplit les autres conditions requises, elle relève du régime des profits de construction.
> **b.** Sur les conséquences du **partage des immeubles sociaux** conduisant à une substitution des immeubles aux parts ou actions inscrites à l'actif : voir n° 70010.

Entreprise individuelle soumise à l'impôt sur le revenu dans la catégorie des BNC 69525 Si les parts ou actions sont inscrites sur le registre des immobilisations et correspondent à des locaux utilisés pour l'exercice de la profession, les plus-values réalisées par l'associé exerçant une activité non commerciale relèvent du régime des plus-values professionnelles défini à l'article 93 quater, I du CGI, ou du régime de l'exonération des petites entreprises prévu à l'article 151 septies du même Code.

Lorsque les parts ou actions ne répondent pas à ces conditions, les plus-values de cession relèvent du régime des plus-values immobilières des particuliers (nos 69500 s.).

69530 **Associé soumis à l'impôt sur les sociétés** Les plus-values sur cessions de parts ou actions de sociétés d'attribution réalisées par des associés soumis à l'IS **dans les conditions de droit commun** sont imposables comme des bénéfices d'exploitation. En effet, dès lors qu'elles sont réputées porter directement sur les immeubles, les cessions de titres de sociétés transparentes ne peuvent pas prétendre à l'application du régime du long terme.

Si l'associé est un **organisme sans but lucratif,** il échappe à toute taxation à raison de ces plus-values, sauf dans le cas où cette cession sort du cadre normal de la gestion de son patrimoine et revêt un caractère lucratif.

Les **profits de construction** réalisés par l'intermédiaire de la société transparente sont soumis à l'IS dans les conditions de droit commun.

SECTION 4

DISPOSITIONS DIVERSES

I. RETRAIT D'ASSOCIÉ ET DISSOLUTION DE LA SOCIÉTÉ D'ATTRIBUTION

A. Régime juridique du retrait d'associé

CONDITIONS DU RETRAIT

69790 Lorsqu'un associé **a répondu à tous les appels de fonds** nécessaires à la réalisation de l'objet social, il a le droit de demander son retrait de la société, sauf si les statuts ne prévoient que des attributions en jouissance. Dans les sociétés de construction, il faut en outre qu'une assemblée générale ordinaire ait constaté l'**achèvement de l'immeuble** social et sa conformité avec l'état descriptif de division et ait décidé des comptes définitifs de l'opération de construction. Si, dans une société de construction, l'assemblée ne procède pas à ces constatations, l'associé peut demander au tribunal judiciaire du lieu de situation de l'immeuble d'y procéder (CCH art. L 212-9).

69795 Dans toutes les sociétés d'attribution, le retrait peut être exercé **même après dissolution** de la société. C'est alors le liquidateur qui signe l'acte (CCH art. L 212-9, al. 10).

Le retrait est constaté par **acte authentique,** signé de l'associé et du représentant légal de la société. En cas de refus de celui-ci, un jugement du président du tribunal judiciaire statuant selon la procédure accélérée au fond y supplée (CCH art. L 212-9).

EFFETS DU RETRAIT

69800 Le retrait entraîne de plein droit l'**annulation des parts** correspondant aux locaux attribués en propriété à l'associé. Il incombe à l'organe de gestion de la société de constater la réduction corrélative du capital social et de modifier les statuts en conséquence.

69805 Le retrait fait naître l'état de **copropriété,** si telle est l'organisation qui doit succéder à l'état de société (voir no 68040). Le syndicat de copropriété existe de plein droit et le règlement de copropriété s'applique en toutes ses dispositions. L'associé retiré perd la qualité d'associé mais acquiert celle de copropriétaire. Corrélativement, la société se trouve ramenée au rang de simple copropriétaire. Mais les associés restés en société votent « par transparence juridique » dans les assemblées de copropriété comme s'ils étaient copropriétaires et suivant les règles de la copropriété (Loi 65-557 du 10-7-1965 art. 23 ; Décret 67-223 du 17-3-1967 art. 12). Cette « transparence » des sociétés d'attribution ne concerne que la participation aux assemblées. Hors ce cas, c'est la société propriétaire des lots qui est considérée comme seule copropriétaire. Ainsi, les associés n'ont pas qualité pour contester personnellement les décisions de l'assemblée générale (Cass. 3e civ. 22-1-1992 n° 88-13.980 : Bull. civ. III n° 26).

Le retrait d'un associé doit être notifié au syndic de copropriété, faute de quoi sa qualité de copropriétaire n'est pas opposable au syndicat des copropriétaires (CA Paris 23e ch. B. 30-3-2000, Synd. des copropriétaires du 14, rue Cognac-Jay c/ Segfa : Constr.-urb. 2000 n° 210).

Sauf s'ils bénéficient de sûretés réelles, les **créanciers sociaux** ne peuvent poursuivre l'asso- 69810
cié retiré qu'après discussion préalable des biens restant appartenir à la société (CCH art. L 212-9, al. 12).

B. Régime juridique de la dissolution

DISSOLUTION ET LIQUIDATION

La finalité normale des sociétés d'attribution est de **disparaître lorsque leur objet est rem- 69900
pli,** pour faire place à l'organisation (copropriété ou autre) choisie au moment de la constitution de la société.

Indépendamment de toutes les causes ordinaires de dissolution des sociétés, la dissolution peut être **décidée par** une assemblée générale statuant à la majorité des 2/3 des associés et des 2/3 des voix, et cela même si les statuts portent une clause contraire ou s'ils ne prévoient que des attributions en jouissance (CCH art. L 212-9, al. 1).

L'assemblée qui décide la dissolution nomme un **liquidateur** qui gère la société pendant la période intérimaire et prépare le partage (CCH art. L 212-9, al. 2).

› Précisions **a.** Le liquidateur a qualité pour exercer l'**action en recouvrement des charges communes** (Cass. 3e civ. 31-1-1990 n° 88-18.731 : Bull. civ. III n° 34).
b. En l'absence de paralysie des organes sociaux, la dissolution anticipée de la société ne peut pas être prononcée malgré la **mésentente entre associés** (CA Paris 27-11-1998, SCI Résidence Edison c/ Calpas : Constr.-urb. 1999 n° 206).
c. Alors même que la **division de l'immeuble** n'est **pas intervenue,** la réalisation de l'objet principal de la société permet de demander la dissolution judiciaire de la société (Cass. com. 3-4-2007 n° 05-12.781, SCI Résidence Edison c/ Pilon).

PARTAGE

Conditions L'assemblée générale ordinaire doit statuer définitivement sur les comptes 69905
de l'opération de construction. L'acte de partage **attribue** ensuite les **fractions divises et indivises d'immeuble** aux associés conformément aux prévisions statutaires et répartit de même le **passif** entre eux (CCH art. L 212-9, al. 3).

Les associés qui **n'ont pas satisfait à leurs obligations** sociales ne peuvent prétendre à aucune attribution et le partage est limité aux associés dont la situation est régulière (CCH art. L 212-9, al. 5).

› Précisions **a.** À défaut **de vote** sur la constatation de l'achèvement de l'immeuble et sur les comptes de construction, chaque associé peut **demander au tribunal** judiciaire de se substituer à l'assemblée pour prendre ces décisions (CCH art. L 212-9, al. 9).
b. Dans le cas où la succession d'un **associé décédé** n'est pas liquidée, l'attribution est faite indivisément à ses héritiers, sans valoir acceptation de leur part de la succession ou de la libéralité (CCH art. L 212-9, al. 4).
c. Les associés qui ont fait l'**avance d'appels de fonds pour le compte de coassociés,** ayant depuis réglé leur contribution, ne peuvent s'opposer à l'attribution à leur profit des lots auxquels ils ont vocation (Cass. 3e civ. 22-3-1995 n° 92-19.343 : Bull. civ. III n° 85).
d. L'obligation pour les associés d'une société d'attribution de répondre aux appels de fonds constitue une condition de leur droit de participer au partage mais n'est pas une condition de la recevabilité de leur **action en justice** visant à obtenir ou homologuer un partage (Cass. 3e civ. 16-3-2022 n° 21-11.579 FS-B : BPIM 3/22 inf. 213).

Formalités Le liquidateur établit un **projet de partage** en la forme notariée. Les associés 69910
sont invités – et au besoin sommés – de venir en prendre connaissance, pour l'approuver ou le contester. Ceux qui le contestent ont 15 jours pour assigner le liquidateur devant le tribunal judiciaire du siège social et demander des rectifications.

› Précisions **a.** Lorsque l'affectation des lots aux groupes de parts résulte des **statuts,** les lots délivrés doivent être conformes aux dispositions statutaires, sans que puisse être opposée à l'associé une modification qu'il n'aurait pas acceptée (Cass. 3e civ. 10-5-1990 n° 88-18.272 : Bull. civ. III n° 115).

b. Lorsque le projet de partage a été établi selon les parts détenues par les associés, le partage et l'attribution des lots ne peuvent pas être remis en cause au seul motif d'un **manquement à la règle de proportionnalité** prévue par l'article L 212-5 du CCH (Cass. 3e civ. 17-1-1996 no 93-16.371 : RJDA 6/96 no 797).

69915 **Effets** Les **attributions** devenues définitives (faute de contestation) sont **opposables aux associés,** y compris ceux qui sont absents ou incapables (CCH art. L 212-9, al. 7).

L'acte de dissolution-partage est publié au service de la publicité foncière du lieu de situation de l'immeuble et les attributions sont ainsi rendues **opposables aux tiers.** Les créanciers antérieurs de la société ne peuvent poursuivre les ex-associés sans avoir discuté d'abord les biens appartenant encore à la société (CCH art. L 212-9, dernier al.).

69920 Le partage fait naître l'état de **copropriété,** les associés devenant propriétaires de la fraction de l'immeuble à laquelle ils avaient vocation.

Il est possible de **déroger** au statut de la copropriété en mettant en place une organisation dotée de la personnalité morale et suffisamment structurée pour assurer la gestion des éléments et services communs (Loi 65-557 du 10-7-1965 art. 1, II). Cette organisation entre en vigueur au moment des attributions-partages.

C. Fiscalité du retrait et de la dissolution

DROITS D'ENREGISTREMENT

70000 Si l'acte constatant la dissolution d'une société n'est pas, en principe, obligatoirement soumis à la **formalité de l'enregistrement** (CGI art. 635, 1-5° a contrario), il en va différemment des actes de partage, qui doivent être enregistrés dans le délai d'un mois à compter de leur date (CGI art. 635, 1-7°).

Les actes de partage des sociétés ayant fonctionné conformément à l'objet défini à l'article 1655 ter du CGI sont **enregistrés gratuitement** lorsqu'ils remplissent les conditions ci-après, exigées par l'article 828, I-2° du CGI.

Il doit s'agir d'un **partage en nature** intervenant entre les associés et comportant l'attribution exclusive en propriété des fractions d'immeubles ou groupes d'immeubles construits, acquis ou gérés par la société et auxquels ils avaient vocation. En outre, le partage doit être effectué à **titre pur et simple,** c'est-à-dire sans soulte ni retour. Cette condition exclut du bénéfice du régime de faveur la remise à l'architecte, en règlement de ses honoraires, d'appartements construits par la société (Cass. com. 2-11-1967). S'il existe un **passif** social au moment du partage, le régime de faveur reste applicable, dès lors que ce passif est réparti entre tous les associés proportionnellement à leurs droits dans l'actif brut (BOI-ENR-AVS-40-20 no 100).

> **Précisions** **a.** Les actes de **partage partiel** intervenant en cours de société bénéficient du même régime de faveur. Par ailleurs, il n'y a pas à distinguer suivant la **date** à laquelle le **partage** intervient, aucune condition de délai n'étant exigée (BOI précité no 100).
b. Dans le cas des **sociétés ayant bénéficié de prêts à la construction,** l'article 828, I-2° du CGI prévoit qu'elles peuvent revendiquer le bénéfice du régime fiscal de faveur, même si la répartition de ces prêts a pour effet d'enlever au partage son caractère pur et simple, pourvu que cette répartition ait été effectuée suivant les règles prévues par les organismes prêteurs (BOI précité no 100).
c. Pour les **sociétés assujetties à la TVA,** l'enregistrement gratuit n'est applicable que si la société justifie du règlement de la taxe sur les opérations de construction. Si ces conditions ne sont pas remplies, les droits dus à l'occasion du partage de ces sociétés sont exigibles selon les règles de droit commun. Il en est de même si la société a perdu le bénéfice de la transparence fiscale. Le droit proportionnel de partage (CGI art. 746) est alors exigible à raison du partage des acquêts sociaux sur la valeur de l'actif net partagé. Pour sa détermination, les immeubles sont appréciés à leur valeur vénale réelle à la date du partage (en ce sens, Rép. Boutin : AN 7-3-1988 no 27204, non reprise dans Bofip).

PLUS-VALUES

70005 **Principes** En raison du principe de « transparence fiscale », les opérations de retrait et de partage ne dégagent pas de plus-value imposable.

Ainsi, le **passage** de sociétés transparentes **en copropriétés** n'entraîne, en lui-même, aucune conséquence en matière d'impôts directs : le partage en nature et à titre pur et simple entre tous les associés de la totalité des immeubles qui composent l'actif social ne dégage pas de plus-value imposable (Rép. Boutin : AN 7-3-1988 no 27204, non reprise dans Bofip).

Corrélativement, l'associé, réputé propriétaire de son lot depuis l'origine, réalisera, lors de la **revente** de ce lot, une plus-value qui devra être déterminée non pas à partir de la date de la dissolution de la société et de l'évaluation de l'immeuble dans l'acte de partage, mais en prenant en considération la date et le prix d'acquisition (ou de souscription) des titres.

> **Précisions a.** Le **prix de revient** est constitué par le prix d'acquisition (ou de souscription) des titres, augmenté des appels de fonds auxquels l'associé a dû répondre pour la réalisation de l'objet social (CAA Lyon 12-5-1992 n° 718 : RJF 10/92 n° 1355).
> **b.** Les **frais de dissolution et de partage** de la société sont à ajouter au prix d'acquisition (CE 5-4-1993 n° 55110 : RJF 5/93 n° 664). Ils constituent des frais d'acquisition qui, semble-t-il, sont couverts par le forfait de 7,5 % si le contribuable a opté pour l'application de ce dernier pour le calcul de la plus-value immobilière privée.
> **c.** Sur la date d'acquisition à retenir lorsque **la société a fait construire l'immeuble,** voir n° 69505.
> **d.** La dissolution de la société transparente ne dégage pas de plus-value imposable même dans le cas où la **société** vient à être **dissoute à l'arrivée de son terme,** sans avoir réellement rempli son objet (BOI-RFPI-PVI-10-30 n° 240).

Droits sociaux inscrits à l'actif du bilan d'une entreprise Lorsque les droits sociaux sont inscrits à l'actif du bilan d'une entreprise relevant des BIC ou soumise à l'IS, le partage des immeubles sociaux conduisant à une **substitution des immeubles aux parts ou actions** inscrites à l'actif ne dégage aucune plus-value taxable mais l'entreprise ne doit faire subir aucun changement aux évaluations inscrites dans ses écritures comptables. Elle doit seulement apporter aux rubriques de son bilan les modifications nécessaires pour faire apparaître qu'une partie des immeubles acquis ou construits par la société de copropriété immobilière est venue se substituer, dans son patrimoine, aux droits sociaux dont elle était précédemment titulaire (D. adm. 8 H-2122 n° 33 non reprise dans Bofip). L'immeuble doit être inscrit pour la valeur comptable des titres annulés. **70010**

II. TRANSFORMATION DE LA SOCIÉTÉ D'ATTRIBUTION

TRANSFORMATION D'UNE SOCIÉTÉ TRANSPARENTE EN SOCIÉTÉ NON TRANSPARENTE

La société issue de la transformation étant dotée d'une personnalité fiscale distincte de celle de ses membres, il y a lieu de considérer que les associés de la société d'attribution font **apport** à la société non transparente des biens auxquels ils avaient vocation. **70150**

Ces règles sont applicables quels que soient la **nature,** la **forme** et l'**objet** de la société issue de la transformation, dès lors qu'elle ne peut être réputée remplir les conditions requises à l'article 1655 ter du CGI (BOI-RFPI-PVI-10-30 n° 210).

La **plus-value** dégagée à cette occasion est imposable selon les règles de droit commun (plus-values immobilières ou plus-values professionnelles, selon que l'apporteur est un particulier ou une entreprise).

L'acte constatant la transformation de la société doit être obligatoirement soumis à la formalité de l'**enregistrement** dans un délai d'un mois à compter de sa date (CGI art. 635, 1-5°). En l'absence d'acte la constatant, la transformation doit être déclarée au service des impôts compétent dans le mois qui suit sa réalisation (CGI art. 638 A).

Sur les droits applicables : voir n° 67485 c.

TRANSFORMATION D'UNE SOCIÉTÉ TRANSPARENTE EN SOCIÉTÉ DE CONSTRUCTION-VENTE

En principe, la **plus-value** dégagée par cette transformation devrait être soumise à l'impôt mais l'article 239 ter, II, 2° du CGI prévoit expressément qu'il est sursis à cette imposition à la condition qu'aucune modification ne soit apportée aux écritures comptables du fait de la transformation. La société doit donc s'abstenir de comptabiliser les éléments en cause pour une valeur supérieure à la valeur d'origine qu'ils avaient avant la transformation. Corrélativement, la valeur d'actif des participations détenues dans la société transformée par des entreprises industrielles et commerciales ou des sociétés passibles de l'impôt sur les sociétés doit demeurer inchangée au bilan de ces dernières (BOI-RFPI-PVI-10-30 n° 220). **70155**

Ce sursis d'imposition est prévu dans le cadre du régime fiscal de faveur dont peuvent bénéficier les sociétés civiles de construction-vente dont l'application est subordonnée, pour les

70155 (suite) sociétés issues de la transformation d'une société transparente, au respect des deux conditions supplémentaires suivantes, appréciées jusqu'à la date de la transformation inclusivement : d'une part, la société ne doit avoir procédé à aucune vente d'immeubles ou de fractions d'immeubles ; d'autre part, aucune des parts ou actions ne doit avoir été cédée à titre onéreux à une personne autre qu'un associé initial (BOI-BIC-CHAMP-70-20-100-10 nos 380 s.).

En matière d'**enregistrement,** la transformation d'une société transparente en société de construction-vente est, à notre avis, enregistrée sans coût fiscal dans la mesure où la constitution des sociétés visées à l'article 239 ter du CGI est susceptible d'être enregistrée gratuitement (voir no 63995), et que la transformation n'entraîne pas la création d'une personne morale nouvelle. Par ailleurs, il n'y a pas lieu de remettre en cause le droit ou la taxe fixe perçu lors de la création de la société transparente si, au jour de la transformation, la société en cause n'avait procédé à aucune opération de nature à lui faire perdre le bénéfice du régime de la transparence (BOI-ENR-AVS-40-20 no 230).

> Précisions **a.** Concernant la condition liée à l'absence de toute **cession à titre onéreux des parts ou actions de la société** à une personne autre qu'un associé initial, l'administration a précisé qu'il devait toutefois être fait abstraction des cessions sans caractère spéculatif consenties au prix de revient à de nouveaux associés, désireux de prendre des participations financières dans le programme de construction projeté, en vue de leur permettre de se joindre au groupe des associés d'origine postérieurement à la constitution de la société (BOI-BIC-CHAMP-70-20-100-10 no 410). Par ailleurs, l'administration admet, sous réserve de l'examen des circonstances de fait, de considérer comme des associés initiaux ceux qui ont été admis au sein de la société à l'occasion d'une augmentation de son capital : ainsi, le régime de l'article 239 ter peut s'appliquer à une société dont la transformation a été précédée d'une cession de parts par un associé fondateur à un associé entré dans la société civile lors d'une augmentation de capital, lorsque cette société remplit les autres conditions prévues par le texte légal (BOI-BIC-CHAMP-70-20-100-10 no 430).

b. Lorsque le patrimoine de la société appelée à se transformer est constitué d'un **terrain à bâtir** qui lui a été apporté par l'un de ses membres, la valeur d'origine de ce terrain s'entend de sa valeur d'apport. Mais, en pareil cas, l'exonération prévue par l'article 239 ter du CGI s'applique seulement à la plus-value acquise par le terrain **depuis la date de l'apport** consenti à la société transparente. Quant à la **plus-value déjà acquise à cette date** et afférente à la fraction du terrain réputée conservée par l'apporteur, elle devient imposable dans les conditions ordinaires, du fait de la transformation (bien entendu, cette règle ne peut s'appliquer que pour autant que la plus-value d'apport n'a pas été intégralement soumise à l'impôt lors de l'apport) (BOI-RFPI-PVI-10-30 no 220).

c. Jugé que le fait pour une société d'attribution de céder son terrain à une SARL (les associés initiaux ayant dans le même temps cédé à titre onéreux la totalité de leurs parts au gérant de cette société qui n'était pas associé initial) et à une association en participation dont l'un des membres était un « promoteur immobilier » ne lui permettait pas de se prévaloir, lors de sa transformation en société de construction-vente, des dispositions de l'article 239 ter, II du CGI pour échapper à l'**impôt sur les sociétés** dont elle relève normalement par application des dispositions de l'article 206, 2 du même Code (CE 18-11-1985 no 44343 : RJF 1/86 no 28 ; BOI-BIC-CHAMP-70-20-100-10 no 440).

CHAPITRE 3

SOCIÉTÉS COOPÉRATIVES DE CONSTRUCTION

SOMMAIRE

OBJET ET RÈGLES APPLICABLES

Les sociétés coopératives de construction sont en premier lieu des **sociétés coopératives** régies par la loi 47-1775 du 10 septembre 1947 modifiée et ensuite des **sociétés de construction** régies par le titre III de la loi 71-579 du 16 juillet 1971 (CCH art. L 213-1 s.) et le décret 72-1237 du 29 décembre 1972 (CCH art. R 213-1 s.). 71100

Les sociétés coopératives de construction obéissent également aux règles fixées par les articles L 212-2 et L 212-6 (al. 1, 2 et 4) du CCH concernant les **sociétés d'attribution** : mise en place de l'état descriptif de division et du règlement de copropriété (ou d'une organisation différente), avant tout commencement de travaux ou toute entrée en jouissance (CCH art. L 212-2, al. 5), obligation de participer aux charges selon les quotes-parts fixées au règlement (CCH art. L 212-6, al. 2) et action en révision des quotes-parts de charges en cas de différence de plus du quart (CCH art. L 212-6, al. 4).

> **Précisions** **a.** La **coopérative** est une société constituée par plusieurs personnes volontairement réunies en vue de satisfaire à leurs **besoins économiques ou sociaux** par leur effort commun et la mise en place des moyens nécessaires. Elle exerce son activité dans toutes les branches de l'activité humaine et respecte les principes suivants : une adhésion volontaire et ouverte à tous, une gouvernance démocratique, la participation économique de ses membres, la formation desdits membres et la coopération avec les autres coopératives (Loi 47-1775 du 10-9-1947 art. 1).
> **b.** Nous ne traitons pas des **sociétés coopératives de construction** désignées à l'article L 432-2 du CCH, dont tous les membres répondent aux conditions de ressources et d'occupation requises pour l'accession à la propriété de logements **HLM** et qui font appel, à titre de prestataire de services, à un organisme d'HLM.

DIFFÉRENCES AVEC LES SOCIÉTÉS D'ATTRIBUTION

Les différences essentielles entre les sociétés coopératives de construction et les sociétés d'attribution sont les suivantes : 71105

1. Les coopératives ne peuvent être que de **construction,** et non d'acquisition ; si une coopérative entendait acheter l'immeuble social, elle relèverait des règles relatives aux sociétés d'attribution et non de celles propres aux coopératives ;

2. Les coopératives ne peuvent avoir pour objet que la construction à usage d'**habitation** ou à usage **mixte** professionnel et d'habitation ;

3. Les coopératives peuvent attribuer leurs immeubles à leurs associés non seulement par voie d'**attribution-partage,** comme les sociétés d'attribution, mais aussi par un contrat de **vente,** spécialement prévu par la loi à cet effet.

A. Règles communes aux sociétés coopératives d'attribution et aux sociétés coopératives de vente

1. CONSTITUTION DE LA SOCIÉTÉ

FORME DE LA SOCIÉTÉ

71140 Les sociétés coopératives de construction doivent être à capital et à personnel variables (CCH art. L 213-1, al. 1).

Cette condition étant remplie, toutes les formes de sociétés reconnues par la loi peuvent être adoptées, y compris la forme civile.

OBJET DE LA SOCIÉTÉ

71145 Les sociétés coopératives de construction ont pour objet la **construction** :
- d'un ou plusieurs immeubles en vue de leur division par lots,
- ou d'un ensemble de maisons individuelles groupées à usage d'habitation ou à usage professionnel et d'habitation.

Ces immeubles sont destinés à être **attribués ou vendus** aux **associés.**

Leur objet comprend en outre la **gestion et** l'**entretien** des immeubles jusqu'à la mise en place d'une organisation différente (CCH art. L 213-1).

71150 **Construction à usage d'habitation** L'objet social ne peut être que la construction à usage d'**habitation ou mixte** professionnel et d'habitation.

Les **immeubles collectifs** sont à usage d'habitation ou à usage mixte, professionnel et d'habitation, lorsque 10 % au moins de la superficie sont affectés à de tels usages (CCH art. L 242-1).

ATTENTION

Pour **déterminer ce pourcentage**, il faut retenir les surfaces développées de tous les locaux des immeubles collectifs, qu'ils soient locaux principaux, locaux annexes (caves, celliers, terrasses, balcons, loggias, garages en sous-sols...) ou parties communes. Les annexes sont réputées de même usage que les locaux auxquels elles sont affectées et, faute d'affectation précise, sont réparties entre les locaux de l'immeuble au prorata de la répartition des surfaces des locaux principaux (CCH art. R 213-4).

71155 **Programme unique** Chaque coopérative doit limiter son objet à l'édification d'immeubles compris dans un même programme comportant **une ou plusieurs tranches** d'un ensemble immobilier (CCH art. L 213-2).

Un programme **est constitué** par la totalité des logements et locaux prévus par les statuts et qui peuvent être construits sur un terrain ou groupe de terrains contigus, ou font l'objet d'un même permis de construire (CCH art. R 213-2).

Une **tranche** de programme est constituée par un ou des bâtiments dont les conditions techniques de réalisation et d'utilisation ne sont pas subordonnées à la réalisation du reste du programme.

Les sociétés **coopératives constituées avant le 31 décembre 1972** peuvent déroger à la règle du programme unique et réaliser plusieurs programmes de construction dans les conditions prévues par les articles L 214-1 à L 214-5 du CCH (voir n° 69000).

71160 **Attribution ou vente de constructions** L'objet social doit **préciser si** la société coopérative est « d'attribution » ou « de vente ».

L'attribution s'entend ici en propriété seulement, faute de prévision par la loi d'attributions en jouissance. Mais cela n'empêche évidemment pas le coopérateur de jouir de son lot dès que celui-ci est achevé, en attendant que les attributions en propriété soient possibles. Il en est de même en cas de vente dans les conditions examinées n°s 71400 s.

71165 **Entretien et gestion des immeubles** L'objet social comprend en outre « l'entretien et la gestion des immeubles jusqu'à la mise en place d'une organisation différente » (CCH art. L 213-1).

Si celle-ci doit être le statut de la **copropriété** (Loi 65-557 du 10-7-1965), ce statut devrait s'appliquer dès le premier retrait dans les coopératives d'attribution, et dès la livraison du premier lot dans les coopératives de vente (voir loi 65-557 du 10-7-1965 art. 1-1).

Durée de la société L'objet social est dans tous les cas un objet civil et la durée de la société est en principe limitée à la réalisation de cet objet. 71170

Pendant cette durée, la société est régie d'abord par le titre III de la loi du 16 juillet 1971 et son décret d'application (CCH art. L 213-1 s. et R 213-1 s.), à titre secondaire par le statut de la coopération (Loi 47-1775 du 10-9-1947) et, si les textes précédents ne s'y opposent pas, par les textes applicables au type de forme sociale choisi.

ÉTAT DESCRIPTIF DE DIVISION

Le renvoi fait par l'article L 213-1 du CCH aux articles L 212-2 et L 212-6 du CCH (nº 71100) implique l'établissement d'un état descriptif de division désignant les lots et les parties communes et d'un **règlement de copropriété** régissant la vie future des propriétaires après disparition de la société. 71175

L'état descriptif de division et le règlement sont établis, **avant tout commencement des travaux,** et adoptés par une assemblée générale statuant à la majorité requise pour les modifications statutaires.

Les **droits sociaux** sont **divisés en groupes** affectés à des lots, mais la règle de proportionnalité des parts à la valeur des lots (CCH art. L 212-5) ne s'applique pas aux coopératives ; les droits sociaux y sont donc librement répartis.

> **Précisions** Le principe de libre répartition des droits sociaux n'occasionne aucune difficulté, dès lors que les décisions collectives (sauf exception) obéissent à la règle « un associé, une voix », issue du statut de la coopération, et que le prix de revient de la construction est réparti par l'assemblée générale (nº 71210).

ADMINISTRATION DE LA SOCIÉTÉ

Les règles d'administration de la société doivent respecter les dispositions du titre II de la loi 47-1775 du 10 septembre 1947 et les règles ordinaires applicables au type de société adopté. Les administrateurs peuvent être non associés. 71180

Sont **écartées** des fonctions de création ou de gestion des sociétés coopératives les personnes condamnées pour infraction à la réglementation du commerce et de l'industrie (CCH art. L 241-3 s.).

2. GARANTIES ORGANISÉES EN FAVEUR DES ASSOCIÉS

ADOPTION DU PROGRAMME DE CONSTRUCTION

L'**assemblée générale** des associés doit approuver les **conditions techniques et financières** de l'opération et la répartition de la dépense entre les associés avant le commencement des travaux et à la **majorité** des 2/3 du nombre total des associés (CCH art. L 213-7). 71210

Parmi ces conditions d'exécution des travaux figure, lorsque la société est d'attribution, le contrat de promotion immobilière (voir, sur ce point, nº 71505).

Les **convocations** à l'assemblée générale doivent être accompagnées de documents permettant aux associés d'examiner le bien-fondé des propositions faites en application de l'article L 213-7 du CCH : superficies, caractéristiques techniques, prix de revient, modes de financement, échéancier… et, le cas échéant, contrat de promotion immobilière (CCH art. R 213-10).

GARANTIE D'ACHÈVEMENT

Cette garantie est organisée par la loi sous un double aspect (CCH art. L 213-4) : garantie de souscription et garantie de financement des lots non souscrits. 71215

1. La **garantie de souscription** consiste en l'obligation, avant le commencement de chaque tranche du programme (sur la définition de la tranche, voir nº 71155), d'avoir réuni des associés représentant au moins 20 % du nombre total des logements et locaux à construire et obtenu l'**engagement d'un tiers** de souscrire (ou faire souscrire) ou acquérir (ou faire acquérir) les lots qui n'auraient pas été souscrits ou acquis après l'achèvement de la construction (CCH art. R 213-5).

2. La **garantie de financement** consiste en l'engagement du garant de mettre à la disposition de la société les sommes correspondant à la construction des lots non souscrits ou acquis, jusqu'à ce qu'ils soient souscrits ou acquis. Ces sommes, et les frais financiers y afférents, sont remboursées à la société par les souscripteurs ou acquéreurs des lots, et leur remboursement au garant peut – à ce moment-là seulement – être exigé de la société (CCH art. R 213-5).

Précisons que le **garant** est, en général, une banque, un **établissement financier** agréé, une société d'assurances ou une société de caution mutuelle, ou encore un organisme collecteur de la participation des employeurs à l'effort de construction. S'il ne relève pas de ces catégories, il doit justifier de l'ouverture de crédit d'une banque ou d'une caution bancaire en vue de la couverture des engagements requis par la loi (CCH art. R 213-6).
La construction d'un pavillon ou appartement témoin n'oblige pas à fournir les garanties de souscription et de financement (CCH art. L 213-4).

71220 Les **associés souscrivant plus de 2 logements** (ou locaux professionnels ou commerciaux) sont tenus de fournir la **garantie de financement** décrite n° 71215, point 2 (CCH art. L 213-4).
Cette garantie porte sur les sommes que devra verser l'associé pour payer les lots souscrits ou acquis par lui, et elle est diminuée des sommes versées par lui à la société, initialement ou en cours de travaux. Elle est donnée par l'un des établissements visés n° 71215. Ces organismes sont dispensés de fournir cette garantie pour les locaux ou logements dont ils se portent souscripteurs ou acquéreurs (CCH art. R 213-7).

71225 Lorsque le programme à réaliser comporte plusieurs tranches et qu'une **réduction de programme** (qui ne peut porter que sur des lots non souscrits et doit être décidée par les 2/3 au moins du nombre des associés réunis en assemblée) est approuvée par une assemblée générale conformément à l'article L 213-7 du CCH (n° 71210), les garanties de souscription et de financement doivent porter non seulement sur les tranches à réaliser, mais aussi sur les **équipements communs** nécessaires pour que les lots de ces tranches puissent être utilisés conformément à leur destination (CCH art. R 213-8).

PROTECTION FINANCIÈRE

71230 La société coopérative ne peut exiger ni accepter des associés **aucun paiement,** sous quelque forme que ce soit, **avant** la tenue de l'assemblée visée n° 71210, ni avant la signature du contrat de vente (n°s 71400 s.) ni avant la date d'exigibilité de la créance de la société sur l'associé (CCH art. L 213-9). La créance est exigible au fur et à mesure de l'avancement des travaux (pour les coopératives de vente, voir n° 71410).
Cette interdiction de versement ne s'applique pas au paiement des **études techniques et financières** du programme et à l'**achat du terrain** (CCH art. L 213-9). C'est ainsi que le prix du terrain peut être déposé par le vendeur en compte courant à son nom dans les livres sociaux. Tel est le cas du vendeur souscrivant un ou plusieurs locaux dans la société.
L'interdiction des versements édictée par la loi est **pénalement sanctionnée** (CCH art. L 241-1 s.). À défaut d'indication contraire, elle semble s'appliquer même à la souscription du capital, qui ne sera donc pas libéré immédiatement.

CONTRÔLE

71235 Un **conseil de surveillance,** composé de 2 associés au moins, est désigné annuellement dans les sociétés qui ne comportent ni conseil d'administration ni conseil de surveillance, par une assemblée statuant à la majorité de moitié au moins du capital (CCH art. L 214-6).
Les administrateurs ou gérants rendent compte au conseil de surveillance des appels à la concurrence, des marchés conclus avec les entreprises, et de leur gestion en général, tous les 3 mois au moins.
Le conseil de surveillance, qui peut se faire assister d'un **expert-comptable,** a le droit de convoquer l'assemblée. Il doit le faire si des associés représentant au moins 1/4 du capital en font la demande (CCH art. L 214-7).
Ces dispositions **cessent de s'appliquer** à partir de la liquidation définitive des comptes de l'opération de construction constatée par l'assemblée générale (CCH art. L 214-9).

3. DÉPART D'ASSOCIÉS ET CESSIONS DE DROITS SOCIAUX

DÉMISSION D'UN ASSOCIÉ

71260 Du commencement des travaux jusqu'à l'achèvement de l'opération de construction, la démission d'un associé est subordonnée à une **autorisation** de l'assemblée générale (CCH art. L 213-11).

71265 **Procédure à suivre** L'**assemblée** est **convoquée** par le gérant dans les 3 mois de la demande de démission adressée par l'associé. À défaut, c'est l'associé qui convoque lui-même l'assemblée.

Si l'associé présente un **nouvel associé** solvable, la société ne peut refuser la démission que pour motif sérieux et légitime. Mais la société peut refuser l'associé présenté et agréer une autre personne sans avoir à motiver sa décision.

L'assemblée, par dérogation au statut de la coopération (« un associé, une voix »), statue sur la démission en comptant à chaque associé un **nombre de voix** proportionnel au prix de revient de son lot par rapport à l'ensemble (CCH art. L 213-13).

En cas de **refus injustifié,** la démission peut être autorisée par le tribunal saisi dans le mois de la notification de ce refus (CCH art. L 213-11).

> **Précisions** Lorsqu'une société coopérative de construction conclut un contrat de **location-accession,** ce contrat doit comporter l'engagement pris par un tiers de lever ou faire lever l'option lorsque l'accédant n'exerce pas la faculté d'acquérir stipulée à ce contrat. Lorsque l'associé n'exerce pas cette faculté, il est réputé démissionnaire d'office (CCH art. R 213-17-1 s.).

Conséquences de la démission La démission entraîne de plein droit la **résolution du contrat** de vente. Mais cette résolution est inopposable aux tiers qui, avec le consentement de la société, ont acquis des sûretés réelles sur le lot correspondant (CCH art. L 213-11). 71270
Les organismes prêteurs sont ainsi conduits à requérir dans tous les cas le concours de la société pour toute hypothèque consentie par le coopérateur acquéreur. Si la société est d'attribution, la sûreté réelle ne peut être consentie que par la société (puisqu'elle est seule propriétaire de l'immeuble social jusqu'au partage) par cautionnement hypothécaire.

En cas de démission, les **autres associés** sont tenus, jusqu'au remplacement de l'associé, de toutes les **obligations** de celui-ci envers la société proportionnellement à la valeur de leur lot par rapport à la valeur de l'ensemble (CCH art. L 213-11, al. 6). 71275

En outre, les **sommes versées par l'associé** démissionnaire, tant au titre de la libération de ses parts sociales qu'au titre du contrat de vente de l'immeuble à construire (si ce contrat a été passé), sont remboursées à cet associé, après déduction des charges et frais occasionnés à la société par la démission (CCH art. L 213-11, al. 5). 71280

Le **montant à rembourser** peut être évalué forfaitairement par les statuts (CCH art. L 213-11). Les **frais et charges** (occasionnés à la société du fait de la démission), s'ils sont évalués dans les statuts forfaitairement, ne peuvent pas l'être à plus de 2 % du prix prévisionnel du lot du démissionnaire, si celui-ci est remplacé tout de suite ou si le successeur qu'il a présenté est refusé sans motif légitime (CCH art. R 213-16, al. 3).

Le remboursement a lieu dès que le démissionnaire a été remplacé, le nouvel associé apportant alors les sommes nécessaires. S'il n'est pas remplacé, le démissionnaire est remboursé 6 mois au plus tard après l'assemblée ayant accepté la démission (n° 71260).

EXCLUSION D'UN ASSOCIÉ

L'exclusion d'un associé ne peut être prononcée par l'assemblée générale que pour un **motif** sérieux et légitime et sous réserve du contrôle du juge (CCH art. L 213-11, al. 4). 71285

Les **effets** de l'exclusion sont les mêmes que ceux de la démission (nos 71270 s.).

Mais cette procédure ne peut pas être utilisée contre un associé qui ne répond pas aux appels de fonds : seule la procédure de la vente forcée est applicable en pareil cas (n° 71515).

CESSIONS DE DROITS SOCIAUX

Aucune cession volontaire de droits sociaux, entre vifs et à titre onéreux, n'est autorisée **pendant l'opération de construction.** Il en est de même, le cas échéant, des droits de toute nature résultant de ventes en l'état futur d'achèvement (CCH art. L 213-11, al. 7). 71290

L'associé qui veut quitter la coopérative n'a d'autre moyen que de faire accepter sa démission par l'assemblée générale (nos 71260 s.).

Après l'opération de construction, les droits sociaux peuvent être cédés dans les conditions prévues par les statuts et en fonction du type de société choisi.

4. SORTIE DU STATUT COOPÉRATIF

Aucune modification entraînant la perte de la qualité de coopérative ne peut être apportée aux statuts de la société, sauf lorsque la survie de celle-ci ou les nécessités de son développement l'exigent, ou encore lorsque la coopérative ne respecte pas les principes et les règles de la coopération. La sortie ne peut intervenir qu'après autorisation administrative, donnée dans les conditions de la loi de 1947 (Loi 47-1775 du 10-9-1947 art. 25 ; Décret 93-455 du 23-3-1993). 71320

B. Règles particulières aux sociétés coopératives de vente

CONCLUSION DU CONTRAT DE VENTE

71400 Les coopératives peuvent transmettre à leurs associés la propriété du lot qui leur revient au moyen d'un contrat de vente.

Dans ce cas, l'associé conclut, en pratique, un **engagement d'achat** en même temps qu'il souscrit ses parts (les statuts peuvent rendre obligatoire le lien entre les deux opérations).

Lorsque la société n'a **pas** conclu de **contrat de promotion immobilière** pour la réalisation de son programme, le contrat de vente est obligatoirement une vente en l'état futur d'achèvement (CCH art. L 213-5).

71405 La **vente « en l'état futur d'achèvement »** conclue par la société coopérative avec son associé fait l'objet de dispositions particulières (CCH art. L 213-8). Elle diffère du contrat ordinaire de vente en l'état futur d'achèvement sur deux points :
– la garantie fournie à l'associé acquéreur n'est pas une garantie d'achèvement ou de remboursement, mais la garantie de souscription et de financement prévue par l'article L 213-4 du CCH (nos 71215 s.) ;
– le prix indiqué à l'acte n'est qu'un prix prévisionnel.

71410 Le contrat de vente doit être conclu par **acte authentique et indiquer** :
– la description de l'immeuble ou de la partie d'immeuble vendu ;
– le prix prévisionnel et ses modalités de paiement ;
– les modalités et le délai de livraison ;
– les garanties de souscription et de financement (CCH art. L 213-8).

> **Précisions** **a.** La **description du bien** vendu est réglementée dans les mêmes termes que ceux utilisés pour les ventes d'immeubles à construire du secteur ordinaire (CCH art. R 213-11) : plans cotés, référence à des devis ou à une notice descriptive, situation du lot dans l'ensemble immobilier.
> **b.** Le **prix indiqué** à l'acte est celui fixé par l'assemblée générale dont il a été traité no 71210. Il peut évidemment évoluer selon les circonstances et les aléas de la construction, au profit ou au détriment de l'associé. Le contrat le précisera opportunément.
> **c.** La **révision du prix** est calquée sur celle que réglemente l'article R 261-15 du CCH (no 77785), et ses **modalités de paiement** sont calquées sur celles que définit l'article R 261-14 du CCH (no 78330).

RÉSOLUTION DU CONTRAT DE VENTE

71415 Le contrat de vente est résolu en cas de **démission ou d'exclusion** de l'associé. Sur les comptes à faire dans ces circonstances, voir no 71280.

En cas d'inobservation des dispositions de l'article L 213-8 du CCH (voir no 71410), le contrat est frappé de **nullité.** Mais seul l'acquéreur peut invoquer cette nullité et jusqu'à l'achèvement seulement. On peut penser qu'il s'agit de l'achèvement de l'immeuble ou de la partie d'immeuble vendue et non de l'achèvement de l'ensemble du programme social.

C. Règles particulières aux sociétés coopératives d'attribution

71500 Bien qu'il s'agisse de sociétés d'attribution, ces sociétés ne sont pas régies par les textes relatifs aux sociétés ordinaires d'attribution (CCH art. L 212-1 s.), sauf en ce qui concerne les dispositions relatives à l'état descriptif de division et au règlement de copropriété (CCH art. L 212-2) et la participation aux charges (CCH art. L 212-6, al. 1, 2 et 4). Sur ces points, voir respectivement nos 68035 s. et 68520 s.

Mais il y a, nécessairement, des points communs entre la réglementation des sociétés d'attribution et celle des coopératives d'attribution.

Quant au délai de rétractation ou de réflexion en cas de souscription de parts, voir nos 67385 s.

CONTRAT DE PROMOTION IMMOBILIÈRE

71505 Les sociétés coopératives d'attribution doivent :
– soit conclure un contrat de promotion immobilière avec un **tiers** ;
– soit confier les opérations constitutives de la promotion immobilière à leur **représentant légal ou statutaire** par un écrit portant toutes les mentions obligatoires du contrat de promotion immobilière (CCH art. L 213-6).

Dans ce dernier cas, la mission de ce représentant social doit être approuvée par l'assemblée générale des associés (n° 71210) (CCH art. R 213-9).

Le contrat de promotion doit être signé avant tout **commencement des travaux.**

APPELS DE FONDS

Répartition Les coopératives d'attribution assurent le financement de leur ouvrage par appels de fonds auprès des associés. Ces appels de fonds sont faits en fonction de la **valeur** de chaque lot par rapport à la valeur de l'ensemble (CCH art. L 213-10). 71510

Cette répartition des appels de fonds n'est pas nécessairement conforme à celle des droits sociaux, qui peut n'avoir rien à voir avec l'importance des lots dans une coopérative. Des **appels de fonds supplémentaires** peuvent être réclamés aux associés en fonction de la répartition du prix de revient des différents lots (Cass. 3e civ. 13-7-1993 : JCP éd. N 1994 II p. 19).

Sanction Si un associé ne répond pas aux appels de fonds, il ne peut pas prétendre à l'attribution de son lot en propriété et il s'expose à la **vente forcée** de ses droits sociaux (CCH art. L 213-10). La procédure est la même que celle applicable aux sociétés ordinaires d'attribution (voir n° 68515). 71515

La société bénéficie, sur le produit de l'adjudication, du même **privilège** que celui qui existe en ce qui concerne les sociétés d'attribution.

CAUTION HYPOTHÉCAIRE

La société peut se porter caution hypothécaire **des associés** pour la **garantie des emprunts** contractés par ceux-ci pour la couverture des appels de fonds si les statuts prévoient cette possibilité. Mais, contrairement au cas des sociétés d'attribution, la loi ne limite pas la mise en jeu de l'hypothèque au moment où le retrait de l'associé est devenu possible. 71520

> Précisions La cession des droits sociaux étant interdite pendant la période de construction, il ne peut pas être question de cautionnement hypothécaire d'emprunts contractés pour acquérir ces droits. Il n'y a donc **pas** de risque de **déchéance fiscale** à propos de ces cautionnements (comparer n° 67740 in fine, pour les sociétés d'attribution).

RETRAIT DES ASSOCIÉS ET ATTRIBUTION DES LOTS

Lorsque l'assemblée générale ordinaire a constaté l'**achèvement de l'opération** de construction, la conformité de l'ouvrage aux prévisions statutaires et qu'elle a statué sur les comptes définitifs, tout associé peut se retirer de la société et obtenir l'**attribution en propriété** de son lot. À défaut de cette assemblée, tout associé peut demander au tribunal de procéder à ces constatations (CCH art. L 213-12). 71525

Le retrait, opéré par acte authentique, entraîne l'**annulation des parts** ou actions de l'associé, et la **réduction** corrélative **du capital** (CCH art. R 213-17).

DISSOLUTION-PARTAGE DE LA SOCIÉTÉ

La loi ne prévoit pas la dissolution-partage de la société, contrairement à ce qui est prévu dans les sociétés ordinaires d'attribution. 71530

Mais la loi n'interdit pas cette dissolution-partage, et il est recommandé de prévoir, dans les **statuts,** cet événement selon une procédure qu'on calquera sur celle de la dissolution-partage des sociétés d'attribution. Cela permettra une économie de formalités et un passage beaucoup plus simple et rapide à l'état complet de copropriété.

D. Régime fiscal des sociétés coopératives de construction

1. SOCIÉTÉS COOPÉRATIVES DE VENTE

DROITS D'ENREGISTREMENT ET TVA

À défaut de dispositions particulières, les droits d'enregistrement exigibles sont ceux qui sont normalement prévus pour la **constitution** et le **fonctionnement** de la généralité des sociétés en tenant compte de la forme juridique et du régime fiscal de la société au regard des impôts directs. 71610

Les **ventes** en l'état futur d'achèvement **des lots aux associés** sont soumises de plein droit à la TVA sur le prix total dès lors qu'elles sont réalisées par un assujetti agissant en tant que tel (CGI art. 256 et art. 257, I-2-2°). Sur la notion d'assujetti, voir nos 44200 s.

Elles supportent corrélativement les droits d'enregistrement au taux réduit de 0,71498 % (CGI art. 1594 F quinquies, A).

La société coopérative de vente peut être redevable, le cas échéant, de la TVA sur la **livraison à soi-même des immeubles** qu'elle a construits ou fait construire. Sur les cas imposables, le calcul et le paiement de la TVA due à ce titre, on se reportera nos 66800 s.

> **Précisions** Pour les ventes en l'état futur d'achèvement, l'**exigibilité de la TVA** intervient lors de chaque versement des sommes correspondant aux différentes échéances prévues par le contrat en fonction de l'avancement des travaux (CGI art. 269, 2-a bis).

IMPÔTS DIRECTS

71615 S'agissant de sociétés coopératives qui transfèrent à leurs associés la propriété des lots par un contrat de vente (et non par voie d'attribution-partage), le régime de la transparence fiscale ne leur est pas applicable. Elles sont donc normalement passibles de l'**impôt sur les sociétés** (IS) en vertu de l'article 206, 1 du CGI du seul fait qu'elles relèvent du statut de la coopération.

Cependant, l'article 207, 1-7° du CGI exonère d'impôt sur les sociétés les coopératives de construction qui procèdent, sans but lucratif, au **lotissement et** à la **vente de terrains leur appartenant.**

71620 L'administration fiscale a donné, à cet égard, les **précisions** suivantes :

« Les sociétés coopératives de construction sont susceptibles de bénéficier du régime de la **transparence fiscale** prévu à l'article 1655 ter du CGI. Dans ce cas, elles se trouvent placées hors du champ d'application de l'impôt sur les sociétés. Or, le fait de procéder au lotissement et à la vente de terrains leur appartenant est contraire à l'objet exclusif défini à l'article 1655 ter à l'égard des sociétés dotées de la transparence fiscale et suffirait, le cas échéant, à entraîner leur assujettissement à l'impôt sur les sociétés selon les règles du droit commun. Les dispositions de l'article 207, 1-7° du CGI n'intéressent donc que les sociétés coopératives de construction qui ne bénéficient pas de la transparence fiscale » (BOI-IS-CHAMP-30-30-20 n° 200). Les profits provenant du lotissement et de la vente de terrains sont exonérés d'impôt sur les sociétés (IS) lorsque ces opérations n'ont pas été effectuées en vue de la réalisation d'un bénéfice. Les terrains lotis doivent être la propriété des sociétés coopératives précitées et ne pas avoir été achetés en vue du lotissement et de la vente (BOI précité n° 280).

L'exonération d'IS ne vise que les produits générés par les opérations de lotissement et de vente, les autres bénéfices et revenus étant imposables dans les conditions de droit commun (par exemple, des produits financiers dès lors qu'ils sont dissociables des opérations exonérées - TA Versailles 2-12-1997 n° 87-2452 : RJF 5/98 n° 539).

> **Précisions** Ces sociétés coopératives sont **assujetties partiellement à l'IS** :
> – lorsqu'elles émettent des certificats coopératifs d'investissement : imposition sur une fraction des résultats proportionnelle à la part des certificats dans le capital social (CGI art. 207, 1 bis) ;
> – lorsque les associés non coopérateurs détiennent plus de 20 % du capital et que leurs parts sociales peuvent donner lieu à rémunération : imposition sur la fraction des résultats correspondant à la part des non-coopérateurs (CGI art. 207, 1 ter).
> L'**assujettissement** à l'IS est **total** lorsque les associés non coopérateurs et les titulaires de certificats coopératifs d'investissement détiennent plus de 50 % du capital et que leurs parts sociales peuvent donner lieu à rémunération (CGI art. 207, 1 quater).

2. SOCIÉTÉS COOPÉRATIVES D'ATTRIBUTION

71650 Lorsqu'elles ont un objet conforme aux dispositions de l'article 1655 ter du CGI (voir nos 67720 s.), les sociétés coopératives de construction qui construisent des immeubles en vue de les attribuer à leurs associés en propriété ou en jouissance peuvent prétendre à l'application du régime de la **transparence fiscale** (BOI-IS-CHAMP-30-30-20 n° 200).

> **Précisions** La **vente d'un lot de terrain** par une société coopérative de construction est en principe de nature à priver cette dernière des avantages fiscaux attachés au régime de la transparence fiscale. Par suite, les profits provenant de l'attribution des locaux aux membres de cette société entrent dans le champ d'application de l'IS.
> Toutefois, l'administration a admis qu'une mesure de tempérament pourrait être envisagée si les **circonstances de fait** la justifiaient. Au cas particulier, le projet de construction de villas

et de l'attribution de celles-ci aux associés coopérateurs avait été jugé trop ambitieux par la commune concernée, ce qui avait conduit la société coopérative à céder la partie excédentaire du terrain à la commune en vue de l'aménagement de la zone d'implantation des constructions (Rép. Pignon : AN 22-12-1980 p. 5351 n° 37015, non reprise dans Bofip).

DROITS D'ENREGISTREMENT ET TVA

Dès lors qu'il s'agit de sociétés dotées de la transparence fiscale, les différents **actes de la vie sociale** sont enregistrés dans les mêmes conditions que pour les sociétés d'attribution (constitution et apports, augmentation de capital en numéraire, augmentations de capital non réalisées en numéraire et attribution-partage des lots) : voir n°s 67855 s. et 68250. 71655

Du fait de la transparence fiscale également, les **cessions d'actions ou de parts** des sociétés coopératives de construction sont réputées porter sur les immeubles ou fractions d'immeubles auxquels les titres donnent vocation. Elles sont, par suite, soumises, en TVA comme en matière de droits d'enregistrement, au régime des ventes d'immeubles (CGI art. 728 et 729 et art. 257, I-1-3°), étant précisé toutefois que seul un droit fixe est dû en cas d'application de la TVA. Nous renvoyons sur ces questions n°s 69300 s.

TVA SUR LES LIVRAISONS À SOI-MÊME D'IMMEUBLES NEUFS

Les **immeubles non vendus dans les deux ans de leur achèvement** peuvent devoir faire l'objet, le cas échéant, d'une livraison à soi-même (LASM) taxable à la TVA (CGI art. 257) : n° 66800. Sur l'analyse faite par l'administration de la situation des sociétés d'attribution exerçant une activité de promotion immobilière : n° 68220. 71660

Pour ce qui concerne les **cas d'imposition,** le **calcul et** le **paiement de la TVA** sur la livraison à soi-même, on se reportera n°s 66800 s.

IMPÔTS DIRECTS

Les sociétés coopératives d'attribution qui remplissent les conditions pour bénéficier du régime de la **transparence fiscale** sont réputées, sur le plan fiscal, ne pas avoir de personnalité distincte de celle de leurs membres, quel que soit le type juridique de société qui a été adopté. 71665

Dès lors, même lorsqu'elles sont constituées sous la forme de sociétés de capitaux, ces sociétés coopératives de construction-attribution sont exclues du champ d'application de l'impôt sur les sociétés par dérogation aux dispositions de l'article 206 du CGI ; mais elles deviendraient passibles de cet impôt si elles réalisaient des opérations susceptibles de leur faire perdre le régime de la transparence fiscale (voir n° 71620).

Les associés sont traités fiscalement comme s'ils étaient directement propriétaires privatifs des locaux auxquels leur donnent vocation les actions ou parts qu'ils détiennent.

CHAPITRE 4

SOCIÉTÉS DE PLURIPROPRIÉTÉ

SOMMAIRE

I. RÈGLES GÉNÉRALES APPLICABLES AUX SOCIÉTÉS DE PLURIPROPRIÉTÉ

A. Définition des sociétés de pluripropriété

72020 Les sociétés de pluripropriété ont pour **objet** de mettre gratuitement à la disposition de leurs associés certains biens, meubles ou immeubles, dont l'acquisition et l'utilisation individuelles sont soit impossibles, soit trop onéreuses.

Il s'agit notamment, dans le domaine immobilier :

– des **sociétés d'attribution d'immeubles en jouissance à temps partagé,** dont les règles spécifiques sont étudiées nos 72300 s. ;

– des sociétés **concessionnaires** de **parkings** ;

– des sociétés concessionnaires du domaine public maritime pour la réalisation ou la gestion de **ports de plaisance** (nos 73270 s.).

Elles revêtent, en pratique, soit la **forme** de sociétés de capitaux, soit celle de sociétés civiles. Elles sont régies par les dispositions de droit commun applicables en fonction de la forme sociale choisie et éventuellement du statut légal particulier applicable (société d'attribution, société de « multijouissance »).

B. Régime fiscal des sociétés de pluripropriété

IMPÔTS DIRECTS

Lorsque leur activité consiste à mettre à la disposition de leurs membres non pas exclusivement des immeubles mais des biens meubles ou des locaux meublés, les sociétés de pluripropriété constituées sous la forme de **société civile** sont réputées exercer une **activité commerciale** qui les rend passibles de l'impôt sur les sociétés (IS) en application des dispositions de l'article 206, 2 du CGI. 72050

Lorsqu'elles revêtent la forme de **société anonyme,** elles relèvent obligatoirement de l'IS en application de l'article 206, 1 du même Code.

> **Précisions** **a.** En même temps que la déclaration de leurs résultats, les sociétés de pluripropriété sont tenues de souscrire une **déclaration spéciale** n° 2038-SD.
> **b.** Ces sociétés, dès lors qu'elles respectent les obligations déclaratives qui leur incombent, ne sont pas soumises à la **taxe** dite « de **3 %** » due à raison de la possession d'immeubles ou de droits immobiliers (CGI art. 990 D à 990 G ; BOI-PAT-TPC-20-20 n° 370).

La valeur nette de l'**avantage en nature**, égale à la différence entre le loyer qu'aurait pu percevoir la société, si elle avait loué le bien, et le montant des versements faits par l'associé pour les dépenses ne lui incombant pas en tant qu'utilisateur du bien (frais de gestion, d'entretien et de réparation des biens sociaux), consenti aux associés est prise en compte pour la détermination du résultat imposable à l'IS et constitue un revenu distribué. 72052

La valeur nette de l'avantage en nature est soumise à l'impôt sur le revenu entre les mains des associés personnes physiques.

> **Précisions** Pour les **avantages en nature consentis au cours d'un exercice ouvert avant le 1er janvier 2024**, un régime particulier d'exonération s'appliquait à l'avantage net en nature consenti aux associés, sous certaines conditions (CGI art. 239 octies) : voir Mémento fiscal n° 31000.

TAXE SUR LA VALEUR AJOUTÉE

Les sociétés de pluripropriété sont exonérées de TVA pour les **services indispensables à l'utilisation des biens** et fournis aux associés moyennant, indépendamment des apports, le strict remboursement de la part qui incombe aux associés dans les dépenses communes (CGI art. 261 A). 72055

Cette exonération n'est pas applicable aux sociétés qui réalisent **avec des tiers** des opérations productives de recettes, à moins qu'il ne s'agisse d'opérations accessoires n'excédant pas 10 % de leurs recettes totales ou résultant d'une obligation imposée par la puissance publique (BOI-TVA-CHAMP-30-10-60-10 n° 250). En tout état de cause, l'exonération ne concerne que les services fournis par la société à ses membres.

Les sociétés concernées ne doivent réaliser aucun **excédent de recettes** par rapport aux sommes qu'elles ont effectivement déboursées. En cas de réalisation d'excédents, c'est l'ensemble des sommes perçues qui est taxable et non la seule fraction excédant les dépenses communes.

La **répartition des dépenses** entre les associés doit se faire en imputant à chaque associé le coût réel des services le concernant, ce qui ne paraît pas exclure, lorsque cette individualisation ne peut être effectuée (par exemple pour les dépenses d'entretien et de réparation des parties communes d'immeubles), une répartition au prorata des droits sociaux.

> **Précisions** L'administration avait précisé, à propos des sociétés privées concessionnaires de ports de plaisance, que l'exonération prévue par l'article 261 A du CGI ne peut s'appliquer lorsque la société réclame à ses membres des sommes destinées à lui permettre de couvrir des **provisions** ou l'**amortissement** des biens exploités (Inst. 3 A-20-80, non reprise dans Bofip). Sur ce point, il faut toutefois noter que l'administration a, pour l'application de l'article 261 B du CGI, assoupli sa doctrine en permettant notamment le remboursement des amortissements pratiqués au titre des biens communs (BOI-TVA-CHAMP-30-10-40 n° 170).

II. SOCIÉTÉS D'ATTRIBUTION D'IMMEUBLES EN JOUISSANCE À TEMPS PARTAGÉ

STATUT LÉGAL DE LA SOCIÉTÉ

Pour éviter l'immobilisation de capitaux dans l'achat d'une résidence de loisirs, occupée la plupart du temps quelques jours ou semaines seulement par an, et d'avoir à supporter 72300 intégralement les charges y afférentes, s'est développée, sous les dénominations impropres de « multipropriété » ou encore de « propriété spatio-temporelle », une pratique consistant à **partager le temps d'utilisation** d'un bien immobilier entre **plusieurs usagers,** chacun d'eux étant successivement titulaire d'une ou plusieurs **périodes,** dont les prix d'achat varient selon leurs durées et selon qu'elles se situent en haute ou basse saison touristique.

Le cadre juridique le plus souvent retenu, en pratique, pour ce type d'opération dans le secteur du logement était, jusqu'à l'intervention du législateur, la société civile immobilière d'attribution, visée aux articles L 212-1 s. du Code de la construction et de l'habitation, dont les statuts étaient adaptés pour tenir compte du caractère spatio-temporel de l'utilisation de l'immeuble social par les associés.

72305 Le **statut actuel** des sociétés qui ont pour objet l'attribution en jouissance d'un immeuble ou de fractions d'immeuble à **usage principal d'habitation** résulte du droit commun des sociétés et de la loi 86-18 du 6 janvier 1986, relative aux sociétés d'attribution d'immeubles en jouissance à temps partagé. Cette loi ne concerne que les immeubles situés dans le **secteur protégé** (nos 68900 s.).

Pour les biens immobiliers situés dans le **secteur libre** (immeubles à usage commercial, ports de plaisance, etc.), les dispositions statutaires pourront être librement convenues, sauf à respecter le statut légal imposé par la forme de société retenue.

> **Précisions** **a.** Les sociétés constituées antérieurement à la publication de la loi de 1986 avaient un délai de 2 ans pour mettre leurs **statuts en conformité** avec cette loi, soit avant le 8 janvier 1988. À défaut, non seulement les clauses statutaires contraires aux nouvelles dispositions sont devenues non écrites, mais encore les associés restent tenus indéfiniment du passif social jusqu'à l'harmonisation des statuts (Loi 86-18 du 6-1-1986 art. 34), le tout sans préjudice de poursuites à l'encontre de leurs dirigeants.
b. Il convient de distinguer le régime de la « multipropriété » ou de l'attribution d'immeubles en jouissance à temps partagé de celui de la « **propriété allégée** » ou « **nouvelle propriété** » dans lequel l'acquéreur est directement propriétaire. L'acquisition consiste en un achat direct avec location finançant l'apport personnel.

APPLICATION TERRITORIALE DU STATUT LÉGAL

72310 L'application territoriale de la loi du 6 janvier 1986 soulève différentes questions : une société d'attribution d'immeubles en jouissance à temps partagé dont le siège social est en France, mais dont **les immeubles** qu'elle veut commercialiser sont **situés à l'étranger,** est soumise aux dispositions de la loi du 6 janvier 1986 pour tout ce qui concerne sa constitution, son fonctionnement et sa dissolution. Mais pour la réalisation de son objet, la construction ou l'acquisition d'immeubles à l'étranger, c'est la loi de situation des biens qui doit s'appliquer (Rép. Bosson : AN 15-2-1993 p. 620 no 64785).

> **Précisions** La loi du 6 janvier 1986 est applicable à **Mayotte** et, sous quelques réserves, en **Polynésie française** (Loi 86-18 du 6-1-1986 art. 36).

PROTECTION DE L'ACQUÉREUR

72315 **Champ d'application** Tout contrat de souscription ou de cession de parts ou actions de sociétés d'attribution d'immeubles en jouissance à temps partagé intervenant entre un professionnel et un consommateur doit être précédé d'une offre strictement réglementée (C. consom. art. L 224-69 s.). Ces dispositions d'ordre public sont renforcées depuis le 1er janvier 2010 (Loi 2009-888 du 22-7-2009 art. 32, IV). Elles viennent se superposer aux dispositions spécifiques prévues par les articles 20 et 22 de la loi du 6 janvier 1986 (voir nos 72480 et 72495).

72320 **Information préalable** La souscription de droits sociaux doit être obligatoirement précédée de la remise d'un **formulaire écrit** comportant plusieurs informations obligatoires (C. consom. art. L 224-73 et L 224-74).

Les **mentions obligatoires** de l'**offre préalable** concernent notamment l'identité des parties, la désignation et le descriptif précis des locaux et de leur environnement, l'objet et l'étendue du droit de jouissance, les périodes au cours desquelles il va s'exercer, la durée du droit de rétractation, le prix de souscription des parts et son mode de paiement, les frais obligatoires supplémentaires imposés en vertu du contrat avec indication des montants, le montant des charges et leur évolution, la possibilité d'affiliation à une bourse d'échanges.

Lorsque les droits d'utilisation portent sur un **immeuble en construction,** l'offre doit comporter des indications concernant le permis de construire, les délais d'exécution des travaux, le raccordement aux divers réseaux et les garanties d'achèvement et de remboursement en cas de non-achèvement (C. consom. art. L 224-74).

La soumission d'une **offre non conforme** entraîne la nullité du contrat et rend le professionnel passible de sanctions pénales (C. consom. art. L 242-26 et L 242-28).

Conclusion du contrat Un contrat écrit sur support papier (ou tout autre support durable) doit être remis au consommateur (C. consom. art. L 224-76). Les informations de l'**offre préalable** font partie intégrante du contrat. Le professionnel ne peut les modifier qu'en cas de force majeure ou d'accord formel entre les parties. Toute **modification** doit être communiquée par écrit au consommateur avant la conclusion du contrat et figurer expressément dans celui-ci (C. consom. art. L 224-77). 72325

Outre l'identité et le lieu de résidence des parties, le **contrat comprend** les mêmes mentions que l'offre préalable, ainsi qu'un formulaire de rétractation conforme au modèle annexé à l'arrêté ECEC1000062A du 15 juin 2010 (JO 22). Les pages du contrat relatives à l'existence d'un droit de rétractation et à ses modalités d'exercice ainsi qu'à l'interdiction du paiement d'avance doivent être signées par le consommateur (C. consom. art. L 224-78). Le **non-respect** des dispositions relatives au contrat entraîne sa nullité (C. consom. art. L 242-26).

> **Précisions** Le contrat est rédigé en français lorsque le consommateur réside en France ou lorsque le professionnel exerce son activité en France. Si le bien est situé sur le territoire d'un autre État membre de l'Union européenne, le professionnel remet au consommateur une **traduction certifiée conforme** du contrat dans la langue de ce pays (C. consom. art. L 224-76).

Rétractation À compter de la conclusion d'un contrat (ou de sa réception si celle-ci est postérieure à la conclusion), le consommateur dispose d'un **délai** de 14 jours francs pour se rétracter. Ce délai peut être majoré ou son point de départ différé si le consommateur n'a pas reçu les formulaires de rétractation ou d'information (C. consom. art. L 224-80). 72330

Cette rétractation est faite sans indemnité ni frais. Elle n'a pas à être motivée (C. consom. art. L 224-79). Elle intervient par lettre recommandée avec demande d'avis de réception ou par tout autre moyen présentant des garanties équivalentes permettant de prouver cet envoi (C. consom. art. L 224-83).

Pendant le délai de rétractation, tout **paiement,** engagement de paiement ou constitution de garantie exigé ou reçu directement ou indirectement est interdit (C. consom. art. L 224-85 et L 242-30).

L'exercice de la faculté de rétractation entraîne de plein droit la résiliation du **contrat de crédit** affecté au financement de ce contrat (C. consom. art. L 224-88).

A. Constitution de la société d'attribution d'immeubles en jouissance à temps partagé

FORME DE LA SOCIÉTÉ

Une société d'attribution d'immeubles en jouissance à temps partagé peut être constituée sous l'une quelconque des **formes légales** de sociétés, sous réserve du respect des dispositions impératives de la loi 86-18 du 6 janvier 1986 quand il s'agit d'un immeuble à usage principal d'habitation. 72360

Toutefois, en pratique, la **société civile,** en raison de sa souplesse et des améliorations apportées par le législateur à certaines des règles de droit commun, apparaît être la forme la **mieux adaptée** à ce genre d'opération.

Indépendamment des clauses qu'il est d'usage de trouver dans les **statuts** de toute société, les statuts des sociétés civiles d'attribution d'immeubles en jouissance à temps partagé doivent mentionner :

– les obligations des associés en cas d'**appels de fonds** (voir nº 72585) ;

– les conditions dans lesquelles les **associés défaillants** peuvent voir leurs parts mises en vente (voir nº 72610) ;

– les engagements des associés au **passif** social (voir nº 72580) ;

– l'existence d'un **représentant de période** pour chaque groupe d'associés ayant un droit de jouissance pendant la même période (voir n° 72885) ;
– les conditions de nomination et de révocation des **gérants** de la société (voir n° 72810).

OBJET SOCIAL

72365 L'objet principal de ces sociétés comprend la **construction** ou **l'acquisition** d'immeubles **à usage d'habitation** ou de droits réels immobiliers et leur **aménagement** ou restauration. Le bien acquis par la société peut dépendre d'un groupe de bâtiments soumis au régime de la copropriété.

72370 L'objet social comprend également l'activité de « parahôtellerie », à savoir **l'administration** de ces immeubles et l'acquisition et la **gestion** de leurs **éléments mobiliers** conformes à la destination des immeubles, telle qu'elle résulte des statuts. Subsidiairement, il peut s'étendre, à titre accessoire, à la **fourniture de services,** au fonctionnement des équipements collectifs nécessaires au logement ou à l'immeuble et des équipements conformes à la destination de ce dernier, et qui lui sont directement rattachés.

> **Précisions** **a.** Il peut s'agir du mobilier meublant et de tout l'équipement nécessaire au séjour des associés, et également de la fourniture de tous services par un personnel de la société. De même, la société peut proposer des échanges de périodes de jouissance ou des locations.
> **b.** Ne relève pas de la loi du 6 janvier 1986 un immeuble exploité par deux sociétés, ayant été classé en hôtel de tourisme pour la totalité des chambres - sans distinction entre celles attribuées aux actionnaires d'une des sociétés pour une période déterminée et les autres, ayant fait l'objet d'un contrat de fourniture de services hôteliers commun aux deux résidences et dont le personnel s'apparente davantage à celui d'un grand hôtel qu'aux salariés chargés du service d'une résidence à temps partagé (Cass. 3e civ. 8-10-1997 n° 95-14.089 : RJDA 1/98 n° 66).

72375 **Cas particulier : garanties accordées par la société** À la différence des sociétés d'attribution « de type classique », les sociétés d'attribution d'immeubles en jouissance à temps partagé ne peuvent pas se porter **caution** ; et ce même s'il s'agit de garantir les emprunts faits par les associés pour leur permettre de satisfaire aux appels de fonds de la société nécessaires à la réalisation de l'objet social ou par les cessionnaires pour l'acquisition des droits sociaux (Loi 86-18 du 6-1-1986 art. 2). La société peut toutefois valablement constituer une **hypothèque** sur ses immeubles en garantie de ses propres dettes.

B. Situation des associés de la société d'attribution d'immeubles en jouissance à temps partagé

1. DISPOSITIONS PROTECTRICES

IMMEUBLE CONSTRUIT PAR LA SOCIÉTÉ

72460 Quel que soit le nombre des associés, et même si le « promoteur » de l'affaire détient la quasi-totalité des droits sociaux, la loi impose soit de conclure un **contrat de promotion immobilière,** soit de confier les opérations constitutives de la promotion immobilière au **représentant** légal ou statutaire de la société (n° 81250).

Ces mêmes obligations sont applicables lorsque la société a pour objet l'**acquisition d'immeubles** en vue de leur aménagement ou de leur restauration, dès lors que le **coût global des travaux excède 50 % du prix d'acquisition** des immeubles (Loi 86-18 du 6-1-1986 art. 12).

IMMEUBLE ACQUIS EN L'ÉTAT FUTUR D'ACHÈVEMENT

72465 La législation sur les **ventes d'immeubles à construire** s'applique aux sociétés ayant pour objet l'acquisition d'immeubles à construire. Elles doivent conclure un contrat de vente ou bénéficier d'une cession de contrat conforme aux articles L 261-10 s. du CCH. Si la vente a lieu en l'état futur d'achèvement, le contrat doit comporter la garantie d'achèvement prévue par l'article L 261-11 du même Code (Loi 86-18 du 6-1-1986 art. 12).

SITUATION DES ASSOCIÉS PENDANT LA PÉRIODE DE CONSTRUCTION

Quelle que soit la forme de la société, dans la plupart des opérations, les droits sociaux sont souscrits en quasi-totalité par le « promoteur » de l'opération, qui va les commercialiser immédiatement dans le public, se comportant ainsi comme un marchand de biens. Pour protéger l'acquéreur pendant la période de réalisation de l'opération, la loi a édicté certaines **dispositions impératives.** 72470

Garantie des appels de fonds Les associés sont tenus de répondre aux appels de fonds nécessaires à la réalisation de l'objet social, en proportion de leurs droits dans le capital social (Loi 86-18 du 6-1-1986 art. 3). Toutefois, pour éviter que les associés n'aient à débourser des sommes excédant leurs apports, spécialement dans le cas d'une défaillance du « promoteur », la loi impose, en cas de **souscription après la constitution de la société,** la justification d'une **garantie financière** destinée à assurer, en cas de défaillance d'un ou plusieurs associés, le règlement des appels de fonds nécessaires au paiement du prix d'acquisition des biens sociaux ou à la réalisation des travaux de construction, d'aménagement ou de restauration (Loi 86-18 du 6-1-1986 art. 22). 72475

> **Précisions** La garantie doit être **donnée par** un établissement de crédit, par une société de financement habilité à se porter caution ou à réaliser des opérations de financement immobilier, par une compagnie d'assurance agréée à cet effet ou par une société de caution mutuelle (Loi 86-18 du 6-1-1986 art. 22, al. 2). Lorsque le cédant est l'un de ces organismes, il est dispensé de fournir cette garantie (Loi 86-18 du 6-1-1986 art. 22, al. 3).

Cession de droits sociaux avant l'achèvement de l'immeuble Excepté entre associés, aucune cession volontaire de droits sociaux ne peut être conclue avant l'achèvement de l'immeuble, s'il n'est pas justifié de l'existence de la garantie visée nº 72475. De plus, le cédant doit apporter la **justification** soit d'un contrat de vente d'immeuble à construire, si l'objet de la société est l'acquisition d'un tel immeuble, soit d'un contrat de promotion immobilière ou de l'écrit en tenant lieu dans le cas de construction de l'immeuble social par la société elle-même, ou de travaux de restauration ou d'aménagement importants. 72480

> **Précisions** L'exigence de la justification de l'existence d'un contrat de vente d'immeuble à construire ou d'un contrat de promotion immobilière ou de l'écrit en tenant lieu met ainsi à la charge du promoteur la **responsabilité des opérations de construction,** en particulier la garantie décennale que le cessionnaire peut éventuellement mettre en œuvre.

Sanctions L'inobservation de ces deux obligations (garantie et contrat) expose l'associé cédant à des sanctions pénales : emprisonnement de 2 ans et/ou amende de 15 000 € (Loi 86-18 du 6-1-1986 art. 22, al. 5). 72485

De plus, la cession peut être annulée, le cas échéant, conformément aux règles de droit commun.

SOUSCRIPTIONS OU CESSIONS DE DROITS SOCIAUX

Le Code de la consommation réglemente la souscription et la cession de droits sociaux des sociétés d'attribution en jouissance à temps partagé. Les acquéreurs non professionnels bénéficient notamment d'une faculté de **rétractation** (voir nºs 72315 s.). 72490

Ces règles impératives doivent être combinées avec celles issues de la loi du 6 janvier 1986 étudiées ci-dessous (Loi 86-18 du 6-1-1986 art. 20).

> **Précisions** La nullité du contrat de réservation de cession de parts pour non-respect des exigences légales entache la validité de l'acte de cession de parts ultérieur (Cass. 3e civ. 26-1-2011 nº 09-71.836 : RJDA 6/11 nº 552), à moins que les acquéreurs ne confirment leur volonté d'acquérir (Cass. 3e civ. 12-9-2007 nº 06-12.933 : RJDA 3/08 nº 335).

Conditions Pour toutes les cessions ou souscriptions de droits sociaux, à l'exclusion des souscriptions effectuées lors de la constitution de la société, la loi impose, en sus des dispositions particulières applicables en cas de cession ou de souscription avant l'achèvement de l'immeuble (nº 72480), le respect de certaines **conditions de forme.** 72495

1. En premier lieu, elles doivent faire l'objet d'un **acte** sous signature privée ou notarié, qui précise la **nature** des droits attachés à la part ou action et leur **consistance,** telles que celles-ci résultent de la localisation de l'immeuble et du local correspondant au lot, et de la détermination de la **période de jouissance** attribuée.

On doit en déduire que, dans le cas d'une société de capitaux, le transfert des titres par ordre de mouvement est insuffisant et que la rédaction d'un **écrit** est indispensable.

2. S'il s'agit d'une cession, l'acte doit, en outre, préciser la **situation comptable du cédant,** attestée par la société.

Il s'agit des sommes déjà versées par le cédant, notamment au titre des appels de fonds, des sommes restant dues sur ceux-ci et des sommes non encore appelées.

3. S'il s'agit d'une cession à titre onéreux, l'acte doit indiquer le **prix** à payer au cédant.

4. Dans le cas où un **service d'échange de périodes** est mis à la disposition des associés, tout acte de cession ou souscription de parts doit en faire état (Loi 86-18 du 6-1-1986 art. 8, al. 6).

5. Le cas échéant, l'acte doit également faire référence au **dépôt au rang des minutes d'un notaire** soit du contrat de vente d'immeubles à construire, soit du contrat de promotion immobilière, de l'acte en tenant lieu ou de l'acte de cession de l'un de ces contrats.

> **Précisions** **a.** Les **documents** suivants sont **annexés à tout acte de cession** (Loi 86-18 du 6-1-1986 art. 20, al. 4) :
- les statuts de la société ;
- l'état descriptif de division ;
- le tableau d'affectation des parts ;
- le règlement de jouissance ;
- une note sommaire indiquant les caractéristiques techniques de l'immeuble et des locaux ;
- s'il y a lieu, le bilan du dernier exercice, le montant des charges afférentes au lot pour l'exercice précédent ou, à défaut, le montant prévisionnel ainsi qu'un inventaire des équipements et du mobilier.

Si ces documents sont déposés au rang des minutes d'un notaire, l'acte de cession peut se borner à y faire référence ; le cédant en remet une copie au cessionnaire ; cette communication doit être consignée dans l'acte.

b. Les **formulaires standards** d'information sur les **contrats de revente et d'échange** résultent respectivement des annexes III et IV de l'arrêté ECEC1000062A du 15 juin 2010 (JO 22).

72500 **Sanctions** En cas d'inobservation des conditions de forme, le cessionnaire peut, s'il établit que son consentement a été vicié par l'omission de certaines mentions, demander l'annulation de la cession.

> **Précisions** L'acquéreur de parts sociales d'une société civile d'attribution d'immeubles en jouissance à temps partagé ne peut pas invoquer, pour obtenir la nullité de la cession, les dispositions de l'article 1861 du Code civil qui prévoient, sauf dispositions spécifiques des statuts, l'agrément préalable de tous les associés à la cession (Cass. 3e civ. 19-7-2000 no 98-10.469 : RJDA 11/00 no 992).

72505 **Crédit immobilier** Tout crédit consenti par un établissement de crédit à un particulier pour l'acquisition (ou la souscription) de parts de société civile d'attribution d'immeubles en jouissance à temps partagé est soumise aux dispositions des articles L 313-1 et suivants du Code de la consommation régissant le crédit immobilier, lesquelles sont d'ordre public (C. consom. art. L 314-26). Lorsque l'acquisition des parts par un particulier doit être financée par un crédit, le contrat de cession est formé sous la condition suspensive de l'obtention de ce crédit (C. consom. art. L 313-41). Si l'acquéreur ne l'obtient pas, il n'y a pas cession.

2. DROITS DES ASSOCIÉS

NATURE DU DROIT DES ASSOCIÉS

72530 Le principe est clairement affirmé : il ne s'agit, en aucun cas, d'un droit de propriété ou d'un droit réel (Loi 86-18 du 6-1-1986 art. 1). La contrepartie des apports faits à la société est uniquement l'attribution d'immeubles ou de fractions d'immeubles en **jouissance** et par **périodes** dans les conditions définies par les documents sociaux. Il s'agit d'un simple **droit de créance** contre la société, non opposable aux tiers. En conséquence, les **créanciers** de la société peuvent saisir ou faire vendre l'immeuble social, sans que les associés puissent opposer leur droit de jouissance.

> ATTENTION
>
> En vue de protéger le public non averti, les **documents publicitaires** doivent exclure toute expression incluant les termes de « propriétaire » ou de « propriété » pour qualifier la qualité des associés ou les droits accordés sur l'immeuble, sous peine d'une amende de 15 000 € (Loi 86-18 du 6-1-1986 art. 33). Il va de soi que cette interdiction frappe des expressions comme « multipropriété », « pluripropriété » ou encore « time-propriété ».

CONSISTANCE DU DROIT DES ASSOCIÉS

72535 Le droit de chaque associé est un droit de jouissance, pendant une **période déterminée à l'avance,** portant sur une **partie de l'immeuble à usage privatif,** et correspondant à un **lot** de l'état descriptif de division. L'associé dispose d'un droit de **louer** ou de **prêter** le local qui lui est attribué en jouissance, pendant la période où il lui est attribué. Ce droit ne peut être ni supprimé ni restreint par les statuts ou le règlement (Loi 86-18 du 6-1-1986 art. 23). Toutefois, la location ou le prêt à un tiers n'est pas opposable à la société. En conséquence, si l'associé vient à être déchu de son droit de jouissance, elle peut procéder à l'expulsion de l'occupant.

La **division** de l'immeuble dans l'espace va identifier l'ensemble des lots à usage privatif, sur chacun desquels va se greffer par la suite une division dans le temps, par périodes.

> **Précisions** En vue d'assurer la **maintenance** du bien attribué en jouissance, un **état des lieux** contradictoire est établi lors de la restitution du local au terme de la période d'occupation. L'associé dont la période de jouissance suit celle de celui qui quitte les lieux peut obtenir de plein droit communication de cet état des lieux (Loi précitée art. 21).

GROUPES DE DROITS SOCIAUX

Les parts ou actions sont réparties entre associés, en différents **groupes,** formés en fonction des caractéristiques des lots auxquels ils sont affectés, de la durée et de l'époque d'utilisation des locaux. Chaque groupe de parts **indivisible** donne droit, chaque année, à la **jouissance** d'un lot pendant une **période déterminée.** **72540**

La **valeur** des droits de tous les associés est appréciée au jour de l'affectation aux lots des groupes de droits sociaux qui leur sont attachés (Loi 86-18 du 6-1-1986 art. 8, al. 3).

Les parts sociales peuvent être réparties entre tous les associés en fonction des caractéristiques du lot attribué à chacun d'eux ainsi que de la durée et de l'époque d'utilisation du local correspondant (Loi précitée art. 8, al. 2).

Chaque groupe de droits sociaux donne droit à la **jouissance exclusive** d'une partie de l'immeuble et à l'utilisation des parties communes et services, dans les conditions prévues au règlement. **72545**

En cas de liquidation de la société, ce sont les règles afférentes à chaque type de société qui s'appliquent.

DROIT DE RETRAIT ET DISSOLUTION

Les associés ont un droit de **retrait** de la société (Loi 86-18 du 6-1-1986 art. 19-1). Nonobstant toute clause contraire des statuts, un associé peut se retirer totalement ou partiellement de la société, après **autorisation** donnée à l'unanimité **des associés.** **72550**

Il peut également être autorisé à se retirer pour juste motifs, sur **décision de justice,** notamment lorsque l'associé est bénéficiaire des minima sociaux ou perçoit une rémunération inférieure au Smic, ou encore lorsqu'il ne peut plus jouir de son bien du fait de la fermeture ou de l'inaccessibilité de la station ou de l'ensemble immobilier concerné (Loi précitée art. 19-1, al. 1). Cette liste n'est pas limitative (Rép. de La Raudière : AN 15-11-2016 n° 98758). Des raisons de convenances personnelles ne constituent cependant pas un juste motif (CA Paris 12-5-2015 n° 14/08703 : RJDA 8-9/15 n° 584). C'est le cas notamment de l'impossibilité pour un associé d'utiliser personnellement un appartement à cause de son état de santé (Cass. 3e civ. 21-11-2024 n° 23-16.857 FS-B : BPIM 1/25 inf. 34).

L'exercice de la procédure de retrait judiciaire n'est pas subordonnée au rejet préalable d'une demande formée auprès des associés (CA Paris 28-1-2014 n° 12/22501 : RJDA 4/14 n° 357).

Le retrait est **de droit** lorsque les parts que l'associé détient dans le capital lui ont été transmises par succession depuis moins de deux ans à compter de la demande de retrait formée par l'héritier ou les héritiers devenus associés auprès de la société (Loi 86-18 du 6-1-1986 art. 19-1, al. 2). Dans un cas où seule la nue-propriété des parts avait été transmise aux héritiers d'un associé décédé, l'épouse de celui-ci ayant conservé l'usufruit, il a été jugé que les héritiers nus-propriétaires avaient pu exercer leur droit de retrait moins de deux ans après le décès de l'usufruitier mais plus de vingt ans après le décès de son conjoint (CA Paris 15-9-2017 n° 15/19294 : RJDA 12/17 n° 815).

En cas de pluralité d'héritiers, la demande doit être présentée à l'unanimité des indivisaires, à moins que le retrait des intéressés ait pour finalité de pouvoir payer les dettes et charges de l'indivision, auquel cas la demande peut être présentée par un ou plusieurs d'entre eux titulaires d'au moins deux tiers des droits indivis. Le retrait est constaté par acte notarié signé par l'héritier ou les héritiers devenus associés qui se retirent et le représentant de la société. Le coût du ou des actes notariés et les droits y afférents liés au retrait sont supportés par l'héritier ou les héritiers devenus associés qui se retirent. L'héritier ou les héritiers devenus associés qui se retirent ont le droit au remboursement de la valeur de leurs droits sociaux fixée, à défaut d'accord amiable, conformément à l'article 1843-4 du Code civil (Loi précitée art. 19-1, al. 2). Ce dispositif ne s'applique pas aux transmissions de patrimoine entre personnes morales (Rép. de La Raudière : AN 15-11-2016 n° 98758).

La **dissolution** peut intervenir par décision judiciaire en cas de mésentente (C. civ. art. 1844-7, 5°) ou par décision prise en assemblée générale (CA Chambéry ch. civ. 20-12-1990 n° 89-1923 : Dr. sociétés 1991 n° 289).

3. OBLIGATIONS DES ASSOCIÉS

À L'ÉGARD DES TIERS

72580 Par dérogation à l'article 1857 du Code civil, les associés ne **répondent des dettes sociales** qu'à concurrence de leurs **apports** (Loi 86-18 du 6-1-1986 art. 4). Cette disposition n'est pas applicable aux dettes sociales antérieures à la mise en conformité des statuts des sociétés existant avant le 6 janvier 1986 (voir nº 72305).

À L'ÉGARD DE LA SOCIÉTÉ

72585 Les associés sont tenus :

1. De **répondre aux appels de fonds** nécessaires à la réalisation de l'objet premier de ce type de société, à savoir la construction, l'acquisition, l'aménagement ou la restauration de l'immeuble social et ce, en proportion de leurs droits dans le capital social (Loi 86-18 du 6-1-1986 art. 3, al. 1). Les appels de fonds peuvent être demandés aux associés aussi bien pour l'exécution d'un plan de financement préétabli que pour couvrir des dépenses imprévues ;

2. De **participer aux charges** entraînées par les **services collectifs,** les éléments d'équipement et le fonctionnement de l'immeuble, et à celles liées à l'occupation, en fonction de la situation et de la consistance du local, de la durée et de l'époque de la période de jouissance (Loi précitée art. 9, al. 1) ;

3. De **participer aux charges** relatives au **fonctionnement de la société,** à la conservation, à l'entretien et à l'administration des parties communes, en proportion de leurs droits sociaux (Loi précitée art. 9, al. 3).

RÉPARTITION DES CHARGES

72590 La loi distingue, avec un mode de répartition différent, les charges entraînées par les services collectifs et les charges générales (Loi 86-18 du 6-1-1986 art. 9).

Le **règlement d'occupation et de jouissance** doit répartir les quotes-parts dans les différentes catégories de charges entre les groupes de droits sociaux ou, à tout le moins, indiquer les bases selon lesquelles la répartition est faite.

> **Précisions** Une **action en révision des charges** est possible, devant le tribunal judiciaire du lieu de situation de l'immeuble, en cas de déséquilibre d'un quart en plus ou en moins dans la répartition telle qu'elle a été faite et celle qui devrait résulter de l'application de l'article 9 de la loi. Cette action doit être introduite dans les 5 ans de l'adoption de l'état descriptif de division, du règlement et des dispositions corrélatives des statuts. En tout état de cause la révision n'a d'effet que pour l'avenir (Loi 86-18 du 6-1-1986 art. 10).

72595 **Charges entraînées par les services collectifs** Les associés sont tenus de participer aux charges entraînées par les services collectifs, les éléments d'équipement et le fonctionnement de l'immeuble. Cette **participation se fait en fonction** de la situation et de la consistance du local, de la durée et de l'époque de la période de jouissance. Sont ici visées les charges de chauffage, d'ascenseur, de piscine, d'accueil des associés, d'établissement des inventaires et des états des lieux, etc.

C'est au sein de ces charges que la loi, renvoyant à un décret, distingue les **charges communes** et les **charges liées à l'occupation.** L'associé n'est pas tenu de participer à ces dernières lorsqu'il n'a pas exercé son droit de jouissance (Loi 86-18 du 6-1-1986 art. 9, al. 1). C'est le fait matériel de l'occupation ou non des locaux qui doit être pris en considération pour déterminer si l'associé est ou non tenu de payer les charges correspondantes. Notamment, ces charges sont dues lorsque l'associé fait, gratuitement ou contre rémunération, bénéficier un tiers de son droit de jouissance.

> **Précisions** **a.** Il s'agit là de la consécration de la pratique des « **périodes fermées** », qui permet notamment au promoteur de s'exonérer du paiement de cette sous-catégorie de charges, pour les périodes non encore vendues.
>
> **b.** Le **décret** devant préciser les charges liées à l'occupation ne sera sans doute jamais publié (Rép. Roustan : AN 29-11-2005 p. 11051 nº 74578). En effet, le ministre de l'équipement considère que la diversité des situations, des services et des résidences pratiquant la propriété de loisirs rend quasiment impossible la fixation uniforme sur l'ensemble du territoire d'une liste de charges communes et d'une liste de charges liées à l'occupation (Rép. Pinte : AN 8-6-1992 p. 2563 nº 41532).
>
> En attendant la publication éventuelle du décret, il y a lieu d'appliquer la répartition fixée par les **statuts et** le **règlement intérieur** de la société (CA Versailles 1e ch. B 26-6-1998 nº 97-2051 : RJDA 12/98 nº 1373). Cette répartition ne doit pas être arbitraire : les frais inclus dans les charges communes doivent donc correspondre à des sommes que la société a payées indépendamment de l'occupation réelle des locaux par chaque

associé (Cass. 3e civ. 29-5-2002 nº 00-22.830 : RJDA 10/02 nº 1044, 3e espèce). Pour pouvoir réclamer le paiement de charges à un associé qui n'a pas occupé le local, la société doit établir, par la production d'un **décompte,** que celles-ci n'entrent pas dans la catégorie des charges liées à l'occupation mais dans celle des charges communes (Cass. 3e civ. 23-1-2002 nº 00-10.000 : RJDA 10/02 nº 1044, 1e espèce).

c. Le règlement intérieur d'une société peut valablement inclure un **« forfait-loisirs »** dans les charges communes (Cass. 3e civ. 29-5-2002 nº 00-22.830 : RJDA 10/02 nº 1044).

Charges générales Les associés sont tenus de participer aux charges relatives au **fonctionnement de la société,** à la conservation, à l'entretien et à l'administration des **parties communes,** en proportion de leurs droits sociaux (Loi 86-18 du 6-1-1986 art. 9, al. 4). Sont ici visées les dépenses de réfection de toiture, le nettoyage des parties communes, les frais liés à la convocation et la tenue de l'assemblée générale, les frais de personnel de la société, etc. 72600

PAIEMENT DES CHARGES

Si le règlement le prévoit, des **avances sur charges** peuvent être exigées pour le premier exercice social à compter de l'achèvement des opérations visées à l'article 1 de la loi de 1986 (construction, acquisition, aménagement ou restauration des immeubles). De plus, au début de chacun des exercices suivants, chaque associé peut être tenu de verser une **provision sur charges.** Celle-ci ne doit pas être supérieure au montant des charges qui lui auront été imparties l'exercice précédent, ou s'il s'agit d'un nouvel associé, de celles imputées à l'associé précédent au cours du dernier exercice pour le même local, la même période et la même durée (Loi 86-18 du 6-1-1986 art. 13). 72605

L'annulation de la décision d'approbation des comptes d'un exercice est sans incidence sur l'obligation au paiement de provisions (Cass. 3e civ. 30-9-2021 nº 20-20.027 F-D).

SANCTIONS

Si un associé ne satisfait pas à ses obligations, la société peut **mettre en vente ses droits sociaux** et, consécutivement, l'empêcher d'exercer son droit de jouissance ou suspendre l'exercice de ce droit (Loi 86-18 du 6-1-1986 art. 3, al. 2 et 3). La vente forcée est exécutée dans les mêmes conditions que celles examinées à propos des sociétés d'attribution (nº 68515). 72610

L'existence de cette procédure ne fait pas obstacle à ce que la société assigne l'associé défaillant en paiement selon les règles de droit commun. La **prescription** de l'action en recouvrement des charges est de 5 ans (C. civ. art. 2224).

C. Documents sociaux de la société d'attribution d'immeubles en jouissance à temps partagé

STATUTS

Ils sont établis en conformité avec les textes régissant chaque type de société, sous réserve des dispositions particulières imposées par la loi 86-18 du 6 janvier 1986. Ils doivent contenir la **répartition des groupes** de parts ou actions entre les associés, en fonction des caractéristiques du lot attribué à chacun d'eux, de la durée et de l'époque d'utilisation du local correspondant (Loi 86-18 du 6-1-1986 art. 8, al. 2). C'est le cas des résidences de tourisme classées. 72700

ÉTAT DESCRIPTIF DE DIVISION

Bien que la société demeure seule propriétaire de l'immeuble, la loi impose l'obligation d'établir un état descriptif de division, pour **distinguer** les **parties communes** et les **parties privatives,** en créant autant de lots que de locaux privatifs (Loi 86-18 du 6-1-1986 art. 8, al. 1). 72705

Cet état doit être adopté avant tout commencement des travaux de construction ou, s'il s'agit d'une société d'acquisition, avant toute entrée en jouissance des associés (Loi précitée art. 11). Il doit être annexé aux statuts.

> **Précisions** Ce document n'est soumis à **publicité foncière** qu'en cas de publication d'une opération ne portant que sur certains lots de l'immeuble (Décret 55-22 du 4-1-1955 art. 7, al. 3). Tant que l'immeuble demeure la propriété d'une seule personne, la publication de l'état descriptif de division au fichier immobilier n'est donc pas nécessaire. Néanmoins, dans l'optique éventuelle d'une future aliénation de l'immeuble par lots, il pourra être conseillé d'établir ce document dès

l'origine par acte notarié (C. civ. art. 710-1) et dans le respect des règles prescrites par les articles 71-1 à 71-13 du décret 55-1350 du 14 octobre 1955. L'état descriptif de division dressé pour les seuls besoins de la publicité foncière n'a pas de caractère contractuel (Cass. 3e civ. 8-7-1992 : Bull. civ. III no 241 ; Cass. 3e civ. 30-5-1995 : JCP éd. N 1996 II p. 673 obs. Sizaire).

TABLEAU D'AFFECTATION DES DROITS SOCIAUX

72710 Doit être **annexé** à l'état descriptif de division un tableau d'affectation des parts ou actions aux lots et par périodes (Loi 86-18 du 6-1-1986 art. 8, al. 4). La publication au fichier immobilier de la division spatio-temporelle de l'immeuble apparaît souhaitable dans l'intérêt des tiers.

RÈGLEMENT D'OCCUPATION ET DE JOUISSANCE

72715 Le règlement d'occupation et de jouissance a essentiellement pour but de déterminer la destination de l'immeuble, d'organiser la gestion collective des services et des éléments d'équipements communs, de déterminer les éléments affectés à l'usage privatif de chaque associé et de fixer les modalités de **répartition des charges** (Loi 86-18 du 6-1-1986 art. 9, al. 5 et 6). Il peut prévoir pour le premier exercice le paiement d'**avances sur charges** (no 72605).

Si un quelconque document publicitaire fait état d'un service mis à la disposition des associés et destiné à permettre l'**échange des périodes** de jouissance, la vente des droits sociaux ou la location du lot qui leur est attaché, le règlement doit mentionner l'existence de ce service et les conditions particulières dont il peut être assorti (Loi précitée art. 8, al. 6 et 7). Ces **bourses d'échange** de périodes peuvent porter sur des périodes d'occupation dans un même immeuble ou dans tous autres immeubles possédés par la société.

72720 Le règlement d'occupation et de jouissance doit être **adopté avant tout commencement des travaux** de construction, ou, en cas d'acquisition d'un immeuble existant, avant toute **entrée en jouissance des associés** (Loi 86-18 du 6-1-1986 art. 11). Il doit être annexé aux statuts.

D. Fonctionnement de la société d'attribution d'immeubles en jouissance à temps partagé

1. DIRECTION DE LA SOCIÉTÉ

72810 Quand il s'agit d'une **société civile,** le ou les gérants sont nommés pour une durée maximale de 3 ans renouvelable par une **décision des associés** représentant plus de la moitié des parts sociales. Cette condition de majorité ne peut être ni augmentée ni réduite par les associés (Loi 86-18 du 6-1-1986 art. 5).

Les gérants sont **révocables** dans les mêmes conditions, même s'il s'agit de gérants statutaires.

Les dirigeants sociaux et les personnes interposées ne peuvent ni être représentants de périodes ni recevoir mandat pour représenter un associé (Loi 86-18 du 6-1-1986 art. 19).

Seul le représentant de la société (gérant, président du conseil d'administration, etc.) peut assumer les **missions** relatives à la réalisation de l'objet social : toute clause contraire est réputée non écrite (Loi 86-18 du 6-1-1986 art. 7).

> **Précisions** **a.** Le **législateur** a voulu interdire que les missions relatives à la réalisation de l'objet social soient exécutées par une personne qui ne serait pas le gérant de la société.
> **b.** Unique interlocuteur des associés, le gérant de la société peut toujours désigner un **gestionnaire,** mais celui-ci ne peut à aucun moment se substituer à l'organe de gestion (Déb. AN 29-11-1985 p. 5016).

2. CONTRÔLE DE LA GESTION

CONSEIL DE SURVEILLANCE

72840 Dans toute société civile d'attribution d'immeubles en jouissance à temps partagé, un conseil de surveillance doit être constitué (Loi 86-18 du 6-1-1986 art. 18, al. 1).

Les **membres** du conseil de surveillance doivent être **désignés** par l'assemblée générale parmi les associés, à l'exclusion des gérants, de leur conjoint ou de leurs préposés. Nonobstant

© Éd. Francis Lefebvre

toute convention contraire, ils sont désignés pour une durée maximale de trois ans renouvelable. Ils sont révocables par l'assemblée générale (Loi précitée art. 18, al. 1).

Le conseil de surveillance élit parmi ses membres un **président** qui peut valablement recevoir toute communication faite au conseil (Loi précitée art. 18, al. 1 et 4).

Le conseil de surveillance rend compte de l'exécution de sa mission à l'assemblée générale chaque année (Loi précitée art. 18, al. 4).

Ce conseil de surveillance donne son **avis aux dirigeants** sociaux ou à l'assemblée générale sur toutes les questions concernant la société pour lesquelles il est consulté ou dont il se saisit lui-même (Loi précitée art. 18, al. 2).

Il peut **prendre connaissance et copie,** à sa demande et après en avoir avisé la société, de toutes pièces, **documents,** correspondance ou registres se rapportant à la société (Loi précitée art. 18, al. 3). Cependant, aucune sanction n'est prévue en cas de non-communication des documents par le ou les gérants.

Les **autres modalités de fonctionnement** du conseil de surveillance (nombre des membres, périodicité des réunions, conditions de validité des décisions, etc.) sont fixées par les statuts et, à défaut, par l'assemblée générale (Loi précitée art. 18, al. 1).

CONTRÔLEUR

Lorsque la société n'est pas tenue d'avoir un **commissaire aux comptes,** elle doit confier chaque année le contrôle de la gestion des gérants à un **« technicien »** désigné par l'assemblée générale des associés et à laquelle il doit rendre compte de sa mission (Loi 86-18 du 6-1-1986 art. 18-1, al. 1). **72845**

Ce technicien doit être choisi en dehors des associés (Loi précitée art. 18-1, al. 1). La loi ne fixe aucune autre règle en ce qui concerne le choix de ce technicien.

Le technicien peut prendre connaissance et copie, à sa demande et après en avoir avisé la société, de toutes pièces, documents, correspondance ou registres se rapportant à la société (Loi précitée art. 18, al. 3 sur renvoi de l'art. 18-1, al. 2).

3. ASSEMBLÉE GÉNÉRALE

CONVOCATION

L'assemblée doit être réunie **au moins une fois par an,** ou dans les 3 mois de la demande faite par le conseil de surveillance ou des associés représentant au moins 1/5 du capital (Loi 86-18 du 6-1-1986 art. 13, al. 3). **72870**

L'**ordre du jour** de l'assemblée est établi en concertation avec le conseil de surveillance, qui peut demander qu'y soient inscrites une ou plusieurs questions (Loi précitée art. 13, al. 4).

L'**avis de convocation,** qui doit mentionner toutes les questions à l'ordre du jour et comporter les dispositions de l'article 13, al. 6 de la loi 86-18 du 6 janvier 1986 relatives au droit d'information des associés, doit être adressé à tous les associés (Loi précitée art. 13, al. 5).

CONSEIL

Un arrêt a jugé qu'en l'absence de règles particulières dans la loi du 6 janvier 1986 concernant la convocation des associés aux assemblées générales, une **société civile** d'attribution d'immeubles à temps partagé doit convoquer les associés par lettre recommandée, conformément aux dispositions applicables aux sociétés civiles ; elle ne peut pas s'y soustraire par une clause contraire de ses statuts (CA Versailles 4e ch. 13-3-2000 n° 98-2116 : RJDA 6/00 n° 680). Un autre arrêt a ensuite jugé le contraire estimant que les règles de convocation applicables aux sociétés civiles n'ont qu'une valeur supplétive (CA Grenoble 22-6-2004 n° 03/1086, Brisemontier c/ SCI La résidence des alpages). Dans le doute, mieux vaut respecter la convocation par lettre recommandée pour ne prendre aucun risque.

DROIT D'INFORMATION DES ASSOCIÉS

Les associés peuvent, dans les 15 jours qui précèdent l'assemblée générale, demander à la société communication des **comptes sociaux.** À tout moment, tout associé peut également demander communication de la **liste des autres associés** (noms et adresses) ainsi que de la **répartition des parts** sociales et des droits de jouissance qui y sont attachés. L'envoi de ces documents est effectué dans un délai maximal de sept jours à compter de la réception de la demande, le cas échéant, aux frais avancés, dûment justifiés, du demandeur (Loi 86-18 du 6-1-1986 art. 13, al. 6). **72875**

REPRÉSENTATION DES ASSOCIÉS

Les votes par correspondance sont admis. Un associé peut se faire représenter par tout **mandataire** de son choix, même non associé. Toutefois, les gérants, leur conjoint, leurs préposés et toute personne interposée ne peuvent pas être mandataires (Loi 86-18 du 6-1-1986 art. 19). **72880**

72885 **Représentants de période** Chaque ensemble d'associés ayant un droit de jouissance pendant la même période peut désigner un ou plusieurs **associés** de cet ensemble pour le représenter aux assemblées, à l'exception de celles concernant :
- la modification des statuts ;
- les actes de disposition affectant un immeuble ;
- l'établissement ou la modification du règlement ;
- la modification de la répartition des droits des associés et du tableau d'affectation des lots.

Dans ces différents cas, les associés doivent exprimer leur vote personnellement ou par mandataire choisi individuellement.

Ces représentants de période sont des **mandataires communs** à tous les associés ayant un droit de jouissance pendant la même période.

Ils sont **désignés** par les associés de la période considérée statuant à la majorité et doivent être choisis par ces associés (Loi 86-18 du 6-1-1986 art. 14, al. 1). À défaut de précision dans les statuts, leur désignation intervient à la majorité des voix de tous les associés de la même période (Rép. Denis : AN 22-6-1998 p. 3484 nº 12091).

Rien ne s'oppose à ce que celui qui possède des parts correspondant à plusieurs périodes puisse représenter les associés de ces mêmes périodes qui ont des intérêts similaires aux siens. Il dispose alors, pour chaque période, d'un nombre de voix égal au total des voix des associés de la période considérée qu'il représente (Rép. Guillet : AN 26-7-1993 p. 2253 nº 2642).

Même s'ils sont associés, les gérants, leur conjoint, leurs préposés ainsi que toute personne physique ou morale les représentant directement ou indirectement ne peuvent pas être représentants de période (Loi précitée art. 14).

Chaque représentant de période peut avoir un ou plusieurs **suppléants,** mais ni le représentant ni son ou ses suppléants ne peuvent à leur tour se faire représenter (Loi précitée art. 14, al. 1 et 2).

Les représentants de période et leurs suppléants sont désignés pour la **durée** fixée dans les statuts sans que celle-ci puisse être supérieure à 3 ans. Sauf clause contraire des statuts, leur mandat est renouvelable (Loi précitée art. 14, al. 1 et 2).

72890 **Pouvoirs en blanc** Les associés peuvent par ailleurs adresser des pouvoirs en blanc **aux gérants ou aux membres du conseil de surveillance.** Le pouvoir en blanc est une **procuration** datée et signée par l'associé, mais dans laquelle celui-ci s'est abstenu de préciser le nom du mandataire. Dans le silence de la loi sur les modalités de répartition de ces pouvoirs, il y a lieu d'appliquer la jurisprudence de la Cour de cassation (Cass. 1e civ. 28-2-1989 nº 317 : Bull. civ. I nº 98) selon laquelle la personne à qui est remise une procuration n'indiquant pas le nom du mandataire doit être réputée avoir reçu mandat de choisir celui-ci (Rép. Daugreilh : AN 29-4-1991 p. 1730 nº 34056).

NOMBRE DE VOIX

72895 Chaque **associé** dispose d'un nombre de voix proportionnel au nombre de parts qu'il détient dans le capital.

Chaque **représentant de période** dispose d'un nombre de voix égal au total des voix des associés de la période qu'il représente, sous déduction des voix de ceux qui seraient présents ou représentés personnellement à l'assemblée (Loi 86-18 du 6-1-1986 art. 15, al. 4).

Cette règle permet de réunir plus facilement la majorité requise pour l'adoption des résolutions. Certes, elle conduit à considérer que même les associés absents ou dissidents lors de la nomination du représentant de période ont donné mandat à ce dernier de les représenter. Mais elle ne porte pas atteinte aux droits des associés puisqu'ils peuvent révoquer ce mandat implicite en participant personnellement ou par un mandataire de leur choix aux assemblées. Dans ce cas, leurs voix sont décomptées de celles dont dispose le représentant de période.

Toutefois, en ce qui concerne les **décisions relatives aux charges** entraînées par les services collectifs, les éléments d'équipement et le fonctionnement de l'immeuble, les charges communes et les charges liées à l'occupation, chaque associé dispose d'un **nombre de voix proportionnel** à sa participation aux charges (Loi précitée art. 15, al. 2).

Lorsque le règlement met à la charge de certains associés seulement les dépenses d'entretien d'une partie de l'immeuble ou les dépenses d'entretien et de fonctionnement d'un élément d'équipement, seuls ces associés prennent part au vote sur les décisions qui concernent ces dépenses (Loi précitée art. 15, al. 3).

Pour les **décisions les plus importantes** visées à l'article 16, alinéas 2 et 3, de la loi (modification des statuts, établissement ou modification du règlement, actes de disposition affectant des biens immobiliers, etc., voir ci-dessous n° 72900, 2 et 3), les cessionnaires de parts doivent disposer d'au moins 40 % des voix (Loi précitée art. 16, al. 4). Les associés d'origine ne peuvent donc pas détenir plus de 60 % des voix.

RÈGLES DE MAJORITÉ

En **principe,** toutes les décisions de l'assemblée générale doivent être prises à la majorité des voix des associés présents ou représentés (Loi 86-18 du 6-1-1986 art. 16, al. 1). Contrairement aux règles de droit commun (C. civ. art. 1852), les statuts ne peuvent pas fixer librement les règles de majorité. **72900**

Des **règles de majorité particulières** doivent être appliquées pour les décisions relatives aux questions suivantes :

1. Nomination et révocation du gérant de la société : majorité de plus de la moitié des parts sociales (Loi précitée art. 5 et 6) ;

2. Modification des statuts, établissement ou modification du règlement, actes de disposition affectant des biens immobiliers, prorogation ou dissolution anticipée de la société, fixation des modalités de la liquidation : majorité des 2/3 des voix des associés (Loi précitée art. 16, al. 2) ;

3. Transformation d'éléments d'équipement existants, adjonction d'éléments nouveaux, aménagement ou création de locaux à usage commun : majorité des 2/3 des voix des associés présents ou représentés (Loi précitée art. 16, al. 3) ;

4. Modification des droits attachés aux groupes de parts et du tableau d'affectation des lots : majorité des 2/3 des voix des associés présents ou représentés et accord de chacun des associés concernés (Loi précitée art. 16, al. 5) ;

5. Vente forcée des droits des associés défaillants : sur première convocation, majorité des 2/3 du capital et, sur deuxième convocation, majorité des 2/3 des parts sociales dont les titulaires sont présents ou représentés, sans que soient pris en considération, pour le calcul de ces majorités, les droits sociaux détenus par les associés défaillants (CCH art. L 212-4, al. 2 sur renvoi de la loi 86-18 du 6-1-1986 art. 3, al. 2) ;

6. Retrait d'un associé : unanimité (Loi précitée art. 19-1).

E. Dispositions propres aux sociétés coopératives

Les sociétés coopératives d'attribution d'immeubles en jouissance à temps partagé sont soumises à la loi 47-1775 du 10 septembre 1947, modifiée par la loi 92-643 du 13 juillet 1992 et la loi 2014-856 du 31 juillet 2014. Elles font l'objet, dans la loi, d'un certain nombre de **dispositions particulières** dont on trouvera ci-après les plus importantes. **73000**

PROTECTION DES ASSOCIÉS COOPÉRATEURS

Limitation de l'objet La société doit limiter son objet social à **un seul programme,** qui peut toutefois comporter plusieurs tranches (Loi 86-18 du 6-1-1986 art. 24). **73005**

Construction par tranches Aucune tranche d'un programme ne peut être commencée tant que les **souscriptions** des droits sociaux correspondant à cette tranche ne représentent pas au moins 50 % de son coût, et tant que le bilan technique et financier n'a pas été approuvé. Les souscriptions peuvent être financées soit par des apports personnels des associés, soit par des prêts contractés par la société. **73010**

Chaque tranche ne peut être entreprise qu'à la **double condition** :

– que les précédentes soient souscrites à concurrence d'au moins 75 % ;

– que la souscription de tous les droits sociaux correspondant aux lots de l'ensemble du programme soit garantie dans les conditions fixées à l'article 25 de la loi 86-18 du 6 janvier 1986.

> **Précisions** La société coopérative doit faire **garantir l'acquisition,** par elle-même ou par des tiers, des parts qui n'auraient pas été acquises un an après la date de l'acquisition de l'immeuble ou la réception de l'ouvrage. La garantie peut aussi consister en l'engagement de supporter ou de faire supporter, jusqu'à la souscription, toutes les dépenses, y compris les charges afférentes aux lots non souscrits qui pourraient être imputées aux associés. Cette garantie doit être donnée par l'un des établissements visés n° 72475 ou par un organisme agréé par l'État dans des conditions qui seront fixées par décret (Loi 86-18 du 6-1-1986 art. 25, al. 3).

DÉROGATIONS AU STATUT DE LA COOPÉRATION

73015 **Défaillance d'un associé** La **vente** des parts d'un associé défaillant peut avoir lieu dans les conditions de l'article L 213-10, alinéas 2 à 5, du Code de la construction et de l'habitation.

73020 **Décisions collectives** Chaque associé dispose d'un **nombre de voix proportionnel au nombre de droits sociaux** dont il est titulaire en ce qui concerne les décisions à prendre pendant la période de construction et pour les décisions relatives aux travaux importants, à savoir ceux visés à l'article 25 de la loi 65-557 du 10 juillet 1965 sur la copropriété des immeubles bâtis (travaux comportant transformation, addition ou amélioration) (Loi 86-18 du 6-1-1986 art. 28, al. 3).

73025 **Administration de la société** La société coopérative constituée sous la forme de société civile est administrée par un **conseil de gérance,** composé de 3 membres au moins nommés, pour 6 ans au plus, par l'assemblée générale et révocables par elle (Loi 86-18 du 6-1-1986 art. 29, al. 1). Les premiers membres du conseil de gérance peuvent être désignés dans les statuts pour une durée ne pouvant excéder 3 exercices (Loi précitée art. 29, al. 2).

La société doit obligatoirement être soumise, sans condition de seuil, à la **« révision coopérative »** tous les 5 ans. Toutefois, les statuts ou le règlement intérieur peuvent prévoir une révision plus fréquente. L'examen analytique de la situation et du fonctionnement de la société coopérative au vu de ses comptes annuels doit permettre notamment de vérifier le respect des principes coopératifs (Loi précitée art. 30).

F. Régime fiscal des sociétés d'attribution d'immeubles en jouissance à temps partagé

IMPÔTS DIRECTS

73100 Les sociétés d'attribution d'immeubles en jouissance à temps partagé sont exclues du régime de la transparence fiscale prévu à l'article 1655 ter du CGI (Loi du 6-1-1986 art. 35).

Ces sociétés sont soumises aux mêmes règles que les autres sociétés de pluripropriété en matière d'**impôt sur les sociétés** et d'**impôt sur le revenu** (voir n° 72052).

PLUS-VALUES SUR CESSIONS DE PARTS

73105 Les cessions de parts de sociétés ayant pour objet de transférer gratuitement à leurs membres la jouissance de locaux meublés en temps partagé sont imposables selon le **régime d'imposition** des plus-values de cessions de valeurs mobilières et de droits sociaux prévu aux articles 150-0 A et suivants du CGI et non selon le régime des plus-values immobilières.

DROITS D'ENREGISTREMENT ET TVA

73110 **1.** À défaut de dispositions particulières, les droits exigibles sont ceux qui sont prévus pour la **constitution et le fonctionnement** de la généralité des sociétés.

2. Les **cessions de parts ou actions** de sociétés d'attribution d'immeubles en jouissance à temps partagé doivent, en application des articles 728 et 257, I-1-3° du CGI, être taxées dans les conditions de droit commun des ventes d'immeubles.

En matière de **TVA,** l'article 257, I-1-3° du CGI prévoit que les parts de sociétés d'attribution en propriété ou en jouissance d'un bien immeuble suivent le régime du bien immeuble auquel elles se rapportent. Il en résulte que :

– la **cession** des parts ou actions **par un assujetti** à la TVA est soumise à la taxation de plein droit comme portant sur un terrain à bâtir si elle intervient avant l'achèvement de l'immeuble ou de la partie d'immeuble en cause (CGI art. 257, I-2-1°), ou sur un immeuble neuf si elle a lieu dans les cinq ans de son achèvement (CGI art. 257, I-2-2°). Elle est exonérée (CGI art. 261, 5-1°), avec possibilité d'application de la TVA sur option du cédant si l'immeuble est achevé depuis plus de cinq ans (CGI art. 260, 5° bis) ;

– la **cession** des parts ou actions **par un non-assujetti** (particulier) n'est pas soumise à la TVA.

En matière de **droits d'enregistrement,** lorsque la cession des titres n'est pas soumise à la TVA, le droit de vente d'immeubles est perçu (BOI-ENR-DMTOM-40-30 n° 90).

3. Les sociétés d'attribution d'immeubles en jouissance à temps partagé assujetties à la TVA sont, le cas échéant, redevables de la TVA sur la **livraison à soi-même** qu'elles doivent opérer dans certains cas sur les immeubles neufs qu'elles ont construits ou fait construire.

© Éd. Francis Lefebvre

> **Précisions** **a.** Sur les **notions d'assujetti et de non-assujetti,** voir nos 44200 s.
> **b.** Lorsque la **TVA** est exigible sur les cessions de titres, seul le **droit fixe** de 125 € est dû (CGI art. 730).
> **c.** La **présomption de l'article 728 du CGI,** aux termes de laquelle les cessions de titres conférant à leur possesseur le droit à la jouissance d'immeubles sont réputées porter sur les immeubles eux-mêmes, doit être interprétée strictement et seule la fraction du prix de cession afférente à l'immeuble ou à la fraction d'immeuble réputé transmis, à déterminer par une déclaration estimative, est assujettie à l'impôt de mutation au tarif des ventes d'immeubles. Le surplus du prix est considéré comme s'appliquant à la cession des droits sociaux proprement dits et reste soumis au régime fiscal de droit commun (BOI-ENR-DMTOM-40-30 n° 40).
> **d.** Selon l'administration, le droit de vente d'immeubles n'est exigible que s'il existe un **état de division et d'affectation des titres cédés** à chacune des fractions de l'immeuble, sauf s'il apparaît que l'établissement de cet état n'a été différé qu'à des fins purement fiscales (BOI-ENR-DMTOM-40-30 n° 30).

TVA sur services indispensables à l'utilisation des biens Les sociétés d'attribution d'immeubles en jouissance à temps partagé bénéficient de l'exonération de TVA prévue par l'article 261 A du CGI pour les services indispensables à l'utilisation des biens qu'elles fournissent aux associés sous les conditions prévues par cet article (voir n° 72055). **73115**

Dans le cadre d'une société d'attribution d'immeubles à usage principal d'habitation en jouissance à temps partagé, l'éclairage, le chauffage, le gardiennage, l'entretien des locaux et du mobilier ainsi que des ustensiles ménagers mis à la disposition des associés paraissent constituer des services indispensables à l'utilisation du bien. La situation est moins certaine pour le linge de maison mis éventuellement à la disposition des associés ; elle est certainement négative pour une garderie d'enfants, une discothèque, un restaurant, même réservés aux membres de la société.

IMPÔTS LOCAUX

La **taxe foncière** (BOI-IF-TFB-10-20-10 n° 120) et la **taxe d'habitation** (CGI art. 1408, I) doivent être établies au nom de la société elle-même et non à celui des associés. **73120**

III. SOCIÉTÉS CONCESSIONNAIRES DE PORTS DE PLAISANCE

A. Régime juridique des sociétés concessionnaires de ports de plaisance

Les sociétés concessionnaires de ports de plaisance revêtent, dans la plupart des cas, la **forme** de société anonyme d'attribution en jouissance (nos 67300 s.). **73270**

L'**attribution en propriété** étant **impossible,** l'affectation des garanties d'usage des postes d'amarrage ou de mouillage au profit des actionnaires ayant financé les travaux afférents aux ouvrages portuaires concédés résulte d'un **règlement de jouissance.** Les **actions** forment des groupes indivisibles ; chacun d'eux donne **vocation** à la jouissance privative et exclusive d'un poste d'amarrage déterminé.

Les **statuts et le règlement de jouissance** peuvent contenir diverses dispositions imposées par l'autorité concédante, en matière de police, sécurité, contrôle, etc.

B. Régime fiscal des sociétés concessionnaires de ports de plaisance

IMPÔTS DIRECTS

Lorsque la **société** a pour **objet** exclusif de **transférer à ses membres la jouissance** des anneaux d'amarrage, elle peut se prévaloir du régime de la transparence fiscale visé à l'article 1655 ter du CGI (voir n° 67735). **73350**

Lorsque les sociétés ont également pour objet l'**exploitation commerciale de la partie des installations ouvertes au public,** elles ne répondent plus à la condition d'exclusivité de l'objet fixée à l'article 1655 ter du CGI et sont passibles de l'impôt sur les sociétés.

TVA

73355 **Recettes** Les recettes des sociétés anonymes privées concessionnaires de ports de plaisance dont les actions confèrent un droit de mouillage relevant de l'**exploitation du service public portuaire,** qu'il s'agisse des redevances d'amarrage ou des recettes perçues en contrepartie d'autres services rendus par la société concessionnaire, sont passibles de la TVA (BOI-TVA-BASE-10-20-40-10 n° 250).

S'agissant de la **partie privée** du port, le produit de la souscription des actions (qui permet aux porteurs d'actions d'obtenir la jouissance des anneaux) s'analyse en un versement en capital et n'est pas une recette passible de la TVA. Les recettes afférentes à la partie privée du port perçues en contrepartie de services rendus aux membres échappent en principe à la taxe en application de l'article 261 A du CGI (n° 72055). Sont ainsi exonérées de TVA les recettes afférentes aux services rendus aux membres dans la mesure où ces services sont indispensables à l'utilisation du bien (entretien, surveillance, gardiennage, réparation des installations portuaires, etc.) et où les recettes correspondent au strict remboursement de la part incombant aux associés dans les dépenses communes. L'exonération n'est pas applicable lorsque les versements présentent un caractère forfaitaire et sont destinés à équilibrer globalement le budget du port, sans effectuer de distinction entre partie publique et partie privée du port (notamment Rép. Sauvaigo : AN 10-5-1982 n° 10215, non reprise dans Bofip).

Sont exclus de l'exonération les services de caractère personnel n'ayant pas de lien direct avec les équipements mis à la disposition des associés, tels ceux portant sur les bateaux (réparation, location ou avitaillement, etc.) (Inst. 3 A-20-80, non reprise dans Bofip).

73360 **Livraisons à soi-même des constructions** Les sociétés concessionnaires de ports de plaisance assujetties à la TVA peuvent être redevables, le cas échéant, de la **livraison à soi-même des immeubles neufs** (installations d'amarrage et autres infrastructures portuaires) qu'elles ont construits ou fait construire dans les cas visés n° 66800.

Sur les conditions de liquidation et de déclaration de la TVA sur les livraisons à soi-même d'immeubles neufs, voir nos 66800 s.

73365 **Droits à déduction** La société concessionnaire doit, le cas échéant, constituer des secteurs d'activité distincts pour séparer ses activités soumises à la TVA (opérations effectuées dans la partie publique du port, services rendus aux usagers qui ne bénéficient pas de l'exonération de TVA, etc.) de celles qui ne sont pas passibles de la taxe.

Elle ne peut pas récupérer la TVA incluse dans le coût des travaux de construction réalisés dans la partie du port faisant l'objet de **droits d'usage privatif** (dès lors que ceux-ci sont, en principe, exonérés de TVA : n° 73355). En revanche, la TVA afférente aux travaux réalisés dans la **partie publique** peut être récupérée.

> **Précisions** La société concessionnaire qui a procédé aux constructions dans la partie publique du port peut déduire de la TVA due sur la **livraison à soi-même** (LASM) dont elle est, le cas échéant, redevable (n° 73360) la TVA ayant grevé les travaux de construction, au vu des factures qu'elle détient. Elle peut également déduire la TVA qu'elle a acquittée au titre de la LASM. Elle ne peut en revanche déduire aucune TVA au titre de la LASM due sur les constructions de la partie privée du port car son activité est exonérée sur cette partie (n° 73355).

TVA ET DROITS D'ENREGISTREMENT SUR CESSIONS D'ACTIONS

73370 La **cession d'actions** d'une société concessionnaire de l'établissement et de l'exploitation d'un port de plaisance **par un assujetti à la TVA** (sur cette notion, voir nos 44200 s.) suit, en matière de TVA, le régime du bien immeuble auquel elles se rapportent (CGI art. 257, I-1-3° ; BOI-TVA-IMM-10-10-20 nos 130 s.). Elle est ainsi soumise à la taxation de plein droit comme portant sur un terrain à bâtir si elle intervient avant l'achèvement de l'immeuble ou de la partie d'immeuble en cause (CGI art. 257, I-2-1°), ou sur un immeuble neuf si elle a lieu dans les cinq ans de son achèvement (CGI art. 257, I-2-2°). Elle est exonérée (CGI art. 261, 5-1°), avec possibilité d'application de la TVA sur option du cédant si l'immeuble est achevé depuis plus de cinq ans (CGI art. 260, 5° bis). Lorsque la TVA est exigible, l'acte de cession des actions ou parts est enregistré moyennant le paiement d'un **droit fixe** de 125 € (CGI art. 730).

La **cession** de ces mêmes actions **par un non-assujetti** n'est pas soumise à la TVA.

Lorsque la cession des actions de la société concessionnaire d'un port de plaisance n'est pas soumise à la TVA, elle relève du **droit de vente d'immeubles.** En effet, dès lors que les actions cédées donnent la jouissance d'un **droit d'occupation privatif** pour l'amarrage et le mouillage d'un bateau de plaisance, leur cession donne à leur acquéreur un droit de jouissance d'un immeuble et entre dans le champ d'application de l'article 728 du CGI (Cass. com. 15-3-1994 n° 92-13.371 : RJF 5/94 n° 654 ; Cass. com. 30-5-1995 n° 93-19.604 : RJF 8-9/95 n° 1036 ; BOI-ENR-DMTOM-40-30 n° 60). Le moyen tiré des limites du droit de jouissance exercé sur un bien du domaine public de l'État sous un régime de concession est inopérant (Cass. com. 23-2-1999 n° 96-22.836 : RJF 5/99 n° 649). **73375**

S'agissant de l'**assiette des droits de mutation,** la Cour de cassation a précisé que les actions d'une société concessionnaire d'un port de plaisance confèrent le droit de jouissance d'un emplacement de mouillage et d'amarrage qui comporte nécessairement le droit d'utiliser les divers services offerts par l'infrastructure portuaire dont la société est concessionnaire. Elle en a déduit que la valeur des autres services rendus par cette même société ne saurait venir en déduction de la base d'imposition au droit de vente d'immeubles dû en vertu de l'article 728 du CGI puisque ces services sont intrinsèquement attachés au droit de jouissance conféré par la détention des actions (Cass. com. 30-6-1998 n° 96-19.160 : RJF 11/98 n° 1364 ; BOI-ENR-DMTOM-40-30 n° 80).

Sur la **portée de la présomption de l'article 728 du CGI,** voir n° 73110, Précisions, c.

TAXE FONCIÈRE SUR LES PROPRIÉTÉS BÂTIES

La taxe foncière est établie au nom de l'État dès lors que le contrat de concession prévoit la **remise gratuite** à l'État, à l'expiration de la concession, **des installations** portuaires réalisées par la société concessionnaire sur le domaine public maritime, même si le contrat de concession fait supporter la charge finale de la taxe foncière au concessionnaire. Ces installations doivent être regardées comme incorporées au domaine de l'État dès leur établissement bien qu'elles ne doivent être remises gratuitement au concédant qu'au terme de la concession (CE 16-11-1988 n°s 47685 et 47741 : RJF 1/89 n° 69 ; BOI-IF-TFB-10-20-20 n° 160). **73380**

ATTENTION

Une société concessionnaire n'est pas recevable à contester le bien-fondé d'impositions établies au nom de l'État qu'elle s'est contractuellement engagée à rembourser, dès lors qu'elle ne justifie pas d'un mandat régulier et qu'elle n'a pas été mise personnellement en demeure d'acquitter ces impôts. Il lui appartient seulement de demander à l'État d'introduire une **réclamation auprès du directeur des services fiscaux** ou de lui donner un mandat régulier pour le faire et, le cas échéant, de lui réclamer une indemnité en raison de la faute commise en ne contestant pas l'imposition (CE 6-1-1993 n° 101723 : RJF 3/93 n° 439).

TAXE ANNUELLE SUR LES IMMEUBLES DE CERTAINES SOCIÉTÉS

Les personnes morales, organismes, fiducies ou institutions comparables, françaises ou étrangères qui, directement ou par personne interposée, possèdent un ou plusieurs immeubles en France, ou des droits réels sur ces immeubles, sont redevables d'une taxe annuelle égale à 3 % de la valeur vénale de ces immeubles ou droits (CGI art. 990 D à 990 G). **73385**

Par un jugement du 21 février 1995 (TGI Nice 21-2-1995 n° 95-139 : RJF 5/96 n° 674), le TGI de Nice a confirmé l'imposition à la taxe annuelle de 3 % d'une société sise à l'étranger propriétaire d'actions d'une société lui donnant le droit de jouissance d'un emplacement d'amarrage, droit qui s'analyse comme un droit réel portant sur un ensemble immobilier. Cette décision nous paraît toutefois critiquable, dès lors que le critère d'imposition de la taxe de 3 % est la propriété d'un bien ou de **droits réels** de nature immobilière, incompatible avec le **droit de jouissance** précaire et révocable portant sur les emplacements dépendant du domaine public maritime, et analysé comme tel par la Cour de cassation (Cass. com. 30-5-1995 n° 93-19.604 : RJF 8-9/95 n° 1036).

CHAPITRE 5

SOCIÉTÉS D'HABITAT PARTICIPATIF

SOMMAIRE

STATUT DE L'HABITAT PARTICIPATIF

73500 La loi pour l'accès au logement et un urbanisme rénové, dite « **loi Alur** », a introduit dans le CCH un véritable statut de l'habitat participatif (Loi 2014-366 du 24-3-2014). Ce dernier y est défini comme « une démarche citoyenne qui permet à des personnes physiques de s'associer, le cas échéant avec des personnes morales, afin de participer à la définition et à la conception de leurs logements et des espaces destinés à un usage commun, de construire ou d'acquérir un ou plusieurs immeubles destinés à leur habitation et, le cas échéant, d'assurer la gestion ultérieure des immeubles construits ou acquis » (CCH art. L 200-1).

> **Précisions** Héritière des phalanstères du XIXe siècle, la **pratique de l'habitat participatif** s'est développée en 1946-47 et des projets sont nés depuis dans la région lilloise ainsi qu'à Montreuil, Pessac, Toulouse, Villeurbanne et Nanterre (Rapport AN n° 1329 du 26-7-2013).

FORMES DE SOCIÉTÉS D'HABITAT PARTICIPATIF

73505 Deux formes de sociétés d'habitat participatif existent (CCH art. L 200-2) :
– les **sociétés coopératives d'habitants** dont l'objet consiste à fournir à leurs associés personnes physiques la jouissance d'un logement à titre de résidence principale (ce qui exclut que les associés en deviennent propriétaires) et à contribuer au développement de leur vie collective par le biais, principalement, de l'acquisition d'un immeuble bâti ou de sa construction ;
– les **sociétés d'attribution et d'autopromotion.** Contrairement aux coopératives d'habitants, ces sociétés d'attribution et d'autopromotion ont non seulement pour objet d'attribuer à leurs associés personnes physiques la jouissance d'un logement à titre de résidence principale, mais elles peuvent également leur en attribuer la propriété, tout en contribuant à l'animation des lieux de vie collective.

La **réglementation** des sociétés d'habitat participatif introduite dans le Code de la construction et de l'habitation contient des dispositions communes aux deux formes de sociétés (CCH art. L 200-1 à L 200-11 et R 200-1 à R 200-8) et d'autres spécifiques à chacune d'elles (CCH art. L 201-1 à L 201-13 et R 201-1 à R 201-8, s'agissant des coopératives d'habitants ; CCH art. L 202-1 à L 202-11 et R 202-1 à R 202-8, s'agissant des sociétés d'attribution et d'autopromotion).

A. Règles communes aux sociétés d'habitat participatif

FORME DE LA SOCIÉTÉ

73600 Les sociétés d'habitat participatif peuvent être constituées sous n'importe quelle forme (**civile ou commerciale**) et, si les associés le souhaitent, être soumises à l'un des deux statuts expressément prévus pour leur fonctionnement : le statut de coopérative d'habitants ou celui de société d'attribution et d'autopromotion (CCH art. L 200-2).

En cas de constitution d'une **société civile,** les associés ne sont pas indéfiniment responsables des dettes de la société à l'égard des tiers : par dérogation à l'article 1857 du Code civil, ils ne répondent de celles-ci qu'à concurrence de leurs apports (CCH art. L 200-5).

Les **statuts** des sociétés d'habitat participatif doivent rappeler les obligations des associés en cas d'appel de fonds et leur responsabilité en cas de défaillance, de retrait ou d'exclusion d'un autre associé (CCH art. R 200-6).

OBJET DE LA SOCIÉTÉ

L'objet des sociétés d'habitat participatif est limité à des opérations de construction ou de gestion comprises dans un **même programme,** comportant **une ou plusieurs tranches,** d'un même ensemble immobilier (CCH art. L 200-7). **73605**

En l'absence de précisions réglementaires sur les notions de « programme » et de « tranche », la jurisprudence pourra s'inspirer de celles contenues dans l'article R 213-2 du CCH concernant les sociétés coopératives de construction (V. Zalewski-Sicard, L'habitat participatif : un choix cornélien entre liberté et sécurité : Gaz. Pal. 12-9-2017 p. 77).

Les sociétés d'habitat participatif peuvent développer des **activités et** offrir des **services** à leurs associés et, à titre accessoire, à des tiers non associés. Ces opérations font l'objet d'une comptabilité séparée (CCH art. L 200-8).

ATTENTION

L'accès de **tiers non associés** à chaque catégorie d'activités, de services, d'équipements ou d'espaces communs est préalablement soumis à un accord de l'assemblée générale des associés qui en fixe les conditions. La société ne peut offrir aux tiers d'activités ou services, ou l'usage d'équipements ou d'espaces communs, autres que ceux qu'elle offre aux associés conformément à son objet statutaire. Le montant des recettes éventuellement générées ne peut excéder 20 % du chiffre d'affaires ou 6 % du capital social de la société. Chaque année, le représentant légal de la société informe l'assemblée générale des associés de ce montant et du pourcentage du chiffre d'affaires ou du capital social qu'il représente (CCH art. R 200-3).

OPÉRATIONS DE CONSTRUCTION

Conditions techniques et financières L'assemblée générale d'une société d'habitat participatif ayant pour objet la construction d'un immeuble doit, avant tout **commencement des travaux,** en approuver les conditions techniques et financières d'exécution et fixer les bases selon lesquelles les différents éléments composant le prix de revient global seront répartis entre les locaux à édifier, afin de déterminer le prix de chacun d'eux (CCH art. L 200-9). **73610**

Garantie d'achèvement Une société d'habitat participatif ayant pour objet la construction d'un immeuble doit justifier, avant tout commencement des travaux, d'une garantie permettant de disposer des fonds nécessaires à l'achèvement de l'immeuble (CCH art. L 200-9). **73615**

Cette garantie doit prendre la **forme** d'une ouverture de crédit par laquelle le tiers qui l'a consentie s'oblige à avancer à la société, durant les travaux de construction de l'immeuble, les sommes nécessaires au paiement (CCH art. R 200-8, al. 2) :

– des coûts supplémentaires occasionnés par la défaillance d'une entreprise intervenant dans la construction. Il y a toutefois dispense de garantie sur ce point lorsque la société a conclu un contrat de promotion immobilière ou une vente en l'état futur d'achèvement, son cocontractant étant alors lui-même tenu de fournir une garantie d'achèvement ;

– des appels de fonds de la société destinés au règlement des travaux en lieu et place de tout associé défaillant, dans l'attente de la cession forcée des parts de cet associé.

L'ouverture de crédit ne peut être **consentie** que **par** une banque, un établissement financier habilité à faire des opérations de crédit immobilier, une entreprise d'assurance ou une société de caution mutuelle (CCH art. R 200-8, al. 4).

› Précisions a. Pour bénéficier de cette garantie, la société d'habitat participatif est tenue de remettre au garant une **liste minimale de pièces,** permettant d'apprécier la situation et la solidité financières de la société et de son projet de construction, dont la composition est fixée par arrêté conjoint des ministres chargés du logement et de l'économie (CCH art. R 200-8, dernier al.). Il s'agit notamment des statuts de la société, des documents attestant du montage financier de l'opération ou encore du permis de construire (Arrêté TERL1702139A du 26-3-2018).

b. Le **montant** de l'ouverture de crédit **et** sa **durée,** qui ne peut être inférieure à 6 mois, sont déterminés en fonction des risques encourus (CCH art. R 200-8, al. 3).

73620 **Notion d'achèvement** L'achèvement de l'immeuble au sens de l'article L 200-9 du CCH (nº 73615) résulte de l'exécution des ouvrages et de l'installation des éléments d'équipement qui sont indispensables à l'utilisation, conformément à sa destination, de l'immeuble. Pour l'appréciation de cet achèvement, les **défauts de conformité** avec les prévisions statutaires ne sont pas pris en considération lorsqu'ils n'ont pas un caractère substantiel, ni les **malfaçons** qui ne rendent pas les ouvrages ou éléments mentionnés ci-dessus impropres à leur utilisation.

L'achèvement de l'immeuble est constaté par un **organisme de contrôle indépendant ou** un **homme de l'art** (CCH art. R 200-7).

CHARTE DE L'IMMEUBLE

73625 Une charte fixant les règles de fonctionnement de l'immeuble construit ou acquis par la société, notamment les règles d'utilisation des **lieux de vie collective,** doit être adoptée par l'assemblée générale des associés (CCH art. L 200-10).

OBLIGATION DE RÉSIDENCE PRINCIPALE

73630 L'**associé personne physique** d'une société d'habitat participatif a l'obligation d'occuper à titre de résidence principale le logement qui lui est fourni ou attribué par la société (CCH art. L 201-2 et L 202-2).

Est considéré comme résidence principale le logement occupé par l'associé pendant une **durée** d'au moins 8 mois par an (CCH art. R 200-1, al. 1).

73635 Une **dérogation facultative** à l'obligation d'établir sa résidence principale dans l'immeuble après l'entrée en jouissance du logement peut être sollicitée auprès de l'assemblée générale. Elle doit être votée à la majorité des associés présents ou représentés (CCH art. R 200-1, al. 2). Elle est toutefois réputée donnée lorsque l'assemblée générale ne s'est pas réunie dans le délai fixé par les statuts. Ce délai, qui est de 3 mois au maximum, court à compter de la première présentation de la lettre de demande de dérogation (CCH art. R 201-1 et R 202-1).

La **dérogation** est **de droit** dans les cas suivants (CCH art. R 200-1, al. 3) :
– décision judiciaire attribuant la jouissance du domicile conjugal au conjoint séparé non associé ;
– invalidité ou incapacité de l'associé reconnue par la délivrance de la carte mobilité inclusion comportant la mention « invalidité » ou de l'ancienne carte d'invalidité ;
– mise à disposition du logement par un associé à un parent en ligne directe jusqu'au deuxième degré inclus en situation de handicap reconnue par l'une des cartes précitées ;
– obligation liée à l'activité professionnelle, caractérisée par des déplacements réguliers, par la nécessité absolue de service découlant de dispositions statutaires ou obligation figurant dans le contrat de travail contraignant l'associé à résider dans un autre logement ou par l'éloignement entre le logement dont il a la jouissance et le lieu de l'activité ;
– perte d'emploi de l'associé ;
– pour les héritiers et légataires de l'associé décédé d'une société d'attribution et d'autopromotion.

L'associé qui invoque le bénéfice d'une dérogation de droit en informe la société par lettre recommandée avec demande d'avis de réception, en justifiant de la survenance de l'une de ces situations et en indiquant la date à compter de laquelle il n'occupera plus le logement dont il a la jouissance (CCH art. R 200-1, dernier al.).

Qu'elle soit facultative ou de droit, la dérogation est d'une **durée maximale,** non reconductible, de 3 ans dans le cadre d'une coopérative d'habitants (CCH art. R 201-1) et de 6 ans dans le cadre d'une société d'attribution et d'autopromotion (CCH art. R 202-1).

› Précisions Les associés qui bénéficient d'une dérogation facultative ou de droit à l'obligation de résidence principale peuvent conclure avec un tiers non associé une **convention d'occupation temporaire du logement** à titre de résidence principale, la durée d'occupation ne pouvant excéder celle de la dérogation (CCH art. L 200-9-1 et R 200-2). Peuvent également conclure une telle convention les héritiers ou légataires d'un associé décédé, mais ici dans la limite de « deux ans à compter de l'acceptation de la succession ou de la donation » (CCH art. L 201-9, I et L 202-9-1, sur renvoi de l'art. L 200-9-1). Dans tous les cas, la convention d'occupation temporaire doit être établie par écrit et mentionner la durée de cette occupation en caractères très apparents (CCH art. R 200-2).

B. Coopératives d'habitants

RÉGLEMENTATION APPLICABLE

Les sociétés coopératives d'habitants sont des sociétés à capital variable régies à la fois par le Code de la construction et de l'habitation, par les dispositions du **Code de commerce** concernant le capital variable des sociétés commerciales et par les titres I, II, II ter, III et IV de la loi 47-1775 du 10 septembre 1947 portant **statut de la coopération.** 73800

S'agissant de la réglementation issue du **Code de la construction et de l'habitation,** certaines dispositions sont communes aux deux formes de sociétés d'habitat participatif (nos 73600 s.) tandis que d'autres, exposées ci-après, sont spécifiques aux coopératives d'habitants (CCH art. L 201-1 à L 201-13 et R 201-1 à R 201-8).

La coopérative d'habitants est enfin soumise aux règles applicables à la **forme sociale** adoptée (CCH art. L 201-1).

CONSTITUTION DE LA COOPÉRATIVE

La société coopérative d'habitants a pour **objet** de fournir à ses associés personnes physiques la jouissance d'un **logement à titre de résidence principale** et de contribuer au développement de leur **vie collective.** À cette fin, elle peut notamment acquérir des terrains (ou des droits à construire), construire ou acquérir des immeubles à usage d'habitation, en attribuer la jouissance aux associés, en assurer l'entretien et offrir des services aux associés, voire, à titre accessoire, à des tiers (CCH art. L 201-2). 73805

La société coopérative d'habitants doit être constituée avec un **capital variable** (CCH art. L 201-1).

Si la société compte un ou plusieurs **associés personnes morales** (par exemple, OPHLM, société d'économie mixte), ceux-ci ne devront pas détenir plus de 30 % du capital ou des droits de vote (CCH art. L 200-3).

APPORTS

Les associés peuvent **libérer** leurs apports en numéraire, en nature ou en industrie. 73810

Dans ce dernier cas, les parts sociales émises en contrepartie du travail des apporteurs peuvent être souscrites lors de la phase de construction ou de rénovation du projet immobilier ou lors de travaux de réhabilitation du bâti, sous réserve notamment d'un encadrement technique adapté et d'un nombre d'heures minimal. Le nombre d'heures constitutif des **parts en industrie** est fixé en assemblée générale par vote unanime des associés. Ces parts doivent être intégralement libérées avant la fin des travaux et ne sont pas cessibles ou remboursables avant un délai de 2 ans à compter de leur libération totale (CCH art. L 201-13).

Un décret en Conseil d'État, non publié à ce jour, doit définir « l'apport travail », ses conditions d'application et le nombre minimal d'heures (CCH art. L 201-13, al. 2).

DROITS DES ASSOCIÉS

Cession des parts Les parts sociales ne peuvent être cédées qu'à compter de l'**attribution en jouissance des logements** (CCH art. L 201-4). Il peut toutefois être dérogé à ce délai sur décision de l'assemblée générale des associés coopérateurs votée à l'unanimité. Cette dérogation est même de droit lorsque l'associé justifie d'un changement de sa situation professionnelle nécessitant un éloignement géographique (CCH art. R 201-2). 73815

Le **prix maximal de cession** est limité au montant nominal des parts, augmenté d'une majoration qui, dans la limite d'un plafond prévu par les statuts, doit tenir compte de l'indice de référence des loyers. Toute cession intervenue en violation de cette règle est nulle (CCH art. L 201-5, I). Ce mécanisme « antispéculatif » vise à empêcher les cédants de réaliser une plus-value excessive, la recherche du profit s'accordant mal avec la philosophie même de l'habitat participatif (Rapport Sén. n° 307 du 22-1-2014).

Le cédant n'a pas à supporter la quote-part des pertes afférentes aux **amortissements de l'ensemble immobilier** (CCH art. L 201-5, IV).

Un associé ne peut céder ses parts qu'après y avoir été **autorisé par** l'**assemblée générale.** 73820

Si l'associé présente un nouvel associé, cette autorisation ne peut lui être refusée que pour un motif sérieux et légitime. L'assemblée n'est toutefois pas tenue d'accepter le nouvel associé et peut autoriser la cession en agréant une autre personne sans avoir à motiver sa décision.

En cas de refus, celui-ci doit être notifié à l'associé cédant par lettre recommandée avec demande d'avis de réception (CCH art. R 200-4, al. 3).

Si le refus est injustifié, la cession peut être autorisée **par le juge,** qui doit être saisi à cette fin dans le mois de la notification du refus (CCH art. L 201-5, I).

73825 **Retrait** Les associés peuvent se retirer de la société mais pas avant l'**attribution en jouissance des logements** (CCH art. L 201-4). Sur la possibilité de déroger à ce délai (CCH art. R 201-2), voir n° 73815.

Le retrait est soumis à l'**autorisation de l'assemblée générale** dans les conditions énoncées n° 73815 pour une cession de parts (CCH art. L 201-5, I).

La demande de retrait est adressée à la société par lettre recommandée avec demande d'avis de réception. L'assemblée générale est convoquée par le représentant légal de la société dans le **délai** fixé par les statuts, sans que ce délai puisse excéder 3 mois à partir de la première présentation de la lettre de demande de retrait. En l'absence de réunion de l'assemblée générale dans ce délai, l'accord de la société est réputé donné (CCH art. R 200-4, al. 1 et 2).

73830 Le **prix maximal de remboursement** des parts est limité à leur montant nominal augmenté d'une majoration dont le plafond est fixé dans les statuts. Ce plafond ne peut pas excéder l'évolution de l'indice de référence des loyers. En tout état de cause, ce montant ne peut pas excéder le prix maximal calculé en cas de cession de parts (CCH art. L 201-5, II).

Les **sommes remboursées** à l'associé qui se retire sont diminuées du montant des charges et frais causés à la société par le retrait. En tout état de cause, l'associé n'a pas à supporter la quote-part des pertes afférentes aux amortissements de l'ensemble immobilier (CCH art. L 201-5, IV).

> **Précisions** Les **charges et frais déductibles** des sommes remboursées sont ceux liés à (CCH art. R 200-5, al. 1) :
> – l'établissement et la notification des documents officialisant le retrait de l'associé ;
> – une procédure extrajudiciaire aux fins de recouvrement de sommes dues à la société par l'associé ;
> – la convocation et la tenue sur cette question de l'assemblée générale des associés.
> La société justifie de l'ensemble de ces charges et frais (CCH art. R 200-5, al. 2).
> Ces charges et frais peuvent toutefois être évalués forfaitairement dans les statuts sans que le montant forfaitaire ne puisse excéder 2 % de la valeur des parts sociales de l'associé démissionnaire (CCH art. R 200-5, al. 3).

OBLIGATIONS DES ASSOCIÉS

73835 L'associé coopérateur verse une **redevance** fractionnée en deux parties : l'une correspondant à la jouissance du logement, l'autre à l'achat des parts sociales. Le montant de la redevance, sa périodicité et, le cas échéant, ses modalités de révision sont précisés dans le contrat coopératif signé entre la société et chaque associé avant son entrée en jouissance (CCH art. L 201-8).

L'associé doit également participer aux **charges** entraînées par les services collectifs et les éléments d'équipement commun. Un règlement adopté par l'assemblée générale avant toute entrée dans les lieux prévoit notamment les modalités de répartition de ces charges entre les associés (CCH art. L 201-7).

EXCLUSION D'UN ASSOCIÉ

73840 Un associé peut être exclu de la société par l'assemblée générale mais seulement pour un **motif sérieux et légitime.**

Le **prix maximal de remboursement** de ses parts est plafonné dans les mêmes conditions qu'une cession de parts (n° 73815). Même chose pour les **charges et frais déductibles** des sommes remboursées (n° 73830, Précisions).

L'associé exclu dispose d'un **recours** devant le juge, qui doit être saisi dans le mois du jour où l'associé reçoit la notification de l'exclusion (CCH art. L 201-5, III).

DÉCÈS D'UN ASSOCIÉ

73845 En cas de décès d'un associé, ses **héritiers et légataires** disposent d'un délai de 2 ans à compter de l'acceptation de la succession ou de la donation pour signer un contrat coopératif (CCH art. L 201-9, I).

Pendant cette période, les héritiers ou légataires peuvent conclure une **convention d'occupation temporaire** du logement à titre de résidence principale au profit d'un tiers (voir n° 73635, Précisions).

RÉVISION COOPÉRATIVE

Les sociétés coopératives d'habitants propriétaires d'un immeuble dont l'achèvement a été constaté se soumettent à une révision coopérative tous les 3 ans, soit une **périodicité** triennale (CCH art. R 201-4). 73850

Outre l'examen analytique de l'**organisation et** du **fonctionnement de la coopérative** aux fins d'assurer le respect des principes et des règles de la coopération et de l'intérêt des adhérents, cette révision porte sur sa **situation technique et financière** ainsi que sur sa gestion (CCH art. R 201-6).

La personne habilitée à effectuer pareille révision (le **réviseur**) doit répondre aux conditions posées par l'article R 201-5 du CCH.

Le réviseur établit un **rapport,** qui est ensuite communiqué au représentant légal de la coopérative aux fins de recueillir ses éventuelles observations. Le rapport, complété le cas échéant au vu des observations recueillies auprès du représentant légal de la société, est transmis aux organes de gestion et d'administration de la société et discuté en présence du réviseur. Il est également mis à disposition de l'ensemble des associés et est présenté et discuté lors de l'assemblée générale qui suit sa transmission (CCH art. R 201-7 et R 201-8).

DISSOLUTION DE LA COOPÉRATIVE

L'**actif net subsistant** après extinction du passif et remboursement du capital effectivement versé sous réserve de l'application des articles 16 et 18 de la loi 47-1775 du 10 septembre 1947 (dispositions sur les excédents d'exploitation et sur le remboursement des parts en cas de sortie d'un associé) est dévolu par décision de l'assemblée générale à d'autres coopératives d'habitants, à une union les fédérant ou à tout organisme d'intérêt général destiné à aider à leur financement initial ou à garantir l'achèvement de la production de logements (CCH art. L 201-11). 73855

C. Sociétés d'attribution et d'autopromotion

RÉGLEMENTATION APPLICABLE

Les sociétés d'attribution et d'autopromotion sont des sociétés à capital variable régies, sous réserve des dispositions introduites dans le Code de la construction et de l'habitation à leur sujet, par les dispositions du **Code de commerce** concernant le capital variable des sociétés commerciales (CCH art. L 202-1). 74000

S'agissant de la réglementation issue du **Code de la construction et de l'habitation,** certaines dispositions sont communes aux deux formes de sociétés d'habitat participatif (nos 73600 s.) tandis que d'autres, exposées ci-après, sont spécifiques aux sociétés d'attribution et d'autopromotion (CCH art. L 202-1 à L 202-11 et R 202-1 à R 202-8).

La société d'attribution et d'autopromotion est enfin soumise aux règles applicables à la **forme sociale** adoptée (CCH art. L 202-1).

CONSTITUTION DE LA SOCIÉTÉ

La société d'attribution et d'autopromotion a pour **objet** d'attribuer aux associés personnes physiques la propriété ou la jouissance d'un logement à titre de résidence principale et d'entretenir et animer les lieux de vie collective qui y sont attachés. À cette fin, elle peut notamment acquérir des terrains (ou des droits à construire), construire ou acquérir des immeubles à usage d'habitation, en attribuer la jouissance aux associés, en assurer l'entretien et offrir des services aux associés, voire, à titre accessoire, à des tiers (CCH art. L 202-2). 74005

Elle doit être constituée avec un **capital** variable (CCH art. L 202-1).

Si la société compte un ou plusieurs **associés personnes morales** (par exemple, OPHLM, société d'économie mixte), ceux-ci ne doivent pas détenir plus de 30 % du capital ou des droits de vote (CCH art. L 200-3).

Les **statuts,** un **état descriptif de division** (qui délimite les lots et les diverses parties de l'immeuble) et, selon le cas, un **règlement de copropriété ou en jouissance** (distinguant les parties communes des parties privées) doivent être adoptés avant tout commencement des travaux de construction (CCH art. L 202-3). L'état descriptif de division et le règlement de copropriété sont adoptés par l'assemblée générale dans les conditions prévues pour la modification des statuts (CCH art. R 202-2, al. 2) et annexés à ces derniers (CCH art. L 202-3).

DROITS DES ASSOCIÉS

74010 **Droits dans le capital social** Les droits d'un associé dans le capital social doivent être proportionnels à la **valeur des biens** auquel l'associé a vocation par rapport à la **valeur de l'ensemble** ; ces valeurs résultent de la consistance, de la superficie, de la situation et des possibilités d'utilisation des biens (CCH art. L 202-6).

74015 **Participation aux décisions collectives** Les statuts fixent le **nombre de voix** dont chaque associé dispose en prévoyant soit que chacun a une voix, soit que ce nombre est proportionnel au nombre de parts détenu (CCH art. L 202-8).

Toutefois, pour les décisions concernant la **gestion ou** l'**entretien de l'immeuble,** les associés disposent d'un nombre de voix proportionnel à leur participation dans les dépenses qu'entraîne l'exécution de la décision, nonobstant toute disposition contraire. En outre, si le règlement de copropriété ou en jouissance met à la charge de certains associés seulement les dépenses d'entretien d'une partie de l'immeuble ou les dépenses d'entretien et de fonctionnement d'un élément d'équipement, seuls ces associés peuvent prendre part au vote sur les décisions concernant ces dépenses, chacun d'eux disposant d'un nombre de voix proportionnel à sa participation aux dépenses en cause (CCH art. L 202-7).

74020 **Retrait d'un associé** Les associés peuvent se retirer de la société dans des conditions différentes selon que la société attribue des logements en jouissance ou en propriété.

En cas d'**attribution en jouissance,** le retrait doit être autorisé par l'assemblée générale des associés. Toutefois, si l'associé démissionnaire présente un nouvel associé solvable et acceptant, cette autorisation ne peut être refusée que pour un motif sérieux et légitime. L'assemblée générale n'est pas tenue d'accepter comme associé, la personne proposée par le démissionnaire et peut accepter sa démission en agréant une autre personne, sans avoir à motiver sa décision. En cas de refus injustifié de la démission, celle-ci peut être autorisée par le juge, saisi dans le délai d'un mois à compter de la notification du refus (CCH art. L 202-9, I).

La demande de retrait est adressée à la société par lettre recommandée avec demande d'avis de réception. L'assemblée générale est convoquée par le représentant légal de la société dans le délai fixé par les statuts, sans que ce délai puisse excéder 3 mois à partir de la première présentation de la lettre de demande de retrait. En l'absence de réunion de l'assemblée générale dans ce délai, l'accord de la société est réputé donné (CCH art. R 200-4, al. 1 et 2).

Le retrait de l'associé n'entraîne pas l'annulation de ses parts ou actions (CCH art. L 202-9, I).

74025 En cas d'**attribution en propriété,** l'associé peut se retirer dès qu'une assemblée générale ordinaire a constaté l'achèvement de l'immeuble (nº 73620) et sa conformité aux énonciations de l'état descriptif et a adopté les comptes définitifs de l'opération de construction. À défaut de vote de l'assemblée, tout associé (donc, pas seulement le « démissionnaire ») peut demander au juge de procéder à ces constatations.

Le retrait doit être constaté par acte notarié et entraîne de plein droit l'annulation des parts ou actions correspondant aux lots attribués ainsi que la réduction corrélative du capital social (CCH art. L 202-9, II).

74030 Les **sommes remboursées** à l'associé qui se retire (sommes versées au titre de la libération des parts ou actions et, le cas échéant, au titre du contrat de vente de l'immeuble à construire) sont diminuées du montant des charges et frais causés à la société par le retrait (CCH art. L 202-9, IV). Sur le montant de ces charges et frais (CCH art. R 200-5), voir nº 73830 Précisions.

OBLIGATIONS DES ASSOCIÉS

74035 **Appels de fonds** Les associés doivent répondre aux appels de fonds nécessités par la **construction de l'immeuble,** en proportion de leurs droits dans le capital (CCH art. L 202-4).

En cas de **défaillance d'un associé,** ce dernier ne peut ni entrer en jouissance de la fraction de l'immeuble à laquelle il a vocation ou se maintenir dans cette jouissance, ni obtenir l'attribution en propriété de cette fraction. Un mois après une sommation de payer restée sans effet, les parts ou actions de l'associé défaillant peuvent être mises en vente publique sur autorisation de l'assemblée générale prise à la majorité des 2/3 des droits sociaux et, sur deuxième convocation, à la majorité des 2/3 des droits sociaux dont les titulaires sont présents ou représentés (CCH art. L 202-5). L'assemblée est convoquée, après mise en demeure adressée à l'associé défaillant par acte extrajudiciaire, par le représentant légal ou statutaire de la société ou, en cas d'inaction de ce représentant, par tout associé. La mise à prix est fixée par l'assemblée générale qui décide de la vente (CCH art. R 202-3).

La vente a lieu pour le compte et aux risques de l'associé défaillant, qui reste tenu des appels de fonds mis en recouvrement avant la vente (CCH art. L 202-5).

La **société** peut donner **caution hypothécaire** pour la garantie des emprunts contractés (CCH art. L 202-11) :

– par les associés, pour leur permettre de satisfaire aux appels de fonds de la société nécessaires à la réalisation de l'objet social ;

– par les cessionnaires des parts sociales, pour leur permettre de payer leur prix de cession, mais seulement à concurrence des appels de fonds déjà réglés à la société et, s'il y a lieu, de payer les appels de fonds qui restent encore à régler.

ATTENTION

La **mise en vente des parts de l'associé défaillant** ne peut avoir lieu qu'après notification à tous les associés, y compris l'associé défaillant, de la date, de l'heure et du lieu de la mise en vente publique. La notification indique le montant de la mise à prix. Elle est faite par lettre recommandée avec demande d'avis de réception et publiée dans un support habilité à recevoir des annonces légales du lieu du siège social (CCH art. R 202-4).

Participation aux charges Les associés doivent participer aux charges entraînées par les **services collectifs et** les **éléments d'équipement communs,** en fonction de l'utilité relative que ces services et éléments présentent à l'égard de chaque lot. 74040

Ils sont également tenus de participer aux charges relatives à la **conservation,** à l'**entretien et** à l'**administration des parties communes** proportionnellement aux valeurs relatives des parties privatives comprises dans leurs lots, ces valeurs résultant de la consistance, de la superficie et de la situation des lots.

Les **sanctions** visant les associés ne répondant pas aux appels de fonds nécessités par la construction de l'immeuble (nº 74035) s'appliquent également aux associés ne payant pas ces charges (CCH art. L 202-7).

> **Précisions** Un associé peut demander au juge la **révision de la répartition des charges** si la part correspondant à son lot est supérieure de plus d'un quart ou si la part correspondant à un autre lot est inférieure de plus d'un quart, dans l'une ou l'autre des catégories de charges, à celle qui résulterait d'une répartition conforme aux principes énoncés à l'article L 202-7 du CCH. Si l'action est reconnue fondée, le juge procède à la nouvelle répartition (CCH art. L 202-7).

Changements de domicile Les associés sont tenus de **notifier** à la société ou au liquidateur leurs changements de domicile. 74045

Les indications notifiées à la société ou au liquidateur doivent être reportées sur un **registre** ouvert à cet effet au siège de la société **ou,** s'il y a lieu, au **domicile élu** du liquidateur, et tenu à la disposition de chaque associé qui en fera la demande. Cette obligation subsiste jusqu'à l'expiration d'un délai de 2 ans à compter du retrait de l'associé ou de la dissolution de la société (CCH art. R 202-6).

EXCLUSION D'UN ASSOCIÉ

Un associé peut être exclu de la société par l'assemblée générale à certaines **conditions** : l'exclusion ne peut être prononcée que pour un motif sérieux et légitime et l'associé exclu dispose d'un recours devant le juge, qui doit être saisi dans le mois du jour où cet associé a reçu la notification de l'exclusion. 74050

Les **sommes remboursées** à l'associé exclu (sommes versées au titre de la libération des parts ou actions et, le cas échéant, au titre du contrat de vente de l'immeuble à construire) sont diminuées du montant des charges et frais causés à la société par l'exclusion (CCH art. L 202-9, IV). Sur le montant de ces charges et frais (CCH art. R 200-5), voir nº 73830 Précisions.

DÉCÈS D'UN ASSOCIÉ

Lorsque les statuts de la société d'attribution et d'autopromotion prévoient une **attribution en jouissance,** les héritiers ou les légataires d'un associé décédé, si aucun d'entre eux ne décide d'occuper le logement à titre de résidence principale, sont tenus soit de céder leurs parts sociales, soit de se retirer de la société, après un délai de 2 ans à compter de l'acceptation de la succession ou de la donation. À défaut, leur exclusion de la société est prononcée par l'assemblée générale des associés (CCH art. L 202-9-1). 74055

Pendant cette période, les héritiers ou légataires peuvent conclure une **convention d'occupation temporaire** du logement à titre de résidence principale au profit d'un tiers (voir nº 73635, Précisions).

DISSOLUTION DE LA SOCIÉTÉ

74060 La dissolution de la société peut, nonobstant toute disposition contraire des statuts, et même si ceux-ci prévoient des attributions en jouissance, être décidée par l'assemblée générale statuant à la double **majorité** des 2/3 des associés et des 2/3 des voix.

L'assemblée générale désigne un ou plusieurs liquidateurs chargés de gérer la société pendant la période de liquidation et de procéder au partage.

74065 **Conditions du partage** Le partage ne peut intervenir qu'après décision définitive sur les **comptes de l'opération de construction.**

Il doit comporter des **attributions** de fractions d'immeubles **et** une **répartition du passif** conformes aux dispositions statutaires et à l'état descriptif de division.

Les **associés** qui n'ont pas satisfait aux **obligations auxquelles ils sont tenus envers la société** ne peuvent prétendre à aucune attribution tant qu'ils ne se sont pas acquittés de leurs obligations. Dans ce cas, le partage est limité aux associés dont la situation est régulière (CCH art. L 202-10).

> **Précisions** Dans le cas où la **succession d'un associé** n'est **pas encore liquidée,** les droits et les charges propres au défunt sont attribués indivisément au nom de ses ayants droit et cette attribution n'entraîne pas, de leur part, acceptation de la succession ou de la donation (CCH art. L 202-10, al. 4).

74070 **Procédure de partage** Le liquidateur fait établir le **projet de partage** en la forme authentique. Les associés sont invités, au besoin par sommation du liquidateur, à prendre connaissance du projet de partage et à l'approuver ou à le contester en la forme authentique.

Les associés qui contestent alors le partage disposent d'un délai de 15 jours pour assigner le liquidateur en **rectification** devant le tribunal compétent. Les attributions devenues définitives sont opposables aux associés non présents ou représentés, absents ou incapables.

La **publication** du partage au fichier immobilier est faite à la diligence du liquidateur (CCH art. L 202-10).

TITRE III

Commercialisation, construction de l'immeuble et contrats immobiliers spéciaux

Sont étudiés sous ce titre les principaux contrats spéciaux que l'on rencontre en pratique dans le domaine immobilier. **74200**

Après un bref rappel des principes généraux régissant les avant-contrats (nº 74265), nous verrons successivement :

– les ventes d'immeubles à construire (nos 75700 s.) ;

– le contrat de construction d'une maison individuelle (nos 80000 s.) ;

– le contrat de promotion immobilière (nos 81020 s.) ;

– la cession de terrain rémunérée par la remise d'immeubles à construire (nos 81600 s.), convention non réglementée mais fréquente en pratique et dont les modalités de mise en œuvre comme le régime fiscal nécessitent une attention particulière ;

– le bail à construction (nos 83000 s.) ;

– le bail réel immobilier (nos 83900 s.) ;

– le bail réel solidaire avec engagement de construire (nos 84300 s.) ;

– la constitution de droits réels sur le domaine public (nos 85100 s.).

La responsabilité du promoteur immobilier et du constructeur de maisons individuelles est traitée dans le cadre général de l'étude de la **responsabilité des constructeurs** (nos 86005 s.).

CHAPITRE 1

AVANT-CONTRATS : PRINCIPES GÉNÉRAUX

SOMMAIRE

SECTION 1

DIFFÉRENTS TYPES D'AVANT-CONTRATS

IMPORTANCE

C'est **dès la signature de l'avant-contrat,** quel qu'il soit, que les cocontractants doivent avoir organisé **l'intégralité des modalités de leur accord.** 74265

L'acte notarié ne peut ultérieurement, s'il intervient, ajouter ou retrancher à l'avant-contrat, à moins que les parties en soient d'accord.

INTERPRÉTATION

La promesse unilatérale de contrat et le pacte de préférence sont régis par les articles 1123 et 1124 du Code civil. Les règles du droit commun des contrats (C. civ. art. 1188) permettent de compléter, organiser ou interpréter l'accord signé. 74270

NATURE

Les 5 principales familles d'avant-contrats sont : 74275
- la promesse unilatérale de vente ;
- la promesse synallagmatique de vente valant vente ;
- la promesse synallagmatique de vente ne valant pas vente ;
- le contrat de réservation d'immeuble à construire ;
- le pacte de préférence.

De la nature de l'avant-contrat dépend celle des sommes versées à l'occasion de sa signature. Pour l'apprécier, il est nécessaire d'**analyser chaque acte** compte tenu de ses dispositions déterminantes (voir « Compromis vs Promesse unilatérale : le match continue » : BPIM 5/19 inf. 306).

À défaut de contrat écartant ce principe, la vente se forme par le simple **échange des consentements** sur la chose et sur son prix et produit ses effets immédiatement (C. civ. art. 1583). S'il en est de même pour certaines promesses synallagmatiques de vente, le plus souvent la signature d'un avant-contrat poursuit l'objectif de faire échec à ces règles aujourd'hui généralement inadaptées.

En pratique, dans le cadre de négociations avec un acquéreur professionnel de l'immobilier, les exemples de tentatives de démonstration, à juste titre, de la formation de la vente d'immeuble du fait de l'échange des consentements sont relativement fréquents. En revanche, à l'égard d'un acquéreur non professionnel, ce type de démonstration est dénué d'intérêt puisqu'un tel acquéreur dispose d'une faculté légale de rétractation (CCH art. L 271-1 et L 271-2).

ATTENTION

Il faut éviter d'élaborer un avant-contrat par emprunt à des avant-contrats de nature différente. L'ensemble des hypothèses de dénouement doit être suffisamment détaillé pour limiter les risques de contentieux à propos de la conservation ou de la restitution des sommes versées lors de sa signature.

VALIDITÉ

74280 La validité de l'avant-contrat suppose :
- la capacité des parties ;
- l'existence d'un accord sur la chose (ce qui suppose une définition de l'objet de la vente, lequel doit être déterminé ou déterminable) ;
- un accord sur le prix (le prix peut être déterminé, déterminable ou laissé au soin de la fixation par un tiers) ;
- des modalités efficaces, et plus particulièrement des conditions qui ne soient pas potestatives.

Lorsque les éléments ci-dessus ne sont pas réunis, la validité de la promesse en est affectée (Cass. com. 10-12-1991 n° 90-15.451 : RJDA 2/92 n° 134). Les sommes versées par le bénéficiaire entre les mains du promettant lors de la signature de l'avant-contrat doivent alors être restituées.

A. Promesse unilatérale de vente

DÉFINITION

74310 La promesse unilatérale est le contrat par lequel une partie, le **promettant,** accorde à l'autre, le **bénéficiaire,** le droit d'opter pour la conclusion d'un contrat dont les éléments essentiels sont déterminés, et pour la formation duquel ne manque que le consentement du bénéficiaire (C. civ. art. 1124).

Le **bénéficiaire** accepte la promesse en tant que telle (c'est-à-dire accepte de bénéficier du principe de l'option mais ne lève pas l'option).

74315 L'**indemnité d'immobilisation** est le prix du bénéfice de la promesse ; de ce fait, elle n'est pas une clause pénale susceptible de réduction et le bénéficiaire ne peut pas invoquer l'absence de préjudice subi par le promettant pour se soustraire à son versement. Toutefois, une stipulation du contrat peut prévoir une telle réduction en fonction de la date à laquelle le bénéficiaire manifeste son intention de ne pas acquérir.

L'importance du montant de l'indemnité d'immobilisation peut disqualifier le contrat. Le bénéficiaire peut être considéré comme d'ores et déjà lié en raison de l'importance de la conséquence financière attachée à la décision de non-acquisition, s'il est observé qu'il a en réalité perdu la liberté de non acquérir. En revanche, le versement de 10 % n'est qu'un usage et le pourcentage peut être inférieur ou supérieur à cette valeur selon l'importance de la vente et la nature des biens.

> **Précisions** Le versement de sommes qualifiées d'**arrhes,** terme ambigu, peut aussi bien avoir le sens d'acompte à restituer par le vendeur en cas de non-réalisation de la vente que de dédit, qui lui restera acquis si l'option n'est pas levée. Or de telles stipulations ne sont pas susceptibles d'ôter à une promesse son caractère unilatéral, dans la mesure où la qualification va dépendre uniquement de l'option réservée au bénéficiaire et non des obligations accessoires mises à sa charge. L'essentiel est d'observer si le bénéficiaire conserve ou non une **liberté d'option.**

VALIDITÉ

74320 Le **promettant** doit avoir la capacité de vendre lors de la promesse unilatérale de vente, tout événement ultérieur affectant cette capacité demeurant sans incidence (seul le cas des procédures collectives prête à interrogation).

Pour être valable, la promesse unilatérale de vente doit être rédigée par **acte notarié** ou être établie par **acte sous signature privée enregistré** dans les 10 jours de l'acceptation du bénéfice de la promesse. À défaut d'un tel enregistrement, la promesse unilatérale de vente est nulle et de nul effet (C. civ. art. 1589-2 ; Cass. 3e civ. 2-6-1993 nº 925 : RJDA 8-9/93 nº 684). Il s'agit d'une nullité absolue à laquelle il n'est pas possible de renoncer ; aucune ratification de l'acte ne peut intervenir, le dépôt de la promesse au rang des minutes d'un notaire ou un constat d'huissier établissant la signature ou l'existence de cette promesse sont indifférents. Une promesse de vente non enregistrée dans les conditions précitées est définitivement dénuée de tout effet.

Des conditions de validité particulières s'appliquent par ailleurs à certaines **promesses de longue durée.** Ainsi, toute promesse de vente consentie par une personne physique et dont la validité est supérieure à 18 mois, ou toute prorogation d'une telle promesse portant sa durée totale à plus de 18 mois, est nulle et de nul effet si elle n'est pas constatée par un acte authentique (CCH art. L 290-1). La nullité d'une promesse de vente immobilière de longue durée à défaut d'acte notarié est relative (Cass. 3e civ. 26-11-2020 nº 19-14.601 FS-PBI : BPIM 1/21 inf. 46). Lorsqu'elle est unilatérale, cette promesse doit en outre prévoir, à peine de nullité, une indemnité d'immobilisation d'un montant minimal de 5 % du prix de vente, faisant l'objet d'un versement ou d'une caution déposés entre les mains du notaire (CCH art. L 290-2).

> **Précisions** Une promesse unilatérale de vente contenue dans une transaction stipulant des engagements réciproques interdépendants, dont elle n'est qu'un élément, n'est pas soumise à la formalité de l'enregistrement (Cass. ass. plén. 24-2-2006 nº 04-20.525 : RJDA 10/06 nº 1003).

Promesse consentie par une collectivité publique Lorsqu'une telle promesse est consentie sur un **bien du domaine public,** la situation soulève de nombreuses interrogations dans la mesure où le domaine public est inaliénable. Aussi la cession d'un tel bien est-elle soumise à une décision de désaffectation et de déclassement préalable prise à l'issue d'une procédure dont la mise en œuvre relève de la collectivité publique. 74325

Or, ériger le **déclassement en condition suspensive** pose la question du caractère potestatif de cette dernière. En effet, l'engagement futur pris par la collectivité de déclasser le bien est une décision qui lui appartient souverainement et à laquelle rien ne l'oblige en droit.

La difficulté serait contournée si l'acquéreur potentiel consentait à la collectivité publique une **promesse unilatérale d'achat** sur le bien concerné. À ce stade, il semblerait que la promesse ne rentre pas en conflit avec les règles de la domanialité publique car la collectivité n'est pas encore engagée. Cependant, si elle décidait de lever l'option, il faudrait alors qu'elle déclasse, au préalable, le bien pour que la vente soit formée.

> **Précisions** Il existe une procédure de **déclassement par anticipation** au profit de l'État, de ses établissements publics et des hôpitaux qui autorise ces derniers, sous certaines conditions, à déclasser leurs biens et à les vendre sans les avoir au préalable désaffectés, permettant ainsi la signature de promesses de vente à partir du moment où seule la décision de désaffectation est prise (CGPPP art. L 2141-2). Un tel droit n'a toutefois pas été accordé aux autres personnes publiques, notamment aux collectivités locales.

DÉNOUEMENT DE LA PROMESSE

Pour les contrats conclus depuis le 1er octobre 2016, la révocation de la promesse pendant le temps laissé au bénéficiaire pour opter n'empêche pas la formation du contrat promis (C. civ. art. 1124, al. 2). Pour les contrats conclus avant cette date, il était traditionnellement jugé, au contraire, que la « rétractation » du promettant avant la levée d'option empêchait la rencontre des volontés et mettait obstacle à la formation de la vente (Cass. 3e civ. 12-6-2013 nº 12-19.105 FS-D ; CE 2-4-2015 nº 364539). Toutefois, la Cour de cassation a finalement opéré un revirement jurisprudentiel en retenant que, même dans le cas d'un contrat conclu avant le 1er octobre 2016, la « rétractation » du promettant ne constituait pas une circonstance propre à empêcher la formation de la vente (Cass. 3e civ. 23-6-2021 nº 20-17.554 FS-PB : BPIM 4/21 inf. 264 ; Cass. 3e civ. 20-10-2021 FS-B : BPIM 6/21 inf. 384 ; Cass. Com. 15-03-2023 nº 21-20.399 FS-B : BPIM 3/23 inf. 203 ; Cass. 3e civ. 21-11-2024 nº 21-12.661 FS-B). 74330

Conditions de levée d'option La jurisprudence n'exige pas de formalisme particulier pour la levée d'option (pour apprécier s'il y a lieu ou non à la restitution de l'indemnité, il convient de faire preuve d'une grande vigilance). Le contrat peut prévoir un **formalisme** pour cette levée d'option ; dans ce cas, il s'impose aux parties et doit être respecté. D'un commun accord, le promettant et le bénéficiaire peuvent, postérieurement à la signature de la promesse, convenir d'assouplir cette exigence. La promesse peut prévoir que la levée d'option ne pourra intervenir que par la signature de l'acte authentique d'acquisition. 74335

Le **délai** de levée d'option possède une importance majeure. Si, à l'expiration du délai contractuel fixé pour la levée d'option, celle-ci n'a pas été levée, le bénéficiaire perd le bénéfice de la promesse sans qu'il y ait lieu à rechercher la cause pour laquelle il n'a pas jugé opportun de lever l'option dans le délai qui lui était offert pour le faire. Le bénéficiaire ne saurait invoquer la nécessité pour le promettant de le mettre en demeure d'avoir à confirmer sa décision négative.

74340 **En cas de non-levée d'option** L'**indemnité d'immobilisation** est restituée au bénéficiaire qui ne lève pas l'option si la condition suspensive défaille. L'action en restitution de l'indemnité d'immobilisation relève de la prescription quinquennale de l'article 2224 du Code civil ; le point de départ de cette prescription est fixé à la date à laquelle la restitution de l'indemnité d'immobilisation est devenue exigible, et non à la date du refus de remboursement par le promettant (Cass. 3e civ. 11-7-2024 no 22-22.058 FS-B : BPIM 5/24 inf. 318).

L'indemnité d'immobilisation n'a pas lieu d'être restituée si le bénéficiaire ne lève pas l'option alors que :

– les conditions suspensives sont réalisées ;
– les conditions suspensives ne sont pas réalisées, mais les personnes en faveur desquelles elles ont été stipulées renoncent à leur bénéfice ;
– les conditions suspensives ne sont pas réalisées du fait du bénéficiaire.

74345 **En cas d'acquisition** L'**indemnité d'immobilisation** n'est pas restituée s'il a été prévu qu'elle serait affectée au premier paiement à effectuer comptant sur le prix.

L'indemnité d'immobilisation est restituée si le bénéficiaire devenu acquéreur veut financer son acquisition intégralement avec des fonds empruntés ou affecter à la partie du prix payé comptant d'autres fonds que ceux ayant permis le versement de l'indemnité d'immobilisation.

HYPOTHÈSES PARTICULIÈRES

74350 **Refus de passer la vente** Dans le cas où il est le fait du **promettant,** ce refus est constaté judiciairement, la demande d'exécution publiée et le bénéficiaire est susceptible d'obtenir la condamnation à passer l'acte authentique.

Ce peut être aussi le **bénéficiaire** qui, après avoir levé l'option, ne veut plus acquérir. Ceci impose de prêter une grande attention aux phases successives d'une promesse unilatérale de vente ; la somme dont le versement était convenu lors de la signature de la promesse change de nature lors de la levée d'option :

– 1e phase : l'indemnité d'immobilisation est versée en contrepartie du bénéfice de la promesse unilatérale de vente.
– 2e phase : une fois l'option levée, la vente est formée (même si ses effets sont reportés à la signature de l'acte authentique pour ce qui concerne le transfert de propriété, l'entrée en jouissance et le paiement du prix) ; dans ce cas, le plus souvent une clause pénale d'un montant identique à celui de l'indemnité d'immobilisation vient sanctionner le comportement du bénéficiaire devenu acquéreur et qui refuse de se présenter pour signer l'acte notarié. Dans cette seconde phase, le bénéficiaire a perdu son droit à restitution de l'indemnité d'immobilisation.

L'indemnité d'immobilisation doit être restituée au bénéficiaire lorsque son refus d'achat est légitime. Jugé que si l'acheteur renonce à la vente en raison de nuisances sonores qu'il découvre après la signature de la promesse, la non-réalisation de la vente est imputable au vendeur, de sorte que l'indemnisation d'immobilisation n'est pas due (Cass. 3e civ. 3-10-2024 no 21-24.480 F-D : BPIM 6/24 inf. 361).

74355 **Promettant contractant avec un tiers** Cette hypothèse est susceptible de se produire puisque la promesse de vente confère seulement un droit personnel à son titulaire et que, étant soumise à publicité facultative au fichier immobilier (Décret 55-22 du 4-1-1955 art. 37, 1), elle n'est, le plus souvent, pas publiée au service de la publicité foncière.

Dans ce cas, le bénéficiaire initial peut exercer une action en annulation de la vente dont le caractère fructueux suppose la démonstration d'une collusion frauduleuse entre le promettant et le tiers acquéreur qui connaissait l'existence de la promesse (C. civ. art. 1124). En tout état de cause, le bénéficiaire disposera d'une action en responsabilité contre le promettant.

B. Promesse synallagmatique de vente

DÉFINITION

La promesse de vente vaut vente lorsqu'il y a **consentement réciproque des deux parties** sur la chose et sur le prix (C. civ. art. 1589). **74450**

Dans la promesse synallagmatique de vente, le bénéficiaire prend en contrepartie de l'engagement de vente souscrit par le promettant un engagement corrélatif d'acheter. Pour apprécier la réalité de cet engagement, il ne faut pas s'arrêter à la seule terminologie employée.

En principe, la validité d'une promesse synallagmatique ne dépend d'aucune **condition de forme** ; elle n'est pas soumise aux dispositions de l'article 1589-2 du Code civil (acte notarié ou acte sous signature privée enregistré dans les 10 jours).

Par exception, toute promesse synallagmatique de vente consentie par une personne physique et dont la validité est supérieure à 18 mois, ou toute prorogation d'une telle promesse portant sa durée totale à plus de 18 mois, est nulle et de nul effet si elle n'est pas constatée par un acte authentique (CCH art. L 290-1 ; Cass. 3e civ. 18-2-2015 n° 14-14.416 FS-PBR : BPIM 2/15 inf. 124).

Sur le cas, enfin, d'une promesse consentie par une collectivité publique sur un **bien du domaine public,** voir n° 74325.

NATURE

Promesse synallagmatique valant vente Ce premier type de promesse fait application de l'article 1589 du Code civil. Bénéficiaire et promettant s'engagent réciproquement à vendre et à acheter. Dans ce cas, quelle que soit la terminologie employée par l'acte (promesse de vente, promesse synallagmatique de vente, compromis de vente, vente de biens et droits immobiliers), on est juridiquement en présence d'une **vente sous signature privée immédiate.** Un tel acte (toute autre condition de validité étant supposée remplie) est immédiatement parfait et efficace entre les cocontractants. **74455**

La vente est parfaite (sauf l'effet des éventuelles conditions suspensives ou résolutoires prévues) et son exécution ne dépend pas de l'**acte notarié.** Le plus souvent, les parties conviennent cependant du report à la date de cet acte de certains effets de la vente : ainsi les risques, la propriété, la charge des taxes et impôts, la jouissance, le paiement du prix seront fixés à la date de cette signature.

› Précisions a. À l'égard des tiers susceptibles de revendiquer le bénéfice de droits concurrents sur le même immeuble, l'efficacité de la vente sous signature privée ne sera pleine et entière qu'après publication de la vente considérée au service de la publicité foncière. C'est ce qui imposera une réitération de la vente par acte notarié, seul à même de permettre ladite publication (C. civ. art. 710-1) ; il s'agit là du seul rôle et du seul effet de l'acte notarié.

b. La vente étant parfaite il n'y a donc pas lieu à contraindre le vendeur ou l'acquéreur à respectivement vendre ou acquérir, puisque l'un et l'autre l'ont déjà fait. Si l'acquéreur est défaillant dans le paiement du prix, le vendeur ne retrouvera sa liberté qu'après avoir obtenu la résolution de la vente pour manquement de l'acquéreur à cette obligation.

c. Lorsque, dans une promesse synallagmatique de vente, un délai est prévu pour la réalisation de la condition suspensive et qu'à la date prévue pour la réitération par acte authentique, cette condition n'est pas accomplie, la promesse est caduque (Cass. 3e civ. 9-3-2017 n° 15-26.182 FS-PB : BPIM 3/17 inf. 222).

Promesse synallagmatique de vente ne valant pas vente Dans ce type de contrat, et indépendamment de l'intitulé de l'acte, les parties entendent que la solennité de l'acte notarié soit nécessaire pour les engager dans les liens du contrat de vente. Vendeur et acquéreur s'engagent l'un à vendre, l'autre à acheter, sont d'accord sur le principe de la vente, mais n'entendent ni l'un ni l'autre être liés dans les termes d'un tel contrat en dehors de la **signature de l'acte notarié.** **74460**

Dénué d'effet dans la promesse de vente valant vente, l'acte notarié est ici une condition de formation de cette vente. Promettant et bénéficiaire, ou vendeur et acquéreur, ne souscrivent qu'un engagement de faire ; en cas de défaillance de l'un ou de l'autre, aucun ne pourra prétendre être déjà lié par une vente. Dans ce type de promesse, si l'entrée en jouissance, le transfert des risques et de la propriété et le paiement du prix interviennent le jour de l'acte notarié, c'est parce qu'avant cette date aucune vente n'est formée.

Contrairement à la promesse synallagmatique de vente valant vente, il ne s'agit pas d'un report des effets du contrat, mais de la production par la vente de ses effets immédiats.

NATURE DES SOMMES VERSÉES

74465 La nature des sommes versées diffère sensiblement selon le type de promesse synallagmatique. En effet, ce n'est que dans la promesse synallagmatique de vente valant vente que la somme aura la nature d'un acompte payé sur le prix.

Dans la promesse synallagmatique de vente ne valant pas vente, c'est la convention des parties qui doit fixer la nature et le sort de la somme versée.

Il importe donc de bien distinguer selon que les parties ont entendu différer la formation de la vente ou au contraire, sa seule exécution, et ne pas confondre en dépit de leur présentation souvent proche le délai de réitération et le délai fixé pour signer l'acte formant vente.

C. Avant-contrat d'immeubles à construire

74550 En matière de vente d'immeubles à construire, il convient de distinguer selon que l'on se situe dans le secteur protégé (habitation et mixte habitation/professionnel) ou dans le secteur libre (commerce, industrie, artisanat, mixte habitation/commerce).

Dans le **secteur protégé,** il n'est possible d'avoir recours qu'à un seul type d'avant-contrat, le « contrat préliminaire » prévu à l'article L 261-15 du CCH. Peu importe la dénomination dont sera revêtu ce contrat, il ne peut avoir que cette nature et il doit adopter l'organisation imposée par les textes légaux et réglementaires, laquelle est étudiée avec la vente d'immeuble à construire. Il est à noter que, depuis la loi Élan, le contrat préliminaire peut prévoir que l'acquéreur se réserve l'exécution de travaux de finition ou d'installation d'équipements qu'il se procure par lui-même.

Le contrat préliminaire de réservation en vue d'une vente en l'état futur d'achèvement étant facultatif, sa nullité est sans incidence sur la validité de l'acte définitif de vente (Cass. 3e civ. 27-4-2017 nº 16-15.519 FS-PB : BPIM 3/17 inf. 213). Toutefois, le prononcé de la nullité du contrat de réservation peut affecter la validité de la vente lorsque l'acquéreur n'a pas bénéficié du délai de réflexion au stade de la vente définitive (Cass. 3e civ. 12-4-2018 nº 17-13.118 FS-PBI, Stés La Queurie et Stellium immobilier : BPIM 3/18 inf. 195).

Dans le **secteur libre,** il n'existe pas de règle impérative relative à l'avant-contrat. Les parties ont la possibilité d'adopter conventionnellement le mécanisme du contrat préliminaire, de le modifier ou d'adopter pour les immeubles à construire les mêmes techniques d'avant-contrat que pour les immeubles existants.

D. Pacte de préférence

74650 Le pacte de préférence se définit comme le contrat par lequel une partie s'engage à proposer prioritairement à son bénéficiaire de traiter avec lui pour le cas où elle se déciderait de contracter (C. civ. art. 1123, al. 1). Il peut être conclu à titre gratuit ou onéreux, accessoire ou principal. La prédétermination du prix du contrat envisagé et la stipulation d'un délai pour l'exercice du droit de priorité ne sont pas des conditions de validité du pacte de préférence (Cass. 3e civ. 15-1-2003 nº 01-03.700 : RJDA 4/03 nº 371). Le pacte de préférence implique que le promettant permette au bénéficiaire du pacte l'exercice de ses droits dès qu'il décide de vendre ses biens et notamment avant la conclusion d'une promesse unilatérale de vente au profit d'un tiers (Cass. 3e civ. 6-12-2018 nº 17-23.321 FS-PBI : BPIM 1/19 inf. 47). Le pacte de préférence conclu sans terme ni durée n'encourt pas la nullité, mais les parties peuvent le résilier à tout moment, sous réserve de respecter le délai de préavis contractuellement prévu ou, à défaut, un délai raisonnable (Cass. 1e civ. 25-9-2024 nº 23-14.777 F-B : BPIM 6/24 inf. 362).

Le pacte confère un droit personnel de créance ; il n'est pas constitutif d'une restriction au droit de disposer mais s'analyse en une **promesse unilatérale de vente conditionnelle** soumise en tant que telle à publicité facultative pour l'information des tiers (Décret 55-22 du 4-1-1955 art. 37, 1). En cette qualité de promesse unilatérale de vente, sa publication au service de la publicité foncière, qui ne confère pas d'opposabilité, n'en accroît pas l'efficacité (Cass. 3e civ. 16-3-1994 nº 91-19.797 : RJDA 2/95 nº 124, 1e espèce). Elle a pour but d'améliorer la connaissance du pacte par les tiers.

La **renonciation du bénéficiaire** au pacte de préférence peut être tacite sous réserve que son comportement soit clair et non équivoque (Cass. 3e civ. 3-11-2011 nº 10-20.297 : RJDA 2/12 nº 139 ; Cass. 3e civ. 2-02-2022 nº 21-10.527 : BPIM 3/22 inf. 239).

Le pacte de préférence crée au profit du bénéficiaire un droit de créance qu'il peut en principe céder à un tiers. La cession peut être consentie sans contrepartie pécuniaire ou à titre onéreux. Pour être valable, la cession doit être constatée par écrit à peine de nullité (C. civ. art. 1322). Elle n'est opposable au promettant que si elle lui a été notifiée ou s'il en a pris acte (C. civ. art. 1324, al. 1).

Le tiers qui envisage de contracter avec le vendeur et qui soupçonne l'existence d'un pacte de préférence peut demander par écrit au bénéficiaire présumé de confirmer, dans un délai qu'il fixe et qui doit être raisonnable, l'existence d'un pacte et s'il entend s'en prévaloir (C. civ. art. 1123, al. 3). L'écrit doit mentionner qu'à défaut de réponse dans ce délai, le bénéficiaire du pacte ne pourra plus solliciter sa substitution au contrat conclu avec le tiers ou sa nullité (C. civ. art. 1123, al. 4).

Si le promettant conclut un contrat avec un tiers en **violation du pacte de préférence,** le bénéficiaire peut obtenir réparation du préjudice subi (C. civ. art. 1123, al. 2). Il peut agir en nullité ou demander au juge sa substitution au tiers dans le contrat conclu en violation du pacte, à la double condition que le tiers ait eu connaissance du pacte et de l'intention de son bénéficiaire de s'en prévaloir (C. civ. art. 1123). Il s'agit d'une consécration de la jurisprudence (Cass. ch. mixte 26-5-2006 n° 03-19.376 : RJDA 8-9/06 n° 883 ; Cass. 3e civ. 3-11-2011 n° 10-20.936 : RJDA 2/12 n° 140). La publication au fichier immobilier d'un acte rappelant l'existence du pacte et exprimant l'intention de son bénéficiaire de s'en prévaloir est insuffisante à prouver que l'acquéreur en avait connaissance et, partant, à obtenir substitution dans ses droits (Cass. 3e civ. 7-3-2024 n° 22-10.639 F-D : SNH 12/24 inf. 2).

E. Cession d'avant-contrat

La **cession de contrat** est la possibilité pour un contractant de céder sa qualité de partie au contrat (C. civ. art. 1216, al. 1) (n° 74750). 74749

Cet accord peut être donné **par avance,** notamment dans le contrat conclu entre les futurs cédant et cédé (C. civ. art. 1216, al. 2) (n° 74751).

CESSION DE PROMESSE

Un contractant, le cédant, peut céder sa qualité de partie au contrat à un tiers, le cessionnaire, avec l'accord de son cocontractant, le cédé (C. civ. art. 1216, al. 1). Cet accord peut être donné dans la cession elle-même ou après celle-ci, sur la sollicitation du bénéficiaire. 74750

La cession doit être constatée par écrit, à peine de nullité (C. civ. art. 1216, al. 3) et, s'il s'agit d'une promesse unilatérale, doit être enregistrée dans le délai de 10 jours à compter de sa signature (C. civ. art. 1589-2).

Les cessions de promesse effectuées à titre onéreux par les professionnels de l'immobilier sont nulles (Loi 93-122 du 29-1-1993 art. 52).

> **Précisions** En présence d'une promesse synallagmatique de vente valant vente, ou d'une promesse unilatérale de vente dont l'option a été levée, l'opération s'analyse en une nouvelle vente. Les effets de cette analyse doivent cependant être appréciés compte tenu de l'existence de conditions suspensives, levées ou non, stipulées rétroactives ou non.

FACULTÉ DE « SUBSTITUTION »

L'accord du cocontractant à la cession peut être donné **par avance,** notamment dans le contrat conclu entre les futurs cédant et cédé, auquel cas la cession produit effet à l'égard du cédé lorsque le contrat conclu entre le cédant et le cessionnaire lui est notifié ou lorsqu'il en prend acte (C. civ. art. 1216, al. 2). 74751

Avant la réforme du droit des contrats, la pratique s'était développée d'introduire dans les avant-contrats des « clauses de substitution », par lesquelles le promettant acquéreur se réservait le droit de se substituer, de manière plus ou moins large, une personne dans son rapport contractuel avec le promettant vendeur, dont la validité avait été reconnue par la Cour de cassation (Cass. 3e civ. 7-7-1993 n° 91-12.368 : Bull. civ. III n° 111 ; Cass. 3e civ. 6-12-2006 n° 05-18.421 : RJDA 5/07 n° 460).

Il est vraisemblable que la terminologie de « clause de substitution » sera maintenue en pratique. Mais cette clause ne serait rien d'autre que l'accord donné, dans le contrat lui-même, par le vendeur, à la cession par l'acquéreur de sa qualité de partie au contrat, tel que le permet l'article 1216 du Code civil.

SECTION 2

PROTECTION DE L'EMPRUNTEUR IMMOBILIER

74950 Les articles L 313-1 s. du Code de la consommation organisent l'information et la protection du particulier qui recourt au crédit pour financer son acquisition immobilière.

Celui-ci bénéficie notamment d'un délai de réflexion avant de s'engager à l'égard de l'organisme financier, d'une limitation des pénalités pouvant être mises à sa charge ; le sort de l'avant-contrat principal relatif à l'opération immobilière est lié à celui du contrat de prêt, la non-conclusion de l'un entraînant la suspension ou la résolution de l'autre.

Ces dispositions sont d'ordre public (C. consom. art. L 314-26).

Nous examinerons ci-après principalement l'interdépendance des avant-contrats d'acquisition et de prêt.

A. Domaine d'application

OPÉRATIONS CONCERNÉES

74980 Cette réglementation s'applique aux prêts consentis en vue de financer les opérations d'acquisition en propriété ou en jouissance, de souscription d'achat de parts ou actions de sociétés donnant vocation à attribution ou jouissance de **locaux** à usage d'habitation ou à usage professionnel et d'habitation, y compris lorsque ces opérations visent également à permettre la réalisation de travaux de réparation, d'amélioration ou d'entretien de l'immeuble ainsi acquis (C. consom. art. L 313-1).

S'agissant toujours des immeubles à usage d'habitation ou à usage professionnel et d'habitation, relèvent également du dispositif le financement des dépenses relatives à leur construction, quel que soit leur montant.

> **Précisions** Un régime particulier est prévu pour les opérations de **location-vente** ou de location assortie d'une promesse de vente (C. consom. art. L 313-53). Mais, à ce jour, seul peut être pratiqué dans le secteur protégé le contrat de location-accession à la propriété immobilière tel que régi par la loi 84-595 du 12 juillet 1984. Or, ces dispositions ne sont pas applicables à ce type de contrat, cette dernière loi contenant un dispositif spécifique.

OPÉRATIONS EXCLUES

74985 Sont exclus du champ d'application de cette réglementation (C. consom. art. L 313-2) :
– les prêts consentis aux personnes morales de droit public ;
– les prêts destinés à financer une activité professionnelle ;
– les opérations de crédit différé régies par la loi du 24 mars 1952, sauf celles qui sont associées à un crédit d'anticipation ;
– les opérations mentionnées au 3° de l'article L 511-6 du Code monétaire et financier ;
– les opérations de crédit qui ne sont assorties d'aucun intérêt ni d'aucuns frais autres que les frais couvrant les coûts liés à la garantie du crédit ;
– les opérations consenties sous la forme d'une autorisation de découvert remboursable dans un délai d'un mois ;
– les contrats qui sont l'expression d'un accord intervenu devant une juridiction ;
– les contrats résultant d'un plan conventionnel de redressement mentionné à l'article L 732-1 conclu devant la commission de surendettement des particuliers ;
– les contrats de crédit conclus à l'occasion d'un délai de paiement accordé, sans frais, pour le règlement d'une dette existante qui ne sont pas garantis par une hypothèque ou une sûreté réelle comparable ;
– le prêt viager hypothécaire régi par les articles L 315-1 et suivants du Code de la consommation.

À ces exclusions expressément prévues il faut ajouter (C. consom. art. L 313-1, a contrario) le financement des achats d'immeubles à usage commercial ou industriel, ou à usage de bureaux ou à usage commercial et d'habitation ainsi que celui des travaux portant sur de tels immeubles.

PLURALITÉ DE CONTRATS DE PRÊT

Lorsque l'emprunteur a recours à plusieurs prêts pour financer une même opération et qu'il en informe ses prêteurs, chaque prêt est conclu sous la condition suspensive de l'octroi de chacun des autres prêts. Toutefois, cette disposition ne s'applique qu'aux prêts dont le montant est supérieur à 10 % du crédit total (C. consom. art. L 313-37). 74990

INFORMATION DE L'EMPRUNTEUR

L'information de l'emprunteur est assurée dès la **publicité** dont le contenu est réglementé (C. consom. art. L 313-4). Il en est de même de la forme, écrite, et du contenu de l'**offre préalable** (C. consom. art. L 313-24 et L 313-25). 74995

L'envoi de l'offre oblige le prêteur à maintenir les conditions proposées pendant une durée minimale de 30 jours à compter de la réception par l'emprunteur (C. consom. art. L 313-34, al. 1).

L'offre est adressée gratuitement sur papier ou autre support durable à l'emprunteur éventuel ainsi qu'aux **cautions** personnes physiques (C. consom. art. L 313-24). En cas d'irrégularité, le prêteur peut être déchu du droit aux intérêts en totalité ou dans la proportion fixée par le juge ; en revanche, la nullité du prêt ou du cautionnement n'est pas encourue (Cass. 1e civ. 29-10-2002 n° 99-17.333 : RJDA 2/03 n° 180).

L'emprunteur et les cautions ne peuvent accepter l'offre que 10 jours après réception de celle-ci (C. consom. art. L 313-34, al. 2). En cas d'**acceptation** anticipée, la nullité du contrat de prêt est encourue (Cass. 1e civ. 9-7-2003 n° 01-11.153 : RJDA 11/03 n° 1114).

Le jour de la réception de l'offre et le jour de l'acceptation de celle-ci n'entrent pas dans le calcul du délai de 10 jours (Cass. 1e civ. 9-12-1997 n° 95-15.494 : Bull. civ. I n° 368).

PROTECTION DES CAUTIONS

Toute personne qui se porte caution de l'emprunteur doit, à peine de nullité de son engagement, faire précéder sa signature de la mention qu'elle s'engage en qualité de caution à payer au créancier ce que lui doit le débiteur en cas de défaillance de celui-ci, dans la limite d'un montant en principal et accessoires exprimé en toutes lettres et en chiffres (C. civ. art. 2297). En cas de différence, le cautionnement vaut pour la somme écrite en toutes lettres. Si la caution est privée des bénéfices de discussion ou de division, elle reconnaît dans cette mention ne pouvoir exiger du créancier qu'il poursuive d'abord le débiteur ou qu'il divise ses poursuites entre les cautions. À défaut, elle conserve le droit de se prévaloir de ces bénéfices. 75000

Les **actes notariés et** les **actes sous signature privée contresignés par avocat** sont, sauf disposition particulière y dérogeant expressément, dispensés de toute mention manuscrite exigée par la loi (C. civ. art. 1369 et 1374).

CONDITION RÉSOLUTOIRE DE LA NON-CONCLUSION DU CONTRAT PRINCIPAL

L'offre est réputée acceptée sous la condition résolutoire de la non-conclusion, dans un délai de 4 mois à compter de son acceptation, du contrat pour lequel le prêt sera demandé, les parties pouvant convenir d'un délai plus long (C. consom. art. L 313-36). En revanche, la renonciation de l'emprunteur au bénéfice de cette disposition est sans effet (Cass. 1e civ. 27-6-1995 n° 92-19.856 : RJDA 12/95 n° 1412). 75005

La résolution ou l'annulation du contrat principal possède un effet rétroactif et entraîne la résolution de plein droit du prêt (Cass. 1e civ. 1-12-1993 n° 91-20.539 : RJDA 3/94 n° 316).

> **Précisions** Lorsqu'un prêt a été consenti pour financer l'achat d'un terrain et la construction d'une villa, l'annulation du contrat de construction entraîne l'annulation de plein droit de ce contrat de prêt souscrit pour assurer globalement le financement de l'opération (Cass. 1e civ. 7-7-1998 n° 96-15.098 : RJDA 10/98 n° 1148).

B. Incidence du contrat de prêt sur l'avant-contrat

L'avant-contrat écrit constatant une opération immobilière entrant dans le champ d'application de la réglementation (nos 74980 s.) doit indiquer si le prix doit être payé directement ou indirectement, même en partie, avec ou sans l'aide d'un ou plusieurs prêts (C. consom. art. L 313-40). 75100

Cette disposition est applicable aux avant-contrats, que ces actes soient établis sous signature privée ou dressés en la forme notariée, compromis de vente, promesses synallagmatiques de vente, promesses unilatérales de vente acceptées et contrats préliminaires à une vente d'immeuble à construire.

> Précisions Par promesse unilatérale de vente acceptée il faut entendre acceptation du principe de la promesse et non de la levée d'option offerte par ladite promesse. En pratique, cette acceptation est matérialisée par la signature de la promesse par le bénéficiaire consécutivement à celle du promettant.

75105 Lorsque l'avant-contrat indique que le prix sera payé sans l'aide d'un ou plusieurs prêts, cet acte doit porter de la main du bénéficiaire, ou de l'acquéreur, une mention par laquelle celui-ci reconnaît avoir été informé que s'il recourt néanmoins à un prêt, il ne pourra se prévaloir des dispositions de la réglementation considérée (C. consom. art. L 313-42, al. 1 ; Cass. 1e civ. 16-5-1995 n° 93-13.653 : RJDA 3/96 n° 373). Cette mention manuscrite peut figurer dans un document séparé auquel l'acte se réfère (Cass. 1e civ. 16-2-1994 n° 91-17.270 : RJDA 8-9/94 n° 951).

Les avant-contrats sont toutefois dispensés d'une telle mention manuscrite s'ils sont constatés par acte notarié (C. civ. art. 1369) ou par acte sous signature privée contresigné par avocat (C. civ. art. 1374).

CONDITION SUSPENSIVE DE L'OBTENTION DES PRÊTS

75110 Lorsqu'il indique que le prix doit être payé avec l'aide d'un ou plusieurs prêts, l'avant-contrat constatant l'opération immobilière est réputé conclu sous la condition suspensive de l'obtention de ce ou ces prêts (C. consom. art. L 313-41, al. 1). La **durée de validité** de cette condition suspensive ne peut être inférieure à un mois à compter de la signature de l'avant-contrat ou, s'il s'agit d'un acte sous signature privée soumis à peine de nullité à la formalité de l'enregistrement, à compter de la date de l'enregistrement (cette dernière hypothèse vise les promesses unilatérales de vente d'immeuble, nos 74310 s.).

Outre la durée, les parties fixent elles-mêmes le contenu de la condition suspensive : montant des prêts, taux maximal, durée minimale d'amortissement, etc. L'absence d'indication des caractéristiques du prêt n'entraîne pas la nullité de la condition suspensive (Avis C. cass. 18-5-1998 n° 98-20009 : RJDA 8-9/98 n° 1033).

L'introduction d'un dispositif imposant des obligations strictes à l'emprunteur ne saurait priver ce dernier de la protection que lui accorde l'article L 313-41 du Code de la consommation (Cass. 1e civ. 28-1-1992 n° 89-11.152 : RJDA 3/92 n° 267, sur l'obligation de dépôt du dossier à bref délai et l'information du rédacteur d'acte à bref délai ; Cass. 1e civ. 7-7-1993 n° 91-20.395 : RJDA 2/94 n° 186 ; Cass. 3e civ. 12-2-2014 n° 12-27.182 : RJDA 11/14 n° 861).

> Précisions En l'absence de mention relative à un recours au crédit, et si un prêt est néanmoins demandé, l'avant-contrat est considéré comme conclu sous la condition suspensive d'obtention du prêt (C. consom. art. L 313-42, al. 2). Si la promesse mentionne le recours à un prêt « éventuel » tout en comportant la renonciation à la condition suspensive prévue par la loi, cette condition n'en sera pas moins applicable s'il est démontré que le vendeur connaissait l'intention de l'acquéreur de recourir à un prêt (Cass. 3e civ. 29-1-2014 n° 12-28.836 FS-PB : RJDA 5/14 n° 471).

RÉALISATION DE LA CONDITION

75115 La condition est réalisée et l'opération immobilière conclue à compter de l'**obtention du prêt** (C. consom. art. L 313-41), c'est-à-dire lorsqu'un organisme de crédit présente à l'emprunteur une offre régulière de prêt correspondant aux caractéristiques de financement de l'opération telle que stipulée dans l'avant-contrat conclu sous condition suspensive (Cass. 1e civ. 9-12-1992 n° 91-12.498 : RJDA 3/93 n° 239, 2e espèce ; Cass. 1e civ. 4-4-1995 n° 93-11.316 : RJDA 6/95 n° 749).

Les dispositions de l'article L 313-41 étant édictées dans l'intérêt exclusif de l'acquéreur, il a même été jugé que la simple information par la banque sur l'octroi du crédit est suffisante pour constater l'obtention du prêt sans qu'il soit nécessaire d'attendre l'émission d'une offre en bonne et due forme (Cass. 3e civ. 24-9-2003 n° 02-11.815 FS-PB : Bull. civ. n° 164).

Le contrat peut toutefois prévoir que la condition suspensive sera réalisée au jour de l'acceptation de l'offre de prêt par l'emprunteur (Cass. 3e civ. 30-4-1997 n° 95-15.452 : RJDA 7/97 n° 922).

75120 Les dispositions de l'article 1304-3 du Code civil selon lequel « la **condition** est **réputée accomplie** si celui qui y avait intérêt en a empêché l'accomplissement » demeurent applicables (Cass. 3e civ. 24-6-1998 n° 96-19.121 : RJDA 10/98 n° 1072 ; Cass. 3e civ. 19-5-1999 n° 97-14.529 : RJDA 8-9/99 n° 905).

La protection n'est en effet accordée qu'au profit de celui qui fait toute diligence (cette dernière n'étant pas pour autant appréciée seulement par rapport aux stipulations contractuelles prévues sur ce point) et qui ne renonce pas délibérément à l'opération. Il appartient au bénéficiaire de la promesse de prouver en pareil cas qu'il a bien sollicité un prêt conforme aux caractéristiques définies dans celle-ci ; à défaut la condition peut être réputée accomplie (Cass. 3e civ. 7-5-2002 n° 99-17.520 : RJDA 10/02 n° 976 ; Cass. 3e civ. 17-2-2015 n° 13-17.201 : BPIM 3/15 inf. 204).

CONSÉQUENCE DE LA NON-RÉALISATION DE LA CONDITION

Si le prêt n'est pas obtenu dans le délai fixé à l'avant-contrat pour la durée de la condition suspensive, toute somme versée d'avance par l'acquéreur ou le bénéficiaire doit être immédiatement et intégralement remboursée sans retenue ni pénalité à quelque titre que ce soit (C. consom. art. L 313-41, al. 2). 75125

› Précisions **a.** Cette somme est productive d'intérêts au taux légal majoré de moitié à compter du 15e jour suivant la demande de remboursement (C. consom. art. L 341-35). La non-restitution expose le vendeur ou le promettant à une amende de 300 000 € (C. consom. art. L 341-43).

b. Sauf stipulation contraire, le fait pour le bénéficiaire d'une promesse de vente sous condition suspensive de l'obtention d'un prêt de ne pas informer le promettant du refus de la demande de prêt avant l'expiration du délai de validité de la promesse ne suffit pas à caractériser une faute dans l'exécution de ses obligations contractuelles (Cass. 3e civ. 11-5-2006 n° 05-12.629 : RJDA 11/06 n° 1120).

c. Jugé que la condition suspensive d'obtention du prêt ne s'étant pas réalisée à la date prévue, la caducité de la promesse est intervenue de plein droit en application de la clause de la promesse unilatérale de vente (Cass. 3e civ. 30-3-2023 n° 22-10.797 F-D : SNH 15/23 inf. 2).

RENONCIATION À LA CONDITION

Les candidats emprunteurs peuvent choisir de poursuivre leur projet en dépit d'un refus de prêt. Une telle renonciation aux effets acquis des règles de protection établies par la loi est permise, mais elle doit être manifestée sans équivoque. 75130

Cette renonciation expose corrélativement les candidats emprunteurs aux sanctions attachées à la résiliation du contrat immobilier si celle-ci vient à être sollicitée (Cass. 1e civ. 17-3-1998 n° 96-13.972 : RJDA 7/98 n° 905).

SECTION 3

PROTECTION DE L'ACQUÉREUR IMMOBILIER

Les articles L 271-1 et L 271-2 du CCH organisent la protection de l'**acquéreur non professionnel** qui a conclu un avant-contrat avant la signature du contrat constatant ou réalisant une convention d'acquisition d'un immeuble neuf ou ancien. Ce régime est d'ordre public. L'acquéreur bénéficie, quelle que soit la forme de l'avant-contrat (authentique ou sous signature privée), d'un délai de rétractation après signature. 75300

Les versements à l'occasion de la signature des avant-contrats relevant de ce régime sont étroitement réglementés et les dispositions les concernant accompagnées de lourdes sanctions pénales.

Cette faculté de rétractation n'est pas propre aux avant-contrats, elle s'applique largement dans le domaine immobilier notamment s'agissant des **contrats de construction** (marchés de travaux ou CCMI). En effet, la loi n'exclut de la faculté de rétractation - pour les soumettre à un délai de réflexion - que les contrats passés par acte authentique et non précédés d'un avant-contrat. Or les contrats ayant pour objet la construction d'un immeuble, bien que rarement précédés d'un avant-contrat, sont le plus souvent conclus par acte sous signature privée. Les versements intervenant au stade des contrats immobiliers spéciaux font généralement l'objet de dispositions législatives particulières qui dérogent aux dispositions de l'article L 271-2 du CCH quant au moment des versements et au moment de leur restitution (cas des CCMI ou des contrats préliminaires de vente d'immeubles à construire).

› Précisions **a.** Pour le **contrat d'architecte,** voir n° 48577.

b. La promesse de vente d'un **terrain à bâtir,** destiné à la construction d'une maison, n'est pas soumise au droit de rétractation (Cass. 3e civ. 4-2-2016 n° 15-11.140 : BPIM 2/16 inf. 116). À noter que la vente d'un terrain à bâtir inclus dans un lotissement soumis à permis d'aménager est soumise au droit de rétractation de 10 jours (C. urb. art. L 442-8).

c. Les **ventes par adjudication** réalisées en la forme authentique ne sont pas soumises à ce dispositif (CCH art. L 271-3).

A. Domaine d'application

AVANT-CONTRATS CONCERNÉS

75330 Le régime de protection s'applique aux avant-contrats ayant pour objet l'acquisition d'un **immeuble à usage d'habitation,** ou la vente d'immeuble à construire à usage d'habitation. L'usage d'habitation doit être apprécié non pas en fonction de la situation de l'immeuble mais en fonction de l'usage indiqué dans le contrat, c'est-à-dire l'usage que l'acquéreur prévoit d'en avoir (Cass. 3e civ. 12-10-2017 nº 16-22.416 FS-PBI : BPIM 6/17 inf. 421).

Le régime s'applique également aux avant-contrats relatifs à la **souscription de parts** donnant vocation à l'attribution en propriété ou en jouissance d'immeubles d'habitation, et à ceux relatifs à la location-accession en secteur protégé.

75335 Sont concernés tous les **types de promesses** : unilatérales, synallagmatiques valant vente (« compromis »), synallagmatiques ne valant pas vente, promesses unilatérales d'achat ainsi que le contrat préliminaire à une vente d'immeuble à construire (« contrat de réservation »).

Les **pactes de préférence** ne sont pas concernés ; les notifications effectuées en application de tels pactes ne le semblent pas non plus. En revanche, l'acte authentique passé consécutivement à l'acceptation du pacte par son titulaire sera soumis au régime de réflexion applicable à de tels actes lorsqu'ils n'ont pas été précédés d'un avant-contrat.

PROMETTANTS ET VENDEURS CONCERNÉS

75340 Entrent dans le champ d'application de la réglementation tous les vendeurs d'immeuble sans exception ni distinction :

– vendeurs non professionnels ou professionnels (organismes financiers, compagnies d'assurances, etc.) ;

– personnes physiques et personnes morales ;

– personnes de droit privé ou de droit public.

ACQUÉREURS CONCERNÉS

75345 Bénéficient du dispositif de protection les acquéreurs non professionnels.

Faute de définition, il faut considérer que sont concernés les acquéreurs qui contractent un avant-contrat immobilier pour leurs besoins privés et familiaux, notion qui devrait inclure le professionnel lorsqu'il achète en dehors de sa sphère de compétence.

Sont en revanche exclus sans ambiguïté :

– les constructeurs ou rénovateurs ;

– les personnes publiques ;

– les marchands de biens.

De même, le dispositif de protection ne bénéficie pas à une SCI qui achète dans le cadre de son objet social (Cass. 3e civ. 24-10-2012 nº 11-18.774 FS-PBR : BPIM 6/12 inf. 541). Peu importe que la SCI ne soit propriétaire que d'un seul bien et qu'elle ait un caractère purement familial (Cass. 3e civ. 16-9-2014 nº 13-20.002 : RJDA 1/15 nº 7).

Toutefois, le vendeur qui accepte sciemment la clause de l'acte de vente conférant à l'acheteur un droit de rétractation, bien qu'il s'agisse d'un acheteur professionnel, ne peut contester ce droit (Cass. 3e civ. 5-12-2019 nº 18-24.152 FS-PBI : BPIM 1/20 inf. 48).

IMMEUBLES CONCERNÉS

75350 Sont concernés :

– les immeubles individuels ou collectifs, sans distinction en fonction du nombre de logements objet de la vente promise ;

– les immeubles à usage de résidence principale ou secondaire, les logements destinés à la location ;

– les immeubles anciens ou neufs ;

– les immeubles vendus en l'état futur d'achèvement (ou à terme) ;

– les immeubles libres ou occupés.

Sont exclus, en revanche, les immeubles à usage mixte (voir toutefois Cass. 3e civ. 29-3-2018 nº 17-10.587 FS-D). La solution, rendue à propos d'un immeuble destiné à l'habitation et au commerce, peut être étendue, à notre avis, aux immeubles à usage mixte professionnel et d'habitation (Cass. 3e civ. 30-1-2008 nº 06-21.145 : RJDA 7/08 nº 787). L'achat d'une propriété agricole n'ouvre pas non plus droit au bénéfice du droit de rétractation (Cass. 3e civ. 24-9-2013 nº 12-24.511 : BPIM 6/13 inf. 404).

B. Mécanisme de protection de l'acquéreur

DÉLAI DE RÉTRACTATION

L'acquéreur peut se rétracter dans un **délai de 10 jours** à compter du lendemain de la première présentation de la lettre lui notifiant l'avant-contrat (CCH art. L 271-1, al. 1). 75450

L'**avant-contrat** est **notifié** à l'acquéreur par lettre recommandée avec demande d'avis de réception ou par tout autre moyen présentant des garanties équivalentes pour la détermination de la date de réception ou de remise (CCH art. L 271-1, al. 2). Le premier jour du délai de rétractation est celui qui suit la présentation de la lettre recommandée (Cass. 3e civ. 19-12-2024 n° 23-12.652 FS-B ; Cass. 3e civ. 19-12-2024 n° 23-12.652 : BPIM 1/25 inf. 43). La faculté de rétractation est exercée dans les mêmes formes que la notification de l'avant-contrat.

L'avant-contrat de vente doit désormais **indiquer,** de manière lisible et compréhensible, les informations relatives aux **conditions** et aux **modalités d'exercice** du droit de rétractation ou de réflexion (CCH art. L 271-1, al. 6). Tout manquement à cette obligation est passible d'une amende administrative, dont le montant ne peut excéder 3 000 € pour une personne physique, 15 000 € pour une personne morale (CCH art. L 271-1, al. 7).

La **notification** est **régulière,** et le délai de rétractation a couru, même si la lettre notifiant la promesse à l'acheteur revient au notaire avec la mention « non réclamée » : si c'est l'acquéreur qui oublie d'aller retirer sa lettre recommandée à La Poste, le notaire n'a pas à procéder à une nouvelle notification (Cass. 3e civ. 14-2-2018 n° 17-10.514 F-PB : BPIM 2/18 inf. 163). De même, la seule notification de l'avant-contrat suffit à faire courir le délai de rétractation sans qu'il soit nécessaire d'y ajouter de condition complémentaire liée à l'envoi d'un courrier d'accompagnement explicitant les droits de l'acquéreur (Cass. 3e civ. 09-7-2020 n° 19-18.943 F-D : BPIM 5/20 inf. 326).

En cas de **pluralité d'acquéreurs** (acquéreurs en indivision, acquisition réalisée par des époux communs en biens ou séparés de biens), il est nécessaire de notifier l'avant-contrat à chacun d'entre eux car la faculté de rétractation est considérée comme une prérogative purement personnelle bénéficiant à chacun des acquéreurs individuellement (Cass. 3e civ. 9-6-2010 n° 09-15.361 : RJDA 11/10 n° 1059). Il est concevable que la notification soit adressée par une lettre recommandée unique adressée à l'un et l'autre des acquéreurs, mais la notification ne sera régulière que si l'accusé de réception porte les deux signatures ou si le signataire unique est muni d'un pouvoir à l'effet de représenter son coacquéreur (Cass. 3e civ. 9-6-2010 nos 09-14.503 et 09-15.361 : RJDA 11/10 n° 1059 ; Cass. 3e civ. 10-3-2016 n° 15-12.735 : BPIM 3/16 inf. 189 ; Cass. 3e civ. 4-10-2018 n° 17-25.688 F-D : BPIM 6/18 inf. 423). Il en est de même si la notification est effectuée par deux courriers séparés : l'époux qui réceptionne le courrier adressé à son conjoint doit être muni d'un pouvoir à cet effet (Cass. 3e civ. 21-3-2019 n° 18-10.772 FS-PBI : BPIM 2/19 inf. 124).

Toutefois, en présence d'époux coacquéreurs, la notification de la promesse de vente au seul domicile de l'épouse ne produit effet qu'à son égard et n'entraîne pas la nullité de la promesse : le délai ouvert à l'époux pour exercer son droit de rétractation n'a alors pas couru (Cass. 3e civ. 4-10-2018 n° 17-25.688 F-D : BPIM 6/18 inf. 423). L'irrégularité résultant de l'absence de notification de l'avant-contrat, si elle est décelée avant la signature de l'acte notarié, peut toujours être purgée par la notification de cet avant-contrat.

En cas de pluralité d'acquéreurs, la rétractation d'un seul est efficace : l'exercice par l'un des acquéreurs de son droit de rétractation entraîne l'anéantissement du contrat à l'égard de tous (Cass. 3e civ. 4-12-2013 n° 12-27.293 : RJDA 4/14 n° 320 ; Cass. 3e civ. 14-9-2017 n° 16-17.856 : BPIM 6/17 inf. 421).

Dès lors que les acquéreurs reconnaissent dans l'acte de vente que l'article L 271-1 du Code de la construction et de l'habitation a été respecté lors de la signature du contrat préliminaire de réservation et de son avenant, ils ne peuvent plus obtenir l'annulation de la vente pour violation dudit article (Cass. 3e civ. 10-3-2016 n° 14-26.339). De même, la signature par les acquéreurs de l'acte authentique de vente, sans réserve, vaut renonciation à se prévaloir de l'irrégularité de la notification du droit de rétractation prévue à l'article L 271-1 du Code de la construction et de l'habitation même en cas d'absence de notification, à chacun des acquéreurs, du contrat préliminaire de réservation par lettre recommandée avec demande d'avis de réception (Cass. 3e civ. 7-4-2016 n° 15-13.064 : BPIM 3/16 inf. 179).

Lorsque l'acte est conclu par l'intermédiaire d'un professionnel ayant reçu mandat pour prêter son concours à la vente, l'acte peut être **remis directement** au bénéficiaire du droit

de rétractation (CCH art. L 271-1, al. 3). Pour que le procédé soit valable, l'acte remis à l'acquéreur doit (CCH art. D 271-6) :
– reproduire les dispositions de l'article L 271-2 du CCH ;
– et comporter les mentions suivantes écrites de la main de l'acquéreur : « remis par (*nom du professionnel*)... à (*lieu*)... le (*date*)... » et « Je déclare avoir connaissance qu'un délai de rétractation de 10 jours m'est accordé par l'article L 271-1 du Code de la construction et de l'habitation, et qu'il court à compter du lendemain de la date de remise inscrite de ma main sur le présent acte, soit à compter du... »

> **Précisions** **a.** Le délai de rétractation était de **7 jours** pour les avant-contrats conclus jusqu'au 7 août 2015.
> **b.** S'agissant des **autres moyens de notification** présentant des garanties équivalentes à la lettre recommandée avec AR, sont envisageables la notification par acte d'huissier ou l'envoi par Chronopost.

ABSENCE D'AVANT-CONTRAT

75455 Lorsque le contrat constatant ou réalisant la convention est passé par acte authentique et n'a pas été précédé d'un contrat préliminaire ou d'une promesse synallagmatique ou unilatérale, l'acquéreur non professionnel dispose d'un **délai de réflexion de 10 jours** à compter de la notification ou de la remise du projet d'acte selon les mêmes modalités que celles prévues pour le délai de rétractation (CCH art. L 271-1, al. 5 et D 271-7).

RÉGLEMENTATION DES VERSEMENTS

75460 Lors de la **conclusion de l'avant-contrat,** nul ne peut percevoir de l'acquéreur non professionnel, directement ou indirectement, aucun versement à quelque titre ou sous quelque forme que ce soit avant expiration du délai de rétractation (CCH art. L 271-2, al. 1).

La perception du **dépôt de garantie** prévu par les dispositions législatives et réglementaires dans le régime des CCMI, des contrats préliminaires aux ventes d'immeuble à construire ou des contrats de location-accession, demeure en revanche autorisée (CCH art. L 271-2, al. 1).

> **Précisions** Est nul tout engagement unilatéral souscrit en vue de l'acquisition d'un bien ou d'un droit immobilier pour lequel il est exigé ou reçu de celui qui s'engage un versement, quelles qu'en soient la cause et la forme (C. civ. art. 1589-1). Cette définition inclut les **promesses unilatérales d'achat,** quelles que soient la qualité du promettant et la destination de l'immeuble objet de la promesse.

75465 Lorsque l'avant-contrat est conclu par l'**intermédiaire d'un professionnel** ayant reçu mandat pour prêter son concours à la vente objet de la promesse (agent immobilier, notaire-négociateur), un versement peut être reçu du bénéficiaire de l'avant-contrat lors de la signature de l'acte si ce versement est effectué entre les mains d'un professionnel disposant d'une garantie financière affectée au remboursement des fonds déposés (CCH art. L 271-2, al. 2).

Si le bénéficiaire de l'avant-contrat exerce sa faculté de rétractation, le professionnel dépositaire des fonds les lui restitue dans un délai de 21 jours à compter du lendemain de la date de cette rétractation.

75470 Les parties peuvent convenir dès l'avant-contrat d'un **versement** (indemnité d'immobilisation, prix de l'option, dépôt de garantie, acompte, etc.) à une date postérieure à l'expiration du délai de rétractation et dont elles fixent librement le montant. L'avant-contrat est alors conclu sous la **condition suspensive** de la remise desdites sommes à la date convenue (CCH art. L 271-2, al. 1).

75475 Le fait d'exiger ou de recevoir un versement ou un engagement de versement en méconnaissance des règles exposées ci-dessus est puni d'une **amende** de 30 000 € (CCH art. L 271-2, al. 4).

CHAPITRE 2

VENTE D'IMMEUBLES À CONSTRUIRE

SOMMAIRE

TEXTES APPLICABLES

75700 La législation des ventes d'immeubles à construire résulte de la loi 67-3 du 3 janvier 1967 et du décret 67-1166 du 22 décembre 1967. Elle est codifiée sous les articles L 261-1 à L 261-22, L 263-1 à L 263-3 et R 261-1 à R 261-33 du CCH.

Cet ensemble de règles comprend notamment des **dispositions générales,** constituant le statut fondamental des ventes d'immeubles à construire, quels que soient l'usage de l'immeuble ou les modalités de paiement (CCH art. L 261-1 à L 261-9) et des **dispositions particulières** instituant un régime spécial lorsque la vente porte sur des locaux d'habitation ou d'habitation et professionnels et qu'elle stipule des dépôts ou versements avant l'achèvement de l'immeuble (CCH art. L 261-10 à L 261-16).

Certaines dispositions du Code civil traitent également de la vente d'immeubles à construire (C. civ. art. 1601-1 s.). Dans son **avant-projet de réforme du droit des contrats spéciaux** de juillet 2022, la Commission présidée par le Professeur Stoffel-Munck envisage de faire disparaître ces dispositions du Code civil et d'insérer entièrement les règles relatives à la vente d'immeubles à construire dans le CCH. Cela mettrait fin à la dualité actuelle de codification, qui paraît inopportune pour certains, mais justifiée pour d'autres (C. Charbonneau, M. Faure-Abbad, D. Gantschnig, M. Poumarède, J.-Ph. Tricoire, La vente d'immeubles dans l'avant-projet de réforme du droit des contrats spéciaux : RDI 2022 p. 488).

Sont aussi développées les règles de la vente d'immeubles à rénover, résultant de la loi 2006-872 du 13 juillet 2006. Elles sont codifiées sous les articles L 262-1 à L 262-11 du CCH et R 262-1 à R 262-15.

SECTION I DISPOSITIONS GÉNÉRALES

I. DÉFINITION

A. Caractères de la vente d'immeubles à construire

75800 La vente d'immeubles à construire est celle par laquelle le vendeur s'oblige à édifier un immeuble dans un délai déterminé par le contrat. Elle peut être conclue **à terme** ou en **l'état futur d'achèvement** (C. civ. art. 1601-1). La vente en l'état futur d'achèvement (Vefa), comme la vente à terme, est un contrat à exécution successive.

ENGAGEMENT D'ÉDIFIER L'IMMEUBLE

75805 L'engagement, pris par le vendeur, d'édifier l'immeuble qu'il vend avant de l'avoir construit est essentiel. À défaut, il n'y a pas vente d'un immeuble à construire au sens de l'article 1601-1 du Code civil (Cass. 3e civ. 22-2-1984, Epx Haran). Il n'y a vente d'un immeuble à construire que si le vendeur s'oblige à achever l'immeuble dans un **délai** déterminé (Cass. 3e civ. 9-7-1986 : JCP N 1986 no 23 p. 169).

> **Précisions** Les ventes d'immeubles à construire sont soumises à la **TVA** dans les mêmes conditions que les ventes d'immeubles qui ne sont pas achevés depuis plus de cinq ans : elles sont donc taxables de plein droit lorsqu'elles sont réalisées par un assujetti agissant en tant que tel dans le cadre de son activité économique (CGI art. 256).

QUALITÉ DE MAÎTRE DE L'OUVRAGE

75810 **Initiative des travaux** Dans la vente d'immeubles à construire, le vendeur est le maître de l'ouvrage, il est celui pour le compte duquel les travaux sont réalisés, et il en conserve les **prérogatives.**

Le recours à la vente d'immeubles à construire est par conséquent critiquable si, en réalité, c'est l'acquéreur qui a pris l'initiative de l'opération et en a fixé les caractéristiques. Ainsi, la convention qui met à la charge de l'acquéreur des travaux dont il assure le financement et qui sont sous sa seule responsabilité n'est pas constitutive d'une vente d'immeubles à construire (Cass. 3e civ. 28-1-2009 no 07-20.492 FS-PB : RJDA 10/09 inf. 839 ; Cass. 3e civ. 6-5-2014 no 13-15.681 F-D ; Cass. 3e civ. 14-9-2017 no 15-19.753 FS-PB : BPIM 5/17 inf. 340).

ATTENTION

Le recours à la vente d'immeubles à construire ne doit pas traduire le détournement de **règles obligatoires.** La technique de la vente d'immeubles à construire ne saurait par exemple être utilisée par une commune pour construire, pour le compte d'un cocontractant, un atelier-relais : ce serait un détournement de la procédure normale qui est celle de la maîtrise d'ouvrage publique (Rép. Geng : AN 9-10-1989 p. 4530).

Sur le recours à la vente d'immeubles à construire par les personnes publiques, voir n°s 76110 s.

Implications dans le déroulement des travaux Avant la réception de l'immeuble, et bien qu'il soit propriétaire, l'acquéreur ne peut pas être admis à effectuer des travaux préconisés par expert et à obtenir provision du vendeur en ce sens. En effet, ce dernier est seul habilité à remédier aux **réserves** émises lors de la réception (Cass. 3e civ. 22-11-1989 : Bull. civ. III n° 218). **75815**

Tant que la réception des travaux n'est pas intervenue entre le vendeur et les entrepreneurs ou tant que les réserves n'ont pas été levées, l'acquéreur ne peut pas intervenir dans le déroulement du chantier ni même se faire autoriser à procéder à des travaux (CA Paris 24-9-1998 : Constr.-urb. 1999 n° 115). Entre la réception et la livraison de l'immeuble, le vendeur reste maître d'ouvrage et il doit réparation d'un **dégât des eaux** intervenu avant cette réception (CA Toulouse 18-4-1988 : Rev. loyers 1988 p. 83).

Malgré l'état de copropriété consécutif à la vente de plusieurs lots, le vendeur en l'état futur d'achèvement possède, sauf clause contraire des actes de vente, la qualité lui permettant de présenter un **permis de construire modificatif** (CAA Lyon 22-3-1994 : Gaz. Pal. 1995 pan. adm. p. 89).

L'acquéreur d'un immeuble à construire peut céder librement les droits qu'il tient de son contrat. Le **cessionnaire** est substitué de plein droit dans les obligations à l'égard du vendeur (CCH art. L 261-4) ; voir n°s 77790 s.

Mandat La vente d'un immeuble à construire peut être assortie d'un mandat **donné par l'acquéreur** au vendeur « à l'effet de passer les actes de disposition devant affecter les biens et droits vendus et indispensables à la construction du bâtiment dont tout ou partie forme l'objet de la vente » (CCH art. R 261-5, al. 1). Ce mandat, **spécial et exprès,** doit indiquer la nature, l'objet et les conditions des actes en vue desquels il est donné. Le mandat peut toutefois comporter le pouvoir de passer tous les actes de disposition portant sur des parties communes et qui se révéleraient nécessaires pour satisfaire aux prescriptions d'urbanisme, aux obligations imposées par le permis de construire du bâtiment faisant l'objet de la vente ou auxquelles pourrait être subordonnée la délivrance d'un tel permis pour la construction des autres bâtiments concernés par le mandat, et enfin pour assurer la desserte de ces immeubles ou leur raccordement avec les réseaux de distribution et les services publics. Il pourra s'agir par exemple de l'établissement d'une convention de cour commune, d'une servitude d'implantation d'un transformateur d'électricité, etc. **75820**

Le **mandat** peut, de par la généralité de ses termes, s'avérer **insuffisant** ; une autorisation des copropriétaires, conformément aux dispositions de la loi du 10 juillet 1965 sera donc nécessaire s'il faut procéder à une modification affectant les parties communes ou portant atteinte aux droits des copropriétaires acquéreurs (CE 5-5-1999 n° 158821, Alaoui : BPIM 4/99 inf. 270).

Un tel mandat peut toutefois constituer le titre habilitant à demander un permis modificatif « visant à préciser le type de tuiles employées et à régulariser quelques modifications mineures relatives à l'accès piétonnier d'un des lots, à l'implantation de murs de soutènement, de clôtures et d'escaliers et aux cotes du sol fini par rapport au sol naturel » (CE 5-12-2005 n° 258686 : BPIM 1/06 inf. 35, AJDA 2006 p. 561). L'appréciation est en réalité variable selon les espèces. Par exemple, un tel mandat a été jugé insuffisant pour déposer un permis modificatif non conforme à la notice descriptive acceptée par les acheteurs s'agissant de l'aspect extérieur des constructions, notamment en ce qui concerne les matériaux utilisés pour les lucarnes et les volets (CAA Versailles 20-9-2007, n° 05VE01502 : Constr.-Urb. 2007, comm. 218, Ch. Sizaire).

› Précisions **a.** Les **termes du mandat** conférant au vendeur « d'une manière générale le pouvoir de passer tous actes de disposition portant sur les parties communes et qui se révéleraient nécessaires pour répondre aux désirs de la commune d'acquérir une partie de l'assise de la copropriété, notamment la partie boisée, à première demande de sa part » ne permettent pas aux acquéreurs de connaître l'étendue et l'objet de leur engagement de céder. La **responsabilité du vendeur** peut alors être engagée pour faute **et** celle **du notaire** ayant rédigé les actes de vente, pour manquement à son devoir de conseil (Cass. 3e civ. 13-4-2010 n° 09-10.459 F-D).

b. Le mandat donné par l'acquéreur au vendeur doit rester spécial et exprès, c'est-à-dire se limiter aux cas légalement prévus. Toute **clause autorisant un dépassement de ces pouvoirs** pourrait être qualifiée de **clause abusive,** et donc réputée non écrite, lorsque l'accédant est un consommateur ou un non-professionnel (C. consom. art. L 212-1 et L 212-2). Pareille clause peut-elle également être réputée non écrite sur le fondement du **déséquilibre contractuel significatif** de droit communsi le contrat de Vefa est qualifié de contrat d'adhésion et si l'accédant est professionnel (C. civ. art. 1171 issu de l'ord. 2016-131 du 10-2-2016), voire simple consommateur ou non professionnel ? (O. Tournafond et J.-Ph. Tricoire, Les contrats de construction face aux nouvelles orientations du droit des contrats : RDI 2016 p. 391 ; en sens contraire, M. Behar-Touchais, Le déséquilibre dans le Code civil : JCP G 2016 n° 662). A priori, ce dispositif instauré dans le droit commun des contrats n'aurait pas vocation à s'appliquer dans les champs déjà couverts par des droits spéciaux (Rapport Sén. n° 247 relatif à la loi 2018-287 du 20-4-2018 art. 7 ; L. Andreu, Contrat d'adhésion et clauses déséquilibrantes : SNH 15/18 inf. 13 n° 10).

75825 **Déclaration de construction nouvelle** Afin de bénéficier de l'**exonération de taxe foncière** de 2 ans prévue en faveur des constructions nouvelles, l'acquéreur doit, en sa qualité de propriétaire, souscrire la déclaration de construction nouvelle dans les 90 jours de son achèvement (CGI art. 1406). Toutefois, lorsque le promoteur est encore propriétaire de l'immeuble dans les 90 jours de son achèvement, c'est à lui qu'il incombe de souscrire la déclaration. S'il ne le fait pas, l'administration admet que l'acquéreur dispose d'un délai spécial de 90 jours à compter du jour de l'acquisition du bien pour souscrire la déclaration, mais la date de fin d'exonération reste déterminée en fonction de celle de l'achèvement (BOI-IF-TFB-40 n° 50). À noter que le constructeur qui néglige de prévenir l'acquéreur de l'absence de déclaration peut se voir réclamer par ce dernier le remboursement de la taxe foncière (Cass. 3e civ. 18-4-1984 n° 83-11.552 P : Bull. civ. III n° 89).

B. Différentes formes de vente d'immeubles à construire

VENTE EN L'ÉTAT FUTUR D'ACHÈVEMENT

75900 La vente en l'état futur d'achèvement (Vefa) est le contrat par lequel le vendeur **transfère** immédiatement à l'acquéreur ses droits sur le sol ainsi que **la propriété** des constructions existantes. Les ouvrages à venir deviennent la propriété de l'acquéreur au fur et à mesure de leur exécution ; l'acquéreur est tenu d'en payer le prix à mesure de l'avancement des travaux (CCH art. L 261-3).

Le droit transmis sur le sol est soit un droit de propriété, soit un droit réel immobilier conférant le droit de construire (bail à construction, bail emphytéotique…).

La vente en l'état futur d'achèvement répond aussi à la définition de la vente d'immeubles à construire, « celle par laquelle le vendeur s'oblige à édifier un immeuble dans un délai déterminé par le contrat » (CCH art. L 261-1 du CCH).

Ce transfert des droits sur le sol a pour seul but de protéger l'acquéreur, lequel ne jouit pas des attributs attachés à cette qualité (usus, fructus, abusus). S'il peut céder l'objet de la propriété ainsi transférée c'est dans le seul cadre de la cession des droits qu'il tient du contrat.

75905 La règle relative au transfert de propriété a pour vocation, en cas de défaillance du vendeur, de protéger l'acquéreur en le mettant notamment à l'abri des risques de saisie par les créanciers.

Le **transfert des risques** ne s'opère sur le bien acquis que lors de la livraison des immeubles construits, et avant celle-ci les risques pèsent sur le vendeur (Cass. 3e civ. 11-10-2000 n° 98-21.826 PB : Bull. civ. III n° 163 ; JCP N 2001 p. 1031 note Ph. Malinvaud). Il n'y a pas lieu de distinguer selon :

- que le risque affecte une partie déjà transférée ou une partie restant à construire ;
- que le risque affecte le seul terrain transféré ou la construction à réaliser ;
- les qualités respectives du vendeur et de l'acquéreur.

La **perte de l'immeuble** avant l'achèvement expose le vendeur à la résolution du contrat à ses torts. Ainsi jugé dans une espèce où l'immeuble objet de la vente a été détruit par une avalanche et dont le terrain est devenu inconstructible (CA Chambéry 8-8-1990 : RDI 1992 p. 81).

Toutes les **dépenses de fonctionnement du chantier** doivent demeurer à la charge du vendeur. Ainsi, un abonnement EDF ne saurait être souscrit au nom de l'acquéreur sans pouvoir particulier (CA Paris 23e ch. A 19-5-1999 : Constr.-urb. 2000 n° 3).

VENTE À TERME

La vente à terme est le contrat par lequel le vendeur s'engage à livrer l'immeuble à son **achèvement** et l'acheteur s'engage à en prendre livraison et à en payer le prix à la date de livraison. Le transfert de propriété s'opère de plein droit par la constatation par acte authentique de l'achèvement de l'immeuble ; il produit ses effets rétroactivement au jour de la vente (CCH art. L 261-2). 75910

S'agissant d'une vente d'immeubles à construire, cette définition doit être complétée par celle que l'article L 261-1 donne de ce type de vente.

VENTE D'IMMEUBLES À CONSTRUIRE INNOMÉE

Il est possible de signer un contrat de vente d'immeubles à construire qui réponde à la seule définition de l'article L 261-1 du CCH mais qui ne réponde pas à l'un ou l'autre des critères des définitions que les articles L 261-2 et L 261-3 donnent respectivement de la vente à terme (voir n° 75910) et de la vente en l'état futur d'achèvement (voir nos 75900 s.). 75915

Cela signifie que, dans ce cas, le vendeur s'oblige à édifier un immeuble dans un délai déterminé par le contrat (voir CCH art. L 261-1). En revanche, le vendeur peut transférer ses droits sur le sol et sur les édifices postérieurement à la signature du contrat, mais sans pour autant attendre nécessairement l'achèvement de l'immeuble ; le prix peut être payé selon un rythme qui ne tient pas compte de l'avancement des travaux…

Ce type de contrat peut être passé exclusivement dans le secteur libre (voir nos 76095 s.).

II. CHAMP D'APPLICATION OBLIGATOIRE

Le champ d'application de la réglementation d'ordre public de la vente d'immeubles à construire est défini par l'article L 261-10 du CCH. Dès lors que les autres conditions de cette vente particulière sont remplies (nos 75800 s.), le domaine d'ordre public est celui du secteur protégé (nos 76085 s.). Quand l'acte vise expressément les textes applicables à la vente en l'état futur d'achèvement, la vente relève de ce régime et le notaire doit s'assurer que le vendeur fournit une garantie financière d'achèvement (Cass. 1e civ. 1-2-2023 n° 21-13.133 F-D : BPIM 2/23 inf. 114, concernant la vente d'un logement faisant l'objet de travaux de rénovation lourde par le vendeur qui ne sont pas achevés au jour de la signature de la vente). 76050

Dans la vente d'immeubles à construire, le vendeur procure à l'acquéreur par une même opération le terrain et l'immeuble. Afin d'éviter la fraude qui consisterait à diviser l'opération en deux phases successives (vente du terrain d'abord, puis conclusion d'un contrat de construction), l'article L 261-10, alinéa 2, du CCH impose, dans le secteur protégé, toutes les autres conditions étant remplies, la conclusion d'une vente en état futur d'achèvement ou d'une vente à terme dès lors que celui qui s'oblige à édifier un immeuble sur un terrain a procuré ce dernier à l'acquéreur en une autre qualité que celle de constructeur d'une maison individuelle avec fourniture de plan (nos 76210 s.).

A. Distinction secteur protégé-secteur libre

La distinction entre le secteur libre et le secteur protégé est **fondamentale,** les régimes juridiques applicables à l'un et l'autre secteur étant totalement différents. 76080

SECTEUR PROTÉGÉ

Définition Le secteur protégé comprend seulement les immeubles ou fractions d'immeubles à **usage d'habitation** ou à **usage mixte** (professionnel et habitation) lorsque le contrat oblige l'acheteur à effectuer des versements ou des **dépôts avant l'achèvement** de la construction (CCH art. L 261-10). Ne relève donc pas de ce régime la vente en l'état de locaux industriels désaffectés qui prévoit notamment que le coût des travaux de transformation en locaux d'habitation, non inclus dans le prix, est à la charge de l'acquéreur, le vendeur ne devant rien percevoir à ce titre (Cass. 3e civ. 14-9-2017 n° 15-19.753 FS-PB : BPIM 5/17 inf. 340). 76085

Ces deux éléments (usage d'habitation ou mixte et versements de fonds avant l'achèvement) doivent être réunis **cumulativement** pour qu'une vente relève du secteur protégé de la vente d'immeubles à construire.

Par immeuble ou fraction d'immeuble, on entend les immeubles entiers, maisons individuelles ou immeubles collectifs et les lots de copropriété d'immeubles collectifs.

S'agissant de leur affectation, les termes de l'article L 261-10 du CCH s'entendent strictement : un immeuble **uniquement professionnel,** ou à usage mixte d'**habitation et commercial,** ne relève pas du secteur protégé. En revanche, un immeuble destiné à devenir une résidence avec services pour personnes âgées relève du secteur protégé : son exploitation commerciale sous forme de location meublée avec prestations hôtelières ne modifie pas l'usage d'habitation des lots à l'année (Cass. 3e civ. 7-1-2016 no 14-29.655 FS-PB : BPIM 1/16 inf. 29, RDI 2016 p. 150 obs. J.-Ph. Tricoire et O. Tournafond). De même, un immeuble en cours de rénovation à destination de résidence hôtelière relève du secteur protégé dès lors qu'il est à usage d'habitation et que l'acheteur effectue des versements avant l'achèvement, peu important les modalités de gestion de l'immeuble (Cass. 3e civ. 23-5-2019 no 17-17908 FS-PBI : BPIM 4/19 inf. 260).

> Précisions a. En ce qui concerne les **locaux accessoires** (caves, garages, etc.), il convient de les considérer comme relevant du secteur protégé s'ils sont vendus en même temps (ou à très peu d'intervalle), et au même acheteur, qu'un local d'habitation – même si c'est par un contrat séparé. En revanche, un garage vendu indépendamment d'un local d'habitation ne relève pas des règles du secteur protégé. Un appartement permettant à un pompiste d'être toujours présent sur les lieux n'est que l'accessoire de la station-service, local commercial : l'ensemble ne relève pas du secteur protégé (Cass. 3e civ. 15-2-1978 : Bull. civ. III no 83).

b. L'**usage d'un local** s'entend de celui que doit lui donner l'acheteur : le secteur protégé de la vente d'immeubles à construire est notamment celui des candidats au logement, que la loi a principalement voulu protéger. Il ne suffirait donc pas d'affirmer qu'un local n'est pas destiné à l'habitation. S'il est vendu à un candidat au logement, sa vente sera soumise aux règles du secteur protégé. Les dispositions du secteur protégé s'appliquent aux personnes physiques, mais aussi aux personnes morales (Cass. 3e civ. 17-7-1996 no 95-21.334 : RJDA 11/96 no 1387).

76090 **Régime des ventes du secteur protégé** Le statut des ventes du secteur protégé est d'**ordre public.** Les ventes d'immeubles à construire relevant de ce **secteur** doivent, à peine de nullité, revêtir obligatoirement la forme (CCH art. L 261-10) :
- soit d'une vente en l'état futur d'achèvement (CCH art. L 261-3) ;
- soit d'une vente à terme (CCH art. L 261-2).

Les ventes d'immeubles à construire du secteur protégé sont, en outre et surtout, soumises à des règles spécifiques qui sont relatives :
1° à l'avant-contrat (nos 76820 s.) ;
2° à la conclusion et au contenu du contrat (nos 77570 s.) ;
3° aux garanties de l'achèvement ou du remboursement que doit fournir le vendeur (nos 77900 s.) ;
4° aux modalités de paiement du prix (nos 78300 s.) ;
5° à la garantie des vices de construction (nos 79200 s.) ;
6° à certains aspects particuliers de la vente à terme (nos 79600 s.).

> Précisions a. Les rubriques ci-dessus, à l'exception de la 3e et de la 6e, contiennent des **règles communes** à la vente à terme et à la vente en l'état futur d'achèvement. Les différences ponctuelles susceptibles d'apparaître entre ces deux contrats seront signalées dans les développements correspondants.

b. La **cession des droits de l'acquéreur** doit aussi respecter ces règles et notamment celles relatives aux modalités de paiement du prix (Cass. 3e civ. 17-7-1996 no 95-21.334 : RJDA 11/96 no 1387).

c. La **nullité d'ordre public** encourue pour le non-respect des règles impératives de la vente d'immeubles à construire du secteur protégé est relative, leur objet étant d'assurer la seule protection de l'acquéreur (CCH art. L 261-10, al. 1 ; Cass. 3e civ. 4-10-2018 no 16-22.095 FS-PB : BPIM 6/18 inf. 411, RDI 2018 p. 600, O. Tournafond et J.-Ph. Tricoire).

d. Les notaires proposent de réserver le secteur protégé au seul cas de l'acquéreur non professionnel de l'immobilier. Cela permettrait d'exclure notamment les **investisseurs institutionnels,** qui n'ont en réalité pas besoin d'être en secteur protégé (voir rapport du 118e Congrès des notaires de France, Marseille 2022, p. 195).

SECTEUR LIBRE

76095 **Définition** Le secteur libre comprend tous les immeubles n'entrant pas dans la définition du secteur protégé (no 76085) : il s'agit notamment des immeubles ou fractions d'immeubles à usage commercial, professionnel ou de bureaux.

Les ventes d'immeubles à construire situés dans le secteur libre ne sont assujetties à aucune forme ni règle particulière, autres que celles du **droit commun.** Ces ventes peuvent prendre toutes les formes juridiques appropriées, telles que « vente à livrer », vente en l'état futur d'achèvement innomée aux modalités libres, etc., selon les conventions que les parties auront librement débattues.

76100 **Avant-contrat** Dans le secteur libre, le **contrat préliminaire** n'est pas impératif et ne se révèle d'ailleurs pas nécessairement adapté (voir no 76865).

Contrat En dehors des caractéristiques de l'article L 261-1 du CCH, le contrat de vente d'immeubles à construire du secteur libre peut donc : 76105
– ne pas prévoir un transfert immédiat des **droits sur le sol** ;
– prévoir un **paiement du prix** qui ne s'effectue pas à mesure de l'avancement des travaux (paiement substantiel lors de la signature du contrat ou au contraire paiement reporté vers la fin de la période d'édification) ;
– prévoir une **surface** mesurée à la livraison et, corrélativement, un prix déterminable à cette époque.

En revanche, sauf à l'avoir stipulé, et ce dès l'avant-contrat s'il en est signé un, l'acquéreur n'a pas droit à une garantie de **financement de l'achèvement** ou à la **consignation du solde du prix** en cas de contestation sur la conformité de l'immeuble livré.

> Précisions **a.** Lorsqu'il est envisagé de ne pas faire application des **règles de la vente en l'état futur d'achèvement,** il convient de ne pas revêtir le contrat de ce qualificatif.
b. Depuis la réforme du droit des contrats, les ventes du secteur libre sont soumises, sauf dérogation conventionnelle, aux nouvelles **règles sur l'imprévision** permettant la renégociation, la résolution ou la révision judiciaire du contrat en cas de changement de circonstances imprévisible (C. civ. art. 1195 issu de l'ord. 2016-131 du 10-2-2016 ; O. Tournafond et J.-Ph. Tricoire, Les contrats de construction face aux nouvelles orientations du droit des contrats : RDI 2016 n° 6 p. 391).
c. Dans le secteur libre, sous réserve du respect du droit commun, il convient de s'attacher uniquement aux **stipulations du contrat.** Ainsi, si une clause de paiement du prix prévue à l'acte authentique de Vefa prévoit que le solde du prix est payable après constatation de l'achèvement des travaux, le vendeur en l'état futur d'achèvement ne peut mettre en œuvre des mesures d'exécution pour paiement de ce solde avant constatation de cet achèvement dans les conditions fixées à l'acte (Cass. 3e civ. 14-5-2020 n° 19-14.763 F-D : Gaz. Pal. 2020 p. 64 note V. Zalewski-Sicard).

ACQUISITION D'IMMEUBLES À CONSTRUIRE PAR UNE PERSONNE PUBLIQUE

En **principe,** aucune disposition législative n'interdit aux collectivités publiques de procéder à l'acquisition de biens immobiliers en utilisant le contrat de vente en l'état futur d'achèvement prévu à l'article 1601-3 du Code civil (CE 8-2-1991, région Midi-Pyrénées c/ synd. de l'architecture de la Haute-Garonne : Lebon p. 41, JCP éd. N 1992 II p. 333 note Fatôme), qu'il s'agisse d'une acquisition relevant du secteur protégé ou du secteur libre. 76110

La conclusion d'un tel contrat échappe tant aux règles de passation, notamment aux règles de concurrence, prévues par le Code de la commande publique qu'au régime d'exécution des marchés de travaux publics (même arrêt), ainsi qu'à celles relatives à la maîtrise d'ouvrage publique (nos 47350 s.). Il ne s'agit pas d'un contrat administratif quand bien même les travaux immobiliers accomplis ont un but d'intérêt général (CAA Bordeaux 19-3-2002 n° 97-1384, Communauté urbaine de Bordeaux : Dr. adm. 2002 n° 124). C'est parce que dans ce type de contrat, le vendeur personne privée est le maître de l'ouvrage (n° 75810) et, à ce titre, a pris l'initiative de l'opération et en a fixé les caractéristiques essentielles. La personne publique acquéreur, créancière de l'obligation de livraison de l'immeuble conforme, ne peut exercer aucune de ces prérogatives.

En revanche, ce type de contrat ne peut pas être utilisé pour contourner la **réglementation des marchés publics.** Une personne publique ne peut pas utiliser le contrat de vente en l'état futur d'achèvement pour accéder à la propriété d'un immeuble entièrement destiné à devenir sa propriété et conçu en fonction de ses besoins propres (CE 8-2-1991, précité n° 76110 ; CE 14-5-2008, n° 280370, Communauté de communes de Millau-Grands Causses : Contrats marchés publ. 2008 n° 182, soulignant le caractère cumulatif des deux critères). L'enjeu pour l'acheteur public est donc d'acquérir un immeuble répondant le plus possible à ses besoins, sans toutefois que l'opération ne soit assujettie aux règles de la commande publique qui, dans ce cas, alourdissent particulièrement le processus, tout en en rendant l'issue incertaine. 76115

Récemment, une cour administrative d'appel, faisant application de ces principes, a précisé les conditions dans lesquelles une personne publique pouvait recourir à un contrat de Vefa, en se fondant sur un faisceau d'indices tels que (CAA Nancy 15-4-2021 n° 19NC02073 : Contrats marchés publ. 2021 n° 169 obs. H. Hoepffner) :
– le dépôt d'un permis de construire par le promoteur et le début de la commercialisation des bâtiments avant même les premiers échanges entre le promoteur et la personne publique ;
– le fait que le bâtiment a été proposé dans un premier temps à une autre personne publique et ne présentait pas de caractéristiques particulières qui auraient pu avoir pour objet de répondre aux besoins de la personne publique.

Cette décision permet de tirer plusieurs enseignements et de sécuriser les projets d'acquisition d'immeubles à construire en évitant le risque de requalification. Ainsi est-il recommandé d'attendre que la personne publique vérifie que les échanges avec le promoteur ne commencent qu'une fois que le projet est arrêté ; envisager l'immeuble comme un immeuble standard et adaptable aux besoins de tout occupant ; réaliser les aménagements spécifiques dans le cadre de marchés publics conclus par la suite (en ce sens, N. Nahmias et C. Hugueny, Le risque de requalification des contrats de Vefa en marchés publics : Le Moniteur 30-7-2021).

Dans le même sens, un arrêt retient que la **vente d'un terrain à bâtir** par une commune **contre remise d'un local à construire** ne relève pas des marchés publics. D'une part, la commune n'a pas exercé d'influence déterminante sur la nature et la conception des travaux, d'autre part la convention n'avait pour objet principal ni la réalisation d'une opération d'aménagement public, ni la fourniture d'un équipement répondant à un besoin spécifiquement défini par la commune (Cass. 3e civ. 26-10-2023 no 22-19.444 F-D : BPIM 6/23 inf. 375). En effet, l'obligation de livraison constituait une modalité de paiement partiel du prix et la vente du terrain et la livraison du local sont deux parties indissociables de l'opération dont l'objet principal était constitué de prestations ne relevant pas des marchés publics.

Dans une décision du 3 avril 2024, le Conseil d'État apporte un éclairage attendu, tant par la doctrine que les praticiens, sur la requalification d'un **bail en l'état futur d'achèvement** en marché public de travaux. Ainsi, le contrat par lequel un acheteur public prend à bail ou acquiert des biens immobiliers qui doivent faire l'objet de travaux à la charge de son cocontractant constitue un marché public de travaux lorsqu'il exerce une influence déterminante sur la conception des ouvrages. Tel est le cas si cette influence est exercée sur la structure architecturale de ce bâtiment, telle que sa dimension, ses murs extérieurs et ses murs porteurs. Les demandes de l'acheteur concernant les aménagements intérieurs ne peuvent par ailleurs être considérées comme démontrant une influence déterminante que si elles se distinguent du fait de leur spécificité ou de leur ampleur (CE 3-4-2024 no 472476 : BPIM 3/24 inf. 146).

76120 Si les **organismes d'HLM** peuvent acquérir des logements en l'état futur d'achèvement, il semble néanmoins que les limites exposées no 76115 concernent aussi ce type d'organismes (Rép. Français : AN 13-9-2005 p. 8562 no 67926). Ces limites ne semblent toutefois pas devoir s'appliquer en cas d'acquisition en usufruit locatif social tel que prévu par l'article L 411-3 du CCH (Circ. UHC/FB 2007-27 du 17-4-2007 : BO équip. 9/07 p. 568).

En outre, les organismes d'HLM **et** les **SEM** sont autorisés à acquérir, dans le cadre d'une vente en l'état futur d'achèvement ou d'une vente d'immeubles à rénover (CCH art. L 433-2, al. 1) :

– des immeubles ayant les caractéristiques de logement-foyer ou de résidence hôtelière à vocation sociale ;

– des ouvrages de bâtiment auprès d'un autre organisme d'habitations à loyer modéré ou d'une autre société d'économie mixte ;

– des logements inclus dans un programme de construction, à la condition que celui-ci ait été établi par un tiers et que les demandes de permis de construire aient déjà été déposées.

Ces dispositions énoncent des caractéristiques proches des exigences jurisprudentielles. Les conditions posées impliquent que le vendeur en l'état futur d'achèvement ait pris l'initiative de l'opération de construction. De plus, il semble que le programme concerné doive comprendre, outre les logements, d'autres locaux.

> **Précisions** **a.** Les organismes d'HLM peuvent, sous certaines conditions, **vendre en l'état futur d'achèvement** à des personnes privées des logements réalisés à titre accessoire à une opération principale de construction de logements sociaux (CCH art. L 433-2, al. 2). Ce mécanisme, parfois qualifié de « Vefa inversée » ou « Vefa à l'envers », a pour objectif d'assurer une certaine mixité sociale dans le programme envisagé.
>
> **b.** Les organismes d'HLM peuvent conclure une **vente d'immeubles à rénover** au profit de certains bénéficiaires : autres organismes d'HLM, SEM de construction et de gestion de logement notamment (CCH art. L 443-7, al. 1). Dans cette hypothèse, les travaux prévus doivent respecter les normes d'habitabilité et de performance énergétique des articles R 443-11 et R 443-11-1 du CCH.

B. Problématique du terrain procuré par le constructeur

1. SITUATIONS VISÉES

PRINCIPE

76210 Celui qui s'oblige à édifier ou à faire édifier un immeuble ou une partie d'immeuble à usage d'habitation ou à usage professionnel et d'habitation, lorsqu'il **procure directement ou**

indirectement le terrain ou le droit de construire sur le terrain à celui qui contracte l'obligation d'effectuer les versements ou les dépôts ci-dessus définis, doit conclure un contrat conforme aux dispositions relatives à la vente à terme ou en l'état futur d'achèvement (CCH art. L 261-10, al. 2).

Le **principe** est en lui-même très simple : celui qui procure un terrain à un acheteur, puis construit ou fait construire sur ce terrain une maison relevant du secteur protégé pour le compte de cet acheteur au bénéfice d'un marché de travaux, même assorti d'une sous-traitance, d'un contrat de promotion immobilière ou d'un contrat de construction d'une maison individuelle, est un constructeur qui, artificiellement, déguise sous deux contrats distincts ce qui est en réalité une **opération unitaire** de vente d'une maison à construire.

L'acheteur y perd les **garanties** que donne la loi aux acheteurs d'immeubles à construire, et la présentation civile et fiscale de l'opération n'est pas conforme à la réalité.

> **Précisions** En **pratique**, ce texte concerne surtout les opérations portant sur la construction de maisons individuelles. Il a suscité, à ce jour, peu de jurisprudence, mais il a, dès sa parution, fait couler beaucoup d'encre, en raison des situations quasi inextricables qu'il a créées.

EXCEPTIONS

L'obligation de conclure, en pareil cas, un contrat du secteur protégé, édictée par l'article **76215**
L 261-10, al. 2, du CCH ne s'applique pas :

1. Si le terrain ou le droit est procuré à une société régie par les chapitres Ier, II (sections I et II) et III du titre 1er du livre 2e du CCH, ou si celui qui les procure est un organisme d'HLM agissant comme prestataire de services. Ces exceptions concernent les sociétés civiles de construction-vente, les sociétés constituées en vue de l'attribution d'immeubles aux associés par fractions divises, les sociétés coopératives de construction, ou encore les organismes d'HLM, qui ne peuvent passer que des contrats réglementés ;

2. Si celui qui procure indirectement le terrain est un constructeur lié avec l'acquéreur par un contrat de construction d'une maison individuelle avec fourniture du plan (CCH art. L 231-5) ; voir n° 80135. Dans ce cas, le contrat doit être conforme aux dispositions des articles L 231-1 à L 231-13 du CCH (voir nos 80200 s.).

> **Précisions** C'est l'accroissement sensible de la protection du maître de l'ouvrage qui conclut un **contrat de construction d'une maison individuelle** (opéré par la loi 90-1129 du 19-12-1990) qui a justifié l'introduction de la seconde exception. Mais compte tenu des difficultés d'interprétation du terme « indirectement » (et plus particulièrement de la détermination de sa limite avec la notion de « directement »), la portée de cette exception reste difficile à apprécier.

DIFFICULTÉS D'APPLICATION

Le mot **« indirectement »** a très vite permis d'isoler des situations inextricables. Le cas type **76220**
est celui du vendeur de terrain qui, ayant partie liée avec un constructeur, vend son ou ses terrains aux acquéreurs que lui indique ce constructeur, c'est-à-dire aux acquéreurs qui signent, ou ont déjà signé, un contrat de construction avec ledit constructeur. C'est bien, de la part de celui-ci, « procurer indirectement le terrain ».

Or, en pareil cas, une **vente en l'état futur d'achèvement** – ou à terme – doit obligatoirement être conclue : par quel vendeur (celui du terrain ou celui de la maison ou par les deux) ? Et comment procéder si le terrain est d'abord vendu, la construction intervenant ensuite ?

2. RÉPONSES ADMINISTRATIVES

Devant la complexité de la situation, diverses **réponses ministérielles** ont tenté de limiter la **76250**
difficulté ou, au mieux, de la cantonner. Ces solutions, disparates et toutes discutables, vivement critiquées en doctrine, n'ont apporté à la pratique aucun guide et aucune certitude.

Selon le ministre :

– le texte ne s'appliquait pas si la personne qui procurait le terrain ne construisait ensuite que le gros œuvre (Rép. Cressard : AN 11-4-1975 p. 1554 n° 17574) ;

– la « simple information » n'équivalait pas à « procurer le terrain », et il convenait de rechercher les liens réels existant entre le constructeur et le vendeur du terrain pour apprécier chaque situation particulière (Rép. Claudius-Petit : AN 26-1-1974 p. 495 n° 4635) ;

– un lotisseur ne tombait pas sous le coup de l'article L 261-10, al. 2, du CCH lorsqu'il imposait à tous ses acheteurs de faire construire sur leurs lots par son intermédiaire (Rép. Giraud : Sén. 8-1-1976 p. 25 n° 18507) ;

– le texte ne s'appliquait pas dans le cas d'une commune imposant à ses acquéreurs de terrains un constructeur déterminé (Rép. Lagorce : AN 6-12-1982 p. 5073 n° 19183) ;

– une société de commercialisation de terrains qui détenait une participation dans une société de construction de maisons individuelles tombait avec celle-ci sous le coup de la loi, dès lors que sur les terrains procurés par la première les constructions étaient réalisées par la seconde (Rép. Laurissergues : AN 27-12-1982 p. 5383 nº 21058) ;
– l'expression de fourniture indirecte du terrain renvoie de manière générale au cas où le constructeur fait œuvre d'entremise dans la recherche du terrain ou est lié financièrement ou juridiquement au vendeur (Rép. Piras : Sén. 3-3-2011 p. 528 nº 16282).

76255 Le **Conseil d'État** a jugé que si les documents approuvés d'un lotissement imposent aux acquéreurs de lots un maître d'œuvre déterminé, cette clause est obligatoire à peine de nullité du permis de construire (CE 6-5-1983 : Lebon p. 186).

3. JURISPRUDENCE

TERRAIN PROCURÉ DIRECTEMENT

76280 Deux décisions ont sanctionné par la **nullité** des conventions (vente du terrain et contrat de construction) une opération de construction sur « terrain directement procuré » (TGI Lorient 9-3-1977, Roland Salle c/ Mayet ; CA Toulouse 23-10-1979, cette dernière juridiction ayant décidé qu'une telle opération constituait une fraude à la loi).

TERRAIN PROCURÉ INDIRECTEMENT

76285 Le 9 juillet 1986, la **Cour de cassation** a retenu la **nullité** des conventions à propos d'une construction sur « terrain indirectement procuré ». En l'espèce, a été sanctionné le fait, pour un constructeur bénéficiant d'une promesse de vente unilatérale sur un terrain, d'écrire au promettant pour le prier de vendre ce terrain à un acquéreur déterminé candidat à la construction. La Cour suprême a jugé que cela équivalait à procurer indirectement le terrain à l'acquéreur (Cass. 3e civ. 9-7-1986 : Bull. civ. III nº 105). Depuis cet arrêt de principe, les tribunaux continuent de s'efforcer de distinguer ce qui est « procurer le terrain » et ce qui ne l'est pas. Il a été jugé que l'expression « procurer indirectement » suppose que le constructeur a conclu des accords, exprès ou tacites, avec le propriétaire du terrain (CA Paris 9e ch. corr. 15-5-1987 : JCP éd. N 1989 II p. 117).

De la même manière, la Cour suprême a pu relever qu'une société, qui agissait en qualité apparente de maître d'œuvre, avait dépassé les attributions normales de cette qualité et procuré indirectement le terrain en servant d'intermédiaire entre l'acquéreur et le vendeur dudit terrain puisqu'elle ne s'était pas bornée à fournir des renseignements sur l'existence du terrain et l'identité du vendeur. Elle en a déduit que le contrat, intitulé de « maître d'œuvre », faute de revêtir la forme prescrite par l'article L 261-10 du CCH, devait être déclaré nul (Cass. 3e civ. 11-12-1991 : Bull. civ. III nº 316). Il semble résulter des termes de cet arrêt que le vendeur qui se borne à fournir des renseignements sur l'existence du terrain et l'identité du vendeur ne procure pas, même indirectement, le terrain.

Relevons enfin que les juges ont annulé sur le fondement de l'article L 261-10 un contrat de « maîtrise d'œuvre » pour la réalisation d'une maison individuelle, aux motifs que la société cocontractante a indirectement procuré le terrain en indiquant dans la presse son propre numéro de téléphone ainsi que la superficie et la localisation du terrain et qu'aux termes du contrat cette société avait la charge d'édifier ou de faire édifier l'immeuble pour un prix déterminé (Cass. 3e civ. 7-12-2005 nº 04-14.357 : Bull. civ. III nº 237).

76290 Depuis l'entrée en vigueur de la loi du 19 décembre 1990 sur le **contrat de construction d'une maison individuelle avec fourniture du plan,** de telles constatations n'emportent plus nullité de l'opération en application de l'article L 231-5 du CCH (voir nº 76215) ; mais ces décisions contribuent à déterminer le champ d'application de ce dernier texte.

4. PRATIQUE

76320 La pratique quotidienne démontre à l'évidence que de nombreux constructeurs de maisons individuelles procurent directement les terrains à leurs clients, parce qu'il n'y a pas d'autre moyen pour eux de vendre leur produit ; leurs contrats sont donc nuls (sauf CCMI avec fourniture du plan). Et ce, aussi bien dans leur volet « vente de terrain » que dans leur volet « contrat de construction », sans préjudice en outre des sanctions pénales encourues pour perception de fonds sans avoir respecté les formes des ventes d'immeubles à construire du secteur protégé. La Cour de cassation a jugé qu'il s'agissait d'une **nullité d'ordre public** (Cass. 3e civ. 5-12-1978 : JCP N 1979 II p. 149).

> **Précisions a.** Ces dispositions légales sont susceptibles de s'appliquer à d'autres cas, notamment lorsque la personne qui a procuré le terrain intervient par la suite dans le cadre d'un **contrat de promotion immobilière** ou même d'un simple **contrat d'entreprise.**
> **b.** Dès lors que l'**immeuble** est à usage **d'habitation,** les dispositions de l'article L 261-10, alinéa 2, du CCH s'appliquent, même dans le cas où le maître de l'ouvrage fait construire plus de deux locaux à usage d'habitation ou mixte, le tout sous réserve des exceptions légales (n° 76215). Ces exceptions ne concernent pas le cas où le terrain est procuré à une société, par exemple un investisseur institutionnel, qui fait construire un immeuble destiné à la location.

5. SOLUTIONS

CONSTRUCTEUR PROPRIÉTAIRE DU TERRAIN

Dans un tel cas, seule la vente d'immeubles à construire est possible. En revanche, le problème devient quasi inextricable quand le constructeur va construire sur un terrain qu'il a déjà vendu. **76350**

CONSTRUCTEUR NON PROPRIÉTAIRE DU TERRAIN

Lorsque le constructeur procure directement le terrain, seul un contrat ayant pour objet de lier l'accédant à la propriété à ses deux cocontractants (le vendeur du terrain et le constructeur) est licite. Cet acte concernera d'une part la **vente** du terrain **et** d'autre part l'**opération de construction.** **76355**

L'échelonnement des paiements ne pourra se faire que dans le respect de l'article R 261-14 du CCH (nos 78300 s.). Les quotités prévues par cet article s'appliquent à l'ensemble du prix du terrain et du bâtiment. Le premier versement dont le montant est ainsi limité est diminué du prix du terrain déjà versé par l'acquéreur. Cette solution préconisée par le ministre (Rép. d'Aillières : AN 15-7-1972 p. 3213 n° 21169) est quasi impossible à mettre en exécution en raison des multiples complications qu'elle apporte (permis de construire, prêts réglementés, etc.).

Lorsque le constructeur procure indirectement le terrain, il y a conclusion, d'une part, d'un contrat de construction d'une maison individuelle avec fourniture de plan (CCH art. L 231-5) et, d'autre part, d'un acte de vente du terrain par le propriétaire de ce dernier.

TAXE SUR LA VALEUR AJOUTÉE

Les contrats qui comportent à la fois l'acquisition d'un terrain à bâtir et la souscription d'un marché de travaux de construction, présentés comme **deux éléments indissociables d'une même convention,** constituent globalement des ventes d'immeubles soit en l'état futur d'achèvement, soit à terme, soumises à la TVA en totalité (CE 29-6-1981 n° 16796 : RJF 10/81 n° 866). Il en va ainsi même si la vente du terrain et le contrat de construction sont proposés par deux sociétés différentes, dès lors qu'elles réalisent l'opération conjointement (CAA Nancy 27-2-1990 n° 89NC00609 : RJF 5/90 n° 533). Il n'y a pas lieu d'extraire le prix afférent au seul terrain pour le soumettre à sa propre taxation (Rép. Baroin : AN 17-5-1999 n° 24902, non reprise dans Bofip ; TA Montpellier 22-1-2008 n° 05-1124 : RJF 10/08 n° 1061, solutions rendues sous l'ancien régime de la TVA immobilière qui nous semblent conserver leur valeur). En conséquence, la TVA exigible à raison de ces opérations doit être liquidée au **taux d'imposition** applicable aux cessions d'immeubles sur la totalité du prix stipulé dans l'acte de vente, c'est-à-dire sur le prix du terrain augmenté du coût des marchés de construction. L'opération s'analysant fiscalement en la vente d'un immeuble neuf, la taxe sera **assise sur** le prix total. **76360**

Sur cette question, voir également n° 80140.

> **Précisions** Le **fait générateur** intervient lors de la réception des travaux à l'issue desquels l'immeuble est considéré comme achevé au sens de l'article R 261-1 du CCH (Rép. Louwagie : AN 13-9-2022 n° 96) et la taxe est **exigible** lors de chaque versement des sommes correspondant aux différentes échéances prévues par le contrat en fonction de l'avancement des travaux (CGI art. 269, 2-a bis).

6. CESSION DE TERRAIN CONTRE REMISE DE LOCAUX À CONSTRUIRE

Dans ce type d'opération, un propriétaire de terrain cède la totalité ou une quote-part de ce dernier. En contrepartie, son cocontractant s'engage à édifier un immeuble sur le terrain considéré et à lui remettre un ou plusieurs locaux situés dans cet immeuble. **76390**

S'il s'agit de locaux à usage d'habitation, ou mixte professionnel et d'habitation, se pose la question de la soumission ou non du contrat aux dispositions de l'article L 261-10 du CCH. Il ne semble pas que ce texte soit applicable en cette hypothèse (sur cette question, voir nos 81660 s.).

III. VENTE EN L'ÉTAT FUTUR DE RÉNOVATION

76500 Dans ce type d'opération, le vendeur d'un immeuble existant s'engage à effectuer, consécutivement à la vente, des travaux affectant l'immeuble vendu et destinés à en améliorer les caractéristiques de toute nature.

Les opérations de **rénovation** d'immeubles sont, en pratique, d'importance très inégale. Du simple entretien, on peut passer à la modernisation complète d'un immeuble (rénovation énergétique, installation d'un ascenseur, du chauffage central, d'un vide-ordures, de sanitaires, etc.) et même à sa transformation ou à sa réfection totale (distribution intérieure, réfection de la toiture, curetage total, adjonction ou suppression de niveaux, etc.).

Dans le langage courant, on désigne également ces opérations par l'expression « **réhabilitation immobilière** ».

Ces opérations, présentant un caractère privé, ne doivent pas être confondues avec la restauration immobilière, opération d'urbanisme opérationnel étudiée nos 7070 s.

76505 Le régime juridique, administratif ou fiscal varie selon l'**importance de l'opération.** Les opérations de rénovation dites « lourdes » nécessiteront dans la plupart des cas des autorisations administratives préalables (permis de démolir, permis de construire, autorisation de travaux dans le cadre de la loi du 1er septembre 1948). Leur régime fiscal sera généralement différent de celles dites « légères ».

Mais surtout, c'est le régime de la vente elle-même qui est désormais totalement différent, en fonction de la nature de l'opération et de l'affectation ou non de l'immeuble rénové à usage d'habitation.

A. Régime juridique de la vente en fonction de la nature et de l'ampleur de la rénovation

STATUT DE LA VENTE D'IMMEUBLES À RÉNOVER

76530 La loi du 13 juillet 2006 portant engagement national pour le logement (« ENL ») a consacré un régime propre à la vente d'immeubles à rénover (CCH art. L 262-1 s.). Ces dispositions, qui sont d'**ordre public,** s'appliquent à toute personne qui vend tout ou partie d'un immeuble bâti, s'engage dans un délai déterminé par contrat à réaliser des travaux sur l'immeuble, directement ou indirectement, et perçoit des sommes d'argent de l'acquéreur avant la livraison des travaux. Elles sont entrées en vigueur le 19 décembre 2008 avec la publication du décret d'application (Décret 2008-1338 du 16-12-2008 ; CCH art. R 262-1 s.).

Ce régime, qui s'inspire étroitement de celui applicable à la **vente en l'état futur d'achèvement** du secteur protégé, prévoit que le vendeur transfère immédiatement à l'acquéreur ses droits sur le sol ainsi que la propriété des constructions existantes. Les ouvrages à venir deviennent la propriété de l'acquéreur au fur et à mesure de leur exécution. L'acquéreur est tenu d'en payer le prix à mesure de l'avancement des travaux.

Le vendeur d'un immeuble à rénover demeure **maître de l'ouvrage** jusqu'à la réception des travaux. Il est tenu, pour les travaux dont il a la charge, de fournir une garantie d'achèvement et de souscrire les **assurances** de responsabilité et de dommages en matière de construction. Les travaux font l'objet d'une réception et le vendeur est tenu de la garantie des constructeurs.

76535 **Champ d'application** Les **immeubles concernés** sont les immeubles bâtis à usage d'habitation ou mixte professionnel et d'habitation, ou destinés après travaux à l'un de ces usages (CCH art. R 262-1).

Les **travaux** d'agrandissement ou de restructuration complète de l'immeuble, assimilables à une reconstruction, sont expressément exclus du champ d'application du statut pour relever de la vente d'immeubles à construire (CCH art. L 262-1, al. 3). Il s'agit des travaux qui rendent à l'état neuf (CCH art. R 262-1) :
– soit la majorité des fondations ;
– soit la majorité des éléments hors fondations déterminant la résistance et la rigidité de l'ouvrage ;
– soit la majorité de la consistance des façades hors ravalement ;
– soit l'ensemble des éléments de second œuvre suivants, dans une proportion au moins égale à deux tiers pour chacun d'eux : planchers ne déterminant pas la résistance ou la rigidité de l'ouvrage, huisseries extérieures, cloisons intérieures, installations sanitaires et de plomberie, installations électriques, système de chauffage (pour les opérations réalisées en métropole). Concrètement, dans chacun de ces éléments, il sera nécessaire de regarder si au moins les deux tiers de chacun d'eux ont été remis à l'état neuf. Si oui, le contrat relèvera de la vente d'immeubles à construire. En revanche, il suffira que la rénovation complète de l'un des six éléments n'ait porté que sur moins de 66,66 % de cet élément pour que le contrat de vente reste dans le champ d'application de la VIR (en ce sens, H. Périnet-Marquet, Le décret du 16 décembre 2008 relatif à la vente d'immeubles à rénover : RDI 2009 p. 80).

Les rénovations qui entrent dans le champ d'application du statut sont donc définies par défaut. L'on déduit de l'article R 262-1 du CCH qu'elles ne doivent pas réaliser de réhabilitation importante.

Pour autant, les travaux engagés ne sauraient être de trop faible importance. Jugé par exemple que l'engagement de réaliser des travaux minimes de mise en conformité de l'installation électrique, d'un très faible coût, ne correspond pas à une rénovation (CA Riom 25-11-2013 nº 12/02748 : JCP N 2014 nº 1226).

Si la rénovation envisagée ne relève ni du statut de la vente d'immeubles à rénover ni de celui de la vente d'immeubles à construire, l'opération constituera alors une vente ordinaire de droit commun assortie, le cas échéant, d'un marché de travaux.

Contenu du contrat Lorsque la vente est précédée d'une **promesse de vente,** celle-ci doit mentionner la surface de l'immeuble, le nombre de pièces principales et l'énumération des pièces de service, dépendances et dégagements, le prix et ses modalités de révision, etc. (CCH art. R 262-14). Elle doit également comprendre le dossier de diagnostic technique et l'engagement du vendeur de produire, lors de la signature de l'acte authentique de vente, les justifications de la garantie d'achèvement des travaux et des assurances (CCH art. L 262-9). Une note technique, annexée à la promesse, indique la nature et la qualité des matériaux et des éléments d'équipement ; si le contrat porte sur une partie d'immeuble, cette note technique doit contenir également l'indication des équipements collectifs qui présentent une utilité pour la partie d'immeuble vendue. **76540**

À la différence de la vente d'immeubles à construire, il ne s'agit pas d'un contrat préliminaire de réservation mais d'une véritable promesse de vente obéissant aux règles de droit commun applicables à la vente d'immeubles existant (CCH art. L 262-1).

S'agissant de l'**acte de vente définitif,** qui doit être passé en la forme authentique, la consistance des travaux résulte du devis descriptif, des plans, avec les cotes utiles et l'indication des hauteurs de plafond et des surfaces de chacune des pièces et des dégagements. Si l'immeuble est compris dans un ensemble immobilier, ces indications sont complétées par un plan faisant apparaître le nombre de bâtiments de cet ensemble, leur emplacement et le nombre d'étages de chacun d'eux. Les caractéristiques techniques des travaux résultent quant à elles du devis descriptif servant de base aux marchés ou d'une notice descriptive conforme à un modèle type agréé par arrêté du ministre chargé de la construction (CCH art. L 262-4 et R 262-8, al. 1 à 4).

Un plan coté du local vendu et une notice indiquant les éléments d'équipement propres à ce local doivent être annexés à l'acte (CCH art. R 262-8, al. 5).

Le contrat doit enfin mentionner une date indicative de livraison des travaux (CCH art. R 262-8, al. 6).

> **› Précisions** Si la vente d'immeubles à rénover porte sur un **lot de copropriété,** elle est soumise à la loi Carrez sur l'**indication et** la **garantie de la superficie** du lot (Loi 96-1107 du 18-12-1996). Se pose alors la question de savoir, s'agissant d'un lot effectivement soumis à mesurage, s'il convient d'indiquer la superficie envisagée après rénovation ou celle de l'existant vendu (G. Rouzet, Vente d'immeubles à rénover et loi « Carrez » : Defrénois 2009 art. 38958).

 © Éd. Francis Lefebvre

76545 **Prix de vente** Le prix de vente doit inclure le prix des travaux (Cass. 3e civ. 19-9-2024 n° 22-14.810 F-D : BPIM 6/24 inf. 358). Le contrat de vente doit donc distinguer, dans le prix, celui de l'**existant** au jour de la vente **et** celui des **travaux** devant être réalisés par le vendeur. La réalité de cette répartition doit être attestée par un homme de l'art (CCH art. R 262-9).

Le prix de l'existant est payé lors de la signature de l'acte authentique. Quant à la somme des paiements relatifs au prix des travaux, elle ne peut excéder (CCH art. R 262-10) :
– 50 % à l'achèvement des travaux représentant la moitié du prix total des travaux ;
– 95 % à l'achèvement de l'ensemble des travaux ;
– le solde étant payable à la livraison, sauf défaut de conformité ou vices apparents mentionnés au procès-verbal de livraison.

Malgré les incertitudes résultant de la rédaction initiale du texte, la possibilité de prévoir conventionnellement des paliers intermédiaires de paiement ne fait désormais plus aucun doute, le décret 2010-1128 du 27 septembre 2010 ayant modifié l'article R 262-10 du CCH pour adopter la même rédaction que celle retenue en matière de Vefa et qui fait de chaque seuil un simple maximum à ne pas dépasser (voir également, anticipant la solution, Rép. Grenet : AN 2-3-2010 p. 2398 n° 61361).

Si le contrat prévoit des **pénalités de retard,** le taux de celles-ci ne peut excéder le taux de l'intérêt légal en vigueur au moment de la conclusion du contrat majoré de 2 points (CCH art. R 262-10, al. 6).

Enfin, en cas de **révision** du prix, laquelle ne peut porter que sur le montant des travaux, son calcul est basé sur l'index national du bâtiment tous corps d'état dénommé BT 01, dans la limite de 70 % de sa variation (CCH art. R 262-11).

76550 **Garantie d'achèvement** Le vendeur d'immeuble à rénover doit fournir une garantie d'achèvement des travaux. Cette garantie résulte d'une **convention de cautionnement** donnée par un établissement de crédit, une société de financement ou une entreprise d'assurance agréée à cet effet, aux termes de laquelle la caution s'oblige envers l'acquéreur, solidairement avec le vendeur, à payer les sommes nécessaires à l'achèvement des travaux prévus au contrat (CCH art. L 262-7, al. 1 et R 262-12). Elle est mise en œuvre dans les mêmes conditions que celles de la garantie financière d'achèvement d'une vente d'immeubles à construire du secteur protégé (CCH art. L 262-7, al. 2 ; voir nos 78030 s.). Elle prend fin à l'achèvement des travaux attesté par un homme de l'art (CCH art. R 262-13).

Le garant financier intervenu pour assurer l'achèvement des travaux peut se retourner contre le vendeur défaillant pour lui réclamer le **remboursement des sommes versées** au titre de la garantie (C. mon. fin. art. L 313-22-1 et C. ass. art. L 443-1).

76555 **Réception, achèvement et livraison** La **réception** des travaux intervient entre le vendeur et les entrepreneurs selon le **droit commun** (voir nos 62070 s.). Elle marque le point de départ des garanties biennale et décennale (CCH art. R 262-5).

Une fois les travaux réceptionnés, le vendeur et l'acquéreur constatent l'achèvement de l'immeuble. Les textes ne définissent pas **comment se constate l'achèvement** de l'immeuble hormis pour définir la libération du garant par la déclaration certifiée par un homme de l'art, désigné par accord entre les parties. En cas de désaccord entre les parties, l'achèvement des travaux est constaté par une personne qualifiée, désignée par ordonnance sur requête, non susceptible de recours, du président du tribunal judiciaire du lieu de situation de l'immeuble parmi celles que le tribunal commet habituellement. Les défauts de conformité non substantiels ou les malfaçons ne rendant pas les ouvrages nouveaux impropres à leur destination ne font pas obstacle à la constatation de l'achèvement. Corrélativement, l'acquéreur conserve bien entendu tous ses droits au regard de ces défauts ou malfaçons (CCH art. R 262-4).

En pratique, les parties organisent généralement dans le contrat une procédure contradictoire de constatation de l'achèvement. Si tel est le cas, cette procédure doit être suivie et le vendeur-promoteur ne peut se prévaloir de la prise de possession de l'immeuble par les acquéreurs pour exiger le paiement du solde du prix de vente (Cass. 3e civ. 21-11-2012 n° 11-19.309 FS-PB : Bull. civ. III n° 170, solution rendue en matière de Vefa mais transposable).

Une fois les travaux reçus, achevés et constatés, le vendeur convoque l'acquéreur afin d'établir le **procès-verbal de livraison** des travaux. Cette convocation est notifiée à l'acquéreur ou à son mandataire par lettre recommandée avec demande d'avis de réception reçue au moins quinze jours avant la date prévue pour la livraison ou par tout autre moyen présentant des garanties équivalentes pour la détermination de la date de réception ou de remise. Le procès-verbal de réception des travaux est annexé à la convocation. En cas d'absence de l'acquéreur, la constatation de la livraison des travaux est faite par une personne qualifiée désignée par ordonnance sur requête, non susceptible de recours, du président du tribunal judiciaire du lieu de l'immeuble. La constatation de la livraison fait l'objet par la personne qualifiée ainsi désignée d'une déclaration devant le notaire qui a reçu la vente. Cette déclaration tient lieu de procès-verbal. La constatation de la livraison est parfaite par la déclaration ainsi faite. La constatation de la livraison est notifiée par la partie la plus diligente à l'autre par lettre recommandée avec accusé de réception. La notification vaut livraison à la date de cette réception (CCH art. R 262-6).

Garantie des vices de construction Les vices et les défauts de conformité apparents affectant les **travaux de rénovation** doivent être dénoncés par l'acquéreur dans l'acte de livraison des travaux ou dans un délai d'un mois après cette livraison. L'action en réparation des vices de construction ou des défauts de conformité ainsi dénoncés peut être intentée dans un délai d'un an après la livraison (CCH art. L 262-3). 76560

S'agissant des désordres cachés affectant les travaux nouveaux de rénovation, le vendeur est tenu des garanties biennale et décennale, à condition que ces travaux puissent être qualifiés d'ouvrages (CCH art. L 262-2, al. 3). Si les travaux de rénovation ne peuvent pas être qualifiés de travaux de construction d'un ouvrage ou si les désordres n'ont pas la gravité suffisante pour relever de la garantie bienno-décennale, l'acheteur devra engager la responsabilité de droit commun du vendeur-rénovateur au titre du droit de la vente (Ph. Malinvaud, Les nouvelles règles de responsabilité du rénovateur : RDI 2007 p. 39, qui exclut la responsabilité de droit commun encourue au titre du droit de la construction).

Pour les **parties existantes de l'immeuble,** les désordres relèveront de la garantie des vices cachés qui pèse sur tout vendeur (C. civ. art. 1641 s.) et les défauts de conformité, de son obligation de délivrance (H. Périnet-Marquet, Le nouveau statut de la vente d'immeubles à rénover : RDI 2006 p. 329). La responsabilité du vendeur rénovateur est ici limitée à cinq ans à compter du jour où l'acquéreur a eu connaissance du vice ou du défaut de conformité (C. civ. art. 2224), sans pouvoir excéder vingt ans à compter de l'acte de vente (C. civ. art. 2232).

Concernant enfin la souscription des **assurances obligatoires,** le statut de la vente d'immeubles à rénover semble en limiter la portée aux travaux de rénovation (CCH art. L 262-4). Pourtant, les dommages causés à l'existant doivent être couverts par une assurance dommages-ouvrage et une assurance de responsabilité lorsque les ouvrages existants, totalement incorporés dans l'ouvrage neuf, en deviennent techniquement indivisibles (C. ass. art. L 243-1-1, II). Les existants non incorporés à l'ouvrage neuf sont donc exclus de l'obligation d'assurance. Pour surmonter l'apparente contradiction de ces deux textes, un auteur relève que « dans la plupart des cas où les travaux nouveaux seront indissociables des existants, la rénovation sera assimilable à une reconstruction, et en conséquence, s'appliquera le régime de la vente d'immeubles à construire, supprimant tout problème d'interprétation » (H. Périnet-Marquet, Le nouveau statut de la vente d'immeubles à rénover, précité).

B. Régime fiscal de la rénovation d'un immeuble

Nous examinerons successivement les règles applicables en matière d'imposition des profits et celles concernant l'application de la TVA et des droits d'enregistrement. 76650

IMPOSITION DES PROFITS

Les profits résultant de la vente d'immeubles que le cédant a construits ou fait construire constituent des **profits de construction.** Lorsqu'ils sont réalisés par des **personnes physiques,** ils relèvent du régime des bénéfices industriels et commerciaux (BIC) quand ils présentent un caractère habituel et spéculatif (CGI art. 35, I-1° bis) et du régime des plus-values des particuliers dans le cas contraire (profits occasionnels ou non spéculatifs). Ceux réalisés par les **sociétés** sont imposables à l'impôt sur le revenu dans la catégorie des BIC (profits des sociétés en nom collectif) ou à l'impôt sur les sociétés (profits réalisés par les sociétés de capitaux). Pour le régime applicable aux sociétés civiles de construction-vente, voir n°s 64850 s. 76655

Selon l'administration, les **opérations** de rénovation, restauration, surélévation et reconstruction d'immeubles sont **assimilées** aux opérations de construction proprement dites dès l'instant qu'elles ont nécessité l'obtention d'un permis de construire (BOI-BIC-CHAMP-20-40-20 n° 20). Mais encore faut-il que les travaux aient une importance telle qu'ils équivalent à des travaux de construction : on peut se reporter à cet égard aux indications données sur ce point par l'administration en matière de BIC (voir n° 65110) et, à notre avis, aux critères légaux applicables en matière de TVA (voir n° 76660).

Mais, dès lors qu'ils sont réalisés par des professionnels de l'immobilier (promoteur, marchand de biens) dans le cadre de leur activité, ces profits seront imposables à l'impôt sur le revenu (dans la catégorie des BIC) ou à l'impôt sur les sociétés, quelle que soit l'importance des travaux réalisés sur les immeubles revendus et, partant, le cadre juridique dans lequel ils seront intervenus (vente d'immeubles à construire ou à rénover).

> **Précisions** **a.** En cas de revente d'un immeuble acquis selon le régime de la vente d'immeubles à rénover, le prix d'acquisition à retenir pour le calcul de la **plus-value** imposable à l'impôt sur le revenu (plus-values des particuliers) s'entend à la fois du prix de l'existant et de celui des travaux (CGI art. 150 VB, I-al. 1).
> **b.** En application des articles 13, 28 et 31 du CGI et L 262-1, L 262-2 et R 262-9 du CCH, le prix des travaux à réaliser par le vendeur dans le cadre d'un contrat de vente d'immeubles à rénover est un **élément du prix d'acquisition** de l'immeuble. Par suite, le coût de ces travaux, qui constitue une **dépense en capital** et non une charge de propriété, ne peut pas être déduit des revenus fonciers provenant de la location du bien ainsi acquis (CE 17-10-2022 n° 460113 : BPIM 6/22 inf. 422). La doctrine administrative est dans le même sens (BOI-RFPI-BASE-20-30-30 n° 25).

TVA ET DROITS D'ENREGISTREMENT

76660 **Principes** Au regard de la TVA, le terrain à bâtir s'entend en principe d'un terrain nu (n° 44350). Dès lors, la vente d'un **immeuble destiné à être remis en état d'habitabilité ou à être transformé** s'analyse en la vente d'un immeuble bâti.

Si, compte tenu de la nature et de l'importance des travaux à y effectuer, l'immeuble, une fois transformé, doit être considéré comme un immeuble neuf, l'opération s'analyse en la vente d'un **immeuble à construire** (voir n° 76670).

En application de l'article 257, I-2-2° du CGI, sont considérés comme immeubles neufs les immeubles qui résultent de travaux portant sur des immeubles existants qui ont consisté en une surélévation ou qui ont rendu à l'état neuf :
– soit la majorité des fondations ;
– soit la majorité des éléments hors fondations déterminant la résistance et la rigidité de l'ouvrage ;
– soit la majorité de la consistance des façades hors ravalement ;
– soit l'ensemble des éléments de second œuvre mentionnés à l'article 245 A de l'annexe II au CGI (voir Précisions, a ci-après), dans une proportion au moins égale aux deux tiers pour chacun des éléments.

Si ces critères ne sont pas remplis, la vente porte sur un **immeuble bâti,** neuf ou ancien selon qu'il aura été achevé depuis moins ou plus de cinq ans. En pratique, il s'agira généralement d'un immeuble ancien. Cet immeuble pourra cependant être qualifié d'immeuble neuf, non pas en raison des travaux à réaliser dans le cadre de sa rénovation (voir ci-avant), mais en raison du fait qu'il a déjà subi des travaux l'ayant rendu à l'état neuf, travaux achevés depuis moins de cinq ans.

> **Précisions** **a.** Les **éléments de second œuvre** pris en compte pour l'appréciation du dernier critère sont : les planchers non porteurs, les huisseries extérieures, les cloisons intérieures, les installations sanitaires et de plomberie, les installations électriques et, en métropole, le système de chauffage (CGI ann. II art. 245 A). Lorsque l'immeuble, avant et après réalisation des travaux, ne comporte pas l'un des lots de second œuvre (planchers non porteurs, par exemple), l'administration considère – au regard de la TVA – que la composante second œuvre dans son ensemble n'est pas rendue à l'état neuf (BOI-TVA-IMM-10-10-10-20 n° 250). L'immeuble peut en revanche être considéré comme neuf pour l'application des régimes de faveur en matière de droit de vente d'immeubles : taux réduit pour les mutations soumises de plein droit à la TVA (n° 76675, Précisions, a) ; droit fixe de 125 € pour les acquisitions par les assujettis assorties d'un engagement de construire (n° 44960).
> **b.** Selon l'administration, en cas de **pluralité de bâtiments,** chaque bâtiment doit être considéré isolément pour apprécier l'ampleur des travaux (y compris lorsque différents bâtiments rénovés sont situés sur une même parcelle), sauf si des circonstances particulières imposent une appréciation globale de plusieurs bâtiments (notamment dans le cas de plusieurs bâtiments réputés former un seul immeuble car ils communiquent entre eux verticalement et horizontalement et disposent des mêmes issues sur la voie publique). Il convient de considérer les travaux au regard de l'immeuble pris dans son ensemble, peu important le fait que les locaux nouvellement aménagés soient affectés à plusieurs occupants ou que l'opération en cause ait pour effet de diviser physiquement ou juridiquement un immeuble constituant jusqu'alors une entité unique ou de modifier l'affectation

de certaines parties de celui-ci ou encore que l'immeuble soit affecté à plusieurs usages (BOI-TVA-IMM-10-10-10-20 n° 200).

c. Sur l'assimilation fiscale à des terrains à bâtir d'immeubles bâtis inutilisables (**ruine, immeuble inachevé** ou **abandonné,** etc.), voir n° 44355.

Acquisition par le promoteur de l'immeuble à rénover Le promoteur visé est par hypothèse un professionnel de l'immobilier, **assujetti à la TVA et agissant en tant que tel.** 76665

Le régime de l'acquisition préalable de l'immeuble par le promoteur au regard de la TVA est déterminé essentiellement par la qualité du vendeur (assujetti ou non à la TVA) et la nature de l'immeuble à rénover (neuf ou ancien).

Le projet de rénovation du promoteur-acquéreur n'a d'incidence qu'en matière de **droits d'enregistrement** (tarif de faveur en cas d'engagement de construire).

Ces questions font l'objet d'une étude générale aux nos 84900 s. du Mémento Gestion immobilière.

Revente par le promoteur d'un immeuble à construire Lorsque, au regard des critères posés par l'article 257, I-2-2° du CGI en matière de TVA (n° 76660) et repris par le CCH (n° 76535), les travaux à réaliser sont d'une importance et d'une nature telles qu'ils doivent aboutir à la réalisation d'un immeuble neuf, la revente de l'immeuble par le promoteur s'analyse en une vente d'immeubles à construire, soumise de plein droit à la TVA comme vente d'immeubles neufs et rendant exigibles les droits d'enregistrement au taux réduit mentionné n° 44880, quelle que soit la qualité de l'acquéreur (assujetti ou non à la TVA) (CGI art. 1594 F quinquies, A). 76670

Sur le **fait générateur** de la TVA dans la vente d'immeubles à construire, voir n° 76360, Précisions.

Pour une étude générale du régime des ventes d'immeubles soumises à la TVA, voir Mémento Gestion immobilière nos 84900 s.

Revente par le promoteur d'un immeuble à rénover Lorsque les travaux à effectuer ne sont pas de ceux conduisant à la réalisation d'un immeuble neuf (n° 76660), la revente de l'immeuble par le promoteur est celle d'un immeuble à rénover, c'est-à-dire d'un **immeuble bâti,** neuf ou ancien selon qu'il aura été achevé depuis moins ou plus de cinq ans. 76675

Selon l'administration, constitue un immeuble bâti et non un terrain à bâtir un immeuble achevé depuis plus de cinq ans sur lequel le promoteur a seulement engagé des travaux de rénovation lourde tendant à le rendre à l'état neuf ; en revanche, si la cession intervient alors que la rénovation en cours a déjà rendu l'immeuble inutilisable, celui-ci est fiscalement qualifié de **terrain à bâtir** (BOI-TVA-IMM-10-10-10-30 n° 10).

Si l'**immeuble** est **achevé depuis plus de cinq ans,** la vente est exonérée de TVA mais le vendeur assujetti peut soumettre l'opération à la taxe sur option (CGI art. 261, 5 et 260, 5° bis). Il en ira généralement ainsi car il aura, par définition, des droits à déduction à faire valoir. En cas d'option, la taxe est liquidée sur la marge si l'acquisition de l'immeuble ne lui avait pas ouvert droit à déduction et sur le prix total dans le cas inverse (sur ces notions, voir nos 44510 s.). En application des règles de droit commun (CGI art. 269, 2-a), la taxe est exigible lors de la réalisation du fait générateur, et en cas de versement préalable d'un acompte au moment de son encaissement, à concurrence du montant encaissé (Rép. Louwagie : AN 13-9-2022 n° 96). Les droits de mutation sont dus dans les deux cas au taux de droit commun mentionné n° 44875 (sauf engagement de construire ou de revendre si l'acquéreur est un assujetti : voir nos 44960 s., ou bénéfice de la mesure indiquée en Précisions).

Si la **vente de l'immeuble** par le promoteur est fiscalement considérée comme celle d'un **terrain à bâtir,** elle est taxable de plein droit à la TVA. La taxe est liquidée sur la marge si l'acquisition de l'immeuble n'avait pas ouvert droit à déduction et sur le prix total dans le cas inverse. Les droits d'enregistrement sont dus au taux de droit commun mentionné n° 44875 lorsque la vente est soumise à la TVA sur la marge et au taux réduit mentionné n° 44880 lorsque la TVA est liquidée sur le prix total (CGI art. 1594 F quinquies, A). Si l'acquéreur est un assujetti, il peut bénéficier de tarifs de faveur en cas d'engagement de construire ou de revendre (nos 44960 s.).

Dans le cas, sans doute rare en pratique, de la vente d'un **immeuble achevé depuis moins de cinq ans** par le promoteur qui s'engage à le rénover, l'opération est taxable à la TVA de plein droit, la taxe étant liquidée sur le prix total (et non sur la marge). Les droits d'enregistrement sont dus au taux réduit mentionné n° 44880 (CGI art. 1594 F quinquies, A).

> Précisions **a.** L'administration admet l'application des **droits d'enregistrement au taux réduit** lorsque l'immeuble a fait l'objet de **travaux de second œuvre** qui n'ont pas donné lieu à l'application du taux réduit de TVA prévu en faveur des travaux dans les locaux d'habitation (CGI art. 279-0 bis) et que tous les planchers de l'immeuble contribuent à la résistance ou à la solidité de l'ouvrage, malgré l'application éventuelle de la taxation sur la marge, en ne prenant en compte que les cinq autres éléments mentionnés à l'article 245 A de l'annexe II au CGI (nº 76660, Précisions, a) pour déterminer si l'immeuble a été rendu à l'état neuf au regard de la TVA (BOI-ENR-DMTOI-10-40 nº 120).

b. Bénéficient du **taux** de TVA de 5,5 % les livraisons de logements réalisées dans le cadre d'une vente d'immeubles à rénover prévue par l'article L 262-1 du CCH lorsqu'elles sont réalisées dans le cadre de l'**acquisition-amélioration** et financées par un prêt PLA-I, PLUS ou PLS (sous réserve, pour ce dernier prêt, que les travaux consistent en une **transformation** en logements locatifs sociaux de locaux à usage autre que d'habitation) (CGI art. 278 sexies, II-B-2º).

76680 **Revente de l'immeuble après rénovation** Si la vente de l'immeuble intervient alors que les travaux de rénovation – répondant aux critères exposés nº 76660 – sont déjà achevés (sur la notion d'achèvement, voir nº 61555) et dans les cinq ans de cet achèvement, il s'agit de la **vente d'un immeuble neuf** (BOI-TVA-IMM-10-10-10-30 nº 10).

Lorsque le vendeur est le promoteur ayant réalisé la rénovation, c'est-à-dire un assujetti agissant en tant que tel (nºs 44200 s.), la vente entre de plein droit dans le champ de la TVA. La taxe est liquidée sur le prix total. Les droits d'enregistrement sont dus au taux réduit mentionné nº 44880, quelle que soit la qualité de l'acquéreur (assujetti ou non assujetti à la TVA) (CGI art. 1594 F quinquies, A).

SECTION 2

VENTE D'IMMEUBLES À CONSTRUIRE DU SECTEUR PROTÉGÉ

I. CONTRAT PRÉLIMINAIRE

76820 Ce contrat particulier peut être utilisé pour **réserver un logement** dans un immeuble en cours de réalisation ou dont la construction va être incessamment entreprise ou bien encore dont la construction est simplement projetée. Dans ce dernier cas, le contrat préliminaire a pour objet tout d'abord de tester le marché, mais surtout de pouvoir justifier auprès des organismes bancaires, en vue de la délivrance de la garantie d'achèvement, d'un nombre suffisant de « réservations ».

En dépit de cette dualité de situations, le contrat préliminaire obéit au même régime et se trouve soumis aux mêmes règles, qu'il soit passé antérieurement ou postérieurement à la conclusion de la première vente d'immeubles à construire de locaux situés dans le même immeuble.

En pratique, ce contrat est également appelé **« contrat de réservation ».**

A. Caractères généraux du contrat préliminaire

DÉFINITION DU CONTRAT PRÉLIMINAIRE

76850 La vente d'un immeuble à construire peut être précédée d'un contrat préliminaire par lequel, en contrepartie d'un **dépôt de garantie** effectué sur un compte spécial, le vendeur s'engage à réserver à un acheteur un immeuble ou une partie d'immeuble. Les fonds déposés en garantie sont **restitués,** dans le délai de trois mois, au déposant si le contrat n'est pas conclu du fait du vendeur, si la condition suspensive d'obtention d'un prêt prévue à l'article

L 313-41 du Code de la consommation n'est pas réalisée ou si le contrat proposé fait apparaître une différence anormale par rapport aux prévisions du contrat préliminaire (CCH art. L 261-15, al. 1 et 4).

> **Précisions** La **terminologie** employée dans l'article L 261-15 du CCH est trompeuse puisque le réservant et le réservataire ne sont respectivement ni débiteur ni créancier d'obligations et de droits similaires à ceux d'un vendeur ou d'un acheteur. Le réservant n'a pas l'obligation de construire, ni celle de construire conformément au projet envisagé, ou de vendre l'immeuble édifié (sauf à informer le réservataire dans les plus brefs délais de sa décision ou des modifications, voir nos 77250 s.).

NATURE DU CONTRAT PRÉLIMINAIRE

Le dernier alinéa de l'article L 261-15 du CCH dispose qu'« est nulle toute autre promesse d'achat ou de vente ». Malgré cette rédaction maladroite, la Cour de cassation a fini par affirmer que le contrat préliminaire n'est ni une promesse de vente, ni un pacte de préférence, ni aucun autre contrat connu, mais bien un **contrat sui generis** (Cass. 3e civ. 27-10-1975 : Bull. civ. III no 309, RJF 3/76 no 154 ; Cass. 3e civ. 20-10-2009 no 08-16.648 F-D). Cette solution avait, en l'espèce jugée, pour effet immédiat de ne pas soumettre le contrat à l'enregistrement obligatoire dans les 10 jours, prévu par l'article 1589-2 du Code civil, pour les promesses unilatérales de vente. 76855

En revanche, une **offre de vente acceptée** et immédiatement réalisable par acte authentique n'est plus le contrat préliminaire sui generis de l'article L 261-15 du CCH (CA Aix-en-Provence 19-12-1984 : Bull. Aix no 137).

L'**intérêt de la qualification** du contrat préliminaire est considérable. En effet, une très abondante jurisprudence estime que le réservataire, n'étant pas titulaire d'une promesse de vente, ne peut pas obliger le réservant à réaliser la vente aux conditions stipulées, s'il s'y refuse (pour une illustration, voir Cass. 3e civ. 30-11-2011 no 10-25.451 : Bull. civ. III no 203, BPIM 1/12 inf. 35). Tout au plus peut-il prétendre, en plus de la restitution du dépôt de garantie, à des dommages-intérêts si le refus est injustifié et lui occasionne un préjudice (Cass. 3e civ. 11-6-1987 : D. 1988 som. p. 107, 2e esp.). 76860

Le contrat préliminaire n'est pas disqualifié en promesse unilatérale de vente par la stipulation d'un prix « ferme et définitif » ou « non révisable » (Cass. 3e civ. 3-6-1987 et Cass. 3e civ. 11-6-1987 : RDI 1987 p. 461).

Certaines décisions qualifient le contrat préliminaire de promesse de vente en raison d'un descriptif prévisionnel identique à celui de la vente définitive. Mais comme le plus souvent le contrat n'a pas été enregistré dans les 10 jours qui suivent son acceptation par le réservataire, il est nul en application des dispositions de l'article 1589-2 du Code civil (CA Rennes 4e ch. 22-9-1994 : JCP G 1996 IV no 212).

En **pratique,** compte tenu de ce type de décision, il est opportun de procéder à l'enregistrement des contrats préliminaires signés alors que les caractéristiques de l'immeuble réservé sont définitivement fixées, car celui-ci est en cours de réalisation, afin d'éviter l'annulation du contrat sur le fondement de l'article 1589-2 du Code civil.

CONTRAT PRÉLIMINAIRE ET SECTEUR LIBRE

À la différence de ce qui est prévu pour le secteur protégé défini no 76085, ce type de contrat ne fait l'objet d'aucune réglementation dans le **secteur non protégé.** Dans le secteur libre, le caractère de la convention s'apprécie en fonction de son seul contenu. Ainsi, la convention dénommée « contrat de réservation » par laquelle une partie confère la faculté d'acquérir des biens immobiliers à usage de dépôt, commerce ou bureaux à une autre partie qui l'accepte sans obligation pour elle d'acquérir et qui, en cas de non-exercice de cette faculté, s'engage à verser une indemnité s'analyse-t-elle en une promesse unilatérale de vente immobilière soumise à peine de nullité aux formalités de l'article 1589-2 du Code civil (Cass. 3e civ. 16-11-1994 no 92-16.099 : RJDA 2/95 no 125 ; Cass. 3e civ. 24-9-2014 no 13-22.059 FS-D : RJDA 2/15 no 81). En l'absence de la constatation d'obligations alternatives rigoureusement symétriques incombant à chacune des parties, la qualification de promesse unilatérale prévaut. 76865

> **Précisions** **a.** Compte tenu du caractère spécifique du contrat préliminaire et de son caractère peu coercitif pour le réservant, son usage dans le secteur libre est généralement peu judicieux. Il convient, sauf exception, de recourir aux **avant-contrats « classiques »** : promesse unilatérale de vente d'immeubles à construire, compromis de vente d'immeubles à construire, vente d'immeubles à construire sous signature privée.
>
> **b.** Contrairement au secteur protégé, aucune règle n'impose dans le secteur libre que le **transfert des droits sur le sol** soit immédiat ; les parties peuvent donc convenir d'une vente d'immeubles à construire sous signature privée dont certains effets, parmi lesquels la date de transfert de propriété, etc., sont reportés, par exemple, à la date de signature de l'acte authentique de réitération.

EXCLUSIVITÉ DU CONTRAT PRÉLIMINAIRE

76870 Les articles L 261-15 et R 261-25 s. du CCH sont **d'ordre public.** Leur violation est sanctionnée par la nullité du contrat.

Avant une vente d'immeubles à construire du secteur protégé, le **seul contrat** préparatoire **possible** est le contrat préliminaire. Il n'est pas possible d'avoir recours aux techniques de promesse unilatérale de vente, promesse unilatérale d'achat, promesse synallagmatique de vente. De tels avant-contrats sont nuls (CCH art. L 261-15, al. 5 ; nº 76855). Le versement reçu à l'occasion de leur passation est lui-même irrégulier et expose le réservant au risque de sanctions pénales (nºs 78750 s.).

Le contrat préliminaire possède toutefois un **caractère facultatif** ; sauf lorsque l'acheteur souhaite se réserver l'exécution de certains travaux (voir nº 76973), il n'est pas obligatoire de faire précéder la vente d'immeubles à construire d'un tel avant-contrat. Les parties peuvent signer directement l'acte authentique d'acquisition (même si, en pratique, la majeure partie des ventes d'immeubles à construire sont précédées de la passation d'un tel avant-contrat). Il résulte de ce caractère facultatif que la nullité du contrat préliminaire est sans incidence sur la validité de l'acte authentique de vente dès lors que celui-ci a été régulièrement établi (Cass. 3e civ. 27-4-2017 nº 16-15.519 FS-PB : BPIM 3/17 inf. 213 ; Cass. 3e civ. 21-3-2019 nº 18-11.707 FS-PBI : BPIM 2/19 inf. 113).

Ce principe d'indépendance doit toutefois être nuancé au regard de l'application de certaines règles transversales, comme celles relatives au droit de rétractation ou à la condition suspensive de prêt. Ainsi, lorsque le contrat de réservation est annulé, l'acheteur qui n'a pas bénéficié du délai de réflexion au stade de la vente définitive conserve la faculté de se rétracter et d'anéantir la vente (Cass. 3e civ. 12-4-2018 nº 17-13.118 FS-PBI : BPIM 3/18 inf. 195 ; Constr.-urb. 2018 comm. 91 obs. D. Sizaire).

De même, en cas de nullité du contrat préliminaire, le contrat de crédit pourrait être considéré comme étant résolu en application de l'article L 313-36 du Code de la consommation, ce qui permettrait à l'acheteur d'obtenir la caducité du contrat de vente (en ce sens, V. Zalewski-Sicard, Vente en l'état futur d'achèvement : entre indépendance et interdépendance : JCP N 2017 p. 1261).

CONTRAT PRÉLIMINAIRE ET VENTE APRÈS ACHÈVEMENT

76875 Il arrive qu'un contrat préliminaire portant sur un immeuble relevant du secteur protégé soit conclu avant l'achèvement de l'immeuble mais prévoie que la vente ne sera signée qu'après achèvement.

La question se pose alors de savoir si ce contrat préliminaire est impératif alors qu'aux termes de la loi (CCH art. L 261-15) un tel contrat ne doit être le prélude que d'une vente à terme ou en l'état futur d'achèvement, et, dans l'affirmative, si ce contrat doit bien respecter toute la réglementation des contrats préliminaires.

La jurisprudence a étendu le champ d'application du contrat préliminaire à tout avant-contrat signé avant achèvement et impliquant un versement, à quelque titre que ce soit, avant achèvement d'un immeuble à usage d'habitation. Dans ce cas, le contrat doit bien satisfaire à toutes les prescriptions législatives et réglementaires régissant ce type de contrat, à peine de nullité (Cass. 3e civ. 29-1-1980 : Bull. civ. III nº 23 ; Cass. 3e civ. 5-2-1985 : D. 1986 IR p. 45).

B. Contenu du contrat préliminaire

76950 La **protection du réservataire** est essentiellement assurée par la forme écrite obligatoire que doit revêtir le contrat préliminaire (CCH art. R 261-27), ce qui en fait un contrat solennel. Les dispositions légales et réglementaires régissant la vente d'immeubles à construire « ont notamment pour objet d'assurer une protection efficace des acquéreurs » (Cass. 3e civ. 3-10-1974 : Bull. civ. III nº 332).

Par ailleurs, le réservataire qui a signé un contrat de réservation depuis le 19 mai 2011 bénéficie du dispositif protecteur des emprunteurs immobiliers (nº 77235).

> **› Précisions** Le réservataire ne bénéficie pas de la protection particulière offerte par le droit de la consommation en cas de contrat signé « hors établissement » (ancien **démarchage à domicile**), notamment du délai de rétractation de 14 jours, les contrats immobiliers en étant formellement exclus (C. consom. art. L 221-2, 12º). Il bénéficie en revanche du droit de rétractation dans les 10 jours à compter du lendemain de la première présentation de la lettre de notification du contrat préliminaire (voir nºs 75300 s.).

1. MENTIONS OBLIGATOIRES

Le contrat préliminaire doit comporter les **indications essentielles** relatives à la consistance de l'immeuble, à la qualité de la construction et aux délais d'exécution des travaux ainsi qu'à la consistance, à la situation et au prix du local réservé et de ses locaux accessoires (CCH art. L 261-15, I). 76970

Le contrat doit obligatoirement indiquer (CCH art. R 261-25 et R 261-26) :
- la **surface habitable** approximative de l'immeuble faisant l'objet du contrat ;
- le nombre de ses **pièces principales** ;
- l'énumération de ses **pièces de services,** dépendances et dégagements ;
- sa **situation** dans l'immeuble s'il s'agit d'une partie d'immeuble (appartement) ;
- la **qualité de la construction,** au moyen d'une note technique sommaire indiquant la nature et la qualité des matériaux et des éléments d'équipement. S'il s'agit d'une partie d'immeuble, la note technique, annexée au contrat, doit indiquer les équipements collectifs qui présentent une utilité pour cette partie d'immeuble ;
- le **prix prévisionnel** de vente et les modalités de sa révision s'il y a lieu (nº 77785). Sur la mention du prix en cas de réservation par l'acheteur de certains travaux de finition ou d'installation d'équipements, voir nº 76973 ;
- la **date** à compter de laquelle la vente pourra être conclue ;
- s'il y a lieu, les **prêts** que le réservant déclare qu'il fera obtenir au réservataire (montant, conditions du prêt, nom du prêteur).

En outre, le contrat préliminaire doit obligatoirement reproduire les dispositions des articles R 261-28 à R 261-31 du CCH relatives au dépôt de garantie et à son éventuelle restitution (CCH art. R 261-27).

> Précisions **a.** L'indication de la **possibilité** offerte au réservataire **de se rétracter** pendant un délai de 10 jours (nº 77240) doit également figurer dans le contrat de manière lisible et compréhensible sous peine d'une **amende administrative** à la charge du constructeur de 3 000 euros, somme portée à 15 000 euros si le constructeur est en société (CCH art. L 271-1).

b. Les **modalités de la révision** du prix du contrat préliminaire (si cette révision est prévue) – entre la date de ce contrat et celle de l'acte de vente authentique – obéissent aux règles indiquées nº 77785 en ce qui concerne la révision des tranches successives du prix de vente. L'article R 261-26 du CCH renvoie en effet expressément, sur ce point, aux articles L 261-11-1 et R 261-15 du même Code.

c. On observera que les textes n'imposent pas de faire figurer dans le contrat préliminaire l'indication de l'**échelonnement du paiement** du prix. Dans la pratique, étant donné l'importance de cette indication pour le réservataire, cet échelonnement figure le plus souvent dans le contrat préliminaire.

d. Concernant la **surface habitable** indiquée, qui peut n'être qu'approximative, le contrat de réservation peut d'ores et déjà faire mention de la **clause de tolérance** contractuelle qui sera appelée à figurer dans l'acte authentique proposé ultérieurement (Cass. 3e civ. 8-6-2005 nº 04-11.797 : Bull. civ. III nº 124).

CAS PARTICULIER DES TRAVAUX RÉSERVÉS PAR L'ACHETEUR

Le contrat préliminaire peut prévoir qu'en cas de conclusion de la vente, l'acquéreur se réserve l'exécution de **travaux de finition ou d'installation d'équipements** qu'il se procure par lui-même (CCH art. L 261-15, II). Il s'agit plus précisément des travaux de finition des murs intérieurs, de revêtement ou d'installation d'équipements de chauffage ou sanitaires, et le cas échéant du mobilier pouvant les accueillir (CCH art. R 261-13-1 à R. 261-13-3 issus du décret 2019-641 du 25-6-2019 : BPIM 4/19 inf. 261). La liste limitative et les caractéristiques de ces travaux ont été définies par arrêté ministériel du 28 octobre 2019, entré en vigueur le 8 novembre 2019 (arrêté LOGL1924735A : JO 7-11 texte nº 38 : BPIM 6/19 inf. 400). 76973

Dans cette hypothèse, le contrat préliminaire doit comporter une **clause** en caractères très apparents stipulant que l'acquéreur accepte la charge, le coût et les responsabilités qui résultent de ces travaux, qu'il réalise après la livraison de l'immeuble (CCH art. L 261-15, II). Pour un modèle de clause, voir notamment celui proposé par V. Zalewski-Sicard, Top départ pour la Vefa avec travaux réservés : JCP N 2019 p. 868.

En outre, le contrat préliminaire doit comporter les **mentions obligatoires** suivantes (art. R 261-26, al. 2 du CCH) :
- le prix prévisionnel, décomposé entre le prix de vente convenu et le coût des travaux réservés par l'acquéreur ;
- les travaux réservés, chiffrés pour chacun des types de travaux ;
- le délai, à compter de la signature du contrat préliminaire, dans lequel l'acquéreur peut revenir sur sa décision de se réserver l'exécution de travaux.

Sur la mention dans l'acte de vente de ces travaux dont l'acquéreur se réserve l'exécution, voir nº 77755.

> **Précisions a.** L'acheteur qui entend revenir sur sa décision de se réserver des travaux doit notifier sa **rétractation** au vendeur, par lettre recommandée avec demande d'avis de réception ou lettre recommandée électronique dans le délai stipulé au contrat (CCH art. R 261-13-2).
> **b.** À l'expiration du délai dans lequel l'acquéreur peut revenir sur sa décision de se réserver l'exécution de certains travaux (voir Précisions, a), le vendeur doit informer le **notaire** des travaux réservés (CCH art. R 261-13-3 issu du décret 2019-641 du 25-6-2019 : BPIM 4/19 inf. 261). Il informe également le **garant financier** des travaux dont chacun des acquéreurs se réserve l'exécution ainsi que de leur coût afin que l'acte de vente et la garantie financière d'achèvement soient adaptés en conséquence (CCH art. R 261-23-1).

SANCTION EN CAS DE DÉFAUT D'UNE MENTION OBLIGATOIRE

76975 L'indication dans le contrat de réservation de la date à laquelle la vente pourra être conclue a pour objet d'assurer la **protection du réservataire.** Son omission est donc sanctionnée par la nullité relative du contrat, laquelle ne peut être invoquée que par le réservataire (Cass. 3e civ. 26-9-2012 no 11-16.425 : Bull. civ. III no 131, BPIM 6/12 inf. 442). La solution est à notre avis valable pour l'ensemble des mentions obligatoires.

S'agissant cependant de la réservation d'un **local** qui peut être encore **au seul état de projet,** le contrat se forme valablement alors même que le réservant n'est pas encore en mesure de donner au réservataire les informations les plus précises sur tous les aspects de l'immeuble. Il est d'ailleurs admis que peuvent être apportées au projet des modifications que rendent nécessaires les contraintes commerciales ou celles de la construction.

> **Précisions a.** Les informations requises doivent être fournies de **façon explicite et non dolosive,** notamment s'agissant de la situation du local réservé dans l'immeuble (TGI Perpignan 5-6-1985 : Gaz. Pal. 1987 p. 618, note Le Tourneau).
> **b.** Les indications erronées d'une **plaquette publicitaire** sont susceptibles, dès lors qu'elles sont assimilées à une tromperie, d'entraîner, en plus de l'annulation du contrat, une sanction pénale (Cass. crim. 16-2-1982 : JCP éd. N 1983 prat. no 8523 p. 32).
> Même si un document publicitaire n'est pas contractuel et même si le vendeur démontre que la plaquette diffusée reprend les indications portées dans les documents d'urbanisme recueillis lors de l'instruction du permis de construire, il peut néanmoins être reproché à la société venderesse de ne pas avoir vérifié que l'équipement dont elle vantait l'existence pour convaincre de potentiels acquéreurs de l'intérêt de l'acquisition fonctionnait toujours (CA Caen 13-3-2008 no 06-02.438 : Constr.-urb. 2008 comm. 121, concernant la mention de l'existence d'une piscine municipale fermée depuis sept ans).
> **c.** Les **déclarations mensongères** de l'agent commercial relatives aux villas de standing élevé, aux équipements les accompagnant, à leurs qualités, aux garanties inexistantes ou surévaluées peuvent constituer un des éléments des manœuvres frauduleuses caractérisant le délit d'escroquerie. En l'espèce, le tennis et la piscine annoncés étaient inexistants, l'environnement immédiat désastreux et la situation aggravée par le fait que le commercial savait que les acquéreurs potentiels n'avaient pas fait le déplacement sur le lieu de situation de l'immeuble réservé (CA Saint-Denis de la Réunion 31-1-2008 no 07-00.198 : Constr.-urb. 2008 comm. 121).

NOMBRE D'EXEMPLAIRES

76980 La perception du dépôt de garantie est conditionnée à la remise d'un exemplaire signé du contrat (CCH art. R 261-27), et le réservant doit adresser au réservataire un exemplaire du contrat, pour qu'il puisse exercer la faculté de rétractation prévue par l'article L 271-1 du CCH (no 77240). Le contrat est donc établi en 3 exemplaires au moins.

ÉTAT DES RISQUES NATURELS ET TECHNOLOGIQUES

76990 Si l'immeuble à construire est situé dans une **zone couverte** par un plan de prévention des risques technologiques ou par un plan de prévention des risques naturels prévisibles prescrit ou approuvé, dans une zone à potentiel radon, dans une zone de sismicité ou encore dans une zone susceptible d'être atteinte par le recul du trait de côte, le vendeur doit informer l'acquéreur de l'existence des risques visés par le plan ou le décret (C. envir. art. L 125-5). À cet effet, un état des risques est établi par le vendeur : il reprend le dernier arrêté pris par le préfet et les informations mises à disposition dans le système d'information géographique (C. envir. art. R 125-26).

L'état, établi depuis moins de six mois, sera annexé au contrat de réservation ou, à défaut de contrat de réservation, à l'acte authentique de vente (C. envir. art. R 125-26). À défaut, le réservataire pourra, à titre de **sanction,** poursuivre la résolution du contrat ou demander au juge une diminution du prix (C. envir. art. L 125-5, V).

2. DÉPÔT DE GARANTIE

MONTANT DU DÉPÔT DE GARANTIE

Le dépôt de garantie qu'autorise l'article L 261-15 du CCH (nº 76850) est au **maximum** de (CCH art. R 261-28) : 77020

– 5 % du prix prévisionnel de vente si le délai de réalisation de la vente n'excède pas un an ;
– 2 % si ce délai n'excède pas 2 ans.

Aucun dépôt n'est autorisé si ce délai excède 2 ans (CCH art. R 261-28).

La violation de ce texte est de nature à entraîner la **nullité** du contrat, sans préjudice de son **aspect pénal** éventuellement (CCH art. L 263-1), si le délai a été délibérément sous-estimé.

En cas de modification des délais prévus, le dépôt effectué peut devenir illégal, même en cas de restitution de l'excédent. La faute du constructeur doit être sanctionnée dès lors qu'elle a causé **préjudice** au réservataire (Cass. 3e civ. 28-6-1977 : JCP G 1978 II nº 18785).

VERSEMENT DU DÉPÔT DE GARANTIE

Le versement du dépôt de garantie peut être exigé dès la **signature** du contrat de réservation sous signature privée sans attendre l'expiration du délai de rétractation, postérieur à la réservation, de 10 jours à compter du lendemain de la première présentation de la lettre notifiant le contrat de réservation (CCH art. L 271-1, al. 1 et L 271-2, al. 1). L'interdiction de tout versement avant l'expiration de ce délai, applicable aux autres avant-contrats immobiliers conclus avec un non-professionnel, ne s'applique pas ici. 77025

CARACTÉRISTIQUES DU DÉPÔT DE GARANTIE

Le dépôt ne peut être réalisé que dans une **banque** ou chez un **notaire,** à un compte ouvert au nom du réservataire et après remise d'un exemplaire du contrat de réservation au réservataire. Le dépôt sur un compte spécial est une condition de validité du contrat de réservation. Si le réservant ne dépose pas le dépôt sur un tel compte, le contrat doit être annulé alors même que cela n'aurait causé aucun préjudice au réservataire et que le réservant ne l'aurait pas détourné (Cass. 3e civ. 22-2-1995 nº 93-14.853 : RJDA 5/95 nº 630). Il en va de même lorsque le chèque a été libellé au nom du réservant, même si la somme a par la suite été transférée vers la comptabilité du notaire et consignée à la Caisse des dépôts et des consignations (Cass. 3e civ. 22-9-2010 nº 09-16.512 : Bull. civ. III nº 163). S'agissant d'une nullité absolue, même le réservant a pu obtenir l'annulation du contrat préliminaire, le chèque du dépôt de garantie n'ayant jamais été encaissé (CA Paris 23-5-2007 nº 06-05.692 : Constr.-urb. 2007 comm. 154). En pratique, le réservataire aura donc intérêt à vérifier que son dépôt de garantie a bien été encaissé par le dépositaire à bref délai après la réservation. 77030

Les dépôts des réservataires des différents locaux composant un même immeuble, ou un même ensemble immobilier, peuvent être groupés dans un **compte spécial** comportant une rubrique par réservataire (CCH art. R 261-29). Le dépôt de garantie n'entrant pas dans le patrimoine du réservant, il doit être restitué au réservataire en cas de liquidation judiciaire du réservant (CA Grenoble 20-3-1989, SCI de Fratel c/ Fodor).

Le dépôt de garantie est **incessible, insaisissable et indisponible** jusqu'à la conclusion du contrat de vente (CCH art. L 261-15). Il est, en principe, **imputé** sur le premier versement exigible de l'acquéreur au moment où est signé l'acte de vente. Toutefois, si le réservant souhaite régler le premier appel de fraction de prix à l'aide de deniers d'emprunt, le dépôt de garantie lui sera restitué. 77035

En conservant par-devers lui le chèque de garantie, le vendeur ne respecte pas la condition d'indisponibilité. Ce faisant, il s'expose aux sanctions pénales de l'article L 263-1 du CCH (Cass. crim. 11-2-1991 : RDI 1991 p. 397).

Il ne semble pas possible en cette matière de procéder comme pour les promesses unilatérales de vente et de substituer au versement du dépôt de garantie la délivrance d'une caution.

C. Notification du projet d'acte de vente

Lorsqu'un contrat préliminaire a été établi, le réservant doit notifier au réservataire le projet d'acte de vente, un mois au moins avant la date de signature de cet acte (CCH art. R 261-30). Cette notification est effectuée afin que le réservataire puisse prendre connaissance dans le détail de l'acte de vente, déterminer si le bien objet de la vente s'inscrit ou non dans les 77100 prévisions que pouvait laisser augurer la définition du bien réservé. Il est ainsi en mesure de donner un consentement éclairé sur une chose déterminée.

C'est le projet de l'**acte en son entier** (texte complet) qui doit être notifié. Cette notification, qui a notamment pour objet de faire connaître à l'acheteur les éventuelles modifications intervenues depuis sa réservation, couvre la responsabilité du vendeur quant à ces modifications (Cass. 3e civ. 24-11-1977 : Bull. civ. III n° 411).

Le projet notifié doit être conforme à l'acte de vente à intervenir et suffisamment précis pour que l'acquéreur puisse vérifier si les sommes réclamées sont, en l'état de l'exécution des travaux, réellement dues (Cass. 3e civ. 22-7-1987 : JCP éd. G 1987 IV p. 361). C'est également dès cette notification que le réservataire doit pouvoir vérifier que le réservant a, en sa qualité de vendeur constructeur, souscrit les assurances obligatoires de responsabilité et de dommages (Cass. 3e civ. 18-2-2004 n° 191 : Bull. civ. III n° 34).

Le projet ainsi adressé est constitutif d'une offre dans laquelle le réservant doit persévérer jusqu'à la date de signature de l'acte authentique si elle intervient. Ce dernier acte ne doit pas comporter de modification par rapport au projet notifié (CA Paris 5-7-1983 : RDI 1984 p. 200).

ATTENTION

Cette notification n'est **pas à confondre** avec celle de l'article L 271-1 du CCH qui offre un droit de rétractation de 10 jours à l'acquéreur (nos 75300 s.). La protection du réservataire sur le fondement de ce dernier article intervient lors de la conclusion du contrat préliminaire et n'a pas à être renouvelée au titre du contrat définitif. La question se pose toutefois en pratique lorsque le contrat définitif présente des divergences importantes par rapport au contrat préliminaire. Aucune réponse définitive n'est pour l'heure donnée, les auteurs étant divisés sur le sujet (contre l'ouverture d'un nouveau délai, H. Périnet-Marquet, L'impact de la loi SRU sur la vente immobilière : JCP N 2001 p. 533 n° 33 ; pour une réouverture, dès lors que les divergences sont substantielles, J.-Cl. Construction-Urbanisme, V° Ventes d'immeubles à construire fasc. 110 par D. Sizaire, n° 66).

Dans l'hypothèse où le **contrat définitif** n'a **pas été précédé d'un contrat préliminaire,** le notaire doit procéder à une notification du projet d'acte sur le fondement de l'article L 271-1 du CCH qui offre dans ce cas un délai de réflexion de 10 jours (voir n° 75455).

77105 Le délai d'un mois accordé au réservataire pour examiner le projet d'acte de vente est un **délai de protection** de ce réservataire. Or, il est fréquent que le réservataire, pressé de conclure, demande à signer avant l'écoulement de ce délai.

Il peut en être ainsi si l'acquéreur reconnaît, dans l'acte de vente, avoir reçu le projet et avoir été mis en possession du délai d'un mois, et y renoncer en toute connaissance de cause et de sa seule volonté. Cette **renonciation** doit être expresse et non équivoque (Cass. 3e civ. 12-3-2003 n° 02-10.372 : RJDA 7/03 n° 711 ; CA Versailles 14-2-1992, SCI Villas Louis XIV c/ Heurion et Maulin).

77110 En cas d'**acceptation de la vente aux conditions notifiées,** mais faisant apparaître des différences par rapport au contrat préliminaire, l'acquéreur ne peut pas demander réparation d'un préjudice qu'il aurait prétendument subi par suite de manquements de son cocontractant aux obligations découlant du contrat de réservation (CA Paris 23e ch. A 6-9-2000 : Constr.-urb. 2001 comm. 56).

D. Issue du contrat préliminaire : sort du dépôt de garantie et droit à réparation

77200 Les modalités de dénouement du contrat préliminaire offrent une protection plus relative au réservataire.

Si la vente ne se réalise pas, les textes prévoient un certain nombre d'hypothèses dans lesquelles le dépôt de garantie doit être restitué au réservataire. Cela sous-entend nécessairement que, en d'autres hypothèses, le réservant peut conserver le dépôt de garantie si la vente ne se réalise pas.

Cette question du sort du dépôt de garantie a suscité une très abondante jurisprudence, et nous examinons ci-après le principe et son application pratique.

1. RESTITUTION DU DÉPÔT DE GARANTIE AU RÉSERVATAIRE

77220 Les fonds déposés en garantie sont restitués, dans le délai de 3 mois, au déposant si le contrat n'est pas conclu du fait du vendeur, si la condition suspensive prévue à l'article

L 313-41 du Code de la consommation n'est pas réalisée ou si le contrat proposé fait apparaître une différence anormale par rapport aux prévisions du contrat préliminaire (CCH art. L 261-15, al. 4).

CAS SPÉCIFIQUES DE RESTITUTION

L'article R 261-31 du CCH prévoit 5 cas de restitution du dépôt de garantie au réservataire. 77225

Le **premier cas** de restitution du dépôt de garantie correspond à la situation dans laquelle le contrat de vente n'est pas conclu du **fait du vendeur** dans le délai prévu au contrat préliminaire.

Notons que, si le réservataire peut invoquer l'absence de proposition de conclure la vente dans le délai prévu, en revanche, tant qu'il ne l'a pas fait, le réservant demeure obligé d'offrir la vente malgré l'expiration du délai (Cass. 3e civ. 5-10-1982 : RDI 1983 p. 465).

Jugé par ailleurs que le remplacement de menuiseries en aluminium par d'autres en PVC, non prévu par la notice descriptive sommaire, permet au réservataire de récupérer son dépôt de garantie en application de l'article R 261-31, a du CCH, la vente n'ayant pas été conclue du fait du vendeur dans le délai prévu au contrat préliminaire (Cass. 3e civ. 12-4-2012 no 11-11.764 : Bull. civ. III no 57, BPIM 3/12 inf. 233). Cette décision est susceptible d'entraîner des effets pervers : les promoteurs n'ayant pas la possibilité de changer l'orientation générale du projet de construction en restant dans les limites de l'article R 261-31, e du même Code (voir ci-après), ils pourraient limiter les indications relatives à la qualité des matériaux dans la notice descriptive.

Deuxième cas : Si le prix de vente excède de plus de 5 % le **prix prévisionnel,** révisé le cas échéant conformément aux dispositions du contrat préliminaire. Il en est ainsi quelles que soient les autres causes de l'augmentation du prix, même si elles sont dues à une augmentation de la consistance de l'immeuble ou à une amélioration de sa qualité.

Si le prix prévisionnel a été stipulé révisable, il convient de procéder à sa révision d'abord, puis de calculer si le prix de vente excède de plus de 5 % ce prix révisé. Par exemple, soit un prix prévisionnel révisable de 100 € et un indice 1 au jour du contrat préliminaire. Au jour de la vente, l'indice est de 1,3, le prix prévisionnel révisé est donc de 121 € (soit 100 + (70 × 30)/100). Le dépôt de garantie devra être restitué si le prix de vente excède 121 € + (5 % de 121 €) = 127,50 €.

Troisième cas : Si le ou les **prêts** prévus au contrat préliminaire ne sont pas obtenus ou transmis ou si leur montant est inférieur de 10 % aux prévisions dudit contrat. Sont ici visés les prêts que le réservant, aux termes du contrat préliminaire, déclare s'engager à faire obtenir ou à transmettre au réservataire (Cass. 3e civ. 16-12-1987 : Bull. civ. III no 205 ; Cass. 3e civ. 6-2-2002 no 00-12.675 : RJDA 10/02 no 1003).

Quatrième cas : Si l'un des **éléments d'équipement** prévus au contrat préliminaire ne doit pas être réalisé.

Cinquième cas : Si l'immeuble ou la partie d'immeuble ayant fait l'objet du contrat présente dans sa consistance ou dans la qualité des ouvrages prévus une **réduction de valeur** supérieure à 10 %. Cette appréciation fait appel à l'examen de critères qui peuvent se révéler très subjectifs pour déterminer si le seuil de 10 % a, ou non, été franchi.

L'article R 261-31 du CCH illustre cinq cas dans lesquels incontestablement il y a lieu à restitution en application de l'article L 261-15, alinéa 4. Mais ce dernier article pose un **principe général de restitution** si le contrat n'est pas conclu du fait du réservant. D'autres hypothèses que celles visées à l'article R 261-31 peuvent donc conduire à une telle restitution (par exemple des délais définitifs d'exécution des travaux très différents du délai prévisionnel, destination des autres locaux de l'immeuble non conforme aux prévisions, modification de la consistance ou de l'environnement de l'immeuble). 77230

L'article R 261-31 n'impose pas au réservant d'informer le réservataire des modifications au fur et à mesure, mais le contrat doit être exécuté de bonne foi (voir no 77250). Il existe une très abondante **jurisprudence** sur le problème de la restitution ou de la non-restitution du dépôt de garantie. En dehors des cas évidents de restitution et du cas type de non-restitution, qui est celui du réservataire qui se désiste sans aucune raison, chaque cas est un cas particulier sur lequel doit se pencher le juge. Les tribunaux ont, dès le départ, posé un principe selon lequel le contrat préliminaire est un contrat synallagmatique à **obligations réciproques,** qui doit être exécuté de bonne foi. Le réservataire peut perdre son dépôt de garantie en cas de mauvaise foi.

L'article L 261-15 prend en compte pour imposer la restitution du dépôt de garantie le seul fait du réservant, sans s'attacher à son caractère fautif ou non : une faute du réservant n'est donc pas nécessaire pour obtenir la restitution du dépôt de garantie ; à l'inverse, si le réservant commet une faute, la restitution du dépôt n'emporte aucune réparation particulière au profit du réservataire et celui-ci est en droit de solliciter l'allocation de dommages-intérêts (voir nos 77250 s.).

NON-OBTENTION DES PRÊTS

77235 L'article L 261-15 du CCH ajoute un autre cas de restitution du dépôt de garantie, « dans les 3 mois » : « Si la **condition suspensive** d'obtention des prêts prévue à l'article L 313-41 du Code de la consommation ne s'est pas réalisée » (nos 75110 s.).

Les contrats de réservation sont expressément soumis au jeu de cette condition suspensive légale (C. consom. art. L 313-40).

Sur les **prêts obtenus ou transmis par le réservant** au réservataire, voir n° 77225.

RESTITUTION EN CAS DE RÉTRACTATION

77240 Pour tout acte ayant pour objet la vente d'immeubles à construire, l'acquéreur non professionnel peut se rétracter dans un délai de 10 jours à compter du lendemain de la première présentation de la lettre lui notifiant l'acte (CCH art. L 271-1, al. 1).

Dans le cas où l'acquéreur exercerait son droit de rétractation, le dépôt de garantie doit lui être restitué.

> **Précisions** **a.** Ces dispositions ne s'appliquent pas au contrat définitif s'il a été précédé d'un contrat préliminaire. En l'**absence de contrat préliminaire,** le délai de rétractation est remplacé par un délai de réflexion mis en œuvre au stade du contrat définitif (CCH art. L 271-1, al. 5).
> **b.** Le versement du dépôt de garantie peut être exigé dès la signature du contrat de réservation sous signature privée (CCH art. L 271-2, al. 1).
> **c.** Sur l'obligation d'indiquer l'existence d'un délai de rétractation dans le contrat préliminaire, voir n° 76970, Précisions, a.
> **d.** La notification aux fins de rétractation n'a pas à être accompagnée d'un courrier dédié (Cass. 3e civ. 9-7-2020 n° 19-18.943 F-D : BPIM 5/20 inf. 326, solution transposable).

MODALITÉS DE RESTITUTION DU DÉPÔT DE GARANTIE

77245 Le réservataire doit notifier sa **demande de remboursement** au vendeur et au dépositaire par lettre recommandée avec demande d'avis de réception. Sous réserve de la justification par le déposant de son droit à restitution, le remboursement intervient dans le délai maximal de trois mois à dater de cette demande (CCH art. R 261-31, al. 7 et 8).

En cas de refus de prêt (n° 77235), le **délai** de restitution est également de 3 mois (CCH art. L 261-15, al. 4). Ce délai ne s'accorde pas avec celui de l'article L 313-41 du Code de la consommation qui impose dans ce cas une restitution immédiate et intégrale des sommes versées d'avance (il nous semble que c'est ce dernier texte qui doit prévaloir).

La restitution doit être **intégrale,** sans retenue ni pénalité (CCH art. R 261-31, al. 1). Elle ne peut être amputée à aucun titre, même des honoraires du notaire qui avait préparé l'acte de vente (Cass. 3e civ. 27-4-1976 : Bull. civ. III n° 177).

En cas de restitution tardive du dépôt de garantie, imputable à sa seule faute, le réservant est tenu de réparer les conséquences dommageables de ce retard (CA Aix 29-1-1981 : Bull. Aix n° 4).

ATTENTION

Le **dépositaire** du dépôt de garantie (notaire ou banquier) n'a pas à prendre parti sur les conflits acquéreur-vendeur concernant la restitution – ou non – du dépôt de garantie. Il arrive couramment que le dépositaire, soucieux de ne pas engager sa responsabilité, se refuse à se dessaisir du dépôt dès qu'une contestation s'élève entre les parties.

DROIT À RÉPARATION POUR LE RÉSERVATAIRE

77250 **Manquement du réservant** La faculté de renoncer à la vente et la restitution du dépôt de garantie n'épuisent pas le droit à réparation du réservataire. Le réservataire n'est pas rempli de ses droits par l'exercice de la renonciation et la restitution du dépôt de garantie ; il peut en outre se prévaloir d'un préjudice alors que son refus de contracter est à l'origine de la non-réalisation et que l'éventualité d'une modification prévue par les textes est par nature connue de lui.

Les règles particulières du contrat de réservation n'excluent pas l'application du droit commun des contrats, c'est-à-dire des dispositions relatives au dol, à l'erreur, à l'exécution de bonne foi des conventions et à la responsabilité pour faute. Elles ne dispensent pas le réservant de son devoir de renseignement et d'information sur des modifications très importantes du projet initial. Le silence gardé constitue une **faute contractuelle** d'autant plus grave qu'il s'effectue contrairement aux exigences de la bonne foi qui doit animer l'exécution de toute convention (C. civ. art. 1104). Le préjudice résultant de cette faute – notamment la perte d'une chance de mise en œuvre d'un autre projet – peut dès lors être réparé (C. civ. art. 1231-1).

ILLUSTRATIONS

Le réservant manque à son **devoir de conseil et d'information** :
– s'il n'informe pas l'acheteur des changements des conditions d'éligibilité d'un dispositif fiscal de faveur, l'acheteur peut obtenir réparation du préjudice résultant de la perte de chance de ce bénéfice (Cass. 3e civ. 3-2-2021 no 19-17.740 F-D : RDI 2021 p. 230 obs. J.-Ph. Tricoire) ;
– s'il s'abstient volontairement d'attirer l'attention de l'acquéreur sur la présence de bornes d'apport volontaire non abritées en face de son appartement (Cass. 3e civ. 16-7-2023 no 22-12.461 : JCP N 2024 p. 1062 no 5, obs. Zalewski-Sicard) ;
– si le contrat préliminaire n'indique pas la date à laquelle la vente pourra être conclue (CCH art. L 261-26) ni le délai d'exécution des travaux (CCH art. L 261-15, al. 2). Le réservataire peut alors être indemnisé de la perte de la chance de mise en œuvre d'un nouveau projet compatible avec une fiscalité avantageuse temporaire (Cass. 3e civ. 17-11-1993 no 91-16.845 : RJDA 5/94 no 565) ;
– s'il ne peut pas justifier une modification substantielle du projet par un motif sérieux et légitime (Cass. 3e civ. 20-10-2004 no 03-10.406 : BPIM 6/04 inf. 368) ;
– s'il a laissé croire au réservataire qu'il avait acquis le terrain d'assiette du programme alors que tel n'était pas le cas à la date butoir fixée pour ce faire (Cass. 3e civ. 13-3-2007 no 06-11.156 : Constr.-urb. 2007 no 192).

Mais toute modification par le réservant n'est pas constitutive d'une faute, que le réservataire choisisse, ou non, d'acquérir aux conditions nouvelles (Cass. 3e civ. 24-11-1977 : JCP G 1979 II no 19037 obs. Malinvaud et Jestaz). Ainsi, l'augmentation du coût de la construction d'un ensemble immobilier de 30 % entraînant l'impossibilité de réaliser le programme initial constitue un motif sérieux et légitime permettant au réservant de ne pas donner suite au contrat et de restituer le dépôt de garantie sans engager sa responsabilité à l'égard du réservataire (CA Lyon 30-6-2005 : Juris-Data no 286116).

Octroi de dommages et intérêts Le réservant qui manque à son devoir d'informa- **77255**
tion ou qui, de mauvaise foi, refuse de vendre peut être condamné à des dommages-intérêts, en plus de la restitution du dépôt de garantie (Cass. 3e civ. 28-6-1977 : JCP éd. G 1978 II no 18785 ; Cass. 3e civ. 17-1-1996 no 94-11.408 : BPIM 2/96 inf. 129). L'allocation de dommages-intérêts est la seule **sanction** possible ; en effet, le contrat préliminaire fait seulement naître une obligation de réserver et non une obligation de vendre. Le réservataire ne peut donc pas solliciter du juge l'exécution forcée de la vente (Cass. 3e civ. 18-12-1984 : RDI 1985 p. 162 ; Cass. 3e civ. 3-6-1987 : Bull. civ. III no 114 ; Cass. 3e civ. 11-6-1987 : D. 1988 IR p. 107 obs. Magnin).

Cette faiblesse du contrat préliminaire s'explique par l'absence de certitude d'identité entre les caractéristiques et prix du bien réservé et celles du bien éventuellement proposé à la vente. En outre, la formation de la vente d'immeubles à construire du secteur protégé est solennelle (acte authentique) et ne peut se former par une prétendue « levée d'option ». Dans le **secteur libre,** le contrat, même qualifié de contrat préliminaire, peut constituer une véritable promesse de vente, susceptible à ce titre d'une exécution forcée (Cass. 3e civ. 10-10-1978 : JCP éd. N 1979 II p. 221 note Galle).

Le réservant ne peut pas inclure dans le contrat préliminaire une **clause** le **dispensant** de **77260**
verser des dommages-intérêts. Elle crée un déséquilibre entre les droits des parties ; elle est donc abusive au sens du droit de la consommation et réputée non écrite (C. consom. art. L 212-1 et L 241-1). Il a même été jugé qu'une telle clause possède un caractère potestatif et entraîne la nullité du contrat préliminaire (CA Paris 26-11-1981 : RDI 1982 p. 522).

Sur l'application éventuelle du droit commun sanctionnant le déséquilibre contractuel significatif, voir no 75820, Précisions, b.

L'**évaluation du préjudice** tient essentiellement compte des intérêts qu'aurait produits le dépôt de garantie s'il n'avait pas été laissé en possession du dépositaire et des éventuelles sommes dues en raison de la mise en place d'un prêt devenu inutile (CA Paris 3-6-1981 : RDI 1982 p. 522). La caractérisation d'autres chefs de préjudices est plus hypothétique (même arrêt).

En revanche, dans un certain nombre de cas, le réservataire se voit refuser toute indemnisation : ainsi en cas d'annulation d'un permis de construire obligeant le réservant à modifier son programme et ses prix (CA Rennes 18-5-1976, Chelet c/ SCI Résidence La Coupole). La bonne foi et la loyauté du réservant sont ici des arguments décisifs.

2. PERCEPTION DU DÉPÔT PAR LE RÉSERVANT

Certains contrats contiennent une clause selon laquelle, en cas de refus du réservataire **77290**
d'acquérir, le dépôt sera conservé par le réservant à titre d'**indemnité d'immobilisation** de son bien : le versement du dépôt au réservant peut ainsi être assis sur une cause juridique précise.

La chambre criminelle de la Cour de cassation estime qu'en dehors des hypothèses prévues par les textes (voir n° 77225), le dépôt de garantie est conservé par le réservant lorsque le réservataire refuse d'acheter, sans qu'il soit besoin de sommation ou commandement préalable (Cass. crim. 29-6-1983 : Bull. crim. n° 209 ; dans le même sens, CA Versailles 19-4-1991 : RDI 1992 p. 79).

La perception du dépôt selon les modalités contractuellement convenues en l'absence de dispositif légal ou réglementaire ne saurait constituer une infraction pénale (Cass. crim. 29-6-1983 : Bull. crim. n° 209).

Les limites de la valeur du dépôt de garantie étant fixées par l'article R 261-28 du CCH (voir n° 77020), son montant semble difficilement révisable.

> Précisions a. Le dépôt de garantie n'est pas une **clause pénale** (Cass. 3e civ. 28-3-1990 : D. 1991 som. p. 158, note Paisant). Il ne constitue pas non plus des **arrhes** : les dispositions de l'article 1590 du Code civil lui sont inapplicables compte tenu de la nature particulière du contrat préliminaire, distinct d'une promesse de vente (CA Versailles 3e ch. 17-3-1994 : RJDA 11/94 n° 1198).

b. Le Conseil d'État a jugé que le dépôt de garantie de réservation versé par les candidats acquéreurs d'appartements aux promoteurs, lorsqu'il est conservé par le promoteur à la suite du désistement du candidat, constitue non pas l'indemnisation du préjudice subi par le promoteur mais la rémunération du service de réservation du bien rendu par celui-ci ; il est donc taxable à la **TVA** (CE 23-10-1998 n° 154039 : RJF 12/98 n° 1406 ; en ce sens également, BOI-TVA-BASE-10-10-50 n° 260). Toutefois, s'inspirant de la solution retenue par la Cour de justice de l'Union européenne pour des arrhes versées lors de réservations hôtelières (CJUE 18-7-2007 aff. 277/05 : RJF 11/07 n° 1363, solution reprise par CE 30-11-2007 n° 263653 : RJF 2/08 n° 129 et à laquelle l'administration s'est ralliée : BOI-TVA-BASE-10-10-50 n° 310), la cour administrative d'appel de Lyon a jugé que l'indemnité d'immobilisation conservée par le vendeur d'un immeuble en cas de défaut de réalisation de la vente du fait de la défaillance de l'acquéreur doit être regardée comme une indemnité forfaitaire visant à réparer le préjudice subi par le vendeur, et comme telle, non soumise à la TVA (CAA Lyon 31-10-2007 n° 06LY00525 : RJF 4/08 n° 420). Ce courant de jurisprudence pourrait laisser présager une évolution de la position du Conseil d'État, qui a déjà étendu la solution retenue par la CJUE à toutes les sommes versées à titre d'arrhes, au sens de l'article 1590 du Code civil, et conservées par les professionnels en cas de dédit de leurs clients (CE 23-11-2015 n° 375764 : RJF 2/16 n° 124).

E. Éléments de formule de contrat préliminaire de Vefa (secteur protégé)

77400 ENTRE LES SOUSSIGNÉS :

La Société…
Société…
au capital de…
dont le siège social est à…
immatriculée au registre du commerce et des sociétés de…
sous le n° …
représentée aux fins des présentes par M…
agissant en qualité de…
dûment habilité à cet effet par…

Ci-après dénommé « le réservant »
D'UNE PART,

ET :

M…
(profession, date et lieu de naissance, domicile)

Ci-après dénommé « le réservataire »
D'AUTRE PART,

IL A ÉTÉ EXPOSÉ ET CONVENU CE QUI SUIT : **77400** (suite)

Article 1 - Projet de construction Le réservant projette d'édifier sur un terrain situé à… *(adresse complète)*, d'une superficie de… m^2 environ, un ensemble immobilier comprenant… *(description de l'ensemble immobilier avec toutes précisions, notamment du nombre de bâtiments, du nombre d'appartements, du nombre de caves et de parkings, de la surface habitable…)*.

Le réservataire, après avoir pris connaissance :

a) de la notice descriptive sommaire ci-annexée (avec indication de la qualité de la construction, de la nature et de la qualité des matériaux et des éléments d'équipement, des équipements collectifs qui présentent une utilité pour la partie de l'immeuble réservée),

b) du plan du lot choisi ci-annexé *(facultatif)*,

c) des plans de la construction ci-annexés *(facultatif)*,

d) du projet de règlement de copropriété ci-annexé *(facultatif)*,

a demandé au réservant de bénéficier de la réservation des lots, désignés dans les conditions particulières stipulées à l'article 9, dépendant de l'ensemble immobilier ci-dessus décrit.

Article 2 - Permis de construire Le projet de construction de l'ensemble immobilier susvisé a fait l'objet d'arrêtés de permis de construire n° … en date des…

Le réservant se réserve expressément la faculté de demander tous permis de construire modificatifs concernant la configuration des bâtiments, leur implantation et leur destination.

Article 3 - Réservation - délai de réalisation Le réservant s'oblige, vis-à-vis du réservataire, à lui réserver et par conséquent à lui proposer la réalisation de la vente des lots désignés dans les conditions particulières stipulées à l'article 9 des présentes, considérés dans leur état futur d'achèvement. Le délai de conclusion de la vente objet de la présente réservation expirera à la date fixée à l'article 9.

Tant que le bénéficiaire n'aura pas renoncé au bénéfice de la présente réservation, le réservant s'interdit de proposer la vente ou de vendre lesdits biens à quelque personne que ce soit avant d'avoir offert au réservataire de les lui vendre même après l'expiration du délai fixé à l'alinéa précédent dans les conditions ci-après indiquées.

Article 4 - Prix *(Sur la mention du prix lorsque l'acheteur se réserve l'exécution de travaux de finition ou d'installation d'équipement, voir n° 76973)*

Le prix prévisionnel de vente du local réservé est indiqué dans les conditions particulières stipulées à l'article 9 des présentes. Ce prix prévisionnel a été établi ce jour en fonction des éléments actuels de calcul du prix de la construction. Il sera révisé selon les dispositions impératives des articles L 261-11-1 et R 261-15 du Code de la construction et de l'habitation. Le prix sera ainsi révisé dans la limite de 70 % de la variation de l'indice BT 01, indice national du bâtiment, publié mensuellement au Journal officiel par le ministre chargé de la construction et de l'habitation, l'indice de base étant le dernier indice publié au jour de la signature du contrat, soit…

> **› Précisions** Préciser le cas échéant les modalités de révision du prix contenues dans la vente projetée.

Article 5 - Prêt Le réservataire indique qu'il entend avoir recours à un (ou des) prêt(s). Le présent contrat est donc conclu sous la condition suspensive légale de l'obtention du (ou des) dit(s) prêt(s) prévue par l'article L 313-41 du Code de la consommation. Il est ici précisé que le (ou les) prêt(s) est (ou seront) réputé(s) obtenu(s) lorsque l'acquéreur aura reçu, dans un délai, non inférieur à un mois de ce jour, expirant le…, une ou des offres de prêt correspondant aux caractéristiques figurant dans les conditions particulières stipulées à l'article 9 des présentes.

Le réservataire s'oblige à constituer son dossier et à le déposer auprès d'un organisme financier, au plus tard dans un délai de huit jours à compter de la demande qui lui en sera faite par le réservant. Il s'engage à fournir toutes justifications au réservant à première demande écrite.

Le réservataire s'oblige à tenir informé le réservant de la réception de toutes offres de prêt dans un délai de huit jours à compter de cette réception.

En cas de refus de prêt, opposé par l'organisme financier auprès duquel il a déposé son dossier, le réservataire s'oblige à laisser au réservant, auquel il donne mandat exprès à cet effet, la possibilité de présenter son dossier à un second établissement choisi par ce dernier aux conditions financières stipulées à l'article 9 des présentes.

77400 (suite) **Article 6 - Conditions de la vente** La vente, si elle se réalise, aura lieu en l'état futur d'achèvement conformément aux dispositions des articles L 261-1, L 261-3 à L 261-14 et R 261-1 à R 261-24 du Code de la construction et de l'habitation. La vente sera, en conséquence, consentie notamment sous les charges et conditions suivantes :

– les locaux vendus seront conformes aux plans et notices descriptives définitifs déposés au rang des minutes du notaire visé dans les conditions particulières stipulées à l'article 9 des présentes, sous réserve d'une tolérance ne pouvant excéder... % de la surface totale, ainsi que des aménagements de détail qu'il serait nécessaire d'apporter à la construction pour des raisons d'ordre technique ou administratif ;

– le réservataire en aura la jouissance à l'achèvement de la construction, il acquittera, à compter du jour de la mise des locaux à sa disposition et dans les conditions prévues par le règlement de copropriété qui sera établi selon les principes d'usage, les fractions des charges communes afférentes aux lots vendus ;

– le réservataire supportera et acquittera tous les droits et taxes, émoluments de notaire, contribution de sécurité immobilière et, d'une manière générale, tous les frais entraînés par la vente ;

– l'acte de vente comportera toutes mentions relatives au permis de construire, et au recours dont il fait l'objet ;

– la vente comportera l'une des garanties prévues par l'article R 261-17 du Code de la construction et de l'habitation.

Article 7 - Conclusion de la vente La vente pourra être conclue au plus tard à la date indiquée dans les conditions particulières stipulées à l'article 9 des présentes. Conformément à l'article R 261-30 du Code de la construction et de l'habitation, le réservant notifiera au réservataire, un mois au moins avant la signature, le projet d'acte de vente. Cette notification sera faite par lettre recommandée avec accusé de réception, qui comportera la date proposée de signature de l'acte authentique de vente.

Si le réservataire fait connaître son intention de ne pas donner suite à la réservation ou s'il ne se présente pas au rendez-vous fixé pour la signature de l'acte authentique, ou si, s'étant présenté, il refuse de signer ou de verser la totalité de la fraction du prix exigible ledit jour, le réservant pourra vendre les lots sus-désignés à toute personne de son choix, et si le réservataire n'est pas en droit de solliciter la restitution du dépôt de garantie, demander au dépositaire l'attribution dudit dépôt entre ses mains.

Article 8 - Dépôt de garantie En contrepartie de la réservation objet du présent contrat, le réservataire verse à... *(nom et adresse d'une banque ou d'un notaire)*, à un compte spécial ouvert à son nom, la somme indiquée dans les conditions particulières stipulées à l'article 9 des présentes, qui restera indisponible, incessible et insaisissable jusqu'à la signature de l'acte de vente conformément à l'article L 261-15 du Code de la construction et de l'habitation, ou sa restitution au réservataire, ou son attribution au réservant.

En cas de signature de la vente, cette somme s'imputera sur la partie payable comptant du prix ci-dessus prévu. À cet effet, lors de la signature de celle-ci, le réservataire remettra au réservant une lettre destinée à la banque donnant instruction à celle-ci de virer cette somme à son profit.

Le dépôt de garantie sera restitué au réservataire :

– dans les cas prévus à l'article R 261-31 du Code de la construction et de l'habitation reproduit ci-après ;

– dans le cas où le réservataire n'aurait pas reçu les offres de prêt répondant aux conditions mentionnées dans les conditions particulières stipulées à l'article 9 des présentes ;

– en cas d'exercice de la faculté de rétractation prévue à l'article 12.

La somme déposée en garantie sera versée et restera acquise au réservant à titre d'indemnité d'immobilisation non révisable, quelle que soit la date de la décision du réservataire de ne pas acquérir dans tous les autres cas.

Article 9 - Conditions particulières *(Sur les mentions et clauses à insérer lorsque l'acheteur se réserve l'exécution de travaux de finition ou d'installation d'équipement, voir n° 76973)*

9.1 Désignation des biens réservés

– Appartement...

Lot n° ... *(et... des parties communes générales : facultatif)*

Bâtiment...

Escalier… 77400 (suite)
Étage…
Porte…
Surface habitable…
Nombre de pièces principales…
– Dépendances et dégagements…
Cave n° …
Situation…
Lot n° … *(et… des parties communes générales : facultatif)*
Emplacement de voiture…
Situation…
Lot n° … *(et… des parties communes générales : facultatif)*
Box…
Situation…
Lot n° … *(et… des parties communes générales : facultatif)*

9.2 Prix

- Appartement et cave :	… €
- Emplacement de voiture :	… €
- Box :	… €
TOTAL :	… €

Le prix est révisable selon les modalités de l'article 4 des présentes.

9.3 Délai de conclusion de la vente

La vente des locaux objet de la présente réservation pourra être conclue au plus tard le…

9.4 Prêts

– Nom des prêteurs : …
– Montant global maximum du ou des prêts sollicités : …
– Durée minimale de chaque prêt : …
– Barème du taux effectif global maximal de l'ensemble des prêts : …

9.5 Dépôt de garantie

– Montant : …
– Mode de paiement : …
– Nom et adresse du dépositaire : …
– Numéro de compte sur lequel le dépôt est versé : …

9.6 Notaire recevant l'acte de vente : ...

Article 10 - Mentions obligatoires Conformément aux dispositions de l'article R 261-27 du Code de la construction et de l'habitation, les articles R 261-28 à R 261-31 dudit Code sont ci-après littéralement reproduits.

Article R 261-28 Le montant du dépôt de garantie ne peut excéder 5 % du prix prévisionnel de vente si le délai de réalisation de la vente n'excède pas un an. Ce pourcentage est limité à 2 % si ce délai n'excède pas deux ans. Aucun dépôt ne peut être exigé si le délai excède deux ans.

Article R 261-29 Le dépôt de garantie est fait à un compte spécial ouvert au nom du réservataire dans une banque ou un établissement spécialement habilité à cet effet ou chez un notaire. Les dépôts des réservataires des différents locaux composant un même immeuble ou un même ensemble immobilier peuvent être groupés dans un compte unique spécial comportant une rubrique par réservataire.

Article R 261-30 Le réservant doit notifier au réservataire le projet d'acte de vente un mois au moins avant la date de la signature de cet acte.

Article R 261-31 Le dépôt de garantie est restitué, sans retenue ni pénalité, au réservataire :

a) si le contrat de vente n'est pas conclu du fait du vendeur dans le délai prévu au contrat préliminaire,

b) si le prix de vente excède de plus de 5 % le prix prévisionnel, révisé le cas échéant, conformément aux dispositions du contrat préliminaire.

Il en est ainsi quelles que soient les autres causes de l'augmentation du prix, même si elles sont dues à une augmentation de la consistance de l'immeuble ou à une amélioration de sa qualité,

 © Éd. Francis Lefebvre

c) si le ou les prêts prévus au contrat préliminaire ne sont pas obtenus ou transmis, ou si leur montant est inférieur de 10 % aux prévisions dudit contrat,

d) si l'un des éléments d'équipement prévus au contrat préliminaire ne doit pas être réalisé,

e) si l'immeuble ou la partie d'immeuble ayant fait l'objet du contrat présente dans sa consistance ou dans la qualité des ouvrages prévus une réduction de valeur supérieure à 10 %.

Dans les cas prévus au présent article, le réservataire notifie sa demande de remboursement au vendeur et au dépositaire par lettre recommandée avec demande d'avis de réception.

Sous réserve de la justification par le déposant de son droit à restitution, le remboursement intervient dans le délai maximal de trois mois à dater de cette demande.

Article 11 - État des risques naturels et technologiques (*à insérer dans le cas où le terrain d'assiette du programme est situé dans une zone à risques*) En application des articles L 125-5 et R 125-23 s. du Code de l'environnement, est annexé au présent contrat un état informant le réservataire de l'existence des risques naturels et technologiques auxquels le terrain d'assiette des biens objets de la présente réservation est exposé.

Article 12 - Termites (*à insérer dans le cas où le terrain d'assiette du programme est situé dans une zone contaminée*) En application des articles L 126-24 et L 271-4-I, al. 3 s. du CCH, un état relatif à la présence de termites datant de moins de six mois a été établi par un expert répondant aux exigences posées par les articles L 271-6, R 271-1 et R 271-2 du CCH, ainsi qu'il résulte de l'attestation ci-annexée.

Article 13 - Installation classée (*à insérer dans le cas où le terrain d'assiette du programme est situé dans une zone ayant fait l'objet d'une installation classée*) Conformément à l'article L 514-20 du Code de l'environnement, le réservant déclare qu'une installation classée a été exploitée sur le terrain où se situe l'immeuble réservé, objet du contrat et informe le réservataire de ce qui suit : *Énoncer les études environnementales et mesures de dépollution.*

Article 14 - Élection de domicile Pour l'exécution des présentes et en cas de litige, les parties font élection de domicile en leur adresse respective.

Article 15 - Délai de rétractation Conformément à l'article L 271-1 du Code de la construction et de l'habitation, le présent contrat préliminaire de vente en l'état futur d'achèvement ne deviendra définitif qu'au terme d'un délai de dix jours à compter du lendemain de la première présentation de la lettre notifiant le présent contrat de réservation au réservataire adressé sous pli recommandé avec demande d'avis de réception par le réservant.

Le réservataire, non professionnel, a la faculté pendant ce délai de dix jours de se rétracter. Cette faculté de rétractation peut être exercée avant l'expiration de ce délai par lettre recommandée avec demande d'avis de réception.

Fait à
le…
en… exemplaires.
Le RÉSERVANT

Le RÉSERVATAIRE

II. CONTRAT DÉFINITIF

A. Conclusion du contrat définitif

77570 La vente peut être conclue avant tout commencement des travaux, le vendeur devant justifier d'une **garantie bancaire** d'achèvement ou de remboursement (nos 77900 s.).

77575 Bien entendu, il résulte de la définition de la vente en l'état futur d'achèvement, comme du mécanisme même de la vente à terme, que la vente ne peut pas s'envisager avant que le vendeur ait **acquis le terrain** – support des futures constructions – et, pour le moins, qu'il ait **obtenu le permis de construire** de celles-ci.

> **Précisions a.** Dans la **vente en l'état futur d'achèvement,** le texte même de l'article 1601-3 du Code civil indique que le vendeur transfère immédiatement à l'acheteur ses droits sur le sol. Dans la **vente à terme,** la rétroactivité du transfert de propriété au jour de la vente (n° 75910) paraît difficile à concevoir si, au jour de cette vente, le vendeur n'était pas encore propriétaire du terrain.
> **b.** Dès lors que la **péremption du permis de construire** est **imminente,** ni la déclaration d'ouverture de chantier ni l'existence d'une garantie financière d'achèvement ne dispensent le notaire de vérifier le commencement effectif des travaux au jour de la vente (Cass. ass. plén. 5-12-2014 n° 13-19.674 PBRI : BPIM 1/15 inf. 82).
> **c.** Pour pallier les difficultés liées à la **purge des recours contre les autorisations d'urbanisme,** l'assurance permis de construire s'est développée (Assurance contre les recours : qu'est-ce que la garantie permis de construire ? : BPIM 5/20 inf. 290 ; La garantie permis de construire est-elle une solution ? : SNH 22/24 inf. 13).

B. Forme du contrat définitif

Le contrat de vente d'immeubles à construire du secteur protégé doit être conclu par **acte authentique** (CCH art. L 261-11, al. 1). C'est un contrat solennel ; la conclusion par acte notarié conditionne la validité du contrat. Une vente d'immeubles à construire du secteur protégé conclue sous signature privée est nulle (CA Versailles 3e ch. 23-10-1992 : Juris-Data n° 046185) et ne peut produire aucun effet (Cass. 3e civ. 2-3-1994 : RDI 1995 p. 115). 77650

> **Précisions a.** Une vente ordinaire d'immeuble peut être conclue par **acte sous signature privée** ou même **verbalement** (mais avec tous les dangers que cela comporte, s'agissant du problème de la preuve). Pour ce type de vente, le contrat est établi, ou réitéré, par acte authentique uniquement pour permettre de procéder aux formalités de publicité foncière afin qu'il soit opposable aux tiers, ainsi qu'aux formalités fiscales (enregistrement et impôt sur la plus-value).
> **b.** Une vente d'immeubles à construire du secteur protégé conclue sous signature privée ne peut valoir **avant-contrat,** puisqu'en cette matière le seul avant-contrat possible est le contrat préliminaire (n° 76870), et que toute autre promesse d'achat ou de vente est nulle (CCH art. L 261-15, al. 5).
> **c.** Les dispositions relatives au **délai de rétractation** ou au délai de **réflexion** ne s'appliquent pas au contrat définitif de vente d'immeubles à construire s'il a été précédé d'un contrat préliminaire. En l'absence de contrat préliminaire, le délai de réflexion devra être mis en œuvre (voir n° 77240).

C. Contenu du contrat définitif

Pour une part importante, le contenu de l'acte de vente est déterminé par les dispositions légales et réglementaires destinées à assurer la protection de l'acquéreur. 77750

MENTIONS OBLIGATOIRES DU CONTRAT DÉFINITIF

L'article L 261-11 du CCH impose d'inclure dans l'**acte authentique** de vente « la description de l'immeuble ou de la partie d'immeuble vendu, son prix et les modalités de paiement de celui-ci, le délai de livraison ». Ce même texte exige que le contrat comporte en annexe, ou par référence à des documents déposés chez un notaire, « les **indications** utiles relatives à la **consistance** et aux **caractéristiques techniques** de l'immeuble ». Doit également être annexée au contrat l'**attestation de la garantie d'achèvement** ou de remboursement établie par le garant. Enfin, dans le cas où l'acquéreur s'est réservé, aux termes du contrat préliminaire, l'exécution de travaux de finition ou d'installation d'équipements et n'a pas renoncé à cette faculté (voir n° 76973), l'acte de vente doit comporter la description de ces **travaux réservés** (CCH art. L 261-11). 77755

L'inobservation des mentions obligatoires du contrat de vente en l'état futur d'achèvement en secteur protégé entraîne la **nullité** du contrat. Cette nullité ne peut être invoquée que par l'acheteur et avant l'achèvement des travaux (CCH art. L 261-11). La condition d'inachèvement doit être appréciée à la date de l'acte introductif d'instance (Cass. 3e civ. 30-9-2015 n° 14-12.845 FS-PB : BPIM 6/15 inf. 391).

Ces exigences s'imposent évidemment, dès lors qu'il s'agit de vendre un bien qui n'existe pas encore et qui sera payé au fur et à mesure de son édification, sans que l'acheteur ait pu le connaître physiquement à l'avance.

Ces indications sont prises en compte pour apprécier l'obligation de délivrance du vendeur et donc la conformité contractuelle de l'immeuble (nos 78900 s.).

77760 Pour l'application des dispositions de l'article L 261-11 (n° 77755), la **consistance de l'immeuble** vendu résulte des plans, coupes et élévations avec les cotes utiles et l'indication des **surfaces** de chacune des pièces et des dégagements (CCH art. R 261-13). S'agissant de caractéristiques qui sont comparées aux prévisions du contrat préliminaire, il semble à notre avis qu'il s'agisse de l'indication de la « surface habitable approximative » évoquée à l'article R 261-25 du CCH. La surface habitable d'un logement est la surface de plancher construite, après déduction des surfaces occupées par les murs, cloisons, marches et cages d'escaliers, gaines, embrasures de portes et de fenêtres. Il n'est pas tenu compte de la superficie des combles non aménagés, caves, sous-sols, remises, garages, terrasses, loggias, balcons, séchoirs extérieurs au logement, vérandas, volumes vitrés prévus à l'article R 155-1, locaux communs et autres dépendances des logements, ni des parties de locaux d'une hauteur inférieure à 1,80 mètre (CCH art. R 156-1).

> Précisions a. La **loi Carrez** imposant de mentionner la superficie de la partie privative d'un lot de copropriété dans tout contrat en constatant la vente (Loi 65-557 du 10-7-1965 art. 46, al. 1 à 3 ; voir Mémento Gestion immobilière n°s 37120 s.) n'est pas applicable en cas de vente en l'état futur d'achèvement (Cass. 3e civ. 11-1-2012 n° 10-22.924 : Bull. civ. III n° 5, BPIM 2/12 inf. 126, énonçant la solution de manière indirecte). Certaines cours d'appel adoptent cependant une position inverse (voir CA Lyon 27-11-2012 n° 11/04200 : Constr.-urb. 2013 n° 44). La Cour de cassation a indiqué récemment que la surface du bien stipulée dans l'acte de Vefa s'entend de la surface habitable au sens de l'article R 156-1 du CCH (anciennement R 111-2), excluant les locaux d'une hauteur sous plafond inférieure à 1,80 mètre (Cass. 3e civ. 18-3-2021 n° 19-24.994 FS-P : BPIM 3/21 inf. 194). La hauteur n'est pas le seul élément qui est désormais contraint. Aucun des éléments exclus par l'article R 156-1 du CCH du calcul de la superficie ne peut entrer dans l'appréciation de la surface habitable et, notamment, les vérandas et surfaces vitrées (en ce sens, H. Perinet-Marquet, Appréciation de la conformité dans la Vefa : Defrénois 2021 n° 37 p. 36).

En tout état de cause, une vente d'immeubles à construire peut être **conventionnellement** soumise à la loi Carrez dès lors que les dispositions de ce texte sont plus favorables à l'acquéreur sans être contraires aux textes réglementant cette vente spécifique. La simple mention dans l'acte que la superficie du lot vendu répond aux caractéristiques de l'article 46 de la loi de 1965 a ainsi pour effet d'ouvrir à l'acquéreur la protection et l'action prévue par ce texte (CA Versailles 4e ch. 21-5-2001 : Gaz. Pal. 12-1-2002 p. 25).

b. La loi n'impose pas d'accompagner l'acquisition des surfaces principales de celle des **parkings** correspondants, même si leur réalisation a été imposée lors de la délivrance du permis en fonction du nombre et/ou de la superficie desdites surfaces principales. Postérieurement à cette réalisation, la cession, éventuelle, de ces aires de stationnement, en propriété ou en jouissance, relève du droit privé et n'est pas contrôlée au titre d'une réglementation de droit public, telle que celle de l'urbanisme (Rép. Galametz : AN 20-7-1992 p. 3275 n° 10463).

77765 Si cet immeuble est compris dans un ensemble immobilier, ces indications doivent être complétées par un **plan** faisant apparaître le nombre de bâtiments de cet ensemble, leur emplacement et le nombre d'étages de chacun d'eux.

Les **caractéristiques techniques** résultent du devis descriptif servant de base aux marchés ou d'une notice descriptive conforme à un modèle type agréé par arrêté ministériel du 10 mai 1968 (JO 29-6). Les indications de cette notice ont une valeur contractuelle (voir n° 78940).

Ces documents s'appliquent au local vendu, à la partie de bâtiment ou au bâtiment dans lequel il se trouve et aux équipements extérieurs et réseaux divers qui s'y rapportent.

Un **plan coté** du local vendu et une **notice** indiquant les éléments d'équipement propres à ce local doivent être annexés au contrat de vente.

MODIFICATION DES CARACTÉRISTIQUES À L'INITIATIVE DE L'ACQUÉREUR

77770 Si des **travaux supplémentaires** sont prévus, ils doivent faire l'objet d'une commande par l'acquéreur. À défaut, le vendeur ne peut pas en réclamer le paiement faute de pouvoir prouver qu'ils ont été voulus et commandés par l'acquéreur (Cass. 3e civ. 17-2-1999 n° 97-16.578 : Constr.-urb. 1999 n° 233).

Les travaux supplémentaires qui n'ont pas été inclus dans l'acte de vente sont **hors** du **contrat d'origine** ; ils doivent donc être réglés au fur et à mesure de leur exécution (Cass. 3e civ. 17-3-1999 n° 95-19.527 : Bull. civ. III n° 70).

De tels travaux échappent donc, d'une part, à la nécessité de conclusion par acte authentique et, d'autre part, aux modalités impératives d'échelonnement des paiements. Dissociée du contrat d'origine, la convention d'exécution de tels travaux est un louage d'ouvrage.

Dans le cas où le vendeur envisage d'autoriser l'acquéreur à réaliser de tels travaux sous sa propre maîtrise d'ouvrage, les difficultés inhérentes à la coexistence de telles interventions conduisent en pratique à privilégier la solution d'une délégation de maîtrise d'ouvrage par l'acquéreur au vendeur.

La modification de certaines caractéristiques à l'initiative de **l'acquéreur** est susceptible d'entraîner la **responsabilité** de ce dernier à l'égard des autres acquéreurs (Cass. 3e civ. 15-11-2000 no 98-16.449 : Constr.-urb. 2001 no 25, s'agissant du remplacement de la moquette par des dalles de marbre). La responsabilité du vendeur, tant à l'égard de l'acquéreur ayant demandé la modification qu'à l'égard de ceux qui en subissent les conséquences néfastes, n'est pas plus exclue en pareil cas ; en effet le vendeur en l'état futur d'achèvement conserve la maîtrise de l'ouvrage jusqu'à l'achèvement de l'immeuble (nos 75810 s.).

ATTENTION

Les travaux supplémentaires sont **à distinguer** des travaux de finition ou d'installation d'équipements **réservés** par l'acheteur au stade du contrat préliminaire (voir no 76973).

REMISE DE PIÈCES

Le vendeur doit également remettre à l'acquéreur, au moment de la signature de l'acte de vente, le **règlement de copropriété.** Ce document doit avoir été communiqué préalablement à l'acquéreur (CCH art. L 261-11). Les actes de vente portent habituellement la reconnaissance, par l'acquéreur, de cette communication préalable. **77775**

Le règlement de copropriété ainsi que l'état descriptif de division définissent la destination de l'immeuble et en fixent la « conformité contractuelle ».

En cas de vente d'une partie d'immeuble, l'acte peut ne contenir que les indications (notamment de description et de consistance) qui concernent la **partie vendue** – les autres précisions exigées par la loi devant alors figurer dans un document annexé à l'acte ou dans un document déposé au rang des minutes du notaire (CCH art. L 261-11). **77780**

Cette disposition s'applique aussi à toutes les indications et composantes obligatoires de l'acte de vente, et notamment :

– aux modalités de paiement du prix (nos 78300 s.) ;

– aux modalités de la garantie d'achèvement (nos 78030 s.).

L'application de ces dispositions est assez malaisée **en pratique,** les opérateurs étant partagés entre la commodité de rédiger un document général valable pour toutes les ventes – document qui est alors volumineux et de lecture difficile pour les acquéreurs – et le désir d'informer au mieux chaque acquéreur, ce qui conduit à étoffer l'acte proprement dit et à minimiser l'annexe commune. La première tendance semble cependant dominer dans les programmes d'immeubles collectifs.

MODALITÉS DE RÉVISION DU PRIX

La révision du prix d'une vente en l'état futur d'achèvement ou à terme est une **faculté,** non une obligation. Mais si le prix est révisé, il ne peut l'être que selon des modalités précises et définies par des textes, qui sont d'ordre public dès lors que l'on se situe dans le **secteur protégé** de la vente d'immeubles à construire. **77785**

Les **règles de révision** du prix sont fixées par les articles L 261-11-1 et R 261-15 du CCH. Ces règles sont les suivantes :

– l'**indice de révision** ne peut être que l'indice BT 01, index national du bâtiment tous corps d'état, publié mensuellement au Journal officiel par le ministre chargé de la construction et de l'habitation ;

– la révision ne peut être faite que dans la limite de 70 % de la **variation** de cet indice ;

– l'**indice de base** est le dernier indice publié au jour de la signature du contrat. La variation prise en compte résulte de la comparaison de cet indice avec le dernier indice publié avant la date de chaque paiement ou dépôt.

› Précisions Le terme « contrat » figurant dans l'article L 261-11-1 vise le contrat de vente. Il n'apparaît donc plus possible désormais de se référer à un indice antérieur à la signature du contrat de vente, même si celle-ci a été précédée d'un contrat préliminaire. Toutefois, si la vente a été précédée d'un **contrat préliminaire** dans lequel il a été indiqué que le prix avait un caractère **prévisionnel,** le prix pourra être réajusté au jour de la vente. Il pourra ensuite faire l'objet d'une révision dans les conditions susvisées. Il est donc possible de prévoir :

– dans le contrat préliminaire, la révision du prix fixé de manière prévisionnelle ;

– dans la vente, la révision du prix déterminé en fonction du contrat préliminaire.

La révision de prix, au niveau du contrat préliminaire, doit se faire en fonction de la variation de l'indice BT 01, à concurrence seulement de 70 %, l'indice de base étant le dernier publié au jour du contrat préliminaire. Le projet notifié au réservataire devra donc mentionner le prix de vente, déterminé sur la base du prix du contrat préliminaire révisé en fonction du dernier indice publié au jour de la notification.

Il n'est pas interdit, semble-t-il, de prévoir non pas une révision du prix mentionné au contrat préliminaire, mais une **actualisation** au jour de la vente. Toutefois, si le prix ainsi actualisé dépasse de plus de 5 % le prix mentionné au contrat préliminaire, le réservataire pourra décider de ne pas acquérir et exiger la restitution du dépôt de garantie.

D. Cession du contrat de vente d'immeubles à construire

77790 **Conditions de la cession** L'acheteur peut céder **à un tiers** son contrat de vente d'immeubles à construire (C. civ. art. 1601-4, al. 1 ; CCH art. L 261-4). La cession substituant de plein droit le cessionnaire dans les obligations de l'acquéreur envers le vendeur, l'acheteur n'a pas besoin de solliciter l'accord du vendeur, ni même lui signifier sa décision de cession. Il s'agit bien d'une cession de contrat et non d'une cession de créance. Elle présente toutefois un danger pour le vendeur dès lors qu'il ne peut vérifier la solvabilité du cessionnaire (voir notamment M. Vion, La cession de contrat de vente d'immeubles à construire : Defrénois 1977 art. 31440 p. 833).

> **Précisions** **a. En dehors du secteur protégé,** le contrat de vente peut prévoir qu'en cas de cession le consentement du vendeur sera nécessaire. Le vendeur peut aussi aménager une solidarité entre le premier acheteur et son cessionnaire pour le paiement du solde du prix, mais il est impossible d'exclure la possibilité de céder le contrat.
> **b.** La substitution de plein droit s'applique à **toute mutation** entre vifs, volontaire ou forcée ou à cause de mort (C. civ. art. 1601-4, al. 3).
> **c.** Les dispositions de l'article 1601-4 du Code civil sont inapplicables **lorsque l'immeuble est achevé,** l'exécution des travaux de construction entraînant transfert de propriété indépendamment du paiement de la fraction du prix correspondant (Cass. 3e civ. 23-10-2002 no 98-18.109 FS-PB : RJDA 2/03 inf. 129 ; Defrénois 2003 art. 37683 p. 335 obs. H. Périnet-Marquet).

77795 **Fiscalité** L'administration considère que la cession, par un assujetti, d'un contrat de vente en l'état futur d'achèvement (Vefa) **avant l'achèvement** des constructions envisagées est taxable à la TVA en tant que terrain à bâtir. Le contrat de Vefa est constitutif de droits réels immobiliers portant sur un terrain à bâtir ainsi que sur la créance d'achèvement de la construction future (BOI-RES-TVA-000064). Prise dans le cadre d'une opération immobilière réalisée dans le **secteur du logement intermédiaire** bénéficiant du taux de TVA de 10 %, cette position méritera d'être confirmée quant à sa portée. L'administration se fonde sur le fait qu'un immeuble inachevé cédé au cours d'une opération de construction nouvelle inaboutie (assez, à tout le moins, pour n'être utilisable d'aucune façon) ne saurait être assimilé à un immeuble neuf dès lors qu'on ne peut soutenir qu'il résulte d'une construction nouvelle, alors que le résultat attendu de l'autorisation de construire n'est pas encore atteint (BOI-TVA-IMM-10-10-10-20 no 300). L'administration précise à cet égard que l'**assiette de la taxe** est limitée, en pratique, à la valeur du terrain à bâtir qui comprend le sol et les constructions en cours d'édification, non achevées. La créance d'achèvement de l'immeuble à construire n'est théoriquement pas monétisée dans la mesure où les appels de fonds seront versés au promoteur par le nouveau détenteur du contrat (le cessionnaire) au fur et à mesure de l'avancement des travaux.

III. GARANTIE FINANCIÈRE D'ACHÈVEMENT OU DE REMBOURSEMENT

PRÉSENTATION GÉNÉRALE

77900 Le vendeur doit garantir l'achèvement de l'immeuble à construire, ou le remboursement des versements effectués par l'acheteur en cas de résolution du contrat pour défaut d'achèvement, lorsque la **vente** a lieu **en l'état futur d'achèvement** (CCH art. L 261-10-1). Les articles R 261-17 s. du CCH organisent et détaillent le régime de ces garanties financières d'achèvement et de remboursement, appelées encore aujourd'hui « garanties extrinsèques », qui sont obligatoires à peine de nullité.

Dans la **vente à terme,** le prix est payé au vendeur à la livraison de l'immeuble achevé. L'acquéreur ne court pas de risque financier si le vendeur est défaillant. Aucune garantie n'est nécessaire pour le protéger.

> Précisions La garantie d'achèvement résultant des conditions propres à l'opération de construction (appelée garantie intrinsèque) ne peut plus être proposée par un promoteur. Elle a été supprimée pour les opérations dont la **demande de permis de construire** a été **déposée depuis le 1er janvier 2015** (Ord. 2013-890 du 3-10-2013 prise en application de la loi 2013-569 du 1-7-2013 ; Décret 2016-359 du 25-3-2016). Sur le régime de cette garantie intrinsèque, voir Mémento Urbanisme Construction 2017 nos 77950 s.

SUBSTITUTION DE GARANTIE EN COURS DE CONTRAT

Si le contrat a prévu cette faculté, le vendeur et le garant peuvent **substituer** la garantie finan- 77905
cière d'achèvement à la garantie financière de remboursement et inversement (CCH art. R 261-23). Il est indispensable que le **contrat** ait prévu cette faculté de substitution, à défaut de quoi elle est impossible. C'est ainsi qu'une cour d'appel a refusé le remboursement de ses versements à un acheteur qui ne bénéficiait que d'une garantie d'achèvement, sans faculté de substitution (CA Aix-en-Provence 5-12-1978). De même, si le contrat a prévu la faculté de substituer une garantie de remboursement à une garantie d'achèvement, mais que le vendeur n'a pas usé de cette faculté, le garant du financement de l'achèvement ne saurait être obligé de rembourser, in solidum avec le vendeur, les versements effectués par les acquéreurs en cas de résolution de la vente (Cass. 3e civ. 7-5-2008 no 07-11.390 : Bull. civ. III no 75).

A. Garantie financière d'achèvement de l'immeuble

FORME DE LA GARANTIE

Cette garantie, communément dénommée **« garantie extrinsèque »,** par opposition à 78030
l'ancienne garantie « intrinsèque » (voir no 77900), prend la forme (CCH art. R 261-21) :
– soit d'une convention d'**ouverture de crédit,** par laquelle l'établissement financier s'oblige à avancer au vendeur, ou à payer pour son compte, les sommes nécessaires à l'achèvement de l'immeuble. Cette convention doit stipuler au profit de l'acquéreur, ou du sous-acquéreur, le droit d'en exiger l'exécution ;
– soit d'une convention dite de **« cautionnement »,** la caution s'obligeant envers l'acquéreur à payer les sommes nécessaires à l'achèvement de l'immeuble.

L'acte de vente justifiera de la garantie, une attestation établie par le garant y étant annexée (CCH art. L 261-11, al. 1-d).

Les **organismes d'HLM** doivent justifier d'une garantie extrinsèque spécifique accordée par la Société de garantie des organismes d'habitation à loyer modéré (CCH art. L 453-3 et R 261-24-1).

> Précisions **a.** Les **organismes financiers** admis à garantir, sous l'une ou l'autre de ces deux formes, l'achèvement des immeubles ou fractions d'immeubles vendus en l'état futur d'achèvement sont les banques, les établissements financiers habilités à faire des opérations de crédit immobilier, les entreprises d'assurance agréées à cet effet, et les sociétés de caution mutuelle (CCH art. R 261-17).

b. Un mécanisme de **garantie des cautions** existe pour pallier la défaillance éventuelle de l'établissement financier cautionnant l'achèvement de l'immeuble (voir no 80545).

c. En dépit de son intitulé, la garantie extrinsèque d'achèvement sous forme de caution est une **garantie autonome.** L'obligation du garant, indépendante de celle du vendeur, ne disparaît pas du fait du redressement ou de la liquidation du vendeur (Cass. 3e civ. 12-3-1997 no 95-13.213 : RJDA 6/97 no 825).

d. Le garant intervenu pour assurer l'achèvement de la construction peut se retourner contre le vendeur défaillant pour lui réclamer le **remboursement des sommes** versées au titre de la garantie (C. mon. fin. art. L 313-22-1 et C. ass. art. L 443-1).

DÉCLENCHEMENT DE LA GARANTIE

La garantie financière d'achèvement peut être mise en œuvre par l'acquéreur en cas de 78032
défaillance financière du vendeur, caractérisée par une absence de disposition des fonds nécessaires à l'achèvement de l'immeuble (CCH art. L 261-10-1, al. 2). A priori, dans une telle situation, le vendeur fait ou va faire l'objet d'une procédure collective. Pour autant, les textes n'imposent pas d'attendre l'ouverture d'une telle procédure pour pouvoir actionner la garantie (en ce sens, V. Zalewski-Sicard, La Vefa après la loi Élan : BPIM 1/19 inf. 2). S'agissant de la preuve de la défaillance financière, il semble qu'elle repose sur les acheteurs qui voudront mettre en œuvre la garantie ; la collaboration du garant sera toutefois nécessaire puisque l'acheteur

ne dispose d'aucun document permettant de l'établir (en ce sens, M. Faure-Abbad, L'impact de la loi Élan sur les contrats spéciaux de construction immobilière : RDI 2019 p. 17).

En refusant de mettre en œuvre la garantie d'achèvement dès qu'il a connaissance de la défaillance financière du vendeur, le garant commet une faute qui engage sa responsabilité quasi délictuelle (Cass. 3e civ. 26-11-2014 no 13-25.534 FS-PBI : BPIM 1/15 inf. 41 ; Cass. 3e civ. 29-10-2015 no 14-19.208 FS-D, décisions rendues avant la loi Élan 2018-1021 du 23-11-2018 mais à notre avis transposables).

ÉTENDUE DE L'ENGAGEMENT DU GARANT

78035 De la définition même de la garantie d'achèvement, il résulte nécessairement que cette garantie ne peut être limitée ni dans le **temps** ni surtout dans son **montant.**

La convention conclue entre le vendeur et le garant pour la mise en place de cette garantie contient un chiffrage de cette dernière. Mais c'est dans le seul but d'asseoir la rémunération du garant et d'évaluer les sûretés prises par ce dernier pour se contre-garantir.

En cas de modification du programme ayant donné lieu à un permis modificatif sans l'accord de l'organisme garant, celui-ci est fondé à prétendre que sa garantie est de ce fait devenue caduque (T. com. Paris 7-2-2003, Crédit agricole c/ Sci Les Terrasses des Glaciers).

Sur l'obligation d'information du vendeur envers le garant lorsque l'acheteur se réserve l'exécution de certains travaux, voir no 76973, Précisions, b.

78040 Le garant financier doit, le cas échéant, **verser les sommes nécessaires** à la réalisation des travaux jusqu'à ce que l'achèvement puisse être constaté (Rép. Barel : AN 13-12-1975 p. 9776 no 23587). Il garantit le financement de l'achèvement et non l'achèvement lui-même (Cass. 3e civ. 21-2-1979 : RDI 1979 p. 478). S'il n'est pas personnellement tenu de réaliser l'ouvrage, il a néanmoins l'obligation de financer le solde des travaux même s'il rencontre des difficultés sérieuses d'exécution liées à la procédure collective ; à défaut, il commet une faute (Cass. 3e civ. 15-6-2000 no 98-22.817, Caisse fédérale de Crédit mutuel du Nord de la France c/ Groussard). En cas de redressement ou de liquidation judiciaire du vendeur, la garantie subsiste et l'acquéreur est dispensé de la déclaration préalable de sa créance (Cass. 3e civ. 12-3-1997 no 95-13.213 : RJDA 6/97 no 825).

Le garant financier de l'achèvement peut faire désigner un administrateur ad hoc par ordonnance sur requête. Celui-ci, disposant des pouvoirs du maître de l'ouvrage, a pour mission de faire **réaliser les travaux nécessaires** à l'achèvement de l'immeuble (CCH art. L 261-10-1, al. 3). Réputé constructeur, il dispose d'une assurance de responsabilité en application de l'article L 241-2 du Code des assurances. Sa rémunération est à la charge du garant. Intervenant au lieu et place du maître de l'ouvrage, l'administrateur ad hoc peut ainsi solliciter la prorogation d'un permis de construire venant à expiration, et ainsi éviter l'impossible achèvement des travaux (J.-M. Berly, M. Lemue, GFA et permis de construire : une construction non achevée ! : RDI 2022 p. 97).

Lorsque sa garantie est mise en œuvre, le garant financier de l'achèvement est seul fondé à exiger de l'acquéreur le paiement du solde du prix de vente, même si le vendeur fait l'objet d'une procédure collective (CCH art. L 261-10-1, al. 4).

> **Précisions** **a.** Les établissements qui sont garants de l'achèvement de la construction sont tenus solidairement au paiement de la **taxe d'aménagement** (CGI art. 1691 bis A).
>
> **b.** Le **banquier,** tenu par son engagement à faire en sorte que l'immeuble soit achevé, est souvent amené à prendre diverses initiatives, pour parer à la défaillance du vendeur. Il n'en devient pas pour autant maître d'ouvrage (TGI Nice 18-9-1974, inédit). Il n'appartient pas à la banque de s'immiscer dans les opérations de construction pour vérifier le bon déroulement du chantier (Cass. 3e civ. 17-3-1999 no 97-12.706 : Bull. civ. III no 71).
>
> **c.** Le banquier garant répond du financement nécessaire à l'achèvement, et non des **vices ou malfaçons** constatés lors de cet achèvement (Cass. 3e civ. 7-7-1981, Synd. copr. Résidence de France). De même, il ne répond pas du **retard** dans l'exécution par rapport aux prévisions d'origine (Cass. 3e civ. 21-2-1979 : Bull. civ. III no 48).
>
> **d.** Le **constructeur,** tant qu'il reste propriétaire de tout ou partie de l'immeuble, est fondé à en poursuivre le financement contre le banquier garant (Cass. 3e civ. 5-12-1978 : Bull. civ. III no 362). Mais l'entrepreneur ne le peut pas si les acheteurs ne l'exigent pas (CA Paris 19-12-1985, Di Dio).
>
> **e.** La garantie financière d'achèvement résultant d'une ouverture de crédit est destinée à assurer la protection des acquéreurs, ce qui exclut qu'un **entrepreneur** demande à la banque garante le paiement des travaux (Cass. 3e civ. 8-12-1981 : Bull. civ. III no 204). Il ne semble toutefois pas exclu que les entrepreneurs impayés puissent mettre en œuvre l'ouverture de crédit par l'**action oblique** prévue à l'article 1341-1 du Code civil (même arrêt). Mais cela suppose que la garantie financière d'achèvement ne soit pas éteinte (voir nos 78050 s.).
>
> **f.** Le garant couvre les engagements souscrits par le vendeur envers les acquéreurs indépendamment des termes de la **convention préalable**

qui le lie audit vendeur (Cass. 1e civ. 28-10-1981 : RDI 1982 p. 526).

g. Le mécanisme de la **substitution de garantie** permet au garant de fournir dans un premier temps une garantie de remboursement de la partie de prix versée, puis d'y substituer, lorsque 50 % du prix a été versé par l'acquéreur, une garantie de financement de l'achèvement de telle sorte qu'à aucun moment l'engagement du garant n'excède en réalité 50 % du coût prévisionnel de construction (hors dépassement éventuel).

h. Dès lors que la vente à une personne d'un local brut de tous travaux et à une autre des aménagements et agencements de ce local correspond à une **opération immobilière unique et indissociable,** l'engagement du garant couvre nécessairement l'achèvement complet des lots que le vendeur s'est engagé à livrer (Cass. 3e civ. 3-5-2001 no 99-18.139 : Bull. civ. III no 55).

i. La garantie ne couvre pas les travaux de **parachèvement** de l'immeuble.

j. Le garant qui finance l'achèvement d'une construction vendue en l'état futur est seul fondé à exiger de l'acquéreur le paiement du solde du prix de vente, mais doit prouver que les **sommes réclamées correspondent aux travaux** qu'il a financés pour parvenir à l'achèvement (Cass. 3e civ. 11-5-2023 no 22-13.696 FS-B : BPIM 3/23 inf. 195).

RÉSOLUTION DE LA VENTE

Le bénéfice d'une garantie financière d'achèvement ne prive pas l'acquéreur de demander la résolution de la vente si le vendeur ne satisfait pas à ses obligations (CA Paris 16-6-1998 : Constr.-urb. 1998 no 405). 78045

Toutefois, en demandant la résolution de la vente, l'acquéreur court le **risque** que le vendeur ne puisse pas restituer toutes les sommes perçues depuis la conclusion de la vente. En effet, le garant du financement de l'achèvement ne peut pas être actionné en remboursement de la partie de prix perçue dans le cas où la vente vient à être résolue pour défaut d'achèvement. La garantie de financement de l'achèvement est exclusive de la garantie de remboursement (Cass. 3e civ. 17-3-1999 no 97-12.706 : Bull. civ. III no 71).

EXTINCTION DE LA GARANTIE FINANCIÈRE D'ACHÈVEMENT

La garantie d'achèvement prend fin à l'**achèvement** de l'immeuble, tel que **défini** à l'article R 261-1 du CCH (no 78450). Elle ne peut donc plus être actionnée après la réception des appartements et des parties communes (Cass. 3e civ. 1-6-2022 no 20-18.958 F-D : BPIM 4/22 inf. 293). 78050

L'achèvement résulte de la **constatation** qui en est faite (CCH art. R 261-24) :

– soit par une personne qualifiée désignée par ordonnance sur requête du président du tribunal judiciaire du lieu de situation de l'immeuble ;

– soit par un organisme de contrôle indépendant ou un homme de l'art. Lorsque le vendeur assure lui-même la maîtrise d'œuvre, la constatation est faite par un organisme indépendant. Depuis le 1er juillet 2016, la personne ou l'organisme qui constate l'achèvement doit remettre au vendeur une **attestation d'achèvement,** en trois exemplaires originaux, établie conformément à un modèle défini par arrêté du ministre chargé du logement (Arrêté LHAL1609243A du 17-5-2016). Le vendeur remet l'un des trois exemplaires de cette attestation à l'organisme garant et un autre au notaire chargé de la vente (CCH art. R 261-24).

› Précisions **a.** Ne constituent pas une **personne qualifiée** un administrateur judiciaire (CA Aix-en-Provence 3e ch. civ. 19-9-2002 : Constr.-urb. 2003 no 198), un bureau de contrôle (CA Aix-en-Provence 3e ch. 29-11-2001 : Constr.-urb. 2003 no 198) ou le maître de l'ouvrage exerçant également la fonction de maître d'œuvre (Cass. 3e civ. 6-7-2005 no 04-12.571 : Bull. civ. III no 151).

b. L'achèvement qui constitue la limite de l'obligation du garant est en retrait par rapport aux **obligations contractuelles de délivrance et de conformité** du vendeur. Le garant ne saurait financer la réalisation ou la pose d'ouvrage ou d'éléments d'équipement manquants non indispensables à l'utilisation de l'immeuble (Cass. 3e civ. 13-4-1988 : Bull. civ. III no 69) ni la correction de non-conformités non substantielles.

c. L'absence de réseau d'évacuation d'eau pluviale conforme au POS constitue un **obstacle à la constatation de l'achèvement** de l'immeuble au sens de l'article R 261-24 du CCH (Cass. 3e civ. 24-9-2003 no 02-14.046 : BPIM 6/03 inf. 348).

d. Lorsque l'acheteur se réserve l'exécution de travaux de finition ou d'installation d'équipements (voir no 76973), le garant est libéré dès l'exécution des travaux à la charge du vendeur, sans attendre celle des **travaux réservés par l'acheteur** (en ce sens, M. Poumarède : Vefa assortie de travaux réservés par l'acheteur : sa mise en œuvre est précisée par décret : BPIM 4/19 inf. 261). Rappelons en effet que, depuis le 27 juin 2019, l'immeuble est réputé achevé lorsque sont exécutés les ouvrages et sont installés les éléments d'équipement qui sont indispensables à l'utilisation, conformément à sa destination, de l'immeuble faisant l'objet du contrat, « à l'exception des travaux dont l'acquéreur se réserve l'exécution » (CCH art. R 261-1).

 © Éd. Francis Lefebvre

B. Garantie financière de remboursement

78150 Il s'agit du remboursement des versements effectués par l'acquéreur en cas de **résolution amiable ou judiciaire de la vente** pour défaut d'achèvement. Cette garantie prend la forme d'une convention de cautionnement (CCH art. R 261-22). L'organisme financier garant de ce remboursement s'y oblige **solidairement** avec le vendeur.

L'acte de vente doit comporter la justification de la garantie, une attestation établie par le garant y étant annexée (CCH art. L 261-11, al. 1-d).

Les **organismes** habilités à donner la garantie financière de remboursement sont ceux énumérés n° 78030 pour la garantie d'achèvement. En cas de défaillance de l'établissement financier s'étant porté caution, voir n° 80545.

Le garant peut se retourner contre le vendeur défaillant pour lui réclamer le remboursement des sommes versées au titre de la garantie (C. mon. fin. art. L 313-22-1 et C. ass. art. L 443-1).

78155 Le remboursement **concerne** exclusivement les versements effectués par l'acquéreur à titre de prix. Il ne concerne ni les autres sommes engagées par l'acquéreur (frais d'acte, intérêts bancaires, etc.) ou dues à ce dernier par le vendeur défaillant (pénalités), ni la réparation des préjudices causés par la résolution de la vente (Cass. 3e civ. 17-3-1999 n° 97-12.706 : Bull. civ. III n° 71).

Le garant du remboursement ne peut pas être actionné en vue de fournir quelque somme que ce soit qui serait nécessaire à l'atteinte de l'achèvement. À l'inverse, le garant de l'achèvement ne peut pas être actionné en vue de garantir le remboursement (n° 78045).

IV. PAIEMENT DU PRIX

78300 La loi a posé le principe d'un **paiement progressif** du prix. Le **vendeur en l'état futur d'achèvement** ne peut exiger ni même accepter aucun versement, dépôt, souscription ou acceptation d'effets de commerce avant la signature du contrat, « ni avant la date à laquelle la créance est exigible » (CCH art. L 261-12).

Sur cette date d'exigibilité, voir nos 78330 s.

En cas de **vente à terme,** seuls sont autorisés des dépôts de garantie, à mesure de l'avancement des travaux, sur un compte spécial ouvert au nom de l'acquéreur par un organisme habilité à cet effet. Ces fonds sont incessibles, insaisissables et indisponibles, sauf pour le paiement du prix (CCH art. L 261-12).

A. Échelonnement des paiements

LIMITES DES VERSEMENTS

78330 Les paiements (ou dépôts dans la vente à terme) ne peuvent pas excéder au total (CCH art. R 261-14) :
- 35 % du prix à l'achèvement des fondations ;
- 70 % à la mise hors d'eau ;
- 95 % à l'achèvement de l'immeuble.

Le solde est payable lors de la mise du local à la disposition de l'acquéreur ; toutefois, il peut être consigné en cas de contestation sur la conformité avec les prévisions du contrat.

Si la vente est conclue sous **condition suspensive,** aucun versement ni dépôt ne peut être effectué avant la réalisation de la condition.

> **Précisions** **a.** Le non-respect des dispositions légales relatives à la vente d'immeubles à construire du secteur protégé entraîne l'application de **sanctions pénales** et une **interdiction professionnelle** (nos 78750 s.).
>
> **b.** Les **travaux supplémentaires** convenus après la signature de l'acte de vente ne relèvent pas de l'échelonnement légal ; ils doivent être réglés au fur et à mesure de leur exécution (Cass. 3e civ. 17-3-1999 n° 95-19.527 : BPIM 3/99 inf. 215).
>
> **c.** Pour les livraisons d'immeubles à construire, la **TVA** est **exigible** lors de chaque versement des sommes correspondant aux différentes échéances prévues par le contrat en fonction de l'avancement des travaux (CGI art. 269, 2-a bis). Mais le fait générateur se produit lors de la réception des travaux (voir n° 76360).
>
> **d.** La fraction du prix exigible au moment de la

signature du contrat de vente peut inclure la **charge foncière,** sous réserve qu'une fois atteint chacun des stades de construction ci-dessus prévus, les paiements n'aient pas dépassé le pourcentage minimal du prix qui y est attaché (Rép. Gourault : AN 9-3-2021 p. 2082 n° 24934).

MODALITÉS DES VERSEMENTS

Dans les limites ci-dessus, les sommes à payer ou à déposer en cours d'exécution des travaux sont exigibles (CCH art. R 261-14) : **78340**

– soit par **versements périodiques constants** (mensuels, par exemple). Il appartient alors au vendeur de veiller à ce que l'avancement des travaux justifie bien ces versements, sans que soient dépassés les plafonds imposés par l'échelonnement des paiements (n° 78330) ;

– soit par **versements successifs** déterminés en fonction de l'avancement des travaux. L'article R 261-14 fixe trois **paliers,** mais avec possibilité de créer des **paliers intermédiaires** : par exemple, un palier de 50 % peut être fixé, entre l'achèvement des fondations et la mise hors d'eau, lorsque l'élévation de l'immeuble a atteint un niveau déterminé (ce qui est interdit dans le cadre des CCMI, voir n° 80380).

EXÉCUTION DES TRAVAUX

La règle qu'il convient impérativement de ne pas perdre de vue est que le versement demandé à l'acheteur doit toujours correspondre à un **avancement effectif des travaux** (en ce sens, Rép. Blessig : AN 1-3-2011 p. 2047 n° 92957, RDI 2011 p. 297 tribune de P. Malinvaud, VEFA : 30 % du prix le jour de la vente ; voir toutefois la position critique d'O. Tournafond, Quel acompte le vendeur peut-il exiger au moment de la signature d'une vente en l'état futur d'achèvement ? RDI 2011 p. 281). C'est la lettre même de l'article 1601-3 du Code civil et de l'article R 261-14 du CCH. Il serait donc frauduleux de demander, par exemple, 50 % du prix très peu de temps après l'achèvement des fondations, sous prétexte qu'on ne dépasse pas le palier suivant, ou de demander 30 % du prix, par exemple, avant tout début de travaux, sous prétexte qu'on ne dépasse pas les 35 % permis à l'achèvement des fondations. **78345**

Les travaux réalisés pour atteindre chacun des différents stades doivent l'avoir été de façon satisfaisante, c'est-à-dire de manière conforme aux exigences contractuelles et aux **règles de l'art.** L'architecte qui se contente d'attester l'atteinte de chacun de ces seuils de façon quantitative en présence de vices rendant pourtant l'ouvrage impropre à sa destination engage sa responsabilité vis-à-vis des acquéreurs et des établissements de crédit (Cass. 3e civ. 29-3-2000 n° 98-19.744 PB : BPIM 3/00 inf. 164, RGDA 2000 p. 556 note H. Périnet-Marquet).

L'architecte doit donc, au-delà d'une constatation globale du stade atteint, vérifier que le vendeur est parvenu à l'étape considérée sans affecter le bien de défauts de conformité ou de malfaçons qui permettraient de considérer dès cette étape que l'immeuble n'est pas susceptible d'être ultérieurement considéré comme achevé en raison des défauts de conformité, substantiels, ou des malfaçons affectant d'ores et déjà les parties d'ouvrages réalisées au stade concerné.

DESTINATAIRE DES PAIEMENTS

Aucun **texte** n'impose en principe à l'acquéreur d'effectuer des versements des fractions de prix entre les mains de la banque qui a financé l'opération de construction. L'acquéreur qui paie intégralement le prix entre les mains du vendeur effectue des versements libératoires (Cass. 3e civ. 20-12-1994 : RJDA 2/95 n° 196). La banque bénéficiaire d'une inscription sur l'immeuble vendu, qui s'est engagée irrévocablement à donner mainlevée de l'inscription lui profitant sur le lot vendu, dès que le prix correspondant audit lot aura été intégralement payé par l'acquéreur concerné, doit en pareil cas s'exécuter sans pouvoir opposer le caractère irrégulier du versement en cause sur le plan pénal (même arrêt). **78350**

En revanche, il incombe aux acquéreurs de respecter les conditions mises à l'engagement de la banque finançant la construction de ne pas exercer ses droits hypothécaires à l'encontre des acquéreurs. À défaut, les acquéreurs sont personnellement tenus de verser à la banque les sommes payées à tort directement au vendeur (Cass. 3e civ. 10-11-1999 n° 97-17.441 : RJDA 1/00 n° 99), un tel paiement n'étant pas libératoire (Cass. com. 9-4-2002 n° 99-11.066 : RJDA 8-9/02 n° 923).

Lorsque l'**acte de vente** prévoit que les versements doivent être faits à l'ordre de la banque ou du notaire instrumentaire et dès lors que l'acte avait été suffisamment clair sur les modalités de paiement convenues, la responsabilité du notaire ne peut être engagée pour manquement à son devoir de conseil quant au caractère non libératoire du paiement effectué entre les mains du vendeur (Cass. 1e civ. 16-9-2010 n° 09-69.031 F-D : BPIM 6/10 inf. 516).

En cas de mise en œuvre de la **garantie d'achèvement,** le solde du prix doit être versé au garant (voir n° 78040).

B. Paiement à l'achèvement

DÉFINITION DE L'ACHÈVEMENT

78450 L'achèvement qui permet de percevoir 95 % du prix (nos 78330 s.) s'entend tel que le définit l'article R 261-1 du CCH : « lorsque sont exécutés les ouvrages et sont installés les éléments d'équipements qui sont indispensables à l'utilisation conformément à sa destination de l'immeuble faisant l'objet du contrat, à l'exception des travaux dont l'acquéreur se réserve l'exécution en application du II de l'article L 261-15 » (sur ces travaux réservés, voir no 76973). Il doit concerner, non seulement l'appartement ou le local vendu, mais aussi les jardins, terrasses ou autres parties privatives (Cass. 3e civ. 15-9-2016 no 15-21.772 FS-D : RDI 2016 p. 604 obs. O. Tournafond et J.-Ph. Tricoire).

Cette **définition spécifique** de l'achèvement est indépendante de toute formalité administrative (déclaration d'achèvement et de conformité des travaux). Elle se rapproche de celle applicable en matière de TVA puisque l'achèvement est caractérisé par des circonstances de fait, peu important que la DACT soit ou non déposée en mairie (voir no 61555).

Elle ne saurait être non plus confondue avec la réception qui est l'acte par lequel le vendeur d'immeuble à construire, en sa qualité de maître de l'ouvrage, déclare accepter l'ouvrage avec ou sans réserve (Cass. 3e civ. 17-3-1999 no 95-19.527 : Bull. civ. III no 70).

CONSTATATION DE L'ACHÈVEMENT

78455 Les textes ne prévoient pas comment se constate l'achèvement en cas de **vente en l'état futur d'achèvement** hormis pour définir la libération du garant (CCH art. R 261-24 ; no 78050) ; la constatation par une personne qualifiée dans les conditions de l'article R. 261-2 CCH n'est donc pas imposée par la loi (Cass. 3e civ. 23-2-2000 no 98-18.382 D : Constr.-urb. 2000 no 114). Tout professionnel de la construction, comme le maître d'œuvre, peut procéder à cette constatation (Cass. 1e civ. 10-10-2019 no 18-21.268 F-D : BPIM 6/19 inf. 401).

En revanche, la jurisprudence a toujours reconnu la possibilité pour les parties d'aménager conventionnellement les modalités de constatation de l'achèvement (Cass. 3e civ. 6-6-1978 no 76-15.603 : Bull. civ. III no 239 ; Cass. 3e civ. 21-11-2012 no 11-19.309 FS-PB : Bull. civ. III no 170, BPIM 1/13 inf. 46). Si le **contrat prévoit une procédure** de constatation de l'achèvement, celle-ci doit être respectée ; le vendeur ne peut s'en affranchir unilatéralement et l'exigibilité des 95 % du prix de vente prévue à l'achèvement dépend du respect de cette procédure (Cass. 3e civ. 21-11-2012 précité). Dans l'hypothèse où cette procédure prévoit, en cas de désaccord des parties, le recours à une personne qualifiée pour constater l'achèvement, il n'est pas fait obstacle à ce que le juge vérifie la conformité de l'avis de cette personne par rapport aux critères réglementaires de l'achèvement (Cass. 3e civ. 30-11-2017 no 16-19.073 FS-PBI : BPIM 1/18 inf. 36 ; Constr.-urb. 2018 comm. 10). Le juge conserve ainsi un pouvoir d'appréciation et n'est donc pas lié par les conclusions du constatant. Jugé par ailleurs qu'une cour d'appel n'était pas tenue de vérifier si le constat d'achèvement de l'immeuble respectait les exigences contractuelles, cette recherche n'étant pas demandée (Cass. 3e civ. 26-11-2020 no 18-17.617 FS-PBI : BPIM 1/21 inf. 40, Dalloz Actualité 4-1-2021 obs. C. Dreveau). Autrement dit, la procédure contractuelle ne s'impose que si l'une des parties réclame son application ; le juge n'est pas tenu de s'en saisir d'office (C. Dreveau, précité). Selon le même arrêt, en cas de désaccord des parties, il appartient au juge du fond, saisi par le garant d'une demande en paiement du prix de vente représentant la fraction de 95 % du prix à l'achèvement de l'immeuble, d'apprécier si celui-ci est achevé au sens de l'article R 261-1 du CCH.

Notons enfin que la déclaration d'achèvement faite en mairie pour attester la conformité des travaux au permis de construire ne peut pas se substituer à la procédure conventionnelle (Cass. 3e civ. 2-12-2008 no 07-13.595 F-D).

78460 Les **défauts de conformité non substantiels,** ou les malfaçons ne rendant pas l'ouvrage impropre à sa destination, ne font pas obstacle à la constatation de l'achèvement, au sens défini ci-dessus. Ils ne font pas non plus obstacle à la livraison de l'immeuble (Cass. 3e civ. 17-3-1999 no 95-19.527 : Bull. civ. III no 70 ; Cass. 3e civ. 23-2-2000 no 98-18.382 D : Constr.-urb. 2000 comm. 114). Mais, bien entendu, les acquéreurs conservent tous leurs droits au regard de ces défauts de conformité ou malfaçons.

Seul un **défaut de conformité substantiel ou rendant l'immeuble impropre à sa destination** fait obstacle à l'achèvement (Cass. 3e civ. 8-7-1998 no 96-22.695 : Bull. civ. III no 158).

C. Consignation du solde

Le solde du prix est payable lors de la mise à disposition du local à l'acquéreur. Si l'acquéreur observe des **défauts de conformité,** il bénéficie d'un mécanisme destiné à inciter le vendeur à les corriger : l'acquéreur peut consigner le solde du prix (CCH art. R 261-14). Les défauts de conformité qui justifient une telle consignation sont non substantiels par nature, puisque l'on se situe postérieurement à l'étape de paiement de la partie de prix correspondant à l'achèvement de l'immeuble ; or ce dernier suppose l'absence de défaut de conformité substantiel (sur la confirmation du caractère non substantiel des défauts justifiant la consignation, voir Cass. 3e civ. 6-12-1972 : Bull. civ. III no 666). 78550

La consignation du solde du prix vaut paiement et présente un **caractère libératoire** pour l'acquéreur qui est en droit d'exiger la remise des clés (Cass. 3e civ. 15-12-2010 no 09-67.232 FS-PB : BPIM 1/11 inf. 33, RDI 2011 p. 159). Le vendeur ne peut alors refuser la livraison car un tel refus pourrait être assimilé à l'exigence d'un paiement anticipé relevant des sanctions pénales prévues à l'article L 263-1 du CCH (no 78750).

> Précisions a. Aucun **texte** n'impose de reproduire les dispositions de l'article R 261-14 du CCH dans l'acte de vente et, par conséquent, de porter la faculté de consignation à la connaissance de l'acquéreur dans le contrat.
b. Si l'immeuble est **inachevé,** l'acquéreur peut consigner une somme d'un montant supérieur au solde de 5 % du prix de vente (Cass. 3e civ. 15-9-2016 no 15-21.772 FS-D : RDI 2016 p. 604 obs. O. Tournafond et J.-Ph. Tricoire).
c. Ce dispositif exclut l'application des dispositions de la loi 71-584 du 16 juillet 1971 réglementant la retenue de garantie dans les **marchés de travaux** relevant de l'article 1779, 3° du Code civil (Cass. 3e civ. 31-1-1996 no 95-19.527 : BPIM 3/99 inf. 216).
d. Si l'acquéreur est victime d'une **non-conformité importante** (appartement exposé et pièces distribuées autrement que prévu), il est en droit d'obtenir une indemnisation de son préjudice (Cass. 3e civ. 29-3-2018 no 17-13.127 FS-D : RDI 2018 p. 339 obs. O. Tournafond et J.-Ph. Tricoire).

Si l'acquéreur n'invoque aucun défaut de conformité à l'appui de la consignation du solde du prix qu'il opère, cette dernière ne constitue pas un paiement effectif : le vendeur est alors en droit de **retenir les clés** du local vendu (Cass. 3e civ. 13-2-1985 : Bull. civ. III no 34). Cette attitude expose également l'acquéreur à la **résolution de la vente** pour défaut de paiement (Cass. 3e civ. 19-3-1985 : D. 1986 IR p. 45 obs. Magnin). 78555

Dans un tel cas, la résolution peut s'accompagner du retour du bien vendu dans le patrimoine du vendeur et de l'octroi à ce dernier à titre de dommages et intérêts des parties de prix versées jusqu'alors (même arrêt). L'acquéreur doit par conséquent consigner le solde du prix seulement à bon escient.

Pour un exemple de résolution de la vente dans le cas où l'acquéreur refusant de payer le solde invoquait, à tort, une différence de superficie entre l'appartement promis et celui livré (Cass. 3e civ. 8-6-2005 no 04-11.797 : Bull. civ. III no 124).

Le **retard** du vendeur dans la livraison ne justifie pas la consignation du solde (Cass. 3e civ. 13-2-1985 : Bull. civ. III no 34). Toutefois, le préjudice causé à l'acquéreur par le retard fonde son refus de payer la dernière fraction de prix restant due et exclut le jeu de la clause résolutoire à l'initiative du vendeur (Cass. com. 14-12-1993 no 92-11.702 : RJDA 5/94 no 484). Les dommages-intérêts dus à l'acquéreur en raison du retard pris dans la construction peuvent se compenser avec le solde du prix (CA Versailles 4e ch. 27-1-1995 : RDI 1996 p. 78). De même, sont bien fondés les acquéreurs ayant procédé à une retenue sur les derniers appels de fonds correspondant au montant des loyers qu'ils auraient perçus si l'opération avait été menée à son terme dans les délais convenus (CA Paris 1e ch. 7-10-2010 no 09/24572 : AJDI 2011 p. 75). Enfin, si le solde du prix est consigné chez le notaire en raison des réserves émises par l'acheteur, la demande de ce dernier en indemnisation du préjudice subi du fait de retard de livraison ne peut être rejetée au motif que le refus du vendeur de leur remettre les clefs était justifié par l'inexécution des acquéreurs de leur obligation de payer le solde du prix (Cass. 3e civ. 2-2-2022 no 20-22.075 F-D). 78560

La constatation de la livraison et du paiement du solde du prix ne donne pas lieu à l'établissement d'un acte authentique en cas de vente en l'état futur d'achèvement. Le seul **titre de propriété** que détient l'acquéreur en l'état futur d'achèvement est son acte authentique initial d'acquisition. Sur le cas de la vente à terme, voir nos 79600 s. 78565

D. Sanctions de l'obligation de paiement

Le contrat peut prévoir à l'encontre de l'acquéreur une **pénalité en cas de retard** dans les paiements ou les versements. Elle ne peut pas dépasser 1 % par mois (CCH art. R 261-14). La 78650 clause prévoyant une pénalité supérieure à 1 % par mois n'est pas nécessairement nulle et privée d'effet, une réduction au taux autorisé est possible (Cass. 3e civ. 9-7-2003 no 99-17.632 : BPIM 5/03 inf. 288). Doit ainsi être cassé l'arrêt qui réduit au taux légal, à compter de la signification du jugement, le montant de la pénalité contractuelle de 1 % par mois de retard, au motif que le taux prévu au contrat de vente est manifestement excessif (Cass. 3e civ. 18-11-1992, SCI La Chenaie c/ Weisz).

La stipulation de pénalités de retard à l'encontre de l'acheteur n'interdit pas au vendeur d'invoquer l'**exception d'inexécution** (ici, le défaut de paiement) pour refuser de livrer le bien (Cass. 3e civ. 14-2-2019 no 17-31.665 FS-PBI : BPIM 2/19 inf. 114).

78655 Par ailleurs, nonobstant toutes clauses contraires, les **clauses de résolution de plein droit** pour défaut de paiement ne produisent effet qu'un mois après sommation, ou commandement de payer resté infructueux (CCH art. L 261-13). Pendant cette période d'un mois, l'acquéreur peut demander des **délais de paiement** par application des dispositions de l'article 1343-5 du Code civil ou la **suspension** des effets de la clause résolutoire (Cass. 3e civ. 18-1-2006 : Bull. civ. III no 18).

S'il ne le fait pas, ou ne les obtient pas, la clause résolutoire s'appliquera (Cass. 3e civ. 3-10-1991 : JCP éd. N 1992 II p. 130 ; Cass. 3e civ. 9-3-1994 : RDI 1995 p. 118).

Si l'acquéreur obtient des délais et se libère dans les conditions déterminées par le juge, la clause est réputée n'avoir jamais joué (CCH art. L 261-13, al. 3).

Après l'expiration de cette période d'un mois, l'acquéreur ne peut demander ni délai de grâce (Cass. 3e civ. 27-3-1991 : D. 1991 IR p. 118), ni sursis à statuer à la demande de résolution formée par le vendeur (Cass. 3e civ. 9-3-1994 précité), ni exception d'inexécution (Cass. 3e civ. 28-1-2015 no 14-10.963 ; voir J.-Ph. Tricoire, Le jeu – complexe – des clauses résolutoires dans les contrats de vente d'immeubles à construire : RDI 2015 p. 415) ; le jeu de la clause résolutoire de plein droit contractuellement stipulée ne peut plus alors être paralysé.

ATTENTION

Dans le cas, le plus fréquent, où la vente stipule un prix global, la ventilation de ce dernier entre le local principal d'habitation et les annexes (tel un garage) ne permet pas de prétendre qu'une partie de la dette serait susceptible d'être affectée au seul local annexe ; en pareil cas, le vendeur peut faire jouer la clause résolutoire sur l'ensemble de la vente et donc sur l'ensemble des locaux vendus (Cass. 3e civ. 29-1-2003 no 01-03.185 : Constr.-urb. 2003 no 122).

78660 Le contrat ne peut pas stipuler forfaitairement en cas de **résolution** le paiement, par la partie à laquelle elle est imputable, d'une **indemnité** supérieure à 10 % du prix. Toutefois, les parties conservent la faculté de demander la réparation du préjudice effectivement subi (CCH art. L 261-14). Par exemple, il a été accordé au vendeur à titre de dommages-intérêts la totalité des versements effectués s'élevant à 70 % du prix de vente (Cass. 3e civ. 19-3-1985 : D. 1986 IR p. 45 obs. Magnin).

Le plus souvent, le contrat stipule que les acomptes versés demeureront acquis au vendeur à titre de clause pénale. Mais ce montant peut être majoré en application de l'article L 261-14 du CCH.

En tout état de cause, le juge peut **modérer ou augmenter** la peine convenue en vertu de son pouvoir de tempérament (C. civ. art. 1231-5 ; Cass. 3e civ. 16-4-2013 no 12-15.190 F-D : BPIM 3/13 inf. 193, censurant une cour d'appel pour avoir refusé de modérer une indemnité contractuelle de résolution de 10 %).

Précisons que les dispositions de l'article 30, 5 du décret du 4 janvier 1955 (recevabilité de la résolution, ou l'annulation de droits soumis à publicité, liée à sa publication) sont applicables à la vente d'immeubles à construire (CA Nîmes 1e ch. 17-12-1992 : Juris-Data no 030321).

78665 L'**action en paiement des échéances** exercée par le vendeur professionnel à l'encontre d'un acquéreur consommateur, pour obtenir le paiement des échéances, se prescrit par deux ans (C. consom. art. L 218-2 ; Cass. 1e civ. 17-2-2016 no 14-29.612 F-PBI : RJDA 6/16 no 496, Gaz. Palais 10-5-2016 jur. p. 79 obs. V. Zalewski-Sicard ; Cass. 3e civ., 26-10-2017, no 16-13.591 FS-PBI : BPIM 6/17 inf. 414 ; RDI 2018 p. 38 obs. O. Tournafond). S'agissant du point de départ du délai, il paraît « justifié de [le] faire courir à compter de la livraison » (V. Zalewski-Sicard, précité ; en ce sens également, O. Tournafond précité).

Ce **délai de prescription** passe toutefois à cinq ans lorsque l'acheteur est une société ou un professionnel (C. civ. art. 2224).

La prescription de l'action en paiement du prix de vente d'un vendeur professionnel à l'encontre d'un acquéreur professionnel court à l'égard de chacune des fractions du prix à compter de la date d'exigibilité prévue au contrat et non à compter du jour où le vendeur décidait d'exiger un paiement (Cass. 3e civ. 25-5-2023 no 21-23.488 : JCP N 2024 p. 1068, no 7, obs. Zalewski-Sicard).

E. Sanctions pénales

PERCEPTION IRRÉGULIÈRE

Toute personne qui **accepte** ou **exige** un versement avant les échéances en violation des dispositions de l'article L 261-12 et de celles de l'article L 261-15 (relatif au contrat préliminaire, voir nos 77020 s.) est passible d'un **emprisonnement** de 2 ans et/ou d'une **amende** de 9 000 € (CCH art. L 263-1). 78750

> **Précisions a.** Ne sont pas considérés comme des « versements » les dépôts effectués sur un compte bancaire au nom du déposant, qui peut en disposer sans restriction à tout moment (CCH art. L 263-1 al. 2). Dans la pratique, ces versements appelés **« dépôts libres »** ne sont d'aucun intérêt.
> **b.** L'**interdiction** d'exiger ou d'accepter un versement avant les échéances qu'autorise la loi est **absolue.** Elle interdit notamment au vendeur de percevoir un **prêt** de ses acheteurs, si ce prêt doit s'imputer sur le prix (Cass. crim. 7-3-1973 : Gaz. Pal. 1973 som. p. 149). La remise d'un **effet** signé et non daté par l'acheteur constitue pour le vendeur qui l'accepte une infraction (TGI Paris 7-1-1971, B c/ H). Voir aussi, pour l'application de ce texte à un immeuble en cours de **rénovation,** Cass. crim. 23-10-1978 : JCP éd. G 1979 IV p. 8.
> **c.** Constitue un versement irrégulier le fait pour un vendeur de percevoir des fonds sur la vente de deux **parkings annexes à des logements** vendus en exécution de contrats préliminaires ne répondant pas aux exigences des articles R 261-25 s. du CCH (CA Paris 25-4-1989 : Gaz. Pal. 1989 p. 694).
> **d.** A été jugé coupable le **notaire qui a exigé ou accepté des versements** avant la signature de contrats de vente en l'état futur d'achèvement, en scindant l'opération en deux conventions distinctes, l'une de vente d'immeubles et l'autre d'entreprise (Cass. crim. 27-1-2004 no 03-83.428 : Constr.-urb. 2004 no 72).

Le champ d'application de l'article L 263-1 du CCH est très étendu ; en effet, de nombreuses irrégularités de forme ou de contenu des contrats préliminaires et des actes définitifs de vente entraînent la **nullité** de ceux-ci et corrélativement rendent irréguliers les versements exigés sur leur fondement. 78755

Les **sanctions pénales** prévues par l'article L 263-1 ne visent que ceux qui exigent les paiements irréguliers et non ceux qui les effectuent.

Compte tenu du rôle protecteur qui leur est assigné, les établissements de crédit et les notaires sont susceptibles d'être recherchés comme complices d'une telle perception et doivent vérifier la régularité du paiement qu'ils sont amenés à recevoir.

L'**acquéreur** dispose d'une **action civile** pour demander l'indemnisation du préjudice qui lui a été personnellement et directement causé par l'infraction. Le préjudice peut être apprécié à une somme égale au montant des fonds indûment perçus, outre une indemnité pour préjudice moral et matériel complémentaire (Cass. crim. 28-5-1997 : Bull. crim. no 206). 78760

DÉTOURNEMENT

L'article L 263-2 du CCH réprime les détournements de fonds versés par l'acquéreur d'immeubles à construire. Sont applicables les peines de l'**abus de confiance** prévues par les articles 314-1 et 314-10 du Code pénal. 78765

Sont réprimés les détournements portant sur la totalité des fonds versés par les acquéreurs, sans qu'il y ait lieu de distinguer entre la part utilisée pour la construction et celle revenant au constructeur (Cass. crim. 14-4-1993 : RJDA 10/93 no 828).

> **Précisions a.** Contrairement à l'article L 263-1 du CCH qui concerne les seules ventes du secteur protégé, les dispositions de l'article L 263-2 concernent **toutes les ventes d'immeubles à construire,** qu'elles relèvent ou non du secteur protégé.
> **b.** La **notion d'intérêt de groupe** ne peut pas être invoquée dans le domaine particulier des sociétés civiles de construction pour justifier les transferts de fonds d'une société à une autre. Ces sociétés ont un objet précis, la construction d'un immeuble financé par les acquéreurs. La réglementation stricte dont elles font l'objet a précisément pour but de garantir ces derniers de toute insolvabilité. Des transferts de fonds à l'intérieur d'un groupe faisant appel à la trésorerie des sociétés vendeurs d'immeubles à construire sont constitutifs de véritables détournements.

SANCTIONS PROFESSIONNELLES

Les personnes condamnées en application des dispositions réprimant la perception irrégulière (CCH art. L 263-1) ou le détournement (CCH art. L 263-2) ne peuvent procéder habituellement à un titre quelconque à des opérations de vente d'immeubles à construire (CCH art. L 263-3) ; le texte vise à la fois la participation directe et la participation par personne interposée ou la participation pour le compte d'autrui, ce qui permet d'atteindre le prête-nom et l'intermédiaire. 78770

V. OBLIGATION DE CONFORMITÉ

DÉFINITION

78900 Le défaut de conformité constitue un manquement à l'**obligation de délivrance.** Il n'est pas un vice de la construction puisqu'il ne s'agit pas d'une malfaçon au sens strict mais d'une inadéquation de l'ouvrage livré à l'ouvrage convenu.

Le vendeur d'immeubles à construire doit édifier et livrer à l'acquéreur, dans les délais prévus (voir n° 78905), un immeuble conforme aux **prévisions contractuelles.** Il y a défaut de conformité lorsque l'ouvrage ne répond pas aux spécifications du contrat.

La non-conformité peut résulter de l'absence d'éléments annoncés (placards, Cass. 3e civ. 20-2-1979 : RDI 1979 p. 477 ; gaines techniques, Cass. civ. 30-4-1985 : JCP éd. G. 1985. IV p. 245) ou de la présence d'éléments non conformes (pente de toit différente, Cass. 3e civ. 19-5-1981 : RDI 1982 p. 249 ; distance plus faible de l'immeuble voisin, Rép. Lacour : Sén. 6-12-1990 p. 2599). En revanche, l'humidité des murs d'un immeuble ancien reconstruit ne saurait constituer une non-conformité dès lors que le contrat de Vefa ne prévoyait pas de travaux sur ces murs (Cass. 3e civ. 10-12-2015 n° 14-17.405 F-D : BPIM 1/16 inf. 30).

Pour l'**appréciation** du respect de cette obligation, les circonstances et les modalités de la réception des ouvrages entre le vendeur et les entrepreneurs sont indifférentes (Cass. 3e civ. 4-6-2009 n° 08-13.239 : BPIM 4/09 inf. 277), notamment en ce qui concerne les non-conformités apparentes lors de la réception (Cass. 3e civ. 3-12-1997 n° 96-10.599 : Constr.-urb. 1998 comm. 96). La réception des travaux prononcée sans réserve par le vendeur est ainsi sans effet sur l'obligation de ce vendeur de livrer un ouvrage conforme aux stipulations contractuelles (Cass. 3e civ. 8-9-2010 n° 08-22.062 : Bull. civ. III n° 148, RDI 2010 p. 559). Dès lors, la présence des acquéreurs à cette réception n'a aucun effet juridique (même arrêt).

> **Précisions** **a.** L'acquéreur ne peut pas exiger du vendeur d'immeubles à construire la délivrance d'un immeuble conforme à des **règles dont l'entrée en vigueur est postérieure à la réception des travaux** relatifs à l'édification de l'immeuble livré (CA Orléans 8-4-1993 : Juris-Data n° 040512).
> **b.** En cas de **résolution de la vente** – des désordres importants étant apparus en cours de chantier, un expert a constaté l'impossibilité de mettre l'immeuble en conformité –, la restitution du prix reçu par le vendeur est la contrepartie de la remise de la chose par l'acquéreur et seul celui auquel la chose est rendue doit restituer à celui-ci le prix qu'il en a reçu (Cass. 3e civ. 7-7-2010 n° 09-15.081 : Bull. civ. III n° 142).

CAS DU RETARD DE LIVRAISON

78905 L'obligation d'édifier l'immeuble vendu dans un délai déterminé est une caractéristique essentielle de la vente d'immeubles à construire (CCH art. L 261-1). Le retard de livraison de l'immeuble est susceptible d'entraîner la **responsabilité du vendeur** en l'état futur d'achèvement sans qu'il puisse invoquer les difficultés financières de l'entrepreneur ou le redressement judiciaire du constructeur. La **résolution** de la vente peut être prononcée si le manquement du vendeur à son obligation de livrer dans les délais est jugé suffisamment grave (CA Paris 2e ch. B 25-3-1999 : Constr.-urb. 1999 comm. 234 ; Cass. 3e civ. 24-3-2015 n° 14-13.914).

Le défaut de délivrance au terme convenu est susceptible d'être sanctionné par l'allocation de **dommages-intérêts** à l'acquéreur s'il en est résulté pour lui un préjudice (C. civ. art. 1611), et ce, que la vente soit exécutée avec retard de livraison ou résolue faute de délivrance dans le délai convenu (Cass. 3e civ. 17-2-1999 n° 97-16.578, Vercesi c/ Tarantino ; CA Paris 8e ch. A 19-1-1993 : Juris-Data n° 020019 ; TGI Créteil 5e ch. 5-8-2004 n° 04/00421 s'agissant d'une acquisition effectuée en vue de bénéficier d'un régime locatif défiscalisant).

L'**exception d'inexécution** prévue aux articles 1119 et 1120 du Code civil peut également être opposée au vendeur en cas de retard de livraison (sur ce point, voir A. Galland, Le non-respect du délai de livraison dans la vente en l'état futur d'achèvement : sanctions et échappatoires : RDI 2020 p. 640). L'inexécution fautive par le vendeur de son obligation de livraison justifie ainsi le refus de paiement opposé par l'acheteur, de sorte que la clause résolutoire stipulée en cas de non-paiement du prix ne peut être acquise (Cass. com. 14-12-1993 n° 92-11.702 : Bull. civ. n° 476). Mais l'exception d'inexécution ne peut pas faire échec à la clause résolutoire lorsque, dans le mois du commandement de payer, l'acheteur n'a ni payé le prix ni saisi le juge aux fins de suspension des effets de la clause (Cass. 3e civ. 28-1-2015 n° 14-10.963 FS-PB).

Si le contrat prévoit une **pénalité applicable en cas de défaut de délivrance** au terme convenu, l'application de cette pénalité n'est alors pas subordonnée à la démonstration par l'acquéreur qu'il en est résulté pour lui un préjudice (Cass. 3e civ. 20-12-2006 n° 05-20.065 : RJDA 5/07 n° 448). Par principe, l'application de la pénalité prévue contractuellement exclut en général toute action en dommages-intérêts dont l'objet est d'indemniser le même préjudice que celui réparé par la clause pénale. L'avantage pour le vendeur est de connaître précisément ce qu'il en coûtera de ne pas respecter le délai de livraison fixé par les termes du contrat.

Le contrat peut prévoir une suspension ou une prolongation du délai contractuel d'achèvement dans différentes hypothèses (jours d'intempéries au sens de la réglementation du travail, faillite d'entrepreneurs, etc.) qui viendront s'ajouter aux cas de force majeure. **78910**

Une telle **clause dite de « retard légitime »** n'est pas jugée abusive au regard du droit de la consommation (Cass. 3e civ. 24-10-2012 no 11-17.800 : Bull. civ. III no 152, BPIM 6/12 inf. 443). La commission des clauses abusives considère par ailleurs que la clause prévoyant un report du délai de livraison d'une durée du double des jours d'intempéries n'est pas abusive dès lors que « le relevé de ces jours est réalisé par un tiers au contrat et sur la base de relevés météorologiques publics » (Avis 16-01 du 29-9-2016). La Cour de cassation a confirmé cette position (Cass. 3e civ. 23-5-2019 no 19-14.212 FS-PB : BPIM 4/19 inf. 262).

On ne voit pas pourquoi pareille clause serait davantage sanctionnée par le droit commun au titre du déséquilibre contractuel significatif dans les contrats d'adhésion, à supposer qu'il soit applicable (no 75820, Précisions, b).

Pour que la prolongation du délai contractuel de livraison puisse être retenue, les causes invoquées par le vendeur doivent remplir les conditions de la force majeure et être à l'origine du retard constaté (Cass. 3e civ. 11-3-2015 no 14-15.425 FS-D).

ILLUSTRATIONS

Ainsi, ne constitue pas une cause légitime de retard de livraison :

– le fait que le terrain d'assiette de l'immeuble à construire comporte un bâtiment classé aux monuments historiques et nécessite finalement une modification du projet de construction ; le vendeur aurait dû anticiper cette procédure prévisible (Cass. 3e civ. 12-10-2022 no 21-20.804 F-D : BPIM 6/22 inf. 423) ;

– le simple retard de chantier, fût-il prolongé, en ce qu'il ne peut pas être assimilé à une défaillance de l'entreprise s'il n'a pas entraîné la nécessité pour le vendeur de résilier le marché de travaux, après mise en demeure infructueuse de terminer les travaux (Cass. 3e civ. 2-5-2024 no 22-20.477 F-D : BPIM 3/24 inf. 187).

A. Étendue de l'obligation de conformité

DESTINATION DE L'IMMEUBLE

Les lieux livrés doivent être conformes à leur destination définie par le **règlement de copropriété,** l'état descriptif de division et les actes de vente (Cass. 3e civ. 16-7-1986 : JCP éd. N 1987 prat. no 169). En cas d'indications contradictoires entre le règlement de copropriété et la notice descriptive, ce sont les dispositions du premier qui priment : la notice a en effet pour rôle de déterminer les caractéristiques principales de la construction, la nature et la qualité des matériaux, mais elle ne définit pas les droits de l'acheteur sur les lots (Cass. 3e civ. 9-5-2019 no 18-16.717 FS-PBI : BPIM 3/19 inf. 201, à propos d'une contradiction sur la nature privative ou commune de certaines parties de l'immeuble). **78930**

Une non-conformité à un **cahier des charges** visé dans l'acte de vente engage la responsabilité contractuelle du vendeur (Cass. 3e civ. 10-11-1998, Ventresque c/ Sovacodec : Juris-Data no 004328).

CONSEIL

Le vendeur doit donc veiller à la rédaction de chacun de ces documents puisqu'ils sont sources d'appréciation de la conformité. Ainsi, le vendeur engage sa responsabilité à l'égard de l'acquéreur lorsque le règlement de copropriété n'exclut aucun commerce et que l'acte de vente ne contient aucune réserve particulière, alors que les locaux vendus nécessitent des travaux importants pour être utilisés par un restaurant (Cass. 3e civ. 1-10-1997 : Constr.-urb. 1998 no 47). Il est donc préférable d'exclure des différents actes les activités dont l'installation n'est pas possible, ou ne l'est qu'après des adaptations ou des transformations.

DOCUMENTS PUBLICITAIRES

La responsabilité du vendeur d'immeubles à construire peut aussi être appréciée en fonction du **contenu des documents** publicitaires (dépliants, maquettes, etc.). **78935**

Au regard de la jurisprudence sur la responsabilité du vendeur professionnel de biens immeubles, les documents publicitaires sont de plus en plus souvent pris en considération, notamment à l'égard de l'acquéreur profane (Cass. 3e civ. 17-7-1997 no 95-19.166 : RJDA 1/98 no 6 ;

Cass. 3e civ. 8-6-2004 no 02-19.739 F-D : Constr.-urb. 2004 no 153). Toutefois, ces documents ne possèdent pas toujours une **valeur contractuelle** (Cass. 3e civ. 17-7-1996 : JCP N 1997 II p. 206 ; Cass. 3e civ. 24-4-2003 no 01-17.458 FS-PB : RJDA 8-9/03 no 805 ; Cass. 3e civ. 18-5-2017 no 16.627 FS-PB : BPIM 4/17 inf. 278).

ILLUSTRATIONS

Commet une faute justifiant l'allocation de dommages-intérêts aux acquéreurs :
– la société qui insiste sur le calme et l'environnement d'une résidence alors que les dispositions du plan d'aménagement prévoyaient l'implantation d'un groupe scolaire à proximité (Cass. 3e civ. 17-7-1985 : Gaz. Pal. 1985 p. 336) ;
– le vendeur qui indique dans son plan de commercialisation d'un lotissement que la bande de terrain située en bordure de la parcelle vendue est un espace vert, alors qu'en définitive cette bande de terrain a été divisée et intégrée dans deux autres ventes (Cass. 3e civ. 17-7-1997 no 95-19.166 : RJDA 1/98 no 6) ;
– le vendeur qui reproduit sur ses documents publicitaires la maquette de l'opération présentant le bâtiment mitoyen avec 4 étages au lieu des 5 réalisés en définitive (CA Rennes 17-6-1997, SCI Pornichet Front de Mer : JurisData no 045150). Le vendeur ne peut se retrancher derrière l'intervention du notaire ou de l'agent immobilier (même arrêt) ;
– le vendeur qui n'informe pas avec précision l'acquéreur sur la réalité de son vis-à-vis (des claustras et un autre bâtiment) alors que l'appartement était vendu comme étant situé « entre parc et fleuve », avec vue dégagée (Cass. 3e civ. 8-11-2005 no 04-17.683 : RJDA 5/06 no 499).

NOTICE DESCRIPTIVE

78940 Les indications de la notice descriptive **annexée à** l'**acte de vente** ont une valeur contractuelle (Cass. 3e civ. 3-4-2013 no 11-27.053 F-D ; Cass. 3e civ. 18-5-2017 no 16-16.627 FS-PB : BPIM 4/17 inf. 278). Le vendeur doit les respecter et délivrer un immeuble conforme à celles-ci (Cass. 3e civ. 3-12-1997 no 96-10.599 : RDI 1998 p. 270 ; CA Versailles 20-10-1998, Sté agence Charles Katz c/ Luce : RDI 1999 p. 268). La visite de l'appartement témoin ou la consultation des plans ne sont pas de nature à infléchir la prééminence de la notice. Les dispositions du règlement de copropriété priment toutefois celles de la notice (voir no 78930).

L'acquéreur ne peut rechercher la responsabilité contractuelle de l'entrepreneur au titre de la non-conformité à la notice descriptive que lorsque celle-ci vise les mêmes prestations que celles que le marché de travaux aura mis à sa charge. Il appartient cependant à l'entrepreneur de susciter l'examen de ces éventuelles discordances lors des opérations d'expertise (CA Paris 28-5-2008 no 06-1644 : Constr.-urb. 2008 comm. 140).

Le défaut de conformité peut aussi s'apprécier par rapport à la notice descriptive **annexée au contrat préliminaire,** notamment au regard d'une qualité substantielle du bien acquis (CA Paris 18-11-1998, Benmahdi c/ SCI du 30, rue Carnot).

En présence d'une notice descriptive annexée au projet d'acte de vente précisant que le mur séparatif d'un appartement est susceptible d'être réalisé en béton ou non, les acquéreurs ne sont pas fondés à obtenir la résolution de la vente pour défaut de conformité dès lors qu'ils ont été complètement renseignés sur la consistance et la qualité de ce mur dans chacune des branches de la **solution alternative** de réalisation envisagée (CA Paris 2e ch. B 25-10-2001 : Constr.-urb. 2002 comm. 56, 1e esp.). La solution est identique pour une vente prévoyant un chauffage individuel ou collectif (CA Aix-en-Provence 3e ch. civ. 16-11-2000 : Constr.-urb. 2002 comm. 56, 2e esp.).

CLAUSE D'ÉQUIVALENCE ET DE TOLÉRANCE

78945 Si le vendeur doit remettre un descriptif détaillé à l'acquéreur (voir no 77755), il est en revanche admis que les documents contractuels puissent indiquer que seront fournis les **équipements** de marque et qualité équivalentes à celles figurant dans le contrat. Cette clause d'équivalence qui ne doit pas être potestative permet au vendeur de se prémunir contre des éventuelles interruptions de fabrication ou défaillances de fournisseurs (Rép. Lacour : Sén. 12-11-1992 p. 2537 no 21990).

De la même manière, est admise la stipulation d'une clause de tolérance relative aux cotes et **surfaces** indiquées (en général 2 à 3 %). Dès lors que l'insuffisance reprochée est inférieure à la tolérance stipulée, la demande de l'acquéreur doit être rejetée (Cass. 3e civ. 8-6-2005 no 04-11.797 : BPIM 4/05 inf. 267, validant une tolérance de 4 %). Quand elle est prévue au contrat, la clause de tolérance semble considérée par le juge comme ayant pour unique objet d'abaisser le seuil légal de 5 % sans pouvoir déroger pour autant aux conditions d'exercice de l'action pour défaut de contenance (no 78950), en particulier quant au délai (Cass. 3e civ. 24-11-1999 no 98-12.317 : Bull. civ. III no 225).

Signalons toutefois que l'acquéreur « consommateur » peut contester sur le fondement de la réglementation des **clauses abusives** la validité d'une clause de tolérance imposée par le vendeur professionnel. A ainsi été jugée abusive, et donc non écrite, une clause de tolérance de 5 % insérée dans une Vefa dans la mesure où elle autorise une modification de la contenance du bien vendu qui relève du seul pouvoir du vendeur constructeur ; le déséquilibre du contrat de vente entre les parties était caractérisé (CA Nancy 12-4-2011 n° 09/01330 ; voir également M. Fayat, Acquéreurs d'un immeuble en l'état futur d'achèvement : gare à la contenance de votre bien ! BPIM 4/12 inf. 285).

Faute de dispositions spécifiques aménageant l'obligation de délivrance et la garantie de conformité, les règles des articles 1617 s. du Code civil relatives à la **garantie de contenance** de l'immeuble vendu sont applicables à la vente d'immeubles à construire. L'action en garantie de la contenance permet à l'acquéreur de solliciter la réduction proportionnelle du prix en cas de différence de plus d'un vingtième (5 %) entre la mesure réelle de l'immeuble et celle prévue au contrat (pour une illustration, voir Cass. 3e civ. 8-10-2013 n° 12-23.275). La marge légale de 5 % est néanmoins critiquée, d'autant plus que, dans le secteur libre, la tolérance est généralement ramenée à 1 % ou 2 % (sur ce point, voir O. Tournafond et J.-Ph. Tricoire, RDI 2020 p. 531). La modernisation des techniques constructives, notamment la préfabrication et la modélisation numériques, permettrait d'envisager à terme une diminution de cette tolérance de 5 % (en ce sens, Rép. Laborde : Sén. 11-7-2019 p. 3738). L'avant-projet de réforme du droit des contrats spéciaux prévoit néanmoins de reprendre les articles 1617 s. du Code civil, ce qui suscite des critiques (C. Charbonneau, M. Faure-Abbad, D. Gantschnig, M. Poumarède, J.-Ph. Tricoire, La vente d'immeubles dans l'avant-projet de réforme du droit des contrats spéciaux : RDI 2022 p. 488). **78950**

Le point de départ du délai préfix d'un an prévu pour agir est non la date du contrat comme le prévoit l'article 1622 du Code civil mais celle de la livraison de l'immeuble vendu (Cass. 3e civ. 24-11-1999 n° 98-12.317 : RJDA 12/99 n° 1316 rapport Pronier p. 1043 ; Cass. 3e civ. 11-1-2012 n° 10-22.924 : Bull. civ. III n° 5, BPIM 2/12 inf. 126). L'adaptation de la règle s'explique par le fait que l'acquéreur d'un immeuble à construire est en mesure de vérifier la conformité de la contenance livrée seulement le jour de la livraison.

En cas de défaut de superficie du bien livré, l'acquéreur peut également agir en garantie pour défaut de conformité, apparent ou caché selon le cas, voire au titre de la garantie décennale si le déficit de contenance rend l'ouvrage impropre à sa destination (pour un exposé détaillé des voies possibles, voir M. Fayat, Acquéreurs d'un immeuble en l'état futur d'achèvement : gare à la contenance de votre bien ! BPIM 4/12 inf. 285). La Cour de cassation a récemment précisé que le défaut de contenance d'un immeuble vendu en l'état futur d'achèvement n'est pas un vice de construction mais bien un défaut de conformité de l'ouvrage (Cass. 3e civ. 9-7-2020 n° 19-12.256 F-D : RDI 2020 p. 531, note O. Tournafond et J.-Ph. Tricoire).

Les dispositions sur la garantie de contenance ne s'appliquent pas lorsque l'action ne porte pas sur l'obligation de délivrance incombant au vendeur, mais sur l'exécution d'une convention particulière intervenue entre les parties sur la superficie du bien vendu et la détermination du prix (Cass. 3e civ. 12-7-1995 n° 92-19.749 : RJDA 1/96 n° 29) ; cette convention est valable mais envisageable dans les seules ventes du secteur « libre ».

Une acceptation par avance de l'acquéreur d'une réduction de contenance d'un jardin privatif n'est pas possible. La stipulation d'une **clause d'absence de garantie de contenance** inspirée des ventes d'immeubles existants (« la différence excédât-elle un vingtième pour ce qui concerne le terrain ») demeure par conséquent indifférente (Cass. 3e civ. 24-3-1999 n° 97-18.547 : RJDA 6/99 n° 657). **78955**

LOCAUX À USAGE COMMUN ET LOCAUX VOISINS

L'obligation de délivrance d'un immeuble conforme concerne non seulement les locaux à usage privatif, mais également les locaux à usage commun et l'immeuble dans son ensemble. La modification d'un « **élément extérieur** » est donc susceptible de constituer une non-conformité contractuelle, s'il existe un lien ou une influence entre cet élément et la chose acquise de sorte que l'usage n'est plus exactement celui qui en était attendu lors du contrat. **78960**

ILLUSTRATIONS

Le vendeur qui délivre un immeuble comportant un écran qui masque l'entrée de l'immeuble et qui ne figurait pas sur les plans manque à son devoir d'information et délivre un bien d'une valeur dépréciée par rapport à son engagement (Cass. 3e civ. 20-12-1994 : JCP éd. G 1995 IV n° 470).

La responsabilité du vendeur est également engagée dès lors que les acquéreurs d'un appartement en état futur d'achèvement ont cru, au vu des plans déposés chez le notaire en annexe des actes de vente, qu'une chambre serait réalisée au-dessus de la leur alors qu'en réalité c'est une salle d'eau qui a été construite. L'acquéreur est en droit de demander que soient effectués les travaux d'isolation de nature à supprimer les nuisances (Cass. 3e civ. 26-5-1994 n° 92-15.911 : RJDA 11/94 n° 1199).

MODIFICATION DU PROGRAMME

78965 En cas de **modification substantielle** des caractéristiques du programme, les acquéreurs sont en droit de demander l'indemnisation du préjudice consistant en la diminution de valeur de leurs lots (Cass. 3e civ. 5-7-2000 n° 98-20.857 : BPIM 1/01 inf. 40). La clause qui réserve au promoteur toute latitude pour modifier le programme est donc potestative et nulle en application de l'article 1304-2 du Code civil.

En revanche, la **non-réalisation** de l'entier programme de construction prévu ne saurait à elle seule engager la responsabilité du vendeur, s'il n'est pas établi que l'édification du bâtiment manquant était un élément de l'accord des parties ou une condition d'engagement de l'acquéreur (Cass. 3e civ. 26-2-1992 n° 386 : Bull. civ. III n° 62).

> **Précisions** **a.** Si la modification du programme nécessite une **modification de l'état descriptif de division et du règlement de copropriété,** de telles modifications ne peuvent résulter que de décisions prises au cours d'assemblées générales convoquées à cet effet. Tout modificatif établi sous une autre forme, même signé par l'unanimité des copropriétaires, est inefficace (Cass. 3e civ. 14-6-2000 n° 959 : Constr.-urb. 2000 n° 215).
b. La modification du programme obéissant à des **contraintes techniques ou réglementaires,** concrétisées par l'obtention d'un permis de construire modificatif intervenu postérieurement à l'acte de vente, ne saurait être de nature à délier le vendeur de son obligation de conformité qui doit être appréciée au seul regard des pièces et documents contractuels et non par rapport à ces éléments postérieurs (CA Paris 19e ch. 7-3-2007 : Constr.-urb. 2007 n° 93).
c. En revanche, sont valablement établies et opposables au syndicat des copropriétaires les **servitudes** constituées par le vendeur en vertu des pouvoirs donnés en application de l'article R 261-5 du CCH (CA Paris 2e ch. B 6-1-2000 : Constr.-urb. 2000 n° 170).

CONFORMITÉ ADMINISTRATIVE

78970 L'obtention par le vendeur du certificat de conformité délivré par l'administration ne le dispensait pas de livrer un immeuble conforme aux prévisions contractuelles (Cass. 3e civ. 16-7-1986 : JCP N 1987 prat. n° 169). Supprimé à l'occasion de la réforme des autorisations d'urbanisme, le certificat de conformité a laissé la place depuis le 1er octobre 2007 à l'attestation de non-contestation de la conformité (voir nos 16050 s.). Si l'immeuble est jugé conforme au **permis de construire,** c'est parce que le bâtiment de situation des locaux vendus, son aspect extérieur, ses dimensions, sa destination et la nature et l'aménagement des abords ne présentent pas d'écart important par rapport au permis délivré. Cela n'établit pas et ne préjuge pas de la conformité de l'immeuble à l'ensemble des plans et devis descriptifs. Or, l'édification d'un immeuble conforme aux prévisions du contrat figure au rang des obligations essentielles du vendeur d'immeuble à construire.

Le certificat de conformité figurait parmi les accessoires que le vendeur d'immeuble à construire était tenu de délivrer (Cass. 3e civ. 26-4-2006 n° 05-10.500 : Constr.-urb. 2006 comm. 130).

B. Sanction du défaut de conformité

79050 Si le **défaut** de conformité n'est **pas substantiel,** l'acquéreur peut consigner le solde du prix dans l'attente de la mise en conformité (voir n° 78550). Si le défaut de conformité est **substantiel,** l'immeuble n'est pas achevé au sens de l'article R 261-1 du CCH (voir nos 78450 s.) et le contrat peut être résolu pour défaut d'achèvement. Tel est le cas quand l'appartement livré comporte une terrasse d'ensoleillement et de surface inférieurs aux prévisions contractuelles (CA Paris 6-3-1992 n° 90/22616 : Juris-Data n° 020 313).

La vente peut aussi être annulée sur le fondement de la **réticence dolosive** du vendeur d'immeubles à construire lorsque, dès la vente, celui-ci sait que l'immeuble ne pourra pas posséder l'une de ses caractéristiques, telle la vue (CA Paris 2e ch. 23-9-1994 : RDI 1995 p. 560).

> **Précisions** **a.** Sur l'application de la **garantie décennale** en cas de défaut de conformité, voir n° 87435.
b. Depuis la réforme du droit des contrats, le vendeur pourrait être tenté d'échapper à la **mise en conformité** en invoquant son **coût manifestement disproportionné** au regard de son intérêt pour l'accédant, à condition néanmoins de prouver sa bonne foi (C. civ. art. 1221 issu de l'ord. 2016-131 du 10-2-2016 modifié par la loi 2018-287 du 20-4-2018 ; O. Tournafond et J.-Ph. Tricoire, Les contrats de construction face aux nouvelles orientations du droit des contrats : RDI 2016 p. 391 ; mêmes auteurs, Les conséquences du défaut de conformité de l'ouvrage avant et après la réforme du droit des contrats : RDI 2018 p. 339).

DÉFAUTS DE CONFORMITÉ APPARENTS

Les défauts de conformité apparents relèvent de la garantie des vices apparents (C. civ. art. 1642-1 et 1648 ; voir nos 79230 s.), au même titre que les vices de construction (Cass. 3e civ. 23-5-2024 no 22-24.191 FS-B : BPIM 4/24 inf. 251). 79055

DÉFAUTS DE CONFORMITÉ CACHÉS

La livraison d'un immeuble ou d'une partie d'immeuble non conforme aux stipulations du contrat de vente et de ses annexes est constitutive d'un manquement aux obligations contractuelles du vendeur et donc d'une faute. La sanction de cette inexécution des obligations contractuelles du vendeur est la **mise en conformité,** même en l'absence de tout préjudice (Cass. 3e civ. 5-12-1979 : JCP éd. G 1981 II no 19605, note Steinmetz ; CA Paris 23e ch. A 19-5-1999 : Constr.-urb. 2000 comm. 2). L'acquéreur n'a pas à démontrer une faute du vendeur, un préjudice ou le caractère inutilisable de l'ouvrage non conforme mais seulement l'existence d'une non-conformité (CA Paris 2e ch. A 12-2-2002 : Constr.-urb. 2002 no 165 ; Cass. 3e civ. 25-4-2007 no 06-11.482, Vella et a. c/ Sté Les Inédites et a.). 79060

Lorsque le vendeur n'est pas en mesure d'exécuter en nature la mise en conformité des lieux (par suite d'une impossibilité matérielle ou juridique), son obligation se résout en **dommages-intérêts** (Cass. 3e civ. 12-3-1985 : Gaz. Pal. 1985 p. 246). Depuis la réforme du droit des contrats, l'acquéreur pourrait être tenté de solliciter, au lieu des dommages-intérêts, une **réduction de prix,** celle-ci étant désormais une sanction possible en cas d'inexécution du contrat (C. civ. art. 1217 et 1223 ; en ce sens, M. Faure-Abbad : Droit de la construction, Gualino 2016 no 457).

Le vendeur peut être condamné à payer certaines sommes aux acquéreurs et voir écartée sa proposition d'effectuer lui-même les travaux. Les juges du fond disposent en effet d'un pouvoir souverain d'appréciation pour fixer les **modalités de réparation** du défaut de conformité (Cass. 3e civ. 8-3-2000 no 98-15.345 : BPIM 3/00 inf. 175).

La responsabilité pour défaut de conformité par rapport aux termes du contrat ou au contenu des documents qui y sont annexés ou auxquels il fait référence est soumise à une **prescription** de 10 ans à compter de la réception des travaux (C. civ. art. 1792-4-1).

> **Précisions** Le vendeur ne peut pas valablement s'affranchir de son obligation contractuelle de délivrance d'un immeuble conforme par une **clause du contrat** aménageant une procédure de réclamation et instituant une forclusion en ce qui concerne les non-conformités cachées (Cass. 3e civ. 23-4-1985 : Gaz. Pal. 1985 pan. p. 247 note Jestaz).

VI. GARANTIE DES VICES DE CONSTRUCTION

Nous examinons ici les **règles spécifiques** applicables, dans le domaine de la garantie des vices de construction, aux ventes d'immeubles à construire. Nous renverrons, chaque fois que cela sera nécessaire, aux principes généraux applicables en la matière et qui sont étudiés nos 86000 s. 79200

> **Précisions** Dans l'**avant-projet de réforme du droit des contrats spéciaux,** l'obligation de délivrance est circonscrite à la mise à disposition du bien vendu. Autrement dit, ne relèverait plus du périmètre de l'obligation de délivrance, la conformité aux stipulations du contrat de vente d'immeubles. Sous couvert de modernisation, ce serait donc sous la coupe de la notion de vice que serait placée celle de non-conformité. Dans le même temps seraient donc redessinés les contours de la garantie des vices cachés qui deviendrait également une garantie des vices apparents (avant-projet, art. 1641 ; obs. critiques M. Poumarède, D. Gantschnig : RDI 2022 p. 488).

A. Garantie des vices apparents

Le vendeur d'un immeuble à construire ne peut être déchargé, ni avant la réception des travaux, ni avant l'expiration d'un délai d'un mois après la prise de possession par l'acquéreur, des **vices de construction** alors **apparents.** Il n'y aura pas lieu à résolution du contrat ou à diminution du prix si le vendeur s'oblige à réparer le vice (C. civ. art. 1642-1). L'**action** doit être introduite, à peine de forclusion, dans l'année qui suit la date à laquelle le vendeur peut être déchargé des vices apparents (C. civ. art. 1648). 79230

> **Précisions** **a.** Le vendeur d'immeubles à construire n'étant pas tenu de la **garantie de parfait achèvement** (voir n° 79260), les règles qui gouvernent cette garantie (due par l'entrepreneur concerné au vendeur) ne sont pas applicables à la garantie des vices apparents due par le vendeur à l'acquéreur (CA Paris 6-12-1995 : RDI 1996 p. 225).
> **b.** La vente d'un **immeuble achevé** précédée par un **contrat de réservation** n'étant pas une vente pure et simple, les dispositions de l'article 1642-1 du Code civil sont applicables (CA Paris 13-10-2005, Voyeux c/ SCI Fragonard : Juris-Data n° 283516) au détriment de celles de l'article 1642 du même Code (non-garantie des vices apparents) applicables aux ventes de droit commun.
> **c.** L'avant-projet de **réforme du droit des contrats spéciaux** prévoit de reporter les dispositions du Code civil propres à la vente d'immeubles à construire dans le CCH.

NOTION DE VICE APPARENT

79235 Le vice apparent, qui dans le louage d'ouvrage échappe à toute garantie s'il n'a pas été réservé à la réception, donne lieu à une garantie particulière dans la vente d'immeubles à construire. Le vice apparent doit être défini négativement par rapport au **vice caché** (sur cette notion, voir n°s 87460 s.).

Si, conceptuellement, le vice apparent doit être distingué du **défaut de conformité** apparent (Cass. 3e civ. 27-9-2000 n° 99-10.017 : RJDA 2/01 n° 139), ce dernier est désormais soumis au même régime de garantie (voir n° 79055).

Il se déduit de la période de non-décharge du vendeur (n° 79240) que le vice apparent est celui qui se révèle avant une certaine **date,** soit à la réception des travaux soit dans le mois de la prise de possession par l'acquéreur.

> **Précisions** **a.** Les vices apparents sont pris en considération, dans le cadre de l'article 1642-1 du Code civil, quelle que soit leur **gravité** ou leur absence de gravité.
> **b.** Les vices apparents sont décelables, à l'examen attentif, même par un non-professionnel. Le **caractère apparent** du vice est apprécié au regard de l'acquéreur et non par référence à l'architecte qui l'assiste (CA Paris 31-1-1996 : RDI 1996 p. 216).
> **c.** À titre d'**exemple,** jugé qu'un dénivelé de 32 cm entre le sol du séjour et celui du balcon constitue un vice de construction apparent et non un défaut de conformité, au motif que le plan du balcon annexé au contrat de vente ne comportait aucune indication de mesure (Cass. 3e civ. 2-3-2005 n° 03-19.208 : BPIM 3/05 inf. 200).

PÉRIODE DE NON-DÉCHARGE DU VENDEUR

79240 Le vendeur ne peut être déchargé des vices apparents (C. civ. art. 1642-1, al. 1) :
- ni avant la réception des travaux ;
- ni avant l'expiration d'un délai d'un mois après la prise de possession par l'acquéreur.

C'est **le plus tardif** de ces événements qu'il convient donc, dans tous les cas, de retenir.

> **Précisions** **a.** Le vendeur ne peut pas toujours contrôler le moment où son acheteur entre dans les lieux. Par ailleurs celui-ci peut, pour mille raisons, retarder son entrée dans les lieux, et donc retarder la décharge possible de son vendeur en ce qui concerne les vices apparents. C'est pourquoi de nombreux contrats contiennent une clause selon laquelle la **remise des clés** à l'acheteur vaut prise de possession des lieux, au sens de l'article 1642-1 du Code civil (et d'ailleurs, de l'article 1605 du même Code).
> **b.** Sur la notion de **réception** dans les ventes d'immeubles à construire, voir n° 79355.

MODALITÉS DE RÉPARATION

79245 Contrairement à ce qui se passe en matière ordinaire de vices de la chose vendue (C. civ. art. 1641 s.), la loi précise ici que si le vendeur s'oblige à réparer le vice, il n'y aura ni résolution du contrat ni diminution du prix. Encore faut-il que l'offre de réparation soit pertinente et opportune : à défaut, le vendeur d'immeuble à construire n'échappe pas à la résolution ou à la diminution du prix (Cass. 3e civ. 7-3-2019 n° 18-16.182 FS-PBI : BPIM 2/19 inf. 111).

Même si le vendeur ne prend pas cet engagement, l'acquéreur peut lui demander la réparation en nature ou par équivalent du vice (Cass. 3e civ. 2-3-2005 n° 03-19.208 : BPIM 3/05 inf. 200).

La jurisprudence accorde à l'acquéreur une indemnisation si les vices, bien que réparés, l'ont été avec retard ou ont occasionné un préjudice particulier dont cet acquéreur peut justifier.

DÉNONCIATION DES VICES APPARENTS

79250 L'acquéreur peut dénoncer les vices apparents et en demander réparation dans l'année de la réception ou dans les 13 mois de la prise de possession (C. civ. art. 1648, al. 2). C'est le plus tardif des deux événements suivants qui doit être retenu : la réception des travaux avec ou sans réserve ou l'expiration d'un délai d'un mois après la prise de possession (Cass. 3e civ. 19-1-2022 n° 21-10.022 F-D : BPIM 2/22 inf. 124).

Ce délai est également opposable au sous-acquéreur en cas de revente du bien (Cass. 3e civ. 3-6-2015 nº 14-14.706 PB : BPIM 4/15 inf. 256).

Le **délai d'apparition** des vices apparents (nº 79235) n'est pas un **délai de dénonciation** de ceux-ci : l'acquéreur est recevable à intenter contre le vendeur l'action en garantie des vices apparents même dénoncés après l'écoulement du délai d'un mois suivant la prise de possession (Cass. 3e civ. 22-3-2000 nº 98-20.250 : Bull. civ. III nº 63 ; Cass. 3e civ. 20-5-2015 nº 14-15.107 FS-PB : BPIM 4/15 inf. 255).

La **clause,** fréquente en pratique, par laquelle le vendeur d'un immeuble à construire limite sa garantie des vices apparents aux désordres dénoncés par l'acquéreur dans le mois de la prise de possession doit être **réputée non écrite** (Cass. 3e civ. 15-2-2006 nº 05-15.197 : Bull. civ. III nº 36).

Ni les textes ni la jurisprudence ne précisent les **modalités** selon lesquelles la dénonciation doit être effectuée. En pratique, il est préférable que l'acquéreur adresse sa notification au vendeur par lettre recommandée avec demande d'avis de réception.

› Précisions **a.** La dénonciation des vices apparents par l'acquéreur au vendeur peut intervenir pendant un **délai** plus long que celui **dont dispose le vendeur-maître d'ouvrage pour se retourner contre les entrepreneurs.** En effet, la prise de possession intervient le plus souvent postérieurement à la réception, laquelle est l'unique point de départ des délais de garantie dans les rapports entre vendeur et entrepreneurs.
b. Lorsqu'un désordre, non apparent à la réception, apparaît dans le délai d'un mois suivant la prise de possession, l'acquéreur bénéficie alors du **concours des actions** en garantie décennale et en réparation des vices et défaut de conformité apparents (Cass. 3e civ. 14-1-2021 nº 19-21.130 FS-PR : BPIM 2/21 inf. 118).

PRESCRIPTION

Le **délai d'action** d'un an est un délai préfix, c'est-à-dire un délai de forclusion. Il est susceptible d'être interrompu par une action en justice, même en référé (C. civ. art. 2241 ; Cass. 2e civ. 18-9-2003 nº 01-17.584 FS-PB : RJDA 3/04 inf. 390). En cas d'interruption, un nouveau délai de prescription, de même durée que l'ancien, recommence alors à courir à compter de l'extinction de l'instance (C. civ. art. 2231 et 2242 ; Cass. 3e civ. 11-7-2019 nº 18-17.856 FS-PBI : BPIM 5/19 inf. 334, Constr.-urb. 2019 p. 26 obs C. Sizaire). **79255**

Dans l'hypothèse d'un référé-expertise, l'instance prend fin avec l'ordonnance désignant l'expert.

En revanche, l'effet suspensif attaché aux mesures d'instruction ordonnées par un juge avant tout procès (C. civ. art. 2239) n'est pas applicable au délai de forclusion et donc au délai de l'action en garantie des vices apparents (Cass. 3e civ. 3-6-2015 nº 14-15.796 FS-PBI : BPIM 4/15 inf. 257 ; voir également S. Becqué-Ickowicz, Responsabilité du vendeur d'immeuble à construire : appréciation des dommages décennaux et délai pour agir en garantie des vices apparents : RDI 2015 p. 400). Autrement dit, le référé-expertise n'a pas pour effet de suspendre le délai d'un an jusqu'au jour du dépôt du rapport de l'expert. Conséquence pratique : si les mesures d'expertise durent plus d'un an, ce qui est presque toujours le cas en matière de responsabilité des constructeurs, il est impératif d'effectuer un acte interruptif avant l'expiration du délai de forclusion.

Le délai de forclusion n'est opposable à l'acquéreur que si le vendeur ne s'est pas obligé à réparer les vices. Du moins la Cour de cassation en a-t-elle décidé ainsi, estimant que cet **engagement de réparation** soumet l'action au délai de prescription de droit commun (Cass. 3e civ. 15-5-1974, Flesia c/ SCI Fontainebleau ; dans le même sens, Cass. 3e civ. 14-12-1977), soit à notre avis cinq ans depuis la réforme de la prescription civile (C. civ. art. 2224).

Cette jurisprudence a été fortement critiquée au motif qu'elle défavoriserait le vendeur honnête et favoriserait celui qui refuse de s'engager à réparer les vices ; en réalité, il semble qu'il faille considérer que le délai d'un an est suspendu dès lors que le vendeur s'est engagé à réparer (voir obs. Souleau, sous Cass. 3e civ. 26-2-1992 : Defrénois 1992 nº 66).

La Cour de cassation a d'ailleurs confirmé sa jurisprudence (Cass. 3e civ. 25-10-1989 : Bull. civ. III nº 196) et refusé au vendeur qui s'est engagé à réparer les désordres apparents de pouvoir opposer la limite de la prescription d'un an de l'article 1648, alinéa 2, du Code civil (CCH art. L 261-7) pour faire échec à l'action en garantie de l'acquéreur (Cass. 3e civ. 26-2-1992 : RDI 1993 p. 90 ; Cass. 3e civ. 29-10-2003 nº 00-21.597 : Bull. civ. III nº 182 ; Cass. 3e civ. 1-2-2024 nº 22-23.716 F-D : BPIM 2/24 inf. 113).

GARANTIE DE PARFAIT ACHÈVEMENT

Si le **vendeur** d'immeubles à construire est tenu des obligations dont les architectes, entrepreneurs et autres personnes liées au maître de l'ouvrage sont eux-mêmes tenus en application des articles 1792 s. du Code civil, il n'est pas tenu de la garantie de parfait achèvement de l'article 1792-6 du Code civil due par le seul entrepreneur concerné (Cass. 3e civ. 30-3-1994 : Bull. civ. III nº 69). Seul l'**entrepreneur** qui a contracté avec le vendeur en l'état futur est tenu à cette garantie à l'égard de ce dernier pendant un délai d'un an à compter de la réception. **79260**

Cette garantie s'étend à tous les désordres signalés par le vendeur-maître de l'ouvrage soit au moyen de réserves mentionnées au procès-verbal de réception, soit par voie de notification écrite pour ceux révélés postérieurement à la réception.

> **Précisions a.** Le contrat prévoit le plus souvent l'**obligation pour l'acquéreur de dénoncer au vendeur** les désordres qui se révèlent postérieurement à la réception de telle sorte que le vendeur puisse mettre en jeu la garantie de parfait achèvement.
> **b.** Le **vendeur** peut consentir à l'**aggravation de sa responsabilité** en se constituant débiteur de cette garantie dans le contrat de vente ; il doit alors réparer les désordres dans les conditions stipulées (CA Versailles 21-10-1994 : RDI 1995 p. 560). Cette aggravation peut aussi résulter d'une lettre postérieure à la livraison (Cass. 3e civ. 4-6-1998 n° 96-19.207, SCI Les Domaniales de Pessac c/ Périat).
> **c.** L'assignation en justice sans notification préalable à l'entreprise des désordres après réception ne vaut pas mise en œuvre de la garantie de parfait achèvement, mais l'entreprise reste tenue par sa **responsabilité contractuelle de droit commun** (Cass. 3e civ. 15-4-2021 n° 19-25.748 FS-P : BPIM 4/21 inf. 257).

B. Garantie des vices cachés

ÉTENDUE DE L'OBLIGATION

79350 En matière de vices cachés, la responsabilité du vendeur d'immeubles à construire est alignée sur celle des **participants à l'acte de construire.** Ainsi, le vendeur d'un immeuble à construire est tenu, à compter de la réception des travaux, des obligations dont les architectes, entrepreneurs et autres personnes liées au maître de l'ouvrage par un contrat de louage d'ouvrage sont eux-mêmes tenus en application des articles 1792, 1792-1, 1792-2 et 1792-3 du Code civil (C. civ. art. 1646-1, al. 1).

> **Précisions a.** Cette responsabilité n'a lieu d'être qu'à l'égard de la société acquéreur et non pas des associés de celle-ci qui invoquaient les conséquences malheureuses des désordres sur les plans financier, moral, psychologique et médical (Cass. 3e civ. 25-5-2005 n° 03-19.904 : Bull. civ. III n° 114).
> **b.** S'agissant de la responsabilité contractuelle de droit commun, voir n° 79375.
> **c.** Lorsque survient un dommage après réception et livraison du bien vendu, les acquéreurs peuvent agir directement contre l'entreprise. Concernant le vendeur, il ne peut plus agir contre l'entreprise ayant réalisé les travaux sur le fondement de la garantie décennale, sauf lorsqu'il justifie d'un intérêt à agir ou qu'il dispose d'un mandat des acquéreurs (Cass. 3e civ. 4-3-2021 n° 18-21.344 F-D : Gaz. Pal. 25-5-2021 chron. p. 70 note V. Zalewski-Sicard).

79355 La **réception des travaux** marque le point de départ de la responsabilité décennale ou biennale, elle intervient entre le maître de l'ouvrage et les entrepreneurs (voir nos 62070 s.). Dans la vente d'un immeuble à construire, seul le vendeur possède la qualité de maître de l'ouvrage (nos 75810 s.). La réception intervient par conséquent entre le vendeur et les entreprises avec lesquelles il a contracté. L'acquéreur n'est pas partie à cette réception, qui peut être tacite (voir nos 62290 s.).

Le fait pour le vendeur d'autoriser les acquéreurs à occuper les locaux vendus ne vaut pas réception de ceux-ci dans les rapports du vendeur avec les entrepreneurs (Cass. 3e civ. 4-4-1991 : Le Moniteur 20-9-1991 p. 71 ; Cass. 3e civ. 22-10-2002 n° 01-10.967 F-D : Constr.-urb. 2003 n° 3). Jugé toutefois qu'une réception tacite peut résulter de la prise de possession des acquéreurs et de la signature du procès-verbal d'état des lieux et de remise des clés, dès lors que l'immeuble est achevé, que le promoteur a adressé la déclaration d'achèvement des travaux à la mairie et qu'aucune absence de règlement des constructeurs n'est invoquée (Cass. 3e civ. 10-3-2015 n° 13-26.896 F-D : BPIM 3/15 inf. 191 ; RDI 2015 p. 357 obs. O. Tournafond).

La qualité de maître de l'ouvrage conférée par la loi au vendeur d'un immeuble à construire empêche l'acquéreur de demander au vendeur l'exécution de travaux de reprise des vices cachés avant la réception des travaux (Cass. 3e civ. 22-10-2002 n° 01-10.967 F-D : Constr.-urb. 2003 n° 3 ; CA Paris 17-9-1998 : Constr.-urb. 1999 n° 115). Mais en l'**absence de réception** (expresse ou tacite) entre le vendeur d'un immeuble à construire et les entreprises, le vendeur reste tenu à l'égard des acquéreurs de la garantie de droit commun des vices cachés dès lors qu'il est contractuellement tenu de livrer les locaux exempts de vices et que de nombreux désordres sont recensés (Cass. 3e civ. 12-12-2001 n° 00-14.769, Synd. des copropriétaires de la résidence Les lavandes c/ Sté Cogeco).

79360 Le **vendeur** ne doit pas à ses acheteurs la garantie qu'il recevra effectivement des architectes et entreprises avec lesquels il aura traité pour la construction – ni même celle qui lui est effectivement due par ceux-ci. Il leur doit la même garantie que celle qu'il leur devrait s'il était lui-même l'entrepreneur ou l'architecte.

Autrement dit, sa garantie envers ses acquéreurs est **indépendante** de ses rapports avec ses architectes et entrepreneurs. La garantie décennale peut ne pas être applicable dans les rapports entrepreneur/vendeur (en raison par exemple de la connaissance du désordre lors de la réception) et l'être entre le vendeur et l'acquéreur (Cass. 3e civ. 20-7-1994 : Bull. civ. III n° 155). Au demeurant, le lien direct envers l'acquéreur ne fait nullement obstacle à l'exercice de toutes ses actions récursoires contre les concepteurs et constructeurs de l'ouvrage.

> **Précisions a.** L'action introduite par l'acquéreur dans le délai de 10 ans n'a pas pour effet de rendre recevable l'action intentée, après l'expiration de ce délai, par le vendeur contre les architectes et entrepreneurs (Cass. 3e civ. 15-2-1989 : Bull. civ. III n° 36 ; Cass. 3e civ. 14-6-1995 : RDI 1995 p. 755). Le vendeur d'immeubles à construire doit immédiatement appeler en garantie les constructeurs ou les assigner en référé.
b. Le vendeur peut être contraint, sous astreinte, à remettre à l'acquéreur une copie certifiée conforme de la police d'assurances de dommages qu'il a souscrite (CA Paris 24-11-1989 : RDI 1990 p. 104).

TRANSFERT DES GARANTIES

Les garanties bénéficient aux **propriétaires successifs** de l'immeuble (C. civ. art. 1646-1, al. 2). **79365**
Ainsi, l'action en **garantie décennale** se transmet comme accessoire de la chose à l'acquéreur en l'état futur d'achèvement qui succède au vendeur en qualité d'ayant cause à titre particulier. Le point de départ du délai d'exercice de cette action est constitué par la réception sans réserve intervenue entre le maître d'ouvrage et les entreprises, en général antérieurement à la mise à disposition de l'immeuble vendu. Le délai effectivement ouvert à l'acquéreur pour exercer l'action en garantie décennale est donc le plus souvent inférieur à 10 ans.

MODALITÉS DE RÉPARATION

Il n'y aura pas lieu à résolution de la vente ou à diminution du prix si le **vendeur s'oblige à** **79370**
réparer les dommages définis aux articles 1792, 1792-1 et 1792-2 du Code civil et à assumer la garantie prévue à l'article 1792-3 (C. civ. art. 1646-1, al. 3). En d'autres termes, il n'y a pas lieu à résolution de la vente si le vendeur d'immeubles à construire assume ses obligations au titre des malfaçons.

En matière de vices cachés comme en matière de vices apparents, le vendeur échappe à la résolution du contrat ou à la diminution du prix s'il s'engage à réparer le vice (voir, sur ce point, nos 79230 s.).

L'engagement de réparer pris par le vendeur provoque l'**interruption des délais** de l'article 1792-4-1 du Code civil.

Avant la réception, l'acheteur ne peut pas faire exécuter de son propre chef et aux frais du vendeur des travaux propres à remédier aux malfaçons, même lorsqu'elles ont été déterminées par expert (Cass. 3e civ. 22-12-1989 : JCP N 1990 IV p. 221).

RESPONSABILITÉ DE DROIT COMMUN DES VICES CACHÉS

Les règles posées par les articles 1642-1 et 1646-1 du Code civil sont spécifiques aux ventes **79375**
d'immeubles à construire, et ne peuvent pas, même par une clause acceptée en ce sens, être utilisées dans le cadre de la vente d'un immeuble existant. La règle inverse est également valable : l'article 1641 du Code civil est inapplicable en cas de construction réalisée sous le régime propre de la vente d'immeubles à construire (Cass. 3e civ. 29-3-2000 n° 97-21.681 : RJDA 6/00 n° 649 ; Cass. 3e civ. 7-4-2004 n° 02-31.015 : Bull. civ. III n° 73). Ce régime de l'article 1641 ne semble pas pouvoir, même contractuellement, être appliqué en matière de vente d'immeubles à construire.

> **Précisions** L'article 1648 du Code civil, prévoyant que l'action résultant des **vices rédhibitoires** doit être intentée dans un bref délai, est inapplicable à la garantie des vices cachés due aux acquéreurs par le vendeur d'immeubles en l'état futur d'achèvement (Cass. 3e civ. 23-11-1980 : JCP G 1988 IV p. 48). La solution, rendue à propos du « bref délai » remplacé par un délai de deux ans, reste valable.

L'application au vendeur d'immeubles à construire de la responsabilité de droit commun des **79380**
vices cachés des articles 1641 s. du Code civil est discutée pour les désordres qui ne relèvent pas des garanties légales. Il semble qu'une telle **responsabilité résiduelle** subsiste.

En **principe,** même s'ils ont pour origine une non-conformité aux stipulations contractuelles, les dommages qui relèvent d'une garantie légale ne peuvent donner lieu à réparation sur le fondement de la responsabilité contractuelle de droit commun. La seule action en réparation des vices cachés est donc celle de l'article 1646-1 du Code civil (Cass. 3e civ. 25-1-1989 : Bull. civ. III n° 20 ; Cass. 3e civ. 4-10-1989 : Bull. civ. III n° 178). Il en est de même pour un désordre n'entrant pas dans le champ de la responsabilité décennale (Cass. 3e civ. 11-12-1991, SCI Domaine de Vilennes c/ Texier).

Toutefois, la Cour de cassation est revenue sur sa position s'agissant des **désordres intermédiaires** ne relevant pas des garanties légales (garantie biennale ou décennale ; voir nos 88640 s.). Dans un premier temps, elle a jugé, en telle hypothèse, que le vendeur d'un immeuble à construire engageait sa responsabilité contractuelle sur le fondement du droit commun en manquant à son obligation de résultat de remettre aux acquéreurs un immeuble exempt de vices (Cass. 3e civ. 31-3-1999 no 97-17.770 : BPIM 5/99 inf. 370, concernant des dommages qui, apparemment, ne relevaient pas de la garantie décennale).

Puis, dans un deuxième temps, les Hauts Magistrats, tout en maintenant le principe d'une responsabilité du vendeur pour les dommages intermédiaires, ont précisé qu'il s'agit d'une responsabilité pour faute prouvée (Cass. 3e civ. 4-6-2009 no 08-13.239 : Bull. civ. III no 130). La solution n'a pas été démentie depuis (Cass. 3e civ. 6-10-2010 no 09-66.521 : RDI 2010 p. 609 ; Cass. 3e civ. 13-2-2013 no 11-28.376 : Bull. civ. III no 21 ; Cass. 3e civ. 27-6-2019no 18-14.786 F-D : BPIM 5/19 inf. 336 ; Cass. 3e civ. 14-5-2020 no 19-10.434 F-D : RDI 2020 p. 601 obs. M. Faure-Abbad).

VENTE D'UN LOCAL ACHEVÉ DANS UN IMMEUBLE VENDU À CONSTRUIRE

79385 Des règles particulières sont prévues pour la **vente d'un local achevé** dans un immeuble ayant fait l'objet de ventes d'immeubles (ou fractions d'immeuble) à construire. En effet, lorsque l'un quelconque des locaux composant un immeuble a été vendu à terme ou en l'état futur d'achèvement, la vente, après achèvement, d'un local compris dans cet immeuble est assujettie aux dispositions de l'article 1646-1 du Code civil (CCH art. L 261-9).

Toutefois, **l'action** née, éventuellement, en application de l'article 1646-1 du Code civil ne peut être exercée par les acquéreurs successifs qu'à l'encontre du **vendeur originaire.**

L'article R 261-32 du CCH précise que les ventes à terme ou en l'état futur d'achèvement dont il est question à l'article L 261-9 sont celles conclues après le 6 janvier 1967, conformément aux dispositions des articles 1601-2 et 1601-3 du Code civil.

Pour l'application de l'article L 261-9 du CCH, l'immeuble s'entend du **bâtiment dans lequel se trouve le local vendu,** ou de la partie de ce bâtiment techniquement distincte et réalisable indépendamment des autres parties (CCH art. R 261-10).

Il en résulte que les dispositions de l'article L 261-9 du CCH sont inapplicables aux ensembles de maisons individuelles.

C. Garantie des défauts d'isolation phonique

79450 Le vendeur d'immeubles à construire est garant à l'égard du premier occupant du logement vendu de la conformité aux prescriptions légales ou réglementaires relatives aux exigences minimales requises en matière d'isolation phonique. Cette garantie dure un an à compter de la prise de possession (CCH art. L 124-4). Il s'agit d'un délai de forclusion au même titre que le délai d'action en garantie des vices apparents (Cass. 3e civ. 8-7-2015 no 13-20.980 FS-D : BPIM 5/15 inf. 324).

> **Précisions** **a.** Les travaux correctifs nécessaires pour permettre d'atteindre les exigences requises relèvent de la **garantie de parfait achèvement** (voir nos 62870 s.). Les points de départ de la garantie de parfait achèvement due par l'entrepreneur et de la garantie des défauts d'isolation phonique due par le vendeur à construire étant différents, il est possible que le vendeur soit privé de son action récursoire contre les entreprises.
> **b.** Sur la réparation des désordres d'isolation phonique sur le fondement de la **garantie décennale,** voir no 87148.
> **c.** Un vendeur en l'état futur d'achèvement dont la responsabilité pour insuffisance de l'isolation phonique résultant de modifications de la construction a été retenue ne saurait rechercher la **responsabilité du maître d'œuvre** dès lors que ce dernier avait attiré son attention sur les conséquences des choix opérés (Cass. 3e civ. 26-4-2006 no 04-16.382 : Bull. civ. III no 102).

VII. DISPOSITIONS PROPRES À LA VENTE À TERME

79600 Le caractère essentiel de cette modalité de vente d'immeubles à construire réside dans la **rétroactivité du transfert de propriété,** lequel a lieu lors de la constatation par acte authentique de l'achèvement de l'immeuble et produit ses effets au jour de la vente (C. civ. art. 1601-2).

La définition de l'achèvement au sens de ce texte a été examinée nos 78450 s. L'article R 261-2 du CCH indique de quelle manière se constate l'achèvement en cas de **vente à terme.** Cette déclaration est faite :
– soit par les parties, devant notaire ;
– soit par une personne qualifiée en cas de désaccord des parties ou de clause du contrat en ce sens. Désignée par ordonnance sur requête, cette personne déclare devant notaire que l'achèvement est acquis et cette déclaration, notifiée à l'autre par la partie la plus diligente, vaut livraison à la date de réception de la notification.

La vente à terme peut être assortie du versement de **dépôts de garantie** au fur et à mesure de l'avancement des travaux – sommes qui seront indisponibles et ne pourront servir qu'au paiement du prix, lors de la livraison.

La **première conséquence** du mécanisme du transfert de propriété rétroactif est l'obligation de **publier** la vente à terme au service de la publicité foncière. Cette publicité s'opère dans les mêmes conditions que pour les ventes sous condition suspensive (CCH art. R 261-3). Il s'ensuit que la publication s'opère en deux temps : l'acte de vente doit être publié immédiatement en qualité d'acquisition conditionnelle (Décret 55-22 du 4-1-1955 art. 28, 1°), suivi ultérieurement de la publication de l'acte constatant la réalisation de la condition (Décret 55-22 du 4-1-1955 art. 28,4° b). **79605**

L'acte authentique de constatation de l'achèvement sera ainsi lui aussi publié.

La **deuxième conséquence** de la rétroactivité du transfert de propriété est que les **droits réels** – notamment les hypothèques – consentis par le vendeur sont **inopposables** à l'acquéreur, si celui-ci ne les ratifie pas. **79610**

Cette disposition interdirait au vendeur de trouver quelque crédit que ce soit pendant l'édification de la construction, alors qu'il peut en avoir besoin.

C'est pourquoi l'article R 261-6 du CCH prévoit une possibilité d'affectation hypothécaire par le vendeur, par le moyen d'un mandat, dans les conditions suivantes.

Lorsque la vente d'un immeuble à construire est assortie d'un mandat de l'acquéreur donné au vendeur d'affecter hypothécairement l'immeuble vendu, ce mandat ne peut être consenti, en cas de vente à terme, que pour **assurer le financement** de la construction de cet immeuble. Ce mandat ne précise pas obligatoirement le montant des sommes pour la garantie desquelles le mandataire est autorisé à constituer hypothèque. Il est en tout cas **limité** à la constitution d'hypothèque garantissant en principal, intérêts et accessoires une somme au plus égale au prix de vente stipulé au contrat, déduction faite, le cas échéant, des sommes déjà garanties par le bien vendu. L'hypothèque consentie par l'acquéreur sur l'immeuble, avant le transfert de propriété, sera quant à elle rétroactivement validée lors du transfert de propriété.

Une **troisième conséquence** du transfert rétroactif de la propriété est l'obligation dans laquelle se trouvent les héritiers de **rectifier la déclaration de succession,** en cas de décès de l'acquéreur entre la vente et l'achèvement de l'immeuble. **79615**

En effet, jusqu'à l'achèvement, l'acquéreur n'est propriétaire que des dépôts de fonds qu'il a effectués, et ce sont eux qui figurent à l'actif de sa succession. Lors de l'achèvement, la propriété de l'immeuble advient rétroactivement au défunt, et il faut donc rectifier la déclaration de succession, pour en extourner les dépôts de fonds, et y inclure l'immeuble.

En toute logique, la réincorporation de l'immeuble dans l'actif successoral devrait se faire à la valeur de l'immeuble – selon son avancement – au jour du décès. Mais il semble que la fiction de la rétroactivité conduise à réputer l'acquéreur propriétaire ab initio de l'immeuble considéré comme achevé.

CHAPITRE 3

CONTRAT DE CONSTRUCTION D'UNE MAISON INDIVIDUELLE

SOMMAIRE

PRÉSENTATION

80000 Il existe **deux types de contrat** de construction d'une maison individuelle (CCMI) :
– le contrat de construction avec fourniture du plan (CCH art. L 231-1 s. et R 231-1 s.) ;
– le contrat de construction sans fourniture du plan (CCH art. L 232-1 s. et R 232-1 s.).

Dans le second cas, la prestation du constructeur est moins complète et ses obligations sont allégées. Il reste qu'un certain nombre de mécanismes protecteurs du maître d'ouvrage sont identiques dans les deux hypothèses.

Le CCMI est une variété de **marché à forfait** (voir nos 56520 s.). L'article 1794 du Code civil lui est notamment applicable : le contrat peut donc être résilié unilatéralement par le maître de l'ouvrage moyennant dédommagement du constructeur (Cass. 3e civ. 6-3-2002 no 399 : Constr.-urb. 2002 no 166). Le contrat de construction d'une maison d'habitation qui ne présente pas les caractéristiques du marché à forfait n'est pas un CCMI (Cass. 3e civ. 24-6-2021 no 20-12.170 F-D : BPIM 4/21 inf. 258).

Le CCMI est par ailleurs un contrat à **exécution successive** et non un contrat instantané (Cass. 3e civ. 13-11-2014 no 13-18.937 FS-PB : Bull. civ. III no 147, BPIM 6/14 inf. 392).

RÉGLEMENTATION IMPÉRATIVE

80005 L'ensemble du statut régissant les contrats de construction d'une maison individuelle est d'**ordre public** (CCH art. L 230-1). Les parties qui décident volontairement de s'y soumettre ne peuvent y déroger (Cass. 3e civ. 6-10-2010 no 09-66.252 FS-PB : BPIM 6/10 inf. 467). Toute violation de ces règles impératives entraîne un risque de **nullité du contrat** (Cass. 3e civ. 20-11-2013 no 12-27.041 : Bull. civ. III no 149, BPIM 1/14 inf. 28). Il s'agit d'une nullité relative qui ne peut être invoquée que par le maître de l'ouvrage et qui est susceptible de confirmation (Cass. 3e civ. 6-7-2011 no 10-23.438 FS-PB : BPIM 5/11 inf. 384, s'agissant des énonciations obligatoires du contrat). Cette confirmation peut être tacite et résulter de l'exécution du contrat par le maître de l'ouvrage si ce dernier avait connaissance, avant l'exécution, de la violation des dispositions d'ordre public destinées à le protéger (Cass. 3e civ. 20-11-2013 no 12-27.041 FS-PBI précité ; Cass. 3e civ. 7-4-2016 no 15-13.900 FS-PB : BPIM 3/16 inf. 180).

Les décisions d'annulation sont généralement fondées sur le non-respect des dispositions relatives au contenu obligatoire du contrat.

La nullité d'un CCMI peut également être prononcée sur le fondement d'une **autre réglementation** d'ordre public. Ainsi jugé à propos d'un contrat dans lequel la surface habitable prévue n'était pas conforme à l'ancien article R 111-2 du CCH (désormais R 156-1) (CA Dijon 18-6-1996, Gutsche c/ Delibes ès qual.).

ILLUSTRATIONS

Le contrat est **nul** :
– s'il ne localise pas le terrain, n'indique pas le coût de son aménagement et n'indique pas les travaux non inclus dans le prix (CA Paris 26-9-1989 : D. 1989 IR p. 261 ; CA Poitiers 21-11-1990 : RDI 1992 p. 82) ;
– si les prestations incluses dans le prix prévu au contrat sont imprécises et si plusieurs des prescriptions imposées par l'article L 231-2 du CCH ne figurent pas au contrat (CA Bourges 5-1-1998 : Constr.-urb. 1998 n° 288) ;
– si la notice descriptive ne satisfait pas aux exigences des articles L 231-2 et R 231-4 du CCH (CA Paris 12-5-1999 : Constr.-urb. 2000 n° 28) ;
– si les travaux indispensables (en l'espèce, des travaux de drainage) ne sont pas décrits et estimés lors du contrat initial, un avenant ultérieur n'étant pas de nature à couvrir cette nullité. Le fait pour le maître de l'ouvrage de poursuivre l'exécution du contrat jusqu'à l'achèvement de la construction et de prendre possession des lieux ne constitue pas une renonciation implicite à se prévaloir de cette nullité (CA Paris 10-1-1996 : BPIM 2/96 inf. 130) ;
– si, en raison d'une non-conformité au cahier des charges d'un lotissement, la maison doit être démolie et ne peut être reconstruite qu'en modifiant le projet initial (Cass. 3e civ. 11-3-1992 : Bull. civ. III n° 79).

EFFET DE LA NULLITÉ

La nullité du contrat entraîne son anéantissement, ce qui oblige les parties à des restitutions réciproques, à savoir pour le constructeur la restitution du prix payé et pour le maître de l'ouvrage celle de la **maison,** qui devrait alors être **démolie** pour permettre une remise du terrain dans son état antérieur. **80010**

La Cour de cassation a précisé que la nullité du CCMI pour violation des règles d'ordre public protectrices du maître de l'ouvrage ouvre à ce dernier le droit d'obtenir la démolition sans indemnité pour le constructeur au titre des travaux réalisés (Cass. 3e civ. 26-6-2013 n° 12-18.121 : Bull. civ. III n° 83, BPIM 4/13 inf. 261).

La sanction est particulièrement lourde pour le constructeur. La démolition, si elle semble légitime en cas de malfaçons graves de la construction, apparaît toutefois inopportune et mal fondée en cas de construction saine (D. Pronier, Des effets de la nullité d'un contrat de construction de maison individuelle : BPIM 1/14 inf. 1 n° 12). La jurisprudence récente tend d'ailleurs à ne pas faire de la démolition une sanction systématique en cas de nullité du CCMI pour violation du statut protecteur.

En cas d'anéantissement du contrat, le juge, saisi d'une demande de remise en état du terrain au titre des restitutions réciproques, doit rechercher si la démolition de l'ouvrage réalisé constitue une sanction proportionnée à la gravité des désordres et des non-conformités qui l'affectent. (Cass. 3e civ. 15-10-2015 n° 14-23.612 FS-PBR : BPIM 6/15 inf. 392). Dans ce cas, il incombe au constructeur de rapporter la preuve des faits de nature à établir le caractère disproportionné de la sanction (Cass. 3e civ. 27-5-2021 n° 20-13.204 FS-P : BPIM 4/21 inf. 259).

Constitue par exemple une sanction disproportionnée au regard des travaux réalisés quasi achevés et de la gravité des désordres la mesure de remise en état des lieux demandée par le propriétaire qui a pris l'initiative de faire achever l'ouvrage (Cass. 3e civ. 22-11-2018 n° 17-12.537 FS-PBI : BPIM 1/19 inf. 37).

Toutefois, le maître de l'ouvrage n'est pas tenu de demander la démolition de la construction ; il peut limiter sa demande à l'indemnisation du préjudice lié à cette nullité (Cass. 3e civ. 21-1-2016 n° 14-26.085 FS-PB : BPIM 2/16 inf. 109).

Lorsque la **maison,** jugée saine, est **conservée,** le constructeur doit légitimement recevoir le juste prix de ses prestations malgré la nullité du contrat. **80015**

Comment évaluer ce juste prix ? On ne peut pas appliquer les dispositions de l'article 555 du Code civil régissant la construction sur sol d'autrui, qui laisse au propriétaire une option entre, d'une part, le coût des matériaux et le prix de la main-d'œuvre, d'autre part, l'augmentation de la valeur du fonds. Le constructeur est en effet intervenu en vertu d'un contrat et n'est donc pas un tiers au sens de ce texte (Cass. 3e civ. 24-4-2013 n° 12-11.640 : Bull. civ. III n° 56, BPIM 3/13 inf. 194).

Le juste prix devant revenir au constructeur - matériaux, main-d'œuvre, etc. - sera fixé par le juge à dire d'expert (Cass. 3e civ. 17-6-2015 n° 14-14.372 FS-PB : D. 2015 p. 2200 obs. V. Georget ; voir également D. Pronier, Des effets de la nullité d'un contrat de construction de maison individuelle : BPIM 1/14 inf. 1 n° 12).

En raison de l'effet rétroactif de l'annulation du contrat, le **prêt souscrit pour financer l'acquisition du terrain et la construction** se trouve annulé de plein droit (Cass. 1e civ. 7-7-1998 n° 96-15.098 : RJDA 10/98 n° 1148). **80020**

A. Champ d'application du CCMI

1. CCMI AVEC FOURNITURE DU PLAN

DÉFINITION

80050 La conclusion avec le maître d'ouvrage d'un contrat de construction d'une maison individuelle avec fourniture du plan s'impose à toute personne qui se charge de la construction d'un immeuble à usage d'habitation ou d'un immeuble à usage professionnel et d'habitation ne comportant pas plus de **2 logements** destinés au même maître de l'ouvrage d'après un plan qu'elle a proposé ou fait proposer (CCH art. L 231-1).

Cette obligation est également imposée à :

– toute personne qui se charge de la construction d'un tel immeuble à partir d'un **plan fourni par un tiers** à la suite d'un démarchage à domicile ou d'une publicité faits pour le compte de cette personne ;

– toute personne qui réalise une partie des travaux de construction d'un tel immeuble dès lors que le plan de celui-ci a été fourni par cette personne ou, pour son compte, à la suite d'un démarchage à domicile ou d'une publicité.

En revanche, un contrat portant sur la **rénovation ou** la **réhabilitation d'un immeuble existant** ne constitue pas un CCMI au sens de l'article L 231-1 du CCH (Cass. 3e civ. 20-3-2013 no 11-27.567 : BPIM 3/13 inf. 195). Pour appréhender une telle opération, un auteur suggère un aménagement conventionnel ou législatif du contrat d'entreprise (D. Tomasin, obs. sous l'arrêt précité : RDI 2013 p. 325).

ILLUSTRATIONS

La loi **s'applique** à :

– une société qui s'engage à effectuer les travaux de gros œuvre d'une maison de plus de 170 m² d'après un plan établi par un architecte rémunéré par cette société et fourni au maître de l'ouvrage (CA Rennes 4e ch. 31-1-2002 no 00/01037, Le Goff c/ Sté Le Couillard) ;

– une société qui se présente comme bâtisseur de maisons individuelles, traite directement avec les entreprises (la faculté pour le maître d'ouvrage de proposer ses propres entrepreneurs étant théorique), propose un plan type (que le maître d'ouvrage peut à peine modifier) et un contrat comportant les clauses caractéristiques du contrat de construction (Cass. crim. 9-1-1992 : RJDA 6/92 no 633) ;

– une société qui propose différents modèles dont les projets, établis par son architecte, ne peuvent être modifiés par le cocontractant et demeurent la propriété de la personne morale, laquelle se réserve la coordination des travaux en s'engageant sur le délai d'exécution ainsi que le choix des entrepreneurs, interdisant au particulier de leur donner des ordres et de les régler directement, la signature des marchés ne constituant qu'une formalité, alors que le contrat est conclu pour un prix global incluant le coût des réalisations, les honoraires de l'architecte et ceux de la société (Cass. 3e civ. 1-4-1992 : Bull. civ. III no 108) ;

– un bureau d'études qui se charge d'une partie des travaux ou qui intervient à la suite d'une publicité pour proposer de façon répétitive la construction de maisons types moyennant un prix forfaitaire en imposant le recours du client aux seules entreprises choisies par ce bureau d'études (Rép. Chossy : AN 11-10-1993 p. 3472 no 5090) ;

– une personne qui vend les éléments préfabriqués d'un chalet ou d'une maison en bois et les édifie sur le terrain du client (Cass. 3e civ. 3-5-2001 no 99-14.370 : RJDA 10/01 no 952 ; Rép. Vannson : AN 6-6-1994 p. 2907 no 13028 ; Rép. Chouat : AN 24-8-1998 p. 4736 no 16200) ;

– un agent immobilier qui procure le terrain aux maîtres de l'ouvrage, leur propose un plan de l'immeuble, leur commande et leur fournit les éléments préfabriqués d'un chalet et fait intervenir un entrepreneur pour l'exécution des travaux (CA Rennes 10-2-2000 : Constr.-urb. 2001 no 26).

80052 Le régime propre au contrat de construction de maison individuelle avec fourniture du plan a été adapté à la réalisation de **maisons préfabriquées** (Loi 2018-1021 du 23-11-2018 art. 65 ; Ord. 2019-395 du 30-4-2019 : BPIM 3/19 inf. 183 ; Décret 2020-102 du 6-2-2020). Le dispositif est applicable aux contrats conclus depuis le 1er mai 2020.

Sur les mentions spécifiques du CCMI adapté à la réalisation de maisons préfabriquées, voir nos 80217 et 80220.

> **Précisions** La **préfabrication** consiste à concevoir et réaliser un ouvrage à partir d'éléments préfabriqués assemblés, installés et mis en œuvre sur le chantier. Ces éléments préfabriqués font indissociablement corps avec les ouvrages de viabilité, de fondation, d'ossature, de clos et de couvert de la construction et peuvent intégrer l'isolation et les réserves pour les réseaux divers. Ils sont produits sur un site qui peut être soit une usine ou un atelier, soit une installation temporaire jouxtant le chantier (CCH art. L 111-1, 15o).

CONSTRUCTEUR

La personne qui se charge de la construction est dénommée constructeur ; elle est réputée constructeur de l'ouvrage au sens de l'article 1792-1 du Code civil (CCH art. L 231-1, al. 3). Cette personne **peut être** un entrepreneur, même s'il sous-traite une partie des travaux, ou toute personne assurant la responsabilité de la construction, même si elle n'accomplit elle-même aucun travail. Mais cette personne ne peut pas être l'architecte, s'il se borne à sa mission d'architecte (en ce sens, Rép. Crépeau : AN 30-3-1992 n° 43129). 80055

En présence d'un CCMI avec plan, le constructeur est **tenu des** garanties décennale et biennale (voir nos 86210 s.) ainsi que, semble-t-il, de la garantie de parfait achèvement car le CCMI avec plan est une variété de contrat d'entreprise. L'article 1792-1 du Code civil ne désigne le constructeur de maisons individuelles que pour l'obliger à la garantie décennale ; mais l'extension à la garantie de bon fonctionnement est généralement admise.

> **Précisions** L'article L 241-3 du CCH **interdit** aux professionnels de participer directement ou indirectement à la conclusion d'un CCMI lorsqu'ils ont fait l'objet d'une **condamnation** à une peine d'emprisonnement avec ou sans sursis pour l'une des infractions énoncées par cet article, notamment pour avoir exigé ou accepté le versement de fonds avant la signature d'un contrat de construction de maison individuelle (voir n° 80395).

DESTINATION DES CONSTRUCTIONS

La réglementation impérative des CCMI n'est applicable que dans le **secteur protégé.** L'immeuble doit être d'**habitation,** ou à usage mixte professionnel et d'habitation, et comporter au plus 2 logements. Ainsi, une maison comprenant un logement au rez-de-chaussée et un logement au 1er étage est visée par la loi. 80060

La notion d'**usage mixte professionnel et d'habitation** doit être entendue au sens étroit : un local commercial ou industriel n'est pas professionnel et un immeuble exclusivement professionnel n'est pas à usage mixte. Dans le **secteur libre,** le constructeur peut, toutefois, décider d'adopter conventionnellement tout ou partie des règles des CCMI.

FOURNITURE DU PLAN

L'obligation de conclure un CCMI avec fourniture du plan s'applique lorsque le plan est proposé directement ou indirectement par un constructeur qui participe, même partiellement, à l'opération de construction (n° 80050). La notion de **« plan proposé »** concerne par exemple : 80065
– les **« catalogues »** des vendeurs institutionnels et industrialisés de maisons individuelles, même si leurs plans types sont adaptables selon les désirs des clients ;
– l'entrepreneur qui adapte, pour un client, un plan déjà réalisé par lui ;
– l'entreprise qui adresse les clients à un bureau d'études ou d'architecture pour faire réaliser leurs plans.

2. CCMI SANS FOURNITURE DU PLAN

Le contrat de construction d'une maison individuelle sans fourniture de plan est un contrat de louage d'ouvrage n'entrant pas dans le champ d'application de l'article L 231-1 du CCH (nos 80050 s.) et ayant au moins pour objet l'exécution des travaux de gros œuvre, de mise hors d'eau et de mise hors d'air d'un immeuble à usage d'habitation ou d'un immeuble à usage professionnel et d'habitation, ne comportant pas plus de 2 logements destinés au même maître de l'ouvrage (CCH art. L 232-1, L 232-2 et R 232-1 à R 232-7). 80090

> **Précisions** **a.** La **mise hors d'air,** bien que non définie par les textes, s'entend généralement de la pose des portes et des fenêtres. La mise **hors d'eau** consiste quant à elle à la couverture ou à l'étanchéité de la construction.
> **b.** L'**interdiction** visée n° 80055 est applicable au contrat sans fourniture de plan.
> **c.** Bien que la solution ait été rendue au titre de l'article L 231-1 du CCH, le refus de (re)qualifier en CCMI un contrat portant sur la **rénovation ou la réhabilitation** d'un immeuble existant (n° 80050) vaut également pour le contrat sans fourniture du plan.

3. CONCLUSION D'UN AUTRE TYPE DE CONTRAT

CONTRAT DE PROMOTION IMMOBILIÈRE

Les champs d'application respectifs des contrats de promotion immobilière et des CCMI avec fourniture du plan présentent de grandes similitudes. La **différence** essentielle semble résider dans la qualité de mandataire que prend le promoteur immobilier. Toutes les autres 80120 conditions étant réunies, la signature d'un contrat de promotion immobilière n'est possible que si la personne qui se charge de la totalité de la construction et fournit le plan agit en qualité de mandataire du maître de l'ouvrage.

CONTRAT D'ENTREPRISE

80125 Les contrats d'entreprise par lots séparés ayant pour objet la construction d'une maison individuelle demeurent hors du champ d'application des CCMI avec ou sans plan si aucun des entrepreneurs concernés ne participe à la **fourniture du plan** et si aucun de ces entrepreneurs ne se charge de l'exécution de la totalité des travaux de gros œuvre, de mise hors d'eau et de mise hors d'air. Lorsque l'entrepreneur fournit les plans, la passation d'un CCMI est obligatoire quelle que soit l'importance des travaux qui lui sont confiés (CA Orléans 27-3-1997 : Constr.-urb. 1998 n° 52).

> **Précisions** L'activité d'**intermédiaire** tendant à rapprocher le propriétaire d'un bien immobilier et son constructeur en vue de la conclusion d'un contrat d'entreprise ne relève d'aucune réglementation professionnelle spécifique (Rép. Valleix : AN 3-7-1995 n° 24607).

CONTRAT DE MAÎTRISE D'ŒUVRE

80130 Les contrats d'entreprise peuvent éventuellement être assortis d'un contrat de maîtrise d'œuvre. C'est dans ce cas que les risques de **fraude** à la loi sont les plus importants. Selon le ministère, les maîtres d'œuvre ne sont pas soumis à la loi lorsqu'ils ne participent ni directement ni indirectement à la construction (Rép. Chossy : AN 11-10-1993 n° 5090). C'est en fonction de l'étendue de la **mission** du maître d'œuvre et de la **liberté** de manœuvre du maître de l'ouvrage que les tribunaux sont amenés à se prononcer sur une éventuelle requalification du contrat.

> **Précisions** Ne constitue **pas un contrat de maîtrise d'œuvre** mais un CCMI la convention par laquelle le maître de l'ouvrage ne peut pas adapter le plan de la maison proposé sur catalogue, n'a aucune liberté dans le choix des entreprises et aucun pouvoir dans l'exécution de la construction, son cocontractant se chargeant de l'intégralité de la construction (Cass. 3e civ. 5-12-1990 : Bull. civ. III n° 256 ; Rép. Deprez : AN 27-10-1997 p. 3749 n° 2219).

VENTE D'IMMEUBLE À CONSTRUIRE

80135 **Critère de distinction** Le critère de distinction entre la vente d'immeuble à construire et le CCMI tient à la **propriété du terrain.** Dans le secteur protégé, la conclusion d'une vente d'immeuble à construire est obligatoire lorsque celui qui s'oblige à édifier ou à faire édifier l'immeuble procure directement ou indirectement le terrain à l'acquéreur qui contracte l'obligation d'effectuer des versements ou des dépôts de fonds avant l'achèvement de la construction (CCH art. L 261-10, al. 2).

Par exception, le constructeur qui procure indirectement le terrain à l'acquéreur est dispensé de signer une vente d'immeuble à construire s'il conclut un CCMI avec fourniture du plan (CCH art. L 231-5).

> **Précisions** Le **terrain** doit être considéré comme **procuré indirectement** dès lors qu'un lotisseur détient une participation dans le capital d'une société chargée de la commercialisation de maisons individuelles (Rép. Laurissergues : AN 27-12-1982 n° 21058). Cette réponse ministérielle, bien qu'antérieure à la loi 90-1129 du 19 décembre 1990, doit être considérée comme étant toujours d'actualité, de sorte que la société de construction ainsi liée à la société venderesse du terrain doit conclure un contrat de construction de maison individuelle avec fourniture de plan (Rép. Piras : Sén. 3-3-2011 n° 16282).

80140 **Conséquences fiscales** En matière fiscale, deux hypothèses sont à envisager :

1. Le **constructeur procure directement le terrain** à l'acquéreur. À notre avis, l'opération s'analyse en une vente par un assujetti à la TVA agissant en tant que tel d'un immeuble à construire (voir, s'agissant d'une opération de lotissement, CE 29-6-1981 n° 16796 : RJF 10/81 n° 866). Elle est intégralement soumise à la TVA en tant que vente d'immeuble neuf et rend exigibles les droits d'enregistrement au taux réduit de 0,71498 % (CGI art. 1594 F quinquies, A) ;

2. Le **constructeur ne procure pas le terrain.** Dans ce cas, à notre avis, on se trouve en présence de deux opérations distinctes qui suivent leur régime propre :

– une **acquisition de terrain à bâtir** qui, lorsqu'elle est réalisée auprès d'un assujetti à la TVA agissant en tant que tel est taxable de plein droit à la TVA, sur le prix total ou sur la marge selon que l'acquisition par cet assujetti lui avait ou non ouvert droit à déduction. Elle rend exigibles les droits d'enregistrement au taux réduit de 0,71498 % dans le premier cas (CGI art. 1594 F quinquies, A) et au taux de droit commun dans le second. Si le terrain à bâtir est acquis auprès d'un particulier n'agissant pas comme un professionnel de l'immobilier,

l'opération - hors du champ d'application de la TVA - est soumise aux seuls droits d'enregistrement au taux de droit commun ;
– un **contrat de construction** d'une maison individuelle avec fourniture de plan qui s'analyse en un marché de travaux consistant en la fourniture de travaux immobiliers soumis à la TVA.

ILLUSTRATIONS

Doivent être regardées comme des **travaux immobiliers** au sens de l'article 256 du CGI et **non** comme une **livraison d'immeubles achevés** les prestations réalisées par une société de construction. En effet, il résulte en particulier de la lecture du **contrat type** que les contrats de construction de maison individuelle en litige portent sur la **réalisation d'une maison individuelle** par la société, désignée en qualité de constructeur, **au profit de son client** ; que ce dernier, qui a la qualité de **maître d'ouvrage,** est, en vertu dudit contrat, nécessairement **propriétaire du terrain à bâtir** et peut réaliser lui-même une partie des prestations de construction ; que la réalisation de la maison individuelle comprend ou non la fourniture du plan de la construction par la société, laquelle peut également réaliser la conclusion des marchés de travaux avec chacune des entreprises de travaux immobiliers sous-traitantes et, le cas échéant, l'accomplissement des démarches et formalités nécessaires à l'obtention du permis de construire et des autres autorisations administratives ; que les contrats en litige prévoient un **échéancier précis des versements** dus par le maître d'ouvrage qui est **calqué sur les travaux accomplis** par la société ; enfin, que le client est autorisé à **visiter le chantier,** préalablement à chaque échéance des paiements et à la réception des travaux (CAA Nancy 1-7-2021 nº 19NC00262 rendu définitif par CE (na) 22-4-2022 nº 456148 : BPIM 4/22 inf. 294).

B. Contenu du contrat

CONTRAT ÉCRIT

Qu'il y ait ou non fourniture du plan, l'exécution des travaux doit impérativement être précédée de la signature d'un contrat écrit. Un exemplaire du contrat, accompagné de toutes ses annexes, doit être envoyé par lettre recommandée avec accusé de réception au maître de l'ouvrage (voir nº 80265). **80200**
Quiconque, tenu à la conclusion d'un contrat par application des articles L 231-1 ou L 232-1, aura entrepris l'exécution des travaux sans avoir conclu un contrat écrit sera puni d'un emprisonnement pouvant aller jusqu'à 2 ans et d'une amende pouvant aller jusqu'à 300 000 € (CCH art. L 241-8).

MENTIONS OBLIGATOIRES DU CCMI AVEC FOURNITURE DU PLAN

Le contrat de construction d'une maison individuelle avec fourniture du plan doit comporter dans le corps de son texte des mentions obligatoires qui tendent à assurer une information complète du maître de l'ouvrage (CCH art. L 231-2 et R 231-1 à R 231-4). **80205**

› Précisions **a.** Les stipulations du contrat, notamment celles relatives aux travaux à la charge du constructeur, au prix convenu, au délai d'exécution des travaux et aux pénalités applicables en cas de retard d'exécution peuvent se référer aux **clauses types** approuvées par décret et figurant en annexe de l'article R 231-13 du CCH.
b. Un certain nombre des énonciations exigées peuvent faire l'objet de **conditions suspensives** (nº 80250).

Mentions d'information générale Le contrat doit contenir certaines mentions d'information générale : **80210**
– la **désignation** détaillée **du terrain** destiné à l'implantation de la construction et la mention complète du **titre de propriété** du maître de l'ouvrage ou des droits réels lui permettant de construire ;
– l'indication que le maître de l'ouvrage pourra se faire assister par un professionnel habilité en application de la loi 77-2 du 3 janvier 1977 sur l'architecture ou des articles L 125-1 et suivants du CCH (contrôleur technique agréé) lors de la réception ou par tout autre professionnel de la construction titulaire d'un contrat d'assurance couvrant les responsabilités pour ce type de mission ;
– les **justifications des garanties de livraison** et éventuellement de remboursement apportées par le constructeur, les attestations de ces garanties étant établies par le garant et annexées au contrat (nº 80225) ;
– la **référence de l'assurance dommages-ouvrage** souscrite par le maître de l'ouvrage, en application de l'article L 242-1 du Code des assurances.

> **Précisions** **a.** Pour que le terrain et le titre de propriété soient désignés conformément aux textes, il convient de préciser la **situation du terrain** avec l'indication de son adresse ou lieu-dit, sa surface et sa désignation cadastrale ainsi que la nature du titre, sa date, l'indication des nom et adresse du rédacteur de l'acte (CCH art. R 231-2).
> **b.** Selon l'administration, rien n'interdit au garant de la livraison ou du remboursement de donner une **garantie globale** pour l'ensemble des contrats signés pendant une période donnée (Rép. Balarello : Sén. 9-7-1992 n° 20786). Cette pratique nous paraît toutefois condamnée par une décision plus récente rendue en matière de garantie de remboursement (n° 80378, Précisions).
> **c.** L'**assurance dommages-ouvrage** est le plus souvent **souscrite par le constructeur** pour le compte du maître de l'ouvrage. Dans ce cas, le maître de l'ouvrage doit vérifier auprès de l'assureur que son chantier est bien couvert et que le constructeur a rempli ses obligations vis-à-vis de l'assureur (Cass. 1e civ. 13-5-1998 : RGDA 1998 p. 740).

80215 **Mentions relatives à la construction** Le contrat doit comprendre des mentions relatives à la construction :
– l'affirmation de la conformité du projet aux règles de construction prescrites en application du CCH, notamment de son livre Ier, et du Code de l'urbanisme ;
– la consistance et les caractéristiques techniques du bâtiment à construire comportant tous les travaux d'adaptation au sol, notamment, le cas échéant, ceux rendus nécessaires par l'étude géotechnique dans les zones exposées au phénomène de mouvement de terrain différentiel consécutif à la sécheresse et à la réhydratation des sols (voir n° 80216), les raccordements aux réseaux divers et tous les travaux d'équipement intérieur ou extérieur indispensables à l'implantation et à l'utilisation de l'immeuble. Un plan de la construction doit être fourni (voir n° 80225) ;
– l'indication de l'obtention du permis de construire et des autres autorisations administratives ;
– la date d'ouverture du chantier, le délai d'exécution des travaux et les pénalités prévues en cas de retard de livraison qui ne peuvent être inférieures à 1/3 000e du prix convenu par jour de retard (CCH art. R 231-14).

80216 **Étude géotechnique dans les zones à risques de retrait-gonflement de terrain**

En cas de **vente d'un terrain destiné à la construction d'une maison individuelle** et situé dans une zone d'exposition forte ou moyenne au phénomène de mouvement de terrain différentiel consécutif à la sécheresse et à la réhydratation des sols, une étude géotechnique dite « préalable » doit être fournie par le vendeur. La consultation du site « www.georisques.gouv.fr » permet de déterminer si le terrain se situe dans une telle zone. L'étude préalable, de type G1 (phase étude de site et phases principes généraux de construction), est annexée à la promesse de vente du terrain, à défaut, à l'acte de vente. Elle reste annexée au titre de propriété du terrain et suit les mutations successives (CCH art. L 132-5). Sa durée de validité est de 30 ans si aucun remaniement de sol n'est effectué (CCH art. R 132-6).

Avant la conclusion du CCMI, le maître de l'ouvrage transmet au constructeur l'étude préalable annexée au titre de propriété. Si elle n'est pas annexée, il doit fournir lui-même une étude préalable équivalente ou une étude géotechnique de conception de type G2 (phase avant-projet et phase projet) prenant en compte l'implantation et les caractéristiques du bâtiment (CCH art. L 132-6, al. 1 et 2). Le contrat doit préciser que le constructeur a reçu un exemplaire de l'étude et, le cas échéant, que les travaux à réaliser intègrent les mesures rendues nécessaires par le risque de mouvement de terrain (CCH art. L 132-6, al. 3). Précisons qu'avec l'accord du maître de l'ouvrage, le constructeur peut aussi faire réaliser l'étude. Le contenu précis de ces études est défini par l'arrêté LOGL2019476A du 22 juillet 2020.

Le constructeur auquel aura été remise l'étude géotechnique devra :
– soit respecter des techniques particulières de construction définies par l'arrêté LOGL2021179A du 22 juillet 2020 lorsque le maître de l'ouvrage lui aura seulement remis une étude préalable de type G1, ou équivalent ;
– soit suivre les recommandations de l'étude de conception de type G2, ou équivalent qui prend en compte l'implantation et les caractéristiques du bâtiment lorsque le maître de l'ouvrage lui aura remis une telle étude.

L'ensemble du dispositif s'applique aux opérations conclues depuis le 1er octobre 2020 (Arrêtés LOGL2023407A et LOGL2023409A du 24-9-2020 : JO 30 textes nos 59 et 60).

Depuis le 1er janvier 2024, à l'**achèvement des travaux** de construction, le maître de l'ouvrage doit transmettre à l'autorité ayant délivré le permis de construire une **attestation « retrait-gonflement des argiles »** (RGA) (CCH art. L 122-11, 3° et art. R 122-38 ; Arrêté TREL2326229A du 21-12-2023). Il s'agit d'un document qui, élaboré par un professionnel du bâtiment, justifie du respect des règles de prévention des risques liés aux terrains argileux. En cas de vente, l'attestation RGA doit être annexée à la promesse de vente ou, à défaut de promesse, à l'acte authentique de vente. Elle restera annexée au titre de propriété du bien et suivra les mutations successives de celui-ci (CCH art. L 132-8, al. 3).

Lorsque le constructeur assure, dans le cadre d'un CCMI avec plan, l'édification d'une maison avec des **éléments préfabriqués** (voir nº 80052), le contrat doit mentionner, **en plus** de ce qui est indiqué nº 80215 : 80217
– la description et les caractéristiques des éléments qui font indissociablement corps avec les ouvrages de viabilité, de fondation, d'ossature, de clos et de couvert de la construction et/ou qui peuvent intégrer l'isolation et les réserves pour les réseaux divers (CCH art. R 231-3-1, al. 1). Une liste de ces éléments et leur description devront être annexées au contrat avec leurs plans et leurs caractéristiques ;
– les modalités d'information selon lesquelles le constructeur notifie au maître de l'ouvrage l'achèvement et la bonne exécution des éléments décrits au contrat soit par le constat de cette fabrication directement sur le site de production, soit par la transmission des éléments permettant d'en attester, notamment par le marquage des éléments préfabriqués au nom du maître de l'ouvrage, code barre ou tout autre moyen pertinent d'identification (CCH art. R 231-3-1, al. 2).

Mentions relatives au prix et à son financement Le contrat doit comporter des mentions relatives au prix et à son financement : 80220
– le coût du bâtiment à construire, égal à la somme du prix convenu et, s'il y a lieu, du coût des travaux dont le maître de l'ouvrage se réserve l'exécution en précisant, d'une part, le prix convenu et, d'autre part, le coût des travaux dont le maître de l'ouvrage se réserve l'exécution ; ces derniers devront être décrits et chiffrés par le constructeur et faire l'objet, de la part du maître de l'ouvrage, d'une clause manuscrite spécifique et paraphée par laquelle il en accepte le coût et la charge (voir nº 80360) ;
– les modalités de règlement en fonction de l'état d'avancement des travaux (nº 80380). Dans le cas particulier de l'édification d'une maison avec des **éléments préfabriqués,** le contrat doit mentionner les modalités de règlement du prix qui tiendront compte de l'état d'avancement des travaux de construction et de l'avancement de la fabrication des éléments préfabriqués (CCH art. L 231-2 ; voir nº 80382) ;
– l'indication des modalités de financement, la nature et le montant des prêts obtenus et acceptés par le maître de l'ouvrage.

Annexes Plusieurs documents doivent être annexés au contrat : 80225
– une copie du **permis de construire** et des autres autorisations administratives ;
– une copie, le cas échéant, de l'**étude géotechnique** (nº 80216) ;
– les **attestations de garantie** de livraison et éventuellement de remboursement, délivrées par le garant (CCH art. L 231-2) ;
– une **notice descriptive,** conforme au modèle type agréé par l'arrêté EQUC9101692A du 27 novembre 1991 modifié par l'arrêté LRUL2422852A du 3 décembre 2024, indiquant les caractéristiques techniques tant de l'immeuble lui-même que des travaux d'équipement intérieur ou extérieur qui sont indispensables à l'implantation et à l'utilisation de l'immeuble. Cette notice fait la distinction entre ces éléments selon que ceux-ci sont ou non compris dans le prix convenu. Elle indique le coût de ceux desdits éléments qui n'est pas compris dans le prix. La notice mentionne les raccordements de l'immeuble à l'égout ou aux distributions assurées par les services publics notamment de distribution d'eau, de gaz, d'électricité ou de chauffage, en distinguant ceux qui sont inclus dans le prix et, s'il y a lieu, ceux dont le coût reste à la charge du maître d'ouvrage. La notice doit porter de la main du maître de l'ouvrage une mention signée par laquelle celui-ci précise et accepte le coût des travaux à sa charge qui ne sont pas compris dans le prix convenu (CCH art. R 231-4) ;
– le **plan de la construction** ainsi qu'un dessin de perspective de l'immeuble (CCH art. R 231-3). Le plan doit préciser notamment les travaux d'adaptation au sol, les coupes et élévations, les cotes utiles, la surface de chaque pièce, dégagement et dépendance ainsi que les éléments d'équipement extérieur et intérieur indispensables à l'implantation, à l'utilisation et à l'habitation de l'immeuble. Le plan indique, en outre, les raccordements aux réseaux divers décrits dans la notice descriptive ;
– une **notice d'information** conforme au modèle type agréé par l'arrêté EQUC9101700A du 28 novembre 1991 modifié par l'arrêté LHAL1629955A du 4 mars 2017 et rappelant les règles générales applicables au CCMI avec fourniture du plan (CCH art. L 231-9).

> **Précisions** Le constructeur de maison individuelle avec plan doit s'assurer de la nature et de l'importance des travaux de raccordement de la construction aux réseaux publics ; il doit vérifier sur place l'existence de canalisations sur le terrain ou à proximité afin d'anticiper la création éventuelle de **servitudes de canalisation**, générant un surcoût, dont la notice doit tenir compte (Cass. 3e civ. 11-2-2021 nº 19-22.943 FS-P : BPIM 2/21 inf. 119).

MENTIONS OBLIGATOIRES DU CCMI SANS FOURNITURE DU PLAN

80230 Le contrat de construction d'une maison individuelle sans fourniture du plan comporte également plusieurs mentions obligatoires. Son contenu est toutefois allégé par rapport à celui du CCMI avec fourniture du plan.

Le contrat doit contenir certaines **mentions d'information générale** (CCH art. L 232-1) :
– la désignation du terrain (adresse, surface et désignation cadastrale) ;
– la référence de l'assurance dommages-ouvrage souscrite par le maître de l'ouvrage en application de l'article L 242-1 du Code des assurances ;
– l'engagement de l'entrepreneur de fournir, au plus tard à la date d'ouverture du chantier, la justification de la garantie de livraison des travaux prévus contractuellement. L'attestation de cette garantie est établie par le garant et annexée au contrat ;
– l'indication que le maître de l'ouvrage pourra se faire assister par un professionnel lors de la réception (voir n° 80210).

80235 Le contrat doit indiquer le **prix convenu** forfaitaire et définitif, sous réserve, s'il y a lieu, de sa révision dans les conditions et limites convenues, ainsi que les modalités de son règlement au fur et à mesure de l'exécution des travaux.

L'échelonnement des paiements peut être fixé librement. Toutefois, un solde de 5 % du prix est payable à l'expiration de la garantie de livraison, dans des conditions analogues à celles visées n° 80385 (CCH art. R 232-5).

80240 Le contrat doit donner des **éléments d'information relatifs à la construction** :
– la consistance et les caractéristiques techniques de l'ouvrage à réaliser qui doivent être détaillées dans une notice descriptive conforme au modèle type agréé par l'arrêté EQUC9101692A du 27 novembre 1991 modifié par l'arrêté LRUL2422852A du 3 décembre 2024. Cette notice doit être annexée au contrat ;
– le délai d'exécution des travaux et les pénalités applicables en cas de retard de livraison.

Dans l'hypothèse où un plan a été établi, le maître de l'ouvrage doit indiquer le nom ou la raison sociale ainsi que l'adresse de l'auteur de ce plan. Le plan doit être joint au contrat (CCH art. R 232-2).

80245 Les **documents** devant être **annexés au contrat** sont les suivants :
– l'attestation de garantie de livraison ;
– la notice descriptive des travaux à réaliser (voir n° 80225) ;
– le plan éventuel ;
– la notice d'information conforme au modèle type agréé par l'arrêté EQUC9101700A du 28 novembre 1991 modifié par l'arrêté LHAL1629955A du 4 mars 2017 et rappelant les règles générales applicables au CCMI sans fourniture du plan.

CONDITIONS SUSPENSIVES

80250 **CCMI avec fourniture du plan** Le contrat de maison individuelle avec fourniture du plan peut être conclu sous les conditions suspensives suivantes (CCH art. L 231-4) :

1. L'acquisition du terrain ou des droits réels permettant de construire si le maître de l'ouvrage bénéficie d'une promesse de vente. Faisant une application stricte des textes, la Cour de cassation a refusé qu'une telle condition puisse porter sur une donation en cours (Cass. 3e civ. 14-5-2020 n° 18-21.281 FS-PBI : BPIM 4/20 inf. 254 ; Defrénois 16-7-2020 n° 161w2 p. 23, note H. Lécuyer) ;

2. L'obtention du permis de construire et des autres autorisations administratives, le maître de l'ouvrage étant tenu de préciser la date limite de dépôt de la demande ;

3. L'obtention des prêts demandés pour le financement de la construction ;

4. L'obtention de l'assurance de dommages-ouvrage ;

5. L'obtention de la garantie de livraison.

Le **délai maximum de réalisation** des conditions suspensives ainsi que la date d'ouverture du chantier, déterminée à partir de ce délai, doivent être précisés par le contrat. À défaut, ce dernier encourt la nullité (Cass. 3e civ. 30-3-2011 n° 10-13.457).

La **non-réalisation** de l'une de ces conditions entraîne le remboursement de toutes les sommes versées par le maître de l'ouvrage (nos 80370 s.).

› Précisions **a.** Le contrat est résilié de plein droit lorsque **le permis** de construire est **refusé** (Cass. 3e civ. 11-12-1991 n° 90-10.622 : Bull. civ. III n° 318). Dans cette espèce, la Cour a jugé que l'impossibilité de réaliser le projet de construction, pour lequel un permis avait été accordé, par suite d'une erreur de mesurage équivalait à un refus de permis de construire. Le contrat est également résilié de plein droit lorsque le permis est **retiré** (Cass. 3e civ. 4-4-1991 n° 89-13.259 : JCP éd. N 1991 II p. 342).

b. Si la construction de la maison est financée par un **prêt**, le contrat de construction est réputé conclu sous la condition suspensive de l'obtention du prêt (C. consom. art. L 313-41).

CCMI sans fourniture du plan Bien que la réglementation du contrat de construction d'une maison individuelle sans fourniture de plan ne le prévoie pas expressément, ce contrat pourra également être conclu sous les mêmes conditions suspensives, et notamment celle relative à l'obtention du financement. 80255

La réglementation applicable au contrat de prêt sera celle des crédits immobiliers (C. consom. art. L 313-1 s.).

> **Précisions** Lorsqu'un prêt est destiné à financer la construction d'une maison individuelle et, notamment, à payer les honoraires de l'architecte chargé de la concevoir, le **contrat d'architecte** doit être considéré comme conclu sous la condition suspensive de l'obtention d'un prêt dès lors que l'architecte est parfaitement informé de l'existence du prêt, même si celui-ci n'est pas mentionné dans le contrat d'architecte, et que le montant des honoraires est inclus dans l'estimation globale du prix de la construction. En effet, l'article L 313-1 du Code de la consommation vise toutes les dépenses relatives à des opérations de construction. Par suite, le prêt n'ayant pas été accordé, l'architecte doit rembourser les acomptes perçus (Cass. 1e civ. 3-1-1996 n° 93-19.128 : RJDA 4/96 n° 525).

CLAUSES ABUSIVES

Le **législateur** a expressément énuméré certaines clauses qui présentent un caractère abusif dans les CCMI avec fourniture du plan. En revanche, rien n'est précisé pour les CCMI sans fourniture du plan. À notre avis, il est vraisemblable que le juge écartera, par analogie, l'application de ces clauses pour les CCMI sans plan. 80260

Sont **réputées non écrites,** et donc inopposables, les clauses ayant pour objet ou pour effet (CCH art. L 231-3) :

1. D'obliger le maître de l'ouvrage à donner **mandat** au constructeur **pour rechercher le ou les prêts** nécessaires au financement de la construction sans que ce mandat soit exprès et comporte toutes les précisions utiles sur les conditions de ce ou de ces prêts ;

2. De subordonner le remboursement du **dépôt de garantie** à l'obligation, pour le maître de l'ouvrage, de justifier du refus de plusieurs demandes de prêt ;

3. D'admettre comme valant autorisation administrative un **permis de construire** assorti de prescriptions techniques ou architecturales telles qu'elles entraînent une modification substantielle du projet ayant donné lieu à la conclusion du contrat initial ;

4. De décharger le constructeur de son obligation d'exécuter les **travaux** dans les **délais** prévus par le contrat en prévoyant notamment des causes légitimes de retard autres que les intempéries, les cas de force majeure et les cas fortuits ;

5. De subordonner la **remise des clefs** au paiement intégral du prix et faire ainsi obstacle au droit du maître de l'ouvrage de consigner les sommes restant dues lorsque des réserves sont faites à la réception des travaux ;

6. D'interdire au maître de l'ouvrage la possibilité de **visiter le chantier,** préalablement à chaque échéance des paiements et à la réception des travaux.

7. D'interdire au maître de l'ouvrage de constater l'achèvement et la bonne exécution des **éléments préfabriqués** dûment identifiés, destinés à être livrés et assemblés pour la construction de sa maison. Il s'agit ici de faire en sorte que le constructeur d'une maison individuelle en préfabriqué (voir n° 80052) ne puisse empêcher le maître de l'ouvrage de constater, y compris en usine, ces différents points alors qu'un appel de fonds lié à l'achèvement de ces éléments lui sera réclamé (voir rapport au Président de la République accompagnant l'ord. 2019-395 du 30-4-2019).

La **Commission des clauses abusives,** complétant sa recommandation 81-02, relative aux contrats de construction de maisons individuelles avec fourniture de plan (BOCC 16-1-1981), recommande d'éliminer des contrats habituellement conclus entre professionnels et non-professionnels ou consommateurs, les clauses ayant pour objet ou pour effet (Recommandation CCA n° 91-03 : JO 9-10-1991 p. 13239) : 80261

1. De rendre inopposables aux constructeurs les erreurs de surfaces ;

2. D'imposer la consignation de fonds par le maître d'ouvrage exclusivement auprès d'un établissement financier agréé par le constructeur ;

3. D'obliger le consommateur à signer toute procuration ou à donner toute délégation au constructeur pour percevoir les fonds destinés au financement de l'opération ;

4. D'interdire au consommateur d'hypothéquer son terrain et sa maison, sauf pour les prêts nécessaires à leur financement, ou de les donner en location ;

5. De supprimer la responsabilité du constructeur relative à la garde du chantier en cas de non-paiement d'une fraction du prix par le consommateur ;

6. De prévoir que la délivrance du permis de construire avec réserve ou prescriptions architecturales n'est pas assimilable à un refus de permis de construire ;

7. De prévoir que le client supportera le coût de la fourniture d'eau pour les besoins du chantier et les dépenses relatives au préchauffage ;

8. De prévoir que l'absence du maître d'ouvrage à la date de la réception imposée par le constructeur vaut réception sans réserve et exigibilité des sommes dues ;

9. De réserver le droit au constructeur de laisser un panneau de chantier après la réception sans l'accord préalable du propriétaire.

80262 S'agissant de la **jurisprudence,** a été jugée non écrite la clause du CCMI qui reportait la date de livraison en cas de retard dans l'exécution des travaux laissés à la charge du maître de l'ouvrage (Cass. 3e civ. 12-10-2005 nº 04-16.592 : Bull. civ. III nº 190). Doit également être considérée comme abusive, et de ce fait réputée non écrite, la clause du contrat prévoyant que « toute prise de possession ou emménagement avant la rédaction du procès-verbal de réception signé par le maître de l'ouvrage et le maître d'œuvre entraîne de fait la réception de la maison sans réserve et l'exigibilité de l'intégralité des sommes restants dues, sans contestation possible » (Cass. 3e civ. 6-5-2015 nº 13-24.947 FSPBI : BPIM 3/15 inf. 190).

Ont plus récemment été déclarées abusives, sur le fondement de l'existence d'un **déséquilibre significatif** entre les droits et obligations des parties **au détriment du consommateur** (C. consom. art L 212-1, anciennement L 132-1), les clauses suivantes (Cass. 3e civ. 15-6-2022 nº 18-16.968 F-B : BPIM 4/22 inf. 295) :

– la clause ne prévoyant aucune date limite pour le dépôt du permis de construire et aucun délai pour la réalisation des travaux, permettant aux constructeurs d'avancer le projet comme ils le souhaitent sans recours du maître de l'ouvrage ;

– la clause prévoyant que le maître de l'ouvrage se charge personnellement des démarches nécessaires pour la réalisation des travaux de viabilité du terrain et que ces dépenses seraient payées directement par lui aux services concernés. Or, il appartient aux constructeurs de s'adresser aux concessionnaires désignés pour les consulter et d'indiquer au consommateur le coût qu'il aurait à supporter à ce titre ;

– la clause stipulant que toute prescription imposée par l'administration fera l'objet d'un avenant à la charge financière du maître de l'ouvrage, notamment les modifications exigées pour une mise en conformité des travaux. De telles dispositions portent atteinte au caractère forfaitaire et définitif du prix du contrat dont le principe est de protéger le cocontractant des coûts imprévisibles ;

– la clause ne précisant pas que le dépôt de garantie ne doit pas être remis au constructeur, mais doit être effectué sur un compte spécial ouvert au nom du maître de l'ouvrage lui-même (CCH art. L 231-4). Ce dernier risque d'être induit en erreur sur la destination des fonds ;

– la clause ne faisant pas mention du régime de l'assurance de responsabilité décennale que le constructeur est tenu de souscrire, alors que les autres types d'assurance, comme la garantie d'achèvement, sont visés par leur nom dans le contrat ;

– la clause permettant au constructeur de réclamer en toute hypothèse, à titre de clause pénale, une indemnité égale à 15 % du montant du contrat si le maître de l'ouvrage utilisait sans l'accord du constructeur les plans, études et avant-projets. Or, en cas d'annulation du contrat, l'anéantissement du contrat entraîne celui de la clause pénale.

› Précisions Depuis la **réforme du droit des contrats,** le champ des clauses abusives applicable au CCMI pourrait être élargi sur le fondement **du déséquilibre contractuel de droit commun** si le CCMI est qualifié de contrat d'adhésion (C. civ. art. 1171 ; voir notamment M. Poumarède, Colloque Réforme du droit des contrats et droit de la construction et de l'immobilier, Le contenu du contrat : RDI 2016 nº 6 p. 331).

FACULTÉ DE RÉTRACTATION

80265 Le contrat de construction d'une maison individuelle **avec ou sans fourniture du plan** établi par acte sous seing privé ne devient définitif qu'au terme d'un délai de **10 jours** pendant lequel le **maître de l'ouvrage** non professionnel a la faculté de se rétracter (CCH art. L 271-1, al. 1). Le droit de rétractation doit être mentionné de manière lisible et compréhensible dans le contrat de construction sous peine d'une **amende administrative** à la charge du constructeur de 3 000 €, somme portée à 15 000 € si le constructeur est en société (CCH art. L 271-1, al. 5 et 7). Pour permettre l'exercice de cette faculté de rétractation, le constructeur doit notifier la totalité du contrat et de ses annexes au maître de l'ouvrage par lettre recommandée avec demande d'avis de réception (CCH art. L 231-9 et L 271-1, al. 2). En cas de rétractation, les sommes déjà versées au titre d'un CCMI (nos 80370 s.) doivent être restituées immédiatement et intégralement au maître de l'ouvrage (CCH art. L 271-2 et L 231-4, III).

› Précisions **a.** La sanction du **défaut de notification** n'est ni la nullité ni l'inopposabilité du contrat ; la conséquence du défaut de notification est que le délai de rétractation n'a pas commencé à courir (Cass. 3e civ. 8-10-2014 nº 13-20.294 FSPBI : BPIM 6/14 inf. 393, à propos de la notice informative ; Cass. 3e civ. 30-1-2019 no 17-25.952 FS-PBRI : BPIM 2/19 inf. 112, à propos d'un avenant au CCMI modifiant le délai de réalisation des travaux).

b. Le **recommandé unique signé par un époux** ne purge pas le droit de rétractation de son conjoint (Cass. 3e civ. 26-11-2014 no 13-24.294 : BPIM 1/15 inf. 42).

C. Prix et modalités de paiement

1. CCMI AVEC FOURNITURE DU PLAN

DÉTERMINATION DU PRIX

Le contrat doit mentionner le **coût total du bâtiment** à construire en distinguant (CCH art. L 231-2, d) : 80360

– le prix convenu avec le constructeur (no 80361) ;

– et, le cas échéant, le coût des travaux dont le maître de l'ouvrage se réserve l'exécution (no 80362).

Ce coût total comprend le chiffrage de tous les **travaux** intérieurs et extérieurs **nécessaires** à l'implantation et à l'utilisation de la maison prévue par les parties (y compris les raccordements aux réseaux), même si ces travaux ne seront pas réalisés par le constructeur et même s'ils ne sont pas indispensables. Le maître de l'ouvrage doit en effet être exactement informé du coût total du CCMI pour lui éviter de s'engager dans une opération qu'il ne pourra pas mener à son terme (Cass. 3e civ. 10-11-2021 no 20-19.323 FS-B : BPIM 1/22 inf. 35), y compris du coût des aménagements devant obligatoirement être édifiés pour respecter les règles locales d'urbanisme et l'autorisation de construire (Cass. 3e civ. 13-7-2023 no 22-17.010 FS-B : BPIM 5/23 inf. 317).

Le **prix convenu avec le constructeur** est forfaitaire et définitif (sauf clause de révision). 80361
Toute clause contraire dans le contrat est réputée non écrite (Cass. 3e civ. 22-3-2000 no 98-17.527 : BPIM 4/00 inf. 247). Ce prix convenu inclut en particulier (CCH art. R 231-5) :

– le coût de la garantie de livraison et, s'il y a lieu, celui de la garantie de remboursement ;

– le coût du plan et, s'il y a lieu, les frais d'études du terrain pour l'implantation du bâtiment ;

– le montant des taxes dues par le constructeur sur le coût de la construction (à l'exception des taxes et participations dues par le maître de l'ouvrage au titre des articles L 332-6 et L 332-6-1 du Code de l'urbanisme).

› Précisions **a.** Toute **modification du contrat** est soumise au même formalisme que le contrat lui-même et doit être constatée par voie d'avenant (Cass. 3e civ. 31-1-2007 no 05-20.740 : BPIM 3/07 inf. 198) ; si des travaux initialement compris dans le prix convenu avec le constructeur sont laissés à la charge du maître de l'ouvrage, l'**avenant** doit contenir la description et le chiffrage de ces travaux et comporter une acceptation expresse et manuscrite du maître de l'ouvrage (CA Montpellier 3-2-2004 : Constr.-urb. 2004 no 99).

b. Les **frais d'études du terrain** pour l'implantation du bâtiment sont obligatoirement inclus dans le prix convenu avec le constructeur, en aucun cas le contrat ou un avenant ne peuvent les laisser ou les mettre à la charge du maître de l'ouvrage (Cass. 3e civ. 24-10-2012 no 11-18.164 : BPIM 6/12 inf. 444 ; Cass. 3e civ. 20-11-2013 no 12-27.041 : Bull. civ. III no 149, BPIM 1/14 inf. 28).

En conséquence, le constructeur peut :

– soit signer le contrat et ne pas effectuer d'étude préalable des sols au risque de devoir supporter des surcoûts éventuels liés à l'état du sol ;

– soit prendre à sa charge l'étude de sol avant la conclusion du contrat sans que rien n'oblige le maître d'ouvrage à lui confier les travaux par la suite.

Le constructeur dispose éventuellement d'une action en responsabilité délictuelle contre le vendeur du terrain (Cass. 3e civ. 12-4-2004 no 02-20.911 : RJDA 10/04 no 1108).

Notons toutefois que, si l'**étude géotechnique** dite « préalable » visée no 80216 n'est pas annexée au titre de propriété du terrain, il appartient au maître de l'ouvrage de fournir lui-même (et donc à sa charge) une étude préalable équivalente ou une étude de conception (CCH art. L 132-6, al. 2).

c. Les **frais de branchement et de consommation électrique du chantier** étant nécessaires à l'édification de la maison, ils doivent être compris dans le prix convenu. À défaut, ils sont à la charge du constructeur, quand bien même ils auraient été mis à la charge du maître de l'ouvrage dans la notice descriptive (Cass. 3e civ. 1-10-2020 no 18-24.050 FS-PBI : BPIM 6/20 inf. 392).

Le **prix des travaux dont le maître de l'ouvrage se réserve l'exécution** doit être chiffré et faire l'objet d'une mention spécifique de la main du maître de l'ouvrage par laquelle il déclare en accepter la charge et le coût (CCH art. R 231-4, II). Le constructeur est tenu d'exécuter ou de faire exécuter ces travaux aux prix et conditions mentionnés au contrat si le maître de l'ouvrage lui en fait la demande dans les 4 mois qui suivent la signature du contrat (CCH art. L 231-7). Cette demande doit être faite par lettre recommandée avec demande d'avis 80362 de réception (CCH art. R 231-11). Si des travaux indispensables ne sont ni décrits ni estimés, le constructeur devra les réaliser et en supporter le coût (en ce sens, Cass. 3e civ. 20-1-1993 nº 91-10.900 : Bull. civ. III nº 5, à propos de travaux de fondations supplémentaires). Si des travaux supplémentaires ont été discutés sans que le maître de l'ouvrage puisse en connaître le prix, leur coût ne peut pas être facturé (Cass. 3e civ. 19-3-2020 nº 19-14.029 F-D : BPIM 3/20 inf. 198).

> **Précisions** **a.** La **mention manuscrite** portant sur les travaux dont le maître de l'ouvrage se réserve l'exécution doit être paraphée par ce dernier et figurer tant dans la notice descriptive que dans le contrat (Cass. 3e civ. 4-11-2010 nº 09-71.464 : BPIM 1/11 inf. 34). L'absence, dans la notice descriptive, de mention manuscrite est sanctionnée par la nullité du contrat (Cass. 3e civ. 20-4-2017 nº 16-10.486 FS-PBI : BPIM 3/17 inf. 214). Jugé de même à propos de l'absence de mention dans le contrat (Cass. 3e civ. 21-6-2018 nº 17-10.175 FS-PBI : BPIM 4/18 inf. 270 ; Constr.-urb. 2018 comm. 126). Par ces deux décisions, la Cour de cassation semble vouloir mettre fin à une jurisprudence autorisant une autre sanction, telle que la prise en charge par le constructeur des travaux réservés par le maître d'ouvrage mais n'ayant pas fait l'objet d'une mention manuscrite (en ce sens, Cass. 3e civ. 13-11-2014 nº 13-18.937 FS-PB : BPIM 6/14 inf. 392). Toutefois, la sanction demeure une nullité relative (voir nº 80005) : le maître de l'ouvrage peut ainsi y renoncer et choisir une autre option.
>
> **b.** L'absence de chiffrage ou le **chiffrage non explicite et non réaliste des travaux** dont le maître de l'ouvrage se réserve l'exécution ne permet pas de l'informer du coût réel restant à sa charge. C'est alors au constructeur d'assumer le coût de ces travaux (Cass. 3e civ. 9-7-2014 nº 13-13.931 : Bull. civ. III nº 104, BPIM 5/14 inf. 323). Ainsi jugé que si le constructeur de maison individuelle n'a pas chiffré de manière réaliste le coût des travaux réservés par le maître de l'ouvrage, il supporte le dépassement du prix, soit le coût réel déduction faite du coût mentionné dans la notice descriptive annexée au contrat (Cass. 3e civ. 10-11-2021 nº 20-19.323 FS-B : BPIM 1/22 inf. 35). Peu importe que ces travaux réservés ne soient pas indispensables à l'implantation de la maison ou à son utilisation (Cass. 3e civ. 12-10-2022 nº 21-12.507 FS-B : BPIM 6/22 inf. 424, Dalloz Actualité 24-10-2022). En revanche, le constructeur n'est pas tenu par une prestation étrangère au contrat (Cass. 3e civ. 9-7-2014 précité).
>
> **c.** Le maître de l'ouvrage ne saurait, sous couvert de l'irrégularité du contrat tenant à l'absence des mentions obligatoires sur les travaux qu'il se serait réservés, faire supporter au constructeur la responsabilité d'une malfaçon dans l'**exécution de travaux** qui lui incombaient, mais qu'il n'a pas réalisés, le maître d'ouvrage les ayant **confiés à un tiers** (Cass. 3e civ. 8-11-2018 nº 17-19.823 FS-PBI : BPIM 6/18 inf. 412, à propos de travaux de pose et d'étanchéité des sanitaires).

RÉVISION DU PRIX CONVENU

80365 Les parties peuvent prévoir au contrat que le prix convenu sera révisable. Cette révision ne peut être calculée qu'en fonction de la variation de l'**indice national du bâtiment tous corps d'état,** dit BT 01, et selon deux modalités au choix des parties. Les deux **modalités de révision** doivent être portées, préalablement à la signature du contrat, à la connaissance du maître de l'ouvrage par le constructeur. Elles doivent être reproduites dans le contrat qui doit, en outre, comporter une **clause** par laquelle le maître de l'ouvrage reconnaît en avoir été informé, dans les conditions prévues ci-dessus. Cette clause doit être paraphée par le maître de l'ouvrage. La modalité de révision choisie d'un commun accord par les parties doit également figurer dans le contrat. À défaut de ces deux mentions, le prix n'est pas révisable (CCH art. L 231-11).

Le choix se fait entre les deux modalités suivantes (CCH art. L 231-11 et R 231-6) :

1. Révision d'après la variation totale de l'indice entre la date de signature du contrat et celle de l'expiration d'un délai d'un mois qui suit la plus tardive des deux dates suivantes : obtention expresse ou tacite des autorisations administratives nécessaires pour construire ou réalisation de la condition suspensive d'obtention des prêts immobiliers. Le prix peut être révisé dès lors que la période à prendre en compte pour le calcul de la révision est respectée, peu importe que la facture actualisée soit postérieure à la date limite de la période de révision (Cass. 3e civ. 15-6-2022 nº 21-12.733 FS-B : BPIM 4/22 inf. 296) ;

2. Révision sur chaque paiement, dans la limite de 70 % de la variation de l'indice, entre la date de signature du contrat et celle de la livraison prévue au contrat. Aucune révision n'est possible, dans ce cas, plus de 9 mois après la plus tardive des deux dates visées à la fin du 1. ci-dessus, lorsque la livraison doit avoir lieu postérieurement à cette période.

> **Précisions** **a.** L'indice BT 01 est publié mensuellement au Journal officiel. L'**indice de base** est le dernier indice publié au moment de la signature du contrat. L'indice **d'arrivée** est le dernier indice publié à chaque date de paiement, ou à la plus tardive des deux dates visées à la fin du 1. ci-dessus.
>
> **b.** Le maître de l'ouvrage est parfaitement informé des modalités de révision du prix lorsque le contrat mentionne les deux options de calcul de la révision (CCH art. L 231-11), le terme des périodes de calcul de la révision (CCH art. L 231-12) et que le maître de l'ouvrage reconnaît « avoir pris connaissance des modalités de révision du prix » (Cass. 3e civ. 12-10-2022 nº 21-12.507 FS-B : BPIM 6/22 inf. 424).

DÉPÔT DE GARANTIE

Le contrat peut stipuler le versement d'un dépôt de garantie par le maître de l'ouvrage lors de la signature du contrat. Ce dépôt sera effectué sur un compte spécial ouvert au nom du maître de l'ouvrage par un organisme habilité. Le **montant** de ce dépôt ne peut pas excéder 3 % du prix de la construction projetée tel qu'il est énoncé au contrat. 80370

Les **fonds** ainsi déposés sont **indisponibles,** incessibles et insaisissables jusqu'à la réalisation de toutes les conditions suspensives. Une fois le contrat devenu définitif, ces sommes s'imputent sur les premiers paiements prévus par le contrat.

Les **fonds** déposés en garantie sont immédiatement **restitués** au maître de l'ouvrage, sans retenue ni pénalité, si toutes les conditions suspensives ne sont pas réalisées dans le délai prévu au contrat ou si le maître de l'ouvrage exerce sa faculté de rétractation dans les conditions prévues à l'article L 271-1 du CCH (CCH art. L 231-4, III).

ABSENCE DE DÉPÔT DE GARANTIE

En l'absence de dépôt de garantie, le contrat peut prévoir deux paiements avant la date d'ouverture du chantier : un paiement n'excédant pas 5 % du prix convenu au jour de la signature du contrat et un paiement n'excédant pas 5 % dudit prix au jour de la délivrance du permis de construire. Dans ce cas, une attestation de **garantie de remboursement** doit être annexée au contrat (CCH art. R 231-8, I). 80375

La garantie de remboursement ne peut pas être contractuellement limitée au premier paiement de 5 %, les dispositions la régissant étant d'**ordre public** (Cass. 3e civ. 5-10-2011 n° 10-18.986 FS-PB : BPIM 6/11 inf. 460).

Cette garantie de remboursement est constituée par une **caution solidaire** donnée par un établissement de crédit, une société de financement ou une entreprise d'assurance agréé à cet effet. Elle garantit : 80378

– l'inexécution du contrat en cas d'absence de réalisation des conditions suspensives dans le délai convenu ;
– la non-ouverture du chantier à la date prévue ;
– l'exercice par le maître de l'ouvrage de la faculté de rétractation.

Cette garantie prend effet dès le premier versement effectué par le maître de l'ouvrage. Elle prend fin à la date d'ouverture du chantier ; elle est alors remplacée par la garantie de livraison (n° 80500) (CCH art. R 231-8, II). Un mécanisme de garantie des cautions existe pour pallier la défaillance éventuelle de l'établissement cautionnant le remboursement des versements antérieurs à l'ouverture du chantier (voir n° 80545).

> **Précisions a.** La garantie de remboursement ne peut pas faire l'objet d'une **condition suspensive** (Cass. 3e civ. 22-9-2010 n° 09-69.640 FSPB : BPIM 6/10 inf. 468).
> **b.** L'**attestation de garantie** de remboursement doit être nominative en visant notamment le chantier concerné ; un certificat de garantie global n'est pas suffisant (Cass. 3e civ. 8-2-2012 n° 11-11.206 FS-P : BPIM 2/12 inf. 127).

ÉCHELONNEMENT DES PAIEMENTS

Le prix est payé au fur et à mesure de l'état d'avancement des travaux. Le **pourcentage maximum** du prix convenu exigible aux différents stades de la construction est fixé de la manière suivante : 80380

– 15 % à l'ouverture du chantier (en ce compris le dépôt de garantie visé n° 80370 ou les deux versements visés n° 80375) ;
– 25 % à l'achèvement des fondations ;
– 40 % à l'achèvement des murs ;
– 60 % à la mise hors d'eau ;
– 75 % à l'achèvement des cloisons et à la mise hors d'air ;
– 95 % à l'achèvement des travaux d'équipement, de plomberie, de menuiserie et de chauffage et de revêtements extérieurs (CCH art. R 231-7, I).

C'est au constructeur de justifier qu'il a bien atteint le **stade d'avancement** qui l'autorise à lancer un appel de fonds, mais le maître de l'ouvrage doit vérifier la réalité de l'avancement des travaux : il commet une faute atténuant la responsabilité du garant de la livraison en établissant une **attestation** d'achèvement manifestement erronée (CA Aix-en-Provence 10-5-2001 : Constr.-urb. 2002 n° 85).

> **Précisions** Le constructeur ne peut pas exiger de paiements intermédiaires ou créer de **paliers intermédiaires** entre ceux que définit le texte réglementaire (Cass. 3e civ. 7-5-1996 n° 93-17.803 : BPIM 4/96 inf. 275 ; Rép. Brocard : AN 8-6-1992 n° 53224). La chambre criminelle de la Cour de cassation sanctionne également l'instauration de paliers intermédiaires (Cass. crim. 21-2-1984 : Bull. crim. n° 67).

80382 **Cas particulier** Pour les CCMI avec plan adaptés aux **maisons préfabriquées** (voir n° 80052), les modalités de paiement des travaux sont spécifiquement adaptées afin de tenir compte des besoins en trésorerie du constructeur au moment de la fabrication des éléments (CCH art. R 231-7-1). Le pourcentage du prix qui pourra être appelé au maximum selon l'avancement des travaux sera de :
– 20 % à l'ouverture du chantier, pourcentage incluant éventuellement le dépôt de garantie ;
– 25 % cumulés à l'achèvement des fondations ;
– 50 % cumulés à l'achèvement des éléments préfabriqués après information du maître de l'ouvrage dans les conditions visées par l'article R 231-3-1, al. 2 du CCH (voir n° 80217) ;
– 75 % cumulés à l'achèvement sur le chantier des cloisons et de la mise hors d'eau et hors d'air ;
– 95 % cumulés à l'achèvement des travaux d'équipement, de plomberie, de menuiserie, de chauffage et d'enduits extérieurs.

PAIEMENT DU SOLDE

80385 Le **solde du prix** est payable dans les conditions suivantes :

1. Lorsque le maître de l'ouvrage se fait **assister,** lors de la réception, **par un professionnel** mentionné à l'article L 231-8 du CCH (architecte agréé, contrôleur technique) : à la levée des réserves qui ont été formulées à la réception ou, si aucune réserve n'a été formulée, à l'issue de la réception ;

2. Lorsque le maître de l'ouvrage ne se fait **pas assister par un professionnel** pour la réception, dans les 8 jours qui suivent la remise des clés consécutive à la réception, si aucune réserve n'a été formulée, ou, si des réserves ont été formulées, à la levée de celles-ci.

Dans le cas où des réserves sont formulées, une somme au plus égale à 5 % du prix convenu est consignée jusqu'à la levée des réserves (CCH art. R 231-7, II).

> **Précisions** **a.** En l'**absence de réception,** le maître de l'ouvrage ne peut pas être condamné à payer le solde du prix, alors même que la maison est habitée depuis plusieurs années sans qu'aucun désordre ne se soit révélé (Cass. 3e civ. 30-10-1991, Caillaud).
> **b.** Si le maître de l'ouvrage ne se fait pas assister par un professionnel pour la réception et si des réserves ont été formulées, l'**action en paiement du solde du prix** exercée par le constructeur se prescrit par deux ans à compter de la levée des réserves (Cass. 3e civ. 13-2-2020 n° 18-26.194 FS-PBI : BPIM 2/20 inf. 116 ; Gaz. Pal. 19-5-2020 chron. p. 86 obs. V. Zalewski-Sicard).

PÉNALITÉS DE RETARD

80390 Le contrat peut prévoir à la charge du maître de l'ouvrage une pénalité pour retard de **paiement** qui ne peut pas excéder 1 % par mois calculé sur les sommes non réglées si la pénalité pour retard de livraison est limitée à 1/3 000e du prix par jour de retard (CCH art. R 231-14 ; Cass. 3e civ. 25-9-2013 n° 12-21.231 : Bull. civ. III n° 109).

SANCTION DES PAIEMENTS ANTICIPÉS

80395 Tout paiement anticipé est absolument proscrit. Aucun versement, aucun dépôt, aucune souscription ou acceptation d'effets de commerce ne peuvent être exigés ou acceptés avant la signature du contrat ni avant la date à laquelle la créance est exigible (CCH art. L 231-4, II), sous peine d'une **amende** pouvant aller jusqu'à 9 000 € et/ou d'un **emprisonnement** pouvant aller jusqu'à 2 ans (CCH art. L 241-1). En outre, le maître de l'ouvrage peut se porter partie civile au pénal pour obtenir le remboursement du trop-perçu et des **dommages et intérêts** (Cass. crim. 28-5-1998, Solinas : Bull. crim. n° 206).

Par ailleurs, le constructeur peut être frappé d'une **interdiction de gérer** ou créer une société et de conclure un contrat de construction de maison individuelle (CCH art. L 241-3).

> **Précisions** **a.** La **responsabilité** d'un constructeur et d'une banque a été engagée pour avoir accepté le paiement du prix par des traites correspondant aux tranches d'avancement des travaux et les avoir escomptées (Cass. com. 24-3-1992, Leleu c/ Crédit Agricole).
> **b.** Lorsque le solde du prix est payable dans les 8 jours qui suivent la remise des clés consécutive à la réception (ou à la levée des réserves), le constructeur ne peut pas en exiger le paiement dans la lettre convoquant le maître de l'ouvrage à la réception des travaux sans commettre l'**infraction** réprimée par l'article L 241-1 du CCH (Cass. crim. 17-12-2003 n° 02-87.852 ; Cass. crim. 13-2-2007 n° 06-85.043).

DISPOSITIONS PARTICULIÈRES EN CAS DE PRÊT

80400 **Contrôle du contrat** Dans le cadre d'un **CCMI avec fourniture du plan,** des obligations spécifiques sont imposées au prêteur lorsque la construction est financée par un prêt (CCH art. L 231-10).

ATTENTION
Ces obligations légales de contrôle du CCMI n'incombent pas au prêteur si l'**emprunteur** n'est **pas le maître de l'ouvrage,** par exemple si le prêt a été consenti aux époux associés et non à la SCI, maître de l'ouvrage (Cass. 3e civ. 25-1-2018 no 16-24.698 FS-PBI : BPIM 2/18 inf. 91 et 122, note V. Zalewski-Sicard).

Obligations pour émettre une offre de prêt Le prêteur ne peut pas émettre une offre de prêt sans avoir vérifié que le contrat de construction comporte les **énonciations** mentionnées à l'article L 231-2 qui doivent figurer au moment où l'acte lui sera transmis (nos 80205 s.). Engage ainsi sa responsabilité le prêteur qui ne vérifie pas, avant l'offre de prêt, que le contrat comporte en annexe les plans de la construction (Cass. 3e civ. 7-4-2016 no 15-13.900 FS-PB : BPIM 3/16 inf. 181). Il ne peut être suppléé aux carences du contrat par l'insertion dans les actes de prêt d'une clause indiquant à l'emprunteur qu'il ne bénéficiait pas des garanties afférentes au contrat de construction de maison individuelle (Cass. 3e civ. 11-1-2023 no 21-18.045 F-D : RDI 2023 p. 417 obs. G. Casu). 80401

Toutefois, le CCH n'impose pas au prêteur de vérifier la **nature réelle du contrat** qui lui est soumis et de requalifier la convention des parties (Cass. com. 9-7-2002 no 99-15.650 (no 1417) : RJDA 1/03 no 55 ; Cass. 3e civ. 19-5-2009 no 08-13.207). Mais, au titre de son obligation de renseignement et de conseil, il doit déterminer avec le maître de l'ouvrage le cadre contractuel du projet qu'il accepte de financer et vérifier que la convention passée entre son client et le constructeur ne recouvre pas en réalité un CCMI imposant le respect des dispositions protectrices imposées par le CCH (Cass. 3e civ. 17-11-2004 no 03-16.305 (no 1182) : Bull. civ. III no 199 ; Cass. 3e civ. 11-1-2012 no 10-19.714 : BPIM 2/12 inf. 128 ; Cass. 3e civ. 15-1-2013 no 11-25.299 : BPIM 2/13 inf. 128 ; Cass. 3e civ. 30-1-2019 no 17-21.530 F-D). Si les éléments fournis par l'emprunteur dans sa demande de prêt permettent au prêteur de penser légitimement que le contrat de construction est un marché de travaux et non un CCMI, la responsabilité du prêteur pour manquement à son devoir d'information est néanmoins écartée (Cass. 3e civ. 11-7-2019 no 18-10.368 FS-PBI : BPIM 5/19 inf. 335 ; Cass. 3e civ. 25-6-2020 no 19-17.531 F-B ; Cass. 3e civ. 22-6-2023 no 22-13.465 F-D : BPIM 5/23 inf. 318). De plus, l'obligation qui pèse sur le prêteur ne va pas jusqu'à lui imposer de conseiller aux accédants tel cadre contractuel plutôt que tel autre (Cass. 3e civ. 14-1-2009 no 07-20.416 : BPIM 2/09 inf. 128). Aucune faute n'a ainsi été retenue contre la banque qui, lorsqu'elle a émis les offres de prêt, avait seulement connaissance du compromis de vente du terrain, du dossier de permis de construire et d'une estimation des travaux, corps d'état par corps d'état, portant le cachet de l'architecte (Cass. 3e civ. 9-10-2013 no 12-24.900 : RJDA 2/14 no 155, BPIM 6/13 inf. 398).

Le prêteur n'a pas à vérifier la véracité des **documents produits,** mais seulement leur existence (Cass. 3e civ. 9-11-2005 no 04-17.061 (no 1191 FS-PB) : Bull. civ. III no 215), sans être tenu d'exiger la présentation de documents originaux (Cass. 3e civ. 12-2-2003 no 01-12.086 (no 168 FS-PB) : Bull. civ. III no 31).

> **Précisions** **a.** Le prêteur à qui avait été communiqué, avant l'émission de l'offre de prêt, un document attestant de la souscription d'une **assurance dommages-ouvrage** n'est pas tenu de s'assurer de l'efficacité et de l'entrée en vigueur de l'assurance (Cass. 3e civ. 12-9-2007 no 06-16.521 : Bull. civ. III no 134) ; pas plus qu'il n'est tenu de vérifier sa souscription effective lorsqu'elle a été érigée en condition suspensive du CCMI (Cass. 3e civ. 25-2-2009 no 08-11.072 : BPIM 2/09 inf. 128 ; Cass. 3e civ. 16-12-2009 no 08-70.143 : BPIM 1/10 inf. 30).
> **b.** La **prescription** de l'action du maître de l'ouvrage contre la banque pour défaut de contrôle du CCMI et pour manquement à son obligation de conseil est de cinq ans à compter de la signature du contrat de prêt (Cass. 3e civ. 25-6-2020 no 19-13.553 F-D : BPIM 4/20 inf. 255).

Obligations pour débloquer les fonds Le prêteur ne peut pas **débloquer les fonds** sans avoir eu communication de l'attestation de garantie de livraison. À défaut, il engage sa responsabilité sur le fondement du droit commun (Cass. com. 29-10-2003 no 00-17.533 : RJDA 3/04 no 356 ; Cass. 3e civ. 14-3-2012 no 11-10.291 FS-PB : BPIM 3/12 inf. 234). Il doit alors assumer la réparation de l'ensemble du préjudice résultant de l'absence de garantie de livraison (Cass. 3e civ. 20-3-2013 no 11-29.035 FS-D), y compris le préjudice de jouissance (Cass. 3e civ. 11-5-2023 no 21-23.859 FS-B : BPIM 4/23 inf. 255). 80402

Si l'attestation de garantie de livraison doit être communiquée avant le déblocage des fonds destinés à financer la construction, un banquier peut valablement débloquer la **portion du prêt devant servir à l'achat du terrain** avant la réception de ce document (Cass. 3e civ. 12-9-2007 no 06-16.521 : Bull. civ. III no 134 ; Cass. 3e civ. 5-1-2017 no 15-27.290 FSPB : BPIM 1/17 inf. 22).

La responsabilité du prêteur qui a débloqué les fonds sans attendre l'attestation de garantie de livraison est sans influence sur l'**obligation du garant de livraison** (Cass. 3e civ. 31-3-2010 no 09-66.167 : BPIM 3/10 inf. 219 ; Cass. 3e civ. 8-9-2010 no 09-68.652 : BPIM 6/10 inf. 469).

80403 Dans les cas de défaillance du constructeur (nos 80525 s.), et nonobstant l'accord du maître de l'ouvrage (n° 80405), le prêteur est responsable envers le garant des conséquences préjudiciables d'un **versement excédant le pourcentage** maximum du prix total exigible aux différents stades de la construction d'après l'état d'avancement des travaux dès lors que ce versement résulte de l'exécution d'une clause irrégulière du contrat (CCH art. L 231-10, al. 2).

80405 **Versements des fonds au constructeur** Dans le cadre d'un CCMI avec fourniture du plan, tout **mandat** donné par le maître de l'ouvrage au constructeur ou à un de ses préposés aux fins **de percevoir** tout ou partie d'un prêt destiné au financement de la construction est réputé non écrit.

Les **paiements** intervenant aux différents stades de la construction peuvent être effectués directement par le prêteur au constructeur, sous réserve de l'accord écrit du maître de l'ouvrage à chaque échéance et de l'information du garant.

À défaut d'accord écrit du maître de l'ouvrage à chaque échéance, le prêteur est responsable des conséquences préjudiciables des paiements qu'il effectuera aux différents stades de la construction (CCH art. L 231-7, II et III).

2. CCMI SANS FOURNITURE DU PLAN

80430 Le **prix convenu** est forfaitaire et définitif sous réserve de sa **révision** éventuelle dont les conditions et limites peuvent être librement convenues entre les parties.

Les modalités d'**échelonnement des paiements** sont également précisées au contrat et librement déterminées (sauf en ce qui concerne le paiement du solde).

Certaines dispositions du CCMI avec fourniture du plan sont applicables :
– interdiction des **versements anticipés** (n° 80395) ;
– **paiement du solde** (n° 80385) ;
– **pénalités de retard** (n° 80390).

D. Garantie de livraison

SOUSCRIPTION DE LA GARANTIE

80500 Une garantie obligatoire de livraison **à prix et délai convenus** doit être souscrite par le constructeur auprès d'un **établissement** de crédit, d'une entreprise d'assurance agréée ou d'une société de financement (CCH art. L 231-6, I). L'obligation est la même pour les CCMI avec ou sans fourniture du plan. Cette garantie doit figurer au contrat (nos 80210 et 80230). Elle couvre le maître de l'ouvrage contre les risques d'inexécution ou de mauvaise exécution des travaux à prix et délais prévus au contrat. En cas de recours à la technique de préfabrication (voir n° 80052), la garantie couvre également le maître de l'ouvrage à compter de l'ouverture du chantier contre les risques d'inexécution ou de mauvaise exécution de la préfabrication, de la pose et de l'assemblage des éléments préfabriqués (CCH art. L 231-6 I). La garantie obligatoire de livraison est une garantie légale d'ordre public et autonome, qui ne s'éteint pas du seul fait de la résiliation du contrat de construction, laquelle n'a pas d'effet rétroactif (Cass. 3e civ. 22-9-2010 n° 09-15.318 : BPIM 6/10 inf. 470).

La garantie revêt la forme d'une caution solidaire et doit être **souscrite au plus tard** à la date d'ouverture du chantier (CCH art. L 231-6, I), cette date pouvant être, selon l'intérêt du maître de l'ouvrage, celle de la déclaration réglementaire d'ouverture du chantier (Cass. 3e civ. 26-6-2002 n° 01-01.350 : Bull. civ. III n° 150, RDI 2002 p. 415 obs. D. Tomasin) ou celle du commencement effectif des travaux (Cass. 3e civ. 12-2-2014 n° 12-28.902 : Bull. civ. III n° 19, BPIM 2/14 inf. 111). Elle **prend fin** lorsque la réception des travaux a été constatée par écrit et, le cas échéant, à l'expiration du délai de 8 jours prévu pour dénoncer les vices apparents ou lorsque les réserves formulées auront été levées (CCH art. L 231-6, IV). Si le texte vise une réception constatée par écrit, il n'exclut pas pour autant une réception tacite ou judiciaire (Cass. 3e civ. 20-4-2017 n° 16-10.486 FS-PBI : BPIM 3/17 inf. 212 ; Cass. 3e civ. 21-11-2019 n° 14-12.299 FS-PBI : BPIM 1/20 inf. 392).

S'agissant de la prise en charge des pénalités de retard, voir n° 80520.

> Précisions **a.** Quiconque aura entrepris l'**exécution des travaux sans avoir obtenu la garantie de livraison** est passible des peines visées n° 80200.

b. La garantie de livraison n'est pas acquise au maître de l'ouvrage du fait de la délivrance, par un organisme agréé, de la **garantie de remboursement** : il s'agit de deux garanties autonomes et distinctes (Cass. 3e civ. 14-3-2001 n° 97-20.692 : BPIM 3/01 inf. 189).

c. L'engagement de caution du garant est attaché non seulement à la personne du constructeur mais aussi aux **contrats de construction signés par** ce **constructeur** (Cass. 3e civ. 12-1-2000 n° 98-15.279 : Bull. civ. III n° 2).

d. Le constructeur doit notifier à l'établissement garant la **déclaration d'ouverture du chantier** (CCH art. R 231-9).

e. Sur la mise en jeu combinée de la **garantie de livraison et** de l'**assurance dommages-ouvrage,** voir n° 94160.

f. La garantie de livraison est anéantie rétroactivement par la **nullité** du contrat de construction de maison individuelle (CA Rouen 17-4-2024 n° 22/03802).

ÉTENDUE DE LA GARANTIE

En cas de **défaillance du constructeur,** le garant prend à sa charge (CCH art. L 231-6, I) : 80505

– le coût des dépassements du prix convenu dès lors qu'ils seront nécessaires à l'achèvement des travaux prévus au contrat (Cass. 3e civ. 18-6-2003 n° 01-16.779 : BPIM 5/03 inf. 290 ; Cass. 3e civ. 27-6-2019 n° 17-25.949 FS-PBI : BPIM 4/19 inf. 263). La garantie apportée à ce titre pourra être assortie d'une franchise n'excédant pas 5 % du prix convenu (voir n° 80510). Aucune franchise ne peut en revanche être stipulée s'agissant des suppléments de prix (Cass. 3e civ. 1-10-2020 n° 18-24.050 FS-PBI : BPIM 6/20 inf. 392) ;

– les conséquences du fait du constructeur ayant abouti à un paiement anticipé ou à un supplément de prix ;

– les pénalités forfaitaires prévues au contrat en cas de retard de livraison excédant 30 jours.

L'obligation du garant de livraison est limitée aux **travaux prévus au contrat** de construction lors de la souscription de la garantie (Cass. 3e civ. 9-5-2012 n° 11-14.943 : BPIM 3/12 inf. 235 ; Cass. 3e civ. 25-1-2018 n° 16-27.905 F-PBI : BPIM 2/18 inf. 91 par V. Zalewski-Sicard et inf. 123). Il n'est pas tenu de prendre à sa charge les préjudices distincts comme les travaux de finition, les dommages-intérêts (Cass. 3e civ. 9-11-1994 n° 92-21.101 P : RJDA 12/94 n° 1354) ou encore les frais de déménagement et de location d'un logement de substitution (Cass. 3e civ. 13-4-2023 n° 21-21.106 : BPIM 3/23 inf. 198).

› Précisions **a.** Par **« défaillance du constructeur »,** il convient d'entendre « inexécution contractuelle » et pas seulement « redressement ou liquidation judiciaire » (Rép. Proriol : AN 7-12-1998 n° 20127 ; voir nos 80525 s.).

b. Dans le calcul de la somme due par le garant, il convient de tenir compte du montant consigné par le maître de l'ouvrage sur le coût de la construction. La garantie de livraison a un **caractère subsidiaire** si le maître de l'ouvrage a retenu une somme suffisante pour terminer les travaux (Cass. 3e civ. 15-12-1999 n° 98-15.652 : Bull. civ. III n° 245).

c. La garantie de livraison est un cautionnement particulier stipulé en faveur du maître de l'ouvrage et en aucun cas une garantie de paiement des **sous-traitants** du constructeur (Cass. 3e civ. 15-1-2003 n° 01-14.697 : Bull. civ. III n° 1).

d. Le garant est en droit de **percevoir** directement du maître d'ouvrage les **sommes correspondant aux travaux** qu'il effectue ou fait effectuer (Cass. 3e civ. 23-10-2012 n° 11-12.785 F-D).

Dépassement du prix Le dépassement de prix est **constitué par** la différence entre le coût total réel - tenant compte de la fraction du prix afférente aux travaux d'ores et déjà réalisés, outre celui des travaux d'achèvement et de réfection qui ont pu être nécessaires - et le prix convenu au contrat (Cass. 3e civ. 20-1-1993 : Bull. civ. III n° 6 ; Cass. 3e civ. 7-10-2008 n° 07-17.623 : BPIM 6/08 inf. 438). 80510

Les **travaux optionnels** ne sont pas garantis si l'avenant au contrat n'a pas été communiqué au garant lors de la prise de son engagement de caution (Cass. 3e civ. 22-11-2000 n° 99-11.582 : Bull. civ. III n° 174).

L'existence d'une **franchise légale** n'autorise pas le garant à modifier ses obligations en conditionnant son intervention au paiement préalable par le maître de l'ouvrage de la franchise (Rép. Girard : AN 24-3-1997 n° 42286). Tant que le **prix prévu au contrat** n'est pas **dépassé,** la franchise de 5 % ne s'applique pas (Cass. 3e civ. 22-11-2000 n° 99-11.582 : Bull. civ. III n° 174). Une fois le prix dépassé, la franchise est applicable quelle que soit l'ampleur du dépassement de prix (Cass. 3e civ. 12-1-2000 n° 98-15.279 : Bull. civ. III n° 2). La franchise s'applique au coût des réparations des **malfaçons,** en cas d'exécution défectueuse du marché (Cass. 3e civ. 19-6-1996 n° 04-14.996 : RJDA 10/96 n° 1249).

Paiement anticipé Les dispositions relatives au respect de l'**échelonnement** des paiements ne créent pas d'obligation à la charge du maître de l'ouvrage ; en conséquence, et sauf fraude de celui-ci, le garant ne peut pas exclure de sa garantie la prise en charge du **trop-perçu** par le constructeur en violation de cet échelonnement (Cass. 3e civ. 4-10-1995 n° 03-18.313 : RJDA 5/96 n° 680). Jugé toutefois qu'en établissant une **attestation** d'achèvement manifestement erronée, le maître de l'ouvrage commet une faute atténuant la responsabilité du garant (CA Aix-en-Provence 10-5-2001 : Constr.-urb. 2002 n° 85). 80515

80520 **Pénalités de retard** Le **montant** des pénalités pour retard de livraison ne peut pas être inférieur à 1/3 000e du prix convenu par jour de retard (CCH art. R 231-14 ; Cass. 3e civ. 7-11-2007 nº 06-18.166 : Bull. civ. III nº 192). Le juge ne peut pas allouer au maître de l'ouvrage une indemnisation inférieure au minimum prévu par la loi (Cass. 3e civ. 22-11-2000 nº 99-11.582 : Bull. civ. III nº 174).

Le garant n'est pas tenu des pénalités lorsque le retard ne dépasse pas 30 jours, mais il les doit pour la totalité des **jours de retard** lorsque le retard excède 30 jours (Cass. 3e civ. 11-5-2000 nº 98-18.773 : Bull. civ. III nº 100). S'agissant de la prise en charge des pénalités, la **garantie prend fin** à la livraison de l'ouvrage. En pratique, la livraison peut résulter de la prise de possession anticipée (Cass. 3e civ. 29-3-2006 nº 05-11.509 : Bull. civ. III nº 87 ; Cass. 3e civ. 21-10-2008 nº 07-18.270 : BPIM 6/08 inf. 437), de la réception, même avec réserves d'une maison habitable (Cass. 3e civ. 31-1-2007 nº 05-20.683 : Bull. civ. III nº 11), ou bien encore d'une réception prononcée judiciairement (Cass. 3e civ. 27-2-2013 nº 12-14.090 : Bull. civ. III nº 30). Toutefois, la **clause relative aux pénalités de retard** ne peut prévoir qu'un seul terme : celui de la livraison de l'ouvrage et non sa réception avec ou sans réserves (Cass. 3e civ. 16-1-2008 nº 06-21.782 FS-PB : Bull. civ. III nº 7, BPIM 2/08 inf. 135 ; Cass. 3e civ. 16-6-2015 nº 13-11.609 : Constr.-urb. 2015, comm. 142 ; Cass. 3e civ. 30-3-2023 nº 21-21.453 F-D : BPIM 3/23 inf. 196). La clause comprenant plusieurs termes, y compris la livraison, est illicite (Cass. 3e civ. 25-1-2018 nº 16-27.905 F-PBI : BPIM 2/18 inf. 91 par V. Zalewski-Sicard inf. 124, à propos de l'acte de cautionnement du garant).

> **Précisions** **a.** La possibilité pour le maître de l'ouvrage d'**informer le garant du retard du chantier** n'est pas une condition du droit à percevoir les pénalités (Cass. 3e civ. 16-1-2008 nº 06-21.782, précité).
b. Le garant qui ne s'est pas assuré de la **levée des réserves auprès du maître de l'ouvrage** n'a pas satisfait à ses obligations et doit supporter les pénalités de retard jusqu'à la date à laquelle le maître de l'ouvrage a reçu les clés (Cass. 3e civ. 12-1-2011 nº 10-10.520 : BPIM 2/11 inf. 124).
c. Les pénalités de retard prévues à l'article R 231-14 du CCH n'étant pas exclusives de l'allocation de **dommages-intérêts,** le constructeur peut être condamné à payer au maître de l'ouvrage une somme au titre de pénalités de retard et une autre au titre des intérêts intercalaires versés à la banque (Cass. 3e civ. 27-2-2013 nº 12-14.090 : BPIM 2/13 inf. 122).
d. Si aucun retard n'est constitué à la date de **résiliation du contrat** et si le maître d'ouvrage n'a pas sollicité, à cette même date, la poursuite des travaux par le garant de livraison, la demande de paiement de pénalités de retard pour la période postérieure à la résiliation doit être rejetée (Cass. 3e civ. 4-4-2013 nº 12-15.663 : BPIM 3/13 inf. 196).
e. Dans le cadre d'un CCMI avec fourniture de plan, le **point de départ du délai d'exécution des travaux,** dont le non-respect est sanctionné par des pénalités de retard, est la date indiquée au contrat pour l'ouverture du chantier et non celle du démarrage effectif des travaux (Cass. 3e civ. 12-10-2017 nº 16-21.238 FS-PBI : BPIM 6/17 inf. 415).
f. Le fait que le maître de l'ouvrage ait tenté, avant l'assignation du garant, de parvenir avec ce dernier à un **accord financier** mettant fin à la garantie ne caractérise pas une circonstance susceptible d'exonérer le garant de son obligation de payer les pénalités de retard (Cass. 3e civ. 27-6-2019 nº 17-25.949 FS-PBI : BPIM 4/19 inf. 263).

MISE EN ŒUVRE DE LA GARANTIE

80525 Lorsque le garant constate que le **délai de livraison** n'est pas respecté ou que les travaux nécessaires à la **levée des réserves** formulées à la réception ne sont pas réalisés, il doit mettre en demeure sans délai le constructeur soit de livrer l'immeuble, soit d'exécuter les travaux.

Le garant est tenu à la même obligation lorsqu'il en est informé par le maître de l'ouvrage. Quinze jours après une mise en demeure par acte de commissaire de justice restée infructueuse, le garant doit procéder à l'exécution de ses obligations et désigner sous sa responsabilité la personne qui terminera les travaux.

80530 Si, en cours d'exécution des travaux, le constructeur fait l'objet d'une procédure de sauvegarde ou de **redressement judiciaire,** le garant pourra mettre en demeure par acte de commissaire de justice l'administrateur de se prononcer sur l'exécution du contrat.

À défaut de réponse dans le délai d'un mois, et sans que ce délai puisse être prorogé pour quelque raison que ce soit, le garant doit procéder à l'exécution de ses obligations et désigner sous sa responsabilité la personne qui terminera les travaux. Il doit faire de même si, malgré sa réponse positive, l'administrateur ne poursuit pas l'exécution du contrat dans les 15 jours qui suivent sa réponse (CCH art. L 231-6, II).

80535 En cas de **défaillance constatée** du constructeur, le garant doit donc en principe désigner le **repreneur** chargé de procéder à l'achèvement de la construction. Toutefois, et à condition que l'immeuble ait atteint le stade du hors d'eau, le garant peut proposer au **maître de l'ouvrage** de conclure lui-même des marchés de travaux avec des entreprises qui se chargeront de l'achèvement. Si le maître de l'ouvrage l'accepte, le garant versera directement aux entreprises les sommes dont il est redevable au titre de la garantie.

En cas de défaillance du constructeur, le garant est en droit d'exiger de percevoir directement les sommes correspondant aux travaux qu'il effectue ou fait effectuer dans les conditions prévues par l'échelonnement légal (n° 80380 ; CCH art. L 231-6, III).

> **Précisions** Le maître de l'ouvrage qui fait effectuer les travaux, en dispensant le garant de son obligation de rechercher un constructeur pour terminer le chantier, ne perd pas ses droits à obtenir du garant le remboursement du coût des travaux nécessaires à l'achèvement. Il n'en va autrement que si le **garant** prouve une **aggravation de ses propres charges** du fait de l'initiative du maître de l'ouvrage (Cass. 3e civ. 15-12-2004 n° 03-18.298 : BPIM 2/05 inf. 127).

RESPONSABILITÉ DU GARANT

Dès lors qu'il ne respecte pas ses **obligations contractuelles,** en refusant sans motif valable de financer l'achèvement de la construction dont la livraison se trouve de ce fait retardée, le garant engage sa responsabilité personnelle. Outre une condamnation à terminer les travaux, il peut être tenu d'indemniser le maître de l'ouvrage pour le préjudice matériel, moral et de jouissance causé, notamment des pertes de loyers (Cass. 3e civ. 6-2-2002 n° 00-16.841 : Bull. civ. III n° 29). **80540**

Le garant peut également voir sa responsabilité engagée pour faute dans le choix du **constructeur-repreneur** dès lors qu'il ne place pas le maître de l'ouvrage dans la position de bénéficier de garanties identiques ou similaires à celles du contrat originaire. C'est le cas lorsqu'il désigne plusieurs intervenants au lieu d'un repreneur unique (Cass. 3e civ. 12-9-2007 n° 06-10.246 : BPIM 5/07 inf. 338 ; CA Rennes 21-2-2002 : Constr.-urb. 2002 n° 289). Après désignation du repreneur, le garant ne peut pas être tenu pour responsable du non-respect du délai d'exécution des travaux imposé par le juge au constructeur-repreneur (Cass. 3e civ. 4-6-1997 n° 95-20.416 : Bull. civ. III n° 126). Il doit en revanche veiller à ce que celui-ci accepte sa mission (Cass. 3e civ. 26-10-2005 n° 04-15.466 : Bull. civ. III n° 203 ; Cass. 3e civ. 5-12-2007 n° 07-12.267).

Le garant est responsable si, bien qu'ayant désigné un **maître d'œuvre,** il ne lui a pas donné mandat de rechercher les entreprises devant terminer le chantier et qu'aucune désignation effective d'entreprise n'est intervenue (Cass. 3e civ. 22-11-2006 n° 05-14.739 : Bull. civ. III n° 230).

En revanche, le garant ne saurait en principe voir sa responsabilité engagée en qualité de constructeur tenu à la **garantie décennale** (Cass. 3e civ. 7-9-2011 n° 10-21.331 : Bull. civ. III n° 138, BPIM 5/11 inf. 384).

DÉFAILLANCE DU GARANT

Pour pallier la défaillance éventuelle du garant, il existe un **mécanisme de garantie des cautions** qui peut être mis en œuvre lorsque l'établissement de crédit, la société d'assurance ou la société de financement n'est plus en mesure d'honorer ses engagements de caution (C. mon. fin. art. L 313-50 et L 313-51 ; C. ass. art. L 421-9-6). **80545**

Les établissements financiers adhérant au mécanisme de garantie doivent insérer cette indication dans leurs contrats de cautionnement. Les bénéficiaires des engagements peuvent obtenir, sur simple demande auprès du fonds de garantie des dépôts, des informations complémentaires sur les conditions et délais d'indemnisation ainsi que sur les formalités à accomplir pour être indemnisé (C. mon. fin. art. D 313-28 à D 313-31). L'**indemnisation** ou la **reprise de l'engagement** par le mécanisme de garantie des cautions des établissements de crédit, des sociétés d'assurance et des sociétés de financement est limitée à 90 % du coût qui aurait dû être supporté par le garant défaillant, sans que la fraction non indemnisée puisse être inférieure à 3 000 € (Règl. CRBF 99-12 du 9-7-1999 homologué par arrêté ECOT9914037A du 8-9-1999 : JO 10).

> **Précisions** Outre la garantie de livraison applicable dans les CCMI avec ou sans fourniture du plan, ce mécanisme de garantie des cautions **concerne** notamment la garantie de remboursement dans les CCMI avec fourniture du plan, les garanties de remboursement et d'achèvement dans les ventes en l'état futur d'achèvement et la garantie de paiement des entrepreneurs prévue par l'article 1799-1 du Code civil.

RECOURS DU GARANT

Le garant a de plein droit et dans tous les cas un **recours contre le donneur d'ordre** de l'engagement de garantie, ses coobligés et les cautions. Il bénéficie en outre de la **subrogation dans les droits du créancier** pour les paiements effectués au titre de son engagement (C. mon. fin. art. L 313-22-1 et C. ass. art. L 443-1). Ces dispositions, interprétatives, s'appliquent aux contrats et instances en cours (Cass. 3e civ. 12-9-2012 n° 11-13.309 : BPIM 6/12 inf. 445). Elles ont mis un terme à la jurisprudence antérieure de la Cour de cassation qui considérait que le garant n'était pas fondé à solliciter du constructeur défaillant le remboursement des sommes versées au titre de la garantie (notamment, Cass. 3e civ. 27-9-2006 n° 05-14.674 : Bull. civ. III n° 188 ; sur l'ensemble de la question voir P. Simler, La loi rétablit le recours du garant contre le constructeur que la Cour de cassation a cru devoir lui refuser : Constr.-urb. 2011 n° 3). **80560**

Pour pouvoir agir en responsabilité **contre le prêteur ayant financé la construction,** le garant doit démontrer un lien de causalité entre les manquements reprochés au banquier et le préjudice qu'il prétend avoir subi (Cass. 3e civ. 31-3-2010 no 09-66.167 : Bull. civ. III no 70).

E. Dénonciation des vices apparents

80600 Qu'il s'agisse d'un **CCMI avec ou sans fourniture du plan,** le maître de l'ouvrage peut, par lettre recommandée avec demande d'avis de réception, dans les 8 jours qui suivent la remise des clés consécutive à la réception, dénoncer les vices apparents qu'il n'avait pas signalés lors de la **réception** afin qu'il y soit remédié dans le cadre de l'exécution du contrat (CCH art. L 231-8, al. 1).

Cette disposition ne s'applique pas quand le maître de l'ouvrage reçoit, lors de la réception, l'assistance d'un professionnel habilité en application de la loi 77-2 du 3 janvier 1977 ou des articles L 125-1 et suivants du CCH (architecte ou contrôleur technique) ou de tout autre professionnel de la construction titulaire d'un contrat d'assurance couvrant les responsabilités pour ce type de mission (CCH art. L 231-8, al. 2 et L 232-1). Toutefois, le professionnel qui assiste le maître de l'ouvrage à la réception et omet de lui signaler les réserves à formuler engage sa responsabilité pour manquement à son obligation de conseil.

Le constructeur reste, bien entendu, tenu de la garantie des **vices de construction** aux termes des dispositions de la loi du 4 janvier 1978. Il doit donc souscrire une **assurance responsabilité décennale** en sa qualité de locateur d'ouvrage (C. ass. art. L 241-1). À défaut, il encourt une amende de 75 000 € et/ou un emprisonnement de 6 mois (C. ass. art. L 243-3).

F. Protection des sous-traitants

CONTRAT OBLIGATOIRE

80700 Le constructeur qui entend faire appel à un ou plusieurs sous-traitants doit conclure par écrit les contrats de sous-traitance avant tout commencement d'exécution des travaux sous-traités. Cette obligation est valable dans le cadre des **CCMI avec ou sans fourniture du plan** (CCH art. L 231-13 et L 232-2).

Ces contrats doivent comporter les **énonciations** suivantes :

a. La désignation de la construction ainsi que les nom et adresse du maître de l'ouvrage et de l'établissement qui apportera la garantie de livraison ;

b. La description des travaux qui en feront l'objet, conforme aux énonciations du contrat de construction ;

c. Le prix convenu et, s'il y a lieu, les modalités de sa révision ;

d. Le délai d'exécution des travaux et le montant des pénalités de retard ;

e. Les modalités de règlement du prix, qui ne pourra pas dépasser un délai de 30 jours à compter de la date du versement effectué au constructeur par le maître de l'ouvrage ou le prêteur, en règlement de travaux comprenant ceux effectués par le sous-traitant et acceptés par le constructeur ;

f. Le montant des pénalités dues par le constructeur en cas de retard de paiement ;

g. La justification de l'une ou l'autre des garanties de paiement prévues à l'article 14 de la loi 75-1334 du 31 décembre 1975 relative à la sous-traitance ou de toute autre garantie, délivrée par un établissement de crédit, une société de financement ou une entreprise d'assurance, permettant d'assurer le paiement des sommes dues au sous-traitant.

Une copie des contrats de sous-traitance est adressée par le constructeur à l'établissement qui apportera la garantie, dans les 8 jours de leur signature (CCH art. R 231-12).

> **Précisions** Un **contrat type** de sous-traitance dans le domaine de la construction de maisons individuelles a été approuvé par 7 organisations professionnelles représentatives du secteur le 10 octobre 2006. Il peut être téléchargé en ligne sur le site internet du syndicat national du second œuvre (www.second-œuvre.com).

SANCTIONS

80705 Tout constructeur de maison individuelle qui n'a pas conclu par écrit un contrat de sous-traitance avant l'exécution des travaux de chacun des lots de l'immeuble est passible d'un emprisonnement pouvant aller jusqu'à 2 ans et d'une amende pouvant aller jusqu'à 18 000 €. La même peine est applicable lorsque le contrat de sous-traitance ne justifie pas de la garantie de paiement accordée au sous-traitant (CCH art. L 241-9).

© Éd. Francis Lefebvre

CHAPITRE 4

CONTRAT DE PROMOTION IMMOBILIÈRE

SOMMAIRE

A. Dispositions générales

DÉFINITION

Les règles générales applicables à tous les contrats de promotion immobilière sont définies aux articles L 221-1 à L 222-7 du CCH, qui reprennent eux-mêmes les dispositions des articles 1831-1 à 1831-5 du Code civil. 81020

Le contrat de promotion immobilière est un **mandat d'intérêt commun** par lequel une personne, dite « promoteur immobilier », s'oblige envers le maître de l'ouvrage à **faire procéder,** pour un prix convenu, au moyen de contrats de louage d'ouvrage, à la réalisation d'un programme de construction d'un ou plusieurs édifices, ainsi qu'à procéder elle-même ou à faire procéder, moyennant une **rémunération convenue,** à tout ou partie des opérations juridiques, administratives et financières concourant au même objet (C. civ. art. 1831-1).

Ce promoteur est **garant** de l'exécution des obligations mises à la charge des personnes avec lesquelles il a traité au nom du maître de l'ouvrage. Il est notamment tenu des obligations résultant des articles 1792, 1792-1, 1792-2 et 1792-3 du Code civil (voir n° 81040).

Si le promoteur s'engage à exécuter lui-même une partie des opérations du programme, il est tenu, quant à ces opérations, des **obligations** d'un locateur d'ouvrage.

Cette définition appelle les précisions et observations suivantes : 81025

1. Le **mandat** est d'intérêt commun, ce qui signifie que, par dérogation au principe posé par l'article 2004 du Code civil, il est irrévocable, sauf cas de force majeure ou faute du mandataire. À la différence du constructeur d'une maison individuelle, le promoteur immobilier traite avec les diverses entreprises au nom du maître de l'ouvrage, et non en son nom propre (CA Poitiers 30-4-1980 : D. 1981 IR p. 411).

2. Le promoteur immobilier doit s'engager à faire procéder à la réalisation d'un **programme de construction** ; à défaut, il n'y a pas de contrat de promotion immobilière, même si les autres éléments de la définition sont réunis (Cass. 3e civ. 23-4-1986 n° 84-12.852 : Bull. civ. III n° 52). Le promoteur peut s'engager à exécuter lui-même une partie du programme, mais s'il en exécute la totalité, la question se pose de savoir s'il reste « promoteur immobilier » ou s'il devient entrepreneur général. La vente d'un immeuble par lots après rénovation n'est pas le fait d'un promoteur au sens de l'article 1831-1 du Code civil (Cass. 3e civ. 6-11-1985 n° 84-11.574 : Bull. civ. III n° 140).

3. De façon générale, et indépendamment même de la définition du promoteur immobilier au sens précis du contrat étudié, la **jurisprudence** continue à considérer qu'a la qualité de promoteur « la personne qui prend l'initiative et le soin principal d'une opération de construction immobilière », cette personne étant tenue d'une obligation de résultat et répondant des vices cachés de la construction (Cass. 3e civ. 17-6-1992 n° 89-19.831 : Bull. civ. III n° 210 ; Cass. 3e civ. 14-10-1992 n° 90-17.817 : RJDA 2/93 n° 120 ; Cass. 3e civ. 10-2-1993 n° 90-21.891 : RJDA 4/93 n° 342). Il en est ainsi d'un vendeur d'immeuble qui, rénovant un immeuble, réalise d'importants travaux pour le compte de ses acheteurs dont il a reçu mandat (Cass. 3e civ. 5-1-1994 n° 91-21.428 : Bull. civ. III n° 1).

L'identification d'un « promoteur immobilier » résulte donc, selon la Cour de cassation, d'une activité et d'une finalité tout autant que de l'adoption d'un cadre juridique déterminé.

ILLUSTRATIONS

N'est pas promoteur immobilier au sens de l'article 1831-1 du Code civil la société qui intervient comme simple mandataire en vue de la construction d'un appartement ou d'une maison, et de maître d'ouvrage délégué sans percevoir de rémunération. Ne peut être qualifié de promoteur un mandataire chargé par le maître de l'ouvrage de réaliser des tâches précises (Cass. 3e civ. 9-10-1991 no 90-10.514 : Audijuris 14-11-1991 p. 29 obs. Dubois).

Une société coopérative **peut être promoteur** si elle conclut des contrats répondant à la définition donnée ci-dessus (CA Paris 7-12-1990 : JCP N 1991 II p. 298). Il en est ainsi alors même que la coopérative ne poursuit pas de but lucratif (CA Paris 7-2-1991 : D. 1991 IR p. 73).

La qualité de **promoteur de fait** a été reconnue à une société ayant conçu le projet de restauration d'un château et qui s'était substituée une société écran pour l'achat du bien et sa revente par lots aux acquéreurs. La société reconnue promoteur de fait, seule interlocutrice des acheteurs, avait diffusé la plaquette publicitaire du programme, saisi le géomètre et l'architecte, sollicité les permis de construire, etc. (Cass. 3e civ. 8-4-2009 no 07-20.706 : Bull. civ. III no 81).

OBLIGATIONS DU PROMOTEUR

81030 La première obligation du promoteur est une **obligation de bonne fin,** donc de résultat, puisqu'il est garant de l'exécution des obligations des personnes avec qui il a traité au nom du maître de l'ouvrage. Il s'agit d'une obligation de garantie à titre principal. D'une manière générale, le promoteur est garant de l'exécution des obligations assumées par les locateurs d'ouvrage.

La deuxième obligation est celle de respecter un prix. Le « prix convenu » est le prix de revient total du programme, mais il n'inclut pas la rémunération du promoteur. C'est un **prix garanti,** les dépassements étant à la charge du promoteur, et les économies bénéficiant au maître de l'ouvrage, sauf clause particulière de partage entre les parties, par exemple. Le prix garanti est un **prix global,** et non détaillé par postes, entre lesquels des compensations restent donc possibles.

La troisième obligation du promoteur est celle de garantie des obligations des personnes avec lesquelles il a traité, et spécialement de **garantie des vices** de construction. Il semble qu'il s'agisse d'une garantie directe envers le maître de l'ouvrage, et non d'un cautionnement des obligations pesant à ce titre sur les architectes et entrepreneurs. La situation est à cet égard comparable à celle du vendeur d'un immeuble à construire.

La garantie due par le promoteur immobilier s'entend notamment d'un défaut d'**isolation phonique** rendant l'immeuble impropre à sa destination (CA Bourges 27-7-1993, Porcheron c/ SA Service Immobilier).

POUVOIRS DU PROMOTEUR

81035 Le contrat emporte pouvoir pour le promoteur de conclure les **contrats,** recevoir les **travaux,** liquider les **marchés,** et généralement celui d'accomplir, à concurrence du prix global convenu, au nom du maître de l'ouvrage, tous les actes qu'exige la réalisation du programme (C. civ. art. 1831-2 ; CCH art. L 221-2).

C'est donc un pouvoir et une **mission de maîtrise d'ouvrage par délégation.**

Mais ce pouvoir ne s'exerce qu'à concurrence du prix global convenu, et, contrairement à la règle en vigueur dans le « secteur protégé » (nos 81150 s.), le promoteur n'est pas tenu de notifier ce prix convenu aux entreprises avec lesquelles il contracte. Celles-ci risquent donc de rester impayées si leurs prestations dépassent le prix convenu qui lie le maître de l'ouvrage, mais lui permet aussi de ne pas être tenu au-delà. En pareil cas, cependant, la responsabilité du promoteur envers ces prestataires de services serait engagée, semble-t-il, faute par lui de leur avoir indiqué la limite des engagements financiers du maître de l'ouvrage.

81037 Le promoteur n'engage le maître de l'ouvrage, par les **emprunts** qu'il contracte ou par les **actes de disposition** qu'il passe, qu'en vertu d'un **mandat spécial** contenu dans le contrat ou dans un acte ultérieur (C. civ. art. 1831-2 ; CCH art. L 221-2).

Cela dit, s'agissant d'une maîtrise d'ouvrage déléguée, le maître de l'ouvrage est tenu d'exécuter les engagements contractés en son nom par le promoteur en vertu des pouvoirs que celui-ci tient de la loi ou de la convention (mêmes textes).

RESPONSABILITÉ DU PROMOTEUR

81040 **Responsabilité du promoteur en tant que garant** Le promoteur immobilier est « garant de l'exécution des obligations mises à la charge des personnes avec lesquelles il a traité au nom du maître de l'ouvrage » (C. civ. art. 1831-1).

Comme les locateurs d'ouvrage qu'il garantit, le promoteur immobilier s'oblige à faire réaliser l'ouvrage et à le livrer dans un délai déterminé moyennant un prix plafond. Son obligation de prestataire de services, déterminée en raison de son objet, se trouve renforcée par sa qualité de garant. Non seulement il promet l'exécution de l'ouvrage, mais il en **garantit l'exécution conforme** et il est **tenu des obligations issues des articles 1792**, 1792-1 à 1792-3 du Code civil. La responsabilité qu'il encourt à ce titre n'a pas un caractère subsidiaire à celle des constructeurs (Cass. 3e civ. 12-6-1985 no 84-12.238 : Bull. civ. III no 94). Il répond au même titre qu'eux des vices du sol (Cass. 3e civ. 16-3-1994 : Le Moniteur 17-6-1994 p. 66).

Le promoteur immobilier ne peut donc pas, en principe, se prévaloir du **fait des constructeurs** comme d'une cause exonératoire, encore qu'un arrêt ait réservé le cas où le promoteur invoquait le fait du sous-traitant (Cass. 3e civ. 22-6-1982 : RDI 1983 p. 72).

Il ne peut également pas invoquer à l'encontre des garantis la **présomption de responsabilité** car il s'agit d'un règlement entre constructeurs (Cass. 3e civ. 12-6-1985, précité) ; voir no 90175. Mais il peut se prévaloir de leur faute (Cass. 3e civ. 14-11-1991 : Bull. civ. III no 272). Si le promoteur doit indemniser l'acquéreur avant les appels en garantie, le jugement peut être déclaré commun aux constructeurs (Cass. 3e civ. 25-11-1987 : RDI 1988 p. 219).

Le promoteur garantit également l'exécution des **obligations accessoires** souscrites par les constructeurs et susceptibles d'engager leur responsabilité de droit commun. Toutefois, il y a hésitation sur l'étendue de l'obligation du promoteur : s'applique-t-elle à la garantie de parfait achèvement due par l'entrepreneur ? La fin de l'alinéa 1er de l'article 1831-1 du Code civil ne le dit pas, et l'article L 124-4 du CCH n'oblige le promoteur que pour les défauts d'isolation phonique, ce qui laisse place à la discussion. 81041

Responsabilité personnelle du promoteur Le promoteur immobilier engage sa responsabilité personnelle de **mandataire** : il doit justifier de l'emploi et de l'opportunité des dépenses engagées. Mais il ne répond, en cette qualité, que de sa **faute prouvée.** 81042

Le promoteur immobilier engage également sa responsabilité de **prestataire de services** qui peut être aggravée lorsqu'il est également **entrepreneur.** Il promet alors un résultat, la livraison d'un ouvrage exempt de vices. 81043

À ce titre, la loi dispose qu'il est « tenu des obligations résultant des articles 1792, 1792-1, 1792-2 et 1792-3 du Code civil » (C. civ. art. 1831-1, al. 1). L'article 1792-1, 3° du Code civil répute, en outre, **constructeur** celui qui, agissant comme mandataire, accomplit une mission assimilable à celle d'un locateur d'ouvrage, ce qui s'applique tant au promoteur immobilier au sens du contrat de promotion immobilière qu'au professionnel qui souscrit un contrat voisin.

Le promoteur immobilier est personnellement tenu des **garanties décennale** et **biennale.** Il semble que cette obligation soit même plus sévère pour lui que pour les autres locateurs d'ouvrage, car il en est le garant et ne peut donc se prévaloir de leur fait même imprévisible pour lui. Cette appréciation est confortée par la jurisprudence qui n'assigne pas à sa responsabilité décennale un caractère subsidiaire (voir no 81040). 81044

Un arrêt a jugé que la responsabilité du promoteur reste encourue, même si l'immeuble a fait l'objet d'une vente forcée (Cass. 3e civ. 21-11-1990 no 89-13.775 : Bull. civ. III no 242).

Le promoteur répond, pendant un an à compter de la prise de possession, de la **conformité des logements** aux prescriptions légales ou réglementaires relatives à l'isolation phonique (CCH art. L 124-4). Cette obligation ne se confond pas avec la garantie de parfait achèvement dont le domaine est plus vaste (voir nos 62650 s.).

OBLIGATIONS DU MAÎTRE DE L'OUVRAGE

Le maître de l'ouvrage a quatre obligations, à savoir : 81045

- l'obligation de **non-immixtion** : il ne doit accomplir aucun des actes qui sont au pouvoir et dans la mission du promoteur, et ne pas s'immiscer dans l'opération de construction ;
- l'obligation de **respecter les engagements** pris en son nom par le promoteur (no 81040) ;
- l'obligation de **payer** au promoteur la **rémunération** convenue dont les modalités sont librement fixées par les parties (sur ces modalités en « secteur protégé », voir no 81195) ;
- l'obligation de **payer le prix** convenu, dont les modalités de paiement sont librement débattues entre les parties (sur ces modalités en « secteur protégé », voir no 81190).

Le promoteur n'est pas garant du **financement.** Si le maître de l'ouvrage est défaillant, le contrat ne peut plus recevoir exécution.

DÉSÉQUILIBRE CONTRACTUEL SIGNIFICATIF

81047 Dans l'hypothèse où le contrat de promotion immobilière serait qualifié de **contrat d'adhésion,** toute clause qui crée un déséquilibre significatif entre les droits et obligations des parties pourra être réputée non écrite (C. civ. art. 1171 ; O. Tournafond et J.-Ph. Tricoire, Les contrats de construction face aux nouvelles orientations du droit des contrats : RDI 2016 n° 6 p. 391).

Malgré le principe selon lequel les règles générales s'appliquent sous réserve des règles particulières à certains contrats (C. civ. art. 1105, al. 3), l'**articulation** de cette disposition de **droit commun** avec celles de **droit spécial** - droit de la consommation, réglementation du secteur protégé - est toutefois délicate (O. Deshayes, Th. Genicon et Y.-M. Laithier : Réforme du droit des contrats, du régime général et de la preuve des obligations LexisNexis 2016 p. 300 s.).

CESSION DU CONTRAT DE PROMOTION IMMOBILIÈRE

81050 **Cession des droits du maître de l'ouvrage** Si, avant l'achèvement du programme, le maître de l'ouvrage cède les droits qu'il a sur celui-ci, le **cessionnaire** lui est **substitué de plein droit** activement et passivement dans l'ensemble du contrat. Le **cédant** est **garant** de l'exécution des obligations mises à la charge du maître de l'ouvrage par le contrat cédé (C. civ. art. 1831-3 ; CCH art. L 221-3).

La substitution du maître de l'ouvrage s'opère **sans le consentement du promoteur** immobilier.

> **Précisions** **a.** Le texte vise la cession des **droits que le maître d'ouvrage a « sur le programme ».** L'expression est ambiguë et semble distinguer la propriété des constructions (« le programme ») de celle du sol. Pratiquement, c'est de la cession des droits immobiliers du maître de l'ouvrage qu'il s'agira le plus souvent.
> **b.** Dès lors qu'il s'est engagé, dans un courrier ayant agréé le cessionnaire du contrat, à **payer au cédant les sommes avancées,** le promoteur ne saurait ensuite s'y dérober (Cass. 3e civ. 10-12-2014 n° 13-26.377 : BPIM 1/15 inf. 43).

81055 **Substitution du promoteur** En raison du caractère intuitu personae du contrat de promotion immobilière, le promoteur ne peut se substituer un tiers dans les obligations qu'il a contractées envers le maître de l'ouvrage sans **l'accord** de celui-ci (C. civ. art. 1831-3 ; CCH art. L 221-3). Toute clause générale de substitution pouvant figurer dans le contrat serait, en conséquence, sans portée.

PUBLICITÉ DU CONTRAT ET OPPOSABILITÉ AUX TIERS

81060 Le contrat de promotion immobilière est réputé emporter restriction au droit de disposer, au sens et pour l'application de l'article 28, 2° du décret 55-22 du 4 janvier 1955 portant réforme de la publicité foncière (CCH art. L 221-6). Il doit donc être publié au **service de la publicité foncière** du lieu de situation de l'immeuble et doit par suite être dressé sous forme notariée (C. civ. art. 710-1). La **taxe de publicité foncière** est perçue au droit fixe de 125 € prévu par l'article 680 du CGI.

Le contrat de promotion immobilière est opposable aux tiers à partir de la date de sa mention au **fichier immobilier** (C. civ. art. 1831-3 ; CCH art. L 221-3), laquelle s'entend, contrairement au droit commun, de la date d'annotation du fichier et non de la date de dépôt de la demande au service chargé de la publicité foncière.

FIN DU CONTRAT DE PROMOTION IMMOBILIÈRE

81065 Le contrat étant un **mandat,** il prend fin pour les causes énumérées à l'article 2003 du Code civil (décès d'une partie, renonciation, révocation, sous réserve des précisions données n° 81025).

Il prend également fin s'il y a inexécution, ou lorsque le promoteur a achevé sa mission. La mission du promoteur s'achève à la **livraison** de l'ouvrage si les **comptes** de construction ont été définitivement **arrêtés** entre les parties, sans préjudice des actions en responsabilité du maître de l'ouvrage contre le promoteur (C. civ. art. 1831-4 ; CCH art. L 221-4).

Les procédures de **sauvegarde,** de **redressement** judiciaire ou de **liquidation judiciaire** n'entraînent pas de plein droit résiliation du contrat, nonobstant toute clause contraire (CCH art. L 221-5).

B. Règles particulières aux immeubles du secteur « protégé »

Des règles particulières sont prévues lorsque les immeubles à construire sont à usage d'habitation ou à usage mixte d'habitation et professionnel (sur le droit de **rétractation ou** de **réflexion** lorsqu'il s'agit d'un immeuble d'habitation, voir nos 75300 s.). 81150

Les contrats de promotion portant sur ces immeubles sont soumis :
- aux dispositions générales exposées nos 81020 s. ;
- en outre, aux dispositions des articles L 222-1 à L 222-7 et R 222-1 à R 222-14 du CCH étudiées ci-après.

Ces dispositions sont d'**ordre public** (CCH art. L 222-7).

PERSONNES CONCERNÉES

Sont soumises aux règles particulières des articles L 222-1 s. du CCH les personnes qui s'obligent envers le maître de l'ouvrage à faire procéder à la construction d'un immeuble d'habitation ou d'un immeuble à usage mixte professionnel et d'habitation. 81155

Ces **dispositions** spéciales ne sont toutefois **pas applicables** lorsque le promoteur agit en qualité de vendeur, ou en qualité d'architecte, d'entrepreneur, ou autre technicien (CCH art. L 222-1, al. 1).

Ces dispositions ne sont **pas obligatoires** dans les cas suivants (CCH art. L 222-1, al. 2 et L 222-2) :
- lorsque le maître d'ouvrage construit en vue de la vente (achevée ou « à construire ») ;
- lorsque le maître d'ouvrage est une société autre que d'attribution ou coopérative faisant construire plus de 2 locaux à usage professionnel ou d'habitation ;
- quel que soit le maître d'ouvrage, lorsque la personne qui s'oblige à faire procéder à la construction est une société d'économie mixte dont plus de la moitié du capital appartient à une personne de droit public ;
- dans le cas de sociétés de construction-vente, d'attribution ou coopératives achetant une fraction d'un terrain et s'obligeant à construire des immeubles sur le surplus du terrain pour le compte du vendeur. Cette situation particulière est traitée no 81705 à propos des cessions de terrains rémunérées par la remise de locaux à construire.

Notons que dans le cas où la personne qui s'oblige à construire a aussi **procuré le terrain,** le seul contrat autorisé est la vente d'immeuble à construire (CCH art. L 261-10, al. 2).

IMMEUBLES CONCERNÉS

Il s'agit des immeubles d'**habitation** et des immeubles à **usage mixte d'habitation et professionnel.** 81160

Un immeuble collectif est considéré comme à usage d'habitation ou à usage mixte d'habitation et professionnel lorsque 10 % au moins de sa superficie sont affectés à de tels usages (pour le calcul de ce pourcentage, voir no 68905).

CONTENU OBLIGATOIRE DU CONTRAT

Le contrat doit être **écrit,** et indiquer : 81165

a. La contenance et la situation du **terrain** ;

b. La consistance et les caractéristiques techniques du **bâtiment** à construire ;

c. Les **devis descriptifs** et les conditions techniques d'exécution des travaux (il s'agit des documents d'exécution des marchés : cahiers des clauses et conditions générales et particulières, cahier des charges technique, calendrier d'exécution, etc.) ;

d. Le **prix** convenu et les conditions de sa **révision** (voir nos 81175 s.) ;

e. Les moyens et conditions de **financement,** et les modalités de règlement au fur et à mesure de l'avancement des travaux (voir no 81190) ;

f. La **rémunération** du promoteur (voir no 81195) ;

g. Le **délai** d'exécution des travaux ;

h. La **garantie** apportée par le promoteur pour la bonne exécution de sa mission (voir nos 81205 s.).

Ces énonciations peuvent figurer dans plusieurs actes différents, mais tous doivent être établis avant tout travail matériel, hormis les études préliminaires.

L'**inobservation** de ces dispositions entraîne la nullité du contrat, nullité qui ne peut être invoquée que par le maître de l'ouvrage, et jusqu'à l'achèvement des travaux seulement. Cette nullité entraîne l'inopposabilité au maître de l'ouvrage des contrats passés par le promoteur (CCH art. L 222-3).

81170 Le contrat de promotion immobilière comporte en **annexe** les coupes, plans et cotes des bâtiments et des voies et réseaux divers (VRD) intérieurs et extérieurs. Chaque pièce est cotée et ses éléments d'équipement sont décrits, ainsi que la situation du local, s'il s'agit d'un immeuble collectif, avec, dans ce cas, tous éléments descriptifs de celui-ci (CCH art. R 222-5).

PRIX DU CONTRAT

81175 **Détermination du prix** Le contrat doit indiquer le **prix global.** Il semble cependant prudent, pour le promoteur, de prévoir que les dépassements de prix éventuels sur certains postes se compenseront avec les économies réalisées, le cas échéant, sur d'autres.

Le **poste pour imprévu** est librement fixé par les parties, qui peuvent stipuler :
– que le promoteur ne pourra l'utiliser qu'avec l'accord préalable du maître de l'ouvrage ;
– ou qu'en fin d'opération le promoteur devra restituer les sommes comprises dans ce poste et dont il ne pourra justifier avoir eu besoin pour exécuter sa mission.

> **Précisions** **a.** Les deux modalités peuvent être prévues cumulativement, chacune s'adressant à des opérations prédéterminées (par exemple, l'utilisation sans accord préalable pour le cas de « faillite » d'une entreprise, de fondations exceptionnelles, etc., et sur accord dans les autres cas).
b. Les organismes financiers n'accordent généralement leur garantie (voir n° 81205) que s'il existe un poste pour imprévu d'au moins 5 %.
c. Le prix convenu doit tenir compte du coût de la garantie de paiement des entrepreneurs (C. civ. art. 1799-1).

81180 **Révision du prix** Le prix est révisable si le contrat l'a prévu. Il varie en fonction des clauses d'actualisation contenues dans les marchés conclus par le promoteur (CCH art. R 222-6). Si ces clauses ne sont pas mentionnées dans le contrat, chacun de ces marchés est notifié au maître de l'ouvrage par lettre recommandée avec demande d'avis de réception ou par remise de documents contre récépissé ou émargement.

81185 **Notification du prix** Avant la signature des marchés, le promoteur doit notifier aux cocontractants le prix convenu, déduction faite du poste pour imprévu et des engagements déjà contractés. La notification est faite par lettre recommandée avec demande d'avis de réception ou par remise de documents contre récépissé ou émargement (CCH art. R 222-6).

81190 **Paiement du prix** Le contrat doit comporter un **plan de financement** suivant l'avancement de l'ouvrage, et mentionnant les sources de ce financement (crédits, fonds propres du maître d'ouvrage, etc.).

Les paiements sont faits en fonction de l'**avancement des travaux,** sans pouvoir dépasser 15 % à l'achèvement des fondations et 70 % à la mise hors d'eau. Ces pourcentages s'appliquent au prix, déduction faite du poste pour imprévu s'il n'a pas été utilisé (CCH art. R 222-7).

RÉMUNÉRATION DU PROMOTEUR

81195 Le **montant** de la rémunération du promoteur est librement fixé par les parties. Il est possible, en outre, de prévoir qu'en cas d'économie sur le prix global prévu, le promoteur bénéficiera d'une partie de cette économie.

La rémunération est payable selon un **échelonnement** qui ne peut pas être dépassé (CCH art. R 222-8) :
– 10 % à la signature du contrat lorsque les études préliminaires ont fait l'objet d'un contrat distinct (n° 81235), et 25 % dans le cas contraire ;
– 50 % à la mise hors d'eau ;
– 70 % à l'achèvement des travaux d'équipement, de plomberie, de menuiserie et de chauffage ;
– 90 % à la livraison du bâtiment au maître de l'ouvrage.

Le **solde** est consigné par le maître d'ouvrage à la livraison, sauf si le promoteur fournit la caution solidaire et personnelle d'une banque, d'un établissement financier habilité, d'une entreprise d'assurance agréée à cet effet ou d'une société de caution mutuelle. Ce solde est payable à l'achèvement de la mission du promoteur, telle que définie n° 81065.

INTERDICTION DE VERSEMENTS ANTICIPÉS

Avant la signature du contrat, le promoteur ne peut exiger ni même accepter du maître de l'ouvrage aucun versement, aucun dépôt, aucune souscription ni acceptation d'effets de commerce. Dans le cas contraire, il serait passible d'un emprisonnement de 2 ans et/ou d'une amende de 9 000 € (CCH art. L 222-5 et art. L 241-1). 81200

Aucun paiement ne peut non plus être exigé ni accepté **avant** la date à laquelle la **créance** est **exigible** (CCH art. L 222-5).

Toute personne qui, ayant reçu ou accepté un ou plusieurs versements, dépôts, souscriptions d'effets de commerce aura détourné tout ou partie de ces sommes sera punie des peines de l'**abus de confiance** prévues par les articles 314-1 et 314-10 du Code pénal (CCH art. L 241-2).

L'interdiction de tout versement avant l'expiration du **délai de rétractation** (CCH art. L 271-2, al. 1) ne s'applique pas au contrat de promotion sous signature privée ayant pour objet la construction d'un immeuble neuf d'habitation. Ce dernier paraît bien figurer au nombre des exceptions prévues par le texte (dans le même sens, P. Cornille, Protection de l'acquéreur immobilier : Const. urb. 2001 comm. 7 n° 4.3). En revanche, l'interdiction de tout versement pendant le **délai de réflexion** (CCH art. L 271-2, al. 3), qui n'est assortie d'aucune exception, s'applique au contrat de promotion ayant pour objet la construction d'un immeuble neuf d'habitation et devant être signé par acte authentique.

GARANTIE D'EXÉCUTION DU CONTRAT

Objet de la garantie L'engagement de bonne exécution de sa mission par le promoteur, qui résulte du contrat, comporte l'obligation de prendre à sa charge les **sommes excédant le prix convenu** qui seraient nécessaires à la réalisation de l'ouvrage. Cette obligation est garantie par une banque, un établissement financier habilité, une compagnie d'assurance agréée ou une société de caution mutuelle (CCH art. R 222-9). 81205

La garantie prend la forme d'un **cautionnement** du promoteur par le garant et au profit du maître de l'ouvrage, et portant sur les sommes qu'il serait ainsi nécessaire de payer, ou d'une **ouverture de crédit** portant sur ces mêmes sommes, et dont le maître de l'ouvrage doit pouvoir exiger l'exécution (CCH art. R 222-9). En cas de défaillance du garant un mécanisme de garantie existe (voir n° 80545).

Si le promoteur justifie qu'il est assuré pour sa responsabilité professionnelle et pour les vices de construction, le garant n'est tenu que des dépassements excédant 5 % du prix prévu, sans que cette **franchise,** cumulée avec le poste pour imprévu, puisse excéder 10 % du prix convenu. En pratique, les garants exigent que les polices d'assurance sus visées soient effectivement souscrites. La franchise prévue au texte ne profite qu'au garant, et non au promoteur, qui reste tenu de tout dépassement de prix.

Le maître de l'ouvrage ne peut jamais être recherché en remboursement des sommes versées par le garant (CCH art. R 222-9 dernier al.).

Les **dépassements de délai** qui ne sont imputables ni au maître de l'ouvrage ni à un cas de force majeure n'entraînent aucune révision de prix au profit du promoteur. En conséquence, la **garantie** de prix que doit fournir celui-ci exclut toute révision due à un dépassement de délai, si ce dépassement résulte de la force majeure ou du fait du maître de l'ouvrage (CCH art. R 222-13). 81210

En ce qui concerne l'indemnisation du promoteur en cas de dépassement du prix du fait du maître de l'ouvrage, voir n° 81230.

Fin de la garantie La garantie prend fin à l'achèvement de la mission du promoteur, telle que définie n° 81065. À cet égard, l'ouvrage est réputé livré lorsqu'il est utilisable conformément à sa destination ; les défauts de conformité ne sont pas pris en considération lorsqu'ils ne présentent pas un caractère substantiel et ne rendent pas l'ouvrage impropre à son utilisation (CCH art. R 222-14). 81215

Dispense de garantie Le promoteur n'est pas tenu de fournir de garantie lorsque (CCH art. R 222-11) : 81220

– le maître d'ouvrage est une société d'attribution dont tous les associés ont souscrit des parts sociales donnant vocation à l'attribution en propriété de plus de 2 locaux à usage d'habitation ou à usage professionnel et d'habitation, ou de locaux destinés à un autre usage que l'habitation ;

– un garant a pris l'engagement de répondre le cas échéant aux appels de fonds des associés défaillants ainsi qu'à ceux des cessionnaires de parts sociales ; dans ce dernier cas, la convention conclue entre le garant et le cédant doit stipuler que le cessionnaire peut en exiger l'exécution, et que le garant renoncera, lors de la cession, à toutes les sûretés réelles (nantissement, hypothèque, etc.) ;
– la société intervient lors des cessions de droits sociaux, en justifiant de la garantie visée ci-dessus.

Il y a également dispense de garantie lorsque le promoteur est une SEM, dont le capital appartient pour plus de la moitié à des personnes de droit public, qui opte pour le régime du contrat de promotion immobilière malgré la dispense indiquée nº 81155 (CCH art. L 222-6).

PROTECTION DU PROMOTEUR CONTRE LE MAÎTRE DE L'OUVRAGE

81225 La loi limite l'effet des **clauses résolutoires** de plein droit que pourrait contenir le contrat à l'encontre du maître de l'ouvrage (pour défaut de paiement du prix, spécialement). Ces clauses ne produisent effet qu'après une mise en demeure restée infructueuse pendant un mois, et le maître de l'ouvrage peut toujours demander en référé un délai (C. civ. art. 1343-5) pendant lequel l'effet de la clause résolutoire est suspendu (CCH art. L 222-4).

Selon le droit commun, le promoteur peut toujours, en face d'un maître d'ouvrage qui ne remplit pas ses obligations, **suspendre l'exécution** des siennes par le jeu de l'exception d'inexécution (C. civ. art. 1219).

81230 Le maître de l'ouvrage est tenu d'**indemniser le promoteur** pour les dépassements du prix convenu résultant de son fait, et notamment de retards dans le règlement du prix et des délais de paiement qui lui auraient été accordés (CCH art. R 222-12). Le contrat peut prévoir une indemnisation forfaitaire du promoteur pour retards dans les paiements du maître de l'ouvrage.

La **garantie** visée nº 81205 ne s'étend pas à cette indemnisation due par le maître de l'ouvrage.

CONTRATS D'ÉTUDES PRÉLIMINAIRES

81235 La loi ne prévoit que de manière incidente l'éventualité de « travaux nécessaires aux études préliminaires » (voir nº 81165 ; CCH art. L 222-3).

Plus explicitement, l'article R 222-2 du CCH prévoit que le commencement d'exécution du contrat de promotion résulte de la signature d'un contrat de louage d'ouvrage ou du commencement des travaux en l'absence d'un tel contrat, à l'exception des contrats limités aux études préliminaires, dans le cas où ces **contrats** sont **distincts** du contrat de promotion immobilière.

Ainsi est reconnue la possibilité d'établir un contrat d'études préliminaires, qui n'est pas encore le contrat de promotion immobilière, ni une partie de celui-ci.

Ce contrat d'études préliminaires n'est pas soumis aux règles du contrat de promotion immobilière (CCH art. R 222-4, al. 1).

Les dispositions du contrat d'études préliminaires ne sont pas obligatoirement reprises dans le contrat de promotion qui suivra, et chacun de ces deux contrats est passé, exécuté et réglé selon ses règles propres, indépendamment de l'autre (CCH art. R 222-4, al. 2).

81240 Le contrat d'études préliminaires, non régi par les textes, se présente comme un **mandat** (rémunéré), par lequel le maître d'ouvrage donne pouvoir au promoteur immobilier de rechercher la faisabilité et les conditions de réalisation des ouvrages envisagés. Le mandataire peut, dans ce but, passer les contrats nécessaires (architecte, sondages du sol…), mais non des marchés de travaux.

ILLUSTRATIONS

Une convention qualifiée de « contrat d'études préliminaires à un programme de construction », à laquelle était annexé un plan, fixait le prix de la construction ainsi que la rémunération du cocontractant dénommé « promoteur ». Par cette convention, ce dernier s'engageait à effectuer des études de sol, un avant-projet, les demandes d'autorisations administratives, le dossier d'appel d'offres et à passer pour le compte du maître de l'ouvrage les contrats et les actes nécessaires à la réalisation de celle-ci. Il fut jugé que, par son étendue, cette convention dépassait le cadre du contrat d'études préliminaires défini par l'article R 222-2 du CCH, et que si elle s'apparentait au contrat de construction de maison individuelle, elle ne remplissait pas toutes les conditions légales, ce qui entraînait sa nullité (CA Aix-en-Provence 11-6-1990 : Bull. Aix 1990/2 nº 70).

Le pourcentage de la **rémunération** du promoteur pouvant être versé à celui-ci lors de la signature du contrat de promotion immobilière est de 10 %, lorsque les études préliminaires ont fait l'objet d'un contrat distinct, et de 25 % dans le cas contraire (CCH art. R 222-8) (voir nº 81195). Il ne semble pas en résulter une limitation à 15 % de la rémunération propre au contrat d'études préliminaires. **81245**

RÈGLES PARTICULIÈRES AUX SOCIÉTÉS D'ATTRIBUTION

Les sociétés d'attribution et coopératives d'attribution sont tenues, lorsqu'elles ont pour objet la construction d'immeubles d'**habitation,** ou professionnels et d'habitation, de conclure un contrat de promotion immobilière, ou de confier les opérations constitutives de la promotion à leur **représentant légal** ou statutaire, par un **écrit** portant les mentions visées nº 81165 (CCH art. L 212-10 et L 213-6). **81250**

Cet écrit doit être approuvé par l'**assemblée** des associés, qui approuve en même temps le programme de construction, ses modalités de financement et les garanties fournies par le représentant légal ou statutaire de la société.

› Précisions a. Sur la **dispense de garantie** lorsque la société est composée d'associés investisseurs, voir nº 81220.
b. En ce qui concerne l'interdiction d'exiger des associés des versements avant la conclusion du contrat de promotion, sauf pour l'achat du terrain et le **financement** des études techniques et financières du programme, voir nº 68920 pour les sociétés d'attribution et nº 71230 pour les sociétés coopératives.

CHAPITRE 5

VENTES DE TERRAINS CONTRE REMISE DE LOCAUX À CONSTRUIRE

SOMMAIRE

AVANTAGES DE L'OPÉRATION

81600 La convention par laquelle un propriétaire foncier cède son terrain à un constructeur, et demande à en être payé par la remise de locaux à construire sur le terrain cédé, présente des avantages pour les deux parties :
– pour le **vendeur**, les avantages sont de voir son prix immédiatement remployé en « valeur-pierre » et, s'il relève du régime des plus-values professionnelles, de bénéficier d'un report d'imposition de la plus-value réalisée sur la vente du terrain (nº 82475) ;
– pour l'**acquéreur** (futur constructeur), l'avantage est essentiellement de n'avoir pas à décaisser le prix du terrain, et d'en absorber le coût dans celui de l'ensemble de l'opération.

FORMULES POSSIBLES

81605 En pratique, les conventions de ce genre sont fréquentes. Elles ne font l'objet d'aucune **réglementation** spécifique. Leur régime soulève de nombreuses difficultés, tant au plan juridique qu'au plan fiscal.

Différentes formules sont possibles. Le propriétaire du terrain peut :
– soit vendre la **totalité du terrain** contre remise de locaux à édifier sur ce terrain, sur un autre terrain lui appartenant, ou sur un autre terrain appartenant à l'acquéreur ;
– soit vendre une **fraction divise du terrain,** en conservant une autre fraction divise sur laquelle seront édifiées les constructions devant lui revenir ;
– soit vendre une **fraction indivise du terrain,** en conservant les millièmes correspondant aux locaux devant lui revenir.

SECTION 1 RÉGIME JURIDIQUE

DIFFICULTÉ JURIDIQUE

Au plan civil, la difficulté résulte du fait que, lorsqu'un contrat a pour objet le transfert de la propriété d'un immeuble à construire à usage d'**habitation** ou à usage mixte professionnel et d'habitation et prévoit que l'acquéreur devra effectuer des versements avant l'achèvement de cet immeuble, ce contrat doit obligatoirement revêtir la forme d'une vente en l'état futur d'achèvement, ou celle d'une vente à terme (CCH art. L 261-10). En ce cas, le prix ne peut être payé que selon un certain **échelonnement,** et ne peut pas être intégralement payé d'avance. 81660

Or, dans le cas d'une vente de terrain rémunérée par la remise de locaux à construire, le vendeur du terrain, qui se présente dans la plupart des hypothèses comme un acquéreur des locaux à construire, peut être considéré comme les ayant intégralement payés d'avance en remettant au vendeur son terrain. Il existe ainsi un **risque d'annulation du contrat**, les règles ci-dessus étant d'ordre public.

En revanche, si les locaux à livrer en paiement ne sont **pas** à usage d'**habitation** (ou mixte professionnel et d'habitation), la convention est libre et peut prendre toute forme appropriée, telle que celle d'un échange, d'un marché de travaux, etc.

MÉTHODES APPLICABLES

Cette difficulté peut être résolue si l'on situe la convention **hors du champ d'application de l'article L 261-10 du CCH** : 81665

– soit en faisant en sorte qu'il n'y ait pas de transfert de propriété des locaux à remettre en paiement ;

– soit en faisant en sorte que la convention ne comporte pas de paiement d'avance de ces locaux par le vendeur du terrain.

Ces deux façons de faire sont exposées ci-après.

A. Méthode dite « des tantièmes » ou « des millièmes »

1. PRINCIPES

Le propriétaire d'un terrain n'en cède au constructeur que des **tantièmes indivis** et conserve les tantièmes (ou millièmes) correspondant, dans le futur immeuble, aux locaux qui doivent lui revenir en paiement, tels que les détermine l'état descriptif de division du futur immeuble. 81700

De cette façon, ces locaux deviennent sa propriété par **accession immobilière** sur les tantièmes de sol conservés par lui et cette manière d'accéder à la propriété est exclusive de toute idée de contrat translatif. Il n'y aura jamais de transfert de la propriété des locaux convenus en paiement, ce qui permet d'échapper aux dispositions de l'article L 261-10 du CCH (sur le mécanisme de l'accession immobilière distributive en pareil cas, voir B. Stemmer, « L'état descriptif de division et l'accession immobilière » : JCP N 2001 p. 1820).

La Cour de cassation a expressément consacré cette analyse (Cass. 3e civ. 19-2-1974 no 72-13.364 : Bull. civ. III no 83, JCP N 1975 I no 2677 obs. B. Stemmer). Ce procédé a même reçu, bien que très indirectement, une consécration législative dans l'article L 222-2 du CCH relatif au contrat de promotion immobilière.

En vertu de l'article L 222-2 du CCH, les sociétés de construction-vente, les sociétés d'attribution et les sociétés coopératives qui achètent une fraction de terrain en s'obligeant envers le vendeur, qui conserve le surplus, à édifier pour son compte les immeubles correspondant à ce surplus et à assumer la charge de leur coût ne sont pas tenues de conclure avec leur vendeur un **contrat de promotion immobilière.** 81705

En raisonnant a contrario, on peut en conclure que les autres constructeurs (personnes physiques, sociétés commerciales de construction-promotion, etc.) sont, dans la même situation, tenus de conclure un tel contrat.

En fait, il s'avère que ce texte, bien que d'ordre public, n'est presque jamais appliqué, parce qu'il est pratiquement impossible d'établir le contrat de promotion immobilière en pareil cas (échelonnement du prix et de la rémunération, poste pour imprévus, reddition des comptes, etc.).

2. MODALITÉS D'APPLICATION

ÉTABLISSEMENT DE L'ÉTAT DESCRIPTIF DE DIVISION

81730 L'application de la méthode des tantièmes suppose que les **locaux** à construire soient **déterminés**, suffisamment du moins pour que l'on connaisse le nombre de **tantièmes de copropriété** qu'il convient de réserver au vendeur du sol. La vente pourrait être frappée de nullité si, du fait de l'imprécision des prestations, le prix n'était pas déterminable (Cass. 3e civ. 26-11-1986 no 84-16.566 : Bull. civ. III no 168 ; Cass. 3e civ. 9-12-1986 no 85-13.373 : Bull. civ. III no 177).

En pratique, il faut que l'état descriptif de division du futur immeuble ait été déjà établi. À défaut, on ne peut conclure qu'une **convention préparatoire** ou **conditionnelle**. Du moins est-il prudent de s'en tenir là.

PRINCIPAUX ÉLÉMENTS DU CONTRAT

81735 S'agissant d'une **convention de construction,** elle comportera normalement :
– un **délai** de livraison (sanctionné par des indemnités de retard) ;
– une **description** qualitative et quantitative des locaux à livrer ;
– une **réserve**, au profit du constructeur, de tous les pouvoirs du maître d'ouvrage avec l'**obligation**, par ailleurs, pour ce même constructeur, **de livrer** à son vendeur des locaux entièrement équipés, branchés aux réseaux divers, libérés de taxes et participations, autrement dit « nets » pour leur bénéficiaire. Malgré cette réserve, c'est à notre avis le vendeur du terrain qui, au plan fiscal, a la qualité de maître d'ouvrage (voir no 82375).

GARANTIES DU CÉDANT DES TANTIÈMES

81740 La convention ici décrite ne se prête pas à l'octroi de **sûretés réelles.** En effet, le constructeur, qui a besoin de crédit, doit pouvoir donner à ses bailleurs de fonds un premier rang hypothécaire ; le vendeur doit ainsi renoncer à son hypothèque légale spéciale (qui remplace l'ancien privilège spécial du vendeur, mais sans rétroactivité automatique de l'inscription), ou faire en sorte qu'elle ne soit pas en premier rang.

D'autre part, lorsque les lots que le constructeur édifie pour son propre compte sont destinés à être vendus, il faut que les acheteurs puissent, eux aussi, offrir une garantie de premier rang à leurs propres bailleurs de fonds ; cela oblige également le vendeur de tantièmes du sol à renoncer à son hypothèque légale spéciale ou à faire en sorte qu'elle ne soit pas en premier rang.

Il faut donc rechercher, au profit du vendeur du terrain, d'autres garanties que la sûreté réelle immobilière.

81745 Le droit commun offre plusieurs solutions, à savoir soit la **caution** d'un tiers, soit l'**hypothèque sur un autre bien** de l'acquéreur.

Mais il convient surtout de rechercher si l'on ne peut pas donner au vendeur du terrain une garantie calquée sur celle que le constructeur devra fournir obligatoirement à ses acquéreurs, c'est-à-dire une **garantie d'achèvement,** qui s'étendra aux locaux qui lui sont promis en paiement (voir nos 77900 s.).

Si cela est possible, on aura, **successivement** :
– l'**inscription d'une hypothèque** dans l'immédiat, parce qu'au moment de la vente des tantièmes le constructeur ne sera pas encore en mesure de fournir une garantie d'achèvement ;
– puis l'**abandon** de cette sûreté réelle, dès que le constructeur pourra donner une garantie d'achèvement des locaux dont la remise en paiement a été promise.

81750 La garantie d'achèvement ainsi recherchée sera une **garantie bancaire d'achèvement** : dans ce cas, il s'agit de la même garantie que celle que donnera le promoteur à ses propres acheteurs. Mais il ne faut pas oublier que pour pouvoir réaliser l'opération, il a fallu faire en sorte que la convention se situe hors du champ de l'article L 261-10 du CCH (nos 81660 s.).

Dès lors qu'elle échappe à ce champ d'application, elle est dispensée de garantie d'achèvement, puisqu'il n'y a pas « vente d'immeubles à construire du secteur protégé » en ce qui concerne les locaux promis en paiement. Il convient donc d'obtenir de la banque, garante de l'achèvement des constructions, une **extension conventionnelle** de cette garantie aux locaux devant revenir au vendeur du terrain, puisque ces locaux, situés hors du champ de l'article L 261-10 du CCH, ne sont pas obligatoirement l'objet d'une telle garantie. À défaut de cette extension conventionnelle, l'achèvement de ces locaux ne serait pas couvert par la garantie bancaire d'achèvement des locaux destinés, quant à eux, à être vendus « à construire » à des tiers (CA Chambéry 13-5-1980 : JCP éd. N 1981 II p. 237 obs. B. Stemmer).

> Précisions Le mécanisme de la **garantie** de vente en l'état futur d'achèvement d'un immeuble **intrinsèque** a été supprimé pour les opérations de vente en l'état futur d'achèvement d'un immeuble ou d'une partie d'immeuble à usage d'habitation ou à usage mixte dont la demande de permis de construire a été déposée depuis le 1er janvier 2015 (CCH art. L 261-10-1). Compte tenu de cette suppression, il est conseillé de ne plus recourir à une telle garantie et d'exiger la mise en place d'une garantie extrinsèque pour protéger le cédant du terrain (J.-Cl. Construction Urbanisme, v. Ventes d'immeubles à construire. Cessions de terrains contre locaux à construire fasc. 84 par B. Stemmer et V. Zalewski-Sicard, n° 39). En outre, avant même cette suppression, la possibilité d'utiliser une garantie intrinsèque dans le cadre d'une vente de terrain contre remise de locaux était pour le moins incertaine.

Malgré toutes les précautions prises et parce qu'aucune garantie ne constitue une sécurité absolue, il faut prévoir le cas dans lequel l'**immeuble** envisagé par l'acquéreur du terrain **ne pourrait** finalement **pas être construit** (raison technique, défaillance financière, etc.). **81755**

Dans ce cas, le cédant de tantièmes se retrouvera propriétaire des tantièmes conservés au départ, plus ou moins bâtis, et inutilisables pour lui : il aura tout perdu dans l'opération.

La solution la plus simple consiste à convenir qu'en pareille circonstance le constructeur sera tenu de **payer** au vendeur du sol une **somme égale à la valeur des locaux** initialement convenus en paiement, à charge par ce vendeur de lui céder gratuitement les tantièmes conservés au départ. Bien entendu, cette solution n'est efficace que si la somme à verser est garantie (par un cautionnement bancaire, par exemple).

3. ASPECTS PARTICULIERS

MULTIPLICITÉ DE TERRAINS ET DE VENDEURS

Lorsque la construction est édifiée sur plusieurs terrains dont un (ou plusieurs) des vendeurs veut (ou veulent) être payé(s) en locaux à construire, il est nécessaire qu'aux locaux destinés à ce (ou ces) vendeur(s) soient attachés des millièmes de la totalité du sol de la future copropriété dans laquelle ils vont s'insérer. Ce vendeur doit donc recevoir des autres terrains acquis par le constructeur autant de millièmes qu'il en conserve du sien propre. **81780**

EXEMPLE

A et B sont vendeurs chacun d'un terrain au même acquéreur-constructeur. A veut être payé par la remise d'un appartement affecté de 100/1 000e du futur immeuble. Dans ce cas, l'opération est la suivante :

– B vend 1 000/1 000e de son terrain au constructeur, soit la totalité ;
– A vend 900/1 000e de son terrain au constructeur et achète de celui-ci 100/1 000e du terrain de B.

Ou encore : B vend 100/1 000e de son terrain à A et 900/1 000e au constructeur et A vend 900/1 000e de son terrain au constructeur.

Si les deux vendeurs veulent être payés en locaux, ils échangeront d'abord entre eux 100/1 000e de leurs terrains respectifs et en vendront 800/1 000e au constructeur.

Mais cette façon de procéder devient inutilisable si les **vendeurs** sont **plus de 2**, si les **prix** des terrains sont **différents**, etc. En pareilles hypothèses, il convient d'utiliser la méthode décrite ci-après sous forme d'un exemple chiffré (cette méthode a été mise au point par Me Vidalenc, ancien notaire à Paris). **81785**

Bien entendu, pour le cas complexe de pluralité de terrains, on peut aussi préférer recourir à la méthode de la double vente pour tous les propriétaires fonciers (nos 81910 s.).

EXEMPLE

Un constructeur a réuni entre ses mains, pour réaliser une opération de construction, 3 terrains dont les valeurs sont respectivement les suivantes (les superficies sont indifférentes) :

Terrain A =	1 208 000 €
Terrain B =	4 900 000 €
Terrain C =	1 800 000 €
	7 908 000 €

Ces valeurs relatives sont converties en **« tantièmes {-} valeur »** par rapport à une valeur globale de 1 000/1 000e (ou 10 000/10 000e, etc.), ce qui, en 10 000e et en chiffres arrondis, donne :

Terrain A =	1 528/10 000e
Terrain B =	6 196/10 000e
Terrain C =	2 276/10 000e
	10 000/10 000e

A veut, par exemple, recevoir en paiement un local affecté de 90/10 000e de la future copropriété. Il conservera donc 90/10 000e et vendra au constructeur 1 438/10 000e de son terrain. Comme il a déjà « cédé » (lors de la mise en « indivision-valeur » des terrains) 6 196/10 000e de son terrain à B et 2 276/10 000e de son terrain à C, il aura cédé en tout 9 910/10 000e de son terrain.

Si l'on avait procédé comme dans l'exemple du no 81780, A aurait conservé 90/10 000e, aurait vendu à B et C les tantièmes correspondant aux locaux que ceux-ci veulent recevoir dans le futur immeuble et aurait vendu le reste au promoteur : il aurait bien vendu, ici encore, 9 910/10 000e.

À noter que, dans le présent exemple, l'**indivision** est créée avant la rédaction de l'état descriptif de division - même s'il ne s'agit pas de l'indivision avec le « promoteur », mais seulement de la mise en place interne de « l'entité-vendeur ». On doit donc réserver ici l'incidence éventuelle de cette méthode sur le **droit de partage**, selon les critères définis no 82600. Il n'y a pas, à notre connaissance, de solution sur ce point particulier.

REVENTE PAR LE CÉDANT DES TANTIÈMES DE SES DROITS AVANT L'ACHÈVEMENT DES CONSTRUCTIONS

81790 L'ex-propriétaire foncier qui, en cours d'opération, revend « son contrat » cède en réalité :
– les **tantièmes** de terrain conservés au départ, avec les **constructions partielles** qui, jusqu'au jour de la cession, s'y sont incorporées par accession directe (no 81700) ;
– la créance d'**obligation de faire** (c'est-à-dire de construction et d'achèvement) qu'il possède contre le constructeur.

La cession de la créance s'accompagne du **transfert** de toutes les **sûretés**, ainsi que cela résulte des dispositions de l'article 1321 du Code civil.

EXERCICE DU DROIT DE PRÉEMPTION

81795 Les cessions de tantièmes indivis contre remise de locaux à construire sont soumises au droit de préemption urbain et à celui qui existe dans les ZAD et les périmètres provisoires de ZAD (C. urb. art. L 213-1, 2o).

ASSURANCE DOMMAGES-OUVRAGE

81800 La convention de cession de millièmes doit être établie de façon que le **vendeur du terrain** soit, on l'a vu (no 81700), « son propre constructeur », et qu'il devienne propriétaire par accession immobilière des locaux qui lui sont promis en paiement.

À ce titre, il est donc en principe tenu de souscrire la police prévue par l'article L 242-1 du Code des assurances (assurance dommages-ouvrage).

Mais dès lors que le **constructeur** conserve la totalité de la maîtrise d'ouvrage, il est logique de convenir qu'il souscrira la police de dommages et en paiera les primes. La convention sera donc aménagée en ce sens.

B. Méthode dite « de la double vente »

1. PRINCIPE

81910 Dans cette hypothèse, la convention prévoit que le cédant transfère au constructeur la **totalité du terrain** ; le constructeur s'engage à remettre au cédant des **locaux à édifier sur ce terrain**.

Notons que ce contrat a fait l'objet, au plan du droit civil, d'**analyses divergentes**. Certains y voient une dation en paiement, d'autres une double vente réciproque.

La jurisprudence, à plusieurs reprises, a estimé qu'il n'y avait pas dation en paiement, dès lors que l'objet remis en paiement (les locaux convenus) est bien celui qui a été prévu par la convention dès le départ. La Cour de cassation a même pu estimer qu'il s'agissait d'un contrat « sui generis » (voir no 81925).

Quelle que soit l'analyse juridique retenue, il s'agit d'un **contrat doublement translatif**, dans lequel A transfère à B la propriété d'un terrain, et B transfère à A la propriété de locaux qu'il n'a pas encore construits et qu'il s'engage à édifier. Le second volet de l'opération constitue indiscutablement une **vente d'immeubles à construire**, et, dès lors que celle-ci porte sur des locaux d'habitation ou à usage mixte d'habitation et professionnel, il convient là encore d'éviter qu'ils ne soient considérés comme entièrement payés d'avance par la remise du terrain au constructeur. **81915**

ILLUSTRATIONS

Il a été jugé que l'acte de vente d'un terrain payable en appartements à livrer opère le transfert **immédiat** de la propriété de ces derniers à l'acquéreur (vendeur du terrain) dès lors que ces locaux y sont précisément définis (CA Aix 26-1-1989 n° 87/13952 : Bull. Aix n° 6 p. 17 ; voir également Cass. 1e civ. 27-1-1993 n° 91-12.115 : Bull. civ. I n° 39, concernant une dation en paiement de caravanes et dont la solution semble transposable).

Toutefois, dans une affaire où l'opération a été qualifiée de dation en paiement d'une maison à construire, la Cour de cassation a estimé que le transfert de propriété au profit du bénéficiaire de la dation ne peut s'opérer que lorsque la maison est **effectivement en mesure d'être livrée**. La maison n'ayant jamais été terminée, le vendeur du terrain qui demandait le transfert de propriété de la construction (inachevée) et de la parcelle la supportant a été débouté (Cass. 3e civ. 22-9-2010 n° 09-15.781 : Bull. civ. III n° 170, RDI 2010 p. 558 note critique O. Tournafond).

On peut éviter que ces locaux ne soient considérés comme entièrement payés d'avance en utilisant le procédé suivant (sur l'incidence d'un tel procédé en matière de la TVA, voir n° 82345). **81920**

Le terrain est vendu pour un prix payable à une date postérieure à l'achèvement de la construction envisagée, puis les locaux constituant le paiement du terrain sont vendus (à construire) pour un prix payable lui aussi après l'achèvement de la construction. Le jour venu (c'est-à-dire à l'achèvement), les deux créances s'éteindront par **compensation**.

Pour qu'on ne puisse pas dire que, malgré cette présentation, le terrain est en fait remis au constructeur, ce qui constituerait un paiement intégral et d'avance des locaux à construire, le contrat doit contenir une **garantie de paiement** du prix du terrain à la date convenue, pour le cas où les locaux promis ne seraient pas construits (ou pas achevés et sans espoir de l'être dans l'avenir).

La Cour de cassation a été amenée à se prononcer sur la **validité** de la convention de double vente qui vient d'être décrite. Il ressort de l'évolution jurisprudentielle que cette convention ne relève pas des dispositions législatives relatives à la vente d'immeubles à construire (alors même qu'il semble que la cession d'un bien autre qu'un terrain contre locaux à construire reste sujette à d'importantes réserves ; la raison de cette différence de traitement réside sans doute dans le caractère unitaire et indissociable « terrain-construction », caractère qui ne se retrouve pas dans d'autres hypothèses). **81925**

ILLUSTRATIONS

Dans un arrêt du 11 avril 1973, la Cour de cassation a d'abord estimé les dispositions régissant les ventes d'immeubles à construire du « secteur protégé » (immeubles d'habitation et mixtes) inapplicables à un contrat « qui ne comportait pas l'obligation, pour l'acheteur, d'effectuer des dépôts ou des versements avant l'achèvement de la construction » (Cass. 3e civ. 11-4-1973 n° 72-11.225 : Bull. civ. III n° 279, JCP N 1973 II 17462).

Dans un arrêt du 5 septembre 1978, elle a au contraire déclaré nulle une convention qui comportait promesse de remise d'appartements à construire, par une société, en paiement d'une créance détenue contre elle par un tiers.

Dans un arrêt du 30 avril 1985, elle a jugé qu'une convention de cession d'un terrain, accompagnée d'une cession en sens inverse d'appartements à construire sur ce terrain et d'une convention de compensation des deux créances respectives, sans qu'il y ait ni dépôt de garantie, ni échéancier des paiements, ne relève pas des dispositions de la loi du 3 janvier 1967 et de son décret d'application du 22 décembre 1967 (CCH art. L 261-1 s. et R 261-1 s.), mais constitue un contrat sui generis consistant en un paiement des appartements « par dation du terrain » (Cass. 3e civ. 30-4-1985 n° 83-16.896 : JCP éd. N 1986 II p. 21 obs. B. Stemmer).

Le 18 novembre 1992, cependant, la Cour de cassation a de nouveau déclaré nulle la cession d'appartements à construire en paiement d'une créance détenue contre le vendeur (Cass. 3e civ. 18-11-1992 : Bull. civ. III n° 303). Le rapprochement avec l'arrêt visé ci-dessus du 5 septembre 1978 est inévitable.

Mais, enfin, le 4 novembre 1999, elle a jugé que la qualification de vente d'immeubles à construire « ne résultait en rien des termes du contrat litigieux qui ne prévoyait aucun versement ou dépôt de fonds par les consorts M... (vendeurs) avant l'achèvement de la construction » (Cass. 3e civ. 4-11-1999 n° 97-21.469 : Constr.-urb. 2000 n° 59 note D. Sizaire).

81930 L'obligation de livrer des appartements en paiement du terrain est une **obligation personnelle** et non réelle ; elle n'est donc pas transmissible à l'adjudicataire, en cas de vente forcée du terrain, sauf clause en ce sens dans le cahier des charges (Cass. 3e civ. 9-1-1991 no 89-16.367 : JCP N 1991 II p. 301 obs. F. Steinmetz).

2. MODALITÉS D'APPLICATION

ÉTAT DESCRIPTIF DE DIVISION - ÉLÉMENTS DU CONTRAT

81960 Pour les raisons déjà exposées à propos de la « méthode des tantièmes » (no 81730), il faut qu'au moment où est établi le contrat, les **locaux à livrer** en paiement soient déjà suffisamment **déterminés** pour que l'équilibre des prestations réciproques puisse être apprécié. Pratiquement, il faut que l'**état descriptif de division** du futur immeuble ait été établi.

Le contrat devra comporter toutes précisions quant à la consistance des locaux à livrer, au délai de livraison et à la maîtrise d'ouvrage (voir no 81735).

GARANTIES DU VENDEUR DU TERRAIN

81965 Pour les mêmes raisons que celles évoquées dans le cas de vente de tantièmes de terrain, les **sûretés réelles** sont en pratique exclues (no 81740).

On recherchera donc par priorité la sécurité du vendeur du terrain dans l'octroi d'une garantie d'achèvement des locaux qui lui sont donnés en paiement.

Cette garantie pourra être une **garantie bancaire d'achèvement** (no 81750). Et, ici encore, on n'omettra pas, les locaux vendus au vendeur du terrain étant, par hypothèse, situés hors du secteur protégé de la vente d'immeubles à construire, de stipuler de l'organisme garant une extension conventionnelle, à ces locaux, de la garantie d'achèvement qu'il s'est engagé à fournir aux acheteurs des autres locaux.

81970 Le recours à une **garantie intrinsèque d'achèvement** doit être écarté pour les raisons évoquées au no 81750.

81975 Comme dans le cadre de la « méthode des tantièmes », le vendeur du terrain inscrira d'abord son **privilège** et il n'en donnera mainlevée que lorsque lui aura été fournie la garantie d'achèvement (no 81745).

C. Cas particuliers

CONSTRUCTEUR SOCIÉTÉ D'ATTRIBUTION OU SOCIÉTÉ COOPÉRATIVE D'ATTRIBUTION

82050 On notera que le bénéfice du régime de la transparence fiscale des sociétés d'attribution est subordonné au respect par ces sociétés de leur objet social (voir nos 67720 s.). Voir également la jurisprudence citée no 82505, Précisions.

Cela dit, aucune précision n'a été donnée pour l'établissement de la convention ; nous indiquons ci-après les procédés qui paraissent juridiquement utilisables.

82055 **Première méthode** Le **vendeur** du terrain **n'entre pas dans la société**. Dans ce cas, la remise des locaux résultera d'une **prestation de services** (méthode des tantièmes) ou d'une vente (méthode de la double vente). Dans les deux cas, c'est là une activité incompatible avec l'objet d'une société d'attribution.

L'opération paraît toutefois pouvoir être réalisée sous l'une de ces deux formes, lorsque la société est **contrainte** d'en passer par là pour réaliser son objet, et que cet acte (d'ailleurs unique) situé hors objet ne représente donc pas une violation volontaire de ses obligations.

82060 **Deuxième méthode** Le **vendeur** du terrain **entre dans la société** en lui apportant son terrain. Il recevra des lots par attribution, comme pour tous les autres associés. Mais, comme il n'entend évidemment pas répondre aux appels de fonds nécessités par la construction de ses futurs lots - et que pourtant, dans une société de ce genre, on ne peut dispenser aucun associé de répondre aux appels de fonds -, il faut procéder comme suit :

– le terrain est vendu à la société pour un prix payé en partie comptant - c'est la valeur nominale des droits sociaux que le vendeur acquiert en vue de l'attribution future du ou des lots auxquels il a vocation ;

– le surplus du prix est stipulé payable à l'achèvement des travaux. Et il sera répondu aux appels de fonds par **compensation** avec la partie du prix atermoyée, dont le contrat aura prévu la possibilité de remboursement par anticipation.

Troisième méthode Proposée par Me Thibierge au Congrès des notaires de France de 1957, cette méthode est la suivante : le propriétaire du terrain **renonce à l'accession immobilière** au profit du constructeur, après avoir établi l'état descriptif de division du futur immeuble. À l'achèvement des travaux, on procède à l'échange des tantièmes de terrain autres que ceux affectés aux locaux devant revenir au vendeur, contre ces locaux eux-mêmes. 82065

VENTE D'UN TERRAIN À UN LOTISSEUR MOYENNANT REMISE DE LOTS VIABILISÉS

Bien qu'elle n'entre pas en principe dans le cadre du sujet traité ici, nous examinons ci-après la question assez voisine de la vente d'un terrain à un lotisseur moyennant remise de lots viabilisés compris dans le futur lotissement. 82070

La difficulté provient ici de l'interdiction de toute vente ou promesse de vente d'un lot avant la délivrance du permis d'aménager (C. urb. art. L 442-4). Or, la convention examinée contient toujours, quelle qu'en soit la présentation, une promesse de vente des lots à remettre en paiement.

À notre avis, la convention proprement dite ne peut revêtir que l'une des formes suivantes :

a. Le propriétaire du terrain obtient le **permis d'aménager** et le fait transférer au profit de son acheteur. Celui-ci obtient par la suite la garantie de viabilité et l'arrêté autorisant les ventes (C. urb. art. R 442-13 s.). La vente a alors lieu, moyennant la **rétrocession** des lots convenus.

b. On peut encore utiliser le même schéma, mais **sans rétrocession** : le **permis d'aménager** est **obtenu par le lotisseur-acquéreur**, et la vente ne portera que sur les lots autres que ceux que se réserve le vendeur ; elle sera assortie de l'obligation pour l'acquéreur de viabiliser ceux-ci.

c. On peut aussi imaginer que le vendeur ne veuille pas devenir l'un des lotis, et qu'il demande une contre-prestation différente, tel l'**équipement d'une partie hors lotissement** de sa propriété. La vente du terrain à lotir ne soulève alors pas de difficulté.

d. Enfin, si le vendeur veut recevoir en paiement un lot, avec une **maison construite sur ce lot** par l'acquéreur, la convention se fera par double vente, comme exposé nos 81910 s. Cet acquéreur pourra alors être non pas un lotisseur, mais un constructeur bénéficiant d'un permis de construire autorisant la division parcellaire.

RÉNOVATION D'UN IMMEUBLE MOYENNANT REMISE DE LOCAUX RÉNOVÉS AU VENDEUR

Les ventes de **lots d'habitation ou à usage mixte** professionnel et d'habitation dans un immeuble à rénover par le vendeur relèvent, selon la nature et l'importance des travaux, soit du secteur protégé de la vente d'immeubles à construire, soit du statut de la vente d'immeuble à rénover, si des versements sont exigés des acheteurs avant l'achèvement. 82075

Cela étant admis, la vente d'un immeuble à rénover moyennant remise de locaux rénovés dans cet immeuble peut s'opérer par l'une des deux méthodes décrites nos 81700 s. et 81910 s., totalement applicables à cette situation particulière avec, seulement, quelques **adaptations** dues à l'existence de l'immeuble et à son état d'avancement.

LIBÉRATION D'UN TERRAIN CONTRE LOCAUX À CONSTRUIRE

L'hypothèse visée ici est celle d'un **commerçant** qui, pour libérer un terrain à bâtir de ses droits locatifs, négocie ces droits contre des locaux à construire sur ce terrain. S'il s'agit de locaux d'habitation, ou à usage mixte d'habitation et professionnel, la convention équivaut à les payer d'avance, par abandon des droits locatifs, ce qu'interdit la loi. 82080

Si tel est le cas, il faut donc établir une convention qui laisse subsister la **créance locative** jusqu'à l'achèvement des travaux, comme au cas de cession de la totalité d'un terrain contre locaux à construire (nos 81910 s.). La convention sera donc calquée sur celle qui est décrite no 81920, en remplaçant le prix du terrain par le montant de l'indemnité due au locataire commerçant et en n'omettant pas de garantir solidement le paiement ainsi différé de cette indemnité (nos 81965 s.).

Pour le ministre de la justice, et sous réserve de l'appréciation souveraine des tribunaux qui, notamment, peuvent toujours rétablir la véritable qualification juridique d'un acte, il ne semble pas que les dispositions de l'article L 261-10 du CCH imposant la forme de la vente d'immeuble à construire trouvent application lorsque le commerçant, l'industriel ou l'artisan évincé renonce au droit au maintien dans les lieux qu'il tient de l'article L 145-28 du Code de commerce, après que ce droit est né à son profit, et accepte néanmoins que le versement de l'indemnité d'éviction qui lui est due - ou sa contrepartie en local à usage d'habitation ou à usage professionnel et d'habitation - soit différé jusqu'à une date postérieure à la constatation de l'achèvement de l'immeuble (Rép. Stehlin : AN 21-3-1970 p. 663 n° 8369).

SECTION 2 FISCALITÉ DE L'OPÉRATION

OPÉRATIONS VISÉES

82250 Au plan fiscal, les opérations de vente d'un terrain contre remise de locaux à construire peuvent être regroupées en trois catégories.

1e catégorie : **vente totale du terrain rémunérée** totalement ou partiellement **par la remise de locaux à édifier sur ce terrain**. Cette opération s'analyse en une double mutation : vente du terrain, d'une part, remise des locaux construits, d'autre part.

2e catégorie : **vente du terrain moyennant la construction** par l'acheteur de locaux **sur un terrain conservé par le vendeur**. Cette opération peut comporter deux variantes selon la nature du terrain conservé par le vendeur. Dans la première hypothèse, le vendeur cède une **fraction divise d'un terrain** moyennant un prix converti en l'obligation, pour l'acquéreur, de construire des locaux sur la fraction divise du terrain conservée par le vendeur.

Dans la seconde, le vendeur cède un terrain moyennant la **construction** par l'acquéreur de locaux **sur un autre terrain** lui appartenant.

Ces deux opérations relèvent, à notre avis, de la même analyse fiscale : le vendeur du terrain est le maître d'ouvrage et l'acheteur agit comme entrepreneur de travaux immobiliers.

3e catégorie : vente d'une fraction indivise du terrain (tantièmes ou millièmes) moyennant la remise par l'acquéreur de locaux à construire sur le terrain dans la proportion des droits indivis conservés par le vendeur. Dans cette hypothèse, le vendeur du terrain devient propriétaire des locaux par voie d'accession. Il est considéré comme maître d'ouvrage de ceux-ci (voir n° 82375).

Nous exposons ci-après les **solutions fiscales** qui nous semblent devoir s'appliquer à ces opérations particulièrement complexes.

A. Application de la TVA

CONTEXTE

82280 Du fait de la réforme de la TVA immobilière en 2010, l'administration a rapporté l'ensemble des solutions qu'elle avait antérieurement données pour l'application de la TVA immobilière aux opérations de ventes de terrains contre remise de locaux à construire. Elle n'aborde depuis ces opérations que sur deux points limités : l'exigibilité et l'assiette de la taxe. Nous indiquons ci-après les solutions qui nous semblent devoir s'appliquer à la vente du terrain et, d'autre part, à la remise des locaux au vendeur du terrain.

1. VENTE DU TERRAIN

PRINCIPE DE L'IMPOSITION

82300 Quel que soit le schéma retenu (voir n° 82250), la **vente du terrain** ou de la fraction divise ou indivise du terrain (qui, par hypothèse, a la qualité de terrain à bâtir) est soumise de plein droit à la TVA lorsqu'elle est réalisée **par un assujetti** agissant en tant que tel (CGI art. 256 et art. 257, I-2-1°). Sur la définition du terrain à bâtir au regard de la TVA, voir nos 44310 s.

En revanche, elle n'est pas soumise à la TVA lorsque le cédant n'est pas un assujetti au sens de l'article 256 A du CGI ou bien lorsque, étant assujetti au sens de cette dernière disposition, il n'intervient pas en tant que tel (sur ces notions, voir nos 44200 s.). Par conséquent, lorsque le terrain à bâtir est cédé par une personne qui agit hors d'une activité économique, la cession est hors du champ d'application de la TVA. Ainsi, la **vente** du terrain **par un particulier** en contrepartie de l'obligation pour l'acquéreur de construire des locaux devant lui revenir n'est pas soumise à la TVA.

MODALITÉS D'IMPOSITION

Sous réserve des cas d'application des taux réduit et intermédiaire prévus par l'article 278 sexies-0 A du CGI pour la cession de certains terrains à bâtir dans le cadre de la politique du logement social (nos 44545 et 44547), la TVA, lorsqu'elle est due, est liquidée au **taux** normal de 20 % (8,5 % dans les DOM et 10 % en Corse). 82305

Elle est **exigible** au moment de la livraison du bien (CGI art. 269, 1-a et 2-a), c'est-à-dire au moment du transfert du pouvoir de disposer de la chose comme un propriétaire. Toutefois, en cas de versement préalable d'un acompte, la taxe devient exigible au moment de son encaissement à concurrence du montant encaissé.

Le **redevable** de la TVA est le cédant du terrain (CGI art. 283, 1).

ASSIETTE D'IMPOSITION

La base d'imposition est constituée : 82310

– par le **prix total** du terrain stipulé à l'acte (incluant, le cas échéant, les soultes que le constructeur peut être amené à payer si le prix de l'immeuble qu'il s'engage à édifier est inférieur à celui du terrain) lorsque l'acquisition du terrain par le cédant avait ouvert droit à déduction ;

– par la seule **marge** dégagée par l'opération, dans le cas contraire (CGI art. 268).

Sur la notion d'acquisition ayant ouvert droit à déduction, voir nos 44515 s.

Si **aucun prix** en euros **n'est stipulé** dans le contrat, l'acquéreur s'engageant simplement à construire des locaux pour le compte du vendeur du terrain, l'administration indique que le « prix » imposable est réputé égal à la valeur vénale des constructions, appréciée au jour de la livraison du terrain. 82315

Sous réserve de l'application de **coefficients de correction** destinés à tenir compte des conditions particulières de l'opération (tenant notamment à ses aléas propres et aux fluctuations du marché immobilier), cette valeur peut être déterminée par référence soit au prix de vente actuel de locaux similaires situés dans un immeuble achevé ou en cours d'achèvement, soit au prix de vente futur de locaux compris dans l'immeuble dont la construction est projetée. Il est également admis que soient soustraits de ces prix les coûts dont le constructeur établit qu'ils n'ont pas été exposés pour la livraison des locaux remis en dation (notamment frais financiers et de commercialisation) (BOI-TVA-IMM-10-20-10 n° 450).

› Précisions L'administration a limité l'application du droit qu'elle tire de l'article 266, 2-b du CGI, jugé contraire à la directive TVA, de rehausser la base d'imposition par **référence à la valeur vénale,** aux seuls cas où elle est en mesure d'apporter la preuve de la fraude ou de l'évasion fiscales (évasion par hypothèse non avérée quand la TVA est intégralement déductible par l'acquéreur) (BOI précité n° 190).

Dans des litiges intervenus avant la parution de cette doctrine, le Conseil d'État avait jugé que, lorsque l'administration se réfère à la valeur vénale des constructions, elle doit pratiquer des **abattements** pour tenir compte notamment de la hausse des prix intervenue entre la dation et les mutations prises comme termes de référence au moment de la livraison des locaux et éventuellement des conditions particulières de livraison de ceux-ci (CE 28-1-1991 n° 47795 : RJF 3/91 n° 283 ; en l'occurrence, les locaux avaient été livrés bruts de décoffrage). Elle ne doit pas, en revanche, tenir compte de facteurs (tels que les économies sur frais financiers et de commercialisation) ayant pu contribuer à réduire pour le promoteur le prix de revient des locaux, mais sans influence sur leur valeur vénale (CE 28-1-1991 n° 47795 précité), ni déduire de cette valeur les frais engagés pour rendre le terrain libre de toute occupation ainsi que les frais financiers, qui ont chacun contribué à la formation du prix de revient (CE 27-2-1991 n° 70963 : RJF 4/91 n° 423). Ces solutions, dont certaines sont reprises par l'administration (voir ci-dessus), nous semblent applicables aux opérations intervenues depuis la réforme de la TVA immobilière.

2. REMISE DES LOCAUX AU VENDEUR DU TERRAIN

VENTE TOTALE DU TERRAIN CONTRE REMISE DE LOCAUX À ÉDIFIER

En cas de vente totale du terrain rémunérée totalement ou partiellement par la remise de locaux à édifier sur ce terrain (voir n° 82250, 1e catégorie), il s'opère une **double mutation** : 82340

– d'une part, d'un terrain à bâtir ;

– d'autre part, en sens inverse, des locaux envisagés dans leur état futur d'achèvement, destinés à payer ce terrain.

Cette opération est qualifiée par certains auteurs de « **dation en paiement** ». Quelle que soit l'analyse juridique adoptée, il convient de retenir qu'il s'agit d'un contrat doublement translatif de propriété (voir n° 81915).

La TVA est donc due, d'une part, sur la vente du terrain lorsqu'elle est le fait d'un assujetti à la TVA (n° 82300) et, d'autre part, sur la remise des locaux. En effet, les immeubles remis en paiement sont par définition achevés depuis moins de cinq ans et leur cédant, opérateur qui a réalisé une opération de construction en vue de la cession à titre onéreux de l'immeuble à bâtir, a nécessairement la qualité d'assujetti. La cession de l'immeuble est par conséquent soumise de plein droit à la TVA (CGI art. 256 et art. 257, I-2-2° combinés).

82345 **Fait générateur et exigibilité** En principe, la TVA est exigible, pour les livraisons d'immeubles, à la date du fait générateur que constitue la livraison du bien, c'est-à-dire au moment du transfert du pouvoir de disposer du bien comme un propriétaire (CGI art. 269, 1-a). Une exception est prévue pour les ventes d'immeubles à construire pour lesquelles la taxe est exigible lors de chaque versement des sommes correspondant aux différentes échéances prévues par le contrat en fonction de l'avancement des travaux (CGI art. 269, 2-a bis).

Selon l'administration, en cas de dation en paiement, dès lors que la livraison des locaux remis en dation relève d'un contrat portant sur un immeuble à construire, l'exigibilité de la taxe due à ce titre intervient à la livraison du terrain qui en constitue la contrepartie (BOI-TVA-IMM-10-20-20 n° 30). En ce sens également, il a été jugé que l'acte de dation en paiement par lequel une SCI s'était engagée à livrer à un particulier une série de lots identifiés avec précision au sein d'un immeuble à construire sur le terrain à bâtir cédé le même jour par ledit particulier, qui ne renvoyait à aucun acte de vente ultérieur et ne prévoyait aucune condition suspensive, constatait l'accord sur la chose et le prix à cette date ; que cet acte avait le caractère, non d'une promesse de vente, mais d'une cession, le **paiement** à la SCI **du prix des lots à construire** par le bénéficiaire étant **effectué par compensation avec le prix du terrain à bâtir** cédé par celui-ci le même jour ; que, dans ces conditions, en application des dispositions de l'article 269 du CGI, le fait générateur de la TVA due à raison de cette opération s'était produit à la date de l'acte de dation et non à la date de livraison des locaux (CAA Lyon 14-6-2016 n° 14LY02141 : RJF 10/16 n° 821 confirmé par CE (na) 13-3-2017 n° 402393 : RJF 6/17 n° 544, solution rendue sous le régime en vigueur avant la loi du 9 mars 2010, mais qui nous semble conserver sa valeur).

Cette solution ne devrait toutefois pas, à notre avis, s'appliquer si les parties au contrat ont prévu que le **prix de vente** ne sera **réputé payé qu'après achèvement des constructions.** Selon nous, il y a lieu dans ce cas de faire application des règles de droit commun : la TVA est exigible au moment du transfert du pouvoir de disposer de la chose comme un propriétaire, c'est-à-dire, s'agissant de la remise de locaux, à la date de leur achèvement. En effet, pour résoudre la difficulté juridique indiquée n° 81660, des modalités particulières de paiement peuvent être mises en place consistant à différer le paiement après l'achèvement (voir n° 81920) et à différer par la même occasion le fait générateur et l'exigibilité de la TVA.

82350 **Assiette** Selon la règle générale, l'assiette de la TVA exigible sur les locaux remis en paiement du terrain est constituée par toutes les sommes, valeurs, biens ou services reçus ou à recevoir par le vendeur en contrepartie de ces opérations de la part de l'acheteur, à l'exclusion de la TVA elle-même (CGI art. 266, 2-b ; BOI-TVA-IMM-10-20-10 n° 1). Elle comprend donc, le cas échéant, outre le prix stipulé entre les parties, les **soultes** que l'acquéreur de l'immeuble pourrait avoir versées au constructeur dans le cas où la valeur de l'immeuble remis excéderait celle du terrain initialement cédé.

L'administration a indiqué que la TVA est en principe exigible sur la **valeur vénale,** appréciée au jour de la livraison du terrain, des locaux faisant l'objet de la dation en paiement (BOI précité n° 450). Sur les conditions de détermination de cette valeur vénale, voir les indications données n° 82315.

82355 **Redevable** Le redevable de la TVA est le vendeur des immeubles (CGI art. 283, 1).

82360 **Déduction** La TVA est due par le vendeur-constructeur sous déduction de la TVA qui a grevé les dépenses qu'il a exposées pour la construction des locaux remis en paiement et, en particulier, de celle qu'il a supportée, le cas échéant, à l'occasion de l'**acquisition du terrain** et des **travaux de construction.**

Revente des locaux reçus en paiement La revente de l'immeuble achevé depuis moins de cinq ans **par un assujetti** agissant en tant que tel est soumise de plein droit à la TVA (CGI art. 256 et art. 257, I-2-2°). Au-delà de ce délai de cinq ans, elle est exonérée de TVA, mais le vendeur assujetti peut opter pour la taxation de cette opération (CGI art. 260, 5° bis). 82365

Si le vendeur est un **particulier agissant hors d'une activité économique,** la revente est exclue de la TVA.

VENTE D'UN TERRAIN CONTRE OPÉRATION DE CONSTRUCTION

Que le vendeur cède une fraction divise d'un terrain moyennant un prix converti en l'obligation, pour l'acquéreur, de construire des locaux sur la fraction divise du terrain qu'il a conservée ou qu'il cède un terrain moyennant la construction par l'acquéreur de locaux sur un autre terrain lui appartenant (voir n° 82250, 2e catégorie), l'opération relève, selon nous, de la même analyse fiscale. 82370

Dans l'un ou l'autre cas, le **vendeur** du terrain assume effectivement la **maîtrise de la construction** des locaux qui lui seront attribués ; il n'y a dès lors pas mutation de ceux-ci taxable à la TVA.

La **TVA** est **due** par l'acquéreur du terrain, agissant comme entrepreneur général, **à raison** des **travaux immobiliers** qu'il réalise (CGI art. 256). La taxe est assise en principe sur le montant des marchés, mémoires ou factures (CGI art. 266, 1-f).

Lorsque le vendeur du terrain est un assujetti agissant en tant que tel, il peut, le cas échéant, être tenu de constater une livraison à soi-même (**LASM**) à l'achèvement de l'immeuble. Sur les cas de constatation d'une LASM et ses modalités de taxation à la TVA, voir nos 66800 s. Précisons toutefois que la base d'imposition de la LASM est constituée par le prix de revient de l'immeuble, y compris donc, à notre avis, la fraction divise du terrain conservée par le vendeur et sur laquelle le constructeur a réalisé les travaux immobiliers.

En cas de **revente des constructions par le vendeur du terrain assujetti** à la TVA, l'opération est taxable de plein droit à la TVA si elle intervient dans les cinq ans de l'achèvement de celles-ci (CGI art. 257, I-2-2°), et peut être soumise sur option à la taxe au-delà de ce délai (CGI art. 260, 5° bis). En revanche, la revente de ces constructions **par le vendeur non assujetti** du terrain n'est pas soumise à la TVA.

VENTE D'UNE FRACTION INDIVISE DU TERRAIN

L'hypothèse visée est celle de la vente de tantièmes ou millièmes indivis d'un terrain moyennant la remise par l'acquéreur de locaux à construire sur le terrain dans la proportion des droits indivis conservés par le vendeur (voir n° 82250, 3e catégorie). 82375

Dans cette hypothèse, le Conseil d'État a jugé que la remise des constructions ne donne lieu à aucune mutation d'immeuble à titre onéreux taxable à la TVA puisque le vendeur du terrain devient **propriétaire** de ces constructions **par voie d'accession,** au fur et à mesure de l'exécution des travaux (CE 5-7-1996 n° 115275 : RJF 8-9/96 n° 985).

Cette décision, qui s'inspire de la jurisprudence de la Cour de cassation en matière de droits d'enregistrement (Cass. com. 22-3-1988 n° 86-16.920 : voir n° 82610), a infirmé la doctrine de l'administration fiscale qui considérait que l'opération s'analysait sur le plan fiscal en une double mutation portant, d'une part, sur une fraction du terrain, d'autre part, sur des locaux à construire.

Le traitement fiscal de la vente d'une fraction indivise du terrain est dès lors comparable à celui de la vente d'un terrain moyennant la construction par l'acheteur de locaux sur un terrain conservé par le vendeur.

Ainsi, la TVA n'est pas exigible au titre de la remise des locaux. Elle est due par l'acquéreur du terrain, agissant comme entrepreneur général, à raison des travaux immobiliers et, le cas échéant, par le vendeur du terrain, véritable maître d'ouvrage, au titre d'une LASM. Sur ces questions, voir n° 82370.

La question de la détermination de la **base d'imposition à la TVA des travaux immobiliers** n'a pas, à notre connaissance, été tranchée par la jurisprudence. Si l'on considère que la contrepartie de la construction est la remise initiale du terrain, on devrait pouvoir raisonner par analogie avec l'arrêt du Conseil d'État du 12 octobre 1984 (CE 12-10-1984 n° 37094 : RJF 12/84 n° 1418) qui, dans le cas d'un paiement partiel en nature d'une propriété sous forme d'exécution de travaux de construction, a jugé que la rémunération de l'entrepreneur était la réduction du prix effectivement acquitté pour la propriété (en ce sens, voir conclusions Ph. Martin sous CE 5-7-1996 n° 115275 : BDCF 4/96 p. 28).

Sur la **revente des locaux**, les règles mentionnées n° 82370 sont également applicables.

ATTENTION

Depuis la réforme de la TVA immobilière, l'**administration** n'a plus fait de commentaire d'ensemble sur le régime de TVA applicable aux opérations de vente de terrain contre remise de locaux à construire (n° 82280). Cependant, en ce qui concerne les règles applicables à ces opérations en matière de **BIC**, elle maintient ses analyses antérieures et indique notamment, s'agissant de la vente d'une fraction indivise de terrain, que l'acquéreur du terrain a, seul, la maîtrise de l'opération de construction et qu'il ne pourrait en être autrement que dans les cas - exceptionnels - où il serait établi que le vendeur du terrain assume effectivement la maîtrise de la construction des locaux lui revenant. Ainsi, quelle que soit la présentation juridique de l'opération, les parties se trouvent, en fait, dans la même situation que celle visée n° 82250, 1e catégorie, c'est-à-dire d'une dation en paiement portant à la fois sur les locaux et sur une fraction indivise des parties communes, y compris le terrain (BOI-BIC-CHAMP-20-40-20 n°s 50 s.). Cette analyse se heurte à l'arrêt du Conseil d'État du 5 juillet 1996 (voir ci-dessus), qui exclut en pareil cas une mutation à titre onéreux des locaux.

B. Imposition des plus-values

1. PLUS-VALUE RÉALISÉE PAR LE VENDEUR DU TERRAIN

CHAMP DE L'EXPOSÉ

82460 Sont seules données ci-après, en ce qui concerne la plus-value réalisée à l'occasion d'une cession de terrain contre remise de locaux à construire, quelques **précisions** liées à la spécificité de cette opération. Pour une **étude d'ensemble** du régime des plus-values immobilières privées, voir Mémento Gestion immobilière n°s 85400 s., et pour celui des plus-values professionnelles, voir Mémento Fiscal n°s 17500 s.

Si le vendeur du terrain a la qualité de **marchand de biens**, les règles applicables sont celles exposées n°s 86990 s. du Mémento Gestion immobilière.

Par ailleurs, la vente du terrain est passible, le cas échéant, dans les conditions de droit commun, des **taxes forfaitaires** (communale ou nationale) sur les cessions de **terrains nus devenus constructibles** (n°s 44105 s.).

RÉGIME DES PLUS-VALUES PRIVÉES

82465 Lorsque le vendeur du terrain cédé contre remise de locaux à construire est un particulier, la plus-value réalisée relève du régime général d'imposition des plus-values immobilières privées. La plus-value imposable est **taxée à la date** de la cession et soumise à l'impôt sur le revenu au **taux** de 19 % (CGI art. 200 B), majoré des prélèvements sociaux (17,2 %), soit un taux d'imposition global de 36,2 %.

82470 **Calcul de la plus-value** Le **prix de cession** à retenir pour calculer la plus-value réalisée sur la vente du terrain est - sauf dissimulation - le prix stipulé à l'acte. L'administration apporte la preuve d'une **dissimulation** lorsqu'elle établit qu'il existe entre le prix stipulé à l'acte et la valeur des droits représentatifs des locaux à construire, estimés à la date de l'acte de cession du terrain, une disproportion d'une importance telle qu'elle permet de considérer que les parties à l'acte ont volontairement dissimulé une partie du prix réellement convenu (CE 9-4-1999 n° 137473 : RJF 6/99 n° 724 ; en l'espèce, le rapport était de 2,15).

L'administration a précisé que, lorsque l'existence d'une dissimulation est établie, elle est fondée à déterminer la plus-value en retenant comme prix de cession la **valeur réelle** des biens reçus en paiement estimée à la date de la cession. La valeur des constructions remises en paiement peut être évaluée par référence soit au prix de vente de locaux similaires situés dans un immeuble achevé ou en cours d'achèvement, soit au prix de vente futur des locaux compris dans l'immeuble dont la construction est projetée. Les valeurs retenues doivent être affectées de coefficients de correction destinés à tenir compte des conditions particulières de l'opération (BOI-RFPI-PVI-20-10-10 n° 160). Sur ces coefficients, voir n° 82315.

RÉGIME DES PLUS-VALUES PROFESSIONNELLES

82475 Lorsque le vendeur du terrain cédé contre remise de locaux à construire est une entreprise ou une société, il bénéficie de plein droit d'un **report d'imposition** de la plus-value professionnelle, à condition qu'il ait acquis le terrain depuis au moins deux ans (CGI art. 238 undecies et 238 terdecies). Selon l'administration, il faut que les locaux remis en paiement soient construits sur le terrain vendu, et non sur un autre, sauf le cas d'un constructeur réunissant dans sa main plusieurs terrains pour une même opération de construction et rémunérant l'un (ou plusieurs) de ses vendeurs par la remise de locaux situés à l'aplomb d'un autre terrain que celui apporté par ce vendeur (BOI-BIC-PVMV-40-10-50 n° 570).

La **plus-value est imposable** :
– soit au titre de l'année de la dernière cession des constructions ou d'une fraction des constructions reçues en contrepartie de la cession du terrain ;
– soit au titre de l'année de la cession ou de la cessation d'activité (BOI-BIC-PVMV-40-10-50 n° 520), ou du décès du contribuable ;
– soit au plus tard à l'expiration d'un délai de cinq ans à compter de la cession.

Lorsque la cession est rémunérée, partie en espèces, partie contre remise d'immeubles, le report d'imposition ne concerne que la fraction de la plus-value correspondant au prix payé en nature. La plus-value correspondant à la somme en espèces est imposable l'année de la cession (CE 9-2-2001 n° 189184 : RJF 4/01 n° 495).

Selon l'administration, la fraction de la **plus-value** bénéficiant du report d'imposition est **calculée** en appliquant à la plus-value globale le rapport existant entre, d'une part, la valeur des immeubles à construire devant revenir à l'entreprise cédante, telle qu'elle est retenue pour le calcul de la plus-value globale et, d'autre part, le prix total de cession, qui est constitué par la valeur des mêmes immeubles augmentée de la valeur du complément de prix transféré à l'entreprise cédante, par exemple, en espèces (BOI-BIC-PVMV-40-10-50 n° 560).

Pour l'administration, le report d'imposition s'applique même lorsque le vendeur est une société passible de l'impôt sur les sociétés (en ce sens, BOI-BIC-PVMV-40-10-50 n° 540). Le Conseil d'État est d'un avis contraire (CE 2-6-1982 n° 18829 : RJF 7/82 n° 671 ; CE 29-7-1983 n° 29506 : RJF 11/83 n° 1338 ; CE 8-2-2012 n° 336543 : RJF 5/12 n° 477).

Il est possible de **renoncer au report d'imposition** : l'entreprise cédante joint à la déclaration des résultats de l'exercice en cours à la date de la cession une note exprimant sans équivoque sa volonté qu'il soit tenu compte de la plus-value pour la détermination des résultats fiscaux de l'exercice considéré.

2. PROFIT DE CONSTRUCTION ÉVENTUELLEMENT RÉALISÉ PAR L'ACQUÉREUR DU TERRAIN

PRINCIPES

L'acquéreur du terrain réalise un profit de construction si le **coût réel de construction** du ou des locaux remis en paiement est inférieur au **prix d'acquisition du terrain.** 82500

S'il est réalisé **à titre occasionnel et non spéculatif,** le profit relève du régime d'imposition des plus-values immobilières des particuliers (CGI art. 150 U s.).

S'il est réalisé **à titre habituel et spéculatif,** le profit est soumis aux règles des bénéfices industriels et commerciaux (BIC), étant observé que le profit constitue un bénéfice d'exploitation et non une plus-value d'actif immobilisé.

CAS PARTICULIER DES SCI DE CONSTRUCTION-VENTE

Les SCI de construction-vente n'échappent à l'impôt sur les sociétés qu'à la condition de ne pas exercer, du point de vue fiscal, d'autre activité commerciale que celle de la construction en vue de la vente (n°s 64850 s.). Le non-respect de cette condition entraîne la déchéance du régime de faveur prévu par l'article 239 ter du CGI. 82505

À cet égard, en cas de **vente totale d'un terrain rémunérée totalement ou partiellement par la remise de locaux à édifier** sur ce terrain (n° 82250, 1e catégorie), les conventions conclues nous semblent parfaitement compatibles avec le régime de faveur prévu par l'article 239 ter du CGI. Les associés de la société civile (qui a dans cette situation la qualité de constructeur) sont imposables dans les conditions de droit commun, dans la mesure où la remise des locaux neufs se traduit par un résultat bénéficiaire.

Dans les **autres situations** (vente du terrain moyennant la construction par l'acheteur de locaux sur un terrain conservé par le vendeur ou vente d'une fraction indivise du terrain : n° 82250, 2e et 3e catégories), selon nous, c'est le vendeur du terrain (et non la société acheteuse) qui a la qualité de constructeur. La société de construction-vente se comporte, quant à elle, comme un entrepreneur général pour l'édification d'un immeuble dont elle n'est pas propriétaire (voir n°s 82370 et 82375). Perd-elle de ce fait le bénéfice du régime de faveur de l'article 239 ter du CGI ? Dans une situation assez voisine de celle d'une vente de fraction divise du terrain (n° 82250, 2e catégorie), le Conseil d'État a jugé que la société civile n'était pas déchue du régime de faveur, alors même qu'elle avait assuré sous sa seule responsabilité la construction d'un ensemble immobilier dont une fraction devait revenir à un tiers copropriétaire du terrain (CE 20-5-1981 n° 13460 : RJF 7-8/81 n° 656). En l'espèce, l'immeuble édifié en copropriété divise avait été livré à prix coûtant au tiers coconstructeur.

> **Précisions** L'arrêt du Conseil d'État du 20 mai 1981 analysé ci-dessus est à rapprocher d'une autre décision du Conseil d'État aux termes de laquelle le bénéfice de la transparence fiscale prévue à l'article 1655 ter du CGI en faveur des **sociétés civiles d'attribution** n'interdit pas d'inclure la construction projetée dans un ensemble plus vaste et de conclure avec les autres personnes intéressées des arrangements en vue de la bonne fin de l'opération (CE 1-12-1976 n° 88003 : RJF 2/77 n° 90).

3. REVENTE DES LOCAUX REÇUS EN PAIEMENT

82530 En cas de **vente totale d'un terrain rémunérée totalement ou partiellement par la remise de locaux à édifier** sur ce terrain (voir n° 82250, 1e catégorie), le vendeur du terrain est réputé avoir acheté les locaux qui lui sont livrés en paiement. Leur revente dégage donc une plus-value soumise au régime de droit commun des plus-values immobilières privées (CGI art. 150 U s.) ou, en cas d'opérations répétitives, au régime des marchands de biens (CGI art. 35, I-1°).

Dans les **autres situations** (vente du terrain moyennant la construction par l'acheteur de locaux sur un terrain conservé par le vendeur ou vente d'une fraction indivise du terrain : n° 82250, 2e et 3e catégories), selon nous, le vendeur est constructeur de ses locaux (voir nos 82370 et 82375) : s'il s'agit d'un professionnel, les profits tirés de la revente relèveront des BIC (profits de construction) ; s'il s'agit d'un particulier agissant à titre occasionnel, la plus-value relèvera du régime des plus-values immobilières privées.

> **Précisions** **a.** Jugé que le **prix d'acquisition** à retenir pour le calcul de la plus-value immobilière est la valeur fixée dans la convention de dation en paiement et non le prix de revient de l'appartement une fois construit, même s'il est supérieur à la valeur retenue dans la convention (CE 31-3-1989 n° 78552 : RJF 5/89 n° 581, solution rendue pour l'application du régime antérieur d'imposition des plus-values immobilières privées mais qui nous semble conserver son intérêt pour l'application du régime actuel).
>
> **b.** S'agissant du calcul de l'**abattement pour durée de détention** applicable au montant brut de la plus-value immobilière (CGI art. 150 VC, I), l'administration retient comme point de départ du **délai** de détention la date de conclusion du contrat de vente du terrain contre remise d'immeubles à construire (BOI-RFPI-PVI-20-20 n° 40). Lorsque le vendeur est constructeur de ses locaux, il convient de distinguer, pour le calcul du délai de détention, la fraction de plus-value afférente au terrain qu'il a conservé et celle réalisée sur les constructions qu'il a reçues par accession (BOI précité).

C. Droits d'enregistrement

DROIT DE PARTAGE

82600 Le régime applicable dépend de la date à laquelle l'**état descriptif de division** est dressé.

1. Si l'état descriptif de division est **déposé seul avant l'acte de vente** et n'est donc pas attributif de propriété, il est assujetti au droit fixe de 125 € (CGI art. 680). Le droit de partage n'est pas exigible (Rép. Amic : Sén. 3-4-1977 n° 21335, solution non reprise au Bofip mais qui reste pertinente).

2. Lorsque l'état descriptif est **intégré dans l'acte de vente**, le droit de partage n'est pas exigible (la situation des parties à l'acte est identique à celle exposée ci-avant 1).

3. Lorsque l'état descriptif de division n'est **dressé qu'après la vente du terrain** assortie d'une obligation de livrer des locaux, la taxation varie selon le contenu de l'état descriptif et la situation juridique dans laquelle l'acte de vente avait placé les parties :

– si elles étaient en **indivision ordinaire**, l'état descriptif précisant pour chacune d'elles les lots dont elle est propriétaire vaut partage et est soumis au droit de 2,50 % prévu à l'article 746 du CGI (Cass. 3e civ. 14-5-1980 n° 78-15.030 : RJF 2/81 n° 166). Si l'état descriptif de division ne porte pas attribution divise, il reste soumis au seul droit fixe des actes innomés de 125 € ;

– si elles n'étaient **pas en indivision**, hypothèse dans laquelle le vendeur a cédé la totalité du terrain en contrepartie d'une promesse de remise de locaux à construire (n° 82250, 1e catégorie), l'état descriptif devrait s'accompagner ou être suivi du dépôt d'un acte de remise des lots divis au vendeur du terrain. Cet acte sera soumis à la taxe de publicité foncière (CGI art. 1594 F quinquies, A : voir ci-après n° 82610, a) dès lors que, dans ce cas, la propriété des locaux ne peut pas être considérée comme ayant été attribuée par accession.

TAXE DE PUBLICITÉ FONCIÈRE

Acquisition du terrain Dans une **situation de double vente,** telle qu'envisagée au n° 82340, il résulte de l'économie générale de l'opération que l'acquéreur qui est un assujetti à la TVA envisageant la construction d'immeubles sur le terrain acquis peut bénéficier, moyennant la souscription d'un engagement de construire et le paiement d'un droit fixe de 125 €, de l'exonération de taxe de publicité foncière (TPF) prévue par l'article 1594-0 G, A-I du CGI (voir nos 44960 s.). Il en est de même, selon nous, en cas de **vente d'une fraction indivise du terrain** (n° 82250, 3e catégorie). 82605

Dans les cas dans lesquels **l'acquéreur s'engage à remettre des locaux au vendeur sur une fraction divise du terrain** que celui-ci se réserve (n° 82250, 2e catégorie, 1e hypothèse), il en va de même pour la fraction divise du terrain acquise par le constructeur et qu'il destine à la construction d'immeubles neufs.

Dans la situation où le vendeur cède le terrain en contrepartie de la réalisation de **constructions sur un autre terrain que celui objet de la vente** (n° 82250, 2e catégorie, 2e hypothèse), l'acquéreur-constructeur dispose de la possibilité de souscrire les engagements conformes à ses projets sur le terrain acquis (engagement de construire précité ou engagement de revendre : voir nos 45040 s.).

Dans tous ces cas, **à défaut d'engagement,** la TPF est due au taux de droit commun (voir n° 44875), sauf dans l'hypothèse où la cession du terrain a été soumise de plein droit à la TVA sur le prix total, auquel cas c'est le taux réduit (n° 44880) qui s'applique.

> **Précisions** Outre la TPF, une contribution de sécurité immobilière est due sur chaque immeuble dont la mutation est opérée, au tarif de 0,10 % sur la valeur vénale de l'immeuble (CGI art. 881 K). En cas d'échange, il en résulte une contribution de sécurité immobilière sur chacun des immeubles ou droits immobiliers échangés.

Remise des locaux Deux situations doivent être distinguées. 82610

a. Comme indiqué ci-dessus (n° 82600, 3), la TPF au taux réduit (n° 44880) est exigible, en vertu de l'article 1594 F quinquies, A du CGI, dans le cas où, le **terrain ayant été cédé en totalité** moyennant promesse de remise de locaux (situation correspondant à la 1e catégorie du n° 82250), un acte est établi postérieurement pour constater l'attribution par voie de mutation (et non par accession) des lots divis au vendeur du terrain (il s'agit en effet d'une opération soumise de plein droit à la TVA : voir n° 82340).

b. S'agissant des **actes constatant la vente d'une fraction indivise** (millièmes indivis) **d'un terrain** moyennant l'obligation pour l'acquéreur de remettre des locaux neufs au vendeur (voir n° 82250, 3e catégorie) **et contenant un état descriptif de division** de l'ensemble immobilier à édifier attribuant des lots individualisés à chaque partie, la Cour de cassation a jugé que la propriété des bâtiments futurs est acquise aux copropriétaires par voie d'**accession** selon l'identification utilisée pour la vente du terrain. Ainsi, la remise des locaux au vendeur du terrain constitue une simple modalité de paiement du prix (et non une opération translative de propriété), dès lors qu'après la cession d'une partie du terrain aucune situation juridique nouvelle n'apparaît à aucun moment de la convention ou de son exécution.

Dans cette situation, la TPF n'est due ni sur la valeur des locaux remis au vendeur car il ne s'agit pas d'une dation en paiement à caractère translatif, ni sur la valeur des constructions édifiées sur le terrain vendu ainsi que sur les millièmes de terrain conservés par le vendeur car l'état descriptif des lots inséré dans l'acte ne confère pas à celui-ci un effet déclaratif au sens de l'article 28-4° du décret du 4 janvier 1955 (Cass. com. 22-3-1988 n° 86-16.920 : RJF 6/88 n° 828). Il faut noter qu'en matière de publicité foncière, l'administration fiscale s'était ralliée à cette jurisprudence (BOI 8 A-1-91, qui n'a cependant pas été reprise au Bofip).

CHAPITRE 6

BAIL À CONSTRUCTION

SOMMAIRE

DÉFINITION DU BAIL À CONSTRUCTION

83000 Le bail à construction (CCH art. L 251-1 s.) :
– oblige à titre principal le preneur à édifier des constructions sur le terrain du bailleur et lui permet de consentir les servitudes nécessaires à cet effet ;
– confère au preneur un droit réel immobilier, librement cessible et librement hypothécable ;
– est consenti pour une durée comprise entre 18 et 99 ans sans tacite reconduction possible ;
– confère au preneur la propriété des constructions édifiées et l'obligation de les conserver en bon état d'entretien et d'en supporter les charges et réparations, le bailleur en devenant, sauf stipulation contraire, propriétaire en fin de bail et profitant des améliorations ;
– peut stipuler le paiement d'un prix sous diverses formes.

Les dispositions concernant le bail à construction sont codifiées sous les articles L 251-1 s. et R 251-1 s. du CCH.

83005 Les trois premières caractéristiques sont essentielles. Si elles font défaut, il ne peut y avoir bail à construction. En l'absence de qualification expresse du contrat, les juges s'attachent à constater leur cumul (CA Paris 16e ch. B 8-11-1990 : JCP N 1992 II p. 27). Le caractère essentiel demeure que le bail à construction implique une mise en valeur spécifique du terrain par l'**engagement d'édifier.** Un bail à construction ne peut pas stipuler la seule éventualité d'une possibilité de construire (Cass. 3e civ. 11-6-1986 no 84-17.222 : Bull. civ. III no 93). Il incombe aux juges du fond de s'assurer que le preneur s'est véritablement engagé à édifier des constructions (Cass. 3e civ. 12-5-2010 no 09-14.387 F-D).

À l'inverse, un bail emportant obligation de construire n'est pas nécessairement un bail à construction. En effet, ce n'est que si le contrat confère l'ensemble des caractéristiques citées ci-dessus qu'une telle qualification peut être retenue. Mais un contrat de louage ordinaire conserve cette nature même s'il est conclu pour une longue durée et contient une obligation d'édifier (CA Paris 19e ch. sect. A 26-9-2000 : AJDI 2000 p. 955).

83010 L'article L 251-8 du CCH énonce les **dispositions** qui sont **d'ordre public** :
– faculté pour le preneur de céder tout ou partie de ses droits ou de les apporter en société, les cessionnaires ou la société étant tenus des mêmes obligations que le cédant, qui en reste garant jusqu'à l'achèvement de l'ensemble des constructions que le preneur s'est engagé à édifier (CCH art. L 251-3, al. 3) ;
– possibilité pour le preneur de consentir les servitudes passives indispensables à la réalisation des constructions prévues au bail (CCH art. L 251-3, al. 4) ;
– compétence du président du tribunal judiciaire concernant les contestations relatives à la révision du loyer payable en espèces (CCH art. L 251-5, al. 4).

Sous réserve de respecter ces dispositions impératives et les trois caractéristiques essentielles précitées (no 83005), les parties peuvent définir avec une certaine liberté le contenu de leur contrat (Cass. 3e civ. 7-4-2004 no 02-16.283 FP-PBI : RJDA 8-9/04 no 958).

Les **clauses contrevenant aux caractéristiques essentielles** du bail à construction étaient, jusqu'à 2014, considérées comme entraînant la disqualification du contrat en bail ordinaire ou, le cas échéant, en bail commercial statutaire. Sur ce dernier point, notons que l'action en requalification en bail commercial statutaire se prescrit par deux ans à compter de la date de la conclusion du contrat (Cass. 3e civ. 14-9-2017 no 16-23.590 FS-PB : AJDI 2017 p. 775 ; Cass. 3e civ. 29-11-2018 no 17-24.715 F-D : AJDI 2019 p. 61). **83015**

Un arrêt a bouleversé la donne en déclarant nulle et de nul effet la clause d'un bail à construction incompatible avec le principe de libre cession d'un tel bail (Cass. 3e civ. 24-9-2014 no 13-22.357 : RJDA 12/14 inf. 889). La Cour de cassation a ainsi fait prévaloir la qualification du contrat sur une clause incompatible avec ce dernier.

La question demeure de savoir si cette sanction est désormais susceptible de s'appliquer aussi aux clauses qui contreviennent à des caractéristiques qui ne sont pas d'ordre public mais qui sont considérées comme essentielles en raison de la nature réelle immobilière du droit conféré au preneur (libre location, libre hypothèque, obligation d'entretien et de réparation, etc.).

> **Précisions** En cas de **litige** relatif à la **qualification** du contrat, il appartient aux juges de restituer au contrat sa juste qualification en interprétant souverainement la portée des clauses du bail. Toutefois, conformément à l'article 4 du Code de procédure civile, les juges ne peuvent pas modifier l'objet du litige déterminé par les prétentions des parties. Ainsi, si ces dernières s'étaient accordées sur la qualification de bail à construction, les juges ne sauraient le qualifier de « bail commercial » (Cass. 3e civ. 16-2-2022 no 21-11.429 F-D).

A. Nature juridique

1. DROIT DE SUPERFICIE

Le bail à construction confère à son preneur un **droit réel immobilier** (CCH art. L 251-3). **83050**

De ce caractère découlent : la libre hypothèque, la libre cession, la possibilité de consentir certaines servitudes. Il s'agit d'un droit de superficie, issu du démembrement temporaire de la propriété du bailleur. La nature du droit est totalement indépendante de l'époque du bail à laquelle on se trouve et de l'édification des constructions.

Pendant la durée du contrat, le preneur est investi des droits du propriétaire sur la surface du sol et sur le dessus de ce dernier. Lorsque le terrain d'assiette du bail est situé dans un lotissement, le preneur possède la qualité de coloti et peut donc se prévaloir des stipulations du cahier des charges (Cass. 3e civ. 17-11-2004 no 03-15.193 FS-PB : BPIM 1/05 inf. 18, s'agissant d'un bail emphytéotique mais dont la solution est transposable).

> **Précisions** **a.** Le droit réel immobilier conféré au preneur à construction a une **valeur propre** distincte de la seule valeur des constructions édifiées en vertu du bail (Cass. 3e civ. 17-7-1997 no 95-70.038, Sté Intercoop c/ Cne de Bois-Guillaume : Defrénois 1997 art. 36703 p. 1418 no 152, solution rendue en matière d'expropriation).
> **b.** Une **société d'attribution,** dont l'objet est la construction d'immeubles, peut remplir cet objet en consentant un bail à construction (Cass. 3e civ. 31-3-2005 no 03-20.096 : BPIM 3/05 inf. 199).

2. COMPARAISON AVEC LES AUTRES CONTRATS DE LONGUE DURÉE

BAIL ORDINAIRE DE TERRAIN NU

Le bail à construction ne possède aucune similitude avec le louage d'immeuble ordinaire de droit commun et se trouve soustrait à ses règles. **83080**

Édification L'engagement d'édification peut constituer la contrepartie de la jouissance en vertu d'un bail ordinaire mais demeure étranger à l'essence de cette catégorie de contrat. Dans le bail à construction, l'essentiel n'est pas la jouissance de l'immeuble, mais sa mise en valeur par l'édification d'un bâtiment. **83085**

Délivrance Le bailleur à construction n'est pas tenu aux obligations principales imposées par l'article 1719 du Code civil au bailleur ordinaire (délivrance de la chose louée au preneur, obligation d'entretien et jouissance paisible durant la durée du bail). **83090**

> **Précisions** Un contrat de bail à construction, prévoyant la démolition du bâtiment existant, n'est pas subordonné à la **libération préalable** des lieux par le locataire en place. Il est donc possible pour le preneur de stipuler une condition suspensive de libération des lieux par l'occupant laquelle ne porte pas sur un élément de validité du bail à construction. Il est loisible au preneur de renoncer à cette condition suspensive dès lors qu'elle a été stipulée à son seul bénéfice (Cass. 3e civ. 17-11-2021 no 20-16.991 F-D).

83095 **Affectation** L'affectation de la chose donnée à bail ordinaire peut être très restrictivement définie et doit être scrupuleusement respectée. La destination est absente des dispositions légales ou réglementaires qui concernent le bail à construction ; elle peut toutefois être fixée conventionnellement (voir no 83400).

83100 **Cession et sous-location** Le bail ordinaire personnel peut contenir une interdiction totale ou partielle de cession ou sous-location (C. civ. art. 1717) ; le bail à construction doit être librement cessible et ne pas restreindre la libre location des constructions édifiées (CCH art. L 251-3, al. 3 et art. L 251-6).

La tacite reconduction, possible et organisée par les articles 1738 à 1740 et 1759 du Code civil pour le bail ordinaire, est exclue pour le bail à construction en raison de sa nature. Le contrôle par le bailleur des cessions ou apports du bail est donc exclusif de la nature de bail à construction (CA Paris 19e ch. sect. A 26-9- 2000 : AJDI 2000 p. 955). La stipulation d'une longue durée (supérieure à 18 ans) ne suffit pas à modifier la nature d'un bail ordinaire. Il en est de même de l'obligation de construire.

83105 **Statut des baux commerciaux** Les baux ordinaires de terrains nus sur lesquels ont été édifiées des constructions à usage commercial, industriel ou artisanal, avec le consentement du propriétaire, sont soumis au statut des baux commerciaux (« propriété commerciale ») (C. com. art. L 145-1).

Un contrat relatif à ce type d'installation, qualifié à tort de bail à construction, est susceptible d'être disqualifié en bail ordinaire et d'ouvrir en fin de contrat à son titulaire des prérogatives (droit au renouvellement) que n'offre pas la titularité d'un bail à construction. Sur le délai de l'action en requalification, voir no 83015.

BAIL EMPHYTÉOTIQUE

83110 **Similitudes** Les règles relatives au bail à construction et au bail emphytéotique présentent des similitudes frappantes en matière de :
– durée ;
– caractère réel du droit conféré ;
– possibilité de l'hypothéquer ;
– libres cessions et apports en société ;
– faculté de consentir les servitudes ;
– accession des constructions édifiées au profit du bailleur ;
– obligations de paiement des charges, taxes et contributions qui grèvent les terrains et constructions ;
– exécution des travaux d'entretien et des réparations relatifs aux constructions.

83115 **Différences relatives** Le bail à construction n'est pas le pendant en milieu urbain du bail emphytéotique en milieu rural.

La nécessaire modicité du canon emphytéotique ne peut pas être opposée à un substantiel loyer en espèces du bail à construction.

Si la modicité du canon fut très longtemps d'usage, la redevance du bail emphytéotique peut être, en réalité, librement fixée ; à l'inverse, si le prix du bail à construction est substantiel, sa partie fixée en numéraire n'est pas nécessairement substantielle (elle ne doit cependant pas être dérisoire) (voir no 83355).

83120 Les **domaines matériels d'application** respectifs de ces deux contrats interfèrent ; le preneur à construction et l'emphytéote peuvent, dans leur cadre contractuel respectif, être conduits à exécuter une réhabilitation.

Mais s'il est envisagé d'imposer une **réhabilitation** lourde, au point de constituer un acte d'édification, c'est au bail à construction qu'il faudra avoir recours.

83125 **Différences majeures** La faculté d'apporter des **améliorations** (culturales ou immobilières), propre au bail emphytéotique, s'oppose à l'**obligation** principale d'**édification** d'une construction inhérente au bail à construction. Constitue un bail emphytéotique et non un bail à construction le bail d'un terrain nu consenti pour une longue durée au profit d'une société commerciale qui peut y édifier toute construction mais qui n'a aucune obligation de construire (Cass. 3e civ. 11-6-1986 no 84-17.222 : Bull. civ. III no 93 ; dans le même sens, Cass. 3e civ. 8-9-2016 no 15-21.381 FS-PB : RJDA 11/16 inf. 772).

L'emphytéote n'est pas obligé d'améliorer ou de construire ; la « faculté » que détient le preneur à bail emphytéotique n'est pas l'obligation essentielle qui s'impose au preneur à bail à construction. Lorsque le preneur emphytéotique améliore le bien, il peut le faire sous de multiples formes parmi lesquelles l'édification de constructions.

Les obligations souscrites à l'occasion d'un bail emphytéotique peuvent impliquer la charge d'édifier des constructions (Cass. civ. 11-11-1861 : DP 1861 p. 444) ou obliger à édifier des locaux (CA Aix-en-Provence 20-10-1987 : AJPI 1989 p. 145). Mais, s'il est envisagé d'imposer au preneur, à titre essentiel, d'édifier une construction, c'est à l'usage du bail à construction qu'il faut avoir recours. À défaut, le bail emphytéotique pourra être requalifié en bail à construction (CA Paris 24-2-2005 : Constr.-urb. 2005 no 136). Inversement, un bail à construction peut être requalifié en bail emphytéotique s'il en revêt les caractéristiques.

Notons toutefois qu'une cour d'appel a rappelé que le défaut d'exécution par le preneur de son obligation de construire ne peut avoir aucune incidence sur la qualification du bail, la qualification d'une convention devant s'apprécier au jour de sa conclusion (CA Bourges 4-4-2019 no 17/01767).

En outre, contrairement au bail à construction (no 83400), le bailleur emphytéotique ne peut imposer aucune destination à l'emphytéote.

Les **privilèges et hypothèques** consentis par le preneur à construction s'éteignent à la date convenue pour leur expiration même en cas d'expiration anticipée du bail pour quelque cause que ce soit. En revanche, la résiliation du bail emphytéotique entraîne l'extinction automatique et immédiate des sûretés réelles nées du chef de l'emphytéote. **83130**

CONCESSION

Par la concession immobilière, le propriétaire d'un immeuble bâti, ou non, en confère la jouissance pour au moins 20 années moyennant redevance (Loi 67-1253 du 30-12-1967 art. 48 s.). **83135**

Comme le bail à construction, la concession échappe au droit commun du louage et possède une durée minimale similaire ; mais elle ne confère pas un droit réel de jouissance à titre principal et surtout la construction sur terrain d'autrui, qu'elle permet, n'est pas son but principal.

Le concédant doit rembourser au concessionnaire la plus-value (ou le coût des dépenses s'il est inférieur).

En fin de concession, le concédant ne peut se livrer dans l'immeuble concédé à une activité analogue à celle du concessionnaire, ou conférer ce droit à autrui, pendant les 5 années suivantes (Loi 67-1253 du 30-12-1967 art. 56).

BAIL À RÉHABILITATION

Bien que figurant sous un titre commun du CCH, le bail à réhabilitation ne possède aucune analogie avec le bail à construction. Le bail à réhabilitation diffère en effet du bail à construction sur de nombreux points en raison de la qualité exigée du bailleur (CCH art. L 252-1, al. 1), de l'objet limité à l'exécution de travaux d'amélioration pouvant affecter l'immeuble à usage d'habitation (CCH art. L 252-1, al. 1), et de la durée minimale d'au moins 12 ans. **83140**

BAIL RÉEL IMMOBILIER

Le bail réel immobilier relatif au logement (dit « BRILO ») est très proche du bail à construction, notamment en termes de droit réel, de sûretés et de cession. Sa durée est aussi comprise entre 18 et 99 ans. Sa particularité réside dans l'obligation faite au preneur de construire ou de réhabiliter des constructions existantes en vue de la location ou de l'accession temporaire à la propriété de logements intermédiaires (CCH art. L 254-1, al. 1). **83145**

BAIL RÉEL SOLIDAIRE « LOGEMENT »

Le bail réel solidaire « logement » s'éloigne du bail à construction sur de très nombreux aspects. Il ne peut être consenti que par les organismes de foncier solidaire (OFS) en vue de la location ou de l'accession à la propriété de logements, pour une durée de 18 à 99 ans (CCH art. L 255-1, al. 1). Ce type de bail peut être consenti soit à un ménage qui occupe le logement, sous conditions de ressources, soit à un opérateur s'engageant à transmettre le **83150** bail à un bénéficiaire répondant à ces mêmes conditions de ressources, le cas échéant après construction ou réhabilitation (CCH art. L 255-2 s.). La cession du bail est soumise à un agrément de l'OFS (CCH art. L 255-10 s.). Il présente de nombreuses particularités (notamment quant à la situation en fin de bail, et sa durée « rechargeable » à chaque cession), qui le distinguent substantiellement du bail à construction.

B. Caractères essentiels

1. PARTIES AU CONTRAT

83210 Pour consentir un bail à construction, le bailleur doit avoir la **capacité** d'aliéner (CCH art. L 251-1, al. 2).

PERSONNES PUBLIQUES

83215 **Bail à construction sur le domaine public** Jusque récemment, il était admis qu'en **principe,** une personne publique ne pouvait pas conclure un bail à construction sur le domaine public en raison du caractère inaliénable de celui-ci (CGPPP art. L 3111-1).

83216 Dans un arrêt du 11 mai 2016, le Conseil d'État a toutefois reconnu à une personne publique la possibilité de conclure un bail à construction sur son domaine public (CE 11-5-2016 n° 390118 : BPIM 4/16 inf. 257, Contrats marchés publ. 2016 comm. 184 obs. P. Devillers). Plus précisément, la Haute Juridiction admet la possibilité d'apporter à un bail à construction des **aménagements substantiels** afin de le rendre compatible avec les règles de domanialité publique. Ces aménagements consistent à prévoir que :
– la durée ne pourra excéder 70 ans (CGPPP art. L 2122-6) au lieu de 99 ans (CCH art. L 251-1) ;
– la cession d'un tel bail demeure soumise à agrément du propriétaire du domaine (CGPPP art. L 2122-7), ce que ne peut pas prévoir un bail à construction de droit privé ;
– l'hypothèque du droit réel et des constructions par le preneur d'un tel bail n'est possible que « pour garantir les emprunts contractés en vue de financer la réalisation, la modification ou l'extension des ouvrages » immobiliers sur le domaine public (CGPPP art. L 2122-8), alors que le droit d'hypothéquer librement ses droits par le preneur à construction de droit privé est essentiel.

La décision du 11 mai 2016 interpelle. Le Conseil d'État semble envisager que ce contrat puisse respecter tant les exigences édictées par les règles du droit privé que celles de la domanialité publique. Or, celles-ci sont antinomiques, ce qui conduit de façon inéluctable à la création d'une institution hybride. Il s'agirait d'un « équivalent » bail à construction, ou « simili » bail à construction. À notre avis, il n'est pas certain que les personnes publiques et les praticiens soient enclins à se lancer dans un tel exercice. S'ils s'y aventuraient néanmoins, il convient d'observer que la délivrance par une personne publique d'un tel bail, constitutif d'un titre permettant l'occupation de son domaine public en vue d'une exploitation économique devra être précédée d'une procédure de sélection librement organisée par l'autorité compétente et comportant des mesures de publicité permettant aux candidats potentiels de se manifester (CGPP art. L 2122-1-1).

83217 L'État et ses établissements publics sont par ailleurs autorisés à conclure un bail à construction pour faire édifier des **logements sociaux** (Loi 2009-179 du 17-2-2009 art. 7, I modifié par la loi 2013-61 du 18-1-2013 art. 5). Un tel bail peut être conclu même si le bien sur lequel porte le bail constitue une dépendance du domaine public, sous réserve que cette dépendance demeure hors du champ d'application de la contravention de voirie. Ce « **bail à construction administratif** » se distingue substantiellement du bail à construction de droit commun :
– les droits résultant du bail ne peuvent être cédés, avec l'agrément de la personne publique, qu'à une personne subrogée au preneur dans les droits et obligations découlant de ce bail et, le cas échéant, des conventions non détachables conclues pour la réalisation de l'opération objet dudit bail ;
– le droit réel conféré au preneur de même que les ouvrages dont il est propriétaire sont susceptibles d'hypothèque uniquement pour la garantie des emprunts contractés par le preneur en vue de financer la réalisation des ouvrages situés sur le bien loué. Le contrat constituant l'hypothèque doit, à peine de nullité, être approuvé par la personne publique propriétaire ;

– seuls les créanciers hypothécaires peuvent exercer des mesures conservatoires ou des mesures d'exécution sur les droits immobiliers résultant du bail ;
– la personne publique a la faculté de se substituer au preneur dans la charge des emprunts en résiliant ou en modifiant le bail et, le cas échéant, les conventions non détachables. Elle peut également autoriser la cession ;
– les litiges relatifs à ce bail sont de la compétence des tribunaux administratifs ;
– les constructions réalisées dans le cadre de ce bail peuvent donner lieu à la conclusion de contrats de crédit-bail.

Ces exigences sont antinomiques avec les caractéristiques essentielles du bail à construction de droit commun (libre cession du bail, libre affectation, etc.).

> **Précisions** **Depuis le 1er avril 2016,** le bail emphytéotique administratif ne peut plus avoir pour objet l'exécution de travaux, la livraison de fournitures, la prestation de services ou la gestion d'une mission de service public, avec une contrepartie économique constituée par un prix ou un droit d'exploitation, pour le compte ou pour les besoins d'un acheteur soumis au droit des marchés publics ou d'une autorité concédante (CGPPP art. L 2341-1, al. 2 issu de l'ord. 2015-899 du 23-7-2015 art. 101 ; Décret 2016-360 du 25-3-2016). Cette règle est à notre avis applicable au bail à construction.

Bail à construction sur le domaine privé Un bail à construction peut être consenti sur les immeubles du domaine privé d'une personne publique. 83220

Un bail à construction peut être conclu par le titulaire dans le cadre d'un « **marché de partenariats** », la conclusion de baux de droit privé et de droits réels à durée déterminée étant autorisée sur le domaine privé (CCP art. L 2233-1).

> **Précisions** Avant le 1er janvier 2016, la personne publique pouvait, dans le cadre d'un **contrat de partenariat,** autoriser le titulaire du contrat à consentir des baux à construction sur les biens qui appartiennent au domaine privé. L'accord de la personne publique devait être expressément formulé pour chacun des baux consentis. Avec l'accord de la personne publique, ces baux pouvaient être conclus pour une durée excédant celle du contrat de partenariat (CGCT art. L 1414-16 ancien, abrogé par l'ord. 2015-899 du 23-7-2015 art. 101).

Procédure de passation du bail à construction Les solutions retenues en matière de **bail emphytéotique** de droit privé, doivent être considérées comme transposables au bail à construction. Il a ainsi été jugé : 83225

– qu'un bail emphytéotique, s'il a pour objet la gestion d'un service de nature économique, et alors même qu'il ne constitue ni un marché public ni une délégation de service public, doit se voir appliquer les règles découlant du traité instituant la Communauté européenne (art. 43 et 49) et qui impliquent que tout acte par lequel un pouvoir adjudicateur confie la prestation d'une activité économique à un tiers doit être examiné à la lumière des **principes de publicité et de mise en concurrence,** dès lors que ce tiers peut être regardé comme étant un opérateur économique engagé sur le marché (TA Paris 1e ch. 30-5-2007 n° 0516131, Préfet de Paris : BJCP 55/07 p. 492) ;
– qu'un bail emphytéotique conclu par une commune concernant un îlot situé sur son territoire pour en restaurer le bâti, créer des espaces commerciaux et réaliser une résidence de tourisme n'a pas été conclu en vue de l'accomplissement pour le compte de la ville d'une mission de service public, ou pour la réalisation d'une opération d'intérêt général relevant de cette dernière ; il ne constitue donc ni un bail emphytéotique administratif, ni une délégation de service public, ni un marché public, ni un contrat de partenariat, et ce, alors même que la ville bénéficiait d'une sous-location d'un local à l'intérieur de l'ensemble immobilier et avait suivi une procédure de publicité et de mise en concurrence alors qu'elle n'était pas tenue de le faire (CAA Nancy 11-10-2007 n° 06733, Association Aubette Demain : Contrats marchés publ. janvier 2008 p. 27) ;
– qu'un bail emphytéotique, conclu dans le cadre de la mise en œuvre d'une convention d'aménagement public ayant pour objet exclusif la location d'un ensemble immobilier et ne contenant aucune clause sur la nature des travaux de rénovation et leurs modalités, n'est pas soumis au droit de la commande publique (CAA Paris 4-7-2017 n° 15PA02283 : JCP A 2018 n° 2 p. 2014). Un bail à construction contiendrait en pareille hypothèse nécessairement une **clause sur la nature des travaux de rénovation** (par hypothèse assimilables par leur ampleur à une édification) et leurs modalités.

La Cour de cassation a estimé qu'une **promesse synallagmatique de bail à construction** qui ne porte ni sur l'exécution de travaux publics, ni sur l'exécution même d'un service public, n'a pas un **caractère administratif** en raison de son objet ; en outre, les travaux 83227 prévus par la promesse ne devant pas être réalisés sous la maîtrise d'ouvrage de la commune, le contrat n'est pas non plus un contrat administratif par détermination de la loi ; enfin, le contrat ne comportant pas de clause exorbitante du droit privé, la qualification de contrat administratif est également exclue en raison de son contenu (Cass. 1e civ. 4-10-2017 nº 16-21.693 F-PB : BPIM 6/17 inf. 416 ; AJDA 2017 p. 1920). L'arrêt précise que ne peuvent recevoir la qualification de clauses exorbitantes du droit commun, propres à donner au bail un caractère administratif, les clauses de ce bail subordonnant à l'accord préalable du bailleur la modification des caractéristiques essentielles de l'espace restauration ainsi que toute modification substantielle de l'aspect extérieur des biens et constructions.

Le même raisonnement a été récemment tenu par le tribunal administratif de Paris qui s'est déclaré incompétent pour connaître du recours dirigé contre une promesse de « bail à construire » conclue entre la ville de Paris et une société civile immobilière (TA Paris 6-5-2019 nº 1801863/4-2).

Par ailleurs, il ressort de la décision de la Cour de justice Promoimpresa (CJUE, 14-7-2016 aff. C-458/14 : AJDA 2016 p. 2176) que l'occupation d'un bien du domaine privé qui, par ses caractéristiques, présente un véritable intérêt économique (rareté et/ou intérêt transfrontalier ; AJDA 2017 p. 1606 obs. Ch. Maugüe et Ph. Terneyre) est susceptible d'être soumise a minima au **principe général de transparence** en application de l'article 12 de la directive 2006/123/CE du 12 décembre 2006 dite « directive Services » (AJDA 2016 p. 2176 obs. R. Noguellou). Contrairement à ce que laissait augurer le rapport au Président de la République sur l'ordonnance 2017-562 du 19 avril 2017 relative à la propriété des personnes publiques, ce dernier texte n'impose de **procédure de transparence et de publicité préalables** qu'à l'égard des seules autorisations d'occupation du domaine public. Néanmoins, rien n'interdit à la personne publique d'organiser spontanément une telle procédure préalablement à la délivrance de titres d'occupation de son domaine privé, dès lors que celui-ci est occupé ou utilisé « en vue d'une exploitation économique » (CGPPP art. L 2122-1-1 dans sa rédaction issue de l'ord. 2017-562 précité ; AJDA 2017 p. 1606 précité). De plus, il serait surprenant que l'octroi des titres d'occupation du domaine privé, tel le bail à construction, échappe à toute procédure de publicité ; la moindre rareté du domaine privé ne paraît pas être un critère suffisant pour le justifier.

Deux réponses ministérielles ont souligné que la jurisprudence Promoimpresa, de laquelle est issue l'ordonnance de 2017, ne distingue pas domaine privé/domaine public. Elles ont considéré que « la délivrance de titres sur le domaine privé doit garantir dans les mêmes termes le respect des **principes d'impartialité, de transparence et d'égalité** de traitement des candidats » (Rép. J.-L. Fugit : AN 29-1-2019 nº 12868 ; Rép. min. J.-L. Masson : Sén. 10-9-2020 nº 16130). Un tribunal judiciaire a d'ailleurs fait application de ladite directive au renouvellement d'un bail commercial statutaire (TJ du Mans 19-8-2021 : JCP A 19-10-2021 nº 42).

SIIC ET OPCI

83230 Sous certaines conditions, les sociétés d'investissements immobiliers cotées (SIIC) peuvent détenir des droits réels immobiliers **en tant que preneur** d'un bail à construction (CGI art. 208 C, II). Il en est de même des organismes de placements collectifs immobiliers (OPCI) (C. mon. fin. art. L 214-36, I-1º et art. R 214-155-1).

CONGRÉGATIONS

83240 La passation d'un bail à construction par une congrégation doit être préalablement autorisée par le **préfet du département** (CE 18-12-2012 nº 362677, ministre de l'intérieur).

Une congrégation ne peut en effet acheter ou aliéner un immeuble qu'à condition d'y être préalablement autorisée par le préfet du département de son siège (Loi du 2-1-1817 sur les donations et legs faits aux établissements ecclésiastiques art. 2). Pour le Conseil d'État, cette disposition légale soumet à autorisation du préfet non seulement les actes de cession mais aussi l'ensemble des actes de disposition de leurs biens immeubles par les congrégations, notamment les baux emphytéotiques ou les baux à construction, qui confèrent au preneur un droit réel immobilier.

2. DURÉE

ENCADREMENT LÉGAL

83260 La durée du bail est **impérativement comprise** entre 18 et 99 ans (CCH art. L 251-1, al. 3). Cependant, pour les baux conclus avant le 3 janvier 1976, la durée est comprise entre 18 et 70 ans (CCH art. L 251-9, al. 1).

Le contrat ne peut prévoir aucun dénouement avant l'expiration de la durée ainsi convenue, telle une faculté de congé triennal (voir n° 83630, Précisions, a), que ce soit avant ou après la dix-huitième année.

Il est en revanche tout à fait possible de convenir d'une durée alternative (cas d'un bail dont la durée est de 18 ou 30 ans selon qu'un événement déterminé se produit ou non).

S'agissant de la stipulation d'une **clause de résiliation de plein droit** pour manquement à une obligation essentielle du bail, tel le non-paiement du loyer, il a été jugé en matière d'emphytéose qu'une telle clause a pour effet d'instaurer une précarité incompatible avec la constitution d'un droit réel et disqualifie donc le contrat en bail ordinaire (Cass. 3e civ. 14-11-2002 n° 01-13.904 : RJDA 2/03 n° 124). Sur les interrogations qui entourent les conséquences attachées à des stipulations incompatibles avec la nature du bail à construction, voir n° 83015.

Jugé néanmoins que les parties qui concluent un bail à construction sont libres d'y insérer une clause de résiliation de plein droit, aucune des dispositions des articles L 251-1 à L 251-9 du CCH ne l'interdisant ou n'étant incompatible avec une telle clause (CA Aix-en-Provence 5-2-2013 n° 10/13039, faisant application de ladite clause). La jurisprudence de la Cour de cassation semble également admettre, mais seulement implicitement, une telle clause en bail à construction (Cass. 3e civ. 28-1-2004 n° 01-00.893 : Bull. civ. III n° 13 ; 5-11-2008 n° 07-18.174 F-D ; 19-11-2015 n° 14-18.487 F-D ; 30-11-2017 n° 16-22.858 F-D).

Il serait donc possible de stipuler une clause de résiliation dans un bail à construction. Toutefois, par prudence, en l'absence de jurisprudence validant expressément cette clause résolutoire, il conviendrait d'identifier de façon très limitative les manquements de gravité avérée.

La **prolongation** du bail à construction par tacite reconduction est impossible (CCH art. L 251-1, al. 3). Mais les parties peuvent en revanche convenir d'un commun accord, avant l'expiration du bail, de reporter l'échéance initialement prévue (CE 3e-8e s.-s. 25-1-2006 n° 271523 : JCP N 2006 p. 1181). À la condition, rappelons-le, de ne pas aller au-delà de la limite de 99 années. Sur les conséquences fiscales de la prorogation, voir n° 83650.

> **Précisions** **a.** Il est possible de stipuler dans le bail la possibilité pour le preneur de solliciter unilatéralement une prorogation. L'exigence de nouvelles constructions ou d'amélioration des constructions initiales effectuées par le preneur pour justifier l'accord à une prorogation consentie en cours de bail demeure discutée. Il semble préférable que les parties envisagent la possibilité de **proroger** le bail **dès leur accord initial.**
> **b.** La **prorogation** d'un bail à construction moyennant une **augmentation** conséquente **du loyer** n'opère pas nécessairement novation en bail de droit commun (pour une analyse contraire en matière fiscale, voir TA Toulouse 31-5-2005 n° 01-1696 : RJF 10/05 n° 1034).
> **c.** Une **clause** prévoyant contractuellement la **tacite reconduction** a été validée pour un bail emphytéotique (CA Limoges 1e civ. 26-6-2003 : Constr.-urb. 2004 n° 106) ; cette solution suscite néanmoins des interrogations.
> **d.** La **prorogation par une personne publique** soulève les mêmes interrogations d'ordre procédural tirées du droit communautaire (voir n° 83227) que la passation du contrat lui-même.

CRITÈRES DE CHOIX

La durée du bail doit être fixée en considération de son **régime fiscal** qui n'est pleinement favorable qu'à partir d'une durée de 30 ans (n° 83635). S'il est envisagé une affectation hypothécaire des droits du preneur, celle-ci ne pourra être effectivement réalisée que si la durée du contrat excède sensiblement celle du **financement** ainsi garanti. L'on ne peut donc que recommander de recueillir les exigences des établissements financeurs avant de s'accorder sur la durée du bail. **83265**

PUBLICITÉ FONCIÈRE

Compte tenu de sa durée supérieure à 12 ans et de sa nature de droit réel immobilier, le bail à construction doit être publié au service de la publicité foncière à peine d'**inopposabilité aux tiers** (Décret 55-22 du 4-1-1955 art. 28, 1°). Il sera donc nécessairement établi par **acte notarié.** **83270**

Sur les formalités à effectuer et les perceptions, voir n° 83560.

INCIDENCE EN MATIÈRE DE PRÉEMPTION

Comme le bail emphytéotique (Cass. 3e civ. 2-6-1977 n° 76-10.610 : Bull. civ. III n° 245), le bail à construction échappe aux droits de préemption applicables en cas d'**aliénation à titre onéreux** (droit de préemption urbain, des Safer, du Conservatoire du littoral, sur les terrains destinés à l'aménagement commercial, etc.) puisqu'il ne s'agit pas d'une aliénation de la propriété, mais de l'octroi d'un droit réel pour une longue durée. Toutefois, la conclusion concomitante d'un bail superficiaire pour la durée maximale de 99 ans et d'un pacte de **83275** préférence est susceptible d'être constitutive d'une **fraude** notamment lorsque l'intention de préempter par le bénéficiaire du droit de préemption est connue (pour une illustration s'agissant d'un bail emphytéotique, Cass. 3e civ. 27-11-2002 no 01-11.530 FS-D : Constr.-urb. 2003 no 78).

Le droit de préemption peut toutefois s'exercer sur une parcelle grevée d'un bail à construction. Dès lors, l'autorité préemptant est tenue d'exécuter l'option d'achat stipulée au contrat de bail si le preneur la lève. Une préemption ne peut alors pas viser la réalisation d'une opération d'aménagement ou la construction d'une réserve foncière (CE 19-4-2022 no 442150, Cne de Mandelieu-la-Napoule : BPIM 3/22 inf. 190).

3. OBLIGATION D'ÉDIFICATION

83300 L'engagement par le preneur d'édifier des constructions sur le **terrain du bailleur** est un élément constitutif principal du bail à construction (CCH art. L 251-1, al. 1).

Le preneur à bail à construction doit, en sa qualité de locataire d'un bien immobilier, être informé par le bailleur – qu'il s'agisse ou non d'un professionnel de l'immobilier – de l'existence des **risques naturels et technologiques** auxquels le bien objet du bail à construction est exposé (C. envir. art. L 125-5 modifié par loi 2023-580 du 10-7-2023 et R 125-23 s. modifiés par décret 2024-405 du 29-4-2024). Si le terrain est situé dans une zone couverte par un PPRT, un PPRN, ou un PPRM, une zone de sismicité, une zone à potentiel radon ou encore une zone susceptible d'être atteinte par le recul du trait de côte, ou assujetti à des obligations de débroussaillement, un état des risques, fondé sur les informations transmises par le préfet du département ou le maire de la commune, doit être annexé au contrat.

En pratique, bien que cela ne soit pas prévu au titre de ce type de contrat, et dans la mesure où de nombreux baux à construction sont précédés d'une promesse, il est conseillé d'annexer un tel état à la promesse de bail. Rappelons que, à défaut d'un tel état, le preneur à construction pourra poursuivre la résolution du contrat ou demander au juge une diminution du prix (C. envir. art. L 125-5 V).

> **Précisions** **a.** La division d'un terrain au moyen d'un bail à construction est constitutive d'une division en jouissance ou d'un détachement au regard du Code de l'urbanisme (voir par exemple s'agissant du lotissement, Rép. Roman : AN 2-3-2010 p. 2456 no 12784).
> **b.** Le retrait du permis de construire pour raisons sanitaires, empêchant ainsi la réalisation des travaux dans le délai convenu, constitue, en l'absence de faute du preneur, un **cas de force majeure** justifiant la résiliation du contrat (Cass. 3e civ. 1-6-2011 no 09-70.502 FS-PB : BPIM 4/11 inf. 299).
> **c.** L'**obtention du permis de construire** est une condition d'exécution du bail à construction et non une condition de formation du contrat (Cass. 3e civ. 20-10-2010 no 09-69.645 FS-PB : Bull. civ. III no 187, RJDA 2/11 inf. 120). Pour éviter que le preneur prétende poursuivre le bail en dépit de la non-obtention du permis de construire de l'immeuble contractuel, le bailleur veillera donc à ce que l'obtention du permis soit érigée en condition suspensive et à ce que cette condition soit stipulée en faveur des deux parties, afin que le preneur ne puisse y renoncer de son seul chef.

NOTION D'ÉDIFICATION

83305 La loi n'a pas détaillé la notion d'édification d'une construction en cette matière. Correspondent à cette définition :
– la construction d'un **bâtiment neuf** sur un terrain nu ;
– la surélévation d'un **bâtiment existant** (que sa propriété soit ou non transmise au preneur) ;
– et la construction d'**ouvrages souterrains**.

> **Précisions** **a.** La nature d'opérations de **rénovation** qui, en cas de vente d'immeuble, sont jugées suffisantes pour concerner un immeuble à construire nous semble devoir par similitude être suffisante pour constituer l'obligation d'un preneur à construction.
> **b.** Un bail à construction peut porter sur un **lot de volume immobilier** dépendant d'un bâtiment déjà construit (CA Paris 17-4-2013 no 10/14847).

MISE EN ŒUVRE DE L'OBLIGATION

83310 Le preneur doit assurer la **maîtrise d'ouvrage** des travaux d'édification ; il peut pour ce faire soit exécuter lui-même ces travaux, soit déléguer la maîtrise d'ouvrage, soit conclure un contrat d'entreprise générale, ou un contrat de promotion immobilière. Il ne peut pas consentir un **sous-bail à construction** ou un bail emphytéotique.

Le législateur n'a prévu aucune règle relative au **délai d'édification** ou à la détermination des constructions contractuelles. En pratique, la solution la plus judicieuse consiste à emprunter aux règles de la vente d'immeubles à construire.

La seule référence au permis de construire ou à la déclaration d'achèvement et de conformité, certes concevable, ne permet pas d'organiser et de contrôler la teneur et le respect de l'obligation contractuelle d'édifier de façon très aboutie ; cette solution n'est donc pas à privilégier.

En sa qualité de maître d'ouvrage, le preneur d'un bail à construction dispose, seul, de la **qualité pour agir sur le fondement de la responsabilité décennale** (Cass. 3e civ. 7-10-2014 no 13-19.448 F-D). La vocation du bailleur à recevoir les édifices en fin de bail ne lui confère pas qualité pour agir sur ce fondement.

> **Précisions** **a.** Compte tenu de la nature superficiaire de ses droits, le preneur peut édifier librement toute **construction supplémentaire.** Toutefois, aucune disposition d'ordre public ne régissant cette question, les parties conservent leur liberté contractuelle. Il est donc possible de subordonner l'édification de constructions nouvelles à l'autorisation préalable du bailleur sans qu'il n'en résulte une atteinte à l'essence du droit réel immobilier du preneur (Cass. 3e civ. 5-12-2007 no 06-19.728 FS-PB : RJDA 5/08 no 501). Signalons à cet égard une curieuse interprétation de la clause, très habituelle en cette matière, prévoyant expressément la nature des constructions que le preneur serait tenu d'édifier sur le terrain loué et qui le contraignait à soumettre au bailleur les plans et devis des constructions. Pour les juges, une telle clause doit s'analyser, « au vu de la commune intention des parties », comme interdisant l'édification de constructions nouvelles en cours de bail, sauf accord recueilli auprès du bailleur (CA Aix-en-Provence 5-2-2013 no 10/13039).
> **b.** Dans le cadre d'un bail de droit commun, le **bailleur** est **pénalement responsable des constructions illégales du preneur** dès lors qu'il est établi qu'il est le véritable bénéficiaire des constructions et qu'il avait le pouvoir, selon les stipulations du bail, de contraindre le preneur à respecter les règles d'urbanisme (Cass. crim. 24-10-2017 no 16-87.178 F-PB : BPIM 6/17 inf. 395 ; AJDI 2018 p. 273). En matière de bail à construction, se pose donc la question suivante : faut-il privilégier la constitution de droit réel et l'autonomie du preneur qui y est associée, et ainsi écarter la solution du 24 octobre 2017 ? Ou faut-il, au contraire, considérer que le bailleur à construction bénéficiera in fine des travaux effectués par le preneur pour estimer que la solution précitée devrait aussi recevoir application ? Pour l'heure, aucune réponse n'est donnée.

CLAUSE DE NIVELLEMENT

Le texte n'impose pas que les constructions à l'édification desquelles s'oblige le preneur fassent l'objet d'une remise **en fin de bail.** Le bail à construction peut contenir une clause de nivellement par laquelle le preneur s'engage à remettre le terrain libre de tous édifices en fin de contrat (Cass. 3e civ. 30-1-2008 no 06-21.292 : RJDA 6/08 no 620). 83315

Cette solution est notamment justifiée, et fréquemment adoptée, lorsqu'à l'issue prévisionnelle du bail les bâtiments contractuels sont susceptibles de s'avérer obsolètes (compte tenu de la durée du bail et/ou des techniques constructives utilisées).

GARANTIE D'EXÉCUTION

Aucune garantie d'exécution des obligations du preneur n'est prévue par les textes. Il est néanmoins possible d'introduire un mécanisme inspiré des **garanties de financement de l'achèvement** tel qu'édicté en matière de vente d'immeubles à construire du secteur protégé. 83320

4. PRIX DU BAIL

Les obligations susceptibles d'être exigées du preneur à titre de prix du bail revêtent les formes principales suivantes : 83350
– le paiement d'un **loyer en numéraire** périodique (CCH art. L 251-5, al. 2) ou non (voir no 83355) ;
– la **remise de constructions** au bailleur en cours de bail (CCH art. L 251-5, al. 1) ;
– la remise de constructions au bailleur en fin de bail (CCH art. L 251-2).

L'obligation de remettre les constructions contractuelles est celle à laquelle est le plus conféré le rang de contrepartie principale du bail.

C'est l'application de cette règle et son traitement fiscal favorable qui incitent souvent le bailleur à recourir à ce contrat.

Les dispositions de l'article L 251-2 du CCH sont supplétives et le bailleur peut verser une indemnité au preneur en fin de bail au moment où il devient propriétaire des constructions.

LOYER EN NUMÉRAIRE

Outre la remise des immeubles en fin de bail lorsqu'elle est prévue (sur le régime de TVA en pareil cas, voir no 83565), le bail doit-il stipuler un prix en numéraire, périodique ou non ? 83355

Dans une affaire où un preneur s'était engagé à construire un ensemble immobilier et à verser un loyer annuel de 762 euros, la Cour de cassation a relevé qu'un bail à construction conclu pour un **prix dérisoire** n'est pas inexistant mais nul pour défaut de cause (Cass. 3e civ. 21-9-2011 n° 10-21.900 : Bull. civ. III n° 152, BPIM 6/11 inf. 461). Il a été très hâtivement déduit de cette décision que le paiement d'un loyer en numéraire présenterait un caractère impératif et conditionnerait la validité de ce type de bail. Du reste, au vu de la solution retenue et de certains de ses commentaires, les rédacteurs les plus prudents ne manqueront pas, pour l'instant, d'encourager la stipulation d'un loyer en numéraire non dérisoire. En l'absence de loyer en nature, pareille précaution aura aussi pour vertu d'écarter tout débat sur l'application de l'article 1169 du Code civil sanctionnant par la nullité la contrepartie illusoire ou dérisoire dans un contrat onéreux (et alors même que l'accession de l'immeuble construit en exécution de l'obligation essentielle d'édifier devrait, en l'absence de clause de nivellement, y suffire).

Le **loyer** périodique payable en espèces peut être affecté d'un coefficient **révisable** par périodes triennales à compter de l'achèvement de l'immeuble. La variation du coefficient est proportionnelle à celle du revenu brut des immeubles (CCH art. L 251-5), ce dernier s'entendant d'un revenu moyen au mètre carré déterminé comme il est dit à l'article R 251-1 du CCH. Les textes relatifs à la révision triennale ne sont pas d'ordre public ; ils sont en pratique le plus souvent écartés.

L'indexation du loyer en espèces est entièrement libre sauf à respecter les règles d'ordre public qui gouvernent l'indexation (C. mon. fin. art. L 112-1 s.).

> **Précisions** L'évolution de l'**indice du coût de la construction** publié par l'Insee, et sur lequel les loyers de baux à construction de logements d'habitation sont souvent indexés, a conduit à une augmentation importante de ces loyers ; le Gouvernement a exclu la mise en place d'une obligation d'indexation sur l'**indice de référence des loyers** (Rép. Couve : AN 17-8-2010 p. 9167 n° 69952).

LOYER EN NATURE

83360 Le loyer peut consister en la remise au bailleur d'**immeubles** ou de fractions d'immeuble construits par le preneur (CCH art. L 251-5). Il peut s'agir aussi de **titres d'une société** d'attribution.

Aucune règle ne gouverne les modalités d'une telle remise de locaux ; le contrat doit définir l'obligation, organiser ses modalités d'exécution et de contrôle. Il est possible de se référer à la pratique en matière de cession de terrains moyennant remise de locaux à construire.

En cas de remise à titre de loyer en nature de lots d'une **copropriété** créée à l'initiative du preneur, la situation qui résulte de la remise de tels locaux prête à interrogation : le bail est-il partiellement, et à due concurrence, éteint par confusion ?

> **Précisions** Le contrat peut prévoir à titre de prix la **remise de constructions édifiées sur un autre terrain** que celui objet du contrat de bail ; mais une telle obligation doit demeurer d'une importance réduite par rapport à l'obligation essentielle d'édification d'immeubles sur le terrain contractuel.

5. DROITS ET OBLIGATIONS EN COURS DE BAIL

LIBRE LOCATION DES CONSTRUCTIONS ÉDIFIÉES

83390 Le preneur possède l'entière liberté de location des constructions édifiées par ses soins. Selon la destination des lieux, les baux et titres d'occupation de toute nature ainsi consentis s'éteindront, ou non, à l'expiration du bail (voir n° 83475).

La liberté de location doit selon nous s'étendre à la sous-location du terrain d'assiette non affecté à l'édification des bâtiments contractuels (en faveur d'une telle solution en matière d'emphytéose, CA Bordeaux 21-4-1983 : Gaz. Pal. 1984 p. 128).

> **Précisions** Un preneur à bail commercial ne peut pas se voir opposer les termes du **bail emphytéotique** conclu **postérieurement,** notamment ceux qui confèrent à l'emphytéote la qualité de bailleur à son égard (Cass. 3e civ. 21-9-2023 n° 22-12.031 : AJDI 2023 p. 765). La solution semble **transposable** sans réserve au bail à construction qui contiendrait les mêmes stipulations.

LIBRE CESSION

83395 Le **preneur** peut céder tout ou partie de ses droits ou les apporter en société (CCH art. L 251-3, al. 3). Il possède cette faculté pendant toute la durée du contrat. Cette liberté est incontournable et irréductible.

Une **restriction à la liberté de cession,** compte tenu de son incompatibilité avec la libre cession d'un droit réel immobilier, est nulle et de nul effet ; le fait que le preneur exerce une mission d'intérêt général est indifférent à cet égard (Rép. J.-L. Masson : Sén. 23-2-2017 n° 13236) ; tel est le cas d'une clause subordonnant la cession du bail à construction à l'agrément du bailleur (Cass. 3e civ. 24-9-2014 n° 13-22.357 : RJDA 12/14 inf. 889). La Cour de cassation adopte ainsi une interprétation large de la liberté de cession édictée par l'article L 251-3 du CCH, lequel est d'ordre public (CCH art. L 251-8). Elle se distingue par ailleurs de la jurisprudence relative au bail emphytéotique, laquelle sanctionne la clause portant atteinte au principe de libre cession par la disqualification du bail (Cass. 3e civ. 10-4-1991 n° 89-20.276 : RJDA 6/91 n° 471). La nullité de la clause d'agrément dans un bail à construction soulève la question de la prescription de l'action en ce sens. Cette action est-elle enfermée dans une prescription quinquennale à compter du jour de la signature du contrat, contrairement à la clause réputée non écrite, imprescriptible ?

Le cédant reste **garant du cessionnaire** jusqu'à l'achèvement de l'ensemble des constructions que le preneur initial s'est engagé à édifier en application de l'article L 251-1 (CCH art. L 251-3, al. 3).

Le **cessionnaire** est tenu des mêmes **obligations** que le cédant (CCH art. L 251-3, al. 3). Ainsi en est-il en matière d'assurance et de notification des cessions intervenues (Cass. 3e civ. 1-3-2006 n° 04-18.327 : Bull. civ. III n° 55).

> **Précisions** **a.** Initialement, en application de l'article 3, alinéa 3, de la loi du 16 juillet 1964, les cessionnaires étaient tenus des mêmes obligations que le **cédant** qui en restait **garant** pendant toute la durée du contrat. Depuis l'entrée en vigueur de la loi 75-1328 du 31 décembre 1975, cette garantie cesse à l'achèvement des constructions. Il n'est pas possible de rétablir contractuellement une telle solidarité qui altérerait la possibilité de libre cession.
b. Un **bail superficiaire** est considéré non librement cessible, et donc disqualifié, notamment si l'accord du bailleur est nécessaire (CAA Nantes 16-10-2002 n° 98-119, Ogec Saint-Vincent-de-Paul : AJDA 2003 p. 405) et ce, même si le contrat dispense de requérir un tel accord dans le cas où le cessionnaire est un successeur dans l'exploitation commerciale du cédant (Cass. 3e civ. 29-4-2009 n° 08-10.944 : Bull. civ. III n° 92). Il en est de même si le preneur reste garant et solidaire des obligations du cessionnaire (CE 30-12-2002 n° 232584, SCI d'HLM de Lille et environs : Juris hebdo 4-3-2003 p. 4).
c. Le cessionnaire est tenu des mêmes obligations que le cédant. Toutefois, en cas de **cession partielle,** libre en matière de bail à construction, il ne semble devoir s'agir que des seules obligations afférentes à la partie cédée, faute de quoi le contrat introduirait une entrave à la libre cession, avec la possible disqualification attachée à ce type de stipulation.
d. Le bail à construction, qui confère au preneur un droit réel immobilier, peut être cédé comme un immeuble élément de l'actif **en cas de liquidation judiciaire** (Cass. com. 16-10-2012 n° 11-22.541 FD : D. 2012 p. 2593).
e. Le preneur à construction peut concéder un **bail commercial** statutaire sur les biens objets du bail à construction. La doctrine est alors divisée quant à la nécessité de purger le **droit de priorité du locataire** instauré par la loi Pinel du 18 juin 2014, prévu à l'article L 145-46-1 du Code de commerce, lorsque le preneur à construction cède son droit réel. D'un côté, il est possible de soutenir que le preneur à construction transmet bien à son cessionnaire la propriété, ce qui semblerait justifier la purge. Mais d'un autre côté, l'on peut soutenir qu'il transmet seulement des droits temporaires qui ne peuvent être assimilés à une véritable propriété ; par conséquent, le droit de priorité Pinel ne semblerait pas devoir recevoir application.
f. Dans un bail commercial, lorsque le bailleur est seulement titulaire d'un bail à construction sur l'immeuble, la **promesse de cession** de son bail commercial consentie par le preneur doit mentionner cette particularité. Le défaut d'une telle mention relève des vices du consentement et peut emporter nullité de la promesse (CA Paris 3-11-2021 n° 19/00338).

DESTINATION DES IMMEUBLES ÉDIFIÉS

Par sa nature, le bail à construction confère des droits très étendus dans la jouissance et l'usage des biens contractuels. En l'**absence de stipulations particulières,** le preneur à construction jouit d'une liberté analogue à celle de l'emphytéote ; la destination permise par le contrat est en pareil cas une destination structurelle, ce qui autorise toute activité non susceptible d'altérer l'immeuble contractuel. **83400**

Mais, à la différence du bail emphytéotique qui ne peut pas prévoir une **clause limitant l'usage** auquel le preneur peut affecter les lieux loués (Cass. 3e civ. 13-5-1998 n° 96-13.586 : Bull. civ. III n° 101), le bail à construction peut, en l'absence de dispositions d'ordre public sur la destination des constructions édifiées, imposer des restrictions à l'activité du locataire (Cass. 3e civ. 7-4-2004 n° 02-16.283 : RJDA 8-9/04 n° 958).

> **Précisions** Le seul rappel de la **destination des locaux dans l'exposé du bail,** préalable à l'énoncé des obligations respectives des parties et autres clauses de la convention, doit seulement s'analyser en une déclaration d'intention du preneur (CA Paris 17-4-2013 n° 10/14847).

FACULTÉ D'AFFECTATION HYPOTHÉCAIRE

83405 Le preneur peut hypothéquer ses droits et les constructions édifiées sur le terrain loué (CCH art. L 251-3, al. 2). Cette faculté d'affectation hypothécaire constitue une prérogative déterminante reconnue au preneur à construction. L'objet des obligations garanties au moyen d'une telle affectation est entièrement libre.

L'hypothèque ne s'éteint qu'à la date conventionnellement prévue en dépit d'une **expiration anticipée du bail** par voie de résiliation amiable ou judiciaire (CCH art. L 251-6, al. 3).

Ce principe crée une situation très originale. Le bailleur, même s'il reste indépendant de son preneur en ne se portant pas caution hypothécaire, demeure après résiliation du bail dans une situation unique : le droit conféré persiste au regard des créanciers hypothécaires. Il s'agit d'une hypothèse très particulière d'un droit réel à durée définie et irréductible dès lors que le preneur a grevé son droit de sûretés ou privilèges, ce qu'il a entière liberté de faire.

La situation née de la réalisation du gage hypothécaire demeure énigmatique car les textes n'ont pas détaillé le mécanisme en vertu duquel le bailleur et l'adjudicataire seront liés par le bail résilié et n'apportent aucune réponse sur le sort des obligations qui ont couru entre la date de résiliation et celle de l'adjudication.

> **Précisions** **a.** La loi ne confère pas aux créanciers hypothécaires un droit de préférence sur l'éventuelle indemnité qui serait **prévue au profit du preneur** en fin de bail (contrairement à ce qui est prévu en matière de concession immobilière).
b. Ce dispositif particulier ne concerne pas une opération de **cession totale ou partielle du bail** à construction qui se réalise entre cédant et cessionnaire indépendamment du bailleur (Cass. 3e civ. 28-6-2000 n° 98-19.956 : RJDA 9-10/00 n° 846). La résolution de la cession entraîne extinction de la sûreté prise du chef du cessionnaire. Le crédit de ce dernier s'en trouve donc en pratique fragilisé.

OBLIGATION D'ENTRETIEN ET DE RÉPARATION

83410 Le preneur à construction est tenu de conserver en bon état d'entretien pendant la durée du bail les constructions qu'il s'oblige à édifier (CCH art. L 251-1). Cette obligation concerne les opérations d'entretien et de réparation de toute nature à effectuer sur les **constructions contractuelles** (CCH art. L 251-4, al. 2). Il n'est pas possible de déroger, totalement ou partiellement, à cette obligation sauf à disqualifier le contrat.

Le texte est muet sur les opérations de **réfection.**

L'obligation d'entretien présente un caractère continu. Le texte n'organise pas les **garanties** d'exécution de cette obligation mais un aménagement contractuel est possible.

> **Précisions** **a.** La Cour de cassation a dénié le caractère emphytéotique à un bail ainsi dénommé dont le preneur s'engageait à souffrir que le **bailleur fasse exécuter les réparations** lui incombant (Cass. 3e civ. 7-10-1992 n° 89-19.227 : RJDA 12/92 n° 1113). Cette solution est transposable au bail à construction.
b. Selon la cour d'appel de Paris, le bailleur à construction dispose pendant le cours du bail d'une action en réparation des **défauts de conformité** à l'encontre des constructeurs de l'immeuble, pourtant exclusivement liés avec le preneur à construction, dès lors qu'il doit recouvrir à l'issue du bail la propriété des constructions édifiées (CA Paris 27-05-2002 n° 98-1449 : Constr.-urb. 2002 n° 247) ; la nature de ce contrat conduit pourtant à s'interroger sur une solution assise sur cette seule motivation.
c. L'obligation d'entretien s'entend de l'exécution de **travaux conformes aux normes,** documents techniques unifiés et règles de l'art (Cass. 3e civ. 17-12-2003 n° 02-11.050, Mouthon c/ SCI La vigne aux loups). En cas d'inexécution de cette obligation d'entretien, le preneur peut être condamné à payer une provision correspondant aux coûts des travaux d'entretien et de réparation déterminés par expertise.

CHARGES

83415 Le preneur a l'obligation d'acquitter les charges, taxes et impôts relatifs tant aux constructions qu'au terrain (CCH art. L 251-4, al. 1).

PERTE DES IMMEUBLES

83420 En cas de perte des immeubles par **cas fortuit ou force majeure,** le preneur n'est pas tenu de reconstruire et chacune des parties peut demander la résiliation du bail (CCH art. L 251-4, al. 2 et art. L 251-7).

Lors d'une **expropriation,** tant le bailleur que le preneur ont droit à être indemnisés, le premier pour perte de la propriété de ses biens lui revenant en fin de bail, le second pour perte, pendant la durée du bail, de la propriété des constructions édifiées (Cass. 3e civ. 31-3-2004 n° 02-15.754 : Bull. civ. III n° 66 ; RDI 2005 p. 21).

DÉMOLITION

Sauf stipulation contraire du bail, le preneur peut démolir les bâtiments existants à charge de les reconstruire (CCH art. L 251-4, al. 3). 83425

SERVITUDES

Pendant la durée du bail, le preneur peut consentir les **servitudes passives indispensables à la réalisation des constructions** prévues au bail (CCH art. L 251-3, al. 4). Cette disposition est d'ordre public (CCH art. L 251-8). Les servitudes ainsi consenties subsistent à l'expiration du bail (CCH art. L 251-6). 83430

S'agissant des **autres servitudes,** actives ou non indispensables à la réalisation des constructions, le contrat peut les interdire ou subordonner leur constitution à l'accord préalable du bailleur (Cass. 3e civ. 16-7-1998 no 96-21.180 : RJDA 10/98 no 1089).

IMMEUBLES EXISTANTS

Les parties peuvent librement convenir du **sort des immeubles** existants lors de la conclusion du bail (CCH art. L 251-2). Les immeubles existants peuvent donc être soit conservés par le bailleur, soit cédés au preneur, voire loués à ce dernier. 83435

Malgré une rédaction maladroite du texte « … à défaut de convention, le bailleur en devient propriétaire en fin de bail », il ne semble pas que les immeubles existants soient transférés d'office au preneur, en l'absence de convention, pendant le cours du bail. À défaut d'acte translatif, la solution est en effet difficilement admissible.

Le **transfert des immeubles** existants pendant la durée du bail ne s'analyse pas en une vente de ceux-ci. En effet, le preneur à construction est investi d'un droit de superficie qui comprend les droits du propriétaire sur la surface du sol et sur les superficies, lesquels comprennent alors dans un tel cas les constructions existantes. Il ne s'agit pas de la mutation du droit de propriété perpétuelle mais de l'exercice pendant la durée du bail à construction des prérogatives de propriété sur ces édifices. 83440

> **Précisions** **a.** La préexistence de **constructions édifiées par le preneur** avant la signature d'un bail écrit ne compromet pas le recours au bail à construction si l'antériorité des relations contractuelles non formalisées est établie et corroborée, ou du moins non contrariée, par des documents antérieurs audit acte (délibération, lettre, dossier de demande de permis de construire, etc.).

b. Bien qu'il ne s'agisse pas d'une vente, il est opportun de conseiller au bailleur d'annexer à l'acte les **diagnostics** de type « avant-vente » afin de respecter son devoir d'information : amiante, plomb, termites, état des risques naturels et technologiques, etc.

c. Un preneur à bail commercial ne peut pas se voir opposer les termes du bail emphytéotique conclu postérieurement, notamment ceux qui confèrent à l'emphytéote la qualité de bailleur à son égard (Cass. 3e civ. 21-9-2023 no 22-12.031 : AJDI 2023 p. 765). Si la solution a été énoncée en matière de bail emphytéotique, elle nous paraît indiscutablement **transposable** au cas dans lequel les bâtiments existants transférés au preneur à construction sont grevés d'un bail. L'**accord du preneur à bail** préexistant s'impose donc.

d. Sauf stipulation contraire, l'emphytéose emporte, par elle-même, dès l'entrée en jouissance par l'effet du bail et pendant toute la durée de celui-ci, **transfert** du bailleur au preneur des actions en **garantie décennale** et en **réparation** à raison des désordres affectant les ouvrages donnés à bail (Cass. 3e civ. 11-7-2024 no 23-12.491 : BPIM 5/24 inf. 312, à propos d'un bail emphytéotique portant sur l'emprise de panneaux photovoltaïques, leurs accessoires et l'espace non bâti les surplombant, et de l'action en garantie décennale à raison des désordres affectant ces panneaux).

Compte tenu de l'identité des principes considérés en bail emphytéotique et en bail à construction, cette solution nous paraît **transposable** aux actions attachées aux bâtiments existants transférés au preneur à construction.

6. DROITS ET OBLIGATIONS EN FIN DE BAIL

PRINCIPE

À défaut de convention, le bailleur devient propriétaire en fin de bail des constructions édifiées et profite des améliorations (CCH art. L 251-2). 83470

Les parties peuvent donc **aménager conventionnellement** l'issue du contrat.

Par exemple, il est possible de prévoir (voir sur ce point, H. Manciet, L'extinction du bail à construction : aspects civils : SNH 27/20 inf. 11) :

– que les constructions deviendront la propriété du bailleur contre indemnité, celle-ci correspondant généralement à la valeur des constructions dans leur état au terme du bail ou au montant de la plus-value acquise par le terrain ; mais les difficultés que pose ce type d'évaluation,

d'une part, et le montant élevé du loyer périodique auquel cela conduit, d'autre part, font que cette solution est très rarement retenue ;
– une dissociation définitive de la propriété du terrain et des constructions par la mise en place d'une volumétrie ; mais là aussi, les difficultés inhérentes à cette organisation, et l'économie très particulière qui en résulte inéluctablement ne militent pas en faveur de ce choix peu fréquent en pratique ;
– une clause de nivellement (voir nº 83315) ceci afin d'éviter au bailleur d'avoir à supporter les coûts d'entretien ou de démantèlement de constructions soit dont il n'aurait aucune utilité, soit dont la conception spécifique ou la technique de construction fait craindre une importante obsolescence ; notons que le plus souvent c'est une faculté discrétionnaire que se réserve le bailleur, et non une obligation inéluctable imposée au preneur. C'est surtout une solution qui permet d'être assuré de la présence d'un bâtiment d'une destination convenue durant une durée limitée sans qu'il n'en résulte pour autant une pérennité dudit bâtiment et donc de l'activé considérée ; cela s'avère souvent attractif pour l'une et l'autre des deux parties.

Précisons que :
– le bail peut prendre fin par suite de **l'acquisition du terrain d'assiette par le preneur** en cours de bail ; dans ce cas, l'acquisition opère extinction du bail par confusion (sur les conséquences fiscales de ce dénouement, voir nº 83590) ;
– la **résiliation du bail** permet au bailleur d'accéder à la propriété des immeubles construits avant l'expiration du bail (Cass. com. 24-6-1997 nº 95-13.038 : Bull. civ. IV nº 202 ; Cass. 3e civ. 20-6-2024 nº 23-10.559 F-D : BPIM 4/24 inf. 252).

83475 En fin de bail, les charges, **baux ou titres d'occupation consentis par le preneur** (autres que les baux d'habitation visés nº 83477) s'éteignent (CCH art. L 251-6). Ni le preneur ni ses occupants ne bénéficient d'un droit au maintien dans les lieux ou à l'octroi préférentiel d'un bail ou à la perception d'une indemnité en raison de l'absence d'offre d'un tel bail. Il en est ainsi même si la location consentie par le preneur à construction relève du statut des baux commerciaux. Le « sous-locataire » n'a dans ce cas droit ni au renouvellement ni à indemnité d'éviction (Cass. 3e civ. 14-11-2007 nº 06-18.133 : RJDA 4/08 nº 383) ; cette solution s'inscrit dans le prolongement de celle retenue en matière d'emphytéose (Cass. 3e civ. 29-1-1992 : Bull. civ. III nº 31 ; Cass. 3e civ. 9-2-2005 nº 03-17.065 : Constr.-urb. 2005 nº 73).

83477 Par exception, les **contrats de bail de locaux d'habitation** ne s'éteignent pas à l'expiration du bail à construction (CCH art. L 251-6, al. 1). Ne sont pas uniquement visés les baux d'habitation relevant de la loi 89-462 du 6 juillet 1989, le champ d'application couvert étant beaucoup plus large. Observons que ce dispositif ne figure ni au rang des dispositions impératives qui gouvernent le bail à construction (CCH art. L 251-8) ni à celui des caractéristiques essentielles de ce type de contrat : il peut donc être librement écarté par les parties si l'on se réfère aux principes énoncés par la Cour de cassation (Cass. 3e civ. 7-4-2004 nº 02-16.283 : RJDA 8-9/04 nº 958). Néanmoins, s'il s'agit d'un bail de locaux d'habitation régi par les dispositions d'ordre public de la loi du 6 juillet 1989 conclu par le preneur à construction avec le locataire, ce bail se poursuivra automatiquement avec le propriétaire de l'immeuble jusqu'à son terme contractuel, toute clause contraire étant réputée non écrite (Loi 89-462 du 6-7-1989 art. 10).

Il demeure par ailleurs possible d'organiser contractuellement l'octroi d'un **droit préférentiel de location** à l'issue du bail vis-à-vis de l'ex-preneur à construction s'il vient à acquérir les lieux, ou vis-à-vis du bailleur à construction ; dans ce dernier cas, le plus souvent, celui-ci soumettra alors à son agrément la passation des baux offrant cette prérogative. Dans la majeure partie des cas, le bail est conclu en considération de la **remise des constructions** contractuelles en fin de bail au profit du bailleur. Cette remise peut s'effectuer avec ou sans stipulation d'indemnité. Le sort des constructions supplémentaires effectuées par le preneur n'est pas détaillé par les textes. Il est préférable d'adopter un libellé explicite du contrat qui range de telles constructions parmi les améliorations accédant au profit du bailleur.

Le preneur est débiteur d'une **obligation de conformité** lors de la délivrance en fin de bail comme il l'est en fin de période d'édification.

> **Précisions** **a.** L'exception au principe d'extinction en faveur des contrats de bail de locaux d'habitation a été instaurée par la **loi Alur** du 24 mars 2014 (art. 113-I). Il en résulte que sous l'empire du droit antérieur, le preneur d'un bail à construction manquait à son obligation de restituer les lieux libres de tous occupants dès lors que les appartements objet du bail à construction étaient occupés à usage d'habitation à l'expiration du bail (Cass. 3e civ. 4-4-2019 nº 18-14.049 FS-PBI : BPIM 3/19 inf. 184). Notons que ces dispositions de la loi Alur (art. 113-I) ne sont pas d'application rétroactive. La jurisprudence précitée pourrait donc toujours trouver à s'appliquer pour les baux conclus antérieurement à l'entrée en vigueur de la loi Alur.

b. Se pose également la question de savoir si le maintien des baux d'habitation à l'expiration du bail à construction s'applique également pour les **baux d'habitation irrégulièrement consentis** (cas du bail à construction qui exclurait cette destination).

BAIL À CONSTRUCTION À L'ENVERS

Le bail peut aussi prendre fin par l'acquisition définitive de la propriété du terrain par le preneur (sur le régime fiscal de cette opération, voir nº 83637). 83480

Le montage juridique adopté à cet effet se révèle variable.

> **Précisions** **a.** Les dispositions régissant l'action en **rescision pour lésion** sont susceptibles de recevoir application dans le cadre de l'exécution de la promesse de vente dont était assorti un bail à construction dans la mesure où les deux contrats ne sont pas indivisibles (Cass. 3e civ. 7-7-2010 nº 09-14.579 : Bull. civ. III nº 141 ; Cass. 3e civ. 4-4-2013 nº 12-14.134 : BPIM 3/13 inf. 197).
> **b.** Si le bail à construction prévoit que la propriété du bien loué doit être transférée au preneur en fin de contrat, la cession à titre onéreux des droits réels immobiliers, tels que le droit réel immobilier conféré par un bail à construction, est soumise au **droit de préemption urbain** ; il appartient au notaire chargé d'établir le bail de déterminer si ce dernier est soumis au droit de préemption urbain selon l'effectivité du transfert de la propriété à la date d'expiration du bail. Il est recommandé la plus grande vigilance sur ce point (Rép. Bonnecarrère : Sén. 10-1-2019 nº 07455). L'exercice de son droit de préemption par la commune lui transfère la propriété des parcelles mais non celle des constructions, qui continuent d'appartenir aux preneurs jusqu'à l'expiration des baux. La commune se retrouve ainsi liée par les stipulations de ces baux, et donc par les promesses de vente, ce qui l'empêche de réaliser l'opération d'aménagement qui a pourtant justifié l'exercice du droit de préemption et qui en est la finalité légale (CE 19-4-2022 nº 442150, Cne de Mandelieu-la-Napoule : BPIM 3/22 inf. 190).

C. Régime fiscal

1. DROITS D'ENREGISTREMENT ET TVA

CONCLUSION DU BAIL À CONSTRUCTION

Les baux à construction sont en **principe** exonérés de TVA (CGI art. 261 D, 1º bis). 83560

Mais le bailleur peut **opter** pour l'assujettissement du bail à la TVA (CGI art. 260, 5º). La TVA est alors due au taux et dans les conditions de droit commun, sous réserve de dispositions spécifiques en matière d'assiette destinées à tenir compte de la nature particulière de ce contrat.

L'option pour la TVA doit être exercée **dans le contrat** de bail par le bailleur, qui en est le redevable légal (CGI ann. II art. 201 quater A).

> **Précisions** **a.** Constitutifs de droits réels immobiliers, les baux à construction sont obligatoirement soumis à la **formalité** de publicité foncière (Décret 55-22 du 4-1-1955 art. 28, 1º). En pratique, ils doivent être dressés par acte notarié (C. civ. art. 710-1) et relèvent de la formalité fusionnée (CGI art. 647, I-al. 2). Cette publicité est réalisée moyennant la perception de la seule contribution de sécurité immobilière, les baux à construction étant exonérés de **taxe de publicité foncière** (CGI art. 743, 1º).
> **b.** Si le bail comporte une **clause de transfert de propriété au profit du preneur** au terme du contrat, la conclusion du bail s'analyse en une vente parfaite. Le contrat doit dès lors être taxé immédiatement comme une vente d'immeuble soumise à la TVA. Si cette clause s'analyse comme une simple promesse de vente ou une vente sous condition suspensive, la constitution du bail conserve le caractère d'une location assortie d'une mutation éventuelle au terme du bail, dont le régime dépendra des conditions propres à sa réalisation (BOI-TVA-IMM-10-10-20 nº 100).

Assiette de la TVA Elle est constituée par la valeur du **droit de reprise** des immeubles qui doivent revenir au bailleur en fin de bail, abstraction faite, le cas échéant, de l'**indemnité de reprise** stipulée au profit du preneur (pour le cas où la valeur de l'immeuble est supérieure au montant des loyers acquittés par le preneur) et, d'autre part, du montant des **loyers** versés au cours du bail, lesquels sont imposés par ailleurs comme prestations de services (CGI art. 266, 5). 83565

Les parties sont libres de déterminer dans l'acte la **valeur** de ce **droit de reprise,** sous réserve du droit de contrôle de l'administration (BOI-TVA-IMM-10-20-10 nº 390). À titre d'exemple, l'administration indique une **méthode** fondée sur la prise en compte de la somme des loyers qu'il serait possible d'obtenir pour un bail d'une durée identique portant sur un terrain comparable (voir ci-dessous). Mais toute autre méthode peut être retenue, dès lors qu'elle est justifiée par les circonstances de fait (BOI précité n° 400).

En pratique, il conviendra alors d'étayer dans l'**acte de bail** la méthode employée par un **exposé** de ces circonstances particulières.

EXEMPLE

À titre d'exemple, l'administration propose une **méthode d'évaluation du droit de reprise** pour l'assiette de la TVA (BOI-TVA-IMM-10-20-10 n° 400), que nous reproduisons ci-après.

Le droit de reprise peut être évalué, à la date de conclusion du contrat, à la somme des loyers qu'il serait possible d'obtenir (en complément, s'il y a lieu, du loyer courant déjà stipulé au contrat) d'un bail d'une durée identique portant sur un terrain comparable, lesdits loyers étant indexés sur l'érosion monétaire et ramenés à la même date par un taux d'actualisation dérivé de celui auquel pourraient se financer les parties.

Si L est le loyer indexé qu'il serait possible d'obtenir au terme de la première année, d la durée du bail en années et i le taux d'actualisation retenu (net de l'érosion monétaire), la somme des loyers actualisés en T0 est :

$$(L \times (1 + i)^{d} - 1) / (i \times (1 + i)^{d})$$

Soit, par exemple, pour 30 années et i = 4 %, une valeur actualisée égale à 17,29 L.

Le loyer lui-même pourra être estimé comme le produit de la valeur du terrain et d'un taux de rendement foncier approprié.

83570 **Fait générateur et exigibilité** Le fait générateur de la TVA intervient dans les conditions de droit commun, c'est-à-dire, en l'espèce, à la **prise d'effet du bail** (BOI-TVA-IMM-10-20-20 n° 130).

La taxe est exigible lors de la conclusion du contrat pour la partie liquidée sur **la valeur du droit de reprise** et, s'il y a lieu, lors de l'encaissement pour la partie de taxe afférente aux **loyers** (CGI art. 269, 2-c bis).

83575 **Déduction de la TVA** À défaut de disposition spécifique, les droits à déduction du bailleur s'exercent conformément au droit commun. Le **bailleur** assujetti est donc admis à déduire l'intégralité de la taxe qu'il a, le cas échéant, acquittée à raison de l'acquisition du terrain ou des travaux d'aménagement de celui-ci.

Pour sa part, le **preneur** du bail à construction peut déduire de la TVA exigible à raison de son activité professionnelle la TVA ayant grevé les constructions qu'il a édifiées et sur lesquelles il dispose de tous les droits attachés à la qualité de propriétaire pendant la durée du bail, sous réserve des limitations, exclusions et obligations de droit commun. Il peut également déduire la TVA afférente au bail à construction lui-même, lorsque l'option pour le paiement de la TVA a été exercée (BOI-TVA-DED-40-30 n° 40).

RÉALISATION DE LA CONSTRUCTION PAR LE PRENEUR

83580 L'opération de construction réalisée par le preneur assujetti est imposée à la TVA dans les conditions de droit commun.

Dès lors que l'immeuble édifié peut être considéré comme un immeuble neuf au sens de la TVA (CGI art. 257, I-2-2°), il doit, le cas échéant, faire l'objet par le preneur assujetti d'une livraison à soi-même (**Lasm**) taxable à la TVA dans les conditions indiquées n°s 66800 s.

Lorsqu'elle est exigible, la TVA sur la Lasm est liquidée sur le **prix de revient total de l'immeuble,** y compris le coût des terrains (CGI art. 266, 2-a), celui-ci étant égal au montant des loyers afférents à la durée du bail (en ce sens, BOI-TVA-IMM-10-20-10 n° 340).

VENTE DES DROITS DES PARTIES À DES TIERS

83585 Le CGI prévoit expressément que les mutations de toute nature qui ont pour objet les droits du bailleur ou du preneur sont assujetties aux dispositions fiscales applicables aux mutations d'immeubles (CGI art. 1378 ter). Le texte n'opère pas de distinction entre la vente des droits du bailleur et celle des droits du preneur, qui devraient donc être taxées de la même manière.

En matière de **TVA,** l'administration précise que l'exonération dont bénéficient les baux à construction, assortie de la faculté d'option (n° 83560), s'applique à la constitution du droit au profit du preneur et aux loyers susceptibles d'être stipulés au long du contrat mais pas à la cession éventuelle des droits du bailleur ou du preneur, lesquels suivent, à raison de leur caractère de droits réels immobiliers, le **régime du bien immeuble auquel ils se rapportent** (BOI-TVA-IMM-10-10-20 n° 90).

S'agissant de la **cession des droits du preneur,** en supposant que celui-ci est un assujetti agissant en tant que tel, la cession est susceptible d'être soumise à la TVA (BOI-ENR-JOMI-30 n° 220) et le régime de la cession dépendra de l'état et/ou de la nature du terrain support du bail à construction :
– avant réalisation de la construction, la cession est traitée fiscalement comme celle d'un terrain à bâtir, si le terrain cédé en remplit les conditions (voir nos 44500 s.) ;
– après réalisation de la construction, la cession des droits du preneur est traitée fiscalement comme celle d'un immeuble bâti, de plus ou moins de cinq ans selon sa date d'achèvement, taxable de plein droit ou sur option à la TVA.

L'analyse du traitement fiscal de la **cession des droits du bailleur** (en supposant que celui-ci est un assujetti agissant en tant que tel) est plus incertaine. Selon l'**administration fiscale,** la cession des droits du bailleur ne constitue pas, à proprement parler, une opération concourant à la production ou à la livraison de l'immeuble et n'est pas assujettie à la TVA, quelle que soit la date à laquelle elle intervient (BOI-ENR-JOMI-30 n° 210). L'administration place donc cette opération hors du champ de la TVA.

Toutefois, la lecture littérale de l'article 1378 ter du **CGI** semble permettre de défendre que la cession des droits du bailleur, suivant le régime de l'immeuble auquel elle se rapporte, entre dans le champ d'application de la TVA. Une cession des droits du bailleur pourrait alors être analysée comme une cession de terrain non à bâtir (dans la mesure où le droit à construire a été transféré au preneur) au sens de la TVA (CGI art. 257, I-2-1°) et serait, de ce fait, exonérée de TVA (CGI art. 261, 5-1°) sauf option du bailleur dans les conditions prévues par l'article 260, 5° bis du CGI.

En matière de **droits d'enregistrement,** la cession des droits du bailleur ou du preneur devrait être taxée dans les conditions de droit commun :
– au taux réduit (n° 44880), pour les cessions de terrains à bâtir dont l'acquisition initiale avait ouvert droit à déduction de la TVA et les cessions d'immeubles achevés depuis moins de cinq ans ;
– au taux de droit commun (n° 44875), pour les autres cessions, sous réserve de la possibilité pour l'acquéreur assujetti de prendre un engagement de construire ou de revendre. Dans l'hypothèse évoquée ci-dessus où les droits du bailleur seraient analysés comme portant sur un terrain réputé non à bâtir, leur cession supporterait les droits d'enregistrement au taux de droit commun, y compris en cas d'option pour la TVA.

VENTE DU TERRAIN AU PRENEUR EN COURS DE BAIL

La Cour de cassation juge que, lorsque le preneur d'un bail à construction acquiert le terrain **83590**
du bailleur en cours de bail, les droits d'enregistrement ne sont pas dus sur la valeur des constructions (Cass. com. 12-6-2012 n° 11-18.978 F-D : RJF 10/12 n° 958). Elle considère en effet que **la confusion des droits locatifs et de propriété éteint le droit au bail** sur les parcelles dont le preneur devient propriétaire et que la confusion des qualités de preneur et de bailleur qui en résulte n'entraîne pas la résiliation anticipée du bail mais son extinction par confusion des droits au sens de l'article 1349 du Code civil, de sorte qu'aucun transfert de la propriété des biens ne se produit entre le patrimoine du preneur et celui du bailleur. Il en résulte que les droits d'enregistrement sont dus sur la seule valeur du terrain.

ATTENTION

Dans le cadre d'une mise en cause de la responsabilité d'un conseil, la première chambre civile de la Cour de cassation a retenu une **solution divergente** de celle de la chambre commerciale exposée ci-dessus (Cass. 1e civ. 30-5-2012 n° 11-12.301). Selon cette décision, dans le cas où le bailleur vend le terrain au preneur avant le terme du bail à construction assorti d'une clause d'accession sans indemnité, la vente produit, au regard de la loi fiscale applicable en matière de droits de mutation, les mêmes effets qu'une résiliation amiable et doit être regardée comme impliquant la remise préalable des constructions au bailleur. À notre avis, cette décision ne fragilise pas la solution postérieure de la chambre commerciale, seule compétente en matière de droits d'enregistrement.

En matière d'impôts directs, l'analyse du Conseil d'État diverge également (voir n° 83655).

RÉSILIATION DU BAIL À CONSTRUCTION

La Cour de cassation a rappelé que, dans le bail à construction, le preneur bénéficie, sur le **83595**
terrain, d'un droit réel immobilier et, sur les constructions, d'un droit de propriété temporaire, et que le bailleur, propriétaire du sol, devient, sauf convention contraire, propriétaire des constructions en fin de bail.

Elle en a conclu que par l'effet de la résiliation, le preneur perd ce droit de propriété temporaire et permet au bailleur d'accéder à la propriété des immeubles construits avant l'expiration du bail, de sorte qu'entraînant **transfert de propriété des immeubles,** la résiliation constitue une mutation soumise aux **droits d'enregistrement** des mutations d'immeubles (Cass. com. 24-6-1997 nº 95-13.038 P : RJF 11/97 nº 1064 ; Cass. com. 19-6-2001 nº 98-14.707 FS-P : RJF 10/01 nº 1330).

Cette analyse, qui avait été reprise en matière de TVA immobilière par l'administration (Rép. Fossé : AN 27-4-1974 nº 6220) et la cour administrative d'appel de Bordeaux (CAA Bordeaux 25-3-2003 nº 99-723 : RJF 7/03 nº 825), nous paraît tout à fait transposable dans le régime actuel de la **TVA** applicable aux opérations immobilières. De sorte que, si la résiliation du bail à construction intervient moins de cinq ans après la date d'achèvement de l'immeuble, l'opération, qui s'analyse en une cession d'immeuble neuf, est passible de plein droit de la TVA (si le « preneur-cédant » est un assujetti). Si la résiliation du bail intervient après ce délai, elle est exonérée de TVA, sauf option du « preneur-cédant » assujetti, option lui permettant d'éviter les régularisations de TVA prévues à l'article 207 de l'annexe II au CGI.

> **Précisions** Les droits d'enregistrement sont dus par le bailleur au **taux** réduit lorsque l'opération est soumise de plein droit à la TVA (voir nº 44880) ou au taux de droit commun (voir nº 44875) si elle est exonérée de TVA ou si elle est soumise à la TVA sur option.

FIN DU BAIL À CONSTRUCTION

83600 **Retour des constructions au bailleur** À la fin de la durée prévue au contrat, les constructions reviennent au bailleur en franchise de taxe de publicité foncière et de TVA, par l'effet de la convention.

Le preneur assujetti doit procéder à la **régularisation** du droit à déduction de **TVA** dont il a bénéficié sur la taxe qui a grevé les immobilisations réalisées depuis moins de vingt ans (CGI ann. II art. 207, III). La **taxe** ainsi **régularisée** pourra être **transférée au bailleur** bénéficiaire du droit de reprise de l'immeuble, sous réserve que celui-ci l'immobilise à son tour (CGI ann. II art. 207, III-3) ou, s'il le comptabilise en stock (notamment parce qu'il envisage de le revendre), qu'il l'ait utilisé néanmoins plus d'un an pour une activité économique : nº 66915 (CGI ann. II art. 207, IV-3).

83605 **Acquisition du terrain par le preneur** Les parties peuvent souhaiter que la totalité de l'immeuble devienne la propriété du preneur en fin de contrat. Si le principe même de cette vente n'est pas acquis de façon définitive dès la conclusion du contrat de bail (auquel cas on se trouve en présence d'une vente taxable à la TVA dès cette conclusion : nº 83560, Précisions, b), l'opération s'analyse fiscalement, à notre avis, en une promesse de vente indépendante du bail à construction. Deux situations sont envisageables.

Si la clause est qualifiée de **promesse unilatérale de vente,** le régime de la cession sera déterminé à la date de la levée d'option. L'objet de la vente étant réduit au seul terrain, sa qualification fiscale est délicate. Si l'administration exclut la qualification de terrain à bâtir lorsque la parcelle supporte des bâtiments (BOI-TVA-IMM-10-10-10-20 nº 110), la particularité de la situation doit, selon nous, conduire à écarter cette analyse. La cession du seul terrain d'assiette à la personne qui possède déjà les constructions semble assimilable à celle d'un terrain dépourvu de bâtiments. Puisque ce terrain est constructible, la vente porterait alors sur un terrain à bâtir. Cette analyse méritera toutefois d'être confirmée par l'administration.

Si la clause est qualifiée de **vente sous condition suspensive,** l'objet de la vente lors de sa conclusion est un terrain à bâtir. Seule l'exigibilité de la taxe est différée à la date de réalisation des conditions.

Dans les deux hypothèses, la **vente** du **terrain à bâtir** entre de plein droit dans le champ de la **TVA** lorsque le bailleur-cédant est un assujetti. L'assiette est constituée par le prix de vente si l'acquisition du terrain par le bailleur-cédant avait ouvert droit à déduction, et par la marge dans le cas inverse.

Les **droits d'enregistrement** sont dus au taux réduit (nº 44880) si la TVA est calculée sur le prix de vente, et au taux de droit commun (nº 44875) si elle est due sur la marge.

2. IMPÔTS DIRECTS

a. Modalités d'imposition

LOYERS ET AUTRES PRESTATIONS CONSTITUANT LE PRIX DU BAIL À CONSTRUCTION

En cours de bail Les **loyers** et prestations de toute nature qui constituent le prix du bail à construction ont le caractère de revenus fonciers (CGI art. 33 bis). Ces revenus sont taxables : **83630**

– si le **bailleur** est un **particulier,** à l'impôt sur le revenu dans la catégorie des revenus fonciers ;

– si le **bailleur** est une **entreprise** individuelle (à la condition que l'immeuble soit inscrit à l'actif et utilisé pour les besoins de l'exploitation) ou une **société,** respectivement à l'impôt sur le revenu dans la catégorie des bénéfices professionnels correspondants (BIC ou BA) ou à l'IS.

Lorsque le prix du bail consiste, en tout ou partie, dans la **remise d'immeubles** ou fractions d'immeubles ou de titres donnant vocation à la propriété ou à la jouissance de tels immeubles, la valeur de ces immeubles ou titres, calculée d'après leur prix de revient, constitue pour le bailleur un revenu imposable dans les mêmes conditions que les loyers proprement dits. L'imposition est établie en principe au titre de l'année ou de l'exercice au cours duquel les biens lui ont été attribués. Toutefois, le bailleur (particulier ou entreprise) peut demander l'**étalement de l'imposition** de ce revenu sur 15 ans (répartition du revenu sur l'année ou l'exercice de l'attribution des immeubles et sur les 14 années ou exercices suivants) (CGI art. 33 ter, I-al. 1 et art. 38, 1). Il appartient au bailleur de **mentionner expressément** dans sa déclaration de revenus son intention de bénéficier de ce dispositif (CE 22-11-2022 n° 453168 : RJF 2/23 n° 103).

Lorsque le **preneur** est une entreprise soumise aux règles des **BIC,** les loyers versés sont normalement déductibles des bénéfices imposables de cette entreprise dans les conditions de droit commun.

En outre, l'entreprise locataire peut, par dérogation à la règle prévue en cas de construction sur sol d'autrui (CGI art. 39 D), amortir les constructions édifiées sur la durée du bail lorsque celles-ci doivent revenir gratuitement au bailleur en fin de bail (BOI-BIC-AMT-20-40-30 n° 20).

En cas de **cession des biens remis en paiement,** la partie du revenu qui n'aurait pas encore été taxée est rattachée aux revenus de l'année ou de l'exercice de la cession. Le cédant – personne physique – peut toutefois demander à bénéficier du système du quotient prévu à l'article 163-0 A, I du CGI (CGI art. 33 ter, I-al. 2). Il en est de même en cas de **décès** du contribuable. Toutefois, chacun de ses ayants droit peut demander que la partie du revenu non encore taxée correspondant à ses droits héréditaires soit imposée à son nom et répartie sur chacune des années comprises dans la fraction de la période de 15 ans restant à courir à la date du décès (CGI art. 33 ter, I-al. 3).

> **Précisions** **a.** Jugé que la **notion de bail à construction** ouvrant droit au bénéfice des dispositions de l'article 33 ter du CGI doit être interprétée strictement : ne répond pas à cette définition un bail à construction conclu pour une durée de 25 ans mais qui prévoit la possibilité d'une résiliation à l'expiration de chaque période triennale admettant ainsi, d'emblée, la possibilité d'une durée inférieure à 18 ans contraire aux dispositions de l'article L 251-1 du CCH (voir n° 83260) (TA Dijon 9-3-1999 n° 98-5656 : RJF 6/99 n° 722).
>
> Le Conseil d'État juge cependant que la **cessation anticipée** d'un bail à construction (par vente du terrain au preneur au cours des 18 premières années du bail) ne le disqualifie pas en un bail de droit commun (CE 11-4-2008 n°s 287961 et 287967 : RJF 7/08 n° 819 ; dans le même sens, en matière de droits d'enregistrement, Cass. com. 24-6-1997 n° 95-13.038 P : n° 83595).
>
> Pour une requalification d'un bail à construction en **vente à tempérament** avec réserve de propriété, voir TA Lyon 18-12-2001 n° 97-4891 : RJF 1/03 n° 47.
>
> Sur la **jurisprudence judiciaire** relative aux clauses contrevenant aux caractéristiques essentielles du bail à construction, voir n° 83015.
>
> **b.** L'**indemnité d'assurance** reversée par le preneur au bailleur en vertu du bail, en compensation de la perte de revenus qu'il subit du fait de la destruction de l'immeuble, constitue pour le bailleur un revenu foncier imposable (CE 21-3-2003 n° 235874 : RJF 6/03 n° 714).
>
> En revanche, une **indemnité de démolition** versée par le preneur d'un bail à construction au bailleur peut, dans des circonstances particulières, ne pas constituer un revenu foncier pour ce dernier, lorsqu'elle n'a pour objet que de compenser la dépréciation d'un élément du patrimoine de l'intéressé (CE 23-1-2002 n° 221538 : RJF 4/02 n° 398).
>
> Pour déterminer si l'**indemnité** versée au bailleur d'un bail à construction, **à raison du transfert au preneur de la propriété des biens existants,** est un revenu foncier ou un produit de cession, ou relève pour partie de l'une ou de l'autre de ces catégories, il y a lieu de tenir

compte non seulement des clauses du bail et du montant de l'indemnité stipulée, mais aussi du niveau normal du loyer correspondant à l'ensemble immobilier en litige, ainsi que des avantages éventuels offerts par le propriétaire bailleur, en sus du droit de jouissance qui découle du contrat de bail (CE 3-12-2014 n° 371101 : RJF 2/15 n° 114) ; en l'espèce, il est reproché aux juges du fond de n'avoir pas recherché si cette indemnité, relative à des constructions existantes acquises par le bailleur aux fins de les détruire, ne constituait pas l'un des éléments du prix du bail à construction.

c. Jugé que les effets du **droit de construire** attaché ou non à un terrain et **acquis dans le cadre d'un bail à construction** ne prennent pas fin au fur et à mesure de la réalisation des constructions qu'ils rendent possibles et subsistent même en cas de démolition de ces constructions. Ne disparaissant pas du fait de leur utilisation et ne se dépréciant pas avec le temps, les droits à construire ne peuvent pas être **amortis** (CE 23-12-2010 n° 308206 : RJF 4/11 n° 407).

d. En principe, les produits et charges qui se rapportent à des **biens inscrits au bilan mais non utilisés pour l'exercice de l'activité professionnelle** – immeubles de rapport notamment – sont écartés pour la détermination du bénéfice imposable de l'exploitant individuel imposable au titre des BIC et des BA. Les opérations afférentes à ces biens donnent lieu à la détermination d'un résultat distinct dans la catégorie d'imposition correspondant à leur nature (revenus fonciers, bénéfices industriels et commerciaux non professionnels, etc.) comme s'ils ne figuraient pas au bilan de l'entreprise individuelle (CGI art. 155, II et III).

83635 **Constructions revenant gratuitement au bailleur en fin de bail** Lorsque, selon la règle générale, les constructions reviennent sans indemnité au bailleur en fin de bail, les profits représentés par la valeur de ces constructions, **évaluées à leur prix de revient,** sont en principe imposables au nom du bailleur en tant que revenus fonciers ou bénéfices professionnels (CGI art. 33 ter, II). Toutefois, il convient de faire la distinction suivante :

– si la **durée du bail est égale ou supérieure à 30 ans,** la remise des constructions ne donne lieu à aucune imposition ;

– si, au contraire, cette **durée** est comprise **entre 18 et 30 ans,** l'impôt n'est dû que sur une valeur réduite en fonction de la durée du bail dans les conditions suivantes : le revenu brut foncier ou le bénéfice professionnel correspondant à la valeur des constructions remises au bailleur est égal au prix de revient de ces constructions, sous déduction d'une décote égale à 8 % par année de bail au-delà de la dix-huitième (CGI ann. III art. 2 sexies).

Ainsi, par exemple, dans le cas d'un bail d'une durée de 20 ans, le revenu imposable sera égal à 84 % du prix de revient des constructions.

ATTENTION

Si des **constructions additionnelles non prévues** dans le contrat de bail initial reviennent sans indemnité au bailleur en fin de contrat, elles ne bénéficient pas des dispositions de l'article 33 ter, II du CGI et sont donc soumises aux revenus fonciers (CAA Lyon 12-5-2022 n° 20LY01508 : BPIM 4/22 inf. 297).

L'**imposition** est en principe **exigible** à la fin de la période pour laquelle le bail a été initialement conclu, même s'il est renouvelé, mais le bailleur peut demander l'étalement de l'imposition (voir n° 83630 sur le dispositif d'étalement et les conséquences d'une cession des biens ou du décès du contribuable). La **durée du bail** à prendre en considération est celle qui a été convenue par le bail à construction d'origine. Voir cependant ci-après n° 83650 pour les cas de prorogation.

› Précisions **a.** La **donation-partage** comprenant un ensemble immobilier dont le contribuable a retrouvé l'entière disposition à l'expiration d'un bail à construction constitue une cession au sens de l'article 33 ter, I du CGI, malgré le fait qu'il s'agisse d'une cession à titre gratuit et la circonstance que la donation-partage était assortie d'une clause de réserve d'usufruit. Le revenu foncier représenté par la valeur desdits biens ne peut donc pas bénéficier du régime de l'étalement prévu par cet article (CAA Nantes 15-5-2001 n° 97-2577 : RJF 10/01 n° 1238).

b. Lorsque **le bailleur** (imposable au titre des BIC ou de l'IS) **a inscrit à son actif les constructions** qui lui ont été remises en fin de bail, l'exemption d'imposition accordée par l'article 33 ter du CGI pour les baux d'une durée au moins égale à 30 ans s'applique dans la limite du prix de revient des constructions, même s'il les a comptabilisées à leur valeur vénale. Dans ce cas, l'écart entre la valeur vénale et le prix de revient est imposable l'année de la remise des constructions (CE 5-11-2014 n° 366231 : RJF 2/15 n° 93).

c. L'imposition dans la catégorie des revenus fonciers des constructions édifiées par le preneur et revenant sans indemnité au bailleur s'applique quelle que soit la nature des constructions concernées et, notamment, aux **constructions modulaires sans chape de béton** (Rép. Jeanneteau : AN 23-2-2010 n° 54139, solution non reprise au Bofip mais qui nous paraît toujours pouvoir être appliquée).

TRANSFERT DU TERRAIN AU PRENEUR (LOCATION-VENTE)

Lorsque le bail à construction est assorti d'une **clause** prévoyant le transfert de propriété du terrain au preneur **moyennant** un **supplément de loyer,** les sommes ainsi versées sont considérées non pas comme des loyers imposables en tant que revenus fonciers, mais comme le prix de cession du terrain. **83637**

Lorsque le **bailleur** est un **particulier** (ou une société de personnes relevant de l'impôt sur le revenu), la plus-value réalisée à cette occasion est imposée selon le régime des plus-values des particuliers (CGI art. 150 U à 150 VH).

Le montant de la **plus-value nette** est déterminé au moment de la signature du bail d'après la valeur du terrain à cette date. La **durée de possession** prise en compte est la période comprise entre la date d'acquisition du terrain par le bailleur et la date de transfert de propriété en fin de bail (CGI art. 151 quater, al. 2). La plus-value bénéficie en matière d'impôt sur le revenu d'un **abattement** variant de 78 % à 96 % entre 18 ans (durée minimale des baux à construction : n° 83260) et 22 ans de détention, et d'une exonération totale après 22 ans de détention (CGI art. 150 VC, I). En matière de prélèvements sociaux, l'abattement varie de 21,45 % à 91 % entre 18 et 30 ans de détention et ce n'est qu'après 30 ans que l'exonération est totale (CSS art. L 136-7, VI-2).

Lorsque le **bailleur** est une **entreprise** relevant de l'impôt sur le revenu ou de l'IS, la plus-value dégagée constitue un bénéfice d'exploitation ou une plus-value d'actif selon que le bien cédé constituait un élément de stock ou d'actif. Toutefois, pour les entreprises individuelles relevant des BIC ou des BA, des règles particulières d'imposition s'appliquent aux cessions des biens inscrits à l'actif mais n'ayant pas toujours été utilisés pour l'activité professionnelle (CGI art. 155, II et III). En outre, pour les entreprises soumises à l'IS, les plus-values d'actif sont en principe taxables comme un résultat ordinaire.

> **Précisions** **a.** La plus-value pourrait, aux termes de l'article 151 quater du CGI, relever le cas échéant du régime d'imposition des **profits habituels** et spéculatifs (CGI art. 35) ou des profits ou plus-values des **non-résidents** (CGI art. 244 bis et 244 bis A).
> **b.** Pour les conséquences de la **cession du terrain au preneur en cours de bail** en l'absence de clause la prévoyant, voir n° 83655.

b. Modifications de la durée du bail à construction

RÉSILIATION ANTICIPÉE DU BAIL À CONSTRUCTION

La résiliation amiable d'un bail à construction **avant son terme** entraîne la remise gratuite anticipée au bailleur des constructions érigées par le preneur et l'imposition de la valeur de ces immeubles comme un revenu foncier perçu par le bailleur (CE 5-12-2005 n° 256916 : RJF 3/06 n° 261). **83640**

PROROGATION DU BAIL À CONSTRUCTION

La prorogation du bail à construction par la **volonté expresse** des parties n'est pas expressément proscrite par l'article L 251-1 du CCH. Dès lors, un avenant qui modifie le terme d'un bail à construction sans en modifier les conditions substantielles a pour effet de prolonger le bail et de reporter à la nouvelle échéance l'entrée de la construction dans le patrimoine du bailleur. **83650**

Concernant la **date d'exigibilité de l'imposition,** la jurisprudence considère que l'administration ne peut pas inclure dans les résultats du bailleur de l'exercice en cours à la date d'expiration initialement prévue la valeur de la construction édifiée par le preneur en exécution du bail (TA Dijon 3-2-1998 n° 96-6513 : RJF 6/98 n° 683 ; CAA Douai 28-9-2004 n° 01-1270 : RJF 2/05 n° 136 qui précise que cette prorogation peut intervenir tant avant qu'après l'achèvement des constructions). Le bailleur sera donc imposable à la date de la nouvelle échéance, mais il échappera à toute imposition si la prorogation a pour effet de porter au-delà de 30 ans la durée totale du bail (CGI art. 33 ter, II).

Le Conseil d'État a confirmé la validité de cette analyse et énoncé que la prorogation d'un bail à construction, qui n'implique pas par elle-même la naissance d'un nouveau contrat, a pour effet de reporter au nouveau terme convenu la date à laquelle le bailleur deviendra propriétaire de l'immeuble construit par le preneur, et par suite l'imposition du revenu foncier correspondant (CE 25-1-2006 n° 271523 : RJF 4/06 n° 388).

> **Précisions** Lorsqu'un **bail** est **prorogé en vue d'édifier de nouveaux locaux,** l'administration admet, sauf abus de droit, que ces locaux bénéficient de l'étalement, mais calcule la durée du bail à compter de la conclusion de l'avenant pour les locaux supplémentaires (Rép. Delehedde : AN 21-4-1980 n° 24041, solution non reprise au Bofip mais qui semble demeurer pertinente).

c. Opérations diverses

CESSION DU TERRAIN À UN TIERS

83652 **Situation du bailleur** La cession simultanée par un acte unique auquel bailleur et preneur sont parties, **avant la fin du bail** à construction, des **terrain et constructions** qui y ont été édifiées par le preneur et qui devaient revenir gratuitement au bailleur en fin de bail a les mêmes effets fiscaux qu'une résiliation amiable tacite du bail : remise gratuite au bailleur des constructions érigées par le preneur préalablement à la vente, imposition de la valeur de ces immeubles comme revenu foncier entre les mains du bailleur (CE 21-11-2011 n°s 340776 à 340779 : RJF 2/12 nº 144 ; CE 29-12-2021 nº 438856 : RJF 3/22 nº 262).

Le droit d'accession du bailleur est évalué sur la base de toutes les constructions qui lui reviennent sans indemnité au terme du contrat, même si une partie d'entre elles n'était pas prévue au bail. La prise en compte de ces **constructions non prévues** pour la détermination du prix de cession du terrain ne révèle aucun avantage consenti par l'acquéreur au cédant (CAA Paris 8-12-2021 nº 20PA00008 : BPIM 1/22 inf. 36).

83653 **Situation du tiers** Dans le cadre de la cession d'un **terrain grevé d'un bail à construction** par le bailleur, le **droit d'acquérir** par voie d'accession **les constructions** édifiées par le preneur constitue un élément incorporel de l'actif immobilisé. Selon l'administration, la répartition du prix global qui serait payé au bailleur entre le **prix du terrain** et le prix de ce droit est effectuée par l'acquéreur sous sa propre responsabilité. Les droits attachés à ce contrat ne peuvent pas faire l'objet d'un amortissement pendant la durée du bail. En revanche, à l'expiration du bail, leur prix d'acquisition peut être déduit dans la limite du **prix de revient des constructions.** Dans l'hypothèse où le prix payé excède ce prix de revient, l'excédent est considéré comme un complément du prix d'acquisition des constructions et peut être amorti sur la durée normale d'utilisation des constructions (Compte rendu du comité fiscal MOA du 30-11-2000, solution non reprise au Bofip mais qui semble conserver sa pertinence).

APPORT OU CESSION DU TERRAIN AU PRENEUR – ABSORPTION DU BAILLEUR PAR LE PRENEUR

83655 **Situation du bailleur** En cas d'**apport** du terrain d'assiette des constructions par le bailleur à la société preneuse à bail à construction, la confusion en la personne du preneur des qualités de bailleur et de preneur en application des articles 1342 et 1349 du Code civil ne fait pas obstacle à l'imposition de la remise gratuite des immeubles construits au bailleur, dans les conditions particulières prévues par les articles 33 bis et 33 ter du CGI. L'opération entraîne, au plan fiscal, les mêmes effets qu'une résiliation amiable tacite du bail avant son terme impliquant la remise des immeubles au bailleur, effectuée préalablement à l'apport (CE 5-12-2005 nº 256916 : RJF 3/06 nº 261).

De la même manière, il est fait fi de la réalité juridique et considéré que l'**absorption du bailleur** par le preneur produit les mêmes effets que s'il était intervenu une résiliation amiable tacite du bail avec remise corrélative des immeubles au bailleur préalablement à la fusion, les éléments apportés étant réputés comprendre les immeubles édifiés par le preneur que le bailleur n'avait, à l'époque de l'apport, que vocation à appréhender ultérieurement (CE 7-2-2007 nº 288067 : RJF 4/07 nº 441).

Le Conseil d'État a transposé cette jurisprudence au cas de la **vente** en cours de bail du terrain par le bailleur au preneur (CE 21-12-2007 nº 289807 : RJF 5/08 nº 559 ; CE 11-4-2008 n°s 287961 et 287967 : RJF 7/08 nº 819). Cette transaction doit être regardée comme ayant eu pour objet la vente, non seulement du terrain, mais aussi des constructions réalisées par le preneur qui sont revenues au bailleur à la fin du bail. Dans cette hypothèse, jugé que le complément de loyer revenant au bailleur (**revenus fonciers**) doit être calculé en fonction du prix de revient des constructions, déterminé en prenant en compte la valeur comptable des constructions figurant à l'actif (au cas d'espèce) de la SCI les ayant édifiées, sans y appliquer de majoration au titre des plus-values latentes ; il en est ainsi quand bien même la vente du terrain serait intervenue au cours des 18 premières années du bail. Sur l'imposition au titre des **plus-values,** dès lors que les constructions sont revenues un instant de raison dans le patrimoine du bailleur, leur cession ne génère pas de plus-value (leur prix d'acquisition étant nécessairement équivalent à leur prix de cession). Quant à la cession du terrain, elle n'a pas, en l'espèce, dégagé de plus-value imposable du fait de l'application de l'abattement pour durée de détention (CE 11-4-2008 n°s 287961 et 287967 précités).

Situation du preneur Le Conseil d'État a posé les règles suivantes. Le contrat de cession du terrain par le bailleur au preneur avant le terme du bail à construction produit au regard de la loi fiscale, pour l'ensemble des parties, les mêmes effets qu'une résiliation amiable tacite du bail et doit être regardé comme impliquant la remise des immeubles au bailleur préalablement à la vente. 83660

Le **transfert des constructions** dans le patrimoine du bailleur implique nécessairement leur sortie du patrimoine du preneur, lequel perd ainsi les droits qu'il détenait sur les immeubles qu'il a édifiés. L'**acquisition du terrain** d'assiette des constructions par le preneur emporte ensuite immédiatement transfert dans son patrimoine de l'ensemble immobilier, composé du terrain et des constructions.

Les dispositions de l'article 1349 du Code civil, selon lesquelles la vente emporte **sur le plan civil** confusion des qualités de bailleur et de preneur entraînant non pas la résiliation anticipée du bail à construction mais son extinction, ne font pas échec, pour l'application de la loi fiscale, à la mise en œuvre de ces règles.

Dans le cas d'un preneur soumis aux règles des BIC, la vente se traduit donc par un **retrait des constructions à l'actif,** par le crédit du compte 214 « Constructions sur sol d'autrui » du plan comptable général, pour leur valeur nette comptable, et par une **réinscription** à cet actif des mêmes constructions pour leur valeur vénale au jour de l'acte de cession par le débit du compte 213 « Constructions », tandis que les **terrains** sont inscrits au débit du compte 211, afin que soit concrétisé, sur le plan comptable, le transfert définitif de propriété des biens en cause. La **variation de l'actif net** qui en résulte affecte le bénéfice net du preneur, en application de l'article 38, 2 du CGI (CE 27-2-2013 n° 350663 : RJF 5/13 n° 464).

Cette analyse est divergente de celle de la Cour de cassation en matière de droits d'enregistrement (n° 83590).

VENTE ULTÉRIEURE DE L'IMMEUBLE

Lorsque le **propriétaire** d'un terrain donné à bail à construction a accédé en fin de bail à la propriété des constructions édifiées par le locataire et qu'il **est un particulier,** la plus-value dégagée sur la revente du terrain et des constructions est imposable selon le régime des plus-values des particuliers (CGI art. 150 U à 150 VH). La plus-value imposable est déterminée en distinguant la fraction de plus-value afférente au terrain et celle afférente à la construction. Le **prix de cession** doit ainsi être ventilé entre la part relative au terrain et celle relative à la construction. 83665

Pour la détermination de la plus-value, l'administration retient les règles suivantes (BOI-RFPI-PVI-20-10-20-10 n° 170 ; BOI-RFPI-PVI-20-20 n° 40).

Le **prix d'acquisition** comprend le prix d'acquisition du terrain et le prix de revient des constructions reçues par le bailleur. Dans le cas où le transfert de propriété s'effectue moyennant le versement d'une indemnité au preneur, il faut retenir le montant de celle-ci ou le prix de revient des constructions s'il est supérieur.

La **durée de détention** à retenir pour la détermination du montant de l'abattement pour durée de détention est appréciée en tenant compte :
- pour le terrain, de la date effective d'acquisition par le bailleur ;
- pour les constructions, de la date d'expiration du bail (initial ou prorogé) ou de sa résiliation anticipée même si l'accession se réalise au fur et à mesure de la construction.

Lorsque **le bailleur est une entreprise,** l'administration a indiqué que les constructions qui lui reviennent sans indemnité en fin de bail doivent être inscrites à l'actif de son bilan pour une valeur déterminée en fonction de leur prix de revient, sous déduction de la décote de 8 % par année de bail au-delà de la 18e comme indiqué n° 83635 (Compte rendu du comité fiscal MOA du 17-12-1998). Cette solution n'a toutefois pas été reprise au Bofip.

> **Précisions** Pour la détermination des **plus-values des particuliers,** le **prix d'acquisition du terrain** s'entend du prix effectivement payé pour son acquisition ou, en cas d'acquisition par voie de mutation à titre gratuit (succession ou donation), de la valeur retenue pour la détermination des droits de mutation à titre gratuit (CGI art. 150 VB). Le prix d'acquisition **des constructions** correspond à leur prix de revient supporté par le preneur et non à leur valeur vénale au jour de leur retour dans le patrimoine du bailleur (CAA Lyon 21-10-2021 n° 19LY04132 : BPIM 6/21 inf. 410).

3. IMPÔTS LOCAUX

TAXE FONCIÈRE

83670 Le preneur du bail à construction est **débiteur** de la taxe foncière due au titre tant des constructions que des terrains faisant l'objet du bail à construction (CGI art. 1400, II ; BOI-IF-TFB-10-20-20 nº 60).

ATTENTION

Les constructions remises sans indemnité au bailleur en fin de bail doivent être regardées comme ayant été acquises à titre onéreux par ce dernier dès lors qu'une telle remise constitue la fraction en nature de la rémunération par le preneur de la prestation fournie par le bailleur en exécution du contrat. La **valeur locative** de ces biens doit être déterminée soit directement à partir de leur valeur vénale en fin de bail, soit indirectement à partir de la fraction, appréciée à la même date, de la valeur de marché des loyers que le bailleur a renoncé à percevoir sous forme monétaire pendant la durée du bail (CE 5-12-2022 nº 463427 : RJF 2/23 nº 113).

TAXE D'HABITATION

83675 Si le preneur à construction dispose, dans le cadre du bail, de **logements vacants** (qu'il les ait ou non édifiés) depuis plus de deux ans dans une commune qui les soumet à la taxe d'habitation (CGI art. 1407 bis), cette dernière est établie à son nom (CGI art. 1408, I-al. 1).

CHAPITRE 7 BAIL RÉEL IMMOBILIER

SOMMAIRE

OBJECTIF DU BAIL RÉEL IMMOBILIER

Au début de l'été 2013, le Gouvernement a été habilité à prendre par ordonnance des dispositions destinées à favoriser le développement des logements intermédiaires dans certaines communes en créant un **bail de longue durée spécifique** permettant la production de ces logements (Loi 2013-569 du 1-7-2013 art. 1, 6°). 83900

Ce nouveau contrat a été institué par l'ordonnance relative au **logement intermédiaire,** qui regroupe des logements dont les loyers et les prix à l'accession se situent entre le marché social et le marché libre (Ord. 2014-159 du 20-2-2014 ; CCH art. L 254-1 s.). Ses modalités d'application ont été précisées par décret (Décret 2016-855 du 27-6-2016 ; CCH art. R 254-1 s.), de sorte que son **entrée en vigueur** est intervenue le lendemain de la publication du décret, soit le 30 juin 2016.

> **Précisions** Le bail réel immobilier étant réservé au secteur du logement intermédiaire, un autre contrat de bail de longue durée, dénommé « **bail réel solidaire** », a été institué pour favoriser la location et l'accession à la propriété de logements sociaux (CCH art. L 255-1 s.). Pour l'étude de ce bail, voir Mémento Gestion immobilière n°s 14800 s. Sur les spécificités du bail réel solidaire conclu au profit d'un opérateur, voir n°s 84300 s.

A. Conclusion du bail réel immobilier

CARACTÉRISTIQUES DU BAIL RÉEL IMMOBILIER

Destination et signataires du bail Il s'agit d'un bail conclu, pour une durée comprise entre 18 et 99 ans, entre un propriétaire, personne physique ou personne morale de droit privé, et un preneur avec obligation pour ce dernier de construire ou de réhabiliter des constructions existantes **en vue de la location ou de l'accession temporaire à la propriété de logements intermédiaires** (CCH art. L 254-1, al. 1). 83920

Ce contrat peut également être consenti par les collectivités territoriales, leurs groupements (EPCI, métropole, etc.), leurs établissements publics, ainsi que les établissements publics fonciers de l'État.

Logements concernés Le bail réel immobilier concerne les logements intermédiaires qui répondent à **trois critères** cumulatifs. 83940

Tout d'abord, ils doivent faire l'objet d'une **aide directe ou indirecte** accordée par l'État, par une collectivité locale ou l'un de ses groupements, ou par une personne morale de droit privé (CCH art. L 302-16, al. 2).

Ensuite, ils doivent être destinés à être **occupés,** pendant toute la durée du contrat, à titre de résidence principale par des personnes physiques dont les ressources n'excèdent pas des plafonds fixés par décret en fonction de la typologie du ménage, de la localisation et du mode d'occupation du logement (CCH art. L 254-1, al. 2). Est considéré comme résidence principale un logement occupé au moins huit mois par an, sauf en cas de force majeure, pour raison de santé ou obligation professionnelle (CCH art. D 31-10-6 1°, sur renvoi de l'art. R 254-1). Sur ces plafonds, voir n° 84060.

Enfin, le **prix** d'acquisition ou le **loyer** ne doit pas excéder les plafonds fixés par décret en fonction de la localisation du logement, de son type et, le cas échéant, de son mode de financement (CCH art. L 254-1, al. 3). Sur ces plafonds, voir n°s 84060 et 84080.

83945 Si l'objet du bail réel immobilier doit rester à destination principale de logement, la construction de locaux destinés à des **activités accessoires** peut être prévue dans la limite d'une proportion de surface de plancher de 25 % de l'immeuble objet du bail (CCH art. R 254-4). Ainsi, les immeubles collectifs peuvent, par exemple, accueillir des commerces en rez-de-chaussée ou des professionnels libéraux.

83950 **Rupture, poursuite et expiration du bail** Le bail réel immobilier ne peut prévoir aucune **faculté de résiliation** unilatérale ni faire l'objet d'une **tacite reconduction** (CCH art. L 254-1, al. 6).

Les **constructions et améliorations réalisées par le preneur** demeurent sa propriété en cours de bail et deviennent la propriété du bailleur à son expiration. Sauf stipulations contraires, le preneur ne peut réclamer à l'issue du bail des indemnités pour les améliorations effectuées (CCH art. L 254-1, al. 8).

83960 **Sanction** Les contrats conclus en méconnaissance de l'article L 254-1 du CCH sont frappés de **nullité relative** (CCH art. L 254-8). L'action en nullité doit être exercée dans le délai de 5 ans à compter de la date de signature du contrat (CCH art. R 254-6).

PUBLICITÉ FONCIÈRE ET FISCALITÉ

83970 En raison de sa durée supérieure à 12 ans et de sa nature de droit réel immobilier, le bail réel immobilier doit être publié au service de la publicité foncière à peine d'inopposabilité aux tiers (Décret 55-22 du 4-1-1955 art. 28, 1°-a et b). Il est donc nécessairement établi par acte authentique (C. civ. art. 710-1). Les baux réels immobiliers sont soumis à la **formalité fusionnée** qui donne lieu à la perception de la taxe de publicité foncière au taux global de 0,71498 % en incluant les frais d'assiette et de recouvrement (CGI art. 647).

Sont exonérés de **taxe de publicité foncière** :

– les baux réels immobiliers conclus en application des articles L 254-1 s. du CCH consentis à un preneur avec obligation de construire (BOI-ENR-JOMI-10 n° 150) ;

– les baux réels immobiliers consentis à un preneur avec obligation de réhabiliter les constructions existantes lorsque les conseils départementaux ont utilisé la faculté d'exonération offerte par l'article 1594 J du CGI. Dans ce cas, l'acte présenté à la formalité doit faire mention du bénéfice de cette exonération (BOI-ENR-JOMI-10 n° 160).

L'exonération de taxe de publicité foncière pour les baux réels immobiliers ne s'étend pas à la **contribution de sécurité immobilière,** en l'absence d'exonération expresse la concernant (CGI art. 879, II).

B. Droits et obligations du preneur

RÈGLES GÉNÉRALES

84000 Le preneur ne peut effectuer aucun changement qui diminue la valeur de l'immeuble.

Sauf clause contraire, il ne peut pas **démolir en vue de** les **reconstruire** les ouvrages existants ou ceux qu'il a édifiés (CCH art. L 254-2, al. 1).

Il doit maintenir en bon état d'**entretien et** de **réparation** les constructions existant lors de la conclusion du bail et celles qu'il réalise pendant la durée de celui-ci (CCH art. L 254-2, al. 5).

Il peut **jouir des constructions** de l'immeuble et des installations qu'il a édifiées ou rénovées, dès lors qu'il n'est pas porté atteinte à la destination de l'immeuble ou à l'état dans lequel il a été convenu que ces constructions seraient remises en fin de bail (CCH art. L 254-2, al. 2).

84010 Le preneur peut acquérir des **servitudes** actives et consentir les servitudes passives indispensables à la réalisation des constructions et ouvrages édifiés en application du contrat de bail. Sauf accord du bailleur, il ne peut constituer des servitudes passives au-delà de la durée du bail (CCH art. L 254-2, al. 4).

84020 Le preneur peut consentir des **baux sur l'immeuble** : ces baux et droits s'éteignent à la fin du bail réel immobilier. Une clause peut toutefois prévoir la continuation des baux par le bailleur (CCH art. L 254-2, al. 3). Les baux d'habitation conclus par le preneur sont transférés de plein droit au bailleur en cas de résiliation du bail réel immobilier (CCH art. L 254-3, al. 3).

Il peut également **céder son propre droit** au bail, son droit de propriété temporaire sur les constructions édifiées. Sur les modalités et les conséquences d'une telle cession, voir nos 84080 s.

Le preneur doit : 84030
– s'acquitter de toutes les **charges, taxes et impôts** relatifs tant à l'immeuble donné à bail qu'aux constructions réalisées (CCH art. L 254-2, al. 6) ;
– et verser une **redevance** au bailleur dont le montant tient compte des conditions d'occupation des logements (CCH art. L 254-3, al. 1). Le bail réel immobilier peut prévoir l'obligation pour le preneur de se libérer, par avance, du paiement de la redevance, pour tout ou partie de la durée du bail (CCH art. L 254-3, al. 2).

En cas de non-respect par le preneur de ses obligations contractuelles (le non-paiement de la redevance notamment), le bailleur peut demander la **résiliation judiciaire** du bail réel immobilier (CCH art. L 254-3, al. 3 et R 254-7). 84040

CONDITIONS DE LOCATION DU LOGEMENT ÉDIFIÉ OU RÉHABILITÉ

Lorsque le preneur décide de mettre en location le logement objet du bail réel immobilier, le **contrat de location** doit reproduire en caractères apparents, sous peine de nullité, les dispositions relatives (CCH art. L 254-4, al. 1) : 84060
– aux caractéristiques du bail réel immobilier (CCH art. L 254-1) ;
– et aux conditions d'extinction et de transfert des baux conclus par le preneur (CCH art. L 254-2, al. 3).

Le **montant du loyer** ainsi que les **plafonds de ressources** des locataires ne doivent pas excéder les plafonds du dispositif d'investissement locatif Duflot-Pinel variant selon la zone géographique (CCH art. L 254-1, L 302-16, D 302-27 et D 302-29).

La condition de ressources s'apprécie lors de la signature du contrat de location. Toutefois, elle ne s'applique pas, en cas de décès du locataire, au conjoint survivant, partenaire de Pacs, ascendants, concubin notoire et personnes à charges du locataire qui vivaient avec lui depuis au moins un an à la date du décès.

Afin d'assurer le **contrôle de l'affectation des logements au secteur intermédiaire,** une copie du dernier avis d'imposition ou de non-imposition du ou des occupants établi au titre de l'avant-dernière année précédant celle de la signature du contrat doit être annexée au contrat de location (CCH art. R 254-2). En outre, le titulaire des droits réels doit notifier au bailleur par lettre recommandée avec accusé de réception, dans le mois suivant la signature d'un contrat de location, une copie du bail ou de l'acte de cession et de ses annexes (CCH art. R 254-3, al. 1).

Pour les **baux consentis en application de la loi 89-462 du 6 juillet 1989,** le preneur mentionne, en caractères apparents, la date d'extinction du bail réel immobilier et son effet sur le contrat de bail en cours (fin du bail ou continuation par le bailleur). À défaut, les bénéficiaires du droit au bail ont le droit de se maintenir dans les lieux pendant une durée de 36 mois à compter de la date d'expiration du bail réel immobilier moyennant une indemnité d'occupation égale au dernier loyer d'habitation expiré et payable dans les mêmes conditions (CCH art. L 254-4, al. 2 et 3). 84065

Pour les **meublés** et les **logements-foyers,** le droit de se maintenir dans les lieux est réduit à 12 mois (CCH art. L 254-4, al. 3).

CESSION DU DROIT DE PROPRIÉTÉ TEMPORAIRE SUR LES CONSTRUCTIONS

Pour tout projet de cession par le preneur du droit de propriété temporaire sur les constructions édifiées, l'acquéreur reçoit une **offre préalable d'acquisition** mentionnant expressément, en caractères apparents, le caractère temporaire du droit réel et sa date d'extinction (CCH art. L 254-5, al. 1). 84080

Le cédant est tenu de maintenir son offre préalable pendant 30 jours au minimum à compter de sa réception par l'acquéreur potentiel. Cette offre préalable ne peut être acceptée par l'acquéreur potentiel, par la signature d'une promesse de vente ou d'une vente, avant un délai de 10 jours à compter de sa réception (CCH art. L 254-5, al. 2).

Pour tenir compte du caractère temporaire de la propriété liée au bail réel immobilier, la **valeur des droits réels cédés** ne doit pas dépasser un certain **plafond,** défini selon une formule tenant compte de la durée du bail restant à courir, du taux de capitalisation annuel et de la valeur locative annuelle du bien pour l'année de cession (CCH art. R 254-5).

Sur l'obligation pour le preneur du bail réel immobilier d'annexer l'avis d'imposition des occupants au contrat de cession des droits réels et de notifier au bailleur la copie complète de l'acte de cession, voir n° 84060.

84085 L'acquéreur des droits réels afférents aux logements objet du bail réel immobilier bénéficie d'un **droit de rétractation** pendant un délai de 10 jours à compter de la notification de l'acte conclu en vue de cette acquisition, dans les conditions des articles L 271-1 à L 271-3 du CCH (CCH art. L 254-6).

84090 Au plan fiscal, la cession des droits issus du bail réel immobilier est soumise au régime fiscal de la cession de l'immeuble sous-jacent (CGI art. 1378 ter).

Cette cession est donc soumise à la **taxe de publicité foncière.** Au regard de la **TVA,** la livraison de ces droits par un assujetti à la TVA est taxable comme celle d'un terrain à bâtir ou d'un immeuble neuf ou achevé depuis plus de cinq ans (en fonction de la date d'achèvement du bâti existant). La livraison par un non-assujetti n'est pas soumise à la TVA.

CHAPITRE 8

BAIL RÉEL SOLIDAIRE AVEC ENGAGEMENT DE CONSTRUIRE

SOMMAIRE

CONTEXTE

Le bailleur peut être propriétaire d'une construction achevée ou acquérir le bien en état futur d'achèvement. Dans ce cas, il peut conclure le **bail directement avec le preneur** remplissant les critères d'éligibilité (pour le bail réel solidaire [logement] : CCH art. L 255-2, voir Mémento Gestion immobilière n° 14820 ; pour le bail réel solidaire d'activité : CCH art. L 256-2, voir Mémento Gestion immobilière n° 14935). 84300

Quand le bailleur est propriétaire d'un immeuble à construire ou à réhabiliter, il peut conclure un **bail au profit d'un opérateur** (par exemple un bailleur social, une société civile coopérative de construction, une société d'habitat participatif ou un investisseur privé) qui a l'obligation d'effectuer des travaux en vue de commercialiser l'immeuble. Les développements suivants sont consacrés aux spécificités du bail conclu dans cette hypothèse.

SECTION 1

BAIL RÉEL SOLIDAIRE (LOGEMENT) AVEC UN OPÉRATEUR

DÉFINITION DU BAIL RÉEL SOLIDAIRE (BRS)

Outil de **création de logements destinés aux ménages les plus modestes dans les agglomérations,** le bail réel solidaire (BRS) est un type de bail issu de l'ordonnance 2016-985 du 20 juillet 2016 (CCH art. L 255-1 à L 255-19). Il repose sur la dissociation économique du sol et du bâti. Le décret 2017-1038 du 10 mai 2017 en a fixé les modalités d'application (CCH art. R 255-1 à R 255-11). 84310

Le BRS est un contrat par lequel un organisme de foncier solidaire (OFS), propriétaire d'un terrain bâti ou non, consent à un preneur, pour une durée comprise entre 18 et 99 ans, des droits réels temporaires en vue de la **location** ou de l'**accession à la propriété** d'un logement avec, s'il y a lieu, l'obligation pour le preneur de construire ou réhabiliter des constructions existantes (CCH art. L 255-1). Le logement doit être occupé à titre de résidence principale pendant toute la durée du bail. En raison de sa durée et du fait qu'il est constitutif de droits réels pour le preneur, ce bail est obligatoirement soumis à publicité foncière (Décret 55-22 du 4-1-1955 art. 28, 1°-a ; voir n° 84600). Il est donc nécessairement établi sous la forme authentique (C. civ. art. 710-1).

A. Aspects juridiques du bail réel solidaire avec un opérateur

QUALITÉ DU BAILLEUR

84350 Le bail réel solidaire (BRS) est réservé aux **organismes de fonciers solidaires** (OFS), organismes sans but lucratif agréés ayant pour objet de constituer un parc pérenne de logements à destination des ménages modestes (C. urb. art. L 329-1 et R 329-1 à R 329-5).

QUALITÉ ET OBLIGATIONS DU PRENEUR INITIAL

84360 Le bail peut être consenti à un opérateur qui **construit ou réhabilite des logements.** Il s'engage, dans le cadre d'une opération d'accession sociale à la propriété, à **vendre** les droits réels immobiliers attachés à ces logements à des bénéficiaires répondant aux conditions de ressources et à un prix fixés par décret, ou à proposer la souscription de parts ou actions permettant la jouissance du logement (CCH art. L 255-3). Il peut également **mettre en location** ces logements au profit des ménages (CCH art. L 255-4).

L'opérateur ne peut pas, sauf stipulations contraires, exécuter d'autres ouvrages ou **travaux** que ceux prévus initialement, à l'exception de tous travaux nécessaires à la conservation du bien en état d'usage, conformément aux stipulations du bail (CCH art. L 255-7, al. 1). Les **constructions et améliorations** réalisées par l'opérateur demeurent sa propriété en cours de bail et deviennent celle de l'OFS à son expiration, en contrepartie d'une indemnisation (CCH art. L 255-7, al. 3).

L'opérateur doit maintenir **en bon état d'entretien et de réparations** les constructions existantes et celles qu'il réalise pendant la durée du bail. Il est tenu des réparations de toute nature en ce qui concerne les constructions existantes au moment du bail et celles qu'il aura édifiées. Il n'est pas obligé de les **reconstruire** s'il prouve qu'elles ont été détruites par cas fortuit, force majeure, ou qu'elles ont péri par le vice de la construction antérieure au bail. En cas de **sinistre** entraînant la résiliation du bail, l'opérateur est indemnisé de la valeur de ses droits réels, dans les conditions prévues par le bail (CCH art. L 255-7, al. 7).

L'opérateur ne peut effectuer aucun **changement** qui diminue la valeur de l'immeuble et ne peut, sauf stipulation contraire, démolir, même en vue de les reconstruire, les ouvrages existants ou qu'il a édifiés ou réhabilités (CCH art. L 255-7, al. 2).

84380 L'opérateur s'acquitte du **paiement d'une redevance** dont le montant tient compte des conditions d'acquisition du patrimoine par l'OFS et, le cas échéant, des conditions financières et techniques de l'opération de construction ou de réhabilitation des logements et des conditions d'occupation des logements, objets du BRS. Il ne peut ni se libérer de la redevance, ni se soustraire à l'exécution des conditions du BRS en délaissant l'immeuble (CCH art. L 255-8, al. 1).

DROITS DE L'OPÉRATEUR

84390 L'opérateur peut jouir des droits réels immobiliers et des installations ou constructions qu'il a édifiées, rénovées ou réhabilitées, dès lors qu'il n'est pas porté atteinte à la destination de l'immeuble ou à l'état dans lequel il a été convenu que ces droits réels immobiliers seraient remis en fin de bail (CCH art. L 255-7, al. 4).

84400 Les droits réels conférés par le bail souffrent certaines **limitations** induites par son caractère temporaire. Les parties peuvent librement convenir de la date d'échéance des **sûretés** qu'elles constituent ; à défaut, celles-ci prennent fin en cas de résiliation du bail. Les droits réels peuvent faire l'objet d'une **saisie immobilière** (CCH art. L 255-9).

> **Précisions** **a.** L'opérateur peut acquérir des **servitudes** actives et consentir les servitudes passives indispensables à la réalisation des constructions et ouvrages édifiés ou à réhabiliter en application du contrat du bail. Sauf accord de l'OFS, il ne peut pas constituer des servitudes passives au-delà de la durée du bail (CCH art. L 255-7, al. 6).
> **b.** Lorsque le bien est situé dans un **immeuble en copropriété,** une copie du règlement de copropriété est remise à l'opérateur lors de la cession des droits réels immobiliers (CCH art. R 255-10 issu du décret 2024-838 du 16-7-2024). L'opérateur est assimilé à un copropriétaire et exerce les droits et obligations du bailleur, sauf pour certaines décisions portant notamment sur les actes de disposition ou concernant la modification du règlement de copropriété. Le bailleur reste celui qui peut contester les décisions de l'assemblée générale pour lesquelles il dispose d'un droit de vote ; il n'est redevable d'aucune charge. Bailleur et opérateur peuvent assister aux

assemblées générales et formuler des observations sur des questions pour lesquelles ils n'ont pas le droit de vote (CCH art. L 255-7-1). La convocation à l'assemblée générale et le procès-verbal dressé à l'issue de cette assemblée devront être notifiés par le syndic à l'opérateur ainsi qu'à l'OFS (CCH art. R 255-11 issu du décret 2024-838 du 16-7-2024).

MISE EN LOCATION DES LOGEMENTS PAR L'OPÉRATEUR

L'opérateur peut s'engager à louer les logements à des ménages aux revenus modestes ne dépassant pas, lors de l'entrée dans les lieux, un certain plafond de ressources, et moyennant un loyer plafonné (CCH art. L 255-4). 84410

L'ensemble des **ressources du locataire,** à la date d'entrée dans les lieux, doit respecter les plafonds annuels mis en œuvre pour le prêt locatif à usage social (PLUS) (CCH art. R 255-2). Depuis le 1er janvier 2025, ces **plafonds** sont les suivants (Arrêté EQUC8700526A du 29-7-1987 ann. I modifié par arrêté ATDL2432625A du 23-12-2024) :

Catégorie de ménage	Paris et communes limitrophes	Île-de-France hors Paris et communes limitrophes	Autres régions
1	**26 687 €**	**26 687 €**	**23 201 €**
2	**39 885 €**	**39 885 €**	**30 984 €**
3	**52 284 €**	**47 944 €**	**37 259 €**
4	**62 424 €**	**57 429 €**	**44 982 €**
5	**74 271 €**	**67 984 €**	**52 915 €**
6	**83 575 €**	**76 504 €**	**59 636 €**
Par personne supplémentaire	**+ 9 313 €**	**+ 8 524 €**	**+ 6 652 €**

Les **plafonds du loyer** applicables sont ceux fixés pour les conventions portant sur les logements conventionnés à l'APL.

L'opérateur mentionne, en caractères apparents dans le bail d'habitation, la **date d'extinction du BRS et son effet sur le contrat en cours** (CCH art. L 255-16, al. 2). À défaut de cette mention exigible dans tout contrat de location, les bénéficiaires du droit au bail d'habitation peuvent se maintenir dans les lieux pendant une durée de 36 mois à compter de la date d'expiration du BRS, moyennant une indemnité d'occupation égale au dernier loyer d'habitation expiré et payable dans les mêmes conditions. Cette durée est réduite à 12 mois pour les bénéficiaires de baux consentis à des occupants de certains meublés et aux personnes logées en logement-foyer (CCH art. L 255-16, al. 3). 84420

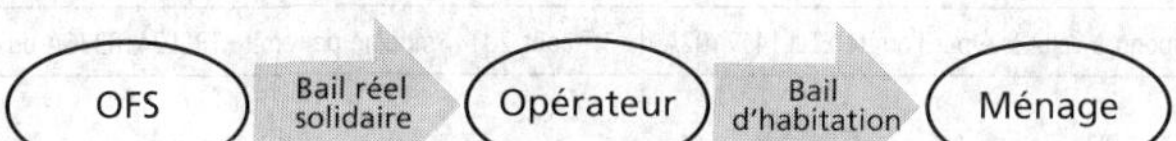

Tout **changement d'activité ou d'affectation** est soumis à l'accord de l'OFS. L'exercice d'activités accessoires peut être autorisé par le bail, sans déroger à la destination de résidence principale de l'occupant (CCH art. L 255-7, al. 5).

L'opérateur **notifie à l'OFS** par lettre recommandée avec demande d'avis de réception, ou par voie électronique, dans le mois suivant la signature d'un contrat de location, une copie du bail et de ses annexes. 84430

Une copie de l'avis d'imposition ou de situation déclarative du ou des occupants établi au titre de l'avant-dernière année précédant celle de la signature du contrat est annexée au contrat de location. L'OFS peut, à tout moment, requérir la communication de ces pièces (CCH art. R 255-4).

CESSION ET TRANSMISSION DU BRS PAR L'OPÉRATEUR

Conditions financières de la cession des droits réels immobiliers L'opérateur peut céder ses droits réels, parts ou actions sur les logements qu'il a construits ou réhabilités. Pour prétendre pouvoir accéder au bénéfice du statut, l'acquéreur doit répondre à des **conditions de ressources** (CCH art. L 255-5, al. 2) ; ce sont celles applicables au prêt social de location-accession (PSLA). 84440

Les plafonds sont fixés comme suit (CCH art. D 331-76-5-1, I-al. 1 ; Arrêté EQUU0400077A du 26-3-2004 modifié par arrêté ATDL2432630A du 23-12-2024) depuis le 1er janvier 2025 :

Nombre de personnes destinées à occuper le logement	Zone A (et A bis) (1)	Zone B1	Zone B2 ou C (1)
1	**38 508 €**	**38 508 €**	**33 479 €**
2	**57 555 €**	**57 555 €**	**44 710 €**
3	**75 447 €**	**69 183 €**	**53 766 €**
4	**90 078 €**	**82 871 €**	**64 910 €**
5	**107 173 €**	**98 101 €**	**76 357 €**
6	**120 598 €**	**110 396 €**	**86 055 €**
Par personne supplémentaire	**+ 13 440 €**	**+ 12 301 €**	**+ 9 599 €**

(1) Le zonage correspond à celui fixé par l'arrêté ETLL1417102A du 1er août 2014, modifié par arrêté TREL2418376A du 5 juillet 2024.

Depuis 2024, les plafonds ont été significativement augmentés pour soutenir l'offre de logements en accession sociale à la propriété.

Le **prix de cession** ou la valeur maximale des droits réels immobiliers, parts et actions conférant la jouissance du bien sont limités à leur valeur initiale, par application de la variation d'un indice choisi par l'OFS et majoré de la valorisation des travaux effectués depuis l'acquisition. Le bail peut prévoir la nature des travaux pris en compte et les modalités de leur valorisation, ainsi que la méthode d'évaluation du prix de cession des droits réels, parts ou actions (CCH art. R 255-3). Le prix de cession des droits réels immobiliers et des droits sociaux doit respecter les **plafonds de prix de cession** applicables au PSLA. Les plafonds sont révisés au 1er janvier de chaque année, en fonction de la variation annuelle de l'indice du coût de la construction (CCH art. D 331-76-5-1, II-al. 3 ; Arrêté EQUU0400077A du 26-3-2004 art. 3 et ann. II modifié par arrêté ATDL2432630A du 23-12-2024). Pour les cessions dont l'agrément a été délivré depuis le 1er janvier 2025, les plafonds, établis en €/m² de surface utile, sont les suivants :

Zone géographique (1)	Prix maximum
A bis	6 170 €/m²
A	4 675 €/m²
B1	3 744 €/m²
B2	3 269 €/m²
C	2 857 €/m²

(1) Le zonage correspond à celui fixé par l'arrêté ETLL1417102A du 1er août 2014, modifié par arrêté TREL2418376A du 5 juillet 2024.

84450 **Modalités de la cession des droits réels** Toute cession des droits réels de l'opérateur est précédée d'un **avant-contrat** qui doit **mentionner** expressément le caractère indissociable du contrat de cession avec le BRS signé avec l'OFS ainsi que le caractère temporaire du droit réel cédé, la nouvelle durée du BRS si l'OFS agrée la transmission des droits réels, les conditions de délivrance de cet agrément par l'OFS et les modalités de calcul du prix de cession ou de la valeur donnée, telles que prévues au bail (CCH art. L 255-10-1).

84460 Les dispositions des articles L 271-1 et L 271-2 du CCH relatives à la **protection de l'acquéreur** (nos 75300 s.) sont applicables aux actes conclus en vue de l'acquisition des droits réels afférents au logement, objet du bail (CCH art. L 255-18). L'offre préalable doit être maintenue pendant une durée de 30 jours minimum à compter de sa réception par l'acquéreur potentiel. Elle ne peut être acceptée avant un délai de 10 jours à compter de sa réception (CCH art. L 255-10, al. 2).

84470 L'opérateur **informe l'OFS** de tout avant-contrat conclu dans les 30 jours qui suivent sa signature. Il joint à sa demande l'avant-contrat et les pièces permettant d'établir l'éligibilité de l'acquéreur (CCH art. L 255-10-1, al. 2).

84480 La cession est subordonnée à l'**agrément de l'acquéreur** par l'OFS (CCH art. L 255-11, al. 1). L'OFS dispose d'un délai de 2 mois à compter de la date de transmission de l'avant-contrat pour délivrer son agrément. Celui-ci est fondé sur la vérification du respect des conditions d'éligibilité, de la conformité de l'avant-contrat avec le bail initial, notamment quant au respect des stipulations concernant les modalités de calcul du prix de vente ou de l'évaluation des droits réels appartenant à l'opérateur et, le cas échéant, de la validité du plan de financement de l'acquisition (L 255-11-1, al. 1).

Ces règles sont prescrites à peine de nullité de la cession. La preuve du contenu et de la notification de l'avant-contrat pèse sur l'opérateur (L 255-11-1, al. 2).

Si cet **agrément** est **délivré,** la durée du bail est de plein droit prorogée afin de permettre à tout nouveau preneur de bénéficier d'un droit réel d'une durée égale à celle prévue dans le contrat initial (CCH art. L 255-12). Le bail doit être adapté, s'il y a lieu, pour tenir compte du nouveau preneur et de l'usage du bien (CCH art. R 255-6, al. 4).

En cas de **refus d'agrément,** l'opérateur peut demander à l'OFS de lui proposer un acquéreur répondant aux conditions d'éligibilité susvisées. Les conditions d'acquisition respectent les modalités de calcul du prix de cession stipulées dans le bail. Dans le cas où l'OFS n'est pas en mesure de proposer un acquéreur dans les 6 mois suivant la demande de l'opérateur, le bail peut être résilié conventionnellement et l'opérateur est indemnisé de la valeur de ses droits, dans les conditions prévues par le bail (CCH art. L 255-13).

L'OFS dispose d'un **droit de préemption** à son profit, qui doit être mentionné dans le bail, à l'occasion de toute cession. Dans ce cas, il peut racheter les droits réels afférents au bien ou les faire acquérir par un bénéficiaire répondant aux conditions de ressources exigées. L'OFS fait connaître sa décision d'exercer son droit de préemption dans un délai de 2 mois à compter de la transmission de l'avant-contrat. Ce délai est prorogé d'un mois en cas de refus d'agrément (CCH art. L 255-15, al. 1). **84490**

L'opérateur est indemnisé de la valeur de ses droits dans le respect des modalités de calcul du prix de vente stipulées dans le bail et de leur valeur maximale mentionnée à l'article L 255-5 (CCH art. L 255-15, al. 2).

Régularisation de la cession et transmission du bail Depuis la loi 2022-217 du 21 février 2022, dite 3DS, l'**accession à la propriété du premier ménage** est régularisée par un acte unique de cession des droits réels de l'opérateur sur le BRS initial. Chaque cession crée un lien direct et individuel entre l'OFS et chacun des preneurs, et désolidarise les preneurs entre eux et chaque preneur de l'opérateur. À l'issue de cette cession, le preneur est réputé être titulaire d'un BRS portant sur son logement avec une date de prise d'effet au jour de la cession qui lui est propre (CCH art. L 255-3, al. 3 et 4 nouveaux). **84500**

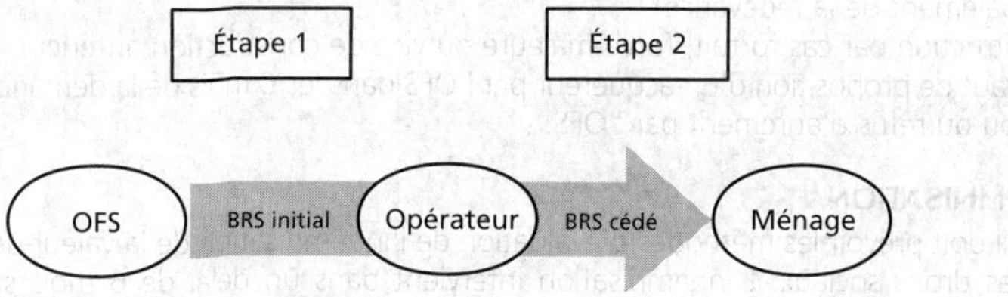

La **durée** du BRS transmis est **automatiquement prorogée** d'une durée égale à celle prévue dans le contrat initial (CCH art. L 255-12).

La **chaîne de propriété** entre l'OFS, l'opérateur et le premier accédant est simplifiée : il n'y a plus lieu de régulariser un BRS entre l'OFS et l'accédant. La vigilance des notaires doit être portée sur la rédaction de cet acte unique conclu avec l'opérateur puis cédé aux ménages successifs (voir X. Lièvre et C. Vrielinck, « BRS et loi 3DS : simplification et clarifications bienvenues » : SNH 10/22 inf. 15).

Ces dispositions de la loi 3DS s'appliquent aux **cessions de droits réels découlant d'un BRS initial conclu depuis le 23 février 2022.** Les cessions de droits réels découlant d'un BRS initial conclu avant la loi demeurent soumises aux anciennes dispositions, sauf volonté des parties d'actualiser le contrat. L'accession de chacun des ménages est régularisée en deux étapes simultanées : la cession des droits réels par l'opérateur sur le BRS initial et la conclusion d'un BRS avec l'OFS. Concomitamment à la signature de l'acte authentique de cession des droits par l'opérateur, un BRS portant sur les droits acquis par chaque preneur est signé avec l'OFS (CCH art. L 255-3, al. 3 dans sa rédaction antérieure à la loi 2022-217 du 21-2-2022).

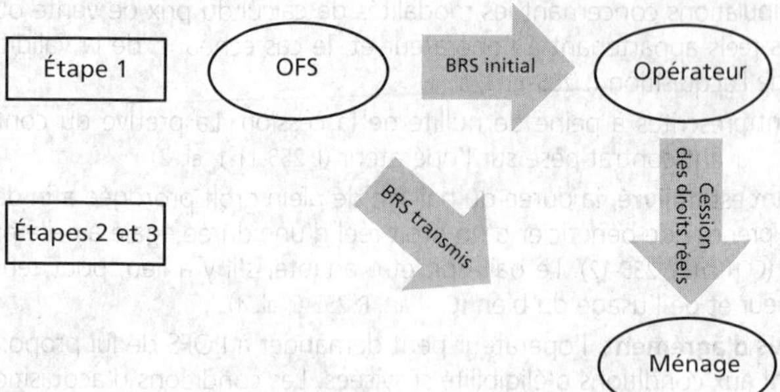

FIN DU BRS DE L'OPÉRATEUR

84510 **Disparition du bail initial** Le BRS initial prend fin par la cession des droits de l'opérateur au profit des ménages accédants.

> **Précisions** Quand le BRS initial a été conclu **avant l'entrée en vigueur de la loi 3DS,** les droits de l'opérateur se réduisent à mesure qu'il les cède à chacun des ménages. Ces droits sont automatiquement retirés du BRS initial conclu à son profit. Lorsque la totalité des droits du bail initial est retirée, celui-ci s'éteint (CCH art. L 255-3, al. 3 dans sa rédaction antérieure à la loi 2022-217 du 21-2-2022).

84520 **Expiration** À l'expiration de la durée prévue, le bail ne peut faire l'objet d'aucune tacite reconduction (CCH art. L 255-6). Les droits de l'opérateur deviennent la propriété de l'OFS après indemnisation, dans les conditions prévues par le bail et dans la limite de la valeur maximale mentionnée à l'article L 255-5 (CCH art. L 255-16, al. 1).

84530 **Résiliation** Le bail ne peut prévoir aucune faculté de résiliation unilatérale de la part du bailleur, sauf dans le cas où les conditions d'éligibilité cessent d'être remplies ou en cas de manquements du preneur à ses obligations (CCH art. L 255-6).

Le bail est résilié, après indemnisation de la valeur des droits réels immobiliers tenant compte du manquement ayant entraîné la résiliation du bail, selon les modalités prévues au contrat et notamment dans les cas suivants (CCH art. L 255-7, L 255-8, al. 2 et L 255-13) :
- non-exécution par le preneur de ses obligations contractuelles (par exemple en cas de non-paiement de la redevance) ;
- destruction par cas fortuit, force majeure ou vice de construction antérieur au bail ;
- défaut de proposition d'un acquéreur par l'OFS dans les 6 mois de la demande de l'opérateur ou du refus d'agrément par l'OFS.

INDEMNISATION

84540 Le bail doit prévoir les méthodes d'évaluation de l'indemnisation de la valeur des droits réels ou des droits sociaux. L'indemnisation intervient dans un délai de 6 mois suivant soit la notification par l'OFS de sa décision d'indemnisation, soit de la date d'expiration du bail (CCH art. R 255-5).

NULLITÉ DU BRS

84550 Le non-respect des dispositions des articles L 255-3 et L 255-4 du CCH est sanctionné par une nullité relative qui peut être invoquée par les parties pendant 5 ans à compter de la date de signature du bail (CCH art. L 255-17 et R 255-8).

B. Aspects fiscaux du bail réel solidaire avec un opérateur

BAIL RÉEL SOLIDAIRE : ENREGISTREMENT ET TAXE DE PUBLICITÉ FONCIÈRE

84600 Le BRS est à la fois un bail de plus de 12 ans et un bail constitutif de droits réels pour le preneur. Il est, en **principe,** obligatoirement soumis à **publicité foncière,** essentiellement en sa qualité d'acte constitutif de droits réels (Décret 55-22 du 4-1-1955 art. 28, 1°-a). Il est donc nécessairement établi par acte authentique (C. civ. art. 710-1). Les BRS sont soumis à la **formalité fusionnée** qui donne lieu à la perception de la taxe de publicité foncière au **taux** global de 0,71498 % en incluant les frais d'assiette et de recouvrement (CGI art. 647 et 742).

À l'occasion de cette formalité, supportent la taxe de publicité foncière les **BRS conclus en vue de la location** prévus à l'article L 255-4 du CCH (nos 84410 s.). La taxe est **assise** sur le montant cumulé des loyers augmenté des charges éventuelles, ou sur la valeur locative réelle du bien loué si elle est supérieure (CGI art. 742).

S'agissant des **BRS conclus en vue de l'accession à la propriété** conformément à l'article L 255-3 du CCH (nos 84440 s.), une application stricte des principes relatifs aux droits de mutation conduirait à soumettre l'opération à la taxe de publicité foncière à chacune des étapes de l'opération :
– étape 1 : l'OFS, propriétaire d'un terrain, conclut un BRS initial avec un opérateur qui s'engage à construire ou réhabiliter des logements ;
– étape 2 : l'opérateur vend les droits réels immobiliers attachés aux logements construits ou réhabilités à des bénéficiaires, sous conditions de ressources et de prix de vente (cession des droits issus du BRS soumise à publicité foncière obligatoire conformément à l'article 28, 1°-a du décret 55-22 du 4 janvier 1955).

Comme indiqué précédemment (no 84500), la conclusion séparée d'un BRS entre l'occupant et l'OFS à la suite de la vente des droits réels immobiliers (étape 3) est supprimée pour les cessions de droits réels découlant d'un BRS initial conclu depuis le **23 février 2022** (CCH art. L 255-3, al. 3 et 4) : la cession des droits réels immobiliers par l'opérateur à chaque preneur (étape 2) crée un lien direct et individuel entre l'OFS et chacun des preneurs, et désolidarise les preneurs entre eux et chaque preneur de l'opérateur. À l'issue de cette cession, le preneur est réputé être titulaire d'un BRS portant sur son logement avec une date de prise d'effet au jour de la cession qui lui est propre.

Sauf volonté des parties d'actualiser le contrat, les cessions de droits réels découlant d'un BRS initial conclu avant cette date demeurent soumises aux anciennes dispositions de l'article L 255-3 du CCH ; cette situation implique la signature d'un nouveau BRS entre le ménage bénéficiaire et l'OFS (les droits réels immobiliers vendus venant réduire à due concurrence ceux conférés au titre du BRS initial, jusqu'à extinction de ce dernier).

Par **dérogation,** les BRS conclus en application de l'article L 255-3 du CCH sont exonérés de taxe de publicité foncière pour les **étapes 1 et 3** (le cas échéant) de l'opération. En revanche, la cession des droits issus du BRS (**étape 2** de l'opération) demeure soumise à la taxe de publicité foncière par assimilation à l'immeuble sous-jacent (CGI art. 743, 5° et 1378 ter). La taxe de publicité foncière est alors **calculée** au tarif des ventes d'immeubles.

L'exonération de taxe de publicité foncière pour les BRS conclus en vue de l'accession à la propriété ne s'étend pas à la **contribution de sécurité immobilière** en l'absence d'exonération expresse la concernant (CGI art. 879, II).

TVA ET BAIL RÉEL SOLIDAIRE

Le **taux réduit** de TVA de 5,5 % **s'applique** aux opérations suivantes réalisées dans le cadre d'un bail réel solidaire (CGI art. 278 sexies, III-4° et 278 sexies-0 A) : **84610**
– les livraisons à un OFS d'immeubles, bâtis ou non bâtis, destinés, le cas échéant après travaux, à faire l'objet d'un BRS ;
– les livraisons à soi-même des mêmes immeubles effectuées par un OFS ;
– les cessions des droits réels immobiliers attachés à de tels logements.

Le taux de 5,5 % applicable à la livraison initiale des logements et terrains visée ci-dessus reste applicable lors de leur revente.

Le taux réduit de TVA de 5,5 % s'applique également aux livraisons à soi-même des travaux suivants réalisés en vue de la conclusion d'un BRS (CGI art. 278 sexies A, I-5°) :
– les travaux acquis par un OFS et portant sur un immeuble destiné à faire l'objet d'un BRS ;
– les travaux acquis par le détenteur des droits réels immobiliers (c'est-à-dire l'opérateur) avant qu'ils n'aient été cédés à l'occupant ou que les logements n'aient été mis en location et portant sur un immeuble faisant l'objet d'un BRS.

Le taux réduit de TVA est **remis en cause** si les conditions auxquelles est subordonné son octroi ne sont pas remplies dans les cinq ans qui suivent le fait générateur de l'opération (notamment absence d'octroi de BRS dans ce délai) ou cessent d'être remplies dans les 15 ans qui suivent l'acquisition des droits réels par la personne qui occupe le logement.

Le complément de TVA à reverser par l'OFS est modulé (CGI art. 284, IV) :
– dans tous les cas, il est diminué d'un dixième par année de détention au-delà de la cinquième année (il sera donc nul en cas de non-respect des conditions intervenant la quinzième année) ;

– lorsque le non-respect des conditions d'application du taux réduit ne concerne que certains logements au sein d'un ensemble de logements, le complément de TVA est calculé au prorata de la surface des logements concernés rapportée à la surface de l'ensemble des logements.

Le droit de reprise de l'administration s'exerce jusqu'à la fin de la troisième année suivant celle au cours de laquelle les conditions cessent d'être remplies (LPF art. L 176, al. 4 ; BOI-CF-PGR-10-30 n° 50).

La constitution du BRS est **exonérée de TVA** (CGI art. 261 D, 1° bis) mais l'OFS peut **opter** pour l'assujettissement à la taxe (CGI art. 260, 5°).

> **Précisions** Rappelons que l'une des conditions de la conclusion d'un BRS est que le **logement** soit **destiné à être occupé à titre de résidence principale.** L'administration précise qu'il doit s'agir d'une occupation d'au moins huit mois par an, sauf en cas d'obligation de déplacement liée à l'activité professionnelle, de raison de santé ou en cas de force majeure. Le logement doit être affecté à cet usage pendant toute la durée du bail (BOI-TVA-IMM-20-20-50 n° 60).

SECTION 2

BAIL RÉEL SOLIDAIRE D'ACTIVITÉ AVEC UN OPÉRATEUR

DÉFINITION DU BAIL RÉEL SOLIDAIRE D'ACTIVITÉ

84700 Pour favoriser l'installation de certaines entreprises en vue de créer de la mixité dans les opérations immobilières, l'ordonnance 2023-80 du 8 février 2023 a créé le bail réel solidaire d'activité (BRSA) (CCH art. L 256-1 à L 256-21) qui repose sur une dissociation économique du sol et du bâti, tout comme le BRS (logement). Le décret 2024-838 du 16 juillet 2024 en fixe les modalités d'application (CCH art. R 256-1 à R 256-11). Toute intention de proposer la conclusion d'un BRSA fait l'objet d'une publicité préalable.

Le BRSA est un contrat par lequel un organisme de foncier solidaire consent à un preneur, pour une durée comprise entre 12 et 99 ans, des droits réels en vue de la location ou de l'accession à la propriété de locaux à usage professionnel ou commercial, sous conditions de plafond de prix de cession et avec, s'il y a lieu, obligation pour le preneur de construire ou de réhabiliter des constructions existantes (CCH art. L 256-1).

En raison de sa durée et du fait qu'il est constitutif de droits réels pour le preneur, ce bail est obligatoirement soumis à publicité foncière (Décret 55-22 du 4-1-1955 art. 28, 1°-a). Il est donc nécessairement établi sous forme authentique (C. civ. art. 710-1).

A. Régime juridique du bail réel solidaire d'activité avec un opérateur

QUALITÉ DU BAILLEUR DE BRSA

84705 Le BRSA est réservé aux **organismes de fonciers solidaires** (OFS), organismes sans but lucratif agréés ayant pour objet, à titre subsidiaire, de constituer un parc pérenne de locaux professionnels et commerciaux à destination des microentreprises sur des terrains acquis ou gérés au titre de leur activité principale de logements en BRS (C. urb. art. L 329-1 et R 329-1 à R 329-5).

> **Précisions** Le caractère subsidiaire de l'activité est apprécié au regard de la surface de plancher pouvant être affectée au BRSA. Elle doit être limitée à 30 % de la surface totale de plancher affectée au logement en BRS au sein d'une même opération immobilière (C. urb. art. R 329-3 modifié par décret 2024-838 du 16-7-2024).

QUALITÉ ET OBLIGATIONS DU PRENEUR INITIAL

84710 Le BRSA peut être conclu avec un **opérateur** qui construit ou réhabilite des locaux à usage professionnel ou commercial et qui s'engage à les mettre en location à une microentreprise

(CCH art. L 256-3) ou à vendre les droits réels immobiliers attachés à ces locaux à des bénéficiaires répondant aux conditions fixées en application de l'article L 256-2 et à un prix fixé en application de l'article L 256-1, ou à proposer la souscription de parts ou actions permettant la jouissance du bien par ces bénéficiaires, dans le respect des conditions prévues à l'article L 256-2 (CCH art. L 256-4). L'opérateur peut être celui qui réalise les logements dans le cadre d'un BRS (CCH art. L 256-4, al. 2) ou un organisme HLM (CCH art. L 256-3, al. 2 modifié par loi 2024-322 du 9-4-2024 : BPIM 3/24 inf. 188).

Il s'agit d'une **microentreprise** au sens de la recommandation 2003/361/CE de la Commission du 6 mai 2003 concernant la définition des micro-, petites et moyennes entreprises (CCH art. L 256-2). On parle d'une entreprise qui occupe moins de 10 personnes et dont le chiffre d'affaires annuel ou le total du bilan annuel n'excède pas 2 millions d'euros.

L'OFS peut fixer des critères d'éligibilité pour ces microentreprises, fondés notamment sur le chiffre d'affaires, l'effectif de l'entreprise ou le type d'activité (CCH art. L 256-2, al. 2 et R 256-3).

Travaux Le BRSA peut imposer à l'opérateur de **construire ou** de **réhabiliter** les construc- **84715**
tions existantes et il ne peut, sauf stipulations contraires, exécuter d'autres ouvrages ou travaux que ceux prévus initialement, à l'exception de tous travaux nécessaires à la conservation du bien en état d'usage, conformément aux stipulations du bail (CCH art. L 256-7, al. 2).

Les constructions et améliorations réalisées par l'opérateur demeurent sa propriété au cours du BRSA et deviennent celle de l'OFS à son expiration (CCH art. L 256-7, al. 4).

L'opérateur doit maintenir **en bon état d'entretien et de réparations** les constructions existantes et celles qu'il réalise pendant la durée de celui-ci. Il est tenu des réparations de toute nature en ce qui concerne les constructions existantes au moment du BRSA et celles qu'il aura édifiées. Il n'est pas obligé de les **reconstruire** s'il prouve qu'elles ont été détruites par cas fortuit, force majeure, ou qu'elles ont péri par le vice de la construction antérieure au BRSA. En cas de **sinistre** entraînant la résiliation du BRSA, l'opérateur est indemnisé de la valeur de ses droits réels, dans les conditions qui y sont prévues (CCH art. L 256-7, al. 7).

L'opérateur ne peut effectuer aucun **changement** qui diminue la valeur de l'immeuble et ne peut, sauf stipulation contraire, démolir, même en vue de les reconstruire, les ouvrages existants ou qu'il a édifiés ou réhabilités (CCH art. L 256-7, al. 3).

Redevance L'opérateur s'acquitte du **paiement** d'une redevance dont le montant tient **84720**
compte des conditions d'acquisition du patrimoine par l'OFS et, le cas échéant, des conditions financières et techniques de l'opération de construction ou de réhabilitation et des conditions d'occupation des locaux, objet du BRSA. À défaut pour l'opérateur d'exécuter ses obligations contractuelles, notamment en cas de défaut de paiement de la redevance, le bail est résilié, après indemnisation de la valeur des droits réels immobiliers tenant compte du manquement ayant entraîné la résiliation du bail, selon les modalités prévues au contrat. (CCH art. L 256-8, al. 1).

La redevance tient également compte des avantages de toute nature procurés à l'opérateur. Pour tenir compte des évolutions de la situation de l'opérateur ou, le cas échéant, de celles de son locataire, la redevance peut être composée d'une part fixe, le cas échéant indexée sur une référence de prix, et d'une part variable, définies dans le contrat de bail (CCH art. L 256-8, al. 2). L'OFS fixe au BRSA le montant de la redevance, qui est révisé tous les trois ans à l'initiative du bailleur. Lorsqu'elle est prévue, les **modalités de calcul** de la part variable sont fixées dans le contrat de BRSA. Lors des révisions triennales, le montant de la part variable est calculé à due proportion de l'évolution constatée des bénéfices de la microentreprise sur la période des trois exercices précédents (CCH art. R 256-7 issu du décret 2024-838 du 16-7-2024).

L'opérateur ne peut ni se libérer de la redevance, ni se soustraire à l'exécution des conditions du contrat en délaissant l'immeuble (CCH art. L 256-8, al. 3).

DROITS DE L'OPÉRATEUR

L'opérateur peut jouir librement des droits réels immobiliers et des installations ou construc- **84725**
tions qu'il a édifiées, rénovées ou réhabilitées, dès lors qu'il n'est pas porté atteinte à la destination de l'immeuble, ou à l'état dans lequel il a été convenu que ces droits réels immobiliers seraient remis en fin de bail (CCH art. L 256-7, al. 5).

Les droits réels issus du BRSA ainsi que les constructions édifiées, rénovées ou réhabilitées sur le terrain ou l'immeuble bâti donné à bail peuvent être saisis dans les formes prescrites pour la saisie immobilière. Les parties peuvent librement convenir de la date d'échéance des **sûretés** qu'elles constituent. À défaut, celles-ci prennent fin en cas de résiliation du contrat de bail (CCH art. L 256-20 renvoyant à l'art. L 255-9).

› Précisions a. L'opérateur peut acquérir des **servitudes** actives et consentir les servitudes passives indispensables à la réalisation des constructions et ouvrages édifiés ou à réhabiliter en application du contrat de bail. Sauf accord de l'OFS, il ne peut constituer des servitudes passives au-delà de la durée du bail (CCH art. L 256-7, al. 6).

b. Dans les immeubles en **copropriété** où l'ensemble des locaux ou, à défaut, l'ensemble des locaux d'un volume distinct font l'objet de baux réels solidaires auprès d'un même OFS, les titulaires de BRSA confèrent au syndicat des copropriétaires la gestion de leurs droits réels indivis, en complément des missions qui lui sont attribuées notamment par l'article 14 de la loi 65-557 du 10 juillet 1965 fixant le statut de la copropriété des immeubles bâtis. Le règlement de copropriété peut également prévoir un mandat de recouvrement des redevances au profit du syndic en application de l'article L 256-8 du CCH (CCH art. L 256-7, al. 8). Une copie du règlement de copropriété est remise à l'opérateur lors de la cession des droits réels immobiliers (CCH art. R 256-10 issu du décret 2024-838 du 16-7-2024).

L'opérateur est assimilé à un copropriétaire et exerce les droits et obligations du bailleur, sauf pour certaines décisions portant notamment sur les actes de disposition ou concernant la modification du règlement de copropriété. Le bailleur reste celui qui peut contester les décisions de l'assemblée générale pour lesquelles il dispose d'un droit de vote. Il n'est redevable d'aucune charge. Bailleur et opérateur peuvent assister aux assemblées générales et formuler des observations sur des questions pour lesquelles ils n'ont pas le droit de vote (CCH art. L 256-20 renvoyant à l'art. L 255-7-1). La convocation à l'assemblée générale et le procès-verbal dressé à l'issue de cette assemblée devront être notifiés par le syndic à l'opérateur ainsi qu'à l'OFS (CCH art. R 256-11 issu du décret 2024-838 du 16-7-2024).

MISE EN LOCATION DES LOCAUX PAR L'OPÉRATEUR

84730 Quand l'opérateur s'engage à **louer le local à une microentreprise,** tout contrat d'occupation conclu en vertu des dispositions précédentes reproduit les dispositions des articles L 256-1 à L 256-3 et mentionne la date du terme contractuel du BRSA et son effet sur le contrat d'occupation. Toute mention contraire à ces dispositions est réputée non écrite. À défaut, le cocontractant occupant peut solliciter l'annulation du contrat ou la réduction du loyer. Le preneur transmet à l'occupant la copie du BRSA (CCH art. L 256-3, al. 3 et 4). Le contrat d'occupation s'éteint de plein droit au terme du BRSA. L'occupant ne peut se prévaloir d'aucun droit à l'encontre du bailleur ni d'aucun titre d'occupation au terme du BRSA mentionné dans son contrat d'occupation (CCH art. L 256-3, al. 6).

Le montant des plafonds de loyer applicables, par contrat d'occupation, à la microentreprise est fixé par le BRSA. Ce plafond doit présenter une décote significative par comparaison aux loyers pratiqués pour des biens similaires situés à proximité du local. Révisé tous les 3 ans à l'initiative de l'opérateur, le loyer est constitué d'une part fixe ne pouvant excéder le plafond et, le cas échéant, d'une part variable. Lorsqu'elle est prévue, les modalités de calcul de la part variable sont fixées dans le contrat d'occupation. Lors des révisions triennales, le montant de la part variable est calculé à due proportion de l'évolution constatée des bénéfices de la microentreprise sur la période des 3 exercices précédents. Le montant du loyer ne peut pas être inférieur au montant de la redevance foncière due par l'opérateur à l'OFS (CCH art. R 256-4 issu du décret 2024-838 du 16-7-2024). L'opérateur peut, en fonction de ses objectifs et des caractéristiques de chaque opération, fixer des seuils inférieurs. Il en informe l'OFS (CCH art. L 256-3, al. 7).

Le locataire de l'opérateur doit **occuper personnellement** le local (CCH art. L 256-3, al. 5).

Le BRSA précise la **destination** des lieux et la ou les **activités autorisées** et, le cas échéant, les activités accessoires qui peuvent être exercées. Tout changement de destination des lieux ou des activités est subordonné à l'accord préalable du bailleur, qui devra être sollicité dans un délai d'un mois avant ce changement (CCH art. L 256-7, al. 1).

L'opérateur qui loue les locaux procède à une **publicité préalable** en vue de la mise en location du local dans des conditions déterminées avec l'organisme de foncier solidaire (CCH art. L 256-5).

CESSION DU BRSA PAR L'OPÉRATEUR

84735 **Modalités de cession des droits réels** Tout projet de cession des droits réels immobiliers fait l'objet d'une **publicité préalable** par l'OFS ou l'opérateur, selon les mêmes modalités que celles prévues à l'article L. 256-5 (CCH art. L 256-11). Cette publicité préalable peut être réalisée, le cas échéant, par l'opérateur qui vend les droits afférents aux locaux dans des conditions déterminées avec l'OFS.

Le **prix de vente** ou la valeur des droits réels immobiliers, parts et actions permettant la jouissance du bien sont limités à leur valeur initiale, actualisée selon des modalités à définir par décret en Conseil d'État (CCH art. L 256-6, al. 1). Du fait que la cession ne porte pas sur la pleine propriété du local, le plafond de prix de cession du bien objet du BRSA doit présenter une décote significative par comparaison à la valeur, sur le marché libre, de locaux commerciaux similaires et situés à proximité du local. En cas de cession par le preneur, le prix des droits réels, parts et actions permettant la jouissance du bien n'excède pas le prix d'acquisition de ces droits réels, actualisé par application de la variation d'un indice choisi par l'OFS et majoré de la valorisation des travaux d'amélioration effectués entre l'acquisition et la cession, à l'exception de ceux réalisés pour l'adaptation du local à l'activité du cédant. Les **modalités de valorisation** et la nature des travaux sont déterminées par le BRSA liant le preneur et l'OFS. Le BRSA peut fixer une méthode d'évaluation du prix de cession des droits réels, parts et actions permettant la jouissance du bien (CCH art. R 256-1 et R 256-2 issus du décret 2024-838 du 16-7-2024). L'OFS peut, en fonction de ses objectifs et des caractéristiques de chaque opération, appliquer des seuils inférieurs (CCH art. L 256-1, al. 2).

Pour prétendre pouvoir accéder au **bénéfice du statut,** l'acquéreur des droits réels immobiliers ou de parts ou actions donnant droit à l'attribution en jouissance du bien doit répondre aux conditions définies aux articles L 256-1, L 256-2, L 256-3 ou L 256-4 (CCH art. L 256-6, al. 2). Notamment, il doit personnellement occuper le local (CCH art. L 256-4, al. 1 renvoyant aux conditions de l'art. L 256-2).

Pour tout projet de vente des droits réels immobiliers afférents au bien objet du BRSA opérateur-vendeur, l'**avant-contrat mentionne** expressément l'objet et le caractère indissociable du contrat avec le BRSA signé avec l'OFS ainsi que le caractère temporaire du droit réel immobilier, la nouvelle durée du BRSA si l'OFS agrée la transmission des droits réels immobiliers, les conditions de délivrance de cet agrément par l'OFS, les modalités de calcul du prix de vente ou de la valeur donnée, telles que prévues au bail (CCH art. L 256-10, al. 1). L'opérateur informe l'OFS de tout avant-contrat conclu dans les trente jours qui suivent sa signature. Il joint à sa demande l'avant-contrat et les pièces permettant d'établir l'éligibilité de l'acquéreur (CCH art. L 256-10, al. 2).

Agrément par l'OFS La vente de droits réels afférents au bien objet du BRSA est subordonnée à l'agrément de l'acquéreur par l'OFS. L'OFS dispose d'un **délai** de deux mois à compter de la date de transmission de l'avant-contrat de vente des droits réels immobiliers par l'opérateur pour délivrer son agrément. Celui-ci est fondé sur la vérification du respect des critères d'éligibilité du preneur, de la conformité de l'avant-contrat de vente avec le bail en vigueur, notamment du respect des stipulations concernant les **modalités** de calcul du prix de vente ou de l'évaluation des droits réels appartenant au vendeur et, le cas échéant, de l'équilibre du plan de financement de l'acquisition, qui peut ressortir notamment d'une offre de crédit. 84740

Ces règles sont prescrites à peine de nullité de la vente. La preuve du contenu et de la notification de l'avant-contrat de vente pèse sur l'opérateur (CCH art. L 256-13).

Si cet **agrément** est **délivré,** la durée du bail est de plein droit prorogée afin de permettre à tout nouveau preneur de bénéficier d'un droit réel d'une durée égale à celle prévue dans le contrat initial (CCH art. L 256-14).

En cas de **refus d'agrément** lors d'une cession, l'OFS peut désigner un acquéreur répondant aux conditions d'éligibilité (CCH art. L 256-15, al. 1). Les conditions d'acquisition respectent les modalités de calcul du prix de vente stipulées dans le bail. Le cas échéant, l'acquéreur désigné par l'OFS doit également acquérir le fonds faisant l'objet de la même cession. En l'absence d'accord entre les parties au bail dans les six mois suivant la demande du cédant, le BRSA peut être résilié conventionnellement et l'opérateur est indemnisé de la valeur de ses droits réels immobiliers ainsi que le cas échéant du fonds existant et dans les conditions prévues par le bail (CCH art. L 256-15, al. 2). L'**indemnisation** du fonds porte notamment sur sa valeur marchande, déterminée suivant les usages de la profession (CCH art. L 256-15, al. 3).

Droit de préemption de l'OFS L'OFS dispose d'un droit de préemption à son profit, mentionné dans le BRSA, à l'occasion de toute cession. Dans ce cas, il peut racheter les droits réels immobiliers afférents au bien objet du BRSA ou les faire acquérir par un bénéficiaire répondant aux conditions d'éligibilité du preneur. L'OFS fait connaître sa décision d'exercer son droit de préemption dans un **délai** de deux mois à compter de la transmission de l'offre préalable de cession. Ce délai est prorogé d'un mois en cas de refus de l'agrément (CCH art. L 256-17, al. 1). Le preneur est indemnisé de la valeur de ses droits réels immobiliers 84745 dans le respect des modalités de calcul du prix de vente stipulées dans le bail et de la valeur maximale mentionnée à l'article L 256-6 ainsi que, le cas échéant, du fonds existant, à hauteur du préjudice causé par le défaut d'agrément et dans les conditions prévues par le bail (CCH art. L 256-17, al. 2). L'**indemnisation** du fonds porte notamment sur sa valeur marchande, déterminée suivant les usages de la profession (CCH art. L 256-17, al. 3).

84750 **Effet de la cession des droits de l'opérateur aux accédants** La cession des droits réels immobiliers par l'opérateur à chaque preneur crée un lien direct et individuel entre l'OFS et chacun des preneurs et désolidarise les preneurs entre eux et chaque preneur de l'opérateur (CCH art. L 256-4, al. 4). À l'issue de cette cession, le preneur est réputé être titulaire d'un BRSA portant sur son local avec une date de prise d'effet au jour de la cession qui lui est propre (CCH art. L 256-4, al. 5).

FIN DU BRSA

84755 **Expiration** À la fin de la durée prévue, le BRSA ne peut faire l'objet d'aucune tacite reconduction (CCH art. L 256-20 renvoyant à l'art. L 255-6). Les droits de l'opérateur deviennent la propriété de l'OFS après indemnisation de la valeur de ses droits réels immobiliers, dans les conditions prévues par le bail et dans la limite de la valeur maximale mentionnée à l'article L 256-6 (CCH art. L 256-18).

84760 **Résiliation** Le BRSA ne peut prévoir aucune faculté de résiliation unilatérale **de la part du bailleur,** sauf dans le cas où les conditions d'exigibilité cessent d'être remplies ou en cas de manquements de l'opérateur à ses obligations (CCH art. L 256-20 renvoyant à l'art. L 255-6).

Le BRSA est résilié, après indemnisation de la valeur des droits réels immobiliers tenant compte du manquement ayant entraîné la résiliation du BRS, selon les **modalités** qui y sont prévues et dans les cas suivants (CCH art. L 256-7, L 256-8 et L 256-15) :
– non-exécution par l'opérateur de ses obligations contractuelles (notamment en cas de non-paiement de la redevance) ;
– destruction par cas fortuit, force majeure ou vice de construction antérieur au bail ;
– défaut de proposition d'un acquéreur par l'OFS dans les 6 mois de la demande de l'opérateur ou du refus d'agrément par l'OFS ;
– expiration du BRSA.

NULLITÉ DU BRSA

84765 Le non-respect des dispositions des articles L 256-1, L 256-2, L 256-3, L 256-4, L 256-6 et L 256-7 du CCH est sanctionné par une nullité du BRSA (CCH art. L 256-19). L'action doit être exercée par les parties dans un délai de cinq ans à compter de la date de signature du BRSA (CCH art. R 256-9 issu du décret 2024-838 du 16-7-2024).

B. Régime fiscal du bail réel solidaire d'activité avec un opérateur

84800 Le législateur ne s'est pas encore emparé de la fiscalité liée au BRSA. Toutefois, il semble possible de dégager de grands principes.

Le BRSA est à la fois un bail de plus de 12 ans et un bail constitutif de droits réels pour le preneur. Il est, en principe, obligatoirement soumis à publicité foncière, essentiellement en sa qualité d'acte constitutif de droits réels (Décret 55-22 du 4-1-1955 art. 28, 1°-a). Par suite, il relève de la **formalité fusionnée** d'**enregistrement** et de **publicité foncière** (CGI art. 647). Celle-ci doit être accomplie dans le mois à compter de la date de l'acte.

À l'occasion de cette formalité, et en l'absence d'exonération spécifique prévue par le législateur, devraient supporter la **taxe de publicité foncière** les BRSA prévus aux articles L 256-3 et L 256-4 du CCH (et dans cette dernière hypothèse, à chaque étape de l'opération à savoir la conclusion du BRSA entre l'OFS et l'opérateur et également lors de la cession des droits réels immobiliers entre l'opérateur et la microentreprise). La taxe est assise sur le montant cumulé des loyers augmenté des charges éventuelles, ou sur la valeur locative réelle du bien loué si elle est supérieure (CGI art. 742). Le taux global de la taxe s'élève à 0,71498 %.

Les BRSA devraient être soumis à **contribution de sécurité immobilière** en l'absence d'exonération expresse les concernant (CGI art. 879, II). 84800 (suite)

La conclusion du BRSA (à la fois la constitution des droits réels immobiliers issus du BRSA au profit de la microentreprise mais également la redevance payée en cours de bail) devrait être exonérée de **TVA** (CGI art. 261 D, 1° bis). Toutefois l'OFS pourrait trouver un intérêt à exercer l'option pour la TVA.

Toutes les opérations de livraisons d'immeubles, livraisons à soi-même, cessions de droits immobiliers ou encore les travaux de réhabilitation intervenant dans le cadre d'un BRSA devraient être, en l'absence de dispositions législatives dérogatoires, soumises à un **taux de TVA** de 20 %.

CHAPITRE 9

CONSTITUTION DE DROITS RÉELS SUR LE DOMAINE PUBLIC

SOMMAIRE

POSSIBILITÉS D'OCCUPATION DU DOMAINE PUBLIC

85100 Le **domaine public des collectivités territoriales** et de leurs établissements publics peut faire l'objet de baux emphytéotiques à caractère administratif consentis à des personnes privées.

En outre, les collectivités territoriales peuvent délivrer des autorisations d'occupation temporaire constitutives de droits réels sur leur domaine public en vue de la réalisation d'une opération d'intérêt général relevant de leur compétence (CGPPP art. L 2122-20 et CGCT art. L 1311-5). Ces dispositions, fortement inspirées de celles qui gouvernent le domaine de l'État, sont applicables aux groupements et aux établissements publics de ces collectivités, y compris pour le domaine mis à leur disposition. De même, les établissements publics de santé peuvent consentir des baux emphytéotiques sur leur domaine public (CGCT art. L 1311-13, al. 1, sur renvoi de CSP art. L 6148-1).

Seules les dispositions relatives au domaine public de l'**État** sont étudiées dans les développements qui suivent.

85105 S'agissant du **domaine public de l'État** et de ses établissements publics, la loi 94-631 du 25 juillet 1994 a renforcé la protection des titulaires d'autorisations d'occupation. Ainsi, les autorisations d'occupation à caractère unilatéral (autorisation d'occupation temporaire : AOT) ou contractuel (concession, affermage, etc.) qui sont accordées ou renouvelées depuis le 28 juillet 1994 confèrent de plein droit à leur titulaire, sauf clause contraire du titre d'occupation, un droit réel sur les ouvrages, constructions et installations de caractère immobilier que ce titulaire réalise pour l'exercice d'une activité autorisée par son titre (CGPPP art. L 2122-6).

Les dispositions relatives à ce dispositif d'occupation du domaine public sont codifiées sous les articles L 2122-6 à L 2122-19 et R 2122-10 à R 2122-55 du CGPPP.

> **Précisions a.** Pour les **autorisations et conventions en cours au 9 mai 1995,** ces dispositions ne sont applicables, le cas échéant, qu'aux ouvrages, constructions et installations que le permissionnaire ou le concessionnaire réaliserait après renouvellement ou modification de son titre. Lorsque le permissionnaire ou le concessionnaire réalise des travaux ou constructions réhabilitant, étendant ou modifiant de façon substantielle les ouvrages, constructions et installations existants, il peut lui être délivré un nouveau titre conférant un droit réel sur ces ouvrages, constructions et installations, lorsqu'ils ont été autorisés par le titre d'occupation (CGPPP art. L 2122-19, al. 1).
> **b.** Le titulaire d'un titre d'occupation du domaine public de l'État compris dans les limites administratives d'un **port** qui relève **de la compétence d'une commune,** délivré avant le 8 novembre 2003, peut demander que ce titre soit déclaré constitutif de droit réel sur le domaine public de l'État (CGPPP art. R 2122-55, al. 3).
> **c.** Un bien immobilier appartenant à l'État ou à certains de ses établissements publics peut faire l'objet d'un **bail emphytéotique à caractère**

administratif en vue de sa restauration, de sa réparation ou de sa mise en valeur (CGPPP art. L 2341-1).

d. Une autorisation d'occupation temporaire du domaine public de l'État peut résulter d'un **bail à construction** dès lors qu'il respecte les dispositions applicables aux AOT (CE 11-5-2016 nº 390118 : BPIM 4/16 inf. 257).

e. Le fait que le cocontractant de l'administration ne dispose pas d'une autorisation d'occupation du domaine public ne rend pas illicite un **contrat dont l'exécution implique une telle occupation** (CE 10-7-2020 nº 427216 : BPIM 5/20 inf. 323, à propos d'un contrat d'entreposage et de manutention de farines animales sur le domaine public portuaire).

A. Octroi du titre et étendue du droit réel conféré

CONSTITUTION

Les titres d'occupation temporaire du domaine public de l'État constitutifs de droits réels ne peuvent être conférés que sur le **domaine public artificiel** de l'État ou de ses établissements publics, tant pour leur domaine propre que pour le domaine public de l'État qui leur est confié (CGPPP art. L 2122-14). Ces titres peuvent être également octroyés sur le domaine public de l'État compris dans les limites administratives des ports qui relèvent de la compétence des départements, des régions ou des communes, mis à leur disposition ou ayant fait l'objet d'un transfert de gestion à leur profit (CGPPP art. L 2122-17 et L 2122-18). Ils ne peuvent pas être accordés sur le **domaine public naturel** (CGPPP art. L 2122-5). 85130

Les ouvrages et installations à réaliser peuvent être nécessaires à la continuité du **service public** auquel est affecté le domaine public concerné par le titre. Dans ce cas, la constitution de droits réels ne peut intervenir que sur décision de l'État (CGPPP art. L 2122-10). Le juge devrait, à notre avis, exercer un contrôle normal sur une décision négative. En outre, le titulaire de l'autorisation peut se voir imposer des obligations de service public.

En cas de **travaux sur ouvrages existants,** la délivrance du titre n'est possible que si ces travaux, par leur importance, équivalent à la réalisation d'un nouvel ouvrage (nº 85360).

Depuis le 1er avril 2016, une autorisation d'occupation temporaire ne peut plus avoir pour objet l'exécution de **travaux,** la livraison de fournitures, la prestation de services, **ou** la **gestion d'une mission de service public,** avec une contrepartie économique constituée par un prix ou un droit d'exploitation, **pour le compte ou pour les besoins de l'État** (CGPPP art. L 2122-6, al. 4 issu de ord. 2015-899 du 23-7-2015). Il s'agit d'interdire à l'État et à ses établissements publics - le texte vise plus généralement tout « acheteur » soumis au droit des marchés publics ou toute « autorité concédante » - de recourir à une telle autorisation aux fins de faire réaliser des travaux répondant à leurs besoins ou de confier à un tiers l'exploitation d'une mission de service public (S. Braconnier, L'ordonnance du 23 juillet 2015 sur les marchés publics. Simplification et ambitions contrariées : JCP G 2015 nº 1043).

> **Précisions** **a.** Les **modalités d'établissement des demandes** et les **conditions de l'octroi** des titres d'occupation résultent des articles R 2122-12 à R 2122-17 du CGPPP. Les titres d'occupation sont en principe délivrés par le préfet. Cependant, dans les limites administratives des ports, les titres sont délivrés, après consultation du préfet, par le président du conseil départemental, le président du conseil régional ou par le maire. Ils peuvent également l'être par le concessionnaire lorsque la concession le prévoit (CGPPP art. L 2122-17 et L 2122-18). Sauf dispositions législatives contraires et lorsque le titre permet une exploitation économique du domaine public, l'autorité compétente organise librement une **procédure de sélection préalable** présentant toutes les garanties d'impartialité et de transparence et comportant des mesures de publicité permettant aux candidats potentiels de se manifester (CGPPP art. L 2122-1-1). L'exigence d'une sélection préalable est toutefois assortie de nombreuses exceptions (CGPPP art. L 2122-1-2 à L 2122-1-3-1). Pour une étude d'ensemble de l'ordonnance 2017-562 relative à la propriété des personnes publiques, voir notamment R. Vandermeeren, Une importante réforme pour moderniser et simplifier le droit de la domanialité publique : BRDA 13/17 inf. 24.
>
> **b.** Dans le cas où l'occupation du domaine public de l'État ou du domaine propre d'un établissement public de l'État a pour fondement une **concession** de service public, d'outillage public ou d'installations portuaires de plaisance, cette concession peut être constitutive de droit réel pour son titulaire dans la mesure et aux conditions prévues par le cahier des charges et sous réserve que les dispositions correspondantes du cahier des charges aient reçu l'accord du préfet (CGPPP art. R 2122-10).
>
> **c.** Lorsque ce droit d'occupation du domaine public résulte d'une **concession de service public**

ou d'outillage public, le cahier des charges précise les conditions particulières auxquelles il doit être satisfait pour tenir compte des nécessités du service public (CGPPP art. L 2122-11, al. 2).

d. Lorsque des règlements soumettent les autorisations d'occupation du domaine public délivrées en application de l'article L 2122-1 du CGPPP à des **procédures de délivrance ou d'approbation particulières,** ces procédures demeurent applicables pour la délivrance d'autorisations constitutives de droit réel dans la mesure où elles ne sont pas contraires aux dispositions des articles R 2122-14 et R 2122-15 du même Code (CGPPP art. R 2122-16).

NATURE DU DROIT

85135 Le titulaire d'une autorisation d'occupation temporaire du domaine public de l'État a, sauf disposition contraire de son titre, un **droit réel** sur les ouvrages, constructions et installations de caractère immobilier qu'il réalise pour l'exercice d'une activité autorisée par ce titre (CGPPP art. L 2122-6, al. 1). Ce droit réel s'étend au terrain qui supporte les ouvrages, constructions et installations (CE 11-5-2016 n° 390118 : RJDA 12/16 n° 854, BPIM 4/16 inf. 257).

Sous les réserves expressément prévues par la loi, le droit confère à son titulaire les « prérogatives et obligations du **propriétaire** ». Il devra néanmoins s'acquitter de la **redevance domaniale.**

DURÉE

85140 Le titre fixe la durée de l'autorisation, en fonction de la nature de l'activité et de celle des ouvrages autorisés, et compte tenu de l'importance de ces derniers, sans pouvoir excéder 70 ans (CGPPP art. L 2122-6, al. 3). La convention d'occupation arrivée à son terme ne peut pas être renouvelée.

CONTENU DU TITRE

85145 Dans tous les cas, le titre doit comporter la détermination précise de la **consistance du droit** réel conféré, de la **durée** pour laquelle il est conféré ainsi que toutes autres mentions nécessaires à la publicité foncière (sur ce point, voir Mémento Vente immobilière n°s 56300 s.).

> **Précisions** Doivent être **obligatoirement publiés** au service de la publicité foncière de la situation des immeubles le titre d'occupation temporaire du domaine public de l'État constitutif d'un droit réel immobilier délivré en application des dispositions de la loi 94-631 du 25 juillet 1994 (devenues articles L 2122-5 à L 2122-14 du CGPPP), ainsi que la cession, la transmission ou le retrait de ce titre (Décret 55-22 du 4-1-1955 art. 28, 1°-c).
La publication de ce titre donne ouverture au droit fixe de 125 € (CGI art. 1048 ter).
En ce qui concerne la contribution de sécurité immobilière, il est perçu une somme de 15 € (CGI art. 881 C, 15°).

85150 **Autres mentions obligatoires** Le titre doit également comporter l'énoncé des **conditions** auxquelles ce droit est conféré, à savoir (CGPPP art. R 2122-17) :
– les ouvrages, constructions et installations de caractère immobilier à édifier et, le cas échéant, la liste de ceux qui doivent être maintenus en état jusqu'à l'expiration de la durée de validité du titre ;
– le montant et les modalités de paiement de la redevance domaniale ;
– le cas échéant, les obligations de service public imposées au titulaire de l'autorisation.

> **Précisions** **a.** Le titre d'occupation peut comporter des mentions se rapportant à la description des éléments de programme correspondant aux conditions d'une **utilisation adéquate par l'administration** gestionnaire du domaine public (Avis CE sect. intérieur et travaux publics réunies 31-1-1995 n° 356960 : AJDA 1997 p. 126 obs. Fatôme et Terneyre).
b. Le titre peut aussi préciser les règles de détermination de l'**indemnité** couvrant le préjudice direct matériel et certain causé par son retrait avant le terme prévu pour un motif autre que l'inexécution de ses conditions (CGPPP art. R 2122-17, al. 6).

CARACTÈRE HYPOTHÉCABLE

85155 Les droits, ouvrages, constructions et installations ne peuvent être hypothéqués que pour garantir les **emprunts** contractés par le titulaire de l'autorisation en vue de financer la réalisation, la modification ou l'extension des ouvrages, constructions et installations de caractère immobilier situés sur la dépendance domaniale occupée (CGPPP art. L 2122-8, al. 1).

Les **créanciers chirographaires** autres que ceux dont la créance est née de l'exécution de ces travaux ne peuvent pas pratiquer de **mesures conservatoires** ou de mesures d'**exécution forcée** sur ces droits et biens (CGPPP art. L 2122-8, al. 2).

Les hypothèques sur lesdits droits et biens s'éteignent au plus tard à l'expiration des titres d'occupation, quels qu'en soient les circonstances et le motif (CGPPP art. L 2122-8, al. 3).

POSSIBILITÉ DE RECOURIR AU CRÉDIT-BAIL IMMOBILIER

Le titulaire de l'autorisation peut financer sans restriction par crédit-bail ses ouvrages, constructions et installations (CGPPP art. L 2122-13, al. 1 ; pour une étude détaillée du crédit-bail immobilier voir Mémento Gestion immobilière n°s 28500 s.). Ce type de financement est donc ouvert aux constructions affectées à un **service public** ou aux travaux effectués pour une personne publique dans un **but d'intérêt général.** Le contrat de crédit-bail devra simplement comporter, dans ce cas, des clauses permettant de préserver les exigences du service public. 85160

Financement des investissements privés La conclusion du contrat de crédit-bail immobilier au bénéfice d'une personne privée est libre, mais sa mise en œuvre nécessite l'**agrément préalable du crédit-bailleur** auquel seront transférés, pour la durée du bail, les droits et biens objets du financement (CGPPP art. R 2122-19). Cet agrément s'impose, car nul ne peut occuper une dépendance du domaine public national sans autorisation délivrée par l'autorité compétente (CGPPP art. L 2122-1). Une copie du projet de contrat de crédit-bail doit être jointe à la demande d'agrément (CGPPP art. R 2122-20). 85165

Financement susceptible d'engager les finances publiques La conclusion d'un contrat de crédit-bail au bénéfice d'organismes dans lesquels l'État ou l'établissement public gestionnaire du domaine apporte un concours financier ou détient directement ou indirectement une participation financière permettant d'exercer un pouvoir prépondérant de décision ou de gestion est soumise à l'**agrément préalable de l'État** (CGPPP art. L 2122-13, al. 2). Cet agrément peut être refusé si l'opération se traduit par un accroissement des charges ou une diminution des ressources de l'État. 85170

Les **modalités de cet agrément** sont précisées à l'article R 2122-27 du CGPPP. On retiendra notamment que l'agrément est sollicité auprès du ministre du budget par pli recommandé avec demande d'avis de réception postal. Le contenu de la demande est fixé par l'article R 2122-27 du CGPPP. À défaut de notification d'une décision contraire, l'agrément est réputé accordé à l'expiration d'un délai de 4 mois.

Lorsque le montant global de l'investissement financé par crédit-bail est inférieur à 3 millions d'euros HT, le dossier est adressé, dans les mêmes formes, au directeur départemental des finances publiques du lieu de situation de l'investissement projeté qui statuera sur la demande. À défaut de réponse dans un délai de 2 mois, l'agrément est réputé accordé.

B. Transmissibilité du titre

MUTATIONS ENTRE VIFS

Exigence d'un agrément préalable Le principe de la **cessibilité du droit réel** reconnu à l'occupant domanial sur les installations qu'il réalise est affirmé par l'article L 2122-6 du CGPPP. Toutefois, les droits et biens concernés ne peuvent être cédés ou transmis dans le cadre de mutations entre vifs ou de fusion, absorption ou scission de sociétés, y compris dans le cas de réalisation de la sûreté portant sur ces droits et biens, qu'à une personne agréée préalablement par l'autorité compétente, en vue d'une utilisation compatible avec l'affectation du domaine public occupé (CGPPP art. R 2122-19). En tout état de cause, cette cession ou transmission n'est possible que pour la **durée de validité du titre** restant à courir (CGPPP art. L 2122-7). 85250

> **Précisions** **a.** Le contenu de la **demande d'agrément** préalable est fixé par l'article R 2122-20 du CGPPP.
> **b.** L'absence de réponse dans les 3 mois suivant la date de l'avis de réception de la demande d'agrément vaut agrément de la cession du droit réel aux conditions convenues entre les parties (**agrément tacite**). Toutefois, seul un **agrément exprès** peut autoriser le cessionnaire à modifier l'utilisation de l'immeuble faisant l'objet du contrat (CGPPP art. R 2122-20).
> **c.** De tels transferts ne peuvent intervenir lorsque le respect des **obligations de publicité et de sélection préalables** à la délivrance d'un titre s'y oppose (CGPPP art. L 2122-7, al. 1).

Cadre contractuel et portée de la transmission Le contrat, qui doit porter **mention** de l'agrément exprès ou tacite du cessionnaire, emporte à sa date et pour l'immeuble concerné substitution de ce dernier dans les droits et obligations afférents au 85255 titre d'occupation sous réserve, le cas échéant, des dispositions de la décision d'agrément autorisant une modification ultérieure de l'utilisation dudit immeuble.

La **substitution** peut être totale ou **partielle.** Dans ce dernier cas, l'immeuble cédé est soustrait du titre d'occupation du cédant.

MUTATIONS PAR DÉCÈS

85260 Lors du décès d'une personne physique titulaire d'un titre d'occupation constitutif de droits réels, celui-ci peut être transmis au **conjoint survivant ou aux héritiers** sous réserve que le bénéficiaire, désigné par accord entre eux, soit présenté à l'**agrément** de l'autorité compétente dans un délai de 6 mois à compter du décès (CGPPP art. L 2122-7, al. 3).

> **Précisions** La demande d'**agrément** est établie conformément à l'article R 2122-23 du CGPPP. Cet agrément peut être tacite ou exprès dans les mêmes conditions que celles visées n° 85250. L'acte constatant le transfert du droit réel mentionne la nature de l'agrément et emporte transmission au jour du décès des droits et obligations afférents au titre du défunt sous réserve, le cas échéant, des dispositions de l'agrément autorisant un changement d'utilisation des immeubles (CGPPP art. R 2122-24).

CESSION FORCÉE

85265 Dans le cas où un **créancier** du titulaire du droit réel entend provoquer la cession forcée de tout ou partie de ce droit (voir n° 85155 ; CGPPP art. L 2122-8), le poursuivant avertit l'autorité qui a délivré le titre d'occupation constitutif de droit réel de la publication du commandement valant **saisie immobilière.** Par exception aux délais prévus en matière de saisie immobilière, la vente est annoncée à l'initiative du créancier poursuivant dans un délai compris entre trois et quatre mois avant l'audience d'adjudication. En l'absence d'enchère, le créancier poursuivant est déclaré adjudicataire s'il a été agréé. À défaut, le juge peut autoriser la vente amiable (CGPPP art. R 2122-25).

> **Précisions** En cas de **saisie partielle,** l'autorité compétente pour délivrer l'agrément doit notifier à l'avocat du poursuivant, en vue de son insertion dans le cahier des conditions de vente, le montant et les modalités de paiement de la quote-part de la redevance domaniale afférente à l'immeuble saisi.

C. Fin de l'occupation

RETRAIT DU TITRE

85350 L'autorisation peut être retirée avant le terme prévu non seulement en cas d'inexécution de ses clauses et conditions (retrait pour **faute**), mais encore pour un motif d'**intérêt général** (CGPPP art. L 2122-9, al. 3). Dans le cas où l'autorité qui a délivré le titre constitutif de droit réel envisage, pour quelque motif que ce soit, de le retirer en totalité ou en partie avant le terme fixé, le titulaire du titre à cette date doit en être informé par lettre recommandée avec demande d'avis de réception, 2 mois au moins avant le retrait. Toutefois, en cas de concession, le délai de préavis à respecter est fixé par le contrat (CGPPP art. R 2122-18, al. 1).

Lorsque le retrait envisagé est un retrait pour faute, l'autorité qui a délivré le titre doit également informer les **créanciers** régulièrement inscrits selon les mêmes modalités 2 mois avant le retrait (CGPPP art. R 2122-18, al. 2). Ceux-ci peuvent proposer la substitution d'un tiers au permissionnaire défaillant ou s'y substituer eux-mêmes (CGPPP art. L 2122-9, al. 4).

> **Précisions** **a.** Le délai ne saurait en tout état de cause faire **obstacle** à ce que l'autorité compétente exerce les prérogatives nécessaires à la garantie du service public (Cons. const. 21-7-1994 n° 94-346 DC).
> **b.** Le retrait de l'autorisation doit être **motivé** (Loi 79-587 du 11-7-1979).

85355 **Indemnisation** Lorsque le retrait est prononcé pour un motif autre que la **faute,** le titulaire est indemnisé du préjudice direct, matériel et certain né de l'éviction anticipée.

Les règles de détermination de l'indemnité peuvent être précisées dans le **titre d'occupation.**

Les droits des **créanciers régulièrement inscrits** à la date du retrait anticipé sont reportés sur cette indemnité (CGPPP art. L 2122-9, al. 3).

ARRIVÉE DU TERME

85360 La convention d'occupation arrivée à son terme ne peut pas être renouvelée. Toutefois, un nouveau titre peut être délivré pour la réalisation de **nouveaux ouvrages,** constructions et installations ou, à notre avis, pour la réalisation de travaux et de constructions réhabilitant, étendant ou modifiant de façon substantielle les ouvrages, constructions et installations existants. Par ailleurs, rien ne s'oppose à la délivrance d'un titre non constitutif de droit réel pour l'**exploitation des ouvrages** réalisés.

SORT DES CONSTRUCTIONS EXISTANTES

À l'issue du titre d'occupation (arrivée du terme ou retrait anticipé), les ouvrages, construc- **85365**
tions et installations de caractère immobilier existant sur la dépendance domaniale occupée doivent être **démolis** par le titulaire de l'autorisation ou à ses frais (CGPPP art. L 2122-9, al. 1).

Toutefois, ces biens immobiliers peuvent être **conservés** si le titre d'occupation prévoit expressément leur maintien en état ou si l'autorité compétente renonce en tout ou en partie à leur démolition. Les ouvrages éventuellement conservés deviennent de plein droit et gratuitement la propriété de l'État, francs et quittes de tous privilèges et hypothèques (CGPPP art. L 2122-9, al. 2). Si les ouvrages conservés sont situés sur le domaine propre d'un établissement public, ils deviennent propriété de cet établissement (CGPPP art. L 2122-14, al. 2).

© Éd. Francis Lefebvre

PARTIE 3

Responsabilité et assurance dans la construction

RÉGLEMENTATION

La **responsabilité** des constructeurs et l'**assurance** des risques de la construction sont réglementées par les articles 1792 s. du Code civil et L 241-1 s. du Code des assurances issus notamment de la loi du 4 janvier 1978 applicable aux marchés conclus depuis le 1er janvier 1979. Ces dispositions ont connu des modifications résultant de l'ordonnance 2005-658 du 8 juin 2005 applicable aux marchés, contrats et conventions conclus à compter du 10 juin 2005 et de la loi 2008-561 du 17 juin 2008 portant réforme de la prescription civile, notamment. **86000**

TITRE I

Responsabilité des constructeurs

PRÉSENTATION GÉNÉRALE

86005 La responsabilité encourue par les constructeurs, et plus généralement par les personnes qui concourent à l'opération de construction, résulte, en général, du contrat : il est reproché aux intéressés d'avoir mal ou de n'avoir pas exécuté ce contrat. Les **garanties** dites **« légales »** ne sont que des modalités de la responsabilité contractuelle, qui s'inscrivent dans le cadre des principes généraux en matière de vice de la chose. Bien que la loi en réglemente le régime, c'est du contrat que procèdent les garanties.

Il convient donc d'établir une distinction entre la **responsabilité contractuelle** prise dans son sens le plus large (garanties décennale, garantie biennale et responsabilité contractuelle de droit commun) et la **responsabilité extracontractuelle.**

SOURCES DE LA RESPONSABILITÉ CONTRACTUELLE

86150 La responsabilité contractuelle est le plus souvent encourue après la réception des travaux, en raison des dommages consécutifs à la construction. La **loi** a institué des responsabilités particulières fondées sur l'obligation de garantie du constructeur : la **garantie décennale** et la **garantie biennale dite de « bon fonctionnement ».** Ces garanties seront étudiées au titre de la responsabilité décennale et de la responsabilité biennale (n°s 86210 s.).

Ces garanties n'écartent pas toutes les sources de responsabilité : il subsiste ce qu'il est convenu d'appeler une **responsabilité contractuelle de droit commun** avant, comme après la réception des travaux (n°s 88250 s.). La Cour de cassation exige des juridictions du fond, sous peine de cassation, qu'elles précisent le fondement juridique des condamnations qu'elles prononcent (Cass. 3e civ. 15-5-2002 n° 01-00.031 : BPIM 4/02 inf. 267). En effet, le régime juridique des responsabilités décennale ou de droit commun est différent : notamment, l'assurance obligatoire peut ou non jouer, le régime de la preuve varie… (voir B. Boubli, La garantie décennale, un caractère hégémonique ou une fonction subsidiaire conditionnant l'assurance obligatoire ?, BPIM 3/23 inf. 153).

Enfin, certaines **opérations en marge de la construction** proprement dite appellent une attention particulière. C'est le cas des responsabilités dans la vente d'immeuble à construire (C. civ. art. 1646-1), dans la vente d'immeuble à rénover (CCH art. L 262-1 et L 262-2) et dans la vente après achèvement (C. civ. art. 1792-1, 2°).

CHAPITRE 1

RESPONSABILITÉ DÉCENNALE ET RESPONSABILITÉ BIENNALE

SOMMAIRE

TEXTES APPLICABLES AUX GARANTIES DÉCENNALE ET BIENNALE

86210 La responsabilité contractuelle des constructeurs (garantie décennale et garantie biennale) est réglementée par les articles 1792 à 1792-7 du Code civil, tels qu'issus de la loi 78-12 du 4 janvier 1978 dite **« loi Spinetta »,** de l'ordonnance 2005-658 du 8 juin 2005 et de la loi 2008-561 du 17 juin 2008 portant réforme de la prescription civile (qui a substitué les articles 1792-4-1 et 1792-4-2 aux anciens articles 2270 et 2270-2 du Code civil et créé l'article 1792-4-3). Ces textes doivent être rapprochés des dispositions modifiées relatives à l'assurance-construction issues de la loi du 4 janvier 1978 qui complètent le dispositif de garantie décennale (C. ass. art. L 241-1 s.) ; n°s 94870 s.

Les **modifications apportées en 2005 et 2008** impliquent qu'il soit tenu compte des solutions antérieures de sorte que **deux régimes** sont parfois exposés.

CARACTÉRISTIQUES DES RESPONSABILITÉS DÉCENNALE ET BIENNALE

86215 Au plan de la responsabilité, les articles 1792 s. du Code civil généralisent la responsabilité décennale, confirment l'existence d'une responsabilité biennale, posent le principe d'une **responsabilité de plein droit** des constructeurs et désignent les constructeurs (ou assimilés) responsables. Ils distinguent la fonction « construction » relevant en principe de la responsabilité décennale de la fonction « équipement » censée ressortir à la responsabilité biennale.

Figurent aux articles 1792-4-2 et 1792-4-3 du Code civil des indications sur le régime de la responsabilité de droit commun des constructeurs. Comme les actions en responsabilité dirigées contre les constructeurs se prescrivent par 10 ans et même par 2 ans dans certains cas, alors même que la responsabilité encourue ne s'identifie pas à ce qu'il est convenu d'appeler la « garantie décennale » ou la « garantie biennale », il est permis de considérer que la **prescription** de l'action en responsabilité des constructeurs est en général « décennale » et que la « garantie décennale » ne s'applique qu'aux désordres objectivement les plus graves lorsque les constructeurs sont débiteurs de cette garantie.

86218 La responsabilité décennale et la responsabilité biennale sont des **responsabilités postérieures à la réception.** Qu'elle soit prononcée avec ou sans réserve, la réception sert de point de départ aux délais de garantie. L'article 1792-4 du Code civil fait de ce délai une période à l'issue de laquelle le prestataire est « déchargé » des garanties. Il en résulte que la réception est une condition nécessaire à la mise en œuvre des garanties et de la couverture de l'assurance obligatoire (Cass. 3e civ. 27-2-2013 n° 12-12.148 FS-PB : BPIM 3/13 inf. 199 ; Cass. 3e civ. 17-2-2015 n° 13-25.491 : BPIM 2/15 inf. 114). En l'absence de réception expresse, il est toutefois possible de faire constater l'existence d'une réception dans le cadre du contentieux de la garantie, par voie incidente ou d'exception (réception tacite ou judiciaire).

86220 Le dispositif relatif aux garanties décennale et biennale est d'**ordre public** : l'article 1792-5 du Code civil répute non écrites les clauses limitant ou excluant la responsabilité qui résulte des articles 1792 à 1792-4 (voir n°s 88160 s.). La règle s'applique à tous les actes soumis à la garantie décennale :

– vente d'immeuble rénové (Cass. 3e civ. 3-3-2010 n° 09-11.282 FS-PB : RJDA 7/10 n° 735) ;

– vente après achèvement contenant une clause par laquelle l'acquéreur fait son affaire personnelle d'une situation portée à sa connaissance « sans aucun recours contre quiconque » (Cass. 3e civ. 19-3-2020 n° 18-22.983 FS-PBI : BPIM 3/20 inf. 199) ou une clause précisant que l'installation d'assainissement n'est pas conforme et que l'acquéreur déclare en faire son affaire personnelle (Cass. 3e civ. 23-5-2024 n° 22-23.300 FS-D : BPIM 4/24 inf. 263, clause réputée non écrite).

Le principe s'applique aussi à la garantie de parfait achèvement. Les dispositions relatives à la responsabilité de droit commun appellent une analyse plus nuancée (voir n°s 89230 s.).

CHANTIERS VISÉS PAR LA LOI DU 4 JANVIER 1978

86225 Sont soumis aux dispositions issues de la loi Spinetta du 4 janvier 1978 les contrats relatifs aux chantiers dont la **déclaration d'ouverture** est postérieure au 1er janvier 1979 (Cass. 1e civ. 3-4-1984 : Bull. civ. I. n° 122). La loi s'applique par chantier. C'est la déclaration réglementaire faite à l'autorité chargée de contrôler l'exécution du permis de construire, ou la formalité qui en tient lieu, qui est à considérer.

Lorsque les travaux s'inscrivent dans un ensemble mais ne donnent pas lieu à déclaration réglementaire d'ouverture de chantier, il a été jugé que c'est la date de **conclusion du marché** qui est à considérer (CA Metz 20-5-1987, travaux de crépissage). Mais cette solution est contestable, car il ne faut pas raisonner par lots ou par corps d'état séparés.

NATURE JURIDIQUE DES RESPONSABILITÉS DÉCENNALE ET BIENNALE

Il a été soutenu que le contrat s'achevant avec la réception des travaux, il n'y avait plus de responsabilité contractuelle après la réception et que les garanties des articles 1792 s. du Code civil étaient des **garanties** purement **légales.** Cette analyse est inexacte. **86230**

En droit, les garanties trouvent leur cause dans un fait (une malfaçon) qui s'est produit pendant l'exécution des travaux, donc du contrat, et dont les conséquences dommageables ne se révèlent qu'après. Le fait dommageable est donc d'origine contractuelle. « La garantie trouve son statut technique dans l'ordre de la **responsabilité contractuelle** » (Rodière, in Beudant et Lerbours-Pigeonnière, t. 12 n°s 190 et 204). Elle sanctionne la mauvaise exécution du contrat. La responsabilité qui découle des articles 1792 s. du Code civil est donc « contractuelle, car si ses conditions se trouvent modifiées à la réception, sa nature demeure inchangée » (Rodière, obs. précitées ; Boubli, La responsabilité des architectes, entrepreneurs et autres constructeurs, éd. du JNA 1991 n°s 204 s. ; Malinvaud et Jestaz, Droit de la promotion immobilière, éd. Dalloz 1995 n° 86 ; Mazeaud, Leçons t. III, vol. 2 n° 1366-2 ; voir toutefois, Auby, Périnet-Marquet et Nouguellou, Droit de la construction et de l'urbanisme, 9° éd. 2012 qui étudient les garanties au titre de la responsabilité spécifique des constructeurs).

En fait, la jurisprudence écarte l'effet exonératoire de la réception des travaux. Non seulement elle élargit le champ des garanties décennale et biennale par une interprétation des textes favorable aux créanciers des garanties, mais elle admet qu'une responsabilité contractuelle de droit commun subsiste après la réception, malgré la garantie de parfait achèvement (voir n°s 88250 s.). La consécration de la responsabilité de droit commun par les articles 1792-4-2 et 1792-4-3 du Code civil en est la dernière illustration.

SECTION I PERSONNES CONCERNÉES

I. PERSONNES TENUES À GARANTIE

Malgré une rédaction maladroite des articles 1792, 1792-2 et 1793-3 du Code civil, les personnes tenues à garantie sont les mêmes, que la garantie soit décennale ou biennale. Toutefois, dans certains cas particuliers, qui seront précisés, des personnes tenues à garantie au titre de la décennale ne le sont pas au titre de la biennale (contrôleurs techniques, par exemple). Sont obligés les **constructeurs,** qualification qui désigne plusieurs catégories de prestataires (C. civ. art. 1792). La loi répute constructeurs un certain nombre de prestataires (C. civ. art. 1792-1). **86280**

> **Précisions** L'avant-projet de la réforme du droit des contrats spéciaux complète la liste des constructeurs visés par l'article 1792 du Code civil en y intégrant des prestataires soumis à la garantie décennale visés par d'autres textes : le vendeur d'immeuble à construire ou à rénover, le constructeur de maison individuelle et le promoteur immobilier (C. civ. art. 1792-1, 3° à 6° dans sa version issue de l'avant-projet de la réforme du droit des contrats spéciaux).

A. Locateurs d'ouvrage

LOCATEURS D'OUVRAGE RÉPUTÉS CONSTRUCTEURS

Sont réputés constructeurs « les architectes, entrepreneurs et autres locateurs d'ouvrage **liés au maître de l'ouvrage** par un contrat de louage d'ouvrage » (C. civ. art. 1792-1). Sont donc visées les deux catégories de personnes ci-après. **86300**

1. Tous ceux qui concourent à la **maîtrise d'œuvre** : architectes, ingénieurs, techniciens, bureaux d'études. Selon un arrêt, il faut toutefois que la mission du locateur d'ouvrage ait pour objet la « construction de l'ouvrage », ce qui n'est pas le cas d'une mission d'étude préalable se limitant à des préconisations sur les principes généraux d'implantation et prenant fin avant l'intervention du maître d'œuvre (CAA Lyon 7-10-2010 n° 07LY01210 : RDI 2011 p. 233, s'agissant d'une étude de faisabilité technique confiée à un bureau d'études techniques). Jugé également qu'un locateur d'ouvrage investi d'une simple mission de contrôle en marge de celle de l'architecte n'est pas un constructeur d'ouvrage et n'est donc pas obligé en décennale (Cass. 3e civ. 11-5-1988 : RDI 1988 p. 467). Cet arrêt paraît exclure du champ des personnes tenues à garantie certains prestataires comme le bureau de coordination, au moins lorsque ce dernier s'en tient à sa mission de base. Mais s'il sort de cette mission, sa responsabilité est engagée (Cass. 3e civ. 10-7-1996 : BPIM 1/97 inf. 38).

En revanche, la qualité de constructeur au sens de l'article 1792 du Code civil a été reconnue à un fournisseur de béton (en principe vendeur) qui, par les instructions techniques précises données au poseur sur le matériau sophistiqué, s'est comporté comme un maître d'œuvre (Cass. 3e civ. 28-2-2018 n° 17-15.962 FS-PBI : BPIM 2/18 inf. 125). Elle a été reconnue aussi à un assistant à la maîtrise d'ouvrage (AMO) en charge d'une mission « Haute qualité environnementale » de programmation, de conception et de suivi de réalisation des travaux, ce dont il résultait qu'il était tenu d'une mission de conseil sur l'adaptation de l'ouvrage à sa localisation (Cass. 3e civ. 13-4-2023 n° 22-11.024 F-D). En l'espèce, les dommages résultaient du choix d'une installation solaire inadaptée à son environnement (station de ski) imputable à l'AMO.

2. Sont également réputés constructeurs ceux qui **réalisent l'ouvrage,** pourvu que le contrat qui les concerne soit un louage d'ouvrage conclu avec le maître de l'ouvrage. L'article 1792-1, 1° du Code civil vise l'entrepreneur, mais cette désignation n'est pas restrictive. Le constructeur peut être celui qui réalise un contrat de construction de maison individuelle (CCMI) et celui qui, dans un CCMI, fournit la garantie d'achèvement et prend en charge la réalisation du programme jusqu'à son terme (Cass. 3e civ. 4-6-2009 n° 07-16.647 FS-D : BPIM 4/09 inf. 278, voir n° 86365). La qualité de constructeur a été retenue pour un assistant à la maîtrise d'ouvrage, le Conseil d'État ayant considéré que la mission assignée à l'assistant au maître d'ouvrage pouvait être regardée comme un contrat de louage d'ouvrage (CE 9-3-2018 n° 406205, Cne de Rennes-les-Bains : BPIM 2/18 inf. 119).

L'article L 111-1, 15° du Code de la construction et de l'habitation consacre la préfabrication et la définit. S'il est probable que le **préfabricant** puisse être retenu comme un constructeur, sa qualité de locateur d'ouvrage peut être discutée. Pour l'application des garanties légales, la question n'a d'intérêt que si le préfabricant contracte avec le maître de l'ouvrage (voir n° 86448).

EXCLUSION DU SOUS-TRAITANT

86305 Est exclu de la garantie décennale le sous-traitant qui **ne s'oblige qu'envers l'entrepreneur** principal par le contrat et non envers le maître de l'ouvrage qui, pour lui, est un tiers (voir nos 55225 et 55385). Le sous-traitant engage :

– sa responsabilité contractuelle de droit commun envers l'entrepreneur principal, laquelle sanctionne, selon la jurisprudence, une obligation de résultat (n° 55375) ;

– sa responsabilité envers le maître de l'ouvrage. Logiquement extracontractuelle en l'absence de lien contractuel entre le maître de l'ouvrage et le sous-traitant, la nature de cette responsabilité est toutefois sujette à discussion d'autant que la prescription des actions visée par l'article 1792-4-2 du Code civil est calquée sur celle des garanties légales encourues par le prestataire de 1er rang, et que la responsabilité de droit commun de ces derniers, comme celle de leurs sous-traitants, relève du même régime de prescription (C. civ. art. 1792-4-3). L'avant-projet de réforme du droit des contrats spéciaux semble vouloir rompre avec la jurisprudence retenant la responsabilité extracontractuelle du sous-traitant et propose de permettre au maître de l'ouvrage d'exercer contre le sous-traitant une action née du contrat de sous-traitance (C. civ. art. 1792-4-2 et 1492-4-3 dans leur version figurant dans l'avant-projet de la réforme du droit des contrats spéciaux).

Le contrat de sous-traitance peut mettre à la charge du sous-traitant la responsabilité décennale. Dans ce cas, il a été jugé que la cour d'appel ne peut pas d'office se placer sur le terrain de la responsabilité contractuelle de droit commun (Cass. 3e civ. 22-9-2004 n° 03-11.391 : BPIM 1/05 inf. 40).

CAS PARTICULIERS

86310 Le **contrôleur technique** qui est lié au maître de l'ouvrage par un contrat de louage d'ouvrage est, dans cette mesure, tenu de la garantie décennale dans les limites de sa mission (CCH art. L 125-2) ; voir nos 51160 s. Sa responsabilité est étendue aux dommages consécutifs (Cass. 3e civ. 15-1-2003 n° 00-16.106 : Bull. civ. III n° 5). Il n'est pas tenu, en revanche, de la garantie biennale.

86315 Le **coordonnateur OPC** et le **coordonnateur SPS** peuvent être tenus à garantie dans les conditions exposées nos 52420 et 52630 s.

Selon le Conseil d'État, le **prestataire** qui assume une mission de contrôle des travaux dans le cadre d'une **conduite d'opération** est un locateur d'ouvrage qui est tenu à la garantie décennale, le juge pouvant donner au contrat son exacte qualification de louage d'ouvrage en tenant compte de la mission (CE 21-2-2011 n° 330515 : BPIM 2/11 inf. 126).

B. Personnes assimilées aux constructeurs

1. VENDEURS RÉPUTÉS CONSTRUCTEURS

VENDEUR D'IMMEUBLE APRÈS ACHÈVEMENT

Personnes visées La loi répute constructeur celui qui (C. civ. art. 1792-1, 2°) : 86340
– vend après achèvement l'ouvrage qu'il a **fait construire** (Cass. 3e civ. 10-5-1990 n° 88-14.478 : Bull. civ. III n° 116) ;
– vend après achèvement l'ouvrage qu'il a **construit lui-même** (le « castor » : CA Chambéry 4-3-1997 : RDI 1998 p. 97).

Ces deux cas ne concernent que les chantiers ouverts après le 1er janvier 1979 (Cass. 3e civ. 15-1-1997 n° 94-18.712).

Étant réputé constructeur, le vendeur d'immeuble après achèvement est tenu, à ce titre, de la garantie décennale et de la garantie biennale. Le caractère apparent ou caché des désordres s'appréciant en la personne du maître d'ouvrage-vendeur et au jour de la réception de l'ouvrage, celui qui vend l'ouvrage qu'il a construit lui-même ne peut pas reprocher à l'acquéreur le caractère apparent du vice lors de la vente pour se soustraire à la garantie décennale (Cass. 3e civ. 10-11-2016 n° 15-24.379 FS-PB : BPIM 1/17 inf. 24). La garantie décennale, qui est d'ordre public, est encourue nonobstant une clause d'exclusion de garantie des vices cachés dans l'acte de vente (Cass. 3e civ. 3-3-2010 n° 09-11.282 FS-PB : Bull. civ. III n° 55, RDI 2010 p. 322, pour une vente après rénovation lourde ; Cass. 3e civ. 19-10-2023 n° 22-15.536 FS-B : BPIM 6/23 inf. 377, pour des travaux d'extension). Elle est encourue dès lors que des désordres de nature décennale sont constatés (Cass. 3e civ. 4-4-2024 n° 22-20.107 FS-D : BPIM 3/24 inf. 191, défaut d'étanchéité d'une paroi enterrée ayant causé des dégâts aux propriétés mitoyennes).

Sont visés :
– les professionnels de la construction : pour un marchand de biens (Cass. 3e civ. 9-12-1992 : Bull. civ. III. n° 321 ; Cass. 3e civ. 28-5-2002 : RDI p. 324) ; pour un lotisseur (Cass. 3e civ. 17-12-1997 n° 96-12.209 : Bull. civ. III n° 224) ;
– les particuliers qui ont fait construire ou rénover pour leur propre usage (Cass. 3e civ. 12-3-1997 n° 95-12.727 : RJDA 5/97 n° 717 ; Cass. 3e civ. 14-1-1998 n° 95-19.916 : Bull. civ. III n° 11 ; Cass. 3e civ. 2-10-2002 n° 00-11.117 : Bull. civ. III n° 204). Il faut toutefois que l'ouvrage ait fait l'objet d'une réception, faute de quoi les articles 1792 et 1792-1 du Code civil ne sont pas applicables (Cass. 3e civ. 27-2-2013 n° 12-12.148 FS-PB : BPIM 3/13 inf. 199) ;
– les particuliers qui ont réalisé eux-mêmes une opération de construction, tel le vendeur ayant procédé à l'aménagement de combles et apporté des éléments nouveaux à la toiture et la charpente (Cass. 3e civ. 7-9-2011 n° 10-10.763 FS-D : BPIM 6/11 inf. 464), celui qui vend une maison équipée d'un système d'assainissement autonome qu'il a fait réaliser (Cass. 3e civ. 16-5-2019 n° 18-14.483 F-D : BPIM 4/19 inf. 265) ou celui qui vend une maison dont il a modifié la charpente pour créer une mezzanine (Cass. 3e civ. 23-2-2017 n° 15-26.505 F-D) ou bien encore celui qui vend une maison dont il a aménagé le sous-sol pour le rendre habitable (Cass. 3e civ. 5-12-2019 n° 18-23.379 F-D : BPIM 1/20 inf. 41).

La Cour de cassation fait une application stricte de l'article 1792-1, 2° du Code civil. Elle considère que n'est **pas un vendeur d'immeuble après achèvement,** au sens de l'article 1792-1, 2° du Code civil, et n'est donc pas soumis à la garantie décennale :
– celui qui vend un immeuble non achevé (Cass. 3e civ. 9-6-1999 n° 97-19.257 : Bull. civ. III n° 133) ;
– celui qui vend un immeuble en cours de rénovation (Cass. 3e civ. 14-3-2001 n° 99-18.348 : Bull. civ. III n° 34 ; Cass. 3e civ. 17-6-2009 n° 08-15.676 : BPIM 5/09 inf. 359).

> **Précisions** L'avant-projet de réforme du droit des contrats spéciaux prévoit de limiter la garantie au vendeur qui a construit ou fait construire « à titre professionnel » (C. civ. art. 1792-1, 2° dans sa version figurant dans l'avant-projet de réforme des contrats spéciaux). Par ailleurs, il répute « constructeur » le vendeur d'immeuble à construire ou à rénover, même s'il vend après achèvement (C. civ. art. 1792-1, 4° dans sa version figurant dans l'avant-projet de réforme des contrats spéciaux). Cette précision paraît discuter la jurisprudence évoquée ci-dessus. Enfin, l'avant-projet assimile à un constructeur toute personne profane qui vend après achèvement un ouvrage qu'elle a fait construire si elle ne communique pas à l'acquéreur dans l'acte de vente, l'identité des constructeurs et de leurs assureurs (C. civ. art. 1792-1, dernier al. dans sa version figurant dans l'avant-projet de réforme des contrats spéciaux).

86345 **Nature des travaux réalisés** Les vendeurs d'immeuble après achèvement sont réputés constructeurs dès lors qu'ils construisent ou font construire un ouvrage immobilier. Cela signifie qu'ils sont tenus aux garanties lorsque les travaux, en raison de leur importance, constituent une **opération de construction** qu'il s'agisse :
– de travaux de construction (Cass. 3e civ. 14-1-1998 nº 95-19.916 P : Bull. civ. III nº 11 ; Cass. 3e civ. 7-9-2011 nº 10-10.763 : BPIM 6/11 inf. 464) ;
– de travaux de rénovation (Cass. 3e civ. 17-12-1996 nº 95-14.300 D : BPIM 1/97 inf. 39). Les juges du fond doivent préciser la nature et la consistance des travaux et l'importance du désordre (Cass. 3e civ. 7-12-2005 nº 04-12.931 FS-PB : Bull. civ. III nº 244). Ainsi, pour caractériser une « rénovation lourde », la Cour de cassation a tenu compte de la nature des travaux et de leur coût (Cass. 3e civ. 29-1-2003 nº 01-13.034 FS-B : Bull. civ. III nº 18, travaux affectant les murs, cloisons, planchers, plafonds et l'isolation et ayant un coût supérieur à 300 000 F).

86350 **Condition de délai** Aucune condition de délai ne limite l'application des dispositions relatives aux garanties décennale et biennale aux ventes intervenues directement après achèvement (Cass. 3e civ. 14-1-1998 nº 95-19.916 P : Bull. civ. III nº 11). Il en résulte que le vendeur maître de l'ouvrage et le vendeur « castor » sont tenus aux garanties dès l'instant qu'ils vendent :
– soit avant l'expiration du délai de **10 ans** après la réception des travaux de rénovation, s'il y en a une (cas du vendeur qui « a fait construire ») ;
– soit **après l'achèvement,** s'il n'y a pas de réception (cas du « castor ») ; le point de départ reste alors imprécis. Il est fixé par la jurisprudence à la date d'achèvement de l'ouvrage (Cass. 3e civ. 10-11-2016 nº 15-25.143 FS-PB : BPIM 1/17 inf. 24 ; Cass. 3e civ. 5-1-2017 nº 15-12.605 FS-PB : BPIM 2/17 inf. 117, qui ne précise toutefois pas si la piscine affectée de désordres a été construite par le vendeur ou par un tiers ; Cass. 3e civ. 19-1-2017 nº 15-27.068 FS-PB : BPIM 2/17 inf. 115). Selon l'arrêt du 10 novembre 2016, le caractère apparent ou caché du désordre s'apprécie à la date d'achèvement en la personne du maître d'ouvrage constructeur. Mais on ne sait pas comment peut être déterminé le caractère apparent ou caché du désordre pour celui qui construit et l'arrêt ne dit pas ce qu'il faut entendre par achèvement. Peut-on tenir compte de la date de la déclaration d'achèvement des travaux (DAT) ?

La date à prendre en considération pour **apprécier si l'action est prescrite** est la date à laquelle l'acquéreur a engagé l'action et non la date de la vente (Cass. 3e civ. 7-9-2011 nº 10-10.596 FS-PB : BPIM 6/11 inf. 465).

Selon l'opinion généralement émise, si la vente a lieu **plus de 10 ans après** l'une des dates ci-dessus, il s'agit d'une vente d'existant dont le régime applicable est celui de la garantie de droit commun des vices cachés dans la vente de l'article 1641 du Code civil (P. Malinvaud, RDI 1998 p. 262).

86352 **Question du cumul d'actions en responsabilité** Le vendeur après achèvement étant réputé constructeur, on s'interroge sur le point de savoir si la qualité de vendeur est effacée par celle de constructeur. En principe, les dommages relevant d'une garantie légale (décennale ou biennale) ne peuvent pas donner lieu, contre les personnes tenues à cette garantie, à une action en réparation sur le fondement de la **responsabilité contractuelle de droit commun** (Cass. 3e civ. 13-4-1988 nº 86-17.824 : Bull. civ. III nº 67 ; Cass. 3e civ. 12-11-2020 nº 19-22.376 FS-PBI : BPIM 1/21 inf. 43 ; Cass. 3e civ. 8-7-2021 nº 19-15.165 F-D : BPIM 5/21 inf. 336). Cependant, dans le cas visé à l'article 1792-1, 2º du Code civil, la Cour de cassation considère que l'action en garantie décennale n'est pas exclusive de la garantie de droit commun des **vices cachés** des articles 1641 s. du Code civil (voir nº 86837). L'acquéreur qui bénéficie de l'action en garantie décennale peut donc préférer exercer l'action en garantie des vices cachés contre le vendeur « réputé constructeur ». Il bénéficie d'un concours d'actions.

Le vendeur d'immeuble après achèvement, qui est « réputé constructeur », peut être responsable des **désordres intermédiaires** (désordres apparus après la réception ne relevant pas de la garantie décennale) sur le fondement de la **responsabilité de droit commun pour faute** (Cass. 3e civ. 4-6-2009 nº 08-13.239 FS-PB : BPIM 4/09 inf. 277 ; Cass. 3e civ. 4-11-2010 nº 09-12.988 FS-PB : BPIM 1/11 inf. 35). Si ces arrêts appliquent au vendeur le régime de la responsabilité des désordres intermédiaires retenu pour les constructeurs, ils soulèvent le problème de l'articulation de cette source de responsabilité avec la garantie des vices cachés des articles 1641 s. du Code civil : le désordre intermédiaire pourrait relever de cette garantie (nº 88647). Se poserait alors la question, plus classique, de l'éventuel concours de celle-ci et de la responsabilité de droit commun dans le droit de la vente, et plus spécialement de l'obligation de délivrance d'un bien conforme.

VENDEUR D'IMMEUBLES À CONSTRUIRE

86355 Le vendeur d'immeubles à construire (vente en l'état futur ou vente à terme) est également soumis aux garanties décennale et biennale, mais la loi ne le répute pas directement constructeur (C. civ. art. 1646-1). Elle lui fait **supporter les obligations des constructeurs** (voir Cass. 3e civ. 27-6-2019 no 18-14.786 F-D : BPIM 5/19 inf. 336). L'arrêt rappelle qu'il est tenu « comme les constructeurs », en l'espèce des désordres intermédiaires. De sorte qu'il est permis de se demander si le régime de la vente ne reste pas dominant et si certaines garanties ne doivent pas en tenir compte (garantie des vices apparents, voir no 86835).

Lorsque sa responsabilité décennale est engagée en vertu de l'article 1646-1 du Code civil, le vendeur d'immeuble à construire doit être garanti par son assureur RC décennale (Cass. 3e civ. 4-4-2024 no 22-12.132 F-D : BPIM 3/24 inf. 189, absence d'évacuation des eaux pluviales sur le toit-terrasse constitutive d'un désordre de nature décennale).

VENDEUR D'IMMEUBLE À RÉNOVER

Le vendeur d'immeuble à rénover est tenu des garanties décennale et biennale lorsque (CCH art. L 262-1 et L 262-2) : **86360**

– la vente porte sur un immeuble bâti à usage d'habitation ou à usage professionnel et d'habitation, ou destiné après travaux à l'un de ces usages ;
– les travaux doivent être réalisés dans un délai contractuellement fixé ;
– des sommes d'argent sont perçues par le vendeur avant la livraison.

La vente à rénover est distinguée de la vente d'immeubles à construire selon l'importance des travaux (CCH art. L 262-1). Sur la limite entre le champ d'application de la vente d'immeubles à construire et la vente d'immeuble à rénover, voir no 76535.

La garantie court à compter de la réception des travaux (CCH art. L 262-2) qui intervient entre le vendeur et les constructeurs. On estime en général que cette réception doit être expresse, mais cette restriction est discutable. La loi, qui a vocation à protéger, peut-elle avoir pour effet d'exclure la garantie en raison d'un fait du vendeur qui s'est soustrait à la réception expresse et d'interdire le recours à la réception judiciaire ou tacite ? Il paraît vraisemblable que le vendeur d'immeuble à rénover **ne relevant pas du secteur protégé** est également tenu à la garantie décennale conformément aux principes dégagés par la jurisprudence antérieure à la loi du 13 juillet 2006. La discussion est cependant ouverte : la loi prévoyant expressément l'obligation du vendeur à rénover dans le secteur protégé n'exclut-elle pas implicitement celle-ci dans le secteur non protégé ?

2. PRESTATAIRES RÉPUTÉS CONSTRUCTEURS

La loi répute « constructeurs » certains intervenants à l'acte de construire et les soumet aux dispositions des articles 1792 s. du Code civil. Il s'agit : **86365**

– du **promoteur immobilier** qui « est tenu des obligations résultant des articles 1792, 1792-1, 1792-2, et 1793 » (C. civ. art. 1831-1) ;
– du **constructeur de maisons individuelles** (CCH art. L 231-1) ;
– du **mandataire** du propriétaire de l'ouvrage qui, sans être juridiquement promoteur immobilier au sens de l'article 1831-1 du Code civil, « accomplit une mission assimilable à celle d'un locateur d'ouvrage » (C. civ. art. 1792-1, 3o).

La formulation de l'article 1792-1, 3o du Code civil vise le **maître d'ouvrage délégué** s'il agit en qualité de mandataire du propriétaire et accomplit aussi une mission assimilable à celle d'un locateur d'ouvrage (CA Paris 26-9-1989 : Juris-Data no 024762 ; pour un conducteur d'opération dans les marchés publics voir CE 21-2-2011 no 330515 : BPIM 2/11 inf. 126), mais non s'il agit comme simple mandataire, sauf s'il commet une faute (CE 25-7-1985 : Lebon p. 227). Le maître d'ouvrage délégué au sens du Code de la commande publique (CCP partie II, livre IV) étant un mandataire, il échappe, en cette qualité, à l'obligation de garantie (CE 12-1-1994 : RDI 1994 p. 244). Un arrêt du Conseil d'État décide d'ailleurs que la responsabilité du maître d'ouvrage délégué ne peut plus être recherchée après la réception définitive de l'ouvrage (CE 30-6-1999 no 163435, Cne de Voreppe : Lebon p. 225). Il en est autrement en cas de comportement fautif du maître d'ouvrage délégué qui, par sa nature et sa gravité, est assimilable à une fraude ou un dol (CE 10-7-1996 no 132921, Cne de Boissy-St-Léger : Lebon p. 287).

Celui qui fournit la garantie d'achèvement dans le contrat de construction de maison individuelle (**CCMI**) n'est pas un constructeur tenu à la garantie décennale (Cass. 3e civ. 7-9-2011 no 10-21.331 FS-PB : BPIM 5/11 inf. 384). Mais il peut accepter cette qualité par un protocole d'accord ; dans ce cas, il est tenu des obligations édictées par les articles 1792 s. du Code civil (Cass. 3e civ. 4-6-2009 no 07-16.647 : BPIM 4/09 inf. 278).

86370 Le **lotisseur** est également réputé constructeur et tenu aux mêmes garanties : le lotisseur qui réalise ou fait réaliser des travaux de VRD, qui sont des ouvrages de génie civil relevant des articles 1792 s., et qui vend les lots après achèvement, est dans la situation envisagée par l'article 1792-1, 2° du Code civil (Cass. 3e civ. 17-12-1997 n° 96-12.209 : Bull. civ. III n° 224) ; voir n° 86340.

La solution devrait normalement être étendue à l'**aménageur de ZAC,** qu'il soit pris en tant que vendeur, au sens du texte susvisé, ou en tant que constructeur. La solution inverse a pour l'instant été admise (CE 22-6-1990 : RDI 1990 p. 490), mais elle est antérieure au revirement de jurisprudence de la Cour de cassation concernant le lotisseur.

Une difficulté est apparue depuis l'ordonnance 2005-658 du 8 juin 2005, qui exclut de l'assurance obligatoire certains ouvrages dont les VRD (n° 92885). Il faudra attendre que la jurisprudence se fixe pour savoir si cette exclusion est susceptible d'avoir une influence sur les garanties décennale et biennale.

La Cour de cassation, comme le Conseil d'État, élargissent le champ des personnes pouvant engager leur responsabilité décennale en les réputant constructeur. Le Conseil d'État retient qu'un contrat d'**assistance à la maîtrise d'ouvrage** peut être regardé comme un contrat de louage d'ouvrage et que l'assistant à la maîtrise d'ouvrage chargé d'une mission de direction, de l'exécution des travaux et d'assistance aux opérations de réception a la qualité de constructeur (CE 9-3-2018 n° 406205, Cne de Rennes-les-Bains : BPIM 2/18 inf. 119).

La Cour de cassation considère qu'un **fournisseur de matériaux** qui participe activement à la construction en donnant au maçon poseur des instructions techniques assume ainsi la maîtrise d'œuvre de l'opération, ne se borne pas à agir comme un fournisseur de matériaux mais est un constructeur au sens de l'article 1792 du Code civil (Cass. 3e civ. 28-2-2018 n° 17-15.962 FS-PBI : BPIM 2/18 inf. 125). Confirmant cette orientation à retenir la qualité de constructeur, la Cour de cassation estime qu'un fournisseur de parquet chargé de la pose avec découpes pour l'adapter aux dimensions de chaque pièce fournit un travail spécifique pour les besoins particuliers du client et agit comme locateur d'ouvrage (Cass. 3e civ. 12-10-2022 n° 20-17.335 FS-B : BPIM 6/22 inf. 419).

86375 L'**expert judiciaire** n'est pas un constructeur tenu de la responsabilité décennale (Cass. 3e civ. 27-6-2001 n° 99-18.883 FS-D : RDI 2001 p. 523). Il a été jugé qu'il n'engage que sa responsabilité quasi délictuelle d'expert s'il commet une faute dans l'exercice de sa mission (Cass. 2e civ. 20-7-1993 n° 92-11.209 : Bull. civ. II n° 272 ; sur la responsabilité de l'expert judiciaire, voir J.-F. Péricaud : RDI 2001 p. 231). Mais s'il accepte la maîtrise d'œuvre pour les travaux de reprise, il est tenu des conséquences de cette mission.

C. Fabricant de composants, fabricant d'Epers et fournisseur

86400 Le fabricant est soumis aux garanties décennale et biennale (C. civ. art. 1792-4). Le fabricant visé par l'article 1792-4 du Code civil est généralement dénommé « **fabricant de composants** » ou « **fabricant d'Epers** », c'est-à-dire fabricant d'élément pouvant entraîner la responsabilité solidaire. L'avant-projet de réforme du droit des contrats spéciaux prévoit d'abroger l'article 1792-4 du fait du « faible intérêt pratique » de ce texte.

Le fabricant de composants et d'Epers se distingue du **fabricant des matériaux** nécessaires à la construction de l'immeuble et qui peut en être le fournisseur (tuiles, briques...). La responsabilité de ce dernier relève des articles 1641 s. du Code civil relatifs à la vente et des articles 1245 s. du Code civil relatifs à la responsabilité du fait des produits défectueux.

> **Précisions** L'article 1245-5 du Code civil exclut du régime de **responsabilité du fait des produits défectueux** les personnes dont la responsabilité peut être recherchée sur le fondement des articles 1792 à 1792-6 et 1646-1 du Code civil, c'est-à-dire les constructeurs ou assimilés (architecte, entrepreneur, vendeur d'immeuble à construire, promoteur immobilier, fabricant d'Epers) et peut-être le sous-traitant dont la responsabilité peut être engagée sur le fondement des articles 1792 à 1792-6 du Code civil (voir n° 55230). Il en va de même du crédit-bailleur ou du loueur assimilable au crédit-bailleur. En revanche, les fabricants de produits **ne répondant pas aux critères des Epers** sont visés par la loi.

1. NOTION DE FABRICANT

DÉTERMINATION SELON LA NATURE DU CONTRAT

Marché de fournitures Le fabricant fournit un grossiste ou un détaillant qui, à son tour, fournit l'entrepreneur (pour une application, Cass. 3e civ. 4-12-2002 no 00-15.830 FS-D : BPIM 1/03 inf. 27). Le fabricant est donc au point de départ d'une chaîne de ventes de choses mobilières et il s'inscrit dans le cadre d'un marché de fournitures, qui est une vente. 86420

Qu'il soit ou non fabricant, le fournisseur n'a d'**action** contractuelle qu'**à l'encontre de celui qui a passé commande** : entrepreneur principal, sous-traitant et, le cas échéant, maître de l'ouvrage.

S'il a fourni l'entreprise et que les **matériaux** ont été **incorporés** à l'immeuble, il ne dispose contre le maître de l'ouvrage, devenu propriétaire par accession, que de l'action oblique. S'agissant de l'application de la clause de réserve de propriété, la Cour de cassation laisse entendre qu'elle peut se concevoir dans le contrat d'entreprise (Cass. com. 29-5-2001 no 98-21.126 FS-D : RJDA 11/01 no 1130). Cependant, elle ne semble pas être opposable au maître de l'ouvrage qui n'a pas contracté avec le fournisseur, la loi ne s'appliquant pas à l'entreprise, mais seulement à la vente. Dans un cas où les biens litigieux avaient été incorporés à l'immeuble, la Cour a jugé que la clause de réserve de propriété au bénéfice de l'entrepreneur n'était pas opposable aux créanciers du maître de l'ouvrage (Cass. com. 2-3-1999 no 95-18.643 : RJDA 5/99 no 579).

Si les matériaux ne sont **pas incorporés,** ils ne sont pas encore la propriété du maître de l'ouvrage et ils peuvent être revendiqués par l'administrateur au redressement judiciaire du fournisseur (Cass. com. 20-2-1962 : Bull. civ. III no 114).

La créance du fournisseur se **prescrit** selon le droit commun. L'action du vendeur contre le maître de l'ouvrage « non marchand » se prescrit par 2 ans (C. consom. art. L 218-2). Celle de l'entrepreneur, pour les matériaux fournis au maître de l'ouvrage, ne s'éteint que par 5 ans (C. com. art. L 110-4).

Si le prestataire fournit des **éléments préfabriqués** par lui et qu'il réalise l'opération immobilière, il pourrait avoir la qualité de locateur d'ouvrage, ce qui, en l'état du droit positif n'est qu'une supposition (no 86448). S'il se borne à fournir celui qui a la qualité d'entrepreneur dans le marché, il est un fournisseur. Mais son rôle peut varier en fonction, tant de l'importance des éléments préfabriqués qu'il fournit, que de la place qu'il occupe dans leur montage. Un arrêt a ainsi reconnu la qualité de constructeur à un fournisseur de béton ayant joué un rôle actif dans la mise en œuvre du produit (Cass. 3e civ. 28-2-2018 no 17-15.962 FS-PBI : BPIM 2/18 inf. 125).

Sur l'**action de l'entrepreneur contre celui qui l'a fourni,** voir nos 86520 s.

Sous-traitance L'entrepreneur peut sous-traiter une partie du marché. Le sous-traitant est, techniquement, un **fabricant.** Il peut lui être demandé, en effet, de réaliser des éléments de la construction, une partie d'ouvrage, ou un ouvrage. Dans la mesure où il transforme la matière pour obtenir ce résultat, le sous-traitant fabrique. De ce point de vue, même l'entrepreneur principal est un fabricant. 86435

Toutefois, lorsqu'il y a sous-traitance, la notion technique de fabricant devient secondaire. C'est le support juridique de l'opération, le **contrat de louage d'ouvrage** qui prévaut : le régime juridique est alors celui de la sous-traitance. Ainsi, une cour d'appel ne peut pas à la fois constater que les parties étaient liées par un contrat de louage d'ouvrage dont la mauvaise exécution engageait la responsabilité du sous-traitant en application de l'article 1147 du Code civil (anciennement C. civ. art. 1231-1) et appliquer l'article 1792-4 du Code civil pour retenir sa responsabilité (Cass. 3e civ. 16-12-2008 no 07-20.407 : BPIM 1/09 inf. 31).

La difficulté est de savoir dans quel cas il y a **sous-traitance,** et dans quel cas il y a **vente,** étant observé que la qualification donnée à l'acte par les parties peut toujours être remise en cause si elle ne correspond pas à la réalité. 86440

Le **critère de distinction** le plus évident est celui de la **part respective de la main-d'œuvre et des fournitures** dans la valeur du marché : il y a louage d'ouvrage, et donc sous-traitance, lorsque le poids de la main-d'œuvre est prédominant (Cass. 3e civ. 23-4-1974 : Bull. civ. III no 163).

La jurisprudence ajoute un autre élément. Elle décide qu'il y a sous-traitance lorsque le prestataire se livre à un **travail spécifique,** caractérisé par un acte de production ou de service destiné à l'ouvrage à construire (voir no 54060). Autrement dit, est un élément de la sous-traitance la fabrication occasionnelle et spéciale correspondant à une commande précise, à la différence de la production industrielle et générale (tuiles par exemple).

Il n'est pas nécessaire que ce travail particulier ait lieu sur le site, c'est-à-dire sur le chantier pour qu'il y ait sous-traitance ; le travail peut être fait dans les **ateliers** du sous-traitant, par exemple une charpente (Cass. 3e civ. 7-11-2012 no 11-18.138 : Bull. civ. III no 163).

86445 Le **critère de « la commande spécifique** » aurait pu permettre de distinguer la sous-traitance du contrat par lequel un fabricant de composants, au sens de l'article 1792-4 du Code civil, fournit l'entreprise chargée de la mise en place de ce composant. Tandis que le sous-traitant effectue un travail répondant à une commande précise du maître de l'ouvrage ou du donneur d'ordres, exprimant des exigences particulières (du « sur-mesure »), le fabricant d'Epers propose aux clients un modèle original qu'il peut déjà avoir en stock ou qu'il réalisera sur la base d'un modèle qu'il porte à la connaissance des tiers : c'est lui qui suscite le besoin et incite le maître de l'ouvrage, et surtout son maître d'œuvre, à concevoir un projet qui intégrerait le composant (du « prêt-à-porter » de luxe, voire exclusif). Il en résulte que le fabricant de composants au sens de l'article 1792-4 du Code civil ne peut pas être un sous-traitant. Là où la sous-traitance est admise, l'article 1792-4 ne joue pas (Cass. 3e civ. 10-1-2001 no 99-11.374 FS-PB : RDI 2001 p. 177).

Mais, la Cour de cassation fait parfois référence à la « commande spécifique » pour caractériser l'Epers et soumettre le fabricant au régime de responsabilité de l'article 1792-4 du Code civil dès lors que les autres conditions requises par le texte sont remplies, en particulier « le montage sans modification » (Cass. 3e civ. 4-1-2006 no 04-13.489 FS-PB : Bull. civ. III no 1). L'assemblée plénière décide ainsi que des panneaux isothermes et des bardages sont des Epers dès lors qu'ils ont été fabriqués sur mesure selon les dimensions données par le poseur afin de répondre à des exigences thermiques spécifiques, les aménagements sur le chantier étant conformes aux prescriptions du fabricant et les panneaux conçus pour le bâtiment en cause ayant été mis en œuvre sans modification (Cass. ass. plén. 26-1-2007 no 06-12.165 PBRI : BPIM 2/07 inf. 123). Cette définition a été reprise par la troisième chambre civile (Cass. 3e civ. 25-4-2007 nos 05-17.838 FS-PB, 05-20.585 FS-PB et 05-20.455 FS-PB : BPIM 4/07 inf. 276). Elle se veut rigoureuse, mais elle pourrait s'appliquer aussi au sous-traitant qui effectue un travail spécifique sur commande. Il est donc permis de se demander si le **critère d'intervention sur le site** un moment envisagé par la jurisprudence et l'absence de mise en œuvre de l'élément par celui qui l'a fabriqué ne sont pas aujourd'hui des critères à prendre en compte pour qualifier la sous-traitance.

86448 **Préfabrication** La préfabrication « **consiste** à concevoir et réaliser un ouvrage à partir d'éléments préfabriqués assemblés, installés et mis en œuvre sur le chantier. Ces éléments préfabriqués font indissociablement corps avec les ouvrages de viabilité, de fondation, d'ossature, de clos et de couvert de la construction et peuvent intégrer l'isolation et les réserves pour les réseaux divers. Ils sont produits sur un site qui peut être soit une usine ou un atelier, soit une installation temporaire jouxtant le chantier » (CCH art. L 111-1, 15o).

Selon une opinion autorisée (H. Périnet-Marquet, RDI 2018 p. 219), la préfabrication permet, par une standardisation des modèles et des fabrications, d'abaisser les coûts. Elle suppose donc une fabrication en série. La **question juridique** qui se pose est de **savoir si ce fabricant est un constructeur** au sens de l'article 1792 du Code civil et en quelle qualité il est lié au maître de l'ouvrage, d'une part, et à l'entrepreneur qui ferait appel à lui, d'autre part.

À l'égard du maître de l'ouvrage qui contracte avec lui (ce qui peut se concevoir, notamment en cas de cotraitance, puisque les éléments préfabriqués font indissociablement corps avec les ouvrages de viabilité, de fondation de clos et de couvert), il pourrait avoir la qualité de locateur d'ouvrage, quoique fabricant, s'il est chargé d'édifier l'ouvrage. Bien que le poids des ouvrages réalisés en série puisse être important et sans doute supérieur à celui de la main-d'œuvre dans le montage, son rôle pourrait être assimilé à celui de l'exécuteur d'un travail particulier. L'article L 111-1, 15o du Code de la construction et de l'habitation vise d'ailleurs la « préfabrication » qui consiste à « concevoir et réaliser » l'ouvrage, ce qui peut privilégier le travail (voir Cass. 3e civ. 17-12-2014 no 13-17.485 FS-D : BPIM 1/15 inf. 31, arrêt antérieur à la loi Élan du 23-11-2018 ayant admis la qualification de contrat d'entreprise pour un contrat prévoyant la livraison d'un chalet en kit et son montage). Mais cette option n'est pas garantie car la jurisprudence qui distingue la préfabrication de la sous-traitance est assez stricte (voir no 54060).

À l'égard de l'entrepreneur classique, le « préfabricant » est-il un fournisseur (no 86420) ou un sous-traitant (no 86435) ? Ces questions se posaient sans doute avant la loi Élan du 23 novembre 1998. Mais en donnant une définition de la préfabrication et en précisant son contenu, celle-ci va alimenter le débat et l'actualiser. Celui qui fabrique des éléments standardisés n'est en tout cas pas un fabricant d'Epers au sens de l'article 1792-4 du Code civil, qui ne s'applique qu'aux produits « conçus et produits pour des éléments particuliers » (Cass. 3e civ. 19-12-2007 n° 06-19.595 FS-D : BPIM 2/08 inf. 137 ; Cass. 3e civ. 3-6-2009 n° 08-14.562 F-D : Defrénois 2010 n° 39060 obs. H. Périnet-Marquet).

DÉTERMINATION SELON LES RESPONSABILITÉS ENCOURUES

Fabricant d'éléments pouvant entraîner la responsabilité solidaire Le fabricant d'Epers est soumis aux garanties décennale et biennale du **constructeur.** Il faut que les conditions posées par l'article 1792-4 du Code civil soient remplies. 86450

Il n'en est pas moins un **vendeur** de chose mobilière incorporée dans la construction. Sa responsabilité peut donc être engagée sur le fondement des articles 1641 s. du Code civil envers l'acheteur (garantie des vices cachés). Il semble que le maître de l'ouvrage pourrait aussi se prévaloir de cette responsabilité qui n'est pas écartée par celle encourue au titre de l'article 1792-4 du Code civil puisque, dans ce dernier cas, la loi se borne à faire du fabricant un garant de l'entrepreneur. Quoique exclu du champ de la responsabilité des produits défectueux (C. civ. art. 1245-5), le fabricant d'Epers pourrait, dans cette éventualité, y être néanmoins soumis.

Fabricant d'éléments ne pouvant pas engager la responsabilité solidaire 86455
Le fabricant de produits non susceptibles d'engager sa responsabilité décennale ou biennale peut être responsable sur d'autres fondements.

S'il est pris en tant que **fournisseur** (vendeur de chose mobilière), il est tenu selon le droit commun de la garantie des vices cachés et de la responsabilité pour défaut de conformité applicable à la vente (C. civ. art. 1604 et 1641 s.). Cette responsabilité est encourue tant envers l'acheteur primitif qu'envers le maître de l'ouvrage. En outre, en tant que producteur d'un produit défectueux, il est responsable sur le fondement des articles 1245-5 s. du Code civil. Le fabricant et le fournisseur intermédiaire sont, ensemble, soumis à ce régime.

S'il est pris en tant que **sous-traitant,** le fabricant de produits est tenu de la responsabilité du sous-traitant aux conditions exposées nos 55225 s. Avant la réforme de la prescription civile opérée par la loi 2008-561 du 17 juin 2008, il était en outre soumis aux dispositions relatives à la responsabilité des produits défectueux de l'article 1245-7 du Code civil, qui désigne celui qui a réalisé l'incorporation du produit ; on se demandait s'il n'était pas aussi un producteur au sens de l'article 1245-5 du Code civil. Mais depuis la loi du 17 juin 2008, il n'est pas sûr que le sous-traitant soit encore susceptible d'engager sa responsabilité sur le fondement des articles 1245 s. du Code civil ; voir n° 55230.

2. RESPONSABILITÉ DU FABRICANT SELON L'ARTICLE 1792-4 DU CODE CIVIL

Le fabricant visé à l'article 1792-4 du Code civil est à la fois **fabricant et fournisseur.** Il est « **solidairement responsable** des obligations mises par les articles 1792, 1792-2 et 1792-3 à la charge » des entrepreneurs qui ont posé les éléments fabriqués. 86480

> **› Précisions** Selon nous, la fabrication d'Epers exclut la **sous-traitance** bien que la loi prenne en compte le type de produit et sa pose plutôt que le contrat (voir n° 86445 ; comparer : Malinvaud, RDI 1998 p. 648 qui envisage cependant le cas du « sous-traitant d'Epers » ; plus généralement : « Le fabricant sous-traitant, une hybridation difficile » de H. Périnet-Marquet : JCP 1989 I 3399). L'exclusion des sous-traitants est critiquée et incite à la fraude à la loi par la constitution d'une entreprise générale de façade qui sous-traite. Le sous-traitant, en effet, n'est pas personnellement tenu de la garantie décennale.

FABRICANT VISÉ PAR L'ARTICLE 1792-4

L'article 1792-4 du Code civil vise « le fabricant d'un ouvrage, d'une partie d'ouvrage ou d'un élément d'équipement ». Ce qui est pris en compte, c'est le composant. La terminologie est équivoque et la notion reste imprécise malgré les efforts d'interprétation d'une commission constituée à cet effet (Comité pour l'application de la loi du 4 janvier 1978 : Copal). 86485

Sous réserve des difficultés qui demeurent, sont visés par l'article 1792-4 du Code civil :
– le **fabricant d'« ouvrage »** pris au sens d'ensemble bâti. Il s'agit du constructeur de maisons préfabriquées ou de celui qui exécute les travaux relatifs à la fabrication de catégories d'ouvrages déterminées : toiture, ossature, éléments préfabriqués ;
– le **fabricant de « partie d'ouvrage ».** Il s'agit de celui qui vend, préfabriqués, des éléments d'une catégorie d'ouvrage : éléments d'une ossature, murs, cloisons (sur la notion, avis de la Copal du 16-1-1986 : Le Moniteur 4-3-1986 ; Circ. du 21-1-1981) ;

– le **fabricant d'« éléments d'équipement »,** lesquels s'entendent notamment des appareils mécaniques et électriques mais non des éléments constitutifs (C. civ. art. 1792), ce qui ne peut, là encore, que susciter des difficultés d'application. Les difficultés sont en partie levées pour « les éléments d'équipement y compris leurs accessoires dont la fonction exclusive est de permettre l'exercice d'une activité professionnelle dans l'ouvrage » qui sont expressément exclus des Epers (C. civ. art. 1792-7). Les difficultés subsistent pour les autres ouvrages.

86490 Au fabricant proprement dit, la loi **assimile certains fournisseurs** :
– l'**importateur** d'ouvrage, de partie d'ouvrage ou d'éléments d'équipement fabriqués à l'étranger ;
– le **distributeur** qui les a présentés comme son œuvre en y mentionnant son nom, sa marque de fabrique ou un autre signe distinctif (C. civ. art. 1792-4, al. 2). Sous ces réserves, le **fournisseur non fabricant** n'est pas soumis à la loi.

NOTION D'EPERS

86495 La préfabrication conduit normalement à exclure du domaine de l'article 1792-4 du Code civil ceux qui fabriquent des **matériaux indifférenciés** qui ne jouent aucun rôle défini dans la construction avant leur mise en œuvre, par exemple des tuiles (Cass. 3e civ. 4-12-1984 nº 83-15.065 : Bull. civ. III nº 202 ; CE 20-3-1992 nº 97819 : RJDA 10/92 nº 905).

En fait, le composant est un **« élément pouvant entraîner la responsabilité solidaire »** (Epers). Or un tel élément est, en l'état du droit, indéfinissable avec précision. La Cour de cassation exige du juge du fond qu'il précise si l'on est en présence d'un Epers et qu'il en donne les caractéristiques (Cass. 3e civ. 23-4-1997 nº 95-11.211 D : BPIM 4/97 inf. 262, à propos d'un système de chauffage ; Cass. 3e civ. 14-9-2023 nº 22-17.001 F-D : BPIM 6/23 inf. 378, à propos d'installations de production de froid et de climatisation). Le juge ne peut pas se borner à procéder par simple affirmation et à reproduire les conditions posées par le texte (Cass. 3e civ. 4-4-2024 nº 22-23.024 F-D : BPIM 3/24 inf. 190). Pour une **liste** des Epers et des éléments non retenus comme tels, voir RDI 2000 p. 208 s.

La difficulté à définir l'Epers se double de celle qui consiste à déterminer le critère permettant de **distinguer le fabricant du sous-traitant** qui n'est pas soumis à la décennale (nos 86440 s.). Une série de fenêtres est-elle un ensemble de matériaux indifférenciés ? Si oui, celui qui les fabrique n'est pas un fabricant d'Epers. Est-il un sous-traitant ? Ce n'est pas sûr car il n'exécute pas un travail destiné à répondre à une demande précise. Le fabricant d'Epers semble devoir être distingué du sous-traitant par le fait que c'est lui qui met sur le marché un composant.

ILLUSTRATIONS

Ne constituent pas un Epers :
– du béton prêt à l'emploi (Cass. 3e civ. 24-11-1987 nº 86-15.488 : Bull. civ. III nº 188) ;
– une plaque d'amiante-ciment (CA Versailles 14-1-1987 : RDI 1987 p. 259) ;
– un revêtement d'étanchéité liquide (Cass. 3e civ. 26-5-1992 nº 90-18.391 : Bull. civ. III nº 167) ;
– des crochets destinés à enrayer l'amas de neige (Cass. 3e civ. 11-1-1995 nº 93-10.502 : RJDA 3/95 nº 340) ;
– des poutres taillées à la mesure (Cass. 3e civ. 14-4-1999 nº 97-14.512 D : BPIM 5/99 inf. 368) ;
– les dalles d'un court de tennis (Cass. 3e civ. 26-10-1988 nº 1442 : RDI 1989 p. 218) ;
– des tuyaux à usages polyvalents (Cass. 3e civ. 26-6-2002 nº 00-19.686 FS-D : BPIM 5/02 inf. 328) ;
– des plaques de polycarbonate servant au double vitrage mais aussi destinées à de multiples usages (Cass. 3e civ. 20-11-2002 nº 01-14.010 FS-PB : Bull. civ. III nº 228 ; comparer Cass. 3e civ. 26-10-1988 nº 1442 : RDI 1989 p. 218) ;
– des panneaux destinés à constituer des entrepôts frigorifiques à température négative ou positive, proposés par d'autres fabricants et susceptibles d'être découpés sur le chantier pour leur mise en œuvre (Cass. 3e civ. 22-9-2004 nº 03-10.325 : Bull. civ. III nº 151 ; Cass. 3e civ. 15-3-2006 nº 04-20.228 FS-PB : Bull. civ. III nº 63). Cette jurisprudence est toutefois à l'épreuve de la jurisprudence qui a censuré une décision qui avait relevé que le produit était proposé à la vente par d'autres fabricants (Cass. ass. plén. 26-1-2007 nº 06-12.165 P-BRI : BPIM 2/07 inf. 123 ; Cass. 3e civ. 25-4-2007 nº 05-17.838 FS-PB : BPIM 4/07 inf. 276) ; voir aussi pour un entrepôt frigorifique en panneaux démontables (Cass. 3e civ. 29-10-2003 nº 01-12.482 : Bull. civ. III nº 183) ;
– des panneaux isolants indifférenciés, produits en grande quantité et n'ayant pas été fabriqués spécifiquement pour le chantier (Cass. 3e civ. 7-1-2016 nº 14-17.033 FS-PB : BPIM 2/16 inf. 111) ;
– des carreaux constituant un matériau amorphe et indifférencié destinés à être posés sur une terrasse extérieure (Cass. 3e civ. 4-2-2004 nº 02-17.219 : Bull. civ. III nº 18).

En revanche, **constituent un Epers** :
– une pompe à chaleur (Cass. 3e civ. 20-1-1993 nº 90-21.224 : Bull. civ. III nº 4) ;

– un système dalle de polystyrène et canalisation (Cass. 3e civ. 25-6-1997 n° 95-18.234 : RJDA 10/97 n° 1254) ;
– un plancher chauffant (Cass. 3e civ. 25-6-1997 n° 95-18.234 : RJDA 10/97 n° 1254) ;
– des tubes (CA Versailles 30-6-1995 : RDI 1996 p. 224 cassé par Cass. 3e civ. 30-9-1998 n° 1478 sur un autre point) ;
– une coque de piscine en polyester (Cass. 3e civ. 17-6-1998 n° 95-20.841 PB : Bull. civ. III n° 126) ;
– des entrevous en terre cuite (CA Colmar 1-4-1999 : RDI 2000 p. 590 ; contra pour le même produit : avis du BCT n° 88.32 du 9-3-1988 et du 16-3-1988) ;
– des panneaux d'isolation d'un poulailler (Cass. 3e civ. 12-6-2002 n° 01-02.170 FS-PB : Bull. civ. III n° 133) ;
– des fenêtres exécutées dans le cadre d'une commande spécifique et montées sans modification (Cass. 3e civ. 4-1-2006 n° 04-13.489 FS-PB : Bull. civ. III n° 1) ;
– un plancher dès lors que les matériaux sont spécifiques et qu'ils ont fait l'objet de préconisations particulières par le fabricant quant au montage (Cass. 3e civ. 29-3-2006 n° 05-10.219 FS-PB : Bull. civ. III n° 82) ;
– des panneaux isothermes et bardages (Cass. ass. plén. 26-1-2007 n° 06-12.165 PBRI : BPIM 2/07 inf. 123 ; Cass. 3e civ. 25-4-2007 n° 05-17.838 FS-PB : BPIM 4/07 inf. 276).

CONDITIONS DE LA SOLIDARITÉ ENTRE LE FABRICANT ET L'ENTREPRENEUR-POSEUR

Fabrication sur mesure La solidarité du fabricant et du « poseur » vis-à-vis du maître d'ouvrage ne joue que si trois conditions sont réunies. La première de ces conditions est que l'élément soit « conçu et produit pour satisfaire, en état de service, à des exigences précises et déterminées à l'avance » (C. civ. art. 1792-4). Il doit donc répondre aux conditions suivantes : être fabriqué sur mesure afin de **répondre à des exigences spécifiques** et être fabriqué **pour l'ouvrage en cause.** Ainsi, une cour d'appel ne peut pas décider que le bloc de filtration et les parois d'une piscine sont des Epers sans rechercher s'ils ont été spécialement conçus et produits pour être intégrés à la piscine construite (Cass. 3e civ. 19-12-2007 n° 06-19.595 FS-D : BPIM 2/08 inf. 137 ; Cass. 3e civ. 5-7-2011 n° 10-19.928 F-D : BPIM 5/11 inf. 386). À l'intérieur d'une production industrielle, une distinction peut s'opérer entre les éléments standardisés et ceux qui répondent à une exigence précise du client au point de présenter une certaine spécificité. Ainsi, Il a été jugé que le fournisseur-fabricant de stores peut être responsable sur le fondement de l'article 1792-4 du Code civil dans la mesure où il a construit deux prototypes à partir d'un matériel de série afin de l'adapter à la demande spécifique du client et que l'installateur a procédé sans modification à la pose des stores qui ne pouvaient pas être qualifiés de standardisés (Cass. 3e civ. 16-11-2022 n° 21-20.016 FS-D : BPIM 1/23 inf. 35). L'arrêt semble admettre que le fournisseur d'éléments stantardisés peut être pris comme fabricant lorsqu'il doit adapter sa production à la spécificité de la demande. Son assurance de responsabilité professionnelle facultative ne couvre pas alors la garantie décennale encourue. 86500

Il n'est toutefois pas nécessaire que l'élément présente des caractéristiques telles qu'il soit réservé à un chantier précis exclusif de tout autre emploi (Cass. ass. plén. 26-1-2007 n° 06-12.165 F-PBRI : BPIM 2/07 inf. 123 ; Cass. 3e civ. 25-4-2007 n° 05-20.455 FS-PB, 3e espèce : BPIM 4/07 inf. 276).

Mise en œuvre sans modification par le poseur La deuxième condition requise pour que la solidarité entre le fabricant et le « poseur » joue vis-à-vis du maître de l'ouvrage est que l'élément soit « mis en œuvre sans modification » par le poseur (Cass. 3e civ. 25-4-2007 n° 05-20.585 FS-PB : BPIM 4/07 inf. 276, 2e espèce). Par **exemple,** il a été jugé que le système de chauffage solaire conçu pour une maison type ayant a priori vocation à constituer un Epers ne pouvait pas être retenu comme tel dès lors qu'il avait été adapté à des villas qui n'étaient pas la réplique exacte de la maison type. Leur mise en place exigeait la vérification de la compatibilité des installations de chauffage avec les conditions climatiques locales. Les données de base ayant été modifiées, le système ne satisfaisait plus aux exigences précises et déterminables à l'avance (Cass. 3e civ. 6-10-1999 n° 98-12.384 P : Bull. civ. III n° 196). 86502

La question de la mise en œuvre sans modification est **controversée** car il est rare que l'entrepreneur se borne à effectuer une pose. Le plus souvent, il doit accomplir des tâches complémentaires, par exemple pour assurer l'étanchéité de l'ouvrage. Il semble qu'il n'y ait pas modification lorsque les aménagements sont impliqués par la nature de l'élément mis en œuvre (pour un exemple : Cass. 3e civ. 4-1-2006 n° 04-13.489 FS-PB : Bull. civ. III n° 1).

Mise en œuvre conforme aux règles édictées par le fabricant Pour que la solidarité entre le fabricant et le « poseur » joue vis-à-vis du maître de l'ouvrage, la troisième condition est que la mise en œuvre de l'élément soit conforme « aux règles édictées par le 86505 fabricant » (Cass. 3e civ. 25-4-2007 n° 05-20.455 FS-PB : BPIM 4/07 inf. 276, 3e espèce). Pour un cas de **méconnaissance** totale des **consignes de pose** (Cass. 3e civ. 26-5-1994 : RDI 1994 p. 461).

Il résulte des termes de l'article 1792-4 du Code civil que le fabricant doit, avant utilisation, **établir la destination de l'élément fabriqué** par lui, notamment par une documentation appropriée (Cass. 3e civ. 10-3-1982 : RDI 1982 p. 519 ; Cass. 3e civ. 13-3-1991 n° 526 : Le Moniteur 20-9-1991 p. 71). Ainsi, le fabricant est tenu d'une obligation de conseil (Cass. 3e civ. 31-1-1990 n° 230 : Bull. civ. III n° 39). La responsabilité du fabricant a été reconnue envers le maître de l'ouvrage pour un défaut d'information et de conseil sur les consignes de pose à propos d'un carrelage (Cass. 3e civ. 4-12-2002 n° 00-15.830 FS-D : BPIM 1/03 inf. 27).

Il faut que les éléments fabriqués soient mis en œuvre conformément aux directives du fabricant, ce qui tend à obliger ce dernier à **délivrer un mode d'emploi.** En l'absence de mode d'emploi, qui n'exonère pas le fabricant de son obligation de renseignement (RDI 1984 p. 59 et 1985 p. 65), il faut s'en tenir à la destination normale de l'élément et au respect des DTU, qui sont des règles codifiées par les professionnels de la construction et s'imposent aux constructeurs.

86507 **Portée des conditions de la solidarité** Il existe une **hésitation** sur la portée de ces conditions. Sont-elles des conditions de la solidarité que celui qui recherche la responsabilité du fabricant doit établir ou bien s'agit-il de conditions présumées, le fabricant devant démontrer qu'elles ne sont pas réunies pour pouvoir se soustraire à la responsabilité ? Un arrêt paraît opiner pour la présomption (Cass. 3e civ. 26-5-1994 n° 947 : RDI 1994 p. 461). Mais une autre décision précise que le fabricant, en l'espèce d'une coque de piscine, ne peut être tenu solidairement avec l'entrepreneur de réparer le préjudice subi par le maître de l'ouvrage que s'il est établi que l'entrepreneur a installé la coque conformément aux directives de pose de ce fabricant (Cass. 3e civ. 17-6-1998 n° 95-20.841 PB : Bull. civ. III n° 126).

RÉGIME DE LA RESPONSABILITÉ DU FABRICANT D'EPERS

86510 **Responsabilité solidaire du fabricant à l'égard du maître de l'ouvrage**
L'action en responsabilité du maître de l'ouvrage dirigée contre le fabricant sur le fondement de l'article 1792-4 du Code civil dans les marchés privés relève de la **compétence** judiciaire. Lorsque la responsabilité solidaire du fabricant est engagée à l'égard d'une personne publique maître de l'ouvrage, c'est le juge administratif qui est compétent (CE 4-4-2016 n° 394196 et CE 4-4-2016 n° 394198 : BPIM 3/16 inf. 182).

L'action en responsabilité engagée par le maître de l'ouvrage contre l'entrepreneur pour les Epers qu'il a posés interrompt la **prescription** contre le fabricant (Cass. 3e civ. 13-1-2010 n° 08-19.075 FS-PB : BPIM 2/10 inf. 115). Cette décision a été rendue sur le fondement de l'ancien article 1206 du Code civil (selon lequel les poursuites faites contre l'un des débiteurs solidaires interrompent la prescription à l'égard de tous), qui a été abrogé par l'ordonnance 2016-131 du 10 février 2016, mais dont le principe a été repris à l'article 2245 du Code civil.

86515 Vis-à-vis du maître d'ouvrage, l'obligation qui pèse sur le fabricant est celle qui est mise à la charge de l'entrepreneur qui a mis en place l'élément fabriqué par les articles 1792, 1792-2 et 1793-3 du Code civil au titre des **garanties biennale ou décennale.** Il ne s'agit en fait ni d'une véritable responsabilité ni d'un engagement assimilable à celui d'une caution solidaire, mais d'une garantie d'emprunt (Boubli : RDI 1979 p. 13 n° 50). Le fabricant n'étant solidairement tenu que des obligations de l'entrepreneur et non de celles des autres constructeurs, la garantie due par l'entrepreneur doit donc être admise.

Théoriquement, le fabricant ne devrait pas être tenu lorsque l'élément est mis en œuvre par un sous-traitant qui ne s'oblige ni en décennale ni en biennale ; mais si l'entrepreneur principal est responsable de la mise en œuvre de l'élément qu'il a sous-traité, l'opinion a été émise que l'emprunt de garantie n'était pas matériel mais juridique et que le fabricant devait être tenu (Boubli op. cit. ; en ce sens, semble-t-il : Cass. 3e civ. 29-3-2006 n° 05-10.219 FS-PB : Bull. civ. III n° 82), ce qui pourrait être avantageux pour lui car sa responsabilité serait alors limitée à 2 ou 10 ans, à moins que, par contrat, le fabricant n'ait fourni au maître de l'ouvrage une garantie de 10 ans (CA Versailles 24-2-1995 : BPIM 1/96 inf. 49, pour un complexe d'étanchéité dont la pose a endommagé le ravalement ; l'arrêt retient que le fabricant ne peut invoquer la faute de l'applicateur).

Il ne semble pas que le maître de l'ouvrage perde son droit propre contre le **fabricant pris en tant que vendeur** (Cass. ass. plén. 7-2-1986 n° 83-14.631 et n° 84-15.189 : Bull. ass. plén. n° 2). **Deux actions** semblent être alors à sa disposition dont celle fondée sur la garantie du vendeur consacrée par les arrêts du 7 février 1986 (voir Cass. 3e civ. 26-6-2002 n° 00-19.686 FS-D : RDI 2002 p. 423, solution implicite, le maître de l'ouvrage ayant invoqué les deux fondements). Toutefois, se prononçant à propos d'un fournisseur non fabricant au sens de l'article 1792-4 du Code civil, un arrêt semble décider que celui qui fournit le sous-traitant est un tiers à l'égard du maître de l'ouvrage envers lequel il engage sa responsabilité extracontractuelle (Cass. 3e civ. 28-11-2001 nº 00-15.058 FS-D : BPIM 1/02 inf. 34) ; voir nº 86560.

L'obligation du fabricant est **limitée à ses rapports avec le maître de l'ouvrage,** ou les acquéreurs successifs de l'immeuble (dans ce sens, Cass. 3e civ. 8-6-2011 nº 09-69.894 FS-PB : BPIM 4/11 inf. 301). Elle ne s'étend pas aux autres intervenants à l'acte de construire. La jurisprudence qui permet au maître de l'ouvrage d'agir, dans tous les cas, directement contre le fabricant (nº 86560) limite l'intérêt de cette responsabilité spécifique, puisque la responsabilité de droit commun est encourue par le fabricant pour les matériaux indifférenciés.

> **Précisions** Si le **fabricant a été condamné,** on peut hésiter à lui ouvrir un **recours subrogatoire contre l'entrepreneur** puisque les conditions de sa propre responsabilité sont remplies. Un partage de responsabilité est au demeurant difficilement envisageable car il faut supposer que la mise en œuvre du composant par l'entrepreneur est fautive, ce qui est un cas d'exclusion de la garantie du fabricant (voir nº 86505).

Responsabilité du fabricant d'Epers à l'égard de l'entrepreneur L'entrepreneur qui a mis en œuvre l'élément d'équipement et a été condamné à indemniser le maître de l'ouvrage au titre de la garantie décennale ou biennale bénéficie d'une **action** récursoire à l'encontre du fabricant. **86520**

Conformément aux principes qui gouvernent l'action récursoire entre personnes tenues de la garantie décennale (voir nº 90130), la Cour de cassation décide que la **subrogation** de l'entrepreneur dans les droits du maître de l'ouvrage qu'il a payé n'est pas possible lorsque la responsabilité est encourue sur le fondement des articles 1792 s. (Cass. 3e civ. 8-6-2011 nº 09-69.894 FS-PB : BPIM 4/11 inf. 301). La subrogation a en revanche été admise dans un cas impliquant l'assureur subrogé dans les droits du maître de l'ouvrage en vertu du droit des assurances (Cass. 3e civ. 30-10-1991 nº 87-15.229 P-F : Bull. civ. III nº 251).

L'entrepreneur condamné ne peut se retourner contre le fabricant qu'en invoquant la responsabilité de droit commun qui est propre à leurs rapports, c'est-à-dire exercer à son encontre une **action récursoire en garantie des vices cachés** (Cass. 3e civ. 29-5-2013 nº 11-24.156 F-D : BPIM 4/13 inf. 263). Si le vice caché est caractérisé, il est entièrement garanti (Cass. 3e civ. 8-6-2011 nº 09-69.894 FS-PB précité).

L'**action récursoire** de l'entrepreneur contre le fabricant des matériaux fournis au maître de l'ouvrage est une action **en garantie des vices cachés** tirée du droit de la vente, qui doit être intentée dans le **délai** de 2 ans à compter de la découverte du vice par l'acheteur (C. civ. art. 1648) ou de l'assignation de l'entrepreneur par le maître de l'ouvrage aux fins d'indemnisation en cas d'action récursoire (Cass. 3e civ. 7-12-2023 nº 22-19.839 F-D : BPIM 1/24 inf. 38). **86522**

Le **point de départ « glissant »** du délai de 2 ans (découverte du vice ou assignation de l'entrepreneur par le maître de l'ouvrage) fait peser sur le fabricant le risque d'une action en garantie de l'acquéreur pour une durée indéterminée. Pour pallier cet inconvénient, la Cour de cassation considérait, **avant la réforme de la prescription civile** issue de la loi 2008-561 du 17 juin 2008, que l'action en garantie des vices cachés devait être exercée dans le délai de l'article 1648 du Code civil mais, compte tenu de son point de départ, dans la limite du délai de la prescription extinctive de droit commun, lequel était fixé à 30 ans pour les contrats de vente civile (C. civ. art. 2262 ancien) et 10 ans pour les ventes entre commerçants ou mixtes (C. com. art. L 110-4 ancien). Elle avait fixé le point de départ du délai de prescription extinctive au jour de la vente (Cass. com. 27-11-2001 nº 99-13.428 FS-P ; Cass. 3e civ. 16-11-2005 nº 04-10.824 FP-PB).

La **loi du 17 juin 2008** a réduit le délai de la prescription extinctive à 5 ans, tant en droit commun (C. civ. art. 2224) qu'en matière commerciale (C. com. art. L 110-4, I). Alors qu'elle a fixé le point de départ de la prescription en droit commun des actions civiles à la date du jour où le titulaire de l'action a connu ou aurait dû connaître les faits lui permettant de l'exercer (C. civ. art. 2224), autrement dit à la date de la découverte du vice, elle ne l'a pas fait dans les rapports entre commerçants (C. com. art. L 110-4, I). Elle a également introduit un délai butoir de prescription extinctive de droit commun de 20 ans à compter de la naissance du droit (C. civ. art. 2232, al. 1), auquel l'assemblée plénière (Cass. ass. plén. 17-5-2023 nº 20-20.559 BR) et la chambre mixte (Cass. ch. mixte 21-7-2023 nº 20-10.763 BR : BPIM 5/23 inf. 320 ; Cass. ch. mixte 21-7-2023 nº 21-17.789 BR et nº 21-19.936 BR : BPIM 5/23 inf. 326) de la Cour de cassation ont reconnu l'effet d'un délai butoir encadrant la prescription de droit commun de l'article 2224 du Code civil.

La **chambre mixte** de la Cour de cassation s'est prononcée sur la détermination du **délai butoir de l'action** en garantie des vices cachés de l'article 1648 du Code civil **depuis la réforme de la prescription** civile (Cass. ch. mixte 21-7-2023 nº 20-10.763 BR : BPIM 5/23 inf. 320). **86523**

Elle constate que le délai de prescription de l'article 1648 et les délais de prescription de droit commun en matière civile (C. civ. art. 2224) et en matière commerciale (C. com. art. L 110-4) ont le même point de départ « glissant », à savoir la découverte du vice par l'acheteur. Elle en tire la conséquence que ces délais de prescription de droit commun ne peuvent pas encadrer le délai de prescription de l'article 1648. Désormais, seul le délai butoir de droit commun de 20 ans de l'article 2232 du Code civil, au-delà duquel les actions civiles et commerciales ne peuvent plus être exercées, peut encadrer le délai de l'article 1648. L'action en garantie des vices cachés doit donc être exercée dans les **2 ans** de la découverte du vice par l'acheteur ou, en cas d'action récursoire, à compter de l'assignation du fabricant par le vendeur intermédiaire, sans pouvoir dépasser un délai de **20 ans** à compter de la vente conclue par la partie dont la garantie est recherchée (Cass. ch. mixte 21-7-2023 nº 20-10.763 BR précité).

La chambre mixte précise que sa jurisprudence concerne aussi bien les **ventes simples** que les ventes intégrées dans une **chaîne de contrats** (Communiqué de presse de la Cour de cassation du 21-7-2023). Elle se prononce aussi sur la **nature du délai** de l'article 1648 du Code civil : il s'agit d'un délai de prescription, qui peut donc être suspendu, en particulier lorsqu'une mesure d'expertise est ordonnée (Cass. ch. mixte 21-7-2023 nº 21-15.809 BR : BPIM 5/23 inf. 326).

L'arrêt de la chambre mixte du 21 juillet 2023 (nº 20-10.763 BR précité) a mis un **terme à la divergence de positions** qui existait entre les chambres de la Cour de cassation. En effet, la première chambre civile considérait que, dans les ventes conclues entre commerçants (ou mixtes), l'action en garantie des vices cachés de l'entrepreneur contre le fabricant devait être exercée dans les 2 ans de la découverte du vice en application de l'article 1648 du Code civil et était enfermée dans le délai butoir de 5 ans de l'article L 110-4 du Code de commerce, lequel courait à compter de la vente initiale (notamment, Cass. 1e civ. 9-12-2020 nº 19-14.772 F-D). La chambre commerciale adoptait la même position (Cass. com. 16-1-2019 nº 17-21.477 F-PB : RJDA 5/19 nº 327). L'inconvénient de cette solution était que, si le vice des matériaux était découvert au-delà du délai de 5 ans de leur livraison (ce qui est souvent le cas en matière de construction), l'entrepreneur dont la responsabilité décennale était recherchée par le maître de l'ouvrage du fait de ces matériaux défectueux était privé de toute action récursoire en garantie des vices cachés.

La troisième chambre civile de la Cour de cassation affirmait pour sa part que l'encadrement dans le temps de l'action en garantie des vices cachés ne pouvait être assuré que par l'article 2232 du Code civil, qui édicte un délai butoir de 20 ans à compter de la vente. L'action récursoire de l'entrepreneur contre le fabricant et le fournisseur de matériaux fondée sur la garantie des vices cachés devait donc être formée dans les 2 ans de la découverte du vice en application de l'article 1648, sans pouvoir dépasser le délai butoir de 20 ans à compter de la vente initiale (Cass. 3e civ. 1-10-2020 nº 19-16.986 FS-B : BPIM 6/20 inf. 404 ; Cass. 3e civ. 8-12-2021 nº 20-21.439 FS-B : RJDA 3/22 nº 138 ; Cass. 3e civ. 25-5-2022 nº 21-18.218 FS-B : BPIM 4/22 inf. 299). Dans l'arrêt du 1er octobre 2020, elle précisait que l'application de l'article 2232 du Code civil ne pouvait jouer que pour les ventes conclues après l'entrée en vigueur de la loi du 17 juin 2008 en vertu du principe de non-rétroactivité de la loi nouvelle.

> **Précisions** La chambre mixte a précisé l'**application dans le temps** du **délai butoir de l'action en garantie des vices cachés,** pour les ventes conclues avant l'entrée en vigueur de la loi du 17 juin 2008 (Cass. ch. mixte 21-7-2023 nº 20-10.763 BR précité). S'agissant des **ventes commerciales** ou mixtes, l'article 2232 du Code civil créé par la loi de 2008 ayant pour effet d'allonger de 10 à 20 ans le délai pendant lequel la garantie des vices cachés peut être mise en œuvre, il s'applique dès l'entrée en vigueur de la loi, mais en tenant compte des dispositions transitoires qu'elle prévoit (art. 26, I) : si le constructeur est assigné avant l'expiration du délai décennal, l'action en garantie des vices cachés est encadrée par le délai butoir de 20 ans courant à compter de la vente, déduction faite du temps écoulé au titre de la décennale. Pour les **ventes civiles,** l'article 2232 ayant pour effet de réduire de 30 à 20 ans le délai de mise en œuvre de l'action, il s'applique en tenant compte des dispositions transitoires de la loi (art. 26, II) : le délai butoir de 20 ans s'applique à compter de l'entrée en vigueur de la loi sans que sa durée totale puisse excéder la durée de 30 ans prévue par l'ancien article 2262 du Code civil.

86525 **Responsabilité du fabricant d'Epers à l'égard du sous-traitant** Dans deux affaires dans lesquelles les éléments fournis étaient des panneaux isolants (généralement considérés comme des « composants » : voir nº 86495), la Cour de cassation a retenu la responsabilité du fabricant à l'égard du sous-traitant non pas sur le fondement de l'article 1792-4 du Code civil, mais sur le **manquement à son obligation de renseignement** après avoir constaté que le système avait été admis par le centre scientifique et technique du bâtiment et avoir écarté le dol (Cass. 3e civ. 19-12-2007 nº 06-14.572 : BPIM 2/08 inf. 138 ; Cass. 3e civ. 8-10-2008 nº 07-10.644).

3. RESPONSABILITÉ DU FABRICANT-FOURNISSEUR SELON LE DROIT DE LA VENTE

GARANTIE DES VICES CACHÉS ET DÉFAUTS DE CONFORMITÉ

Le fabricant, en tant que fournisseur, est soumis aux règles applicables à la **responsabilité du vendeur** de chose mobilière. Cette responsabilité est encourue dans ses rapports avec celui qu'il fournit soit au titre du manquement à l'obligation de délivrance pour défaut de conformité, soit au titre des vices de la chose vendue (sur la question voir : Malinvaud, L'autonomie de la garantie des vices en matière immobilière : RDI 1998 p. 321). 86540

Défaut de conformité C'est l'action en responsabilité de droit commun pour défaut de conformité qui est à engager lorsque la chose livrée n'est **pas conforme à la chose demandée.** Par exemple, est un défaut de conformité le fait de réaliser un système d'isolation phonique ne correspondant pas aux prescriptions contractuelles (Cass. 3e civ. 21-2-1990 nº 88-10.623 : Bull. civ. III nº 59). La responsabilité encourue dans ce cas se prescrit par 5 ans à compter du jour où le titulaire du droit a connu ou aurait dû connaître les faits lui permettant d'exercer l'action, conformément à la prescription de droit commun de l'article 2224 du Code civil (elle était de 30 ans avant la loi du 17 juin 2008 sur la prescription civile, mais le fournisseur pouvait, en sa qualité de commerçant, invoquer la prescription abrégée de l'article L 110-4 du Code de commerce, naguère de 10 ans et aujourd'hui de 5 ans). 86541

La **distinction** entre défaut de conformité relevant de la responsabilité de droit commun et **vice caché** relevant de la garantie qui lui est propre a donné lieu à deux arrêts d'**assemblée plénière** qui ont paru privilégier l'action en responsabilité de droit commun pour non-conformité du fournisseur de l'entreprise à l'égard du maître de l'ouvrage (Cass. 3e civ. 7-2-1986 nºs 83-14.631 et 84-15.189 : Bull. civ. ass. plén. nº 2). Il a cependant été relevé que, dans ces deux arrêts, les dommages étaient plutôt la conséquence de vices cachés que de défauts de conformité : briques mal fabriquées dans le premier cas ; produit isolant non conforme à l'usage auquel il était destiné dans le deuxième arrêt.

Après quelques hésitations, la **première chambre civile** de la Cour de cassation a donné l'impression de s'en tenir à la stricte distinction entre défaut de conformité et vice caché (Cass. 1e civ. 16-6, 13-10, 27-10 et 8-12-1993 - cinq arrêts - D. 1994, chron. p. 115 par Bénabent ; voir dans le même sens : Cass. com. 26-4-1994 : JCP 1994 II nº 22356 note Leveneur ; Cass. com. 31-5-1994 : Bull. civ. IV nº 199). Mais, elle a ensuite créé l'équivoque en retenant le défaut de conformité dans un cas de vice de la chose. Elle a, en effet, considéré que l'enduit « Lutèce Projext », qui a attaché son nom à de très nombreux sinistres de construction (voir Malinvaud, chron. précitée), engageait la responsabilité du fabricant pour « manquement à l'obligation de livrer un produit conforme », alors qu'en l'espèce ce produit était impropre à remplir sa fonction d'étanchéité, ce qui caractérise le vice de la chose (Cass. 1e civ. 17-6-1997 nº 95-18.981 : Bull. civ. I nº 205).

Pour autant, on estime généralement que la distinction entre vice caché et défaut de conformité est pérenne, bien que le critère distinctif soit discuté. La **troisième chambre civile** y est toujours restée fidèle. En dépit de l'application par l'assemblée plénière de la responsabilité pour non-conformité du fournisseur de matériaux, elle a maintenu sa jurisprudence et continué d'affirmer qu'il fallait opérer une distinction entre vice caché et défaut de conformité (Cass. 3e civ. 16-7-1986 nº 85-10.329 : Bull. civ. III nº 108). Dans un arrêt largement diffusé, elle retient la responsabilité de droit commun pour défaut de conformité du fournisseur à l'égard du maître de l'ouvrage, auquel l'action de l'entrepreneur se transmet, en fixant le **point de départ du délai de prescription** au jour de la livraison des matériaux à l'entrepreneur (Cass. 3e civ. 7-6-2018 nº 17-10.394 FS-PBI : BPIM 4/18 inf. 272). L'arrêt, qui ne précise pas quel était le défaut de conformité sanctionné, est néanmoins intéressant, car le moyen soutenait que la prescription avait pour point de départ la découverte du défaut et, à tout le moins, pouvait alimenter une confusion : en effet, c'est à la découverte du vice que court le délai de l'action en garantie pour vice caché de l'article 1648 du Code civil.

Garantie des vices cachés Le vice de la chose est caractérisé lorsque la chose est **impropre à l'usage auquel on la destine,** ou diminue tellement cet usage que l'acheteur ne l'aurait pas acquise ou n'en aurait donné qu'un moindre prix s'il avait connu ce vice (C. civ. art. 1641). Tel est le cas : 86542

- de tuiles gélives (Cass. 3e civ. 27-3-1991 : JCP 1992 II nº 21935 obs. Ginestet) ;
- du carrelage extérieur ne résistant pas au gel (Cass. 3e civ. 17-7-1996 nº 94-17.874 D : BPIM 1/97 inf. 41) ;
- de tuiles ayant une valeur de pente supérieure à la norme DTU (Cass. 3e civ. 17-3-1999 nº 527) ;

– de caissons de traitement d'air laissant passer des particules porteuses de germes pathogènes (Cass. 3e civ. 15-3-2006 n° 04-20.736 FS-PB : RJDA 8-9/06 n° 888) ;
– de cloisons de verre présentant une défectuosité intrinsèque tenant à l'incorporation de sulfure de nickel entraînant leur casse spontanée (Cass. 3e civ. 16-1-2020 n° 18-24.948 F-D : BPIM 2/20 inf. 117).

Le vice doit être caché pour donner lieu à garantie (C. civ. art. 1641). L'action en responsabilité de droit commun fondée sur un vice caché est soumise à la prescription de l'article 1648 du Code civil : 2 ans à compter de la découverte du vice ou de l'assignation du demandeur qui exerce l'action récursoire (voir n° 86522).

ATTENTION

Si le composant ou l'élément d'équipement affecté d'un vice caché est réparable, l'entrepreneur principal peut préférer être indemnisé du montant de la **réparation du préjudice résultant du vice caché** en application de l'article 1645 du Code civil plutôt que demander la résolution de la vente ou la réduction du prix (actions rédhibitoire et estimatoire de l'article 1641 du Code civil). L'**action indemnitaire en réparation du préjudice dû à un vice** caché fondée sur l'article 1645 du Code civil est autonome : sa recevabilité n'est pas subordonnée à l'exercice préalable de l'action estimatoire ou rédhibitoire de l'article 1641 du même Code (Cass. com. 19-6-2012 n° 11-13.176 : Bull. civ. IV n° 132, RDI 2012 p. 519, qui permet à l'acquéreur d'obtenir réparation du préjudice dû à un vice caché sans demander la résolution de la vente ou la diminution du prix sur le fondement de l'article 1641 du Code civil).

86543 Une **difficulté** s'est présentée en jurisprudence pour faire la part de la **garantie des vices cachés et** de la **responsabilité pour défaut de conformité** après des arrêts d'assemblée plénière qui ont paru privilégier l'action de droit commun pour défaut de conformité et les hésitations de la première chambre civile, et de la chambre commerciale (Cass. com. 19-3-1991 : JCP N 1992 II p. 107 note Leveneur) qui voulaient limiter les risques du « bref délai pour agir » imposé en garantie des vices cachés par l'ancien article 1648 du Code civil (délai ramené à 2 ans à compter de la découverte du vice désormais) et éviter l'exigence du caractère « caché » du vice (voir n° 86542). La dualité d'actions est, selon les spécialistes de la matière, retenue en droit positif (P. Malinvaud, Dalloz Action, Droit de la Construction 2018/2019 nos 478-132 s.) avec des aléas qui subsistent cependant et qui tiennent à la porosité des critères permettant de fonder ces actions.

Un arrêt de la troisième chambre civile alimente l'incertitude car il retient la responsabilité du fabricant auquel il est reproché d'avoir livré des tiges en acier non conformes aux caractéristiques de la commande. L'action pouvait aussi bien relever de la responsabilité pour non-conformité que de la garantie des vices puisque les tiges n'avaient pas permis un scellement adéquat (Cass. 3e civ. 17-11-1999 n° 97-22.649 D : BPIM 1/00 inf. 27) ; voir également pour des bois de charpente non traités contre les insectes xylophages (Cass. 3e civ. 26-6-2002 n° 00-12.023 : Bull. civ. III n° 148, RDI 2002 p. 424).

La garantie des vices est due par le fabricant conformément aux articles 1641 s. du Code civil. Lorsque le vice est, à tort, pris comme un défaut de conformité, la responsabilité n'est pas encourue au titre de la garantie des vices, mais au titre du manquement à l'obligation de délivrance (responsabilité quinquennale n'exigeant pas que le défaut soit caché lors de la vente).

86545 La **garantie** des vices est **due par le fabricant** lui-même **ou les fournisseurs successifs.** Le fabricant et le fournisseur (intermédiaire le cas échéant), si ce dernier est un professionnel, sont **présumés de mauvaise foi** car ils sont censés connaître les vices (Cass. 2e civ. 30-3-2000 n° 98-15.286 P : Bull. civ. II n° 57). Ils doivent réparer toutes les conséquences dommageables du vice caché, sans pouvoir invoquer les clauses limitatives de responsabilité (Cass. 1e civ. 19-1-1965 : Bull. civ. I n° 52 ; Cass. 3e civ. 7-2-1973 : Bull. civ. III n° 109).

La présomption de mauvaise foi ne joue pas dans les **rapports entre professionnels** ; l'entrepreneur ne peut pas s'en prévaloir et le fabricant ne pourrait davantage invoquer la compétence présumée de l'entrepreneur pour soutenir que celui-ci connaissait le vice. Toutefois, il peut être tenu compte de la circonstance que l'acheteur est un professionnel pour l'appréciation du caractère apparent ou caché du vice (Cass. 1e civ. 18-12-1962 : Bull. civ. I n° 554) ; il faut rechercher si ce vice était indécelable pour lui (Cass. 1e civ. 23-2-1983 : Bull. civ. I n° 77 ; Cass. com. 15-11-1983 : Bull. civ. IV n° 311). Mais hors ce cas, le fournisseur garantit l'entrepreneur-poseur lorsque le produit présente des défectuosités, même si l'entreprise n'a pas fait toutes les vérifications (Cass. 3e civ. 26-5-2004 n° 02-18.065 : BPIM 5/04 inf. 284).

> **Précisions** La responsabilité du **fournisseur non fabricant** est soumise aux principes qui gouvernent la vente de chose mobilière et l'obligation de garantie des vices s'applique. Toutefois, la responsabilité du fournisseur n'est pas engagée si le produit livré n'est pas utilisé conformément à son objet ou aux prévisions contractuelles (Cass. 3e civ. 13-2-1991 : RDI 1991 p. 483 ; Cass. 3e civ. 8-7-1998 n° 96-14.520 : Bull. civ. III n° 157 ; Cass. 3e civ. 8-7-2014 n° 12-29.305 : BPIM 5/14 inf. 325).

OBLIGATION D'INFORMATION ET DE MISE EN GARDE

Obligation d'information du vendeur-fabricant L'obligation de garantie des vices cachés est renforcée par une obligation d'information et de mise en garde qui pèse sur le vendeur-fabricant en raison de sa compétence professionnelle (Cass. 1e civ. 7-7-1993 : RDI 1994 p. 58 ; Cass. 3e civ. 3-7-1996 : BPIM 5/96 inf. 352). Ce principe jurisprudentiel de l'obligation d'information entre contractants a été **consacré par la réforme du droit des contrats** issue de l'ordonnance 2016-131 du 10 février 2016 (C. civ. art. 1112-1). 86550

ILLUSTRATIONS

La jurisprudence antérieure à la réforme du droit des contrats issue de l'ordonnance 2016-131 du 10 février 2016 a ainsi :

– validé l'action directe du maître de l'ouvrage contre le fabricant de carrelages qui n'avait pas prescrit des consignes de pose suffisamment précises compte tenu de l'insuffisance des prescriptions du DTU (Cass. 3e civ. 4-12-2002 no 00-15.830 FS-D : BPIM 1/03 inf. 27) ;

– condamné le fabricant d'un produit nouveau à indemniser l'acheteur pour non-exécution de son obligation d'information à propos de la texture inhabituelle d'un enduit de façade contre-performant sur certains sites (Cass. 3e civ. 18-2-2004 no 02-17.523 : RJDA 7/04 no 801) ;

– condamné le fournisseur de béton à réparer le préjudice corporel subi par l'acheteur au motif que les conditions générales de vente ne comportaient nulle mention sur les risques encourus et les précautions à prendre lors de la mise en œuvre du produit (Cass. 1e civ. 7-11-2006 no 05-11.604 F-PB : RDI 2007 p. 94, RJDA 3/07 no 304) ;

– condamné un vendeur de profilés en aluminium à supporter 70 % du montant du sinistre au titre du manquement à son obligation de conseil à l'égard de l'installateur, même professionnel, en affirmant qu'il devait s'informer du projet pour lequel les matériaux ont été commandés afin de vérifier leur adéquation avec les contraintes se rapportant à la construction de l'immeuble (Cass. 3e civ. 12-10-2022 no 21-17.349 F-D : BPIM 6/22 inf. 429).

La circonstance qu'un produit ne soit pas qualifié d'Epers ne dispense pas le fabricant de son obligation d'information (Cass. 3e civ. 7-1-2016 no 14-17.033 FS-PB : BPIM 2/16 inf. 111). Cet arrêt, qui statue sur des panneaux d'isolation, retient en outre la responsabilité du couvreur qui a acquis et mis en œuvre les panneaux et du contrôleur technique qui n'a pas alerté le maître de l'ouvrage, alors que le risque de déformation structurelle des mousses de polyuréthane du fait de la suppression de l'amiante en tant que stabilisateur était connu des professionnels.

La responsabilité encourue sanctionne une **faute distincte du vice de la chose**, la faute pouvant consister dans le fait que le fabricant est resté muet sur les risques d'installation d'un foyer clos sur une cheminée ancienne (Cass. 1e civ. 17-2-1998 no 346 : RDI 1998 p. 266). 86551

L'obligation d'**information** du fabricant est **due au sous-traitant** qu'il fournit (Cass. 3e civ. 19-12-2007 no 06-14.572 : BPIM 2/08 inf. 138). Mais il n'y a pas d'obligation d'information entre professionnels de même spécialité (Cass. 3e civ. 4-1-2006 no 04-18.455 FS-D : BPIM 2/06 inf. 112). Ainsi, il ne peut pas être reproché au fabricant un manquement à son obligation d'information lorsque le poseur (en l'espèce un sous-traitant) disposait des compétences techniques nécessaires pour apprécier les caractéristiques des stores commandés (Cass. 3e civ. 17-2-2015 no 13-14.731 : BPIM 2/15 inf. 119).

Si le produit fabriqué est installé par un **installateur distinct,** l'obligation de conseil du vendeur-fabricant à l'égard de l'acheteur n'exclut pas celle de l'installateur (Cass. 1e civ. 25-1-2000 : RDI 2000 p. 186 ; Cass. 3e civ. 4-12-2002 no 00-15.830 FS-D : BPIM 1/03 inf. 27, qui sanctionne les 2 prestataires).

Obligation d'information du simple fournisseur L'obligation d'information et de conseil pèse également sur le simple fournisseur dans ses relations avec celui qui n'est pas un professionnel de sa spécialité (Cass. 3e civ. 19-1-2017 no 15-25.283 FS-PB : BPIM 2/17 inf. 116). Pour informer utilement l'acheteur quant à l'adéquation de la chose proposée à l'utilisation qui en est prévue, le fournisseur doit lui-même « se renseigner sur les besoins de l'acheteur » (Cass. 1e civ. 28-10-2010 no 09-16.913 : Bull. civ. I no 215, RJDA 2/11 inf. 124). Il s'agit d'un principe désormais bien admis. 86552

Lorsque c'est un **maître d'œuvre** qui reproche au fournisseur d'avoir commis une faute, il agit en qualité de tiers sur le fondement de l'article 1240 du Code civil (anciennement art. 1382). Il doit établir la faute extracontractuelle du fournisseur (Cass. 3e civ. 29-3-2000 no 98-17.917 P : BPIM 3/00 inf. 178).

Le fondement est le même lorsque l'action est engagée par le **maître d'ouvrage** contre un distributeur agréé d'un produit d'étanchéité qui a commis une négligence fautive en préconisant une application incompatible avec le support (Cass. 3e civ. 6-5-2003 no 02-10.749 : BPIM 4/03 inf. 232).

BÉNÉFICIAIRES DES ACTIONS EN GARANTIE OU EN RESPONSABILITÉ

86555 **Acquéreur** Le titulaire de l'action en garantie des vices cachés est **celui qui s'est fourni auprès du vendeur** de matériaux.

Mais l'action en garantie des vices cachés se transmet aux **acquéreurs successifs** de la chose (Cass. 3e civ. 7-3-1990 no 88-15.668 : Bull. civ. III no 72 ; Cass. 3e civ. 28-3-2001 no 99-14.721 FS-D). Il en est de même de l'action en responsabilité pour défaut de conformité (Cass. 3e civ. 12-12-2001 no 00-14.671 : RDI 2002 p. 92). Elle peut donc être exercée par le propriétaire actuel. Le vendeur originaire ne peut, toutefois, pas être tenu de restituer davantage que ce qu'il a reçu, sauf à devoir des dommages-intérêts en réparation du préjudice subi (Cass. 1e civ. 27-1-1993 no 91-11.302 : Bull. civ. I no 45). Il en résulte que les clauses limitatives de responsabilité valablement stipulées sont opposables à l'ayant cause particulier (Cass. 3e civ 26-5-1992 : RDI 1993 p. 515 ; Cass. 1e civ. 7-6-1995 : RDI 1996 p. 75), sauf s'il est reproché au fabricant un manquement à l'obligation de sécurité (Cass. 1e civ. 17-1-1995 : D. 1995 p. 350 note Jourdain).

> **Précisions** Une **difficulté** résulte de la compatibilité entre cette jurisprudence et celle qui met à la charge du fabricant une obligation de sécurité relative tant aux personnes qu'aux biens (Cass. 1e civ. 3-3-1998 no 96-12.078 : JCP 1998 II 10049 obs. Sargos), ce qui autorise le maître de l'ouvrage à se prévaloir de sa violation. Cette obligation se fond-elle dans la garantie des vices ou est-elle distincte de celle-ci et oblige-t-elle alors le fabricant sur le terrain de la non-conformité ou sur celui de la responsabilité extracontractuelle pour faute de l'article 1240 du Code civil ?

86560 **Maître de l'ouvrage** Bien que le maître de l'ouvrage ne soit pas un « acquéreur » de la chose, puisque celle-ci est incorporée à l'ouvrage et devient sa propriété par accession, la Cour de cassation estime que l'**action en responsabilité contractuelle** de droit commun **pour non-conformité** des matériaux livrés lui est transmise. Malgré l'interruption de la chaîne des ventes par un contrat d'entreprise, il peut agir directement contre le fabricant ou le vendeur de matériaux qui a fourni l'entreprise principale (Cass. ass. plén. 7-2-1986 no 83-14.631 et no 84-15.189 : Bull. ass. plén. no 2 ; Cass. 3e civ. 12-12-2001 no 00-14.671 : RDI 2002 p. 92 ; Cass. 3e civ. 7-6-2018 no 17-10.394 FS-PBI : BPIM 4/18 inf. 272). La transmission de l'action en garantie au maître de l'ouvrage, malgré la rupture dans la chaîne des ventes, donne à son action contre le fournisseur un caractère contractuel. Un arrêt apporte un léger bémol sur ce point. Statuant sur l'action de l'assureur, subrogé dans les droits de l'entrepreneur qui avait indemnisé le maître de l'ouvrage pour des tôles ondulées défectueuses, l'arrêt décide que l'**action subrogatoire de l'assureur** contre le fabricant est de nature délictuelle, en sorte que le juge compétent pour connaître du litige est celui du lieu du dommage (Cass. 3e civ. 13-4-2023 no 21-23.815 F-D : BPIM 3/23 inf. 200). La nature de l'action interroge car le subrogeant, le maître de l'ouvrage, a une action contractuelle contre le fournisseur.

Avant la réforme de la prescription civile par la loi 2008-561 du 17 juin 2008, l'action du maître de l'ouvrage contre le fournisseur pour non-conformité se **prescrivait** par 10 ans entre commerçants, en application de l'article L 110-4 du Code de commerce et avait pour point de départ la livraison des matériaux à l'entrepreneur (Cass. 3e civ. 7-6-2018 no 17-10.394 FS-PBI : BPIM 4/18 inf. 272). Dans un arrêt du 1er mars 2023, la Cour de cassation précise que la loi du 17 juin 2008 a réduit la prescription à 5 ans sans en modifier le point de départ, de sorte que la livraison des matériaux à l'entrepreneur sert toujours de point de départ au délai de prescription et que, en l'absence d'interruption ou de suspension, l'action en responsabilité pour non-conformité exercée par le maître de l'ouvrage contre le fournisseur plus de 5 ans après l'entrée en vigueur de la loi est prescrite (Cass. 3e civ. 1-3-2023 no 21-25.612 F-D : BPIM 2/23 inf. 116, application de l'art. 26 de la loi 2008-561 du 17-6-2008).

En cas de sous-traitance, l'**action** du maître de l'ouvrage **contre le fournisseur du sous-traitant** est de nature extracontractuelle (Cass. 3e civ. 28-11-2001 no 00-13.559 FS-PBI : BPIM 1/02 inf. 38). Cette solution, qui a été confirmée, s'explique, selon M. Périnet-Marquet, par le fait que deux contrats d'entreprise successifs (louage d'ouvrage principal et sous-traité) ont précédé la vente entre le fournisseur et le sous-traitant (Cass. 3e civ. 26-11-2014 no 13-22.067 FS-PB : RDI 2015 p. 78 note Périnet-Marquet, BPIM 1/15 inf. 45). La solution a été rappelée par la Cour de cassation (Cass. 3e civ. 11-7-2024 no 22-17.495 F-D : BPIM 5/24 inf. 311).

> **Précisions** Dans son arrêt du 7 février 1986, l'assemblée plénière justifie le transfert de la garantie au maître d'ouvrage au fait qu'il jouit de tous les droits et actions attachés à la chose qui appartenaient à son auteur et, en particulier, « contre le fabricant, l'**action contractuelle directe fondée sur la non-conformité** de la chose livrée ». Cette solution, consacrée notamment à propos de tuiles impropres à leur usage, confondait défaut de conformité et vice caché, et faisait échapper l'action du maître de l'ouvrage au bref délai de l'ancien article 1648 du Code civil applicable à l'époque des faits.

La première chambre civile (arrêts cités au n° 86541) s'est alignée sur cette jurisprudence ; la chambre commerciale également (Cass. com. 19-3-1991 : JCP N 1992 II 107 note Leveneur).

La troisième chambre civile, sans contester le droit direct du maître de l'ouvrage, a résisté en considérant que lorsque le défaut de la chose répond aux conditions de l'article 1641 du Code civil, l'action porte **sur la garantie des vices cachés** et doit être exercée à bref délai (Cass. 3e civ. 27-3-1991 : RDI 1991 p. 352 ; Cass. 3e civ. 18-11-1992 : Gaz. Pal. 1993 p. 17 note Boubli ; Cass. 3e civ. 17-7-1996 : BPIM 1/97 inf. 41 ; Cass. 3e civ. 5-11-1997 n° 94-21.440 : Bull. civ. III n° 199, voir aussi n° 86542). Elle décide que la responsabilité du fabricant, tant à l'égard de l'entrepreneur principal qu'à l'égard du maître de l'ouvrage, obéit aux mêmes règles : la garantie des vices cachés (Cass. 3e civ. 5-11-1997 n° 96-10.841 : Bull. civ. III n° 195, qui casse un arrêt ayant fondé l'action du maître de l'ouvrage sur la non-conformité et celle de l'entrepreneur sur les vices cachés). La porosité du critère distinctif des actions pour vice caché et en non-conformité explique sans doute la préférence pour la garantie de vices cachés lorsqu'elle a été retenue. Mais la troisième chambre civile n'écarte pas pour autant la responsabilité de droit commun pour défaut de conformité envers le maître de l'ouvrage lorsque les circonstances le justifient (Cass. 3e civ. 7-6-2018 n° 17-10.394 FS-PBI : BPIM 4/18 inf. 272).

La première chambre civile a donné l'impression de faire la part des choses et de revenir à la distinction entre garantie des vices cachés et responsabilité pour défaut de conformité, pérennisant ainsi la dualité d'actions (Cass. 1e civ. 5-5-1993 n° 90-18.331 : Bull. civ. I n° 158 ; voir aussi les arrêts des 16-6, 13-10, 27-10 et 8-12-1993 cités au n° 86543). Si l'on estime généralement que les deux actions existent et doivent être distinguées (voir n° 86541), les hésitations demeurent ainsi que le montrent l'arrêt relatif au « Lutèce Projext » (Cass. 1e civ. 17-6-1997 n° 95-18.981 : Bull. civ. I n° 205, voir n° 86541) et les arrêts de la 3e chambre civile de 1999 et 2002 (Cass. 3e civ. 17-11-1999 n° 97-22.649 D : BPIM 1/00 inf. 27 ; Cass. 3e civ. 26-6-2002 n° 00-12.023 : Bull. civ. III n° 148) ; voir n° 86543.

Entrepreneur L'entrepreneur condamné à indemniser le maître de l'ouvrage, qui exerce une **action récursoire contre le fournisseur de matériaux,** dispose d'une action différente selon qu'il se plaint d'un défaut de conformité ou d'un vice du produit fourni (sur la dualité d'actions, voir n° 86541). **86562**

L'action récursoire pour **non-conformité** se prescrit par 5 ans à compter du jour où le titulaire du droit a connu ou aurait dû connaître les faits lui permettant de l'exercer (C. civ. art. 2224 ; C. com. art. L 110-4, I).

L'action récursoire en garantie des **vices cachés** doit être exercée contre le vendeur dans les 2 ans qui suivent la découverte du vice (C. civ. art. 1648) ou de l'assignation qui lui a été délivrée dans la limite du délai butoir de 20 ans (Cass. 3e civ. 7-12-2023 n° 22-19.839 F-D : BPIM 1/24 inf. 38). C'est généralement le maître de l'ouvrage, auteur de l'action principale, qui dénonce le vice. L'entrepreneur ne peut donc appeler utilement en garantie le fournisseur que lorsqu'il a été lui-même assigné par le maître de l'ouvrage.

Pour les **ventes conclues avant** l'entrée en vigueur de la **loi 2008-561 du 17 juin 2008,** la troisième chambre civile de la Cour de cassation considère que le point de départ du délai imparti à l'entrepreneur par l'article 1648 pour exercer l'action contre le vendeur est constitué par sa propre assignation et que le délai de prescription des obligations entre commerçants de l'article L 110-4, I du Code de commerce courant à compter de la vente est suspendu jusqu'à ce que la responsabilité de l'entrepreneur ait été recherchée par le maître de l'ouvrage (Cass. 3e civ. 16-2-2022 n° 20-19.047 FS-B : BPIM 2/22 inf. 126 ; Cass. 3e civ. 25-5-2022 n° 21-18.218 FS-B : BPIM 4/22 inf. 299). Le **délai visé par l'article L 110-4, I** du Code de commerce (alors de 10 ans), qui reprenait après que l'entrepreneur a été assigné, était considéré comme un délai butoir au-delà duquel l'action ne pouvait plus être exercée. En cas de ventes successives (le fournisseur s'étant lui-même fourni auprès d'un vendeur), un arrêt enseigne qu'avant d'avoir lui-même été assigné par le constructeur, le fournisseur de matériaux ne peut pas agir contre son propre vendeur et son recours ne peut pas être enfermé dans le délai de prescription de droit commun courant à compter de la vente initiale ; la prescription de son recours contre son propre vendeur est elle-même suspendue jusqu'à ce que la responsabilité de son auteur soit recherchée (Cass. 3e civ. 8-2-2023 n° 21-20.271 FS-B : BPIM 2/23 inf. 117).

Mais la **loi du 17 juin 2008,** qui a réduit à 5 ans le délai de prescription de l'article L 110-4, I, n'a pas précisé son point de départ. Or, la vente à l'entrepreneur peut être antérieure au marché passé par lui avec le maître de l'ouvrage et si le désordre trouve sa cause dans un vice des matériaux, il peut donner lieu à une action en garantie dans les 10 ans de la réception. Le vendeur (voire son auteur puisque l'action se transmet) peut donc être exposé pendant une durée indéterminée.

Un arrêt de la chambre mixte statuant sur l'action récursoire d'un constructeur contre son fournisseur précise que, pour les **ventes conclues après** l'entrée en vigueur de la loi du 17 juin 2008, l'encadrement dans le temps de l'action en garantie des vices cachés ne peut plus être assuré que par l'article 2232 du Code civil : l'action du constructeur contre son fournisseur doit être exercée dans le délai de 2 ans de l'article 1648 à compter de la découverte du vice, ou en matière d'action récursoire à compter de son assignation par le maître de l'ouvrage, sans pouvoir dépasser le délai butoir de 20 ans à compter de la vente conclue par la partie recherchée en garantie (Cass. ch. mixte 21-7-2023 n° 20-10.763 BR : BPIM 5/23 inf. 326). La Cour de cassation a confirmé la solution (Cass. 3e civ. 7-12-2023 n° 22-19.839 F-D précité). Pour plus de précisions sur l'encadrement de l'action en garantie des vices cachés de l'article 1648 du Code civil par l'article 2332 du Code civil, voir n° 86522.

En **cas de sous-traitance,** l'entrepreneur principal dispose d'une action contractuelle directe contre le **fournisseur de son sous-traitant** car la chaîne des ventes n'a été interrompue que par un seul contrat de louage d'ouvrage (Cass. 3e civ. 26-11-2014 n° 13-22.067 FS-PB : RDI 2015 p. 78 note Périnet-Marquet, BPIM 1/15 inf. 45).

> **Précisions** **L'avant-projet de réforme des contrats spéciaux** condamne la dualité d'actions et précise que la garantie des vices vise tant le vice qui rend le bien impropre à l'usage habituellement attendu que celui qui n'est pas conforme à l'objet du contrat. Sur le délai butoir, le projet hésite et propose soit le maintien du délai de l'article 2232 du Code civil, soit un délai réduit à 10 ans après la délivrance (C. civ. art. 1648 dans sa version figurant dans l'avant-projet de réforme du droit des contrats spéciaux).

DÉBITEUR DE LA GARANTIE

86565 La garantie des vices cachés (ou la responsabilité pour défaut de conformité s'il y a lieu) concerne le **fabricant de matériaux indifférenciés** (tuiles, briques, etc.) et de produits « composants » au sens de l'article 1245-5, alinéa 1 du Code civil, c'est-à-dire ceux qui ne constituent pas des Epers (agrégats divers). On peut y faire entrer également des **produits « élaborés »** comme la chaudière, les radiateurs... Outre le fabricant proprement dit, l'obligation pèse également sur le **fournisseur** qui s'est approvisionné chez lui.

En principe, rien ne s'oppose à ce que la responsabilité de droit commun des fabricants soit également engagée lorsque le produit est un **Epers.** La solution ne fait aucun doute dans les rapports entre le fabricant-fournisseur et son ayant cause (l'entrepreneur chargé de la pose) : le contrat qui les lie est une vente de chose mobilière donnant lieu à garantie des vices cachés du vendeur ou à responsabilité pour défaut de conformité (voir n° 86540). Il a ainsi été jugé que le recours de l'installateur contre le fabricant de composants repose sur la garantie des vices cachés (Cass. 3e civ. 29-5-2013 n° 11-24.156 F-D : BPIM 4/13 inf. 263) ou sur un manquement à l'obligation d'informer (voir n° 86525).

La solution ne devrait pas être discutée, mais cela est moins sûr, dans les rapports entre le fabricant et le maître de l'ouvrage : ce dernier hérite de l'action de son auteur et la circonstance que le fabricant d'Epers est tenu des garanties biennale et décennale à son égard ne tombe pas sous le coup de la règle du non-cumul des responsabilités. En effet, en application de l'article 1792-4 du Code civil, le fabricant est « solidairement tenu des obligations » mises à la charge de l'entrepreneur principal. Cette garantie étant une garantie d'emprunt n'évince pas, en l'absence de jurisprudence contraire pour l'instant, la responsabilité personnelle du fabricant-vendeur.

4. RESPONSABILITÉ DU FABRICANT DU FAIT DES PRODUITS DÉFECTUEUX

PRODUIT DÉFECTUEUX

86590 Les produits susceptibles d'engager la responsabilité du fabricant sont « **tout bien meuble** même s'il est incorporé à un immeuble » (C. civ. art. 1245-2).

Le produit doit être défectueux, c'est-à-dire qu'il « n'offre pas la **sécurité** à laquelle on peut, légitimement s'attendre ». L'appréciation de cette sécurité se fait en tenant compte « de toutes les circonstances et notamment de la présentation du produit, de l'usage qui peut en être raisonnablement attendu et du moment de sa mise en circulation » (C. civ. art. 1245-3).

DOMMAGES GARANTIS PAR LE FABRICANT D'UN PRODUIT DÉFECTUEUX

86595 Le produit doit être à l'origine (C. civ. art. 1245-1 ; Décret 2005-113 du 11-2-2005 art. 1) :

– d'un dommage qui résulte d'une **atteinte à la personne** ;

– ou d'un dommage supérieur à un montant déterminé par décret (500 €) qui résulte d'une atteinte à un **bien autre que le produit défectueux** lui-même.

Relèvent donc de la responsabilité du fabricant du fait des produits défectueux les dommages causés par le produit à la chose à laquelle il est incorporé (dommage à l'immeuble), aux autres biens meubles et immeubles, et aux personnes (pour une application, Cass. 1e civ. 7-11-2006 nº 05-11.604 F-PB : RJDA 3/07 nº 304, RDI 2007 p. 94 note P. Malinvaud). On peut toutefois se demander si l'arrêt ne se borne pas à sanctionner le défaut d'information pertinente.

Le dommage affectant le produit lui-même est **exclu de la responsabilité.** Cette restriction risque d'être d'application limitée en matière de construction car le produit, s'il est incorporé (brique), ou s'il ne l'est pas (chaudière), lorsqu'il est impropre à l'usage que l'on doit en attendre, entraîne un dommage à l'immeuble dont il peut compromettre la solidité ou la destination. Il semble que, dans tous les cas où la **garantie décennale** est encourue en raison de la défectuosité d'un produit, la responsabilité du fabricant peut être recherchée sur le fondement des articles 1245 s. du Code civil, à condition qu'il ne soit pas lui-même tenu de cette garantie.

En revanche, les dommages relevant de la **garantie biennale** ne peuvent relever de cette responsabilité que si le produit est un des éléments constitutifs de l'équipement sans s'identifier à lui, à moins que le produit, étant distinct de l'équipement, ne cause un dommage à celui-ci. La responsabilité du fabricant, dont la durée est spécifique, peut, dans ce dernier cas, être plus longue que celle du constructeur.

En outre, il n'est pas impossible que la responsabilité soit retenue lorsque **ni** la **décennale ni** la **biennale** ne sont en cause (désordres apparents et réservés par exemple). Selon une opinion autorisée (Malinvaud, RDI 1998 p. 641), si l'ouvrage auquel le produit défectueux est incorporé ne s'identifie pas avec le produit lui-même (ce qui est le cas que l'on vient d'examiner), il pourrait y avoir responsabilité du fabricant du fait des produits défectueux sur le fondement des articles 1245 s. du Code civil, en cas de dommage causé « à » l'immeuble, et responsabilité de droit commun de ce même fabricant en tant que vendeur pour le produit défectueux lui-même !

FABRICANTS DE PRODUITS DÉFECTUEUX RESPONSABLES

La loi vise le **producteur** qui se dessaisit en mettant le bien en circulation, c'est-à-dire le fabricant d'un produit fini ou d'une partie composante, lorsqu'il agit à titre professionnel (C. civ. art. 1245-4). C'est donc le fabricant qui est responsable (C. civ. art. 1245-5, al. 1). Lui sont assimilés celui qui se présente comme producteur ou celui qui importe le produit dans les conditions précisées par l'article 1245-5 du Code civil. **86600**

Le **vendeur et** le **loueur** (mais non le crédit-bailleur) ou tout autre fournisseur professionnel sont responsables du « défaut de sécurité » du produit, mais uniquement si leur propre fournisseur ou le producteur de produit est inconnu (C. civ. art. 1245-6). La responsabilité de ces personnes a donc un caractère subsidiaire. Elle ne joue que si leur propre fournisseur ou le producteur demeure inconnu, mais non, semble-t-il, s'il est insolvable ou s'il a cessé toute activité à moins qu'en ce dernier cas il ne soit assimilé à un inconnu.

En revanche sont **exclues** « les personnes dont la responsabilité peut être recherchée sur le fondement des articles 1792 à 1792-6 et 1646-1 » du Code civil (C. civ. art. 1245-5, dernier al.).

Il résulte de la **combinaison des textes** que : **86605**

– le **fabricant d'Epers** n'est pas responsable au sens des articles 1245 s. ;

– le fabricant non vendeur, c'est-à-dire le **sous-traitant,** qui est responsable en application des articles 1792-4-2 et 1792-4-3 du Code civil, fait apparemment partie des personnes exclues par le dernier alinéa de l'article 1245-5 du Code civil puisque ce texte exclut de la catégorie des producteurs responsables sur le fondement des articles 1245 s. les personnes dont la responsabilité peut être engagée sur le fondement des articles 1792 à 1792-6 du Code civil (voir nº 55230). En revanche, le fabricant non vendeur peut être responsable en qualité de poseur-incorporateur au sens de l'article 1245-7 du Code civil, mais cela justifie une explication plus précise (voir nº 86610) ;

– le **fabricant de matériaux indifférenciés** ou de composants non constitutifs d'Epers est, en principe, tenu ;

– le **loueur** est responsable, mais uniquement en cas de « défaut de sécurité » du produit (et si le producteur reste inconnu). La restriction légale signifie-t-elle que c'est la sécurité des personnes qui est ici visée ? C'est douteux car la jurisprudence précise que l'obligation de sécurité du fabricant concerne tant les personnes que les biens (Cass. 1e civ. 3-3-1998 nº 96-12.078 : JCP G 1998 II nº 10049 obs. Sargos). Cette disposition pourrait concerner le loueur d'engin lorsque celui-ci cause un dommage à l'immeuble ou aux personnes ;

– le **vendeur et le fournisseur professionnel** sont responsables, mais uniquement pour défaut de sécurité, ce qui appelle la même remarque que précédemment (il faut aussi que le producteur reste inconnu).

86610 Des **problèmes d'articulation entre les textes** subsistent. Outre ceux résultant du renvoi de l'article 1245-5 du Code civil aux articles 1792 à 1792-6 du Code civil (voir nos 86600 et 86605), se pose le problème de l'article 1245-7 du même Code qui institue une solidarité entre le producteur responsable au sens de la loi et celui qui réalise l'incorporation ; ce dernier peut être l'entrepreneur principal ou le sous-traitant.

Deux lectures de ce texte sont donc possibles :
– la première c'est qu'en cas de condamnation, même sur deux fondements différents (C. civ. art. 1792 pour l'entrepreneur ; C. civ. art. 1245 pour le producteur), la condamnation doit être solidaire ; si tel est le sens du texte, il est inutile car la condamnation solidaire (certes imparfaite) est toujours de règle ;
– la seconde, c'est que le poseur est, comme le producteur, responsable sur le fondement de l'article 1245 : cette interprétation convient au sous-traitant ; comment peut-elle s'appliquer à l'entrepreneur principal sans être en contradiction avec l'article 1245-7 ?

86615 Des **problèmes de chevauchement avec les autres responsabilités** se posent. L'article 1245-17 du Code civil précise que les dispositions de la loi ne portent pas atteinte aux droits dont la victime du dommage peut se prévaloir au titre de la responsabilité contractuelle ou extracontractuelle ou au titre d'un régime spécial de responsabilité. Il en résulte que le maître de l'ouvrage peut invoquer à l'encontre du fabricant, outre la responsabilité du fait des produits défectueux des articles 1245 s. du Code civil (sauf si le produit est un Epers), la responsabilité de droit commun à laquelle il est tenu envers lui, soit en sa qualité de sous-traitant (voir nos 55225 s.), soit en sa qualité de vendeur (voir no 86560).

L'entrepreneur victime d'un défaut de la chose livrée dispose de l'action contractuelle en garantie contre son vendeur ; mais, il semble qu'il peut être aussi subrogé dans les droits du maître de l'ouvrage si c'est lui qui a été condamné, ou qu'il peut exercer contre lui une action née du mandat, si l'on estime qu'il est solidairement responsable avec le fabricant en application de l'article 1245-7 du Code civil.

RÉGIME DE LA RESPONSABILITÉ DU FAIT DES PRODUITS DÉFECTUEUX

86620 Tout en disposant que le « producteur » est « responsable de plein droit », la loi met à la charge du demandeur, donc de la victime, la **preuve** du dommage, du défaut de la chose et du lien de causalité entre le défaut et le dommage (C. civ. art. 1245-8 et 1245-10), l'astuce consistant, sans doute, à exiger non la preuve d'une « faute » mais celle d'un défaut de la chose.

L'article 1245-10 du Code civil précise les **cas d'exonération** de la responsabilité du fabricant. C'est notamment le cas lorsque l'état des connaissances scientifiques et techniques, au moment de la mise en circulation du produit, ne permet pas de déceler l'existence du défaut (sur ce point, voir Cass. 3e civ. 28-11-2001 no 00-15.058 FS-D : BPIM 1/02 inf. 34, qui décide que cette cause d'exonération ne s'applique pas aux faits antérieurs à la promulgation de la loi). Les articles 1245-11 s. posent des limites aux clauses d'exonération édictées par l'article 1245-10.

La responsabilité du fabricant n'est pas réduite par le fait d'un tiers ayant concouru au dommage (entrepreneur qui incorpore le produit), mais elle peut être réduite ou supprimée par la faute de la victime (C. civ. 1245-12), ce qui peut viser l'acceptation des risques par le maître de l'ouvrage, si, du moins, on y voit une faute.

Sur les **clauses limitatives ou exclusives de responsabilité,** voir no 89245.

La responsabilité **se prescrit** par :
– 10 ans après la mise en circulation du produit, sauf faute du producteur. Ce délai paraît susceptible d'interruption par l'action en justice (C. civ. art. 1245-15) ;
– 3 ans à compter de la date à laquelle la victime a eu ou aurait dû avoir connaissance du dommage, du défaut et de l'identité du producteur (C. civ. art. 1245-16).

La rédaction de ces deux derniers textes n'est pas très heureuse et la question de savoir si l'action doit nécessairement être introduite dans les 10 ans de la mise en circulation du produit, même si le maître de l'ouvrage n'a connaissance du dommage qu'après l'expiration de ce délai, peut se discuter.

ATTENTION

Si le constructeur **fonde son action** contre son fournisseur sur la responsabilité encourue au titre des produits défectueux, le juge ne peut pas, sans violer l'article 4 du Code de procédure civile, prononcer une condamnation au titre de la garantie des vices cachés de l'article 1641 du Code civil (Cass. 3e civ. 21-1-2021 no 19-23.569 F-D : BPIM 2/21 inf. 120). Le bénéficiaire de l'action ne doit donc **pas se tromper sur la nature de la responsabilité invoquée.**

II. BÉNÉFICIAIRES DES GARANTIES DÉCENNALE ET BIENNALE

A. Maître de l'ouvrage

PRINCIPE

En principe, les garanties décennale et biennale bénéficient à celui qui a contracté avec les personnes obligées (les locateurs d'ouvrages). Le plus souvent, il s'agit du maître de l'ouvrage. **86700**

Le maître de l'ouvrage est celui qui a conservé les prérogatives inhérentes au droit de construire, alors même qu'il **a délégué certaines tâches à** un autre, comme le **preneur à bail,** pour certains paiements (Cass. 3e civ. 29-1-1997 no 95-13.536 D), ou qu'il n'a que **provisoirement cette qualité** en tant que **crédit-bailleur** (Cass. 3e civ. 17-1-1996 no 94-12.231 : RJDA 6/96 no 823 ; Cass. 3e civ. 20-11-1996 no 94-20.875 D). Ainsi, le preneur d'un contrat de crédit-bail immobilier, qui n'est intervenu qu'en qualité de maître de l'ouvrage délégué pour l'édification de l'immeuble pris à bail, ne peut pas se prévaloir, en son nom, de la garantie décennale (Cass. 3e civ. 27-5-1999 no 97-19.599 D : BPIM 4/99 inf. 292). Il peut toutefois agir en qualité de mandataire du crédit-bailleur (Cass. 3e civ. 16-5-2001 no 99-19.085 FS-D : BPIM 4/00 inf. 253) : il a qualité pour agir lorsque le crédit-bailleur lui a donné mandat d'agir en justice, de percevoir les indemnités de réparation et de les affecter aux réparations (Cass. 3e civ. 24-10-2007 no 06-16.504 : BPIM 1/08 no 43). La qualité de maître de l'ouvrage pour agir peut procéder d'un mandat implicite du représentant de l'État résultant d'une autorisation temporaire d'occupation d'un mur de défense contre la mer relevant du domaine public (Cass. 3e civ. 5-12-2024 no 23-14.419 F-D : BPIM 1/25 no 35).

LOCATAIRE

Bail de droit commun Lorsque le locataire est preneur d'un bail de droit commun portant sur des locaux pour lesquels le **bailleur a fait réaliser les travaux**, il n'a pas la qualité de maître de l'ouvrage et il ne peut pas engager l'action en garantie décennale qui, en principe, ne lui est pas transmise par le bail. **86703**

Si le **locataire fait réaliser des travaux** pour son compte, alors même que les murs du local loué étaient nus, il a été jugé que, titulaire d'un simple **droit de jouissance** sur l'ouvrage dont il n'a pas la propriété, il ne peut pas exercer l'action en garantie décennale (Cass. 3e civ. 23-10-2012 no 11-18.850 F-D : RDI 2013 p. 95). Ce simple droit de jouissance ne lui permet pas de se prévaloir de la qualité de maître de l'ouvrage et d'exercer l'action en garantie décennale, qui est attachée à la propriété (Cass. 3e civ. 1-7-2009 no 08-14.714 FS-PB : BPIM 5/09 inf. 361). L'arrêt laisse entendre, de manière trop restrictive, que la qualité de maître de l'ouvrage suppose la propriété de l'ouvrage.

Un arrêt plus récent est plus réaliste. Il reconnaît la qualité de maître de l'ouvrage au preneur à bail qui **commande les travaux** en son nom et pour son compte **avec l'accord du bailleur**, en soulignant qu'il est le propriétaire initial de l'ouvrage et que le bailleur n'en devient propriétaire par accession qu'à la reprise des lieux (Cass. 3e civ. 13-7-2022 no 21-15.086 F-D : RDI 2023 p. 113 note C. Charbonneau). Une fois l'accession réalisée, l'arrêt rappelle que « si l'action en garantie décennale se transmet, en principe, aux acquéreurs avec la propriété de l'immeuble, le maître de l'ouvrage ne perd pas la faculté de l'exercer, dès lors qu'elle présente pour lui un intérêt direct et certain, et qu'il peut invoquer un préjudice personnel ». Dans son commentaire de l'arrêt, C. Charbonneau estime, avec raison, que le locataire investi d'une autorisation de construire qui est propriétaire des ouvrages nouveaux peut, en sa qualité de maître de l'ouvrage, souscrire une police d'assurance dommages-ouvrage et exercer l'action en responsabilité décennale. Il semble donc, sous réserve d'une confirmation de jurisprudence, que le locataire pourrait avoir, au titre du contrat conclu par lui avec les constructeurs, la qualité de maître de l'ouvrage et se prévaloir des dispositions des articles 1792 et suivants du Code civil, au moins si les conditions prévues par l'arrêt du 13 juillet 2022 sont réunies. En tout état de cause, le locataire qui conclut un louage d'ouvrage avec les constructeurs pour la réalisation de travaux dans son intérêt est le contractant de ces derniers et il peut exercer contre eux une action en responsabilité contractuelle de droit commun.

Lorsque le locataire a reçu **mandat du bailleur** de satisfaire à l'obligation d'entretien et de conservation des lieux, il a qualité pour agir en garantie décennale pour le compte du bailleur en vertu du mandat de représentation donné par ce dernier (Cass. 3e civ. 12-4-2012 no 11-10.380 FP-D : BPIM 3/12 inf. 237).

86704 **Bail conférant un droit réel** Lorsque le bail confère au preneur un droit réel et le droit de construire (bail emphytéotique, bail à construction, par exemple), ce dernier a la qualité de maître de l'ouvrage pour les **travaux qu'il fait réaliser** et il peut exercer l'action en garantie décennale.

En cas de bail emphytéotique, il a été jugé que le preneur peut exercer l'action en garantie décennale pour des **ouvrages réalisés par le bailleur** car l'emphytéose « emporte par l'effet du bail transfert du bailleur au preneur des actions en garantie décennale et en réparation à raison des désordres affectant les ouvrages donnés à bail » (Cass. 3e civ. 11-7-2024 no 23-12.491 FS-B : BPIM 5/24 inf. 312).

USUFRUITIER ET NU-PROPRIÉTAIRE

86705 Bien que titulaire du droit de jouir de la chose comme le propriétaire, l'**usufruitier** n'en est pas le propriétaire. L'action en garantie décennale ne lui est donc pas ouverte puisque la loi attache celle-ci à la propriété de l'ouvrage et non à sa jouissance. L'usufruitier peut, en revanche, agir sur le fondement de la responsabilité contractuelle de droit commun (Cass. 3e civ. 16-11-2022 no 21-23.505 FS-B : BPIM 1/23 inf. 36). En l'espèce, les travaux concernaient, selon l'arrêt, la « réalisation de la charpente métallique et du revêtement du bâtiment » d'une **construction sans doute déjà existante** dont l'usufruitier n'était, de ce fait, pas propriétaire. Cette situation, qui écarte le bénéfice de la garantie décennale et donc de l'assurance dommages-ouvrage obligatoire qui lui est associée, est très regrettable et a été critiquée (M.-L. Pagès-de-Varenne, L'usufruitier n'est pas bénéficiaire de l'action en garantie décennale, Construction-Urbanisme 2023 p. 22), d'autant que c'est au titre des travaux réalisés que l'usufruitier invoquait la qualité de maître de l'ouvrage. L'arrêt précise que pour que l'usufruitier puisse agir en garantie décennale, il doit détenir un mandat du nu-propriétaire, qui n'est pourtant pas encore propriétaire des ouvrages construits et n'est pas celui qui a fait construire, ce qui peut compromettre l'efficacité du mandat. Usufruitier et nu-propriétaire auront intérêt à veiller à ce que les assurances facultatives qu'ils pourraient souscrire empruntent le régime des assurances obligatoires.

86706 L'action en garantie décennale a également été refusée par la Cour de cassation au **nu-propriétaire** pour un **ouvrage nouveau** (construction d'une piscine) réalisé par l'usufruitier sur un terrain démembré. L'arrêt met en avant une double justification : d'une part, le nu-propriétaire n'est pas propriétaire de la construction nouvelle affectée de désordres réalisée par l'usufruitier ; d'autre part, le transfert de la propriété de la construction par accession au sens de l'article 555 du Code civil ne s'opère, en l'absence de convention réglant le sort des constructions, qu'à la fin de l'usufruit (Cass. 3e civ. 13-4-2023 no 22-10.487 FS-B : BPIM 3/23 inf. 199). Autrement dit, sauf convention contraire, tant que l'usufruit ne s'est pas éteint, le nu-propriétaire n'est pas propriétaire de la construction nouvelle et ne peut donc pas exercer l'action en garantie décennale. L'usufruitier est l'unique propriétaire de la construction durant la durée de l'usufruit. Plusieurs commentateurs de la décision ont pu en déduire que lui seul peut exercer l'action en responsabilité décennale et que c'est à lui de souscrire l'assurance dommages-ouvrage (V. Zalewski-Sicard, L'usufruitier et la garantie décennale : 2e épisode, JCP N 2023 no 1128 ; M. Poumarède, L'usufruitier titulaire de l'action en garantie décennale, à la condition d'être propriétaire, RDI 2023 p. 537). Cette option pourrait aller dans le sens de la jurisprudence de la Cour de cassation qui reconnaît la qualité de maître de l'ouvrage au preneur à bail investi d'une autorisation de construire du propriétaire bailleur, bien que son droit de propriété soit limité à la durée du bail, et le déclare en conséquence titulaire de l'action en garantie décennale (Cass. 3e civ. 13-7-2022 no 21-15.086 F-D : RDI 2023 p. 113 note C. Charbonneau). Elle implique dans ce cas une précision de la jurisprudence du 16 novembre 2022 précitée no 86705 pour rappeler que l'usufruitier a la propriété au moins temporaire de l'ouvrage (Cass. 3e civ. 19-9-2012 no 11-15.460 FS-PB : Bull. civ. III no 128) ou que le droit de construire suffit à justifier son intérêt, et partant, sa qualité pour agir. Faudra-t-il alors distinguer l'ouvrage réalisé dans son entier par l'usufruitier des travaux qu'il fait réaliser sur un ouvrage existant, comme c'était, semble-t-il, le cas dans l'affaire jugée le 16 novembre 2022 et, dans cette éventualité, cerner les modalités de l'assurance obligatoire ?

MAÎTRISE D'OUVRAGE DÉLÉGUÉE

86710 En cas de maîtrise d'ouvrage déléguée dans les **marchés publics,** une fois la réception prononcée, c'est le maître de l'ouvrage qui a seul qualité pour agir en garantie décennale

(CE 5-3-1982 : Lebon p. 103 ; CE 17-4-1989, La Mache ; CE 17-6-1998 n° 149793, Dépt. de la Marne : BPIM 5/98 inf. 328). Toutefois, il n'en est ainsi que lorsque l'ouvrage est remis au délégant (voir en ce sens pour un ouvrage remis immédiatement à une société d'économie mixte concessionnaire de la commune : Cass. 3e civ. 28-1-2009 n° 07-20.891 FS-PB : BPIM 2/09 n° 129). À défaut, c'est le maître d'ouvrage délégué qui conserve le droit d'action (CE 10-4-1991 : RDI 1991 p. 336 ; CE 31-5-1995 : RDI 1995 p. 746). Cette solution est difficilement compatible avec l'article L 2422-5 du Code de la commande publique qui fait du maître d'ouvrage délégué un simple mandataire (voir nos 47435 s.). Elle n'est justifiable que si le maître d'ouvrage délégué a reçu mandat d'agir pour la sauvegarde des intérêts du maître d'ouvrage, par exemple, pour un crédit-preneur ayant reçu mandat d'agir au nom du crédit-bailleur (Cass. 3e civ. 16-5-2001 n° 99-19.085 FS-D : BPIM 4/01 inf. 253).

B. Transmission de l'action en garantie

AYANTS CAUSE DU MAÎTRE DE L'OUVRAGE

Propriétaires successifs concernés La garantie décennale est due au maître de l'ouvrage ou à l'**acquéreur** de l'ouvrage (C. civ. art. 1792). 86720

La jurisprudence considère que la garantie se transmet à tous les acquéreurs **successifs** du maître de l'ouvrage (par exemple, Cass. 3e civ. 23-9-2009 n° 08-13.470 FS-PB : RJDA 2/10 n° 142), y compris les sous-acquéreurs (Cass. 3e civ. 21-11-1990 n° 89-13.775 : Bull. civ. III n° 242).

Le dernier propriétaire peut invoquer la garantie des constructeurs, même lorsque la chaîne des contrats n'est pas homogène et qu'un louage d'ouvrage a interrompu une chaîne de ventes successives (Cass. ass. plén. 7-2-1986 nos 83-14.631 et 84-15.189 : Bull. ass. plén. n° 2) ; voir n° 86560. Le transfert de garantie joue nonobstant la connaissance par les acquéreurs des vices de l'immeuble lors de la signature de l'acte de vente et l'absence dans l'acte d'une clause leur réservant ce recours (Cass. 3e civ. 28-10-1975 n° 74-10.842 : Bull. civ. III n° 311 ; Cass. 3e civ. 23-9-2009 n° 08-13.470 FS-PB précité).

La transmission de l'action en garantie décennale suppose qu'il y ait une opération juridique de transfert de propriété car la garantie est censée suivre la chose en tant qu'accessoire de la propriété (et non de la chose car un droit ne peut être l'accessoire que d'un autre droit). Ainsi, la **résolution de la vente** fait obstacle à l'action en garantie décennale. Si l'acquéreur a obtenu la résolution de la vente sur le fondement de la garantie des vices cachés, il ne peut pas obtenir réparation de son préjudice sur le fondement de la garantie décennale (Cass. 3e civ. 8-7-2021 n° 20-15.669 FS-B : BPIM 4/21 inf. 260).

Bien que l'article 1792 ne vise que l'acquéreur, il est admis que l'action en garantie décennale ou biennale se transmet aux **ayants cause universels** (héritiers) et ayants cause **à titre particulier** (légataire particulier, par exemple) du maître de l'ouvrage.

Lorsque l'acquéreur se plaint d'un désordre qu'il déclare à l'**assureur dommages-ouvrage,** ce dernier a qualité pour appeler en garantie les constructeurs alors même que le marché a été conclu avec la société venderesse (Cass. 3e civ. 8-10-2008 n° 07-15.939 FS-D).

Si l'immeuble est en **copropriété,** les règles exposées n° 86735 doivent être respectées.

Conservation par le maître de l'ouvrage du bénéfice de l'action L'extension de la garantie aux propriétaires successifs a été discutée car l'article 1792 du Code civil ne vise que « le maître » de l'ouvrage ou « l'acquéreur » (Boubli, op. cit. nos 324 s. ; voir aussi Soliloque sur la transmission de l'action en garantie : JCP G 1974 I n° 2646). La Cour de cassation a dû en préciser les conditions. Ainsi a-t-elle jugé que si l'action en garantie décennale ou biennale passe aux propriétaires successifs, le maître de l'ouvrage conserve le droit d'exercer l'action s'il justifie d'un **intérêt direct et certain** (Cass. 3e civ. 17-1-1996 n° 94-18.231 P : RJDA 6/96 n° 823 ; Cass. 3e civ. 3-7-1996 n° 94-18.503 P : RJDA 11/96 n° 1385) et s'il peut invoquer un préjudice personnel (Cass. 3e civ. 31-5-1995 n° 92-14.098 P : Bull. civ. III n° 133 ; Cass. 3e civ. 23-9-2009 n° 08-13.470 FS-PB : RJDA 2/10 n° 142). 86730

Une solution du même ordre est admise par la juridiction administrative (CE 17-3-1967 : Lebon p. 133 ; CE 7-10-1998 n° 156653, Sté OTH Méditerranée : BPIM 1/99 inf. 36), qui paraît étendre la transmission de la garantie à l'utilisateur de l'ouvrage même s'il n'est pas ayant cause (CE 3-10-1986 : Lebon T. p. 616).

Le fait que les garanties décennale ou biennale se transmettent aux propriétaires successifs de l'immeuble, mais que le maître d'ouvrage puisse conserver le droit d'exercer l'action soulève un problème particulier lié au **concours de responsabilités** (nos 86820 s.).

COPROPRIÉTAIRES

86735 **Titulaires de l'action** Lorsque l'immeuble cédé est en copropriété, le **syndicat des copropriétaires** vient au droit du maître de l'ouvrage-vendeur et peut rechercher la responsabilité du constructeur sur le fondement de l'article 1792 du Code civil (Cass. 3e civ. 20-6-2001 no 99-19.081 FS-D : BPIM 4/01 inf. 258). Il peut aussi agir contre le vendeur qui vend après achèvement l'immeuble qu'il a fait construire (C. civ. art. 1792-1, 2o) si celui-ci est tenu de la garantie décennale (Cass. 3e civ. 4-4-2024 no 22-20.107 F-D : BPIM 3/24 inf. 191).

L'action en garantie appartient au syndicat (Loi 65-557 du 10-7-1965 art. 15) pour la sauvegarde des droits afférents à l'immeuble, c'est-à-dire lorsque le désordre affecte l'ensemble de l'immeuble ou les parties communes (Cass. 3e civ. 16-3-1988 no 86-17.127 : Bull. civ. III no 60 ; Cass. 3e civ. 26-5-1992 no 89-21.897 : Bull. civ. III no 168 ; Cass. 3e civ. 8-2-1995 : RDI 1995 p. 551).

Lorsque les dommages se situent à l'intérieur des parties privatives, la Cour de cassation décide :

– tantôt que l'action du syndicat est recevable (Cass. 3e civ. 16-3-1988 no 97-11.285 : Bull. civ. III no 222) ; dans le même sens pour « des dommages ayant leur origine dans les parties communes et affectant les parties privatives d'un ou plusieurs lots » (Cass. 3e civ. 23-6-2004 no 03-10.475 : Bull. civ. III no 128) ou pour des désordres affectant les parties privatives constitutifs de « troubles collectifs », tels des désordres affectant les jardinières, carrelages et étanchéité de terrasses privatives causant « les mêmes troubles de jouissance » à l'ensemble des copropriétaires (Cass. 3e civ. 7-9-2011 no 09-70.993 : Bull. civ. III no 140). Il n'est pas nécessaire que le préjudice qui présente un caractère collectif soit subi de la même manière par tous les copropriétaires ou une grande partie d'entre eux (Cass. 3e civ. 7-11-2024 no 23-14.464 FS-B : BPIM 1/25 inf. 36, seuls quatre copropriétaires étaient affectés par les désordres) ;

– tantôt que l'action du syndicat n'est pas recevable (Cass. 3e civ. 16-3-1994 no 91-20.128 : Bull. civ. III no 56).

Mais seul le défendeur qui invoque l'irrégularité peut bénéficier de l'irrecevabilité.

86737 Les **copropriétaires** d'un immeuble disposent de l'action née du contrat d'entreprise. L'action en garantie appartient individuellement à chaque copropriétaire lorsque :

– la malfaçon est limitée aux parties privatives (Loi 65-557 du 10-7-1965 art. 15, qui impose toutefois l'information préalable du syndic ; voir Cass. 3e civ. 15-11-1989 no 88-11.271 : Bull. civ. III no 212 ; Cass. 3e civ. 16-3-1994 no 91-20.128 : Bull. civ. III no 56 ; Cass. 3e civ. 17-3-1999 no 97-19.766 D : BPIM 3/99 inf. 218) ;

– le dommage affecte les parties privatives et les parties communes. Chaque copropriétaire peut exercer l'action en garantie car il subit un préjudice personnel (Cass. 3e civ. 14-5-1974 no 73-10.204 : Bull. civ. III no 190 ; Cass. 3e civ. 28-4-1981 no 79-13.763 : Bull. civ. III no 83 ; Cass. 3e civ. 23-2-2000 no 98-17.932 D : BPIM 3/00 inf. 179) ;

– le dommage se limite aux parties communes mais le copropriétaire subit un préjudice personnel (Cass. 3e civ. 30-6-1993 no 91-18.696 : Bull. civ. III no 103 ; Cass. 3e civ. 20-5-1998 no 96-14.080 P : Bull. civ. III no 105 ; Cass. 3e civ. 9-6-1999 no 97-20.505 PB : Bull. civ. III no 130, à propos d'une rampe d'accès aux garages trop étroite rendant ceux-ci impropres à leur destination). L'action syndicale reste recevable (Cass. 3e civ. 16-3-1988 no 86-17.127 : Bull. civ. III no 60). Il en va autrement si le trouble collectif affecte différemment les divers copropriétaires (Cass. 3e civ. 27-9-2000 no 98-11.986 FS-D : RDI 2001 p. 83).

Sur l'**effet interruptif de l'assignation** délivrée par le syndicat dans le délai de 10 ans en faveur des copropriétaires, voir no 87853.

86740 **Habilitation du syndic à agir en justice** Lorsque l'action en garantie décennale est exercée au nom du syndicat par le syndic, celui-ci doit être régulièrement habilité par l'**assemblée générale des copropriétaires** (Cass. 3e civ. 6-11-2006 no 05-19.998 FS-PB : RDI 2007 p. 91). L'habilitation est l'autorisation donnée au syndic « d'intenter une action en justice » au sens de l'article 55 du décret 67-223 du 17 mars 1967. Elle doit être donnée au syndic avant l'expiration du **délai décennal**, ce qu'il appartient au juge du fond de rechercher lorsqu'il est saisi de l'action (Cass. 3e civ. 21-3-2019 no 17-28.021 FS-PBI : BPIM 3/19 inf.186), y compris pour la régularisation d'une habilitation précédemment donnée (même espèce). Toutefois, l'habilitation n'est pas nécessaire pour exercer l'action en référé (Cass. 3e civ. 5-11-1997 no 95-21.653 D : BPIM 1/98 inf. 30).

L'article 55 du décret du 17 mars 1967, dans sa rédaction issue du décret 2019-650 du 27 juin 2019, prévoit que : « Seuls les copropriétaires peuvent **se prévaloir de l'absence d'autorisation** du syndic à agir en justice » (Décret 67-223 du 17-3-1967 art. 55, al. 2). Les tiers à la copropriété, les constructeurs notamment, ne peuvent donc pas invoquer l'absence de pouvoir du syndic depuis le 29 juin 2019, date d'entrée en vigueur du texte.

La Cour de cassation s'est prononcée sur l'application dans le temps de l'article 55 dans sa rédaction issue du décret du 27 juin 2019, dans deux arrêts rendus le même jour (Cass. 3e civ.

25-3-2021 n° 20-12.244 FS-D et Cass. 3e civ. 25-3-2021 n° 20-12.245 FS-D : BPIM 3/21 inf. 210). Elle a jugé que si l'article 55 est immédiatement applicable aux instances en cours, il ne peut pas avoir pour conséquence de priver de leurs effets les actes régulièrement accomplis sous l'empire du texte ancien. Elle en déduit que les dispositions nouvelles ne sont pas applicables lorsque l'irrégularité tenant au défaut de pouvoir du syndic a été invoquée par un tiers avant le 29 juin 2019. Les tiers peuvent donc se prévaloir de l'absence d'autorisation du syndic à agir en justice lorsqu'ils ont invoqué l'irrégularité avant l'entrée en vigueur du décret du 27 juin 2019.

On rappellera qu'**avant le décret du 27 juin 2019,** il était admis que l'habilitation de l'assemblée générale n'était pas exigée dans le seul intérêt des copropriétaires. Ainsi, les constructeurs responsables pouvaient se prévaloir de l'absence d'habilitation qui constituait une irrégularité de fond (Cass. 3e civ. 12-10-1988 n° 86-19.403 : D. 1989 p. 53 note Givord et Giverdon ; Cass. 3e civ. 7-11-1990 : Bull. civ. III n° 222). L'irrégularité de l'habilitation pouvait être invoquée également par les assureurs intéressés (Cass. 3e civ. 21-3-2019 n° 17-28.021 FS-PBI : BPIM 3/19 inf. 136). Cependant, l'irrégularité pouvait être couverte en cours d'instance, même en appel, par une habilitation de l'assemblée générale (Cass. 3e civ. 17-4-1984 n° 510 : Bull. civ. III n° 85). Celle-ci devait alors être donnée avant l'expiration du délai d'exercice de l'action (Cass. 3e civ. 9-12-1998 n° 97-12.455 P : Bull. civ. III n° 237 ; Cass. 3e civ. 7-4-2009 n° 07-16.786 F-D). Mais il a été jugé qu'une ratification donnée en cours d'instance ne pouvait pas étendre les pouvoirs du syndic pour demander la réparation relative à d'autres parties communes que celles au sujet desquelles le syndic avait agi et qui avaient été retenues par l'expert (Cass. 3e civ. 15-6-2000 n° 98-20.193 FS-D : BPIM 5/00 inf. 323). Cette décision précise aussi que l'indemnité compensatrice du trouble de jouissance causé par les désordres à l'ensemble des membres du syndicat peut être versée à celui-ci.

Lorsque l'**habilitation** est donnée, mais qu'elle est **irrégulière,** seuls les copropriétaires défaillants ou opposants peuvent la contester (Cass. ass. plén. 15-5-1992 n° 89-18.021 : Bull. civ. n° 5 ; Cass. 3e civ. 23-6-1999 n° 97-16.176 PF : Bull. civ. III n° 148 ; Cass. 3e civ. 29-1-2003 n° 01-01.483 FS-PB : Bull. civ. III n° 20). 86742

On peut se demander si, depuis la réécriture de l'article 55 du décret du 17 mars 1967 par le décret 2019-650 du 27 juin 2019, les tiers intéressés pourraient néanmoins contester une habilitation effective mais irrégulière.

Portée de l'habilitation du syndic L'habilitation est valable pour tous les **constructeurs concernés** (Cass. 3e civ. 4-12-2002 n° 00-18.022 FS-PB : Bull. civ. III n° 248 ; Cass. 3e civ. 29-1-2003 n° 01-01.483 FS-PB : Bull. civ. III n° 20). En outre, l'habilitation donnée pour intenter une action contre un constructeur vaut à l'encontre de son assureur (Cass. 3e civ. 20-6-2001 n° 99-20.242 FS-PB : Bull. civ. III n° 80 ; Cass. 3e civ. 31-3-2004 n° 02-19.114 : Bull. civ. III n° 65). 86743

L'habilitation doit viser les **dommages** de manière suffisamment précise (Cass. 3e civ. 29-1-2003 n° 01-01.483 FS-PB : Bull. civ. III n° 20 ; Cass. 3e civ. 21-3-2019 n° 17-28.021 FS-PBI : BPIM 3/19 inf. 186). Elle ne doit pas se limiter à leur cause (Cass. 3e civ. 26-6-2002 n° 1105 : RDI 2002 p. 418). Elle peut valablement viser « tous les désordres constatés ou pouvant survenir » (Cass. 3e civ. 12-12-2001 n° 98-22.950 FS-PB : Bull. civ. III n° 148). Elle peut donc concerner les dommages ultérieurs qui ne sont que la conséquence ou l'aggravation de ceux pour lesquels elle a été donnée (Cass. 3e civ. 8-4-1998 n° 96-17.066 P : Bull. civ. III n° 83). Un arrêt a toutefois admis que, lorsque la première instance sur les premiers désordres a donné lieu à un premier jugement et qu'une nouvelle instance portant sur l'aggravation des désordres a été introduite par le syndic sans habilitation, la régularisation par l'assemblée générale, plus de 10 ans après le premier jugement, affecte la validité de l'assignation (Cass. 3e civ. 11-5-2000 n° 98-17.179 FS-PB : Bull. civ. III n° 103). Mais il ne semble pas qu'en l'espèce il ait été soutenu que l'aggravation des désordres dispensait d'une nouvelle habilitation.

SOCIÉTÉS DE CONSTRUCTION

En **principe,** lorsque le maître de l'ouvrage est une société de construction, l'action est ouverte aux porteurs de parts lorsqu'ils sont devenus propriétaires, en particulier par attribution d'une part divise de l'immeuble, sous les réserves énoncées ci-dessus à propos de la copropriété. 86745

Lorsque le maître de l'ouvrage est une **société coopérative de construction,** ce sont les membres de la société qui ont qualité pour agir (Cass. 3e civ. 14-11-1970 : Bull. civ. III n° 611).

Au cours de la vie sociale d'une **société d'attribution,** l'action en garantie est interdite aux porteurs de parts (Cass. 3e civ. 5-5-1975 : Bull. civ. III n° 152 ; Cass. 3e civ. 19-7-1995 n° 93-13.395 : RJDA 10/95 n° 1117). Quelques arrêts laissent penser le contraire (Cass. 1e civ. 6-3-1967 : Bull. civ. I n° 89 ; Cass. civ. 3-1-1969 : JCP G 1969 II n° 15863, note Liet-Veaux ; Cass. 3e civ. 18-3-1987 : Bull. civ. III n° 55).

Mais la jurisprudence dans son dernier état n'est pas en ce sens (Cass. 3e civ. 6-12-1989 : Bull. civ. III no 229). Se prononçant à propos d'une société d'attribution en jouissance, un arrêt décide que les porteurs de parts ne peuvent pas exercer l'action en garantie décennale (Cass. 3e civ. 14-3-2001 no 99-14.567 FS-D : BPIM 3/01 inf. 191).

86750 Lorsque la société a pour vocation l'attribution par fractions ou en totalité d'un immeuble en jouissance par périodes **(multipropriété),** l'action n'appartient qu'à la société dont le régime relève de la loi 86-18 du 6 janvier 1986.

La solution est la même pour la société qui procède à des **locations-attributions** (CA Orléans 14-1-2000 : RDI 2000 p. 182). Il en va autrement si cette société néglige de faire valoir ses droits contre le constructeur : le locataire-attributaire peut alors exercer l'action en garantie décennale par voie oblique en invoquant l'article 1341-1 du Code civil (Cass. 3e civ. 16-7-1986 : Bull. civ. III no 111, rendu sur le fondement de l'ancien article 1166 du Code civil et concernant le locataire-attributaire au sens de la législation sur les HLM). Hors l'action oblique, il n'est pas fondé à se prévaloir de la garantie décennale (Cass. 3e civ. 6-12-1989 : Bull. civ. III no 229 ; Cass. 3e civ. 11-10-1995 : RDI 1996 p. 219).

C. Élargissement des garanties transmissibles

86780 Le principe suivant lequel l'action en garantie se transmet à l'ayant cause comme un accessoire de la propriété est une dérogation au **principe de l'effet relatif des contrats** (Boubli, op. cit., nos 322 s.), ce que la Cour de cassation a rappelé (Cass. 3e civ. 7-5-1986 : D. 1987 p. 257 ; Cass. ass. plén. 12-7-1991 no 90-13.602 P : Bull. ass. plén. no 5, RJDA 8-9/91 no 711, rendu sur le fondement de l'ancien art. 1165 du C. civ. à propos du sous-traitant). Par conséquent, la dérogation devrait être limitée. L'article 1199 du Code civil issu de l'ordonnance 2016-131 du 10 février 2016, qui réserve des exceptions au principe de l'effet relatif, ne devrait pas avoir pour effet de remettre en cause la jurisprudence qui s'est dessinée sous l'empire de l'ancien article 1165.

86785 L'article 1792 du Code civil, qui définit les garanties transmissibles, ne vise que la garantie décennale. Cependant, tout le monde s'accorde pour admettre que l'ayant cause particulier du maître de l'ouvrage hérite tant de la garantie décennale que de la **garantie biennale.**

D. Concours des responsabilités

86820 La **circonstance** que l'ayant cause du maître de l'ouvrage hérite des garanties décennale et biennale de son auteur fait naître un concours de responsabilités. L'**ayant cause, désormais bénéficiaire des garanties,** peut agir directement contre le constructeur sur le fondement des articles 1792 s. du Code civil. Mais il ne peut plus invoquer contre ce constructeur la responsabilité extracontractuelle car il n'est plus un tiers et se heurte à la règle du non-cumul des responsabilités (Cass. civ. 28-11-1967 : D. 1968 p. 163).

SITUATION DU MAÎTRE D'OUVRAGE VENDEUR

86825 Le maître de l'ouvrage qui a transmis la chose vendue, et avec la propriété la garantie qui en est l'accessoire (no 86720), perd **théoriquement** le bénéfice de la garantie (Cass. 3e civ. 12-11-1974 no 73-12.950 : Bull. civ. III no 407).

Toutefois, dans son dernier état, la jurisprudence admet que, si en principe les acquéreurs successifs sont recevables à exercer l'action en garantie décennale contre les constructeurs même s'ils ont eu connaissance des vices lors de la vente, le vendeur **conserve le droit d'agir** s'il justifie d'un préjudice personnel lui conférant un intérêt direct et certain à agir (Cass. 3e civ. 31-5-1995 no 92-14.098 P : Bull. civ. III no 133 ; Cass. 3e civ. 23-9-2009 no 08-13.470 FS-PB : RJDA 2/10 no 142) ou s'il s'est réservé le bénéfice de l'action en garantie par une clause du contrat (Cass. 3e civ. 20-4-1988 no 86-17.398 : Bull. civ. III no 76).

Le vendeur (qui peut être maître de l'ouvrage ou vendeur intermédiaire) conserve le droit d'agir contre les constructeurs pour les **dommages antérieurs** à la vente dans **trois cas** qui, à notre sens, révèlent l'existence d'un « intérêt certain et direct à agir », même si la preuve de cet intérêt est plus ou moins évidente selon les situations.

86827 **Réserve par le vendeur de l'action en garantie** Lorsque, par une **clause du contrat,** le vendeur se réserve la faculté d'exercer l'action en garantie, l'action en justice qu'il exerce en vertu de ce titre est recevable, l'intérêt à agir n'étant pas subordonné à la démonstration préalable du bien-fondé de l'action (Cass. 3e civ. 16-11-2011 no 10-17.680 FS-D : BPIM 1/12 inf. 37).

La Cour de cassation avait un moment décidé que la stipulation d'une telle clause n'était pas nécessaire, la vente n'emportant pas de plein droit cession au profit de l'acquéreur des droits et actions en raison de dommages affectant l'immeuble antérieurement à la vente (Cass. 3e civ. 4-12-2002 no 01-02.383 FS-PB : RJDA 2/03 no 126 ; Cass. 3e civ. 17-11-2004 no 03-16.988 FS-PB : Bull. civ. III no 186). Mais, à notre sens, la recevabilité de l'action conservée par le vendeur restait soumise à la condition d'un « intérêt certain et direct à agir », illustré d'ailleurs par d'autres arrêts (Cass. 3e civ. 28-11-2001 no 99-17.480 : BPIM 1/02 inf. 35, qui réserve implicitement l'existence d'un préjudice du vendeur ; Cass. 3e civ. 31-1-2007 no 05-15.790 FS-PB : RJDA 6/07 no 603, qui reconnaît au vendeur le droit d'agir en constatant que l'acte de vente prévoit que l'acquéreur prend le bien « en son état actuel »).

Il semble résulter de l'arrêt précité du 16 novembre 2011 que la clause de réserve de garantie **suffise à caractériser l'intérêt à agir** du vendeur. Encore faut-il que l'objet de la demande du vendeur soit conforme à cet intérêt. Tel est le cas de la demande d'indemnité au titre de la diminution du prix que le vendeur a dû consentir lors de la vente, ce qui constitue un préjudice certain et lui donne un intérêt direct à agir. Tel n'est pas le cas, en revanche d'une demande de paiement des réparations nécessaires pour faire cesser des désordres antérieurs à la vente, alors que le vendeur n'a plus qualité pour le faire (Cass. 3e civ. 18-10-2018 no 17-16.459 F-D : BPIM 6/18 inf. 413).

Conservation par le vendeur d'un intérêt à agir en garantie Lorsque le vendeur **ne s'est pas réservé l'action** en garantie par une clause du contrat de vente, en particulier s'il n'a pas connaissance du vice lorsqu'il vend, il ne perd pas la faculté de l'exercer si elle présente pour lui un **intérêt direct et certain** à l'exercer. Tel est le cas lorsqu'il a été condamné à réparer les vices de l'immeuble vendu (Cass. 3e civ. 20-4-1982 no 81-10.026 : Bull. civ. III no 95 ; Cass. 3e civ. 9-2-2010 no 08-18.970) et appelle le constructeur en garantie (Cass. 3e civ. 12-11-2020 no 19-22.376 FS-PBI : BPIM 1/21 inf. 43, RDI 2021 p. 164). L'action récursoire du vendeur contre le constructeur doit toujours être exercée dans le délai de 10 ans de la garantie, qui est un délai d'épreuve (Cass. 3e civ. 12-11-2020 no 19-22.376 FS-PBI précité). L'arrêt précise que les dommages ne peuvent pas donner lieu à une responsabilité de droit commun pour les personnes tenues à garantie. 86829

Pour que le vendeur justifie d'un intérêt certain et direct à agir, alors même que le contrat ne contient pas de clause de réserve de garantie à son profit, il faut qu'il y ait un **dommage constaté avant la vente.** S'il s'agit d'un désordre, le vendeur doit justifier d'un **préjudice.** Tel est le cas :

– s'il a consenti à l'acquéreur une réduction du prix, mais non si l'acquéreur a déclaré en « faire son affaire » (Cass. 3e civ. 28-11-2001 no 99-17.480 : BPIM 1/02 inf. 35). S'il a consenti à l'acquéreur une réduction du prix et que celui-ci intervient à l'instance, il est tenu compte de la réduction du prix dans le préjudice qu'il subit (Cass. 3e civ. 5-12-2024 no 20-16.712 F-D : BPIM 1/25 inf. 37) ;

– s'il a déjà engagé l'action en garantie avant la vente et qu'il entend la poursuivre (Cass. 3e civ. 18-10-1972 no 71-12.190 : Bull. civ. III no 531), le constructeur ne pouvant être tenu de réparer deux fois le même sinistre ;

– s'il s'agit d'un dommage consécutif (trouble de jouissance, préjudice commercial) car ce préjudice lui étant propre, le vendeur peut s'en prévaloir, sauf renonciation à l'action dans le contrat de vente (Cass. 3e civ. 31-5-1995 no 92-14.098 : Bull. civ. III no 133 ; Cass. 3e civ. 6-11-1996 no 94-16.635).

S'agissant de l'**indemnité de l'assurance dommages,** elle n'est versée en principe qu'à celui qui est propriétaire lors du sinistre (Cass. 1e civ. 10-6-1997 no 95-15.523 : Bull. civ. I no 192 ; Cass. 3e civ. 16-12-2009 no 09-65.697 FS-PB : Bull. civ. III no 278). Mais cette règle est à tempérer. En effet, l'indemnité doit être affectée à la réparation du désordre : si le bien est vendu après la manifestation du désordre et que l'indemnité n'est versée qu'après, le vendeur n'a plus qualité pour la recevoir ; c'est l'acquéreur qui l'a (Cass. 3e civ. 15-9-2016 no 15-21.630 FS-PB : BPIM 6/16 inf. 383) ; le contrat de vente peut donc prévoir les modalités de son attribution à l'acquéreur sauf à en tenir compte, le cas échéant, dans la détermination du prix de vente.

Vendeur maître de l'ouvrage lui-même responsable Le vendeur, également maître de l'ouvrage, est lui-même responsable sur le fondement des articles 1792 s. du Code civil. S'il est mis en cause par l'acquéreur, il peut exercer l'action récursoire contre les constructeurs qu'il appelle en garantie (Cass. 3e civ. 12-11-1974 no 73.12.950 : Bull. civ. III no 407). 86830

SITUATION DE L'ACQUÉREUR

Acquéreur en l'état futur d'achèvement Lorsqu'il achète un ouvrage apparemment exempt de vice, l'acquéreur en l'état futur d'achèvement dispose d'une **double action** : celle dont il hérite **contre le constructeur** et celle qu'il dirige contre le maître de 86835 l'ouvrage en tant que **vendeur réputé constructeur** qu'il tient du contrat de vente. Ce dernier est en effet tenu de garantir l'accédant en décennale et en biennale (voir nº 86340).

Lorsque le **vice** est **apparent** lors de la vente mais **caché lors de la réception,** l'acquéreur conserve l'action en garantie décennale contre les constructeurs. Il bénéficie également, de l'action en garantie décennale contre son propre vendeur car selon l'article 1646-1 du Code civil, le vendeur d'immeuble à construire « est tenu, à compter de la réception des travaux, des obligations » dont sont tenus les architectes et entrepreneurs en application des articles 1792 s. du Code civil (Cass. 3e civ. 28-2-2001 nº 99-14.848 FS-PB : Bull. civ. III nº 23).

Les dispositions propres aux garanties dans la vente d'immeuble à construire sont également susceptibles de s'appliquer. L'acquéreur en l'état futur d'achèvement peut exercer l'action en garantie des **vices de construction et non-conformités apparents** de l'article 1642-1 du Code civil dans l'année de la réception (C. civ. art. 1648, al 2). Cette solution a été affirmée par la Cour de cassation : l'acquéreur bénéficie d'un **concours de garanties,** la garantie décennale et la garantie en réparation des vices apparents propre à la vente (Cass. 3e civ. 14-1-2021 nº 19-21.130 FS-PR : BPIM 2/21 inf. 118). L'arrêt précise que le vice caché s'appréciant en la personne du maître de l'ouvrage et au jour de la réception pour la garantie décennale, s'il devient apparent lors de la prise de possession par l'acquéreur, celui-ci peut invoquer la garantie des vices apparents de l'article 1642-1 du Code civil et la garantie décennale, car il bénéficie du concours de ces deux actions.

Un **problème** peut se poser lorsque le vice est apparent lors de la vente si le **prix a tenu compte du désordre.** Dans la vente d'immeuble à construire, le vendeur répond des dommages à ce titre (résolution de la vente et/ou dommages-intérêts : Cass. 3e civ. 2-3-2005 nº 03-19.208 : Bull. civ. III nº 50) s'il n'est pas déchargé des vices apparents dans les conditions prévues par l'article 1642-1 du Code civil. On peut se demander si la réduction du prix consentie lors de la vente, en raison des désordres constatés, vaut exclusion des conditions restrictives de garantie prévues par ce texte, ou si elle est sans effet, et si, par surcroît elle ne fait pas obstacle à l'action en garantie décennale pour défaut d'intérêt. Le concours des deux actions dont bénéficie l'acquéreur ne s'entend pas, en effet, d'un cumul d'actions. Il ne peut y avoir un cumul des réparations. L'acquéreur doit donc choisir l'action qui est de nature à réparer au mieux, selon lui, le préjudice subi.

On estime en général, que la garantie décennale de l'article 1646-1 du Code civil ne devrait pas concourir avec la garantie des vices cachés de l'article 1643 du même Code (Droit de la promotion immobilière 9e éd. nº 360).

86837 **Acquéreur d'un bien après achèvement** Dans les ventes après achèvement, l'acquéreur peut **agir contre le vendeur.** C'est le régime de droit commun de non-garantie des vices apparents de l'article 1642 du Code civil qui devrait s'appliquer. Mais le vendeur est aussi obligé en garantie décennale par l'article 1792-1 du Code civil s'il entre dans la catégorie visée par ce texte (vendeur après achèvement de l'ouvrage qu'il a fait construire ou vendeur après achèvement de l'ouvrage qu'il a construit lui-même). Il est admis que la garantie décennale n'est pas exclusive de l'action en garantie des vices cachés fondée sur les articles 1641 s. du Code civil (nº 86352). L'acquéreur bénéficie donc d'un **concours d'actions** : il peut exercer soit l'action en garantie décennale ou biennale, soit l'action en garantie des vices cachés de l'article 1643 du Code civil. Celle-ci lui est ouverte (Cass. 3e civ. 27-9-2000 nº 99-10.297 : RDI 2001 p. 84 ; Cass. 3e civ. 17-6-2009 nº 08-15.503 FS-PB : BPIM 4/09 inf. 279 ; Cass. 3e civ. 11-5-2010 nº 09-13.358 F-D : RDI 2010 p. 450 ; Cass. 3e civ. 10-6-2021 nº 20-10.918 F-D : BPIM 5/21 inf. 333). Il peut à ce titre demander la résolution de la vente (Cass. 3e civ. 2-3-2005 nº 03-16.561 FS-PB : RJDA 8-9/05 nº 954). Mais s'il l'obtient, il ne peut plus exercer l'action en garantie décennale car il n'a plus la qualité de propriétaire (Cass. 3e civ. 8-7-2021 nº 20-15.669 FS-B : BPIM 4/21 inf. 260, RDI 2021 p. 488).

L'acquéreur peut aussi exercer l'action en responsabilité contractuelle de droit commun **contre les constructeurs** dont il hérite en sa qualité d'ayant cause, même si les désordres dont il se plaint sont nés avant la vente (Cass. 3e civ. 9-7-2014 nº 13-15.923 FS-PB : BPIM 5/14 inf. 326). Dans ce dernier cas, il faut s'assurer que le vendeur n'a pas entendu conserver l'action, ce qu'une clause du contrat peut prévoir, comme le suggère l'arrêt.

Lorsque le vendeur après achèvement a construit lui-même l'ouvrage, le caractère apparent ou caché des désordres s'apprécie en sa personne à la date d'achèvement de l'ouvrage qui équivaut à une réception (Cass. 3e civ. 10-11-2016 nº 15-24.379 FS-PB : BPIM 1/17 inf. 24). L'acheteur bénéficie d'une option : exercer l'action en garantie des vices selon le droit de la vente ou de la garantie décennale. Il faut alors que le désordre soit caché.

SITUATION DU LOCATAIRE DE L'ACQUÉREUR

Le locataire d'un acquéreur n'est pas un ayant cause du maître de l'ouvrage et il n'acquiert pas cette qualité, même s'il tient son titre de louage du maître de l'ouvrage lui-même. Il est un **tiers** au contrat d'entreprise qui ne peut pas exercer les garanties décennale et biennale, mais qui peut agir contre le constructeur sur le fondement de la responsabilité extracontractuelle des articles 1240 et 1241 du Code civil pour obtenir réparation de son dommage (voir n° 89851). **86845**

La possibilité d'agir contre le constructeur sur le fondement de la responsabilité extracontractuelle est admise, même si le locataire a conclu un contrat de **location-vente** (Cass. 1e civ. 24-10-1967 : Bull. civ. I n° 309) – et sans doute de location-accession aujourd'hui – ou est bénéficiaire d'une **promesse de vente.** Cette jurisprudence favorise la fraude, le maître de l'ouvrage pouvant créer une société, lui louer les locaux et obtenir par l'intermédiaire de cette dernière réparation du préjudice sur le fondement des articles 1240 s. du Code civil (pour le **locataire-attributaire,** voir n° 86750).

L'article 1792-4-3 du Code civil a créé un **délai de prescription** de 10 ans applicable à toutes les actions en responsabilité contre les constructeurs et leurs sous-traitants autres que celles relevant des garanties légales. Ce texte ne posant aucune limite quant aux bénéficiaires de l'action, on pouvait penser que les cocontractants du constructeur, comme les tiers au contrat, pouvaient se prévaloir de ce délai de 10 ans. **86850**

Cependant, l'article 1792-4-3 se situe dans le titre VIII du livre III du Code civil traitant du contrat de louage d'ouvrage, ce qui semble impliquer l'existence d'un lien contractuel. Par ailleurs, le délai de 10 ans fixé par le texte court à compter de la réception de l'ouvrage, acte auquel les tiers sont étrangers. L'action en responsabilité extracontractuelle des tiers relève donc plutôt du délai de prescription de droit commun de l'article 2224 du Code civil (5 ans à compter de la réalisation du dommage).

La Cour de cassation a jugé que l'article 1792-4-3 n'a vocation à s'appliquer qu'aux actions dirigées par le maître de l'ouvrage contre les constructeurs et les sous-traitants (Cass. 3e civ. 16-1-2020 n° 18-25.915 FS-PBRI : BPIM 1/20 inf. 44). Dans le même arrêt, elle ajoute que les recours entre constructeurs relèvent de l'article 2224 du Code civil. Cette analyse est partagée par le Conseil d'État pour qui le délai de prescription de l'article 1792-4-3 concerne les actions en responsabilité du maître de l'ouvrage contre les constructeurs et leurs sous-traitants autres que celles relevant des garanties décennale et biennale (CE 12-4-2022 n° 448946, Sté Arest : BPIM 3/22 inf. 214). La Cour de cassation réserve en outre l'action en responsabilité de l'article 1792-4-2 du Code civil dirigée contre un sous-traitant au maître de l'ouvrage (Cass. 3e civ. 16-1-2020 n° 18-21.895 FS-PBRI : BPIM 1/20 inf. 42). Les tiers sont donc exclus du bénéfice de ces deux textes.

> **Précisions** **Avant la réforme de la prescription civile** par la loi 2008-561 du 17 juin 2008 (dont est issu l'article 1792-4-3 du Code civil), l'action en responsabilité extracontractuelle se prescrivait par 10 ans après la manifestation du dommage (C. civ. art. 2270-1 ancien), ce qui permettait au locataire qui établissait la faute du constructeur d'obtenir réparation de son dommage après les 10 ans de la garantie décennale, là où son bailleur, qui lui aurait pu invoquer la garantie décennale, ne pouvait plus agir (Cass. civ. 9-10-1962 : D. 1963 p. 1, note Liet-Veaux ; Cass. 3e civ. 25-1-1989 n° 149 : Bull. civ. III n° 21 ; Cass. 3e civ. 6-12-1989 n° 1751 : Bull. civ. III n° 229).

SECTION 2

CONDITIONS DES GARANTIES DÉCENNALE ET BIENNALE

CARACTÉRISATION DES CONDITIONS D'APPLICATION DES GARANTIES

Les garanties décennale et biennale ne trouvent à s'appliquer que sous certaines conditions : nature de l'ouvrage affecté par le désordre, nature du désordre lui-même. Le **juge** doit caractériser ces éléments et ne pas se contenter d'une simple affirmation (Cass. 3e civ. 7-12-2005 n° 04-12.931 FS-PB : RDI 2006 p. 132). **87000**

Lorsque ces conditions ne sont pas réunies, il subsiste la **responsabilité résiduelle** qui relève du régime de :
– la garantie de parfait achèvement avant l'expiration du délai d'un an à compter de la réception (voir n°s 62650 s.) ;
– la responsabilité contractuelle de droit commun après l'expiration de ce délai d'un an (voir n°s 88590 s.).

I. CONDITIONS DE LA GARANTIE DÉCENNALE

87030 La garantie décennale est due dans **deux cas** :
– un vice compromet la solidité de l'ouvrage ou le rend impropre à sa destination (C. civ. art. 1792 et 1792-1) ;
– un vice affecte un élément d'équipement indissociable de l'ouvrage (C. civ. art. 1792-2).
Les articles 1792 et 1792-1 du Code civil visent la construction d'un « **ouvrage** », mais n'en donnent pas la définition. La notion doit être entendue largement. Dans les deux cas où la garantie est due, il importe peu que l'ouvrage soit ou non un bâtiment, cette notion ayant été abandonnée depuis l'ordonnance 2005-658 du 8 juin 2005. Les conditions relatives à ces deux cas de garantie décennale ne sont pas identiques, mais une **condition** leur est **commune** : la garantie ne concerne que les **ouvrages de construction immobilière.**

A. 1er cas : ouvrage dont la solidité est compromise ou impropre à sa destination

1. OUVRAGE DE CONSTRUCTION IMMOBILIÈRE

a. Type d'ouvrage

87060 Le type d'ouvrage est indifférent. Il peut être un **bâtiment,** un ouvrage de **génie civil** ou un réseau de **VRD.** Il suffit qu'il s'agisse d'une construction. Il appartient au juge du fond chargé d'appliquer la garantie décennale de rechercher si les travaux en cause constituent, le cas échéant dans leur ensemble, un ouvrage (Cass. 3e civ. 16-1-2020 n° 18-24.948 F-D : BPIM 2/20 inf. 118, à propos de plateaux de verre pour l'installation de cloisons amovibles).

Des travaux de **terrassement** ne constituent un ouvrage que s'ils sont liés à la réalisation d'un autre ouvrage ; ainsi, en cas de glissement de terrain consécutif à des travaux de terrassement, le maître de l'ouvrage ne peut pas se retourner contre l'entreprise sur le fondement de l'article 1792 du Code civil lorsque le glissement s'est produit avant l'élévation de l'immeuble, aucune intégration ne pouvant alors être invoquée (Cass. 3e civ. 10-11-2021 n° 20-20.294 FS-B : BPIM 1/22 inf. 37).

Les composantes de l'ouvrage varient selon son type. Le bâtiment est généralement constitué d'éléments structurants (autrefois qualifiés de « gros ouvrages ») et d'**éléments d'équipements**. Ces équipements peuvent faire partie de l'ouvrage d'origine ou être ajoutés à l'existant. S'ils font partie de l'ouvrage d'origine, ils font généralement l'objet d'un travail de construction. Le désordre qui les affecte et qui compromet la solidité de l'ouvrage ou le rend impropre à sa destination déclenche la garantie décennale (C. civ. art. 1792) ; voir n°s 87085 et 87120. Si des éléments nouveaux sont ajoutés à l'existant, ils peuvent être structurants et constituer un ouvrage. S'ils demeurent de simples équipements, ils sont exclus des garanties légales (n° 87088).

ILLUSTRATIONS

Ont été **considérés comme des ouvrages** au sens des articles 1792 et 1792-1 du Code civil :
– un court de tennis (Cass. 1e civ. 2-5-1990 : RDI 1990 p. 514) ;
– des ouvrages de génie civil (Cass. 3e civ. 12-6-1991 : RDI 1991 p. 348) ;
– des travaux de drainage (CA Douai 24-9-1990 : RDI 1991 p. 481) ;
– un mur de soutènement (Cass. 1e civ. 26-2-1991 n° 380 : Bull. civ. I n° 75 ; Cass. 3e civ. 31-3-1993 n° 90-16.192 : RJDA 11/93 n° 894 ; Cass. 3e civ. 16-6-1993 n° 91-21.226 : Bull. civ. III n° 85) ;
– une digue pour un étang (Cass. 3e civ. 31-10-2001 n° 1421 : RDI 2002 p. 84) ;

– une installation de chauffage (Cass. 3e civ. 18-11-1992 no 1622 : Bull. civ. III no 298), en particulier à foyer fermé (Cass. 3e civ. 17-1-1996 no 94-14.926 D : BPIM 3/96 inf. 206 ; comparer Cass. 3e civ. 28-2-1996 : Bull. civ. III no 57, qui en fait un équipement du bâtiment). Même solution pour une installation de chauffage incluant la fourniture et la mise en place de toute l'installation de climatisation d'un l'hôtel (Cass. 3e civ. 12-11-2020 no 19-18.213 FS-PBI : BPIM 1/21 inf. 42). En sens contraire, écartant l'existence de travaux de construction (Cass. 3e civ. 6-2-2002 no 00-15.301 FS-D : BPIM 3/02 inf. 186) ;
– un caveau funéraire (Cass. 3e civ. 17-12-2003 no 02-16.096 : Bull. civ. III no 231) ;
– un talus engazonné (Cass. 3e civ. 3-7-1996 no 94-17.890 : RDI 1996 p. 575 ; Cass. 3e civ. 12-6-2002 no 01-01.236 : BPIM 5/02 inf. 330, qui retient l'incorporation de matériaux dans le sol au moyen de travaux de construction) ;
– un réseau de VRD (Cass. 3e civ. 17-12-1997 no 96-12.209 PF : Bull. civ. III no 224) ;
– une voirie (CA Paris 14-12-1990 : RDI 1991 p. 80) ;
– un silo (Cass. 1e civ. 20-12-1993 : Bull. civ. I no 374 ; Cass. 1e civ. 26-3-1996 no 93-20.229 : Bull. civ. I no 149, RDI 1996 p. 380, qui lui applique le régime des bâtiments qui sont aussi des ouvrages ; CA Paris 1e ch. G 24-3-1999 no 1996/8476 : BPIM 5/99 inf. 371 sur renvoi de Cass. 1e civ. 26-3-1996 précité). Mais un arrêt plus récent range les silos dans la catégorie des équipements dont il faut vérifier s'ils relèvent d'un travail de construction (Cass. 3e civ. 20-6-2001 no 99-20.188 FS-D : BPIM 4/01 inf. 259, RDI 2001 p. 520) ;
– une véranda (Cass. 3e civ. 4-10-1989 : Bull. civ. III no 179) ;
– la création d'une cheminée (Cass. 3e civ. 25-2-1998 no 96-16.214 PB : Bull. civ. III no 46 ; Cass. 3e civ. 6-7-2010 no 09-14.328 : BPIM 5/10 inf. 376) ;
– des clôtures de jardin (Cass. 3e civ. 17-2-1999 no 96-21.149 PB : Bull. civ. III no 38) ;
– un ensemble constitué d'une citerne et d'un poste de livraison de carburants avec les canalisations nécessaires que l'arrêt range dans la catégorie des VRD (Cass. 3e civ. 19-7-2000 no 98-20.111 FS-D) ;
– une piscine médicale à parois en aluminium même de dimension modeste, d'autant que la structure de l'immeuble a été spécialement adaptée pour la recevoir par la création d'un radier (CA Versailles 22-1-2001 : BPIM 2/01 inf. 119) ;
– un aquarium intransportable en raison de son fond et de sa fragilité structurelle (Cass. 3e civ. 9-2-2000 : AJDI 2000 p. 435 ; Cass. 3e civ. 9-6-2004 no 02-20.292 : BPIM 5/04 inf. 291) ;
– une serre (Cass. 1e civ. 2-3-1999 no 96-20.497 : Bull. civ. I no 72) ;
– des carrelages fixés à demeure par mortier ou un produit d'encollage (CA Versailles 4e ch. 29-1-2001 no 99/2892 : BPIM 3/01 inf. 192) ;
– une rénovation lourde (Cass. 3e civ. 24-1-2001 : RDI 2001 p. 168 ; Cass. 3e civ. 29-1-2003 no 01-13.034 : Bull. civ. III no 18) ;
– un ravalement assurant l'étanchéité (Cass. 3e civ. 4-4-2002 no 00-13.890 FS-D : RDI 2002 p. 234) ;
– l'équipement frigorifique d'un abattoir (Cass. 3e civ. 18-7-2001 no 99-12.326 FS-PB : Bull. civ. III no 97). En revanche, une centrale frigorifique constituée d'équipements industriels divers installés dans une usine agroalimentaire pour assurer le conditionnement et le stockage de fruits (chambres froides, surgélateurs, compresseur, tour de refroidissement...) n'a pas été retenue comme un ouvrage (Cass. 3e civ. 17-12-2020 no 19-14.374 F-D : BPIM 1/21 inf. 41) ;
– une installation de climatisation comportant une centrale d'énergie aux fins d'assurer la climatisation des bâtiments d'un parc d'exposition (Cass. 3e civ. 28-1-2009 no 07-20.891 : Bull. civ. III no 22), une installation de climatisation par pompe à chaleur immergée au fond d'un puits en contact avec la nappe phréatique réalisée sur un ouvrage existant (Cass. 3e civ. 24-9-2014 no 13-19.615 FS-D), de même une installation de chauffage dans un hôtel incluant la fourniture et la pose de toute l'installation de climatisation (Cass. 3e civ. 12-11-2020 no 19-18.213 FS-PBI : BPIM 1/21 inf. 42) ;
– un enrochement (Cass. 3e civ. 24-5-2011 no 10-17.106 : RDI 2011 p. 459 ; CAA Bordeaux 26-6-2014 no 13BX002141, Min. alimentation : BPIM 4/14 inf. 255 ; voir aussi : Cass. 3e civ. 20-5-2014 no 13-14.803 F-D : BPIM 4/14 inf. 257, qui semble admettre qu'un enrochement pourrait relever de la décennale en retenant l'absence d'ancrage au bon sol). Il semble toutefois que l'enrochement ne soit susceptible d'être un ouvrage relevant de la garantie décennale que s'il a été réalisé selon des techniques de bâtiment (voir no 87075) ;
– une terrasse en bois fixée dans le mur de façade de la maison avec laquelle elle fait corps et reposant sur des fondations (Cass. 3e civ. 7-11-2012 no 11-25.370 : Bull. civ. III no 160) ;
– une conduite métallique fermée d'adduction d'eau à une centrale électrique sur plusieurs kilomètres (Cass. 3e civ. 19-1-2017 no 15-25.283 FPS-PB : BPIM 2/17 inf. 116, RDI 2017 p. 151).

b. Ouvrage immobilier

L'ouvrage doit être immobilier. La **condition** est **nécessaire** puisque nous sommes dans le domaine de la construction immobilière. 87065

ILLUSTRATIONS

Est un **ouvrage immobilier** :
– un silo, malgré sa possibilité de déplacement, dès lors qu'il est rivé aux fondations et que son déplacement requiert des moyens très importants (Cass. 1e civ. 20-12-1993 : Bull. civ. I no 374) ;
– une véranda dès lors qu'édifiée sur un balcon elle comporte des parties fixes et des parties mobiles (Cass. 3e civ. 4-10-1989 : Bull. civ. III no 179) ;

– une serre si elle est assise sur des fondations (Cass. 1e civ. 2-3-1999 no 96-20.497 : Bull. civ. I no 72) ;
– un aquarium s'il est intransportable (Cass. 3e civ. 9-2-2000 : AJDI 2000 p. 435 ; Cass. 3e civ. 9-6-2004 no 02-20.292 : BPIM 5/04 inf. 291) ;
– un bungalow fixé sur des plots et longrines en béton par des plaques de fer qui ne peuvent pas être déplacées (Cass. 3e civ. 28-1-2003 no 105 : RDI 2003 p. 184) ;
– une installation industrielle de manutention de bobines de tôles d'acier constituée d'une structure ancrée au sol ayant impliqué des travaux de charpente, couverture, bardage, création de poutres et poteaux métalliques (Cass. 3e civ. 4-4-2019 no 18-11.021 FS-PBI : BPIM 3/19 inf. 187).

En revanche, ne constitue **pas un ouvrage immobilier** :
– la maison mobile simplement posée, sans travaux ni fondations (Cass. 3e civ. 28-4-1993 : RDI 1993 p. 379) ;
– un bateau logement (TGI Nanterre 21-6-1996 : RDI 1996 p. 575) ;
– un barbecue accolé à une maison qui ne comporte pas de travaux de sous-œuvre (Cass. 3e civ. 7-10-2008 no 07-17.800 : RDI 2009 p. 12 note P. Malinvaud) ;
– un abri de piscine repliable et mobile qui n'est rattaché ni à la piscine ni au sol (Cass. 3e civ. 30-3-2011 no 10-10.766 : BPIM 3/11 inf. 213), lequel ne constitue pas davantage un élément d'équipement indissociable (même décision).

c. Ouvrage résultant d'un travail de construction

TRAVAIL DE BÂTIMENT OU DE GÉNIE CIVIL

87070 L'ouvrage désigne à la fois le travail (effectuer son ouvrage) et le résultat de celui-ci (l'ouvrage immobilier). Lorsqu'il y a réalisation de la chose, c'est-à-dire transformation du sol par la réalisation de travaux de construction (édification d'un bâtiment, création de VRD), la chose et le travail se confondent et la garantie doit jouer : un talus peut alors être considéré comme un ouvrage au sens des articles 1792 s. du Code civil (Cass. 3e civ. 12-6-2002 no 01-01.236 : BPIM 5/02 inf. 330). L'ouvrage résulte d'un travail de construction.

Dans le régime de la loi du 4 janvier 1978, la Cour de cassation exigeait que le travail de construction soit un travail de « bâtiment ou de génie civil », référence qui semble maintenue. Elle paraissait décider aussi que les **équipements industriels** pouvaient relever de la garantie décennale s'ils constituaient des travaux de construction en énonçant que ces travaux devaient être des « travaux de bâtiment ou de génie civil ». Un arrêt plus récent semble reprendre cette exigence dans la mesure où il fait grief à un arrêt qui avait retenu la garantie décennale pour des équipements industriels de n'avoir pas caractérisé l'existence d'un ouvrage ou la mise en œuvre de travaux de construction (Cass. 3e civ. 17-12-2020 no 19-14.374 F-D : BPIM 1/21 no 41). La tendance était, naguère, plutôt d'admettre qu'un équipement industriel ne relevait pas des travaux de construction (voir arrêts nos 87165 s.).

ILLUSTRATIONS

Sans s'expliquer sur la question de savoir s'ils relèvent des travaux de construction, de bâtiment ou de génie civil, un arrêt décide qu'une « **installation frigorifique** comprenant une salle de machines qui alimente les réseaux desservant les autres locaux, le froid étant transporté par deux réseaux indépendants de tuyauterie, relève de l'article 1792 du Code civil » (Cass. 3e civ. 18-7-2001 no 99-12.326 FS-PB : Bull. civ. III no 97).

Mais d'autres décisions écartent l'application des articles 1792 s. du Code civil aux **équipements industriels** qui :
– ne relèvent pas des travaux de construction (Cass. 3e civ. 29-1-2003 no 139 : RDI 2003 p. 187 ; Cass. 3e civ. 11-5-2006 no 05-13.191 FS-PB : Bull. civ. III no 115) ;
– ne constituent pas un ouvrage. Ainsi jugé à propos de l'installation d'un appareil de production d'eau chaude (Cass. 3e civ. 26-4-2006 no 05-13.971 FS-PB : Bull. civ. III no 101). Il est possible que cet arrêt concerne en fait une adjonction sur existant.

87075 On peut penser que certains ouvrages **non réalisés selon des techniques de bâtiment ou de génie civil** peuvent échapper à la garantie décennale et ceci indépendamment du dommage qui les affecte. Tel paraît être le sens d'un arrêt qui décide qu'un enrochement ne relève pas de la garantie décennale dès lors qu'il s'agit d'un empilement de blocs sans lien entre eux, ne présentant aucune homogénéité et ne pouvant pas donner lieu à des calculs comme une pièce en maçonnerie ou en béton armé (Cass. 3e civ. 14-9-2005 no 04-11.486 FS-PB : Bull. civ. III no 165 ; voir dans le même sens pour un enrochement réalisé au pied d'un talus naturel : Cass. 3e civ. 13-4-2010 no 09-67.329 : BPIM 3/10 inf. 220). Sous cette réserve, l'enrochement peut être un ouvrage relevant de la décennale (voir no 87060).

La jurisprudence, dans la mesure où elle a souvent considéré que les silos sont des ouvrages soumis à la décennale, incite toutefois à la prudence puisque ces ouvrages ne sont pas rigoureusement le fruit de travaux de bâtiment ou de génie civil. On peut d'ailleurs se demander si la jurisprudence qui insiste sur l'**assise immobilière de l'ouvrage** ne privilégie pas ce facteur et si elle n'en fait pas l'élément révélateur de l'existence d'un travail de construction : existence de fondations, même si le silo est seulement « rivé » à celles-ci (Cass. 1e civ. 20-12-1993 : Bull. civ. I n° 374). Dans le même sens à propos d'une serre assise sur des fondations et dont le mode d'implantation était une immobilisation par incorporation au sol (Cass. 1e civ. 2-3-1999 n° 96-20.497 : Bull. civ. I n° 72). Un arrêt paraît confirmer la tendance à tenir compte surtout de l'assise immobilière de l'ouvrage. Il fait ressortir l'existence de travaux de construction (charpente, bardage, poutres et poteaux…) et retient que ces travaux constituent un ensemble charpente-chemin de roulement dont l'ossature repose sur des fondations en béton et prolonge un bâtiment préexistant (Cass. 3e civ. 4-4-2019 n° 18-11.021 FS-PBI : BPIM 3/19 inf. 187). Il souligne ainsi son ancrage au sol et sa fonction sur la stabilité de l'ensemble, ce qui permet de dire qu'il s'agit d'un ouvrage de nature immobilière.

La notion de bâtiment ne figurant plus dans les textes dans leur rédaction issue de l'**ordonnance du 8 juin 2005,** c'est l'ouvrage constituant un travail de construction qui est seul à prendre en considération. Néanmoins, les réponses jurisprudentielles indiquées ci-dessus peuvent aider à l'approche de la notion de « travaux de construction ».

TRAVAUX DANS LE DOMAINE ÉNERGÉTIQUE

Les évolutions technologiques en matière d'énergie et l'incitation à recourir à des techniques associant l'économie et la performance pourraient modifier la donne. Il est probable que des **travaux de performance énergétique** (capteurs solaires, structure à base de béton et de chanvre) constitueront des ouvrages susceptibles d'être impropres à leur destination si les performances ne sont pas atteintes. **87077**

En revanche, les travaux sur existant qui modifient le système énergétique d'un immeuble peuvent soulever des difficultés ; l'idée est cependant émise que les « travaux de rénovation thermique prenant la forme d'une performance globale touchant à divers éléments peuvent être considérés dans leur ensemble comme un ouvrage » (S. Becqué-Hickowicz, RDI 2011 p. 25).

S'agissant des **installations photovoltaïques** déjà pratiquées, une distinction est suggérée par le Code de l'urbanisme depuis le décret 2009-1414 du 19 novembre 2009 (F. Cherel et A. Carpentier, RDI 2010 p. 133 ; H. Périnet-Marquet, RDI 2010 p. 362 ; P. Malinvaud, RDI 2010 p. 360) :

– les équipements photovoltaïques **implantés au sol** ne sont probablement pas des ouvrages, faute d'obéir à des techniques de travaux de construction ; il faudra toutefois se demander si les évolutions technologiques ne commandent pas une nouvelle approche de cette notion : ces installations coûtent cher et une garantie décennale les concernant n'est pas aberrante ;

– les installations **insérées dans la construction** : il s'agit le plus souvent d'équipements qui bénéficient de la prime d'intégration au bâti instituée par le décret du 19 novembre 2009 (système photovoltaïque installé dans la toiture dont la qualification dépendra du produit et de son mode d'intégration, bardage, brise-soleil, mur-rideau, allège, garde-corps de fenêtre, de balcon ou de terrasse). Selon le cas, ces installations peuvent être soit des ouvrages, soit des équipements dissociables ou non.

TRAVAIL SUR EXISTANT

Modification structurelle de l'existant En présence d'une modification structurelle de l'existant, il ne fait guère de doute qu'il y a **construction d'ouvrage** en cas de : **87080**

– surélévation (CA Paris 23-1-1990 : RDI 1990 p. 373) ;

– rénovation lourde (Cass. 3e civ. 30-3-1994 : RDI 1994 p. 457 ; Cass. 3e civ. 17-12-1996 : BPIM 1/97 inf. 39 ; Cass. 3e civ. 29-1-2003 n° 01-13.034 : Bull. civ. III n° 18) ;

– agrandissement (CA Versailles 4-12-1987 : D. 1989 p. 134 note Karila) ;

– restauration d'une salle de cinéma (Cass. 3e civ. 4-5-1988 n° 778 : Le Moniteur 15-7-1988) ;

– travaux confortatifs importants (Cass. 3e civ. 6-12-2006 n° 05-16.826 FS-D : RDI 2007 p. 90) ;

– travaux de reprise pris en charge par l'assureur de catastrophes naturelles : les dommages qui les affectent peuvent engager la responsabilité de leur auteur sur le fondement des articles 1792 s. du Code civil, peu important que celui-ci ne soit pas le constructeur initial (Cass. 3e civ. 13-12-2011 n° 11-10.014 : BPIM 1/12 inf. 38) ;

– réfection d'un ouvrage, lorsque les travaux portent sur ses éléments constitutifs et que les désordres en affectent sa solidité ou le rendent impropre à sa destination (CE 11-12-2013 n° 364311, Cne de Courcival : BPIM 1/14 inf. 29).

Une distinction est à faire du point de vue de la garantie décennale entre l'ouvrage nouveau et l'ensemble constitué entre celui-ci et l'existant. Si l'ouvrage nouveau pris en lui-même répond aux exigences requises, il peut être assujetti à la garantie décennale. Si l'on estime que l'ouvrage nouveau est solidaire de l'existant au point que les dommages consécutifs qui affectent ce dernier pourraient relever des garanties légales, il faut que l'indivisibilité soit telle qu'il en résulte un ensemble indissociable (voir n° 87585). L'article L 243-1-1, II du Code des assurances limite la garantie des assurances responsabilité civile décennale et dommages-ouvrage aux ouvrages existants totalement incorporés dans l'ouvrage neuf et techniquement indivisibles (voir nos 92840, 94090, 94990).

87085 **Adjonction d'un élément nouveau à la construction** En cas d'adjonction d'un élément nouveau à la construction, l'**importance des travaux** est un critère à ne pas négliger pour retenir l'existence d'un ouvrage. Des travaux d'aménagement ne sont pas des travaux de construction (Cass. 3e civ. 15-12-1982 n° 1762 : Bull. civ. III n° 254), tandis que d'importants travaux de réparation de désordres peuvent l'être (Cass. 3e civ. 18-1-2006 n° 04-18.903 : RDI 2006 p. 230). La tendance générale est de considérer que le nouvel élément est un ouvrage lorsqu'il est fait appel aux techniques de la construction.

La règle s'applique à des **aménagements de structure,** par exemple :
– une modification de toiture par apport d'éléments nouveaux tels que chevrons, voliges, liteaux et panne faîtière (Cass. 3e civ. 9-11-1994 : Bull. civ. III n° 184) ;
– l'installation d'une cheminée avec un conduit maçonné, une sortie en toiture et un système de ventilation (Cass. 3e civ. 25-2-1998 n° 96-16.214 PB : Bull. civ. III n° 46) ou donnant lieu à des travaux de maçonnerie impliquant l'installation d'un conduit de boisseaux raccordé au conduit cylindrique préexistant, un habillage de briques et des travaux de découpe du plafond du séjour, du plancher, et d'une partie des solives en bois côté pignon (Cass 3e civ. 6-7-2010 n° 09-14.328 : BPIM 5/10 inf. 376) ;
– un système d'isolation thermique impliquant des travaux de maçonnerie, dans un cas où l'isolation consistait simplement à enduire les façades d'un revêtement isolant (CA Paris 10-2-2000 : RDI 2000 p. 344 ; contra Cass. 3e civ. 26-6-2002 n° 1118 : RDI 2002 p. 416).

Toutefois, les **travaux de modeste importance** sans incorporation de matériaux nouveaux à l'existant ne constituent pas un élément constitutif de l'ouvrage et ne relèvent pas du régime de la responsabilité institué par l'article 1792 du Code civil (Cass. 3e civ. 8-2-2018 n° 17-13.478 FS-PBRI : BPIM 2/18 inf. 126, travaux d'étanchéité des chéneaux de toiture avec remise en état de vitrages).

87087 **Adjonction d'un élément d'équipement à la construction** La règle selon laquelle le nouvel élément à la construction **peut être tenu pour un ouvrage** a été appliquée à l'adjonction d'éléments d'équipement à l'existant, tels que :
– une chaudière dont l'évaporateur est associé à une cuve enterrée (Cass. 3e civ. 18-11-1992 : Bull. civ. III n° 298) ;
– une chaudière à foyer fermé avec tous les conduits et ouvrages complémentaires nécessaires (Cass. 3e civ. 17-1-1996 n° 94-14.926 : BPIM 3/96 inf. 206) ;
– une installation de pompe à chaleur réversible dans un hôtel associée à la fourniture et la pose de toute l'installation de climatisation, la standardisation de l'installation n'empêchant pas sa spécificité et la mise en jeu de la garantie décennale (Cass. 3e civ. 12-11-2020 n° 19-18213 FS-PBI : BPIM 1/21 inf. 42, RDI 2021 p. 32) ;
– un insert de cheminée, dès lors que l'installateur l'a raccordé à un conduit existant en utilisant une réduction de section, l'a isolé et a installé une hotte (Cass. 3e civ. 30-6-2016 n° 15-17.146 F-D : BPIM 5/16 inf. 309). En revanche, ne constitue pas un ouvrage au sens des articles 1792 s. du Code civil l'insert ajouté à un existant sans travaux de maçonnerie (Cass. 3e civ. 6-2-2002 n° 00-15.301 FS-D : BPIM 3/02 inf. 186), tandis que la garantie biennale ne peut pas être retenue si la dissociabilité de l'insert n'est pas constatée (Cass. 3e civ. 18-12-2002 n° 01-12.418 : BPIM 1/03 inf. 28). Plus généralement, l'installation d'un insert implique le contrôle des existants par l'entrepreneur (Cass. 3e civ. 7-11-2012 n° 11-20.532 FS-PB : BPIM 1/13 inf. 51) et si le conduit de fumée a été conçu et installé pour un foyer ouvert, les dommages consécutifs à la mise en place d'un foyer fermé ne peuvent pas être reprochés au constructeur (Cass. 3e civ. 13-2-2013 n° 11-28.810 : BPIM 2/13 inf. 130).

87088 L'assimilation de certains équipements à des ouvrages a été renforcée par la jurisprudence qui a considéré pendant un temps que les équipements, qu'ils soient **d'origine ou installés sur existant**, qu'ils soient dissociables ou non, pouvaient être le siège d'un désordre relevant de la garantie décennale s'il rendait l'ouvrage impropre à sa destination (Cass. 3e civ. 15-6-2017 n° 16-19.640 FS-PBRI : BPIM 4/17 inf. 279 et Cass. 3e civ. 25-1-2018 n° 16-10.050 F-D, pompe à chaleur installée sur existant ; Cass. 3e civ. 14-9-2017 n° 16-17.323 FS-PBRI : BPIM 5/17 inf. 345 et Cass. 3e civ. 7-3-2019 n° 18-11.741 FS-PBI : BPIM 2/19 inf. 116, insert installé sur existant). Certains auteurs ont alors évoqué la notion de **« quasi-ouvrages »** (C. Charbonneau, RDI 2017 p. 409) pour qualifier les équipements susceptibles d'entrer dans le champ d'application de l'article 1792 du Code civil.

Il a été reproché à la Cour de cassation d'élargir ainsi le champ de la garantie décennale. Sensible à ces critiques, la Cour de cassation a procédé à un **revirement de jurisprudence** (voir n°s 87144 s.). Elle a jugé que les dommages résultant d'**équipements** installés en remplacement ou par adjonction à l'existant, **qui ne constituent pas en eux-mêmes un ouvrage,** ne relèvent ni de la garantie décennale ni de la garantie biennale, mais de la responsabilité contractuelle de droit commun (Cass. 3e civ. 21-3-2024 nº 22-18.694 FS-BR : BPIM 3/24 inf. 193, installation d'un insert sur existant ; Cass. 3e civ. 5-12-2024 nº 23-13.562 F-D : BPIM 1/25 inf. 38). Elle réserve expressément le cas des équipements qui constituent « en eux-mêmes un ouvrage », sans s'expliquer cependant sur les conditions qu'il doit alors remplir pour mériter cette qualification. Comment interpréter la restriction faite par l'arrêt ? Condamne-t-elle définitivement les équipements pris comme des ouvrages visés nº 87087 ? Les interrogations suscitées par la réserve que fait l'arrêt sont de nature à suggérer l'effacement de la notion d'équipement au bénéfice de celle d'ouvrage dans lequel elle semble devoir se fondre.

Caractérisation du travail de construction L'existence d'un ouvrage ou la mise en œuvre de travaux de construction doit toujours être caractérisée. Un arrêt rappelle cette **exigence** (Cass. 3e civ. 17-12-2020 nº 19-14.374 F-D : BPIM 1/21 inf. 41). Il casse une décision d'appel qui avait retenu la garantie décennale pour une centrale frigorifique au motif que cette installation ne relevait pas des travaux de construction d'un ouvrage en dépit de son importance et de sa technicité. 87089

ILLUSTRATIONS

Jugé que ne constituent **pas des travaux de construction** d'un ouvrage :
– des travaux de « rejointoiement » d'un mur car ils ne contribuent pas à la restauration du mur (Cass. 3e civ. 23-2-2000 : RDI 2000 p. 344) ;
– l'installation d'un climatiseur qui ne relève pas des travaux de bâtiment ou de génie civil et ne constitue donc pas un ouvrage au sens de l'article 1792 du Code civil (Cass. 3e civ. 10-12-2003 nº 02-12.215 : Bull. civ. III nº 224) ;
– des travaux qui se réduisent à des techniques de pose (Cass. 3e civ. 26-4-2006 nº 05-13.971 FS-PB : Bull. civ. III nº 101).

Réparation ou rénovation de façade En cas de réparation ou de rénovation de façade, la Cour de cassation **distingue** les travaux ayant une fonction esthétique et ceux destinés à préserver la pérennité de l'existant. Seuls ces derniers relèvent de la garantie décennale. 87090

Ainsi, **relève de la garantie décennale** le ravalement ayant une **fonction d'étanchéité** (Cass. 3e civ. 3-5-1990 nº 88-19.642 P : Bull. civ. III nº 105 ; Cass. 3e civ. 18-12-1996 nº 95-20.782 D et 29-1-1997 nº 94-21.929 D : RDI 1997 p. 238 ; Cass. 3e civ. 4-4-2013 nº 11-25.198 FS-PB : BPIM 3/13 inf. 200 ; Cass. 3e civ. 16-2-2022 nº 20-20.988 F-D : RDI 2022 p. 231). Dans le même sens, à propos d'une décoration corail de façade qui s'avère non étanche, se décolle et se boursoufle, ce qui crée un danger (Cass. 3e civ. 12-1-2005 nº 03-16.813). L'arrêt du 4 avril 2013 précité tient compte spécialement de la qualité de l'immeuble : il retient la garantie décennale tant en raison de la fonction d'étanchéité des travaux de façade, que de l'importance des désordres esthétiques affectant sensiblement l'aspect extérieur de l'immeuble classé au titre du patrimoine architectural de la commune.

Un arrêt suscite toutefois l'interrogation : il casse un arrêt de cour d'appel ayant estimé qu'un enduit de façade ayant un rôle d'imperméabilisation est un équipement susceptible d'ouvrir droit à la garantie décennale si le désordre a son siège dans cet élément et a pour effet de rendre l'ouvrage, dans son entier, impropre à sa destination. Cet arrêt est cassé au motif que l'enduit de façade, s'il constitue un ouvrage lorsqu'il a une fonction d'étanchéité, n'est pas un élément d'équipement, même s'il a une fonction d'imperméabilisation, dès lors qu'il n'est pas destiné à fonctionner (Cass. 3e civ. 13-2-2020 nº 19-10.249 FS-PBRI : BPIM 2/20 inf. 119). Si l'enduit n'est pas un équipement mais qu'il constitue un ouvrage, le désordre qu'il provoque en ne remplissant pas sa fonction d'étanchéité devrait relever de la garantie décennale car il fait corps avec l'existant dont il devient un élément constitutif, et le rend impropre à sa destination.

Relève également de la garantie décennale, le ravalement ayant une **fonction pérenne** et considéré comme un ouvrage bien qu'il ait un autre objet que l'étanchéité (Cass. 3e civ. 20-7-1999 : RDI 2000 p. 55). Toutefois, il faut que le dommage soit imputable aux déficiences des travaux de façades ; si les peintures doivent être refaites dans le cadre de l'exécution par le propriétaire de son obligation d'entretien, la garantie décennale ne peut pas être invoquée contre les constructeurs (Cass. 3e civ. 7-4-2009 nº 08-10.551).

87092 La Cour de cassation décide que **ne relèvent pas de la garantie décennale** les ravalements ayant une **fonction purement esthétique** comme la peinture sur façade (Cass. 3e civ. 5-2-1985 n° 83-16.798 : Bull. civ. III n° 21 ; Cass. 3e civ. 29-1-1997 n° 94-21.929 D : RJDA 6/97 p. 515 ; Cass. 3e civ. 3-1-2006 n° 04-18.507 : RDI 2006 p. 136). Un arrêt décide que des peintures esthétiques ne sont ni un ouvrage, ni un élément constitutif d'ouvrage, ni un élément d'équipement (Cass. 3e civ. 16-5-2001 n° 99-15.062 FS-PB : Bull. civ. III n° 62). Les parties peuvent cependant convenir de soumettre ces travaux à la garantie décennale (CA Versailles 24-2-1995 : BPIM 1/96 inf. 51), mais cette convention n'est pas opposable à l'assureur de responsabilité décennale (CA Paris 24-1-2001 : RDI 2001 p. 169 ; Cass. 3e civ. 26-3-2008 n° 07-13.879 : BPIM 3/08 inf. 221).

Le Conseil d'État décide que les travaux de peinture qui n'ont pas été effectués à l'occasion de la construction ou de la reconstruction de l'immeuble ne sont pas des ouvrages soumis à la garantie décennale (CE 8-6-1997 n° 126612, OPHLM de la Ville du Havre : BPIM 4/97 inf. 263).

> **Précisions** Un arrêt relève que le **verdissement de façade** est un désordre esthétique (Cass. 3e civ. 26-1-2000 n° 68 : BPIM 2/00 inf. 101).
> Il précise que l'**isolation** de façade est un équipement : les cloques et fissurations l'affectant peuvent engager la responsabilité décennale, mais à condition que l'ouvrage (c'est-à-dire ici le bâtiment) et pas seulement l'équipement soit impropre à sa destination. Un arrêt précédent avait cependant jugé que l'impropriété à « sa » destination d'une pierre de façade suffisait à engager la responsabilité décennale (Cass. 3e civ. 17-11-1999 n° 1740 : BPIM 1/00 inf. 29).
> Un troisième arrêt a écarté la garantie décennale à propos d'un revêtement assurant « l'**imperméabilisation** » d'une façade (Cass. 3e civ. 9-2-2000 n° 98-13.931 PB : Bull. civ. III n° 27). Cet arrêt a donné lieu à des problèmes d'interprétation et a suscité la suggestion d'une distinction entre « étanchéité » et « imperméabilité » (P. Malinvaux : RDI 2000 p. 180). Il faut surtout noter que la Cour de cassation a censuré la cour d'appel parce qu'elle avait appliqué l'article 1792 du Code civil alors que le demandeur s'était fondé sur la responsabilité de droit commun. La troisième chambre civile de la Cour de cassation est très sévère en cas de changement par le juge du fondement de la demande (Cass. 3e civ. 20-12-2000 n° 99-15.101 FS-PB : Bull. civ. III n° 193).

d. Ouvrage ensemble ou partie d'un ensemble

87095 L'ouvrage est normalement un **ensemble** d'éléments constitutifs et d'éléments d'équipement (C. civ. art. 1792).

L'ouvrage peut aussi être un **sous-ensemble** : bloc sportif d'une résidence collective, VRD, clôtures (voir n° 87060).

L'ouvrage peut également être constitué par la **partie d'un ensemble.** L'exemple le plus topique est celui des travaux sur existants.

Toutefois, lorsqu'un **équipement** est simplement posé, il ne s'agit pas de la construction d'un ouvrage. La Cour de cassation qui devrait appliquer le droit commun en la matière applique parfois la garantie biennale (voir n° 87087 à propos des chaudières). La jurisprudence sur les équipements industriels qui exclut ces derniers de la garantie décennale s'ils ne constituent pas des travaux de bâtiment ou de génie civil (nos 87070 et 87165) donne à penser que l'ouvrage en tant qu'ensemble comporte deux catégories d'équipements ;

- ceux qui relèvent de l'ensemble construction et sont susceptibles d'être soumis à la décennale ;
- ceux qui ne sont pas soumis à celle-ci.

Le critère des travaux de « bâtiment et de génie civil » peut être déterminant. La commission sur le champ de l'assurance construction obligatoire (RDI 1998 p. 1) estime qu'il y a des équipements nécessaires à la destination immobilière de l'ouvrage et des équipements nécessaires à la destination commerciale ou industrielle. Les premiers, seuls, entreraient dans le champ de la garantie décennale. La jurisprudence citée n° 87070 donne à penser que le critère de la distinction est dans la nature des travaux de mise en place de ces équipements.

> **Précisions** L'ouvrage qui n'est pas de nature à entrer dans le champ d'application de la garantie décennale, comme la partie d'ouvrage ou l'élément d'équipement s'il y a lieu, n'en relève pas moins du contrat d'entreprise. Si la prestation mise à la charge de l'entrepreneur est le façonnage, il y a lieu d'appliquer la **responsabilité contractuelle de droit commun** qui peut donner lieu à une responsabilité présumée (n° 88865). On peut craindre que l'évolution du droit positif ait pour seul objet de soustraire les prestataires à l'assurance obligatoire.

2. NÉCESSITÉ D'UN DÉSORDRE GRAVE

NOTION DE DÉSORDRE GRAVE

Le dommage visé par l'article 1792 du Code civil s'entend d'un désordre grave. Il doit (C. civ. art. 1792) : 87120
– « **compromettre la solidité** de l'ouvrage » ;
– **ou,** « l'affectant dans l'un de ses éléments constitutifs ou l'un de ses éléments d'équipement »... le rendre « **impropre à sa destination** ».
La condition est alternative. La garantie s'applique dans l'un ou l'autre des cas.

Un arrêt ayant retenu la garantie décennale pour une **pompe à chaleur** réversible affectée de dysfonctionnements se borne, toutefois, à relever un vice de construction dans la mesure où la climatisation n'est pas d'une puissance suffisante pour fonctionner normalement (Cass. 3e civ. 12-11-2020 nº 19-18.213 FS-PBI : BPIM 1/21 inf. 42). L'arrêt attire d'autant plus l'attention que la Cour de cassation n'a pas retenu la garantie décennale pour une installation de chauffage (qualifiée d'ouvrage par les juges du fond et non d'élément d'équipement), au motif que le maître de l'ouvrage n'avait pas soutenu que le désordre affectant l'installation avait rendu l'immeuble, dans son ensemble, impropre à sa destination (Cass. 3e civ. 21-1-2021 nº 20-14.068 F-D : BPIM 2/21 inf. 122).

En principe, des **désordres esthétiques,** même généralisés, ne relèvent pas de la décennale dès lors qu'ils ne provoquent pas de dégradations au gros œuvre et ne compromettent pas la destination de l'ouvrage (Cass. 3e civ. 13-2-2008 nº 06-18.357 FS-D : BPIM 2/08 inf. 141). Tel est notamment le cas lorsque les désordres esthétiques affectent des équipements dissociables au sens de l'article 1792-3 du Code civil et que l'immeuble a été loué et a donc pu être utilisé conformément à sa destination (Cass. 3e civ. 2-2-2022 nº 20-22.679 F-D : BPIM 2/22 inf. 127). Un arrêt a toutefois jugé le contraire à propos de désordres esthétiques généralisés affectant les façades d'un immeuble en soulignant la situation particulière de l'immeuble qui constituait l'un des éléments du patrimoine architectural de la commune (Cass. 3e civ. 4-4-2013 nº 11-25.198 FS-PB : BPIM 3/13 inf. 200).

Le **juge** doit **vérifier** que la condition d'un **désordre grave** est remplie (Cass. 3e civ. 7-12-2005 nº 04-12.931 FS-PB : Bull. civ. III nº 244). Par exemple à propos : 87122
– d'infiltrations par le seuil de la porte du cellier, le juge du fond a retenu la décennale sans vérifier l'atteinte à la solidité ou l'impropriété à la destination (Cass. 3e civ. 7-2-2001 nº 99-12.180 FS-D ; voir aussi pour des infiltrations dans les caves : Cass. 3e civ. 21-10-2008 nº 04-15.934 : BPIM 6/08 nº 439) ;
– du décollement des lés d'isolation de leur support, ce qui nécessitait un agrafage, le juge qui a constaté que l'isolation de la charpente était affectée a écarté la décennale sans vérifier si les désordres ne compromettaient pas la solidité de l'ouvrage ou ne le rendaient pas impropre à sa destination (Cass. 3e civ. 21-6-2000 nº 98-20.548 FS-D : BPIM 5/00 inf. 324).

Si la garantie décennale n'est pas engagée faute de gravité suffisante du dommage, il a été jugé que le juge administratif qui en décide ainsi doit tirer la même conséquence pour tous les constructeurs dont la responsabilité est encourue pour ce dommage (CE 7-12-2015 nº 380419 : BPIM 1/16 inf. 33).

INDIFFÉRENCE DE L'ORIGINE DU DÉSORDRE

L'origine du désordre est en principe indifférente (P. Malinvaud, RDI 2012 p. 569). C'est le degré de gravité du dommage qui importe. 87125

Le désordre peut avoir pour origine une **malfaçon** ou une **non-façon.** Il résulte alors d'un vice de la construction ou d'un vice du sol (nos 87425 s.). Il peut aussi résulter d'une **non-conformité** aux stipulations contractuelles (nº 87435) ou bien encore d'un défaut de conformité aux règles techniques de construction et aux normes qui gouvernent la construction.

Non-conformité aux règles techniques de construction Les règles de construction figurent généralement dans les documents techniques unifiés **(DTU)** codifiés par le Centre scientifique et Technique du bâtiment (CSTB) et procèdent des recommandations professionnelles ou des règles de l'art. Certaines règles techniques ont été réécrites par le Livre I du Code de la construction et de l'habitation (CCH) et il est probable qu'elles vont devoir se concilier avec celles résultant des DTU (P. Dessuet, La prise d'effet de l'ordonnance Essoc II au 1er juillet 2021 et ses conséquences en matière de responsabilité et d'assurance : RDI 2021 p. 399). On estime parfois que les DTU codifient les règles de l'art (H. Périnet-Marquet, Dalloz-Action, Droit de la Construction 2018-2019 nº 402-31), mais les DTU ne peuvent être invoqués que s'ils sont prévus au marché (Cass. 3e civ. 27-2-2001 nº 99-18.114 F-D : RDI 2001 p. 175 note P. Malinvaud), ce qui ne serait pas le cas pour les marchés publics (P. Malinvaud, note précitée). 87126

87127 **Non-conformité aux normes** La non-conformité à une norme n'est **en général pas suffisante pour engager la responsabilité** du constructeur, sauf si elle constitue une infraction matérielle intégrant le préjudice dans l'inobservation de la règle. Cette hypothèse est en sommeil en droit positif, mais elle risque de se manifester avec les objectifs que la nouvelle réglementation s'assigne, notamment en matière environnementale, le résultat à respecter étant un facteur d'appréciation de la destination d'un ouvrage (G. Durand-Pasquier, Vers la réécriture du code de la construction et de l'habitation : quelques réflexions et propositions en attendant l'ordonnance : RDI 2020 p. 34 ; G. Durand-Pasquier, La responsabilité décennale des constructeurs face aux nouvelles perspectives de rénovations énergétiques et environnementales : RDI 2021 p. 256). Pour l'heure, la Cour de cassation estime que le non-respect des normes qui ne sont rendues obligatoires ni par la loi ni par le contrat ne peut pas suffire à retenir la responsabilité du constructeur lorsqu'il n'est à l'origine d'aucun désordre (Cass. 3e civ. 21-11-2024 no 23-15.363 F-D : BPIM 1/25 inf. 39). Jugé dans le même sens (Cass. 3e civ. 10-6-2021 no 20-15.277 FS-P : BPIM 4/21 inf. 263, non-respect d'une norme non obligatoire et non contractualisée ; Cass. 3e civ. 6-6-2024 no 23-11-336 FS-B : BPIM 4/24 inf. 256, défaut de conformité aux stipulations contractuelles).

87128 Lorsque le désordre résulte d'un défaut de conformité aux normes, le **dommage** est parfois **virtuel ou probable.** Quand la victime qui invoque un défaut de conformité soutient que la solidité de l'ouvrage est susceptible d'être compromise, ou que l'ouvrage menace d'être impropre à sa destination, on peut même penser qu'elle fait état d'un dommage futur (nos 87560 s.) : le défaut de conformité aux normes est une faute et non un dommage. De la même manière, le non-respect de la réglementation relative à l'isolation phonique (Cass. 3e civ. 30-10-2010 no 09-71.354 F-D : AJDI 2011 p. 160) ou à l'isolation thermique (Cass. 3e civ. 11-7-2019 no 18-16.751 F-D : BPIM 5/19 inf. 338) n'engage la responsabilité décennale de l'entrepreneur que s'il entraîne une impropriété à destination de l'ouvrage. La responsabilité décennale ne résulte pas du seul manquement à la réglementation (arrêts précités).

La non-conformité à une norme peut néanmoins caractériser un **dommage** probable **sujet à réparation.** Ainsi, la Cour de cassation a jugé que la non-conformité aux **règles parasismiques** est en elle-même un dommage. Si certains arrêts ont insisté sur l'importance des défaillances (Cass. 3e civ. 25-5-2005 no 03-20.247 FS-PB : Bull. civ. III no 113 ; Cass. 3e civ. 7-10-2009 no 08-17.620 FS-PB : RDI 2009 p. 650), d'autres plus récents se bornent à relever que la non-conformité aux normes parasismiques obligatoires dans la région où se trouve l'immeuble est un facteur certain de risque de perte par séisme qui compromet la solidité de l'ouvrage et le rend impropre à sa destination (Cass. 3e civ. 11-5-2011 no 10-11.713 FS-PB : BPIM 4/11 inf. 302). Un arrêt précise que les normes parasismiques s'appliquent aux modifications importantes apportées à la structure de bâtiments existants et retient la responsabilité décennale pour non-conformité à ces normes et atteinte subséquente à la solidité de l'ouvrage (Cass. 3e civ. 19-9-2019 no 18-16.986 FS-PBI : BPIM 6/19 inf. 402).

La violation des règles parasismiques n'entraîne pas nécessairement la démolition et la reconstruction de l'ouvrage : celle-ci ne s'impose pas si une autre solution validée par le CSTB est retenue et qu'elle présente des garanties supérieures à celles qui s'attachent à la réglementation parasismique (Cass. 3e civ. 14-2-2019 no 18-11.836 FS-D : RDI 2019 p. 219).

87129 Pour relever de la garantie décennale, il faut, semble-t-il, que le **défaut de conformité** aux normes soit **caché lors de la réception** car, à défaut, il relèverait de la responsabilité contractuelle de droit commun (Cass. 3e civ. 27-1-2010 no 08-20.938 FS-PB : RDI 2010 p. 270). Étant rappelé que le désordre est caché lorsque la non-conformité ne peut pas être décelée par le maître d'ouvrage profane (Cass. 3e civ. 6-7-2010 no 09-66.757 F-D : BPIM 5/10 inf. 378, à propos du non-respect des normes de sécurité en matière d'ascenseur lorsque la réception émane d'un syndic de copropriété), mais que le désordre est apparent pour le maître d'ouvrage professionnel (Cass. 3e civ. 29-6-2022 no 21-18.304 F-D : BPIM 4/22 inf. 300, défaut de conformité aux normes d'accessibilité visant les personnes handicapées). Cette exigence se conçoit lorsque le non-respect de la norme se traduit par un état des lieux qui peut visuellement être contrôlé (accessibilité de l'ouvrage). Lorsque la non-conformité à la norme est indécelable, il est difficile d'exiger des réserves.

Dans le même sens, le Conseil d'État estime que le manquement aux normes de sécurité applicables, s'il se traduit par un désordre caché à la réception, est de nature à rendre l'ouvrage impropre à sa destination (CE 23-7-2010 no 315034 : BPIM 5/10 inf. 377). Il adopte la même solution pour une non-conformité aux normes d'accessibilité aux personnes handicapées (CE 19-1-2011 no 322638 : BPIM 2/11 inf. 127).

Pour que le défaut de conformité à la norme relève de la garantie décennale, il faut également que la **norme** soit **obligatoire.** On ne peut donc pas faire grief à un architecte de ne pas avoir pas tenu compte des normes parasismiques s'il n'y avait pas d'obligation de respecter ces normes lors de la délivrance du permis de construire et que le contrat ne le prévoyait pas (Cass. 3e civ. 1-12-2010 no 09-15.282 : BPIM 1/11 inf. 20).

PREMIER CAS : DÉSORDRE AFFECTANT LA SOLIDITÉ DE L'OUVRAGE

Atteinte à la solidité de l'ouvrage dans son ensemble Peu importe le **siège du désordre** : c'est la solidité de l'ouvrage pris dans son ensemble qui est à considérer. L'atteinte à la solidité n'implique pas la ruine de l'ouvrage, mais elle doit être réelle. 87130

L'atteinte à la solidité ne résulte pas de la simple inobservation du cahier des charges. La non-conformité n'est pas, en soi, de nature à compromettre la solidité de l'ouvrage (CE 25-11-1994 : RDI 1995 p. 101). Toutefois, la non-façon qui produit cet effet relève de la garantie, qu'elle soit ou non contractuelle (Cass. 3e civ. 17-7-1996 : BPIM 6/96 inf. 411 ; Cass. 3e civ. 2-10-1996 no 94-18.983).

Sur l'incidence des **non-conformités aux normes obligatoires,** voir nos 87127 s.

ILLUSTRATIONS

L'**atteinte à la solidité** a été **retenue** pour :
– un dommage affectant une cheminée extérieure (Cass. 1e civ. 29-11-1960 : Bull. civ. I no 518) ;
– des carrelages à refaire (Cass. 3e civ. 9-12-1975 : Bull. civ. III no 363) ;
– des « nids-de-poule » dans un garage ;
– un défaut d'étanchéité (Cass. 3e civ. 12-3-1986 : Bull. civ. III no 28 ; Cass. 3e civ. 29-1-1997 no 95-10.855 D : BPIM 3/97 inf. 192) ;
– une erreur d'implantation par rapport aux limites et au recul obligatoire ne pouvant être régularisée et aboutissant à la démolition de l'ouvrage (Cass. 3e civ. 12-6-2013 no 12-19.103 : BPIM 5/13 p. 2) ;
– des excavations de terre ayant aggravé la pente d'un talus et créé un risque certain d'éboulement dans le délai de la garantie décennale susceptible d'endommager l'ouvrage (Cass. 3e civ. 12-9-2012 no 11-16.943 FS-PB : BPIM 6/12 inf. 446). L'arrêt, qui fait application du principe selon lequel l'origine du dommage est indifférente, prend en compte le « risque » d'éboulement en raison de sa dangerosité potentielle (voir no 87560) ;
– des défauts de conformité multiples aux règles parasismiques portant sur les éléments essentiels de la construction constituant un facteur d'ores et déjà avéré et certain de perte de l'ouvrage par séisme (Cass. 3e civ. 25-5-2005 no 03-20.247 FS-PB : Bull. civ. III no 113 ; Cass. 3e civ. 19-9-2019 no 18-16.986 FS-PBI : BPIM 6/19 inf. 402).

Ces arrêts sont à rapprocher d'un autre qui, à propos de nuisances olfactives et acoustiques causées au voisin, retient que les travaux de reprise destinés à rendre l'ouvrage normalement utilisable pour la destination prévue relèvent de la décennale (Cass. 3e civ. 31-3-2005 no 03-14.217 : Bull. civ. III no 76).

En revanche, l'atteinte à la solidité n'a **pas été retenue** pour :
– des dommages à une cheminée intérieure (Cass. 1e civ. 17-12-1964 : Bull. civ. I no 577 ; comparer Cass. 3e civ. 25-2-1998 no 96-16.214 : Bull. civ. III no 46, qui retient la décennale) ;
– des éclats de ciment sur les murs (Cass. 3e civ. 19-6-1984 : RDI 1985 p. 62) ;
– des carrelages affectés de fissures filiformes et constituant des éléments d'équipement dissociables (Cass. 3e civ. 10-1-2001 no 99-12.409 : BPIM 2/01 inf. 120) ;
– des fissurations de murs extérieurs ou intérieurs, leur évolution inéluctable ne suffisant pas à caractériser l'atteinte à la solidité (Cass. 3e civ. 23-10-2002 no 00-19.538 : Bull. civ. III no 208).

Risque de démolition L'atteinte à la solidité a été retenue pour des **erreurs d'implantation** ayant entraîné la **construction partielle sur le terrain d'autrui,** ce qui expose l'ouvrage au risque de démolition (Cass. 3e civ. 27-4-1994 no 92-14.854 : RGAT 1994 p. 820 note Périnet-Marquet ; voir déjà en ce sens Boubli, La responsabilité et l'assurance des constructeurs 2e éd. no 25 ; Cass. 3e civ. 17-3-1999 no 97-14.205 : BPIM 3/99 inf. 209, qui retient un manquement à l'obligation de conseil ; Cass. 3e civ. 26-5-2004 no 02-19.464 FS-D : BPIM 5/04 inf. 294). Un arrêt a pu laisser entendre que la réception sans réserve purgeait l'ouvrage de ses vices, y compris en cas d'empiètement sur le terrain d'autrui, lorsque celui-ci était connu du maître de l'ouvrage avant la réception (Cass. 3e civ. 28-2-2012 nos 11-13.670 F-D et 11-20.549 : BPIM 3/12 inf. 238). Bien que l'arrêt soit rendu sur le fondement de la responsabilité contractuelle de droit commun, la solution semble pouvoir être étendue à la garantie décennale. Un arrêt plus récent retient, non pas l'atteinte à la solidité de l'ouvrage, mais l'impropriété de l'ouvrage à sa destination pour retenir la garantie décennale. Il juge que l'erreur d'implantation qui fait courir le risque de démolition de l'ouvrage constitue un désordre qui rend l'ouvrage impropre à sa destination et engage, de ce fait, la responsabilité décennale du constructeur (Cass. 3e civ. 18-3-2021 no 19-21.078 F-D : BPIM 3/21 inf. 195). 87132

La Cour de cassation semble considérer que la démolition de l'ouvrage ou de la partie d'ouvrage empiétant sur le terrain d'autrui est toujours encourue (Cass. 3e civ. 9-7-2014 no 13-15.483, Cass. 3e civ. 18-6-2014 no 13-10.404 FS-PB : BPIM 5/14 inf. 327), sauf si l'auteur de l'empiètement est devenu propriétaire de la portion empiétée par prescription acquisitive, auquel cas la démolition peut être évitée (Cass. 3e civ. 17-2-2015 no 13-26.678 F-D : BPIM 2/15 inf. 151).

Le seul risque de démolition ne constitue **pas nécessairement,** pour la Cour de cassation, **un désordre décennal** : ainsi elle a jugé que, nonobstant le risque de démolition résultant de la violation d'une servitude non aedificandi, l'architecte n'engage pas sa responsabilité décennale, mais sa responsabilité de droit commun (Cass. 3e civ. 7-1-2016 nos 14-24.777 FS-PB : BPIM 2/16 inf. 113). Cette restriction est peut-être d'espèce car depuis, il a été jugé que l'erreur d'implantation (erreur d'altimétrie) fait « actuellement » courir un risque de démolition (probablement à la date à laquelle le juge statue) et constitue un désordre décennal car il rend l'ouvrage impropre à sa destination, alors même que la non-conformité au permis de construire n'aurait pas été contestée dans les formes et délais prévus par le Code de l'urbanisme (Cass. 3e civ. 18-3-2021 no 19-21.078 F-D précité). Plus généralement, lorsqu'une maison (construite dans le cadre d'un CCMI en l'espèce) ne peut pas être réparée sans être démolie puis reconstruite, elle présente des désordres de nature décennale et la garantie décennale s'applique (Cass. 3e civ. 13-4-2023 no 21-21.106 FS-B : BPIM 3/23 inf. 198).

DEUXIÈME CAS : DÉSORDRE RENDANT L'OUVRAGE IMPROPRE À SA DESTINATION

87135 **Conditions de l'impropriété de l'ouvrage à sa destination** Le désordre doit affecter un élément « constitutif » de l'ouvrage ou l'un de ses « éléments d'équipement » et rendre cet ouvrage impropre à sa destination (C. civ. art. 1792, al. 1). Il faut donc : constater le désordre, relever qu'il a son siège dans un élément constitutif ou dans un élément d'équipement et caractériser l'impropriété à la destination.

Pour pouvoir être retenue, l'impropriété à destination doit être **invoquée par le maître de l'ouvrage,** faute de quoi les juges du fond ne peuvent pas retenir ce moyen (Cass. 3e civ. 21-1-2021 no 20-14.068 F-D : BPIM 2/21 inf. 122).

L'impropriété à la destination est, en principe, **appréciée souverainement par les juges** du fond (Cass. 3e civ. 8-10-1997 no 95-20.903 et Cass. 3e civ. 19-11-1997 no 95-15.811 : RDI 1998 p. 96, BPIM 1/98 inf. 33 ; Cass. 3e civ. 7-6-2018 no 17-17.338 F-D : BPIM 4/18 inf. 273). La Cour de cassation exerce cependant un **contrôle de motivation** (Cass. 3e civ. 14-6-1978 : Bull. civ. III no 243 ; Cass. 3e civ. 22-5-1996 : BPIM 5/96 inf. 354 ; Cass. 3e civ. 14-5-2020 no 19-10.921 F-D). Deux arrêts montrent qu'elle semble renforcer son contrôle (Cass. 3e civ. 20-5-2015 no 14-15.107 FS-PB : BPIM 4/15 inf. 255, exiguïté d'une rampe de garage ; Cass. 3e civ. 7-7-2015 no 14-21.805 F-D : BPIM 5/15 inf. 327).

87137 **Modes d'appréciation de l'impropriété à destination** L'impropriété de l'ouvrage à sa destination s'apprécie tantôt « in abstracto », tantôt « in concreto ». L'**appréciation « in abstracto »** tient compte de la **destination « normale »** de l'ouvrage : un immeuble de deux étages n'est pas impropre à sa destination lorsque les ascenseurs ne fonctionnent pas ; malgré ce grave inconvénient, il peut être normalement occupé. En revanche, l'exiguïté de la rampe d'accès aux garages rendant ceux-ci inutilisables aux voitures d'usage courant caractérise l'impropriété des garages à leur fonction « normale » (Cass. 3e civ. 9-6-1999 no 97-20.505 PB : Bull. civ. III no 130 ; Cass. 3e civ. 20-5-2015 no 14-15.107 FS-PB : BPIM 4/15 inf. 255, sous réserve toutefois d'indications particulières dans le descriptif des prestations de l'immeuble vendu en l'état futur d'achèvement). On peut estimer, dans le même sens, que la salle des fêtes d'une commune qui a pour vocation d'accueillir des manifestations doit avoir un niveau d'insonorité suffisant pour limiter les nuisances aux voisins ; à défaut, elle peut être impropre à sa destination (CE 9-5-2012 no 346757, Cne de Prouvy : RDI 2012 p. 573). De même, une station-service qui n'est pas apte à délivrer de l'essence non polluée par de l'eau est impropre à sa destination (Cass. 3e civ. 7-12-2023 no 22-10.699 F-D : BPIM 1/24 inf. 39).

La Cour de cassation illustre le critère de l'appréciation « in abstracto » en tenant compte de l'affectation des lieux telle qu'elle découle de la nature des lieux pour apprécier l'impropriété (Cass. 3e civ. 5-12-2019 no 18-23.379 F-D : BPIM 1/20 inf. 41, à propos d'une cave aménagée pour la rendre habitable, étant précisé que l'arrêt tient compte aussi de la convention des parties).

87138 L'appréciation « **in concreto** » tient compte de la **destination voulue** de l'ouvrage : l'immeuble de deux étages privé d'ascenseur peut être impropre à sa destination s'il est destiné à des personnes handicapées incapables d'accéder aux étages par l'escalier. L'impropriété à la destination est prise en considération, que le dommage affecte l'ouvrage dans ses « éléments constitutifs » ou dans ses « éléments d'équipement », sans qu'il y ait lieu, pour ces derniers, de distinguer selon qu'ils sont ou non dissociables (C. civ. art. 1792). Cette distinction ne concerne, en effet, que le second cas de garantie décennale qui porte sur la « solidité » des équipements indissociables. La destination voulue par les parties est celle dont on s'accorde à dire qu'il faut tenir compte (en ce sens, P. Malinvaud : Dalloz action 2007/2008 no 473.400 ; CA Paris 29-3-2000 : RDI 2000 p. 345 ; Cass. 3e civ. 28-2-2006 no 05-11.827 : RDI 2006 p. 231).

La destination voulue de l'ouvrage résulte en général des conditions de l'engagement (voir Cass. 3e civ. 5-12-2019 no 18-23.379 F-D : BPIM 1/20 inf. 41, qui tient compte de la « nature des lieux » ou de la « convention des parties » pour apprécier l'impropriété à destination). Ainsi, lorsque le constructeur installe un conduit de fumée en vue de l'installation d'une cheminée à foyer ouvert et que le maître de l'ouvrage installe par la suite un foyer fermé, le constructeur n'engage pas sa responsabilité pour les désordres qui en résultent car le conduit n'a pas été utilisé conformément à sa destination prévue (Cass. 3e civ. 13-2-2013 no 11-28.810 : BPIM 2/13 inf. 130). De même, lorsque les parties conviennent de réaliser un appartement « d'exception », les prestations doivent être à la mesure de cette destination voulue, de sorte que si des cloisons ne permettent pas d'atteindre le niveau d'excellence acoustique souhaité alors même que les normes en vigueur pour un logement de moindre qualité sont respectées, l'ouvrage est impropre à sa destination (Cass. 3e civ. 10-10-2012 no 10-28.309 FS-PB : BPIM 6/12 inf. 447). On peut encore rattacher à l'appréciation in concreto les désordres qui affectent un revêtement de sol et rendent l'ouvrage impropre à sa destination car ils sont incompatibles avec la nécessité de déplacer les meubles, de les mettre en valeur et d'offrir aux clients d'une boutique un cadre attractif (Cass. 3e civ. 29-6-2017 no 16-16.637 F-D : BPIM 5/17 inf. 344).

Impropriété de l'ouvrage ou d'une partie de l'ouvrage L'impropriété à la destination s'entend en principe de celle qui affecte l'ouvrage lui-même dans son ensemble, même si elle procède de la défaillance d'un équipement. 87139

L'impropriété peut affecter l'**ensemble de l'ouvrage** :
- installation d'eau chaude sanitaire (Cass. 3e civ. 28-2-1996 : Bull. civ. III no 57) ;
- menuiseries extérieures (Cass. 3e civ. 10-4-1996 : RDI 1996 p. 380) ;
- aire de stationnement (qualifiée d'élément d'équipement par la Cour de cassation) dont les désordres ne permettent pas l'approvisionnement normal d'un bâtiment destiné au trafic de marchandises (Cass. 3e civ. 9-6-2004 no 03-11.480 : Bull. civ. III no 114) ;
- erreur d'altimétrie se traduisant par une non-conformité au permis et entraînant un risque de démolition de l'ouvrage impropre à sa destination (Cass. 3e civ. 18-3-2021 no 19-21.078 F-D : BPIM 3/21 inf. 95).

L'impropriété peut aussi ne concerner qu'une **partie de l'ouvrage** (Cass. 3e civ. 12-7-1995 : BPIM 1/96 inf. 52). Par exemple, l'impropriété à la destination résultant des grincements sonores du parquet, dans certaines pièces seulement, est retenue compte tenu de l'usage de ces pièces (Cass. 3e civ. 19-11-1997 no 1559 : BPIM 1/98 inf. 33).

En revanche, l'impropriété à la destination ne peut pas être retenue si elle **se limite à un élément d'équipement** qui ne fonctionne pas (CE 9-11-2018 no 412916, Cne de Saint-Germain-le-Châtelet : BPIM 6/18 inf. 415, RDI 2019 p. 107 note H. de Gaudemar). Il en va autrement si cet élément constitue, à lui seul, un ouvrage :
- installation de chauffage à foyer fermé (Cass. 3e civ. 17-1-1996 no 102 : BPIM 3/96 inf. 206) ;
- carrelages d'une piscine (Cass. 3e civ. 7-5-1997 no 762 : BPIM 4/97 inf. 264) ;
- carrelages fixés par mortier ou un produit d'encollage dont le soulèvement et la rupture présentent des risques de chutes et une atteinte à l'hygiène (CA Versailles 29-1-2001 : BPIM 3/01 inf. 192).

Un arrêt écarte cependant la responsabilité décennale à propos d'une pierre de façade dont il n'est pas établi qu'elle est impropre à sa destination (Cass. 3e civ. 17-11-1999 no 1740 : BPIM 1/00 inf. 29).

Indifférence du siège de l'impropriété à destination Il est indifférent que l'impropriété à destination ait sa cause dans un dommage affectant l'ouvrage dans ses éléments constitutifs ou l'un de ses éléments d'équipement (C. civ. art. 1792). 87141

Elle a ainsi été retenue en cas d'**altération** d'un **élément constitutif** de l'immeuble résultant :
- d'un défaut d'étanchéité des façades (Cass. 3e civ. 8-10-1997 no 1394 : RDI 1998 p. 96 ; comparer Cass. 3e civ. 17-11-1999 no 1740 : BPIM 1/00 inf. 29) ;
- d'un défaut d'isolation phonique (Cass. 3e civ. 17-3-1999 no 508 : BPIM 3/99 inf. 220 ; comparer avec Cass. 3e civ. 19-11-1997 no 1559 : BPIM 1/98 inf. 33, pour un parquet sonore) ;
- de l'exiguïté d'une rampe de garage (Cass. 3e civ. 9-6-1999 no 97-20.505 : Bull. civ. III no 130). Il faut toutefois que ce soit bien les éléments constitutifs de l'ouvrage qui soient concernés. Si des travaux sur existant ne constituent pas un élément constitutif de l'ouvrage, ils échappent à ce titre à la garantie décennale (Cass. 3e civ. 8-2-2018 no 17-13.478 FS-PBRI : BPIM 2/18 inf. 126).

Sur l'étendue de l'impropriété, la jurisprudence est parfois hésitante. Des arrêts de la Cour de cassation admettent l'impropriété à la destination pour « partie » (Cass. 3e civ. 12-7-1995 no 93-18.805 : RDI 1995 p. 752 ; Cass. 3e civ. 8-10-1997 no 95-20.902 : RDI 1998 p. 96 ; Cass. 3e civ. 19-11-1997 no 95-15.811 : RDI 1998 p. 96). Le Conseil d'État, tout en retenant l'impropriété de l'immeuble à sa destination, limite logiquement la réparation aux parties affectées (CE 9-12-2011 no 346149, Cne de Mouans-Sartoux : BPIM 1/12 inf. 39).

Le désordre peut avoir aussi son **siège dans un élément d'équipement.** Le juge doit rechercher si le dysfonctionnement de l'équipement ne rend pas l'ouvrage impropre à sa destination (Cass. 3e civ. 10-11-2016 no 15-24.379 FS-PB : BPIM 1/17 inf. 23). Par exemple, il a été jugé que le 87142 décollement des dalles PVC d'un restaurant susceptible d'entraîner la chute des employés rendait l'ouvrage impropre à sa destination (Cass. 3e civ. 5-11-2013 no 12-17.624 F-D). Inversement, les désordres affectant une chaudière et faisant obstacle à son fonctionnement normal n'ont pas été jugés de nature à engager la responsabilité décennale du constructeur, ces désordres ne rendant pas l'ouvrage lui-même impropre à sa destination (CE 9-11-2018 no 412916, Cne de Saint-Germain-le-Châtelet : BPIM 6/18 inf. 416, RDI 2019 p. 107 note H. de Gaudemar).

L'impropriété a également été retenue en cas de mauvais fonctionnement d'un élément d'équipement dans des cas jugés avant la réforme issue de l'ordonnance du 8 juin 2005, mais qui demeurent actuels lorsque l'équipement n'a pas pour fonction exclusive de permettre l'exercice d'une activité professionnelle dans l'ouvrage :
– chaudière (Cass. 3e civ. 18-11-1992 no 1622 : Bull. civ. III no 298) ;
– parquets sonores (Cass. 3e civ. 19-11.1997 no 1559 : BPIM 1/98 inf. 33) ;
– portes palières « pouvant facilement être découpées au couteau » et n'assurant pas le clos (Cass. 3e civ. 3-2-1999 no 263 : Bull. civ. III no 30) ;
– revêtement de sol gravier rendant le sol dangereux et inadapté à un restaurant (CA Paris 23-2-2000 : RDI 2000 p. 346) ;
– carrelages poreux n'assurant pas l'étanchéité (Cass. 3e civ. 25-11-1998 no 1726 : BPIM 1/99 inf. 37) ;
– enduit de façade d'une épaisseur insuffisante (Cass. 3e civ. 2-10-2001 : RDI 2002 p. 86) ;
– fosse septique défectueuse (Cass. 3e civ. 2-7-2002 no 1185 : RDI 2002 p. 417).

> **Précisions** Les **éléments d'équipement** dont la fonction exclusive est de permettre l'**exercice d'une activité professionnelle** ne sont pas considérés comme des éléments d'équipement d'un ouvrage au sens des articles 1792, 1792-1, 1792-2, 1792-3 et 1792-4 du Code civil (C. civ. art. 1792-7). Ils n'ont donc pas vocation à être pris en compte au titre de l'impropriété de l'ouvrage à sa destination. Toutefois la jurisprudence administrative écarte l'application de ce texte dans les marchés publics (voir no 87160). On peut alors se demander, en droit privé, si les dysfonctionnements de ces équipements n'ont pas vocation à rendre l'ouvrage impropre à sa destination lorsqu'ils sont inhérents à la fonction de l'ouvrage (acoustique défectueuse d'une salle d'opéra).

87143 Cas particulier où l'impropriété a pour siège un élément d'équipement

Dans l'hypothèse où le désordre a son siège dans un élément d'équipement, il paraît **indifférent** à la lecture de l'article 1792 du Code civil que l'équipement soit **« dissociable ou non »**, la condition d'indissociabilité n'étant posée que par l'article 1792-2 du Code civil (sur les régimes de responsabilité applicables aux éléments dissociables, voir M. Faure-Abad, RDI 2022 p. 72). La Cour de cassation considère que les désordres affectant les éléments d'équipement, dissociables ou non, relèvent de la responsabilité décennale s'ils rendent l'ouvrage, en son ensemble, impropre à sa destination. Le Conseil d'État l'admet également pour les marchés publics (CE 8-12-1999 no 138651, Sté Borg Warner : BPIM 3/00 inf. 180).

ILLUSTRATIONS

– pour un ballon d'eau chaude dissociable (Cass. 3e civ. 29-3-2011 no 10-14.540 : BPIM 3/11 inf. 214, dysfonctionnement ne rendant pas l'immeuble impropre à sa destination) ;
– pour un liner de piscine faisant échec à la fonction d'étanchéité du bassin (Cass. 3e civ. 5-7-2011 no 10-19.274 F-D : BPIM 5/11 inf. 387) ;
– pour un flexible dont la rupture a entraîné d'importantes inondations (Cass. 3e civ. 7-7-2015 no 14-21.805 F-D : BPIM 5/15 inf. 327) ;
– à propos d'un ballon d'eau chaude et d'une pompe à chaleur (Cass. 3e civ. 7-4-2016 no 15-15.441 F-D : BPIM 3/16 inf. 183) ;
– pour un défaut de montage des portes palières affectant l'isolation phonique susceptible de rendre en elle-même l'immeuble impropre à sa destination (Cass. 3e civ. 23-9-2020 no 19-20.282 F-D : BPIM 6/20 inf. 393).

Si les désordres affectant l'équipement (un carrelage) ne rendent pas l'ouvrage impropre à sa destination et que l'équipement ne relève pas de la garantie biennale, c'est la responsabilité de droit commun qui est encourue (Cass. 3e civ. 4-2-2016 no 14-26.842 F-D).

Des décisions rendues **avant la réforme** issue de l'ordonnance du **8 juin 2005** affirmaient déjà l'indifférence du caractère dissociable ou non de l'élément d'équipement (Cass. 3e civ. 23-1-1991 no 190 : Bull. civ. III no 30 ; CE 8-12-1999 no 138651, Sté Borg Warner : BPIM 3/00 inf. 180, pour un équipement dissociable). Ainsi jugé à propos :
– de cloques et fissurations d'un revêtement de façade qui est un élément d'équipement, la Cour de cassation soulignant qu'il ne suffit pas que l'isolation soit impropre à sa fonction (Cass. 3e civ. 26-1-2000 no 68 : BPIM 2/00 inf. 101) ;
– d'une installation domotique constituée d'un portier électronique avec digicode, d'un fourreau, d'un boîtier, d'un terminal par appartement et d'un chemin de câbles dans la colonne montante (Cass. 3e civ. 26-2-2003 no 293 : Bull. civ. III no 47).

En **2017**, la Cour de cassation a **fait évoluer sa jurisprudence**. Si elle a confirmé que les désordres qui affectent un élément d'équipement et rendent l'ouvrage impropre à sa destination relèvent de la garantie décennale, que l'équipement soit dissociable ou non, elle ajoute que la garantie est due que l'**équipement** soit **d'origine ou installé sur existant** (Cass. 3e civ. 15-6-2017 no 16-19.640 FS-PBRI : BPIM 4/17 inf. 279, pompe à chaleur). Cette évolution poursuivait un objectif de simplification en ne distinguant plus selon que l'élément d'équipement était d'origine ou adjoint à l'existant, lorsque les dommages l'affectant rendaient l'ouvrage en lui-même impropre à sa destination. Il visait aussi à assurer une meilleure protection des maîtres d'ouvrage réalisant des travaux de rénovation ou d'amélioration de leur habitat. Il est vraisemblable que l'importance du sinistre qui peut résulter d'un équipement nouveau défectueux (incendie de l'ouvrage par exemple) explique la sévérité dont a fait preuve la Cour de cassation. Il a été reproché à la Cour de cassation d'élargir le champ de la responsabilité décennale à des travaux non constitutifs d'un ouvrage de construction, condition normalement requise par l'article 1792 du Code civil pour que la garantie décennale s'applique. Dans l'esprit de la loi Spinetta de 1978, en effet, la garantie décennale ne s'appliquait qu'aux désordres affectant l'ouvrage neuf et les éléments d'équipement installés lors de sa construction. 87144

En dépit de ces critiques, la Cour de cassation a **maintenu sa position** (Cass. 3e civ. 14-9-2017 no 16-17.323 FS-PBRI : BPIM 5/17 inf. 345, insert ; Cass. 3e civ. 25-1-2018 no 16-10.050 F-D, pompe à chaleur ; Cass. 3e civ. 7-3-2019 no 18-11.741 FS-PBI : BPIM 2/19 inf. 116, remplacement d'un insert).

Tirant les conséquences de sa jurisprudence, elle a jugé que ce désordre devait être couvert par l'**assurance RC décennale** obligatoire (Cass. 3e civ. 26-10-2017 no 16-18.120 FS-PBRI : BPIM 6/17 inf. 417) bien que l'article L 243-1-1 du Code des assurances ne soit pas applicable aux éléments d'équipement installés sur existant s'ils ne forment pas un tout avec l'ouvrage. Là encore, il a été reproché à la Cour de cassation d'élargir le champ de l'assurance responsabilité civile décennale en la rendant obligatoire à de simples installateurs ne recourant pas à des techniques de construction.

Face à ces critiques (élargissement du champ des travaux soumis à la responsabilité décennale et de l'obligation d'assurance obligatoire de responsabilité décennale), la Cour de cassation a, dans un premier temps, **restreint la portée de sa jurisprudence**. Elle a jugé que les désordres affectant un **élément d'équipement adjoint à l'existant**, qui rendent l'ouvrage dans son ensemble impropre à sa destination, ne relèvent de la garantie décennale que lorsqu'ils trouvent leur siège dans un équipement au sens de l'article 1792-3 du Code civil, c'est-à-dire un élément **destiné à fonctionner**, ce qui n'est pas le cas de carrelages et cloisons adjoints à l'existant (Cass. 3e civ. 13-7-2022 no 19-20.231 FS-B : BPIM 5/22 inf. 359, RDI 2022 p. 600 note J. Roussel). Il en résulte que les désordres, quel que soit leur degré de gravité, affectant un élément non destiné à fonctionner, adjoint à l'existant, relèvent exclusivement de la responsabilité contractuelle de droit commun du constructeur (même arrêt). Dans le même sens, elle a jugé qu'un enduit de façade, même s'il a une fonction d'imperméabilisation, n'est pas un équipement destiné à fonctionner et n'engage donc pas la garantie décennale de celui qui y a procédé (Cass. 3e civ. 13-2-2020 no 19-10.249 FS-PBRI : BPIM 2/20 inf. 119). Autrement dit, la Cour de cassation exigeait que l'équipement installé ultérieurement sur l'immeuble existant réponde aux conditions exigées par l'article 1792-3 pour la garantie biennale et qu'il ait une dynamique propre. 87145

On notera que le problème résultant de cette jurisprudence n'était pas tant celui des responsabilités encourues (la responsabilité de droit commun des constructeurs à l'égard du maître de l'ouvrage relève de la prescription décennale de l'article 1792-4-3 du Code civil et la plupart des constructeurs sont tenus d'une obligation de résultat), que celui des assurances obligatoires qui ne devraient pas s'appliquer.

Dans un deuxième temps, la Cour de cassation a **renoncé à sa jurisprudence** initiée en 2017 par un important arrêt (Cass. 3e civ. 21-3-2024 no 22-18.694 FS-BR : BPIM 3/24 inf. 193). Dans celui-ci, elle énonce que : « si les dommages résultant d'**équipements installés en remplacement ou par adjonction** à l'existant ne constituent **pas en eux-mêmes un ouvrage**, ils ne relèvent ni de la garantie décennale ni de la garantie biennale, mais de la responsabilité contractuelle de droit commun, non soumise à l'assurance obligatoire des constructeurs ». Il s'agissait en l'espèce d'un insert installé dans la cheminée d'une maison qui avait provoqué un incendie. La Cour de cassation a estimé qu'il ne relevait pas de la garantie décennale (ni de la garantie biennale), mais de la responsabilité contractuelle de droit commun. Il est donc probable que, désormais, l'équipement adjoint sur existant, s'il ne constitue pas un ouvrage, ne peut pas engager la responsabilité décennale de l'installateur si un désordre, pourtant grave, affecte l'ouvrage qui le reçoit. Dans le commentaire de la décision qu'elle a fait (Lettre de la troisième 87146 chambre civile mars 2024), la Cour explique son revirement par le fait qu'elle a pris acte des critiques des acteurs du secteur et constaté que sa jurisprudence n'avait pas entraîné une protection accrue des maîtres de l'ouvrage ou une meilleure indemnisation, les souscriptions d'assurances RC décennale ne s'étant pas multipliées. Elle relève aussi que si les maîtres de l'ouvrage ne peuvent plus bénéficier de l'assurance obligatoire (RC décennale) pour les sinistres liés à de simples travaux de remplacement ou d'adjonction d'équipements sur existant, ils pourront mobiliser leur assurance multirisque habitation ou la garantie facultative d'assurance de l'installateur.

Dans l'arrêt du 21 mars 2024, la Cour de cassation précise que le revirement **s'applique à l'instance en cours** dès lors qu'il ne porte pas d'atteinte disproportionnée à la sécurité juridique ni au droit d'accès au juge. Il nous semble au contraire que l'application immédiate de ce revirement aux instances en cours constitue un facteur d'insécurité. Que se passera-t-il si le maître de l'ouvrage n'est pas assuré ? Si la garantie souscrite ne couvre pas les inserts ? Si l'assureur, qui néanmoins garantit ce risque, veut exercer un recours contre le responsable ? S'il s'expose alors à un entrepreneur non assuré en RC de droit commun et qui, pour satisfaire à la jurisprudence de 2017, a préféré s'assurer en décennale et n'a pas souscrit d'assurance facultative ?

› Précisions Suite à l'arrêt du 21 mars 2024, la **question** de savoir à quelles conditions l'**équipement** installé en remplacement ou par adjonction à l'existant **constitue en lui-même un ouvrage** se pose. S'agit-il de l'équipement ajouté à l'existant par des travaux de construction et qui forme avec lui un tout « techniquement indivisible » comme le prescrit l'article L 243-1-1, II du Code des assurances ? Doit-il y avoir incorporation de l'existant au neuf comme l'exige le Code des assurances ou peut-il y avoir incorporation du neuf à l'existant (adjonction d'un ascenseur extérieur) ? Doit-on privilégier la fonction de l'élément ajouté plutôt que sa structure pour le qualifier d'« ouvrage » et admettre alors que la garantie décennale n'est susceptible d'être encourue que si l'existant et l'ouvrage neuf constituent un ensemble indissociable, le désordre devant affecter la destination de cet ensemble ou d'une partie de celui-ci dès lors qu'il y a son siège (installation d'un système global de climatisation ou d'isolation phonique intégrés) ? Serait-il alors nécessaire que l'« équipement-ouvrage » ait une dynamique propre ? A priori non car l'effondrement de l'ouvrage adjoint (escalier en pierre ou escalator de substitution), à lui seul, peut être source de dommage décennal. L'équipement est effacé par l'ouvrage indissociable de l'existant qu'il constitue, son dysfonctionnement pouvant cependant rendre l'ensemble impropre à sa destination.

87147 **Synthèse des règles applicables aux éléments d'équipement** La troisième chambre civile de la Cour de cassation a établi une synthèse des conditions d'application de la garantie décennale aux éléments d'équipement suite à l'arrêt rendu le 21 mars 2024 (Lettre de la troisième chambre civile mars 2024). Ces règles sont résumées dans le tableau ci-après.

<table>
<tr><th colspan="2">Conditions d'application de la garantie décennale</th></tr>
<tr><th>Élément d'équipement d'origine</th><th>Élément d'équipement installé en remplacement ou par adjonction sur un ouvrage existant</th></tr>
<tr><td>Élément d'équipement dissociable ou indissociable de l'ouvrage (C. civ. art. 1792, al. 1) :
Le désordre qui affecte l'élément relève de la garantie décennale :
– s'il rend l'ouvrage dans son ensemble impropre à sa destination ;
– ou s'il porte atteinte à la solidité de l'ouvrage.</td><td>Élément d'équipement constitutif en lui-même d'un ouvrage (C. civ. art. 1792) :
L'impropriété à destination ou l'atteinte à la solidité de l'élément constitutif d'un ouvrage relève de la garantie décennale.</td></tr>
<tr><td>Élément d'équipement indissociable de l'ouvrage (C. civ. art. 1792-2) :
Le désordre qui affecte l'élément peut relever de la garantie décennale, même s'il ne porte atteinte qu'à la solidité de cet élément (et pas à la destination ou à la solidité de l'ouvrage dans son entier).</td><td rowspan="2">Élément d'équipement non constitutif en lui-même d'un ouvrage :
L'élément ne relève ni de la garantie décennale ni de la garantie biennale de bon fonctionnement, quel que soit le degré de gravité des désordres, mais de la responsabilité contractuelle de droit commun (Cass. 3e civ. 21-3-2024 nº 22-18.694 FS-BR : BPIM 3/24 inf. 193).</td></tr>
<tr><td>Élément d'équipement dissociable de l'ouvrage (C. civ. art. 1792-3) :
Le désordre qui affecte l'élément, s'il ne porte pas atteinte à la solidité ou à la destination de l'ouvrage dans son entier, peut relever de la garantie biennale de bon fonctionnement (voir nos 87300 s.).</td></tr>
</table>

Caractérisation de l'impropriété à destination Pour que l'article 1792 du Code civil s'applique, il suffit, selon la jurisprudence rendue, avant comme après la réforme issue de l'ordonnance du 8 juin 2005, que l'ouvrage affecté dans ses éléments constitutifs ou dans ses éléments d'équipement soit impropre à sa destination. La jurisprudence antérieure à l'ordonnance du 8 juin 2005 réservait toutefois le cas de l'équipement industriel ne relevant pas d'un travail de construction (n° 87165). Cette réserve a été reprise par l'ordonnance du 8 juin 2005 (n° 87160). 87148

La condition d'impropriété à la destination est remplie lorsque l'ouvrage ne satisfait pas à sa destination élémentaire, c'est-à-dire lorsqu'il **ne répond pas aux conditions élémentaires de confort.** Peu importe la destination bourgeoise, commerciale ou industrielle de l'ouvrage. Ainsi, les dysfonctionnements du système de filtration d'une piscine rendent cet ouvrage impropre à la baignade, que la piscine soit privée ou qu'elle soit ouverte au public.

ILLUSTRATIONS

L'**impropriété** à destination a été **retenue** en cas :
– d'**insuffisance d'isolation phonique** d'un immeuble à usage d'habitation, qui est un cas de garantie décennale bien que la loi (CCH art. L 124-4) fasse entrer les défauts d'isolation phonique dans la garantie de parfait achèvement (Cass. 3e civ. 17-3-1999 97-19.766 F-D : BPIM 3/99 inf. 220 ; Cass. 3e civ. 23-9-2020 n° 19-20.282 F-D : BPIM 6/20 inf. 393). La circonstance que les normes acoustiques aient été respectées est indifférente si les nuisances sonores rendent l'immeuble impropre à sa destination (Cass. 3e civ. 16-9-2003 n° 02-15.031 : RDI 2003 p. 581 ; Cass. 3e civ. 9-12-2003 n° 02-18.628 F-D dans la même affaire ; Cass. ass. plén. 27-10-2006 n° 05-19.408 PBRI : Bull. civ. ass. plén. n° 12 ; Cass. 3e civ. 10-10-2012 n° 10-28.309 FS-PB : BPIM 6/12 inf. 447). A fortiori, un dépassement limité des normes peut entraîner le jeu de la garantie décennale (Cass. 3e civ. 20-5-2015 n° 14.15.107 FS-PB : BPIM 4/15 inf. 255) ; l'action en réparation d'un préjudice résultant du défaut d'isolation phonique est recevable, l'intérêt à agir n'étant pas subordonné à la démonstration préalable du bien-fondé de l'action (Cass. 3e civ. 26-3-2008 n° 07-12.022) ;
– de **fosse septique** défectueuse (Cass. 3e civ. 2-7-2002 n° 00-13.313 : RDI 2002 p. 417) ;
– de **nuisances olfactives et acoustiques** chez le voisin, des travaux de reprise étant nécessaires pour rendre l'ouvrage utilisable conformément à sa destination (Cass. 3e civ. 31-3-2005 n° 03-14.217 : Bull. civ. III n° 76) ;
– d'**odeurs nauséabondes** présentant un danger pour la santé des occupants d'un immeuble en copropriété à la suite d'un défaut de raccordement des évents (Cass. 3e civ. 11-5-2022 n° 21-15.608 FS-B : BPIM 3/22 inf. 215, l'arrêt précisant que l'assurance DO doit prendre en charge le sinistre).

L'impropriété à la destination a également été retenue en cas d'**insuffisance thermique** résultant de capteurs solaires provoquant un risque de surchauffe et n'entraînant pas les économies d'énergie attendues (Cass. 3e civ. 27-9-2000 n° 98-11.986 : BPIM 6/00 inf. 370). La performance énergétique des bâtiments voulue par la loi Grenelle I et le décret du 26 octobre 2010 fait désormais l'objet d'une réglementation thermique (RT 2012) qui s'applique à tous les bâtiments à usage d'habitation dont le permis de construire est déposé depuis le 1er janvier 2013 (Loi 2009-967 du 3-8-2009 et décret 2010-1269 du 26-10-2010 ; G. Durand-Pasquier, RDI 2013 p. 184). L'impropriété de l'ouvrage à sa destination peut résulter de l'inobservation de cette norme. Toutefois, il ne semble pas qu'il soit interdit au juge de distinguer parmi les infractions réglementaires celles qui rendent l'immeuble impropre à sa destination et celles qui n'entraînent pas cette conséquence, comme en matière phonique. 87150

L'installation, en toiture de bâtiment, d'une unité de production d'énergie solaire comportant la mise en place de **panneaux photovoltaïques** (n° 87077) peut être constitutive d'un ouvrage susceptible d'être affecté de dysfonctionnements le rendant impropre à sa destination. Il a été jugé que des modules photovoltaïques peuvent être considérés comme des éléments d'équipement lorsqu'ils participent à la réalisation de l'ouvrage de couverture dans son ensemble en assurant une fonction de clos, de couvert et d'étanchéité du bâtiment et que le risque avéré d'incendie de la couverture d'un bâtiment consécutif à un début de combustion interne des boîtiers de connexion desdits panneaux le rend impropre à sa destination (Cass. 3e civ. 21-9-2022 n° 21-20.433 FS-B : BPIM 6/22 inf. 425). L'arrêt est intéressant, car il censure une cour d'appel qui avait estimé que les modules photovoltaïques étaient des équipements et avait appliqué l'article 1792-7 du Code civil excluant du champ des garanties les équipements à vocation professionnelle.

Le Code de la construction et de l'habitation précise les **conditions** dans lesquelles l'impropriété à la destination visée à l'article 1792 du Code civil peut être retenue en matière de **performance énergétique** (CCH art. L 123-2 depuis le 1-7-2021). Il faut :
– que le dommage résulte d'un défaut lié aux produits, à la conception ou à la mise en œuvre de l'ouvrage, de l'un de ses éléments constitutifs ou de l'un de ses éléments d'équipement ;

– que ce défaut conduise, toute condition d'usage et d'entretien prise en compte et jugée appropriée, à une surconsommation énergétique ne permettant l'utilisation de l'ouvrage qu'à un coût exorbitant.

Ces exigences visent à limiter la garantie décennale en précisant les conditions dans lesquelles l'impropriété à la destination doit s'apprécier : il appartiendra au juge de caractériser la notion de « coût exorbitant » et le cas échéant de se prononcer sur le caractère limitatif ou non de cette condition. Statuant sans relever une quelconque violation de la réglementation, un arrêt retient que l'absence ou l'insuffisance d'isolation rend une maison impropre à sa destination du fait de l'impossibilité de se chauffer sans exposer des surcoûts (Cass. 3e civ. 30-9-2021 n° 20-17.311 F-D : BPIM 6/21 inf. 373). Il a été jugé aussi que le non-respect de la réglementation thermique 2005 pour les températures d'été ne constitue pas une impropriété de destination couverte par la garantie décennale (Cass. 3e civ. 17-7-2019 n° 18-16.751 F-D : BPIM 5/19 inf. 338).

Le Code de la construction et de l'habitation consacre des **exigences de performance énergétique et environnementale** lors de la construction et de la rénovation de bâtiments (CCH art. L 171-1 depuis le 1-7-2021). Il ne prévoit pas de régime de responsabilité spécifique, de sorte que l'on peut penser que le régime de responsabilité relèvera des règles de la responsabilité décennale et de l'appréciation du juge (G. Durand-Pasquier, La responsabilité décennale des constructeurs face aux nouvelles perspectives de rénovations énergétiques et environnementales : RDI 2021 p. 256).

87152 La condition d'impropriété à la destination paraît également remplie lorsque, par suite du défaut d'un élément d'équipement, l'ouvrage ne satisfait pas à sa **destination voulue ou convenue.** Aucune difficulté particulière n'est relevée, en pratique, lorsque l'ouvrage est à usage d'habitation ou de bureau.

Aucun problème ne semble devoir se poser, non plus, lorsque la défaillance de l'équipement rend impossible l'utilisation normale des lieux telle qu'elle est prévue au contrat :
– isolation phonique défectueuse d'une salle de spectacle ou de concert ;
– défaillance de l'éclairage d'un terrain de sport destiné aux manifestations nocturnes ;
– difficulté d'acheminement de l'oxygène vers une salle d'opération.

ILLUSTRATIONS

L'**impropriété de l'ouvrage** à sa destination a été **retenue** dans les cas suivants :
– affaissement du dallage d'un entrepôt destiné à recevoir et à supporter une poussée importante (Cass. 3e civ. 11-2-1998 n° 95-17.199 D : RDI 1998 p. 261 ; Cass. 3e civ. 7-12-1988 : Le Moniteur 24-3-1989) ;
– carrelages d'une piscine à refaire (Cass. 3e civ. 7-5-1997 n° 94-21.839 D : BPIM 4/97 inf. 264) ;
– décollement et plissement du revêtement du sol d'une salle de sport susceptibles d'occasionner un risque de chute pour les usagers et d'empêcher l'utilisation de la salle pour le déroulement d'épreuves sportives (CAA Nantes 5-7-2019 n° 17NT01743, Sté Apave Parisienne : BPIM 5/19 inf. 337) ;
– immeuble destiné à abriter du matériel informatique dont les équipements d'accueil (câblage, climatisation) ne fonctionnent pas et rendent l'ouvrage impropre à sa destination (Cass. 3e civ. 17-12-1997 n° 1767 : RDI 1998 p. 261) ;
– équipements frigorifiques défectueux d'un abattoir (Cass. 3e civ. 18-7-2001 n° 99-12.326 FS-PB : Bull. civ. III n° 97) ;
– silo dont le mécanisme interne est vicié et entraîne un risque d'explosion (Cass. 1e civ. 26-3-1996 n° 93-20.229 : Bull. civ. I n° 149) ; voir toutefois la solution probablement contraire induite par un arrêt qui fait du silo un équipement et paraît confondre le silo et le système de désilage (Cass. 3e civ. 20-6-2001 n° 99-20.188 FS-D : BPIM 4/01 inf. 259) ;
– pour une centrale hydroélectrique (Cass. 3e civ. 6-11-1996 : RDI 1997 p. 84 obs. Malinvaud) ;
– pour un variateur défectueux constituant un élément d'une installation destinée à l'évacuation des gaz des fumées et de la poussière d'une fonderie, installation attachée au gros œuvre et participant au fonctionnement de l'ouvrage, en sorte que le dysfonctionnement de cet équipement rend l'ouvrage impropre à sa destination (Cass. 3e civ. 7-5-2014 n° 12-23.933 : BPIM 4/14 inf. 256).

87155 L'impropriété de l'ouvrage à sa destination est caractérisée si la **sécurité des personnes et des biens** n'est pas assurée. L'impropriété de l'ouvrage à sa destination résulte souvent d'un risque qui procède d'une défaillance affectant l'ouvrage ou l'un de ses éléments.

ILLUSTRATIONS

L'**impropriété** a été **retenue en cas de risque avéré d'incendie** de l'ensemble du bâtiment en raison de la défectuosité de boîtiers de connexion équipant des panneaux photovoltaïques (Cass. 3e civ. 8-6-2023 n° 21-25.960 FS-D) ou des défauts affectant le câblage des panneaux photovoltaïques du fait de leur non-conformité aux normes et de l'absence de leur protection (Cass. 3e civ. 14-9-2023 n° 22-12.989 F-D).

L'impropriété a été **également retenue** dans les cas suivants, étant rappelé que certains arrêts sont antérieurs à l'évolution de la jurisprudence sur les désordres ayant leur siège dans un élément d'équipement adjoint à l'existant qui, dans ce cas, a tendance à ne tenir compte que des équipements ayant une dynamique propre (voir nº 87145) :
– installation électrique dangereuse ;
– portes palières « découpables au couteau » (Cass. 3e civ. 3-2-1999 nº 97-12.223 : Bull. civ. III nº 30) ;
– chutes de carrelages d'une façade d'immeuble (Cass. 3e civ. 13-7-2016 nº 15-20.512 F-D : BPIM 5/16 inf. 310) ;
– chutes de glace provenant de la toiture (Cass. 3e civ. 10-4-1996 nº 94-13.157 : BPIM 4/96 inf. 279) ;
– dispositif de désilage d'un silo menaçant explosion (Cass. 1e civ. 26-3-1996 nº 93-20.229 : Bull. civ. I nº 149, BPIM 3/96 inf. 205 et dans le même sens, sur renvoi après cassation CA Paris 1e ch. G 24-3-1999 nº 1996/8476 : BPIM 5/99 inf. 371) ;
– plots de calage de la voie ferrée et de la rupture d'ouvrage des tire-fonds (Cass. 3e civ. 23-5-2006 nº 05-10.859 : RDI 2006 p. 378) ;
– un manquement aux règles de sécurité incendie susceptible d'entraîner la perte de l'ouvrage par incendie (Cass. 3e civ. 30-6-1998 nº 1126 : BPIM 6/98 inf. 401) ;
– l'absence de sas entre un ascenseur et un appartement (CA Paris 20-4-2000 : RDI 2000 p. 575) ;
– la largeur insuffisante du passage piéton le long de la porte basculante d'un garage (Cass. 3e civ. 3-3-2010 nº 07-21.950 : RDI 2010 p. 321) ;
– pollution des eaux potables des environs causée par l'exploitation de l'ouvrage qui est une station-service (Cass. 3e civ. 23-6-2004 nº 02-21.430 : BPIM 5/04 inf. 293) ;
– risque de destruction de l'immeuble pour des faits imputables au constructeur, par exemple pour un empiètement (Cass. 3e civ. 26-5-2004 nº 02-19.464 FS-D : BPIM 5/04 inf. 294 ; Cass. 3e civ. 15-12-2004 nº 03-17.876 : Bull. civ. III nº 237), une erreur d'altimétrie (Cass. 3e civ. 18-3-2021 nº 19-21.078 F-D : BPIM 3/21 inf. 195) ou une non-conformité au permis de construire (Cass. 3e civ. 6-12-2018 nº 17-28.513 F-D : RDI 2019 p. 166 note M. Faure-Abbad) devant entraîner la démolition de l'ouvrage. Dans ce cas, la réception sans réserve des travaux par le maître de l'ouvrage qui a eu connaissance de l'empiètement au cours du chantier fait échec à l'action en responsabilité contractuelle de droit commun (Cass. 3e civ. 28-2-2012 nº 11-13.670 F-D : BPIM 3/12 inf. 238) et sans doute à la responsabilité décennale.

Exclusion des équipements à vocation professionnelle Depuis la réforme issue de l'**ordonnance du 8 juin 2005,** « Ne sont pas considérés comme des éléments d'équipement d'un ouvrage au sens des articles 1792, 1792-1, 1792-2, 1792-3 et 1792-4 les éléments d'équipement y compris leurs accessoires dont la **fonction exclusive** est de permettre l'exercice d'une activité professionnelle dans l'ouvrage » (C. civ. art. 1792-7 issu de l'ord. 2005-658 du 8-6-2005). **87160**

Lorsque l'ouvrage n'est pas destiné à l'habitation et que les équipements servent exclusivement sa fonction professionnelle, les dommages échappent à :
– la garantie décennale lorsque le désordre affecte un équipement tant dans le cas général (C. civ. art. 1792) que dans le cas particulier (C. civ. art. 1792-2 ; voir nº 87210) ; le débat sur la dissociabilité n'a alors plus de raison d'être ;
– la garantie biennale prévue par l'article 1792-3 du Code civil.

Des équipements identiques (systèmes d'insonorisation) pourront relever de la décennale pour les locaux d'habitation et ne pas en relever pour les locaux commerciaux ou professionnels. Il ne semble pas que les locaux à usage mixte soient concernés par l'exclusion, à moins que l'équipement pour la partie à usage professionnel ne soit spécifique.

Il a été jugé qu'une installation frigorifique dans une usine agroalimentaire pour assurer le conditionnement et le stockage des fruits ne relève pas de la garantie décennale dès lors que la cour d'appel a tenu compte des éléments d'équipement installés sans caractériser l'existence d'un ouvrage ou la mise en œuvre de travaux de construction (Cass. 3e civ. 17-12-2020 nº 19-14.374 F-D : BPIM 1/21 inf. 41).

En écartant la garantie décennale pour les équipements ayant pour fonction exclusive de permettre l'exercice de l'activité professionnelle, l'article 1792-7 du Code civil réduit le champ de l'impropriété à la destination. On peut craindre que ce qu'ont voulu les parties serait indifférent (une insonorisation permettant l'exploitation d'une salle de spectacle, une réfrigération permettant la conservation de denrées…) : la garantie décennale ne jouerait pas. Toutefois, cette vision restrictive doit nécessairement être nuancée. La notion d'équipement à vocation professionnelle peut être écartée si l'on estime que la réalisation constitue un ouvrage. Un arrêt censure une cour d'appel qui avait fait application de l'article 1792-7 à propos de panneaux photovoltaïques et retient qu'ayant participé à la réalisation de l'ouvrage de couverture dans son ensemble, ils relèvent de la garantie décennale (Cass. 3e civ. 21-9-2022 nº 21-20.433 FS-B : BPIM 6/22 inf. 425).

L'article 1792-7 ne reprend certes pas l'idée de l'indivisibilité fonctionnelle développée par la jurisprudence antérieure à l'ordonnance de 2005 (voir nº 87170). Il réduit le champ de la décennale et corrélativement celui de l'assurance obligatoire, mais il élargit celui de la responsabilité contractuelle de droit commun (nº 88650). L'article 1792-7 du Code civil suscite toutefois d'autres questions qui conduisent à distinguer ce qui est propre à l'activité professionnelle (machine à soupe destinée à l'alimentation des porcs, voir nº 87165) et ressortit à la « fonction exclusive » de l'élément d'équipement et ce qui ressortit à la fonction immobilière de l'ouvrage (sonorisation d'une salle de spectacle). Le régime antérieur à l'ordonnance de 2005 doit donc être connu d'une part parce qu'il concerne les situations antérieures à l'ordonnance, d'autre part parce qu'il peut servir de guide d'interprétation de l'article 1792-7 du Code civil.

ATTENTION

Le Conseil d'État a décidé, à propos d'un système de climatisation défectueux, que les dispositions de l'article 1792-7 du Code civil ne sont pas applicables à la garantie décennale à laquelle sont tenus les constructeurs au titre de **marchés publics de travaux.** Dans l'affaire jugée, les dysfonctionnements étant de nature à rendre l'ouvrage impropre à sa destination, le Conseil d'État retient qu'ils engagent la **responsabilité décennale** de l'entreprise (CE 5-6-2023 nº 461341, Sté Rousseau : BPIM 5/23 inf. 319). Par cette décision, le Conseil d'État suit le rapporteur public. Dans ses conclusions, celui-ci estimait que l'application de l'article 1792-7 dans les marchés publics n'était pas souhaitable. Observant que dans ces marchés, les travaux portent très souvent sur des ouvrages dont la fonction exclusive est de permettre l'exercice d'une activité professionnelle, à savoir l'exercice par la personne publique de sa mission de service public ou d'intérêt général, l'exclusion aurait pour effet de réduire le champ des garanties décennale et biennale.

87165 **Avant** la réforme issue de l'**ordonnance du 8 juin 2005** (contrats conclus avant le 9 juin 2005), plusieurs arrêts ont écarté l'application de l'article 1792 du Code civil lorsque l'impropriété de l'ouvrage à sa destination résultait du « dysfonctionnement d'un **équipement industriel ne relevant pas des travaux de construction** ».

ILLUSTRATIONS

Ainsi jugé pour :
– une machine à soupe destinée à l'alimentation des porcs (Cass. 3e civ. 22-7-1998 nº 1348 : Bull. civ. III nº 170, JCP 1998 II 10183 obs. Périnet-Marquet, RDI 1998 p. 644 obs. Malinvaud ; Cass. 3e civ. 29-1-2003 nº 139 : RDI 2003 p. 187) ;
– un système destiné à automatiser la fabrication du champagne (Cass. 3e civ. 4-11-1999 nº 98-12.510 : Bull. civ. III nº 209) ;
– des travaux d'installation de machines à laver (Cass. 3e civ. 28-3-1979 : Bull. civ. III nº 79) ; voir aussi pour des silos (Cass. 3e civ. 20-6-2001 nº 99-20.188 : BPIM 4/01 inf. 259 et JP Karila, chron. Gaz. Pal. 19-20 mai 1999 p. 2) ;
– un appareil de production d'eau chaude ne relevant que des techniques de pose (Cass. 3e civ. 26-4-2006 nº 05-13.971 : Bull. civ. III nº 101) ;
– un dispositif permettant le traitement des jus en période de production des vins (Cass. 3e civ. 11-5-2006 nº 05-13.191 : Bull. civ. III nº 115).

87170 Sous l'empire des dispositions antérieures à l'ordonnance du 8 juin 2005, la Cour de cassation a cependant parfois pu laisser entendre qu'elle n'écartait pas la garantie lorsque les **équipements constituaient un travail à caractère immobilier** (assise sur fondations, câblage intégré pour les locaux destinés à abriter du matériel informatique, dysfonctionnement des circuits intégrés conduisant l'oxygène dans le bloc opératoire, alimentation des réseaux par du froid « transporté par deux réseaux indépendants de tuyauterie » pour un abattoir impropre à sa destination en raison de la défaillance des installations frigorifiques… (voir nos 87070 et 87152). Cette orientation semble condamnée par l'article 1792-7 du Code civil qui vise tant les équipements dissociables que ceux qui sont indissociables, la question restant posée toutefois de savoir si certains équipements complexes ne sont pas de nature à constituer en « eux-mêmes » un ouvrage. La Cour de cassation a admis cette solution (Cass. 3e civ. 18-11-1992 nº 90-20.233 : Bull. civ. III nº 298), même pour des travaux d'une importance relative (Cass. 3e civ. 25-2-1998 nº 96-16.214 : Bull. civ. III nº 46 ; Cass. 3e civ. 18-6-2008 nº 07-12.977 : Bull. civ. III nº 106) ; étant rappelé que l'impropriété d'un ouvrage industriel à sa destination peut résulter de la défectuosité d'un d'équipement indissociable et que la question de savoir si cette solution est concevable sous l'empire du nouvel article 1792-7 reste posée (voir remarques sous Cass. 3e civ. 7-5-2014 nº 12-23.933 : BPIM 4/14 inf. 256).

> **Précisions** L'**indivisibilité fonctionnelle** des éléments qui constituent l'ouvrage en tant qu'ensemble d'**éléments constitutifs et** d'**éléments d'équipement,** qui a été parfois suggérée avant l'ordonnance du 8 juin 2005, semble être d'une utilité marginale depuis cette réforme. Mais elle pouvait s'inspirer d'une jurisprudence tant de la Cour de cassation (Cass. 3e civ. 20-12-2000 nº 99-14.822, qui retient l'impropriété à sa destination d'un ensemble « charpente-pont roulant) que du Conseil d'État (CE 8-12-1999 nº 138651, Sté Borg Warner : BPIM 3/00 inf. 180, à propos d'un réseau urbain de chauffage et d'eau chaude).

B. 2nd cas : affectation de la solidité d'un équipement indissociable de l'ouvrage

PRÉSENTATION GÉNÉRALE

Les dommages qui affectent la solidité d'un élément d'équipement faisant indissociablement corps avec les ouvrages de viabilité, de fondation, d'ossature, de clos ou de couvert relèvent de la garantie décennale (C. civ. art. 1792-2). Il s'agit d'un autre cas de garantie décennale applicable aux équipements indissociables de l'ouvrage qui **ne peuvent plus remplir leur fonction.** Sont **exclus** de la garantie les éléments d'équipement à vocation exclusivement professionnelle (C. civ. art. 1792-7). **87210**

Ce cas de **garantie est subsidiaire.** Il faut que les désordres qui affectent l'élément d'équipement indissociable ne portent pas atteinte à la solidité ou à la destination de l'ouvrage dans son entier, auquel cas, c'est l'article 1792 du Code civil qui s'applique (Lettre de la troisième chambre civile mars 2024).

Avant l'**ordonnance du 8 juin 2005,** l'article 1792-2 du Code civil ne s'appliquait qu'aux éléments d'équipement d'un « bâtiment ». L'ordonnance du 8 juin 2005 a remplacé le mot « bâtiment » dans les articles qui le mentionnent (C. civ. art. 1792-2 et 1792-3) par le mot « ouvrage ». Désormais (marchés conclus depuis le 9 juin 2005), la garantie décennale de l'article 1792-2 du Code civil s'applique aux éléments d'équipement indissociables d'un « ouvrage », ce qui signifie qu'il n'y a **plus lieu de distinguer** selon qu'ils équipent un ouvrage immobilier ou un bâtiment.

NOTION D'OUVRAGE

Ouvrage au sens de l'ordonnance du 8 juin 2005 L'ordonnance du 8 juin 2005 a fait disparaître toute référence à la notion de « bâtiment » tant dans les textes du Code civil (C. civ. art. 1792-2 et 1792-3) que dans les textes relatifs à l'assurance construction (C. ass. art. L 241-1 s.). Désormais, **tout ouvrage,** à condition peut-on penser (mais les textes issus de l'ordonnance de 2005 sur la responsabilité n'en disent rien) qu'il soit caractérisé par un travail de construction (voir nos 87070 et 87075), entre dans le champ de l'article 1792-2 du Code civil. **87215**

Bâtiment (régime antérieur à l'ordonnance du 8 juin 2005) La loi du 4 janvier 1978 a institué l'obligation d'assurance pour les travaux de bâtiment et a créé corrélativement l'article 1792-2 du Code civil. Pour préciser le champ de l'assurance obligatoire et l'étendue des garanties, divers efforts ont été faits pour définir la notion de « bâtiment », avec peu de succès (voir RDI 1998 p. 1) ; voir nos 92910 s. **87220**

La Cour de cassation, qui a eu à statuer sur l'étendue des garanties de l'assurance obligatoire, a considéré que sont des « bâtiments » les bâtiments réalisés « selon des **techniques de travaux de bâtiment** » (Cass. 1e civ. 26-2-1991 : Bull. civ. I no 75 ; Cass. 3e civ. 16-6-1993 : D. 1993 IR 167 ; Cass. 3e civ. 6-1-1999 : BPIM 2/99 inf. 142).

ILLUSTRATIONS

Ont été considérés comme des **ouvrages réalisés selon des techniques de travaux de bâtiment** :
– un silo à grains (Cass. 1e civ. 19-12-1989 no 1735 : RDI 1990 p. 223 ; Cass. 1e civ. 20-12-1993 : Bull. civ. I no 374 ; Cass. 1e civ. 26-3-1996 no 93-20.229 : Bull. civ. I no 149, RDI 1996 p. 380). Noter toutefois la réserve qu'induit l'arrêt qui range les silos dans la catégorie des équipements (Cass. 3e civ. 20-6-2001 no 99-20.188 FS-D : BPIM 4/01 inf. 259) ; voir nos 87060 et 87152 ;
– un court de tennis (Cass. 1e civ. 2-5-1990 no 505 : RDI 1990 p. 514 ; Cass. 1e civ. 9-5-1994 no 91-20.175 PFR : Bull. civ. I no 167, terrain découvert) ;
– une piscine (Cass. 1e civ. 14-6-1989 : RDI 1989 p. 482 ; CA Dijon 9-9-1993 : RDI 1994 p. 471, piscine découverte dans ce dernier cas ; contra : TGI Aix-en-Provence 22-6-1982 : RDI 1983 p. 252) ;
– un mur de soutènement (Cass. 1e civ. 31-3-1993 : Bull. civ. I no 153 ; Cass. 3e civ. 16-6-1993 no 91-21.226 : Bull. civ. III no 85 ; Cass. 3e civ. 16-6-1993 : Bull. civ. III no 85) ;
– une station de métro (Cass. 1e civ. 9-4-1991 : D. 1991. IR p. 153) ;
– une dalle en béton armé (Cass. 1e civ. 30-1-1996 : RGDA 1996 p. 392 obs. A. d'Hauteville) ;
– le revêtement d'une route et des trottoirs (CA Paris 14-12-1990 : RDI 1991 p. 80) ;
– des VRD (Cass. 3e civ. 6-1-1999 no 94-13.080 D : BPIM 2/99 inf. 142, désordres affectant un réseau d'évacuation des eaux et des chaussées ; contra : CA Paris 23e ch. B 23-10-1992 : RGAT 1992 p. 866).

NOTION D'ÉLÉMENT D'ÉQUIPEMENT

Le dommage doit affecter la solidité d'un élément d'équipement (C. civ. art. 1792-2). La loi de 1978 ne donne pas une définition de l'équipement. Selon le rapport Spinetta, l'équipement constitue « l'aménagement intérieur de l'espace ». **87225**

Il **s'oppose** aux ouvrages relevant de la fonction « **construction** ». Il intègre les appareils électriques ou mécaniques (CCH art. R 111-2, III).

Il s'oppose également aux **éléments constitutifs** de l'ouvrage et peut concerner des appareils et matériaux posés en l'état (planchers, volets intérieurs...) ou des installations plus sophistiquées, comme une installation d'eau chaude sanitaire (Cass. 3e civ. 28-2-1996 : Bull. civ. III no 57). Pour d'autres illustrations, voir no 87139. Les ouvrages de viabilité sont, selon la loi, des éléments constitutifs au même titre que les fondations, l'ossature, le clos et le couvert (C. civ. art. 1792-2).

L'élément d'équipement ne doit pas avoir pour fonction exclusive de permettre l'**exercice d'une activité professionnelle** dans l'ouvrage (C. civ. art. 1792-7) ; voir no 87160.

ÉLÉMENT D'ÉQUIPEMENT INDISSOCIABLE

87230 L'élément d'équipement doit être « indissociable ». Il doit faire « indissociablement corps avec les ouvrages de viabilité, de fondation, d'ossature, de clos ou de couvert » (C. civ. art. 1792-2, al. 1). L'élément d'équipement est indissociable « lorsque sa dépose, son démontage ou son remplacement ne peut s'effectuer **sans détérioration** ou enlèvement de la matière » (C. civ. art. 1792-2, al. 2).

Le juge doit **caractériser** le côté indissociable de l'élément d'équipement avant de retenir la garantie décennale (Cass. 3e civ. 3-5-1989 : RDI 1989 p. 469, pour le corps de chauffe d'une installation d'eau chaude ; Cass. 3e civ. 18-12-2002 no 01-12.418 FS-D : BPIM 1/03 inf. 28, à propos d'un insert ; Cass. 3e civ. 22-10-2008 no 07-15.214 : Bull. civ. III no 157, pour des dalles de bardage à vocation d'isolation thermique et de ravalement).

ILLUSTRATIONS

Ont été **considérés comme des éléments d'équipement indissociables** :
– un dallage dont la dépose détériore l'ouvrage qui le supporte (Cass. 3e civ. 7-5-1997 no 94-21.839 : BPIM 4/97 inf. 264 ; Cass. 3e civ. 11-2-1998 no 95-17.199 D : RDI 1998 p. 261) ;
– un carrelage contribuant à l'étanchéité (Cass. 3e civ. 25-11-1998 no 97-11.395 D : BPIM 1/99 inf. 37 ; CA Paris 23-9-1988 : RDI 1989 p. 215), mais non un carrelage collé au sol (Cass. 3e civ. 10-1-2001 no 99-12.409 FS-D : BPIM 2/01 inf. 120). Toutefois, s'agissant de dallages d'une galerie marchande qui se décollaient et se fissuraient sans pour autant rendre l'ouvrage impropre à sa destination, il a été jugé qu'ils ne constituaient pas des équipements dissociables au sens de l'article 1792-3 du Code civil et que la responsabilité encourue était la responsabilité contractuelle de droit commun (Cass. 3e civ. 13-2-2013 no 12-12.016 FS-PB : BPIM 2/13 inf. 129 ; Cass. 3e civ. 11-9-2013 no 12-19.483 FS-PB : BPIM 6/13 inf. 400). Ces dallages sont-ils des équipements indissociables et les désordres qui les affectent sont-ils des dommages intermédiaires ? Un arrêt, se prononçant sur la responsabilité d'un contrôleur technique à qui il était reproché de n'avoir pas contrôlé des carrelages alors que sa mission portait sur les équipements indissociables des fondations et de l'ossature, a écarté cette responsabilité en relevant que si le carrelage était « indissociable du gros œuvre », il n'avait pas été « intégré à l'ouvrage de fondation ou d'ossature » (Cass. 3e civ. 17-2-1999 no 97-14.145 : Bull. civ. III no 39). Bien que l'arrêt interprète un contrat, on peut se demander s'il n'invite pas à une stricte analyse de l'indissociabilité ;
– l'enduit d'un complexe d'étanchéité (CA Versailles 23-6-1995 : RDI 1996 p. 73) ;
– voir aussi les équipements cités no 87152.

En revanche, un arrêt décide qu'une chape réalisée sur une dalle de béton après mise en place d'une couche de désolidarisation ne constitue pas un ouvrage mais un élément d'**équipement dissociable** (Cass. 3e civ. 26-11-2015 no 14-19.835 FS-PB : BPIM 1/16 inf. 34).

DOMMAGE AFFECTANT LA SOLIDITÉ DE L'ÉQUIPEMENT

87235 C'est l'équipement lui-même qui doit être affecté dans sa solidité et non l'ouvrage dans son ensemble. Cependant, à propos d'une pierre de façade, un arrêt reproche à une cour d'appel de n'avoir pas constaté que son altération portait atteinte à la solidité de l'ouvrage (Cass. 3e civ. 17-11-1999 no 98-12.929 D : BPIM 1/00 inf. 29). Mais on peut se demander si une pierre de façade est un élément d'équipement.

La logique voulait que l'on interprétât strictement la **notion de solidité** et que l'on n'identifiât point solidité et aptitude à remplir sa fonction ; l'inaptitude d'un équipement à remplir sa fonction peut rendre l'ouvrage impropre à sa destination ; on se trouve alors dans le premier cas de responsabilité décennale (nos 87148 s.).

Mais comme l'équipement peut avoir une dynamique propre (un système de fermeture électronique par exemple), il est admis que l'équipement n'est pas solide au sens de l'article 1792-2 du Code civil, non seulement lorsqu'il se détériore (carrelages), mais aussi lorsqu'il ne remplit pas sa fonction (volets roulants commandés électroniquement).

Il y a donc risque de **chevauchement** entre le 1er et le 2e cas de garantie décennale : un élément d'équipement indissociable qui ne fonctionne pas peut soit caractériser l'impropriété à la destination, soit être considéré comme non solide au sens de l'article 1792-2 du Code civil. À présent que l'ouvrage ne se réduit pas au bâtiment pour les équipements indissociables, il est permis de se demander si, lorsqu'ils sont à caractère industriel ou professionnel, les ouvrages qui relèvent de la garantie de l'article 1792 ne constituent pas un « ensemble » ayant une vocation fonctionnelle dispensant du débat sur certains équipements.

> **Précisions** Cette dernière remarque peut s'appuyer sur la jurisprudence antérieure à l'ordonnance du 8 juin 2005. Dans un arrêt du 26 mars 1996 concernant un silo, qui a été abondamment critiqué (Cass. 1e civ. 26-3-1996 n° 93-20.229 : Bull. civ. I n° 149, RDI 1996 p. 380), le dommage était imputable au dispositif de désilage du silo, **équipement** dont on a souligné la **vocation industrielle.** Or, du point de vue de la garantie décennale, ce dommage relevait non de l'article 1792-2 du Code civil, mais de l'article 1792 : la défectuosité du dispositif de désilage risquait d'entraîner l'explosion du silo, la solidité de l'ouvrage et, en tout cas, son impropriété à la destination en raison de sa dangerosité étaient en cause (voir n° 87155). Il n'était donc pas nécessaire de faire référence à la notion de bâtiment pour appliquer la décennale. La Cour de cassation l'a fait cependant, mais pour appliquer l'**assurance** obligatoire, limitée aux bâtiments. Ce faisant, elle n'a pas pris parti sur le siège du désordre. Elle s'est contentée de souligner son importance. On lui a cependant reproché, tout à la fois, d'avoir considéré que le silo était un bâtiment et de n'avoir pas tenu compte de la vocation industrielle de l'équipement. Or, elle n'avait pas à se poser cette dernière question si elle constatait l'impropriété-dangerosité ; la seule difficulté qu'elle avait alors à résoudre était celle de savoir si le silo était ou non un bâtiment ! Elle l'a fait dans le sens de l'affirmative et sur ce point, elle a, peut-être, eu tort.
> La cour de renvoi n'a pas recherché si le silo était un bâtiment (CA Paris 1e ch. G 24-3-1999 n° 1996/8476 : BPIM 5/99 inf. 371). Il semble que la cour d'appel s'en soit tenue au fait que le silo avait donné lieu à souscription d'une assurance de dommages. Or l'assureur doit garantir ce qu'il a accepté d'assurer. Au demeurant, la contestation de l'assureur ne portait pas sur la notion de bâtiment.
> Dans un autre arrêt, la Cour de cassation tient le silo pour un équipement industriel et exige, conformément à la jurisprudence en cette matière, que l'équipement relève des travaux de construction (Cass. 3e civ. 20-6-2001 n° 99-20.188 FS-D : BPIM 4/01 inf. 259).

II. CONDITIONS DE LA GARANTIE BIENNALE

L'article 1792-3 du Code civil institue une garantie de **bon fonctionnement des éléments d'équipement** de l'ouvrage qui ne relèvent pas de l'article 1792-2. Cette garantie, qualifiée de « garantie biennale », est d'une **durée minimale** de 2 ans à compter de la réception. 87300

Depuis l'ordonnance du 8 juin 2005, la notion de « bâtiment » n'est plus retenue par l'article 1792-3 du Code civil. Tout **ouvrage immobilier** impliquant, semble-t-il, des travaux de construction est donc concerné.

> **Précisions Avant** l'entrée en vigueur de l'**ordonnance du 8 juin 2005** (9 juin 2005), l'ouvrage devait être un « bâtiment ». Les remarques faites n° 87220 sont, à cet égard, valables, à une réserve près : la notion de « technique de travaux de bâtiment » utilisée par la 1e chambre civile pour définir le champ de l'assurance obligatoire n'aurait pas dû pervertir la garantie biennale puisque celle-ci n'est pas couverte par l'assurance obligatoire. Mais comme la 3e chambre civile, qui statue sur les responsabilités, se rallie à la jurisprudence de la 1e chambre civile en matière décennale, il semble que les solutions relatives au « bâtiment » étaient entièrement transposables, ce qui n'exclut pas la prudence.

ÉLÉMENT D'ÉQUIPEMENT DISSOCIABLE

L'équipement doit être dissociable (Cass. 3e civ. 7-12-1988 n° 86-19.427 : Bull. civ. III n° 174). La dissociabilité s'apprécie par opposition à l'indissociabilité décrite n° 87230. Le juge doit **caractériser** spécialement **la dissociabilité** ou l'indissociabilité s'il y a lieu (Cass. 3e civ. 18-12-2002 n° 01-12.418 FS-D : BPIM 1/03 inf. 28, à propos d'un insert ; rapprocher pour une installation domotique : Cass. 3e civ. 26-2-2003 n° 01-14.352 FS-PB : Bull. civ. III n° 47, qui réserve le cas de l'équipement dissociable qui rend l'ouvrage, dans son ensemble, impropre à sa destination). 87310

La garantie de bon fonctionnement ne joue que dans le cas de la construction d'un ouvrage. L'équipement **adjoint à l'existant** n'est pas un élément d'équipement dissociable au sens de l'article 1792-2 du Code civil et il ne relève donc pas de la garantie biennale, mais de la responsabilité de droit commun. Ainsi jugé à propos :

– d'une centrale autonome de climatisation (Cass. 3e civ. 10-12-2003 n° 02-12.215 FS-PB : Bull. civ. III n° 224 ; Cass. 3e civ. 19-12-2006 n° 05-20.543 : RDI 2007 p. 163) ;
– d'un revêtement d'isolation par l'extérieur (Cass. 3e civ. 18-1-2006 n° 04-17.888 FS-PB : Bull. civ. III n° 16).

Cette solution est renforcée par l'important arrêt rendu par la Cour de cassation le 21 mars 2024 (Cass. 3e civ. 21-3-2024 no 22-18.694 FS-BR : BPIM 3/24 inf. 193, Lettre de la troisième chambre civile mars 2024), qui énonce que les équipements installés en remplacement ou par adjonction sur un ouvrage existant ne relèvent ni de la garantie décennale ni de la garantie biennale. L'arrêt réserve le cas des équipements qui constituent en eux-mêmes un ouvrage. Cette jurisprudence permet de lever un doute sur la portée de celle qui la précédait en matière biennale : les arrêts cités sont antérieurs à ceux qui tiennent pour un équipement celui qui est destiné « à fonctionner » (no 87315).

DOMMAGE AFFECTANT LE BON FONCTIONNEMENT

87315 **Éléments d'équipement avec une dynamique propre** Le dommage doit affecter le bon fonctionnement de l'élément d'équipement. Il en est ainsi lorsqu'un élément d'équipement ayant une dynamique propre ne fonctionne pas (**appareil électrique ou mécanique**).

ILLUSTRATIONS

Ont, par exemple, été considérés comme **relevant de la garantie biennale** de bon fonctionnement de l'article 1792-3 du Code civil lorsqu'ils ne remplissent pas leur fonction :
– un interphone (CA Paris 25-1-1990 : Juris-Data no 20837) ;
– une chaudière dissociable (CA Chambéry 12-9-1990 : RDI 1991 p. 67 ; Cass. 3e civ. 11-3-1992 : Bull. civ. III no 78) ; comparer pour des cas de garantie décennale no 87142 ;
– un système de sonorisation (CAA Nantes 15-11-1990 : Gaz. Pal. 1992 pan. adm. p. 35) ;
– un ballon d'eau chaude (Cass. 3e civ. 29-3-2011 no 10-14.540 : BPIM 3/11 inf. 214).

87317 **Matériau inerte** Pendant un temps, la jurisprudence a considéré que la garantie biennale de bon fonctionnement de l'article 1792-3 du Code civil pouvait s'appliquer à un matériau inerte lorsqu'il **ne « remplissait pas sa fonction »**.

ILLUSTRATIONS

Ainsi jugé à propos :
– d'un faux plafond (Cass. 3e civ. 7-12-1988 : Bull. civ. III no 174) ; comparer pour un faux plafond soumis à la décennale pour impropriété à la destination (Cass. 3e civ. 14-10-1992 : Bull. civ. III no 267) ;
– d'un revêtement de peinture (CAA Paris 19-1-1993 : Gaz. Pal. 1994 pan. adm. p. 66). En revanche, des peintures intérieures ayant une fonction purement esthétique ne sont ni des ouvrages ni des équipements. Les désordres qui les affectent relèvent de la responsabilité contractuelle de droit commun (Cass. 3e civ. 27-4-2000 no 98-15.970 : Bull. civ. III no 88) ;
– de murets d'une terrasse (Cass. 3e civ. 7-10-2008 no 07-17.800 : BPIM 6/08 inf. 440) ;
– des carrelages simplement collés présentant des fissures (Cass. 3e civ. 10-1-2001 no 99-12.409 : BPIM 2/01 inf. 120 ; Cass. 3e civ. 16-9-2003 no 02-14.104 : BPIM 6/03 inf. 350 ; Cass. 3e civ. 1-2-2006 no 04-17.361 : RDI 2006 p. 232).

87319 Cependant, la Cour de cassation a **remis en cause sa jurisprudence**. Dès lors qu'un **élément d'équipement** dissociable n'est **pas destiné à fonctionner,** il ne relève pas de la garantie biennale de bon fonctionnement. On peut penser que la garantie biennale ne s'applique plus aux choses inertes qui ne remplissent pas leur fonction. Mais si la responsabilité biennale est exclue, la responsabilité de droit commun est concevable (Cass. 3e civ. 11-9-2013 no 12-19.483 FS-PB : BPIM 6/13 inf. 400) et la responsabilité décennale est susceptible d'être encourue si le travail fourni est de nature à rendre l'immeuble, dans son ensemble, impropre à sa destination (no 87142). Une réserve toutefois, s'agissant des éléments d'équipement dissociables adjoints sur un immeuble existant (no 87145).

ILLUSTRATIONS

Après avoir qualifié un **carrelage** d'élément d'équipement dissociable, un arrêt juge que faute pour cet élément d'être « destiné à fonctionner », le désordre qui l'affecte ne relève pas de la garantie de bon fonctionnement de l'article 1792-3 du Code civil, mais de la responsabilité contractuelle de droit commun (Cass. 3e civ. 11-9-2013 no 12-19.483 FS-PB : BPIM 6/13 inf. 400, carrelages fissurés). Cette solution est confirmée par d'autres décisions qui réservent le cas où le désordre rendrait l'ouvrage impropre à sa destination (Cass. 3e civ. 27-1-2015 no 13-25.514 F-D : RDI 2015 p. 185, décollement des carrelages ; Cass. 3e civ. 13-2-2013 no 12-12.016 FS-PB : BPIM 2/13 inf. 129, dallages se fissurant et se décollant ; Cass. 3e civ. 4-2-2016 no 14-26.842 F-D, carrelage fissuré ; Cass. 3e civ. 7-6-2018 no 16-15.803 F-D : BPIM 4/18 inf. 275, micro-fissurations du carrelage).

De la même manière, après avoir appliqué la garantie biennale de bon fonctionnement de l'article 1792-3 du Code civil à un **tissu mural** (Cass. 3e civ. 26-9-2007 no 06-17.216 : Constr. urb. 2007 comm. no 209 obs. Pagès de Varenne), un arrêt plus récent l'a écartée au profit de la responsabilité contractuelle de droit commun (Cass. 3e civ. 30-11-2011 no 09-70.345 : BPIM 1/12 inf. 40).

La même solution a été retenue pour des désordres affectant le **revêtement végétal d'une étanchéité** sans compromettre la solidité de l'ouvrage ni le rendre impropre à sa destination : ce revêtement étant un élément d'équipement non destiné à fonctionner, il a été jugé qu'il ne relevait pas de la garantie biennale de bon fonctionnement (Cass. 3e civ. 18-2-2016 no 15-10.750 F-PB : BPIM 2/16 inf. 112).

Dans un arrêt largement diffusé, la Cour de cassation a rappelé qu'un **enduit de façade,** lorsqu'il a une fonction d'imperméabilisation, n'est pas un élément d'équipement dès lors qu'il n'est pas destiné à fonctionner (Cass. 3e civ. 13-2-2020 no 19-10.249 FS-PBRI : BPIM 2/20 inf. 119). Mais l'arrêt retient aussi que la fonction du travail fourni peut faire de l'enduit de façade un ouvrage relevant, le cas échéant, de la garantie décennale s'il est destiné à assurer l'étanchéité.

La Cour de cassation a jugé également que les **moquettes et** les **tissus tendus** « ne sont pas des éléments d'équipement soumis à la garantie de bon fonctionnement » et relèvent de la responsabilité contractuelle de droit commun (Cass. 3e civ. 30-11-2011 no 09-70.345 FS-PB : BPIM 1/12 inf. 40).

Usure normale L'article 1792-6 du Code civil relatif à la garantie de parfait achèvement réserve le cas des **travaux nécessaires pour remédier aux effets de l'usure** normale ou de l'usage. Comme la garantie de parfait achèvement est d'un an, on pense, généralement, que la restriction que comporte ce texte s'applique aux équipements relevant de la biennale. Il semble cependant que l'usure « anormale » devrait être garantie, car elle fait présumer l'existence d'un vice. 87320

III. CONDITIONS RELATIVES AU DOMMAGE GARANTI

A. Dommage caché à la réception des travaux

1. NATURE DU DÉSORDRE GARANTI

La loi du 4 janvier 1978 n'exige pas que le dommage procède d'un vice de la construction. Elle désigne le dommage comme un désordre, c'est-à-dire une **altération de l'ouvrage** (C. civ. art. 1792-6). Le terme « désordre » est utilisé en jurisprudence pour désigner le dommage (Cass. 3e civ. 17-2-1999 no 97-14.145 PB : Bull. civ. III no 39). Le désordre est caractérisé lorsque les défauts de conception ou d'exécution exigent des « travaux de reprise nécessaires afin de rendre l'ouvrage normalement utilisable » (Cass. 3e civ. 31-3-2005 no 03-14.217 FS-PB : Bull. civ. III no 76). Il est pris en compte lorsqu'il affecte la solidité de l'ouvrage ou rend celui-ci impropre à sa destination, qu'il se manifeste dans le délai de garantie et est dénoncé dans ce délai, avec les nuances relatives au dommage évolutif ou futur. 87420

VICE DE LA CONSTRUCTION

Le désordre est une **malfaçon** qui, généralement, a son origine dans un vice de la construction. Le désordre relève de la garantie décennale (nos 87030 s.) ou de la garantie biennale de bon fonctionnement (nos 87300 s.) s'il en remplit les conditions. Ce n'est pas l'origine du désordre qui importe mais sa matérialité. La loi dispense de rechercher la cause du désordre (Cass. 3e civ. 1-12-1999 no 98-13.252 P : Bull. civ. III no 230 ; Cass. 3e civ. 30-4-2002 no 745 : BPIM 3/02 inf. 187). Dès lors, des **non-façons** justifient la mise en œuvre de la garantie (Cass. 3e civ. 2-10-1996 no 1537 ; Cass. 3e civ. 6-12-2006 no 05-16.826 FS-D : RDI 2007 p. 90) ; sur l'absence d'ouvrage, voir no 91282. 87425

Il importe peu, en principe, que l'existence d'un **vice de la construction** ne soit **pas établi** si le désordre présente le caractère de gravité requis pour la mise en œuvre de la responsabilité de plein droit des constructeurs (Cass. 3e civ. 30-9-2015 no 14-16.257 FS-D : BPIM 6/15 inf. 394). Toutefois, un arrêt décharge un constructeur de la responsabilité fondée sur l'article 1792 du Code civil à la suite d'un incendie en constatant qu'il n'est pas démontré que cet incendie était dû à un vice de l'installation électrique (Cass. 3e civ. 1-7-2009 no 08-17.588 : BPIM 5/09 inf. 362).

Le vice de la construction peut être un **vice du sol.** Le désordre qui en résulte relève donc de la garantie décennale s'il en remplit les conditions. L'article 1792 du Code civil interdit de considérer que le dommage procédant d'un vice du sol est, à ce seul titre, imputable à la force majeure. 87430

La matérialité du désordre suffit ; il n'est pas nécessaire de caractériser le vice du sol. La jurisprudence le fait, cependant, pour décider que la force majeure est, ou n'est pas, constituée (Cass. 3e civ. 1-12-1999 no 98-13.252 P : Bull. civ. III no 230). Ainsi, il a été jugé qu'une nappe phréatique est un vice du sol (Cass. 3e civ. 15-2-1989 no 87-14.713 : Bull. civ. III no 36).

Toutefois, le vice du sol n'engage pas la responsabilité des constructeurs lorsque :
– le vice est manifestement imprévisible, par exemple pour la remontée inattendue d'une nappe phréatique (Cass. 3e civ. 15-6-1988 : Bull. civ. III no 109) ;
– le maître de l'ouvrage a fait le choix du terrain en connaissance de cause, ce qui est une forme d'acceptation des risques, par exemple pour un enneigement de terrain dans une station de montagne (Cass. 3e civ. 18-12-1985 : JCP G 986 IV p. 80).

DÉFAUT DE CONFORMITÉ

87435 Le désordre relevant de la décennale ou de la biennale étant soumis aux conditions qui lui sont propres, il est indifférent qu'il soit la conséquence d'un vice caché ou d'un défaut de conformité aux documents contractuels.

Même s'ils ont comme origine une **non-conformité aux stipulations contractuelles,** les dommages qui relèvent d'une garantie légale ne permettent pas une action sur le fondement de la responsabilité de droit commun (Cass. 3e civ. 13-4-1988 : Gaz. Pal. 1988. 2 p. 779 obs. Blanchard ; Cass. 3e civ. 10-4-1996 : D. 1997 som. p. 349 obs. Jourdain). Ainsi, l'ouvrage impropre à sa destination en raison d'une erreur d'implantation ayant entraîné un risque d'inondation relève de la décennale alors même que l'inondation ne s'est pas encore produite, et non de la responsabilité de droit commun pour non-conformité aux prescriptions contractuelles (Cass. 3e civ. 8-4-1998 : RDI 1998 p. 373 ; voir dans le même sens : Cass. 3e civ. 19-3-1986 : RDI 1986 p. 367 ; Cass. 3e civ. 28-2-2001 no 99-16.781 FS-D).

Cependant, un arrêt laisse entendre que la garantie décennale ne s'applique pas lorsque la non-conformité n'est invoquée que pour obtenir l'exécution forcée en nature ou la remise des choses en état, conformément à l'article 1184 du Code civil, devenu l'article 1221 depuis l'ordonnance 2016-131 du 10 février 2016 (Cass. 3e civ. 6-5-2009 no 08-14.505 : RDI 2009 p. 426). La garantie décennale ne s'applique pas davantage et l'assurance dommages-ouvrage n'a pas vocation à s'appliquer lorsque les défauts de conformité ne portent pas en eux-mêmes atteinte à la solidité ou à la destination de l'ouvrage et n'exposent pas le maître de l'ouvrage à un risque de démolition à la demande d'un tiers, quand bien même la démolition-reconstruction serait nécessaire pour réparer les non-conformités (Cass. 3e civ. 6-6-2024 no 23-11-336 FS-B : BPIM 4/24 inf. 256). Dans un tel cas, la non-conformité étant une violation des dispositions contractuelles, la responsabilité de droit commun est encourue.

Le défaut de conformité **aux normes obligatoires** applicables à la construction (normes parasismique, normes de sécurité) peut constituer en lui-même un dommage de nature décennale (voir nos 87128 s.).

> **Précisions** Lorsque le **défaut de conformité** constitue un **désordre au sens des articles 1792 s.** du Code civil, la responsabilité est enfermée dans le délai de 10 ans qui suit la réception des travaux, mais elle est couverte par l'assurance de responsabilité obligatoire (Cass. 3e civ. 20-1-1999 no 97-10.756 : BPIM 2/99 inf. 141).
> Lorsque le défaut de conformité ne caractérise **pas un désordre au sens des articles 1792 s.** du Code civil, il ne relève pas de la responsabilité décennale ou biennale (Cass. 3e civ. 20-11-1991 : Bull. civ. III no 278 ; Cass. 3e civ. 14-1-2009 no 07-19.757 : BPIM 2/09 inf. 130, absence de bouche d'évacuation d'un sèche-linge).

2. DÉSORDRE CACHÉ POUR LE MAÎTRE DE L'OUVRAGE

DÉSORDRE CACHÉ À LA RÉCEPTION

87460 **Principe** La loi ne fait la distinction entre le désordre apparent et le désordre caché qu'à propos de la garantie de parfait achèvement (C. civ. art. 1792-6). Mais il est admis, conformément aux principes qui gouvernent l'obligation de garantie, que le désordre doit être caché à la réception des travaux pour relever des **garanties décennale et biennale** (Cass. 3e civ. 16-12-1987 no 86-15.444 : Bull. civ. III no 208 ; Cass. 3e civ. 17-7-1992 : RDI 1993 p. 81 ; Cass. 3e civ. 7-4-2016 no 15-11.256 F-D : BPIM 3/16 inf. 184). Par exemple, a été jugé caché le défaut résultant de l'absence de bouche d'évacuation d'un sèche-linge (qualifiée de non-conformité) lorsqu'une cloison a été posée devant une évacuation béante (Cass. 3e civ. 14-1-2009 no 07-19.757 : BPIM 2/09 inf. 130).

Le **juge** du fond **apprécie souverainement** que les désordres ne sont pas apparents à la réception (Cass. 3e civ. 12-10-2022 no 21-18.640 F-D : BPIM 6/22 inf. 426).

Incidence de la réception En principe, la **réception sans réserve** purge l'ouvrage de ses **désordres** alors **apparents** (Cass. 3e civ. 3-12-1997 no 1714 : BPIM 1/98 inf. 31 ; Cass. 3e civ. 12-9-2006 no 05-17.361 : BPIM 6/06 inf. 431). Il faut toutefois que le maître de l'ouvrage puisse déceler ces vices (Cass. 3e civ. 21-6-2005 no 02-18.518 : RDI 2005 p. 443), ce qui n'est pas le cas lorsque des volets se détachent alors qu'à la réception le maître de l'ouvrage ne pouvait pas déceler que les gonds seraient défectueux (Cass. 3e civ. 21-7-1999 no 1410 : BPIM 6/99 inf. 428). Lorsque le désordre est apparent à la réception et que celle-ci a été effectuée sans réserve, la garantie décennale ou biennale est donc exclue dans les marchés privés (Cass. 3e civ. 18-11-1997 no 96-13.228 D : BPIM 1/98 inf. 31 ; Cass. 3e civ. 21-6-2000 no 98-20.548 FS-D : BPIM 5/00 inf. 326 ; Cass. 3e civ. 8-11-2005 no 04-16.932 F-D : RDI 2006 p. 52). La solution est la même dans les marchés publics (CE 4-10-1995, Cne des Avirons : BPIM 2/96 inf. 131). Lorsque les désordres sont dénués de tout lien avec les ouvrages ayant donné lieu à des réserves lors de la réception, la garantie encourue justifie l'allocation d'une provision (CE 16-1-2012 no 352122, Cne du Château-d'Oléron : BPIM 2/12 inf. 130). 87462

Dans le cas où la réception est prononcée, la **responsabilité de droit commun** est également écartée (CE 30-1-1995 : RDI 1995 p. 321 ; voir toutefois : CE 22-5-1996 : RDI 1996 p. 371, qui réserve le cas où le contrat comporte une clause de garantie contractuelle). Le juge administratif n'a pas à rechercher d'office si les désordres étaient apparents à la réception de l'ouvrage (CE 8-12-1997 no 160996, Cne de Nancy : BPIM 2/98 inf. 115). Après une réception sans réserve, l'entreprise ne peut prendre en charge les réparations que pour les désordres qui étaient cachés lors de cette réception et il appartient au juge du fond de les identifier, en particulier s'il estime que certains désordres étaient apparents (Cass. 3e civ. 20-11-2013 no 13-10.281 : BPIM 1/14 inf. 31). Le Conseil d'État considère que l'apparence du désordre ne peut pas être déduite de la faute commise par le maître d'ouvrage dans le suivi et le contrôle de l'exécution du marché (CE 15-4-2015 no 376229, Cne de Saint-Michel-sur-Orge).

CHARGE DE LA PREUVE DU CARACTÈRE CACHÉ DU DÉSORDRE

En **principe,** la **réception sans réserve** fait présumer l'ignorance du défaut par le maître de l'ouvrage (Cass. req. 27-2-1929 : S. 1929 p. 267 ; Cass. 3e civ. 3-12-1997 : RDI 1998 p. 96). Tout se passe comme si l'ouvrage n'est affecté d'aucun vice. 87465

Si un vice (ou plus généralement un désordre ou une non-conformité) se révèle et qu'il est dénoncé après la réception, c'est au **constructeur** de démontrer que le maître de l'ouvrage en connaissait l'existence lorsque l'ouvrage a été reçu sans réserve. La **preuve du caractère apparent** d'un vice lors de la réception incombe donc au constructeur qui prétend s'exonérer de sa garantie.

Cette règle s'explique parce que « le vice n'était pas décelable » par le maître de l'ouvrage lors de la réception « qui est présumé, sauf preuve contraire, l'avoir ignoré » (C. J. Nana, Les dommages causés par les vices de la chose, thèse Paris I 1982 : LGDJ no 92).

La Cour de cassation a d'ailleurs admis que la réception sans réserve « implique qu'aucune malfaçon n'était alors révélée » (Cass. req. 27-2-1929 : S 1929 I 297 ; Cass. 1e civ. 21-7-1970 : Bull. civ. I no 249). Une doctrine presque unanime enseigne que tout vice est présumé caché, sauf preuve du contraire (Mazeaud « Leçon de droit civil » t. 3, 2e vol. 1980 no 1368-2 ; Mazeaud « Traité de la responsabilité civile » t. 2 6e éd. no 1070-13 ; Malinvaud et Jestaz « Droit de la promotion immobilière » 6e éd. nos 76 et 107 ; R. Saint Alary : JCP 1968 I 2146 ; Ripert par Rouast « Traité de droit civil » no 951 ; B. Boubli « La responsabilité et l'assurance des architectes, entrepreneurs et autres constructeurs » 2e éd. no 239-1).

Mais une **jurisprudence,** qui semble se confirmer, **remet en question la charge de la preuve.** 87467
Dans un arrêt rendu en 2004, la Cour de cassation a jugé que c'est au **maître de l'ouvrage** d'apporter la preuve du caractère caché du désordre non réservé à la réception (Cass. 3e civ. 7-7-2004 no 03-14.166 : Bull. civ. III no 142). Elle statue dans le même sens dans un arrêt du 2 mars 2022 en se fondant sur l'article 1315 du Code civil (devenu 1353), selon lequel c'est à celui qui réclame l'exécution d'une obligation de la prouver. La Haute Juridiction censure une cour d'appel à qui elle reproche d'avoir inversé la charge de la preuve en retenant, à propos d'une non-conformité du bois des terrasses extérieures, que l'entrepreneur n'établissait pas que le vice était apparent à la réception (Cass. 3e civ. 2-3-2022 no 21-10.753 FS-B : BPIM 2/22 inf. 129).

Il faut néanmoins rester attentif à la portée de cette évolution car la non-conformité est souvent apparente, sauf lorsqu'elle est intrinsèque et concerne le matériau utilisé (le bois en l'espèce) dont la nature peut échapper à la vigilance d'un profane. La preuve des réserves incombe sans aucun doute au maître de l'ouvrage qui soutient les avoir émises et le caractère apparent du désordre à la réception peut être établi par le constructeur. Mais la preuve que le maître de l'ouvrage ignorait le vice lorsqu'il a reçu l'ouvrage est une petite révolution : il s'agit d'une preuve négative impossible à administrer (preuve qu'il ignorait le vice) qui risque de bouleverser le droit général de la garantie des vices et de priver le maître de l'ouvrage (qui ne démontre pas que le défaut litigieux n'était pas décelable par lui à la réception) d'être privé des garanties légales et de la responsabilité de droit commun.

APPRÉCIATION PAR RÉFÉRENCE AU MAÎTRE DE L'OUVRAGE

87470 **Diligence minimale requise du maître de l'ouvrage** Le caractère apparent ou caché des dommages s'apprécie au regard du maître de l'ouvrage lui-même (Cass. 3e civ. 1-3-2023 nº 21-23.375 F-D : BPIM 2/23 inf. 115). Le défaut est caché lorsqu'il n'est pas susceptible d'être décelé par un maître d'ouvrage **normalement diligent** (Cass. 3e civ. 10-1-1990 : RDI 1990 p. 215, à propos d'une erreur d'implantation ; CA Versailles 10-3-1995 : RDI 1996 p. 71). Au maître d'ouvrage, un arrêt a assimilé le promoteur immobilier (CA Paris 31-1-1996 : RDI 1996 p. 217).

Les diligences normales requises du maître de l'ouvrage sont celles qui peuvent être exigées d'un **profane** (Cass. 3e civ. 6-7-2010 nº 09-66.757 F-D : BPIM 5/10 inf. 378, à propos d'une non-conformité aux normes de sécurité non décelables par le syndic de copropriété ; Cass. 3e civ. 13-4-2010 nº 09-66.708 : BPIM 3/10 inf. 221, à propos d'un enduit de façade affecté d'une variation de teinte ; Cass. 3e civ. 14-9-2023 nº 22-13.858 FS-B : BPIM 6/23 inf. 379, désordre dû à la longueur anormale de la tuyauterie indécelable pour un profane).

La **compétence professionnelle** du maître de l'ouvrage peut avoir une influence. Il a été jugé qu'on ne peut pas reprocher à l'entrepreneur d'avoir manqué à son obligation de conseil envers le promoteur professionnel (Cass. 3e civ. 24-3-1999 nº 96-19.775 : RJDA 10/99 nº 1155). Le maître d'ouvrage qui est un professionnel de la conception d'opérations immobilières particulièrement averti quant aux prescriptions légales ou réglementaires ne peut pas invoquer le caractère caché du défaut de conformité consécutif à un manquement aux règles d'accessibilité et d'adaptation aux personnes à mobilité réduite (Cass. 3e civ. 29-6-2022 nº 21-18.604 F-D : BPIM 4/22 inf. 300).

C'est au regard du maître d'ouvrage **signataire du procès-verbal** de réception que s'apprécie le caractère caché du désordre (Cass. 3e civ. 14-3-2001 nº 99-17.635 FS-D : BPIM 3/01 inf. 186). Ainsi, un syndicat de copropriétaires qui n'est pas partie à la réception prononcée par la SCI maître de l'ouvrage ne peut pas se prévaloir du caractère caché des désordres à son égard (Cass. 3e civ. 8-11-2005 nº 04-16.932 D : RDI 2006 p. 52). Dans le cas d'un ouvrage financé par un crédit-bailleur et destiné à un hôtelier professionnel, c'est en fonction de la compétence du crédit-bailleur qui a signé le procès-verbal de réception que le caractère caché du désordre s'apprécie, et non en fonction de la compétence de l'hôtelier qui a signé le marché (Cass. 3e civ. 27-9-2000 nº 98-21.397 FS-D : BPIM 1/01 inf. 44).

L'appréciation du caractère caché du désordre se fait **au moment de la réception.** S'il était caché pour le maître d'ouvrage à ce moment-là, il importe peu, en cas de vente, que le désordre ait été apparent pour l'acheteur lors de la vente (Cass. 3e civ. 28-2-2001 nº 99-14.848 FS-PB : Bull. civ. III nº 23).

87475 **Désordre visible à la réception tenu pour caché** Des désordres visibles à la réception sont susceptibles d'être tenus pour cachés lorsque le maître de l'ouvrage n'a **pas pu en apprécier le degré de gravité** et qu'il n'a **pas émis de réserve** (dans ce sens, Cass. 3e civ. 27-1-2010 nº 08-19.763 FS-D : BPIM 2/10 inf. 116, 1e esp. ; rappr. dans une Vefa : Cass. 3e civ. 29-1-2013 nº 12-10.077 : BPIM 2/13 inf. 127, qui estime que n'est pas un vice apparent l'inaccessibilité d'un parking avec une grosse voiture). Tel est le cas lorsque le maître d'ouvrage est un particulier non professionnel du bâtiment et qu'il n'a pas pu imaginer que les désordres prendraient de l'ampleur et se généraliseraient (Cass. 3e civ. 20-12-2018 nº 17-26.523 F-D : BPIM 1/19 inf. 40). Ainsi, sont soumis à la garantie décennale des désordres réels et non hypothétiques qui ne sont pas connus dans leur étendue, leur cause et leurs conséquences dommageables au moment de la réception (Cass. 3e civ. 27-4-1977 nº 75-14.806 FS-D : Bull. civ. III nº 178 ; Cass. 3e civ. 12-2-1977 nº 239 : BPIM 3/97 inf. 192 ; Cass. 3e civ. 17-11-1999 nº 98-13.430 D : BPIM 1/00 inf. 30). La solution s'applique, alors même qu'à la date de la réception judiciaire les désordres étaient connus, s'il advient qu'ils ne se sont révélés dans toute leur ampleur que plus tard, lors d'une expertise (Cass. 3e civ. 16-9-2014 nº 13-21.063 : BPIM 6/14 inf. 394). Elle s'applique aussi à des évents non raccordés destinés à favoriser l'aération, ce qui était apparent à la réception, mais que des odeurs nauséabondes constituant des nuisances olfactives de nature à causer un risque pour la santé et la sécurité des occupants ne se manifestent qu'après la réception (Cass. 3e civ. 11-5-2022 nº 21-15.608 FS-B : BPIM 3/22 inf. 215) ; le risque présentant un danger pour la santé est pris en lui-même lorsqu'il se manifeste dans le délai d'épreuve et qu'il peut ne pas avoir été mesuré dans toute son ampleur lors de la réception.

En revanche, n'est pas caché un désordre apparent à la réception, qui a montré toute son ampleur dès son apparition et qui n'a pas été réservé à la réception (Cass. 3e civ. 11-2-1998 : RDI 1998 p. 260), ou un empiètement sur le terrain d'autrui que le maître d'ouvrage a toléré (Cass. 3e civ. 28-2-2012 nos 11-13.670 et 11-20.549 : BPIM 3/12 inf. 238).

La **présomption d'ignorance** par le maître de l'ouvrage du défaut, parfois admise, **tombe** (et il ne peut pas invoquer le caractère caché du désordre) s'il connaissait sa réalité et son importance ou s'il ne pouvait l'ignorer (Cass. 3e civ. 4-4-2002 no 00-17.634 FS-D : BPIM 3/02 inf. 188). 87477
Tel est le cas :
– s'il connaissait l'existence du défaut (Cass. 3e civ. 19-7-1995 : BPIM 1/96 inf. 53 ; Cass. 3e civ. 11-2-1998 : RDI 1998 p. 260) ;
– s'il a été averti du désordre par un acquéreur invité aux opérations de réception (Cass. 3e civ. 20-10-1993 : RDI 1994 p. 56) ;
– s'il s'agit d'un professionnel qui a suivi les travaux et n'a pu ignorer le défaut (Cass. 3e civ. 18-11-1997 no 96-13.228 D : BPIM 1/98 inf. 31).

Désordre révélé dans son ampleur après la réception Normalement, en présence d'un **défaut qui a donné lieu à des réserves,** la responsabilité encourue est celle de droit commun (Cass. 3e civ. 2-10-2001 no 1295 : RDI 2002 p. 89). Les vices qui ont donné lieu à des réserves avant la prise de possession et qui n'ont pas été levées ne relèvent pas de la garantie décennale (Cass. 3e civ. 11-7-2001 no 99-20.914 FS-D : BPIM 5/01 inf. 314, 2e espèce). La garantie décennale est, en général, écartée dès lors que les désordres réservés sont en germe et prévisibles dans leur ampleur et leurs conséquences dès la réception (Cass. 3e civ. 25-5-2023 no 22-10.734 F-D, défaut d'étanchéité des fenêtres), même si ils se sont amplifiés par la suite (Cass. 3e civ. 27-6-2001 no 00-12.479 FS-D : BPIM 5/01 inf. 314, 1e espèce). 87480

Toutefois, le dommage est parfois **considéré comme étant caché** alors même que le défaut a donné lieu à des réserves. C'est le cas lorsque le désordre ne s'est révélé que postérieurement dans son ampleur et dans ses conséquences (Cass. 3e civ. 12-10-1994 no 92-16.533 : Bull. civ. III no 172 ; Cass. 3e civ. 16-12-2008 no 07-21.673 : BPIM 1/09 inf. 32 ; Cass. 3e civ. 21-9-2011 no 09-69.933 FS-PB : BPIM 6/11 inf. 466). Encore faut-il que le maître de l'ouvrage soutienne devant le juge que le dommage ne s'est révélé que postérieurement à la réception dans toute son ampleur et ses conséquences (Cass. 3e civ. 7-4-2016 no 15-11.256 F-D : BPIM 3/16 inf. 184). Dans ce cas, il est probable que la compétence du maître de l'ouvrage est indifférente puisqu'il a rempli son rôle en émettant des réserves. On ne peut donc pas lui reprocher quoi que ce soit. C'est la gravité du désordre dans sa manifestation future qui suffit à justifier l'application de la garantie décennale.

PRÉSENCE DE L'ARCHITECTE LORS DE LA RÉCEPTION

La présence de l'architecte ou d'un technicien aux côtés du maître de l'ouvrage lors de la réception est, en général, sans **influence** (Cass. 3e civ. 1-3-2023 no 21-23.375 F-D : BPIM 2/23 inf. 115, présence d'un technicien en l'espèce). Même si l'architecte a été mandaté pour réceptionner l'ouvrage, l'appréciation du caractère apparent ou caché du vice ou du défaut de conformité se fait par référence au maître de l'ouvrage (Cass. 3e civ. 17-11-1993 : RJDA 2/94 no 203, RDI 1994 p. 252). 87485

L'appréciation du caractère caché ou non par référence au maître d'ouvrage est difficile à comprendre. En effet, l'architecte doit assister le maître de l'ouvrage de ses conseils à la réception. Il doit l'inviter à faire les réserves qui s'imposent (voir no 48692). On ne voit pas quoi reprocher à l'architecte si le caractère apparent ou caché du désordre s'apprécie en fonction du maître de l'ouvrage :
– ou bien le désordre échappe à la capacité d'appréciation de ce dernier et il est considéré comme caché, ce qui permet d'appliquer la décennale, la biennale ou la responsabilité de droit commun ;
– ou bien le désordre est décelable par le maître de l'ouvrage, et l'abstention de l'architecte est sans influence car l'effet de purge ne lui est pas imputable.

La jurisprudence, tout en posant que le défaut s'apprécie par référence au maître de l'ouvrage – ce qui permet dans ce cas à l'architecte d'échapper aux garanties éventuelles – retient cependant la **responsabilité** de droit commun **de l'architecte** pour manquement à l'obligation de conseil (voir no 48690).

ÉLÉMENTS CARACTÉRISANT LE VICE CACHÉ

L'**apparence** est caractérisée lorsque le désordre est visible à la réception, que sa cause est connue et que ses conséquences sont mesurables (P. Malinvaud : RDI 1996 p. 217). Hors ces cas, le vice est caché. Il est souvent nécessaire de recourir à une **expertise** pour apprécier l'importance du désordre et évaluer l'aptitude du maître de l'ouvrage à en mesurer la gravité (Cass. 3e civ. 22-11-1977 : JCP G. 1978 IV p. 29). 87490

Le **vice** est considéré comme étant **caché à la réception** lorsque :
– il ne pouvait pas être décelé par le maître de l'ouvrage (Cass. 3e civ. 10-1-1990 : RDI 1990 p. 215) ;

– les désordres ne se sont révélés que postérieurement dans leur ampleur et dans leurs conséquences malgré les réserves (voir nº 87475) ;
– l'importance du désordre n'a pas pu être évaluée, alors même que des réserves ont été faites (voir les arrêts cités nº 87480) ;
– la cause du préjudice n'a pu être déterminée qu'après la réception (Cass. 1e civ. 17-7-1964 : Bull. civ. I nº 395).

B. Dommage certain

87530 Le dommage n'est indemnisable que s'il est certain, c'est-à-dire dans **trois cas** :
– s'il est actuel ;
– s'il est évolutif (le dommage va se développer dans l'avenir) ;
– s'il est futur (le dommage va inévitablement se produire dans un avenir plus ou moins proche).

Le dommage peut aussi affecter directement l'ouvrage ou se présenter sous la forme de **troubles consécutifs.**

1. DÉSORDRE ÉVOLUTIF

CARACTÉRISTIQUES DU DÉSORDRE ÉVOLUTIF

87535 Le désordre évolutif est un dommage de **nature décennale** qui :
– se manifeste dans le délai de 10 ans qui suit la réception ;
– est dénoncé dans ce délai par un acte interruptif de prescription ;
– se propage ou se répète.

Le désordre évolutif est d'ores et déjà assez grave pour relever de la décennale. S'il se propage ou se répète, la dénonciation de sa première manifestation garantit l'avenir. La question reste discutée de savoir si la propagation doit intervenir dans le délai de 10 ans.

Théoriquement, le désordre évolutif peut être de nature à relever aussi de la garantie **biennale.** Mais le droit positif n'en fournit guère d'exemple.

Le désordre évolutif est une variété de dommage futur.

CONDITIONS DU DÉSORDRE ÉVOLUTIF

87540 Par un arrêt du 18 janvier 2006, la Cour de cassation a fait la synthèse des conditions qui permettent la prise en considération du désordre évolutif aux fins d'indemnisation (Cass. 3e civ. 18-1-2006 nº 04-17.400 FS-PBRI : Bull. civ. III nº 17, RDI 2006 p. 108). Les termes de l'arrêt sont repris par un arrêt ultérieur, qui se réfère expressément à la décision de 2006 (Cass. 3e civ. 6-9-2018 nº 17-22.370 FS-D : RDI 2018 p.605 note J. Roussel). Selon l'arrêt du 6 septembre 2018, la notion de désordre évolutif suppose « un nouveau désordre constaté au-delà de l'expiration du délai décennal » trouvant son « siège dans l'ouvrage où un désordre de même nature a été constaté et dont la réparation a été demandée en justice avant l'expiration de ce délai ». Le désordre évolutif est ainsi **caractérisé par** les **trois éléments** suivants.

87541 **Désordre présentant un certain degré de gravité** Au moment où il est dénoncé, le désordre doit présenter le degré de gravité nécessaire pour **relever de la garantie décennale** : atteinte à la solidité de l'ouvrage, impropriété à sa destination, désordre caché à la réception (Cass. 3e civ. 13-2-1991 : Bull. civ. III nº 52 ; Cass. 3e civ. 19-6-1996 : BPIM 6/96 inf. 406 ; Cass. 3e civ. 9-7-1997 nº 95-18.669 D : BPIM 5/97 inf. 323).

À défaut, il n'y a pas désordre évolutif (Cass. 3e civ. 5-7-2018 nº 17-20.105 F-D : BPIM 5/18 inf. 354).

87542 **Désordre dénoncé dans le délai de la garantie décennale** La dénonciation du désordre doit intervenir dans le délai de la garantie décennale par un acte interruptif de prescription et prendre la forme d'une action en justice, en pratique une **assignation** (Cass. 3e civ. 3-12-1985 : Bull. civ. III nº 159 ; Cass. 3e civ. 8-10-2003 nº 01-17.868 : Bull. civ. III nº 170 ; Cass. 3e civ. 6-7-2011 nº 10-17.965 : Bull. civ. III nº 121 ; Cass. 3e civ. 20-5-2015 nº 14-14.773 FS-PB : BPIM 4/15 inf. 259, refus d'indemnisation au motif que les défauts d'exécution de la toiture n'avaient pas mis en évidence des infiltrations dans le délai de la garantie). L'interruption de la prescription permet de faire courir un **nouveau délai** pour les désordres aggravés et ces derniers relèvent de la garantie, même si des travaux de renforcement de l'ouvrage à la suite des désordres primitifs ont été exécutés (Cass. 3e civ. 11-3-2015 nº 13-28.351 FS-PB : BPIM 3/15 inf. 195). Si l'expert chargé d'apprécier les désordres primitifs n'a pas apprécié leur caractère évolutif et n'a pas préconisé les mesures nécessaires, il engage sa responsabilité extracontractuelle pour ce dommage (même arrêt).

L'effet interruptif de prescription doit être maintenu par le jugement. En cas de débouté, le jugement effacerait l'effet interruptif de prescription.

Désordre qui s'aggrave Le désordre dénoncé doit faire l'objet d'une aggravation. C'est un désordre qui procède du précédent. **87543**

Une distinction doit être opérée selon l'**époque à laquelle l'aggravation se manifeste** :
– si elle intervient dans le délai décennal, la notion de désordre évolutif a peu d'intérêt car ce désordre peut immédiatement être dénoncé et relever des articles 1792 s. du Code civil ;
– si elle est postérieure à l'expiration du délai de garantie décennale, elle n'empêche pas sa prise en considération au titre de la décennale car tel est l'intérêt de la qualification du désordre en « désordre évolutif ». Mais l'appréciation du délai peut poser problème (voir n° 87555).

L'aggravation peut **consister** soit en une **propagation** du désordre, soit en sa **répétition** (récidive). Selon la Cour de cassation, l'aggravation implique une extension objective des effets du vice et nécessairement une manifestation nouvelle de celui-ci quelle qu'en soit la nature (Cass. 3e civ. 25-11-1998 : RDI 1999 p. 259). À défaut, il s'agit d'un désordre nouveau dont il convient de vérifier les conditions de sa prise en charge au titre de la garantie décennale (Cass. 3e civ. 18-11-1992 : Bull. civ. III n° 297).

L'aggravation doit concerner un désordre de **même nature** (défaut d'étanchéité, désordres de couverture, etc.). Mais le principe repris par l'arrêt du 6 septembre 2018 susvisé (n° 87540) vise aussi « le siège » de l'ouvrage où le premier désordre a été constaté, ce qui peut limiter l'étendue de l'aggravation prise en compte.

Le **désordre qui se propage** relève sans aucun doute de la catégorie des désordres évolutifs. Dénoncé dans sa première manifestation dans le délai de la garantie décennale, il est pris en charge au titre de cette garantie dans ses manifestations ultérieures de même nature (Cass. 3e civ. 3-12-2002 n° 1812 : RDI 2003 p. 185 ; Cass. 3e civ. 13-9-2005 n° 04-13.014 F-D : RDI 2006 p. 53). **87545**

ILLUSTRATIONS

– désordres de couverture dénoncés dans certains pavillons et qui se manifestent dans d'autres (Cass. 3e civ. 25-1-1995 n° 93-12.610 P : Bull. civ. III n° 26 ; Cass. 3e civ. 16-5-2001 n° 99-15.062 FS-PB : Bull. civ. III n° 62) ;
– fissures apparues sur 38 garde-corps et dénoncées en leur temps qui affectent plus tard 167 autres (Cass. 3e civ. 8-10-2003 n° 01-17.868 : Bull. civ. III n° 170) ;
– chute de plaques de pierre qui se propage après réparation des premières malfaçons dénoncées (Cass. 3e civ. 3-12-1985 : Bull. civ. III n° 159 ; Cass. 3e civ. 11-5-2000 n° 98-17.179 FS-PB : Bull. civ. III n° 103) ;
– fissures affectant les carrelages du rez-de-chaussée d'une maison trouvant leur cause dans un même défaut d'exécution que les désordres affectant les carrelages du premier étage dénoncés dans le délai décennal et pris en charge par l'assureur dommages-ouvrage (Cass. 3e civ. 25-5-2023 n° 22-13.410 FS-B : BPIM 4/23 inf. 260).

Un certain nombre d'**incertitudes** demeurent. **87547**

Certains arrêts prennent en compte l'aggravation dès lors qu'elle est la **conséquence d'un même vice** (Cass. 3e civ. 25-11-1998 : RDI 1999 p. 259 ; Cass. 3e civ. 14-1-1998 n° 96-14.332 D : BPIM 2/98 inf. 116) ou qu'elle procède de la **même cause** (Cass. 3e civ. 21-1-2004 n° 02-14.346 F-D ; Cass. 3e civ. 4-10-2018 n° 17-23.190 FS-PBI : BPIM 6/18 inf. 414). Dans ce contexte, il semble indifférent que le désordre affecte ou non la même partie d'ouvrage ou qu'il concerne des bâtiments différents. Ainsi, le désordre évolutif a-t-il été retenu pour :
– des carrelages fissurés du rez-de-chaussée d'une maison trouvant leur cause dans un même défaut d'exécution que les désordres affectant les carrelages du premier étage constatés avant l'expiration de la garantie décennale et pris en charge par l'assurance DO (Cass. 3e civ. 25-5-2023 n° 22-13.410 FS-B : BPIM 4/23 inf. 260) ;
– des pavillons différents (Cass. 3e civ. 25-1-1995 n° 93-12.610 P ; Cass. 3e civ. 16-5-2001 n° 99-15.062 FS-PB précités), en particulier lorsque les désordres dénoncés à l'origine s'aggravent dans les mêmes villas (Cass. 3e civ. 4-11-2004 n° 03-13.414, 2e moyen : Bull. civ. III n° 187).

Le Conseil d'État se prononce dans le même sens (CE 30-12-1998 n° 165042, Andrault : BPIM 2/99 inf. 139). Il décide que la réfection du système d'étanchéité de l'ensemble des terrasses entre dans le champ de la garantie décennale alors même que tous les appartements n'ont pas été rendus impropres à leur destination pendant la durée du délai d'épreuve de 10 ans, dès lors que les désordres sont de même origine que ceux dénoncés dans la demande initiale et que leur extension à moyen terme à l'ensemble des terrasses est prévisible.

Mais d'autres arrêts décident qu'il est indifférent que la cause du sinistre soit ou non la même dès lors que le **dommage** est de **même nature** (Cass. 3e civ. 20-5-1998 n° 96-14.080 P : Bull. civ. III n° 105). Cette jurisprudence aurait dû élargir le champ de la garantie à d'autres ouvrages ou parties d'ouvrage que ceux dans lesquels le premier désordre a été dénoncé. Depuis l'arrêt du 18 janvier 2006 (voir n° 87540), ce n'est pas certain. Déjà en 2004, la Cour de cassation avait décidé que les désordres sur des maisons différentes ne sont pas des désordres évolutifs car, « chaque villa étant un **ouvrage indépendant,** il ne peut pas être retenu que des désordres constatés dans une villa seraient de nature à constituer l'aggravation de ceux ayant affecté antérieurement un autre immeuble » (Cass. 3e civ. 4-11-2004 n° 03-13.414, 1er moyen précité). Dans le même sens pour des désordres affectant d'autres « corbeaux » que ceux pris en charge au titre de la garantie décennale (Cass. 3e civ. 18-1-2006 n° 04-17.400 FS-PBRI : Bull. civ. III n° 17). Cet arrêt semble limiter la propagation prise en compte au même ouvrage que celui sur lequel le désordre s'est manifesté.

87550 **Répétition du désordre après réparation** Lorsque le désordre se répète sur la même partie d'ouvrage malgré une première réparation, il y a **récidive** :
– infiltrations de façade qui, après réparation à la suite d'une action en justice, se manifestent à nouveau sur la même façade (Cass. 3e civ. 20-5-1998 n° 96-14.080 : Bull. civ. III n° 105) ;
– garde-corps dégradés puis réparés suivis d'une désagrégation des ferraillages à la jonction des panneaux de façade (Cass. 3e civ. 25-11-1998 : RDI 1999 p. 259).

On est en présence d'une fausse récidive et, en réalité, d'un désordre qui se propage lorsque la réparation a lieu sur une partie d'ouvrage et que le nouveau désordre se manifeste **sur une autre partie** (Cass. 3e civ. 3-12-1985 : Bull. civ. III n° 159 ; Cass. 3e civ. 11-5-2000 n° 98-17.179 : Bull. civ. III n° 103).

On peut douter que la **récidive** soit un **désordre évolutif** : il s'agit du même dommage qui est mal réparé. Mais la **distinction** n'est guère facile en jurisprudence car la nouvelle manifestation du désordre bénéficie de l'effet interruptif de prescription, ce qui est l'intérêt majeur du régime des désordres évolutifs.

EFFET INTERRUPTIF DE PRESCRIPTION

87555 La dénonciation régulière du désordre d'origine interrompt la prescription et permet de faire entrer son aggravation dans le champ de la garantie décennale (voir nos 87540 s.).

Dans certains cas, l'**aggravation** est **anticipée** et la réparation du désordre d'origine en tient compte : la réfection intégrale de l'ouvrage est ordonnée, y compris les parties qui ne sont pas encore sinistrées. Le désordre évolutif retrouve alors sa nature de dommage futur (Cass. 3e civ. 14-1-1998 n° 47 : BPIM 2/98 inf. 116 ; CE 30-12-1998 n° 165042 : BPIM 2/99 inf. 139).

Dans d'autres cas, l'**aggravation** n'est **pas anticipée.** Doit-elle pour autant **se manifester dans le délai de 10 ans** qui suit la réception ? La jurisprudence qui pose cette règle pour les désordres futurs (nos 87560 s.) ne peut pas s'appliquer aux désordres qui se propagent. Plusieurs arrêts sanctionnent d'ailleurs le constructeur pour des désordres évolutifs apparus longtemps après l'expiration du délai de 10 ans suivant la réception (Cass. 3e civ. 8-10-2003 n° 01-17.868 : Bull. civ. III n° 170 ; Cass. 3e civ. 4-11-2004 n° 03-13.414, 2e moyen : Bull. civ. III n° 187). L'assignation interrompt le délai pour les désordres qu'ils visent et pour ceux de même nature qui en sont la suite directe (Cass. 3e civ. 11-1-1995 n° 93-10.327 : RDI 1995 p. 330 ; Cass. 3e civ. 4-1-1996 n° 94-12.142 D : BPIM 2/96 inf. 133). Tant que l'instance est en cours, les désordres aggravés peuvent être couverts par la décennale s'ils sont la suite des désordres dénoncés. Ils peuvent l'être aussi, semble-t-il, s'ils se manifestent plus de 10 ans après la réception et que les constructeurs ont été condamnés au titre des premiers désordres.

En revanche, ils ne peuvent pas être couverts par la garantie si la demande relative aux premiers désordres a été rejetée : le jugement de débouté fait disparaître rétroactivement l'effet interruptif de la réception.

2. DÉSORDRE FUTUR

DÉFINITION DU DÉSORDRE FUTUR

87560 Comme le désordre évolutif qui se propagera ou se répétera dans l'avenir, le désordre futur est lui aussi un dommage qui va évoluer. Mais au lieu de se propager ou de se répéter, il **s'aggrave en intensité** (B. Boubli : Le point sur « Les désordres évolutifs en garantie décennale » : BPIM 4/04 inf. 193). Le désordre futur peut se définir comme un dommage qui se manifeste dans le délai décennal mais qui, au moment où il est dénoncé, ne remplit pas encore les conditions nécessaires de gravité (impropriété de l'ouvrage à sa destination ou atteinte à sa solidité) permettant de le faire entrer dans le champ de la garantie décennale. L'**aggravation** du désordre dans un avenir prévisible est **certaine** et il présentera alors le degré de gravité exigé par les articles 1792 s. du Code civil (Cass. 3e civ. 28-5-1986 : RDI 1986 p. 468 ; Cass. 3e civ. 13-2-1991 n° 89-12.535 : Bull. civ. III n° 52 ; Cass. 3e civ. 29-1-2003 n° 00-21.091 FS-PB : RDI 2003 p. 185).

Le désordre doit, dans le délai de 10 ans qui suit la réception, revêtir la gravité décennale requise par les articles 1792 ou 1792-2 du Code civil, c'est-à-dire compromettre la solidité de l'ouvrage ou le rendre impropre à sa destination (Cass. 3e civ. 16-6-2009 n° 08-14.046 F-D : BPIM 4/09 inf. 280). Pour le Conseil d'État, le caractère de gravité requis doit être atteint dans un délai prévisible (voir n° 87569).

> **Précisions** Si des désordres se sont manifestés pendant le délai d'épreuve de 10 ans et que des réparations ont eu lieu pendant cette période sans pour autant que leur cause ait été traitée, il n'y a **pas de désordre futur** après l'expiration du délai de garantie en raison du caractère généralisé du désordre pendant le délai d'épreuve. La responsabilité est donc encourue (Cass. 3e civ. 17-9-2020 n° 19-16.142 F-D : BPIM 6/20 inf. 394, jugeant que les reprises de fuites n'ont pas traité les causes du désordre généralisé imposant une remise à neuf du réseau de canalisations). Dans un tel cas, en effet, bien que l'arrêt n'en dise rien, il y a soit désordre évolutif régulièrement dénoncé, soit interruption pure et simple du délai de garantie décennale par les reprises effectuées par l'entreprise.

DÉNONCIATION DU DÉSORDRE DANS LE DÉLAI DE 10 ANS

La **première manifestation** du désordre doit être constatée dans le délai de 10 ans qui suit la réception. Le **désordre** doit être **effectif** : ainsi, il a été jugé que l'état de corrosions des canalisations d'eau froide et chaude dénoncé dans le délai de la garantie décennale n'était pas suffisant pour caractériser un désordre futur (Cass. 3e civ. 5-7-2018 n° 17-20.105 F-D : BPIM 5/18 inf. 354). Dans le même ordre d'idée, un arrêt censure une cour d'appel qui avait estimé que la survenance à court terme d'un désordre identifié dans ses causes dans le délai décennal laissait présager un désordre futur non hypothétique et relevant à ce titre de la garantie décennale ; l'arrêt est cassé car aucun dommage existant au sens de l'article 1792 du Code civil n'avait été caractérisé lors de l'expertise (Cass. 3e civ. 8-2-2018 n° 17-12.460 FS-PB : BPIM 2/18 inf. 127). 87562

La dénonciation du désordre doit prendre la **forme** d'un acte interruptif de prescription et demander la réparation au titre de la garantie décennale. L'action engagée dès la première manifestation du désordre, alors qu'il n'est pas encore grave, interrompt la prescription jusqu'à la fin de l'instance au fond.

Si le désordre n'est **pas dénoncé dans le délai,** la réparation de l'aggravation est exclue (Cass. 3e civ. 18-11-1992 n° 1615 : Bull. civ. III n° 297 ; Cass. 3e civ. 3-12-2002 n° 1819 : RDI 2003 p. 185). Toutefois, si le désordre n'a pas été dénoncé lors de sa première manifestation, mais fait l'objet d'une demande en réparation avant l'expiration du délai de 10 ans au moment où il se manifeste dans toute son ampleur et son étendue, l'action en garantie est recevable.

CONSTATATION DE L'AGGRAVATION DU DÉSORDRE

Risque certain d'aggravation du désordre Le juge du fond ne peut pas se borner à relever l'existence de désordres dus à la mauvaise réalisation d'une toiture et relever que les défauts d'étanchéité entraîneront inéluctablement des dégâts dans les pièces habitables (Cass. 3e civ. 21-9-2022 n° 21-15.455 F-D : BPIM 6/22 inf. 427, RDI 2022 p. 486). Il doit constater que les désordres **atteindront de manière certaine la gravité requise** pour la mise en œuvre de la garantie décennale, dans les 10 ans après la réception de l'ouvrage. Relèvent ainsi de la garantie décennale les désordres consécutifs à des travaux d'excavation qui ont aggravé la pente préexistante d'un talus et ont créé un risque certain d'éboulement dudit talus et d'endommagement de la maison dans le délai de la garantie décennale (Cass. 3e civ. 12-9-2012 n° 11-16.943 FS-PB : BPIM 6/12 inf. 446). 87565

Cependant, s'agissant des **défauts de conformité** de l'ouvrage **aux normes parasismiques** obligatoires, la Cour de cassation considère qu'ils constituent un facteur d'ores et déjà avéré et certain de risque de perte de l'ouvrage par séisme et relèvent de ce fait de la garantie décennale (Cass. 3e civ. 25-5-2005 n° 03-20.247 FS-PB : Bull. civ. III n° 113 ; Cass. 3e civ. 11-5-2011 n° 10-11.713 FS-PB : BPIM 4/11 inf. 302). Il n'est pas nécessaire d'établir que la perte de l'ouvrage par séisme interviendra avec certitude dans le délai décennal. Dès lors qu'ils peuvent avoir pour conséquence la perte de l'ouvrage, qu'ils sont multiples et portent sur des éléments essentiels de la construction, les défauts de conformité aux normes parasismiques relèvent de la garantie décennale (Cass. 3e civ. 7-10-2019 n° 08-17.620 FS-PB : Bull. civ. III n° 212).

Dans le même ordre d'idée, le **risque sanitaire** de développement de légionelles auquel se sont trouvés exposés les habitants pendant le délai d'épreuve relève de la garantie décennale par sa gravité et caractérise en lui-même l'impropriété de l'ouvrage à sa destination, même s'il ne s'est pas réalisé dans le délai d'épreuve (Cass. 3e civ. 14-9-2023 no 22-13.858 FS-B : BPIM 6/23 inf. 379).

La **garantie décennale** est **acquise** lorsque :
– au cours de l'instance, le désordre dénoncé s'aggrave et présente le degré de gravité requis pour relever de la décennale ;
– dans le délai de la garantie décennale, le juge constate que le désordre a évolué pour atteindre le degré de gravité requis pour relever de la décennale (Cass. 3e civ. 18-6-2008 no 07-12.977 FS-PB : BPIM 4/08 inf. 297).

87567 Si le **risque d'aggravation** dans le délai de 10 ans n'est **pas certain,** la réparation se limite au dommage actuel, c'est-à-dire au désordre effectivement constaté : ainsi en est-il pour des carrelages endommagés qui causent des nuisances sonores, la réparation se limitant au remplacement de ceux qui sont défectueux et non à l'ensemble des carrelages s'il n'est pas certain qu'ils seront affectés des mêmes désordres dans le futur (Cass. 3e civ. 17-2-2015 no 13-26.628 F-D : BPIM 2/15 inf. 115).

Si le risque d'aggravation dans le délai de 10 ans ne peut pas être envisagé avec certitude, peut-on néanmoins tenir le désordre actuel comme de nature à rendre l'ouvrage impropre à sa destination ? Saisie de cette difficulté à propos d'un mur faisant l'objet d'un risque hypothétique d'effondrement, la Cour de cassation, qui a écarté l'existence d'un dommage futur, ne s'est pas prononcée sur l'impropriété actuelle du mur à sa destination (Cass. 3e civ. 20-4-2017 no 16-11.724 F-D : RDI 2017 p. 300).

L'**aggravation non prévisible** ne semble pas relever de la catégorie des désordres futurs. Mais cela est sans inconvénient majeur : si elle se manifeste dans le délai de 10 ans, elle est prise en compte comme un préjudice autonome. Si aucun désordre n'a été initialement dénoncé, elle sera, après expertise, considérée comme une manifestation inattendue du désordre dénoncé. Si elle est constatée dans le délai de 10 ans, l'interruption de prescription lui profitera.

87568 **Aggravation du désordre dans le délai de 10 ans** Une incertitude existe lorsque, au moment où le juge statue, le désordre apparu dans le délai de 10 ans n'a pas encore atteint le degré de gravité requis pour relever de la garantie décennale et que la manifestation de l'aggravation peut être fixée à une date postérieure à l'expiration du délai de 10 ans à compter de la réception. Ce désordre est-il garanti ? Il existe une **divergence** entre la Cour de cassation et le Conseil d'État.

Selon la **Cour de cassation,** lorsque le juge constate que le désordre n'est pas encore du degré de gravité requis de l'article 1792 du Code civil, il doit vérifier qu'il portera atteinte « à brève échéance et en tout cas avant l'expiration du délai de garantie décennale » à la solidité de l'immeuble (Cass. 3e civ. 29-1-2003 no 01-13.034 FS-PB : Bull. civ. III no 18 ; Cass. 3e civ. 16-6-2009 no 08-14.046 F-D : BPIM 4/09 inf. 280 ; Cass. 3e civ. 21-10-2009 no 08-15.136 FS-PB : Bull. civ. III no 225, RDI 2010 p. 110) ; même solution pour l'impropriété à la destination (Cass. 3e civ. 29-1-2003 no 01-21.091 FS-PB : Bull. civ. III no 18 ; Cass. 3e civ. 21-5-2003 no 01-17.484 FS-PB : Bull. civ. III no 106 ; Cass. 3e civ. 31-3-2005 no 03-15.766 FS-PB : Bull. civ. III no 77). Un arrêt résume la règle : lorsque l'ouvrage a rempli son office pendant la durée de la garantie décennale, les désordres dont la manifestation est postérieure ne sont pas garantis (Cass. 3e civ. 24-5-2005 no 04-13.210 F-D : RDI 2005 p. 336). Le juge ne peut donc pas retenir la garantie décennale s'il constate qu'il ne peut être établi que la perte de l'ouvrage (risque d'effondrement en l'espèce) interviendra dans le délai décennal (Cass. 3e civ. 23-10-2013 no 12-24.201 FS-PB : BPIM 6/13 inf. 401).

Toutefois la Cour de cassation se dispense parfois d'analyser le désordre comme un dommage futur et tient compte du risque pris en lui-même en traitant la cause du désordre comme une infraction matérielle ou formelle impliquant nécessairement la réalisation du dommage : ainsi il est jugé qu'un risque sanitaire consécutif à la longueur anormale de la tuyauterie et pouvant entraîner le développement de légionelles caractérise l'impropriété de l'ouvrage à sa destination et relève à ce seul titre de la garantie décennale, même si le risque ne s'est pas réalisé dans le délai d'épreuve (Cass. 3e civ. 14-9-2023 no 22-13.858 FS-B : BPIM 6/23 inf. 379). Si l'on rapproche cet arrêt de celui du 20 avril 2017 (no 16-11-724 F-D cité au no 87567), il faut en déduire, nous semble-t-il, que le risque doit être certain au moment où il est dénoncé, ce qui peut constituer un rapprochement avec la jurisprudence du Conseil d'État. Il faut rappeler que la Cour de cassation, appréhendant le risque en lui-même, a déjà jugé que la non-conformité aux normes parasismiques peut suffire à caractériser un dommage actuel relevant de la garantie décennale (no 87128).

Le **Conseil d'État** n'épouse pas l'analyse restrictive de la Cour de cassation. Il retient que « Les dommages apparus dans le délai d'épreuve de dix ans, de nature à compromettre la solidité de l'ouvrage ou à le rendre impropre à sa destination dans un délai prévisible, engagent la responsabilité des constructeurs sur le fondement de la garantie décennale, même s'ils ne se sont pas révélés dans toute leur étendue avant l'expiration du délai de dix ans » (CE 31-5-2010 n° 317006 : BPIM 5/10 inf. 379 ; CE 9-11-2018 n° 412916, Cne de Saint-Germain-le-Châtelet : BPIM 6/18 inf. 415, RDI 2019 p. 107 note H. de Gaudemar ; voir sur cette particularité du droit public : A. Galland, RDI 2023 p. 181). Autrement dit, le risque certain d'une aggravation permettant de faire entrer le désordre dans le champ de la garantie décennale suffit. 87569

EFFET DE LA DÉNONCIATION RÉGULIÈRE DU DÉSORDRE

La dénonciation régulière d'un désordre non décennal ne peut pas avoir pour seul objet de suspendre la **prescription** afin de gérer le risque de ses aggravations ultérieures. 87570

Le dommage dont la **réparation** est demandée doit s'apprécier dans ses conséquences futures. C'est moins l'aggravation effective qui est à considérer que le risque certain d'aggravation dans le délai de 10 ans. Le préjudice étant d'ores et déjà certain, l'indemnité doit tenir compte des conséquences futures du désordre dénoncé. Celles-ci sont immédiatement réparées, qu'elles se réalisent ou non dans le délai de 10 ans.

3. DOMMAGE CONSÉCUTIF

La garantie s'étend aux dommages consécutifs, c'est-à-dire aux dommages qui sont la **conséquence d'un désordre** de nature décennale. Les dommages consécutifs empruntent leur régime à celui du désordre qui les a causés, et relèvent de la décennale ou de la biennale. Le dommage n'est pris en compte que s'il a sa cause dans le désordre et non dans le montage de l'opération de construction (Cass. 3e civ. 6-3-2002 n° 421). 87575

La **garantie** a été **admise pour** :

– des intérêts des emprunts contractés (Cass. civ. 2-5-1983 : RDI 1983 p. 458) ;

– des troubles de jouissance subis par le maître de l'ouvrage, l'ouvrage étant impropre à sa destination du fait de l'abandon du chantier par l'entrepreneur (Cass. 3e civ. 13-7-2022 n° 21-13.567 F-D : BPIM 5/22 inf. 360) ou en raison de l'existence d'un risque pour la sécurité des personnes (Cass. 3e civ. 15-2-2024 n° 22-23.179 F-D : BPIM 2/24 inf. 114) ;

– un retard (Cass. 1e civ. 14-6-1989 : JCP G 1989 IV p. 306) ;

– une réduction de loyer (CE 24-10-1990 : RDI 1991 p. 60 ; CE 10-2-1995 : RDI 1995 p. 323) ;

– des pertes de recettes ou pertes d'exploitation (Cass. 3e civ. 13-3-1991 : Resp. civ. et assur. 1991 n° 250 ; Cass. 3e civ. 15-1-2003 n° 00-16.106 : Bull. civ. III n° 5) ;

– la disparition du bétail (Cass. 1e civ. 7-6-1989 : RDI 1989 p. 485) ;

– la perte d'une chance de réaliser un projet (Cass. 3e civ. 4-6-1997 : BPIM 5/97 inf. 324) ;

– la perte de loyers pendant la durée des travaux de reprise des désordres (Cass. 3e civ. 9-7-2020 n° 19-18.954 F-D : BPIM 5/20 inf. 324) ;

– un accident mortel (Cass. 3e civ. 10-4-1996 : BPIM 4/96 inf. 279, 2e espèce). Lorsque le dommage consécutif est une atteinte à la personne, il faut tenir compte de l'incidence de l'obligation de sécurité incombant au prestataire. La victime peut alors invoquer le manquement à une obligation de sécurité de résultat, rappelée à propos de celui qui assure la maintenance d'une porte d'accès à un parking (Cass. 3e civ. 5-11-2020 n° 19-10.857 FS-PBRI : BPIM 6/20 inf. 385) ; cette obligation pèse naturellement sur celui qui construit ou installe les équipements.

Les **dommages aux tiers** ne semblent pas relever de la garantie décennale ou biennale (Cass. 3e civ. 15-10-1985 n° 84-12.336 : Bull. civ. III n° 120).

L'**empiètement,** qui à certains égards est un dommage consécutif, est pris en compte soit comme un dommage à l'ouvrage de nature décennale (nos 87132 et 87155), soit comme un dommage causé par l'ouvrage et relevant de la responsabilité extracontractuelle (n° 88695).

> **Précisions** Lorsque le **dommage causé au preneur à bail** a sa cause dans un désordre affectant le local loué, le bailleur ne peut pas lui opposer la clause du bail qui lui interdit d'exercer un recours au titre des vices, défauts ou malfaçons car il doit rétablir le clos et le couvert, même s'il a engagé l'action en responsabilité décennale contre les constructeurs (Cass. 3e civ. 18-3-2009 n° 08-11.011).

4. DOMMAGE AUX EXISTANTS

Les dommages aux existants peuvent résulter d'un travail sur un ouvrage existant par **modification** de celui-ci **ou adjonction** d'un élément nouveau à la construction. Les désordres peuvent être constatés avant ou après la réception des travaux. 87580

DOMMAGES AUX EXISTANTS AVANT RÉCEPTION

87582 En général, le préjudice est caractérisé avant la réception des travaux. Dans ce cas, il y a lieu d'appliquer la **théorie des risques** : si l'on estime que l'entrepreneur ne fournit pas la matière, il est tenu de conserver la chose qui lui est remise et il répond de sa faute en application de l'article 1789 du Code civil (nos 53200 et 62455). C'est donc la responsabilité de droit commun qui est retenue (voir no 88310). Les dispositions de l'article 1231-1 du Code civil (anciennement article 1147) relatives à la réparation du préjudice résultant de l'**inexécution du contrat** sont parfois invoquées (Cass. 3e civ. 7-11-2012 no 11-20.532 : Bull. civ. III no 162, BPIM 1/13 inf. 51). Quelques décisions anciennes ont parfois retenu la responsabilité quasi délictuelle (voir no 88310). En tout cas, les garanties légales ne sont pas applicables (Cass. 3e civ. 22-3-2000 no 98-14.402 D : BPIM 4/00 inf. 252).

DOMMAGES AUX EXISTANTS APRÈS RÉCEPTION

87585 Après la réception des travaux, si l'existant est affecté par un désordre relatif à l'ouvrage réalisé, la **garantie décennale** peut être retenue si l'ouvrage réalisé comporte un vice qui rend l'immeuble (dans son ensemble ou pour partie) impropre à sa destination. Si un équipement adjoint à l'ouvrage existant est à l'origine du dommage, il doit constituer un ouvrage pour relever de la garantie décennale (no 87146).

Si l'ouvrage réalisé n'est pas un travail de construction, il semble que la **responsabilité contractuelle** de droit commun soit seule envisageable, par exemple pour un simple ravalement esthétique (voir no 87092).

En revanche, lorsque l'ouvrage réalisé est un travail de construction (surélévation), outre le cas d'impropriété à la destination déjà décrit, quelques anciennes décisions (Cass. 1e civ. 28-5-1962 : Bull. civ. I no 267 ; Cass. 3e civ. 19-12-1972 : Bull. civ. III no 688 ; Cass. 3e civ. 15-10-1970 : Bull. civ. III no 514) ont soumis la responsabilité du **dommage causé par la chose** (dommages aux existants) à la garantie des **dommages causés à la chose** (ouvrage neuf), ce qui n'est que l'application de l'extension des garanties aux dommages consécutifs. Désormais, la Cour de cassation applique la garantie décennale lorsqu'il y a difficulté à dissocier les existants des travaux neufs (Cass. 3e civ. 9-12-1992 : Bull. civ. III no 321 ; Cass. 3e civ. 9-11-1994 : Bull. civ. III no 184 ; Cass. 3e civ. 4-12-2001 no 98-22.951 : RDI 2002 p. 132). Les dommages aux existants ne sont pris en compte au titre de la décennale que s'ils forment avec l'ouvrage neuf un **ensemble indissociable** (Cass. 3e civ. 5-7-2006 no 05-16.277 : Bull. civ. III no 167). Un enduit de façade qui a une fonction d'étanchéité et relève de la garantie décennale n'est pas « techniquement indivisible de l'ouvrage existant sur lequel il est posé », de sorte que le copropriétaire qui se plaint de désordres consécutifs affectant son appartement ne peut pas bénéficier de l'assurance de responsabilité décennale du constructeur (Cass. 3e civ. 16-2-2022 no 20-20.988 F-D : RDI 2022 p. 231). Nonobstant des nuances de formulation selon que c'est la responsabilité ou l'assurance qui est concernée, il est probable que l'indissociabilité d'une part et l'incorporation qui rend les ouvrages techniquement indivisibles d'autre part expriment la même exigence. Au plan de la responsabilité, si la garantie décennale n'est pas retenue, la responsabilité de droit commun devrait l'être.

Sur l'**état de l'existant** comme **cause exonératoire** de responsabilité, voir no 88085.

SECTION 3

RÉGIME JURIDIQUE DES GARANTIES DÉCENNALE ET BIENNALE

I. DÉLAIS DE GARANTIE

QUALIFICATION DES DÉLAIS DE GARANTIE

87720 La garantie due par les constructeurs est d'une durée de 2 ou de 10 ans selon le degré de gravité du désordre. Ces délais sont fixés par les articles 1792-3 et 1792-4-1 du Code civil. Il s'agit, estime-t-on généralement, de **délais de forclusion** dont le régime juridique (suspension, interruption) est, en principe, différent de celui applicable au délai de prescription (responsabilité de droit commun) ; mais la jurisprudence a apliqué à la garantie décennale un régime proche de celui de la prescription (sur la problématique, voir P. Malinvaud, RDI 2010 p. 105).

A. Point de départ des délais de garantie

POINT DE DÉPART DU DÉLAI DE L'ACTION PRINCIPALE EN GARANTIE

Réception des travaux L'action principale est celle que le bénéficiaire de la garantie exerce directement contre une personne tenue à garantie sur le fondement des articles 1792 s. du Code civil (action de l'acquéreur et/ou du maître de l'ouvrage contre les constructeurs ou contre le vendeur visés par ces textes). Les délais de garantie ont pour point de départ la réception des travaux, qu'elle soit prononcée **avec ou sans réserves** (C. civ. art. 1792-4-1 et 1792-6 ; Cass. 3e civ. 23-4-1986 : Bull. civ. III no 46). L'existence d'une réception est une condition nécessaire (Cass. 3e civ. 27-2-2013 no 12-12.148 : Bull. civ. III no 29, BPIM 3/13 inf. 199). La réception peut être tacite. Les dommages antérieurs à la réception ne relèvent pas de la décennale (Cass. 3e civ. 22-3-2000 no 98-14.402 : BPIM 4/00 inf. 252). 87740

Lorsque l'action est dirigée contre celui qui a **vendu après achèvement** l'ouvrage qu'il « a construit » lui-même (castor), il n'y a pas de réception et le point de départ des garanties semble pouvoir être fixé à la date de l'achèvement (voir no 86350).

Sous cette dernière réserve, le point de départ est commun à tous les constructeurs, au moins en cas de **réception unique,** même dans les marchés publics (CE 2-4-1993 : RDI 1993 p. 383 ; voir Chabanol et Jouguelet, Marchés publics de travaux, Ed. du Moniteur, 2e éd. p. 281).

Dans le cas particulier des **réceptions partielles par tranches** d'immeuble, le Conseil d'État admet que chacune d'elles peut constituer un point de départ distinct lorsque les tranches ne constituent pas des éléments indivisibles d'un même ouvrage (CE 23-11-1985 : Le Moniteur 4-4-1986) ; voir no 62180.

La date de la réception qui sert de point de départ au délai de garantie est, en principe, celle de la **réception amiable.** 87745

Lorsque la réception résulte d'une **décision de justice,** le juge en fixe la date, que la réception soit judiciaire (nos 62310 s.) ou qu'elle soit judiciairement constatée (réception tacite, no 62302). Toutefois, s'il est concevable que le délai de garantie puisse courir à la date retenue de la réception tacite que le juge se borne à constater, il est moins évident qu'il puisse courir à compter d'une date antérieure à la décision qui prononce une réception judiciaire : un délai de prescription ne peut courir contre une personne qui ne détient pas encore le droit de garantie, ce qui n'est qu'une application de l'article 2224 du Code civil ; or, lorsque la prescription est judiciaire, la réception résulte du jugement.

> **Précisions** Lorsque l'ouvrage est construit en exécution d'un permis de construire annulé en raison d'une erreur d'implantation et que la **démolition est ordonnée par le juge pénal,** le point de départ de l'action en responsabilité contre les constructeurs est celui du jugement ayant ordonné la démolition et non la date à laquelle le procès-verbal d'infraction a été notifié aux constructeurs (Cass. 3e civ. 12-6-2014 no 13-16.042 FS-PB : BPIM 4/14 inf. 259). Il y a lieu de considérer que cette règle peut s'appliquer tant à l'action en garantie décennale qu'à l'action en responsabilité de droit commun.

Travaux consécutifs à des réserves Pour les **travaux de parachèvement** destinés à réparer les malfaçons ayant fait l'objet de réserves et à permettre la levée de celles-ci, il est difficile d'admettre que le délai de garantie court à compter de la réception : outre que cette solution réduirait le délai de garantie pour des reprises qui peuvent être importantes, elle ne paraît pas applicable lorsque ces reprises sont réalisées par un autre entrepreneur dans le cadre d'un nouveau marché qui donne lieu, lui-même, à réception des travaux. Des réceptions successives sont donc concevables, faisant chacune courir un nouveau délai. 87750

La Cour de cassation, tout en décidant que les délais de garantie courent à compter de la réception avec ou sans réserves, considère que lorsque des réserves ont été faites, la responsabilité contractuelle est prolongée (Cass. 3e civ. 16-10-2002 no 1430 : Bull. civ. III no 205, D. 2003 p. 300 obs. Malinvaud). Si les réserves sont levées mais que le désordre subsiste, la responsabilité fondée sur les articles 1792 s. du Code civil reste encourue sans que le juge ait à se « prononcer sur l'existence d'une réception expresse ou tacite lors de la levée des réserves » (Cass. 3e civ. 5-12-2012 no 11-23.756 : Bull. civ. III no 179, RDI 2013 p. 153 note B. Boubli). Il a été jugé cependant que la réception des travaux de reprise sert de point de départ aux garanties pour ces travaux et, en cas de **reprises successives,** qu'il faut tenir compte de chacune des réceptions (Cass. 3e civ. 2-3-2011 n° 10-15.211 : Bull. civ. III n° 27). Il est possible qu'il n'y ait pas d'intérêt particulier à rechercher un nouveau point de départ au délai de garantie lorsque le délai qui court à compter de la réception initiale est toujours en cours. Mais encore faut-il que le désordre ait été caché à la réception, point sur lequel l'arrêt du 5 décembre 2012 susvisé est laconique. Cette imprécision conduit à s'interroger sur la portée de la jurisprudence. Faut-il distinguer, d'une part, les reprises relatives à des réserves qui peuvent continuer à bénéficier du délai initial de garantie (cas de l'arrêt du 16 octobre 2002 précité), d'autre part, les travaux de réparation des désordres non réservés qui pourraient bénéficier d'un nouveau délai à compter de la réception qui leur est propre (arrêt du 2 mars 2011 susvisé) ?

POINT DE DÉPART DU DÉLAI DE L'ACTION RÉCURSOIRE EN GARANTIE DÉCENNALE

87760 **Hypothèse du recours du vendeur d'immeuble à construire contre le constructeur** Lorsque le **vendeur d'immeuble à construire** réputé constructeur est **assigné en garantie décennale ou biennale** par l'acquéreur de l'immeuble qu'il a construit ou fait construire, il peut se retourner contre les constructeurs eux-mêmes tenus à garantie sur le fondement des articles 1792 s. du Code civil. C'est en sa qualité de maître de l'ouvrage qu'il se retourne contre les constructeurs et il ne peut agir que sur le **même fondement** de la garantie décennale ou biennale (Cass. 3e civ. 4-11-1992 n° 90-17.871 : Bull. civ. III n° 285, RDI 1993 p. 88 obs. P. Malinvaud et B. Boubli). Un arrêt rappelle clairement la règle : « le vendeur d'immeuble à construire, condamné sur le fondement de la garantie décennale ou biennale à réparer les désordres subis par l'acquéreur, ne peut exercer ses recours contre les locateurs d'ouvrage que sur le même fondement et dans le délai de forclusion propre à chacune de ces garanties » (Cass. 3e civ. 14-12-2022 n° 21-19.377 F-D, garantie biennale en l'espèce). Dans sa décision, la Cour de cassation précise que cette solution résulte de l'application du principe selon lequel les dommages qui relèvent d'une garantie légale ne peuvent donner lieu, contre les personnes tenues à cette garantie, à une réparation sur le fondement de la responsabilité contractuelle de droit commun (Cass. 3e civ. 13-4-1988 n° 86-17.824 : Bull. civ. III n° 67).

> **Précisions** Le **recours d'un constructeur contre un autre constructeur ou son assureur** n'est pas fondé sur la garantie décennale, mais est de **nature contractuelle** si ces constructeurs sont contractuellement liés, et de nature **quasi délictuelle** s'ils ne le sont pas (Cass. 3e civ. 8-2-2012 n° 11-11.417 FS-PB : BPIM 2/12 inf. 131). Ce recours relève de l'article 2224 du Code civil et se prescrit par 5 ans à compter du moment où celui qui exerce l'action a connu les faits lui permettant de l'exercer, c'est-à-dire la date de sa propre mise en cause et non la date de la réception (dans ce sens notamment, Cass. 3e civ. 16-1-2020 n° 18-25.915 FS-PBRI : BPIM 1/20 inf. 44). Sur la question du délai de prescription de l'action en responsabilité extracontractuelle d'un constructeur contre un autre et de son point de départ, voir n° 90215.

87762 **Délai du recours du vendeur d'immeuble à construire contre le constructeur** Si l'**assignation** de l'acquéreur est **délivrée au maître d'ouvrage-vendeur et aux constructeurs** dans le respect des **délais** calculés à compter de la réception, il est souhaitable que le maître de l'ouvrage puisse agir dans le même délai contre les constructeurs avec lesquels il s'expose à une condamnation in solidum. Il n'est pas certain, en effet, que l'assignation délivrée à toutes les parties par l'acquéreur et l'existence d'une instance commune aux futurs coobligés suffisent à interrompre le délai au profit du maître de l'ouvrage dans ses rapports avec les constructeurs.

Si l'assignation de l'acquéreur avant l'expiration du délai légal n'est **délivrée qu'au maître d'ouvrage-vendeur,** la Cour de cassation décide que l'appel en garantie du vendeur d'immeuble à construire fondé sur la garantie décennale doit se faire dans le délai du recours de l'action principale du maître de l'ouvrage lorsque les parties sont liées par un contrat. L'action intentée dans les 10 ans par l'acquéreur contre le vendeur d'immeuble à construire n'a pas pour effet de rendre recevable l'action récursoire du maître de l'ouvrage contre le locateur d'ouvrage formée après l'expiration de ce délai (Cass. 3e civ. 15-2-1989 n° 87-14.713 : Bull. civ. III n° 36 ; Cass. 3e civ. 17-3-1993 n° 91-19.271 : Bull. civ. III n° 37, RDI 1993 p. 228 ; Cass. 3e civ. 19-7-1995 n° 93-21.879 : Bull. civ. III n° 189). Il en résulte que le maître d'ouvrage vendeur assigné sur le fondement de la garantie décennale peu avant l'expiration du délai de 10 ans est forclos s'il n'appelle pas en garantie les constructeurs avant le terme de celui-ci (Cass. 3e civ. 21-11-2012 n° 11-19.778 : RDI 2013 p. 149 obs. B. Boubli). Cette solution peut se discuter lorsque le maître de l'ouvrage est assigné peu de temps avant l'expiration du délai et qu'il lui reste un temps infime pour exercer l'action récursoire (10 jours dans l'affaire ayant donné lieu à l'arrêt du 21 novembre 2012). Dans ce cas, en effet, le vendeur peut être privé du droit d'accès au juge garanti par l'article 6 de la convention européenne des droits de l'Homme (voir en ce sens, Cass. com. 17-5-1994 nº 91-21.627 : Bull. civ. IV nº 182, pour un délai de 8 jours). Il ne semble pas, toutefois, que ce risque influence la Cour de cassation. Dans un arrêt doté d'une large diffusion, la Haute Juridiction a réaffirmé que « le délai de la garantie décennale étant un délai d'épreuve, toute action, même récursoire, fondée sur cette garantie ne peut être exercée plus de dix ans après la réception » (Cass. 3e civ. 12-11-2020 nº 19-22.376 FS-PBI : BPIM 1/21 inf. 43, RDI 2021 p. 164). Solution confirmée par un arrêt ultérieur (Cass. 3e civ. 14-12-2022 nº 21-19.377 F-D précité).

B. Durée des délais de garantie

DOUBLE FONCTION DES DÉLAIS DE GARANTIE

Les délais de garantie ont une double fonction. **87790**

Ce sont des délais d'**épreuve** : ils permettent, pendant le temps de la garantie, de vérifier que l'ouvrage est conforme à l'obligation souscrite par le constructeur.

Ce sont également des délais d'**exercice de l'action** en responsabilité : c'est pendant le délai d'épreuve et dans les limites qu'il fixe que l'action doit être exercée. La règle, qui est certaine en matière décennale (Cass. civ. 18-3-1980 : JCP G 1980 IV p. 215), ne devrait pas être écartée en matière biennale.

La double fonction du délai de garantie lui assigne un caractère d'ordre public (Cass. 3e civ. 21-6-1989 : D. 1989 IR p. 202). On ne peut donc pas **renoncer au bénéfice de la prescription** à l'avance (voir aussi C. civ. art. 2250). Mais on peut y renoncer une fois la prescription acquise. La renonciation doit être sans équivoque. Le seul fait, pour un constructeur, de participer à une expertise ordonnée en référé ne vaut pas renonciation à la prescription (Cass. 3e civ. 17-1-1996 : Bull. civ. III nº 15). En revanche, un arrêt a retenu que l'assureur d'un maître d'œuvre avait renoncé de façon non équivoque à se prévaloir de la forclusion puisqu'il avait, après l'expiration du délai de 10 ans, désigné un expert, engagé des dépenses importantes et échangé des correspondances incompatibles avec un refus de garantie (Cass. 3e civ. 3-5-2001 nº 99-19.241 FS-PB : Bull. civ. III nº 53).

> **Précisions** Les délais de garantie sont des **délais de forclusion.** En conséquence, l'acquisition de la prescription de l'action interdit d'arguer de la garantie décennale même par voie d'exception (Cass. 3e civ. 4-11-2004 nº 03-12.481 : Bull. civ. III nº 186, à propos de la garantie biennale mais transposable à la garantie décennale).

FIXATION DES DÉLAIS DE GARANTIE

De ce que le délai d'action et le délai d'épreuve se confondent, la jurisprudence tire la conséquence que le **délai est franc.** Le « dies a quo » et le « dies ad quem » ne sont donc pas comptés dans le délai (Cass. 3e civ. 8-1-1980 : RDI 1980 p. 174). L'article 642, alinéa 2 du Code de procédure civile relatif à la **computation** des délais est applicable au délai de l'action en justice (Cass. 3e civ. 17-7-1992 : Bull. civ. III nº 249 ; CA Paris 10-2-1988 : RDI 1988 p. 465). **87800**

Les désordres graves, aux conditions exposées nos 87030 s., relèvent d'une garantie d'une durée de **10 ans** (C. civ. art. 1792-4-1).

Les désordres qui ne sont pas graves, au sens déjà indiqué nos 87300 s., relèvent d'une garantie d'une durée de **2 ans** (C. civ. art. 1792-3).

EXPIRATION DES DÉLAIS DE GARANTIE

Le délai de garantie expire 2 ou 10 ans après la réception. L'expiration du délai a pour effet de faire échapper le constructeur à toute responsabilité envers le maître de l'ouvrage, même si une faute est retenue contre lui (Cass. 3e civ. 10-4-1996 nos 94-17.030, garantie biennale et 94-13.157 : BPIM 4/96 inf. 279, garantie décennale ; Cass. 3e civ. 22-5-1997 nº 95-14.096 D : BPIM 4/97 inf. 266). Ces arrêts rappellent qu'à l'expiration du délai de garantie (décennal ou biennal) une action en responsabilité contractuelle de droit commun ne peut pas être exercée. Il peut cependant en aller autrement si la faute du constructeur est constitutive d'un dol (voir nos 88970 s.). **87810**

Le juge ne peut pas **soulever d'office** le moyen de la **prescription** (Cass. 1e civ. 23-2-1966 : Bull. civ. I nº 135 ; Cass. 3e civ. 13-7-1993 nº 1323). Il doit être soulevé par les parties intéressées. La Cour de cassation décide que c'est au constructeur et à son assureur qui contestent la recevabilité de la demande en garantie d'établir que celle-ci a été introduite après l'expiration du délai (Cass. 3e civ. 26-1-2005 nº 03-17.173 : Bull. civ. III nº 13, délai décennal en l'espèce). Si certains défendeurs la soulèvent et que d'autres ne le font pas, la prescription n'est pas acquise à ces derniers (Cass. 3e civ. 11-5-2006 no 05-12.234 : Bull. civ. III no 114). Ceux-ci ne peuvent plus s'en prévaloir devant la Cour de cassation (Cass. 3e civ. 5-7-2000 : RDI 2000 p. 575). Il pourrait en aller autrement en cas de solidarité des débiteurs.

C. Interruption des délais de garantie

87840 En raison de la double fonction des délais de garantie (délai d'épreuve et délai d'action), il est admis qu'ils ont la nature de **délais préfix** qui, en principe, ne peuvent être ni suspendus ni interrompus (Cass. civ. 26-11-1970 : D. 1971 som. p. 93 ; CE 9-1-1953 : D. 1954 p. 277 ; comparer, Cass. 1e civ. 6-6-1990 : RGAT 1990 p. 589 obs. Bigot). Ce sont des délais **de forclusion** et non de prescription (voir M. Poumarède, RDI 2022 p. 141). Toutefois, l'interruption du délai est admise dans un certain nombre de cas. Cette interruption concerne le délai de la **garantie** tant **décennale** que **biennale** (Cass. 3e civ. 4-6-1997 no 95-18.845 P : BPIM 4/97 inf. 265).

> **Précisions** L'interruption du délai de garantie décennale interrompt aussi le délai de la **responsabilité contractuelle de droit commun** car les actions en responsabilité décennale et en responsabilité de droit commun, si elles ont des causes différentes, tendent au même but (Cass. 3e civ. 22-9-2004 no 03-10.923 : Bull. civ. III no 152 ; Cass. 3e civ. 20-11-2013 no 12-24.248 : BPIM 1/14 inf. 32).

1. INTERRUPTION DU DÉLAI PAR UNE ACTION EN JUSTICE

a. Interruption du délai par une assignation au fond

CONTENU DE L'ASSIGNATION

87845 L'action en justice tendant à la mise en œuvre de la garantie interrompt le délai, même si la juridiction saisie est incompétente (C. civ. art. 2241 ; Cass. civ. 13-2-1985 : RDI 1985 p. 260 ; CE 19-11-1986 : Le Moniteur 26-12-1986 ; Cass. 3e civ. 30-6-1998 no 1136 : BPIM 6/98 inf. 402). Elle prend en général la forme d'une assignation au fond, qui doit être déposée au greffe pour produire son effet (Cass. ass. plén. 3-4-1987 no 86-11.536 : Bull. civ. ass. plén. no 2 ; Cass. 2e civ. 29-11-1995 : RDI 1996 p. 578).

Pour avoir un effet interruptif, l'assignation doit :

– **invoquer la responsabilité** décennale ou biennale du constructeur mis en cause. Cette condition est nécessaire car le juge ne peut pas modifier la cause de la demande. En revanche, la prescription est interrompue quel que soit le fondement invoqué (Cass. 3e civ. 26-6-2002 no 00-21.638 FS-PB : Bull. civ. III no 149, qui admet que la responsabilité de droit commun soit invoquée en appel, l'interruption de la prescription jouant même si le fondement de l'action est modifié) ;

– **désigner les désordres** concernés. L'interruption est limitée aux désordres visés dans l'assignation (Cass. 3e civ. 20-10-1993 : RDI 1994 p. 57 ; Cass. 3e civ. 20-5-1998 no 95-20.870 PF : Bull. civ. III no 104 ; Cass. 3e civ. 2-5-2024 no 22-23.004 FS-B : BPIM 3/24 inf. 194 ; CE 22-7-1992, Cne de Marcilly-sur-Eure : Lebon p. 305). Peu importe la cause des désordres. L'effet interruptif concerne le désordre lui-même (Cass. 3e civ. 27-3-1996 : BPIM 3/96 inf. 207, défaut d'étanchéité). Il s'étend aux désordres de même nature qui en sont la suite directe (Cass. 3e civ. 4-1-1996 : BPIM 2/96 inf. 33). Il en est de même pour les désordres qui sont implicitement visés dans l'assignation (Cass. 3e civ. 25-1-1995 : RDI 1995 p. 330 et Cass. 3e civ. 19-6-1996 no 94-17.376, désordre affectant l'ensemble des pavillons, donc chacun d'eux ; Cass. 3e civ. 17-6-2008 no 07-13.313 : BPIM 4/08 no 299, référence à des désordres sur la structure sans en indiquer la nature).

> **Précisions** S'agissant des **marchés publics de travaux,** la jurisprudence dénie un caractère interruptif à une action jugée irrecevable faute de décrire les désordres affectant la construction (CE 6-11-1970, Lafragette : Lebon p. 656).

AUTEUR DE L'ACTION EN JUSTICE

87850 **Personne ayant qualité pour agir** L'action tendant à la mise en œuvre de la garantie doit être exercée par la **victime du dommage,** et en particulier par la personne qui a qualité pour agir.

L'action exercée par une personne qui a qualité produit un effet interruptif qui profite à l'ayant cause (Cass. 3e civ. 10-1-1990 : RDI 1990 p. 217 ; Cass. 3e civ. 10-7-1996 no 94-19.500). La jurisprudence judiciaire admet, à propos de l'action de l'**assureur de dommages,** qui n'est subrogé dans les droits du maître de l'ouvrage que s'il l'a indemnisé, que cet assureur peut agir en justice avant d'avoir procédé à l'indemnisation dès lors qu'il a versé l'indemnité avant que le juge du fond ait statué (Cass. 3e civ. 29-3-2000 no 98-19.505 : Bull. civ. III no 67). Il faut alors que l'assignation intervienne dans le délai décennal qui a pu être interrompu par une action en référé (Cass. 3e civ. 4-6-2009 no 07-18.960 : Bull. civ. III no 129).

Le Conseil d'État estime également que la citation en justice à laquelle l'assureur a procédé dans le délai de la garantie décennale produit un effet interruptif à son égard dès lors que l'indemnité est versée à l'assuré avant que le juge ne statue sur le bien-fondé de l'action (CE 12-3-2014 no 364429 : BPIM 3/14 inf. 180). Comme la Cour de cassation, le Conseil d'État exige que l'action émane de celui qui a qualité pour agir et qu'elle soit dirigée contre celui qui peut bénéficier de la prescription ; il suffit alors que l'assignation identifie les désordres de manière suffisamment précise, même si elle ne vise pas la garantie décennale (CE 19-4-2017 no 395328, Cté urbaine de Dunkerque : BPIM 3/17 inf. 215).

L'action en justice exercée par une **personne qui n'a pas qualité, ou qui n'est pas habilitée,** 87852
n'a en revanche aucun effet interruptif à l'égard des véritables bénéficiaires de la garantie. Par exemple, l'assignation délivrée à la requête de :
– l'assureur multirisques habitation contre le constructeur n'interrompt pas la prescription décennale au profit du propriétaire assuré (Cass. 3e civ. 20-10-2004 no 03-14.374 : BPIM 1/05 inf. 38, qui paraît réserver le cas où l'assureur serait subrogé aux droits de l'assuré) ;
– l'assureur dommages-ouvrage contre les constructeurs pour que les opérations d'expertise leurs soient rendues communes n'interrompt pas la prescription à l'égard du syndicat de copropriétaires ayant droit du maître de l'ouvrage (Cass. 3e civ. 23-6-2004 no 01-17.723 : Bull. civ. III no 124) ;
– l'assureur dommages-ouvrage, en référé, contre les constructeurs n'est pas interruptive de prescription au profit du bénéficiaire de l'action en garantie décennale (un syndicat des copropriétaires, en l'espèce) qui n'a assigné en référé expertise que l'assureur DO (Cass. 3e civ. 21-3-2019 no 17-28.021 FS-PBI : BPIM 3/19 inf. 189).

Déterminer la personne ayant qualité pour agir pose des problèmes particuliers lorsque que l'on est en présence d'une société d'attribution (nos 86745 s.).

Auteur de l'action en justice dans une copropriété Déterminer la personne 87853
ayant qualité pour agir pose également des problèmes particuliers lorsque le statut de la copropriété est applicable (nos 86735 s.).

L'action exercée à tort par le **syndic** n'interrompt pas le délai à l'égard des copropriétaires lorsque le désordre concerne des parties privatives (Cass. 3e civ. 15-11-1989 no 88-11.271 : Bull. civ. III no 212 ; Cass. 3e civ. 16-3-1994 no 91-20.128 : Bull. civ. III no 56), et l'action collective exercée par le syndic non habilité n'interrompt pas le délai au bénéfice du syndicat (Cass. 3e civ. 7-11-1990 : Bull. civ. III no 222 ; Cass. 3e civ. 6-11-1996 no 1621).

En revanche, il est parfois admis que l'action exercée valablement au nom du syndicat de copropriété interrompt le délai au bénéfice des copropriétaires (Cass. 3e civ. 20-5-1998 no 96-14.080 P : Bull. civ. III no 105 ; en sens contraire, Cass. 3e civ. 7-7-1999 : RDI 2000 p. 59). L'interruption de prescription ne semble devoir être admise que lorsque le dommage affecte les parties communes et privatives de manière indivisible (Cass. 3e civ. 31-3-2004 no 02-19.114 : Bull. civ. III no 65).

Pour des désordres aux parties privatives, le **copropriétaire** qui subit un préjudice personnel interrompt par son action la prescription tant à son profit qu'au profit du syndicat pour les désordres affectant les parties communes dès lors que sa demande et celle du syndicat qui s'est joint tardivement tendent à la réparation des « mêmes vices » et sont « indivisibles » (Cass. 3e civ. 20-3-2002 no 99-11.745 FS-PB : Bull. civ. III no 69 ; voir aussi Cass. 3e civ. 20-5-1998 no 96-14.080 P : Bull. civ. III no 105 ; comparer Cass. 3e civ. 7-7-1999 no 97-15.419 PB : Bull. civ. III no 162).

En l'absence de vices affectant indivisiblement les parties privatives et les parties communes, l'action du copropriétaire n'interrompt pas la prescription au profit du syndicat des copropriétaires (Cass. 3e civ. 11-5-2006 no 05-12.234 FS-PB : Bull. civ. III no 114).

EFFET INTERRUPTIF DE L'ACTION EN JUSTICE

Bénéficiaire de l'effet interruptif La **Cour de cassation** considère que l'effet inter- 87855
ruptif bénéficie à **celui qui exerce l'action.** Il est limité à la personne désignée dans l'assignation (Cass. 3e civ. 18-2-2004 no 02-12.205 ; Cass. 3e civ. 11-7-2024 no 22-17.495 F-D : BPIM 5/24 inf. 313). Il ne s'étend pas aux constructeurs non mis en cause (Cass. 3e civ. 21-5-2008 no 07-13.561 : Bull. civ. III no 91), sauf si la partie mise en cause et un autre prestataire sont solidairement responsables : ainsi, l'assignation par le maître de l'ouvrage de l'entrepreneur qui a procédé à la pose d'éléments susceptibles d'engager la responsabilité solidaire du fabricant (voir no 86510) interrompt la prescription à l'égard de ce dernier (Cass. 3e civ. 13-1-2010 no 08-19.075 : Bull. civ. III no 7, BPIM 2/10 inf. 115).

De même, l'interruption de la prescription résultant de l'**action de l'assureur** dommages-ouvrage **contre le constructeur** ne profite pas à l'assuré maître d'ouvrage car elle n'a pas le même objet que l'action en garantie décennale que peut exercer le maître de l'ouvrage lui-même (Cass. 3e civ. 18-11-2009 nos 08-13.642 et 08-13.673 FS-PB : BPIM 1/10 inf. 10).

87856 Comme la Cour de cassation, le **Conseil d'État** considère que l'action en justice n'interrompt la prescription qu'à l'égard de **celui qui exerce l'action** (CE 20-11-2020 no 432678, Sté Veolia Eau-Compagnie générale des eaux : BPIM 1/21 inf. 38) : la citation en justice, au fond ou en référé ne vaut interruption de prescription « qu'à la double condition d'émaner de celui qui a qualité pour exercer le droit menacé par la prescription et de viser celui-là même qui en bénéficierait ». Cette solution était déjà affirmée avant la loi du 17 juin 2008 portant réforme de la prescription civile (CE 7-10-2009 no 308163, Sté Atelier des maîtres d'œuvre Atmo : BPIM 6/09 inf. 430, RDI 2010 p. 113, constatant que le maître d'ouvrage n'a dirigé sa citation qu'à l'encontre de l'assureur DO mais n'a pas visé les constructeurs ; CE 19-4-2017 no 395328, Cté urbaine de Dunkerque : BPIM 3/17 inf. 215).

Le Conseil d'État considère que cette solution s'applique à l'**assureur.** Ainsi, lorsqu'une action en responsabilité décennale est dirigée contre un constructeur, la prescription n'est pas interrompue à l'égard de son assureur s'il n'a pas été également cité en justice (CE 4-2-2021 no 441593, Sté mutuelle d'assurance du bâtiment et des travaux publics : BPIM 2/21 inf. 121). L'arrêt précise que lorsque l'action est dirigée contre un assureur au titre de la garantie décennale souscrite par un constructeur, la prescription n'est interrompue au profit de cet assureur qu'à la condition que la demande précise en quelle qualité il est mis en cause et mentionne l'identité du constructeur qu'il assure. L'arrêt ajoute enfin que l'assureur dommages-ouvrage du maître de l'ouvrage, susceptible d'être subrogé dans ses droits, bénéficie de l'effet interruptif de prescription de la citation délivrée par ce dernier.

87857 **Modalités de l'effet interruptif** L'effet interruptif de la demande en justice **produit ses effets jusqu'à** l'extinction de l'instance (C. civ. art. 2242).

Il **ne joue pas** lorsque l'assignation est caduque, c'est-à-dire non déposée au greffe dans le délai de 4 mois, lorsque la demande est formée devant le tribunal judiciaire (Cass. ass. plén. 3-4-1987 no 86-11.536 : Bull. civ. ass. plén. no 2). Il en va autrement lorsque la caducité n'est pas prévue par les textes, ce qui est le cas du tribunal de commerce (Cass. 2e civ. 12-11-1987 : Bull. civ. II no 224 ; Karila, chron. Act. Jur. 10-1-1997 p. 19).

L'effet interruptif est **rétroactivement anéanti** en application de l'article 2243 du Code civil, si :
– l'assignation est nulle, par exemple faute d'habilitation du syndic de copropriété (Cass. 3e civ. 23-10-2002 no 01-00.206 FS-PB : Bull. civ. III no 207). En application de l'ancien article 2247 du Code civil, qui disposait que l'interruption était regardée comme non avenue lorsque l'assignation était nulle par défaut de forme, la Cour de cassation avait admis que la caducité de l'assignation produisait le même effet (Cass. ass. plén. 3-4-1987 no 86-11.536 : Bull. civ. ass. plén. no 2) ; l'article 2243 du Code civil issu de la loi du 17 juin 2008 ne visant plus les nullités de forme, la question est posée de savoir si cette jurisprudence peut se maintenir (voir note Ph. M., RDI 2009 p. 121) ;
– le demandeur se désiste. Solution identique s'agissant des marchés publics pour lesquels la jurisprudence fait cesser de produire ses effets à l'interruption du délai de garantie à la date à laquelle il est donné acte du désistement de l'action du maître de l'ouvrage (CAA Paris 29-12-1989, Entreprise Tissot Frères) ;
– le demandeur laisse l'instance se périmer. Lorsque le juge de la mise en état a accordé une provision au maître de l'ouvrage qui n'a pas repris l'instance dans le délai de la garantie décennale, il a été jugé que l'absence de diligence entraînant la péremption de l'instance affecte l'ordonnance du juge de la mise en état et oblige le maître de l'ouvrage à restitution (Cass. 1e civ. 26-11-1996 : BPIM 1/97 inf. 47) ;
– le demandeur est débouté (Cass. 3e civ. 20-12-1983 : Bull. civ. III no 275 ; Cass. 2e civ. 24-1-1996 : Bull. civ. II no 13 ; Cass. 3e civ. 9-2-2000 no 98-16.308 D). La solution est la même en droit public. Le demandeur ne peut pas valablement introduire une nouvelle demande pour les mêmes dommages après l'expiration du délai de 10 ans s'il a été débouté de sa première demande parce que le désordre n'était pas de nature à engager la responsabilité décennale (CAA Nantes 5-5-1999 no 94-1078, Opac de la Seine-Maritime : BPIM 1/00 inf. 31).

87860 Les **conclusions reconventionnelles** (lorsque l'entrepreneur assigne le maître de l'ouvrage en paiement et que celui-ci lui oppose les vices de la construction en formulant une demande et non un donné acte) ont un effet interruptif (Cass. civ. 23-11-1983 : RDI 1984 p. 316 ; Cass. 3e civ. 20-3-2002 no 99-11-745 FS-PB : Bull. civ. III no 69).

Il en est de même de la demande de **« donné acte »** (par laquelle une partie demande au juge de constater une situation), lorsque cette demande a pour effet de contester le mérite d'un appel et vise à confirmer le dispositif d'une ordonnance favorable (Cass. 3e civ. 16-6-2016 nº 15-16.469 FS-PB : BPIM 4/16 inf. 258).

b. Interruption du délai par une assignation en référé ou un acte d'exécution forcée

PRINCIPE

La demande en justice en référé ainsi que l'acte d'exécution forcée (commandement de payer ou saisie) interrompent la prescription ainsi que le délai de forclusion (C. civ. art. 2241 et 2244). **87862**

L'**assignation en référé** interrompt les délais des actions en garantie décennale et biennale. Le fait que le contrat impose une conciliation préalable devant une instance professionnelle n'interdit pas aux intéressés de délivrer une assignation en référé, notamment pour interrompre le délai (Cass. 3e civ. 28-3-2007 nº 06-13.209 : Bull. civ. III nº 43) ou pour demander une provision (Cass. 3e civ. 23-5-2007 nº 06-15.668 FS-PBRI : BPIM 4/07 inf. 277). L'effet interruptif de la citation en référé est admis par la juridiction administrative (CE 22-7-1992 : RDI 1992 p. 521 ; CE 2-8-2011 nº 330982, Région Centre : BPIM 5/11 inf. 388). Il est également retenu lorsque l'accédant d'un immeuble vendu à construire exerce l'action en garantie des vices apparents de l'article 1648, alinéa 2 du Code civil dans le délai d'un an (Cass. 3e civ. 21-6-2000 nº 99-10.313 : RJDA 9-10/00 nº 855). Comme l'instance au fond, l'instance en référé est soumise aux règles de l'article 2243 du Code civil (nº 87857). Lorsque le **juge** des référés **rejette une demande** en raison de son caractère sérieusement contestable, cette décision équivaut à un rejet de la demande et l'interruption est non avenue (Cass. 1e civ. 27-2-1996 nº 93-21.436 : Bull. civ. I nº 111). En revanche, lorsque le juge des référés **se déclare incompétent,** l'assignation interrompt valablement la prescription (Cass. 3e civ. 30-6-1998 nº 1136 : BPIM 6/98 inf. 402).

LIMITATION DANS LE TEMPS DE L'EFFET INTERRUPTIF

L'effet interruptif de l'action en référé est limité dans le temps. S'appliquant, comme à propos de l'assignation au fond, aux **désordres visés** dans la citation (nº 87845), l'effet interruptif commence avec l'assignation elle-même (Cass. 3e civ. 11-1-1995 nº 93-21.436 : Bull. civ. III nº 10) et se poursuit jusqu'à l'ordonnance qui met fin à l'instance en référé, même si elle désigne un expert (Cass. 2e civ. 6-3-1991 nº 89-16.995 : Bull. civ. II nº 77 ; Cass. 3e civ. 16-3-2023 nº 21-24.574 F-D : BPIM 3/23 inf. 197, qui confirme la solution à propos de la garantie de parfait achèvement). Un arrêt rendu en matière de prescription quinquennale de droit commun et non en matière décennale précise que l'effet interruptif de prescription de l'assignation en référé se prolonge jusqu'à la décision ordonnant une expertise et, qu'à compter de cette décision, le délai de prescription est suspendu et recommence à courir à la date de l'exécution de la mesure (Cass. 3e civ. 11-7-2024 nº 23-18.495 F-D : BPIM 5/24 inf. 314). Si en matière de référé-expertise, le délai pour agir est donc interrompu pendant la durée de l'instance à laquelle a mis fin l'ordonnance nommant un expert (Cass. 2e civ. 6-3-1991 nº 89-16.995 précité), on notera que l'effet suspensif de prescription prévu par l'article 2239 du Code civil et retenu par l'arrêt du 11 juillet 2024 précité ne s'applique pas à la forclusion (voir nº 87867). **87863**

À la date à laquelle l'ordonnance est rendue court donc un **nouveau délai de garantie** (Cass. 3e civ. 11-5-1994 : RDI 1994 p. 458 ; Cass. 3e civ. 17-5-1995 : Bull. civ. III nº 120 ; Cass. 3e civ. 4-6-1997 : BPIM 4/97 inf. 265, à propos d'une garantie biennale ; Cass. 3e civ. 5-11-1997 nº 95-21.653 D : BPIM 1/98 inf. 32 ; comparer Cass. 3e civ. 11-1-1995 : Bull. civ. III nº 10, qui semble faire courir le nouveau délai à compter de l'assignation). L'ordonnance de référé qui a alloué une provision au demandeur n'a pas pour effet d'intervertir le délai de prescription et de faire courir un délai de droit commun ; c'est le délai applicable à l'action concernée qui s'applique à nouveau une fois l'ordonnance de référé rendue (Cass. 3e civ. 11-7-2019 nº 18-17.856 FS-PBI : BPIM 5/19 inf. 334). Rendu à propos de la garantie des vices apparents au sens de l'article 1642-1 du Code civil dans la Vefa, l'arrêt semble poser une règle générale. Pourtant, l'ordonnance de référé qui alloue une provision au créancier reconnaît la dette du débiteur. Or, il a été jugé que l'engagement de réparation pris par le vendeur soumet l'action du créancier à la prescription de droit commun (Cass. 3e civ. 14-12-1977 nº 76-12.176). Est-ce que la reconnaissance de la dette en référé a un caractère provisoire qui explique l'arrêt de 2019 ? Est-ce tout simplement que la jurisprudence de 1977 est périmée ? C'est bien possible, aujourd'hui où la reconnaissance de responsabilité n'a plus d'effet interruptif (voir nº 87870).

LIMITATION DE L'EFFET INTERRUPTIF AUX PARTIES MISES EN CAUSES

87866 L'effet interruptif de l'action en justice est limité aux parties mises en cause **par le demandeur à l'instance** en référé. Il en résulte que :

– le maître de l'ouvrage qui dirige son action contre son assureur et certains constructeurs seulement ne bénéficie pas de l'interruption de prescription à l'égard d'autres parties appelées en cause par les défendeurs pour leur rendre l'expertise opposable (Cass. 3e civ. 7-11-2012 nº 11-23.229 FS-PB : BPIM 1/13 inf. 49) ;

– lorsque le maître de l'ouvrage ou son assureur dirige sa demande contre un constructeur, la prescription n'est pas interrompue à l'égard de l'assureur du constructeur s'il n'a pas été également cité en justice (CE 4-2-2021 nº 441593, Sté mutuelle d'assurance du bâtiment et des travaux publics : BPIM 2/21 inf. 121) ;

– le maître de l'ouvrage qui agit contre l'entreprise ne peut pas bénéficier de l'interruption de prescription consécutive à l'action en référé exercée par la victime de désordres, tant contre cette entreprise que contre le maître de l'ouvrage lui-même (Cass. 3e civ. 19-3-2020 nº 19-13.459 FS-PBRI : BPIM 3/20 inf. 200, qui statue sur la responsabilité antérieure à la réception et retient la prescription échue de 5 ans) ;

– l'action en référé de l'assureur dommages-ouvrage contre les constructeurs n'est pas interruptive de prescription au profit du bénéficiaire de l'action en garantie décennale (un syndicat des copropriétaires, en l'espèce) qui n'a assigné en référé expertise que l'assureur DO (Cass. 3e civ. 21-3-2019 nº 17-28.021 FS-PBI : BPIM 3/19 inf. 189).

La requête aux fins d'ordonnance n'a pas d'effet interruptif. Mais si l'extension de la mission d'un expert désigné en référé procède d'une **ordonnance sur requête** ultérieure dont la rétractation est sollicitée en référé par l'entreprise, l'opposition du maître de l'ouvrage à cette rétractation suivie d'une ordonnance de référé rejetant l'opposition a un effet interruptif de prescription : l'opposition du maître de l'ouvrage est « une demande en justice contre celui qu'il voulait empêcher de prescrire » (Cass. 3e civ. 14-12-2011 nº 10.25.178 FS-PB : BPIM 1/12 inf. 41).

EFFET D'UNE MESURE D'INSTRUCTION SUR LA PRESCRIPTION

87867 L'action en justice a un **effet suspensif** lorsque le juge fait droit à une mesure d'instruction avant tout procès en application de l'**article 2239 du Code civil**, ce qui peut viser le référé-expertise (Ph. Malinvaud, RDI 2010 p. 105). Toutefois, cet effet suspensif ne concerne que le délai de prescription et non le délai de forclusion. L'article 2220 du Code civil exclut du champ d'application du titre XX du Code civil relatif à la prescription extinctive le délai de forclusion, sauf dans les cas prévus aux articles 2222 (application des lois dans le temps), 2241 (effet interruptif d'une action même en référé) et 2244 (effet interruptif d'un acte d'exécution). Il en résulte que la suspension de la prescription prévue par l'article 2239 du Code civil n'est pas applicable au délai de forclusion (Cass. 3e civ. 3-6-2015 nº 14-15.796 FS-PBI : BPIM 4/15 inf. 257, RDI 2015 p. 422). Le délai de garantie décennale est un délai de forclusion (nº 87870) et il y a tout lieu de penser que l'effet suspensif est désormais exclu dans ce cas et pour tout délai de forclusion, y compris dans la vente car l'action est enfermée dans un délai rigoureux dont on estime en général qu'il est un délai de forclusion (action en garantie des vices apparents des art. 1642-1 et 1648 du Code civil : Cass. 3e civ. 3-6-2015 nº 14-15.796 FS-PBI précité ; action contre le vendeur garant des défauts d'isolation phonique en application de l'art. L 111-11, al. 3 du CCH devenu art. L124-4 : Cass. 3e civ. 8-7-2015 nº 14-12.436 FS-D). La Cour de cassation s'est prononcée sur la question à propos du délai de la garantie de parfait achèvement et a implicitement écarté tout effet suspensif du référé. Jugeant qu'il s'agit d'un délai de forclusion, elle estime qu'il n'est susceptible que d'**interruption** (Cass. 3e civ. 16-3-2023 nº 21-24.574 F-D : BPIM 3/23 inf. 197).

Lorsqu'elle s'y est référée, la Cour de cassation a fait une **application restrictive** de l'article 2239 du Code civil. Elle a considéré qu'une mesure d'instruction ordonnée en référé avant toute action au fond ne suspend pas la prescription de l'action au fond lorsque cette dernière n'a pas le même but que la mesure d'instruction (Cass. 3e civ. 17-10-2019 nº 18-19.611 FS-PBI : BPIM 6/19 inf. 403). En l'espèce, la mesure d'instruction, qui visait à déterminer les causes et conséquences des désordres et malfaçons, n'avait aucun lien avec la demande de nullité du contrat de construction ultérieurement présentée au fond.

La Cour de cassation considère également que l'effet suspensif ne profite qu'à celui qui a sollicité l'expertise (Cass. 2e civ. 31-1-2019 nº 18-10.011 F-PB). Elle précise que la suspension de prescription qui fait suite, le cas échéant, à l'interruption de la prescription, tend à préserver les droits de la partie qui a sollicité la mesure d'instruction durant le délai d'exécution de cette mesure et ne joue qu'à son profit (même arrêt ; dans le même sens, Cass. 3e civ. 19-3-2020 nº 19-13.459 FS-PBRI : BPIM 3/20 inf. 200 ; Cass. 3e civ. 17-12-2020 nº 19-14.837 F-D : BPIM 2/21 inf. 123). Le Conseil d'État est dans le même sens (CE 20-11-2020 nº 432678, Sté Veolia Eau - Compagnie générale des eaux : BPIM 1/21 inf. 38, RDI 2021 p. 232).

> **Précisions** Dans son rapport annuel 2021, la Cour de cassation suggère d'**harmoniser les causes d'interruption et de suspension** des délais de forclusion et de prescription. Elle propose d'insérer après l'article 1792-7 du Code civil un article 1792-8 prévoyant que les causes de suspension et d'interruption de la prescription respectivement prévues aux articles 2239 et 2240 s'appliquent aux délais de forclusion en matière de construction (Rapport annuel 2021 de la Cour de cassation : BPIM 5/22 inf. 361).

2. INTERRUPTION DU DÉLAI PAR UNE RECONNAISSANCE DE RESPONSABILITÉ

Avant la réforme de la prescription civile opérée par la loi 2008-561 du 17 juin 2008, la reconnaissance de responsabilité (C. civ. art. 2248 dans sa version antérieure à la loi 2008-561 du 17-6-2008), qui équivaut à un aveu du constructeur, avait un effet interruptif du délai de prescription (Cass. 3e civ. 4-4-1978 nº 76-15.591 : Bull. civ. III nº 145). **87870**

Depuis la réforme, l'article 2240 du Code civil, dans sa rédaction issue de la loi du 17 juin 2008, prévoit que le délai de la prescription est interrompu par la reconnaissance de responsabilité du débiteur. Il ne vise pas les délais de forclusion. L'article 2220 du Code civil, dans sa rédaction issue de la réforme, précise que les délais de forclusion ne sont pas régis par le titre du Code civil relatif à la prescription extinctive, sauf dispositions contraires, qui sont celles des articles 2241 (action en justice) et 2244 (mesures conservatoires). Or, le délai de garantie décennale est un délai d'épreuve et il est généralement admis qu'il est un délai de forclusion, c'est-à-dire un délai au-delà duquel l'action ne peut plus être exercée. La Cour de cassation l'a affirmé dans un arrêt récent (Cass. 3e civ. 11-7-2024 nº 22-17.495 F-D : BPIM 5/24 inf. 313).

L'article 2240 nouveau du Code civil ne visant pas expressément le délai de forclusion, s'est posée la **question du maintien de la jurisprudence** antérieure à la réforme admettant l'effet interruptif du délai de prescription de la reconnaissance de responsabilité. Depuis un arrêt du 10 juin 2021 (Cass. 3e civ. 10-6-2021 nº 20-16.837 FS-PR : BPIM 4/21 inf. 262, RDI 2021 p. 491), son maintien paraissait compromis. L'arrêt statue à propos de l'article 1792-4-3 du Code civil, qui institue un délai de 10 ans pour l'action en **responsabilité de droit commun** dirigée contre les constructeurs et leurs sous-traitants. Il relève qu'en alignant la durée et le point de départ de la responsabilité de droit commun envers les constructeurs sur celui de la garantie décennale dont le délai est un délai d'épreuve, le législateur a entendu harmoniser les deux régimes de responsabilité. Il en déduit que le délai prévu par l'article 1792-4-3 du Code civil est un délai de forclusion qui n'est pas, sauf dispositions contraires des articles 2241 et 2244 du Code civil, régi par les dispositions concernant la prescription, de sorte que la reconnaissance par le débiteur du droit de celui contre lequel il prescrit n'a pas d'effet interruptif de prescription.

La Cour de cassation a admis la même solution en matière de **garantie décennale** (Cass. 3e civ. 11-7-2024 nº 22-17.495 F-D précité). Quelle attitude avoir, dès lors, en présence d'une reconnaissance de responsabilité effective du constructeur ? Un accord des parties semble possible s'il ne se borne pas à enregistrer la reconnaissance de responsabilité. À défaut, on peut envisager une assignation préventive.

Dans son rapport annuel 2021, la **Cour de cassation propose** d'insérer après l'article 1792-7 du Code civil un article 1792-8 prévoyant que la reconnaissance de responsabilité interrompt les délais de garantie (voir nº 87867).

> **Précisions** **Avant la réforme de la prescription civile**, l'effet interruptif de prescription de l'aveu exprès ou implicite de responsabilité pouvait émaner de l'intéressé ou de son avocat (Cass. civ. 23-10-1984 : Gaz. Pal. 1985 pan. p. 39). Le juge du fond appréciait souverainement les faits constitutifs d'une reconnaissance non équivoque de responsabilité. La décision de « donné acte » se bornant à réserver l'action (Cass. 3e civ. 15-11-1989 nº 88-11.271 : Bull. civ. III nº 212), le simple fait d'exécuter des travaux de reprise (Cass. 3e civ. 14-2-2019 nº 17-28.445 F-D : BPIM 2/19 inf. 159) ou des travaux dont l'étendue ne pouvait être déterminée (Cass. 3e civ. 31-1-1990 : RDI 1990 p. 217) n'ont pas été retenus comme des causes d'interruption de prescription.

3. INTERRUPTION DU DÉLAI PAR UN ARRÊTÉ DE DÉBET

87875 Dans les **marchés publics,** exclusivement, un arrêté de débet, ou un état exécutoire constatant la créance d'une collectivité publique en réparation d'un préjudice de construction, interrompt les délais (CE 24-1-1986 : Le Moniteur 21-2-1986 p. 49).

4. EFFETS DE L'INTERRUPTION DU DÉLAI DE GARANTIE

87880 L'interruption efface rétroactivement le délai accompli. Après l'interruption, un **nouveau délai** commence à courir (C. civ. art. 2231). Le nouveau délai est de la même durée que celui qui a été interrompu (Cass. 3e civ. 24-11-1987 : D. 1988 som. p. 116 ; Cass. 3e civ. 11-5-1994 : RDI 1994 p. 458 ; Cass. 3e civ. 8-6-1994 : RDI 1994 p. 663). Il est toutefois **limité** aux désordres dénoncés et ne s'étend pas à tous les dommages à l'ouvrage, sauf s'ils sont visés dans la citation (Cass. civ. 18-10-1968 : JCP G 1969 II no 16117 ; Cass. civ. 10-12-1974 : JCP G 1975 IV p. 33 ; Cass. civ. 20-10-1993 : RDI 1994 p. 57).

La règle de l'identité entre le délai interrompu et le nouveau délai est étendue au délai prévu par l'article 1648, alinéa 2 du Code civil (Cass. 3e civ. 21-6-2000 no 99-10.313 : RJDA 9-10/00 no 855).

87885 L'interruption du délai produit effet non seulement pour les **dégâts signalés,** mais aussi pour ceux qui, survenus après l'expiration du délai de 10 ans (à compter de la réception), ne sont que l'**aggravation** des malfaçons dénoncées en temps utile (Cass. civ. 3-10-1978 : JCP G 1978 IV p. 335 ; Cass. civ. 26-4-1984 : RDI 1984 p. 418 ; CE 5-7-1985 : Le Moniteur 21-3-1986 p. 55) ; voir no 87562. En revanche, l'action visant l'apparition du même dommage que celui initialement signalé, mais sur d'**autres ouvrages,** ne bénéficie pas de l'effet interruptif de la première citation (Cass. 3e civ. 20-5-1998 no 96-14.080 P : Bull. civ. III no 105).

87890 L'interruption ne se produit qu'**à l'égard de la personne assignée** ou de celle qui s'est reconnue responsable (voir toutefois la réserve émise au no 87870 pour la reconnaissance de responsabilité). L'action des acquéreurs contre le maître de l'ouvrage interrompt le délai de garantie à son égard, mais non envers l'architecte ou les constructeurs (Cass. 3e civ. 15-2-1989 no 87-14.713 : Bull. civ. III no 36) ; voir no 87762. La solution est la même lorsque la citation est délivrée à l'assureur de l'entrepreneur dans le délai, mais qu'elle ne l'a pas été contre cet entrepreneur (Cass. 3e civ. 23-2-2000 no 300 : Bull. civ. III no 39).

II. PRÉSOMPTION DE RESPONSABILITÉ

RESPONSABILITÉ DE PLEIN DROIT

87950 Tout constructeur d'un ouvrage est responsable de plein droit à moins que le dommage ne procède d'une « cause étrangère » (C. civ. art. 1792). La présomption de responsabilité, expressément citée par l'article 1792-2, s'applique donc à tous ceux qui sont tenus des garanties. Toutefois, les textes ne disent pas que la **garantie biennale** relève du domaine de la présomption. Mais l'opinion se prononce dans le sens de l'extension de la présomption à la garantie biennale (Malinvaud, Jestaz, Jourdain et Tournafond, Droit de la promotion immobilière, 7e éd. no 129). D'ailleurs, l'obligation de résultat est généralisée dans le louage d'ouvrage de chose immobilière (Cass. civ. 30-12-1982 : RDI 1983 p. 345). Il faut signaler toutefois un arrêt qui écarte la responsabilité du vendeur d'immeuble à construire au titre de la garantie biennale en relevant que les demandeurs ne rapportent pas la preuve que le désordre résultait d'un défaut d'exécution ou d'une mauvaise exécution imputable au vendeur (Cass. 3e civ. 4-6-2008 no 07-12.844 FS-D).

A. Objet de la présomption de responsabilité

1. DOMMAGES VISÉS PAR LA PRÉSOMPTION

87970 La présomption de responsabilité de plein droit des constructeurs s'applique aux dommages relevant de la garantie décennale et de la garantie biennale (C. civ. art. 1792 et 1792-2). Les dommages concernés sont ceux qui affectent la chose, c'est-à-dire l'**ouvrage.**

Les dommages **causés par la chose** qui présentent un caractère **accessoire** donnent lieu à une jurisprudence diverse : 87975
– les conséquences du retard relèvent du droit commun de la responsabilité (Cass. civ. 24-10-1978 : D. 1979 IR p. 85) ;
– les conséquences des malfaçons affectant les ouvrages (dommages aux personnes ou immatériels) semblent relever de la garantie décennale (Cass. civ. 5-7-1956 : D. 1956 p. 719 ; Cass. civ. 13-3-1973 : D. 1973 IR p. 98) ;
– les conséquences des malfaçons affectant les équipements dissociables semblent relever de la garantie biennale (Cass. 3e civ. 15-10-1970 : Bull. civ. III no 514).

Cette jurisprudence, qui s'est développée sous l'empire des dispositions antérieures à la loi de 1978, continue à s'appliquer bien que l'article 1792 du Code civil ne vise que les « dommages à l'ouvrage ».

En général, la garantie s'étend aux **dommages consécutifs** (voir no 87575), mais ces dommages ne relèvent pas de l'assurance obligatoire (Cass. 1e civ. 11-10-1988 : RGAT 1988 p. 826 ; Cass. 1e civ. 25-2-1992 : Bull. civ. I no 63 ; Cass. 1e civ. 13-3-1996 : BPIM 3/96 inf. 208).

> **Précisions** Un arrêt a jugé que la **perte des marchandises** dans un site ne relevait pas de la garantie décennale, tout en relevant, à un autre titre, de la garantie de l'assureur (Cass. 1e civ. 3-2-1987, SMABTP c/ Briant).

2. CONTENU DE LA PRÉSOMPTION

La présomption de responsabilité l'article 1792 du Code civil est à la fois une présomption de fait et une présomption de droit. 87980

PRÉSOMPTION DE FAIT

Définition Il y a présomption de fait lorsque le **désordre** qui **répond aux conditions objectives requises** est imputable au constructeur. Le maître de l'ouvrage n'a pas à établir la nature et l'origine du désordre : il n'a qu'à constater le dommage et montrer qu'il est de la nature de ceux qui sont couverts soit par la décennale, soit par la biennale (Cass. 3e civ. 20-5-1998 no 96-19.521 PB : Bull. civ. III no 106). 87985

Conditions d'exonération L'intérêt de la présomption de fait porte sur ses conditions d'exonération : le débiteur présumé responsable peut se libérer par la simple **preuve** que le **désordre n'est pas imputable** à son intervention : 87990
– soit parce que le dommage est sans rapport avec la nature de la mission ou du travail qui lui a été confié (Cass. 3e civ. 28-1-1998 no 95-16.328 D : RDI 1998 p. 263 ; comparer Cass. 3e civ. 15-12-1999 : RDI 2000 p. 183). La question de la non imputabilité est souvent soulevée lorsque le prestataire soutient que sa mission n'impliquait pas le contrôle qu'on lui reproche de ne pas avoir fait. La Cour de cassation tient compte alors de la nature du sinistre et des obligations des prestataires pour retenir leur responsabilité (Cass. 3e civ. 21-11-2019 no 16-23.509 FS-PBI, à propos d'une maîtrise d'œuvre ventilée entre divers prestataires) ;
– soit parce que les désordres ne sont pas dus aux travaux de reprise qu'il a effectués, mais à une insuffisance structurelle du bâtiment (Cass. 3e civ. 9-3-2017 no 16-10.806 F-D : BPIM 3/17 inf. 216) ;
– soit parce que le désordre procède d'un ouvrage qu'il n'a pas réalisé (Cass. 3e civ. 4-4-2013 no 12-11.638 : BPIM 3/13 inf. 201, incendie imputable au caisson d'un insert non réalisé par l'installateur de l'insert ; Cass. 3e civ. 20-5-2015 no 14-13.271 FS-PB : BPIM 4/15 inf. 260, désordres non imputables aux travaux réalisés par l'entreprise ; Cass. 3e civ. 20-5-2015 no 14-15.480, infiltrations apparues sur une partie de toiture n'ayant pas été l'objet de travaux) ou qui a été modifié par une autre entreprise à la demande du maître de l'ouvrage (Cass. 3e civ. 10-12-2015 no 14-22.675 F-D : BPIM 1/16 inf. 35).

Mais si un lien de causalité existe entre la mission et le dommage, la responsabilité subsiste. Ainsi, une entreprise répond de l'aggravation des désordres ayant leur cause originelle dans des épisodes de sécheresse dès lors que cette aggravation résulte de l'insuffisance de ses travaux de reprise (Cass. 3e civ. 14-9-2023 no 21-22.429 F-D : BPIM 6/23 inf. 380). Un arrêt fonde la responsabilité sur la faute (Cass. 3e civ. 18-3-1998 no 96-19.016 : RDI 1998 p. 378). Peu importe l'**origine du dommage.** Qu'il soit dû à un vice de la construction ou à un vice du sol, tout dommage répondant, en apparence, aux conditions de l'une ou l'autre des garanties suffit à mettre en jeu directement la présomption si le constructeur n'établit pas qu'il ne peut lui être imputé compte tenu des limites de sa mission (Cass. 3e civ. 1-12-1999 no 98-13.252 P : Bull. civ. III no 230).

La question est aujourd'hui posée de savoir si l'**imputabilité** est **présumée** sauf preuve contraire ou si elle doit être prouvée par le maître de l'ouvrage. Evincer la présomption de fait revient à faire supporter au maître d'ouvrage, spécialement s'il est profane, la charge d'une preuve lourde, en particulier en cas de cotraitance. En pratique toutefois, l'obligation faite au juge de « rechercher » si les dommages sont « imputables à l'intervention » du constructeur concerné limite l'intérêt de la discussion de principe (Cass. 3e civ. 25-3-2015 nº 13-27.584 FS-D : RDI 2015 p. 310).

PRÉSOMPTION DE DROIT

87995 Il y a présomption de droit lorsque le constructeur est responsable, sauf s'il établit que le dommage procède d'une **cause étrangère.** Or, telle est la présomption qui pèse sur les constructeurs tenus à garantie (C. civ. art. 1792, al. 2 ; Cass. 3e civ. 1-12-1999 nº 98-13.252 P : Bull. civ. III nº 230). Toutefois, la portée de la présomption est tempérée par deux décisions qui ont écarté la responsabilité décennale, l'une au motif que l'incendie qui avait détruit l'ouvrage avait une cause inconnue (Cass. 3e civ. 4-7-2007 nº 06-14.761 FS-PB : BPIM 5/07 inf. 340), l'autre parce qu'il n'était pas démontré que l'incendie était dû à un vice intrinsèque de l'installation électrique (Cass. 3e civ. 1-7-2009 nº 08-17.588 : BPIM 5/09 inf. 362).

La cause étrangère exonérant le constructeur de sa responsabilité décennale n'est pas caractérisée lorsque le juge du fond se borne à relever que les dommages dont se plaint un copropriétaire n'ont pas pour cause les malfaçons affectant les travaux réalisés par l'entreprise (Cass. 3e civ. 8-12-2021 nº 20-18.540 FS-B : BPIM 1/21 inf. 38).

PRÉSOMPTION DE RESPONSABILITÉ EN CAS DE PLURALITÉ D'ENTREPRISES

88000 **Présomption limitée aux travaux réalisés** Il est évident que lorsque plusieurs **entreprises traitent séparément avec le maître de l'ouvrage,** la présomption de responsabilité qui pèse sur chacune d'elles est limitée aux travaux qu'elle a réalisés ou qu'elle a fait réaliser (Cass. 3e civ. 26-9-2006 nº 05-15.537 F-D : BPIM 1/07 inf. 39). Ainsi, le charpentier n'est pas responsable des désordres aux fondations (Cass. civ. 20-2-1979 et 14-3-1979 : RDI 1979 p. 246). Réserve faite des règles applicables aux groupements solidaires (voir nºs 52045 s.), chacun des entrepreneurs n'est responsable que de son lot (Cass. 3e civ. 9-2-2011 nº 09-71.570 FS-PB : BPIM 2/11 inf. 128).

Allant plus loin, la Cour de cassation a admis que l'entrepreneur de gros œuvre qui **succède à un autre** n'est pas responsable des travaux de son prédécesseur (Cass. civ. 2-4-1979 : RDI 1979 p. 472). Il en est ainsi lorsque les travaux de reprise préconisés par l'assureur dommages-ouvrage sont exécutés par une entreprise tierce et que les désordres subsistent, dès lors que ces désordres trouvent leur origine dans une déficience de conception des fondations et l'absence d'études des sols et que l'intervention de l'entreprise n'a pas fait disparaître cette cause, mais n'a rien ajouté aux désordres existants (Cass. 3e civ. 16-1-2008 nº 04-20.218 FS-D : BPIM 2/08 inf. 140). Pour autant, les désordres antérieurs ne sont pas de nature à exonérer l'entreprise qui procède aux travaux de reprise de sa responsabilité au titre de la garantie décennale si les travaux de reprise n'ont pas permis de remédier aux désordres initiaux, mais les ont aggravés et sont à l'origine de nouveaux désordres (Cass. 3e civ. 4-3-2021 nº 19-25.702 FS-P : BPIM 3/21 inf. 196).

88005 **Présomption pesant sur plusieurs opérateurs** Une **difficulté** apparaît lorsque, par sa nature, le désordre est susceptible d'être imputé à différents opérateurs (une fissuration grave est-elle due à l'entreprise qui a coulé les pieux de fondation ou à celle qui a édifié le mur ?). Le dommage étant susceptible d'avoir plusieurs causes, la présomption de responsabilité pèse, également, sur chaque entrepreneur.

La question qui demeure est celle de savoir si l'entrepreneur qui veut **se décharger** de la présomption doit se borner à faire la **preuve** que la malfaçon ne relève pas de son lot (présomption de fait) ou bien doit établir que le dommage provient d'une cause étrangère (présomption de droit). La Cour de cassation opte pour la preuve de la cause étrangère (Cass. 3e civ. 23-6-2004 nº 02-21.430 FS-D : BPIM 5/04 inf. 293).

88010 L'entrepreneur qui **allègue le fait d'un tiers** (donc une cause qui lui est étrangère) doit en principe combattre la présomption de droit qui ne cède que devant des conditions strictes (nº 88090). La jurisprudence semble toutefois moins exigeante. Les arrêts ne réclament pas que le fait d'un autre entrepreneur soit imprévisible pour celui qui veut se décharger de la responsabilité, lorsqu'il succède à l'autre entrepreneur (Cass. civ. 2-4-1979 : RDI 1979 p. 472).

Cette solution est d'autant plus étonnante qu'elle n'est pas retenue lorsque c'est un architecte qui succède à un confrère (Cass. 1e civ. 22-1-1962 : Bull. civ. I no 42 ; Cass. 3e civ. 26-2-1980 : JCP G 1980 IV p. 184).

PRÉSOMPTION DE RESPONSABILITÉ PESANT SUR L'ARCHITECTE

Mission complète Lorsque l'architecte est investi d'une mission complète de maîtrise d'œuvre, la présomption de responsabilité de l'article 1792 du Code civil doit s'appliquer sans réserve puisqu'il est constructeur au sens de ce texte. La responsabilité de l'architecte est engagée de plein droit et pour le tout. C'est ainsi qu'il a été jugé que la responsabilité de l'architecte est engagée pour le tout dès lors que la responsabilité décennale de l'entrepreneur a été reconnue applicable (Cass. 3e civ. 27-6-2001 no 00-12.130 FS-D : BPIM 5/01 inf. 315). Il en va de même lorsque l'architecte commet une erreur de conception, peu important la faute commise par le bureau d'études techniques au titre de son obligation de conseil (Cass. 3e civ. 2-7-2003 no 00-11.719 FS-D : BPIM 5/03 inf. 291). 88015

L'architecte peut **s'exonérer de cette présomption** de responsabilité. Il doit rapporter la preuve d'une cause étrangère (Cass. 3e civ. 19-7-1995 : Bull. civ. III no 188 ; Cass. 3e civ. 19-11-1997 no 95-15.811 ; Cass. 3e civ. 20-6-2001 no 99-20.242 FS-PB : Bull. civ. III no 80 ; Cass. 3e civ. 16-3-2023 no 21-18.022 F-D), en particulier lorsqu'il lui est reproché de n'avoir pas tenu compte des contraintes du sol (Cass. 3e civ. 15-1-2024 no 22-23.682 F-D : BPIM 2/24 inf. 115).

Mission partielle Lorsque l'architecte assume une mission partielle de maîtrise d'œuvre, le **débat** est ouvert. On estime généralement que la présomption de responsabilité joue lorsque l'architecte agit en tant que concepteur ou « réalisateur » car, à défaut, les articles 1792 et 1792-1 du Code civil seraient sans portée (Cass. 3e civ. 12-2-1997 no 95-13.531 D ; Cass. 3e civ. 15-12-1999 : RDI 2000 p. 183). 88020

En revanche, lorsqu'il se borne à diriger et à surveiller les travaux, il n'assumerait qu'une obligation de moyens, ce que certains arrêts pourraient laisser entendre.

ILLUSTRATIONS

Certains arrêts **écartent la responsabilité** de l'architecte :
– en relevant que le vice n'était pas décelable par l'architecte (Cass. civ. 22-5-1973 et Cass. civ. 4-7-1973 : D. 1974 p. 233 note Mazeaud ; CA Paris 19-1-1972 et CA Paris 30-3-1973 note Raynaud) ;
– au motif que la faute de l'entrepreneur échappait à sa surveillance (Cass. civ. 29-11-1978 : RDI 1979 p. 211) ;
– en autorisant le constructeur à établir l'absence de lien entre sa mission et le dommage (Cass. civ. 2-11-1982 : RDI 1983 p. 232).

Mais d'autres décisions laissent entendre que l'impossibilité d'une surveillance permanente **ne diminue pas sa responsabilité** (Cass. 3e civ. 27-3-1985 : RDI 1985 p. 378).

L'architecte n'est présumé responsable que dans les **limites de sa mission.** Il peut faire tomber la présomption de fait par la simple preuve qu'il n'assumait pas de mission susceptible d'engager sa responsabilité, par exemple : 88025
– il n'assurait pas la surveillance (Cass. 3e civ. 3-6-1992 : RDI 1993 p. 77) ;
– il s'est borné à établir le dossier de permis de construire et le dommage relève de l'exécution des travaux (Cass. 3e civ. 20-1-1998 no 91 : RDI 1998 p. 263 ; Cass. 3e civ. 26-11-2015 no 14-14.778 FS-BP : BPIM 1/16 inf. 36) ;
– il était seulement chargé d'une mission de conception, un maître d'œuvre d'exécution ayant été désigné (Cass. 3e civ. 9-1-2002 no 00-14.002 FS-PB : Bull. civ. III no 1) ;
– il n'était pas chargé des aménagements extérieurs d'une maison et ne devait donc pas répondre des désordres affectant la piscine endommagée à la suite d'un glissement de terrain (Cass. 3e civ. 20-5-2014 no 13-14.803 : BPIM 4/14 inf. 257).

Si l'architecte ne parvient pas à faire tomber la présomption de fait, il tombe sous le coup de la **présomption de droit** et il doit, pour se libérer, faire la preuve d'une cause étrangère. C'est la solution à laquelle paraît se rallier la jurisprudence (Cass. 3e civ. 14-2-1990 : RDI 1990 p. 214 ; Cass. 3e civ. 9-12-1992 : Le Moniteur 12-3-1993 ; Cass. 3e civ. 19-7-1995 : RDI 1995 p. 756). La même analyse est faite pour les BET (Cass. 3e civ. 24-5-1989 : RDI 1989 p. 471).

Toutefois, des arrêts se réfèrent à la faute de l'architecte et à son lien de causalité avec le dommage pour retenir sa responsabilité (Cass. 3e civ. 18-3-1998 : RDI 1998 p. 378). Il en est ainsi en particulier lorsqu'il succède à un confrère (Cass. 3e civ. 30-9-1998 : RDI 1998 p. 643).

PRÉSOMPTION DE RESPONSABILITÉ PESANT SUR LE CONTRÔLEUR TECHNIQUE

88030 La responsabilité de l'organisme de contrôle technique est cantonnée aux **limites de sa mission** (CCH art. L 125-2). Dans cette mesure, la **présomption de responsabilité** édictée par les articles 1792, 1792-1 et 1792-2 du Code civil s'applique. En application de ces textes, le contrôleur technique est, dans les limites de la mission à lui confiée, responsable de plein droit envers le maître ou l'acquéreur de l'ouvrage. Le Conseil d'État estime que le contrôleur technique ne peut pas être entièrement garanti par les autres constructeurs s'il n'établit pas qu'ils ont commis une faute ayant contribué à la réalisation du dommage et se contente d'affirmer que lui-même n'a commis aucune faute (CE 2-10-2024 n° 474364, Sté Apave Infrastructures et Construction France : BPIM 6/24 inf. 353).

La jurisprudence interprète strictement les limites de la mission du contrôleur technique. Ainsi, un carrelage « indissociable du gros œuvre » mais non « intégré » à l'ouvrage de fondation et d'ossature ne relève pas de sa mission de contrôle si celle-ci est contractuellement limitée aux « équipements indissociables des ouvrages de fondation et d'ossature » (Cass. 3e civ. 17-2-1999 n° 97-14.145 PB : Bull. civ. III n° 39). La mission de contrôle technique n'impliquant pas la surveillance du chantier, le bureau de contrôle ne peut pas être condamné au titre d'un manquement à cette obligation au prétexte que certains points exigeraient un « soin particulier et une vigilance particulière (Cass. 3e civ. 20-11-2013 n° 12-24.248 : BPIM 1/14 inf. 32). Le contrôleur technique exerce son contrôle par voie de sondages (Cass. 3e civ. 23-6-2004 n° 02-15.331 : BPIM 5/04 inf. 283) et il ne surveille pas les autres locateurs d'ouvrage (Cass. 3e civ. 4-1-1996 n° 93-21.048 : BPIM 2/96 inf. 120).

Une jurisprudence paraît favorable à une **présomption de faute** plutôt qu'à une présomption de responsabilité (Cass. 3e civ. 27-4-2000 n° 98-15.050 D : BPIM 4/00 inf. 239 ; Cass. 3e civ. 15-1-2003 : RDI 2003 p. 190 qui, tout en visant l'article L 111-24 du CCH (L 125-2 désormais), retient que le contrôleur technique a « négligé de respecter les termes de sa mission »). Dès lors, le bureau de contrôle écarte sa responsabilité en établissant :
– soit que l'ouvrage endommagé ne relève pas de sa mission (voir n° 51195) ;
– soit qu'il n'a pas commis de faute en relation avec le dommage (n° 51202), ce qui rejoint la jurisprudence sur la mission partielle de l'architecte telle qu'elle résulte de l'arrêt du 18 mars 1998 précité n° 88025.

Toutefois, comme pour l'architecte, d'autres arrêts font état d'une **responsabilité de plein droit** qui ne cède que devant la cause étrangère (Cass. 3e civ. 23-4-1997 n° 95-13.482 D ; Cass. 3e civ. 14-3-2001 n° 97-19.657 FS-D : BPIM 3/01 inf. 183), laquelle ne peut pas résulter des fautes commises par les autres intervenants à l'opération de construction (Cass. 3e civ. 14-9-2023 n° 22-13.375 FS-D). La Cour de cassation a retenu la responsabilité décennale d'un organisme de contrôle qui n'avait cependant reçu qu'une mission aux « avoisinants » (Cass. 3e civ. 28-4-1993 n° 90-20.578 D, mais en sens contraire Cass. 3e civ. 12-1-2000 n° 98-11.883 D : BPIM 2/00 inf. 96) ; voir n° 51175. Elle a également retenu sa responsabilité envers les tiers pour un tassement endommageant la propriété voisine (Cass. 3e civ. 25-3-1998 n° 96-11.812 PF : Bull. civ. III n° 72).

Une jurisprudence se fonde sur un **manquement à l'obligation de conseil** (Cass. 3e civ. 5-4-1995 : RDI 1995 p. 554 ; Cass. 3e civ. 12-3-1997 n° 94-20.909 FS-D : RDI 1997 p. 447).

INCIDENCE DE L'EXISTENCE D'UNE OBLIGATION DE CONSEIL

88035 Les constructeurs sont tenus d'une obligation de conseil qui **concerne** :
– l'architecte (Cass. 3e civ. 25-2-1998 n° 96-10.598 PF : Bull. civ. III n° 444) ;
– l'entrepreneur (Cass. 3e civ. 11-2-1998 : BPIM 2/98 inf. 104) ;
– le contrôleur technique (Cass. 3e civ. 12-3-1997 n° 94-20.909 FS-D : RDI 1997 p. 447).

Le **manquement** à cette obligation est **indifférent** lorsque le désordre relève de la garantie décennale puisque la présomption de responsabilité dispense de rechercher l'imputabilité du sinistre.

Il a **en revanche** une **incidence** lorsque :
– malgré une mission partielle, l'architecte a manqué à son obligation d'informer et de conseiller le maître de l'ouvrage sur les risques d'exécution (Cass. 3e civ. 25-2-1998 n° 96-10.598 PF précité) ;
– le dommage relève de la responsabilité non décennale (Cass. 3e civ. 12-3-1997 n° 94-20.909 précité, dommages aux tiers ; sur ce point, voir RDI 1998 p. 100) ;
– l'architecte a omis de signaler des désordres en cours de chantier, peu important que ce désordre ait présenté ou non un caractère apparent à la réception (CE 28-1-2011 n° 330693 : BPIM 2/11 inf. 112).

B. Force de la présomption de responsabilité

PRINCIPES

La présomption de responsabilité de l'article 1792-2 du Code civil, sous les réserves indiquées, notamment, en cas de pluralité d'entreprises (nº 88000), à propos de l'architecte (nº 88015) ou du bureau de contrôle (nº 88030), ne cède que devant la preuve d'une **cause étrangère** (C. civ. art. 1792, al. 2). Cette solution est de jurisprudence constante (Cass. civ. 14-12-1964 : D. 1965 p. 409 ; Cass. civ. 21-2-1979 : RDI 1979 p. 345 ; Cass. 3e civ. 21-11-2019 nº 16-23.509 FS-PBI ; Cass. 3e civ. 15-2-2024 nº 22-23.682 F-D : BPIM 2/24 inf. 115). **88060**

La cause étrangère **s'entend** d'un cas de force majeure, du fait du tiers ou du fait du maître de l'ouvrage. Toutefois, un arrêt exonère le constructeur en l'absence de preuve d'un vice en relation avec un incendie (Cass. 3e civ. 1-7-2009 nº 08-17.588 : BPIM 5/09 inf. 362).

Le juge doit **caractériser** la cause exonératoire. Il ne peut pas se borner à relever que les malfaçons n'ont pas leur cause dans les travaux réalisés pour exonérer l'entrepreneur, ces motifs étant impropres à établir l'existence d'une cause étrangère (Cass. 3e civ. 8-12-2021 nº 20-18.540 FS-B : BPIM 1/22 inf. 38).

FORCE MAJEURE

La force majeure suppose la réunion de **trois conditions** : irrésistibilité, imprévisibilité et extériorité de l'événement. L'article 1218 du Code civil la **définit** comme « un événement qui ne pouvait être raisonnablement prévu lors de la conclusion du contrat et dont les effets ne peuvent être évités par des mesures appropriées ». Cette définition, issue de la réforme du droit des contrats résultant de l'ordonnance 2016-131 du 10 février 2016, s'inspire de la tendance jurisprudentielle à une approche « réaliste » des conditions de l'empêchement définitif d'exécuter. L'article 1218 réserve le cas de l'empêchement temporaire qui permet de suspendre le contrat ou de le résoudre. **88065**

Cas des intempéries Les intempéries sont **parfois retenues** comme un cas de force majeure, mais à des conditions très strictes. **88067**

ILLUSTRATIONS

Tel est le cas :
– d'un ouragan d'une violence exceptionnelle dans la région (Cass. 2e civ. 15-5-1956 : Bull. civ. II nº 268 ; Cass. civ. 15-4-1964 : JCP G 1965 II nº 13992 ; Cass. 3e civ. 15-2-1972 : JCP G 1972 II nº 17213) ;
– d'une accumulation anormale de neige dans une région où le phénomène n'est pas habituel (Cass. civ. 7-3-1979 : JCP G 1979 IV p. 169) ;
– d'une sécheresse exceptionnelle de 5 années consécutives (CA Versailles 2-2-2001 : BPIM 3/01 inf. 194).

Mais le plus souvent, les tribunaux **ne tiennent pas compte** des intempéries :
– pour une tempête (Cass. 3e civ. 28-9-1983 : RDI 1984 p. 58 ; Cass. 3e civ. 7-5-1996 nº 94-17.019 D) ;
– pour une rivière en crue malgré un arrêté de catastrophe naturelle (Cass. 3e civ. 17-7-1996 : BPIM 6/96 inf. 408 ; Cass. 3e civ. 4-6-1997 nº 943 : Bull. civ. III nº 124) ;
– pour une sécheresse malgré un arrêté de catastrophe naturelle (Cass. 3e civ. 28-11-2001 nº 1638 : Bull. civ. III nº 136 ; Cass. 3e civ. 18-12-2001 nº 1799 : RDI 2002 p. 152) ;
– pour de fortes pluies malgré un arrêté de catastrophe naturelle (Cass. 3e civ. 27-2-2008 nº 06-19.348 : Bull. civ. III nº 32, BPIM 3/08 inf. 222).

Cas du vice du sol Le vice du sol n'est **pas un cas de force majeure** pour : **88070**
– l'architecte (C. civ. art. 1792 ; Cass. 3e civ. 21-5-1969 : Bull. civ. III nº 392) ;
– l'entrepreneur (Cass. civ. 31-1-1966 : JCP G 1966 II nº 14659 ; Cass. 3e civ. 15-2-1989 : Bull. civ. III nº 37).

L'un et l'autre doivent se livrer à des études de sol. Il importe toutefois que les conditions de la responsabilité décennale soient remplies (Cass. 3e civ. 20-5-1998 nº 96-19.521 : Bull. civ. III nº 106). La définition de la force majeure par l'article 1218 du Code civil, dans sa rédaction issue de l'ordonnance du 10 février 2016, incite désormais à la prudence.

Peuvent être un **cas de force majeure** les **mouvements de terrain** à grande profondeur, imprévisibles avec les techniques actuelles (Cass. civ. 6-3-1967 : D. 1967 som. p. 83 ; CE 22-12-1967 : JCP G 1968 II nº 15616 ; Cass. 3e civ. 19-3-1985 : Bull. civ. III nº 57 ; CE 25-5-1990 : RDI 1990 p. 365). Il en est de même d'un glissement de terrain non détectable par une « étude de sol classique » (Cass. 3e civ. 20-11-2013 nº 12-27.876 : BPIM 1/14 inf. 30). Le tremblement de terre constitue généralement un cas de force majeure ; toutefois, même en l'absence de normes parasismiques applicables à la construction lors de l'édification de l'ouvrage, l'existence d'un vice de la construction n'est pas à exclure et il appartient au juge qui retient la force majeure d'en caractériser les éléments constitutifs (Cass. 3e civ. 18-9-2013 no 12-17.440 FS-PB : BPIM 6/13 inf. 399).

88075 **Autres cas de force majeure** La **mauvaise qualité des matériaux** n'est pas un cas de force majeure (Cass. 1e civ. 3-10-1962 : Bull. civ. I no 393 ; Cass. 3e civ. 7-3-1990 : Bull. civ. III no 69). Il en est ainsi même, si les matériaux sont attaqués par les capricornes (Cass. civ. 21-2-1979 : D. 1979 IR p. 317 ; Cass. civ. 24-6-1987 : Gaz. Pal. 1987 som. p. 215) et ce, alors même que cette attaque peut entraîner un désordre décennal (Cass. 3e civ. 26-6-2002 no 00-12.023 : Bull. civ. III no 148).

La **teneur chimique anormale de l'eau** qui détériore les canalisations n'est pas, en général, un cas de force majeure (Cass. civ. 4-6-1986 et CE 3-7-1985 : Le Moniteur 7-11-1986). Cependant, elle le devient lorsque des mesures de détection normales ne permettent pas de la déceler (Cass. 3e civ. 19-3-1985 : Bull. civ. III no 57).

88080 L'évolution des **règles de l'art,** qui conduit à abandonner certaines techniques dangereuses ou dépassées, n'est pas un cas de force majeure.

D'une manière générale, l'**avis** ou l'**agrément donnés par les organismes professionnels** ne sont pas constitutifs de la cause étrangère si un désordre se produit (Cass. 3e civ. 31-1-1990 : RDI 1990 p. 218, s'agissant de la compatibilité entre le support en béton et l'enduit). Il a été jugé que le risque de développement, cause d'exonération résultant de l'article 1386-11 du Code civil (désormais C. civ. art. 1245-10), ne peut pas être invoqué pour des produits vendus avant l'entrée en vigueur de la loi du 19 mai 1998 (Cass. 3e civ. 28-11-2001 no 00-15.058 FS-D : BPIM 1/02 inf. 34, sol. implicite).

Quant au « **fait du prince** », il doit être spécialement caractérisé (Cass. 3e civ. 3-7-1996 no 94-17.634 D).

> **Précisions** Les **DTU** codifiés par le CSTB (Centre scientifique et technique du bâtiment) peuvent être modifiés. Le constructeur ne peut se prévaloir de ce que les règles utilisées par lui étaient préconisées par le CSTB avant d'être abandonnées : les « **risques de développement** », selon l'expression utilisée, sont à sa charge (Cass. civ. 22-10-1980 : RDI 1981 p. 78 ; Cass. civ. 31-1-1990 : RDI 1990 p. 218 ; CE 24-10-1990 : RDI 1991 p. 58). Sur la prise en compte du risque de développement par l'article 1245-10 du Code civil, voir no 86620.

88085 L'**état de l'existant** a été considéré comme une cause étrangère exonérant une entreprise d'étanchéité de sa responsabilité alors qu'elle avait été chargée de remédier aux infiltrations constatées et de prévenir celles à venir sur d'autres façades (Cass. 3e civ. 26-2-2003 no 297 : Bull. civ. III no 46).

FAIT D'UN TIERS

88090 **Tiers garanti par le constructeur** Le constructeur **ne peut pas s'exonérer** de la présomption de responsabilité qui pèse sur lui en invoquant le fait d'une personne qu'il garantit :

– sous-traitant (Cass. 3e civ. 5-1-1978 : Bull. civ. III no 9) ;

– fabricant de matériaux qui le fournit ;

– constructeur auquel il succède (Cass. 3e civ. 26-2-1980 : JCP G 1980 IV p. 184). Toutefois, sur ce point la jurisprudence est incertaine (voir pour le promoteur immobilier, Cass. 3e civ. 4-2-1986 : Gaz. Pal. 1986 pan. p. 506 ; Cass. 1e civ. 20-3-1989 : D. 1989 IR p. 118) ; voir également nos 88000 et 88010.

88092 **Tiers non garanti par le constructeur** Le constructeur peut se prévaloir du fait d'un tiers dont il ne répond pas pour **s'exonérer de la présomption** de responsabilité qui pèse sur lui. Ainsi, l'architecte peut se prévaloir d'un fait de l'entrepreneur, et ce dernier du fait de l'architecte (Cass. civ. 16-10-1984 : RDI 1985 p. 64). Mais il faut que le fait du tiers soit constitutif de la force majeure. Peut être considérée comme le fait d'un tiers associé au fait du propriétaire l'intervention d'une entreprise après l'exécution des travaux qui a endommagé un complexe d'étanchéité (Cass. 3e civ. 19-6-1996 no 94-18.931 D).

Cependant, les tribunaux admettent difficilement le caractère exonératoire du fait du tiers (Cass. civ. 3-1-1969 : D. 1969 som. p. 67 ; Cass. civ. 23-4-1969 : D. 1969 som. p. 109 ; Cass. civ. 12-7-1988 : RDI 1989 p. 57). Il en est ainsi, en particulier, lorsque le constructeur dont la responsabilité est recherchée invoque le **fait d'un colocateur d'ouvrage.** Ainsi jugé pour :

– des vices des plans indécelables par l'entrepreneur (Cass. 3e civ. 25-1-1989 : Bull. civ. III no 18) ;

– un entrepreneur qui invoque sans succès la non-conformité des plans établis par l'architecte pour s'exonérer de la responsabilité de plein droit résultant de retard dans l'exécution des travaux (Cass. 3e civ. 3-10-2001 no 00-13.046 FS-D : BPIM 6/01 inf. 373 ; comparer toutefois Cass. 3e civ. 20-11-2007 no 06-18.559 : BPIM 1/08 no 34, qui tient compte du fait d'un autre constructeur et de l'arrêt du chantier au mois d'août).

Bien que la jurisprudence soit réticente sur le fait exonératoire d'un colocateur, il n'a jamais été jugé que cette exonération ne jouerait pas si le fait était constitutif de la force majeure.

FAUTE DU MAÎTRE DE L'OUVRAGE

Négligences du maître de l'ouvrage La **faute** du maître de l'ouvrage qui engage sa responsabilité peut être exclusive de toute immixtion et résulter de négligences (voir H. Périnet-Marquet, « La responsabilité du maître de l'ouvrage dans la préparation et l'exécution du marché », RDI 2002 p. 451). 88095

ILLUSTRATIONS

Commet une **faute engageant sa responsabilité** le maître de l'ouvrage :
– qui manque à l'obligation de renseignement qui lui incombe (Cass. civ. 17-3-1969 : D. 1969 p. 532) ;
– qui fait exécuter un remblai en dissimulant sa composition aux constructeurs (Cass. 3e civ. 11-10-2000 no 98-22.562 FS-D : BPIM 1/01 inf. 45) ;
– qui change d'entrepreneur sans en informer l'architecte (Cass. 3e civ. 15-10-1970 : Bull. civ. III no 516) ;
– qui apporte des modifications inconsidérées aux projets (Cass. civ. 22-5-1968 : D. 1970 p. 453) ;
– qui impose des contraintes excessives dans les conditions de prix (CE 10-2-1995 : RDI 1995 p. 223) ;
– qui établit les pièces du marché (Cass. 3e civ. 5-4-1995 : RDI 1995 p. 551).

La **faute** du maître de l'ouvrage **ne saurait cependant résulter** du seul défaut de souscription d'une assurance de dommages (Cass. 3e civ. 30-3-1994 no 92-17.683 : Bull. civ. III no 67 ; Cass. 3e civ. 4-6-1997 no 95-17.322 P : Bull. civ. III no 124).

La **faute** du maître de l'ouvrage qui engage sa responsabilité peut être **postérieure à l'exécution du marché.** Elle est caractérisée en cas de : 88096
– transformation des lieux (Cass. 3e civ. 13-2-1991 : RDI 1991 p. 483 ; Cass. 3e civ. 14-6-1995 : RDI 1995 p. 552 ; Cass. 3e civ. 10-1-2001 no 99-13.103 FS-P : Bull. civ. III no 2, faute de l'acquéreur d'un local vendu à construire ; Cass. 3e civ. 29-2-2012 no 10-28.174 : BPIM 3/12 inf. 239, modification des lieux par le locataire avec le concours du maître de l'ouvrage) ;
– usage anormal (Cass. 3e civ. 26-3-1997 : BPIM 3/97 inf. 193, 2e espèce, s'agissant d'un locataire ; Cass. 3e civ. 8-7-1998 no 96-14.520 PF : Bull. civ. III no 157, plate-forme utilisée en dépassant la charge autorisée ; Cass. 3e civ. 6-2-2002 no 00-10.543 FS-PB : Bull. civ. III no 34, phénomène de condensation imputable à l'utilisateur ; CAA Douai 30-11-2021 no 19DA00347, Sté Préventec : BPIM 1/22 inf. 39, accumulation par le locataire de produits inflammables sur le balcon de l'appartement à l'origine d'un incendie s'étant propagé rapidement aux étages supérieurs).

Mais le simple défaut d'entretien est insuffisant (Cass. 3e civ. 12-7-1988 : Bull. civ. III no 123).

Le maître de l'ouvrage ne commet **pas de faute** envers l'entrepreneur en :
– engageant une action en responsabilité décennale uniquement contre l'entrepreneur et non contre le maître d'œuvre (Cass. 3e civ. 29-3-2000 no 98-17.173 D : BPIM 3/00 inf. 182, dans un cas où l'expertise démontrait la part prépondérante du maître d'œuvre dans le dommage ; Cass. 3e civ. 30-4-2002 no 743 : Bull. civ. III no 86) ;
– n'exigeant pas que l'autre constructeur intervenant sur le chantier soit assuré (Cass. 3e civ. 12-1-2000 no 98-14.478 PB : Bull. civ. III no 6) ;
– ne faisant pas appel à un maître d'œuvre (Cass. 3e civ. 18-12-2001 no 1772 : RDI 2002 p. 151).

La **faute** du maître de l'ouvrage, si elle peut avoir une influence sur la responsabilité du constructeur, ne constitue pas une **fin de non-recevoir** lui interdisant de demander en justice la **réparation de son préjudice,** même si elle résulte d'un comportement volontaire et condamnable à l'égard de l'entreprise (Cass. 3e civ. 12-4-2012 no 11-10.868 : BPIM 3/12 inf. 240). En l'espèce, le maître d'ouvrage avait réglé une facture à l'entrepreneur par un chèque émis en francs alors que ce moyen de paiement n'avait plus cours. 88097

On peut estimer qu'il est de principe que ce qui est fait ou fourni par le prestataire ou le fournisseur doit être utilisé conformément à son objet ou aux stipulations du contrat ; l'inexécution de ces obligations par le maître de l'ouvrage ou l'entrepreneur principal qui s'est fourni auprès du prestataire ou du fournisseur intéressé libère donc ce dernier (Cass. 3e civ. 13-2-1991 : RDI 1991 p. 483 ; Cass. 3e civ. 8-7-1998 no 96-14.520 : Bull. civ. III no 157 ; Cass. 3e civ. 8-7-2014 nos 12-29.305 F-D : BPIM 5/14 inf. 325). Toutefois, si c'est l'entrepreneur principal qui a contracté avec le tiers et qu'il a méconnu l'objet et les limites de l'engagement, sa responsabilité personnelle envers le maître de l'ouvrage demeure.

Acceptation des risques par le maître de l'ouvrage L'acceptation des risques par le maître de l'ouvrage qui admet certains inconvénients dans un souci d'économie ne suffit pas, **théoriquement**, à engager sa responsabilité en l'absence d'immixtion de sa part et à défaut d'une compétence notoire avérée, car le constructeur doit résister alors à ses 88100 exigences (Cass. 3e civ. 25-10-1989 no 87-15.533 : Bull. civ. III no 198, construction d'un ouvrage ne présentant pas une étanchéité absolue ; Cass. 3e civ. 27-11-1990 : RDI 1991 p. 226). Même s'il a privilégié la solution la plus économique préconisée par l'entreprise, alors que l'expert judiciaire l'avait prévenu que le devis de celle-ci présentait des risques, le maître de l'ouvrage ne peut pas nécessairement se voir opposer une acceptation des risques car il incombe à l'entreprise, en sa qualité de professionnelle, de réaliser des travaux conformes aux règles de l'art et de refuser d'exécuter des travaux qu'elle sait inefficaces (Cass. 3e civ. 10-9-2020 no 19-11.218 F-D : BPIM 5/20 inf. 125).

Cependant, la Cour de cassation semble favorable à la prise en compte de l'acceptation des risques lorsque celle-ci est **consciente et délibérée.**

ILLUSTRATIONS

Il a été jugé que l'**acceptation des risques** par le maître de l'ouvrage est une **cause d'exonération** de la responsabilité décennale des constructeurs pour :
– un refus d'un système de drainage (Cass. 3e civ. 17-12-1997 no 96-12.629 D : BPIM 2/98 inf. 117) ;
– un refus d'un système d'étanchéité malgré l'avis contraire expressément formulé de l'architecte (Cass. 3e civ. 15-12-2004 no 02-16.581 FS-PB : Bull. civ. III no 235) ;
– un refus de procéder à une étude de sol avant la réalisation des travaux malgré l'avis défavorable du contrôleur technique (Cass. 3e civ. 7-11-2024 no 22-22.794 F-D : BPIM 1/25 inf. 40) ;
– un maître d'ouvrage qui impose des matériaux malgré les réserves des constructeurs (Cass. 3e civ. 9-6-1999 no 1012 : Bull. civ. III no 132 ; Cass. 3e civ. 15-12-1999 no 98-14.235 D : BPIM 2/00 inf. 103) ;
– un maître d'ouvrage qui choisit une solution technique bien qu'informé par le contrôleur technique et l'entrepreneur des risques graves des désordres encourus (Cass. 3e civ. 20-3-2002 no 589 : Bull. civ. III no 68) ; un maître d'ouvrage qui décide de faire réaliser le travail par son personnel non qualifié et sans l'aide d'un architecte et d'un bureau d'études spécialisées dont la nécessité avait été soulignée (Cass. 3e civ. 29-10-2003 no 01-12.482 : Bull. civ. III no 183) ou qui ne tient pas compte de l'avis de l'architecte dénonçant les inconvénients de son choix (Cass. 3e civ. 26-4-2006 no 04-16.382 FS-PB : Bull. civ. III no 102) ou encore qui préfère un système de filtration comparable à celui qui ne lui avait pas donné satisfaction malgré les réserves de l'entreprise sur le sous-dimensionnement de l'installation et ses risques probables (Cass. 3e civ. 11-6-2014 no 13-14.785 : BPIM 4/14 inf. 258).

88102 Pour que l'acceptation des risques puisse être opposée au **maître de l'ouvrage,** il faut qu'il ait été **éclairé par les constructeurs** sur les risques encourus, ce qui implique un rôle actif de ces derniers (Cass. 3e civ. 22-7-1998 : RDI 1998 p. 646 ; Cass. 3e civ. 20-3-2002 no 589 : Bull. civ. III no 68 ; Cass. 3e civ. 3-3-2004 no 02-17.022 PB : Bull. civ. III no 44 ; Cass. 3e civ. 21-6-2018 no 17-17.928 F-D : BPIM 4/18 inf. 274).

ILLUSTRATIONS

Il a été jugé que **ne suffit pas à caractériser l'acceptation des risques** par le maître d'ouvrage le fait :
– que le contrôleur technique ait attiré l'attention du maître d'ouvrage sur les risques de trouble de voisinage inhérent à la réalisation de travaux (Cass. 3e civ. 21-11-2012 no 11-25.200 : BPIM 1/13 inf. 50) ;
– de ne pas recourir à un maître d'œuvre, surtout s'il est fait appel à une entreprise spécialisée et si les travaux sont de technique courante (Cass. 3e civ. 8-11-2000 no 99-10.836 FS-D : BPIM 1/01 inf. 45 ; Cass. 3e civ. 30-3-2005 no 04-10.403 : BPIM 3/05 inf. 204).

88103 L'**acceptation des risques** est une **cause d'exonération** tant de la responsabilité décennale (voir arrêts précités) que de la responsabilité contractuelle de droit commun (Cass. 3e civ. 20-12-2000 no 1692 : RDI 2001 p. 174). Toutefois, alors même que l'acceptation des risques est admise par le juge, le constructeur peut être condamné à réparation s'il est avéré qu'il a exécuté un travail qu'il savait inefficace (Cass. 3e civ. 21-5-2014 no 13-16.855 FS-PB : BPIM 4/14 inf. 248). Cet arrêt pose la question de savoir si le constructeur avisé n'est pas en faute s'il exécute le travail lorsqu'il a informé le maître de l'ouvrage du risque encouru et qu'un aléa subsiste au sujet de sa réalisation, et s'il l'est lorsqu'il sait pertinemment que le travail exécuté sera certainement inefficace.

Pour constituer une cause étrangère exonératoire de la responsabilité du constructeur, l'acceptation des risques implique que le comportement du maître de l'ouvrage soit la cause directe des désordres de nature décennale (Cass. 3e civ. 23-9-2020 no 19-13.890 FS-D : BPIM 6/20 inf. 395).

Des arrêts ont écarté la responsabilité de l'entreprise en raison des **risques assumés** par le maître de l'ouvrage qui, en toute connaissance de cause des risques graves de désordres encourus, n'a pas tenu compte des mises en garde du maître d'œuvre et des recommandations du contrôleur technique (Cass. 3e civ. 20-3-2002 no 99-20.666 FS-PB : Bull. civ. III no 68 ; Cass. 3e civ. 21-6-2018 no 17-17.928 F-D : BPIM 4/18 inf. 274 ; Cass. 3e civ. 7-11-2024 no 22-22.794 F-D : BPIM 1/25 inf. 40).

Un arrêt plus récent a laissé à la charge du maître de l'ouvrage une partie de la responsabilité

en raison de sa « prise délibérée de risques », tant au regard de l'ancienneté du bâtiment que de son refus persistant d'une réhabilitation complète et conforme aux règles de l'art (Cass. 3e civ. 16-3-2023 no 18-24.581 F-D).

Immixtion fautive du maître de l'ouvrage Le maître de l'ouvrage ne doit pas s'immiscer dans la conception ou la réalisation de l'œuvre. L'immixtion est fautive à la **double condition** qu'elle émane d'une personne notoirement compétente et qu'elle se traduise par une ingérence telle que le maître de l'ouvrage prend, en fait, la responsabilité technique de l'opération par des actes positifs (Cass. civ. 10-10-1979 : JCP G 1979 IV p. 370 ; Cass. 3e civ. 6-3-2002 no 426 : BPIM 3/02 inf. 192). 88105

La **charge de la preuve** de l'immixtion incombe au présumé responsable qui invoque l'immixtion (Cass. 3e civ. 30-6-2009 no 08-14.438 : BPIM 5/09 inf. 363).

L'**immixtion fautive et** l'**acceptation des risques** sont des **notions distinctes** et autonomes (Cass. 3e civ. 25-2-1998 no 96-14.537 PB : Bull. civ. III no 45, RDI 1998 p. 263 ; Cass. 3e civ. 6-5-1998 : RDI 1998 p. 377). Lorsque la première est écartée, le juge n'a pas à rechercher une éventuelle acceptation des risques si cela ne lui est pas demandé (Cass. 3e civ. 25-2-1998 no 96-14.537 PB précité).

La **compétence notoire** s'entend dans le domaine précis d'intervention (Cass. 3e civ. 4-2-1984 : Bull. civ. III no 44). Elle doit être recherchée par le juge qui statue sur l'immixtion (Cass. 3e civ. 13-2-2020 no 19-10.294 F-D : BPIM 2/20 inf. 120). Elle est admise si l'intéressé est un technicien averti (Cass. civ. 16-10-1974 : D. 1974 IR p. 258 ; TGI Privas 18-3-1994 : RDI 1994 p. 663). La circonstance que le maître de l'ouvrage a bénéficié d'une assistance technique est insuffisante à lui conférer une compétence propre (Cass. 3e civ. 17-7-1997 no 95-20.486 D : BPIM 6/97 inf. 392). 88110

ILLUSTRATIONS

La **compétence notoire** a été **retenue** pour :
– le maître de l'ouvrage qui a gagné le concours international de maison individuelle (Cass. civ. 10-3-1982 : RDI 1983 p. 232) ;
– le maître de l'ouvrage qui a fait office de maître d'œuvre (Cass. 3e civ. 14-11-2001 no 1592 : RDI 2002 p. 87), spécialement s'il est un architecte (Cass. 3e civ. 18-12-2001 no 98-16.087 F-D : RDI 2002 p. 152 obs. P. Malinvaud) ;
– un spécialiste de la fonction attendue de l'ouvrage (Cass. civ. 7-12-1988 : Le Moniteur 24-3-1989, chambre froide ; Cass. 3e civ. 21-10-1990 : Le Moniteur 13-7-1990, médecin intervenant dans l'installation d'une clinique).

Mais le seul fait d'être un professionnel de l'immobilier est **insuffisant pour reconnaître la compétence notoire** (Cass. 3e civ. 13-1-1982 no 80-14.329 : Bull. civ. III no 14 ; Cass. civ. 10-3-1981 : RDI 1981 p. 381). Il en est ainsi même pour :
– un promoteur immobilier (Cass. 3e civ. 21-2-1984 : Bull. civ. III no 44) ;
– un marchand de biens, ladite activité ne conférant pas de compétence particulière en matière de construction (Cass. 3e civ. 21-1-2015 no 13-25.268 FS-PB : BPIM 2/15 inf. 116) ;
– une SCI dont l'objet social est d'acquérir et de construire tous biens immobiliers, la qualité de professionnel de la construction supposant des connaissances et des compétences techniques spécifiques (Cass. 3e civ. 13-7-2022 no 21-16.408 FS-B : BPIM 5/22 inf. 363).

De la même façon, la compétence en création de supermarchés n'induit pas des compétences dans la construction de bâtiments (Cass. 3e civ. 14-3-2007 no 05-20.799 FS-D : BPIM 4/07 inf. 278).

L'**ingérence** implique des **actes positifs** (Cass. 3e civ. 7-5-1996 no 94-17.221 : BPIM 4/96 inf. 278). Elle peut prendre des formes diverses : 88115
– réalisation de plans (Cass. civ. 11-3-1981 : Gaz. Pal. 1981 pan. p. 267) ;
– conduite des travaux (CA Paris 24-4-1984 : RDI 1984 p. 317) ;
– contrôle des mesures décidées par l'architecte (Cass. civ. 18-2-1981 : RDI 1982 p. 91) ;
– acceptation des risques dans un souci d'économie (Cass. civ. 10-4-1985 : RDI 1986 p. 469 ; Cass. 3e civ. 25-2-1998 no 96-14.537 PB : Bull. civ. III no 45 ; Cass. 3e civ. 10-10-2012 no 11-12.544 : RDI 2013 p. 98).

En revanche, il n'y a **pas immixtion** lorsque :
– le promoteur fait un choix de matériaux et ne se heurte à aucune réserve de la part des architectes et entrepreneurs (Cass. 3e civ. 21-2-1984 : Bull. civ. III no 44) ;
– le maître de l'ouvrage, également marchand de biens, n'intervient pas dans l'exécution des travaux litigieux, même s'il en a réalisé certains sans rapport avec le dommage (Cass. 3e civ. 21-1-2015 no 13-25.268 FS-PB : BPIM 2/15 inf. 116) ;
– le maître de l'ouvrage exprime certains souhaits pour des raisons pratiques et formule des suggestions qu'il appartient au constructeur de refuser s'il les estime inconcevables techniquement (Cass. 3e civ. 13-2-2020 no 19-20.294 F-D : BPIM 2/20 inf. 120). Les constructeurs doivent, en effet, s'opposer à l'ingérence pour qu'elle soit retenue. Le comportement du maître de l'ouvrage n'est en effet une cause d'exonération que s'il a été la cause directe des désordres de nature décennale (Cass. 3e civ. 23-9-2020 no 19-13.890 FS-D : BPIM 6/20 inf. 395).

88120 **Exonération de responsabilité du constructeur** La faute du maître de l'ouvrage exonère les constructeurs de leur responsabilité. Cette exonération est le plus souvent **partielle** (Cass. 3e civ. 1-2-1972 : Bull. civ. III no 73 ; Cass. 3e civ. 10-1-2001 : RDI 2001 p. 172 ; Cass. 3e civ. 11-10-2001 no 1390 : RDI 2001 p. 85). Il en est ainsi même en cas d'acceptation des risques (arrêts cités nos 88100 à 88103 ; voir aussi Cass. 3e civ. 14-11-1991 : Bull. civ. III no 272). Toutefois, dans ce dernier cas, la jurisprudence n'écarte pas l'exonération totale (Cass. 1e civ. 21-1-1997 no 94-19.380 D ; Cass. 3e civ. 26-3-1997 : BPIM 3/97 inf. 193, 1e espèce ; Cass. 3e civ. 20-3-2002 no 99-20.666 FS-PB : Bull. civ. III no 68).

En principe, la faute n'exonère **totalement** les constructeurs de leur responsabilité que si elle présente les caractères de la force majeure (Cass. soc. 18-2-1944 : DA 1944 p. 43 ; Cass. 3e civ. 9-10-1973 : Bull. civ. III no 158 ; Cass. 3e civ. 17-7-1987 no 86-12.878 : Le Moniteur 12-2-1988). En matière d'immixtion fautive, l'exonération totale est généralement retenue (Cass. 3e civ. 17-7-1987 no 86-12.878 : Le Moniteur 12-2-1988 ; comparer Cass. 3e civ. 18-12-2001 no 98-16.087 F-D : RDI 2002 p. 152, qui n'exclut pas le partage de responsabilité). La sévérité de la jurisprudence peut s'expliquer par le fait que l'immixtion dénature le contrat d'entreprise.

Il semble que les **juges** du fond relèvent **souverainement** l'existence de l'immixtion (Cass. 3e civ. 3-7-1996 no 1219).

88125 Une question, à notre connaissance non résolue à ce jour, est de savoir si la faute du maître de l'ouvrage est **opposable à l'ayant cause** particulier qui agit directement contre les constructeurs. Il le semble, par application des principes généraux, en sorte que l'ayant cause a parfois intérêt à rechercher plutôt la responsabilité de son auteur si cela est possible.

88130 Le Conseil d'État a décidé qu'une **faute simple** du maître de l'ouvrage, quel qu'en soit le domaine, peut constituer un fait exonératoire. Le partage de responsabilité ne peut pas être contesté devant le Conseil d'État, sauf dénaturation des éléments de la cause par le juge du fond (CE 27-5-1998 no 149830, Sté Dodin : BPIM 5/98 inf. 333).

SECTION 4

CONVENTIONS RELATIVES AUX GARANTIES DÉCENNALE ET BIENNALE

A. Clauses d'extension des garanties décennale et biennale

AUGMENTATION DE L'OBJET ET DE LA DURÉE DES GARANTIES LÉGALES

88140 Ces clauses sont licites. Le contrat peut faire entrer dans le **champ de la garantie** décennale ou biennale des ouvrages ou des dommages qui n'en relèvent pas par l'effet de la loi.

Le contrat peut également étendre la **durée** de la garantie. Cette dernière possibilité – rare dans la pratique – était préconisée par le rapport Spinetta et résulte clairement de l'article 1792-2 du Code civil, qui dispose que la garantie des éléments d'équipement dissociables dans un bâtiment est d'une « durée minimale de 2 ans », ce qui réserve aux parties la faculté d'augmenter cette durée, sans toutefois pouvoir dépasser 10 ans (C. civ. art. 2254).

En revanche le délai de 10 ans de la décennale ne peut pas être augmenté (C. civ. art. 2254), mais le domaine de cette garantie peut être élargi. Toutefois, les dommages bénéficiant de cette situation ne relèvent pas de l'**assurance** obligatoire (Cass. 3e civ. 5-12-1969 : Bull. civ. III no 763, pour un exemple d'augmentation de délai).

CLAUSES AMÉNAGEANT LES RECOURS ENTRE CONSTRUCTEURS

88145 Le contrat d'entreprise (en général c'est lui) peut comporter une clause par laquelle le **constructeur** désigné **prend à son compte l'ensemble du dommage** causé au maître de l'ouvrage. Ainsi, l'entrepreneur principal peut garantir contractuellement tout fait du sous-traitant, ou prendre en charge les conséquences de la responsabilité incombant à l'architecte

(Cass. 3e civ. 3-11-1969 : Bull. civ. III no 325 ; Cass. 3e civ. 22-5-1969 : D. 1969 p. 653 ; Cass. 3e civ. 24-1-1973 : D. 1973 IR p. 49). Toutefois, la stipulation de ces clauses pose divers problèmes (voir G. Viney : RDI 1982 p. 319 ; B. Boubli, La responsabilité et l'assurance des constructeurs, 2e éd., 1979 no 362).

Il a été admis pendant longtemps qu'une **clause** du contrat **excluant la solidarité** n'avait pas pour effet d'empêcher une **condamnation judiciaire « in solidum »** du constructeur responsable (Cass. 3e civ. 18-6-1980 no 78-16.096 : Bull. civ. III no 121, RDI 1981 p. 79). **88150**

Mais un arrêt a amorcé une évolution (Cass. 3e civ. 11-5-1988 no 86-19.565), suivi d'un autre rendu en matière de **responsabilité de droit commun** dans lequel la Cour de cassation s'est montrée nettement favorable à la licéité de la clause d'exonération tant de la solidarité conventionnelle que de l'obligation in solidum (Cass. 3e civ. 19-3-2013 no 11-25.266 F-D : BPIM 3/13 inf. 204, RDI 2013 p. 316 note B. Boubli). Il affirme que « le juge est tenu de respecter les stipulations contractuelles excluant les conséquences de la responsabilité solidaire ou in solidum d'un constructeur à raison de dommages imputables à d'autres intervenants ». S'il ne fait guère de doute qu'une clause peut stipuler l'exclusion de la solidarité parfaite lorsque celle-ci ne résulte pas d'un texte impératif (comme l'article 1792-4 du Code civil, par exemple), l'exclusion de l'engagement in solidum qui résulte d'une condamnation judiciaire est très discutable (voir B. Boubli, RDI 2013 p. 316 susvisée et RDI 2016 p. 290).

La Cour de cassation a confirmé sa jurisprudence en affirmant, à propos d'un contrat d'architecte comportant une clause d'exclusion de solidarité, que celle-ci s'appliquait également à la responsabilité « in solidum » (Cass. 3e civ. 14-2-2019 no 17-26.403 FS-PBI : BPIM 2/19 inf. 118 ; Cass. 3e civ. 17-10-2019 no 18-17.058 F-D : BPIM 6/19 inf. 406 ; Cass. 3e civ. 19-2-2020 no 18-25.585 FS-PBI : BPIM 3/20 inf. 192). Mais elle est revenue sur sa jurisprudence et a jugé que la clause d'exclusion de solidarité ne pouvait pas s'appliquer à l'architecte dont la faute a concouru à la réalisation de l'entier dommage ; elle précise qu'elle ne limite pas la responsabilité de ce dernier tenu de réparer les conséquences de sa propre faute, le cas échéant « in solidum » avec d'autres constructeurs (Cass. 3e civ. 19-1-2022 no 20-15.376 FS-BR : BPIM 2/22 inf. 132, RDI 2022 p.175).

Il s'agit d'un retour en arrière qui laisse subsister quelques interrogations (voir nos 91060 s.), mais qui permet de penser que l'exclusion ne peut pas viser la **garantie décennale.** On peut se demander, en effet, si le juge pourrait prononcer une condamnation « in solidum » des constructeurs autres que l'architecte et faire jouer la clause d'exclusion en faveur de celui-ci, même s'il a une mission complète, qu'il est présumé responsable et qu'il est tenu au tout, sauf cause étrangère. Il convient aussi de s'interroger sur la validité de la clause au regard des dispositions de l'article 1792-5 du Code civil qui prohibe les clauses limitatives ou exclusives de garantie pour tous les locateurs d'ouvrage. Un arrêt a validé la condamnation « in solidum » d'un architecte et d'un prestataire chargé des fondations, en retenant que l'architecte doit proposer un projet réalisable (Cass. 3e civ. 21-11-2019 no 16-23.509 FS-PBI : BPIM 1/20 inf. 26). Mais dans cette affaire, on ne sait pas si la clause d'exclusion de la condamnation « in solidum » a été invoquée ou si elle était inopérante entre deux prestataires chargés de la maîtrise d'œuvre. La lettre de la troisième chambre civile, qui accompagne l'arrêt du 19 janvier 2022 no 20-15.376 précité (Lettre de la troisième chambre civile février 2022), précise que les clauses d'exclusion de solidarité n'ont été admises par le passé qu'en responsabilité de droit commun et qu'elles ne pouvaient pas l'être pour les garanties légales compte tenu de l'article 1792-5. Ce texte n'interdit que l'exclusion de solidarité visée par l'article 1792-4 (fabricant). Il semble résulter de la lettre précitée que la prohibition édictée par l'article 1792-5 est prise dans les dispositions générales de ce texte (voir nos 88160 s.) et devrait concerner l'interdiction d'écarter la condamnation « in solidum » des coobligés tenus des garanties légales. La question est donc désormais probablement réglée.

Par ailleurs, les **clauses qui aménagent la contribution à la dette** des constructeurs doivent tenir compte de l'opposabilité des clauses limitatives de responsabilité, dans les rapports entre le garant et le garanti, qui sont des professionnels.

Elles doivent tenir compte aussi, lorsque l'entrepreneur garantit l'architecte, des dispositions du décret du 20 mars 1980 qui a modifié le Code des devoirs professionnels et prohibe les relations trop étroites entre l'architecte et l'entrepreneur : les arrêts précités statuaient sous l'empire de l'article 19 du décret du 24 septembre 1941.

B. Clauses restrictives des garanties décennale et biennale

INTERDICTION POUR TOUS LES LOCATEURS D'OUVRAGE

88160 Les garanties décennale et biennale sont d'**ordre public** « au sens plein », selon l'expression de MM. Malinvaud et Jestaz (Droit de la promotion immobilière, éd. Dalloz 1995, n° 141). Toutefois, le régime juridique des garanties n'est pas d'ordre public dans le contentieux administratif et il est permis aux parties d'y déroger contractuellement (CE 6-6-1984 n° 16875 : RDI 2023 p. 181 note A. Galland).

L'article 1792-5 du Code civil prohibe les **clauses limitatives ou exclusives** de garantie pour tous les locateurs, y compris le bureau de contrôle technique. Selon le texte, « toute clause d'un contrat qui a pour objet soit d'exclure ou de limiter la responsabilité prévue aux articles 1792, 1792-1 et 1792-2, soit d'exclure la garantie prévue à l'article 1792-3 ou d'en limiter la portée, soit d'écarter ou de limiter la solidarité prévue à l'article 1792-4, est réputée non écrite » (pour une illustration, Cass. 3e civ. 7-12-2023 n° 22-20.699 F-D : BPIM 1/24 inf. 39). Cette disposition évince l'application de l'article 2254 du Code civil dans ses dispositions permettant de réduire la durée de la prescription.

La Cour de cassation a fait application de la règle de l'article 1792-5 du Code civil et jugé que la clause d'exclusion de garantie n'empêche pas la responsabilité décennale du vendeur après rénovation lourde (Cass. 3e civ. 3-3-2010 n° 09-11.282 FS-PB : RJDA 7/10 n° 735, RDI 2010 p. 322). La Cour de cassation est très sévère sur la notion de clause d'exclusion de garantie et son effectivité. Elle a jugé que lorsqu'un particulier vend sa maison en stipulant qu'elle est raccordée à un système d'assainissement, l'acquéreur, qui déclare faire son affaire personnelle de la situation, n'est pas privé de son action en garantie décennale contre l'entrepreneur. Ce dernier ne peut pas lui opposer cette clause, qui est réputée non écrite, car interdite par l'article 1792-5 du Code civil (Cass. 3e civ. 19-3-2020 n° 18-22.983 FS-PBI : BPIM 3/20 inf. 199). Un arrêt confirme que cette clause est tout autant illicite à l'égard du vendeur, lequel ne peut pas s'en prévaloir pour se décharger de sa responsabilité décennale, même s'il est un particulier (Cass. 3e civ. 23-5-2024 n° 22-23.300 FS-D : BPIM 4/24 inf. 263, vente de la maison qu'il a fait construire avant l'expiration du délai décennal).

DOMMAGES VISÉS PAR L'INTERDICTION DES CLAUSES D'EXONÉRATION

88170 L'interdiction des clauses d'exonération est-elle limitée aux désordres et autres dommages affectant l'ouvrage, ou s'étend-elle aux conséquences des dommages à l'ouvrage, en particulier aux préjudices causés aux tiers (qui sur l'action récursoire du maître de l'ouvrage peuvent contribuer à la mise en œuvre des garanties) et à ceux résultant des pertes d'exploitation ? La solution semble dépendre du point de savoir si les **dommages consécutifs** entrent dans le champ des garanties légales. En principe, et sous certaines limites, ils donnent lieu à réparation lorsque la garantie décennale est encourue (ce que semble indiquer la jurisprudence encore modeste qui se développe sur ce point : voir n° 87575) ; l'exclusion de garantie qui les concernerait spécialement devrait alors être prohibée. Mais la Haute Juridiction ne s'est pas, à notre connaissance, prononcée sur cette question.

On peut se demander si la clause d'exclusion de solidarité (n° 88150), qui limite la garantie du constructeur en cas de pluralité de débiteurs, est ou non une clause limitative de garantie en matière décennale ou biennale.

CHAPITRE 2

RESPONSABILITÉ CONTRACTUELLE DE DROIT COMMUN

SOMMAIRE

CHAMP D'APPLICATION DE LA RESPONSABILITÉ CONTRACTUELLE

Les dommages qui relèvent d'une des garanties légales ne peuvent pas donner lieu, contre les personnes tenues à cette garantie, à une action fondée sur la responsabilité contractuelle de droit commun (Cass. 3e civ. 13-4-1988 no 86-17.824 : Bull. civ. III no 67 ; Cass. 3e civ. 12-11-2020 no 19-22.376 FS-PBI : BPIM 1/21 inf. 43 ; Cass. 3e civ. 8-7-2021 no 19-15.165 F-D : BPIM 5/21 inf. 336). C'est le **principe du non-cumul** qui est consacré par cette jurisprudence. 88250

Mais la responsabilité contractuelle de droit commun **subsiste,** pour ceux qui sont tenus des garanties décennale ou biennale, lorsque le dommage n'entre pas dans le champ d'application de ces garanties. La responsabilité contractuelle de droit commun s'applique aux constructeurs lorsqu'il n'y a **pas matière à responsabilité décennale ou biennale.**

Consacrée par les articles 1792-4-2 et 1792-4-3 du Code civil, la responsabilité contractuelle de droit commun concerne **différents prestataires.** Il s'agit essentiellement des constructeurs désignés aux articles 1792 et 1792-1 du Code civil dont la responsabilité n'est pas recherchée sur le fondement des articles 1792 et 1792-2 dudit Code (garantie décennale) ou de l'article 1792-3 (garantie biennale).

Le sous-traitant, spécialement et exclusivement visé par l'article 1792-4-2 du Code civil, pour les désordres relevant des garanties légales dans le rapport principal et désigné aussi avec les autres constructeurs par l'article 1792-4-3 du même Code lorsque les garanties légales ne sont pas en cause, encourt toujours une responsabilité de droit commun (voir no 55235). Celle-ci est en principe extracontractuelle à l'égard du maître de l'ouvrage.

S'ajoutent à ces prestataires, qui ont la qualité de constructeurs, des intervenants qui n'ont pas toujours cette qualité comme les organismes techniques d'aide aux usagers, tel le Centre technique industriel métallique (CTIM) lorsqu'il faillit dans sa mission d'assistance à l'entreprise (Cass. 3e civ. 21-6-2000 no 98-22.227 FS-D : BPIM 5/00 inf. 319).

Des intervenants à l'acte de construire, notamment les **fabricants de matériaux ou les fournisseurs**, engagent leur responsabilité de droit commun envers ceux qu'ils ont fournis selon le régime applicable au contrat qu'ils ont conclu, qui est généralement une vente, alors même qu'ils seraient tenus de la garantie décennale. Ainsi en est-il du fabricant de composants qui a fourni l'entrepreneur principal (n° 86520) ou du sous-traitant (n° 86525). Le **fabricant de matériaux indifférenciés ou le fournisseur** répondent de leur responsabilité selon le droit de la vente, le cas échéant, envers les ayants cause dont le maître de l'ouvrage, même s'ils ont fourni l'entrepreneur principal. La responsabilité est alors contractuelle. Elle ne l'est plus si c'est un sous-traitant qui a été fourni (n° 86560). Un régime particulier concerne les **produits défectueux** : la responsabilité encourue à ce titre peut coexister avec celle du contrat conclu par le fabricant (n° 86615).

FONDEMENT DE LA RESPONSABILITÉ CONTRACTUELLE

88255 Le prestataire responsable selon le droit commun se voit reprocher un **manquement à ses obligations contractuelles.** L'entrepreneur, comme son sous-traitant, est généralement tenu d'une obligation de résultat et c'est au titre de ce manquement que sa responsabilité est encourue.

Le constructeur répond souvent d'**autres faits que les désordres à l'ouvrage.** Il peut lui être reproché d'avoir manqué à ses obligations essentielles et d'avoir fait courir un risque anormal au maître de l'ouvrage, par exemple en ne souscrivant pas une assurance obligatoire de responsabilité décennale (Cass. 3e civ. 23-11-2005 n° 04-16.023 FS-PB : Bull. civ. III n° 225 ; Cass. 3e civ. 11-5-2023 n° 22-14.749 F-D : BPIM 4/23 inf. 261 ; voir toutefois Cass. 3e civ. 2-3-2022 n° 21-10.753 FS-B : BPIM 2/22 inf. 133, qui limite l'indemnisation au coût de l'assurance DO non souscrite qui était inclus dans le prix du marché et exclut l'indemnisation pour défaut de souscription de l'assurance responsabilité décennale). Si le constructeur est une société dont le gérant, architecte établit les plans de l'ouvrage, il peut commettre une faute détachable de ses fonctions notamment en ne souscrivant pas une assurance de responsabilité décennale (Cass. 3e civ. 7-6-2018 n° 16-27.680 FS-PBI : BPIM 4/18 inf. 271).

La responsabilité de droit commun est donc susceptible d'être retenue à l'encontre de **prestataires tenus des garanties légales** ; elle présente alors un caractère résiduel. Ainsi, le vendeur d'immeubles à construire qui procède à une réception sans réserve prive les accédants de l'action en garantie décennale en ce qui concerne les désordres apparents, mais il répond envers eux des désordres selon le droit commun (Cass. 3e civ. 20-7-1994 : Bull. civ. III n° 155).

> **Précisions** Depuis la loi 2008-561 du 17 juin 2008, qui a créé l'article 1792-4-2 et surtout l'article 1792-4-3 du Code civil, il y a une **parenté** certaine entre la **responsabilité décennale** (ou biennale) **et la responsabilité de droit commun** des constructeurs envers le maître de l'ouvrage. L'article 1792-4-2 concerne la responsabilité du sous-traitant et calque son obligation sur celle du prestataire principal tenu des garanties légales. L'article 1792-4-3 généralise la prescription de 10 ans à compter de la réception pour les actions dirigées contre les constructeurs et leurs sous-traitants. L'obligation décennale s'élargit et devient hégémonique. Elle est moins stricte, par son objet, dans les nouveaux textes, qu'elle ne l'est dans les articles 1792, 1792-2 et 1792-3 du Code civil, au point que l'on peut se demander si son régime général n'est pas commun et si, désormais, la garantie décennale « classique » en particulier, ne devient pas une application spéciale d'une règle plus générale ressortissant à la responsabilité de droit commun (B. Boubli, La garantie décennale, un caractère hégémonique, ou une fonction subsidiaire conditionnant l'assurance obligatoire ?, BPIM 3/23 inf. 153).

SECTION 1 RESPONSABILITÉ CONTRACTUELLE AVANT RÉCEPTION

A. Dommages relevant de la responsabilité contractuelle avant réception

88300 Avant la réception des travaux, la responsabilité contractuelle des constructeurs peut résulter du **retard** dans l'exécution des travaux et la livraison de l'ouvrage. Elle est alors soumise aux conditions déjà décrites nos 61810 s.

La responsabilité avant réception peut aussi se traduire par des **dommages causés par l'ouvrage** à la personne ou aux biens. C'est le problème de l'obligation de sécurité dans le contrat de construction et des dégâts aux existants.

DOMMAGES À LA PERSONNE

88305 La tendance, en jurisprudence, est d'admettre que l'obligation de construire ou de réparer ne comporte pas, en elle-même, une **obligation de sécurité** (Cass. 3e civ. 27-11-1970 : Bull. civ. III no 653). Les dommages causés à la personne par la chose relèvent donc, selon certains arrêts, de la responsabilité extracontractuelle (Cass. 2e civ. 4-1-1963 no 61-10.025 : Bull. civ. II no 16 ; Cass. civ. 19-10-1971 : D. 1972 p. 77). Se prononçant à propos du fabricant, la Cour de cassation admet cependant l'existence d'une obligation accessoire de sécurité applicable aux personnes et aux biens (Cass. 1e civ. 3-3-1998 : JCP G 1998 II no 10049).

Lorsque les travaux causent un dommage corporel aux travailleurs sur le chantier, la législation sur les accidents du travail est applicable.

DOMMAGES AUX EXISTANTS

88310 En cas de dommages aux existants, **pendant le cours des travaux,** question indépendante du point de savoir si les travaux sur existants relèvent ou non de la décennale (nos 87580 s.), la jurisprudence est hésitante.

Certains arrêts, se référant à l'absence d'obligation de sécurité, écartent la responsabilité contractuelle au bénéfice de la responsabilité quasi délictuelle (Cass. 3e civ. 27-11-1970 : Bull. civ. III no 653 ; Cass. 3e civ. 22-4-1971 : Bull. civ. III no 253).

D'autres retiennent que l'entrepreneur est dépositaire de l'ouvrage qu'il doit restituer en bon état (Cass. 3e civ. 6-6-1972 : Bull. civ. III no 366).

D'autres encore se fondent purement et simplement sur la responsabilité contractuelle de droit commun (Cass. 3e civ. 9-10-1991 no 90-12.059 : Bull. civ. III no 234 et Cass. 2e civ. 26-5-1992 no 91-11.149 : Bull. civ. II no 154, qui ne se réfèrent pas spécialement à l'article 1789 du Code civil ; voir déjà, pour des travaux de rénovation : Cass. 3e civ. 21-11-1972 : Bull. civ. III no 623 ; Cass. 3e civ. 6-6-1972 : Bull. civ. III no 366 ; H. Périnet-Marquet, La responsabilité relative aux travaux sur existants : RDI 2000 p. 483) ; voir nos 53200 et 62455.

MALFAÇONS PRÉDÉCENNALES

88315 Entrent dans le cadre de la responsabilité contractuelle avant réception les malfaçons prédécennales, qui sont des désordres à la construction qui se manifestent à l'évidence **avant que l'ouvrage soit achevé** (effondrement partiel, par exemple). C'est la responsabilité de droit commun qui est alors retenue (Cass. 3e civ. 16-6-1996 : BPIM 5/96 inf. 355 ; Cass. 3e civ. 3-7-1996 no 1210 ; Cass. 3e civ. 6-12-2005 no 04-18.749 F-D : RDI 2006 p. 136). Cette responsabilité peut s'accompagner d'une **résolution du marché.** Toutefois, lorsque la résiliation du marché vaut réception, les ouvrages inachevés pourraient relever de la décennale (Cass. 3e civ. 3-7-1991 : Le Moniteur 20-3-1992).

B. Régime de la responsabilité contractuelle avant réception

PRINCIPE

88400 Jusqu'à ce que l'**ouvrage** soit livré et accepté, il est considéré comme **inachevé.** Par conséquent, si une malfaçon grave apparaît, tout se passe comme si le constructeur avait manqué à son obligation d'édifier un immeuble sans vice caché ou apparent. Le résultat promis n'étant pas tenu, le débiteur a manqué à une obligation déterminée : sa **responsabilité** est **présumée.** Elle donne lieu à **dommages-intérêts** et parfois même à la **résiliation du marché.**

Si plusieurs prestataires sont impliqués, ils peuvent être **condamnés « in solidum »**, à condition que le lien de causalité entre leur fait ou leur faute et le préjudice subi par la victime soit établi (Cass. 3e civ. 7-3-2024 no 22-15.415 F-D : BPIM 3/24 inf. 195).

RESPONSABILITÉ DE L'ENTREPRENEUR AVANT RÉCEPTION

88405 **Obligation d'édifier** L'obligation d'édifier un **immeuble exempt de vice** pèse, de l'avis général, sur l'entrepreneur, par application du droit commun du contrat d'entreprise (Cass. 3e civ. 5-2-1985 : Bull. civ. III no 21 ; Cass. 3e civ. 19-2-2002 no 274 et Cass. 3e civ. 3-4-2002 no 617 : RDI 2002 p. 240). C'est ce que confirme la jurisprudence relative au retard ou aux dommages aux existants et à la responsabilité résiduelle après réception (Cass. 3e civ. 5-2-1985 : Bull. civ. III no 21 ; Cass. 3e civ. 16-6-1996 : BPIM 5/96 inf. 355 ; Cass. 3e civ. 27-1-1997 no 118). L'entrepreneur est tenu d'une **obligation de résultat** lorsque le maître d'ouvrage se plaint de désordre alors que la réception n'est pas encore intervenue (Cass. 3e civ. 6-5-2003 no 01-03.521 F-D : BPIM 4/03 inf. 234 ; Cass. 3e civ. 8-11-2005 no 04-18.305 F-D : RDI 2006 p. 55 ; Cass. 3e civ. 6-12-2005 no 04-18.749 F-D : RDI 2006 p. 136 ; Cass. 3e civ. 13-7-2022 no 21-19.062 F-D : BPIM 5/22 inf. 364) ou qu'elle n'est jamais intervenue (Cass. 3e civ. 10-7-2013 no 12-21.910 FS-PBR : BPIM 4/13 inf. 264 ; Cass. 3e civ. 16-3-2022 no 21-10.110 F-D : BPIM 3/22 inf. 216). Mais cette présomption de responsabilité peut céder en cas de faute du maître de l'ouvrage. Ainsi l'entrepreneur n'est-il tenu de garantir que partiellement le maître d'ouvrage vendeur des condamnations prononcées contre lui au profit de l'acquéreur lorsque le maître d'ouvrage a commis une faute en refusant de réaliser l'ensemble des travaux proposés par l'entrepreneur pour remédier au sinistre (Cass. 3e civ. 20-10-2021 no 20-19.179 F-D : BPIM 6/21 inf. 374).

88406 En cas d'effondrement ou de **dommage en cours de chantier,** les **risques de la perte de la chose** avant livraison sont à la charge de l'entrepreneur qui a fourni les matériaux, lequel doit supporter les conséquences du sinistre (C. civ. art. 1788). La perte de la chose doit toutefois être établie ; il a été jugé qu'il n'y a pas perte de la chose si elle est endommagée et que rien ne permet de dire qu'elle ne puisse pas être réparée (Cass. 3e civ. 16-9-2015 no 14-20.392 FS-PB : BPIM 6/15 inf. 393). Pour que l'article 1788 du Code civil s'applique, il n'est pas nécessaire que la reconstruction soit totale (Cass. 3e civ. 25-5-2022 no 21-15.883 FS-B : BPIM 4/22 inf. 301, RDI 2022 p. 469).

La question s'est posée de savoir qui doit supporter les réparations lorsqu'**aucune faute de l'entrepreneur** ne peut être retenue (cas de la tempête Xanthia en l'espèce). La charge des risques permet de résoudre ce problème. L'arrêt précité du 16 septembre 2015 (no 14-20.392) laisse entendre que l'article 1788 ne s'applique pas si la reprise des travaux peut être envisagée. Mais l'arrêt statue essentiellement sur l'obligation de garantie de l'assureur, laquelle est écartée en l'espèce au motif qu'elle ne s'applique qu'aux dommages résultant de la perte de la chose mise à la charge de l'entrepreneur par l'article 1788 du Code civil.

Il a été jugé que l'article 1788 n'a pas vocation à s'appliquer lorsque la perte de l'ouvrage est due à l'**inexécution fautive** de ses obligations par l'entrepreneur (Cass. 3e civ. 13-10-2016 no 15-23.430 FS-B : BPIM 6/16 inf. 382). La Cour de cassation a admis que les fautes éventuellement commises par le constructeur qui ont pu être à l'origine de la destruction n'empêchent pas qu'il soit tenu de la restitution du prix de l'ouvrage qu'il n'a pas été en mesure de livrer, en dehors de toute recherche de responsabilité (Cass. 3e civ. 25-5-2022 no 21-18.098 FS-B : BPIM 4/22 inf. 301).

Si le **dommage** est **imputable au fait de l'entrepreneur,** c'est sa responsabilité qui est encourue (Cass. 1e civ. 2-12-1997 no 95-19.466 : Bull. civ. I no 339 ; Cass. 3e civ. 22-10-2008 no 07-17.451 : BPIM 6/08 no 441). La réparation intervient alors selon les modalités précisées par le maître de l'ouvrage qui ne peut se voir imposer celle choisie par l'entrepreneur (Cass. 3e civ. 22-10-2008 no 07-17.451 précité).

88407 **Obligation d'information** Parfois, on réserve le cas de l'obligation d'information, en soutenant que cette obligation n'est que de moyens. Le maître de l'ouvrage qui se plaint d'un dommage distinct de l'inexécution du marché doit alors faire la **preuve du manquement de l'entrepreneur** à son obligation d'information ou de conseil. Réserve faite des dommages à la personne, il ne peut s'agir que des malfaçons prédécennales. Or, la jurisprudence décide que ces malfaçons relèvent d'une obligation de résultat (arrêts précités no 88405).

Quelques décisions considèrent que l'ignorance et la mauvaise information du profane emportent renversement de la charge de la preuve. C'est au constructeur d'établir qu'il a accompli son devoir de conseil (Cass. 3e civ. 25-2-1975 : D. 1975 som. p. 53 ; comparer Cass. civ. 6-7-1988 : Le Moniteur 23-9-1988 ; Cass. civ. 20-7-1988 : JCP G 1988 IV p. 351 ; Cass. 3e civ. 26-10-2005 no 04-16.405 FS-PB : RJDA 2/06 no 132).

RESPONSABILITÉ DE L'ARCHITECTE AVANT RÉCEPTION

88410 En ce qui concerne l'architecte, les tribunaux sont moins sévères. Certains auteurs soutiennent que l'architecte n'est pas tenu à une obligation de résultat. La Cour de cassation semble y souscrire : elle estime qu'avant la réception, l'architecte n'est tenu que d'une obligation de moyens et que la **preuve de la faute** de l'architecte doit être apportée par le maître d'ouvrage (Cass. 3e civ. 13-3-1991 : Bull. civ. III no 91 ; Cass. 3e civ. 3-10-2001 no 00-13.718 FS-D : BPIM 6/01 inf. 375 ; Cass. 3e civ. 14-3-2007 no 06-10.181 FS-D : BPIM 3/07 inf. 201).

88415 La responsabilité du **retard** incombe en principe à l'entrepreneur qui est tenu, à cet égard, d'une obligation de résultat. Elle peut être mise à la charge de l'architecte, s'il a contribué au retard par sa faute (Cass. 3e civ. 31-5-1989 : Bull. civ. III no 120) ; voir no 61830.

Le retard dans la livraison est **caractérisé** lorsque le constructeur ne remet pas au maître de l'ouvrage l'attestation de conformité de l'installation aux normes en vigueur lorsque la sécurité des usagers est concernée : un arrêt considère qu'est une faute, justifiant la condamnation de l'entrepreneur au titre du retard, la non-remise d'un « consuel » qui est une attestation délivrée par le Comité national pour la sécurité des usagers de l'électricité ; l'arrêt semble faire de la remise de ce document une condition d'habitabilité des lieux (Cass. 3e civ. 5-12-2012 n° 11-24.499 FS-PB : BPIM 1/13 n° 48).

PRESCRIPTION DE LA RESPONSABILITÉ AVANT RÉCEPTION

La **loi du 17 juin 2008** portant réforme de la prescription civile a généralisé, sauf pour les équipements visés à l'article 1792-3 du Code civil soumis à la garantie biennale, la prescription décennale en matière de responsabilité des constructeurs, sans préciser les dommages concernés (dommages antérieurs ou postérieurs à la réception). Elle fait courir la prescription des actions en responsabilité dirigées contre les constructeurs et leurs sous-traitants à compter de la réception (C. civ. art. 1792-4-3 issu de la loi 2008-561 du 17-6-2008). **88420**

Dès lors de deux choses l'une :
- ou bien la prescription est de 10 ans à compter de la réception, que le désordre soit antérieur ou postérieur à la réception (C. civ. art. 1792-4-3) ;
- ou bien, avant la réception, la responsabilité est prescrite par 5 ans à compter du jour où la victime a eu connaissance des faits lui permettant d'exercer l'action (prescription de droit commun de l'article 2224 du Code civil dans sa rédaction issue de la loi 2008-561 du 17-6-2008), cette durée étant portée à 10 ans en cas de préjudice corporel (C. civ. art. 2226 dans sa rédaction issue de la loi 2008-561 du 17-6-2008).

La Cour de cassation a tranché la question. Elle considère qu'en l'**absence de réception,** la prescription est de **5 ans** à compter du jour où le maître de l'ouvrage a eu connaissance des faits lui permettant d'exercer l'action contre l'entreprise (Cass. 3e civ. 19-3-2020 n° 19-13.459 FS-PBRI : BPIM 3/20 inf. 200). Elle fait application de l'article 2224 du Code civil, qui prévoit que les actions personnelles ou mobilières se prescrivent par 5 ans à compter du jour où le titulaire d'un droit a connu ou aurait dû connaître les faits lui permettant de l'exercer (délai repris par l'article L 110-4 du Code de commerce pour les actions nées à l'occasion de leur commerce entre commerçants ou entre commerçants et non-commerçants). La Cour de cassation précise que l'article 1792-4-3 du Code civil (qui prévoit que les actions en responsabilité contre les constructeurs et leurs sous-traitants, à l'exception de celles régies par les articles 1792-3, 1792-4-1 et 1792-4-2, se prescrivent par 10 ans à compter de la réception des travaux) ne peut pas s'appliquer en l'absence de réception (dans le même sens, Cass. 3e civ. 16-9-2021 n° 20-12.372 F-D).

> **Précisions** **Avant la loi du 17 juin 2008,** l'action en responsabilité contractuelle de droit commun en réparation de **préjudices antérieurs à la réception** était en principe soumise à une prescription de 30 ans. Mais cette durée était sans mesure avec celle applicable à la responsabilité après réception ramenée à 10 ans par la jurisprudence (Cass. 3e civ. 16-10-2002 n° 01-10.482 FS-PBRI : RDI 2003 p. 92 note P. Malinvaux) et réduite même à 2 ans en faveur du sous-traitant pour les désordres affectant les équipements visés à l'article 1792-3 du Code civil par l'article 2270-2 (devenu l'article 1792-4-2). Aussi, dans un souci d'harmonisation des délais de prescription, la jurisprudence antérieure à la loi du 17 juin 2008 décidait qu'en l'absence de réception, l'action en responsabilité contractuelle de droit commun contre les constructeurs se prescrivait par 10 ans à compter de la manifestation du dommage en l'absence de réception des travaux (Cass. 3e civ. 24-5-2006 n° 04-19.716 FS-PBRI : BPIM 4/06 inf. 273).

SECTION 2

RESPONSABILITÉ CONTRACTUELLE APRÈS RÉCEPTION

Malgré ce qu'on a pu longtemps affirmer, notamment en droit administratif (CE 4-5-1960, Cne de Mesnil-Saint-Denis), la réception des travaux ne fait pas disparaître la **responsabilité contractuelle.** D'une part, celle-ci survit, à travers les garanties décennale et biennale ; d'autre part **88550** elle se manifeste dans d'autres domaines que celles-ci (n°s 88640 s.), y compris pendant la garantie de parfait achèvement (n°s 63160 s.). Les articles 1792-4-2 et 1792-4-3 du Code civil, qui illustrent particulièrement cette responsabilité postcontractuelle, le confirment et enseignent qu'il existe une responsabilité de droit commun propre aux constructeurs.

A. Domaine de la responsabilité contractuelle résiduelle

1. OUVRAGES VISÉS PAR LA RESPONSABILITÉ RÉSIDUELLE

88590 La **responsabilité** encourue est **de droit commun** lorsque :
– l'ouvrage n'entre pas dans le champ des garanties légales (Cass. 3e civ. 26-5-1992 : Bull. civ. III n° 168 ; Cass. 3e civ. 16-5-2001 n° 852 : Bull. civ. III n° 62 ; Cass. 3e civ. 30-11-2011 n° 09-70.345 FS-PB : BPIM 1/12 inf. 40, dommage affectant des moquettes et tissus tendus qui, selon l'arrêt, ne sont pas des équipements) ;
– le travail n'est pas un travail de construction, par exemple un ravalement (voir n° 87092).
Les équipements industriels, s'ils ne relèvent pas de la garantie décennale, sont donc soumis à la responsabilité contractuelle de droit commun.
En résumé, si l'ouvrage est celui visé à l'article 1792 du Code civil, la responsabilité de droit commun propre aux constructeurs concernera les dommages non décennaux ou biennaux qui l'affectent (C. civ. art. 1792-4-3). Mais si ce n'est pas le cas, l'ouvrage entre tout entier dans le champ d'une responsabilité de droit commun relevant notamment de l'article 1231-1 du Code civil (inexécution de l'obligation). On peut toutefois émettre une hésitation sur les équipements à vocation professionnelle visés par l'article 1792-7 du Code civil : entrent-ils dans le champ de la responsabilité propre aux constructeurs ou dans celle de l'article 1231-1 ?

2. DOMMAGES RELEVANT DE LA RESPONSABILITÉ RÉSIDUELLE

a. Désordres apparents

PRINCIPES

88620 En cas de réception sans réserve, les désordres apparents **échappent à toute garantie,** y compris à la responsabilité contractuelle de droit commun (Cass. 3e civ. 4-11-1999 n° 98-10.694 P : BPIM 1/00 inf. 33 ; Cass. 3e civ. 28-2-2012 n° 11-13.670 F-D : BPIM 3/12 inf. 238, réception sans réserve alors que le maître de l'ouvrage a eu connaissance de l'empiètement sur le terrain voisin).
Les désordres apparents **susceptibles de justifier une action en responsabilité** s'entendent de ceux qui :
– ont fait l'objet de réserves à la réception ;
– n'ont pas fait l'objet de réserves, mais qui se révèlent plus tard dans leur ampleur et leurs conséquences. Dans ce dernier cas, la garantie décennale (ou biennale) est seule applicable (voir n°s 87475 s.).
Tous ces désordres relèvent de la **garantie de parfait achèvement** (voir n°s 62650 s.). Un doute subsiste cependant pour les désordres non réservés dont la gravité se révèle postérieurement. Il est possible qu'ils échappent à la garantie de parfait achèvement sans échapper à la décennale (sur l'application de la décennale dans ce cas, voir n° 87475).

DÉSORDRES AYANT DONNÉ LIEU À DES RÉSERVES

88625 Les désordres qui ont fait l'objet de réserves à la réception, pourtant **soumis à la garantie de parfait achèvement,** relèvent aussi de la responsabilité contractuelle de droit commun des constructeurs (Cass. 3e civ. 13-12-1995 n° 92-11.637 : Bull. civ. III n° 255 ; Cass. 3e civ. 2-10-2001 n° 99-21.759 : RDI 2002 p. 89 ; Cass. 3e civ. 27-1-2010 n° 08-21.085 FS-PB : BPIM 2/10 inf. 114). C'est à ce titre que l'entrepreneur doit exécuter les travaux destinés à lever ces réserves ; le maître de l'ouvrage doit lui permettre d'accéder aux lieux pour effectuer ces travaux (Cass. 3e civ. 23-6-2010 n° 09-15.808 : BPIM 5/10 inf. 372, 2e espèce). L'entrepreneur reste tenu d'une **obligation de résultat** jusqu'à la levée des réserves, même si le délai de la garantie de parfait achèvement est expiré (Cass. 3e civ. 2-2-2017 n° 15-29.420 FS-PBI : BPIM 2/17 inf. 113, RDI 2017 p. 196), et non d'une responsabilité pour faute prouvée.

Les désordres relèvent de la responsabilité contractuelle de droit commun, même lorsqu'ils n'ont **pas donné lieu à réparation** à l'expiration du délai de **parfait achèvement** (Cass. 3e civ. 5-11-1997 no 95-17.422 D : BPIM 1/98 inf. 26 ; Cass. 3e civ. 21-6-2000 no 98-20.548 FS-D : BPIM 5/00 inf. 326). La circonstance que la garantie de parfait achèvement n'a pas été mise en œuvre dans ce délai est indifférente. L'expiration du délai de garantie de parfait achèvement n'emporte pas décharge de la responsabilité contractuelle de droit commun (voir no 63185).

Aux **désordres** ayant donné lieu à des réserves, il faut ajouter ceux **qui justifient un refus de réception.** Dans ce cas, on peut considérer que le marché n'a pas été exécuté et que les délais n'ont pas été respectés. Le maître de l'ouvrage conserve en général le solde du prix et la résiliation du marché pourrait être demandée. Si l'entrepreneur s'engage à effectuer les travaux de reprise et qu'il ne s'exécute pas, sa condamnation à des dommages-intérêts tenant compte du solde du marché qui lui est dû est justifiée (Cass. 3e civ. 24-6-2014 no 13-18.916 : BPIM 5/14 inf. 328).

La **responsabilité de droit commun pèse** non seulement **sur** les constructeurs non tenus de la garantie de parfait achèvement, mais aussi sur l'entrepreneur tenu à cette garantie : **88630**
- pour un constructeur autre que l'entrepreneur (Cass. 3e civ. 13-12-1995 : Bull. civ. III no 255) ;
- pour l'entrepreneur (Cass. 3e civ. 28-1-1998 no 109 : Bull. civ. III no 19 ; Cass. 3e civ. 11-2-1998 no 218 : Bull. civ. III no 29).

DÉSORDRES DONT LES CONSÉQUENCES SE RÉVÈLENT A POSTERIORI

Il est admis qu'un **désordre** est **caché** lorsque le dommage ne s'est révélé que postérieurement dans son ampleur et ses conséquences (voir nos 87475 s. et 87535 s.). Un tel désordre relève alors de la garantie décennale. Il en est ainsi même si des réserves ont été mentionnées au procès-verbal, ces réserves ne concernant que la première manifestation du désordre, et non son importance, par hypothèse non mesurable (Cass. 3e civ. 12-10-1994 no 92-16.533 : Bull. civ. III no 172 ; no 87480). Dans ce dernier cas, la garantie de parfait achèvement doit jouer ; mais la responsabilité de droit commun est également concevable si, au moment où l'action est exercée, l'ampleur du désordre est encore inconnue. Peut-on concevoir une évolution de la responsabilité contractuelle (droit commun, puis décennale), dans le temps ? **88635**

b. Dommages intermédiaires

DÉFINITION DES DOMMAGES INTERMÉDIAIRES

Il s'agit des dommages qui se manifestent **après** la **réception** et qui n'entrent pas dans la catégorie de ceux visés aux articles 1792 s. et 1792-4-1 du Code civil, c'est-à-dire les dommages ne relevant ni de la garantie décennale ni de la garantie biennale (Cass. 3e civ. 22-3-1995 : RJDA 6/95). **88640**

De tels dommages sont ignorés par le Conseil d'État, qui considère que les relations contractuelles entre le maître d'ouvrage public et les constructeurs prennent fin avec la réception en ce qui concerne la réalisation de l'ouvrage, ce qui lui interdit d'exercer toute action au titre de ces dommages, sous réserve de la garantie de parfait achèvement (CE 28-5-1982 ; CE 6-4-2007 no 264490, Centre Hospitalier de Boulogne-sur-Mer ; CE 8-1-2020 no 434430, Communauté d'agglomération du Grand Angoulême ; voir toutefois CE 12-11-1984 : Le Moniteur 14-11-1985).

Les dommages intermédiaires, en revanche, sont pris en compte par la jurisprudence civile.

> **› Précisions** Si l'action en responsabilité est fondée sur les articles 1792 s. du Code civil et que le juge qualifie les désordres d'intermédiaires, il ne peut pas **condamner d'office le constructeur sur le fondement de la responsabilité de droit commun** sans avoir invité au préalable les parties à s'expliquer (Cass. 3e civ. 6-10-1999 no 98-12.392 D : BPIM 6/99 inf. 433).

RÉGIME DES DOMMAGES INTERMÉDIAIRES

Les dommages intermédiaires relèvent de la **responsabilité contractuelle de droit commun** des constructeurs en application d'une jurisprudence qui ne s'est jamais démentie (Cass. 3e civ. 10-7-1978 no 77-12.595 : Bull. civ. III no 285 ; Cass. 3e civ. 30-4-1985 : RDI 1985 p. 380 ; Cass. 3e civ. 13-3-1991 no 89-13.893 : Bull. civ. III no 91 ; Cass. 3e civ. 17-3-1993 : RDI 1993 p. 230). **88645**

Cette responsabilité suppose, en principe, la **preuve d'une faute** du constructeur ou de celui qui répond du dommage, comme le maître de l'ouvrage vendeur en l'état futur à l'égard de l'acquéreur (Cass. 3e civ. 4-4-2024 no 22-12.132 F-D : BPIM 3/24 inf. 189). Elle se cumule avec la garantie de parfait achèvement au cours de la première année suivant la réception : ainsi, la circonstance que le dommage se manifeste dans l'année du parachèvement ne fait pas échec à la responsabilité contractuelle de droit commun (Cass. 3e civ. 22-3-1995 no 93-15.233 P-F : RJDA 6/95 no 757 ; Cass. 3e civ. 27-1-2010 no 08-21.085 FS-PB : Bull. civ. III no 20).

La responsabilité de droit commun **concerne** tant l'architecte que l'entrepreneur. L'architecte en répond au titre du manquement à son obligation de coordination et de surveillance des travaux si le désordre ne relève pas de la garantie décennale (Cass. 3e civ. 1-3-2011 no 10-11.759 : RDI 2011 p. 336).

Elle s'applique aussi au vendeur qui vend après achèvement un ouvrage qu'il a construit ou fait construire : étant réputé constructeur au sens de l'article 1792-1 du Code civil, la Cour de cassation considère que le vendeur après achèvement est tenu de la responsabilité contractuelle de droit commun des constructeurs pour faute pour les désordres qui ne relèvent pas de la garantie décennale (Cass. 3e civ. 4-11-2010 no 09-12.988 FS-PB : BPIM 1/11 inf. 35), de même que le vendeur en l'état futur (Cass. 3e civ. 4-6-2009 no 08-13.239 FS-PB : BPIM 4/09 inf. 277, écartant la responsabilité en l'absence de preuve d'une faute du vendeur ; Cass. 3e civ. 13-2-2013 no 11-28.376 FS-PB : BPIM 2/13 inf. 131 ; Cass. 3e civ. 27-6-2019 no 18-14.786 F-D : BPIM 5/19 inf. 336, RDI 2019 p. 466 note J. P. Tricoire). On peut se demander si cette jurisprudence est compatible avec celle-ci après visée (Cass. 3e civ. 31-3-1999 no 97-17.770 PB : Bull. civ. III no 143), qui applique le droit commun des vices cachés de l'article 1641 du Code civil, et si en réalité elle ne la condamne pas.

88647 La jurisprudence admet également que la responsabilité du constructeur soit engagée sur le fondement de la **garantie des vices cachés du droit de la vente** (C. civ. art. 1641) pour des désordres non soumis à la garantie décennale (Cass. 3e civ. 31-3-1999 no 97-17.770 PB : Bull. civ. III no 82, en matière de vente d'immeuble à construire). Elle étend cette solution aux désordres relevant de la garantie décennale révélés plus de 10 ans après la réception (Cass. 3e civ. 17-6-2009 no 08-15.503 FS-PB : Bull. civ. III no 143 ; Cass. 3e civ. 11-5-2010 no 09-13.358 F-D : RDI 2010 p. 450, dans le cas de ventes après achèvement).

DOMAINE DES DOMMAGES INTERMÉDIAIRES

88650 **Types de désordres** Plusieurs types de désordres peuvent être considérés comme des dommages intermédiaires.

C'est le cas des dommages qui affectent un ouvrage qui ne constitue **pas un travail de construction** au sens des articles 1792 s. (voir nos 87070 s.). On peut penser, dans le même sens, que des désordres résultant de modestes travaux sur existant, qui ne constituent pas un élément constitutif de l'ouvrage et échappent à la garantie décennale (Cass. 3e civ. 8-2-2018 no 17-13.478 FS-PBRI : BPIM 2/18 inf. 126), peuvent relever de la responsabilité contractuelle pour les désordres intermédiaires ; il faut toutefois qu'un lien entre les travaux et le dommage soit établi (Cass. 3e civ. 8-2-2018 no 17-13.478 FS-PBRI précité).

Entrent également dans la catégorie des dommages intermédiaires, les désordres qui affectent des **équipements** lorsque la garantie décennale et la garantie biennale ne sont pas applicables. Il s'agit, par exemple, des équipements **industriels,** dès lors qu'on décide de les exclure du champ d'application de ces garanties (voir nos 87160 s.).

Pendant un temps, les désordres affectant les **équipements dissociables mais ajoutés** à un ouvrage existant pouvaient être rangés dans la catégorie des désordres intermédiaires (Cass. 3e civ. 18-1-2006 no 04-17.888 FS-PB : Bull. civ. III no 16 ; Cass. 3e civ. 30-11-2011 no 09-70.345 : Bull. civ. III no 202, moquettes et tissus tendus ; voir nos 87317 et 87319). Mais depuis un arrêt rendu en 2017, la Cour de cassation retenait la responsabilité décennale pour impropriété à la destination lorsque le désordre affectait un équipement d'origine ou installé sur existant, qu'il fût dissociable ou non (Cass. 3e civ. 15-6-2017 no 16-19.640 FS-PBRI) ; voir no 87144. Dès lors, on pouvait penser que les désordres affectant les équipements installés sur existant dont le dysfonctionnement ne rendait pas l'ouvrage impropre à sa destination devaient soit continuer à être rangés dans la catégorie des désordres intermédiaires, soit relever de la garantie biennale. Les désordres qui affectent des **éléments dissociables d'origine** ne relèvent d'ailleurs que de la garantie biennale (Cass. 3e civ. 1-2-2006 no 04-17.361 FS-D : RDI 2006 p. 232, carrelages affectés de fissurations évolutives) s'ils ne rendent pas l'ouvrage impropre à sa destination.

La jurisprudence de 2017 a été condamnée par un arrêt de principe (Cass. 3e civ. 21-3-2024 no 22-18.694 FS-BR : BPIM 3/24 inf. 193). Dans celui-ci, la Haute Juridiction énonce que : « si les dommages résultant d'équipements installés en remplacement ou par adjonction à l'existant ne constituent pas en eux-mêmes un ouvrage, ils ne relèvent ni de la garantie décennale ni de la garantie biennale, mais de la responsabilité contractuelle de droit commun, non soumise à l'assurance obligatoire des constructeurs ». On peut donc penser que les désordres qui affectent les équipements adjoints sur existant, non constitutifs d'un ouvrage, peuvent comme naguère être tenus pour des désordres intermédiaires.

Désordres ne revêtant pas la gravité décennale Constituent également des dommages intermédiaires les dommages qui affectent un ouvrage de construction immobilière sans compromettre sa solidité ou le rendre impropre à sa destination. 88652

Sont ainsi des dommages intermédiaires, pour lesquels l'assureur RC décennale refuse justement sa garantie, les **désordres affectant** de nombreux **balcons** qui, malgré leur généralisation, ne se sont pas aggravés dans le délai d'épreuve au point de compromettre la solidité de l'ouvrage (Cass. 3e civ. 18-3-2021 nº 19-20.710 F-D : RDI 2021 p. 371).

Entrent également dans la catégorie des dommages intermédiaires les **désordres esthétiques.**

ILLUSTRATIONS

Constituent des désordres intermédiaires les **désordres esthétiques** tels que :
– un noircissement prématuré des façades ou fissures filiformes (voir nº 87092) ou des traces noires et auréoles sur les murs extérieurs de l'immeuble (Cass. 3e civ. 21-3-2019 nº 17-30.947 D) ;
– des désordres affectant des peintures intérieures, même s'il en résulte une incidence sur la destination des lieux, les peintures intérieures n'étant ni des ouvrages ni des équipements (Cass. 3e civ. 27-4-2000 nº 98-15.970 PF : Bull. civ. III nº 88) ;
– des désordres affectant les revêtements de sol (Cass. 3e civ. 8-7-2015 nº 14-12.307 FS-D : BPIM 5/15 inf. 328, présence de lignes sombres sur le sol) ;
– le décollement de l'enduit d'un mur de soutènement et de clôture qui n'a pas vocation à assurer l'étanchéité du mur et ne compromet pas la solidité de l'ouvrage ni ne le rend impropre à sa destination (Cass. 3e civ. 13-7-2016 nº 15-20.147 F-D : BPIM 5/16 inf. 311) ;
– un verdissement de façades consécutif à l'apparition de mousses et micro-organismes (Cass. 3e civ. 26-1-2000 nº 98-13.423 D : BPIM 2/00 inf. 101) ;
– des désordres affectant des peintures esthétiques de façade (Cass. 3e civ. 16-5-2001 nº 99-15.062 FS-PB : Bull. civ. III nº 62, qui précise que ces peintures ne sont ni un ouvrage, ni un élément constitutif d'ouvrage, ni un élément d'équipement ; Cass. 3e civ. 13-2-2008 nº 06-18.357 : BPIM 2/08 inf. 141 ; comparer pour des briques de façade qui se détachent Cass. 3e civ. 18-7-2001 nº 1245 : RDI 2002 p. 89) ;
– des défauts d'étanchéité de dalles de balcons et loggias ayant pour seule conséquence des désordres esthétiques (Cass. 3e civ. 8-9-2010 nº 08-22.062 FS-PB : BPIM 6/10 inf. 471).

Quelques arrêts appliquent **cependant** la **garantie décennale** en raison de l'importance des désordres qui déprécient l'immeuble ou nécessitent une remise en état coûteuse (CA Paris 5-12-1984 : RDI 1985 p. 378 ; TGI Paris 24-5-1993 6e ch., Sté Carrefour : RDI 1993 p. 381) ou du caractère exceptionnel de l'immeuble classé au titre du patrimoine architectural de la commune (Cass. 3e civ. 4-4-2013 nº 11-25.198 : Bull. civ. III nº 45) ; voir nº 87092.

c. Défaut de conformité

DÉFAUT DE CONFORMITÉ NON CONSTITUTIF D'UN DÉSORDRE

Le **défaut de conformité aux pièces contractuelles** n'est pas un désordre relevant de la garantie décennale ou de la garantie biennale, sauf s'il entraîne l'impropriété de l'ouvrage à sa destination (exiguïté d'une rampe de garage par exemple) : il traduit un simple manquement au descriptif (surface, hauteur, profondeur). Sur la distinction entre la responsabilité contractuelle pour défaut de conformité et la responsabilité décennale, voir la jurisprudence citée nº 87435. 88655

En présence d'un défaut de conformité non constitutif d'un désordre, la responsabilité encourue est de droit commun.

Le maître de l'ouvrage doit **faire des réserves** à la réception pour se préserver le droit d'agir car les défauts de conformité sont en général apparents (Cass. civ. 14-2-1989 : D. 1989 IR p. 80 ; Cass. 3e civ. 30-3-1994 : Bull. civ. III nº 690 ; Cass. 3e civ. 22-5-1997 nº 852). La clause d'équivalence des services rendus lorsque le matériau fourni n'est pas celui convenu lui est inopposable lorsque les matériaux fournis ne présentent pas les mêmes avantages (Cass. 3e civ. 20-11-2007 nº 06-18.757).

Le maître d'ouvrage peut aussi **refuser la réception** (Cass. 3e civ. 11-5-2005 nº 03-21.136 FS-PB : RDI 2005 p. 299). Dans ce cas, en l'absence de réception judiciaire ou tacite, la responsabilité relève du régime applicable aux malfaçons prédécennales (voir nº 88315).

Mais **si le défaut est caché**, c'est à la date à laquelle il se manifeste que le délai devrait courir (Cass. civ. 14-12-1977 : D. 1978 IR p. 428 ; Cass. civ. 3-1-1979 : RDI 1979 p. 477 ; Cass. civ. 2-4-1979 : RDI 1979 p. 477), ce qui paraît excessif.

Un arrêt statuant à propos d'un problème d'isolation phonique attribué au fractionnement d'une chape, pour lequel les constructeurs ont été condamnés au titre de la garantie décennale, décide que l'action ultérieure pour non-façon résultant de ce qu'en réalité la chape n'a pas été réalisée est recevable, celle-ci n'ayant pas le même objet que la précédente action et sanctionnant un défaut de conformité (Cass. 3e civ. 24-3-2009 nº 08-16.460 : BPIM 3/09 inf. 211).

88660 La **garantie de parfait achèvement** concernant tous les dommages réservés à la réception ou apparus dans l'année qui la suit, le concours des responsabilités est applicable, pour les défauts de conformité comme pour les autres désordres (nº 63185).

DÉFAUT DE CONFORMITÉ CONSTITUTIF D'UN DÉSORDRE

88665 Lorsque le **défaut de conformité aux documents contractuels** masque un vice de la construction, il provoque un désordre qui peut, s'il en remplit les conditions de gravité, relever des articles 1792 s. du Code civil. On est en présence d'un « faux » défaut de conformité (Cass. 3e civ. 25-1-1989 : Bull. civ. III nº 20 ; Cass. 3e civ. 17-12-1996 nº 95-10.666 D, non-conformité résultant de la déformation d'une porte ; Cass. 3e civ. 22-5-1997 nº 95-14.096 : BPIM 4/97 inf. 266).

Si le sinistre n'est pas susceptible d'entrer dans le champ des garanties décennale et biennale, la responsabilité contractuelle de droit commun s'applique (Cass. 3e civ. 20-11-1991 : Bull. civ. III nº 278). Le dommage résultant d'un défaut de conformité est alors un désordre intermédiaire (Cass. 3e civ. 12-5-1993 : JCP G 1993 IV 1731). Si la non-conformité aux stipulations contractuelles ne provoque pas un désordre de nature à affecter la solidité de l'ouvrage ou à le rendre impropre à sa destination, la garantie décennale n'est pas encourue, même si les réparations nécessaires impliquent la démolition de l'ouvrage (Cass. 3e civ. 6-6-2024 nº 23-11.336 FS-B : BPIM 4/24 inf. 256).

Le défaut de conformité **aux normes applicables à la construction** est une faute : il n'y a pas nécessairement de dommage ; s'il en existe un (méconnaissance du cahier des charges d'un lotissement), le dommage peut être actuel et, selon son degré de gravité, relever ou non de la décennale. La Cour de cassation comme le Conseil d'État décident qu'est un dommage actuel de nature décennale la méconnaissance par le constructeur des normes parasismiques ou relatives à la sécurité, considérée alors comme un « défaut de conformité » (voir sur cette question nºs 87127 s.).

d. Dommages annexes

DOMMAGES IMMATÉRIELS OU CONSÉCUTIFS

88670 Lorsque les dommages sont immatériels (perte d'exploitation), et plus généralement lorsqu'ils sont causés par la chose, le maître de l'ouvrage, selon certains arrêts, peut, suivant la nature du désordre initial, engager l'action :
– en garantie décennale (nº 87575) ;
– en garantie biennale (Cass. 3e civ. 15-10-1970 : Bull. civ. III nº 514 ; comparer en droit public, CE 6-10-1971 : Lebon p. 584).

Les dommages accessoires relevant des garanties légales reçoivent cependant une interprétation restrictive. Les autres préjudices relèvent donc du **droit commun.** Parmi ces dommages figurent :
– ceux **causés aux existants** (nºs 62455, 87580 s. et 88310) ;
– et ceux susceptibles d'être **causés à la personne** par les travaux. Dans ce cas, la nature de la responsabilité peut varier selon que la victime est le client (le maître de l'ouvrage) ou un tiers. La Cour de cassation a précisé que le prestataire chargé de la maintenance d'une porte automatique d'accès à un parking est tenu d'une obligation de résultat en ce qui concerne la sécurité de l'appareil (Cass. 3e civ. 5-11-2020 nº 19-10.857 FS-PBRI : BPIM 6/20 inf. 385). Si la victime est son contractant (ou l'ayant droit de celui-ci), la responsabilité est en principe contractuelle et sanctionne le manquement à une obligation déterminée. Cette solution est a fortiori applicable à l'installateur. Si la victime est un tiers, la responsabilité est extracontractuelle, mais le tiers devrait pouvoir se prévaloir du manquement à l'obligation déterminée comme d'un fait dommageable qui le dispense de la preuve d'une faute.

DOMMAGES AUX TIERS

88675 Lorsque des dommages sont causés aux tiers (en pratique le voisin), le maître de l'ouvrage mis en cause par le tiers peut **appeler les constructeurs en garantie.** Il dispose en principe de **deux actions** :
– l'action personnelle résultant du contrat ;
– l'action subrogatoire dans les droits du tiers.

Ces solutions ne sont pas applicables aux **marchés publics** (Moderne : CJEG 1990 chron. p. 401).

88680 **Action personnelle du maître de l'ouvrage** L'action personnelle du maître de l'ouvrage contre le constructeur est une action en **responsabilité contractuelle.** C'est elle qui fonde l'appel en garantie (J. Fossereau D. 1976 p. 27). Cette responsabilité contractuelle est consacrée depuis plusieurs années par :
– la 1e chambre civile de la Cour de cassation (Cass. 1e civ. 14-10-1958 : Bull. civ. I nº 425 ; Cass. 1e civ. 25-10-1960 : AJPI 1967 nº 17 p. 108) ;

– et la 3e chambre civile de la Cour de cassation (Cass. 3e civ. 6-2-1969 : Bull. civ. III no 109 ; Cass. 3e civ. 24-3-1999 no 96-19.775 : Bull. civ. III no 74 ; Cass. 3e civ. 26-2-2003 no 01-16.630 FS-D : BPIM 3/03 inf. 170).

Si le désordre engage la responsabilité décennale du **maître d'ouvrage vendeur,** l'appel en garantie a la même nature. Lorsque la responsabilité encourue par le maître d'ouvrage est de droit commun, l'action récursoire contre le constructeur relève de la responsabilité contractuelle de droit commun (Cass. 3e civ. 7-1-2016 no 14-24.777 FS-PB : BPIM 2/16 inf. 113, à propos de la violation par l'architecte d'une servitude non aedificandi).

Selon certains arrêts, la **faute** de l'entrepreneur doit être établie pour que le recours aboutisse (Cass. 3e civ. 24-4-2003 no 01-18.017 FS-PB : BPIM 4/03 inf. 235). Cette jurisprudence n'est pas conforme avec celle qui enseigne qu'avant la réception, l'entrepreneur est tenu d'une obligation de résultat (voir no 88405). Elle est à l'épreuve d'autres arrêts qui retiennent la responsabilité de l'entrepreneur sur l'action récursoire du maître de l'ouvrage sans exiger la preuve d'une faute (Cass. 3e civ. 13-4-2005 no 03-20.575 FS-PB : Bull. civ. III no 89).

Par ailleurs, l'entrepreneur et le maître de l'ouvrage étant contractuellement liés, il ne pèse sur le premier aucune présomption de responsabilité délictuelle ou quasi délictuelle (Cass. 3e civ. 21-7-1999 nos 98-10.037 et 96-22.734 D : BPIM 6/99 inf. 434 ; Cass. 3e civ. 28-11-2001 no 00-13.970 : Bull. civ. III no 135), responsabilité qualifiée d'extracontractuelle depuis l'ordonnance 2016-131 du 10 février 2016.

Action subrogatoire du maître de l'ouvrage L'action subrogatoire en **responsabilité extracontractuelle** (dite « quasi délictuelle » avant l'ordonnance 2016-131 du 10 février 2016 portant réforme du droit des contrats) est également admise lorsque le maître de l'ouvrage est subrogé dans les droits du tiers qu'il a indemnisé (Cass. 3e civ. 5-5-1970 : Bull. civ. III no 305 ; Cass. civ. 15-2-1972 : D. 1972 p. 380 ; Cass. 3e civ. 4-11-1971 : JCP 1972 II 17070 note B. Boubli). 88685

L'action subrogatoire semble même être privilégiée par la 3e chambre civile, du moins lorsqu'elle est **fondée sur la responsabilité extracontractuelle** de l'article 1240 du Code civil (voir les arrêts rendus sur le fondement de l'ancien art. 1382 du C. civ. : Cass. 3e civ. 7-5-1996 no 884 : BPIM 4/96 inf. 280 ; Cass. 3e civ. 17-12-1997 no 1772 : BPIM 2/98 inf. 118 ; Cass. 3e civ. 17-3-1999 no 512 : BPIM 3/99 inf. 221). La preuve de la faute du constructeur doit alors être apportée (Cass. 3e civ. 17-3-1987 : Bull. civ. III no 52 ; Cass. 3e civ. 31-10-1989 : Bull. civ. III no 199 ; Cass. 3e civ. 13-6-1990 : Bull. civ. III no 81).

En revanche, la Cour de cassation manifeste des hésitations, lorsque, par subrogation aux droits du tiers, le maître de l'ouvrage entend invoquer la responsabilité **fondée sur la garde du chantier** de l'article 1242, alinéa 1 du Code civil (anciennement art. 1384, al. 1). Un arrêt de la 2e chambre civile a admis l'action sur ce fondement (Cass. 2e civ. 6-7-1994 : Bull. civ. II no 182). La 3e chambre civile la refuse en relevant que les parties (maître de l'ouvrage et entrepreneur) sont liées par un contrat (Cass. 3e civ. 24-3-1999 no 96-19.775 : Bull. civ. III no 74 ; Cass. 3e civ. 21-7-1999 no 96-22.734 D : BPIM 6/99 inf. 434 ; Cass. 3e civ. 28-11-2001 no 00-13.970 : Bull. civ. III no 135 ; voir cependant dans un sens contraire : Cass. 3e civ. 18-3-1987 no 85-16.767 : Bull. civ. III no 52). Ce refus est limité à l'article 1242, alinéa 1 du Code civil.

Lorsque le maître d'ouvrage est subrogé dans les droits du voisin pour exercer contre l'entrepreneur l'action fondée sur les **troubles de voisinage,** son action est recevable (Cass. 3e civ. 21-7-1999 no 96-22.735 PB, no 97-21.370 D, no 97-21.371 D : BPIM 6/99 inf. 434 ; Cass. 3e civ. 18-9-2002 no 1307 : Bull. civ. III no 200 ; Cass. 3e civ. 26-2-2003 no 01-16.630 FS-D : BPIM 3/03 inf. 170). Cette action ne requiert pas la preuve d'une faute (Cass. 3e civ. 24-9-2003 no 02-12.873 : Bull. civ. III no 160) ; voir no 90635. 88690

Il semble résulter d'un arrêt que l'action du maître de l'ouvrage ne soit recevable que s'il a été assigné par le voisin ou s'il est subrogé dans ses droits (Cass. 3e civ. 29-1-2008 no 06-19.419).

Sous la réserve de l'application de l'article 1242, alinéa 1 du Code civil (responsabilité fondée sur la garde de la chose), il semble que le maître de l'ouvrage dispose de deux actions en cas de préjudice causé au voisin, spécialement en cas d'**empiétement** sur le terrain d'autrui (voir P. Malinvaud, RDI 1998 p. 266). 88695

1. La responsabilité décennale (Cass. 3e civ. 27-4-1994 no 92-14.854 : RGAT 1994 p. 820 ; voir déjà : Cass. 3e civ. 19-12-1972 : Bull. civ. III no 688 ; Cass. 3e civ. 31-3-2005 no 03-14.217 FS-PB : BPIM 3/05 inf. 201) ; voir no 87132. Mais si les **conditions de la garantie décennale** ne sont **pas réunies,** la responsabilité contractuelle de droit commun a parfois été retenue (Cass. 3e civ. 6-2-1969 : Bull. civ. III no 109 ; voir sur ces points, B. Boubli, La responsabilité et l'assurance des constructeurs, 2e éd. no 255). Toutefois, le maître de l'ouvrage qui a réparé le dommage causé au voisin est privé de toute action en responsabilité contractuelle contre le constructeur si, ayant eu connaissance de l'empiétement en cours de chantier, il n'a émis aucune réserve lors de la réception (Cass. 3e civ. 28-2-2012 no 11-13.670 F-D : BPIM 3/12 inf. 238).

2. La responsabilité **extracontractuelle** fondée sur l'article 1240 du Code civil (Cass. 3e civ. 17-3-1999 nº 97-17.037, rendu sur le fondement de l'ancien art. 1382 du Code civil), par subrogation aux droits du voisin y compris, semble-t-il, lorsque le voisin subit un trouble de voisinage.

e. Retard dans la livraison

88700 L'obligation de livrer l'ouvrage dans le délai engage la responsabilité de plein droit de l'entrepreneur en cas de retard (voir nos 61760 s.). La **faute du maître de l'ouvrage** ne l'exonère totalement que si elle est la cause unique du dommage (Cass. 3e civ. 8-11-2005 nº 04-17.701 F-PB : Bull. civ. III nº 212).

f. Dommage affectant un équipement installé sur existant

88705 La Cour de cassation considère désormais que les dommages résultant d'équipements installés en remplacement ou par adjonction à un ouvrage existant ne relèvent ni de la garantie décennale ni de la garantie biennale, mais de la responsabilité contractuelle de droit commun non soumise à l'assurance obligatoire des constructeurs. Elle **réserve** toutefois le cas des équipements qui constituent « en eux-mêmes » un ouvrage (Cass. 3e civ. 21-3-2024 nº 22-18.694 FS-BR : BPIM 3/24 inf. 193).

Cet arrêt marque un important **revirement de jurisprudence**. Il était en effet admis depuis 2017 que les désordres ayant leur siège dans un élément d'équipement, d'origine ou installé sur existant, qu'ils soient dissociables ou non, engageaient la responsabilité décennale des constructeurs s'ils rendaient l'ouvrage impropre à sa destination (nº 87088). Les désordres auraient pu donner lieu à garantie biennale de l'article 1792-2 du Code civil s'ils ne produisaient pas cette conséquence, mais la jurisprudence considérait que les équipements ajoutés à l'existant étaient indissociables et ne relevaient donc pas de l'article 1792-2 (nº 87310).

B. Régime de la responsabilité résiduelle

1. PRESCRIPTION DE LA RESPONSABILITÉ CONTRACTUELLE

RESPONSABLE NON CONSTRUCTEUR

88810 Il s'agit des prestataires non constructeurs qui sont **liés par le contrat au maître de l'ouvrage** :
– les organismes de coordination SPS ou OPC lorsqu'ils ne sont pas constructeurs (voir nos 49350 s. et 52500 s.) ;
– l'architecte, lorsqu'il n'est investi que d'une mission d'assistance à la réception (nº 87485) ;
– d'une façon générale, tous ceux qui ne peuvent, en aucun cas au titre du marché, être tenus pour des constructeurs.

La prescription, autrefois théoriquement trentenaire, a été ramenée à 10 ans à compter de la réception des travaux par la loi 2008-561 du 17 juin 2008 portant réforme de la prescription civile (C. civ. art. 1792-4-3), ce qui paraît conforme aux orientations antérieures de la jurisprudence (Cass. 3e civ. 16-10-2002 nº 01-10.330 FS-PBRI) ; voir nos 88820 s. Mais l'article 1792-4-3 du Code civil ne concernant que les constructeurs désignés aux articles 1792 et 1792-1 du Code civil et leurs sous-traitants, on peut donc penser que la prescription quinquennale de l'article 2224 du Code civil est seule applicable aux prestataires non constructeurs.

88815 Les prestataires non constructeurs qui sont exposés à une **action directe** contractuelle par l'effet de la transmission de celle-ci (fournisseurs ou fabricants non concernés par l'article 1792-4 du Code civil) s'exposent à une action fondée sur la garantie des **vices cachés**, qui doit être exercée dans le délai de 2 ans à compter de la découverte du vice affectant la chose vendue (C. civ. art. 1648) ou, en cas d'**action récursoire**, à compter de l'assignation du fabricant par le demandeur qui exerce l'action récursoire, sans pouvoir dépasser 20 ans à compter de la vente conclue par la partie dont la garantie est recherchée (Cass. ch. mixte 21-7-2023 nº 20-10.763 BR : BPIM 5/23 inf. 320, Communiqué de presse de la Cour de cassation du 21-7-2023).

L'action relative aux **défauts de conformité** se prescrit par 5 ans (C. civ. art. 2224).

RESPONSABLE CONSTRUCTEUR

88820 **Délai de prescription** L'action en responsabilité contractuelle de droit commun du maître de l'ouvrage contre les constructeurs relève de l'article 1792-4-3 du Code civil. Le texte vise les constructeurs ou les prestataires réputés constructeurs par les articles 1792 et

1792-1 du Code civil et leurs sous-traitants lorsque le dommage n'entre pas dans le champ d'application de la garantie décennale ou biennale. Le délai de prescription de l'action en responsabilité de droit commun contre ces constructeurs est de **10 ans** à compter de la réception des travaux (C. civ. art. 1792-4-3 issu de la loi 2008-561 du 17-6-2008). Si l'action visée par ce texte contre les constructeurs de 1er rang liés par contrat au maître de l'ouvrage et réservée à ce dernier est de nature contractuelle, ce n'est pas encore le cas lorsqu'elle est exercée contre le sous-traitant. On notera que l'avant-projet de la réforme du droit des contrats spéciaux y est favorable.

Selon la jurisprudence antérieure à la loi du 17 juin 2008 portant réforme de la prescription civile, la **réception s'entend** avec ou sans réserve (Cass. 3e civ. 16-10-2002 no 01-10.330 FS-PBRI : Bull. civ. III no 205, D. 2003 p. 300 obs. P. Malinvaud ; Cass. 3e civ. 26-10-2005 no 04-15.419 : Bull. civ. III no 202 ; Cass. 3e civ. 22-11-2006 no 05-19.565 : Bull. civ. III no 228, pour des défauts de conformité). On peut donc penser, avec les précautions d'usage, que le délai court à compter de la réception, qu'elle soit ou non assortie de réserves, puisque tant les désordres intermédiaires que ceux réservés à la réception relèvent de la responsabilité de droit commun. En revanche, si la réception est refusée et n'est pas prononcée, le délai de 10 ans ne s'applique pas (voir no 88420).

Statuant à propos d'un marché public de travaux, le Conseil d'État s'est prononcé dans le même sens (CE 20-12-2024 no 475416, Sté JSA Technology c/ Centre hospitalier de Capesterre Belle-eau). L'arrêt énonce clairement qu'il résulte de l'article 1792-4-3 du Code civil que l'action du maître d'ouvrage tendant à la mise en jeu de la responsabilité des constructeurs se prescrit par 10 ans à compter de la réception, même si celle-ci est assortie de réserves.

On notera, à propos de la violation d'une servitude non aedificandi susceptible d'entraîner la condamnation de l'acquéreur à modifier l'ouvrage, que la Cour de cassation a jugé, avant l'entrée en vigueur de la réforme de la prescription civile de 2008, que la responsabilité de droit commun encourue par l'**architecte** était soumise à la prescription trentenaire (Cass. 3e civ. 7-1-2016 nos 14-24.777 et 14-24.842 FS-PB : BPIM 2/16 inf. 113). Il est possible que cette solution s'explique par le risque de prescription acquisitive du droit de construire de l'auteur de l'infraction. La Cour de cassation fonde l'action récursoire du constructeur vendeur sur la garantie d'éviction due à l'acheteur exposé au risque de démolition.

Désordres concernés L'article 1792-4-3 du Code civil ne fait pas de distinction selon les désordres concernés. Sont visés : 88825

– les **dommages intermédiaires** (nos 88640 s.) pour lesquels la Cour de cassation avait déjà, avant la réforme de la prescription civile de 2008, limité le délai de prescription à 10 ans (Cass. 3e civ. 11-6-1981 ; Cass. 3e civ. 6 et 7-10-1981 : RDI 1982 p. 1 ; B. Boubli, « La responsabilité contractuelle de droit commun après la réception des travaux », mêmes références) ;

– les **autres désordres** relevant de la responsabilité de droit commun pour lesquels la jurisprudence antérieure à la loi du 17 juin 2008 avait généralisé la prescription de 10 ans (Cass. 3e civ. 16-10-2002 no 01-10.330 FS-PBRI : Bull. civ. III no 205, D. 2003 p. 300 obs. P. Malinvaud, qui pose une règle générale ; Cass. 3e civ. 16-3-2005 no 04-12.950 FS-PBR : Bull. civ. III no 65, pour des dommages résultant d'une faute de l'architecte).

La Cour de cassation tend à appliquer le régime des **désordres évolutifs** (voir nos 87535 s.) à la responsabilité contractuelle de droit commun lorsque la responsabilité est engagée sur le fondement de l'ancien article 1147 du Code civil, devenu l'article 1231-1 suite à l'ordonnance 2016-131 du 10 février 2016 (Cass. 3e civ. 21-1-2004 no 56).

En cas de **défaut de conformité non constitutif d'un désordre** (no 88655), la responsabilité encourue est la responsabilité contractuelle de droit commun. Depuis la loi 2008-561 du 17 juin 2008 portant réforme de la prescription civile, on ne sait pas si cette action figure parmi celles visées par l'article 1792-4-3 du Code civil (prescription de 10 ans) ou non (prescription de 5 ans prévue par l'article 2224 du Code civil).

Certains arrêts antérieurs à la réforme de la prescription civile se fondent parfois sur l'ancien article 1184 du Code civil (article 1217 depuis l'ordonnance 2016-131 du 10-2-2016) pour obliger le constructeur (Cass. 3e civ. 11-5-2005 no 03-21.136 FS-PB : RJDA 10/05 no 1067), mais d'autres appliquent la prescription de 10 ans pour non-conformité en précisant que l'action en responsabilité des constructeurs pour faute prouvée des constructeurs est de 10 ans à compter de la réception (Cass. 3e civ. 26-10-2005 no 04-15.419 FS-PB : Bull. civ. III no 202). On peut néanmoins penser que, dans tous les cas, le délai de prescription est de 10 ans et qu'il court à compter de la réception avec ou sans réserve.

S'agissant du **retard,** il est également souhaitable que le délai de prescription soit ramené à 10 ans à compter de la date convenue de la livraison et que l'article 1792-4-3 soit interprété en ce sens.

88830 **Interruption du délai de prescription** La Cour de cassation s'est prononcée sur la **nature du délai** de prescription de l'action en responsabilité contractuelle de droit commun du maître de l'ouvrage contre les constructeurs, prévue par l'article 1792-4-3 du Code civil. Selon elle, il s'agit d'un délai de forclusion (Cass. 3e civ. 10-6-2021 no 20-16.837 FS-PR : BPIM 4/21 inf. 262, RDI 2021 p. 491, à propos de dommages intermédiaires). Elle justifie cette qualification par le fait que le législateur, en alignant la durée et le point de départ du délai de la responsabilité contractuelle de droit commun sur celui de la garantie décennale, dont le délai est un délai d'épreuve (Cass. 3e civ. 12-11-2020 no 19-22.376 FS-PBI), a entendu harmoniser les deux régimes de responsabilité.

L'arrêt tire les **conséquences** de cette qualification. Le délai de l'article 1792-4-3 du Code civil étant un **délai de forclusion,** il n'est pas, sauf dispositions contraires, régi par les dispositions relatives à la prescription ; il échappe à toutes les causes de report du point de départ, de suspension ou d'interruption du délai de prescription prévues par les articles 2233 à 2246 du Code civil (C. civ. art. 2220). Se prononçant sur l'interruption du délai, l'arrêt décide en conséquence que l'article 2240 du Code civil ne s'applique pas, de sorte que la reconnaissance de responsabilité par le débiteur (constructeur) **n'interrompt pas** le délai de forclusion. De même, une décision de justice qui fait droit à une mesure d'instruction **ne suspend pas** le délai de prescription comme le prévoit l'article 2239 du Code civil. La Cour de cassation a exprimé des regrets dans son rapport annuel 2021, publié le 28 juillet 2022, et a proposé qu'un nouvel article 1792-8 soit introduit dans le Code civil pour permettre l'application des articles 2239 et 2241 du Code civil à la forclusion (BPIM 5/22 inf. 361).

L'**interruption** du délai de prescription **s'applique,** en revanche, selon les mêmes modalités que celles résultant des articles 1792 et 1792-3 du Code civil, notamment par la mise en œuvre d'une action en justice au fond ou en référé (voir no 87840 s.). L'effet interruptif joue, même si la juridiction saisie est incompétente (C. civ. art. 2241).

La prescription de la responsabilité de droit commun est également interrompue par une assignation fondée sur la garantie décennale (Cass. 3e civ. 20-11-2013 no 12-24.248 : BPIM 1/14 inf. 32, assignation en référé fondée sur la garantie décennale alors que les désordres étaient intermédiaires). Il en va ainsi dès lors que les conclusions visant la responsabilité de droit commun déposées en appel désignent les mêmes désordres (Cass. 3e civ. 26-6-2002 no 00-21.638 FS-PB : Bull. civ. III no 149). Selon un arrêt, les deux responsabilités tendent en effet au même but (Cass. 3e civ. 22-9-2004 no 03-10.923 : Bull. civ. III no 152).

2. RÉGIME DE LA PREUVE

PRINCIPES

88860 La responsabilité étant contractuelle et le contrat mettant à la charge du locateur d'ouvrage une **obligation de résultat** (no 53130), le maître de l'ouvrage devrait être dispensé de prouver la faute du constructeur. La solution est admise dans les rapports entre l'entrepreneur et le sous-traitant, lequel est tenu d'une obligation de résultat, ainsi que dans les rapports entre sous-traitants ; voir no 55375.

La solution est posée en termes généraux par un arrêt qui énonce que tout « professionnel de la construction » est tenu d'une obligation de résultat envers le maître de l'ouvrage pour les dommages avant réception (Cass. 3e civ. 27-1-2010 no 08-18.026 FS-PB : BPIM 2/10 inf. 107). Or on ne voit pas en quoi la réception influe sur la nature d'une obligation qui est toujours la même (exécuter correctement le travail commandé) et dont la sanction dépend seulement du caractère apparent ou caché du désordre : s'il est apparent, la responsabilité sanctionne une obligation de résultat ; s'il est caché, elle ne sanctionnerait qu'une obligation de moyens alors que pendant le temps du parfait achèvement, elle resterait de résultat. Sauf circonstance particulière, l'obligation de résultat devrait être systématiquement retenue (une partie de la doctrine est en ce sens : Fossereau, D. 1973 chron. p. 23 ; Rép. civ. Contrat d'entreprise nos 62 et 212 ; quelques auteurs se prononcent en faveur d'une obligation de moyens).

> **Précisions** Tout dépend, estime-t-on, de la **nature de l'obligation violée** qui peut être tantôt de moyens (manquement à l'obligation de conseil), tantôt de résultat (fournir une chose exempte de vice). Mais en réalité, c'est le dommage qui est déterminant et il convient de distinguer selon que l'on se plaint d'un désordre non décennal ou d'un préjudice d'une autre nature (perte d'un avantage ou d'une opportunité). La jurisprudence sur les responsabilités dans la vente d'immeuble soumise aux articles 1792 s. du Code civil est symptomatique de la difficulté : dans un premier temps, elle a décidé que la garantie des vices par le vendeur d'immeuble (autrement dit la garantie de droit commun) est due lorsque le dommage ne relève pas de la garantie décennale du vendeur en l'état futur, en écartant le moyen soutenant que seule la

responsabilité pour faute devait être retenue (Cass. 3e civ. 31-3-1999 no 97-17.770 : Bull. civ. III no 82) ; elle rappelle également que la garantie de droit commun ne peut pas être invoquée lorsque le désordre relève de la garantie décennale ou biennale (Cass. 3e civ. 29-3-2000 no 97-21.681 : RDI 2001 p. 74). Puis la Cour de cassation a jugé que, pour les désordres intermédiaires, la responsabilité du vendeur d'un immeuble achevé qu'il a fait construire est subordonnée à la preuve de sa faute (Cass. 3e civ. 4-11-2010 no 09-12.988 FS-PB : BPIM 1/11 inf. 35), le vendeur étant alors réputé constructeur et soumis au même régime de responsabilité contractuelle de droit commun des constructeurs pour faute (Cass. 3e civ. 4-11-2010 no 09-12.988 FS-PB précité, pour un vendeur après achèvement), le tout, sans préjudice de son obligation à la garantie de droit commun des vices cachés (Cass. 3e civ. 11-5-2010 no 09-13.358 : RDI 2010 p. 450).

JURISPRUDENCE

Entrepreneur La tendance dominante, en jurisprudence, est de considérer que la responsabilité contractuelle de droit commun est, en principe, fondée sur la **violation d'une obligation de résultat** (Cass. 3e civ. 19-2-2002 no 00-20.557 F-D ; Cass. 3e civ. 3-4-2002 no 617 : RDI 2002 p. 240 ; Cass. 3e civ. 16-3-2022 no 21-10.110 F-D : BPIM 3/22 inf. 216). 88865

ILLUSTRATIONS

Il a été jugé que le dommage procède d'un **manquement à une obligation de résultat** lorsque :
– il affecte un ouvrage ne répondant pas aux conditions exigées pour l'application de la garantie décennale, par exemple un ravalement de façades léger ; des travaux de peinture (voir no 87092 ; Cass. 3e civ. 5-2-1985 no 83-16.798 : Bull. civ. III no 21 ; Cass. 3e civ. 13-1-1988 : RDI 1988 p. 228 ; Cass. 3e civ. 30-3-1989 : RGAT 1989 p. 613 ; Cass. 3e civ. 29-1-1997 no 94-21.929 : RJDA 6/97 p. 515) ;
– il affecte un ouvrage entrant dans le champ d'application de la garantie décennale mais qu'il a fait l'objet de réserves à la réception (Cass. 3e civ. 17-11-1999 no 98-14.433 D : BPIM 1/00 inf. 35 ; comparer Cass. 3e civ. 10-7-1996 no 94-17.375 D, qui semble exiger la preuve de la faute) ;
– il affecte un ouvrage entrant dans le champ d'application de la garantie décennale mais qu'il est antérieur à la réception, voir no 88405 ;
– le maître d'ouvrage se retourne contre l'entrepreneur en cas de dommage causé au voisin (CA Paris 13-1-2000 : RDI 2000 p. 184 ; comparer cependant Cass. 3e civ. 1-12-1999 no 98-14.002 D : BPIM 1/00 inf. 34, qui se montre spécialement sévère pour le maître de l'ouvrage).

Certains arrêts laissent cependant subsister un doute sur le fondement de la responsabilité contractuelle de droit commun de l'entrepreneur. Ainsi, il a été jugé que cette responsabilité, engagée en marge (ou après) de la garantie de parfait achèvement, implique la **preuve d'une faute** de l'entrepreneur (Cass. 3e civ. 22-3-1995 no 93-15.233 : RJDA 6/95 no 757). Cette solution ne peut pas s'appliquer aux désordres réservés, mais elle est admise lorsqu'il s'agit d'un désordre intermédiaire (voir aussi Cass. 3e civ. 9-7-1997 nos 1177 et 1183 : RDI 1997 p. 591, qui paraît concerner un dommage intermédiaire) ou d'un manquement à l'obligation d'informer. 88870

Lorsque le dommage est un **désordre intermédiaire,** la faute de l'entrepreneur est nécessaire et elle doit être établie (Cass. 3e civ. 16-1-2020 no 18-22.748 F-D : BPIM 2/20 inf. 121). La preuve de la faute incombe au maître de l'ouvrage (Cass. 3e civ. 13-3-1991 no 89-13.833 P : Bull. civ. III no 91 ; Cass. 3e civ. 22-3-1995 : RJDA 6/95 no 757 ; Cass. 3e civ. 23-6-1999 : RDI 1999 p. 656). Un arrêt a jugé que dans ce cas, la police d'assurance qui définit les dommages garantis par référence à l'article 2270 du Code civil (devenu 1792-4-1) couvre tous les vices cachés, y compris les désordres intermédiaires (Cass. 1e civ. 6-7-1988 : D. 1988 IR p. 218).

Les **désordres esthétiques** ne relèvent pas de la garantie décennale et sont une variété de dommages intermédiaires. Un arrêt, qui retient la responsabilité du constructeur, vise l'ancien article 1147 du Code civil (devenu 1231-1) et énonce que le constructeur s'expose à une condamnation soit en raison de l'inexécution de son obligation, soit en raison du retard dans l'exécution, sauf s'il justifie d'une cause étrangère (Cass. 3e civ. 24-6-2021 no 19-24.558 F-D : BPIM 4/21 inf. 261). Il semble consacrer une obligation de résultat. On peut se demander si la jurisprudence n'évolue pas en faveur d'une responsabilité objective.

Les dommages affectant des **équipements industriels** relèvent-ils de la catégorie des dommages intermédiaires ou sont-ils assimilables à des désordres affectant des ouvrages non soumis à la décennale ? La question est importante car c'est le régime de la preuve de la faute de l'entrepreneur qui est en cause.

Lorsqu'il est reproché à l'entrepreneur un manquement à son **obligation de renseignement et de conseil,** il est nécessaire de faire la **preuve de sa faute.** Il faut supposer alors que le dommage dont se plaint le maître de l'ouvrage n'entre pas dans les prévisions des articles 1792 s. du Code civil puisque, dans ce cas, la responsabilité est présumée et l'origine du dommage indifférente. Cette restriction est valable toutes les fois que la jurisprudence met à la charge de l'entrepreneur une **obligation de résultat,** c'est-à-dire pour les dommages causés 88875 aux ouvrages qui n'entrent pas dans le champ d'application des articles 1792 s. du Code civil, ravalement purement esthétique par exemple (Cass. 3e civ. 5-2-1985 no 83-16.798 : Bull. civ. III no 21).

Néanmoins, la tendance est plutôt de fonder la responsabilité du constructeur sur le manquement à son obligation de conseil, et à exiger la preuve de sa faute, même dans des cas où l'on aurait pu retenir une méconnaissance de l'obligation de résultat de bien faire son travail :
– escalier d'utilisation dangereuse (Cass. 3e civ. 11-2-1998 no 96-12.228 : Bull. civ. III no 30) ;
– ajout d'un foyer et d'une hotte de cheminée sur un existant neuf non étanche (Cass. 3e civ. 22-7-1998 no 97-11.727 PF : Bull. civ. III no 172) ;
– omission d'informer sur la nécessité d'une ventilation alors que l'entrepreneur était chargé d'effectuer une charpente et des travaux d'isolation (Cass. 3e civ. 8-10-1997 no 96-11.027 : Bull. civ. III no 189).

Cette tendance à se référer à l'obligation de conseil pour des dommages causés à l'ouvrage est le signe d'une inclination favorable à la responsabilité pour faute (Cass. 3e civ. 31-5-1989 : RDI 1989 p. 471).

Elle est observée également pour les **travaux d'entretien** de faible importance (Cass. 3e civ. 24-6-1987 : RDI 1987 p. 457).

88880 **Architecte et contrôleur technique** Pour l'**architecte,** la jurisprudence exige, en responsabilité de droit commun, la **preuve de la faute** de celui-ci, que l'on se situe avant ou après la réception (Cass. 3e civ. 10-7-1978 no 77-12.595 : Bull. civ. III no 285 ; Cass. 3e civ. 31-5-1989 : RDI 1989 p. 471 ; CA Paris 29-4-1994 : RDI 1994 p. 662). C'est le cas par exemple pour :
– le dépassement du coût des travaux (Cass. 3e civ. 21-6-2000 no 98-21.528 FS-D : BPIM 5/00 inf. 316) ;
– des malfaçons constatées tout en laissant les travaux se poursuivre (Cass. 3e civ. 21-6-2000 no 98-14.956 FS-D : BPIM 5/00 inf. 317) ;
– plus généralement, pour un architecte investi d'une mission complète de maîtrise d'œuvre alors que l'entrepreneur a abandonné le chantier (Cass. 3e civ. 27-4-2000 no 98-15.050 D : BPIM 4/00 inf. 238).

Cette position est discutable car c'est toujours, en décennale comme en droit commun, la même obligation qui est sanctionnée : faire livrer un ouvrage conforme et sans défaut.

A fortiori la **preuve de la faute** de l'architecte est-elle **exigée** lorsqu'il lui est reproché :
– un manquement à son devoir d'information, par exemple pour l'absence d'information sur le défaut d'assurance de l'entreprise qui entraîne la perte d'un recours (Cass. 3e civ. 17-12-1997 no 1764 : RDI 1998 p. 265) ou pour n'avoir pas exigé la production d'un certificat d'assurance de l'entrepreneur (Cass. 3e civ. 16-3-2005 no 04-12.950 FS-PBR : Bull. civ. III no 65) ;
– un manquement à son obligation de conseil (Cass. 3e civ. 30-9-1998 : RDI 1998 p. 643 ; Cass. 3e civ. 25-2-1998 no 96-10.598 PF : Bull. civ. III no 44), cette faute pouvant aboutir à un partage de responsabilité avec le notaire en cas de méconnaissance des règles administratives applicables à la construction (Cass. 3e civ. 15-12-2010 no 09-68.894 FS-PB : BPIM 1/11 no 2) ;
– des faits dont le rapport avec la mission n'est pas caractérisé (Cass. 3e civ. 16-2-2005 no 03-16.266 : Bull. civ. III no 37).

Ce régime semble également devoir s'appliquer au **contrôleur technique.**

3. BÉNÉFICIAIRES DE L'ACTION EN RESPONSABILITÉ CONTRACTUELLE DE DROIT COMMUN

88910 L'action en responsabilité contractuelle de droit commun peut être exercée par le **maître de l'ouvrage** (Cass. 3e civ. 4-4-2024 no 22-12.132 F-D : BPIM 3/24 inf. 189, action récursoire du maître d'ouvrage vendeur d'immeuble à construire). Elle se transmet à l'**ayant cause à titre particulier,** comme la garantie décennale (Cass. 3e civ. 26-5-1992 no 89-21.897 P-F : Bull. civ. III no 168 ; Cass. 3e civ. 29-3-2006 no 05-12.736 FS-D : RDI 2006 p. 231 ; Cass. 3e civ. 10-3-2009 no 08-11.173 F-D : BPIM 3/09 inf. 212), même si le vendeur a exercé une action en réparation avant la vente (Cass. 3e civ. 10-7-2013 no 12-21.910 FS-PBR : BPIM 4/13 inf. 264). L'acquéreur a qualité pour agir contre le constructeur sur le fondement de la responsabilité contractuelle de droit commun car celle-ci accompagne l'immeuble en tant qu'accessoire (Cass. 3e civ. 9-7-2014 no 13-15.923 FS-PB : BPIM 5/14 inf. 326). Il a **toutefois** été jugé que la vente d'immeuble n'emporte pas cession de plein droit des droits et actions en dommages-intérêts qui ont pu naître au profit du vendeur en raison de dégradations causées à l'immeuble par un terrain pollué lorsque l'acquéreur a acquis en connaissance de cause le terrain et que l'acte de vente ne comporte pas de clause expresse de cession par le vendeur à l'acquéreur de droits et actions à l'égard de tiers (Cass. 3e civ. 7-7-2004 no 02-11.335).

L'action en responsabilité contractuelle se transmet également aux **acquéreurs successifs** lorsque le constructeur commet une faute dolosive (Cass. 3e civ. 27-3-2013 no 12-13.840 FS-PB : BPIM 3/13 inf. 203 ; Cass. 3e civ. 12-7-2018 no 17-20.627 FS-PBI : BPIM 5/18 inf. 352, transmission au sous-acquéreur dans ces deux affaires).

L'action en responsabilité contractuelle de droit commun ne se transmet pas au **sous-traitant** chargé par l'entrepreneur principal de l'exécution de divers travaux. Le maître de l'ouvrage ne peut donc pas exercer l'action en responsabilité contractuelle à son encontre (Cass. ass. plén. 12-7-1991 no 90-13.602 : Bull. ass. plén. no 5, RJDA 8-9/91 no 711).

En cas de démembrement de propriété (C. civ. art. 578), l'**usufruitier,** titulaire du droit de jouir de la chose, ne peut pas exercer l'action en garantie décennale, mais il peut agir sur le fondement de la responsabilité contractuelle de droit commun, en réparation des dommages que lui cause la mauvaise exécution des contrats qu'il a conclus pour la construction de l'ouvrage, y compris les dommages affectant l'ouvrage qu'il a fait construire (Cass. 3e civ. 16-11-2022 no 21-23.505 FS-B : BPIM 1/23 inf. 37).

4. EXCLUSION DE TOUTE RESPONSABILITÉ POSTDÉCENNALE

Après l'**expiration du délai de garantie décennale,** la victime ne peut pas se prévaloir de la responsabilité contractuelle de droit commun pour des dommages de nature décennale en invoquant : la faute du constructeur (Cass. 3e civ. 10-4-1996 : BPIM 4/96 inf. 279, 1e espèce à propos d'un manquement à l'obligation de conseil), un dommage consécutif (Cass. 3e civ. 10-4-1996 : BPIM 4/96 inf. 279, 2e espèce à propos de lésions corporelles) ou une non-conformité (Cass. 3e civ. 22-5-1997 : BPIM 4/97 inf. 266), sauf en cas de dol (voir no 88980). La jurisprudence qui admet une coexistence de la garantie décennale et de la garantie de droit commun du vendeur d'immeuble en l'état futur d'achèvement (Cass. 3e civ. 31-3-1999 no 627 : Bull. civ. III no 82) ne paraît concerner que les désordres qui ne peuvent pas entrer dans le champ d'application de la garantie décennale ou biennale (no 88860). 88940

5. DOL DES CONSTRUCTEURS

DÉFINITION DU DOL

Faute volontaire Le débiteur n'est normalement tenu que des dommages-intérêts qui ont été prévus ou qui pouvaient être prévus lors de la conclusion du contrat, sauf lorsque l'inexécution (ou la mauvaise exécution) de l'obligation résulte d'une faute lourde ou dolosive (C. civ. art. 1231-3). Le dol est un vice du consentement (C. civ. art. 1137), mais il peut se manifester dans l'exécution du contrat et influencer l'étendue de la responsabilité encourue (C. civ. art. 1231-3). Lorsqu'il est pris en compte dans l'exécution du contrat de construction, le dol procède soit de malfaçons volontaires, soit de malfaçons par dissimulation. 88970

Le dol est caractérisé en cas de faute volontaire, même si le constructeur n'a **pas agi avec l'intention de nuire** ; il suffit que le débiteur viole par fraude ou dissimulation ses obligations contractuelles (Cass. 3e civ. 27-6-2001 no 99-21.017 FS-PBR : BPIM 4/01 inf. 264 ; Cass. 3e civ. 27-3-2013 no 12-13.840 FS-PB : BPIM 3/13 inf. 203 ; Cass. 3e civ. 12-7-2018 no 17-19.701 FS-PBI : BPIM 5/18 inf. 353, RDI 2018 p. 503, qui écarte la faute dolosive, la violation des obligations contractuelles par dissimulation ou par fraude n'étant pas caractérisée). Avant ces arrêts, la Cour de cassation considérait que le dol impliquait non seulement la conscience de la faute, mais encore la volonté de réaliser le dommage (Cass. 3e civ. 26-5-1988 no 86-17.949 : JCP 1988 IV p. 267 ; Cass. 3e civ. 27-4-1994 no 92-17.658) ou l'intention de nuire (Cass. 3e civ. 18-12-1996 no 95-10.658 PB : Bull. civ. I no 239) et faisait du dol une variété de faute intentionnelle. Un arrêt a pu laisser subsister le doute sur l'abandon de ces dernières exigences car il écarte le dol d'un architecte en relevant « qu'il ne résultait pas des pièces produites que l'architecte ait eu la volonté de causer le dommage tel qu'il s'est produit » (Cass. 3e civ. 29-6-2017 no 16-14.264 F-D : BPIM 5/17 inf. 334). Mais une décision plus récente revient à la jurisprudence de 2001. Elle énonce que la faute dolosive implique que, « de propos délibéré, même sans intention de nuire », le constructeur « viole par dissimulation ou fraude ses obligations contractuelles » (Cass. 3e civ. 8-7-2021 no 19-23.879 F-D : BPIM 5/21 inf. 334). Cette distinction contribue-t-elle à faire de la faute dolosive, en matière de responsabilité, une notion autonome distincte de la faute intentionnelle ?

Le juge du fond doit **caractériser la faute dolosive** (Cass. 3e civ. 5-1-2017 no 15-22.772 FS-PB : BPIM 2/17 inf. 118). A été jugé suffisant pour caractériser la faute dolosive le fait que :

– le débiteur ait eu conscience que ses agissements ne pouvaient manquer d'entraîner le désordre (Cass. 3e civ. 22-4-1980 : D. 1980 IR p. 486 ; Cass. 3e civ. 26-5-1988 : RDI 1988 p. 467 ; Cass. 3e civ. 8-9-2009 no 08-17.336 : Bull. civ. III no 179) ;

– la violation des obligations contractuelles ait été délibérée et consciente (Cass. 3e civ. 6-12-2005 no 04-18.643 F-D : RDI 2006 p. 137 ; Cass. 3e civ. 27-3-2013 no 12-13.840 précité).

88971 **Manœuvres frauduleuses** Le dol est également caractérisé en cas de manœuvres frauduleuses, par **exemple** lorsque le constructeur qui a commis une faute dissimule le vice pour éviter que le maître de l'ouvrage n'agisse dans le délai de 2 ou 10 ans (Cass. 1e civ. 4-7-1951 : Bull. civ. I n° 169 ; Cass. 3e civ. 24-10-1968 : Bull. civ. III n° 403).

88972 **Dissimulation de malfaçons** Le dol peut résulter de malfaçons par dissimulation. Il s'agit d'une dissimulation d'informations à l'origine du dommage. Une telle dissimulation constitue une **faute dolosive lorsque** :

– le constructeur dissimule des anomalies d'une particulière gravité au regard du risque d'effondrement de l'ouvrage (Cass. 3e civ. 27-10-2016 n° 15-22.920 F-D) ;

– le vendeur d'une maison qu'il a fait construire dissimule à l'acheteur des désordres existants et ne lui fournit pas les informations qui lui auraient permis d'agir en temps utile contre les constructeurs (Cass. 3e civ. 26-1-2000 n° 98-16.646 D : BPIM 2/00 inf. 105, qui censure l'arrêt de cour d'appel qui a appliqué la responsabilité contractuelle de droit commun alors qu'en cas de dol elle est quasi délictuelle) ;

– le contrôleur technique garde le silence sur la non-conformité aux normes techniques d'une installation de désenfumage (Cass. 3e civ. 22-6-2005 n° 04-14.587 FS-PB : Bull. civ. III n° 135). En revanche, l'allégation d'une violation des règles de l'art ne suffit pas à caractériser le dol (Cass. 3e civ. 7-2-2001 n° 99-17.535 FS-PB : Bull. civ. III n° 14) ;

– le constructeur de maison individuelle, qui connaît le projet d'aménagement des combles de l'acquéreur, tait les insuffisances du plancher et la modification de structure de la charpente rendant impossible cet aménagement (Cass. 3e civ. 12-7-2018 n° 17-20.627 FS-PBI : BPIM 5/18 inf. 352).

En revanche, le fait de ne pas avoir pris les précautions nécessaires pour surveiller la totalité des travaux de gros œuvre qui ont été sous-traités **ne caractérise pas un dol** (Cass. 3e civ. 5-1-2017 n° 15-22.772 FS-PB : BPIM 2/17 inf. 118).

CHARGE DE LA PREUVE DU DOL

88975 C'est au maître de l'ouvrage qu'incombe la charge de la preuve du dol. Il doit donc l'alléguer ; si le juge relève d'office l'existence d'un dol à partir des faits invoqués, il doit, au préalable, soumettre la question au débat contradictoire (Cass. 3e civ. 8-4-2008 n° 07-12.480). Bien qu'il soit de principe que le **professionnel qualifié** est réputé connaître les vices de la chose, et qu'il est donc présumé de mauvaise foi, ce principe ne reçoit pas d'application dans les rapports entre le maître de l'ouvrage et les constructeurs, même lorsqu'il s'agit d'interdire à ces derniers de se prévaloir des clauses restrictives de responsabilité lorsqu'elles sont licites.

NATURE DE LA RESPONSABILITÉ POUR DOL

88980 **Nature contractuelle de l'action** Pour la **Cour de cassation,** la responsabilité fondée sur la faute dolosive du constructeur est de nature contractuelle (Cass. 3e civ. 27-6-2001 n° 99-21.017 FS-PBR : BPIM 4/01 inf. 264 ; Cass. 3e civ. 16-9-2003 n° 02-14.836 : BPIM 6/03 inf. 353 ; Cass. 3e civ. 22-6-2005 n° 04-14.587 FS-PB : Bull. civ. III n° 135 ; Cass. 3e civ. 27-3-2013 n° 12-13.840 FS-PB : BPIM 3/13 inf. 203 ; Cass. 3e civ. 27-10-2016 n° 15-22.920 F-D).

Selon l'arrêt du 27 juin 2001, « sauf faute extérieure au contrat, le constructeur est contractuellement tenu à l'égard du maître de l'ouvrage de sa faute dolosive lorsque, de propos délibéré, même sans intention de nuire, il viole par dissimulation ou par fraude ses obligations contractuelles ». Cet arrêt, dont les motifs sont repris par une autre décision (Cass. 3e civ. 8-7-2021 n° 19-23.879 F-D : BPIM 5/21 inf. 334), et qui précise que la responsabilité est encourue nonobstant la forclusion décennale, écarte l'application de la responsabilité quasi délictuelle retenue jusque-là comme fondement de la responsabilité pour faute dolosive du constructeur (notamment, Cass. 3e civ. 26-1-2000 n° 98-16.646 D : BPIM 2/00 inf. 105). L'arrêt du 27 juin 2001, comme celui du 8 juillet 2021, réserve cependant le **cas de la faute « extérieure » au contrat.** Dans cette hypothèse, la responsabilité est-elle alors extracontractuelle ? Mais de quelle faute s'agit-il ? De celle qui implique l'intention de nuire ? De celle qui implique « la volonté de causer le dommage » ?

Pour la **jurisprudence administrative,** la responsabilité en cas de dol est une responsabilité contractuelle (CE 16-3-1998 précité).

88982 **Incidence de la nature contractuelle de l'action** L'action en responsabilité pour dol étant contractuelle, elle **se transmet** aux acquéreurs successifs (voir n° 88910), tandis que l'action en responsabilité extracontractuelle ne se transmet pas.

On sait aussi que la réparation du dommage par l'auteur du dol s'étend même au **préjudice imprévisible** (C. civ. art. 1231-3), pourvu qu'il soit une suite immédiate et directe de l'inexécution (C. civ. art. 1231-4).

Avant la réforme de la prescription civile par la loi 2008-561 du 17 juin 2008, l'intérêt majeur de la qualification de la nature contractuelle de l'action fondée sur la faute dolosive était d'**étendre la durée de la responsabilité** des constructeurs **après l'expiration de la garantie légale décennale,** ce qui ressortait de plusieurs arrêts qui écartaient la forclusion décennale (Cass. 3e civ. 27-6-2001 no 99-21.017 FS-PBR : BPIM 4/01 inf. 264 ; Cass. 3e civ. 8-9-2009 no 08-17.336 F-PB : BPIM 6/09 inf. 431). La prescription de l'action contractuelle était, en effet, de 30 ans en droit commun (C. civ. art. 2262 ancien) alors que celle de l'action extracontractuelle était de 10 ans (C. civ. art. 2270-1 ancien). Depuis la réforme, l'intérêt du débat sur la nature « extracontractuelle » ou « contractuelle » de la responsabilité pour dol se trouve limité. La nature contractuelle ou extracontractuelle de la responsabilité des constructeurs est sans incidence sur le délai de prescription de droit commun qui est, pour toutes les actions personnelles ou mobilières, de 5 ans à compter du jour où le titulaire du droit a connu ou aurait dû connaître les faits lui permettant de l'exercer (C. civ. art. 2224).

PRESCRIPTION DE L'ACTION EN RESPONSABILITÉ POUR DOL

Depuis la réforme de la prescription civile par la loi 2008-561 du 17 juin 2008, la **Cour de cassation** a confirmé à plusieurs reprises que la forclusion décennale n'empêche pas le maître de l'ouvrage d'engager la responsabilité contractuelle du constructeur s'il rapporte la preuve d'une faute dolosive (Cass. 3e civ. 27-3-2013 no 12-13.840 FS-PB : BPIM 3/13 inf. 203 ; Cass. 3e civ. 25-3-2014 no 13-11.184 F-D, rendu au visa de l'article 1792-4-3 du Code civil ; Cass. 3e civ. 5-1-2017 no 15-22.772 FS-PB : BPIM 2/17 inf. 118 ; Cass. 3e civ. 8-7-2021 no 19-23.879 F-D : BPIM 5/21 inf. 334). On notera qu'un arrêt semble toutefois se prononcer en sens contraire (Cass. 3e civ. 5-1-2017 no 15-12.605 FS-PB : BPIM 2/17 inf. 117). Il juge que l'action fondée sur la responsabilité décennale engagée plus de 10 ans après l'achèvement de l'ouvrage est prescrite et que l'action fondée sur le dol ne peut être accueillie, la faute dolosive n'étant pas rapportée en l'espèce. On peut s'interroger sur la portée de cette décision, d'autant qu'un arrêt du même jour énonce que la forclusion décennale n'empêche pas l'action fondée sur la faute dolosive (Cass. 3e civ. 5-1-2017 no 15-22.772 FS-PB précité)… **88984**

Si un grand nombre des arrêts cités ci-dessus admettent que la responsabilité pour dol peut être encourue **après l'expiration du délai décennal,** ils ne se prononcent pas sur la question du délai dans lequel le maître de l'ouvrage doit exercer l'action. À notre connaissance, la Cour de cassation ne s'est pas prononcée jusqu'ici.

Depuis la loi du 17 juin 2008, le délai de la prescription des actions contre les constructeurs est fixé à 10 ans à compter de la réception (C. civ. art. 1792-4-3). Celui de la prescription civile de droit commun est de 5 ans, mais il court à compter du jour où le titulaire du droit a connu ou aurait dû connaître les faits lui permettant d'exercer l'action (C. civ. art. 2224).

La prescription de l'action fondée sur le dol est-elle celle de l'action en responsabilité décennale ? L'arrêt précité du 5 janvier 2017 (no 15-12.605 FS-PB) penche-t-il dans ce sens lorsqu'il énonce que « l'action fondée sur la responsabilité décennale engagée… plus de dix ans après l'achèvement de la piscine était prescrite et que leur action fondée sur le dol ne pouvait être accueillie » ? Une telle interprétation équivaudrait à calquer le délai de l'action pour dol sur celui de la responsabilité décennale, ce qui serait peu compréhensible au regard des arrêts qui énoncent que la forclusion décennale n'empêche pas de rechercher la responsabilité du constructeur pour dol et priverait alors l'existence d'un dol de tout effet spécifique sur la prescription. Faut-il préférer au délai de l'action décennale celui de la prescription contractuelle de droit commun de l'article 2224 ramené à 5 ans à compter de la découverte du dol ou de la survenance du dommage, sans pouvoir excéder 20 ans en application de l'article 2232 du Code civil ? Bien que plus court que le délai décennal, le caractère « glissant » du point de départ du délai de prescription de droit commun de l'article 2224 (connaissance du dol ou de la survenance du dommage) pourrait permettre dans certains cas de dépasser le délai de 10 ans. Cette option serait plus conforme à l'effet du dol, qui est de transcender le délai légal de prescription de l'action en responsabilité. La jurisprudence du Conseil d'État peut favoriser cette option (voir no 88985).

Le **Conseil d'État** considère que le **dol** du constructeur est caractérisé à la **double condition** que la faute soit intentionnelle et qu'elle soit grave par ses conséquences (CE 16-3-1998 no 139738 : BPIM 1/99 inf. 38 ; CE 17-12-1997 no 150630, Synd. intercommunal à vocation multiple de la région d'Audrincq : RDI 1998 p. 249 ; CE 3-4-1991 : Lebon p. 118). La jurisprudence administrative semble **88985** assimiler l'intention dolosive à l'intention frauduleuse, et laisse au juge du fond un pouvoir d'appréciation, se contentant pour sa part d'un contrôle de qualification des faits par les juridictions du fond (CE 10-7-1996 : Lebon p. 287).

Avant la réforme de la **prescription** civile par la loi du 17 juin 2008, comme la Cour de cassation, le Conseil d'État considérait que la faute dolosive permettait de rechercher la responsabilité du constructeur après l'expiration du délai de l'action en garantie légale décennale (CE sect. 24-5-1974 n° 85939, Sté Paul Millet et Cie : Lebon p. 310 ; CE 26-11-2007 n° 266423, Sté Les Travaux du Midi : Lebon p. 450 ; CE 28-6-2019 n° 416735, Sté Icade Promotion : BPIM 4/19 inf. 266). La prescription était celle de droit commun de 30 ans prévue par l'article 2262 ancien du Code civil. Le Conseil d'État prenait comme point de départ du délai de prescription de 30 ans la date de la manifestation du dommage (CE 10-10-2022 n° 454446, Sté Eiffage Construction : BPIM 6/22 inf. 428, RDI 2023 p. 300).

Depuis la réforme de la prescription civile, l'action fondée sur la responsabilité pour faute assimilable à une fraude ou à un dol se prescrit dans le délai de 5 ans de l'article 2224 du Code civil à compter du jour où le maître d'ouvrage a connu ou aurait dû connaître l'existence de cette faute (CE 10-10-2022 n° 454446, Sté Eiffage Construction précité).

ÉTENDUE DE LA RÉPARATION

88990 En cas de dol, certains **arrêts limitent la responsabilité** encourue aux dommages qui en sont la conséquence directe. Cette restriction, dont on pouvait se demander si elle limitait la réparation au dommage prévisible lors de la conclusion du contrat, était de nature, dans cette éventualité, à heurter ce qui servait de fondement à l'application de la responsabilité extracontractuelle (alors admise en cas de dol), à savoir l'adage « la fraude corrompt tout ».

Les dispositions du **Code civil,** dans leur rédaction issue de la réforme du droit des contrats par l'ordonnance 2016-131 du 10 février 2016, apportent des précisions. Elles prévoient que la réparation du préjudice donne lieu à des dommages-intérêts qui ont été prévus ou pouvaient l'être lors de la conclusion du contrat, sauf lorsque l'inexécution est due à une faute lourde ou dolosive (C. civ. art. 1231-3). Le dol et la faute lourde permettent donc une réparation qui dépasse le dommage normalement prévisible. Mais selon l'article 1231-4 du Code civil, les dommages-intérêts, dans ce cas, ne comprennent que ce qui est une suite immédiate et directe de l'inexécution.

CAS DE LA FAUTE EXTÉRIEURE AU CONTRAT

88992 La jurisprudence qui retient le dol, en n'exigeant pas l'intention de nuire pour caractériser la faute dolosive, réserve la faute extérieure au contrat (voir n° 88980). Le dol étant distingué de la faute extérieure au contrat, **à quoi correspond cette faute** et quel est le régime de la responsabilité qu'elle entraîne ?

La faute extracontractuelle est-elle alors une faute intentionnelle et celle-ci est-elle caractérisée par l'intention de nuire ou, à tout le moins, par l'intention de causer un dommage, voire de causer le dommage tel qu'il s'est produit, ou se borne-t-elle au fait d'avoir connaissance de la certitude de celui-ci comme le soutenait le professeur Chabas ? Alors même que l'on peut hésiter à écarter l'intention de nuire dans ces derniers cas, que doit-on choisir, sachant que la fraude est un élément du dol et ne peut donc pas être retenue ici ? Si la faute est extérieure au contrat, elle devrait être plus grave que le dol et avoir un effet corruptif pour obliger son auteur au titre de la responsabilité extracontractuelle. Mais en ce cas, l'action se prescrit par 5 ans à compter du jour où la victime a eu connaissance du fait lui permettant de l'exercer (C. civ. art. 2224), ce qui s'entend en pratique de la réalisation du dommage (Cass. 3e civ. 13-9-2006 n° 05-12.018 FS-PB : RDI 2006 p. 468). Si le dommage se produit dans les 10 ans de la réception, tant au titre de la garantie légale qu'au titre de la responsabilité de droit commun, et qu'un délai inférieur à 5 ans reste à courir, l'action extracontractuelle aurait un intérêt, comme elle en aurait un si le dommage se produisait après l'expiration de la garantie décennale. Mais le dol a le même effet. Enfin, si le dommage se produit 2 ans après la réception et qu'une faute extérieure au contrat en est la cause, quelle est sa portée en dehors de l'étendue de la réparation ? Lui reconnaître un effet corruptif, si elle était invoquée, serait absurde compte tenu du délai restant à courir en responsabilité contractuelle.

ASSIMILATION OU NON DE LA FAUTE LOURDE AU DOL ?

88995 La faute lourde **se définit** comme involontaire, mais impardonnable pour un constructeur. Les articles 1231-3 et 1231-4 du Code civil issus de l'ordonnance 2016-131 du 10 février 2016 l'assimilent au dol pour l'indemnisation du préjudice, même imprévisible, s'il est une suite immédiate et directe de l'inexécution. Ils confirment pour partie la jurisprudence antérieure à ces textes.

Toutefois, selon cette jurisprudence, cette assimilation avait des **effets** limités : elle n'était retenue que lorsqu'il s'agissait de faire échec aux clauses restrictives de responsabilité (Cass. 1e civ. 4-4-1962 : Bull. civ. I no 196 ; Cass. 1e civ. 8-3-1965 : Bull. civ. I no 168). Au contraire, le dol proprement dit permettait non seulement de faire échec auxdites clauses, mais encore de mettre en jeu la responsabilité de droit commun au-delà du délai de la garantie décennale, ce qui n'était pas admis pour la faute involontaire, si lourde qu'elle soit (Cass. 1e civ. 8-2-1967 : Bull. civ. I no 53 ; Cass. civ. 13-3-1984 : RDI 1984 p. 318 ; Cass. 3e civ. 12-10-1994 no 92-17.428 : Bull. civ. III no 171 ; contra CE 3-4-1991 : D. 1991 som. p. 377). La faute lourde n'avait donc aucune incidence sur la nature et l'étendue de la responsabilité. La Cour de cassation, qui rappelait dans un arrêt qu'en l'absence de fraude ou de dissimulation il n'y avait pas de faute dolosive, n'assimilait pas la faute lourde à la faute dolosive (Cass. 3e civ. 29-3-2011 no 08-12.703 : RDI 2011 p. 460).
L'article 1231-3 du Code civil ne distinguant pas la faute lourde du dol pour admettre que les dommages-intérêts puissent ne pas se réduire à ceux qui ont été prévus ou qui pouvaient être prévus lors de la conclusion du contrat, la distinction jurisprudentielle devrait, à présent, se limiter à leur effet sur la responsabilité encourue (no 88980). Il faut signaler, à cet égard, deux arrêts qui, rendus après l'entrée en vigueur de l'ordonnance du 10 février 2016 mais pour des faits antérieurs à celle-ci, écartent l'assimilation de la faute lourde au dol (Cass. 3e civ. 5-1-2017 no 15-22.772 FS-PB : BPIM 2/17 inf. 118, RDI 2017 p. 155 note P. Malinvaud ; Cass. 3e civ. 12-7-2018 no 17-19.701 FS-PBI : BPIM 5/18 inf. 353), le premier arrêt n'évinçant la forclusion décennale que pour une faute dolosive.

SECTION 3

CONVENTIONS RELATIVES À LA RESPONSABILITÉ CONTRACTUELLE DE DROIT COMMUN

PRINCIPE DE LIBERTÉ CONTRACTUELLE

Le principe est celui de la liberté contractuelle. Lorsqu'elle relève du droit commun, la responsabilité contractuelle n'étant **pas d'ordre public,** elle est susceptible d'aménagement. Si la stipulation d'une clause pénale ne semble pas discutable, certaines restrictions de responsabilité sont cependant sujettes à difficulté en raison du fait que les constructeurs sont des professionnels. **89170**

L'ordonnance 2016-131 du 10 février 2016 portant réforme du droit des contrats a abandonné le terme de « clause pénale » et les définitions relatives à celle-ci qui figuraient aux articles 1226 et 1229 du Code civil dans leur rédaction antérieure à l'ordonnance (articles non repris). L'article 1231-5 du Code civil issu de l'ordonnance prévoit néanmoins le cas où le contrat « stipule » une « pénalité... convenue ». Nous maintiendrons l'utilisation de la terminologie de « clause pénale » dans les développements qui suivent.

A. Clause pénale

La clause pénale est stipulée au marché et a pour effet de sanctionner d'une manière **automatique et forfaitaire** l'inexécution de l'une ou de toutes les obligations du débiteur. **89190**
Son domaine d'élection dans le marché de travaux est le **retard dans l'exécution**. Le contrat stipule des pénalités de retard dont le montant est dû dès que le délai n'est pas respecté. En principe subordonnée à une mise en demeure (Cass. 3e civ. 18-4-1972 : Bull. civ. III no 236), la clause pénale peut jouer immédiatement si les parties conviennent que du seul fait de l'échéance, le débiteur est réputé être en demeure (Cass. 3e civ. 17-11-1971 no 70-12.083 : Bull. civ. III no 564 ; Cass. 3e civ. 9-6-1999 no 97-20.977 : BPIM 4/99 inf. 289, qui considère que la mise en demeure n'est pas nécessaire, le terme du délai ayant été fixé avec précision sous peine de pénalité).

Le marché peut aussi prévoir une clause pénale pour les **retards de paiement** des travaux. L'avocat de l'entrepreneur peut être condamné à en verser le montant s'il est responsable de l'acquisition de la prescription de l'action en paiement au détriment de son client (Cass. 3e civ. 5-9-2024 no 23-19.492 F-D : BPIM 6/24 inf. 356).

89195 La clause pénale est **révisable** par le juge lorsqu'elle est manifestement excessive ou dérisoire (C. civ. art. 1231-5). Théoriquement contrôlée par la Cour de cassation (Cass. ch. mixte 20-1-1978 no 76-11.611 : D. 1978 IR p. 229 obs. Vasseur), l'appréciation du caractère manifestement excessif ou dérisoire de la pénalité est, en fait, largement laissée au juge du fond. Ce dernier doit toutefois fonder sa décision sur des motifs justifiant son caractère manifestement excessif (Cass. 3e civ. 5-9-2024 no 23-19.492 F-D : BPIM 6/24 inf. 356).

Le juge peut donner le plein de la clause, s'il l'estime utile, sans avoir à donner de motif spécial à son refus de réduire le montant convenu (Cass. civ. 29-11-1978 : RDI 1979 p. 208). En revanche, il doit écarter la clause en cas de **dol,** si, en fait, la pénalité constitue une limitation de la responsabilité du débiteur (Cass. civ. 24-10-1978 : D. 1979 IR p. 116).

La clause pénale peut être **plafonnée.** Ainsi en est-il en particulier, lorsque le marché s'y réfère, de l'article 9-5 de la norme Afnor P.03001 qui institue des pénalités de retard journalières égales à 1/1 000 du montant du marché mais plafonnées à 5 % du montant de celui-ci. Il s'agit bien d'une variété de clause pénale, mais elle institue une limitation de responsabilité (voir sur la nature juridique de ce dispositif : P. Malinvaud, RDI 2010 p. 563).

89200 Si des pénalités de retard sont prévues pour chaque ouvrage, en cas de construction d'un **groupe d'immeubles,** il y a lieu de préciser le retard dans chacun des immeubles pour appliquer la clause (CA Orléans 22-3-1973 : D. 1974 som. p. 2). Si des immeubles ont été construits en avance sur le délai et d'autres en retard, la clause joue pour ces derniers, nonobstant l'avance des autres (Cass. civ. 6-11-1973 : Gaz. Pal. 1973 som. p. 266), sauf si une prime pour avance a été stipulée, auquel cas, une compensation est concevable.

Le pouvoir modificateur conféré au juge lorsque la peine est manifestement excessive pose la question de savoir si l'indemnité conventionnellement fixée par les parties au contrat, en cas d'inexécution ou de non-poursuite de l'engagement, est susceptible d'être affectée par les articles L 212-1 et L 212-2 du Code de la consommation qui réputent **abusives,** au bénéfice du consommateur, les clauses qui créent un déséquilibre excessif. Statuant sur la demande en paiement d'un architecte de la totalité de ses honoraires en exécution du contrat de maîtrise d'œuvre, qui le prévoyait en cas de non-poursuite du contrat par le maître de l'ouvrage pour quelque raison que ce soit, la Cour de cassation juge que la clause est abusive (Cass. 3e civ. 7-11-2019 no 18-23.259 FS-PBI). Le moyen tiré d'une qualification de la clause en clause pénale n'a pas été soulevé en cassation et l'on se demande si le pouvoir modificateur du juge en cette matière exclut ou non l'application de la sanction des clauses abusives.

B. Clauses limitant la responsabilité ou la prescription

CLAUSES LIMITATIVES DE LA RESPONSABILITÉ CONTRACTUELLE

89230 Ces clauses, qu'elles soient limitatives ou exclusives de responsabilité, sont en **principe** valables, la responsabilité de droit commun n'ayant pas un caractère d'ordre public. On peut considérer que l'article 1170 du Code civil dans sa rédaction issue de l'ordonnance 2016-131 du 10 février 2016 en consacre implicitement le principe dans la mesure où il n'interdit que la clause qui prive de sa substance l'obligation essentielle du débiteur.

Deux limites doivent être assignées à ces clauses. Il ne faut pas qu'elles :
- dispensent le constructeur d'une de ses obligations essentielles ;
- évincent une règle d'ordre public.

89235 Il existe une **autre limite** aux clauses limitatives de responsabilité. Il s'agit du cas où les locateurs d'ouvrage s'obligent envers un **maître d'ouvrage non professionnel** de la construction. Le locateur d'ouvrage étant un professionnel, il est réputé connaître les défauts de la chose, en sorte que la clause de non-responsabilité est inopposable au client, au moins pour ce qui concerne les conséquences d'une responsabilité ayant sa source dans des désordres. Il a été jugé que la qualité de non-professionnel d'une personne morale (une société maître de l'ouvrage, en l'espèce) s'apprécie au regard de son activité et non de celle de son gérant (Cass. 3e civ. 17-10-2019 no 18-18.469 FS-PBI : BPIM 6/19 inf. 404). Ainsi, la SCI maître de l'ouvrage dont l'objet social est « l'investissement et la gestion immobiliers » est un professionnel de l'immobilier et non un professionnel de la construction, domaine pour lequel des connaissances et des compétences techniques sont exigées (Cass. 3e civ. 7-11-2019 no 18-23.259 FS-PBI : BPIM 6/19 inf. 391).

L'exclusion de responsabilité ne paraît concevable qu'**entre professionnels** conformément aux dispositions des articles L 212-1, L 212-2 et L 212-3 du Code de la consommation dans leur rédaction issue de l'ordonnance 2016-301 du 14 mars 2016 (qui ont repris quasiment à l'identique les dispositions de l'ancien article L 132-1 dudit Code). La Cour de cassation l'a confirmé en affirmant que la clause limitant la responsabilité de droit commun du contrôleur technique à un montant déterminé en fonction des honoraires perçus ne peut pas être opposée au promoteur immobilier non professionnel de la construction au sens du droit de la consommation (Cass. 3e civ. 4-2-2016 no 14-29.347 FS-PB : BPIM 2/16 inf. 114, RDI 2016 p. 290, rendu sur le fondement de l'ancien art. L 132-1 du Code de la consommation).

› Précisions a. Avant l'entrée en vigueur de la loi du 4 janvier 1978, la jurisprudence prohibait les **clauses exonératoires** de toute responsabilité décennale (Cass. 3e civ. 24-1-1973 : Bull. civ. III no 71), mais admettait la validité des **clauses limitatives** (Cass. 3e civ. 11-1-1984 : RDI 1984 p. 191). Ce rappel montre que la **jurisprudence** n'appliquait pas la présomption de connaissance du vice au constructeur professionnel (Cass. 3e civ. 20-6-1990 : JCP G 1990 IV p. 316). Ceci peut être un indice favorable à la validité des clauses restrictives de responsabilité, en droit commun. L'arrêt du 20 juin 1990 écarte en particulier une clause exagérément limitative au motif qu'elle contribuait à priver le maître de l'ouvrage de la garantie pour les désordres les plus graves et aussi en se fondant sur la compétence professionnelle du constructeur.

b. La Cour de cassation a validé les clauses d'exclusion de solidarité et d'obligation in solidum contenues dans le **contrat d'architecte** et semble en écarter l'application en matière décennale. La lettre de la troisième chambre civile du 6 juin 2022 laisse entendre que ces clauses d'exclusion ne concernent pas les garanties légales en raison, notamment, de l'article 1792-5 du Code civil qui prohibe en ce domaine les clauses limitatives ou exonératoires de responsabilité. Si c'est la seule raison de l'inefficacité de ces clauses, il y a lieu de penser qu'elles sont toujours susceptibles de s'appliquer lorsque la responsabilité de droit commun est engagée.

Selon un arrêt du Conseil d'État, la clause de la convention entre le maître de l'ouvrage et un bureau d'études qui stipule que ce dernier assumera « la **responsabilité** des dommages de toute nature résultant **de ses seules fautes personnelles** sans pouvoir être tenu responsable ni personnellement ni par les effets de la solidarité du fait des tiers autres que ses préposés » fait obstacle à une condamnation solidaire au sens de l'article 1202 du Code civil (C. civ. art. 1310 depuis l'ord. 2016-131 du 10-2-2016), mais non à une condamnation in solidum (CE 20-9-1999 no 163141, Sté Lyonnaise d'études techniques et industrielles : BPIM 6/99 inf. 435). **89240**

Le **fabricant** et le **fournisseur** professionnel au sens de la loi 98-389 du 19 mai 1998 ne peuvent stipuler aucune clause visant à « écarter ou à limiter » la responsabilité du fait des produits défectueux (C. civ. art. 1245-14). **89245**

CLAUSES LIMITATIVES DE LA PRESCRIPTION DE LA RESPONSABILITÉ CONTRACTUELLE

La durée de la prescription peut, en application de l'article 2254 du Code civil, être **abrégée** ou augmentée. Elle ne peut toutefois pas être réduite à moins de 1 an ni étendue à plus de 10 ans. Si l'augmentation ne semble pas poser de problème en droit commun de la responsabilité des constructeurs, même pour le sous-traitant puisqu'elle ne peut excéder 10 ans (seule la prescription de 2 ans prévue par l'article 1792-4-2 du Code civil paraît pouvoir être augmentée), la diminution du délai est moins évidente. **89250**

S'agissant d'une responsabilité de « droit commun », la prescription n'est pas d'**ordre public.** L'article 1792-5 du Code civil, qui interdit toute clause ayant pour objet d'exclure ou de limiter les garanties légales du constructeur, ne vise pas les articles 1792-4-2 et 1792-4-3 du Code civil. Reste que, s'agissant du sous-traitant, l'article 1792-4-2 du Code civil aligne sa responsabilité sur celle des constructeurs visés aux articles 1792, 1792-1 et 1792-2. Sous cette réserve le délai de l'action en responsabilité peut être réduit à 1 an (C. civ. art. 2254) ; mais cette réduction ne peut pas être opposable aux tiers et en particulier au maître de l'ouvrage lorsqu'elle est stipulée au sous-traité, à moins qu'en acceptant le sous-traitant il n'adhère à cette clause expressément.

INCIDENCE DU DOL ET DE LA FAUTE LOURDE SUR LES CLAUSES LIMITATIVES DE RESPONSABILITÉ

89255 Même lorsqu'elles sont tolérées, les clauses restrictives de responsabilité sont inopposables au maître de l'ouvrage en cas de dol du constructeur, c'est-à-dire lorsque ce dernier commet une **faute volontaire** (voir nos 88970 s.).

Au dol, la jurisprudence assimile la **faute lourde,** en ce qu'elle prive d'effet les clauses excluant ou limitant la responsabilité des constructeurs, cette assimilation étant de principe dans les nouvelles dispositions du Code civil issues de l'ordonnance 2016-131 du 10 février 2016 (voir no 88995).

CHAPITRE 3

RESPONSABILITÉ EXTRACONTRACTUELLE

SOMMAIRE

SECTION 1

PRINCIPES GÉNÉRAUX

NOTION DE TIERS

Principe Lorsque les travaux ou l'ouvrage causent un dommage aux tiers, la responsabilité des constructeurs est « extracontractuelle » (délictuelle ou quasi délictuelle avant l'ordonnance 2016-131 du 10 février 2016 portant réforme du droit des contrats et des obligations). La responsabilité extracontractuelle est gouvernée par les articles 1240 s. du Code civil. L'obligation des constructeurs ou des personnes qui apportent un concours à la construction (fournisseurs, par exemple) envers les tiers peut avoir parfois un fondement particulier. 89850

Par « tiers », on entend les personnes qui sont **étrangères au contrat de louage d'ouvrage ou au contrat de prestation** impliquant le débiteur, c'est-à-dire celles qui n'ont aucun lien de droit avec les constructeurs ou les prestataires. Ce critère mérite, toutefois d'être précisé. Sont des tiers les « penitus extranei », c'est-à-dire ceux qui sont complètement étrangers aux parties : le piéton par exemple. Le **voisin,** qui est particulièrement exposé au sinistre, est un « penitus extranei », mais le lien de voisinage crée une situation particulière qui mérite examen.

Locataire du maître de l'ouvrage Le locataire du maître de l'ouvrage est un **tiers** tant **à l'égard des constructeurs**, y compris le sous-traitant, que des fournisseurs. Il peut rechercher la responsabilité extracontractuelle des constructeurs pour obtenir la réparation de son préjudice propre (Cass. 1e civ. 24-10-1967 : Bull. civ. I no 309 ; Cass. 3e civ. 8-3-1968 : Bull. civ. III no 101 ; Cass. 3e civ. 26-10-1988 no 86-10.945), même lorsque, par sa nature, le désordre entre dans le champ d'application de la garantie décennale (voir no 86845). C'est par exemple le cas lorsque le désordre consiste en une insuffisance thermique ou acoustique. Attention, si le locataire peut obtenir l'indemnisation de son préjudice résultant des désordres de construction, il ne peut pas solliciter la réparation des désordres lui-même (Cass. 3e civ. 18-1-2006 no 03-20.999 : RJDA 5/06 no 569, pour un crédit-preneur ; Cass. 3e civ. 29-2-2012 no 10-28.174 : BPIM 3/12 inf. 239). La dernière décision précise en outre que le locataire ne peut pas se prévaloir de dysfonctionnements non signalés avant la réception alors qu'il a procédé à une modification des lieux avec le concours du maître de l'ouvrage. 89851

Sur la **prescription de l'action** en responsabilité extracontractuelle du locataire contre le sous-traitant ou son fournisseur, voir n° 90215.

Si le **dommage est imputable au voisin** (infiltration), le bailleur n'est pas tenu de garantir le preneur du trouble causé par un tiers, mais le locataire peut agir contre le voisin (Cass. 3e civ. 15-10-2008 n° 07-13.971 : BPIM 1/09 n° 70).

> **Précisions** On notera que si le **locataire** fait réaliser des travaux pour son compte, il n'est **pas un tiers à l'égard des constructeurs,** mais un contractant. Si le dommage ne relève pas de ceux qui donnent lieu aux responsabilités des articles 1792 et suivants du Code civil (garanties décennale et biennale), il peut rechercher leur responsabilité contractuelle de droit commun. Si les travaux sont commandés avec l'accord du bailleur, il peut même exercer l'action en garantie décennale. En cas de bail lui conférant un droit réel l'investissant du droit de construire (bail emphytéotique par exemple), le locataire a la qualité de maître de l'ouvrage pour les travaux qu'il fait réaliser et peut exercer l'action en garantie décennale (nos 86703 s.).

89852 **Créancier du maître de l'ouvrage** D'une manière générale, les créanciers du maître de l'ouvrage sont des **tiers à l'égard des constructeurs** (Cass. 3e civ. 3-1-1969 : Bull. civ. III n° 1). Il en est ainsi du crédit-preneur (Cass. 3e civ. 26-2-2003 n° 01-13.579 : Bull. civ. III n° 51). La Cour de cassation a écarté la garantie de l'assureur RC décennale pour un dommage subi par le crédit-preneur en relevant que l'assurance ne garantit pas les conséquences des fautes délictuelles commises par les constructeurs à l'égard des tiers (Cass. 3e civ. 19-3-2013 n° 12-13.066 : BPIM 3/13 inf. 205).

En revanche, les **ayants cause particuliers,** et a fortiori les **ayants cause universels** du maître de l'ouvrage, qui héritent des actions de leur auteur, ne sont pas des tiers. Pour rappel, cette règle s'applique aux désordres relevant des garanties légales (nos 86720 s.), mais aussi à ceux qui relèvent de la responsabilité contractuelle de droit commun (n° 88910).

89854 **Maître de l'ouvrage** Il va de soi que le maître d'ouvrage n'est pas un **tiers à l'égard de l'entrepreneur envers lequel il contracte**. Il ne commet donc pas une faute quasi délictuelle en n'ayant pas vérifié que l'autre constructeur intervenant sur le chantier n'était pas assuré (Cass. 3e civ. 12-1-2000 n° 98-14.478 PB : Bull. civ. III n° 6).

En revanche, dans la mesure où le maître de l'ouvrage (et le sous-acquéreur) peut hériter de l'action en garantie des vices cachés du constructeur (voir n° 86560), il ne devrait pas être considéré comme un tiers **à l'égard du fournisseur de matériaux** qui a fourni l'entrepreneur principal, en vertu du principe du non-cumul des responsabilités. Un arrêt rappelle cette règle et juge que le maître de l'ouvrage dispose d'une action contractuelle directe fondée notamment sur la garantie des vices cachés (Cass. 3e civ. 11-7-2024 n° 22-17.495 F-D : BPIM 5/24 inf. 311). La seule présence d'un contrat d'entreprise entre le maître de l'ouvrage et le constructeur est sans incidence sur la nature contractuelle de l'action (Cass. ass. plén. 7-2-1986 n° 83-14.631 : Bull. civ. ass. plén. n° 2). Mais dans les rapports entre le maître de l'ouvrage et le **fournisseur du sous-traitant**, la responsabilité encourue par ce fournisseur est extracontractuelle (Cass. 3e civ. 28-11-2001 n° 00-13.559 FS-PBI : BPIM 1/02 inf. 38 ; Cass. 3e civ. 26-11-2014 n° 13-22.067 FS-B : BPIM 1/15 inf. 45, RDI 1915 p. 78 note M. Périnet-Marquet ; Cass. 3e civ. 11-7-2024 n° 22-17.495 F-D précité).

89855 Le maître de l'ouvrage a toujours été jugé comme étant un **tiers à l'égard du sous-traitant** (Cass. ass. plén. 12-7-1991 n° 90-13.602 : Bull. civ. ass. plén. n° 5, RDI 1992 p. 27 observation B. Boubli ; Cass. 3e civ. 28-11-2001 n° 00-13.559 FS-PBI précité ; Cass. 3e civ. 27-4-2017 n° 16-10.691 FS-D : RDI 2017 p. 349). Lorsque lui-même, ou son assureur subrogé dans ses droits, recherche la responsabilité extracontractuelle du sous-traitant, il doit établir la faute de ce dernier et le lien de causalité entre la faute et le dommage (Cass. 3e civ. 27-4-2017 n° 16-10.691 FS-D précité). Par un motif qui vise la prescription décennale des actions en responsabilité extracontractuelle, un arrêt semble confirmer que les articles 1792-4-2 et 1792-4-3 du Code civil n'affectent pas le fondement de la responsabilité du sous-traitant qui, en jurisprudence, devrait donc rester de nature extracontractuelle à l'égard du maître de l'ouvrage (Cass. 3e civ. 5-11-2020 n° 19-18.284 FS-PBI : BPIM 6/20 inf. 400). L'avant-projet de réforme des contrats spéciaux prévoit la possibilité pour le maître de l'ouvrage d'exercer contre le sous-traitant toute action née du contrat de sous-traitance, ce qui semble être favorable à une action directe de nature contractuelle (C. civ. art. 1768 dans sa version prévue par l'avant-projet de la réforme du droit des contrats spéciaux).

Le maître de l'ouvrage bénéficie du régime particulier de l'action en responsabilité contre les sous-traitants de l'article 1792-4-2 du Code civil qui se prescrit par 10 ou 2 ans selon la nature des désordres (voir n° 55235). Cette action lui est réservée et n'est pas ouverte aux tiers à la construction (Cass. 3e civ. 16-1-2020 n° 18-21.895 FS-PBRI : BPIM 1/20 inf. 42). Le maître de l'ouvrage bénéficie aussi de l'action en responsabilité de l'article 1792-4-3 du Code civil ayant généralisé la prescription décennale pour toute action contre les constructeurs et leurs sous-traitants, qui lui est également réservée (Cass. 3e civ. 16-1-2020 no 18.25.915 FS-PBRI : BPIM 1/20 inf. 44). Si la responsabilité encourue reste, sans doute de nature extracontractuelle en l'absence de contrat entre le maître de l'ouvrage et le sous-traitant, les conditions de prescription et peut-être de preuve sont celles prévues aux textes. Sur le délai de prescription de ces deux actions, voir no 90212. La jurisprudence administrative, sans s'aligner sur la jurisprudence judiciaire, écarte depuis longtemps l'existence d'une obligation contractuelle du sous-traitant à l'égard du maître de l'ouvrage (CE 6-3-1987, OPHLM de Bordeaux : D. 1987 IR) et elle permet à ce dernier d'exercer une action en responsabilité délictuelle contre lui (voir no 55225).

Expert désigné dans le cadre d'un sinistre L'expert désigné dans le cadre d'un sinistre, qui pourrait être un expert judiciaire (voir no 91020), est un tiers. S'il n'a **pas pris les mesures nécessaires** pour apprécier la gravité d'un désordre et son caractère évolutif et qu'il s'avère que les préconisations émises ont été insuffisantes, il engage sa responsabilité extracontractuelle à l'égard du maître de l'ouvrage (Cass. 3e civ. 11-3-2015 no 13-28.351 FS-PB : Bull. civ. III no 28). L'expert missionné par une compagnie d'assurance RC décennale à la suite d'un sinistre engage également sa responsabilité extracontractuelle envers le maître de l'ouvrage s'il émet des préconisations qui ne prennent pas en compte tous les éléments permettant d'**éviter la récidive** (Cass. 3e civ. 7-7-2015 no 14-19.998 F-D : BPIM 5/15 inf. 329). L'expert désigné par l'assureur dommages-ouvrage peut aussi voir sa responsabilité encourue envers le maître de l'ouvrage si ses préconisations de réparation sont insuffisantes à **éviter l'aggravation du désordre** (Cass. 3e civ. 23-5-2024 no 22-22.938 FS-B : BPIM 4/24 inf. 259). 89856

Sa faute doit toujours être caractérisée (Cass. 3e civ. 15-2-2024 no 22-12.365 F-D : BPIM 2/24 inf. 121).

Administrateur judiciaire La responsabilité extracontractuelle est également encourue par l'administrateur judiciaire ès qualités d'une **entreprise en redressement judiciaire** lorsqu'il n'a pas veillé à l'efficacité de l'assurance de responsabilité décennale souscrite par le débiteur en vérifiant que le risque a été exactement déclaré (Cass. 3e civ. 22-10-2014 no 13-25.430 FS-PB : BPIM 6/14 inf. 395). 89857

DOMMAGES OCCASIONNÉS PAR DES TRAVAUX PUBLICS

Lorsque le dommage subi par un tiers procède de l'exécution de travaux publics, le marché public exerce un effet d'attraction. L'action en responsabilité relève de la **compétence de la juridiction** administrative alors même que le litige concerne deux personnes de droit privé (Cass. 3e civ. 16-11-2016 no 15-25.370 : RDI 2017 p. 103, dommages causés à un immeuble voisin par des travaux publics de voirie réalisés par l'attributaire d'un marché public pour le compte d'une commune). Cependant, le litige relève de la **juridiction judiciaire** lorsque le fondement de l'action engagée par la victime, qu'elle ait la qualité de participant, d'usager ou de tiers, à l'encontre du maître de l'ouvrage ou des participants à l'exécution des travaux publics, réside dans un contrat de droit privé (T. confl. 17-6-2024 no 4302, B. c/ Cne de Changé : BPIM 4/24 inf. 253). 89858

La **responsabilité** du maître de l'ouvrage ou de l'entrepreneur de travaux publics est engagée vis-à-vis des tiers, même en l'absence de **faute,** sauf si le dommage est imputable à un cas de force majeure ou de faute de la victime (CE sect. 9-12-2016 no 395228, Électricité Réseau Distribution France : RDI 2017 p. 103 note H. de Gaudemar ; CE 27-4-2021 no 436820, Eurométropole de Strasbourg et Sté SMACL Assurances : BPIM 3/21 inf. 190).

Si le maître de l'ouvrage n'a pas émis de réserve lors de la réception des travaux, c'est à lui d'assurer la réparation du dommage. Par suite, si la victime a demandé la réparation du désordre au constructeur, celui-ci peut demander à être garanti par le maître de l'ouvrage (CE 27-4-2021 no 436820, Eurométropole de Strasbourg et Sté SMACL Assurances susvisé). En revanche, si l'action a été dirigée contre le maître de l'ouvrage, celui-ci ne dispose pas d'une action en garantie contre le constructeur (CE sect. 4-7-1980 no 3433, Sté Forrer : Lebon p. 307 ; CE sect. 6-4-2007 no 264490, Centre hospitalier général de Boulogne-sur-Mer : BPIM 4/07 inf. 274).

A. Fondement de l'action en responsabilité des tiers

1. RESPONSABILITÉ FONDÉE SUR LA FAUTE

La responsabilité extracontractuelle des constructeurs est encourue envers les tiers lorsqu'ils ont commis une faute. Cette responsabilité obéit aux dispositions des articles 1240 et 1241 du Code civil (anciennement art. 1382 et 1383). 89890

Le tiers a la **charge de la preuve** de la faute et du lien de causalité entre cette faute et le dommage qu'il subit, par exemple :
– à propos d'accidents de chantier ;
– à propos de l'action d'une association de défense de l'environnement (Cass. 3e civ. 4-12-1996 nº 1831).

La responsabilité encourue à l'égard du tiers peut être imputable au propriétaire des lieux ; mais si une **négligence** est imputable au **tiers,** il peut y avoir lieu à indemnisation partielle (Cass. 3e civ. 15-4-2008 nº 06-20.263, à propos de travaux de terrassement ayant détruit une canalisation).

89895 Le tiers ne peut pas, théoriquement, **invoquer le contrat** auquel il est étranger. Mais il est admis que le contrat, créateur d'obligations entre les parties, n'en est pas moins un fait que le tiers peut invoquer. Ainsi, avant de se prévaloir d'un défaut de surveillance de l'architecte en relation avec son dommage, le tiers doit établir le contenu du contrat, pour le cas échéant, en tirer parti comme d'un fait (Cass. 1e civ. 15-5-1962 : Bull. civ. I nº 246 ; Cass. 1e civ. 24-3-1965 : Bull. civ. I nº 209). L'article 1200 du Code civil issu de l'ordonnance 2016-131 du 10 février 2016 confirme ce principe : les tiers doivent « respecter la situation juridique créée par le contrat » et ils peuvent s'en prévaloir pour établir la preuve d'un fait.

89900 La faute du constructeur dans l'**exécution** de son **contrat** peut être prise « en elle-même » comme une erreur de conduite. En dehors de tout point de vue contractuel, elle peut donc être invoquée par les tiers comme une imprudence ou une négligence leur ayant causé le dommage (Cass. 1e civ. 9-10-1962 : Bull. civ. I nº 405 ; Cass. 2e civ. 30-5-1969 : Bull. civ. II nº 170 ; Cass. 3e civ. 15-10-1970 : Bull. civ. III nº 515). L'article 1200 du Code civil conforte cette règle. Cependant, la Cour de cassation estime que le seul manquement à une obligation de résultat de livrer un ouvrage conforme et exempt de vices est impropre à caractériser une faute (Cass. 3e civ. 18-5-2017 nº 16-11.203 FS-PBRI : BPIM 4/17 inf. 280, RDI 2017 p. 351). L'assemblée plénière de la Cour de cassation a admis que le tiers au contrat pouvait invoquer un manquement contractuel dès lors que ce manquement lui avait causé un dommage (Cass. ass. plén. 6-10-2006 nº 05-13.255 PBRI : D. 2006 p. 2825 note Viney). On a reproché à cet arrêt de n'avoir pas caractérisé la faute délictuelle, ce qui était inexact car un défaut d'entretien avait été mis en évidence. L'arrêt du 18 mai 2017 exige un fait précis et non le simple manquement à l'obligation de résultat.

Le tiers peut invoquer le **dol** du constructeur.

Le Conseil d'État considère, pour sa part, qu'un tiers ne peut pas se prévaloir de l'inexécution des clauses du contrat auquel il est étranger à l'appui d'une action quasi délictuelle, à moins qu'elles ne présentent un caractère réglementaire (pour une illustration, CE 21-10-2019 nº 420086, Sté coopérative Métropolitaine d'entreprise générale : BPIM 6/19 inf. 398).

89905 Le tiers victime d'un dommage consécutif à la **violation d'une règle d'urbanisme** peut agir en responsabilité civile et même se constituer partie civile (Cass. crim. 17-1-1984 : JCP G 1985 II nº 20451 note Gassin, D. 1985 p. 349 note Roujoux de Boubée ; Cass. crim. 19-11-1985 : RDI 1986 p. 268) ; voir nos 16890 s.

2. RESPONSABILITÉ FONDÉE SUR LA GARDE

DOMMAGE SURVENU AVANT LA LIVRAISON DE L'OUVRAGE

89930 L'**entrepreneur** a, en principe, la garde :
– de l'immeuble qu'il construit (Cass. 2e civ. 20-11-1975 : Bull. civ. II nº 305) ;
– des engins de chantier (Cass. 2e civ. 15-4-1964 : Bull. civ. II nº 287 ; Cass. 3e civ. 8-3-1978 : D. 1978 p. 641) ;
– du terrain et des travaux qu'il accomplit (CA Paris 5-2-1980 : D. 1980 IR p. 326) ;
– et plus généralement du terrain et de l'ouvrage qu'il exécute (Cass. 1e civ. 7-2-1962 : D. 1962 p. 433 ; Cass. 3e civ. 10-12-1970 nº 69-12.183 : Bull. civ. III nº 690).

Un arrêt de la Cour de cassation laisse cependant entendre que la garde de l'immeuble dans son ensemble appartient au **maître de l'ouvrage,** et que le tiers qui entend rechercher la responsabilité de l'entrepreneur sur le fondement de l'article 1384, alinéa 1 du Code civil (article 1242, alinéa 1 désormais), doit établir que ce dernier avait l'usage, la direction et le contrôle de l'ouvrage (Cass. 3e civ. 20-10-1971 : D. 1972 p. 414 ; voir aussi, CE 22-1-1964 : Lebon p. 32 ; comparer Cass. 3e civ. 24-6-1992 : Bull. civ. III nº 217).

Sur la responsabilité du maître de l'ouvrage des dommages accidentels que les **ouvrages publics** dont il a la garde peuvent causer aux tiers en raison tant de leur existence que de leur fonctionnement, voir nº 90505.

L'arrêt de la troisième chambre civile de la Cour de cassation du 20 octobre 1971 (précité au nº 89930) étant plus exigeant que d'autres décisions de la Cour de cassation citées au même numéro et attribuant la garde à l'entrepreneur, cette différence peut déboucher sur une **distinction** inspirée de celle que l'on fait entre la garde de structure et la garde de comportement : 89935
– au maître de l'ouvrage revient la garde de l'immeuble, c'est-à-dire de sa **masse.** Il répondrait à ce titre des inconvénients de voisinage. Au surplus, on peut concevoir que les éléments de l'immeuble ne donnant pas lieu à des travaux, par exemple lorsque ces derniers sont des travaux de rénovation limités à un étage (voir Cass. 3e civ. 20-10-1971 précité), restent sous son contrôle et qu'il en conserve l'usage et la direction ;
– à l'entrepreneur revient la garde du **chantier** et des **« travaux ».** Ainsi s'expliquerait l'abondante jurisprudence qui retient sa responsabilité lorsqu'elle a sa cause dans l'**acte de construire,** par exemple : mur ou hangar qui s'effondrent (Cass. 2e civ. 15-4-1964 : Bull. civ. II nº 287) ; partie de cheminée qui s'écroule (Cass. 2e civ. 29-4-1966 : Bull. civ. II nº 507) ; dégradation du mur voisin pendant les travaux de fondation (Cass. 2e civ. 4-7-1958 : Bull. civ. II nº 501).

L'entrepreneur qui est retenu comme gardien est, en principe, l'**entrepreneur général** ou l'**entrepreneur pilote** (Cass. req. 11-3-1935 : DH 1935 p. 252). Mais comme la garde dépend de l'exercice de pouvoirs effectifs, il s'agit souvent d'une question d'espèce et un arrêt a pu retenir que le **sous-traitant** était gardien (Cass. 2e civ. 1-2-1967 : Bull. civ. II nº 44). Cette jurisprudence est renforcée par une décision qui retient la responsabilité du sous-traitant sur le fondement du trouble anormal de voisinage (Cass. 3e civ. 30-6-1998 : Bull. civ. III nº 144). 89940

La jurisprudence admet que l'**architecte** n'a pas la garde des travaux ou de l'immeuble (Cass. 1e civ. 24-3-1965 : JCP G 1965 II nº 14417, espèce dans laquelle l'architecte n'avait été chargé que de dresser les plans). 89943

Bien qu'une interprétation a contrario puisse conduire à retenir sa qualité de gardien s'il était chargé de la surveillance des travaux (Boubli, note JCP G 1972 II nº 17070), il faut admettre que l'architecte ne saurait être considéré comme gardien, surtout lorsqu'il n'est chargé que de dresser des plans (P. Malinvaud, Droit de la construction, éd. Dalloz 2018-2019 nº 477.152).

DOMMAGE SURVENU APRÈS LA LIVRAISON DE L'OUVRAGE

Après la livraison de l'ouvrage, la garde est transférée entièrement au **maître de l'ouvrage** (Cass. 3e civ. 10-12-1970 nº 69-12.183 : Bull. civ. III nº 690). Pendant la période de **parfait achèvement,** on peut se demander si l'entrepreneur ne se comporte pas comme un constructeur qui effectue des travaux de rénovation et s'il ne convient pas de reprendre la distinction suggérée par l'arrêt du 20 octobre 1971 (voir nº 89935). 89945

3. RESPONSABILITÉ FONDÉE SUR LA RUINE DU BÂTIMENT

Selon une opinion, **pendant le cours des travaux,** le tiers pourrait agir contre le maître de l'ouvrage, propriétaire de l'immeuble, si le bâtiment est en ruine, c'est-à-dire si l'ouvrage se détériore et que cette détérioration cause un dommage à la victime (chute d'un pan de mur), sauf à cette dernière à établir le vice de la construction ou le défaut d'entretien conformément à l'article 1244 du Code civil. Mais cette proposition semble se heurter à la jurisprudence (Cass. 1e civ. 18-5-1960 : Bull. civ. I nº 275). 89980

Toutefois, elle paraît devoir être retenue lorsque les travaux en cours sont limités (rénovation du dernier étage) et que la ruine du bâtiment n'a pas sa cause dans ceux-ci (effondrement du balcon du premier étage).

Après la réception de l'ouvrage, l'article 1244 du Code civil peut être invoqué par le tiers contre le maître de l'ouvrage s'il y a ruine du bâtiment, ce qui peut concerner des accessoires de celui-ci (Cass. 2e civ. 17-10-1990 : D. 1990 IR p. 261 ; Cass. 2e civ. 8-6-1994 : D. 1994 IR p. 181, arrêts rendus sur le fondement de l'ancien art. 1386 du Code civil). Mais il doit établir le vice de la construction (ou le défaut d'entretien, en l'espèce inopérant), c'est-à-dire la faute de l'entrepreneur. Le maître de l'ouvrage aura alors un recours subrogatoire contre ce dernier, qui ne pourra lui opposer l'écoulement du délai décennal (Cass. 3e civ. 15-2-1972 : D. 1972 p. 380). 89985

B. Régime de l'action en responsabilité extracontractuelle

90050 L'action en responsabilité civile extracontractuelle (délictuelle ou quasi délictuelle avant l'ordonnance 2016-131 du 10 février 2016) est soumise au **droit commun** dans le détail duquel il n'est pas nécessaire d'entrer ici. Une précision cependant : la **transmission** de l'action au bénéfice de l'ayant cause n'est pas possible. Le voisin qui souffre d'un dommage conserve son action à l'encontre des constructeurs et du maître de l'ouvrage, même s'il a vendu son immeuble (Cass. 3e civ. 18-6-1997 no 95-18.254 P : BPIM 5/97 inf. 325).

1. ACTION EN RESPONSABILITÉ EXTRACONTRACTUELLE DU MAÎTRE DE L'OUVRAGE

ACTION PERSONNELLE DU MAÎTRE DE L'OUVRAGE

90070 Le maître de l'ouvrage peut, dans certains cas, se placer sur le terrain de la responsabilité extracontractuelle des articles 1240 s. du Code civil pour **mettre en œuvre la responsabilité des constructeurs.** Il se trouve alors, exceptionnellement, dans la situation d'un tiers.

90075 **Dommages visés** L'action personnelle en responsabilité extracontractuelle du maître de l'ouvrage est possible lorsque le dommage invoqué n'entre pas dans les prévisions contractuelles : elle a été admise pour un **dommage corporel** subi par le maître de l'ouvrage à l'occasion d'un accident de chantier (CA Aix 11-1-1962 : D. 1962 p. 496 ; Cass. 2e civ. 4-1-1963 : Bull. civ. II no 16). Mais l'hypothèse est marginale et l'application de la responsabilité civile extracontractuelle en ce cas est parfois contestée.

En revanche, le maître de l'ouvrage pourrait, sans aucun doute, se constituer partie civile et agir au pénal, en cas de blessures involontaires.

90080 Le **dommage matériel** subi par le maître de l'ouvrage (**dommages aux existants**) peut engager la responsabilité contractuelle ou extracontractuelle du constructeur, la jurisprudence manifestant des appréciations différentes selon les cas (voir no 88310). Ces différences d'appréciation laissent entendre que la responsabilité des constructeurs résultant de leur contrat peut se limiter aux dommages à l'ouvrage et ne pas s'étendre à ceux causés par l'ouvrage qui relèveraient alors de la responsabilité extracontractuelle. Il a certes été jugé que celui qui assure la maintenance d'une porte automatique d'accès à un parking est tenu d'une obligation de sécurité de résultat, notion qui relève de la responsabilité contractuelle (Cass. 3e civ. 5-11-2020 no 19-10.857 FS-PBRI : BPIM 6/20 inf. 385), mais les exemples de responsabilité extracontractuelle sont nombreux.

Par exemple, la responsabilité quasi délictuelle des constructeurs a été retenue dans les cas suivants :

– dégâts causés à l'immeuble voisin appartenant au même client (Cass. 1e civ. 1-12-1969 : Bull. civ. I no 367) ;

– incendie ayant détruit l'immeuble en cours de rénovation (Cass. 3e civ. 27-11-1970 : Bull. civ. III no 653) ;

– sinistre identique au cours de réparation de chauffage (Cass. 3e civ. 22-4-1971 : Bull. civ. III no 253 ; Cass. 3e civ. 19-10-1971 : D. 1972 p. 77).

Néanmoins, on discerne une tendance de la jurisprudence à évoluer en faveur de la responsabilité contractuelle de droit commun (Cass. 3e civ. 9-10-1991 no 90-12.059 : Bull. civ. III no 234 ; Cass. 2e civ. 26-5-1992 no 91-11.149 : Bull. civ. II no 154 ; Cass. 3e civ. 8-7-1998 : RDI 1998 p. 647, en matière d'incendie). C'est en particulier le cas lorsqu'un équipement est installé sur un ouvrage existant qu'il endommage ou détruit et que cet élément d'équipement ne constitue pas, en lui-même, un ouvrage (Cass. 3e civ. 21-3-2024 no 22-18.694 FS-BR : BPIM 3/24 inf. 193, revirement de jurisprudence) ; voir nos 87145 et 88310. Cette solution est de règle dans le contentieux administratif lorsque le dommage est antérieur à la réception. Après la réception, seules les garanties légales sont encourues.

Le maître de l'ouvrage peut se constituer partie civile en cas d'infraction aux **règles d'urbanisme** comme n'importe quel tiers (no 89905). Toutefois, cette infraction n'est pas en soi une cause de démolition (Cass. 3e civ. 19-2-1992 no 313 P : RDI 1992 p. 220). Le point de départ de la prescription de l'action civile est l'achèvement des travaux car l'infraction est continue (Cass. crim. 20-5-1992 : Bull. crim. no 202).

La responsabilité extracontractuelle des constructeurs est subordonnée à la preuve de leur **faute.** 90085

Avant la réception, le maître de l'ouvrage pourrait se prévaloir de la responsabilité du gardien, si l'on admet que l'entrepreneur a la **garde** de l'ensemble immobilier ou de l'élément qui a causé le dommage (nos 89930 s.).

Dol du constructeur Quelle que soit la nature du dommage subi, le **maître de l'ouvrage** peut se placer sur le terrain du dol du constructeur. Cependant, la Cour de cassation estimant que le dol engage la responsabilité contractuelle du constructeur (no 88980), il ne reste plus guère de place pour la responsabilité extracontractuelle. La jurisprudence réserve certes la « faute extérieure au contrat » (Cass. 3e civ. 27-6-2001 no 99-21.017 FS-PBRI : BPIM 4/01 inf. 264 ; Cass. 3e civ. 8-7-2021 no 19-23.879 F-D : BPIM 5/21 inf. 334). Mais malgré cette restriction, il semble qu'il n'y ait plus de place ni d'intérêt, depuis la réforme de la prescription civile de 2008, pour la responsabilité extracontractuelle (voir no 88982). Les articles 1231-3 et 1231-4 du Code civil, qui prévoient que le dol ou la faute lourde peuvent justifier l'allocation de **dommages-intérêts** qui vont au-delà de la réparation du préjudice normalement prévisible, n'évoquent pas une interversion de responsabilité au bénéfice de la responsabilité extracontractuelle. Toutefois, il semble toujours possible au **tiers** à un marché d'invoquer la faute du constructeur dans l'exécution du contrat, a fortiori si cette faute est dolosive (voir no 89900). 90090

La faute lourde est assimilée au dol pour la détermination des dommages-intérêts par les articles 1231-3 et 1231-4 du Code civil dans leur rédaction issue de l'ordonnance du 10 février 2016 portant réforme du droit des contrats. 90095

La jurisprudence antérieure à cette réforme n'assimilait pas la faute lourde au dol pour la détermination de la nature et de l'étendue de la responsabilité encourue et pour l'éviction de la forclusion décennale qu'elle limitait au dol. En revanche, la faute lourde, comme le dol, faisait échec aux clauses restrictives de responsabilité (no 88995). On peut donc dire aujourd'hui que la faute lourde a des effets limités à ceux qui résultent de la loi (réparation du dommage au sens des articles 1231-3 et 1231-4 du Code civil, voir no 90100) et de la jurisprudence relative aux clauses de responsabilité, laquelle devrait se maintenir. En revanche, elle ne présente guère d'intérêt au titre de la responsabilité extracontractuelle.

Certains arrêts ont cependant procédé à l'assimilation de la faute lourde au dol lorsque la faute consistait en la violation des règlements d'urbanisme (Cass. 1e civ. 4-4-1962 : Bull. civ. I no 199). Mais alors la responsabilité pour dol était quasi délictuelle.

La faute extérieure au contrat, réservée par la jurisprudence sur le dol (notamment, Cass. 3e civ. 8-7-2021 no 19-23.879 F-D : BPIM 5/21 inf. 334), est probablement de nature à engager la responsabilité extracontractuelle du constructeur. Elle suscite la réflexion sur sa définition et sur le régime de la responsabilité à laquelle elle donne lieu (voir nos 88980 s.).

Lorsque le **dol (ou la faute lourde)** est retenu, ses **effets** sont limités aux dommages qui en résultent directement. L'article 1231-4 du Code civil précise que les dommages-intérêts « ne comprennent que ce qui est une suite immédiate et directe de l'inexécution ». Les dommages-intérêts ne se réduisent donc pas à ceux qui ont été prévus ou qui pouvaient être prévus lors de la conclusion du contrat (C. civ. art. 1231-3). Mais les dommages autres que ceux visés à l'article 1231-4 relèvent des règles qui leur sont propres (Cass. 3e civ. 10-1-1990 no 63 : RDI 1990 p. 216). 90100

ACTION RÉCURSOIRE DU MAÎTRE DE L'OUVRAGE

Lorsque la construction cause un **dommage à un tiers** (le voisin par exemple), celui-ci, au lieu de mettre en œuvre la responsabilité des constructeurs, peut engager une **action contre le maître de l'ouvrage** soit en invoquant sa faute, soit en invoquant la garde, soit en se prévalant d'un trouble anormal de voisinage, en particulier si le maître de l'ouvrage est le propriétaire (sur les dommages causés aux voisins, voir nos 90420 s.). 90105

Le maître de l'ouvrage peut, à son tour, **se retourner contre les constructeurs.** Le fondement de son action récursoire, dans le dernier état de la jurisprudence, semble être contractuel, mais la question reste encore discutée (voir nos 88675 s.) et l'action subrogatoire extracontractuelle est parfois admise (voir no 88685).

2. RESPONSABILITÉ ENTRE CONSTRUCTEURS

PRÉSENTATION GÉNÉRALE

Les constructeurs sont **en général** des **tiers** dans les rapports qu'ils entretiennent **entre eux.** 90130
Il n'en est autrement qu'entre le donneur d'ordre et le sous-traitant et entre le fournisseur et l'entrepreneur (no 90160).

La responsabilité d'un constructeur envers un autre donne lieu généralement à une **action récursoire** après condamnation commune, en général solidaire ou « in solidum », envers la victime, que celle-ci soit le maître de l'ouvrage ou un tiers. Cette action récursoire peut être autonome ou s'inscrire dans le contentieux global engagé par la victime contre les constructeurs qui s'appellent alors mutuellement en garantie des condamnations qui pourraient être prononcées contre eux (Cass. 3e civ. 7-4-2015 no 14-12.212 F-D, appel en garantie).

En l'absence de lien contractuel les unissant, les constructeurs s'obligent les uns envers les autres sur le fondement des articles 1240 s. du Code civil (anciennement art. 1382). Ils disposent d'une **action personnelle** qui devrait se doubler d'une action subrogatoire lorsqu'ils sont mis en cause par la victime qu'ils ont désintéressée. Mais la tendance jurisprudentielle est de limiter, voire de refuser, l'action subrogatoire : l'action en garantie ou à titre récursoire est fondée sur la responsabilité de droit commun applicable aux rapports entre les constructeurs (Cass. 3e civ. 8-6-2011 no 09-69.894 : Bull. civ. III no 93, RDI 2011 p. 574 obs. P. Malinvaud, s'agissant du recours de l'entrepreneur contre le fabricant d'un élément d'équipement).

90131 Des problèmes de **compétence juridictionnelle** peuvent se poser lorsque les recours ont lieu entre constructeurs à la suite d'un dommage affectant l'**ouvrage relevant d'un marché public.**

L'action du maître de l'ouvrage public relève de la compétence administrative lorsqu'elle est dirigée contre le constructeur. Il en va de même des recours entre constructeurs s'ils sont liés par des contrats de droit public distincts au maître de l'ouvrage public et que l'action est relative à l'opération de travaux publics concernée (CE 9-12-1977 no 03899, Sté Drouard et frères). Ainsi, en cas de condamnation in solidum des constructeurs à indemniser le maître d'ouvrage d'un marché public de travaux, l'action de celui qui a versé l'intégralité de l'indemnité contre ses codébiteurs relève de la juridiction administrative (T. confl. 10-1-2022 no 4231, Sté XL Insurance Company SE : BPIM 2/22 inf. 122).

Mais la compétence est en principe judiciaire si le constructeur mis en cause et celui contre lequel il exerce le recours sont liés par un contrat de droit privé ; tel est le cas, par exemple, du recours de l'entrepreneur contre le sous-traitant (T. confl. 15-1-1973, Sté Quillery-Goumy : RD Publ. 1973 p. 1049 note Waline) et du recours d'un architecte ou d'un entrepreneur contre un bureau d'études auquel il est lié par contrat (CE 20-1-1969, Bienvenu : Lebon p. 45). Le Tribunal des conflits a indiqué à plusieurs reprises que les recours entre constructeurs dans le cadre d'un contentieux né de l'exécution d'un marché de travaux publics sont de la compétence administrative, sauf s'ils sont liés par un contrat de droit privé (T. confl. 24-11-1997 no 3060 : RDI 1998 p. 251 ; T. confl. 28-3-2011 no 3773, Cne de la Clusaz : AJDA 2011 p. 1518) et que le litige concerne ce contrat (T. confl. 8-2-2021 no 4203, Sté Fayat Bâtiment : BPIM 6/21 inf. 368). L'arrêt ajoute que cette compétence s'étend à l'action exercée par l'assureur de la société qui a payé et qui est subrogé dans les droits de celle-ci.

Le Tribunal des conflits a, en revanche, étendu la compétence administrative aux recours entre constructeurs rassemblés dans un groupement solidaire ayant été investi d'une mission de maîtrise d'œuvre (T. confl. 9-2-2015 no 3983 : BPIM 2/15 inf. 117, RDI 2015 p. 186).

a. Action personnelle des constructeurs

RECOURS ENTRE CONSTRUCTEURS NON LIÉS PAR UN CONTRAT

90135 **Préjudice personnel au constructeur** L'**action est personnelle** et elle est extracontractuelle lorsque le constructeur invoque un préjudice propre :

– accident sur le chantier (Cass. 1e civ. 7-2-1962 : D. 1962 p. 433 ; Cass. 2e civ. 4-12-1964 : Bull. civ. II no 789) ;

– préjudice matériel (Cass. 3e civ. 22-11-1978 : RDI 1979 p. 218 ; Cass. 3e civ. 5-2-1992 : RDI 1992 p. 221 ; Cass. 3e civ. 17-11-1993 : Bull. civ. III no 146).

90140 **Constructeur condamné à indemniser le maître de l'ouvrage** Le constructeur exerce également une action extracontractuelle lorsque, condamné à réparer le préjudice causé au maître de l'ouvrage, le cas échéant in solidum, il **se retourne contre un coresponsable.** C'est le cas fréquent de :

– l'entrepreneur qui, condamné in solidum avec l'architecte, se retourne contre lui pour qu'il le garantisse pour sa part (Cass. 1e civ. 16-2-1994 : Bull. civ. I no 72 ; Cass. 3e civ. 11-9-2012 no 11-21.972 : BPIM 6/12 inf. 449) ;

– l'architecte qui se retourne contre l'entrepreneur (Cass. 3e civ. 14-9-2005 no 04-10.241 : RDI 2005 p. 460, Bull. civ. III no 164).

La Cour de cassation estime que l'action est directe et personnelle ; le constructeur invoque un préjudice propre. Il doit se fonder sur les articles 1240 s. du Code civil (anciennement art. 1382 s.) et demander la réparation du dommage qu'il subit en indemnisant la victime au-delà de sa part de responsabilité (Cass. 3e civ. 22-11-1978 : RDI 1979 p. 218 ; Cass. 3e civ. 30-4-2002 no 743 : Bull. civ. III no 86). La jurisprudence administrative est favorable à la responsabilité pour faute des constructeurs entre eux (CE 10-7-1996 no 132918, Cts Charvier : RDI 1996 p. 167).

La solution est la même lorsque :
– le maître d'œuvre agit contre le fournisseur de l'entrepreneur (Cass. 3e civ. 29-3-2000 no 98-17.917 D : BPIM 3/00 inf. 178) ;
– il existe un recours entre deux participants à la maîtrise d'œuvre non liés par un contrat (Cass. 3e civ. 9-6-2004 FS-D no 03-11.132) ;
– le maître d'œuvre agit contre le contrôleur technique auquel il reproche une faute (Cass. 3e civ. 18-1-2006 no 04-18.950 FS-PB : Bull. civ. III no 15) ;
– le maître d'œuvre de conception et le maître d'ouvrage délégué agissent contre le maître d'œuvre d'exécution qui n'a contracté qu'avec le maître de l'ouvrage (Cass. 3e civ. 2-11-2011 no 10-20.499 : BPIM 6/11 inf. 454).

Le constructeur qui exerce l'action extracontractuelle doit établir la **faute du coresponsable** 90145 (Cass. 3e civ. 29-3-2000 no 98-17.917 D : BPIM 3/00 inf. 178 ; Cass. 3e civ. 22-6-2005 no 03-16.557 : BPIM 5/05 inf. 331 ; Cass. 3e civ. 21-10-2008 no 07-16.095 : RDI 2008 p. 557 note Ph. M.).

Il peut, cependant, invoquer un **manquement au contrat** liant le coresponsable au maître de l'ouvrage, **comme un fait,** et ainsi se prévaloir de la faute du codébiteur, dans l'exécution de son contrat, « en elle-même », « en dehors de tout point de vue contractuel » (no 89900 ; voir au cas particulier, Cass. 3e civ. 31-1-1969 : Bull. civ. III no 97 ; Cass. 3e civ. 11-10-1989 no 88-14.324 : Bull. civ. III no 190 ; Cass. 3e civ. 2-11-2011 no 10-20.499 : BPIM 6/11 inf. 454).

Il faut alors que le fait invoqué soit « objectivement illicite », ce qui n'est pas nécessairement le cas du manquement à l'**obligation de conseil** (Cass. civ. 10-1-1979 : RDI 1979 p. 346 ; Cass. 3e civ. 25-11-1998 no 97-11.408 : Bull. civ. III no 221). Ce dernier arrêt a considéré que le fait qu'un entrepreneur se soit engagé dans le choix d'une solution beaucoup plus onéreuse pour le maître de l'ouvrage ne caractérise pas une faute de sa part à l'égard de l'architecte.

Le **partage de responsabilité** se fait à proportion des fautes respectives (Cass. 3e civ. 14-9-2005 90150 no 04-10.241 FS-PB : Bull. civ. III no 164). Il est souverainement apprécié par les juges du fond. La Cour de cassation se borne à contrôler la participation de l'entrepreneur et du coresponsable au dommage (Cass. 3e civ. 27-3-1996 nos 640 et 650 : RDI 1996 p. 383 ; Cass. 3e civ. 25-11-1998 no 97-11.408 P-F : Bull. civ. III no 221, qui sanctionne les juges du fond pour n'avoir pas caractérisé la faute de l'entrepreneur) ; l'existence d'un lien de causalité entre la faute et le dommage doit être établie (Cass. 3e civ. 27-3-1996 : RDI 1996 p. 383 obs. P. Malinvaud).

Si le contrat conclu par l'un des coobligés à l'égard du maître de l'ouvrage comporte une clause d'exclusion de solidarité ou d'obligation in solidum à raison de dommages imputables à d'autres intervenants, il n'est tenu à l'égard du tiers victime que dans la limite de sa propre dette (Cass. 3e civ. 19-3-2013 no 11-25.266 : RDI 2013 p. 316) : voir nos 88150 et 91060. Cela implique que s'il a payé celle-ci, il n'a plus de recours contre ses coobligés. En revanche, si le contrat d'un des coobligés à l'égard du maître de l'ouvrage comporte une clause limitant sa responsabilité à un certain montant, cette clause est inopposable aux coobligés condamnés avec lui à réparer le préjudice (même arrêt).

Nonobstant leur qualité de tiers dans leurs rapports entre eux, la Cour de cassation estime que le constructeur dont la responsabilité est engagée pour des désordres relevant de la garantie décennale envers le maître de l'ouvrage qui appelle en garantie le coauteur du dommage bénéficie de la garantie de l'assureur RC décennale de ce dernier car ce n'est pas le fondement juridique de la demande qui importe, mais le fait que les désordres relèvent de la garantie décennale (Cass. 3e civ. 8-11-2018 no 17-13.833 FS-PBI : BPIM 6/18 inf. 418 ; comparer en sens opposé semble-t-il, Cass. 3e civ. 17-5-1995 : RGAT 1995 p. 616 note d'Hauteville).

L'action personnelle pourrait être exercée sur le fondement de l'« **enrichissement injustifié** » 90155 (« enrichissement sans cause » avant l'ordonnance 2016-131 du 10 février 2016) lorsque les fautes ne sont pas caractérisées, si l'on écarte la subrogation du constructeur qui a payé dans les droits du maître de l'ouvrage, solution théoriquement possible, mais peu souvent appliquée. En effet, celui qui paie le tout, paie en partie pour autrui. Mais en raison du caractère subsidiaire de cette action, sa recevabilité est discutée.

La répartition de la dette entre les codébiteurs in solidum peut, en effet, poser problème lorsqu'ils sont présumés responsables du dommage et qu'aucune faute ne peut être retenue contre quiconque. Il faut bien que celui qui a payé le tout récupère la part incombant aux autres. Les dispositions de l'article 1317, alinéa 2 du Code civil, selon lesquelles celui qui a payé au-delà de sa part dispose d'un recours contre les autres **à proportion de leur propre part,** devraient s'appliquer en l'absence de preuve de faute des coobligés (voir n° 91085). En cas de coresponsabilité pour des troubles de voisinage, la Cour de cassation a retenu un partage **par parts égales** pour la contribution à la dette en l'absence de faute (voir n° 90640).

RECOURS ENTRE CONSTRUCTEURS LIÉS PAR UN CONTRAT

90160 **Action récursoire entre constructeurs** L'action récursoire des constructeurs entre eux procède en général du lien contractuel les unissant compte tenu de la réticence de la jurisprudence pour admettre un recours subrogatoire dans les droits et actions du maître de l'ouvrage (n° 90170).

Il peut s'agir aussi du recours de l'entrepreneur principal contre le **sous-traitant** et les **fournisseurs.** Dans ce cas, celui qui est condamné (l'entrepreneur principal) fonde son recours sur le contrat de sous-traitance (Cass. 3e civ. 20-2-2002 n° 356 : BPIM 3/02 inf. 179 ; Cass. 3e civ. 22-9-2004 n° 03-11.391 : BPIM 1/05 inf. 40) ou le contrat de fourniture. La règle du non-cumul lui interdit d'invoquer la responsabilité extracontractuelle (quasi délictuelle avant la réforme des contrats de 2016), sous réserve de l'application du régime de la responsabilité du fait des produits défectueux des articles 1245 s. du Code civil.

L'entrepreneur responsable à l'égard du tiers dispose, contre le fabricant qui l'a fourni, de l'**action contractuelle en garantie des vices cachés,** ce qui, lorsque ce fournisseur est un fabricant de composants, transfère la prise en charge intégrale du sinistre à ce dernier si la garantie est admise (Cass. 3e civ. 8-6-2011 n° 09-69.894 FS-PB : BPIM 4/11 inf. 301) ; voir nos 86520 s. Cette jurisprudence, propre au contrat de fourniture, et plus généralement aux situations dans lesquelles le garant répond pour autrui (vendeur d'immeuble à construire qui répond des constructeurs : Cass. 3e civ. 14-11-1991 n° 90-10.050 : RDI 1992 p. 73), ne préjudicie pas aux solutions généralement retenues dans les rapports entre codébiteurs liés par un contrat : le recours donne lieu à un **partage de responsabilité** entre coobligés dans la contribution à la dette pour leur part et portion (Cass. 3e civ. 12-11-1987, SA Colas c/ Mutuelle des architectes français : RDI 1988 p. 105 ; Cass. 3e civ. 22-6-1994 n° 92-20.158 : RJDA 11/94 n° 1180).

90165 **Recours du vendeur d'immeuble à construire contre le constructeur** Lorsque le vendeur d'immeuble à construire **réputé constructeur** ou tenu des obligations du constructeur est condamné sur le fondement de la garantie décennale ou biennale envers les acquéreurs successifs et qu'il est lui-même maître de l'ouvrage, c'est en cette qualité qu'il se retourne contre les constructeurs et il ne peut agir que sur le même fondement de la garantie décennale ou biennale (Cass. 3e civ. 4-11-1992 n° 90-17.871 : Bull. civ. III n° 285, RDI 1993 p. 88 obs. P. Malinvaud et B. Boubli) ; sur les modalités de ce recours, voir nos 87760 s.

b. Action subrogatoire des constructeurs

90170 Les **constructeurs condamnés in solidum** envers le maître de l'ouvrage devraient pouvoir exercer l'action de ce dernier par subrogation dans ses droits et actions. La règle est admise en droit commun de la responsabilité civile.

L'action subrogatoire est critiquée par une **partie de la doctrine** (notamment, F. Chabas : RTDC 1967 p. 313 n° 35), qui relève que chaque constructeur condamné ne paie que sa propre dette, ce qui exclut la subrogation (voir B. Boubli, La responsabilité et l'assurance des constructeurs, 2e éd. 1979 n° 467).

En matière de construction, la **jurisprudence** est peu favorable à l'action subrogatoire, même si elle la retient parfois : la subrogation ne paraît possible que s'il n'existe **pas de lien contractuel** entre celui qui a payé et le coresponsable et s'il n'en existe pas davantage entre ce dernier et le maître de l'ouvrage. La subrogation, dans l'analyse jurisprudentielle, ne pouvant conférer au solvens une action en responsabilité contractuelle contre son codébiteur, c'est l'action personnelle qui s'impose en pratique (voir n° 90140). La Cour de cassation refuse au constructeur responsable en garantie décennale d'exercer un recours subrogatoire dans les droits du maître de l'ouvrage contre ses coobligés tenus à la même garantie car l'action est réservée au maître de l'ouvrage et aux propriétaires successifs (Cass. 3e civ. 8-6-2011 n° 09-69.894 FS-PB : BPIM 4/11 inf. 301). L'action entre coobligés relève donc de la responsabilité de droit commun (en l'espèce, la garantie des vices cachés de l'article 1641 du Code civil, même arrêt) ou de l'action récursoire de nature décennale si l'acquéreur d'un ouvrage met en cause les constructeurs et le maître d'ouvrage vendeur, qui se retourne contre eux. À propos d'un marché public de travaux, un arrêt d'une cour administrative d'appel écarte la subrogation de l'entrepreneur dans le bénéfice de la garantie décennale pour se retourner contre les autres constructeurs en relevant que, en application de l'article 1346-4 du Code civil, la subrogation ne peut pas concerner des droits exclusivement attachés à la personne. Il ajoute que la garantie décennale, qui appartient au seul maître de l'ouvrage ou à son acquéreur, constitue un droit exclusivement attaché à la personne du créancier. L'arrêt précise ensuite que le recours entre constructeurs sera de nature contractuelle si les constructeurs sont contractuellement liés ou de nature quasi délictuelle s'ils ne le sont pas (CAA Douai 8-4-2021 n° 19DA02618, Sté Bouygues Bâtiment Grand Ouest : BPIM 3/21 inf. 191). La motivation de l'arrêt de la cour administrative d'appel rejoint celle de l'arrêt de la Cour de cassation du 8 juin 2011. Les deux décisions font de l'action en garantie décennale une action attitrée, qui fait échec à la subrogation.

En cas de **responsabilité in solidum de l'architecte et du sous-traitant,** l'architecte semble pouvoir agir contre le sous-traitant par subrogation aux droits du maître de l'ouvrage. L'action subrogatoire a été admise en faveur de l'architecte subrogé dans les droits du maître d'ouvrage contre le fournisseur et son assureur (Cass. 3e civ. 9-6-1999 n° 97-20.631 D : BPIM 5/99 inf. 369).

En revanche, bien que la jurisprudence ne soit pas toujours homogène, l'action subrogatoire est exclue lorsque les **codébiteurs** sont **liés par un contrat,** alors même qu'ils seraient solidairement tenus des garanties légales envers le maître de l'ouvrage. Un arrêt qui statue sur les rapports entre l'entrepreneur et le fabricant de composants l'évince expressément (Cass. 3e civ. 8-6-2011 n° 09-69.894 FS-PB : BPIM 4/11 inf. 301 précité). Un arrêt antérieur avait pourtant admis le recours subrogatoire de l'entrepreneur contre le fournisseur de matériaux (Cass. 3e civ. 30-10-1991 n° 87-15.229 : Bull. civ. III n° 251).

L'action subrogatoire est peu pratiquée car elle peut impliquer la preuve de la **faute** du défendeur. Ainsi, il a été jugé que le maître de l'ouvrage condamné envers un tiers (le voisin en l'espèce) ne peut pas invoquer contre son contractant (l'entrepreneur) la présomption de responsabilité pesant sur le gardien de la chose de l'article 1242 du Code civil (anciennement art. 1384, al. 1), alors même que le tiers aurait pu le faire (voir n° 88685). **90175**

Dans le même sens, il a été jugé que celui qui a commis une faute, en l'espèce l'entrepreneur, ne peut pas se retourner contre celui dont la faute n'est pas prouvée, en l'espèce le promoteur immobilier (Cass. 3e civ. 11-12-1973 : Bull. civ. III n° 622).

Lorsque le promoteur se retourne contre les constructeurs qu'il garantit sur le fondement de l'article 1831-1 du Code civil, il a été jugé que le recours contre les architectes et les entrepreneurs doit être rejeté en l'absence de preuve de leur faute (Cass. 3e civ. 12-6-1985 n° 84-12.238 : Bull. civ. III n° 94 ; comparer, si faute prouvée des constructeurs, Cass. 3e civ. 14-11-1991 : Bull. civ. III n° 272).

> **Précisions** Cette **jurisprudence** renforce la condamnation de l'action subrogatoire et, à tout le moins, son utilité. Elle n'est pas sans **inconvénient.** En effet, les codébiteurs condamnés in solidum sur le fondement de la responsabilité décennale et biennale (C. civ. art. 1792 s.) peuvent être obligés sans qu'une faute ait pu être retenue contre aucun d'eux. L'action récursoire fondée sur leur responsabilité quasi délictuelle (désormais extracontractuelle) les oblige à prouver la faute de celui qu'ils poursuivent : celui qui a payé le tout ne peut être indemnisé que si l'autre codébiteur est responsable à son égard sur le fondement de la responsabilité délictuelle (Cass. 3e civ. 11-1-1995 : Bull. civ. III n° 15). Le partage implique donc théoriquement l'établissement de la faute de chaque coresponsable.
> L'action subrogatoire, **en revanche,** permet un partage de responsabilité par part virile si aucune faute n'est établie (Cass. ch. mixte 20-12-1968 : D. 1969 p. 37, 2e espèce). Mais le partage par part virile ou égale ne devrait pas être écarté lorsque les constructeurs sont présumés responsables et qu'aucune faute en relation avec le dommage ne peut être établie contre eux (voir n° 90155) ; il a été admis pour les troubles de voisinage (n° 90640).

3. PRESCRIPTION DE L'ACTION EN RESPONSABILITÉ EXTRACONTRACTUELLE

DÉBAT SUR LES TEXTES APPLICABLES À LA PRESCRIPTION EXTRACONTRACTUELLE

Depuis la réforme de la prescription civile par la loi 2008-561 du 17 juin 2008, l'action en responsabilité extracontractuelle de **droit commun** se prescrit par **5 ans** (C. civ. art. 2224) à compter du jour où le titulaire du droit a connu ou aurait dû connaître les faits lui permettant d'exercer l'action (en pratique, la manifestation non équivoque du préjudice). Avant la réforme, le délai de l'action en responsabilité extracontractuelle était de 10 ans (C. civ. art. 2270-1 ancien) à compter de la manifestation du dommage ou de son aggravation (Cass. 3e civ. 13-9-2006 n° 05-12.018 FS-PB : RJDA 1/07 n° 116 ; Cass. 3e civ. 4-2-2016 n° 13-17.786 F-D). **90210**

Outre la réduction du délai de prescription à 5 ans, la loi de 2008 a créé l'**article 1792-4-3** du Code civil, qui prévoit que les actions dirigées contre les constructeurs ou leurs sous-traitants, autres que celles qui résultent des articles 1792-3, 1792-4-1 et 1792-4-2 s. du Code civil, se prescrivent par **10 ans** à compter de la réception. Ce texte a fait débat et l'on s'est demandé s'il pouvait viser l'**action extracontractuelle** exercée **entre constructeurs.** Dans leurs rapports entre eux, les différents constructeurs liés contractuellement au maître de l'ouvrage sont, en effet, des tiers.

La question a divisé la doctrine. Certains auteurs ont estimé que l'article 1792-4-3 du Code civil ne s'appliquait qu'aux seules actions du maître de l'ouvrage, même si le texte ne le précise pas expressément. D'autres, au contraire, se sont prononcés en faveur de l'application de l'article 1792-4-3 aux actions entre constructeurs au motif qu'il n'y avait pas lieu de distinguer là où la loi ne distingue pas.

Mais cette interprétation est sujette à discussion. L'action récursoire d'un constructeur contre un autre implique la mise en cause préalable du solvens par la victime : c'est alors seulement qu'il subit personnellement un dommage (en ce sens, P. Jourdain, RTD. civ. 2012 p. 326 ; voir : Cass. 3e civ. 8-2-2012 no 11-11.417 FS-PB : BPIM 2/12 inf. 131 et Cass. 3e civ. 11-9-2012 no 11-21.972 : BPIM 6/12 inf. 448, RDI 2012 p. 570 obs. P. Malinvaud, qui fixent le point de départ du délai de prescription à la date de la manifestation du dommage en application de l'article 2270-1 ancien du Code civil). L'action récursoire doit donc, si l'on applique l'article 1792-4-3 du Code civil, être exercée avant l'expiration du délai de 10 ans. Or l'action principale contre le solvens, enfermée dans les 10 ans de la garantie décennale, peut être engagée quelques jours seulement avant l'expiration de ce délai. Une application brutale du texte priverait le solvens de tout recours contre son coobligé. Une telle solution est difficilement acceptable. Elle pourrait affecter le « droit au procès équitable » garanti par l'article 6 de la CEDH et être considérée comme attentatoire au droit d'accès à un tribunal pour des motifs d'ordre procédural (pour une application, Cass. com. 17-5-1994 no 91-21.627 : Bull. civ. IV no 182, à propos d'un délai d'action de 8 jours).

TEXTES APPLICABLES À LA PRESCRIPTION EXTRACONTRACTUELLE

90212 La Cour de cassation a tranché le débat. Elle évince du bénéfice de l'article 1792-4-3 du Code civil les **constructeurs dans leurs rapports entre eux,** notamment dans leurs actions récursoires visant à déterminer la charge définitive du dommage (Cass. 3e civ. 16-1-2020 no 18-25.915 FS-PBRI : BPIM 1/20 inf. 44). Elle justifie sa décision par plusieurs motifs. Le recours d'un constructeur contre un autre ayant pour objet de déterminer la charge définitive de la dette que devra supporter chaque responsable et non d'obtenir la réparation des désordres qui affectent l'ouvrage, il ne peut pas être fondé sur la garantie décennale. Un tel recours est de nature contractuelle si les constructeurs sont contractuellement liés ou de nature extracontractuelle s'ils ne le sont pas (Cass. 3e civ. 8-2-2012 no 11-11.417 FS-PB : BPIM 2/12 inf. 131 ; Cass. 3e civ. 11-9-2012 no 11.21.972 : BPIM 6/12 inf. 448). Le deuxième motif avancé par la Cour de cassation tient à la position de l'article 1792-4-3 dans le Code civil. Étant inséré dans le chapitre consacré aux contrats de louage d'ouvrage, il n'a vocation à s'appliquer qu'aux actions dirigées par le maître de l'ouvrage contre les constructeurs ou leurs sous-traitants. Enfin, l'article 1792-4-3 fixe le point de départ de la prescription de 10 ans à compter de la réception des travaux. Or, fixer la date de réception comme point de départ du délai de prescription de l'action d'un constructeur contre un autre constructeur pourrait avoir pour effet de priver le premier du droit d'accès à un juge, lorsqu'il est assigné par le maître de l'ouvrage en fin de délai d'épreuve. Dès lors, le recours d'un constructeur contre un autre constructeur ou son sous-traitant relève de l'article 2224 du Code civil (Cass. 3e civ. 16-1-2020 no 18-25.915 FS-PBRI précité).

Le Conseil d'État s'est prononcé dans le même sens. Il considère que les dispositions de l'article 1792-4-3 ont vocation à s'appliquer aux actions en responsabilité dirigées par le maître de l'ouvrage contre les constructeurs ou leurs sous-traitants (CE 12-4-2022 no 448946, Sté Arest : BPIM 3/22 inf. 214). Le recours d'un constructeur contre un autre constructeur ou son sous-traitant relève de l'article 2224 du Code civil (même arrêt).

Dans un deuxième arrêt du 16 janvier 2020, la Cour de cassation juge que l'action de l'article 1792-4-3 du Code civil est réservée au maître de l'ouvrage et n'est pas ouverte aux **tiers à l'opération de construction** agissant notamment sur le fondement d'un trouble de voisinage (Cass. 3e civ. 16-1-2020 no 16-24.352 FS-PBI : BPIM 2/20 inf. 122). C'est une action de nature extracontractuelle soumise à l'article 2224 du Code civil (même arrêt).

Dans un troisième arrêt du 16 janvier 2020, la Cour de cassation énonce que l'action fondée sur l'article 1792-4-2 du Code civil (**action en responsabilité contre un sous-traitant**) est réservée au maître de l'ouvrage et n'est pas ouverte à un tiers à l'opération de construction (Cass. 3e civ. 16-1-2020 no 18-21.895 FS-PBRI : BPIM 1/20 inf. 42).

> **Précisions** L'**avant-projet de réforme des contrats spéciaux** envisage de réserver le bénéfice des articles 1792-4-2 et 1792-4-3, qu'il complète en ce sens, à l'action du seul maître de l'ouvrage ou de l'acquéreur de l'ouvrage. Il propose d'indiquer dans un nouvel alinéa de l'article 1792-4-3 que les actions d'un constructeur contre un autre constructeur ou son sous-traitant relèvent des dispositions de l'article 2224 du Code civil. Ce texte étant relatif à la prescription quinquennale, applicable à la responsabilité de droit commun, l'avant-projet ne se prononce pas sur la nature de la responsabilité concernée.

DÉLAI DE LA PRESCRIPTION EXTRACONTRACTUELLE

Délai de prescription des recours entre constructeurs ou leurs sous-traitants La Cour de cassation considère que la prescription de droit commun de 5 ans prévue par l'**article 2224 du Code civil** s'applique au recours entre constructeurs ou leurs sous-traitants et que la réception ne sert pas de point de départ au recours entre constructeurs car elle priverait le mis en cause dans un délai proche du terme de la garantie décennale de son recours contre le coresponsable et du recours à un juge (Cass. 3e civ. 16-1-2020 no 18-25.915 FS-PBRI : BPIM 1/20 inf. 44). Un arrêt rendu avant la réforme de la prescription civile avait déjà affirmé que la date de réception ne pouvait pas constituer le point de départ de l'action (Cass. 3e civ. 8-2-2012 no 11-11.417 FS-PB : BPIM 2/12 inf. 131). 90215

Reprenant la formulation de l'article 2224 du Code civil, la Cour de cassation ajoute que l'action a pour **point de départ** le « jour » où celui qui exerce l'action « a connu ou aurait dû connaître les faits lui permettant de l'exercer » (Cass. 3e civ. 16-1-2020 no 18-25.915 FS-PBRI précité). Mais que faut-il entendre par « jour où celui qui exerce l'action a connu ou aurait dû connaître les faits » ? S'agit-il de la manifestation du dommage (en ce sens, Cass. 3e civ. 13-9-2006 no 05-12.018 FS-PB : BPIM 6/06 inf. 436, RDI 2006 p. 468 ; Cass. 3e civ. 4-2-2016 no 13-17.786 F-D, rendus sous l'empire de la loi applicable avant la réforme de la prescription civile de 2008) ou bien de l'assignation en justice du coobligé (C. Charbonneau, De l'interprétation stricte du champ d'application des articles 1792-4-2 et 1792-4-3 du Code civil : RDI 2020 p. 120) ?

L'arrêt du 16 janvier 2020 précité (no 18-25.915) se prononce en faveur de l'assignation en justice et tient compte de la date de l'**assignation en référé-expertise** délivrée par le maître de l'ouvrage à l'entrepreneur, qui a pour effet de faire courir la prescription.

Mais opérant un revirement de jurisprudence, la Cour de cassation a jugé depuis que : « l'assignation, si elle n'est pas accompagnée d'une demande de reconnaissance d'un droit, ne serait-ce que par provision, ne peut pas faire courir la prescription de l'action du constructeur tendant à être garanti de condamnations en nature ou par équivalent ou à obtenir le remboursement de sommes mises à sa charge en vertu de condamnations ultérieures » (Cass. 3e civ. 14-12-2022 no 21-21.305 FS-BR : BPIM 1/23 inf. 37, RDI 2023 p. 190 note C. Charbonneau). Autrement dit, l'action d'un constructeur contre un autre constructeur ou son sous-traitant se prescrit par 5 ans à compter de la date à laquelle le maître de l'ouvrage a assigné le constructeur aux fins d'indemnisation de ses préjudices ou d'exécution de l'obligation en nature, ce qui s'entend en pratique de l'assignation au fond ou d'une assignation en référé-expertise assortie d'une demande de reconnaissance d'un droit, ne serait-ce que par provision. Le Conseil d'État se prononce dans le même sens (CE 10-2-2017 no 391722, Sté Campenon Bernard Côte d'Azur : BPIM 2/17 inf. 119, rendu sous l'empire de l'ancien art. 2270-1 du C. civ.).

L'arrêt de la Cour de cassation du 14 décembre 2022 explique ce revirement par le fait que la règle établie par l'arrêt du 16 janvier 2020 oblige les constructeurs à introduire un recours en garantie contre d'autres intervenants avant même d'avoir été assignés en paiement par le maître de l'ouvrage dans le seul but d'interrompre la prescription ; cela pose problème car l'assignation en référé-expertise suspend la prescription, qui recommence à courir du jour où l'expertise a été exécutée et le délai de 5 ans peut expirer avant celui de 10 ans ouvert au maître de l'ouvrage pour la réparation de son préjudice. La Cour de cassation a confirmé à multiples reprises sa décision du 14 décembre 2022 (Cass. 3e civ. 11-5-2023 no 21-24.967 F-D ; Cass. 3e civ. 19-10-2023 no 22-15.947 F-D : BPIM 6/23 inf. 381 ; Cass. 3e civ. 9-11-2023 no 22-17.147 F-D ; Cass. 3e civ. 23-11-2023 no 22-21.070 FS-D). Un arrêt précise qu'il n'est pas fait exception à cette règle lorsque le recours est provoqué par l'action récursoire d'un autre responsable mis en cause par la victime (Cass. 3e civ. 23-11-2023 no 22-20.490 FS-B : BPIM 1/24 inf. 40).

> **Précisions** Pour rappel, le **point de départ du délai de l'action récursoire entre constructeurs** s'applique aussi au recours de l'entrepreneur contre le fournisseur (Cass. ch. mixte 21-7-2023 no 20-10763 BR : BPIM 5/23 inf. 326 ; Cass. 3e civ. 7-12-2023 no 22-19.839 F-D : BPIM 1/24 inf. 37). Toutefois, pour éviter que l'action récursoire courant à compter de la mise en cause du demandeur ne soit engagée dans un délai excessif ou indéterminé pour le défendeur, elle doit être exercée dans la limite du délai butoir de 20 ans à compter de la vente (voir nos 86522 s.). On notera, que si l'action récursoire

exercée dans le délai interrompt la prescription, le désistement de son auteur rend l'interruption non avenue en application de l'article 2243 du Code civil, en sorte que l'action exercée postérieurement peut être prescrite (Cass. 3e civ. 23-11-2023 no 22-20.490 FS-B précité).

90218 **Délai de prescription des recours des tiers** Lorsque l'**action** est **exercée par un tiers au contrat de construction** (locataire, par exemple), laquelle le plus souvent porte sur la réparation des dommages consécutifs aux désordres et non sur celle des désordres eux-mêmes (voir no 89850), on a pu se demander si l'article 1792-4-3 du Code civil pouvait raisonnablement s'appliquer (voir no 86850). La Cour de cassation a jugé que l'action de l'article 1792-4-2 du Code civil n'est pas ouverte aux tiers à l'opération de construction (Cass. 3e civ. 16-1-2020 no 18-21.895 FS-PBRI : BPIM 1/20 inf. 42) et il est probable que l'action de l'article 1792-4-3 du Code civil ne lui est pas davantage ouverte puisqu'elle ne s'applique qu'aux actions du maître de l'ouvrage (Cass. 3e civ. 16-1-2020 no 18-25.915 FS-PBRI précité).

L'**action du locataire contre le fournisseur** de matériaux relève la prescription quinquennale de l'article 2224 du Code civil (Cass. 3e civ. 16-1-2020 no 18-21.895 FS-PBRI précité).

SECTION 2

RESPONSABILITÉ POUR LES DOMMAGES CAUSÉS AUX VOISINS

A. Responsabilité pour faute

FAUTE DES CONSTRUCTEURS

90420 Le voisin peut se comporter comme un tiers quelconque et invoquer la faute des constructeurs conformément aux articles 1240 et 1241 du Code civil (anciennement articles 1382 et 1383). Il doit établir cette faute et sa **relation avec le dommage** qu'il allègue (voir P. Malinvaud « La responsabilité du maître de l'ouvrage à l'égard des voisins » : RDI 2002 p. 492).

90425 **Manque de précaution des constructeurs** Les conditions de la **responsabilité** des constructeurs sont considérées comme étant remplies lorsqu'il est établi que le dommage subi par l'immeuble voisin est la conséquence d'un défaut de précaution du constructeur.

ILLUSTRATIONS

Résultent d'un défaut de précaution du constructeur :
– la chute d'un mur mitoyen pendant des travaux de démolition (Cass. civ. 16-7-1903 : DP 1904 p. 83) ;
– la construction sur un sol meuble sans précaution (Cass. 1e civ. 6-6-1962 : Bull. civ. I no 298) ;
– des travaux de démolition mal contrôlés (Cass. 1e civ. 2-11-1964 : Bull. civ. I no 481) ;
– des fouilles effectuées sans précautions suffisantes (Cass. 1e civ. 13-11-1967 : D. 1968 p. 97) ;
– le manquement de l'architecte aux « obligations actuelles de construction » (Cass. 3e civ. 25-3-1998 no 465 : Bull. civ. III no 72, en l'espèce action récursoire du maître de l'ouvrage) ; l'arrêt retient aussi la faute du contrôleur technique (voir aussi Cass. 3e civ. 10-11-2009 no 08-17.526 : Bull. civ. III no 248, BPIM 1/10 inf. 34, qui écarte la faute du contrôleur technique pour un dommage au voisin résultant de tirants d'ancrage en tréfonds).

90430 **Empiétement sur le terrain du voisin** La faute des constructeurs peut aussi résulter de l'inobservation des servitudes privées ou publiques et, plus généralement, d'une **méconnaissance des droits du propriétaire voisin.** C'est alors, le plus souvent, l'architecte qui est responsable (Cass. 1e civ. 6-6-1962 : Bull. civ. I no 298 ; Cass. 3e civ. 4-3-1971 : D. 1971 som. p. 153), en particulier en cas d'empiétement sur le terrain d'autrui (Cass. 3e civ. 6-2-1969 : Bull. civ. III no 109) et surtout s'il refuse de tenir compte des servitudes invoquées par le voisin (Cass. 3e civ. 7-2-1973 : Bull. civ. III no 105). Les voisins peuvent toutefois convenir entre eux qu'il sera dérogé aux règles de recul prescrites par le POS (plan local d'urbanisme dorénavant). Cette convention les oblige, en l'état du POS applicable lors de sa conclusion, peu importait que ce POS ait, par la suite, été annulé (Cass. 3e civ. 25-5-2004 no 618 : RJDA 10/04 no 1081).

En cas d'empiétement sur le terrain d'autrui, y compris en sous-sol ou en tréfonds, la victime est fondée à demander la **démolition** des ouvrages effectués dans sa propriété (Cass. 3e civ. 10-11-2009 no 08-17.526 : BPIM 1/10 inf. 34). La démolition peut être limitée à la partie qui empiète lorsque cela est techniquement possible (Cass. 3e civ. 26-11-1975 no 74-12.036 PB : Bull. civ. III no 350 ; Cass. 3e civ. 9-7-2014 no 13-15.483 FS-D : RDI 2014 p. 557), ce que le juge du fond doit rechercher (Cass. 3e civ. 10-11-2016 no 15-25.113 FP-PB : BPIM 1/17 inf. 74, reprochant à la cour d'appel de ne pas avoir recherché si un simple rabotage d'un mur n'était pas suffisant pour mettre fin à l'empiétement). La condamnation peut être assortie d'une astreinte (Cass. 3e civ. 10-11-2016 no 15-21.949 FP-PB : BPIM 1/17 inf. 76).

La responsabilité encourue alors par l'auteur de l'emprise ou de l'empiétement devrait échapper à la **prescription** quinquennale de l'article 2224 du Code civil dans laquelle sont enfermées les actions personnelles. La responsabilité résulte alors, en effet, d'une atteinte directe à l'existence du droit de propriété du voisin, lequel se prescrit par 30 ans à compter du jour où le titulaire d'un droit a connu ou aurait dû connaître les faits lui permettant de l'exercer en vertu de l'article 2272 du Code civil. La Cour de cassation a retenu cette particularité en matière de mitoyenneté en jugeant que l'arrachement d'un dispositif assurant l'étanchéité entre deux maisons mitoyennes par celui qui a surélevé sa maison ne relève pas de la responsabilité extracontractuelle de droit commun (elle écarte la prescription quinquennale) s'il constitue une atteinte au droit réel immobilier du voisin (Cass. 3e civ. 9-7-2020 no 19-12.202 F-D : BPIM 5/20 inf. 360). L'action de la victime, dans ce cas, s'inscrit probablement dans le cadre d'une action assimilable à une revendication puisqu'elle risque de perdre son droit réel sur le dispositif d'étanchéité de nature immobilière. L'arrêt est à rapprocher de deux autres qui, en matière de trouble de voisinage pour perte de luminosité consécutive à une construction (Cass. 3e civ. 17-9-2020 no 19-18.848 F-D : BPIM 6/20 inf. 397) ou de désordres consécutifs à une décompression de terrain (Cass. 3e civ. 16-1-2020 no 16-24.352 FS-PBI : BPIM 2/20 inf. 122), retiennent au contraire la prescription quinquennale de l'article 2224 du Code civil et rejettent le moyen qui soutenait l'existence d'une action réelle immobilière. Le trouble de voisinage, en effet, n'est pas assimilable à l'appréhension ou à la destruction du bien du voisin, même si celui-ci est indivis. 90432

CONCOURS DE RESPONSABILITÉS

Les **fautes** à l'origine du dommage peuvent être **imputées à plusieurs personnes** : les constructeurs, architecte et entrepreneurs (Cass. 1e civ. 6-6-1962 : Bull. civ. I no 298), et avec eux, le cas échéant, le maître de l'ouvrage (Cass. 1e civ. 2-11-1964 : Bull. civ. I no 481 ; Cass. 1e civ. 18-7-1966 : Bull. civ. I no 433). 90435

En pratique, la responsabilité du **maître de l'ouvrage** est presque toujours retenue **avec** celle des **constructeurs,** soit que le maître de l'ouvrage ait commis une faute précise (absence d'information des constructeurs sur la nature du sol ; participation personnelle aux travaux, voir les arrêts au no 90435), soit que sa responsabilité ait été retenue conformément à une jurisprudence qui, en dehors de toute responsabilité fondée sur la garde ou sur les troubles de voisinage, lui fait supporter le dommage en sa qualité de propriétaire du sol (Cass. 3e civ. 4-2-1976 : Bull. civ. III no 51). La responsabilité du maître de l'ouvrage n'entraîne pas une réparation intégrale du dommage subi par le voisin si celui-ci, par son imprudence, en a aggravé les conséquences (Cass. 3e civ. 31-10-2007 no 06-19.128 : Bull. civ. III no 189). 90440

Le juge des référés peut ordonner la suspension des travaux (Cass. 3e civ. 24-10-2007 no 06-20.397, dans un cas d'obturation des fenêtres de l'immeuble voisin) ou prescrire la démolition de l'ouvrage illicite sous astreinte (Cass. 3e civ. 24-10-2007 no 05-11.957).

Parfois la **responsabilité du maître de l'ouvrage** est seule retenue (Cass. 3e civ. 4-11-1971 : Bull. civ. III no 533 ; Cass. 3e civ. 13-4-1972 : Bull. civ. III no 231). Le contrat d'entreprise tempère souvent les inconvénients de cette jurisprudence en mettant à la charge de l'**entrepreneur** l'obligation de **garantir le maître de l'ouvrage** pour les dommages causés au tiers. Cette clause paraît licite (Cass. 3e civ. 19-12-1972 : Bull. civ. III no 688 ; Cass. civ. 4-11-1971 : JCP G 1972 II no 17070). 90445

Dans le cas où le voisin obtient la condamnation du **maître d'ouvrage,** ce dernier peut **se retourner contre le constructeur.** Il peut rechercher :

– sa responsabilité contractuelle (Cass. 3e civ. 21-7-1999 nos 98-10.037 et 96-22.734 : BPIM 6/99 inf. 434), qui peut être la responsabilité décennale : ainsi en est-il lorsque le dommage au tiers est de nature à affecter la solidité de l'immeuble construit (cas de l'empiétement sur le terrain d'autrui qui expose l'ouvrage édifié à la démolition : voir nos 88695 et 90430). Le Conseil d'État décide, lorsque des dommages sont causés aux tiers par un ouvrage public, que le maître de l'ouvrage public peut appeler en garantie l'entrepreneur sur le fondement de la garantie décennale malgré une réception sans réserves si le dommage est la conséquence d'un désordre décennal (CE 13-11-2009 nos 306061 et 306062 : BPIM 1/10 inf. 33) ; dans les marchés publics

la réception sans réserves met fin aux rapports contractuels et l'action récursoire contractuelle ne se conçoit que pour les désordres de nature décennale (ou biennale), de réception frauduleuse ou de clause particulière du marché (CE 15-7-2004 n° 235053 : BPIM 1/05 inf. 39) ;
– ou sa responsabilité extracontractuelle par subrogation aux droits du voisin (Cass. 3e civ. 21-7-1999 n° 96-22.735 : Bull. civ. III n° 182 ; Cass. 3e civ. 21-7-1999 nos 97-21.370 et 97-21.371 : BPIM 6/99 inf. 434).

B. Responsabilités particulières

DOMMAGES RÉSULTANT DES ANTENNES RELAIS

90500 Des antennes relais peuvent être installées sur des propriétés privées et sur le domaine public. Les voisins qui invoquent un dommage peuvent, théoriquement, mettre en cause le propriétaire de l'installation, l'installateur et celui dont le bien supporte l'installation. Le Tribunal des conflits a posé les principes de **compétence** des juridictions pour trancher les litiges relatifs aux antennes relais (T. confl. 14-5-2012 : RDI 2012 p. 514).

Le **juge administratif** est compétent pour connaître des actions relatives à l'interruption de l'émission, l'interdiction de l'implantation, l'enlèvement ou le déplacement d'une station radioélectrique installée sur le domaine public ou sur une propriété privée, au motif qu'elle serait susceptible de porter atteinte à la santé des voisins.

Le **juge judiciaire** reste compétent pour statuer sur les dommages causés aux tiers aux fins d'indemnisation du dommage causé par l'implantation d'une station radioélectrique qui n'a pas le caractère d'ouvrage public et pour faire cesser les troubles anormaux de voisinage liés à une implantation irrégulière, à un fonctionnement non conforme aux prescriptions administratives ou à la preuve de nuisances et inconvénients anormaux autres que ceux afférents à la protection de la santé publique et aux brouillages préjudiciables.

La Cour de cassation a confirmé l'incompétence des juridictions judiciaires pour autoriser l'enlèvement d'une station radioélectrique autorisée par l'autorité administrative (Cass. 3e civ. 19-12-2012 n° 11-23.566 : Bull. civ. III n° 198, RDI 2013 p. 162 obs. P. Malinvaud).

DOMMAGES CAUSÉS PAR UN OUVRAGE PUBLIC

90505 Lorsque les travaux effectués sur un ouvrage public causent un dommage aux tiers, en raison tant de leur existence que de leur fonctionnement, le maître de l'ouvrage qui en a la **garde** peut en répondre, même en l'absence de faute. Il ne peut dégager sa responsabilité que s'il établit que ces dommages résultent de la faute de la victime ou d'un cas de force majeure. Une distinction est toutefois faite entre le **dommage permanent,** qui oblige le tiers-victime à démontrer que le préjudice subi présente un caractère grave et spécial, et le **dommage accidentel** qui dispense le tiers-victime de faire cette démonstration (CE 10-4-2019 n° 411.961, Compagnie nationale du Rhône ; CE 8-2-2022 n° 403105 : BPIM 2/22 inf. 130). Le dommage est considéré comme permanent s'il est inhérent à l'existence même de l'ouvrage. Il est regardé comme accidentel dans le cas contraire. A été jugé accidentel, et engage la responsabilité du maître de l'ouvrage, sans qu'il soit nécessaire de démontrer le caractère grave et spécial du préjudice subi, le dommage causé par la poussée exercée sur le mur de clôture du voisin par les terres remblayées par une commune pour la réalisation du parking d'une maison de santé communale (CE 8-2-2022 n° 403105 précité).

Le tiers, victime d'un dommage consécutif à des désordres affectant un ouvrage public, peut **agir** en indemnisation **contre le maître d'ouvrage public.** En cas de condamnation, ce dernier ne peut pas, sauf si ses droits restent ouverts (au titre de la garantie de parfait achèvement ou de la garantie décennale en cours, de la responsabilité de droit commun pour dol ou résultant de clauses spéciales), **se retourner contre les constructeurs** pour les dommages imputables à l'opération de construction une fois la **réception prononcée** sans réserve (CE 4-7-1980 n° 03433, Sté Forrer ; CE 20-5-1994 n° 129405, Cne de Condom : Lebon T. p. 1041 ; CE 15-7-2004 n° 235053, Syndicat intercommunal d'alimentation en eau des communes de Seyne et de la région Est de Toulon : BPIM 1/05 inf. 39). En effet, la réception met fin aux rapports contractuels entre le maître d'ouvrage et les constructeurs (CE 20-5-1994 n° 129405, Cne de Condom précité ; CE 6-4-2007 n° 264490, Centre hospitalier général de Boulogne-sur-Mer : RDI 2007 p. 525).

À l'inverse, l'**entrepreneur** qui a été **condamné** à indemniser un tiers est fondé, sauf clause contractuelle contraire, à demander à **être garanti par le maître d'ouvrage** public, dès lors que la réception des travaux a été prononcée sans réserve et que ce constructeur ne peut pas être poursuivi au titre de la garantie de parfait achèvement ni de la garantie décennale ; il ne peut en être autrement que si la réception a été acquise au constructeur à la suite de manœuvres frauduleuses ou dolosives de sa part (CE 6-2-2019 nº 410064, Sté Fives Solios : BPIM 6/19 inf. 178, RDI 2019 p. 220 note H. de Gaudemar qui fait le point sur la question).

Si **la compétence** est normalement celle des juridictions administratives, elle est judiciaire lorsque l'ouvrage, même s'il appartient à une collectivité territoriale, n'est pas un ouvrage public. Ainsi le litige sur les troubles de voisinage causés par les travaux effectués sur un immeuble abritant notamment la Maison d'Alsace relève de la compétence judiciaire car le bâtiment n'est pas un ouvrage public, l'intérêt général, compte tenu des différentes activités qui y sont exercées, n'étant pas caractérisé (Cass. 3e civ. 16-2-2022 nº 21-12.107 FS-B : BPIM 2/22 inf. 131). L'arrêt écarte pour le même motif l'existence de travaux publics.

Des locaux acquis par une personne publique dans un immeuble en copropriété, fût-ce pour les besoins d'un service public, ne font pas partie du domaine public (CE sect. 11-2-1994 nº 109564, Cie d'assurances La Préservatrice foncière : AJDA 1994 p. 548 note J. Dufau). Dès lors, les dommages trouvant leur origine dans l'aménagement ou l'entretien de locaux en copropriété d'une personne publique ne sont pas des dommages de travaux publics et le litige relève du juge judiciaire (T. confl. 7-10-2024 nº 4319, Synd. copr. de la résidence Saint-Georges Astorg : BPIM 6/24 inf. 366).

> **Précisions** En cas d'**urgence,** le juge administratif peut, dans le cadre du **référé « mesures utiles »** (C. just. adm. art. L 521-3), enjoindre l'administration de prendre des mesures provisoires pour prévenir ou faire cesser un dommage de travaux publics dans le cas où le défaut de telles mesures impliquerait une faute (CE 5-6-2020 nº 435126, Syndicat intercommunal des eaux de la Vienne : BPIM 4/20 inf. 256).

C. Responsabilité sans faute

RESPONSABILITÉ POUR TROUBLE DE VOISINAGE

Origine jurisprudentielle de la responsabilité pour trouble du voisinage 90600

La responsabilité pour trouble anormaux de voisinage a été consacrée par la jurisprudence. Celle-ci a admis que le **voisin** pouvait invoquer un trouble anormal de voisinage (Cass. 3e civ. 26-6-1996 nº 93-21.820 : RJDA 10/96 nº 1244). Il a été jugé que peu importait que les ouvrages soient conformes au permis de construire et que celui-ci ne soit pas contesté (Cass. 3e civ. 20-7-1994 nº 220 : Bull. civ. III nº 158). Il suffisait que le trouble anormal soit caractérisé.

La responsabilité dans les relations de voisinage est, en théorie, **fondée sur** des rapports de « propriété ». Elle devrait donc être mise en œuvre soit par le titulaire d'un droit réel qui se plaint d'un trouble apporté à la jouissance paisible de son bien par le propriétaire voisin, soit par celui qui exerce les attributs de la propriété, fût-ce en l'exploitant. C'est conformément à ces principes qu'il a été jugé que la victime du trouble qui a cédé son bien, si elle ne peut plus exercer l'action en responsabilité pour trouble de voisinage, peut en revanche agir en responsabilité quasi délictuelle (désormais extracontractuelle) contre le voisin pour obtenir réparation du préjudice éprouvé (Cass. 3e civ. 18-6-1997 nº 95-18.254 : Bull. civ. III nº 149 ; sur le cas du propriétaire victime qui cède sa propriété en cours d'instance, voir Cass. 3e civ. 8-10-2008 nº 07-16.271 : RDI 2009 p. 169).

Mais la Cour de cassation a pris ses **distances avec ces principes**. Elle a notamment assujetti au régime de la responsabilité pour trouble de voisinage non seulement le maître de l'ouvrage, mais aussi les constructeurs. En permettant au voisin d'agir tant contre le propriétaire que contre les constructeurs, la Cour de cassation a conféré un fondement **extracontractuel** à l'action pour trouble du voisinage. Dans deux arrêts, elle a confirmé que l'action en responsabilité pour troubles de voisinage était une action en responsabilité extracontractuelle et non une action réelle, qui se prescrivait par 5 ans en application de l'article 2224 du Code civil (Cass. 3e civ. 16-1-2020 nº 16-24.352 FS-PBI : BPIM 2/20 inf. 122 ; Cass. 3e civ. 17-9-2020 nº 19-18.848 F-D : BPIM 6/20 inf. 397).

Codification de la responsabilité pour trouble anormal de voisinage 90602

La loi 2024-346 du 15 avril 2024 a consacré et codifié la jurisprudence selon laquelle nul ne peut causer à autrui un trouble anormal du voisinage (C. civ. art. 1253 issu de la loi 2024-346 du 15-4-2024). L'article 1253 du Code civil pose le **principe** de responsabilité pour trouble excédant les inconvénients normaux de voisinage de la personne qui occupe ou exploite un fonds (propriétaire, locataire occupant sans titre, bénéficiaire d'un titre l'autorisant à occuper ou à exploiter un fonds, maître de l'ouvrage ou celui qui en exerce les pouvoirs).

Le texte prévoit une **exception** à cette responsabilité lorsque le trouble anormal provient d'activités, quelle qu'en soit la nature, qui existaient antérieurement à l'acte transférant la propriété ou octroyant la jouissance du bien ou, à défaut d'acte, à la date d'entrée en possession du bien par la personne lésée. Ces activités doivent être conformes aux lois et règlements et s'être poursuivies dans les mêmes conditions ou dans des conditions nouvelles qui ne sont pas à l'origine d'une aggravation du trouble anormal. L'exception implique donc la réunion de 3 conditions cumulatives : l'existence d'une activité antérieure à l'arrivée de celui qui se plaint d'un trouble, une activité conforme aux lois et règlements et une activité poursuivie dans les mêmes conditions ou à des conditions nouvelles qui ne sont pas à l'origine d'une aggravation du trouble.

La **responsabilité** est donc **encourue** par « tout occupant », ce qui devrait conforter la jurisprudence antérieure au texte qui l'applique aux constructeurs et au « voisin occasionnel » (n°s 90620 s.).

Elle est due à l'égard de toute « personne lésée », et non plus seulement aux « occupants d'un bâtiment » comme le prévoyait l'ancien article L 113-8 du Code de la construction et de l'habitation. Le trouble indemnisable peut donc être causé à un propriétaire ou à un occupant.

Le principe d'antériorité, présenté comme cause d'exonération, s'applique à toute activité, conforme aux lois et règlements, qui se poursuit dans les mêmes conditions ou dans des conditions nouvelles qui ne sont pas à l'origine d'une aggravation du trouble anormal. Si jamais une aggravation se produisait, le juge exercerait son pouvoir d'appréciation. Des dispositions particulières sont prévues en matière agricole et de pêche maritime (C. rur. art. L 311-1-1 créé par la loi 2024-346 du 15-4-2024).

Les dispositions de l'article 1253 du Code civil ne devraient pas affecter la jurisprudence sur les troubles de voisinage en matière de construction, sauf peut-être à renforcer l'obligation d'information de différents prestataires, notamment les promoteurs vendeurs, sur les activités existantes susceptibles de créer un trouble.

90605 **Responsabilité pour trouble de voisinage du maître de l'ouvrage ou du propriétaire** Lorsque des **travaux causent un trouble** de voisinage, le voisin responsable, en matière de construction, est le **maître de l'ouvrage.** C'est lui qui exerce, en construisant, les attributs du droit de propriété et doit supporter les conséquences des troubles anormaux qui affectent la propriété voisine : pour la Cour de cassation, il est indifférent qu'il soit propriétaire ou détenteur de l'immeuble (Cass. 2e civ. 10-1-1968 : D. 1968 som. p. 54 ; Cass. 3e civ. 30-6-1998 n° 96-13.039 : Bull. civ. III n° 144). Il ne doit causer à autrui aucun trouble anormal de voisinage (Cass. 3e civ. 19-11-1986 n° 84-16.379 : Bull. civ. III n° 172). Les nuisances causées par le chantier (bruits excessifs, vibrations, poussière, gêne à la circulation…) peuvent être constitutives d'un trouble de voisinage dont il doit répondre.

La responsabilité du maître de l'ouvrage est encourue lorsque le trouble anormal subi par le voisin est dû à l'existence même de l'immeuble, de sa masse (Cass. 3e civ. 21-4-1982 : RDI 1982 p. 519 ; Cass. 3e civ. 6-3-1991 n° 89-13.867 : Bull. civ. III n° 78 ; Cass. 3e civ. 26-1-1993 : Gaz. Pal. 1993 p. 277 note Liet-Veaux).

Le trouble qui se présente en général sous la forme de nuisances doit être caractérisé. Il ne l'est pas lorsque le voisin se plaint d'une perte d'ensoleillement mais que le propriétaire s'est conformé aux règles d'urbanisme, aux distances d'implantation et que la perte d'ensoleillement en zone urbanisée n'est que partielle (Cass. 3e civ. 15-12-2016 n° 15-25.492 F-D : BPIM 1/17 inf. 70).

Lorsque le **trouble** de voisinage invoqué n'est pas dû aux travaux proprement dits mais est **dû à l'ouvrage lui-même,** dont l'existence ou le fonctionnement sont dommageables pour autrui, c'est le **propriétaire** du bien concerné qui répond en principe du trouble, même si le trouble est né avant qu'il ne soit devenu propriétaire et s'est poursuivi après son acquisition (Cass. 3e civ. 11-5-2017 n° 16-14.665 F-D : RTD civ. 2017 p. 693 obs. W. Dross ; Cass. 3e civ. 16-3-2022 n° 18-13.954 FS-B : BPIM 3/22 inf. 261, RDI 2022 p. 332 note G. L. qui évoque une question de solidarité entre les propriétaires successifs).

ILLUSTRATIONS

Peuvent constituer des **troubles de voisinage** :
– des vues régulières sur le fonds voisin (Cass. 3e civ. 12-10-2005 n° 03-19.759 : RDI 2005 p. 459) ;
– des travaux conformes au permis de construire qui obturent les « jours » de l'appartement voisin (Cass. 3e civ. 14-2-2007 n° 05-22.107) ; l'arrêt écarte le recours en garantie contre l'architecte en relevant qu'aucun manquement à l'obligation de conseil ne pouvait être retenu contre ce dernier ;

– des odeurs, des bruits d'animaux et de machines et la présence envahissante d'insectes causés aux propriétés à usage d'habitation, non isolées en pleine campagne, par des bâtiments destinés à accueillir des animaux construits par un exploitant agricole en zone urbaine d'un village (Cass. 3e civ. 7-12-2023 no 22-22.137 FS-D : BPIM 1/24 inf. 78) ;
– l'accolement du mur d'un immeuble nouvellement construit au pignon du voisin dont l'effet est d'obstruer totalement les jours perçant ce pignon (Cass. 3e civ. 3-10-2024 no 23-11.448 F-D : BPIM 6/24 inf. 381).

En revanche, ne constituent **pas un trouble de voisinage** :
– la privation d'ensoleillement résultant d'un mur de 3,60 m (Cass. 3e civ. 20-1-1999 no 96-18.199) ou de la construction d'autres édifices voisins d'un lotissement (Cass. 3e civ. 21-10-2009 no 08-16.692 : Bull. civ. III no 231) ;
– une obturation de vue et une perte d'ensoleillement causées par la construction d'un immeuble collectif lorsque plusieurs immeubles collectifs d'habitation similaires à celui construit sont déjà implantés dans le secteur (Cass. 3e civ. 26-9-2024 no 23-13.770 F-D : BPIM 6/24 inf. 383).

La théorie des troubles de voisinage ne devrait pas s'appliquer aux **désordres à l'immeuble voisin**. Ceux-ci ne sont pas à proprement parler des troubles du voisinage et ils peuvent engager la responsabilité du maître de l'ouvrage du seul fait qu'il est porté atteinte à la propriété d'autrui. Mais la Cour de cassation fonde souvent la responsabilité du maître de l'ouvrage, en cas de désordres, sur les inconvénients anormaux de voisinage. Ainsi jugé par exemple pour : **90615**
– des détériorations telles que l'arrachage d'un câble électrique (Cass. 3e civ. 13-4-2005 no 03-20.575 : Bull. civ. III no 89) ;
– l'empiétement sur le terrain voisin ;
– des infiltrations chez le voisin (Cass. 3e civ. 3-2-1999 no 97-16.498 ; Cass. 3e civ. 16-3-2022 no 18-13.954 FS-B : BPIM 3/22 inf. 261) ;
– des fissurations chez autrui (CA Paris 13-1-2000 : RDI 2000 p. 184) ;
– l'arrachage d'un câble électrique (Cass. 3e civ. 13-4-2005 no 03-20.575 : Bull. civ. III no 89).

Responsabilité pour trouble du voisinage des constructeurs À l'égard des voisins, les constructeurs en charge des travaux sont responsables de plein droit des troubles excédant les inconvénients normaux de voisinage constatés (P. Malinvaud, op. cit.). Les **constructeurs** responsables **peuvent être** : **90620**
– l'entrepreneur de premier rang (Cass. 3e civ. 21-7-1999 no 96-22.735 PB : Bull. civ. III no 182 ; Cass. 3e civ. 11-5-2000 no 98-18.249 FS-PB : RJDA 11/00 no 1061 ; Cass. 3e civ. 13-4-2005 no 03-20.575 FS-PB : Bull. civ. III no 89) ;
– le sous-traitant (Cass. 3e civ. 30-6-1998 no 96-13.039 : Bull. civ. III no 144 ; Cass. 3e civ. 21-5-2008 no 07-13.769 : RDI 2008 p. 546 note E. GMO) ;
– le constructeur de maison individuelle (Cass. 3e civ. 12-10-2005 no 03-19.759 FS-PB : Bull. civ. III no 195) ;
– le gestionnaire d'un projet contractuellement désigné comme le porte-parole de la maîtrise d'œuvre (Cass. 3e civ. 22-6-2005 no 03-20.06 FS-PBRI : Bull. civ. III no 136) ;
– le mandataire commun d'un groupement momentané d'entreprises (Cass. 3e civ. 13-4-2005 no 03-20.575 FS-PB : Bull. civ. III no 89) ;
– l'architecte ou les techniciens chargés d'études préalables, à la condition qu'il existe une relation de cause directe entre le trouble subi et les missions des personnes poursuivies (Cass. 3e civ. 28-4-2011 no 10-14.516 FS-PB : Bull. civ. III no 59) ;
– le contrôleur technique (Cass. 3e civ. 21-11-2012 no 11-25.200 : BPIM 1/13 inf. 50, solution implicite).

La responsabilité encourue au titre des troubles anormaux de voisinage est **exclusive de toute faute** du constructeur (Cass. 3e civ. 13-4-2005 no 03-20.575 FS-PB : Bull. civ. III no 89 ; Cass. 3e civ. 20-12-2006 no 05-10.855 FS-PBI : Bull. civ. III no 254). **90625**

L'action du voisin contre le constructeur ne relève pas de l'article 1792-4-3 du Code civil, mais de la **responsabilité extracontractuelle** de droit commun soumise à la prescription de 5 ans de l'article 2224 du Code civil (Cass. 3e civ. 16-1-2020 no 16-24.352 FS-PBI : BPIM 2/20 inf. 122).

Dès lors que la jurisprudence range les désordres dans la catégorie des troubles anormaux de voisinage (voir no 90615) et qu'elle identifie le constructeur responsable à partir du lot à l'origine du trouble (ce qui explique que le sous-traitant puisse être responsable), il est difficile de faire supporter les conséquences des troubles provenant de la seule existence de l'immeuble à une autre personne que le maître de l'ouvrage.

Pour écarter l'objection selon laquelle le trouble de voisinage étant un risque de propriété, seul le propriétaire voisin doit être tenu responsable, la Cour de cassation décide que pendant le chantier, le constructeur est un **voisin occasionnel** (Cass. 3e civ. 22-6-2005 no 03-20.068 FS-PBRI : BPIM 4/05 inf. 269 ; Cass. 3e civ. 21-5-2008 no 07-13.769 : RDI 2008 p. 546 note E. GMO).

Il importe, cependant, que le **dommage** causé au riverain soit **en relation directe avec la mission** du constructeur (Cass. 3e civ. 9-2-2011 n° 09-71.570 FS-PB : BPIM 2/11 inf. 129 ; Cass. 3e civ. 28-4-2011 n° 10-14.516 FS-PB : BPIM 4/11 inf. 303 ; Cass. 3e civ. 14-5-2020 n° 18-22.564 FS-D : BPIM 4/20 inf. 257). Cette précision, qui est logique, se dégage d'autres décisions (Cass. 3e civ. 21-5-2008 n° 07-13.769 : BPIM 4/08 inf. 300, qui tient compte des travaux dont le constructeur a la charge ; Cass. 3e civ. 9-2-2011 n° 09-71.570 FS-PB précité, qui rappelle que l'entrepreneur ne répond que de son lot). Il en résulte que la qualité de « voisin occasionnel » ne peut être reconnue qu'à l'entrepreneur chargé du lot qui est à l'origine du dommage. Mais il est aussi permis de se demander si la notion même de « voisin occasionnel » n'est pas condamnée par l'arrêt (voir P. Malinvaud, RDI 2011 p. 227). Un arrêt plus récent, sans faire référence à la théorie de « voisin occasionnel », s'inscrit dans le prolongement de cette jurisprudence, en retenant la responsabilité de l'entrepreneur ayant « exercé une activité en relation directe avec le trouble anormal causé » (Cass. 3e civ. 8-11-2018 n° 17-24.333 FS-PBI : BPIM 6/18 inf. 416, précisant que peu importe que la conduite de gaz à l'origine du dommage arrachée par l'entreprise soit située sur le domaine public, c'est-à-dire en dehors du chantier). Dans le même sens, il est jugé que le contrôleur technique n'est pas responsable de plein droit des troubles de voisinage. Il ne l'est que s'il a réalisé une mission en relation directe avec le dommage. L'arrêt précise qu'il ne peut pas être condamné « in solidum » avec les entreprises à indemniser le maître de l'ouvrage pour le préjudice subi par celui-ci à la suite de l'action du voisin, car sa responsabilité contractuelle ou extracontractuelle ne peut être engagée qu'en raison d'une faute commise dans l'accomplissement de sa mission en relation avec le préjudice subi (Cass. 3e civ. 19-3-2020 n° 18-26.360 F-D : BPIM 3/20 inf. 190).

Un arrêt admet que le constructeur dont la responsabilité est encourue au titre des troubles de voisinage peut invoquer l'**acceptation des risques par le maître de l'ouvrage** pour s'exonérer, si du moins cette acceptation est caractérisée (Cass. 3e civ. 21-11-2012 n° 11-25.200 FS-D : BPIM 1/13 inf. 50).

90630 **Coresponsabilité et actions récursoires en cas de trouble du voisinage**

Il est admis que le maître de l'ouvrage et le ou les constructeurs peuvent être **condamnés in solidum** à réparer le dommage résultant, pour le voisin, du trouble anormal de voisinage (Cass. 3e civ. 13-4-2005 n° 03-20.575 : Bull. civ. III n° 89 ; Cass. 3e civ. 25-5-2005 n° 03-19.286 FS-PB : Bull. civ. III n° 112). Cela signifie que le maître de l'ouvrage et les constructeurs sont tenus au même titre dans leurs rapports avec le voisin.

90635 Le maître de l'ouvrage qui a indemnisé la victime sur le fondement des troubles de voisinage a un **recours contre les constructeurs** sur ce fondement ; il est alors **subrogé** dans les droits du voisin (Cass. 3e civ. 21-7-1999 n° 96-22.735 : Bull. civ. III n° 182 ; Cass. 1e civ. 18-9-2002 n° 99-20.297 F-P : Bull. civ. III n° 200 ; Cass. 3e civ. 26-2-2003 n° 01-16.630 FS-D : BPIM 3/03 inf. 170 ; Cass. 3e civ. 24-9-2003 n° 02-12.87 FS-PB : RDI 2003 p. 582).

Ce recours est exclusif de toute faute (Cass. 3e civ. 24-9-2003 n° 02-12.873 FS-PB : Bull. civ. III n° 160). Il s'exerce pour le tout (Cass. 3e civ. 25-5-2005 n° 03-19.286 FS-PB : Bull. civ. III n° 112 ; Cass. 3e civ. 22-6-2005 n° 03-20.068 FS-PBRI : Bull. civ. III n° 136 ; Cass. 3e civ. 20-12-2006 n° 05-10.855 FS-PBI : Bull. civ. III n° 254). Il en va toutefois autrement s'il est établi, à l'encontre du maître de l'ouvrage, une faute, une acceptation des risques ou une immixtion fautive de sorte qu'il est censé être tenu « pour les constructeurs » et non « avec eux » (P. Malinvaud, op. cit.).

Lorsque le maître de l'ouvrage a été condamné in solidum avec un constructeur, son recours est facilité par l'identification du constructeur. S'il n'a pas appelé les constructeurs en garantie, il devra établir lequel d'entre eux est tenu de le garantir.

Le maître d'ouvrage peut toutefois agir contre le constructeur en invoquant son **droit propre,** c'est-à-dire l'action personnelle qu'il tient du contrat d'entreprise, et établir, le cas échéant, qu'il a commis une faute à l'origine du dommage (Cass. 3e civ. 4-11-1971 : JCP G 1972 II n° 17070 ; Cass. 3e civ. 8-7-1971 : Bull. civ. III n° 451 ; Cass. 3e civ. 3-5-1979 : RDI 1980 p. 67).

Dans les deux cas, un arrêt semble décider que son **action** n'est **recevable** que s'il a été assigné par le voisin victime du dommage ou s'il est subrogé dans ses droits (Cass. 3e civ. 29-1-2008 n° 06-19.419). C'est alors seulement, en effet, que son préjudice est certain.

90640 Dans les **rapports entre constructeurs** condamnés in solidum, la Cour de cassation a décidé que la charge finale de la condamnation formant contribution à la dette se répartit en fonction de la gravité de leurs **fautes** respectives (Cass. 3e civ. 26-4-2006 n° 05-10.100 : RJDA 10/06 n° 1091). L'entrepreneur principal ne peut exercer de recours subrogatoire contre son sous-traitant que pour la fraction de la dette dont il n'assume pas la charge définitive (même arrêt).

Cette solution n'est pas sans inconvénients : le fait que la contribution à la dette soit déterminée en raison des fautes commises alors que l'obligation à la dette est indépendante de toute faute pose problème si aucune faute ne peut être établie contre un constructeur. Si le constructeur fautif est finalement celui qui doit supporter la charge de la réparation, la théorie des troubles de voisinage se transforme en une garantie du fait d'autrui qui peut être « mutuelle »...

La Cour de cassation a semblé revenir à plus de classicisme puisqu'elle a décidé qu'en l'**absence de faute,** la contribution à la dette se répartit à parts égales entre les constructeurs coobligés (Cass. 3e civ. 20-12-2006 no 05-10.855 FS-PBI : Bull. civ. III no 254).

RESPONSABILITÉ FONDÉE SUR LA GARDE DU CHANTIER

Action du voisin victime **Pendant les travaux,** la garde du chantier et des travaux incombe à l'**entrepreneur** (no 89930). La jurisprudence étendant la notion de troubles de voisinage aux désordres, il peut y avoir concours de responsabilité alors qu'en principe la responsabilité pour troubles de voisinage devrait absorber la garde. **90645**

En ce qui concerne les troubles causés au voisin par l'activité de chantier (bruits excessifs, poussières, etc.), l'**entrepreneur** qui est gardien du chantier, et notamment des engins (Cass. 3e civ. 8-3-1978 : D. 1978 p. 641), en répond, à condition toutefois qu'ils présentent un caractère anormal. La responsabilité fondée sur la garde est absorbée par la responsabilité pour trouble de voisinage. **90650**

En ce qui concerne les désordres subis par l'immeuble contigu, il faut appliquer les principes généraux dégagés à propos de la garde : le **maître de l'ouvrage** peut être responsable du dommage au titre des troubles de voisinage (Cass. 3e civ. 4-2-1971 : JCP G 1971 II no 16781). Mais il peut également être pris comme gardien de la structure de l'immeuble, c'est-à-dire de sa masse (voir no 89935). **90655**

Le dommage caractérisé par un désordre à l'immeuble voisin provient le plus souvent de l'acte de construire : l'**entrepreneur** peut donc être recherché en quelque sorte comme le gardien du comportement (Cass. 2e civ. 20-11-1975 : D. 1976 IR p. 35). La victime peut alors agir directement contre l'entrepreneur gardien (Cass. civ. 20-11-1975 précité), encore qu'un arrêt ait laissé entendre qu'il n'avait pas la garde de plein droit (Cass. 3e civ. 20-10-1971 : D. 1972 p. 444), difficulté sur laquelle on s'est déjà expliqué (no 89935).

S'agissant des **dommages postérieurs aux travaux,** le maître de l'ouvrage est responsable en sa qualité de gardien et au titre des troubles de voisinage. La responsabilité des constructeurs ne peut être mise en jeu par le voisin que s'il établit leur faute. **90660**

Action récursoire du maître de l'ouvrage Dans le dernier état de la jurisprudence, le maître de l'ouvrage ne peut pas **fonder son recours** contre le constructeur sur la garde du chantier. Il doit fonder son action sur le contrat qui le lie au constructeur (Cass. 3e civ. 24-3-1999 no 96-19.775 : Bull. civ. III no 74). Si le dommage causé au tiers consiste en un empiétement illicite et que celui-ci est découvert avant la réception, l'action du maître de l'ouvrage contre le constructeur relève de la responsabilité contractuelle de droit commun et doit avoir pour fondement l'article 1184, alinéa 2 du Code civil, devenu l'article 1221, alinéa 2 (Cass. 3e civ. 17-9-2014 no 12-24.122 FS-D : RDI 2014 p. 644). **90665**

Cependant, le fondement de l'action récursoire du maître de l'ouvrage est encore discuté (voir nos 88675 s.).

Action récursoire de l'entrepreneur Le recours de l'entrepreneur contre le maître de l'ouvrage paraît plus difficile à justifier : aussi bien la garde que les troubles de voisinage semblent devoir engager sa responsabilité exclusive. Toutefois, si l'entrepreneur se voit reprocher une faute et qu'une faute à l'origine du dommage peut aussi être imputée au maître de l'ouvrage, un recours de l'entrepreneur par subrogation aux droits du voisin paraît possible (Cass. 3e civ. 22-6-1977 : Bull. civ. III no 283). **90670**

CHAPITRE 4 RÉPARATION DU DOMMAGE

SOMMAIRE

SECTION 1 ACTION EN RÉPARATION

A. Action en justice

PRÉSENTATION GÉNÉRALE

90970 La réparation du dommage peut être **amiable** et donner lieu à une transaction qui met fin au différend, résulter d'un arbitrage ou être ordonnée en justice au terme d'une action engagée devant les tribunaux. Le maître de l'ouvrage pourrait préconstituer la preuve du dommage et, selon un arrêt, entreprendre à ses risques et périls sa réparation (CA Douai 4-9-1986 : RDI 1986 p. 470). Mais cette option est risquée et il semble préférable, lorsque l'urgence de travaux conservatoires l'exige, que le maître de l'ouvrage se fasse autoriser par le juge de l'urgence.

L'**action en réparation** est **ouverte à** la victime du dommage, c'est-à-dire le maître de l'ouvrage et ses ayants droit et, le cas échéant, les tiers au marché de travaux qui subissent un préjudice. Les premiers exercent, en général, une action en responsabilité contractuelle. Les seconds exercent l'action en responsabilité extracontractuelle (dite « action délictuelle » ou « quasi délictuelle » avant la réforme du droit des contrats issue de l'ordonnance 2016-131 du 10 février 2016).

L'action est **exercée contre** le constructeur concerné ou son assureur. Elle peut être dirigée contre les héritiers du constructeur lorsque celui-ci est une personne physique. Les héritiers sont tenus des conséquences dommageables de l'exécution du contrat en raison de la transmission des obligations du défunt (Cass. 3e civ. 30-1-2019 no 18-10.941 FS-PBI : BPIM 2/19 inf. 115).

90972 L'**action** doit être **exercée devant le tribunal** judiciaire (ou administratif s'il y a lieu) compétent. La compétence peut être déterminée par la nature de l'action ou influencer cette dernière : ainsi pour retenir la compétence de la juridiction française, comme étant celle du dommage, la Cour de cassation a-t-elle admis que l'action de l'assureur du constructeur, subrogé aux droits du maître de l'ouvrage qu'il a indemnisé, contre un fabricant est de nature « délictuelle » (Cass. 3e civ. 13-4-2023 no 21-23.815 F-D : BPIM 3/23 inf. 200).

En matière de travaux publics, où le juge administratif est en principe compétent, la juridiction judiciaire connaît de l'action en réparation consécutive à un dommage imputable à des travaux publics lorsqu'elle trouve son fondement dans un contrat de droit privé liant la victime au défendeur (T. confl. 17-6-2024 no 4302 : BPIM 4/24 inf. 253, compétence du tribunal judiciaire). En l'espèce, la victime avait acquis d'une commune, par un contrat de vente de droit privé, une parcelle dans un lotissement et invoquait le préjudice consécutif à une mauvaise réalisation des travaux prévus par le contrat.

L'action doit être exercée dans les **délais** requis (voir n° 91000). La reconnaissance de responsabilité du débiteur l'oblige à réparer le dommage dans les conditions qui sont ordonnées par le juge.

En marge du contentieux au fond, le demandeur peut former un **référé-provision.** Le juge des référés, comme le juge de la mise en état, peut accorder une provision à valoir sur le montant de l'indemnité relative à la réparation du dommage, lorsque l'existence de l'obligation n'est pas sérieusement contestable (CPC art. 835, al. 2).

Un **référé préventif** peut être demandé, notamment pour prévenir ou limiter le risque de dommage (n°s 47500 s.).

1. FONDEMENT DE L'ACTION

ACTION EN RESPONSABILITÉ CONTRACTUELLE

Objet du litige L'action en responsabilité contractuelle aux fins de réparation doit être identifiée. Il appartient à celui qui l'exerce de **préciser la cause de sa demande** car le juge est tenu de respecter les limites du litige (CPC art. 4 et 5). Si la demande est fondée sur la seule responsabilité contractuelle de droit commun et que la responsabilité décennale est concernée, le juge du fond ne peut pas faire application de celle-ci (Cass. 3e civ. 7-6-2018 n° 16-15.803 F-D : BPIM 4/18 inf. 275). Il ne peut pas non plus **modifier les termes du litige** et substituer une cause à une autre, de sorte que si le constructeur invoque la responsabilité de son fournisseur sur le fondement de la garantie des produits défectueux, il ne peut pas le condamner sur le fondement de la garantie des vices cachés dans la vente (Cass. 3e civ. 21-1-2021 n° 19-23.569 F-D : BPIM 2/21 inf. 120) sous peine de cassation (Cass. 3e civ. 7-6-2018 n° 17-10.394 FS-PBI : BPIM 4/18 inf. 272 et arrêts précités). Il ne peut pas **soulever d'office** un moyen (en l'espèce, moyen tiré de la responsabilité contractuelle) sans inviter au préalable les parties à présenter leurs observations sur celui-ci (Cass. 3e civ. 21-1-2021 n° 19-16.894 F-D : BPIM 2/21 inf. 126). Mais si le caractère décennal des désordres admis en première instance est contesté en appel, la cour d'appel peut retenir l'absence de preuve d'un désordre de nature décennale et écarter également la responsabilité de droit commun du constructeur dont la faute n'a pas été prouvée par le maître de l'ouvrage qui avait invoqué l'article 1792 du Code civil instaurant une responsabilité sans faute (Cass. 3e civ. 18-1-2023 n° 21-15.195 F-D). 90975

Parties à l'instance L'action est ouverte au **maître de l'ouvrage** auquel la jurisprudence assimile les **copropriétaires** de l'immeuble, une distinction étant faite entre l'action individuelle de chaque propriétaire relative aux malfaçons affectant leurs parties privatives, et l'action collective du syndicat des copropriétaires relative aux malfaçons affectant les parties communes (n°s 86735 s.). Des principes voisins gouvernent l'action qui peut être exercée par une **société coopérative** ou par les **sociétés de construction** (voir n°s 86745 s.). 90980

Les **ayants cause universels** (héritiers) et les **ayants cause particuliers** (acheteurs d'appartements) bénéficient des droits et actions du maître de l'ouvrage, qui passent dans leur patrimoine. Ils peuvent **agir en garantie** directement contre les constructeurs.

Les acheteurs disposent aussi de l'**action propre contre leur vendeur** qui, généralement, a le même objet (garantie du vendeur dans la vente d'immeubles à construire). La transmission des garanties aux ayants cause particuliers ne fait plus guère de doute (voir n° 86720). L'action en responsabilité de droit commun se transmet à l'ayant cause particulier qui peut l'exercer (n° 88910).

Suite à une action dirigée contre lui par un tiers victime, le maître de l'ouvrage peut **appeler en garantie les constructeurs.** Son action de nature contractuelle peut être fondée sur les articles 1792 s. du Code civil ou relever du droit commun de la responsabilité contractuelle (voir n° 88680). 90985

ACTION EN RESPONSABILITÉ EXTRACONTRACTUELLE

Comme l'action contractuelle, l'action en responsabilité extracontractuelle aux fins de réparation tient compte des limites de saisine résultant des articles 4 et 5 du Code de procédure civile (voir n° 90975). 90990

Elle est ouverte aux **tiers** (notion évoquée au n° 89850). Il suffit de rappeler ici que le **locataire** du maître de l'ouvrage est un tiers (n° 86845) et que les **constructeurs** sont des tiers dans leurs rapports entre eux (nos 90130 s.). Le **maître de l'ouvrage** peut exercer l'action extracontractuelle par subrogation au tiers lésé (nos 88685 s.) ou à titre personnel dans certains cas (nos 90075 s.).

2. DÉLAI DE L'ACTION EN JUSTICE

91000 L'action en justice doit être exercée dans le **respect du délai de prescription** applicable à l'objet de la demande, soit :
– 10 ou 2 ans pour les garanties légales (C. civ. art. 1792-4-1 et 1792-3) ;
– 2 ans pour la garantie des vices cachés (C. civ. art. 1648) ou 5 ans pour les défauts de conformité (C. civ. art. 2224) ; 5 ou 10 ans pour les malfaçons en responsabilité contractuelle (nos 88810 s. et 88820 ; C. civ. art. 1792-4-3) ;
– 5 ans, en principe, en responsabilité extracontractuelle lorsqu'elle n'est pas exercée contre un constructeur ou qu'elle s'exerce entre constructeurs ; 2 ou 10 ans lorsqu'elle est exercée contre un constructeur en application de l'article 1792-4-2 du Code civil et 10 ans en application de l'article 1792-4-3 dudit Code si l'on estime dans ces cas que la responsabilité du sous-traitant est extracontractuelle à l'égard du maître de l'ouvrage (nos 90210 s.).

3. DÉROULEMENT DE L'INSTANCE

RÈGLES SPÉCIFIQUES AU CONTENTIEUX DE LA CONSTRUCTION

91010 Le déroulement de l'instance obéit aux règles générales du procès, qui n'appellent de remarques relatives au contentieux de la construction que sur quelques points particuliers.

L'objet du litige est déterminé par l'assignation et les conclusions échangées. Il ne peut pas être modifié par le juge, qui doit **respecter les termes du litige** (CPC art. 4 à 6) tant en ce qui concerne la **cause de la demande** (Cass. 3e civ. 21-1-2021 no 19-23.569 F-D : BPIM 2/21 inf. 120), que la **prétention exprimée**. Ainsi, lorsque le maître de l'ouvrage demande des dommages-intérêts, le juge ne peut pas lui allouer une réduction du prix de la prestation fournie par l'entrepreneur (Cass. 3e civ. 7-9-2022 no 21-20.576 FS-B : BPIM 5/22 inf. 365). Il ne peut pas non plus ignorer la demande du maître de l'ouvrage qui sollicite une condamnation « in solidum » de l'assureur de responsabilité civile décennale et de l'assureur dommages-ouvrage (Cass. 3e civ. 14-12-2022 no 21-22.669 F-D : BPIM 1/23 inf. 38). A fortiori, il ne peut pas retenir la responsabilité du constructeur sans statuer sur sa demande tendant au prononcé d'une réception judiciaire ou à la constatation d'une réception tacite (Cass. 3e civ. 15-2-2024 no 22-19.861 F-D : BPIM 2/24 inf. 117). Le juge ne peut pas davantage **substituer un moyen à un autre et soulever un moyen d'office**, sans inviter les parties à s'expliquer, conformément à l'article 16 du Code de procédure civile (Cass. 3e civ. 21-1-2021 no 19-16.894 F-D : BPIM 2/21 inf. 126 ; Cass. 3e civ. 15-6-2022 no 21-15.023 F-D : BPIM 4/22 inf. 306) et encore moins ignorer ce qui n'est pas remis en cause en appel par les parties (Cass. 3e civ. 2-5-2024 no 22-21.099 F-D : BPIM 4/24 inf. 254, 2e espèce).

En cas d'**intervention d'un tiers** au procès, en particulier lorsqu'une partie appelle son assureur en intervention forcée, le juge doit vérifier que celle-ci est recevable compte tenu de l'évolution du litige (Cass. 3e civ. 15-6-2022 no 21-13.622 F-D : BPIM 4/22 inf. 307).

Le juge qui accorde des dommages-intérêts doit respecter les conditions de l'article 700 du Code de procédure civile. Cet article permet au juge de mettre à la charge de la partie qui supporte les dépens les **frais exposés et non compris dans les dépens.** Ce sont les frais et dépens de l'instance qui relèvent de l'article 700 et non ceux exposés dans des instances antérieures (Cass. 2e civ. 19-11-1986 : Bull. civ. II no 171). Le juge à qui une somme est réclamée au titre d'un préjudice matériel hors reprise des travaux doit rechercher si elle ne correspond pas à des frais relevant de l'article 700 du Code de procédure civile dont l'application est limitée à l'instance en cours (Cass. 3e civ. 29-6-2022 no 21-13.666 F-D).

EXPERTISE JUDICIAIRE

91020 **Demande d'expertise** La réparation du dommage et l'allocation d'une provision impliquent souvent le recours à une expertise judiciaire.

La **demande** d'expertise ne peut pas être **réitérée** lorsqu'une première demande a été rejetée en référé et que l'appel a été déclaré caduc. Si la première ordonnance de référé n'a pas l'autorité de la chose jugée au principal, elle bénéficie de l'autorité de la chose jugée au provisoire et faute de circonstances nouvelles, la nouvelle demande, qui a le même objet, est irrecevable. L'action expose son auteur à une amende pour abus du droit d'agir en justice si elle a un caractère dilatoire (Cass. 3e civ. 8-2-2023 no 21-16.473 F-D : BPIM 2/23 inf. 118).

L'action en référé-expertise a un **effet interruptif de prescription** car l'article 2241 du Code civil prévoit que la demande en justice, même en référé, interrompt tant le délai de prescription que le délai de forclusion. En outre, il a été jugé, sous l'empire des dispositions antérieures à la loi du 17 juin 2008 portant réforme de la prescription civile, qu'une demande d'expertise devant le juge des référés, même incidente, équivaut à une citation en justice (Cass. com. 2-4-1996 n° 93-20.901 : Bull. civ. IV n° 122). L'interruption ne profite qu'à l'auteur de l'action (le maître de l'ouvrage en l'espèce) et que pour les désordres désignés dans l'assignation (Cass. 3e civ. 2-5-2024 n° 22-23.004 FS-B : BPIM 3/24 inf. 194). Il a été jugé que la revendication d'une créance par le défendeur (l'entreprise) devant l'expert est sans effet sur l'interruption du délai à son égard (Cass. 3e civ. 8-2-2023 n° 21-25.244 F-D : BPIM 2/23 inf. 112). En revanche, le sous-traitant qui intervient à l'instance en référé en désignation d'un expert entre le maître de l'ouvrage et l'entrepreneur principal, puis forme une action contractuelle en paiement du solde des travaux contre l'entrepreneur bénéficie de l'effet interruptif de prescription si les deux actions, bien qu'ayant une cause distincte, tendent au même but (Cass. 3e civ. 11-5-2023 n° 22-15.705 F-D : BPIM 4/23 inf. 258). L'effet interruptif de prescription ou de forclusion ne s'applique pas à la demande d'extension de la mission de l'expert à de nouveaux désordres : si l'acquéreur assigne le vendeur en référé et que plus tard la mission de l'expert désigné est étendue à d'autres désordres sur assignation du constructeur, la demande aux fins d'extension de la mesure d'expertise est dépourvue d'effet interruptif de prescription ou de forclusion sur l'action en réparation des désordres visés par la mesure d'expertise initiale exercée par l'acquéreur (Cass. 3e civ. 2-5-2024 n° 22-23.004 FS-B précité).

On notera que la demande d'expertise formée par simple requête **n'interrompt pas la prescription** (Cass. com. 5-4-2011 n° 10-15.852 : Bull. civ. IV n° 57, D. 2011. p. 1134).

Ordonnance de référé La décision du juge, qui fait droit à une demande de mesure d'instruction avant tout procès, **suspend la prescription** (C. civ. art. 2239). La suspension bénéfice à la seule partie qui a sollicité cette mesure en référé, durant le délai de son exécution (Cass. 2e civ. 31-1-2019 n° 18-10.011 F-PB : D. 2020 pan. p. 710). 91021

L'effet interruptif de la demande d'expertise (voir n° 91020) peut se prolonger jusqu'à la décision ordonnant la mesure d'expertise. Celle-ci suspend le délai de prescription jusqu'à la date d'exécution de la mesure, date à laquelle un nouveau délai de prescription recommence à courir (Cass. 3e civ. 11-7-2024 n° 23-18.495 F-D : BPIM 5/24 inf. 314). Toutefois, l'article 2239 du Code civil relatif à la prescription ne s'applique pas au délai de forclusion, qui gouverne les actions en responsabilité ou en garantie après réception dirigées contre les constructeurs (C. civ. art. 2220, qui limite l'application du texte à la prescription). L'arrêt précité du 11 juillet 2024 concerne une action dirigée contre le fournisseur et le réparateur d'une fuite d'eau soumise à la prescription quinquennale de l'article 2224 du Code civil, en sorte qu'il pourrait ne pas remettre en cause, en matière décennale, la jurisprudence selon laquelle le délai n'est interrompu que pendant la durée de l'instance à laquelle a mis fin l'ordonnance nommant un expert (voir nos 87863 et 87867). Dans son rapport annuel publié le 28 juillet 2022, la Cour de cassation suggère une réforme qui pourrait donner lieu à un article 1792-8 du Code civil prévoyant l'application des articles 2239 et 2240 dudit Code aux délais de forclusion prévus aux articles 1792-3, 1792-4-1 à 1792-4-3 et 1792-6 dudit Code.

Selon le Code de procédure civile, l'expertise n'est ordonnée que lorsque les constatations ou une consultation ne pourraient suffire à éclairer le juge (CPC art. 232). La **mission de l'expert** est limitée à la description du désordre et à des propositions de réparation (Cass. 3e civ. 19-2-1983 : RDI 1984 p. 318). L'expert ne peut pas décider lui-même du moyen de réparer le dommage ; le choix du mode de réparation est l'apanage du juge (Cass. 3e civ. 4-2-1986 n° 9 : Le Moniteur 11-4-1986 p. 59). 91022

Les **parties envers lesquelles on veut faire valoir** les conclusions du **rapport de l'expert,** doivent être appelées ou représentées aux opérations d'expertise. À défaut, l'expertise leur est inopposable (Cass. 3e civ. 26-4-2006 n° 04-16.382 FS-PB : Bull. civ. III n° 102). En principe, aucune condamnation ne peut être prononcée sur la base d'un rapport d'expertise contre un entrepreneur qui n'a pas été appelé aux opérations d'expertise, même si les conclusions de l'expert lui ont été communiquées (Cass. 3e civ. 27-5-2010 n° 09-12.693 : Bull. civ. III. n° 104). Toutefois, si les opérations d'expertise, qu'elles soient judiciaires ou non, n'ont pas été contradictoires mais que le rapport et plus généralement les conclusions de l'expert ont été soumis à la discussion des parties, il est admis que celles-ci ne peuvent pas invoquer l'inopposabilité de l'expertise à leur égard (pour l'expertise judiciaire : Cass. ch. mixte 28-9-2012 n° 11-11.381 PBRI : Bull. ch. mixte n° 1 ; Cass. 3e civ. 29-9-2016 n° 15-16.342 F-PB : BPIM 6/16 inf. 343 ; Cass. 3e civ. 19-6-1991 n° 89-16.599 P-F : Bull. civ. III n° 186 ; Cass. 2e civ. 19-11-2009 n° 08-19.824 FS-PB : Bull. civ. II n° 273 ; pour l'expertise extrajudiciaire : Cass. ch. mixte 28-9-2012 nº 11-18.710 PBRI : Bull. ch. mixte nº 2). Des restrictions sont cependant posées lorsque l'expertise n'est pas judiciaire, dont l'application à l'expertise judiciaire est peu probable (B. Boubli, Le principe contradictoire et l'opposabilité d'une expertise à l'assureur du constructeur : BPIM 6/16 inf. 343).

> Précisions a. Lorsque les **opérations d'expertise judiciaire** sont **irrégulières,** le constructeur qui invoque l'irrégularité ne peut pas se borner à soutenir que l'expertise lui est inopposable. Il doit en demander la nullité (Cass. 3e civ. 20-10-2021 nº 20-18.171 F-D : BPIM 6/21 inf. 375).
b. Le juge administratif apprécie, sous le contrôle du Conseil d'État, l'**utilité d'appeler une entreprise à l'expertise** qui lui est demandée. Il peut mettre en cause un sous-traitant, alors même que sa responsabilité ne peut plus être engagée, s'il estime que sa participation présente une utilité pour l'établissement des faits (CE 26-7-2018 nº 45139, Sté AXA France : BPIM 5/18 inf. 357).

EXPERTISE EXTRAJUDICIAIRE

91025 Une des parties peut se prémunir d'une preuve ou obtenir une information technique en faisant procéder, **avant tout contentieux,** à une expertise, qui présente alors un caractère extrajudiciaire. S'il verse cette expertise aux débats, le juge ne peut pas se fonder exclusivement sur elle pour asseoir sa conviction (Cass. ch. mixte 28-9-2012 nº 11-11.381 PBRI : Bull. ch. mixte nº 1), même si la partie adverse a été régulièrement convoquée à cette expertise (Cass. 3e civ. 14-5-2020 nº 19-16.218 FS-PBI : BPIM 4/20 inf. 258). Implicitement, on estime que le juge peut en tenir compte si cette expertise est soumise au débat contradictoire et qu'elle est corroborée par d'autres éléments de preuve. C'est ce que décide un arrêt (Cass. 3e civ. 7-9-2022 nº 21-20.490 F-D), qui confirme la solution donnée par un précédent arrêt (Cass. 3e civ. 5-3-2020 nº 19-13.509 F-PBI : BPIM 4/20 inf. 258).

Lorsque les opérations d'expertise judiciaire n'ont pas été contradictoires, mais que les conclusions ont été soumises à la discussion des parties, il est probable que les débats contradictoires suffisent en revanche à permettre au juge de prendre l'expertise en considération. On notera qu'un arrêt a jugé que l'assureur du constructeur mis en cause, quoique non appelé à l'expertise judiciaire prescrite en référé, ne peut pas soutenir l'inopposabilité des conclusions de l'expert soumises à la discussion des parties sauf fraude à son encontre (Cass. 3e civ. 29-9-2016 nº 15-16.342 F-PB : Bull. civ. III nº 121).

B. Condamnation solidaire des constructeurs

1. OBLIGATION À LA DETTE DES CONSTRUCTEURS

SOLIDARITÉ LÉGALE OU CONVENTIONNELLE

91050 Lorsque plusieurs constructeurs sont en cause, ils peuvent être solidairement tenus envers le maître de l'ouvrage. En cas de solidarité, chacun des codébiteurs responsables est **tenu à toute la dette** (C. civ. art. 1313). C'est tout le sens du principe d'obligation à la dette des débiteurs solidaires. Peu importe leur part respective dans la réalisation du dommage. Celle-ci n'est prise en compte que pour la détermination du montant dû par chacun à la contribution à la dette (nos 91085 s.). Le juge ne peut donc pas procéder à un partage de responsabilité « ab initio » pour condamner l'un des coauteurs dans la limite de sa part car ce dernier doit réparer le dommage en totalité (Cass. 3e civ. 11-7-2024 nº 23-11.675 F-D : BPIM 5/24 inf. 315), sauf à recourir contre ses coobligés.

La **solidarité** est **légale ou conventionnelle** (C. civ. art. 1310). Par exemple, le fabricant de composants est soumis à une solidarité légale (C. civ. art. 1792-4), tandis que les groupements solidaires sont soumis à une solidarité conventionnelle. La solidarité résulte du titre constitutif de l'obligation (Cass. 3e civ. 26-1-2005 nº 03-11.646 : Bull. civ. III nº 14) ou de la circonstance que les codébiteurs sont des commerçants. Il s'agit d'une **solidarité parfaite** qui, sauf en matière commerciale, ne se présume pas et doit être établie (C. civ. art. 1310 ; Cass. 3e civ. 26-1-2005 nº 03-11.646 : Bull. civ. III nº 14). Elle est dite « parfaite » car les coobligés se représentent mutuellement. La solidarité des codébiteurs est une **solidarité passive.**

OBLIGATION « IN SOLIDUM »

91053 **Régime de l'obligation in solidum** Lorsque les conditions de la solidarité légale ou conventionnelle ne sont pas réunies, les constructeurs peuvent être **condamnés** « in solidum » au titre des conséquences de la responsabilité qui leur incombe (Cass. 3e civ. 26-1-2005 nº 03-15.124 FS-D). Ils doivent alors réparer la totalité du dommage (Cass. 3e civ. 5-12-1984 : JCP.1984 II 20543 ; Cass. 3e civ. 28-10-2003 nº 02-14.799 F-D : RDI 2004 p. 126). Il s'agit d'une **solidarité imparfaite** qui exclut toute représentation mutuelle. Cette solidarité imparfaite résulte du fait que les constructeurs concourent à la réalisation du dommage. Ce concours est particulièrement évident lorsque les responsabilités encourues sont présumées (garanties légales ; responsabilité contractuelle de droit commun, au moins pour l'entrepreneur, responsabilité fondée sur la garde). Le maître de l'ouvrage peut alors **rechercher la responsabilité de l'un ou l'autre des constructeurs** et lui demander la réparation intégrale de son préjudice. Le maître de l'ouvrage ne commet donc aucune faute en choisissant de limiter son action aux entrepreneurs. Il ne peut pas se voir imputer la part de responsabilité du maître d'œuvre pour ne pas avoir mis ce dernier en cause (Cass. 3e civ. 29-3-2000 no 98-17.173 : BPIM 3/00 inf. 182).

Pour une partie de la doctrine, la **transposition des règles de la solidarité** à l'obligation « in solidum » n'est guère douteuse depuis la modification par l'ordonnance 2016-131 du 10 février 2016 des dispositions relatives à la solidarité (C. civ. art. 1310 s. ; P. Jourdain, RDI 2018 p. 284). Le Code civil, dans sa rédaction antérieure à la réforme de 2016, ne consacrait pas expressément l'obligation « in solidum » dégagée par la jurisprudence pour obliger chacun des coresponsables à réparer l'entier dommage subi par la victime ; il est probable qu'à l'avenir, l'obligation « in solidum » sera présentée comme un cas de solidarité imparfaite, ce qui, en pratique, est déjà le cas.

Conditions de l'obligation in solidum Les tribunaux retiennent l'obligation in solidum en relevant que les **fautes des constructeurs** (prouvées ou présumées) « se pénètrent et se complètent quant à leurs conséquences dans des conditions telles qu'elles forment un **tout indivisible** » (Cass. 3e civ. 29-11-1968 : Bull. civ. III no 509 ; Cass. 3e civ. 23-9-2009 no 07-21.634 : Bull. civ. III no 197). 91055

La condamnation in solidum s'impose, alors même que le rôle de chacun des constructeurs dans la réalisation du dommage est susceptible d'être déterminé et est individualisable (Cass. 3e civ. 9-4-2014 no 13-13.414 : BPIM 3/14 inf. 181). L'individualisation des fautes entre les responsables permet de déterminer le montant de leur contribution à la dette (no 91085), mais est sans influence sur l'obligation à la dette, chacun étant tenu pour le tout, sauf son recours contre le coresponsable.

Pour que l'obligation in solidum soit retenue, il faut :

– qu'il y ait **concours de responsabilités,** peu important que les fautes soient prouvées (Cass. 3e civ. 20-2-1969 : Bull. civ. III no 158), que l'une soit prouvée, l'autre présumée (Cass. 3e civ. 25-1-1978 : Bull. civ. III no 51), qu'une responsabilité soit contractuelle et l'autre extracontractuelle (Cass. 1e civ. 25-3-1980 no 78-15.191 : Bull. civ. I no 100), que les responsabilités soient toutes extracontractuelles ou toutes contractuelles (Cass. 3e civ. 2-10-1979 : JCP G 1979 IV p. 359) ;

– que le juge vérifie que **tous les débiteurs** qu'il retient sont **responsables du dommage**. Si la faute d'un constructeur est seule à l'origine des désordres et si celles des autres n'ont pas contribué de manière indissociable à la réalisation du dommage, ils ne peuvent pas être condamnés « in solidum » avec lui (Cass. 3e civ. 15-2-2024 no 22-18.672 F-D : BPIM 2/24 inf. 118, responsabilité contractuelle de droit commun). Il en est de même du prestataire dont la faute est sans lien de causalité avec le dommage (Cass. 3e civ. 7-3-2024 no 22-15.415 F-D : BPIM 3/24 inf. 195, responsabilité contractuelle de droit commun) ;

– qu'il y ait un **dommage unique** susceptible d'avoir plusieurs causes (Cass. 3e civ. 23-1-1974 no 72-12.707 : Bull. civ. III no 37 ; Cass. 3e civ. 4-7-1990 : Bull. civ. III no 162), chaque cause, c'est-à-dire le fait de chaque constructeur ou de chaque acteur, étant censée être à l'origine de l'entier dommage (Cass. 3e civ. 26-1-2005 no 03-15.124) ;

– que l'un des constructeurs ne justifie **pas** d'une **cause étrangère** qui l'exonérerait de la responsabilité présumée pesant sur lui (Cass. 3e civ. 25-1-1978 : Bull. civ. III no 51).

> Précisions **a.** Si, en dépit de **travaux de remise en état,** les désordres subsistent en raison d'un défaut de conception originelle, le constructeur initial est l'unique responsable du désordre, l'entreprise de réfection étant exonérée de toute responsabilité (Cass. 3e civ. 11-10-2000 no 98-19.917 : BPIM 1/01 inf. 46).

b. La **condamnation « in solidum »** est prononcée par le juge du fond. Elle pourrait être ordonnée par le **juge des référés** lorsque l'obligation à la dette de chacun des codébiteurs n'est pas contestable, en particulier s'il alloue une provision. Mais si l'un des constructeurs conteste sa responsabilité, le juge des référés ne pourrait prononcer une condamnation « in solidum » sans trancher une contestation sérieuse, laquelle ne relève pas de son pouvoir (Cass. 3e civ. 9-4-2014 no 12-28.824 : BPIM 3/14 inf. 182).

CLAUSE D'EXCLUSION DE SOLIDARITÉ OU RESTRICTIVE DE GARANTIE

Clause d'exclusion de solidarité Les clauses d'exclusion de solidarité inscrites dans les **contrats entre constructeurs** (par exemple entre l'entrepreneur principal et le sous-traitant) sont, en principe, inopposables au maître de l'ouvrage (CA Paris 23e ch. B 16-11-1979 : RDI 1980 p. 300) ; voir no 88160. 91060

Lorsque l'exclusion est stipulée au **marché principal,** elle ne peut pas concerner la solidarité parfaite résultant de la loi (C. civ. art. 1792-4 par exemple). Mais elle peut évincer la solidarité qui ne résulte pas d'un texte et exclure ainsi la solidarité conventionnelle.

La jurisprudence va plus loin et admet depuis quelque temps qu'une clause d'exclusion de solidarité figurant dans le contrat d'un prestataire s'impose au juge et lui interdit de prononcer contre lui une **condamnation in solidum,** laquelle est prise ainsi comme une variété de solidarité (Cass. 3e civ. 11-5-1988 no 86-19.565 ; Cass. 3e civ. 19-3-2013 no 11-25.266 F-D : BPIM 3/13 inf. 204, RDI 2013 p. 316 note B. Boubli ; RDI 2016 p. 290 obs. B. Boubli, pour une analyse actualisée des clauses d'exclusion de solidarité).

La Cour de cassation s'est prononcée ainsi à propos d'une clause d'exclusion figurant au contrat d'architecte (Cass. 3e civ. 14-2-2019 no 17-26.403 FS-PBI : BPIM 2/19 inf. 118, RDI 2019 p. 214 note B. Boulbli ; Cass. 3e civ. 17-10-2019 no 18-17.058 F-D : BPIM 6/19 inf. 406 ; Cass. 3e civ. 19-3-2020 no 18-25.585 FS-PBI : BPIM 3/20 inf. 192). Auparavant, la Cour de cassation admettait que l'exclusion de la solidarité n'affectait pas l'obligation in solidum résultant d'une condamnation judiciaire (Cass. 3e civ. 18-6-1980 no 78-16.096 : Bull. civ. III no 121).

Un arrêt du 19 janvier 2022 semble toutefois atténuer ce revirement. Il censure une cour d'appel qui avait limité la responsabilité de l'architecte à sa part contributive sur le fondement d'une clause du contrat excluant sa responsabilité solidaire et « in solidum ». La Cour de cassation décide qu'une telle clause ne saurait avoir pour effet de réduire le droit à réparation du maître de l'ouvrage contre l'architecte lorsque sa faute a concouru à la réalisation de l'entier dommage et elle ne limite pas la responsabilité de ce dernier, tenu de réparer les conséquences de sa propre faute, le cas échéant « in solidum » avec d'autres constructeurs (Cass. 3e civ. 19-1-2022 no 20-15.376 FSBR : BPIM 2/22 inf. 132, RDI 2022 p. 175). Comme le principe de l'engagement « in solidum » repose sur l'idée que chaque coauteur est censé avoir causé l'entier dommage, cet arrêt pourrait condamner la jurisprudence validant la clause d'exclusion et redonner crédit au principe selon lequel la condamnation « in solidum » est l'apanage du juge. Il faut toutefois rester prudent et voir si cette évolution se confirme.

91062 Il faut noter que l'exclusion de la condamnation « in solidum », au vu des arrêts rendus en 2013, 2019 et 2020, n'a concerné que la **responsabilité de droit commun.** Si elle n'est manifestement pas concevable lorsque l'article 1792-4 du Code civil, qui institue la responsabilité solidaire du fabricant de composants, est susceptible de s'appliquer, on peut se demander si elle peut concerner la **responsabilité décennale.** La présomption de responsabilité qui pèse sur les constructeurs oblige chacun au tout, ce qui devrait exclure l'application de la clause, en particulier, s'agissant de l'architecte, lorsqu'il est investi d'une mission complète. Dans le doute sur l'opposabilité de la clause au demandeur à l'action qui pourrait le priver du droit d'obtenir l'indemnisation intégrale d'un codébiteur, le juge pourrait-il s'abstenir de prononcer une condamnation « in solidum » de l'architecte et de l'entrepreneur, de ne condamner directement que l'architecte et d'obliger l'entrepreneur à le garantir ?

Un arrêt qui statue sur la responsabilité de l'architecte au titre de la garantie décennale retient sa responsabilité « in solidum » avec les autres constructeurs tenus de cette garantie (Cass. 3e civ. 21-11-2019 no 16-23.509 FS-PBI : BPIM 1/20 inf. 26). On ne peut tirer d'autre enseignement qu'indicatif de cet arrêt. En effet, si la clause d'exclusion de solidarité figure généralement dans le contrat d'architecte, elle n'avait pas été soulevée en l'espèce, mais l'arrêt du 19 janvier 2022 précité lui donne un certain relief.

Dans un commentaire de l'arrêt du 19 janvier 2022 (no 20-15.376), la troisième chambre civile rappelle que la validation des clauses d'exclusion de solidarité concerne la responsabilité de droit commun et que les garanties légales ne sont pas concernées compte tenu de l'article 1792-5 du Code civil relatif aux clauses de d'exclusion ou de limitation de garantie ; elle précise que la cassation dans l'arrêt intervient du chef de l'obligation « in solidum » (Lettre de la troisième chambre civile de la Cour de cassation no 6, février 2022). Elle laisse subsister une interrogation en relevant que l'architecte est tenu de **réparer les conséquences de sa propre faute,** le cas échéant « in solidum » avec les autres constructeurs. Pérennise-t-elle l'idée que l'obligation « in solidum » a été et sera toujours admise lorsque les garanties légales sont en cause ? Évince-t-elle désormais l'exclusion en cas de responsabilité de droit commun pour faute ? Sur ce dernier point, un arrêt plus récent invite à limiter la portée qui pourrait être donnée à l'arrêt du 19 janvier 2022. Statuant en matière de responsabilité de droit commun, il admet l'opposabilité de la clause d'exclusion de solidarité incluant l'obligation « in solidum », en relevant que le contrat de maîtrise d'œuvre est en rapport direct avec l'activité professionnelle d'hôtellerie du maître de l'ouvrage, qui ne peut être considéré comme un non-professionnel, peu important ses compétences techniques en matière de construction. Il précise que l'article L 132-1 du Code de la consommation dans sa rédaction antérieure à l'ordonnance 2016-301 du 14 mars 2016 applicable en la cause (C. consom. art. L 212-1 désormais), qui répute non écrites parce qu'abusives les clauses qui créent un déséquilibre significatif entre les droits et obligations des parties dans les rapports entre professionnels et non-professionnels ou consommateurs, n'est pas applicable en ce cas (Cass. 3e civ. 25-5-2023 no 21-20.643 FS-B : BPIM 4/23 inf. 257, RDI 2023 p. 429 note C. Charbonneau). L'arrêt fait donc du caractère, abusif ou non de la clause, une condition de son application et non pas de sa validité intrinsèque au regard de son objet, au moins en l'espèce.

> **Précisions** On notera que l'**exclusion de solidarité** pourrait **résulter du contrat d'assurance** d'un responsable : un arrêt censure une cour d'appel ayant limité la garantie de l'assureur à la part contributive de son assuré condamné in solidum sans relever une clause du contrat d'assurance limitant en ce sens la garantie l'assuré (Cass. 3e civ. 16-9-2021 no 20-15.518 F-D : BPIM 6/21 inf. 376).

Clause restrictive de garantie ou événement affectant celle-ci Le constructeur responsable répond intégralement de la dette, sauf à recourir contre son codébiteur (Cass. 3e civ. 31-5-1978 : Bull. civ. III no 320 ; nos 90140 s.), notamment pour la détermination de sa part contributive (no 91085). Le paiement intégral lui est alors dû, même si le codébiteur est insolvable et que l'action du maître de l'ouvrage se heurte à cette **insolvabilité** (même arrêt). L'article 1317 du Code civil précise que si un des codébiteurs est insolvable, sa part se répartit par contribution entre les codébiteurs solvables, y compris celui qui a fait le paiement et celui qui a bénéficié d'une remise. 91065

On hésite, en revanche, à permettre au maître de l'ouvrage de réclamer le tout à un constructeur lorsque le coresponsable bénéficie d'une **clause restrictive de garantie.** En faveur de l'interdiction, on fait valoir que par une interprétation extensive de l'article 1350-1, alinéa 1 du Code civil, les tribunaux permettent au débiteur de se prévaloir des clauses restrictives stipulées au profit de son coobligé, même lorsqu'il n'y a pas caution solidaire. Contre l'interdiction, on relève que l'obligation « in solidum » est caractérisée par le fait que chacun des codébiteurs répond de toute la dette comme si elle était la sienne propre.

La **Cour de cassation** s'est prononcée en faveur de l'inopposabilité de la clause limitant la garantie d'un constructeur (un technicien en l'espèce) aux autres constructeurs responsables condamnés « in solidum » avec lui à réparer l'entier dommage (Cass. 3e civ. 19-3-2013 no 11-25.266 F-D : BPIM 3/13 inf. 204, RDI 2013 p. 316).

La **jurisprudence administrative** refuse au débiteur le droit de se prévaloir d'une **clause d'exonération** (CE 18-5-1962 : AJDA 1963 p. 12) **ou** d'une **clause limitative** stipulée au profit du coobligé. Mais cette jurisprudence est incertaine. Un arrêt a admis qu'un architecte pouvait se prévaloir du point de départ du délai de garantie, plus favorable pour lui, stipulé au contrat de l'entrepreneur (CE 25-4-1969 : D. 1969 p. 498), alors que la Cour de cassation, sur une question voisine, a adopté une solution contraire (Cass. 3e civ. 13-11-1974 : D. 1975 IR p. 10). Se prononçant sur une convention passée entre un maître d'ouvrage public et un bureau d'études stipulant que ce dernier assumera « la responsabilité des dommages de toute nature résultant de ses seules fautes personnelles (...) sans pouvoir être tenu responsable ni personnellement ni par les effets de la solidarité, du fait de tiers autres que ses préposés », le Conseil d'État a jugé qu'une telle clause faisait obstacle à ce que soit établie entre le bureau d'études et un autre constructeur la solidarité prévue à l'article 1202 du Code civil (ancien), mais qu'elle n'interdisait pas une condamnation « in solidum » du bureau d'études et de cet autre constructeur si ceux-ci sont, du fait de leurs fautes respectives, tous les deux à l'origine des mêmes désordres (CE 20-9-1999 no 163141, Sté lyonnaise d'études techniques et industrielles : BPIM 6/99 inf. 435). 91075

Dans le cas particulier où le **maître de l'ouvrage mis en cause par un tiers** exerce l'action récursoire contre les constructeurs par subrogation aux droits du tiers (voir no 90665), l'étendue de son recours dépend du titre en vertu duquel il a été lui-même retenu dans les liens de la responsabilité. S'il a été condamné sur le fondement de l'article 1244 du Code civil (propriétaire responsable du dommage causé par la ruine du bâtiment), il répond pour les constructeurs, et son recours est intégral. S'il a été condamné en tant que gardien, il peut recourir pour le tout contre le constructeur dont il établit la faute a fortiori, s'il peut invoquer le contrat (Cass. 2e civ. 4-10-1967 : Bull. civ. II no 270). S'il a été reconnu en faute, son recours sera limité. 91080

2. CONTRIBUTION À LA DETTE DES CONSTRUCTEURS

RÉPARTITION DE LA DETTE ENTRE LES CONSTRUCTEURS

Dans les rapports des codébiteurs entre eux, la contribution à la dette s'opère en fonction de leur part (C. civ. art. 1317), c'est-à-dire en pratique, par **part virile** si aucune faute n'est 91085 établie **ou en proportion de la gravité** des fautes ou de leur rôle causal, si des fautes sont retenues. C'est le juge qui procède à la répartition entre coobligés. Il doit répartir l'intégralité de la dette entre les coobligés tenus « in solidum » alors même qu'un tiers, reconnu responsable pour partie, n'a pas été condamné avec eux envers la victime (Cass. 3e civ. 21-12-2017 no 16-22.222 FS-PBI : BPIM 1/18 inf. 37, RDI 2018 p. 284 obs. P. Jourdain).

ÉTENDUE DU RECOURS ENTRE CONSTRUCTEURS

91090 **Quote-part du recours** Celui qui a payé toute la dette ne peut recourir contre ses coobligés que **pour la part** qui leur incombe (Cass. 3e civ. 22-6-1994 no 92-20.158 : Bull. civ. III no 127, RDI 1994 p. 665). Si un coobligé demande à être garanti par un autre pour la condamnation lui incombant, le garant n'est tenu que dans la limite de sa « part et portion » (Cass. 3e civ. 18-1-2023 no 20-19.127 FS-B).

Toutefois, le coobligé non fautif qui a indemnisé la victime dispose d'un recours **pour le tout** contre ses codébiteurs. Le solvens doit normalement diviser son recours contre eux (Cass. 1e civ. 7-6-1977 no 76-10.143 : Bull. civ. I no 266, JCP 1978 II 19003 ; Cass. 1e civ. 28-6-1989 : D.1989 IR 227). Mais s'il paye pour d'autres et qu'il n'est pas fautif, ce qui peut être le cas du maître de l'ouvrage tenu à garantie envers son acquéreur, il peut demander la condamnation « in solidum » des coobligés et recourir pour le tout (Cass. 3e civ. 5-12-1984 no 82-16.212 : Bull. civ. III no 206, JCP 1986 II 20543 note Dejean de La Batie ; Cass. 3e civ. 4-11-1992 : Bull. civ. III no 285, RDI 1993 p. 88 obs. P. Malinvaud et B. Boubli). Cette jurisprudence a été confirmée pour un recours du maître de l'ouvrage contre des architectes (Cass. 3e civ. 11-5-2022 no 21-15.018 F-D : BPIM 4/22 inf. 302) et pour un recours de l'assureur DO qui a appelé en garantie les constructeurs et leurs assureurs, leur condamnation « in solidum » étant alors possible (Cass. 3e civ. 15-6-2022 no 21-15.023 F-D : BPIM 4/22 inf. 306). S'il doit supporter une part de responsabilité, le solvens ne peut obtenir une condamnation « in solidum » de ses codébiteurs (Cass. 1e civ. 28-6-1989 : D. 1989 IR 227, Gaz. pal. 1989 II pan. 170). En pratique, l'action récursoire dans ces différentes hypothèses concerne des cas où il existe une relation contractuelle entre le solvens et le responsable du dommage.

91095 **Fondement du recours** En matière de construction, pour fonder l'action d'un constructeur contre ses coresponsables, la jurisprudence tend à préférer l'**action personnelle** que celui qui a payé exerce contre son codébiteur, plutôt que l'action **subrogatoire** qu'il tient de la victime indemnisée. Cette action est extracontractuelle : la faute du codébiteur est nécessaire (voir nos 90135 s.) ou peut avoir un fondement quasi contractuel (« l'enrichissement injustifié » lorsque l'un a payé et qu'aucune faute caractérisée n'est retenue à la charge des codébiteurs). Le fondement extracontractuel du recours peut poser problème lorsque les responsabilités sont présumées et qu'aucune faute précise ne peut être retenue contre les constructeurs. Dans ce cas, la contribution devant tenir compte de la part de chacun, le recours à cette fin pourrait se fonder sur l'article 1317, alinéa 2 du Code civil dans le cadre d'une action aux fins de répartition, le cas échéant subsidiaire à la demande principale. La Cour de cassation a retenu le partage par parts égales entre coobligés responsables de troubles de voisinage (Cass. 3e civ. 20-12-2006 no 95-10.855 FS-PBI : Bull. civ. III no 254).

Pendant un temps, le **Conseil d'État** a subordonné la responsabilité du maître d'œuvre au titre d'un défaut de surveillance de l'exécution d'un marché de travaux publics à une faute caractérisée d'une gravité suffisante (CE 26-5-1982 no 16488, Ville de Chamonix-Mont-Blanc : Lebon T. p. 673 ; CE 21-12-1983 no 21648, Sté méditerranéenne de bâtiments industrialisés : Lebon T. p. 786). Mais il est revenu sur cette jurisprudence. Il considère désormais qu'une faute simple suffit, de sorte qu'appelé à garantir l'entreprise de sa condamnation envers le maître de l'ouvrage, la contribution du maître d'œuvre à la dette ne peut être limitée par les juges du fond à 25 % au motif que l'insuffisance de surveillance n'était pas constitutive d'une faute caractérisée d'une gravité suffisante (CE 19-11-2018 no 413017, Sté Travaux du Midi Var : BPIM 1/19 inf. 39). Si le Conseil d'État admet désormais qu'une faute simple de l'architecte suffit à justifier sa contribution à la dette (CE 19-11-2018 no 413017 précité), il faut rappeler que la répartition de la dette entre codébiteurs se fait soit par part virile, soit en fonction de la gravité de leurs fautes, ce qui invite à être attentif à la portée exacte de l'arrêt.

Lorsque les coobligés sont liés par un contrat, le recours peut donner lieu à une **prise en charge totale du sinistre** par le garant (sous-traitant garantissant l'entrepreneur principal si le dommage affecte le lot sous-traité, voir no 90160).

> **Précisions** Le rejet de l'action subrogatoire peut faire obstacle dans certains cas au partage par part virile si l'on admet que chacun ne répond que de sa dette (voir no 90175).

SECTION 2

MODALITÉS DE LA RÉPARATION

A. Étendue de la réparation

RÉPARATION INTÉGRALE

Le juge qui statue sur la responsabilité détermine les **modalités et le montant de la réparation** du dommage. **91270**

En **principe,** la réparation du dommage doit être intégrale, sauf si la victime a concouru à sa réalisation. Le principe de la réparation intégrale est admis en matière de responsabilité tant contractuelle (Cass. 3e civ. 13-3-1973 no 71-13.678 : Bull. civ. III no 187) qu'extracontractuelle (Cass. 3e civ. 28-11-1978 : RDI 1979 p. 347). L'obligation est sans rapport avec l'importance de la rémunération du constructeur. Même si celle-ci est modique, tout le dommage doit être réparé (CA Paris 1e ch. 2-12-1959 : D. 1960 som. p. 30 ; Cass. 3e civ. 24-10-1990 : Le Moniteur 11-1-1991 p. 55).

Le juge qui constate un dommage, même dans son principe, doit l'évaluer (Cass. 3e civ. 6-2-2002 no 00-10.543 FS-PB : BPIM 2/02 inf. 117, RDI 2002 p. 152). Il ne peut pas refuser de procéder à cette évaluation (Cass. 3e civ. 30-9-2015 no 14-19.249 FS-PB : BPIM 6/15 inf. 395 ; Cass. 3e civ. 25-5-2023 no 21-20.643 FS-B : BPIM 4/23 inf. 256), même s'il estime que le demandeur ne fournit pas les éléments permettant d'apprécier le montant de son préjudice (Cass. 3e civ. 2-5-2024 no 22-21.477 F-D : BPIM 4/24 inf. 255). Le juge ne peut pas exclure de l'évaluation du dommage les éléments le constituant, comme le coût de l'assurance dommages-ouvrage et les frais de maîtrise d'œuvre relatifs aux travaux de reprise (Cass. 3e civ. 21-1-2021 no 19-16.434 F-D : BPIM 2/21 inf. 125).

Certains arrêts semblent réserver le cas où le constructeur fournit un **concours gracieux** (Cass. 3e civ. 20-6-1972 : Bull. civ. III no 405). Mais cette jurisprudence doit être accueillie avec prudence : d'une part, le caractère gracieux du concours ne se présume pas ; d'autre part, en l'absence de contrat, le maître de l'ouvrage peut invoquer sur le fondement de l'article 1240 du Code civil la responsabilité extracontractuelle du constructeur.

Le principe de la réparation intégrale ne devrait pas être affecté par les articles 1231 s. du Code civil, et notamment l'article 1231-3 qui concerne l'indemnisation du **dommage prévisible** et prévoit que le débiteur n'est tenu que des dommages et intérêts qui ont été prévus ou qui pouvaient être prévus lors de la conclusion du contrat, sauf lorsque l'inexécution est due à une faute lourde ou dolosive. Outre que la règle est ancienne, elle vise surtout l'inexécution de l'obligation (ne pas faire) et non les conséquences d'une mauvaise exécution (mal faire) qui, au demeurant, peuvent être envisagées lors de la conclusion du contrat. Ainsi, le profit qui résulte pour la victime de la réparation en nature entre dans le dommage prévisible consécutif à une mauvaise exécution du contrat. Le juge ne peut pas écarter l'indemnisation du dommage pour un préjudice dont il estime qu'il n'était pas prévisible au sens de l'article 1231-3 si la question de la prévisibilité du dommage n'est pas dans le débat : il ne peut pas soulever d'office ce moyen sans inviter les parties à s'expliquer conformément à l'article 16 du Code de procédure civile (Cass. 2e civ. 17-11-2022 no 20-19.782 FS-B). **91275**

PRÉJUDICE RÉPARÉ

Types de préjudice La réparation doit couvrir tous les **chefs de préjudice.** Elle s'impose dès qu'un préjudice est constaté, même s'il est minime (Cass. 3e civ. 10-7-2013 no 12-19.131 : BPIM 5/13 inf. 334). C'est à la victime d'établir le préjudice subi et de préciser son montant. Ce dernier est généralement fixé à dire d'expert. Un arrêt estime que, même dans ce cas, la victime qui entreprend les réparations sans communiquer les documents attestant du coût des travaux exécutés, ce qui ne permet pas au juge d'apprécier le montant du préjudice, ne peut pas être indemnisée (Cass. 3e civ. 2-6-2016 no 15-18.836 FS-PB : BPIM 4/16 inf. 259). La solution peut dérouter car lorsqu'un expert est désigné, c'est lui qui propose une évaluation du dommage (voir Cass. 3e civ. 4-5-2016 no 14-19.804 FS-PB : BPIM 3/16 inf. 188, à propos des travaux de reprise dont l'expert d'assurance DO estime qu'ils ne sont justifiés qu'à concurrence d'un certain montant). **91280**

En cas de malfaçon ou de **défaut de conformité,** c'est la remise de l'immeuble à l'identique qui s'impose (Cass. 3e civ. 13-4-1983 : RDI 1983 p. 458).

Des fissures ou des **désordres esthétiques** obligent à la réfection complète (CA Versailles 21-12-1982 : RDI 1983 p. 458).

Entre dans la réparation le **coût des études,** essais et vérifications nécessaires à l'exécution des travaux de reprise (Cass. 3e civ. 15-5-2001 : RDI 2001 p. 392).

La mobilisation de la **main-d'œuvre** nécessaire pour remédier aux désordres est également un élément du préjudice indemnisable (Cass. 3e civ. 10-3-2016 no 15-10.897 FS-PB : BPIM 3/16 inf. 185, endommagement d'une canalisation de gaz lors d'un forage auquel l'entreprise de transport de gaz, victime du sinistre, a dû remédier).

91282 **Absence d'ouvrage** En cas de désordres consécutifs à une « absence d'ouvrage » susceptible de caractériser un vice de la construction, la garantie décennale est encourue si le désordre est suffisamment grave pour compromettre la solidité de l'ouvrage ou le rendre impropre à sa destination (voir no 87425). Les garanties de l'assurance construction peuvent alors être mises en œuvre (voir nos 94105 et 94975). Le constructeur responsable engage sa responsabilité et la réparation du préjudice comprend le coût des **ouvrages omis** s'ils sont **nécessaires** (Cass. 3e civ. 17-7-1996 no 94-18.542 : BPIM 6/96 inf. 411 ; Cass. 3e civ. 2-10-1996 no 1567 ; Cass. 3e civ. 28-2-2001 no 99-16.791 FS-D : BPIM 2/01 inf. 123), sauf faute du maître de l'ouvrage. Il importe peu que les travaux n'aient pas été prévus alors qu'ils auraient dû l'être (Cass. 3e civ. 11-4-2012 no 10-26.971 : BPIM 3/12 inf. 241). Le maître de l'ouvrage ne doit pas supporter la charge de prétendues améliorations lorsque les travaux réalisés en sus sont nécessaires pour le rendre conforme à sa destination (Cass. ass. plén. 7-2-1986 no 83-14.631 et no 84-15.189 : Bull. ass. plén. no 2), pour empêcher la réapparition des désordres (Cass. 3e civ. 9-10-1991 no 87-18.226 : Bull. civ. III no 231 ; Cass. 3e civ. 26-1-2000 no 98-17.045 D : BPIM 2/00 inf. 103 ; Cass. 3e civ. 28-2-2001 no 99-16.791 FS-D : BPIM 2/01 inf. 123) ou pour y mettre fin (Cass. 3e civ. 26-9-2012 no 11-17.602 : BPIM 6/12 inf. 449) ou afin qu'il soit exempt de vice et conforme aux stipulations du contrat (Cass. 3e civ. 26-11-2020 no 18-26.402 F-D : BPIM 1/21 inf. 44).

Il faut signaler toutefois un arrêt qui, tout en retenant l'impropriété à la destination résultant de l'erreur de conception du maître d'œuvre qui n'avait pas prévu les travaux permettant l'alimentation en eau potable, décide que le coût des travaux de raccordement ne doit pas être supporté par lui car il s'agit de travaux « nécessaires » (Cass. 3e civ. 22-5-2012 no 11-12.229 : BPIM 4/12 inf. 320, RDI 2012 p. 446). Cet arrêt laisse ainsi entendre que s'ils avaient été prévus, les travaux auraient été payés par le maître de l'ouvrage. Or, une telle lecture fait problème : d'une part, elle conduit à déduire du montant des dommages-intérêts le coût des réparations nécessaires ; d'autre part, elle est hérétique dans le marché à forfait car les travaux omis, mais indispensables à la solidité et la destination de l'immeuble, sont implicitement mais nécessairement compris dans le marché par lequel l'entrepreneur s'oblige à réaliser un ouvrage conforme aux règles de l'art pour un prix fait.

On peut penser que cette approche restrictive du préjudice indemnisable est remise en cause par un arrêt qui a fait l'objet d'une large publicité (Cass. 3e civ. 20-11-2013 no 12-29.259 FS-PBI : BPIM 1/14 inf. 33). Cet arrêt décide, à propos d'un groupement momentané d'entreprises solidaire et alors que le moyen soutenait que le marché n'étant pas à forfait les ouvrages non prévus mais nécessaires auraient dû être supportés par le maître de l'ouvrage, que le groupement « était tenu de prendre en charge le coût du préjudice indemnisable qui regroupe tous les travaux nécessaires à la réparation de l'ouvrage ».

91285 **Autres préjudices réparés** Le préjudice né du **retard** est distinct de celui dû aux malfaçons et doit être réparé en sus (Cass. 3e civ. 12-3-1974 : Bull. civ. III no 113).

Entrent dans l'appréciation du préjudice les **désordres futurs** mais certains, en particulier ceux qui sont la suite des désordres constatés ou dénoncés au cours des périodes de garantie (Cass. 3e civ. 3-12-1985 : RDI 1986 p. 209 ; Cass. 3e civ. 27-1-1981 : RDI 1981 p. 230).

Les **nuisances** causées par l'exécution des travaux de réparation entrent également en ligne de compte (CE 23-4-1986 : Le Moniteur 30-5-1986). Mais si l'occupant est relogé et indemnisé au titre de ce relogement pendant les travaux de reprise, il ne peut pas prétendre en sus au remboursement des charges d'emprunt, de copropriété et d'abonnement au gaz et à l'électricité exposées pendant la période d'inoccupation de l'appartement endommagé, qui sont la contrepartie de la propriété (Cass. 3e civ. 11-7-2024 no 23-17.733 F-D : BPIM 5/24 inf. 316).

Les **dommages immatériels** (no 87575) étant réparables à un titre (responsabilité légale) ou à un autre (responsabilité de droit commun) doivent être pris en compte dans la réparation (CE 11-10-1989 : D. 1990 som. p. 249 ; Cass. 3e civ. 4-7-1990 : Bull. civ. III no 162). Tel est le cas, notamment, du trouble de jouissance lorsque l'ouvrage est impropre à sa destination et qu''il existe un risque pour la sécurité des personnes (Cass. 3e civ. 15-2-2024 no 22-23.179 F-D : BPIM 2/24 inf. 114).

Les dommages **causés aux tiers** par les travaux défectueux peuvent être ou non des préjudices de jouissance. Ce sont des dommages subis par le maître de l'ouvrage au titre des travaux mal exécutés et dont il assume provisoirement les conséquences. La réparation est à la charge de l'assurance de responsabilité civile professionnelle du constructeur assuré pour ce type de risque (Cass. 3e civ. 29-6-2022 no 21-13.666 F-D).

> **Précisions** Le Conseil d'État estime que les **intérêts, dus au titre d'une condamnation** à des dommages-intérêts en réparation du préjudice consécutif à la responsabilité décennale des constructeurs, peuvent courir à compter de l'enregistrement de la demande présentée devant le tribunal administratif. Le **point de départ** concerne tant l'architecte à l'encontre duquel la demande initiale était dirigée que l'entrepreneur à l'égard duquel il n'avait été conclu que plus tard. L'arrêt retient cette solution en raison de la « solidarité » entre les codébiteurs (CE 11-7-1990 no 57514).

Taxe sur la valeur ajoutée La TVA est **exclue** de la réparation si la victime la récupère (Cass. 3e civ. 27-3-1996 no 94-11.652 P : BPIM 3/96 inf. 209 ; Cass. 1e civ. 17-11-1998 no 96-19.263 D : RJF 4/99 no 405 ; Cass. 3e civ. 19-2-2002 no 00-19.455 F-D : RDI 2002 p. 240 ; Cass. 3e civ. 5-7-2018 no 17-19.673 F-D : BPIM 5/18 inf. 355). Si la victime demande le paiement des travaux de réparation TVA **comprise,** elle doit prouver qu'elle n'est pas assujettie à la TVA (Cass. 3e civ. 6-11-2007 no 06-17.275 F-PB : Bull. civ. III no 190 ; Cass. 3e civ. 17-2-2010 no 09-11.900 FS-D). Par exemple, si la victime est une société commerciale, il lui appartient de prouver, pour percevoir une réparation TVA comprise, que ses activités sont exonérées de TVA (Cass. 3e civ. 6-12-2006 no 05-17.553 FS-PB : BPIM 2/07 inf. 126 ; dans le même sens, Cass. 3e civ. 16-3-2022 no 21-10.110 F-D : BPIM 3/22 brève). **91290**

Le juge administratif estime pour sa part que le maître de l'ouvrage qui désire obtenir une indemnité incluant la TVA doit justifier qu'il n'est pas susceptible, à la date d'évaluation du préjudice, de déduire ou de se faire rembourser la taxe (CE 9-12-1994 no 138370 : RDI 1995 p. 323 ; CE 10-7-1996 no 132638 : RJF 4/97 no 326).

Le préjudice étant évalué à la date à laquelle le juge statue, le montant de la TVA ne peut pas être fixé au **taux** applicable à la date à laquelle les travaux de reprise seront exécutés (Cass. 3e civ. 25-9-2002 no 00-21.614 FS-PB : BPIM 6/02 inf. 395). C'est le taux en vigueur à la date à laquelle le juge statue qui s'applique (Cass. 3e civ. 5-7-2018 no 14-17.045 F-D : BPIM 5/18 inf. 355).

> **Précisions** **a.** Lorsque l'**entrepreneur** reconnu responsable envers le maître de l'ouvrage **agit en garantie contre son assureur** pour une somme incluant la TVA, le juge judiciaire ne peut faire droit à cette demande sans rechercher au préalable si, s'agissant de la remise en état de l'immeuble défectueux par l'entreprise, celle-ci n'a pas la possibilité de récupérer la TVA (Cass. 3e civ. 22-9-2004 no 03-10.137 FS-D : BPIM 1/05 inf. 41). Entre **particuliers,** il doit allouer une indemnité toutes taxes comprises si cela lui est demandé (Cass. 3e civ. 10-7-2013 no 12-19.131 FS-D : BPIM 5/13 inf. 334). Si le maître de l'ouvrage n'a formulé qu'une demande hors taxes, il ne peut pas, sans modifier les termes du litige, allouer une indemnité augmentée de la TVA (Cass. 3e civ. 1-2-2024 no 22-21.025 FS-B : BPIM 2/24 inf. 116).
> **b.** Une **commune** n'étant pas en principe assujettie à la TVA et ne pouvant donc pas la déduire, le montant du préjudice indemnisable doit normalement inclure la TVA (CE 19-5-2004 no 207391 : RJF 8-9/04 no 875). Il en est ainsi même si la collectivité territoriale, maître de l'ouvrage, peut bénéficier de sommes issues du **fonds de compensation pour la TVA** pour la catégorie de dépenses concernée par l'indemnisation (en l'espèce des travaux de réfection d'un immeuble) (CE avis 19-12-2022 no 462156).

B. Formes de la réparation

RÉPARATION EN NATURE

Principe de la réparation en nature Le dommage doit être réparé en nature lorsque cela est possible (Cass. 3e civ. 28-2-1969 : Bull. civ. III no 182 ; Cass. 3e civ. 7-6-1979 : JCP G 1980 II no 19415). La Cour de cassation, après avoir hésité à appliquer le principe en raison des risques que les travaux de réfection pourraient faire courir aux voisins (Cass. 1e civ. 28-5-1962 : Bull. civ. I no 266) ou en raison de leur caractère onéreux (Cass. 1e civ. 13-1-1964 : D. 1964 som. p. 69), semble admettre aujourd'hui que la réparation en nature peut toujours être ordonnée, quelle que soit l'**importance du sinistre** (Cass. 3e civ. 9-12-1975 : Bull. civ. III no 363 ; Cass. 3e civ. 13-4-1983 : RDI 1983 p. 458 ; Cass. 3e civ. 24-10-1990 no 1641 : Le Moniteur 11-1-1991 p. 55). **91400**

La réparation en nature se traduit par des travaux de **réparation ou** par la **démolition** de l'ouvrage, le cas échéant assortie de sa reconstruction (Cass. 3e civ. 13-4-2023 no 21-21.106 FS-B : BPIM 3/23 inf. 198, maison complètement bancale et de guinguois ne pouvant être réparée sans être démolie puis reconstruite ; Cass. 3e civ. 13-7-2023 no 22-13.233 FS-B : BPIM 5/23 inf. 307, non-respect des règles d'implantation prévues par le règlement du groupement d'habitations). La Cour de cassation a également jugé, sur le fondement de l'ancien article 1184 du Code civil, qu'une erreur d'altimétrie d'un ouvrage pouvait être sanctionnée par une démolition suivie d'une reconstruction (Cass. 3e civ. 11-5-2005 nº 03-21.136 FS-PB : RJDA 10/05 nº 1067 ; Cass. 3e civ. 12-4-2018 nº 17-26.906 FS-D : RDI 2018 p. 398, obs. P. Malinvaud). Ce texte, antérieur à la réforme du droit des contrats du 10 février 2016, prévoit que « la partie envers laquelle l'engagement n'a point été exécuté a le choix ou de forcer l'autre à l'exécution de la convention lorsqu'elle est possible, ou d'en demander la résolution avec dommages et intérêts ».

Dans l'hypothèse particulière où les dommages rendent l'immeuble impropre à sa destination et compromettent sa solidité, il a été jugé que l'acquéreur de l'immeuble peut démolir cet immeuble en informant la cour d'appel et recevoir les dommages et intérêts compensatoires tenant compte des pertes de loyers (Cass. 3e civ. 21-1-2004 nº 00-17.882 FS-PB : BPIM 3/04 inf. 161).

Des **dommages-intérêts** s'ajoutent généralement à la réparation ou la démolition.

> Précisions **a.** La loi du 4 janvier 1978, qui permet au maître de l'ouvrage d'avoir recours à un entrepreneur pour remplacer le locateur d'ouvrage défaillant pendant la durée de la garantie de parfait achèvement (C. civ. art. 1792-6), semble privilégier la réparation en nature. Le **remplacement de l'entreprise d'origine** est d'ailleurs toujours possible en dehors du cas prévu à l'article 1792-6. Il doit être autorisé par le juge (Cass. 3e civ. 10-6-1970 : Bull. civ. III nº 398) soit aux frais du maître de l'ouvrage (Cass. 1e civ. 27-5-1963 : Bull. civ. I nº 279), soit aux frais de l'entrepreneur remplacé (Cass. 1e civ. 23-5-1966 : Bull. civ. I nº 312). Ce dernier doit alors supporter le coût des travaux de remise en état que le maître de l'ouvrage peut, à bon droit, refuser de lui confier (Cass. 3e civ. 3-11-2011 nº 10-19.601 : BPIM 6/11 inf. 467, pour des carrelages à refaire).

b. Le juge administratif peut ordonner à l'administration de prendre les mesures nécessaires pour mettre fin à un dommage trouvant son origine dans l'exécution défectueuse de **travaux publics,** sous réserve que soit prouvée une abstention fautive de la personne publique (CE 6-12-2019 nº 417167, Synd. copr. du Monte Carlo Hill : BPIM 1/20 inf. 43). Il peut aussi, dans le cadre du référé « mesures utiles », enjoindre au responsable de prendre des mesures provisoires pour prévenir ou faire cesser un dommage de travaux publics dans le cas où le défaut de telles mesures impliquerait une faute (CE 5-6-2020 nº 435126, Syndicat intercommunal des eaux de la Vienne : BPIM 4/20 inf. 256).

91405 **Exceptions à la réparation en nature** Si la réparation en nature est le principe, elle n'est toutefois pas de droit. Les **juges du fond** disposent d'un **pouvoir d'appréciation** pour décider de la modalité de la réparation la plus appropriée (Cass. 3e civ. 18-1-1983 : RDI 1983 p. 459). Ce pouvoir d'appréciation est modulé par le principe de proportionnalité pour éviter autant que possible la démolition (nº 91407).

Sous cette réserve, le pouvoir d'appréciation des juges du fond est souverain et la réparation en nature peut être écartée, même lorsqu'elle est matériellement possible. Le juge peut allouer une indemnité au lieu de la démolition-reconstruction qui a la préférence de l'expert (Cass. 3e civ. 18-1-2023 nº 21-20.027 F-D : BPIM 2/23 inf. 119). Les offres de réfection d'un entrepreneur peuvent aussi être écartées par le juge au bénéfice d'une indemnité en raison de la perte des relations de confiance entre les parties (Cass. 3e civ. 22-12-1981 : RDI 1984 p. 59 ; Cass. civ. 11-1-1984 : RDI 1984 p. 191) ou lorsque 6 ans après les opérations préalables de réception, les travaux de reprise n'ont pas été entrepris (Cass. 3e civ. 24-6-2014 nº 13-18.916 : BPIM 5/14 inf. 328).

En cas de violation des règles d'urbanisme, en particulier lorsque le **permis de construire** est **annulé** ou lorsqu'il n'est pas respecté, la **démolition** peut être ordonnée par le juge judiciaire. Celle-ci semble s'imposer lorsque c'est la commune qui agit sur le fondement de l'article L 480-14 du Code de l'urbanisme (voir nº 16905).

Lorsque c'est un tiers (un voisin par exemple) qui se prévaut de l'annulation du permis, il doit établir un préjudice personnel en relation directe avec cette violation (Cass. 3e civ. 11-7-2019 nº 18-18.803 F-D : BPIM 5/19 inf. 319). Il faut aussi, en application de l'article 480-13 du Code de l'urbanisme, que l'ouvrage soit situé dans un périmètre protégé (voir nº 16895).

Un **contrôle renforcé de la Cour de cassation** semble se dessiner, tant pour veiller à ce que la démolition soit ordonnée lorsque c'est nécessaire, que pour éviter qu'elle ne soit prononcée lorsque c'est évitable. La censure peut donc varier selon les circonstances. Une décision qui penche en faveur de la démolition paraît être dans le sens d'un renforcement du contrôle (Cass. 3e civ. 12-4-2018 nº 17-26.906 FS-D : RDI 2018 p. 398, obs. P. Malinvaud). La Cour casse un arrêt qui a refusé d'ordonner la démolition sur le fondement de l'ancien article 1184 du Code civil (rédaction antérieure à l'ordonnance du 10 février 2016) faute d'avoir constaté que « l'exécution en nature du contrat était impossible ». À l'inverse, le contrôle peut avoir pour effet de censurer une décision de démolition car le juge du fond doit rechercher si la demande de démolition est une modalité propre à assurer la réparation du dommage (Cass. crim. 24-9-2019 nº 18-86.039 F-D : RDI 2019 p. 621).

Le **principe de proportionnalité** consacré par l'article 1221 du Code civil issu de l'ordonnance du 10 février 2016 devrait limiter le **pouvoir d'appréciation des juges** du fond ou les contraindre à adopter une motivation adaptée. Dorénavant, l'exécution en nature n'est plus concevable lorsque cette exécution est impossible (c'était déjà le cas sous l'ancien article 1184) ou (et c'est nouveau) « s'il existe une disproportion manifeste entre son coût pour le débiteur et son intérêt pour le créancier » (C. civ. art. 1221). Il a été jugé en application du principe de proportionnalité, en matière de CCMI, que malgré la nullité du contrat pour violation des règles d'ordre public protectrices du maître de l'ouvrage, il n'y a pas lieu d'ordonner la démolition si elle est disproportionnée au regard des travaux réalisés et des désordres (Cass. 3e civ. 22-11-2018 no 17-12.537 FS-PBI : BPIM 1/19 inf. 37), même si des non-conformités affectent plusieurs maisons (Cass. 3e civ. 17-11-2021 no 20-17.218 FS-B : BPIM 1/22 inf. 40). La démolition-reconstruction ne doit pas heurter le principe de proportionnalité du coût de celle-ci au regard des conséquences dommageables des non-conformités constatées (Cass. 3e civ. 6-7-2023 no 22-10.884 FS-B : BPIM 5/23 inf. 321). Confirmant une tendance à privilégier le maintien de l'ouvrage, la Cour de cassation estime également que la violation des règles parasismiques n'impose pas la démolition-reconstruction de l'immeuble si une autre solution validée par le CSTB offre des garanties supérieures (Cass. 3e civ. 14-2-2019 no 18-11.836 FS-D : RDI 2019 p. 219). De même, ne justifie pas une démolition le non-respect des normes d'accessibilité aux personnes handicapées dès lors que des travaux d'adaptation sont possibles (Cass. 3e civ. 21-6-2018 no 17-15.897 FS-PBI : BPIM 4/18 inf. 276) ou bien encore une insuffisance acoustique (Cass. 3e civ. 19-9-2019 no 18-19.121 F-D : BPIM 6/19 inf. 407). 91407

Cette restriction ne surprend pas car la Cour de cassation estime depuis longtemps que les modalités de la réparation doivent être appréciées au juste coût pour les constructeurs (Cass. 3e civ. 24-10-1973 no 72-12.934 : Bull. civ. III no 547, qui rejette la démolition et la reconstruction). Mais la jurisprudence n'est pas linéaire : ainsi un arrêt a censuré une cour d'appel qui avait fait application du principe de proportionnalité pour refuser d'ordonner la démolition d'une maison affectée de défauts de conformité ; la Cour de cassation a décidé que les propriétaires n'étaient tenus ni de solliciter un permis de construire modificatif ni d'accepter les conséquences de défauts de conformité que l'exécution en nature de la convention permettrait de réparer (Cass. 3e civ. 4-4-2019 no 18-11.839 F-D : BPIM 3/19 inf. 188, rendu sur le fondement de l'ancien article 1184 du Code civil). Si le constructeur estime que la démolition est une sanction disproportionnée, il lui appartient de le démontrer (Cass. 3e civ. 27-5-2021 no 20-13.214 FS-P : BPIM 4/21 inf. 259, à propos d'un CCMI anéanti).

L'**entrepreneur** responsable des désordres de construction ne peut pas **imposer** à la victime la réparation en nature (Cass. 3e civ. 28-9-2005 no 04-14.586 FS-PBI : Bull. civ. III no 180). Dès lors, le juge ne peut pas condamner le constructeur à procéder à la reprise en nature des désordres dont il est responsable si le maître de l'ouvrage s'y oppose (Cass. 3e civ. 16-1-2025 no 23-17.265 FS-B). Le constructeur ne peut pas davantage imposer des aménagements pour remédier aux désordres alors que le maître de l'ouvrage demande la remise en état de l'ouvrage (Cass. 3e civ. 22-10-2008 no 07-17.451 : BPIM 6/08 inf. 441). 91408

Cas des désordres antérieurs à la réception Il semble que la réparation en nature devrait s'imposer pour les désordres relevés avant toute réception car il s'agit d'**obliger l'entrepreneur à exécuter son obligation.** Le maître de l'ouvrage qui n'entend pas se satisfaire de simples dommages-intérêts a d'ailleurs la possibilité, en application de l'article 1217 du Code civil (anciennement art. 1184), de demander à son choix la résolution judiciaire du contrat (Cass. 3e civ. 13-9-2006 no 05-12.938 : RDI 2007 p. 165) ou son exécution forcée, qui peut alors prendre la forme d'une démolition des travaux non conformes suivie d'une reconstruction de l'ouvrage (Cass. 3e civ. 11-5-2005 no 03-21.136 : Bull. civ. III no 103). 91410

Selon une cour d'appel, si le maître d'ouvrage opte pour la réparation en nature et obtient une injonction adressée à l'entrepreneur d'exécuter les travaux, il ne peut pas ensuite opter pour l'action en dommages-intérêts (CA Aix-en-Provence 5-2-2009). Mais cette restriction, en l'espèce écartée par la Cour de cassation pour un motif tenant à la qualité du demandeur (Cass. 3e civ. 13-4-2010 no 09-12.787 : BPIM 3/10 inf. 222), se discute. En effet, si un repentir du maître de l'ouvrage qui a exercé la faculté d'option entre la résolution et l'exécution forcée paraît prohibé lorsque la renonciation à exercer l'autre branche de l'alternative est caractérisée, la victime conserve le droit de réclamer des dommages-intérêts lorsque les travaux de réparation ne sont pas ou sont mal exécutés.

Incidences de la réparation en nature Lorsque la réparation en nature est ordonnée, le maître de l'ouvrage ne peut pas **s'y opposer,** sous peine de supporter la responsabilité des nouveaux désordres (Cass. 1e civ. 3-10-1962 : Bull. civ. I no 393 ; Cass. 3e civ. 28-2-1969 : Bull. civ. III no 182). 91415

Le **débiteur des travaux** de remise en état est, en principe, l'entrepreneur. Mais l'architecte peut aussi avoir à les supporter, bien qu'il n'intervienne pas matériellement dans leur exécution : il peut alors les faire exécuter par un tiers (Cass. 3e civ. 28-2-1969 : Bull. civ. III n° 182 solution implicite).

91425 L'exécution des travaux, en particulier par un **nouvel entrepreneur,** fait courir un **nouveau délai de garantie.**

Bien que cette solution soit contestée depuis l'entrée en vigueur de la loi du 4 janvier 1978 (elle était admise auparavant), on voit mal comment elle pourrait être écartée : l'immeuble qui s'effondre après 5 ans et est reconstruit ne peut pas échapper à la garantie décennale. Et si un nouvel entrepreneur effectue les travaux, il n'y a aucune raison de le soustraire à cette responsabilité.

RÉPARATION PAR ÉQUIVALENT

91430 Dans les cas où la réparation des ouvrages n'est pas possible, la réparation s'effectue par équivalent.

Des **dommages-intérêts** peuvent être attribués au maître de l'ouvrage (Cass. 1e civ. 28-5-1962 : Bull. civ. I n° 266). Ils sont susceptibles de donner lieu à **compensation** avec les sommes dues par le client au locateur d'ouvrage (Cass. 3e civ. 28-2-1969 : Bull. civ. III n° 182).

L'indemnité allouée emporte **intérêt au taux légal,** même lorsqu'elle a un caractère provisionnel (Cass. 2e civ. 19-10-2000 : RDI 2001 p. 86).

La réparation tient compte de tout le préjudice imputable au constructeur. Si le maître de l'ouvrage a fait lui-même **procéder aux travaux de réparation sans attendre,** il ne peut pas obtenir leur remboursement intégral s'ils sont différents et plus onéreux que ceux prescrits par l'expert ; il ne pourrait y prétendre qu'en démontrant que les réparations ne pouvaient pas être effectuées selon les modalités et pour le prix préconisés par l'expert (Cass. 3e civ. 23-6-2010 n° 09-14.941 : BPIM 5/10 inf. 380, 2e espèce).

L'indemnisation de la victime tient compte de la réparation dont elle a déjà bénéficié, notamment lorsque l'acquéreur qui exerce l'action a obtenu une réduction du prix d'achat (Cass. 3e civ. 5-12-2024 n° 20-16.712 F-D : BPIM 1/25 inf. 37).

91435 Dans certains cas, l'ampleur du dommage peut justifier la **résiliation du marché** avec **démolition** des travaux aux frais du constructeur (Cass. 3e civ. 11-1-1984 n° 77 : RDI 1984 p. 191). La démolition peut, dans certains cas, s'accompagner d'une **reconstruction,** et la réparation en nature être complétée par des dommages-intérêts (Cass. 3e civ. 6-5-1981 : Gaz. Pal. 1981 pan. p. 346 ; Cass. 3e civ. 30-5-1978 : D. 1979 IR p. 11).

C. Profit procuré par la réparation

PLUS-VALUE RÉSULTANT DE LA RÉPARATION EN NATURE

91460 En principe, tout ce qui, au-delà de la réparation, constitue une **amélioration déguisée** et procure un enrichissement au maître de l'ouvrage, n'entre pas dans le dommage dont les constructeurs doivent répondre.

Mais la notion d'amélioration ne se confond pas avec l'**avantage procuré par la réfection nécessaire** qui, seule, permet la réparation du préjudice (Cass. 3e civ. 11-1-1982 : Gaz. Pal. 1982 pan. p. 188 ; Cass. 3e civ. 16-6-1993 n° 92-10.636 : Bull. civ. III n° 86 ; Cass. 3e civ. 11-7-2001 n° 98-22.580 FS-D). Ainsi, lorsque des enduits se décollent et qu'il est impossible de reprendre ces décollements sans procéder au retrait total des enduits, leur reprise intégrale est la seule réparation effective des désordres (Cass. 3e civ. 22-6-2010 n° 09-68.892 : BPIM 5/10 inf. 380, 1e espèce).

La réparation en nature étant la règle, le rétablissement de l'ouvrage ne peut, en soi, constituer un profit même si le nouvel ouvrage est de meilleure qualité pour que sa pérennité soit assurée. À défaut, la charge de l'amélioration, si elle était supportée par le maître de l'ouvrage, ferait obstacle à la réparation : « il supporterait alors injustement une dépense supplémentaire rendue nécessaire par la faute d'un tiers » (Cass. ass. plén. 7-2-1986 nos 83-14.631 et 84-15.189 : Bull. ass. plén. n° 2 ; Cass. 3e civ. 26-1-2000 n° 98-17.045 D : BPIM 2/00 inf. 103 ; Cass. 3e civ. 28-2-2001 n° 99-16.791 FS-D : BPIM 2/01 inf. 123) ; voir toutefois n° 91282.

La plus-value procurée par les travaux de réfection ne constitue pas un « enrichissement injustifié » (« enrichissement sans cause » avant la réforme du droit des contrats par l'ordonnance 2016-131 du 10 février 2016). Les **juridictions civiles** considèrent qu'elle n'a donc

pas à être déduite (Cass. 3e civ. 9-12-1975 : Bull. civ. III no 363 ; Cass. 3e civ. 16-6-1993 : Bull. civ. III no 86).
Ainsi jugé, par exemple :
– pour un vide sanitaire ayant augmenté la valeur de l'immeuble (Cass. 3e civ. 7-3-1968 : Bull. civ. III no 97) ;
– pour un mur vétuste reconstruit (Cass. 3e civ. 12-12-1973 : Bull. civ. III no 628) ;
– pour un four remplacé par un four neuf (Cass. com. 4-3-1974 : Bull. civ. IV no 75) ;
– pour un cuvelage nécessaire au titre de la réparation alors qu'il n'avait pas été prévu dans les travaux d'origine (Cass. 3e civ. 26-11-2020 no 18-26.402 F-D : BPIM 1/21 inf. 44).

La solution est différente en **jurisprudence administrative** : le juge tient compte d'un abattement pour enrichissement (CE 24-10-1990 et CE 26-10-1990 : RDI 1991 p. 60 ; CE 23-6-1995 : Lebon T. p. 906), à moins que les travaux de reprise soient conformes aux exigences du contrat (CE 12-4-1995 : RDI 1995 p. 345).

Il va de soi que, lorsque la réparation vise à **compenser une insuffisance technique** (absence d'ouvrage, voir no 91282), le profit procuré par la réfection n'est pas injustifié. Dans le marché à forfait, le constructeur assume les aléas de l'opération ; il doit livrer une chose exempte de vices et c'est seulement s'il y a faute du maître de l'ouvrage ou accord éclairé sur l'absence d'ouvrage (chauffage expressément exclu) que l'indemnisation n'en tiendra pas compte car alors il n'y a pas préjudice. La deuxième chambre civile qui, dans une matière ne relevant pas de la responsabilité des constructeurs, admet que la réparation après sinistre doit s'entendre de la valeur de remplacement de l'ouvrage, conforte cette analyse (Cass. 2e civ. 23-11-1988 no 1493 : RDI 1989 p. 217). **91465**

On ne peut pas, sous couvert de réparation, **modifier l'ouvrage** lui-même et – sauf si cela est indispensable – remplacer un matériau par un autre plus onéreux, par exemple le remplacement de mauvaises tuiles par un toit en ardoises (Cass. 3e civ. 20-10-1982 : RDI 1983 p. 233). **91470**

VÉTUSTÉ EN CAS DE DOMMAGES-INTÉRÊTS

Les dommages-intérêts alloués au titre de la réparation par équivalent doivent réparer intégralement le préjudice. L'indemnité ne peut donc pas subir un **abattement** pour vétusté « qui ne replacerait pas la victime dans la situation où elle se serait trouvée si l'acte dommageable ne s'était pas produit » (Cass. 2e civ. 16-12-1970 : Bull. civ. II no 346 ; Cass. 3e civ. 6-5-1998 no 96-13.001 : Bull. civ. III no 91). **91475**

L'abattement pour vétusté n'est donc pas pratiqué car la réparation est le seul moyen de remettre les choses en l'état et de faire disparaître le vice (Cass. 3e civ. 9-10-1991 : Bull. civ. III no 231 ; Cass. 3e civ. 17-4-1991 : Bull. civ. III no 118). Dans le même sens, dès lors que « la réfection totale est la seule réparation de nature à indemniser intégralement le préjudice subi » (Cass. 3e civ. 20-6-2007 no 06-14.241 FS-D : BPIM 5/07 inf. 341).

La **jurisprudence administrative** pratique l'abattement pour vétusté (CE 10-2-1993 : RDI 1993 p. 219 ; CE 10-2-1997 no 65377 : RJDA 7/97 no 944). Cependant, le bien-fondé de l'abattement peut être contesté. Par exemple, il a été jugé que l'amélioration de l'état d'un mur ancien ne justifiait pas un abattement de vétusté compte tenu de l'usage que le propriétaire faisait de son bien (CE sect. 7-10-1983 no 34966, Sté Bancel et Choiset : Lebon p. 404). Un arrêt précise qu'il appartient au maître de l'ouvrage de demander au juge de ne pas appliquer d'abattement (CE 25-11-2021 no 442977, Sté Vitoux : BPIM 1/22 inf. 41).

La jurisprudence de la Cour de cassation préserve cependant le **pouvoir d'appréciation des juges** du fond dans l'évaluation du préjudice (Cass. 3e civ. 7-10-1981 : RDI 1982 p. 243 ; Cass. ass. plén. 7-2-1986 nos 83-14.631 et 84-15.189 : RDI 1986 p. 210). Cela peut expliquer pourquoi certains arrêts tiennent compte de la vétusté (Cass. 1e civ. 11-3-1986 no 84-13.660 : Bull. civ. I no 58 ; Cass. 1e civ. 11-10-1994 no 91-14.904 : RJDA 2/95 no 136). C'est, en effet, seulement lorsque le juge du fond indique qu'il procède à un abattement pour vétusté ou lorsque le rapport d'expertise est écarté ou dénaturé qu'il peut être sanctionné. Cela rend le contrôle par la Haute Juridiction aléatoire. **91480**

© Éd. Francis Lefebvre

TITRE II

Assurance des risques de la construction

DUALITÉ D'ASSURANCE DES RISQUES DE LA CONSTRUCTION

Les risques de la construction font l'objet d'une **assurance obligatoire** destinée à couvrir la réparation des dommages « de nature décennale » (Loi 78-12 du 4-1-1978). Cette assurance est, selon l'expression du rapport Spinetta, « à double détente » : 92600
– un premier volet est constitué de l'**assurance de dommages,** dite « dommages-ouvrage » ou « DO » (C. ass. art. L 242-1). Il s'agit d'une assurance de chose qui est mise en œuvre par le propriétaire. Elle permet la réparation directe du sinistre sans que les responsabilités soient discutées ;
– un second volet est constitué de l'**assurance de responsabilité** dite « responsabilité civile décennale » ou « RC » (C. ass. art. L 241-1). Celle-ci est obligatoire pour les constructeurs responsables. Elle intervient sur recours du tiers lésé qui, dans l'esprit de la loi, devrait être l'assureur de dommages subrogé dans les droits de la victime.

La loi sur la transition énergétique pour la croissance verte du 17 août 2015 a institué une assurance obligatoire pour les professionnels dans les **travaux d'exploitation de gîtes géothermiques,** laquelle ne peut être suppléée par l'assurance de responsabilité décennale obligatoire (C. minier art. L 164-1-1).

La dualité d'assurance n'implique pas l'unité d'**assureur.** 92605

La « dommages-ouvrage » a une fonction de préfinancement des réparations dans le but de favoriser le règlement rapide des sinistres. Pour éviter une gestion coûteuse de l'assurance et pour réduire les délais de règlement, les compagnies ont mis en place une convention de règlements entre assureurs en 1984 (CRAC). Cette convention prévoit un dossier commun d'instruction et une procédure de règlement rapide (3 mois), avec application d'un ticket modérateur. La convention a fait l'objet d'un avenant entré en application le 1er janvier 1995 (RDI 1995 p. 129). Le ticket modérateur est de 1 540 €. Il est augmenté si aucun contrôle technique n'est prévu et est supprimé si les dommages sont déclarés dans l'année qui suit la réception.

PRÉSENTATION GÉNÉRALE DE L'ASSURANCE CONSTRUCTION

92610 Le **champ d'application des assurances obligatoires** est calé sur celui de la responsabilité décennale : il concerne les ouvrages réalisés à l'aide de travaux de construction. Toutefois, certains ouvrages réalisés selon ces techniques en sont expressément exclus (C. ass. art. L 243-1-1).

92615 Les contrats d'assurance souscrits par les personnes assujetties à l'obligation d'assurance peuvent, pour des travaux de construction destinés à un usage autre que l'habitation, comporter des **plafonds de garantie,** ce qui invite à discerner des degrés dans la force de l'obligation d'assurance et l'importance de la garantie qu'elle induit (voir n°s 93150 s.).

92620 Fondée à l'origine sur un système de semi-répartition, l'assurance construction relève aujourd'hui d'un **système de capitalisation.**

DROIT EUROPÉEN DE L'ASSURANCE CONSTRUCTION

92630 **Projet d'harmonisation** Dans la perspective d'une évolution en faveur d'un droit européen de l'assurance construction, la Commission des Communautés européennes a publié le 15 novembre 1989 une version réduite du **rapport** final de M. Maturhin intitulé « Étude des responsabilités des garanties et des assurances en vue d'une harmonisation au niveau communautaire ». S'agissant de l'assurance, le rapport met en évidence trois éléments :

– une priorité à l'étude et la mise en œuvre d'un système de garantie dans le secteur du logement qui pourrait s'inspirer du « Build-work » britannique, susceptible de se rapprocher de notre système d'assurance obligatoire ;
– une garantie minimale pour tout ouvrage, y compris de génie civil ;
– un système d'assurance de groupe des risques professionnels, compte tenu de la libre circulation des acteurs de la construction (architectes, par exemple).

Ces propositions, avec les responsabilités et les garanties, devraient faire l'objet de la 3e des trois **directives** envisagées par la Commission qui prévoit également trois recommandations (RDI 1988 p. 483, 1989 p. 371 et 1990 p. 106).

L'état d'avancement des travaux au niveau européen ne permet pas de tirer des enseignements décisifs. Un Groupe des associations interprofessionnelles européennes de la construction (Gaipec) a été créé à l'initiative de la Commission. Ses conclusions en 1991 et 1992 n'ont guère eu de suite. Un document du 29 mars 1993 souligne encore les divergences entre pays et familles d'intervenants, au point que la généralisation de l'assurance ne semble plus s'imposer. D'aucuns suggèrent une pratique optionnelle, s'inscrivant dans un droit communautaire consensuel (Copal, Éléments pour un droit européen consensuel dans le domaine de la construction, Doc. Française, février 1994 ; adde : Le Moniteur 8-2-1991 p. 59).

Le rapport Elios qui fait la synthèse des régimes d'assurance en vigueur dans les États membres de l'Union européenne révèle toutefois que l'assurance décennale « à la française », loin d'être une exception, constitue au contraire un « possible modèle de convergence européenne » (voir J. Roussel : RDI 2010 p. 190 s.).

92635 **Textes applicables** La Directive 2006/123/CE du Parlement européen et du Conseil du 12 décembre 2006 relative aux services dans le marché intérieur (JOUE L 376/36 du 27-12-2006), transposée par le décret 2010-561 du 27 mai 2010, et le Règlement CE 593/2008 du 17 juin 2008 du Parlement et du Conseil relatif à la loi applicable aux obligations contractuelles (JOUE L 177/6 du 4-7-2008) n'ont pas entraîné une évolution substantielle des règles françaises de l'assurance construction (J. Sénéchal : RDI 2010 p. 431).

L'obligation d'assurance contraignait les assurés à **souscrire** une police d'assurance **auprès d'un assureur établi en France.** Cette contrainte n'empêchait pas la souscription de contrats auprès des assureurs étrangers qui avaient une filiale française. La Commission de l'Union européenne (UE) a néanmoins estimé que la souscription de l'assurance auprès des seules sociétés établies en France restreignait la **liberté d'établissement** au sein de l'Union consacrée par les articles 49 et 56 du traité de fonctionnement de l'UE. En juillet 2014, la Commission a adressé une lettre de mise en demeure à la France pour qu'elle régularise cette situation. Pour se conformer à cette injonction, une ordonnance renforçant l'indemnisation des particuliers en cas de défaillance d'une entreprise d'assurance dans le secteur de la garantie décennale de dommages aux ouvrages a été prise par le gouvernement. Elle applique ce dispositif d'indemnisation aux entreprises opérant en France en libre prestation de services ou en libre établissement conformément aux prescriptions européennes (Ord. 2017-1609 du 27-11-2017). Elle est entrée en vigueur le 1er juillet 2018 et s'applique aux contrats d'assurance souscrits ou renouvelés depuis cette date (Ord. 2017-1609 du 27-11-2017 art. 15).

© Éd. Francis Lefebvre

CHAPITRE 1

OBLIGATION D'ASSURANCE

SOMMAIRE

SECTION 1

OBLIGATION DE S'ASSURER

A. Personnes assujetties à l'assurance construction

L'obligation d'assurance pèse sur toute personne répondant aux conditions fixées par la loi, qu'elle soit physique ou morale. 92710

En **assurance de responsabilité** (« RC décennale »), l'obligation pèse pratiquement sur tous ceux qui répondent de la garantie décennale (C. ass. art. L 241-1) ; voir nos 86280 s.

En **assurance de dommages** (« DO »), elle pèse sur le maître de l'ouvrage (C. ass. art. L 242-1) ; voir nos 93970 s.

Il n'est fait **exception** à l'obligation d'assurance que pour l'État lorsqu'il construit pour son compte (C. ass. art. L 243-1, al. 1).

Des **dérogations** totales ou partielles à l'**obligation d'assurance** peuvent être accordées par l'autorité administrative aux collectivités locales et à leurs groupements, ainsi qu'aux établissements publics, justifiant de moyens permettant la réparation rapide et complète des dommages (C. ass. art. L 243-1, al. 2).

S'agissant de l'**assurance DO,** sont dispensées de l'obligation d'assurance (C. ass. art. L 242-1) :
– les personnes morales de droit public ;
– les personnes morales (de droit public ou privé) assurant la maîtrise d'ouvrage dans le cadre d'un contrat de partenariat ;
– les personnes morales (de droit public ou privé) exerçant une activité dont l'importance excède certains seuils, lorsqu'elles font réaliser pour leur compte des travaux de construction pour un usage autre que l'habitation.

Lorsque le contrat d'assurance est souscrit par une **personne publique,** il devient un contrat de droit public.

92750 Le **contrat d'assurance** souscrit par la personne obligée est, comme tout contrat d'assurance, rédigé par écrit, en français et en caractères apparents. Il en est de même des informations qui doivent être transmises à l'assuré par son assureur (C. ass. art. L112-3). La formalité de l'écrit n'a qu'un caractère probatoire (Cass. 2e civ. 13-12-2018 no 17-22.532 F-D : RGDA mars 2019 p. 22). Toutefois, le principe de la **preuve** écrite est particulièrement rigoureux en la matière car il est sans seuil, à la différence de ce qui s'applique généralement aux autres contrats en vertu de l'article 1359 du Code civil. L'écrit s'impose donc en pratique et il est exigé aux mêmes fins pour l'établissement d'un avenant modificatif (Cass. 1e civ. 4-7-1978 no 76-10.722 : Bull. civ. I no 255 ; Cass. 2e civ. 21-1-2021 no 19-20.699 FS-PI : RDI 2021 p. 361). La preuve peut néanmoins être administrée conformément à l'article 1361 du Code civil (aveu ou commencement de preuve par écrit). Si la jurisprudence concerne surtout le droit commun des assurances, les enseignements peuvent en être tirés en assurance-construction (voir obs. D. Noguero RDI 2021 p. 361).

B. Ouvrages concernés par l'assurance construction

92810 Seuls les ouvrages réalisés **en France** relèvent du champ d'application de l'assurance obligatoire.

1. DATE À LAQUELLE IL DOIT ÊTRE SATISFAIT À L'OBLIGATION D'ASSURANCE

JUSTIFICATION DE SOUSCRIPTION DE L'ASSURANCE

92811 Il doit être satisfait à l'obligation d'assurance au plus tard à l'ouverture du chantier (C. ass. art. L 241-1, al. 2 ; L 242-1, al. 1). Le constructeur doit désormais **justifier** qu'il a satisfait à cette obligation. Cette obligation est imposée en termes généraux par l'article L 243-2, alinéa 1 du Code des assurances et vise tant l'assurance de responsabilité décennale (C. ass. art. L 241-1) que l'assurance de dommages (C. ass. art. L 242-1). Cette généralisation de l'obligation de justifier de l'assurance obligatoire issue de la loi Macron du 8 août 2015 a été parfois discutée par les premiers commentateurs de la loi (voir RDI 2015 p. 427). Littéralement, le texte de la loi est cependant sans équivoque : l'obligation pèse sur la personne tenue à l'obligation d'assurance concernée : constructeur pour l'assurance RC décennale, personne visée à l'article L 242-1 pour l'assurance DO. L'interprétation restrictive, outre qu'elle heurte la lettre du texte, ne paraît pas conforme à l'évolution qui invite à généraliser l'obligation d'information. En revanche, il est probable qu'elle posera des problèmes sur l'étendue de l'obligation de contrôle qui incombera au notaire en cas de cession. Devra-t-il vérifier que tant les constructeurs, que le vendeur, lui aussi responsable en RC décennale, ont tous satisfait à l'obligation d'assurance ?

92812 En principe, ce n'est pas la date de conclusion des contrats qui est à prendre en considération, mais la date de **déclaration d'ouverture du chantier.** Il a été jugé que, lorsque le contrat d'assurance stipule que la garantie s'applique aux chantiers dont la date d'ouverture est concomitante ou postérieure à la date de prise d'effet de la police, le maître de l'ouvrage qui ne donne aucune indication sur la date d'ouverture du chantier ne prouve pas les conditions d'existence de la garantie (Cass. 3e civ. 16-7-1996 no 94-20.578 : BPIM 1/97 inf. 45 ; Cass. 1e civ. 13-5-1998 no 878 : RDI 1998 p. 662 ; comparer pour une police imposée par le Bureau central de tarification, Cass. 1e civ. 3-5-1998 no 797 : RDI 1996 p. 239).

À **défaut de déclaration expresse** d'ouverture, on estime en général qu'il convient de retenir la date du début effectif des travaux (Cass. 3e civ. 18-2-2004 no 02-18.414 FS-PBI : BPIM 5/04 inf. 295 ; Cass. 3e civ. 13-9-2005 no 04-16.852 F-D : RDI 2006 p. 35). Un arrêt semble même se contenter du fait que le chantier a été ouvert pendant la période de validité de l'assurance pour que la garantie soit admise (Cass. 3e civ. 13-11-2003 no 01-02.533 FS-D). Cette analyse est confirmée par la clause type en assurance RC décennale : « L'ouverture de chantier s'entend à date unique applicable à l'ensemble de l'opération de construction. Cette date correspond soit à la date de la déclaration d'ouverture du chantier mentionnée au 1er alinéa de l'article R 424-16 du Code de l'urbanisme pour les travaux nécessitant la délivrance du permis de construire, soit, pour les travaux ne nécessitant pas la délivrance d'un tel permis, à la date du premier ordre de service ou à défaut, à la date effective de commencement des travaux » (C. ass. art. A 243-1 ann. I issu de l'arrêté ECET0921432A du 19-11-2009).

SOUSCRIPTION TARDIVE DE L'ASSURANCE

Marchés privés Lorsque la **police** est **souscrite après la date d'ouverture du chantier,** la garantie n'est pas ouverte au constructeur assuré en responsabilité civile si le contrat ne comporte pas une stipulation rétroactive (Cass. 1e civ. 7-5-2002 no 639 : Bull. civ. I no 119 ; Cass. 3e civ. 11-2-2014 no 13-10.941 F-D : BPIM 2/14 inf. 112). L'assureur commet une faute s'il délivre une attestation alors que l'assurance a été souscrite après l'ouverture du chantier et que l'attestation ne fait pas état du paiement de la prime comme condition de la prise d'effet des garanties (Cass. 3e civ. 5-3-2020 no 19-13.024 FS-D : BPIM 3/20 inf. 201). Toutefois, il a été jugé que lorsque la police est postérieure à la date d'ouverture du chantier mais antérieure à l'intervention de l'entrepreneur sur le chantier, les travaux sont garantis (Cass. 3e civ. 13-11-2003 no 01-02.428 : Bull. civ. III no 193). 92813

Marchés publics Selon le Conseil d'État, lorsqu'une personne assujettie formule une demande de garantie après l'engagement des travaux et se heurte à un **refus de l'entreprise d'assurance,** elle conserve la possibilité d'obtenir du bureau de tarification qu'il fixe le montant de la prime : l'engagement des travaux ne rend pas certaine la survenance d'un dommage ni impossible l'évaluation de l'aléa (CE 19-1-1998 no 182447, SNC Grand-Littoral et SCI du rond-point : RDI 1998 p. 118). 92815

2. CAS DES EXISTANTS EN ASSURANCE CONSTRUCTION

L'ordonnance 2005-658 du 8 juin 2005 a prévu, en créant l'article L. 243-1-1 du Code des assurances, que les **obligations d'assurance** en dommages-ouvrage et en responsabilité « ne sont pas applicables aux ouvrages existants avant l'ouverture du chantier, à l'exception de ceux qui, totalement incorporés dans l'ouvrage neuf, en deviennent techniquement indivisibles » (C. ass. art. L 243-1-1, II). On estime, malgré quelques réserves formelles, que ce texte traite à la fois de l'obligation d'assurance et de la garantie, et qu'il évince les existants non incorporés dans l'ouvrage neuf de l'assurance obligatoire. La Cour de cassation a récemment confirmé que l'assurance obligatoire ne s'applique à l'**ouvrage existant** que s'il est totalement incorporé à l'ouvrage neuf et si les deux ouvrages sont techniquement indivisibles, les deux conditions étant cumulatives (Cass. 3e civ. 30-5-2024 no 22-20.711 FP-B : BPIM 4/24 inf. 257, RDI 2024 p. 410). La Cour de cassation a, un temps, étendu la garantie décennale aux **équipements installés sur existant** lorsque leur défaillance rendait l'ouvrage impropre à sa destination. Il avait été jugé que l'assurance de garantie décennale était applicable aux désordres à l'existant causés par la défaillance des équipements, dissociables ou non, qui y étaient installés (Cass. 3e civ. 26-10-2017 no 16-18.120 FS-PBRI : BPIM 6/17 inf. 417), ce qui n'était pas conforme aux dispositions strictes de l'article L 243-1-1 du Code des assurances. Mettant fin à cette jurisprudence, la Haute Juridiction retient désormais que les équipements installés par remplacement ou par adjonction à l'existant relèvent de la responsabilité contractuelle de droit commun, s'ils ne constituent pas en eux-mêmes un ouvrage (Cass. 3e civ. 21-3-2024 no 22-18.694 FS-BR : BPIM 3/24 inf. 193 ; Cass. 3e civ. 5-12-2024 no 23-13.562 F-D : BPIM 1/25 inf. 38). Les désordres les affectant devraient alors être couverts par l'assurance de responsabilité civile du constructeur et l'assurance multirisques habitation du maître de l'ouvrage. 92840

Une convention du 8 septembre 2005 entre les pouvoirs publics, les organisations professionnelles et les assureurs prévoit des modalités de garantie pour les existants dans le cadre d'une **assurance volontaire** : mais, outre que cette convention ne répond pas nécessairement à toutes les difficultés qu'il convient d'anticiper, elle alimente le risque en défaveur de ceux qui n'ont pas souscrit à l'extension de garantie. 92850

3. TRAVAUX CONCERNÉS PAR L'ASSURANCE CONSTRUCTION

a. Régime de l'assurance applicable après le 9 juin 2005

NÉCESSITÉ D'UN TRAVAIL DE CONSTRUCTION

L'ordonnance 2005-658 du 8 juin 2005, applicable aux contrats conclus après le 9 juin 2005, a supprimé la référence aux « bâtiment » et « travaux de bâtiment » qui figuraient dans les dispositions antérieures du Code des assurances (nos 92910 s.). Elle leur a substitué la **notion** de « travaux de construction ». L'obligation d'assurance de responsabilité décennale (C. ass. art. L 241-1) et l'obligation d'assurance DO (C. ass. art. L 242-1) concernent donc les « travaux de 92880 construction ». Les clauses types ont fait l'objet de la même adaptation (C. ass. art. A 243-1 ann. I à III dans leur rédaction issue de l'arrêté ECET0921432A du 19-11-2009).

Bien que les articles du Code des assurances évitent de le dire, l'obligation d'assurance concerne tout **ouvrage immobilier consistant en l'exécution de travaux de construction.** Dans le principe, l'ordonnance de 2005 a élargi le champ de l'assurance obligatoire sans avoir pour autant dissipé les incertitudes liées à la notion de travail de construction qui existaient sous le régime antérieur (voir n°s 87070 s.). La Cour de cassation s'en tient souvent à l'idée que l'on est en présence d'un ouvrage au sens de l'article 1792 du Code civil relevant à ce titre de l'obligation d'assurance décennale sans en préciser les caractères qui l'identifient (par exemple, Cass. 3e civ. 19-1-2017 n° 15-26.770 F-D : RDI 2017 p. 157, à propos d'une piscine). Le revirement de jurisprudence excluant de l'assurance obligatoire les équipements installés par remplacement ou par adjonction à l'existant (Cass. 3e civ. 21-3-2024 n° 22-18.694 FS-BR : BPIM 3/24 inf. 193) réserve le cas des **équipements constituant en « eux-mêmes » un ouvrage.** S'il faut désormais une indivisibilité de l'existant et de cet ouvrage neuf, les conditions qu'un équipement doit remplir pour constituer l'ouvrage neuf susceptible d'ouvrir droit à garantie ne sont pas précisées. Un arrêt semble favoriser le critère indissociable, avec l'idée que la réalisation est en fait d'une seule pièce (Cass. 3e civ. 14-9-2017 n° 16-23.020 F-D : RGDA 2017 p. 558). Un autre retient l'absence d'incorporation de l'existant à l'ouvrage neuf pour des travaux de charpente (Cass. 3e civ. 25-6-2020 n° 19-15.153 F-D : RDI 2020 p. 604), ce qui peut donner à penser que l'importance des travaux n'est pas à négliger. La nouvelle jurisprudence suggère un effacement de la notion d'équipement par celle d'ouvrage dans laquelle elle pourrait se fondre, sans préjudice de sa fonction qui peut déterminer la responsabilité décennale encourue et par suite la garantie d'assurance (n°s 87088 et 87146).

92883 La difficulté de cerner la notion de travail de construction s'est accrue depuis le Grenelle de l'environnement (Loi 2009-967 du 3-8-2009 ; Loi 2010-788 du 12-7-2010 ; Décret 2010-1269 du 26-10-2010 et arrêté DEVU1026270A du 26-10-2010) qui incite à la construction d'ouvrages satisfaisant à une obligation de performance énergétique, avec des sanctions pénales à l'appui (CCH art. L 183-1 renvoyant à l'art. L 171-1). Les **techniques liées aux « bâtiments à basse consommation »** (BBC) au sens de ces textes entrent-elles dans la catégorie des travaux de construction ? Impliquent-elles une adaptation de ceux-ci ? S'il est probable que les travaux réalisés dans le cadre d'un ouvrage neuf en deviendront un élément constitutif, la question est posée de savoir si les « travaux de rénovation énergétique » sur existant en deviennent également. Ce qui est vraisemblable pour certains d'entre eux (toiture) est plus incertain pour d'autres (production d'eau chaude sanitaire).

Les mêmes incertitudes concernent les « **techniques liées à la production d'électricité voltaïque** ». Selon des avis autorisés, le marché devrait délivrer des polices lorsque la qualification « d'ouvrage » est probable compte tenu notamment des exclusions limitées admises actuellement par les textes. Des propositions sont déjà émises pour l'établissement d'un plan d'assurance (voir pour les risques en matière photovoltaïque, Dessuet : RDI 2010 p. 472).

Il faut ajouter, nous semble-t-il, que l'assurance obligatoire retrouve alors tout son sens : pérenniser le patrimoine immobilier par une protection du maître de l'ouvrage ou de l'accédant exposé à des risques de sinistre de dimension encore non mesurable, et contraint de se soumettre aux exigences légales en matière de performance énergétique. Il faudra sans doute que la loi apporte son concours : il serait paradoxal que la notion de « bâtiment », évincée du droit positif par l'ordonnance de 2005, revienne en force dans le champ des garanties et de l'assurance avec la notion de « bâtiment à basse consommation » !

OUVRAGES EXCLUS DE L'OBLIGATION D'ASSURANCE

92885 Certains ouvrages sont exclus du champ de la responsabilité décennale, et ne sont donc pas couverts par l'obligation d'assurance. L'exclusion concerne les **équipements à finalité exclusivement professionnelle** (C. civ. art. 1792-7). Ainsi la garantie de l'assurance obligatoire s'en trouve limitée. Ceci contraindra les constructeurs à souscrire des polices comportant des extensions facultatives. Ce processus va élargir l'obligation d'information de l'architecte et créer l'incertitude au moins pendant la période d'adaptation.

Certains ouvrages sont également exclus du champ des assurances obligatoires (C. ass. art. L 243-1-1, al. 1). Il en est ainsi : des **ouvrages maritimes,** lacustres, fluviaux, des ouvrages d'infrastructures routières, portuaires, **aéroportuaires,** héliportuaires, **ferroviaires,** des ouvrages de traitement de résidus urbains, de déchets industriels et d'effluents, ainsi que des éléments d'équipement de l'un ou l'autre de ces ouvrages. Il s'agit d'une exclusion totale.

D'autres ouvrages sont par principe exclus, à moins qu'ils ne soient les **accessoires d'un ouvrage** lui-même soumis à l'obligation d'assurance (C. ass. art. L 243-1-1, al. 2) : les voiries, les ouvrages piétonniers, les parcs de stationnement, les réseaux divers, les canalisations, les lignes ou câbles et leurs supports, les ouvrages de transport, de production, de stockage et de distribution d'énergie, les ouvrages de stockage et de traitement de solides en vrac, de fluides et liquides, les ouvrages de télécommunications, les ouvrages sportifs non couverts, ainsi que leurs éléments d'équipement. Cette liste est d'interprétation stricte. Un ouvrage non visé à l'article L 243-1-1 du Code des assurances est soumis à l'obligation d'assurance décennale, même s'il est l'accessoire d'un ouvrage qui est exclu de cette obligation (Cass. 3e civ. 22-6-2023 no 21-10.256 FS-B : BPIM 4/23 inf. 262 pour un bassin d'orage accessoire d'un centre de tri et de valorisation des déchets).

Il n'y a donc pas de corrélation nécessaire entre la responsabilité décennale et l'assurance obligatoire. Certains ouvrages peuvent engager la responsabilité décennale des constructeurs sans relever de l'assurance obligatoire (ouvrage piétonnier, **VRD,** terrain de tennis, piscine découverte…) avec des zones d'incertitudes que la jurisprudence aura à éclaircir.

> Précisions Le rapport au Président de la République présentant l'ordonnance du 8 juin 2005 précise que la notion d'accessoire conduit, pour les **voiries et réseaux divers d'un lotissement,** à soumettre à l'assurance obligatoire les seules parties de voiries et réseaux divers situées sur l'unité foncière d'implantation du futur bâtiment, lui-même soumis à obligation d'assurance et commandées par le maître dudit ouvrage ou pour son compte. En revanche, les voiries et réseaux divers qui sont réalisés dans le cadre global de l'opération d'aménagement ne sont pas soumis aux obligations d'assurance.

b. Régime de l'assurance applicable jusqu'au 9 juin 2005

NÉCESSITÉ D'UN BÂTIMENT

Dans la loi 78-12 du 4 janvier 1978, parmi les contrats conclus jusqu'au 9 juin 2005, seuls ceux qui portaient sur des « travaux de bâtiment » relevaient de l'assurance obligatoire (sur la notion d'ouvrage en assurance construction, voir S. Corone : L'Argus de l'assurance 23-5-2003 p. 44 s.). La loi imposait que l'ouvrage soit un bâtiment (nos 87215 s.) et paraissait limiter son domaine aux travaux y afférents. **92910**

L'article A 241-2, a du Code des assurances donnait, des travaux de bâtiment, la **définition** suivante : « travaux dont l'objet est de réaliser ou de modifier les constructions élevées sur le sol, à l'intérieur desquelles l'homme est appelé à se mouvoir, et qui offrent une protection au moins partielle contre les agressions des éléments naturels extérieurs ».

Cette définition **paraissait exclure** du champ d'application de la loi les constructions non élevées sur le sol et les voies et réseaux divers (VRD) qui ne sont pas à l'intérieur de l'espace abrité.

Ces **réserves** ont été **levées** par le Conseil d'État, qui a annulé les dispositions de l'article A 241-2, a et b, et les assureurs du pool, qui ont élaboré leur propre définition des bâtiments sous forme d'une énumération très large qui englobe presque tous les cas douteux.

Enfin, pour les VRD, la notion d'« accessoire privatif » d'un bâtiment s'est imposée (Bigot, La réforme de l'assurance construction, p. 40).

À propos du **bâtiment proprement dit,** il était généralement jugé que l'ouvrage immobilier qui sert de clos et de couvert relevait de cette catégorie. Tel était le cas d'une véranda, d'un silo, d'une station d'épuration ou d'un tombeau. **92915**

La Cour de cassation a cependant élargi la notion en se référant moins à la notion de bâtiment qu'à l'utilisation de **« techniques de travaux de bâtiment »** dans la réalisation de l'ouvrage.

Cette jurisprudence extensive s'est élaborée à propos du champ d'application des polices d'**assurance de responsabilité** pour les travaux ressortissant à l'activité du constructeur. Par interprétation des contrats, la Cour de cassation a décidé que les ouvrages faisant appel aux techniques de travaux de bâtiment relevaient de la garantie de l'assureur (Cass. 1e civ. 26-2-1991 : Bull. civ. I no 75 ; Cass. 1e civ. 9-5-1994 : Bull. civ. I no 167), ce qui a permis d'appliquer la garantie aux accessoires nécessaires du bâtiment. Par certains arrêts, elle a cependant décidé que la garantie était due pour des ouvrages non accessoires (terrain de tennis) et sans se livrer à l'interprétation du contrat (Cass. 1e civ. 31-3-1993 : Bull. civ. I no 133), ajoutant même que l'exclusion de garantie pour les ouvrages relevant de l'activité du constructeur était illicite (Cass. 1e civ. 7-7-1993 : Bull. civ. I no 247). **92920**

En **assurance DO,** elle s'est contentée d'appliquer le contrat (Cass. 1e civ. 26-3-1996 : RDI 1996 p. 242, pour un silo qui avait été assuré et, sur renvoi, CA Paris 24-3-1999 n° 1996/8476 : BPIM 5/99 inf. 371, qui se réfère à l'objet du contrat). Cette extension a suscité des inquiétudes dans la mesure où elle a contribué à soumettre à l'assurance obligatoire des équipements industriels qui ne sont pas des bâtiments (voir sur la discussion n° 87095).

NÉCESSITÉ DE TRAVAUX DE CONSTRUCTION

92925 Sous l'empire de la loi 78-12 du 4 janvier 1978, il ne suffisait pas que l'ouvrage soit un bâtiment : il fallait encore qu'il y ait « travaux de construction » d'ouvrage immobilier. Cette condition était tirée des dispositions relatives à la garantie décennale : il faut qu'il y ait matière à cette garantie pour que l'assurance s'impose. Là encore, la formule était très vague. L'article A 241-2 du Code des assurances envisageait les travaux dont « l'objet est de réaliser ou de modifier les constructions ». Malgré l'annulation du texte par le Conseil d'État (n° 92910), on peut retenir la distinction qu'il proposait, sauf à l'interpréter, là encore, aussi largement que possible.

Entraient sans aucun doute dans le champ d'application de la loi l'**édification et** le **travail sur existant** s'il revêtait le caractère d'un travail de construction. Le travail de construction semblait être caractérisé, dans la jurisprudence antérieure à l'ordonnance du 8 juin 2005, par l'utilisation de techniques de travaux de bâtiment, ce qui excluait un ravalement purement esthétique (Cass. 3e civ. 5-2-1985 : Bull. civ. III n° 21), mais non une installation de chauffage central (Cass. 3e civ. 13-2-1980 : JCP éd. G 1980 IV p. 167) ou un bassin de rétention anaérobie d'une station d'épuration (Cass. 3e civ. 9-6-2010 n° 09-12.288 FS-D : BPIM 5/10 inf. 381). Il est probable que l'utilisation de techniques de travaux de bâtiment continue à caractériser le travail de construction depuis la réforme de 2005 ; voir nos 87070 s.

La **tendance jurisprudentielle** avant l'ordonnance de 2005 était d'admettre la responsabilité décennale en cas de dommages aux existants de sorte que l'assurance obligatoire s'appliquait. Mais il est permis de se demander si les dispositions de l'article L 243-1-1, II du Code des assurances dans leur rédaction issue de l'ordonnance de 2005, compte tenu des réserves émises (voir nos 92840 s.), ne risquent pas d'être considérées comme ayant un caractère interprétatif. Cette option n'est pas à exclure si l'on admet que le texte veut faire échec à la jurisprudence dont l'évolution conforte son application.

C. Risque couvert par l'assurance construction

RISQUE COUVERT AU REGARD DE LA LOI

93050 La loi lie l'obligation d'assurance à « la présomption établie par les articles 1792 s. du Code civil » (C. ass. art. L 241-1).

Il ne fait aucun doute que le **risque décennal** est le seul qui soit soumis à l'assurance obligatoire (en ce sens : Durry, Les assurances obligatoires en matière de construction : RDI 1979 p. 284 et 285 ; B. Boubli, Responsabilité et assurance des architectes, entrepreneurs et autres constructeurs, 1979 nos 587 et 615 ; Malinvaud et Jestaz, Droit de la promotion immobilière, éd. Dalloz 1995 n° 201 ; Bigot, La réforme de l'assurance construction p. 239). L'obligation d'assurance est donc limitée aux désordres qui relèvent de la garantie décennale (assurance RC décennale) et aux dommages « de nature décennale », étant précisé que ces dommages peuvent être garantis même avant la réception en assurance DO.

L'assurance obligatoire concerne toute personne dont la responsabilité peut être engagée sur le fondement de la présomption établie par les articles 1792 et suivants du Code civil, mais elle ne s'étend pas de plein droit à la garantie annale de parfait achèvement. Pour autant, les deux garanties ayant le même point de départ, les désordres qui peuvent relever de la **garantie de parfait achèvement** sont couverts par l'assurance de responsabilité décennale s'ils présentent les conditions de gravité requises et que la garantie décennale est invoquée.

CLAUSES TYPES EN ASSURANCE CONSTRUCTION

93055 Les clauses types des polices ne visent que la **garantie décennale.** Ces clauses sont impératives et l'on ne peut y déroger sauf dans un sens favorable à l'assuré. Le contrat est censé s'y référer. Ces clauses ont été modifiées par l'arrêté du 19 novembre 2009 qui tient compte notamment de la réforme issue de l'ordonnance du 8 juin 2005.

L'observation selon laquelle le risque couvert est un désordre relevant de la garantie décennale conduit à rendre inopérante l'analyse, y compris en assurance DO, selon laquelle les **non-façons** ne relèveraient pas de la garantie de l'assurance au prétexte que le maître de l'ouvrage n'en aurait pas payé le prix : le maître de l'ouvrage ne paie pas le prix d'éléments isolés de la construction, spécialement dans le marché à forfait. Il paie le prix de la construction et celle-ci, dans la loi du 4 janvier 1978, doit être exempte de désordres graves : or, une non-façon compromettant la solidité de l'immeuble ou le rendant impropre à sa destination est un désordre grave de nature décennale tel, par exemple, le défaut d'étanchéité d'un vide sanitaire (Cass. 3e civ. 2-10-1996 no 1567). Plus généralement, lorsque des travaux non prévus sont nécessaires pour rendre l'ouvrage conforme à sa destination ou pour garantir sa solidité, ils entrent dans le préjudice indemnisable au titre de la garantie due par les constructeurs (voir no 91282). Ils doivent donc être couverts par l'assurance, sauf acceptation des risques par le maître de l'ouvrage (mais alors, la responsabilité des constructeurs est exclue ou limitée).

Toutefois, la non-façon résultant d'un inachèvement doit être distinguée de l'absence d'ouvrage affectant la solidité d'un immeuble achevé ou compromettant sa destination (Cass. 3e civ. 28-5-2002 no 00-21.701 : RDI 2002 p. 306).

CONDITIONS DE LA COUVERTURE DU RISQUE

Validité du contrat d'assurance Le **contrat** d'assurance doit être **valablement conclu.** S'agissant d'un contrat consensuel, conformément à l'article L 112-2 du Code des assurances, il est valablement formé par l'acceptation des offres émises par l'assureur et le règlement des primes par l'assuré. L'acceptation et la connaissance des conditions générales et particulières conditionnent leur opposabilité à l'assuré, mais non la formation du contrat (Cass. 3e civ. 20-4-2017 no 16-10.696 FS-PB : BPIM 3/17 inf. 217, RDI 2017 p. 307). 93060

Lorsque l'**assureur** est domicilié dans un pays de l'**Union européenne** et qu'il est représenté sur le territoire français par un mandataire intervenant comme intermédiaire d'assurances, le contrat, formé comme il vient d'être dit, est valable (Cass. 3e civ. 20-4-2017 no 16-10.696 FS-PB : BPIM 3/17 inf. 217). Toutefois, l'assuré peut se heurter à des difficultés, notamment pour obtenir une garantie financière d'achèvement ; le garant refuse souvent de la lui consentir en soutenant que le fonds de garantie des assurances obligatoires (FGAO) ne se reconnaît pas compétent pour intervenir en cas de liquidation d'un assureur étranger qui délivre en France des assurances de type dommages-ouvrage. La loi 2016-1691 du 9 décembre 2016, dite « loi Sapin 2 », a invité le Gouvernement à préciser par ordonnance les modalités d'intervention du fonds de garantie en cas de défaillance d'un assureur étranger opérant en France sous le régime du libre établissement ou de la libre prestation de services (Loi 2016-1691 du 9-12-2016 art. 149 ; voir sur ces points, P. Dessuet RDI 2017 p. 307). Une ordonnance a été prise le 27 novembre 2017 sur le fondement de cette habilitation (Ord. 2017-1609 du 27-11-2017). Elle apporte une protection contre la défaillance des entreprises d'assurance agréées pour exercer en France, et étend cette garantie aux entreprises qui opèrent en France en libre prestation de services ou libre établissement conformément au droit européen (voir no 93700).

Déclarations de l'assuré Le contrat étant valablement conclu, la garantie n'est due que si la déclaration relative à la **date d'ouverture du chantier** (DROC) a été faite et si la police a été souscrite avant la date d'ouverture, laquelle peut résulter de la date du début des travaux (voir no 92812). 93065

En outre, les **travaux** doivent être exactement **déclarés lors de la souscription** de la police. En cas de réticence ou de fausse déclaration, le contrat est nul, les primes payées restent acquises à l'assureur et aucune indemnité ne peut lui être réclamée (C. ass. art. L 113-8 ; voir pour une application en assurance DO : Cass. 1e civ. 7-1-1997 no 95-43.130 : Bull. civ. I no 1 ; en assurance RC obligatoire : CA Paris 19e ch. A 27-11-2002 no 00-14137).

Conformément au droit commun des assurances, **les circonstances nouvelles** qui ont pour conséquence d'**aggraver les risques** ou d'en créer de nouveaux doivent également être déclarées en cours de contrat (C. ass. art. L 113-2, 3o). À défaut, l'omission produisant cet effet est sanctionnée (Cass. 2e civ. 22-11-2018 no 17-26.355 F-PB : RDI 2019 p. 113). Inversement, une modification du programme des travaux non déclarée, mais qui constitue une solution équivalente techniquement à celle prévue initialement, ne fait pas obstacle à l'application du contrat d'assurance (CE 6-12-2017 no 396751 : BPIM 1/18 inf. 34, RDI 2019 p. 171, note A. Galland, rendu sur le fondement de l'article L 113-8 du Code des assurances).

Si la mauvaise foi de l'assuré n'est pas établie, l'**omission ou la déclaration inexacte** n'entraîne pas la nullité de l'assurance (C. ass. art. L 113-9, al. 1). Mais il peut y avoir lieu à réduction proportionnelle d'indemnité (C. ass. art. L 113-9, al. 3 ; Cass. 3e civ. 13-6-2019 no 17-31.042 F-D : BPIM 4/19 inf. 267) : si l'assureur ne découvre le caractère inexact de la déclaration qu'après sinistre, il peut réduire l'indemnité à proportion du taux des primes payées par rapport aux taux des primes dues (Cass. 3e civ. 17-4-2008 no 07-13.053 FS-D : RDI 2008 p. 351 en assurance RC pour une absence de déclaration de chantier par le maître d'œuvre ; Cass. 3e civ. 2-12-2009 no 08-17.619 FS-D : BPIM 1/10 inf. 36 pour des circonstances identiques ; Cass. 3e civ. 6-10-2004 no 03-15.506 F-D, en assurance DO, pour un défaut de transmission des attestations d'assurance de responsabilité des constructeurs).

La réduction proportionnelle est opposable au tiers lésé (Cass. 3e civ. 17-4-2008 no 07-13.053 FS-D). L'assureur ne peut donc pas être condamné in solidum à réparer l'entier dommage (Cass. 3e civ. 4-6-2009 no 07-16.647 FS-D : BPIM 4/09 inf. 278, RDI 2009 p. 491).

93067 Lors de la souscription de la police, l'assuré doit **informer l'assureur des risques existants.** Selon un arrêt, s'il reconnaît que le sous-sol est inondable car ne comportant pas de dispositif apte à s'opposer à la remontée des eaux et à toute infiltration, l'assuré (vendeur en l'état futur d'achèvement en l'espèce) peut renoncer à tout recours contre l'assureur pour les conséquences dommageables de ce fait et se porter garant à son égard des réclamations pouvant émaner des acquéreurs de l'ouvrage assuré (Cass. 3e civ. 15-9-2016 no 12-26.985 FS-PB : RDI 2017 p. 105 note P. Dessuet). Cette décision a pour effet de transformer l'assuré en garant de l'assureur RC décennale, ce qui prête à discussion.

L'ordonnance 2020-71 du 29 janvier 2020 et le décret 2021-872 du 30 juin 2021 relatifs à la simplification des règles de la construction ne devraient pas avoir d'influence sur le risque de l'assuré et les modalités de la prise en charge d'un dommage. En effet, les nouvelles règles ne relèvent pas de techniques d'innovation et l'assurance prend en charge un risque de dommage consécutif à une responsabilité décennale ou présentant les caractères d'un désordre de cette nature. Les spécialistes attirent toutefois l'attention sur le risque de déchéance en assurance décennale mais ils s'interrogent sur le libellé des garanties de conformité aux règles de construction (voir P. Dessuet, La prise d'effet de l'ordonnance ESSOC II au 1er juillet 2021 et ses conséquences en matière de responsabilité et d'assurance : RDI 2021 p. 399).

D. Étendue de la garantie des assurances construction

PRINCIPES

93150 Les contrats d'assurance souscrits en exécution de l'obligation légale sont « réputés comporter des garanties au moins équivalentes à celles figurant dans les **clauses types** prévues par l'article L 310-7 du Code des assurances » (C. ass. art. L 243-8). Ces clauses sont annexées à l'article A 243-1 du Code des assurances. Une clause de la police ne peut donc pas limiter la garantie de l'assureur aux seuls dommages affectant la structure de l'ouvrage, une telle clause étant réputée non écrite car faisant échec aux règles d'ordre public relatives à l'étendue de l'assurance décennale obligatoire (Cass. 3e civ. 4-2-2016 nos 14-29.790 et 15-12.128 FS-PB : BPIM 2/16 inf. 115, RDI 2016 p. 234). La décision est justifiée dans la mesure où l'assurance est associée à la garantie décennale et peut même couvrir des désordres avant la réception en assurance DO.

La clause type établit le seuil de la garantie. Tout ce qui diminue le **contenu de cette garantie** (plafond, franchise, déchéance) est inopposable à l'assuré (CE 30-3-1984 no 36125 : RDI 1984 p. 333 ; Cass. 1e civ. 12-5-1993 no 90-14.444 : Bull. civ. I no 161 ; Cass. 1e civ. 7-7-1993 no 91-10.071 : Bull. civ. I no 247). Toutefois le régime du plafond de garantie a été modifié pour le secteur hors habitation.

PLAFOND DE GARANTIE EN ASSURANCES CONSTRUCTION

93155 Les assurances obligatoires en responsabilité et en dommages-ouvrage ne sont soumises à aucun plafond de garantie dans le **secteur de l'habitation.**

À l'inverse, dans le **secteur autre** que l'habitation, ces assurances peuvent comporter des plafonds de garantie (C. ass. art. L 243-9, R 243-1 et R 243-3 ; pour des commentaires voir RDI 2007 p. 66 et RDI 2009 p. 90). Les textes ne font pas sortir les opérations concernées de l'obligation d'assurance ; ils en limitent seulement les effets lorsque le plafond est dépassé.

Lorsque le marché porte sur des **ouvrages mixtes,** c'est-à-dire relevant pour partie du secteur de l'habitation, et que le coût excède les capacités du marché de l'assurance (en pratique 150 millions d'euros), il faudra distinguer selon la destination du ou des ouvrages concernés selon des modalités qui restent encore imprécises (voir P. Dessuet RDI 2009 p. 91).

Le montant garanti ne peut pas être inférieur, pour l'ouvrage concerné, « au coût total de construction déclaré par le maître de l'ouvrage ou à 150 millions d'euros si ce coût est supérieur à 150 millions d'euros » (C. ass. art. R 243-3). Notons qu'il est fait référence au coût de construction « déclaré » par le maître de l'ouvrage et non au coût définitif et réel, ce qui pose des problèmes différents en assurance responsabilité (voir n° 95071) et en assurance DO (voir n°s 94210 s.). Les clauses types apportent des précisions insuffisantes. La condamnation de l'assureur dans la limite d'un plafond doit toujours être motivée (Cass. 3e civ. 5-7-2018 n° 17-21.134 F-D : BPIM 5/18 inf. 358). Il semblerait que le **plafond** doive s'apprécier **par chantier déclaré.** Un arrêt retient que le plafond s'applique à chacun des chantiers déclarés, même si un seul plafond est prévu pour les conséquences dommageables d'une même cause technique, car l'assuré avait conclu des contrats distincts pour l'accomplissement de ses missions commandées par des ordres de services différents (Cass. 3e civ. 18-1-2023 n° 21-20.365 F-D : BPIM 3/23 inf. 120). Un autre arrêt retient, par interprétation des termes du contrat, que les désordres qui ont pour même cause génératrice le manquement de l'architecte à ses obligations contractuelles constituent un même sinistre pour l'application du plafond de garantie (Cass. 3e civ. 25-5-2023 n° 21-20.643 FS-B : RDI 2023 p. 429). 93157

ÉTENDUE DE LA GARANTIE DU CONTRAT COLLECTIF RC

Secteur autre que l'habitation Il peut être satisfait à l'obligation d'assurance responsabilité civile décennale (RC) de deux manières : 93160
– **chaque constructeur** conclut un contrat garantissant sa responsabilité individuelle qui le couvre jusqu'à hauteur du coût de construction déclaré par le maître de l'ouvrage ou à concurrence de 150 millions d'euros si le montant déclaré est supérieur à ce chiffre. Le plafond peut être dépassé si les parties en conviennent. Le montant de la garantie étant fourni par ouvrage, il est généralement admis qu'il est épuisable. De surcroît, son coût risque d'être dissuasif ;
– le **maître de l'ouvrage** souscrit une police responsabilité décennale pour le compte de l'ensemble des constructeurs (C. ass. art. R 243-1). Le contrat collectif intervient en complément des contrats d'assurance garantissant individuellement la responsabilité des constructeurs dans la limite des plafonds fixés dans ce ou ces contrats. Il permet donc de dépasser le plafond des contrats individuels. Plus économique que l'ensemble des contrats individuels, il est généralement considéré comme incontournable.
Implicitement mais nécessairement, les plafonds de garantie déjà existants dans les polices de première ligne deviennent donc inattaquables dès lors qu'un contrat collectif est conclu.

Secteur du logement et de l'habitation La souscription d'un contrat collectif de responsabilité décennale n'est pas organisée par les **textes,** mais ceux-ci ne la prohibent pas. Se substituant à la police unique par chantier (PUC), elle a vocation à garantir tous les constructeurs dans le cadre d'une police collective. Toutefois, aucun plafond ne peut être stipulé. Pour aller jusqu'au bout de cette logique, il faudrait décider que le contrat collectif d'assurance responsabilité décennale n'a pas nécessairement pour vocation de fournir une garantie complémentaire, malgré les termes de l'article R 243-1 du Code des assurances qui n'ont alors que valeur indicative. Mais la pratique professionnelle semble devoir rendre cette remarque sans objet. 93165

Recommandations professionnelles En l'absence de disposition normative sur la mise en place des polices collectives, la Fédération française des sociétés d'assurance (FFSA) a, le 18 décembre 2008, émis diverses recommandations : 93170
– les assureurs sont invités à n'exiger la souscription d'un **contrat collectif** qu'à partir de 15 millions d'euros ; le contrat doit bénéficier à l'ensemble des constructeurs y compris le contrôleur technique ; c'est l'assureur DO qui est en principe le promoteur du contrat collectif concomitamment à sa propre offre ;
– les assureurs qui délivrent une police collective sont invités à uniformiser leurs exigences pour le montant des **garanties de première ligne** (fixation d'un seuil de déclenchement de la garantie de la police collective, par exemple 10 millions d'euros pour la structure et le gros œuvre) ;
– les assureurs de première ligne sont invités à délivrer une **attestation de garantie** subordonnée à la mise en place d'une police responsabilité civile collective : cette attestation conditionnelle informera le bénéficiaire du fait que l'assurance individuelle n'est pas la seule et que son plafond peut être dépassé.

E. Publicité de l'assurance construction

ATTESTATION D'ASSURANCE

93250 Les personnes assujetties à l'obligation d'assurance doivent justifier qu'elles ont satisfait à l'exigence légale (C. ass. art. L 243-2, al. 1). Cette justification doit être **produite** à toute réquisition et être jointe à la déclaration d'ouverture de chantier (C. ass. art. R 243-2). En pratique, le constructeur devra obtenir une attestation d'assurance ou une note de couverture. La Fédération française des sociétés d'assurance a publié des modèles types d'attestation d'assurance à l'intention de ses adhérents (Circ. FFSA 57/2010 du 8-7-2010 : RDI 2010 p. 501).

L'attestation est **délivrée** par l'assureur ou par une personne ayant qualité pour le faire. La théorie du mandat apparent peut obliger la compagnie alors que l'attestation est un faux (CA Nîmes 23-3-2010 n° 175 : RDI 2010 p. 329). En cas de **carence de l'assureur,** la délivrance de l'attestation peut être ordonnée en référé (Cass. 3e civ. 4-1-1991 : Bull. civ. III n° 6). Lorsqu'elle concerne l'assurance de l'architecte, l'attestation ne peut pas être délivrée avant la déclaration de mission sous peine d'engager la responsabilité civile de l'assureur (Cass. 3e civ. 1-10-2020 n° 19-18.165 FS-PBI : BPIM 6/20 inf. 399, RDI 2020 p. 612).

L'assureur engage sa **responsabilité** si l'attestation délivrée est imprécise ou fausse, et notamment si l'attestation délivrée mentionne qu'elle vaut présomption simple d'assurance pour les périodes indiquées alors que l'entreprise n'est pas assurée au titre de sa responsabilité civile (Cass. 3e civ. 11-5-2022 n° 20-17.193 F-D : RDI 2022 p. 410). Il peut être condamné à des dommages-intérêts (Cass. 3e civ. 22-9-2004 n° 02-13.847 FS-PB : BPIM 6/04 inf. 376) ou être privé du droit d'opposer les exclusions de garantie prévues au contrat (Cass. 3e civ. 3-3-2004 n° 02-19.122 FS-PB : BPIM 3/04 inf. 160).

La responsabilité de l'assureur dépasse le cadre du simple manquement à son obligation d'information ou de conseil (voir C. Charbonneau RDI 2008 p. 535 s.).

93251 **Modèle type de l'attestation d'assurance** La loi Macron du 6 août 2015 a mis en place un modèle type d'attestation pour l'**assurance RC** comprenant des mentions minimales pour les opérations de construction dont la date d'ouverture de chantier est postérieure au 1er juillet 2016 (Arrêté FCPT1502194A du 5-1-2016 : JO 13 texte n° 19). Les mentions minimales varient selon que le contrat d'assurance est individuel et qu'il vise une opération de construction particulière ou un ensemble d'opérations déterminées ou selon qu'il s'agit d'un contrat collectif. Dans tous les cas, les mentions minimales essentielles portent sur : le nom, l'adresse et les coordonnées complètes de l'assureur ; l'identification de l'assuré ; le numéro du contrat, sa période de validité ; la date d'établissement de l'attestation, les activités déclarées et assurées ; l'adresse, la nature et le coût de construction déclaré, la date d'ouverture du chantier. En revanche, l'arrêté ne prévoit aucune mention relative au paiement de la prime par l'assuré. Un arrêt a pourtant retenu la responsabilité pour faute de l'assureur qui a délivré une attestation déclarant assurer l'entreprise, sans faire état de la condition de paiement de la prime affectant la prise d'effet des garanties (Cass. 3e civ. 5-3-2020 n° 19-13.024 FS-D : BPIM 3/20 inf. 201). Les attestations doivent, dans tous les cas, reproduire certaines formules relatives notamment à la nature, au montant et à la durée de la garantie. L'attestation conforme à ce modèle doit être jointe aux devis et factures des professionnels assurés (C. ass. art. L 243-2, al. 2). On notera que la loi Macron n'a pas jugé utile d'étendre à l'**assurance DO** l'obligation de justifier de sa souscription au moyen d'une attestation modélisée. La loi est parfois critiquée en ce qu'elle ne renvoie pas à un modèle type mais à un modèle comportant des mentions minimales. Mais on peut penser que le minimum est parfois suffisant pour justifier de la réalité de la couverture de l'assuré.

93252 Les conséquences de la mise en place du modèle type d'attestation d'assurance sont encore difficiles à identifier. Le régime applicable **avant la mise en place du modèle type d'attestation** par l'arrêté du 5 janvier 2016 a donné lieu à contentieux ; l'attestation devait être fiable et comporter certaines précisions qui, pour plusieurs d'entre elles, relèvent désormais des mentions minimales requises :

– l'**étendue des garanties** offertes avec ses exclusions et limitations (Cass. 3e civ. 17-10-1990 : Bull. civ. III n° 194 ; Cass. 1e civ. 15-1-1991 n° 123 : Bull. civ. I n° 15) ;

– le **secteur déclaré** par l'assuré. Cette information est importante en matière d'assurance de responsabilité puisque seules les activités déclarées sont garanties (voir nos 95060 s.). Pour n'avoir pas fourni d'informations précises sur le secteur d'activité professionnelle déclaré, un assureur a vu sa responsabilité quasi délictuelle engagée envers le maître de l'ouvrage

© Éd. Francis Lefebvre

(Cass. 3e civ. 17-12-2003 no 01-12.259 FS-PBRI : BPIM 1/04 inf. 28 ; Cass. 3e civ. 29-3-2006 no 05-13.119 FS-PB : Bull. civ. III no 84 ; Cass. 3e civ. 11-5-2006 no 04-20.250 FS-PB : BPIM 5/06 inf. 363). En l'absence de restriction sur les activités déclarées dans l'attestation d'assurance, l'assureur ne peut pas sérieusement contester sa garantie, même en référé (Cass. 3e civ. 3-3-2004 no 02-19.122 FS-PB : BPIM 3/04 inf. 164). En pratique, une liste annexée à l'attestation précise les activités garanties et, le cas échéant, non garanties (Cass. 3e civ. 28-9-2005 no 04-14.472 FS-PB : Bull. civ. III no 174). L'attestation est destinée à informer le maître de l'ouvrage des activités garanties (Cass. 3e civ. 17-12-2003 no 01-12.259 FS-PBRI : BPIM 1/04 inf. 28 ; Cass. 3e civ. 29-3-2006 no 05-13.119 FS-PB). On peut se demander si elle est en mesure de remplir son office à la lumière d'un arrêt qui estime que l'entreprise qui a déclaré une activité d'étanchéité par utilisation du procédé Paralon n'est pas couverte par l'assurance lorsqu'elle utilise le procédé Moplas SBS, peu important que les deux procédés aient trait à l'étanchéité (Cass. 3e civ. 8-11-2018 no 17-24.488 FS-PBI : BPIM 6/18 inf. 421). Le maître de l'ouvrage se trouve désormais contraint de vérifier que le procédé utilisé est bien le procédé déclaré, ce qui risque de le contraindre à recourir systématiquement au concours d'un maître d'œuvre d'opération ;

– le **montant de la garantie** et, en cas de contrat responsabilité civile collective, les modalités d'articulation des différentes garanties : montant de la police de première ligne ; seuil de déclenchement de la garantie collective ; montant de garantie global. En cas de plafonnement, le justificatif reprend la valeur de l'opération déclarée par le maître de l'ouvrage.

Portée de l'attestation d'assurance L'attestation d'assurance n'institue qu'une **présomption** d'assurance et ne suffit pas à établir définitivement l'obligation de l'assureur (CA Paris 7e ch. A 15-10-1986 : RDI 1990 p. 227 ; Cass. 3e civ. 24-10-2012 no 11-16.012 FS-PB : Bull. civ. III no 147), sauf si elle peut être interprétée en une **note de couverture** (Cass. 1e civ. 19-12-1989 : RDI 1990 p. 227). Celle-ci constate un accord des parties. Elle est considérée comme ayant autant de valeur qu'une police (C. ass. art. L 112-3 ; en ce sens : Leguay, Rép. civ. Dalloz vo Assurance construction no 165). Dans le cadre de son obligation de conseil, l'assureur doit faire connaître à l'assuré les conséquences d'une note de couverture (CA Colmar 4-9-2003 : JCP G 2004 IV no 2589). Une note de couverture peut être sans effet si elle est **délivrée sous condition** résolutoire du versement d'un acompte sur les cotisations et que la preuve du refus de paiement est apportée par la comptabilité de l'assureur (Cass. 3e civ. 20-10-2021 no 20-18.950 F-D : BPIM 6/21 inf. 377). Cependant, un arrêt censure la décision des juges du fond ayant privé de validité la police au motif que les conditions posées par la note de couverture n'étaient pas remplies (Cass. 3e civ. 20-4-2017 no 16-10.696 FS-PB : BPIM 3/17 inf. 217). 93253

L'attestation délivrée limite la garantie aux **ouvrages désignés,** surtout si les exclusions sont également précisées (Cass. 3e civ. 2-3-2011 no 09-72.576 FS-PB : RJDA 10/11 no 784).

Selon un arrêt rendu en matière d'assurance RC professionnelle, l'attestation doit fournir les informations sur la nature et l'étendue des garanties souscrites mais n'a pas à reproduire toutes les clauses d'exclusion (Cass. 3e civ. 22-11-2018 no 17-16.424 F-D : BPIM 1/19 inf. 44).

L'attestation **RC décennale** est délivrée dans le seul **intérêt du maître de l'ouvrage.** 93255
En conséquence, l'assureur d'un entrepreneur ne peut pas reprocher au maître de l'ouvrage de lui avoir fait perdre son recours contre un coresponsable non assuré en ne vérifiant pas que ce dernier était bien assuré (Cass. 3e civ. 12-1-2000 no 98-14.478 : BPIM 2/00 inf. 104).

Par ailleurs, l'assureur du maître d'œuvre qui a indemnisé le maître de l'ouvrage n'est pas fondé à se prévaloir de l'imprécision de l'attestation d'assurance délivrée par l'assureur du constructeur dès lors qu'il est subrogé aux droits de son assuré et non à ceux du maître de l'ouvrage (Cass. 3e civ. 25-2-2009 no 08-11.249 FS-PB : Bull. civ. III no 48).

> **Précisions** Pour **éviter toute difficulté,** il semble souhaitable que chaque constructeur invite, par une clause du contrat, le maître de l'ouvrage à vérifier que chaque opérateur est assuré. Le manquement du maître de l'ouvrage pourrait alors constituer une faute contractuelle. À défaut, le principe est qu'aucune obligation d'information ne pèse sur le créancier (Cass. 1e civ. 3-5-2000 no 98-11.381 : Bull. civ. I no 131).

ALIÉNATION OU TRANSMISSION DE LA JOUISSANCE DU BIEN ASSURÉ

Obligation d'information Lorsque le bien assuré est aliéné ou donné en jouissance avant l'expiration du délai de 10 ans qui suit la réception des travaux, quelle que soit la nature de l'acte, exception faite du bail à louer, **mention** de l'**existence ou de l'absence d'assurance DO et RC décennale** doit être portée dans le corps de l'acte ou en annexe ; depuis le 8 août 2015, l'attestation d'assurance RC décennale (no 93250) doit être annexée à l'acte (C. ass. art. L 243-2, al. 3). 93260

L'information sur l'existence ou l'absence d'assurance doit être apportée en temps utile, c'est-à-dire dès le contrat de réservation portant sur un immeuble en cours de réalisation. Il ne suffit pas que cette information soit apportée à la date de la signature de l'acte authentique de vente (Cass. 3e civ. 18-2-2004 nº 02-18.455 FS-PB : RJDA 7/04 nº 803, dans un cas où l'absence d'assurance n'avait été indiquée que dans le projet de l'acte authentique).

Une question se pose quant à la portée de l'obligation d'information sur l'existence ou l'absence d'assurance. S'il est pratiquement certain que toutes les parties à l'acte devront justifier qu'elles ont satisfait à l'obligation d'assurance, qu'elle soit de responsabilité (vendeur) ou de dommages (vendeur ou acquéreur s'il y a lieu), il est peu probable que le contrôle exercé par celui qui reçoit l'acte doive s'étendre aux constructeurs. Devra-t-il au moins s'informer auprès du vendeur d'immeuble à construire qu'il a vérifié que les constructeurs sont assurés ? La question peut être posée, si la loi veut sécuriser l'opération immobilière.

93262 Lorsque l'acte est notarié, la **loi impose implicitement au notaire** de contrôler la date de la réception des travaux et de se faire communiquer l'attestation d'assurance. S'il s'agit de la vente d'un immeuble rénové, il doit **vérifier** que le vendeur est assuré **et informer** l'acquéreur des résultats de ses vérifications (Cass. 1e civ. 9-12-2010 nº 09-69.490 F-PBI : RJDA 5/11 nº 480).
Il doit vérifier :
– le contenu de l'attestation au regard des déclarations du vendeur (Cass. 1e civ. 7-2-1989 : RDI 1989 p. 235 ; Cass. 1e civ. 18-2-1997 nº 95-11.942 : RDI 1997 p. 261). Mais le notaire n'a pas à vérifier la véracité des déclarations du vendeur quant à la souscription des assurances obligatoires ; il n'est tenu de telles diligences qu'en présence d'éléments de nature à faire naître un doute sur l'existence et l'étendue des assurances obligatoires (Cass. 1e civ. 27-6-2018 nº 17-18.582 FS-PB : BPIM 4/18 inf. 282, RDI 2018 p. 456 note D. Noguéro détaillant les modalités de la responsabilité du notaire) ;
– l'exactitude des mentions (Cass. 1e civ. 7-3-1995 : D. 1995 IR p. 94 ; Cass. 1e civ. 28-5-2009 nº 08-15.813 F-D : RDI 2009 p. 433, qui retient la responsabilité du notaire pour s'être contenté d'une attestation faisant état de polices « en cours d'établissement »).

L'obligation de conseil et de renseignement du notaire existe même si l'acquéreur est un professionnel ou est assisté par un professionnel (Cass. 1e civ. 4-6-1996 nº 94-12.170 ; Cass. 1e civ. 26-11-1996 nº 94-13.989 : RJDA 4/97 nº 562). La responsabilité civile des rédacteurs de l'acte est susceptible d'être engagée (Cass. 1e civ. 7-2-1989 : D. 1989 IR p. 105 ; Cass. 1e civ. 8-7-1994 : Bull. civ. I nº 237).

Si le notaire a l'obligation de mentionner clairement dans l'acte de vente si les travaux relatifs au bien cédé sont ou non garantis par une assurance DO (Cass. 1e civ. 12-6-2012 nº 11-18.277 F-D : RDI 2012 p. 459), il n'est **pas tenu** d'attirer l'attention des parties sur les conséquences de cette absence (Cass. 1e civ. 13-3-2001 nº 98-18.155 FS-PB : BPIM 3/01 inf. 195).

93265 **Sanction du manquement à l'obligation d'information** Selon une jurisprudence, le notaire n'engage sa responsabilité que si ses manquements (absence de vérification) sont en relation avec le préjudice subi par l'acquéreur. S'il s'avère que les dommages allégués sont sans relation avec cette faute, la **responsabilité du notaire** n'est pas encourue (Cass. 3e civ. 10-10-2012 nºs 11-17.627 et 11-17.796 FS-D : RDI 2012 p. 638). L'arrêt fait une distinction entre la « perte d'une chance de renoncer à l'acquisition projetée » (dont la réparation n'était pas demandée) et la « perte d'une chance d'être indemnisé des désordres décennaux », non caractérisée en l'espèce dès lors que la garantie des assureurs des autres constructeurs pouvait être mise en œuvre… Autant dire que le notaire n'encourt aucune responsabilité du fait de l'absence d'assurance du constructeur non réalisateur lorsque les constructeurs sont assurés. Que devient, dans ces conditions, son obligation d'information ? La restriction jurisprudentielle peut se justifier lorsque la carence du notaire, qui n'a pas vérifié que l'assurance DO résultant d'une note de couverture a été confirmée, est avérée, mais que le désordre invoqué ne relève pas de la garantie décennale, en sorte que le préjudice est sans lien de causalité avec la faute (Cass. 1e civ. 9-4-2014 nº 13-13.772 F-D : BPIM 4/14 inf. 260). En revanche, il résulte implicitement de l'arrêt que la solution évoquée précédemment à propos de la perte d'une chance de renoncer à l'acquisition projetée semble pérenne. L'article L 243-2 du Code des assurances prévoit que l'attestation d'assurance RC décennale doit être annexée à l'acte. En revanche, le notaire n'a pas l'obligation d'annexer l'attestation d'assurance DO prévue pourtant par l'alinéa 2 du même article, même si cette attestation n'est pas destinée à être modélisée. Est-ce à dire que le contrôle du notaire devra porter sur la réalité de la couverture par l'assurance DO ou au contraire qu'il pourra se contenter d'une justification sommaire ? Difficile de le dire pour l'instant. Il est fort possible cependant que les éventuelles carences du notaire donnent lieu à une lecture jurisprudentielle de ses obligations qui ne soit pas nécessairement celle qui en a été faite jusqu'ici.

Dans le cas général, il ne semble pas que le manquement à l'obligation de mentionner l'existence ou l'absence des assurances DO et de responsabilité soit une cause d'**annulation de l'acte** si, du moins, le contrat ne comporte pas de stipulation contractuelle contraire (Cass. 3e civ. 15-12-1999 no 97-20.432 : RGDA 2000 no 1 p. 110). Si la souscription de l'assurance DO est obligatoire pour le vendeur après achèvement, elle n'est pas un accessoire indispensable de l'immeuble vendu et n'affecte pas la vente de l'ouvrage (Cass. 3e civ. 2-3-2011 no 09-72.576 FS-PB : RJDA 10/11 no 784). 93270

Toutefois, dans la vente d'immeuble à rénover à usage d'habitation ou à usage mixte, la justification des assurances obligatoires est prescrite à peine de nullité de l'acte, ce qui renforce la responsabilité du notaire (CCH art. L 262-4 ; voir no 94885).

F. Sanctions de l'obligation d'assurance

SANCTION PÉNALE DE L'OBLIGATION D'ASSURANCE

L'assurance construction est impérative. Commet une infraction pénale celui qui ne satisfait pas aux exigences des articles L 241-1 et L 242-1 du Code des assurances. La **peine** encourue est un emprisonnement de 6 mois et une amende de 75 000 €, ou une de ces deux peines seulement (C. ass. art. L 243-3). En pratique, les peines sont souvent sévères (3 mois avec sursis et 19 818 € d'amende pour la CA Grenoble 1-2-1989, cité par Auby et Périnet-Marquet p. 561). 93350

Il s'agit d'une infraction instantanée qui se **prescrit** par 3 ans (Cass. crim. 9-12-1992 : RDI 1993 p. 243).

La personne qui a l'obligation de s'assurer et qui ne satisfait pas à cette contrainte peut être condamnée pénalement sur plainte de la **victime** du dommage (Cass. crim. 30-3-1989 : RGAT 1989 p. 403 ; Cass. crim. 15-1-1991 : RGAT 1991 p. 391). En effet, la victime, en pratique le maître de l'ouvrage, peut se constituer partie civile contre le constructeur non assuré et obtenir réparation du préjudice résultant de la perte d'une chance sérieuse d'être indemnisée (Cass. crim. 4-2-1998 no 873 : Bull. crim. no 42).

Lorsque la personne assujettie à l'obligation est une personne morale, le **dirigeant** de celle-ci est, en principe, tenu de souscrire la police ou d'en justifier. Il peut engager sa responsabilité pénale à ce titre. Pour autant, même constitutif d'un délit, le défaut de souscription n'engage la **responsabilité civile** personnelle du gérant qu'en cas de faute séparable de sa fonction de dirigeant (Cass. 3e civ. 4-1-2006 no 04-14.731 FS-PB : RJDA 8-9/06 no 916 ; Cass. 3e civ. 10-3-2016 no 14-15.326 FS-PB : BPIM 3/16 inf. 186, RDI 2016. p. 415 ; Cass 3e civ. 7-6-2018 no 16-27.680 FS-PBI : BPIM 4/18 inf. 271, RDI 2018 p. 454). La faute est séparable de la fonction de dirigeant lorsqu'elle est d'une particulière gravité et incompatible avec l'exercice normal de ses fonctions sociales. Tel est le cas de la faute intentionnelle (Cass. com. 28-9-2010 no 09-66.255 FS-PBRI : RJDA 1/11 no 51 ; Cass. 3e civ. 10-3-2016 no 14-15.326 FS-PB). Cette faute « séparable » est retenue et engage la responsabilité civile de son auteur lorsque le gérant d'une société de construction omet de déclarer le chantier au titre de l'assurance obligatoire, ce qui entraîne la mise hors de cause de son assureur (Cass. com. 9-12-2014 no 13-26.298 F-D : RJDA 3/15 no 199). La responsabilité civile encourue est spécifique ; elle est sans lien de causalité avec le préjudice résultant de malfaçons et inachèvements et ne justifie pas une condamnation « in solidum » de son auteur avec les constructeurs (Cass. 3e civ. 5-12-2024 no 22-22-998 F-D : BPIM 1/25 inf. 42)

Les sanctions pénales précitées ne sont pas encourues par la **personne physique qui fait construire** un logement pour l'**occuper elle-même** ou le faire occuper par son conjoint, ses ascendants, ses descendants ou ceux de son conjoint (C. ass. art. L 243-3, al. 2). La restriction légale n'est pas d'une clarté absolue, l'intéressé peut **vendre** l'ouvrage dans les 10 ans de l'achèvement. Il est alors responsable aux conditions fixées par l'article 1792-1, 2° du Code civil (bien qu'il n'y ait pas eu de réception…). Dans ces conditions, ne doit-il pas être assuré en responsabilité ? M. Durry, relevant que c'est à la date d'ouverture du chantier que s'apprécie le défaut d'assurance (RDI 1979 p. 281 note 20), estime en tout cas qu'aucune infraction ne peut être relevée après. Il n'y aurait alors aucune sanction de l'assurance responsabilité, ce qui met en péril le principe même de l'obligation. Est-ce bien le sens de la loi qui n'a probablement pas voulu mettre l'acquéreur d'un tel bien dans une situation plus défavorable que les autres propriétaires ? 93355

93360 L'obligation d'assurance incombe au **syndic dans un immeuble en copropriété** et c'est lui qui est l'auteur de l'infraction si, à l'occasion de travaux en relevant (réfection de toiture, par exemple), il ne souscrit pas une police DO (Cass. crim. 30-3-1989 : RGAT 1989 p. 403 ; CA Paris 2e ch. accusation 25-3-1988 : JCP G 1988 II no 21044 obs. Bigot).

> **Précisions** Cette jurisprudence se heurte à une **résistance de certaines juridictions** qui estiment que le syndic n'est pas le mandataire des copropriétaires pris individuellement et qu'il se borne en pratique à suivre les décisions du conseil syndical (T. corr. Paris 25-4-1990 : RDI 1990 p. 392). Les réponses ministérielles sont cependant dans le sens de la solution retenue par la Cour de cassation (Rép. Martin : AN 8-9-1980 p. 3486 ; Rép. Maisonnat : AN 18-8-1980 p. 3504 no 30685). Il en allait de même de la Commission relative à la copropriété, supprimée par le décret 2014-132 du 17 février 2014, qui indiquait que « le syndic a la qualité de mandataire du maître de l'ouvrage au sens et pour l'application de l'article L 242-1 du Code des assurances » (Recommandation no 18 de la Commission relative à la copropriété).

SANCTIONS CIVILES DE L'OBLIGATION D'ASSURANCE

93365 Le défaut d'assurance est une faute civile. Il n'est pas de nature à entraîner la **nullité** du contrat (Cass. 3e civ. 15-12-1999 : RGDA 2000 p. 110), sauf le cas de la vente à rénover d'immeuble à usage d'habitation ou à usage mixte (CCH art. L 262-4). L'absence de souscription d'assurance à l'ouverture du chantier confère au maître de l'ouvrage la faculté de résilier le contrat conclu avec le constructeur en application de l'article L 123-5 du CCH, renvoyant aux articles L 241-1 s. du Code des assurances (Cass. 3e civ. 5-3-2020 no 19-13.024 FS-D : BPIM 3/20 inf. 201).

Le préjudice qui résulte de l'absence d'assurance est autonome et distinct des altérations affectant la construction : il doit donner lieu à une **réparation spécifique** car le défaut d'assurance prive dès l'ouverture du chantier le maître de l'ouvrage de la sécurité procurée par l'assurance en prévision de sinistre et constitue un préjudice certain (Cass. 3e civ. 23-11-2005 no 04-16.023 FS-PB : BPIM 2/06 inf. 120 ; Cass. 3e civ. 11-5-2023 no 22-14.749 F-D : BPIM 4/23 inf. 261). Un autre arrêt, qui retient l'indemnisation du maître de l'ouvrage par l'entrepreneur pour le préjudice résultant du défaut de souscription de l'assurance DO, dont le coût était pourtant inclus dans le prix de son marché, fait preuve de plus de souplesse dans l'appréciation des conséquences civiles du défaut d'assurance, qu'il ne retient pas, à elles seules, comme étant constitutives d'un dommage certain. Il décide que le préjudice résultant du défaut d'assurance de responsabilité du constructeur comme du défaut d'assurance DO n'est qu'éventuel en l'absence de dommage de nature décennale et de dépréciation de l'immeuble en cas de vente (Cass. 3e civ. 2-3-2022 no 21-10.753 FS-B : BPIM 2/22 inf. 133).

93370 Les constructeurs ne sont pas exonérés de leur obligation d'être couverts par une assurance de responsabilité décennale au motif que le maître de l'ouvrage n'a pas souscrit une assurance DO (Cass. crim. 30-10-2000 no 99-87.113 : RGDA 2001 p. 84). Plus récemment, il a été jugé que le **constructeur non assuré** (un particulier en l'espèce) ne peut **s'exonérer de sa responsabilité** qu'en rapportant la preuve qu'il a mis en garde le maître de l'ouvrage contre le risque encouru (Cass. 3e civ. 11-5-2023 no 22-14.749 F-D : BPIM 4/23 inf. 261). S'il résulte de ce motif que le maître de l'ouvrage pourrait dispenser le constructeur de s'assurer, cela pourrait prêter à débat sur le caractère d'ordre public de l'obligation de s'assurer sanctionnée pénalement, et cette dispense serait probablement inopposable à l'assureur DO si une assurance DO était souscrite par ailleurs.

SECTION 2

OBLIGATION D'ASSURER

A. Principes de l'obligation d'assurer

93570 Les compagnies ont l'obligation d'assurer (C. ass. art. L 243-4 et L 242-1). La règle s'applique à toute société d'assurance, réserve faite de celles dont les statuts interdisent la prise en charge du risque (C. ass. art. L 243-4).

Toutefois, un **refus d'assurance** peut être **justifié** lorsque le risque décennal est quasi certain en raison de graves et importantes non-conformités ou vices de construction (CE 29-1-2003, SCI Le village Regain : RDI 2003 p. 230).

Un **contrôle** est exercé par le bureau de tarification.

B. Bureau central de tarification

Le bureau central de tarification (BCT) est une **institution arbitrale** destinée à trancher les différends relatifs à l'obligation d'assurer. 93650

Sa **composition** est la suivante (C. ass. art. R 250-1) :
– il est présidé par un conseiller d'État, un conseiller à la Cour de cassation, un conseiller à la Cour des comptes ou un professeur des universités ;
– il réunit, pour moitié des représentants des assureurs, et pour moitié des représentants des assurés.

Il a pour **rôle** de **fixer la prime** moyennant laquelle la compagnie sollicitée est tenue de garantir le risque proposé, et éventuellement de fixer une franchise qui restera à la charge des assurés (C. ass. art. L 243-4). En cas d'ouvrages complexes, les pouvoirs du BCT sont renforcés (C. ass. art. R 250-4-1). Les chantiers qui présentent des caractéristiques techniques exceptionnelles rendent leur assurabilité délicate en raison de caractéristiques particulières proches du prototype. Une mission facultative de normalisation des risques peut être confiée au contrôleur technique et le BCT peut être saisi ; il peut reporter sa décision dans un délai de 12 mois en tenant compte des contraintes de l'opération.

Le BCT peut valablement, sur la base d'instructions techniques, estimer qu'il n'y a **pas lieu à assurance** pour un procédé dont l'utilisation entraînerait avec certitude un dommage (CE 29-1-1988 : RDI 1988 p. 321) ; voir également pour un projet comportant de graves vices (CE 29-1-2003, Le village Regain : RDI 2003 p. 230).

Le bureau de tarification saisi d'une difficulté, notamment en matière de prime, n'est pas tenu de convoquer le requérant et de statuer après **procédure** contradictoire (CE 29-1-1988 : RDI 1988 p. 321). Ses décisions sont susceptibles de **recours** pour excès de pouvoir devant le Conseil d'État qui ne peut, toutefois, fixer lui-même un tarif (CE 7-11-1984 : RDI 1985 p. 79).

Le BCT publie un **rapport annuel d'activité** qui fait le point des principales questions soumises à son examen ; le rapport d'activité de 2013, qui comprend une partie consacrée au risque construction, révélait qu'après une forte croissance, l'activité du BCT a connu un net fléchissement depuis 2009. Cette tendance s'est confirmée comme l'atteste le rapport publié en 2017 sur le site du BCT (www.bureaucentraldetarification.fr/).

Le champ des **décisions** du bureau de tarification est large. Ainsi, celui-ci a décidé que : 93655
– le coordonnateur SPS (coordonnateur de sécurité et de protection de la santé) ne devait pas être assujetti à l'assurance obligatoire (Décision du 10-12-1997 : RDI 1998 p. 116) ; voir n° 52650 ;
– la résiliation d'une police avec offre d'une nouvelle assurance comportant une prime trois fois plus élevée équivalait à un refus d'assurance (Décision du 20-1-1997 : RDI 1998 p. 117) ;
– il est compétent pour statuer sur une demande de fixation de prime en cas de refus d'assurance, même lorsque les travaux sont engagés au moment où la demande est adressée à l'assureur (CE 19-1-1998 n° 182447, SNC Grand-Littoral et SCI du rond-point : RDI 1998 p. 118) ; voir n° 92815 ;
– lorsque le constructeur (en l'espèce l'architecte) est assuré par une police qui ne couvre automatiquement que les opérations inférieures à un certain chiffre et qui comporte des plafonds de garantie en responsabilité décennale, le bureau peut contraindre l'assureur à donner sa garantie, en la limitant strictement aux ouvrages et éléments d'équipement soumis à l'obligation d'assurance, en fixant le montant de la garantie par sinistre et en précisant les limites de la franchise et le taux de cotisation (BCT 7-12-2006 nos 607/2006 et 608/2006 : Jean Nouvel et Musée du Quai Branly : RDI 2007 p. 63).

Lorsque le BCT **contraint une compagnie à assurer,** la date de **prise d'effet de la garantie** est la réception des travaux, si, du moins, les travaux ont été exécutés après la décision du BCT, alors même que le contrat d'assurance n'a été signé et la première prime payée qu'après cette exécution (Cass. 1e civ. 3-5-1995 : RDI 1996 p. 239).

SECTION 3

FONDS DE GARANTIE DES ASSURANCES OBLIGATOIRES DE DOMMAGES

93700 Le Fonds de garantie des assurances obligatoires de dommages (FGAO), destiné à l'origine à protéger les victimes d'accident de la circulation en cas de défaillance de l'auteur du dommage ou de son assureur, concerne désormais toutes les personnes bénéficiaires de prestations de contrats d'assurance dont la souscription est rendue obligatoire. Une ordonnance du 27 novembre 2017, prise sur le fondement d'une habilitation du gouvernement par l'article 149 de la loi 2016-1691 du 9 décembre 2016 (loi Sapin 2), a renforcé les dispositifs d'indemnisation des bénéficiaires de ces contrats, notamment dans le secteur de la garantie décennale de **dommages aux ouvrages** en cas de défaillance des entreprises d'assurance (Ord. 2017-1609 du 27-11-2017). L'ordonnance est entrée en vigueur le 1er juillet 2018 et s'appliquait initialement aux contrats d'assurance souscrits ou renouvelés depuis cette date (Ord. 2017-1609 du 27-11-2017 art. 15 ; Arrêté PRMX1811329A du 30-6-2018 et Décret 2018-556 du 30-6-2018 prévoyant, de façon dérogatoire, l'application immédiate de l'arrêté). Depuis le 1er janvier 2022, l'intervention du fonds est étendue aux contrats conclus avant le 1er juillet 2018 (Ord. 2017-1609 du 27-11-2017 art. 15, al. 2 modifié par Loi 2021-1900 du 30-12-2021 art. 159).

L'ordonnance a **supprimé toute discrimination** entre les entreprises d'assurance agréées en France et celles opérant en France en libre prestation de services ou libre établissement conformément au droit européen (C. ass. art. L 421-10 et L 421-10-1). Elle vise, sans distinction, les conséquences du retrait d'agrément des entreprises d'assurance sur le territoire français et la couverture par le fonds de garantie dans ce cas ; surtout elle a modifié l'article L 421-2 du Code des assurances. Désormais le texte précise, à propos de la composition du fonds de garantie qu'« il regroupe les entreprises d'assurance qui couvrent les risques faisant l'objet d'une assurance obligatoire en matière… et en matière d'assurance de dommages prévue à l'article L 242-1 ». L'ancien texte précisait que le fonds rassemblait « toutes les entreprises d'assurance agréées en France et soumises au contrôle de l'État ».

93710 S'agissant des risques relevant de l'assurance obligatoire en matière de construction, le texte peut soulever une **interrogation** non négligeable. L'article L 421-1 du Code des assurances, dans sa rédaction antérieure à l'ordonnance 2017-1609 du 27 novembre 2017, visait les « assurances obligatoires de dommages » qui, en droit des assurances, peuvent viser tant les assurances de chose que celles de responsabilité ; les alinéas suivants concernaient d'ailleurs l'assurance de responsabilité. L'ordonnance a modifié légèrement ce texte sans en altérer la substance, mais elle a apporté une nouvelle rédaction à l'article L 421-9, en soumettant à la protection du fonds de garantie les « personnes assurées ou bénéficiaires de prestations de contrats d'assurance dont la souscription est rendue obligatoire par les articles L 211-1 ou L 242-1 ». L'article L 211-1 concerne l'assurance obligatoire de responsabilité en matière de véhicules terrestres à moteur ; il n'appelle pas de commentaires. L'article L 242-1 concerne l'assurance de dommages obligatoire en matière de construction. D'autres dispositions du Code des assurances modifiées par l'ordonnance visent aussi ce texte : l'article L 421-2 qui concerne les entreprises d'assurance regroupées dans le fonds ; l'article L 421-10-1 qui vise la contribution des entreprises couvrant les risques relevant de l'assurance obligatoire en vertu de l'article L 242-1. Or, l'assurance obligatoire en matière de construction s'entend aussi de l'assurance de responsabilité visée à l'article L 241-1 du Code des assurances. On peut donc penser que la défaillance de l'assureur de responsabilité est exclue de la garantie du Fonds de garantie. Comme l'assurance DO et l'assurance RC décennale sont toutes deux obligatoires, on peut se demander si le législateur n'a pas estimé qu'il n'y a pas lieu à garantie du Fonds de garantie lorsqu'il existe une assurance DO car la victime est protégée si l'assureur n'est pas défaillant, même si l'assureur RC l'est. C'est un risque sérieux pour les assureurs DO.

© Éd. Francis Lefebvre

CHAPITRE 2

ASSURANCE DOMMAGES-OUVRAGE

SOMMAIRE

SECTION 1

ASSURANCE OBLIGATOIRE

A. Personnes concernées par l'assurance DO

PERSONNES ASSUJETTIES À L'ASSURANCE DO

Qualité du souscripteur de l'assurance DO L'obligation d'assurance dommages-ouvrage (DO) incombe à « toute personne physique ou morale qui, agissant en qualité de propriétaire de l'ouvrage, de vendeur ou de mandataire du propriétaire de l'ouvrage, fait réaliser des travaux de construction ». Sont visés (C. ass. art. L 242-1 et L 242-2) : 93970
– le **maître de l'ouvrage** classique, c'est-à-dire celui pour le compte de qui les travaux sont exécutés ;
– le **vendeur d'immeuble** à construire ou achevé, qui n'est assujetti que parce qu'il a été maître d'ouvrage avant de vendre (CA Paris 14e ch. C 24-11-1989 : RDI 1990 p. 104). Il en va de même du vendeur d'immeuble à rénover (CCH art. L 262-2, voir no 94885) ;
– le **promoteur immobilier** ;
– le **mandataire du propriétaire** qui, sans avoir souscrit un contrat de promotion immobilière, fait réaliser des travaux pour son compte.

La rédaction du texte donne à penser que l'obligation ne concerne celui qui vend achevé l'ouvrage qu'il construit lui-même qu'au moment de la vente.

Une décision du Bureau de tarification assujettit celui qui construit en vue de la vente selon la formule du « **Castor** » à l'assurance dommages (Décision BCT du 1-4-1988 : RDI 1998 p. 398).

Le **constructeur de maison individuelle** n'est pas tenu de s'assurer en DO, mais le contrat de construction doit mentionner la référence de l'assurance de dommages souscrite par le maître de l'ouvrage (CCH art. L 231-2).

En matière de **crédit-bail immobilier,** on s'accorde généralement pour dire que c'est le crédit-bailleur qui est assujetti. En pratique, c'est souvent lui qui souscrit l'assurance.

Dans le **bail à réhabilitation,** c'est le preneur qui doit souscrire l'assurance (Circ. 91-23 du 28-1-1991 : JCP N 1991 prat. no 1773 p. 155).

> **Précisions** **a. En pratique,** nombreux sont les maîtres de l'ouvrage non professionnels qui ne souscrivent **pas d'assurance DO** : la plupart des compagnies d'assurances refusent d'assurer les particuliers et le coût d'une telle assurance est élevé. En conséquence, le maître de l'ouvrage qui subit un sinistre :
> – ne peut pas se prévaloir de la procédure et des délais d'indemnisation prévus dans le cadre de l'assurance DO (voir nos 96400 s.) ;

– doit se retourner contre les constructeurs et leur assurance responsabilité, ce qui implique une procédure plus lourde et plus longue ;
– s'il vend son immeuble, son acquéreur, privé du bénéfice d'une assurance DO, se retournera contre lui. Il n'aura alors d'autre ressource que d'appeler à son tour en garantie les constructeurs.

b. Dans le cadre d'un **marché public de travaux,** le contrat d'assurance DO souscrit par une collectivité publique a le caractère d'un contrat administratif. L'appel en garantie du constructeur contre l'assureur relève de la compétence de la juridiction administrative (T. Confl. 5-7-2021 n° 4223 : BPIM 6/21 inf. 379).

93975 **Réalisateur d'ouvrages de viabilité** Pour les marchés, contrats ou conventions conclus depuis le 9 juin 2005, les réalisateurs d'ouvrages de viabilité ne sont pas tenus de s'assurer en DO, sauf si l'ouvrage ou l'élément d'équipement est **accessoire à un ouvrage** soumis à ces obligations d'assurance (dommages-ouvrage C. ass. art. L 243-1-1, I ; voir n° 92885).

BÉNÉFICIAIRES DE L'ASSURANCE DO

93980 L'assurance DO est une **assurance de la chose** (B. Boubli, La responsabilité des architectes, entrepreneurs et autres constructeurs, éd. du JNA 1991 n° 582 ; Caston, chron. précitée : Act. jur. prof. immob. 1978 p. 20 ; Bigot, chron. précitée : JCP éd. G 1978 I n° 2923 ; Malinvaud et Jestaz, Droit de la promotion immobilière, éd. Dalloz 1995 n° 193).
De fait, les bénéficiaires sont :
– le **maître de l'ouvrage** ;
– les propriétaires successifs de l'immeuble ;
– les personnes subrogées dans les droits du maître d'ouvrage ou des propriétaires successifs.

93982 **Personne subrogée au maître de l'ouvrage** En cas de **construction de maison individuelle,** le garant qui a désintéressé le maître de l'ouvrage est subrogé dans ses droits contre l'assureur DO pour la garantie des désordres couverts par cet assureur (Cass. 3e civ. 13-11-2003 n° 02-14.500 FS-PB : BPIM 1/04 inf. 29). Un arrêt retient le recours du garant sans préciser qu'il est subrogatoire (Cass. 3e civ. 2-3-2005 n° 03-15.936 FS-PB : Bull. civ. III n° 47).

L'assurance DO ne constitue pas une assurance de responsabilité pour le **constructeur** même s'il a souscrit la police pour le compte du maître de l'ouvrage (Cass. 1e civ. 12-1-1999 n° 56 : Bull. civ. I n° 12). Dans le même sens, jugé que l'assureur de responsabilité ne peut pas se prévaloir des manquements de l'assureur DO qui a tardé à prendre en charge le sinistre et qui en aurait aggravé le coût (Cass. 3e civ. 1-3-2006 n° 04-20.551 FS-PBR : Bull. civ. III n° 49, action du maître d'ouvrage contre l'assureur DO jugée tardive).

Il est admis que le **vendeur qui a indemnisé l'acquéreur** (condition nécessaire : Cass. 1e civ. 14-2-1996 : RDI 1996 p. 394) est subrogé dans les droits de celui-ci pour bénéficier de l'assurance DO (Cass. 1e civ. 21-2-1995 n° 91-16.046 : RDI 1995 p. 572 ; Cass. 1e civ. 8-10-1996 : BPIM 6/96 inf. 410).

Subsiste la question de savoir si l'assurance de chose n'est pas conclue au bénéfice des entrepreneurs pour des **dommages avant réception** (Cass. 1e civ. 9-11-1999 n° 1706 : RJDA 2/00 n° 121 : RDI 2000 p. 206).

93985 **Propriétaires successifs** Le souscripteur conclut le contrat tant pour son compte que pour « celui des acquéreurs successifs » du bâtiment (C. ass. art. L 242-1 ; Cass. 3e civ. 8-10-2008 n° 07-15.939 FS-D : RDI 2008 p. 562 ; Cass. 3e civ. 3-3-2010 n° 07-21.950 FS-PB : BPIM 3/10 inf. 243). La jurisprudence, plutôt que de retenir l'assurance pour compte, énonce que l'assurance « se transmet » (Cass. 1e civ. 8-10-1996 n° 93-20.918 : RJDA 2/97 n° 197), solution qu'elle admet également en cas de vente en l'état futur de rénovation (Cass. 3e civ. 22-2-1995 : RDI 1995 p. 356).

Ainsi, le **vendeur d'immeubles à construire et son acquéreur** ont simultanément ou successivement la qualité de souscripteur et d'assuré. On est en présence d'une assurance pour compte, qui expose les propriétaires successifs aux exceptions que l'assureur peut opposer au souscripteur (C. ass. art. L 112-1 ; sur la controverse suscitée par cette notion, Chétivaux-David : JCP G 1987 II n° 20767 et Bigot : RGAT 1987 p. 224).

Seul le **syndicat des copropriétaires** ayant hérité de la propriété peut agir contre l'assureur et non le maître de l'ouvrage souscripteur (Cass. 3e civ. 17-3-1999 n° 525 : Bull. civ. III n° 69 ; Cass. 3e civ. 20-10-2004 n° 03-13.599 FS-PB : RJDA 5/05 n° 535). Le syndicat peut agir pour des désordres aux parties communes (CA Paris 23e ch. B 29-5-1986, Albingia c/ Sogire : RGAT 1987 p. 224, pour des infiltrations et des désordres aux parties communes). Il est, en revanche, irrecevable pour des désordres affectant les parties privatives.

93990 **Bénéficiaire de l'indemnité d'assurance DO** Il faut **distinguer l'action au titre de la garantie** (qui se transmet) **de l'indemnité de sinistre** qui n'est due qu'au propriétaire sinistré (Cass. 3e civ. 16-12-2009 n° 09-65.697 FS-PB : BPIM 1/10 inf. 37). L'indemnité n'est pas due à son ayant cause particulier s'il n'existe aucune convention entre eux quant au transfert éventuel du bénéfice de l'indemnité d'assurance dans l'acte de cession du bien (Cass. 1e civ. 10-6-1997 no 95-15.523 P : BPIM 4/97 inf. 271). Toutefois, dans le cas où le contrat de vente prévoit un transfert du droit à indemnité, l'acquéreur a seul qualité pour agir en paiement des indemnités d'assurance contre l'assureur garantissant les dommages, même si la déclaration de sinistre a été effectuée par le vendeur avant la vente (Cass. 3e civ. 15-9-2016 no 15-21.630 FS-PB : BPIM 6/16 inf. 383).

Dans le cas d'un **crédit-bail immobilier,** c'est le crédit-bailleur qui est, en principe, le bénéficiaire des indemnités (Cass. 3e civ. 27-5-1999 no 97-19.599 D : RDI 1999 p. 409, BPIM 4/99 no 292). Mais le crédit-preneur qui a financé les travaux peut avoir la qualité de bénéficiaire (Cass. 1e civ. 17-7-2001 no 98-21.913 FS-P : RDI 2001 p. 490 ; Cass. 1e civ. 12-2-2002 no 99-11.062 FS-P : BPIM 3/02 inf. 193).

S'il advient que les **ventes** conclues par une SCI sont **annulées,** les indemnités allouées au syndicat et aux copropriétaires ne peuvent pas être réclamées par l'assureur DO car elles font partie du patrimoine de la SCI en sa qualité de maître d'ouvrage (Cass. 3e civ. 21-11-2001 no 00-14.728 FS-PBRI : RJDA 3/02 no 239).

EXONÉRATIONS D'ASSURANCE DO

Certaines **personnes** sont exonérées de l'obligation d'assurance DO (no 92710). 93995
En outre, certains **ouvrages** sont exclus du champ de l'assurance obligatoire (no 92885).

B. Garantie de l'assurance DO

1. OUVRAGES GARANTIS PAR L'ASSURANCE DO

L'assurance DO est l'assurance de l'ouvrage. 94060
Sont garantis les ouvrages visés par la police d'assurance. En application de l'ordonnance 2005-658 du 8 juin 2005, ces ouvrages doivent être constitutifs de **travaux de construction** (nos 92880 s.).

La jurisprudence avait étendu la garantie décennale de l'article 1792 du Code civil aux **équipements sur existants** dont les désordres peuvent rendre l'ouvrage impropre à sa destination (voir nos 87144 s.). Ces dommages qui pouvaient alors entrer dans le champ de l'assurance DO ne sont désormais plus pris en compte au titre de la garantie décennale, sauf si les équipements constituent en « eux-mêmes » un ouvrage (voir no 92840 s.).

L'assurance DO ne peut **pas être réduite ou limitée** par une convention extérieure à la police (par exemple, pour un contrat d'architecte qui limitait, en vain, l'assurance DO aux travaux objet du contrat, Cass. 1e civ. 23-6-1998 no 96-14.658 : Bull. civ. I no 223).

2. RISQUES COUVERTS PAR L'ASSURANCE DO

DOMMAGES DE NATURE DÉCENNALE

Risques de la construction L'assurance DO couvre l'immeuble contre les risques de la construction relevant de la garantie décennale. 94090

La garantie porte sur « les **travaux de réparation** de la nature de ceux dont sont responsables les constructeurs au sens de l'article 1792-1, les fabricants ou importateurs ou le contrôleur technique sur le fondement de l'article 1792 du Code civil » (C. ass. art. L 242-1) en « dehors de toute recherche de responsabilité » (C. ass. art. A 243-1 annexe II).

La loi vise les « travaux de réparation » ce qui exclut, en principe, les dommages immatériels (voir no 94205).

La loi concerne aussi les dommages de nature décennale, selon l'**énumération reprise par la clause type** des contrats d'assurance DO qui fait l'inventaire des conditions requises pour que la garantie décennale soit encourue (nos 87030 s.). La condition relative à des travaux de construction est toujours nécessaire (nos 87070 s. et 92925), ce qui exclut notamment le ravalement purement esthétique (Cass. 3e civ. 5-2-1985 : Bull. civ. III no 21) et les désordres apparents non réservés à la réception (Cass. 3e civ. 11-5-2022 no 21-15.217 FS-PB : BPIM 3/22 inf. 220). Le risque assuré étant le risque de dommage relevant de la garantie décennale, ou encore les désordres de nature décennale (voir no 94095), le contrat d'assurance ne peut exclure les éléments d'équipement dès lors que le désordre susceptible de les affecter peut rendre l'ouvrage impropre à sa destination et entrer dans le champ de la garantie décennale (Cass. 3e civ. 18-12-2013 no 13-11.441 FS-PB : BPIM 1/14 inf. 34, matériels de filtration équipant une piscine).

> **Précisions** La garantie ne s'étend pas, en principe, au **risque d'attentat** qui paraît ressortir de la cause étrangère (no 94225). La responsabilité du maître d'œuvre a pourtant été retenue pour n'avoir pas souscrit pour le compte du maître d'ouvrage qu'il représentait une extension risque d'attentat pour une maison construite en Corse. Il lui a été reproché un manquement à son obligation de conseil (Cass. 3e civ. 17-11-1999 no 98-15.412 : BPIM 1/00 inf. 36).

94092 **Dommages aux existants** Depuis l'ordonnance 2005-658 du 8 juin 2005, dont les dispositions sont reprises dans la clause type, l'assurance obligatoire DO n'est pas applicable et ne garantit pas les dommages aux ouvrages existants avant l'ouverture du chantier, à l'exception du cas où des ouvrages **totalement incorporés dans l'ouvrage neuf** en deviennent techniquement indivisibles (C. ass. art. L 243-1-1, II ; voir nos 92840 et 92880). Récemment jugé que l'assurance obligatoire ne garantit les dommages à l'existant provoqués par la construction d'un ouvrage neuf que dans le cas d'une indivisibilité technique des deux ouvrages et si celle-ci procède de l'incorporation totale de l'existant dans le neuf, ces deux conditions étant cumulatives (Cass. 3e civ. 30-5-2024 no 22-20.711 FP-B : BPIM 4/24 inf. 257, RDI 2024 p. 410 note Charbonneau). Sous cette réserve, la souscription d'une DO pour ce risque n'est donc pas obligatoire, et il est probable que les nouvelles polices DO l'évinceront clairement pour éviter toute difficulté d'interprétation.

Lorsque l'ouvrage existant a subi un dommage engageant la responsabilité des constructeurs, **les travaux de reprise nécessaires à la réparation** peuvent donner lieu à la souscription d'une assurance DO. S'ils s'avèrent défectueux, l'assurance garantit les nouveaux travaux de reprise et les frais exposés, dont le coût de l'assurance DO (voir no 96485), même si les travaux d'origine n'avaient pas donné lieu à la souscription d'une telle police (Cass. 3e civ. 21-1-2021 no 19-16.434 F-D : BPIM 2/21 inf. 125, RDI 2021 p. 168).

94095 **Condition de la couverture de l'assurance DO** Un dommage « de nature décennale » n'existe pas à l'état pur, puisqu'il suppose une responsabilité encourue sur le fondement des articles 1792 s. du Code civil.

Or, en assurance DO, il faut prendre le désordre à l'état brut, en tenant compte de son degré de gravité, peu important, dans certains cas, qu'il soit apparent ou caché (nos 87460 et 94125). Il est certain que c'est le résultat qui importe : le désordre doit rendre l'ouvrage **impropre à sa destination ou en compromettre la solidité** (Cass. 3e civ. 3-3-2010 no 07-21.950 FS-PB : BPIM 3/10 inf. 243).

En l'absence de désordres, les défauts de conformité ne relèvent pas de la garantie décennale, en particulier lorsque les défauts ne portent pas en eux-mêmes atteinte à la solidité ou à la destination de l'ouvrage et n'exposent pas à un risque de démolition à la demande d'un tiers. La démolition nécessaire à la réparation du dommage résultant de ces non-conformités ne constitue pas un dommage relevant de l'assurance DO (Cass. 3e civ. 6-6-2024 no 23-11.336 FS-B : BPIM 4/24 inf. 256).

94100 On peut imaginer un **accord entre le maître de l'ouvrage et les constructeurs** pour limiter certains éléments de confort. Sous réserve que cet accord soit clair et que le client ait bien été informé des conséquences de son choix, c'est dans la limite de ce contrat qu'il faut apprécier le désordre (Cass. 1e civ. 3-4-1984 no 83-10.100 : Bull. civ. I no 123). Aussi, on ne pourrait pas invoquer l'impropriété à la destination résultant d'une absence de chauffage si aucun chauffage n'a été prévu car l'assurance ne s'applique pas à la réalisation d'ouvrages qui, indépendamment de tout sinistre, n'ont pas été exécutés (en ce sens, Cass. 1e civ. 2-2-1994 no 91-21.370 : Bull. civ. I no 40).

ABSENCE D'OUVRAGE

94105 **Élément nécessaire à l'utilisation de l'ouvrage** L'absence d'éléments nécessaires à l'utilisation de l'ouvrage conformément à son objet, résultant soit d'un descriptif défectueux, soit d'une absence de précision au contrat, doit être prise en compte au titre de la garantie décennale. Ici, le défaut de conformité cache un **vice de la construction.** Encore fallait-il pendant longtemps que le vice soit **caché,** ce qui était le cas d'un défaut de cuvelage étanche d'un parking (Cass. 3e civ. 5-2-1985 no 83-15.080 : Bull. civ. III no 22) ou d'un mur d'une épaisseur insuffisante (Cass. 1e civ. 1-12-1987 : RGAT 1988 p. 54 ; Cass. 3e civ. 17-10-1990 : Gaz. Pal. 1991 pan. p. 38). Mais cette condition n'est plus exigée dans tous les cas (no 94125). Les assureurs ne peuvent alors pas refuser leur garantie au prétexte d'absence d'ouvrage, même fautive.

La jurisprudence, dans sa majorité, considère que la garantie est due en cas d'absence d'ouvrage **prévu au descriptif** (Cass. civ. 6-1-1987 : RGAT 1987 p. 100 ; CA Paris 23e ch. A 22-2-1995 : RDI 1995 p. 353) ou non prévu, si l'ouvrage est nécessaire pour remédier au désordre (Cass. 1e civ. 3-2-1993 : RDI 1993 p. 239 ; Cass. 1e civ. 2-2-1994 no 91-18.764 : RJDA 3/94 no 258, 1e espèce, solution implicite ; Cass. 3e civ. 17-7-1996 : BPIM 6/96 inf. 411).

> **› Précisions** Ces difficultés ont donné lieu au développement d'une **théorie** dite de l'**absence d'ouvrage** (voir Chétivaux-David : JCP N 1986 I p. 333). Selon cette théorie, si un ouvrage n'est pas prévu au descriptif, la non-façon ne peut donner lieu à garantie car l'assurance de dommages est un préfinancement qui ne peut pas contraindre l'assureur à indemniser le maître de l'ouvrage de débours qu'il n'a pas exposés.
> Mais l'assurance ayant pour objet de garantir le risque de nature décennale, il suffit que le droit à réparation de la victime ne soit pas contestable pour que l'assurance trouve matière à s'appliquer.

Absence d'ouvrage imputable au maître de l'ouvrage Il faut réserver le cas où l'absence d'ouvrage est entièrement imputable au maître de l'ouvrage par suite de son **immixtion fautive** (voir nos 88105 s.) **ou** de son **acceptation délibérée des risques** (voir nos 88100 s.). Dans ce cas, l'exonération de responsabilité des constructeurs est parfois totale (voir no 88120) et l'exclusion de garantie concevable. 94115

En outre, il peut être reproché au maître de l'ouvrage une **déclaration** de risque **inexacte ou volontairement fausse** relevant des articles L 113-8 et L 113-9 du Code des assurances (voir cependant Cass. 1e civ. 2-2-1994 : D. 1994 IR p. 53).

Ces textes ne sont pas utilisés en assurance DO car le maître de l'ouvrage profane est généralement de bonne foi et il est difficile de libeller un **formulaire de déclaration** impliquant une connaissance technique du marché, que souvent l'assuré n'a pas (CA Paris 19e ch. A 8-11-1989, Cogedim UAP ; comparer en revanche en assurance de responsabilité, Cass. 1e civ. 6-12-1994 : Gaz. Pal. 1995 som. p. 301, qui applique la réduction proportionnelle d'indemnité en cas de déclaration inexacte du risque par l'architecte ; voir no 95075). Les assureurs ont plutôt eu recours à la pratique des exclusions en écartant de la garantie les non-façons, ce qui est illicite en assurance dommages obligatoire. En effet, dans ce domaine, les exclusions sont de droit étroit (CA Paris 19e ch. A 25-2-2002 : RDI 2002 p. 305).

Néanmoins, un arrêt a retenu la nullité du contrat d'assurance pour **réticence dolosive de l'assuré** sur le fondement de l'article L 113-8 du Code des assurances, à propos d'une police souscrite après réception alors que le souscripteur n'avait pas répondu à la demande de communication par l'assureur du rapport du contrôleur technique (Cass. 1e civ. 7-1-1997 no 94-17.626 : Bull. civ. I no 1). Par ailleurs, il faut distinguer l'absence d'un ouvrage nécessaire à la solidité de l'immeuble ou à sa destination de l'inachèvement qui pose un tout autre problème (Cass. 3e civ. 28-5-2002 no 00-21.701 : RDI 2002 p. 306).

FAUTE DU MAÎTRE DE L'OUVRAGE

Lorsqu'elle est la **cause exclusive du dommage,** la faute du maître de l'ouvrage fait perdre à l'assureur DO son recours contre l'assureur de responsabilité (TGI Paris 3-9-1997 : RDI 1998 p. 397). Comme l'assurance de dommages est une assurance de préfinancement, il semble qu'elle n'a pas à couvrir, même à titre provisoire, le sinistre lorsque le maître de l'ouvrage est en faute : ce peut être un cas de contestation de garantie (voir nos 94115 et 96445) qui débouche sur un contentieux. 94120

DÉSORDRE CACHÉ

Le désordre relevant de l'assurance de dommages devrait être **caché à la réception,** sauf le cas particulier étudié nos 94160 s. 94125

La jurisprudence soumet cependant à la garantie décennale et par suite à l'assurance de responsabilité les désordres **apparents** dont la gravité n'est appréciable qu'à l'usage (no 87475).

On peut penser que ces désordres permettent la mise en œuvre de l'assurance DO, et ce, alors même que le délai de parfait achèvement est expiré (no 94170).

3. MISE EN ŒUVRE DE LA GARANTIE DE L'ASSURANCE DO

La période de garantie est précisée aux conditions particulières du contrat d'assurance. Elle a pour point de départ l'**expiration du délai de garantie de parfait achèvement** qui court pendant un an à compter de la réception (C. ass. art. L 242-1, al. 8). Elle s'achève 10 ans après celle-ci, en même temps que la garantie décennale. 94150

En principe, les désordres qui échappent à la garantie décennale ne devraient pas être couverts par l'assurance. Mais le domaine de l'assurance de dommages ne s'aligne pas tout à fait sur celui de la garantie décennale. L'assurance peut être mise en œuvre **avant la fin de l'année qui suit la réception,** dans **deux cas** qui exigent une mise en demeure restée infructueuse (C. ass. art. L 242-1, al. 9 et 10).

RÉSILIATION POUR INEXÉCUTION DU CONTRAT DE LOUAGE AVANT LA RÉCEPTION

94160 **Conditions de la garantie** L'assurance est mise en œuvre lorsque, avant la réception et après mise en demeure, le contrat de louage d'ouvrage conclu avec l'entrepreneur est résilié pour inexécution de ses obligations (C. ass. art. L 242-1). Les deux conditions, **mise en demeure et résiliation du contrat** d'entreprise par le maître de l'ouvrage, sont nécessaires (Cass. 1e civ. 1-4-2003 n° 478 : l'Argus de l'assurance 9-5-2003 p. 41). Toutefois, même si elles ne sont pas réunies, la garantie de l'assureur DO peut être acquise s'il n'a pas satisfait à ses obligations dans les délais qui lui sont assignés (voir nos 96405 s.).

La mise en demeure doit émaner du maître de l'ouvrage ou de son mandataire spécialement habilité (Cass. 3e civ. 7-9-2022 n° 21-21.382 FS-B : BPIM 5/22 inf. 368) et elle peut résulter d'une :
- assignation en résolution du marché (Cass. 1e civ. 23-5-2000 n° 97-22.547 FS-P : BPIM 5/00 inf. 327) ;
- assignation en référé (Cass. 1e civ. 14-10-1997 n° 95-19.390 : RDI 1998 p. 397) ;
- sommation d'avoir à continuer le chantier adressée par le maître de l'ouvrage à l'entrepreneur (Cass. 3e civ. 10-12-2015 n° 14-17.351 FS-D : BPIM 1/16 inf. 38).

Il est impératif qu'aucune réception ne soit alors prononcée (Cass. 3e civ. 10-7-1991 n° 89-21.825 : Bull. civ. III n° 205).

> **Précisions** **a.** La mise en **liquidation judiciaire** vaut **résiliation du marché** pour l'application de l'article L 242-1 du Code des assurances (Cass. 3e civ. 26-11-2003 n° 02-15.323 FS-PB : BPIM 1/04 inf. 29), et cela bien que le Code de commerce sur le redressement et la liquidation des entreprises ne le dise pas (Cass. 1e civ. 3-3-1998 n° 95-10.293 : RJDA 5/98 n° 629). La **mise en demeure** n'est pas requise lorsqu'elle est **impossible ou inutile,** notamment en cas de cessation d'activité de l'entreprise ou de liquidation judiciaire. Cette circonstance donne naissance à la possibilité d'exercer l'action contre l'assureur et constitue le point de départ de la prescription biennale, de sorte que la mise en œuvre de l'assurance DO obligatoire avant réception résulte de la mise en liquidation judiciaire de l'entrepreneur (Cass. 1e civ. 10-12-2002 n° 99-15.675 D). La garantie de l'assurance DO peut alors être demandée dans les 2 ans du jugement d'ouverture de la liquidation judiciaire de l'entreprise (Cass. 3e civ. 13-2-2020 n° 19-12.281 FS-PBR : BPIM 2/20 inf. 123, RDI 2020 p. 318 note D. Noguéro). La dispense des formalités ne peut pas être invoquée lorsque la résiliation a été notifiée plusieurs mois avant la liquidation de l'entreprise sans mise en demeure préalable (Cass. 3e civ. 7-9-2022 n° 21-21.382 FS-B : BPIM 5/22 inf. 368).
> **b.** La mise en **redressement judiciaire** avec poursuite d'activité de l'entreprise ne dispense pas de la **mise en demeure** (Cass. 1e civ. 23-6-1998 n° 95-19.340 : Bull. civ. I n° 222).
> **c.** Dans le cas d'un **CCMI,** la mise en œuvre de l'assurance DO avant la réception contraint l'assureur à prendre en charge la réparation des dommages décennaux, la présence d'un garant n'allégeant pas l'obligation de l'assureur (Cass. 3e civ. 26-11-2003 n° 02-15.323 FS-PB : BPIM 1/04 inf. 29).

94165 **Réparation nécessaire des désordres** L'assurance garantit « les réparations nécessaires », notion équivoque qui fait penser à la théorie des « impenses » (voir B. Boubli, La responsabilité et l'assurance des architectes, entrepreneurs et autres constructeurs, éd. du JNA, n° 631), mais ne semble pas devoir se confondre avec une garantie de bonne fin des travaux : ce sont des « réparations » que la police garantit, ce qui suppose des désordres constatés et non l'achèvement de l'ouvrage (en ce sens également : Bigot et d'Hauteville, op. cit. p. 179). Cette interprétation, émise par plusieurs auteurs (B. Boubli, op. cit. ; Bigot et d'Hauteville, Responsabilité et assurance construction, Argus, 1988), est confirmée par la Cour de cassation (Cass. 1e civ. 2-2-1994 n° 91-21.370 : Bull. civ. I n° 40) qui distingue nettement l'objet de l'assurance de celui des garanties de livraison à prix convenu (Cass. 3e civ. 19-6-1996 n° 94-14.996 : RJDA 10/96 n° 1249). Les « réparations nécessaires » s'entendent de celles qui permettent de **remédier aux désordres constatés** et qui correspondent, dans le secteur de l'habitation :
- au coût des travaux de **remise en état** dans la limite du coût prévisionnel de la construction, avant la réforme de la clause type opérée par l'arrêté du 19 novembre 2009 (voir Cass. 3e civ. 14-12-2011 n° 10-27.153 FS-PB : BPIM 1/12 inf. 42) ;
- au coût des travaux de « remise en état » depuis l'arrêté du 19 novembre 2009 ayant modifié la clause type (C. ass. art. A 243-1 annexe II ; voir n° 94210).

La garantie donnée par l'assureur doit permettre une réparation pérenne et efficace du dommage (voir n° 96487).

> **Précisions** Un arrêt (Cass. 3e civ. 13-2-2020 no 19-12.281 FS-PBRI : BPIM 2/20 inf. 123) vise les **désordres de nature décennale. Avant réception,** la référence interroge. On peut se demander si l'intention n'est pas d'attacher à ces désordres un certain degré de gravité comme en matière décennale.

NON-EXÉCUTION PAR L'ENTREPRENEUR DE SES OBLIGATIONS APRÈS RÉCEPTION

L'assurance DO garantit « le paiement des réparations nécessaires » lorsque, après réception mais **avant l'expiration** du délai **de la garantie de parfait achèvement,** l'entrepreneur n'a pas exécuté ses obligations après **mise en demeure** (C. ass. art. L 242-1, al. 10). Cette garantie cesse à l'expiration de la garantie de parfait achèvement puisque, à compter de ce terme, c'est le droit commun de l'assurance DO qui prend le relais (no 94150). **94170**

La réunion de ces conditions (mise en demeure par le maître d'ouvrage et non-exécution par l'entrepreneur de ses obligations) est nécessaire (Cass. 1e civ. 7-2-1995 : RDI 1995 p. 355 ; Cass. 1e civ. 10-7-1995 no 93-13.027 : RDI 1996 p. 86 ; Cass. 3e civ. 18-12-2002 no 01-12.667 FS-D : BPIM 1/03 inf. 29, qui rappelle qu'en cas de réception seule la mise en demeure de procéder au parfait achèvement s'impose). En revanche, la mise en œuvre de l'assurance n'est pas subordonnée à la résiliation du marché (Cass. 1e civ. 4-6-1991 no 89-16.060 : Bull. civ. I no 176).

Les clauses types des contrats d'assurance DO, dans leur rédaction issue de l'arrêté ECET0921432A du 19 novembre 2009, prévoient que la mise en demeure doit être faite par lettre recommandée avec avis de réception (C. ass. art. A 243-1 annexe II). Avant l'entrée en vigueur des nouvelles clauses types, il avait été jugé que la mise en demeure pouvait résulter d'une assignation en référé (Cass. 1e civ. 14-10-1997 : RDI 1998 p. 397).

Le délai de la garantie de parfait achèvement pouvant être interrompu (voir nos 63060 s.), cette interruption peut influencer la **durée de la garantie** spéciale de l'assurance pour les désordres concernés.

Ce sont, pouvait-on penser, les **désordres cachés à la réception et révélés dans l'année** du parfait achèvement qui paraissent visés par le texte. **94175**

Mais la Cour de cassation a admis la mise en œuvre de l'assurance pour des **désordres réservés et non réparés** par l'entrepreneur au titre du parfait achèvement malgré une mise en demeure (Cass. 3e civ. 23-4-1986 : RGAT 1986 p. 389, 1e espèce, Karila : RDI 1987 p. 27 ; Cass. 1e civ. 2-2-1994 no 91-21.370 : RGAT 1994 p. 560 obs. Périnet-Marquet). Le Conseil d'État partage cette position (CE 31-10-2024 no 488920 : BPIM 6/24 inf. 360). Il faut toutefois que les désordres soient graves (Cass. 3e civ. 8-3-1995 no 93-11.267 : Bull. civ. III no 71, RDI 1996 p. 86). Il appartient au juge de rechercher si les désordres réservés à la réception et non réparés au titre de la garantie de parfait achèvement ne relèvent pas de la garantie de l'assurance DO (Cass. 3e civ. 1-4-2021 no 19-16.179 FS-P : BPIM 3/21 inf. 198, RDI 2021 p. 372, retenant cette solution alors que la réception n'a pas été prononcée par les parties).

Selon certains interprètes, les désordres pouvant être garantis par l'assurance DO doivent présenter les caractères exigés en matière décennale. Mais cette appréciation est à vérifier. Si seuls les désordres de la gravité requise pour la décennale sont à considérer, il est probable que la garantie pourra s'étendre aux dommages dont la gravité n'apparaît qu'après le délai de parfait achèvement (nos 87535 et 94125).

Il semble que, sous cette réserve, l'assureur qui indemniserait le maître de l'ouvrage pour des **désordres apparents et non réservés** perdrait tout recours contre les constructeurs (Cass. 3e civ. 10-7-1991 no 89-21.825 : Bull. civ. III no 205).

4. ÉTENDUE DE LA GARANTIE DE L'ASSURANCE DO

DURÉE DE LA GARANTIE DE L'ASSURANCE DO

La durée de la garantie est de 10 ans à compter de la réception (Cass. 3e civ. 9-4-2008 no 06-20.919 FS-D : BPIM 3/08 inf. 224). Elle **cesse** en même temps que la garantie décennale. Toutefois, les désordres garantis pendant 10 ans peuvent donner lieu à une action contre l'assureur DO à l'expiration de ce délai si l'assuré n'a eu connaissance de ces désordres qu'à cette date. En effet, la prescription de 2 ans (ou de 5 ans) de l'action de l'assuré contre son assureur, prévue par l'article L 114-1 du Code des assurances, ne commence à courir qu'à compter du jour où l'assuré a eu connaissance du dommage (nos 96260 s.). **94200**

La **police** d'assurance doit rappeler les règles de prescription des actions dérivant du contrat, y compris les causes d'interruption de celle-ci, qu'elles soient prévues par le Code des assurances ou par le Code civil. À défaut l'assureur ne peut pas opposer à l'assuré la prescription prévue à l'article L 114-1 du Code des assurances (CE 26-3-2018 nº 405109, Cne de Montereau-Fault-Yonne : BPIM 3/18 inf. 196).

NATURE DES TRAVAUX GARANTIS PAR L'ASSURANCE DO

94205 La couverture de la garantie porte sur « le coût de l'ensemble des **travaux afférents à la remise en état** des ouvrages ou éléments d'équipement de l'opération endommagés à la suite d'un sinistre ainsi que des ouvrages existants totalement incorporés dans l'ouvrage neuf et qui en deviennent techniquement indivisibles » (C. ass. art. L 243-1-1 et A 243-1 annexe II). A contrario, ce champ de la garantie exclut la réparation des **dommages dits « immatériels ».** La Cour de cassation a laissé entendre dès 2001, selon l'interprétation généralement donnée, que cette garantie était exclue (Cass. 1e civ. 4-4-2001 nº 98-20.528 : Bull. civ. I nº 106 ; Bigot, op. cit., p. 186 ; Malinvaud et Jestaz, Droit de la promotion immobilière, éd. Dalloz 1995, nº 216-1 ; B. Boubli, La responsabilité et l'assurance des architectes, entrepreneurs et autres constructeurs, éd. du JNA nº 589). Certains arrêts déjà anciens ont pu laisser place au doute (Cass. 1e civ. 20-1-1987 nº 75 : RGAT 1988 p. 104 ; Cass. 1e civ. 4-5-1999 nº 97-13.198 : BPIM 4/99 nº 295 ; voir aussi la situation particulière décrite nº 96487). Mais leur portée est relative, d'autant que les dommages immatériels sont exclus de l'assurance de responsabilité décennale (RC) et qu'il est probable que les solutions dégagées en assurance RC décennale (nº 94985) sont transposables en assurance DO. La Cour de cassation a d'ailleurs conforté cette interprétation en statuant sur l'application du doublement des intérêts de retard prévu par l'article L 242-1, alinéa 5 du Code des assurances lorsque l'assureur ne respecte pas les délais que la loi lui impartit pour prendre position sur sa garantie : elle a affirmé que cette sanction est « inapplicable aux dommages immatériels qui ne relèvent pas des garanties d'assurance obligatoires » (Cass. 3e civ. 12-1-2005 nº 03-18.989 FS-PB : Bull. civ. III nº 3 ; Cass. 3e civ. 19-1-2017 nº 15-26.441 F-D : RDI 2017 p. 198 note J. Roussel). Un arrêt retient que la mise en place d'un service de surveillance, pour protéger l'ouvrage contre l'incendie dans l'attente des travaux de réparation, n'est pas une mesure conservatoire prise en charge par l'assurance DO mais un dommage immatériel, car elle est destinée à permettre la poursuite de l'activité et non pas à protéger l'ouvrage (Cass. 3e civ. 14-12-2022 nº 21-19.544 F-D : BPIM 1/23 inf. 39). Il est possible que la notion de « dommage immatériel » soit à préciser : un arrêt a validé la condamnation de l'assureur DO au titre du préjudice financier lié aux frais de déménagement et d'installation consécutifs au sinistre (Cass. 3e civ. 12-4-2018 nº 17-10.414 F-D : BPIM 3/18 inf. 197). Il n'est pas interdit aux parties de stipuler une garantie complémentaire pour ces dommages (Cass. 1e civ. 4-4-2001 nº 98-20.528 : Bull. civ. I nº 106).

MONTANT DE LA GARANTIE DE L'ASSURANCE DO

94210 **Plafond de la garantie de l'assurance DO** Dans le **secteur de l'habitation,** la garantie ne comporte aucun plafond. La clause type des contrats d'assurance DO, dans sa rédaction issue de l'arrêté ECET0921432A du 19 novembre 2009, prévoit que l'assureur est tenu de prendre en charge le « **coût de l'ensemble des travaux de remise en état** des ouvrages ou éléments d'équipement de l'opération de construction endommagés » (C. ass. art. L 242-1 et A 243-1 annexe II). La prise en charge par l'assureur s'entend des seuls travaux nécessaires à la réparation des désordres déclarés par l'assuré (Cass. 3e civ. 8-12-2021 nº 20-18.540 FS-B : BPIM 1/22 inf. 45).

Dans sa rédaction antérieure, la clause type prévoyait que la garantie était limitée « au montant du coût total de construction déclaré ». Le plafonnement de la garantie en deçà de ce montant a été condamné (Cass. 3e civ. 18-6-1996 nº 94-10.121 : Bull. civ. I nº 258, RDI 1996 p. 593, prohibant le plafonnement en deçà du coût de remise en état des ouvrages). Il a également été jugé qu'en cas de désordres successifs, l'inefficacité des travaux de reprise des premiers désordres ne justifiait pas la suppression du plafond contractuel de garantie (Cass. 3e civ. 3-11-2011 nº 10-21.874 FS-PB : BPIM 6/11 inf. 468), lequel s'entend du montant garanti visé par la clause type alors applicable et repris en l'espèce par le contrat. Toutefois, le plafond de garantie a été jugé inopposable à l'assuré dans un cas où l'assureur DO n'avait pas respecté le délai de 60 jours prévu par l'article L 242-1 du Code des assurances pour répondre à l'assuré (Cass. 3e civ. 9-10-2013 nº 12-21.809 FS-PB : BPIM 6/13 inf. 403).

Dans le **secteur hors habitation,** la garantie peut être limitée au montant du coût total déclaré aux conditions particulières ou à un montant inférieur à ce coût si ce dernier est supérieur au montant prévu à l'article R 243-3, I du Code des assurances (150 millions d'euros) ; le plafonnement ne peut alors être inférieur à ce dernier montant (C. ass. art. A 243-1 annexe II).

Revalorisation de la garantie de l'assurance DO Le montant de la garantie est revalorisé selon les **modalités** définies aux clauses particulières pour tenir compte de l'évolution générale du coût de la construction entre la date de la souscription et celle de la réparation du sinistre. Le coût total de la construction déclaré s'entend de celui résultant du montant définitif des dépenses de l'ensemble des travaux afférents à la réalisation de l'opération de construction toutes révisions, honoraires et, s'il y a lieu, travaux supplémentaires compris. Ce coût intègre la valeur des existants totalement incorporés dans l'ouvrage neuf et qui en deviennent techniquement indivisibles. Il ne peut comprendre les primes ou bonifications accordées par le maître de l'ouvrage ni être amputé des pénalités de retard pour dépassement du délai contractuel d'exécution. Ces précisions induisent que le coût déclaré lors de la souscription à l'ouverture du chantier est un coût indicatif qui doit être complété pendant l'exécution du chantier (travaux supplémentaires s'il y a lieu). Les obligations mises à la charge de l'assuré par la clause type donnent à penser que celui-ci doit exécuter ses obligations de façon loyale afin que l'information de l'assureur soit complète. 94215

On peut se demander si la **règle proportionnelle de capitaux** prévue par l'article L 121-5 du Code des assurances peut s'appliquer lorsque le coût déclaré des travaux est supérieur au coût réel.

Reconstitution de la garantie de l'assurance DO Une reconstitution de la garantie **après chaque sinistre** est possible, mais elle est facultative. Toutefois, selon des auteurs autorisés, la reconstitution après sinistre n'est pas seulement possible : elle doit avoir lieu (Malinvaud et Jestaz, Droit de la promotion immobilière, éd. Dalloz 1995 n° 216). Le débat sur la reconstitution de garantie après sinistre dans le secteur du logement semble désormais se limiter à la période antérieure à la réforme de la clause type opérée par l'arrêté ECET0921432A du 19 novembre 2009, puisque la garantie s'entend désormais de « l'ensemble des travaux afférents à la remise en état des ouvrages » (C. ass. art. A 243-1 annexe II). 94217

> **Précisions** La question est posée de savoir si l'assureur doit financer des **travaux non payés** par le maître de l'ouvrage et **non inclus dans le risque.** Mais si le marché n'exclut pas l'ouvrage dont l'absence ou l'insuffisance est constatée (nos 94100 et 94105), la responsabilité décennale est encourue et l'indemnisation doit être totale (Cass. 3e civ. 24-11-1987 n° 86-13.235 : Bull. civ. III n° 187). Il n'en serait autrement que si la responsabilité personnelle du maître de l'ouvrage était retenue.

Franchise de l'assurance DO L'assurance « garantit le paiement de la **totalité des travaux** de réparation » (C. ass. art. L 242-1) ; cette formule condamne sans ambiguïté la franchise. Il en va ainsi pour tous les contrats conformément à la loi du 4 janvier 1978 (Cass. 1e civ. 22-5-1991 n° 825 : RDI 1991 p. 361). 94220

Clause d'exclusion de garantie en l'assurance DO Les **seules exclusions autorisées** sont prévues par la clause type du contrat d'assurance DO (annexée à l'article A 243-1 du Code des assurances). Il s'agit : 94225

- du fait intentionnel ou du dol du souscripteur ou de l'assuré (pour une analyse en assurance de responsabilité qui vaut en assurance DO, voir n° 95095) ;
- des effets de l'usure normale ;
- du défaut d'entretien ou de l'usage anormal ;
- de la cause étrangère, par exemple le risque attentat en Corse (Cass. 3e civ. 17-11-1999 n° 98-15.412 : BPIM 1/00 inf. 36). La cause étrangère n'a pas été retenue dans un cas où les crues d'une rivière avaient provoqué des dégâts justifiant l'adoption d'un arrêté de catastrophe naturelle. Admise à propos de la garantie décennale, cette solution est transposable à l'assurance (Cass. 3e civ. 17-7-1996 : BPIM 6/96 inf. 408 ; Cass. 3e civ. 4-6-1997 n° 95-17.322 : Bull. civ. III n° 124). Toutefois, il faut réserver le cas où l'événement constitutif de catastrophe naturelle présente les caractéristiques de la force majeure, ce que le juge doit relever (Cass. 3e civ. 18-12-2001 n° 1799 : RDI 2002 p. 131).

En tout état de cause, la clause d'exclusion doit être **formelle et limitée** (C. ass. art. L 113-1 ; Cass. 2e civ. 1-12-2005 n° 04-16.900 F-D : RDI 2006 p. 107). Elle ne peut pas porter sur des équipements dont les désordres susceptibles de les affecter peuvent relever de la garantie décennale (Cass. 3e civ. 18-12-2013 n° 13-11.441 FS-PB : BPIM 1/14 inf. 34).

© Éd. Francis Lefebvre

SECTION 2 ASSURANCE FACULTATIVE

94400 L'assurance obligatoire ne garantit que certains risques. Le maître de l'ouvrage qui souhaite une garantie absolue doit donc souscrire une assurance complémentaire (nos 95700 s.) : ainsi pourraient être couverts les ouvrages **autres que les bâtiments** et les risques particuliers que sont les dommages relevant de la **garantie biennale,** du **parfait achèvement,** de la **responsabilité de droit commun** des constructeurs, qui ne donnent pas lieu à souscription obligatoire d'une police d'assurance de responsabilité.

Ainsi peut être conclue une **police « tous risques chantier »** (nos 95870 s.).

Lorsque l'assurance DO est **plafonnée** par la loi, l'**extension** de garantie au-delà du plafond n'implique pas la conclusion d'un contrat d'assurance particulier : la police DO peut comporter une clause relevant le plafond s'il y a lieu.

94410 En cas de **modification du contrat** d'assurance, en particulier lorsque l'assuré demande une **extension de garantie,** la Cour de cassation applique strictement l'article L 112-2, alinéa 7 du Code des assurances. Ce texte prévoit que l'assureur est considéré comme ayant accepté la proposition de modification qui lui a été notifiée par lettre recommandée ou par envoi recommandé électronique s'il ne répond pas dans les 10 jours. Cette règle est valable même si le risque est tout autre que celui primitivement assuré (Cass. 1e civ. 15-6-1999 : RDI 1999 p. 669). Compte tenu de l'appréciation émise sur cette jurisprudence, on peut penser que les modifications tendant à étendre le champ des garanties obligatoires relèvent de ce dispositif.

CHAPITRE 3

ASSURANCE DE RESPONSABILITÉ

SOMMAIRE

SECTION 1

ASSURANCE OBLIGATOIRE

A. Personnes assujetties à l'assurance de RC décennale

CAS GÉNÉRAL

Si l'on réserve le cas des personnes et des ouvrages non soumis à l'obligation d'assurance (voir nos 92710 et 92885), « toute personne physique ou morale dont la responsabilité peut être engagée sur le fondement de la présomption établie par les articles 1792 s. du Code civil doit être couverte par une assurance » (C. ass. art. L 241-1). Il doit être justifié du respect de l'obligation d'assurance par la délivrance d'une **attestation** (nos 93250 s.). **94870**

Lorsque la personne tenue de souscrire l'assurance de responsabilité décennale obligatoire (RC décennale) est une **personne morale,** le gérant commet une faute intentionnelle séparable de ses fonctions engageant sa responsabilité personnelle s'il ne souscrit pas l'assurance (Cass. 3e civ. 10-3-2016 no 14-15.326 FS-PB : BPIM 3/16 inf. 186, RDI 2016 p. 415) ; il semble qu'en l'espèce la société à qui incombait l'obligation de s'assurer était soit maître d'ouvrage délégué, soit promoteur immobilier, ce que l'arrêt ne précise pas. En cas de fusion-absorption, chaque société doit être assurée car l'assurance de la société absorbante ne couvre que la responsabilité de son assuré, unique bénéficiaire, sauf clause contraire de la police (Cass. 3e civ. 26-11-2020 no 19-17.824 FS-PBI : BPIM 1/21 inf. 45).

L'article L 241-1 du Code des assurances s'applique aux **constructeurs** qui sont tenus de garantir la construction pendant 10 ans. Il s'agit (voir nos 86280 s.) :
- des locateurs d'ouvrage traditionnels ;
- des bureaux de contrôle technique ;
- de celui qui vend après achèvement l'immeuble qu'il a construit ou fait construire ;
- du vendeur d'immeubles à construire (C. ass. art. L 241-1 et L 241-2 ; C. civ. art. 1646-1) ;
- du mandataire du propriétaire qu'il soit ou non promoteur immobilier ;
- du constructeur de maisons individuelles (CCH art. L 231-1).

L'**architecte** est assujetti à une obligation personnelle de responsabilité civile qui va plus loin que la décennale et s'étend aux risques professionnels (nos 48950 s.).

Ne sont, en revanche, **pas tenus de s'assurer** en responsabilité décennale (RC décennale) : **94872**
- le coordonnateur en matière de sécurité et de protection de la santé – coordonnateur SPS – (BCT 10-12-1997 : RDI 1998 p. 116 ; Avis CE 16-6-1998 no 362051 : RDI 1998 p. 400 ; voir toutefois note G. Leguay sous Cass. 3e civ. 14-3-2006 no 04-20.730 F-D : RDI 2006 p. 184) ;

– le sous-traitant et ce, nonobstant l'alignement de la durée de sa responsabilité sur celle des constructeurs de premier rang (C. civ. art. 1792-4-2). S'il est titulaire d'une police d'assurance décennale qui le garantit lorsqu'il est prestataire de premier rang, cette police ne peut pas le couvrir lorsqu'il est pris en tant que sous-traitant, à moins d'une clause particulière le garantissant des conséquences de la garantie décennale due par son donneur d'ordres.

CAS PARTICULIERS

94875 Le **fabricant de composants** ainsi que les personnes assimilées sont, selon l'opinion généralement émise, soumis à l'obligation d'assurance bien que ce ne soit que leur responsabilité solidaire qui soit encourue (Bigot, La réforme de l'assurance construction, p. 58 ; Malinvaud et Jestaz, Droit de la promotion immobilière, éd. Dalloz 1995 n° 209 ; B. Boubli, La responsabilité et l'assurance des architectes, entrepreneurs et autres constructeurs, éd. du JNA, n°s 652 s. ; comp. Durry, Les assurances obligatoires en matière de construction, RDI 1979 p. 277 et 286). Le fabricant n'est tenu de s'assurer que si l'élément fabriqué, importé ou distribué est un **Epers** (n° 86495).

Le Code de la construction et de l'habitation vise la **préfabrication,** qui consiste à concevoir et réaliser un ouvrage à partir d'éléments préfabriqués assemblés, installés et mis en œuvre sur le chantier (CCH art. L 111-1, 15°). Si le prestataire n'est pas un sous-traitant (la préfabrication devrait se distinguer de la sous-traitance) et si les éléments préfabriqués ne sont pas des composants, la responsabilité décennale peut être envisagée à des conditions qui dépendront de la nature des éléments préfabriqués et du lien entre le fabricant et le maître de l'ouvrage. Si cette responsabilité est susceptible d'être encourue, l'assurance de responsabilité civile décennale devrait concerner le fabricant et le maître de l'ouvrage.

Le **lotisseur** qui ne construit pourtant pas de bâtiment semble devoir être couvert par une assurance décennale ; ainsi jugé dans une affaire où le lotisseur avait réalisé les VRD et où l'assureur contestait sa garantie (Cass. 3e civ. 17-12-1997 n° 96-12.209 PF : Bull. civ. III n° 224). Toutefois, l'exclusion de l'assurance obligatoire notamment des « voiries, des ouvrages piétonniers, des parcs de stationnement, des réseaux divers, des canalisations, [...] sauf si l'ouvrage ou l'élément d'équipement est accessoire à un ouvrage soumis à ces obligations d'assurance » (C. ass. art. L 243-1-1) laisse subsister le doute pour le lotisseur et le constructeur de VRD ; voir n° 92885.

94880 On estime généralement que **celui qui vend après achèvement l'ouvrage** qu'il a construit ou fait construire est assujetti mais qu'il n'encourt aucune sanction pénale (Durry, op. cit., p. 281 note 20). S'il en est ainsi, la portée de l'obligation est toute relative (voir Cass. 3e civ. 12-3-1997 n° 95-12.727 : Bull. civ. III n° 61, sur l'application de la responsabilité décennale) ; voir plus généralement n°s 86340 s.

Autre difficulté soulevée par la mise en œuvre de la garantie : quel est son point de départ ? On le verra, c'est la réception qui sert de référence. Or, celui qui vend achevé l'ouvrage qu'il a construit ne pratique aucune réception. Comment doit alors jouer la garantie ? En pratique, il faut trouver un assureur qui accepte de garantir l'ouvrage après sa construction, mais avant la vente.

94885 Le **vendeur d'immeubles à rénover** à usage d'habitation ou à usage professionnel et d'habitation, qui perçoit des sommes d'argent de l'acquéreur avant la livraison, est assujetti à une obligation d'assurance de responsabilité civile professionnelle (CCH art. L 123-6). Il doit en justifier sous peine d'engager sa responsabilité pénale.

En outre, il demeure maître de l'ouvrage jusqu'à la réception des travaux (dommages couverts par l'assurance de responsabilité civile) et il est tenu des responsabilités décennale et biennale (CCH art. L 123-1 s., qui reprennent C. civ. art. 1792 s.). Il doit donc justifier des assurances de dommages et de responsabilité souscrites à ce titre (C. ass. art. L 241-2 et L 242-1). Cette obligation est prescrite à peine de nullité de la vente (CCH art. L 262-4) ou de la promesse (CCH art. L 262-9). La nullité de la vente ne peut être invoquée que par l'acquéreur.

S'agissant des ventes d'immeuble à rénover qui ne relèvent pas du secteur protégé, le doute est permis sur l'obligation d'assurance du vendeur, tout comme il existe sur l'obligation à garantie décennale (voir n° 86360). D'un côté, il exécute un travail sur existant susceptible de constituer un ouvrage relevant de la garantie décennale ; de l'autre, la loi n'oblige le vendeur à justifier des assurances obligatoires que dans le secteur protégé.

94890 Une difficulté concerne le **syndic de copropriété.** S'il peut parfois être tenu de souscrire une assurance de dommages (voir n° 93360), il n'est pas tenu de souscrire la police d'assurance de responsabilité car il n'est pas constructeur, il n'agit que comme mandataire et ne répond pas des dommages au sens des articles 1792 s. du Code civil (Caston, L'Administrateur de biens et la nouvelle assurance-construction : AJPI 1-10-1979).

Le **maître d'ouvrage délégué** dans le cadre de la maîtrise d'ouvrage publique en application du Code de la commande publique (anciennement loi MOP du 12 juillet 1985) n'est pas assujetti à l'obligation d'assurance (BCT 10-3-2006 n° 35/2006, SAEM Sophia Antipolis : RDI 2006 p. 182). 94895

B. Garanties de l'assurance de RC décennale

1. RISQUES COUVERTS PAR L'ASSURANCE RC DÉCENNALE

PRINCIPES GÉNÉRAUX

Nature des dommages garantis Le risque couvert par l'assurance RC décennale est celui pour lequel « la responsabilité des constructeurs est engagée sur le fondement de la présomption établie par les articles 1792 s. », c'est-à-dire les dommages relevant de la **garantie décennale** (n°s 86210 s.). Notamment, l'assureur doit garantir le vendeur d'immeuble à construire qui engage sa responsabilité décennale (Cass. 3e civ. 4-4-2024 n° 22-12.132 F-D : BPIM 3/24 inf. 189, une omission en l'espèce). Les personnes qui ne bénéficient pas de la garantie décennale ne peuvent donc pas se prévaloir de la police responsabilité civile décennale (RC décennale) qui n'a pas vocation à garantir la faute extracontractuelle du constructeur à l'égard des tiers (Cass. 3e civ. 19-3-2013 n° 12-13.066 F-D : BPIM 3/13 inf. 205, jugeant que la garantie RC ne couvre pas les dommages causés à un locataire). 94960

Si le désordre relève de la garantie décennale d'une société absorbée dans le cadre d'une fusion, l'assureur de la société absorbante ne couvre pas la responsabilité décennale de la société absorbée, même si la dette de responsabilité incombe désormais à la société absorbante (Cass. 3e civ. 26-11-2020 n° 19-17.824 FS-PBI : BPIM 1/21 inf. 45).

Lorsque la responsabilité de plusieurs constructeurs est engagée dans le même sinistre et que l'un d'eux (le maître d'œuvre), dans le cadre d'un **recours entre constructeurs,** sollicite la garantie de l'assureur RC décennale de l'entreprise responsable, le juge du fond ne peut pas refuser de retenir la garantie de l'assureur au motif que la responsabilité de l'assuré est extracontractuelle ; ce n'est pas le fondement juridique de la responsabilité de l'assuré, mais la nature des désordres qui doit être prise en compte, l'assureur de responsabilité décennale devant sa garantie pour les désordres relevant de la garantie décennale (Cass. 3e civ. 8-11-2018 n° 17-13.833 FS-PBI : BPIM 6/18 inf. 418). L'arrêt s'explique sans doute par le fait que le maître d'œuvre voulait bénéficier de la garantie de l'assureur RC décennale de l'entrepreneur pour la contribution à la dette des constructeurs ayant concouru au dommage subi par le maître de l'ouvrage. Si l'assuré engage sa responsabilité décennale, son assureur doit le garantir dans la mesure de sa part et portion dans la **contribution à la dette,** même si les constructeurs sont des tiers dans leurs rapports entre eux. Cependant, l'assureur doit garantir l'intégralité du dommage en cas de condamnation in solidum de son assuré, le juge ne peut pas limiter sa garantie à la part contributive de l'assuré (Cass. 3e civ. 15-9-2021 n° 20-15.518 F-D : BPIM 6/21 inf. 376).

Les désordres garantis sont les désordres cachés à la réception et les désordres apparents dont la gravité se révèle à l'usage (voir n°s 87475 s.).

Les désordres **ne relevant pas de la garantie décennale** ne sont pas couverts par l'assurance obligatoire. Il en est ainsi : 94962

– des dommages qui ont fait l'objet de réserves à la réception (Cass. 3e civ. 17-2-1999 n° 97-14.145 PB : Bull. civ. III n° 39). Il faut toutefois réserver les désordres apparents dont la gravité se révèle à l'usage qui sont couverts par la garantie décennale ;

– des défauts de conformité non constitutifs de désordres au sens de l'article 1792 du Code civil (Cass. 3e civ. 29-1-1997 n° 94-18.126 D : BPIM 2/97 inf. 125). La solution est différente si le défaut constitue un désordre (Cass. 3e civ. 25-1-1989 : Bull. civ. III n° 20) ;

– des désordres intermédiaires (Cass. 1e civ. 13-3-1996 : RGAT 1996 p. 663 ; Cass. 3e civ. 18-3-2021 n° 19-20.710 F-D : RDI 2021 p. 371) qui relèvent de la responsabilité de droit commun ;

– des désordres qui trouvent leur cause dans un équipement dont il n'est pas prouvé qu'il est affecté d'un vice de construction et alors que la circonstance que le sinistre se soit déclaré dans cet équipement ne suffit pas à démontrer sa défaillance ni ne prouve qu'il est affecté de désordres en relation de causalité avec le sinistre (Cass. 3e civ. 12-5-2010 n° 09-12.722 FS-D : RDI 2010 p. 397, à propos d'un incendie qui est parti d'une armoire électrique).

› Précisions **a.** Une difficulté concerne les **défauts d'isolation phonique** qui relèvent normalement du parfait achèvement et non de la décennale et devraient échapper, à ce titre, à l'obligation d'assurance (par exemple : non-assurance pour absence d'essai, Cass. 1e civ. 26-6-1985, Tracor Ingénierie c/ GAN). Mais le défaut d'isolation peut rendre l'ouvrage impropre à sa destination et relever de la décennale (voir les arrêts cités nos 62880 et 87148). Il en résulte que ce risque doit être couvert par l'assurance obligatoire (Cass. 3e civ. 1-4-1992 : Bull. civ. III no 107).
b. L'**architecte,** s'il répond des **défauts d'isolation phonique** qui ne relèvent pas de la décennale, peut néanmoins être garanti par son assureur car il est tenu de souscrire une assurance couvrant l'ensemble de sa responsabilité professionnelle (voir nos 48950 s. ; Boubli, op. cit., nos 624 s. ; pour une application, CA Pau 20-3-1996 : RDI 1996 p. 395).
c. **L'exclusion de garantie** peut être stipulée par une clause de la police pour un **abandon de chantier.** Un arrêt estime que l'exclusion est opposable au maître d'œuvre assuré, même si l'abandon de chantier est imputable à l'entrepreneur (Cass. 3e civ. 10-12-2015 no 14-24.832 F-D : BPIM 1/16 inf. 39).

94965 **Dommages postérieurs à la réception** Le risque est couvert dès la réception des travaux et dans cette limite (Cass. 1e civ. 3-10-1995 : RDI 1996 p. 90). L'assureur n'interviendra au titre de l'assurance obligatoire qu'en cas de responsabilité décennale, donc de sinistre postérieur à la réception. L'assureur responsabilité décennale ne peut pas être condamné à intervenir en l'**absence de réception** (Cass. 1e civ. 4-10-2000 no 97-20.990 F-P : Bull. civ. I no 239).

Ce sont tous les sinistres de nature décennale qui sont concernés, y compris ceux qui se produiraient au cours de la première année suivant la réception des travaux (Bigot, La réforme de l'assurance construction, no 243 ; B. Boubli, La responsabilité et l'assurance des architectes, entrepreneurs et autres constructeurs, Éd. du JNA no 618 ; Malinvaud et Jestaz, Droit de la promotion immobilière, Éd. Dalloz 1995 no 213).

› Précisions La **garantie de parfait achèvement,** dans le meilleur des cas, s'ajoute à la garantie décennale sans l'exclure (voir les arrêts cités nos 63165 s.). En fait, la garantie décennale absorbe la garantie de parfait achèvement pour les désordres visés aux articles 1792 à 1792-2 du Code civil.

94970 **Travaux garantis** La garantie s'applique à tous les travaux ayant fait l'objet d'une **déclaration d'ouverture de chantier** pendant la durée de validité de la police. Cela suppose que la police, généralement souscrite à l'année, pour tous les chantiers de la période considérée, ait pris effet avant l'ouverture de chantier ou la date pouvant en tenir lieu (voir nos 92811 s. et 95020).

ABSENCE D'OUVRAGE ET VÉTUSTÉ

94975 En principe, la réparation à la charge de l'assureur s'entend de celle qui incombe au constructeur responsable. L'assureur doit donc prendre en charge tous les chefs de préjudice dont les **non-façons** sans que l'enrichissement du maître de l'ouvrage puisse être invoqué comme un avantage illégitime (Cass. 3e civ. 9-11-1994 no 92-20.801 : RDI 1996 p. 85 ; sur le régime des non-façons en décennale voir nos 87425 et 91282). Si la réparation prend la forme de dommages et intérêts, ils ne doivent pas subir un abattement pour vétusté (nos 91475 s.).

C'est seulement si le maître de l'ouvrage, dûment informé, a refusé de faire réaliser les travaux dont l'absence est à l'origine du désordre dont il se prévaut que l'exclusion de l'assurance peut lui être opposée, par exemple au titre de l'acceptation des risques étudiée nos 88100 s. (Cass. 1e civ. 21-1-1997 no 94-19.380 D).

Il n'y a pas lieu, sous cette réserve, de distinguer suivant que le dommage résulte d'un vice de conception et de fautes d'exécution ou qu'il traduise, en fait, l'absence d'aménagements techniques. Cette distinction proposée par les assureurs est inopérante dès lors que la responsabilité décennale est encourue, car c'est elle qui est assurée (Cass. 3e civ. 18-3-1996 : RDI 1996 p. 367 ; Cass. 1e civ. 3-2-1993 : RDI 1993 p. 239 ; Cass. 3e civ. 9-11-1994 : RDI 1996 p. 85). La jurisprudence est, dans l'ensemble, ferme sur ce point (Cass. 1e civ. 5-2-1985 : RGAT 1985 p. 264 ; Cass. 3e civ. 9-11-1994 : RDI 1996 p. 85 ; Cass. 3e civ. 27-5-1999 no 97-20.504).

94980 L'opposabilité au maître de l'ouvrage d'une **clause d'exclusion de garantie** n'est possible que si l'on est dans un cas d'exclusion prévu par la clause type (nos 95090 s.). La clause qui limite la garantie aux seuls défauts de solidité affectant l'ouvrage, alors que le désordre rend celui-ci impropre à sa destination, fait échec aux règles d'ordre public relatives à l'étendue de l'assurance de responsabilité obligatoire et ne peut donc avoir d'effet (Cass. 3e civ. 4-2-2016 no 14-29.790 FS-PB : BPIM 2/16 inf. 115).

En revanche, la **règle de la réduction proportionnelle d'indemnité,** qui dépend du risque déclaré, est parfois envisagée en cas d'absence d'ouvrage (voir note critique Leguay : RDI 1995 p. 351 ; comparer pour l'assurance de dommage no 94115). En effet, elle a été admise dans d'autres cas compte tenu de ce que l'article L 113-9 du Code des assurances n'est pas expressément écarté par la loi sur l'assurance obligatoire (voir n° 95075 ; rapprocher, Cass. 1e civ. 2-2-1994 n° 91-18.764 : RJDA 3/94 n° 285, 1e espèce ; Cass. 1e civ. 6-12-1994 : RDI 1995 p. 351).

Il convient de rapprocher cette situation de celle que l'on rencontre lorsque la police, pour éviter ces dérives, décide de limiter la garantie à certains travaux précis. Dans ce cas, les autres travaux ne sont pas couverts par l'assurance (Cass. 3e civ. 31-3-2004 n° 02-12.687).

DOMMAGES IMMATÉRIELS OU CONSÉCUTIFS

La garantie ne couvre que les dépenses engagées pour réparer le dommage affectant l'ouvrage lui-même (Cass. 3e civ. 13-1-2010 n° 08-13.562 FS-PB : BPIM 2/10 inf. 117). En conséquence, elle ne s'étend, sauf clause spéciale du contrat, ni aux dommages immatériels (Cass. 3e civ. 11-2-2014 n° 12-35.323 F-D : BPIM 3/14 inf. 184) ni aux dommages consécutifs. **94985**

Ne sont donc **pas couverts** :

– le préjudice commercial ou la perte d'exploitation ;

– les dommages affectant le mobilier (Cass. 3e civ. 3-7-1996 n° 94-17.708 : RDI 1996 p. 591 ; Cass. 1e civ. 4-12-2001 : RDI 2002 p. 132) ;

– les frais non compris dans les dépens au sens de l'article 700 du Code de procédure civile, qui concernent une instance antérieure (Cass. 3e civ. 29-6-2022 n° 21-13.666 F-D : BPIM 5/22 inf. 367) ;

– l'installation de bâtiments provisoires pendant la remise en état des ouvrages endommagés (Cass. 3e civ. 13-1-2010 n° 08-13.562 FS-PB : BPIM 2/10 inf. 117 ; Cass. 3e civ. 14-4-2010 n° 09-10.515 FS-PB : Bull. civ. III n° 82).

Ne constituent pas un dommage immatériel et doivent donc être **couverts par l'assurance** « les postes annexes indispensables à la reprise matérielle des ouvrages », ce qui vise notamment les frais de déménagement des locaux si les travaux de réfection exigent que les locaux soient vides (Cass. 3e civ. 20-10-2010 nos 09-15.093 et 09-66.968 FS-PB : Bull. civ. III n° 185).

› Précisions La jurisprudence s'est montrée parfois favorable à une **extension de garantie.** Certains arrêts ont admis le principe de la prise en charge de **dommages immatériels** non directement liés au préjudice matériel garanti (Cass. 1e civ. 20-1-1987 n° 85-14.816 ; Cass. civ. 3-2-1987, SMABTP c/ Briant).

Par ailleurs, une tendance jurisprudentielle a fait entrer les dommages immatériels dans le champ de la responsabilité décennale (voir n° 87575 ; Bigot et d'Hauteville op. cit. p. 160, voir Cass. 3e civ. 12-7-1995 : RDI 1996 p. 241, qui étend la garantie aux dommages mobiliers).

Mais, dans son dernier état, la jurisprudence **limite la garantie** de l'assureur aux seuls **dommages matériels** (Cass. 1e civ. 25-2-1992 : Bull. civ. I n° 63 ; Cass. civ. 12-5-1993 : RDI 1993 p. 397 ; Cass. 1e civ. 13-3-1996 : RDI 1996 p. 241 ; Cass. 3e civ. 3-7-1996 : RDI 1996 p. 591, qui revient sur l'arrêt du 12-7-1995 précité et écarte la garantie aux dommages mobiliers).

Certains arrêts posent même que la franchise est opposable au tiers lésé pour les dommages immatériels (Cass. 1e civ. 28-4-1993 : Bull. civ. I n° 148 ; Cass. 3e civ. 23-4-1997 n° 95-13.648 : RJDA 6/97 n° 770), ce qui semble viser les **clauses d'extension aux dommages immatériels** puisque ces derniers sont, en principe, non garantis. Un arrêt interprète strictement une clause d'extension de garantie aux dommages immatériels en écartant de son bénéfice les dégâts au mobilier (Cass. 3e civ. 9-7-1997 n° 95-17.220 : BPIM 5/97 inf. 327).

Si la garantie des dommages immatériels est prévue au contrat, elle peut être plafonnée (Cass. 3e civ. 14-3-2001 n° 99-17.635 FS-D : BPIM 3/01 inf. 186).

DOMMAGES AUX EXISTANTS

La jurisprudence admet que les dommages aux existants engagent la responsabilité décennale des constructeurs si l'**ouvrage neuf et l'existant** sont **indissociables** (n° 87585). En matière d'assurance construction, il est prévu que l'obligation d'assurance n'est pas applicable aux existants à l'exception de ceux qui, totalement incorporés dans l'ouvrage neuf, en deviennent techniquement indivisibles (C. ass. art. L 243-1-1, II). Ce texte, qui fait sortir les existants du champ de « l'obligation d'assurance », alors qu'il s'agit surtout de savoir s'ils sont « garantis » en cas de sinistre (voir n° 92840), est complété par la clause type modifiée par l'arrêté ECET0921432A du 19 novembre 2009. Celle-ci précise que le contrat « garantit » les « ouvrages existants totalement incorporés dans l'ouvrage neuf et qui en deviennent techniquement indivisibles » (C. ass. art. A 243-1 ann. I et III). La garantie décennale encourue ne s'étend pas en principe aux existants endommagés qui ne forment pas avec les ouvrages réalisés un ensemble indissociable. L'assurance RCD ne couvre donc pas le constructeur dans ce cas. Cette sévérité (Cass. 3e civ. 25-6-2020 n° 19-15.153 F-D : RDI 2020 p. 604 obs. J. Roussel) est confirmée par un arrêt qui écarte l'indivisibilité entre un enduit de façade et l'ouvrage existant sur lequel il est posé, et évince la garantie de l'assureur (Cass. 3e civ. 16-2-2022 n° 20-20.988 F-D : RDI 2022 p. 231). Les conditions de la garantie de l'assureur sont désormais précisées : l'assurance obligatoire ne garantit les dommages à l'ouvrage existant provoqués par la construction d'un ouvrage neuf que dans le cas d'une indivisibilité technique des deux ouvrages et si celle-ci procède de l'incorporation totale de l'existant dans le neuf, les deux **94990** conditions étant cumulatives (Cass. 3e civ. 30-5-2024 no 22-20.711 FP-B : BPIM 4/24 inf. 257, RDI 2024 p. 410). Cette jurisprudence impliquerait si l'**élément d'équipement installé sur un ouvrage existant** constitue en lui-même un ouvrage neuf que les deux ouvrages soient indivisibles. Au regard des conditions de l'assurance obligatoire, on peut se demander d'une part si l'équipement peut être incorporé à l'existant autant que l'inverse (exemple d'un ascenseur extérieur à l'immeuble), d'autre part si l'indivisibilité requise en assurance s'entend de l'indissociabilité retenue par la jurisprudence en garantie décennale. S'ils ne constituent pas en eux-mêmes un ouvrage, les éléments d'équipement installés en remplacement ou par adjonction à l'existant sont désormais exclus de la garantie décennale et de la garantie biennale et de l'assurance obligatoire (Cass. 3e civ. 21-3-2024 no 22-18.694 FS-BR : BPIM 3/24 inf. 193). Cette solution met fin à la jurisprudence selon laquelle les désordres affectant des éléments d'équipement installés sur l'existant engageaient la responsabilité décennale du constructeur (Cass. 3e civ. 15-6-2017 no 16-19.640 FS-PBRI : BPIM 4/17 inf. 279) et étaient garantis par l'assurance de responsabilité décennale (Cass. 3e civ. 26-10-2017 no 16-18.120 FS-PBRI : BPIM 6/17 inf. 417).

> **Précisions** Il n'est pas traité des dommages causés à l'existant par un ouvrage neuf dissociable de lui. Ces dommages peuvent résulter d'une nouvelle construction sur le terrain du même propriétaire soit en raison de fondations défectueuses qui affectent l'existant, soit en raison de mauvais travaux de construction qui détériorent l'existant (ruine du nouveau bâtiment endommageant l'immeuble voisin). Si la garantie décennale est retenue pour l'ouvrage neuf défectueux, l'assurance RC décennale ne devrait pas couvrir ces dommages consécutifs qui, en principe, ne sont pas garantis, sauf clause particulière du contrat d'assurance. La stipulation d'une clause d'extension de la garantie de l'assureur peut parfois être salutaire, bien qu'en principe l'assurance RC de droit commun doive s'appliquer.

DOMMAGES PRIS EN CHARGE PAR L'ASSURANCE DOMMAGES-OUVRAGE

94995 La reconnaissance de garantie de l'assureur dommages-ouvrage ne vaut pas reconnaissance de **responsabilité d'un constructeur,** même s'il est assuré par la même compagnie d'assurance (Cass. 3e civ. 11-3-2009 no 08-10.905 FS-PB : BPIM 3/09 inf. 213). En conséquence, l'assureur qui prend en charge un sinistre en dommages-ouvrage ne peut pas, de ce seul fait, se voir condamner en sa qualité d'assureur de responsabilité du constructeur (Cass. 3e civ. 4-6-2009 no 08-12.661 FS-PB : BPIM 4/09 inf. 281).

L'assurance de chose et l'assurance de responsabilité ne peuvent pas être confondues (Cass. 3e civ. 20-10-2010 no 07-16.727 FS-PB : BPIM 6/10 inf. 472). Cette distinction s'étend aux effets de la prescription (voir nos 96270 s.).

DOMMAGES RELEVANT DE LA RESPONSABILITÉ DE DROIT COMMUN

94998 L'assurance de responsabilité décennale ne couvre pas la responsabilité de droit commun (RC de droit commun) encourue par le constructeur (Cass. 3e civ. 18-3-2021 no 20-13.915 FS-P : BPIM 3/21 inf. 197 ; RDI 2021 p. 369). La police peut, toutefois, comporter une **extension de garantie** permettant la prise en charge de cette responsabilité.

Le contrat peut aussi assurer le constructeur en décennale et en RC de droit commun **selon le titre en vertu duquel il intervient.** C'est spécialement le cas du constructeur qui peut agir en tant qu'entrepreneur principal ou en tant que sous-traitant (nos 95732 s.).

2. PÉRIODE DE GARANTIE DE L'ASSURANCE RC DÉCENNALE

OUVRAGE RÉALISÉ PENDANT LA VALIDITÉ DE LA POLICE D'ASSURANCE

95020 Tout contrat d'assurance RC décennale est, nonobstant toute stipulation contraire, réputé comporter une clause assurant le maintien de la garantie pour la durée de la responsabilité décennale pesant sur la personne assujettie à l'obligation d'assurance (C. ass. art. L 241-1, al. 3). Pour les chantiers ouverts depuis le 1er janvier 1983, les clauses types RC décennale prévoient que la garantie est maintenue dans tous les cas, sans versement d'une **prime subséquente.**

La garantie est **revalorisée** selon les modalités prévues aux conditions particulières pour tenir compte de l'évolution des coûts de la construction entre la date de souscription du contrat et celle de la réparation du sinistre (Arrêté du 27-12-1982 reconnu valable par l'arrêt CE 27-7-1984 : RDI 1984 p. 438).

Le contrat d'assurance RC décennale couvre les **travaux** ayant fait l'objet d'une **ouverture de chantier** pendant la période de validité de la police d'assurance (C. ass. art. A 243-1 annexe I ;

Cass. 3e civ. 16-11-2011 no 10-24.517 FS-PB : BPIM 1/12 inf. 43). Ce dispositif a été étendu à la police RC collective dans le secteur qui n'est pas celui de l'habitation (C. ass. art. A 243 annexe III issu de l'arrêté ECET0921432A du 19-11-2009).

L'« ouverture du chantier », selon la clause type RC dans sa rédaction issue de l'arrêté ECET0921432A du 19 novembre 2009, correspond soit à la date de déclaration d'ouverture de chantier mentionnée à l'article R 424-16 du Code de l'urbanisme (construction soumise à permis de construire), soit à la date du premier ordre de service ou du commencement des travaux (construction non soumise à permis de construire).

Le contrat étant réputé comporter une clause de maintien de la garantie pendant la durée de la responsabilité de l'assuré, il en résulte que la garantie n'est acquise, **sauf clause de reprise du passé,** que pour les travaux postérieurs à la conclusion du contrat (Cass. 1e civ. 7-5-2002 no 99-11.562 F-P : BPIM 5/02 inf. 333, qui écarte le jeu de la garantie en l'absence de stipulation rétroactive lorsque la date de prise d'effet de la police est postérieure à la date de déclaration d'ouverture de chantier). **95025**

Les dispositions de l'article L 241-1, alinéa 3 du Code des assurances et la rédaction de la clause type issue de l'arrêté ECET0921432A du 19 novembre 2009 impliquent que la garantie de l'assureur est maintenue pendant toute la période de responsabilité décennale. En cas de fusion-absorption, l'**assurance de responsabilité de la société absorbante** n'a pas vocation à couvrir la responsabilité de la société absorbée pour des travaux réalisés par celle-ci antérieurement à la fusion-absorption (Cass. 3e civ. 24-6-2021 no 20-15.886 F-D : RDI 2021 p. 494). De même, l'assurance de la société absorbante souscrite **avant la fusion** ne couvre que la société assurée, à l'exclusion de ses filiales, et ne garantit pas le paiement de la dette de responsabilité de la société absorbée, même si cette dette est transmise de plein droit à la société absorbante (Cass. 3e civ. 26-11-2020 no 19-17.824 FS-PBI : BPIM 1/21 inf. 45, D. 2020 p. 2397).

Pour que la garantie soit acquise, le **fait dommageable générateur du dommage** doit se produire pendant la période de validité du contrat. Ce fait générateur s'entend :

– de la conclusion du marché alors que la police est en cours ;

– plus probablement, de l'ouverture du chantier pendant la période de validité du contrat (Cass. 1e civ. 14-1-1992 : Bull. civ. I no 13 ; Cass. 3e civ. 27-3-1996 : BPIM 3/96 inf. 209 ; Cass. 1e civ. 15-6-1999 : RDI 2000 p. 72). La déclaration réglementaire d'ouverture de chantier (DROC) intervenue avant la date de prise d'effet du contrat qui stipule que la garantie n'est admise que lorsque la DROC a lieu pendant la durée de validité de la police ne fait pas obstacle à la garantie, dès lors que l'ouverture du chantier a lieu pendant la période de validité de la police, notion qui s'entend, du commencement des travaux (Cass. 3e civ. 16-11-2011 no 10-24.517 FS-PB : BPIM 1/12 inf. 43, à propos d'un contrat conclu à une époque où les clauses types ne précisaient pas la notion d'« ouverture de chantier »). La date du commencement des travaux peut, en effet, être retenue comme la date d'ouverture du chantier au sens de la clause type (Cass. 3e civ. 13-9-2005 no 04-16.852 F-D ; Cass. 3e civ. 27-9-2006 no 05-15.214 FS-D, décisions rendues avant l'entrée en vigueur de l'arrêté ECET0921432A du 19-11-2009 ayant introduit la notion d'« ouverture de chantier » dans les clauses types) ;

– du jour de l'exécution des travaux (Cass. 1e civ. 28-11-2001, 1e espèce : RDI 2002 p. 304, qui déclare : « s'agissant de travaux de construction, la cause génératrice du dommage se situait au jour de leur exécution »).

S'agissant du fabricant, il a été jugé que le fait générateur était la date de livraison du produit (Cass. 1e civ. 14-11-1995 : RDI 1996 p. 239 ; Cass. 3e civ. 18-12-1996 : BPIM 3/97 inf. 197).

Une entreprise qui succède à un prestataire assuré, mais ne l'est pas elle-même et ne bénéficie pas d'une reconduction de la police souscrite par son prédécesseur, n'est pas couverte par la garantie de ce dernier, nonobstant la transmission du patrimoine (Cass. 3e civ. 12-4-2018 no 17-10.414 F-D : BPIM 3/18 inf. 197).

Les termes mêmes de la loi condamnaient la **clause** dite « **de réclamation** » de la victime, subordonnant la prise en charge du sinistre à la réclamation du tiers lésé pendant la période de validité de la police. La Cour de cassation est allée plus loin et a généralisé l'illicéité de cette clause pour toutes les polices de responsabilité, même en droit commun (Cass. 1e civ. 30-3-1994 : Bull. civ. I no 120 ; Cass. 3e civ. 27-3-1996 no 94-11.652 : Bull. civ. III no 85 ; Cass. 3e civ. 2-2-2017 no 15-20.939 F-D : BPIM 2/17 inf. 120). Autrement dit, la garantie survit à la résiliation de la police pendant la durée de la responsabilité dès lors que les primes ont été payées, sauf exception légale expresse (Cass. 1e civ. 2-7-1996 : RDI 1996 p. 595), même en cas de reprise du passé (Cass. 1e civ. 6-12-1994 : RDI 1995 p. 351). Cela n'exclut pas le concours de deux assureurs (Cass. 1e civ. 21-2-1995 : RDI 1995 p. 351). Lorsqu'au jour de la réclamation, le contrat d'assurance est résilié et qu'un nouveau contrat est conclu avec une autre compagnie, la garantie de l'assureur initial est appréciée en considération du fait dommageable. S'il est antérieur à la résiliation et si la réclamation a été adressée dans le délai subséquent de cette garantie, le juge doit rechercher si le nouveau contrat offre les mêmes garanties et si celles-ci sont en **95027** base réclamation (Cass. 3e civ. 16-3-2022 no 21-10.110 F-D : BPIM 3/22 inf. 218 ; Cass. 3e civ. 16-3-2022 no 20-23.520 : RDI 2022 p. 297). La garantie déclenchée par la réclamation couvre l'assuré dès lors que le fait dommageable s'est produit avant la date de la résiliation ; la réclamation doit être adressée avant l'expiration d'un délai subséquent à la date de résiliation, qui ne peut pas être inférieur à 5 ans (C. ass. art. L 124-5, al. 5). La garantie subséquente prend fin en cas de succession d'assurance dans les mêmes conditions (Cass. 3e civ. 12-10-2022 no 21-21.427 FS-B : BPIM 6/22 inf. 430).

Il suffit par conséquent que l'ouvrage ait été réalisé pendant la période de validité de la police. Si la police est résiliée par la suite et qu'un dommage se produit engageant la responsabilité décennale du constructeur, il est couvert.

La possibilité pour les assureurs d'offrir une alternative quant au déclenchement de la garantie entre le fait générateur et la réclamation du tiers lésé ne semble pas devoir s'appliquer à l'assurance obligatoire (voir RDI 2003 p. 305), mais elle devrait s'appliquer aux assurances facultatives.

OUVRAGE RÉALISÉ APRÈS RÉSILIATION DE LA POLICE

95030 L'ouvrage réalisé après la résiliation de la police n'est pas protégé. Le constructeur n'est pas assuré pour les travaux réalisés après la suspension (Cass. 3e civ. 20-6-2007 no 06-15.686 FS-D : BPIM 5/07 inf. 342). Toutefois, lorsque la police est résiliée pour non-paiement de la prime et que celle-ci est due tant pour la période antérieure que pour la période postérieure à la résiliation, le versement de la prime après résiliation et son acceptation par l'assureur valent **renonciation** de sa part **à la résiliation** (Cass. 1e civ. 7-7-1998 no 1284 : RDI 1998 p. 661). Un arrêt paraît se contenter du fait qu'une « partie des dommages trouvait leur source dans des travaux exécutés pendant la période de validité de la police » (Cass. 1e civ. 28-11-2001 : RDI 2002 p. 304).

Si l'**assureur** adresse à l'assuré une mise en demeure avant résiliation pour non-paiement des primes, il commet une faute qui engage sa **responsabilité** en délivrant une attestation d'assurance pendant la période de suspension de la garantie sans mentionner la mise en demeure ni le risque de résiliation (Cass. 3e civ. 24-10-2012 no 11-16.012 FS-PB : RDI 2012 p. 638).

3. MODALITÉS DE LA GARANTIE DE L'ASSURANCE RC DÉCENNALE

ACTIVITÉS GARANTIES PAR L'ASSURANCE RC DÉCENNALE

95060 **Activités déclarées** L'assureur couvre la responsabilité de l'assuré uniquement pour les activités déclarées lors de la souscription de la police (Cass. 3e civ. 17-12-2003 no 01-12.291 FS-PB : BPIM 2/04 inf. 105, 2e espèce ; Cass. 3e civ. 9-4-2014 no 13-15.076 FS-D : BPIM 3/14 inf. 185). Il doit sa garantie même si l'assuré exerce l'activité déclarée en dépassant la mission qui lui a été confiée (Cass. 3e civ. 14-5-2020 no 18-24.275 F-D : BPIM 4/20 inf. 259). L'absence de garantie pour les activités non déclarées étant opposable aux tiers lésés, la Cour de cassation exige en contrepartie que l'assureur qui délivre une attestation d'assurance fournisse les informations sur le secteur d'activité déclaré (voir nos 93250 s.).

Seules les activités déclarées sont garanties. Cette **règle** est **générale** et s'applique aussi aux assurances de droit commun, notamment à l'assurance protection professionnelle des artisans du bâtiment (Cass. 3e civ. 30-6-2016 no 15-18.206 FS-PB : BPIM 5/16 inf. 312, qui exclut de la garantie un revêtement de peinture membrane sur les parois d'une piscine, activité non déclarée). L'évolution sévère de la jurisprudence alimente un contentieux abondant et donne lieu à des analyses doctrinales importantes (voir notamment : I. Bonardi, RDI 2019 p. 196 ; P. Dessuet, RDI 2019 p. 467).

95061 **Tâche spécialisée** La jurisprudence semble distinguer la tâche spécialisée déclarée par le constructeur qui donne lieu à une lecture stricte du champ de la garantie, du rôle joué par ce dernier dans l'opération de construction et, notamment, du **titre en vertu duquel le constructeur intervient.** Selon un arrêt, cela conduit à distinguer l'objet de la prestation déclarée des modalités de son exécution (Cass. 3e civ. 10-9-2008 no 07-14.884 FS-PB : BPIM 6/08 inf. 442). Ainsi, l'entrepreneur qui a souscrit une police d'assurance en qualité de constructeur de maisons individuelles est-il considéré comme ayant déclaré l'activité exercée car l'activité de constructeur de maisons individuelles inclut la réalisation de travaux selon marchés (Cass. 3e civ. 21-1-2015 no 13-25.268 FS-PB : BPIM 2/15 inf. 116). La solution est logique car le contrat de construction de maison individuelle n'est qu'un louage d'ouvrage réglementé. Lorsque la prestation exécutée est conforme au titre correspondant à l'activité déclarée, les modalités d'exécution de cette activité importent peu ; elles ne peuvent pas justifier un refus de garantie. Ainsi jugé à propos d'une entreprise assurée pour les travaux d'étanchéité de toiture-terrasse qui avait appliqué une résine synthétique (Cass. 3e civ. 10-9-2008 no 07-14.884 susvisé). Dans le même sens, l'activité assurée de « constructeur de maisons individuelles » couvre des travaux de reprise de fondation (Cass. 3e civ. 14-4-2010 no 09-11.975 FS-PB : BPIM 3/10 inf. 223) ; l'activité « maçonnerie, béton » comprend l'étanchéité des ouvrages (Cass. 3e civ. 8-6-2010 no 09-12.457 F-D : BPIM 4/10 inf. 295). L'activité déclarée absorbe ainsi certaines tâches qui en sont le complément nécessaire en l'absence d'exclusion formelle et précise par la police. C'est en ce sens, semble-t-il que l'on peut interpréter un arrêt qui retient la garantie de l'assureur pour une activité de « serrurier-vente et montage de cloisons amovibles » avec comme spécialité « isolation industrielle », alors que les travaux portaient sur des « salles blanches » qui se sont avérées non étanches aux contaminants extérieurs (Cass. 3e civ. 7-6-2018 no 17-16.050 F-D : BPIM 4/18 inf. 277). Dans le même sens, l'activité de maçonnerie générale inclut la pose de carrelage (Cass. 3e civ. 8-2-2018 no 17-13.618 FS-PB : BPIM 2/18 inf. 128). Plus généralement, il appartient au juge du fond de rechercher si certaines tâches dont l'assureur estime qu'elles n'entrent pas dans le champ de la garantie ne sont pas comprises dans l'activité déclarée par l'assuré, compte tenu de la définition de cette activité dans la nomenclature relative aux professions du bâtiment (Cass. 3e civ. 11-7-2024 no 22-22.505 F-D : BPIM 5/24 inf. 317).

ILLUSTRATIONS

Constituent des **tâches ne relevant pas du secteur d'activité déclaré** et échappent à la garantie :
– un travail de couverture réalisé par un électricien (Cass. 1e civ. 29-4-1997 no 95-10.187 : RJDA 8-9/97 no 1033) ;
– un travail de couvreur réalisé par un maçon (Cass. 3e civ. 8-11-2006 no 04-18.145 FS-PB : BPIM 1/07 inf. 41) ;
– la construction dans son ensemble d'une habitation à ossature de bois par une société assurée pour des travaux de charpente de technique courante (Cass. 1e civ. 28-10-1997 no 95-19.416 : Bull. civ. I no 295 ; CA Dijon 16-9-1997, SMABTP c/ de Crépy : RDI 1998 p. 115). En revanche, la garantie a été retenue pour un entrepreneur qui avait déclaré toutes les activités relatives aux métiers du bois et qui avait construit des chalets en bois (Cass. 3e civ. 25-9-2002 no 00-22.173 FS-D : RDI 2002 p. 511 obs. qui font le point de la jurisprudence) ;
– des activités de maçonnerie et de maison à ossature de bois, identifiées à la nomenclature des activités du bâtiment et des travaux publics, qui n'ont pas été déclarées par l'entreprise lors de la souscription de sa police (Cass. 3e civ. 30-9-2021 no 20-12.662 F-D : BPIM 6/21 inf. 378) ;
– la réalisation d'un immeuble collectif lorsque l'assuré a déclaré une activité de construction de maison individuelle (Cass. 1e civ. 18-12-2001 no 98-19.584 FS-P : Bull. civ. I no 320) ;
– le changement d'activité non déclaré de l'assuré (Cass. 1e civ. 5-2-2002 : RDI 2002 p. 304, qui distingue activité non déclarée et fausse déclaration) ;
– un travail de charpente réalisé par un entrepreneur qui a déclaré l'activité « charpente-zinguerie » alors qu'il existait une activité codifiée « travaux courants de charpente » (Cass. 3e civ. 17-12-2003 no 01-12.259 FS-PBRI : BPIM 1/04 inf. 28) ;
– un traitement antitermites par une entreprise de charpente alors que les travaux curatifs sur charpente sont exclus par la liste des activités non garanties (Cass. 3e civ. 28-9-2005 no 04-14.472 FS-PB : Bull. civ. III no 174) ;
– des travaux de surélévation d'une digue pour un assuré dont les activités déclarées sont les VRD (Cass. 3e civ. 17-12-2003 no 1450 : Bull. civ. III no 235, 3e espèce) ;
– l'activité d'enrochement exercée est distincte de l'activité de terrassement déclarée (Cass. 3e civ. 18-1-2024 no 22-22.781 F-D : RDI 2024 p. 170).

Toutefois, un assureur a été **condamné à garantir** un sinistre dans un cas où un architecte assuré pour la maîtrise d'œuvre avait confié la réalisation des travaux à une société qu'il gérait, la Cour de cassation ayant considéré que malgré la dualité de fonction, la part de responsabilité en qualité d'architecte était prépondérante (Cass. 3e civ. 9-6-2004 no 03-10.173 FS-PB : BPIM 4/04 inf. 230).

Activités multitâches En revanche, le **titre** correspondant à une activité impliquant une pluralité de tâches doit être **spécialement déclaré** : ainsi, celui qui a conclu un CCMI en déclarant à son assureur les principales tâches ou travaux de technique courante qu'implique son activité sans déclarer spécialement « l'activité de construction de maison individuelle » n'est pas garanti (Cass. 3e civ. 18-10-2018 no 17-23.741 FS-PBRI : BPIM 6/18 inf. 420). Cette rigueur concerne-t-elle tout entrepreneur général qui construit une maison individuelle, même en exécution d'un marché de droit commun, ou ne concerne-t-elle que celui qui construit une maison individuelle dans le cadre d'un CCMI, ce qui donnerait au titre un sens particulier ? Si l'entrepreneur qui a le titre de constructeur de maison individuelle est couvert pour la réalisation des travaux selon marché (Cass. 3e civ. 21-1-2015 no 13-25.268 FS-PB : BPIM 2/12 inf. 116), on ignore si celui qui n'a pas ce titre mais construit une maison individuelle 95062 selon marché doit déclarer l'activité de « construction de maison individuelle ». L'**activité déclarée** est **strictement interprétée** lorsque les tâches sont différenciées et impliquent des compétences spécifiques. Si l'assuré effectue des tâches distinctes, dont l'une relève d'une activité non déclarée, les désordres relevant de l'activité déclarée sont couverts par l'assurance, même si l'assuré a réalisé une partie de mission relevant d'une activité non déclarée (Cass. 3e civ. 9-7-2020 no 19-13.568 FS-D : BPIM 6/20 inf. 398).

ILLUSTRATIONS

L'activité déclarée par l'assuré ne peut pas impliquer d'étendre la garantie à une activité connexe. Ainsi :
– lorsque l'activité déclarée est « revêtements de sols et murs intérieurs durs », la garantie ne s'étend pas aux « revêtements de sols et murs extérieurs en matériaux durs » (Cass. 3e civ. 5-12-2012 no 11-23.756 FS-PB : BPIM 1/13 inf. 53) ;
– l'activité de « maçon, béton armé, zingueur, couvreur » n'englobe pas celle de « fumisterie » qui doit être spécialement déclarée pour être garantie (Cass. 3e civ. 23-10-2013 no 12-22.968 FS-D : BPIM 6/13 inf. 402) ;
– l'activité de couverture-zinguerie ne comprend pas les travaux spécifiques d'étanchéité d'une toiture-terrasse, peu importe l'intitulé du marché (Cass. 3e civ. 30-3-2023 no 22-12.320 F-D : RDI 2023 p. 364) ;
– l'activité de « peinture, papiers peints » et « ravalement de façades par nettoyage » ne couvre ni l'activité de maçonnerie ni celle de terrassement (Cass. 3e civ. 6-12-2018 no 17-25.957 F-D : BPIM 1/19 inf. 42) ;
– l'activité déclarée de gros œuvre n'englobe pas la réfection de l'étanchéité d'une toiture-terrasse (Cass. 3e civ. 22-11-2018 no 17-23.334 F-D : BPIM 1/19 inf. 43) ;
– l'activité de fabrication et vente de charpente ne comprend pas la pose défectueuse de gouttière (Cass. 3e civ. 21-1-2021 no 19-22.694 F-D : BPIM 2/21 inf. 124, RDI 2021 p. 170).

95063 **Clauses limitant la garantie à la nature des activités déclarées** L'activité garantie peut-être limitée à l'utilisation d'un **procédé technique déterminé.** La garantie a ainsi été refusée à une entreprise qui avait déclaré l'activité d'étanchéité sur supports horizontaux exclusivement par procédé « paralon », mais avait utilisé le procédé « moblas sbs ». (Cass. 3e civ. 8-11-2018 no 17-24.488 FS-PBI : BPIM 6/18 inf. 421). La rigueur de cet arrêt (à comparer à Cass. 3e civ. 10-9-2008 no 07-14.884 FS-PB) peut poser problème au maître d'ouvrage à qui l'attestation d'assurance est destinée, car elle l'oblige à vérifier le produit utilisé dans la réalisation des travaux et, sans doute, à se faire assister d'un maître d'œuvre d'opération. Dans une deuxième décision, la Cour de cassation a confirmé que l'activité garantie pouvait être limitée à la mise en œuvre d'un procédé déterminé (le procédé « Harbois » impliquant des compétences spécifiques) lorsque ce procédé ne constitue pas une simple modalité d'exécution de l'activité déclarée mais l'activité elle-même (Cass. 3e civ. 30-1-2019 no 17-31.121 FS-PBI : BPIM 2/19 inf. 119).

> Précisions a. Les **anciennes « exclusions techniques »** qui visaient, par exemple, l'agrément préalable du CSTB pour les techniques non courantes (Cass. 1e civ. 22-11-1988 : RGAT 1988 p. 92 note JB) ou les travaux non traditionnels (Cass. civ. 7-7-1993 : RDI 1993 p. 523) n'ont plus d'objet (Cass. 3e civ. 25-1-1995 : RDI 1996 p. 84).

b. La **clause qui exclut** de la garantie des **travaux faisant appel à des techniques non courantes** doit être réputée non écrite car elle a pour conséquence d'exclure de la garantie certains travaux de bâtiment réalisés par l'entrepreneur dans le cadre de son activité (Cass. 3e civ. 9-7-2003 no 02-10.270 FS-PB : BPIM 5/03 inf. 292). Cela explique, surabondamment s'il en était besoin, le caractère inopérant de l'exclusion de garantie pour absence d'ouvrage en matière d'assurance de responsabilité (Cass. 3e civ. 26-11-1987 : Bull. civ. III no 187) ; voir no 94980.

c. Un arrêt semble introduire une **exclusion technique** : statuant sur le recours de l'assureur qui avait couvert le sinistre dans le cadre d'une PUC contre l'assurance décennale de la maîtrise d'œuvre, la garantie de cette dernière est écartée au motif qu'elle n'assurait en décennale que l'activité de maîtrise d'œuvre pour les travaux de bâtiment codifiés relevant des techniques traditionnelles et que l'enrochement par empilement de blocs sans lien entre eux ne relevait d'aucun texte de référence et ne relevait pas de la garantie (Cass. 3e civ. 14-9-2005 no 04-11.486 FS-PB : BPIM 6/05 inf. 407). En réalité, il semble que la solution s'explique par le fait que l'enrochement n'était pas le fruit d'un travail de construction.

95064 **Missions déclarées** Le contrat d'assurance peut stipuler que la déclaration de mission constitue une condition de la garantie, conformément aux dispositions de l'article L 113-9 du Code des assurances. C'est notamment le cas dans les polices souscrites par les architectes auprès de la mutuelle des architectes français. Outre que l'activité doit être déclarée, l'assuré doit faire connaître à l'assureur les missions qui lui sont données pour chaque opération. La mission déclarée doit être conforme à celle reçue, sous peine d'exposer l'assuré à un refus de garantie comme pour les activités non déclarées (voir nº 95060). Ainsi, en est-il de l'architecte qui reçoit une mission complète de maîtrise d'œuvre et déclare une mission de bureau d'études techniques ou d'ingénieur-conseil (Cass. 3e civ. 11-5-2022 nº 21-15.018 F-D : BPIM 4/22 inf. 303). Si la mission n'est pas exactement déclarée ou si la déclaration est erronée, le contrat d'assurance peut prévoir une réduction proportionnelle d'indemnité pouvant équivaloir à une absence de garantie, au moins pour les risques n'ayant fait l'objet d'aucun versement de cotisation (Cass. 3e civ. 27-6-2019 nº 17-28.872 FS-PBI : D. 2019 p. 1389, RDI 2019 p. 467 note P. Dessuet qui s'interroge sur la validité des attestations d'assurance depuis cet arrêt). La réduction proportionnelle d'indemnité se traduit en principe par une indemnité réduite en proportion du taux de la prime annuelle payée par rapport à celui de la prime qui aurait été due si la mission avait été déclarée, le contrat ne pouvant déroger à ces dispositions d'ordre public (Cass. 3e civ. 11-5-2022 nº 21-15.420 FS-B : BPIM 3/22 inf. 217, RDI 2022 p. 405 obs. C. Charbonneau). Un arrêt retient même que l'assureur peut refuser toute indemnité en cas de mission non déclarée (Cass. 3e civ. 5-3-2020 nº 18-26.801 F-D : RDI 2020 p. 402). La Cour de cassation confirme sa position et assoit sa jurisprudence par deux arrêts publiés (Cass. 3e civ. 1-10-2020 nºs 18-20.809 FS-PBI et 19-18.165 FS-PBI : BPIM 6/20 inf. 399), qui précisent que l'architecte doit faire une déclaration préalable à chaque mission et que le défaut de déclaration équivaut à une absence d'assurance opposable au tiers lésé. S'il n'y a pas d'assurance pour la mission non déclarée, on peut s'interroger sur la place laissée à la réduction proportionnelle habituellement pratiquée dans les polices d'assurance des architectes, s'agissant par nature d'un contrat par « abonnement » à prime et risque variables.

Les **obligations générales** en matière de **déclaration de risque** sont applicables (C. ass. art. L 112-3 et L 113-2, 2º et 3º) : voir nº 93065.

Clause d'exclusion de garantie Les cas d'exclusion de garantie étant de droit étroit (voir nº 95090), les clauses d'exclusion ou de limitation de garantie ne peuvent en limiter les conditions à un point tel que la situation est assimilable à une exclusion de garantie **non autorisée** et l'assureur ne peut pas se prévaloir de cette délimitation abusive (Cass. 3e civ. 17-6-1992 : RDI 1992 p. 355). La Cour de cassation rappelle que même si les clauses d'exclusion de garantie sont limitées, la garantie de l'assureur ne concerne que le secteur d'activité professionnelle déclaré par l'assuré (Cass. 3e civ. 30-3-2023 nº 22-12.320 F-D : RDI 2023 p. 364). 95065

L'exclusion est souvent stipulée pour faire sortir du champ de la garantie des **ouvrages qui ne sont pas des bâtiments** mais ressortissent aux techniques de travaux de bâtiment (Cass. 1e civ. 18-11-1992 nº 91-13.161 : Bull. civ. I nº 296 ; Cass. 1e civ. 7-7-1993 : Bull. civ. I nº 247). Il a par exemple été jugé que l'exclusion de la garantie des VRD autres que celles qui constituent la desserte privative des bâtiments est opposable au maître de l'ouvrage (Cass. 3e civ. 3-5-2001 nº 646 : Le Moniteur 3-8-2001 p. 46).

L'exclusion est aussi souvent stipulée pour **écarter la qualité de constructeur** (Cass. 1e civ. 10-12-1996 : BPIM 3/97 inf. 198).

PLAFOND DE GARANTIE DE L'ASSURANCE RC DÉCENNALE

Secteur de l'habitation Dans le secteur de l'habitation, il n'existe **aucun plafond** de garantie même calculé par année (Cass. 3e civ. 23-6-2004 nº 02-12.257 FS-D : BPIM 5/04 inf. 296). Normalement, c'est l'intégralité du sinistre qui est garantie. Le principe remonte à la loi de 1978 et la clause type en assurance individuelle RC modifiée par l'arrêté du 19 novembre 2009, tout en instituant une rubrique « plafonnement », ne reprend pas les termes de la clause type en assurance dommages-ouvrage. En conséquence, le principe du non-plafonnement de la garantie n'est pas remis en cause, d'autant qu'une interprétation a contrario par rapport au secteur autre que l'habitation est autorisée. 95070

Secteur hors habitation Des plafonds de garantie sont admis dans le secteur autre que l'habitation (C. ass. art. L 243-9, A 243-1 annexes I et III). Le **plafonnement s'établit** pour chaque mission au coût de la construction déclaré par le maître de l'ouvrage ; le montant de la garantie ne peut être inférieur à ce coût, sauf s'il dépasse 150 millions d'euros ou s'il est recouru à un contrat d'assurance collectif (voir nºs 93155 s.). L'articulation entre les clauses types pour la RC individuelle décennale et la RC collective est la suivante : 95071

– obligation pour la police individuelle de fixer le plafond de garantie au même niveau que la franchise retenue par la police RC collective ;

– obligation pour la police RC collective de fixer la franchise au même niveau que les plafonds retenus en police RC individuelle ;

– obligation pour l'assureur en RC collective d'indexer chacune des franchises opposables sur la base d'un indice identique à celui de l'assureur RC individuelle.

La difficulté, en assurance hors habitation, tient à l'**obligation** faite à l'assuré **de déclarer le coût total de la construction.** Ce coût s'entend « du montant définitif des dépenses de l'ensemble des travaux, toutes révisions, honoraires, taxes et, s'il y a lieu, travaux supplémentaires compris ; le coût intègre la valeur de reconstruction des existants totalement incorporés » (clause type).

Outre que cela conduit à exiger du maître de l'ouvrage qu'il communique le coût aux constructeurs y compris s'il évolue, il y a lieu de craindre que le coût définitif ne soit pas le coût prévisionnel et que l'erreur du maître de l'ouvrage soit à envisager.

Toute déclaration insuffisante du risque par l'assuré est alors susceptible de donner lieu à réduction proportionnelle d'indemnité (C. ass. art. L 113-9) ou à refus de garantie.

> **Précisions** Le **sous-traitant** n'est pas légalement tenu de la garantie décennale. Mais l'entrepreneur principal peut être tenu de répondre, au titre de la garantie décennale, « in solidum » avec le sous-traitant du dommage causé par ce dernier. Il a été jugé que dans ce cas, l'assureur en responsabilité décennale de l'entrepreneur principal devait couvrir la réparation des dommages subis par le maître de l'ouvrage dans les conditions des articles 1792 s. sans pouvoir lui opposer la franchise et le plafond prévus au contrat d'assurance du sous-traitant (Cass. 3e civ. 29-9-2016 n° 15-24.035 F-D : RDI 2017 p. 85). En l'espèce, le même assureur garantissait l'entrepreneur principal et le sous-traitant et c'est sans doute leur condamnation « in solidum » qui explique l'inopposabilité de la franchise et du plafond de garantie au maître d'ouvrage. Le sous-traitant appelé en garantie par l'entrepreneur principal est couvert par son assurance, en général de RC professionnelle (voir n° 95732).

CHANTIERS GARANTIS PAR L'ASSURANCE RC DÉCENNALE

95072 L'assurance RC décennale est en général une police par abonnement. L'assuré a l'**obligation de déclarer les chantiers** sur lesquels il intervient et les tâches qui lui sont confiées. Cette obligation pèse sur la personne physique assurée ou sur la personne morale. Dans ce dernier cas, il a été jugé que le gérant d'une société commet une faute s'il ne procède pas à la déclaration de chantier et que cette faute est détachable de son mandat, ce qui peut constituer une faute pénale et justifier sa condamnation à des dommages-intérêts envers l'assureur d'un coresponsable (Cass. com. 9-12-2014 n° 13-26.298 F-D : RJDA 3/15 n° 3, RDI 2015 p. 84).

L'obligation de déclaration des chantiers ou des missions pose parfois problème en **police par abonnement.** L'activité est en effet garantie si elle a été régulièrement déclarée et elle implique des missions ou des chantiers non encore connus lors de la souscription du contrat. L'article L 113-9 du Code des assurances prévoit que l'omission ou la déclaration inexacte de la part de l'assuré dont la mauvaise foi n'est pas établie n'entraîne pas la nullité de l'assurance, mais donne lieu à la réduction proportionnelle de l'indemnité en proportion du taux des primes payées. La Cour de cassation a retenu la règle de la réduction proportionnelle d'indemnité en cas d'absence de déclaration de chantier par un architecte (Cass. 3e civ. 13-6-2019 n° 17-31.042 F-D : BPIM 4/19 inf. 267). Mais par une lecture de la police, elle a décidé que ce prestataire n'était pas assuré lorsqu'il n'avait pas déclaré sa mission (Cass. 3e civ. 6-12-2018 n° 17-25.957 F-D : BPIM 1/19 inf. 42 ; Cass. 3e civ. 27-6-2019 n° 17-28.872 FS-PBI : RDI 2019 p. 467 note P. Dessuet ; Cass. 3e civ. 1-10-2020 n° 18-20.809 FS-PBI et Cass. 3e civ. 1-10-2020 n° 19-18.165 FS-PBI : BPIM 6/20 inf. 399) et qu'il n'y avait pas lieu d'allouer une indemnité proportionnelle (voir n° 95064). Elle a également tenu compte, pour un entrepreneur, des termes du contrat qui excluait la règle de la réduction proportionnelle d'indemnité (Cass. 3e civ. 13-6-2019 n° 18-10.022 F-D : BPIM 4/19 inf. 268).

RÉDUCTION PROPORTIONNELLE D'INDEMNITÉ

95075 L'**omission ou** la **déclaration inexacte** de la part de l'assuré dont la mauvaise foi n'est pas établie n'entraîne pas la nullité de l'assurance (C. ass. art. L 113-9, al. 1). L'assuré doit déclarer les éléments d'appréciation du risque dont il a connaissance. Lorsque la déclaration inexacte ou insuffisante est **découverte après un sinistre,** l'assureur est tenu d'une indemnité réduite en proportion du taux des primes payées par rapport au taux des primes qui aurait été dues si les risques avaient été complètement déclarés, ce qui limite ou plafonne la garantie effective (C. ass. art. L 113-9, al. 3 ; Cass. 3e civ. 8-2-2012 n° 10-27.250 FS-D : RJDA 7/12 n° 657, RDI 2012 p. 455 ; Cass. 3e civ. 7-1-2016 n° 14-18.561 FS-PB : BPIM 2/16 inf. 97, s'agissant d'une non-déclaration de chantier).

Pour l'application de la règle de la réduction proportionnelle d'indemnité, il est tenu compte également soit de l'absence de déclaration de certains chantiers, soit de la déclaration inexacte du montant du chiffre d'affaires permettant le calcul de la prime (Cass. 3e civ. 11-5-2022 n° 19-10.226 F-D : RDI 2022 p. 416, pour un marché de maîtrise d'œuvre ne concernant pas, semble-t-il, un architecte), soit, s'agissant de l'architecte, des conditions relatives à la déclaration de sa mission (voir nº 95064). En cas d'erreur, si l'assuré ne peut pas justifier du paiement d'un complément de prime, l'assureur peut appliquer la règle de la réduction proportionnelle d'indemnité (Cass. 3e civ. 25-11-2014 nº 13-22.063 F-D : RDI 2015 p. 139).

La sanction de la déclaration insuffisante du risque ou de la non-déclaration d'une obligation de déclarer les éléments nécessaires à l'appréciation du risque s'étend aux **circonstances nouvelles** qui, en cours de travaux, ont pour effet d'aggraver les risques et rendent de ce fait inexactes les réponses données à l'assureur lors de la conclusion du contrat (Cass. 3e civ. 15-5-2013 nº 12-14.757 FS-PB : BPIM 4/13 inf. 265).

ILLUSTRATIONS

La **réduction proportionnelle** d'indemnité est **appliquée** lorsqu'un architecte :
– fait une déclaration insuffisante des travaux assurés (Cass. 3e civ. 23-4-1997 nº 95-13.648 : RJDA 6/97 nº 770, pour des dommages immatériels ; Cass. 3e civ. 22-9-2004 nº 02-13.847 FS-PB : BPIM 6/04 inf. 376 ; Cass. 3e civ. 15-12-2010 nº 09-14.411 FS-D : BPIM 1/11 inf. 36) ;
– ne procède pas à une déclaration de chantier comme la convention d'assurance l'y oblige (Cass. 3e civ. 30-3-2010 nº 09-12.652 F-D : BPIM 3/10 inf. 224), même s'il ne le fait pas de mauvaise foi (C. ass. art. L 113-9 ; Cass. 3e civ. 12-4-2012 nºs 11-12.786 et 11-13.839 FS-D : BPIM 3/12 inf. 244).

L'**appréciation de la réduction** incombe au juge (Cass. 1e civ. 13-11-1996 nº 93-17.919 : RGDA 1997 p. 109). Celui-ci peut, en l'absence d'accord des parties, déterminer le montant de la prime qui aurait été due si le risque avait été exactement et complètement déclaré afin d'évaluer souverainement le montant de l'indemnité réduite (Cass. 3e civ. 17-4-2013 nº 12-14.409 FS-PB : Bull. civ. III nº 52). La réduction proportionnelle d'indemnité est opposable au tiers lésé (Cass. 3e civ. 22-9-2004 nº 02-13.847 FS-PB : BPIM 6/04 inf. 376), ce qui est regrettable si l'attestation ne précise pas que le chantier litigieux a bien été déclaré. En cas de **sinistres successifs,** lorsque les déclarations de l'assuré sont incomplètes ou insuffisantes, il a été jugé en application de l'article L 113-9 du Code des assurances, à propos d'une assurance multirisque, qu'il y avait lieu de pratiquer la réduction proportionnelle à chacun des sinistres (Cass. 2e civ. 2-3-2017 nº 15-27.831 F-PB : RJDA 7/17 nº 450). Cette solution a vocation à s'appliquer en matière d'assurance de responsabilité décennale si du moins les sinistres consécutifs sont rattachables à des manquements de l'assuré. Lorsqu'il est reproché à l'assuré de déclarer un chiffre d'affaires erroné, la réduction proportionnelle d'indemnité peut être calculée par référence à la somme à laquelle le maître d'œuvre pouvait prétendre pour le chantier litigieux (Cass. 3e civ. 11-5-2022 nº 19-10.226 F-D : RDI 2022 p. 416). 95077

En assurance **responsabilité hors habitation,** l'obligation faite au constructeur de déclarer à son assureur le coût de construction déclaré par le maître de l'ouvrage est un facteur de risque qui peut déboucher sur une réduction proportionnelle d'indemnité (voir nº 95071).

La **preuve de l'inexactitude** d'une déclaration de chantier incombe à celui qui s'en prévaut, donc, a priori, à l'assureur. Ainsi jugé dans une espèce où l'assureur opposait à son assuré la règle de la réduction proportionnelle d'indemnité en faisant valoir qu'il n'avait payé que la moitié des cotisations dues puisqu'il avait déclaré cotraiter la maîtrise d'œuvre à hauteur de 50 % (Cass. 3e civ. 27-6-2001 nº 99-19.700 : BPIM 5/01 inf. 316).

La question de savoir si la réduction proportionnelle d'indemnité est applicable aux **assurances à primes variables** a été soulevée et elle prend une certaine ampleur avec les arrêts récents (voir nº 95072). Cette question n'est pas clairement tranchée.

REFUS DE GARANTIE DE L'ASSUREUR RC DÉCENNALE

En cas de **déclaration inexacte** et si l'inexactitude est **constatée avant sinistre,** l'assureur peut maintenir le contrat avec une augmentation de prime ou le résilier (C. ass. art. L 113-9, al. 2). 95080

Il n'y a **pas lieu à garantie** lorsque le chantier n'est pas déclaré et que l'architecte n'a pas cotisé, ce qui équivaut à une absence d'assurance. La règle est posée à propos d'un dommage résultant de la non-obtention du permis de construire et ne concerne donc pas l'assurance responsabilité décennale de l'architecte. Comme l'assurance de responsabilité professionnelle de l'architecte est obligatoire, on a pu penser que la Cour de cassation posait un principe général (Cass. 3e civ. 4-11-2004 nº 03-13.821 F-PB : BPIM 1/05 inf. 42). Mais le **principe de « non-assurance »,** sauf dol de l'assuré ou absence de contrat, est **critiqué** (voir P. Dessuet « L'arrêté du 19 novembre 2009 : de nouvelles clauses types en matière d'assurance construction obligatoire » : RDI 2010 p. 72). La jurisprudence applique plutôt la réduction proportionnelle d'indemnité, ce qui donne à penser que la non-garantie dépend des termes du contrat (Cass. 3e civ. 30-3-2010 nº 09-12.652 F-D : BPIM 3/10 inf. 224, à propos de la démolition d'un ouvrage non conforme au permis de construire ; Cass. 3e civ. 2-12-2009 nº 08-17.619 FS-D : BPIM 1/10 inf. 36).

Un arrêt a validé le refus de garantie de l'assureur du dommage causé au maître de l'ouvrage par un échafaudage installé sur le devant de la maison par l'entrepreneur au motif que ce dernier n'avait déclaré que l'activité relative à des travaux sur la façade arrière (Cass. 3e civ. 9-4-2014 no 13-15.076 FS-D : BPIM 3/14 inf. 185). Cette solution, qui peut se discuter, s'explique peut-être par la nature du dommage dont on peut penser qu'il n'est pas couvert par l'assurance RC décennale. Mais si les arrêts cités no 95072 ne visent pas expressément la garantie décennale, la lecture qu'ils donnent de l'article L 113-9 du Code des assurances, rapproché des termes du contrat, fait craindre que la règle ait une portée générale.

AMÉNAGEMENT CONVENTIONNEL DE LA GARANTIE

95082 L'assuré est tenu de déclarer les éléments du risque dont il a connaissance sous peine d'être exposé aux sanctions évoquées nos 95072 et 95075. Lorsque le maître de l'ouvrage a souscrit une assurance de responsabilité décennale à l'occasion de la réalisation d'un programme immobilier en Vefa, qu'il a informé l'assureur du risque d'inondation des sous-sols du fait de l'absence de dispositifs aptes à s'opposer à une remontée des eaux et aux infiltrations et qu'il a stipulé qu'il se portait garant vis-à-vis de l'assureur de toute réclamation de l'acquéreur émanant de ce fait, un arrêt a jugé que le maître de l'ouvrage devait relever l'assureur des condamnations prononcées contre lui (Cass. 3e civ. 15-9-2017 no 12-26.985 FS-PB : RDI 2017 p. 105). Il en résulte que l'aménagement conventionnel de la garantie est possible dans un tel cas entre les parties. Pour autant, cet aménagement semble inopposable au tiers lésé ; il a seulement pour effet de permettre à l'assureur de se retourner contre son assuré.

FRANCHISE DE L'ASSURANCE RC DÉCENNALE

95085 Il est admis qu'un contrat d'assurance RC individuelle comporte une franchise. Cette terminologie résulte tant des textes légaux (voir C. ass. art. L 243-4 qui traite des pouvoirs du BCT) que de l'ancienne clause type. Elle n'est pas remise en cause par la clause type modifiée par l'arrêté du 19 novembre 2009, qui met toutefois l'accent sur « la partie de la charge du sinistre » qui reste sur l'assuré, pour échapper au grief qui reprochait à la loi d'instituer, sous couvert d'une franchise, un découvert de garantie.

La franchise est licite (Cass. 3e civ. 28-4-1993 : Bull. civ. III no 148 ; Cass. 3e civ. 17-7-1996 no 94-10.650), mais elle n'est pas **opposable au tiers lésé** (Cass. 1e civ. 25-2-1992 : Bull. civ. I no 63, sol. implicite ; Cass. 3e civ. 4-3-1986 : Le Moniteur 5-12-1986 p. 65). Un arrêt rejette un pourvoi en relevant que si la cour d'appel a retenu que l'assureur pouvait opposer la franchise au maître de l'ouvrage, elle n'en a pas tiré de conséquences pour la condamnation prononcée contre cet assureur (Cass. 3e civ. 15-6-2022 no 21-13.612 F-D : BPIM 4/22 inf. 304). Toutefois, lorsque la garantie est étendue par le contrat aux dommages consécutifs non couverts par la garantie de base, la franchise est opposable au tiers pour ce type de sinistre (Cass. 1e civ. 12-5-1993 : Bull. civ. I no 161 ; Cass. 3e civ. 23-4-1997 no 95-13.648 : RJDA 6/97 no 770).

Dans le **secteur hors habitation** où le plafonnement est permis, des règles d'articulation entre la franchise et le plafond lorsqu'une police RC collective s'ajoute à une police RC individuelle sont précisées par la clause type (voir no 95071). La franchise instituée par le contrat d'assurance RC collective est donc opposable « à tous » puisqu'elle correspond au montant du plafond RC individuelle ; elle est en fait, rachetée par le contrat de première ligne.

En RC individuelle, le **fonctionnement** de la franchise revient à assimiler l'assureur à une caution pour la fraction du montant du sinistre inférieure à la franchise : débiteur à l'égard du tiers, il peut se retourner contre l'assuré (Cass. 3e civ. 24-11-1987 no 86-15.629). L'action en récupération de la franchise sur l'assuré ne peut être exercée que postérieurement au règlement de l'indemnité au tiers ; la prescription biennale ne peut courir qu'à compter de ce paiement (Cass. 3e civ. 21-6-2006 no 04-19.002 FS-PB : BPIM 5/06 inf. 365).

La franchise, dont le maximum n'est pas fixé, est proportionnelle au **montant** des dommages sans pouvoir être inférieure à un minimum fixé selon le nombre d'étoiles de l'entreprise. Ainsi s'opère une sélection entre les entreprises, selon une pratique antérieure à 1978, et qui consistait à exiger d'elles l'obtention d'un **certificat de qualification** délivré par les organismes professionnels (OPQCB ; Qualifelec).

Il est normal, tant pour le calcul de la prime que pour le niveau de la franchise, que l'on fasse une distinction selon le niveau et la qualité des entreprises. Toutefois, lorsque la franchise proposée par l'assureur est excessive, l'entrepreneur peut alléguer un refus d'assurance et saisir le Bureau central de tarification (Durry, op. cit., p. 287). La franchise est inassurable : c'est un **découvert obligatoire.**

EXCLUSIONS DE GARANTIE EN ASSURANCE RC DÉCENNALE

La clause type de la police annexée à l'article A 243-1 du Code des assurances prévoit des **causes d'exclusion** qu'elle limite, tant en RC individuelle qu'en RC collective : 95090
– au fait intentionnel ou au dol du souscripteur ou de l'assuré ;
– aux effets de l'usure normale, du défaut d'entretien ou de l'usage anormal ;
– à la cause étrangère (en pratique les cataclysmes, la guerre, les conflits collectifs graves…).

Les exclusions sont limitées par la clause type qui est d'**interprétation stricte.** La rédaction de la clause type issue de l'arrêté du 19 novembre 2009 a renforcé cette exigence en faisant disparaître l'adverbe « notamment » qui précédait l'énumération des causes d'exclusion dans l'ancien texte. Ainsi, l'avalanche, qui n'est pas visée parmi les cas de cause étrangère, n'est pas un cas d'exclusion (Cass. 1e civ. 25-10-1989 no 87-18.391 : Bull. civ. I no 326).

Hors les cas visés par le texte, les clauses qui limitent la garantie sont **illicites** (Cass. 1e civ. 18-11-1992 : Bull. civ. I no 296 ; Cass. 1e civ. 7-7-1998 no 96-18.608 : RDI 1998 p. 662).

Outre la validité de la clause, un arrêt précise que l'assureur, qui dénie sa garantie en opposant une exclusion de garantie figurant aux conditions particulières du contrat d'assurance, doit établir que cette clause a été portée à la connaissance de l'assuré et a été acceptée par lui (Cass. 3e civ. 17-11-2021 no 20-16.771 FS-B : BPIM 1/22 inf. 42).

ILLUSTRATIONS

Ainsi, doit être réputée non écrite la clause qui :
– limite la garantie des travaux réalisés à ceux effectués au titre d'un contrat de louage d'ouvrage, à l'exclusion de ceux réalisés en qualité de vendeur après achèvement (Cass. 3e civ. 6-7-2005 no 03-16.236 FS-D : BPIM 5/05 inf. 332) ;
– ne prend en compte que l'atteinte à la solidité de l'ouvrage et exclut l'impropriété de celui-ci à sa destination, ce qui fait échec aux règles d'ordre public de l'assurance construction (Cass. 3e civ. 4-2-2016 nos 14-29.790 et 15-12.128 FS-PB : BPIM 2/16 inf. 115, RDI 2016 p. 234 ; comparer toutefois Cass. 3e civ. 7-4-2016 no 15-13.393 F-D : BPIM 3/16 inf. 187, qui sans s'expliquer sur la nature de la responsabilité admet que l'assurance de l'entrepreneur peut exclure de la garantie les conséquences de dommages matériels ou immatériels de construction) ;
– subordonne la garantie à la levée de réserves émises par l'organisme de contrôle avant réception (Cass. 3e civ. 11-5-2010 no 09-11.334 F-D : RDI 2010 p. 398).

On peut penser, en revanche, que l'**absence manifeste d'aléa** lors de la conclusion du contrat d'assurance (risque déjà réalisé) produit les effets d'une cause d'exclusion : il s'agit d'une fausse déclaration volontaire (Cass. 3e civ. 7-10-2008 no 07-17.969 F-D : BPIM 6/08 inf. 443 ; Cass. 2e civ. 15-4-2010 no 08-20.378 F-D : RDI 2010 p. 400). Un arrêt statuant en assurance de droit commun estime que les conditions de mise en œuvre de la garantie ne sont pas réunies lorsqu'il y a absence d'aléa, ce qui constitue une règle générale qui équivaut à une non-garantie (Cass. com. 11-5-2017 no 15-29.065 F-D : RDI 2017 p. 353). 95092

La clause qui subordonne la garantie de l'assureur à une **étude technique** préalable n'est pas une exclusion de garantie qui doit être réputée non écrite (Cass. 3e civ. 22-11-2018 no 17-22.112 FS-PBI : BPIM 1/19 inf. 41).

L'assureur RC décennale condamné in solidum avec l'assuré au titre de la garantie décennale peut lui opposer la clause de non-garantie stipulée dans le contrat laissant les conséquences du sinistre à sa charge (Cass. 3e civ. 15-9-2016 no 12-26.985 FS-PB : BPIM 6/16 inf. 384). Si l'assureur ne peut pas opposer la clause d'exonération de garantie à l'acquéreur, il peut l'opposer à l'assuré lorsque les circonstances le justifient.

L'exclusion pour **dol** ou **fait intentionnel** est la seule que la clause type retient au titre de la faute du constructeur. Ce n'est qu'une application de l'exclusion visée par l'article L 113-1, alinéa 2 du Code des assurances qui vise la « faute intentionnelle ou dolosive de l'assuré ». La clause donne lieu à une interprétation restrictive des tribunaux qui exigent que l'agent « ait voulu le dommage » (Cass. 1e civ. 16-6-1987 no 705 : Bull. civ. I no 194 ; Cass. 3e civ. 2-3-2011 no 09-72.744 FS-D : RDI 2011 p. 288) tel qu'il s'est produit (Cass. 3e civ. 11-6-2013 no 12-16.530 F-D : BPIM 5/13 inf. 335 ; Cass. 3e civ. 1-7-2015 nos 14-10.210 FS-D et 14-19.826 FS-D : BPIM 5/15 inf. 331). Il résulte de cette jurisprudence une différence entre le dol pris en tant que faute dans l'exécution du contrat de construction et faute dans l'exécution du contrat d'assurance. Le Code civil donne, dans les articles 1137 s., des indications sur le dol qui permettent de le caractériser par des manœuvres, des mensonges ou une dissimulation intentionnelle. Pas plus que l'ancien article 1116 du Code civil, il ne vise la volonté de créer le dommage. La Cour de cassation, depuis un arrêt de 2001, n'exige d'ailleurs plus l'intention de nuire ni celle de réaliser le dommage (Cass. 3e civ. 27-6-2001 no 99-21.017 FS-PBR : BPIM 4/01 inf. 264, RDI 2001 p. 525 obs. P. Malinvaud). La Cour de cassation a confirmé son interprétation restrictive du dol en droit 95095 des assurances, en exigeant que l'assuré ait eu « la volonté de causer le dommage tel qu'il s'est produit » (Cass. 3e civ. 29-6-2017 no 16-14.264 F-D : BPIM 5/17 inf. 334 ; Cass. 3e civ. 29-6-2017 no 16-18.842 F-D : RDI 2017 p. 485 note D. Noguero). La différence, qui est discutée (voir D. Noguero, RDI 2017 p. 485), peut s'expliquer par la volonté du juge d'éviter autant que possible de mettre en jeu la clause d'exclusion afin d'éviter que l'assuré ne soit pas garanti. Un arrêt qui estime que la clause excluant les dommages résultant « d'une méconnaissance intentionnelle, délibérée ou inexcusable des règles de l'art et normes techniques applicables dans le secteur d'activité » est inopérante, car elle n'est pas assez précise, faute de définition contractuelle de ces règles et du caractère volontaire ou inexcusable du manquement (Cass. 3e civ. 19-9-2019 no 18-19.616 FS-PBI : BPIM 6/19 inf. 408). La tendance serait à présent de considérer que le dol implique seulement la connaissance par l'assuré des conséquences dommageables ou le risque d'un sinistre qu'il ne peut pas ignorer, ainsi que la perte du caractère aléatoire de l'assurance (Cass. 2e civ. 20-5-2020 no 19-14.306 F-PBI : D. 2020 p. 1106). Le dol serait ainsi nettement distingué de la faute intentionnelle et, selon une opinion autorisée, serait doté d'autonomie (voir A. Pelissier, Faute intentionnelle ou Dol, la place du débat en assurance construction : RDI 2021 p. 262 ; voir aussi P. Dessuet, L'autonomie du dol par rapport à la faute intentionnelle, RDI 2023 p. 388). La 3e chambre civile semble se rallier à cette analyse lorsque la garantie de l'assureur est refusée et elle prend en compte le manquement délibéré d'un architecte à ses obligations, entraînant la suppression de l'aléa inhérent au contrat d'assurance (Cass. 3e civ. 10-6-2021 no 20-10.774 F-D : RDI 2021 p. 433). Cet arrêt, qui semble se rapprocher de la jurisprudence de la 2e chambre civile, compétente en droit commun des assurances, marque en tout cas une nette distinction entre faute intentionnelle et dol qui étaient considérés comme des notions voisines par l'article L 113-1 du Code des assurances. Si la dualité des notions est probable, la différence entre le dol en assurance et en responsabilité contractuelle reste marquée par l'absence de définition commune. Un arrêt, statuant sur la responsabilité postdécennale, retient que la faute est dolosive lorsque, même sans intention de nuire, le constructeur viole, par dissimulation ou fraude, ses obligations contractuelles (Cass. 3e civ. 8-7-2021 no 19-23.879 F-D : BPIM 5/21 inf. 334). L'assurance de responsabilité ne garantit pas la faute dolosive de l'assuré, peu importe qu'il conteste le caractère formel d'une clause d'exclusion de garantie de son contrat ou qu'il soutienne que son ambiguïté l'a induit en erreur dans ses agissements. Tout en écartant l'exigence d'une volonté de l'assuré de créer le dommage pour retenir la faute dolosive, un arrêt paraît mettre en exergue le fait que l'assuré avait conscience du risque (Cass. 3e civ. 30-3-2023 no 21-21.084 FS-BR : BPIM 3/23 inf. 201).

ILLUSTRATIONS

La **garantie** de l'assurance a été **écartée** pour :
– un ouvrage non conforme au POS et au permis de construire à partir d'un projet irréalisable (Cass. 3e civ. 9-1-2002 : Bull. civ. III no 1) ;
– une abstention volontaire d'exécuter les travaux conformément aux prévisions contractuelles (Cass. 3e civ. 7-10-2008 no 07-17.969 F-D : BPIM 6/08 inf. 443) ;
– l'installation par un entrepreneur de traverses de bois pour l'installation d'un port de plaisance alors qu'il avait connaissance de leur défectuosité (Cass. 3e civ. 29-5-2013 no 12-20.215 FS-D : BPIM 4/13 inf. 266).

95100 L'exclusion est une **non-garantie.** Elle est donc **opposable au tiers bénéficiaire.**
Jugé que la reconnaissance d'un état de catastrophe naturelle n'est pas une cause de non-garantie lorsque le dommage (en l'espèce des fissures) est imputable, même partiellement, au constructeur (Cass. 3e civ. 28-11-2001 no 00-14.320 : Bull. civ. III no 136 ; rappr. Cass. 1e civ. 18-12-2001 no 1799 : RDI 2002 p. 131, qui réserve le cas où l'événement présenterait les caractères de la force majeure).

DÉCHÉANCE DE GARANTIE DE L'ASSURANCE RC DÉCENNALE

95105 À l'exclusion s'ajoute une déchéance : l'assuré est déchu de tout droit à garantie en cas « d'**inobservation inexcusable des règles de l'art** telles qu'elles sont définies par les réglementations en vigueur, les normes françaises homologuées ou les normes publiées par les organismes de normalisation d'un autre État membre de l'Union européenne ou d'un autre État partie à l'accord sur l'Espace économique européen offrant un degré de sécurité et de pérennité équivalent aux normes françaises » (C. ass. art. A 243-1 annexe I et III ; Cass. 3e civ. 9-6-2004 no 697, dans le cadre d'une PUC). Il faut entendre par « assuré », soit le souscripteur personne physique, soit le chef d'entreprise ou le représentant statutaire de celle-ci s'il s'agit d'une entreprise inscrite au registre des métiers, soit les représentants légaux ou dûment mandatés de l'assuré lorsque celui-ci est une personne morale.
La déchéance, qui masque une véritable exclusion car elle ne sanctionne pas un manquement postérieur au sinistre, est **inopposable au bénéficiaire** des indemnités.

Pour qu'elle soit opposable à l'**assuré,** il faut que le contrat la stipule en termes formels et limités. La reproduction des termes de la clause type suffit (Cass. 1e civ. 21-5-1985 : Bull. civ. I no 154 ; Cass. 3e civ. 6-5-1998 : RDI 1998 p. 400 ; Cass. 1e civ. 7-7-1998 no 1285 : RDI 1998 p. 662 ; contra CA Dijon 28-10-1997, SARL entreprise Frelet : RDI 1998 p. 400). En revanche, la clause d'exclusion qui vise l'ensemble des DTU, des normes et des textes réglementaires ne permet pas à l'assuré de déterminer l'étendue de l'exclusion de sorte que celle-ci lui est inopposable. Mais la distinction n'est pas toujours facile entre exclusion et déchéance, d'une part, et déchéance et clause subordonnant la garantie, d'autre part.

Une **« absence d'ouvrage »** peut constituer une violation des règles de l'art et, dans le cas où elle est inexcusable, donner lieu à déchéance de garantie (Cass. 1e civ. 17-2-1987, Ravetto c/ MGFA, pour une absence de cuvelage). Les travaux de **technique non courante** ne peuvent, en principe, donner lieu à déchéance (Cass. civ. 14-2-1989 : RGAT 1989 p. 2 ; Cass. 3e civ. 25-1-1995 : RDI 1996 p. 84), mais seulement à majoration de prime. **95110**

MISE EN ŒUVRE DES GARANTIES DE L'ASSURANCE RC DÉCENNALE

Les garanties de l'assureur de responsabilité sont mises en œuvre sur l'**action de l'assureur de dommages** subrogé dans les droits de l'assuré victime (nos 96550 s.) ou sur l'**action du tiers lésé** lui-même. C'est en général l'action directe qui est exercée (voir nos 96585 s.). Lorsque son assuré est déclaré responsable d'un sinistre, la décision judiciaire constitue pour l'assureur la réalisation du risque et lui est opposable, sauf, toutefois, s'il existe une fraude à son encontre (Cass. 1e civ. 29-10-2014 no 13-23.506 : Bull. civ. I no 177). La fraude du maître de l'ouvrage aux droits de l'assureur du constructeur responsable est caractérisée si le maître de l'ouvrage n'a pas informé l'assureur de l'action contre le constructeur et ne l'a pas mis en cause alors qu'il connaissait la position de l'assureur qui avait refusé sa garantie. L'assureur peut alors faire rétracter ou réformer le jugement en faisant tierce opposition et la fraude retenue justifie tant la réformation que l'absence de toute garantie (Cass. 3e civ. 14-9-2023 no 22-13.107 FS-B : BPIM 6/23 inf. 384). **95115**

Lorsque l'entreprise fait l'objet d'une **procédure collective,** l'administrateur judiciaire doit veiller à ce que le risque ait été exactement déclaré, sous peine d'engager sa propre responsabilité (Cass. 3e civ. 22-10-2014 no 13-25.430 FS-PB : BPIM 6/14 inf. 395) ; la garantie n'est due que si la responsabilité décennale de l'assuré est établie. L'assureur de responsabilité décennale peut être mis en cause sur un appel en garantie de l'assuré, nonobstant une responsabilité de ce dernier au titre de la responsabilité extracontractuelle ; ce n'est pas le fondement juridique de l'action mais c'est la nature des désordres qui importe (Cass. 3e civ. 8-11-2018 no 17-13.833 FS-PBI : BPIM 6/18 inf. 418).

Sur l'opposabilité du rapport d'expertise dommages-ouvrage et la possibilité de **solliciter une expertise judiciaire,** voir no 96370.

L'action en garantie contre l'assurance RC est soumise à la **prescription** biennale dès lors que le désordre relève encore de la garantie décennale (voir no 96263). Ce délai est susceptible d'interruption, étant précisé que les assurances dommages-ouvrage et responsabilité sont autonomes même si elles sont fournies par la même compagnie (no 96270).

L'assureur RC, qui, sur l'**appel en garantie de son assuré,** prend la direction du procès et conteste le caractère décennal des désordres, ne renonce pas aux exceptions relatives au risque souscrit. Les exceptions de l'article L 113-17 du Code des assurances, auxquelles l'assureur qui prend la direction d'un procès intenté à l'assuré est censé renoncer, se rapportent aux garanties souscrites et ne concernent ni la nature du risque souscrit ni le montant de la garantie (Cass. 1e civ. 8-7-1997 no 95-12.817 : Bull. civ. I no 233 ; Cass. 3e civ. 27-10-2016 no 15-25.143 FS-PB : BPIM 1/17 inf. 25 ; Cass. 3e civ. 13-7-2017 no 16-19.821 F-D) : en contestant le caractère décennal du désordre, l'assureur ne renonce pas à se prévaloir de l'absence de caractère décennal dans ses rapports avec l'assuré et s'il ne couvre pas la responsabilité de droit commun, sa garantie n'est pas due (Cass. 3e civ. 29-1-2014 no 12-27.919 FS-PB : BPIM 2/14 inf. 113).

L'assureur RC devant réparer le dommage imputable au constructeur qu'il garantit doit prendre les **mesures nécessaires pour éviter l'aggravation du sinistre,** même si celui-ci, déclaré à l'assureur DO, a été pris en charge par ce dernier. L'assureur de responsabilité ne peut pas se prévaloir des fautes de l'assureur DO dans la gestion du sinistre (Cass. 3e civ. 9-4-2014 no 13-15.555 FS-PB : BPIM 3/14 inf. 183).

SECTION 2

CAS PARTICULIERS D'ASSURANCE DE RESPONSABILITÉ

ASSURANCE DU VENDEUR OU DU PROMOTEUR

95300 Le vendeur ou le promoteur doivent souscrire une assurance de responsabilité garantissant les **dommages** visés aux articles 1792 et 1792-2 du Code civil et **résultant de leur fait** (C. ass. art. L 241-2).

La loi vise le promoteur et le vendeur qui, en tant que maîtres de l'ouvrage ou représentants de celui-ci, s'immiscent dans la partie technique de la construction. Dans ces cas, lorsque l'immixtion est totalement exonératoire pour les constructeurs, les accédants risquent de ne pouvoir disposer de recours contre une personne assurée, ce qui explique le sens de la loi.

> **Précisions** Si le texte s'explique pour le promoteur qui n'est que le garant des obligations mises à la charge des constructeurs en garantie décennale et ne devrait être assujetti à l'obligation d'assurance qu'à ce titre (d'où la précaution de la loi), il paraît surabondant pour le vendeur qui, nonobstant la symétrie des responsabilités, est tenu à titre personnel.

CONTRAT COLLECTIF D'ASSURANCE DE RESPONSABILITÉ

95305 Pour satisfaire à l'obligation d'assurance de responsabilité civile décennale, la responsabilité des intervenants à un même chantier peut être couverte par une assurance collective en complément des assurances individuelles des intervenants (voir n° 93160). Ce type de police remplace la police unique par chantier.

> **Précisions** Abandonnée en 2004, la police unique par chantier (PUC) faisait la synthèse des deux temps de l'assurance construction qui était conçue pour favoriser l'indemnisation immédiate de la victime (par l'assurance dommages-ouvrage en principe) et la récupération des fonds par l'assureur.

POLICE GLOBALE CONSTRUCTEUR

95310 En matière de **contrat de construction de maison individuelle,** il est fréquent que le constructeur souscrive dans un même contrat global l'assurance de dommages pour le client et l'assurance de responsabilité à son bénéfice (voir RDI 1997 p. 94). Ce contrat comporte notamment des avantages tarifaires. Toutefois, le maître de l'ouvrage n'étant pas le souscripteur, la garantie dommages-ouvrage ne lui est acquise que si le constructeur a fait la déclaration d'ouverture de chantier (Cass. 1e civ. 13-5-1998 : RDI 1998 p. 662).

CHAPITRE 4

ASSURANCES FACULTATIVES

SOMMAIRE

DOMAINE DE L'ASSURANCE FACULTATIVE

L'assurance n'est obligatoire que pour certaines professions (architectes) et pour les risques de nature décennale. Même alors, dans ce dernier cas, cette obligation ne s'impose que lorsque l'ouvrage immobilier consiste en des travaux de construction (n°s 92880 s.). 95700

Il existe donc tout un **domaine** qui échappe à l'assurance obligatoire et qui dépend soit de la nature de l'ouvrage (génie civil), soit de la nature du dommage (le désordre ne présente pas les caractéristiques du risque décennal), soit de la qualité du prestataire obligé (il n'est pas assujetti à la responsabilité décennale ; cas du sous-traitant).

Les personnes intéressées peuvent et parfois doivent, au titre d'une obligation contractuelle, souscrire une assurance de responsabilité ou une assurance de chose (Cass. 3e civ. 4-10-1995 : BPIM 1/96 inf. 55).

A. Assurance des responsabilités de droit commun

1. POLICES DE RESPONSABILITÉ DE DROIT COMMUN

POLICE INDIVIDUELLE DE L'ACTIVITÉ DE L'ENTREPRISE

Police RC professionnelle Parmi les variétés de contrats offerts aux candidats à l'assurance, on relève tout d'abord la police individuelle d'activité qui est souscrite individuellement par les intervenants à l'acte de construire pour l'ensemble de leur activité professionnelle. C'est une police responsabilité civile (RC) professionnelle **par abonnement** qui donne lieu au versement d'une prime périodique, et qui est renouvelable chaque année par tacite reconduction. La police définit contractuellement son objet, c'est-à-dire la responsabilité de droit commun qu'elle garantit. La nature de la responsabilité est spécifiée, car on sait que la responsabilité de droit commun est protéiforme et qu'elle a deux fondements différents ; le contrat ou le délit (ou quasi-délit). 95730

Il appartient au juge d'interpréter le contrat pour lui donner toute sa portée. Lorsque la police exclut la garantie pour les dommages subis par les ouvrages exécutés par l'assuré, les dommages aux tiers résultant de l'effondrement de ces ouvrages ne justifient pas la prise en charge du sinistre par l'assureur (Cass. 3e civ. 8-6-2010 n° 09-15.489 F-D : BPIM 4/10 inf. 296). Le **pouvoir d'interprétation du juge** peut donner lieu à des lectures contrastées. Ainsi, un arrêt retient la garantie de l'assureur du sous-traitant en relevant que l'erreur de ce dernier laisse persister un risque d'inondation ; mais, il écarte la garantie de l'assureur RC de l'entreprise principale en estimant que la garantie portait sur l'implantation de la construction, de sorte que l'erreur d'altimétrie n'était pas garantie (Cass. 3e civ. 9-7-2014 no 12-29.286 FS-D : BPIM 5/14 inf. 329). Un arrêt retient que la police d'assurance souscrite par un fabricant est une assurance facultative de responsabilité professionnelle après livraison, et non pas une assurance de responsabilité obligatoire (Cass. 3e civ. 16-11-2022 no 21-20.016 FS-D : BPIM 1/23 inf. 35).

95732 **Polices d'assurance du sous-traitant** Le sous-traitant non tenu de la responsabilité décennale peut néanmoins souscrire une **police garantie décennale.** Le juge doit alors vérifier si cette assurance n'a pas pour objet de garantir le sous-traitant contre les conséquences du **recours de l'entrepreneur principal,** lui-même tenu de la décennale (Cass. 3e civ. 15-12-1999 no 98-15.357 D : BPIM 2/00 inf. 107). L'extension de garantie aux dommages immatériels doit être expressément stipulée (Cass. 3e civ. 5-12-2019 no 18-16.978 F-D : BPIM 1/20 inf. 45). Mais l'assurance du sous-traitant pour les risques décennaux n'est pas soumise au régime de l'assurance obligatoire. Ainsi, la franchise prévue au contrat qui assure le sous-traitant est opposable à l'entrepreneur principal subrogé dans les droits du maître de l'ouvrage, l'inopposabilité de la franchise au tiers lésé n'étant prévue que pour l'assurance obligatoire (Cass. 1e civ. 7-5-2002 no 97-18.313 F-PB : BPIM 3/02 inf. 194). Cette opposabilité n'est pas absolue ; si le sous-traitant assuré en responsabilité décennale est condamné « in solidum » avec l'entrepreneur principal à indemniser le maître de l'ouvrage, la franchise et les plafonds figurant à son contrat sont inopposables au maître de l'ouvrage (Cass. 3e civ. 29-9-2017 no 15-24.035 F-D : RDI 2017 p. 85). Lorsqu'il est assuré en responsabilité décennale en tant que sous-traitant, la garantie ne devrait pas couvrir le sous-traitant envers le maître de l'ouvrage qui est un tiers (voir no 95733). Mais si les parties ne contestent pas que la garantie souscrite auprès de l'assureur (RC décennale) couvre la responsabilité du sous-traitant résultant de désordres de nature décennale, le juge du fond modifie les termes du litige lorsqu'il rejette l'action contre l'assureur en constatant que le sous-traitant n'est pas assuré en RC professionnelle (Cass. 3e civ. 18-10-2018 no 17-28.581 F-D : BPIM 6/18 inf. 419).

95733 Si le sous-traitant est responsable **envers le maître de l'ouvrage** sur le fondement de la responsabilité extracontractuelle, son assurance **RC professionnelle** doit le couvrir s'il est condamné envers le maître de l'ouvrage. La garantie de l'assureur ne peut pas être d'une durée inférieure à celle de la responsabilité encourue par le sous-traitant assuré (Cass. 3e civ. 26-11-2015 no 14-25.761 FS-PB : BPIM 1/16 inf. 40). On peut se demander si cette assurance garantit le sous-traitant à l'égard du seul entrepreneur principal (Cass. 3e civ. 10-1-2001 no 99-13.897 FS-P : BPIM 2/01 inf. 124).

95734 Le sous-traitant pouvant également intervenir en tant qu'**entreprise titulaire du marché,** il est parfois assuré en ces deux qualités. Dans ce cas, l'assurance de responsabilité décennale ne le couvre pas pour les dommages imputables à son intervention en tant que **sous-traitant** (Cass. 3e civ. 17-2-2015 no 13-14.731 F-D : BPIM 2/15 inf. 119) dans la mesure où il est un tiers à l'égard du maître de l'ouvrage ; il engage sa responsabilité contractuelle de droit commun envers son donneur d'ordres. L'assurance qui couvre la responsabilité contractuelle de droit commun du sous-traitant peut limiter la garantie à certains désordres ; ainsi, la police qui garantit la responsabilité du sous-traitant envers l'entreprise titulaire du marché pour les désordres de nature décennale ne couvre pas sa responsabilité délictuelle à l'égard du maître de l'ouvrage (Cass. 3e civ. 17-2-2015 no 14-13.703 F-D : BPIM 2/15 inf. 118). La police peut également prévoir que la garantie jouera lorsque la responsabilité de l'entrepreneur titulaire du marché est recherchée sur le fondement de la garantie décennale (Cass. 3e civ. 23-5-2019 no 18-13.837 FS-D : BPIM 4/19 inf. 269).

> **Précisions** Rien ne s'oppose, sinon la pratique des assureurs dans certains cas, à ce que l'**ensemble des garanties** souscrites par l'assuré (risque décennal et responsabilités de droit commun) soient regroupées dans le **même contrat.**

POLICE COLLECTIVE DE CHANTIER

95735 À la police individuelle, on oppose généralement la police collective par chantier. C'est généralement le maître de l'ouvrage qui favorise l'adoption d'un **contrat d'assurance unique.** C'est, en pratique, une assurance de préfinancement qui permet d'accélérer le règlement des sinistres. L'assureur conserve un recours contre les compagnies qui assurent individuellement chaque prestataire (ce qui présente l'inconvénient du cumul des garanties), ou se substituant purement et simplement à celles-ci (ce qui n'exclut pas toujours le cumul).

Sur le **contrat collectif en RC décennale** qui vient en complément des assurances individuelles, voir nos 93160 s.

POLICE TOUT SAUF

Le danger en matière de responsabilité de droit commun étant d'omettre une cause de responsabilité, les **polices traditionnelles** proposent des contrats subdivisés en **deux éléments,** l'un concernant les risques d'exploitation, l'autre la responsabilité travaux et professionnelle avec une sous-distinction selon que la réclamation a lieu avant ou après la réception. Le souscripteur choisit le risque qu'il entend faire garantir… à ses risques et périls. 95740
Un moyen d'**éviter l'omission** est de souscrire ce que M. Leguay appelle la « police tout sauf ». Cette police couvre l'ensemble des responsabilités à l'exception de celles qui sont expressément exclues.

2. GARANTIES DE L'ASSURANCE RC DE DROIT COMMUN

CHAMP D'APPLICATION DE LA GARANTIE DE L'ASSURANCE RC

Éléments couverts par l'assurance RC La police de responsabilité civile professionnelle délimite la **nature** des garanties (accident, dommage immatériel) et leur **montant.** Elle prend en charge les dommages qui relèvent de la responsabilité de droit commun de l'assuré, et non pas les dommages qui relèvent d'une garantie légale (Cass. 3e civ. 8-7-2021 n° 19-15.165 F-D : BPIM 5/21 inf. 336). La garantie couvre les dommages immatériels et matériels hors reprise d'ouvrage (Cass. 3e civ. 29-6-2022 n° 21-13.666 F-D : BPIM 5/22 inf. 369) et les pertes et dommages occasionnés par des cas fortuits ou par la faute de l'assuré (Cass. 3e civ. 5-12-2024 n° 23-12.129 F-D : BPIM 1/25 inf. 41). 95745

Seules les **activités** déclarées sont assurées (Cass. 3e civ. 15-6-2000 n° 98-18.017 FS-D : BPIM 5/00 inf. 328 ; Cass. 3e civ. 30-6-2016 n° 15-18.206 FS-PB : BPIM 5/16 inf. 312). L'assureur garantit l'assuré même s'il a dépassé le cadre de la mission qui lui a été confiée, dès lors que l'activité exercée est régulièrement déclarée (Cass. 3e civ. 14-5-2020 n° 18-24.275 F-D : BPIM 4/20 inf. 259, solution transposable à l'assurance RC de droit commun). La garantie donnée au titre de la responsabilité civile commerçants et artisans ne s'étend pas à la garantie décennale et l'assureur n'est donc pas obligé en cas d'infestation par des termites (Cass. 3e civ. 7-2-2011 n° 10-28.353 F-D : BPIM 2/12 inf. 133). Il ne l'est pas davantage s'il fournit au fabricant d'Epers une garantie RC excluant la garantie décennale (Cass. 3e civ. 30-9-2015 n° 14-11.521 FS-D : BPIM 6/15 inf. 396). Pour certaines activités (fabricant, fournisseur), la police peut désigner les produits qui font l'objet de la garantie. Jugé ainsi que les traces blanchâtres sur des ardoises qui relèvent de la catégorie couverte par le contrat d'assurance obligent l'assureur à garantie (Cass. 3e civ. 30-6-2016 n° 15-22.690 FS-PB : RJDA 1/17 n° 12). La garantie peut être accordée à un propriétaire déclaré responsable d'un trouble de voisinage. L'assureur doit garantir les dégâts des eaux dès lors que le sinistre est survenu pendant la période de validité du contrat d'assurance couvrant ce risque (Cass. 3e civ. 16-3-2022 n° 18-23.954 FS-B : BPIM 3/22 inf. 261).

Depuis le revirement de jurisprudence excluant de la garantie décennale les équipements installés sur existant (Cass. 3e civ. 21-3-2024 n° 22-18.694 FS-BR : BPIM 3/24 inf. 193, voir n° 92840), on peut penser que les équipementiers qui ont déclaré leur activité devraient, en principe, bénéficier de l'assurance RC.

La garantie peut être étendue aux **travaux exécutés** par un sous-traitant (Cass. 1e civ. 1-4-2003 n° 00-10.125 : RDI 2003 p. 231, 2e espèce). Le contrat d'assurance peut aussi valablement limiter la garantie aux conséquences des travaux exécutés, en sorte que ne sont pas couvertes les conséquences des non-façons, des malfaçons ou du retard (Cass. 3e civ. 7-2-2012 n° 10-25.419 F-D : BPIM 2/12 inf. 132).

La garantie peut donner lieu à une **franchise** et à l'application de **plafonds** (C. ass. art. L 121-1). Le plafond s'apprécie pour chaque sinistre. Les dommages constituent des sinistres différents lorsqu'ils ne procèdent pas d'une cause unique (Cass. 3e civ. 9-3-2017 n° 15-29.084 FS-D : BPIM 3/17 inf. 218). Au contraire, les dommages qui proviennent d'une cause unique constituent un seul sinistre, même s'ils affectent des édifices séparés (Cass. 3e civ. 25-5-2023 n° 21-20.643 FS-B).

Territorialité et durée de l'assurance RC La police fixe son champ d'application territorial et sa durée. Dès lors que la police assure l'assuré (sous-traitant en l'espèce) des conséquences de sa responsabilité civile, une clause ne peut pas **limiter la garantie** de l'assureur à un temps inférieur à la durée de la responsabilité de l'assuré, une telle clause étant réputée non écrite (Cass. 3e civ. 26-11-2015 n° 14-25.761 FS-PB : BPIM 1/16 inf. 40, RDI 2016 p. 42 95746 note J. Roussel qui s'interroge sur la portée de cette jurisprudence). En revanche, l'assureur peut limiter sa garantie aux réclamations survenues pendant la **période de validité** de la police. Toutefois, la Cour de cassation décide, malgré la technique de répartition qui gouverne la gestion des risques en droit commun, que c'est le fait générateur du sinistre qui est déterminant ; s'il se produit pendant la période de validité du contrat, l'assurance doit le prendre en charge même si la réclamation est postérieure (Cass. 1e civ. 3-2-1993 : JCP G 1993 II no 22048 note Bigot ; Cass. 1e civ. 1-12-1993 : RDI 1994 p. 272 ; Cass. 1e civ. 3-6-1996 : RDI 1996 p. 595 ; comparer, Cass. 3e civ. 4-11-1993 : RDI 1994 p. 273). Selon un arrêt, le fait générateur paraît se réduire à la circonstance que les travaux litigieux ont « été effectués pendant la période de garantie » (Cass. 1e civ. 30-3-1994 : RDI 1994 p. 273). La garantie ne peut donc pas être mobilisée pour des faits engageant la responsabilité de l'assuré survenus après la résiliation de la police (Cass. 3e civ. 6-6-2024 no 23-10.906 F-D : BPIM 4/24 inf. 258).

MISE EN ŒUVRE DE LA GARANTIE DE L'ASSURANCE RC

95747 **Déclenchement de la garantie** L'article L 124-5 du Code des assurances prévoit que la garantie dans le cadre d'un contrat de responsabilité est déclenchée, selon le choix des parties, soit par le fait dommageable, soit **par la réclamation** ; cette dernière possibilité couvre l'assuré contre les conséquences des sinistres dès lors que le fait dommageable est antérieur à la date de résiliation ou d'expiration de la garantie et aux conditions précisées par le texte. Le **fait dommageable** est, en pratique, le fait générateur. En construction, il s'agit des travaux qui sont la cause du dommage causé au tiers. Il ne faut pas confondre le fait dommageable et le dommage lui-même ; le fait dommageable est la cause du dommage et il doit se produire pendant la période de garantie ; l'article L 124-5 du Code des assurances précise que la garantie ne couvre pas les sinistres s'il est établi que l'assuré avait connaissance du fait dommageable à la date de souscription de la garantie. Une cour d'appel avait retenu la garantie pour des travaux antérieurs à la souscription de la police en les qualifiant de « fait générateur » et en décidant que le dommage survenu pendant la garantie constituait le « fait dommageable » relevant à ce titre de la garantie. La cour d'appel confondait ainsi le fait dommageable et le dommage, le premier n'étant en réalité que le fait générateur de celui-ci ; la Cour de cassation a cassé cet arrêt en précisant que « le fait dommageable est celui qui constitue la cause génératrice du dommage » (Cass. 3e civ. 12-10-2017 no 16-19.657 FS-PBI : BPIM 6/17 inf. 419).

> **Précisions** Les contrats d'assurance souscrits ou reconduits depuis le 2 novembre 2003 peuvent prévoir que la garantie ne sera acquise qu'à la condition que la **réclamation intervienne pendant une période** comprenant la durée du contrat et un délai subséquent fixé par la police d'assurance. Mais ce délai ne peut pas être inférieur à 10 ans pour les constructeurs et leurs sous-traitants (C. ass. art. L 124-5 et R 124-2). La garantie est due pour la durée de la responsabilité de l'assuré et la clause qui réduit la durée de la garantie de l'assureur à un temps inférieur à la durée de la responsabilité de l'assuré est réputée non écrite (Cass. 3e civ. 2-2-2017 no 15-20.939 F-D : BPIM 2/17 inf. 120). Si l'assuré a connaissance du dommage après la résiliation ou l'expiration de la garantie d'un contrat en base réclamation, la **resouscription de cette garantie aux mêmes conditions** auprès d'un autre assureur met fin à la garantie subséquente attachée au contrat initial et l'assureur initial ne peut plus être recherché (Cass. 3e civ. 12-10-2022 no 21-21.427 FS-B : BPIM 6/22 inf. 430). En pareille situation, avant de rejeter la demande contre le premier assureur, le juge doit rechercher si le nouveau contrat offre les mêmes garanties et si celles-ci sont en base réclamation (Cass. 3e civ. 16-3-2022 no 21-10.110 F-D : BPIM 3/22 inf. 218 ; Cass. 3e civ. 16-3-2022 no 20-23.520 F-D : RDI 2022 p. 297).

95748 **Conditions de mise en œuvre de la garantie** L'assureur ne doit sa garantie que si la **responsabilité de l'assuré** est admise. Lorsque ni l'assureur ni son assuré n'ont été appelés aux opérations d'expertise au cours desquelles la responsabilité de l'entreprise a été examinée, l'expertise ne leur est pas opposable (CPC art. 16). Si aucun autre élément de preuve n'est fourni, la condamnation de l'assureur ne peut pas être fondée sur le seul rapport d'expertise judiciaire (Cass. 3e civ. 5-12-2019 no 18-23.852 F-D : BPIM 1/20 inf. 47).

Quand l'assureur est **appelé en garantie** dans une procédure, le demandeur doit mentionner son siège social à peine d'irrecevabilité de son action (CPC art. 961 ; Cass. 3e civ. 19-3-2020 no 16-18.703 F-D : BPIM 3/20 inf. 202).

Dans un cas où la garantie n'est due que pour les **désordres après réception,** la présence ou la convocation du sous-traitant à la réception ne peut pas être une condition de la mise en œuvre de la garantie puisque le sous-traitant n'est pas partie à cet acte (Cass. 3e civ. 20-10-2009 no 08-15.381 F-PB : BPIM 6/09 inf. 433).

EXCLUSIONS DE GARANTIE EN ASSURANCE RC

Portée de l'exclusion de garantie en assurance RC Les exclusions de garantie qui ont pour effet de **limiter l'assurance à certains risques** sont admises plus facilement qu'en assurance obligatoire. N'est pas une clause d'exclusion la stipulation qui précise la définition du risque assuré (Cass. 3e civ. 1-3-2023 no 21-23.375 F-D : BPIM 2/23 inf. 121, concernant l'installation de panneaux photovoltaïques limitée à une surface maximum). **95750**

Les clauses d'exclusion de garantie concernent généralement les risques qu'un minimum de conscience professionnelle de la part de l'assuré aurait permis d'éviter. La jurisprudence valide les clauses d'exclusion de garantie en cas d'abandon de chantier (Cass. 3e civ. 10-12-2015 no 14-24.832 F-D : BPIM 1/16 inf. 39). L'exclusion légale des conséquences de la faute intentionnelle ne suffit pas toujours à donner aux constructeurs le sens de leurs responsabilités car la jurisprudence est favorable à une conception restrictive de cette faute (celle qui, commise volontairement, l'a été avec l'intention de produire le dommage ; Cass. 1e civ. 6-12-1977 : Bull. civ. I no 460 ; Cass. 3e civ. 20-12-1978 : RDI 1979 p. 227 note Durry).

Sur la distinction entre exclusion et **aggravation du risque,** voir Cass. 1e civ. 14-2-1978 (RDI 1979 p. 226).

Admission de l'exclusion de garantie en assurance RC La clause d'exclusion doit avoir un caractère formel et limité conformément à l'article L 113-1 du Code des assurances (Cass. 1e civ. 13-11-1979 : Bull. civ. I no 275, voir note Durry, RDI 1980 p. 185 ; Cass. 3e civ. 2-2-2017 no 15-21.063 FS-D : BPIM 2/17 inf. 121 ; Cass. 3e civ. 14-2-2019 no 18-11.101 F-D) et être rédigée en caractères très apparents (C. ass. L 112-4 ; Cass. 3e civ. 16-3-2022 no 18-23.954 FS-B : BPIM 3/22 inf. 261, RDI 2022 p. 295). Ces **règles** d'ordre public sont **applicables** quelle que soit la loi régissant le contrat d'assurances. Le juge saisi d'un litige relatif à l'application en France du contrat d'assurances d'un fabricant étranger gouverné par la loi de son pays doit rechercher si la clause d'exclusion de garantie qu'il prévoit est conforme aux exigences des articles L 112-4 et L 113-1 du Code des assurances (Cass. 2e civ. 15-6-2023 no 21-20.538 F-B : BPIM 4/23 inf. 263). **95752**

Pour que l'exclusion contractuelle soit **valable,** elle ne doit pas être excessivement générale (Cass. civ. 8-10-1974 no 73-12.497 : D. 1975 p. 513 note Berr et Groutel, JCP G 1975 II no 18133 note Bigot ; Cass. 1e civ. 20-6-1978 no 76-13.483 : Bull. civ. I no 232). Une difficulté est de distinguer l'objet de la garantie, de la clause qui le limite. La Cour de cassation exerce un contrôle strict (Cass. 3e civ. 27-10-2016 no 15-23.841 FS-PB : BPIM 6/16 inf. 385) et elle peut admettre la validité d'une clause d'exclusion tout en reprochant à la cour d'appel de n'avoir pas vérifié le caractère formel et limité d'une autre (Cass. 3e civ. 16-3-2022 no 21-10.110 F-D : BPIM 3/22 inf. 219). Est jugée valable la clause claire, précise et limitée qui maintient dans le champ de la garantie les dommages autres que ceux résultant des malfaçons affectant les ouvrages et travaux (Cass. 3e civ. 14-2-2019 no 18-11.101 F-D : BPIM 2/19 inf. 120). Est également valable la clause d'exclusion qui ne crée pas de déséquilibre significatif entre l'assureur et l'assuré (Cass. 3e civ. 22-11-2018 no 17-26.424 F-D : BPIM 1/19 inf. 44). L'assureur peut invoquer une exclusion de garantie en considération de circonstances particulières de la réalisation du risque (Cass. 3e civ. 20-4-2022 no 21-16.297 FS-B : BPIM 3/22 inf. 201, en l'occurrence le démarrage par l'architecte des travaux avant l'obtention du permis de construire). La Cour de cassation peut admettre la validité d'une clause d'exclusion tout en retenant que cette exclusion ne vide pas l'extension de garantie de sa substance (Cass. 3e civ. 14-9-2023 no 21-23.673 F-D, qui valide la clause excluant les dépenses de réalisation et de finition d'un marché dont les travaux sont sous-traités, alors que la garantie « sous-traitant » reste acquise pour les dommages causés aux biens). **95753**

Si la clause d'exclusion est sujette à interprétation, elle n'est **pas valable** (Cass. 3e civ. 27-10-2016 no 15-23.841 FS-PB : BPIM 6/16 inf. 385 ; Cass. 3e civ. 24-11-2016 no 15-25.415 FS-PB : BPIM 1/17 inf. 21 ; Cass. 3e civ. 19-12-2019 no 18-10.678 F-D : BPIM 1/20 inf. 46, qui invite à vérifier que la clause est en caractères très apparents et qu'elle est bien formelle et limitée ; Cass. 3e civ. 5-12-2024 no 23-12.129 F-D : BPIM 1/25 inf. 41). La Cour de cassation exclut l'application d'une clause visant à réduire la durée de garantie de l'assureur à une durée inférieure à celle de la responsabilité de l'assuré, et retient que la garantie est due dès lors que le fait générateur du dommage est intervenu pendant la durée de validité du contrat (Cass. 3e civ. 5-12-2019 no 18-16.978 F-D : BPIM 1/20 inf. 45). La clause limitative de garantie ne peut pas vider la garantie de sa substance. Lorsqu'elle exclut de la garantie le coût de la prestation, de sa réfection, de son adaptation ou de son amélioration et d'autres frais, elle ne peut pas être considérée comme limitée au sens de l'article L 113-1 du Code des assurances (Cass. 3e civ. 14-5-2020 no 18-22.160 F-D : BPIM 4/20 inf. 260).

95755 **Opposabilité de l'exclusion de garantie de l'assurance RC** La clause n'est opposable à l'assuré que s'il en a connaissance et qu'il l'a acceptée (Cass. 3e civ. 17-11-2021 no 20-16.771 FS-B : BPIM 1/22 inf. 42). Quand la clause d'exclusion de garantie est valable, elle est opposable au **tiers lésé** (Cass. 3e civ. 13-7-2017 no 16-17.229 F-D : BPIM 5/17 inf. 346). Et ce même si la clause n'est pas reproduite dans l'attestation d'assurance (Cass. 3e civ. 13-2-2020 no 19-11.272 F-D : BPIM 2/20 inf. 124). Malgré une différence de référence dans les pièces produites lors des débats judiciaires, l'exclusion est admise lorsque les conditions particulières de la police mentionnent la bonne référence des conditions générales et que l'assuré a reçu ces conditions particulières (Cass. 3e civ. 14-5-2020 no 18-22.564 FS-D : BPIM 4/20 inf. 261).

En matière de **trouble de voisinage,** lorsque la responsabilité de l'entrepreneur est engagée, les clauses d'exclusion de garantie en raison d'un engagement conventionnel souscrit par l'entrepreneur sont inopposables. La responsabilité contractuelle est encourue de plein droit envers le maître de l'ouvrage non subrogé au tiers victime lorsque le trouble de voisinage est anormal et manifeste (Cass. 1e civ. 18-3-2003 no 99-18.720 FS-P : BPIM 4/03 inf. 236).

B. Assurance de chose et des risques économiques en relation avec l'activité immobilière

1. ASSURANCE DE CHOSE

ASSURANCE DE CHOSE AVANT RÉCEPTION

95860 Le contrat d'**assurance RC décennale** peut comporter une **extension** de garantie **aux menaces graves et imminentes d'effondrement** (Cass. 1e civ. 26-2-1991 no 89-11.563 : RDI 1991 p. 348). Le maître de l'ouvrage peut alors, par voie d'action oblique, obtenir de l'assureur du constructeur auquel l'effondrement est imputé sur le fondement de l'article 1788 du Code civil le versement de l'indemnité due à l'assuré (Cass. 3e civ. 21-11-2012 no 11-23.116 FS-D : RDI 2013 p. 277). Il peut aussi, si le contrat le précise, bénéficier directement des indemnités lorsque l'assuré n'effectue pas les réparations (Cass. 3e civ. 11-6-2013 no 12-16.530 F-D : BPIM 5/13 inf. 335).

Des garanties complémentaires résultent en outre de deux polices qui coexistent sur le marché ; la **police multirisque** et la **police tous risques chantier.** Il ne faut pas confondre les assurances de chose conçues au profit de l'entrepreneur avec, d'une part, son assurance responsabilité et, d'autre part, l'assurance dommages-ouvrage au profit du maître de l'ouvrage.

95865 **Police multirisque avant réception** La police multirisque avant réception peut être conclue avant réception, en pratique par le maître de l'ouvrage ou le constructeur, pour **couvrir** les risques d'incendie, de vandalisme ; elle peut être étendue aux dommages causés par les eaux. Ce sont les événements limitativement décrits par le contrat qui sont garantis. Les garanties, qui dépendent donc du contenu négocié du contrat, cessent en principe au jour de la réception. Elles **profitent** au prestataire concerné, même si la police est souscrite par le maître de l'ouvrage, car c'est lui qui assume la charge des risques avant la réception (Cass. 1e civ. 3-11-1993 : RDI 1994 p. 251). Mais elle peut suivre l'ouvrage et bénéficier au maître de l'ouvrage devenu gardien de cet ouvrage après réception. La police devient alors une police multirisque complète.

> **Précisions** L'assurance facultative qui garantit les **dommages aux ouvrages avant réception** n'est pas soumise aux dispositions des articles L 242-1 et A 243-1 du Code des assurances qui concernent le respect des délais imposés à l'assureur en matière d'assurance obligatoire pour notifier à l'assuré sa décision quant au principe de la mise en jeu des garanties (Cass. 3e civ. 10-11-1998 no 97-10.310 : Bull. civ. III no 210).

95870 **Police tous risques chantier** La police « tous risques chantier » (TRC) est une assurance de dommages pour la période antérieure à la réception qui n'est pas couverte par l'assurance RC décennale. Elle est en général souscrite par le maître de l'ouvrage **au profit de** l'ensemble des intervenants. Mais elle peut n'être souscrite par le maître de l'ouvrage qu'à son bénéfice. Dans ce cas, l'assureur qui prend en charge le risque peut se retourner contre l'entrepreneur responsable du sinistre (Cass. 3e civ. 22-10-2014 no 13-24.834 FS-PB : BPIM 6/14 inf. 396, RDI 2015 p. 82).

Il appartient aux constructeurs de vérifier s'ils sont couverts par la police tous risques chantiers et, à défaut, de souscrire une assurance personnelle de responsabilité s'il y a lieu. Mais dès lors que l'assurance TRC est souscrite au profit de l'ensemble des intervenants, l'entreprise mise en cause pour un dommage affectant les ouvrages qu'elle était chargée de réaliser peut agir contre l'assureur, en particulier si ces dommages ont une cause accidentelle et affectent l'ouvrage de manière fortuite et soudaine (Cass. 3e civ. 29-3-2018 no 16-27.697 F-D : BPIM 3/18 inf. 198).

La police tous risques chantier peut, ou non, prévoir des **recours** contre les assureurs de responsabilité de chacun des intervenants. Lorsque la police comporte une clause de renonciation à recours, celle-ci doit être claire et précise. À défaut, le juge exerce son pouvoir souverain d'interprétation et il peut décider que la clause ne peut être rattachée à une garantie déterminée et être limitée en l'espèce à l'assurance dommages (Cass. 3e civ. 2-3-2010 no 09-12.272 F-D : RDI 2010 p. 276).

Dans le cadre d'une telle police d'assurance, l'**action du maître de l'ouvrage contre l'assureur** n'interrompt pas la **prescription** au profit des constructeurs même si la police a été souscrite pour le compte des intervenants à l'opération de construction (Cass. 3e civ. 27-2-2008 no 06-21.965 FS-PB : BPIM 3/08 inf. 225).

La police tous risques chantier **garantit** tous les dommages d'origine accidentelle et peut être étendue à certains préjudices, tels que : **95871**
– ceux résultant d'une difficulté d'utilisation des ouvrages (par exemple, rampe d'accès aux garages trop étroite) ;
– les dommages aux existants.

Aux garanties de base qui viennent d'être précisées peuvent s'ajouter des extensions qui concernent la RC de droit commun des intervenants, et surtout les dommages immatériels, spécialement les pertes financières, associés à un sinistre (conséquences sur le délai d'exécution des travaux).

La police comporte un **plafond** épuisable au premier risque et une **franchise.**

Elle prend **effet** à la date d'ouverture de chantier, qui peut être modulée, et s'achève à la réception.

La police tous risques chantier étant une assurance facultative de dommages, elle n'a pour **objet et exclusions** que ce que décident les parties. Elle est donc indépendante de la question de savoir si les désordres relèvent ou non d'une police décennale ; dès lors, le mandataire qui ne l'a pas souscrite malgré l'obligation qui lui incombait engage sa responsabilité envers les constructeurs que la police devait garantir (Cass. 3e civ. 13-9-2006 no 05-10.125 FS-D : BPIM 6/06 inf. 438).

Le Conseil d'État a jugé sur le fondement de l'article L 113-8 du Code des assurances que la **modification** du programme de travaux **non déclarée** par l'assuré, qui constitue une solution techniquement équivalente à celle initialement prévue, ne change ni l'objet du risque ni n'en diminue l'opinion pour l'assureur. L'arrêt retient l'application du contrat (CE 6-12-2017 no 396751 : BPIM 1/18 inf. 34, RDI 2019 p. 171, à propos d'une police « tous risques de chantier »).

Garantie des risques d'effondrement L'**entrepreneur** peut souscrire une garantie contre le risque d'effondrement en cours de chantier ; il stipule alors **pour lui-même** et non pour le maître de l'ouvrage qui aurait dû souscrire une police dommages-ouvrage. Il s'agit d'une assurance de chose (Cass. 3e civ. 19-5-2009 no 08-13.235 F-D : RDI 2009 p. 492). Dès lors, le maître de l'ouvrage n'a pas d'action directe contre l'assureur (Cass. 3e civ. 11-5-2000 no 98-18.591 FS-P : Bull. civ. III no 101 ; Cass. 3e civ. 4-4-2019 no 18-12.739 F-D : BPIM 3/19 inf. 190 ; rapprocher Cass. 1e civ. 9-11-1999 no 97-16.306 F-PB : RJDA 2/00 no 121, RDI 2000 p. 206 obs. Leguay, qui précise que la nullité du contrat d'assurance pour défaut d'aléa est une nullité relative qui ne peut être invoquée que par celui dont la loi qui a été méconnue tendait à assurer la protection). Toutefois, la garantie effondrement relevant d'une assurance facultative, sa mise en œuvre peut être subordonnée à des **conditions** et notamment à une étude technique avant l'exécution des travaux. Si cette étude n'est pas effectuée, l'assureur peut refuser sa garantie à l'entrepreneur (Cass. 3e civ. 17-2-2015 no 13-28.432 F-D : BPIM 2/15 inf. 120). **95872**

Jugé également que lorsque la police garantit la détérioration accidentelle résultant d'un événement soudain et fortuit à l'exception des conséquences prévisibles de malfaçons, l'interprétation des dommages garantis est restrictive (Cass. 1e civ. 18-6-2002 no 993 ; L'Argus de l'assurance 20-9-2002 p. 62).

95875 **Garantie de bonne fin** L'assurance de la bonne **fin des travaux** tend à se développer. Elle garantit le maître de l'ouvrage pour les cas où **l'entrepreneur** serait **défaillant** et ne terminerait pas les travaux. Ce n'est pas une assurance de responsabilité ; elle se limite au règlement des sommes nécessaires à l'achèvement de la construction (Cass. 3e civ. 18-6-2008 nº 07-13.979 FS-D : BPIM 4/08 inf. 301). Cela dit, l'étendue de la garantie dépend de ce que les parties ont convenu (Cass. 3e civ. 28-3-2001 nº 99-17.655 FS-D : BPIM 3/01 inf. 196). Il ne faut pas confondre cette assurance facultative avec la garantie d'achèvement de la vente d'immeuble à construire ou la garantie de livraison du contrat de construction de maison individuelle.

ASSURANCE DE CHOSE APRÈS RÉCEPTION

95880 L'ouvrage livré ou réceptionné passe aux risques du maître de l'ouvrage. Une **assurance multirisque après réception** couvre alors les événements qui peuvent l'affecter ; incendie, dégâts des eaux… La police multirisque comporte également la garantie des responsabilités encourues par le propriétaire pour les dommages causés aux tiers ou aux occupants.

L'assurance multirisque habitation n'est pas à proprement parler une assurance des risques de la construction. Elle peut prendre en charge certains sinistres immobiliers (incendie) et le risque de catastrophe naturelle à condition que la **catastrophe naturelle**, qui doit faire l'objet d'un arrêté, soit la cause du sinistre et que celle-ci ne résulte pas de l'état des fondations (Cass. 3e civ. 20-12-2018 nº 17-17.187 F-D : BPIM 1/19 inf. 45). La loi 2021-1837 du 28 décembre 2021 et son décret d'application 2022-1737 du 30 décembre 2022 ont renforcé les dispositifs d'indemnisation des victimes de catastrophe naturelle, notamment par la prise en charge des frais de relogement d'urgence des personnes sinistrées dont la résidence principale est rendue impropre à l'habitation pour des raisons de sécurité, de salubrité ou d'hygiène (C. ass. art. L 125-1, al. 3). En cas de garantie couvrant les désordres liés au retrait-gonflement des argiles, les modalités d'utilisation de l'indemnité versée à ce titre sont encadrées, notamment l'indemnité doit être utilisée pour la remise en état du bien (Décret 2024-82 du 5-2-2024 : BPIM 2/24 inf. 119).

2. ASSURANCE DES RISQUES ÉCONOMIQUES

95910 Certains risques non couverts par l'assurance de responsabilité (décennale ou de droit commun) peuvent donner lieu à des garanties spécifiques. Il s'agit des conséquences financières de **dommages imprévisibles** (mouvement de sol à grande profondeur, coût d'objectif non atteint, garantie de rentabilité locative non satisfaite). Des **pratiques** se développent en ce sens pour certains événements (conséquence d'une annulation du permis de construire ; vice imprévisible du sol ; non-conformité à la réglementation de la construction).

> **Précisions** La multiplication des garanties facultatives peut être source de **confusion** ; ainsi, les conséquences de la non-conformité à la réglementation de la construction ne sont pas indépendantes de la responsabilité encourue ; la non-conformité, dans la mesure où elle fait peser un risque de démolition, rend l'immeuble impropre à sa destination, si la démolition est demandée. S'agissant des mises en conformité aux normes d'isolation, il est fort rare qu'elles ne se fondent pas dans la réparation des désordres de nature décennale.

CHAPITRE 5 SINISTRE

SOMMAIRE

Le règlement rapide du sinistre est l'objectif que s'assigne l'assurance construction. Pour l'heure, des problèmes subsistent. Le sinistre, qui en assurance dommages n'est que la constatation du désordre, s'entend de la réclamation faite à l'assuré en assurance de responsabilité, ce qui fait problème. 96200

A. Constatation du sinistre en assurance-construction

DÉFINITION DU SINISTRE EN ASSURANCE-CONSTRUCTION

Assurance dommages ouvrage La clause type de la police assurance dommages (assurance DO) définit le sinistre comme « la **survenance du dommage** ayant pour effet d'entraîner la garantie de l'assureur ». Compte tenu du caractère impératif d'ordre public de la réglementation, il est douteux que des clauses puissent modifier cette notion de sinistre. 96230

Le sinistre se confond donc avec la réalisation du dommage, qui doit s'être produite dans le délai de la garantie décennale. Pour savoir si la déclaration de sinistre est régulièrement faite ou si la prescription biennale de l'article L 114-1 du Code des assurances est respectée, il faut prendre en compte la date à laquelle le maître de l'ouvrage a eu **connaissance du désordre** (Cass. 1e civ. 4-5-1999 n° 97-13.198 : Bull. civ. I n° 141) et à laquelle il a pu mesurer exactement son degré de gravité.

Assurance de responsabilité En assurance de responsabilité (assurance RC), la doctrine se prononce également en faveur de la date de **réalisation du dommage** (Précis Dalloz Droit des Assurances nos 361 s.). La garantie est déclenchée soit par le fait dommageable, soit par la réclamation, qui déterminent le point de départ de la garantie restant à courir (C. ass. art. L124-5). 96235

La jurisprudence qui a condamné les clauses de réclamation semble considérer, outre le fait dommageable (en tant que fait générateur), la circonstance que le dommage s'est produit dans les 10 ans, ce que le constructeur ne peut savoir que s'il a connaissance de la réclamation du tiers lésé (voir nos 95025 et 95745 s.).

La **réclamation du tiers** est à considérer pour vérifier que le délai de 2 ans prescrit par l'article L 114-1 du Code des assurances est respecté (Cass. 3e civ. 2-10-1996 n° 94-20.740 P : RJDA 1/97 n° 37).

DÉCLARATION DE SINISTRE EN ASSURANCE-CONSTRUCTION

Obligation de déclaration du sinistre La déclaration de sinistre est **impérative** : c'est elle qui fait courir les délais visés à l'article L 242-1 du Code des assurances (n° 96400) ; 96240 elle déclenche les obligations de l'assureur et notamment la phase d'expertise obligatoire s'il y a lieu (n° 96360).

La déclaration de sinistre **émane de** l'assuré qui, en assurance RC est le constructeur concerné et, en assurance DO est en principe le maître de l'ouvrage. Toutefois, le bien étant souvent destiné à être vendu, c'est le propriétaire actuel qui doit faire la déclaration ; ainsi le vendeur d'un immeuble qui n'est plus propriétaire lorsqu'il fait la déclaration de sinistre auprès de l'assureur DO n'a pas qualité pour y procéder et l'action contre l'assureur est alors irrecevable (Cass. 3e civ. 17-12-2014 n° 13-22.494 FS-PB : BPIM 1/15 inf. 46). Cette solution est logique, mais il est permis de se demander si le vendeur mis en cause par les accédants n'a pas qualité pour faire une déclaration en leur nom d'autant qu'il a été leur mandataire pendant un temps et qu'il peut, à tout le moins, être regardé comme un gérant d'affaires.

Lorsque le propriétaire manque à son obligation de déclaration du sinistre en assurance DO, il s'expose à des dommages-intérêts envers les bénéficiaires de la garantie qui n'ont pas pu en profiter ; il en est ainsi en cas de location-attribution lorsque la société propriétaire n'a pas fait les diligences requises (Cass. 3e civ. 21-5-2014 n° 13-18.152 FS-PB : BPIM 4/14 inf. 262).

En cas d'**aggravation de dommages** déjà **déclarés,** spécialement si ces derniers ont déjà été indemnisés, une nouvelle déclaration de sinistre doit être faite, faute de quoi la saisine du juge des référés aux fins d'expertise (n° 96255) est irrecevable (Cass. 3e civ. 14-3-2012 n° 11-10.961 FS-PB : BPIM 4/12 inf. 321). Du point de vue de la déclaration de sinistre, il n'y a donc pas lieu de distinguer entre sinistre nouveau et sinistre ancien aggravé.

En revanche, il a été jugé qu'une nouvelle déclaration pour un **sinistre « exactement identique »** qui a déjà été déclaré et indemnisé par le versement d'une somme que l'assuré est forclos à contester ne déclenche pas un droit à garantie (Cass. 3e civ. 10-10-2012 n° 11-17.496 FS-PB : BPIM 6/12 inf. 450, RDI 2012 p. 636 note P. Dessuet). La solution peut surprendre car le désordre évolutif est un désordre qui s'aggrave ou se propage et son évolution révèle généralement un nouveau sinistre (voir l'analyse de P. Dessuet précitée).

96245 **Délai de déclaration du sinistre** L'assuré qui constate le désordre (assurance DO) ou qui reçoit une réclamation de la victime (assurance de responsabilité) doit faire la déclaration du sinistre à son assureur dans le délai fixé par le contrat qui ne peut être inférieur à **5 jours** (C. ass. art. L 113-2). Pour apprécier la date du sinistre, il faut tenir compte des répercussions du fait dommageable. L'assuré doit être en mesure d'en apprécier l'ampleur : c'est à ce moment-là que le sinistre est constaté.

En principe, l'inobservation du délai est **sanctionnée,** en **droit commun** des assurances, par la déchéance, laquelle n'est opposable qu'à celui qui a l'obligation de faire la déclaration. C'est le cas de l'entrepreneur lorsque l'architecte a souscrit une assurance tant pour lui-même que pour l'entrepreneur. Encore l'assureur doit-il établir que le retard de la déclaration lui a causé un préjudice.

Mais en matière d'**assurances construction,** la question de savoir si la **déchéance** peut être opposée à l'assuré est **discutée,** car la clause type ne la prévoit pas et l'on estime que les polices ne peuvent pas aggraver les obligations de l'assuré (Bigot, La réforme de l'assurance construction p. 206). Ainsi, la clause type en assurance de responsabilité ne prévoit rien en ce qui concerne le délai de déclaration de sinistre qui résulte seulement de la loi. La clause type en assurance dommages reprend le délai de 5 jours de l'article L 113-2, mais ne contient aucune disposition relative à la déchéance.

Selon l'opinion généralement émise, la déclaration de sinistre en **assurance DO** n'est plus enfermée dans le délai de 5 jours après survenance du sinistre depuis 1990. Elle doit être faite dans le délai de prescription de 2 ans de l'article L 114-1 du Code des assurances (Cass. 1e civ. 4-5-1999 n° 97-13.198 : Bull. civ. I n° 141 ; voir l'interprétation donnée par M. Durry : RDI 2000 p. 73 ; Droit de l'urbanisme et de la Construction, Montchrestien, 9e éd. n° 1462-3). Par exception, ce délai est porté à 5 ans pour les dommages résultant de mouvements de terrain consécutifs à la sécheresse-réhydratation des sols, reconnus comme une catastrophe naturelle (C. ass. L 114-1 al. 1). En revanche, le délai de 5 jours serait toujours applicable en **assurance de responsabilité décennale** (Droit de l'urbanisme et de la construction Montchrestien, 9e éd. n° 1473-5). Mais la déchéance ne pourrait être opposée à l'assuré que si le retard cause un préjudice à l'assureur (CA Bordeaux 12-12-1994 Jurisdata n° 048925).

En assurance générale, un arrêt relève que la déchéance pour déclaration tardive ne s'applique pas lorsque le contrat ne comporte pas de clause l'édictant ou lorsque la clause prévoit un délai plus court non conforme aux dispositions d'ordre public de l'article L 113-2 du Code des assurances prescrivant un délai qui ne peut être inférieur à 5 jours (Cass. 2e civ. 21-1-2021 n° 19-13.347 FS-PI : RDI 2021 p. 364 obs. D. Noguero).

Forme et contenu de la déclaration de sinistre Conformément à la règle générale en matière d'assurance, la déclaration de sinistre prend la forme d'une **lettre recommandée avec demande d'avis de réception** (lettre RAR). La formalité s'impose en assurance de responsabilité. 96250

En assurance DO, la formalité de la lettre recommandée avec demande d'avis de réception a été jugée d'ordre public (Cass. 1e civ. 28-10-1997 no 95-20.421 : Bull. civ. I no 293 ; Cass. 3e civ. 23-6-2004 no 01-17.723 FS-PB : BPIM 5/04 inf. 292). Ainsi, une déclaration faite par télécopie, modalité non prévue par l'article A 243-1 annexe II du Code des assurances, ne vaut pas déclaration (Cass. 3e civ. 6-6-2012 no 11-15.567 FS-PB : BPIM 4/12 inf. 323, déclaration faite par courriel au courtier qui avait envoyé une télécopie à l'assureur ; comparer en droit commun où la déclaration est libre : Cass. 2e civ. 8-3-2012 no 11-15.472 F-D : RDI 2012 p. 461). On peut toutefois se demander si, depuis l'arrêté ECET0921432A du 19 novembre 2009, qui a modifié l'article A 243-1 annexe II du Code des assurances et fait passer la déclaration de sinistre du paragraphe A-3e au paragraphe A-2e, la lettre RAR s'impose toujours (Dessuet, RDI 2012 p. 459).

En assurance DO, des **formalités particulières** doivent, en outre, être respectées (C. ass. art. A 243-1 annexe II). Ces règles sont d'ordre public et il n'est pas possible d'y déroger par une assignation en justice (Cass. 3e civ. 23-6-2004 no 01-17.723 FS-PB : BPIM 5/04 inf. 292).

La déclaration doit être **suffisamment précise** pour identifier exactement la qualité en laquelle l'assureur est sollicité. Si le même assureur fournit l'assurance DO et l'assurance RC, et alors même que les polices sont référencées sous le même numéro, il doit être pris en son exacte qualité (Cass. 3e civ. 29-3-2018 no 17-15.042 FS-PBI : BPIM 3/18 inf. 199). À défaut, la prescription des actions peut être affectée (voir no 96270). 96252

La déclaration doit également permettre d'identifier le dommage et la police qui le garantit. Ces précisions sont en général données par la police d'assurance (C. ass. art. R 112-1). Elles sont nécessaires (Cass. 1e civ. 25-5-1976 no 75-10.186 : Bull. civ. I no 199). Il appartient au juge devant lequel l'assureur soulève la prescription d'analyser les termes de la déclaration et d'en vérifier le contenu (Cass. 3e civ. 14-3-2012 no 11-11.313 FS-PB : BPIM 4/12 inf. 322).

La déclaration de sinistre en **assurance DO** doit préciser (C. ass. art. A 243-1 annexe II) :

- le numéro du contrat d'assurance et, le cas échéant, celui de l'avenant ;
- le nom du propriétaire de la construction endommagée ;
- l'adresse de la construction endommagée ;
- la date de réception ou, à défaut, la date de la première occupation des locaux ;
- la date d'apparition des dommages ainsi que leur description et leur localisation.

Si la déclaration est faite pendant la période de **parfait achèvement,** copie de la mise en demeure effectuée au titre de cette garantie doit être jointe à la déclaration.

L'assuré n'est pas tenu d'annexer un devis estimatif de la valeur des réparations à sa déclaration de sinistre. S'il le fait néanmoins, cette information n'a pas pour effet de limiter à son montant la garantie de l'assureur : celui-ci n'est lié que par la déclaration (Cass. 3e civ. 20-10-2010 no 09-69.665 FS-PB : BPIM 6/10 inf. 473).

Déclaration de sinistre infructueuse En l'**absence des renseignements exigés,** la déclaration de sinistre n'est pas réputée constituée (C. ass. art. A 243-1 annexe II ; CA Paris 19e ch. 12-4-2002 : RDI 2002 p. 301). L'assureur doit le signifier à l'assuré dans les 10 jours de la réception de la déclaration et réclamer les éléments manquants. Il est probable que l'inobservation de cette obligation a pour effet de priver l'assureur DO de la possibilité de contester sa garantie. Mais la Cour de cassation ne s'est pas clairement prononcée (voir Cass. 3e civ. 16-12-2009 no 09-65.697 FS-PB : BPIM 1/10 inf. 37, dans un cas où la Cour sanctionne aussi le non-respect du délai de 15 jours pour notifier la décision de ne pas recourir à une expertise). 96253

En l'absence de déclaration régulière, l'**assureur,** dont la garantie est réclamée dans le cadre d'un contentieux ultérieur, peut **contester la recevabilité de sa mise en cause** : la circonstance qu'il ait été présent à une expertise devant le juge des référés saisi directement par le maître de l'ouvrage ne le prive pas de la possibilité de se prévaloir devant le juge du fond de l'absence de déclaration de sinistre et ne constitue pas une manifestation de volonté non équivoque de renoncer à se prévaloir de l'absence de la déclaration de sinistre (Cass. 3e civ. 10-2-2010 no 09-65.186 FS-PB : Bull. civ. III no 36). 96255

Mais si, saisi par lettre simple, l'assureur déclenche la procédure de mise en œuvre de l'assurance (voir nos 96360 s.), il ne peut plus se prévaloir de l'absence de lettre recommandée (Cass. 3e civ. 12-1-2011 no 09-71.991 FS-D : RDI 2011 p. 176 ; Cass. 3e civ. 6-6-2012 no 11-15.567 FS-PB : BPIM 4/12 inf. 323, qui fait courir le délai de 60 jours au cours duquel l'assureur doit prendre parti, non à compter de la déclaration par télécopie jugée irrégulière, mais de l'envoi de la décision de l'assureur de nommer un expert).

Le fondement de la fin de non-recevoir tenant à une déclaration irrégulière est incertain : il est possible que l'assureur invoque la « déchéance » pour défaut de déclaration dans le délai, mais la sanction est incertaine (Cass. 2e civ. 7-5-2009 no 08-11.391 F-D) ; il peut aussi invoquer la prescription biennale si les circonstances le permettent.

PRESCRIPTION EN ASSURANCE-CONSTRUCTION

96260 **Information sur le délai de prescription** L'action de l'assuré contre l'assureur, en particulier l'action en garantie, se prescrit par 2 ans en cas de sinistre, ou 5 ans pour les dommages résultant de mouvements de terrain consécutifs à la sécheresse-réhydratation des sols, reconnus comme une catastrophe naturelle (C. ass. art. L 114-1 al. 1). Estimée trop brève, la prescription biennale des actions nées du contrat d'assurance a été déclarée conforme à la Constitution (Cons. constit. 17-12-2021 no 2021-957 QPC : RDI 2022 p. 228). La **police d'assurance** doit **informer l'assuré** de ce délai et de ses causes d'interruption pour que celui-ci lui soit opposable (C. ass. art. R 112-1 ; Cass. 3e civ. 28-4-2011 no 10-16.269 FS-PB : BPIM 4/11 inf. 304 ; Cass. 3e civ. 16-11-2011 no 10-25.246 FS-PB : Bull. civ. III no 195 ; CA Paris 16-5-2017 no 16/09576 ch. 6/2 : L'essentiel, Droit des assurances no 7 p. 5). Un important arrêt confirme cette jurisprudence et précise que l'assureur DO qui n'a pas respecté le formalisme de l'article R 112-1 du Code des assurances ne peut pas opposer la prescription biennale à l'assuré (Cass. 3e civ. 21-3-2019 no 17-28.021 FS-PBI : BPIM 3/19 inf. 191). Bien que le texte n'édicte aucune sanction, on estime que la règle est impérative.

Statuant à propos d'une assurance DO, le Conseil d'État adopte la même position : la police doit rappeler les règles de prescription des actions dérivant du contrat, y compris les causes d'interruption de celle-ci, qu'elles soient prévues par le Code des assurances ou par le Code civil, faute de quoi l'assureur ne peut pas opposer à l'assuré la prescription prévue par l'article L 114-1 du Code des assurances (CE 26-3-2018 no 405109, Cne de Montereau-Fault-Yonne : BPIM 3/18 inf. 196). Il est vraisemblable que la même exigence pourrait être requise en assurance RC décennale.

C'est à l'assureur de **prouver** qu'il a satisfait à l'obligation prescrite par l'article R 112-1 du Code des assurances (Cass. 2e civ. 18-4-2019 no 18-13.938 F-PBI : RDI 2019 p. 348 note Noguero). L'inopposabilité de la prescription biennale ne permet pas pour autant à l'assureur de se prévaloir de la prescription de droit commun. La solution s'explique peut-être par la mobilité du point de départ de la prescription de droit commun résultant désormais de l'article 2224 du Code civil, mais l'arrêt ne s'explique pas sur ce point qui donne lieu à débat.

96263 **Point de départ du délai de prescription** Le délai de prescription de 2 ans (ou 5 ans pour les dommages résultant de mouvements de terrain consécutifs à la sécheresse-réhydratation des sols) **court** à compter du jour où l'intéressé a eu connaissance du sinistre (Cass. 1e civ. 4-5-1999 no 97-13.198 : Bull. civ. I no 141) dès lors que le désordre est survenu dans le délai de 10 ans (Cass. 1e civ. 29-4-2003 no 00-12.046 : L'Argus de l'assurance 23-5-2003 p. 49). En pratique, cette connaissance du sinistre résulte :

– en assurance de responsabilité, de la réclamation faite à l'assuré. Cette réclamation peut prendre la forme d'une assignation en référé (Cass. 3e civ. 2-10-1996 no 94-20.740 P : RJDA 1/97 no 37), même si celle-ci a en vue la nomination d'un expert (Cass. 1e civ. 10-5-2000 no 97-22.651 F-P : Bull. civ. I no 133) ;

– en assurance DO, de la connaissance que l'assuré « a des désordres survenus dans les 10 ans qui ont suivi la réception des travaux » (Cass. 1e civ. 4-5-1999 no 97-13.198 : Bull. civ. I no 141).

Même si la **prescription** de 2 ans est échue, l'assureur peut **renoncer à s'en prévaloir.** Son intervention « sous toutes réserves » à une instance au fond contre son assuré, alors que l'action de ce dernier contre lui est prescrite, ne vaut pas renonciation lorsqu'il n'a pas manifesté une volonté non équivoque en ce sens (Cass. 3e civ. 12-4-2012 no 10-27.725 FS-D : BPIM 3/12 inf. 242).

Le tiers lésé peut également exercer l'action directe contre l'assureur, mais seulement si le délai de prescription biennale ouvert à l'assuré n'est pas échu (Cass. 3e civ. 14-9-2023 no 22-21.493 FS-B : BPIM 6/23 inf. 385). Ce délai peut atteindre jusqu'à 12 ans après la réception (pour l'assurance DO, voir no 96265 ; pour l'assurance de responsabilité, voir no 96605).

> **Précisions a.** **L'action contre l'assureur de responsabilité** doit être formée dans le double respect du délai de 2 ans du Code des assurances et du délai de 10 ans de la garantie décennale. Si le constructeur et son assureur de responsabilité sont présents aux opérations d'expertise à la suite d'une action en référé exercée par l'assureur dommages-ouvrage, la prescription de la garantie décennale n'est pas interrompue par cette action au bénéfice de la victime (Cass. 3e civ. 23-6-2004 no 01-17.723 FS-PB : BPIM 5/04 inf. 292).
> **b.** À propos d'un **syndicat de copropriétaires** bénéficiaire de l'assurance DO transmise par le maître de l'ouvrage, il a été jugé que le délai de 2 ans ne peut pas courir contre lui tant qu'il n'est pas constitué (Cass. 3e civ. 15-12-2004 no 02-16.581 FS-PB).
> **c.** Lorsque l'assureur de responsabilité exerce un recours contre son assuré pour le **recouvrement**

du montant de la franchise, le point de départ de la prescription est fixé à la date du paiement de l'indemnité (Cass. 3e civ. 21-6-2006 n° 04-19.002 FS-PB : BPIM 5/06 inf. 365).

d. La garantie en assurance dommages peut être demandée par toute **personne subrogée** aux droits de l'assuré dans cette action, dont le **garant de livraison en CCMI** (n° 93982). Le garant subrogé ayant les mêmes droits et les mêmes obligations que l'assuré-subrogeant, il doit exercer son recours dans le délai de 2 ans prévu par l'article L 114-1 du Code des assurances (Cass. 3e civ. 27-1-2010 n° 08-21.291 FS-PB : BPIM 2/10 inf. 118). Il doit également faire une déclaration de sinistre si l'assuré ne l'a pas faite (Cass. 3e civ. 10-2-2010 n° 09-65.186 FS-PB : Bull. civ. III n° 36). Si l'assuré est forclos, le garant de livraison venant à ses droits par subrogation n'a pas plus de droits que lui et son action est irrecevable (Cass. 3e civ. 13-2-2020 n° 19-11.495 F-D : BPIM 2/20 inf. 125).

Particularités de la prescription en dommages-ouvrage En assurance dommages-ouvrage (DO), **la mise en œuvre de la prescription** n'est pas enfermée dans le délai de 10 ans de la garantie décennale. La déclaration de sinistre et l'action contre l'assureur doivent intervenir dans un délai de 2 ans à compter de la date à laquelle le maître de l'ouvrage a eu connaissance des désordres survenus dans les 10 ans suivant la réception des travaux (Cass. 1e civ. 4-5-1999 n° 97-13.198 F-PB : BPIM 4/99 inf. 295 ; Cass. 1e civ. 29-4-2003 n° 00-12.046 : RDI 2003 p. 316). Ce délai (10 + 2 ans à compter de la connaissance du sinistre) peut donc dépasser celui de la garantie décennale (10 ans à compter de la réception). **96265**

Il arrive que les désordres soient antérieurs à la réception. L'assureur DO peut en effet être tenu de prendre en charge des **désordres constatés avant la réception des travaux** lorsque le marché est résilié (n° 94160). La prescription biennale court alors à compter de la résiliation du marché (CA Rennes 21-2-2002 : Juris-Data n° 186366) ou de la mise en liquidation judiciaire de l'entreprise (Cass. 3e civ. 13-2-2020 n° 19-12.281 FS-PBRI : BPIM 2/20 inf. 123, RDI 2020 p. 318).

Si la date à laquelle l'assuré a **connaissance du désordre** est **proche du terme du délai de la garantie décennale,** l'assureur de dommages peut être conduit à prendre en charge un sinistre après l'expiration du délai de garantie décennale (10 ans + 2 ans), alors qu'il ne pourra plus se retourner contre le constructeur et son assureur en responsabilité décennale, l'action subrogatoire devant être exercée dans les 10 ans de la réception. Le terme du délai de la garantie décennale, non interrompu par une déclaration de sinistre, met fin aux obligations de l'assureur, sauf si le désordre est évolutif (voir cependant obs. Durry : RDI 2000 p. 73).

La Cour de cassation a **plafonné le délai de prescription** à 12 ans en décidant qu'est irrecevable la réclamation de l'assuré présentée plus de 2 ans après l'expiration du délai de 10 ans qui suit la réception (Cass. 3e civ. 31-3-2005 n° 04-10.437 FS-PB : BPIM 3/05 inf. 205). L'assureur DO n'est alors pas alors tenu de répondre à cette réclamation (Cass. 3e civ. 20-6-2012 n° 11-15.199 FS-PB : BPIM 5/12 inf. 397). L'assureur de dommages qui ne doit plus sa garantie (limitée à 10 ans à compter de la réception) est privé de tout recours contre les responsables et leurs assureurs si son assuré présente sa réclamation après l'expiration du délai de 10 ans de la garantie décennale (Cass. 1e civ. 4-5-1999 n° 97-13.198 : Bull. civ. I n° 141 ; Cass. 1e civ. 10-12-2002 n° 00-11.125 : RDI 2003 p. 27 sol. implicite). Le désordre décennal, pour être garanti, doit donc être déclaré dans le délai de 10 ans de la réception si l'assuré peut le faire (Cass. 3e civ. 6-7-2011 n° 10-17.965 FS-PB : BPIM 5/11 inf. 391).

Le maître de l'ouvrage doit néanmoins faire preuve des diligences nécessaires pour **préserver l'action subrogatoire de l'assureur** DO contre le responsable et son propre assureur. L'assureur peut, en effet, être déchargé de sa garantie si l'assuré lui fait perdre le bénéfice de la subrogation (C. ass. art. L 121-12, al. 2). Il oppose alors à l'assuré l'exception de subrogation (Cass. 1e civ. 12-12-1995 n° 92-14.943 : RJDA 4/96 p. 343). Dès qu'il a connaissance du désordre, le maître de l'ouvrage doit le déclarer pour rendre ce recours possible. Il a été jugé qu'un délai d'un mois avant l'expiration du délai décennal laisse un temps suffisant à l'assureur DO (Cass. 1e civ. 4-11-1992 n° 89-18.595 : Resp. civ. et assur. 1993 n° 19). Si l'assureur DO refuse sa garantie au motif que la subrogation ne peut plus s'opérer du fait de l'assuré, il n'est pas tenu de rappeler à l'assuré sa position sur l'exercice de son droit de subrogation (Cass. 3e civ. 11-7-2019 n° 18-17.433 FS-PBI : BPIM 5/19 inf. 339). En revanche, il ne peut être déchargé de tout ou partie de sa responsabilité à l'égard de l'assuré que s'il démontre que ce dernier l'a privé du recours subrogatoire contre le constructeur et son assureur (Cass. 3e civ. 25-5-2023 n° 22-13.410 FS-B : BPIM 4/23 inf. 264). Si l'impossibilité du recours subrogatoire de l'assureur est due aux seuls délais d'instruction de la déclaration de sinistre, l'assureur ne peut pas refuser sa garantie. Il en résulte que si la déclaration de sinistre est proche de l'expiration du délai de 10 ans, l'assureur doit veiller immédiatement à préserver un éventuel recours contre le responsable et/ou son assureur. **96266**

Si l'assuré manque à l'obligation de diligence mise à sa charge par l'article L 121-12 du Code des assurances, il risque de faire perdre à l'assureur tout recours subrogatoire et l'assureur peut alors refuser sa garantie (Cass. 3e civ. 8-2-2018 n° 17-10.010 FS-PB : BPIM 2/18 inf. 129, RDI 2018

p. 286 note Roussel). Il en résulte que si le sinistre est constaté peu de temps avant l'expiration de la garantie décennale, ce n'est pas dans le délai de 2 ans que l'assureur DO doit agir, mais autant que possible avant l'expiration du délai de la garantie décennale. Si l'action ne peut pas être exercée dans ce délai, et qu'aucun manquement n'est imputé à l'assuré, il ne semble pas que l'assureur DO puisse lui opposer un refus de garantie alors que son recours subrogatoire est compromis ; il ne peut plus contester sa garantie s'il ne respecte pas le délai de 60 jours prescrit par l'article L 242-1 du Code des assurances pour prendre position sur la garantie, même lorsque la déclaration intervient après l'expiration du délai décennal (Cass. 1e civ. 10-12-2002 nº 00-11.125 précité ; voir nº 96405). Dans ce cas, l'assureur DO n'est plus un garant pour autrui. Il devient un pur assureur de chose. Il a d'ailleurs été jugé que l'assuré qui se heurte à un refus de garantie de l'assureur DO n'est pas en faute s'il conteste ce refus au-delà du délai décennal, même si l'assureur se trouve privé de recours (Cass. 3e civ. 31-3-2004 nº 01-16.847 : RDI 2004 p. 252). Si l'assureur conteste sa garantie, la prescription biennale de l'action dirigée contre lui peut courir après l'expiration du délai décennal. Si le désordre dénoncé dans le délai de 10 ans est évolutif (désordre qui, au moment où il est dénoncé, est de nature décennale ; nos 87535 s.), son aggravation peut être prise en charge par l'assureur DO même si elle est postérieure à l'expiration du délai décennal (Cass. 3e civ. 22-6-2011 nº 10-16.308 FS-PB : BPIM 4/11 inf. 306). Mais si le désordre est futur (désordre dont la gravité et donc la nature décennale se révéleront de façon certaine ; nos 87560 s.), il faut que l'aggravation soit dénoncée dans le délai de 10 ans (Cass. 3e civ. 6-7-2011 nº 10-17.965 FS-PB).

96267 Il appartient à l'assureur d'opposer la **fin de non-recevoir tirée de la prescription** de l'article L 114-1 du Code des assurances. Deux cas sont à distinguer :

1. Si l'assuré met **plus de 2 ans avant de déclarer le sinistre,** l'assureur peut lui opposer la prescription. Mais il doit soulever cette fin de non-recevoir dans les 60 jours de la déclaration de sinistre. S'il laisse ce délai s'écouler sans réagir, la garantie est acquise à l'assuré (voir nº 96405). La prescription opposée tardivement est sans effet (Cass. 1e civ. 4-3-1997 : Bull. civ. I nº 78 ; Cass. 1e civ. 17-3-1999 : RDI 1999 p. 428 ; Cass. 3e civ. 26-11-2003 nº 01-12.469 FS-PB : BPIM 1/04 inf. 36). Toutefois, la renonciation tacite de l'assureur à se prévaloir de la fin de non-recevoir ne peut résulter de sa seule participation à une expertise judiciaire et de l'assignation des autres constructeurs afin de leur rendre l'expertise opposable (Cass. 3e civ. 1-12-2009 nº 08-20.993 F-D : RDI 2010 p. 164). La déchéance du droit, pour l'assureur, de contester sa garantie du fait de l'expiration du délai de 60 jours n'empêche pas la prescription de courir à l'encontre de l'assuré, à compter de cette date (Cass. 1e civ. 10-12-2002 nº 99-15.838 : RDI 2003 p. 144). Cela implique, semble-t-il, qu'un nouveau délai de prescription commence à courir.

2. Si le **sinistre** est **déclaré dans le délai de 2 ans** et que l'assureur n'a pas fait connaître sa position dans le délai de 60 jours, l'expiration de ce délai sert de point de départ à la prescription de l'action de l'assuré contre son assureur (Cass. 1e civ. 16-7-1998 nº 96-14.934 P : Bull. civ. I nº 248 ; Cass. 1e civ. 22-5-2002 nº 99-14.766 F-P : BPIM 4/02 inf. 271). Le droit de garantie né de l'expiration du délai de 60 jours se prescrit par 2 ans (Cass. 1e civ. 16-7-1998 nº 96-14.934 P : Bull. civ. I nº 248). En conséquence, si au terme de ces 60 jours l'assuré demeure passif pendant 2 ans, la prescription peut lui être opposée. En effet, la déchéance du droit de contester sa garantie n'empêche pas l'assureur d'invoquer la prescription de l'article L 114-1 du Code des assurances qui court à l'expiration du délai de 60 jours (Cass. 1e civ. 1-2-2000 nº 97-16.662 P : BPIM 3/00 inf. 184, RDI 2000 p. 207 ; Cass. 3e civ. 20-6-2012 nº 11-14.969 FS-PB : BPIM 4/12 inf. 324 ; CE 5-11-2021 nº 443368 : BPIM 1/22 inf. 44, RDI 2022 p. 113). Mais si l'assuré assigne l'assureur après le dépôt des rapports d'expertise, malgré l'expiration du délai de 2 ans, la prescription est acquise (Cass. 3e civ. 18-3-2021 nº 20-13.993 F-D : RDI 2021 p. 368).

96268 Le **point de départ de la prescription** en assurance DO peut varier selon que l'assureur, à qui la déclaration a été faite dans le délai, prend ou non parti sur le sinistre. S'il prend parti et notifie simultanément à l'assuré le rapport d'expertise et sa position dans le délai de 60 jours, cette notification sert de point de départ au délai de prescription ; un arrêt admet cette solution, alors même que le rapport doit être communiqué préalablement à la notification de la position sur le principe de la garantie et que la cour d'appel avait estimé que la garantie était désormais due (Cass. 3e civ. 23-9-2014 nº 13-20.696 F-D : RDI 2014 p. 651). En effet, l'erreur éventuellement commise par l'assureur ne fait pas échec à la prescription de l'action dirigée contre lui. D'ailleurs, lorsque l'assureur ne prend pas parti sur le sinistre dans le délai de 60 jours et que la garantie est réputée acquise, la prescription de l'action court à compter de l'expiration du délai de 60 jours qui suit la réception de la déclaration de sinistre (Cass. 1e civ. 1-2-2000 nº 97-16.662 : BPIM 3/00 inf. 184, RDI 2000 p. 207).

› Précisions La responsabilité de l'**avocat** qui **laisse se prescrire l'action contre l'assureur DO** donne lieu au versement d'une **indemnité** qui n'est pas soumise au régime de l'indemnité versée au titre de l'assurance DO. Il n'y a donc pas lieu de justifier de l'emploi des fonds (Cass. 3e civ. 29-5-2013 no 12-17.349 FS-PB : BPIM 4/13 inf. 268) ; voir no 96475.

Interruption et suspension de la prescription La prescription biennale est valablement interrompue par une des **causes ordinaires d'interruption** (C. ass. art. L 114-2). 96270
On peut notamment citer :
– l'action en justice, même en référé (Cass. 1e civ. 12-2-1991 : Bull. civ. I no 61 ; Cass. 1e civ. 10-12-1991 : Bull. civ. I no 344) ;
– la désignation d'expert. La prescription est également interrompue à l'égard des parties à une mesure d'expertise par toute décision judiciaire apportant une modification à cette expertise : lorsque l'assureur demande une modification de l'expertise qui est acceptée moins de 2 ans avant l'assignation au fond, il ne peut opposer la prescription (Cass. 3e civ. 28-3-2012 no 10-28.093 FS-D : BPIM 3/12 inf. 243) ;
– la lettre recommandée. Il n'est pas nécessaire que le courrier concerne « le règlement de l'indemnité » (C. ass. art. L 114-2) ; il suffit qu'il notifie l'interruption de la prescription pour les conséquences du sinistre (Cass. 3e civ. 17-6-2009 no 08-14.104 FS-PB : BPIM 4/09 inf. 282) ;
– l'appel en la cause de l'assureur par son assuré assigné par la victime (Cass. 3e civ. 10-1-2001 no 99-13.897 FS-P : BPIM 2/01 inf. 124) ;
– la reconnaissance du principe de sa garantie par l'assureur. Retenue pour une assurance de catastrophe naturelle au visa de l'article L 114-1 du Code des assurances et de l'article 2251 du Code civil (Cass. 2e civ. 11-9-2014 no 13-23.648 F-D : RDI 2014 p. 649), cette solution s'applique en assurance des risques de la construction (Cass. 3e civ. 17-9-2014 no 13-21.747 FS-PB : BPIM 6/14 inf. 397, décision rendue en assurance DO décidant que l'interruption concerne les dommages matériels et immatériels consécutifs aux désordres ; voir déjà Cass. 2e civ. 16-11-2006 no 05-18.287 FS-PB : Bull. civ. II no 322).

Lorsqu'une décision sur le fond est intervenue, l'effet interruptif ne prend fin, et une **nouvelle prescription** ne recommence à courir, qu'à compter de la signification de cette décision à la victime (Cass. 3e civ. 15-2-2006 no 04-19.864 FS-PB : BPIM 3/06 inf. 192). En présence d'une ordonnance de référé, il a été jugé que :
– si elle accède à la demande, la prescription recommence à courir à compter de la date à laquelle le juge s'est prononcé (Cass. 1e civ. 31-1-1989 no 86-16.744 : Bull. civ. I no 44). Lorsque le juge ordonne une expertise, la prescription recommence à courir à compter de la désignation de l'expert et non à la fin des opérations d'expertise (Cass. 2e civ. 10-11-2005 no 04-15.041 FS-PB : Bull. civ. II no 283) ;
– si elle rejette la prétention, l'effet interruptif de l'instance est annulé (Cass. 1e civ. 27-2-1996 : RGDA 1996 p. 296).

L'interruption de **prescription en assurance DO** est sans **effet sur la prescription en assurance de responsabilité,** peu important que ce soit la même compagnie qui fournisse les deux garanties (Cass. 3e civ. 4-11-2010 no 09-66.977 FS-PB : Bull. civ. III no 195 ; Cass. 3e civ. 1-12-2010 no 09-16.633 FS-D : BPIM 1/11 inf. 37). Il en est ainsi même si les polices sont référencées sous le même numéro (Cass. 3e civ. 29-3-2018 no 17-15.042 FS-PBI : BPIM 3/18 inf. 199, RDI 2018 p. 354). Cette jurisprudence est constante et s'applique quelles que soient les assurances souscrites par le constructeur (Cass. 3e civ. 18-3-2021 no 20-13.993 F-D : RDI 2021 p. 368, pour une police DO et une police constructeur non réalisateur). Il est indifférent que l'assuré invoque la police au titre de laquelle il n'avait pas assigné l'assureur (Cass. 3e civ. 23-10-2012 no 11-18.850 F-D : RDI 2013 p. 95 ; Cass. 3e civ. 18-3-2021 no 20-13.993 F-D).

Lorsqu'une expertise judiciaire a été ordonnée dans le cadre d'un référé-provision, la prescription est, en application de l'article 2239 du Code civil, **suspendue** (Cass. 2e civ. 19-5-2016 no 15-19.792 FS-PB : RDI 2016 p. 418). La prescription est également suspendue à compter du jour où, après la survenance d'un litige, les parties conviennent de recourir à la médiation ou à la conciliation ou, à défaut d'écrit, à compter de la première réunion de médiation ou de conciliation. Elle l'est encore à compter de la conclusion d'une convention de procédure participative si les parties y ont recours ou à compter de l'accord du débiteur constaté par l'huissier de justice pour participer à la procédure prévue à l'article L 125-1 du Code des procédures civiles d'exécution (C. civ. art. 2238). La convention de procédure participative (C. civ. art. 2062) est un accord conclu entre les parties afin de donner une solution amiable à leur différend ou à la mise en état de leur litige (procédure devant le juge visant à mettre l'affaire en état d'être jugée). La prescription suspendue dans les conditions ci-dessus recommence à courir conformément aux prescriptions de l'article 2238, alinéa 2. 96272

96275 **Désordres persistants ou successifs** Lorsque les désordres persistent, qu'ils se succèdent et constituent un **ensemble de malfaçons dont la cause est commune,** il faut, semble-t-il, considérer qu'il y a un seul sinistre au regard du droit de l'assurance. Réserve étant faite de la circonstance que la propagation du désordre peut être un élément d'appréciation de son degré de gravité, ce qui peut permettre au maître de l'ouvrage, en particulier, d'échapper à la forclusion attachée à l'expiration du délai de prescription biennale, la logique voudrait que l'on considérât le sinistre comme étant unique ; dans ce cas la première réclamation qui interrompt la prescription pourrait être complétée par d'autres en cours d'instance si un procès est engagé.

La cour d'appel de Paris s'est prononcée en faveur du **sinistre unique** (CA Paris 7e ch. B 2-12-1981 : RGAT 1983 p. 84) et un jugement en a déduit qu'une seule franchise devait alors s'appliquer (TGI Valenciennes 3-6-1983 cité par Bigot et Hauteville, Responsabilité et assurance dans la construction, Argus 1988 p. 163). La Cour de cassation décide qu'il n'y a pas lieu de distinguer entre sinistre nouveau et sinistre ancien déclaré ; bien qu'il soit soutenu que le nouveau désordre n'est qu'une aggravation de l'ancien, il doit faire l'objet d'une nouvelle déclaration (Cass. 3e civ. 14-3-2012 no 11-10.961 FS-PB : BPIM 4/12 inf. 321) ; voir no 96240.

B. Réparation du dommage (mise en œuvre de l'assurance DO)

1. CONSTATATION DU DOMMAGE

EXPERTISE OBLIGATOIRE EN ASSURANCE DO

96360 **Désignation d'un expert** Pour favoriser l'indemnisation du dommage, la clause type applicable aux polices DO prévoit une procédure amiable particulière.

L'assuré doit impérativement faire une déclaration de sinistre à son assureur, ce qui déclenche la phase d'expertise amiable (Cass. 3e civ. 8-4-2014 no 11-25.342 F-D : BPIM 4/14 inf. 261). La compagnie d'assurance désigne un **expert** avec pour **mission** de constater et d'évaluer le dommage. Cette phase d'expertise initiale est obligatoire (Cass. 1e civ. 3-11-1993 no 91-18.128 : Bull. civ. I no 307), sauf dans le cas visé no 96375.

L'expert peut être **récusé** par l'assuré. Si, sur nouvelle désignation, l'assuré récuse une nouvelle fois l'expert, la désignation intervient en référé (on parle alors d'« expertise mixte ») mais la mission doit être limitée à celle résultant de la clause type (C. ass. art. A 243-1 annexe II). En cas de récusation de l'expert, les délais d'instruction et de règlement des sinistres sont allongés (voir no 96400).

Avant d'avoir tenté la mise en œuvre de la procédure amiable, l'**assuré ne peut pas** :

– assigner au fond son assureur (Cass. 3e civ. 15-6-2000 no 98-20.193 FS-D : BPIM 5/00 inf. 329 ; Cass. 3e civ. 5-11-2008 no 07-15.449 FS-D : BPIM 1/09 inf. 36, dans un cas où la même compagnie fournissait l'assurance DO et l'assurance responsabilité du constructeur) ;

– demander en référé la désignation d'un expert (Cass. 3e civ. 23-6-2004 no 01-17.723 FS-PB : BPIM 5/04 inf. 292 ; Cass. 3e civ. 10-5-2007 no 06-12.467 FS-PB : BPIM 5/07 inf. 343 ; Cass. 3e civ. 7-12-2023 no 22-19.463 F-D : BPIM 1/24 inf. 42).

Si l'assuré engage une instance pour solliciter la désignation d'un expert judiciaire avant de déclarer le sinistre, le délai de 60 jours ne court pas contre l'assureur qui n'est pas tenu de lui notifier sa décision (Cass. 3e civ. 8-4-2014 no 11-25.342 F-D). Si l'assuré a sollicité une expertise avant l'expiration du délai de 60 jours, l'action au fond engagée contre l'assureur aux fins d'indemnisation est irrecevable (Cass. 3e civ. 7-12.2023 no 22-19.463 F-D).

96370 **Expertise contradictoire** L'expertise est contradictoire, l'**assuré** pouvant y assister ou s'y faire représenter et formuler des dires consignés au rapport. L'assuré doit fournir à l'expert les éléments nécessaires à l'accomplissement de sa mission (Sur le principe contradictoire de l'expertise en général, voir B. Boubli, BPIM 6/16 inf. 343).

L'assureur DO donne à l'expert qu'il commet les instructions pour que les constructeurs et leurs assureurs soient consultés pour avis par cet expert (C. ass. art. A 243-1 annexe II, B-1o-b). Les formalités édictées par le texte permettent de rendre l'expertise opposable aux **constructeurs et** à leurs **assureurs.** En effet, l'article A 243-1 a institué une mesure particulière à l'assurance construction destinée à sauvegarder les intérêts des constructeurs qui peuvent faire valoir leur point de vue (Cass. 1e civ. 17-1-1990 : RDI 1990 p. 228 ; Cass. 1e civ. 9-6-1993 : Bull. civ. I no 207 ; Cass. 1e civ. 2-3-1994 no 91-19.742 : RDI 1994 p. 271). L'expertise est en principe opposable aux constructeurs et à leurs assureurs consultés pour avis.

Ainsi, même s'il n'y participe pas, l'assureur en responsabilité ne peut pas invoquer l'inopposabilité de l'expertise lorsque :
– son assuré y a pris part (CA Paris 19e ch. B 8-10-1987 : RDI 1988 p. 120) ;
– il a été appelé à y participer ou consulté pour avis au sens de la clause type (Cass. 1e civ. 3-5-1995 : RDI 1995 p. 572) ;
– il a eu la possibilité de discuter les conclusions de l'expert (Cass. 2e civ. 19-11-2009 no 08-19.824 FS-PB : BPIM 1/10 inf. 38).
À l'inverse, l'assureur non appelé ni représenté en tant que partie à l'expertise ne peut pas être condamné sur son fondement (Cass. 3e civ. 25-9-2007 no 06-17.907 F-D).

Le constructeur et l'assureur de responsabilité contre lequel l'action récursoire est engagée peuvent toujours discuter les conclusions de l'expert dommages-ouvrage sur les responsabilités et solliciter une expertise judiciaire.

S'agissant du **sous-traitant,** l'expertise en dommages-ouvrage lui est inopposable, même s'il a été appelé aux opérations d'expertise par l'expert. L'opposabilité est, en effet, limitée aux constructeurs mentionnés à l'article 1792-1, 1° du Code civil (Cass. 3e civ. 14-11-2001 no 00-11.037 FS-PB : BPIM 1/02 inf. 40). Toutefois, un arrêt a admis qu'il pouvait être tenu compte de l'expertise lorsque le sous-traitant appelé à y participer a reconnu sa responsabilité dans plusieurs courriers (Cass. 3e civ. 21-10-2009 no 08-20.483 FS-D : BPIM 6/09 inf. 434).

DISPENSE D'EXPERTISE EN ASSURANCE DO

L'assureur n'a pas l'obligation de recourir à une expertise lorsque (C. ass. art. A 243-1 annexe II, B-1°-d) : **96375**
– au vu de la déclaration du sinistre, il évalue le dommage à un montant inférieur à 1 800 € TTC ;
– la mise en jeu de la garantie est manifestement injustifiée.
Il doit **faire connaître sa position à l'assuré** dans le délai de 15 jours à compter de la réception de la déclaration de sinistre. À défaut, sa garantie est réputée acquise (no 96405). À noter qu'un assureur ayant notifié dans le respect de ce délai, son refus de garantie pour mise en jeu manifestement injustifiée, a été valablement déchargé de sa garantie sans que la Cour de cassation prenne position sur la cause de ce refus (Cass. 3e civ. 11-7-2019 no 18-17.869 F-D : BPIM 5/19 inf. 340).

Sur le refus de garantie dans les 60 jours, voir no 96445.

En cas de **contestation,** l'assuré peut obtenir la désignation d'un expert. Mais cette désignation n'est pas de droit dans le cas où l'assurance estime que la mise en jeu de la garantie est manifestement injustifiée (Cass. 3e civ. 17-3-2004 no 02-17.355 F-PB : BPIM 5/04 inf. 298).

2. EXPERTISE ET OBLIGATIONS DE L'ASSUREUR DO

DÉMARCHES DE L'ASSUREUR DO APRÈS LA DÉCLARATION DE SINISTRE

L'assureur qui reçoit la déclaration de sinistre dispose d'un délai de **60 jours** qui court à compter de la réception de la lettre de déclaration (Cass. 3e civ. 5-11-2013 no 12-16.816 F-D) pour accomplir diverses démarches qui doivent déboucher, au terme du délai, sur une décision notifiée à l'assuré. C'est la déclaration réputée constituée (nos 96240 s.) qui fait courir le délai et qui, par conséquent, déclenche l'obligation de l'assureur. **96400**

L'assureur doit répondre à chaque déclaration de sinistre. Lorsqu'une demande en garantie contre l'assureur DO est irrecevable parce qu'elle est prescrite, un nouveau délai de 60 jours s'applique si une nouvelle déclaration de sinistre est effectuée par l'assuré pour des désordres différents (Cass. 3e civ. 24-5-2018 no 17-11.427 FS-D : BPIM 4/18 inf. 278). La même solution s'applique lorsqu'une nouvelle déclaration est faite pour des désordres identiques à ceux déjà déclarés (Cass. 3e civ. 30-9-2021 no 20-18.883 FS-BR : BPIM 6/21 inf. 381).

L'assureur doit d'abord **désigner l'expert** (no 96360). C'est, en principe, un préalable nécessaire : en l'absence d'expertise préliminaire, l'assureur ne peut pas contester sa garantie (Cass. 1e civ. 3-11-1993 : Bull. civ. I no 307).

Avant l'expiration du délai de 60 jours, l'expert doit déposer un **rapport préliminaire** et l'assureur doit **le communiquer à l'assuré** préalablement ou au plus tard le jour où il lui notifie sa décision sur le principe de sa garantie (C. ass. art. 243-1 annexe II, B-2°-a).

À défaut de notifier le rapport préliminaire avant sa prise de position sur le sinistre, l'assureur ne peut pas opposer un refus de garantie (Cass. 3e civ. 4-1-2006 no 05-13.727 FS-PB : BPIM 2/06 inf. 121, arrêt rendu sur le fondement de l'ancienne clause type ; CE 26-3-2018 n° 405109, Cne de Montereau-Fault-Yonne : BPIM 3/18 inf. 200) et il doit la majoration des intérêts produits par l'indemnité d'assurance prévue à l'article L 242-1 du Code des assurances (Cass. 3e civ. 4-12-2012 n° 11-21.580 F-D : RDI 2013 p. 106, arrêt rendu sur le fondement de l'ancienne clause type). Toutefois, la garantie de plein droit est limitée à l'objet assuré par les stipulations contractuelles, ce qui exclut l'indemnisation des dommages affectant des ouvrages non visés par le contrat (Cass. 3e civ. 30-6-2016 n° 14-25.150 FS-PB : BPIM 5/16 inf. 313).

Dans le même délai de 60 jours, l'assureur doit **notifier à l'assuré sa décision quant au principe des garanties** prévues au contrat (C. ass. art. L 242-1). Selon la nature de la réponse (favorable ou défavorable), l'expertise suit ou non son cours. Si la réponse est favorable, l'assureur doit prendre une position définitive sur le montant de l'indemnité dans un **nouveau délai** de 30 ou 45 jours, ce qui porte le délai théorique maximal du règlement du sinistre à 90 ou 135 jours à compter de la déclaration du sinistre. De l'attitude de l'assureur dépend le sort de la garantie.

> **Précisions a.** Lorsque l'**expert est récusé** (n° 96360) une première fois, les **délais** ci-dessus sont allongés de 10 jours. En cas de désignation de l'expert par le juge des référés, ces mêmes délais sont augmentés de 30 jours.
> **b.** Lorsque l'**expertise** n'est **pas obligatoire** (n° 96375), l'assureur doit notifier à son assuré, dans un **délai** de 15 jours à compter de la déclaration de sinistre réputée constituée, son offre d'indemnité ou sa décision de refus de garantie.
> **c.** La cour d'appel ne peut pas limiter l'obligation de l'assureur sans répondre aux conclusions qui invoquent le non-respect des délais et du formalisme des articles L 242-1 et A 243-1 annexe II du Code des assurances (Cass. 3e civ. 6-12-2018 n° 17-25.957 F-D). En général dans ce cas, la garantie est réputée acquise (n° 96405).

GARANTIE RÉPUTÉE ACQUISE À L'ASSURÉ

96405 **Défaut de notification par l'assureur de son refus de garantie** Lorsque l'assureur **ne respecte pas le délai de 60 jours** prévu par l'article L 242-1 du Code des assurances pour notifier sa décision à l'assuré, la garantie est automatiquement acquise à l'assuré (C. ass. art. A 243-1 annexe II, B-2°-c). Le principe est absolu et l'assureur ne peut plus contester le caractère décennal des désordres (Cass. 3e civ. 17-2-2015 n° 13-20.199 F-D : BPIM 2/15 inf. 121). Un arrêt avait pu donner à penser que l'assureur pouvait revenir sur son engagement primitif (Cass. 3e civ. 11-10-2006 n° 05-16.822 FS-D : RDI 2006 p. 423), mais la portée de cette décision a été discutée : l'assureur qui admet le principe de sa garantie s'oblige à l'entière réparation du dommage pour qu'il soit mis fin aux désordres (Cass. 3e civ. 7-12-2005 n° 04-17.418 FS-PBRI : BPIM 1/06 inf. 42). Le respect du délai de 60 jours est un principe intangible et absolu, applicable même si la garantie dommages-ouvrage est mise en œuvre dans le délai de 2 ans mais après l'expiration du délai de la garantie décennale et fait perdre ainsi tout recours subrogatoire à l'assureur, de sorte que l'assureur est nécessairement tenu de garantir la réparation des désordres déclarés (Cass. 1e civ. 10-12-2002 n° 00-11.125 : RDI 2003 p. 27). Le Conseil d'État précise que c'est à la date d'envoi de la notification de l'assureur qu'il faut se placer pour apprécier si le délai de 60 jours a été respecté et non à la date à laquelle elle a été reçue (CE 5-11-2021 n° 443368 : BPIM 1/22 inf. 44, RDI 2022 p. 113).

Si l'assureur notifie son refus de garantie dans le délai de 60 jours, mais n'a **pas notifié** à l'assuré **dans le délai de 15 jours son refus de procéder à une expertise** en raison du caractère « manifestement injustifié » de la mise en œuvre de la garantie (voir n° 96375), la garantie est encore réputée acquise car la notification du refus de garantie n'est pas accompagnée ou précédée du rapport d'expertise (voir n° 96400) puisque l'expertise n'a pas été diligentée (Cass. 3e civ. 16-12-2009 n° 09-65.697 FS-PB : BPIM 1/10 inf. 37). Un arrêt laisse toutefois entendre que dans le délai de 60 jours, l'assureur pourrait prendre une position provisoire sur la garantie et réserver sa proposition d'indemnité jusqu'au rapport définitif de l'expert (Cass. 3e civ. 23-9-2020 n° 19-20.179 F-D : RDI 2021 p. 37 obs. P. Dessuet). Cette faculté laissée à l'assureur de disposer d'un délai prolongé jusqu'au rapport définitif alors qu'il doit prendre position sur le principe de la garantie sous 60 jours, à défaut de quoi celle-ci est réputée acquise, est d'autant plus discutable que l'assureur semblait admettre le principe de la garantie.

96408 Lorsque la garantie est réputée acquise, l'assureur est **déchu du droit d'invoquer toute cause de non-garantie** et notamment de :
– contester sa garantie (Cass. 3e civ. 7-7-2004 n° 03-12.256 F-D : BPIM 6/04 inf. 377 ; Cass. 3e civ. 1-3-2006 n° 04-13.190 FS-D : RDI 2006 p. 178, 1e esp. pour des désordres apparents ; Cass. 3e civ. 24-9-2008 n° 07-17.252 FS-D : JCP G 2009 I n° 133 § 13 obs. J.-P. Karila). Il importe peu, dès lors, que le délai de garantie décennale soit expiré et que l'assureur DO soit privé de recours subrogatoire (Cass. 1e civ. 10-12-2002 n° 00-11.125 : RDI 2003 p. 27 ; Cass. 3e civ. 4-2-2004 n° 01-17.272 FS-PB : BPIM 2/04

inf. 106) ou encore que le désordre soit apparu avant la réception, que l'entrepreneur n'ait pas été mis en demeure d'exécuter les travaux et que le marché n'ait pas été résilié comme l'exige l'article L 242-1 du Code des assurances (Cass. 3e civ. 16-12-2009 n° 09-65.697 FS-PB : BPIM 1/10 inf. 37) ;

– contester la nature des désordres (Cass. 3e civ. 17-3-1999 n° 97-19.766 D : RJDA 3/99 p. 645 ; Cass. 3e civ. 3-12-2003 n° 01-12.461 FP-PBI : BPIM 1/04 inf. 30 ; Cass. 3e civ. 20-6-2007 n° 06-13.565 FS-D : BPIM 5/07 inf. 344, pour des désordres avant réception ; voir toutefois Cass. 3e civ. 12-1-2005 n° 3 : Bull. civ. III n° 3, qui considère que la garantie ne peut pas être réputée acquise pour les dommages immatériels) ;

– invoquer la nullité du contrat pour fausse déclaration intentionnelle de l'assuré (Cass. 3e civ. 28-1-2009 n° 07-21.818 FS-PBRI : BPIM 2/09 inf. 131) ou opposer la prescription de l'action à l'assuré lorsqu'elle est acquise à l'expiration du délai de 60 jours (CE 5-11-2021 n° 443368 : BPIM 1/22 inf. 44) ;

– se prévaloir du plafond de garanti lorsqu'il a été valablement stipulé (Cass. 3e civ. 9-10-2013 n° 12-21.809 FS-PB, solution rendue avant l'arrêté de 2009 : BPIM 6/13 inf. 403).

Toutefois, la déchéance du droit d'invoquer toute cause de non-garantie ne peut concerner que les dommages déclarés relevant de la construction assurée (Cass. 1e civ. 18-12-2002 n° 99-16.551 F-PB : BPIM 2/03 inf. 102), les désordres ayant fait l'objet d'une déclaration régulière et non dolosive (Cass. 1e civ. 23-3-1999 n° 97-10.600) ou les désordres dont la déclaration n'est pas présentée plus de 2 ans après l'expiration du délai décennal (Cass. 3e civ. 20-6-2012 n° 11-15.199 FS-PB : BPIM 5/12 inf. 397, déclaration à laquelle l'assureur n'est pas tenu de répondre). Si nonobstant une déclaration irrégulière par télécopie l'assureur désigne un expert, le délai de 60 jours court à compter de la désignation de ce dernier (Cass. 3e civ. 6-6-2012 n° 11-15.567 FS-PB : BPIM 4/12 inf. 323) ; voir n° 96250.

Lorsque la garantie est réputée acquise, l'assureur peut également être tenu au **doublement des intérêts** de l'indemnité due, aux conditions décrites n° 96435.

Un **nouveau délai de 2 ans** commence à courir à compter de l'expiration des 60 jours (voir n° 96267).

Notification du dépassement de délai à l'assureur En principe, lorsque le délai de réponse est expiré, l'**assuré notifie** à l'assureur le dépassement du délai de 60 jours. Mais cette prescription n'est pas impérative (CA Paris 19e ch. B 21-4-1988 : RDI 1989 p. 230). L'assuré peut d'ailleurs se prévaloir du dépassement du délai même lorsque l'assureur a répondu, dès lors que sa réponse est tardive (CA Paris 14e ch. B 18-12-1992 : RDI 1993 p. 101). **96410**

Une fois le délai expiré, la garantie ne peut plus être contestée (Cass. 1e civ. 26-11-1991 : RDI 1992 p. 92) et l'assureur ne peut prétendre la limiter au plafond contractuel (Cass. 1e civ. 18-6-1996 n° 1178 : RJDA 12/96 n° 1462), lequel est d'ailleurs contestable dans le secteur de l'habitation (nos 94210 et 95070).

La même sanction s'applique lorsque, dans le délai de 60 jours, le rapport d'expertise n'est pas communiqué à l'assuré (Cass. 1e civ. 2-7-1996 : RDI 1996 p. 596).

En pratique, l'assuré notifie le dépassement du délai, mais il le fait en même temps qu'il réclame le bénéfice des avantages qui s'attachent à la circonstance que la garantie est désormais acquise. Il notifie alors sa **décision d'entreprendre les travaux** sans délai (C. ass. art. L 242-1, al. 5). En même temps, il rappelle à l'assureur que la garantie ne peut plus être discutée. Il réclame également le versement des sommes qu'il doit engager.

Les travaux peuvent être entrepris **sur la foi du rapport d'expertise** préliminaire si l'assuré en a eu connaissance (C. ass. art. A 243-1 annexe II, B-2°-c), **ou selon l'estimation** que l'assuré a pu en faire lui-même, dans le cas contraire (C. ass. art. A 243-1 ; Cass. 1e civ. 27-4-1994 n° 92-15.530 : Bull. civ. I n° 153). Toutefois, cette dernière précision qui figure dans la clause type n'est pas mentionnée à l'article L 242-1, alinéa 5 du Code des assurances, en sorte que l'estimation peut être contestée (Cass. 1e civ. 29-2-2000 n° 97-19.680 P : Bull. civ. I n° 62, BPIM 3/00 inf. 185, qui décide que la loi du 31-12-1989 qui a modifié l'article L 242-1 du Code des assurances s'applique immédiatement aux contrats d'assurance antérieurement souscrits). L'assureur, condamné judiciairement à indemnisation, peut contester le montant de l'indemnité allouée et le juge doit rechercher si les travaux effectués étaient nécessaires à la réparation du dommage (Cass. 3e civ. 8-12-2021 n° 20-18.540 FS-B : BPIM 1/22 inf. 45), ce qui conforte l'idée que la contestation de l'estimation des travaux est possible.

L'estimation peut, éventuellement, résulter d'une **expertise judiciaire** (en ce sens, Cass. 1e civ. 22-5-1991, Cie Fire and Life : Gaz. Pal. 1991 pan. p. 259 ; Cass. 1e civ. 2-7-1996 : RDI p. 596). En cas de contestation, il appartient en effet au juge de fixer le montant de l'indemnité (Cass. 1e civ. 7-1-1997 n° 94-21.636 : Bull. civ. I n° 4 ; Cass. 1e civ. 29-2-2000 n° 97-19.680 P : BPIM 3/00 inf. 185).

En tout cas, il n'est pas nécessaire que le maître de l'ouvrage notifie à l'assureur les dépenses qu'il entend engager pour que la garantie soit due. La loi lui impose seulement de notifier son intention d'engager les dépenses nécessaires à la réparation des dommages (Cass. 1e civ. 1-12-1998 no 96-21.178 D : BPIM 2/99 inf. 144).

96415 Une **double incertitude** subsiste cependant. Il semble tout d'abord que les réparations concernées à ce stade doivent se limiter aux **mesures conservatoires.** C'est ce qui résulte de la clause type (C. ass. art. A 243-1 annexe II, B-2°-c) ; mais l'article L 242-1, alinéa 5 du Code des assurances vise « la réparation du dommage ». Est-ce à dire que l'assureur qui ne répond pas dans les 60 jours est privé à la fois de la possibilité de contester la garantie et de proposer une évaluation définitive du préjudice ? On estime, en général, que l'assureur n'est pas privé de la possibilité de faire la proposition définitive d'indemnité (Leguay, Rép. civ. Dalloz, assurance-construction no 204). Mais les textes peuvent donner lieu à une autre interprétation.

Il est ensuite vraisemblable que le délai de 60 jours qui permet de considérer que la garantie est réputée acquise en l'absence de réponse de l'assureur n'est pas le **délai de paiement** des sommes représentatives de l'indemnité revenant à l'assuré, même si on limite celle-ci aux mesures conservatoires. Tout indique par conséquent qu'en notifiant l'estimation des travaux et sa décision de les entreprendre (no 96410), l'assuré doit mettre en demeure l'assureur de procéder au paiement. Sur l'application du taux d'intérêt légal majoré en cas de retard dans le respect des délais, voir no 96435.

GARANTIE ACCEPTÉE PAR L'ASSUREUR DO

96420 **Délai de 60 jours** Dans le délai de 60 jours à compter de la déclaration de sinistre, l'assureur qui ne conteste pas sa garantie (s'il la conteste, on tombe dans le cas examiné ci-après no 96445) notifie sa décision à l'assuré qui a reçu préalablement communication du rapport d'expertise préliminaire. La notification comporte l'indication du **montant de l'indemnité** devant couvrir les dépenses destinées aux **mesures conservatoires** nécessaires à la non-aggravation des dommages. Cette indemnité tient compte des dépenses déjà exposées par l'assuré pour cantonner le dommage et dont le détail doit avoir été communiqué à l'assureur dans la déclaration de sinistre (C. ass. art. A 243-1 annexe II, A-3° et B-2-a).

Lorsque, sans contester sa garantie, l'assureur ne propose pas d'indemnité, ou propose une indemnité manifestement **insuffisante** (C. ass. art. L 242-1, al. 5), l'assuré peut s'en tenir à sa propre estimation selon les modalités et aux conditions précisées no 96410. L'indemnité supportée par l'assureur sera alors majorée d'un intérêt égal au double du taux de l'intérêt légal, comme il est dit no 96435.

96425 **Délai de 90 ou 135 jours** L'assureur qui a respecté le délai de 60 jours pour répondre favorablement laisse l'expert poursuivre sa tâche. L'expert dépose son **rapport définitif** qui est communiqué à l'assuré. Cette communication intervient en pratique avant l'expiration du délai de 90 jours qui court à compter de la réception de la déclaration de sinistre par l'assureur.

Dans ce délai de 90 jours, l'assureur doit faire sa proposition d'indemnité. Il s'agit de l'**indemnité définitive** destinée au paiement des travaux de « réparation des dommages ». La proposition fait l'objet d'une actualisation ou d'une révision du prix selon des modalités qui doivent être prévues aux conditions particulières. Elle procède à une ventilation des sommes par poste et tient compte des quantités, des prix unitaires et des différentes dépenses nécessaires à la mise en œuvre des travaux de reprise. L'assuré s'engage à autoriser l'assureur à constater l'exécution des travaux, ce qui signifie que l'indemnité doit être affectée à la réparation en nature (voir no 96475).

Au terme du délai de 90 jours, l'assureur ne peut plus contester la nature des travaux propres à remédier aux désordres déclarés, ni réclamer la restitution d'indemnités affectées par l'assuré à l'exécution des travaux que cette indemnité était destinée à financer. Il ne peut pas obtenir le remboursement d'un trop perçu au motif que les indemnités portaient sur des dommages qui n'étaient pas de nature décennale (Cass. 3e civ. 16-2-2022 no 20-22.618 FS-B : BPIM 2/22 inf. 134, RDI 2022 p. 233).

Exceptionnellement, le délai de 90 jours peut être **porté à 135 jours** pour des considérations techniques, avec l'accord exprès de l'assuré (C. ass. art. L 242-1, al. 6 et 7).

96430 Au terme des 90 jours qui suivent la réception de la déclaration de sinistre par l'assureur, délai qui peut être porté à 135 jours si la compagnie a sollicité une prolongation, **trois cas de figure** peuvent se présenter (C. ass. art. L 242-1, al. 4 et 5 et A 243-1 annexe II, B-3°-c) :

– l'**assuré donne son accord** sur l'indemnité proposée à titre définitif par lettre recommandée avec demande d'avis de réception. Il doit alors être réglé dans les 15 jours de la réception de cet accord par l'assureur. L'assureur qui a fait la proposition d'indemnité ne peut plus contester son offre d'indemnisation à l'expiration du délai de 90 jours. S'il a procédé au versement de l'indemnité, il ne peut plus réclamer à l'assuré la restitution de la somme affectée par lui à l'exécution des travaux que cette indemnité est destinée à financer, même s'il estime que certains désordres n'étaient pas garantis (Cass. 3e civ. 16-2-2022 no 20-22.618 FS-B : BPIM 2/22 inf. 134). L'assureur conserve le pouvoir de contrôler l'affectation de l'indemnité à la réparation des dommages (voir no 96475) ;

– l'**assuré n'est pas d'accord** et conteste le montant de l'indemnité définitive. Il sollicite alors, par pli recommandé avec avis de réception, une proposition plus raisonnable. Il fait connaître, dans les mêmes formes, son intention d'entreprendre les travaux selon son estimation et réclame les 3/4 de l'indemnité proposée par l'assureur. Cette somme, qui est alors considérée comme une avance forfaitaire et non revalorisable, lui est due ;

– l'**assuré est sans nouvelles de l'assureur.** Il fait connaître à ce dernier sous pli recommandé avec AR son intention de faire entreprendre les travaux d'après sa propre estimation et il en demande le règlement sous 15 jours à l'assureur (Cass. 1e civ. 22-5-1991, Cie Fire and Life : Gaz. Pal. 1991 pan. p. 259 ; rapprocher, Cass. 1e civ. 27-4-1994 no 92-13.530 : Bull. civ. I no 153). La même solution s'applique lorsque l'offre de l'assureur est manifestement insuffisante.

Lorsque l'assureur ne respecte pas les délais (60 jours pour prendre parti sur sa garantie, 90 jours pour faire une offre d'indemnisation et 15 jours pour payer), l'**indemnité** est **majorée d'un intérêt** égal au double du taux de l'intérêt légal (C. ass. art. L 242-1, al. 5 ; Cass. 1e civ. 7-1-1997 no 94-21.636 : BPIM 3/97 inf. 200). **96435**

Cette majoration court à compter de la réception de l'accord pour règlement - ou de la notification du désaccord ou de l'exécution des travaux - jusqu'au règlement de la valeur des réparations.

Une difficulté peut se poser dans le cas où la garantie de l'assureur est réputée acquise à l'issue du délai de 60 jours : le point de départ de la majoration est-il la fin du délai de 60 jours ou la date à laquelle l'assuré notifie le dépassement de délai et demande le paiement de l'indemnité ? Le texte ne le dit pas. Il semble donc qu'il faille appliquer les règles de droit commun. Se fondant sur l'ancien article 1153 du Code civil (art. 1231-6 depuis l'ordonnance 2016-131 du 10 février 2016), la Cour de cassation précise en effet que les intérêts moratoires ne sont pas subordonnés à l'engagement préalable des dépenses et qu'ils courent à compter de la sommation de payer ou d'un acte équivalent (Cass. 3e civ. 25-5-2011 no 10-18.780 FS-PB : BPIM 4/11 inf. 305). En application de ce texte, la mise en demeure s'impose donc toutes les fois que le point de départ des intérêts n'est pas précisé. Ainsi, lorsque l'assureur n'a pas exécuté son obligation, notamment en ne communiquant pas à l'assuré le rapport préliminaire d'expertise avant de lui notifier sa décision, les intérêts ne courent qu'à compter de la mise en demeure (Cass. 3e civ. 23-5-2012 no 11-14.091 FS-PB : BPIM 4/12 inf. 325).

L'assiette des intérêts majorés est constituée des sommes dues à l'assuré. Les intérêts majorés ne sont pas subordonnés à l'engagement préalable des dépenses nécessaires aux réparations (Cass. 3e civ. 6-10-2004 no 03-14.566 FS-PB : BPIM 6/04 inf. 377 ; Cass. 3e civ. 10-10-2006 no 05-21.097 F-D : BPIM 1/07 inf. 43).

Le doublement du taux de l'intérêt légal ne s'applique pas aux **dommages immatériels** « qui ne relèvent pas des garanties d'assurance obligatoires » (Cass. 3e civ. 13-1-2017 no 15-26.441 F-D).

L'application du taux majoré est la **seule sanction** applicable à l'assureur qui ne respecte pas ses obligations. Il ne peut donc pas être condamné à couvrir la perte des loyers consécutive au retard dans la location des bâtiments résultant, lui-même, du versement tardif des indemnités par l'assureur (Cass. 3e civ. 7-3-2007 no 05-20.485 FP-PBRI : BPIM 3/07 inf. 202).

La Cour de cassation estime que l'article L 242-1 du Code des assurances fixe limitativement les sanctions applicables au manquement de l'assureur à ses obligations (Cass. 3e civ. 17-11-2004 no 02-21.336 F-D ; Cass. 3e civ. 17-10-2019 no 18-11.103 F-D : RDI 2019 p. 634). L'assureur ne peut donc pas être condamné à la réparation du préjudice subi par l'assuré du fait de l'allongement des travaux consécutifs à la carence de l'assureur, et notamment le préjudice financier subi (Cass. 3e civ. 19-1-2022 no 20-17.697 F-D : RDI 2022 p. 179). Cette approche restrictive fait l'objet de réserves car elle écarte la responsabilité civile de l'assureur pour l'ensemble du préjudice causé (voir RDI 2022 p. 179, obs. P. Dessuet).

La réglementation qui vient d'être décrite présente l'inconvénient de ne pas préciser dans quels **délais** doit intervenir l'**acceptation par l'assuré de l'indemnité** tant provisionnelle que définitive. Cette lacune risque de prolonger le délai maximal de 135 jours institué par la loi, car une information tardive de l'assureur peut donner lieu à une autre appréciation des éléments de la garantie. **96440**

D'autre part, il est peu probable que la jurisprudence sévère qui s'était dessinée autrefois, et qui sanctionnait par la privation de la réparation automatique des travaux conservatoires l'assuré qui, n'ayant pas eu de réponse de l'assureur dans le délai de 60 jours, entreprenait des travaux sans en informer l'assureur 15 jours à l'avance (CA Paris 19e ch. A 27-1-1987, Galvanisation Industrielle), puisse se maintenir.

GARANTIE CONTESTÉE PAR L'ASSUREUR DO

96445 Si l'assureur conteste sa garantie, il rejette toute demande d'indemnisation provisoire par **décision motivée** (C. ass. art. L 242-1, al. 3 et A 243-1 annexe II, B-2°-a). Un arrêt décide que l'assureur qui décline sa garantie dans le délai de 60 jours pour un motif inopérant ne peut plus opposer à l'assuré la forclusion biennale (Cass. 3e civ. 4-2-2004 n° 01-17.272 FS-PB : BPIM 2/04 inf. 106).

Le refus de garantie en l'absence d'expertise préliminaire vaut **refus non motivé** (Cass. 1e civ. 3-11-1993 : Bull. civ. I n° 307 ; Cass. 1e civ. 17-11-1993 : RDI 1994 p. 79). Un tel refus autorise l'assuré à engager les dépenses nécessaires comme il est dit n° 96410 (CA Paris 23e ch. A 25-1-1993 : RDI 1993 p. 245). Cette attitude débouche sur un contentieux des responsabilités (voir n° 94120). Mais rien ne devrait s'opposer à ce que le président du tribunal judiciaire ou le juge du contentieux qui constate la réunion des conditions de la garantie décennale alloue en référé une provision à l'assuré (CPC art. 835).

Le **refus abusif** peut engager la responsabilité de l'assureur (Cass. 3e civ. 19-6-1991 : RDI 1992 p. 233).

> **Précisions** **a.** **La présence de l'assureur à l'expertise** demandée en référé ne vaut pas renonciation de sa part à invoquer le refus de garantie (Cass. 3e civ. 18-2-2004 n° 02-17.523 FS-PB : BPIM 3/04 inf. 157).
> **b.** Si à l'issue de l'expertise amiable l'assureur refuse sa garantie, l'assuré peut **solliciter en référé la désignation d'un expert** (pour un exemple, Cass. 3e civ. 7-12-2005 n° 04-17.418 FS-PBRI : BPIM 1/06 inf. 42).

3. VERSEMENT DE L'INDEMNITÉ D'ASSURANCE

96470 L'assureur doit régler l'indemnité définitive dans un **délai** de 15 jours à compter de la réception de l'accord de l'assuré ou de la notification de son désaccord (voir nos 96430 s.). Il ne peut pas exiger de l'assuré la réalisation des travaux de réparation avant le versement de l'indemnité, l'article L 242-1 du Code des assurances instituant une procédure spécifique de préfinancement des réparations (CE 26-3-2018 n° 405109, Cne de Montereau-Fault-Yonne : BPIM 3/18 inf. 200).

AFFECTATION DE L'INDEMNITÉ D'ASSURANCE À LA RÉPARATION

96475 **Droit de contrôle de l'assureur** Les clauses types suggèrent une affectation des fonds aux travaux de réparation et la reconnaissance d'un droit de **contrôle à l'assureur** sans prévoir aucune sanction (C. ass. art. 243-1 annexe II, B-3°-c). La Cour de cassation a précisé le **mécanisme** : l'existence d'une procédure spécifique de préfinancement rend obligatoire l'affectation de l'indemnité aux travaux de reprise. Cette règle est issue de la loi 95-101 du 2-2-1995 pour le renforcement de la protection de l'environnement qui prévoit que les indemnités versées en réparation d'un dommage causé à un immeuble bâti doivent être utilisées pour la remise en état de cet immeuble (C. ass. art. L 121-17). Cette disposition a été négligée par les professionnels (G. Courtieu : RCA décembre 1997 p. 4) et a donné lieu à une recommandation de la commission relative à la copropriété (Recommandation du 17-6-1998 n° 18 : RDI 1998 p. 394). La Cour de cassation a précisé la portée de ce texte et retient que le législateur a entendu en faire application à l'ensemble des assurances de dommages et non pas seulement en cas de sinistres de catastrophes naturelles (Cass. 2e civ. 18-4-2019 n° 18-13.371 FS-PBRI : RDI 2019 p. 349). Si tous les travaux nécessaires n'ont pas été exécutés, l'assureur peut réclamer le **trop-perçu** d'indemnité (Cass. 3e civ. 17-12-2003 n° 02-19.034 FS-PBRI : BPIM 1/04 inf. 31 ; Cass. 3e civ. 17-12-2003 n° 01-17.608 FS-PB : BPIM 2/04 inf. 107 ; Cass. 3e civ. 4-5-2016 n° 14-19.804 FS-PB : BPIM 3/16 inf. 188). Si l'immeuble est vendu après indemnisation du vendeur et que ce dernier consent une réduction du prix pour les malfaçons constatées du fait de la non-réalisation des travaux, l'assureur DO ne peut réclamer au vendeur le trop-perçu résultant de la différence entre les sommes versées et l'estimation définitive de son expert, au motif que la somme n'aurait pas été affectée aux réparations : tout se passe comme si l'indemnité versée avait été transmise à l'acquéreur sous forme de réduction du prix (Cass. 3e civ. 16-1-2013 n° 11-26.780 FS-D : RDI 2013 p. 165). Si le vendeur a reçu l'indemnité de l'assureur et convient avec l'acquéreur d'une réduction du prix en tenant compte, l'acquéreur est considéré comme un accipiens qui a reçu l'indemnité et il doit effectuer les travaux que finance l'indemnité d'assurance. À défaut, l'assureur peut lui demander de restituer la somme correspondant à l'indemnité versée (Cass. 3e civ. 13-4-2023 n° 19-24.060 FS-B : BPIM 3/23 inf. 202).

› Précisions Si l'administration s'est prononcée en faveur d'une affectation des fonds à la réalisation des travaux (Rép. Cauchon : Sén. 24-10-1979 p. 3452 n° 30654 ; voir B. Boubli, La responsabilité et l'assurance des architectes entrepreneurs et autres constructeurs, éd. Journal des notaires 1979 n° 739), on a montré que la difficulté était ailleurs ; l'article L 121-13 du Code des assurances, qui n'a pas été expressément abrogé, subroge le **créancier** titulaire d'une sûreté réelle dans les droits de l'assuré sur l'indemnité d'assurance. Le prêteur titulaire d'une hypothèque publiée pourra-t-il exercer son recours sur l'indemnité ou se verra-t-il opposer l'interprétation donnée par l'administration de l'article L 242-1 ? (Obs. Durry : RDI 1980 p. 83).

Limites du droit de contrôle de l'assureur Le système de préfinancement de la réparation du désordre présente un réel intérêt pratique. Cependant, si les responsables ne sont pas appelés aux opérations d'expertise et si les travaux sont exécutés avec la célérité souhaitée par le législateur, les **constructeurs** peuvent valablement **contester les opérations d'expertise.** La preuve de leur responsabilité sera alors difficile à administrer car, par hypothèse, les travaux auront été entrepris. Cette situation risque de bloquer le système, et le recours au référé contradictoire ne peut qu'aggraver les choses, car le délai maximal fixé par la loi, pour permettre à l'assureur de faire une proposition de règlement définitif, risque de ne pouvoir être tenu. 96480

› Précisions Il est vrai que, si le délai de 90 jours, majoré le cas échéant de 45 jours, laissé à l'assureur pour faire ses propositions définitives peut obliger la compagnie dans la mesure fixée soit à titre conservatoire, soit par l'assuré lui-même (qui peut, en référé, demander une provision à la compagnie), tout indique que la compagnie demandera, en pratique, une **prorogation du délai** de réponse à l'assuré ; mais celui-ci n'est pas tenu de la lui accorder.

RÉPARATION DE L'ENTIER DOMMAGE

Montant de l'indemnisation Le sinistre doit être entièrement réparé, dans la mesure, du moins, où le maître de l'ouvrage n'engage pas sa propre responsabilité dans sa réalisation. La responsabilité du syndic de copropriété a été retenue à la suite d'une aggravation du coût ultérieur des travaux parce qu'il n'avait pas utilisé l'indemnité provisionnelle de l'assurance à la réparation des désordres (Cass. 3e civ. 25-3-1997 n° 597 : RDI 1998 p. 395). 96485

Le montant de l'indemnisation **s'entend en principe** du coût des travaux de reconstruction (nos 94205 s.), même si le montant en est supérieur à la valeur de la construction (Cass. 1e civ. 27-1-1987 : Bull. civ. I n° 25 ; Cass. 3e civ. 9-10-1991 n° 90-12.824 P : Bull. civ. III n° 231 ; Cass. 3e civ. 19-2-1992, Gayon c/ Bourven). Le montant de la réparation ne peut pas excéder le montant total des dépenses de réparations effectivement exposées par l'assuré et dont il doit justifier (CE 5-7-2017 n° 396161, Office public de l'habitat de la Haute-Garonne : BPIM 4/17 inf. 281). Si, pour l'exécution des travaux de réparation, il y a lieu de souscrire une assurance DO, le coût de cette assurance entre dans l'assiette du dommage indemnisable (Cass. 3e civ. 8-4-2009 n° 07-21.910 FS-PB : BPIM 4/09 inf. 326, RDI 2009 p. 432). Le principe de la prise en compte du coût de l'assurance DO pour les travaux de réparation est conforté par un arrêt qui estime que le juge qui doit évaluer le préjudice subi par le maître de l'ouvrage doit en tenir compte, même si aucun contrat d'assurance DO n'a été souscrit pour les travaux d'origine (Cass. 3e civ. 21-1-2021 n° 19-16.434 F-D : BPIM 2/21 inf. 125, RDI 2021 p. 168).

La question s'est posée de savoir quelle était l'étendue de la garantie de l'assureur lorsque celle-ci résulte d'une sanction en raison de l'inobservation des délais. La Cour de cassation estime que la sanction de l'assureur DO, tenu de garantir les désordres déclarés, est limitée à l'objet assuré et ne peut s'étendre à des ouvrages non visés par le contrat (Cass. 3e civ. 30-6-2016 n° 14-25.150 FS-PB : BPIM 5/16 inf. 313, absence de notification par l'assureur du rapport préliminaire à l'assuré avant sa prise de position quant à sa garantie).

Si les parties (assuré-assureur) engagent une **transaction** sur le montant de l'indemnité et qu'un différend les oppose sur l'exécution de la transaction, l'action qui en résulte dérive du contrat d'assurance et est donc soumise à la prescription biennale ; cette règle, posée en droit commun de l'assurance, semble devoir s'appliquer à l'assurance construction (Cass. 2e civ. 19-11-2015 n° 13-23.095 F-PB : Bull. inf. Cass. 15-4-2016 n° 492, DI 2016 p. 46).

Dès lors qu'un dommage est constaté, il engage son auteur à le réparer et le **juge** ne peut pas refuser d'**évaluer le préjudice** (Cass. 3e civ. 30-9-2015 n° 14-19.249 FS-PB : BPIM 6/15 inf. 395), ni se borner à faire une évaluation symbolique (Cass. 3e civ. 21-1-2021 n° 19-16.434 F-D : BPIM 2/21 inf. 125).

Réparation mettant fin au dommage L'assureur DO est tenu de garantir une « **réparation efficace** de nature à mettre fin aux désordres » (Cass. 3e civ. 7-12-2005 n° 04-17.418 FS-PBRI : BPIM 1/06 inf. 42 ; Cass. 3e civ. 11-2-2009 n° 07-21.761 FS-PBRI : BPIM 2/09 inf. 132 ; Cass. 3e civ. 22-6-2011 n° 10-16.308 FS-PB : BPIM 4/11 inf. 306). L'assureur prend en charge les mesures conservatoires nécessaires à la non-aggravation des désordres. Si les travaux qu'il a financés ne 96487 permettent pas d'y mettre fin, il doit une indemnisation complémentaire au titre de sa responsabilité contractuelle car la réparation doit être pérenne et efficace (Cass. 3e civ. 14-12-2022 nº 21-19.544 F-D : BPIM 1/23 inf. 39, RDI 2023 p. 305). C'est à l'assureur DO qu'il incombe de prouver l'efficacité des travaux de reprise qu'il a financés ainsi que l'absence de lien de causalité entre son intervention et la survenance d'un nouveau dommage (Cass. 3e civ. 29-6-2017 nº 16-19.634 FS-PBRI : BPIM 4/17 inf. 282 ; Cass. 3e civ. 13-2-2020 nº 19-10.713 F-D : BPIM 2/20 inf. 126) ; c'est donc une véritable présomption de responsabilité qui pèse sur lui. Il a été jugé que si une première réparation ne met pas fin aux désordres, l'inefficacité des travaux de reprise ne justifie pas la suppression du plafond contractuel de garantie stipulé dans la police (Cass. 3e civ. 3-11-2011 nº 10-21.874 FS-PB : BPIM 6/11 inf. 468). La garantie n'est pas plafonnée dans le secteur de l'habitation, la clause type garantissant le coût des travaux de « remise en état » (C. ass. art. A 243-1 annexe II).

La garantie est toutefois limitée aux travaux nécessaires à la réparation du sinistre déclaré (Cass. 3e civ. 8-12-2021 nº 20-18.540 FS-B : BPIM 1/22 inf. 45).

L'assureur peut engager sa **responsabilité** professionnelle pour des dommages immatériels non garantis par la police, mais résultant d'une réparation inefficace (Cass. 3e civ. 24-5-2006 nº 05-11.708 FS-PB : BPIM 6/06 inf. 437 ; voir toutefois Cass. 3e civ. 7-3-2007 nº 05-20.485 FP-PBRI : BPIM 3/07 inf. 202 ; voir aussi note GL : RDI 2010 p. 619).

BÉNÉFICIAIRE DE L'INDEMNITÉ D'ASSURANCE

96490 Le bénéficiaire de l'indemnité est la personne qui était propriétaire au moment du sinistre (Cass. 1e civ. 10-6-1997 nº 95-15.523 P : Bull. civ. I nº 192 ; Cass. 3e civ. 16-12-2009 nº 09-65.697 FS-PB : BPIM 1/10 inf. 37). Mais cette jurisprudence évolue. À l'occasion de la **vente** de l'immeuble, les vendeurs et acquéreurs peuvent en effet prévoir une clause de transfert du bénéfice de l'indemnité. Un arrêt de la Cour de cassation semble même dispenser de stipuler une telle clause. Il prévoit, en effet, que sauf clause contraire, l'acquéreur a seul qualité pour agir en paiement de l'indemnité contre l'assureur garantissant les dommages à l'ouvrage, même si la déclaration de sinistre a été effectuée par le vendeur avant la vente (Cass. 3e civ. 15-9-2016 nº 15-21.630 FS-PB : BPIM 6/16 inf. 383). Dès lors, celui qui reçoit une indemnité alors qu'il n'est plus propriétaire au moment où une décision judiciaire lui alloue l'indemnité peut se voir reprocher une tromperie délibérée justifiant un recours en révision contre la décision ayant alloué l'indemnité (Cass. 3e civ. 10-11-2016 nº 14-25.318 FS-PB : BPIM 1/17 inf. 26).

Dans une décision statuant sur les conséquences d'un arrêt ayant acquis force de chose jugée, la Cour de cassation s'est prononcée sur les effets de la **résolution de la vente** du terrain pour celui qui avait fait construire, et avait obtenu par un premier arrêt antérieur à la résolution une provision de l'assureur DO. Elle casse l'arrêt d'appel qui, pour rejeter la demande de restitution de la provision versée par l'assureur, s'en était tenu à la force de chose jugée du précédent arrêt. La Cour de cassation décide que la fin de non-recevoir opposée par l'assureur ne portait pas sur le principe de la créance indemnitaire jugé par cet arrêt, mais sur son titulaire (Cass. 3e civ. 18-10-2018 nº 17-14.799 FS-PBI : BPIM 6/18 inf. 422). Implicitement elle consacre, semble-t-il, l'idée selon laquelle celui qui n'est plus propriétaire n'a pas qualité pour recevoir l'indemnité de sinistre.

Sur le sort des indemnités versées selon les personnes bénéficiaires, voir nos 93980 s.

C. Recours contre les responsables et leurs assureurs

96550 L'assureur de dommages qui a payé le bénéficiaire dispose d'un recours contre l'assureur de responsabilité et contre les constructeurs responsables. Il s'agit d'un recours subrogatoire, que l'assureur doit porter à la connaissance de l'assuré lors du règlement de l'indemnité (clause type). Ce recours est **d'ordre public,** selon l'opinion généralement émise (Bigot, La réforme de l'assurance construction p. 222), et l'assureur de dommages ne pourrait pas y renoncer par avance.

L'assureur qui a **payé à tort** peut agir en répétition de l'indu contre le bénéficiaire. Peu importe qu'il ne soit pas subrogé aux droits du créancier. Fondé sur le principe selon lequel nul ne peut s'enrichir injustement au détriment d'autrui, ce recours est d'application générale (Cass. 3e civ. 21-3-2019 nº 18-11.890 F-D : BPIM 3/19 inf. 192). En l'espèce, l'assureur avait versé une indemnité en croyant que le dommage procédait d'une catastrophe naturelle alors qu'il résultait d'un vice de construction imputable aux constructeurs ; voir toutefois nº 96700 lorsque la somme a été allouée en justice.

1. RECOURS SUBROGATOIRE DE L'ASSUREUR DE DOMMAGES

CONDITIONS DU RECOURS SUBROGATOIRE DE L'ASSUREUR DO

Paiement de l'indemnité d'assurance Le recours de l'assureur DO ayant un fondement **subrogatoire,** il est subordonné au paiement de l'indemnité du sinistre (Cass. 3e civ. 23-4-1986 no 386 : RGAT 1986 p. 389 note JB ; Cass. 3e civ. 9-7-2003 no 02-10.270 FS-PB : BPIM 5/03 inf. 292 ; CE 3-3-2010 no 317993, Caisse régionale de réassurance mutuelle agricole du Sud-Groupama Sud : BPIM 3/10 inf. 225). Le fait que l'assuré en DO n'ait pas utilisé l'indemnité versée par l'assureur pour effectuer les travaux de reprise comme l'y oblige l'article L 121-17 du Code des assurances ne fait pas obstacle à la subrogation de l'assureur dans ses droits contre l'auteur du dommage (Cass. 3e civ. 27-5-2010 no 09-14.107 FS-PB : BPIM 4/10 inf. 297 ; CE 10-2-2017 no 397630 : BPIM 2/17 inf. 122). **96552**

Dès lors qu'il a payé, l'assureur de dommages est subrogé dans les droits de son assuré maître de l'ouvrage, même s'il n'a pas opposé à ce dernier la prescription biennale alors qu'il aurait pu le faire ; son action contre le constructeur est recevable (CAA Bordeaux 3-11-2014 no 12BX03060 : BPIM 6/14 inf. 398). Admise par une juridiction administrative, cette solution paraît logique : le constructeur reste exposé à l'action du maître de l'ouvrage nonobstant l'éventuelle prescription de l'action de celui-ci contre l'assureur ; si ce dernier l'a néanmoins indemnisé, il n'a pas effacé la dette du constructeur.

L'assureur de dommages est subrogé dans les droits de la victime alors même qu'une ordonnance de référé l'a condamné à l'indemniser pour ne pas lui avoir notifié sa position quant à sa garantie dans le délai de 60 jours et a jugé qu'il ne pouvait plus refuser sa garantie (Cass. 3e civ. 13-7-2016 no 15-22.961 FS-PB : BPIM 5/16 inf. 314).

Le paiement de l'indemnité étant la condition de l'action subrogatoire, il est admis que l'assureur DO qui n'a pas payé la victime ne peut rien réclamer à l'assureur responsabilité ou aux constructeurs ; mais il peut avoir un intérêt à ce que ces derniers soient appelés dans la cause (Cass. 3e civ. 25-11-1987 no 1862 : RDI 1988 p. 217). Cette possibilité permet à l'assureur d'être, après avoir indemnisé l'assuré et sur justification du paiement, subrogé dans les droits de celui-ci contre le tiers responsable (ou son assureur). La jurisprudence consacre ainsi « la **subrogation in futurum** » (Cass. 3e civ. 24-11-1987 no 86-13.235 : Bull. civ. III no 187 ; Cass. 3e civ. 9-7-2003 no 02-10.270 FS-PB : BPIM 5/03 inf. 292). Il suffit que l'assureur ait indemnisé l'assuré avant que le juge du fond, saisi de son recours, n'ait statué (Cass. 3e civ. 21-3-2019 no 17-28.021 FS-PBI : RDI 2019 p. 288 ; Cass. 3e civ. 14-1-2021 no 19-21.358 F-D : RDI 2021 p. 167). Ainsi, est jugée recevable l'action de l'assureur engagée avant l'expiration du délai de forclusion décennale bien qu'il n'ait pas eu, au moment de la délivrance de son assignation, la qualité de subrogé faute d'avoir indemnisé son assuré, dès lors qu'il a payé l'indemnité avant que le juge du fond n'ait statué (Cass. 3e civ. 29-3-2000 no 98-19.505 F-PB : BPIM 3/00 inf. 186 ; Cass. 3e civ. 10-12-2003 no 01-00.614 FS-PB : Bull. civ. III no 225 ; Cass. 3e civ. 5-11-2020 no 19-18.284 FS-PBI : BPIM 6/20 inf. 400). La recevabilité de l'action est admise dès lors que le délai a été interrompu par une action en référé et qu'il est en cours lorsque l'assureur indemnise la victime (Cass. 3e civ. 4-6-2009 no 07-18.960 FS-PB : BPIM 4/09 inf. 283 ; Cass. 3e civ. 22-6-2010 no 09-15.798 F-D : BPIM 5/10 inf. 382). Le recours exercé dans ces conditions avant le délai de forclusion décennale est recevable, ce qui tempère les inconvénients de la jurisprudence qui admet que le délai de prescription biennale de l'article L 114-1 du Code des assurances court à compter de la connaissance du désordre (voir nos 96230 et 96263). Toutefois, si l'assureur prend l'initiative d'engager une procédure de référé, l'assignation en référé n'interrompt le délai de prescription décennale que si l'assureur a désintéressé la victime (Cass. 3e civ. 14-2-1996 : BPIM 3/96 inf. 210).

> **Précisions** **a.** **L'action de l'assureur DO** ne doit pas être confondue avec celle de l'**assureur multirisque habitation** dont l'exercice contre les constructeurs n'interrompt pas la prescription décennale (Cass. 3e civ. 20-10-2004 no 03-14.374 F-D : BPIM 1/05 inf. 38).
> **b.** **L'assureur DO** n'a pas plus de droits que l'assuré auquel il est subrogé : s'il **agit contre le sous-traitant,** c'est la responsabilité délictuelle de ce dernier qui est engagée ; la société qui assure le sous-traitant en responsabilité contractuelle ne doit donc pas sa garantie (Cass. 3e civ. 11-7-2012 no 11-14.076 FS-D : BPIM 5/12 inf. 396).

Autres conditions de l'action subrogatoire L'efficacité du recours de l'assureur est subordonnée à deux conditions. Il faut que : **96555**

– l'**assuré** ait **conservé le recours** contre le tiers responsable, à défaut de quoi l'assureur DO est déchargé de ses obligations (C. ass. art. L 121-12, al. 2 ; Cass. 1e civ. 12-12-1995 no 92-14.943 : RGDA p. 343 ; CA Paris 19e ch. B 12-9-2002 : RDI 2002 p. 509 ; voir no 96266) ; l'assureur DO qui a indemnisé l'assuré peut toutefois être privé de recours contre le tiers responsable si l'assuré s'est désisté de son instance au fond : les assignations délivrées par l'assureur n'ont alors pas d'effet interruptif car il perd le bénéfice de la subrogation (Cass. 3e civ. 21-9-2011 n° 10-20.543 FS-PB : BPIM 6/11 inf. 469). Lorsque l'assuré se heurte à un refus de garantie de l'assureur DO, ce n'est pas l'inaction de cet assureur qui le prive de son recours subrogatoire contre les constructeurs, mais le fait que l'assuré n'a pas assigné l'assureur ou les responsables dans un délai permettant de préserver le recours. L'assuré doit assigner lui-même les responsables (Cass. 3e civ. 25-5-2022 n° 21-18.518 FS-B : BPIM 4/22 inf. 305, RDI 2022 p. 411). L'assureur DO, qui n'a pas été condamné envers la victime ni ne l'a indemnisée, n'est en effet pas subrogé dans ses droits et il ne peut donc pas se voir reprocher d'avoir contribué à la perte du recours subrogatoire depuis la déclaration de sinistre ;

– la **responsabilité des constructeurs** soit **établie.** Lorsque l'assureur DO a indemnisé le maître d'ouvrage, il est légalement subrogé dans ses droits contre les constructeurs quel que soit le fondement de leur responsabilité, y compris si elle n'est pas décennale (Cass. 3e civ. 26-2-2003 n° 01-15.717 FS-PB : BPIM 3/03 inf. 165 ; comparer dans un cas où l'action est exercée par subrogation aux droits d'un locataire qui ne bénéficie pas des assurances responsabilité et dommages des constructeurs : Cass. 3e civ. 29-1-2003 n° 01-13.934 FS-D : RDI 2003 p. 147) ; voir toutefois n° 96700. Il n'est donc pas un coobligé des constructeurs et l'efficacité de son recours ne peut pas être subordonnée à la nécessité de déterminer préalablement la part de responsabilité de chaque constructeur (Cass. 3e civ. 16-2-2005 n° 03-18.692).

Sur l'**opposabilité du rapport d'expertise** aux constructeurs et à leurs assureurs, voir n° 96370.

96560 **Délai d'exercice de l'action subrogatoire** S'agissant d'une action subrogatoire, le recours de l'assureur DO est soumis aux mêmes conditions de **délai** que l'**action directe de l'assuré** (Cass. 1e civ. 4-2-2003 n° 99-15.517 : RDI 2003 p. 233). Il faut rappeler que si la réclamation est faite peu avant l'expiration du délai de la garantie décennale, les droits de l'assuré sont prorogés par le délai de recours de 2 ans dont ce dernier dispose contre son assureur (n° 96265). L'assureur de dommages subrogé, sauf à être privé de tout recours, bénéficie de cette prorogation. Mais pour exercer utilement son recours contre le tiers responsable et son assureur, il faut d'une part que l'action en garantie décennale soit encore recevable (délai de 10 ans non échu) et, d'autre part que l'assureur de responsabilité soit encore exposé au recours de son assuré. Le recours peut donc être exercé contre l'assureur RC décennale plus de 10 ans après la réception si le délai de recours de 2 ans de l'assuré contre son assureur n'est pas expiré (Cass. 3e civ. 26-11-2003 n° 01-11.245 FS-PB : BPIM 1/04 inf. 32) ; voir n° 96605.

La solution ne fait guère de doute si une réclamation a été faite à l'assuré peu avant l'expiration de la garantie décennale. Elle est plus aléatoire si l'action directe de l'assureur DO est exercée dans le délai de 12 ans qui suit la réception, sans qu'une réclamation ait été faite à l'assuré dans le délai décennal.

Selon l'interprétation d'un arrêt, le recours subrogatoire pourrait être exercé contre l'assureur RC après l'expiration du délai de la garantie décennale, mais avant le terme de la prescription biennale, même si la prescription de l'action dirigée contre le constructeur assuré n'a pas été interrompue, car l'action directe n'est pas subordonnée à la mise en cause de l'assuré (Auby, Périnet-Marquet et Noguellou, Droit de l'Urbanisme et de la Construction, 9e éd. n° 1472-1 à propos de Cass. 3e civ. 24-10-2007 n° 06-17.295 FS-PB : BPIM 6/07 inf. 420). Toutefois cette lecture de l'arrêt est incertaine car, d'une part il ne pose pas expressément cette règle, d'autre part il est admis que le recours subrogatoire contre l'assureur RC doit être exercé dans les 2 ans qui suivent la réclamation résultant de l'action exercée contre l'assuré « dans le délai décennal » (Cass. 3e civ. 26-11-2003 n° 01-11.245 précité : RDI 2004 p. 54 note L. Grynbaum qui estime qu'un garde-fou subsiste puisqu'il demeure nécessaire que le délai de l'action principale en responsabilité ait été interrompu).

ÉTENDUE DU RECOURS SUBROGATOIRE DE L'ASSUREUR DO

96565 L'assureur de dommages exerce son **recours** tant **contre** le responsable que contre l'assureur de responsabilité.

L'action directe n'étant pas subordonnée à la mise en cause du responsable, c'est-à-dire du constructeur, l'assureur de dommages peut valablement agir contre l'assureur de responsabilité alors même qu'il ne pourrait plus le faire contre le constructeur. Ainsi jugé dans un cas où la prescription était acquise au profit du constructeur tandis qu'elle avait été interrompue à l'égard de son assureur qui avait été assigné aux fins d'extension des opérations d'expertise judiciaire (Cass. 3e civ. 24-10-2007 n° 06-17.295 FS-PB : BPIM 6/07 inf. 420).

Cela dit, l'assureur de responsabilité n'est tenu que dans la **limite** de la garantie qu'il doit à l'assuré. Il en résulte que certains dommages pris en compte au titre de l'assurance dommages peuvent échapper à la garantie de l'assurance de responsabilité obligatoire (nos 94160 s. et 94870 s.). Dans ces cas, il faut mettre en œuvre les assurances facultatives s'il y en a et, en tout cas, faire constater la responsabilité des constructeurs. En l'absence d'assurance facultative, c'est sur les indemnités mises à la charge des constructeurs qu'il faut asseoir l'assiette du recours.

Montant du recours de l'assureur DO Les sommes dues à l'assureur de dommages représentent le montant de l'**indemnité** due par les constructeurs responsables **au titre de la garantie décennale.** Toutefois, la Cour de cassation a jugé que toutes les sommes que l'assureur DO a été condamné à verser au titre de sa garantie (en l'espèce à titre de sanction et impliquant majoration de l'indemnité en vertu de l'article L 242-1 du Code des assurances) peuvent être réclamées au constructeur responsable, « aucune disposition légale ou conventionnelle ne permettant de limiter son recours à la seule responsabilité décennale » (Cass. 3e civ. 13-7-2016 no 15-22.961 FS-PB : BPIM 5/16 inf. 314). On peut s'interroger sur le sens de cette décision et se demander, notamment, si la majoration de l'indemnité de l'intérêt égal au double de l'intérêt légal est récupérable contre le constructeur alors qu'elle est due à une carence de l'assureur DO qui n'a pas respecté le délai de notification à l'assuré de sa décision quant au principe de sa garantie. Mais le pourvoi soutenait surtout que l'indemnité récupérable par l'assureur DO devait se limiter à celle due au titre de la garantie décennale. L'arrêt répond que non et alimente l'interrogation. Il se trouve qu'en l'espèce la cour d'appel avait relevé que les travaux n'avaient pas été réceptionnés et que la garantie décennale était par conséquent hors de cause, en sorte que l'assureur DO était probablement intervenu au titre de la garantie DO pour un dommage avant réception ne relevant donc pas de la garantie décennale. Un arrêt plus récent, concernant l'assureur DO qui n'avait pas respecté les délais légaux prévus par l'article L 241-1 du Code des assurances et a été condamné à verser une indemnité à son assuré alors que les désordres ne relevaient pas de l'article 1792 du Code civil, décide que son recours devait être accueilli, le recours subrogatoire de l'assureur DO n'étant pas limité à la seule responsabilité décennale du constructeur (Cass. 3e civ. 28-1-2021 no 19-17.499 F-D : RDI 2021 p. 235). La limite de cet élargissement du recours subrogatoire de l'assureur reste délicate à cerner et il est possible qu'elle tienne aux sommes qui ont un lien avec l'obligation légale de l'assureur DO, mais non avec une obligation volontaire même erronée. Un arrêt récent s'en tient à une solution plus classique et décide que l'assureur DO, qui a indemnisé le maître de l'ouvrage pour des désordres apparents lors de la réception sans réserve, n'a pas plus de droits que ce dernier contre l'assureur RCD qui ne garantit pas les désordres apparents (Cass. 3e civ. 11-5-2022 no 21-15.217 FS-B : BPIM 3/22 inf. 220). 96570

La créance de l'assureur de dommages subrogé dans les droits de la victime ne peut être limitée au montant des **sommes effectivement affectées** par le maître de l'ouvrage **à la réparation** des désordres (Cass. 3e civ. 27-5-2010 no 09-14.107 FS-PB : BPIM 4/10 inf. 297). Cette question doit être réglée dans les rapports entre l'assureur et l'assuré. Mais s'il obtient restitution d'une partie de l'indemnité qu'il a versée à son assuré, l'assureur de dommages ne peut, nous semble-t-il, conserver cette somme au préjudice de l'assureur responsabilité, car ce serait un enrichissement injustifié (enrichissement sans cause avant l'ordonnance 2016-131 du 10 février 2016).

L'assureur DO peut demander à être payé des **frais de l'expertise amiable** engagée en exécution du contrat d'assurance. En effet, même si ces frais ne sont pas des sommes versées au maître de l'ouvrage, ils ont été exposés pour parvenir à la réparation de désordres de nature décennale (Cass. 3e civ. 6-12-2006 no 05-17.553 FS-PB : BPIM 2/07 inf. 126).

Toutefois, l'assureur de dommages ne peut prétendre qu'aux sommes qui correspondent « aux dépenses nécessaires à la réparation du dommage » (C. ass. art. L 242-1) dans la mesure de celles dont il s'est lui-même acquitté. Il en résulte que si par sa carence il a été condamné à verser une **indemnité supérieure au** montant du **préjudice imputable aux constructeurs,** il ne peut réclamer ce supplément au tiers par subrogation aux droits de l'assuré (Cass. 3e civ. 22-10-2014 no 13-24.420 FS-PB : BPIM 6/14 inf. 399). En l'espèce, l'assureur DO, qui n'avait pas répondu dans le délai de 60 jours, avait été condamné au paiement d'une somme supérieure au montant du préjudice. Mais si l'action subrogatoire est limitée, l'assureur ne paraît pas devoir être privé de recours contre son assuré s'il s'est injustement enrichi.

Incidence de la faute du maître de l'ouvrage Une question non résolue est celle de l'**étendue du recours de l'assureur de dommages** en cas de faute du maître de l'ouvrage. Si l'assurance de dommages n'est qu'un préfinancement, sa faute peut donner lieu à indemnisation réduite ; mais on voit mal comment celle-ci pourrait être opposée à l'ayant cause, véritable bénéficiaire de l'assurance. Si c'est une assurance de chose, il semble que la faute du maître de l'ouvrage soit sans influence. 96575

L'article L 121-12 du Code des assurances prévoit cependant que l'assureur est déchargé de sa responsabilité envers l'assuré lorsque la subrogation ne peut s'opérer en sa faveur. En cas de faute du maître de l'ouvrage, l'assureur de dommages risque donc d'être privé d'une partie du recours contre les constructeurs. Mais, selon une opinion autorisée, il pourrait alors agir contre l'assureur de responsabilité du maître d'ouvrage (Bigot, La réforme de l'assurance construction p. 229), ce qui ne se conçoit, semble-t-il, que si le bénéficiaire de l'assurance DO n'est pas le maître d'ouvrage lui-même mais son ayant cause.

96580 **Convention entre assureurs** Une convention entre assureurs (Convention règlement en assurance construction : **CRAC**) prévoit des modalités conventionnelles de règlement entre compagnies lorsque le dommage est compris entre une valeur plancher et une valeur plafond (voir n° 92605).

APPEL EN GARANTIE DE L'ASSUREUR DE RESPONSABILITÉ PAR L'ASSUREUR DE DOMMAGES, DISTINCT DE LA SUBROGATION

96582 L'assureur de dommage peut appeler en garantie les responsables et leur assureur de responsabilité. Il n'exerce pas alors un recours subrogatoire dans les droits de l'assuré qu'il a indemnisé, mais une action propre destinée à le garantir des réparations qu'il doit supporter au titre de la responsabilité du constructeur couvert par l'assurance de responsabilité. Peu exploré en assurance-construction, en raison sans doute de la place prise par l'action subrogatoire, cette action n'est pas ignorée néanmoins (Cass. 3e civ. 10-12-2003 : Bull. civ. III n° 225). L'appel en garantie est une intervention forcée relevant des articles 334 et suivants du Code de procédure civile. La 3e Chambre civile confirme l'existence de ce recours, qui se distingue nettement de l'action subrogatoire et n'exige pas l'indemnisation préalable du maître de l'ouvrage (Cass. 3e civ. 8-12-2021 n° 20-18.540 FS-B : BPIM 1/22 inf. 45 ; Cass. 3e civ. 15-6-2022 n° 21-15.023 F-D : BPIM 4/22 inf. 306 ; Cass. 3e civ. 7-12-2023 n° 22-19.463 F-D : BPIM 1/24 inf. 42). À notre avis, la garantie demandée par l'assureur DO devrait alors porter sur le préjudice qu'il subit en indemnisant la victime, ce qui implique, pour déterminer l'obligation de l'assureur RC, à son égard, non seulement la prise en compte de la responsabilité de l'assuré, mais aussi l'étendue du préjudice qui en est la conséquence. Il est alors permis de s'interroger sur les effets de la carence de l'assureur DO à la suite de la déclaration de sinistre pour apprécier l'étendue de la garantie qu'il revendique.

2. RECOURS DU TIERS LÉSÉ CONTRE L'ASSUREUR DE RESPONSABILITÉ

DÉTERMINATION DU TIERS LÉSÉ

96585 Le tiers lésé dispose en vertu de son droit propre d'une **action directe** contre l'assureur (C. ass. art. L 124-3).

L'action directe est ouverte au **maître de l'ouvrage** contre l'assureur des constructeurs, car les droits qu'il tient de l'assurance dommages ne font pas échec à l'action en responsabilité qu'il tient des articles 1792 s. du Code civil. Cela ne fait aucun doute puisque ce texte est d'ordre public et que les renonciations à recours éventuellement contenues dans la police DO ne peuvent y faire échec (Rép. Bastié : Sén. 16-5-1985 p. 931 n° 22681 : comparer, Lettre de la Direction des assurances : RGAT 1981 p. 320).

L'**entrepreneur principal** est en droit d'exercer contre l'assureur du sous-traitant l'action directe au motif qu'il subit un préjudice du fait de l'inexécution, par le sous-traitant, de son obligation de résultat (Cass. 1e civ. 9-4-2002 n° 99-13.845 FS-PB : BPIM 3/02 inf. 195). Plus généralement, un **constructeur** peut exercer l'action directe contre l'assureur d'un autre constructeur après avoir désintéressé la victime (Cass. 3e civ. 11-12-1991 : JCP 1992 IV n° 524 ; Cass. 1e civ. 23-6-1992 : RDI 1993 p. 107 ; Avis Cass. 1-11-1991 : JCP N 1991 prat. n° 2042 p. 611).

En revanche, l'assuré en responsabilité civile (décennale ou autre) n'a **pas la qualité de tiers lésé.** Son assureur ne peut donc pas lui verser le montant de l'indemnité destinée à réparer le préjudice subi par le tiers, sauf si l'assuré l'a désintéressé (Cass. 3e civ. 20-6-2007 n° 06-14.813 FS-D : BPIM 5/07 inf. 345).

De même, les personnes étrangères au contrat de louage qui sont des tiers qui ne peuvent pas se prévaloir de la garantie décennale, comme par exemple le locataire du maître de l'ouvrage (n° 89851), ne sont pas fondées à agir contre l'assureur RC décennale (Cass. 3e civ. 19-3-2013 n° 12-13.066 F-D : BPIM 3/13 inf. 205, à propos du crédit-preneur d'un bail immobilier invoquant l'assurance RC dans le cadre d'une police unique de chantier).

MISE EN ŒUVRE DE L'ACTION CONTRE L'ASSUREUR RC

Conditions de l'action contre l'assureur RC L'action directe contre l'assureur de responsabilité civile (RC) n'implique plus nécessairement la **mise en cause de l'assuré.** 96590

Si la responsabilité de l'assuré a été reconnue, l'action directe de la victime ne fait guère de doute. Elle n'implique pas la mise en cause de l'assuré.

Si la responsabilité de l'assuré n'a pas été reconnue parce qu'elle n'a pas été jugée, l'action directe n'implique plus la mise en cause de l'assuré dont la responsabilité est un préalable à la garantie : c'est à l'assureur de décider s'il a intérêt à mettre en cause l'assuré et à l'appeler à l'instance (Cass. 1e civ. 29-2-2000 no 97-11.811 : Bull. civ. I no 64, rendu en matière d'assurance en général ; Cass. 3e civ. 16-3-2005 no 03-19.892 FS-PB : BPIM 3/05 inf. 206, rendu en matière de responsabilité décennale). Il en résulte que l'irrecevabilité des demandes formées par le tiers lésé à l'encontre de l'assuré est sans incidence sur la recevabilité de son action directe contre l'assureur (Cass. 3e civ. 11-5-2022 no 21-12.478 F-D : RDI 2022 p. 413).

Les victimes peuvent **agir directement contre l'assureur** du responsable si ce dernier est en redressement judiciaire ou en liquidation de biens (C. ass. art. L 243-7, al. 2 ; Cass. 3e civ. 12-5-2004 no 01-12.293 F-PB : BPIM 5/04 inf. 300).

L'assureur de responsabilité doit garantir l'intégralité de l'indemnisation du dommage, sauf clause contraire (Cass. 3e civ. 16-9-2021 no 20-15.518 F-D : BPIM 6/21 inf. 376). Cet arrêt qui se prononce alors que l'assureur voulait limiter sa garantie à la part contributive de son assuré dans le sinistre, constate l'absence de limitation conventionnelle de garantie dans la police et laisse entendre qu'une telle clause pourrait éventuellement faire échec aux effets de la condamnation « in solidum » des co-auteurs d'un dommage (voir nos 91060 s.). Si le maître de l'ouvrage demande la condamnation in solidum de l'assureur DO et de l'assureur de responsabilité, le juge doit respecter l'objet du litige. Il ne peut pas d'office les condamner chacun à l'intégralité du préjudice, sans solidarité ni sans tenir compte de l'indemnisation partielle déjà versée par l'assureur DO (Cass. 3e civ. 14-12-2022 no 21-22.669 F-D : BPIM 1/23 inf. 38).

La Cour de cassation considère que l'assuré n'a pas l'obligation de **déclencher la procédure de dommages-ouvrage** avant d'agir contre les constructeurs (Cass. 3e civ. 29-3-2000 no 98-19.744 F-PB : BPIM 3/00 inf. 164 ; Cass. 2e civ. 11-10-2001 no 99-16.760 FS-PB : RDI 2002 p. 127). 96600

Elle a ainsi décidé que (Cass. 3e civ. 1-3-2006 no 04-20.399 FS-PBRI : BPIM 3/06 inf. 193) :
– la non-utilisation de l'assurance de dommages n'a pas pour effet d'exonérer les constructeurs de leur responsabilité légale ;
– l'assureur de responsabilité, sur qui pèse la charge finale de la réparation, ne peut pas tirer argument des fautes éventuelles de l'assureur de dommages alors qu'il lui appartient de prendre toute mesure utile pour éviter l'aggravation du dommage.

Prescription de l'action contre l'assureur RC L'**action directe du tiers** victime contre l'assureur de responsabilité se prescrit dans le même **délai** que son action contre le responsable (Cass. 1e civ. 29-10-2002 no 99-19.742 : L'Argus de l'assurance no spécial mars 2003 p. 60, RDI 2003 p. 29 ; Cass. 3e civ. 15-5-2013 no 12-18.027 FS-PB : BPIM 4/13 inf. 267). La prescription biennale est donc inapplicable (Cass. 1e civ. 29-10-2002 no 99-19.742 ; Cass. 1e civ. 13-11-2002 : RDI 2003 p. 29 ; Cass. 3e civ. 12-4-2018 no 17-14.858 FS-D : BPIM 3/18 inf. 201). Mais l'assuré pouvant agir contre son assureur dans le délai de la prescription biennale lorsqu'il est lui-même poursuivi, la victime qui met en cause l'assuré dans le délai de prescription de la responsabilité peut agir contre l'assureur qui reste exposé au recours de son assuré pendant 2 ans (Cass. 3e civ. 20-10-2021 no 20-21.129 F-D : BPIM 6/21 inf. 380) ; le tiers lésé peut théoriquement exercer son recours directement contre cet assureur au-delà du délai décennal tant que ce dernier reste exposé au recours de son assuré, soit 10 + 2 ans (Cass. 1e civ. 29-10-2002 no 99-19.742 ; Cass. 3e civ. 17-3-2004 no 00-22.522 F-PB : BPIM 4/04 inf. 231 ; Cass. 3e civ. 14-9-2023 no 22-21.493 FS-B : BPIM 6/23 inf. 385, RDI 2024 p. 39). Cette extension du délai ne se conçoit que si l'assuré a été recherché par un tiers peu de temps avant l'expiration du délai de 10 ans. Si l'assuré a été mis en cause bien avant son expiration, il dispose de deux ans pour agir contre son assureur et l'action du tiers lésé contre l'assureur est dès lors enfermée dans ce délai de deux ans courant à compter de l'assignation délivrée à l'assuré dans le délai décennal (Cass. 3e civ. 15-5-2013 no 12-18.027 FS-PB ; Cass. 3e civ. 14-9-2023 no 22-21.493 FS-B). La prorogation du délai de la garantie décennale par le délai de la prescription biennale sur l'action directe du tiers lésé implique, semble-t-il, une réclamation faite à l'assuré pendant la garantie décennale. Il incombe alors à l'assuré de préserver son recours contre son assureur (no 96263). 96605

L'**interruption de la prescription de l'action** engagée **contre l'assuré** est sans **effet** sur la prescription de l'action directe dirigée contre l'assureur (Cass. 2e civ. 17-2-2005 no 03-16.590 FS-PB : RDI 2005 p. 89 ; Cass. 3e civ. 22-11-2006 no 05-18.672 FS-D : RGDA 2007 p. 123 obs. Karila). L'effet interruptif de l'action en justice ne profite qu'à celui qui exerce l'action dans ses rapports avec la personne assignée, et en principe l'action exercée contre le constructeur ne s'applique pas à l'assureur. Pourtant, il peut arriver que l'assuré représente son assureur.

Lorsque la même compagnie fournit l'assurance responsabilité et l'assurance DO, le délai de prescription doit être apprécié pour chacune des garanties fournies ; l'**interruption** éventuelle **de la prescription de l'action contre l'assureur DO** est sans **effet** sur la prescription contre l'assureur RC (voir n° 96270).

L'**expiration du délai de l'action directe** du tiers victime contre l'assureur soulève la question de la garantie due par ce dernier à son assuré : si l'action en responsabilité est exercée dans le délai contre l'assuré (cas de l'arrêt du 15-5-2013 n° 12-18.027 précité), mais qu'elle ne l'est pas contre l'assureur RC auquel l'assuré a régulièrement déclaré le sinistre, la garantie de l'assureur est-elle maintenue ? Décider que non reviendrait à faire supporter le coût des réparations à l'assuré, alors que le tiers lésé a, nous semble-t-il, seulement la faculté et non l'obligation d'agir contre l'assureur.

96610 **Compétence juridictionnelle en assurance RC** L'action directe du tiers lésé contre l'assureur en responsabilité ne poursuit que l'obligation de réparer qui pèse sur l'assureur, laquelle est une obligation de **droit privé.** Cette action relève de la compétence judiciaire alors même que l'action en responsabilité contre l'auteur du dommage relève de la juridiction administrative (T. confl. 14-3-1988 et T. confl. 2-5-1988 : RDI 1988 p. 319 ; T. confl. 24-3-2003 : Bull. inf. C. cass. 15-6-2003 n° 685 ; Cass. 3e civ. 16-3-2005 n° 03-19.892 FS-PB : BPIM 3/05 inf. 206).

96615 La loi Murcef 2001-1168 du 11 décembre 2001 disposait en son article 2 que les contrats passés en application du **Code des marchés publics** sont des contrats administratifs. L'article 102 de l'ordonnance 2015-899 du 23 juillet 2015 a abrogé cette disposition et le Code de la commande publique, qui reprend pour l'essentiel les règles posées par cette ordonnance suite à son abrogation, détermine son champ d'application en visant les marchés publics (CCP art. L 1110-1 s.). Le contrat d'assurance conclu par un maître de l'ouvrage public présente le « caractère d'un contrat administratif » (CE Avis 31-3-2010 n° 333627 : RJDA 2/11 n° 197). Il en résulte que l'action directe exercée contre l'assureur d'un maître d'ouvrage public, comme d'ailleurs l'action de l'auteur du dommage contre l'assureur, relèvent de la compétence de la juridiction administrative (Avis CE 31-3-2010 n° 333627). Ce dispositif est applicable aux litiges qui n'ont pas été présentés devant le juge judiciaire avant la date d'entrée en vigueur de la loi Murcef.

Le juge judiciaire saisi de l'action directe de la victime ne peut pas se prononcer sur la responsabilité de l'assuré lorsque celui-ci est titulaire, selon l'arrêt, « d'un marché de travaux publics » (Cass. 1e civ. 9-6-2010 n° 09-13.026 F-PB : Bull. civ. I n° 134).

Il est probable, malgré la restriction de l'arrêt, que la solution s'applique à tous les marchés publics ayant le caractère d'un contrat administratif.

RECOURS DE L'ASSUREUR RC CONTRE L'ASSUREUR D'UN AUTRE CONSTRUCTEUR

96617 L'assureur d'un constructeur dont la responsabilité est encourue peut **appeler en garantie** l'assureur d'un autre constructeur, sans avoir à appeler ce dernier dans la cause. La règle est la même que pour l'action directe (n° 96590). L'assureur mis en cause peut appeler son assuré s'il l'estime nécessaire, le juge peut également inviter les parties à le faire et l'assuré peut faire tierce opposition si la décision lui fait grief (Cass. 3e civ. 1-2-2024 n° 22-21.025 FS-B : BPIM 2/24 inf. 120, RDI 2024 p. 346).

L'assureur de responsabilité dont l'assuré a été condamné peut exercer l'action récursoire de son assuré contre l'assureur d'un autre constructeur coresponsable du dommage. Cette **action subrogatoire** se prescrit selon les mêmes règles que celles applicables à l'action récursoire de son assuré. Elle n'est pas prescrite tant que le délai de 5 ans prévu à l'article 2224 du Code civil n'est pas expiré, peu important que l'assureur recherché ne soit plus exposé au recours de son assuré en raison de l'expiration de la prescription biennale de l'article L114-1 du Code des assurances (Cass. 3e civ. 7-3-2024 n° 22-20.555 FS-B : BPIM 3/24 inf. 196).

3. INTERVENTION DE L'ASSUREUR À L'INSTANCE EN RESPONSABILITÉ

96620 L'intervention de l'assureur à l'instance relative à la responsabilité peut être volontaire, ou forcée si les conditions sont réunies (Cass. 3e civ. 15-6-2022 n° 21-13.622 F-D : BPIM 4/22 inf. 307). Elle n'entraîne pas, en soi, reconnaissance de garantie. L'assureur qui intervient spécialement pour contester sa garantie en responsabilité de droit commun ne peut donc pas être condamné du seul fait qu'il a été partie à l'instance (Cass. 3e civ. 13-4-2005 no 03-21.002 FS-D). L'assureur ne peut pas non plus être condamné sur la base d'un rapport d'expertise judiciaire s'il n'a pas été appelé lui-même, ni son assuré, aux opérations d'expertise (Cass. 3e civ. 5-12-2019 no 18-23.852 F-D).

L'assureur qui prend la direction du procès intenté à l'assuré est censé renoncer à lui opposer les **exceptions** dont il a connaissance le jour où il prend la direction du procès (C. ass. art. L 113-17). Ces exceptions ne concernent toutefois ni la nature des risques souscrits ni le montant de la garantie (Cass. 1e civ. 8-7-1997 no 95-12.817 : Bull. civ. I no 233 ; Cass. 3e civ. 27-10-2016 no 15-25.143 FS-PB : BPIM 1/17 inf. 25). La renonciation de l'assureur aux exceptions dont il a connaissance ne l'empêche pas d'invoquer l'absence de caractère décennal des désordres (Cass. 3e civ. 29-1-2014 no 12-27.919 FS-PB : BPIM 2/14 inf. 113).

Dans les **litiges administratifs** de plein contentieux, l'assureur de responsabilité d'un constructeur dont la responsabilité décennale est recherchée n'est pas recevable en son intervention, car seules peuvent intervenir les personnes qui peuvent se prévaloir d'un droit auquel la décision à rendre est susceptible de préjudicier. Or l'assureur ne peut se prévaloir d'un droit de cette nature (CE 18-11-2011 no 346257, Axa France IARD : BPIM 1/12 inf. 44).

4. RESPONSABILITÉ DE L'EXPERT DÉSIGNÉ PAR L'ASSUREUR

L'expert désigné dans le cadre de la procédure de règlement du sinistre est susceptible de **96625**
commettre une **erreur d'appréciation** et d'engager sa responsabilité (voir no 89856). Se prononçant en dehors du cadre de l'assurance obligatoire, un arrêt a retenu la responsabilité d'un expert envers l'assureur (Cass. 3e civ. 28-1-1998 no 95-17.211 P : RDI 1998 p. 395). Cette décision a ouvert la voie à une reconnaissance plus générale de la responsabilité de l'expert (voir sur ce point TGI Perpignan 18-7-2000 : RDI 2000 p. 591 obs. Leguay). Tendance confirmée par un arrêt qui retient la responsabilité de l'expert désigné en RC décennale qui a orienté le devis du maître de l'ouvrage dépourvu de qualification sans faire d'observation sur la fragilité de la solution (Cass. 3e civ. 29-5-2013 no 12-17.452 FS-D : BPIM 4/13 inf. 269, qui retient la responsabilité de l'expert sur le fondement de la responsabilité extracontractuelle). Les arrêts qui décident que les travaux préconisés par l'expert dommages-ouvrage doivent être de nature à mettre fin aux désordres consacrent implicitement cette responsabilité (voir no 96487). Sa responsabilité est retenue pour l'absence de travaux nécessaires pour éviter l'aggravation du désordre alors que l'expert DO a été informé des préconisations suggérées par les entreprises sans réagir utilement (Cass. 3e civ. 23-5-2024 no 22-22.938 FS-B : BPIM 4/24 inf. 259). Un arrêt retient la responsabilité de l'expert désigné par l'assureur multirisque habitation ayant indemnisé le sinistre au titre d'une catastrophe naturelle, au motif qu'il n'a pas fait le lien entre l'aggravation du sinistre et la présence d'argile en sous-sol (Cass. 3e civ. 17-10-2019 no 18-16.385 F-D : BPIM 6/19 inf. 409). Toujours en matière d'assurance de catastrophe naturelle, l'expert engage sa responsabilité en ayant continué à intervenir dans les relations entre le maître de l'ouvrage et les locateurs d'ouvrage et en permettant qu'un acompte soit versé à une entreprise dont il connaissait les difficultés (Cass. 3e civ. 8-2-2023 no 21-24.921 F-D : BPIM 2/23 inf. 122). La responsabilité encourue est en général extracontractuelle et la faute de l'expert doit être caractérisée (Cass. 3e civ. 15-2-2024 no 22-12.365 F-D : BPIM 2/24 inf. 121).

La perte du droit d'action du maître d'ouvrage contre le constructeur ou son assureur ne constitue pas une cause exonératoire de la responsabilité extracontractuelle de l'expert missionné par l'assurance de responsabilité décennale (Cass. 3e civ. 7-7-2015 no 14-19.998).

D. Action en répétition de l'indu de l'assurance dommages-ouvrage

L'assureur **ne peut pas** exercer l'action en répétition de l'indu pour obtenir le remboursement **96700**
d'une provision allouée en référé, alors que l'action au fond dirigée contre lui l'a été après l'expiration du délai de prescription de 2 ans (Cass. 2e civ. 25-6-2009 no 08-14.243 F-D ; Cass. 2e civ. 28-6-2007 no 06-14.428 F-PB : RJDA 11/07 no 1062). Cette solution paraît justifiée car la provision est due conformément au contrat d'assurance, même si elle est allouée en référé, et le maître de l'ouvrage détient la somme versée en vertu d'un « juste titre », qui n'est dès lors pas sans cause ; cette somme peut d'ailleurs avoir été déjà affectée aux travaux de réparation, ce qui fait obstacle à une action en répétition fondée sur le motif de la non-affectation (voir no 96475).

96700 (suite) En revanche, l'action en répétition a été **déclarée fondée** lorsque l'assureur DO qui a versé une provision au maître d'ouvrage public à la suite d'une décision du juge des référés judiciaire exerce l'action subrogatoire contre les constructeurs et leurs assureurs pour obtenir réparation et que le juge administratif décide que les désordres ne relèvent pas de la garantie décennale (Cass. 3e civ. 27-5-2010 no 09-15.412 FS-PB : BPIM 4/10 inf. 294). Cette solution, fondée sur le fait que l'obligation de « préfinancement » serait sans cause lorsque la responsabilité décennale des constructeurs n'est pas engagée, n'entraîne pas nécessairement l'adhésion. Outre qu'elle ne s'applique pas lorsque l'assureur ne conteste pas sa garantie et verse l'indemnité sur la base du rapport de son expert, elle repose sur un motif discutable : l'obligation de préfinancement serait une obligation légale ! Or le contrat d'assurance DO est un « acte condition », dont le contenu, quoique exigé par la loi, devient contractuel par l'accord des parties. Il appartient alors à l'assureur qui estime que sa condamnation en référé est injustifiée de faire tomber l'ordonnance et d'obtenir une décision définitive au fond. Le particularisme de l'espèce (éclatement du contentieux entre les deux ordres de juridiction, voir no 96615) ne suffit pas à écarter l'objection selon laquelle, comme dans les cas précédents, le maître de l'ouvrage détenait les sommes en vertu d'un « juste titre » (voir aussi no 96555).

Table alphabétique

Utilisation de la table

Les chiffres renvoient aux paragraphes. La mention « s. » signifie que l'étude de la question se prolonge sur le ou les numéros suivants.

Pour diriger les recherches, les références sont accompagnées, lorsque c'est utile, soit d'une mention explicite, soit d'une abréviation désignant le document, l'organisme, le régime ou l'impôt dont il est question. On trouvera page 21 le sens de ces abréviations.

A

B

© Éd. Francis Lefebvre

C

© Éd. Francis Lefebvre

D

© Éd. Francis Lefebvre

H

M

© Éd. Francis Lefebvre

N

O

P

Q

R

S

© Éd. Francis Lefebvre

U

V

© Éd. Francis Lefebvre

Z